国家质量技术基础应用系列丛书

特种设备法规标准手册

承压类标准卷

压力管道（1）

国家市场监督管理总局特种设备安全监察局　编

中国标准出版社

北　京

图书在版编目（CIP）数据

特种设备法规标准手册．承压类标准卷．压力管道．1/国家市场监督管理总局特种设备安全监察局编．—北京：中国标准出版社，2024．3
ISBN 978-7-5066-9042-3

Ⅰ．①特…　Ⅱ．①国…　Ⅲ．①设备管理—法规—中国
Ⅳ．①D922．292

中国国家版本馆 CIP 数据核字（2023）第 062362 号

中国标准出版社出版发行
北京市朝阳区和平里西街甲 2 号（100029）
北京市西城区三里河北街 16 号（100045）
网址 www. spc. net. cn
总编室：(010) 68533533　发行中心：(010) 51780238
读者服务部：(010) 68523946
北京联兴盛业印刷股份有限公司印刷
各地新华书店经销
*
开本 787×1092　1/16　印张 67.25　字数 1 629 千字
2024 年 3 月第一版　　2024 年 3 月第一次印刷
*
定价(全三册)：880.00 元

《特种设备法规标准手册》

编委会

前　言

特种设备是经济社会发展的重要基础设施，关系国计民生，关系人民群众生命财产安全。守住特种设备安全底线，提高特种设备安全监管和节能环保水平，促进行业高质量发展，是切实增强人民群众安全感和幸福感的重要体现。

近年来，随着我国经济水平快速提高，人民群众对安全的需求越来越高，而在用特种设备数量快速增长，尤其是高参数、高危险性及高龄老旧设备日益增多，使特种设备安全风险和监管压力持续增大。要切实提高特种设备安全监管效能，不断释放特种设备促进节能环保潜能，充分发挥特种设备安全与节能对促进高质量发展的作用，其根本是要保证特种设备领域各项法规标准得到有效贯彻实施。为此，国家市场监督管理总局特种设备安全监察局组织编写了《特种设备法规标准手册》（以下简称《手册》），旨在对特种设备安全与节能法治体系进行全面、系统梳理，从而推动形成以科学监管、多元共治为特征的特种设备治理体系，推进特种设备治理标准化、现代化、国际化，为特种设备行业高质量发展提供重要保障。

《手册》收录了特种设备行业现行有效的法规标准，根据特种设备行业特点分为4卷13分册。其中，法律法规卷收录特种设备相关法律、行政法规、部门规章、地方性法规、规范性文件等；安全技术规范卷收录特种设备安全技术规范共43项；承压类标准卷收录现行有效的承压类特种设备标准，分为综合、锅炉与节能、压力容器、压力管道、气瓶、安全附件共6个分册；机电类标准卷收录现行有效的机电类特种设备标准，分为起重机械、电梯、游乐设施、客运索道、场（厂）内专用机动车辆共5个分册。限于成书篇幅、资料收集难度等原因，承压类标准和机电类标准两卷仅收录特种设备常用标准，其中国家标准及能源行业标准以全文形式收录，其余未收录的相关国家标准及行业标准以附件形式仅列出标准目录。

国家市场监督管理总局特种设备安全监察局高度重视《手册》的出版工作，对《手册》框架结构、分卷（册）等顶层设计给予了极大指导。同时，在《手册》编写过程中，中国特种设备检测研究院技术法规研究所、全国锅炉压力容器标准化技

术委员会（SAC/TC 262）、全国气瓶标准化技术委员会（SAC/TC 31）、全国电梯标准化技术委员会（SAC/TC 196）、全国起重机械标准化技术委员会（SAC/TC 227）、全国升降工作平台标准化技术委员会（SAC/TC 335）、全国索道与游乐设施标准化技术委员会（SAC/TC 250）、全国工业车辆标准化技术委员会（SAC/TC 332）等给予了大力支持，相关编写人员收集、查阅了大量资料，在此对他们的辛勤付出一并表示感谢！

期望通过《手册》的出版，为特种设备各类从业人员学习研究、依法监管提供详尽指导，从而进一步提升特种设备安全监管人员、作业人员、检验检测人员的素质能力，为特种设备行业高质量发展保驾护航。同时，希望在全社会的共同努力下，特种设备安全与节能状况能够不断改善，人民群众生命财产安全得到更多保障！

《特种设备法规标准手册》编委会

2023 年 6 月

目　录

ICS 77.140.75
H 48

中华人民共和国国家标准

GB/T 8163—2018
代替 GB/T 8163—2008

输送流体用无缝钢管

Seamless steel pipes for liquid service

2018-05-14 发布 2019-02-01 实施

国家市场监督管理总局
中国国家标准化管理委员会 发布

前　言

本标准按照 GB/T 1.1—2009 给出的规则起草。

本标准代替 GB/T 8163—2008《输送流体用无缝钢管》，与 GB/T 8163—2008 相比，主要技术变化如下：

——修改了冷拔(轧)无缝钢管外径和壁厚允许偏差(见 4.2.1 和 4.2.3，2008 年版的 4.2.1 和 4.2.3)；

——修改了热扩钢管壁厚允许偏差(见 4.2.2，2008 年版的 4.2.2)；

——修改了钢管通常长度范围和定尺长度偏差要求（见 4.3.1 和 4.3.3.2，2008 年版的 4.3.1 和4.3.3.2)；

——删除了 Q295 牌号及相关技术要求(见 2008 年版的 5.1.1)；

——增加了低合金高强度结构钢各牌号的化学成分及碳当量表(见 5.1.3)；

——增加了 10、20 钢的化学成分表(见 5.1.2)；

——删除了热挤压钢管制造方法(见 2008 年版的 5.2.3)；

——删除了各牌号钢管屈服强度按钢管的壁厚进行分级的规定(见 2008 年版的 5.4.1)；

——增加了 Q390 牌号压扁试验要求(见 5.5.1)；

——删除了可用超声检测代替液压试验的规定(见 2008 年版的 5.5.4)；

——增加了钢管可进行超声无损检测协商条款；

——增加了镀锌层及相关技术要求(见 5.9 和附录 A)。

本标准由中国钢铁工业协会提出。

本标准由全国钢标准化技术委员会(SAC/TC 183)归口。

本标准起草单位：鞍钢股份有限公司、衡阳华菱钢管有限公司、钢研纳克检测技术股份有限公司、浙江金洲管道科技股份有限公司、浙江伦宝金属管业有限公司、浙江格洛斯无缝钢管有限公司、冶金工业信息标准研究院。

本标准主要起草人：李应雄、朴志民、赵斌、宋志敏、杨伟芳、郑忠财、刘园园、董莉、翟利平、常宏伟、肖松良、李奇。

本标准所代替标准的历次版本发布情况为：

——GB/T 8163—1987、GB/T 8163—1999、GB/T 8163—2008。

输送流体用无缝钢管

1 范围

本标准规定了输送流体用无缝钢管的订货内容、尺寸、外形、重量、技术要求、试验方法、检验规则、包装、标志和质量证明书。

本标准适用于输送普通流体用无缝钢管。

2 规范性引用文件

下列文件对于本文件的应用是必不可少的。凡是注日期的引用文件，仅注日期的版本适用于本文件。凡是不注日期的引用文件，其最新版本(包括所有的修改单)适用于本文件。

GB/T 222 钢的成品化学成分允许偏差

GB/T 223.5 钢铁 酸溶硅和全硅含量的测定 还原型硅钼酸盐分光光度法

GB/T 223.9 钢铁及合金 铝含量的测定 铬天青S分光光度法

GB/T 223.11 钢铁及合金 铬含量的测定 可视滴定或电位滴定法

GB/T 223.12 钢铁及合金化学分析方法 碳酸钠分离-二苯碳酰二肼光度法测定铬量

GB/T 223.14 钢铁及合金化学分析方法 钽试剂萃取光度法测定钒含量

GB/T 223.19 钢铁及合金化学分析方法 新亚铜灵-三氯甲烷萃取光度法测定铜量

GB/T 223.23 钢铁及合金 镍含量的测定 丁二酮肟分光光度法

GB/T 223.26 钢铁及合金 钼含量的测定 硫氰酸盐分光光度法

GB/T 223.37 钢铁及合金化学分析方法 蒸馏分离-靛酚蓝光度法测定氮量

GB/T 223.40 钢铁及合金 铌含量的测定 氯磺酚S分光光度法

GB/T 223.59 钢铁及合金 磷含量的测定 铋磷钼蓝分光光度法和锑磷钼蓝分光光度法

GB/T 223.63 钢铁及合金化学分析方法 高碘酸钠(钾)光度法测定锰量

GB/T 223.68 钢铁及合金化学分析方法 管式炉内燃烧后碘酸钾滴定法测定硫含量

GB/T 223.81 钢铁及合金 总铝和总硼含量的测定 微波消解-电感耦合等离子体质谱法

GB/T 223.84 钢铁及合金 钛含量的测定 二安替比林甲烷分光光度法

GB/T 223.86 钢铁及合金 总碳含量的测定 感应炉燃烧后红外吸收法

GB/T 228.1 金属材料 拉伸试验 第1部分:室温试验方法

GB/T 229 金属材料 夏比摆锤冲击试验方法

GB/T 241 金属管 液压试验方法

GB/T 242 金属管 扩口试验方法

GB/T 244 金属管 弯曲试验方法

GB/T 246 金属材料 管 压扁试验方法

GB/T 2102　钢管的验收、包装、标志和质量证明书

GB/T 2975　钢及钢产品　力学性能试验取样位置及试样制备

GB/T 4336　碳素钢和中低合金钢　多元素含量的测定　火花放电原子发射光谱法(常规法)

GB/T 5777—2008　无缝钢管超声波探伤检验方法

GB/T 7735—2016　无缝和焊接(埋弧焊除外)钢管缺欠的自动涡流检测

GB/T 12606—2016　无缝和焊接(埋弧焊除外)铁磁性钢管纵向和/或横向缺欠的全圆周自动漏磁检测

GB/T 17395　无缝钢管尺寸、外形、重量及允许偏差

GB/T 20066　钢和铁　化学成分测定用试样的取样和制样方法

GB/T 20123　钢铁　总碳硫含量的测定　高频感应炉燃烧后红外吸收法(常规方法)

GB/T 20124　钢铁　氮含量的测定　惰性气体熔融热导法(常规方法)

GB/T 20125　低合金钢　多元素的测定　电感耦合等离子体发射光谱法

YB/T 4149　连铸圆管坯

YB/T 5222　优质碳素结构钢热轧和锻制圆管坯

ISO 10893-1　钢管无损检测　第1部分:用于确认无缝和焊接钢管(埋弧焊除外)水压密实性的自动电磁检测方法[Non-destructive testing of steel tubes—Part 1: Automated electromagnetic testing of seamless and welded (except submerged arc-welded) steel tubes for the verification of hydraulic leaktightness]

3　订货内容

按本标准订购钢管的合同或订单应包括下列内容:

a)　标准编号;

b)　产品名称;

c)　钢的牌号,有质量等级的应包括质量等级;

d)　尺寸规格;

e)　订购的数量(总重量或总长度);

f)　交货状态;

g)　特殊要求。

4　尺寸、外形和重量

4.1　外径和壁厚

钢管的公称外径 D 和公称壁厚 S 应符合 GB/T 17395 的规定。根据需方要求,经供需双方协商,可供应其他外径和壁厚的钢管。

4.2　外径和壁厚的允许偏差

4.2.1　钢管的外径允许偏差应符合表1的规定。

表1　钢管的外径允许偏差　　单位为毫米

钢管种类	外径允许偏差
热轧(扩)钢管	±1%D 或±0.5,取其中较大者
冷拔(轧)钢管	±0.75%D 或±0.3,取其中较大者

4.2.2 热轧(扩)钢管的壁厚允许偏差应符合表2的规定。

表2 热轧(扩)钢管壁厚允许偏差

单位为毫米

<table>
<tr><th>钢管种类</th><th>钢管公称外径 D</th><th>S/D</th><th>壁厚允许偏差</th></tr>
<tr><td rowspan="4">热轧钢管</td><td>≤102</td><td>—</td><td>±12.5%S 或±0.4,取其中较大者</td></tr>
<tr><td rowspan="3">>102</td><td>≤0.05</td><td>±15%S 或±0.4,取其中较大者</td></tr>
<tr><td>>0.05~0.10</td><td>±12.5%S 或±0.4,取其中较大者</td></tr>
<tr><td>>0.10</td><td>+12.5%S
−10%S</td></tr>
<tr><td>热扩钢管</td><td colspan="2">—</td><td>+17.5%S
−12.5%S</td></tr>
</table>

4.2.3 冷拔(轧)钢管的壁厚允许偏差应符合表3的规定。

表3 冷拔(轧)钢管壁厚允许偏差

单位为毫米

<table>
<tr><th>钢管种类</th><th>钢管公称壁厚 S</th><th>允许偏差</th></tr>
<tr><td rowspan="3">冷拔(轧)</td><td>≤3</td><td>$^{+15\%S}_{-10\%S}$或±0.15,取其中较大者</td></tr>
<tr><td>>3~10</td><td>+12.5%S
−10%S</td></tr>
<tr><td>>10</td><td>±10%S</td></tr>
</table>

4.2.4 根据需方要求,经供需双方协商,并在合同中注明,可供应表1、表2、表3规定以外尺寸允许偏差的钢管。

4.3 长度

4.3.1 通常长度

钢管的通常长度为3 000 mm~12 000 mm。根据需方要求,经供需双方协商,可供应通常长度以外的钢管。

4.3.2 范围长度

根据需方要求,经供需双方协商,并在合同中注明,钢管可按范围长度交货。

4.3.3 定尺和倍尺长度

4.3.3.1 根据需方要求,经供需双方协商,并在合同中注明,钢管可按定尺长度或倍尺长度交货。

4.3.3.2 钢管以定尺或倍尺长度交货时,其长度允许偏差应符合下列规定:

a) 定尺长度不大于6 000 mm时,其允许偏差为$^{+30}_{0}$ mm;

b) 定尺长度大于6 000 mm时,其允许偏差为$^{+50}_{0}$ mm。

4.3.3.3 经供需双方协商,可供应其他定尺长度允许偏差的钢管。

4.3.3.4 钢管以倍尺长度交货时,每个倍尺长度应按下列规定留出切口余量:

a) $D \leqslant 159$ mm 时,切口余量为 5 mm～10 mm;

b) $D > 159$ mm 时,切口余量为 10 mm～15 mm。

4.3.3.5 经供需双方协商,可供应其他切口余量规定的钢管。

4.4 弯曲度

4.4.1 钢管的每米弯曲度应符合表 4 的规定。

表 4 钢管的弯曲度

钢管公称壁厚 S/mm	每米弯曲度/(mm/m)
≤15	≤1.5
>15～30	≤2.0
>30 或 $D \geqslant 351$	≤3.0

4.4.2 钢管的全长弯曲度应不大于钢管总长度的 0.15%。

4.5 不圆度和壁厚不均

根据需方要求,经供需双方协商,并在合同中注明,钢管的不圆度和壁厚不均应分别不超过公称外径公差和公称壁厚公差的 80%。

4.6 端头外形

4.6.1 公称外径不大于 60 mm 的钢管,管端切斜应不超过 1.5 mm;公称外径大于 60 mm 的钢管,管端切斜应不超过钢管公称外径的 2.5%,但最大应不超过 6 mm。钢管的切斜见图 1 所示。

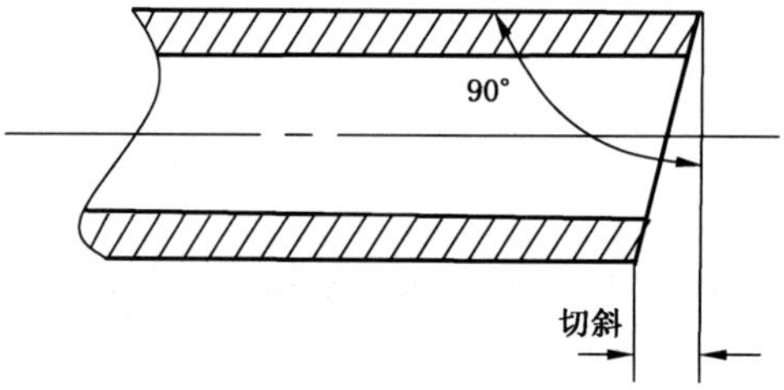

图 1 切斜

4.6.2 钢管的端头切口毛刺应予清除。

4.7 重量

4.7.1 钢管按实际重量交货,亦可按理论重量交货。钢管理论重量的计算按 GB/T 17395 的规定,钢的密度取 7.85 kg/dm^3。理论重量的计算应采用平均壁厚,平均壁厚为按公称壁厚及其允许偏差计算的壁厚最大值与最小值的平均值。

4.7.2 根据需方要求,经供需双方协商,并在合同中注明,交货钢管的实际重量与理论重量的允许偏差应符合下列规定:

a) 单支钢管:±10%;

b) 每批最小为 10 t 的钢管:±7.5%。

5 技术要求

5.1 钢的牌号和化学成分

5.1.1 钢管由 10、20、Q345、Q390、Q420、Q460 牌号的钢制造。

5.1.2 牌号为 10、20 钢的化学成分(熔炼分析)应符合表 5 的规定。

表 5 10、20 钢的化学成分

牌号	化学成分(质量分数)[a]/%							
	C	Si	Mn	P	S	Cr	Ni	Cu
10	0.07~0.13	0.17~0.37	0.35~0.65	≤0.030	≤0.030	≤0.15	≤0.30	≤0.20
20	0.17~0.23	0.17~0.37	0.35~0.65	≤0.030	≤0.030	≤0.25	≤0.30	≤0.20
[a] 氧气转炉冶炼的钢其氮含量应不大于 0.008%。供方能保证合格时,可不作分析。								

5.1.3 牌号为 Q345、Q390、Q420 和 Q460 钢的化学成分(熔炼分析)和碳当量应符合表 6 的规定。根据需方要求,经供需双方协商,可供应其他牌号或化学成分的钢管。

5.1.4 当需方要求做成品分析时,应在合同中注明。成品钢管的化学成分允许偏差应符合 GB/T 222 的规定。

表 6　Q345、Q390、Q420 和 Q460 钢的化学成分

牌号	质量等级	化学成分(质量分数)[a,b,c]/%														碳当量 CEV[f,g]/%
		C	Si	Mn	P	S	Nb	V	Ti	Cr	Ni	Cu	N[d]	Mo	B	Als[e]	
		不大于														不小于	不大于
Q345	A				0.035	0.035	—	—	—							—	
	B	0.20			0.035	0.035											
	C		0.50	1.70	0.030	0.030				0.30	0.50	0.20	0.012	0.10	—		0.45
	D	0.18			0.030	0.025	0.07	0.15	0.20							0.015	
	E				0.025	0.020											
Q390	A				0.035	0.035										—	
	B				0.035	0.035											
	C	0.20	0.50	1.70	0.030	0.030	0.07	0.20	0.20	0.30	0.50	0.20	0.015	0.10	—		0.46
	D				0.030	0.025										0.015	
	E				0.025	0.020											
Q420	A				0.035	0.035										—	
	B				0.035	0.035											
	C	0.20	0.50	1.70	0.030	0.030	0.07	0.20	0.20	0.30	0.80	0.20	0.015	0.20	—		0.48
	D				0.030	0.025										0.015	
	E				0.025	0.020											
Q460	C				0.030	0.030											
	D	0.20	0.60	1.80	0.030	0.025	0.11	0.20	0.20	0.30	0.80	0.20	0.015	0.20	0.005	0.015	0.53
	E				0.025	0.020											

[a] 除 Q345A、Q345B 牌号外，其余牌号钢中应至少含有细化晶粒元素 Al、Nb、V、Ti 中的一种。根据需要，供方可添加其中一种或几种细化晶粒元素，最大值应符合表中规定。组合加入时，Nb+V+Ti≤0.22%。

[b] Mo+Cr≤0.30%。

[c] 各牌号的 Cr、Ni 作为残余元素时，Cr、Ni 含量应各不大于 0.30%；当需要加入时，其含量应符合表中规定或由供需双方协商确定。

[d] 如供方能保证氮元素含量符合表中规定，可不进行氮含量分析。如果钢中加入 Al、Nb、V、Ti 等具有固氮作用的合金元素，氮元素含量不作限制，固氮元素含量应在质量证明书中注明。

[e] 当采用全铝时，全铝含量 Alt≥0.020%。

[f] 碳当量(CEV)应由熔炼分析成分并采用 CEV=C+Mn/6+(Cr+Mo+V)/5+(Ni+Cu)/15 公式计算。

[g] 适用于壁厚不大于 25 mm 的钢管。当钢管壁厚大于 25 mm 时，由供需双方协商确定。

5.2 制造方法

5.2.1 钢的冶炼方法

钢应采用电弧炉加炉外精炼或氧气转炉加炉外精炼方法冶炼。

经供需双方协商,也可采用较高要求的其他方法冶炼。需方指定某种冶炼方法时,应在合同中注明。

5.2.2 管坯的制造方法

管坯可采用连铸、模铸或热轧(锻)方法制造。

连铸管坯应符合 YB/T 4149 的规定;热轧(锻)管坯应符合 YB/T 5222 的规定;模铸管坯可参照热轧(锻)管坯的规定执行。

5.2.3 钢管的制造方法

钢管应采用热轧(扩)或冷拔(轧)无缝方法制造。需方指定某一种方法制造钢管时,应在合同中注明。

5.3 交货状态

5.3.1 热轧(扩)钢管可以热轧(扩)状态或热处理状态交货。需方要求热处理状态交货时,应在合同中注明。

5.3.2 冷拔(轧)钢管应以退火或高温回火状态交货。根据需方要求,经供需双方协商,并在合同中注明,冷拔(轧)钢管可以冷拔(轧) 或其他热处理状态交货。

5.4 力学性能

5.4.1 拉伸性能

交货状态钢管的纵向拉伸性能应符合表 7 的规定。

表 7 钢管的力学性能

<table>
<tr><th rowspan="2">牌号</th><th rowspan="2">质量等级</th><th colspan="3">拉伸性能</th><th colspan="2">冲击试验</th></tr>
<tr><th>抗拉强度 R_m
MPa</th><th>下屈服强度[a] R_{eL}
MPa
不小于</th><th>断后伸长率 A
%
不小于</th><th>试验温度
℃</th><th>吸收能量 KV_2
J
不小于</th></tr>
<tr><td>10</td><td>—</td><td>335～475</td><td>205</td><td>24</td><td>—</td><td>—</td></tr>
<tr><td>20</td><td>—</td><td>410～530</td><td>245</td><td>20</td><td>—</td><td>—</td></tr>
<tr><td rowspan="5">Q345</td><td>A</td><td rowspan="5">470～630</td><td rowspan="5">345</td><td rowspan="2">20</td><td>—</td><td>—</td></tr>
<tr><td>B</td><td>+20</td><td rowspan="3">34</td></tr>
<tr><td>C</td><td rowspan="3">21</td><td>0</td></tr>
<tr><td>D</td><td>−20</td></tr>
<tr><td>E</td><td>−40</td><td>27</td></tr>
</table>

表 7(续)

<table>
<tr><th rowspan="2">牌号</th><th rowspan="2">质量
等级</th><th colspan="3">拉伸性能</th><th colspan="2">冲击试验</th></tr>
<tr><th>抗拉强度 R_m
MPa</th><th>下屈服强度[a] R_{eL}
MPa
不小于</th><th>断后伸长率 A
%
不小于</th><th>试验温度
℃</th><th>吸收能量 KV_2
J
不小于</th></tr>
<tr><td rowspan="5">Q390</td><td>A</td><td rowspan="5">490～650</td><td rowspan="5">390</td><td rowspan="2">18</td><td>—</td><td>—</td></tr>
<tr><td>B</td><td>+20</td><td rowspan="3">34</td></tr>
<tr><td>C</td><td rowspan="3">19</td><td>0</td></tr>
<tr><td>D</td><td>−20</td></tr>
<tr><td>E</td><td>−40</td><td>27</td></tr>
<tr><td rowspan="5">Q420</td><td>A</td><td rowspan="5">520～680</td><td rowspan="5">420</td><td rowspan="2">18</td><td>—</td><td>—</td></tr>
<tr><td>B</td><td>+20</td><td rowspan="3">34</td></tr>
<tr><td>C</td><td rowspan="3">19</td><td>0</td></tr>
<tr><td>D</td><td>−20</td></tr>
<tr><td>E</td><td>−40</td><td>27</td></tr>
<tr><td rowspan="3">Q460</td><td>C</td><td rowspan="3">550～720</td><td rowspan="3">460</td><td rowspan="3">17</td><td>0</td><td rowspan="2">34</td></tr>
<tr><td>D</td><td>−20</td></tr>
<tr><td>E</td><td>−40</td><td>27</td></tr>
<tr><td colspan="7">[a] 拉伸试验时,如不能测定 R_{eL},可测定 $R_{p0.2}$ 代替 R_{eL}。</td></tr>
</table>

5.4.2 冲击

5.4.2.1 牌号为 Q345、Q390、Q420、Q460 质量等级为 B、C、D、E 的钢管,当外径不小于 70 mm,且壁厚不小于 6.5 mm 时,应进行纵向冲击试验,其夏比 V 型缺口冲击试验的试验温度和冲击吸收能量应符合表 7 的规定。冲击吸收能量按一组 3 个试样的算术平均值计算,允许其中一个试样的单个值低于规定值,但应不低于规定值的 70%。

5.4.2.2 表 7 中的冲击吸收能量为标准尺寸试样夏比 V 型缺口冲击吸收能量要求值。当钢管尺寸不能制备标准尺寸试样时,可制备小尺寸试样。当采用小尺寸冲击试样时,其最小夏比 V 型缺口冲击吸收能量要求值应为标准尺寸试样冲击吸收能量要求值乘以表 8 中的递减系数。冲击试样尺寸应优先选择较大的尺寸。

表 8 小尺寸试样冲击吸收功递减系数

试样规格	试样尺寸(高度×宽度)/mm	递减系数
标准尺寸	10×10	1
小试样	10×7.5	0.75
小试样	10×5	0.5

5.4.2.3 根据需方要求,经供需双方协商,并在合同中注明,其他牌号钢管也可进行夏比V型缺口冲击试验,其试验温度、试验尺寸、冲击吸收能量由供需双方协商确定。

5.5 工艺性能

5.5.1 压扁

对于外径大于22 mm~600 mm,且壁厚与外径比值不大于10%的10、20、Q345、Q390牌号的钢管应进行压扁试验。压扁试验平板间距H按式(1)计算。压扁试验后,试样上不应出现裂缝或裂口。

$$H=\frac{(1+\alpha)S}{\alpha+S/D} \qquad \cdots\cdots(1)$$

式中:

H ——平板间距,单位为毫米(mm);

S ——钢管公称壁厚,单位为毫米(mm);

D ——钢管公称外径,单位为毫米(mm);

α ——单位长度变形系数,10钢取0.09;20钢取0.07;Q345、Q390取0.06。

5.5.2 扩口

根据需方要求,经供需双方协商,并在合同中注明,对于外径不大于76 mm且壁厚不大于8 mm的10、20和Q345牌号的钢管,可做扩口试验。扩口试验顶芯锥度为30°、45°、60°中的一种。扩口后试样的外径扩口率应符合表9的规定,扩口后试样不应出现裂缝或裂口。

表9 钢管外径扩口率

牌号	钢管外径扩口率/%		
	内径/外径		
	≤0.6	>0.6~0.8	>0.8
10、20	10	12	17
Q345	8	10	15

5.5.3 弯曲

根据需方要求,经供需双方协商,并在合同中注明,外径不大于22 mm的钢管可做弯曲试验,弯曲角度为90°,弯芯半径为钢管外径的6倍,弯曲后弯曲处不应出现裂缝或裂口。

5.6 液压

5.6.1 钢管应逐根进行液压试验。试验压力按式(2)计算,最大试验压力不超过19.0 MPa。在试验压力下,稳压时间应不少于5 s,钢管不应出现渗漏现象。

$$P=2SR/D \qquad \cdots\cdots(2)$$

式中:

P ——试验压力,单位为兆帕(MPa),当$P<7$ MPa时,修约到最接近的0.5 MPa;当$P\geqslant$ 7 MPa时,修约到最接近的1 MPa;

S ——钢管的公称壁厚,单位为毫米(mm);

D ——钢管的公称外径,单位为毫米(mm);

R ——允许应力,取规定下屈服强度的60%,单位为兆帕(MPa)。

5.6.2 供方可采用以下一种无损检测代替液压试验：

a) 用涡流检测时，应符合 GB/T 7735—2016 中的验收等级 E4H 或 E4 的规定；

b) 用漏磁检测时，应符合 GB/T 12606—2016 中验收等级 F4 或 ISO 10893-1 的规定。

5.7 表面质量

钢管的内外表面不应有目视可见的裂纹、折叠、结疤、轧折和离层。这些缺陷应完全清除，清除深度应不超过公称壁厚的下偏差，清理处的实际壁厚应不小于壁厚所允许的最小值。不超过壁厚下偏差的其他局部缺欠允许存在。

5.8 超声检测

根据需方要求，经供需双方协商，并在合同中注明，钢管可进行超声检测，验收等级为 GB/T 5777—2008 中 L4。

5.9 镀锌层

根据需方要求，经供需双方协商，并在合同中注明，钢管可镀锌交货。当钢管镀锌交货时，镀锌层的相关要求应符合附录 A 的规定。

6 试验方法

6.1 钢管的化学成分分析取样按 GB/T 20066 的规则进行。化学成分分析通常按 GB/T 4336、GB/T 20123、GB/T 20124、GB/T 20125 或其他通用的方法进行，仲裁时应按 GB/T 223.5、GB/T 223.9、GB/T 223.11、GB/T 223.12、GB/T 223.14、GB/T 223.19、GB/T 223.23、GB/T 223.26、GB/T 223.37、GB/T 223.40、GB/T 223.59、GB/T 223.63、GB/T 223.68、GB/T 223.81、GB/T 223.84、GB/T 223.86、GB/T 20125 的规定进行。

6.2 钢管的尺寸和外形应采用符合精度要求的量具进行测量。

6.3 钢管的内外表面应在充分照明条件下进行目视检查。

6.4 钢管其他检验项目的取样方法和试验方法应符合表 10 的规定。

表 10 钢管的检验项目、取样数量、取样方法、试验方法

序号	检验项目	取样数量	取样方法	试验方法
1	化学成分	每炉取 1 个试样	GB/T 20066	见 6.1
2	拉伸	每批在两根钢管上各取 1 个试样	GB/T 2975	GB/T 228.1
3	冲击	每批在两根钢管上各取一组 3 个试样	GB/T 2975	GB/T 229
4	压扁	每批在两根钢管上各取 1 个试样	GB/T 246	GB/T 246
5	扩口	每批在两根钢管上各取 1 个试样	GB/T 242	GB/T 242
6	弯曲	每批在两根钢管上各取 1 个试样	GB/T 244	GB/T 244
7	液压	逐根	—	GB/T 241
8	涡流检测	逐根	—	GB/T 7735—2016
9	漏滋检测	逐根	—	GB/T 12606—2016、ISO 10893-1
10	超声检测	逐根	—	GB/T 5777—2008
11	镀锌层	按附录 A 的相关规定		

7 检验规则

7.1 检查和验收

钢管的检查和验收由供方质量技术监督部门进行。

7.2 组批规则

7.2.1 钢管应按批进行检查和验收。

7.2.2 若钢管在切成单根后不再进行热处理,则从一根管坯轧制的钢管截取的所有管段都应视为一根。

7.2.3 每批应由同一牌号、同一炉号、同一规格、同一热处理制度(炉次)的钢管组成。每批钢管的数量应不超过如下规定:

a) 外径不大于 76 mm,并且壁厚不大于 3 mm:400 根;

b) 外径大于 351 mm:50 根;

c) 其他尺寸:200 根;

d) 剩余钢管的根数,如不少于上述规定的 50%时则单独列为一批,少于上述规定的 50%时可并入同一牌号、同一炉号、和同一规格的相邻一批中。

7.3 取样数量

每批钢管各项检验的取样数量应符合表 10 的规定。

7.4 复验与判定规则

钢管的复验与判定规则应符合 GB/T 2102 的规定。

8 包装、标志和质量证明书

8.1 钢管的包装、标志和质量证明书应符合 GB/T 2102 的规定。

8.2 根据需方要求,并在合同中注明,钢管的内外表面可涂保护层。

附 录 A
(规范性附录)
镀 锌 层

A.1 范围

本附录规定了输送一般流体用无缝钢管镀锌层的技术要求。

A.2 制造方法

钢管镀锌应采用热浸镀锌法。

A.3 镀锌钢管的理论重量

常用规格壁厚的钢管镀锌后单位长度理论重量按式(A.1)计算。其他壁厚规格的钢管镀锌后单位长度理论重量由供需双方协商确定,并在合同中注明。

$$W' = cW \qquad \text{(A.1)}$$

式中:

W'——钢管镀锌后的单位长度理论重量,单位为千克每米(kg/m);

W——钢管镀锌前的单位长度理论重量,单位为千克每米(kg/m);

c——镀锌层的重量系数,见表A.1、表A.2。

表A.1 镀锌层300 g/m² 的重量系数

公称壁厚/mm	2.0	2.2	2.5	2.8	3.0	3.2	3.5	4.0	4.5	5.0
系数 c	1.038	1.035	1.031	1.027	1.025	1.024	1.022	1.019	1.017	1.015
公称壁厚/mm	5.5	6.0	6.5	7.0	7.5	8.0	8.5	9.0	9.5	10
系数 c	1.014	1.013	1.012	1.011	1.010	1.010	1.009	1.008	1.008	1.008
公称壁厚/mm	11	12	13	14	15	16	17	18	19	20
系数 c	1.007	1.006	1.006	1.005	1.005	1.005	1.004	1.004	1.004	1.004

表A.2 镀锌层500 g/m² 的重量系数

公称壁厚/mm	2.0	2.2	2.5	2.8	3.0	3.2	3.5	4.0	4.5	5.0
系数 c	1.064	1.058	1.051	1.045	1.042	1.040	1.036	1.032	1.028	1.025
公称壁厚/mm	5.5	6.0	6.5	7.0	7.5	8.0	8.5	9.0	9.5	10
系数 c	1.023	1.021	1.020	1.018	1.017	1.016	1.015	1.014	1.013	1.013
公称壁厚/mm	11	12	13	14	15	16	17	18	19	20
系数 c	1.012	1.011	1.010	1.009	1.008	1.008	1.007	1.007	1.007	1.006

A.4 镀锌层重量

钢管热浸镀锌后应测量锌层重量,测量方法应符合 A.5 的规定。钢管内外表面镀锌层单位面积总重量应不小于 300 g/m^2。

根据需方要求,经供需双方协商,并在合同中注明,可供应内外表面镀锌层单位面积总重量不小于 500 g/m^2 的镀锌钢管。按镀锌层单位面积总重量 500 g/m^2 交货时,允许其中一个试样的内外表面镀锌层单位面积总重量小于 500 g/m^2,但不小于 480 g/m^2。

A.5 镀锌层的重量测定方法(氯化锑法)

A.5.1 试样的准备

钢管镀锌后应进行镀锌层的重量测定。从每批中任取 2 根钢管,在每根钢管的一端各截取 30 mm~60 mm(视规格大小决定)长的管段作为试样,试样的表面不应有粗糙面和锌瘤存在。试样表面应用纯净的溶剂如苯、石油苯、三氯乙烯或四氯化碳等洗净,再用乙醇淋洗,清水洗净,然后在试样两端的端面上涂上清漆(苯酚),并充分干燥。

A.5.2 试验溶液的配制

将 32 g 三氯化锑($SbCl_3$)或 20 g 三氧化二锑(Sb_2O_3)溶于 1 000 mL 密度为 1.18 kg/dm^3 以上的盐酸中配制成原液。试验前将 5 mL 原液加到 100 mL 密度为 1.18 kg/dm^3 以上的盐酸里,作为试验溶液。

A.5.3 试验程序

A.5.3.1 用天平称量试样重量,修约到最邻近的 0.01 g。

A.5.3.2 将试样浸入试验溶液中,每次浸入一个试样,液面应高于试样。在测量过程中溶液温度应不高于 38 ℃。

A.5.3.3 当试样在溶液中氢的发生变得很少,且镀锌层已经消失时,取出试样。将试样在清水中冲洗并用棉花或净布擦干,待完全干燥后再在天平上称重,修约到最邻近的 0.01 g。

A.5.3.4 试样锌层剥离后,应在试样端部两个互相垂直的方向上分别测量外径和内径,分别取其平均值作为实际外径和内径,修约到最邻近的 0.01 mm。

A.5.3.5 试验溶液在能容易地去除锌层的情况下,可以重复使用。

A.5.4 试验结果的计算

A.5.4.1 试样的表面积按式(A.2)计算:

$$A = \pi(D + d)h \qquad \cdots\cdots\text{(A.2)}$$

式中:

A ——试样剥离锌层后的表面积,单位为平方米(m^2);

π ——圆周率,取 3.141 6;

D ——试样剥离锌层后的外径,单位为米(m);

d ——试样剥离锌层后的内径,单位为米(m);

h ——试样的长度,单位为米(m)。

A.5.4.2 试样二次称重后减少的重量按式(A.3)计算:

$$\Delta m = m_1 - m_2 \qquad \cdots\cdots\text{(A.3)}$$

式中：

Δm ——二次称重后试样减少的重量，单位为克(g)；

m_1 ——试样在剥离锌层前的重量，单位为克(g)；

m_2 ——试样在剥离锌层后的重量，单位为克(g)。

A.5.4.3 镀锌层重量按式(A.4)计算：

$$m_A = \Delta m / A \quad \cdots\cdots\cdots\cdots (A.4)$$

式中：

m_A ——镀锌层的重量，单位为克每平方米(g/m^2)；

Δm ——二次称重后试样减少的重量，单位为克(g)；

A ——试样剥离锌层后的表面积，单位为平方米(m^2)。

A.5.4.4 镀锌钢管镀锌层厚度用式(A.5)计算(近似值)。

$$e = m_A / 7.14 \quad \cdots\cdots\cdots\cdots (A.5)$$

式中：

e ——镀锌层厚度的近似值，单位为微米(μm)；

m_A——镀锌层的重量，单位为克每平方米(g/m^2)。

A.6 镀锌层均匀性

镀锌钢管应进行锌层均匀性试验，试验方法应符合 A.7 的规定。试验时，试样(焊缝处除外)在硫酸铜溶液中连续浸渍 5 次应不变红(镀铜色)。

A.7 镀锌层均匀性试验方法(硫酸铜浸渍法)

A.7.1 试样的准备

钢管镀锌后应进行镀锌层的均匀性试验。从每批中任取 2 根钢管，在每根钢管的一端各截取不小于 150 mm 长的管段作为试样。试样表面的油污等应先去除，再用清洁的软布擦干净。

A.7.2 试验溶液的配制

将 33 g 结晶硫酸铜($CuSO_4 \cdot 5H_2O$)或约 36 g 工业硫酸铜溶解于 100 mL 的蒸馏水中，再加入过量的粉状氢氧化铜[$Cu(OH)_2$]或碱性碳酸铜(化学纯)[$CuCO_3$-$Cu(OH)_2$]，以中和游离酸。如加入氢氧化铜，每 10 L 溶液中约为 10 g，如加入碱性碳酸铜，每 10 L 溶液中约为 12 g，根据容器底部的沉淀来判断是否过量。同时充分搅拌，然后静置 24 h，再过滤澄清。如以粉状氧化铜(CuO)代替氢氧化铜时，则每 10 L 溶液约为 8 g，但应静置 48 h 后过滤。制成的试验溶液密度在 15 ℃时为 1.170 kg/dm^3。

A.7.3 试验容器

A.7.3.1 试验容器应选择相对硫酸铜呈惰性的材料。

A.7.3.2 容器的内部尺寸应使试样浸入溶液后与容器的任何一壁至少保持 25 mm 的间隙。

A.7.4 试验程序

A.7.4.1 试样应以切割端向下，浸渍在溶液中的长度应不小于 100 mm，在硫酸铜溶液中连续浸渍5 次。试验过程中，试样及溶液温度应保持 15 ℃～21 ℃，不应搅动。试样每次浸渍时间需持续 1 min，取出后应立即在流动的清水中清洗，并用软刷将黑色沉淀物全部清理干净，再用软布擦干。

A.7.4.2　除最后一次浸渍外,试样应立即重新浸入溶液。

A.7.4.3　试验溶液经20次浸渍试样后应废弃,不应使用。

A.7.5　试验结果的判定

试样经过连续5次浸渍,并经最后的清洗和擦干,不应呈现红色(镀铜色)。但在距试样末端25 mm以内及离溶液液面10 mm以内部位有红色金属铜沉积除外。

如经上述试验,在试样上呈现红色金属铜沉积,其附着性可用下面方法判定:在1∶10盐酸溶液中浸入15 s后立即在流动的清水中擦洗,如其底面重现锌层,试样判为合格。

对红色金属铜沉积下的底面是否存在锌层有怀疑时,可将红色金属铜沉积刮除,在该处滴一至数滴稀盐酸,若有锌层存在,则有活泼氢气产生。此外,也可用锌的定性试验来判定,即用小片滤纸或吸液管等把滴下来的酸液收集起来,用氢氧化铵中和,使其呈弱酸性。在此溶液中通入硫化氢,看是否生成白色硫化锌沉淀来判定。

A.8　镀锌层的附着力

外径不大于60.3 mm的钢管镀锌后应采用弯曲试验进行镀锌层的附着力检验。试验时,弯曲试样应不带填充物,弯曲半径为钢管外径的8倍,弯曲角度为90°。试验后,试样不应出现锌层剥落现象。

根据需方要求,经供需双方协商,并在合同中注明,外径大于60.3 mm的钢管镀锌后可采用压扁试验进行镀锌层的附着力检验。压扁试样的长度不小于64 mm。试验时,两平板间距离为钢管外径的3/4时,试样不应出现锌层剥落现象。

A.9　镀锌层表面质量

钢管的内外表面镀锌层应完整,不应有未镀上锌的黑斑和气泡存在,允许有不大的粗糙面和局部的锌瘤存在。

钢管镀锌后表面可进行钝化处理。

A.10　镀锌前检验

钢管镀锌前应进行尺寸、外形、表面、力学性能和工艺性能检验。

A.11　试验方法

A.11.1　钢管镀锌层的内外表面应在充分照明条件下进行目视检查。

A.11.2　钢管镀锌层其他检验项目的取样方法和试验方法应符合表A.3的规定。

表A.3　镀锌层其他检验项目的取样数量、取样方法、试验方法

序号	检验项目	取样数量	取样方法	试验方法
1	镀锌层重量测定	每批任取2根钢管,每根钢管各取1个纵向试样	见A.5	见A.5

表 A.3(续)

序号	检验项目	取样数量	取样方法	试验方法
2	镀锌层均匀性试验	每批任取 2 根钢管,每根钢管各取 1 个纵向试样	见 A.6	见 A.6
3	镀锌层的附着力检验	每批 1 个	GB/T 244 GB/T 246	GB/T 244 GB/T 246

A.12 组批规则

每批镀锌钢管由镀锌前的同批钢管和同一镀锌层重量级别组成。

ICS 027.010
F 04

GB

中华人民共和国国家标准

GB/T 8175—2008
代替 GB/T 8175—1987,GB/T 15586—1995

设备及管道绝热设计导则

Guide for design of thermal insulation of equipments and pipes

2008-06-19 发布 2009-01-01 实施

中华人民共和国国家质量监督检验检疫总局
中国国家标准化管理委员会 发布

前　言

本标准根据 GB/T 8175—1987《设备及管道保温设计导则》和 GB/T 15586—1995《设备及管道保冷设计导则》的内容整合、修订而成。

本标准同时代替 GB/T 8175—1987 和 GB/T 15586—1995。

本标准与 GB/T 8175—1987 和 GB/T 15586—1995 相比,主要变化如下:

——保温材料、保冷材料要求与 GB/T 4272 的相关要求相一致;

——修改低温粘结剂的要求;

——在第 4 章中增加防水材料的要求;

——增加直埋管道保温计算方法;

——在绝热结构要求中增加防水层要求。

本标准的附录 A、附录 B、附录 C 均为规范性附录。

本标准由全国能源基础与管理标准化技术委员会提出。

本标准由全国能源基础与管理标准化技术委员会省能材料应用技术分委员会归口。

本标准负责起草单位:建筑材料工业技术监督研究中心、中国疾病预防控制中心环境与健康相关产品安全所。

本标准参加起草单位:阿乐斯绝热(广州)有限公司、无锡市明江保温材料有限公司、兰州鹏飞保温隔热有限公司、北京北工国源联合科技有限公司、浙江振申绝热科技有限公司、中国水利电力物资天津公司、欧文斯科宁(中国)投资有限公司。

本标准主要起草人:戴自祝、金福锦、何振声、周敏刚、武庆涛、吴寿勇、王巧云、陈斌。

本标准所代替标准的历次版本发布情况为:

——GB/T 8175—1987;

——GB/T 15586—1995。

设备及管道绝热设计导则

1 范围

本标准规定了绝热设计的基本原则、绝热层材料和主要辅助材料的性能要求及选择原则、保温计算、保冷计算、绝热结构和绝热工程的主要施工技术要求。

本标准适用于一般设备和管道。不适用于船舶、核能以及工业炉窑和锅炉的内衬等有特殊要求的装置设施。

施工中的临时设施、各种热工仪表系统的管道及伴热管道不受本标准的约束。

2 规范性引用文件

下列文件中的条款通过本标准的引用而成为本标准的条款。凡是注日期的引用文件，其随后所有的修改单(不包括勘误的内容)或修订版均不适用于本标准，然而，鼓励根据本标准达成协议的各方研究是否可使用这些文件的最新版本。凡是不注日期的引用文件，其最新版本适用于本标准。

GB/T 4272—2008 设备及管道绝热技术通则

GB/T 8174 设备及管道绝热效果的测试与评价

GB 50126 工业设备及管道绝热工程施工规范

CJJ 104—2005 城镇供热直埋蒸汽管道技术规程

3 绝热设计的基本原则

3.1 保温设计应符合减少散热损失、节约能源、满足工艺要求、保持生产能力、提高经济效益、改善工作环境、防止烫伤等基本原则。

3.1.1 具有下列情况之一的设备、管道、管件、阀门等(以下对管道、管件、阀门等统称为管道)应保温。

a) 外表面温度大于 323 K(50 ℃)[环境温度为 298 K(25 ℃)时的表面温度]，以及根据需要要求外表面温度小于或等于 323 K(50 ℃)的设备和管道；

b) 介质凝固点高于环境温度的设备和管道。

3.1.2 除防烫伤要求保温的部位外，具有下列情况之一的设备和管道也可不保温：

a) 要求散热或必须裸露的设备和管道；

b) 要求及时发现泄漏的设备和管道上的连接法兰；

c) 要求经常监测，防止发生损坏的部位；

d) 工艺生产中排气、放空等不需要保温的设备和管道。

3.1.3 表面温度超过 333 K(60 ℃)的不保温设备和管道，需要经常维护又无法采用其他措施防止烫伤的部位应在下列范围内设置防烫伤保温：

a) 距离地面或工作平台的高度小于 2.1 m；

b) 靠近操作平台距离小于 0.75 m。

3.2　低温设备及管道的保冷设计,应以满足工艺生产、保持和发挥生产能力、减少冷损失、节约能源、并防止表面凝露,改善工作环境等为目的。

3.2.1　具有下列工况要求之一的低温设备、管道及其附件必须保冷:

a)　需减少冷介质在生产和输送过程中的温度升高或气化者;

b)　低于常温的设备和管道,需减少冷介质在生产和输送过程中冷损失量者;

c)　为防止常温以下,0 ℃以上设备及管道外壁表面凝露者;

d)　低温设备及低温管道相连的低温附件需要保冷者。

4　绝热层材料和主要辅助材料的性能要求及选择原则

4.1　保温材料

4.1.1　保温材料制品的主要性能

4.1.1.1　在平均温度为 298 K(25 ℃)时热导率值应不大于 0.080 W/(m·K),并有在使用密度和使用温度范围下的热导率方程式或图表;对于松散或可压缩的保温材料及其制品,应提供在使用密度下的热导率方程式或图表。

4.1.1.2　密度不大于 300 kg/m^3。

4.1.1.3　除软质、半硬质、散状材料外,硬质无机制品的抗压强度不应小于 0.30 MPa,有机制品的抗压强度不应小于 0.20 MPa。

4.1.2　保温材料制品还应具有下列性能资料

a)　允许最高使用温度;

b)　必要时需注明耐火性、吸水率、吸湿率、热膨胀系数、收缩率、抗折强度、腐蚀性及耐蚀性等。

4.1.3　保温材料的选择原则

4.1.3.1　保温材料制品的允许使用温度应高于正常操作时的介质最高温度。

4.1.3.2　相同温度范围内有不同材料可供选择时,应选用热导率小、密度小、造价低、易于施工的材料制品同时应进行综合比较,其经济效益高者应优先选用。

4.1.3.3　在高温条件下经综合经济比较后可选用复合材料。

4.2　保冷材料

4.2.1　保冷材料及其制品的性能要求

4.2.1.1　泡沫塑料及其制品 25 ℃时的热导率应不大于 0.044 W/(m·K),密度应不大于 60 kg/m^3,吸水率应不大于 4%,硬质成型制品的抗压强度应不小于 0.15 MPa。

4.2.1.2　泡沫橡塑制品 0℃时的热导率应不大于 0.036 W/(m·K),密度应不大于 95 kg/m^3,真空吸水率不大于 10%。

4.2.1.3　泡沫玻璃及其制品 25 ℃时的热导率应不大于 0.064 W/(m·K),密度应不大于 180 kg/m^3,吸水率应不大于 0.5%,成型制品的抗压强度不应小于 0.3 MPa。

4.2.1.4　阻燃型保冷材料的氧指数应不小于 30%。

4.2.1.5　保冷层材料尚应具有下列指标:

a)　最低和最高安全使用温度;

b)　线膨胀系数或线收缩率;

c)　必要时尚需提供抗折强度、燃烧(不燃、难燃、阻燃)性能、防潮(吸水、吸湿、憎水)性能、腐蚀或抗蚀性能、化学稳定性、热稳定性、抗冻性及透气性等。

4.2.2　保冷材料的选择原则

4.2.2.1　在主要技术性能均能满足保冷要求的范围内,有不同保冷层材料可供选择时,应优先选用热导率小,密度小,吸水、吸湿率低,耐低温性能好,易施工、造价低其综合经济效益较高的材料。

4.2.2.2　保冷层材料的最低安全使用温度,应低于正常操作时的介质最低温度。

4.2.2.3　在低温条件下经综合经济比较后,可选用两种或多种保冷层材料复合使用,或直接选用复合型保冷材料制品。

4.3　保冷层施工用的粘结剂、密封剂和耐磨剂

4.3.1　性能要求

4.3.1.1　粘结剂、密封剂和耐磨剂应能耐低温、易固化、对保冷层材料不溶解、对金属壁无腐蚀、粘结力强、密封性好。耐磨剂(仅泡沫玻璃用)在温度变化或机械振动的情况下,应能防止保冷层材料与金属外壁面间和保冷层材料制品的相互接触面发生磨损。

4.3.1.2　低温粘结剂的使用温度范围为－196 ℃～50 ℃。其软化温度应大于 80 ℃。在使用温度范围内,粘结强度应大于 0.05 MPa。对于高温吹扫和双温使用的情况,粘结剂应满足使用温度的要求。

4.3.1.3　耐磨剂的使用温度范围为－196 ℃～100 ℃。其耐热性好,在 100 ℃时无流淌及变色现象。耐寒性好,在－196 ℃下无脱落及变色现象。粘结力好,将其涂于泡沫玻璃上,干燥后无脱落现象。

4.3.2　粘结剂、密封剂和耐磨剂选择原则

4.3.2.1　粘结剂、密封剂和耐磨剂的主要技术性能,必须与所采用的保冷层材料特性相匹配。

4.3.2.2　粘结剂、密封剂和耐磨剂与保冷层材料的配用示例如下:

a)　硬质、闭孔、阻燃型聚氨酯型泡沫塑料制品,可采用聚氨基甲酸酯型双组分粘结剂或 FG 低温粘结剂,并兼作密封剂;

b)　自熄可发性聚苯乙烯泡沫塑料制品,可采用非溶剂型粘结剂(如无溶剂酚醛树脂型胶等),并兼作密封剂;

c)　泡沫玻璃可采用 FG 低温粘结剂及专用的耐磨密封剂。

4.4　防潮层材料的性能要求

4.4.1　抗蒸汽渗透性好,防潮、防水力强,其吸水率应不大于 1%。

4.4.2　阻燃,火焰离开后能在 1 s～2 s 内自熄,其氧指数不小于 30%。

4.4.3　粘结性能及密封性能好,20 ℃时其粘结强度不低于 0.15 MPa。

4.4.4　安全使用温度范围大。有一定的耐温性,软化温度不低于 65 ℃,夏季不起泡,不流淌。有一定的抗冻性,冬季不开裂,不脱落。

4.4.5　化学稳定性好,其挥发物不大于 30%,能耐腐蚀,并不得对保冷层材料及保护层材料产生溶解或腐蚀作用。

4.4.6　具有在气候变化与振动情况下仍能保持完好的稳定性。

4.4.7　干燥时间短,在常温下能使用,施工方便。

4.5　防水层材料的性能要求

应能有效防止水汽渗透、不燃或阻燃、化学稳定性好。

4.6 外保护层材料的性能要求

4.6.1 防水、防湿、抗大气腐蚀性好、不燃或阻燃、化学稳定性好。

4.6.2 强度高,在气温变化与振动情况下不开裂,使用寿命长,外表整齐美观,并便于施工和检修。

4.6.3 贮存或输送易燃、易爆物料的绝热设备或管道,以及与此类管道架设在同一支架或相交叉处的其他绝热管道,其保护层材料必须采用不燃性材料。

4.6.4 外保护层表面涂料的防火性能,应符合现行国家标准、规范的有关规定。

4.7 绝热工程材料的有关规定

4.7.1 绝热工程材料必须具有产品质量证明书或出厂合格证,其规格、性能等技术要求应符合设计文件和现行各级产品标准的规定。

4.7.2 当绝热工程材料的产品质量证明书或出厂合格证中所列指标不全,或对产品(包括现场自制品)质量有异议时,以及在大、中型绝热工程施工前,应对其主要物理化学性能,或对用于奥氏体不锈钢设备或管道上的绝热材料需提供氯离子含量指标要求时,应进行现场抽样,送交检验单位复检,并应提供检验合格报告。

4.7.3 绝热工程材料主要物理化学性能的检验应由经过认证认可的检测单位承担,所采用的检测方法和仪器设备应符合国家有关标准的规定。

4.7.4 凡未经国家、部、省、市(局)级鉴定的新型绝热工程材料不得用于大、中型绝热工程。

5 保温计算

5.1 计算原则

5.1.1 管道和圆筒设备外径大于 1 000 mm 者,可按平面计算保温层厚度;其余均按圆筒面计算保温层厚度。

5.1.2 为减少散热损失的保温层其厚度应按经济厚度方法计算。

5.1.2.1 对于热价低廉,保温材料制品或施工费用较高,根据公式计算得出的经济厚度偏小以致散热损失超过 GB/T 4272—2008 中表 1 或表 2 内规定的最大允许散热损失时,应重新按表内最大允许散热损失的 80%~90%计算其保温层厚度。

5.1.2.2 对于热价偏高、保温材料制品或施工费用低廉、并排敷设的管道,尚应考虑支撑结构、占地面积等综合经济效益,其厚度可小于经济厚度。

5.2 保温层厚度和散热损失的计算

5.2.1 保温层经济厚度的计算公式

a) 平面的计算公式见式(1):

$$\delta = 1.897 \times 10^{-3}\sqrt{\frac{f_n \cdot \lambda \cdot \tau(T - T_a)}{P_i \cdot S}} - \frac{\lambda}{\alpha} \qquad \cdots\cdots(1)$$

式中:

δ——保温层厚度,单位为米(m);

f_n——热价,单位为元每吉焦(元/GJ);

λ——保温材料制品热导率,对于软质材料应取安装密度下的热导率,单位为瓦每米开尔文[W/(m·K)];

τ——年运行时间,单位为小时(h);

T——设备和管道的外表面温度,单位为开尔文(摄氏度)[K(℃)];

T_a——环境温度,单位为开尔文(摄氏度)[K(℃)];

P_i——保温结构单位造价,单位为元每立方米(元/m³);

S——保温工程投资贷款年分摊率,按复利计息:$S=\frac{i(1+i)^n}{(1+i)^n-1}\times 100\%$;

i——年利率(复利率);

n——计息年数;

α——保温层外表面与大气的换热系数,单位为瓦每平方米开尔文[W/(m²·K)]。

b) 圆筒面的计算公式见式(2):

$$D_o \ln\frac{D_o}{D_i}=3.795\times 10^{-3}\sqrt{\frac{f_n\cdot\lambda\cdot\tau(T-T_a)}{P_i\cdot S}}-\frac{2\lambda}{\alpha} \quad\cdots\cdots(2)$$

$$\delta=\frac{D_o-D_i}{2}$$

式中:

D_o——保温层外径,单位为米(m);

D_i——保温层内径,单位为米(m);

其余符号说明与式(1)相同。

5.2.2 保温层表面散热损失计算公式

a) 平面的计算公式见式(3):

$$q=\frac{T-T_a}{R_i+R_s}=\frac{T-T_a}{\frac{\delta}{\lambda}+\frac{1}{\alpha}} \quad\cdots\cdots(3)$$

式中:

q——单位表面散热损失,

平面:单位为瓦每平方米(W/m²);

管道:单位为瓦每米(W/m);

R_i——保温层热阻,

平面:单位为平方米开尔文每瓦[(m²·K)/W];

管道:单位为米开尔文每瓦[(m·K)/W];

R_s——保温层表面热阻,

平面:单位为平方米开尔文每瓦[(m²·K)/W];

管道:单位为米开尔文每瓦[(m·K)/W] 。

b) 圆筒面的计算公式见式(4):

$$q=\frac{T-T_a}{R_i+R_s}=\frac{2\pi(T-T_a)}{\frac{1}{\lambda}\ln\frac{D_o}{D_i}+\frac{2}{\alpha\cdot D_o}} \quad\cdots\cdots(4)$$

5.2.3 保温层外表面温度的计算公式

a) 平面的计算公式见式(5):

$$T_s=q\cdot R_s+T_a=\frac{q}{\alpha}+T_a \quad\cdots\cdots(5)$$

式中：

T_s——保温层外表面温度，单位为开尔文(摄氏度)[K(℃)]。

b) 圆筒面的计算公式见式(6)：

$$T_s = q \cdot R_s + T_a = \frac{q}{\pi \cdot D_o \cdot \alpha} + T_a \quad \cdots\cdots(6)$$

5.3 保温计算主要数据选取原则

5.3.1 温度

5.3.1.1 表面温度 T

a) 无衬里的金属设备和管道的表面温度 T，取介质的正常运行温度；

b) 有内衬的金属设备和管道应进行传热计算确定外表面温度。

5.3.1.2 环境温度 T_a

a) 设置在室外的设备和管道在经济保温厚度和散热损失计算中，环境温度 T_a 常年运行的取历年之年平均温度的平均值；季节性运行的取历年运行期日平均温度的平均值；

b) 设置在室内的设备和管道在经济保温厚度及散热损失计算中环境温度 T_a 均取 293 K (20 ℃)；

c) 设置在地沟中的管道，当介质温度 T=352 K(80 ℃)时，环境温度 T_a 取 293 K(20 ℃)；当介质温度 T=354 K～383 K(81 ℃～110 ℃)时，环境温度 T_a 取 303 K(30 ℃)；当介质温度 $T \geqslant$383 K(110 ℃)时，环境温度 T_a 取 313 K(40 ℃)；

d) 在校核有工艺要求的各保温层计算中环境温度 T_a 应按最不利的条件取值。

5.3.2 表面放热系数 α

5.3.2.1 在经济厚度及热损失计算中，设备和管道的保温结构外表面放热系数 α 一般取 11.63 W/(m^2·K)。

5.3.2.2 在校核保温结构表面温度计算中，一般情况按 $\alpha = 1.163(6+3\sqrt{\omega})$ W/(m^2·K)计算，式中 ω 为风速，单位为米每秒(m/s)。

5.3.2.3 如要求计算值更接近于真值，则应按不同外表面材料的热发射率与环境风速对 α 值的影响，将辐射与对流放热系数分别计算然后取其和。

5.3.3 热导率 λ[1)]

保温材料制品的热导率或热导率方程应由制造厂提供并应符合 4.1.1 的要求。

5.3.4 保温结构的单位造价 P_i

单位造价应包括主材费、包装费、运输费、损耗、安装(包括辅助材料费)及保护结构费等。

5.3.5 计息年数 n

计算期年数。一般取 10 年。

5.3.6 年利率 i

取复利。

5.3.7 热价 f_n

应按各地区、各部门的具体情况确定。

---

1) 一般试验室均将材料烘干至恒重后再行测试，所得 λ 值常与实际有差别。为使设计计算更接近于实际，可采用经环境因素影响而校正后的热导率 λ_p，代替试验室测出的 λ 值。

5.3.8 年运行时间 τ

常年运行一般按 8 000 h 计;采暖运行中的采暖期按 3 000 h 计;采暖期较长地区得按实际采暖期(小时)计;其他按实际情况选取年运行时间。

5.4 直埋管道保温计算

对于埋地管道保温可参照 CJJ 104—2005 的 5.2 进行计算。

6 保冷计算

6.1 保冷计算原则

6.1.1 为减少冷量损失(热量吸入)并防止外表面凝露的保冷,采用经济厚度法计算保冷层厚度,以热平衡法校核其外表面温度,该温度应高于环境的露点温度,否则加厚重新核算,直至满足要求。

6.1.2 为防止外表面凝露的保冷,采用表面温度法计算保冷层厚度。

6.1.3 工艺上允许冷损失量的保冷,采用热平衡法计算保冷层厚度,并校核其外表面温度。该温度应高于环境的露点温度,否则加厚重新核算,直至满足要求。

6.1.4 公称直径大于 1 000 mm 的管道和圆筒形设备,按平面绝热计算公式计算;公称直径等于或小于 1 000 mm 时,则按圆筒面绝热计算公式计算;球形容器则按球形容器绝热计算公式计算。

6.1.5 在同一管道或设备上采用一种保冷材料保冷时,按单层绝热计算公式计算;采用两种保冷材料保冷时,则按双层绝热计算公式计算(复合预制品除外),双层保冷层的层间间面温度(即内层保冷层外表面温度)应不低于其相邻外层保冷材料的最低安全使用温度。

6.2 保冷层厚度计算

6.2.1 保冷层的经济厚度计算

a) 平面的计算公式见式(7):

$$\delta = 1.897 \times 10^{-3}\sqrt{\frac{f_n \cdot \lambda \cdot \tau(t - t_a)}{P_i \cdot S}} - \frac{\lambda}{\alpha_s} \quad \cdots\cdots\cdots\cdots(7)$$

式中:

δ——保温层厚度,单位为米(m);

f_n——热价,单位为元每吉焦(元/GJ);

λ——保冷材料制品在使用温度下的热导率,单位为瓦每米开尔文[W/(m·K)];

τ——年运行时间,单位为小时(h);

t_a——环境温度,单位为摄氏度(℃);

t——设备和管道的外表面温度,单位为摄氏度(℃);

α_s——保冷层外表面与大气的换热系数,单位为瓦每平方米开尔文[W/(m²·K)];

P_i——保冷结构单位造价,单位为元每立方米(元/m³);

S——保冷工程投资贷款年分摊率。按复利计息:

$$S = \frac{i(1+i)^n}{(1+i)^n - 1} \times 100\%$$

i——年利率(复利率);

n——计息年数。

b) 圆筒面的计算公式见式(8)：

$$D_o \ln \frac{D_o}{D_i} = 3.795 \times 10^{-3} \sqrt{\frac{f_n \cdot \lambda \cdot \tau (t - t_a)}{P_i \cdot S}} - \frac{2\lambda}{\alpha_s} \quad \cdots\cdots (8)$$

$$\delta = \frac{D_o - D_i}{2}$$

式中：

D_o——保温层外径，单位为米(m)；

D_i——保温层内径，单位为米(m)。

6.2.2 防止表面凝露的保冷层厚度计算

a) 平面单层保冷层：

$$\delta = \frac{\lambda (t_s - t)}{\alpha_s (t_a - t_s)} \quad \cdots\cdots (9)$$

式中：

δ——单层保冷层厚度或双层保冷层总厚度，单位为米(m)；

λ——单层保冷层材料制品在使用温度下的热导率，单位为瓦每米开尔文[W/(m·K)]；

t——金属管道、圆筒形设备及球形容器壁的外表面温度，单位为摄氏度(℃)；

t_a——单层保冷层外表面温度或双层保冷层第二层(外层)外表面温度，单位为摄氏度(℃)；

t_s——保冷层外表面温度，单位为摄氏度(℃)。

b) 平面双层保冷层：

保冷层总厚度：

$$\delta = \frac{\lambda_1 (t_1 - t) + \lambda_2 (t_s - t_1)}{\alpha_s (t_a - t_s)} \quad \cdots\cdots (10)$$

式中：

λ_1——第一层保冷层材料制品在使用温度下的热导率，单位为瓦每米开尔文[W/(m·K)]；

λ_2——第二层保冷层材料制品在使用温度下的热导率，单位为瓦每米开尔文[W/(m·K)]；

t_1——第一层(内层)保冷层外表面温度，第一、二层保冷层间界面温度，单位为摄氏度(℃)。

保冷层各层厚度：

第一层(内层)：

$$\delta_1 = \frac{\lambda_1 (t_1 - t)}{\alpha_s (t_a - t_s)} \quad \cdots\cdots (11)$$

第二层(外层)：

$$\delta_2 = \frac{\lambda_2 (t_s - t_1)}{\alpha_s (t_a - t_s)} \quad \cdots\cdots (12)$$

c) 圆筒面单层保冷层：

$$\frac{D_1}{D_o} \ln \frac{D_1}{D_o} = \frac{2\lambda (t_s - t)}{D_o \cdot \alpha_s (t_a - t_s)} \quad \cdots\cdots (13)$$

$$\delta = \frac{D_o}{2} \left(\frac{D_1}{D_o} - 1 \right)$$

式中：

D_o——管道、圆筒形设备或球形容器的外径，单位为米(m)；

D_1——管道、圆筒形设备或球形容器单层保冷层的外径,或第一层(内层)保冷层外径,单位为米(m)。

d) 圆筒面双层保冷层:

保冷层的总厚度:

$$\frac{D_2}{D_o}\ln\frac{D_2}{D_o}=\frac{2[\lambda_1(t_1-t)+\lambda_2(t_s-t_1)]}{D_o\cdot\alpha_s(t_a-t_s)} \quad \cdots\cdots(14)$$

$$\delta=\frac{D_o}{2}\left(\frac{D_2}{D_o}-1\right)$$

式中:

D_2——第二层(外层)保冷层外径,单位为米(m)。

保冷层各层厚度:

第一层(内层):

$$\frac{D_1}{D_o}\ln\frac{D_1}{D_o}=\frac{2\lambda_1(t_1-t)}{D_o\cdot\alpha_s(t_a-t_s)} \quad \cdots\cdots(15)$$

$$\delta=\frac{D_o}{2}\left(\frac{D_1}{D_o}-1\right)$$

第二层(外层):

$$\frac{D_2}{D_o}\ln\frac{D_2}{D_o}=\frac{2\lambda_2(t_s-t_1)}{D_o\alpha_s(t_a-t_s)} \quad \cdots\cdots(16)$$

$$\delta=\frac{D_1}{2}\left(\frac{D_2}{D_1}-1\right)$$

6.2.3 控制允许损失量的保冷层厚度计算

a) 平面单层保冷层:

$$\delta=\lambda\left(\frac{t-t_a}{q_p}-\frac{1}{\alpha_s}\right) \quad \cdots\cdots(17)$$

或

$$\delta=\lambda\left(\frac{t-t_a}{q_p}-R_2\right) \quad \cdots\cdots(18)$$

式中:

q_p——平面保冷层单位冷损失,单位为瓦每平方米(W/m^2);

R_2——平面保冷层对周围空气的吸热阻,单位为平方米开尔文每瓦[$(m^2\cdot K)/W$]。

b) 平面双层保冷层:

$$\delta_1=\lambda_1\left(\frac{t-t_a}{q_p}-\frac{\delta_2}{\lambda_2}-\frac{1}{\alpha_s}\right) \quad \cdots\cdots(19)$$

或

$$\delta_1=\lambda_1\left(\frac{t-t_a}{q_p}-\frac{\delta_2}{\lambda_2}-R_2\right) \quad \cdots\cdots(20)$$

c) 圆筒面单层保冷层:

$$\ln\frac{D_1}{D_2}=2\pi\lambda\left(\frac{t-t_a}{q_L}-\frac{1}{\pi D_1\alpha_s}\right) \quad \cdots\cdots(21)$$

$$\delta=\frac{1}{2}(D_1-D_o)$$

或

$$\ln\frac{D_1}{D_2}=2\pi\lambda\left(\frac{t-t_a}{q_L}-R_1\right) \quad\cdots\cdots(22)$$

$$\delta=\frac{1}{2}(D_1-D_o)$$

式中：

q_L——圆筒面保冷层单位冷损失，单位为瓦每米(W/m)；

R_1——圆筒面保冷层对周围空气的吸热阻，单位为米开尔文每瓦[(m·K)/W]。

d) 圆筒面双层保冷层：

$$\ln\frac{D_1}{D_o}=2\pi\lambda_1\left(\frac{t-t_a}{q_L}-\frac{1}{2\pi\lambda_2}\ln\frac{D_2}{D_1}-\frac{1}{\pi D_1\alpha_s}\right) \quad\cdots\cdots(23)$$

$$\delta_1=\frac{1}{2}(D_1-D_o)$$

或

$$\ln\frac{D_1}{D_o}=2\pi\lambda_1\left(\frac{t-t_a}{q_L}-\frac{1}{2\pi\lambda_2}\ln\frac{D_2}{D_1}-R_1\right) \quad\cdots\cdots(24)$$

$$\delta_1=\frac{1}{2}(D_1-D_o)$$

6.2.4 球形容器保冷层厚度计算

$$\frac{D_1}{D_o}\delta=\frac{\lambda(t-t_s)}{\alpha_s(t_s-t_a)} \quad\cdots\cdots(25)$$

$$\delta=\frac{1}{2}(D_1-D_o)$$

注：保冷层厚度应按每一档为 10 mm 取整，如 10,20,30,40,50,…。

6.3 保冷层冷损失量计算

6.3.1 平面保冷层冷损失量减计算

a) 单层保冷层：

$$q_p=\frac{t-t_a}{\dfrac{\delta}{\lambda}+\dfrac{1}{\alpha_s}} \quad\cdots\cdots(26)$$

b) 双层保冷层：

$$q_p=\frac{t-t_a}{\dfrac{\delta_1}{\lambda_1}+\dfrac{\delta_2}{\lambda_2}+\dfrac{1}{\alpha_s}} \quad\cdots\cdots(27)$$

6.3.2 圆筒面保冷层冷损失量计算

a) 单层保冷层：

$$q_L=\frac{2\pi(t-t_a)}{\dfrac{1}{\lambda}\ln\dfrac{D_1}{D_o}+\dfrac{2}{D_1\alpha_s}} \quad\cdots\cdots(28)$$

b） 双层保冷层：

$$q_L=\frac{2\pi(t-t_a)}{\frac{1}{\lambda_1}\ln\frac{D_1}{D_o}+\frac{1}{\lambda_2}\ln\frac{D_2}{D_1}+\frac{2}{D_2\alpha_s}} \quad\cdots\cdots(29)$$

6.3.3 球形容器保冷层冷损失量计算

单层保冷层

$$Q=\pi\cdot D_1^2\cdot\alpha_s(t_s-t_a) \quad\cdots\cdots(30)$$

式中：

Q——每台球形容器保冷层表面冷量总损失，单位为瓦每台(W/台)。

6.4 保冷层外表面温度计算

6.4.1 平面保冷层外表面温度计算

a） 单层保冷层：

$$t_s=\frac{\lambda t+\delta t_a\alpha_s}{\lambda+\delta\alpha_s} \quad\cdots\cdots(31)$$

或

$$t_s=t-q_p\left(\frac{\delta}{\lambda}\right) \quad\cdots\cdots(32)$$

b） 双层保冷层：

$$t_s=t-q_p\left(\frac{\delta_1}{\lambda_1}+\frac{\delta_2}{\lambda_2}\right) \quad\cdots\cdots(33)$$

或

$$t_1=t-q_p\left(\frac{\delta_1}{\lambda_1}\right) \quad\cdots\cdots(34)$$

$$t_s=t_1-q_p\left(\frac{\delta_2}{\lambda_2}\right) \quad\cdots\cdots(35)$$

6.4.2 圆筒面保冷层外表面温度计算

a） 单层保冷层：

$$t_s=t-\frac{q_L}{2\pi}\left(\frac{1}{\lambda}\ln\frac{D_1}{D_o}\right) \quad\cdots\cdots(36)$$

b） 双层保冷层：

$$t_s=t-\frac{q_L}{2\pi}\left(\frac{1}{\lambda_1}\ln\frac{D_1}{D_o}+\frac{1}{\lambda_2}\ln\frac{D_2}{D_1}\right) \quad\cdots\cdots(37)$$

或

$$t_1=t-\frac{q_L}{2\pi}\left(\frac{1}{\lambda_1}\ln\frac{D_1}{D_o}\right) \quad\cdots\cdots(38)$$

$$t_s=t_1-\frac{q_L}{2\pi}\left(\frac{1}{\lambda_2}\ln\frac{D_2}{D_1}\right) \quad\cdots\cdots(39)$$

6.4.3 球形容器保冷层外表面温度计算

$$t_s=t_a+\frac{Q}{\alpha_s\cdot\pi\cdot D_1^2} \quad\cdots\cdots(40)$$

6.5 冷收缩量计算

6.5.1 根据保冷层材料与保冷设备或管道的线膨胀系数，分别算出其在保冷温度下的冷收缩量，在低温保冷工程中应根据这些收缩量之间的差值情况，于保冷层上合理设置伸缩缝。

6.5.2 每米管道或保冷层材料在保冷温度下的收缩量计算

$$\Delta L = \beta L_1 (t_a - t_m) \quad \cdots\cdots (41)$$

式中：

ΔL——线膨胀量，单位为毫米(mm)；

β——物体的线膨胀系数，单位为每摄氏度(℃$^{-1}$)；

L_1——管道或保冷层材料在常温下的长度，单位为毫米(mm)；

t_m——管道或保冷层材料的平均温度，单位为摄氏度(℃)；

t_a——环境温度，单位为摄氏度(℃)。

6.6 保冷计算主要数据选取原则

6.6.1 经济厚度法计算的数据

a) 外表面温度 t(℃)

无衬里的金属设备和管道的表面温度 t，取介质的正常运行温度 t_f(℃)。

b) 环境温度 t_a(℃)

常年运行者，取历年之年平均温度的平均值；季节性运行者，取累年运行期日平均温度的平均值。

c) 表面换热系数 α_s[W/(m^2·K)]

保冷结构外表面对周围空气的换热系数 α_s。

当须核算表面温度时，

并排敷设：$\alpha = 7 + 3.5\sqrt{\omega}$

单根敷设：$\alpha = 11.63 + 7\sqrt{\omega}$

式中 ω 为风速，取历年年平均风速(m/s)。

d) 计息年数 n

一般取 4～6 年。

e) 年利率 i

取 10%(复利)

f) 热价 f_n(元/GJ)

按不同地区、不同制冷规模的具体情况来确定。

g) 年运行时间 τ(h)

常年运行一般按 8 000 h 计算；间隙或季节性运行按设计或实际规定的天数计。

6.6.2 表面温度法计算的数据

a) 外表面温度 t(℃)

无衬里的金属设备和管道的表面温度 t，取介质的正常运行温度 t_f。

b) 环境温度 t_a(℃)

取累年夏季空调室外干球计算温度。

c) 露点温度 t_d(℃)

露点温度 t_d 应取累年室外最热月月平均相对湿度，与本条 b) 中环境温度 t_a 的取值相对应的露点温度。

d) 保冷层外表面温度 t_s(℃)

取 $t_s = t_d + (1\sim3)$℃

对于聚氨酯泡沫塑料,当 $\Delta t = (t_a - t_d) \leqslant 2$℃时取下限;$\Delta t \geqslant 4$℃的取上限。

e) 保冷层层间界面温度 t_1(℃)

双层保冷层内外层层间界面温度(即内层保冷层外表面温度)t_1,应不低于其相邻外层保冷材料的最低安全使用温度。

f) 表面换热系数 α_s,一般取值为 8.14 W/(m^2·K)

保冷层外表面对周围空气的换热系数 α_s。

g) 热导率 λ[W/(m·K)]

保冷材料热导率 λ,应按其使用温度进行修正。

6.6.3 热平衡法计算的数据

a) 表面温度 t、环境温度 t_a、露点温度 t_d、保冷层层间界面温度 t_1、保冷材料热导率 λ 及保冷层外表面换热系数 α_s 等数据的选取原则,与表面温度计算法相同。

b) 核算保冷层外表面温度 t_s 的有关数据,与 6.6.2 表面温度法计算的数据相同。

7 绝热结构

7.1 绝热结构

绝热结构由内至外,由防锈层、绝热层、防潮层(或称阻汽层)、保护层、防腐蚀层及识别层组成。防腐层可以兼作识别层,在保温结构中保护层可以兼作防潮层。绝热结构的设计应符合绝热效果好、施工方便、防火、耐久、美观等。

7.2 防锈层

凡碳钢和铁素体合金钢管道、设备及其附件的外表面,在清净后应涂刷防锈层。不锈钢、有色金属及非金属材料的管道、设备及其附件的外表面,在清净后不需涂刷防锈层。

7.3 绝热层

有粘结、浇注、喷涂、充填及多层复合等结构,是决定绝热效果好坏最关键的一层。要求材料的技术性能及厚度必须符合设计规定,且厚薄均匀,接缝严实、紧固合理,松紧适度,外形完整无缺,确保绝热效果良好。当厚度大于 80 mm 时,必须分层施工。

7.4 防潮层

防潮层是确保保冷层绝热效果良好的重要一层。防潮层有粘贴、涂膜及包缠等结构。要求防潮层搭接适度、厚薄均匀、完整严密,无气孔,无鼓泡或开裂等缺陷。应具有阻燃、防水、防蒸汽渗透及抗老化等性能。

7.5 防水层

防水层是确保保温层绝热效果良好的重要一层。应能有效防止水汽渗透、不燃或阻燃、化学稳定性好。

7.6 保护层

保护层有金属及非金属结构,是绝热结构的外护层。保护防潮层和保冷层不受机械损伤和室外雨、雪、风、雹等的冲刷和压撞。要求保护层必须严密、防水、防湿、能抗大气腐蚀和光照老化、不燃或阻燃、黑度小、容量轻、不开裂、有足够的机械强度、使用寿命长、并能使保冷结构外形整齐美观。

7.7 防腐蚀及识别层

在保护层外表面可根据需要涂刷防腐漆,其最外层可采用不同颜色的防腐漆或制作相应色标,用以识别管道及设备内外介质类别和流向,故防腐层可兼作识别层。

8 绝热工程的主要施工技术要求

8.1 保温工程

8.1.1 保温层

8.1.1.1 设备、直管道、管件等无需检修处宜采用固定式保温工程,法兰、阀门、人孔等处宜采用可拆卸式的保温工程。

8.1.1.2 保温厚度宜按 10 mm 为分级单位。保温层设计厚度大于 80 mm 时,保温结构宜按分层考虑;内外层应彼此错开。

8.1.1.3 使用软质和半硬质保温材料时,设计应根据材料的最佳保温密度或保证其在长期运行中不致塌陷的密度而规定其施工压缩量。

8.1.1.4 保温层的支撑及紧固:

a) 高于 3 m 的立式设备、垂直管道以及与水平夹角大于 45°,长度超过 3 m 的管道应设支撑圈,其间距一般为 3 m~6 m。

b) 硬质材料施工中应预留伸缩缝。设置支撑圈者应在支撑圈下预留伸缩缝。缝宽应按金属壁和保温材料的伸缩量之间的差值考虑。伸缩缝间应填塞与硬质材料厚度相同的软质材料,该材料使用温度应大于设备和管道的表面温度。

c) 保温层应采取适当措施进行紧固。

8.1.2 保护层

8.1.2.1 保护层应具有保护保温层和防水的性能。

8.1.2.2 一般金属保护层应采用 0.3 mm~0.8 mm 厚的镀锌薄钢板或防锈铝板制成外壳,壳的接缝必须搭接以防雨水进入。

8.1.2.3 玻璃布保护层一般在室内使用。纤维水泥类抹面保护层不得在室外使用。

8.1.2.4 可采用其他已被确认可靠的新型外保护层材料。

8.2 保冷工程

8.2.1 保冷层

8.2.1.1 保冷层厚度应符合设计规定,保冷层设计厚度大于 80 mm 时,保冷结构宜按分层考虑;内外层应彼此错开。当分层施工时应逐层紧固。

8.2.1.2 保冷层施工时,应同层错缝,上下层盖缝。其接缝应以粘结剂、密封剂填实、挤紧、刮平、粘牢、密封,接缝宽度不得大于 2 mm。

8.2.1.3 保冷工程的金属固定件不得穿透保冷层。

8.2.1.4 保冷工程的支、吊、托架等处应采用硬质隔热垫块,或采用经防潮防蛀处理后的硬质木垫块支承。

8.2.1.5 采用聚氨酯泡沫塑料现场浇注或喷涂作保冷层时,在正式浇注或喷涂之前,必须按各项技术要求预先进行试浇或试喷。

8.2.1.6 保冷箱充填保冷层结束后,必须密封缝口,并进行充气试漏检验。

8.2.1.7 伸缩缝的预留应符合下列规定：

a) 双层或多层保冷层各层之间伸缩缝的位置必须错开，错开距离不宜大于 100 mm；

b) 弯头两端长直管段保冷层上可各留一道伸缩缝。当两弯头之间的间距很小时，其直管段保冷层上的伸缩缝可根据介质温度确定仅留一道或不留设；

c) 在卧式设备的筒体保冷层上距连接 100 mm～150 mm 处，均应留一道伸缩缝；

d) 立式设备及垂直管道，应在其保冷层的支承环下面留设 25 mm 宽的伸缩缝；

e) 球形容器应按设计规定留设伸缩缝；

f) 保冷层伸缩缝，应用软质泡沫塑料条填塞严密，或挤入发泡型粘结剂。外面用 50 mm 宽的不干性胶带粘贴密封。伸缩缝还必须再保冷。

8.2.1.8 在下列情况之一下，必须按膨胀移动方向的另一侧留出适当的膨胀间隙：

a) 填料式补偿器和波纹补偿器；

b) 当滑动支架高度小于保冷层厚度时；

c) 保冷结构与墙、梁、栏杆、平台、支撑等固定构件及管道所通过的孔洞之间。

8.2.2 防潮层

8.2.2.1 防潮层室外施工应避免在雨、雪中进行。

8.2.2.2 涂抹型防潮层的外表面应平整、均匀、严密，其厚度应达到设计规定。

8.2.2.3 包扎型防潮层，其包扎材料的接缝搭接宽度应不小于 50 mm，搭接处必须粘密实。卧式设备及水平管道的纵向接缝位置应在两侧搭接，缝口朝下。立式设备和垂直管道的环向接缝应是“上搭下”。粘贴方式可采用螺旋型缠绕或平铺。

8.2.3 保护层

8.2.3.1 金属保护层应采用厚 0.3 mm～0.8 mm 的镀锌薄钢板，或厚度为 0.5 mm～1 mm 的防锈铝板制成护壳。大型设备的金属保护层应采用波型或槽型金属护壳板装配成壳。金属护壳的结构及紧固形式，必须满足保冷层伸缩缝和膨胀间隙的要求。金属护壳的接缝应搭接或咬接，紧固金属护壳时，严禁刺破防潮层。

8.2.3.2 在酸碱环境下可采用阻燃型非金属防腐材料作防护层。

附 录 A
(规范性附录)
保温层厚度的计算方法

在允许温降条件下输送液体管道的保温层厚度应按热平衡方法计算。

A.1 无分支(无节点)管道

A.1.1 当$\frac{T_1-T_a}{T_2-T_a}>2$时:

$$\ln\frac{D_o}{D_1}=2\pi\lambda\left(\frac{L_c}{q_m\cdot C\cdot\ln\frac{T_1-T_a}{T_2-T_a}}-\frac{1}{\pi D_o\alpha}\right)\qquad\text{(A.1)}$$

$$\delta=\frac{D_o-D_1}{2}$$

A.1.2 当$\frac{T_1-T_a}{T_2-T_a}<2$时:

$$\ln\frac{D_o}{D_1}=2\pi\left(\frac{L_c(T_m-T_a)}{q_m\cdot C(T_1-T_2)}-\frac{1}{\pi D_o\alpha}\right)\qquad\text{(A.2)}$$

$$\delta=\frac{D_o-D_1}{2}$$

$$L_c=K_r\cdot L\qquad\text{(A.3)}$$

式中:

T_1——管道1点处的介质温度,单位为开尔文(摄氏度)[K(℃)];

T_2——管道2点处的介质温度,单位为开尔文(摄氏度)[K(℃)];

L_c——管道计算长度,单位为米(m);

K_r——管道通过吊架处热损失附加系数;

L——管道实际长度,单位为米(m);

T_m——算术平均温度,单位为开尔文(摄氏度)[K(℃)];

q_m——介质质量流量,单位为千克每小时(kg/h);

C——介质热容,单位为焦每千克开尔文[J/(kg·K)]。

A.2 有分支(有节点)管道

节点处温度按式(A.4)计算:

$$T_c=T_{c-1}-(T_i-T_n)\frac{\frac{L_{c-1\to c}}{q_{mc-1\to c}}}{\sum_{i=2}^{n}\frac{L_{i-1\to i}}{q_{mi-1\to i}}}\qquad\text{(A.4)}$$

式中:

T_c,T_{c-1}——分别为节点c与前一节点$c-1$处的温度,K(℃);

T_i——管道起点的温度,单位为开尔文(摄氏度)[K(℃)];

T_n——管道终点的温度,单位为开尔文(摄氏度)[K(℃)];

$L_{c-1\to c}$——节点 c 与前一节点 $c-1$ 之间的管段长度,单位为米(m);

$L_{i-1\to i}$——节点 i 与前一节点 $i-1$ 之间的管段长度,单位为米(m);

$q_{mc-1\to c}$——$c-1$ 与 c 两点之间管道介质质量流量,单位为千克每小时(kg/h);

$q_{mi-1\to i}$——任意点 i 与前一节点 $i-1$ 之间介质质量流量,单位为千克每小时(kg/h)。

附　录　B
（规范性附录）
保温层厚度的计算方法

延迟管道内介质冻结、凝固的保温层厚度应按热平衡方法计算。

$$\ln\frac{D_o}{D_i}=2\pi\lambda\left[\frac{K_r\cdot t_{fr}}{\frac{2(T-T_{fr})(V\rho c+V_p\rho_p c_p)}{T+T_{fr}-2T_a}-\frac{0.25V\rho H_{fr}}{T_{fr}-T_a}}-\frac{1}{\pi D_o\alpha}\right] \cdots\cdots\cdots(B.1)$$

$$\delta=\frac{D_o-D_i}{2}$$

式中：

K_r——管道通过吊架处热损失附加系数；

t_{fr}——介质在管道内防止冻结停留时间，单位为小时(h)；

T_{fr}——管道内介质的冻结温度，单位为摄氏度(℃)；

V,V_p——分别为介质体积和管壁体积，单位为立方米(m^3)；

ρ,ρ_p——分别为介质密度和管材密度，单位为千克每立方米(kg/m^3)；

c,c_p——分别为介质热容和管材热容，单位为焦每千克开尔文[J/(kg·K)]；

H_{fr}——介质融解热，单位为焦(J)。

附 录 C
(规范性附录)
不同材料双层保温厚度的计算方法

C.1 内层厚度按表面温度计算,外层厚度按经济厚度方法计算。

C.2 内外层界面处温度应按外层保温材料最高使用温度的 0.9 倍计算。

ICS 75.200
E 98

中华人民共和国国家标准

GB/T 9711—2017
代替 GB/T 9711—2011

石油天然气工业　管线输送系统用钢管

Petroleum and natural gas industries—Steel pipe for pipeline transportation systems

(ISO 3183:2012,MOD)

2017-05-12 发布　　2017-12-01 实施

40 中华人民共和国国家质量监督检验检疫总局
中国国家标准化管理委员会　发布

前　言

本标准按照 GB/T 1.1—2009 给出的规则起草。

本标准代替 GB/T 9711—2011《石油天然气工业　管线输送系统用钢管》。与 GB/T 9711—2011 相比，除编辑性修改外，主要技术变化如下：

——在第 2 章 2.1 计量单位中增加购方应规定使用的单位制(SI 制或 US 制)，且一个合同、一个检验文件、一个标志只能采用规定的单个单位制表示数据。

——第 3 章：

1) 删除 SY/T 6423 钢管无损检验系列标准和失效 ISO 无损检验标准等，增加引用 ISO 10893 等钢管 NDT 系列标准；

2) 删除 GB/T 228 等国家标准，用相应的 ISO 和 ASTM 等标准替代；

3) 增加引用 API TR 5T1 缺欠名词术语等规范性引用文件。

——第 4 章增加引用 API TR 5T1《缺欠术语》为基础术语标准。还增加了母(钢)带 Mother Coil 等十多个术语。

——第 5 章增加 COW、GMAW、MT、PT、SAW、SMAW、UT 七个焊接、无损检测的缩略语。

——在第 6 章钢管等级、钢级和可接受的交货状态表中增加适于无缝管的钢级 L625Q/X90Q 和 L690Q/X100Q，并在与力学性能对应的标准正文中增加相应内容。

——在第 7 章由购方提供的信息：

- 7.2b)中增加：

1) 产品分析方法(见 10.2.4.1)；

2) $D \geqslant 508$ mm(20.000 in)钢管直径测量的替代方法(见 10.2.8.1)；

3) 对接钢管焊接类型(见 A.1.1)；

4) IQI 的替代类型(见 E.4.3.1)。

- 7.2c)中增加：

1) 由 2 或 3 根短管对接而成的长度为 12 m 和 24 m 的对接钢管所占比率；

2) 多钢级钢管标志；

3) 电焊(EW)焊缝静水压试验后的无损检测；

4) 冷扩径钢管的具体扩径方式(水压或机械)；

5) 在按附录 G 订购输气管线用钢级不低于 L485/X70 抗延性断裂扩展的 PSL2 钢管时，购方宜规定原料的晶粒度、带状组织和夹杂物的具体要求。

- 7.2c)中删除：

1) 酸性服役条件钢管用钢带和钢板分层或机械损伤的超声波检验；

2) 酸性服役条件带有钢带/钢板对头焊缝的螺旋焊钢管的交付和无损检验；

3) 酸性和海洋服役条件钢管硬度试验和硬度偏差的协议要求。

——在第 8 章钢管制造中增加：

1） 在按附录G订购输气管线用强度级别不低于L485/X70抗延性断裂扩展的PSL2钢管时，购方宜规定原料的晶粒度、带状组织和夹杂物的具体要求（含验收极限和方法）；

2） 非扩径及扩径埋弧焊（SAW）和组合焊（COW）钢管要求确认的工序；

3） 对钢带与钢板制造商的文件化质量管理体系要求（8.3.1）；

4） 结合钢包精炼工艺的平炉炼钢法；

5） 在可接受制造工艺和产品规范水平（表2）的PSL2钢管钢级下增加“＞L690/X100～L830/X120”钢级分栏；

6） 对制管所用原材料在轧制过程中的重要变素（例如重新加热、轧制和冷却温度、时间与公差。）进行定义，并增加其允许变化范围的控制要求。

——在第9章验收极限中：

1） 修改（减小）L245/B、L290/X42、L320/X46的三个钢级的PSL 2钢管抗拉强度上限为655 MPa；

2） 增加当DWT试验出现异常断口时，推荐按附录M对断口进行评定；

3） 修改部分尺寸范围的钢管外径和不圆度偏差、以及钢管内锥角要求。

——在第10章检验中：

1） 修改PSL1和PSL2钢管部分试验的检验频次；

2） 修改CVN试样缺口位置；

3） 增加千分尺、椭圆规或坐标测量器作为测量直径的工具；

4） 增加对接钢管的称重要求。

——在第11章标志中增加多钢级钢管标志、螺纹标识和证明和钢管加工厂标志。

——在第14章钢管装载中增加参考标准API RP 5LT管线钢管卡车运输推荐作法。

——删除资料性附录L钢牌号。

——删除资料性附录M GB/T 9711与其源文件间的对应术语。

——增加资料性附录，提供有对应关系的国内外标准对照。

——增加资料性附录，提出DWT试验异常断口评价推荐作法。

本标准使用重新起草法修改采用ISO 3183:2012《石油天然气工业　管线输送系统用钢管》。

本标准与ISO 3183:2012相比，标准结构有如下变化：

——附录结构有部分删减和增加，以适应国内实际需要。

a） 删除了与我国钢管制造检验和使用无关的ISO前言、附录L、附录M、附录N、附录O和附录P；

b） 增加了新附录L国内外标准对照表、新附录M落锤撕裂（DWT）试验异常断口评价推荐作法和新附录N本标准与ISO 3183:2012的技术性差异及其原因。

本标准与ISO 3183:2012相比存在技术性差异，附录N中给出了相应技术性差异及其原因的一览表。

本标准还做了下列编辑性修改：

——删除2.1计量单位中与本标准主题内容无关的第2段“对于用SI单位表示的数据，逗号用作小数的分隔，空格作为千位数的分隔。对于用USC单位表示的数据，小点（线上）用作小数的分隔，空格用作千位数的分隔”，用小数点代替ISO 3183原文数字中的逗号‘,’。

——删除规范性引用文件 ISO 5173　金属材料焊缝破坏性试验　弯曲试验和 EN 10168 钢产品检验文件　信息和描述表,删除原因为标准正文中并未提及该两项标准。

——删除附录 N 和附录 O 两项空置附录,删除原因为附录只有编号没有具体内容。

请注意本文件的某些内容可能涉及专利。本文件的发布机构不承担识别这些专利的责任。

本标准由全国石油天然气标准化技术委员会(SAC/TC 355)提出并归口。

本标准起草单位:宝鸡石油钢管有限责任公司国家石油天然气管材工程技术研究中心、中国石油集团石油管工程技术研究院、渤海石油装备研究院、渤海装备华油钢管公司、渤海装备巨龙钢管公司、资阳石油钢管有限公司。

本标准主要起草人:王慧、杨忠文、毕宗岳、李为卫、付宏强、薛磊红、高霞、韩秀林、李建一、陈小伟、张毅、胡剑。

本标准所代替标准的历次版本发布情况为:

——GB 9711—1988、GB/T 9711—2011;

——GB/T 9711.1—1996;

——GB/T 9711.2—1999;

——GB/T 9711.3—2005。

引　言

本标准在下列标准基础上编制：

——ISO 3183:2012，第3版(2012年11月1日出版)；

——API Spec 5L，第45版(2012年12月出版，2013年7月1日实施)。

本标准依旧保持两个基本技术要求水平的管线钢管，表示为两个产品规范水平(PSL1和PSL2)。PSL1提供标准质量水平的管线钢管。PSL2增加了包括化学成分、缺口韧性、强度性能和补充无损检测(NDT)的强制性要求。对仅适于PSL1钢管或仅适于PSL2钢管的要求在表述时作了特别区分。如果没有具体指出某要求适用于何种PSL水平的钢管，则该要求对PSL1和PSL2钢管同样适用。

在石油和天然气工业实际工作中，经常对应用于特殊环境的钢管增加补充要求。为了适应这种需要，本标准提供了下列特殊补充要求，供购方选择：

——订购需要进行制造工艺评定的PSL2钢管(附录B)；

——订购输气管线用抗延性断裂扩展的PSL2钢管(附录G)；

——订购酸性服役条件用PSL2钢管(附录H)；

——按“过出油管(TFL)”订购的钢管(附录I)；

——订购海洋服役条件用PSL2钢管(附录J)。

当订购的钢管用于两种或多种用途时，要求钢管能够符合多个特殊用途附录的要求。在这种情况下，由于使用一个以上特殊用途附录而产生技术争议时，应采用适用于预期服役条件的最苛刻要求。

本标准不提供何时必须规定上述补充要求的指导。对于一个具体合同而言，根据预期使用和设计要求，规定上述任一补充要求是购方的责任。

本标准考虑了广泛使用的传统符号(指机械或物理性能或它们的数值、尺寸或试验参数)和公式，这些传统形式的符号和公式与其他广泛应用的标准和规范，以及引起这些符号和公式出现的早期研究工作有着紧密的联系。因此，一些符号和公式(在9.2、表F.1中最突出)仍保持传统形式，以避免引起混淆。同时对已改变的部分符号采取了措施，以确保代替传统符号的新符号清楚完整。

石油天然气工业 管线输送系统用钢管

1 范围

本标准规定了石油天然气工业管线输送系统用无缝钢管(以下简称“无缝管”)和焊接钢管(以下简称“焊管”)的制造要求,其包括两种产品规范水平(PSL1 和 PSL2)。

本标准适用于石油天然气工业管线输送系统用无缝管和焊管的制造、检验、标志、涂层、记录和装载。

本标准不适用于铸铁管。

2 一致性

2.1 计量单位

本标准采用国际单位制(以下简称“SI 单位”)和美国惯用单位制(以下简称“USC 单位”)表示数据。对于具体的订货批,只应使用一种单位制表示数据,不应存在兼用另一种单位制表示的数据。用 SI 单位和 USC 单位表示的数据不应同时出现在同一检验文件或同一钢管标志中。

在产品依据要求使用某一种计量单位制(SI 或 USC)对产品进行试验和验证,而随后发出的检验文件的报告数据用其他替代计量单位制表示时,检验文件应说明现有数据是由原检验所使用计量单位制数据换算得出。

对于钢管数据、图和供应尺寸,购方应规定是采用 SI 单位,还是采用 USC 单位。数据单采用 SI 数据表明应使用 SI 单位,数据单采用 USC 数据表明应使用 USC 单位。

2.2 圆整

除本标准规定外,为确保与规定要求的一致性,应根据 ISO 80000-1:2009,附录 B,规则 A,把观测值或计算数值圆整到用于表示极限值的最右边数位的最邻近单位数值。

注:该条款的目的是表明 ASTM E29-04[1]规定的圆整方法与 ISO 80000-1:2009 附录 B,规则 A 相同。

2.3 对本标准的符合性

应运行文件化的质量体系,以助于符合本标准的要求。

注:质量体系文件不要求获得第三方认证机构认证。为满足本标准的要求,仅需创建和采用书面的质量体系即可。应遵从负责质量管理人员的专业意见,以制定或批准能反映各公司需求的最佳体系。在建立适合的质量体系过程中,现存的许多质量管理体系都可为相关人员提供指导,这些体系有包含石油天然气行业特殊规定的 ISO/TS 29001[2] 和 API Q1[3] 规范,或者包含质量管理体系审核总要求的 ISO 9001[4]。

合同可以规定制造商应对产品与本标准所有适用要求的符合性负责。为确保符合性,制造商应允许购方进行任何必要的调查,并允许购方拒收任何不合格的材料。

3 规范性引用文件

下列文件对于本文件的应用是必不可少的。凡是注日期的引用文件,仅注日期的版本适用于本文件。凡是不注日期的引用文件,其最新版本(包括所有的修改单)适用于本文件。

GB/T 8650—2015 管线钢和压力容器钢抗氢致开裂评定方法(NACE TM0284:2011,MOD)

GB/T 8923.1—2011 涂覆涂料前钢材表面处理 表面清洁度的目视评定 第1部分:未涂覆过的钢材表面和全面清除原有涂层后的钢材表面的锈蚀等级和处理等级(ISO 8501-1:2007,IDT)

GB/T 18253—2000 钢及钢产品 检验文件的类型(eqv ISO 10474:1991)

GB/T 19348.1—2014 无损检测 工业射线照相胶片 第1部分:工业射线照相胶片系统的分类(ISO 11699-1:2008,MOD)

GB/T 23901.1—2009 无损检测 射线照相底片像质 第1部分:线型像质计 像质指数的测定(ISO 19232-1:2004,IDT)

SY/T 6423.2—2013 石油天然气工业 钢管无损检测方法 第2部分:焊接钢管焊缝纵向和/或横向缺欠的自动超声检测(ISO 10893-11:2011,IDT)

SY/T 6423.3—2013 石油天然气工业 钢管无损检测方法 第3部分:焊接钢管用钢带/钢板分层缺欠的自动超声检测(ISO 10893-9:2011,IDT)

SY/T 6423.4—2013 石油天然气工业 钢管无损检测方法 第4部分:无缝和焊接钢管分层缺欠的自动超声检测(ISO 10893-8:2011,IDT)

SY/T 6423.5—2014 石油天然气工业 钢管无损检测方法 第5部分:焊接钢管焊缝缺欠的数字射线检测(ISO 10893-7:2011,IDT)

SY/T 6423.6—2014 石油天然气工业 钢管无损检测方法 第6部分:无缝和焊接(埋弧焊除外)铁磁性钢管纵向和/或横向缺欠的全周自动漏磁检测(ISO 10893-3:2011,IDT)

ISO 148-1 金属材料 夏比摆锤冲击试验 第1部分:试验方法(Metallic materials—Charpy pendulum impact test—Part 1:Test method)

ISO 404 钢和钢产品 一般交货技术条件(Steel and steel products—General technical delivery requirements)

ISO 2566-1 钢 伸长率换算 第1部分:碳钢和低合金钢(Steel—Conversion of elongation values—Part 1:Carbon and low alloy steels)

ISO 4885 钢铁产品 热处理 词汇(Ferrous products—Heat treatments—Vocabulary)

ISO 6506(全部) 金属材料 布氏硬度试验(Metallic materials—Brinell hardness test)

ISO 6507(全部) 金属材料 维氏硬度试验(Metallic materials—Vickers hardness test)

ISO 6508(全部) 金属材料 洛氏硬度试验(Metallic materials—Rockwell hardness test)

ISO 6892-1 金属材料 拉伸试验 第1部分:室温试验方法(Metallic materials—Tensile testing—Part 1:Method of test at room temperature)

ISO 6929 钢产品 定义和分类(Steel products—Vocabulary)

ISO 7438 金属材料 弯曲试验(Metallic materials—Bend test)

ISO 7539-2 金属和合金腐蚀 应力腐蚀试验 第2部分:弯梁试样制备和使用(Corrosion of metals and alloys—Stress corrosion testing—Part 2:Preparation and use of bentbeam specimens)

ISO 8491 金属材料 管(全截面) 弯曲试验[Metallic materials—Tube (in full section)—Bend test]

ISO 8492　金属材料　管　压扁试验(Metallic materials—Tube—Flattening test)

ISO 9712　无损检测　人员资质和评定(Non-destructive testing—Qualiication and certiication of NDT personnel)

ISO/TR 9769　钢和铁　现有分析方法评价(Steel and iron—Review of available methods of analysis)

ISO 10893-2:2011　钢管无损检测　第2部分:无缝钢管和焊接(埋弧焊除外)钢管缺欠的自动涡流检测[Non-destructive testing of steel tubes—Part 2:Automated eddy current testing of seamless and welded (except submerged arc-welded) steel tubes for the detection of imperfections]

ISO 10893-4　钢管无损检测　第4部分:焊接钢管焊缝表面缺欠的液体渗透检验(Non-destructive testing of steel tubes—Part 4:Liquid penetrant inspection of seamless and welded steel tubes for the detection of surface imperfections)

ISO 10893-5　钢管无损检测　第5部分:无缝钢管和焊接钢管表面缺欠的磁粉检验(Non-destructive testing of steel tubes—Part 5:Magnetic particle inspection of seamless and welded ferromagnetic steel tubes for the detection of surface imperfections)

ISO 10893-6　钢管无损检测　第6部分:焊接钢管焊缝缺欠的射线检测(Non-destructive testing of steel tubes—Part 6:Radiographic testing of the weld seam of welded steel tubes for the detection of imperfections)

ISO 10893-10:2011　钢管无损检测　第10部分:无缝钢管和焊接(埋弧焊除外)钢管纵向和/或横向缺欠的自动全周向超声检测[Non-destructive testing of steel tubes—Part 10:Automated full peripheral ultrasonic testing of seamless and welded (except submerged arc-welded) steel tubes for the detection of longitudinal and/or transverse imperfections]

ISO 10893-12　钢管无损检测　第12部分:无缝钢管和焊接(埋弧焊除外)钢管的自动全周向超声壁厚检测[Non-destructive testing of steel tubes—Part 12:Automated full peripheral ultrasonic thickness testing of seamless and welded (except submerged arc-welded) steel tubes]

ISO 11484　钢产品　无损检验(NDT)人员的雇主评定体系[Steel products—Employer's qualiication system for non-destructive testing (NDT) personnel]

ISO 12135　金属材料　准静态断裂韧度的统　试验方法(Metallic materials—Uniied method of test for the determination of quasistatic fracture toughness)

ISO 13678　石油和天然气工业　套管、油管和管线钢管螺纹脂的评价和试验(Petroleum and natural gas industries—Evaluation and testing of thread compounds for use with casing, tubing, line pipe and drill stem elements)

ISO 14284　钢和铁　化学成分试验试样的取样和制备(Steel and iron—Sampling and preparation of samples for the determination of chemical composition)

ISO 80000-1:2009　量和单位　第1部分:总则(Quantities and units—Part 1:General)

API Spec 5B[1)]　套管、油管和管线管螺纹的加工、测量和检验规范(美国惯用单位制)

---

1) American Petroleum Institute(美国石油学会),1220 L Street,N.W.,Washington,DC 20005,USA.

(Specification for Threading, Gauging, and Thread Inspection of Casing, Tubing, and Line Pipe Threads)

API RP5A3 套管、油管和管线钢管用螺纹脂的推荐作法(Recommended Practice on Thread Compounds for Casing, Tubing, Line Pipe, and Drill Stem Elements)

API RP5L3 管线钢管落锤撕裂试验推荐作法(Recommended Practice for Conducting Drop-Weight Tear Tests on Line Pipe)

API TR 5T1 缺欠术语(Standard on Imperfection Terminology)

ASNT SNT-TC-1A[2] SNT-TC-1A 推荐作法 无损检测(Recommended Practice No. SNT-TC-1A—Non-Destructive Testing)

ASTM A370[3] 钢产品力学性能试验的标准试验方法和定义(Standard Test Methods and Deinitions for Mechanical Testing of Steel Products)

ASTM A435 钢板直射法超声检验规范(Standard Specification for Straight-Beam Ultrasonic Examination of Steel Plates)

ASTM A578/A578M 特殊用途用普通钢板和复合钢板直射法超声检验标准规范(Standard Speciication for Straight—Beam Ultrasonic Examination of Rolled Steel Plates for Special Applications)

ASTM A751 钢产品化学分析用标准试验方法、作法和术语(Standard Test Methods, Practices, and Terminology for Chemical Analysis of Steel Products)

ASTM A941 钢、不锈钢、合金和铁合金术语(Standard Terminology Relating to Steel, Stainless Steel, Related Alloys, and Ferroalloys)

ASTM A956 钢产品里氏硬度标准试验方法(Standard Test Method for Leeb Hardness Testing of Steel Products)

ASTM A1038 超声波接触阻抗法便携式硬度仪测试硬度的标准作法(Standard Test Method for Portable Hardness Testing by the Ultrasonic Contact Impedance Method)

ASTM E18 金属材料洛氏硬度和洛氏表面硬度标准试验方法(Standard Test Methods for Rockwell Hardness of Metallic Materials)

ASTM E94 射线检验标准指南(Standard Guide for Radiographic Examination)

ASTM E110 便携式硬度仪测试金属材料压痕硬度的标准方法(Standard Test Method for Indentation Hardness of Metallic Materials by Portable Hardness Testers)

ASTM E114 接触式超声脉冲回波直射法检验的标准作法(Standard Practice for Ultrasonic Pulse—Echo Straight—Beam Contact Testing)

ASTM E164 焊接件的接触式超声检测标准作法(Standard Practice for Contact Ultrasonic Testing of Weldments)

ASTM E165 液体渗透标准试验方法(Standard Practice for Liquid Penetrant

---

2) American Society for Nondestructive Testing(美国无损检验学会), 1711 Arlingate Lane, Columbus, OH 43228-0515, USA.

3) ASTM International(美国试验与材料协会), 100 Barr Harbor Drive, West Conshohocken, PA 19428-2959, USA.

Examination for General Industry)

ASTM E213 金属管超声检验标准作法(Standard Practice for Ultrasonic Examination of Metal Pipe and Tubing)

ASTM E273 焊管焊接区域超声检测标准作法(Standard Practice for Ultrasonic Testing of the Weld Zone of Welded Pipe and Tubing)

ASTM E309 钢管产品磁饱和涡流检验标准作法(Standard Practice for Eddy—Current Examination of Steel Tubular Products Using Magnetic Saturation)

ASTM E384 金属材料努氏硬度和维氏硬度标准试验方法(Standard Test Method for Knoop and Vickers Hardness of Materials)

ASTM E570 铁磁性钢管产品漏磁检验标准作法(Standard Practice for Flux Leakage Examination of Ferromagnetic Steel Tubular Products)

ASTM E587 接触式超声斜射法检测标准作法(Standard Practice for Ultrasonic Angle-Beam Contact Testing)

ASTM E709 磁粉检验标准指南(Standard Guide for Magnetic Particle Testing)

ASTM E747 射线检验用线型像质计(IQI)的设计、制造和材料组分类标准作法[Standard Practice for Design,Manufacture and Material Grouping Classiication of Wire Image Quality Indicators (IQI) Used for Radiology]

ASTM E1290 裂纹尖端张开位移(CTOD)断裂韧性测量的标准测试方法[Standard Test Method for Crack-Tip Opening Displacement (CTOD) Fracture Toughness Measurement]

ASTM E1806 钢铁化学成分检验用试样的取样方法(Standard Practice for Sampling Steel and Iron for Determination of Chemical Composition)

ASTM E1815-08 工业射线检验胶片系统分类的标准试验方法(Standard Test Method for Classiication of Film Systems for Industrial Radiography)

ASTM E2033 计算机射线检测标准作法(光敏发光法)[Standard Practice for Computed Radiology (Photostimulable Luminescence Method)]

ASTM E2698 用数字检测器阵列进行射线检测的标准作法(Standard Practice for Radiological Examination Using Digital Detector Arrays)

ASTM G39 弯曲梁应力腐蚀试验试样制备和使用的标准方法(Standard Practice for Preparation and Use of Bent—Beam Stress—Corrosion Test Specimens)

BS 7448-1[4] 断裂韧性试验 确定金属材料 Klc、临界 CTOD、临界 J 值的方法(Fracture mechanics toughness tests—Method for determination of KIc,critical CTOD and critical J values of metallic materials)

EN 10204:2004 金属产品 检验文件类型(Metallic products—Types of inspection documents)

NACE TM0177:2005[5] 金属在 H_2S 环境中抗硫化物应力开裂和应力腐蚀开裂的实验室

---

4) BSI,British Standards Institute(英国标准学会),389 Chiswick High Road,London,W4 4AL,United Kingdom.

5) NACE International(美国腐蚀工程师协会),P.O.Box 201009,Houston,Texas 77216-1009,USA.

试验(Laboratory Testing of Metals for Resistance to Sulide Stress Cracking and Stress Corrosion Cracking in H_2S Environments)

注:由于部分引用的国外标准已被转化制定为我国国家标准和行业标准,为方便使用和参考,附录 L 列出了这些国外标准与国内标准的对应关系(包括标准编号、发布年号、版本和采标程度)。如我国标准同步等同采用了国外标准,则可用我国标准代替引用的国外标准。

4 术语和定义

ISO 6929 或 ASTM A941(有关钢产品)、ISO 4885 或 ASTM A941(有关热处理)、API TR 5T1(有关缺欠术语)、ISO 404、GB/T 18253—2000 或 ASTM A370(有关取样方法、检验和检验文件类型,选适用标准)界定的以及下列术语和定义适用于本文件。

4.1

依照协议 as agreed

由制造商和购方双方协商形成的要求,且已在订货合同中注明。

注:例如 7.2a)包括的条款。

4.2

轧制状态 as-rolled

未进行任何特殊轧制和/或热处理的交付状态。

4.3

钢带(卷)/钢板对头焊缝 coil/plate end weld

将钢带(卷)或钢板端部连接在一起的焊缝。

4.4

冷扩径钢管 cold-expanded pipe

指在工厂环境温度下,用内部扩张机械装置,或将钢管置于封闭模中通过内部静水压压力使整根钢管外径或周向尺寸获得永久增加的钢管。

4.5

冷定径钢管 cold-sized pipe

指在工厂环境温度下,成型(包括 EW 定径)后,整根或部分长度钢管外径或周向尺寸获得永久增加或永久减少的钢管。

4.6

冷精整 cold finishing

永久应变大于 1.5%的冷加工操作(通常为冷拔)。

注:该永久应变量通常将冷精整与冷扩径和冷定径区分出来。

4.7

冷成型 cold forming

不用加热将钢带或钢板成型为钢管的工艺。

4.8

连续炉焊(CW) continuous welding

通过在炉子里加热钢带且用机械力将成型的边缘压在一起,形成接缝的工艺。期间连续不断地将钢带卷连接在一起,持续地为焊机提供钢带。

4.9

组合焊(COW)管　combination welded pipe

采用熔化极气体保护焊和埋弧焊组合工艺制造的带有一或两条直焊缝或一条螺旋焊缝的钢管产品,在焊接过程中,熔化极气体保护焊缝未完全被埋弧焊道熔化。

4.10

螺旋缝组合焊(COWH)管　combination helical welded pipe

采用熔化极气体保护焊和埋弧焊组合工艺制造的带有一条螺旋焊缝的钢管产品,在焊接过程中,熔化极气体保护焊缝未完全被埋弧焊道熔化。

4.11

直缝组合焊(COWL)管　combination longitudinal welded pipe

采用熔化极气体保护焊和埋弧焊组合工艺制造的带有一或两条直焊缝的钢管产品,在焊接过程中,熔化极气体保护焊缝未完全被埋弧焊道熔化。

4.12

组合焊(COW)缝　combination welding seam

采用熔化极气体保护焊和埋弧焊组合工艺焊成的直焊缝或螺旋焊缝,在焊接过程中,熔化极气体保护焊缝未完全被埋弧焊道熔化。

4.13

连续炉焊(CW)管　continuous welded pipe

采用连续炉焊工艺制造的带有一条直焊缝的钢管产品。

4.14

子带(卷)　daughter coil

通过切、割、或剪的方式从母带(卷)上截取的钢带(卷)的一部分,该母带(卷)可用于制造单根或多根钢管。

4.15

子板　daughter plate

通过切、割、或剪的方式从母板上截取的钢板的一部分,该母板可用于制造单根或多根钢管。

4.16

缺陷　defect

尺寸和/或分布密度超出本标准规定的验收极限的缺欠。

4.17

电(阻)焊(EW)　electric welding

借助电的阻力焊接形成焊缝的工艺。其待焊边缘通过机械加压焊接在一起,焊接热量由感应电流或传导电流流动的阻力产生。

4.18

电(阻)焊(EW)管　electric welded pipe

采用低频或高频电焊工艺制造的带有一条直焊缝的钢管产品。

4.19

电(阻)焊(EW)缝　electric welded seam

采用电焊工艺焊成的直焊缝。

4.20

药芯焊丝电弧焊 flux core arc welding

利用管状金属电极中的药芯提供保护,借助该连续填充金属电极与工件之间的电弧热,使金属结合的焊接工艺。

注:在某些情况下,需要用外部提供的气体或混合气体获得补充保护。

4.21

熔化极气体保护焊 gas metal-arc welding

通过连续自消耗的电极与工件之间一个或多个电弧进行加热,从而形成金属结合的一种焊接工艺,由外部提供的气体或混合气体对电弧和熔化金属进行保护。

注:不用加压且填充金属来自电极。

4.22

熔炼炉 heat

一次熔炼工艺一次循环所生产的金属。

4.23

高频焊(HFW)管 high-frequency welded pipe

采用频率等于或大于 70 kHz 的焊接电流焊接成的 EW 管。

4.24

如果协议 if agreed

如经制造商和购方双方协商,并在订购合同中注明的已确定要求或比已确定要求更严格的要求。

注:例如包含在 7.2c)中的相关条款。

4.25

缺欠 imperfection

用本标准所述的检查方法检验出来的产品壁厚内部或表面的不连续或不规则。

4.26

指示 indication

通过无损检验获得的证据。

4.27

资料性要素 informative elements

用于识别本文件,介绍其内容,对其产生背景、发展过程、与其他文件的关系进行说明的要素;或用于帮助对本文件的理解或使用而提供的附加信息要素。

注:见 ISO/IEC 导则第 2 部分。

4.28

检验 inspection

测量、检查、试验、称重或测定产品的一个或多个特性的活动,并将这些活动的结果与规定要求进行对比,以确定符合性。

注:参见 ISO 404。

4.29

设备校准 instrument standardization

将无损检验设备调整到规定参照值的活动。

4.30

对接钢管 jointer

制造商将两根或三根单根管用接箍连接或焊接而形成的钢管。

4.31

钢包精炼 ladle refining

浇铸前进行的首次炼钢过程后的二次炼钢工艺,通过脱气,脱硫及去除非金属夹杂物,并控制夹杂物的形状等多种方法提高钢的质量。

4.32

分层 lamination

内部金属分离形成的片层,通常与钢管表面平行。

4.33

激光焊(LW) laser welding

采用激光束小孔焊接技术使待焊边缘的金属熔化,并使其焊接在一起的工艺。待焊边缘是否预热均可。采用外部提供的气体或混合气体进行保护。

4.34

低频焊(LFW)管 low frequency electric welded pipe

采用频率小于 70 kHz 的焊接电流焊接成的电焊(EW)管。

4.35

激光焊(LW)管 laser welded pipe

采用激光焊焊接工艺制造的带有一条直焊缝的钢管产品。

4.36

制造商 manufacturer

根据本标准的要求,负责生产产品且对产品做标志的工厂、公司或社团。

注 1:如适用,制造商也可是钢管制造厂、加工方、接箍或螺纹的加工厂。

注 2:参见 ISO 11961[5]。

4.37

母带(卷) mother coil

采用单个再热钢坯加工的热轧钢带(卷),可用来生产单根或多根钢管。

4.38

母板 mother plate

采用单个再热钢坯加工的热轧钢板,可用来生产单根或多根钢管。

4.39

无损检验(测) non-destructive inspection (testing)/NDT

采用本标准规定的射线、超声或其他方法而使缺欠能显现出来的检验,该检验方法不对材料组织产生干涉、施加应力、破坏。

4.40

正火成型 normalizing formed

钢管的交货状态,形成于成型过程,在此过程中最终变形在一定的温度范围内进行,使材料的状态与经正火处理后材料的状态相当,使得在随后进行的任何正火中,仍能满足规定力学性能要求。

4.41

正火轧制 normalizing rolled

钢管的交货状态,形成于轧制过程,在此过程中最终变形在一定的温度范围内进行,使材料的状态与经正火处理后材料的状态相当,使得在随后进行的任何正火中,仍能满足规定力学性能要求。

4.42

规范性要素 normative elements

用于描述文件范围的要素,并作为本标准所要求的补充条款。

注:见 ISO/IEC 导则第 2 部分。

4.43

无缝管管体 SMLS pipe body

对于无缝管,指整根钢管。

4.44

焊管管体 welded pipe body

对于焊管,指不包括焊缝和热影响区的整根钢管。

4.45

钢管等级 pipe grade

表明钢管强度水平的名称。

注:同一等级的钢管可能具有不同的化学成分和/或不同的热处理状态。

4.46

制管厂 pipe mill

操作制管设备的工厂、公司或社团。

注:参见 ISO 11960[6]。

4.47

加工方 processor

对制管厂生产的钢管进行热处理加工的工厂、公司或社团。

注:参见 ISO 11960[6]。

4.48

产品分析 product analysis

钢管、钢板或钢带(卷)的化学分析。

4.49

购方 purchaser

负责确定产品订货要求且为所购产品付款的一方。

4.50

淬火加回火 quenching and tempering

由淬火硬化和随后进行的回火组成的热处理工艺。

4.51

试块 sample

为制取一个或多个试样,从待检验产品上截取的足够数量的材料。

4.52

埋弧焊(SAW)　submerged-arc welding

通过一个或数个裸金属自耗电极与工件之间的一个或数个电弧,对电极与工件加热而产生金属熔融结合的焊接工艺。由一层粒状焊剂为电弧和熔融金属提供保护。

注:不需加压,且填充金属部分或全部从电极获得。

4.53

埋弧焊(SAW)管　submerged-arc welded pipe

采用埋弧焊接工艺制造的带有一条或两条直焊缝,或一条螺旋焊缝的钢管。

4.54

螺旋缝埋弧焊(SAWH)管　submerged-arc helical welded pipe

采用埋弧焊接工艺制造的带有一条螺旋焊缝的钢管。

4.55

直缝埋弧焊(SAWL)管　submerged-arc longitudinal welded pipe

采用埋弧焊接工艺制造的带有一条或两条直焊缝的钢管。

4.56

埋弧焊(SAW)缝　submerged-arc welding seam

采用埋弧焊接工艺焊成的直焊缝或螺旋焊缝。

4.57

无缝(SMLS)管　seamless pipe

采用热成型工艺制造的不带焊缝的钢管,在热成型后,可以进行冷定径或冷精整,以获得需要的外形、尺寸及性能。

4.58

服役条件　service condition

由购方在订货合同中规定的钢管使用条件。

注:在本标准中,术语“酸性服役”和“海上服役”指服役条件。

4.59

焊条电弧焊(SMAW)　shielded metal arc welding

利用包覆金属电极与工件之间的电弧热加热电极和工件,使金属融熔结合的焊接工艺,电极包覆物的分解物为电弧和融熔金属提供保护。

注:不需加压,分解物来自金属电极。

4.60

定位焊缝　tack weld

在最终焊接前,用来保持对接边缘对齐的间断或连续的焊缝。

4.61

试样　test piece

具有规定尺寸的试块的一部分,经机加工或非机加工方法,使其满足试验所要求的条件。

4.62

试验批　test unit

采用同一熔炼炉,在相同钢管制造条件下,通过相同制管工艺,采用相同热轧工艺的钢带

(卷)/钢板(适用于焊管),制成的相同规定外径和规定壁厚的规定数量的钢管。

4.63

热机械成型 thermomechanical forming

钢管的一种热成型工艺,指钢管最终变形在一定温度范围内完成,使得材料具有单独采用热处理无法达到或重现的某些性能。形变后进行冷却,有可能会增加冷却速率,进行或不进行包括自回火的回火处理。

警告——随后温度高于 580 ℃(1 075 ℉)的加热会降低钢管强度值。

4.64

热机械轧制 thermomechanical rolled

钢管的交货状态来源于热机械轧制的钢带(卷)或钢板,在此过程中最终变形在一定的温度范围内进行,使材料具有单独采用热处理无法获得或重现的某些性能,形变后进行冷却,有可能会增加冷却速率,进行或不进行包括自回火的回火处理。

警告——随后温度高于 580 ℃(1 075 ℉)的加热会降低钢管强度值。

4.65

咬边 undercut

焊缝金属在邻近焊趾的母材上形成的凹槽和未充满。

4.66

除另有协议外 unless otherwise agreed

使用的要求,除制造商和购方双方协商有替代要求并在订货合同中规定外。

注:例如 7.2b)和 7.2c)包括的相关条款。

4.67

焊管 welded pipe

连续炉焊(CW)管、螺旋缝组合焊(COWH)管、直缝组合焊(COWL)管、电(阻)焊(EW)管、高频焊(HFW)管、低频焊(LFW)管、激光焊(LW)管、螺旋缝埋弧焊(SAWH)管或直缝埋弧焊(SAWL)管。

5 符号和缩略语

5.1 符号

下列符号适用于本文件。

a 钢带(卷)/钢板对头焊缝的长度

A_f 断裂后的延伸率,以百分数表示,且圆整到最邻近的百分数

A_{gb} 导向弯曲试验阳模/辊子的尺寸,用 mm(in)表示

A_l 钢管的内横截面积,用 mm^2(in^2)表示

A_p 管壁的横截面积,用 mm^2(in^2)表示

A_R 端部密封柱塞的横截面积,用 mm^2(in^2)表示

A_{XC} 适用的拉伸试验试样的横截面积,用 mm^2(in^2)表示

b 承载面的规定宽度,用 mm(in)表示

B 导向弯曲试验模壁或支架之间的距离,用 mm(in)表示

C 常数,取决于使用的单位制

CE_{IIW}　碳当量,采用国际焊接学会公式确定

CE_{pcm}　碳当量,采用 Ito-Bessyo 碳当量公式的化学部分确定

d　钢管的计算内径,用 mm(in)表示

D　钢管规定外径,用 mm(in)表示

D_a　定径后制造商的设计外径,用 mm(in)表示

D_b　定径前制造商的设计外径,用 mm(in)表示

f　频率,以 Hz 表示(每秒周期数)

K_V　全尺寸夏比 V 型缺口吸收能,用 J(ft·lbf)表示

L　钢管长度,用 m(ft)表示

N_l　规定最小长度,接箍尺寸,用 mm(in)表示

P　静水压试验压力,用 MPa(psi)表示

P_R　端部密封柱塞内压,用 MPa(psi)表示

Q　接箍尺寸规定的凹槽直径,用 mm(in)表示

r　半径,用 mm(in)表示

r_a　导向弯曲试验阳模半径,用 mm(in)表示

r_b　导向弯曲试验阴模半径,用 mm(in)表示

r_o　钢管外半径,用 mm(in)表示

R_m　抗拉强度,用 MPa(psi)表示

$R_{p0.2}$　屈服强度(0.2%非比例伸长),用 MPa(psi)表示

$R_{t0.5}$　屈服强度(0.5%总延伸),用 MPa(psi)表示

S_r　定径率

S　静水压试验环向应力,用 MPa(psi)表示

t　钢管规定壁厚,用 mm(in)表示

t_{min}　钢管最小允许壁厚,用 mm(in)表示

U　规定最小抗拉强度,用 MPa(psi)表示

V_t　横向超声速率,以 m/s(ft/s)表示

W　规定外径接箍尺寸,用 mm(in)表示

ε　应变

λ　波长,用 m(ft)表示

ρ_l　平端钢管单位长度质量,用 kg/m(lb/ft)表示

σ_h　管线钢管设计环向应力,用 MPa(psi)表示

5.2 缩略语

下列缩略语适用于本文件。

COW　制造时,对钢管实施的组合焊接工艺

COWH　制造时,对钢管实施的组合螺旋焊接工艺

COWL　制造时,对钢管实施的组合直缝焊接工艺

CTOD　裂纹尖端张开位移

CVN　夏比 V 型缺口

CW　制造时,对钢管实施的炉焊工艺

DWT	落锤撕裂
EDI	电子数据交换
EW	制造时,对钢管实施的电阻焊或电感应焊接工艺
GMAW	熔化极气体保护电弧焊工艺
HAZ	热影响区
HBW	采用钨类硬质合金球压头的布氏硬度
HFW	制造时,对钢管实施的高频焊接工艺
HIC	氢致开裂
HRC	洛氏硬度,C 标尺
HV	维氏硬度
IQI	像质计
LFW	制造时,对钢管实施的低频焊接工艺
LW	制造时,对钢管实施的激光焊接工艺
MT	磁粉检测
NDT	无损检验(测)
PSL	产品规范水平
PT	渗透检测
SAW	制造时,对钢管实施的埋弧焊接工艺
SAWH	制造时,对钢管实施的螺旋埋弧焊接工艺
SAWL	制造时,对钢管实施的直缝埋弧焊接工艺
SMAW	制造时,对钢管实施的焊条电弧焊
SI	国际单位
SSC	硫化物应力开裂
SWC	阶梯开裂
TFL	过出油管
USC	美国惯用
UT	超声检测

6 钢管等级、钢级和交货状态

6.1 钢管等级和钢级

6.1.1 PSL 1 钢管的钢管等级与钢级(钢名的牌号)相同,且应符合表 1 规定。钢管等级由字母或字母与数字混排的牌号构成,以识别钢管的强度水平,而且强度水平与钢的化学成分有关。

注:钢级 A 和钢级 B 牌号不包括规定最小屈服强度;然而,其他牌号中的数字部分对应于用 MPa 表示的规定最小屈服强度(SI 单位);或用×1 000 psi 表示的规定最小屈服强度(USC 单位,向上圆整)。后缀 P 表示钢含有规定含量的磷。

6.1.2 PSL 2 钢管的钢管等级应符合表 1 规定。钢管等级由字母或字母与数字混排的牌号构成,以识别钢管的强度水平。钢名(表示为钢级牌号)与钢的化学成分有关,其后缀的单个字母(R、N、Q 或 M)表示钢管的交货状态(见表 3)。

注 1:钢级 B 牌号不包括规定最小屈服强度的参考值;其他牌号中的数字部分对应于 SI 单位或 USC 单位的规定最小屈服强度。

注 2：酸性服役条件见 H.4.1.1。

注 3：海上服役条件见 J.4.1.1。

6.2 交货状态

6.2.1 对每一订货批，除订货合同规定了特殊的交货状态外，PSL 1 钢管的交货状态应由制造商选择。表 1 给出了 PSL 1 和 PSL 2 钢管的交货状态，表 3 给出了 PSL 2 钢管的附加信息。

6.2.2 PSL 2 钢管的交货状态应符合订货合同中钢名所规定的状态。

表 1 钢管等级、钢级和可接受的交货状态

<table>
<tr><th>PSL</th><th>交货状态</th><th>钢管等级/钢级[a,b]</th></tr>
<tr><td rowspan="11">PSL1</td><td rowspan="3">轧制、正火轧制、正火或正火成型</td><td>L175 或 A25</td></tr>
<tr><td>L175P 或 A25P</td></tr>
<tr><td>L210 或 A</td></tr>
<tr><td>轧制、正火轧制、热机械轧制、热机械成型、正火成型、正火、正火加回火；或如协议，仅适用于 SMLS 管的淬火加回火</td><td>L245 或 B</td></tr>
<tr><td rowspan="7">轧制、正火轧制、热机械轧制、热机械成型、正火成型、正火、正火加回火或淬火加回火</td><td>L290 或 X42</td></tr>
<tr><td>L320 或 X46</td></tr>
<tr><td>L360 或 X52</td></tr>
<tr><td>L390 或 X56</td></tr>
<tr><td>L415 或 X60</td></tr>
<tr><td>L450 或 X65</td></tr>
<tr><td>L485 或 X70</td></tr>
<tr><td rowspan="14">PSL 2</td><td rowspan="2">轧制</td><td>L245R 或 BR</td></tr>
<tr><td>L290R 或 X42R</td></tr>
<tr><td rowspan="6">正火轧制、正火成型、正火或正火加回火</td><td>L245N 或 BN</td></tr>
<tr><td>L290N 或 X42N</td></tr>
<tr><td>L320N 或 X46N</td></tr>
<tr><td>L360N 或 X52N</td></tr>
<tr><td>L390N 或 X56N</td></tr>
<tr><td>L415N 或 X60N</td></tr>
<tr><td rowspan="6">淬火加回火</td><td>L245Q 或 BQ</td></tr>
<tr><td>L290Q 或 X42Q</td></tr>
<tr><td>L320Q 或 X46Q</td></tr>
<tr><td>L360Q 或 X52Q</td></tr>
<tr><td>L390Q 或 X56Q</td></tr>
<tr><td>L415Q 或 X60Q</td></tr>
</table>

表 1(续)

PSL	交货状态	钢管等级/钢级[a,b]
PSL 2	淬火加回火	L450Q 或 X65Q
		L485Q 或 X70Q
		L555Q 或 X80Q
		L625Q 或 X90Q[c]
		L690Q 或 X100Q[c]
	热机械轧制或热机械成型	L245M 或 BM
		L290M 或 X42M
		L320M 或 X46M
		L360M 或 X52M
		L390M 或 X56M
		L415M 或 X60M
		L450M 或 X65M
		L485M 或 X70M
		L555M 或 X80M
	热机械轧制	L625M 或 X90M
		L690M 或 X100M
		L830M 或 X120M

[a] 对于中间钢级,钢级应为下列格式之一:(1) 字母 L 后跟随规定最小屈服强度,单位 MPa,对于 PSL2 钢管,表示交货状态的字母(R、N、Q 或 M)与上面格式一致。(2) 字母 X 后面的两或三位数字是规定最小屈服强度(单位 1 000 psi,向下圆整到最邻近的整数),对 PSL2 钢管,表示交货状态的字母(R、N、Q 或 M)与上面格式一致。

[b] PSL2 钢管的钢级后缀(R、N、Q 或 M)属于钢级的一部分。

[c] 仅适用于无缝管。

7 由购方提供的信息

7.1 一般信息

订购合同中应包括下列信息:

a) 数量(即钢管的总质量或总长度);

b) 规范水平(PSL1 或 PSL2);

c) 钢管类型(见表 2);

d) 依据标准,GB/T 9711;

e) 钢级(见 6.1、H 4.1.1 或 J.4.1.1,选适用者);

注: PSL2 钢管钢级中表示钢管交货状态的字母(R、N、Q 或 M)是钢级的一部分,不应省略。

f) 外径和壁厚(见 9.11.1.2);

g) 长度和长度类型(非定尺或定尺)(见9.11.1.3、9.11.3.3和表12);

h) 确定需采用的附录。

7.2 附加信息

对于具体的订货批,订货合同应注明下列哪些条款适用:

a) 如适用,需强制进行协商的条款:

1) 钢管中间钢级的指定(见表1,脚注a);

2) 中间钢级的化学成分(见9.2.1和9.2.2);

3) $t>25.0$ mm(0.984 in)钢管的化学成分(见9.2.3);

4) L415N/X60N钢级PSL2钢管的碳当量限制(见表5);

5) L555 Q/X80Q、L625Q/X90Q和L690Q/X100Q钢级PSL2钢管的碳当量限制(见表5);

6) $t>20.0$ mm(0.787 in)PSL2无缝(SMLS)管的碳当量限制(见表5,脚注a);

7) $D>1\ 422$ mm(56.000 in)钢管的直径和不圆度偏差(见表10);

8) $t>25.0$ mm(0.984 in)无缝(SMLS)管的管端直径和不圆度偏差(见表10,脚注b);

9) 适用于对接钢管焊缝的标准(见A.1.2)。

b) 除另有协议外,采用已规定条款:

1) 冷扩径钢管的定径率范围(见8.9.2);

2) 定径率公式(见8.9.3);

3) PSL1钢管的化学成分限制(见表4,脚注c、e和f);

4) PSL2钢管的化学成分限制(见表5,脚注c、e、f、g、h、i、k和l);

5) L625Q/X90Q、L690/X100和L830/X120钢级的屈强比(见表7,脚注g和h或表J.2,脚注h和i);

6) 夏比冲击剪切面积的评估和报告(见9.8.2.3);

7) 非定尺钢管的长度偏差[见9.11.3.3a)];

8) 螺纹脂的类型(见9.12.2.4);

9) 端面的类型(见9.12.5.1或9.12.5.2);

10) 适用于夏比冲击试验的标准(见10.2.3.3、10.2.4.3、D.2.3.4.2和D.2.3.4.3);

11) 产品分析方法(见10.2.4.1);

12) $D\geqslant 508$ mm(20.000 in)钢管直径测量的替代方法(见10.2.8.1);

13) 对接钢管焊接类型(见A.1. 1);

14) 直缝钢管对接时,直焊缝错开的环向间距(见A.2.4);

15) 冷扩径管的补焊(见C.4.2);

16) IQI的替代类型(见E.4.3.1)。

c) 如果协议,采用协议条款:

1) 交货状态(见6.2和表1);

2) 淬火加回火PSL1 L245/B级无缝(SMLS)管的供应(见表1);

3) 中间钢级的供应(见表2,脚注a);

4) 双缝SAWL(直缝埋弧焊)管的供应(见表2,脚注c);

5) PSL1钢管规定焊缝热处理的替代方法(见8.8.1);

6) 管端带有钢带(卷)/钢板对头焊缝的螺旋缝埋弧焊(SAWH)管的供应(见 8.10.3);
7) 对接钢管的供应(见 8.11 和 H.3.3.3);
8) 试验温度低于 0 ℃(32 °F)的 CVN 冲击试验(见 9.8.2.1、9.8.2.2 和 9.8.3);
9) D<508 mm(20.000 in)PSL2 焊管管体 CVN 冲击试验断口剪切面积(见 9.8.2.2 和表 18);
10) PSL2 高频焊(HFW)管直焊缝 CVN 冲击试验(见 9.8.3 和表 18);
11) D≥508 mm(20.000 in)PSL2 焊管管体 DWT 试验(见 9.9.1 和表 18);
12) 试验温度低于 0 ℃(32 °F)的 DWT 试验(见 9.9.1);
13) 2 或 3 根短管组成的对接钢管的替代比率[见 9.11.3.3.c)d)和 e)];
14) 接箍机紧(见 9.12.2.3 和 10.2.6.1);
15) 特殊坡口形状(见 9.12.5.3);
16) 埋弧焊(SAW)或组合焊(COW)管管端外焊缝修磨[见 9.13.2.2e)];
17) PSL2 钢管焊接性数据或试验(见 9.15);
18) PSL1 钢管检验文件类型(见 10.1.2.1);
19) PSL1 钢管制造信息(见 10.1.2.2);
20) PSL2 钢管检验文件的替代类型(见 10.1.3.1);
21) 非冷扩径无缝(SMLS)管采用横向试样进行拉伸试验(见表 20,脚注 c);
22) 采用胀环试验检测横向屈服强度(见 10.2.3.2,表 19 脚注 c,和表 20 脚注 d);
23) 采用替代方法进行宏观检验(见 10.2.5.2);
24) 电焊(EW)和激光焊(LW)管生产期间的硬度试验(见 10.2.5.3);
25) 加工有螺纹和带接箍钢管静水压试验的特定条件(见 10.2.6.1);
26) 可替代的静水压试验压力(见表 26);
27) 采用最小允许壁厚计算静水压试验压力(见 10.2.6.7);
28) 测定钢管外径的特殊方法(见 10.2.8.1);
29) 采用内径测量法测定非扩径管和 D≥219.1 mm(8.625 in)扩径管的直径和不圆度(见10.2.8.3和表 10,脚注 c);
30) 测定钢管其他尺寸采用的特殊方法(见 10.2.8.7);
31) 接箍模版漆印标志(见 11.1.2);
32) 购方规定的附加标志(见 11.1.4);
33) 钢管的特定标志表面或位置[见 11.2.2b)和 11.2.6b)];
34) 钢管的钢模冲印或振动刻蚀标志(见 11.2.3);
35) 钢管标志的替代位置(见 11.2.4);
36) 钢管长度标志位置的替代形式(见 11.2.6a);
37) 钢管的颜色标识(见 11.2.7);
38) 多钢级标志(见 11.4.1);
39) 临时外涂层(见 12.1.2);
40) 特殊涂层(见 12.1.3);
41) 内衬(见 12.1.4);
42) PSL2 钢管制造工艺评定,此种情况下,应符合附录 B(见 B.2);

43) 埋弧焊(SAW)焊缝或钢带(卷)/钢板对头焊缝的射线检验(见表 E.1);
44) PSL1 无缝(SMLS)管的无损检验(见 E.3.1.2);
45) 静水压试验后电焊(EW)焊缝的无损检测(NDT)[见 E.3.1.3b)];
46) 焊管管端分层缺欠的超声检验(见 E.3.2.3);
47) 无缝(SMLS)管管端分层缺欠的超声检验(见 E.3.3.2);
48) 按照 E.4 进行的射线检验[见 K.5.3a)];
49) 超声对比标样中钻孔与刻槽的使用(见表 E.7);
50) 组合焊(COW)焊缝替代复检方法(见 E.5.5.5);
51) 电焊(EW)、埋弧焊(SAW)或组合焊(COW)管管体分层缺欠的超声检验(见 E.8);
52) 钢带(卷)/钢板边缘或电焊(EW)、埋弧焊(SAW)或组合焊(COW)管焊缝分层缺欠的超声检验(见 E.9);
53) $D \geqslant 355.6$ mm(14.000 in)钢管焊接接箍的供应(见 F.1.4);
54) 按附录 G 订购 PSL2 钢管时,购方应规定每个试验的冲击韧性试验温度、最小能量值和合同要求的最小平均能量值(见 G.2);
55) 酸性服役条件下 PSL2 钢管,此种情况下,应符合附录 H 要求(见 H.2);
56) 过出油(TFL)管,此种情况下应符合附录 I 要求(见 I.2);
57) 海上服役条件用钢管,此种情况下,应符合附录 J 要求(见 J.2);
58) 冷扩径钢管的具体扩径方式(水压或机械);
59) 按附录 G 订购输气管线用强度等级不低于 L485/X70 抗延性断裂扩展的 PSL2 钢管时,购方可规定原料的晶粒度、带状组织和夹杂物要求(见 8.3.3);
60) 其他任何附加或加严的要求。

8 制造

8.1 制造工艺

按本标准供应的钢管应按照表 2 和表 3 的适用要求和规定制造。

表 2 可接受的钢管制造工艺和产品规范水平

钢管或管端类型	PSL1 钢管等级[a]					PSL2 钢管等级[a]		
	L175 或 A25[b]	L175P 或 A25P[b]	L210 或 A	L245 或 B	L290～L485 或 X42～X70	L245～L555 或 B～X80	>L555～L690 或 >X80～X100	>L690～L830 或>X100～X120
钢管类型								
SMLS	×	×	×	×	×	×	×	—
CW	×	×	—	—	—	—	—	—
LFW	×	—	×	×	×	—	—	—
HFW	×	—	×	×	×	×	—	—
LW	—	—	—	—	×	—	—	—

表 2(续)

钢管或管端类型	PSL1 钢管等级[a]					PSL2 钢管等级[a]		
	L175 或 A25[b]	L175P 或 A25P[b]	L210 或 A	L245 或 B	L290～L485 或 X42～X70	L245～L555 或 B～X80	>L555～L690 或 >X80～X100	>L690～L830 或> X100～X120
SAWL[c]	—	—	×	×	×	×	×	×
SAWH[d]	—	—	×	×	×	×	×	×
COWL[c]	—	—	×	×	×	×	—	—
COWH[d]	—	—	×	×	×	×	—	—
管端类型								
承口端[e]	×	—	×	×	×	—	—	—
平端	×	—	×	×	×	×	×	×
特殊接箍平端	×	—	×	×	—	—	—	—
螺纹端[f]	×	×	×	×	—	—	—	—

注:×表示适用,—表示不适用。

[a] 如果协议,可采用中间钢级,但限于高于 L290 或 X42 的钢级。

[b] 钢级为 L175、L175P、A25 和 A25P,但限于 $D \leqslant 141.3$ mm(5.563 in)的钢管。

[c] 如果协议可采用双缝管,但限于 $D \geqslant 914$ mm(36.000 in)的钢管。

[d] 限于 $D \geqslant 114.3$ mm(4.500 in)螺旋缝钢管。

[e] 限于 $D \leqslant 219.1$ mm(8.625 in)且 $t \leqslant 3.6$ mm(0.141 in)承口端钢管。

[f] 螺纹端钢管限于 $D \leqslant 508$ mm(20.000 in)的 SMLS 和直缝焊管。

表 3 可接受的 PSL2 钢管的制造工序

钢管类型	原料	钢管成型	钢管热处理	交货状态
SMLS	钢锭、初轧坯或方坯	轧制	—	R
		正火成型	—	N
		热成型	正火	N
			淬火加回火	Q
		热成型和冷精整	正火	N
			淬火加回火	Q
HFW	正火轧制钢带(卷)	冷成型	仅对焊缝区热处理[a]	N
	热机械轧制钢带(卷)	冷成型	仅对焊缝区热处理[a]	M
			焊缝区热处理[a]和整根钢管的应力释放	M

表 3(续)

钢管类型	原料	钢管成型	钢管热处理	交货状态
HFW	轧制或热机械轧制钢带(卷)	冷成型	正火	N
			淬火加回火	Q
		冷成型,随后在受控温度下热减径,产生正火状态	—	N
		冷成型,随后进行钢管的热机械成型	—	M
SAW 或 COW 管	正火或正火轧制钢带(卷)或钢板	冷成型	—	N
	轧制态、热机械轧制、正火轧制、或正火态	冷成型	正火	N
	热机械轧制钢带(卷)或钢板	冷成型	—	M
	淬火加回火钢板	冷成型	—	Q
	轧制态、热机械轧制、正火轧制或正火态钢带(卷)或钢板	冷成型	淬火加回火	Q
	轧制态、热机械轧制、正火轧制或正火态钢带(卷)或钢板	正火成型	—	N
[a] 适用的热处理见 8.8。				

8.2 要求确认的工序

应对钢管制造过程中进行的最终操作进行工序确认。最终操作是指影响产品特性对本标准要求(化学成分和尺寸除外)的符合性的操作。

要求确认的工序如下所示:

——无缝钢管,轧制态:最终再加热和热定径或热张力减径;如适用,墩粗、冷精整;

——无缝钢管,热处理态:热处理;

——电焊钢管,轧制态:定径和焊接;如适用,焊缝热处理和墩粗;

——电焊钢管,热处理态:焊接和全管体热处理;

——非扩径埋弧焊(SAW)和组合焊(COW)管:成型、焊接、补焊;如适用,热处理;

——扩径埋弧焊(SAW)和组合焊(COW)管:成型、焊接、补焊、扩径。

8.3 原料

8.3.1 钢厂与轧制工厂应建立文件化的质量管理体系。

注:质量体系文件不要求获得第三方认证机构认证。为满足本标准的要求,只有书面质量体系的制定和

采用是必要的。遵从负责质量管理人员的专业意见,以制定或批准能反映各公司需求的最佳体系。在建立适合的质量体系过程中,现存的许多质量管理体系都可为相关人员提供指导,这些体系有包含石油天然气行业特殊规定的 ISO/TS 29001 和 API Q1 规范,或者包含质量管理体系审核总要求的 ISO 9001。本注所列内容并不详尽,仅提供相关信息。

8.3.2 制造钢管用原料的钢锭、初轧坯、方坯、钢带(卷)或钢板,应由下列工艺制成:

——吹氧碱性转炉工艺;

——电炉冶炼工艺,或

——结合钢包精炼工艺的平炉炼钢法。

8.3.3 PSL2 钢管的原料应为细晶粒镇静钢。按附录 G 订购输气管线用钢级不低于 L485/X70 抗延性断裂扩展的 PSL2 钢管情况下,如果协议,购方可规定原料的带状组织、晶粒度和夹杂物要求。

8.3.4 用于制造 PSL2 钢管的钢带(卷)或钢板不应带有任何补焊焊缝。

8.3.5 用于制造螺旋缝钢管的钢带(卷)或钢板的宽度不应小于钢管规定外径的 0.8 倍,且不应大于钢管规定外径的 3 倍。

8.3.6 任何污染焊接坡口和周围区域的润滑剂,均应在实施直缝埋弧焊(SAWL)或直缝组合焊(COWL)管直焊缝焊接之前,或应在实施螺旋缝埋弧焊(SAWH)管或螺旋缝组合焊(COWH)管螺旋焊缝焊接之前清除干净。

8.3.7 以 M(热机械轧制或热机械成型状态)交货的焊管,应定义和控制钢带(卷)/钢板轧制过程中的重要变素(例如重新加热,轧制和冷却温度,时间与偏差),以确保整根管的力学性能一致,需考虑:

——钢带(卷)/钢板特性与变化;

——性能对轧制方法的敏感性;

——合适的钢带(卷)/钢板切料距离;

——钢管成型时产生的拉伸性能变化。

应以文件形式表明钢带(卷)/钢板轧制过程中重要变素的允许变化范围。

8.3.8 对于以 M 状态交货的焊管,钢带(卷)/钢板轧制方法预期获得与 8.3.7 一致结果的能力应通过以下方式验证。

——钢带(卷)/钢板和钢管制造试生产的典型值,或者钢带(卷)/钢板和/或钢管性能及加工的历史数据能表明,在轧制工艺文件所限定的允许范围内,能稳定获得所需钢管性能;

——对于钢级高于 L360M/X52M 的钢管,钢管制造商应对钢带(卷)/钢板轧制厂进行或预先进行现场技术审核,并且定期进行现场或远程确认,所采用的轧制方法能够持续不断地获得理想预期结果。作为审核的一部分,钢带(卷)/钢板轧制方法确认标准应得到验证。

8.3.9 当实际热轧工艺与制造商书面轧制工艺参数的极限值发生偏离时,应对偏离进行书面评价,对于发生偏离时热轧出的材料,应采用力学试验定义极限值,和/或将发生偏离时成型的管材组为新试验批进行评价。

8.4 定位焊缝

8.4.1 定位焊缝应采用如下焊接方法:

a) 半自动埋弧焊;

b) 电焊;

c) 熔化极气体保护电弧焊;

d) 药芯焊丝电弧焊;

e) 采用低氢焊条的焊条电弧焊;或

f) 激光焊。

8.4.2 定位焊缝应被:

a) 熔化且与最终焊缝结合;

b) 采用机加工方法去除;或

c) 按 C.2 处置。

8.5 组合焊(COW)管焊缝

组合焊(COW)管的焊缝在焊接过程中,第一道焊缝应是连续的,且应采用熔化极气体保护电弧焊焊接,然后进行埋弧焊,在钢管内外表面至少各有一道埋弧焊缝,其中熔化极气体保护电弧焊焊道未完全被埋弧焊道熔化。

8.6 埋弧焊(SAW)管焊缝

埋弧焊(SAW)管焊缝在焊接过程中,在钢管内外表面至少各有一道埋弧焊焊缝。

8.7 双缝钢管焊缝

双缝钢管的焊缝应大约相隔 180°。

8.8 电焊(EW)和激光焊(LW)管焊缝处理

8.8.1 PSL1 电焊(EW)管

钢级高于 L290/X42 的钢管,除经过协议可采用替代热处理方法外,焊缝和热影响区应进行热处理,以模拟正火热处理。如采用了替代热处理方法,制造商应使用协商程序证实所选择热处理方法的有效性。这些程序可包括,但不限于硬度试验、显微组织评估或力学性能试验。

钢级等于或低于 L290/X42 的钢管,应进行热处理,以模拟正火热处理,或者应采用没有残留未回火马氏体的方式对钢管进行处理。

8.8.2 激光焊(LW)管和 PSL2 高频焊(HFW)管

所有钢级钢管的焊缝和热影响区应进行热处理,以模拟正火热处理。

8.9 冷定径和冷扩径

8.9.1 除 8.9.2 允许外,冷定径钢管的定径率不应大于 0.015,但以下情况除外:

a) 钢管随后进行正火或淬火加回火;或

b) 整根冷定径钢管随后进行应力释放。

8.9.2 除另有协议外,冷扩径钢管的定径率不应小于 0.003 且不应大于 0.015。

8.9.3 除另有协议外,定径率 S_r 应采用式(1)计算:

$$S_r = \frac{|D_a - D_b|}{D_b} \qquad (1)$$

式中:

D_a ——制造商设计的定径后外径,单位为毫米(英寸)[mm(in)];

D_b ——制造商设计的定径前外径,单位为毫米(英寸)[mm(in)];

$|D_a - D_b|$ ——外径差的绝对值,单位为毫米(英寸)[mm(in)]。

8.10 钢带(卷)/钢板对头焊缝

8.10.1 成品直缝钢管上不应有钢带(卷)/钢板对头焊缝。

8.10.2 成品螺旋焊缝钢管上,钢带(卷)/钢板对头焊缝和螺旋焊缝的交点距管端至少 300 mm (12.0 in)。

8.10.3 如果协议,只要钢带(卷)/钢板对头焊缝和螺旋焊缝在相应管端的环向间隔大于 150 mm (6.0 in),螺旋焊缝钢管管端可带有钢带(卷)/钢板对头焊缝。

8.10.4 成品螺旋焊缝钢管上的钢带(卷)/钢板对头焊缝应:

a) 采用埋弧焊或埋弧焊与熔化极气体保护电弧焊组合焊接方法焊接;

b) 采用与螺旋焊缝相同的验收极限进行检验。

8.11 对接钢管

8.11.1 如果协议,可供应对接钢管。

8.11.2 焊接对接钢管应符合附录 A 的要求。

8.11.3 制造对接钢管的钢管长度不应小于 1.5 m(5.0 ft)。

8.11.4 用于焊接对接钢管的各管段应检验合格(包括静水压试验),可用完整对接钢管的静水压试验代替。

8.12 热处理

应按照文件化程序进行热处理。

8.13 追溯性

8.13.1 对于 PSL1 钢管,制造商应建立并遵守文件化程序来保持:

a) 熔炼炉标识,直到所有相关化学分析试验完成,且试验结果符合规定的要求;

b) 试验批标识,直到所有相关力学试验完成,且试验结果符合规定的要求。

8.13.2 对于 PSL2 钢管,制造商应建立并遵守文件化程序,以保持所有这类钢管的熔炼炉标识和试验批标识。这些程序应提供从任一根钢管追溯到其试验批及相关化学成分分析、力学性能试验结果的方法。

9 验收极限

9.1 总则

9.1.1 通用交货技术条件应符合 ISO 404 的要求。

9.1.2 在未获得购方同意的情况下,不应采用 L415/X60 或更高钢级的钢管代替 L360/X52 或更低钢级的钢管。

9.2 化学成分

9.2.1 对于 $t \leqslant 25.0$ mm(0.984 in)的 PSL1 钢管,其标准钢级的化学成分应符合表 4 规定,而中间钢级的化学成分应依照协议,但应与表 4 规定协调一致。

注:L175P/A25P 钢级是增磷钢,具有比 L175/A25 更好的螺纹加工性能,但其较难弯曲。

9.2.2 对于 $t \leqslant 25.0$ mm(0.984 in)的 PSL2 钢管,其标准钢级的化学成分应符合表 5 规定,中间

钢级的化学成分应依照协议,但应与表 5 规定协调一致。

9.2.3 $t>25.0$ mm(0.984 in)的 PSL1 和 PSL2 钢管的化学成分应协商确定,根据表 4 和表 5 的要求修改为合适的成分。

9.2.4 PSL 2 钢管产品分析的碳含量(质量百分数)等于或小于 0.12%时,碳当量 CE_{Pcm} 应采用式(2)确定:

$$CE_{Pcm}=C+\frac{Si}{30}+\frac{Mn}{20}+\frac{Cu}{20}+\frac{Ni}{60}+\frac{Cr}{20}+\frac{Mo}{15}+\frac{V}{10}+5B \qquad \cdots\cdots\cdots\cdots(2)$$

式中化学元素符号表示质量分数(见表 5)。

如果 B 的熔炼分析结果小于 0.000 5%,那么在产品分析中就无需包括 B 元素的分析,在碳当量 CE_{Pcm} 计算中可将 B 含量视为零。

表 4 $t\leqslant25.0$ mm(0.984 in)的 PSL1 钢管化学成分

钢级(钢名)	质量分数,基于熔炼分析和产品分析[a,g] %							
	C max[b]	Mn max[b]	P min	P max	S max	V max	Nb max	Ti max
无缝管								
L175 或 A25	0.21	0.60	—	0.030	0.030	—	—	—
L175P 或 A25P	0.21	0.60	0.045	0.080	0.030	—	—	—
L210 或 A	0.22	0.90	—	0.030	0.030	—	—	—
L245 或 B	0.28	1.20	—	0.030	0.030	c,d	c,d	d
L290 或 X42	0.28	1.30	—	0.030	0.030	d	d	d
L320 或 X46	0.28	1.40	—	0.030	0.030	d	d	d
L360 或 X52	0.28	1.40	—	0.030	0.030	d	d	d
L390 或 X56	0.28	1.40	—	0.030	0.030	d	d	d
L415 或 X60	0.28[e]	1.40[e]	—	0.030	0.030	f	f	f
L450 或 X65	0.28[e]	1.40[e]	—	0.030	0.030	f	f	f
L485 或 X70	0.28[e]	1.40[e]	—	0.030	0.030	f	f	f
焊管								
L175 或 A25	0.21	0.60	—	0.030	0.030	—	—	—
L175P 或 A25P	0.21	0.60	0.045	0.080	0.030	—	—	—
L210 或 A	0.22	0.90	—	0.030	0.030	—	—	—
L245 或 B	0.26	1.20	—	0.030	0.030	c,d	c,d	d
L290 或 X42	0.26	1.30	—	0.030	0.030	d	d	d
L320 或 X46	0.26	1.40	—	0.030	0.030	d	d	d

表 4(续)

钢级(钢名)	质量分数,基于熔炼分析和产品分析[a,g] %							
	C	Mn	P		S	V	Nb	Ti
	max[b]	max[b]	min	max	max	max	max	max
L360 或 X52	0.26	1.40	—	0.030	0.030	[d]	[d]	[d]
L390 或 X56	0.26	1.40	—	0.030	0.030	[d]	[d]	[d]
L415 或 X60	0.26[e]	1.40[e]	—	0.030	0.030	[f]	[f]	[f]
L450 或 X65	0.26[e]	1.45[e]	—	0.030	0.030	[f]	[f]	[f]
L485 或 X70	0.26[e]	1.65[e]	—	0.030	0.030	[f]	[f]	[f]

[a] Cu≤0.50%;Ni≤0.50%;Cr≤0.50%;Mo≤0.15%。

[b] 碳含量比规定最大碳含量每减少 0.01%,则允许锰含量比规定最大锰含量增加 0.05%,对于钢级≥L245 或 B 但≤L360 或 X52 的钢级,最大锰含量为 1.65%;对于钢级>L360 或 X52 但<L485 或 X70 的钢级,最大锰含量为 1.75%;对于钢级 L485 或 X70 的钢级,最大锰含量为 2.00%。

[c] 除另有协议外,Nb+V≤0.06%。

[d] Nb+V+Ti≤0.15%。

[e] 除另有协议外。

[f] 除另有协议外,Nb+V+Ti≤0.15%。

[g] 不允许有意添加硼,且残余 B≤0.001%。

表 5 $t \leqslant 25.0$ mm(0.984 in)PSL2 钢管化学成分

钢级(钢名)	质量分数,基于熔炼分析和产品分析,最大 %									碳当量[a],最大 %	
	C[b]	Si	Mn[b]	P	S	V	Nb	Ti	其他	CE_{IIW}	CE_{pcm}
无缝管和焊管											
L245R 或 BR	0.24	0.40	1.20	0.025	0.015	[c]	[c]	0.04	[e,l]	0.43	0.25
L290R 或 X42R	0.24	0.40	1.20	0.025	0.015	0.06	0.05	0.04	[e,l]	0.43	0.25
L245N 或 BN	0.24	0.40	1.20	0.025	0.015	[c]	[c]	0.04	[e,l]	0.43	0.25
L290N 或 X42N	0.24	0.40	1.20	0.025	0.015	0.06	0.05	0.04	[e,l]	0.43	0.25
L320N 或 X46N	0.24	0.40	1.40	0.025	0.015	0.07	0.05	0.04	[d,e,l]	0.43	0.25
L360N 或 X52N	0.24	0.45	1.40	0.025	0.015	0.10	0.05	0.04	[d,e,l]	0.43	0.25
L390N 或 X56N	0.24	0.45	1.40	0.025	0.015	0.10[f]	0.05	0.04	[d,e,l]	0.43	0.25
L415N 或 X60N	0.24[f]	0.45[f]	1.40[f]	0.025	0.015	0.10[f]	0.05[f]	0.04[f]	[g,h,l]	依照协议	
L245Q 或 BQ	0.18	0.45	1.40	0.025	0.015	0.05	0.05	0.04	[e,l]	0.43	0.25
L290Q 或 X42Q	0.18	0.45	1.40	0.025	0.015	0.05	0.05	0.04	[e,l]	0.43	0.25
L320Q 或 X46Q	0.18	0.45	1.40	0.025	0.015	0.05	0.05	0.04	[e,l]	0.43	0.25
L360Q 或 X52Q	0.18	0.45	1.50	0.025	0.015	0.05	0.05	0.04	[e,l]	0.43	0.25

表 5(续)

钢级(钢名)	质量分数,基于熔炼分析和产品分析,最大 %									碳当量[a],最大 %	
	C[b]	Si	Mn[b]	P	S	V	Nb	Ti	其他	CE_{IIW}	CE_{pcm}
L390Q 或 X56Q	0.18	0.45	1.50	0.025	0.015	0.07	0.05	0.04	d,e,l	0.43	0.25
L415Q 或 X60Q	0.18[f]	0.45[f]	1.70[f]	0.025	0.015	g	g	g	h,l	0.43	0.25
L450Q 或 X65Q	0.18[f]	0.45[f]	1.70[f]	0.025	0.015	g	g	g	h,l	0.43	0.25
L485Q 或 X70Q	0.18[f]	0.45[f]	1.80[f]	0.025	0.015	g	g	g	h,l	0.43	0.25
L555Q 或 X80Q	0.18[f]	0.45[f]	1.90[f]	0.025	0.015	g	g	g	i,j	依照协议	
L625Q 或 X90Q	0.16[f]	0.45[f]	1.90	0.020	0.010	g	g	g	j,k	依照协议	
L690Q 或 X100Q	0.16[f]	0.45[f]	1.90	0.020	0.010	g	g	g	j,k	依照协议	
焊管											
L245M 或 BM	0.22	0.45	1.20	0.025	0.015	0.05	0.05	0.04	e,l	0.43	0.25
L290M 或 X42M	0.22	0.45	1.30	0.025	0.015	0.05	0.05	0.04	e,l	0.43	0.25
L320M 或 X46M	0.22	0.45	1.30	0.025	0.015	0.05	0.05	0.04	e,l	0.43	0.25
L360M 或 X52M	0.22	0.45	1.40	0.025	0.015	d	d	d	e,l	0.43	0.25
L390M 或 X56M	0.22	0.45	1.40	0.025	0.015	d	d	d	e,l	0.43	0.25
L415M 或 X60M	0.12[f]	0.45[f]	1.60[f]	0.025	0.015	g	g	g	h,l	0.43	0.25
L450M 或 X65M	0.12[f]	0.45[f]	1.60[f]	0.025	0.015	g	g	g	h,l	0.43	0.25
L485M 或 X70M	0.12[f]	0.45[f]	1.70[f]	0.025	0.015	g	g	g	h,l	0.43	0.25
L555M 或 X80M	0.12[f]	0.45[f]	1.85[f]	0.025	0.015	g	g	g	i,l	0.43[f]	0.25
L625M 或 X90M	0.10	0.55[f]	2.10[f]	0.020	0.010	g	g	g	i,l	—	0.25
L690M 或 100M	0.10	0.55[f]	2.10[f]	0.020	0.010	g	g	g	i,j		0.25
L830M 或 120M	0.10	0.55[f]	2.10[f]	0.020	0.010	g	g	g	i,j		0.25

[a] 依据产品分析结果,t>20.0 mm(0.787 in)无缝管,碳当量的极限值应协商确定。碳含量大于 0.12% 使用 CE_{IIW},碳含量小于等于 0.12% 使用 CE_{pcm}。

[b] 碳含量比规定最大碳含量每减少 0.01%,则允许锰含量比规定最大锰含量高 0.05%,对于钢级≥L245 或 B 但≤L360 或 X52 最大锰含量不得超过 1.65%;对于钢级>L360 或 X52 但<L485 或 X70 最大锰含量不得超过1.75%;对于钢级≥L485 或 X70 但≤L555 或 X80 最大锰含量不得超过 2.00%,对于钢级>L555 或 X80 最大锰含量不得超过 2.20%。

[c] 除另有协议外,Nb+V≤0.06%。

[d] Nb+V+Ti≤0.15%。

[e] 除另有协议外,Cu≤0.50%,Ni≤0.30%,Cr≤0.30%,Mo≤0.15%。

[f] 除另有协议外。

[g] 除另有协议外,Nb+V+Ti≤0.15%。

[h] 除另有协议外,Cu≤0.50%,Ni≤0.50%,Cr≤0.50%,Mo≤0.50%。

[i] 除另有协议外,Cu≤0.50%,Ni≤1.00%,Cr≤0.50%,Mo≤0.50%。

[j] B≤0.004%。

[k] 除另有协议外,Cu≤0.50%,Ni≤1.00%,Cr≤0.55%,Mo≤0.80%。

[l] 除适用脚注 j 外的所有 PSL2 钢级适用下列内容。除另有协议外,不允许有意添加硼,残余 B≤0.001%。

9.2.5 PSL 2 钢管产品分析的碳含量大于 0.12%时，碳当量 CE_{IIW}应采用式(3)确定：

$$CE_{IIW}=C+\frac{Mn}{6}+\frac{(Cr+Mo+V)}{5}+\frac{(Ni+Cu)}{15} \quad \cdots\cdots(3)$$

式中化学元素符号表示质量百分数(见表 5)。

9.3 拉伸性能

9.3.1 PSL1 钢管的拉伸性能应符合表 6 要求。

9.3.2 PSL2 钢管的拉伸性能应符合表 7 要求。

表 6 PSL1 钢管拉伸试验要求

钢管等级	无缝管和焊管管体			EW、LW、SAW 和 COW 管焊缝
	屈服强度[a] $R_{t0.5}$ MPa(psi) 最小	抗拉强度[a] R_m MPa(psi) 最小	伸长率(50 mm 或 2 in) A_f % 最小	抗拉强度[b] R_m MPa(psi) 最小
L175 或 A25	175(25 400)	310(45 000)	[c]	310(45 000)
L175P 或 A25P	175(25 400)	310(45 000)	[c]	310(45 000)
L210 或 A	210(30 500)	335(48 600)	[c]	335(48 600)
L245 或 B	245(35 500)	415(60 200)	[c]	415(60 200)
L290 或 X42	290(42 100)	415(60 200)	[c]	415(60 200)
L320 或 X46	320(46 400)	435(63 100)	[c]	435(63 100)
L360 或 X52	360(52 200)	460(66 700)	[c]	460(66 700)
L390 或 X56	390(56 600)	490(71 100)	[c]	490(71 100)
L415 或 X60	415(60 200)	520(75 400)	[c]	520(75 400)
L450 或 X65	450(65 300)	535(77 600)	[c]	535(77 600)
L485 或 X70	485(70 300)	570(82 700)	[c]	570(82 700)

[a] 对于中间钢级，管体规定最小抗拉强度和规定最小屈服强度差应为列表中与之邻近较高钢级的强度差。

[b] 对于中间钢级，其焊缝的规定最小抗拉强度应与按脚注 a 确定的管体抗拉强度相同。

[c] 应采用下列公式计算规定最小伸长率 A_f，用百分数表示，且圆整到最邻近的百分位。

$$A_f=C\frac{A_{XC}^{0.2}}{U^{0.9}}$$

式中：

C ——当采用 SI 单位时，C 为 1 940；当采用 USC 单位时，C 为 625 000；

A_{XC}——适用的拉伸试样横截面积，单位为平方毫米(平方英寸)[mm^2(in^2)]，具体如下：

——对圆棒试样：直径 12.5 mm(0.500 in)和 8.9 mm(0.350 in)的圆棒试样为 130 mm^2(0.20 in^2)；直径6.4 mm(0.250 in)的圆棒试样为 65 mm^2(0.10 in^2)；

——对全截面试样，取 a)485 mm^2(0.75 in^2)和 b)钢管试样横截面积两者中的较小者，其试样横截面积由规定外径和规定壁厚计算，且圆整到最邻近的 10 mm^2(0.01 in^2)；

——对板状试样，取 a)485 mm^2(0.75 in^2)和 b)试样横截面积两者中的较小者，其试样横截面积由试样规定宽度和钢管规定壁厚计算，且圆整到最邻近的 10 mm^2(0.01 in^2)；

U ——规定最小抗拉强度，单位为兆帕(平方英寸磅)[MPa(psi)]。

表 7　PSL 2 钢管拉伸试验要求

钢管等级	无缝管和焊管管体						HFW、SAW 和 COW 管焊缝
	屈服强度[a] $R_{t0.5}$ MPa(psi)		抗拉强度[a] R_m MPa(psi)		屈强比[a,c] $R_{t0.5}/R_m$	伸长率(50 mm 或 2 in) A_f %	抗拉强度[d] R_m MPa(psi)
	最小	最大	最小	最大	最大	最小	最小
L245R 或 BR L245N 或 BN L245Q 或 BQ L245M 或 BM	245 (35 500)	450[e] (65 300)[e]	415 (60 200)	655 (95 000)	0.93	[f]	415 (60 200)
L290R 或 X42R L290N 或 X42N L290Q 或 X42Q L290M 或 X42M	290 (42 100)	495 (71 800)	415 (60 200)	655 (95 000)	0.93	[f]	415 (60 200)
L320N 或 X46N L320Q 或 X46Q L320M 或 X46M	320 (46 400)	525 (76 100)	435 (63 100)	655 (95 000)	0.93	[f]	435 (63 100)
L360N 或 X52N L360Q 或 X52Q L360M 或 X52M	360 (52 200)	530 (76 900)	460 (66 700)	760 (110 200)	0.93	[f]	460 (66 700)
L390N 或 X56N L390Q 或 X56Q L390M 或 X56M	390 (56 600)	545 (79 000)	490 (71 100)	760 (110 200)	0.93	[f]	490 (71 100)
L415N 或 X60N L415Q 或 X60Q L415M 或 X60M	415 (60 200)	565 (81 900)	520 (75 400)	760 (110 200)	0.93	[f]	520 (75 400)
L450Q 或 X65Q L450M 或 X65M	450 (65 300)	600 (87 000)	535 (77 600)	760 (110 200)	0.93	[f]	535 (77 600)
L485Q 或 X70Q L485M 或 X70M	485 (70 300)	635 (92 100)	570 (82 700)	760 (110 200)	0.93	[f]	570 (82 700)
L555Q 或 X80Q L555M 或 X80M	555 (80 500)	705 (102 300)	625 (90 600)	825 (119 700)	0.93	[f]	625 (90 600)
L625M 或 X90M	625 (90 600)	775 (112 400)	695 (100 800)	915 (132 700)	0.95	[f]	695 (100 800)
L625Q 或 X90Q	625 (90 600)	775 (112 400)	695 (100 800)	915 (132 700)	0.97[g]	[f]	—

表 7 (续)

钢管等级	无缝管和焊管管体						HFW、SAW 和 COW 管焊缝
	屈服强度[a] $R_{t0.5}$ MPa(psi)		抗拉强度[a] R_m MPa(psi)		屈强比[a,c] $R_{t0.5}/R_m$	伸长率(50 mm 或 2 in) A_f %	抗拉强度[d] R_m MPa(psi)
	最小	最大	最小	最大	最大	最小	最小
L690M 或 X100M	690[b] (100 100)[b]	840[b] (121 800)[b]	760 (110 200)	990 (143 600)	0.97[h]	[f]	760 (110 200)
L690Q 或 X100Q	690[b] (100 100)[b]	840[b] (121 800)[b]	760 (110 200)	990 (143 600)	0.97[h]	[f]	—
L830M 或 X120M	830[b] (120 400)[b]	1 050[b] (152 300)[b]	915 (132 700)	1 145 (166 100)	0.99[h]	[f]	915 (132 700)

[a] 对于中间钢级,其规定最大屈服强度和规定最小屈服强度之差应与列表中与之邻近较高钢级的强度之差相同,规定最小抗拉强度和规定最小屈服强度之差应与列表中与之邻近较高钢级的强度之差相同。对低于 L320/X46 的中间钢级,其抗拉强度应≤655 MPa(95 000 psi)。对高于 L320/X46 而低于 L555/X80 的中间钢级,其抗拉强度应≤760 MPa(110 200 psi)。对高于 L555 或 X80 的中间钢级,其最大允许抗拉强度应由插入法获得。当采用 SI 单位时,计算值应圆整到最邻近的 5 MPa。当采用 USC 单位时,计算值应圆整到最邻近的 100 psi。

[b] 钢级>L625/X90 时,采用 $R_{p0.2}$。

[c] 此限制适用于 D>323.9 mm(12.750 in)的钢管。

[d] 对于中间钢级,其焊缝的规定最小抗拉强度应与按脚注 a 确定的管体抗拉强度相同。

[e] 对于要求纵向检验的钢管,其最大屈服强度应≤495 MPa(71 800 psi)。

[f] 规定最小伸长率 A_f 应采用下列公式确定:

$$A_f = C\frac{A_{XC}^{0.2}}{U^{0.9}}$$

式中:

C ——当采用 SI 单位时,C 为 1 940,当采用 USC 单位时,C 为 625 000;

A_{XC}——适用的拉伸试样横截面积,单位为平方毫米(平方英寸)[mm^2(in^2)],具体如下:

——圆棒试样:直径 12.7 mm(0.500 in)和 8.9 mm(0.350 in)的圆棒试样为 130 mm^2(0.20 in^2);直径6.4 mm(0.250 in)的圆棒试样为 65 mm^2(0.10 in^2)。

——全截面试样:取 a)485 mm^2(0.75 in^2)和 b)试样横截面积两者的较小者,其试样横截面积由规定外径和规定壁厚计算,且圆整到最邻近的 10 mm^2(0.01 in^2);

——板状试样:取 a)485 mm^2(0.75 in^2)和 b)试样横截面积两者的较小者,试样横截面积由试样规定宽度和钢管规定壁厚计算,圆整到最邻近的 10 mm^2(0.01 in^2)。

U ——规定最小抗拉强度,单位为兆帕(平方英寸磅)[MPa(psi)]。

[g] 经协商可规定较低的 $R_{t0.5}/R_m$ 比值。

[h] 对于钢级>L625/X90 的钢管,$R_{p0.2}/R_m$ 适用,经协商可规定较低的 $R_{p0.2}/R_m$ 比值。

9.4 静水压试验

9.4.1 除9.4.2允许外,钢管应进行静水压试验,且没有穿过焊缝或管体的渗漏。

9.4.2 如果用来焊制对接钢管的管段在对接前已成功通过静水压试验,则对接钢管不需静水压试验。

9.5 弯曲试验

试样的任何部分不应出现裂纹,且焊缝不应出现开裂。

注:所有弯曲试验中,焊缝包括熔合线每侧6.4 mm(0.25 in)范围的金属。

9.6 压扁试验

压扁试验的验收极限如下:

a) 钢级≥L210/A的电焊(EW)管和D<323.9 mm(12.750 in)的激光焊(LW)管:

1) t≥12.7 mm(0.500 in)且钢级≥L415/X60的钢管,在两平板间的距离小于钢管原始外径(OD)的66%之前,焊缝不应出现开裂。对所有其他钢级与规定壁厚组合的钢管,两平板间的距离小于钢管原始外径(OD)的50%之前,焊缝不应出现开裂;

2) D/t>10的钢管,在两平板间的距离小于钢管原始外径(OD)的33%之前,焊缝之外的部位不应出现裂纹或断裂;

3) 在整个压扁试验过程中,钢管相对两壁接触之前,试样不应产生分层或过烧金属迹象。

b) 钢级L175、L175P、A25或A25P的电焊(EW)和连续炉焊(CW)管:

1) 两平板间的距离小于钢管原始外径(OD)的75%之前,焊缝不应出现开裂;

2) 两平板间的距离小于钢管原始外径(OD)的60%之前,焊缝之外的部位不应出现裂纹或断裂。

注1:D<60.3 mm(2.375 in)的钢管,焊缝是指焊线两侧各6.4 mm (0.25 in)范围内的金属。D≥60.3 mm (2.375 in) 的钢管,焊缝是指焊线两侧各13 mm (0.5 in) 范围内的金属。

注2:对于经过热减径的电焊(EW)管,在减径前进行压扁试验,压扁试验的原始外径由制造商确定。其他情况下,原始外径为规定外径。

注3:术语"焊缝开裂"包括压扁试验过程形成且可以看见的任何裂纹、断裂或撕裂,但不包括试样边缘微小的发纹。

9.7 导向弯曲试验

9.7.1 除9.7.2允许外,试样不应

a) 完全断裂;

b) 在焊缝金属上出现长度大于3.2 mm(0.125 in)的裂纹或破裂(不考虑深度大小),或

c) 在母材、HAZ或熔合线上出现任何长度大于3.2 mm(0.125 in)或深度大于规定壁厚12.5%的裂纹和破裂。

9.7.2 试验期间出现在试样边缘,且长度不大于6.4 mm(0.250 in)的裂纹不应成为拒收的依据。

9.8 PSL2钢管夏比V型缺口(CVN)冲击试验

9.8.1 总则

9.8.1.1 采用小尺寸试样时,要求的最小平均(同一组的三个试样)吸收能应为全尺寸试样的规

定吸收能和小尺寸试样规定宽度与全尺寸试样规定宽度比值的乘积,计算结果圆整到最邻近的焦耳(英尺磅力)。

9.8.1.2 任何试样的单个试验值不应小于规定最小平均(同一组的三个试样)吸收能的75%。

9.8.1.3 如果在低于规定试验温度下进行CVN冲击试验,而试验满足吸收能和断口剪切面积的相应要求,则应认定该试验合格。

9.8.2 管体试验

9.8.2.1 管体试验的最小平均(同一组的三个试样)吸收能应符合表8的规定,试样尺寸为全尺寸试样,试验温度0 ℃(32 °F),或如果协议可采用较低温度。

注:表8中规定的吸收能值为大多数管道设计提供了足够的启裂抗力。

9.8.2.2 如果协议,$D \leqslant 508$ mm(20.000 in)的焊管,试验温度为0 ℃(32 °F)时,每个试验的最小平均(同一组的三个试样)剪切面积至少应为85%,或如果协议还可采用更低试验温度。

注:该剪切面积足以保证在试验温度或高于试验温度时有足够延性断口。

9.8.2.3 除另有协议外,订货批未采用9.8.2.2规定时,应对进行过CVN试验的所有钢级和尺寸钢管的CVN试样的断口剪切面积进行评价并报告,以获得参考信息。

9.8.3 钢管焊缝和热影响区(HAZ)试验

试验温度0 ℃(32 °F)时,或如果协议在更低温度时,每个钢管焊缝和HAZ全尺寸试样试验的最小平均(同一组的三个试样)吸收能应为下列数值:

a) $D<1$ 422 mm(56.000 in)且钢级≤L555/X80的钢管为27 J(20 ft·lbf);

b) $D \geqslant 1$ 422 mm(56.000 in)的钢管为40 J(30 ft·lbf);

c) 钢级>L555/X 80的钢管为40 J(30 ft·lbf)。

9.9 PSL2焊管落锤撕裂(DWT)试验

9.9.1 在0 ℃(32 °F)试验温度时,每个试验(同一组二个试样)的平均剪切面积应≥85%,如果协议,可在较低温度下试验。对于壁厚>25.4 mm(1.000 in)的钢管,DWT试验的验收要求应协商确定。

注1:这样的剪切面积保证在试验温度或高于试验温度时有足够延性断口。

注2:同时具有足够的剪切面积和足够的CVN吸收能是管体的一个基本特性,在输气管线中它能避免脆性断裂扩展,并控制延性断裂的扩展(见附录G和表20)。

表8 PSL2钢管管体的CVN吸收能要求

规定外径 D mm(in)	全尺寸CVN吸收能,最小值 K_V J(ft·lbf)						
	钢级						
	≤L415或X60	>L415或X60~L450或X65	>L450或X65~L485或X70	>L485或X70~L555或X80	>L555或X80~L625或X90	>L625或X90~L690或X100	>L690或X100~L830或X120
≤508(20.000)	27(20)	27(20)	27(20)	40(30)	40(30)	40(30)	40(30)
>508(20.000)~762(30.000)	27(20)	27(20)	27(20)	40(30)	40(30)	40(30)	40(30)

表8(续)

规定外径 D mm(in)	全尺寸CVN吸收能,最小值 K_V J(ft·lbf)						
	钢　　级						
	≤L415或X60	>L415或X60~L450或X65	>L450或X65~L485或X70	>L485或X70~L555或X80	>L555或X80~L625或X90	>L625或X90~L690或X100	>L690或X100~L830或X120
>762(30.000)~914(36.000)	40(30)	40(30)	40(30)	40(30)	40(30)	54(40)	54(40)
>914(36.000)~1 219(48.000)	40(30)	40(30)	40(30)	40(30)	40(30)	54(40)	68(50)
>1 219(48.000)~1 422(56.000)	40(30)	54(40)	54(40)	54(40)	54(40)	68(50)	81(60)
>1 422(56.000)~2 134(84.000)	40(30)	54(40)	68(50)	68(50)	81(60)	95(70)	108(80)

9.9.2　如果在低于规定试验温度下进行DWT试验,而试验满足剪切面积的相应要求,则应认定该试验合格。

9.9.3　当DWT试验出现异常断口时,可采用附录M对断口进行评价。

9.10　表面状况、缺欠和缺陷

9.10.1　总则

9.10.1.1　所有钢管在交货时应无缺陷。

9.10.1.2　所有钢管应无裂纹、渗水和漏水。

9.10.1.3　用无损检验方法检验的缺欠验收极限应符合附录E的要求。

9.10.2　咬边

埋弧焊(SAW)和组合焊(COW)管上的咬边应按照下列规定进行核查、分类和处置:

a)　深度≤0.4 mm(0.016 in)的咬边应接收(不考虑咬边长度),并按照C.1的要求进行处置;

b)　深度>0.4 mm(0.016 in)但≤0.8 mm(0.031 in)的咬边应接收,条件是按照C.2的规定处置并且:

　1)　单个长度≤0.5 t,且

　2)　单个深度≤0.1 t,且

　3)　在任意300 mm(12.0 in)长度的焊缝上,这样的咬边不超过两个。

c)　超过b)规定的咬边应判为缺陷,且应按照C.3进行处置。

注:咬边最好能够通过目视检查定位。

9.10.3　电弧烧伤

9.10.3.1　电弧烧伤应判为缺陷。

注1:电弧烧伤是由电极或接地极与钢管表面引弧时形成的局部表面熔化点。

注 2：接触斑是电焊(EW)管焊线附近的断续性斑痕，是由提供焊接电流的电极和钢管表面之间的接触所引起的，接触斑应按照 9.10.7 的规定处置。

9.10.3.2 电弧烧伤应按照 C.2、C.3b)或 C.3c)的规定处置。若电弧烧伤形成的凹坑能彻底清理，并且使用 10%的过硫酸铵溶液或 5%的硝酸乙醇溶液检查损伤材料已被完全清除，可采用修磨法、铲除法或机加工方法清除电弧烧伤缺陷。

9.10.4 分层

扩展到钢管表面或坡口面上，且外观检查周向长度>6.4 mm(0.250 in)的任何分层或夹杂应判为缺陷。有这种缺陷的钢管应被拒收或返切，直到管端上没有这样的分层或夹杂存在。

9.10.5 几何尺寸偏差

9.10.5.1 除摔坑外，由于钢管成型工艺或制造操作会造成钢管实际轮廓相对于钢管正常圆柱轮廓的几何尺寸偏离(如扁平块或嘣嘴等)，当几何尺寸偏离处的极端点与钢管正常轮廓延伸部分之间的测量间距(即深度)超过 3.2 mm(0.125 in)时，该处应判为缺陷，且应按照 C.3b)或 C.3c)的规定处置。

9.10.5.2 摔坑在任何方向上的长度应≤$0.5D$，且深度不应超过下列规定(摔坑深度指凹陷的最低点与钢管正常轮廓延伸部分之间的测量间距)：

a) 冷态成型并带有尖底划伤的摔坑，3.2 mm(0.125 in)；

b) 其他摔坑，6.4 mm(0.250 in)。

超过规定极限值的摔坑应判为缺陷，且应按照 C.3b)或 C.3c)的规定处置。

9.10.6 硬块

在任何方向上尺寸大于 50 mm(2.0 in)，单点压痕的硬度值超过 35 HRC、345 HV10 或 327 HBW 的硬块应判为缺陷。带有此种缺陷的钢管应按照 C.3b)或 C.3c)处置。

9.10.7 其他表面缺欠

外观检查发现的其他表面缺欠应按照下列方法核查、分类及处置：

a) 深度≤0.125 t，且不影响最小允许壁厚的缺欠，应判为可接受的缺欠，并按照 C.1 的规定处置；

b) 深度>0.125 t，且不影响最小允许壁厚的缺欠，应判为缺陷，并按照 C.2 的规定采用磨削法进行修整，或按照 C.3 的规定处置；

c) 影响最小允许壁厚的缺欠应判为缺陷，并按照 C.3 的规定处置。

注："影响最小允许壁厚的缺欠"是指该表面缺欠下的剩余壁厚小于最小允许壁厚的缺欠。

9.11 尺寸、质量和偏差

9.11.1 尺寸

9.11.1.1 钢管应按照订货合同规定的尺寸交货，且符合相应偏差。

9.11.1.2 规定外径和规定壁厚应符合表 9 规定的相应极限范围。

9.11.1.3 钢管应按照订货合同规定的非定尺长度或定尺长度交货。

9.11.2 单位长度质量

单位长度质量 ρ_1 应采用式(4)计算，用千克每米(磅每英尺)表示：

$$\rho_1 = t(D-t)\times C \qquad (4)$$

式中：

D ——规定外径，单位为毫米(英寸)[mm(in)]；

t ——规定壁厚，单位为毫米(英寸)[mm(in)]；

C ——按照 SI 单位计算时为 0.024 66，按 USC 单位计算时为 10.69。

对加工有螺纹和带接箍钢管，按照上述公式确定的质量应符合计算质量或修正计算质量，其偏差应在 9.14 的规定范围内。

注：钢管的理论质量是钢管长度和钢管单位长度质量的乘积。

9.11.3 直径偏差、壁厚偏差、长度偏差和直度偏差

9.11.3.1 除 C.2.3 允许外，直径和不圆度应在表 10 规定的偏差范围内(见 10.2.8.2)。

9.11.3.2 壁厚偏差应符合表 11 规定。

9.11.3.3 长度偏差应符合下列规定：

a) 除另有协议外，非定尺钢管应按照表 12 规定的长度范围交货；

b) 按照定尺钢管交货的钢管，其长度偏差应在±500 mm(20 in)范围内；

c) 如果同意供应对接钢管，最多可供应 5%合同订购量的由 2 个管段焊接而成，且长度<15.0 m(49.2 ft)的对接钢管，或依照协议确定对接钢管所占比例；

d) 如果同意供应对接钢管，可提供整批或任意比例合同订购量的由 2 个管段焊接而成，且长度≥15.0 m(49.2 ft)的对接钢管；

e) 如果同意供应对接钢管，最多可供应 5%合同订购量的由 3 个管段焊接而成，且长度≥15.0 m(49.2 ft)的对接钢管，或依照协议确定对接管所占比例。

表 9 允许规定外径和规定壁厚

规定外径 D mm(in)	规定壁厚 t mm(in)	
	特薄规格[a]	普通规格
≥10.3(0.405)～13.7(0.540)	—	≥1.7(0.068)～2.4(0.094)
>13.7(0.540)～17.1(0.675)	—	≥2.2(0.088)～3.0(0.118)
>17.1(0.675)～21.3(0.840)	—	≥2.3(0.091)～3.2(0.125)
>21.3(0.840)～26.7(1.050)	—	≥2.1(0.083)～7.5(0.294)
>26.7(1.050)～33.4(1.315)	—	≥2.1(0.083)～7.8(0.308)
>33.4(1.315)～48.3(1.900)	—	≥2.1(0.083)～10.0(0.394)
>48.3(1.900)～60.3(2.375)	—	≥2.1(0.083)～12.5(0.492)
>60.3(2.375)～73.0(2.875)	≥2.1(0.083)～3.6(0.141)	>3.6(0.141)～14.2(0.559)
>73.0(2.875)～88.9(3.500)	≥2.1(0.083)～3.6(0.141)	>3.6(0.141)～20.0(0.787)
>88.9(3.500)～101.6(4.000)	≥2.1(0.083)～4.0(0.156)	>4.0(0.156)～22.0(0.866)
>101.6(4.000)～168.3(6.625)	≥2.1(0.083)～4.0(0.156)	>4.0(0.156)～25.0(0.984)
>168.3(6.625)～219.1(8.625)	≥2.1(0.083)～4.0(0.156)	>4.0(0.156)～40.0(1.575)

表 9(续)

规定外径 D mm(in)	规定壁厚 t mm(in)	
	特薄规格[a]	普通规格
>219.1(8.625)~273.1(10.750)	≥3.2(0.125)~4.0(0.156)	>4.0(0.156)~40.0(1.575)
>273.1(10.750)~323.9(12.750)	≥3.6(0.141)~5.2(0.203)	>5.2(0.203)~45.0(1.771)
>323.9(12.750)~355.6(14.000)	≥4.0(0.156)~5.6(0.219)	>5.6(0.219)~45.0(1.771)
>355.6(14.000)~457(18.000)	≥4.5(0.177)~7.1(0.281)	>7.1(0.281)~45.0(1.771)
>457(18.000)~559(22.000)	≥4.8(0.188)~7.1(0.281)	>7.1(0.281)~45.0(1.771)
>559(22.000)~711(28.000)	≥5.6(0.219)~7.1(0.281)	>7.1(0.281)~45.0(1.771)
>711(28.000)~864(34.000)	≥5.6(0.219)~7.1(0.281)	>7.1(0.281)~52.0(2.050)
>864(34.000)~965(38.000)	—	≥5.6(0.219)~52.0(2.050)
>965(38.000)~1 422(56.00)	—	≥6.4(0.250)~52.0(2.050)
>1 422(56.00)~1 829(72.000)	—	≥9.5(0.375)~52.0(2.050)
>1 829(72.000)~2 134(84.000)	—	≥10.3(0.406)~52.0(2.050)

注:ISO 4200[7]和 ASME B36.10M[8]给出了钢管规定外径和规定壁厚的标准化数值。

[a] 具有规定外径和规定壁厚组合的钢管定义为特薄规格钢管。本表中给出的其他组合钢管定义为普通规格钢管。对于表列值中间的规定外径和规定壁厚组合的钢管,如果与其相邻的较低表列值是特薄规格钢管,则视其为特薄规格钢管;其他中间尺寸组合的钢管视为普通规格钢管。

表 10 直径和不圆度偏差

规定外径 D mm(in)	直径偏差[d] mm(in)				不圆度偏差 mm(in)	
	除管端外[a]		管端[a,b,c]			
	无缝管	焊管	无缝管	焊管	除管端外[a]	管端[a,b,c]
<60.3(2.375)	−0.8(0.031)~+0.4(0.016)				1.2(0.048)	0.9(0.036)
≥60.3(2.375) ~168.3(6.625)	±0.007 5D		−0.4(0.016)~ +1.6(0.063)		D/t≤75 时 0.020D; D/t>75 时协议	D/t≤75 时 0.015D; D/t>75 时协议
>168.3(6.625)~ 610(24.000)	±0.007 5D	±0.007 5D, 最大为 ±3.2(0.125)	±0.005D, 最大为±1.6(0.063)		0.020D	0.015D
>610(24.000)~ 1 422(56.000)	±0.01D	±0.005D,最 大为 ±4.0(0.160)	±2.0(0.079)	±1.6(0.063)	D/t≤75 时 0.015D, 最大 15(0.6); D/t>75 时协议	D/t≤75 时 0.01D, 最大 13(0.5); D/t>75 时协议

表 10(续)

规定外径 D mm(in)	直径偏差[d] mm(in)				不圆度偏差 mm(in)	
	除管端外[a]		管端[a,b,c]			
	无缝管	焊管	无缝管	焊管	除管端外[a]	管端[a,b,c]
>1 422(56.000)	依 照 协 议					

[a] 管端包括钢管每个端头 100 mm(4.0 in)长度范围内的钢管。

[b] 对于无缝管,这些偏差适用于 t≤25.0 mm(0.984 in)的钢管,对较大壁厚钢管的偏差应依照协议。

[c] 对于非扩径管和 D ≥219.1 mm(8.625 in)的扩径管,可采用计算的内径(规定外径减去两倍的规定壁厚)或测量内径确定直径偏差和不圆度偏差,而不通过测量外径值来确定(见 10.2.8.3)。

[d] 为确定直径对直径偏差的符合率,钢管直径定义为在任一圆周平面的钢管周长除以 π。

9.11.3.4 直度偏差应符合下列要求:

a) 钢管全长相对于直线的总偏离应≤0.2%的钢管长度,如图 1 所示;

b) 在每个管端 1.0 m(3.0 ft)长度范围内的钢管相对于直线的局部偏离应≤4.0 mm (0.156 in),如图 2 所示。

表 11 壁厚偏差

壁厚 t mm(in)	偏差[a] mm(in)
无缝(SMLS)管[b]	
≤4.0(0.157)	+ 0.6(0.024) −0.5(0.020)
>4.0(0.157)~<25.0(0.984)	+ 0.150 t −0.125 t
≥25.0(0.984)	+ 3.7(0.146) 或+ 0.1t,取较大者 −3.0(0.120)或−0.1t,取较大者
焊 管[c,d]	
≤5.0(0.197)	± 0.5(0.020)
>5.0(0.197)~<15.0(0.591)	± 0.1t
≥15.0(0.591)	± 1.5(0.060)

[a] 如果订货合同规定的壁厚负偏差比本表给出的对应数值小,则壁厚正偏差应增加一些数值,以保证相应的偏差范围。

[b] 只要未超出钢管质量正偏差范围(见 9.14),对于 D≥355.6 mm(14.000 in)且 t≥25.0 mm(0.984 in)的钢管,其局部壁厚偏差可超过壁厚正偏差 0.05 t。

[c] 壁厚正偏差不适用于焊缝区域。

[d] 附加要求见 9.13.2。

表 12　非定尺长度钢管偏差

长度组别 m(ft)	最小长度 m(ft)	每订货批最小平均长度 m(ft)	最大长度 m(ft)
加工有螺纹和带接箍钢管			
6(20)	4.88(16.0)	5.33(17.5)	6.86(22.5)
9(30)	4.11(13.5)	8.00(26.2)	10.29(33.8)
12(40)	6.71(22.0)	10.67(35.0)	13.72(45.0)
平端管			
6(20)	2.74(9.0)	5.33(17.5)	6.86(22.5)
9(30)	4.11(13.5)	8.00(26.2)	10.29(33.8)
12(40)	4.27(14.0)	10.67(35.0)	13.72(45.0)
15(50)	5.33(17.5)	13.35(43.8)	16.76(55.0)
18(60)	6.40(21.0)	16.00(52.5)	19.81(65.0)
24(80)	8.53(28.0)	21.34(70.0)	25.91(85.0)

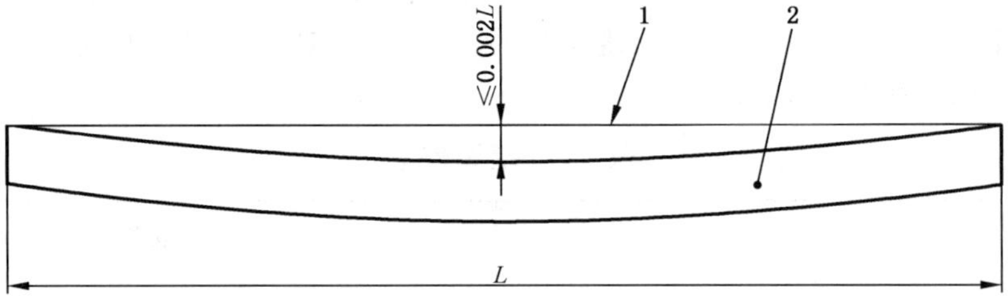

说明：

1——拉紧的线或钢丝；

2——钢管。

图 1　全长直度测量

单位为毫米(英寸)

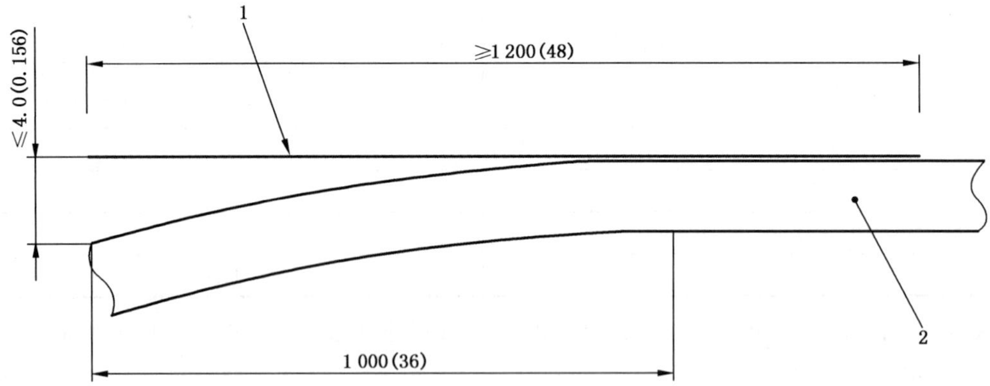

说明：

1——直线；

2——钢管。

图 2　端部直度测量

9.12 管端加工

9.12.1 总则

9.12.1.1 L175 P/A25 P 钢级的 PSL1 钢管应加工为螺纹端;除订货合同规定另一种管端加工类型(见表 2)外,其他钢级的 PSL 1 钢管应加工为平端。

9.12.1.2 PSL 2 钢管应以平端交货。

9.12.1.3 管端应无毛刺。

9.12.1.4 切斜(按照图 3 所示测量)应≤1.6 mm(0.063 in)。

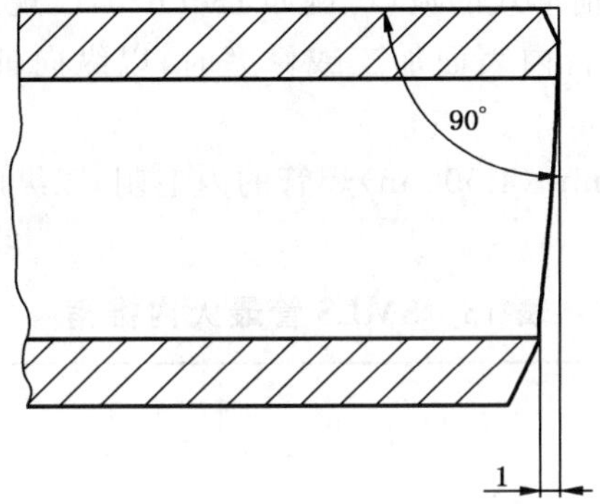

说明:
1——切斜。

图 3 切斜

9.12.2 加工有螺纹的管端(仅对 PSL1)

9.12.2.1 加工有螺纹的管端应符合 API Spec 5B 规定的螺纹加工、螺纹检验和量规要求。

9.12.2.2 每根加工有螺纹钢管的一端应带有符合附录 F 要求的接箍,而另一端应带有符合 12.2 要求的螺纹保护器。

9.12.2.3 接箍应手工拧紧在钢管上,或如果协议时可采用机械拧紧。

注:手工拧紧定义为拧紧到不借助工具,接箍就不可能卸下的程度。采用手工拧紧的目的是便于在铺设管线前卸下接箍进行清洗、检验螺纹和涂覆新的螺纹脂。已证实这种方法对防止螺纹处渗漏是必要的,特别对输气管线,因为制造商采用机械拧紧装配接箍,尽管在装配时具有防渗漏性能,然而经过运输、装卸和管线铺设后,并非总能保持其严密性。

9.12.2.4 装配接箍前,接箍或钢管啮合螺纹的表面均应涂上符合 ISO 13678 或 API RP 5A3 性能要求的螺纹脂。所有外露螺纹均应涂上同种螺纹脂或颜色明显不同的储存脂。除另有规定外,由制造商选择使用何种螺纹脂。无论使用哪种螺纹脂,均应涂在清洁、无潮气和无切削液的螺纹表面上。

9.12.3 承口端(仅适用于 PSL 1)

9.12.3.1 应根据订货合同要求的形式和尺寸,在钢管一端加工承口。

9.12.3.2 应对加工的承口进行外观检查,并符合 9.10 的要求。

9.12.4 特殊接箍用管端加工(仅适用于 PSL 1)

9.12.4.1 适用时,应按照订货合同要求的形式和尺寸,对与特殊接箍一起使用的钢管两端进行加工。

9.12.4.2 为允许进行适当的上接箍操作,距钢管每端至少 200 mm(8.0 in)范围内的钢管上应完全没有压痕、突起和辊印。

9.12.5 平端

9.12.5.1 除另有协议外,$t \leqslant 3.2$ mm(0.125 in)平端钢管的端面应切直。

9.12.5.2 除另有协议外,$t > 3.2$ mm(0.125 in)平端钢管的端面应加工焊接坡口。除 9.12.5.3 允许外,坡口角应为 30°,偏差应为$^{+5°}_{0°}$,坡口角以钢管轴线的垂线为基准测量,钝边尺寸应为 1.6 mm(0.063 in),偏差为±0.8 mm(0.031 in)。

9.12.5.3 如果协议,可加工其他形式的坡口,例如 ISO 6761[9]规定的坡口。

9.12.5.4 对无缝(SMLS)管进行内表面加工或修磨时,以纵向轴线为基准测量的内锥角不应超过表 13 给出的相应数值。

9.12.5.5 为去除直径>114.3 mm(4.500 in)焊管的内毛刺,以纵向轴线为基准测量的内锥角不应大于 7.0°。

表 13 SMLS 管最大内锥角

规定壁厚 t mm(in)	最大内锥角 (°)
<10.5(0.413)	7.0
10.5(0.413)~<14.0(0.551)	9.5
14.0(0.551)~<17.0(0.669)	11.0
≥17.0(0.669)	14.0

9.13 焊缝偏差

9.13.1 钢带/钢板边缘间的径向偏移(错边)

对于电焊(EW)和激光焊(LW)管,错边[见图 4a)]不应使得焊缝处剩余壁厚小于最小允许壁厚。

对于埋弧焊(SAW)和组合焊(COW)管,错边[见图 4b)或图 4c)中的适用情况]不应超过表 14 给出的相应数值。

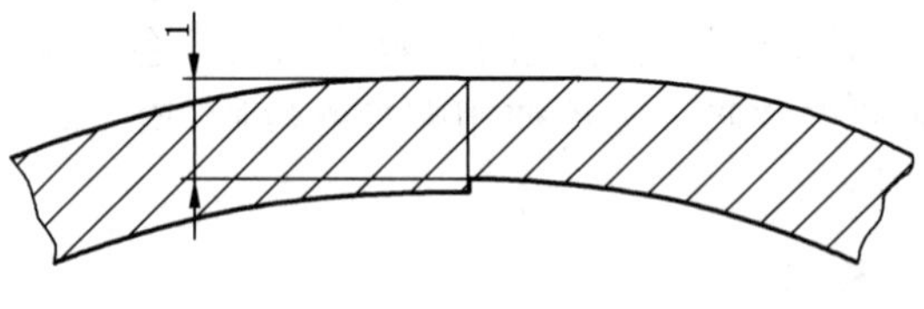

说明:

1——焊缝处剩余壁厚。

a) EW 和 LW 管用钢带/钢板边缘错边

图 4 焊缝尺寸偏差

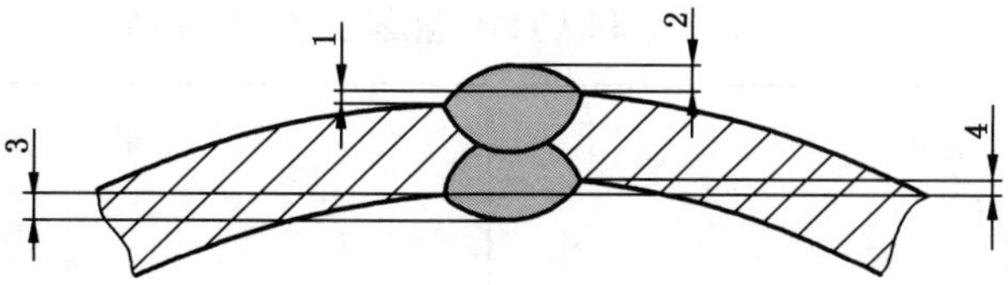

说明：

1——外部错边；

2——外焊道高度；

3——内焊道高度；

4——内部错边。

b) **SAW 管钢带/钢板边缘错边和焊道高度**

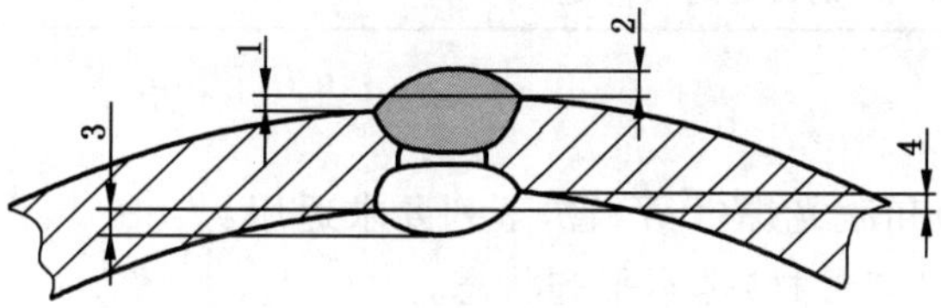

说明：

1——外部错边；

2——外焊道高度；

3——内焊道高度；

4——内部错边。

c) **COW 管用钢带/钢板错边和焊道高度**

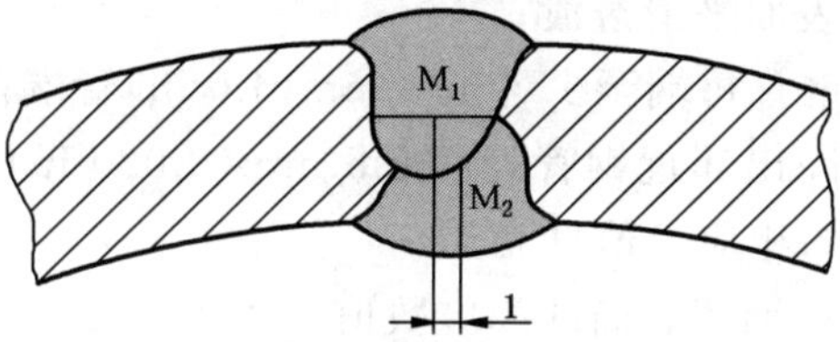

说明：

M_1、M_2——为横穿焊道的两条平行线的中点。该两线平行于钢管表面切线，并通过内焊道和外焊道熔合线的交点。

1 ——偏移距离，分别通过点 M_1 和点 M_2，且垂直于钢管表面切线的两条线之间的距离。

d) **SAW 管焊道焊偏**

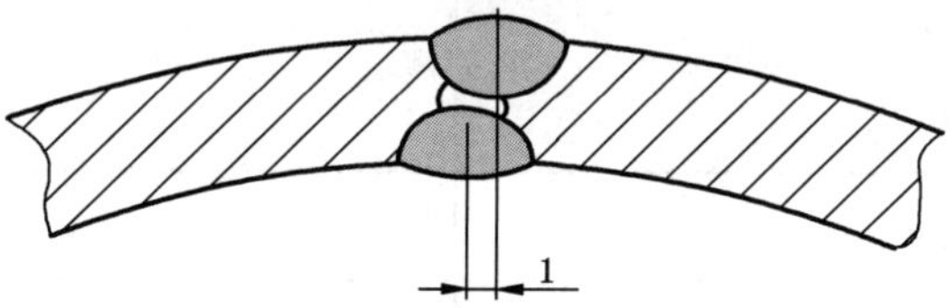

说明：

1——焊偏。

e) **COW 管焊道焊偏**

图 4（续）

表 14 SAW 和 COW 管最大允许错边

规定壁厚 t mm(in)	最大允许错边[a] mm(in)
≤15.0(0.590)	1.5(0.060)
>15.0(0.590)～25.0(0.984)	0.1t
>25.0(0.984)	2.5(0.098)

[a] 这些限制同样适用于钢带/钢板的对头焊缝。

9.13.2 毛刺或焊缝高度

9.13.2.1 对于电焊(EW)和激光焊(LW)管,下列要求适用:

a) 外毛刺应去除到(与母材)基本平齐状态;

b) 内毛刺不应超出钢管轮廓 1.5 mm(0.060 in);

c) 毛刺去除处的壁厚不应小于最小允许壁厚;

d) 清除内毛刺所形成的刮槽深度不应超过表 15 的相应规定。

9.13.2.2 对于埋弧焊(SAW)和组合焊(COW)管,下列要求适用:

a) 除咬边处外,内外熔敷焊道(顶部)不应低于邻近钢管表面;

b) 焊道应与邻近钢管表面平滑过渡;

c) 应采用修磨方法将钢管每端至少各 100 mm(4.0 in)管端范围内的内焊道余高去除,使得修磨后的焊缝不高出邻近钢管表面 0.5 mm(0.020 in)。钢管其余部分内焊道不应高出邻近钢管表面的相应数值见表 16;

d) 外焊道不应高出邻近钢管表面的相应数值见表 16;

e) 如果协议,应采用修磨方法将钢管每端至少各 150 mm(6.0 in)管端范围内的外焊道余高去除,使得修磨后焊道不高出邻近钢管表面 0.5 mm(0.020 in)。

表 15 EW 和 LW 管最大允许刮槽深度

规定壁厚 t mm(in)	最大允许刮槽深度[a] mm(in)
≤4.0(0.156)	0.10t
>4.0(0.156)～8.0(0.312)	0.40(0.016)
>8.0(0.312)	0.05t

[a] 刮槽深度为距焊线约 25 mm(1 in)处测得的壁厚与刮槽处最小壁厚之差。

表 16 SAW 和 COW 管最大允许焊道高度(除管端外)

规定壁厚 t mm(in)	焊道高度[a] mm(in) 最大	
	内焊道	外焊道
≤13.0(0.512)	3.5(0.138)	3.5(0.138)
>13.0(0.512)	3.5(0.138)	4.5(0.177)
[a] 由制造商选择,高于允许值的焊道可修磨至可接收高度。		

9.13.3 埋弧焊(SAW)和组合焊(COW)管的焊偏

偏移量在下述规定范围内且无损检测结果表明焊道完全焊透和熔合,埋弧焊(SAW)管[见图 4d)]和组合焊(COW)管[见图 4e)]焊道的焊偏不应成为拒收的理由。对于规定壁厚 $t \leq$ 20 mm(0.8 in)的钢管,焊道最大焊偏量不应超过 3 mm(0.1 in),对于规定壁厚 $t >$ 20 mm(0.8 in)的钢管,焊道最大焊偏量不应超过 4 mm(0.16 in)。

9.14 质量偏差

9.14.1 除 9.14.2 允许外,每根钢管的质量相对于其理论质量的偏离不应超过下列规定[理论质量按照钢管长度与钢管单位长度质量(见 9.11.2)的乘积确定]:

a) 特薄规格钢管(见表 9):$^{+10.0\%}_{-5.0\%}$;

b) L175、L175P、A25 和 A25P:$^{+10.0\%}_{-5.0\%}$;

c) 所有其他钢管:$^{+10.0\%}_{-3.5\%}$。

9.14.2 如果订货合同规定的壁厚负偏差比表 11 给定的对应偏差小,则质量正偏差应增加一定的百分数,增加的百分数与壁厚负偏差的相应百分数减少量相等。

9.14.3 对于质量为 18 t(20 美吨)或以上的订货批,每个订货批的质量与其理论质量的偏离不应超出下列规定[理论质量按照订货批钢管的总长度与钢管单位长度质量的乘积确定(见 9.11.2)]:

a) L175、L175P、A25 和 A25P:−3.5%;

b) 所有其他钢管:−1.75%。

9.15 PSL2 钢管焊接性

如果协议,制造商应提供相关钢的焊接性数据,否则应进行焊接性试验,因此,订货合同中应规定进行焊接性试验的细节和验收极限。

钢的化学成分要求,特别是 CE_{pcm} 和 CE_{IIW} 极限值(见表 5、表 H.1 或表 J.1,选适用者)的选择应有利于焊接性;然而,宜考虑到在焊接过程中及焊后钢管性能不仅取决于钢的化学成分,而且取决于所使用的焊接材料、焊前的准备条件以及焊接的实施过程。

10 检验

10.1 检验类型和检验文件

10.1.1 总则

10.1.1.1 应按照 GB/T 18253—2000 的规定检验,对订货合同的符合性进行查验。

注1：GB/T 18253—2000 中，“规定检验”是指“规定的检验和试验”。

注2：使用本条款时，EN 10204 与 GB/T 18253—2000 可达到相同目的。

注3：用在 10.1.2 和 10.1.3 的术语“检验文件”均相同，可与术语“材料试验报告”互换使用。

10.1.1.2 检验文件应是打印格式或电子格式，电子格式文件作为 EDI 传输文件必须符合由购方和制造商达成的任一 EDI 协议。

10.1.2 **PSL1 钢管检验文件**

10.1.2.1 如果协议，应发出符合 GB/T 18253—2000 的 5.1 所要求的 5.1.A、5.1.B 或 5.1.C 要求的检验证书，或应发出符合 EN 10204:2004 的 3.1 或 3.2 要求的检验证书。

10.1.2.2 如果协议提供检验文件，每个订货批应提供下列信息(适用时)：

a) 规定外径、规定壁厚、PSL、钢管类型、钢管等级和交货状态；
b) 化学成分(熔炼分析和产品分析)；
c) 拉伸试验结果和试样类型、尺寸、位置和取向；
d) 规定最小静水压试验压力和规定稳压时间；
e) 对于焊管，使用的焊缝无损检验方法(射线、超声或电磁)；使用的参考反射体或像质计的类型和尺寸；
f) 对于无缝(SMLS)管，使用的无损检验方法(超声、电磁或磁粉)；使用的参考反射体的类型和尺寸；
g) 对于电焊(EW)和激光焊(LW)管，焊缝热处理的最低温度或未进行热处理时注明“未进行热处理”；
h) 订货合同中要求的任何补充试验的结果；
i) 根据适用情况，对接钢管、接箍和/或过出油管满足附录 A、附录 F 和/或附录 I 要求的证明；
j) 用于钢管制造、钢带(卷)/钢板轧制以及炼钢的设备名称及位置。

10.1.3 **PSL2 钢管检验文件**

10.1.3.1 制造商应发出符合 GB/T 18253—2000 的 5.1.B 的检验证书或符合 EN 10204:2004 的 3.1 的检验证书。如果订货合同规定了另一种替换的方法，制造商应发出符合 GB/T 18253—2000 的 5.1.A 或 5.1.C 的检验证书，或符合 EN 10204:2004 的 3.2 的检验证书。

10.1.3.2 适用时每个订货批应提供下列信息：

a) 规定外径、规定壁厚、钢管等级、PSL、钢管类型和交货状态；
b) 化学成分(熔炼分析和产品分析)和碳当量(产品分析和验收极限)；
c) 拉伸试验结果和试样类型、尺寸、位置及取向；
d) CVN 冲击试验结果；试样尺寸、取向和位置；试验温度和适用于特定尺寸试样的验收极限；
e) 焊管 DWT 试验结果(单次试验结果和平均试验结果)；
f) 规定最小静水压试验压力和规定稳压时间；
g) 对于焊管，使用的焊缝无损检验方法(射线、超声或电磁)；使用的参考反射体或像质计的类型和尺寸；
h) 对于无缝(SMLS)管，使用的无损检验方法(超声、电磁或磁粉)；使用的参考反射体的类型和尺寸；

i） 对于高频焊(HFW)管，焊缝热处理的最低温度；

j） 适用时，对接钢管和/或过出油管满足附录A和/或附录I要求的证明；

k） 用于钢管制造、钢带(卷)/钢板轧制及炼钢的设备名称及位置；

l） 订货合同中规定的任何补充试验的结果。

10.2 特定检验

10.2.1 检验频次

10.2.1.1 PSL1钢管的检验频次应符合表17的规定。

10.2.1.2 PSL2钢管的检验频次应符合表18的规定。

10.2.2 产品分析的试块和试样

应按照ISO 14284或ASTM E1806进行试块的截取和试样的制备，试块应取自钢管、钢板或钢带(卷)。

表17 PSL1钢管检验频次

序号	检验类型	钢管类型	检验频次[e]
1	熔炼分析	所有钢管	每熔炼炉的钢分析一次
2	产品分析	SMLS、CW、LFW、HFW、LW、SAW或COW	每熔炼炉的钢分析两次(取自隔开的产品上)
3	D≤48.3 mm(1.900 in)的L175或A25焊管管体拉伸试验	CW、LFW或HFW	不超过25 t(28美吨)的钢管为一试验批[e]，每批一次
4	D≤48.3 mm(1.900 in)的L175P或A25P焊管管体拉伸试验	CW	
5	D>48.3 mm(1.900 in)的L175或A25焊管管体拉伸试验	CW、LFW或HFW	不超过50 t(55美吨)的钢管为一试验批，每批一次
6	D>48.3 mm(1.900 in)的L175P或A25P焊管管体拉伸试验	CW	
7	无缝钢管管体拉伸试验	SMLS	相同冷扩径率[a]钢管为一试验批，每批一次
8	钢级高于L175或A25的焊管管体拉伸试验	LFW、HFW、LW、SAW或COW	
9	D≥219.1 mm(8.625 in)的焊管直焊缝或螺旋焊缝拉伸试验	LFW、HFW、LW、SAW或COW	相同冷扩径率[a,b,c]钢管为一试验批，每批一次
10	D≥219.1 mm(8.625 in)的焊管用钢带(卷)/钢板对头焊缝拉伸试验	SAWH或COWH	相同冷扩径率[a,c,d]每50个带钢带(卷)/钢板对头焊缝钢管为一试验批，每批至少一次
11	D≤48.3 mm(1.900 in)的L175、L175P、A25或A25P直缝焊管焊缝弯曲试验	CW、LFW、HFW	不超过25 t(28美吨)的钢管为一试验批，每批一次

表 17(续)

序号	检验类型	钢管类型	检验频次[e]
12	48.3 mm(1.900 in)<D≤60.3 mm(2.375 in)的 L175、L175P、A25 或 A25P 直缝焊管焊缝弯曲试验	CW、LFW、HFW	不超过 50 t(55 美吨)的钢管为一试验批,每批一次
13	焊管直焊缝或螺旋焊缝导向弯曲试验	SAW 或 COW	相同钢级不超过 50 根为一试验批,每批一次
14	焊管钢带(卷)/钢板对头焊缝导向弯曲试验	SAWH 或 COWH	相同冷扩径率[a,c,d]每 50 个带钢带(卷)/钢板对头焊缝钢管为一试验批,每批至少一次
15	D≥323.9 mm(12.750 in)焊管直焊缝导向弯曲试验	LW	相同钢级不超过 50 根为一试验批,每批一次
16	焊管压扁试验	CW、LFW、HFW 或 LW	如图 6 所示
17	冷成型焊管的硬块硬度试验	LFW、HFW、LW、SAW 或 COW	任何方向超过 50 mm(2.0 in)的硬块
18	静水压试验	SMLS、CW、LFW、HFW、LW、SAW 或 COW	每根钢管
19	焊管直焊缝或螺旋焊缝宏观检验	SAW 或 COW	每工作班至少一次,该班钢管尺寸发生变化时加做一次;或如果符合 10.2.5.2 要求,在每个规定外径和规定壁厚尺寸组合的钢管开始生产时做检验
20	焊管直焊缝金相检验	LFW 或 HFW,全管体正火钢管除外	每工作班至少一次,发生以下情况加做一次:当钢管钢级、规定外径或规定壁厚发生变化时;当热处理的条件发生较大的变化时
21	外观检验	SMLS、CW、LFW、HFW、LW、SAW 或 COW	除 10.2.7.2 允许外,检查每根钢管
22	钢管直径和不圆度	SMLS、CW、LFW、HFW、LW、SAW 或 COW	工作班每 4 h 至少进行一次,当班生产期间钢管尺寸发生变化时加做一次
23	壁厚测量	所有钢管	每根钢管(见 10.2.8.5)
24	其他尺寸检验	SMLS、CW、LFW、HFW、LW、SAW 或 COW	随机检测,具体细节由制造商决定

表 17（续）

序号	检验类型	钢管类型	检验频次[e]
25	$D<141.3$ mm(5.563 in)钢管的称重	SMLS、CW、LFW、HFW、LW、SAW 或 COW	由制造商选择，每根或方便的钢管捆
26	$D\geq141.3$ mm(5.563 in)钢管的称重	SMLS、CW、LFW、HFW、LW、SAW 或 COW	每根钢管
27	钢管长度	SMLS、CW、LFW、HFW、LW、SAW 或 COW	逐根测量，下列情况除外：钢管长度误差一直保持在 30 mm(0.1 ft)范围内时，不需逐根测量钢管长度，前提条件是每班每 4 h 至少验证一次长度测量精度
28	无损检验	SMLS、CW、LFW、HFW、LW、SAW 或 COW	按照附录 E

[a] 冷扩径率(适用时)用钢管扩径前外径或圆周长度与扩径后外径或圆周长度推导出，由制造商设定。冷扩径率增加或减少量超过 0.002 时，则要求建立一个新的试验批。
[b] 对于双缝焊管，被选作试验批代表的钢管的两条焊缝均应进行试验。
[c] 每个焊管机组生产的钢管每周至少应检验一次。
[d] 仅适用于含有钢带(卷)/钢板对头焊缝的成品螺旋缝焊管。
[e] "试验批"的定义见 4.62。

表 18　PSL2 钢管检验频次

序号	检验类型	钢管类型	检验频次[e]
1	熔炼分析	所有钢管	每熔炼炉的钢分析一次
2	产品分析	SMLS、HFW、SAW 或 COW	每熔炼炉的钢分析两次(取自隔开的产品上)
3	$D\leq141.3$ mm(5.563 in)钢管管体拉伸试验	SMLS、HFW、SAW 或 COW	相同冷扩径率[a]不超过 400 根钢管为一试验批进行一次试验
4	$D>141.3$ mm(5.563 in)且≤323.9 mm(12.750 in)钢管管体拉伸试验	SMLS、HFW、SAW 或 COW	相同冷扩径率[a]不超过 200 根钢管为一试验批进行一次试验
5	$D>323.9$ mm(12.750 in)钢管管体拉伸试验	SMLS、HFW、SAW 或 COW	相同冷扩径率[a]不超过 100 根钢管为一试验批进行一次试验
6	$D\geq219.1$ mm(8.625 in)且≤323.9 mm(12.750 in)直缝或螺旋缝焊管焊缝拉伸试验	HFW、SAW 或 COW	相同冷扩径率[a,b,c]不超过 200 根钢管为一试验批，每批一次

表 18（续）

序号	检验类型	钢管类型	检验频次[e]
7	D>323.9 mm(12.750 in)直缝或螺旋缝焊管焊缝拉伸试验	HFW、SAW 或 COW	相同冷扩径率[a,b,c]不超过 100 根钢管为一试验批,每批一次
8	D≥219.1 mm(8.625 in)焊管钢带(卷)/钢板对头焊缝拉伸试验	SAWH 或 COWH	相同冷扩径率[a,b,d]每 50 个带钢带(卷)/钢板对头焊缝钢管为一试验批,每批至少一次
9	具有表 22 规定外径和规定壁厚钢管管体 CVN 冲击试验	SMLS、HFW、SAW 或 COW	相同冷扩径率[a]钢管为一试验批,每批一次
10	如果协议,具有表 22 规定外径和规定壁厚焊管直焊缝 CVN 冲击试验	HFW	相同冷扩径率[a,b]钢管为一试验批,每批一次
11	具有表 22 规定外径和规定壁厚焊管直焊缝或螺旋焊缝 CVN 冲击试验	SAW 或 COW	相同冷扩径率[a,b,c]钢管为一试验批,每批一次
12	具有表 22 规定外径和规定壁厚焊管钢带(卷)/钢板对头焊缝 CVN 冲击试验	SAWH 或 COWH	相同冷扩径率[a,b,d]每 50 个带钢带(卷)/钢板对头焊缝钢管为一试验批,每批至少一次
13	如果协议,D≥508 mm(20.000 in)焊管管体 DWT 试验	HFW、SAW 或 COW	相同冷扩径率[a]钢管为一试验批,每批一次
14	焊管直焊缝或螺旋焊缝导向弯曲试验	SAW 或 COW	相同冷扩径率[a]不超过 50 根钢管为一试验批,每批一次
15	焊管钢带(卷)/钢板对头焊缝导向弯曲试验	SAWH 或 COWH	相同冷扩径率[a,b,d]每 50 个带钢带(卷)/钢板对头焊缝钢管为一试验批,每批至少一次
16	焊管压扁试验	HFW	如图 6 所示
17	冷成型焊管硬块硬度试验	HFW、SAW 或 COW	任何方向超过 50 mm(2.0 in)的硬块
18	静水压试验	SMLS、HFW、SAW 或 COW	每根钢管
19	焊管直焊缝或螺旋焊缝宏观检验	SAW 或 COW	每工作班至少一次,发生以下情况加做一次:工作班钢管尺寸发生变化时;或如果符合 10.2.5.3 或 10.2.5.4,在每个规定外径和规定壁厚尺寸组合的钢管开始生产时

表 18(续)

序号	检验类型	钢管类型	检验频次[e]
20	焊管直焊缝金相检验(或选择硬度试验代替金相检验)	HFW,全管体正火管除外	每工作班至少一次,发生以下情况加做一次: 每当钢管钢级、规定外径或规定壁厚发生变化时; 每当热处理的条件发生较大的变化时
21	外观检查	SMLS、HFW、SAW 或 COW	除 10.2.7.2 允许外,检查每根钢管
22	钢管直径和不圆度	SMLS、HFW、SAW 或 COW	工作班每 4 h 至少进行一次,当工作班生产期间钢管尺寸发生变化时加做一次
23	壁厚测量	所有钢管	每根钢管(见 10.2.8.5)
24	其他尺寸检验	SMLS、HFW、SAW 或 COW	随机检测,具体细节由制造商决定
25	$D<141.3$ mm(5.563 in)钢管的称重	SMLS、HFW、SAW 或 COW	由制造商选择,每根或方便的钢管捆
26	$D\geqslant141.3$ mm(5.563 in)钢管的称重	SMLS、HFW、SAW 或 COW	每根钢管
27	钢管长度	SMLS、HFW、SAW 或 COW	逐根测量,下列情况除外: 钢管长度误差一直保持在 30 mm(0.1 ft)范围内时,不需逐根测量钢管长度,前提条件是每班每 4 h 至少验证一次长度测量精度
28	无损检验	SMLS、HFW、SAW 或 COW	按照附录 E

[a] 冷扩径率(适用时)用扩径前外径或圆周长与扩径后外径或圆周长推导出,由制造商设定。冷扩径率增加或减少量超过 0.002 时,则要求建立一个新的试验批。

[b] 每个焊管机组生产的钢管每周应至少检验一次。

[c] 对于双缝焊管,被选作试验批代表的钢管的两条焊缝均应进行检验。

[d] 仅适用于含有钢带(卷)/钢板对头焊缝的成品螺旋焊管。

[e] "试验批"的定义见 4.62。

10.2.3 力学性能试验的试块和试样

10.2.3.1 总则

应根据相应引用标准的要求,进行拉伸试验、CVN冲击试验、DWT试验、弯曲试验、导向弯曲试验和压扁试验试块的截取和对应试样的制备。

各类试验的试块和试样应取自图5、图6所示位置以及表19或表20规定位置,并考虑10.2.3.2至10.2.3.7和10.2.4的补充要求。

第9章规定的任何力学性能试验,只要发现试样有加工缺陷或与相应力学性能试验无关的材料缺欠,无论是在试验前还是在试验后发现,均可将该试样作废,并从同一根钢管上另外取替代试样。

10.2.3.2 拉伸试验试样

代表钢管全壁厚的板状试样的截取应符合ISO 6892-1或ASTM A370要求,且按图5所示。应按照文件化的作法沿着钢带(卷)/钢板的长度方向选择标准的取样位置。

对于热加工和热处理无缝管,横向试样应为圆棒试样,且取自未压平的试块。

对于其他钢管,横向试样既可是板状试样也可是圆棒试样,板状试样应取自压平试块,而圆棒试样应取自未压平试块。

应按照文件化的程序将试样压平。

除制造商可选择使用相邻的较大直径试样外,横向拉伸试验的圆棒试样直径应符合表21的规定。对于壁厚≥19.0 mm(0.748 in)钢管的纵向拉伸试验,圆棒试样直径应为12.7 mm(0.500 in)。

对于D<219.1 mm(8.625 in)的钢管试验,制造商可选择使用全截面纵向试样。

如果协议,可使用胀环试样测定横向屈服强度。

焊缝可磨平,局部缺欠可去除。

10.2.3.3 CVN冲击试验用试样

除在订货合同中规定ISO 148-1和要求的锤头半径(2 mm或8 mm)外,试样制备应符合ASTM A370的规定。缺口轴线应垂直于钢管表面。

为确保钢管焊缝和HAZ的冲击试验缺口开在适当位置,开缺口前应对试样进行腐蚀。

制取埋弧焊(SAW)和组合焊(COW)管焊缝试样时,缺口的轴线应位于或尽可能接近图7所示的外焊道中心线。取样应尽可能接近钢管的外径表面。

制取埋弧焊(SAW)和组合焊(COW)管热影响区(HAZ)试样时,缺口的轴线应尽可能接近图7所示的外焊道熔合线。取样应尽可能接近钢管的外径表面。

制取高频焊(HFW)管焊缝试样时,缺口的轴线应位于或尽可能接近焊线。

如果吸收能预期会超过冲击试验机满刻度量程的80%时,可采用邻近的较小尺寸试样,除此之外,试样的尺寸、方向和试样的来源应按照表22的规定。

注:未被表22包括的规定外径和规定壁厚(尺寸)组合的钢管,不需进行CVN冲击试验。

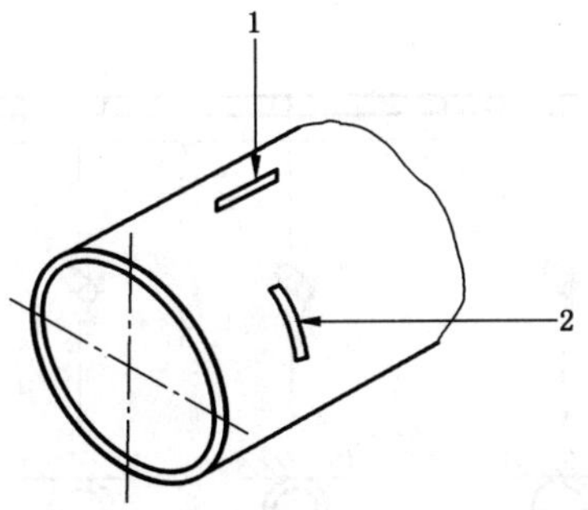

说明：
1——L：纵向试块；
2——T：横向试块。

a） SMLS 管

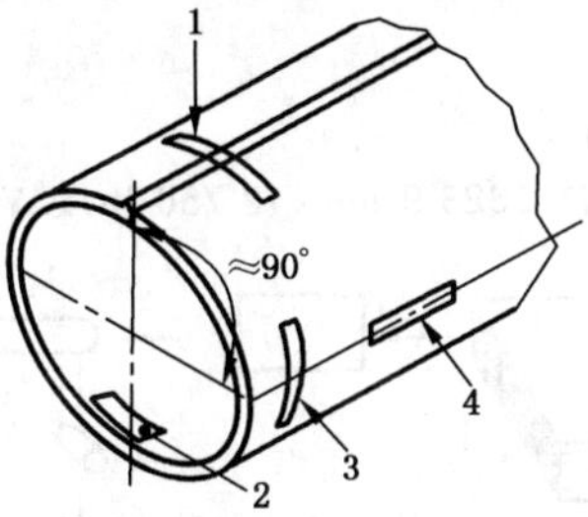

说明：
1——W：横向试块，中心在焊缝上；
2——T180：横向试块，中心距直焊缝约 180°；
3——T90：横向试块，中心距直焊缝约 90°；
4——L90：纵向试块，中心距直焊缝约 90°。

b） CW、LFW、HFW、LW、SAWL 和 COWL 管

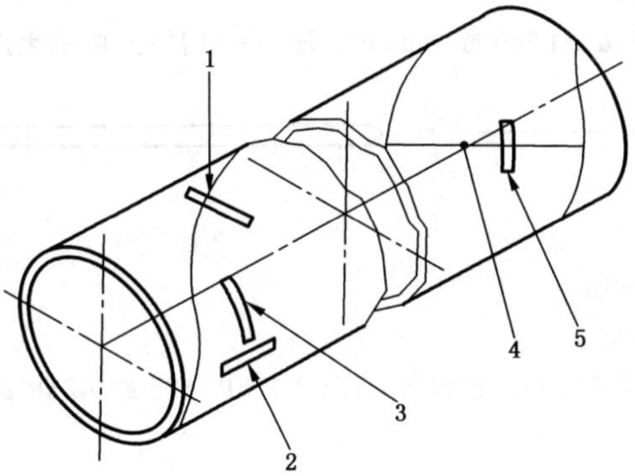

说明：
1——W：焊缝横向试块，中心在螺旋焊缝上；
2——L：纵向试块，沿钢管轴向，试块中心距螺旋焊缝至少 a/4；
3——T：横向试块，沿钢管圆周方向，试块中心距螺旋焊缝至少 a/4；
4——钢带（卷）/钢板对头焊缝，其长度 a 为钢带（卷）/钢板的宽度；
5——WS：焊缝横向试块，试块中心距螺旋焊缝和钢带（卷）/钢板对头焊缝的交点处至少 a/4。

c） SAWH 和 COWH 管

图 5 试块和试样的方向和位置

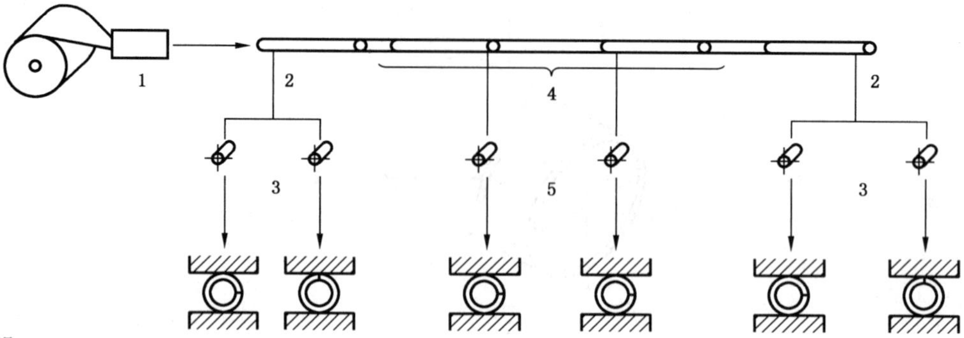

说明：

1——焊接；

2——钢带(卷)端部；

3——从每卷钢带端部取两个试样；

4——停焊点；

5——两个试样，停焊点前后各取一个。

a）钢级≥L245或B级EW管和*D*<323.9 mm(12.750 in)LW管——非扩径、一带多根方式生产

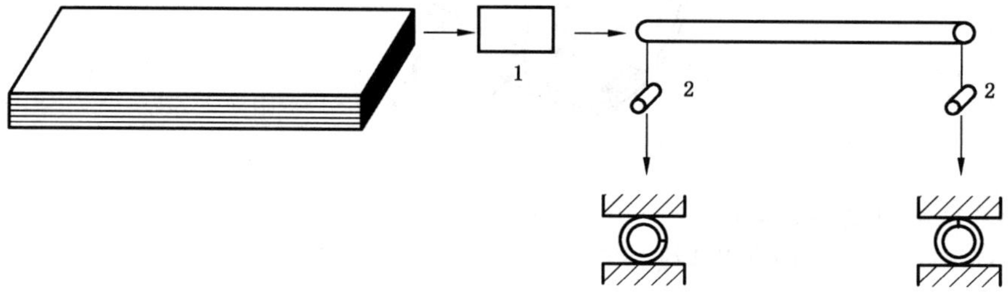

说明：

1——焊接；

2——两个试样，钢管每端各取一个。

b）钢级≥L245或B的EW管——非扩径、单根生产方式

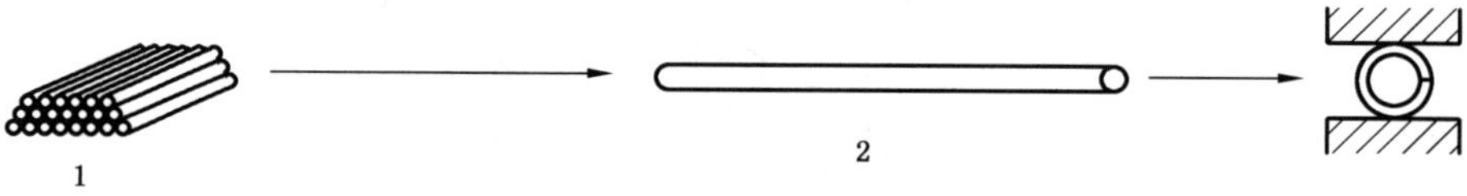

说明：

1——≤50 t(55美吨)钢管试验批；

2——一个试样，取自钢管一端。

c）*D*≥73.0 mm(2.875 in)，钢级为L175、L175P、A25或A25P的CW管和EW管

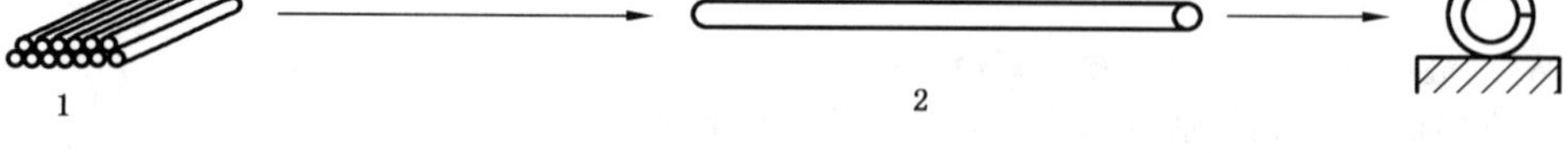

说明：

1——≤100根的钢管试验批；

2——一个试样，取自钢管一端。

d）钢级≥L245或B的EW管和*D*<323.9 mm(12.750 in)的LW管——冷扩径

图6 压扁试验

表 19 PSL 1钢管力学性能试验各试块试样数量、方向和位置

钢管类型	取样位置	试验类型	各试块试样的数量、方向和位置[a] 规定外径 D mm(in) <219.1 (8.625)	219.1 (8.625)~<323.9 (12.750)	323.9 (12.750)~<508 (20.000)	≥508 (20.000)
SMLS,非冷扩径[见图5a)]	管体	拉伸	1L[b]	1L	1L	1L
SMLS,冷扩径[见图5a)]	管体	拉伸	1L[b]	1T[c]	1T[c]	1T[c]
CW[见图5b)]	管体	拉伸	1L90[b]	—	—	—
	管体和焊缝	弯曲	1[e]	—	—	—
	管体和焊缝	压扁	见图6			
LW[见图5b)]	管体	拉伸	1L90[b]	1T180[c]	1T180[c]	1T180[c]
	焊缝	拉伸	—	1W	1W	1W
	焊缝	导向弯曲	—	—	2W	2W
	管体和焊缝	压扁	见图6			
LFW 或 HFW[见图5b)]	管体	拉伸	1L90[b]	1T180[c]	1T180[c]	1T180[c]
	焊缝	拉伸	—	1W	1W	1W
	管体和焊缝	弯曲	1[e]	—	—	—
	管体和焊缝	压扁	见图6			
SAWL 或 COWL[见图5b)]	管体	拉伸	1L90[b]	1T180[c]	1T180[c]	1T180[c]
	焊缝	拉伸	—	1W	1W	1W[d]
	焊缝	导向弯曲	2W	2W	2W	2W[d]
SAWH 或 COWH[见图5c)]	管体	拉伸	1L[b]	1T[c]	1T[c]	1T[c]
	焊缝	拉伸	—	1W	1W	1W
	焊缝	导向弯曲	2W	2W	2W	2W
	钢带(卷)/钢板对头焊缝	导向弯曲	2WS	2WS	2WS	2WS

[a] 用于表示试块和试样的方向、位置的符号说明见图5。

[b] 制造商可选择使用全截面纵向试样。

[c] 如果协议,可按照ASTM A370要求,用环形试样通过液压胀环试验测定横向屈服强度。

[d] 对于双缝管,代表试验批的钢管的两条直焊缝均应进行试验。

[e] 试验限于 $D \leqslant 60.3$ mm(2.375 in)的钢管。

表 20　PSL 2 钢管力学性能试验各试块试样数量、方向和位置

钢管类型	取样位置	试验类型	各试块试样的数量、方向和位置[a] 规定外径 D mm(in) <219.1 (8.625)	219.1 (8.625)~ <323.9 (12.750)	323.9 (12.750)~ <508 (20.000)	≥508 (20.000)
SMLS，非冷扩径[见图 5a)]	管体	拉伸	1L[b]	1L[c,d]	1L[c,d]	1L[c,d]
		CVN	3T	3T	3T	3T
SMLS，冷扩径[见图 5a)]	管体	拉伸	1L[b]	1T[d]	1T[d]	1T[d]
		CVN	3T	3T	3T	3T
HFW[见图 5b)]	管体	拉伸	1L90[b]	1T180[d]	1T180[d]	1T180[d]
		CVN	3T90	3T90	3T90	3T90
		DWT	—	—	—	2T90
	焊缝	拉伸	—	1W	1W	1W
		CVN	3W	3W	3W	3W
	管体和焊缝	压扁	见图 6			
SAWL 或 COWL[见图 5b)]	管体	拉伸	1L90[b]	1T180[d]	1T180[d]	1T180[d]
		CVN	3T90	3T90	3T90	3T90
		DWT	—	—	—	2T90
	焊缝	拉伸	—	1W	1W	1W[e]
		CVN	3W 和 3HAZ	3W 和 3HAZ	3W 和 3HAZ	3W[e] 和 3HAZ[e]
		导向弯曲	2W[f]	2W[f]	2W[f]	2W[e,f]
SAWH 或 COWH[见图 5c)]	管体	拉伸	1L[b]	1T[d]	1T[d]	1T[d]
		CVN	3T	3T	3T	3T
		DWT	—	—	—	2T
	焊缝	拉伸	—	1W	1W	1W
		CVN	3W 和 3HAZ	3W 和 3HAZ	3W 和 3HAZ	3W 和 3HAZ
		导向弯曲	2W[f]	2W[f]	2W[f]	2W[f]
	钢带(卷)/板对头焊缝	拉伸	—	1WS	1WS	1WS
		CVN	3WS 和 3HAZ	3WS 和 3HAZ	3WS 和 3HAZ	3WS 和 3HAZ
		导向弯曲	2WS[f]	2WS[f]	2WS[f]	2WS[f]

[a] 用于表示试样方向、位置的符号说明见图 5。
[b] 制造商可选择使用全截面纵向试样。
[c] 如果协议，可使用横向试样。
[d] 如果协议，可根据 ASTM A370 规定，用环形试样通过液压胀环试验测定横向屈服强度。
[e] 对于双缝管，代表试验批的钢管的两条直焊缝均应进行试验。
[f] 对于 $t>19.0$ mm(0.748 in)钢管，可对试样进行机加工，加工后试样矩形横截面的壁厚为 18.0 mm(0.709 in)。

表21 钢管尺寸和横向拉伸试验圆棒试样直径关系

规定外径 D mm(in)	规定壁厚 t mm(in)		
	标距长度内试样的规定直径 mm(in)		
	12.7(0.500)	8.9(0.350)	6.4(0.250)[a]
219.1(8.625)至<273.1(10.750)	—	≥28.1(1.106)	<28.1(1.106)
273.1(10.750)至<323.9(12.750)	≥36.1(1.421)	25.5(1.004)~<36.1(1.421)	<25.5(1.004)
323.9(12.750)~<355.6(14.000)	≥33.5(1.319)	23.9(0.941)~<33.5(1.319)	<23.9(0.941)
355.6(14.000)~<406.4(16.000)	≥32.3(1.272)	23.2(0.913)~<32.3(1.272)	<23.2(0.913)
406.4(16.000)~<457(18.000)	≥30.9(1.217)	22.2(0.874)~<30.9(1.217)	<22.2(0.874)
457(18.000)~<508(20.000)	≥29.7(1.169)	21.5(0.846)~<29.7(1.169)	<21.5(0.846)
508(20.000)~<559(22.000)	≥28.8(1.134)	21.0(0.827)~<28.8(1.134)	<21.0(0.827)
559(22.000)~<610(24.000)	≥28.1(1.106)	20.5(0.807)~<28.1(1.106)	<20.5(0.807)
610(24.000)~<660(26.000)	≥27.5(1.083)	20.1(0.791)~<27.5(1.083)	<20.1(0.791)
660(26.000)~<711(28.000)	≥27.0(1.063)	19.8(0.780)~<27.0(1.063)	<19.8(0.780)
711(28.000)~<762(30.000)	≥26.5(1.043)	19.5(0.768)~<26.5(1.043)	<19.5(0.768)
762(30.000)~<813(32.000)	≥26.2(1.031)	19.3(0.760)~<26.2(1.031)	<19.3(0.760)
813(32.000)~<864(34.000)	≥25.8(1.016)	19.1(0.753)~<25.8(1.016)	<19.1(0.753)
864(34.000)~<914(36.000)	≥25.5(1.004)	18.9(0.744)~<25.5(1.004)	<18.9(0.744)
914(36.000)~<965(38.000)	≥25.3(0.996)	18.7(0.736)~<25.3(0.996)	<18.7(0.736)
965(38.000)~<1 016(40.000)	≥25.1(0.988)	18.6(0.732)~<25.1(0.988)	<18.6(0.732)
1 016(40.000)~<1 067(42.000)	≥24.9(0.980)	18.5(0.728)~<24.9(0.980)	<18.5(0.728)
1 067(42.000)~<1 118(44.000)	≥24.7(0.972)	18.3(0.720)~<24.7(0.972)	<18.3(0.720)
1 118(44.000)~<1 168(46.000)	≥24.5(0.965)	18.2(0.717)~<24.5(0.965)	<18.2(0.717)
1 168(46.000)~<1 219(48.000)	≥24.4(0.961)	18.1(0.713)~<24.4(0.961)	<18.1(0.713)
1 219(48.000)~<1 321(52.000)	≥24.2(0.953)	18.1(0.713)~<24.2(0.953)	<18.1(0.713)
1 321(52.000)~<1 422(56.000)	≥24.0(0.945)	17.9(0.705)~<24.0(0.945)	<17.9(0.705)
1 422(56.000)~<1 524(60.000)	≥23.8(0.937)	17.8(0.701)~<23.8(0.937)	<17.8(0.701)
1 524(60.000)~<1 626(64.000)	≥23.6(0.929)	17.6(0.693)~<23.6(0.929)	<17.6(0.693)
1 626(64.000)~<1 727(68.000)	≥23.4(0.921)	17.5(0.689)~<23.4(0.921)	<17.5(0.689)
1 727(68.000)~<1 829(72.000)	≥23.3(0.917)	17.4(0.685)~<23.3(0.917)	<17.4(0.685)
1 829(72.000)~<1 930(76.000)	≥23.1(0.909)	17.4(0.685)~<23.1(0.909)	<17.4(0.685)
1 930(76.000)~<2 134(84.000)	≥23.0(0.906)	17.3(0.681)~<23.0(0.906)	<17.3(0.681)
≥2 134(84.000)	≥22.9(0.902)	17.2(0.677)~<22.9(0.902)	<17.2(0.677)

[a] 当钢管尺寸太小,无法制取直径为6.4 mm(0.250 in)的试样时,不应使用圆棒试样。

表 22 钢管尺寸和 PSL2 钢管要求的冲击试样间的关系

规定外径 D mm(in)	规定壁厚 t mm(in)			
	CVN 试验试样尺寸、来源和方向			
	全尺寸[a]	3/4[a]	2/3[a]	1/2[a]
114.3(4.500)~<141.3(5.563)	≥12.6(0.496)	11.7(0.461)~<12.6(0.496)	10.9(0.429)~<11.7(0.461)	10.1(0.398)~<10.9(0.429)
141.3(5.563)~<168.3(6.625)	≥11.9(0.469)	10.2(0.402)~<11.9(0.469)	9.4(0.370)~<10.2(0.402)	8.6(0.339)~<9.4(0.370)
168.3(6.625)~<219.1(8.625)	≥11.7(0.461)	9.3(0.366)~<11.7(0.461)	8.6(0.339)~<9.3(0.366)	7.6(0.299)~<8.6(0.339)
219.1(8.625)~<273.1(10.750)	≥11.4(0.449)	8.9(0.350)~<11.4(0.449)	8.1(0.319)~<8.9(0.350)	6.5(0.256)~<8.1(0.319)
273.1(10.750)~<323.9(12.750)	≥11.3(0.445)	8.7(0.343)~<11.3(0.445)	7.9(0.311)~<8.7(0.343)	6.2(0.244)~<7.9(0.311)
323.9(12.750)~<355.6(14.000)	≥11.1(0.437)	8.6(0.339)~<11.1(0.437)	7.8(0.307)~<8.6(0.339)	6.1(0.240)~<7.8(0.307)
355.6(14.000)~<406.4(16.000)	≥11.1(0.437)	8.6(0.339)~<11.1(0.437)	7.8(0.307)~<8.6(0.339)	6.1(0.240)~<7.8(0.307)
≥406.4(16.000)	≥11.0(0.433)	8.5(0.335)~<11.0(0.433)	7.7(0.303)~<8.5(0.335)	6.0(0.236)~<7.7(0.303)
注：如表所示的横向试样尺寸限制是基于未压平、圆弧端试样。				
[a] 取自未压平试块，与钢管轴向或焊缝轴向垂直的试样，取适用者。				

10.2.3.4 DWT 试验试样

试样应按照 API RP 5L3 进行制备。

10.2.3.5 (全截面)弯曲试验试样

试样应按照 ISO 8491 或 ASTM A370 进行制备。

10.2.3.6 导向弯曲试验试样

试样应按照 ISO 7438 或 ASTM A370 和图 8 进行制备。

t>19.0 mm(0.748 in)的钢管，试样可加工成厚度为 18.0 mm(0.709 in)的矩形横截面试样。t≤19.0 mm(0.748 in)的钢管，试样应为全壁厚弧面试样。

对于埋弧焊(SAW)和组合焊(COW)管，应去除焊缝两面余高。

10.2.3.7 压扁试验试样

除每个压扁试样长度应≥60 mm(2.5 in)外,应按照 ISO 8492 或 ASTM A370 要求取样。较小的表面缺欠可修磨去除。

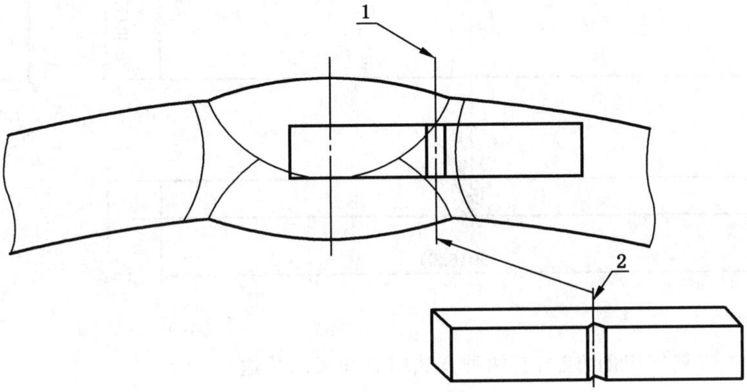

a) 热影响区试样

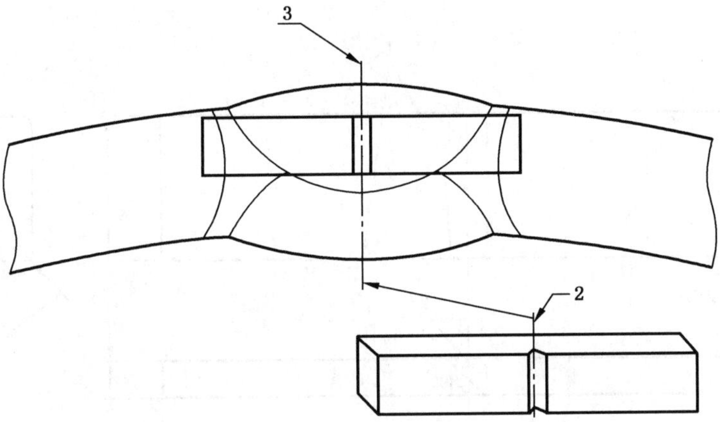

b) 焊缝试样

说明:

1——焊缝热影响区(HAZ)夏比冲击试样缺口:邻近熔合线;

2——夏比冲击试样缺口中心线;

3——焊缝夏比冲击试样缺口:处于或邻近外焊缝中心线。

图 7 HAZ 夏比冲击试验试样位置

单位为毫米(英寸)

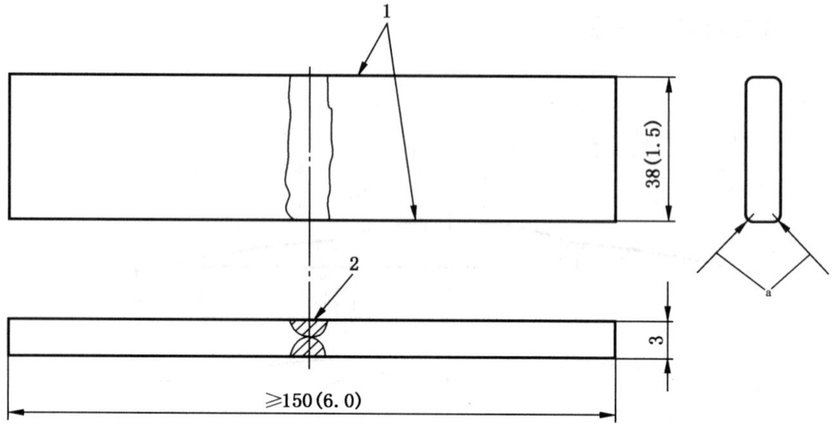

说明：

1——采用机加工或氧气切割方法，或两种方法组合加工的长边；

2——焊缝；

3——壁厚。

[a] 半径 r 应≤1.6(0.063)。

a) SAW 和 COW 管

单位为毫米(英寸)

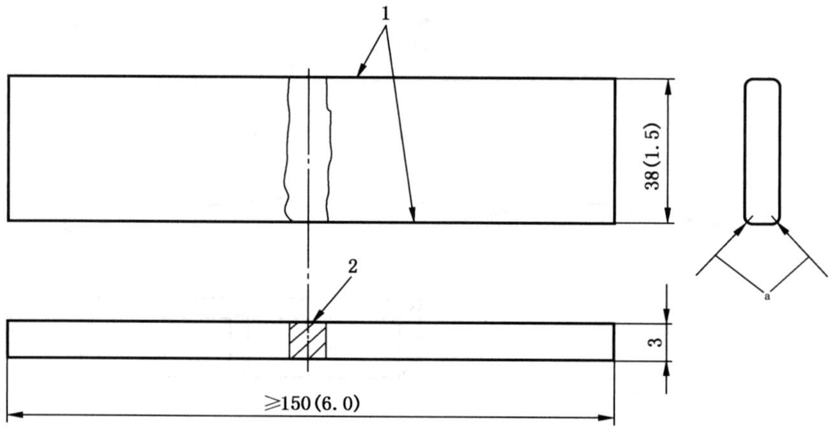

说明：

1——采用机加工或氧气切割方法，或结合两种方法加工的长边；

2——焊缝；

3——壁厚。

[a] 半径 r 应≤1.6(0.063)。

b) D≥323.9 mm(12.750 in)的 LW 管

图 8 导向弯曲试验试样

单位为毫米(英寸)

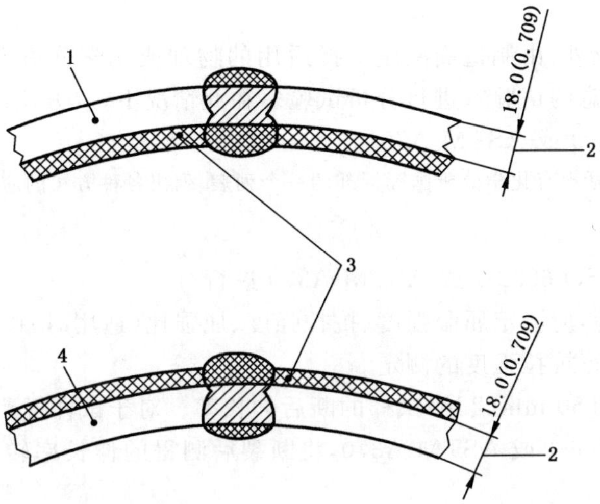

说明：

1——正面弯曲试样；

2——减薄壁厚；

3——在压平前或压平后去除的材料；

4——反面弯曲试样。

应采用壁厚 t=19.0 mm(0.748 in)钢管所使用的弯模尺寸。

c) 减薄壁厚试样[t>19.0 mm(0.748 in)SAW 和 COW 管选用]

单位为毫米(英寸)

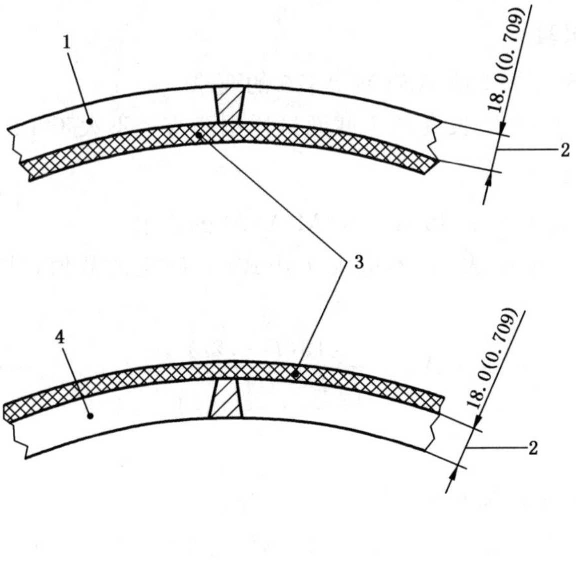

说明：

1——正弯试样；

2——减薄壁厚；

3——在压平前或后去除的材料；

4——反弯试样。

应采用壁厚 t =19.0 mm(0.748 in)钢管所使用的弯模尺寸。

d) 减薄壁厚试样[t>19.0 mm(0.748 in)LW 管选用]

图 8 (续)

10.2.4 试验方法

10.2.4.1 产品分析

除订货时另有协议外,由制造商决定选择适用的物理或化学分析方法进行产品分析测定,有争议时,应在双方同意的试验室进行分析试验。在此情况下,双方应协商确定分析方法,有可能时,参考 ISO/TR 9769 或 ASTM A751。

注:ISO/TR 9769 包括现有化学分析国际标准的一个列表,列出各种方法的应用和精确度情况。

10.2.4.2 拉伸试验

拉伸试验应按照 ISO 6892-1 或 ASTM A370 进行。

对于管体拉伸试验,应测定屈服强度、抗拉强度、屈强比(适用时)以及断后伸长率。对于钢管焊缝拉伸试验,应进行抗拉强度的测定。

应报告标距长度为 50 mm(2 in)试样的断后伸长率。对于试样标距长度小于 50 mm(2 in)的试样,应按照 ISO 2566-1 或 ASTM A370,将断裂后测得的伸长率转换为 50 mm(2 in)长度上的伸长率。

10.2.4.3 CVN 冲击试验

除订货合同中规定 ISO 148-1 和要求的锤头半径(2 mm 或 8 mm)外,夏比冲击试验应符合 ASTM A370 的要求。

10.2.4.4 落锤撕裂试验

除 DWT 试验出现异常断口时,可采用附录 M 对试样断口进行评价外(见 9.9.3),落锤撕裂试验应符合 API RP 5L3 的要求。

10.2.4.5 全截面弯曲试验

弯曲试验应符合 ISO 8491 或 ASTM A370 的要求。

对于每个试验批,应将合适长度的全截面试样围绕直径不大于 $12D$ 的弯模冷弯至 90°。

10.2.4.6 导向弯曲试验

导向弯曲试验应符合 ISO 7438 或 ASTM A370 的要求。

弯模尺寸 A_{gb}[用 mm(in)表示]不应大于用式(5)确定的数值,计算结果圆整至最邻近的 1 mm(0.1 in):

$$A_{gb}=\frac{1.15(D-2t)}{\left(\varepsilon\frac{D}{t}-2\varepsilon-1\right)}-t \qquad \cdots\cdots(5)$$

式中:

D ——规定外径,单位为毫米(英寸)[mm(in)];

t ——规定壁厚,当使用全壁厚试样时,单位为毫米(英寸)[mm(in)]。当使用壁厚减薄试样时,为 18 mm(0.709 in);

ε ——应变,见表 23;

1.15 ——尖峰系数。

两个试样均应在图 9 所示的弯模内弯曲 180°。试验时一个试样的焊缝背面直接与弯模接触;另一个试样的焊缝正面直接与弯模接触。

单位为毫米(英寸)

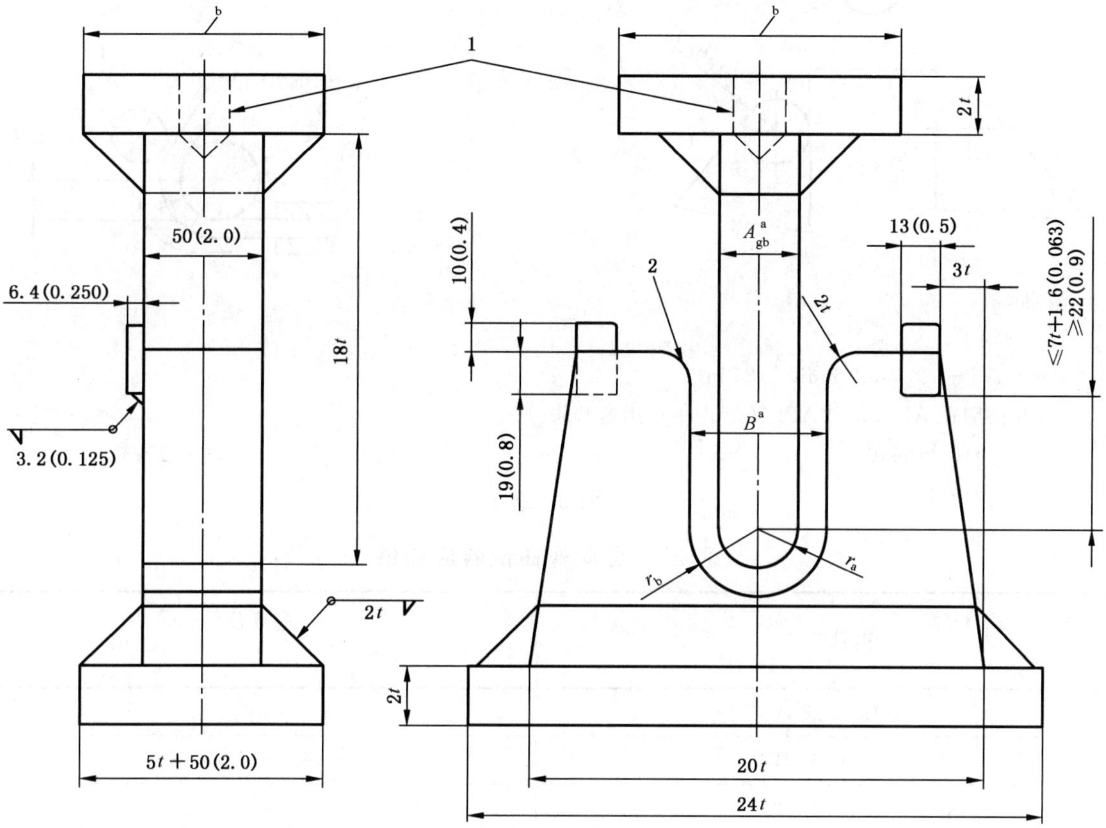

说明：

1 ——螺纹安装孔；

2 ——台肩，硬化并润滑，或硬化圆辊；

B ——$A_{gb}+2t+3.2$ mm(0.125 in)；

r_a——导向弯曲试验阳模半径；

r_b——导向弯曲试验阴模半径。

[a] API 长期在 API 5L 和 API 5CT[21] 中使用这些符号。

[b] 根据需要。

a) 阳模式

图 9 导向弯曲试验弯模

单位为毫米(英寸)

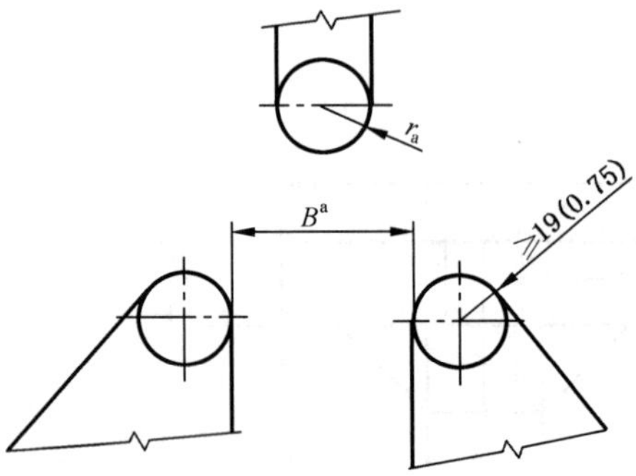

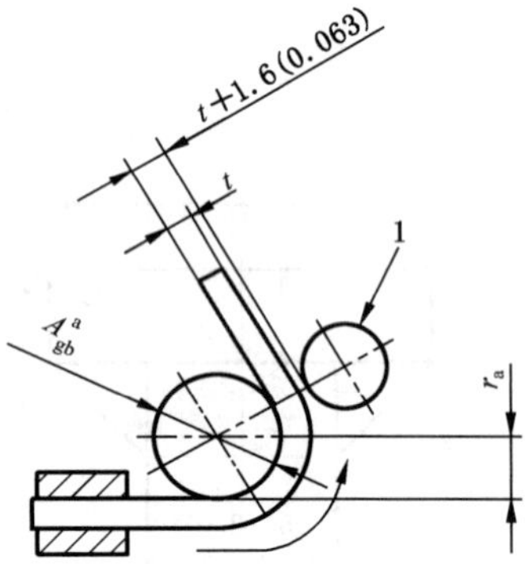

说明：

1——辊子；

B——$A_{gb}+2t+3.2$ mm(0.125 in)。

[a] API 长期在 API 5L 和 API 5CT[21] 中使用这些符号。

b) 可调式 **c) 包卷式**

图 9（续）

表 23 导向弯曲试验应变值

钢管等级	应变值[a] ε
L210 或 A	0.165 0
L245 或 B	0.137 5
L290 或 X42	0.137 5
L320 或 X46	0.132 5
L360 或 X52	0.125 0
L390 或 X56	0.117 5
L415 或 X60	0.112 5
L450 或 X65	0.110 0
L485 或 X70	0.102 5
L555 或 X80	0.095 0
L625 或 X90	0.085 0
L690 或 X100	0.080 0
L830 或 X120	0.067 5
[a] 中间钢级的应变值应根据规定最小抗拉强度，采用插入法获得，插入值圆整到最邻近的 0.002 5 倍。	

10.2.4.7 压扁试验

压扁试验应符合 ISO 8492 或 ASTM A370 的要求。

如图6所示,在钢带(卷)两个端部[分别对应于用钢带(卷)头部和尾部生产的两根钢管的一端]各取一组试样(每组两个),应将每组中的一个试样的焊缝置于6点或12点位置进行压扁试验,而将剩余两个试样的焊缝置于3点或9点压扁。

对于停焊时从切断端截取的试样,应只将焊缝置于3点或9点位置进行压扁试验。

10.2.4.8 硬块硬度试验

当外观检查发现可疑硬块时,应使用便携式硬度试验仪按照ISO 6506、ISO 6507、ISO 6508或ASTM A370的要求进行硬度试验。根据所采用的仪器类型,其方法应分别符合ASTM A956、ASTM A1038或ASTM E110的要求。

10.2.5 宏观检验和金相检验

10.2.5.1 除10.2.5.2允许外,应采用宏观检验对埋弧焊(SAW)和组合焊(COW)管的内外焊缝焊偏[见图4d)和图4e)]进行查验。

10.2.5.2 只要检测设备检查焊偏的能力得以证实,如果协议,可采用替代方法(如超声检验)进行焊偏检验。如果采用替代方法,应在各规定外径和规定壁厚尺寸组合的钢管开始生产时进行宏观检验。

10.2.5.3 要求进行焊缝热处理的钢管(见8.8.1或8.8.2中的适用者),应进行金相检验以验证整个HAZ在全壁厚方向均已进行了适当的热处理。对于不要求进行焊缝热处理的钢管(见8.8.1),应进行金相检验,以验证没有残留未回火马氏体。

另外,可协议硬度试验和最大硬度值。

10.2.5.4 对于使用定位焊缝生产的埋弧焊(SAW)管焊缝,应采用宏观检验验证定位焊缝与最终焊缝的熔化和结合情况[见8.4.2a)]。

10.2.6 静水压试验

10.2.6.1 所有尺寸无缝(SMLS)管和$D \leqslant 457$ mm(18.000 in)焊管的稳压时间不应少于5 s。$D > 457$ mm(18.000 in)焊管的稳压时间不应少于10 s。对加工有螺纹和带接箍钢管,除$D >$ 323.9 mm(12.375 in)钢管可在平端状态下进行试验外,如果协议,钢管应带上机紧的接箍进行试验。接箍手紧状态交货的钢管,除订货合同规定特定状态外,钢管可在平端、仅加工有螺纹或带接箍状态下进行静水压试验。

10.2.6.2 为保证每根钢管能在要求的试验压力下进行静水压试验,每台试验机(连续炉焊管试验机除外)应配备能记录每根钢管试验压力和试验稳压时间的记录仪,或配备刚性连接的自动或连锁装置,以防止在未满足试验要求(试验压力和稳压时间)前,将钢管判为已试压钢管。静水压试验记录或记录曲线应供购方检验人员在制造厂内检查。试验压力测量装置应在每次使用前四个月内,采用静重压力校准仪或等效设备校准。由制造商选择,可采用比规定要求高的试验压力。

注:在所有情况下,规定试验压力表现为仪器压力值,仪器压力值在规定稳压时间内不得低于规定试验压力。

10.2.6.3 带螺纹薄壁钢管的试验压力应符合表24的规定。

10.2.6.4 带螺纹厚壁钢管的试验压力应符合表25的规定。

表 24 带螺纹薄壁钢管试验压力

规定外径 D mm(in)	规定壁厚 t mm(in)	试验压力 MPa(psi) 最小			
		钢级			
		L175 或 A25	L175P 或 A25P	L210 或 A	L245 或 B
10.3(0.405)	1.7(0.068)	4.8(700)	4.8(700)	4.8(700)	4.8(700)
13.7(0.540)	2.2(0.088)	4.8(700)	4.8(700)	4.8(700)	4.8(700)
17.1(0.675)	2.3(0.091)	4.8(700)	4.8(700)	4.8(700)	4.8(700)
21.3(0.840)	2.8(0.109)	4.8(700)	4.8(700)	4.8(700)	4.8(700)
26.7(1.050)	2.9(0.113)	4.8(700)	4.8(700)	4.8(700)	4.8(700)
33.4(1.315)	3.4(0.133)	4.8(700)	4.8(700)	4.8(700)	4.8(700)
42.2(1.660)	3.6(0.140)	6.9(1 000)	6.9(1 000)	6.9(1 000)	6.9(1 000)
48.3(1.900)	3.7(0.145)	6.9(1 000)	6.9(1 000)	6.9(1 000)	6.9(1 000)
60.3(2.375)	3.9(0.154)	6.9(1 000)	6.9(1 000)	6.9(1 000)	6.9(1 000)
73.0(2.875)	5.2(0.203)	6.9(1 000)	6.9(1 000)	6.9(1 000)	6.9(1 000)
88.9(3.500)	5.5(0.216)	6.9(1 000)	6.9(1 000)	6.9(1 000)	6.9(1 000)
101.6(4.000)	5.7(0.226)	8.3(1 200)	8.3(1 200)	8.3(1 200)	9.0(1 300)
114.3(4.500)	6.0(0.237)	8.3(1 200)	8.3(1 200)	8.3(1 200)	9.0(1 300)
141.3(5.563)	6.6(0.258)	8.3(1 200)	8.3(1 200)	8.3(1 200)	9.0(1 300)
168.3(6.625)	7.1(0.280)	[a]	[a]	8.3(1 200)	9.0(1 300)
219.1(8.625)	7.0(0.277)	[a]	[a]	7.9(1 160)	9.2(1 350)
219.1(8.625)	8.2(0.258)	[a]	[a]	9.3(1 340)	10.8(1 570)
273.1(10.750)	7.1(0.280)	[a]	[a]	6.5(940)	7.5(1 090)
273.1(10.750)	7.8(0.307)	[a]	[a]	7.1(1 030)	8.3(1 200)
273.1(10.750)	9.3(0.365)	[a]	[a]	8.5(1 220)	9.8(1 430)
323.9(12.750)	8.4(0.330)	[a]	[a]	6.4(930)	7.5(1 090)
323.9(12.750)	9.5(0.375)	[a]	[a]	7.3(1 060)	8.5(1 240)
355.6(14.000)	9.5(0.375)	[a]	[a]	6.6(960)	7.7(1 130)
406.4(16.000)	9.5(0.375)	[a]	[a]	5.8(840)	6.8(980)
457(18.000)	9.5(0.375)	[a]	[a]	5.2(750)	6.0(880)
508(20.000)	9.5(0.375)	[a]	[a]	4.6(680)	5.4(790)

[a] 不适用。

表 25 带螺纹厚壁钢管试验压力

规定外径 *D* mm(in)	规定壁厚 *t* mm(in)	试验压力 MPa(psi) 最小			
		钢级			
		L175 或 A25	L175P 或 A25P	L210 或 A	L245 或 B
10.3(0.405)	2.4(0.095)	5.9(850)	5.9(850)	5.9(850)	5.9(850)
13.7(0.540)	3.0(0.119)	5.9(850)	5.9(850)	5.9(850)	5.9(850)
17.1(0.675)	3.2(0.126)	5.9(850)	5.9(850)	5.9(850)	5.9(850)
21.3(0.840)	3.7(0.147)	5.9(850)	5.9(850)	5.9(850)	5.9(850)
26.7(1.050)	3.9(0.154)	5.9(850)	5.9(850)	5.9(850)	5.9(850)
33.4(1.315)	4.5(0.179)	5.9(850)	5.9(850)	5.9(850)	5.9(850)
42.2(1.660)	4.9(0.191)	9.0(1 300)	9.0(1 300)	10.3(1 500)	11.0(1 600)
48.3(1.900)	5.1(0.200)	9.0(1 300)	9.0(1 300)	10.3(1 500)	11.0(1 600)
60.3(2.375)	5.5(0.218)	9.0(1 300)	9.0(1 300)	17.0(2 470)	17.0(2 470)
73.0(2.875)	7.0(0.276)	9.0(1 300)	9.0(1 300)	17.0(2 470)	17.0(2 470)
88.9(3.500)	7.6(0.300)	9.0(1 300)	9.0(1 300)	17.0(2 470)	17.0(2 470)
101.6(4.000)	8.1(0.318)	11.7(1 700)	11.7(1 700)	19.0(2 760)	19.0(2 760)
114.3(4.500)	8.6(0.337)	11.7(1 700)	11.7(1 700)	18.7(2 700)	19.0(2 760)
141.3(5.563)	9.5(0.375)	11.7(1 700)	11.7(1 700)	16.7(2 430)	19.0(2 760)
168.3(6.625)	11.0(0.432)	[a]	[a]	16.2(2 350)	18.9(2 740)
219.1(8.625)	12.7(0.500)	[a]	[a]	14.4(2 090)	16.8(2 430)
273.1(10.750)	12.7(0.500)	[a]	[a]	11.6(1 670)	13.4(1 950)
323.9(12.375)	12.7(0.500)	[a]	[a]	9.7(1 410)	11.3(1 650)

[a] 不适用。

10.2.6.5 除 10.2.6.6、10.2.6.7 和表 26 脚注允许外，平端钢管的静水压试验压力 P[用 MPa(psi)表示]应按照式(6)计算，计算结果圆整到最邻近的 0.1 MPa(10 psi)：

$$P = \frac{2St}{D} \quad \cdots\cdots(6)$$

式中：

S ——环向应力，其数值等于表 26 所示百分数与钢管规定最小屈服强度的乘积，单位 MPa(psi)；

t ——规定壁厚，单位为毫米(英寸)[mm(in)]；

D——规定外径,单位为毫米(英寸)[mm(in)]。

10.2.6.6 如果在静水压试验中采用了产生轴向压应力的端面密封堵头,当规定试验压力产生的环向应力超过规定最小屈服强度的 90%时,静水压试验压力 P[用 MPa(psi)表示]可用式(7)确定,计算结果圆整到最邻近的 0.1 MPa(10 psi)。

$$P=\frac{S-\frac{P_R\times A_R}{A_P}}{\frac{D}{2t}-\frac{A_I}{A_P}} \qquad (7)$$

式中:

S ——环向应力,单位为兆帕(平方英寸磅)[MPa(psi)];其数值等于表 26 所示百分数与钢管规定最小屈服强度的乘积;

P_R——端面密封液压缸内压力,单位为兆帕(平方英寸磅)[MPa(psi)];

A_R——端面密封液压缸横截面积,单位为平方毫米(平方英寸)[mm^2(in^2)];

A_P——管壁横截面积,单位为平方毫米(平方英寸)[mm^2(in^2)];

A_I——钢管内径横截面积,单位为平方毫米(平方英寸)[mm^2(in^2)];

D ——钢管规定外径,单位为毫米(英寸)[mm(in)];

t ——钢管规定壁厚,单位为毫米(英寸)[mm(in)]。

10.2.6.7 只要环向应力至少为钢管规定最小屈服强度的 95%时,如果协议,可用最小允许壁厚 t_{min} 代替规定壁厚 t,以确定要求的试验压力(见 10.2.6.5 或 10.2.6.6,取适用者)。

表 26 *S* 中规定最小屈服强度的百分数

钢管等级	规定外径 D mm(in)	S 中规定最小屈服强度的百分数	
		标准试验压力	选用试验压力
L175 或 A25	≤141.3(5.563)	60[a]	75[a]
L175P 或 A25P	≤141.3(5.563)	60[a]	75[a]
L210 或 A	任意	60[a]	75[a]
L245 或 B	任意	60[a]	75[a]
L290 或 X42~L830 或 X120	≤141.3(5.563)	60[b]	75[c]
	>141.3(5.563)至 219.1(8.625)	75[b]	75[c]
	>219.1(8.625)至<508(20.000)	85[b]	85[c]
	≥508(20.000)	90[b]	90[c]

[a] D≤88.9 mm(3.500 in)钢管,试验压力不需超过 17.0 MPa(2 470 psi);D>88.9 mm(3.500 in)钢管,试验压力不需超过 19.0 MPa(2 760 psi)。

[b] 试验压力不需超过 20.5 MPa(2 970 psi)。

[c] D ≤406.4 mm(16.000 in)钢管,试验压力不需超过 50.0 MPa(7 260 psi);D>406.4 mm(16.000 in)钢管,试验压力不需超过 25.0 MPa(3 630 psi)。

10.2.7 外观检查

10.2.7.1 除 10.2.7.2 允许外,每根钢管应至少在 300 lx(28 fc)的光照度下进行外观检查,以检查表面缺陷。此项检查应覆盖整个钢管的外表面,且在实际操作时,应尽可能多的包括钢管内表面。

注:通常情况下,大直径埋弧焊(SAW)和组合焊(COW)管的整个内表面的外观检查,应在钢管的里面进行。

10.2.7.2 外观检查可用已证实具有检测表面缺陷能力的其他方法代替。

10.2.7.3 外观检查应由符合以下要求的人员进行:

a) 经过表面缺欠检测和评定的培训;

b) 具有符合 ISO 11484 或 ASNT SNT-TC-1A 或相当标准所要求的适用视觉敏锐度。

10.2.7.4 应检查冷成型焊管表面轮廓的几何形状偏差。如果发现表面不规则不是由机械损伤造成,而是显示由硬块造成,应检测该区域的尺寸,如果必要时还应检测该区域的硬度。由制造商选择硬度试验方法。如果硬度和尺寸超过 9.10.6 的验收极限,则应根据 9.10.7 和附录 C 的要求将硬块去除。

10.2.8 尺寸检测

10.2.8.1 每工作班每 4 h 至少应测量一次钢管直径,以验证是否符合表 10 的直径偏差。除订货合同规定专用方法外,应使用卷尺,或相适应的千分尺、环规、卡规、卡尺、椭圆度仪、坐标测量仪或光学测量仪器测量直径。除另有协议外,对 $D \geqslant 508$ mm(20.000 in)钢管直径测量有争议时,应采用卷尺进行仲裁。

注 1:用于测量钢管直径的环规通常制作成特定尺寸,以适用于各种规格钢管的测量;其采用尺寸稳定的材料制成,如钢、铝和其他允许的材料;结构坚固,但足够轻巧,便于检查人员操作。环规的设计通常包含手柄,便于检查人员准确并安全地将环规放置在钢管内部或外部。内环规的直径通常比钢管的公称内径小 3.2 mm(0.125 in)。外环规的镗孔直径不超过钢管的规定外径与允许直径偏差的和。检验埋弧焊管的环规上可以刻槽或开沟,以便环规能通过凸起的焊缝,必须允许环规在钢管内部或外部,通过至少 100 mm(4.0 in)范围的钢管管端。

注 2:坐标测量仪是设计用于追踪移动测量探头的机械系统,该探头用来测量工件表面上的坐标点。

10.2.8.2 每工作班每 4 h 至少应检测一次钢管的不圆度。除 10.2.8.3 允许外,不圆度应由同一横截面上测得的最大外径和最小外径的差值确定。

注:由于被测钢管与相邻钢管产生的弹性变形,所以在管垛上测量的不圆度无效。

10.2.8.3 如果协议,非扩径管和 $D \geqslant 219.1$ mm(8.625 in)的扩径管,应测量内径以确定是否满足直径偏差的要求,其不圆度可由同一横截面上测量的最大内径和最小内径的差值确定。

10.2.8.4 应在埋弧焊(SAW)和组合焊(COW)管管端焊缝处,用模板测量扁平块和噘嘴相对于钢管理论轮廓的最大偏离,模板垂直于钢管轴向,且长度为 $0.25D$ 或 200 mm(8.0 in)(取较小者)。

10.2.8.5 应测量每根钢管的壁厚,以判断是否符合规定壁厚的要求。除焊缝不受正偏差限制外,任何位置的壁厚均应符合表 11 规定的偏差要求。应采用机械卡尺或经适当校准、具有相应精度的无损检验装置测量壁厚。发生争议时,应以机械卡尺测量结果为准。机械卡尺应装有截面直径为 6.35 mm(0.25 in)的触杆,与钢管内表面接触的触杆端头应为球面。对尺寸≥168.3 mm(6.625 in)的钢管,球面最大半径为 38.1 mm(1.5 in);对尺寸<168.3 mm(6.625 in)的钢管,球面最大半径为 $D/4$,最小半径为 3.2 mm(0.125 in)。与钢管外表面接触的触杆端头可为平端,也可为半径不小于 31.2 mm(1.25 in)的球面。

10.2.8.6 对加工有螺纹和带接箍钢管,长度应测量至接箍的外端面。在给接箍长度预留适当余量的条件下,可在上接箍前测量钢管的长度。

10.2.8.7 应使用适当的方法验证钢管对9.11～9.13规定的钢管尺寸和几何形状的符合性。除订货合同中规定特殊方法外,应由制造商决定选择所测量的方法。

10.2.9 称重

对于 $D \geqslant 141.3$ mm(5.563 in)钢管,除焊接对接钢管应允许单独对组成对接钢管的管段称重、或对对接钢管称重外,每根钢管应逐根称重。对于 $D < 141.3$ mm(5.563 in)钢管,由制造商选择逐根称重或以方便的钢管组称重。

加工有螺纹和带接箍钢管应按照以下两种方式之一称重:

a) 对于带接箍但不带螺纹保护器的钢管,除订货批不小于18 t(20 美吨)外,应适当估算螺纹保护器的重量,或

b) 在带接箍之前称重,条件为估算接箍的重量。

10.2.10 无损检验

无损检验应符合附录E的规定。

10.2.11 重新处理

如果一批钢管的任一力学性能试验结果不符合相应要求,制造商可根据表3的要求,选择对该批钢管进行热处理,将其视为一个新的试验批,按照适用于订货批的10.2.12和10.2.4的所有要求进行试验,且根据本标准的适用要求进行处理。经过一次重新热处理后,再次进行的任何热处理应经购方同意。

对于非热处理钢管,任何再次热处理应经购方同意。对于热处理钢管,进行不同类型的再次热处理(见表3)应经购方同意。

10.2.12 复验

10.2.12.1 化学成分复验

如果代表某一熔炼炉产品分析的两个试块均不符合规定要求,由制造商选择:或者拒收该熔炼炉,或者对该熔炼炉剩余的产品逐个进行试验,以检验是否符合规定要求。如果代表该熔炼炉的产品分析试块仅有一个不符合要求,由制造商选择:或者拒收该熔炼炉,或者从该熔炼炉中加取两个试块进行复验。如果两个复验试块均符合要求,除初始不合格样的取样钢管、钢板或钢带(卷)外,应接收该熔炼炉。如果一个或两个复验试块均不符合要求,由制造商选择:或拒收该熔炼炉,或对该熔炼炉剩余产品逐个进行检验,以检验是否符合规定要求。

逐个检验时,仅需分析不合格元素。

复验用试块应取自与产品分析试块相同的规定位置。

10.2.12.2 拉伸试验复验

拉伸试验复验条款如下:

a) 所有PSL1产品,交货状态为R、N和Q的PSL2产品、以及交货状态为M且钢级低于L450/X65的PSL2产品(见表2和表3)。

如果代表一个钢管试验批的拉伸试验试样不符合规定要求,制造商可选择从同一试验批钢管中加取两根钢管进行复验。如果两个复验试样均符合要求,除初始不合格试样的取样管外,应接收该试验批的所有钢管。如果有一个或两个复验试样不符合要求,制造商可

选择对该批剩余钢管逐根进行试验。复验用试样应按照与不合格试样相同的方法截取。如适用,重新处理应按照 10.2.11 定义。

b) 对交货状态为 M 且钢级不低于 L450/X65 的 PSL2 产品(见表 3)。

如果代表一个钢管试验批的拉伸试样不符合规定要求,制造商可选择从同一试验批中加取两根钢管进行复验。复验用试样应采用与最初不合格试样相同的取样方法截取,但如果适用,宜是来自不同母带或母板的两根钢管。如果有一个或两个复验试样不符合规定要求,制造商可选择对该试验批剩余钢管逐根进行试验。如果两个复验试样均符合规定要求,除用初母带或母板(截取最初试样的母带或母板)生产的那些钢管外,应接收该试验批。对用初母带或母板制造的钢管应采用下列一种方式处置:

1) 应拒收所有钢管,或
2) 应对试验批的每根钢管试验,接收试验合格的钢管,或
3) 如果单根钢管能追溯到母带/母板位置,制造商应在初始试验不合格钢管所在初母带或母板(适用时考虑邻近的子带或子板)上,在邻近该不合格钢管(之前、之后和两边,如适用)处增加取样对钢管进行试验,直至(用不合格初母带/母板部分制造的)初验不合格钢管周围的加取钢管试验结果符合要求。应拒收用不符合要求的母带(卷)/母板部位制造的钢管,接收该试验批剩余钢管。

如适用,重新处理应按照 10.2.11 定义。

10.2.12.3 压扁试验复验

压扁试验复验条款如下:

a) 以单根方式生产的钢级高于 L175 或 A25 的非扩径电焊管和管径<323.9 mm(12.750 in)的非扩径激光焊管时:只要成品钢管的长度不小于其初次切成长度的 80%,制造商可选择对任何不合格管端进行复验,直至满足要求。

b) 以多根方式生产钢级高于 L175 或 A25 的非扩径电焊管和管径<323.9 mm(12.750 in)的非扩径激光焊管时:如果该压扁试验中一个或多个试验不符合规定要求,制造商可选择在切掉该缺陷管端后对该管端进行复验。或者,制造商也可选择拒收有缺陷的该根钢管,并复验下一根钢管的邻近管端。复验应由两个试样组成,一个将焊缝置于 0°进行试验,另一个将焊缝置于 90°进行试验。如果该复验结果不符合规定要求,制造商可选择拒收以一带多根方式生产的受影响的钢管,也可选择逐根复验该钢带(卷)制造的其他剩余钢管的每一端,试验交替置于 0°和 90°位置进行。如果该复验结果符合规定要求,则接收该一带多根方式生产的剩余钢管。

c) 钢级高于 L175/A25 的冷扩径电焊管,尺寸≥60.3 mm(2.875 in)钢级为 L175/A25 的所有焊管,以及管径<323.9 mm(12.750 in)的冷扩径激光焊管:制造商可选择在同一试验批钢管中加取两根钢管,对每根钢管的一端进行复验。如果两个复验试样结果均符合规定要求,除初始不合格的钢管外,接收该试验批的所有钢管。如果有一个或两个复验试验均不合格,制造商可选择逐根对该批剩余钢管的一端取样进行复验。

如适用,重新处理应按照 10.2.11 定义。

10.2.12.4 弯曲试验复验

如果试样不符合规定要求,制造商可选择在同一试验批钢管加取的两根钢管上截取试样进

行复验。如果两个复验试样均符合规定要求,除初始不合格试样的取样管外,接收该试验批的所有钢管。如果有一个或一个以上复验试样不符合规定要求,制造商可选择对该试验批剩余钢管逐根进行复验。

如适用,重新处理应按照 10.2.11 定义。

10.2.12.5 导向弯曲试验复验

如果一个或两个试样不符合规定要求,制造商可选择在同一试验批加取的两根钢管上截取试样进行复验。如果这些试样符合规定要求,除初始选取的样管外,该试验批的所有钢管应为可接收的。如果任一复验试样不符合规定要求,制造商可选择对该试验批剩余钢管逐根取样进行试验。也可选择对任一不合格管,采用在同端返切并加取两个试样的方法进行复验。如果加取试样均符合原试验要求,则接收该根钢管。不允许再次返切和复验。复验用试样应按照表 19、表 20 和 10.2.3.6 的要求截取。

如适用,重新处理应按照 10.2.11 定义。

10.2.12.6 夏比冲击试验复验

当一组夏比冲击试验试样不符合验收极限时,制造商可选择替换本试验批涉及的材料,或从该试验批中再抽取两根钢管进行试验。如果两个新试验均符合验收极限要求,除初始取样管外,应判该试验批的所有钢管合格。如果两个试验中任一试验不合格,应对该试验批的每根钢管进行试验。

如适用,重新处理应按照 10.2.11 定义。

10.2.12.7 硬度试验复验

如果代表一个试验批钢管的硬度试验试样不符合规定要求,制造商可选择在同一试验批加取两根钢管进行复验。如果两个复验试样都符合规定要求,除原始试样取样的钢管外,应接收该试验批全部钢管。如果有一个或两个复验试样不符合规定要求,制造商可选择对该试验批剩余钢管逐根进行试验。复验试样应采用与未能满足最低要求的试样相同的方式制取(见 H.7 或 J.8,如适用)。

如适用,重新处理应按照 10.2.11 定义。

10.2.12.8 DWT 复验

当一组 DWT 试验试样不符合验收极限时,制造商可选择替换本试验批涉及的材料,或从该试验批中再抽取两根钢管进行试验。如果两个新试验都满足验收极限要求,除初始取样管外,应判该试验批的所有钢管合格。如果两个试验中任一试验不合格,应对该试验批的每根钢管进行试验。复验试样应采用与未能满足最低要求的试样相同的方式制取(见 10.2.3)。

如适用,重新处理应按照 10.2.11 定义。

11 标志

11.1 总则

11.1.1 适用时,制造商应按照与 11.2.1a)～j)相同的标记顺序,对按本标准制造的钢管和钢管接箍进行标记。

注:要求的标志一般标记在一条直线上。如果规定标记的信息按照从左到右,从上到下的顺序读取时,允许将标志环绕钢管标记在多条平行线上。

11.1.2　接箍上的标志应采用字模压印法制作，或如果协议，采用模版漆印法制作。

11.1.3　当订货合同要求提供 GB/T 9711 钢管时，应要求标识 GB/T 9711 的标志。

11.1.4　当制造商希望或订货合同规定时，可在钢管上标识附加标志，但附加标志不应打乱 11.2.1a)～j)(如适用)规定的标记顺序。这些附加标识应位于本标准要求的标志之后，或者单独标记在钢管其他位置。

11.2　钢管标志

11.2.1　适用时，钢管标志应顺次包含下列信息：

a)　钢管制造商的名称或标记(X)；

b)　当产品完全满足本标准、相应附录以及本章节要求时，应标识“GB/T 9711”。符合多个兼容标准的产品，可将各个标准名称进行标记；

c)　规定外径；

d)　规定壁厚；

e)　钢管钢级(钢名)(见表 1、表 H.1 或表 J.1，选适用者)。如果协议，USC 与 SI 钢级代号都可标记在钢管上，订货钢管钢级在前，与之相对应的另一单位钢管钢级代号紧随其后；PSL2 钢管钢级应包含轧制状态字母(R、N、Q 或 M)。

f)　产品规范水平(PSL1 或 PSL2)。如果附录 G 适用(见 G.5.1)，产品规范水平标记后紧跟字母 G；

g)　钢管类型(见表 2)；

h)　适用时，用户检验代表的标记(Y)；

i)　适用时，表明产品或交货单元(例如钢管捆)与相应检验文件关系的标识代号，例如管号(Z)；

j)　当规定的静水压试验压力高于表 24 或表 25 的适用压力时，或者超过表 26 中注 a、b 或 c 的适用试验压力时，应在标志尾部标记“TESTED”字样，紧随其后标记出规定的试验压力值(如果按 USC 单位订货时，单位为 psi；如果按 SI 单位订货时，单位为 MPa)。

示例 1　(SI 单位)X　GB/T 9711　508　12.7　L360M　PSL2　SAWL　Y　Z

示例 2　(USC 单位)X　GB/T 9711　20　0.500　X52M　PSL2　SAWL　Y　Z

示例 3　当钢管同时满足兼容标准 ABC 时：

(SI 单位)X　GB/T 9711/ABC　508 12.7　L360M　PSL2　SAWL　Y　Z

示例 4　当钢管同时满足兼容标准 ABC 时：

(USC 单位)X　GB/T 9711/ABC 20　0.500 X52M　PSL2　SAWL　Y　Z

示例 5　当静水压试验压力与标准压力不同时(以 SI 单位试验压力 17.5 MPa 为例)

X　GB/T 9711 508 12.7　L360M　PSL2　SAWL　Y　Z　TESTED 17.5

示例 6　当静水压试验压力与标准压力不同时(以 USC 单位试验压力 2 540 psi 为例)

X　GB/T 9711　20　0.500　X52M　PSL2　SAWL　Y　Z　TESTED 2540

示例 7　对于 USC 单位，相应钢级和适用附录 G 的标识如下：

X　GB/T 9711 20　0.500　X52M　L360M　PSL2G　SAWL　Y　Z

示例 8　对于 SI 单位，相应钢级和适用附录 G 的标识如下：

X　GB/T 9711　508　12.7　L360M　X52M　PSL2G　SAWL　Y　Z

注：USC 单位的规定钢管外径，不需包括小数点符号右边末尾的零。

11.2.2 除11.2.3和11.2.4允许外，应按照以下要求牢固清楚地制作标志：

a) $D \leqslant 48.3$ mm(1.900 in)钢管，应在以下一个或多个位置做标志：

1) 固定在钢管捆的标签上；

2) 捆系钢管捆的带子或捆绑带夹片上；

3) 每根钢管的一端；

4) 沿钢管长度方向连续制作。

b) 除订货合同规定的特殊表面外，$D>48.3$ mm(1.900 in)的钢管标志应：

1) 在钢管外表面，距钢管一端450 mm至760 mm(1.5 ft～2.5 ft)之间的一点开始，按照11.2.1所列顺序制作标志，或

2) 在钢管内表面上，距钢管一端至少150 mm(6.0 in)处开始制作标志。

11.2.3 如果协议，可在钢管表面采用低应力字模压印法或振动蚀刻法制作标志，但有以下限制：

a) 这些标志应在钢管坡口面上或距钢管一端150 mm(6.0 in)以内；

b) 这些标志与任一焊缝处至少相距25 mm(1.0 in)；

c) 随后不进行热处理的钢板、钢带(卷)或钢管，仅可使用圆头或钝头字模做冷态字模压印[温度<100 ℃(210 °F)]；

d) 除另有协议且在订货合同中规定外，禁止采用冷态字模压印法对规定壁厚不超过4 mm(0.156 in)的钢管和钢级高于L175或A25随后不进行热处理的所有钢管做标志。

11.2.4 如果协议，随后要进行涂敷的钢管标志可由涂敷商制作，而不在制管厂制作。在这种情况下，应确保可追溯性，例如使用(单根钢管或熔炼炉)唯一的编号。

11.2.5 如果钢管涂敷临时保护性涂层(见12.1.2)后，标记应清楚可辨。

11.2.6 除11.2.1规定的标志外，钢管长度应按照下列要求标识，用m表示钢管长度并精确到0.01 m(用ft表示精确到0.1 ft)，或如果协议以不同的形式表示。

a) 对于$D \leqslant 48.3$ mm(1.900 in)的钢管捆，应在与钢管捆连接的标签、捆扎带或带夹上标出钢管的总长度；

b) 除订货合同规定有特定表面外，对于$D>48.3$ mm(1.900 in)钢管，应标记钢管的单根长度(按成品钢管的测量长度)：

1) 在钢管外表面的方便位置，或

2) 在钢管内表面的方便位置。

c) 对于带接箍交货的钢管，应标记测量到接箍外端面的长度。

11.2.7 如果协议，制造商应在每根钢管内表面上涂刷直径大约为50 mm(2 in)的颜色标识。如果钢管等级适用，涂料颜色应符合表27的要求，对所有其他钢管等级，应在订货合同中规定涂料颜色。

11.3 接箍标志

$D \geqslant 60.3$ mm(2.375 in)的接箍应标识制造商名称/标记以及“GB/T 9711”。

表 27 涂料颜色

钢管等级	涂料颜色
L320 或 X46	黑色
L360 或 X52	绿色
L390 或 X56	蓝色
L415 或 X60	红色
L450 或 X65	白色
L485 或 X70	紫罗兰色
L555 或 X80	黄色

11.4 多钢级钢管标志

11.4.1 仅当购方和制造商协议时，在下列限制条件下，允许对钢管进行多钢级标识：

a) 在以下钢级范围内可对钢管进行多钢级标识：

1) ≤L290(X42)；

2) >L290(X42)～<L415(X60)。

钢级≥L415(X60)钢管不允许标识多钢级。

b) 仅应对一个 PSL 水平的钢管标识多钢级。

11.4.2 制造商负责确保钢管符合其确认的每个钢级的所有要求。这样才允许钢管作为任一钢级单独使用。

11.4.3 如果对钢管进行多钢级标识，应按钢管标志所标组合钢级发出单独的检验文件，该检验文件可包括钢管分别符合每个钢级要求的特别说明。

11.4.4 钢管交货后，不允许将钢管再次标识或鉴定为不同钢级或不同 PSL 规范水平(PSL1 至 PSL2)。

11.5 螺纹标识和证明

11.5.1 由制造商选择，加工有螺纹的钢管可在靠近螺纹端的钢管上，采用字模压印或模版漆印方法做标志，标志内容包括制造商名称或螺纹标准标记(表明适用的螺纹规范，如 API Spec 5B)、钢管规定外径及“LP”(表明螺纹类型)。

示例： 尺寸为 168.3 mm(6.625 in)加工有螺纹的钢管可做如下标志，并采用与订货合同规定的钢管外径相适应的值：

USC 单位　X　API Spec 5B　6.625　LP　或

SI 单位　X　API Spec 5B　168.3　LP

注： 如 GB/T 9253.2 最新版本与 API Spec 5B 最新版本等同，则在上述示例标志中用 GB/T 9253.2 代替 API Spec 5B。

11.5.2 制造商按照 11.5.1 规定，使用“API Spec 5B”标识作为螺纹符合 API Spec 5B 的证明，但购方不宜认为凡有此标志的产品，就整体而言符合相应规范。采用字符“API Spec 5B”标志螺纹的制造商应有按照 API Spec 5B 鉴定合格的校对量规。

11.6 钢管加工厂标志

由钢管加工厂(非原来的钢管制造商)进行热处理的钢管应按照第 11 章的相应分条款的要

求进行标志。钢管加工厂应去除任何不能表明产品新状态的标志(例如:原来的钢级符号、原钢管制造商的名称或标识),该新状态是由于产品经受热处理而造成的。

当钢管加工厂为钢管制造商的分包商,原钢管标志不可避免被去除或擦掉,只要重新标志过程在钢管制造商的控制之下,分包商可以重新对钢管进行标志。

12 涂层和螺纹保护器

12.1 涂层和内衬

12.1.1 除12.1.2~12.1.4允许外,钢管应以光管(无涂层)交货。

12.1.2 如果协议,钢管应以临时外涂层交货,以避免贮存和运输过程中生锈。涂层摸起来应是硬实的和光滑的,无多余的流挂。

12.1.3 如果协议,钢管应以特殊涂层状态交货。

12.1.4 如果协议,钢管应以内衬状态交货。

12.2 螺纹保护器

12.2.1 加工有螺纹且 $D<60.3$ mm(2.375 in)的钢管,螺纹保护器应为适宜的纤维包裹或适宜的金属、纤维或塑料保护器。

12.2.2 加工有螺纹且 $D\geqslant60.3$ mm(2.375 in)的钢管,螺纹保护器的设计、材料和其力学强度应能在常规搬运和运输状态下,保护螺纹和钢管端部免受损坏。

12.2.3 螺纹保护器应覆盖钢管的螺纹全长,在运输期间和正常储存期间使螺纹与水和灰尘隔离,正常储存期间考虑为一年左右。

12.2.4 螺纹保护器的牙型不应损害钢管螺纹。

12.2.5 螺纹保护器的材料不应含有引起腐蚀螺纹的成分,或与引起保护器与钢管螺纹产生粘结的成分,且适于在-45 ℃~+65 ℃(-50 °F~+150 °F)范围内使用。

13 记录

如适用,下列检验记录应由制造商自交货之日起保存五年,且应在购方有要求时提供给购方保存。

a) 熔炼分析和产品分析;
b) 拉伸试验;
c) 导向弯曲试验;
d) CVN 试验;
e) DWT 试验;
f) 静水压试验机记录曲线或电子版保存记录;
g) 钢管的射线检验图像;
h) 如适用,其他的无损检验方法;
i) 无损检验人员资质;
j) 对接钢管焊缝射线检验图像;
k) 补焊工艺试验;
l) 在附录或订货合同中规定的任何其他试验记录,包括所有焊接工艺规范(WPS)和焊接工艺评定试验记录(WPQT/PQR)(见附录A和附录D)。

14 钢管装载

如果由制造商负责钢管的装运,制造商应准备并遵守装载图表,这些图表包括钢管在卡车、火车、驳船、海轮(选适用者)上安全摆放、保护细节。装载应防止管端损伤、磨损、尖锐物敲击和疲劳裂纹。装载应符合任何适用的规则、法规、标准和推荐作法。

注:参见 API RP 5L1[18]、API RP 5LW[19]和 API RP 5LT[31]获取补充资料。

附　录　A
（规范性附录）
对接钢管规范

A.1　方法

A.1.1　除购方规定了特定方法外，应采用任何一种公认可靠的填充金属焊接方法。

A.1.2　应根据购方批准的标准，对焊接工艺、焊工和焊机操作工进行评定。

A.1.3　在购方要求时，应向购方提供焊接工艺规范和工艺评定记录的复印件。

A.2　工艺质量

A.2.1　即将进行对焊连接的钢管端部应按照评定合格的焊接工艺规范进行准备。

A.2.2　完成对焊的对接钢管直度应在 9.11.3.4 规定的限度内。不应采用弯曲方法在对接焊缝处矫直对接钢管。

A.2.3　焊缝截面沿钢管圆周应均匀规整。任意位置的熔敷焊缝凸起表面不应低于母材外表面，埋弧焊缝高出母材外表面的数值应符合表 16 的规定，采用其他焊接方法的焊缝高度不应大于 1.6 mm (0.063 in)。

A.2.4　除另有协议外，在对接钢管环焊缝上，直焊缝间的环向间隔应为 50 mm～200 mm (2.0 in～8.0 in)。

A.2.5　在对接钢管环焊缝上，螺旋焊缝间、钢带(卷)/钢板对头焊缝间以及螺旋焊缝与钢带(卷)/钢板对头焊缝间的最小环向间隔应为 50 mm(2.0 in)。

A.3　标志

应清楚标识每个对接钢管，以识别焊工或焊机操作工。

A.4　无损检验

应根据附录 E 或附录 K(选适用附录)，进行对接钢管环焊缝全长(100%)无损检验。无损检验采用射线检验或超声检验方法，或者采用两种方法联合检验。

附　录　B
(规范性附录)
PSL2 钢管制造工艺评定

B.1　引言

B.1.1　本附录规定了订货合同要求进行 PSL2 钢管制造工艺评定时[见 7.2c)42)],或执行附录 H 和/或附录 J 时的附加条款。

B.1.2　特殊情况下(例如首次供货或使用新钢级),当订购数量较大时,购方可要求用数据证明所采用的制造方法能够满足本标准规定的要求。

B.1.3　制造工艺应依据先前生产认可的数据来确认,或按照 B.3、B.4、B.5 或其中任一条款或其组合的评定进行确认。

B.2　购方提供的附加信息

订货合同应指出下列哪些条款适用于特定的订货批:

a)　根据 B.3、B.4、B.5 或其中任一条款或其组合(见 B.1.3)进行制造工艺评定;

b)　试验频次和数量(见 B.5.2)。

B.3　制造工艺特性

在生产之前或在由制造商承担风险的初次生产中,制造商应按照适用性向购方提供有关制造工艺主要特性的概要资料或控制文件,该资料至少应包括下列内容:

a)　炼钢与浇铸——所有钢管:
   1)　制造厂的名称/位置;
   2)　设备和工艺的说明,包括钢的冶炼方法,炉容量,脱氧工艺,夹杂物的形状控制方法(适用时)和浇铸方法;
   3)　化学成分范围,包括有意添加的所有元素以及表 5 中所列的元素;
   4)　钢的冶炼及浇铸工艺控制;
   5)　用于制造厚度>20 mm(0.78 in)钢带(卷)/钢板板坯氢含量的控制方法;
   6)　产品标识和保持可追溯性的方法;
   7)　与制造商文件规定作法不一致(包括钢级混杂/更换和制造工艺/化学成分变化)时,产品的返工控制/复验控制/放行控制;
   8)　适用时,中心偏析控制与验收极限。

b)　钢管生产——所有钢管:
   1)　制造厂的名称/位置;
   2)　设备和工艺说明;
   3)　静水压试验作法,包括设备校准/校验;
   4)　无损检验方法与作法,包括设备校准作法;
   5)　化学分析/力学性能试验及复验试块的取样位置与试样规范;
   6)　尺寸控制方法,包括钢管矫直或尺寸修整;

7) 经全管体正火处理和淬火+回火处理的钢管，奥氏体化与回火的目标时间和温度及其偏差控制，以及监测温度与控制偏差方法的说明；

8) 钢管标记方法及详细资料；

9) 从收到钢带(卷)/钢板/钢坯到钢管放行的过程中保持产品可追溯的方法；

10) 与制造商文件规定作法不一致时，产品的返工控制/复验控制/放行控制；和

11) 钢管储存、处理、装载以及运输方法。

c) 热轧——焊管：

1) 制造厂的名称/位置；

2) 设备及工艺说明，适用时，包括热处理方法(N 或 Q)说明；

3) 适用的轧制温度偏差控制方法(重新加热、轧制及冷却)；

4) 适用的时间偏差(重新加热、轧制以及冷却)；

5) 适用的钢带(卷)/钢板无损检验方法和作法，包括设备校准作法；

6) 尺寸及力学性能控制极限；

7) 钢管端部切断方法；

8) 从板坯接收到钢带(卷)/钢板交付过程中保持产品可追溯性的方法；

9) 与制造商文件规定作法(包括工艺、化学成分/力学性能以及尺寸偏差)不一致时，产品的返工/复验/放行控制；

10) 储存、处理、装载及运输方法。

d) 二次加工(适用时)——焊管

1) 制造厂的名称/位置；

2) 设备与工艺说明；

3) 从钢带(卷)/钢板的接收到钢带(卷)/钢板交付的产品识别及可追溯性方法；

4) 与制造商文件规定作法(包括工艺、化学成分/力学性能及尺寸的偏差)不一致时，产品的返工/复验/放行控制；

5) 储存、处理、装载及运输方法。

e) 钢管制造——焊管

1) 钢管成型工艺，包括边缘预处理，对中控制及形状控制；

2) 钢管热处理工艺，适用时包括焊缝在线热处理；

3) 焊接工艺规范，适用时包括本工艺先前的评定报告。其应包括下列资料：

i) 高频焊(HFW)接：

——通过金相检验证明焊缝经过适当的焊缝热处理；

——焊接工艺说明及控制；

ii) 埋弧焊(SAW)和组合焊(COW)缝，适用时包括补焊，钢带(卷)/钢板对头焊，对接钢管焊接：

——焊丝/焊剂耗材制造商，类型及焊丝直径；

——焊接参数及范围，包括电流、电压、焊接速度，热输入；

4) 埋弧焊(SAW)和组合焊(COW)管：

i) 焊接坡口尺寸公差；

ii) 定位焊方法及定位焊缝之间的距离(如果适用)；

iii) 焊丝与焊剂的储存和使用,包括湿度控制与焊剂循环方法(适用时);

iv) 焊缝缺陷去除方法。

f) 钢管制造——无缝(SMLS)管

1) 钢管成型工艺——轧制钢管:

i) 适用的轧制温度偏差控制方法(重新加热、轧制及冷却);

ii) 适用的时间偏差(重新加热、轧制及冷却);

2) 钢管热处理工艺。

B.4 检验和试验计划的特性

适用时,在生产之前,制造商应向购方提供有关检验和试验计划主要特性的概要资料或控制文件。该计划至少应包括下列内容:

a) 检验措施;

b) 负责实施检验措施的组织或个人(包括制造商,分包商,购方或第三方代表);

c) 适用时,检验/试验方法和校准方法;

d) 检验频次;

e) 验收极限;

f) 检验/试验结果不符合要求时采取的措施;

g) 适用时,检验/试验结果的记录;

h) 要求确认工序的标记;

i) 见证点和停止点。

B.5 制造工艺评定试验

B.5.1 应在生产前或生产开始时,按照表18、表H.3和/或表J.7规定的适用强制性试验要求进行制造工艺评定。

B.5.2 在购方同意进行再次评定试验的情况下,评定试验的频次和数量应符合订货合同的规定。如果订货合同已有说明,制造商可提供先前生产获得的以前的评定数据。

B.5.3 对于焊管,至少应提供以下焊接工艺评定的信息:

a) 高频焊(HFW)管

——焊接工艺控制参数;

——表18、H.3和J.7要求的(适用时)焊缝力学性能试验结果;

——用金相检验确认(钢管)经过恰当热处理;

——H.7.2.4和H.7.3.3,或J.8.2.3和J.8.3.2所要求的焊缝区域硬度试验结果。

b) 埋弧焊(SAW)和组合焊(COW)管

——坡口尺寸;

——焊丝/焊剂耗材制造商、类型和焊丝直径;

——焊接参数包括:电流、电压、行走速度、热输入和电弧数;

——表18、H.3和J.7要求的(适用时)焊缝力学性能试验结果;

——H.7.2.4和H.7.3.3,或J.8.2.3和J.8.3.2所要求的焊缝区域硬度试验结果;和

——每个熔敷焊道焊缝金属化学成分分析。

B.5.4 购方可要求提供产品其他性能(如焊接性)的特性数据。

注：购方需要某个钢级的焊接性数据时，购方可要求进行特定的焊接性试验。在这种情况下，购方有责任向制造商提供焊接性数据所要求的详细焊接工艺和参数。在未获得焊接性数据的情况下，考虑最新研发的L690/X100、L830/X120钢级的焊接性试验尤为重要。

B.5.5 本制造工艺评定应考虑钢带(卷)/钢板拉伸性能变化和钢带(卷)/钢板成型为钢管时强度改变的评价。

B.5.6 对于采用不符合最初规定的热轧工艺控制参数制造的钢带(卷)/钢板/钢管，如果再次评定合格(见8.3.9)，在放行这些钢带(卷)/钢板/钢管之前应通知购方。

附　录　C
(规范性附录)
表面缺欠和缺陷的处理

C.1　表面缺欠处理

未被判为缺陷的缺欠可不经修补保留在钢管上,或采用修磨方法修整磨除。

C.2　可修整表面缺陷的处理

C.2.1　所有可修整的表面缺陷应采用修磨方法磨掉。

C.2.2　修磨操作应使修磨区域与钢管轮廓平滑过渡。

C.2.3　应通过局部外观检查对缺陷的彻底清除情况进行查验,必要时辅以适当的无损检验方法。验收极限为:修磨区域的壁厚应符合 9.11.3.2 的要求;然而外径和不圆度的负偏差(见 9.11.3.1)不适用于修磨区域。

C.3　不可修整表面缺陷的处理

存在不可修整表面缺陷的钢管应采用如下一种或多种方法处置:

a)　埋弧焊(SAW)和组合焊(COW)管的焊缝缺陷应采用 C.4 规定的焊接方法进行修补;

b)　钢管长度符合要求时,应切除存在该类表面缺陷的管段;

c)　拒收整根钢管。

C.4　缺陷补焊

C.4.1　仅允许对 PSL 1 钢管管体进行补焊,不允许对 PSL2 钢管管体进行补焊。

C.4.2　除 C.4.1 允许外,补焊应局限于埋弧焊(SAW)和组合焊(COW)管焊缝。缺陷应完全清除,且应对清除坑(清除缺陷后形成的凹坑)进行彻底的清理。对 PSL2 钢管,清除坑边缘扩展到母材金属的距离不应超过 3.2 mm(0.125 in),扩展距离沿钢管表面垂直于焊缝测量(见图 C.1)。除另有协议外,冷扩径 PSL2 钢管焊缝补焊应在冷扩径前进行。不应对不带填充金属的焊缝进行补焊。

C.4.3　对于埋弧焊(SAW)和组合焊(COW)管焊缝,每根钢管补焊焊缝总长度应≤5%焊缝总长度。对于钢带(卷)/钢板的对头焊缝,补焊焊缝总长度不应超过 100 mm(4.0 in),补焊焊缝距钢带(卷)/钢板对头焊缝与螺旋焊缝交点的距离不应少于 100 mm(4.0 in)。

C.4.4　间隔小于 100 mm(4.0 in)的多个焊缝缺陷应当作连续单条焊缝进行修补。单条焊缝至少应补两层/道,补焊长度至少应超过 50 mm(2.0 in)。

C.4.5　应按照经附录 D 评定合格的焊接工艺进行补焊。

C.4.6　补焊后,应按照附录 E 的要求,或适用时按照附录 K 的要求,对所有修补区域进行超声检验或射线检验。在钢管扩径或静水压试验前,制造商可选择超声检验,但在扩径或静水压试验后,应使用手动超声进行检验。在钢管扩径或静水压试验后,也可对钢管进行自动和手动超声组合检验。

C.4.7 在补焊前应对无缝(SMLS)管(仅 PSL 1)进行 MT 或 PT 检验,以确保缺陷完全去除。

C.4.8 在补焊后,应按照 10.2.6 的要求对已补焊钢管进行静水压试验。

单位为毫米(英寸)

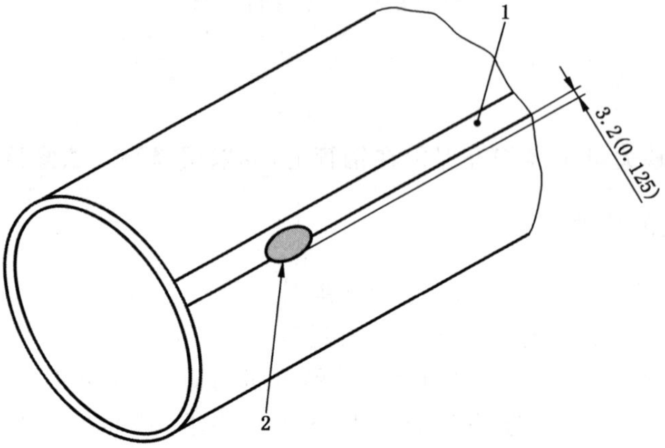

说明:

1——焊缝余高;

2——清除坑边缘。

图 C.1 焊缝修补清除坑(仅对 PSL2)

附　录　D
(规范性附录)
补焊工艺

D.1　总则

D.1.1　应采用下列方式进行补焊：

a)　钢管轴线在水平位置；

b)　采用评定合格的焊接工艺；

c)　由依据 D.3 要求评定合格的焊机操作工(以下简称"操作工")或补焊工施焊。

D.1.2　补焊应采用下列一种或多种方法：

a)　自动埋弧焊；

b)　自动或半自动熔化极气体保护电弧焊；

c)　低氢焊条电弧焊。

D.1.3　所有焊接材料应按照制造商推荐的作法妥善保管和储存，以免受潮或污染。

D.1.4　试验焊缝可在钢带、钢板或钢管上进行。

D.1.5　制造商应保存焊接工艺和工艺评定试验结果记录。购方有要求时，应向购方提供焊接工艺规范和工艺评定记录的复印件。

D.2　补焊工艺评定

D.2.1　总则

D.2.1.1　除 D.2.1.2 允许外，应按本附录的要求，通过焊接和焊缝检验对采用的焊接工艺进行评定。

D.2.1.2　由制造商选择，可用 ISO 15614-1[23]、API Spec 5L 第 43 版[17]或 ASME 第 IX 部分[26]规定的焊接工艺评定力学性能试验代替 D.2.3 的相应规定。

D.2.1.3　本附录中，术语"自动焊"包括机器焊、机械化焊和自动焊。

D.2.2　重要变素

当下列任一重要变素的变化超出规定范围时，现有工艺不再适用，应进行新工艺的评定。

a)　焊接方法

　1)　焊接方法改变，如埋弧焊改为熔化极气体保护电弧焊；

　2)　焊接方式改变，如手工焊改为半自动焊；

b)　钢管材料

　1)　钢级分档变化：如果在同一钢级分档内使用不同的合金体系，每种合金成分应分别评定。钢级分档如下：

　　i)　≤L290 或 X42，

　　ii)　>L290 或 X42 但<L450 或 X65，

　　iii)　≥L450 或 X65 的各钢级。

　2)　同一钢级分档内，材料厚度大于已评定合格材料的厚度；

3) 在某钢级分档及壁厚范围内,待补焊材料产品分析确定的碳当量(碳含量>0.12%时为CE_{IIW},碳含量≤0.12%时为CE_{pcm})比评定合格材料的碳当量高0.03%以上;

4) 交货状态(见表3)发生改变;

c) 焊接材料

1) 填充金属种类改变;

2) 要求进行冲击试验时,耗材牌号改变;

3) 焊条直径改变;

4) 保护气体成分 X 超出(X±5)%;

5) 保护气体流速 q 超出(q±10)%;

6) 埋弧焊焊剂从一种牌号更换为另一种牌号;

d) 焊接参数

1) 电流种类改变(如交流电变为直流电);

2) 极性变化;

3) 对自动焊接和半自动焊接,确定的焊接电流、电压、速度和热输入范围可适应一定的壁厚范围。在该范围中,应适当选择几个点进行试验,以评定整个方案。此后,如果与评定过的方案相比,发生下列一种或多种超过规定的变化时,应重新进行评定。

i) 电流:10%;

ii) 电压:7%;

iii) 焊速:10%(自动焊接);

iv) 热输入:10%;

4) 凹槽深度a较评定过的凹槽深度增加。除另有协议外,凹槽深度应由制造商设定。

e) 焊道:手工焊接和半自动焊接,焊道宽度变化超过50%。

f) 预热和焊后热处理:

1) 补焊钢管的温度低于评定试验时钢管温度;

2) 增加或取消焊后热处理。

D.2.3 力学性能试验

D.2.3.1 试样数量

每次工艺评定试验时,各个试验项目(见D.2.3.2和D.2.3.3)应分别取两个试样进行试验。对于冲击试验,每个位置应取三个试样进行试验。

D.2.3.2 横向拉伸试验

D.2.3.2.1 横向拉伸试样的减窄区宽度约为38 mm(1.5 in),补焊焊缝应位于试样长度的中心,如图8a)所示。试样两面的焊缝余高应去除,纵向边缘应机加工。

注:虽然图8a)表示的是导向弯曲试样,但可参考它确定拉伸试样补焊焊缝的位置。

D.2.3.2.2 抗拉强度至少应等于相应钢管等级的规定最小抗拉强度。

D.2.3.3 横向导向弯曲试验

D.2.3.3.1 横向导向弯曲试样应符合图D.1的规定。焊缝已熔敷于凹槽内。

D.2.3.3.2 每个试样应在弯模(见图 9 和表 D.1)内弯曲至 180°,外露焊缝表面置于受拉位置。

D.2.3.3.3 除 D.2.3.3.4 允许外,如果弯曲后焊缝金属或母材上没有裂纹,或在任何方向上没有尺寸超过 3.2 mm(0.125 in)的其他缺陷,则认为弯曲试验合格。

D.2.3.3.4 在试验过程中发源于试样边缘的裂纹,只要长度不超过 6.4 mm(0.250 in),则不应作为拒收的原因。

D.2.3.4 夏比(CVN)冲击试验

D.2.3.4.1 夏比冲击试样应取自补焊工艺评定试验(见 D.2.1.1)的补焊焊缝区域。

D.2.3.4.2 夏比冲击试样应按 10.2.3.3 制备。

D.2.3.4.3 CVN 冲击试验应按 9.8 和 10.2.4.3 要求进行。

D.2.3.4.4 0 ℃(32 °F)温度下或者如果协议在更低温度下,每条补焊钢管焊缝和其 HAZ 的全尺寸试样最小平均吸收功(一组三个试样)不应小于 9.8.3 规定的钢管焊缝和其 HAZ 的数值。

当钢管尺寸不允许制备用于补焊工艺评定试验的全尺寸试样,而采用小尺寸试样时,应符合10.2.3.3和表 22 的要求。

D.2.4 补焊工艺评定试验的无损检测

应根据 E.3 规定,采用 E.4 规定的射线检验方法、或者 E.5 规定的超声检验方法、或两种方法的组合方法,对补焊工艺评定试验的试样进行检验。补焊区域应满足与 E.4.5 和/或 E.5.5 相应规定一致的验收极限。

D.3 焊接操作人员技能评定

D.3.1 评定

D.3.1.1 总则

每个补焊工和操作工应按本条款的规定进行评定。由制造商选择,可替换为按照 ISO 9606-1[25]、ASME 第Ⅸ部分[26]或 EN 287-1[24]对焊工和操作者进行评定。

在焊接工艺相同的情况下,在某一钢级分档[见 D.2.2b)]评定合格的补焊工和操作工能胜任任一较低钢级分档的焊接。

D.3.1.2 检验

为进行评定,补焊工或操作工应焊制出经下列检验合格的焊缝:

a) 根据附录 E 进行的射线胶片拍片检验;

b) 两个横向导向弯曲试验(见 D.2.3.3)。

单位为毫米(英寸)

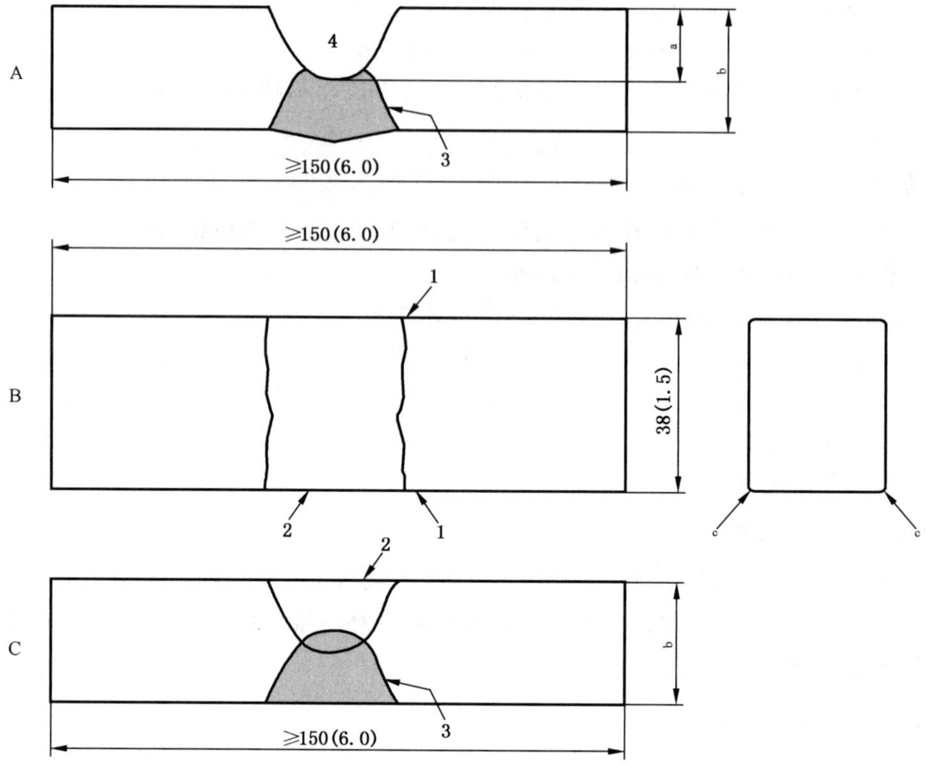

说明:

A ——补焊前一截面图;

B ——补焊后一平面图;

C ——补焊后一截面图;

1 ——机加工直边,冷锯、热切割或两种方式组合;

2 ——补焊金属(去除焊缝余高);

3 ——去除 SAW/COW 焊缝余高的原焊缝(如适用);

4 ——补焊凹槽。

[a] 凹槽深度。

[b] 壁厚[见 D.2.2b)2)]。

[c] 半径 r 应≤1.6(0.063 in.)。

图 D.1 导向弯曲试样

表 D.1 导向弯曲试验弯模尺寸

钢管等级	尺寸[a] mm(in)			
	r_a[b]	r_b[b]	A_{gb}[b]	B[b]
≤L290 或 X42	3.0t	4.0t+1.6(0.063)	6.0t	8.0t+3.2(0.125)
L320 或 X46	3.5t	4.5t+1.6(0.063)	7.0t	9.0t+3.2(0.125)

表 D.1(续)

钢管等级	尺寸[a] mm(in)			
	r_a[b]	r_b[b]	A_{gb}[b]	B[b]
L360 或 X52	4.0t	5.0t+1.6(0.063)	8.0t	10.0t+3.2(0.125)
L390 或 X56	4.0t	5.0t+1.6(0.063)	8.0t	10.0t+3.2(0.125)
L415 或 X60	4.5t	5.5t+1.6(0.063)	9.0t	11.0t+3.2(0.125)
L450 或 X65	4.5t	5.5t+1.6(0.063)	9.0t	11.0t+3.2(0.125)
L485 或 X70	5.0t	6.0t+1.6(0.063)	10.0t	12.0t+3.2(0.125)
L555 或 X80	5.0t	6.0t+1.6(0.063)	10.0t	12.0t+3.2(0.125)
L620 或 X90	5.5t	6.5t+1.6(0.063)	11.0t	13.0t+3.2(0.125)
L690 或 X100	6.0t	7.0t+1.6(0.063)	12.0t	14.0t+3.2(0.125)
L830 或 X120	7.0t	8.0t+1.6(0.063)	14.0t	16.0t+3.2(0.125)

[a] 中间钢级的导向弯曲试验弯模尺寸应按邻近较低钢级的规定,或应通过插补法获得。

[b] r_a、r_b、A_{gb}和 B 如图 9 所示。

D.3.1.3 检验失败

如果 D.3.1.2 中一个或多个检验不符合规定的要求,补焊工或操作工可再焊制一个评定焊缝。如果该焊缝仍不符合 D.3.1.2 规定的一个或多个检验,则补焊工或操作工不合格。在焊工或操作工完成再次培训之前,不允许对焊缝进行再次评定。

D.3.2 重新评定

如果有下列一种或多种情况,应根据 D.3.1 的规定重新进行评定。

a) 距最近一次评定超过一年;

b) 焊工或操作工在三个月或超过三个月的期间内,未采用评定过的工艺进行焊接;

c) 对焊工或操作工能力产生怀疑。

附 录 E
(规范性附录)
非酸性或非海上服役条件钢管的无损检验

E.1 人员资质评定

E.1.1 ISO 9712、ISO 11484 或 ASNT SNT-TC-1A 或等效标准是对无损检验人员(外观检验除外)资质的基本要求。如果无损检验人员未按评定过的方法进行检验的时间超过 12 个月,应重新评定这些人员按此方法进行无损检验的资格。

E.1.2 无损检验应由 1 级、2 级或 3 级人员实施。

E.1.3 指示的评判应由 2 级或 3 级人员完成,或在 2 级或 3 级人员的监督下由 1 级人员完成。

E.2 检验标准

除对本附录的专门修改外,要求进行的无损检验[不包含表面检查(见 10.2.7)和壁厚测量]应按下列一种标准或与其等效的标准进行:

a) 电磁(漏磁):SY/T 6423.6—2014 或 ASTM E570;

b) 电磁(涡流):ISO 10893-2 或 ASTM E309;

c) 超声:SY/T 6423.4—2013、SY/T 6423.3—2013 、ISO 10893-10、ASTM A435、ASTM A578 或 ASTM E213;

d) 自动超声(焊缝):ISO 10893-11 或 ASTM E273;

e) 手动超声(焊缝):SY/T 6423.2—2013、ASTM E164、ASTM E587;

f) 磁粉:ISO 10893-5 或 ASTM E709;

g) 射线(胶片):ISO 10893-6 或 ASTM E94;

h) 射线(数字):SY/T 6423.5—2014、ASTM E2698 或 ASTM E2033;

i) 液体渗透:ISO 10893-4 或 ASTM E165。

E.3 检验方法

E.3.1 总则

E.3.1.1 对于钢级≥L210/A,直径≥60.3 mm(2.375 in)焊管的焊缝应按表 E.1 的规定进行全厚度、全长度(100%)的无损检验。另外,对于成品螺旋焊缝钢管上的钢带(卷)/钢板对头焊缝,应按照表 E.1 的规定进行全厚度、全长度(100%)的无损检验。

E.3.1.2 所有 PSL 2 的无缝(SMLS)管,以及 PSL1 的钢级为 L245 或 B 级的淬火加回火无缝(SMLS)管,应按表 E.2 的规定进行全长(100%)无损检验。如果协议,其他 PSL1 的无缝管应按表 E.2 的规定进行无损检验。

表 E.1 钢管焊缝无损检验

焊缝类型	无损检验方法[a]		
	电磁	超声	射线
EW	一种方法或几种方法的组合		不适用
LW	不适用	要求	不适用
SAW	不适用	要求[b]	如果协议
COW	不适用	要求	不适用
钢带(卷)/钢板对头	不适用	要求[b]	如果协议

[a] 管端焊缝可要求附加的无损检验(见 E.3.2)。

[b] 要求进行,制造商与购方已协议用射线检验代替超声检验时除外。

表 E.2 SMLS 管管体无损检验

项　目	无损检验方法		
	电磁	超声	磁粉(圆周区域)
任何钢级的 PSL2 钢管	一种方法或几种方法的组合		
L245/B 钢级 PSL1 钢管,淬火加回火	一种方法或几种方法的组合		
除以上钢级外其他钢级的 PSL1 钢管	如果协议,一种方法或几种方法的组合		

E.3.1.3 无损检验设备在制造商工厂内的位置应由制造商确定,但下列情况除外:

a) 要求的冷扩径管焊缝的无损检验应在冷扩径之后进行;要求的无缝管的无损检验应在所有的热处理和冷扩径工序之后进行,如果允许,也可在切断,加工坡口和管端定径之前进行;

b) 经协议,低频焊(LFW)管和高频焊(HFW)管焊缝的无损检验应在静水压试验之后进行。

E.3.2 管端检验—焊管

E.3.2.1 如果使用满足 E.3.1.1 要求的自动超声或自动电磁检验系统时,对任何不能被该自动检验系统覆盖的钢管管端焊缝,应采用手动或半自动超声斜角(声束)法或射线检验方法(选适用者)检验管端焊缝中的缺陷,否则,应切除未检验管端。应保存根据 E.5.4 所做的记录。

E.3.2.2 对埋弧焊(SAW)和组合焊(COW)管,应采用射线检验方法对每根钢管至少 200 mm (8.0 in)管端范围内的焊缝进行检查。射线检验的结果应记录在胶片上或其他成像介质上。

E.3.2.3 如果协议,应采用 ASTM A578/578M 和 ASTM A435 或 SY/T 6423.4—2013 规定的方法,对每根钢管管端 25 mm(1.0 in)宽度区域进行超声检验,以确认在该区域不存在周向尺寸大于 6.4 mm (0.25 in)的分层缺欠。

E.3.3 无缝(SMLS)管的管端检验

E.3.3.1 如果使用满足 E.3.1.2 要求的自动超声或自动电磁检验系统(设备、操作流程和人员的组合)时,对未被自动检验系统覆盖的部分管端,应采用手动或半自动超声斜角(声束)法或磁粉方法进行缺陷检验,否则,应切除未检验管端。应保存根据 E.5.4 所做的记录。

E.3.3.2 如果协议,对 $t \geqslant 5.0$ mm(0.197 in)的钢管,应按照 SY/T 6423.4—2013 或 ASTM E578/578M 和 ASTM A435 的规定,对每根钢管管端 25 mm(1.0 in)宽度区域进行超声检验,以确认在该区域不存在周向尺寸大于 6.4 mm(0.25 in)的分层缺欠。

E.4 焊缝的射线检验

E.4.1 射线检验技术

适用时,应按照下列方法对钢管焊缝进行射线检验:

——对于射线胶片检验:ISO 10893-6 图像质量等级 A 或 B,或 ASTM E94;

——对于射线数字检验:SY/T 6423.5—2014、ASTM E2698 或 ASTM E2033。

E.4.2 射线检验设备

E.4.2.1 应采用射线检验法对焊缝的均匀性进行检验。其方法是:X 射线直接透过焊缝材料,在射线检验胶片上或数字成像介质(如 CR、DDA)上产生适合的影像,但应证实数字成像技术能够达到所求的灵敏度。

E.4.2.2 采用的射线检验胶片应符合 GB/T 19348.1—2014 的 C4 级或 C5 级,或 ASTM E1815-08 的Ⅰ级或Ⅱ级,并且应使用铅增感屏。

E.4.2.3 射线底片的黑度不应低于 2.0(焊缝除外),且应满足下列要求:

a) 焊缝最厚处的黑度不低于 1.5;

b) 达到所用胶片类型的最大对比度。

E.4.3 像质计(IQIS)

E.4.3.1 除另有协议外,应使用线型像质计(IQIS)。如果使用其他标准的像质计,其灵敏度应与线型像质计的灵敏度相同或更高。

E.4.3.2 如果使用 ISO 线型像质计,则应为 GB/T 23901.1—2009 规定的 W1 FE,W6 FE 或 W10 FE,适用于各种焊缝厚度的线型像质计基本线径见表 E.3。

E.4.3.3 如果使用 ASTM 线型像质计,应符合 ASTM E747 规定,适用于各种焊缝厚度的线型像质计基本线径见表 E.4。

E.4.3.4 除 E.4.3.5 允许外,所采用的像质计(IQI)应横跨焊缝放置在代表完整余高的焊缝上,且应包含两种基本线径,一种线径由具有完整余高的焊缝厚度确定,另一种线径由无余高的焊缝厚度确定。

E.4.3.5 可以使用两个像质计,一个垂直放置在焊缝上,另一个放置在母材上。

E.4.3.6 像质计应放置在射线源一侧。当不能放置在射线源一侧时,可将像质计放置在检测对象的胶片/探测器一侧,此时应在像质计附近标上字母“F”,并且这一工艺变化应记录在检测报告里。

注:在钢管管段上将像质计(IQI)置于射线源一侧和探测器一侧进行曝光试验,是评价相应灵敏度的有效方法。

表 E.3 射线检验用 ISO 线型像质计(IQI)

焊缝厚度[a] mm(in)	基本线径 mm(in)	FE 金属丝系列	金属丝号码
≤8(0.3)	0.16(0.006)	W10 至 W16	14
>8(0.3)至 11(0.4)	0.20(0.008)	W10 至 W16	13
>11(0.4)至 14(0.6)	0.25(0.010)	W10 至 W16 或 W6 至 W12	12
>14(0.6)至 18(0.7)	0.32(0.013)	W10 至 W16 或 W6 至 W12	11
>18(0.7)至 25(1.0)	0.40(0.016)	W10 至 W16 或 W6 至 W12	10
>25(1.0)至 32(1.2)	0.50(0.020)	W6 至 W12	9
>32(1.2)至 41(1.6)	0.63(0.025)	W6 至 W12	8
>41(1.6)至 50(2.0)	0.80(0.032)	W6 至 W12	7
>50(2.0)	1.00(0.039)	W6 至 W12	6
[a] 焊缝厚度是指规定壁厚与焊缝余高估计值之和。			

表 E.4 射线检验用 ASTM 线型像质计(IQI)

焊缝厚度[a] mm(in)	基本线径 mm(in)	金属丝系列	金属丝标识
≤8(0.3)	0.16(0.006)	A	4
>8(0.3)至 11(0.4)	0.20(0.008)	A	5
>11(0.4)至 14(0.6)	0.25(0.010)	A 或 B	6
>14(0.6)至 18(0.7)	0.33(0.013)	B	7
>18(0.7)至 25(1.0)	0.41(0.016)	B	8
>25(1.0)至 32(1.2)	0.51(0.020)	B	9
>32(1.2)至 41(1.6)	0.64(0.025)	B	10
>41(1.6)至 50(2.0)	0.81(0.030)	B 或 C	11
>50(2.0)	1.02(0.040)	C	12
[a] 焊缝厚度是指规定壁厚与焊缝余高估计值之和。			

E.4.4 设备校验

E.4.4.1 在工作速度下进行动态检验时,应使用像质计校验灵敏度和检验工艺的适用性,以不多于50 根钢管为一试验批,每批抽取一根钢管进行校验,但每工作班的每 4 h 至少应校验一次。

注 1：当操作者在适用区域(焊缝或母材)内能清晰看见所用像质计基本线径时，即达到了合适的清晰度和灵敏度。

注 1：在某些 ISO 无损检验标准中，术语“校准”(calibration)表述为本标准的“标定”(standardization)。

用像质计对检验技术进行初次调整时，钢管可处于静止状态。

E.4.4.2 采用射线胶片检验法时，每张底片应显现出像质计。

E.4.4.3 对于静止的射线数字检验系统及工艺来说，每工作班检验两次图像质量是足够的。只要在两次校准之间，钢管的尺寸、材质、检测参数保持不变，每工作班每 4 h 及每工作班的开始和结束时至少应检查一次灵敏度。当检验系统达到 E.4.3 的要求时，不允许改变检测参数。只应采用在射线源一侧的像质计对图像质量进行检查。在初始检验系统的确认过程中，探测器的空间分辨率(SRb)除采用E.4.3像质计进行测定外，还应采用双丝型像质计进行测定。双丝型像质计应位于探测器前面并与焊缝约成 5°的方向位置，以避免混叠效应。验证检验系统时像质计应放置在生产检验像质计的同侧。

如果检验系统测试参数发生任何要求的改变时(如电压、电流、曝光时间或探测器与工件间的距离)，或者在该检验班测试钢管的尺寸或材质发生变化时，应按照 E.4.3 的规定再次使用所有要求的像质计对检验系统的灵敏度进行再次计算。

如果图像质量不满足 E.4.3 的要求，则自上一次灵敏度检查合格后所有被检钢管应在新测试参数下进行射线复检。

E.4.5 射线检验发现缺欠的验收极限

夹渣型和/或气孔型缺欠的尺寸和分布不应超过表 E.5 或表 E.6 的规定值，条型夹杂定义为夹杂的长度与宽度的比值不小于 3∶1。

注 1：判定缺欠是否验收应考虑的重要因素是缺欠尺寸、间隔以及在规定长度内缺欠的直径之和。为简单起见，规定长度为任一段 150 mm(6.0 in)长度的焊缝。这类缺欠常呈链状分布，但链状分布与弥散分布没有区别，分布形式也可能具有各种不同尺寸的组合。

注 2：如果缺欠不是条形的，就不能准确地判定射线检验所显示的是夹渣还是气孔。因此，所有圆形缺欠采用同样的验收极限。

E.4.6 射线检验发现的缺陷

由射线检验发现的裂纹、未焊透和未熔合应判定为缺陷。射线检验发现的尺寸和/或分布大于表 E.5 或表 E.6 规定值(取适用者)的缺欠应判定为缺陷，带有这种缺陷的钢管应按 E.10 规定的一种或多种方法处置。

E.4.7 射线检验图像的可追溯性

射线检验图像应追溯到相应的钢管。

E.5 超声检验和电磁检验

E.5.1 设备

E.5.1.1 根据适用情况，设备应通过超声原理或电磁原理，且能连续不间断地检验焊管焊缝、或无缝(SMLS)管的外表面和/或内表面。

表 E.5 条形夹渣型缺欠

最大尺寸 mm(in)	间距 (最小) mm(in)	任意 150 mm(6.0 in)长度焊缝上缺欠数量(最大)	任意 150 mm(6.0 in)长度焊缝上缺欠累计长度 (最大) mm(in)
1.6(0.063)×13(0.50)	150(6.0)	1	13(0.50)
1.6(0.063)×6.4(0.25)	75(3.0)	2	13(0.50)
1.6(0.063)×3.2(0.125)	50(2.0)	3	13(0.50)

表 E.6 圆形夹渣型和气孔型缺欠

尺寸 mm(in)	相邻缺欠的尺寸 mm(in)	间距(最小) mm(in)	任意 150 mm(6.0 in)长度焊缝上的缺欠数量(最大)	任意 150 mm(6.0 in)长度焊缝上的缺欠累计直径(最大) mm(in)
3.2(0.125)[a]	3.2(0.125)[a]	50(2.0)	2	6.4(0.25)
3.2(0.125)[a]	1.6(0.063)	25(1.0)	变数	6.4(0.25)
3.2(0.125)[a]	0.8(0.031)	13(0.5)	变数	6.4(0.25)
3.2(0.125)[a]	0.4(0.016)	9.5(0.4)	变数	6.4(0.25)
1.6(0.063)	1.6(0.063)	13(0.5)	4	6.4(0.25)
1.6(0.063)	0.8(0.031)	9.5(0.4)	变数	6.4(0.25)
1.6(0.063)	0.4(0.016)	6.4(0.25)	变数	6.4(0.25)
0.8(0.031)	0.8(0.031)	6.4(0.25)[b]	8	6.4(0.25)
0.8(0.031)	0.4(0.016)	4.8(0.188)	变数	6.4(0.25)
0.4(0.016)	0.4(0.016)	3.2(0.125)	16	6.4(0.25)

[a] 对于 $t \leqslant 6.4$ mm 钢管，此值为 2.4 mm(0.094 in)。

[b] 两个直径≤0.8 mm(0.031 in)的缺欠，只要它们与任何其他缺欠的间距≥13 mm(0.5 in)，则这两个缺欠可视为接近到相隔一个直径。

E.5.1.2 检验设备应能检验如下焊管焊缝的整个厚度：

a) 电焊(EW)和激光焊(LW)缝，焊线以及焊线两侧各 1.6 mm(0.063 in)宽的母材；

b) 埋弧焊(SAW)和组合焊(COW)缝，焊缝金属以及焊缝金属两侧各 1.6 mm(0.063 in)宽的母材。

E.5.2 超声检验和电磁检验对比标样

E.5.2.1 每个对比标样的外径和壁厚应在被检产品的规定直径和壁厚公差范围内。

注：在某些无损检验 ISO 标准中，术语“管状试样”或“样管”或“试样”用来表示本标准使用的“对比标样”。

E.5.2.2　对比标样长度可为由制造商确定的任一方便长度。

E.5.2.3　对比标样应包含表 E.7 给出的参考反射体，其可以是一个或多个机加工刻槽，或一个或多个径向钻孔。

E.5.2.4　对比标样上的参考反射体之间应有间隔，以便足以产生分离且可辨别的信号。

注：在某些 ISO 无损检验标准中，术语“对比标样”用来表示本标准使用的“参考反射体”。

E.5.2.5　对比标样应通过鉴定。参考反射体的尺寸和类型应采用文件化的程序进行鉴定。

E.5.3　设备标定

E.5.3.1　制造商应采用文件化的程序确定超声检验或电磁检验(选适用者)的拒收门限。在正常工作条件下，应能够检测出表 E.7 规定的相应参考反射体。无论制造商选择在线检验还是离线检验，应模拟受检验的成品钢管，使样管与传感器之间以一定的速度移动，动态的证明上述能力。

E.5.3.2　应采用适当的对比标样(见 E.5.2)对设备进行校准，每个工作班至少两次，第二次校准应在第一次校准后 3 h～4 h 进行，以便验证设备的有效性和检验程序的有效性。检验周期结束设备关机前，应对设备校准进行确认。

注：在某些 ISO 无损检验标准中，术语“校准(calibration)”用来表述本标准的“标定(standardization)”。

E.5.3.3　用对比标样校准时，应调整检验设备，以使相应的参考反射体产生清晰可辨的信号。

E.5.3.4　如用钻孔建立 $D \geqslant 60.3$ mm(2.375 in)钢管的电磁检验拒收门限，且有意将这种方法用于焊管焊缝检验，或同时检验无缝管外表面和内表面，那么对该设备应进行附加校验，使来自对比标样的内、外刻槽的信号幅度等于或大于采用钻孔建立的拒收门限。

E.5.4　验证系统能力的记录

E.5.4.1　用参考反射体确定设备检测灵敏度时，制造商应保存验证系统检验能力的无损检测(NDT)系统记录。这些验证性记录至少应包括如下内容：

a)　覆盖面计算(如扫描方案)；

b)　对预定壁厚的检测能力；

c)　重复性；

d)　检测制管工艺产生的典型缺陷的探头布置方法(见表 E.7 注 j)；

e)　采用 E.4 或 E.5 的适用无损检测(NDT)方法，检测出制管工艺的典型缺陷的证明资料；

f)　门限设定参数。

E.5.4.2　此外，制造商应保存下列有关文件：

a)　无损检测(NDT)系统操作规程；

b)　无损检测(NDT)设备说明书；

c)　无损检测(NDT)人员资质信息；

d)　在生产检验条件下形成的证实无损检测(NDT)系统/检验能力的动态检测数据。

表 E.7 参考反射体

项目	参考反射体[a]							
	刻槽位置		刻槽方向		刻槽尺寸			径向钻孔直径[b] mm(in)
	外径 OD	内径 ID	纵向	横向	深度[c] %	长度[d] (最大) mm(in)	宽度 (最大) mm(in)	
EW 焊缝	[e,l]	[e,l]	[e,l]	[f]	10.0	50 (2.0)	1.0 (0.040)	3.2 (0.125)[l]
LW 焊缝	[e]	[e]	[e]	[f]	5.0[g]	50 (2.0)	1.0 (0.040)	1.6 (0.063)[g]
SAW 焊缝[h]	[e]	[e]	[e]	[i]	5.0[g]	50 (2.0)	1.0 (0.040)	1.6 (0.063)[g]
COW 焊缝[h]	[e]	[e]	[e]	[i]	5.0[g]	50 (2.0)	1.0 (0.040)	1.6 (0.063)[g]
钢带(卷)/钢板对头焊缝[h]	[e]	[e]	[e]	[i]	5.0[g]	50 (2.0)	1.0 (0.040)	1.6 (0.063)[g]
钢管对接焊缝[h]	[e]	[e]	[e]	[i]	5.0[g]	50 (2.0)	1.0 (0.040)	1.6 (0.063)[g]
PSL2 SMLS 管	[e]	[e]	[j]	[f]	12.5	50 (2.0)	1.0 (0.040)	3.2 (0.125)
淬火加回火的 PSL1 SMLS 管	[k]	[k]	[j]	[f]	12.5	50 (2.0)	1.0 (0.040)	3.2 (0.125)
其他 PSL1 SMLS 管	[k]	[f]	[j]	[f]	12.5	50 (2.0)	1.0 (0.040)	3.2 (0.125)

注 1：刻槽为矩形或 U 形。

注 2：电磁检验时，对比标样必要时可以包含外刻槽(OD)、内刻槽(ID)和径向钻孔(见 E.5.3.4)。

[a] 参考反射体不需位于焊缝上。

[b] 钻孔的直径取决于标准钻头的尺寸，如果采用刻槽确定拒收门限，则不需要钻孔。

[c] 深度以规定壁厚的百分比表示，深度不必小于 0.3 mm(0.012 in)。深度值的偏差为规定刻槽深度值的±15%或±0.05 mm(0.002 in)，取两者中的较大值。

[d] 指全深度长度。

[e] 使用刻槽确定拒收门限时，要求。

[f] 不要求。

[g] 由制造商选择可采用 N10 刻槽或 3.2 mm(0.125 in)钻孔(适用的验收极限见表 E.8)。

[h] 对埋弧焊(SAW)和组合焊(COW)缝，由制造商选择可采用焊缝边缘的刻槽或焊缝边缘的径向钻孔确定拒收门限。

[i] 横向刻槽或 1.6 mm(0.063 in)径向钻孔。

[j] 为有助于检测预知的缺陷，制造商可选择刻槽方向与规定方向成一定角度。

[k] 如果采用刻槽确定拒收门限，对于 $D \geqslant 60.3$ mm(2.375 in)钢管有要求。

[l] 如果协议，对比标样应包括外刻槽、内刻槽以及径向钻孔。

表 E.8 验收极限

项目	刻槽类型	孔径 mm(in)	验收极限[a] (最大)(%)
SAW、COW、LW 或补焊	N5	1.6 (0.063)	100
	N10	3.2 (0.125)	33
电焊	N10	3.2 (0.125)	100
SMLS 管	N12.5	3.2 (0.125)	100

[a] 用参考反射体产生回波信号的百分比表示,拒收门限(见 E.5.3)不应超过适用的验收极限。

E.5.5 验收极限

E.5.5.1 由参考反射体产生的信号验收极限应符合表 E.8 规定。

E.5.5.2 焊管超声检验系统在动态检验模式下发现的任何大于表 E.8 规定验收极限的缺欠应判为缺陷,而以下情况之一者除外:

a) 在静态模式下,超声检验系统发现的缺欠,其产生的信号幅度小于表 E.8 的适用验收极限,且信号幅度确实是该缺欠产生的最大幅度。

b) 确定产生信号的缺欠是表面缺欠,但非 9.10 中所述的缺陷。

c) 对于埋弧焊(SAW)和组合焊(COW)管,通过射线检验确定引起超标信号的缺欠是满足 E.4.5 的夹渣型缺欠或者气孔型缺欠。

E.5.5.3 除 E.5.5.2 的 b)和 c)允许外,超声检验发现的缺陷不应依据随后射线检测分类为缺欠。

E.5.5.4 对于无缝(SMLS)管,除确定产生超标信号的缺欠不是 9.10 中所述的缺陷外,产生的回波信号幅度大于表 E.8 中适用验收极限的任何表面缺欠应判为缺陷。

E.5.5.5 对于组合焊(COW)缝,对任何高度大于背景噪声,长度大于 25 mm(1.0 in)的连续信号,应采用符合 E.4 规定射线检验方法复检,或如果协议,采用其他检验方法。

E.5.6 超声检验和电磁检验发现缺陷的处置

带有缺陷的钢管应按 E.10 规定的一种或多种方法处置。

E.5.7 补焊

由超声检验发现的埋弧焊(SAW)和组合焊(COW)缝缺陷可以进行补焊,且应按 C.4 规定进行复检。应采用手动超声检验或自动与手动超声组合的方法对补焊处进行检验。

E.6 磁粉检验

E.6.1 无缝(SMLS)管磁粉检验

E.6.1.1 如果磁粉检验用于纵向缺陷的检验,则整个钢管外表面均应如此检验。

E.6.1.2 磁粉检验发现的表面缺欠应按如下规定进行核查、判别和处置:

a) 深度≤0.125 t,且不影响最小允许壁厚的缺欠应判定为可验收的缺欠,且应按 C.1 规定处置。

b) 深度>0.125 t,且不影响最小允许壁厚的缺欠应判定为缺陷,且应按 C.2 规定采用修磨法去除,或按 C.3 规定处置。

c) 影响最小允许壁厚的缺欠应判定为缺陷,且应按 C.3 规定处置。

注:影响最小允许壁厚的缺欠是指表面缺欠下方的剩余壁厚小于最小允许壁厚的缺欠。

E.6.2 设备

用于磁粉检验的设备应能产生足够强度的磁场,以指示钢管外表面具有以下特征的缺欠:裂纹、裂缝和开裂。

E.6.3 磁粉检验对比标样

如果购方有要求,在制造购方所订购的产品期间,制造商应为购方代表安排验证试验。试验应采用生产过程中的钢管,或制造商为此目的保留的类似样管,样管上应有 E.6.2 所述特征的自然或人工制造的缺陷。

E.7 剩磁

E.7.1 剩磁要求仅适用于在钢管制造厂内进行的剩磁检验。

注:钢管离开制造厂后的剩磁值,可能会受到钢管运输过程及其后的作业方法和状态的影响。

E.7.2 对于 $D \geqslant 168.3$ mm(6.625 in)的平端钢管,以及采用了电磁方法进行全长检验,或在装运前采用电磁设备搬运的所有较小直径平端钢管,应在成品平端钢管的钝边或垂直切断面上测量纵向磁场。

注:在管垛上进行的剩磁测量无效。

E.7.3 应采用霍尔效应高斯计或校准过的其他类型仪器进行剩磁测量,但在有争议的情况下,应以霍尔效应高斯计的测量为准。高斯计应按已证明可获得准确结果的书面程序进行操作。

E.7.4 每个工作班的每 4 h 至少选一根钢管,对其两端进行测量。

E.7.5 钢管装运出厂前,当采用磁场方法对钢管进行任何检验后,应测量钢管的磁性。在测量钢管磁性后,若采用电磁设备搬运钢管,应证实采用该方法搬运的钢管剩磁不超过 E.7.6 规定。

E.7.6 应在钢管每一端沿周向大约相距 90°测量 4 个读数。当用霍尔效应高斯计测量时,4 个读数的平均值应≤3.0 mT(30 Gs),且任一读数不应超过 3.5 mT(35 Gs),或者当采用其他类型仪器测量时,测量值不应超过上述值的等效值。

E.7.7 不满足 E.7.6 要求的钢管应视为缺陷钢管。除 E.7.8 允许外,有缺陷钢管与最后一根合格钢管之间生产的所有钢管应逐根测量。

E.7.8 如果记录了钢管的生产顺序,可从该缺陷钢管前面生产的钢管开始进行反向测量,直到至少3 根连续生产的钢管满足要求为止。

注:这 3 根合格钢管前面生产的钢管不需要测量。

E.7.9 在缺陷钢管之后生产的钢管应逐根测量,直到至少 3 根连续生产的钢管满足要求为止。

E.7.10 所有缺陷钢管应全长退磁,且随后重新测量其磁性、直到至少连续 3 根钢管满足 E.7.6 要求为止。

E.8 电焊(EW)、埋弧焊(SAW)和组合焊(COW)管管体分层缺欠

E.8.1 如果协议,对电焊(EW)管,应采用超声检验验证管体不存在大于如下规定的分层缺欠:

a) 如果分层检验在钢管成型之前进行,则执行 SY/T 6423.3—2013 验收级别 U2;或

b) 如果分层检验在钢管焊接之后进行,则执行 SY/T 6423.4—2013 验收级别 U3。

E.8.2 如果协议,对埋弧焊(SAW)和组合焊(COW)管,应采用超声检验验证钢带/钢板或管体不存在大于 SY/T 6423.3—2013 验收级别 U2 的分层缺欠。

E.9 钢带/钢板边缘或电焊(EW)、埋弧焊(SAW)和组合焊(COW)管焊缝附近分层缺欠

如果协议,对电焊(EW)、埋弧焊(SAW)和组合焊(COW)管应采用超声检验,以验证钢带/钢板每个边缘 15 mm(0.6 in)宽度范围内或钢管焊缝每侧各 15 mm(0.6 in)范围内不存在大于如下规定的分层缺欠:

a) 如果分层检验在钢管成型之前进行,则执行 SY/T 6423.3—2013 验收级别为 U2;或

b) 如果分层检验在钢管焊接之后进行,则执行 SY/T 6423.4—2013 验收级别为 U2。

E.10 带有缺陷钢管的处置

带有缺陷的钢管应按如下一种或多种方法处置:

a) 应按附录 C 的规定,采用修磨法去除缺陷;

b) 应按附录 C 规定,采用补焊的方法修补缺陷区域;

c) 应切除钢管上带有缺陷的部分,但切后钢管长度应在验收极限之内;

d) 应拒收整根钢管。

附 录 F
(规范性附录)
接箍要求(仅对 PSL1)

F.1 材料

F.1.1 成品接箍应满足本附录规定钢级的 PSL1 的化学成分、力学性能和无损检验适用要求。

F.1.2 用于 L175、L175P、A25 和 A25P 钢管的接箍应为无缝或焊接接箍。

F.1.3 除 F.1.4 允许外,用于 L210、L245、A 和 B 钢管的接箍应是无缝的,且其钢级的力学性能至少应与钢管的力学性能相同。

F.1.4 如果协议,$D \geqslant 355.6$ mm(14.000 in)的钢管可带焊接接箍交货,但接箍应有适当标志。

F.2 尺寸

接箍的尺寸和偏差应符合表 F.1 要求,如图 F.1 所示。

注:表 F.1 的接箍适合于表 24 和表 25 所列尺寸的钢管。

F.3 检验

接箍不应有气孔、凹坑、渣痕和有损接箍连接功能或破坏螺纹连续性的其他缺欠。

表 F.1 接箍尺寸、质量和偏差

钢管规定外径 D mm(in)	接 箍 尺 寸 mm(in)				接箍理论质量 kg(1b)
	规定外径[a] W^b	规定最小长度 $N_L{}^b$	规定凹槽直径 Q^b	规定承载面宽度 b	
10.3(0.405)	14.3(0.563)	27.0(1.063)	11.9(0.468)	0.8(0.031)	0.02(0.04)
13.7(0.540)	18.3(0.719)	41.3 (1.625)	15.3 (0.603)	0.8(0.031)	0.04(0.09)
17.1(0.675)	22.2(0.875)	41.3 (1.625)	18.8 (0.738)	0.8(0.031)	0.06 (0.13)
21.3(0.840)	27.0(1.063)	54.0(2.125)	22.9 (0.903)	1.6(0.063)	0.11 (0.24)
26.7(1.050)	33.4 (1.313)	54.0(2.125)	28.3 (1.113)	1.6(0.063)	0.15 (0.34)
33.4(1.315)	40.0(1.576)	66.7(2.625)	35.0 (1.378)	2.4(0.093)	0.25 (0.54)
42.2(1.660)	52.2(2.054)	69.8(2.750)	43.8 (1.723)	2.4(0.093)	0.47 (1.03)
48.3(1.900)	55.9(2.200)	69.8(2.750)	49.9 (1.963)	2.4(0.093)	0.41 (0.90)
60.3(2.375)	73.0(2.875)	73.0(2.875)	62.7 (2.469)	3.2(0.125)	0.84 (1.86)
73.0(2.875)	85.7(3.375)	104.8(4.125)	75.4 (2.969)	4.8(0.188)	1.48 (3.27)
88.9(3.500)	101.6(4.000)	108.0(4.250)	91.3(3.594)	4.8(0.188)	1.86 (4.09)
101.6(4.000)	117.5(4.625)	111.1(4.375)	104.0 (4.094)	4.8(0.188)	2.69 (5.92)

表 F.1(续)

钢管规定外径 D mm(in)	接箍尺寸 mm(in)				接箍理论质量 kg(1b)
	规定外径[a] W[b]	规定最小长度 N_L[b]	规定凹槽直径 Q[b]	规定承载面宽度 b	
114.3(4.500)	132.1(5.200)	114.3(4.500)	116.7 (4.594)	6.4(0.250)	3.45 (7.60)
141.3(5.563)	159.9(6.296)	117.5 (4.625)	143.7 (5.657)	6.4(0.250)	4.53 (9.99)
168.3(6.625)	187.7(7.390)	123.8 (4.875)	170.7(6.719)	6.4(0.250)	5.87 (12.93)
219.1(8.625)	244.5(9.625)	133.4 (5.250)	221.5(8.719)	6.4(0.250)	10.52 (23.20)
273.1(10.750)	298.4(11.750)	146.0 (5.750)	275.4(10.844)	9.5(0.375)	14.32 (31.58)
323.9(12.750)	355.6 (14.000)	155.6 (6.125)	326.2(12.844)	9.5(0.375)	22.37 (49.32)
355.6(14.000)	381.0 (15.000)	161.9 (6.375)	358.0(14.094)	9.5(0.375)	20.81 (45.88)
406.4 (16.000)	431.8 (17.000)	171.4 (6.750)	408.8(16.094)	9.5(0.375)	23.35 (55.89)
457(18.000)	482.6 (19.000)	181.0 (7.125)	459.6(18.094)	9.5(0.375)	30.20 (66.61)
508(20.000)	533.4 (21.000)	193.7 (7.625)	510.4(20.094)	9.5(0.375)	36.03 (79.45)

[a] 接箍外径偏差为±0.01 W。

[b] 由于美国石油学会(API)长期在 API Spec 5L[17] 和 API Spec 5CT[21] 中使用这些符号,而使其得以保留。

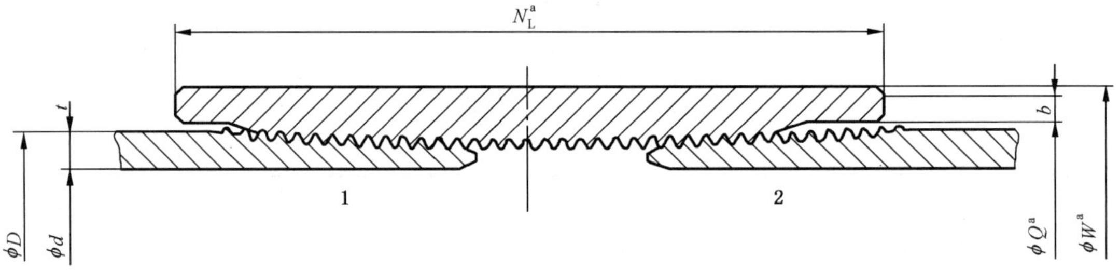

说明:

1 ——基本机紧装配;

2 ——手紧装配;

N_L——规定最小长度;

W ——接箍规定外径;

Q ——规定凹槽直径;

b ——规定承载面宽度;

D ——钢管规定外径;

t ——钢管壁厚;

d ——钢管内径。

[a] 由于美国石油学会(API)长期在 API Spec 5L 和 API Spec 5CT 中使用这些符号,而使其得以保留。

图 F.1 管线钢管和接箍

附　录　G
(规范性附录)
抗延性断裂扩展的 PSL 2 钢管

G.1　引言

G.1.1　本附录规定了用于进行 CVN 冲击试验的 PSL2 钢管(见表 22)和订购用于输气管线[见 7.2c)54)]管体抗延性断裂扩展的 PSL2 钢管的附加条款,本附录同时也为确定钢管延性断裂止裂 CVN 冲击功值提供了指南。

注 1:足够的断口剪切面积并兼具足够的 CVN 吸收能是输气管线钢管管体的基本性能,它确保钢管避免脆性断裂扩展,且控制其延性断裂扩展。(见 9.8.2.2)

注 2:使用者应采取一切合理措施,保证适用于本附录要求的任一输气管线的运行参数(包括气体组分、气体压力)与相应指导方法确立的试验条件相当或一致,这一点是很重要的。在管线工况超出某特定指导方法有效性范围的情况下,该指导方法的应用可能导致对材料抗长程断裂性能的不安全评估。

G.1.2　G.7～G.10 所列指导方法用来确定控制陆上埋地输气管线钢管管体延性断裂扩展所必需的 CVN 吸收能,这些指导方法源自并得到主要或专门针对焊接管线管进行的大量理论和试验工作的支持。如果采用上述方法确定控制无缝管延性断裂所需 CVN 吸收能数值时,使用者宜谨慎对待得到的计算值,可要求用钢管全尺寸爆破试验(见 G.11)进行验证。

G.2　购方提供的附加信息

G.2.1　购方应在订货合同中明确下列哪项条款适用特定订货批:

a)　每个试验的 CVN 最小平均吸收能数值(全尺寸试样);或

b)　订货批的 CVN 最小平均吸收能数值(全尺寸试样)。

G.2.2　订货合同还应规定:

a)　CVN 冲击试验温度;

b)　DWT 试验温度[仅对于 $D \geqslant 508$ mm(20.000 in)钢管]。

G.3　验收极限

G.3.1　在订货合同规定的试验温度,$D<508$ mm(20.000 in)钢管管体 CVN 冲击试验平均断口剪切面积应≥85%。

G.3.2　如果订货合同规定 G.2.1a)时,在订货合同规定的试验温度,每个管体试验的平均吸收能(三个试样为一组)不应小于订货合同规定的全尺寸试样的要求。

G.3.3　如果订货合同规定 G.2.1b)时,订货批的平均吸收能(该订货批进行的所有试验)不应小于订货合同规定的全尺寸试样的要求。

G.3.4　在订货合同规定的试验温度,管体每个 DWT 试验的平均断口剪切面积应≥85%。

注:当订购输气管线用钢管时,用户通常规定 DWT 试验。如果 DWT 试验的剪切面积≥85%,那么可以保证钢材在试验温度主要以延性方式断裂。为了确定管线钢管在管线服役条件下的抗长程断裂性能,在有效范围内采用本附录所述的指导方法,对钢材进行进一步的评估是重要的。

G.4 试验频次

G.4.1 对于 $D<508$ mm(20.000 in)的焊管,应按照表 18 规定的频次进行管体 CVN 试验。

G.4.2 对于 $D\geqslant508$ mm(20.000 in)的焊管,应按照表 18 规定的频次进行管体 CVN 和 DWT 试验。

G.5 钢管标志和检验文件

G.5.1 除 11.2 要求的钢管标志外,产品规范水平代号后面应加字母"G",表示附录 G 适用。

G.5.2 除 10.1.3.2 要求外,检验文件内容应包括:

——DWT 和 CVN(适用时)试验温度;

——每个试验的最小平均 CVN 吸收能值;

——订货批的最小平均 CVN 吸收能值。

G.6 确定陆上埋地输气管线 CVN 吸收能值的指南

G.6.1 G.7~G.11 提供了五种方法和各方法应用范围的详细说明,这些方法可用于确定控制陆上埋地输气管线管体延性断裂扩展的 CVN 吸收能。

注:本附录无意排除管线设计者采用其他方法。

G.6.2 按照 G.7~G.11 所述方法得出的 CVN 吸收能数值或者更高数值可规定为每个试验的最小值,或者订货批的最小平均值。

注 1:如果得出的 CVN 吸收能数值作为订货批的最小平均吸收能值,而不是作为每个试验的最小平均吸收能值时,那么断裂扩展的预测长度就会加大。见参考文献[12]。

注 2:本要求是针对输送贫气的陆上埋地管线而制定的。对于海底管线,这些要求可能是保守的。

G.7 EPRG(欧洲管线研究机构)准则——方法 1

G.7.1 本方法以欧洲管线研究机构(EPRG)输气管线止裂准则[10]为基础。本方法限于焊管。表G.1、表 G.2 和表 G.3 规定了最小平均吸收能值(一组三个试样),适用于运行压力小于等于 8 MPa(1 160 psi),$D\leqslant1$ 430 mm(56.000 in)且 $t\leqslant25.4$ mm(1.000 in),瞬时减压时表现出单相流体行为的输气管线。这些表中所列数值为最小全尺寸 CVN 吸收能 K_V[用 J(ft·lbf)表示],当钢管等级<L555/X80 时,表列数值为 40 J 与使用和钢管等级对应的式(G.1)~式(G.3)中任一计算值的较大者;当钢管等级为 L555 或 X80 时,表列数值为 80 J 与使用和钢管等级对应的式(G.1)~式(G.3)中任一个计算值的较大者:

a) 钢管等级≤L450 或 X65

$$K_V=C_1\times\sigma_h^{1.5}\times D^{0.5} \quad\cdots\cdots(G.1)$$

表 G.1 设计系数为 0.625 的最小 CVN 吸收能要求

规定外径 D mm(in)	全尺寸 CVN 吸收能,最小 K_V J(ft·lbf)						
	钢管等级						
	≤L245 或 B	>L245 或 B~L290 或 X42	>L290 或 X42~L360 或 X52	>L360 或 X52~L415 或 X60	>L415 或 X60~L450 或 X65	>L450 或 X65~L485 或 X70	>L485 或 X70~L555 或 X80
≤508(20.000)	40(30)	40(30)	40(30)	40(30)	40(30)	40(30)	80(59)
>508(20.000)~610(24.000)	40(30)	40(30)	40(30)	40(30)	40(30)	41(30)	80(59)
>610(24.000)~711(28.000)	40(30)	40(30)	40(30)	40(30)	40(30)	45(33)	80(59)
>711(28.000)~813(32.000)	40(30)	40(30)	40(30)	40(30)	40(30)	48(35)	80(59)
>813(32.000)~914(36.000)	40(30)	40(30)	40(30)	40(30)	40(30)	51(38)	80(59)
>914(36.000)~1 016(40.000)	40(30)	40(30)	40(30)	40(30)	40(30)	53(39)	80(59)
>1 016(40.000)~1 118(44.000)	40(30)	40(30)	40(30)	40(30)	42(31)	56(41)	82(60)
>1 118(44.000)~1 219(48.000)	40(30)	40(30)	40(30)	40(30)	43(32)	58(43)	87(64)
>1 219(48.000)~1 422(56.000)	40(30)	42(31)	42(31)	42(31)	47(35)	63(46)	96(71)

表 G.2 设计系数为 0.72 的最小 CVN 吸收能要求

规定外径 D mm(in)	全尺寸 CVN 吸收能,最小 K_V J(ft·lbf)						
	钢管等级						
	≤L245 或 B	>L245 或 B~L290 或 X42	>L290 或 X42~L360 或 X52	>L360 或 X52~L415 或 X60	>L415 或 X60~L450 或 X65	>L450 或 X65~L485 或 X70	>L485 或 X70~L555 或 X80
≤508(20.000)	40(30)	40(30)	40(30)	40(30)	40(30)	46(34)	80(59)
>508(20.000)~610(24.000)	40(30)	40(30)	40(30)	40(30)	40(30)	50(37)	80(59)

表 G.2(续)

规定外径 D mm(in)	全尺寸 CVN 吸收能,最小 K_V J(ft·lbf)						
	钢管等级						
	≤L245 或 B	>L245 或 B～L290 或 X42	>L290 或 X42～L360 或 X52	>L360 或 X52～L415 或 X60	>L415 或 X60～L450 或 X65	>L450 或 X65～L485 或 X70	>L485 或 X70～L555 或 X80
>610(24.000)～711(28.000)	40(30)	40(30)	40(30)	40(30)	41(30)	55(41)	80(59)
>711(28.000)～813(32.000)	40(30)	40(30)	40(30)	40(30)	43(32)	58(43)	83(61)
>813(32.000)～914(36.000)	40(30)	40(30)	40(30)	41(30)	46(34)	62(46)	90(66)
>914(36.000～1 016(40.000)	40(30)	40(30)	40(30)	44(32)	48(35)	65(48)	96(71)
>1 016(40.000)～1 118(44.000)	40(30)	40(30)	40(30)	46(34)	51(38)	68(50)	102(75)
>1 118(44.000)～1 219(48.000)	40(30)	40(30)	40(30)	48(35)	53(39)	71(42)	108(80)
>1 219(48.000)～1 422(56.000)	40(30)	42(31)	42(31)	51(38)	57(42)	77(57)	120(89)

表 G.3 设计系数为 0.80 的最小 CVN 吸收能要求

规定外径 D mm(in)	全尺寸 CVN 吸收能,最小 K_V J(ft·lbf)						
	钢管等级						
	≤L245 或 B	>L245 或 B～L290 或 X42	>L290 或 X42～L360 或 X52	>L360 或 X52～L415 或 X60	>L415 或 X60～L450 或 X65	>L450 或 X65～L485 或 X70	>L485 或 X70～L555 或 X80
≤508(20.000)	40(30)	40(30)	40(30)	40(30)	41(30)	55(41)	80(59)
>508(20.000)～610(24.000)	40(30)	40(30)	40(30)	40(30)	45(33)	60(44)	84(62)
>610(24.000)～711(28.000)	40(30)	40(30)	40(30)	43(32)	49(36)	65(48)	93(69)
>711(28.000)～813(32.000)	40(30)	40(30)	40(30)	46(34)	52(38)	68(50)	102(75)

表 G.3(续)

规定外径 D mm(in)	全尺寸 CVN 吸收能,最小 K_V J(ft·lbf)						
	钢管等级						
	≤L245 或 B	>L245 或 B~L290 或 X42	>L290 或 X42~L360 或 X52	>L360 或 X52~L415 或 X60	>L415 或 X60~L450 或 X65	>L450 或 X65~L485 或 X70	>L485 或 X70~L555 或 X80
>813(32.000)~914(36.000)	40(30)	40(30)	40(30)	49(36)	55(41)	73(54)	110(81)
>914(36.000)~1 016(40.000)	40(30)	40(30)	42(31)	52(38)	58(43)	77(57)	118(87)
>1 016(40.000)~1 118(44.000)	40(30)	40(30)	44(32)	54(40)	61(45)	81(60)	125(92)
>1 118(44.000)~1 219(48.000)	40(30)	40(30)	46(34)	56(41)	64(47)	84(62)	133(98)
>1 219(48.000)~1 422(56.000)	40(30)	42(31)	49(36)	61(45)	69(51)	91(67)	148(109)

b) 钢管等级>L450 或 X65,但≤L485 或 X70

$$K_V = C_2 \times \sigma_h^{1.5} \times D^{0.5} \quad \cdots\cdots (G.2)$$

c) 钢管等级>L485 或 X70,但≤L555 或 X80

$$K_V = C_3 \times \sigma_h^2 \times \left(\frac{Dt}{2}\right)^{1/3} \quad \cdots\cdots (G.3)$$

式中:

σ_h ——设计环向应力,单位为兆帕(平方英寸磅)[MPa(psi)];

D ——规定外径,单位为毫米(英寸)[mm(in)];

t ——规定壁厚,单位为毫米(英寸)[mm(in)];

C_1——使用 SI 单位时为 2.67×10^{-4},使用 USC 单位时为 1.79×10^{-2};

C_2——使用 SI 单位时为 3.21×10^{-4},使用 USC 单位时为 2.16×10^{-2};

C_3——使用 SI 单位时为 3.57×10^{-5},使用 USC 单位时为 1.08×10^{-2}。

注:由式(G.1)得到的计算值是使用方法 4 中的式(G.5)得到计算值的 0.75 倍。由式(G.2)得到计算值是使用方法 4 中式(G.5)计算值的 0.9 倍。由式(G.3)得到的计算值与使用方法 2 中式(G.4)得到的计算值相等。

G.7.2 应用本方法时,可从 EPRG 报告[11]中得到安全裕度和断裂扩展长度。

G.8 Battelle 简化公式——方法 2

本方法使用 Battelle 简化公式,以 Battelle 双曲线法(见 G.9)为基础。这种方法仅限于焊管。适用于输送运行压力≤7.0 MPa(1 015 psi),具有单相减压性质的混合天然气,钢管等级≤L555/

X80且40<D/t<115。最小全尺寸CVN吸收能值K_V可用式(G.4)计算,单位为J(ft·lbf):

$$K_V = C_3 \times \sigma_h^2 \times \left(\frac{Dt}{2}\right)^{1/3} \qquad \text{(G.4)}$$

式中:

σ_h ——设计环向应力,单位为兆帕(平方英寸磅)[MPa(psi)]表示;

D ——规定外径,单位为毫米(英寸)[mm(in)];

t ——规定壁厚,单位为毫米(英寸)[mm(in)];

C_3——使用SI单位时为3.57×10^{-5},使用USC单位时为1.08×10^{-2}。

如果按本方法计算的全尺寸CVN吸收能值大于100 J(74 ft·lbf),则要求修正止裂韧性值。修正时宜获取专家的建议。

G.9 Battelle双曲线法——方法3

本方法依据Battelle双曲线法,将断裂速度曲线(驱动力)和钢管韧性或阻力曲线相匹配而成。当两曲线相切时,定义为止裂所需的最小断裂韧性值。国际管线研究委员会(PRCI)208报告,PR-3-9113[12]描述了Battelle双曲线法,报告中也给出了试验数据的范围,并依据数据对其进行了校验。双曲线法限于焊管。适用于管线运行压力≤12.0 MPa(1 740 psi),钢管等级≤L555/X80且40<D/t<115,单相减压特性的流体和减压到两相边界的富气[13]。如果按本方法计算的全尺寸吸收能值大于100 J(74 ft·lbf),则需对止裂韧性值进行修正。修正时宜获取专家的建议。

G.10 AISI法——方法4

本方法依据下列公式,其结果在统计上与AISI[14]全尺寸爆破试验数据相吻合,适用于减压过程中表现为单相特性的流体。本方法的应用限于试验数据的范围,并依据试验数据对其进行初始校验,钢管等级近似≤L485/X70且D≤1 219 mm(48.000 in)。尽管在公式中没有出现壁厚,但试验过的最大规定壁厚为18.3 mm(0.720 in)。本方法限于焊管。最小全尺寸CVN吸收能K_V可用式(G.5)计算,单位为J(ft·lbf):

$$K_V = C_4 \times \sigma_h^{1.5} \times D^{0.5} \qquad \text{(G.5)}$$

式中:

σ_h ——设计环向应力,单位为兆帕(平方英寸磅)[MPa(psi)];

D ——规定外径,单位为毫米(英寸)[mm(in)];

C_4——使用SI单位时为3.57×10^{-4},使用USC单位时为2.40×10^{-2}。

如果按本方法计算的全尺寸吸收功数值大于100 J(74 ft·lbf),则需对止裂韧性值进行修正。修正时宜获取专家的建议。

G.11 全尺寸爆破试验——方法5

本方法依据全尺寸爆破试验,对特定管线设计和流体止裂韧性进行确认。典型作法是,一定韧性值范围的钢管装置在爆破试验段,随着距启裂源距离的增大,该试验段两侧钢管韧性值随之增加。依据发生止裂的那根钢管的实际CVN吸收能确定止裂所需CVN吸收能。在进行爆破试验时,要保持管线特定的气体组分、温度和压力。因此,这是一种最常用的方法,而且适用于现有试验结果数据库之外的管线设计。

附 录 H
(规范性附录)
酸性服役条件 PSL 2 钢管的订购

H.1 引言

本附录规定了订购酸性服役条件 PSL 2 钢管的附加条款[见 7.2.c)55)]。

警告——考虑到 PSL1 钢管不适合酸性服役条件,因此本附录不应适用于 PSL1 钢管。

注:用于石油和天然气产品的金属元件,由于暴露在含硫化氢的流体产品中而突然失效。突然失效的结果促使了 NACE MR0175 的编制,以及随后 EFC 出版物 16[15]。这些资料提供了在含湿硫化氢的石油和天然气产品环境使用的原材料评价和选择的要求和推荐作法,依照这些资料 NACE MR0175/ISO 15156-1[20] 以及 ISO 15156-2 得以发布。按照 ISO 15156-2 选择的碳钢和低合金钢,在所定义的含硫化氢的石油和天然气产品环境中具有抗开裂性能,但未必在所有服役条件都免于开裂。各种不同的服役条件可能有必要进行 ISO 15156-2:2009 附录 B 规定的不同的试验。该附录规定了通过试验室试验评价硫化氢服役条件下碳钢及低合金钢的要求。

选择适合预期服役条件的碳钢和低合金钢是购方的责任。

H.2 由购方提供的附加信息

除 7.1 规定的 a)～g)外,订货合同应指出下列哪一条款适用于特定的订货批:

a) 焊管用钢带或钢板的浇铸方法(见 H.3.3.2.1);
b) 钢带/钢板分层缺欠的超声检验(见 H.3.3.2.4);
c) 带有钢带(卷)/钢板对头焊缝的螺旋缝焊管的供应(见 H.3.3.2.5);
d) 中间钢级的化学成分(见 H.4.1.1);
e) $t>25.0$ mm(0.984 in)钢管的化学成分(见 H.4.1.2);
f) 化学成分限制[见表 H.1,脚注 c)、d)、e)、f)、i)、j)和 k)];
g) 高频焊(HFW)管和埋弧焊(SAW)管的直焊缝硬度试验频次(见表 H.3);
h) 用于制造工艺评定的 SSC 试验(见表 H.3);
i) 替代 HIC/SWC 试验方法及相应验收极限(见 H.7.3.1.3);
j) 可报告的 HIC 裂纹显微照片(见 H.7.3.1.4);
k) 制造工艺评定时替代 SSC 试验方法和相应验收极限(见 H.7.3.2.2);
l) 与规定硬度试验的差别(见 H.7.3.3.2 和 H.7.3.3.3);
m) 与 4 个硬度压痕的差别[见 H.7.3.3.2c)];
n) $t\geqslant 5.0$ mm(0.197 in)距钢管管端 100 mm(4.0 in)长度范围内分层缺欠的超声检验(见 K.2.1.3);
o) 附加管端 NDT 分层验收极限(见 K.2.1.3 和 K.2.1.4);
p) 每根钢管管端面/坡口分层缺欠的磁粉检验(见 K.2.1.4);
q) 分层尺寸/密度验证(见 K.3.2.2);
r) 无缝(SMLS)管超声壁厚测量范围的增加(见 K.3.3);
s) 无缝(SMLS)管一项或多项补充无损检验操作的应用(见 K.3.4);

t) 无缝(SMLS)管补充 NDT 检验(见 K.3.4.);

u) 无缝(SMLS)管横向缺欠的超声检验(见 K.3.4.1);

v) 无缝(SMLS)管全管体纵向缺欠和横向缺欠的漏磁检验(见 K.3.4.2);

w) 无缝(SMLS)管全管体涡流检验(见 K.3.4.3);

x) 钢管全管体的磁粉检验(见 K.3.4.4);

y) 面积 100 mm^2(0.16 in^2)单个分层尺寸的限制(见表 K.1);

z) SY/T 6423.2—2013 高频焊(HFW)管焊缝无损检验的 U2/U2H 验收等级(见 K.4.1);

aa) 可替换的 ISO 10893-10 高频焊(HFW)焊缝超声检验验收极限[见 k.4.1b)];

bb) 高频焊(HFW)管管体分层缺欠的超声检验(见 K.4.2);

cc) 钢带/钢板边缘或邻近焊缝区域分层缺欠的超声检验(见 K.4.3);

dd) 高频焊(HFW)管管体的超声或漏磁无损检验(见 K.4.4);

ee) 补充的无损检验(见 K.4.4);

ff) 使用固定深度刻槽校准设备[见 K.5.1.1c)];

gg) 管端(未检测端)和修补区域的射线检验[见 K. 5.3a)];

hh) 埋弧焊(SAW)管管端焊缝的磁粉检验(见 K.5.4);

ii) 埋弧焊(SAW)管补充 NDT(见 K.5.4)。

H.3 制造

H.3.1 制造工艺

所有钢管应根据按附录 B 评定合格的制造工艺生产,且有可能补充附加试验(见表 H.3)。

H.3.2 炼钢

H.3.2.1 钢应为采用氧气顶吹转炉冶炼工艺或电炉冶炼工艺生产的纯净镇静钢。

H.3.2.2 宜采用减少钢中气体含量的真空除气方法或其他替代方法。

H.3.2.3 为控制夹杂物的形状应对熔融钢进行处理。购方和制造商可协商确定一种方法(如金相检验)评估夹杂物形状控制的效果。对于硫含量≤0.001%的钢,可协商不评估夹杂物形状控制。

H.3.3 钢管制造

H.3.3.1 无缝(SMLS)管

无缝(SMLS)管应采用连铸钢或铸锭钢制造,如果采用冷精整方法,应在检查文件中指明。

H.3.3.2 焊管

H.3.3.2.1 除另有协议外,焊管用钢带(卷)和钢板应由连铸厚板或压铸厚板轧制而成。这些钢管应为直缝埋弧焊(SAWL)、螺旋缝埋弧焊(SAWH)或高频焊(HFW)管。

H.3.3.2.2 高频焊(HFW)管用钢带(卷)或钢板的对接边缘,在焊接前宜进行修剪、铣削或机加工。

H.3.3.2.3 焊管用钢带(卷)或钢板,在轧制后应进行外观检查。焊管用钢带(卷)的外观检查既可是对未卷曲钢带的检查,也可以是对钢带卷边缘的检查。

H.3.3.2.4 对于高频焊(HFW)管,如果协议,在高频焊(HFW)管用钢带(卷)或钢板切断前后,应根据 K.4 的要求,采用超声方法检验钢带(卷)和钢板的分层缺欠或机械损伤,否则应对成品管进行包括超声检验的全管体检验。

H.3.3.2.5 如果协议,用钢带(卷)/钢板制成、包含钢带(卷)/钢板对头焊缝的螺旋缝焊管可以交付使用,条件是对头焊缝距管端至少300 mm,且对该焊缝进行了与钢带(卷)/钢板边缘和螺旋焊缝相同的符合附录K要求的无损检验。

H.3.3.2.6 不应在直缝埋弧焊(SAWL)或螺旋缝埋弧焊(SAWH)管坡口使用间断定位焊,制造商向购方提交的数据证明,在定位焊位置和中间位置的钢管所有力学性能满足规定要求,并获得购方批准时除外。

H.3.3.3 对接钢管

除另有协议外,不应交付对接钢管。

注:购方和制造商有责任对特殊酸性服役对接钢管的焊接工艺规范和评定试验进行协商。

H.4 验收极限

H.4.1 化学成分

H.4.1.1 $t\leqslant 25.0$ mm(0.984 in)钢管,标准钢级的化学成分应符合表H.1的要求,中间钢级的化学成分应协商确定,但应与表H.1规定的标准钢级的化学成分协调。钢管牌号应按表H.1要求,且由表示钢级的字母或字母数字和尾随的后缀组成。后缀由表示交货状态的字母(N、Q或M)和表示服役条件的第二个字母(S)组成。

H.4.1.2 $t>25.0$ mm(0.984 in)钢管的化学成分应协商确定,并按表H.1规定对化学成分进行适当的修正。

H.4.2 拉伸性能

H.4.2.1 拉伸性能应符合表H.2的规定。

表 H.1 $t\leqslant 25.0$ mm(0.984 in)钢管的化学成分

钢级	基于熔炼分析和产品分析的质量分数 % 最大									碳当量[a] % 最大	
	C[b]	Si	Mn[b]	P	S	V	Nb	Ti	其他[c,d]	CE_{IIW}	CE_{pcm}
无缝管和焊管											
L245NS或BNS	0.14	0.40	1.35	0.020	0.003[e]	[f]	[f]	0.04	[g]	0.36	0.19[h]
L290NS或X42NS	0.14	0.40	1.35	0.020	0.003[e]	0.05	0.05	0.04	—	0.36	0.19[h]
L320NS或X46NS	0.14	0.40	1.40	0.020	0.003[e]	0.07	0.05	0.04	[g]	0.38	0.20[h]
L360NS或X52NS	0.16	0.45	1.65	0.020	0.003[e]	0.10	0.05	0.04	[g]	0.43	0.22[h]
L245QS或BQS	0.14	0.40	1.35	0.020	0.003[e]	0.04	0.04	0.04	—	0.34	0.19[h]
L290QS或X42QS	0.14	0.40	1.35	0.020	0.003[e]	0.04	0.04	0.04	—	0.34	0.19[h]
L320QS或X46QS	0.15	0.45	1.40	0.020	0.003[e]	0.05	0.05	0.04	—	0.36	0.20[h]
L360QS或X52QS	0.16	0.45	1.65	0.020	0.003[e]	0.07	0.05	0.04	[g]	0.39	0.20[h]
L390QS或X56QS	0.16	0.45	1.65	0.020	0.003[e]	0.07	0.05	0.04	[g]	0.40	0.21[h]
L415QS或X60QS	0.16	0.45	1.65	0.020	0.003[e]	0.08	0.05	0.04	[g,i,k]	0.41	0.22[h]
L450QS或X65QS	0.16	0.45	1.65	0.020	0.003[e]	0.09	0.05	0.06	[g,i,k]	0.42	0.22[h]
L485QS或X70QS	0.16	0.45	1.65	0.020	0.003[e]	0.09	0.05	0.06	[g,i,k]	0.42	0.22[h]
焊管											
L245MS或BMS	0.10	0.40	1.25	0.020	0.002[e]	0.04	0.04	0.04	—	—	0.19

表 H.1(续)

钢级	基于熔炼分析和产品分析的质量分数 % 最大									碳当量[a] % 最大	
	C[b]	Si	Mn[b]	P	S	V	Nb	Ti	其他[c,d]	CE_{IIW}	CE_{pcm}
L290MS 或 X42MS	0.10	0.40	1.25	0.020	0.002[e]	0.04	0.04	0.04	—	—	0.19
L320MS 或 X46MS	0.10	0.45	1.35	0.020	0.002[e]	0.05	0.05	0.04	—	—	0.20
L360MS 或 X52MS	0.10	0.45	1.45	0.020	0.002[e]	0.05	0.06	0.04	—	—	0.20
L390MS 或 X56MS	0.10	0.45	1.45	0.020	0.002[e]	0.06	0.08	0.04	[g]	—	0.21
L415MS 或 X60MS	0.10	0.45	1.45	0.020	0.002[e]	0.08	0.08	0.06	[g,i]	—	0.21
L450MS 或 X65MS	0.10	0.45	1.60	0.020	0.002[e]	0.10	0.08	0.06	[g,i,j]	—	0.22
L485MS 或 X70MS	0.10	0.45	1.60	0.020	0.002[e]	0.10	0.08	0.06	[g,i,j]	—	0.22

[a] 以产品分析为依据(见 9.2.4 和 9.2.5),如碳含量>0.12%则使用 CE_{IIW},如碳含量≤0.12%则使用 CE_{pcm}。

[b] 碳含量比规定最大碳含量每减少 0.01%,则允许锰含量比规定最大锰含量高 0.05%,最大增加 0.20%。

[c] Al_{total}≤0.060%;N≤0.012%;Al/N≥2:1(不适用钛镇静钢或钛处理钢);Cu≤0.35%(如果协议,Cu≤0.10%);Ni≤0.30%;Cr≤0.30%;Mo≤0.15%;B≤0.000 5%。

[d] 在焊管有意增加钙含量情况下,除另有协议外,如果 S>0.001 5%则 Ca/S≥1.5。SMLS 管和焊管 Ca≤0.006%。

[e] SMLS 管的最大硫含量可增至 0.008%,而且如果协议焊管可增至 0.006%。对于这些硫含量水平较高的焊管,可协议确定较低的 Ca/S。

[f] 除另有协议外,Nb+V≤0.06%。

[g] Nb+V+Ti≤0.15%。

[h] 对于 SMLS 管,表列 CE_{pcm} 值可增加 0.03。

[i] 如果协议,Mo≤0.35%。

[j] 如果协议,Cr≤0.45%。

[k] 如果协议,Cr≤0.45%且 Ni≤0.50%。

表 H.2 拉伸试验要求

钢管钢级	无缝管和焊管管体						HFW 和 SAW 管焊缝
	屈服强度[a] $R_{t0.5}$ MPa(psi)		抗拉强度[a] R_m MPa(psi)		屈强比[b] $R_{t0.5}/R_m$	50 mm(或 2 in)上的伸长率 A_f %	抗拉强度[c] R_m MPa(psi)
	最小	最大	最小	最大	最大	最小	最小
L245NS 或 BNS L245QS 或 BQS L245MS 或 BMS	245 (35 500)	450[d] (65 300)[d]	415 (60 200)	655 (95 000)	0.93	[e]	415 (60 200)
L290NS 或 X42NS L290QS 或 X42QS L290MS 或 X42MS	290 (42 100)	495 (71 800)	415 (60 200)	655 (95 000)	0.93	[e]	415 (60 200)

表 H.2(续)

钢管钢级	无缝管和焊管管体						HFW 和 SAW 管焊缝
	屈服强度[a] $R_{t0.5}$ MPa(psi)		抗拉强度[a] R_m MPa(psi)		屈强比[b] $R_{t0.5}/R_m$	50 mm(或 2 in)上的伸长率 A_f %	抗拉强度[c] R_m MPa(psi)
	最小	最大	最小	最大	最大	最小	最小
L320NS 或 X46NS L320QS 或 X46QS L320MS 或 X46MS	320 (46 400)	525 (76 100)	435 (63 100)	655 (95 000)	0.93	[e]	435 (63 100)
L360NS 或 X52NS L360QS 或 X52QS L360MS 或 X52MS	360 (52 200)	530 (76 900)	460 (66 700)	760 (110 200)	0.93	[e]	460 (66 700)
L390QS 或 X56QS L390MS 或 X56MS	390 (56 600)	545 (79 000)	490 (71 100)	760 (110 200)	0.93	[e]	490 (71 100)
L415QS 或 X60QS L415MS 或 X60MS	415 (60 200)	565 (81 900)	520 (75 400)	760 (110 200)	0.93	[e]	520 (75 400)
L450QS 或 X65QS L450MS 或 X65MS	450 (65 300)	600 (87 000)	535 (77 600)	760 (110 200)	0.93	[e]	535 (77 600)
L485QS 或 X70QS L485MS 或 X70MS	485 (70 300)	635 (92 100)	570 (82 700)	760 (110 200)	0.93	[e]	570 (82 700)

[a] 对于中间钢级,其规定最大屈服强度和规定最小屈服强度的差额应与表中所列的邻近较高钢级的相同,规定最小抗拉强度和规定最小屈服强度差额应与表中所列的邻近较高钢级的相同。对于中间钢级,其抗拉强度应≤760 MPa(110 200 psi)。

[b] 本限制适用于 $D>323.9$ mm(12.750 in)的钢管。

[c] 对于中间钢级,其焊缝的规定最小抗拉强度应与按脚注 a 确定的管体抗拉强度相同。

[d] 对要求纵向试验的钢管,其最大屈服强度应≤495 MPa(71 800 psi)。

[e] 在 50 mm(2 in)的标距长度上,规定最小伸长率 A_f,(以百分数表示,且被圆整到最邻近的百分数)应采用下列公式确定:

$$A_f = C\frac{A_{XC}^{0.2}}{U^{0.9}}$$

式中:

C ——当采用 SI 单位制时,C 为 1 940,当采用 USC 单位制时,C 为 625 000;

A_{XC}——为适用的拉伸试样横截面积,单位为平方毫米(平方英寸)[mm^2(in^2)],具体如下所示:

——圆棒试样:直径 12.5 mm(0.500 in)和 8.9 mm(0.350 in)的圆棒试样为 130 mm^2(0.20 in^2);直径6.4 mm(0.250 in)的圆棒试样为 65 mm^2(0.10 in^2);

——全截面试样取 a)485 mm^2(0.75 in^2)和 b)采用钢管规定外径和规定壁厚计算的试样横截面积两者的较小者,圆整到最邻近的 10 mm^2(0.01 in^2);

——板状试样取 a)485 mm^2(0.75 in^2)和 b)采用试样规定宽度和规定壁厚计算的试样横截面积两者的较小者,圆整到最邻近的 10 mm^2(0.01 in^2);

U ——规定最小抗拉强度,单位为兆帕(平方英寸磅)[MPa(psi)]。

H.4.3 HIC/SWC 试验

当在 A 溶液(环境)(见 ISO 15156-2:2009,表 B.3)进行评估抗氢致开裂的试验时,各试样的三个截面的各个最大允许平均比率应符合下列验收极限:

a) 裂纹敏感率(CSR)≤2%;

b) 裂纹长度率(CLR)≤15%;

c) 裂纹厚度率(CTR)≤5%。

如果 HIC/SWC 试验在模拟特定服役条件的替代介质中进行(见 H.7.3.1.3),可协商确定替代验收极限。

H.4.4 硬度试验

进行硬度试验的试样(见 H.7.3),其管体、焊缝和 HAZ 的硬度应 ≤250HV10 或 22HRC (70.6 HR 15N)。

如果经与最终用户协议,且如果规定壁厚>9 mm,在距钢管外表面 1.5 mm 的压痕排(见图 H.1)上所测量的最大可接收硬度应≤275HV10 或 26HRC(73.0HR 15N)。

注 1:ISO 15156-2 为最终用户提供进一步指导。ISO 15156-2 中盖面焊道可选择的硬度极限要求包括盖面焊道不应直接暴露在酸性环境中。

注 2:可采用维氏硬度试验或洛氏 HR 15N 压头进行硬度试验,如果采用后者并有要求时,可将硬度值换算为 HRC 硬度值。

H.4.5 SSC 试验

从试验介质中取出(见 H.7.3.2)SSC 试样后,应在放大倍数为×10 的低倍显微镜下对试样的拉伸面进行检查。拉伸表面上出现任何表面开裂或裂纹的试样应为不合格试样,能证明这些开裂或裂纹不是由硫化物应力开裂引起的除外。

H.5 表面状况、缺欠和缺陷

H.5.1 除埋弧焊(SAW)管咬边之外,应对外观检查发现的表面缺欠进行核查、判别,并按照下列要求处置:

a) 深度≤0.05 t,且不影响最小允许壁厚的缺欠,应判为可接受的缺欠,并按照 C.1 的规定处理;

注:如果钢管随后进行涂层涂敷,订货合同中可能规定表面缺欠特殊处置要求。

b) 深度>0.05 t,且不影响最小允许壁厚的缺欠,应判为缺陷,并按照 C.2、C.3b)或 C.3c)的规定处理;

c) 影响到最小允许壁厚的缺欠应判为缺陷,并按照 C.3b)或 C.3c)的规定处理。

H.5.2 对于焊管,在任何方向上超过 50 mm 的任何硬块,如果其单个压痕硬度值超过下述规定,应判为缺陷:

a) 钢管内表面、或内焊缝的补焊焊缝,250HV10,22HRC 或 240HBW 或

b) 钢管外表面、或外焊缝的补焊焊缝,275HV10,27HRC 或 260HBW。

包括此类缺陷的钢管应按 C.3b)或 C.3c)的规定处理。

H.6 高频焊(HFW)管焊缝毛刺

内毛刺不应高出钢管轮廓 0.3 mm(0.012 in)+0.05 t。

H.7 检验

H.7.1 特定检验

除表 H.3 的特殊更改外，检验频次应符合表 18 的要求。

表 H.3 检验频次

序号	检验类型	钢管类型	检验频次
1	$D<508$ mm(20.000 in)钢管硬度试验	SMLS、HFW、SAWL 或 SAWH	相同冷扩径率[a]不多于 100 根钢管为一试验批，每批一次
2	$D\geqslant 508$ mm(20.000 in)钢管硬度试验	SMLS、HFW、SAWL 或 SAWH	相同冷扩径率[a]不多于 50 根钢管为一试验批，每批一次
3	焊管硬块硬度试验	HFW、SAWL 或 SAWH	在钢管内表面或外表面上发现的每个硬块
4	如果协议，直缝焊管或螺旋缝焊管的焊缝硬度试验	HFW、SAWL 或 SAWH	按订货合同规定
5	$D\leqslant 168.3$ mm(6.625 in)钢管的直径和不圆度	SMLS、HFW、SAWL 或 SAWH	不多于 100 根钢管为一试验批，每批一次
6	$D>168.3$ mm(6.625 in)钢管的直径和不圆度	SMLS、HFW、SAWL 或 SAWH	不多于 20 根钢管为一试验批，每批一次
7	无损检验	SMLS、HFW、SAWL 或 SAWH	按附录 K 要求
8	HIC 试验	SMLS、HFW、SAWL 或 SAWH	前三个熔炼炉每炉试验一次；随后，每 10 个熔炼炉的钢不少于一次
9	如果协议，SSC 试验	SMLS、HFW、SAWL 或 SAWH	每根用于制造工艺评定的钢管做一次试验

[a] 冷扩径率由制造商确定，冷扩径率是由扩径前外径或圆周长度与扩径后外径或圆周长度推出。冷扩径率增加或减少量超过 0.002 时，则要求建立一个新的试验批。

H.7.2 力学和工艺试验用试块和试样

H.7.2.1 总则

H.7.2.1.1 应按适用的引用标准截取拉伸试验、CVN 冲击试验、DWT 试验、导向弯曲试验、压扁试验、硬度试验、HIC 试验、钢管焊道试验、钢板焊道试验和 SSC 试验的试块，并加工成相应试样。

H.7.2.1.2 各类型试验的试块和试样应按图 5 和图 6 所示位置和表 H.4 的要求截取，并考虑 10.2.3.2～10.2.3.7、10.2.4 和 H.7.2.2～H.7.2.4 的补充要求。

H.7.2.2 HIC/SWC 试验用试块

HIC/SWC 试验用试块应按 GB/T 8650—2015 要求截取。

H.7.2.3 SSC 试验用试块和试样

H.7.2.3.1 应从每个管的试块上加工三个试样。

H.7.2.3.2 除另有协议外，四点弯曲 SSC 试验用试样尺寸(长度×宽度×厚度)应≥115 mm×

15 mm×5 mm(4.5 in×0.59 in×0.20 in),对于焊管,在试样的中部应包括一段直焊缝或螺旋焊缝,并且应取焊缝的横向试样[见图 5b)和 c)1]。对于无缝管,应取管体的纵向试块[见图 5a)1]。如果协议,试块可压平。除另有协议外,机加工的试块应取自钢管内表面。

表 H.4 硬度试验各试块试样数量、方向和位置

钢管类型	试块位置	各试块试样的数量、方向和位置[a] 规定外径 D mm(in) <508(20.000)	各试块试样的数量、方向和位置[a] 规定外径 D mm(in) ≥508(20.000)
SMLS[b][见图 5a)]	管体	1T	1T
SAWL[见图 5b)]	焊缝	1W	1W[c]
SAWH[见图 5c)]	焊缝	1W	1W
SAWH[见图 5c)]	钢带(卷)/钢板对头焊缝	1WS	1WS
HFW [见图 5b)]	焊缝	1W	1W

[a] 表示方向和位置符号的解释见图 5。
[b] 适用于冷扩径和非扩径无缝(SMLS)管。
[c] 对于双缝管而言,代表试验批的所选钢管的两个直焊缝都应进行试验。

H.7.2.4 硬度试验试块

硬度试验试块应取自所选钢管的端部,对于焊管,在每个试块中心应包括一段直焊缝或螺旋焊缝(见图 H.1)。

单位为毫米(英寸)

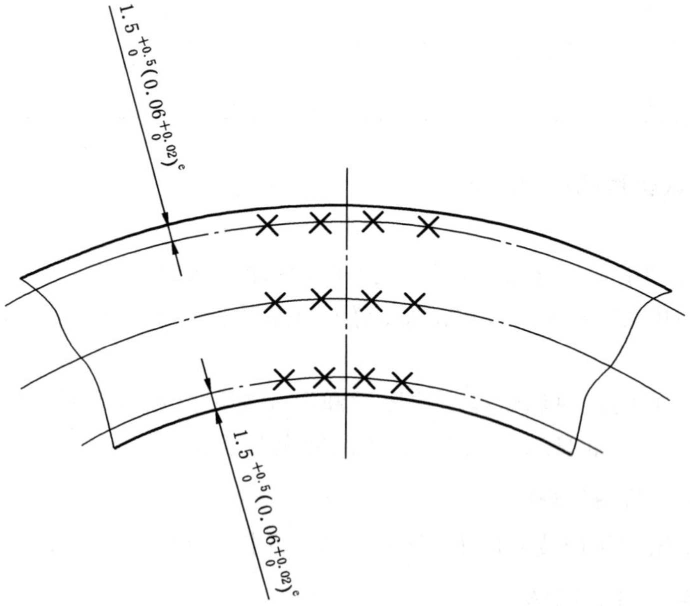

a) SMLS 管

图 H.1 硬度试验位置

单位为毫米(英寸)

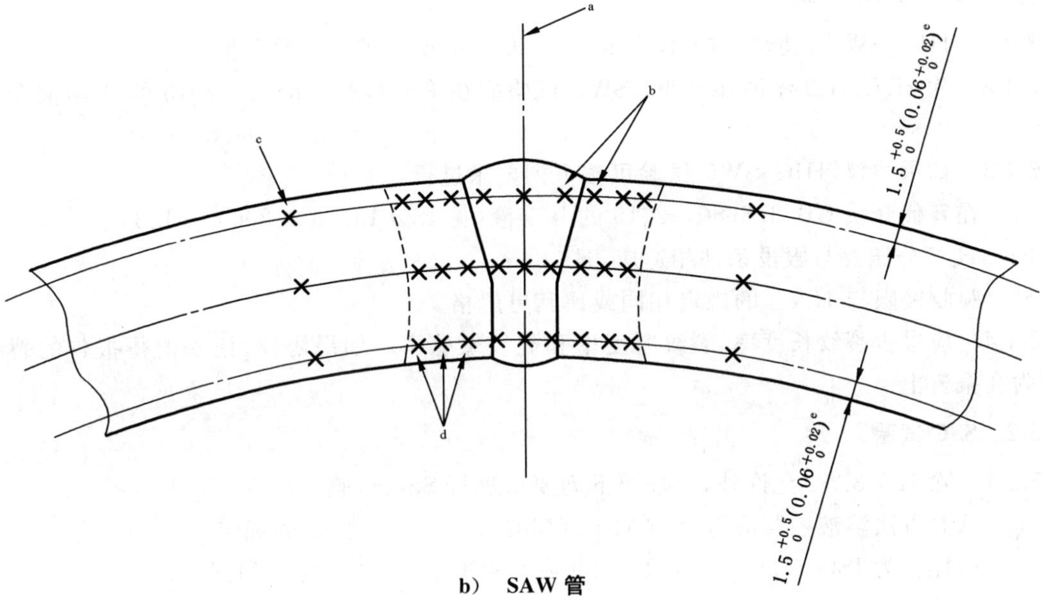

b) **SAW 管**

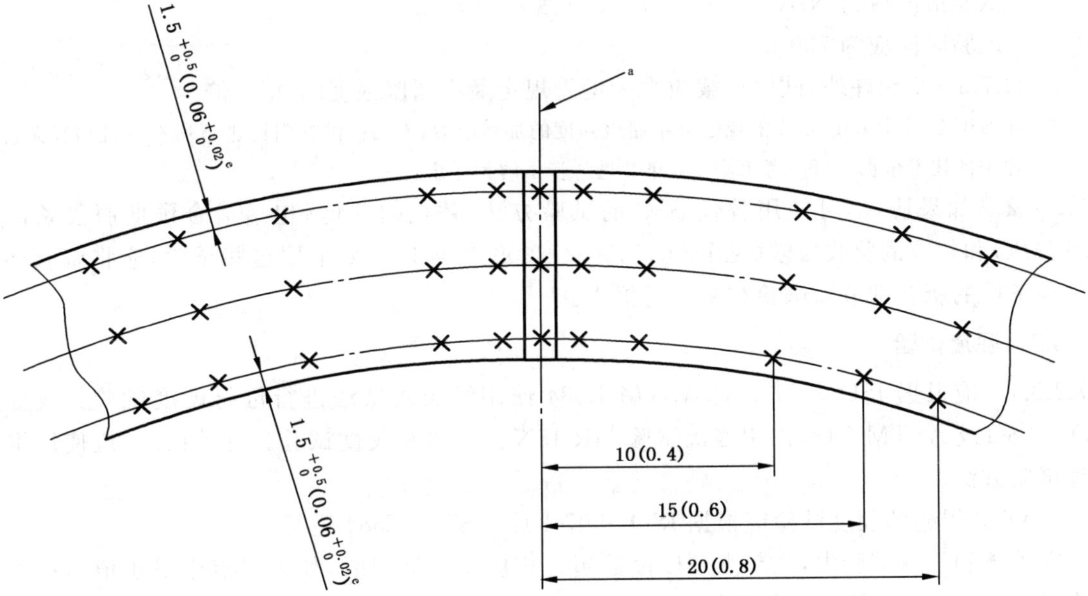

c) **HFW 管**

[a] 焊缝中心线。

[b] 距熔合线 0.75 mm(0.03 in)。

[c] 距熔合线 1t。

[d] 在可见热影响区内间隔 1.0 mm(0.04 in)。

[e] 自内表面和外表面。

图 H.1(续)

H.7.3 试验方法

H.7.3.1 HIC/SWC 试验

H.7.3.1.1 HIC/SWC 试验应按 GB/T 8650—2015 的要求进行试验和报告。

H.7.3.1.2 除 H.7.3.1.3 允许外,HIC/SWC 试验应在符合 GB/T 8650—2015 的 A 溶液介质中进行。

H.7.3.1.3 如果协议,HIC/SWC 试验可按下列要求进行:

a) 在替代介质 GB/T 8650—2015 的 B 溶液(见 ISO 15156-2:2009 表 B.3)中,

b) H_2S 分压要与服役条件相适应,且

c) 验收极限与 H.4.3 的规定相同或比其更严格。

H.7.3.1.4 应报告裂纹长度率、裂纹厚度率和裂纹敏感率。如果协议,任一值得报告的裂纹照片应附在报告上。

H.7.3.2 SSC 试验

H.7.3.2.1 除 H.7.3.2.2 允许外,应按照下列要求进行 SSC 试验:

——试验方法溶液控制应符合 NACE TM0177:2005,方法 C 的规定;

——试样应为 ISO 7539-2、ASTM G39 或本标准 H.7.2.3.2 定义的试样;

——试验溶液应为 NACE TM0177:2005 规定的 A 溶液;

——试验时间应为 720 h。

除 H.7.3.2.2 允许外,试样加载应力为钢管规定最小屈服强度的 0.72 倍。

注:在 SSC 试验中采用 0.72 倍规定最小屈服强度的加载应力,不用提供材料已进行所有酸性服役条件预评定的技术依据。可参考 ISO 15156-2 进一步了解预评定。

H.7.3.2.2 如果协议,可使用替代 SSC 的试验方法、替代的环境(包括适合预期服役条件的 H_2S 分压)和相应的验收极限(见 ISO 15156-2:2009 表 B.1)。如采用这些试验,应将试验环境和试验条件的所有细节随试验结果一起报告。

H.7.3.3 硬度试验

H.7.3.3.1 应根据 ISO 6507-1 或 ASTM E384 使用维氏测试法进行母材硬度试验。或根据 ISO 6508-1或 ASTM E18,使用洛氏试验 HR 15N 进行母材硬度试验。有争议时,应使用维氏硬度试验方法。

HAZ 和焊缝的硬度试验应根据 ISO 6507-1 或 ASTM E384 进行。

在管体和母材试验中,当单点硬度读数超过相应验收极限时,如果三点中最小值与在这三点附近加取的六点中最大值的平均值不超过相应验收极限,且单点读数超过相应验收极限的幅度不多于10HV10 或 2 HRC(选两者中适用者),也可视为该单点合格。

注:可采用维氏硬度试验或洛氏 HR 15N 压头进行硬度试验,如果采用后者并有要求时,可将硬度值换算为 HRC 硬度值。

H.7.3.3.2 无缝(SMLS)管的硬度试验位置如图 H.1a)所示,但下列情况除外:

a) $t<4.0$ mm(0.156 in)的钢管,仅需在厚度中部的横向进行试验;

b) 4.0 mm(0.156 in)$\leqslant t<6.0$ mm(0.236 in)钢管,仅需在内表面和外表面的横向进行试验,且

c) 如果协议,每一全厚度位置的三点[如图 H.1.a)所示]压痕硬度试验是可接受的。

H.7.3.3.3 焊管的硬度试验位置应包括焊缝横截面。硬度压痕点应在母材、可见的HAZ和焊缝中心线上，如图H.1b)和c)所示，但下列情况除外：

a) t<4.0 mm(0.156 in)的钢管，仅需在厚度中部的横向进行试验；

b) 4.0 mm(0.156 in)≤t<6.0 mm(0.236 in)钢管，仅需在内表面和外表面的横向进行试验；

c) 如果协议，只要硬度压痕点仍位于母材上，母材的硬度压痕点与焊缝中心线的距离可小于图H.1.c)所示距离。

H.7.4 无损检验

无损检验要求见H.3.3.2.3～H.3.3.2.5和附录K。

H.7.5 HIC/SWC复验

如果一组HIC/SWC试验试样不满足验收极限，购方和制造商应协商确定复验要求。如适用，应按10.2.11的规定重新处理。

H.8 钢管标志

除11.2要求的钢管标志外，钢管标志应包括一个识别号，以表明产品或交货批与相关检查文件的相互关系。

只有符合本标准PSL 2要求，同时符合附录H补充要求的钢管，才可按照本标准的规定标记，并在钢级中加字母“S”，表明钢管预期用于酸性服役条件。

同时满足附录H和附录J要求的钢管，应在钢管钢级标识后增加字母“S”和“O”(如X52MS/X52MO或L360MS/L360MO)。

附 录 I
(规范性附录)
过出油管(TFL)的订购

I.1 引言

本附录规定了订购 TFL 钢管的附加条款[见 7.2c)56)]。

I.2 由购方提供的附加信息

订货合同应指出下列哪些条款适用于特定的订货批:

a) 长度类型(见 I.4)。

b) 对接钢管供应(见 I.4)。

I.3 尺寸和钢级

TFL 钢管应为无缝(SMLS)或直缝管,其规定外径、规定壁厚和钢级符合表 I.1 的要求。

表 I.1 TFL 钢管尺寸、单位长度质量和试验压力

规定外径 D mm(in)	规定壁厚 t mm(in)	计算内径 d mm(in)	钢级	单位长度质量 ρ_l kg/m(lb/ft)	静水压试验压力 (最小) MPa(psi)
60.3(2.375)	4.8(0.188)	50.7(1.999)	L390 或 X56	6.57(4.40)	49.2(7 140)
73.0(2.875)	11.1(0.438)	50.8(1.999)	L390 或 X56	16.94(11.41)	68.9(9 990)
73.0(2.875)	5.5(0.216)	62.0(2.443)	L390 或 X56	9.16(6.14)	46.5(6 740)
88.9(3.500)	13.5(0.530)	61.9(2.440)	L390 或 X56	25.10(16.83)	68.9(9 990)
101.6(4.000)	19.1(0.750)	63.4(2.500)	L415 或 X60	38.86(26.06)	68.9(9 990)
101.6(4.000)	12.7(0.500)	76.2(3.000)	L290 或 X42	27.84(18.71)	57.9(8 400)
101.6(4.000)	12.7(0.500)	76.2(3.000)	L415 或 X60	27.84(18.71)	68.9(9 990)
101.6(4.000)	6.4(0.250)	88.8(3.500)	L485 或 X70	15.02(10.02)	48.6(7 050)
114.3(4.500)	19.1(0.750)	66.1(3.000)	L360 或 X52	44.84(30.07)	68.9(9 990)
114.3(4.500)	7.1(0.281)	100.1(3.938)	L485 或 X70	18.77(12.67)	48.0(6 960)

I.4 长度和对接管

除另有协议外,TFL 钢管应以 12 m(40 ft)不定尺长度交货(非对接钢管)。

I.5 通径检验

I.5.1 应采用符合表 I.2 要求的圆柱形通径规对每根 TFL 钢管全长进行检验。在进行通径检验时,应采取适当方式支撑钢管,以防钢管下垂,并且钢管内部应无外来物质。

I.5.2 通径规的前部边缘应倒圆,使其能顺利进入钢管内部。在与检验通径规质量相匹配的合适外力的作用下,通径规应能自由通过钢管。

表 I.2 通径规尺寸

钢管规定外径 *D* mm(in)	通径规尺寸 mm(in)	
	长 度	直径
<88.9(3.500)	1 066(42)	*d*−2.4(0.093)
≥88.9(3.500)	1 066(42)	*d*−3.2(0.125)
注:*d* 为钢管的计算内径(见表 I.1)。		

I.6 静水压试验

每根 TFL 钢管应按 9.4 要求进行静水压试验,但最小试验压力应满足表 I.1 的要求。

注:表 I.1 中的试验压力是 68.9 MPa(9 990 psi)和利用式(6)计算压力的较小者,其中环向应力 *S* 等于钢管规定最小屈服强度的 80%。

I.7 钢管标志

除 11.2 要求的钢管标志外,应在产品规范水平符号后,加上字母"I"表明附录 I 的要求适用。

附 录 J
(规范性附录)
海上服役条件 PSL 2 钢管的订购

J.1 引言

本附录规定了适用于海上服役条件的 PSL 2 钢管的附加条款[见 7.2.c)57)]。

注:本附录不包括预期用于盘绕或安装期间单次总应变较高(>0.5%)钢管的特殊试验要求。这种情况下需要附加试验以证实钢管的适用性,而且购方也可能需要用其他适用条款(例如 DNV-OS-F101[16])对本标准的要求进行补充。

J.2 由购方提供的附加信息

订货合同应指出下列哪些条款适用于特定订货批:

a) 焊管用钢带或钢板的浇铸方法(见 J.3.3.2.1);
b) 钢带或钢板分层缺欠的超声检验(见 J.3.3.2.4);
c) 带有钢带(卷)/钢板对头焊缝的螺旋缝焊管的供应(见 J.3.3.2.5);
d) 中间钢级的化学成分(见 J.4.1.1);
e) t>25.0 mm(0.984 in)钢管的化学成分(见 J.4.1.2);
f) L555QO/X80QO、L625QO/X90QO、L690QO/X100QO 碳当量限制(见表 J.1);
g) 化学成分限制[见表 J.1,脚注 d)];
h) 非室温条件下拉伸试验的验收极限(见 J.4.2.2.);
i) 钢级≥L555O/X80O,可协议较低的最大抗拉强度(见表 J.2,脚注 b);
j) 除 12.1 m(39.7 ft)外的其他最小平均长度和/或不同的长度范围(见 J.6.3);
k) t>25.0 mm(0.984 in)无缝(SMLS)管直径偏差和不圆度偏差(见表 J.3,脚注 b);
l) 使用测量内径方法确定 D≥219.1 mm(8.625 in)非扩径钢管直径偏差和不圆度偏差(见表 J.3,脚注 c);
m) CTOD 试验(见 J.8.2.2 和表 J.6);
n) 无缝(SMLS)管管体的硬度试验(见 J.8,表 J.7);
o) 埋弧焊(SAW)和电焊(EW)管管体、焊缝和 HAZ 的硬度试验(见表 J.7);
p) 采用胀环试验方法检测横向屈服强度(见表 J.7,脚注 c);
q) 深海铺设钢管的附加纵向拉伸试验(见表 J.7,脚注 d);
r) 与规定硬度试验位置的差别[见 J.8.3.2.2c)];
s) 与规定硬度试验的差别[见 J.8.3.2.2c)和 J.8.3.2.3];
t) t≥5.0 mm(0.197 in)钢管管端 100 mm(4.0 in)长度范围的分层缺欠超声检验(见 K.2.1.3);
u) 管端补充 NDT 分层验收极限[见 K.2.1.3 和 K.2.1.4];
v) 每根钢管管端面/坡口分层缺欠的磁粉检验(见 K.2.1.4);
w) 分层尺寸/密度的验证(见 K.3.2.2);
x) 验证符合表 K.1 相应要求的超声检验(见 K.3.2.2);

y) 无缝(SMLS)管超声壁厚测量范围的增加(见 K.3.3);

z) 无缝(SMLS)管的一个或多个补充无损检验的应用(见 K.3.4);

aa) 无缝(SMLS)补充 NDT 检验(见 K.3.4);

bb) 无缝(SMLS)管横向缺欠的超声检验(见 K.3.4.1);

cc) 无缝(SMLS)管全管体纵向缺欠和横向缺欠的漏磁检验(见 K.3.4.2);

dd) 无缝(SMLS)管全管体涡流检验(见 K.3.4.3);

ee) 钢管全管体磁粉检验(见 K.3.4.4);

ff) 高频焊(HFW)管焊缝无损检验的 SY/T 6423.2—2013 验收等级 U2/U2H(见 K.4.1);

gg) 可替换的 ISO 10893-10 高频焊(HFW)管焊缝 UT 验收极限[见 K.4.1b)];

hh) 高频焊(HFW)管管体分层缺欠的超声检验(见 K.4.2);

ii) 钢带/钢板边缘或邻近焊缝区域分层缺欠的超声检验(见 K.4.3);

jj) 使用超声或漏磁方法对高频焊(HFW)管管体进行无损检验(见 K.4.4);

kk) 补充的无损检测(见 K.4.4);

ll) 使用固定深度的刻槽对设备进行校准[见 K.5.1.1c)];

mm) 管端(未检管端)和修补区域[见 K.5.3a)]的射线检验;

nn) 埋弧焊(SAW)管管端焊缝的磁粉检验(见 K.5.4);

oo) 埋弧焊(SAW)管补充 NDT(见 K.5.4);

pp) L625QO/X90QO 和 L690QO/X100QO 钢级的较低 $R_{t0.5}/R_{m}$(见表 J.2)。

J.3 制造

J.3.1 制造工艺

所有钢管应依照按附录 B 评定合格的制造工艺生产,且可能补充附加试验(见表 J.7)。

J.3.2 炼钢

钢应为采用氧气顶吹转炉冶炼工艺或电炉冶炼工艺生产的纯净镇静钢。

J.3.3 钢管制造

J.3.3.1 无缝(SMLS)管

无缝(SMLS)管应采用连续浇铸坯或钢锭制造,如果采用冷精整方法,应在检查文件和工厂质证书中说明。

J.3.3.2 焊管

J.3.3.2.1 除另有协议外,焊管用钢带(卷)和钢板应由连铸或压铸坯轧制而成。钢管应为直缝埋弧焊(SAWL)、螺旋缝埋弧焊(SAWH)或高频焊(HFW)管。

J.3.3.2.2 高频焊(HFW)管用钢带(卷)或钢板的对接边缘,在焊接前宜进行修剪、铣削或机加工。

J.3.3.2.3 焊管用钢带(卷)和钢板在轧制后应进行外观检查。既可对未成卷钢带检查,也可对钢带卷边缘检查。

J.3.3.2.4 如果协议,应在切断这些钢带(卷)或钢板前后,根据附录 K 的要求,采用超声方法检查钢带(卷)和钢板的分层缺欠或机械损伤,否则应对完成焊接的钢管进行包括超声检验的全管体检验。

J.3.3.2.5 如果协议,用钢带(卷)/钢板制成、包含钢带(卷)/钢板对头焊缝的螺旋缝焊管可以交付使用,条件是对头焊缝距管端的距离至少为 300 mm,且对该焊缝进行了与钢带(卷)/钢板边缘和螺旋焊缝相同的符合附录 K 要求的无损检验。

J.3.3.2.6 不应在直缝埋弧焊(SAWL)管坡口使用间断定位焊,除非制造商向购方提交数据证明,在定位焊位置和中间位置的所有力学性能满足钢管的规定要求,并获得购方批准。

J.3.3.3 对接钢管

除另有协议外,不应交付对接钢管。

注:购方和制造商有责任对特殊海上服役对接钢管的焊接工艺和评定试验进行协商。

J.4 验收极限

J.4.1 化学成分

J.4.1.1 $t \leqslant 25.0$ mm(0.984 in)钢管,其标准钢级的化学成分应符合表 J.1 的要求,中间钢级的化学成分应协商确定,但应与表 J.1 标准钢级的规定化学成分协调。钢管命名应按表 J.1 要求,且由表示钢级的字母或字母数字和尾随的后缀组成。后缀由表示交货状态的字母(N、Q 或 M)和表示服役条件的第二个字母(O)组成。

J.4.1.2 $t > 25.0$ mm(0.984 in)钢管的化学成分应协商确定,并按表 J.1 规定对化学成分进行适当修正。

J.4.2 拉伸性能

J.4.2.1 拉伸性能应符合表 J.2 的规定。

J.4.2.2 如果要求非室温下的附加拉伸性能,应协商确定验收极限。

J.4.3 硬度试验

钢管管体、焊缝和 HAZ 试样(见 J.8.3.2)的硬度应为:

a) 钢级≤L450/X65,硬度≤270HV10 或≤25 HRC;

b) 钢级>L450/X65,且≤L555/X80,硬度≤300HV10 或≤30 HRC;

c) 钢级>L555/X80,硬度≤325HV10 或≤33 HRC。

表 J.1 $t \leqslant 25.0$ mm(0.984 in)钢管化学成分

钢级	基于熔炼分析和产品分析的质量分数(最大)%									碳当量[a](最大)%	
	C[b]	Si	Mn[b]	P	S	V	Nb	Ti	其他[c]	CE_{IIW}	CE_{pcm}
无缝管和焊管											
L245NO 或 BNO	0.14	0.40	1.35	0.020	0.010	d	d	0.04	e,f	0.36	0.19[g]
L290NO 或 X42NO	0.14	0.40	1.35	0.020	0.010	0.05	0.05	0.04	f	0.36	0.19[g]
L320NO 或 X46NO	0.14	0.40	1.40	0.020	0.010	0.07	0.05	0.04	e,f	0.38	0.20[g]
L360NO 或 X52NO	0.16	0.45	1.65	0.020	0.010	0.10	0.05	0.04	e	0.43	0.22[g]
L245QO 或 BQO	0.14	0.40	1.35	0.020	0.010	0.04	0.04	0.04	f	0.34	0.19[g]

表 J.1(续)

钢级	基于熔炼分析和产品分析的质量分数(最大)%									碳当量[a](最大)%	
	C[b]	Si	Mn[b]	P	S	V	Nb	Ti	其他[c]	CE_{IIW}	CE_{pcm}
L290QO 或 X42QO	0.14	0.40	1.35	0.020	0.010	0.04	0.04	0.04	f	0.34	0.19[g]
L320QO 或 X46QO	0.15	0.45	1.40	0.020	0.010	0.05	0.05	0.04	f	0.36	0.20[g]
L360QO 或 X52QO	0.16	0.45	1.65	0.020	0.010	0.07	0.05	0.04	e,h	0.39	0.20[g]
L390QO 或 X56QO	0.16	0.45	1.65	0.020	0.010	0.07	0.05	0.04	e,h	0.40	0.21[g]
L415QO 或 X60QO	0.16	0.45	1.65	0.020	0.010	0.08	0.05	0.04	e,h	0.41	0.22[g]
L450QO 或 X65QO	0.16	0.45	1.65	0.020	0.010	0.09	0.05	0.06	e,h	0.42	0.22[g]
L485QO 或 X70QO	0.17	0.45	1.75	0.020	0.010	0.10	0.05	0.06	e,h	0.42	0.23[g]
L555QO 或 X80QO	0.17	0.45	1.85	0.020	0.010	0.10	0.06	0.06	e,h	如果协议	
L625QO 或 X90QO	0.14	0.45	1.85	0.020	0.010	0.10	0.06	0.06	e,i	如果协议	
L690QO 或 X100QO	0.14	0.45	1.85	0.020	0.010	0.10	0.06	0.06	e,i	如果协议	
焊管											
L245MO 或 BMO	0.12	0.40	1.25	0.020	0.010	0.04	0.04	0.04	f	—	0.19
L290MO 或 X42MO	0.12	0.40	1.35	0.020	0.010	0.04	0.04	0.04	f	—	0.19
L320MO 或 X46MO	0.12	0.45	1.35	0.020	0.010	0.05	0.05	0.04	f	—	0.20
L360MO 或 X52MO	0.12	0.45	1.65	0.020	0.010	0.05	0.05	0.04	e,h	—	0.20
L390MO 或 X56MO	0.12	0.45	1.65	0.020	0.010	0.06	0.08	0.04	e,h	—	0.21
L415MO 或 X60MO	0.12	0.45	1.65	0.020	0.010	0.08	0.08	0.06	e,h	—	0.21
L450MO 或 X65MO	0.12	0.45	1.65	0.020	0.010	0.10	0.08	0.06	e,h	—	0.22
L485MO 或 X70MO	0.12	0.45	1.75	0.020	0.010	0.10	0.08	0.06	e,h	—	0.22
L555MO 或 X80MO	0.12	0.45	1.85	0.020	0.010	0.10	0.08	0.06	e,h	—	0.24

[a] 以产品分析为准(见 9.2.4 和 9.2.5)。如碳含量>0.12%则使用 CE_{IIW},如碳含量≤0.12%则使用 CE_{Pcm}。

[b] 碳含量比规定最大碳含量每减少 0.01%,则允许锰含量比规定最大锰含量高 0.05%,最大增加 0.20%。但钢级≥L625O/X90O 时,最大至 2.20%。

[c] Al_{total}≤0.060%;N≤0.012%;Al/N≥2∶1(不适用钛镇静钢或钛处理钢)。

[d] 除另有协议外,Nb+V≤0.06%。

[e] Nb+V+Ti≤0.15%。

[f] Cu ≤0.35%;Ni≤0.30%;Cr≤0.30%;Mo≤0.10%;B≤0.000 5%。

[g] 对于无缝(SMLS)管,将表列值增加 0.03%,最大至 0.25%。

[h] Cu≤0.50%;Ni≤0.50%;Cr≤0.50%;Mo≤0.50%;B≤0.000 5%。

[i] Cu ≤0.50%;Ni≤0.60%;Cr≤0.55%;Mo≤0.80%;B≤0.000 5%。

表 J.2 拉伸试验要求

钢管等级	无缝管和焊管管体						HFW 和 SAW 管焊缝
	屈服强度[a] $R_{t0.5}$ MPa(psi)		抗拉强度[a] R_m MPa(psi)		屈强比[a,c] (最大) $R_{t0.5}/R_m$	50 mm(或 2 in)上的伸长率(最小) A_f %	抗拉强度[d] (最小) R_m MPa(psi)
	最小	最大	最小	最大			
L245NO 或 BNO L245QO 或 BQO L245MO 或 BMO	245 (35 500)	450[e] (65 300)[e]	415 (60 200)	655 (95 000)	0.93	[f]	415 (60 200)
L290NO 或 X42NO L290QO 或 X42QO L290MO 或 X42MO	290 (42 100)	495 (71 800)	415 (60 200)	655 (95 000)	0.93	[f]	415 (60 200)
L320NO 或 X46NO L320QO 或 X46QO L320MO 或 X46MO	320 (46 400)	520 (75 000)	435 (63 100)	655 (95 000)	0.93	[f]	435 (63 100)
L360NO 或 X52NO L360QO 或 X52QO L360MO 或 X52MO	360 (52 200)	525 (76 000)	460 (66 700)	760 (110 200)	0.93	[f]	460 (66 700)
L390QO 或 X56QO L390MO 或 X56MO	390 (56 600)	540 (78 300)	490 (71 100)	760 (110 200)	0.93	[f]	490 (71 100)
L415QO 或 X60QO L415MO 或 X60MO	415 (60 200)	565 (81 900)	520 (75 400)	760 (110 200)	0.93	[f]	520 (75 400)
L450QO 或 X65QO L450MO 或 X65MO	450 (65 300)	570 (82 700)	535 (77 600)	760 (110 200)	0.93	[f]	535 (77 600)
L485QO 或 X70QO L485MO 或 X70MO	485 (70 300)	605 (87 700)	570 (82 700)	760 (110 200)	0.93	[f]	570 (82 700)
L555QO 或 X80QO L555MO 或 X80MO	555 (80 500)	675 (97 900)	625 (90 600)	825 (119 700)	0.93	[f]	625 (90 600)
L625QO 或 X90QO	625 (90 600)	745 (108 000)	695 (100 800)	895 (129 800)[b]	0.97[h]	[f]	—
L690QO 或 X100QO	690[g] (100 100)[g]	810[g] (117 500)[g]	760 (110 200)	960 (139 200)[b]	0.97[i]	[f]	—

表 J.2（续）

钢管等级	无缝管和焊管管体						HFW 和 SAW 管焊缝
	屈服强度[a] $R_{t0.5}$ MPa(psi)		抗拉强度[a] R_m MPa(psi)		屈强比[a,c]（最大） $R_{t0.5}/R_m$	50 mm(或 2 in)上的伸长率（最小） A_f %	抗拉强度[d]（最小） R_m MPa(psi)
	最小	最大	最小	最大			

[a] 对于中间钢级，其规定最大屈服强度和规定最小屈服强度的差额应与表中所列的邻近较高钢级相同，规定最小抗拉强度和规定最小屈服强度的差额应与表中所列的邻近较高钢级相同。对于≤L320/X46 的中间钢级，其抗拉强度应≤655 MPa(95 000 psi)。对于>L320/X46，且<L555/X80 的中间钢级，其抗拉强度应≤760 MPa(110 200 psi)。对于>L555 或 X80 的中间钢级，其最大允许抗拉强度应采用插入法获得。采用 SI 单位制时，计算值应圆整到邻近的 5 MPa，采用 USC 单位制时，计算值应圆整到邻近的 100 psi。

[b] 如果协议，钢级≥L555/X80 的钢管，可使用更严格的最大抗拉强度限制。

[c] 此限制适用于 $D>323.9$ mm(12.750 in)的钢管。

[d] 对于中间钢级，其焊缝的规定最小抗拉强度应与按脚注 a 确定的管体抗拉强度相同。

[e] 对要求纵向试验的钢管，其最大屈服强度应≤495 MPa(71 800 psi)。

[f] 在 50 mm(2 in)的标距长度上，规定最小伸长率 A_f(以百分数表示，且被圆整到最邻近的百分数)应采用下列公式确定：

$$A_f = C\frac{A_{XC}^{0.2}}{U^{0.9}}$$

式中：

C ——当采用 SI 单位制时，C 为 1 940，当采用 USC 单位制时，C 为 625 000；

A_{XC}——为适用的拉伸试样的横截面积，单位为平方毫米(平方英寸)[mm^2(in^2)]，具体如下所示：

——圆棒试样：直径 12.5 mm(0.500 in)和 8.9 mm(0.350 in)的圆棒试样为 130 mm^2(0.20 in^2)；直径6.4 mm(0.250 in)的圆棒试样为 65 mm^2(0.10 in^2)；

——全截面试样取 a)485 mm^2(0.75 in^2)和 b)采用钢管规定外径和规定壁厚计算的试样横截面积两者中的较小者，圆整到最邻近的 10 mm^2(0.01 in^2)；

——板状试样取 a)485 mm^2(0.75 in^2)和 b)采用试样规定宽度和规定壁厚计算的试样横截面积两者中的较小者，圆整到最邻近的 10 mm^2(0.01 in^2)；

U ——为规定最小抗拉强度，单位为兆帕(平方英寸磅)[MPa(psi)]。

[g] 钢级>L625QO/X90QO，$R_{p0.2}$ 适用。

[h] L625/X90 经协商可规定较低的 $R_{t0.5}/R_m$ 比值。

[i] 对于钢级>L625/X90，$R_{p0.2}/R_m$ 适用，经协商可规定较低的 $R_{p0.2}/R_m$ 比值。

J.5 表面状况，缺欠和缺陷

除埋弧焊(SAW)管咬边和任一钢管上的电弧烧伤外，外观检查发现的表面缺欠应按照下列要求进行核查、判别和处置：

a) 深度≤0.05 t，且不影响最小允许壁厚的缺欠应判为可接收缺欠，并按照 C.1 进行处置；

注：如果钢管随后涂敷涂层，订货合同中可能规定表面缺欠的特殊处置要求。

b) 深度>0.05 t，且不影响最小允许壁厚的缺欠应判为缺陷，并按照 C.2 或 C.3 对其进行处置；

c) 影响最小允许壁厚的缺欠应判为缺陷，并按照 C.3 对其进行处置。

J.6 直径，壁厚，长度和直度偏差

J.6.1 除 C.2.3 允许外，直径和不圆度应在表 J.3 规定的偏差范围内。

J.6.2 壁厚应在表 J.4 规定的偏差范围内。

表 J.3 直径和不圆度偏差

<table>
<tr><th rowspan="3">规定外径
D
mm(in)</th><th colspan="4">直径偏差[d]
mm(in)</th><th colspan="2" rowspan="2">不圆度偏差
mm(in)</th></tr>
<tr><th colspan="2">除管端外[a]的钢管</th><th colspan="2">管端[a,b,c]</th></tr>
<tr><th>SMLS 管</th><th>焊管</th><th>SMLS 管</th><th>焊管</th><th>除管端外[a]的钢管</th><th>管端[a,b,c]</th></tr>
<tr><td><60.3(2.375)</td><td rowspan="2">±0.5(0.020)
或±0.007 5D
取较大者</td><td rowspan="2">±0.5(0.020)或
±0.007 5D，
取较大者，
但最大为
±3.2(0.125)</td><td colspan="2" rowspan="2">±0.5(0.020)或
±0.005D，取较大
者，但最大为
±1.6(0.063)</td><td>0.9(0.036)</td><td>0.6(0.024)</td></tr>
<tr><td>≥60.3(2.375)～
610(24.000)</td><td>D/t≤75，0.015D；
D/t>75 时，
依照协议</td><td>D/t≤75，
0.01D；
D/t>75 时，
依照协议</td></tr>
<tr><td>>610(24.000)～
1 422(56.000)</td><td>±0.01D</td><td>±0.005D，
但最大±4.0(0.160)</td><td>±2.0
(0.079)</td><td>±1.6
(0.063)</td><td>D/t≤75 时，0.01D
但最大 10(0.4)
D/t>75 时，依照
协议</td><td>D/t≤75 时，
0.007 5D
但最大
8(0.3)
D/t>75 时，
依照协议</td></tr>
<tr><td>>1 422(56.000)</td><td colspan="6">如果协议</td></tr>
</table>

[a] 管端包括钢管每端 100 mm(4 in)长度范围内的钢管。

[b] 对于无缝(SMLS)管，这些偏差适用于 t≤25.0 mm(0.984 in)的钢管，对于更大壁厚的钢管，壁厚偏差应协商确定。

[c] 对于非扩径钢管和 D≥219.1 mm(8.625 in)的扩径钢管，直径和不圆度偏差可由计算内径(规定外径减去两倍的规定壁厚)或者测量内径确定，而不采用规定外径(见 10.2.8.3)。

[d] 为确定钢管直径公差的符合性，钢管直径定义为钢管任一圆周横截平面周长除以 π。

表 J.4 壁厚偏差

壁厚 t mm(in)	偏差[a] mm(in)
SMLS 管	
<4.0(0.157)	+0.6(0.024) −0.5(0.020)
4.0(0.157)至<10.0(0.394)	+ 0.15 t −0.125 t
10.0(0.394)至<25.0(0.984)	+ 0.125 t −0.125 t
≥25.0(0.984)	+3.7(0.146)或+ 0.1t,取较大者[b] −3.0(0.120)或−0.1t,取较大者[b]
HFW 管[c,d]	
≤6.0(0.236)	±0.4(0.016)
>6.0(0.236)至 15.0(0.591)	±0.7(0.028)
>15.0(0.591)	±1.0(0.039)
SAW 管[c,d]	
≤6.0(0.236)	±0.5(0.020)
>6.0(0.236)至 10.0(0.394)	±0.7(0.028)
>10.0(0.394)至 20.0(0.787)	±1.0(0.039)
>20.0(0.787)	+1.5(0.060) −1.0(0.039)

[a] 如果订货合同规定的壁厚负偏差比本表规定的对应数值小,则壁厚正偏差应增加,以保证适当的偏差范围。

[b] 对 D≥355.6 mm(14.000 in 且 t≥25.0 mm(0.984 in)的钢管,偏差为+12.5%和−12.5%。

[c] 壁厚正偏差不适用于焊缝。

[d] 附加限制见 9.13.2 和 J.7.2。

J.6.3 除另有协议外,钢管的最小平均长度应为 12.1 m(39.7 ft)。如果购方要求,制造商应确定每订货批钢管的最大平均长度。除另有协议外,每根钢管的实际长度(钢管两端面之间的距离)应在 11.7 m(38.4 ft)至 12.70 m(41.7 ft)的范围内。经购方同意,取样用的钢管可作为短管交货。

注: 制定本标准时,钢管最小平均长度 12.1 m(39.7 ft)是一些采用“S-铺设”辅管船的最佳操作长度。在此期间可能发生变化。最小平均长度 12.1 m(39.7 ft)可能不适用于深海“J-铺设”操作,可随使用的“J-铺设”方法发生变化,因此购方有责任与制造商和钢管铺设承包商协商钢管的交货长度范围。

J.6.4 直度偏差应符合下列要求:

a) 钢管全长范围内,直度偏离总量≤该钢管全长的 0.15%。

b) 每根钢管管端 1.0 m(3.0 ft)范围的局部直度偏离量应≤3.0 mm(0.120 in)。

J.7 焊缝偏差

J.7.1 钢带/钢板错边

对于高频焊(HFW)管,钢带/钢板错边[见图 4a)]不应使焊缝处的剩余壁厚小于最小允许壁厚。

对于埋弧焊(SAW)管,钢带/钢板的内外错边[见图 4b)]不应大于表 J.5 的相应规定。

J.7.2 高频焊(HFW)管焊缝毛刺

内毛刺不应延伸到钢管轮廓上方 0.3 mm(0.012 in)+0.05 t 以上。

表 J.5 SAW 管允许最大错边

规定壁厚 t mm(in)	允许最大错边[a] mm(in)
≤13.0(0.512)	1.3(0.051)
>13.0(0.512)~20.0(0.787)	0.1 t
>20.0(0.787)	2.0(0.079)
[a] 这些要求同样适用于钢带/钢板的对头焊缝。	

J.8 检验

J.8.1 特定检验

除表 J.6 的特殊更改外,检验频次应符合表 18 的要求。

J.8.2 力学和工艺试验用试块和试样

J.8.2.1 总则

J.8.2.1.1 应按照适用的引用标准截取拉伸试验、CVN 冲击试验、导向弯曲试验、硬度试验、钢板焊道试验、钢管焊道试验和 CTOD 试验用试块,并加工成相应试样。

J.8.2.1.2 各类型试验的试块和试样应按图 5、图 6 所示位置和表 J.7 的规定截取,同时考虑 10.2.3.2~10.2.3.7、10.2.4、J.8.2.2 和 J.8.2.3 的补充要求。

J.8.2.2 CTOD 试验试样

试样应取自焊缝金属、HAZ 和母材,且应按 ISO 12135、ASTM E1290 或 BS 7448-1 的要求进行制备。

表 J.6 检验频次

序号	检 验 类 型	钢管类型	检 验 频 次
1	D<508 mm(20.000 in)钢管管体拉伸试验	SMLS、HFW 或 SAW	相同冷扩径率[a] 不多于 100 根钢管为一试验批,每批一次
2	D≥508 mm(20.000 in)钢管管体拉伸试验	SMLS、HFW 或 SAW	相同冷扩径率[a] 不多于 50 根钢管为一试验批,每批一次

表 J.6(续)

序号	检 验 类 型	钢管类型	检 验 频 次
3	219.1 mm(8.625 in)≤*D*<508 mm(20.000 in)焊管直缝或螺旋焊缝拉伸试验	HFW 或 SAW	相同冷扩径率[a,b]不多于 100 根钢管为一试验批,每批一次
4	*D*≥508 mm(20.000 in)焊管直缝或螺旋焊缝拉伸试验	HFW 或 SAW	相同冷扩径率[a,b,c]不多于 50 根钢管为一试验批,每批一次
5	*D*≥219.1 mm(8.625 in)SAW 管钢带(卷)/钢板对头焊缝拉伸试验	SAWH	相同冷扩径率[a,b,d]每 50 个带钢带(卷)/钢板对头焊缝钢管为一试验批,每批至少一次
6	具有表 22 规定壁厚且 114.3 mm(4.500 in)≤*D*<508 mm(20.000 in)钢管管体 CVN 冲击试验	SMLS、HFW 或 SAW	相同冷扩径率[a] 不多于 100 根钢管为一试验批,每批一次
7	具有表 22 规定壁厚且 *D*≥508 mm(20.000 in)钢管管体 CVN 冲击试验	SMLS、HFW 或 SAW	相同冷扩径率[a] 相同熔炼炉不多于 50 根钢管为一试验批,每批一次
8	具有表 22 规定壁厚且 114.3 mm(4.500 in)≤*D*<508 mm(20.000 in)焊管直缝或螺旋焊缝 CVN 冲击试验	HFW 或 SAW	相同冷扩径率[a,b]不多于 100 根钢管为一试验批,每批一次
9	具有表 22 规定壁厚且 *D*≥508 mm(20.000 in)焊管直缝或螺旋焊缝 CVN 冲击试验	HFW 或 SAW	相同冷扩径率[a,b,c]不多于 50 根钢管为一试验批,每批一次
10	具有表 22 规定壁厚且 *D*≥114.3 mm(4.500 in)焊管钢带(卷)/钢板对头焊缝 CVN 冲击试验	SAWH	相同冷扩径率[a,b,d]每 50 个带钢带(卷)/钢板对头焊缝钢管为一试验批,每批至少一次
11	如果协议,焊管管体、直焊缝或螺旋焊缝和 HAZ 硬度试验	HFW、SAW 或 SMLS	依照协议
12	*D*≤168.3 mm(6.625 in)钢管直径和不圆度	SMLS、HFW 或 SAW	不多于 100 根钢管为一试验批,每批一次
13	*D*>168.3 mm(6.625 in)钢管直径和不圆度	SMLS、HFW 或 SAW	不多于 20 根钢管为一试验批,每批一次
14	无损检验	SMLS、HFW 或 SAW	符合附录 K 要求
15	如果协议,钢级≥L360 或 X52 钢管的 CTOD 试验,仅供参考	SAW	一次;仅在制造工艺评定时进行

[a] 冷扩径率是由扩径前外径或圆周长度与扩径后外径或圆周长度推出,由制造商确定。冷扩径率增加或减少量超过 0.002 时,则要求建立一个新的试验批。

[b] 另外,对每个焊管机组生产的钢管每周至少应试验一次。

[c] 对于双缝管,代表试验批钢管的两条焊缝都应进行试验。

[d] 仅适用于带有钢带(卷)/钢板对头焊缝的成品螺旋缝焊管。

表 J.7 力学试验各试块试样数量、方向和位置

钢管类型	取样位置	试验类型	各试块试样的数量、方向和位置[a] 规定外径 D mm(in) <219.1(8.625)	≥219.1(8.625)~<508(20.000)	≥508(20.000)
SMLS,非冷扩径[见图 5a)]	管体	拉伸	1L[b]	1L	1L
		CVN	3T	3T	3T
		硬度	1T	1T	1T
SMLS,冷扩径[见图 5a)]	管体	拉伸	1L[b]	1T[c]	1T[c]
		CVN	3T	3T	3T
		硬度	1T	1T	1T
HFW[见图 5b)]	管体	拉伸	1L90[b]	1T180[c,d]	1T180[c,d]
		CVN	3T90	3T90	3T90
	焊缝	拉伸	—	1W	1W
		CVN	3W	3W	3W
		硬度	1W	1W	1W
	管体和焊缝	压扁	见图 6		
SAWL[见图 5b)]	管体	拉伸	1L90[b]	1T180[c,d]	1T180[c,d]
		CVN	3T90	3T90	3T90
	焊缝	拉伸	—	1W	1W[e]
		CVN	3W 和 3HAZ	3W 和 3HAZ	3W[e] 和 3HAZ[e]
		导向弯曲	2W	2W	2W[e]
		硬度	1W	1W	1W[e]
SAWH[见图 5c)]	管体	拉伸	1L[b]	1T[c]	1T[c]
		CVN	3T	3T	3T
	焊缝	拉伸	—	1W	1W
		CVN	3W 和 3HAZ	3W 和 3HAZ	3W 和 3HAZ
		导向弯曲	2W	2W	2W
		硬度	1W	1W	1W
	钢带/钢板对头焊缝	拉伸	—	1WS	1WS
		CVN	3WS 和 3HAZ	3WS 和 3HAZ	3WS 和 3HAZ
		导向弯曲	2WS	2WS	2WS
		硬度	1WS	1WS	1WS

[a] 用于表示试样方向和位置的符号说明,见图 5。

[b] 由制造商选择可使用全截面纵向试样。

[c] 如果协议,可根据 ASTM A370 要求,用环形试样通过液压胀环试验测定横向屈服强度。

[d] 对于深海铺设管线,可规定附加纵向试验,试验要求和频次需协议。

[e] 对于双缝管,代表试验批的所选钢管的两条直焊缝都应进行试验。

J.8.2.3 硬度试验试块

硬度试验试块应取自所选钢管的端部，对于焊管，在每个试块中心应包括一段直焊缝或螺旋焊缝[见图 J.1b)]。

J.8.3 试验方法

J.8.3.1 CTOD 试验

CTOD 试验应按照 ISO 12135 或 ASTM E1290 或 BS 7448-1 的要求进行。试验温度应在订货合同中规定。

J.8.3.2 硬度试验

J.8.3.2.1 母材硬度试验应根据 ISO 6507-1 或 ASTM E384 采用维氏试验方法，或根据 ISO 6508-1 或 ASTM E18 采用洛氏 HR15N 试验方法进行。有争议时，应采用维氏试验方法。

HAZ 和焊缝的硬度试验应根据 ISO 6507-1 或 ASTM E384 采用维氏试验方法进行。

在管体和母材试验中，当单点硬度读数超过相应验收极限时，如果三点中最小值与在这三点附近加取的六点中最大值的平均值不超过相应验收极限，且单点读数超过相应验收极限的幅度不多于10HV10 或 2 HRC(选两者中适用者)，也可视为该单点合格。

J.8.3.2.2 SMLS 钢管的硬度试验位置应按图 J.1a)所示，但下列情况除外：

a) $t<4.0$ mm(0.156 in)钢管，仅需在厚度中部的横向进行试验；

b) 4.0 mm(0.156 in)$\leqslant t<6$ mm(0.236 in)钢管，仅需在内和外表面横向进行试验；

c) 如果协议，每一全厚度位置的三点[如图 J.1.a)所示]压痕硬度试验是可接受的。

J.8.3.2.3 硬度试验的位置应包括焊缝横截面。硬度压痕点应在母材、可见的热影响区和焊缝中心线上，如图 J.1b)或 图 J.1c)所示，但下列情况除外：

a) $t<4.0$ mm(0.156 in)钢管，仅需在厚度中部的横向进行试验；

b) 4.0 mm(0.156 in)$\leqslant t<6$ mm(0.236 in)钢管，仅需在内和外表面横向进行试验；

c) 如果协议，只要硬度压痕点仍位于母材上，母材的硬度压痕点与焊缝中心线的距离可小于图 J.1c)所示。

J.8.4 无损检验

无损检验见 J.2 和附录 K。

J.9 钢管标志

除 11.2 要求的钢管标志外，钢管标志应包括一个识别号，以表明产品或交货批与相关检查文件的相互关系。

只有符合本标准 PSL 2 要求，同时符合附录 J 补充要求的钢管，可标记为符合本标准，并在钢级中标识字母“O”，表明钢管预期用于海上服役条件。

同时满足附录 H 和附录 J 要求的钢管，应在钢管钢级标识后增加字母“S”和“O”(如 X52MS/X52MO 或 L360MS/L360MO)。

单位为毫米(英寸)

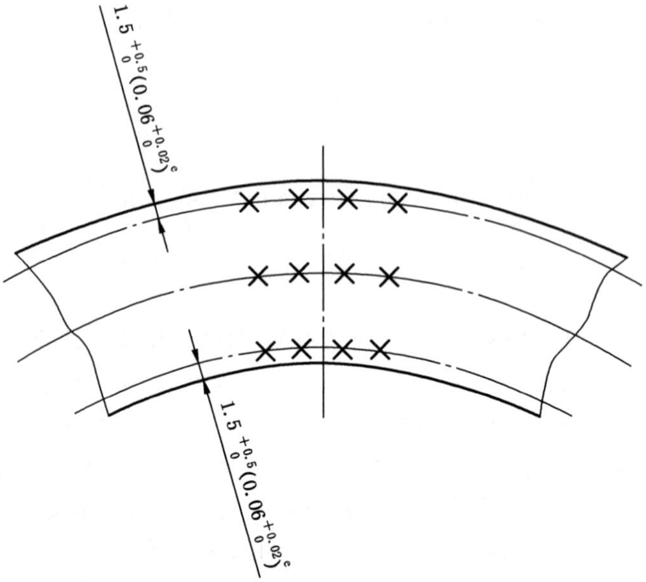

a) SMLS 管

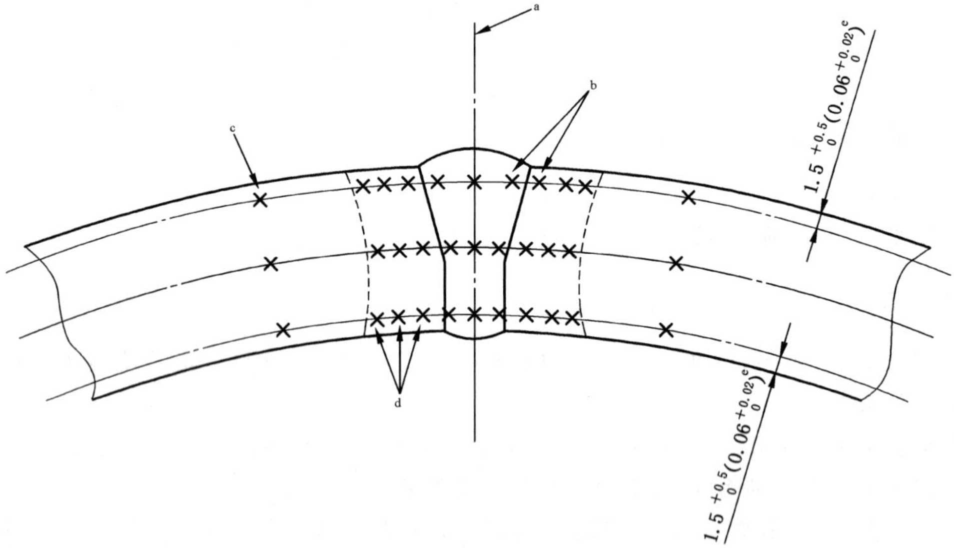

b) SAW 管

图 J.1 硬度试验位置

单位为毫米(英寸)

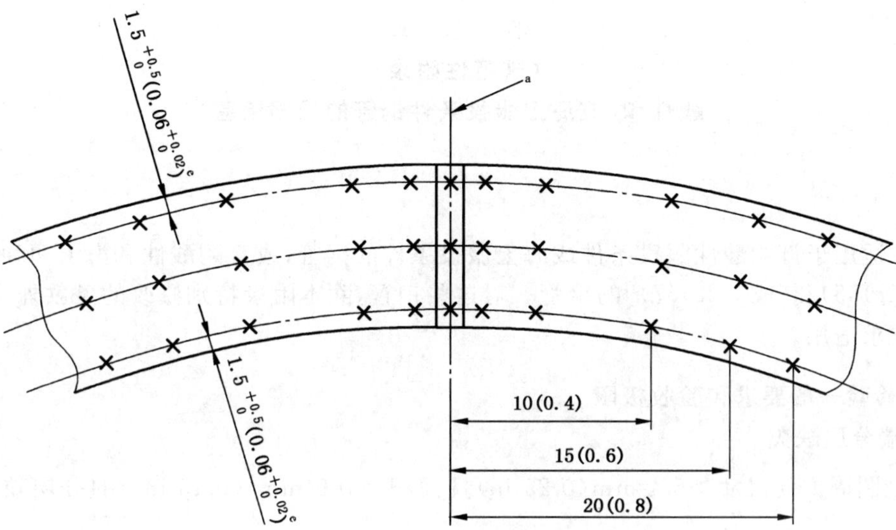

c) **HFW 管**

[a] 焊缝中心线。

[b] 距熔合线 0.75 mm(0.03 in)。

[c] 距熔合线 1t。

[d] 在可见热影响区内间隔 1.0 mm(0.04 in)。

[e] 距内表面和外表面。

图 J.1(续)

附 录 K
(规范性附录)
酸性和/或海上服役条件钢管的无损检验

K.1 引言

本附录适用于订购酸性服役条件或海上服役条件的钢管,或订购酸性和海上两种组合服役条件[见7.2c)55)和/或7.2c)57)]的钢管。对这些钢管,除本附录特别修改的条款外,附录E的无损检验要求适用。

K.2 无损检验一般要求和验收极限

K.2.1 管端分层缺欠

K.2.1.1 沿圆周方向尺寸>6.4 mm(0.25 in)且面积>100 mm^2(0.15 in^2)的分层缺欠应判为缺陷。

K.2.1.2 对于t≥5.0 mm(0.197 in)的钢管,应按照SY/T 6423.4—2013的自动/半自动检验系统要求,或按照SY/T 6423.4—2013附录A规定的手动方法,在距管端50 mm(2.0 in)范围内进行超声检验,以确认钢管不存在上述分层缺陷。

K.2.1.3 如果协议,对t≥5.0 mm(0.197 in)的钢管,应按照SY/T 6423.4—2013的自动/半自动检验系统要求或按照SY/T 6423.4—2013附录A规定的手动方法,在距管端100 mm(4.0 in)范围内进行超声检验,以确认钢管不存在上述分层缺陷。

K.2.1.4 如果协议,应按照ISO 10893-5或ASTM E709要求,对每根钢管的管端面/坡口面的分层缺欠进行磁粉检验。圆周方向尺寸>6.4 mm(0.25 in)的分层缺欠应判为缺陷。

K.2.2 可疑钢管

K.2.2.1 在进行规定的无损检验时,引起触发/报警指示的钢管应被认定为可疑钢管。

K.2.2.2 除本附录、附录H或附录J(选适用者)另有规定外,可疑钢管应按照适用的标准进行无损检验。

K.2.2.3 补焊应按照C.4的要求进行。

K.2.2.4 对缺陷进行修磨时,应通过局部外观检查验证缺陷是否彻底去除,必要时辅以适当的无损检验方法进行验证。

K.2.2.5 局部可疑区域(修磨或未修磨)的手动无损检验所采用的检验灵敏度、检验参数和验收等级(对比标样刻槽深度)应与初始检验可疑钢管所采用的检验灵敏度、检验参数和验收等级相同,手动超声检验扫查速度应≤150 mm/s(6 in/s)。

K.3 无缝(SMLS)管的无损检验

K.3.1 纵向缺欠的超声检验

按照ISO 10893-10或ASTM E213的要求,应对无缝(SMLS)管进行全管体纵向缺欠的超声检验。验收极限应符合ISO 10893-10:2011规定的验收等级U2/C。

K.3.2 管体分层缺欠

K.3.2.1 酸性服役条件下,超过表K.1酸性服役条件验收极限的单个分层和/或分布密度的分层应判为缺陷。应按照 SY/T 6423.4—2013(除 4.2 外),ASTM A435 或 ASTM A578/A578M 规定,采用超声检验方法对上述要求的符合性进行验证。自动检验的覆盖面应≥20%的钢管表面。

K.3.2.2 海上服役条件下,超过表 K.1 海上服役条件验收极限的单个分层和/或分布密度的分层应判为缺陷。如果协议,应按照 SY/T 6423.4—2013(除 4.2 外),ASTM A 435 或 ASTM A578/A578M 规定,采用超声检验方法对上述要求的符合性进行验证。自动检验的覆盖面应≥20%的钢管表面。

K.3.3 厚度的超声检验

应按照 ISO 10893-12 或 ASTM E114 的规定,对无缝(SMLS)管进行全周向超声检验,以验证其壁厚是否符合最小允许壁厚要求。厚度超声检验的覆盖面应≥25%的钢管表面,或如果协议,可规定较大的最小覆盖面。

K.3.4 补充无损检验

K.3.4.1 如果协议,应按照 ISO 10893-10:2011 中的验收等级 U2/C 或 ASTM E213 的要求,对无缝(SMLS)管的横向缺欠进行超声检验。

K.3.4.2 如果协议,应采用漏磁方法对无缝(SMLS)管全管体的纵向缺欠和/或横向缺欠进行检验,纵向缺欠应按照 SY/T 6423.6—2014 中的验收等级 F2 或 ASTM E570 进行检验,横向缺欠应按照SY/T 6423.6—2014 中的验收等级 F2 或 ASTM E570 进行检验。

K.3.4.3 如果协议,应按照 ISO 10893-2:2011 验收等级 E2H/E2 或 ASTM E309 的要求,对 SMLS 管的全管体缺欠进行涡流检验。

K.3.4.4 如果协议,在所有其他无损检验和外观检查完成之后,应按照 ISO 10893-5 或 ASTM E 709 的要求,在每熔炼炉或每 50 根为一批的无缝(SMLS)管中(取数量较小者)随机抽取一根钢管,对其进行全管体磁粉检验,以验证对 9.10 要求的符合性。检验前应对钢管进行喷丸处理,处理后使外表面达到 GB/T 8923.1—2011 规定的 Sa 2½级。

K.4 高频焊(HFW)管的无损检验

K.4.1 焊缝无损检验

应对高频焊(HFW)管焊缝全长进行纵向缺欠的超声检验,并按下列验收极限之一进行验收:

a) SY/T 6423.2—2013,验收等级 U2/U2H;

b) ISO 10893-10:2011,验收等级 U3,或如果协议,验收等级为 U2;

c) ASTM E273。

K.4.2 管体分层缺欠

如果协议,应分别按 SY/T 6423.4—2013(除 4.2 外)或 SY/T 6423.3—2013 的要求,对钢管或钢带/钢板进行分层缺欠的超声检验,相应验收极限见表 K.1。自动检验的覆盖面应≥20%的钢管表面。

表 K.1 分层缺欠的验收极限

服役条件	最大单个缺欠		考虑的最小缺欠尺寸			最大分布密度[a]
	面积 mm^2(in^2)	长度 mm(in)	面积 mm^2(in^2)	长度 mm(in)	宽度 mm(in)	
管体(或钢带/钢板)						
海上服役条件	1 000(1.6)	无规定	300(0.5)	35(1.4)	8(0.3)	10 [每 1.0 m×1.0 m(3.3 ft×3.3 ft)的正方形][b]
酸性服役条件	500(0.8)		150(0.2)	15(0.6)	8(0.3)	10 [每 500 mm×500 mm (1.6 ft×1.6 ft)的正方形][c]
酸性服役条件,如果协议	100(0.16)		30(0.05)	5(0.2)	5(0.2)	5 [每 500 mm×500 mm (1.6 ft×1.6 ft)的正方形][c]
钢板/钢带边缘或邻近焊缝区域[d]						
酸性或海上服役条件	100(0.16)	20 (0.8)	—	10 (0.4)	—	3 [每 1.0 m(3.3 ft)长度上]

注 1:管体(或钢带/钢板上)的缺欠大于最小缺欠尺寸是指该缺欠最小面积、最小长度和最小宽度均大于表中规定值。

注 2:为确定可疑区域的范围,当两个相邻可疑区域的间距小于该相邻可疑区域的两个较小轴向尺寸的较小值时,应将这两个区域视为一个区域。

[a] 小于最大缺欠尺寸且大于最小缺欠尺寸的缺欠数量。

[b] 对于 D<323.9 mm(12.375 in)钢管或宽度小于 1 000 mm(39.4 in)钢带/钢板,缺欠的最大分布密度按照 1.0 m^2(10.8 ft^2)面积上的缺欠数量计算。

[c] 对于 D<168.3 mm(6.625 in)的钢管或宽度小于 500 mm(19.7 in)的钢带/钢板,缺欠的最大分布密度按照 0.25 m^2(2.7 ft^2)面积上的缺欠数量计算。

[d] 钢带/钢板边缘最大缺欠的面积为平行于钢带/钢板边缘的最大缺欠长度和其横向尺寸的乘积,如果其长度或横向尺寸有一项超过规定,则认为该缺欠大于最大缺欠尺寸。

K.4.3 钢带/钢板边缘或邻近焊缝区域的分层缺欠

如果协议,应分别按 SY/T 6423.3—2013 或 SY/T 6423.4—2013 的要求,对宽度各超过 15 mm(0.6 in)的钢带/钢板两侧边缘或邻近焊缝区域两侧的分层缺欠进行超声检验,验收极限见表 K.1。

K.4.4 补充无损检验

如果协议,应按照 ISO 10893-10:2011 验收等级为 U3/C 或如果协议为 U2/C 的要求、或按照 ASTM E213 的要求,对高频焊(HFW)管管体的纵向缺欠进行超声检验;或者按照 SY/T 6423.6—2014 验收等级为 F3 或如果协议为 F2、或 ASTM E 570 的要求进行漏磁检验。

K.5 埋弧焊(SAW)管的无损检验

K.5.1 焊缝纵向和横向缺欠的超声检验

K.5.1.1 应按照 SY/T 6423.2—2013 验收等级 U2 的要求,对埋弧焊(SAW)管焊缝全长的纵向缺欠和横向缺欠进行超声检验,并作如下修改:

a) 刻槽深度应≤2.0 mm(0.080 in);

b) 不允许使用位于焊缝中心的内部和外部纵向刻槽校准设备;

c) 允许使用验收等级为 U2 的内部和外部刻槽替代钻孔对比标样,校准检测横向缺欠的设备,这些刻槽与焊缝垂直且位于焊缝中心。在这种情况下,刻槽间与刻槽两边的焊缝余高应磨削至与钢管母材表面平齐。为获得清晰可分辨的、相互分离的超声信号回波,刻槽沿纵向应有足够的间距,且与任何原始焊缝也应留有足够间距。每一个刻槽的全波高度信号用于设置设备的触发/报警门限。

如果协议,允许采用固定深度的内部和外部刻槽替代验收等级为 U2 的内部和外部刻槽校准设备,并通过电子方法(如增加 db 值)提高检验灵敏度。在这种情况下(称为“两-λ”法),刻槽深度应为所使用超声频率波长的两倍。波长[单位为 m(ft)]由式(K.1)确定:

$$\lambda = \frac{V_t}{f} \qquad \text{(K.1)}$$

式中:

V_t ——横波声速,单位为 m/s(ft/s);

f ——频率,单位为 Hz(每秒的周期数)。

示例:在检测频率为 4 MHz 时,其波长为 0.8 mm(0.031 in),则刻槽深度为 1.6 mm(0.063 in)。

检验灵敏度的提高应根据钢管的壁厚来确定,且制造商应向购方证实获得的检验灵敏度与使用验收等级 U2 刻槽获得的检验灵敏度基本相当。

d) 制造商可按照 K.5.3 规定对可疑区域进行复验。

K.5.1.2 应对螺旋缝埋弧焊(SAWH)管的钢带(卷)/钢板对头焊缝全长进行超声检验,其检验灵敏度和检验参数应与螺旋焊缝检验(按照 K.5.1.1 规定)相同。

另外,T 型接头,即钢带(卷)/钢板对头焊缝的端部与螺旋焊缝的交接处,应按照 E.4 的规定进行射线检验。

K.5.1.3 应对对接钢管环焊缝全长进行超声检验。其检验灵敏度和检验参数与螺旋焊缝或直焊缝检验(按照 K.5.1.1 规定)的相同。

另外,T 型接头,即环焊缝与直缝埋弧焊(SAWL)管直焊缝,或与螺旋缝埋弧焊(SAWH)管螺旋焊缝的交接处,应按 E.4 规定进行射线检验。

K.5.2 管体和钢带/钢板边缘的分层缺欠

K.5.2.1 应按照 SY/T 6423.3—2013 的规定,对管体或钢带/钢板进行分层缺欠的超声检验,相应服役条件的验收极限见表 K.1,其检验覆盖率≥20%。

这种检验既可在钢带/钢板制造厂进行,也可在钢管制造厂进行。

K.5.2.2 应按照 SY/T 6423.3—2013 的规定,对钢带(卷)/钢板两侧边缘(包括邻近螺旋焊管钢带/钢板对头焊缝两侧)超过 15 mm(0.6 in)的宽度范围进行分层缺欠的超声检验,其验收极限见表 K.1 钢板/钢带边缘或邻近焊缝区域的相应规定。

K.5.3 管端/补焊区域焊缝无损检验

自动超声检验设备无法检验的管端焊缝和补焊区域焊缝(见 C.4),应按照下列规定进行检验:

a) 纵向缺欠采用手动或半自动超声方法检验,其检验灵敏度和检验参数与 K.5.1.1 规定相同,或如果协议,按照 E.4 规定进行射线检验;

b) 横向缺欠采用手动或半自动超声方法检验,其检验灵敏度和检验参数与 K.5.1.1 规定相同,或按照 E.4 规定进行射线检验。

手动超声检验扫查速度应≤150 mm/s(6 in/s)。

K.5.4 补充无损检验

如果协议,应按照 ISO 10893-5 或 ASTM E 709 规定,对每根钢管两端最少 50 mm(2.0 in)长度的外焊缝和内焊缝表面进行磁粉检验,任何超过 3.0 mm(0.12 in)的指示应按照 C.2 规定进行核查和处置。

附　录　L
(资料性附录)
相关国内外标准对照

ISO 148-1	金属材料　夏比摆锤冲击试验　第1部分:试验方法(GB/T 229—2007,MOD ISO 148-1:2006)
ISO 404	钢和钢产品　一般交货技术条件(GB/T 17505—1998,EQV ISO 404:1992)
ISO 2566-1	钢　伸长率换算　第1部分:碳钢和低合金钢(GB/T 17600.1—1998,EQV ISO 2566-1:1984)
ISO 6506-1	金属材料　布氏硬度试验　第1部分:试验方法(GB/T 231.1—2009,MOD ISO 6506-1:2005)
ISO 6506-2	金属材料　布氏硬度试验　第2部分:硬度计的检验与校准(GB/T 231.2—2012,MOD ISO 6506-2:2005)
ISO 6506-3	金属材料　布氏硬度试验　第3部分:标准硬度块的标定(GB/T 231.3—2012,MOD ISO 6506-3:2005 Ed.2)
ISO 6506-4	金属材料　布氏硬度试验　第4部分:硬度值表(GB/T 231.4—2009,IDT ISO 6506-4:2005 Ed.1)
ISO 6507-1	金属材料　维氏硬度试验　第1部分:试验方法(GB/T 4340.1—2009,MOD ISO 6507-1:2005)
ISO 6507-2	金属材料　维氏硬度试验　第2部分:硬度计的检验与校准(GB/T 4340.2—2012,MOD ISO 6507-2:2005 Ed.3)
ISO 6507-3	金属材料　维氏硬度试验　第3部分:标准硬度块的标定(GB/T 4340.3—2012,MOD ISO 6507-3:2005 Ed.3)
ISO 6507-4	金属材料　维氏硬度试验　第4部分:硬度值表(GB/T 4340.4—2009,IDT ISO 6507-4:2005)
ISO 6508-1	金属材料　洛氏硬度试验　第1部分:试验方法(A、B、C、D、E、F、G、H、K、N、T标尺)(GB/T 230.1—2009,MOD ISO 6508-1:2005)
ISO 6508-2	金属材料　洛氏硬度试验　第2部分:硬度计(A、B、C、D、E、F、G、H、K、N、T标尺)的检验与校准(GB/T 230.2—2012,MOD ISO 6508-2:2005 Ed.2)
ISO 6508-3	金属材料　洛氏硬度试验　第3部分:标准硬度块(A、B、C、D、E、F、G、H、K、N、T标尺)的标定(GB/T 230.3—2012,MOD ISO 6508-3:2005 Ed.2)
ISO 6892-1	金属材料　拉伸试验　第1部分:室温试验方法(GB/T 228.1—2010,MOD ISO 6892-1:2009)
ISO 6929	钢产品　定义和分类(GB/T 15574—1995,EQV ISO 6929:1987)
ISO 7438	金属材料　弯曲试验(GB/T 232—2010,MOD ISO 7438:2005)

ISO 7539-2	金属和合金腐蚀　应力腐蚀试验　第2部分:弯梁试样制备和使用(GB/T 15970.2—2000,IDT ISO 7539-2:1989)
ISO 8491	金属材料　管(全截面)　弯曲试验(GB/T 244—2008,IDT ISO 8491:1998)
ISO 8492	金属材料　管　压扁试验(GB/T 246—2007,IDT ISO 8492:1998)
ISO 9712	无损检测　人员资质和评定(GB/T 9445—2015,IDT ISO 9712:2012)
ISO 10893-6	钢管无损检测　第6部分:焊接钢管焊缝缺欠的射线检测(SY/T 6423.1—2013,IDT ISO 10893-6:2011)
ISO 12135	金属材料　准静态断裂韧度的统一试验方法(GB/T 21143—2014,MOD ISO 12135:2002)
ISO 13678	石油和天然气工业　套管、油管和管线钢管螺纹脂的评估和试验(GB/T 23512—2015,IDT ISO 13678:2010)
ISO 14284	钢和铁　化学成分试验试样的取样和制备(GB/T 20066—2006,IDT ISO 14284:1996)
API Spec 5B	套管、油管和管线管螺纹的加工、测量和检验规范(*US* 惯用单位)(GB/T 9253.2—1999,IDT API Spec 5B:1996)
API RP 5L1	管线钢管铁路运输推荐作法(SY/T 6577.1—2014,MOD API RP 5L1:2009)
API RP 5L3	管线钢管落锤撕裂试验推荐作法(SY/T 6476—2013,MOD API RP 5L3:1996)
API RP 5LW	管线钢管船舶和海上运输推荐作法(SY/T 6577.2—2014,IDT API RP 5LW:2009)
API RP 5LT	管线钢管汽车运输推荐作法(SY/T 6577.3—2014,MOD API RP 5LT:2012)
NACE TM0177:2005	金属在 H_2S 环境中抗硫化物应力开裂和应力腐蚀开裂的实验室试验(GB/T 4157—2006,MOD NACE TM 0177—1996)

注:GB/T 20000.2—2009《标准化工作指南　第2部分:采用国际标准》规定,采用国际标准制定国内标准有以下三种情况:

1. 等同(IDT):表明国家标准与国际标准的技术内容和文本结构相同,可包括最小限度的编辑性修改。
2. 修改(MOD):表明国家标准与国际标准存在技术性差异,并且这些差异及其产生的原因被清楚地说明;文本结构有变化,但同时有清楚的比较,可包含编辑性修改。
3. 非等效(NEQ):表明国家标准与国际标准的技术内容和文本结构不同,同时这种差异在国家标准中没有被清楚地说明。与国际标准一致性程度为"非等效"的国家标准,不属于采用国际标准。

附 录 M
(资料性附录)
落锤撕裂(DWT)试验异常断口评价推荐作法

M.1 范围

本附录适用于当DWT试验出现异常断口时,对异常试样断口的评判。

M.2 异常断口定义与分类

M.2.1 定义

在落锤撕裂(DWT)试验中,正常断口以脆性启裂;在壁厚较大的高强度、高韧性管线钢DWT试验中,常常出现以韧性启裂伴有脆性扩展的异常断口,其典型特征如图M.1a)所示。

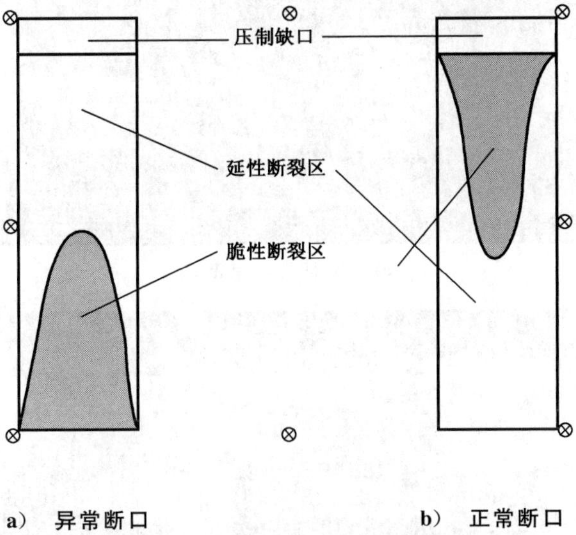

图 M.1 正常/异常典型断口示意图

M.2.2 分类

根据异常断口内脆性区的分布特征,将异常断口分为以下4类:

——第Ⅰ类异常断口,脆性区分布在锤击侧1个壁厚范围内[图M.2a)];

——第Ⅱ类异常断口,脆性区在锤击侧,分布超出一个壁厚范围,但没有超过从锤击侧算起的断裂韧带的中线[图M.2b)];

——第Ⅲ类异常断口,脆性区分布在断口韧带中部,从锤击侧算起超过断裂韧带的中线[图M.2c)];

——第Ⅳ类异常断口,脆性区出现得更早,距缺口的最近距离小于1个壁厚[图M.2d)]。

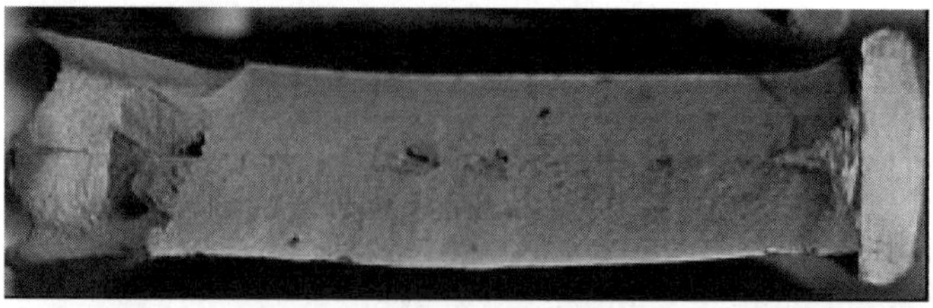

a) 第Ⅰ类异常断口

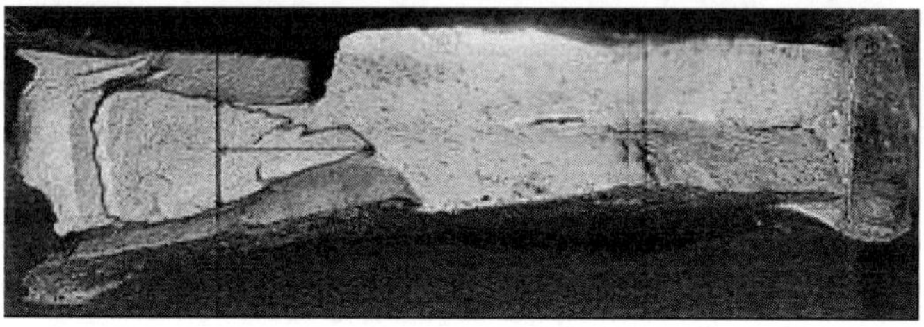

b) 第Ⅱ类异常断口

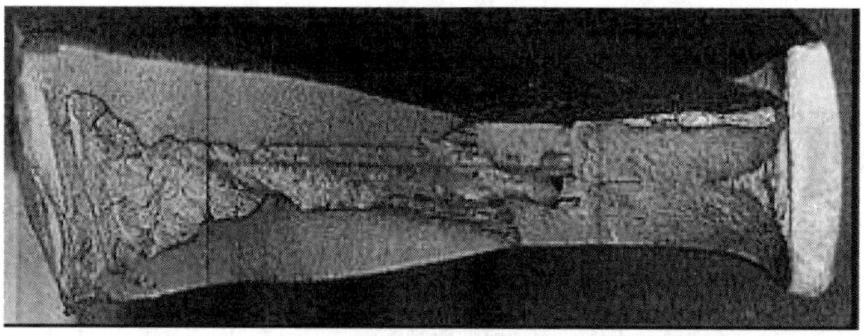

c) 第Ⅲ类异常断口

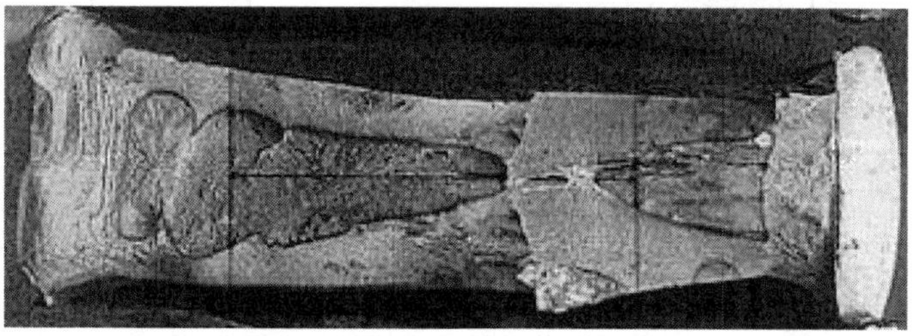

d) 第Ⅳ类异常断口

图 M.2 异常断口分类

M.3 异常断口的评判

M.3.1 出现异常断口的试样,可作为有效试样,并按 M.3.2～M.3.4 方法进行评定。

M.3.2 方法 A 适用于第Ⅰ类和第Ⅳ类异常断口的评判,具体作法为:

——从缺口根部和锤击侧分别扣除一个壁厚,壁厚大于 19 mm 的只扣除 19 mm,剩余区域作为断口的有效评判区域;

——有效评判区域内脆性面积的大小,按有效评判区内的实际面积进行计算。

M.3.3 方法 B 适用于第Ⅱ类异常断口的评判,具体作法为:

——从缺口根部和锤击侧分别扣除一个壁厚,壁厚大于 19 mm 的只扣除 19 mm,剩余区域作为断口的有效评判区域；

——有效评判区域内脆性面积的计算：当孤立的脆性区分布不超过从锤击侧算起的 25 mm 范围时，可忽略不计；超过 25 mm 范围时，孤立分布的脆性区面积全部计算在内。有效评判区域内其余部位的脆性区按实际面积进行计算。对评判区域内出现的三角形或箭头形脆性区，其面积按一半计算。

M.3.4 方法 C 适用于第Ⅲ类异常断口的评判，具体作法为：

——从锤击侧扣除 1.5 倍壁厚、缺口根部扣除 5 mm，剩余区域作为断口的有效评判区域；

——有效评判区域内脆性区面积的计算：所有在评判区域内的脆性区均按实际面积计算，不连续的区域先独立计算，再累加。对评判区域内出现的三角形或箭头形脆性区，其面积按一半计算。

附　录　N
（资料性附录）
本标准与 ISO 3183:2012 的技术性差异及其原因

表 N.1 给出了本标准与 ISO 3183:2012 的技术性差异及其原因。

表 N.1　本标准与 ISO 3183:2012 的技术性差异及其原因

<table>
<tr><th>本标准章条编号</th><th>技术性差异</th><th>原　因</th></tr>
<tr><td>1</td><td>增加了适用性内容</td><td>适应我国标准制定要求</td></tr>
<tr><td>5.2</td><td>增加 COW、GMAW、SAW、SMAW 等有关焊接的缩略语</td><td rowspan="6">满足实际需求</td></tr>
<tr><td>7.2b)</td><td>增加对接钢管焊接类型(见 A.1.1)</td></tr>
<tr><td>7.2c)</td><td>增加可协议确定冷扩径钢管的扩径方式(水压或机械)条款</td></tr>
<tr><td>7.2c)</td><td>增加按附录 G 订购输气管线用钢级不低于 L485/X70 抗延性断裂扩展 PSL2 钢管时，购方宜规定原料晶粒度、带状组织和夹杂物的具体要求；并在原料章节(8.3.3)增加与此相应的要求</td></tr>
<tr><td>9</td><td>增加当 DWT 试验出现异常断口时，可按附录 M 对异常断口进行评定</td></tr>
<tr><td>14</td><td>钢管装载增加参考标准 API RP 5LT 管线钢管卡车运输推荐作法，适于汽车运输</td></tr>
<tr><td>附录 P</td><td>删除加工有螺纹和带接箍钢管公式及导向弯曲和 CVN 试样的背景公式，以及相应的规范性引用文件ISO/TR 10400(API TR 5C3)，因为我国已采用 ISO/TR 10400 制定了对应的标准</td><td rowspan="3">增加可操作性，便于标准的执行</td></tr>
<tr><td>附录 L</td><td>增加资料性附录，提供与 ISO 3183 规范性引用文件有采标关系的对应国内标准对照表供参考</td></tr>
<tr><td>附录 M</td><td>增加资料性附录，提出落锤撕裂(DWT)试验异常断口评价推荐作法</td></tr>
</table>

参 考 文 献

［1］ ASTM E 29-08，在试验数据中采用有效数字确定符合规范的标准作法[6)]

［2］ ISO/TS 29001，石油、石化和天然气工业 特定部分：质量管理体系 对产品和服务机构的要求

［3］ API Spec Q1，石油天然气工业 质量纲要规范[7)]

［4］ ISO 9001，质量管理体系 要求

［5］ ISO 11961，石油和天然气工业 用作钻杆的钢管规范

［6］ ISO 11960，石油和天然气工业 油井用套管或油管的钢管

［7］ ISO 4200，平端焊接钢管和平端无缝钢管 尺寸和单位长度质量总表

［8］ ASME B36.10M，焊接钢管和无缝锻造钢管[8)]

［9］ ISO 6761，钢管 钢管端部和管件焊接的准备

［10］ EPRG 输气管线止裂韧性的建议 3R international 10-11/1995 pp.607-611[9)] RE. G.，Pistone，G.，Vogt，G.，DEMOFONTI，G.和 JONE，G.G.

［11］ 收录于 EPRG 剪切止裂韧性推荐作法中的安全随机评估—3R international 10-11/1998 pp.728-733[8)] DAWSON，J.和 PISTONE，G.

［12］ 天然气管线的断裂控制技术，NG-18 报告号：208，PR-3-9113，1993 年 12 月[10)]，EIBER，R.J.，BUBENIK，T.A.和 MAXEY，W.A.

［13］ 全尺寸试样确定北美管线钢管韧性，石油和天然气，97(45)卷，1999 年 11 月 8 日 EIBER，R.J.，LEIS，B.，CARLSON，L.，HORNER，N.和 GILROY-SCOTT，A.

［14］ 管线钢管塑性断裂扩展；分委会总结报告—大口径管线钢管制造商 AISI 委员会；1974 年9 月 1 日[11)]

［15］ 油气生产含 H_2S 环境中碳钢和低合金钢材料要求导则[12)]，EFC 出版物 16

［16］ DNV-OS-F101，海底管线系统[13)]

［17］ API Spec 5L，43rd，2004 年 3 月管线钢管规范

［18］ API RP 5L1，管线钢管铁路运输推荐作法

［19］ API RP 5LW，管线钢管船舶和海上运输推荐作法

［20］ NACE MR0175/ISO 15156-1 石油天然气工业 油气生产中用于含有硫化氢环境

---

6) ASTM International，100 Barr Harbor Drive，West Conshohocken，PA 19428-2959，USA.

7) American Society of Mechanical Engineers，Three Park Avenue，New York，NY 10016-5990，USA.

8) EPRG c/o Salzgitter Mannesmann Forschung，GmbH，Ehinger Strasse 200，47259，Duisburg，Germany.

9) Pipeline Research Council International，1401 Wilson Boulevard，Site 1101，Arlington，VA 22209，USA. www.prci.com

10) American Iron&Steel Institute，600 Anderson Drive，Pittsburgh，PA 15220，USA.

11) Maney Publishing，Hudson Road，Leeds LS9 7DL，UK and 1 Carlton House Terrace，London SW1Y 5DB，UK. www.maney@maney.co.uk.

12) Det Norske Veritas A.S.，Veritasveien 1，N-1322 Hφvik，Norway.www.dnv.com.

13) American Petroleum Institute，1220 L Street，N.W.，Washington，DC 20005，USA.

中的材料 第1部分:抗开裂材料选择的一般原则

[21] API Spec 5CT,套管和油管规范

[22] EN 10027-2,钢牌号系统 第2部分:数字系统

[23] ISO 15614-1 金属材料焊接工艺规范和资质 焊接工艺试验 第一部分:钢的电弧焊和气体保护焊,镍及其合金的电弧焊

[24] EN 287-1[14],焊工资质鉴定试验 熔焊 第1部分:钢

[25] ISO 9606-1,焊工资质鉴定试验 熔焊 第1部分:钢

[26] ASME 第Ⅸ部分[15],锅炉及压力容器规范 焊接及钎焊评定

[27] 焊接钢管横向韧性要求的发展,1976年6月在API标准化会议上由Thomas,W. H.,Wilder,A.B.and Clinedinst,W.O.提出

[28] ISO 15156-1,石油天然气工业 含硫化氢环境中生产油气所使用的材料 第1部分:抗开裂材料选择的总则

[29] EN 473 无损检测 NDT人员的评定和认证 总则

[30] ISO 15156-2,石油天然气工业 含硫化氢环境中生产油气所使用的材料 第2部分:抗开裂的碳钢和低合金钢以及铸铁的使用

[31] API RP 5LT,管线钢管汽车运输推荐作法

14) CEN,European Committee for Standardization,Central Secretariat,Rue de Stassart 36,B-1050,Brussels,Belgium.

15) American Society of Mechanical Engineers,Three Park Avenue,New York,NY 10016-5990,USA。

ICS 77.140.75
H 48

中华人民共和国国家标准

GB 9948—2013
代替 GB 9948—2006

石油裂化用无缝钢管

Seamless steel tubes for petroleum cracking

自 2017 年 3 月 23 日起，本标准转为推荐性标准，编号改为 GB/T 9948—2013。

2013-09-18 发布 2014-07-01 实施

中华人民共和国国家质量监督检验检疫总局
中国国家标准化管理委员会 发布

前　　言

本标准中5.5、6.1.1、6.1.2、6.1.3、6.2、6.3、6.4、6.5、6.6、6.7、6.8、6.9、6.10.1、6.11、7、8、9为强制性，其余为推荐性。

本标准按照GB/T 1.1—2009给出的规则起草。

本标准代替GB 9948—2006《石油裂化用无缝钢管》。本标准与GB 9948—2006相比，除编辑性修改外主要技术变化如下：

——增加了最小壁厚交货方式；

——修改了钢管的尺寸允许偏差；

——修改了钢的牌号和化学成分，增加了钢牌号12Cr1Mo、12Cr2Mo、12Cr1MoV、12Cr9Mo-I、12Cr9Mo-NT、07Cr19Ni11Ti、022Cr17Ni12Mo2；

——修改了管坯的制造方法及要求；

——修改了钢管的力学性能；

——修改了钢管的热处理制度；

——修改了无损检验要求；

——增加了晶间腐蚀试验；

——增加优质碳素结构钢钢管用于含H_2S环境的补充技术要求。

本标准参照ASTM A335/A335M-10《高温用铁素体合金钢无缝钢管规范》(英文版)、ASTM A213/A213M-10《锅炉、过热器和换热器用铁素体和奥氏体合金钢无缝钢管规范》(英文版)和EN 10216-2:2002《压力用途的无缝钢管　交货技术条件　第2部分：规定高温性能的非合金钢和合金钢》(英文版)起草。

本标准由中国钢铁工业协会提出。

本标准由全国钢标准化技术委员会(SAC/TC 183)归口。

本标准起草单位：攀钢集团成都钢钒有限公司、鞍钢股份有限公司、湖南华菱钢管控股有限公司、江苏武进不锈钢管厂集团有限公司、衡阳华菱钢管有限公司、江苏华菱锡钢特钢有限公司、冶金工业信息标准研究院。

本标准主要起草人：李志、晏如、李奇、郭秀莉、李阳华、宋建新、赵斌、陈绍林、高山、周志斌、董莉。

本标准所代替标准的历次版本发布情况为：

——GB 9948—1988、GB 9948—2006。

根据中华人民共和国国家标准公告(2017年第7号)和强制性标准整合精简结论，本标准自2017年3月23日起，转为推荐性标准，不再强制执行。

石油裂化用无缝钢管

1 范围

本标准规定了石油裂化用无缝钢管的分类、代号、尺寸、外形、重量、技术要求、试验方法、检验规则、包装、标志和质量证明书。

本标准适用于石油化工用炉管、热交换器管和压力管道用无缝钢管。

2 规范性引用文件

下列文件对于本文件的应用是必不可少的。凡是注日期的引用文件,仅注日期的版本适用于本文件。凡是不注日期的引用文件,其最新版本(包括所有的修改单)适用于本文件。

GB/T 222 钢的成品化学成分允许偏差

GB/T 223.3 钢铁及合金化学分析方法 二安替比林甲烷磷钼酸重量法测定磷量

GB/T 223.5 钢铁 酸溶硅和全硅含量的测定 还原型硅钼酸盐分光光度法

GB/T 223.11 钢铁及合金 铬含量的测定 可视滴定或电位滴定法

GB/T 223.12 钢铁及合金化学分析方法 碳酸钠分离-二苯碳酰二肼光度法测定铬量

GB/T 223.13 钢铁及合金化学分析方法 硫酸亚铁铵滴定法测定钒含量

GB/T 223.14 钢铁及合金化学分析方法 钽试剂萃取光度法测定钒含量

GB/T 223.18 钢铁及合金化学分析方法 硫代硫酸钠分离-碘量法测定铜量

GB/T 223.19 钢铁及合金化学分析方法 新亚铜灵-三氯甲烷萃取光度法测定铜量

GB/T 223.23 钢铁及合金 镍含量的测定 丁二酮肟分光光度法

GB/T 223.25 钢铁及合金化学分析方法 丁二酮肟重量法测定镍量

GB/T 223.26 钢铁及合金 钼含量的测定 硫氰酸盐分光光度法

GB/T 223.37 钢铁及合金化学分析方法 蒸馏分离-靛酚蓝光度法测定氮量

GB/T 223.40 钢铁及合金 铌含量的测定 氯磺酚S分光光度法

GB/T 223.53 钢铁及合金化学分析方法 火焰原子吸收分光光度法测定铜量

GB/T 223.54 钢铁及合金化学分析方法 火焰原子吸收分光光度法测定镍量

GB/T 223.58 钢铁及合金化学分析方法 亚砷酸钠-亚硝酸钠滴定法测定锰量

GB/T 223.59 钢铁及合金 磷含量的测定 铋磷钼蓝分光光度法和锑磷钼蓝分光光度法

GB/T 223.60 钢铁及合金化学分析方法 高氯酸脱水重量法测定硅含量

GB/T 223.61 钢铁及合金化学分析方法 磷钼酸铵容量法测定磷量

GB/T 223.62 钢铁及合金化学分析方法 乙酸丁酯萃取光度法测定磷量

GB/T 223.63 钢铁及合金化学分析方法 高碘酸钠(钾)光度法测定锰量

GB/T 223.64 钢铁及合金 锰含量的测定 火焰原子吸收光谱法

GB/T 223.67 钢铁及合金 硫含量的测定 次甲基蓝分光光度法

GB/T 223.68　钢铁及合金化学分析方法　管式炉内燃烧后碘酸钾滴定法测定硫含量
GB/T 223.69　钢铁及合金　碳含量的测定　管式炉内燃烧后气体容量法
GB/T 223.71　钢铁及合金化学分析方法　管式炉内燃烧后重量法测定碳含量
GB/T 223.72　钢铁及合金　硫含量的测定　重量法
GB/T 223.74　钢铁及合金化学分析方法　非化合碳含量的测定
GB/T 226　钢的低倍组织及缺陷酸蚀检验法
GB/T 228.1　金属材料　拉伸试验　第1部分:室温试验方法
GB/T 229　金属材料　夏比摆锤冲击试验方法
GB/T 231.1　金属材料　布氏硬度试验　第1部分:试验方法
GB/T 232　金属材料　弯曲试验方法
GB/T 241　金属管　液压试验方法
GB/T 242　金属管　扩口试验方法
GB/T 246　金属管　压扁试验方法
GB/T 1979　结构钢低倍组织缺陷评级图
GB/T 2102　钢管的验收、包装、标志和质量证明书
GB/T 2975　钢及钢产品　力学性能试验取样位置及试样制备
GB/T 4334—2008　金属和合金的腐蚀　不锈钢晶间腐蚀试验方法
GB/T 4336　碳素钢和中低合金钢　火花源原子发射光谱分析方法(常规法)
GB/T 5777—2008　无缝钢管超声波探伤检验方法
GB/T 7735—2004　钢管涡流探伤检验方法
GB/T 10561—2005　钢中非金属夹杂物含量的测定　标准评级图显微检验法
GB/T 11170　不锈钢　多元素含量的测定　火花放电原子发射光谱法(常规法)
GB/T 12606—1999　钢管漏磁探伤方法
GB/T 17395　无缝钢管尺寸、外形、重量及允许偏差
GB/T 20066　钢和铁　化学成分测定用试样的取样和制样方法
GB/T 20123　钢铁　总碳硫含量的测定　高频感应炉燃烧后红外吸收法(常规方法)
GB/T 20124　钢铁　氮含量的测定　惰性气体熔融热导法(常规方法)
YB/T 4149　连铸圆管坯
YB/T 5137　高压用热轧和锻制无缝钢管圆管坯
NACE MR0175/ISO 15156-2　石油和天然气工业-油气生产中用于含 H_2S 环境的材料　第2部分:抗开裂碳钢和低合金钢及铸铁的使用

3　分类、代号

本标准的无缝钢管按产品制造方式分为两类,类别和代号为:

a)　热轧(挤压、扩)钢管　　W-H;

b)　冷拔(轧)钢管　　W-C。

4　订货内容

按本标准订购钢管的合同或订单应包括下列内容:

a) 标准编号;

b) 产品名称;

c) 钢的牌号;

d) 订购的数量(总重量或总长度);

e) 尺寸规格(外径×壁厚,单位为毫米);

f) 交货状态;

g) 特殊要求。

5 尺寸、外形、重量及允许偏差

5.1 外径和壁厚

5.1.1 除非合同另有规定,钢管按公称外径(D)和公称壁厚(S)交货。根据需方要求,经供需双方协商,钢管可按公称外径(D)和最小壁厚(S_{min})交货。

5.1.2 钢管的公称外径和壁厚应符合 GB/T 17395 的规定。根据需方要求,经供需双方协商,可供应其他外径和壁厚的钢管。

5.1.3 按公称外径和公称壁厚交货的钢管,钢管外径和壁厚的允许偏差应符合表 1 的规定。

5.1.4 按公称外径和最小壁厚交货的钢管,钢管外径允许偏差应符合表 1 的规定,壁厚允许偏差应符合表 2 的规定。

5.1.5 当需方未在合同中注明钢管尺寸允许偏差级别时,钢管外径和壁厚的允许偏差应符合普通级的规定。

5.1.6 根据需方要求,经供需双方协商,并在合同中注明,可供应表 1、表 2 规定以外尺寸允许偏差的钢管。

表 1 钢管外径和壁厚的允许偏差

单位为毫米

分类代号	制造方式	钢管公称尺寸		允许偏差	
				普通级	高级
W-H	热轧(挤压)	外径 D	≤54	±0.50	±0.30
			>54~325	±1%D	±0.75%D
			>325	±1%D	—
		壁厚 S	≤20	+15%S −10%S	±10%S
			>20	+12.5%S −10%S	±10%S
	热扩	外径 D	全部	±1%D	
		壁厚 S	全部	±15%S	

表 1（续）

单位为毫米

分类代号	制造方式	钢管公称尺寸		允许偏差	
				普通级	高级
W-C	冷拔(轧)	外径 D	≤25.4	±0.15	
			>25.4～40	±0.20	
			>40～50	±0.25	
			>50～60	±0.30	
			>60	±0.75%D	±0.5%D
		壁厚 S	≤3.0	±0.3	±0.2
			>3.0	±10%S	±7.5%S

表 2　钢管最小壁厚的允许偏差

单位为毫米

分类代号	制造方式	最小壁厚 S_{min}	允许偏差	
			普通级	高级
W-H	热轧(挤压)	≤4.0	$^{+0.90}_{0}$	$^{+0.70}_{0}$
		>4.0	$^{+25\%S_{min}}_{0}$	$^{+22\%S_{min}}_{0}$
W-C	冷拔(轧)	≤3.0	$^{+0.6}_{0}$	$^{+0.4}_{0}$
		>3.0	$^{+20\%S_{min}}_{0}$	$^{+15\%S_{min}}_{0}$

5.2　长度

5.2.1　通常长度

钢管的通常长度为 4 000 mm～12 000 mm。

经供需双方协商，并在合同中注明，可交付长度短于 4 000 mm 但不短于 3 000 mm 的短尺钢管，但其数量应不超过该批钢管交货总数量的 5%。

5.2.2　定尺长度和倍尺长度

根据需方要求，并在合同中注明，钢管可按定尺或倍尺长度交货。钢管的定尺长度和倍尺总长度应在通常长度范围内，钢管定尺长度允许偏差应符合如下规定：

a)　长度≤6 000 mm，0～10 mm；

b)　长度>6 000 mm，0～15 mm。

每个倍尺长度应按如下规定留出切口余量：

a)　D≤159 mm 时，切口余量为 5 mm～10 mm；

b)　D>159 mm 时，切口余量为 10 mm～15 mm。

5.3　弯曲度

5.3.1　钢管的每米弯曲度应符合如下规定：

a) $S \leqslant 15$ mm 时，弯曲度不大于 1.5 mm/m；

b) $S > 15$ mm～30mm 时，弯曲度不大于 2.0 mm/m；

c) $S > 30$ mm 或 $D \geqslant 351$ mm 时，弯曲度不大于 3.0 mm/m。

5.3.2 外径不小于 127 mm 的钢管，其全长弯曲度应不大于钢管长度的 0.10%。

5.3.3 根据需方要求，经供需双方协商，并在合同中注明，钢管的每米弯曲度和全长弯曲度可采用其他规定。

5.4 不圆度和壁厚不均

根据需方要求，经供需双方协商，并在合同中注明，钢管的不圆度和壁厚不均应分别不超过外径和壁厚公差的 80%。

5.5 端头外形

钢管两端端面应与钢管轴线垂直，切口毛刺应予清除。

5.6 重量

5.6.1 交货重量

钢管按公称外径和公称壁厚交货时，钢管按实际重量交货，亦可按理论重量交货。

钢管按公称外径和最小壁厚交货时，钢管按实际重量交货。经供需双方协商，并在合同中注明，钢管亦可按理论重量交货。

5.6.2 理论重量的计算

钢管理论重量的计算按 GB/T 17395 的规定，优质碳素结构钢和合金结构钢的密度按 7.85 kg/dm^3，不锈（耐热）钢的密度分别为 07Cr19Ni10 按 7.90 kg/dm^3、07Cr18Ni11Nb 按 8.00 kg/dm^3、07Cr19Ni11Ti 按 7.93 kg/dm^3、022Cr17Ni12Mo2 按 8.00 kg/dm^3。

按公称外径和最小壁厚交货的钢管，应采用平均壁厚计算理论重量，其平均壁厚是按壁厚及其允许偏差计算出来的壁厚最大值与最小值的平均值。

5.6.3 重量允许偏差

根据需方要求，经供需双方协商，并在合同中注明，交货钢管实际重量与理论重量的偏差应符合如下规定：

a) 单根钢管：±10%；

b) 每批最小为 10 t 的钢管：±7.5%。

6 技术要求

6.1 钢的牌号和化学成分

6.1.1 钢的牌号和化学成分（熔炼分析）应符合表 3 的规定。12Cr5MoI、12Cr5MoNT、12Cr9MoI 和 12Cr9MoNT 牌号中的后缀符号“I”和“NT”属于牌号的一部分，这些后缀符号表示钢管的交货状态。其中，“I”为完全退火或等温退火；“NT”为正火加回火。

6.1.2 用氧气转炉冶炼的钢，除 12Cr5MoI、12Cr5MoNT、12Cr9MoI、12Cr9MoNT 及不锈（耐热）钢外，其余牌号钢的氮含量应不大于 0.008%。

6.1.3 成品钢管的化学成分允许偏差应符合 GB/T 222 的规定。

6.1.4 本标准钢的牌号与其他标准相近钢牌号的对照参见附录 A。

表 3　钢的牌号和化学成分

钢类	统一数字代号	牌号	化学成分(质量分数)/%											
			C	Si	Mn	Cr	Mo	Ni	Nb	Ti	V	Cu	P	S
													不大于	
优质碳素结构钢	U20102	10	0.07～0.13	0.17～0.37	0.35～0.65	≤0.15	≤0.15	≤0.25	—	—	≤0.08	≤0.20	0.025	0.015
	U20202	20	0.17～0.23	0.17～0.37	0.35～0.65	≤0.25	≤0.15	≤0.25	—	—	≤0.08	≤0.20	0.025	0.015
合金结构钢	A30122	12CrMo	0.08～0.15	0.17～0.37	0.40～0.70	0.40～0.70	0.40～0.55	≤0.30	—	—	—	≤0.20	0.025	0.015
	A30152	15CrMo	0.12～0.18	0.17～0.37	0.40～0.70	0.80～1.10	0.40～0.55	≤0.30	—	—	—	≤0.20	0.025	0.015
	A30121	12Cr1Mo	0.08～0.15	0.50～1.00	0.30～0.60	1.00～1.50	0.45～0.65	≤0.30	—	—	—	≤0.20	0.025	0.015
	A31132	12Cr1MoV	0.08～0.15	0.17～0.37	0.40～0.70	0.90～1.20	0.25～0.35	≤0.30	—	—	0.15～0.30	≤0.20	0.025	0.010
	A30132	12Cr2Mo	0.08～0.15	≤0.50	0.40～0.60	2.00～2.50	0.90～1.13	≤0.30	—	—	—	≤0.20	0.025	0.015
	A30124	12Cr5MoI 12Cr5MoNT	≤0.15	≤0.50	0.30～0.60	4.00～6.00	0.45～0.60	≤0.60	—	—	—	≤0.20	0.025	0.015
	A30125	12Cr9MoI 12Cr9MoNT	≤0.15	0.25～1.00	0.30～0.60	8.00～10.00	0.90～1.10	≤0.60	—	—	—	≤0.20	0.025	0.015
不锈(耐热)钢	S30409	07Cr19Ni10	0.04～0.10	≤1.00	≤2.00	18.00～20.00	—	8.00～11.00	—	—	—	—	0.030	0.015
	S34779	07Cr18Ni11Nb	0.04～0.10	≤1.00	≤2.00	17.00～19.00	—	9.00～12.00	8C～1.10	—	—	—	0.030	0.015
	S32169	07Cr19Ni11Ti	0.04～0.10	≤0.75	≤2.00	17.00～20.00	—	9.00～13.00	—	4C～0.60	—	—	0.030	0.015
	S31603	022Cr17Ni12Mo2	≤0.030	≤1.00	≤2.00	16.00～18.00	2.00～3.00	10.00～14.00	—	—	—	—	0.030	0.015

6.2 制造方法

6.2.1 钢的冶炼方法

优质碳素结构钢和合金结构钢应采用电弧炉加炉外精炼并经真空精炼处理，或氧气转炉加炉外精炼并经真空精炼处理，也可采用电渣重熔法冶炼。不锈(耐热)钢应采用电弧炉加炉外精炼或氧气转炉加炉外精炼，也可采用电渣重熔法冶炼。

经供需双方协商，并在合同中注明，可采用其他较高要求的冶炼方法。需方指定某一种冶炼方法时，应在合同中注明。

6.2.2 管坯的制造方法

管坯可采用连铸、模铸或热轧(锻)方法制造。

连铸管坯应符合 YB/T 4149 的规定，其中低倍组织缺陷中心裂纹、中间裂纹、皮下裂纹和皮下气泡的级别应分别不大于 1 级，也可采用经相关各方认可的其他更高质量要求。热轧(锻)管坯应符合YB/T 5137 的规定。

6.2.3 钢管的制造方法

钢管应采用热轧(挤压、扩)或冷拔(轧)无缝方法制造。

6.3 交货状态

钢管应以热处理状态交货。钢管的热处理制度应符合表 4 的规定。

表 4 钢管的热处理制度

牌　号	热处理制度
10[a]	正火：正火温度 880 ℃～940 ℃
20[a]	正火：正火温度 880 ℃～940 ℃
12CrMo[b]	正火加回火：正火温度 900 ℃～960 ℃，回火温度 670 ℃～730 ℃
15CrMo[b]	正火加回火：正火温度 900 ℃～960 ℃，回火温度 680 ℃～730 ℃
12Cr1Mo[b]	正火加回火：正火温度 900 ℃～960 ℃，回火温度 680 ℃～750 ℃
12Cr1MoV[b]	$S\leqslant30$ mm 的钢管正火加回火：正火温度 980 ℃～1 020 ℃，回火温度 720 ℃～760 ℃； $S>30$ mm 的钢管淬火加回火或正火加回火：淬火温度 950 ℃～990 ℃，回火温度 720 ℃～760 ℃； 正火温度 980 ℃～1 020 ℃，回火温度 720 ℃～760 ℃，但正火后应进行急冷
12Cr2Mo[b]	$S\leqslant30$ mm 的钢管正火加回火：正火温度 900 ℃～960 ℃，回火温度 700 ℃～750 ℃； $S>30$ mm 的钢管淬火加回火或正火加回火：淬火温度不低于 900 ℃，回火温度 700 ℃～750 ℃； 正火温度 900 ℃～960 ℃，回火温度 700 ℃～750 ℃，但正火后应进行急冷
12Cr5MoI	完全退火或等温退火
12Cr5MoNT	正火加回火：正火温度 930 ℃～980 ℃，回火温度 730 ℃～770 ℃
12Cr9MoI	完全退火或等温退火
12Cr9MoNT	正火加回火：正火温度 890 ℃～950 ℃，回火温度 720 ℃～800 ℃
07Cr19Ni10	固溶处理：固溶温度≥1 040 ℃，急冷

表 4(续)

牌 号	热处理制度
07Cr18Ni11Nb	固溶处理:热轧(挤压、扩)钢管固溶温度≥1 050 ℃,冷拔(轧)钢管固溶温度≥1 100 ℃,急冷
07Cr19Ni11Ti	固溶处理:热轧(挤压、扩)钢管固溶温度≥1 050 ℃,冷拔(轧)钢管固溶温度≥1 100 ℃,急冷
022Cr17Ni12Mo2	固溶处理:固溶温度≥1 040 ℃,急冷

[a] 热轧(挤压、扩)钢管终轧温度在相变临界温度 A_{r3} 至表中规定温度上限的范围内,且钢管是经过空冷时,则应认为钢管是经过正火的。

[b] 热扩钢管终轧温度在相变临界温度 A_{r3} 至表中规定温度上限的范围内,且钢管是经过空冷时,则应认为钢管是经过正火的;其余钢管在需方同意的情况下,并在合同中注明,可采用符合前述规定的在线正火。

6.4 力学性能

6.4.1 力学性能要求

交货状态钢管的室温力学性能应符合表 5 的规定。

外径不小于 76 mm 且壁厚不小于 14 mm 的钢管应做冲击试验。根据需方要求,经供需双方协商,并在合同中注明,其他规格钢管可做冲击试验,冲击试验的试样尺寸和冲击吸收能量要求值由供需双方协商确定。

表 5 中的冲击吸收能量为全尺寸标准试样要求值。当采用小尺寸冲击试样时,小尺寸试样冲击吸收能量要求值应为全尺寸标准试样冲击吸收能量要求值乘以表 6 中的递减系数。

表 5 钢管的力学性能

牌号	抗拉强度 R_m/MPa	下屈服强度 R_{eL} 或规定塑性延伸强度 $R_{p0.2}$/MPa	断后伸长率 A/%		冲击吸收能量 KV_2/J		布氏硬度值[a]
			纵向	横向	纵向	横向	
		不小于					不大于
10	335~475	205	25	23	40	27	—
20	410~550	245	24	22	40	27	—
12CrMo	410~560	205	21	19	40	27	156 HBW
15CrMo	440~640	295	21	19	40	27	170 HBW
12Cr1Mo	415~560	205	22	20	40	27	163 HBW
12Cr1MoV	470~640	255	21	19	40	27	179 HBW
12Cr2Mo	450~600	280	22	20	40	27	163 HBW
12Cr5MoI	415~590	205	22	20	40	27	163 HBW
12Cr5MoNT	480~640	280	20	18	40	27	—

表 5(续)

牌号	抗拉强度 R_m/MPa	下屈服强度 R_{eL}或规定塑性延伸强度 $R_{p0.2}$/MPa	断后伸长率 A/%		冲击吸收能量 KV_2/J		布氏硬度值[a]
			纵向	横向	纵向	横向	
		不小于					不大于
12Cr9MoI	460～640	210	20	18	40	27	179 HBW
12Cr9MoNT	590～740	390	18	16	40	27	—
07Cr19Ni10	≥520	205	35		—	—	187 HBW
07Cr18Ni11Nb	≥520	205	35		—	—	187 HBW
07Cr19Ni11Ti	≥520	205	35		—	—	187 HBW
022Cr17Ni12Mo2	≥485	170	35		—	—	187 HBW

[a] 对于壁厚小于 5 mm 的钢管,可不做硬度试验。

表 6 小尺寸试样冲击吸收能量递减系数

试样规格	试样尺寸(高度×宽度)/mm	递减系数
标准试样	10×10	1.00
小试样	10×7.5	0.75
小试样	10×5	0.50

6.4.2 力学试验试样

6.4.2.1 拉伸试验试样

外径小于 219 mm 的钢管,拉伸试验应沿钢管纵向取样。

外径不小于 219 mm 的钢管,当钢管尺寸允许时,拉伸试验应沿钢管横向截取直径为 10 mm 的圆形横截面试样;当钢管尺寸不足以截取 10 mm 试样时,则应采用直径为 8 mm 或 5 mm 中可能的较大尺寸圆形横截面试样;当钢管尺寸不足以截取 5 mm 试样时,拉伸试验应沿钢管纵向取样。横向圆形横截面试样应取自未经压扁的试料。

6.4.2.2 冲击试验试样

外径小于 219 mm 的钢管,冲击试验沿钢管纵向或横向取样;如合同中无特殊规定,仲裁试样应沿钢管纵向截取。

外径不小于 219 mm 的钢管,冲击试验应沿钢管横向取样。

无论沿钢管纵向截取还是沿钢管横向截取,冲击试样宽度应为 10 mm、7.5 mm 或 5 mm 中尽可能的较大尺寸。

6.5 液压试验

钢管应逐根进行液压试验。试验压力按式(1)计算,最大试验压力为 20 MPa。在试验压力下,稳压时间应不少于 10 s,钢管不允许出现渗漏现象。

$$p = 2SR/D \quad \cdots\cdots (1)$$

式中：

p ——试验压力，单位为兆帕(MPa)，当 $p<7$ MPa 时，修约到最接近的 0.5 MPa；当 $p \geqslant$ 7 MPa 时，修约到最接近的 1 MPa；

S ——钢管的壁厚，单位为毫米(mm)；

D ——钢管的公称外径，单位为毫米(mm)；

R ——允许应力，优质碳素结构钢和合金结构钢为表 5 规定下屈服强度或规定塑性延伸强度的 80%，不锈(耐热)钢为表 5 规定塑性延伸强度的 70%，单位为兆帕(MPa)。

供方可用涡流探伤或漏磁探伤代替液压试验。用涡流探伤时，对比样管人工缺陷应符合 GB/T 7735—2004 中验收等级 A 的规定；用漏磁探伤时，对比样管外表面纵向缺口槽应符合 GB/T 12606—1999 中验收等级 L4 的规定。

6.6 工艺性能

6.6.1 压扁试验

外径大于 22 mm 的钢管应做压扁试验。试样压扁后的平板间距离 H 按式(2)计算。

$$H = \frac{(1+\alpha)S}{\alpha + S/D} \quad \cdots\cdots (2)$$

式中：

H ——两平板间距离，单位为毫米(mm)；

S ——钢管的壁厚，单位为毫米(mm)；

D ——钢管的公称外径，单位为毫米(mm)；

α ——单位长度变形系数，10 钢为 0.09，20 钢和合金结构钢为 0.08，不锈(耐热)钢为0.09；当$S/D \geqslant 0.125$ 时，α 值减少 0.01。

试样压至两平板间距离为 H 时，试样上不允许出现裂缝或裂口。

6.6.2 弯曲试验

6.6.2.1 外径大于 400 mm 或壁厚大于 40 mm 的钢管可用弯曲试验代替压扁试验。一组弯曲试验应包括一个正向弯曲(靠近钢管外表面的试样表面受拉变形)和一个反向弯曲(靠近钢管内表面的试样表面受拉变形)。

弯曲试验的弯芯直径为 25 mm，试样应在室温下弯曲 180°。

弯曲试验后，试样弯曲受拉表面及侧面不允许出现目视可见的裂缝或裂口。

6.6.2.2 弯曲试验的试样应沿钢管横向截取，试样的制备应符合 GB/T 232 的规定。试样截取时，正向弯曲试样应尽量靠近外表面，反向弯曲试样应尽量靠近内表面。试样弯曲受拉变形表面不允许有明显伤痕和其他缺陷。

试样加工后的截面尺寸为 12.5 mm×12.5 mm 或 25 mm×12.5 mm(宽度×厚度)；截面上的四个角应倒成圆角，圆角半径不大于 1.6 mm；试样长度不大于 150 mm。

6.6.3 扩口试验

外径不大于 76 mm 且壁厚不大于 8 mm 的优质碳素结构钢和不锈(耐热)钢钢管应做扩口试验。扩口试验在室温下进行，顶芯锥度为 60°。扩口后试样的外径扩口率应符合表 7 的规定，扩口后试样不允许出现裂缝或裂口。

根据需方要求,并在合同中注明,合金结构钢也可做扩口试验。

表 7　钢管外径扩口率

钢　　类	钢管外径扩口率/%		
	内径[a]/外径		
	≤0.6	>0.6～0.8	>0.8
优质碳素结构钢	10	12	17
合金结构钢	8	10	15
不锈(耐热)钢	12	15	20

[a] 内径为试样计算内径,是按公称外径和公称壁厚(当钢管按最小壁厚交货时为平均壁厚)计算出来的内径值。

6.7　低倍检验

用钢锭直接轧制的钢管应做低倍检验,钢管横截面酸浸低倍试片上不允许有目视可见的白点、夹杂、皮下气泡、翻皮和分层。

6.8　非金属夹杂物

用连铸坯和钢锭直接轧制的钢管应做非金属夹杂物检验。钢管的非金属夹杂物按 GB/T 10561—2005 中的 A 法评级,A、B、C、D 各类夹杂物(粗系和细系)级别应分别不大于 2.5 级,A、B、C、D 各类夹杂物的细系级别总数与粗细级别总数应各不大于 6.5 级;DS 类夹杂物应不大于 2.5 级。

6.9　表面质量

钢管的内外表面不允许有裂纹、折叠、结疤、轧折和离层。这些缺陷应完全清除,清除深度应不超过壁厚的 10%,缺陷清除处的实际壁厚应不小于壁厚所允许的最小值。

钢管内外表面上直道允许的深度或高度应符合如下规定:

a)　冷拔(轧)钢管:不大于壁厚的 4%,且最大为 0.2 mm;

b)　热轧(挤压、扩)钢管:不大于壁厚的 5%,且最大为 0.4 mm。

不超过壁厚允许负偏差的其他局部缺陷允许存在。

6.10　无损检验

6.10.1　钢管应按 GB/T 5777—2008 的规定逐根进行超声波探伤检验。超声波探伤检验对比样管纵向刻槽深度等级为热轧(挤压、扩)钢管 L2.5;冷拔(轧)钢管 L2。

当钢管按最小壁厚交货时,对比样管刻槽深度按钢管平均壁厚计算。

6.10.2　当钢管壁厚与外径之比(S/D)大于 0.2 时,除非合同中另有规定,钢管内壁人工缺陷深度按 GB/T 5777—2008 中附录 C 的 C.1 规定执行。

6.10.3　根据需方要求,经供需双方协商,并在合同中注明,可增做其他无损检验。

6.11　晶间腐蚀试验

不锈(耐热)钢钢管应做晶间腐蚀试验。试验方法应符合 GB/T 4334—2008 中方法 E 的规定,试验后试样不允许出现晶间腐蚀倾向。

经供需双方协商,并在合同中注明,需方可指定采用其他腐蚀试验方法。

6.12 用于含 H_2S 环境的优质碳素结构钢

根据需方要求,经供需双方协商,并在合同中注明,当优质碳素结构钢钢管用于含 H_2S 环境时,可规定其抗开裂补充技术要求,并应符合附录 B 的规定。

7 试验方法

7.1 钢管的尺寸和外形应采用符合精度要求的量具逐根测量。

7.2 钢管的内外表面应在充分照明条件下逐根目视检查。

7.3 钢管其他检验项目的取样部位和试验方法应符合表 8 的规定。

表 8 钢管的取样数量、取样部位和试验方法

序号	检验项目	取样数量	取样部位	试验方法
1	化学成分	每炉取 1 个试样	GB/T 20066	GB/T 223、GB/T 4336 GB/T 11170、GB/T 20123、 GB/T 20124
2	拉伸试验	每批在两根钢管上各取 1 个试样	GB/T 2975、6.4.2.1	GB/T 228.1
3	硬度试验	每批在两根钢管上各取 1 个试样	GB/T 2975	GB/T 231.1
4	冲击试验	每批在两根钢管上各取一组 3 个试样	GB/T 2975、6.4.2.2	GB/T 229
5	液压试验	逐根	—	GB/T 241
6	压扁试验	每批在两根钢管上各取 1 个试样	GB/T 246	GB/T 246
7	弯曲试验	每批在两根钢管上各取一组 2 个试样	GB/T 232、6.6.2	GB/T 232
8	扩口试验	每批在两根钢管上各取 1 个试样	GB/T 242	GB/T 242
9	低倍检验	每炉在两根钢管上各取 1 个试样	GB/T 226	GB/T 226、GB/T 1979
10	非金属夹杂物	每炉在两根钢管上各取 1 个试样	GB/T 10561—2005	GB/T 10561—2005
11	涡流探伤	逐根	—	GB/T 7735—2004
12	漏磁探伤	逐根	—	GB/T 12606—1999
13	超声波探伤	逐根	—	GB/T 5777—2008
14	晶间腐蚀试验	每批在两根钢管上各取 1 个试样	GB/T 4334—2008 中方法 E	GB/T 4334—2008 中方法 E

8 检验规则

8.1 检查和验收

钢管的检查和验收由供方质量技术监督部门进行。

8.2 组批规则

钢管的化学成分、低倍检验和非金属夹杂物检验按熔炼炉检查和验收，钢管的其余检验项目按批检查和验收。每批应由同一牌号、同一炉号、同一规格和同一热处理制度(炉次)的钢管组成。若钢管在切成单根后不再进行热处理，则一根管坯轧制钢管截取的所有管段都应视为一根。每批钢管的数量应不超过如下规定：

a) $D \leqslant 76$ mm，且 $S \leqslant 3.0$ mm：400 根；

b) $D > 351$ mm：50 根；

c) 其他尺寸：200 根。

8.3 取样数量和取样部位

每批钢管各项检验的取样数量和取样部位应符合表 8 的规定。

8.4 复验与判定规则

钢管的复验与判定规则应符合 GB/T 2102 的规定。

9 包装、标志和质量证明书

钢管的包装、标志和质量证明书应符合 GB/T 2102 的规定。

附　录　A
（资料性附录）
相近钢牌号对照表

表 A.1 列出了本标准钢的牌号与其他标准相近牌号的对照，供参考。

表 A.1　本标准钢牌号与其他标准相近钢牌号对照表

序号	本标准钢的牌号	其他相近的钢牌号			
		ISO	EN	ASTM/ASME	JIS
1	10	—	P195GH	A	STB 340
2	20	PH26	P235GH	A-1、B	STB 410
3	12CrMo	—	—	T2/P2	STBA 20
4	15CrMo	13CrMo4-5	13CrMo4-5	T12/P12	STBA 22
5	12Cr1Mo	—	10CrMo5-5	T11/P11	STBA 23
6	12Cr1MoV	—	—	—	—
7	12Cr2Mo	11CrMo9-10	10CrMo9-10	T22/P22	STBA 24
8	12Cr5Mo-I	X11CrMo5TA	X11CrMo5+I	T5/P5	STBA 25
9	12Cr5Mo-NT	—	X11CrMo5+NT	T5/P5	STBA 25
10	12Cr9Mo-I	X11CrMo9-1TA	X11CrMo9-1+I	T9/P9	STBA 26
11	12Cr9Mo-NT	—	X11CrMo9-1+NT	T9/P9	STBA 26
12	07Cr19Ni10	X7CrNi18-9	X6CrNi18-10	TP304H	SUS 304H TB
13	07Cr18Ni11Nb	X7CrNiNb18-10	X7CrNiNb18-10	TP347H	SUS 347H TB
14	07Cr19Ni11Ti	—	X6CrNiTi18-10	TP321H	SUS 321H TB
15	022Cr17Ni12Mo2	—	X2CrNiMo17-12-2	TP316L	SUS 316L TB

附　录　B
（规范性附录）
用于含 H_2S 环境的优质碳素结构钢钢管抗开裂补充技术要求

B.1　总则

本附录B规定了优质碳素结构钢钢管用于含 H_2S 环境的抗开裂补充技术要求。本附录B仅当合同有规定时才适用,需方也可规定不同于本附录B的其他技术要求。

选择适合 NACE MR0175/ISO 15156-2 预期服役条件的钢管是需方的责任。

B.2　补充技术要求

B.2.1　化学成分

钢的化学成分应符合如下规定:

a)　C:0.14%～0.23%,碳当量 CEV≤0.42%;碳当量按式(B.1)计算:

$$CEV = C + Mn/6 + (Cr + Mo + V)/5 + (Ni + Cu)/15 \quad \cdots\cdots\cdots\cdots (B.1)$$

b)　P≤0.015%,S≤0.010%;

c)　其余化学成分应符合表3中20钢的规定。

B.2.2　力学性能

钢管的力学性能除应符合表5中20钢的规定外,还应符合如下规定:

a)　下屈服强度或规定塑性延伸强度($R_{eL}/R_{p0.2}$)不大于345 MPa,抗拉强度(R_m)不大于540 MPa;

b)　布氏硬度不大于190 HBW。

B.2.3　表面质量

钢管表面质量除应符合6.9的规定外,还应符合以下规定:钢管的表面不允许有深度大于0.4 mm的尖锐缺陷存在。

ICS 75.200;83.140.40
G 42

中华人民共和国国家标准

GB/T 10546—2013/ISO 2928:2003
代替 GB/T 10546—2003

在 2.5 MPa 及以下压力下输送液态或气态液化石油气(LPG)和天然气的橡胶软管及软管组合件 规范

Rubber hoses and hose assemblies for liquefied petroleum gas (LPG) in the liquid or gaseous phase and natural gas up to 2.5 MPa—Specification

(ISO 2928:2003,IDT)

2013-07-19 发布 2013-12-01 实施

中华人民共和国国家质量监督检验检疫总局
中国国家标准化管理委员会 发布

前　言

本标准按照 GB/T 1.1—2009 给出的规则起草。

本标准代替 GB/T 10546—2003《液化石油气(LPG)用橡胶软管和软管组合件　散装输送用》,与 GB/T 10546—2003 相比主要技术变化如下:

——增加了"术语和定义"(见第 3 章);

——增加了"分类"(见第 4 章);

——修改了"材料与结构"(见第 5 章,2003 年版的第 3 章);

——修改了"规格尺寸"(见第 6 章,2003 年版的第 4 章);

——修改了"性能要求"(见第 7 章,2003 年版的第 5 章);

——增加了"电性能"(见第 8 章);

——增加了"试验频次"(见第 9 章);

——修改了"标志"(见第 11 章,2003 年版的第 7 章)。

本标准使用翻译法等同采用 ISO 2928:2003《在 25 bar(2.5 MPa)及以下压力下输送液态或气态液化石油气(LPG)和天然气的橡胶软管及软管组合件　规范》。

与本标准中规范性引用的国际文件有一致性对应关系的我国文件如下:

GB/T 528—2009　硫化橡胶或热塑性橡胶　拉伸应力应变性能的测定(ISO 37:2005,IDT)

GB/T 1690—2010　硫化橡胶或热塑性橡胶　耐液体试验方法(ISO 1817:2005,MOD)

GB/T 5563—2006　橡胶和塑料软管及软管组合件　静液压试验方法(ISO 1402:1994,IDT)

GB/T 5565—2006　橡胶或塑料增强软管和非增强软管　弯曲试验(ISO 1746:1998,IDT)

GB/T 5567—2006　橡胶和塑料软管及软管组合件　耐吸扁性能的测定(ISO 7233:1991,IDT)

GB/T 7528—2011　橡胶和塑料软管及软管组合件　术语(ISO 8330:2007,IDT)

GB/T 9572—2001　橡胶和塑料软管及软管组合件　电阻的测定(ISO 8031:1993,IDT)

GB/T 14905—2009　橡胶和塑料软管　各层间粘合强度的测定(ISO 8033:2006,IDT)

本标准做了下列编辑性修改:

——删除了国际标准名称中的"25 bar",标准名称修改为"在 2.5 MPa 及以下压力下输送液态或气态液化石油气(LPG)和天然气的橡胶软管及软管组合件　规范";

——正文中删除"bar"单位的表示,只保留"MPa"单位表示;

——第 2 章中引用的 ISO 7326:1991 改为 ISO 7326:2006 注日期引用;

——因 ISO 4671:1999 已修订为 ISO 4671:2007,在我国标准中引用等同采用的 GB/T 9573—2013。

本标准由中国石油和化学工业联合会提出。

本标准由全国橡胶与橡胶制品标准化技术委员会软管分技术委员会(SAC/TC 35/SC 1)归口。

本标准起草单位:宁波丰茂远东橡胶有限公司、沈阳橡胶研究设计院。

本标准主要起草人:彭成强、曹有华、王淑丽、王姝。

本标准所代替标准的历次版本发布情况为:

——GB/T 10546—1989、GB/T 10546—2003。

在2.5 MPa及以下压力下输送液态或气态液化石油气(LPG)和天然气的橡胶软管及软管组合件　规范

警告:使用本标准的人员应熟悉正规实验室的操作规程。本标准无意涉及与其使用有关的任何安全问题。制定相应的安全和健康制度并确保符合国家法规条款是使用者的责任。

1　范围

本标准规定了用于输送液态或气态液化石油气(LPG)和天然气,并且设计用于工作压力介于真空与最大2.5 MPa之间,温度范围为-30 ℃～+70 ℃或者低温软管(表示为-LT)为-50 ℃～+70 ℃的橡胶软管和软管组合件的要求。

2　规范性引用文件

下列文件对于本文件的应用是必不可少的。凡是注日期的引用文件,仅注日期的版本适用于本文件。凡是不注日期的引用文件,其最新版本(包括所有的修改单)适用于本文件。

GB/T 3512—2001　硫化橡胶或热塑性橡胶　热空气加速老化和耐热试验(ISO 188:1998,eqv)

GB/T 5564—2006　橡胶和塑料软管　低温曲挠试验(ISO 4672:1997,IDT)

GB/T 9573—2013　橡胶、塑料软管及软管组合件　尺寸测量方法(ISO 4671:2007,IDT)

GB/T 9867—2008　硫化橡胶或热塑性橡胶耐磨性能的测定(旋转辊筒式磨耗机法)(ISO 4649:2002,IDT)

GB/T 24134—2009　橡胶和塑料软管　静态条件下耐臭氧性能的评价(ISO 7326:2006,IDT)

ISO 37　硫化橡胶或热塑性橡胶　拉伸应力-应变性能的测定(Rubber,vulcanized or thermoplastic—Determination of tensile stress-strain properties)

ISO 48　硫化或热塑性橡胶　硬度的测定(硬度为10 IRHD～100 IRHD)[Rubber,vulcanized or thermoplastic—Determination of hardness (hardness between 10 IRHD and 100 IRHD)]

ISO 1402　橡胶和塑料软管及软管组合件　静液压试验(Rubber and plastics hoses and hose assemblies—Hydrostatic testing)

ISO 1746　橡胶或塑料软管及纯胶管　弯曲试验(Rubber or plastics hoses and tubing—Bending tests)

ISO 1817　硫化橡胶　液体影响的测定(Rubber,vulcanized—Determination of the effect of liquids)

ISO 7233　橡胶和塑料软管及软管组合件　耐负压性能的测定(Rubber and plastics hose assemblies—Determination of suction resistance)

ISO 8031　橡胶和塑料软管及软管组合件　电阻和电导率的测定(Rubber and plastics

hoses and hose assemblies—Determination of electrical resistance)

ISO 8033 橡胶和塑料软管 各层间粘合强度的测定(Rubber and plastics hose—Determination of adhesion between components)

ISO 8330 橡胶和塑料软管及软管组合件 词汇(Rubber and plastics hoses and hose assemblies—Vocabulary)

3 术语和定义

ISO 8330 中给出的术语和定义适用于本文件。

4 分类

软管应为下列型别之一:

——D 型:排放软管;

——D-LT 型:低温排放软管;

——SD 型:螺旋线增强的排吸软管;

——SD-LTR 型:低温(粗糙内壁)螺旋线增强的排吸软管;

——SD-LTS 型:低温(光滑内壁)螺旋线增强的排吸软管。

所有型别软管可为:

——电连线式,用符号 M 标示和标志;

——导电式,借助导电橡胶层,用符号 Ω 标示和标志;

——非导电式,仅在软管组合件的一个管接头上安装有金属连接线。

5 材料和结构

软管由下列部分组成:

——一层耐正戊烷的橡胶内衬层;

——多层机织、编织或缠绕纺织材料或者编织或缠绕钢丝增强层;

——一层埋置的螺旋线增强层(仅 SD,SD-LTR 和 SD-LTS 型);

——两根或多根低电阻电连接线(仅标示 M 的软管);

——耐磨和耐室外暴露的橡胶外覆层,外覆层刺孔以便于气体渗透;

——管内非埋置的螺旋钢丝,适于在 −50 ℃下使用(仅 SD-LTR 型)。

组合件应由装配厂将金属管接头装配到软管上。

在与不锈钢材料接触时不应使用氯化材料。

6 尺寸

6.1 公称内径、内径、外径和最小弯曲半径

对于不带内装式管接头的软管,当按照 GB/T 9573—2003 方法 A 进行测量时,软管的内径和外径尺寸以及其公差,依据型别,应符合表 1 或表 2 给出的值。

对于带有内装式管接头的软管,表 1 和表 2 的外径不适合。

当按照 ISO 1746 所描述方法进行试验时,最小弯曲半径值,依据型别,应符合表 1 或表 2 给出的值。

表 1 D、D-LT 型胶管尺寸

公称内径	内径/mm	公差/mm	外径/mm	公差/mm	最小弯曲半径/mm
12	12.7	±0.5	22.7	±1.0	100
15	15	±0.5	25	±1.0	120
16	15.9	±0.5	25.9	±1.0	125
19	19	±0.5	31	±1.0	160
25	25	±0.5	38	±1.0	200
32	32	±0.5	45	±1.0	250
38	38	±0.5	52	±1.0	320
50	50	±0.6	66	±1.2	400
51	51	±0.6	67	±1.2	400
63	63	±0.6	81	±1.2	550
75	75	±0.6	93	±1.2	650
76	76	±0.6	94	±1.2	650
80	80	±0.6	98	±1.2	725
100	100	±1.6	120	±1.6	800
150	150	±2.0	174	±2.0	1 200
200	200	±2.0	224	±2.0	1 600
250	254	±2.0	—	—	2 000
300	305	±2.0	—	—	2 500
注：公称内径 250 和 300 仅应用于内接式连接管。					

表 2 SD,SD-LT 型胶管尺寸

公称内径	内径/mm	公差/mm	外径/mm	公差/mm	最小弯曲半径/mm
12	12.7	±0.5	22.7	±1.0	90
15	15	±0.5	25	±1.0	95
16	15.9	±0.5	25.9	±1.0	95
19	19	±0.5	31	±1.0	100
25	25	±0.5	38	±1.0	150
32	32	±0.5	45	±1.0	200
38	38	±0.5	52	±1.0	280
50	50	±0.5	66	±1.2	350
51	51	±0.6	67	±1.2	350
63	63	±0.6	81	±1.2	480
75	75	±0.6	93	±1.2	550
76	76	±0.6	94	±1.2	550

表 2（续）

公称内径	内径/mm	公差/mm	外径/mm	公差/mm	最小弯曲半径/mm
80	80	±0.6	98	±1.2	680
100	100	±1.6	120	±1.6	720
150	150	±2.0	174	±2.0	1 000
200	200	±2.0	224	±2.0	1 400
250	254	±2.0	—	—	1 750
300	305	±2.0	—	—	2 100
注：公称内径 250 和 300 仅应用于内接式连接管。					

6.2 内衬层和外覆层的最小厚度

当按照 GB/T 9573 测量时，所有软管的内衬层和外覆层的最小厚度应为 1.6 mm。

7 物理性能

7.1 胶料

当按表 3 列出的方法测定时，内衬层和外覆层所用胶料的物理性能应当符合表 3 给出的值。

试验应用从软管上或者从硫化程度与生产软管相同的硫化试片上切取的试样进行。

表 3 胶料物理性能

性能	要求		试验方法
	内衬层	外覆层	
拉伸强度，最小/MPa	10	10	ISO 37(哑铃试片)
扯断伸长率，最小/%	250	250	ISO 37 (哑铃试片)
耐磨耗，最大/mm³	—	170	GB/T 9867—2008，方法 A
老化性能 硬度变化，最大/IRHD 拉伸强度变化，最大/% 拉断伸长率变化，最大/%	 +10 ±30 −35	 +10 ±30 −35	GB/T 3512—2001(14 d/70 ℃ 热空气老化) ISO 48 ISO 37 ISO 37
耐液体性能 质量增加(最大)/%	 +10	 —	 ISO 1817，23 ℃下浸入正戊烷中 7 d 后；
硬度变化(最大)/IRHD	+10/−3	—	ISO 1817，23 ℃下浸入正戊烷 7 d，然后在 40 ℃下干燥 70 h 后
质量减少(最大)/%	−5 −10 (-LT 型)	—	ISO 1817，23 ℃下浸入正戊烷 7 d，然后在 40 ℃下干燥 70 h 后

7.2 成品软管

当用表 4 列出的方法试验时，成品软管的物理性能应当符合表 4 给出的值。

表 4　成品软管和软管组合件物理性能

性能	要求	试验方法
成品软管		
验证压力，最小/MPa	3.75(无泄漏或其他缺陷)	ISO 1402
验证压力下长度变化，最大/%	D 型和 D-LT 型：+5 SD、SD-LTR 和 SD-LTS 型：+10	ISO 1402
验证压力下扭转变化，最大/(°)/m	8	ISO 1402
耐真空 0.08 MPa 下 10 min(仅 SD、SD-LTS 及 SD-LTR 型)	无结构破坏，无塌陷	ISO 7233
爆破压力，最小/MPa	10	ISO 1402
层间粘合强度，最小/kN/m	2.4	ISO 8033
外覆层耐臭氧 40 ℃	72 h 后在两倍放大镜下观察无龟裂	GB/T 24134—2009 方法 1，不大于 25 公称内径；方法 3 大于 25 公称内径 相对湿度(55±10)%；臭氧浓度(50±5)pphm，拉伸 20%(仅方法 3 适用)
低温弯曲性能： −30 ℃下(D 和 SD 型) −50 ℃下(D-LT、SD-LTR 和 SD-LTS 型)	无永久变形或可见的结构缺陷，电阻无增长及电连续性无损害	GB/T 5564—2006，方法 B
电阻性能，Ω	软管的电性能应满足软管组合件的要求	ISO 8031
燃烧性能	立即熄灭或在 2 min 后无可见的发光	附录 A
在最小弯曲半径下软管外径的变形系数，最大(内压 0.07 MPa，D 和 D-LT 型)	$T/D \geqslant 0.9$	ISO 1746
软管组合件		
验证压力，最小/MPa	3.75(无泄漏或其他缺陷)	ISO 1402
验证压力下长度变化，最大/%	D 型和 D-LT 型：+5 SD、SD-LTR 和 SD-LTS 型：+10	ISO 1402
验证压力下扭转变化，最大/(°)/m	8	ISO 1402
耐负压 0.08 MPa 下 10 min(仅 SD、SD-LTS 及 SD-LTR 型)	无结构破坏，无塌陷	ISO 7233
电阻性能/(Ω/根)	M 式：最大 10^2；Ω 式：最大 10^6；非导电式：最小 2.5×10^4	ISO 8031

8 电性能

软管和软管组合件的电阻应按下面列出的3个试验方法a)～c)之一进行测定。

a) 带电连接线的织物增强软管

将2根低电阻电连接线加进软管结构。每根连接线应螺旋状铺放。

当向这种软管装配接头时,应将电连接线折叠进入软管内腔,处于内衬层与管接头末端之间,电连接线延伸长度为管接头芯杆插入内腔长度的1/3。

当按照ISO 8031测定时,软管沿电连线的电阻,或者软管组合件管接头之间的电阻,每根制造的软管或软管组合件不应超过1×10^2 Ω。当以这种方式表示导电性时,软管应用符号“M”标志。

b) 加入导电材料的织物增强的软管

导电层应加入软管结构中。

当将管接头装配到这种软管上时,应保证管接头与导电层之间有充分的连接。

当按照ISO 8031测定时,软管沿导电层的电阻,或者软管组合件管接头之间的电阻,每根制造的软管或软管组合件不应超过1×10^6 Ω。当以这种方式表示导电性能时,软管用符号“Ω”标志。

c) 钢丝增强的软管

编织或缠绕钢丝应加入软管结构中,并应直接与管接头相接触。

当按照ISO 8031测定时,软管组合件管接头之间的电阻,每根制造长度的软管组合件不应超过1×10^2 Ω。当以这种方式表示导电性时,软管应用符号“M”标志。

在按ISO 1402所述静液压试验过程中和试验后,每根软管应在两端之间保持导电性,每根软管组合件应在管接头之间保持导电性。

9 试验频次

型式试验和例行试验应符合附录B的规定。

型式试验是为确认按具体工艺制造设计的软管满足本标准所有要求的试验。试验应最多每隔5年或者当所使用的制造方法或材料出现变化时重复进行一次。应对所有规格、所有类别和型别(结构和规格相同除外)的软管进行试验。

例行试验是发货前对每根成品软管所要求进行的试验。

生产验收试验是为控制制造质量进行的试验,建议按附录C的规定进行,附录C规定的试验频次只作为指南。

10 标志

10.1 软管

每根软管应当在其外覆层上以至少5 mm的字体高度沿其长度方向明显而牢固地标志下列内容:

a) 制造厂的名称或标识,例如MAN;

b) 本标准的编号和年份,即GB/T 10546—2013;

c) 软管的型别,例如D;

d) 公称内径,例如38;

e) 最大工作压力,MPa;

f) 导电性符号,例如M;

g) 制造的季度和年份,例如3Q-02;

示例:MAN-GB/T 10546—2013 D型-38-10-M-3Q-02。

10.2 软管组合件

当管接头不是内装式,即不是软管不可分割的一部分时,应标志装配厂的名称或标识和装配日期。

附　录　A
(规范性附录)
燃 烧 试 验

警告:注意需要确保应在适当的环境条件、人员得到充分的保护、免受火灾的危险、烟尘和(或)毒物的吸入下进行此试验。

A.1　步骤

按图 A.1 所示将软管试样弯曲成 U 型试样。

按 ISO 1817 规定的液体 F 填充试样。

将试样暴露到火焰口内径为 10 mm 的本生灯燃烧器的纯丙烷火焰上,3 min 后关闭燃烧器。

燃烧器和试样的距离及其他详细的试验要求应符合图 A.1。

A.2　评价

以下情况,软管试样视作不可燃。

a)　如果移开燃烧器火焰,立即停止燃烧;

b)　或者移开燃烧器后 2 min 内没有可见的发光。

试验后,目视检查,试样应无渗漏。

结构材料相同时,所测规格结果适用于其及以上的软管。

注:可使用参考公称内径,最好是 12 或 25 的软管进行试验。

单位为毫米

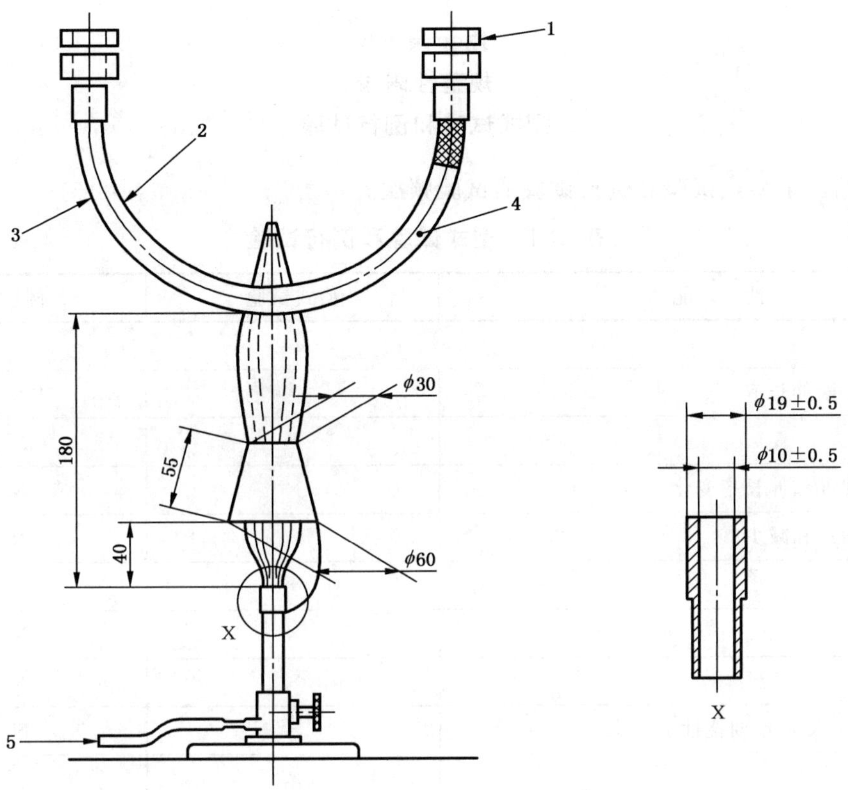

说明：

1——盖；

2——弯曲半径为软管外径的 10～15 倍；

3——软管试样；

4——ISO 1817 中规定的液体 F；

5——压力为 5 kPa 的丙烷。

图 A.1 燃烧试验装置

附　录　B
(规范性附录)
型式试验和例行试验

表 B.1 给出了型式试验和例行试验的试验频次。

表 B.1　型式试验和例行试验

性　　能	型式试验	例行试验
胶料		
拉伸强度和拉断伸长率	×	N. A.
耐磨性能	×	N. A.
老化后拉伸强度和伸长率变化	×	N. A.
老化后质量增加和减少	×	N. A.
软管		
粘合强度	×	N. A.
耐臭氧性能	×	N. A.
−30 ℃或−50 ℃低温曲挠性能	×	N. A.
内径和外径	×	×
内衬层和外覆层厚度	×	×
耐吸扁性能(仅用于 SD、SD-LTR 和 SD-LTS 型)	×	N. A.
电阻	×	×
验证压力和在验证压力下长度和扭曲变化	×	×
爆破压力	×	N. A.
弯曲试验	×	N. A.
燃烧试验	×	N. A.
软管组合件		
电阻	×	×
验证压力	×	×
在验证压力下长度和扭曲变化	×	×
耐真空性能(仅用于 SD、SD-LTR 和 SD-LTS 型)	×	×
N. A.——不适用。 ×　——进行试验。		

附 录 C
(资料性附录)
生产验收试验

生产验收试验是对每批或每10批按表C.1规定进行的试验。

每10 000 m软管或每2 000 kg内衬层和(或)外覆层胶料为一批。

表C.1 生产验收试验

性能	每批	每10批
胶料		
拉伸强度和拉断伸长率	×	N. A.
耐磨性能	N. A.	×
老化后拉伸强度和伸长率变化	N. A.	×
老化后质量增加和减少	N. A.	×
软管		
粘合强度	×	N. A.
耐臭氧性能	N. A.	×
−30 ℃或−50 ℃低温曲挠性能	N. A.	×
内径和外径	N. A.	×
内衬层和外覆层厚度	N. A.	×
耐吸扁性能(仅用于SD、SD-LTR和SD-LTS型)	N. A.	×
电阻	N. A.	×
验证压力和在验证压力下长度和扭曲变化	N. A.	×
爆破压力	N. A.	×
弯曲试验	N. A.	×
燃烧试验	N. A.	×
软管组合件		
电阻	N. A.	N. A.
验证压力	N. A.	N. A.
在验证压力下长度和扭曲变化	N. A.	N. A.
耐真空性能(仅用于SD、SD-LTR和SD-LTS型)	N. A.	N. A.
N. A.——不适用。 × ——进行试验。		

ICS 23.040.10;23.040.40
H 48

中华人民共和国国家标准

GB/T 13295—2019
代替 GB/T 13295—2013

水及燃气用球墨铸铁管、管件和附件

Ductile iron pipes, fittings and accessories for water or gas applications

(ISO 2531:2009, Ductile iron pipes, fittings, accessories and their joints for water applications, MOD)

2019-12-10 发布 2020-04-01 实施

国家市场监督管理总局
国家标准化管理委员会 发布

前　言

本标准按照 GB/T 1.1—2009 给出的规则起草。

本标准代替 GB/T 13295—2013《水及燃气管道用球墨铸铁管、管件和附件》，与 GB/T 13295—2013 相比，主要技术变化如下：

——修改了部分术语和定义的描述；

——压力分级管适用范围扩展至 DN2600 以下规格；

——增加了 DN2800、DN3000 规格球墨铸铁管的相关要求；

——修改了压力分级管的锌层喷涂重量要求；

——增加了循环压力下接口密封型式试验的要求；

——管件中承插单支承、承插单支盘的壁厚级别调整为 K12。

本标准使用重新起草法修改采用 ISO 2531：2009《输水用球墨铸铁管、管件、附件及其接口》。

本标准与 ISO 2531:2009 相比在结构上有较多调整，附录 A 列出了本标准与 ISO 2531：2009 的章条编号对照一览表。

本标准与 ISO 2531:2009 相比存在技术性差异，这些差异涉及的条款已通过在其外侧页边空白位置的垂直单线(|)进行了标示，附录 B 中给出了本标准与 ISO 2531:2009 技术性差异及其原因一览表以供参考。

本标准做了下列编辑性修改：

——将标准名称修改为《水及燃气用球墨铸铁管、管件和附件》。

本标准由中国钢铁工业协会提出。

本标准由全国钢标准化技术委员会(SAC/TC 183)归口。

本标准起草单位：新兴铸管股份有限公司、圣戈班管道系统有限公司、冶金工业信息标准研究院、高平市泫氏铸管有限公司、安徽恒生科技发展集团有限公司、中国市政工程华北设计研究总院有限公司、中冶建筑研究总院有限公司。

本标准主要起草人：李成章、李军、申勇、王嵩、孙恕、侯捷、苻坚、何根、丁宝华、汪良美、董建忠、李华成、周岩、王敬玉、刘延学、董莉、王启、王俊杰、叶卫合、李健武、李晓亮。

本标准所代替标准的历次版本发布情况为：

——GB/T 13294—1991；

——GB/T 13295—1991、GB/T 13295—2003、GB/T 13295—2008、GB/T 13295—2013。

水及燃气用球墨铸铁管、管件和附件

1 范围

本标准规定了经任何类型铸造工艺加工或由铸铁部件装配而成的水及燃气用球墨铸铁管、管件、附件及其接口的术语和定义、技术要求、试验方法、尺寸和公差、检验规则与质量证明书等,也给出了接口部件的型式试验要求。

本标准适用于包含有承口、插口或法兰,一般以内部和外部涂覆状态交货的管、管件、附件及其接口,尺寸范围为 DN40~DN3000,流体温度为 0 ℃~50 ℃,适用范围如下:

——用于各种用途不同类型水的输送;

——有压或无压输送;

——地下或地上铺设;

——设计压力为中压 A 级及以下级别的燃气(如人工煤气、天然气、液化石油气等)输送。

本标准不适用于输送冰点以下温度(这并不排除产品用于较高温度)的流体。

管和管件依据允许工作压力或壁厚进行分级。

注:本标准中所有压力均为相对压力,单位为兆帕(MPa)。

2 规范性引用文件

下列文件对于本文件的应用是必不可少的。凡是注日期的引用文件,仅注日期的版本适用于本文件。凡是不注日期的引用文件,其最新版本(包括所有的修改单)适用于本文件。

GB/T 41—2016 1 型六角螺母 C 级(ISO 4034:2012,MOD)

GB/T 95 平垫圈 C 级(GB/T 95—2002,ISO 7091:2000,IDT)

GB/T 228.1 金属材料 拉伸试验 第 1 部分:室温试验方法(GB/T 228.1—2010,ISO 6892-1:2009,MOD)

GB/T 231.1 金属材料 布氏硬度试验 第 1 部分:试验方法(GB/T 231.1—2018,ISO 6506-1:2014,MOD)

GB/T 5780—2016 六角头螺栓 C 级(ISO 4016:2011,MOD)

GB/T 17219 生活饮用水输配水设备及防护材料的安全性评价标准

GB/T 17241.6 整体铸铁法兰

GB/T 17456.1 球墨铸铁管外表面锌涂层 第 1 部分:带终饰层的金属锌涂层(GB/T 17456.1—2009,ISO 8179-1:2004,IDT)

GB/T 17456.2 球墨铸铁管外表面锌涂层 第 2 部分:带终饰层的富锌涂料涂层(GB/T 17456.2—2010,ISO 8179-2:1995,MOD)

GB/T 17457 球墨铸铁管和管件 水泥砂浆内衬(GB/T 17457—2019,ISO 4179:2005,MOD)

GB/T 17671 水泥胶砂强度检验方法(ISO 法)(GB/T 17671—1999,idt ISO 679:1989)

GB/T 21873 橡胶密封件 给、排水管及污水管道用接口密封圈 材料规范

(GB/T 21873—2008,ISO 4633:2002,MOD)

GB/T 32488 球墨铸铁管和管件 水泥砂浆内衬密封涂层(GB/T 32488—2016,ISO 16132:2004,MOD)

GB/T 36173 球墨铸铁管线用自锚接口系统 设计规定和型式试验(GB/T 36173—2018,ISO 10804:2010,MOD)

YB/T 4564 非开挖铺设用球墨铸铁管(YB/T 4564—2016,ISO 13470:2012,MOD)

ISO 7005-2 金属法兰 第2部分:铸铁法兰(Metallic flanges—Part 2:Cast iron flanges)

ISO 9001 质量管理体系 要求(Quality management systems—Requirements)

ISO 10803 球墨铸铁管设计方法(Design method for ductile iron pipes)

3 术语和定义

下列术语和定义适用于本文件。

3.1

球墨铸铁 ductile iron

一种石墨主要以球状形式存在的用于制造管、管件和附件的铸铁。

3.2

管 pipe

端部为承口、插口或法兰、内孔一致、轴线呈直线的铸件。

注:不包括作为管件的盘承、盘插和承套。

3.3

管件 fitting

不同于管的球墨铸铁铸件,可使管线偏转、方向改变、分支、口径改变以及接口类型改变。

注:盘承、盘插和承套也属于管件。

3.4

附件 accessory

在管线中除管与管件外的部件。

示例1:机械式柔性接口用压兰和螺栓(见3.14)。

示例2:自锚接口用压兰、螺栓和锁紧环或挡块(见3.16)。

注:附件不包括任何形式的阀门和给水龙头。

3.5

部件 component

管线系统中定义为管、管件或附件的任何产品(见3.2、3.3和3.4)。

3.6

承口 socket

管或管件的承接端,连接下一部件的插口。

3.7

插口 spigot

管或管件的插入端。

3.8

插口端 spigot end

插口的最大插入深度(L_i)加上 50 mm。L_i 见图 4。

3.9

接口 joint

管和管或管件之间的连接,通常采用密封圈或密封垫密封。

3.10

密封圈(垫) gasket

接口密封部件。

注:密封圈(垫)通常包括胶圈、垫圈和/或隔离圈、支撑圈等。

3.11

法兰 flange

沿圆周等距分布有螺栓孔且与管或管件轴线相垂直的环形体。

注:法兰为固定的(如整体铸造法兰、螺纹连接法兰或焊接法兰)或松套法兰。

3.12

法兰接口 flanged joint

连接两个法兰端的接口。

3.13

柔性接口 flexible joint

可提供角度偏转和/或沿轴向位移的接口,包括机械式柔性接口和滑入式柔性接口。

3.14

机械式柔性接口 mechanical flexible joint

以机械方式向密封圈施压而获得密封的柔性接口。

示例:K 型、N_1 型、S 型接口。

3.15

滑入式柔性接口 push-in flexible joint

在承口内装入密封圈,将插口通过密封圈插入承口即实现连接安装的柔性接口。

3.16

自锚接口 restrained joint

可防止已组装接口分离的接口。有时也称作止脱接口。

3.17

允许工作压力 allowable operating pressure

PFA

部件可长时间安全承受的最大内部压力,不包括冲击压。

注:该压力为在理想状态下且 PMA=1.2 PFA 时的理论计算值。

3.18

最大允许工作压力 maximum allowable operating pressure

PMA

部件在使用中可安全承受的最大内部压力,包括冲击压。

3.19

现场允许试验压力　allowable site test pressure

PEA

新近安装在地面上或掩埋在地下的部件在相对短时间内可承受的最大内部压力，用以检测管线的完整性和密封性。

注：该试验压力与给排水工程中管道水压试验压力不同，但同管线的设计压力有关。

3.20

批　batch

在制造过程中从中取一个试验用样品的一定数量铸件集合。

3.21

偏差　deviation

管或管件标准长度与设计长度的差值。

注：管设计长度范围为标准长度±250 mm；管件设计长度范围为标准长度加上或减去偏差(见表6)；制造长度为设计长度加上或减去公差(见表7)。

3.22

管的径向刚度　diametral stiffness of a pipe

管在负荷条件下抗径向变形的特性。

3.23

环向应力　hoop stress

σ

管和管件在承压情况下作用于横截面圆周切线方向的应力。

3.24

铺设长度　laying length

安装一支管后一条管线所增加的长度。

注1：承插管的铺设长度等于管的全部长度(L_{tot})减去最大插口插入深度(L_i)，由制造商给出，见图4。法兰接口管的铺设长度是管的全部长度。

注2：单位为米(m)。

3.25

标准长度　standardized length

本标准规定的管的直管和管件的主体或支管的长度。

注1：承插管和管件的标准长度标注为L_u(支管是l_u)。法兰接口管和管件的标准长度标注为L(支管是l)，见图4～图25。

注2：法兰接口管和管件的标准长度L(支管是l)等于其全部长度。承插管和管件的标准长度L_u(支管是l_u)等于全部长度减去制造商目录标示的承口深度。

3.26

公称直径　nominal diameter

DN

用于设计参考的指定字母和数字，表示管线系统中部件的尺寸。

注：由字母DN后接无量纲整数组成，与端部连接内径、外径的物理尺寸有间接关系，单位为毫米(mm)。

3.27

公称压力　nominal pressure

PN

用于设计参考的指定字母和数字,表示压力,修约为整数。

注:由字母PN后接无量纲整数组成,具有相同公称直径DN和公称压力PN的部件具有相互匹配的尺寸。

3.28

椭圆度　ovality

管或管件横截面的不圆度。椭圆度Δ按式(1)计算:

$$\text{椭圆度}\ \Delta=\left(\frac{A_1-A_2}{A_1+A_2}\right)\times 100\% \qquad \cdots\cdots(1)$$

式中:

Δ ——管或管件的椭圆度;

A_1 ——管或管件横截面的实测最大直径,单位为毫米(mm);

A_2 ——管或管件横截面的实测最小直径,单位为毫米(mm)。

3.29

型式试验　type test

设计验证试验,一般只做一次,设计变更后应重新试验。

4 技术要求

4.1 总则

4.1.1 管和管件

4.1.1.1　4.2.1、4.2.3规定了管和管件的壁厚、长度,4.4规定了管和管件的涂覆。经供需双方协商,制造商可提供不同于本标准长度、壁厚和/或涂覆的管和管件以及与9.3和9.4规定不同的其他类型管件,但应符合本标准其他条款的要求。

注:其他类型管件包括弯头、三通、各种DN×dn的渐缩管、排水三通等。

4.1.1.2　管与管件按公称直径DN可分为DN40、DN50、DN60、DN65、DN80、DN100、DN125、DN150、DN200、DN250、DN300、DN350、DN400、DN450、DN500、DN600、DN700、DN800、DN900、DN1000、DN1100、DN1200、DN1400、DN1500、DN1600、DN1800、DN2000、DN2200、DN2400、DN2600、DN2800、DN3000(燃气用管的公称直径不大于DN700)。按接口型式可分为滑入式柔性接口、机械式柔性接口、自锚接口和法兰接口等。

注:机械式柔性接口的N_1型和S型一般用于燃气管道。

4.1.1.3　经供需双方协商,也可采用其他的接口型式,插口外径DE和公差应符合4.2.2.1,接口的密封性能应符合第5章的要求。

4.1.1.4　适用于各种非开挖施工技术(如顶管法、水平定向钻法等)的球墨铸铁管还应符合YB/T 4564的规定。

4.1.1.5　管件由各种接口型式派生而得。表1给出了管件名称和符号。

表 1 管件名称和符号

序号	名称	图示符号	图号	表号
1	盘承		5	17
2	盘插		6	18
3	承套		7	18
4	双承 90°(1/4)弯头		8	19
5	双承 45°(1/8)弯头		9	19
6	双承 22°30′(1/16)弯头		10	20
7	双承 11°15′(1/32)弯头		11	20
8	承插 90°(1/4)弯头		12	21
9	承插 45°(1/8)弯头		13	22
10	承插 22°30′(1/16)弯头		14	23
11	承插 11°15′(1/32)弯头		15	24
12	全承三通		16	25
13	DN40～DN250 双承单支盘三通		17	26
14	DN300～DN700 双承单支盘三通	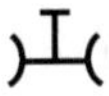	17	27
15	DN800～DN3000 双承单支盘三通		17	28
16	承插单支盘三通	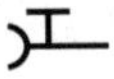	18	29
17	承插单支承三通		19	30
18	双盘渐缩管		20	31
19	双盘 90°(1/4)弯头		21	32
20	双盘 90°(1/4)鸭掌弯头		22	32
21	双盘 45°(1/8)弯头		23	33

表 1(续)

序号	名称	图示符号	图号	表号
22	DN40～DN250 全盘三通		24	34
23	DN300～DN700 全盘三通		24	35
24	DN800～DN3000 全盘三通		24	36
25	双承渐缩管		25	37
26	PN10 法兰盲板		26	38
27	PN16 法兰盲板		27	38
28	PN25 法兰盲板		28	39
29	PN40 法兰盲板		29	39
30	PN10 减径法兰		30	40
31	PN16 减径法兰		31	40
32	PN25 减径法兰		32	41
33	PN40 减径法兰		33	41

4.1.2 表面质量与修复

4.1.2.1 管、管件和附件的表面不应有裂纹、重皮，承、插口密封工作面不应有连续的轴向沟纹，缺陷和表面损伤不应影响产品符合第 4 章和第 5 章的要求。

4.1.2.2 密封面以外的不影响使用的表面局部缺欠允许存在。必要时，可对不影响整体壁厚的表面损伤和局部缺陷进行修复，如焊补。修复按照制造商书面规程执行；修复后的管和管件应符合第 4 章和第 5 章中的全部要求。

4.1.3 接口型式与连接

4.1.3.1 总则

4.1.3.1.1 本标准不涉及接口设计和胶圈形状。

4.1.3.1.2 橡胶密封圈材料应符合 GB/T 21873 中输水应用的相关要求。如有必要使用除橡胶以外的材料(如高温法兰接口)，应符合相关国家标准或国际标准。

4.1.3.2 柔性接口

4.1.3.2.1 柔性接口的管和管件的插口外径(DE)和公差应符合 4.2.2.1 的规定。柔性接口的设计应满足 5.2 的要求。

4.1.3.2.2 某些接口型式可能对外径(DE)的公差范围要求更为严格,当连接这类接口型式时,可通过测量待安装管的外径,选取满足要求的管进行连接,也可按照制造商推荐的方法连接。如果要与外径不符合4.2.2.1的已存管线进行连接,可采用专用的连接器或者按照制造商推荐的方法连接。

4.1.3.3 法兰接口

法兰接口的设计应符合GB/T 17241.6或ISO 7005-2。螺栓和螺母最低要求应分别符合GB/T 5780—2016和GB/T 41—2016,性能等级应分别符合4.6级和5级。如有需要,平垫圈应符合GB/T 95。法兰接口的设计应满足5.3的要求。制造商应在其手册中标明其产品通常以固定法兰还是松套法兰交货。

4.1.3.4 自锚接口

自锚接口的设计应符合GB/T 36173的相关要求,插口外径(DE)和公差应符合4.2.2.1。

4.1.4 与饮用水接触的材质要求

当在设计状态下使用时,不管是长期还是短期同人类饮用水相接触,球墨铸铁管、管件及其接口不应对预期使用的水质产生有害影响。球墨铸铁管线(包括管、管件和附件在内)输送饮用水时,与水接触的材料应满足GB/T 17219或相关规范的要求。

4.2 压力、壁厚分级和尺寸要求

4.2.1 压力、壁厚分级

4.2.1.1 总则

4.2.1.1.1 管可依据允许工作压力或壁厚进行分级。燃气用管应依据壁厚进行分级,自锚接口管具体壁厚及其允许压力由制造商给出。用户可根据工程需要选择压力分级或壁厚分级,或由制造商推荐合适的分级方式。

4.2.1.1.2 管件依据壁厚进行分级,其允许工作压力应满足管线设计压力的要求,制造商应给出管件的允许压力。所有法兰管件和带法兰的管件,如双承单支盘三通、盘插以及盘承,其允许压力取决于法兰的PN值,允许压力参见附录C。

4.2.1.2 压力分级

4.2.1.2.1 总则

4.2.1.2.1.1 对于不大于DN2600规格的柔性接口部件可依据允许工作压力分级,由10倍的PFA前面加上字母C表示。

4.2.1.2.1.2 带有法兰接口的部件应依其法兰的PN值进行分级。

4.2.1.2.1.3 部件允许压力的关系如下:

——允许工作压力 PFA=C/10,单位为兆帕(MPa)

——最大允许工作压力 PMA=1.20×PFA,单位为兆帕(MPa)

——现场允许试验压力 PEA=1.20×PFA+0.5,单位为兆帕(MPa)

4.2.1.2.1.4 管线系统内的允许压力应受限于管线系统内所有部件的最低压力等级,允许压力参见附录C。

4.2.1.2.1.5 管的最小壁厚 $e_{\min}$ 通过式(2)计算:

$$e_{\min}=\frac{\text{PFA}\times\text{SF}\times\text{DE}}{2\times R_{\text{m}}+\text{PFA}\times\text{SF}} \qquad \cdots\cdots(2)$$

式中：

e_{min} ——管的最小壁厚，单位为毫米(mm)；

PFA——允许工作压力，单位为兆帕(MPa)；

SF ——安全系数，取3；

DE ——管的公称外径，即插口外径(见表15)，单位为毫米(mm)；

R_m ——球墨铸铁的最小抗拉强度(R_m=420 MPa，见表8)，单位为兆帕(MPa)。

注：式(2)源自于Barlow公式，即环向应力σ=PD/2t(见3.23)。

4.2.1.2.1.6 离心铸造管的最小壁厚e_{min}不应小于3.0 mm。公称壁厚e_{nom}等于最小壁厚e_{min}加上(1.3+0.001DN)。

4.2.1.2.1.7 表16给出了首选压力等级的离心铸造管的公称壁厚。其他的压力等级公称壁厚参见附录D，用户应向制造商确认其适用性。附录E规定了管的壁厚、径向刚度和径向变形。

4.2.1.2.2 首选压力等级

4.2.1.2.2.1 柔性接口部件的首选压力等级为C25、C30和C40。也可选用其他的压力等级，包括C50、C64和C100。

4.2.1.2.2.2 带有法兰接口部件的首选压力等级为PN10、PN16、PN25和PN40。法兰接口管应以法兰的公称压力PN值分类。法兰接口管直管的压力等级应等于或大于法兰的公称压力PN值。

注：管螺纹深度视作壁厚减少。

4.2.1.3 壁厚分级

4.2.1.3.1 公称壁厚为公称直径(DN)的函数，按式(3)计算：

$$e_{nom}=K(0.5+0.001\text{DN}) \quad \cdots\cdots(3)$$

式中：

e_{nom}——公称壁厚，单位为毫米(mm)；

DN——公称直径，单位为毫米(mm)；

K ——壁厚级别系数，取…9、10、11、12…。

4.2.1.3.2 离心铸造管的最小公称壁厚为6 mm，公称壁厚为6 mm时，最小壁厚为4.7 mm，公称壁厚大于6 mm时，最小壁厚e_{min}等于公称壁厚e_{nom}减去(1.3+0.001DN)；非离心铸造管的最小公称壁厚为7 mm，公称壁厚为7 mm时，最小壁厚为4.7 mm，公称壁厚大于7 mm时，最小壁厚e_{min}等于公称壁厚e_{nom}减去(2.3+0.001DN)。

4.2.1.3.3 壁厚级别系数K应在合同中注明。表15给出了K9的公称壁厚和最小壁厚。其他的壁厚级别公称壁厚按式(3)计算。

4.2.1.3.4 管依据壁厚进行分级时，用于输水时其PFA、PMA、PEA参见附录C，可按式(4)、式(5)、式(6)计算，用于输气时其设计压力为中压A级及以下级别。

$$\text{PFA}=\frac{2\times e_{min}\times R_m}{D\times \text{SF}} \quad \cdots\cdots(4)$$

式中：

PFA ——允许工作压力，单位为兆帕(MPa)；

e_{min} ——球墨铸铁管最小壁厚，单位为毫米(mm)；

D ——球墨铸铁管平均直径(DE$-e_{min}$)，单位为毫米(mm)；

DE ——管的公称外径,单位为毫米(mm);

R_m ——球墨铸铁管的最小抗拉强度(R_m=420 MPa,见表 8),单位为兆帕(MPa);

SF ——安全系数,取 3。

最大允许工作压力 PMA 同 PFA,但 SF=2.5,因此

$$PMA = 1.2PFA \qquad \cdots\cdots(5)$$

现场允许试验压力 PEA

$$PEA = 1.2PFA + 0.5 \qquad \cdots\cdots(6)$$

4.2.1.3.5 管件的公称壁厚(e_{nom})见表 17～表 41。管件的最小公称壁厚为 7 mm,公称壁厚为 7 mm 时,最小壁厚为 4.7 mm;公称壁厚大于 7 mm 时,管件的最小壁厚(e_{min}),按式(7)计算:

$$e_{min} = e_{nom} - (2.3 + 0.001DN) \qquad \cdots\cdots(7)$$

4.2.2 直径

4.2.2.1 外径

4.2.2.1.1 表 15 给出了管与管件插口外径 DE 的值,通过 6.1.1 中规定的方法使用环形尺测量周长得到。对于公称直径 DN≤300 的管,从插口端起 2/3 管长范围内应符合安装尺寸要求。对于公称直径 DN>300 的管,如果用户需求,制造商应提供一定数量的现场可切割管,从插口端起 2/3 管长范围内应符合安装尺寸要求,并进行标示。

4.2.2.1.2 外径 DE 的正公差为+1 mm,适用于所有壁厚级别和压力级别的管和管件。

4.2.2.1.3 外径 DE 的负公差取决于接口型式设计,制造商手册应规定接口型式和公称尺寸。

4.2.2.1.4 此外,管与管件插口椭圆度(见 3.28)应满足:

——公称直径 DN40～DN200,在插口外径 DE 公差范围内;

——公称直径 DN250～DN600,不超过 1%;

——公称直径 DN>600,不超过 2%。

4.2.2.1.5 制造商手册应给出椭圆度校正的必要性与方法,某些类型的柔性接口可承受 4.2.2.1 规定的最大椭圆度,无须在连接之前进行插口校圆。

4.2.2.2 内径

4.2.2.2.1 离心铸造管内径公称值近似等于其公称直径 DN 值,单位为毫米(mm)。

4.2.2.2.2 内衬水泥砂浆管的内径允许偏差应符合表 2 的规定,该表适用于 GB/T 17457 规定的水泥砂浆内衬厚度和壁厚级别小于或等于 K10(壁厚分级),或符合表 3(压力分级)的管。内径允许偏差不适用于更厚的壁厚和非水泥砂浆内衬的管。

4.2.2.2.3 不管是根据 6.1.2 直接测量内径,还是测量管外径、壁厚及内衬厚度后再计算,其结果应一致。

表 2 内径允许偏差

DN	允许偏差[a]/mm
40～1 000	−10
1 100～3 000	−0.01DN
[a] 仅给出下限。	

表 3 压力分级管的内径允许偏差适用范围

压力等级	小于 40	等于 40	大于 40
DN	≤2 600	≤600	≤250

4.2.3 长度

4.2.3.1 承插管

4.2.3.1.1 管应按表 4 规定的标准长度提供。

表 4 承插管的标准长度

单位为米

DN	标准长度 L_u[a]
40、50	3
60～600	4、5、5.5、6、9
700、800	4、5.5、6、7、9
900～3 000	4、5、5.5、6、7、8.15、9
[a] 见 3.25。	

4.2.3.1.2 制造商设计长度与表 4 中所给出标准长度(L_u)的偏差(见 3.21)应在±250 mm 范围内,并在其手册给出。实际制造长度应按照 6.1.4 测量,与制造商设计长度差值不应超过表 7 给出的公差。输水用管的最大允许缩短长度为 500 mm,燃气用管的最大允许缩短长度为 300 mm,在提供的承插管总数中,每种直径的短尺管比例应不超过 10%。

注 1:用作试验目的所切的短尺管视为标准长度管,不包括在 10%的限定之内。

注 2:当以管线长度订购时,制造商可根据测量的单支管的铺设长度加在一起确定所需供应管的数量。

4.2.3.2 法兰接口管

表 5 给出了法兰接口管的标准长度。经供需双方协商,可供应其他长度的法兰接口管。

表 5 法兰接口管的标准长度

管子类型	DN	标准长度 L[a] m
整体铸造法兰	40～3 000	0.5、1、2、3、4
松套法兰、螺纹连接或焊接法兰	40～500	2、3、4、5
	600～1 000	2、3、4、5、6
	1 100～3 000	4、5、6、7
[a] 见 3.25。		

4.2.3.3 管件

4.2.3.3.1 管件应按 9.3 和 9.4 给出的长度提供。

注:共有两个系列尺寸,系列 A 和系列 B,系列 B 一般限于最大公称直径 DN450。

4.2.3.3.2 管件设计长度应在标准长度的允许偏差范围内，表6给出了系列A管件设计长度允许偏差，系列B不允许有偏差；制造长度应在设计长度的允许公差范围内，表7给出了长度公差。

表6 管件设计长度允许偏差

管件类型	DN	允许偏差 mm
盘承、盘插、承套、渐缩管	40～1 200	±25
	1 400～3 000	±35
三通	40～1 200	+50 −25
	1 400～3 000	+75 −35
90°(1/4)弯头	40～3 000	±(15+0.03DN)
45°(1/8)弯头	40～3 000	±(10+0.025DN)
22°30′(1/16)和 11°15′(1/32)弯头	40～1 200	±(10+0.02DN)
	1 400～3 000	±(10+0.025DN)

4.2.3.4 长度公差

表7给出了长度公差。

表7 长度公差

铸件类型	公差 mm
承插直管(标准长度管或短尺管)	−30/+70
承接管件	±20
带法兰接口的管或管件	±10[a]

[a] 经供需双方协商，较小公差是可接受的。但是公称直径DN≤600时，不小于±3 mm；公称直径DN>600时，不小于±4 mm。

4.2.4 直线度

管应平直，其允许偏差为长度的0.125%。检验直线度的方法一般为目测，若有怀疑或争议，可按6.2测量偏差。直管及管件端面应与轴线垂直。

4.3 材料性能

4.3.1 拉伸性能

4.3.1.1 球墨铸铁管、管件及附件应符合表8给出的拉伸性能。

4.3.1.2 在制造过程中，制造商应进行相应的试验来证明拉伸性能，这些试验可以是：

——批抽样系统。样坯取自于管插口，对于管件，样坯可单独制造或取自于相关整体铸件。(将样坯进行机械加工制成试棒，按6.3进行拉伸试验)

——过程控制试验系统(如无损检验),应能证明与表8规定的拉伸性能正相关;试验证实程序应采用性能已知并且可验证其性能的对比试棒。此试验系统应通过拉伸试验(按照6.3进行)的证实。

表8 拉伸性能

铸件类型	抗拉强度 R_m MPa	断后伸长率 A %	
	DN40~DN3000	DN40~DN1000	DN1100~DN3000
离心铸造管	≥420	≥10	≥7
非离心铸造管、管件、附件	≥420	≥5	≥5

根据供需双方的协议,可检验规定塑性延伸强度($R_{p0.2}$)的值。$R_{p0.2}$应符合如下规定:

a) 当公称直径DN40~DN1000,$A \geqslant 12\%$时,$R_{p0.2} \geqslant 270$ MPa;

b) 当公称直径DN>1000,$A \geqslant 10\%$时,$R_{p0.2} \geqslant 270$ MPa;

c) 其他情况下$R_{p0.2} \geqslant 300$ MPa。

公称直径DN40~DN1000压力分级时离心铸造管设计最小壁厚不小于10 mm时或公称直径DN40~DN1000壁厚分级时离心铸造管壁厚级别超过K12时,最小断后伸长率应为7%。

4.3.2 布氏硬度

4.3.2.1 各种部件的硬度应满足用常规机械加工方式对其进行切割、钻孔的要求。如有争议,硬度应按6.4进行检测。

4.3.2.2 离心铸铁管的布氏硬度应不超过230 HBW,非离心铸铁管、管件和附件的布氏硬度应不超过250 HBW。焊接制造部件的焊接热影响区的布氏硬度可大于上述规定。

4.4 外涂层与内衬

4.4.1 总则

4.4.1.1 管和管件通常以内、外涂覆状态交货。涂覆前内外表面应无铁锈和杂物。涂覆后内外表面涂层应均匀,粘附牢固,不因气候变化而发生异常。

4.4.1.2 管和管件的基本涂层是外部符合4.4.2.1的锌涂层和终饰层,内衬符合4.4.3.1的水泥砂浆内衬。根据工程需要,可采用其他类型的涂层和内衬。

4.4.1.3 在保证接口性能的前提下,涂覆过的插口外径DE的正偏差可大于4.2.2.1的规定。

4.4.1.4 所有的最终内部涂层(内衬)应符合4.1.4的要求。

4.4.1.5 非开挖铺设用球墨铸铁管其外部涂层还应满足其施工方式的要求,如顶管用球墨铸铁管可不喷涂终饰层,应制作护套保护管及其外表面涂层;水平定向钻进用球墨铸铁管的外表面涂层应具有一定的耐磨性。

4.4.1.6 铸造法兰接口管可按管件进行涂覆。

4.4.2 外涂层

4.4.2.1 锌涂层和终饰层

4.4.2.1.1 离心球墨铸铁管和管件的外涂层应包括金属锌层和其上覆盖的与锌相容的合成树脂终饰层,这两种涂层应在工厂内涂覆。

4.4.2.1.2 在按6.6.1进行锌涂层测量时,管的锌涂层、终饰层应符合GB/T 17456.1的相关要求，管件的锌涂层、终饰层应符合 GB/T 17456.2 的相关要求，压力分级管终饰层颜色应区别于壁厚分级管。用户有特殊要求时，可按用户要求执行。

4.4.2.1.3 压力分级管喷涂的锌涂层单位面积平均重量应不低于 200 g/m^2，局部最小值应不低于180 g/m^2。对于低腐蚀性区域，经供需双方协商并在合同中注明，锌涂层单位面积平均重量可不低于 130 g/m^2，局部最小值应不低于 110 g/m^2。

4.4.2.2 其他外涂层

4.4.2.2.1 球墨铸铁管线可安装在广泛的外部环境中。这些环境可按其腐蚀性进行描述，附录 F 的 F.1 给出了相关因数，可综合这些因数来选择合适的外涂层。

4.4.2.2.2 附录 F 的 F.2 给出了管适用的外涂层，F.3 给出了管件和附件适用的外涂层。其他涂层也是允许的。

4.4.3 内衬

4.4.3.1 水泥砂浆内衬

4.4.3.1.1 水泥砂浆内衬应符合 GB/T 17457 的要求。养生后的内衬应符合 4.1.4 的要求。输送原水时可使用铝酸盐水泥，并应符合国家规范，或者用于特殊用途。在按 6.6.3 测量时，内衬厚度应符合 GB/T 17457 的规定。

4.4.3.1.2 球墨铸铁管水泥砂浆内衬涂覆之前，金属表面不应有松散杂质、油或润滑剂。

4.4.3.1.3 水泥砂浆混合物应包括水泥、砂子、水。如使用添加剂，则应符合 4.1.4 要求，并且应声明。

4.4.3.1.4 在按 GB/T 17671 和 GB/T 17457 进行测量时，水泥砂浆在养生后的 28 d 抗压强度应不少于 50 MPa。

4.4.3.1.5 水泥砂浆内衬密封涂层应符合 GB/T 32488 的规定。

注：对于流速小、水在管线中滞留时间长的水泥砂浆内衬管线，水的 pH 值会有所升高，特别是管线使用初期，此类管线经供需双方协商可考虑使用水泥砂浆内衬密封涂层。

4.4.3.2 其他内衬

4.4.3.2.1 球墨铸铁管线可输送范围广泛的原水和饮用水。这些内部环境可根据其腐蚀性进行描述，附录 G 的 G.1 给出了无密封层的水泥砂浆内衬的相关因数，可综合这些因数来选择合适的内衬。

4.4.3.2.2 G.2 中给出了管适用的内衬，G.3 中给出了管件适用的内衬。其他的内衬也是允许的。

4.5 标记

4.5.1 管和管件应有清晰持久的标记，标记至少应有以下内容：

——制造商名称或标志；

——生产年份；

——球墨铸铁；

——公称直径 DN；

——法兰部件法兰 PN 级别(如适用)；

——本标准编号；

——壁厚级别或压力级别；

——插口插入深度标识(管件除外);
——产品批号;
——可切割标识(管件除外)。

4.5.2 4.5.1 中给出的前五项标记应铸出或冷冲,其余项可使用任何适宜方法,如喷印在铸件上。

5 密封要求

5.1 管和管件

所有管与管件都应按 6.5 进行工厂密封试验,不应有可见渗漏、出汗现象或有任何其他失效缺陷。接口应符合第 5 章的型式试验要求,附录 H 给出了相应的安全系数。

5.2 柔性接口

5.2.1 总则

5.2.1.1 柔性接口的设计应符合 5.2 的要求。如果设计已经过了验证,制造商备有证明文件,并至少成功使用了十年,对于型式试验(正内压符合 5.2.2、正外压符合 5.2.3、负内压符合 5.2.4、循环压力符合5.2.5)而言,只需在对接口性能有不利影响的重大设计改变时再进行。

5.2.1.2 接口设计应在最不利的铸造公差和轴向位移条件下进行型式试验,保证内外压力条件下密封完好。

5.2.1.3 表 9 给出了每组中至少有一种规格要进行型式试验。当同一尺寸范围组合的性能基于同种设计参数时,一种规格可代表一组。

表 9 型式试验的规格分组

规格分组	DN40～DN250	DN300～DN600	DN700～DN1000	DN1100～DN2000	DN2200～DN3000
每组抽取的规格	DN200	DN400	DN800	DN1600	DN2400

5.2.1.4 如果某组中的产品设计或制造过程不同,该组应再行细分。

5.2.1.5 对制造商来说,如果某组只有一种公称直径 DN 或公称压力 PN,这种公称直径 DN 或公称压力 PN 可视为同种设计和生产工艺的邻组的一部分。

5.2.1.6 型式试验应在连接部件形成最大设计径向间隙(最小插口与最大承口连接)条件下进行。

5.2.1.7 型式试验中,最大间隙等于最大设计径向间隙值,允许偏差为$_{-5}^{\ 0}$%。如果实际直径稍微超出标准制造公差,可对承口内表面进行机械加工使其径向间隙值达到型式试验要求。

5.2.1.8 所有接口应与插口一起进行型式试验。插口自插口端面超过 2 倍公称直径 DN 的距离,平均壁厚应为设计最小壁厚,其公差为$_{\ 0}^{+10}$%。允许机械加工插口内径到所要求的壁厚。

5.2.1.9 自锚接口的设计和试验应符合 GB/T 36173 的相关要求。所有自锚接口在设计上至少是半柔性的。制造商声明的允许偏转角度应不少于 5.2.2 规定数值的一半。在试验中没有外部轴向约束,因此接口要承受全部轴向推力,轴向位移应达到一个稳定值并停止;当自锚接口的自锚装置与密封部件独立时,如果这类接口的非自锚部分已通过 5.2 中的试验,接口则不必进行 5.2 中的试验。

5.2.1.10 燃气用管接口(如 N_I 型和 S 型等)应进行 5.2.2 规定的型式试验,但试验介质应为气体,试验压力为 1.5 倍 PFA(PFA 由供应商给出)。

5.2.2 内部压力

应按照7.2中的规定进行内部压力下接口密封型式试验，试验压力为(1.5PFA+0.5)MPa；接口在下列两种情况下不应有可见渗漏：

a) 接口平直和承受剪切：剪切力的值(单位为牛顿，N)应不小于30倍的公称直径DN；

b) 接口偏转：试验偏转角度为制造商手册描述最大允许偏角：

——对于公称直径DN40～DN300，不小于3°30′；

——对于公称直径DN350～DN600，不小于2°30′；

——对于公称直径DN700～DN2600，不小于1°30′；

——对于公称直径DN2800～DN3000，不小于1°。

5.2.3 外部压力

应按照7.3中的规定进行外部压力下接口密封型式试验，接口在受到不小于30倍公称直径DN的剪切力(单位为牛顿，N)的情况下不应有可见渗漏，且试验压力应不小于0.2 MPa。

5.2.4 负内压

应按照7.4中的规定进行负内压下接口密封型式试验，试验压力比大气压力低0.09 MPa(绝对压力大约为0.01 MPa)。在下列两种情况下试验时，2 h试验期间后最大压力变化为不应超过0.009 MPa：

a) 接口平直和承受剪切：接口剪切力(单位为牛顿，N)不小于30倍的公称直径DN；

b) 接口偏转：试验偏转角度为制造商手册描述最大允许偏角：

——对于公称直径DN40～DN300，不小于3°30′；

——对于公称直径DN350～DN600，不小于2°30′；

——对于公称直径DN700～DN2600，不小于1°30′；

——对于公称直径DN2800～DN3000，不小于1°。

5.2.5 循环压力

应按照7.5中的规定进行循环压力下接口密封型式试验，接口在受到不小于30倍公称直径DN的剪切力(单位为牛顿，N)的情况下不应有可见渗漏。

5.3 铸造、螺纹连接、焊接和松套法兰接口

5.3.1 总则

5.3.1.1 法兰接口的设计应符合5.3的要求。如果设计已经过了验证，制造商备有证明文件，并至少成功使用了十年，只需在对接口性能有不利影响的重大设计改变时再进行5.3.2的型式试验。

5.3.1.2 如果涉及到了法兰，表9所示每组中至少有一种规格要进行型式试验。试验的PN值是现存法兰中最高的PN值。性能基于同种设计参数的尺寸范围，一种PN可代表一组。

5.3.1.3 如果某组中的产品设计和/或制造过程不同，该组应再行细分。

5.3.1.4 对制造商来说，如果某组只有一种公称直径DN或公称压力PN，这种公称直径DN或公称压力PN可视为同种设计和生产工艺的邻组的一部分。

5.3.2 内部压力和弯矩

5.3.2.1 为了保证法兰接口在运行条件下的强度和密封性，应对其进行型式试验。按照7.6规

定试验时，在内部水压和表 10 中弯矩的共同作用下，法兰接口应无可见渗漏。其中：

——压力为(0.15PN+0.5)MPa；

——试验组件中部件的重量以及试验组件中水的重量形成了外部载荷与试验组件形成无支撑跨度长度的函数计算出的附加弯矩组成了相关弯矩(见 7.6)。

5.3.2.2 制造商应依据表 10 对每种类型法兰接口进行型式试验。

5.3.2.3 表 10 给出的弯矩约等于首选压力等级管的重量(使用公称壁厚)与水泥砂浆内衬重量和管中水的重量与两个简单支撑之间管的长度(长度为 L)引起的弯曲力矩之和。焊接、整体铸造和松套法兰接口的支撑之间距离为：

——公称直径 DN≤250 时，L=8 m；

——公称直径 DN≥300 时，L=12 m。

5.3.2.4 螺纹连接法兰接口的支撑间距离为：

——公称直径 DN≤800 时，L=6.8 m；

——公称直径 DN≥900 时，L=10 m。

表 10 法兰接口首选等级管型式试验的弯矩 单位为千牛米

DN	整体铸造、焊接和松套法兰	螺纹连接法兰
40	0.6	0.4
50	0.7	0.6
60	0.9	0.7
65	1.0	0.8
80	1.3	1.0
100	1.7	1.4
125	2.4	2.0
150	3.1	2.7
200	4.8	4.5
250	7.1	6.7
300	22.1	9.3
350	29.1	12.6
400	36	16
450	45	20
500	54	25
600	77	35
700	100	47
800	129	52
900	161	140
1 000	197	159

表10(续)　　单位为千牛米

DN	整体铸造、焊接和松套法兰	螺纹连接法兰
1 100	237	192
1 200	281	214
1 400	383	274
1 500	437	314
1 600	495	355
1 800	623	447
2 000	766	549
2 200	928	644
2 400	1 100	764
2 600	1 287	894

6 试验方法

6.1 尺寸

6.1.1 外径

6.1.1.1 承插管可用环形尺在插口测量外径,其结果应符合外径公差的要求,也可用通止规验证。

6.1.1.2 此外,应在插口端目测检查管的椭圆度,椭圆度应符合椭圆度公差,如有疑虑,可用合适的设备通过测量最大和最小直径来检查。也可用通止规进行控制。

6.1.1.3 检验频次与制造商的生产和质量控制体系有关。

6.1.2 内径

内径用合适的设备如样板等工具测量,在距端面200 mm或200 mm以上处横截面上互成直角测量两次,可计算两次测量结果的平均值,也可用通止规检查。

6.1.3 壁厚

6.1.3.1 制造商应证明壁厚符合要求,可使用以下方法或其组合:

——重量控制;

——直接测量或用合适的工具测量壁厚,如机械的或超声波的设备。检验频次与制造商的生产和质量控制体系有关。

6.1.3.2 壁厚应使用误差范围为±0.1 mm的合适的设备测量。

注:从管模拔出管时,管身颜色均匀度体现了壁厚的均匀性。

6.1.4 长度

离心铸造承插管的长度应用合适的工具测量:

——对于标准长度管,测量新管模铸出的第一支管;

——对于按计划切割成预定长度的管,测量第一支切成此长度的管。

6.2 管的直线度

检验直线度的方法通常为目测。若有异议,可用以下方法检验:管应在两个台架或滚轮上沿轴向滚动,台架/滚轮之间的间距不少于管标准长度的 2/3,应确定直轴最大偏差点,在此点测量的偏差应不超过 4.2.4 中的限定值。

6.3 拉伸试验

6.3.1 取样

6.3.1.1 离心铸铁管

自管插口处取样,样坯与轴线平行。

6.3.1.2 非离心铸铁管、管件和附件

制造商可自定取样规定,可从整体铸件和附属铸件上制取样坯,也可单独铸出样坯,后者应为与用于铸件的同一金属铸成。如果铸件经过热处理,样坯也应经过同样的热处理。

6.3.2 试棒要求

6.3.2.1 样坯厚度和试棒直径见表 11。

6.3.2.2 试棒是机械加工试样制成的,代表样坯中间厚度的金属,包括一个圆柱部分,直径见表 11。如果试棒的规定直径大于样坯所测最小厚度的 60%,则允许将试棒机加工到较小的直径或在管的较厚的部分再切取另一个样坯。

6.3.2.3 试棒标距至少为其公称直径的 5 倍,试棒端部应适合安装在试验机上。

6.3.2.4 试棒机加工标距部分的表面粗糙度 R_Z 不小于 6.3 μm。

6.3.2.5 有两种测量拉伸强度的拉伸方法可供制造商选择:

——方法 A:加工试棒至其公称直径的±10%,试验前测量实际直径,精确至±0.01 mm,用测得的直径计算截面积和抗拉强度。

——方法 B:在规定的直径公差(见表 11)内加工试棒至其标准面积 S_0,用 S_0 计算抗拉强度。

表 11 试棒尺寸

铸件类型	试棒 方法 A	试棒 方法 B		
	公称直径 mm	公称面积 S_0 mm²	公称直径 mm	直径偏差 mm
离心铸造管壁厚:				
<6 mm	2.5	5	2.52	±0.01
6 mm≤e<8 mm	3.5	10	3.57	±0.02
8 mm≤e<12 mm	5.0	20	5.05	±0.02
≥12 mm	6.0	30	6.18	±0.03
非离心铸造管、管件和附件:				
——整体铸造样坯;	5.0	20	5.05	±0.02
——分体铸造样坯;	5.0	20	5.05	±0.02
——铸件厚度<12 mm 时,样坯厚度 12.5 mm;	6.0	30	6.18	±0.03
——铸件厚度≥12 mm 时,样坯厚度 25 mm	12.0 或 14.0	—	—	—

6.3.3 设备与试验方法

6.3.3.1 拉伸试验依照 GB/T 228.1 执行。

6.3.3.2 拉力试验机应有合适的支架或夹具固定试棒端部以稳定地施加轴向试验载荷。试验机应有使试棒断裂的拉力范围并显示出施加的负荷。

6.3.3.3 拉力加载速率尽可能恒定在每秒 6 N/mm^2～30 N/mm^2 之间。

6.3.3.4 用试棒最大承受力除以试验前的试棒截面积计算得出抗拉强度。把试棒断裂的两部分拼在一起测量伸长的标距。用伸长标距与初始标距之比求得伸长率。另外,伸长率可直接用引伸计测量。

6.3.4 试验结果

6.3.4.1 试验结果数值的修约间隔应符合 GB/T 228.1 的规定,强度性能值修约至 1 MPa,断后伸长率修约至 0.5%。不应将低于标准值的试验结果数值修约至标准值。

6.3.4.2 试验结果应符合表 8 的规定。如果不符合,制造商应:

a) 如果金属未达到所需的机械性能要求,检查原因,确定此批铸件是进行二次热处理还是报废。二次热处理后的铸件需按 6.3 进行再次检验。

b) 如试棒有缺陷,再进一步试验。如果试验通过,则该批合格;如果未通过试验,厂方可选择 a)中的方法。

注:制造商可通过附加试验按生产顺序限制报废数量,报废数量的确定通过向前和向后追溯至直到在存在问题的阶段的两端试验全部合格。

6.3.5 试验频次

试验频次与制造商的生产和质量控制体系有关(见 4.3.1 和附录 I)。表 12 给出了最大批量。

表 12 拉伸试验最大批量

铸件类型	DN	最大批量/根(件)	
		批次取样系统	过程控制试验系统
离心铸铁管	40～300	200	1 200
	350～600	100	600
	700～1 000	50	300
	1 100～3 000	25	150
非离心铸铁管、管件和附件	所有规格	4t[a]	48t[a]

[a] 铸件毛重,不包括冒口。

6.4 布氏硬度

可在有争议的铸件上或从该铸件切取的试样上进行布氏硬度试验(见 4.3.2)。试验表面要经过局部轻微适度磨光,试验表面应光滑和平坦,并且不应有氧化皮及外界污物,尤其不应有油脂。布氏硬度试验应符合 GB/T 231.1 的规定,采用的硬质合金球直径为 2.5 mm、5 mm 或 10 mm。

6.5 管和管件的工厂密封试验

6.5.1 总则

6.5.1.1 所有管与管件应在内外涂覆前进行此试验,金属锌层涂覆可在本试验前进行。

6.5.1.2 试验装置应适合施加管和/或管件规定的试验压力,并装有精度级别2.5级以上的压力表。

6.5.2 压力分级管

工厂水压试验压力应为不低于相应管的压力等级,高于首选压力等级的压力分级管按照首选压力等级进行水压试验,较高的试验压力也是允许的。压力周期总计持续时间不应少于15 s,包括试验压力下的10 s。在压力试验期间或压力试验完成后应立即进行外观检查,应无可见渗漏。

6.5.3 壁厚分级管

6.5.3.1 壁厚分级管应在表13规定的试验压力下进行水压试验,压力周期总计持续时间应不少于15 s,包括试验压力下的10 s。在压力试验期间或压力试验完成后应立即进行外观检查,目测应无可见渗漏。

表13 壁厚分级管工厂试验压力

DN	最小试验压力/MPa 离心球墨铸铁管 $K<9$	最小试验压力/MPa 离心球墨铸铁管 $K\geqslant 9$
40~300	$0.05(K+1)^2$	5.0
350~600	$0.05K^2$	4.0
700~1 000	$0.05(K-1)^2$	3.2
1 100~2 000	$0.05(K-2)^2$	2.5
2 200~3 000	$0.05(K-3)^2$	1.8

6.5.3.2 燃气用管水压试验合格后,还应进行气密性试验,试验压力应不小于0.6 MPa,目测时间不少于60 s,应无泄漏,可在管外表面均匀地涂抹泡沫剂或把管浸入水中进行渗漏检查。

6.5.4 非离心铸铁管与管件

6.5.4.1 制造商可选择进行水压试验或气压试验。

6.5.4.2 水压试验的方法同离心铸造管(见6.5.3),但试验压力不同,试验压力应符合表14的规定。

表14 非离心铸造管与管件的工厂试验压力

DN	非离心铸造管以及管件和附件[a] MPa
40~300	2.5
350~600	1.6[b]
700~3 000	1.0

[a] 管件的工厂试验压力比管的低,其原因是高压试验中难以对管件进行足够的约束。

[b] 1.6 MPa适用于PN10法兰的管和管件。

6.5.4.3 进行气压试验,内部压力至少 0.1 MPa,目测时间不少于 20 s。可在铸件外表面均匀地涂抹泡沫剂或把铸件浸入水中进行渗漏检查。

6.5.4.4 燃气用管件水压试验合格后,还应进行气密性试验,试验压力应不小于 0.6 MPa,目测时间不少于 20 s,目测应无泄漏,可在管件外表面均匀地涂抹泡沫剂或把管件浸入水中进行渗漏检查。

6.6 涂层和内衬

6.6.1 锌层重量

锌层重量的检验应符合 GB/T 17456.1 和 GB/T 17456.2 的规定。

6.6.2 终饰层厚度

6.6.2.1 应采用下列三种方法中的一种测量终饰层干膜厚度:

——使用合适的量具直接在铸件上测量,或如能证明湿膜厚度与干膜厚度的相互关系,使用湿膜测厚仪。

——间接地测量试块。试块在涂覆前附着在铸件上,涂覆后使用机械法测量干膜的厚度(如千分尺),或采用同 6.6.1 相似的测重方法。

——间接测量,用金属或非金属材料制成的试验板,涂覆同铸件控制的工艺方法。

6.6.2.2 至少取 10 个测量结果,平均厚度为所有测量结果的平均值,应不小于 70 μm,局部最小厚度为所有测量结果中的最低值,应不小于 50 μm。

6.6.3 水泥砂浆内衬厚度

水泥砂浆内衬厚度的检验应符合 GB/T 17457 的规定。

6.6.4 其他涂层和内衬

对于其他涂层和内衬的试验方法应符合相关的国家标准或国际标准的规定。

7 型式试验

7.1 总则

7.1.1 下面的接口参数对接口的性能至关重要,应依照相关的规定进行下列检测:

——插口壁厚;

——插口外径;

——承口功能性内径;

——承口深度;

——密封圈功能性尺寸和硬度。

7.1.2 密封圈所用橡胶的长期和短期特性应符合 GB/T 21873 的要求。

7.2 内压力下接口密封

7.2.1 试验应在由两段管的组装的接口进行,每段管至少长 1 m(见图 1)。

7.2.2 不管接口处于平直状态、偏转状态,还是承受剪切载荷,试验装置应能够提供合适的端部约束。试验组件应配备精度级别 2.5 级以上的压力表。

7.2.3 剪切载荷 W 通过 120°V 形垫块施加于插口,V 形垫块大约位于自承口面起 0.5 倍的公称直径 DN(单位为毫米,mm)或 200 mm 处,垫块位置取两者最大值。承口应压在水平支架上。载荷 W 由 F 求出,作用于接口的剪力合力 F 等于 5.2.2 中规定的值。考虑到管身重量和

管内物体重量 M(燃气用管不考虑管内物体重量)及试验组件的几何结构关系,可给出式(8):

$$W=\frac{F\times c-M(c-b)}{c-a} \quad \cdots\cdots(8)$$

式中:

W ——剪切力,单位为牛顿(N);

F ——作用于接口的剪力合力,单位为牛顿(N);

M ——管重量和管内物体重量,单位为牛顿(N)。

a、b、c 见图1。

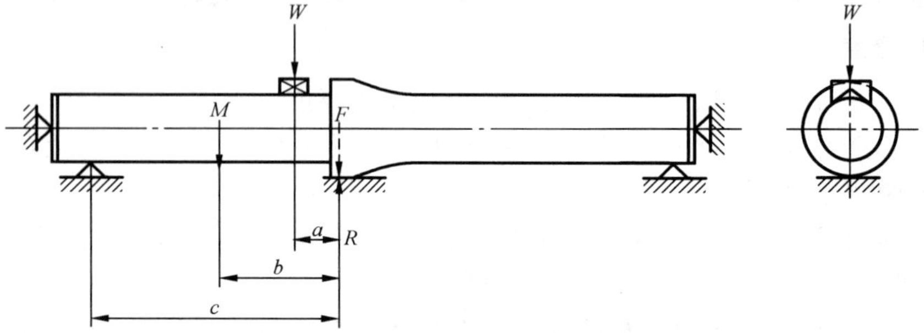

图1 内压力下接口密封

7.2.4 试验组件应注满水并易于排气,压力应稳定升至5.2.2中给出的试验压力,压力增加速度不应超过0.1 MPa/s。试验压力在±0.05 MPa范围内浮动并至少保持2 h,在此期间每15 min要对接口进行一次全面检查。

7.3 外压力下接口密封

7.3.1 本试验组件由连接在一起的两个管承口组成的两个接口和一个双插口件构成,以便形成一个环形腔,一个接口可在内压力下进行试验,另一个接口可在外压力下进行试验(见图2)。

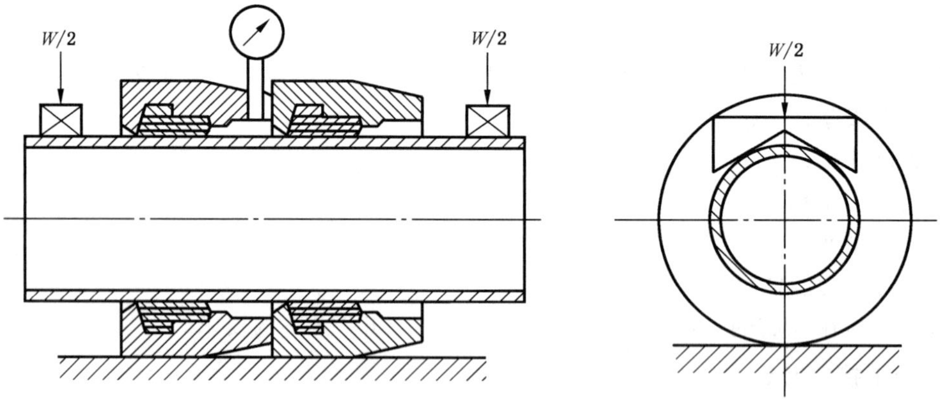

图2 外压力下接口密封

7.3.2 试验组件受到5.2.3中定义的剪切力;这个力由两个120°的V形垫块分别施加于试验组件两侧的插口。V形垫块位置大约在自承口面起0.5倍的公称直径DN(单位为毫米,mm)或200 mm处,取两者之间的最大值。承口应放在水平支架上。

7.3.3 试验组件应注满水并易于排气,压力应稳定升至5.2.3中给出的试验压力,试验压力在

±0.01 MPa范围内浮动并保持至少 2 h,在此期间每 15 min 全面检查受外部压力作用的接口内壁一次。

7.4 负内压下接口密封

7.4.1 试验组件和试验装置见 7.2,轴向约束管段以防止出现相向运动。

7.4.2 试验组件应将水排空,并抽出空气至 0.09 MPa 的负内压力(见 5.2.4),然后移走真空泵。试验组件在真空状态下至少放置 2 h,在此期间压力变化不超过 0.009 MPa。试验时,试验组件的温度应控制在 5 ℃～40 ℃之间,在试验期间试验组件的温度变化应不超过 10 ℃。

7.5 循环压力下接口密封

7.5.1 试验装置和试验设备要求同 7.2,试验装置充满水,将气体排出。

7.5.2 压力持续升高至最大允许工作压力 PMA,然后根据下述压力循环进行自动监测:

a) 压力持续下降至(PMA－0.5)MPa;

b) 保持(PMA－0.5)MPa 压力至少 5 s;

c) 压力持续上升至 PMA;

d) 保持 PMA 至少 5 s。

7.5.3 记录循环次数,如果接口漏水应自动停止试验。试验结束后,应当测量插口端的轴向位移。

7.6 法兰接口的密封性和机械应力

7.6.1 试验组件应包括两支带有同种规格法兰的管或管件,使用制造商规定的螺栓和垫圈进行组装,试验组件的两端装有法兰盲板,用螺栓制造商规定的用于试验中的公称直径 DN 的最大公称压力 PN 的扭矩拧紧。在没有规定时,螺栓材料等级应是 GB/T 5780 中的 4.6 级。

7.6.2 试验组件安放在两个简单支架上(见图 3),使组装的法兰接口处于跨距中间。无支撑防护最小长度为 6 倍公称直径 DN 或 4 000 mm,取两者之间的较小值。可用管或管件组合成这个长度,但是要考虑接口在中间部位。

7.6.3 试验组件应注满水并易于排气。压力稳定升至 5.3.2 中给出的试验压力。外载荷 F 通过一平板作用于已组装好的法兰接口,方向与试验组件轴心垂直,形成表 10 所示弯矩。

7.6.4 内部压力和外部载荷应稳定保持 2 h,在此期间对法兰接口进行全面检查。

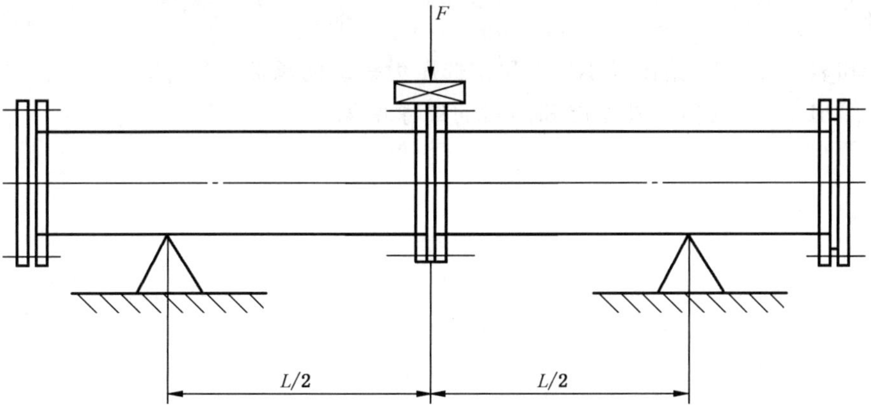

图 3 法兰接口的密封性和机械应力

7.6.5　在压力试验期间采取一切必要的安全防护措施。

8　工厂检验与质量证明书

8.1　检查和验收

球墨铸铁管和管件的检查和验收由制造商的技术质量监督部门进行。

8.2　组批规则

8.2.1　管

管应按批进行检查和验收。每批应由同一公称直径、同一接口型式、同一壁厚级别、同一定尺长度、同一退火制度的球墨铸铁管组成。每批最大数量应符合表12的规定。

8.2.2　管件和附件

管件和附件应按批进行检查和验收。每批应由同一炉铁液、同一造型工艺生产的管件或附件组成,每批最大数量应符合表12的规定。

8.3　取样数量

8.3.1　应逐根(件)对球墨铸铁管和管件进行水压试验和气密性试验,制造商根据其生产和质量控制体系对尺寸、直线度、表面质量、涂覆质量进行检验。

8.3.2　球墨铸铁管和管件每批任取一根(件)试样,进行拉伸试验和布氏硬度试验。

8.4　质量证明书

产品出厂时应附有产品质量证明书,证明书至少应包括以下内容:

——制造商名称或商标;

——本标准编号;

——产品名称、规格;

——产品批号;

——水压试验数值和/或气密性试验数值;

——力学性能数值;

——内外涂层厚度。

9　尺寸表

9.1　承插管

9.1.1　图4和表15、表16给出了K9级和首选压力等级的承插管尺寸。

9.1.2　表4给出了L_u的值。外涂层和内衬的尺寸见4.4。

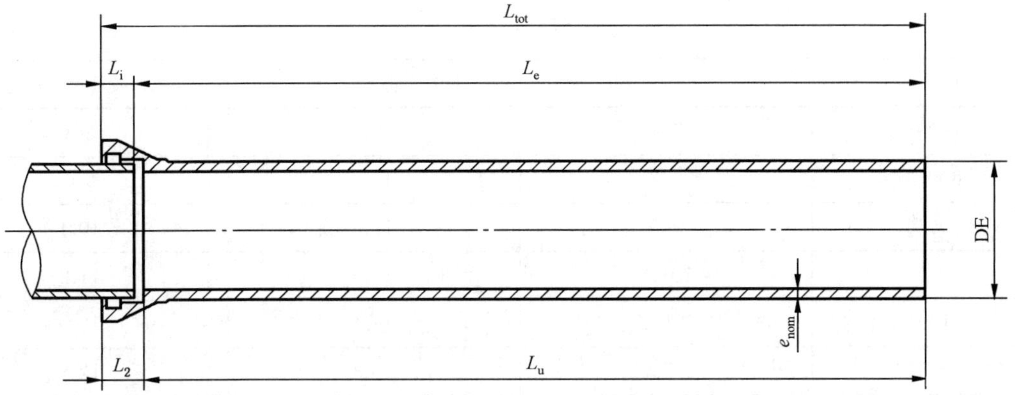

说明：

DE ——插口公称外径，单位为毫米(mm)；

e_{nom} ——公称壁厚，单位为毫米(mm)；

L_2 ——承口深度，单位为米(m)；

L_e ——$L_{tot}-L_i$，铺设长度，单位为米(m)；

L_i ——制造商给出的最大插入深度，单位为米(m)；

L_{tot} ——总长度，单位为米(m)；

L_u ——$L_{tot}-L_2$，标准长度，单位为米(m)。

图 4　承插管

表 15　壁厚分级管尺寸

单位为毫米

DN	DE[a]	K9 公称壁厚 e_{nom}	K9 最小壁厚 e_{min}
50	66	6.0	4.7
60	77	6.0	4.7
65	82	6.0	4.7
80	98	6.0	4.7
100	118	6.0	4.7
125	144	6.0	4.7
150	170	6.0	4.7
200	222	6.3	4.8
250	274	6.8	5.3
300	326	7.2	5.6
350	378	7.7	6.1
400	429	8.1	6.4
450	480	8.6	6.9
500	532	9.0	7.2
600	635	9.9	8.0

表 15(续)

单位为毫米

DN	DE[a]	K9 公称壁厚 e_{nom}	K9 最小壁厚 e_{min}
700	738	10.8	8.8
800	842	11.7	9.6
900	945	12.6	10.4
1 000	1 048	13.5	11.2
1 100	1 152	14.4	12.0
1 200	1 255	15.3	12.8
1 400	1 462	17.1	14.4
1 500	1 565	18.0	15.2
1 600	1 668	18.9	16.0
1 800	1 875	20.7	17.6
2 000	2 082	22.5	19.2
2 200	2 288	24.3	20.8
2 400	2 495	26.1	22.4
2 600	2 702	27.9	24.0
2 800	2 908	29.7	25.6
3 000	3 115	31.5	27.2
[a] 正公差为+1 mm(见 4.2.2.1)。			

表 16 首选压力等级管尺寸

DN	DE[a] mm	压力等级	公称壁厚 e_{nom} mm
40	56	C40	4.4
50	66	C40	4.4
60	77	C40	4.4
65	82	C40	4.4
80	98	C40	4.4
100	118	C40	4.4
125	144	C40	4.5
150	170	C40	4.5
200	222	C40	4.7
250	274	C40	5.5
300	326	C40	6.2

表 16(续)

DN	DE[a] mm	压力等级	公称壁厚 e_{nom} mm
350	378	C30	6.3[b]
400	429	C30	6.5[b]
450	480	C30	6.9
500	532	C30	7.5
600	635	C30	8.7
700	738	C25	8.8[b]
800	842	C25	9.6
900	945	C25	10.6
1 000	1 048	C25	11.6
1 100	1 152	C25	12.6
1 200	1 255	C25	13.6
1 400	1 462	C25	15.7
1 500	1 565	C25	16.7
1 600	1 668	C25	17.7
1 800	1 875	C25	19.7
2 000	2 082	C25	21.8
2 200	2 288	C25	23.8
2 400	2 495	C25	25.8
2 600	2 702	C25	27.9

[a] 正公差为+1 mm(见 4.2.2.1)。

[b] 为了保证 C40 与 C30 以及 C30 与 C25 之间的平滑过渡,比计算值略大。

9.2 法兰接口管

9.2.1 法兰接口管线的基本要求是其承受外部弯矩的能力。这些允许弯矩的大小与规定跨度上管及其输送介质的重量有关。相应地,制造商应通过型式试验来表明,如第 5 章和第 7 章所述,不同 PN 等级的法兰所要求的管的最小壁厚。

9.2.2 表 5 给出了 L 值。外涂层和内衬的尺寸见 4.4。

9.2.3 法兰尺寸应符合 GB/T 17241.6 或 ISO 7005-2(见 4.1.3.3)。

9.3 承接管件

9.3.1 表 17~表 31 给出的所有尺寸均为公称尺寸。标准长度 L_u 和 l_u 取值按“0”“5”修约。外涂层和内衬的尺寸见 4.4。

9.3.2 盘承结构示意图见图 5,盘承的尺寸应符合表 17。

单位为毫米

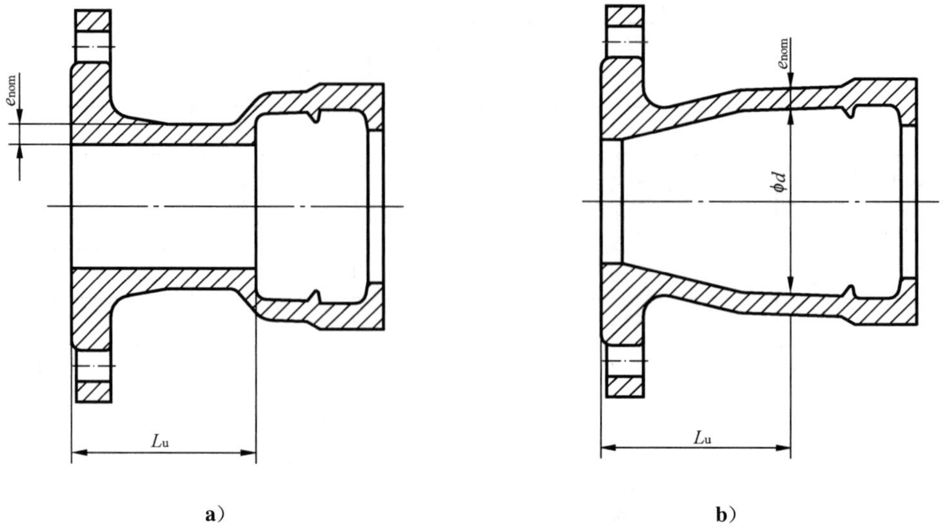

说明：

L_u ——标准长度；

e_{nom} ——公称壁厚；

d ——内径。

图 5 盘承结构示意图

表 17 盘承的尺寸

单位为毫米

DN	e_{nom}	L_u		d
		系列 A	系列 B	
40	7	125	75	67
50	7	125	85	78
60	7	125	100	88
65	7	125	105	93
80	7	130	105	109
100	7.2	130	110	130
125	7.5	135	115	156
150	7.8	135	120	183
200	8.4	140	120	235
250	9	145	125	288
300	9.6	150	130	340
350	10.2	155	135	393

表 17(续)

单位为毫米

DN	e_{nom}	L_u		d
		系列 A	系列 B	
400	10.8	160	140	445
450	11.4	165	145	498
500	12	170	—	550
600	13.2	180	—	655
700	14.4	190	—	760
800	15.6	200	—	865
900	16.8	210	—	970
1 000	18	220	—	1 075
1 100	19.2	230	—	1 180
1 200	20.4	240	—	1 285
1 400	22.8	310	—	1 492
1 500	24	330	—	1 596
1 600	25.2	330	—	1 699
1 800	27.6	350	—	1 905
2 000	30	370	—	2 107
2 200	32.4	390	—	2 316
2 400	34.8	410	—	2 521
2 600	37.2	480	—	2 728
2 800	39.6	500	—	2 935
3 000	42	520	—	3 140

9.3.3 盘插结构示意图见图 6,盘插的尺寸应符合表 18。

9.3.4 承套结构示意图见图 7,承套的尺寸应符合表 18。

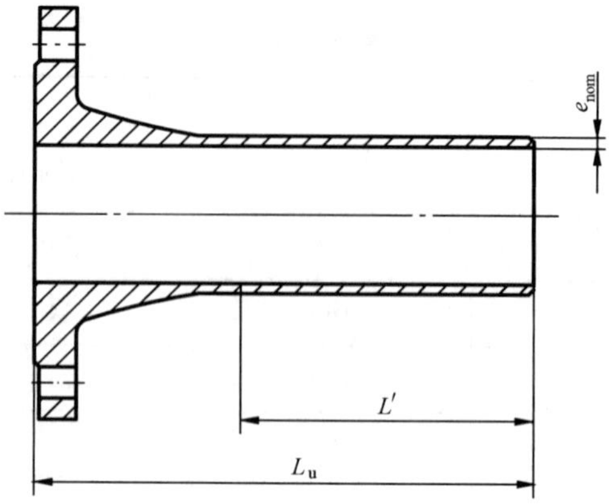

说明：

L_u ——标准长度；

e_{nom} ——公称壁厚；

L' ——插口长度。

图 6 盘插结构示意图

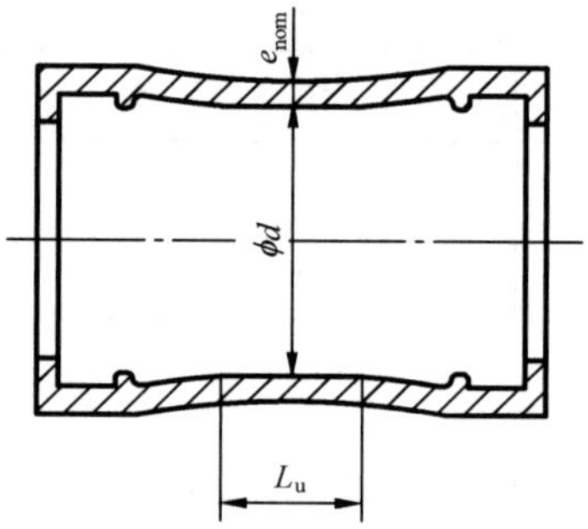

说明：

L_u ——标准长度；

e_{nom} ——公称壁厚；

d ——内径。

图 7 承套结构示意图

表 18 盘插和承套的尺寸

单位为毫米

DN	e_{nom}	盘插			承套		
		L_u		L'	L_u		d
		系列 A	系列 B		系列 A	系列 B	
40	7	335	335	200	155	155	67
50	7	340	340	200	155	155	78
60	7	345	345	200	155	155	88
65	7	345	345	200	155	155	93
80	7	350	350	215	160	160	109

表 18（续）

单位为毫米

DN	e_{nom}	盘插			承套		
		L_u		L'	L_u		d
		系列 A	系列 B		系列 A	系列 B	
100	7.2	360	360	215	160	160	130
125	7.5	370	370	220	165	165	156
150	7.8	380	380	225	165	165	183
200	8.4	400	400	230	170	170	235
250	9	420	420	240	175	175	288
300	9.6	440	440	250	180	180	340
350	10.2	460	460	260	185	185	393
400	10.8	480	480	270	190	190	445
450	11.4	500	500	280	195	195	498
500	12	520	—	290	200	—	550
600	13.2	560	—	310	210	—	655
700	14.4	600	—	330	220	—	760
800	15.6	600	—	330	230	—	865
900	16.8	600	—	330	240	—	970
1 000	18	600	—	330	250	—	1 075
1 100	19.2	600	—	330	260	—	1 180
1 200	20.4	600	—	330	270	—	1 285
1 400	22.8	710	—	390	340	—	1 492
1 500	24	750	—	410	350	—	1 596
1 600	25.2	780	—	430	360	—	1 699
1 800	27.6	850	—	470	380	—	1 905
2 000	30	920	—	500	400	—	2 107
2 200	32.4	990	—	540	420	—	2 316
2 400	34.8	1 060	—	570	440	—	2 521
2 600	37.2	1 130	—	610	460	—	2 728
2 800	39.6	1 200	—	39.6	480	—	2 935
3 000	42	1 270	—	42	500	—	3 140
插口长度 L' 为插口端到管外径在 DE 公差范围内处的长度，外径 DE 值见表 15。							

9.3.5 双承 90°(1/4)弯头结构示意图见图 8,双承 90°(1/4)弯头的尺寸应符合表 19。

9.3.6 双承 45°(1/8)弯头结构示意图见图 9,双承 45°(1/8)弯头的尺寸应符合表 19。

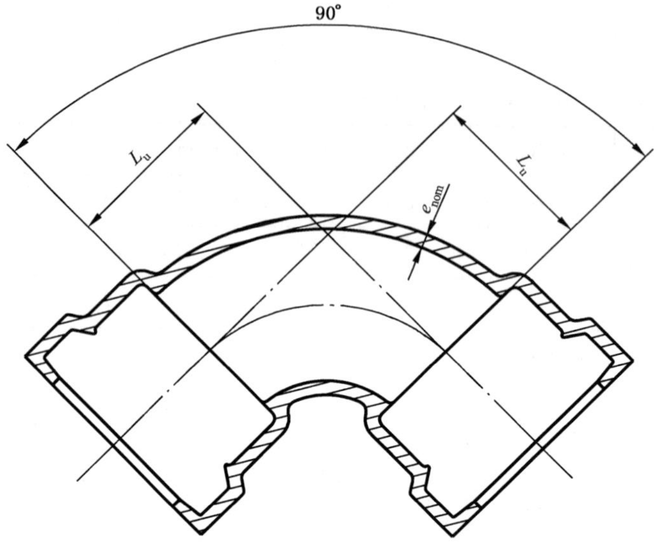

说明:

L_u ——标准长度;

e_{nom} ——公称壁厚。

图 8 双承 90°(1/4)弯头结构示意图

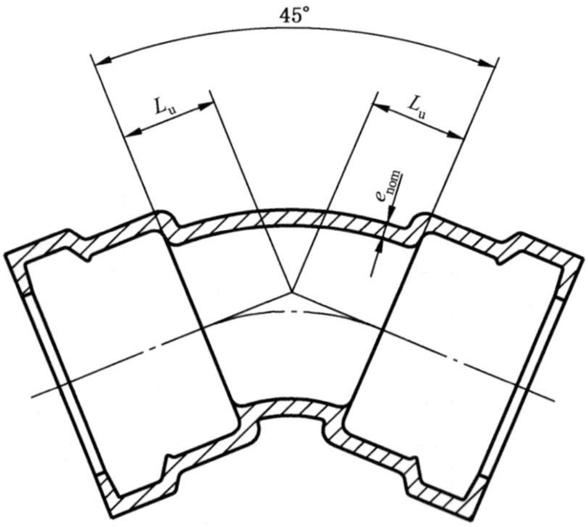

说明:

L_u ——标准长度;

e_{nom} ——公称壁厚。

图 9 双承 45°(1/8)弯头结构示意图

表19 双承90°(1/4)弯头和双承45°弯头(1/8)的尺寸 单位为毫米

DN	e_{nom}	90°(1/4)弯头		45°(1/8)弯头	
		L_u		L_u	
		系列A	系列B	系列A	系列B
40	7	60	85	40	85
50	7	70	85	40	85
60	7	80	90	45	90
65	7	85	90	50	90
80	7	100	85	55	50
100	7.2	120	100	65	60
125	7.5	145	115	75	65
150	7.8	170	130	85	70
200	8.4	220	160	110	80
250	9	270	240	130	135
300	9.6	320	280	150	155
350	10.2	—	—	175	170
400	10.8	—	—	195	185
450	11.4	—	—	220	200
500	12	—	—	240	—
600	13.2	—	—	285	—
700	14.4	—	—	330	—
800	15.6	—	—	370	—
900	16.8	—	—	415	—
1 000	18	—	—	460	—
1 100	19.2	—	—	505	—
1 200	20.4	—	—	550	—
1 400	22.8	—	—	515	—
1 500	24	—	—	540	—
1 600	25.2	—	—	565	—
1 800	27.6	—	—	610	—
2 000	30	—	—	660	—
2 200	32.4	—	—	710	—
2 400	34.8	—	—	755	—

表 19(续)

单位为毫米

DN	e_{nom}	90°(1/4)弯头		45°(1/8)弯头	
		L_u		L_u	
		系列 A	系列 B	系列 A	系列 B
2 600	37.2	—	—	805	—
2 800	39.6	—	—	855	—
3 000	42	—	—	900	—

9.3.7 双承 22°30′(1/16)弯头结构示意图见图 10,双承 22°30′(1/16)弯头的尺寸应符合表 20。

9.3.8 双承 11°15′(1/32)弯头结构示意图见图 11,双承 11°15′(1/32)弯头的尺寸应符合表 20。

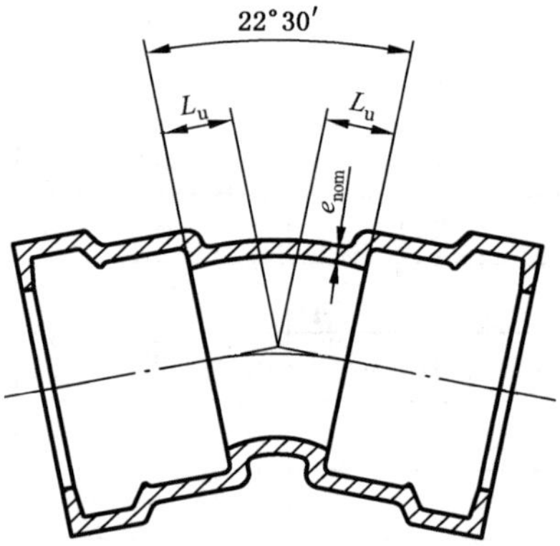

说明:

L_u ——标准长度;

e_{nom} ——公称壁厚。

图 10 双承 22°30′(1/16)弯头结构示意图

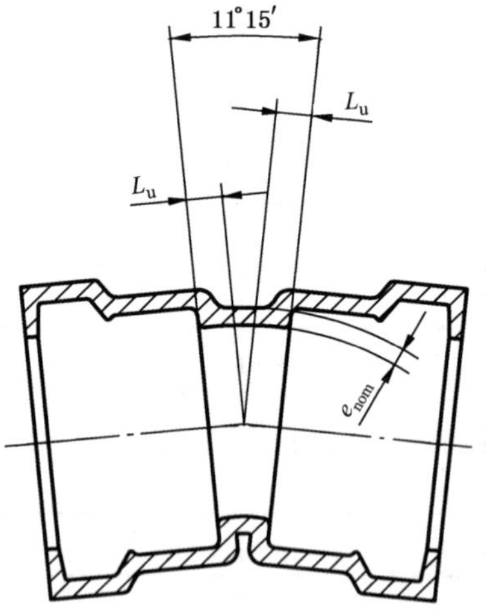

说明:

L_u ——标准长度;

e_{nom} ——公称壁厚。

图 11 双承 11°15′(1/32)弯头结构示意图

表 20　双承 22°30′(1/16)弯头和双承 11°15′(1/32)弯头的尺寸　　单位为毫米

DN	e_{nom}	22°30′(1/16)弯头		11°15′(1/32)弯头	
		L_u		L_u	
		系列 A	系列 B	系列 A	系列 B
40	7	30	30	25	25
50	7	30	30	25	25
60	7	35	35	25	25
65	7	35	35	25	25
80	7	40	40	30	30
100	7.2	40	50	30	30
125	7.5	50	55	35	35
150	7.8	55	60	35	40
200	8.4	65	70	40	45
250	9	75	80	50	55
300	9.6	85	90	55	55
350	10.2	95	100	60	60
400	10.8	110	110	65	65
450	11.4	120	120	70	70
500	12	130	—	75	—
600	13.2	150	—	85	—
700	14.4	175	—	95	—
800	15.6	195	—	110	—
900	16.8	220	—	120	—
1 000	18	240	—	130	—
1 100	19.2	260	—	140	—
1 200	20.4	285	—	150	—
1 400	22.8	260	—	130	—
1 500	24	270	—	140	—
1 600	25.2	280	—	140	—
1 800	27.6	305	—	155	—
2 000	30	330	—	165	—
2 200	32.4	355	—	190	—
2 400	34.8	380	—	205	—

表 20(续)

单位为毫米

DN	e_{nom}	22°30′(1/16)弯头		11°15′(1/32)弯头	
		L_u		L_u	
		系列 A	系列 B	系列 A	系列 B
2 600	37.2	400	—	215	—
2 800	39.6	430	—	230	—
3 000	42	450	—	240	—

9.3.9 承插 90°(1/4)弯头结构示意图见图 12,承插 90°(1/4)弯头的尺寸应符合表 21。

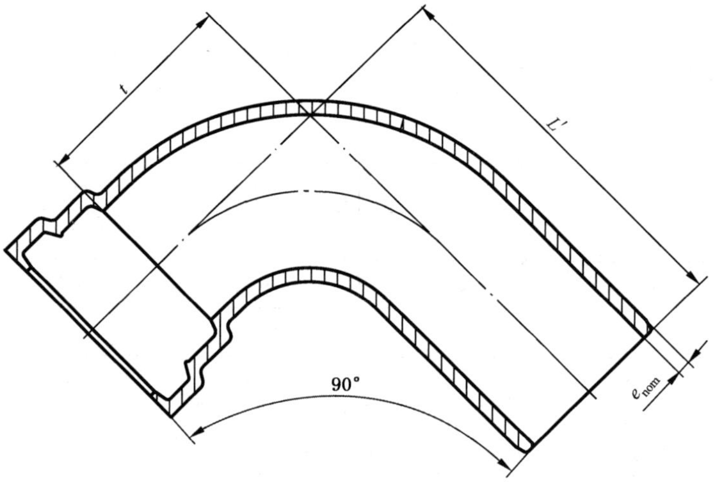

说明:

L' ——插口段长度;

t ——承口段长度;

e_{nom} ——公称壁厚。

图 12 承插 90°(1/4)弯头结构示意图

表 21 承插 90°(1/4)弯头的尺寸

单位为毫米

DN	e_{nom}	t	L'
40	7	60	240
50	7	70	250
60	7	80	260
65	7	85	265
80	7	100	280
100	7.2	110	300
125	7.5	145	325
150	7.8	170	350

表 21(续) 单位为毫米

DN	e_{nom}	t	L'
200	8.4	220	400
250	9	270	450
300	9.6	320	500
350	10.2	370	550
400	10.8	420	600
450	11.4	470	670
500	12	520	720
600	13.2	620	820
700	14.4	720	900
800	15.6	820	1 000
900	16.8	920	1 100
1 000	18	1 020	1 200
1 100	19.2	1 120	1 300
1 200	20.4	1 220	1 400
1 400	22.8	1 220	1 400
1 500	24	1 270	1 525
1 600	25.2	1 290	1 555
1 800	27.6	1 320	1 560

9.3.10 承插 45°(1/8)弯头结构示意图见图 13,承插 45°(1/8)弯头的尺寸应符合表 22。

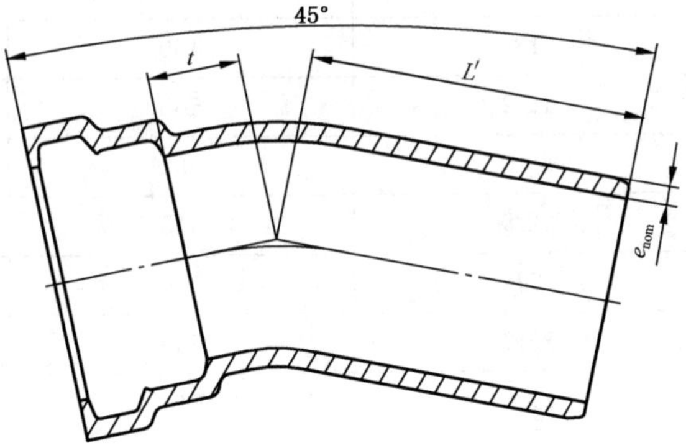

说明:

L' ——插口段长度;

t ——承口段长度;

e_{nom} ——公称壁厚。

图 13 承插 45°(1/8)弯头结构示意图

表 22　承插 45°(1/8)弯头的尺寸

单位为毫米

DN	e_{nom}	t	L'
40	7	40	220
50	7	40	220
60	7	45	225
65	7	50	230
80	7	50	235
100	7.2	60	245
125	7.5	75	255
150	7.8	85	265
200	8.4	110	290
250	9	130	310
300	9.6	150	330
350	10.2	175	355
400	10.8	195	375
450	11.4	220	420
500	12	240	440
600	13.2	285	485
700	14.4	330	580
800	15.6	370	620
900	16.8	415	665
1 000	18	460	760
1 100	19.2	505	805
1 200	20.4	550	850
1 400	22.8	515	815
1 500	24	540	840
1 600	25.2	565	885
1 800	27.6	610	890
2 000	30	660	920
2 200	32.4	710	990
2 400	34.8	755	1 025
2 600	37.2	805	1 120
2 800	39.6	855	1 340
3 000	42	900	1 400

9.3.11 承插 22°30′(1/16)弯头结构示意图见图 14,承插 22°30′(1/16)弯头的尺寸应符合表 23。

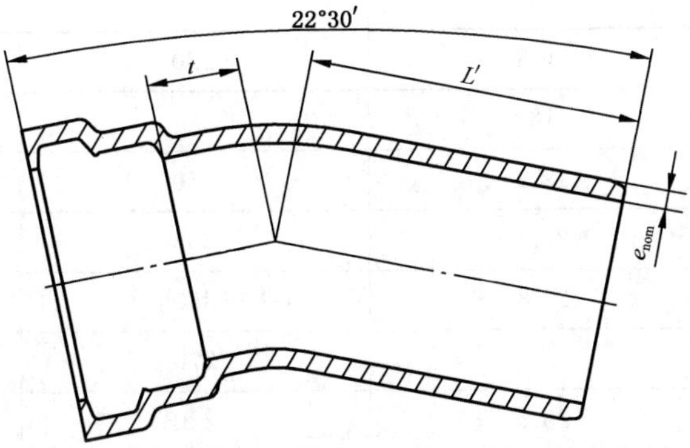

说明:

L' ——插口段长度;

t ——承口段长度;

e_{nom} ——公称壁厚。

图 14 承插 22°30′(1/16)弯头结构示意图

表 23 承插 22°30′(1/16)弯头的尺寸

单位为毫米

DN	e_{nom}	t	L'
40	7	30	210
50	7	30	210
60	7	35	215
65	7	35	215
80	7	40	220
100	7.2	40	220
125	7.5	50	230
150	7.8	55	235
200	8.4	65	245
250	9	75	255
300	9.6	85	265
350	10.2	95	275
400	10.8	110	290
450	11.4	120	320
500	12	130	330
600	13.2	150	350
700	14.4	175	425
800	15.6	195	445

表 23(续)

单位为毫米

DN	e_{nom}	t	L'
900	16.8	220	470
1 000	18	240	540
1 100	19.2	260	560
1 200	20.4	285	585
1 400	22.8	260	560
1 500	24	270	570
1 600	25.2	280	640
1 800	27.6	305	665
2 000	30	330	730
2 200	32.4	355	755
2 400	34.8	380	780
2 600	37.2	400	800
2 800	39.6	430	900
3 000	42	450	950

9.3.12　承插 11°15′(1/32)弯头结构示意图见图 15,承插 11°15′(1/32)弯头的尺寸应符合表 24。

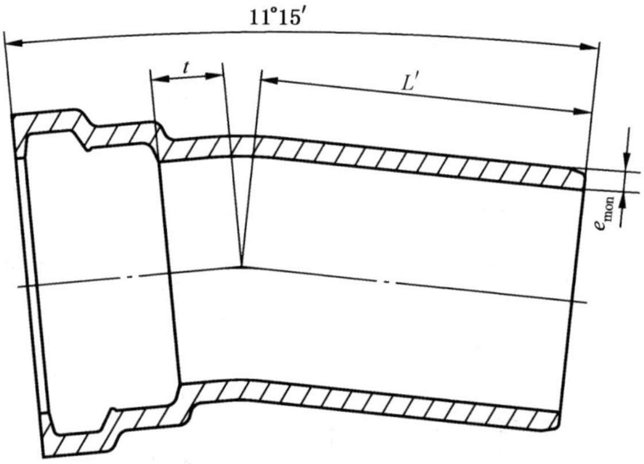

说明:

L' ——插口段长度;

t ——承口段长度;

e_{nom} ——公称壁厚。

图 15　承插 11°15′(1/32)弯头结构示意图

表 24　承插 11°15′(1/32)弯头的尺寸

单位为毫米

DN	e_{nom}	t	L'
40	7	25	205
50	7	25	205
60	7	25	205
65	7	25	205
80	7	30	210
100	7.2	30	210
125	7.5	35	215
150	7.8	35	215
200	8.4	40	220
250	9	50	230
300	9.6	55	235
350	10.2	60	240
400	10.8	65	245
450	11.4	70	270
500	12	75	275
600	13.2	85	285
700	14.4	95	345
800	15.6	110	360
900	16.8	120	370
1 000	18	130	430
1 100	19.2	140	440
1 200	20.4	150	450
1 400	22.8	130	430
1 500	24	140	440
1 600	25.2	140	500
1 800	27.6	155	515
2 000	30	165	565
2 200	32.4	190	590
2 400	34.8	205	605
2 600	37.2	215	615
2 800	39.6	230	700
3 000	42	240	750

9.3.13 全承三通结构示意图见图16,全承三通的尺寸应符合表25。

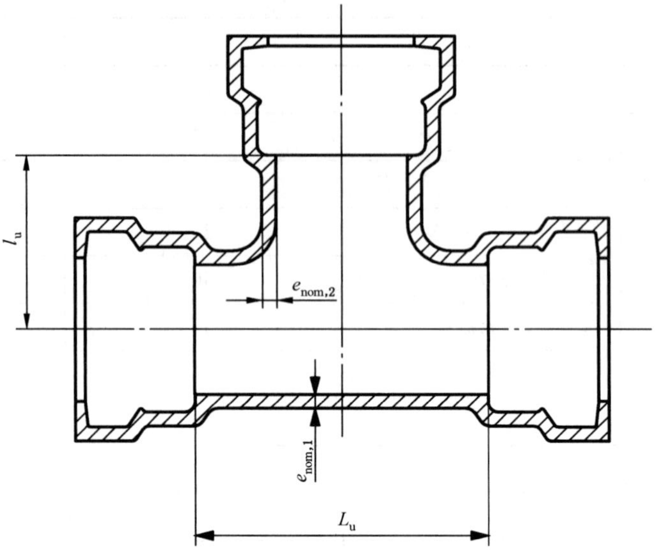

说明:

L_u ——主管标准长度;

l_u ——支管标准长度;

$e_{nom,1}$——主管公称壁厚;

$e_{nom,2}$——支管公称壁厚。

图16 全承三通结构示意图

表25 全承三通的尺寸

单位为毫米

DN×dn	主管			支管		
	$e_{nom,1}$	L_u		$e_{nom,2}$	l_u	
		系列A	系列B		系列A	系列B
40×40	7	120	155	7	60	75
50×50	7	130	155	7	65	75
60×60	7	145	155	7	70	80
65×65	7	150	155	7	75	80
80×40	7	120	155	7	80	80
80×80	7	170	175	7	85	85
100×40	7.2	120	155	7	90	90
100×60	7.2	145	155	7	90	90
100×80	7.2	170	165	7	95	90
100×100	7.2	190	195	7.2	95	100
125×40	7.5	125	155	7	100	105
125×80	7.5	170	175	7	105	105

表 25(续)

单位为毫米

DN×dn	主管			支管		
	$e_{nom,1}$	L_u		$e_{nom,2}$	l_u	
		系列 A	系列 B		系列 A	系列 B
125×100	7.5	195	195	7.2	110	115
125×125	7.5	225	225	7.5	110	115
150×40	7.8	125	160	7	115	115
150×80	7.8	170	180	7	120	120
150×100	7.8	195	200	7.2	120	125
150×150	7.8	255	260	7.8	125	130
200×40	8.4	130	165	7	140	140
200×80	8.4	175	180	7	145	145
200×100	8.4	200	200	7.2	145	150
200×150	8.4	255	260	7.8	150	155
200×200	8.4	315	320	8.4	155	160
250×80	9	180	185	7	170	185
250×100	9	200	205	7.2	170	190
250×150	9	260	265	7.8	175	190
250×200	9	315	320	8.4	180	190
250×250	9	375	380	9	190	190
300×100	9.6	205	210	7.2	195	220
300×150	9.6	260	265	7.8	200	220
300×200	9.6	320	325	8.4	205	220
300×250	9.6	375	380	9	210	220
300×300	9.6	435	440	9.6	220	220
注:DN 为主管公称直径,dn 为支管公称直径。						

9.3.14 DN40~DN250 双承单支盘三通结构示意图见图 17,DN40~DN250 双承单支盘三通的尺寸应符合表 26。

9.3.15 DN300~DN700 双承单支盘三通结构示意图见图 17,DN300~DN700 双承单支盘三通的尺寸应符合表 27。

9.3.16 DN800~DN3000 双承单支盘三通结构示意图见图 17,DN800~DN3000 双承单支盘三通的尺寸应符合表 28。

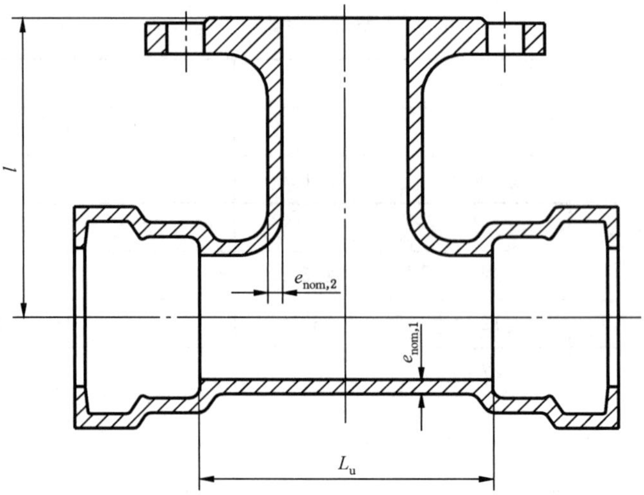

说明：

L_u ——主管标准长度；

l ——支管标准长度；

$e_{nom,1}$——主管公称壁厚；

$e_{nom,2}$——支管公称壁厚。

图 17 双承单支盘三通结构示意图

表 26 DN40～DN250 双承单支盘三通的尺寸

单位为毫米

DN×dn	主管			支管		
	$e_{nom,1}$	L_u		$e_{nom,2}$	l_u	
		系列 A	系列 B		系列 A	系列 B
40×40	7	120	155	7	130	130
50×50	7	130	155	7	140	140
60×40	7	—	155	7	—	130
60×60	7	145	155	7	150	150
65×40	7	—	155	7	—	130
65×65	7	150	155	7	150	155
80×40	7	—	155	7	—	135
80×60	7	—	155	7	—	155
80×80	7	170	175	7	165	165
100×40	7.2	—	155	7	—	145
100×60	7.2	—	155	7	—	165
100×80	7.2	170	165	7	175	170
100×100	7.2	190	195	7.2	180	180
125×40	7.5	—	155	7	—	160
125×60	7.5	—	155	7	—	180
125×80	7.5	170	175	7	190	185
125×100	7.5	195	195	7.2	195	195
125×125	7.5	225	225	7.5	200	200

表 26(续)

单位为毫米

DN×dn	主管			支管		
	$e_{nom,1}$	L_u		$e_{nom,2}$	l_u	
		系列 A	系列 B		系列 A	系列 B
150×40	7.8	—	160	7	—	170
150×60	7.8	—	160	7	—	190
150×80	7.8	170	180	7	205	200
150×100	7.8	195	200	7.2	210	205
150×125	7.8	—	230	7.5	—	215
150×150	7.8	255	260	7.8	220	220
200×40	8.4	—	165	7	—	195
200×60	8.4	—	165	7	—	215
200×80	8.4	175	180	7	235	225
200×100	8.4	200	200	7.2	240	230
200×125	8.4	—	235	7.5	—	240
200×150	8.4	255	260	7.8	250	245
200×200	8.4	315	320	8.4	260	260
250×60	9	—	165	7	—	260
250×80	9	180	185	7	265	265
250×100	9	200	205	7.2	270	270
250×150	9	260	265	7.8	280	280
250×200	9	315	320	8.4	290	290
250×250	9	375	380	9	300	300
注:DN 为主管公称直径,dn 为支管公称直径。						

表 27　DN300～DN700 双承单支盘三通的尺寸

单位为毫米

DN×dn	主管			支管		
	$e_{nom,1}$	L_u		$e_{nom,2}$	l_u	
		系列 A	系列 B		系列 A	系列 B
300×60	9.6	—	165	7	—	290
300×80	9.6	180	185	7	295	295
300×100	9.6	205	210	7.2	300	300
300×150	9.6	260	265	7.8	310	310
300×200	9.6	320	325	8.4	320	320
300×250	9.6	—	380	9	—	330
300×300	9.6	435	440	9.6	340	340

表 27(续)

单位为毫米

DN×dn	主管			支管		
	$e_{nom,1}$	L_u		$e_{nom,2}$	l_u	
		系列 A	系列 B		系列 A	系列 B
350×60	10.2	—	170	7	—	320
350×80	10.2	—	185	7	—	325
350×100	10.2	205	210	7.2	330	330
350×150	10.2	—	270	7.8	—	340
350×200	10.2	325	325	8.4	350	350
350×250	10.2	—	385	9	—	360
350×350	10.2	495	500	10.2	380	380
400×80	10.8	185	190	7	355	355
400×100	10.8	210	210	7.2	360	360
400×150	10.8	270	270	7.8	370	370
400×200	10.8	325	330	8.4	380	380
400×250	10.8	—	385	9	—	390
400×300	10.8	440	445	9.6	400	400
400×400	10.8	560	560	10.8	420	420
450×100	11.4	215	215	7.2	390	390
450×150	11.4	270	270	7.8	400	400
450×200	11.4	330	330	8.4	410	410
450×250	11.4	390	390	9	420	420
450×300	11.4	445	445	9.6	430	430
450×400	11.4	560	560	10.8	450	450
450×450	11.4	620	620	11.4	460	460
500×100	12	215	—	7.2	420	—
500×200	12	330	—	8.4	440	—
500×400	12	565	—	10.8	480	—
500×500	12	680	—	12	500	—
600×200	13.2	340	—	8.4	500	—
600×400	13.2	570	—	10.8	540	—
600×600	13.2	800	—	13.2	580	—
700×200	14.4	345	—	8.4	525	—
700×400	14.4	575	—	10.8	555	—
700×700	14.4	925	—	14.4	600	—

注:DN 为主管公称直径,dn 为支管公称直径。

表 28 DN800～DN3 000 双承单支盘三通的尺寸

单位为毫米

DN×dn	主管		支管	
	$e_{nom,1}$	L_u	$e_{nom,2}$	l
800×200	15.6	350	8.4	585
800×400	15.6	580	10.8	615
800×600	15.6	1 045	13.2	645
800×800	15.6	1 045	15.6	675
900×200	16.8	355	8.4	645
900×400	16.8	590	10.8	675
900×600	16.8	1 170	13.2	705
900×900	16.8	1 170	16.8	750
1 000×200	18	360	8.4	705
1 000×400	18	595	10.8	735
1 000×600	18	1 290	13.2	765
1 000×1 000	18	1 290	18	825
1 100×400	19.2	600	10.8	795
1 100×600	19.2	830	13.2	825
1 200×600	20.4	840	13.2	885
1 200×800	20.4	1 070	15.6	915
1 200×1 000	20.4	1 300	18	945
1 400×600	22.8	1 030	13.2	980
1 400×800	22.8	1 260	15.6	1 010
1 400×1 000	22.8	1 495	18	1 040
1 500×600	24	1 035	13.2	1 035
1 500×1 000	24	1 500	18	1 595
1 600×600	25.2	1 040	13.2	1 090
1 600×800	25.2	1 275	15.6	1 120
1 600×1 000	25.2	1 505	18	1 150
1 600×1 200	25.2	1 740	20.4	1 180
1 800×600	27.6	1 055	13.2	1 200
1 800×800	27.6	1 285	15.6	1 230
1 800×1 000	27.6	1 520	18	1 260
1 800×1 200	27.6	1 750	20.4	1 290
2 000×600	30	1 065	13.2	1 310
2 000×1 000	30	1 530	18	1 370
2 000×1 400	30	1 995	22.8	1 430
2 200×600	32.4	1 080	13.2	1 420
2 200×1 200	32.4	1 775	20.4	1 510
2 200×1 800	32.4	2 470	27.6	1 600

表 28(续)

单位为毫米

DN×dn	主管		支管	
	$e_{nom,1}$	L_u	$e_{nom,2}$	l
2 400×600	34.8	1 090	13.2	1 530
2 400×1 200	34.8	1 785	20.4	1 620
2 400×1 800	34.8	2 480	27.6	1 710
2 600×600	37.2	1 100	13.2	1 640
2 600×1 400	37.2	2 030	22.8	1 750
2 600×2 000	37.2	2 725	30	1 850
2 800×800	39.6	1 346	15.6	1 780
2 800×1 600	39.6	2 274	25.2	1 900
2 800×2 000	39.6	2 738	30.0	1 960
3 000×800	42	1 358	15.6	1 890
3 000×1 600	42	2 286	25.2	2 010
3 000×2 200	42	2 982	32.4	2 100
注:DN 为主管公称直径,dn 为支管公称直径。				

9.3.17 承插单支盘三通结构示意图见图 18,承插单支盘三通的尺寸应符合表 29。

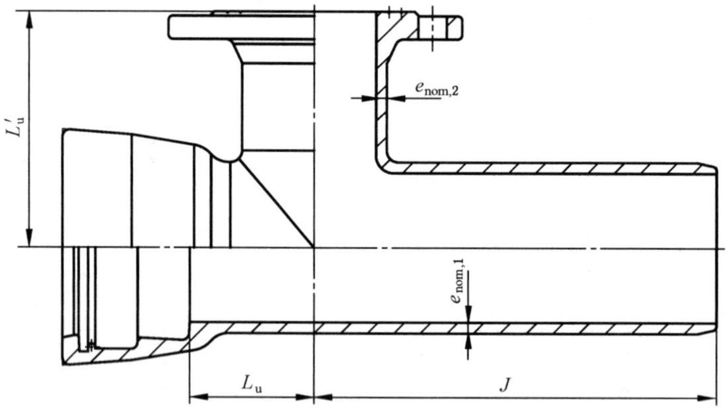

说明:

L_u ——主管承口段标准长度;

J ——主管插口段标准长度;

L_u' ——支管长度;

$e_{nom,1}$——主管公称壁厚;

$e_{nom,2}$——支管公称壁厚。

图 18 承插单支盘三通结构示意图

表 29　承插单支盘三通的尺寸

单位为毫米

DN	主管			支管	
	$e_{nom,1}$	L_u	J	$e_{nom,2}$	L_u'
80×80	7	85	275	7	165
100×80	7.2	85	275	7	175
100×100	7.2	95	285	7.2	180
125×80	7.5	85	275	7	190
125×100	7.5	100	285	7.2	195
125×125	7.5	110	285	7.5	200
150×80	7.8	85	275	7	205
150×100	7.8	100	285	7.2	210
150×125	7.8	110	285	7.5	215
150×150	7.8	130	310	7.8	220
200×80	8.4	90	275	7	235
200×100	8.4	100	280	7.2	240
200×125	8.4	110	285	7.5	240
200×150	8.4	130	310	7.8	250
200×200	8.4	150	340	8.4	260
250×80	9	90	315	7	265
250×100	9	100	325	7.2	270
250×125	9	115	325	7.5	255
250×150	9	130	360	7.8	280
250×200	9	150	385	8.4	290
250×250	9	180	415	9	300
300×80	9.6	90	340	7	295
300×100	9.6	105	355	7.2	300
300×125	9.6	115	360	7.5	285
300×150	9.6	130	390	7.8	310
300×200	9.6	160	415	8.4	320
300×250	9.6	190	445	9	330
300×300	9.6	215	475	9.6	340
350×80	10.2	95	345	7	325
350×100	10.2	100	355	7.2	330
350×125	10.2	115	360	7.5	315
350×150	10.2	135	390	7.8	340
350×200	10.2	160	415	8.4	350
350×250	10.2	190	445	9	350
350×300	10.2	210	475	9.6	350
350×350	10.2	240	500	10.2	380

表 29(续)

单位为毫米

DN	主管			支管	
	$e_{nom,1}$	L_u	J	$e_{nom,2}$	L_u'
400×80	10.8	95	355	7	355
400×100	10.8	105	355	7.2	360
400×125	10.8	115	360	7.5	345
400×150	10.8	135	390	7.8	370
400×200	10.8	160	415	8.4	380
400×250	10.8	190	445	9	390
400×300	10.8	220	475	9.6	400
400×350	10.8	240	500	10.2	400
400×400	10.8	280	530	10.8	420
450×80	11.4	95	355	7	370
450×100	11.4	110	355	7.2	390
450×125	11.4	115	360	7.5	405
450×150	11.4	135	390	7.8	400
450×200	11.4	165	415	8.4	410
450×250	11.4	195	445	9	420
450×300	11.4	220	475	9.6	430
450×350	11.4	240	500	10.2	440
450×400	11.4	280	530	10.8	450
450×450	11.4	310	555	11.4	460
500×80	12	95	355	7	400
500×100	12	110	355	7.2	420
500×125	12	120	360	7.5	420
500×150	12	140	390	7.8	425
500×200	12	165	415	8.4	440
500×250	12	190	445	9	440
500×300	12	220	475	9.6	440
500×350	12	245	500	10.2	450
500×400	12	280	530	10.8	480
500×450	12	300	555	11.4	480
500×500	12	340	580	12	500
600×80	13.2	100	355	7	460
600×100	13.2	100	355	7.2	460
600×125	13.2	120	360	7.5	465
600×150	13.2	130	390	7.8	470
600×200	13.2	170	415	8.4	500
600×250	13.2	190	445	9	490
600×300	13.2	215	475	9.6	500
600×350	13.2	245	500	10.2	510
600×400	13.2	285	530	10.8	540
600×450	13.2	305	555	11.4	530
600×500	13.2	335	580	12	540
600×600	13.2	400	635	13.2	580

表 29（续）

单位为毫米

DN	主管			支管	
	$e_{nom,1}$	L_u	J	$e_{nom,2}$	$L_u{}'$
700×80	14.4	105	345	7	490
700×100	14.4	115	345	7.2	490
700×125	14.4	125	361	7.5	495
700×150	14.4	140	370	7.8	500
700×200	14.4	170	385	8.4	525
700×250	14.4	195	430	9	515
700×300	14.4	220	440	9.6	520
700×350	14.4	250	475	10.2	530
700×400	14.4	285	495	10.8	555
700×450	14.4	305	525	11.4	545
700×500	14.4	340	560	12	550
700×600	14.4	385	595	13.2	565
700×700	14.4	460	690	14.4	600
800×80	15.6	120	355	7	550
800×100	15.6	130	355	7.2	550
800×125	15.6	145	371	7.5	555
800×150	15.6	155	381	7.8	560
800×200	15.6	175	395	8.4	585
800×250	15.6	210	441	9	585
800×300	15.6	240	451	9.6	585
800×350	15.6	265	485	10.2	590
800×400	15.6	290	505	10.8	615
800×450	15.6	320	535	11.4	615
800×500	15.6	345	571	12	615
800×600	15.6	405	605	13.2	645
800×700	15.6	460	700	14.4	655
800×800	15.6	520	760	15.6	675
900×80	16.8	120	440	7	605
900×100	16.8	130	450	7.2	610
900×125	16.8	145	465	7.5	615
900×150	16.8	155	485	7.8	620
900×200	16.8	180	515	8.4	645
900×250	16.8	210	545	9	645
900×300	16.8	240	565	9.6	650
900×350	16.8	265	600	10.2	660
900×400	16.8	295	630	10.8	675
900×450	16.8	320	660	11.4	680
900×500	16.8	345	700	12	690
900×600	16.8	410	760	13.2	705
900×700	16.8	460	795	14.4	720
900×800	16.8	520	855	15.6	735
900×900	16.8	585	905	16.8	750

表 29（续）

单位为毫米

DN	主管			支管	
	$e_{nom,1}$	L_u	J	$e_{nom,2}$	L_u'
1 000×80	18	120	450	7	670
1 000×100	18	130	460	7.2	670
1 000×125	18	145	475	7.5	675
1 000×150	18	155	495	7.8	680
1 000×200	18	180	525	8.4	705
1 000×250	18	210	555	9	705
1 000×300	18	240	575	9.6	710
1 000×350	18	265	610	10.2	720
1 000×400	18	295	640	10.8	735
1 000×450	18	320	670	11.4	740
1 000×500	18	345	710	12	750
1 000×600	18	410	770	13.2	765
1 000×700	18	465	805	14.4	780
1 000×800	18	520	865	15.6	795
1 000×900	18	580	915	16.8	810
1 000×1 000	18	645	980	18	825
1 100×80	19.2	120	465	7	730
1 100×100	19.2	130	475	7.2	730
1 100×125	19.2	145	490	7.5	735
1 100×150	19.2	155	510	7.8	740
1 100×200	19.2	180	540	8.4	745
1 100×250	19.2	210	570	9	755
1 100×300	19.2	240	590	9.6	760
1 100×350	19.2	265	625	10.2	770
1 100×400	19.2	300	655	10.8	795
1 100×450	19.2	325	685	11.4	795
1 100×500	19.2	350	725	12	795
1 100×600	19.2	415	785	13.2	825
1 100×700	19.2	470	820	14.4	830
1 100×800	19.2	525	880	15.6	835
1 100×900	19.2	585	930	16.8	850
1 100×1 000	19.2	640	995	18	870
1 100×1 100	19.2	695	1 045	19.2	880

表 29（续）

单位为毫米

DN	主管			支管	
	$e_{nom,1}$	L_u	J	$e_{nom,2}$	L_u'
1 200×80	20.4	120	500	7	790
1 200×100	20.4	130	510	7.2	790
1 200×125	20.4	145	525	7.5	795
1 200×150	20.4	155	545	7.8	800
1 200×200	20.4	180	570	8.4	805
1 200×250	20.4	210	600	9	815
1 200×300	20.4	240	630	9.6	820
1 200×350	20.4	265	660	10.2	830
1 200×400	20.4	295	690	10.8	835
1 200×450	20.4	325	720	11.4	845
1 200×500	20.4	355	760	12	850
1 200×600	20.4	420	820	13.2	885
1 200×700	20.4	470	855	14.4	885
1 200×800	20.4	535	915	15.6	915
1 200×900	20.4	595	965	16.8	920
1 200×1 000	20.4	650	1 030	18	945
1 200×1 200	20.4	760	1 145	20.4	955
1 400×80	22.8	170	525	7	870
1 400×100	22.8	210	535	7.2	875
1 400×125	22.8	225	550	7.5	880
1 400×150	22.8	240	570	7.8	880
1 400×200	22.8	270	595	8.4	890
1 400×250	22.8	280	625	9	895
1 400×300	22.8	325	655	9.6	905
1 400×350	22.8	355	685	10.2	910
1 400×400	22.8	385	715	10.8	920
1 400×450	22.8	415	745	11.4	925
1 400×500	22.8	440	785	12	935
1 400×600	22.8	515	845	13.2	980
1 400×700	22.8	560	880	14.4	990
1 400×800	22.8	630	940	15.6	1 010
1 400×900	22.8	675	990	16.8	1 020
1 400×1 000	22.8	750	1 055	18	1 040
1 400×1 100	22.8	790	1 105	19.2	1 045
1 400×1 200	22.8	850	1 170	20.4	1 050
1 400×1 400	22.8	965	1 270	22.8	1 070

表 29(续)

单位为毫米

DN	主管			支管	
	$e_{nom,1}$	L_u	J	$e_{nom,2}$	L_u'
1 500×80	24	215	640	7	955
1 500×100	24	225	645	7.2	960
1 500×150	24	255	660	7.8	965
1 500×200	24	285	665	8.4	975
1 500×250	24	315	690	9	980
1 500×300	24	345	725	9.6	990
1 500×400	24	400	785	10.8	1 005
1 500×500	24	460	840	12	1 020
1 500×600	24	515	880	13.2	1 035
1 500×800	24	635	955	15.6	1 065
1 500×1 000	24	750	1 070	18	1 095
1 500×1 200	24	865	1 190	20.4	1 125
1 500×1 400	24	980	1 290	22.8	1 155
1 500×1 500	24	1 040	1 330	24	1 170
1 600×80	25.2	220	755	7	1 015
1 600×100	25.2	225	755	7.2	1 025
1 600×150	25.2	260	755	7.8	1 025
1 600×200	25.2	290	730	8.4	1 030
1 600×250	25.2	320	760	9	1 040
1 600×300	25.2	345	790	9.6	1 045
1 600×400	25.2	405	860	10.8	1 060
1 600×500	25.2	465	895	12	1 080
1 600×600	25.2	520	915	13.2	1 090
1 600×800	25.2	640	970	15.6	1 120
1 600×1 000	25.2	750	1 090	18	1 150
1 600×1 200	25.2	870	1 210	20.4	1 180
1 600×1 400	25.2	985	1 315	22.8	1 210
1 600×1 500	25.2	1 045	1 370	24	1 225
1 600×1 600	25.2	1 100	1 430	25.2	1 240
1 800×200	27.6	300	730	8.4	1 150
1 800×250	27.6	320	760	9	1 150
1 800×300	27.6	350	790	9.6	1 155
1 800×400	27.6	410	860	10.8	1 170
1 800×500	27.6	470	915	12	1 185
1 800×600	27.6	525	970	13.2	1 200
1 800×800	27.6	640	1 090	15.6	1 230
1 800×1 000	27.6	760	1 210	18	1 260
1 800×1 200	27.6	875	1 315	20.4	1 290
1 800×1 400	27.6	990	1 430	22.8	1 320
1 800×1 600	27.6	1 110	1 540	25.2	1 350
1 800×1 800	27.6	1 225	1 615	27.6	1 380

表 29(续)

单位为毫米

DN	主管			支管	
	$e_{nom,1}$	L_u	J	$e_{nom,2}$	L_u'
2 000×200	30	300	730	8.4	1 250
2 000×250	30	330	760	9	1 260
2 000×300	30	360	790	9.6	1 265
2 000×400	30	415	860	10.8	1 280
2 000×500	30	475	915	12	1 295
2 000×600	30	530	970	13.2	1 310
2 000×800	30	640	1 090	15.6	1 340
2 000×1 000	30	765	1 210	18	1 370
2 000×1 200	30	880	1 315	20.4	1 400
2 000×1 400	30	1 000	1 430	22.8	1 430
2 000×1 600	30	1 110	1 540	25.2	1 460
2 000×1 800	30	1 230	1 615	27.6	1 490
2 000×2 000	30	1 345	1 725	30	1 520
2 200×200	32.4	310	730	8.4	1 360
2 200×250	32.4	335	760	9	1 370
2 200×300	32.4	365	790	9.6	1 380
2 200×400	32.4	420	860	10.8	1 395
2 200×500	32.4	480	915	12	1 410
2 200×600	32.4	540	970	13.2	1 420
2 200×800	32.4	655	1 090	15.6	1 445
2 200×1 000	32.4	770	1 210	18	1 480
2 200×1 200	32.4	890	1 315	20.4	1 510
2 200×1 400	32.4	1 000	1 430	22.8	1 540
2 200×1 600	32.4	1 120	1 540	25.2	1 570
2 200×1 800	32.4	1 235	1 615	27.6	1 600
2 200×2 000	32.4	1 350	1 725	30	1 630
2 200×2 200	32.4	1 465	1 830	32.4	1 660
2 400×200	34.8	310	730	8.4	1 470
2 400×250	34.8	340	760	9	1 480
2 400×300	34.8	370	790	9.6	1 490
2 400×400	34.8	430	860	10.8	1 505
2 400×500	34.8	490	915	12	1 520
2 400×600	34.8	545	970	13.2	1 530
2 400×800	34.8	660	1 090	15.6	1 560
2 400×1 000	34.8	780	1 210	18	1 590
2 400×1 200	34.8	895	1 315	20.4	1 620
2 400×1 400	34.8	1 010	1 430	22.8	1 650
2 400×1 600	34.8	1 125	1 540	25.2	1 680
2 400×1 800	34.8	1 240	1 615	27.6	1 710
2 400×2 000	34.8	1 360	1 725	30	1 740
2 400×2 200	34.8	1 472	1 830	32.4	1 770
2 400×2 400	34.8	1 590	1 935	34.8	1 800

表 29(续)

单位为毫米

DN	主管			支管	
	$e_{nom,1}$	L_u	J	$e_{nom,2}$	L_u'
2 600×200	37.2	320	730	8.4	1 580
2 600×250	37.2	350	760	9	1 590
2 600×300	37.2	380	790	9.6	1 600
2 600×400	37.2	435	860	10.8	1 615
2 600×500	37.2	495	915	12	1 630
2 600×600	37.2	550	970	13.2	1 640
2 600×800	37.2	670	1 090	15.6	1 670
2 600×1 000	37.2	785	1 210	18	1 700
2 600×1 200	37.2	900	1 315	20.4	1 730
2 600×1 400	37.2	1 015	1 430	22.8	1 750
2 600×1 600	37.2	1 130	1 540	25.2	1 790
2 600×1 800	37.2	1 250	1 615	27.6	1 820
2 600×2 000	37.2	1 365	1 725	30	1 850
2 600×2 200	37.2	1 480	1 830	32.4	1 880
2 600×2 400	37.2	1 595	1 935	34.8	1 910
2 600×2 600	37.2	1 710	2 035	37.2	1 940
2 800×800	39.6	673	1 135	15.6	1 780
2 800×1 600	39.6	1 137	1 585	25.2	1 900
2 800×2 000	39.6	1 369	1 790	30.0	1 960
3 000×800	42	679	1 165	15.6	1 890
3 000×1 600	42	1 143	1 615	25.2	2 010
3 000×2 200	42	1 491	1 930	32.4	2 100

9.3.18 承插单支承三通结构示意图见图 19,承插单支承三通的尺寸应符合表 30。

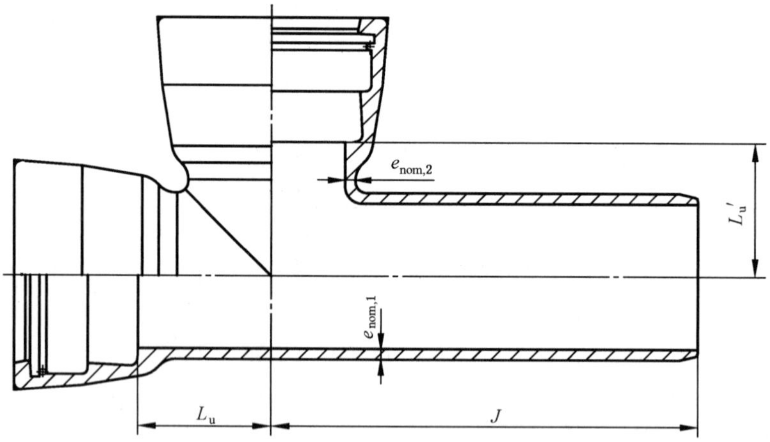

说明:

L_u ——主管承口段标准长度;

J ——主管插口段标准长度;

L_u' ——支管长度;

$e_{nom,1}$——主管公称壁厚;

$e_{nom,2}$——支管公称壁厚。

图 19 承插单支承三通结构示意图

表 30 承插单支承三通的尺寸

单位为毫米

DN	主管			支管	
	$e_{nom,1}$	L_u	J	$e_{nom,2}$	L_u'
80×80	7	85	275	7	85
100×80	7.2	85	275	7	95
100×100	7.2	95	275	7.2	95
125×80	7.5	85	280	7	105
125×100	7.5	95	290	7.2	110
125×125	7.5	110	295	7.5	110
150×80	7.8	85	275	7	120
150×100	7.8	100	280	7.2	120
150×125	7.8	115	305	7.5	125
150×150	7.8	130	310	7.8	125
200×80	8.4	90	275	7	145
200×100	8.4	100	280	7.2	145
200×125	8.4	115	305	7.5	145
200×150	8.4	130	310	7.8	150
200×200	8.4	160	340	8.4	155
250×80	9	90	300	7	170
250×100	9	100	300	7.2	170
250×125	9	115	315	7.5	175
250×150	9	130	310	7.8	175
250×200	9	160	340	8.4	180
250×250	9	190	370	9	190
300×80	9.6	95	300	7	195
300×100	9.6	105	285	7.2	195
300×125	9.6	120	320	7.5	200
300×150	9.6	130	310	7.8	200
300×200	9.6	160	340	8.4	205
300×250	9.6	190	370	9	210
300×300	9.6	220	400	9.6	220
350×80	10.2	90	300	7	220
350×100	10.2	100	310	7.2	220
350×125	10.2	120	325	7.5	225
350×150	10.2	125	340	7.8	225
350×200	10.2	160	340	8.4	230
350×250	10.2	190	370	9	235
350×300	10.2	220	400	9.6	240
350×350	10.2	250	430	10.2	250

表 30(续)

单位为毫米

DN	主管			支管	
	$e_{nom,1}$	L_u	J	$e_{nom,2}$	L_u'
400×80	10.8	95	300	7	240
400×100	10.8	105	310	7.2	245
400×125	10.8	120	330	7.5	250
400×150	10.8	135	340	7.8	250
400×200	10.8	165	345	8.4	255
400×250	10.8	190	375	9	260
400×300	10.8	220	400	9.6	270
400×350	10.8	250	430	10.2	270
400×400	10.8	280	460	10.8	280
450×80	11.4	95	320	7	270
450×100	11.4	105	330	7.2	270
450×125	11.4	120	345	7.5	270
450×150	11.4	135	360	7.8	280
450×200	11.4	165	390	8.4	280
450×250	11.4	195	415	9	290
450×300	11.4	220	445	9.6	290
450×350	11.4	250	460	10.2	300
450×400	11.4	280	500	10.8	300
450×450	11.4	310	525	11.4	310
500×80	12	95	320	7	290
500×100	12	110	330	7.2	295
500×125	12	120	345	7.5	300
500×150	12	135	360	7.8	300
500×200	12	165	390	8.4	310
500×250	12	195	395	9	310
500×300	12	225	425	9.6	320
500×350	12	255	455	10.2	320
500×400	12	280	485	10.8	330
500×450	12	310	525	11.4	335
500×500	12	340	540	12	340
600×80	13.2	100	325	7	340
600×100	13.2	110	330	7.2	345
600×125	13.2	125	345	7.5	350
600×150	13.2	140	360	7.8	350
600×200	13.2	170	390	8.4	360
600×250	13.2	200	415	9	360
600×300	13.2	225	430	9.6	370
600×350	13.2	255	455	10.2	370
600×400	13.2	285	485	10.8	380
600×450	13.2	315	525	11.4	385
600×500	13.2	345	545	12	390
600×600	13.2	400	600	13.2	400

表 30(续)

单位为毫米

DN	主管			支管	
	$e_{nom,1}$	L_u	J	$e_{nom,2}$	L_u'
700×80	14.4	100	345	7	390
700×100	14.4	115	345	7.2	400
700×125	14.4	130	360	7.5	400
700×150	14.4	145	370	7.8	400
700×200	14.4	170	400	8.4	410
700×250	14.4	200	430	9	410
700×300	14.4	230	480	9.6	420
700×350	14.4	260	510	10.2	420
700×400	14.4	290	540	10.8	430
700×450	14.4	315	525	11.4	435
700×500	14.4	350	595	12	440
700×600	14.4	405	655	13.2	450
700×700	14.4	460	715	14.4	460
800×80	15.6	105	355	7	440
800×100	15.6	115	355	7.2	445
800×125	15.6	130	370	7.5	450
800×150	15.6	145	380	7.8	450
800×200	15.6	175	410	8.4	460
800×250	15.6	205	440	9	460
800×300	15.6	235	450	9.6	470
800×350	15.6	260	485	10.2	470
800×400	15.6	290	540	10.8	480
800×450	15.6	320	535	11.4	485
800×500	15.6	350	600	12	490
800×600	15.6	405	660	13.2	500
800×700	15.6	465	690	14.4	510
800×800	15.6	520	775	15.6	520
900×80	16.8	110	410	7	490
900×100	16.8	120	425	7.2	500
900×125	16.8	135	435	7.5	500
900×150	16.8	150	455	7.8	500
900×200	16.8	180	485	8.4	510
900×250	16.8	205	515	9	510
900×300	16.8	235	535	9.6	520
900×350	16.8	265	565	10.2	520
900×400	16.8	295	590	10.8	530
900×450	16.8	325	610	11.4	535
900×500	16.8	350	600	12	540
900×600	16.8	410	660	13.2	550
900×700	16.8	470	720	14.4	560
900×800	16.8	525	815	15.6	570
900×900	16.8	585	835	16.8	580

表 30(续)

单位为毫米

DN	主管			支管	
	$e_{nom,1}$	L_u	J	$e_{nom,2}$	L_u'
1 000×80	18	110	420	7	540
1 000×100	18	125	435	7.2	550
1 000×125	18	140	445	7.5	550
1 000×150	18	150	465	7.8	550
1 000×200	18	180	495	8.4	560
1 000×250	18	210	525	9	560
1 000×300	18	240	545	9.6	570
1 000×350	18	270	575	10.2	570
1 000×400	18	295	600	10.8	580
1 000×450	18	325	620	11.4	585
1 000×500	18	355	650	12	590
1 000×600	18	415	715	13.2	600
1 000×700	18	470	770	14.4	610
1 000×800	18	530	830	15.6	620
1 000×900	18	585	880	16.8	630
1 000×1 000	18	645	945	18	645
1 100×80	19.2	115	435	7	590
1 100×100	19.2	125	450	7.2	600
1 100×125	19.2	140	460	7.5	600
1 100×150	19.2	155	480	7.8	600
1 100×200	19.2	185	510	8.4	610
1 100×250	19.2	215	540	9	610
1 100×300	19.2	240	560	9.6	620
1 100×350	19.2	270	590	10.2	620
1 100×400	19.2	300	615	10.8	630
1 100×450	19.2	330	635	11.4	635
1 100×500	19.2	360	665	12	640
1 100×600	19.2	415	725	13.2	650
1 100×700	19.2	475	715	14.4	660
1 100×800	19.2	530	835	15.6	670
1 100×900	19.2	590	890	16.8	680
1 100×1 000	19.2	650	1 060	18	695
1 100×1 100	19.2	705	1 005	19.2	710

表 30(续)

单位为毫米

DN	主管			支管	
	$e_{nom,1}$	L_u	J	$e_{nom,2}$	L_u'
1 200×80	20.4	120	475	7	640
1 200×100	20.4	130	490	7.2	650
1 200×125	20.4	145	500	7.5	650
1 200×150	20.4	160	515	7.8	650
1 200×200	20.4	185	545	8.4	660
1 200×250	20.4	215	575	9	660
1 200×300	20.4	245	605	9.6	670
1 200×350	20.4	275	630	10.2	670
1 200×400	20.4	305	655	10.8	680
1 200×450	20.4	330	675	11.4	685
1 200×500	20.4	360	710	12	690
1 200×600	20.4	420	675	13.2	700
1 200×700	20.4	475	820	14.4	710
1 200×800	20.4	535	835	15.6	720
1 200×900	20.4	595	895	16.8	730
1 200×1 000	20.4	650	950	18	745
1 200×1 200	20.4	765	1 070	20.4	770
1 400×80	22.8	125	500	7	740
1 400×100	22.8	135	515	7.2	750
1 400×125	22.8	150	525	7.5	750
1 400×150	22.8	165	540	7.8	750
1 400×200	22.8	195	570	8.4	760
1 400×250	22.8	220	600	9	760
1 400×300	22.8	250	630	9.6	770
1 400×350	22.8	280	655	10.2	770
1 400×400	22.8	310	680	10.8	780
1 400×450	22.8	340	700	11.4	785
1 400×500	22.8	365	735	12	790
1 400×600	22.8	425	790	13.2	800
1 400×700	22.8	485	845	14.4	810
1 400×800	22.8	540	905	15.6	820
1 400×900	22.8	600	900	16.8	830
1 400×1 000	22.8	655	960	18	845
1 400×1 100	22.8	715	1 065	19.2	860
1 400×1 200	22.8	775	1 075	20.4	870
1 400×1 400	22.8	890	1 190	22.8	890

表 30(续)

单位为毫米

DN	主管			支管	
	$e_{nom,1}$	L_u	J	$e_{nom,2}$	L_u'
1 500×80	24	125	575	7	795
1 500×100	24	140	590	7.2	795
1 500×150	24	165	615	7.8	800
1 500×200	24	195	645	8.4	805
1 500×250	24	225	675	9	810
1 500×300	24	255	705	9.6	820
1 500×400	24	310	755	10.8	830
1 500×500	24	370	810	12	840
1 500×600	24	430	860	13.2	850
1 500×800	24	545	980	15.6	875
1 500×1 000	24	660	1 060	18	895
1 500×1 200	24	775	1 175	20.4	815
1 500×1 400	24	890	1 285	22.8	940
1 500×1 500	24	950	1 390	24	950
1 600×200	25.2	200	720	8.4	860
1 600×250	25.2	230	750	9	860
1 600×300	25.2	255	780	9.6	870
1 600×400	25.2	315	830	10.8	880
1 600×500	25.2	385	885	12	890
1 600×600	25.2	430	935	13.2	900
1 600×800	25.2	545	1 050	15.6	920
1 600×1 000	25.2	665	1 165	18	945
1 600×1 200	25.2	780	1 275	20.4	970
1 600×1 400	25.2	895	1 380	22.8	990
1 600×1 600	25.2	1 010	1 490	25.2	1 010
1 800×200	27.6	205	720	8.4	960
1 800×250	27.6	235	750	9	960
1 800×300	27.6	265	780	9.6	970
1 800×400	27.6	320	830	10.8	980
1 800×500	27.6	380	885	12	990
1 800×600	27.6	435	935	13.2	1 000
1 800×800	27.6	555	1 050	15.6	1 020
1 800×1 000	27.6	670	1 165	18	1 045
1 800×1 200	27.6	785	1 275	20.4	1 070
1 800×1 400	27.6	900	1 380	22.8	1 090
1 800×1 600	27.6	1 015	1 490	25.2	1 110
1 800×1 800	27.6	1 135	1 595	27.6	1 130

表 30(续)

单位为毫米

DN	主管			支管	
	$e_{nom,1}$	L_u	J	$e_{nom,2}$	L_u'
2 000×200	30	210	720	8.4	1 060
2 000×250	30	240	750	9	1 060
2 000×300	30	270	780	9.6	1 070
2 000×400	30	325	830	10.8	1 080
2 000×500	30	385	885	12	1 090
2 000×600	30	445	935	13.2	1 100
2 000×800	30	560	1 050	15.6	1 120
2 000×1 000	30	675	1 165	18	1 145
2 000×1 200	30	790	1 275	20.4	1 170
2 000×1 400	30	905	1 380	22.8	1 190
2 000×1 600	30	1 025	1 490	25.2	1 210
2 000×1 800	30	1 140	1 595	27.6	1 230
2 000×2 000	30	1 255	1 705	30	1 255
2 200×200	32.4	215	720	8.4	1 160
2 200×250	32.4	245	750	9	1 160
2 200×300	32.4	275	780	9.6	1 170
2 200×400	32.4	335	830	10.8	1 180
2 200×500	32.4	390	885	12	1 190
2 200×600	32.4	450	935	13.2	1 200
2 200×800	32.4	565	1 050	15.6	1 220
2 200×1 000	32.4	680	1 165	18	1 245
2 200×1 200	32.4	795	1 275	20.4	1 270
2 200×1 400	32.4	915	1 380	22.8	1 290
2 200×1 600	32.4	1 030	1 490	25.2	1 310
2 200×1 800	32.4	1 145	1 595	27.6	1 330
2 200×2 000	32.4	1 260	1 705	30	1 355
2 200×2 200	32.4	1 375	1 810	32.4	1 380
2 400×200	34.8	225	720	8.4	1 260
2 400×250	34.8	250	750	9	1 260
2 400×300	34.8	280	780	9.6	1 270
2 400×400	34.8	340	830	10.8	1 280
2 400×500	34.8	395	885	12	1 290
2 400×600	34.8	455	935	13.2	1 300
2 400×800	34.8	570	1 050	15.6	1 320
2 400×1 000	34.8	685	1 165	18	1 345
2 400×1 200	34.8	805	1 275	20.4	1 370
2 400×1 400	34.8	920	1 380	22.8	1 390
2 400×1 600	34.8	1 035	1 490	25.2	1 410
2 400×1 800	34.8	1 150	1 595	27.6	1 430
2 400×2 000	34.8	1 265	1 705	30	1 455
2 400×2 200	34.8	1 385	1 810	32.4	1 480
2 400×2 400	34.8	1 500	1 920	34.8	1 500

表 30(续)

单位为毫米

DN	主管			支管	
	$e_{nom,1}$	L_u	J	$e_{nom,2}$	L_u'
2 600×200	37.2	230	720	8.4	1 360
2 600×250	37.2	260	750	9	1 360
2 600×300	37.2	285	780	9.6	1 370
2 600×400	37.2	345	830	10.8	1 380
2 600×500	37.2	405	885	12	1 390
2 600×600	37.2	460	935	13.2	1 400
2 600×800	37.2	575	1 050	15.6	1 420
2 600×1 000	37.2	695	1 165	18	1 445
2 600×1 200	37.2	810	1 275	20.4	1 470
2 600×1 400	37.2	925	1 380	22.8	1 490
2 600×1 600	37.2	1 040	1 490	25.2	1 510
2 600×1 800	37.2	1 155	1 595	27.6	1 530
2 600×2 000	37.2	1 275	1 705	30	1 555
2 600×2 200	37.2	1 390	1 810	32.4	1 580
2 600×2 400	37.2	1 505	1 920	34.8	1 600
2 600×2 600	37.2	1 620	2 025	37.2	1 620
2 800×800	39.6	583	1 095	15.6	1 523
2 800×1 600	39.6	1 047	1 530	25.2	1 611
2 800×2 000	39.6	1 279	1 755	30.0	1 655
3 000×800	42	589	1 125	15.6	1 623
3 000×1 600	42	1 053	1 560	25.2	1 711
3 000×2 200	42	1 401	1 900	32.4	1 777

9.3.19 双承渐缩管结构示意图见图 20,双承渐缩管的尺寸应符合表 31。

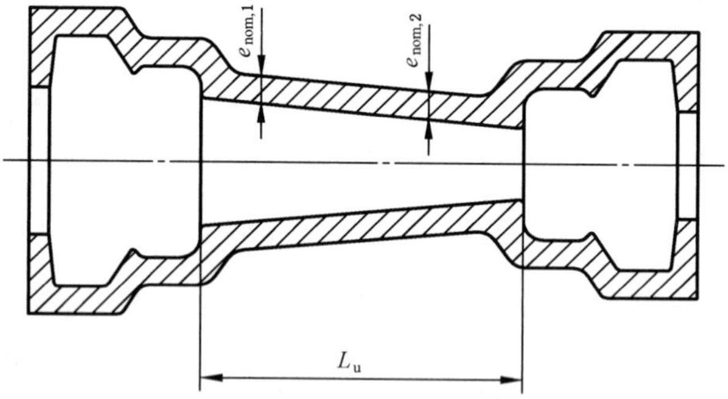

说明:

L_u ——标准长度;

$e_{nom,1}$ ——缩径前公称壁厚;

$e_{nom,2}$ ——缩径后公称壁厚。

图 20 双承渐缩管结构示意图

表 31　双承渐缩管的尺寸

单位为毫米

DN×dn	$e_{nom,1}$	$e_{nom,2}$	L_u	
			系列 A	系列 B
50×40	7	7	70	75
60×50	7	7	70	75
65×50	7	7	80	75
80×40	7	7	—	80
80×60	7	7	90	80
80×65	7	7	80	80
100×60	7.2	7	—	120
100×80	7.2	7	90	85
125×60	7.5	7	—	190
125×80	7.5	7	140	135
125×100	7.5	7.2	100	120
150×80	7.8	7	190	190
150×100	7.8	7.2	150	150
150×125	7.8	7.5	100	115
200×100	8.4	7.2	250	250
200×125	8.4	7.5	200	230
200×150	8.4	7.8	150	145
250×125	9	7.5	300	335
250×150	9	7.8	250	250
250×200	9	8.4	150	150
300×150	9.6	7.8	350	370
300×200	9.6	8.4	250	250
300×250	9.6	9	150	150
350×200	10.2	8.4	360	370
350×250	10.2	9	260	260
350×300	10.2	9.6	160	160
400×250	10.8	9	360	380
400×300	10.8	9.6	260	260
400×350	10.8	10.2	160	155
450×350	11.4	10.2	260	270
450×400	11.4	10.8	160	160
500×350	12	10.2	360	—
500×400	12	10.8	260	—
600×400	13.2	10.8	460	—
600×500	13.2	12	260	—

表 31（续）

单位为毫米

DN×dn	$e_{nom,1}$	$e_{nom,2}$	L_u	
			系列 A	系列 B
700×500	14.4	12	480	—
700×600	14.4	13.2	280	—
800×600	15.6	13.2	480	—
800×700	15.6	14.4	280	—
900×700	16.8	14.4	480	—
900×800	16.8	15.6	280	—
1 000×800	18	15.6	480	—
1 000×900	18	16.8	280	—
1 100×1 000	19.2	18	280	—
1 200×1 000	20.4	18	480	—
1 400×1 200	22.8	20.4	360	—
1 500×1 400	24	22.8	260	—
1 600×1 400	25.2	22.8	360	—
1 800×1 600	27.6	25.2	360	—
2 000×1 800	30	27.6	360	—
2 200×2 000	32.4	30	360	—
2 400×2 200	34.8	32.4	360	—
2 600×2 400	37.2	34.8	360	—
2 800×2 600	39.6	37.2	360	—
3 000×2 800	42	39.6	360	—
注：缩径前公称直径为 DN,缩径后公称直径为 dn。				

9.4 盘接管件

9.4.1 表 32～表 41,尺寸均为公称值,单位为毫米(mm)。外涂层和内衬的尺寸见 4.4。

9.4.2 双盘 90°(1/4)弯头结构示意图见图 21,双盘 90°(1/4)弯头的尺寸应符合表 32。

9.4.3 双盘 90°(1/4)鸭脚弯头结构示意图见图 22,双盘 90°(1/4)鸭脚弯头的尺寸应符合表 32。

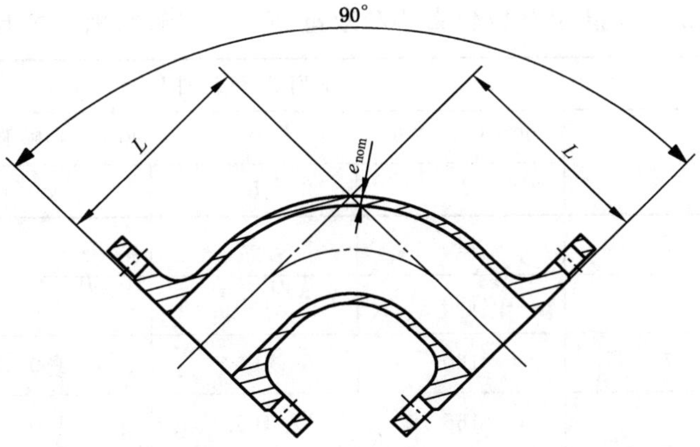

说明：

L ——标准长度；

e_{nom}——公称壁厚。

图 21　双盘 90°(1/4)弯头结构示意图

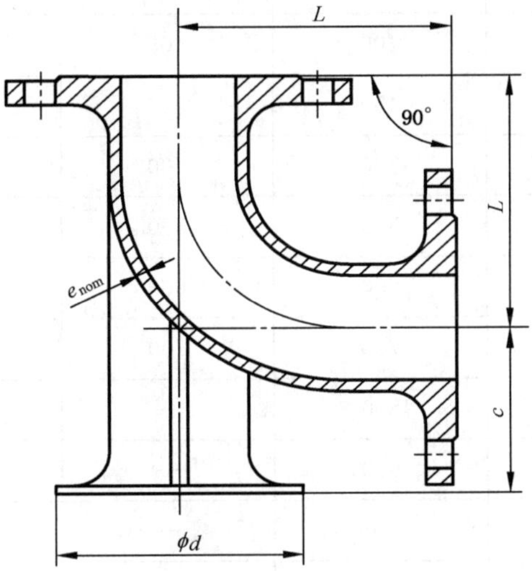

说明：

L ——标准长度；

c ——水平管中心线距底座距离；

d ——鸭脚掌直径；

e_{nom}——公称壁厚。

图 22　双盘 90°(1/4)鸭脚弯头结构示意图

表 32 双盘 90°(1/4)弯头和双盘 90°(1/4)鸭脚弯头的尺寸

单位为毫米

DN	系列 A 和系列 B				
	e_{nom}	90°(1/4)弯头	90°(1/4)鸭脚弯头		
		L	L	c	d
40	7	140	—	—	—
50	7	150	150	95	150
60	7	160	160	100	160
65	7	165	165	100	165
80	7	165	165	110	180
100	7.2	180	180	125	200
125	7.5	200	200	140	225
150	7.8	220	220	160	250
200	8.4	260	260	190	300
250	9	350	350	225	350
300	9.6	400	400	255	400
350	10.2	450	450	290	450
400	10.8	500	500	320	500
450	11.4	550	550	355	550
500	12	600	600	385	600
600	13.2	700	700	450	700
700	14.4	800	—	—	—
800	15.6	900	—	—	—
900	16.8	1 000	—	—	—
1 000	18	1 100	—	—	—

9.4.4 双盘 45°(1/8)弯头结构示意图见图 23,双盘 45°(1/8)弯头的尺寸应符合表 33。

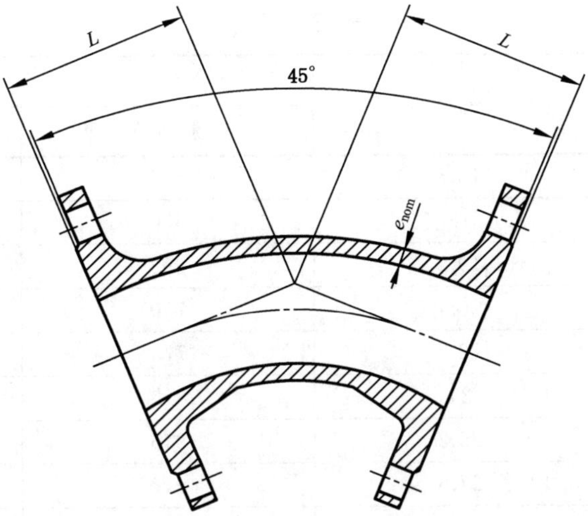

说明：

L ——标准长度；

e_{nom}——公称壁厚。

图 23 双盘 45°(1/8)弯头

表 33 双盘 45°(1/8)弯头的尺寸

单位为毫米

DN	e_{nom}	L	
		系列 A	系列 B
40	7	140	140
50	7	150	150
60	7	160	160
65	7	165	165
80	7	130	130
100	7.2	140	140
125	7.5	150	150
150	7.8	160	160
200	8.4	180	180
250	9	350	245
300	9.6	400	275
350	10.2	300	300
400	10.8	325	325
450	11.4	350	350
500	12	375	—
600	13.2	425	—
700	14.4	480	—
800	15.6	530	—

表 33（续）

单位为毫米

DN	e_{nom}	*L*	
		系列 A	系列 B
900	16.8	580	—
1 000	18	630	—
1 100	19.2	695	—
1 200	20.4	750	—
1 400	22.8	775	—
1 500	24	810	—
1 600	25.2	845	—
1 800	27.6	910	—
2 000	30	980	—
2 200	32.4	880	—
2 400	34.8	945	—
2 600	37.2	1 005	—
2 800	39.6	1 070	—
3 000	42	1 130	—

9.4.5 DN40～DN250 全盘三通结构示意图见图 24，DN40～DN250 全盘三通的尺寸应符合表 34。

9.4.6 DN300～DN700 全盘三通结构示意图见图 24，DN300～DN700 全盘三通的尺寸应符合表 35。

9.4.7 DN800～DN3000 全盘三通结构示意图见图 24，DN800～DN3000 全盘三通的尺寸应符合表 36。

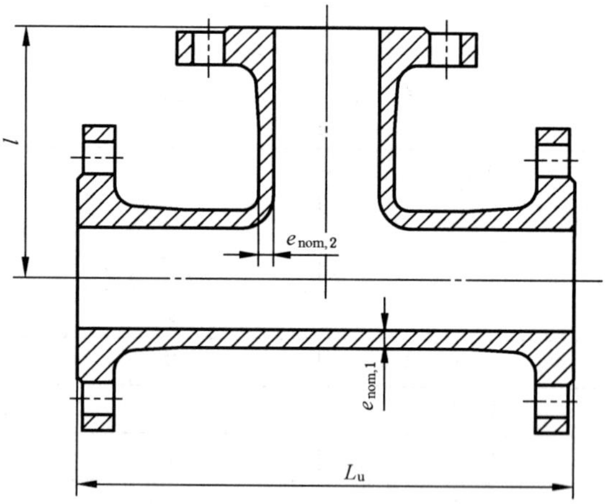

说明：

L_u ——主管标准长度；

l ——支管标准长度；

$e_{nom,1}$——主管公称壁厚；

$e_{nom,2}$——支管公称壁厚。

图 24　全盘三通结构示意图

表 34　DN40～250 全盘三通的尺寸

单位为毫米

DN×dn	主管			支管		
	$e_{nom,1}$	L_u		$e_{nom,2}$	l	
		系列 A	系列 B		系列 A	系列 B
40×40	7	280	255	7	140	130
50×50	7	300	280	7	150	140
60×40	7	300	—	7	130	—
60×60	7	320	300	7	160	150
65×65	7	330	305	7	165	150
80×40	7	—	310	7	—	135
80×60	7	—	310	7	—	155
80×80	7	330	330	7	165	165
100×40	7.2	—	320	7	—	145
100×60	7.2	—	320	7	—	165
100×80	7.2	360	330	7	175	170
100×100	7.2	360	360	7.2	180	180
125×40	7.5	—	330	7	—	160
125×60	7.5	—	330	7	—	180
125×80	7.5	400	350	7	190	185
125×100	7.5	400	370	7.2	195	195
125×125	7.5	400	400	7.5	200	200
150×40	7.8	—	340	7	—	170
150×60	7.8	—	340	7	—	190
150×80	7.8	440	360	7	205	200
150×100	7.8	440	380	7.2	210	205
150×125	7.8	440	410	7.5	215	215
150×150	7.8	440	440	7.8	220	220
200×40	8.4	—	365	7	—	195
200×60	8.4	—	365	7	—	215
200×80	8.4	520	380	7	235	225
200×100	8.4	520	400	7.2	240	230
200×125	8.4	—	435	7.5	—	240
200×150	8.4	520	460	7.8	250	245
200×200	8.4	520	520	8.4	260	260
250×60	9	—	385	7	—	260
250×80	9	—	405	7	—	265
250×100	9	700	425	7.2	275	270
250×150	9	—	485	7.8	—	280
250×200	9	700	540	8.4	325	290
250×250	9	700	600	9	350	300
注:主管公称直径为 DN,支管公称直径为 dn。						

表 35 DN300～700 全盘三通的尺寸

单位为毫米

DN×dn	主管			支管		
	$e_{nom,1}$	L_u		$e_{nom,2}$	l	
		系列 A	系列 B		系列 A	系列 B
300×60	9.6	—	405	7	—	290
300×80	9.6	—	425	7	—	295
300×100	9.6	800	450	7.2	300	300
300×150	9.6	—	505	7.8	—	310
300×200	9.6	800	565	8.4	350	320
300×250	9.6	—	620	9	—	330
300×300	9.6	800	680	9.6	400	340
350×60	10.2	—	430	7	—	320
350×80	10.2	—	445	7	—	325
350×100	10.2	850	470	7.2	325	330
350×150	10.2	—	530	7.8	—	340
350×200	10.2	850	585	8.4	325	350
350×250	10.2	—	645	9	—	360
350×350	10.2	850	760	10.2	425	380
400×80	10.8		470	7		355
400×100	10.8	900	490	7.2	350	360
400×150	10.8	—	550	7.8	—	370
400×200	10.8	900	610	8.4	350	380
400×250	10.8	—	665	9	—	390
400×300	10.8	—	725	9.6	—	400
400×400	10.8	900	840	10.8	450	420
450×100	11.4	950	515	7.2	375	390
450×150	11.4	—	570	7.8	—	400
450×200	11.4	950	630	8.4	375	410
450×250	11.4	—	690	9	—	420
450×300	11.4	—	745	9.6	—	430
450×400	11.4	—	860	10.8	—	450
450×450	11.4	950	920	11.4	475	460
500×100	12	1 000	535	7.2	400	420
500×200	12	1 000	650	8.4	400	440
500×400	12	1 000	885	10.8	500	480
500×500	12	1 000	1 000	12	500	500
600×200	13.2	1 100	700	8.4	450	500
600×400	13.2	1 100	930	10.8	550	540
600×600	13.2	1 100	1 165	13.2	550	580
700×200	14.4	650	—	8.4	525	—
700×400	14.4	870	—	10.8	555	—
700×700	14.4	1 200	—	14.4	600	—
注：主管公称直径为 DN，支管公称直径为 dn。						

表 36　DN800～3 000 全盘三通的尺寸

单位为毫米

DN×dn	主管		支管	
	$e_{nom,1}$	L_u	$e_{nom,2}$	l
		系列 A		系列 A
800×200	15.6	690	8.4	585
800×400	15.6	910	10.8	615
800×600	15.6	1 350	13.2	645
800×800	15.6	1 350	15.6	675
900×200	16.8	730	8.4	645
900×400	16.8	950	10.8	675
900×600	16.8	1 500	13.2	705
900×900	16.8	1 500	16.8	750
1 000×200	18	770	8.4	705
1 000×400	18	990	10.8	735
1 000×600	18	1 650	13.2	765
1 000×1 000	18	1 650	18	825
1 100×400	19.2	980	8.4	795
1 100×600	19.2	1 210	13.2	825
1 200×600	20.4	1 240	13.2	885
1 200×800	20.4	1 470	15.6	915
1 200×1 000	20.4	1 700	18	945
1 400×600	22.8	1 550	13.2	980
1 400×800	22.8	1 760	15.6	1 010
1 400×1 000	22.8	2 015	18	1 040
1 500×600	24	1 575	13.2	1 035
1 500×1 000	24	2 040	18	1 095
1 600×600	25.2	1 600	13.2	1 090
1 600×800	25.2	1 835	15.6	1 120
1 600×1 000	25.2	2 065	18	1 150
1 600×1 200	25.2	2 300	20.4	1 180
1 800×600	27.6	1 655	13.2	1 200
1 800×800	27.6	1 885	15.6	1 230
1 800×1 000	27.6	2 120	18	1 260
1 800×1 200	27.6	2 350	20.4	1 290
2 000×600	30	1 705	13.2	1 310
2 000×1 000	30	2 170	18	1 370
2 000×1 400	30	2 635	22.8	1 430

表 36（续） 单位为毫米

DN×dn	主管		支管	
	$e_{nom,1}$	L_u	$e_{nom,2}$	l
		系列 A		系列 A
2 200×600	32.4	1 560	13.2	1 420
2 200×1 200	32.4	2 220	20.4	1 510
2 200×1 800	32.4	2 880	27.6	1 600
2 400×600	34.8	1 620	13.2	1 530
2 400×1 200	34.8	2 280	20.4	1 620
2 400×1 800	34.8	2 940	27.6	1 710
2 600×600	37.2	1 680	13.2	1 640
2 600×1 400	37.2	2 560	22.8	1 760
2 600×2 000	37.2	3 220	30	1 850
2 800×800	39.6	1 960	15.6	1 780
2 800×1 600	39.6	2 840	25.2	1 900
2 800×2 000	39.6	3 280	30.0	1 960
3 000×800	42	2 020	15.6	1 890
3 000×1 600	42	2 900	25.2	2 010
3 000×2 200	42	3 560	32.4	2 100
注：主管公称直径为 DN，支管公称直径为 dn。				

9.4.8 双盘渐缩管结构示意图见图 25，双盘渐缩管的尺寸应符合表 37。

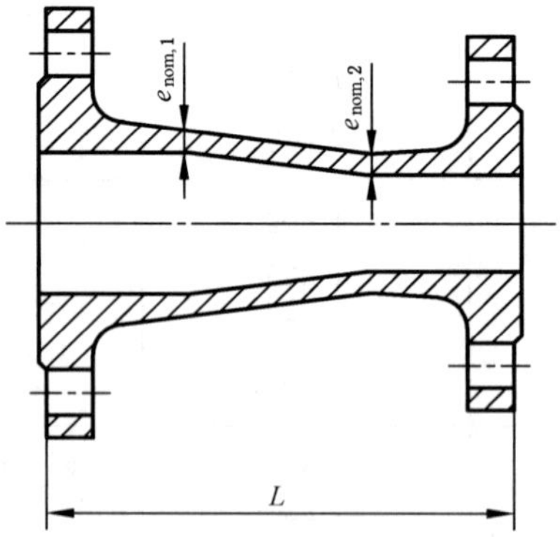

说明：

L ——标准长度；

$e_{nom,1}$——缩径前公称壁厚；

$e_{nom,2}$——缩径后公称壁厚。

图 25 双盘渐缩管结构示意图

表 37 双盘渐缩管的尺寸

单位为毫米

DN×dn	$e_{nom,1}$	$e_{nom,2}$	L	
			系列 A	系列 B
50×40	7	7	150	165
60×50	7	7	160	160
65×50	7	7	200	190
80×60	7	7	200	185
80×65	7	7	200	190
100×80	7.2	7	200	195
125×100	7.5	7.2	200	185
150×125	7.8	7.5	200	190
200×150	8.4	7.8	300	235
250×200	9	8.4	300	250
300×250	9.6	9	300	265
350×300	10.2	9.6	300	290
400×350	10.8	10.2	300	305
450×400	11.4	10.8	300	320
500×400	12	10.8	600	—
600×500	13.2	12	600	—
700×600	14.4	13.2	600	—
800×700	15.6	14.4	600	—
900×800	16.8	15.6	600	—
1 000×900	18	16.8	600	—
1 100×1 000	19.2	18	600	—
1 200×1 000	20.4	18	790	—
1 400×1 200	22.8	20.4	850	—
1 500×1 400	24	22.8	695	—
1 600×1 400	25.2	22.8	910	—
1 800×1 600	27.6	25.2	970	—
2 000×1 800	30	27.6	1 030	—
2 200×2 000	32.4	30	1 090	—
2 400×2 200	34.8	32.4	1 150	—
2 600×2 400	37.2	34.8	1 210	—
2 800×2 600	39.6	37.2	1 270	—
3 000×2 800	42	39.6	1 330	—

注：较大公称直径为 DN，较小公称直径为 dn。

9.4.9 PN10 法兰盲板结构示意图见图 26,PN10 法兰盲板的尺寸应符合表 38。

9.4.10 PN16 法兰盲板结构示意图见图 27,PN16 法兰盲板的尺寸应符合表 38。

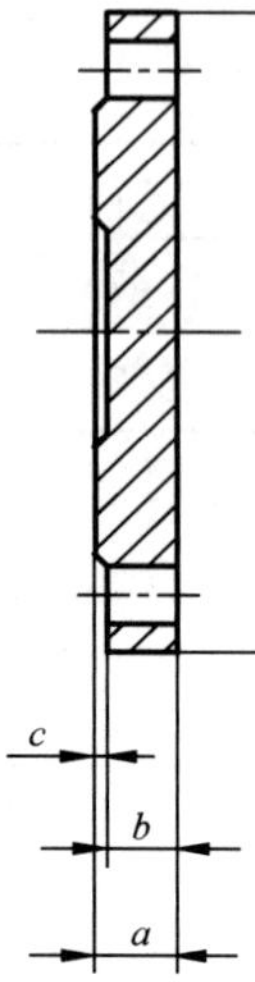

图 26 PN10 法兰盲板结构示意图

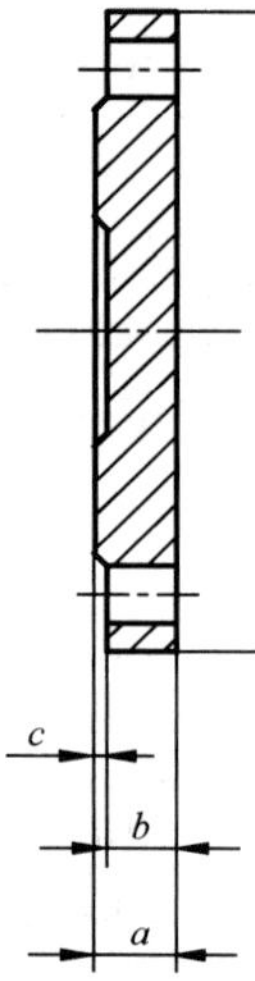

图 27 PN16 法兰盲板结构示意图

表 38 PN10 和 PN16 法兰盲板的尺寸

单位为毫米

DN	PN10				PN16			
	D	a	b	c	D	a	b	c
40	150	19	16	3	150	19	16	3
50	165	19	16	3	165	19	16	3
60	175	19	16	3	175	19	16	3
65	185	19	16	3	185	19	16	3

表 38(续)

单位为毫米

DN	PN10				PN16			
	D	*a*	*b*	*c*	*D*	*a*	*b*	*c*
80	200	19	16	3	200	19	16	3
100	220	19	16	3	220	19	16	3
125	250	19	16	3	250	19	16	3
150	285	19	16	3	285	19	16	3
200	340	20	17	3	340	20	17	3
250	400	22	19	3	400	22	19	3
300	455	24.5	20.5	4	455	24.5	20.5	4
350	505	24.5	20.5	4	520	26.5	22.5	4
400	565	24.5	20.5	4	580	28	24	4
450	615	25.5	21.5	4	640	30	26	4
500	670	26.5	22.5	4	715	31.5	27.5	4
600	780	30	25	5	840	36	31	5
700	895	32.5	27.5	5	910	39.5	34.5	5
800	1 015	35	30	5	1 025	43	38	5
900	1 115	37.5	32.5	5	1 125	46.5	41.5	5
1 000	1 230	40	35	5	1 255	50	45	5
1 100	1 340	42.5	37.5	5	1 355	53.5	48.5	5
1 200	1 455	45	40	5	1 485	57	52	5
1 400	1 675	46	41	5	1 685	60	55	5
1 500	1 785	47.5	42.5	5	1 820	62.5	57.5	5
1 600	1 915	49	44	5	1 930	65	60	5
1 800	2 115	52	47	5	2 130	70	65	5
2 000	2 325	55	50	5	2 345	75	70	5
注：当盲板公称直径≥DN300 时，盲板中心成盘形。								

9.4.11 PN25 法兰盲板结构示意图见图 28,PN25 法兰盲板的尺寸应符合表 39。

9.4.12 PN40 法兰盲板结构示意图见图 29,PN40 法兰盲板的尺寸应符合表 39。

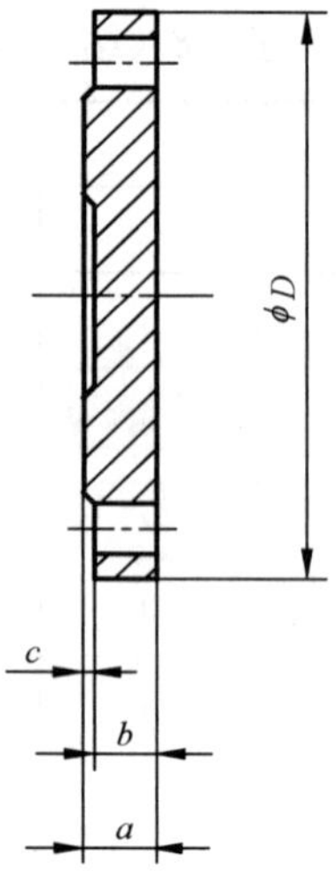

图 28 PN25 法兰盲板结构示意图

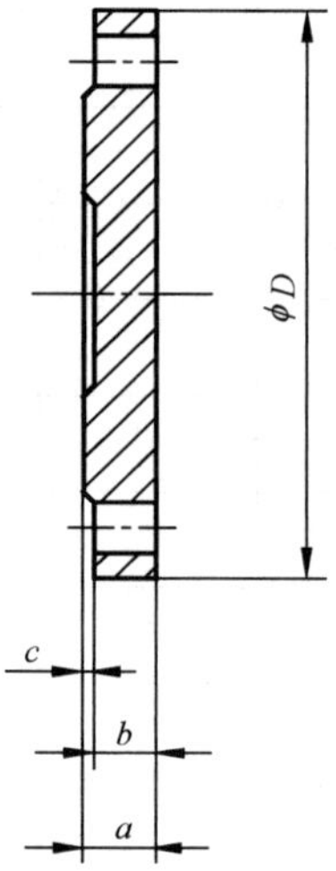

图 29 PN40 法兰盲板结构示意图

表 39 PN25 和 PN40 盲板法兰的尺寸

单位为毫米

DN	PN25				PN40			
	D	*a*	*b*	*c*	*D*	*a*	*b*	*c*
40	150	19	16	3	150	19	16	3
50	165	19	16	3	165	19	16	3
60	175	19	16	3	175	19	16	3
65	185	19	16	3	185	19	16	3
80	200	19	16	3	200	19	16	3
100	235	19	16	3	235	19	16	3
125	270	19	16	3	270	23.5	20.5	3

表 39（续）

单位为毫米

DN	PN25				PN40			
	D	*a*	*b*	*c*	*D*	*a*	*b*	*c*
150	300	20	17	3	300	26	23	3
200	360	22	19	3	375	30	27	3
250	425	24.5	21.5	3	450	34.5	31.5	3
300	485	27.5	23.5	4	515	39.5	35.5	4
350	555	30	26	4	—	—	—	—
400	620	32	28	4	—	—	—	—
450	670	34.5	30.5	4	—	—	—	—
500	730	36.5	32.5	4	—	—	—	—
600	845	42	37	5	—	—	—	—
注：当盲板公称直径≥DN300 时，盲板中心成盘形。								

9.4.13 PN10 减径法兰结构示意图见图 30，PN10 减径法兰的尺寸应符合表 40。

9.4.14 PN16 减径法兰结构示意图见图 31，PN16 减径法兰的尺寸应符合表 40。

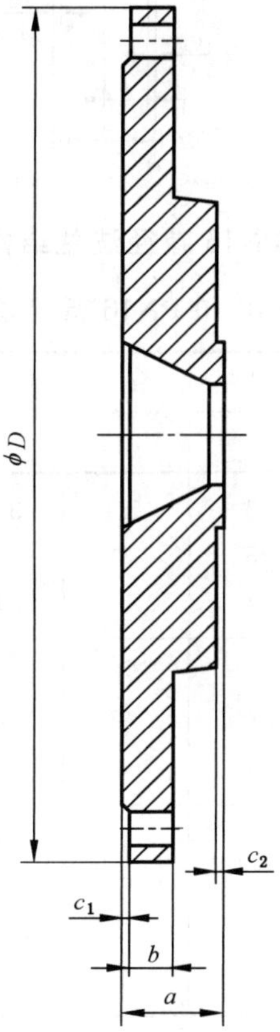

图 30 PN10 减径法兰结构示意图

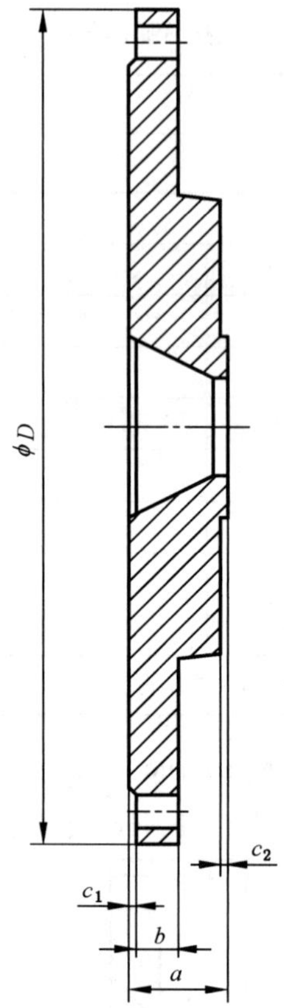

图 31 PN16 减径法兰结构示意图

表 40 PN10 和 PN16 减径法兰的尺寸

单位为毫米

DN×dn	PN10					PN16				
	D	a	b	c_1	c_2	D	a	b	c_1	c_2
200×80	340	40	17	3	3	340	40	17	3	3
200×100	340	40	17	3	3	340	40	17	3	3
200×125	340	40	17	3	3	340	40	17	3	3
350×250	505	48	20.5	4	3	520	54	22.5	4	3
400×250	565	48	20.5	4	3	580	54	24	4	3
400×300	565	49	20.5	4	4	580	55	24	4	4
700×500	895	56	27.5	5	4	910	67	34.5	5	4
900×700	1 115	63	32.5	5	5	1 125	73	41.5	5	5
1 000×700	1 230	63	35	5	5	1 255	73	45	5	5
1 000×800	1 230	68	35	5	5	1 255	77	45	5	5
注：DN 为较大直径，dn 为较小直径。										

9.4.15 PN25 减径法兰结构示意图见图 32,PN25 减径法兰的尺寸应符合表 41。

9.4.16 PN40 减径法兰结构示意图见图 33,PN40 减径法兰的尺寸应符合表 41。

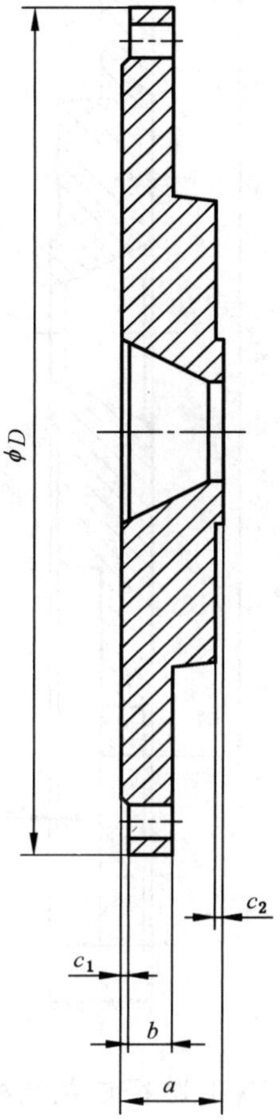

图 32 **PN25** 减径法兰结构示意图

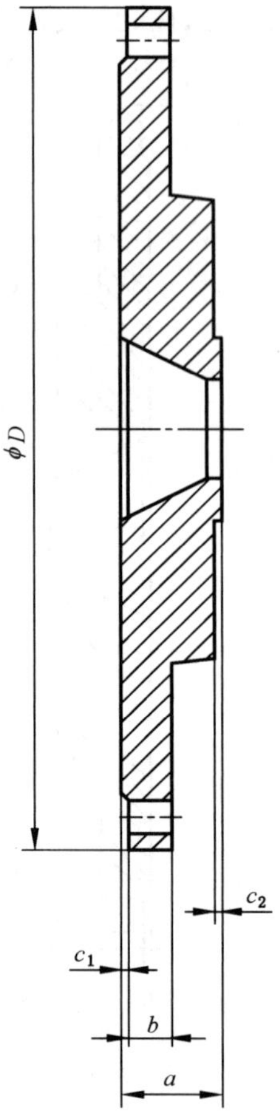

图 33 PN40 减径法兰结构示意图

表 41 PN25 和 PN40 减径法兰的尺寸

单位为毫米

DN×dn	PN25					PN40				
	D	a	b	c_1	c_2	D	a	b	c_1	c_2
200×80	360	40	19	3	3	375	40	27	3	3
200×100	360	47	19	3	3	375	47	27	3	3
200×125	360	53	19	3	3	375	53	27	3	3
350×250	555	60	26	4	3	—	—	—	—	—
400×250	620	60	28	4	3	—	—	—	—	—
400×300	620	61	28	4	4	—	—	—	—	—
注：DN 为较大公称直径，dn 为较小公称直径。										

9.4.17 凝水缸的结构和尺寸参见附录 J。

附 录 A

(资料性附录)

本标准章条编号与ISO 2531：2009章条编号对照

表A.1给出了本标准章条编号与ISO 2531:2009章条编号对照一览表。

表A.1 本标准章条编号与ISO 2531:2009章条编号对照

本标准章条编号	对应的ISO 2531:2009章条编号
1	1
2	2
3	3
4	4
4.1	4.1
4.2.1	—
4.2.1.2.1	4.2.1.1
4.2.1.2.2	4.2.1.2
4.2.1.3	—
4.2.3	4.2.4
4.2.4	4.2.5
4.3	4.3
4.4.1	4.4.1
4.4.2.1	—
4.4.2.2	4.4.1、4.5.1
4.4.3.1	—
4.4.3.2	4.4.2、4.5.2
4.5	4.6
5.1	5.1
5.2.1	5.2.1
5.2.2	5.2.2
5.2.3	5.2.3
5.2.4	5.2.4
5.2.5	—
6.1.1	6.1.1
6.1.2	—

表 A.1(续)

本标准章条编号	对应的 ISO 2531:2009 章条编号
6.1.3	6.1.2
6.1.4	6.1.3
6.2	6.2
6.3	6.3
6.4	6.4
6.5.1	6.5.1
6.5.2	6.5.2
6.5.3	—
6.5.4	6.5.3
6.6	—
7.1	—
7.2	7.1
7.3	7.2
7.4	7.3
7.5	—
7.6	7.4
8	—
9.1	8.1
9.2	8.2
9.3	8.3
9.3.8	—
9.3.9	—
9.3.10	—
9.3.11	—
9.3.16	—
9.3.17	—
附录 A	—
附录 B	—
附录 C	4.2.1.3
附录 D	附录 C
附录 E	附录 D

表 A.1（续）

本标准章条编号	对应的 ISO 2531:2009 章条编号
附录 F	附录 A
附录 G	附录 B
附录 H	附录 E
附录 I	附录 F
附录 J	—

附 录 B
(资料性附录)
本标准与 ISO 2531:2009 技术性差异及其原因

表 B.1 给出了本标准与 ISO 2531:2009 技术性差异及其原因一览表。

表 B.1 本标准与 ISO 2531:2009 技术性差异及其原因

本标准章条编号	技术性差异	原因
1	公称直径上限由 DN2600 修改为 DN3000	适应我国水利输水工程对球墨铸铁管的需求
	相对压力单位改为“MPa”	“巴”不是国际计量单位
	“流体温度为 0 ℃～50 ℃”	参照 EN545 标准
	对水的用途和类型进行了细分	参照 EN545 标准
	增加了“本标准规定了……质量证明书”	适应我国标准要求
	管和管件依据壁厚或允许工作压力进行分级	适应我国市场需求和制造现状
2	采用 GB/T 5780—2016 代替了 ISO 4016，GB/T 5780—2016 修改采用 ISO 4016:2011	适应我国标准要求
	采用 GB/T 41—2016 代替了 ISO 4034，GB/T 41—2016 修改采用 ISO 4034:2012	
	采用 GB/T 21873 代替了 ISO 4633，GB/T 21873—2008 修改采用 ISO 4633:2002	
	采用 GB/T 231.1 代替了 ISO 6506-1，GB/T 231.1—2018 修改采用 ISO 6506-1:2014	
	采用 GB/T 95 代替了 ISO 7091，GB/T 95—2002 等效采用 ISO 7091:2000	
	采用 GB/T 36173 代替了 ISO 10804，GB/T 36173—2018 修改采用 ISO 10804:2010	
	删除了 EN 1092-2	
3	对术语和定义进行了顺序调整	符合逻辑
4.1.1	管与关键的工程直径 DN 增加了 2800 和 3000 两种规格	适应我国水利输水工程对球墨铸铁管的需求
	增加了注 1	说明了其他类型管件
	增加了接口型式的说明	适应标准编写需要和方便标准理解
	增加了管件名称和符号	规范管件的工程设计所用名称和符合
4.1.2	对缺陷和表面损伤进行了列举，并增加了“修复按照制造者书面规程”	增加技术细节内容，方便产品的质量判定和检验验收

表 B.1(续)

本标准章条编号	技术性差异	原因
4.2.2.1	增加了"对于 DN≤300 的管……并应进行标示。"	参照 EN545,便于管道在实际工程中的安装
4.2.2.2	增加了内径极限直径偏差	参照 EN545,对内径规定
4.2.3	增加 DN2800 和 DN3000 的管和管件的长度规定	适应我国市场需求和制造现状
4.2.3.1	增加了短尺管的最大允许缩短长度要求	明确了短尺管的尺寸缩短限制,提高产品要求
4.2.4	增加了直管及管件端面应与轴线垂直	符合逻辑
4.3.1	增加了 DN2800 和 DN3000 管、管件及附件的拉伸性能的规定	适应我国市场需求和制造现状
	表 8 增加了"DN40～DN1000 壁厚分级……最小断后伸长率应为 7%"	适用于壁厚分级
4.4.1	增加总则,明确了管和管件的基本涂层规范	适应我国球墨铸铁管的生产现状和市场需求
4.4.2.1	增加锌涂层和终饰层的详细要求,区分了壁厚分级管和压力分级管的技术要求	适应我国球墨铸铁管的生产现状和市场需求
4.4.3.1	增加了水泥砂浆内衬的详细要求	适应我国球墨铸铁管的生产现状和市场需求
4.5	增加了标记的具体内容	适应我国生产习惯和方便安装施工
5.1	给出了相应的安全系数	适应我国国情
5.2.1	增加了循环压力试验要求	参考 EN545,加强接口的安全性检查
	将最大规格型式试验分组上限扩展至 DN3000	便于接口研发
	对自锚接口的设计和试验进行了明确规定,并增加了燃气用管接口型式试验的要求	参照 EN545,满足燃气用管的特殊使用要求
5.2.2、5.2.4	增加了 DN2800 和 DN3000 规格的偏转角要求	适应我国水利输水工程对球墨铸铁管的需求
5.2.5	增加了循环压力试验的技术要求	参考 EN545,加强接口的安全性检查
6.1.2	增加了内径的试验方法	与技术要求相适应
6.1.3	增加测量设备的误差要求	增强检验的可操作性
6.3.2	对方法 A 进行了明确表述	参照 EN545
6.3.4	增加了试验结果的修约要求	防止修约不规范导致的技术争议
6.3.5	增加了 DN2800 和 DN3000 管和管件的试验最大批量要求	适应我国市场需求和制造现状

表 B.1（续）

本标准章条编号	技术性差异	原因
6.5.2	增加壁厚分级管的实验压力要求	适用于壁厚分级
	增加了 DN2800 和 DN3000 壁厚分级管的工厂试验压力	适应我国水利输水工程对球墨铸铁管的需求
	增加了燃气用管的工厂密封试验	适用于燃气用管
6.5.3	目测时间增加 10 s	提高检验可靠性
6.5.4	增加了燃气用管件的工厂密封试验	适用于燃气用管
	增加了 DN2800 和 DN3000 的非离心铸造管与管件的工厂试验压力要求	适应我国市场需求和制造现状
6.6	增加了涂层和内衬的检测方法	给出标准前文所述要求的检测方法，满足我国市场现状
7.1	增加了总则	适合我国标准要求，明确重点检测的项目
7.5	增加的循环压力实验的实验方法	给出标准前文所述要求的检测方法，加强接口的安全性检查
8.1	增加了管和管件检验和验收由供方技术监督部门进行。必要时，需方可到供方进行质量验收	适应我国标准要求
8.2	增加了组批规则	提高了标准执行的操作性
8.3	增加了取样数量与试验最小频率的规定	提高了标准执行的操作性
8.4	增加了质量证明书的要求	适应我国标准要求
9.1	增加表 15	适用于壁厚分级
9.3、9.4	增加了 DN2800 和 DN3000 管件的尺寸要求	适应我国市场需求和制造现状
9.3.8、9.3.9、9.3.10、9.3.11	增加了承插弯头的管件尺寸	方便产品的工程设计和施工安装
9.3.16	增加了承插单支盘三通的管件尺寸	方便产品的工程设计和施工安装
9.3.17	增加了承插单支承三通的管件尺寸	方便产品的工程设计和施工安装
附录	增加了附录 A、附录 B	符合标准编写要求
	附录 C 参照 EN545 细化了带有法兰接口部件的允许压力要求，删除了承接管件的压力要求	补充标准的内容，方便标准的执行，符合我国生产工艺水平和国情现状
	附录 E 增加 K9 水泥内衬管其允许径向变形值	适合于壁厚分级
	附录 F 增加了现行球墨铸铁管体系中的涂层标准	方便客户参考选用
	附录 G 增加了现行球墨铸铁管体系中的内衬标准	方便客户参考选用
	附录 J 增加燃气管线用的凝水缸尺寸	适用于燃气用管

附 录 C
（资料性附录）
允许压力

C.1 壁厚分级管允许压力

壁厚分级管的PFA、PMA、PEA分别在3.17、3.18、3.19中定义，表C.1给出了部分壁厚级别的允许压力值，对于其他壁厚级别，PFA、PMA、PEA可用4.2.1.1对应的公式计算得出。应考虑合适的界限，防止在已安装管线上出现这些压力的极限值，例如：

——承插管在表C.1所示的PFA值、PMA值下工作会受管线其他部件低承受力的限制，如法兰接口管、某类三通管件以及柔性接口的特殊设计(参见5.2)；

——在表C.1所示的PEA值下进行现场水压试验(尤其是DN40～DN150)会受管线固定系统的类型与设计或柔性接口设计的限制。

表C.1 承插管允许压力

单位为兆帕

DN	K9管			K10管		
	PFA	PMA	PEA	PFA	PMA	PEA
40	6.4	7.7	8.2	6.4	7.7	8.2
50	6.4	7.7	8.2	6.4	7.7	8.2
60	6.4	7.7	8.2	6.4	7.7	8.2
65	6.4	7.7	8.2	6.4	7.7	8.2
80	6.4	7.7	8.2	6.4	7.7	8.2
100	6.4	7.7	8.2	6.4	7.7	8.2
125	6.4	7.7	8.2	6.4	7.7	8.2
150	6.4	7.7	8.2	6.4	7.7	8.2
200	6.1	7.3	7.8	6.4	7.7	8.2
250	5.4	6.4	6.9	6.2	7.4	7.9
300	4.8	5.7	6.2	5.6	6.7	7.2
350	4.5	5.4	5.9	5.1	6.1	6.6
400	4.2	5.0	5.5	4.8	5.7	6.2
450	4.0	4.8	5.3	4.6	5.5	6.0
500	3.8	4.5	5.0	4.3	5.1	5.6
600	3.5	4.2	4.7	4.0	4.8	5.3
700	3.3	3.9	4.4	3.8	4.5	5.0
800	3.2	3.8	4.3	3.6	4.3	4.8

表 C.1（续） 单位为兆帕

DN	K9 管			K10 管		
	PFA	PMA	PEA	PFA	PMA	PEA
900	3.1	3.7	4.2	3.5	4.2	4.7
1 000	3.0	3.6	4.1	3.4	4.0	4.5
1 100	2.9	3.4	3.9	3.3	3.9	4.4
1 200	2.8	3.3	3.8	3.2	3.8	4.3
1 400	2.7	3.2	3.7	3.1	3.7	4.2
1 500	2.7	3.2	3.7	3.1	3.7	4.2
1 600	2.7	3.2	3.7	3.0	3.6	4.1
1 800	2.6	3.1	3.6	3.0	3.6	4.1
2 000	2.6	3.1	3.6	2.9	3.4	3.9
2 200	2.5	3.0	3.5	2.9	3.4	3.9
2 400	2.5	3.0	3.5	2.8	3.3	3.8
2 600	2.5	3.0	3.5	2.8	3.3	3.8
2 800	2.4	2.8	3.3	2.8	3.3	3.8
3 000	2.4	2.8	3.3	2.7	3.2	3.7

C.2 压力分级管和带有法兰接口部件的允许压力

C.2.1 表 C.2 给出了压力分级管的允许压力，表 C.3 给出了带有法兰接口部件的允许压力。

表 C.2 带有柔性接口部件的允许压力 单位为兆帕

压力等级	允许工作压力 PFA	最大允许工作压力 PMA	现场允许试验压力 PEA
C25	2.5	3.0	3.5
C30	3.0	3.6	4.1
C40	4.0	4.8	5.3

表 C.3 带有法兰接口部件的允许压力 单位为兆帕

DN	PN10			PN16			PN25			PN40		
	PFA	PMA	PEA	PFA	PMA	PEA	PFA	PMA	PEA	PFA	PMA	PEA
40-50	同 PN40			同 PN40			同 PN40			4.0	4.8	5.3
60-80	同 PN16			1.6	2.0	2.5	同 PN40			4.0	4.8	5.3
100-150	同 PN16			1.6	2.0	2.5	2.5	3.0	3.5	4.0	4.8	5.3

表 C.3(续)

单位为兆帕

DN	PN10			PN16			PN25			PN40		
	PFA	PMA	PEA	PFA	PMA	PEA	PFA	PMA	PEA	PFA	PMA	PEA
200-600	1.0	1.2	1.7	1.6	2.0	2.5	2.5	3.0	3.5	4.0	4.8	5.3
700-2 000	1.0	1.2	1.7	1.6	2.0	2.5	2.5	3.0	3.5	—	—	—
2 200-2 600	1.0	1.2	1.7	1.6	2.0	2.5	—	—	—	—	—	—
2 800-3 000	1.0	1.2	1.7	—	—	—	—	—	—	—	—	—

C.2.2 当一条管线上出现若干压力等级的产品时,应考虑设立一个合适的压力上限限定,工作压力受限于较低压力的管线部件。如法兰接口管线、某种类型的三通和柔性接口的特殊设计,制造商手册应给出因接口型式或特殊设计安排而存在其他限制因素。

附 录 D
(资料性附录)
压力等级管的尺寸

D.1 表 D.1 给出了管的首选等级和其他等级的尺寸。一定压力等级时，管所适用的最小公称直径如下所示：

——C25　　　DN350

——C30　　　DN300

D.2 表 16 中给出的首选压力等级和公称直径对应关系受限于实际铸造生产的最小壁厚，制造商可提供小于首选压力等级的管，其所有技术和性能要求应满足本标准的规定。

表 D.1 管的首选等级和其他等级的尺寸

单位为毫米

DN	DE[a]	公称壁厚 e_{nom}[b]					
		C25	C30	C40	C50	C64	C100
40	56			4.4[c]	4.4	4.4	4.4
50	66			4.4[c]	4.4	4.4	4.4
60	77			4.4[c]	4.4	4.4	4.4
65	82			4.4[c]	4.4	4.4	4.4
80	98			4.4[c]	4.4	4.4	4.8
100	118			4.4[c]	4.4	4.4	5.5
125	144			4.5[c]	4.5	4.8	6.5
150	170			4.5[c]	4.5	5.3	7.4
200	222			4.7[c]	5.4	6.5	9.2
250	274			5.5[c]	6.4	7.8	11.1
300	326		5.1	6.2[c]	7.4	8.9	12.9
350	378	5.1	6.3[c,d]	7.1	8.4	10.2	14.8
400	429	5.5	6.5[c,d]	7.8	9.3	11.3	16.5
450	480	6.1	6.9[c]	8.6	10.3	12.6	18.4
500	532	6.5	7.5[c]	9.3	11.2	13.7	20.2
600	635	7.6	8.7[c]	10.9	13.1	16.1	23.8
700	738	8.8[c,d]	9.9	12.4	15.0	18.5	27.5
800	842	9.6[c]	11.1	14.0	16.9	21.0	
900	945	10.6[c]	12.3	15.5	18.8	23.4	
1 000	1 048	11.6[c]	13.4	17.1	20.7		
1 100	1 152	12.6[c]	14.7	18.7	22.7		
1 200	1 255	13.6[c]	15.8	20.2			
1 400	1 462	15.7[c]	18.2				

表 D.1（续）

单位为毫米

DN	DE[a]	公称壁厚 e_{nom} [b]					
		C25	C30	C40	C50	C64	C100
1 500	1 565	16.7[c]	19.4				
1 600	1 668	17.7[c]	20.6				
1 800	1 875	19.7[c]	23.0				
2 000	2 082	21.8[c]	25.4				
2 200	2 288	23.8[c]					
2 400	2 495	25.8[c]					
2 600	2 702	27.9[c]					

[a] 正公差为+1 mm（见 4.2.2.1）。

[b] 有焊环的管，见 ISO 10804。

[c] 首选等级。

[d] 为了保证 C40 与 C30 以及 C30 与 C25 之间的平滑过渡，比计算值略大。

附　录　E
(规范性附录)
管的壁厚、径向刚度和径向变形

E.1　总则

球墨铸铁管在保持所有功能的同时可承受较大的径向变形。表E.1～表E.7中给出了管线使用中允许径向变形和最小径向刚度值,使其在普通安装条件下也能承受较大的埋设深度和/或较重的交通负荷,具体允许覆土层深度依照ISO 10803。

E.2　径向刚度和径向变形

E.2.1　径向变形[用百分比(%)表示]等于管的径向变形量除以其初始外径DE,再乘以100。表E.1到表E.6中给出了C25、C30、C40、C50、C64和C100的水泥内衬管的允许径向变形值;K9水泥内衬管其允许径向变形值应符合表E.7的规定,允许径向变形值保证了接口的完整性以及安全性,防止管壁的过载荷和内衬的过度裂纹。水泥砂浆内衬管的最大允许径向变形是4%。制造商手册或相关国家标准可给出更严格的限定值,例如3%或2%。

E.2.2　其他种类内衬的最大允许径向变形可按照ISO 10803计算。

E.2.3　管的径向刚度S由式(E.1)计算得出:

$$S=1\ 000\frac{E\times I}{D^3}=1\ 000\frac{E}{12}\left(\frac{e_{\text{stiff}}}{D}\right)^3 \qquad \cdots\cdots\text{(E.1)}$$

式中:

S ——径向刚度,单位为千牛每平方米(kN/m^2);

E ——材料弹性模量(E=170 000 N/m^2),单位为牛每平方米(N/m^2);

I ——每单位长度管壁纵向截面的截面惯性矩,单位为立方毫米(mm^3);

e_{stiff} ——管的最小壁厚($e_{\min}$)加上1/2公差,单位为毫米(mm);

D ——管的平均直径(DE$-e_{\text{stiff}}$),单位为毫米(mm);

DE ——管的公称外径,单位为毫米(mm)。

表E.1　C25级管的径向刚度和允许径向变形

DN	DE/mm	最小壁厚 $e_{\min}$ /mm	公称壁厚 e_{nom} /mm	最小壁厚+½公差 e_{stiff} /mm	最小径向刚度 $S/(kN/m^2)$	允许径向变形 /%
350	378	3.4	5.1	4.25	21	3.10
400	429	3.8	5.5	4.65	19	3.20
450	480	4.3	6.1	5.20	19	3.30
500	532	4.7	6.5	5.60	17	3.40
600	635	5.7	7.6	6.65	17	3.60
700	738	6.8[a]	8.8[a]	7.80[a]	17	3.80

表 E.1(续)

DN	DE/mm	最小壁厚 e_{min} /mm	公称壁厚 e_{nom} /mm	最小壁厚+½公差 e_{stiff} /mm	最小径向刚度 S/(kN/m²)	允许径向变形 /%
800	842	7.5	9.6	8.55	15	4.00
900	945	8.4	10.6	9.50	15	4.00
1 000	1 048	9.3	11.6	10.45	14	4.00
1 100	1 152	10.2	12.6	11.40	14	4.00
1 200	1 255	11.1	13.6	12.35	14	4.00
1 400	1 462	13.0	15.7	14.35	14	4.00
1 500	1 565	13.9	16.7	15.30	14	4.00
1 600	1 668	14.8	17.7	16.25	13	4.00
1 800	1 875	16.6	19.7	18.15	13	4.00
2 000	2 082	18.5	21.8	20.15	13	4.00
2 200	2 288	20.3	23.8	22.05	13	4.00
2 400	2 495	22.1	25.8	23.95	13	4.00
2 600	2 702	24.0	27.9	25.95	13	4.00

基于只有一些点的壁厚等于或者接近于最小壁厚考虑,S 和变形的计算是假定管壁厚度为最小壁厚加上公差的一半

[a] 为了保证 C30 与 C25 之间的平滑过渡,比计算值略大。

表 E.2 C30 级管的径向刚度和允许径向变形

DN	DE/mm	最小壁厚 e_{min} /mm	公称壁厚 e_{nom} /mm	最小壁厚+½公差 e_{stiff} /mm	最小径向刚度 S/(kN/m²)	允许径向变形 /%
300	326	3.5	5.1	4.30	34	3.00
350	378	4.6[a]	6.3[a]	5.45[a]	44	3.10
400	429	4.8[a]	6.5[a]	5.65[a]	34	3.20
450	480	5.1	6.9	6.00	29	3.30
500	532	5.7	7.5	6.60	28	3.40
600	635	6.8	8.7	7.75	27	3.60
700	738	7.9	9.9	8.90	26	3.80
800	842	9.0	11.1	10.05	25	4.00
900	945	10.1	12.3	11.20	24	4.00
1 000	1 048	11.1	13.4	12.25	23	4.00
1 100	1 152	12.3	14.7	13.50	24	4.00
1 200	1 255	13.3	15.8	14.55	23	4.00

表 E.2(续)

DN	DE/mm	最小壁厚 e_{min} /mm	公称壁厚 e_{nom} /mm	最小壁厚+½公差 e_{stiff} /mm	最小径向刚度 S/(kN/m^2)	允许径向变形 /%
1 400	1 462	15.5	18.2	16.85	22	4.00
1 500	1 565	16.6	19.4	18.00	22	4.00
1 600	1 668	17.7	20.6	19.15	22	4.00
1 800	1 875	19.9	23.0	21.45	22	4.00
2 000	2 082	22.1	25.4	23.75	22	4.00
基于只有一些点的壁厚等于或者接近于最小壁厚考虑,S 和变形的计算是假定管壁厚度为最小壁厚加上公差的一半。						
[a] 为了保证 C30 与 C25 之间的平滑过渡,比计算值略大。						

表 E.3 C40 级管的径向刚度和允许径向变形

DN	DE/mm	最小壁厚 e_{min} /mm	公称壁厚 e_{nom} /mm	最小壁厚+½公差 e_{stiff} /mm	最小径向刚度 S/(kN/m^2)	允许径向变形 /%
40	56	3.0	4.4	3.70	5 016	0.75
50	66	3.0	4.4	3.70	2 968	0.90
60	77	3.0	4.4	3.70	1 822	1.10
65	82	3.0	4.4	3.70	1 495	1.15
80	98	3.0	4.4	3.70	856	1.40
100	118	3.0	4.4	3.70	481	1.70
125	144	3.0	4.5	3.75	271	2.05
150	170	3.0	4.5	3.75	163	2.45
200	222	3.2	4.7	3.95	84	3.00
250	274	3.9	5.5	4.70	75	3.00
300	326	4.6	6.2	5.40	68	3.00
350	378	5.4	7.1	6.25	67	3.10
400	429	6.1	7.8	6.95	63	3.20
450	480	6.8	8.6	7.70	61	3.30
500	532	7.5	9.3	8.40	58	3.40
600	635	9.0	10.9	9.95	57	3.50
700	738	10.4	12.4	11.40	55	3.55
800	842	11.9	14.0	12.95	54	3.55
900	945	13.3	15.5	14.40	52	3.60
1 000	1 048	14.8	17.1	15.95	52	3.60

表 E.3(续)

DN	DE/mm	最小壁厚 e_{min} /mm	公称壁厚 e_{nom} /mm	最小壁厚+½公差 e_{stiff} /mm	最小径向刚度 S/(kN/m²)	允许径向变形 /%
1 100	1 152	16.3	18.7	17.50	52	3.60
1 200	1 255	17.7	20.2	18.95	51	3.60
基于只有一些点的壁厚等于或者接近于最小壁厚考虑,*S* 和变形的计算是假定管壁厚度为最小壁厚加上公差的一半。						

表 E.4 C50 级管的径向刚度和允许径向变形

DN	DE/mm	最小壁厚 e_{min} /mm	公称壁厚 e_{nom} /mm	最小壁厚+½公差 e_{stiff} /mm	最小径向刚度 S/(kN/m²)	允许径向变形 /%
40	56	3.0	4.4	3.70	5 016	0.75
50	66	3.0	4.4	3.70	2 968	0.90
60	77	3.0	4.4	3.70	1 822	1.10
65	82	3.0	4.4	3.70	1 495	1.15
80	98	3.0	4.4	3.70	856	1.40
100	118	3.0	4.4	3.70	481	1.70
125	144	3.0	4.5	3.75	271	2.05
150	170	3.0	4.5	3.75	163	2.45
200	222	3.9	5.4	4.65	139	2.60
250	274	4.8	6.4	5.60	129	2.65
300	326	5.8	7.4	6.60	125	2.70
350	378	6.7	8.4	7.55	120	2.70
400	429	7.6	9.3	8.45	115	2.75
450	480	8.5	10.3	9.40	113	2.80
500	532	9.4	11.2	10.30	109	2.80
600	635	11.2	13.1	12.15	105	2.85
700	738	13.0	15.0	14.00	102	2.85
800	842	14.8	16.9	15.85	100	2.90
900	945	16.6	18.8	17.70	99	2.90
1 000	1 048	18.4	20.7	19.55	97	2.90
1 100	1 152	20.3	22.7	21.50	97	2.90
基于只有一些点的壁厚等于或者接近于最小壁厚考虑,*S* 和变形的计算是假定管壁厚度为最小壁厚加上公差的一半。						

表 E.5 C64 级管的径向刚度和允许径向变形

DN	DE/mm	最小壁厚 e_{min} /mm	公称壁厚 e_{nom} /mm	最小壁厚+½公差 e_{stiff} /mm	最小径向刚度 $S/(kN/m^2)$	允许径向变形 /%
40	56	3.0	4.4	3.70	5 016	0.75
50	66	3.0	4.4	3.70	2 968	0.90
60	77	3.0	4.4	3.70	1 822	1.10
65	82	3.0	4.4	3.70	1 495	1.15
80	98	3.0	4.4	3.70	856	1.40
100	118	3.0	4.4	3.70	481	1.70
125	144	3.3	4.8	4.05	343	1.90
150	170	3.8	5.3	4.55	295	2.00
200	222	5.0	6.5	5.75	266	2.10
250	274	6.2	7.8	7.00	255	2.10
300	326	7.3	8.9	8.10	234	2.15
350	378	8.5	10.2	9.35	231	2.20
400	429	9.6	11.3	10.45	220	2.20
450	480	10.8	12.6	11.70	221	2.20
500	532	11.9	13.7	12.80	212	2.25
600	635	14.2	16.1	15.15	207	2.25
700	738	16.5	18.5	17.50	203	2.30
800	842	18.9	21.0	19.95	202	2.30
900	945	21.2	23.4	22.30	200	2.30
基于只有一些点的壁厚等于或者接近于最小壁厚考虑，S 和变形的计算是假定管壁厚度为最小壁厚加上公差的一半。						

表 E.6 C100 级管的径向刚度和允许径向变形

DN	DE/mm	最小壁厚 e_{min} /mm	公称壁厚 e_{nom} /mm	最小壁厚+½公差 e_{stiff} /mm	最小径向刚度 $S/(kN/m^2)$	允许径向变形 /%
40	56	3.0	4.4	3.70	5 016	0.75
50	66	3.0	4.4	3.70	2 968	0.90
60	77	3.0	4.4	3.70	1 822	1.10
65	82	3.0	4.4	3.70	1 495	1.15
80	98	3.4	4.8	4.10	1 179	1.25
100	118	4.1	5.5	4.80	1 080	1.30
125	144	5.0	6.5	5.75	1 019	1.30

表 E.6(续)

DN	DE/mm	最小壁厚 e_{min} /mm	公称壁厚 e_{nom} /mm	最小壁厚+½公差 e_{stiff} /mm	最小径向刚度 S/(kN/m^2)	允许径向变形 /%
150	170	5.9	7.4	6.65	956	1.35
200	222	7.7	9.2	8.45	878	1.40
250	274	9.5	11.1	10.30	844	1.40
300	326	11.3	12.9	12.10	811	1.40
350	378	13.1	14.8	13.95	797	1.45
400	429	14.8	16.5	15.65	769	1.45
450	480	16.6	18.4	17.50	767	1.45
500	532	18.4	20.2	19.30	756	1.45
600	635	21.9	23.8	22.85	737	1.50
700	738	25.5	27.5	26.50	732	1.50
基于只有一些点的壁厚等于或者接近于最小壁厚考虑,*S* 和变形的计算是假定管壁厚度为最小壁厚加上公差的一半。						

表 E.7 水泥内衬 K9 管最小径向刚度和允许径向变形

DN	K9 管最小径向刚度/(kN/m^2)	K9 管允许径向变形/%
40	16 695.2	0.45
50	9 723.8	0.55
60	5 897.7	0.65
65	4 817.2	0.7
80	2 727.7	0.85
100	1 517.5	1.05
125	813.9	1.3
150	486.0	1.55
200	238.8	1.9
250	156.9	2.2
300	113.8	2.5
350	88.1	2.7
400	72.0	2.9
450	60.8	3.05
500	52.4	3.25

表 E.7（续）

DN	K9 管最小径向刚度/(kN/m²)	K9 管允许径向变形/%
600	41.4	3.55
700	34.5	3.75
800	29.8	4
900	26.5	4
1 000	24.0	4
1 100	22.1	4
1 200	20.6	4
1 400	18.3	4
1 500	17.5	4
1 600	16.7	4
1 800	15.6	4
2 000	14.7	4
2 200	14.0	4
2 400	13.4	4
2 600	12.9	4
2 800	12.5	4
3 000	12.2	4

注：考虑到等于或接近最小厚度的点很少，计算 S 值时，壁厚的选取为管的最小壁厚加上偏差绝对值的一半。

附 录 F
(资料性附录)
外部防腐

F.1 外部运行环境的腐蚀性因数包括：

——电阻率；

——pH 值；

——地下水位；

——杂散电流；

——电化学腐蚀；

——污染。

F.2 球墨铸铁管的外防腐涂层包括：

——带终饰层的金属锌涂层，符合 GB/T 17456.1；

——带终饰层的富锌涂料涂层，符合 GB/T 17456.2；

——无溶剂液体环氧涂层，符合 GB/T 34202；

——熔结环氧粉末涂层，符合 GB/T 34202；

——聚氨酯涂层，符合 GB/T 24596；

——聚乙烯套，符合 GB/T 36172。

F.3 球墨铸铁管件和附件防腐涂层包括：

——带终饰层的金属锌涂层，符合 GB/T 17456.1；

——带终饰层的富锌涂料涂层，符合 GB/T 17456.2；

——无溶剂液体环氧涂层，符合 GB/T 34202；

——熔结环氧粉末涂层，符合 GB/T 34202；

——聚氨酯涂层，符合 GB/T 24596；

——聚乙烯套，符合 GB/T 36172。

F.4 管、管件和附件的涂层修补方法和其他种类涂层参考制造商手册。

附　录　G
(资料性附录)
内部防腐

G.1　原水和饮用水的腐蚀性因数包括:

——pH 值;

——硫酸盐;

——镁离子;

——铵离子;

——腐蚀性 CO_2。

G.2　适用于原水和饮用水输送的球墨铸铁管防腐内衬包括:

——普通硅酸盐水泥砂浆内衬,符合 GB/T 17457;

——抗硫酸盐硅酸盐水泥砂浆内衬,符合 GB/T 17457;

——矿渣硅酸盐水泥砂浆内衬,符合 GB/T 17457;

——铝酸盐水泥砂浆内衬,符合 GB/T 17457;

——带有密封涂层的水泥砂浆内衬,符合 GB/T 32488;

——无溶剂液体环氧涂层,符合 GB/T 34202;

——熔结环氧粉末涂层,符合 GB/T 34202;

——环氧陶瓷涂层,符合 GB/T 34202;

——聚氨酯涂层,符合 GB/T 24596。

G.3　适用于原水和饮用水输送的管件和附件防腐内衬包括:

——普通硅酸盐水泥砂浆,符合 GB/T 17457;

——抗硫酸盐硅酸盐水泥砂浆,符合 GB/T 17457;

——矿渣硅酸盐水泥砂浆,符合 GB/T 17457;

——铝酸盐水泥砂浆,符合 GB/T 17457;

——带有密封涂层的水泥砂浆,符合 GB/T 32488;

——无溶剂液体环氧涂层,符合 GB/T 34202;

——熔结环氧粉末涂层,符合 GB/T 34202;

——聚氨酯涂层,符合 GB/T 24596。

G.4　管、管件和附件的内衬修补方法和其他种类内衬参考制造商手册。

附　录　H
（资料性附录）
安全系数

设计球墨铸铁管最小壁厚的安全系数参见表 H.1。

表 H.1　球墨铸铁管的安全系数

设计标准	安全系数	机械性能
PFA	3.0	最小极限抗拉强度为 420 MPa
PMA	2.5	最小极限抗拉强度为 420 MPa
外部载荷	1.5	抗弯强度为 500 MPa

附　录　I
(规范性附录)
质量保证

I.1　总则

制造商有责任通过以下方式证明其产品符合本标准：

——进行型式试验(见 I.2)；

——生产过程质量控制(见 I.3)。

I.2　型式试验

I.2.1　第 5 章和第 7 章中规定的型式试验可由制造商进行，也可应其要求由具有资质的试验机构进行以证明产品符合本标准要求。这些型式试验报告由管、管件和密封圈的供应商保存，作为符合本标准的依据。

I.2.2　如果管件、密封圈与管不是一起提供，那么这些组件的型式试验报告以及与管的配合性报告应由供应商保存以备客户查询。

I.3　质量控制

I.3.1　在生产过程中，制造商应通过过程控制体系对产品质量进行控制以符合本标准的要求。

I.3.2　制造商的质量体系宜符合 ISO 9001。

I.3.3　如果涉及 ISO 9001 认证，认证机构宜具有相关国际标准的认证资质。

附 录 J
(资料性附录)
凝水缸

J.1 本附录提供了输送燃气管线用凝水缸的两种型式的尺寸,其他技术要求与管件相同。

J.2 分体式凝水缸缸体参见图 J.1 和表 J.1。

J.3 分体式凝水缸缸盖参见图 J.2 和表 J.2。

J.4 卧式凝水缸参见图 J.3 和表 J.3。

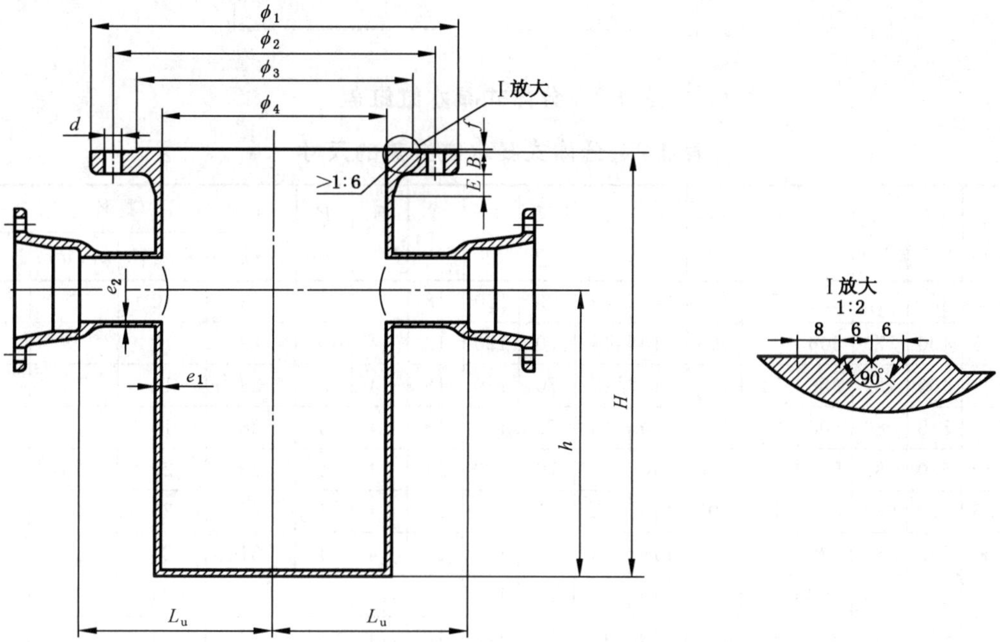

图 J.1 分体式凝水缸缸体

表 J.1 分体式凝水缸缸体的尺寸

DN	e_1	e_2	ϕ_1	ϕ_2	ϕ_3	ϕ_4	L_u	B	E	H	h	F	螺栓孔	
	mm	mm	mm	mm	mm	mm	mm	mm	mm	mm	mm	mm	d/mm	n/个
100	8.4	7.2	400	350	319	252	217	19	25	479	323	3	23	12
150	9.6	7.8	455	400	370	306	253	20.5	30	543	350	4	23	12
200	10.2	8.4	505	460	429	358	279	20.5	30	598	377	4	23	16
250	10.8	9	565	515	480	408	279	20.5	30	714	377	4	28	16
300	12	9.6	670	620	582	508	382	22.5	30	829	542	4	28	20
350	12.6	10.2	725	670	632	558	418	22.5	30	862	560	4	28	20
400	13.2	10.8	780	725	682	608	453	25	30	1 120	714	5	31	20
500	14.4	12	895	840	794	708	519	27.5	30	1 234	836	5	31	24
600	15.6	13.2	1 015	950	901	810	575	30	30	1 298	856	5	34	24
700	16.8	14.4	1 115	1 050	1 001	911	641	32.5	30	1 360	866	5	34	28

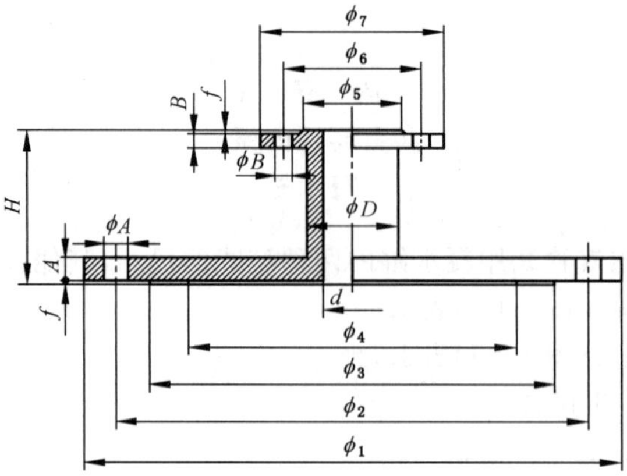

图 J.2　分体式凝水缸缸盖

表 J.2　分体式凝水缸缸盖的尺寸

DN	ϕ_1 mm	ϕ_2 mm	ϕ_3 mm	ϕ_4 mm	ϕ_5 mm	ϕ_6 mm	ϕ_7 mm	d mm	D mm	H mm	A mm	B mm	F mm	螺栓			
														ϕ_A/mm	n_A/个	ϕ_B/mm	n_B/个
100	400	350	319	252	75	105	140	45	70	120	18	14	3	23	12	13	4
150	455	400	370	306	75	105	140	45	70	120	18	14	3	23	12	13	4
200	505	460	429	358	75	105	140	45	70	120	18	14	3	23	16	13	4
250	565	515	480	408	75	105	140	45	70	120	18	14	3	28	16	13	4
300	670	620	582	508	75	105	140	45	70	120	21	14	4	28	20	13	4
350	725	670	632	558	75	105	140	45	70	120	21	14	4	28	20	13	4
400	780	725	682	608	75	105	140	45	70	120	21	14	4	31	20	13	4
500	895	840	794	708	75	105	140	45	70	120	24	14	4	31	24	13	4
600	1 015	950	901	810	75	105	140	45	70	120	18	14	3	34	24	13	4
700	1 115	1 050	1 001	911	75	105	140	45	70	120	18	14	3	34	28	13	4

单位为毫米

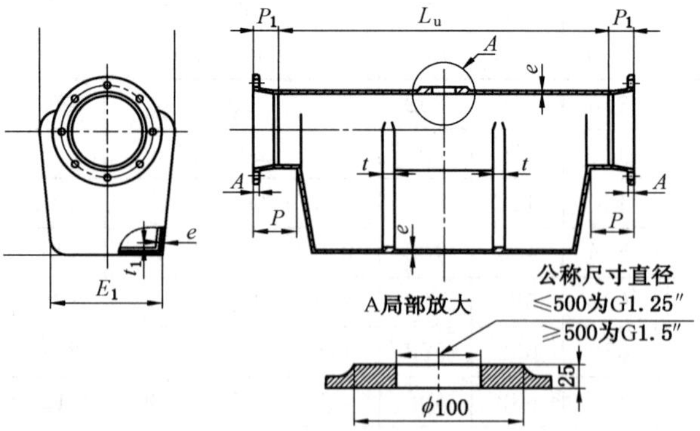

图 J.3　卧式凝水缸

表 J.3 卧式凝水缸的尺寸

DN	e/mm	E/mm	E_1/mm	H/mm	L_u/mm	P/mm	P_1/mm	A/mm	S/mm	t/mm	t_1/mm
100	7.2	200	190	238	900	145	95	18	210	25	25
150	7.8	270	260	290	980	150	100	18	215	25	25
200	8.4	330	320	340	990	155	100	18	220	30	30
250	9	385	375	390	1 000	155	100	21	225	30	30
300	9.6	440	430	440	1 026	160	100	21	230	35	35
400	10.8	560	550	520	1 035	170	100	24	240	35	35
500	12	710	660	560	1 150	180	100	24	250	35	35
600	13.2	890	840	630	1 175	180	100	26	260	40	40
700	14.4	970	920	700	1 200	185	110	26	270	40	40

参 考 文 献

[1] GB/T 24596—2009 球墨铸铁管和管件 聚氨酯涂层
[2] GB/T 34202—2017 球墨铸铁管、管件和附件 环氧涂层(重防腐)
[3] GB/T 36172—2018 现场安装聚乙烯套球墨铸铁管线
[4] GB 50268—2008 给水排水管道工程施工及验收规范

GB/T 13295—2019《水及燃气用球墨铸铁管、管件和附件》国家标准第1号修改单

本修改单经国家市场监督管理总局(国家标准化管理委员会)于2021年4月30日批准,自2021年4月30日起实施。

GB/T 13295—2019 的 5.2.5 原文为:

5.2.5 循环压力

应按照7.5中的规定进行循环压力下接口密封型式试验、接口在受到不小于30倍公称直径DN的剪切力(单位为牛顿,N)的情况下不应有可见渗漏。

修改为:

5.2.5 循环压力

应按照7.5中的规定进行循环压力下接口密封型式试验,循环压力次数为24 000次,接口在受到不小于30倍公称直径DN的剪切力 F(单位为牛顿,N)作用下,不应有可见渗漏。

ICS 83.140.30
G 33

中华人民共和国国家标准

GB 15558.1—2015
代替 GB 15558.1—2003

燃气用埋地聚乙烯(PE)管道系统 第1部分:管材

Buried polyethylene (PE) piping systems for the supply of gaseous fuels—Part 1: Pipes

[ISO 4437-1:2014, Plastics piping systems for the supply of gaseous fuels-polyethylene(PE)—Part 1: General, ISO 4437-2:2014, Plastics piping systems for the supply of gaseous fuels-polyethylene(PE)—Part 2: Pipes, MOD]

自2017年3月23日起,本标准转为推荐性标准,编号改为GB/T 15558.1—2015。

2015-12-31 发布　　2017-01-01 实施

中华人民共和国国家质量监督检验检疫总局
中国国家标准化管理委员会　发布

前　言

GB 15558 本部分的 4.1、4.3、4.4、5.3 中表 8 的序号 1～6 的项目、5.4 为强制性的，其余为推荐性的。

GB 15558《燃气用埋地聚乙烯(PE)管道系统》分为三个部分：

——第 1 部分：管材；

——第 2 部分：管件；

——第 3 部分：阀门。

本部分为 GB 15558 的第 1 部分。

本部分按照 GB/T 1.1—2009 给出的规则起草。

本部分代替 GB 15558.1—2003《燃气用埋地聚乙烯(PE)管道系统　第 1 部分：管材》，与 GB 15558.1—2003 相比，主要技术变化如下：

——增加了管材类型(本部分第 1 章)；

——增删了相关定义(本部分第 3 章)；

——修改了混配料和色条料的技术要求(本部分 4.1)；

——增加了混配料颜色要求(本部分 4.2)；

——增加了混配料的 80 ℃长期静液压强度曲线不允许在 5 000 h 前(t<5 000 h)出现拐点的要求(本部分 4.3)；

——混配料性能中炭黑分散/颜料分散增加了外观级别的要求(本部分 4.5)；

——以管材形式测定的混配料性能增加了耐候性要求。耐慢速裂纹增长的性能要求由不小于165 h提高至不小于 500 h(本部分 4.5)；

——增加了聚乙烯(PE)混配料的熔接兼容性要求，增加了聚乙烯(PE)混配料的改变的要求(本部分 4.6 和 4.7)；

——修改了回用料要求(本部分 4.8)；

——管材颜色增加了橙色(本部分 5.1.2)；

——增加了盘管长度及盘卷的最小内径要求(本部分 5.2.1)；

——最大平均外径删去等级 A，SDR 系列删去了 SDR 17.6，增加了 SDR 17、SDR 21、SDR 26(本部分 5.2.2 和 5.2.3)；

——修改了小口径管材最小壁厚要求(本部分 5.2.3)；

——管材力学性能中静液压强度(20 ℃，100 h)试验参数 PE 100 环应力由 12.4 MPa 改为 12.0 MPa，删去耐候性要求，耐慢速裂纹增长(切口试验)的性能要求由 165 h 提高至不小于 500 h，增加了耐慢速裂纹增长的锥体试验，增加了压缩复原要求(本部分 5.3)；

——增加了对接熔接接头的系统适用性要求(本部分 5.5)；

——增加了试验方法一章(本部分第 6 章)；

——修改了型式检验项目要求和定型检验要求(本部分 7.2)；

——标志内容中增加了生产批号、回用料，增加了标志示例(本部分 8.4)；

——删去了 GB 15558.1—2003 中的附录 C“挥发分含量”、附录 D“耐气体组分”、附录 E“耐候性”,将以上三个附录的内容在试验方法一章中叙述(本部分 6.1.4、6.1.8 和 6.1.9);

——增加了资料性附录“工作温度下的压力折减系数”(本部分附录 C);

——增加了资料性附录“高耐慢速裂纹增长性能 PE 100 混配料和管材”(本部分附录 D);

——增加了规范性附录“带可剥离层的管材”(本部分附录 E);

——附录 F“压缩复原试验方法”修改为规范性附录(本部分附录 F)。

本部分使用重新起草法修改采用 ISO 4437-1:2014《燃气用塑料管道系统　聚乙烯(PE)　第 1 部分:总则》和 ISO 4437-2:2014《燃气用塑料管道系统　聚乙烯(PE)　第 2 部分:管材》。

本部分与 ISO 4437-1:2014 和 ISO 4437-2:2014 相比在结构上有较多调整。附录 A 中列出了本部分章条号与 ISO 4437-1:2014 和 ISO 4437-2:2014 的章条编号的对照一览表。

本部分与 ISO 4437-1:2014 和 ISO 4437-2:2014 相比存在技术性差异。这些差异涉及的条款已通过在其外侧页边空白位置的垂直单线(|)进行了标示,附录 B 中给出了相关技术性差异及其原因的一览表。

请注意本文件的某些内容可能涉及专利。本文件的发布机构不承担识别这些专利的责任。

本部分由中国轻工业联合会提出。

本部分由全国塑料制品标准化技术委员会(SAC/TC 48)归口。

本部分起草单位:亚大集团公司、住房与城乡建设部科技发展促进中心、山东胜邦塑胶有限公司、中国石化上海石油化工股份有限公司、福建亚通新材料科技股份有限公司、广东联塑科技实业有限公司、沧州明珠塑料股份有限公司、淄博洁林塑料制管有限公司。

本部分主要起草人:王志伟、高立新、景发岐、许盛光、张慰峰、何健文、谢建玲、池永生、薛彦超、陈慧丽。

本部分所代替标准的历次版本发布情况为:

——GB 15558.1—1995、GB 15558.1—2003。

根据中华人民共和国国家标准公告(2017 年第 7 号)和强制性标准整合精简结论,本标准自 2017 年 3 月 23 日起,转为推荐性标准,不再强制执行。

燃气用埋地聚乙烯(PE)管道系统
第1部分:管材

1 范围

GB 15558的本部分规定了以聚乙烯(PE)混配料为原料,经挤出成型的燃气用埋地聚乙烯(PE)管材(以下简称"管材")的术语和定义、材料、要求、试验方法、检验规则、标志和包装、运输、贮存。

本部分规定的管材类型包括:

——单层实壁管材;

——管材外壁包覆可剥离热塑性防护层的管材。

本部分适用于PE 80和PE 100混配料制造的公称外径为16 mm～630 mm的燃气用埋地聚乙烯(PE)管材,管材的最大工作压力(MOP)基于设计应力确定,并考虑耐快速裂纹扩展(RCP)性能的影响。

在输送人工煤气和液化石油气时,应考虑燃气中存在的其他组分(如:芳香烃、冷凝液)在一定浓度下对管材性能的不利影响。

2 规范性引用文件

下列文件对于本文件的应用是必不可少的。凡是注日期的引用文件,仅注日期的版本适用于本文件。凡是不注日期的引用文件,其最新版本(包括所有的修改单)适用于本文件。

GB/T 321 优先数和优先数系(GB/T 321—2005,ISO 3:1973,IDT)

GB/T 1033.1—2008 塑料 非泡沫塑料密度的测定 第1部分:浸渍法、液体比重瓶法和滴定法(ISO 1183-1:2004,IDT)

GB/T 1033.2—2010 塑料 非泡沫塑料密度的测定 第2部分:密度梯度柱法(ISO 1183-2:2004,MOD)

GB/T 2828.1 计数抽样检验程序 第1部分:按接收质量限(AQL)检索的逐批检验抽样计划(GB/T 2828.1—2012,ISO 2859-1:1999,IDT)

GB/T 2918 塑料试样状态调节和试验的标准环境(GB/T 2918—1998,idt ISO 291:1997)

GB/T 3681—2011 塑料 自然日光气候老化 玻璃过滤后日光气候老化和菲涅尔镜加速日光气候老化的暴露试验方法(ISO 877:1994,IDT)

GB/T 3682—2000 热塑性塑料熔体质量流动速率和熔体体积流动速率的测定(idt ISO 1133:1997)

GB/T 4217 流体输送用热塑性塑料管材 公称外径和公称压力(GB/T 4217—2008,ISO 161-1:1996,IDT)

GB/T 6111 流体输送用热塑性塑料管材 耐内压试验方法(GB/T 6111—2003,

ISO 1167:1996,IDT)

GB/T 6671—2001 热塑性塑料管材 纵向回缩率的测定(eqv ISO 2505:1994)

GB/T 8804.1—2003 热塑性塑料管材 拉伸性能测定 第1部分:试验方法总则(ISO 6259-1:1997,IDT)

GB/T 8804.3—2003 热塑性塑料管材 拉伸性能测定 第3部分:聚烯烃管材(ISO 6259-3:1997,IDT)

GB/T 8806 塑料管道系统 塑料部件 尺寸的测定(GB/T 8806—2008,ISO 3126:2005,IDT)

GB/T 10798 热塑性塑料管材通用壁厚表(GB/T 10798—2001,idt ISO 4065:1996)

GB/T 13021 聚乙烯管材和管件炭黑含量的测定(热失重法)(GB/T 13021—1991,neq ISO 6964:1986)

GB/T 18251 聚烯烃管材、管件和混配料中颜料或炭黑分散的测定方法(GB/T 18251—2000,neq ISO/DIS 18553:1999)

GB/T 18252 塑料管道系统 用外推法确定热塑性塑料材料以管材形式的长期静液压强度(GB/T 18252—2008,ISO 9080:2003,IDT)

GB/T 18475 热塑性塑料压力管材和管件用材料 分级和命名 总体使用(设计)系数(GB/T 18475—2001,eqv ISO 12162:1995)

GB/T 18476 流体输送用聚烯烃管材 耐裂纹扩展的测定 切口管材裂纹慢速增长的试验方法(切口试验)(GB/T 18476—2001,eqv ISO 13479:1997)

GB/T 19278—2003 热塑性塑料管材、管件及阀门 通用术语及其定义

GB/T 19279 聚乙烯管材 耐慢速裂纹增长 锥体试验方法(GB/T 19279—2003,ISO 13480:1997,IDT)

GB/T 19280 流体输送用热塑性塑料管材 耐快速裂纹扩展(RCP)的测定 小尺寸稳态试验(S4试验)(GB/T 19280—2003,ISO 13477:1997,IDT)

GB/T 19466.6 塑料 差示扫描量热法(DSC) 第6部分:氧化诱导时间(等温OIT)和氧化诱导温度(动态OIT)的测定(GB/T 19466.6—2009,ISO 11357-6:2008,MOD)

GB/T 19807 塑料管材和管件 聚乙烯管材和电熔管件组合试件的制备(GB/T 19807—2005,ISO 11413:1996,MOD)

GB/T 19808 塑料管材和管件 公称外径大于或等于90 mm的聚乙烯电熔组件的拉伸剥离试验(GB/T 19808—2005,ISO 13954:1997,IDT)

GB/T 19809 塑料管材和管件 聚乙烯(PE)管材/管材或管材/管件热熔对接组件的制备(GB/T 19809—2005,ISO 11414:1996,IDT)

GB/T 19810 聚乙烯(PE)管材和管件 热熔对接接头拉伸试验和破坏形式的测定(GB/T 19810—2005,ISO 13953:2001,IDT)

SH/T 1770 塑料 聚乙烯水分含量的测定(SH/T 1770—2010,ISO 15512:2008 方法B,MOD)

3 术语和定义

GB/T 19278—2003 界定的以及下列术语和定义适用于本文件。

3.1

公称外径 nominal outside diameter

d_n

管材外径的规定数值,单位为毫米(mm)。

3.2

平均外径 mean outside diameter

d_{em}

管材外圆周长的测量值除以3.142(圆周率)所得的值,精确到0.1 mm,小数点后第二位非零数字进位,单位为毫米(mm)。

3.3

最小平均外径 minimum mean outside diameter

$d_{em,min}$

平均外径的最小允许值,它等于公称外径 d_n,单位为毫米(mm)。

3.4

最大平均外径 maximum mean outside diameter

$d_{em,max}$

平均外径的最大允许值。

[GB/T 19278—2003,定义3.10]

3.5

任一点外径 outside diameter at any point

d_e

通过管材任一横截面测量的外径,精确到0.1 mm,小数点后第二位非零数字进位,单位为毫米(mm)。

3.6

不圆度 out-of-roundness

管材同一横截面处测量的最大外径与最小外径的差值,单位为毫米(mm)。

3.7

公称壁厚 nominal wall thickness

e_n

管材壁厚的规定值,单位为毫米(mm)。

3.8

任一点壁厚 wall thickness at any point

e

管材圆周上任一点壁厚的测量值,精确到0.1 mm,小数点后第二位非零数字进位,单位为毫米(mm)。

3.9

任一点最小壁厚 minimum wall thickness at any point

e_{min}

管材圆周上任一点壁厚的最小允许值,单位为毫米(mm)。

3.10

任一点最大壁厚 maximum wall thickness at any point

e_{max}

管材圆周上任一点壁厚的最大允许值,单位为毫米(mm)。

3.11

壁厚偏差 wall thickness tolerance

t_y

允许任一点壁厚 e 和公称壁厚 e_n 之间的差值,单位为毫米(mm)。

注:$e_n \leqslant e \leqslant e_n + t_y$

3.12

标准尺寸比 standard dimension ratio

SDR

管材的公称外径 d_n 与公称壁厚 e_n 的比值,由式(1)计算并圆整得出:

$$\mathrm{SDR} = d_n / e_n \quad \cdots\cdots (1)$$

3.13

静液压强度预测值的置信下限 lower confidence limit of predicted hydrostatic strength

σ_{LPL}

在温度 T 和时间 t 预测的静液压强度的 97.5%置信下限,单位为兆帕(MPa)。

注:σ_{LPL}按式(2)给出:

$$\sigma_{LPL} = \sigma(T, t, 0.975) \quad \cdots\cdots (2)$$

3.14

最小要求强度 minimum required strength

MRS

将 20 ℃、50 年置信下限 σ_{LPL}的值按 GB/T 321 的 R10 系列或 R20 系列向下圆整到最接近的一个优先数得到的应力值,单位为兆帕(MPa)。当 σ_{LPL}小于 10 MPa 时,按 R10 系列圆整,当 σ_{LPL}大于等于 10 MPa 时按 R20 系列圆整。

3.15

设计系数 design coefficient

C

在置信下限所包含因素之外考虑的管系的安全裕度,即一个大于 1 的系数,它的大小考虑了未在置信下限 σ_{LPL}体现出的使用条件和管道系统中组件的性能。

3.16

设计应力 design stress

σ_S

给定 20 ℃使用条件下的允许应力,等于最小要求强度除以设计系数。按式(3)计算得出,单位为兆帕(MPa)。

$$\sigma_S = \mathrm{MRS} / C \quad \cdots\cdots (3)$$

式中:

MRS ——最小要求强度,单位为兆帕(MPa);

C ——设计系数。

3.17

燃气　gaseous fuel

在 15 ℃和 0.1 MPa 条件下为气态的燃料。

3.18

最大工作压力　maximum operating pressure

MOP

管道系统中允许连续使用的流体的最大压力,单位为兆帕(MPa)。其中考虑了管道系统中组件的物理和力学性能。由式(4)计算得出:

$$MOP = \frac{2 \times MRS}{C \times (SDR - 1)} \quad \cdots\cdots(4)$$

式(4)是以 20 ℃为参考工作温度得出的。

3.19

混配料　compound

由基础聚合物聚乙烯(PE)和抗氧剂、颜料、抗紫外线(UV)稳定剂等添加剂经挤出加工而成的颗粒料,由混配料制造商提供并通过定级。

4　材料

4.1　聚乙烯(PE)混配料

生产管材应使用聚乙烯(PE)混配料。

用于制造管材色条的聚乙烯(PE)混配料的基础树脂应与生产管材的聚乙烯(PE)混配料的基础树脂相同,并具有良好的相容性。

4.2　颜色

聚乙烯(PE)混配料的颜色应为黑色(PE 80 或 PE 100)、黄色(PE 80)或橙色(PE 100)。

外壁包覆可剥离热塑性防护层管材的可剥离层材料的颜色应为黑色、黄色或橙色。

4.3　聚乙烯(PE)混配料的分级和命名

聚乙烯(PE)混配料应按 GB/T 18475(即 ISO 12162)中规定的最小要求强度(MRS)进行分级和命名,见表 1。

最小要求强度(MRS)以管材形式测定并外推得出。应按 GB/T 18252(即 ISO 9080)测试混配料的长期静液压强度,压力试验在至少三个温度下进行,其中两个温度固定为 20 ℃和 80 ℃,第三个温度可以在 30 ℃和 70 ℃间自由选择,以确定 20 ℃、50 年置信下限(σ_{LPL}),从 20 ℃、50 年的置信下限(σ_{LPL})外推 MRS 值。

不允许 80 ℃回归曲线在 5 000 h 前(t<5 000 h)出现拐点。

混配料制造商应提供符合表 1 中分级和命名的级别证明。

表 1　聚乙烯(PE)混配料的分级和命名

以 MRS 分级 MPa	命名	σ_{LPL}(20 ℃,50 年,97.5%) MPa
8.0	PE 80	$8.0 \leq \sigma_{LPL} < 10.0$
10.0	PE 100	$10.0 \leq \sigma_{LPL} < 11.2$

4.4 设计系数 C 和设计应力 σ_S

燃气用埋地聚乙烯管道系统的设计系数 $C \geqslant 2$。

设计应力 σ_S 的最大值:PE 80 为 4.0 MPa;PE 100 为 5.0 MPa。

注 1:设计系数 C 包含了材料系数和与应用相关的系数等,当输送液化石油气或人工煤气等介质时,考虑更大的设计系数,CJJ 63 给出了不同介质下的最大工作压力值及相应的设计系数。

注 2:用于最大工作压力(MOP)设计时,参考温度为 20 ℃。其他工作温度下的压力折减系数参见附录 C。

4.5 聚乙烯(PE)混配料的性能

聚乙烯(PE)混配料应符合表 2 和表 3 的要求。

注:在一些特殊敷设环境(如无沙床回填)或非开挖施工等领域,可能需要采用具有高耐慢速裂纹增长性能 PE 100 混配料,其性能参见附录 D。

表 2 聚乙烯(PE)混配料的性能——以颗粒料形式测定

序号	项目	要求[a]	试验参数		试验方法
1	密度	≥930 kg/m³	试验温度	23 ℃	6.1.1
2	氧化诱导时间(热稳定性)	>20 min	试验温度 试样质量	200 ℃ (15±2)mg	6.1.2
3	熔体质量流动速率(MFR)	(0.20≤MFR≤1.40)g/10 min[b,f],最大偏差不应超过混配料标称值的±20%	负荷质量 试验温度	5 kg 190 ℃	6.1.3
4	挥发分含量	≤350 mg/kg	—	—	6.1.4
5	水分含量[c]	≤300 mg/kg(相当于≤0.03 %,质量分数)	—	—	6.1.5
6	炭黑含量[d]	2.0%~2.5%(质量分数)	—	—	6.1.6
7	炭黑分散/颜料分散[e]	≤3 级 外观级别:A 1,A 2,A 3 或 B	—	—	6.1.7

注:黑色混配料的炭黑的平均(初始)粒径范围为 10 nm~25 nm。

[a] 混配料制造商应证明符合这些要求。

[b] 标称值,由混配料制造商提供。

[c] 本要求应用于混配料制造商在制造阶段及使用者在加工阶段对混配料的要求(如果水分含量超过要求限值,使用前需要预先烘干)。为应用目的,仅当测量的挥发分含量不符合要求时才测量水分含量,仲裁时,应以水分含量的测量结果作为判定依据。

[d] 仅适用于黑色混配料。

[e] 炭黑分散仅适用于黑色混配料,颜料分散仅适用于非黑色混配料。

[f] 当出现 0.15 g/10 min≤MFR<0.20 g/10 min 的材料时,应注意聚乙烯(PE)混配料的熔接兼容性(4.6),基于标称值的最大下偏差,最低的 MFR 值不应低于 0.15 g/10 min。

表 3　聚乙烯(PE)混配料的性能——以管材形式测定

序号	项目	要求[a]	试验参数		试验方法
1	耐气体组分	无破坏、无渗漏	试验温度 环应力 试验时间	80 ℃ 2.0 MPa ≥20 h	6.1.8
2	耐候性[b]	气候老化后应符合以下要求：	累计太阳能辐射	≥3.5 GJ/m^2	6.1.9
	a) 电熔接头的剥离强度 (d_n 110 mm,SDR 11)	a) 试样按 GB/T 19807 制备,连接条件 1： 23 ℃；脆性破坏的百分比≤33.3%			
	b) 断裂伸长率	b) 应符合本部分表 8 的要求			
	c) (80 ℃、1 000 h) 静液压强度	c) 应符合本部分表 8 的要求			
3	耐快速裂纹扩展(RCP) (e≥15 mm)	$P_{C,S4}$≥MOP/2.4-0.072[c], MPa	试验温度	0 ℃	6.1.10
4	耐慢速裂纹增长 (d_n 110 mm,SDR 11)	无破坏,无渗漏	试验温度 内部试验压力： PE 80 PE 100 试验时间 试验类型	80 ℃ 0.80 MPa 0.92 MPa ≥500 h 水—水	6.1.11

[a] 混配料制造商应证明符合这些要求。

[b] 仅适用于非黑色混配料。

[c] 按 GB/T 19280 试验时,若 S4 试验不能达到要求,应按照全尺寸试验重新进行测试,以全尺寸试验的结果作为最终判定依据。在此情况下,$P_{C,FS}$≥1.5×MOP。

4.6　聚乙烯(PE)混配料的熔接兼容性

4.6.1　同一混配料的熔接兼容性

符合表 2 的混配料应为可熔接的。混配料制造商应证实自己产品范围内同一混配料的熔接性,将混配料加工成管材,在环境温度(23±2) ℃条件下,按 GB/T 19809(即 ISO 11414)规定的参数,将两段管材制备成对接熔接接头,然后按 GB/T 19810 测试,检测是否满足表 4的拉伸试验破坏形式及要求。

4.6.2　不同混配料的熔接兼容性

符合表 2 的混配料可考虑为互熔的。如有要求,混配料制造商应证实自己产品范围内不同混配料的熔接兼容性。将不同混配料加工成管材,在环境温度(23±2)℃条件下,按 GB/T 19809(即 ISO 11414)规定的参数,将两段管材制备成对接熔接接头,然后按 GB/T 19810 测试,检测是否满足表 4的拉伸试验破坏形式及要求。

表 4 聚乙烯(PE)混配料的熔接性——以对接熔接接头形式测定

项目	要求[a]	试验参数		试验方法
对接熔接拉伸试验 破坏形式的测定 (d_n 110 mm,SDR 11)	试验至破坏 韧性破坏—通过 脆性破坏—未通过	试验温度	23 ℃	6.1.12
[a] 混配料制造商应证明符合这些要求。				

4.7 聚乙烯(PE)混配料的改变

若混配料的配方和生产工艺发生改变,应按照本部分提供新的合格证明。

注:技术指导参见参考文献[10]。

4.8 回用料

允许少量使用来自本厂的同一牌号的生产同种产品的清洁回用料,所生产的管材应符合本部分的要求。

注:在使用本厂回用料的情况下,由制造商与用户协商一致并采用合适标识。

不应使用外部回收料、回用料。

5 要求

5.1 外观和颜色

5.1.1 外观

管材的内外表面应清洁、平滑,不允许有气泡、明显的划伤、凹陷、杂质、颜色不均等缺陷。管材两端应切割平整,并与管材轴线垂直。

5.1.2 颜色

管材应为黑色(PE 80 或 PE 100)、黄色(PE 80)或橙色(PE 100)。PE 80 黑色管材上应共挤出至少三条黄色条;PE 100 黑色管材上应共挤出至少三条橙色条。色条应沿管材圆周方向均匀分布。

外壁包覆可剥离热塑性防护层管材的可剥离层也应符合本部分的颜色要求,其他相关性能要求见附录 E。

5.2 几何尺寸

5.2.1 长度

直管长度一般为 6 m、9 m、12 m,也可由供需双方商定。

盘管长度可在盘卷上标明。

盘卷的最小内径应不小于 $18d_n$。

5.2.2 平均外径、不圆度及其公差

管材的平均外径 d_{em} 应符合表 5 规定。

直管的最大不圆度应符合表 5 规定,盘管的最大不圆度应由制造商和用户协商确定。

允许管材端口处的平均外径小于表 5 中的规定,但不应小于距管材末端 $1.5d_n$ 或 300 mm(取两者之中较小者)处测量值的 98.5%。

表 5　平均外径和不圆度

单位为毫米

公称外径 d_n	平均外径 d_{em}		直管的最大不圆度[a,b]
	$d_{em,min}$	$d_{em,max}$	
16	16.0	16.3	1.2
20	20.0	20.3	1.2
25	25.0	25.3	1.2
32	32.0	32.3	1.3
40	40.0	40.4	1.4
50	50.0	50.4	1.4
63	63.0	63.4	1.5
75	75.0	75.5	1.6
90	90.0	90.6	1.8
110	110.0	110.7	2.2
125	125.0	125.8	2.5
140	140.0	140.9	2.8
160	160.0	161.0	3.2
180	180.0	181.1	3.6
200	200.0	201.2	4.0
225	225.0	226.4	4.5
250	250.0	251.5	5.0
280	280.0	281.7	9.8
315	315.0	316.9	11.1
355	355.0	357.2	12.5
400	400.0	402.4	14.0
450	450.0	452.7	15.6
500	500.0	503.0	17.5
560	560.0	563.4	19.6
630	630.0	633.8	22.1

[a] 应在生产地点测量不圆度。

[b] 若有必要采用非表 5 中给出最大不圆度要求(如:盘管),由供需双方商定。

5.2.3 壁厚和偏差

5.2.3.1 最小壁厚

管材的最小壁厚 e_{min} 应符合表 6 的规定。

允许使用根据 GB/T 10798 和 GB/T 4217 中规定的管系列(S)推算出的其他标准尺寸比(SDR)。

表 6 最小壁厚

单位为毫米

公称外径 d_n	最小壁厚 e_{min} [a]			
	SDR 11[b]	SDR 17[b]	SDR 21[c]	SDR 26[c]
16	3.0	—	—	—
20	3.0	—	—	—
25	3.0	—	—	—
32	3.0	3.0	—	—
40	3.7	3.0	—	—
50	4.6	3.0	3.0	—
63	5.8	3.8	3.0	—
75	6.8	4.5	3.6	3.0
90	8.2	5.4	4.3	3.5
110	10.0	6.6	5.3	4.2
125	11.4	7.4	6.0	4.8
140	12.7	8.3	6.7	5.4
160	14.6	9.5	7.7	6.2
180	16.4	10.7	8.6	6.9
200	18.2	11.9	9.6	7.7
225	20.5	13.4	10.8	8.6
250	22.7	14.8	11.9	9.6
280	25.4	16.6	13.4	10.7
315	28.6	18.7	15.0	12.1
355	32.2	21.1	16.9	13.6
400	36.4	23.7	19.1	15.3
450	40.9	26.7	21.5	17.2
500	45.5	29.7	23.9	19.1
560	50.9	33.2	26.7	21.4
630	57.3	37.4	30.0	24.1

[a] $e_{min}=e_n$

[b] 首选系列。

[c] SDR 21 和 SDR 26 常用于非开挖燃气管道修复。

5.2.3.2 壁厚偏差

管材的任一点壁厚偏差应符合表 7 规定。

表 7 任一点壁厚偏差

单位为毫米

公称壁厚 e_n		允许的正偏差 t_y[a]	公称壁厚 e_n		允许的正偏差 t_y[a]
>	≤		>	≤	
2.0	3.0	0.4	30.0	31.0	3.2
3.0	4.0	0.5	31.0	32.0	3.3
4.0	5.0	0.6	32.0	33.0	3.4
5.0	6.0	0.7	33.0	34.0	3.5
6.0	7.0	0.8	34.0	35.0	3.6
7.0	8.0	0.9	35.0	36.0	3.7
8.0	9.0	1.0	36.0	37.0	3.8
9.0	10.0	1.1	37.0	38.0	3.9
10.0	11.0	1.2	38.0	39.0	4.0
11.0	12.0	1.3	39.0	40.0	4.1
12.0	13.0	1.4	40.0	41.0	4.2
13.0	14.0	1.5	41.0	42.0	4.3
14.0	15.0	1.6	42.0	43.0	4.4
15.0	16.0	1.7	43.0	44.0	4.5
16.0	17.0	1.8	44.0	45.0	4.6
17.0	18.0	1.9	45.0	46.0	4.7
18.0	19.0	2.0	46.0	47.0	4.8
19.0	20.0	2.1	47.0	48.0	4.9
20.0	21.0	2.2	48.0	49.0	5.0
21.0	22.0	2.3	49.0	50.0	5.1
22.0	23.0	2.4	50.0	51.0	5.2
23.0	24.0	2.5	51.0	52.0	5.3
24.0	25.0	2.6	52.0	53.0	5.4
25.0	26.0	2.7	53.0	54.0	5.5
26.0	27.0	2.8	54.0	55.0	5.6
27.0	28.0	2.9	55.0	56.0	5.7
28.0	29.0	3.0	56.0	57.0	5.8
29.0	30.0	3.1	57.0	58.0	5.9

[a] 公差表示形式为 $_{0}^{+t_y}$ mm。

5.3 力学性能

管材力学性能应符合表 8 规定的要求。

注：在一些特殊敷设环境(如无沙床回填)或非开挖施工等领域，可能需要采用具有高耐慢速裂纹增长性能 PE 100 材料制成的管材，其性能参见附录 D。

表 8　管材的力学性能

序号	项目	要求	试验参数		试验方法
1	静液压强度 (20 ℃,100 h)	无破坏,无渗漏	环应力： PE 80 PE 100 试验时间 试验温度	 9.0 MPa 12.0 MPa ≥100 h 20 ℃	6.2.4
2	静液压强度 (80 ℃,165 h)	无破坏,无渗漏[a]	环应力： PE 80 PE 100 试验时间 试验温度	 4.5 MPa 5.4 MPa ≥165 h 80 ℃	6.2.4
3	静液压强度 (80 ℃,1 000 h)	无破坏,无渗漏	环应力： PE 80 PE 100 试验时间 试验温度	 4.0 MPa 5.0 MPa ≥1 000 h 80 ℃	6.2.4
4	断裂伸长率 $e \leqslant 5$ mm	≥350%[b,c]	试样形状 试验速度	类型 2 100 mm/min	6.2.5
	断裂伸长率 5 mm$< e \leqslant$12 mm	≥350%[b,c]	试样形状 试验速度	类型 1[d] 50 mm/min	
	断裂伸长率 $e>$12 mm	≥350%[b,c]	试样形状 试验速度	类型 1[d] 25 mm/min	
			或		
			试样形状 试验速度	类型 3[d] 10 mm/min	
5	耐慢速裂纹增长 $e \leqslant 5$ mm(锥体试验)	<10 mm/24 h	—	—	6.2.6
6	耐慢速裂纹增长 $e>5$ mm(切口试验)	无破坏,无渗漏	试验温度 内部试验压力： PE 80,SDR 11 PE 100,SDR 11 试验时间 试验类型	80 ℃ 0.80 MPa[e] 0.92 MPa[e] ≥500 h 水—水	6.2.6
7	耐快速裂纹扩展 (RCP)[f]	$P_{C,S4} \geqslant$ MOP/2.4-0.072,MPa	试验温度	0 ℃	6.2.7

表 8（续）

序号	项目	要求	试验参数		试验方法
8	压缩复原	无破坏,无渗漏	—	—	6.2.11

[a] 仅考虑脆性破坏。如果在 165 h 前发生韧性破坏,则按表 9 选择较低的应力和相应的最小破坏时间重新试验。

[b] 若破坏发生在标距外部,在测试值达到要求情况下认为试验通过。

[c] 当达到测试要求值时即可停止试验,无需试验至试样破坏。

[d] 如果可行,壁厚不大于 25 mm 的管材也可采用类型 2 试样,类型 2 试样采用机械加工或模压法制备。

[e] 对于其他 SDR 系列对应的压力值,参见 GB/T 18476。

[f] 管材制造商生产的管材大于混配料制造商提供合格验证 RCP 试验中所用管材的壁厚时,才进行 RCP 试验。在 0 ℃以下应用时,要求在该温度下进行 RCP 试验,以确定在最小工作温度下的临界压力。

按 GB/T 19280 试验时,若 S4 试验不能达到要求,应按照全尺寸试验重新进行测试,以全尺寸试验的结果作为最终判定依据。在此情况下,$P_{C,FS} \geqslant 1.5 \times MOP$。

表 9　静液压强度(80 ℃)试验——环应力/最小破坏时间关系

PE 80		PE 100	
环应力 /MPa	最小破坏时间 /h	环应力 /MPa	最小破坏时间 /h
4.5	165	5.4	165
4.4	233	5.3	256
4.3	331	5.2	399
4.2	474	5.1	629
4.1	685	5.0	1 000
4.0	1 000	—	—

5.4　物理性能

管材的物理性能应符合表 10 规定的要求。

表 10　管材的物理性能

序号	项目	要求	试验参数		试验方法
1	氧化诱导时间 (热稳定性)	>20 min	试验温度 试样质量	200 ℃ (15±2)mg	6.2.8
2	熔体质量流动速率 (MFR)(g/10 min)	加工前后 MFR 变化<20%	负荷质量 试验温度	5 kg 190 ℃	6.2.9
3	纵向回缩率 (壁厚≤16 mm)	≤3%,表面无破坏	试验温度 试样长度 烘箱内放置时间	110 ℃ 200 mm 1 h	6.2.10

5.5 对接熔接接头的系统适用性

按 GB/T 19809(即 ISO 11414)在环境温度(23±2)℃条件下制备的对接熔接接头应满足(表 11 中)拉伸试验要求,在极限条件下制备的对接熔接接头应满足表 11 规定的要求。

注:对接熔接接头制备的极限温度为:T_1=(−5±2)℃;T_2=(40±2)℃。

表 11 对接熔接接头的系统适用性

序号	项目[a]	要求	试验参数		试验方法
1	静液压强度 (80 ℃,165 h)[b]	无破坏,无渗漏	环应力 PE 80 PE 100	 4.5 MPa 5.4 MPa	6.3.2
2	拉伸试验[c]	试验至破坏 韧性破坏—通过 脆性破坏—未通过	试验温度	23 ℃	6.3.3

[a] 试样接头的所有组件应具有相同 MRS 和相同 SDR,接头应满足最小和最大条件。

[b] 仅考虑脆性破坏。如果在 165 h 前发生韧性破坏,则按表 9 选择较低的应力和相应的最小破坏时间重新试验。

[c] 适用于 d_n 不小于 90 mm(e_n>5 mm)的管材。

6 试验方法

6.1 聚乙烯(PE)混配料的试验方法

6.1.1 密度

6.1.1.1 试样

混配料应在 190 ℃、5 kg 负荷条件下由熔体流动速率测试仪挤出。样条切下后置于冷金属板上,自然冷却后,再将样条浸入盛有 200 mL 沸腾的蒸馏水的烧杯中煮沸 30 min 进行退火,然后将该烧杯置于试验室环境下冷却 1 h,在 24 h 内测试试样密度。

试样表面应光滑,无凹陷,以减少浸渍液中试样表面凹陷处可能存留的气泡,否则就会引入误差。

6.1.1.2 试验

6.1.1.2.1 浸渍法

按 GB/T 1033.1—2008 规定的浸渍法进行试验。

6.1.1.2.2 密度梯度柱法(仲裁法)

按 GB/T 1033.2—2010 规定试验。

6.1.2 氧化诱导时间(热稳定性)

按 GB/T 19466.6 试验,试样数量为 3 个,试验结果取最小值。

注:如果与 200 ℃的试验结果有一个明确的修正关系,可以在 210 ℃或 220 ℃进行试验;如有争议,以试验温度200 ℃测试结果为最终判定依据。

6.1.3 熔体质量流动速率

按 GB/T 3682—2000 中的 A 法测定,在温度 190 ℃,负荷 5 kg 的条件下进行。试验时,根据熔体质量流动速率的标称值,将 3 g～6 g 样品装入料筒,装样量见表 12,装料后预热时间 5 min,截样时间间隔见表 12。

表 12　熔体质量流动速率(MFR)试验参数

熔体质量流动速率 g/10 min	料筒中样品的质量 g	挤出物切断时间间隔 s
0.15≤MFR＜0.4	3～5	120
0.4≤MFR＜1.0	4～6	40
1.0≤MFR＜2.0	4～6	20

6.1.4　挥发分含量

6.1.4.1　试验设备

a)　恒温干燥箱,控制精度为±1 ℃;

b)　直径 35 mm 的称量瓶;

c)　干燥器;

d)　分析天平,精度为±0.1 mg。

6.1.4.2　试样数量

试样数量为 1 个。

6.1.4.3　试验步骤

将干净的称量瓶及盖子放入(105±2)℃的干燥箱 1 h 后取出,置于干燥器中冷却至室温,用分析天平称称量瓶及盖子的质量为 m_0(精确到 0.1 mg)。将试样约 25 g 均匀铺在称量瓶底部,盖上盖子,称其质量为 m_1(精确到 0.1 mg)。将盛有试样的称量瓶放入(105±2)℃不鼓风的干燥箱中,盖子取下并留在干燥箱内。关上干燥箱门烘 1 h 后取出,放在干燥器中冷却至室温,准确称量其质量 m_2(精确到0.1 mg)。在转移和称量的过程中应始终盖上盖子。

6.1.4.4　结果计算

挥发分物质的含量 V 按式(5)计算,单位为毫克/千克(mg/kg)。

$$V=\left(\frac{m_1-m_2}{m_1-m_0}\right)\times 10^6 \qquad (5)$$

式中:

m_0——空称量瓶及盖子的质量,单位为克(g);

m_1——称量瓶及盖子和样品的质量,单位为克(g);

m_2——105 ℃条件下干燥 1h 后称量瓶及盖子和样品的质量,单位为克(g)。

6.1.5　水分含量

按 SH/T 1770 试验。试样数量为 1 个。

注:以生产监控和产品质量监控为目的时,可以采用氢压力差法等方法。

6.1.6　炭黑含量

按 GB/T 13021 试验。

6.1.7 炭黑分散或颜料分散

按 GB/T 18251 试验。

6.1.8 耐气体组分

6.1.8.1 试样

采用 d_n32 mm,SDR 11 的管材试样,试样数量为 3 个。如果与 d_n32 mm,SDR 11 的管材试验结果有明确的关系,可以用其他规格的管材试样。

6.1.8.2 冷凝液

冷凝液由质量分数为 50%的正癸烷(99%)和质量分数为 50%的 1,3,5-三甲基苯的混合物组成。

6.1.8.3 状态调节

将管材内充满冷凝液,在(23±2)℃的空气环境中放置 1 500 h 进行状态调节。

6.1.8.4 试验

按 GB/T 6111 试验,试验条件按表 3 中规定进行,试样内外的介质均为水(水—水类型),采用 A 型接头。

6.1.9 耐候性

6.1.9.1 试样

采用 d_n32 mm,SDR 11 及 d_n110 mm,SDR 11,长为 1 m 的管材试样。

6.1.9.2 曝露的方位和场地

曝露架和试样的夹具应使用不影响试验结果的惰性材料制造。已知合适的材料有木材、不生锈的铝合金、不锈钢或陶瓷。黄铜、钢或紫铜不应在靠近试样的地方使用。试验场地应装有记录接受太阳辐射能量和环境温度的仪器。

曝露架支撑管材试样后,管材试样的曝露面倾斜成纬度角。一般来说,曝露场地应开阔,远离树木和建筑物。对于在北半球、面向南曝晒,包括支架本身在内,障碍物在东、南或西方向上的仰角不应大于 20°,在北方向上的仰角不应大于 45°;对于在南半球面向北曝晒,应采用相应的规定。

注:地面上的点与地心的连线与赤道面之间的夹角叫该点的纬度角。

6.1.9.3 试验步骤

标识管材样品曝露面。按 GB/T 3681—2011 中方法 A 规定曝晒。接受总能量至少为 3.5 GJ/m^2 的曝晒后,取下试样并试验:

a) 采用 d_n32 mm,SDR 11 的管材试样进行静液压试验和断裂伸长率试验,静液压强度按GB/T 6111试验;断裂伸长率按 GB/T 8804.3—2003 试验。

b) 采用 d_n110 mm,SDR 11 的管材试样进行电熔接头剥离强度试验,电熔接头的剥离强度按表 13进行状态调节,并按 GB/T 19808 试验。

表 13 试样状态调节时间

公称壁厚 e_n mm	最小状态调节时间 h
e_n<8	3

表 13（续）

公称壁厚 e_n mm	最小状态调节时间 h
$8 \leqslant e_n < 16$	6
$16 \leqslant e_n < 32$	10
$32 \leqslant e_n$	16

6.1.10　耐快速裂纹扩展(S4 试验)

按 GB/T 19280 试验。

注：若 S4 试验不能达到要求，采用全尺寸试验时，参见 ISO 13478。

6.1.11　耐慢速裂纹增长(切口试验)

按 GB/T 18476 试验。在进行 500 h 静液压试验前，按表 13 将试样浸没在 80 ℃水中进行状态调节。

6.1.12　聚乙烯(PE)混配料的熔接兼容性

6.1.12.1　试样

按 4.6 规定，将混配料加工成的管材(d_n 110 mm，SDR 11)，在环境温度(23±2)℃条件下，按GB/T 19809(即 ISO 11414)规定的参数，将两段管材制备成对接熔接接头。

6.1.12.2　试验

按 GB/T 19810 试验。

6.2　管材的试验方法

6.2.1　试样状态调节和试验的标准环境

除非另有规定，应在管材生产至少 24 h 后取样，按 GB/T 2918 规定，将试样在温度为(23±2)℃下状态调节至少 4 h 后进行试验。

6.2.2　外观和颜色

目测。

6.2.3　尺寸

6.2.3.1　长度、平均外径、不圆度、壁厚

按 GB/T 8806 的规定测量。盘管应在距端口 $1.0d_n \sim 1.5d_n$ 范围内进行平均外径和壁厚测量。

注：如果尺寸的测量结果与不同时间有一个明确的修正关系，允许在较短的时间内进行测量。

6.2.4　静液压强度

按 GB/T 6111 试验。试验条件按表 8 中规定进行，试样内外的介质均为水(水—水类型)，采用 A 型接头。

6.2.5　断裂伸长率

按 GB/T 8804.1—2003 制样。按 GB/T 8804.3—2003 试验。当公称壁厚 $e_n > 12$ mm 的管材进行试验时，如有争议，以类型 1 试样的试验结果为最终判定依据。

6.2.6 耐慢速裂纹增长

锥体试验按 GB/T 19279 试验。

切口试验按 GB/T 18476 试验。在进行 500 h 静液压试验前，按表 13 将试样浸没在 80 ℃水中进行状态调节。

6.2.7 耐快速裂纹扩展(S4 试验)

按 GB/T 19280 试验。

注：若 S4 试验不能达到要求，采用全尺寸试验时，参见 ISO 13478。

6.2.8 氧化诱导时间(热稳定性)

按 GB/T 19466.6 试验。制样时，应分别从管材内、外表面切取试样，然后将原始表面朝上进行试验。试样数量为 3 个，试验结果取最小值。

注：如果与 200 ℃的试验结果有一个明确的修正关系，可以在 210 ℃或 220 ℃进行试验；如有争议，以试验温度为 200 ℃测试结果为最终判定依据。

6.2.9 熔体质量流动速率

按 GB/T 3682—2000 中的 A 法测定，试验在温度 190 ℃，负荷 5 kg 的条件下进行，试样从管材样品上切取。试验时，根据熔体质量流动速率的标称值，将 3 g～6 g 样品装入料筒，装样量见表 12，装料后预热时间 5 min，截样时间间隔见表 12。

6.2.10 纵向回缩率

按 GB/T 6671—2001 中的方法 B 进行试验。试样应按表 13 进行状态调节。

6.2.11 压缩复原

按附录 F 进行压缩复原试验。

6.3 系统适用性的试验方法

6.3.1 熔接对接接头试样

按表 14 取样，试样在(23±2) ℃和极限条件下分别按表 13 的规定进行状态调节后，按 GB/T 19809(即 ISO 11414)规定的参数制备对接熔接接头。

表 14 对接熔接接头取样方案

管材	PE 80	PE 100
PE 80	√	—[a]
PE 100	—[a]	√
[a] 仅当买方要求时进行。不同等级管材一般不宜采用热熔对接连接。		

6.3.2 静液压试验

按 GB/T 6111 试验。试验条件按表 11 中规定进行，试样内外的介质均为水(水—水类型)，采用 A 型接头。

6.3.3 拉伸试验

按 GB/T 19810 试验，试验参数见表 11。

7 检验规则

7.1 检验分类

检验分为定型检验、出厂检验和型式检验。

7.2 检验项目

定型检验项目为第5章中规定的全部技术内容。

出厂检验项目至少应包括第5章中的5.1、5.2,表8中的静液压强度(80 ℃,165 h)和断裂伸长率、表10中的氧化诱导时间(热稳定性)和熔体质量流动速率。

型式检验项目为5.1、5.2、5.3[除表8中的静液压强度(80 ℃,165 h)和耐快速裂纹扩展以外]、5.4中规定的技术要求。

7.3 组批和分组

7.3.1 组批

同一混配料、同一设备和工艺且连续生产的同一规格管材作为一批,每批数量不超过200 t。生产期10天尚不足200 t,则以10天产量为一批。

产品以批为单位进行检验和验收。

7.3.2 分组

应按表15对管材尺寸进行分组。

表15 管材的尺寸分组

单位为毫米

尺寸组	1	2	3
公称外径 d_n	d_n<75 mm	75 mm≤d_n<250 mm	250 mm≤d_n≤630 mm

7.4 定型检验

同一设备制造厂的同类型设备首次投产或原材料发生变动时,按表15规定选取每一尺寸组中任一规格的管材进行定型检验。对于耐快速裂纹扩展,选取生产厂的最大公称外径和最大壁厚的管材进行试验。

7.5 出厂检验

7.5.1 管材需经生产厂质量检验部门检验合格,并附有合格证,方可出厂。

7.5.2 第5章外观和尺寸检验按GB/T 2828.1规定采用正常检验一次抽样方案,取一般检验水平Ⅰ,接收质量限(AQL)2.5,见表16。

表16 接收质量限(AQL)为2.5的抽样方案

批量 N	样本量 n	接收数 A_c	拒收数 R_e
≤150	8	0	1
151~280	13	1	2
281~500	20	1	2
501~1 200	32	2	3
1 201~3 200	50	3	4
3 201~10 000	80	5	6

7.5.3 在颜色、外观和尺寸检验合格的产品中抽取试样，进行静液压强度(80 ℃,165 h)、断裂伸长率、氧化诱导时间(热稳定性)和熔体质量流动速率试验。其中静液压强度(80 ℃,165 h)的试样数量为1个；氧化诱导时间(热稳定性)的试样从内表面取样，试样数量为1个。

7.6 型式检验

7.6.1 型式检验项目

按表15的尺寸分组，在每个尺寸组选取任一规格进行试验，并按7.5规定对外观、尺寸进行检验。在检验合格的样品中抽取试样，进行5.3[除表8中的静液压强度(80 ℃,165 h)和耐快速裂纹扩展以外]和5.4中的性能检验。

注：在进行型式试验时，静液压强度试验可以和压缩复原试验合并进行，即先压缩复原试验后再进行(20 ℃,100 h)静液压强度试验和(80 ℃,1 000 h)静液压强度试验。

7.6.2 检验

一般每两年进行一次。若有以下情况之一，应进行型式试验：

a) 新产品或老产品转厂生产的试制定型鉴定；

b) 结构、材料、工艺有较大变动可能影响产品性能时；

c) 产品停产半年以上恢复生产时；

d) 出厂检验结果与上次型式检验结果有较大差异时。

7.7 判定规则

第5章中的颜色、外观和尺寸按表16判定，其他指标有任一项不符合要求时，则从原批次中进行双倍取样对该项目进行复验。如复检仍不合格，则判该批产品不合格。

8 标志

8.1 标志内容应打印或直接成型在管材上，标志不应引发管材破裂或其他形式的失效；并且在正常的贮存、气候老化、加工及合理的安装、使用后，在管材的整个寿命周期内，标记字迹应保持清晰可辨。

8.2 若采用打印标志，颜色应区别于管材的颜色。

8.3 标志大小在目视情况下应清晰可辨。

8.4 标志应至少包括表17所列内容。

8.5 盘管的长度可在盘卷上标识。

8.6 打印间距不应超过1 m。

表17 至少包括的标志内容

内容	标志或符号
制造商和商标	名称和符号
内部流体	“燃气”或“GAS”字样
公称外径×壁厚	$d_n \times e_n$
标准尺寸比	SDR
材料	PE 80 或 PE 100

表 17(续)

内容	标志或符号
混配料牌号	
生产批号	
回用料(如有使用)	R
生产时间,年份和地点(提供可追溯性)	生产时间; 如果制造商在不同地点生产,应标明生产地点的名称或代码
本部分号	GB 15558.1

示例:

制造商	用途	$d_n \times e_n$	SDR	材料和命名	混配料牌号	生产批号	生产时间	地点	标准号
AA	GAS	110×10.0	SDR 11	PE 80	BB	CC	DDDD-EE-FF	GG	GB 15558.1

9 包装、运输、贮存

9.1 包装

按供需双方商定要求进行,在外包装、标签或标志上应写明厂名、厂址。

9.2 运输

管材运输时,不得受到划伤、抛摔、剧烈的撞击、暴晒、雨淋、油污和化学品的污染。

9.3 贮存

管材应贮存在远离热源及化学品污染地、地面平整、通风良好的库房内;如室外堆放应有遮盖物。

管材应水平整齐堆放。

附 录 A
(资料性附录)
本部分与 ISO 4437-1:2014 和 ISO 4437-2:2014 相比的结构变化情况

本部分与 ISO 4437-1:2014、ISO 4437-2:2014 相比在结构上有较多调整,具体章条编号对照情况见表 A.1。

表 A.1 本部分与 ISO 4437-1:2014 和 ISO 4437-2:2014 的章条编号对照情况

本部分章条编号	ISO 4437-1:2014	ISO 4437-2:2014
1~2	—	1~2
3.1	3.1.2	—
3.2	3.1.4	—
3.3~3.4	3.1.5~3.1.6	—
3.5	3.1.3	—
3.6~3.10	3.1.7~3.1.11	—
3.11~3.12	3.1.14~3.1.15	—
3.13~3.16	3.3.1~3.3.4	—
3.17~3.18	3.4.1~3.4.2	—
3.19	3.2.3	—
4.1	—	4.1~4.2
4.2	6.2.2	—
4.3~4.4	6.4~6.5	—
4.5	6.2.3	—
4.6	6.3	—
4.7	6.6	—
4.8	—	4.3
5.1.1~5.2.2	—	5.1~6.2,6.5~6.6
5.2.3	—	6.3
5.3~5.4	—	7~8
—	—	9
5.5	—	—
6~7	—	—
8	—	10
9	—	—

表 A.1(续)

本部分章条编号	ISO 4437-1:2014	ISO 4437-2:2014
附录A、附录B、附录C	—	—
附录D	—	—
—	—	附录A
附录E	—	附录B
附录F	—	附录C

附 录 B
(资料性附录)
本部分与 ISO 4437-1:2014 和 ISO 4437-2:2014 的技术性差异及其原因

表 B.1 给出了本部分与 ISO 4437-1:2014 和 ISO 4437-2:2014 的技术性差异及其原因。

表 B.1 本部分与 ISO 4437-1:2014 和 ISO 4437-2:2014 的技术性差异及其原因

本部分章条编号	技术性差异	原因
1	增加了材料为 PE 80 和 PE 100 及管材的公称外径的规定。 删去"管材外部包括相同 MRS 级别共挤出黑色或颜料层的聚乙烯(PE)管材"。 增加了输送人工煤气和液化石油气的规定	考虑到我国产品标准的编排要求,使说明更明确。 无明确性能要求,现无此类产品,以适合我国国情。 以适合我国国情
2	关于规范性引用文件,本部分做了具有技术性差异的调整,调整的情况集中反映在第 2 章"规范性引用文件"中,具体调整如下: ——引用了采用国际标准的我国标准; ——增加了 GB/T 321、GB/T 2828.1、GB/T 2918、GB/T 3681—2011、GB/T 4217、GB/T 19278—2003 等引用标准; ——删去了 ISO 4437-1:2014 规范性引用文件中的 ISO 472、ISO 1043-1、ISO 13478、EN 12099; ——删去了 ISO 4437-2:2014 规范性引用文件中的 ISO 11922-1:1997、ISO 13478、ISO 13968、EN 12106	以适合我国国情。 强调与 GB/T 1.1 的一致性,以适合我国国情
3	删去 ISO 4437-1:2014 中术语和定义 3.1.1、3.1.12、3.1.16、3.2.2、3.3.5、3.4.3 和 3.5。 删去了符号和缩略语	引用术语标准 GB/T 19278—2003 中已包含此部分内容,本部分中不再重复
4.6.1	删去了"对于 0.15 g/10 min≤MFR≤0.2 g/10 min 的混配料,应证实大口径壁厚管材的熔接兼容性,若使用电熔连接,应进行适宜的试验证实这些管材的熔接性能"要求	重复要求,见表 2 注。以适合我国国情
4.8	改为"允许少量使用来自本厂的同一牌号的生产同种产品的清洁回用料,所生产的管材应符合本部分的要求。不应使用外部回收料、回用料"	要求更为严格,表述更为具体明确。以适合我国国情
5.1	增加色条料要求	以适应我国国情
5.2.1	增加第一段要求	明确长度要求,以适合我国国情
5.2.2	增加第三段要求	参考 ASTM D 2513—09a,以适合我国国情

表 B.1(续)

本部分章条编号	技术性差异	原因
5.2.3	只保留 SDR 11、SDR 17、SDR 21、SDR 26 系列	常用系列,适合我国国情
5.2.3.1	增加了小口径管材的最小壁厚不得小于 3 mm。 增加了脚注:SDR 21 和 SDR 26 常用于非开挖燃气管道系统	保证系统连接可靠性及安全性。 以符合我国国情
—	删去了 $d_n \geqslant 250$ mm 管材的径向回缩要求	工艺过程控制要求,检验不具有可操作性,5.2.2中已增加要求,适合我国国情
5.3	增加了“压缩复原”要求,为规范性要求	明确要求,以适合我国国情
5.5	增加了对接熔接接头的系统适用性	明确要求,以适合我国国情
6	增加了“试验方法”一章	具有可操作性,符合我国产品标准的编写规定
7	增加了“检验规则”一章	以符合我国产品标准的编写规定
8.4	改为:“制造商和商标”; 修改了管材公称外径、壁厚及 SDR 表示方法; 增加了标志:“混配料牌号”、“生产批号”以及“回用料(如有使用)”	以适合我国国情
9	增加了“包装、运输、贮存”一章	符合我国产品标准的编写规定
附录 C	增加了“工作温度下的压力折减系数”	采用 ISO 4437-5 中的附录内容,便于使用
附录 D	增加了“高耐慢速裂纹增长性能 PE 100 混配料和管材”	适应国内外最新材料的发展和应用,具备前瞻性,以适合我国国情
附录 F	按照欧洲标准 EN 12106 编写	更明确,更具有操作性

附 录 C
(资料性附录)
工作温度下的压力折减系数

考虑工作温度的影响,折减系数(D_F)是用于计算最大工作压力(MOP)的系数。

表 C.1 给出了不同工作温度下的压力折减系数。

表 C.1 PE 80 和 PE 100 的压力折减系数

工作温度/℃	系数 D_F
20	1.0
30	1.1
40	1.3
注:在区间内的其他温度,允许使用插值法计算系数(参见 ISO 13761)。	

在给定操作温度下的 MOP 的计算公式如式(C.1),单位为 MPa:

$$MOP = \frac{2 \times MRS}{(SDR - 1) \times C \times D_F} \quad \cdots\cdots (C.1)$$

设计系数 C 应不小于 2。

注:工作温度为考虑了内外环境的管材的年度平均温度。

附　录　D
(资料性附录)
高耐慢速裂纹增长性能 PE 100 混配料和管材

D.1　总则

在一些特殊敷设环境(如无沙床回填)或非开挖施工等领域,可能需要采用具有高耐慢速裂纹增长性能的 PE 100 混配料,混配料性能见第 4 章及表 D.1,管材性能见第 5 章及表 D.2。

D.2　高耐慢速裂纹增长性能 PE 100 混配料的额外性能见表 D.1。

表 D.1　高耐慢速裂纹增长性能 PE 100 混配料

序号	性能	要求	试验参数	试验方法
1	耐慢速裂纹增长 (管材切口试验) (SDR 11,e_n>5 mm)	≥8 760 h	80 ℃,0.92 MPa(试验压力)	GB/T 18476
2	耐慢速裂纹增长 (全切口蠕变试验)(FNCT)	≥8 760 h	80 ℃,4.0 MPa,2% 的 表面活性剂	ISO 16770

注 1:除表中两项性能外,还有耐慢速裂纹增长(点载荷)、热老化性能等表征方法,其要求及试验方法等可参见 DIN/PAS 1075,在客户和制造商协商一致的情况下,亦可采用其他试验方法。

注 2:2% 的表面活性剂即一种表面活性溶液,如:2% Arkopal N-100 溶液或 2%TX-10 溶液。采用对壬基苯基聚氧乙烯醚中性溶剂(别名:对壬基酚聚氧乙烯醚),分子式如下:C_9H_{19} —  —O—(CH_2—CH_2—O)$_n$—H,n 可取 10 或 11。用上述表面活性剂配制浓度为 2 %(质量分数)的去离子水溶液,称为 2% TX-10溶液。此溶液在 80 ℃条件下随时间老化,因此使用不超过 100 天。

D.3　高耐慢速裂纹增长性能 PE 100 管材的额外力学性能见表 D.2。

表 D.2　高耐慢速裂纹增长性能 PE 100 管材

序号	性能	要求	试验参数	试验方法
1	耐慢速裂纹增长 (管材切口试验) (SDR 11,e_n>5 mm)	≥8 760 h	80 ℃,0.92 MPa (试验压力)	GB/T 18476
2	耐慢速裂纹增长 (锥体试验)(e_n≤5 mm)	≤1 mm/48 h	80 ℃	GB/T 19279
3	耐慢速裂纹增长 双切口蠕变试验(2 NCT)[a,b]	>3 300 h	80 ℃,4.0 MPa,2% 的 表面活性剂	ISO 16770

[a] 双切口在管材径向对称的管壁上切取。

[b] 加速试验(ACT)可代替双切口蠕变试验(2 NCT),试验要求为大于 160 h。具体参见 DIN/PAS 1075。

附 录 E
(规范性附录)
带可剥离层的管材

E.1 总则

本附录规定了燃气输送用外壁包覆可剥离热塑性防护层("覆层")的管材的几何尺寸、力学性能和物理性能以及标志要求。

用于制造本体管材产品的聚乙烯(PE)混配料应符合第 4 章要求。

外部包覆的可剥离防护层应采用热塑性材料制造,可剥离层不应影响管材符合本部分的要求,反之亦然。

E.2 几何尺寸

去除覆层后的管材的几何尺寸应符合 5.2 的要求。

E.3 力学性能

去除覆层后的管材的力学性能应符合 5.3 要求。

当使用带覆层的管材进行测试,按表 3 气候老化进行评价,应符合 5.3 要求,选择的测试条件应确保管材承受规定的试验应力。

E.4 物理性能

去除覆层后的管材的物理性能应符合 5.4 要求。

E.5 覆层可剥离性

覆层应在贮存和安装前不易分开。在准备对接熔接或电熔连接前,应可以使用简单工具手动去除覆层。

E.6 标志

标志应位于覆层上并应符合第 8 章要求。

另外,覆层应具有的标志在应用上与非覆层管材有明显区别,如采用识别条标识。

覆层上也应带有警示标志,提示在电熔连接、对接熔接以及机械连接前应去除覆层。

附 录 F
(规范性附录)
压缩复原试验方法

F.1 总则

如果使用压缩复原技术对聚乙烯管道系统进行维护和修复作业，管材制造商应保证压缩复原后的管材仍满足静液压强度的要求。

F.2 试验方法

F.2.1 试验原理

在 0 ℃条件下，通过两个平行的圆杆对试样进行压缩，压缩点到试样的两末端的距离应相等，并且两平行的杆应与管材的轴线垂直。保持一定时间后立即释放，然后对管材进行静液压强度试验。

F.2.2 试验设备

F.2.2.1 压缩设备

包含一个固定杆和一个可移动杆的压力加载装置，采用框架设计，用于承受压缩操作产生的应力。

每根杆应为环形截面并具有足够的刚度以确保杆在压缩复原过程能均匀分离，且具有相同直径并应不小于表 F.1 中给出的最小值。

移动杆可采用液压或机械操作方法进行加压，以达到表 F.1 规定的压缩水平(L)。

表 F.1 压缩水平

公称外径 d_n mm	杆的最小直径 mm	压缩水平 L %[a]
$d_n<75$	25.0	80
$75\leqslant d_n<250$	38.0	80
$250\leqslant d_n\leqslant 630$	50.0	90

[a] 压缩水平 L，即为两杆之间的距离与 2 倍最小壁厚之间的百分比。

F.2.2.2 温度调控设备

能够达到并维持试样温度(压缩前)在(0±1.5)℃范围内。

F.2.3 试样

F.2.3.1 试样长度

试样自由长度应不小于管材公称外径的 6 倍，最小不得小于 250 mm。

F.2.3.2 试样数

试样数为 3 个。

F.2.4 试验步骤

F.2.4.1 计算保证压扁需要的间距

按式(F.1)计算压扁需要的间距 l_q：

$$l_q = 2L \times e_{min} \qquad \cdots\cdots(F.1)$$

式中：

e_{min}——管材的最小壁厚，单位为毫米(mm)；

L ——表 F.1 给定的压缩水平。

F.2.4.2 状态调节

将试样放置在 0 ℃环境中，按表 13 进行状态调节。

F.2.4.3 压扁试样

在表 F.2 规定的时间内将试样从 0 ℃环境中取出并安装在试验设备上。用压缩设备以 25 mm/min～50 mm/min 的速率将试样压至间距 l_q，环境温度应在 0 ℃～25 ℃之间。

表 F.2 最大安装时间

d_n mm	最大安装时间 s
$d_n \leqslant 110$	90
$110 < d_n \leqslant 250$	180
$250 < d_n$	300

F.2.4.4 保持时间

保持压扁状态保持(60±5)min 后，在 1 min 内完全释放管材。

F.2.4.5 试验

按本部分表 8 给出的参数和试验方法进行(20 ℃，100 h)静液压强度测试和(80 ℃，1 000 h)静液压强度测试。

参 考 文 献

[1] ISO 16770 塑料 聚乙烯环境应力开裂(ESC)的测定 全缺口蠕变试验

[2] CJJ 63 聚乙烯燃气管道施工技术规程

[3] ISO 13478 Thermoplastics pipes for the conveyance of fluids-Determination of resistance to rapid crack propagation (RCP)-Full-scale test (FST)

[4] ISO 13761 Plastics pipes and fittings-Pressure reduction factors for polyethylene pipeline systems for use at temperatures above 20 ℃

[5] ISO 16871 Plastics piping and ducting systems-Plastics pipes and fittings-Method for exposure to direct (natural) weathering

[6] ISO/TS 10839 Polyethylene pipes and fittings for supply of gaseous fuels-Code of practice for design, handling and installation

[7] EN 12099 Plastics piping systems-Polyethylene piping materials and components-Determination of volatile content

[8] EN 12106 Plastics piping systems-Polyethylene (PE) pipes-Test method for the resistance to internal pressure after application of squeeze-off

[9] DIN/PAS 1075 Pipes made from Polyethylene for alternative installation techniques-Dimensions, technical requirements and testing

[10] CEN/TS 1555-7 Plastics piping systems for the supply of gaseous fuels- Polyethylene (PE)—Part7: Guidance for the assessment of conformity

ICS 83.140.30
G 33

中华人民共和国国家标准

GB 15558.2—2005
废止 GB 15558.2—1995

燃气用埋地聚乙烯(PE)管道系统 第2部分:管件

Buried polyethylene (PE) piping systems for the supply of gaseous fuels—Part 2:Fittings

(ISO 8085-2:2001,Polyethylene fittings for use with polyethylene pipes for the supply of gaseous fuels—Metric series—Specifications—Part 2:Spigot fittings for butt fusion,for socket fusion using heated tools and for use with electrofusion fittings;ISO 8085-3:2001,Polyethylene fittings for use with polyethylene pipes for the supply of gaseous fuels—Metric series—Specifications—Part 3: Electrofusion fittings,MOD)

自2017年3月23日起,本标准转为推荐性标准,编号改为GB/T 15558.2—2005。

2005-05-17 发布 2005-12-01 实施

中华人民共和国国家质量监督检验检疫总局
中国国家标准化管理委员会 发布

前　言

GB 15558《燃气用埋地聚乙烯(PE)管道系统》分为三个部分：

——GB 15558.1—2003《燃气用埋地聚乙烯(PE)管道系统　第1部分：管材》；

——GB 15558.2—2005《燃气用埋地聚乙烯(PE)管道系统　第2部分：管件》；

——GB 15558.3《燃气用埋地聚乙烯(PE)管道系统　第3部分：阀门》(该部分正在制定中)。

本部分为GB 15558的第2部分。

本部分5.2、5.5、8.2和第9章为强制性的，其余为推荐性的。

本部分修改采用ISO 8085-2:2001《与燃气用聚乙烯管材配套使用的聚乙烯管件——公制系列——规范——第2部分：用于热熔对接、使用加热工具承插熔接及电熔管件连接的插口管件》(英文版)，包括其修正案(ISO 8085-2-Amd 1:2001)；以及ISO 8085-3:2001《与燃气用聚乙烯管材配套使用的聚乙烯管件——公制系列——规范——第3部分：电熔管件》(英文版)。

本部分根据ISO 8085-2:2001和ISO 8085-3:2001重新起草。在附录A中列出了本部分章条编号与ISO 8085-2:2001和ISO 8085-3:2001两部分章条编号的对照一览表。

考虑到我国国情，在采用ISO 8085-2:2001和ISO 8085-3:2001时，本部分做了一些编辑性修改。有关技术性差异已编入正文中并在它们所涉及的条款的页边空白处用垂直单线标识，在附录B中给出了这些技术性差异及其原因的一览表以供参考。

GB 15558的本部分自实施之日起，原GB 15558.2—1995《燃气用埋地聚乙烯管件》同时废止。

GB 15558的本部分与GB 15558.2—1995相比，从结构和管件尺寸范围以及技术要求都有了很大变化，主要变化如下：

——增加了定义一章(见第3章)；

——增加了符号一章(见第4章)；

——材料的要求按照GB 15558.1—2003的规定(见第5章)；

——增加了对管件的一般要求(见第6章)；

——对产品的分类与GB 15558.2—1995不同(见第1章)；删除了热熔承插连接方式及有关内容(见1995年版的6.6)；

——管件规格尺寸从250 mm扩大到了630 mm；管件的尺寸要求按照国际标准的规定(见7.2)；

——增加了对电熔管件壁厚的要求(见7.3)；

——管件的力学性能中增加了插口管件对接熔接拉伸强度，电熔承口管件的熔接强度，电熔鞍形管件的冲击性能和压力降的测试(见第8章)；

——删除了管件性能要求中的加热伸缩的要求(1995年版的5.4表2)；

——管件的物理性能中增加了熔体质量流动速率的性能要求(见第9章)；

——增加了技术文件一章(见第12章)；

——增加了标志一章，对标志内容及熔接系统识别做了规定(见第13章)；

——删除了附录“组合件试验系统示意图”(1995年版的附录A);
——删除了附录“燃气用埋地聚乙烯管件的形状和尺寸”(1995年版的附录B);
——增加了资料性附录“本部分章条编号与ISO 8085-2:2001和ISO 8085-3:2001章条编号对照”(见附录A);
——增加了资料性附录“本部分与ISO 8085-2:2001和ISO 8085-3:2001技术性差异及其原因”(见附录B);
——增加了资料性附录“电熔管件典型接线端示例”(见附录C);
——增加了规范性附录“气体流量-压力降关系的测定”(见附录D)。

本部分的附录D为规范性附录,附录A、附录B、附录C为资料性附录。

请注意本部分的某些内容有可能涉及专利。本部分的发布机构不应承担识别这些专利的责任。

本部分由中国轻工业联合会提出。

本部分由全国塑料制品标准化技术委员会塑料管材、管件及阀门分技术委员会(TC 48/SC 3)归口。

本部分由亚大塑料制品有限公司负责起草,港华辉信工程塑料(中山)有限公司、宁波宇华电器有限公司、浙江中财管道科技股份有限公司参加起草。

本部分主要起草人:马洲、王志伟、何健文、孙兆儿、丁良玉。

本部分所代替标准的历次版本发布情况为:

——GB 15558.2—1995。

根据中华人民共和国国家标准公告(2017年第7号)和强制性标准整合精简结论,本标准自2017年3月23日起,转为推荐性标准,不再强制执行。

燃气用埋地聚乙烯(PE)管道系统 第2部分:管件

1 范围

GB 15558的本部分规定了燃气用埋地聚乙烯管件(以下简称“管件”)的定义、符号、材料、一般要求、几何尺寸、力学性能、物理性能、试验方法、检验规则、技术文件、标志和标签,以及包装、运输、贮存。

本部分适用于PE 80和PE 100材料制造的燃气用埋地聚乙烯管件。

本部分规定的管件与GB 15558.1—2003《燃气用埋地聚乙烯(PE)管道系统 第1部分:管材》规定的管材配套使用。

本部分适用于下列连接方式的管件:

——热熔对接及电熔连接的插口管件;

——电熔管件:

a) 电熔承口管件;

b) 电熔鞍形管件。

注:管件可以是套筒、等径或变径三通、变径、弯头或端帽等。

本部分不适用于利用加热工具的热熔承插连接的管件。

在输送人工煤气和液化石油气时,应考虑燃气中存在的其他组分(如芳香烃、冷凝液等)在一定浓度下对管件性能产生的不利影响。

2 规范性引用文件

下列文件中的条款通过GB 15558的本部分的引用而成为本部分的条款。凡是注日期的引用文件,其随后所有的修改单(不包括勘误的内容)或修订版均不适用于本部分,然而,鼓励根据本部分达成协议的各方研究是否可使用这些文件的最新版本。凡是不注日期的引用文件,其最新版本适用于本部分。

GB/T 2828.1—2003 计数抽样检验程序 第1部分:按接收质量限(AQL)检索的逐批检验抽样计划(ISO 2859-1:1999,IDT)

GB/T 2918—1998 塑料试样状态调节和试验的标准环境(idt ISO 291:1997)

GB/T 3682—2000 热塑性塑料熔体质量流动速率和熔体体积流动速率的测定(idt ISO 1133:1997)

GB/T 6111—2003 流体输送用热塑性塑料管材 耐内压试验方法(ISO 1167:1996,IDT)

GB/T 8806 塑料管材尺寸测量方法(GB/T 8806—1988,eqv ISO 3126:1974)

GB 15558.1—2003 燃气用埋地聚乙烯(PE)管道系统 第1部分:管材(ISO 4437:1997,MOD)

GB/T 17391—1998 聚乙烯管材与管件热稳定性试验方法(eqv ISO/TR 10837:1991)

GB/T 18252—2000 塑料管道系统 用外推法对热塑性塑料管材长期静液压强度的测定

GB/T 18475—2001 热塑性塑料压力管材和管件用材料分级和命名 总体使用(设计)系数(eqv ISO 12162:1995)

GB/T 19278—2003 热塑性塑料管材、管件及阀门 通用术语及其定义

GB/T 19810 聚乙烯(PE)管材和管件 热熔对接接头拉伸强度和破坏形式的测定(GB/T 19810—2005,ISO 13953:2001,IDT)

GB/T 19808 塑料管材和管件 公称外径大于或等于 90 mm 的聚乙烯电熔组件的拉伸剥离试验(GB/T 19808—2005,ISO 13954:1997,IDT)

GB/T 19809 塑料管材和管件 聚乙烯(PE)管材/管材或管材/管件热熔对接组件的制备(GB/T 19809—2005,ISO 11414:1996,IDT)

GB/T 19806 塑料管材和管件 聚乙烯电熔组件的挤压剥离试验(GB/T 19806—2005,ISO 13955:1997,IDT)

GB/T 19712—2005 塑料管材和管件 聚乙烯(PE)鞍形旁通 抗冲击试验方法(ISO 13957:1997,IDT)

HG/T 3092—1997 燃气输送管及配件用密封圈橡胶材料(idt ISO 6447:1983)

3 定义

GB 15558.1—2003 及 GB/T 19278—2003 与下面的定义、符号和缩略语适用于 GB 15558 的本部分。

3.1 几何定义

3.1.1

管件的公称直径(d_n) nominal diameter of a fitting

与管件配套使用的管材系列的公称外径。

3.1.2

管件的公称壁厚(e_n) nominal wall thickness of a fitting

与管件配套使用的管材系列的公称壁厚。

3.1.3

平均内径 mean inside diameter

在同一径向截面上以相互垂直的角度测量的至少两个内径的算术平均值。

3.1.4

承口的不圆度 out-of-roundness of a socket

在平行于承口口部平面的同一平面内,测得的承口最大内径减去承口最小内径得到的值。

3.1.5

承口最大不圆度 maximum out-of-roundness of a socket

在从承口口部平面到距承口口部距离为 L_1(设计插入段长度)的平面之间,承口不圆度的最大值。

3.1.6

管件的标准尺寸比(SDR) standard dimension ratio of a fitting

管件公称直径(d_n)与公称壁厚(e_n)的比。

$$SDR=\frac{d_n}{e_n} \quad \cdots\cdots(1)$$

3.1.7

管件的壁厚(E)　wall thickness of a fitting

承受由管道系统中燃气压力引起的全应力的管件主体的任一点壁厚。

3.2　插口管件有关定义

3.2.1

插口管件　spigot end fitting

插口端的连接外径等于相应配用管材的公称外径 d_n 的聚乙烯(PE)管件。

3.2.2

管件管状部分的平均外径　mean outside diameter of tubular part of a fitting

管件管状部分任一横截面外周长测量值除以 π 并向上圆整到最近的 0.1 mm。

3.2.3

管件管状部分的不圆度　out-of-roundness of the tubular part of a fitting

在平行于插口端面并且距离该端面距离不超过 L_2(管状部分长度)的同一平面内,所测最大外径与最小外径的差值。

3.3　电熔管件设计的特殊定义

3.3.1

电熔承口管件　electrofusion socket fitting

具有一个或多个组合加热元件,能够将电能转换为热能从而与管材或管件插口端熔接的聚乙烯(PE)管件。

3.3.2

电熔鞍形管件　electrofusion saddle fitting

具有鞍形几何特征及一个或多个组合加热元件,能够将电能转换为热能从而在管材外侧壁上实现熔接的聚乙烯(PE)管件。

3.3.2.1

鞍形旁通　tapping tee

具有辅助开孔分支端及一个可以切透主管材壁的组合切刀的电熔鞍形管件。在安装后切刀仍留在鞍形体内。常用于带压作业。

3.3.2.2

鞍形直通　branch saddle

不具备辅助开孔分支端,通常需要辅助切削工具在连接的主管材上钻孔的电熔鞍形管件。

3.3.3

U-调节(电压调节)　U-regulation

在电熔管件熔接过程中,通过电压参数控制能量供给的方式。

3.3.4

I-调节(电流调节)　I-regulation

在电熔管件熔接过程中,通过电流参数控制能量供给的方式。

4 符号

4.1 插口管件的尺寸和符号

本部分管件插口端的尺寸和符号见图1：

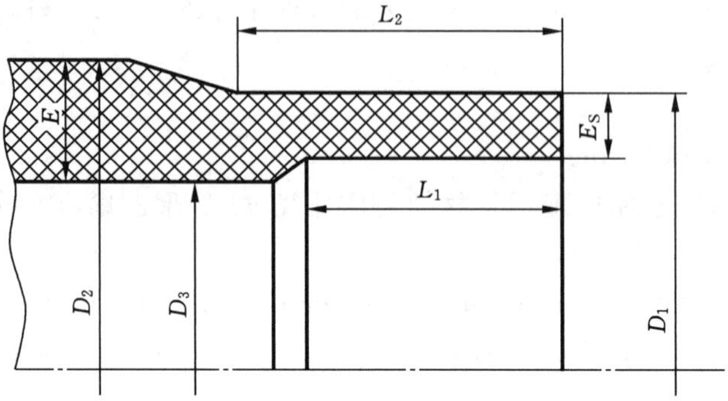

图中：

D_1——熔接段的平均外径，在距离插口端面不大于 L_2、平行于该端口平面的任一截面处测量；

D_2——管件主体的平均外径；

D_3——最小通径，即管件主体最小通流内径，不包括熔接形成的卷边；

E ——任一点测量的管件主体壁厚；

E_S——熔接段的壁厚，在距口部端面距离不超过 L_1(回切长度)的任一断面测量；

L_1——熔接段的回切长度，即用于热熔对接或电熔连接所必需的初始深度；

L_2——熔接段管状部分的长度。

图1 管件插口端示意图

4.2 电熔管件的尺寸和符号

4.2.1 电熔承口管件的符号

本部分电熔管件承口端的尺寸和主要符号见图2：

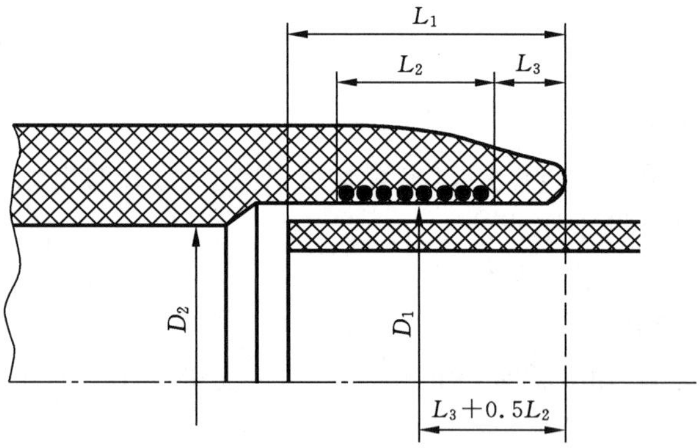

图中：

D_1——距离口部端面 $L_3+0.5L_2$ 处测量的熔融区的平均内径；

D_2——最小通径，即管件主体最小通流内径；

L_1——管材的插入长度或插口管件插入段的长度；

L_2——承口内部的熔区长度，即熔融区的标称长度；

L_3——管件承口口部非加热长度，即管件口部与熔接区域开始处之间的距离。

图2 管件承口端示意图

4.2.2 电熔鞍形旁通的符号

鞍形旁通使用的主要符号见图 3：

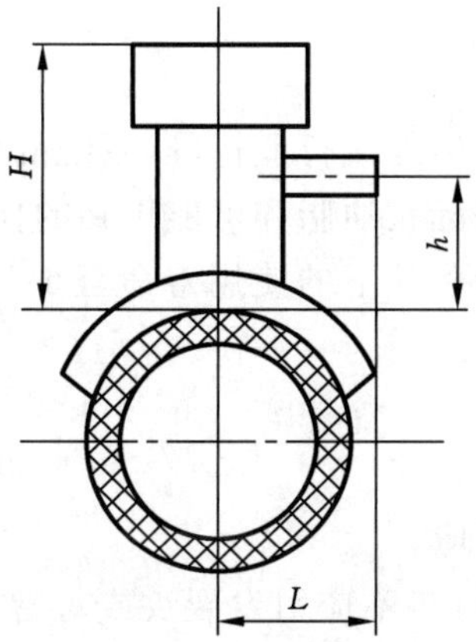

图中：

h——出口管材的高度，即主体管材顶部到出口管材轴线的距离；

L——鞍形旁通的宽度，即主体管材轴线到出口管材端口的距离；

H——鞍形旁通的高度，即主体管材顶部到鞍形旁通顶部的距离。

图 3 鞍形旁通示意图

5 材料

5.1 总则

管件制造商使用的材料涉及的技术数据应符合 GB 15558.1—2003 中 4.5 的规定。

所选材料的任何改变，影响到管件性能时，应按照第 8 章的要求进行验证。

5.2 混配料

制造管件应使用聚乙烯混配料。混配料中仅添加有对于符合本部分管件的生产和最终使用及熔接连接所必要的添加剂。所有添加剂应分散均匀。添加剂不应对熔接性能有负面影响。

5.3 回用料

按本部分要求生产管件时，产生的本厂洁净回用料，可以少量掺入同种新料中使用，所生产的管件应符合本部分的要求。

5.4 混配料性能

混配料应符合 GB 15558.1—2003 中 4.5 的要求。

5.5 分级

聚乙烯混配料应按照 GB/T 18252—2000（或 ISO 9080:2003）确定材料与 20℃、50 年、预测概率 97.5％相应的静液压强度 σ_{LCL}。并应按照 GB/T 18475—2001 进行分级，见表 1。混配料制造商应提供相应的级别证明。

表 1 聚乙烯混配料的分级

命名	σ_{LCL}(20℃,50 年,97.5％)/MPa	MRS/MPa
PE 80	$8.00 \leqslant \sigma_{LCL} \leqslant 9.99$	8.0
PE 100	$10.00 \leqslant \sigma_{LCL} \leqslant 11.19$	10.0

5.6 熔接性

管件制造商应保证管件与符合 GB 15558.1—2003 的管材的熔接性符合第 8 章要求。

5.7 非聚乙烯部分的材料

5.7.1 总则

所有的材料应符合相应的国家标准或行业标准,系统的各种组件都应考虑系统适用性。

制造管件的所有材料(包括橡胶圈、油脂和可能用到的任何金属部分)应像管道系统中其他部件一样耐内、外部环境,在同等的条件下的使用寿命至少与符合 GB 15558 的管道系统相同,并与它们一起适用于以下状况:

a) 贮存期内;

b) 与输送的燃气接触;

c) 处于运行条件下的工作环境。

与 PE 管材接触的非 PE 管件材料不应引发裂纹或对管材性能有负面影响。

5.7.2 金属材料

管件所使用易腐蚀金属部分应充分防护。当使用不同的金属材料并可能与水分接触时,应采取措施防止电化学腐蚀。所有金属部分的质量和等级应符合相关的现行国家标准、行业标准或规范。

5.7.3 弹性密封件

弹性密封件材料应符合 HG/T 3092—1997 的规定。

也可使用其他符合要求的密封材料用于燃气输送。

5.7.4 其他材料

油脂或润滑剂不应渗出到熔接区,不应影响管件材料的长期性能。

使用符合 5.7.1 的其他材料时,包含这些材料的管件应符合本部分的要求。

6 一般要求

6.1 颜色

聚乙烯管件的颜色为黑色或黄色。

6.2 外观

管件内外表面应清洁、光滑,不应有缩孔(坑)、明显的划痕和可能影响符合 GB 15558 本部分要求的其他表面缺陷。

6.3 多方式连接的管件

如果电熔管件中同时具有一个或多个插口端,或者插口管件同时具有电熔承口端,它们应分别符合本部分的相关要求。

6.4 工厂预制接头的外观

肉眼观察,预制接头的内外表面应没有熔融物溢出管件,管件制造商声明可接受的除外。

当按照制造商的说明连接电熔管件时,任何溢出不应引起电阻线移动从而造成管件短路。连接管材的内表面不应有明显的变形。

6.5 电熔管件设计

电熔管件的设计应确保当管件与管材或其他管件装配时,电阻线和/或密封件不移位。

6.6 电熔管件的电性能

电熔管件应根据工作时的电压和电流及电源特性设置相应的电气保护措施。

对于电压高于25 V的情况，当按照管件制造商和熔接设备制造商的规程进行操作时，在熔接过程中应确保人无法直接接触到带电部分。

在23℃下，电熔管件的电阻应在以下范围内：

最大值：标称值×(1+10%)+0.1 Ω

最小值：标称值×(1−10%)

最大值内+0.1 Ω是考虑到测量时可能存在接触电阻。

应保证接线柱的表面接触电阻最小。

注：电熔管件的典型的接线端示例见附录C。

7 几何尺寸

7.1 总则

应在制造完成至少24 h后，并状态调节至少4 h后按照GB/T 8806对管件进行测量。并且不得采用任何支撑方式对熔接端进行复圆。

本部分仅涉及管件和组件，不涉及焊接设备。

管件按照承口、插口或鞍形的公称直径标明尺寸，其公称直径与配套使用管材的公称外径d_n相对应。

7.2 管件尺寸

7.2.1 插口管件插口端尺寸

管状部分的平均外径D_1，不圆度(椭圆度)以及相关公差应符合表2的规定。

最小通径D_3，管状部分L_2的最小值和回切长度L_1的最小值应符合表2的规定。

管状部分的长度L_2应满足以下连接要求：

——对接熔接时使用夹具的要求；

——与电熔管件装配长度的要求；

回切长度L_1允许通过熔接一段壁厚等于E_S的管段来实现。

表2 插口管件尺寸和公差

单位为毫米

公称直径 d_n	管件的平均外径			不圆度 max	最小通径 D_{3min}	最小回切长度 L_{1min}	管状部分的最小长度[a] L_{2min}
	D_{1min}	D_{1max} 等级A[b]	D_{1max} 等级B[b]				
16	16	—	16.3	0.3	9	25	41
20	20	—	20.3	0.3	13	25	41
25	25	—	25.3	0.4	18	25	41
32	32	—	32.3	0.5	25	25	44
40	40	—	40.4	0.6	31	25	49
50	50	—	50.4	0.8	39	25	55
63	63	—	63.4	0.9	49	25	63
75	75	—	75.5	1.2	59	25	70
90	90	—	90.6	1.4	71	28	79

表 2(续) 单位为毫米

公称直径 d_n	管件的平均外径			不圆度 max	最小通径 D_{3min}	最小回切长度 L_{1min}	管状部分的最小长度[a] L_{2min}
	D_{1min}	D_{1max}					
		等级 A[b]	等级 B[b]				
110	110	—	110.7	1.7	87	32	82
125	125	—	125.8	1.9	99	35	87
140	140	—	140.9	2.1	111	38	92
160	160	—	161.0	2.4	127	42	98
180	180	—	181.1	2.7	143	46	105
200	200	—	201.2	3.0	159	50	112
225	225	—	226.4	3.4	179	55	120
250	250	—	251.5	3.8	199	60	129
280	280	282.6	281.7	4.2	223	75	139
315	315	317.9	316.9	4.8	251	75	150
355	355	358.2	357.2	5.4	283	75	164
400	400	403.6	402.4	6.0	319	75	179
450	450	454.1	452.7	6.8	359	100	195
500	500	504.5	503.0	7.5	399	100	212
560	560	565.0	563.4	8.4	447	100	235
630	630	635.7	633.8	9.5	503	100	255

a 插口管件交货时可以带有一段工厂组装的短的管段或合适的电熔管件。

b 公差等级符合 ISO 11922-1:1997。

7.2.2 电熔管件电熔承口端的尺寸

插入深度 L_1 和熔区的最小长度 L_2 见表 3。表 3 给出电流和电压两种调节方式的 L_1 的值。

除了表 3 中给出的值,应满足以下要求(见图 2):

$L_3 \geqslant 5$ mm

$D_2 \geqslant d_n - 2e_{min}$

e_{min}为符合 GB 15558.1—2003 相应管材的最小壁厚。

管件熔接区域中间的平均内径 D_1 应不小于 d_n。

制造商应声明 D_1 的最大和最小实际值,以便用户确定管件是否与夹具和接头组件匹配。

如果管件具有不同公称直径的承口,每个承口均应符合相应的公称直径的要求。

表 3 电熔管件承口尺寸 单位为毫米

管件的公称直径 d_n	插入深度 L_1			熔区最小长度 L_{2min}
	min.		max.	
	电流调节	电压调节		
16	20	25	41	10
20	20	25	41	10
25	20	25	41	10

表 3(续)

单位为毫米

管件的公称直径 d_n	插入深度 L_1			熔区最小长度 L_{2min}
	min.		max.	
	电流调节	电压调节		
32	20	25	44	10
40	20	25	49	10
50	20	28	55	10
63	23	31	63	11
75	25	35	70	12
90	28	40	79	13
110	32	53	82	15
125	35	58	87	16
140	38	62	92	18
160	42	68	98	20
180	46	74	105	21
200	50	80	112	23
225	55	88	120	26
250	73	95	129	33
280	81	104	139	35
315	89	115	150	39
355	99	127	164	42
400	110	140	179	47
450	122	155	195	51
500	135	170	212	56
560	147	188	235	61
630	161	209	255	67

7.3 管件壁厚

7.3.1 插口管件壁厚和配用管材之间的关系

7.3.1.1 配用管材的最小壁厚

配用管材的最小壁厚应符合 GB 15558.1—2003 中 6.3.1 相应 SDR 系列的要求。

7.3.1.2 熔接段的壁厚 E_S

熔接段的壁厚 E_S 应等于 GB 15558.1—2003 相应管材系列的公称壁厚并符合相应公差,允许在距入口端面不大于 $0.01d_n \pm 1$ mm 的轴向长度范围内有壁厚缩减(例如倒角)。

7.3.1.3 插口管件壁厚 E

插口管件及其连接件的壁厚 E 可根据材料强度 MRS(见 5.5)合理确定,应符合第 8 章的性能要求。

管件主体内壁厚的变化应是逐渐的,以避免应力集中。

7.3.2 电熔管件壁厚和配用管材之间的关系

7.3.2.1 总则

在生产符合 GB 15558 本部分要求的管件时,电熔管件壁厚 E 可根据材料强度 MRS(见

5.5 要求)合理确定。

管件及其熔接接头应满足第 8 章规定的力学性能要求。

为了避免应力集中,管件主体壁厚的变化应是渐变的。

7.3.2.2 管材和电熔管件壁厚之间的关系

管材与电熔管件壁厚 E 的搭配关系应按下面方式确定:

a) 当管件和配用的管材由相同 MRS 分级的聚乙烯制造时,从距离管件端口 $2L_1/3$ 处开始,管件主体任一处的壁厚应大于或等于相应管材的最小壁厚 e_{min};

b) 当管件和配用的管材不是由相同 MRS 分级的聚乙烯制造时,应符合表 4。

表 4 管材和管件的壁厚关系

管材和管件材料		管件壁厚(E)和管材壁厚(e_n)的关系
管材	管件	
PE 80	PE 100	$E \geqslant 0.8e_n$
PE 100	PE 80	$E \geqslant e_n/0.8$

7.3.2.3 电熔管件承口的最大不圆度

电熔管件的承口最大不圆度应不超过 0.015 d_n。

7.3.2.4 电熔管件的插口端

包含插口端分支的电熔管件(例如带插口端分支的电熔等径三通),插口端分支尺寸应符合 7.2.1。

7.3.3 电熔鞍形管件

鞍形旁通和鞍形直通的出口如为插口端应符合 7.2.1 要求,如为承口应符合 7.2.2 的要求。

制造商应在其技术文件中规定一般尺寸要求。这些尺寸应包括鞍形管件的最大高度 H,如为鞍形旁通还应包括出口管材高度 h。

7.3.4 其他尺寸

其他尺寸及其性能,例如总体尺寸、安装尺寸或相关夹具要求,应符合制造商技术文件的规定。

电熔套筒内部没有限位止口(台阶)或限位件可去除时,管件的尺寸应允许管材能全部穿过管件。

8 力学性能

8.1 总则

使用组合试件测试管件性能时,所用管材应符合 GB 15558.1—2003 的规定。试验组件应按照 GB/T 19809 及制造商说明进行装配。所用设备符合相关标准的要求。

如果变更熔接参数,应保证熔接接头符合 8.2 的性能要求。

8.2 要求

按照表 5 规定的方法及标明的试验参数进行试验,管件-管材组件的力学性能应符合表 5 的要求。

表 5 力学性能

序号	项目	要求	试验条件		试验方法
1	20℃静液压强度	无破坏,无渗漏	密封接头 方向 调节时间 试验时间 环应力: PE 80 管材 PE 100 管材 试验温度	a 型 任意 1 h ≥100 h 10 MPa 12.4 MPa 20℃	GB/T 6111—2003 本部分的 10.5
2	80℃静液压强度[a]	无破坏,无渗漏	密封接头 方向 调节时间 试验时间 环应力: PE 80 管材 PE 100 管材 试验温度	a 型 任意 12 h ≥165 h 4.5 MPa 5.4 MPa 80℃	GB/T 6111—2003 本部分的 10.5
3	80℃静液压强度	无破坏,无渗漏	密封接头 方向 调节时间 试验时间 环应力: PE 80 管材 PE 100 管材 试验温度	a 型 任意 12 h ≥1 000 h 4 MPa 5 MPa 80℃	GB/T 6111—2003 本部分的 10.5
4	对接熔接拉伸强度[b]	试验到破坏为止: 韧性:通过 脆性:未通过	试验温度	23℃±2℃	GB/T 19810
5	电熔管件的熔接强度[c]	剥离脆性破坏百分比 ≤33.3%	试验温度	23℃	GB/T 19808[c] GB/T 19806[c]
6	冲击性能[d]	无破坏,无泄漏	试验温度 下落高度 落锤质量	0℃ 2 m 2.5 kg	GB/T 19712
7	压力降[d]	在制造商标称的流量下: $d_n \leqslant 63$:$\Delta p \leqslant 0.05\times10^{-3}$ MPa $d_n > 63$:$\Delta p \leqslant 0.01\times10^{-3}$ MPa	空气流量 试验介质 试验压力	制造商标称 空气 2.5×10^{-3} MPa	附录 D

a 对于(80℃,165 h)静液压试验,仅考虑脆性破坏。如果在规定破坏时间前发生韧性破坏,允许在较低应力下重新进行该试验。重新试验的应力及其最小破坏时间应从表 6 中选择,或从应力-时间关系的曲线上选择。

b 适用于插口管件。

c 仅适用于电熔承口管件。

d 仅适用于鞍形旁通。

表 6　静液压强度(80℃,165 h)—应力-最小破坏时间关系

PE 80		PE 100	
环应力/MPa	最小破坏时间/h	环应力/MPa	最小破坏时间/h
4.5	165	5.4	165
4.4	233	5.3	256
4.3	331	5.2	399
4.2	474	5.1	629
4.1	685	5.0	1 000
4.0	1 000	—	—

在准备试验组件时,应考虑到由于制造公差和装配公差而可能发生的尺寸波动以及在不同的环境温度下的影响因素。

注:建议制造商考虑采用 ISO/TS 10839 中给出的设计、搬运和安装操作规程。

9　物理性能

按照表 7 规定的方法及标明的试验参数进行试验,管件的物理性能应符合表 7 的要求。

表 7　管件的物理性能

序号	项　　目	单　　位	要　　求	试验参数	试验方法
1	氧化诱导时间	min	>20	200℃[a]	GB/T 17391—1998
2	熔体质量流动速率(MFR)	g/10 min	管件的 MFR 变化不应超过制造管件所用混配料的 MFR 的±20%	190℃/5 kg(条件 T)	GB/T 3682—2000
[a] 如果与 200℃ 的试验结果有明确的修正关系,可以在 210℃ 进行试验。仲裁时,试验温度应为 200℃。					

10　试验方法

10.1　试样状态调节和试验的标准环境

除非另有规定,应在管件生产至少 24 h 后取样,按照 GB/T 2918—1998 规定,在温度为(23±2)℃下状态调节至少 4 h 后进行试验。

10.2　颜色及外观

用肉眼观察。

10.3　尺寸测量

10.3.1　厚度按 GB/T 8806 的规定测量。

10.3.2　承口内径和管件通径用精度为 0.01 mm 的内径表测量,在图 1 和图 2 规定部位测量两个相互垂直的内径,计算它们的平均值,作为平均内径。

10.3.3　插口外径用 π 尺或精度为 0.02 mm 的游标卡尺进行测量。

10.3.4　不圆度用精度为 0.02 mm 的量具进行测量,试样同一截面的最大内(外)径和最小内(外)径之差即为不圆度。

10.3.5　各部位长度用精度为 0.02 mm 的游标卡尺进行测量。

10.4 电阻测量

管件电阻应使用符合表 8 要求的电阻仪进行测量,有争议的情况下,电阻应在(23±2)℃下测量。

表 8 电阻仪工作特性

范围/Ω	分辨率/mΩ	精度
0～1	1	读数的 2.5%
0～10	10	读数的 2.5%
0～100	100	读数的 2.5%

10.5 静液压强度

10.5.1 管件的静液压强度用管件和管材的组合件进行测试,组合件制备后,在室温下放置至少 24 h,组合件及管材的自由长度 L_0 按下述方式确定:

——组合件中只有一个管件时,密封接头到每个承(插)口的自由长度 L_0 为其公称直径(d_n)的 2 倍;

——组合件含有多个管件时,管件之间管段的自由长度 L_0 为其公称直径(d_n)的 3 倍;

——两密封接头之间的管段自由长度 L_0 最小值为 250 mm,最大值为 1 000 mm。

注:除非另有规定,应使用和试验管件相兼容的最大壁厚系列的管材,但鞍形组件所用管材应为与鞍形管件相兼容的最小壁厚的管材。

10.5.2 按 GB/T 6111—2003 试验,试验条件按表 5 规定,试验压力按表 5 中规定环应力和管材的公称壁厚计算。

10.5.3 试样内外的介质均为水,b 型接头可用于公称直径大于或等于 500 mm 管件的出厂检验。

10.6 对接熔接拉伸强度

按照 GB/T 19810 试验。

10.7 电熔管件的熔接强度

按照 GB/T 19808 或 GB/T 19806 试验。对于公称直径大于或等于 90 mm 的电熔管件,仲裁时按照 GB/T 19808 试验。

10.8 电熔鞍形旁通的冲击性能

按照 GB/T 19712 试验。

10.9 压力降

按照附录 D 试验。试样数量为一个。

10.10 氧化诱导时间(热稳定性)

按 GB/T 17391—1998 试验,刮去表层 0.2 mm 后取样。

10.11 熔体质量流动速率

按 GB/T 3682—2000 试验。

11 检验规则

11.1 检验分类

检验分为出厂检验和型式检验。

11.2 出厂检验

11.2.1 出厂检验项目为6.1、6.2、6.6、第7章、第8章中的(80℃,165h)静液压试验以及第9章中的氧化诱导时间。

11.2.2 6.1、6.2、第7章检验按GB/T 2828.1—2003规定采用正常检验一次抽样方案,取一般检验水平Ⅰ,接收质量限(AQL)2.5,见表9。

表9 接收质量限(AQL)为2.5的抽样方案 基本单位为件

批量 N	样本量 n	接收数 Ac	拒收数 Re
≤150	8	0	1
151～280	13	1	2
281～500	20	1	2
501～1 200	32	2	3
1 201～3 200	50	3	4

11.2.3 对于“6.6电熔管件的电性能”中的电阻要求,应逐个检验。

11.2.4 在外观尺寸抽样合格及电性能合格的产品中,随机抽取样品进行氧化诱导时间和静液压试验(80℃,165 h),试样数量为一个。

11.3 型式检验

11.3.1 型式检验的项目为第6、7、8、9章的全部技术要求。

11.3.2 已经定型生产的管件,按下述要求进行型式检验。

11.3.3 分组:使用相同混配料、具有相同结构、相同品种的管件,按表10规定对管件进行尺寸分组。

表10 管件的尺寸分组和公称外径范围 单位为毫米

尺寸组	1	2	3
公称外径 d_n 范围	$d_n<75$	$75\leqslant d_n<250$	$250\leqslant d_n\leqslant 630$

11.3.4 根据本部分的技术要求,每个尺寸组合理选取任一规格进行试验,在外观尺寸抽样合格的产品中,进行第6、7、8、9章的性能检验。每次检验的规格在每个尺寸组内轮换。

11.3.5 一般情况下,每隔两年进行一次型式检验。若有以下情况之一,应进行型式试验:

a) 新产品或老产品转厂生产的试制定型鉴定;

b) 结构、材料、工艺有较大变动可能影响产品性能时;

c) 产品长期停产后恢复生产时;

d) 出厂检验结果与上次型式检验结果有较大差异时;

e) 国家质量监督机构提出型式检验的要求时。

11.4 组批规则和抽样方案

11.4.1 组批

同一混配料、设备和工艺连续生产的同一规格管件作为一批,每批数量不超过3 000件,同时生产周期不超过七天。

11.4.2 抽样方案

接收质量限(AQL)为2.5的抽样方案见表9。

11.5 判定规则和复验规则

产品需经生产厂质量检验部门检验合格并附有合格标志方可出厂。

按照本部分规定的试验方法进行检验,依据试验结果和技术要求对产品做出质量判定。外观、尺寸按6.2和第7章的要求,按表9进行判定。其他性能有一项达不到规定时,则随机抽取双倍样品对该项进行复验。如仍不合格,则判该批产品不合格。

电熔管件均应符合6.6电性能要求。

12 技术文件

管件制造商应保证技术文件的适用性(可以是机密的),此文件包含所有相关必要数据以证明与GB 15558本部分的一致性。文件应包括所有型式检验的结果并应符合已公开发布的技术手册。它还应在要求时包括必要数据以实现可追溯性。

制造商的技术文件应至少包含以下信息:

——使用条件(管材和管件温度限制,SDR值和不圆度);

——尺寸;

——安装规程;

——对熔接设备的要求;

——熔接规程(熔接参数范围);

——对于鞍形管件:

a) 连接方法(是否使用夹具以及任何必要的附加装置);

b) 是否有必要控制使用夹具在某个位置以保证组件满意的性能。

适用时,技术文件还应包含制造商符合相关质量体系认证的相关证明。

13 标志和标签

13.1 总则

除表11中标注a的项目外,标志内容应打印或直接成型在管件表面上,并且在正常的贮存、操作、搬运和安装后,保持字迹清楚。

注:除非与制造商协商一致,否则由于在安装和使用过程中涂漆、划伤、组件相互遮盖或使用试剂等造成字迹模糊,制造商不负责任。

标志不应引发开裂和影响管件性能。

如果使用打印标志,打印内容的颜色应与管件的本色不同。

标志和标签内容应目视清晰。

对于插口管件,标志不应位于管件的最小插口长度范围内。

13.2 标志的最少要求

最少要求的标志应符合表11的规定:

表11 最少要求的标志

项目	标志
制造商的名字和/或商标[b] 与管件连接的管材的公称外径 d_n 材料和级别	名称或符号 例如:110 例如:PE 80

表 11（续）

项　　目	标　　志
适用管材系列	SDR（例如：SDR11 和/或 SDR 17.6）或 SDR 熔接范围
制造商的信息[b]	——制造日期(用数字或代码表示的年和月） ——若在多处生产时，生产地点的名称或代码
GB 15558 的本部分[a]	GB 15558.2
输送流体[a]	“燃气”或“GAS”

[a] 这个信息可以打印在管件所附标签上或独立包装管件的袋子上。

[b] 提供可追溯性。

13.3 附加标志

与熔接条件相关的附加信息，例如熔接和冷却时间，可以在管件所附标签、或单独的标签上给出。

13.4 熔接系统识别

电熔管件应具备熔接参数可识别性，如数字识别、机电识别或自调节系统识别，在熔接过程中用于识别熔接参数。

使用条形码识别时，条形码标签应粘贴在管件上并应被适当保护以免污损。

14 包装、运输、贮存

14.1 包装

管件应包装，在必要时单个保护以防损坏和污染，一般情况下，应装入袋子、薄纸板箱或硬纸箱中。

包装物应有标识，标明制造商的名称、管件的类型和尺寸、管件数量、任何特殊的贮存条件和贮存要求。

14.2 运输

管件运输时，不得受到剧烈的撞击、划伤、抛摔、曝晒、雨淋和污染。

14.3 贮存

管件应贮存在地面平整、通风良好、干燥、清洁并保持良好消防的库房内，合理放置。贮存时，应远离热源，并防止阳光直接照射。

附 录 A
(资料性附录)
本部分章条编号与 ISO 8085-2:2001 和 ISO 8085-3:2001 章条编号对照

表 A.1 给出了本部分章条编号与 ISO 8085-2:2001 和 ISO 8085-3:2001 章条编号对照一览表。

表 A.1 本部分章条编号与 ISO 8085-2:2001 和 ISO 8085-3:2001 章条编号对照

本部分章条编号	ISO 8085-2	ISO 8085-3
3.1.1	3.1.2	3.1.1
3.1.2	3.1.3	3.1.2
3.1.3～3.1.5	—	3.1.3～3.1.5
3.1.6	3.1.5	3.1.6
3.1.7	3.1.6	3.1.7
—	3.2	3.2
3.2.2	3.1.1	—
3.2.3	3.1.4	—
—	3.3～3.4	3.3～3.4
3.3	—	3.5
4.1	4	—
4.2	—	4
5.7	—	5.7
6.1	—	—
6.3	6.1	6.1
6.4	6.3	6.4
6.5,6.6	—	6.3,6.5
7.2.1	7.2	—
7.2.2	—	7.2.1
7.3.1	7.3	—
7.3.2	—	7.2.2
7.3.3	—	7.3
7.3.4	7.4	7.4
—	—	8.2
10、11	—	—

表 A.1(续)

本部分章条编号	ISO 8085-2	ISO 8085-3
12	10	10
13.1～13.3	11	11
13.4	—	—
14.1	12	12
14.2～14.3	—	—
附录 A、附录 B	—	—
附录 C	—	附录 A
—	附录 A	附录 B
—	—	附录 C
—	—	附录 D
附录 D	—	—
表中的章条以外的本部分其他章条编号与 ISO 8085-2 及 ISO 8085-3 其他章条编号相同。		

附 录 B
（资料性附录）
本部分与 ISO 8085-2:2001 和 ISO 8085-3:2001 技术性差异及其原因

表 B.1 给出了本部分与 ISO 8085-2:2001 和 ISO 8085-3:2001 的技术性差异及其原因的一览表。

表 B.1 本部分与 ISO 8085-2:2001 和 ISO 8085-3:2001 技术性差异及其原因

本部分的章条编号	技术性差异	原　因
1	增加了材料为 PE80 和 PE100 及本部分包含管件种类的要求；增加了系统标准的说明。 增加了输送人工煤气和液化石油气的规定。 对范围和产品分类进行了说明。	考虑到我国产品标准及系统标准的编排要求，使说明更明确。 以适合我国国情。 参考欧洲标准，并考虑我国国情。
2	引用了采用国际标准的我国标准。 增加了 GB/T 2828.1—2003 及 GB/T 2918等。	以适合我国国情。 强调与 GB/T 1.1 的一致性。
3.2.1	增加了插口管件的定义。	使标准明确。
—	删除了国际标准中的有关材料的定义及材料一章中有关原生料的叙述。	在 GB 15558.1 中无原生料定义，为避免引起与混配料混淆，故删去。
—	删去了有关与材料特性和使用条件有关的定义。	在 GB 15558.1 中已有说明，本标准为系统标准的一部分，故在此不在赘述。
5.4	不再列表叙述混配料的性能要求。	GB 15558.1 已有相同要求，本部分为 GB 15558系统标准的一部分，故在此不再赘述。
6.1	增加了有关管件颜色的要求。	参照欧洲标准，使标准要求明确、完整。
7.2.1 表 2	修改了表中的部分数据。	此为 ISO 8085-2:2001 中技术勘误的内容。
7.3.2.4	增加了插口端的要求。	使管件的尺寸要求更完整、明确。
7.3.2.2 8 附录	删去 ISO 8085-3 中 7.2.2.2“管件及其相关熔接接头应符合 8.2(表 7)中给出的性能要求，或”的内容规定。 删去了 ISO 8085-3 中 8.2 章及表 7 的内容。 删去了 ISO 8085-3 中的附录 C 和附录 D。	生产标准化、易于操作，符合我国国情，结合国内生产、使用现状，参照欧洲标准 EN 1555-3:2002的规定，只采用一种方式确定管材与电熔管件壁厚的关系，由此删去了其中的性能要求及有关的试验方法的附录。

表 B.1(续)

本部分的章条编号	技术性差异	原　因
表5及表6	修改了表5中(80℃,165 h)的环应力数值,同时修改了表6中的相应数据。	参照EN 1555-3:2002的规定,此为欧洲标准化组织研究改进后的数据,更符合外推曲线,更科学。
10	增加了"试验方法"一章。	符合我国产品标准的编写规定,使标准更明确、便于使用。
11	增加了"检验规则"一章。	符合我国产品标准的编写规定,具有操作性。
13.4	增加了"熔接系统识别"的要求。	参照欧洲标准,使要求规范、明确。
14	增加了运输、贮存的内容。	符合我国产品标准的编写规定、要求明确。
—	删除了ISO 8085-2:2001和ISO 8085-3:2001中的附录B:非公制管件系列的等价尺寸的计算公式。	我国采用的是公制系列。
附录D	按照欧洲标准EN 12117:1997编写。	符合标准编写的规定。 直接引用,更易于实施和操作。

附　录　C
(资料性附录)
电熔管件典型接线端示例

C.1　图 C.1 和图 C.2 举例说明了适用于电压不大于 48 V 的典型接线端(承口类型 A 和类型 B)。

单位为毫米

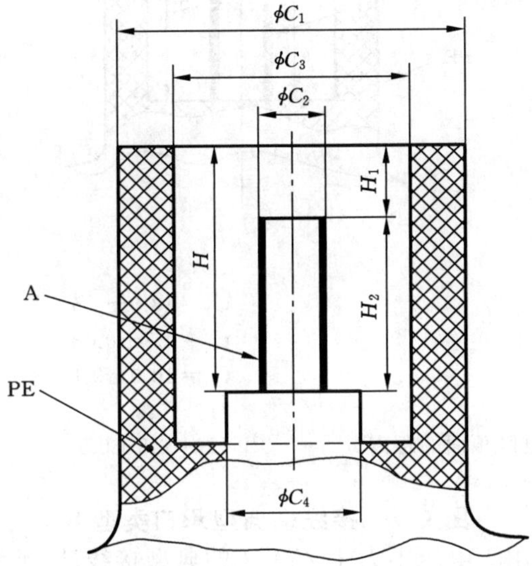

图中:

A——导电区;

C_1——接线端承口外径;　　$C_1 \geqslant 11.8$

C_2——接线柱导电区直径;　　$C_2 = 4.0 \pm 0.03$

C_3——接线端承口内径;　　$C_3 \leqslant 9.5_{-1.0}^{0}$

C_4——导电区根部的最大总体外径;　　$C_4 \leqslant 6.0$

H——接线端内部深度;　　$H \geqslant 12.0$

H_1——接线端端口和导电区顶面的距离;　　$H_1 = 3.2 \pm 0.5$

H_2——承口内导电区的高度。

图 C.1　接线端典型承口类型 A

单位为毫米

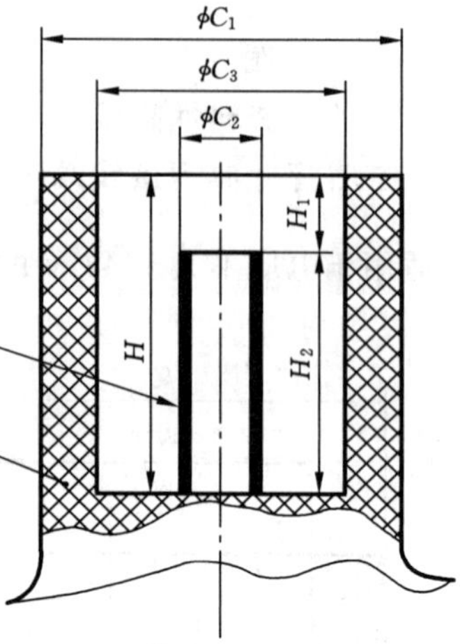

图中：

A——导电区；

C_1——接线端的外径；　　$C_1=13.0\pm0.5$

C_2——接线柱导电区直径；　　$C_2=4.7\pm0.03$

C_3——接线端的内径；　　$C_3=10.0\pm0.1$

H——接线端的内腔深度；　　$H\geqslant15.5$

H_1——接线端顶口到导电区顶面的距离；　　$H_1=4.5\pm0.5$

H_2——承口内导电区的高度。

图 C.2　接线端典型承口类型 B

C.2　图 C.3 举例说明了适用于电压不大于 250 V 的典型接线端(类型 C)。

单位为毫米

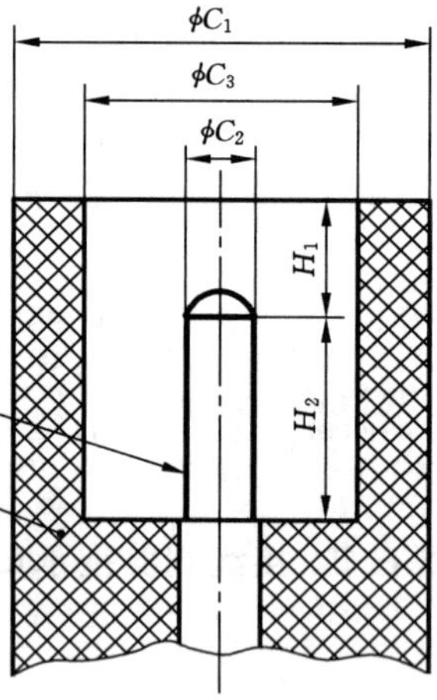

图中：

A——导电区；

C_1——接线端的外径；　　$C_1\geqslant C_3+2.0$

C_2——接线端内导电区的直径；　　$C_2\geqslant2.0$

C_3——接线端承口的内径；　　$C_3\geqslant C_2+4.0$

H_1——接线端端口到导电区顶面间的距离；　　H_1：防护等级符合(IEC 60529:2001)IP2×的要求

H_2——导电区的高度。　　$H_2\geqslant7.0$

图 C.3　接线端典型承口类型 C

附　录　D
(规范性附录)
气体流量-压力降关系的测定

D.1　范围

本附录规定了在 2.5×10^{-3} MPa 气压下测定塑料管道系统部件的气体流量与压力降关系的试验方法。本方法适用于燃气输送用聚乙烯(PE)管道系统中的机械管件、阀门、鞍形旁通及其他附件。得到的数据可用于计算气体在特定压力降下的流量。

D.2　原理

主压力保持恒定时,在规定的范围内调节气体通过管道部件的流量以评估其压力降。根据上述测试结果,确定在适当压力降下(与部件尺寸相关)所对应的平均气体流量,其他气体的流量可根据其密度的不同计算得到。

注:下列参数由引用本附录的相关标准设定:

a)　试样数量(见 D.4.2);

b)　压力降的相关值,Δp_n,(见 D.6.2);

c)　ρ_{air} 的相关值和相关温度和压力,如果 D.6.3 没有给出;

d)　ρ_{gas} 的相关值和相关温度和压力,如果 D.6.3 没有给出。

D.3　仪器和装置(见图 D.1)

D.3.1　气源

D.3.2　压力控制器(A),能够维持输出压力 $(2.5\pm0.05)\times10^{-3}$ MPa(表压)。

D.3.3　流量表(B),容积式或蜗轮式,精度为±2%。

D.3.4　压力表(C),测量主管线的压力(等级 0.6 或更高)。

D.3.5　微压(差压)表(G),测量压差,Δp,等级 0.25。

D.3.6　出口阀(E)。

D.4　试样

D.4.1　制备

试样由待测部件和与其 SDR 相同的两段 PE 管材熔接或连接而成,并应具有适当的接头以与压力降测试设备相连。

管材自由长度和试验组件安装尺寸应符合图 D.1。

对于鞍形旁通,安装后应保证能够测量通过分支端的压力降。

测试部件需要在主管上冷挤切孔时,其内缘周边各点应与主管内孔平齐且无毛边。

D.4.2　数量

试样的数量应按相关标准规定。

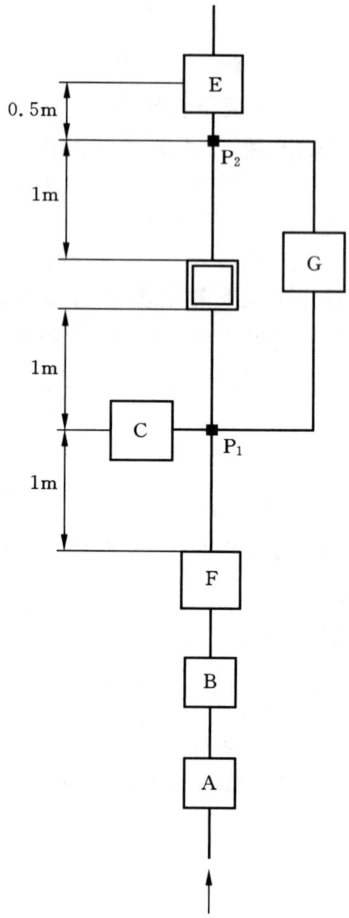

图中：

A——压力控制器；

B——流量表；

C——压力表；

E——出口阀；

F——缓冲罐；

G——差压表；

——试验组件。

注：差值 Δp 是 P_1 和 P_2 两点之间的压力差。

图 D.1 测定流量-压力降关系的试验安装示意图

D.5 步骤

D.5.1 在(23±2)℃环境温度下进行。

D.5.2 部分开启出口阀(E)。

D.5.3 打开进口阀的压力控制器(A)，以使空气开始流动并保证空气仅从出口散逸。

D.5.4 调整压力控制阀(A)使主管上 P_1 处压力为 $(2.5 \pm 0.05) \times 10^{-3}$ MPa，可由压力表(C)测得。

D.5.5 读取并记录流量表(B)(见 D.5.9)的流量(Q),和差压表(G)(见图 D.1)的压力降 Δp。

D.5.6 开启出口阀(E)使主管线 P_1 点的压力降低大约 0.5×10^{-3} MPa,由压力表(C)测得。

D.5.7 增加流量直到主管的压力恢复到$(2.5\pm0.05)\times10^{-3}$ MPa,由压力表(C)测得。

D.5.8 测量并记录流量 Q 和压力降 Δp。

D.5.9 重复步骤 D.5.6,D.5.7 和 D.5.8,直到出口阀(E)完全打开。对于鞍形旁通,应测量通过分支端的压力降。

D.6 结果计算

D.6.1 用 D.5.5,D.5.8 和 D.5.9 得到的各组压力降和相应流量进行计算。

a) 按式(D.1)计算通过部件出口管(见 D.4.1)的流速 v(m/s):

$$v=3\ 600\frac{Q}{A} \qquad \text{(D.1)}$$

式中:

Q——空气流量,单位为立方米每小时(m^3/h);

A——出口管内部截面积,单位为平方米(m^2)。

如果满足下列条件:

1) 至少获得五组 Q 和 Δp,并计算出不同的 v 值;

2) 至少有一个 v 值≤2.5 m/s;

3) 至少有一个 v 值≥7.5 m/s;

则认为数据有效。否则:

4) 调整进口阀开口,重复步骤 D.5.4 和 D.5.5 以增补必要的数据;

5) 如果在$(2.5\pm0.05)\times10^{-3}$ MPa 压力下得不到大于等于 7.5 m/s 的 v 值,停止试验,并在报告中说明。

b) 利用各组数据按式(D.2)计算因子 F:

$$F=\frac{\Delta p}{Q^2} \qquad \text{(D.2)}$$

式中:

Δp——测得的压力降,单位为兆帕(MPa);

Q——空气流量,单位为立方米每小时(m^3/h)。

计算 F 的平均值。

D.6.2 用 F 的平均值和规定的压力降 Δp_n 计算在此压力降下空气的平均流量 Q_a。

D.6.3 用式(D.3)换算其他任何气体 Q_{gas}(如天然气)的当量流量(m^3/h):

$$Q_{gas}=Q_a\times\sqrt{\frac{\rho_{air}}{\rho_{gas}}} \qquad \text{(D.3)}$$

式中:

Q_a——在相应压力降下的平均空气流量,单位为立方米每小时(m^3/h);

ρ_{air}——除非在相关标准中另有规定,为 23℃和 0.1 MPa 条件下空气的密度;

ρ_{gas}——除非在相关标准中另有规定,为 23℃和 0.1 MPa 条件下其他气体的密度。

即 $Q_{gas}=(f)Q$

D.7 试验报告

试验报告应包含以下内容：

a) GB 15558.2—2005 的附录 D;

b) 试样的详细标识,包括制造商,生产日期和规格;

c) 环境温度;

d) 各组测试数据(见 D.6.1),包括压力降,流量及相应流速;

e) F 的平均值,即压力降和流量(见 D.6.1)的关系;

f) 空气(见 D.6.2)和其他气体(见 D.6.3)在规定压力降下的计算流量;

g) 任何可能影响试验结果的因素,比如偶发事件或本附录没有规定的操作细节;

h) 试验日期。

参 考 文 献

[1] ISO 11922-1:1997 Thermoplastics pipes for the conveyance of fluids—Dimensions and tolerances—Part 1: Metric series

[2] ISO/TR 10839:2000 Polyethylene pipes and fittings for the supply of gaseous fuels—Code of practice for design,handling and installation

[3] IEC 60529:2001 Degrees of protection provided by enclosures (IP code)

[4] EN 12117:1997 Plastics piping systems—Fittings,valves and ancillaries—Determination of gaseous flow rate/pressure drop relationships

[5] ISO 12176-1:1998 Plastics pipes and fittings—Equipment for fusion jointing polyethylene systems—Part 1: Butt fusion

[6] ISO 12176-2:2000 Plastics pipes and fittings—Equipment for fusion jointing polyethylene systems—Part 2: Electrofusion

[7] EN 1555-3:2002 Plastics piping systems for the supply of gaseous fuels—Polyethylene(PE)—Part 3:Fittings

ICS 83.140.30
J 16

中华人民共和国国家标准

GB 15558.3—2008

燃气用埋地聚乙烯(PE)管道系统 第3部分:阀门

Buried polyethylene(PE)piping systems for the supply of gaseous fuels—Part 3: Valves

(ISO 10933:1997 Polyethylene (PE) valves for gas distribution systems,MOD)

自2017年3月23日起,本标准转为推荐性标准,编号改为 **GB/T** 15558.3—2008。

2008-12-15 发布　　2010-01-01 实施

中华人民共和国国家质量监督检验检疫总局
中国国家标准化管理委员会　发布

前　　言

GB 15558 的本部分的第 4.2、7.2 的表 2 中序号第 1、2、4 项、第 8 章内容为强制性，其余为推荐性。

GB 15558《燃气用埋地聚乙烯(PE)管道系统》分为三个部分：

——第 1 部分：管材；

——第 2 部分：管件；

——第 3 部分：阀门。

本部分为 GB 15558 的第 3 部分。

本部分修改采用 ISO 10933:1997《燃气输配用聚乙烯(PE)阀门》(英文版)。

本部分根据 ISO 10933:1997 重新起草。在附录 A 中列出了本部分章条编号与 ISO 10933:1997 章条编号的对照一览表。

考虑到我国国情，在采用 ISO 10933:1997 时，本部分做了一些编辑性修改，与系列标准一致，便于使用。有关技术性差异已编入正文中并在它们所涉及的条款的页边空白处用垂直单线标识。在附录 B 中给出了这些技术性差异及其原因的一览表以供参考。

GB 15558 的本部分与 ISO 10933:1997 相比，主要差异如下：

——范围(第 1 章)重新进行了编排，阀门口径扩大至 315 mm；

——引用标准(第 2 章)采用了与国际标准相应的国家标准；

——去掉了公称壁厚、任一点壁厚、混配料定义，可参见 GB 15558.1—2003；

——聚乙烯混配料要求直接引用 GB 15558.1—2003 中 4.5 要求(见 4.2)；

——增加了颜色要求(见 5.1)；

——增加了壁厚关系的内容，参考欧洲标准 EN 1555-4:2002(见 6.2)；

——力学性能(7.2)按照表格的格式编排，性能要求增加了耐简支梁弯曲密封性能及耐温度循环性能要求；增加了 225 mm 以上阀门的扭矩要求；

——物理性能(第 8 章)参照欧洲标准 EN 1555-4，去掉了密度、挥发分含量、水分含量、炭黑含量、炭黑分散和颜料分散的要求；

——增加了检验规则(第 10 章)；

——增加了运输、贮存的内容(第 12 章)；

——增加了资料性附录 A“本部分章条编号与 ISO 10933:1997 章条编号对照”；

——增加了资料性附录 B“本部分与 ISO 10933:1997 技术性差异及其原因”；

——增加了规范性附录 C“扭矩试验方法”；

——取消了规范性附录“气体流量/压力降关系的测定”，直接引用 GB 15558.2—2005 的附录 D；

——增加了规范性附录 I“耐简支梁弯曲试验方法”；

——增加了规范性附录 J“耐温度循环试验方法”。

本部分的附录 C、附录 D、附录 E、附录 F、附录 G、附录 H、附录 I、附录 J 为规范性附录，附录A、附录B为资料性附录。

请注意本部分的某些内容有可能涉及专利,本部分的发布机构不应承担识别这些专利的责任。

本部分由中国轻工业联合会提出。

本部分由全国塑料制品标准化技术委员会塑料管材、管件及阀门分技术委员会(TC 48/SC 3)归口。

本部分起草单位:亚大塑料制品有限公司,北京京燃凌云燃气设备有限公司、宁波市宇华电器有限公司、浙江中财管道科技股份有限公司、沧州明珠塑料股份有限公司、北京保利泰克塑料制品有限公司。

本部分主要起草人:马洲、陈裕丰、王志伟、孙兆儿、李伟富、丁良玉、魏炳光、林松月。

本部分为首次发布。

根据中华人民共和国国家标准公告(2017年第7号)和强制性标准整合精简结论,本标准自2017年3月23日起,转为推荐性标准,不再强制执行。

燃气用埋地聚乙烯(PE)管道系统 第3部分:阀门

1 范围

GB 15558的本部分规定了以聚乙烯材料为阀体的燃气用埋地聚乙烯阀门(以下简称"阀门")的术语和定义、材料、一般要求、几何尺寸、力学性能、物理性能、试验方法、检验规则、标志以及包装、运输、贮存。

本部分适用于PE80和PE100混配料制造的燃气用埋地聚乙烯阀门。

本部分规定的阀门与GB 15558.1—2003规定的管材及GB 15558.2—2005规定的管件配套使用,用于燃气输送。

本部分适用于具有插口端或电熔承口端的双向阀门,阀门的插口端和电熔承口端尺寸符合GB 15558.2—2005,阀门用于与符合GB 15558.1—2003的管材以及符合GB 15558.2—2005的管件连接。

本部分适用于公称外径小于或等于315 mm的阀门,工作温度范围在-20 ℃~40 ℃之间。

在输送人工煤气和液化石油气时,应考虑燃气中存在的其他组分(如芳香烃、冷凝液等)在一定浓度下对阀门性能产生的不利影响。

2 规范性引用文件

下列文件中的条款通过GB 15558本部分的引用而成为本部分的条款。凡是注日期的引用文件,其随后所有的修改单(不包括勘误的内容)或修订版均不适用于本部分,然而,鼓励根据本部分达成协议的各方研究是否可使用这些文件的最新版本。凡是不注日期的引用文件,其最新版本适用于本部分。

GB/T 2828.1—2003 计数抽样检验程序 第1部分:按接收质量限(AQL)检索的逐批检验抽样计划(ISO 2859-1:1999,IDT)

GB/T 2918—1998 塑料试样状态调节和试验的标准环境(idt,ISO 291:1997)

GB/T 3682—2000 热塑性塑料熔体质量流动速率和熔体体积流动速率的测定(idt ISO 1133:1997)

GB/T 6111—2003 流体输送用热塑性塑料管材耐内压试验方法(ISO 1167:1996,IDT)

GB/T 8806 塑料管道系统 塑料部件尺寸的测定(GB/T 8806—2008,ISO 3126:2005,IDT)

GB/T 13927—1992 通用阀门 压力试验(ISO 5208:1982,NEQ)

GB/T 14152—2001 热塑性塑料管材耐外冲击性能试验方法 时针旋转法(eqv ISO 3127:1994)

GB 15558.1—2003 燃气用埋地聚乙烯(PE)管道系统 第1部分:管材(ISO 4437:1997,MOD)

GB 15558.2—2005 燃气用埋地聚乙烯(PE)管道系统 第2部分:管件(ISO 8085-2:

2001,ISO 8085-3:2001,MOD)

GB/T 17391—1998 聚乙烯管材与管件热稳定性试验方法(eqv ISO/TR 10837:1991)

GB/T 18251—2000 聚烯烃管材、管件和混配料中颜料或炭黑分散的测定方法(ISO/DIS 18553:1999,NEQ)

GB/T 18252 塑料管道系统 用外推法对热塑性塑料管材长期静液压强度的测定(GB/T 18252—2000, ISO/DIS 9080:1997,NEQ)

GB/T 18475—2001 热塑性塑料压力管材和管件用材料分级和命名 总体使用(设计)系数(eqv ISO 12162:1995)

GB/T 19278—2003 热塑性塑料管材、管件及阀门通用术语及其定义

HG/T 3092—1997 燃气输送管及配件用密封圈橡胶材料(eqv ISO 6447:1983)

ISO 9080:2003 塑料管道系统 用外推法以管材形式对热塑性塑料材料长期静液压强度的测定

3 术语和定义

GB 15558.1—2003、GB 15558.2—2005、GB/T 19278—2003 和下列术语和定义、符号和缩略语适用于本部分。

3.1

公称外径 nominal diameter

d_n

标识尺寸的数字,适用于热塑性塑料管道系统中除法兰和由螺纹尺寸标明的部件以外的所有部件。为方便使用,采用整数。

注:对于符合 GB/T 4217—2001 的公制系列管材,以 mm 为单位的公称外径就是最小平均外径 $d_{em,min}$。本部分阀门的公称外径指与相连管材端口尺寸的公称外径。

3.2

阀门 valve

一种通过操纵开/关机械装置控制气流通断的部件。

3.3

压力 pressure

超过大气压的静态压力值(表压)。

3.4

外密封 external leaktightness

阀体包容的气体与大气间的密封性。

3.5

内密封 internal leaktightness

阀门关闭后,阀门的进口和出口之间的密封性。

3.6

最大工作压力 maximum operating pressure;MOP

管道系统中允许连续使用的流体的最大压力,单位为 MPa。其中考虑了管道系统中组件的物理和机械性能。

3.7

泄漏 leakage

气体从阀体、密封件或其他部件处散逸的现象。

3.8

静液压应力 hydrostatic stress

管材充满压力流体时在管壁内引起的应力值。

3.9

壳体试验 shell test

测定阀门耐内部静液压性能的试验。

静液压强度试验包括壳体试验(7.2 表 2)。

3.10

密封试验(阀座及上密封试验) leaktightness test(seat and packing test)

测定下述性能的一组试验:

——阀门关闭后,阀座的内密封性能(单向阀门从一个方向测试,其他类型阀门从每个方向测试)。

——阀门半开时,阀杆的外部密封性能。

3.11

启动扭矩 initiating torque

启动启闭装置(件)所需的最大扭矩。

3.12

运行扭矩 running torque

在最大允许工作压力下,完全打开或关闭阀门所需的最大扭矩。

4 材料

4.1 总则

阀门制造商应能够向买方提供材料的相关技术数据。

阀门如果使用金属材料应防止腐蚀;如果使用不同的金属材料并可能与水分接触时,应采取措施防止电化学腐蚀。

注:考虑到实际应用等目的,应注意阀门与气体接触的部分应耐燃气、冷凝物及其他物质诸如粉尘等。

4.2 阀体

4.2.1 阀体应使用 PE80 或 PE100 混配料制造。

聚乙烯混配料应符合 GB 15558.1—2003 中 4.5 的要求。不得使用回用料。

4.2.2 材料要求

聚乙烯混配料应有按照 GB/T 18252(或 ISO 9080:2003)确定材料与 20 ℃、50 年、置信度为97.5% 时相应的静液压强度 σ_{LCL}。混配料应有图线和单个试验点(破坏时间及环向应力)形式的回归数据。

混配料应按照 GB/T 18475—2001 确定 MRS 并进行分级,混配料应有相应的级别证明。

4.3 密封件

密封件应均匀一致且无内部裂纹、不纯物或杂质,不应含有对其接触材料的性能有负面影响致使其不能满足本部分要求的组分。添加剂应均匀分散。

橡胶圈应符合 HG/T 3092—1997。

其他密封材料应符合相关标准并适用于燃气输送。

4.4 润滑剂

润滑剂不应对阀门各部件有负面影响。

4.5 熔焊性

制造商应按本部分规定测试其阀门与管材的连接性能,以向用户证明阀门与规定管材材料焊接兼容性。制造商应向用户提供熔接条件和熔接机具的技术说明。

5 一般要求

5.1 外观

肉眼观察,阀门内、外表面应洁净,不应有缩孔(坑)、明显的划痕和可能影响符合 GB 15558 本部分要求的其他表面缺陷。

阀体颜色应为黄色或黑色。

5.2 设计

阀门设计应满足 GB 15558.1—2003 的 SDR11 系列管材的最大工作压力。

阀门不应采用轴向升降杆式结构。

全开和全闭位置应设置限位机构。

5.3 结构

5.3.1 主体

阀体可为单个部件或多个部件熔接在一起制成。

阀门应设计成不使用专用工具无法在施工现场拆卸的结构。

5.3.2 操作帽

操作帽应与阀杆制成一体或与其相连,除非借用专门设备,连成一体的操作帽应无法拆卸。关闭阀门应顺时针旋转操作帽。

对于 1/4 圆周旋转的阀门,开关的位置应在操作帽的顶侧清楚标识。

5.3.3 密封件

密封件安装后应能抵抗正常操作产生的机械载荷,应考虑材料的蠕变及低温流体所产生的影响。对密封件施加预紧载荷的各机构应永久性紧固。管道内压力不应作为唯一密封载荷。

6 几何尺寸

6.1 总则

每个阀门应采用其尺寸和相关公差来表征,阀门的公称外径指与相连管材的端口的公称外径。制造商应提供包括安装尺寸在内的技术资料,例如插口长度和阀门总长度。

注:作为技术资料的一部分制造商应提供现场安装指南及内径尺寸参数。

6.2 阀体任一点的壁厚

除表1规定外，阀体的任一点壁厚 E 应不小于对应同一材质 SDR 11 管材系列的壁厚。阀体壁厚 E 和管材壁厚 e_n 的关系应符合表1。

表1 管材和阀门的壁厚关系

管材和阀门材料		阀门壁厚(E)和管材壁厚(e_n)的关系
管材	阀门	
PE 80	PE 100	$E \geqslant 0.8e_n$
PE 100	PE 80	$E \geqslant e_n/0.8$

为了避免应力集中，阀门主体壁厚的变化应是渐变的。

6.3 带插口端阀门

按照9.3测量，插口端的尺寸应符合GB 15558.2—2005。

6.4 带电熔承口端的阀门

按照9.3测量，电熔承口端的尺寸应符合GB 15558.2—2005。

6.5 操作帽

操作帽的尺寸应能与50 mm×50 mm、深40 mm的方孔钥匙有效配合，d_n 250 mm及以上的阀门可设计为与75 mm×75 mm、深60 mm的方孔钥匙有效配合。

操作帽在阀门正常操作过程中不应破坏。

7 力学性能

7.1 总则

除非另有规定，应在阀门生产至少24 h后取样。

试验应在阀门与符合GB 15558.1—2003的相同管材系列的直管段组装成的试样上进行。试样组装遵循技术规程、由制造商推荐的极限安装条件以及用户要求的限制条件(几何尺寸、不圆度、管材和阀门的尺寸公差、温度、熔接性能)。

注：阀门试样的性能取决于管材和阀门的性能及安装条件(几何尺寸、温度、状态调节的类型和方法、组装和熔接步骤)。

制造商的技术说明应包括：

a) 应用范围(管材和阀门的使用温度限制，SDR系列和不圆度)；

b) 安装指南；

c) 带电熔端的阀门，包括熔接说明(电源要求或限制的熔接参数范围)。如果变更这些熔接参数，制造商应保证阀门组件符合本部分要求。

试验前，试样按照GB/T 2918—1998规定，在温度为(23±2)℃下状态调节至少4 h。

7.2 要求

阀门组合试样的力学性能、试验方法及参数见表2。

表 2 力学性能

序号	项目	要 求	试验参数		试验方法
1	20 ℃静液压强度 (20 ℃,100 h) (壳体试验)	无破坏,无渗漏	环应力: PE 80 管材 PE 100 管材 试验时间	 10.0 MPa 12.4 MPa ≥100 h	见 9.4
	80 ℃静液压强度[a] (80 ℃,165 h) (壳体试验)	无破坏,无渗漏	环应力: PE 80 管材 PE 100 管材 试验时间	 4.5 MPa 5.4 MPa ≥165 h	
	80 ℃静液压强度 (80 ℃,1 000 h) (壳体试验)	无破坏,无渗漏	环应力: PE 80 管材 PE 100 管材 试验时间	 4.0 MPa 5.0 MPa ≥1 000 h	
2	密封性能试验 (阀座及上密封试验)	无破坏,无泄漏	试验温度 试验压力 试验时间	23 ℃ 2.5×10^{-3} MPa 24 h	见 9.5
			试验温度 试验压力 试验持续时间	23 ℃ 0.6 MPa 30 s	
3	压力降	在制造商标称的流量下: $d_n\leqslant63$:$\Delta P\leqslant0.05\times10^{-3}$ MPa $d_n>63$:$\Delta P\leqslant0.01\times10^{-3}$ MPa	空气流量(m^3/h) 试验介质 试验压力	制造商标称 空气 2.5×10^{-3} MPa	见 9.6
4	操作扭矩[b]	操作帽不应损坏,启动扭矩和运行扭矩最大值符合表 3 规定[c]	试验温度 试验介质 试样数量 试验压力	−20 ℃、23 ℃和 40 ℃ 空气 1 最大工作压力	见 9.7
5	止动强度	试样应满足: a) 止动部分无破坏; b) 无内部或外部泄漏	最小止动扭矩 试验温度	$2T_{max}$(见表 3) −20 ℃和 40 ℃	见 9.8
6	对操作装置施加弯矩期间及解除后的密封性能	无破坏,无泄漏	试验温度	23 ℃	见 9.9
7	承受弯矩条件下,温度循环后的密封性能及易操作性 ($d_n\leqslant63$ mm)	无泄漏并满足密封性能试验和操作扭矩要求 (见本表第 2 项和第 4 项)	循环次数 循环温度 试样数量	50 −20 ℃/+40 ℃ 1	见 9.10

表 2(续)

序号	项目	要求	试验参数		试验方法
8	拉伸载荷后的密封性能及易操作性[d]	无泄漏并且符合操作扭矩要求(见表 3)	试样数	1	见 9.11
9	冲击后的易操作性	无裂纹产生并且符合止动强度要求 (见本表第 5 项)	冲击高度 h 锤重 重锤类型 试验温度	1 m 3.0 kg d90:符合 GB/T 14152 −20 ℃和 40 ℃	见 9.12
10	持续内部静液压后的密封性能及易操作性	试验后应满足静液压强度和拉伸载荷下的密封性能及易操作性要求 (见本表第 8 项)	试验温度 试验压力[e] PE80 PE100 试验时间	20 ℃±1 ℃ 1.6 MPa 2.0 MPa 1 000 h	见 9.13
11	耐简支梁弯曲密封性能 (d_n>63 mm)	无泄漏并且符合最大操作扭矩的要求(见表 3)	施加载荷 63<d_n≤125 125<d_n≤315	 3.0 kN 6.0 kN	见 9.14
12	耐温度循环 (d_n>63 mm)	无泄漏并且符合最大操作扭矩的要求(见表 3)	试样数	1	见 9.15

[a] 对于(80 ℃ 165 h)静液压试验,仅考虑脆性破坏。如果在规定破坏时间前发生韧性破坏,允许在较低应力下重新进行该试验。重新试验的应力及其最小破坏时间应从表 4 中选择,或从应力/时间关系的曲线上选择。

[b] 应综合考虑启闭件的设计与操作扭矩的大小,避免用手即可简单操作阀门,即无论有无辅助操作柄,如果要启闭阀门应采用某种形式的套筒手柄。在 23 ℃时的测量值应允许作为出厂检验。久置阀门可在启闭并放置24 h后测量。

[c] 在 0.6 MPa 的压力下,操作杆和开关之间的抗扭强度应至少为按 9.7 测量的最大操作扭矩值的 1.5 倍。

[d] 管材应在阀门破坏前屈服。

[e] 通过 σ 值计算:考虑用于制造阀门本体的混配料的 MRS 分类的 σ 公称值。如 PE80 取 8.0 MPa;PE100 取10.0 MPa。

表 3 扭矩和止动强度

公称外径 d_n/mm	最小止动扭矩/Nm	最大操作扭矩/Nm
d_n≤63	$2T_{max}$(T_{max}:最大操作扭矩测量值)且最小为 150 Nm,持续 15 s 内	35 Nm
63<d_n≤125		70 Nm
125<d_n≤225		150 Nm
225<d_n≤315		300 Nm

表 4 静液压强度(80 ℃ 165 h)－应力/最小破坏时间关系

PE 80		PE 100	
环应力/MPa	最小破坏时间/h	环应力/MPa	最小破坏时间/h
4.5	165	5.4	165
4.4	233	5.3	256
4.3	331	5.2	399
4.2	474	5.1	629
4.1	685	5.0	1 000
4.0	1 000	—	—

8 物理性能

按照规定的试验方法及试验参数进行试验,阀体应符合表 5 的物理性能要求。

表 5 阀门物理性能

性能	要求	试验参数		试验方法
氧化诱导时间(热稳定性)	>20 min	试验温度	200 ℃[a]	9.1
熔体质量流动速率(*MFR*)	(0.2≤*MFR*≤1.4)g/10 min,且加工后最大偏差不超过制造阀门用混配料批 *MFR* 测量值的±20%	190 ℃,5 kg		GB/T 3682—2000
[a] 可以在 210 ℃进行试验;有争议时,仲裁温度应为 200 ℃。				

9 试验方法

9.1 氧化诱导时间(热稳定性)

氧化诱导时间按照 GB/T 17391—1998 测定。刮去表层 0.2 mm 后取样。

9.2 熔体质量流动速率

熔体质量流动速率按照 GB/T 3682—2000 测定。分别从原料及阀门上取样。

偏差按公式(1)计算:

$$\left|\frac{MFR_{原料} - MFR_{阀门}}{MFR_{原料}}\right| \times 100\% \quad \cdots\cdots(1)$$

9.3 尺寸测量

在生产至少 24 h 后取样,在(23±2)℃温度下状态调节至少 4 h,按照 GB/T 8806 进行测量。

承口内径用精度不低于 0.02 mm 的量具测量,取同一平面内两个相互垂直的内径,取其算术平均值做为平均内径。

插口尺寸用 π 尺或精度不低于 0.02 mm 的量具进行测量。

各部位长度用精度不低于 0.02 mm 的量具进行测量。

9.4 静液压强度

静液压试验按照 GB/T 6111—2003 (图 1a)规定在阀门组件上进行。试验条件按表 2 规定,试验内外的介质均为水,状态调节时间符合 GB/T 6111—2003 的规定,试样密封接头之间的自由长度为 $2d_n$,试验压力按表 2 中规定的环应力和与阀门连接相同 SDR 管材的公称壁厚计算。

试验压力施加在正常操作下承受管道内压力的阀门的各部分,试验在半开状态下进行。

试样数量为 3 个。

9.5 密封性能试验(阀座及密封件试验)

9.5.1 24 h 试验

试验按照 GB/T 13927—1992 进行,用空气或氮气做介质,在 2.5×10^{-3} MPa 的压力下试验 24 h。

9.5.2 30 s 试验

试验按照 GB/T 13927—1992 进行,用空气或氮气做介质,在 0.6 MPa 的压力下试验 30 s。

9.5.3 试样数量

试样数量至少为 1 个。

9.6 压力降

按照 GB 15558.2—2005 的附录 D 进行,试验数量为 1 个。

制造商在其技术资料中应说明阀门两端压降为 0.05×10^{-3} MPa ($d_n\leqslant63$ mm)或 0.01×10^{-3} MPa($d_n>63$ mm)时对应的气体流量(m^3/h)及气体介质类型。

9.7 操作扭矩

操作扭矩按照附录 C 进行。

注:除非另有要求,试验在表 2 规定的温度下进行。

9.8 止动强度

按照附录 C 和 GB/T 13927—1992 进行试验,试验条件如下:

a) 试验压力 P,应为阀门应用的最大工作压力;

b) 首次试验温度 T_1,应为+40 ℃;

c) 试验时间 t,承压状况下应为 24 h;

d) 试验扭矩应为表 2 规定的最小止动扭矩;

e) 第 2 次试验温度 T_2,应为−20 ℃。

试样数量为 1 个。

9.9 对操作机械装置施加弯矩期间及解除后的密封性能

按照附录 D 进行试验,试验条件如下:

a) 弯曲力矩 M,应为 55 Nm;

b) 首次试验压力 P_1,应为 2.5×10^{-3} MPa;

c) 第 2 次试验压力 P_2,应为 0.6 MPa;

d) 除非另有规定,在弯矩前或解除后,维持压力的最小时间应为 1 h。

试验数量至少为 1 个。

9.10 承受弯矩条件下,温度循环后的密封性能及易操作性($d_n\leqslant63$ mm)

按照附录 E 进行试验,相对于弯曲面,至少测试两个阀门试样,一个按照 E.3.1 阀门在弯曲平面内沿径向布置进行试验(辐射形轴),另一个按照 E.3.5 阀杆与弯曲平面垂直进行试验(正交轴),试验条件如下:

a) 组合试样管材的中心线的弯曲半径应为管材平均外径的 25 倍;

b) 高温 T_1,应为+40 ℃±5 ℃;

c) 低温 T_2,应为−20 ℃±5 ℃;

d) 在恒定温度下的试验时间:t_1 和 t_2,均为 10 h;

e) 按照 E.3.2 温度循环 50 次。

注:可以采用双温控制箱方式进行试验,试样转移时间大于 0.5 h,小于 1 h。

9.11 拉伸载荷后阀门的密封性能及易操作性

按照附录 F 进行试验,试验条件如下:

a) 连接管管壁的纵向拉伸应力 σ_x,应为 12 MPa;

b) 内部压力 P,应为 2.5×10^{-3} MPa;

c) 拉伸载荷期间稳定维持时间 t,应为 1 h;

d) 拉伸速度应为 25 mm/min±1 mm/min。

9.12 冲击试验后的易操作性

按照附录 G 进行试验,试验条件如下:

a) 在与冲击点等距的位置刚性支撑阀门,支撑点至冲击点的最大间距应为较短出口端的长度,这样冲击点即位于支撑的操作帽上(最不利位置);

b) 状态调节温度 T_c,应为−20 ℃±2 ℃;

c) 状态调节时间 t_c,应至少为 2 h;

d) 试验温度规定如下:

1) 按照 G.4.2 进行试验;

2) 按照 9.7 和 9.8 进行扭矩测试,每种情况下的试验温度为:−20 ℃和 40 ℃(见表 2)。

9.13 持续内部静液压和冲击后的密封性能及易操作性

按照附录 H 进行试验,测试的阀门数量为偶数个(至少两个),半数的阀门应在关闭的状态下试验,另一半的在开启状态下,试验条件如下:

a) 加压介质和周围环境液体均为水(水-水试验);

b) 静液压下试验温度 T 为 20 ℃±1 ℃;

c) 静液压下试验周期 t 至少为 1 000 h。

9.14 耐简支梁弯曲密封性能

按照附录 I 进行试验,试验条件见表 2。

9.15 耐温度循环(d_n>63 mm)

按照附录 J 进行试验。

注:可以采用双温控制箱方式进行试验,试样转移时间大于 0.5 h,小于 1 h。

10 检验规则

10.1 检验分类

检验分为定型检验、型式检验和出厂检验。

10.2 定型检验

10.2.1 制造商生产的每个规格阀门均应进行定型检验。

10.2.2 定型检验项目为本部分规定的所有技术要求中的项目。材料、结构或工艺发生改变应重新进行定型检验。

注：在进行检验过程中，应注意试验的先后顺序，如可以先进行 9.13 的项目。

10.2.3 判定规则和复验规则

按照本部分规定的试验方法进行检验，依据试验结果和技术要求进行判定。如性能要求有一项达不到规定时，则随机抽取双倍样品对该项进行复验。如仍有不合格，则判该项不合格。

10.3 型式检验

10.3.1 型式检验的项目为第 5 章、第 6 章、第 7 章表 2 序号第 1、2、4、5、6 项和第 8 章的技术要求。

10.3.2 已经定型生产的阀门，按下述要求进行型式检验。

10.3.2.1 分组

使用相同材料、具有相同结构、相同品种的阀门，按表 6 规定进行尺寸分组。

表 6 阀门的尺寸分组和公称外径范围 单位为毫米

尺寸组	1	2	3
公称外径 d_n 范围	$d_n<75$	$75\leqslant d_n<250$	$250\leqslant d_n\leqslant 315$

10.3.2.2 根据本部分的技术要求，每个尺寸组合理选取任一规格进行试验，在外观尺寸抽样合格的产品中，进行 10.3.1 规定的性能检验。每次检验的规格在每个尺寸组内轮换。

10.3.2.3 一般情况下，每隔三年进行一次型式检验。若有以下情况之一，应进行型式试验：

a) 新产品或老产品转厂生产的试制定型鉴定；

b) 结构、材料、工艺有较大变动可能影响产品性能时；

c) 产品长期停产后恢复生产时；

d) 出厂检验结果与上次型式检验结果有较大差异时；

e) 国家质量监督机构提出型式检验的要求时。

10.3.3 判定规则和复验规则

按照本部分规定的试验方法进行检验，依据试验结果和技术要求进行判定。如性能要求有一项达不到规定时，则随机抽取双倍样品对该项进行复验。如仍有不合格，则判该项不合格。

10.4 出厂检验

10.4.1 组批

同一原料、设备和工艺生产的同一规格阀门作为一批。公称外径 $d_n<75$ mm 时，每批数量不超过1 200 件；公称外径 75 mm$\leqslant d_n<250$ mm 时，每批数量不超过 500 件；公称外径 250 mm$\leqslant d_n\leqslant 315$ mm 时，每批数量不超过 100 件。

10.4.2 出厂检验项目

出厂检验项目为 5.1、第 6 章、第 7 章中的(80 ℃，165 h)静液压试验、操作扭矩和密封性能试验、第 8 章中的氧化诱导时间和熔体质量流动速率。

10.4.3 抽检项目及抽样方案

5.1、第 6 章的出厂检验采用 GB/T 2828.1—2003 的正常检验一次抽样，其检验水平为一般检验水平Ⅰ、接收质量限(AQL)为 2.5 的抽样方案见表 7。

表 7 出厂检验抽样方案

样本单位为件

批量/N	样本量/n	接收数/Ac	拒收数/Re
≤150	8	0	1
151～280	13	1	2
281～500	20	1	2
501～1 200	32	2	3

10.4.4 全检项目

应对每批出厂产品逐个进行操作扭矩试验(23 ℃)和密封性能(23 ℃,30 s)试验,剔除不合格品。

10.4.5 随机检验项目

在外观尺寸抽样合格的产品中,随机抽取样品进行氧化诱导时间、熔体质量流动速率和静液压试验(80 ℃,165 h),其中静液压强度(80 ℃,165 h)试样数量为 1 个。

10.4.6 判定规则和复验规则

产品须经制造商质量检验部门检验合格并附有合格标志方可出厂。

按照本部分规定的试验方法进行检验,依据试验结果和技术要求对产品做出质量判定。外观、尺寸按 5.1、第 6 章的要求,按表 6 进行判定。其他性能有一项达不到规定时,则在该批中随机抽取双倍样品对该项进行复验。如仍不合格,则判该批产品不合格。

11 标志

在阀门上应至少有下列永久标志:

a) 制造商的名称或商标;

b) PE(混配料)材料级别和/或牌号;

c) 公称外径 d_n;

d) SDR 系列及 MOP 值;

e) 对于阀门和其部件的可追溯性编码。

注:制造日期,如用数字或代码表示的年和月,生产地点的名称或代码。

GB 15558.3—2008 的信息可以直接成型在阀门上或所附的标签或包装上。

所有标志应在正常贮存、操作、搬运和安装后,保持字迹清晰。标志的方法不应妨碍阀门符合本部分的要求。标志不应位于阀门的最小插口长度范围内。

注:建议考虑采用 CJJ 63 中给出的设计、搬运和安装操作规程。

12 包装、运输、贮存及产品随行文件

12.1 包装

阀门应有包装,必要时单个保护以防止损坏和污染,一般情况下,应装入包装袋和包装箱中。

包装物应有标识,标明制造商的名称、阀门的类型和尺寸、阀门数量、任何特殊的贮存条件和贮存时间范围要求。

12.2 运输

阀门运输时,不得受到剧烈的撞击、划伤、抛摔、曝晒、雨淋和污染。

12.3 贮存

阀门应合理放置并贮存在地面平整、通风良好、干燥、清洁并保持良好消防的库房内。贮存时,应远离热源,并防止阳光直接照射。

12.4 产品随行文件

阀门的随行文件至少包括制造商信息、技术说明及现场安装指南等。

附 录 A
(资料性附录)
本部分章条编号与 ISO 10933:1997 章条编号对照

表 A.1 给出了本部分章条编号与 ISO 10933:1997 章条编号对照一览表。

表 A.1 本部分章条编号与 ISO 10933:1997 章条编号对照

本部分章条编号	ISO 10933:1997
第 1 章	第 1 章
3.2、3.3	3.4、3.5
3.4、3.5	3.7、3.8
3.7、3.8、3.9～3.12	3.9、3.11、3.12～3.15
第 4 章	第 4 章
7.2	7.2～7.11
—	9.1
9.1	9.2
9.3	—
9.4	9.6
9.5	9.7
9.6、9.7	9.8、9.9
9.8	9.10
9.9～9.13	9.11～9.15
10	—
11	10
12.1	11
12.2、12.3	—
附录 A	—
附录 B	—
附录 C	—
—	附录 A
附录 D	附录 B
附录 E	附录 C
附录 F	附录 D
附录 G	附录 E
附录 H	附录 F
附录 I	—
附录 J	—
注:表中的章条号以外的本部分其他章条编号与 ISO 10933:1997 其他章条编号均相同且内容基本对应。	

附 录 B
(资料性附录)
本部分与 ISO 10933:1997 技术性差异及其原因

表 B.1 本部分与 ISO 10933:1997 技术性差异及其原因

本部分的章条编号	技术性差异	原 因
1	增加了材料为 PE80 和 PE100 的要求;按照系列标准格式进行了编排。 增加了输送人工煤气和液化石油气的规定。 将阀门口径扩大到 315 mm	考虑到我国产品标准及系列标准的编排格式,明确说明。 以适合我国国情。 考虑到我国的生产和使用现状
2	引用了采用国际标准的我国标准; 增加了 GB/T 2828.1—2003 等	以适合我国国情。 强调与 GB/T 1.1—2000 的一致性
3	去掉了 3.2、3.3、3.10 的有关定义	因为系列标准,在 GB 15558.1—2003 中已有,在此不再赘述
4.2	去掉了 4.2.3 中表 1,改为直接应用 GB 15558.1—2003 中对原材料的要求	在 GB 15558.1—2003 中已有规定要求,本标准为系统标准的一部分,并考虑到标准及材料的进步
5.1	增加了颜色的要求	参照欧洲标准,外观和颜色是系统标准中的一贯要求
6.2	增加了壁厚关系部分的内容	参照欧洲标准 EN 1555.4—2002 中 6.3,因有 PE 80 和 PE 100 两种材料,宜合理规定
7	按照表格格式编排	参照欧洲标准,符合系列标准的格式
	力学性能中增加了耐简支梁弯曲密封性能和耐温度循环性能要求	参照 EN 1555-4:2002,保证产品质量
	项目 2 修改了表 2 中(80 ℃ 165 h)的环应力数值,同时修改了表 4 中的相应数据	参照 EN 1555-4:2002 的规定,此为欧洲标准化组织研究改进后的数据,更符合外推曲线,更科学。与系列标准要求一致
	表 3 中增加了对 225 mm 以上阀门的最大操作扭矩要求	考虑本标准阀门尺寸范围,参照韩国和美国标准规定
8	去掉了密度、挥发份含量、水份含量、炭黑含量和炭黑分散、颜料分散的要求及相应试样方法(9 章)	参照标准 EN 1555-4:2002 中对物理性能的要求,由 PE 混配料保证这些性能的测试,满足可操作性
10	增加了"检验规则"一章	符合我国产品标准的编写规定,具有操作性
12	增加了运输、贮存的内容	符合我国产品标准的编写规定,要求明确

表 B.1（续）

本部分的章条编号	技术性差异	原　　因
9.6	取消了 ISO 10933:1997 中附录 C“气体流量/压力降关系的测定”	直接引用 GB 15558.2—2005 的附录 D,符合系列标准
附录 C	增加了规范性附录 C“扭矩试验方法”	参照国际标准 ISO 8233:1988 编写
附录 I	增加了规范性附录 I“耐简支梁弯曲试验方法”	按照欧洲标准 EN 12100:1997 编写
附录 J	增加了规范性附录 J“耐温度循环试验方法”	按照欧洲标准 EN 12119::1997 编写

附 录 C
（规范性附录）
扭矩试验方法

C.1 范围

本附录规定了塑料阀门开启和关闭的扭矩试验方法。

C.2 设备

如果试验介质是空气，应确保安全地使用压缩空气。密封装置不应对阀门产生轴向外力。

注：注意操作帽产生轴向压力或径向力对阀门的影响。

C.2.1 泵

在试验期间应能提供不小于规定的压力。

C.2.2 装置

能提供所需要的扭矩，精度±2%。

C.2.3 测量仪器

在扭矩试验期间，应能够连续读数，并能记录其最大值，精度±2%。

C.3 试验条件

阀门在23±2 ℃和公称压力下用气体试验，连接应符合相关要求，按照C.4进行试验。

C.4 步骤

C.4.1 状态调节

试验前开启和关闭阀门10次，以达到平滑操作，状态调节12 h后进行后续测试。

C.4.2 操作

C.4.2.1 在阀门关闭状态下，压力在60 s内逐渐升高到阀门的最大工作压力，保压5 min。

C.4.2.2 将阀门手柄或阀杆与扭矩测量装置连接，施加扭矩，并逐渐增加到阀门完全开启，试验过程应符合表C.1要求。

表 C.1 试验条件

型 式	公称尺寸[a]/DN	操作时间[b]/s	操作速度/(r/min)
90°旋转阀门	DN≤50	2	—
	DN>50	DN/30	—
多圈旋转阀门	DN≤50	—	20
	DN>50	—	10

[a] 阀门的公称外径，数值上等于GB/T 4217—2001中规定的管材的公称外径。

[b] 保留一位小数，小数点后第二位非零数字进位。

C.4.2.3 在整个开启过程中，记录开启扭矩。

C.4.2.4 在最大工作压力下关闭阀门到完全闭合，记录关闭扭矩，如有可能记录整个过程的关闭扭矩。

C.4.2.5 应在两个方向分别进行试验。

C.5 试验报告

试验报告应包含下面的内容：

a) GB 15558.3—2008 的本附录号和试验名称；

b) 阀门的信息：

——阀体和密封件的材料；

——公称尺寸(DN)或外径 d_n，承口直径或插口直径的尺寸；

——阀门的公称压力(PN)；

——制造商名称或商标；

——流动方向(如有需要)。

c) 试验日期；

d) 开启和关闭的扭矩记录。

附　录　D
(规范性附录)
对操作装置施加弯曲力矩及解除后的密封性能试验方法

D.1　设备

当按照9.5的规定将阀门与压力源连接进行密封性能试验时,同时操作杆处于半开状态下。当设备对阀门最需要位置(如图D.1所示的中心位置操作装置顶端)施加弯曲力矩 M 时,设备仍能对阀门进行支撑。

注:有必要能够依次对阀门的每个端部加压(见D.3.4)。

D.2　试样制备

阀门在半开且无压情况下,对阀帽(和体腔)做好加压准备。如有必要,可在两端均能加压(可逆转)。

D.3　步骤

D.3.1　将试样安装在设备(D.1)上,在阀门最需要位置(如图D.1),将操作装置置于半开状态并施加规定的弯曲力矩 M,(55 Nm;见9.9),然后对阀门施加规定的试验压力 P_1(2.5×10^{-3} MPa,见9.5.1),按照9.5.1检查密封性能,试验一般为1 h(除规定的试验周期 t_1 外),记录任何观察到的泄漏,若无泄漏,保持压力进行D.3.2。

注:$F=M/L$(F:应力,用N表示,M:弯距力矩,用Nm表示;L:阀门中心到支撑点A的水平距离,推荐值为0.25 m)。

D.3.2　去掉弯曲力矩并维持内压1 h,检查阀门的密封性能,记录试验期间任何观察到的泄漏,若无泄漏,保持压力进行D.3.3。

D.3.3　调整操作装置到全闭位置按照9.5.1检查密封性能,试验时间应为1 h。

D.3.4　保持阀门关闭,关闭气源,阀门两端泄压,经由阀门的另一端重新施加规定的试验压力。按照9.5.1检查密封性能,试验周期为1 h,记录任何观察到的泄漏,若无泄漏,保持压力进行D.3.5。

D.3.5　按照9.5.2进行密封性能试验,使用试验压力(P_2)和试验周期(t_2)(如使用试验压力为0.6 MPa,试验周期为1 h)以外,重复步骤D.3.1到D.3.4。

D.4　试验报告

试验报告应包含下面的内容:

a)　试验阀门的全部标志;

b)　GB 15558.3—2008的本附录号;

c)　任何观察到的泄漏以及相应的操作装置状态(半开或关闭)和试验压力;

d)　任何可能影响结果的因素,诸如任何偶发事件或本附录没有规定的操作细节;

e)　试验日期。

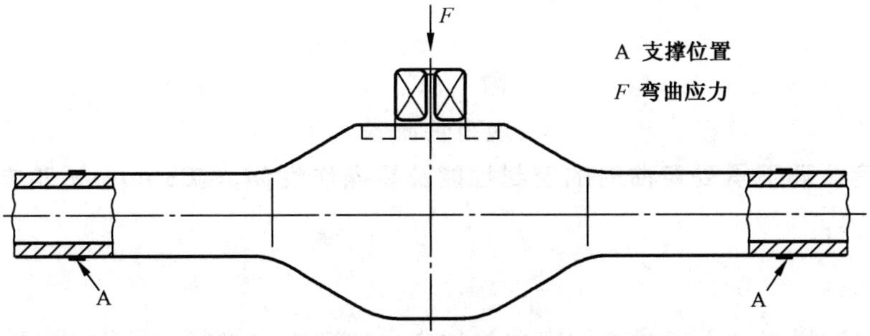

图 D.1　弯曲应力施加位置示意图

附　录　E
(规范性附录)
温度循环下承受弯曲时的密封性能及易操作性($d_n \leqslant 63$ mm)试验方法

E.1　设备

E.1.1　应能够在试样组件上通过3点弯曲施加应力达到规定半径的结构,如图E.1所示。

E.1.2　能够控制温度在规定的温度范围 T_1 和 T_2 之间变化,并在规定恒温期间内保持温度误差不超过±5 ℃,温度变化速率应能设置为1 ℃/min。温度传感器测温点在阀门内部。

E.1.3　设备的布置应便于对试样进行扭矩测试及压力源连接(见9.7和9.5)。

E.2　试样的制备

试验阀门应按照7.1用两段管材组装,管段应足够长,以保证按照E.1.1将试样安装在设备上(图E.1)。将阀门置于合适的操作状态(例如全闭,见9.10)。

E.3　步骤

E.3.1　如图E.1所示,安装试样在设备上,使阀门阀杆沿着弯曲半径方向,如操作装置或阀杆位于弯曲平面内并沿弯曲半径指向外侧,使试样承受3点弯曲达到规定弯曲半径。

E.3.2　升高环境温度到上限温度 T_1,维持此温度至规定的时间 t_1,然后降低环境温度到下限温度 T_2,维持此温度至规定的时间 t_2。

E.3.3　按照E.3.2重复温度循环,总数为50次。

E.3.4　保持弯曲状态,按照9.7进行阀门的扭矩试验并按照9.5.1和9.5.2检查密封性能,记录结果。

注:分别做−20 ℃和40 ℃下的密封性能测试,试验前宜稳定24 h达到与试验环境状态一致。

E.3.5　重新取样,使阀杆与弯曲平面垂直,重复步骤E.3.1～E.3.4。

E.4　试验报告

试验报告应包含下面的内容:

a)　试验阀门的全部标志;

b)　GB 15558.3—2008的本附录号;

c)　弯曲半径;

d)　温度循环的 T_1 和 T_2;

e)　如果时间 t_1 不同于 t_2,分别记录各自温度的时间。

f)　试样在阀杆相对于弯曲平面的方向(沿半径或正交)的扭矩测量值和任何观察到的渗漏;

g)　任何状况或本附录没有规定的操作细节;

h)　试验日期。

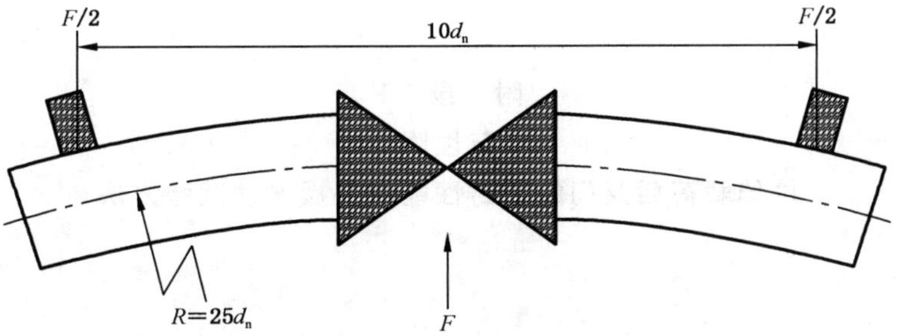

图 E.1 弯曲试验的试验安排示意图

附 录 F
（规范性附录）
拉伸载荷后阀门的密封性能和易操作性试验方法

F.1 设备

F.1.1 拉伸试验机，能够对试样施加拉伸载荷，使与阀门相连管段管材壁内产生规定的轴向应力 σ_x，并维持规定的时间 t_1，然后以规定的拉伸速率直到试样屈服或断裂。

F.1.2 夹具或连接器，能够确保试验机(F.1.1)直接或通过中间管件对试样施加合适的载荷。

F.1.3 压力装置，能以适当的连接使其在拉伸应力下提供规定的内部压力 P。

F.2 试样

由阀门和两段 PE 管材组装(见 7.1)，每段管材的公称外径 d_n 以及 SDR 系列与阀门相匹配。每段管材长度为 $2d_n$ 或 250 mm(取两者较小者)。

F.3 步骤

F.3.1 保持环境温度为 23 ℃±2 ℃，阀门处于开启状态。安装试样在拉伸试验机上并施加规定的内部压力 P，试验前检查组件的密封性。

F.3.2 施加平滑增加的拉力直到在试验组件的管材管壁轴向拉伸应力达到 σ_x。

F.3.3 保持拉力至规定的时间(t)，然后施加规定的拉伸速率拉伸，直到试样发生屈服或断裂。如果出现断裂，记录试验报告。在出现屈服情况下，进行 F.3.4。

F.3.4 卸掉拉伸载荷，按照 9.7 对阀门进行扭矩试验，按照 9.5.1 和 9.5.2 进行密封性能试验，记录试验结果或试验状况。

F.4 试验报告

试验报告应包含下面的内容：

a) 试验阀门的全部标志；

b) GB 15558.3—2008 的本附录号；

c) 试样使用的管材的尺寸；

d) 轴向拉伸应力 σ_x；

e) 施加在试样上的拉力；

f) 施加在试样上的内部压力 P；

g) 拉力维持的时间 t；

h) 任何观察到的泄漏迹象；

i) 按照 9.7 得到的扭矩试验结果；

j) 按照 9.5.1 和 9.5.2 的进行密封性能试验的结果；

k) 任何可能影响结果的因素，诸如任何偶发事件或本附录没有规定的操作细节；

l) 试验日期。

附　录　G
（规范性附录）
冲击后的止动强度和易操作性试验方法

G.1　设备

G.1.1　落锤冲击试验机，能将试样（见 G.2）紧密夹持在坚固底座上，能从距离阀门冲击点垂直高度1 m 处释放冲锤。

G.1.2　落锤　在锤体和/或承载之下具有直径为 50 mm 的硬质半球形冲击面。

G.1.3　夹具　能够夹紧固定阀门两出口端使阀门紧密固定在试验机底座上（见 G.2）。如有必要，能够将阀门从状态调节环境中取出（见 G.1.4 和 G.3）并按照 G.4.2 冲击。

G.1.4　温度可控环境（温控室），能够容纳阀门及其夹具等，适应状态调整要求，方便移取（见 G.1.1 和 G.4）。

G.2　试样

试样应包括一个完整的阀门，阀门出口与夹具紧密连接（G.1.3），当装配在试验机底部，冲击点应符合 9.12 要求（最不利位置，如位于阀门支撑的操作帽上）。

G.3　状态调节

在规定的温度 T_c 和规定的时间 t_c 下状态调节试样（阀门带有夹具）后立即进行试验。

G.4　步骤

G.4.1　调整落锤释放机构相对于试验机底座或夹具的高度，使落锤下落至阀门规定冲击位置（见G.2）的高度为 $1^{+0.005}_{0}$ m。

G.4.2　将试样（阀门和夹具）从状态调节环境中取出，释放冲锤使阀门受冲击。在试验机的底部装夹试样（G.1.1）。如有可能（见 G.1.4 的温控室），保持温控环境 T_c 并在此温度下完成冲击；如不具备温控环境，试样应在状态调节后取出立即进行冲击，本步骤在 30 s 内完成。

G.4.3　应按照 9.12 规定的试验温度进行冲击。如果符合，按照 9.7 测试阀门的操作扭矩并记录试验结果，如果不符合表 2 中操作扭矩要求，记录报告，按照 9.8 测试止动强度并记录结果。

G.5　试验报告

试验报告应包含下面的信息：

a)　试验阀门的全部标志；

b)　GB 15558.3—2008 的本附录号；

c)　落锤的质量和下落高度；

d)　阀门（帽）的冲击位置；

e)　状态调节温度；

f)　任何观察到的破裂迹象；

g) 按照9.7的扭矩试验结果；

h) 按照9.8的止动强度试验结果；

i) 任何可能影响结果的因素，诸如任何偶发事件或本附录没有规定的操作细节；

j) 试验日期。

附　录　H
(规范性附录)
持续内部静液压和冲击后的密封性能及易操作性试验方法

H.1　设备

H.1.1　加压装置

能够在60 s内逐渐均匀升压至规定压力,并在规定的试验周期内,压力误差为(+2%～−1%)。

注:宜对每个试样单独加压。不过,在一个试样失效时不影响其他试样压力的情况下,允许使用同时对几个试样加压的装置(如用隔离阀,或对一批试样进行首件失效试验时)。

H.1.2　压力表

能够在规定的范围内检测试样内部压力。

压力表应不污染试验液体。

H.1.3　计时器

在试验期间,能够连续记录施加压力的时间及直至试样失效或压力首次降低。

注:推荐使用对由渗漏或失效引起的压力变化敏感并且能使计时器停止的装置,如有必要,能关闭压力回路。

H.1.4　水箱

充水并保持规定的试验温度 T(见9.13),在其全部工作容积中,温差在±1 ℃范围内。

H.1.5　支撑或支架

能够使试样浸没在水箱中(H.1.4),且使试样之间、试样与箱壁无接触。

H.2　试样

H.2.1　试样组合

试样由阀门和直管段组合而成(见7.1),如果多个阀门同时测试,阀门之间管材的自由长度应不小于相连管材的公称外径的3倍(例如 $3d_n$)。

H.2.2　试样数量

在开启状态、关闭状态下受试阀门的数量应相等,且至少为1个。

启闭状态的试样数量应按本部分规定,且足够用于后续各项测试(见H.3.2)。

H.3　步骤

H.3.1　施加内部静液压

H.3.1.1　组装试样并充满水,与压力设备(H.1.1)连接后,浸没到水箱(H.1.4)中,保持足够长时间以达到规定的温度 T。

H.3.1.2　在60 s±5 s内,平缓加压至规定压力 P,压力误差为(+2%～−1%),保压至规定的试验时间(t),或直到试样发生泄漏或破坏(见H.3.1.3)。如出现失效,则记录试验报告,在不出现泄漏或破坏的情况下卸压并进行步骤H.3.2操作。

H.3.1.3 如果失效发生在距阀门 $1d_n$(管件与阀门连接处)之外的连接管段上,可忽略该结果,对阀门重新试验。

H.3.2 冲击后密封性能和易操作性的评价

卸压 1 h 内,按照 9.12 开始对每个阀门测试,记录结果。如果不符合表 2 中的冲击后的项目 9(易操作性),按照 H.4 出具报告。如果符合,按照 9.5 继续对每个阀门进行试验(表 2 中项目 2),记录试验结果。

H.4 试验报告

试验报告应包含下面的信息:

a) 试验阀门的全部标志;

b) GB 15558.3—2008 的本附录号;

c) 试验压力,试验温度和内部静液压的时间;

d) 静液压下任何损坏、泄漏情况,包括导致重新试验的失效(见 H.3.1.3);

e) 按照 9.12 的冲击试验出现的任何破裂情况或其他损坏;

f) 按照 9.7 的试验条件和操作扭矩的试验结果,是否符合冲击后的易操作性和操作扭矩要求;

g) 按照 9.8 的试验条件和止动强度的试验结果,是否符合冲击后易操作性和止动强度要求;

h) 按照 9.5 的试验条件和泄漏性能的试验结果,是否符合密封性能试验要求;

i) 本附录没有详细规定的可能影响结果的任何状况或操作细节;

j) 试验日期。

附 录 I
（规范性附录）
耐简支梁弯曲试验方法

I.1 范围

本附录规定了流体输送用 PE 阀门在双支撑(简支梁)间的耐弯曲性能试验方法,与阀门本体相连管材的公称外径在 63 mm 到 225 mm 范围内。

注:本标准中尺寸范围在 250 mm≤d_n≤315 mm 范围内的阀门参照本附录执行。

I.2 原理

试验在(23±2)℃温度下进行。阀体与两段管材相连接,置于两点支撑上,对阀门施加恒定的外力使其承受弯曲载荷。阀门通气加压,在加载前、加载期间和加载后分别检测密封性能并记录操作扭矩。

I.3 设备

I.3.1 试验机

应能持续施加规定的力,偏差为 2%。试验机的固定支架应具有轴向平行且间距可调的两个支撑 S,且头部曲率半径为 5 mm(见图 I.1)。

试验机的移动加载部分根据阀门的类型应配备合适的压头,压头接触部位的曲率半径为 5 mm,也可采用半圆柱面或轭状接触表面,压头和支撑 S 均用硬化钢制造,且轴线彼此平行。

注:力不应直接施加在阀门本体上,以免对启闭件造成破坏,建议 L 的距离为 $2d_n$(见图 I.1)。压力及偏差测量指示器,应符合相关标准的精度等级要求。

I.3.2 压力表:(0 MPa～0.005 MPa),精度等级 1.6;压力源:能提供(0 MPa～0.005 MPa)气压并可调;扭矩测量装置:精度为±5%;检漏装置:精确至 0.1 cm^3/h。

I.3.3 气密封管路系统,包括:

a) 连接管线的管件;

b) 阀门与压缩空气源连接间的开关以及检漏装置(如压力表及刻度管等)。

I.4 试样

I.4.1 试样由阀门和两段 PE 管段组装而成,管段长度应满足整个试样的支撑间距要求(见 I.5.1.3)。试样两端应装有封堵或端帽等(I.3.3)。

I.4.2 除非另有规定,试样数量至少为 1 个。

I.5 试验步骤

I.5.1 安排

I.5.1.1 进行下面步骤(包括 I.5.1.2 到 I.5.3.5)前,放置试样使阀门操作部分处于以下状况:

——竖直,与施力点反向(见图 I.1);

——水平,与施力方向垂直。

I.5.1.2 试验开始时,记录环境温度。

I.5.1.3 调整支撑间距至 $10d_n$(见图 I.1);

I.5.1.4 将试样放在支撑(S)上,使受试阀门与两支撑点等距,且其轴线垂直于压头轴线,操作部分方向为 I.5.1.1 的规定方向之一。

I.5.1.5 将阀门组件一端与加压系统连接,另一端安置检漏装置。

I.5.2 初始性能检测

按照 GB/T 13927 检测并记录阀门在半开状态下(壳体试验)及关闭状态下的密封性能(启闭件密封性试验)。按照附录 C 测量并记录操作扭矩。

I.5.3 受力后的性能检测

I.5.3.1 按照本部分表 2 的规定(第 11 项),以 25(1±10%)mm/min 的速度在阀门上施加作用力。

I.5.3.2 保持上述作用力(F)10 h,在此期间:按照 GB/T 13927 检测并记录阀门全开(内部)或半开(外部)状态下的密封性能;按照附录 C 测量并记录操作扭矩;如果出现破坏或内、外部泄漏,记录详细情况,可能时,记录泄漏位置并出具试验报告(I.6)。否则,按照 I.5.3.3 到 I.5.3.5 继续进行试验。

I.5.3.3 测量并记录最大挠度,卸除作用力 F。

I.5.3.4 检查阀门及其相连管段的外观并记录任何变形。

I.5.3.5 调整操作部分至 I.5.1.1 规定的另一个位置,重复 I.5.1.2 到 I.5.3.4 的步骤,完成后,按照 I.5.3.6 继续进行试验。

I.5.3.6 按 I.5.2 测定卸除作用力后的最终性能。

I.6 试验报告

试验报告应包括下面内容:

a) GB 15558.3—2008 的本附录号;

b) 试样的完整标志及材料类型、阀门的公称尺寸;

c) 试样数量;

d) 是否观察到任何内部或/和外部泄漏及其位置;

e) 按照 I.5.2,I.5.3.2 和 I.5.3.6 测量的阀门扭矩;

f) 任何影响结果的因素,诸如任何偶然事件或本附录没有规定的操作细节;

g) 试验日期。

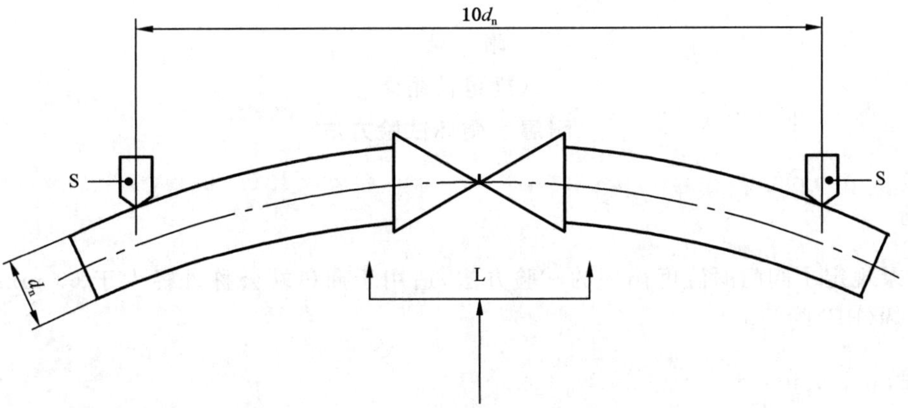

S——支撑。

图 I.1 弯曲试验的试验安排示意图

附 录 J
(规范性附录)
耐温度循环试验方法

J.1 范围

本附录规定了阀门耐温度循环的试验方法,适用于插口端公称外径大于 63 mm 的流体输送用聚乙烯(PE)阀门。

J.2 原理

阀门内初始压力为 0.6 MPa,测量在温度循环的应力下发生的压力变化。

检查测量在压力试验前后的密封性能及操作扭矩。

J.3 设备

J.3.1 调温试验箱 能够控制温度在 −20 ℃～+60 ℃之间某一恒定值或变化值并保持一定时间,偏差为±2 ℃。温度变化速率应能设置为大约 1 ℃/min。

J.3.2 压力记录仪 量程和刻度适宜试验阀门的压力要求,精度 1.5 级。

J.3.3 压缩空气源 能够提供要求的试验压力(见 J.5.4)。

J.3.4 管路 能使试样与压力记录仪及压缩空气源连接并且其上装有可使试样和记录仪组件全部和压力源隔离的阀门。通气阀门应能使压力平缓增加。

J.4 试样

J.4.1 试样应包含一个完整阀门,阀门的封堵应能保证试验按照 J.5 章进行。试验前应在 23 ℃±2 ℃下状态调节至少 24 h。

J.4.2 除非另有规定,试验数量至少为 1 个。

J.5 步骤

J.5.1 关闭阀门并放置在 23 ℃±2 ℃的调温试验箱中。

J.5.2 按照附录 C 测量并记录操作扭矩。按照 GB/T 13927 进行试验,当阀门半开(壳体试验)以及当阀门关闭(启闭件密封性能试验)时检测并记录密封性能。

J.5.3 将试样的一端与压缩空气源相连,试样另一端不关闭。

J.5.4 将阀门关闭,在 30s 内将系统的压力逐渐升至 0.6 MPa,偏差为±2%。

J.5.5 等待 30 s 使压力稳定。

J.5.6 断开试样与压力源的连接,维持试样与相应的压力记录仪连接。

J.5.7 按照 J.5.8 和 J.5.9 进行试验,记录如下:

a) 记录循环期间试样压力的变化情况;

b) 如果发生泄漏,记录泄漏发生时的温度及相应的压力变化值;

c) 查找并记录任何泄漏的位置。

J.5.8 调整调温试验箱,使其温度以约 1 ℃/min 的速率变化(J.3.1)。在极限温度(−20±2)℃

及(60±2)℃分别保温3 h。

J.5.9 保持试样在试验箱中做10个循环,第1个循环从23 ℃升温开始。

J.5.10 循环完成后,在23 ℃±2 ℃下状态调节至少24 h,重复J.5.2的测试步骤。

J.6 试验报告

试验报告应包括下面内容:

a) GB 15558.3—2008的本附录号;

b) 试样的完整标志;

c) PE材料的类型及其他材料(如果有);

d) 阀门的公称外径;

e) 试样数量;

f) 循环期间的压力记录;

g) 任何泄漏发生的位置及当时温度(如发生);

h) 稳定循环前后的操作扭矩;

i) 任何影响结果的因素,诸如任何偶然事件或本附录没有规定的操作细节;

j) 试验日期。

参 考 文 献

[1] GB/T 4217—2001 流体输送用热塑性塑料管材 公称外径和公称压力

[2] GB/T 10798—2001 热塑性塑料管材通用壁厚表

[3] ISO 161-1:1996 Thermoplastics pipes for the conveyance of fluids—Nominal outside diameters and nominal pressures—Part 1:Metric series

[4] ISO 4065:1996 Thermoplastics pipes—Universal wall thickness table

[5] ISO 5208:1993 Industrial valves—Pressure testing of valves

[6] ISO/TR 10839:2000 Polyethylene pipes and fittings for the supply of gaseous fuels—Code of practice for design,handling and installation

[7] ISO 8233:1998 Thermoplastics valves—Torque—Test method

[8] EN 1555-4:2002 Plastics piping systems for the supply of gaseous fuels—Polyethylene(PE)—Part 3:valves

[9] EN 12100:1997 Plastics piping systems—Polyethylene(PE) valves—Test method for resistance to bending between supports

[10] EN 12119:1997 Plastics piping systems—Polyethylene(PE) valves—Test method for resistance to thermal cycling

[11] CJJ 63 聚乙烯燃气管道工程技术规程

ICS 23.040
P 94

中华人民共和国国家标准

GB/T 16805—2017
代替 GB/T 16805—2009

输送石油天然气及高挥发性液体钢质管道压力试验

The pressure testing of steel pipelines for the transportation of petroleum, gas and highly volatile liquids

2017-11-01 发布　　2018-05-01 实施

中华人民共和国国家质量监督检验检疫总局
中国国家标准化管理委员会　发布

前　言

本标准按照 GB/T 1.1—2009 给出的规则起草。

本标准代替 GB/T 16805—2009《液体石油管道压力试验》,与 GB/T 16805—2009 相比,主要技术变化如下:

——修改了“规范性引用文件”的内容(见第 2 章);

——增加了“术语和定义”的内容(见第 3 章,2009 版的第 3 章);

——增加了“压力试验类型”的内容(见第 4 章);

——修改了“试压介质”的内容(见第 5 章,2009 版的第 5 章);

——增加了“试压人员的资格”的内容(见第 8 章);

——增加了“压力试验故障”的内容(见第 10 章);

——增加了“查找泄漏”的内容(见第 10 章);

——增加了“试压介质的降压、置换和处置”的内容(见第 10 章);

——修改了“压力试验记录”的内容(见第 12 章,2009 版的第 10 章);

——增加了“压力试验图示”的内容(见第 12 章)。

本标准由全国石油天然气标准化技术委员会(SAC/TC 355)提出并归口。

本标准起草单位:中国石油管道局工程有限公司、中国石油管道局工程有限公司第三工程分公司。

本标准主要起草人:张志强、李长阁、孔德胜、王东霞、常亮、刘达、周荣、宋章喜、张广龙、李友、朱光杰。

本标准所代替标准的历次版本发布情况为:

——GB/T 16805—1997、GB/T 16805—2009。

输送石油天然气及高挥发性液体钢质管道压力试验

1 范围

本标准规定了输送天然气、石油气、危险液体、高挥发性液体、二氧化碳钢质管道压力试验的做法。

本标准适用于管道及管道设施组成部分的压力试验。管道及管道设施包括:线路管道、站场管道、管道附属物、管道设备附属物、装配组件、阀门、管件等。

本标准不适用于泵组、压缩机组、泄压罐、压力容器、控制管道、取样管道、仪表管道,或其他标准指定压力试验要求的组件或管道系统(如锅炉和压力容器,建筑标准涉及的管道系统等)。

本标准也不适用于使用天然气、氮气或空气作为试压介质的管道系统压力试验。

2 规范性引用文件

下列文件对于本文件的应用是必不可少的。凡是注日期的引用文件,仅注日期的版本适用于本文件。凡是不注日期的引用文件,其最新版本(包括所有的修改单)适用于本文件。

GB 32167—2015 油气输送管道完整性管理规范

3 术语和定义

下列术语和定义适用于本文件。

3.1

压力天平 deadweight tester

一套由垂直安装在密闭气缸中的精加工的活塞组成的仪器,用来测试压力,也被称为“活塞式压力计”。

注:与压力控制装置、压力测试口、块等合称为“压力天平”。

3.2

冷冻塞 freeze plug

通过在管道外表面使用液态氮造成管内试压水冻结的管道隔离点。

注:通常用于将试验段分成更小的测试部分,以便更容易地查明泄漏点或用于设定一个测试边界。

3.3

危险液体 hazardous liquid

石油、石油产品或者无水氨。

3.4

高挥发性液体 highly volatile liquid

在温度为 37.8 ℃,饱和蒸汽压超过 0.276 MPa 时的有害液体。

3.5

严密性试验 leak test

用来判断管道系统是否存在泄漏的管道试验。

注：根据压力测试方案的需要，严密性试验可以单独使用，或者根据压力试验方案的要求除了峰值试验、强度测试之外使用。

3.6

工作压力 operating pressure

在某个特定时间，管道系统中某点的稳定工况的压力。

3.7

极限工作压力 operating pressure limit

描述管道操作压力范围上限的专业术语。

注：在国际标准中，一般称为最高稳态操作压力或者最大许用工作压力。

3.8

规定最小屈服强度 specified minimum yield strength;SMYS

购置钢管及管件的技术规格书所规定的最小屈服强度。

3.9

峰值试验 spike pressure test

短时间(通常小于1 h)、高压(压力比通常高于1.25)的压力试验。

3.10

强度试验 strength pressure test

按标准要求，检验管道工作压力的压力试验。

3.11

应力腐蚀开裂 stress corrosion cracking;SCC

由拉应力(残余或外加的)、腐蚀性环境及材料协同作用下造成的一种材料开裂现象。

3.12

试压介质 test medium

进行压力试验所用的液体或气体。

3.13

试验压力比 test pressure ratio

试验压力与管道系统极限工作压力的比值。

4 试压类型

4.1 一般规定

压力试验的基本类型分为三类：峰值试验、强度试验和严密性试验。为证实管道的完整性和(或)达到标准的要求，三类试验可单独或组合实施。三类试验的试验目的和试验压力比各不相同，运营商应根据试验目的确定合适的试验类型。

4.2 峰值试验

峰值试验用来验证运行管道的结构完整性。对于峰值试验，试验压力比通常大于1.25。在试验中，峰值试验时间通常多于5 min但少于1 h，以便减少试压中亚临界扩展异常可能导致的故障。峰值试验时间应足够长,保证增压过程任何瞬间试压介质趋于稳定。达到各项验收标准,且没有管道破裂发生,视为峰值试验合格。

4.3 强度试验

强度试验用来确定试压管道的运行压力极限。通常,试验压力比为 1.25,持续时间不少于 4 h,但这些数值可依据适用的标准和规定而变化。达到各项验收标准,且没有管道破裂或泄漏发生,应视为强度试验合格。

4.4 严密性试验

严密性试验用来证明试压管道无泄漏。通常,试验压力比低于 1.25,持续时长 2 h 或更久,但这些值根据环境、公司规程和适用的标准有所不同。通常,严密性试验的持续时间应足够长,以使运营商可判断试验是否达到验收标准。若所有压力变化都能按照既定验收标准解释,即判断严密性试验合格。在特定条件下应注意,用气体对管道再次升压后,管道的严密性试验可通过电火花检漏仪或其他泄漏探测仪器的监视进行。

5 试压介质

5.1 一般规定

当采用液体作为试压介质时,应考虑下列事项:

a) 试压介质的主要来源和补充来源;

b) 在试压介质中添加缓蚀剂或其他方法(酸碱中和等)的需要;

c) 参照国家和地方的规定,确定获得试压介质是否需要许可;

d) 注入试压段和故障应急所需的试压介质总量;

e) 试压段的试压介质注入点;

f) 如有要求,压力试验前需要储存清洁的试压介质;

g) 如有要求,应对接触试压介质的管道进行杀菌剂处理;

h) 试压介质的注入速率和压力;

i) 试压介质、大气、地表的预计温度和稳压时间;

j) 试压介质的品质,包括过滤设备的要求和固体沉淀的时间;

k) 试压段充装前、充装中和故障或最终排放前,保证并记录试压介质质量的取样程序;

l) 如有要求,排放前保留一定量的试压介质;

m) 根据国家和地方政府的规定,以确定试压介质的处置要求及许可;

n) 试压介质的排放地点和方法;

o) 如有要求,用于泄漏检测和定位的程序和物资,如染料或测试气体。

5.2 水以外的试压介质的特别要求

压力试验宜用水进行。但若符合下列条件,可采用雷德蒸发压力小于 0.05 MPa 的液体石油作为试压介质:

a) 试压管道或试压段不是海底管道或者不是海底管道设施的一部分。

b) 试压管道或试压段不处于管道泄漏可导致不利影响产生的环境敏感地区。

c) 试压管道或试压段(额定运行压力高于 1.9 MPa)位于城市或人口密集区之外。

d) 当试验压力大于或等于使环向应力达到或超过规定的最低屈服强度的 50%时,且位于运营商管道设备以外，在试压管道或试压段两侧 92 m 范围以内的每座建筑物内均不得有人。

e) 在试压期间，应定时巡查，使试压管道保持在严密监视之下。同时应给试压人员配备便携式无线通话设备或类似的装置，以便与负责人保持联系。

f) 试压管道或试压段附近应部署对突发泄漏进行清理的应急设备及人员。

6 试压用设备和材料

6.1 试压用设备和材料的选用

应正确选择试压用设备，设备应处于良好的工作状态。测量设备的测量范围应满足压力试验期间预期产生的压力。下列设备可用于压力试验：

a) 大容积泵：连接管道来充装介质，提供充足压力克服静压头，应能维持足够的速度推动清管器和杂质，保持管道内的紊流使边界作用减到最小；

b) 过滤器：用于过滤试压介质，以确保试压介质清洁；

c) 注入泵：当需要时，向试压段注入缓蚀剂、检验燃料或气体以及其他化学制剂；

d) 流量计或类似设备：测量管道充装量；

e) 变速容积泵：应能使管道升压到超过规定试验压力的适当的值；泵的每一冲程的容积为已知，并应配有冲程计数器(在升压过程中，若需测量注入到管道内的试压介质时，可用带可变流量的恒速泵替代上述的泵)；

f) 容积测量仪：管道注入介质后达到所需测试压力后，增压期间用于计量容积的设备，此设备大于所测容量的 1%，精度为液体加注计算容积的 0.1%；

g) 安全阀：在升压和试压过程中，防止试压段超压；

h) 可移动式储罐：供试压介质在多余时储存，不足时补充；

i) 压力传感和显示装置：应具有为指示预定试验压力所必需的压力范围和增量刻度；

j) 压力天平或相当的压力传感装置：可测量小于或等于 0.006 7 MPa 的增量，该装置应具有校准合格证书，开始试验时应在此证书 1 年的有效期内；

k) 连续记录压力值的量度装置(例如图表记录仪)：应能提供压力随时间变化的永久性记录，每次与压力天平配合使用前应校准该装置；

l) 试压介质温度传感和显示仪表：将其正确校准至适当的预期温度，温度仪表测定值与实际值的偏差不超过 0.5 ℃，灵敏度不低于 0.05 ℃；

m) 连续记录的温度测量装置：应能提供试压介质温度随时间变化的永久性记录，此装置在每次使用前应与标准温度计进行校准；

n) 环境温度感应器和显示设备：应为适合预期环境温度正确校准到某一范围；

o) 连续记录的温度测量装置：应能提供环境温度随时间变化的永久性记录；

p) 使所有仪表免受极端天气损害的设施；

q) 辅助试压数据分析的电子式压力/温度监测和记录系统：该系统有助于分析试验数据，如该系统中各单独压力传感器均具有一定等级的灵敏度，并能在现场用类似于上述仪表的校准方式进行校准，则该系统可代替上述各部件；

r) 清管器、刮管器、清管球和类似的装置：用于清理试验段并排除管道中的空气、危险液体或气体，及用于试压介质排出/置换的类似设备；

s) 必要时,配备临时的管汇和接头;
t) 用于补充和置换试压管道介质所需的设备、材料和流体;
u) 协调试验工作的通信设备;
v) 为判定泄漏和方便修理而隔离管道的设备;
w) 阀门、管子和垫片等,用来替换压力试验期间的损坏件;
x) 试压介质取样设备;
y) 真空油槽车:用以收集破裂或泄漏引起的试压介质溢出(如超出环境允许极限);
z) 过滤设备:用于试压介质处理;
aa) 挖掘设备:用于开挖故障点;
ab) 标志牌:用于标识储存试压介质或产品的真空油槽车和压裂储罐;
ac) 试验期间使用的或收集的化学品的信息或产品数据表;
ad) 气体/氧气检测设备;
ae) 静电接地设备;
af) 试压介质密封材料(吸附材料漏油栅、吸水垫、接油盘等);
ag) 电子定位系统:用于定位故障地点;
ah) 清管器追踪设备;
ai) 所有临时软管和管道的固定装置;
aj) 若使用冷冻塞隔离管道,应采用特殊的处理技术,以保证人员安全。当选择冷冻塞接头时,应考虑接头的强度、韧脆转换温度,接头经无损检测以发现缺陷。

6.2 测量设备的位置和使用

试压管道内的体积变化易受温度影响。温度的升降,将导致相应的压力和体积变化。这就要求压力和温度测量应准确并具有代表性。

应准确测量并确定试验压力。选择多点测量或是高程剖面与测量点结合点用适当仪器,测得准确并具有代表性的试验压力。与压力不同,温度更难确定并带有很大的不确定性。对于长的测试段更为明显,试压段内不同的埋深和不同的地面环境均将导致温度的变化。试压介质和试压管道的准确温度很可能不确定。测量每个不同位置的温度是不实际的。但对温度测量点的位置和数量应仔细考虑,并选择能代表试验段特点的测量点。压力试验开始前,管道内试压介质温度的稳定是十分重要的。

测量设备应与所需测量的压力和温度相匹配。由于测量设备的测量数值和准确度可导致一定程度的不确定性,在确定验收标准时应考虑此不确定性因素。

7 试压方案

7.1 概述

管道系统的压力试验是为了验证在预期的运行条件下能正常运营。对新建管道,试验在投入使用前实施;对在役管道,试验作为完整性评估过程的一部分用来验证历史工作环境;在停输管道重新投入使用前验证管道完整性;以及验证不同工作条件(如更高工作压力下运行或者运输不同产品)管道的运营能力。

7.2 目标

实施压力试验的目标是:

a) 探测并排除管道中存在的疲劳缺陷。可通过提高试验压力与管道运行压力极限的比率来实现。更高的比率可延长管道完整性压力试验的时间间隔。

b) 探测并排除固有风险并验证管道的结构完整。可通过用高于管道运行压力极限的压力进行试验来实现。

c) 确定管道的运行压力极限。

d) 在闲置或不常用的管道重新投入使用前验证管道的完整性。

e) 改变管道用途时验证管道完整性。

f) 验证试压管道无泄漏迹象。

7.3 缺陷/风险类别

GB 32167—2015 已对压力试验评估的缺陷/危害进行了定义。为处理与腐蚀、应力腐蚀开裂(SCC)、制造、材料和结构相关的缺陷/风险,应根据特定风险和预计缺陷类型和大小来设计压力试验流程:

a) 内部和外部腐蚀风险一般通过峰值试验、强度试验和/或严密性试验处理,其试验压力比与提供的重估间隔的试验压力比相符。重估间隔是现有管道壁厚、试验压力比和预估腐蚀比率的函数值。

b) SCC 风险一般通过峰值试验和/或强度试验处理,其试验压力比与提供的重估间隔的试验压力比相符。重估间隔是管壁厚度、可能存在的最大尺寸裂纹和预估的裂纹扩展速率的函数值。

c) 制造风险,例如由于压力循环产生的疲劳敏感焊缝缺陷,可通过峰值试验和/或强度试验处理,其试验压力比与提供的重估间隔的试验压力比相符。重估间隔是管壁厚度、可能存在的最大尺寸裂纹、预估的裂纹扩展速率和运行压力循环的函数值。

d) 材料和结构风险一般使用峰值试验和/或强度试验处理。如在以后的运营中不会出现制造或施工相关的不利影响,这类疲劳或固有风险不需要重新评估来确定其完整性。

7.4 安全

计划或实施压力试验时,运营商应考虑下列安全事项:

a) 向操作人员进行交底,包括安全措施,并提供操作规程(动火作业许可、进入受限空间、个人防护装备、上锁/挂牌规程等);

b) 进行危害评估和召开安全会议;

c) 参与压力试验的所有人员应遵守有关环境和安全的国家标准;

d) 确定试压时的预防措施和操作规程已将公共和环境风险降到最低,特别是采用非水的试压介质排放时;

e) 在充装试压介质、压力试验及排放试压介质时,应采取措施减少临时管道及软管的使用;

f) 考虑可能出现试验失败的应对措施。

7.5 沟通

运营商应考虑下列沟通事项:

a) 压力试验策划过程应包括一份明确试验地点的试压流程,该流程包括所有与项目有关的细节。在策划过程早期阶段,该方案应分发给相应单位、人员、承包商和其他直接参与试验审查评定人员。

b) 试验前,运营商应通知作业带沿线的有关部门、政府机构、危险应急人员和土地所有者。

c) 试验前,运营商应取得适当的许可证。

d) 运营商应明确参与压力试验人员的分工职责,包括下列几项:

1) 操作人员;

2) 承包商和/或维护人员;

3) 负责验证压力试验结果的人员。

7.6 管道运行条件

运营商应考虑下列管道运行条件:

a) 输送危险液体或二氧化碳管道的压力等级;

b) 输送危险液体或二氧化碳管道可能出现的最大峰值压力;

c) 试压段内要求的最低和最高工作压力值;

d) 试验期间,试压段持续停运时长。

7.7 最大试验压力

确定试验压力时,运营商应考虑下列因素:

a) 试压段内产生的最大环向应力(接近管道额定最小屈服强度的压力水平,升压期间考虑采用压力-容积图来监控可能的变形并记录升压情况);

b) 试压段每种类型管道和管件(弯头、三通、异径管)的位置、高程和特性(尺寸、壁厚、等级和焊缝类型);

c) 试压段内设备(过滤器、通风口、泵、盲板)的位置、高程和额定压力;

d) 试压段内组成件(法兰、阀门)的位置、高程和等级;

e) 增大试验压力到最大水平会导致试验失败的风险。在降低试验压力及最终工作压力限制前,运营商可承受试验失败的次数,应在流程策划阶段予以考虑。

7.8 已建工程和运行记录

进行压力试验前,应审查下列工程和运行记录,以确定压力试验是适当的、可行的:

a) 以往的水压试验报告;

b) 以往的在役或非在役管道失效记录;

c) 以往在线检验调查结果(先前在线检验结果可用于确定试验前是否存在需要检查的裂缝,压力试验前要求最新在线检验结果是为了确定发现并调查所有其他潜在的异常类型,如腐蚀、凿孔、压痕等);

d) 管道和管件的工厂试验报告;

e) 以往的阴极保护测量记录;

f) 以往的维修及检查记录。

7.9 管道特性

在设计压力试验时应确定下列事项:

a) 管道试压段的边界和分段。

b) 试压段内附件的位置(阀门、法兰、旋塞、塞子、套管、补强板等)。

c) 试压段内隔离点(阀门)的位置。

d) 试验时间(试验日期和当日时间)。

e) 试压段内压力和温度传感装置的位置。

f) 试压介质充装位置。

g) 试压介质处置位置。

h) 作业带条件。

i) 接近管道的障碍物影响。

j) 试压段的高程变化。

k) 试压段内裸露管道数量。寒冷天气时应特别注意裸露管道的防冻。大量的裸露管道会导致随着温度变化,其压力也将有较大的变化,从而难以达到试验的稳定。

l) 检查下列情况的试验段连接接头:

1) 试验期间,应在目视检查前考虑裸露试验段所有螺纹、螺栓或法兰配件;

2) 压力试验前应考虑更换试验段内所有垫片。

7.10 目标试验压力和压力试验持续时间

确定试压管道的试验压力值时,应考虑下列事项:

a) 试压段的高度差异;

b) 管道的现行极限工作压力;

c) 以往的水压试验压力(已知的制造厂试验压力);

d) 试压段内每个点的设计工作压力极限;

e) 压力试验产生的最大允许管道应力水平;

f) 管道附属物的承压能力;

g) 以往的故障记录(运行期和压力试验);

h) 如试验失败,试验区域内可能受到影响的现场人员、建筑物和环境敏感地带;

i) 主线阀位置;

j) 以往在线检测(ILI)和其他评估结果;

k) 制造厂测试数据的评估。

在较高压力下,可排除较低压力下无法发现的缺陷。最大试验压力时的稳压时间会降低潜在缺陷存在。管道高强度压力试验的目的是管道通过消除缺陷达到一个高于标准水平的应力。随着压力比的增加,缺陷存在的可能性更小,安全性更高,管道报废和重新进行疲劳缺陷评估的间隔时间更长(如图 1 所示)。

图 1 规定了缺陷深度(a)与管道壁厚(t)之比、缺陷长度和标准管道的试验压力之间的关系。阴影部分代表强度压力试验(粉色)和峰值压力试验(绿色)消除的缺陷总量。与峰值压力试验(100%SMYS)相比,强度试验(90%SMYS)后还存有相对较大的缺陷。较大缺陷不会像小缺陷扩散到临界深度或长度,它们通常在达到 79.2%额定最小屈服强度时即停止扩散(72%SMYS 加上 10%超压保护值)。

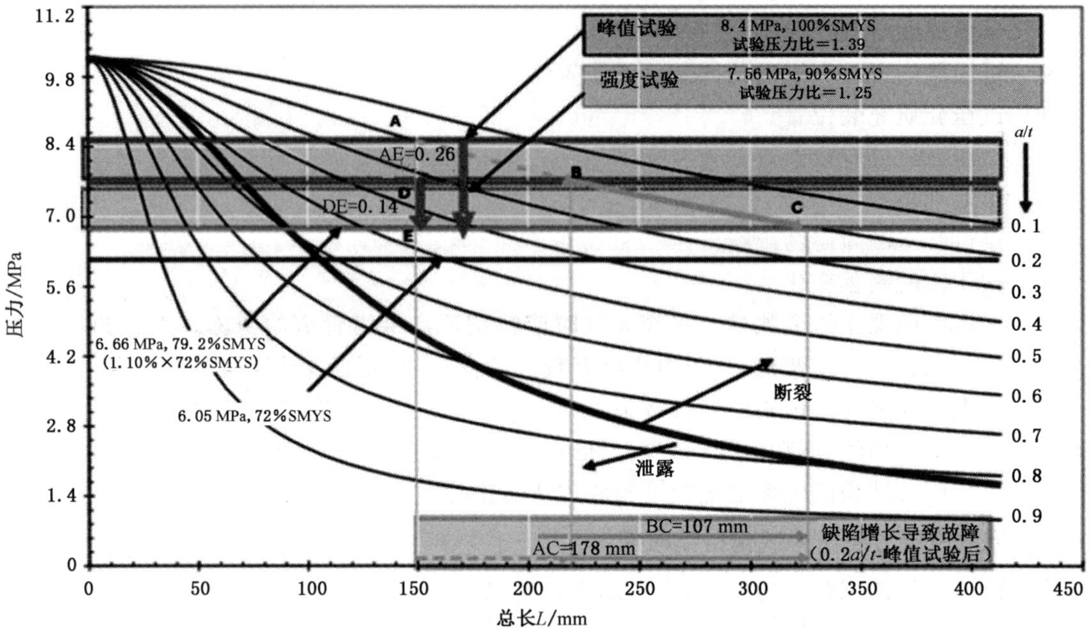

图 1 安全范围内压力试验的影响

例如,对于 DN=152 mm,20%深度缺陷,峰值压力试验后,在 79.2%SMYS(72%SMYS 加 10%过压保护设置点)可消除的试验缺陷范围,用蓝线表示(AC=178 mm;a/t=0.2)。是同样深度缺陷在强度压力试验后,消除试验故障缺陷范围的 1.66 倍(AC/BC=178/107=1.66)。对于 DN=150 mm,20%深度缺陷,峰值压力试验后,在 79.2%SMYS(72%SMYS 加 10%过压保护设置点)可消除的试验缺陷深度,用红线表示(AE=0.26),是同样长度缺陷在强度压力试验后,在 79.2%SMYS(72%SMYS 加 10%过压保护值)消除试验缺陷范围的 1.86 倍(AE/DE=0.26/0.14=1.86)。

在这种情况下,导致试验失败的 79.2% SMYS(72%SMYS 加 10%过压保护设置点)可通过短时间的峰值压力(峰值压力试验)分别提高 66%~86%。应用断裂力学原理产生图 1。进行压力试验的管道特征应以相同的方式进行评估,来确定是否获得了源自峰值试验的额外益处。

对管道和管道组件进行反复加压,可使缺陷增长到无法估计长度,却不导致试验故障,因此应避免对同一试压管道反复试验。重复试验可导致在随后低压情况下产生试验故障(压力异常)。试验时间、试验压力和重复故障率之间应有一个平衡,而不是在降低试验压力和最终确定工作压力极限前,运营商能够接受多少次试验故障。

运营商应根据试验目标压力值,确定试验压力范围。试验压力范围在很大程度上依赖于压力试验类型和现场条件。

运营商应根据适用标准或规程、压力试验类型、压力试验段泄漏目测情况,来确定压力试验持续时间。当标准或规程未要求压力试验持续时间时(例如完整性评估的压力试验),应按照本标准执行。

7.11 压力试验故障

运营商应编制处理压力试验可能出现的故障的方案,方案应包括下列内容:

a) 用于管道修复和环境保护所需的仪器、人员、材料和检测手段；

b) 为进一步的分析，保存管道故障样本断裂面的方法；

c) 如不是已知的或明显的原因，压力试验故障的原因应经实验室检测确定。

7.12 压力试验验收标准

7.12.1 一般规定

运营商应明确压力试验验收标准，以便验证压力试验已完成且无泄漏现象。

7.12.2 强度试验和峰值试验

如试验期间压力保持不变，则强度试验或峰值试验视为合格。如试验压力无法保持，应对损坏组件进行修理并重新进行试验。

7.12.3 严密性试验

7.12.3.1 试验过程中，压力变化与体积变化是直接相关的。体积变化可能是泄漏、温度变化、试验部分空气影响的原因，或是上述因素共同作用结果。若有证据证明压力变化不是泄漏引起的，则严密性试验时的压力变化是允许的。

7.12.3.2 应确定试验开始与试验结束时的体积差。体积差可归为如下四种原因：

a) 注入和收回；

b) 由于温度变化，引起的可计算体积变化；

c) 空气或气体融进试验介质；

d) 通过减压阀排放试验介质。

7.12.3.3 滞留空气或气体会逐渐溶解。少量空气不影响试验结果。大量空气会影响试验结果，并用于体积差的评估。

7.12.3.4 由于温度和压力引起的体积变化，可通过计算确定。通过计算，可确定对应温度和压力变化产生的体积修正量。管径、D/T 率(外管径/壁厚)、残余空气体积和试验液体影响温度变化。当对试验组件进行外观检测泄漏时，可不应用计算评估体积偏差。

7.12.3.5 应解释测量精度不确定性之外的体积损失。无法解释的损失表示有未知泄漏存在。对于液体管道，在强度和(或)严密性试验期间，试验介质的无理由泄漏是不允许的。

7.12.3.6 在测量精度符合要求情况下，没有合理解释的体积差异表明有泄漏存在，延长试验时间可增加泄漏的敏感性。

7.12.3.7 除了体积因素，可通过温度和压力变化的相对趋势判断压力试验的结果，也可通过观察、经验、工程理论、工程判断来判定试验结果。

7.12.4 质量保证

压力试验数据应用运营商确定的验收标准进行评估。验收标准应符合相应的标准要求。应由具有资质的人员对数据进行评估，确定是否接收。运营商应明确参与验收人员的资质要求。

8 试压人员资格

执行压力试验的承包商和作业人员的资质，依据规章或者操作标准、规程的要求而不同。

参与设计、计划、实施或批准压力试验的承包商和作业人员，应在培训和经验两方面具有资格。每个相关人员均应具有相应资格。确定资格时，应考虑下列因素：

a) 对试验数据和结果进行适当的计算和解释；
b) 标准要求及规章方面的知识；
c) 政府主管部门对实施或证明试验的资格要求；
d) 政府主管部门或运营商对验证试验结果的要求；
e) 熟悉设备和压力试验装置；
f) 熟悉试验程序。

9 充装和清管

9.1 线路充装通常实现若干功能，例如清理管道、置换产品和向试验段注入试压介质。需要注意，清管通常不能除去所有碳氢化合物。残留产品、气体或蒸汽可仍在试验段。应考虑在介质注入前，特别是试验前管道有附加工作的情况下先进行氮气置换。线路充装前，应考虑采用测径清管器、卡尺或可变形检测工具，在试验前检出管道中存在的几何缺陷。另外，对不能完成正常清管的试压管道，应采用一组清管器清除该类试压管道中的沉淀物、石蜡等。

9.2 在管道充装和清理过程中，10.5 中的一些安全事项，同样适用于临时管道和管道接头。临时管道应固定，防止移动。管道接头应有安全装置或限位装置，用于控制由于意外移动产生的与管道的分离。

9.3 充装时通常嵌入清管器或清管球来隔离试压介质和空试压管道，可在清管器上安装跟踪器，保证能随时确定清管器所在位置。

9.4 充装泵应具有合适的规格以保证清管器在管内有保持良好密封的速度。这将降低空气或其他可压缩混合物进入清管器后的风险。当管道是空的，或在充装前注入惰性气体或混合气体时，试验用水中就可能存在空气或可压缩的混合气体。清管器的运行速度宜为 3 km/h～5 km/h。过高速度可导致清管器过度磨损，使置换产品、空气或气体混合物与试验介质混合。除非以某种背压形式进行，清管器运行和下坡时，流体重力的作用将导致清管器运行速度加快，超过充装操作允许的范围，会导致气体进入清管器后方。

9.5 应确定试验水的质量和来源。水中有沉淀物、非中性或高盐分，将损害管道、阀和设备，未经过滤或处理不得使用。应评价添加剂或缓蚀剂对输送的液体石油在加工过程中可能产生的有害作用。

9.6 在试压管道上安装流量计，用于监测和保持预定的充装速度。当压力和充装速度减低时，允许试压人员调整流量，从而对压力数值和充装速度进行调整。同时，也有助于充装计算量和实际量间的对比。在一定范围内，容器液面或容器测量设备也用于此目的。

9.7 充装过程中，减少压力稳定时间，空气与气体混合物宜减少。另外，试验介质中有气体或空气，可能会影响严密性试验的敏感性，应限制滞留空气的总量。试压段内滞留或残余空气总量可由压力-容积图确定。如图 2 所示，加压开始阶段，压力-容积图中非线性部分描述了管道内的残余空气量。试验压力大于 2 MPa 时，试压段内残余空气总量宜小于试验段容积的0.2%。不考虑安全因素，若压力-容积图的线性部分(见图 2)的压力以小于 50%试验压力且大于2 MPa 开始试压段内残余空气的影响可忽略不计。但是，试压段内残余空气总量不应超过试压段体积的 5%。当空气含量很大并影响试验准确率时，应确定空气含量，并在评估试验结果时予以考虑。

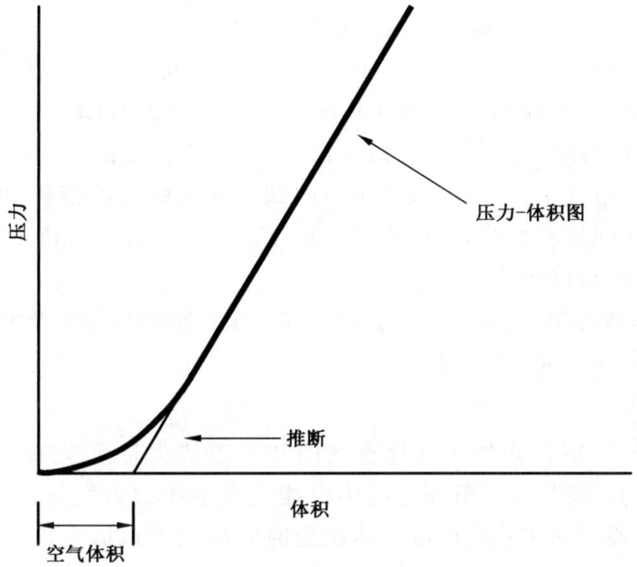

图 2 残余空气压力-体积图

9.8 水注入管道时,应记录其温度。这有助于判定线路温度稳定。另外,应记录或监视流速和压力,以确保管道不超压。

9.9 便携式水罐用于弥补大容量充装泵与实际供水量间的差额。在充装泵有直接供应源时可不采用,例如河流。

9.10 试压管道应尽可能在升压前回填,宜在管道的正常覆盖处安装与管道相接触的温度记录装置的传感器。温度记录装置的传感器应远离暴露试压管道和充装位置,以降低对传感器的影响。温度记录装置的传感器的四周应用回填土夯实。如果可能,可用绝热细管接温度传感器,并将传感器放在绝热盒子内。大型离心泵和储罐会影响试压介质的温度。应对埋地管道的温度进行记录直至液压试验完成。

10 压力试验的实施

10.1 升压

10.1.1 管道保持高压具有潜在危险,应注意并遵守安全指南。

10.1.2 升压开始前,应保证所有临时管道和试压头的安全。试压人员应对试压过程进行监视,确保过程可控。试压人员应与试压段保持安全距离。

10.1.3 当管道充满液体且经测算管内空气排空时,管道开始升压,直到试压段由静压力提升到所需的试验压力。

10.1.4 管道的初步升压应控制升压速度,以免冲击管道。具体试验规程应确定升至目标压力的升压速度(升压速度通常是 0.07 MPa/min 或低于此速度)。

10.1.5 升压过程中,宜定期检查管道接头是否泄漏。如可能,监测并记录流量,以便需要时绘制压力-体积图。试验前,通过计算可得到从充装压力到试验压力过程中所需要的试验介质总量,并将计算结果交给试验人员。这些信息有助于确定管道的密封性,借助压力-体积图,可判断是否有泄漏或管道屈服发生。

10.1.6 如确定管道中有滞留空气,可在高点增加排气阀,以排出空气。

10.1.7 当加压开始时,宜启用压力-体积图直至达到试验压力。压力-体积图的下端用来确定试压段内残余空气的总量。压力-体积图的上端用来确定试压段内的管道是否达到弹性极限。

10.1.8 当压力达到目标试验压力的80%~90%,特别是在接近100%目标试验压力时,升压速度应减慢。试验开始前,应允许有一段温度和压力达到稳定的时间。一旦温度和压力达到稳定,为了测量目的,排放试压介质到量筒可减小试验压力。减小的压力和排放试压介质的体积,可用来确定试压段残余空气量。另外,该试压段内试压介质的温度信息,可用来确定整个试压段因压力变化引起的实际体积变化,以证明理论验收标准计算书的准确性。一旦达到预期试验压力,应关闭加压设备并与试压段隔离。

注:压力图,传感器和显示器只显示实际压力的近似值。压力曲线图提供试验连续性的证明。压力天平或电子设备提供了应予记录的实际压力。

10.2 试验周期

10.2.1 当到达试验压力,应停止加压并检查阀门和管道接头有无泄漏。泄漏检验后,试验人员核实是否维持规定的试验压力。升压过程中可能会发生压力瞬变并且残余空气会进入溶液中。试验开始前,需一段时间来稳定温度。热稳定时间取决于试验介质充装时温度、试验介质热容量、管道直径、管道埋地深度和地面温度。试验介质温度、管道温度、地面温度稳定后,注入泵应与试验段分离,开始计算稳压时间。

10.2.2 稳压时间应符合设计规定。

10.2.3 试验过程中,应对压力和温度进行持续监控,并记录读数。将压力天平与压力记录仪的读数分别在试验开始、过程中、试验结束时进行比较。按照预定时间间隔,将压力天平的检查结果和温度读数,记录在压力和温度记录表上。通常,温度和压力数据应在试验过程中每隔0.5 h记录一次。雨或云变化可影响压力和温度,类似天气变化也应记录在试验记录表。增减试验介质的体积或压力,及当时的温度和压力应记录在试验记录表中,评估压力试验结果应予以考虑。对于不能100%进行外观检测泄漏的管道,试验介质的增加或减少的体积,应作为压力试验完成且无泄漏的依据。

10.2.4 试验过程中轻微或逐渐的压力变化,可能是试压管道内残余空气、温度影响或连接松动泄漏的结果。延长试验持续时间以验证空气和温度的影响程度。

10.3 压力试验故障

10.3.1 专用试验规程应详细说明确定泄漏或故障点的首选方法。试压过程中,运营商可选择飞行、乘车或徒步方式,沿作业带观测泄漏。运营商应制定意外事件的应急计划,以定位复杂地势或极端天气下的泄漏点。所有装配组件应经目视检查。

10.3.2 压力试验时损坏的管道、阀、连接件和试验组件,应调查原因并减小再发生的可能性。管道的任何泄漏或故障应记录在试验报告中。适当的证明文件对随后的调查和跟踪活动是非常重要的。

10.3.3 运营商应根据故障类型采取下列措施:

a) 如出现断裂或大量泄漏,应停止试验查找原因,并采取措施修补泄漏点和故障区域。如可能,在修补和再升压前应查明故障原因。初步调查可能提出对试验压力或试验程序的更改。为进一步检查及分析故障,应保留管道或其他故障组件。修复后试验重新开始时,应重新计算试验时间。

b) 如发生少量泄漏,确定泄漏点后适当降低压力。修复后,重新开始强度或严密性试验并重新计算试验时间。

10.3.4 如发现泄漏,管道应卸压并进行临时或永久修补。管道可在修补后再重新增压。如公司规程允许,临时修理可用于试验。应在管道投入或恢复使用前,进行永久性修补。运营商应通过增加严密性试验或进行泄漏调查,确定没有泄漏发生。

10.3.5 如管道/设备不是最终管道系统的组成部分,且被管理规定和设计标准允许,来自辅助管道或试验设备的少量泄漏是可接受的。应准确测量辅助管道或试验设备的泄漏量,作为验收标准计算书的组成部分。

10.4 查找泄漏

定位泄漏是困难且耗时的过程。压力试验过程中,下列许多方法和技术可提高运营商查找泄漏的能力:

a) 将管道分段并监测每段压力。关闭主线路截断阀,将管道隔离成小段。可用冰冻塞来隔离试压管道,为评估做准备。

b) 试验用水中放入染料以提高泄漏区域的目测指示。

c) 采用声学监控设备,用以减小搜索区域。

d) 充装过程中试压介质中加入着嗅剂或示踪剂,以便操作人员使用测定设备检测泄漏。

10.5 降压、置换和处置

10.5.1 作为专用试验程序的一部分,试压介质排放的设计中应考虑排放率、速率及液体动力,并应考虑介质腐蚀及大量排出的潜在环境影响。应固定试验介质排放管道,并适应排放试验介质时的工作压力。主管道和临时试验介质排放管道常出现压力骤变。清管器经过弯管时的速度变化或因管道高度差产生的清管器和试验介质速度变化,都可影响压力变化。压缩空气,氮气及其他气体从清管器四周溢出,与管内残留空气混合停留在管道高点,可在主管道内形成一定储能。这些突然压力变化引起从主管道到临时排放管道的激变。当压力超过工作压力和临时试验介质排放清管系统的弯曲能力,或设计时没充分考虑试验介质排放的多样性造成的额外压力,这将导致临时试验介质排放管道移动。

10.5.2 试验完成后,卸压应按照作为压力试验程序组成部分的控制计划进行。控制计划应指出释放压力位置的数量。对释放点进行监控。用水作为试验介质时,应根据环境标准进行处理。应进行测试、过滤、或处理达到排放许可或规定。排放前,应去除水中的固体、酸性物质、油及其他损害环境的物质。试验介质处理后排放。

10.5.3 管道卸压后,可用石油、空气或惰性气体置换试验介质。应用清管球或其他清管设备置换试验介质。根据产品质量或内部腐蚀控制规定,决定是否对管道进行干燥处理。以水为试验介质,在管道内无气或无残余烃类蒸气情况下,可用压缩空气推动清管器将水移除管道。如在压力试验前管道内有气体或危险液体输送,且在管道内有气体或残余烃类蒸气情况下,可用氮气。如采用空气或惰性气体,应考虑压缩空气的储存能量总量。

10.5.4 水作为试验介质时,应将阀体、盲试压管道、汇管、制造组件和管道中其他无法正常排水部分的水排出。一旦管道排水完成,必要情况下可进行干燥。另外,在干燥或管道恢复使用前,可采取灭菌剂防止细菌增长。

11 干燥作业

对需要干燥的管道,可用带有冷却器的空压机降低空气湿度和温度。按照运营商要求,清管器用来定期清理析出的水滴。低露点要求下,干氮气可用来完成干燥过程。甲醇也可协助干燥过程,并可通过碳过滤实现分离。当达到适当露点,且在管道恢复使用前,应隔离管道以保持管道干燥条件。

12 试压记录及图示

12.1 一般规定

压力试验记录可用来证明管道系统离散点的运行压力极限,也可用来证明服从管道整体管理要求。因此在管道的使用寿命内,运营商应保留压力试验记录。

12.2 压力试验记录

压力试验记录应根据试验设施类型及压力试验目的而不同。压力试验记录应包括下列信息:

a) 运营商公司名字;

b) 压力试验承包人名字(如适用);

c) 管道的绘图或略图(尤其针对站管道);

d) 绘制试验管道或管线的剖面图(特别是管线部分);

e) 命名、管道编号及描述试验管道或管线;

f) 试压段的管径;

g) 试压段的管道壁厚;

h) 试压段管道等级或额定最小屈服强度;

i) 试压段管道附属物的承压能力;

j) 试压段终端的位置和标高;

k) 压力试验记录设备位置和标高;

l) 试压介质的描述;

m) 试压介质来源;

n) 试压介质所有添加剂的描述;

o) 试压用设备装置的描述;

p) 试压用设备装置的序列号;

q) 试压用设备装置的资质证书和校准数据;

r) 压力试验开始日期及时间;

s) 压力试验完成日期及时间;

t) 压力试验每部分持续时长;

u) 泵的直线图标示升压期间压力上升的每个增量;

v) 记录带随时间变化显示的试验压力;

w) 试验压力随时间变化的日志(参见 A.1);

x) 试压段内最小试验压力和最小试验压力位置;

y) 试压段内最大试验压力和最大试验压力位置;

z) 试压段内限压组件的物理性描述和位置;

aa) 所有压力间断点的解释说明;

ab) 重新试压值或泄漏量的描述;

ac) 连续温度图说明管道或试压介质温度随时间不同的变化(参见 A.2);

ad) 管道或试压介质随时间不同变化的日志记录(参见 A.3);

ae) 连续温度图说明周围环境温度随时间不同的变化;

af) 周围环境温度随时间不同变化的日志记录;

ag) 试验期间的天气描述(包括任何变化);

ah) 压力试验验收标准计算(参见 A.4);

ai) 负责执行压力试验人员的姓名、签字和职务;

aj) 运营商公司见证人的姓名、签字、职务;

ak) 证明/批准压力试验人员的姓名、签字、职务(包括批准标志,如要求)(参见 A.5);

al) 泄漏或故障信息,包括位置、说明、原因、处理方法、故障管道或组件的处置(参见 A.6);

am) 运营商要求(或法律规定要求)的其他记录。

12.3 压力试验图

绘制压力试验图时,应采用适当的格式将下列信息标注在图上:

a) 试验管道的名称、编号和(或)概述;

b) 试压段和试压段编号的说明(如适用);

c) 试压段总长度;

d) 每个压力试验端点实际位置的说明;

e) 每个压力试验端点的高程;

f) 压力记录设备实际位置的说明;

g) 压力记录设备的高程;

h) 试压段内管道最高点实际位置的说明;

i) 试压段内管道最高点的高程;

j) 试压段内管道最低点实际位置的说明;

k) 试压段内管道最低点的高程;

l) 试压段内限压组件的实际位置的说明;

m) 试压段内限压组件的高程;

n) 试压段内阀及附件的位置;

o) 试压段内河流交汇处、道路交叉路口和其他永久特征的位置。

附 录 A
(资料性附录)
试 压 记 录

试压记录见表 A.1～表 A.6。

表 A.1 压力记录表

公司________________

系统________________

仪表名称(种类/型号)________________ 仪表序号________________ 试压段号________________ MP ________至 MP ________站号________至站号________ 图卡记录仪位置 MP ________站号________ 开始:时间________日期________ 结束:时间________日期________ 承包商代表:________职务________日期________ 监理/建设单位代表 ________职务________日期________
压力随时间变化的永久性记录应包括本资料,因此建议考虑在本资料中贴上自粘式记录单,然后把带有本资料的记录单贴在永久性记录上。 **注**:MP——里程。

表 A.2 温度记录表

公司________________

系统________________

仪表名称(种类/型号)________________ 仪表序号________________ 试压段号________________ MP ________至 MP ________站号________至站号________ 图卡记录仪位置 MP ________站号________ 开始:时间________日期________ 结束:时间________日期________ 承包商代表:________职务________日期________ 监理/建设单位代表 ________职务________日期________
温度随时间变化的永久性记录应包括本资料,因此建议考虑在本资料中贴上自粘式记录单,然后把带有本资料的记录单贴在永久性记录上。 **注**:MP——里程。

表 A.3 压力和温度记录表

公司____________________

系统____________________

试压段号______________________________自站号____________________MP ____________________

至站号____________________MP ____________________

压力/温度传感器站号____

试验周期起始时间:______________________________日期______________________________

试验周期终止时间:______________________________日期______________________________

序号	时间	压力	管子温度	环境温度	序号	时间	压力	管子温度	环境温度
1					31				
2					32				
3					33				
4					34				
5					35				
6					36				
7					37				
8					38				
9					39				
10					40				
11					41				
12					42				
13					43				
14					44				
15					45				
16					46				
17					47				
18					48				
19					49				
20					50				
21					51				
22					52				
23					53				
24					54				
25					55				
26					56				
27					57				
28					58				
29					59				
30					60				

表 A.4 鉴定计算记录表

公司____________

系统____________

管道数据(在控制地点)____________ D ____________ WT 规格

在 SMYS 时的压力____________MPa

试压介质:洁净水　　其他____________

设计试验压力　最高:____________ MPa　最低:____________ MPa

试压段号____________

从站____________(MP ____________)至站____________(MP ____________)

时间和日期:从____________时____________至____________时____________

(时间)　(日期)　(时间)　(日期)

压力天平数据

位置:站____________(MP ____________)海拔高度____________ m

测试压力:起始____________ MPa　终止____________ MPa　最低____________ MPa

可验收吗?(是)(否)

使用测试仪的压力____________ MPa　在站____________海拔高度____________ m

(p)　(E)

在试压段的最低压力 a[a]	在试压段的最高压力 a[a]
试压段内最高的海拔高度____________ (H) 位置:泵站________(MP ________) $\underset{(H)}{\_\_\_\_} - \underset{(E)}{\_\_\_\_} = \underset{(H)-(E)}{\_\_\_\_\_\_}$ m 在最高海拔高度的压力: =测试仪压力-(海拔高度差×线压力) $= \underset{(p)}{\_\_\_\_\_\_} - \left(\underset{(H)-(E)}{\_\_\_\_\_\_} \times \underset{(K)}{\_\_\_\_\_\_}\right)$ =________最低试验压力 =________%SYMS	试压段内最低的海拔高度____________ (L) 位置:泵站________(MP ________) 测试仪指示的海拔高度: $\underset{(E)}{\_\_\_\_} - \underset{(L)}{\_\_\_\_} = \underset{(E)-(L)}{\_\_\_\_\_\_}$ m 在最高海拔高度的压力: =测试仪压力+(海拔高度差×线压力) $= \underset{(E)}{\_\_\_\_\_\_} + \left(\underset{(E)-(L)}{\_\_\_\_\_\_} \times \underset{(K)}{\_\_\_\_\_\_}\right)$ =________最高试验压力 =________%SYMS

在该试压段内最高允许操作压力=72%SYMS=____________ MPa 或 80%

最低试验压力=____________ MPa 或控制分量____________(无论哪个范围是最低的)

计算人____________　批准人____________

____________日期____________

注 1:D——外径,WT——壁厚,SMYS——规定的最低屈服强度,MP——里程标志,p——压力,E——海拔,H——最高,L——最低。

注 2:K——线压力,即不同试验介质高度发生单位变化时的压强变化,$K=9.8\rho/10^8$,单位为 MPa/m。

[a] 对含一种以上管子类型的管段,应按每一管子类型分别计算 72%的规定的最低屈服强度值,最低试验压力和由此形成的规定的最低屈服强度的百分数,并由此来确定最高操作压力。

表 A.5 液压试验记录和证明书记录表

试压管段＿＿＿＿＿＿＿＿

日　　期＿＿＿＿＿＿＿＿

公司＿＿＿＿＿＿＿＿＿＿＿＿系统＿＿＿＿＿＿＿＿＿＿＿＿

说明从＿＿＿＿＿＿＿＿＿＿＿＿至＿＿＿＿＿＿＿＿＿＿＿＿

新建 ○

更换或移位 ○　　　管道○　　　站○　　　再鉴定○

试压介质:水 ○　　其他＿＿＿＿＿＿＿＿缓蚀剂＿＿＿＿＿＿＿＿

设计数据规程:○　　　○　　　○其他

管道设计数据

规范和钢级	焊缝系数	设计系数	*D*	壁厚	规定的最低屈服强度	设计压力	说明

试验压力:

试验压力应为:

＿＿＿＿＿＿在高点最小＿＿＿＿＿＿%SMY＿＿＿＿＿＿在低点最大＿＿＿＿＿＿%SMY

海拔:低点＿＿＿＿＿＿高点＿＿＿＿＿＿DWT＿＿＿＿＿＿

试压日期＿＿＿＿＿＿＿＿＿＿试压持续时间＿＿＿＿＿＿

试压和记录见证人＿＿＿＿＿＿＿＿日期＿＿＿＿＿＿

公司＿＿＿＿＿＿＿＿＿＿职务＿＿＿＿＿＿

公司代表＿＿＿＿＿＿＿＿＿＿职务＿＿＿＿＿＿

试验压力:

在低点的最高＿＿＿＿＿＿＿＿相当于%SMYS＿＿＿＿＿＿

在高点的最低＿＿＿＿＿＿＿＿相当于%SMYS＿＿＿＿＿＿

经鉴定操作在＿＿＿＿＿＿＿＿相当于%SMYS＿＿＿＿＿＿

报告校对人＿＿＿＿＿＿＿＿日期＿＿＿＿＿＿

批准＿＿＿＿＿＿＿＿＿＿职务＿＿＿＿＿＿

试压公司＿＿＿＿＿＿＿＿＿＿＿＿

附件:

压力记录○　　　压力和温度记录表○　　　温度记录○

试压仪表标定数据○　　　简单曲线图○　　　鉴定计算○

断面图○　　　事故记录○

评定意见:＿＿＿＿＿＿＿＿＿＿＿＿＿＿＿＿＿＿＿＿

＿＿＿＿＿＿＿＿＿＿＿＿＿＿＿＿＿＿＿＿

对含一种以上管子类型的管段,由于考虑到管材最低屈服强度,应按每一管子类型分别计算最高点最低试验压力和最低点最高试验压力。

注:*D*——外径,SMYS——规定的最低屈服强度,SMY——规定的最低屈服值,DWT——静压值。

表 A.6　液压试验故障记录表

公司＿＿＿＿＿＿＿＿　　　　　　　　　　　　　　　　　　　管段＿＿＿＿＿＿＿＿

系统＿＿＿＿＿＿＿＿　　　　　　　　　　　　　　　　　　　从第＿＿站至第＿＿站

日期	时间	泄漏处站号	泄漏处海拔高度	泄漏处	静载海拔高度	静载	静载站	故障情况

ICS 75.180.10
E 92

中华人民共和国国家标准

GB/T 17745—2011/ISO 10405:2000
代替 GB/T 17745—1999

石油天然气工业 套管和油管的维护与使用

Petroleum and natural gas industries—Care and use of casing and tubing

(ISO 10405:2000,IDT)

2011-07-20 发布

2011-10-01 实施

中华人民共和国国家质量监督检验检疫总局
中国国家标准化管理委员会 发布

前　言

本标准按照 GB/T 1.1—2009 给出的规则起草。

本标准代替 GB/T 17745—1999《石油天然气工业　套管和油管的维护与使用》。

本标准与 GB/T 17745—1999 相比，主要技术变化如下：

——修订了部分数据；

——增加了针对套管和油管的失效问题而给出的失效报告；

——增加了易发生粘扣的双相不锈钢、镍基不锈钢套管和油管材料类型；

——明确了对装卸过程的要求；

——修订了部分术语。

本标准使用翻译法等同采用 ISO 10405:2000《石油天然气工业　套管和油管的维护与使用》。

该国际标准的引用标准，已经全部转化为我国标准，为了方便对外交流，同时也标注了对应的国际标准或 API 标准。

本标准由中国石油天然气集团公司提出。

本标准由全国石油天然气标准化技术委员会(SAC/TC 355)归口。

本标准起草单位：中国石油天然气集团公司管材研究所。

本标准主要起草人：林凯、王建军、申昭熙、刘文红、刘永刚、王建东、李磊。

石油天然气工业
套管和油管的维护与使用

1 范围

本标准给出了石油天然气工业用套管和油管的维护与使用指南。详细说明了套管、油管起下作业,包括通径、对扣、现场上扣、下入和联顶作业,同时也包含了套管和油管的故障原因以及运输、装卸、储存、检测和附件的现场焊接。

2 规范性引用文件

下列文件对于本文件的应用是必不可少的。凡是注日期的引用文件,仅注日期的版本适用于本文件。凡是不注日期的引用文件,其最新版本(包括所有的修改单)适用于本文件。

GB/T 5117 碳钢焊条

GB/T 9253.2 石油天然气工业 套管、油管和管线管螺纹的加工、测量和检验

GB/T 19830 石油天然气工业 油气井套管或油管用钢管(GB/T 19830—2005,ISO 11960:2001,IDT)

GB/T 20657 石油天然气工业 套管、油管、钻杆和管线管性能计算(GB/T 20657—2006,ISO 10400:1993,MOD)

GB/T 23512 石油天然气工业 套管、油管和管线管用螺纹脂的评价与试验(GB/T 23512—2009,ISO 13678:2000,IDT)

SY/T 6427 钻柱设计和操作限度的推荐做法

3 术语和定义

下列术语和定义适用于本文件。

3.1

应 shall

用于表示规定是要求性的。

3.2

宜 should

用于表示规定不是要求性的,而是推荐作为最佳作法。

3.3

可 may

用于表示规定是可选用的。

4 套管的起下作业

4.1 套管下井前的准备和检验

4.1.1 新套管应按 GB/T 19830 所规定的方法检验,且无有害缺陷。有些用户发现,这些检验

方法并不能检出套管的所有缺陷,以致不能满足少数条件苛刻的井的要求。因此,为保证高质量套管下入井内,建议在用户采用各种无损检验方法时考虑:

a) 熟悉本标准中规定的和各工厂所使用的检验方法,同时正确理解 GB/T 19830 中"缺陷"的定义。

b) 全面评价用户自己对套管所要采用的任一种无损检验方法,以保证检验能够正确指示缺陷位置,并能将缺陷与其他非缺陷信号区别开来。出现不真实"缺陷"的原因可能是、也往往是这些非缺陷信号。

4.1.2 所有的套管,不论是新的、旧的或修复的,其螺纹部位宜始终戴上螺纹保护器。任何时间,套管都宜放在无石块、砂子或污泥的台架上、木板上或金属板上。如不慎把套管拖入泥土中,应重新清洗螺纹,并按 4.1.7 要求处理后方能再用。

4.1.3 对长套管柱,推荐使用卡瓦式吊卡或超长卡瓦。卡盘和吊卡卡瓦宜保持洁净,并配合适当。卡盘应保持水平。

注:卡瓦和大钳的卡痕是有害的,宜使用各种措施,尽可能使这种损伤减少到最低限度。

4.1.4 如果使用接箍吊卡,仔细检查支承面:

a) 是否有不均匀磨损,因为这种磨损可导致接箍单侧提升,有接箍滑脱的危险。

b) 当载荷作用于接箍支承面时,负荷是否均匀分布。

4.1.5 检查卡盘和吊卡上的卡瓦,并注意使它们一起下放。否则,有可能使套管凹陷或严重的卡瓦咬伤。

4.1.6 特别是下长套管柱时,应维护卡瓦补心或卡瓦座,使之处于良好状态。选用的大钳可产生套管滑脱强度 1.5%的夹持力(滑脱强度计算见 GB/T 20657,若要采用 N·m 单位,按表 1 推荐扭矩的 150%)。检查大钳铰链销和铰链表面有无损伤。为避免大钳与套管咬合面上产生不均匀的载荷,尾绳要正确系在尾绳桩上,宜使之与大钳高度相同。尾绳的长度要适当,以保证施加在套管上的弯曲应力最低,并能使大钳进行全摆程移动。

表 1 8 牙圆螺纹套管的推荐上扣扭矩

外径		重量 (带螺纹和接箍) lb/ft	钢级	螺纹	扭矩	
mm	in				N·m	ft·lb
114.3	4.500	9.50	H-40	STC	1 040	770
114.3	4.500	9.50	J-55	STC	1 380	1 010
114.3	4.500	10.50	J-55	STC	1 790	1 320
114.3	4.500	11.60	J-55	STC	2 090	1 540
114.3	4.500	9.50	K-55	STC	1 520	1 120
114.3	4.500	10.50	K-55	STC	1 980	1 460
114.3	4.500	11.60	K-55	STC	2 310	1 700
114.3	4.500	11.60	J-55	LC	2 200	1 620
114.3	4.500	11.60	K-55	LC	2 430	1 800
114.3	4.500	11.60	C-75	LC	2 910	2 150
114.3	4.500	13.50	C-75	LC	3 530	2 600

表 1(续)

外径		重量(带螺纹和接箍) lb/ft	钢级	螺纹	扭矩	
mm	in				N·m	ft·lb
114.3	4.500	11.60	L-80	LC	3 030	2 230
114.3	4.500	13.50	L-80	LC	3 670	2 710
114.3	4.500	11.60	N-80	LC	3 090	2 280
114.3	4.500	13.50	N-80	LC	3 740	2 760
114.3	4.500	11.60	C-90	LC	3 320	2 450
114.3	4.500	13.50	C-90	LC	4 030	2 970
114.3	4.500	11.60	C-95	LC	3 500	2 580
114.3	4.500	13.50	C-95	LC	4 240	3 130
114.3	4.500	11.60	P-110	LC	4 100	3 020
114.3	4.500	13.50	P-110	LC	4 960	3 660
114.3	4.500	15.10	P-110	LC	5 960	4 400
114.3	4.500	15.10	Q-125	LC	6 650	4 910
127.0	5.000	11.50	J-55	STC	1 810	1 330
127.0	5.000	13.00	J-55	STC	2 290	1 690
127.0	5.000	15.00	J-55	STC	2 800	2 070
127.0	5.000	11.50	K-55	STC	1 990	1 470
127.0	5.000	13.00	K-55	STC	2 520	1 860
127.0	5.000	15.00	K-55	STC	3 090	2 280
127.0	5.000	13.00	J-55	LC	2 470	1 820
127.0	5.000	15.00	J-55	LC	3 020	2 230
127.0	5.000	13.00	K-55	LC	2 730	2 010
127.0	5.000	15.00	K-55	LC	3 340	2 460
127.0	5.000	15.00	C-75	LC	4 010	2 960
127.0	5.000	18.00	C-75	LC	5 110	3 770
127.0	5.000	21.40	C-75	LC	6 320	4 660
127.0	5.000	24.10	C-75	LC	7 310	5 390
127.0	5.000	15.00	L-80	LC	4 170	3 080
127.0	5.000	18.00	L-80	LC	5 320	3 930
127.0	5.000	21.40	L-80	LC	6 590	4 860
127.0	5.000	24.10	L-80	LC	7 610	5 610
127.0	5.000	15.00	N-80	LC	4 250	3 140
127.0	5.000	18.00	N-80	LC	5 420	4 000

表 1(续)

外径		重量(带螺纹和接箍)	钢级	螺纹	扭矩	
mm	in	lb/ft			N・m	ft・lb
127.0	5.000	21.40	N-80	LC	6 710	4 950
127.0	5.000	24.10	N-80	LC	7 760	5 720
127.0	5.000	15.00	C-90	LC	4 590	3 380
127.0	5.000	18.00	C-90	LC	5 850	4 310
127.0	5.000	21.40	C-90	LC	7 240	5 340
127.0	5.000	23.20	C-90	LC	7 980	5 880
127.0	5.000	24.10	C-90	LC	8 370	6 170
127.0	5.000	15.00	C-95	LC	4 830	3 560
127.0	5.000	18.00	C-95	LC	6 160	4 550
127.0	5.000	21.40	C-95	LC	7 630	5 620
127.0	5.000	24.10	C-95	LC	8 810	6 500
127.0	5.000	15.00	P-110	LC	5 650	4 170
127.0	5.000	18.00	P-110	LC	7 200	5 310
127.0	5.000	21.40	P-110	LC	8 920	6 580
127.0	5.000	24.10	P-110	LC	10 300	7 600
127.0	5.000	18.00	Q-125	LC	8 040	5 930
127.0	5.000	21.40	Q-125	LC	9 950	7 340
127.0	5.000	23.20	Q-125	LC	10 970	8 090
127.0	5.000	24.10	Q-125	LC	11 510	8 490
139.7	5.500	14.00	H-40	STC	1 760	1 300
139.7	5.500	14.00	J-55	STC	2 330	1 720
139.7	5.500	15.50	J-55	STC	2 730	2 020
139.7	5.500	17.00	J-55	STC	3 110	2 290
139.7	5.500	14.00	K-55	STC	2 560	1 890
139.7	5.500	15.50	K-55	STC	3 000	2 220
139.7	5.500	17.00	K-55	STC	3 410	2 520
139.7	5.500	15.50	J-55	LC	2 940	2 170
139.7	5.500	17.00	J-55	LC	3 340	2 470
139.7	5.500	15.50	K-55	LC	3 240	2 390
139.7	5.500	17.00	K-55	LC	3 680	2 720
139.7	5.500	17.00	C-75	LC	4 440	3 270
139.7	5.500	20.00	C-75	LC	5 460	4 030
139.7	5.500	23.00	C-75	LC	6 410	4 730

表 1(续)

外径		重量(带螺纹和接箍)	钢级	螺纹	扭矩	
mm	in	lb/ft			N·m	ft·lb
139.7	5.500	17.00	L-80	LC	4 630	3 410
139.7	5.500	20.00	L-80	LC	5 700	4 200
139.7	5.500	23.00	L-80	LC	6 690	4 930
139.7	5.500	17.00	N-80	LC	4 710	3 480
139.7	5.500	20.00	N-80	LC	5 800	4 280
139.7	5.500	23.00	N-80	LC	6 810	5 020
139.7	5.500	17.00	C-90	LC	5 090	3 750
139.7	5.500	20.00	C-90	LC	6 270	4 620
139.7	5.500	23.00	C-90	LC	7 360	5 430
139.7	5.500	17.00	C-95	LC	5 360	3 960
139.7	5.500	20.00	C-95	LC	6 600	4 870
139.7	5.500	23.00	C-95	LC	7 750	5 720
139.7	5.500	17.00	P-110	LC	6 270	4 620
139.7	5.500	20.00	P-110	LC	7 720	5 690
139.7	5.500	23.00	P-110	LC	9 060	6 680
139.7	5.500	23.00	Q-125	LC	10 120	7 470
168.3	6.625	20.00	H-40	STC	2 490	1 840
168.3	6.625	20.00	J-55	STC	3 320	2 450
168.3	6.625	24.00	J-55	STC	4 250	3 140
168.3	6.625	20.00	K-55	STC	3 620	2 670
168.3	6.625	24.00	K-55	STC	4 640	3 420
168.3	6.625	20.00	J-55	LC	3 600	2 660
168.3	6.625	24.00	J-55	LC	4 620	3 400
168.3	6.625	20.00	K-55	LC	3 940	2 900
168.3	6.625	24.00	K-55	LC	5 050	3 720
168.3	6.625	24.00	C-75	LC	6 140	4 530
168.3	6.625	28.00	C-75	LC	7 480	5 520
168.3	6.625	32.00	C-75	LC	8 650	6 380
168.3	6.625	24.00	L-80	LC	6 410	4 730
168.3	6.625	28.00	L-80	LC	7 810	5 760
168.3	6.625	32.00	L-80	LC	9 030	6 660

表 1(续)

外径 mm	外径 in	重量(带螺纹和接箍) lb/ft	钢级	螺纹	扭矩 N·m	扭矩 ft·lb
168.3	6.625	24.00	N-80	LC	6 520	4 810
168.3	6.625	28.00	N-80	LC	7 940	5 860
168.3	6.625	32.00	N-80	LC	9 190	6 780
168.3	6.625	24.00	C-90	LC	7 060	5 210
168.3	6.625	28.00	C-90	LC	8 610	6 350
168.3	6.625	32.00	C-90	LC	9 950	7 340
168.3	6.625	24.00	C-95	LC	7 440	5 490
168.3	6.625	28.00	C-95	LC	9 070	6 690
168.3	6.625	32.00	C-95	LC	10 490	7 740
168.3	6.625	24.00	P-110	LC	8 690	6 410
168.3	6.625	28.00	P-110	LC	10 590	7 810
168.3	6.625	32.00	P-110	LC	12 250	9 040
168.3	6.625	32.00	Q-125	LC	13 710	10 110
177.8	7.000	17.00	H-40	STC	1 650	1 220
177.8	7.000	20.00	H-40	STC	2 380	1 760
177.8	7.000	20.00	J-55	STC	3 170	2 340
177.8	7.000	23.00	J-55	STC	3 850	2 840
177.8	7.000	26.00	J-55	STC	4 530	3 340
177.8	7.000	20.00	K-55	STC	3 450	2 540
177.8	7.000	23.00	K-55	STC	4 190	3 090
177.8	7.000	26.00	K-55	STC	4 930	3 640
177.8	7.000	23.00	J-55	LC	4 240	3 130
177.8	7.000	26.00	J-55	LC	4 980	3 670
177.8	7.000	23.00	K-55	LC	4 630	3 410
177.8	7.000	26.00	K-55	LC	5 440	4 010
177.8	7.000	23.00	C-75	LC	5 640	4 160
177.8	7.000	26.00	C-75	LC	6 630	4 890
177.8	7.000	29.00	C-75	LC	7 620	5 620
177.8	7.000	32.00	C-75	LC	8 580	6 330
177.8	7.000	35.00	C-75	LC	9 530	7 030
177.8	7.000	38.00	C-75	LC	10 400	7 670
177.8	7.000	23.00	L-80	LC	5 890	4 350

表 1（续）

外径		重量（带螺纹和接箍）lb/ft	钢级	螺纹	扭矩	
mm	in				N·m	ft·lb
177.8	7.000	26.00	L-80	LC	6 930	5 110
177.8	7.000	29.00	L-80	LC	7 960	5 870
177.8	7.000	32.00	L-80	LC	8 970	6 610
177.8	7.000	35.00	L-80	LC	9 950	7 340
177.8	7.000	38.00	L-80	LC	10 860	8 010
177.8	7.000	23.00	N-80	LC	5 990	4 420
177.8	7.000	26.00	N-80	LC	7 040	5 190
177.8	7.000	29.00	N-80	LC	8 100	5 970
177.8	7.000	32.00	N-80	LC	9 110	6 720
177.8	7.000	35.00	N-80	LC	10 120	7 460
177.8	7.000	38.00	N-80	LC	11 040	8 140
177.8	7.000	23.00	C-90	LC	6 500	4 790
177.8	7.000	26.00	C-90	LC	7 630	5 630
177.8	7.000	29.00	C-90	LC	8 780	6 480
177.8	7.000	32.00	C-90	LC	9 880	7 290
177.8	7.000	35.00	C-90	LC	10 970	8 090
177.8	7.000	38.00	C-90	LC	11 970	8 830
177.8	7.000	23.00	C-95	LC	6 850	5 050
177.8	7.000	26.00	C-95	LC	8 050	5 930
177.8	7.000	29.00	C-95	LC	9 250	6 830
177.8	7.000	32.00	C-95	LC	10 420	7 680
177.8	7.000	35.00	C-95	LC	11 560	8 530
177.8	7.000	38.00	C-95	LC	12 620	9 310
177.8	7.000	26.00	P-110	LC	9 390	6 930
177.8	7.000	29.00	P-110	LC	10 800	7 970
177.8	7.000	32.00	P-110	LC	12 160	8 970
177.8	7.000	35.00	P-110	LC	13 500	9 960
177.8	7.000	38.00	P-110	LC	14 730	10 870
177.8	7.000	35.00	Q-125	LC	15 110	11 150
177.8	7.000	38.00	Q-125	LC	16 490	12 160
193.7	7.625	24.00	H-40	STC	2 870	2 120
193.7	7.625	26.40	J-55	STC	4 270	3 150
193.7	7.625	26.40	K-55	STC	4 640	3 420
193.7	7.625	26.40	J-55	LC	4 690	3 460

表 1(续)

外径		重量(带螺纹和接箍)	钢级	螺纹	扭矩	
mm	in	lb/ft			N·m	ft·lb
193.7	7.625	26.40	K-55	LC	5 110	3 770
193.7	7.625	26.40	C-75	LC	6 250	4 610
193.7	7.625	29.70	C-75	LC	7 340	5 420
193.7	7.625	33.70	C-75	LC	8 610	6 350
193.7	7.625	39.00	C-75	LC	10 190	7 510
193.7	7.625	42.80	C-75	LC	11 560	8 520
193.7	7.625	47.10	C-75	LC	12 920	9 530
193.7	7.625	26.40	L-80	LC	6 530	4 820
193.7	7.625	29.70	L-80	LC	7 680	5 670
193.7	7.625	33.70	L-80	LC	9 000	6 640
193.7	7.625	39.00	L-80	LC	10 650	7 860
193.7	7.625	42.80	L-80	LC	12 090	8 910
193.7	7.625	47.10	L-80	LC	13 520	9 970
193.7	7.625	26.40	N-80	LC	6 640	4 900
193.7	7.625	29.70	N-80	LC	7 800	5 750
193.7	7.625	33.70	N-80	LC	9 140	6 740
193.7	7.625	39.00	N-80	LC	10 820	7 980
193.7	7.625	42.80	N-80	LC	12 280	9 060
193.7	7.625	47.10	N-80	LC	13 730	10 130
193.7	7.625	26.40	C-90	LC	7 210	5 320
193.7	7.625	29.70	C-90	LC	8 470	6 250
193.7	7.625	33.70	C-90	LC	9 930	7 330
193.7	7.625	39.00	C-90	LC	11 750	8 670
193.7	7.625	42.80	C-90	LC	13 330	9 840
193.7	7.625	45.30	C-90	LC	14 160	10 450
193.7	7.625	47.10	C-90	LC	14 910	11 000
193.7	7.625	26.40	C-95	LC	7 600	5 600
193.7	7.625	29.70	C-95	LC	8 930	6 590
193.7	7.625	33.70	C-95	LC	10 470	7 720
193.7	7.625	39.00	C-95	LC	12 390	9 140
193.7	7.625	42.80	C-95	LC	14 050	10 370
193.7	7.625	47.10	C-95	LC	15 720	11 590
193.7	7.625	29.70	P-110	LC	10 420	7 690
193.7	7.625	33.70	P-110	LC	12 220	9 010
193.7	7.625	39.00	P-110	LC	14 460	10 660
193.7	7.625	42.80	P-110	LC	16 400	12 100
193.7	7.625	47.10	P-110	LC	18 340	13 530

表 1(续)

外径		重量(带螺纹和接箍)	钢级	螺纹	扭矩	
mm	in	lb/ft			N·m	ft·lb
193.7	7.625	39.00	Q-125	LC	16 190	11 940
193.7	7.625	42.80	Q-125	LC	18 370	13 550
193.7	7.625	45.30	Q-125	LC	19 520	14 390
193.7	7.625	47.10	Q-125	LC	20 540	15 150
219.1	8.625	28.00	H-40	STC	3 150	2 330
219.1	8.625	32.00	H-40	STC	3 780	2 790
219.1	8.625	24.00	J-55	STC	3 310	2 440
219.1	8.625	32.00	J-55	STC	5 050	3 720
219.1	8.625	36.00	J-55	STC	5 880	4 340
219.1	8.625	24.00	K-55	STC	3 570	2 630
219.1	8.625	32.00	K-55	STC	5 460	4 020
219.1	8.625	36.00	K-55	STC	6 350	4 680
219.1	8.625	32.00	J-55	LC	5 660	4 170
219.1	8.625	36.00	J-55	LC	6 590	4 860
219.1	8.625	32.00	K-55	LC	6 130	4 520
219.1	8.625	36.00	K-55	LC	7 140	5 260
219.1	8.625	36.00	C-75	LC	8 780	6 480
219.1	8.625	40.00	C-75	LC	10 060	7 420
219.1	8.625	44.00	C-75	LC	11 310	8 340
219.1	8.625	49.00	C-75	LC	12 730	9 390
219.1	8.625	36.00	L-80	LC	9 190	6 780
219.1	8.625	40.00	L-80	LC	10 530	7 760
219.1	8.625	44.00	L-80	LC	11 840	8 740
219.1	8.625	49.00	L-80	LC	13 320	9 830
219.1	8.625	36.00	N-80	LC	9 330	6 880
219.1	8.625	40.00	N-80	LC	10 680	7 880
219.1	8.625	44.00	N-80	LC	12 020	8 870
219.1	8.625	49.00	N-80	LC	13 520	9 970
219.1	8.625	36.00	C-90	LC	10 150	7 490
219.1	8.625	40.00	C-90	LC	11 630	8 580
219.1	8.625	44.00	C-90	LC	13 080	9 650
219.1	8.625	49.00	C-90	LC	14 710	10 850
219.1	8.625	36.00	C-95	LC	10 700	7 890

表 1(续)

外径		重量(带螺纹和接箍)lb/ft	钢级	螺纹	扭矩	
mm	in				N·m	ft·lb
219.1	8.625	40.00	C-95	LC	12 260	9 040
219.1	8.625	44.00	C-95	LC	13 790	10 170
219.1	8.625	49.00	C-95	LC	15 510	11 440
219.1	8.625	40.00	P-110	LC	14 300	10 550
219.1	8.625	44.00	P-110	LC	16 090	11 860
219.1	8.625	49.00	P-110	LC	18 100	13 350
219.1	8.625	49.00	Q-125	LC	20 280	14 960
244.5	9.625	32.30	H-40	STC	3 440	2 540
244.5	9.625	36.00	H-40	STC	3 990	2 940
244.5	9.625	36.00	J-55	STC	5 340	3 940
244.5	9.625	40.00	J-55	STC	6 120	4 520
244.5	9.625	36.00	K-55	STC	5 740	4 230
244.5	9.625	40.00	K-55	STC	6 590	4 860
244.5	9.625	36.00	J-55	LC	6 140	4 530
244.5	9.625	40.00	J-55	LC	7 050	5 200
244.5	9.625	36.00	K-55	LC	6 630	4 890
244.5	9.625	40.00	K-55	LC	7 610	5 610
244.5	9.625	40.00	C-75	LC	9 410	6 940
244.5	9.625	43.50	C-75	LC	10 530	7 760
244.5	9.625	47.00	C-75	LC	11 550	8 520
244.5	9.625	53.50	C-75	LC	13 540	9 990
244.5	9.625	40.00	L-80	LC	9 860	7 270
244.5	9.625	43.50	L-80	LC	11 030	8 130
244.5	9.625	47.00	L-80	LC	12 100	8 930
244.5	9.625	53.50	L-80	LC	14 190	10 470
244.5	9.625	40.00	N-80	LC	10 000	7 370
244.5	9.625	53.50	N-80	LC	11 190	8 250
244.5	9.625	47.00	N-80	LC	12 270	9 050
244.5	9.625	53.50	N-80	LC	14 390	10 620
244.5	9.625	40.00	C-90	LC	10 900	8 040
244.5	9.625	43.50	C-90	LC	12 190	8 990
244.5	9.625	47.00	C-90	LC	13 380	9 870

表 1(续)

外径		重量	钢级	螺纹	扭矩	
mm	in	(带螺纹和接箍) lb/ft			N·m	ft·lb
244.5	9.625	53.50	C-90	LC	15 690	11 570
244.5	9.625	40.00	C-95	LC	11 490	8 470
244.5	9.625	43.50	C-95	LC	12 850	9 480
244.5	9.625	47.00	C-95	LC	14 100	10 400
244.5	9.625	53.50	C-95	LC	16 540	12 200
244.5	9.625	43.50	P-110	LC	14 980	11 050
244.5	9.625	47.00	P-110	LC	16 440	12 130
244.5	9.625	53.50	P-110	LC	19 280	14 220
244.5	9.625	47.00	Q-125	LC	18 440	13 600
244.5	9.625	53.50	Q-125	LC	21 620	15 950
273.1	10.750	32.75	H-40	STC	2 790	2 050
273.1	10.750	40.50	H-40	STC	4 250	3 140
273.1	10.750	40.50	J-55	STC	5 700	4 200
273.1	10.750	45.55	J-55	STC	6 680	4 930
273.1	10.750	51.00	J-55	STC	7 660	5 650
273.1	10.750	40.50	K-55	STC	6 100	4 500
273.1	10.750	45.55	K-55	STC	7 160	5 280
273.1	10.750	51.00	K-55	STC	8 210	6 060
273.1	10.750	51.00	C-75	STC	10 250	7 560
273.1	10.750	55.50	C-75	STC	11 420	8 420
273.1	10.750	51.00	L-75	STC	10 760	7 940
273.1	10.750	55.50	L-75	STC	11 990	8 840
273.1	10.750	51.00	N-80	STC	10 900	8 040
273.1	10.750	55.50	N-80	STC	12 140	8 950
273.1	10.750	51.00	C-90	STC	11 920	8 790
273.1	10.750	55.50	C-90	STC	13 270	9 790
273.1	10.750	51.00	C-95	STC	12 560	9 270
273.1	10.750	55.50	C-95	STC	13 990	10 320
273.1	10.750	51.00	P-110	STC	14 630	10 790
273.1	0.750	55.50	P-110	STC	16 300	12 020
273.1	10.750	60.70	P-110	STC	18 130	13 370

表 1(续)

外径		重量(带螺纹和接箍)	钢级	螺纹	扭矩	
mm	in	lb/ft			N·m	ft·lb
273.1	10.750	65.70	P-110	STC	19 950	14 710
273.1	10.750	60.70	Q-125	STC	20 360	15 020
273.1	10.750	65.70	Q-125	STC	22 400	16 520
298.5	11.750	42.00	H-40	STC	4 170	3 070
298.5	11.750	47.00	J-55	STC	6 460	4 770
298.5	11.750	54.00	J-55	STC	7 700	5 680
298.5	11.750	60.00	J-55	STC	8 800	6 490
298.5	11.750	47.00	K-55	STC	6 900	5 090
298.5	11.750	54.00	K-55	STC	8 220	6 060
298.5	11.750	60.00	K-55	STC	9 400	6 930
298.5	11.750	60.00	C-75	STC	11 780	8 690
298.5	11.750	60.00	L-80	STC	12 370	9 130
298.5	11.750	60.00	N-80	STC	12 520	9 240
298.5	11.750	60.00	C-90	STC	13 710	10 110
298.5	11.750	60.00	C-95	STC	14 460	10 660
298.5	11.750	60.00	P-110	STC	16 830	12 420
298.5	11.750	60.00	Q-125	STC	18 920	13 950
339.7	13.375	48.00	H-40	STC	4 370	3 220
339.7	13.375	54.50	J-55	STC	6 970	5 140
339.7	13.375	61.00	J-55	STC	8 070	5 950
339.7	13.375	68.00	J-55	STC	9 160	6 750
339.7	13.375	54.50	K-55	STC	7 410	5 470
339.7	13.375	61.00	K-55	STC	8 580	6 330
339.7	13.375	68.00	K-55	STC	9 740	7 180
339.7	13.375	68.00	C-75	STC	12 280	9 060
339.7	13.375	72.00	C-75	STC	13 260	9 780
339.7	13.375	68.00	L-80	STC	12 910	9 520
339.7	13.375	72.00	L-80	STC	13 950	10 290

表 1(续)

外径		重量(带螺纹和接箍)	钢级	螺纹	扭矩	
mm	in	lb/ft			N·m	ft·lb
339.7	13.375	68.00	N-80	STC	13 060	9 630
339.7	13.375	72.00	N-80	STC	14 110	10 400
339.7	13.375	68.00	C-90	STC	14 330	10 570
339.7	13.375	72.00	C-90	STC	15 480	11 420
339.7	13.375	68.00	C-95	STC	15 110	11 140
339.7	13.375	72.00	C-95	STC	16 320	12 040
339.7	13.375	68.00	P-110	STC	17 580	12 970
339.7	13.375	72.00	P-110	STC	18 990	14 010
339.7	13.375	72.00	Q-125	STC	21 370	15 770
406.4	16.00	65.00	H-40	STC	5 950	4 390
406.4	16.00	75.00	J-55	STC	9 630	7 100
406.4	16.00	84.00	J-55	STC	11 080	8 170
406.4	16.00	75.00	K-55	STC	10 190	7 520
406.4	16.00	84.00	K-55	STC	11 730	8 650
473.0	18.625	87.50	H-40	STC	7 580	5 590
473.0	18.625	87.50	J-55	STC	10 220	7 540
473.0	18.625	87.50	K-55	STC	10 770	7 940
508.0	20.000	94.00	H-40	STC	7 870	5 810
508.0	20.000	94.00	J-55	STC	10 620	7 830
508.0	20.000	106.50	J-55	STC	12 370	9 130
508.0	20.000	133.00	J-55	STC	16 160	11 920
508.0	20.000	94.00	K-55	STC	11 160	8 230
508.0	20.000	106.50	K-55	STC	13 000	9 590
508.0	20.000	133.00	K-55	STC	16 980	12 520
508.0	20.000	94.00	J-55	LC	12 290	9 070
508.0	20.000	106.50	J-55	LC	14 320	10 560
508.0	20.000	133.00	J-55	LC	18 700	13 790
508.0	20.000	94.00	K-55	LC	12 950	9 550
508.0	20.000	106.50	K-55	LC	15 090	11 130
508.0	20.000	133.00	K-55	LC	19 700	14 530

注 1:推荐根据位置,而不是扭矩进行上扣(见 4.4.1 和 4.4.2)。

注 2:正常环境下,对于不大于 339.7 mm(13⅜ in)的套管,表中扭矩值的±25%变化量可以接受。

4.1.7 套管螺纹准备上扣前,应采取下列措施:

a) 套管即将使用前,卸下套管两端的螺纹保护器,彻底清洗螺纹。

b) 仔细检查螺纹。若发现螺纹有损坏,即便是轻微损伤,也应挑出,除非有很好的措施修复螺纹。

c) 套管使用前,应测量每根套管的长度。测量时使用精度为3.0 mm(0.01 ft)以内的钢卷尺。从接箍(或内螺纹接头)最外端面测量到外螺纹接头端指定位置。该位置是当机紧接头时,接箍(或内螺纹接头)终止的地方。在圆螺纹套管接头上,该位置是套管螺纹消失的平面;在偏梯形螺纹套管上,该位置是三角标记的底线;在直连型套管上,该位置是外螺纹端的台肩面。这样,测量的各根套管的长度总和代表套管柱的自然长度(无载荷时的长度)。对在井眼中处于拉伸状态下套管的实际长度,可从相关手册中查到。

d) 上扣前检查每个接箍,如果外露螺纹异常,则检查接箍是否装紧。在彻底清洗螺纹以后、套管提升到钻台上之前,上紧所有松动的接箍,并在整个螺纹表面涂上新螺纹脂。

e) 在套管螺纹对扣前,内、外螺纹整个表面都涂上螺纹脂。推荐使用符合GB/T 23512规定的螺纹脂,但遇到条件苛刻的特殊情况时,推荐使用GB/T 23512规定的高压硅酮螺纹脂。

f) 在套管端部戴上干净的螺纹保护器,以免套管在管架上滚动和提升到钻台上时螺纹受损伤。可以准备几个干净的螺纹保护器,以便反复使用。

g) 如果要下入混合管柱,需确认所有的套管是否容易进入管架。

h) 对作为受拉和提升构件使用的连接管,应认真检查螺纹性能,以保证连接管安全地承受载荷。

i) 对短节和连接管上扣时,应仔细检查,以保证配对螺纹的尺寸和类型相互一致。

4.2 套管通径检查

4.2.1 每根套管下井前,用符合GB/T 19830的通径规进行全长通径检验。通径检验不合格的套管不应使用。

4.2.2 摆放或滚动每根套管时,防止落下管架。要避免套管碰撞钻台或其他设备的任何部位。在钻台入口处备有缓冲绳。对于混合的或无标记的管柱,当沿滑道搬运套管提上钻台前,应用通径规或"通径检查器"穿过每根管子进行检查,以免下入长度过长或内径小于要求的套管柱。

4.3 螺纹对扣、上扣和下放

4.3.1 在准备螺纹对扣以前,套管端部的螺纹保护器不得卸下。

4.3.2 在螺纹对扣之前,对螺纹整个表面涂抹螺纹脂。用于涂抹螺纹脂的刷子或用具不宜有异物。同时,螺纹脂不应稀释。

4.3.3 螺纹对扣时,小心下放套管,以免损伤螺纹。要垂直对扣,应有人站在旁边协助。螺纹对扣后,如套管柱向一侧倾斜,则提起来,清洗、检查,如有损伤则用三角锉刀修复损伤的螺纹,然后仔细清除任何锉屑,并在螺纹表面重新涂上螺纹脂。螺纹对好扣后,首先很缓慢地转动套管,以保证螺纹正常啮合,不发生错位。如果使用猫头绳,宜紧靠接箍缠绕。

注:4.3.4、4.4.1中套管上扣的推荐做法为使用动力大钳。使用猫头绳和普通大钳进行套管上扣的推荐作法见4.4.2。

4.3.4 使用动力大钳对套管上扣时,需要对每种规格、重量和钢级的套管规定出推荐的扭矩值。早期的研究和试验结果表明,扭矩值受许多参数的影响,如锥度、螺距、齿高、齿型、螺纹表面粗糙度、螺纹脂种类、螺纹长度、套管重量和钢级等等。这些参数,不论单独作用或复合作用,都将影响扭矩值和上扣位置的关系,因此必须考虑所采用的扭矩和上扣位置。由于GB/T 20657 中关于接头滑脱强度公式包括了几种影响扭矩的参数,因此,研究了一种修正过的公式来确定扭矩值。试验发现,按计算滑脱强度值的1%得出的扭矩值,与使用GB/T 23512改进型螺纹脂在井场进行试验得出的扭矩值相差不大。使用不同于GB/T 23512改进型螺纹脂的其他螺纹脂,扭矩会不同。因此,这种方法被用来确定表1和表2所列的上扣扭矩值。全部数值圆整到10 N·m(10 ft·lb)。由于某些连接在扭矩要求方面还存在更多的变化因素,这些值应认为只是一种推荐值。正因为这一点,有必要将4.4中提出的套管现场上扣位置与扭矩联系起来。表1所列的扭矩值适用于带镀锌或磷化处理的接箍的套管。当用镀锡接箍连接上扣时,表中所列值的80%可以作为推荐值,但表中所列扭矩值不适用于带聚四氟乙烯(PTFE)密封环的接箍上扣。当带聚四氟乙烯密封环的圆螺纹管子接头上扣时,表中所列值的70%作为上扣扭矩值的推荐值。带聚四氟乙烯密封环的偏梯形管子接头,可以采用不同于标准偏梯形螺纹的扭矩值上扣。

注:对于有些材料(如马氏体不锈钢、9Cr和13Cr、双相不锈钢和镍基不锈钢),在移动、对扣、上卸扣时易发生粘扣。预防螺纹粘扣主要有两个方面:一是在制造时,对螺纹表面进行处理和精加工;二是在起下时,小心操作。

螺纹和螺纹脂必须洁净。应避免在水平位置组装。在缓慢地进行机紧以前,宜用手工上紧到手紧位置。卸开时,其程序相反。

表2 直连型套管的扭矩值

外径 in	扭矩/(ft·lb)			
	J55、K55	C75、L80、N80、C90	C95、P110	Q125
5.000	2 700	3 200	3 700	4 200
5.500	2 700	3 200	3 700	4 200
6.625	3 200	3 700	4 200	4 700
7.000	3 200	3 700	4 200	4 700
7.625	3 700	4 200	4 700	5 200
8.625	4 200	4 700	5 200	5 700
9.625	4 700	5 200	6 200	6 700
外径 mm	**扭矩/(N·m)**			
	J55、K55	C75、L80、N80、C90	C95、P110	Q125
127.0	3 660	4 340	5 020	5 690
139.7	3 660	4 340	5 020	5 690
168.3	4 340	5 020	5 690	6 370
177.8	4 340	5 020	5 690	6 370
193.7	5 020	5 690	6 370	7 050
219.1	5 690	6 370	7 050	7 730
244.5	6 780	7 050	8 410	9 080

注1:使用上面所列的扭矩时,同时近距离目测检查台肩的接近程度,以避免内螺纹过度膨胀。

注2:外台肩不是密封面,仅作为制动之用。

注3:若内螺纹接头不发生膨胀,在某些情况下可采用比本表所列更大的扭矩值。

注4:当扭矩较高而引起的轴向拉伸应力增加时,可能超过硫化物服役环境的要求。

注5:当采用最大扭矩时,台肩面仍未接触,则按4.4.3处理。

注6:因缺乏数据,未提供273.1 mm(10¾ in)管子的推荐上扣扭矩值。

4.4 现场上扣

4.4.1 下面是套管现场上扣的推荐作法。

a) 外径为(114～340)mm(4½ in～13⅜ in)的圆螺纹套管

1) 从每个工厂运来的套管进入井场前，建议对足够数量的接头进行上扣试验，以确定正常上扣所需扭矩。超过手紧位置的旋转圈数见 4.4.2。这些值可能与表 1 中推荐的扭矩值有出入。如果选择其他扭矩值，最小扭矩不宜低于所选扭矩值的 75%，最大扭矩也不宜大于所选扭矩值的 125%。

2) 动力大钳上宜装配一个已知精度的可靠扭矩表。在上扣的初始阶段，注意任何不正常的上扣情况或上扣速度，因为这些情况可以反映出错扣、污物、损伤或其他不利情况。为防止粘扣，在现场接头上扣速度不宜超过 25 r/min。

3) 持续上扣，并观察扭矩和接箍端面相对于套管螺纹消失点的大体位置。

4) 表 1 所列的扭矩值是正常条件下的推荐上扣扭矩。如果上扣后，接箍端面与螺纹消失点齐平，或者正负两扣，此扭矩值是合理的。

5) 上扣时，如果螺纹消失点的覆盖量已超过两圈螺纹，而扭矩还未到表 1 所列扭矩值的 75%，则该接头宜作为有问题的接头按照 4.4.3 处理。

6) 如果扭矩值已经达到所列扭矩值，而数圈螺纹还露在外面，则可加大扭矩继续上扣，达到表 1 所列的最大扭矩值的 125% 为止。如果已经达到此附加的扭矩，而紧密距(接箍端面距螺纹消失点的距离)仍大于 3 扣，则该接头宜作为有问题的接头按照 4.4.3 处理。

b) 外径为(114.3～508)mm(4½ in～20 in)的偏梯形螺纹套管

外径为(114.3～508)mm(4½ in～20 in)的偏梯形螺纹套管，仔细观察几根套管上扣到三角形标记底边的扭矩来确定所需的上扣扭矩，然后用此扭矩值权衡管柱中不同重量和钢级套管的扭矩值。

c) 外径为 406 mm(16 in)、473 mm(18⅝ in)和 508 mm(20 in)的圆螺纹套管

1) 外径为 406 mm(16 in)、473 mm(18⅝ in)和 508 mm(20 in)，应上扣到每个接头的螺纹消失点，或以表 1 推荐扭矩值的 75% 确定的三角标记底边。

在 8 牙圆螺纹套管上距端部 L4＋1.6 mm 处，打印一个 9.5 mm 的等边三角形标记(L4，见 GB/T 9253.2 的图 3)。在基本机紧时，该三角形标记底线有助于螺纹消失点的定位。但是接箍相对于三角形标记底线的位置不能作为产品验收或拒收的依据。应当小心操作，避免在这些大接头开始上扣时发生错扣。选择的大钳应能达到整个下井过程中的较高扭矩 67 800 N·m (50 000 ft·lb)。最大的扭矩值余量是上扣到推荐位置所需最小扭矩的 5 倍。

2) 如 a)5)或 b)所述有问题的接头，宜卸下，放置一边，并查找上扣不当的原因。管螺纹和匹配的接箍螺纹宜都检查。已经损坏的螺纹或不符合规范要求的螺纹要修复后使用。如果上扣不当的原因不是螺纹损坏或超差，那么宜调节上扣扭矩，以便正常上扣(见 a)1))。要注意，采用与规定摩擦系数不同的螺纹脂也可能是上扣不当的原因。

4.4.2 当使用普通大钳对套管上扣时，对于外径为(114.3～177.8)mm(4½ in～7 in)的套管，接头的上扣位置宜至少超过手紧位置 3 圈；对于 193.7 mm(7⅝ in)和更大的套管，至少宜超过 3.5 圈。但钢级为 P110 的 244.5 mm(9⅝ in)、273.1 mm(10¾ in)和钢级为 J55、K55 的 508 mm

(20 in)的套管,其接头的上扣位置宜超过手紧位置的4圈。当使用猫头绳时,有必要比较手工上紧程度与旋绳上紧程度。为了做到这一点,将开始的几个接头上扣到手紧位置,然后卸开,再用旋绳上扣到旋绳上紧位置。比较这两种上扣的相对位置,并利用该数据确定接头上扣时超过手紧位置的推荐圈数。

4.4.3 对上扣有问题的套管,宜卸下接箍,放倒进行检查和修复。然后,仔细检查匹配的螺纹有无损伤。卸下的接箍不经检修或重新测量,不应重新使用,即使损伤很小也不例外。

4.4.4 如果套管在上扣时,上部过分摆动,可能使螺纹与套管不同轴,宜降低上扣速度,以免粘扣。如果降低上扣速度后,套管仍摆动,宜将该套管卸下检查。如果该套管是位于管柱中承受较大拉伸载荷的部位,宜慎重考虑。

4.4.5 在对现场端上扣时,工厂端可能轻微上扣。这并不表明工厂端太松,而只说明接箍的现场端已达到工厂端的上紧程度。

4.4.6 应小心提升和下放套管柱、放置卡瓦,以避免冲击载荷。管柱坠落,即使是很短的距离,也可能使管柱底部的接箍松动。应小心下放套管柱,避免套管柱接触井底或受压,否则套管柱有屈曲的风险,特别是在井眼扩大部位。

4.4.7 设计套管柱时,宜有明确地说明,包括各种钢级、重量和螺纹类型的套管在管柱中的正确位置。在下套管时,宜按设计程序正确而仔细地操作。若某根管子标记不清楚,应搁置一边,直到钢级、重量或螺纹类型能够确定为止。

4.4.8 为便于下套管和保证有足够的静水压控制油层压力,在下套管过程中,应定期灌注泥浆。泥浆的灌注次数与许多因素有关,如井眼中管柱重量、泥浆密度、油层压力等等。绝大多数情况下,每(6～10)根管子灌注一次即可。不能因为灌注次数太少而影响油层压力的静压平衡。为加快泥浆的灌注,宜选用适当密度的泥浆,并使用合适尺寸的水龙带,这种水龙带放置在操作方便的地方。泥浆水龙带上的快速开关塞阀,有利于操作和防止溢流。如果选用橡胶水龙带,建议在水龙带和泥浆管线连接处安装快闭阀,而不能安装在软管的出口处。同时还建议至少让泥浆系统上的一个放喷接头处于开放位置,以防止当快闭阀关闭而泥浆泵仍在运转时,压力上升过多。在泥浆水龙带的一端可以使用一个铜嘴,以避免在灌注泥浆时损坏接箍螺纹。

注:如果使用自动灌注式套管鞋和浮箍,上述泥浆灌注作法可以不采用。

4.5 套管联顶方法

要注明水泥凝固后的套管柱受力状态和恰当的联顶方法。其目的是防止在油井开采期间出现临界应力,即过大和不安全拉应力。在决定适当的拉应力和正确的联顶方法时,宜考虑所有的因素,如井筒温度、压力、水泥的水化作用而产生的温度、泥浆温度和采油作业期间的温度变化等。所设计管柱的原拉伸应力的安全系数选用是否影响联顶方法,宜予以考虑。若认为不需要提出特殊联顶方法(该方法可能适用于绝大多数已钻成的油井),那么,当水泥塞到达最低点即注好水泥时,宜将套管联顶到套管头的准确位置。

4.6 井内套管的保护

钻杆在套管内旋转时,宜装有合适的钻杆护箍。

4.7 套管的回收

4.7.1 卸扣大钳宜位于靠近接箍但不接触接箍的地方,因为若套管连接较紧或套管壁厚较薄或两者都存在时,在大钳牙板接触套管表面处不可避免地出现轻微压扁现象。接箍和大钳之间若保持相当于套管直径的1/3～1/4的距离，通常可避免不必要的螺纹磨损。锤击接箍使其松开的作法是有害的。如果需要轻敲，用榔头的平端，不应使用尖端。在任何情况下都不应使用大铁锤。轻敲接箍中间及其四周，不应仅在端部或仅在相对的两侧敲击。

4.7.2 在套管从接箍中提出以前，宜格外小心地松开全部螺纹。不能让套管从接箍中突然跳出。

4.7.3 宜清洗全部螺纹，并涂上润滑油或防腐脂，使其尽可能减少腐蚀。套管放下钻台前，宜戴上干净的螺纹保护器。

4.7.4 套管在存放或重新使用前，宜检查管体和螺纹，对有缺陷的接头作出标记，以便交付检修并重新测量。

4.7.5 当套管因失效而回收时，须进行深入的失效分析，以免再次发生类似事故。宜尝试各种方法再现失效条件下的失效形式。如果通过失效分析发现，由于套管某些质量问题引起失效，那么宜出具失效报告。

4.7.6 钻台上的套管宜排放在坚固的木架上，且不必戴螺纹保护器。因为绝大多数螺纹保护器在设计时，并没有要求具有支承螺纹或立起来时不损伤现场端螺纹的能力。

4.8 套管故障原因

4.8.1 套管发生故障的常见原因如4.8.2～4.8.7。

4.8.2 对于一定井深和压力，选管不当。

4.8.3 对每根套管或现场修复的螺纹检查不严。

4.8.4 在工厂、运输途中和现场装卸套管时操作不当。

4.8.5 起下套管时没有遵守正确的操作规程。

4.8.6 现场修复螺纹时修磨不当。

4.8.7 更换和增配的接箍质量低劣。

4.8.8 存放时维护不当。

4.8.9 为使套管柱通过井筒缩径段而施加过大的旋转扭矩。

4.8.10 提拉管柱太猛(为使管柱松动)。这可以使管柱顶部的接箍松动，在最后下管柱以前，宜用大钳重新上紧。

4.8.11 在套管内钻进时套管转动。注水泥后，调整套管所用拉力不适当是造成这种失效的最主要原因之一。

4.8.12 在有套管的定向井眼中继续钻进时，钻杆对套管的磨损尤为明显。斜井中大的狗腿度，直井纠斜时偶然出现过大狗腿度会导致套管集中弯曲，而这种弯曲导致套管内壁过度地磨损。当井内狗腿度较大时，这种磨损更为严重。

4.8.13 抽吸原油或顿钻钻进时，钢丝绳对套管的磨削。

4.8.14 如果联顶时大量释放拉力，经钻井液冲刷的未注水泥的井眼扩大段的套管发生弯曲。

4.8.15 管柱突然下落，即使是很短的距离。

4.8.16 在外压或内压作用下，接头泄漏是常见的故障，其原因可能是：

a) 螺纹脂选用不当；

b) 螺纹未上紧；

c) 螺纹上有污物；

d) 由于污物、对扣不小心、螺纹碰伤、旋转过快、用旋绳或大钳上扣时过扭矩或套管摆动等原因造成粘扣；

e) 现场修复螺纹时修磨不当；

f) 提拉管柱太猛；

g) 管柱突然下落；

h) 上卸螺纹次数过多；

i) 大钳位置太高,尤其是卸开时(引起的弯曲产生粘扣)；

j) 接头在工厂上扣不当；

k) 套管椭圆或不圆；

l) 联顶操作不当,使螺纹连接处的应力超过屈服点。

4.8.17 腐蚀。腐蚀能损坏套管的内壁和外壁,套管上存在的麻点或小孔就是腐蚀引起的。套管的外壁腐蚀是由于接触腐蚀液或地层,或者离散电流通过套管流入周围液体或地层所致。硫酸盐还原菌也能产生严重的腐蚀。井筒中的腐蚀产出液通常导致套管内壁的腐蚀损坏,抽油设备对套管的磨损以及有些气举井中高速流体的冲刷作用能加速套管腐蚀损坏。内壁腐蚀也可能是由于离散电流(电解作用)或紧密接触的不同金属(双金属电位腐蚀)作用引起。

由于腐蚀是许多因素共同作用的结果,因此,没有一个简单的或通用的补救措施可加以控制,每种腐蚀问题应作为独立案例,并按照已知腐蚀因素和操作条件来考虑解决。套管的状态可以用目视检验或光学仪器检验来确定。若没有这些检验手段,可用井径仪测量套管内径,以确定内表面腐蚀状况。对于井内套管外表面腐蚀状况,迄今还没有设计出合适的工具来确定。套管内径的测量能说明腐蚀的范围、位置和严重程度。根据目前的生产经验,下列作法和措施可用来控制套管的腐蚀：

a) 若已知发生套管外表面腐蚀,或经离散电流测量表明井内有比较高的电流时,可采用下面作法：

   1) 保证固井质量,包括使用扶正器、刮泥器和适量的水泥,以防止套管外壁与腐蚀液接触。

   2) 装配绝缘法兰,使油管和油井绝缘,以降低或防止电流连通到井内。

   3) 使用高碱性钻井液或经杀菌剂处理过的钻井液(即完井液),可减轻因硫酸盐还原菌所造成的腐蚀。

   4) 采用与输送管上相似的阴极保护系统,以减轻套管外表面腐蚀。套管保护准则与输送管的不同。

宜查阅有关套管外表面腐蚀的文献,或请教这方面的专家,以确定可靠的保护措施。

b) 若已知套管内表面存在腐蚀,可采用下面作法：

   1) 在自喷井中,用清水或低盐碱度泥浆填充环形空间。(在有些自喷井中,依靠缓蚀剂保护套管和油管内壁可能效果更好一些)。

   2) 在抽油井中,避免使用套管泵。通常,抽油泵宜安装在靠近油井的最底部,使腐蚀液对套管的损坏减少到最低程度。

   3) 使用缓蚀剂防止套管内壁腐蚀。

c) 为了确定上述作法和措施的价值与效果,可对采用控制措施以前和以后的费用及设备损耗记录进行比较。对于缓蚀剂的效果,可采用测径仪测量,或对容易接近的几个设备进行外观检查,或分析水中铁含量来确定。挂片也许有助于测量缓蚀剂是否充分发挥作用。当使用上述任一种方法而又缺乏经验时,宜慎重使用,限制在一定范围内,直到对各个具体操作条件有充分的估计为止。

d) 通常认为,新区块都存在腐蚀的可能性,在油井开采初期,宜开始进行调查研究,并定期反复进行,以便在发生侵蚀性损坏以前发现并确定腐蚀位置。这些调查研究工作宜包括:

1) 对流出的水进行全面化学分析,包括 pH 值、铁、硫化氢、有机酸以及影响或表明腐蚀程度的其他任何物质。另外,分析井内气体中的二氧化碳和硫化氢含量也是必要的。

2) 使用与井内材料相同的挂片进行腐蚀速率试验。

3) 使用测径仪或光学检测仪器进行检查。

在易发生腐蚀的区块,宜请教有资质的防腐蚀工程师。尤其是在那些地下设备的预期寿命短于油井开采寿命的地方,宜特别注意减缓腐蚀速度。

e) 当产出液中含有硫化氢时,高屈服强度的套管易引起硫化物腐蚀开裂。引起不同强度材料开裂的硫化氢浓度还没有明确规定,宜查阅有关硫化物腐蚀的文献或请教这方面的专家。

5 油管的起下作业

5.1 油管下井前的准备和检验

5.1.1 新油管应按 GB/T 19830 所规定的方法检验,且无有害缺陷。有些用户发现,这些检验方法并不能检出油管的所有缺陷,以致不能满足少数条件苛刻的井的要求。因此,为保证高质量套管下入井内,建议在用户采用各种无损检验方法时考虑:

a) 熟悉本标准中规定的和各工厂所使用的检验方法,同时正确理解 GB/T 19830 中"缺陷"的定义。

b) 全面评价用户自己对油管所要采用的任一种无损检验方法,以保证检验能够正确指示缺陷位置,并能将缺陷与其他非缺陷信号区别开来。出现不真实"缺陷"的原因可能是、也往往是这些非缺陷信号。

注:用户注意,由于外径允许公差适用于油管非加厚部位,所以,环绕密封式悬挂器安装在按正公差制造的油管上时,可能会出现一些困难。因此,建议用户对装在油管柱顶部的油管接头加以选择。

5.1.2 所有的油管,不论是新的、旧的或修复的,其螺纹部位宜始终戴上螺纹保护器。任何时间,油管都宜放在无石块、砂子或污泥的台架上、木板上或金属板上。如不慎把油管拖入泥土中,应重新清洗螺纹,并按 5.1.9 要求处理后方能再用。

5.1.3 在油管第一次下井之前,应使用通径规进行通径检验,以保证油管内畅通无阻,使抽油泵、抽油活塞和封隔器通过。

5.1.4 维护吊卡,两个吊环长度宜相等。

5.1.5 当下放特殊间隙接箍,尤其是那些坡口开在下端的接箍,推荐使用卡瓦式吊卡。

5.1.6 检查吊卡,注意闩合件是否完好。

5.1.7 宜使用不挤坏油管的卡盘卡瓦。在使用前检查这些卡瓦是否匹配。

注:卡瓦和大钳的卡痕是有害的。宜使用各种措施,尽可能使这种损伤减少到最低限度。

5.1.8 为避免不必要的管壁刮削,宜使用不挤坏油管的油管钳,并使其配合适当。油管钳板牙宜装配合适,与油管曲率一致。不推荐使用管钳。

5.1.9 对油管螺纹应采用下列措施：

a) 油管即将使用前，卸下油管两端螺纹保护器，彻底清洗螺纹。

b) 仔细检查螺纹，若发现螺纹有损坏，即使是轻微损伤，也应挑出，除非有很好的措施修复螺纹。

c) 在下油管前，应测量每根管的长度。测量时宜采用精度为3.0 mm(0.01 ft)以内的钢卷尺，从接箍(或内螺纹接头)最外端面测量到外螺纹接头端指定位置。该位置是当机紧接头时，接箍(或内螺纹接头)终止的地方。这样，测量的各根油管的长度总和代表了油管柱的自然长度(无载荷的长度)。对在井眼中处于拉伸状态下油管的实际长度，可从有关手册中查到。

d) 在油管端部戴上干净的螺纹保护器，以免油管在管架上滚动和提升到钻台上时螺纹受损伤。可以准备几个干净的螺纹保护器，以便反复使用。

e) 检查每个接箍上扣情况。如果外露螺纹异常，则检查接箍是否上紧。在彻底清洗螺纹以后、油管提升到钻台上之前，上紧所有松动的接箍，并在整个螺纹表面涂上新螺纹脂。

f) 在油管螺纹对扣前，内、外螺纹整个表面都涂上螺纹脂。推荐使用符合GB/T 23512规定的螺纹脂，但遇到条件苛刻的特殊情况时，推荐使用GB/T 23512规定的高压硅酮螺纹脂。

g) 对作为受拉和提升构件使用的连接管，应认真检查螺纹性能，以保证连接管安全地承受载荷。

h) 对短节和连接管上扣时，应进行维护，以保证配对螺纹的尺寸和类型相互一致。

5.1.10 对高压井或凝析油井，为保证接头不泄漏，宜附加下列预防措施：

a) 宜卸下接箍，彻底清洗并检查工厂端和接箍螺纹。为便于操作，可要求工厂将油管接箍上紧到超过手紧位置一圈的程度，或要求工厂将接箍与油管分装运输。

b) 油管内、外螺纹宜涂上螺纹脂，接箍重新上紧。现场端的油管螺纹和匹配接箍螺纹宜在对扣前涂上螺纹脂。

5.1.11 油管提上钻台时，小心不要使油管弯曲，不要碰伤接箍或螺纹保护器。

5.2 螺纹对扣、上扣和下放

5.2.1 在准备螺纹对扣以前，油管端部的螺纹保护器不得卸下。

5.2.2 在螺纹对扣之前，对螺纹整个表面涂抹螺纹脂。用于涂抹螺纹脂的刷子或用具不应有异物。同时，螺纹脂不应稀释。

5.2.3 螺纹对扣时，小心下放油管，以免损伤螺纹。要垂直对扣，应有人站在旁边协助。对扣后，如油管柱向一侧倾斜，则提起来，清洗、检查，如有损伤则用三角锉刀修复损伤的螺纹，然后仔细清除任何锉屑，并在螺纹表面重新涂上螺纹脂。下双根或三根立柱时，小心操作，以避免在对扣的螺纹部分释放过多的重量而引起弯曲和对中误差。为了防止油管弯曲，可在钻台上安置中间支架。

5.2.4 对扣后，开始用手或普通油管钳或动力油管钳缓慢上扣。在井场上紧接头时，为防止粘扣，上扣速度不宜超过25 r/min。对于高压井或凝析油井，建议使用动力油管钳，以保证均匀上紧。接头宜上紧到约超过手紧位置2圈，并小心不要粘扣。对高压井或凝析油井，若采用更多预备和检验措施时，采用浮动上扣方式或同时上扣方式使接箍两端超过手紧位置的正常圈数。

在管架上用 68 N·m(50 ft·lb)的扭矩上紧几个接头,然后数一数外露螺纹的圈数,这样可以确定出手紧位置。

5.3 现场上扣

5.3.1 在现场反复上扣的情况下,油管接头的寿命与所采用的上扣扭矩成反比。因此,在那些对防漏要求不很严格的油井中,宜采用最小现场上扣扭矩值,以延长接头寿命。在油管上扣操作中采用动力大钳时,需要针对每种规格、重量和钢级的油管确定推荐扭矩值。表 3 列出不加厚、外加厚和整体接头油管的推荐扭矩值。它是根据 GB/T 20657 规定的 8 牙圆螺纹套管的接头滑脱强度公式确定的,即取接头计算滑脱强度的 1%为推荐扭矩值。全部数值圆整到 10 N·m。表 3 所列扭矩值适用于镀锌或磷化处理接头的油管。当对镀锡接头上扣时,表中所列数值的 80%可以作为依据。

表 3 圆螺纹油管的推荐上扣扭矩

外径		重量(带螺纹和接箍)lb/ft	钢级	螺纹	扭矩	
mm	in				N·m	ft·lb
26.7	1.050	1.14	H-40	NU	190	140
26.7	1.050	1.14	J-55	NU	240	180
26.7	1.050	1.14	C-75	NU	320	230
26.7	1.050	1.14	L80	NU	330	240
26.7	1.050	1.14	N-80	NU	340	250
26.7	1.050	1.14	C-90	NU	350	260
26.7	1.050	1.20	H-40	EUE	630	460
26.7	1.050	1.20	J-55	EUE	810	600
26.7	1.050	1.20	C-75	EUE	1 060	780
26.7	1.050	1.20	L80	EUE	1 090	810
26.7	1.050	1.20	N-80	EUE	1 130	830
26.7	1.050	1.20	C-90	EUE	1 190	880
33.4	1.315	1.70	H-40	NU	280	210
33.4	1.315	1.70	J-55	NU	370	270
33.4	1.315	1.70	C-75	NU	480	360
33.4	1.315	1.70	L80	NU	500	370
33.4	1.315	1.70	N-80	NU	510	380
33.4	1.315	1.70	C-90	NU	540	400
33.4	1.315	1.80	H-40	EUE	590	440
33.4	1.315	1.80	J-55	EUE	770	570

表 3(续)

外径		重量 (带螺纹和接箍) lb/ft	钢级	螺纹	扭矩	
mm	in				N·m	ft·lb
33.4	1.315	1.80	C-75	EUE	1 010	740
33.4	1.315	1.80	L80	EUE	1 040	760
33.4	1.315	1.80	N-80	EUE	1 070	790
33.4	1.315	1.80	C-90	EUE	1 130	830
33.4	1.315	1.72	H-40	IJ	410	310
33.4	1.315	1.72	J-55	IJ	540	400
33.4	1.315	1.72	C-75	IJ	700	520
33.4	1.315	1.72	L80	IJ	720	530
33.4	1.315	1.72	N-80	IJ	740	550
33.4	1.315	1.72	C-90	IJ	780	580
42.2	1.660	2.30	H-40	NU	370	270
42.2	1.660	2.30	J-55	NU	470	350
42.2	1.660	2.30	C-75	NU	620	460
42.2	1.660	2.30	L80	NU	640	470
42.2	1.660	2.30	N-80	NU	660	490
42.2	1.660	2.30	C-90	NU	700	510
42.2	1.660	2.40	H-40	EUE	720	530
42.2	1.660	2.40	J-55	EUE	940	690
42.2	1.660	2.40	C-75	EUE	1 230	910
42.2	1.660	2.40	L80	EUE	1 270	940
42.2	1.660	2.40	N-80	EUE	1 300	960
42.2	1.660	2.40	C-90	EUE	1 380	1 020
42.2	1.660	2.10	H-40	IJ	520	380
42.2	1.660	2.33	H-40	IJ	520	380
42.2	1.660	2.10	J-55	IJ	680	500
42.2	1.660	2.33	J-55	IJ	680	500
42.2	1.660	2.33	C-75	IJ	890	650
42.2	1.660	2.33	L-80	IJ	920	680
42.2	1.660	2.33	N-80	IJ	940	690
42.2	1.660	2.33	C-90	IJ	1 000	730
48.3	1.900	2.75	H-40	NU	430	320
48.3	1.900	2.75	J-55	NU	560	410
48.3	1.900	2.75	C-75	NU	730	540
48.3	1.900	2.75	L80	NU	760	560
48.3	1.900	2.75	N-80	NU	780	570
48.3	1.900	2.75	C-90	NU	830	610
48.3	1.900	2.90	H-40	EUE	910	670

表3(续)

外径		重量（带螺纹和接箍）lb/ft	钢级	螺纹	扭矩	
mm	in				N·m	ft·lb
48.3	1.900	2.90	J-55	EUE	1 190	880
48.3	1.900	2.90	C-75	EUE	1 560	1 150
48.3	1.900	2.90	L80	EUE	1 610	1 190
48.3	1.900	2.90	N-80	EUE	1 650	1 220
48.3	1.900	2.90	C-90	EUE	1 760	1 300
48.3	1.900	2.40	H-40	IJ	600	450
48.3	1.900	2.76	H-40	IJ	600	450
48.3	1.900	2.40	J-55	IJ	790	580
48.3	1.900	2.76	J-55	IJ	790	580
48.3	1.900	2.76	C-75	IJ	1 030	760
48.3	1.900	2.76	L-80	IJ	1 070	790
48.3	1.900	2.76	N-80	IJ	1 100	810
48.3	1.900	2.76	C-90	IJ	1 160	860
52.4	2.063	3.25	H-40	IJ	770	570
52.4	2.063	3.25	J-55	IJ	1 010	740
52.4	2.063	3.25	C-75	IJ	1 320	970
52.4	2.063	3.25	L80	IJ	1 370	1 010
52.4	2.063	3.25	N-80	IJ	1 400	1 030
52.4	2.063	3.25	C-90	IJ	1 490	1 100
60.3	2.375	4.00	H-40	NU	630	470
60.3	2.375	4.60	H-40	NU	760	560
60.3	2.375	4.00	J-55	NU	830	610
60.3	2.375	4.60	J-55	NU	990	730
60.3	2.375	4.00	C-75	NU	1 090	800
60.3	2.375	4.60	C-75	NU	1 300	960
60.3	2.375	5.80	C-75	NU	1 860	1 380
60.3	2.375	4.00	L-80	NU	1 130	830
60.3	2.375	4.60	L-80	NU	1 350	990
60.3	2.375	5.80	L-80	NU	1 930	1 420
60.3	2.375	4.00	N-80	NU	1 160	850
60.3	2.375	4.60	N-80	NU	1 380	1 020
60.3	2.375	5.80	N-80	NU	1 980	1 460
60.3	2.375	4.00	C-90	NU	1 230	910
60.3	2.375	4.60	C-90	NU	1 470	1 080
60.3	2.375	5.80	C-90	NU	2 110	1 550
60.3	2.375	4.60	P-105	NU	1 740	1 280
60.3	2.375	5.80	P-105	NU	2 490	1 840
60.3	2.375	4.70	H-40	EUE	1 340	990
60.3	2.375	4.70	J-55	EUE	1 750	1 290

表 3(续)

外径		重量 (带螺纹和接箍) lb/ft	钢级	螺纹	扭矩	
mm	in				N·m	ft·lb
60.3	2.375	4.70	C-75	EUE	2 310	1 700
60.3	2.375	5.95	C-75	EUE	2 870	2 120
60.3	2.375	4.70	L-80	EUE	2 390	1 760
60.3	2.375	5.95	L-80	EUE	2 970	2 190
60.3	2.375	4.70	N-80	EUE	2 450	1 800
60.3	2.375	5.95	N-80	EUE	3 040	2 240
60.3	2.375	4.70	C-90	EUE	2 610	1 920
60.3	2.375	5.95	C-90	EUE	3 250	2 390
60.3	2.375	4.70	P-105	EUE	3 080	2 270
60.3	2.375	5.95	C-105	EUE	3 830	2 830
73.0	2.875	6.40	H-40	NU	1 080	800
73.0	2.875	6.40	J-55	NU	1 420	1 050
73.0	2.875	6.40	C-75	NU	1 880	1 380
73.0	2.875	7.80	C-75	NU	2 500	1 850
73.0	2.875	8.60	C-75	NU	2 830	2 090
73.0	2.875	6.40	L-80	NU	1 940	1 430
73.0	2.875	7.80	L-80	NU	2 590	1 910
73.0	2.875	8.60	L-80	NU	2 930	2 160
73.0	2.875	6.40	N-80	NU	1 990	1 470
73.0	2.875	7.80	N-80	NU	2 650	1 960
73.0	2.875	8.60	N-80	NU	3 000	2 210
73.0	2.875	6.40	C-90	NU	2 130	1 570
73.0	2.875	7.80	C-90	NU	2 840	2 090
73.0	2.875	8.60	C-90	NU	3 210	2 370
73.0	2.875	6.40	P-105	NU	2 510	1 850
73.0	2.875	7.80	P-105	NU	3 350	2 470
73.0	2.875	8.60	P-105	NU	3 790	2 790
73.0	2.875	6.50	H-40	EUE	1 700	1 250
73.0	2.875	6.50	J-55	EUE	2 230	1 650
73.0	2.875	6.50	C-75	EUE	2 940	2 170
73.0	2.875	7.90	C-75	EUE	3 540	2 610
73.0	2.875	8.70	C-75	EUE	3 860	2 850
73.0	2.875	6.50	L-80	EUE	3 050	2 250
73.0	2.875	7.90	L-80	EUE	3 680	2 710
73.0	2.875	8.70	L-80	EUE	4 000	2 950
73.0	2.875	8.50	N-80	EUE	3 120	2 300
73.0	2.875	7.90	N-80	EUE	3 760	2 770
73.0	2.875	8.70	N-80	EUE	4 090	3 020
73.0	2.875	6.50	C-90	EUE	3 340	2 460
73.0	2.875	7.90	C-90	EUE	4 020	2 970
73.0	2.875	8.70	C-90	EUE	4 380	3 230

表 3(续)

外径		重量(带螺纹和接箍)lb/ft	钢级	螺纹	扭矩	
mm	in				N·m	ft·lb
73.0	2.875	6.50	P-105	EUE	3 940	2 910
73.0	2.875	7.90	P-105	EUE	4 750	3 500
73.0	2.875	8.70	P-105	EUE	5 170	3 810
88.9	3.500	7.70	H-40	NU	1 250	920
88.9	3.500	9.20	H-40	NU	1 520	1 120
88.9	3.500	10.20	H-40	NU	1 770	1 310
88.9	3.500	7.70	J-55	NU	1 640	1 210
88.9	3.500	9.20	J-55	NU	2 010	1 480
88.9	3.500	10.20	J-55	NU	2 330	1 720
88.9	3.500	7.70	C-75	NU	2 170	1 600
88.9	3.500	9.20	C-75	NU	2 650	1 950
88.9	3.500	10.20	C-75	NU	3 080	2 270
88.9	3.500	12.70	C-75	NU	4 100	3 030
88.9	3.500	7.70	L-80	NU	2 250	1 660
88.9	3.500	9.20	L-80	NU	2 750	2 030
88.9	3.500	10.20	L-80	NU	3 200	2 360
88.9	3.500	12.70	L-80	NU	4 260	3 140
88.9	3.500	7.70	N-80	NU	2 300	1 700
88.9	3.500	9.20	N-80	NU	2 810	2 070
88.9	3.500	10.20	N-80	NU	3 270	2 410
88.9	3.500	12.70	N-80	NU	4 350	3 210
88.9	3.500	7.70	C-90	NU	2 460	1 820
88.9	3.500	9.20	C-90	NU	3 010	2 220
88.9	3.500	10.20	C-90	NU	3 510	2 590
88.9	3.500	12.70	C-90	NU	4 670	3 440
88.9	3.500	9.20	P-105	NU	3 550	2 620
88.9	3.500	12.70	P-105	NU	5 510	4 060
88.9	3.500	9.30	H-40	EUE	2 340	1 730
88.9	3.500	9.30	J-55	EUE	3 090	2 280
88.9	3.500	9.30	C-75	EUE	4 080	3 010
88.9	3.500	12.95	C-75	EUE	5 480	4 040
88.9	3.500	9.30	L-80	EUE	4 240	3 130
88.9	3.500	12.95	L-80	EUE	5 700	4 200
88.9	3.500	9.30	N-80	EUE	4 330	3 200
88.9	3.500	12.95	N-80	EUE	5 820	4 290
88.9	3.500	9.30	C-90	EUE	4 650	3 430
88.9	3.500	12.95	C-90	EUE	6 250	4 610
88.9	3.500	9.30	P-105	EUE	5 490	4 050
88.9	3.500	12.95	P-105	EUE	7 370	5 430
101.6	4.000	9.50	H-40	NU	1 260	930

表 3（续）

外径		重量（带螺纹和接箍）lb/ft	钢级	螺纹	扭矩	
mm	in				N·m	ft·lb
101.6	4.000	9.50	J-55	NU	1 660	1 220
101.6	4.000	9.50	C-75	NU	2 200	1 620
101.6	4.000	9.50	L-80	NU	2 280	1 680
101.6	4.000	9.50	N-80	NU	2 330	1 720
101.6	4.000	9.50	C-90	NU	2 500	1 850
101.6	4.000	11.00	H-40	EUE	2 630	1 940
101.6	4.000	11.00	J-55	EUE	3 470	2 560
101.6	4.000	11.00	C-75	EUE	4 600	3 390
101.6	4.000	11.00	L-80	EUE	4 780	3 530
101.6	4.000	11.00	N-80	EUE	4 880	3 600
101.6	4.000	11.00	C-90	EUE	5 250	3 870
114.3	4.500	12.60	H-40	NU	1 780	1 320
114.3	4.500	12.60	J-55	NU	2 360	1 740
114.3	4.500	12.60	C-75	NU	3 120	2 300
114.3	4.500	12.60	L-80	NU	3 250	2 400
114.3	4.500	12.60	N-80	NU	3 310	2 440
114.3	4.500	12.60	C-90	NU	3 570	2 630
114.3	4.500	12.75	H-40	EUE	2 930	2 160
114.3	4.500	12.75	J-55	EUE	3 870	2 860
114.3	4.500	12.75	C-75	EUE	5 130	3 780
114.3	4.500	12.75	L-80	EUE	5 340	3 940
114.3	4.500	12.75	N-80	EUE	5 450	4 020
114.3	4.500	12.75	C-90	EUE	5 870	4 330

注 1：推荐根据位置，而不是扭矩进行上扣(见 5.2.4 和 5.3.1)。

注 2：正常环境下，表中扭矩值的±25%变化量可以接受。

5.3.2 当对带聚四氟乙烯(PTFE)密封环的圆螺纹接头上扣时，推荐采用表中所列扭矩值的70%。与标准接头一样，上扣位置应控制。带聚四氟乙烯(PTFE)密封环的偏梯形螺纹接头，可以采用不同于偏梯形螺纹的扭矩值上扣。

注：对于有些材料(如马氏体不锈钢、9Cr 和 13Cr、双相不锈钢和镍基不锈钢)，在移动、对扣、上卸扣时易发生粘扣。预防螺纹粘扣主要有两个方面：一是在制造时，对螺纹表面进行处理和精加工；另一是在起下时，小心操作。螺纹和螺纹脂必须洁净。应避免在水平位置组装。在缓慢地进行机紧以前，宜用手工上紧到手紧位置。卸开时，其程序相反。

5.3.3 卡盘卡瓦和吊卡宜经常清洗，宜保持洁净。

5.3.4 宜特别关注井底情况，油管下放时不能太快。

5.4 油管的起出

5.4.1 在起出已磨损的油管柱之前，采用井径仪测量是快速检出磨损严重管段的方法。

5.4.2 卸扣钳宜位于靠近接箍的地方。锤击接箍使其松开的作法是有害的。如果需要轻敲,用榔头的平端,决不可使用尖端,轻敲接箍中间及其四周,决不能在端部或仅在相对的两侧敲击。

5.4.3 油管提出以前,宜格外小心地松开全部螺纹。不能让油管从接箍中突然跳出。

5.4.4 钻台上的油管宜排放在坚固的木板上,且不戴螺纹保护器。因为绝大多数螺纹保护器在设计时,并没有要求具有支承螺纹或立起来时不损伤现场端螺纹的能力。

5.4.5 当油管从井眼中取出时,要避免污染或损伤螺纹。

5.4.6 排放在钻台上的油管宜适当支撑,以避免过度的弯曲。外径为 60.3 mm($2\frac{3}{8}$ in)和更大的油管,宜连接成长度约为 18.3 m(60 ft)的立柱或相当于两根 2 级长度油管的立柱提升。外径为 48.3 mm (1.9 in)或更小的油管立柱和长度大于 18.3 m(60 ft)的油管立柱,宜有中间支撑。

5.4.7 在离开原位以前,油管要一直稳固在油管立柱盒内。

5.4.8 在重新下井以前,要确保螺纹干净、无损伤,并涂好螺纹脂。

5.4.9 为避免油管和接头不均匀磨损,每次起出油管后,都要将上部一根油管换到最下部。

5.4.10 为了防止泄漏,所有接头都宜重新上紧。

5.4.11 当油管被卡时,最好的作法是使用有刻度的指重表。不要将油管柱的伸长误认为是解卡。

5.4.12 通过强拉使油管柱解卡后,拉出的全部接头宜重新上紧。

5.4.13 全部螺纹宜清洗、涂润滑油或防腐脂,尽可能减少腐蚀。在储存前,油管宜戴上干净螺纹保护器。

5.4.14 油管存放或重新使用前,宜检查管体和螺纹,对有缺陷的接头作出标记,以便交付检修并重新测量。

5.4.15 当油管因失效而回收时,须进行深入的失效分析,以免再次发生类似事故。宜尝试各种方法再现失效条件下的失效形式。如果通过失效分析发现,由于油管某些质量问题引起失效,那么宜出具失效报告。

5.5 油管故障原因

5.5.1 油管发生故障的常见原因如 5.5.2～5.5.16。

5.5.2 对强度和使用寿命选择不当,尤其是在需要加厚油管的地方使用了不加厚油管。

5.5.3 在工厂和使用现场对油管检验不足。

5.5.4 装、卸和运输过程中不小心。

5.5.5 因螺纹保护器松动或脱落而损坏螺纹。

5.5.6 储存时管理不善,维护不当。

5.5.7 过分锤击接箍。

5.5.8 使用已经磨损的和型号不配套的作业设备、卡盘、大钳、钳板牙和油管扳手。

5.5.9 起下油管时,没有遵守正确的操作规则。

5.5.10 接箍磨损及抽油杆对管内壁的磨损。

5.5.11 抽油杆损坏严重。

5.5.12 螺纹最后啮合部位的疲劳失效。这种失效尚无有效的补救措施,用外加厚油管代替不加厚油管的方法,可最大限度地延迟这种情况的发生。

5.5.13 用非标准接箍替换已经磨损的接箍。

5.5.14 管柱突然坠落,即使是很短的距离。这样可能使管柱底部的接箍松开。宜起出管柱,仔细检查所有接头,然后重新下入。

5.5.15 在内压和外压作用下,接头泄漏是常见的故障,其原因可能如下:

a) 螺纹脂选用不当或使用不当,或两者情况都存在;

b) 螺纹上有污物,或因使用防腐脂而污损螺纹;

c) 螺纹未上紧或上紧过度;

d) 由于脏物、错扣、螺纹损伤、螺纹脂质量差或稀释过等原因造成粘扣;

e) 现场修复螺纹时修磨不当;

f) 接箍因锤击而凹陷;

g) 提拉管柱太猛;

h) 反复起下次数过多。

5.5.16 腐蚀。油管的内壁和外壁可能因腐蚀而损坏。损坏常以麻点、接头磨损、应力腐蚀开裂和硫化物应力开裂等形式出现,但侵蚀、环状磨损和井径仪划痕等局部侵蚀也可能发生。麻点和抽油杆接头引起的磨损情况可用井径仪检查确定。磁粉探伤可以帮助探测裂纹。腐蚀产物可能附于管壁,也可能不附于管壁。腐蚀通常是井内腐蚀液引起的。但抽油设备的磨损以及气举井中高速流体的冲刷作用能加快油管腐蚀。紧密接触的不同金属(双金属腐蚀)、不同金相组织结构、不同表面状况和沉积(浓差电池腐蚀)等因素都能影响腐蚀。由于腐蚀是许多因素共同作用的结果,并且具有不同的形式,所以还没有一种简单的、通用的补救措施加以控制。每种腐蚀问题必须作为独立案例,并按照已知腐蚀因素和操作条件来考虑解决。

若已知油管内、外表面存在腐蚀并产出有腐蚀性液体,可采取下列措施:

a) 堵塞自喷井中的环形空间,将腐蚀液限制在油管内部。也可在油管内部使用特殊衬套、涂层或缓蚀剂加以保护。在情况严重时,可使用特种合金钢管或玻璃纤维管。合金钢管不能消除全部腐蚀。当井液中含有硫化氢时,高屈服强度的油管可能因硫化物腐蚀开裂。引起不同强度材料开裂的硫化氢浓度还没有明确规定。宜查阅有关硫化物腐蚀的文献或请教有关专家。

b) 在抽油井和气举井中,用缓蚀剂填充套管和油管之间的环形空间,可有效地防止腐蚀。这种完井方式,尤其在抽油井中,较好的操作方法也能延长油管的寿命,如使用抽油杆保护器,油管转动器,采用较长的抽油冲程和较慢的抽油冲次等等。

为确保上述作法和措施的价值与效果,可对采用控制措施以前和以后的费用及设备损耗记录进行比较。对于缓蚀剂的效果,可采用挂片、用井径仪测量或对容易接近的几个设备进行外观检查来确定。分析比较采用缓蚀剂处理后的水中铁含量,也可以显示出腐蚀速度。当使用述任一种方法而又缺乏经验时,宜慎重使用,限制在一定范围内,直到对各上具体的操作条件有充分的估计为止。

通常认为,新区块都存在腐蚀的可能性,在油井开采初期进行调查研究,并定期反复进行,以便在发生侵蚀性损坏以前发现并确定腐蚀位置。这些调查研究包括:

a) 产出气体中的硫化氢、二氧化碳分析,废液的 pH 值、铁含量、有机酸、氯离子总量以及认为影响个别问题的其他物质分析。

b） 使用与井内材料相同的挂片进行腐蚀速度试验。

c） 使用井径仪或光学检测仪器进行检查。

在易发生腐蚀的区块，宜请教有资格的防腐蚀工程师，尤其是在那些地下设备的预期寿命短于油井开采寿命的地方，宜特别注意减缓腐蚀。

6 运输、装卸和储存

6.1 通则

管材尤其是螺纹是经过精密加工制造的。因此，要小心装卸，不论是新的、用过的或修复的，都宜戴好螺纹保护器才能装卸。

6.2 运输

6.2.1 水上运输

管子供应商或其代理人宜在水运装卸管子时进行适当的监督。避免因垫块不适当或支撑不充分而在船倾斜时引起管子移动；避免管子堆放处存在污水、有害化学物质或其他腐蚀材料；避免沿管堆拖拽管子；避免接箍与螺纹保护器钩在一起，避免管子撞击船舱、冲击船上栏杆等。

6.2.2 铁路运输

当用火车装运管子时，宜在火车箱的底部横放枕木，以支撑管子，为提升时提供间隙，也可避免污染管子。如果火车底部不平整，宜在枕木底部加垫片，使上部在同一平面上。管子的接箍或加厚部分不宜放在枕木上。货物宜捆扎并适当分隔，以免移动。

6.2.3 卡车运输

卡车运输时宜采用下列预防措施：

a） 管子放在垫木上，并用打捆带捆扎。搬运长管子时，宜在中间另加一根打捆带。

b） 所有管子的带接箍端装在卡车的同一端。

c） 卡车装载量不能太大，以免发生危险，甚至运不到目的地就需要卸货。

d） 卡车行驶一小段距离以后，重新捆紧因货物下沉而松弛的打捆带。

6.3 装卸

装卸管子时宜注意下列事项：

a） 卸管子前，确认螺纹保护器拧到位，不准抛扔管子，避免可能造成螺纹损坏或管体凹痕的野蛮装卸。螺纹损坏可能造成泄漏或滑脱。凹痕或不圆度会降低管子抗挤毁性能。

对于酸性环境使用的材料和 Cr 合金管，要特别小心装卸。在管体或其他部分的冲击，会导致管体局部硬度增高，这将易引起硫化物应力开裂。在移动或装卸前，给用户提供特别的装卸要求。

b） 手工卸货时，用绳索控制管子。当沿滑架溜放时，管子平行于管堆滚动。当管子在管架上滚动时，不允许管子集中冲击，或撞击端部。因为即使有螺纹保护器保护，也可能造成螺纹损坏。

c） 每根管子到达前一根管的位置以前，要停下，然后用手推到恰当的位置。

6.4 储存

管子储存时推荐采用下列作法：

a) 不要将管子直接堆放在地面、铁轨、钢板或水泥地面上。为避免管子受潮或污染，第一层管子距地面的距离不宜小于 500 mm(18 in)。

b) 为了防止管子弯曲或损坏螺纹，管子宜放在间隔适当的支架上。枕木宜放在同一平面上，并保持一定的水平度，同时足以承受全部管垛载荷而不下沉。

c) 为避免接箍承受载荷，在管子各层间放置木条作为隔离物。要求至少每层有 3 处放置隔离木条。

d) 为防止管子弯曲，隔离木条垂直于管子排放，并上下对正。

e) 在每层中，管子交错排列时，相邻管子错开大约一个接箍的长度。

f) 在隔离木条的两端分别设置 1 个或 2 个木块，防止拉动管子。

g) 为了安全，并易于检验和装卸，管子堆放高度不宜超过 3 m，堆放的管子不宜超过 5 层。

h) 储存的管子宜定期检查。需要防腐时，涂上防护涂层。

7 旧套管和油管的检验与分类

7.1 通则

本标准已建立旧套管和油管的检验标准和分类方法，程序如本章所述。

7.2 检验和分类程序

7.2.1 检验方法

目前能采用的管体部位检验方法有：目视法、机械测量法、电磁法、涡流法、超声波法和 γ 射线法。这些检验技术只限于确定裂纹、麻点以及其他表面缺欠的位置。检测出的缺陷可以认为表征出由服役过程引起的如下缺陷：内、外表面腐蚀损伤，内表面钢丝绳（抽油杆柱）拉伤（纵向），外表面纵向、横向卡瓦和大钳划痕，内表面钻杆磨损（仅限套管），横向裂纹（仅限作业油管）和内表面抽油杆磨损（仅限油管）。

7.2.2 管子壁厚的测量（最小壁厚）

能用来测量管子壁厚的仪器有壁厚千分尺，超声波测厚仪和 γ 射线仪。这些仪器的误差应不大于 2%。使用的试块尺寸应接近管子壁厚。

7.2.3 程序

旧油管和套管宜根据表 4 所列公称壁厚的损失量分类。

管体实际壁厚与管体公称壁厚的百分率代表壁厚损失量。管体壁厚损失对管体沿内表面或外表面（或两者）计算的管体面积有影响。无论管端是带螺纹、外加厚或整体接头，螺纹部分或加厚部分（或这两部分）壁厚减小的管子，不能根据表 4 分类。在过厚部分的壁厚损失量允许再大些，但要取决于以后的服役条件。若损伤或壁厚减小（或两者）将影响管子端部的螺纹时，则需要根据用户提出的预期服役条件单独考虑。

除了表 4 所列的管体壁厚损失分类外，表 5 给出了通常用来表明各种状况的着色识别方法。在距管子内螺纹端约 300 mm(1 ft)处，环绕管子喷涂宽度约为 50 mm(2 in)的合适颜色的色带。

表 4 旧套管和油管的分类及着色规则

类　型	色　类	公称壁厚损失 %	最小剩余壁厚 %
2	黄色	0～15	85
3	蓝色	16～30	70
4	绿色	31～50	50
5	红色	>50	<50

表 5 着色识别

状况	颜　色
损坏区域或外螺纹端损伤	一条环绕管体的红色带，约 50 mm 宽，位于损伤螺纹的旁边。
接箍或内螺纹接头损伤	一条环绕损伤接箍或内螺纹端的红色带，约 50 mm 宽。
管体通径检验不合格	一条 50 mm 宽的绿色带，位于通径规受阻的位置，并与管体壁厚分类色相邻。

7.2.4 使用性能

新套管、油管和钻杆的使用性能通常是依据 GB/T 20657 中的公式得出的。但是，迄今还没有一个计算旧套管和油管使用性能的标准方法。SY/T 6427 提供了旧钻杆使用性能的推荐计算方法。钻杆的磨损通常发生在外表面。因此，用过的钻杆使用性能是以内径不变，外径和壁厚随不同磨损程度而变来计算的。

套管和油管的磨损(金属损耗)和腐蚀通常发生在内表面，使用性能宜以外径不变为依据。如果外表面有明显的腐蚀，则该因素也必须考虑。小的凹坑或其他局部金属损耗可根据管子应用情况不认为是损伤，但这类金属损耗宜由管子所有者考虑和评价。

如果在检验一根管子时发现了裂纹，并经验证具有足够的长度，能用肉眼、光学仪器或磁粉检验所查明，则这一根管子应予报废，不得再用。

7.3 管壁和螺纹接头条件

7.3.1 通则

下列条款是有关管子壁厚损失和螺纹状况的原则意见。

7.3.2 管壁

用过的套管和油管，其金属损耗通常发生在内表面，而其特性范围包括分散的凹坑、擦伤或切口，以及由于机械磨损或砂石切削造成的大量耗损。钻进时钻柱旋转和运动造成套管和衬管内壁磨损。即使钻杆采用橡胶保护圈也会使套管内壁出现磨损。磨损量随钻进时间的延长而增加。磨损往往发生在一侧，即在井眼内处于较低位置的套管侧。使用性能可用剩余壁厚计算。经验表明，就破裂率而言，钢丝绳磨损比钻杆磨损的影响更大。应指出，如果壁厚减小是由钢丝绳造成的，其破裂压力将减小。

金属损耗的类型可能影响旧套管和油管的再使用。有凹坑的管子不能用于腐蚀环境，但若腐蚀不是主要因素时，仍可以使用。因机械磨损使金属损耗较均匀的管子，不易受腐蚀介质的影响，但须按最小剩余壁厚降级使用。

7.3.3 螺纹

当检查旧套管和油管螺纹时，宜检查下列各项：圆螺纹拉伤、粘扣和最后螺纹啮合处的疲劳裂纹。当拉伸载荷超过了接头的屈服强度，最后螺纹啮合处的螺距增大表明螺纹已经伸长。它们可能在下次上扣时仍能配对，但将不能达到预期的连接强度，且密封性不好。螺纹粘结是接头卸开时常见的一种情况，尤其是接箍上装有支撑物时，在重复上扣时也可能发生。油管和钻柱承受交变拉应力，往往导致最后啮合螺纹的根部产生疲劳裂纹，使承载能力下降，或导致再次使用时发生失效。出现这种情况时，要对螺纹部分进行修复，直到能够再用。修复过的螺纹经机紧后不可能仍啮合的很好，因此其公差与规定值稍有差别也宜接受。

7.3.4 外螺纹锥度变小

油管在井中经过多次起下，如同作业管柱一样可能使外螺纹端直径减小。这是由于反复上扣而形成连续的塑性变形。这种状况将削弱接头承载能力和密封性能。严重时可导致外螺纹端在上扣时接近接箍中心位置。

7.4 服役等级

一根管子最终服役等级要考虑内径、管壁状况和剩余壁厚，以评价管体抗挤毁、抗爆破和抗拉伸能力；考虑螺纹状况，以评价密封抗力；考虑外螺纹端锥度变化情况，以评价上扣能力。

根据实际情况和紧急需要，螺纹测量可与壁厚常规检查一并考虑，以确定最终使用性能。旧套管和油管，宜根据以往对井况与环境因素的经验作出判断后，方能加以利用。

8 修复

因使用或使用不当而造成损伤的管材，往往通过修复后还可再用。修复必须按 GB/T 19830 进行。修复后螺纹的可用性宜按 GB/T 9253.2 进行测量和检验后确定。

9 套管附件的现场焊接

9.1 通则

9.1.1 套管用钢的选择受许多因素的制约，而这些因素又受套管服役状况的影响，最适合于现场焊接的钢不一定满足使用性能。因此，在选择套管用钢时，其可焊性不作为主要考虑因素。这样造成的后果是，除非采取了预防措施，否则焊接可能会对所有钢级套管产生负面影响，特别是 J55 及以上钢级。

9.1.2 焊接产生的热量可能影响高强度套管的机械性能。在热影响区，可能出现裂纹和脆性区，从而引起断裂，尤其是当套管受到钻杆接头磨损时更为突出。为此，尽量避免对高强度套管进行焊接。

9.1.3 推荐使用不需要焊接的设备和操作方法，如可用水泥或锁紧件代替焊接法固定接头底部，以防接头松动。同样，提倡使用机械方法连接扶正器和刮泥器。

9.1.4 对高强度套管虽然不推荐进行焊接，但不阻止在一定环境下用户可以采用焊接方法。施焊时，若采用必要的作法，可使焊接的有害程度减少到最低。这里的意图就在于概述这些方法,以指导现场工作人员。

9.1.5 套管柱的关键部位不推荐焊接作业,因为这些部位的抗拉伸、抗内压和抗挤毁性能不应改变。如果确需焊接,宜限制在管柱底部的注水泥区段的最低部位。当需要焊接套管接箍的引鞋接头时,宜慎重地使用本节所述的工艺。

9.1.6 焊接由用户负责,焊接质量与焊工技能相关。各种规格和钢级的套管,其可焊性变化很大,因此,焊工负有重大责任。经验证明,宁可派遣一名合格的焊工,也不就近使用一名技术不熟练的人。现场负责人要检查焊工的资格证,必要时,可由焊工本人说明或操作演练,以证实其确能胜任该项工作。

9.2 焊缝要求

9.2.1 焊缝宜有足够的机械强度,以防止接头松动或承载不同套管短节。在服役中,焊缝要能经受住震动、冲击、振动以及套管所经受的其他苛刻条件。抗弯能力往往也是很重要的,为了满足这一点,焊缝要有足够的韧性,而且无裂纹、脆性区或硬点等。

9.2.2 焊接的目的是连接附件,或防止接头松动。接头处焊接的目的是防止接头卸扣,而不是防止泄漏。防漏是靠接头本身保证的。

9.2.3 若焊接是为了套管悬挂器的密封时,则焊缝处的防漏性能必须保证。

9.3 工艺

焊接通常采用金属电弧焊或氧炔焊。钎焊合金熔点不超过 650 ℃(1 200 ℉),具有良好的机械性能,可用氧炔或氧丙烷焊炬加热。使用火焰钎可避免焊接合金钢套管时产生脆性区或裂纹,但其强度有可能下降。

9.4 电弧焊焊条

当使用金属电弧焊时,推荐使用低氢焊条。低氢焊条包括 GB/T 5117 中所列的 E××15、E××16 和 E××18 型号。低氢焊条在使用前不宜暴露于空气中。焊条开封后,必须立即保存在(65～150)℃((150～300)℉)的保温箱中。焊条取出保温箱后,必须在 30 min 内使用。若在规定的时间期限内未用,则必须丢弃或置于(315～370)℃((600～700)℉)环境中烘干不低于 1 h,再存放于保温箱中。

9.5 基体金属的处理

待焊接的区域宜是干燥的,并要刷净或擦净,没有任何多余的涂漆、油脂、水垢、铁锈或污物。

9.6 预热及冷却

9.6.1 焊接各钢级套管时,预热是很必要的。焊接两侧 75 mm(3 in)内宜预热到(205～315)℃((400～600)℉)。焊接时宜保持预热温度(用“测温棒”即温度敏感炭棒测量温度)。

9.6.2 宜避免焊缝迅速冷却,保证缓慢冷却。避免使焊缝受急剧变化的气候条件影响(如严寒、下雨、大风等)。经过焊接的套管下井前,宜将焊缝在空气中冷却至 120 ℃(250 ℉)(用测温棒测量)。冷却所需时间通常约为 5 min。

9.7 焊接技术

9.7.1 当预热到规定温度时,焊接宜立即开始。焊接作业时,宜避开大风、吹起的尘土和砂子,以及下雨等。

9.7.2　若使用金属电弧焊，宜使用直径不大于 4.18 mm(3/16 in)的电焊条。首选双层焊，这样第二层焊缝容易控制，只需堆焊在焊缝金属上，而不需扩大到套管。第二层焊缝的作用是使下面的焊缝及其邻近金属得到回火或退火。如果第二层焊缝扩大到套管上，则该目的达不到。在清理好第一层焊缝后，宜迅速焊第二层焊缝，以免被第一层焊缝加热的金属迅速冷却而变脆。焊缝的横向摆动宜降低到最小，电流宜在焊条制造厂推荐的低值范围内。要尽量防止咬边。

9.7.3　在焊接下一层焊道以前，铲除或磨掉留在焊层上的任何焊渣或焊剂。

9.7.4　附件安装时，尽可能贴近套管表面。

9.7.5　电弧不应在套管上起弧，因为每处电弧灼伤都会产生硬点，损伤套管。裂纹往往是由于在套管上起弧造成的。电弧宜在附件上起弧，因附件所用的钢材不易损伤。如必须在套管上起弧时，宜在焊接部位进行。

9.7.6　焊接电缆宜谨慎地在套管上接地。接地线要牢固地夹紧在套管上，或固定在管子卡瓦之间适当位置，不宜焊在套管上。接触不良可能产生火花，进而产生硬点，硬点下面可能产生初始裂纹。焊接电缆不宜在钻台、转盘底座或套管架上接地。

9.7.7　焊接尽可能在套管架上进行，而不要在钻台上或套管悬挂在井内时进行。这样做有双重优点：

a)　在比较便利的条件下施焊；

b)　焊缝冷却速度可以减慢，易于控制。套管焊接时不应放于地面上，而应固定在管架上。

9.7.8　在焊接接箍、浮箍或引鞋时，为了防止螺纹松动，宜熔敷上足够的金属。如果套管在转盘内要对浮箍和套管接箍进行焊接时，或者如果不进行全周长焊接时，则对 244.5 mm(9 5/8 in)的套管，宜每隔 120°焊一条 75 mm(3 in)长的焊缝，对大于 244.5 mm(9 5/8 in)的套管，宜焊三条 100 mm 长的纵向焊缝，对小于 244.5 mm(9 5/8 in)的套管，宜焊三条 50 mm 长的焊缝。

9.7.9　如果焊缝长度达(100～150)mm(4 in～6 in)，则分段退焊是有利的。例如：一道焊缝已从左向右焊上了 150 mm(6 in)长，则操作者在已焊缝左侧约 150 mm(6 in)处开始，向已焊焊缝的开始点施焊。

9.7.10　整个角焊缝上的焊脚尺寸宜基本一致。注意避免咬边。优先选用双层焊接法，第二层焊接前宜清理底层焊道。

9.7.11　当焊片被焊在套管上时，焊缝宜围绕焊片端部向外延伸。在焊片端部附近起弧，焊接该端，并使焊缝回到焊片中心，这是一种较好的操作方法。电弧瞬间中断，会将焊片割断或烧掉一段，要把未焊接的一端从套管上用铁锤打下来。随后焊接围绕第二个端部继续进行，电弧中断前回到焊缝处。用这种方法，即可以不在端部起弧，又可以不在端部熄弧，还可把各端焊好。

9.7.12　在套管上焊接扶正器和刮泥器时，焊缝长度最短为 50 mm(2 in)，焊缝间隔为 50 mm(2 in)。

9.7.13　在套管上焊接旋转刮泥器时，各端要全长焊接。在前边两个相同间隔焊 19 mm(3/4 in)，在后边中心焊 19 mm(3/4 in)就满足要求了。

附 录 A
(资料性附录)
国际单位换算

关于美国惯用单位制(USC)转换为国际单位值(SI),本标准采用如表 A.1 数值进行转换单位的换算。

表 A.1 单位换算

量纲	美国惯用单位制(USC)	国际单位制(SI)
面积	1 平方英寸(in^2)	645.16 平方毫米(mm^2)(精确)
流速	1 美桶每天(bbl/d)	0.158 987 立方米每天(m^3/d)
	1 立方英尺每分(ft^3/min)	0.028 316 85 立方米每分(m^3/min) 或 40.776 192 立方米每天(m^3/d)
力	1 磅力(lbf)	4.448 222 牛顿(N)
冲击功	1 英尺磅力(ft·lbf)	1.355 818 焦耳(J)
长度	1 英寸(in)	25.4 毫米(mm)(精确)
	1 英尺(ft)	304.8 毫米(mm)(精确)
质量	1 磅(lb)	0.453 592 37 千克(kg)(精确)
压力	1 磅力每平方英寸(lbf/in^2) 或 1 磅每平方英寸(psi) (注:$1bar=10^5$ Pa)	6 894.757 帕(Pa)
强度或应力	1 磅力每平方英寸(lbf/in^2)	6 894.757 帕(Pa)
温度	用公式将 USC 温度(℉)转换为 SI 温度(℃)	℃=(℉-32)×5/9
扭矩	1 英寸磅(in·lbf) 1 英尺磅(ft·lbf)	0.112 985 牛顿米(N·m) 1.355 818 牛顿米(N·m)
速度	1 英尺每秒(ft/s)	0.304 8 米每秒(m/s)(精确)
体积	1 立方英寸(in^3) 1 立方英尺(ft^3) 1 加仑(U.S.Gallon) 1 桶(barrel)	$16.387\ 064\times10^{-3}$ 立方厘米(cm^3)(精确) 0.028 316 8 立方米(m^3)或 28.316 8 立方分米(dm^3) 0.003 785 4 立方米(m^3)或 3.785 4 立方分米(dm^3) 0.158 987 立方米(m^3)或 158.987 立方分米(dm^3)

ICS 23.040
J 15

中华人民共和国国家标准

GB/T 19285—2014
代替 GB/T 19285—2003

埋地钢质管道腐蚀防护工程检验

Inspection of corrosion protection for buried steel pipelines

2014-05-06 发布　　2014-12-01 实施

中华人民共和国国家质量监督检验检疫总局
中国国家标准化管理委员会　发布

前　　言

本标准按照 GB/T 1.1—2009 给出的规则起草。

本标准代替 GB/T 19285—2003。本标准与 GB/T 19285—2003 相比，主要技术变化如下：

——增加了埋地钢质管道土壤腐蚀性检测与评价方法；

——增加了外防腐层状况和破损点不开挖检测与评价方法；

——增加了阴极保护效果不开挖检测方法；

——增加了腐蚀防护系统综合评价方法。

——增加了埋地钢质管道腐蚀防护系统模糊综合评价算法实例(见附录 N)。

本标准由全国锅炉压力容器标准化技术委员会(SAC/TC 262)提出并归口。

本标准起草单位：中国特种设备检测研究院、国家质量监督检验检疫总局特种设备安全监察局、中船重工七二五所、北京工业大学、中国石油西南油气田安全环保与技术监督研究院、中国石油集团工程设计有限责任公司西南分公司、北京科技大学、上海质量技术监督局、中石化镇海炼化分公司、深圳市燃气集团有限公司、上海市特种设备监督检验技术研究院、中国石油大庆特种设备检验中心、中国石油长庆油田输油一处。

本标准主要起草人：何仁洋、陶雪荣、黄辉、杨永、肖勇、杨绪运、刘长征、周德敏、修长征、阎永贵、王新华、周方勤、秦林、施岱燕、张平、李晓刚、王善江、徐成裕、钟志辉、陈秋雄、杨惠谷、吴亚滨、单洪翔、李佩、臧国军。

本标准所代替标准的历次版本发布情况为：

——GB/T 19285—2003。

埋地钢质管道腐蚀防护工程检验

1 范围

本标准规定了埋地钢质管道腐蚀防护工程质量和腐蚀防护效果的检验检测内容,给出了检测评价方法。

本标准适用于埋地钢质管道腐蚀防护工程的施工及验收过程的检测评价以及腐蚀防护系统投用后的检测与评价。

2 规范性引用文件

下列文件对于本文件的应用是必不可少的。凡是注日期的引用文件,仅注日期的版本适用于本文件。凡是不注日期的引用文件,其最新版本(包括所有的修改单)适用于本文件。

GB/T 21447 钢质管道外腐蚀控制规范

GB/T 21448 埋地钢质管道阴极保护技术规范

3 术语、定义和缩略语

3.1 术语和定义

下列术语和定义适用于本文件。

3.1.1

土壤电阻率 soil resistivity

单位长度上土壤的电阻的平均值,是表征土壤导电性能的指标。单位是Ω·m。

3.1.2

管地电位 potential of pipeline to soil

管道与其相邻电解质(土壤)的电位差。

注:工程人员一般将"阴极保护条件下的管地电位"习惯地称为"保护电位"。

3.1.3

电极电位 electrode potential

与同一电解质接触的电极和参比电极间,在外电路中测得的电压。

3.1.4

腐蚀电位 corrosion potential

金属在给定腐蚀体系中的电极电位。

注:不管是否有净电流(外部)从研究金属表面流入或流出,本术语均适用。

3.1.5

自然腐蚀电位 free corrosion potential

无净电流(外部)从研究金属表面流入或流出的腐蚀电位。

3.1.6

氧化还原电位　redox potential

惰性电极置于含有氧化剂或还原剂的湿润土壤中,在它的氧化态与还原态之间建立平衡时的电位。

3.1.7

外防腐层　coating

为使金属构筑物和电解质(土壤)之间有效隔离,以达到抑制腐蚀的目的而覆盖在金属表面的保护层。

3.1.8

阴极保护　cathodic protection

通过阴极极化控制电化学腐蚀的技术。阴极保护有牺牲阳极法和强制电流法。

3.1.9

牺牲阳极　sacrificial anode

靠着自身腐蚀速度的增加而提供阴极保护电流的金属或合金。

3.1.10

强制电流　impressed current

又称外加电流,是通过外部电源施加的阴极保护电流。

3.1.11

填包料　backfill

为改善埋地阳极工作条件而填塞在阳极四周的导电性材料。

3.1.12

参比电极　reference electrode

在湿润的土壤中,具有稳定可再现电位的电极,在测量其他电极电位值时用以作为参照。

3.1.13

辅助阳极　impressed current anode

与强制电流电源正极连接的,仅限于以导电为目的的电极。

3.1.14

测试桩　test station

从埋地管道上引出的,用于测试阴极保护参数的装置。

3.1.15

检查片　test pieces

用于腐蚀试验的金属试片。

3.1.16

IR 降　IR drop

根据欧姆定律,由于电流的流动在参比电极与金属管道之间电解质内产生的电压降。

3.1.17

极化电位　polarized potential

由于电流的流动引起电极/电解质界面电位的偏移称为极化,在极化状态下的电位称为极化电位。

3.1.18

最大保护电位 maximum protective potential

在阴极保护条件下,金属达到完全保护所允许的、绝对值最大的负电位值。

3.1.19

最小保护电位 minimum protective potential

在阴极保护条件下,金属达到完全保护所需要的、绝对值最小的负电位值。

3.1.20

开路电位 open potential

无电流输出时,牺牲阳极的电位。

3.1.21

工作电位(闭路电位) working potential

有保护电流输出时,牺牲阳极的电位。

3.1.22

通电电位 on potential

阴极保护系统持续运行时测量的构筑物对电解质电位。

3.1.23

断电电位 off potential

断电瞬间测得的构筑物对电解质电位,也称瞬间断电电位。

3.1.24

漏点 holiday

防腐层不连续处(孔),使管体表面暴露于环境中。

3.1.25

破损点 fault

防腐层上所有的异常,包括剥离区、机械损伤露铁点、老化损伤露铁点和漏点等。

3.1.26

交流电流衰减法 alternating current attenuation survey

一种在现场应用电磁感应原理,采用专用仪器在地表测量埋地钢质管道管内信号电流产生的电磁辐射,通过测量出的信号电流衰减变化,来评价管道防腐层总体情况的地表测量方法。收集到的数据可能包括管道埋深、位置、异常位置和异常类型。

3.1.27

密间隔电位法 close interval potential survey;CIPS

一种沿着管道地面,以密间隔(1 m～3 m)移动参比电极测量管地电位沿管道分布的方法。

3.1.28

直流电位梯度法 direct current voltage gradient;DCVG

一种通过沿管道或环绕管道的、由防腐层漏点漏泄的直流电流所产生的土壤中直流电压梯度的变化,来确定防腐层缺陷位置、严重程度以及表征腐蚀活性的地表测量方法。

3.1.29

交流电位梯度法 alternating current voltage gradient;ACVG

一种通过沿管道或环绕管道的、由外防腐层漏点漏泄的交流电流所产生的土壤中交流电压梯度的变化,来确定防腐层缺陷位置、严重程度的地表测量方法。

3.1.30

杂散电流 stray current

在非预期回路中流动的电流。

3.1.31

直流干扰 DC influence

在大地中直流杂散电流作用下,引起埋地构筑物腐蚀电位的变化。这种变化发生在阳极场叫阳极干扰,发生在阴极场叫阴极干扰。

3.1.32

交流干扰 AC interference

由交流输电系统和交流牵引系统在管道上耦合产生交流电压和电流的现象。按干扰时间的长短可分为瞬间干扰、持续干扰和间歇干扰三种。

3.1.33

土壤表面电位梯度 surface potential gradient

单位长度上地表电位的变化值或电位对距离的变化。

3.1.34

直流干扰排流保护 DC interference drainage protection

将管道中流动的干扰电流,通过人为形成的通路使之直接或间接地流回到干扰源的负回归网络,从而减弱管道的直流干扰影响,达到防止管道电蚀的目的,这种保护管道的方式称为直流干扰排流保护。

3.1.35

交流干扰防护 AC interference protection

为有效地控制交流干扰对埋地钢质管道的交流干扰腐蚀危害,减轻交流干扰对腐蚀控制系统的影响在管道局部位置所采取的防护措施。如埋设去耦隔直装置、局部集中接地体等措施。

3.1.36

腐蚀活性区域 corrision activity

腐蚀正在进行,并以一定速率发展的部位,该腐蚀速率足以导致管道在设计寿命内的承压能力降低。

3.1.37

管道交流干扰电压 pipeline AC influence voltage

由交流干扰产生的管道对地交流电压。也称为管地交流电位。

3.1.38

交流电流密度 AC current density

交流电流在防腐层破损点处单位面积的漏泄量。

3.2 缩略语

CSE 铜/饱和硫酸铜电极

SCE 饱和甘汞电极

SRB 硫酸盐还原菌

SHE 标准氢电极

3LPE　三层结构聚乙烯防腐层

vs　相对于

4　腐蚀环境调查

4.1　一般规定

埋地钢质管道沿线的腐蚀环境调查,应包括土壤腐蚀性调查和杂散电流干扰调查。在进行腐蚀防护系统设计之前、发现腐蚀防护系统失效或开展管道全面检验时,都应进行腐蚀环境调查。

4.2　土壤腐蚀性调查

一般情况下,土壤腐蚀性调查应包括土壤电阻率、管道自然腐蚀电位、氧化还原电位、土壤pH值、土壤质地、土壤含水量、土壤含盐量、土壤 Cl^- 含量等8个参数的测试,测试数据宜视不同季节分别给出,特殊条件下可适当调整。测试方法见附录A。在系统设计之前的土壤腐蚀性调查可视具体情况适当调整。土壤腐蚀性根据上述8个参数的评价分数分为4个评价等级,土壤腐蚀性评价分数对应的测试数据和评价等级见表1和表2。

表1　土壤腐蚀性单项检测指标评价分数

序号	检测指标	数值范围	评价分数 /N_i(i=1,2,3,…,8)
1	土壤电阻率/(Ω·m)	<20	4.5
		≥20～50	3
		>50	0
2	管道自然腐蚀电位 vs.CSE/mV	<－550	5
		≥－550～－450	3
		>－450～－300	1
		>－300	0
3	氧化还原电位 vs.SHE/mV	<100	3.5
		≥100～200	2.5
		>200～400	1
		>400	0
4	土壤pH值	<4.5	6.5
		≥4.5～5.5	4
		>5.5～7.0	2
		>7.0～8.5	1
		>8.5	0
5	土壤质地	砂土(强)	2.5
		壤土(轻、中、重壤土)	1.5
		黏土(轻黏土、黏土)	0

表 1(续)

序号	检测指标	数值范围	评价分数 $/N_i(i=1,2,3,\cdots,8)$
6	土壤含水量/%	＞12～25	5.5
		＞25～30 或＞10～12	3.5
		＞30～40 或＞7～10	1.5
		＞40 或≤7	0
7	土壤含盐量/%	＞0.75	3
		＜0.15～0.75	2
		＞0.05～0.15	1
		≤0.05	0
8	土壤 Cl^- 含量/%	＞0.05	1.5
		＞0.01～0.05	1
		＞0.005～0.01	0.5
		≤0.005	0
注：表中“%”含量均指质量分数。			

表 2 土壤腐蚀性评价等级

N 值	土壤腐蚀性等级
$19<N\leqslant 32$	4(强)
$11<N\leqslant 19$	3(中)
$5<N\leqslant 11$	2(较弱)
$0\leqslant N\leqslant 5$	1(弱)
注1：N 为表1中的$(N_1+N_2+N_3+N_4+N_5+N_6+N_7+N_8)$之和。 注2：特殊情况下或 N 值的分项数据不全时，应根据实际情况确定土壤腐蚀性评价指标。	

4.3 杂散电流干扰

杂散电流干扰分为直流干扰和交流干扰。直流干扰源有直流电气化铁路、电车装置、直流电网、直流电话电缆网络、直流电解装置、电焊机及其他构筑物阴极保护系统等，交流干扰源有高压交流电力线路设施和交流电气化铁路设施等。

4.3.1 杂散电流干扰源调查

a) 干扰源侧的调查内容一般包括：交直流铁路供电系统分布与运行情况、交直流铁路轨道电位分布与漏泄电流趋向与地电位梯度、高压输电线路运行情况与线塔接地情况、构筑物阴极保护系统的电位分布、电车运行情况等，以及其他需调查的内容。

b) 被干扰管道侧的调查内容一般包括：腐蚀案例、交直流管地电位分布(包括沿管道的管地电位分布以及随时间变化的分布)、流入与流出管道的干扰电流大小以及位置、管道沿线大地的土壤电位梯度、管道沿线的环境腐蚀性、管道防腐层状况、管道阴极保护设施与排流设施运行参数与状况、管道与铁轨之间的电压及方向等,以及其他需调查的内容。

c) 调查时,应查阅管道和电力系统的设计、竣工等相关资料,确认埋地管道与高压交流输电线路的安全距离。包括已知交流接地体安全距离的复核和未知交流接地体的调查与测量,必要时可通过开挖来调查和测量两者之间的距离。埋地管道与高压交流输电线路宜符合下列规定:

1) 在开阔地区,埋地管道与架空送电线路杆(塔)基脚间控制的最小距离宜不小于最高杆(塔)高。

2) 在路径受限地区,埋地管道与交流电力系统的各种接地装置之间的水平距离一般情况下不宜小于表3的规定。在采取故障屏蔽、接地、隔离等防护措施后,表3规定的距离可适当减小。

表3 埋地管道与交流接地体的最小距离

电压等级/kV	≤220	330	500
铁塔或电杆接地/m	5.0	6.0	7.5

4.3.2 直流干扰测试与评价

埋地钢质管道的直流干扰,一般应采用未施加阴极保护时管道任意点上的管地电位较自然腐蚀电位的偏移量来进行测量和评价,当难以测试时,也可采用管道附近土壤表面电位梯度来进行测量和评价,测试方法分别见附录B中B.2.1和B.2.2。干扰程度的评价见表4。当电位偏移≥20 mV或土壤表面电位梯度>0.5 mV/m时,确认为有直流干扰。

表4 直流干扰程度的评价指标

直流电流干扰程度评价参量	弱	中	强
管地电位正向偏移/mV	<20	≥20~<200	≥200
土壤表面电位梯度/(mV/m)	<0.5	≥0.5~<5.0	≥5.0

当管道任意点上的管地电位较自然腐蚀电位正向偏移≥100 mV或管道附近土壤表面电位梯度>2.5 mV/m时,应采取直流排流保护或其他防护措施。

4.3.3 交流干扰测试与评价

埋地钢质管道的交流干扰,可用管道交流干扰电压和交流电流密度进行测试,测试方法分别见B.2.3和B.2.4。当管道上任意一点上的交流干扰电压都小于4 V时,可不采取交流干扰防护措施;高于此值时应采用交流密度进行评估,干扰程度的评价见表5。交流电流密度可按式(1)计算:

$$J_{\mathrm{AC}}=\frac{8V}{\rho\pi d} \qquad \cdots\cdots(1)$$

式中：

J_{AC}——评估的交流电流密度，单位为安每平方米(A/m^2)；

V ——交流干扰电压有效值的平均值，单位为伏(V)；

ρ ——土壤电阻率，单位为欧米(Ω·m)；

d ——破损点直径，单位为米(m)。

注：1) ρ 值应取交流干扰电压测量时，测试点处与管道埋深相同的土壤电阻率实测值。

2) d 值按发生交流腐蚀最严重考虑，取 0.011 3。

表 5 交流干扰程度的评价指标

交流干扰程度	弱	中	强
交流电流密度/(A/m^2)	<30	≥30～100	>100

当交流干扰程度判定为“强”时，应采取交流干扰防护措施；判定为“中”时，宜采取交流干扰防护措施；判定为“弱”时，可不采取交流干扰防护措施。

4.3.4 特殊情况下的测试与评价

当 4.3.2、4.3.3 的测试与评价方法难以进行，或发现有杂散电流源，但无法判定是直流或交流时，可采用静态或动态杂散电流测试法，测试管地电位波动值或感应电流波动值，测试方法见 A.2 和 B.2.5。干扰程度的评价见表 6。

表 6 特殊情况下干扰程度的评价指标

杂散电流干扰腐蚀危害程度	弱	中	强
管地电位波动值/mV	<50	≥50～350	>350
感应电流波动值/A	<1	≥1～3	>3

当管地电位波动值大于 200 mV 或感应电流波动值大于 2 A 时，应采取杂散电流排流保护或其他防护措施。

5 外防腐层检验

5.1 适用性审查

5.1.1 外防腐层应按照 GB/T 21447 的相关规定，根据埋地钢质管道所处的腐蚀环境、地质状况、施工及运行条件等进行选择。

5.1.2 外防腐层种类和性能指标应满足设计要求，外防腐层绝缘电阻率一般应大于或等于 10^4 Ω·m^2，对 3LPE 防腐层绝缘电阻率一般应大于或等于 10^5 Ω·m^2。

5.1.3 对防腐保温管道、水下管道、沼泽地区等特殊环境管道，以及采用定向穿越法等特殊施工方法敷设的管道，在外防腐层种类选择和结构设计时应有特殊考虑。

5.1.4 在芦苇地带和细菌腐蚀较强的地区，不应使用易被植物根穿透以及不耐细菌腐蚀的材料作为外防腐层。在多鼠、多蚁地区，不应使用易被鼠类、蚁类伤害的防腐层。

5.2 进货检验

5.2.1 制造商资质审查

预制钢管外防腐层的生产厂应取得相应的特种设备制造许可证。

5.2.2 质量证明文件审查

外防腐层、补口及补伤的材料应有出厂合格证、产品说明书及性能测试报告。预制防腐层应有性能测试报告和出厂合格证，其中性能测试报告内容应满足相应产品技术条件或标准的规定。

5.2.3 外防腐层检查

外观检查：外防腐层表面应无漏涂、气泡、破损、裂纹、剥离和污染等。

厚度检测：按照相应外防腐层标准规定的比例进行外防腐层厚度检测，应不小于相应外防腐层标准规定的最小厚度。检测方法见附录 C 中 C.1。

5.3 过程检验

5.3.1 组对前的外防腐层检查

组对前应对预制防腐层进行外观检查。当发现预制防腐层有问题时，施工单位应暂停使用，对所发现的问题按相应的设计要求进行处理并经专业人员检验合格后，才能使用。

5.3.2 补口补伤检验

外观检查：每补完 1 个口或 1 个伤应自检，应符合 5.2.3 中要求。否则外观如有漏涂、气泡、破损、裂纹、剥离和污染等缺陷，应及时处理。

厚度检查：每 20 个口至少抽查 1 个口，每个口的上、下、左、右测 4 点，厚度应满足设计要求。检测方法见 C.1。

漏点检测：对补伤、补口区应进行 100%漏点检测，且不应有漏点，否则应修复并重新检测。检测方法见 C.2。

粘结力(附着力或剥离强度)检测：按照相应外防腐层标准规定的抽查比例进行检测，并按照相应外防腐层标准规定进行合格评定，不合格的应返工直到合格为止。检测方法见 C.3。

5.3.3 下沟前检测

在管道下沟前，应对外防腐层与补口补伤区进行 100%漏点检测，发现漏点应修补并重新进行检测。检测方法见 C.2。

5.4 回填后的检测

管道回填土自然沉降密实后，应对管道外防腐层进行全线破损点定位检测，并作好破损点标识，检测方法见附录 D，符合设计规定为合格。外防腐层整体状况检测可采用电流-电位法，检测方法见附录 E 中 E.2，符合设计规定为合格。外防腐层进行破损点定位检测和外防腐层整体状况检测应由具有相应检验资质的单位与检验人员进行。

5.5 资料验收

管道施工单位应向业主提交完整的外防腐层制作质量证明文件和施工的各种检验记录、报告等。外防腐层制作生产厂提供的质量证明文件应具备可追溯性，并包括钢管质量证明书及其炉批号或单管号。

6 阴极保护

6.1 一般要求

6.1.1 阴极保护的设计应符合 GB/T 21448 的规定。

6.1.2 在一般情况下,阴极保护效果应满足:

在阴极保护状态下,测得的管地电位至少达到−0.85 V(vs.CSE),但不能负于−1.2 V(vs.CSE),此测试值不包括 IR 降。

6.1.3 在特殊情况下,阴极保护效果应满足:

a) 对于高强度钢(最小屈服强度大于 550 MPa),极限阴极保护电位应正于实际析氢电位;

b) 对于防腐层状况为 4 级或裸管,在阴极极化和去极化时,被保护管道表面与土壤接触、稳定的参比电极之间的阴极极化电位差应不小于 100 mV;

c) 当土壤中含有 SRB 且硫酸根质量分数大于 0.5%时,测得的管地电位至少达到−0.95 V(vs.CSE)。当土壤电阻率大于 500 Ω·m 时,测得的管地电位至少达到−0.75 V(vs.CSE);

d) 对存在杂散电流干扰的管道,可通过腐蚀危害检测、检查片腐蚀速率测试和均匀腐蚀速率或局部腐蚀速率现场测试等方法,来评判阴极保护的有效性。

注:此处指按 7.3.1 进行的外防腐层状况分级评价为 4 级的外防腐层。

6.1.4 下列部位应设置绝缘法兰、绝缘接头、绝缘固定支墩、绝缘衬垫和绝缘支撑块等电绝缘装置:

a) 管道与其他设施的分界处;

b) 有阴极保护和无阴极保护的分界处;

c) 两种不同的阴极保护系统的分界处;

d) 有防腐层的管道与裸管道的连接处;

e) 大型跨越管道有接地时的跨越段的两侧;

f) 有接地的阀门两侧。

6.1.5 被保护管道应有良好的电连续性。

6.2 设计审查

6.2.1 设计单位资质审查

埋地钢质管道阴极保护系统的设计单位应具有相应的设计资质。

6.2.2 设计文件审查

阴极保护系统应根据管道环境调查结果、业主要求和管道外防腐层状况进行设计。设计文件至少应包括:设计说明书、设备表、材料表、安装工艺图、技术规格书等。设计说明书中引用的土壤环境数据应与环境调查结果一致。采用牺牲阳极保护时,牺牲阳极的选择见表 7;采用外加电流阴极保护时,辅助阳极的选择见表 8。

表 7 牺牲阳极的选择

可选牺牲阳极种类	土壤电阻率/(Ω·m)
带状镁阳极	>100
镁(−1.7 V)	<60~≤100
镁	<40~≤60
镁(−1.5 V)	≤40

表 7（续）

可选牺牲阳极种类	土壤电阻率/(Ω·m)
锌合金	≤15
注 1：在土壤潮湿情况下，锌合金阳极使用范围可扩大到 30 Ω·m。 注 2：表中电位均相对 CSE 电极。 注 3：对于高电阻率土壤环境及专门用途，可选择带状牺牲阳极。	

表 8 辅助阳极的选择

辅助阳极种类	应用环境
含铬高硅铸铁阳极	盐渍土、海滨土、酸性或硫酸根离子含量较高的土壤
柔性(线性)阳极	高电阻率土壤和外防腐层质量较差[a]、处于复杂管网或地下构筑物的管道
钢铁阳极	一般土壤、高电阻率土壤
高硅铸铁、金属氧化物阳极	一般土壤
[a] 此处指按 7.3.1 进行的外防腐层状况分级评价为 3 级和 4 级的外防腐层。	

6.3 进货检验

6.3.1 阴极保护产品

阴极保护产品包括：电源设备、辅助阳极、牺牲阳极、参比电极、测试桩、绝缘装置(含绝缘接头保护器)、电连续性装置、接地极、电缆、填包料、智能测试装置、检查片、排流装置等，产品应满足阴极保护系统技术规格书的要求。

6.3.2 质量证明文件检查

阴极保护产品应有产品合格证和说明书。牺牲阳极、参比电极、电源设备、辅助阳极、绝缘装置(含绝缘接头保护器)、排流装置、辅助阳极床填料、智能测试装置等，应有性能测试报告。

6.3.3 抽样复验

阴极保护产品的抽样复验应执行相应产品标准的规定。一般情况下，牺牲阳极应对化学成分、接触电阻和电化学性能等进行复验；高硅铸铁辅助阳极应对化学成分及电连接性能等进行抽样复验；绝缘装置应进行绝缘性能测试。

6.4 过程检验

6.4.1 牺牲阳极的安装检验

牺牲阳极表面应保持洁净、无油污等。其组装和埋设应符合设计要求，埋深应在冰冻线以下且不小于 1 m，间距为 2 m～3 m。其与被保护管道之间的连接应牢固。

6.4.2 参比电极的安装

参比电极的埋设位置应满足设计要求。用于控制强制电流保护系统电源的参比电极应尽量靠近管道。

6.4.3 测试桩的安装

测试桩的埋设位置和连线应符合设计要求，公称直径大于 150 mm 时，测试桩引线焊点中心距离焊缝中心应大于 150 mm;公称直径小于 150 mm 时,测试桩引线焊点中心距离焊缝中心应大于管子外径,且不小于 100 mm。测试桩应安装牢固、标识醒目。

6.4.4 电源设备的安装

电源设备的安装应按设计和产品说明书的要求进行,其中的正、负极接线必须正确、牢固,安装在防爆区内的电源设备应满足防爆要求,仪器外壳应接地可靠。安装完毕后应经检验人员认可。

6.4.5 辅助阳极的安装

辅助阳极的埋设位置、深度、距被保护管道的垂直距离、填包料、电缆接头的制作、阳极床接地电阻等都应符合设计要求,阳极床接地电阻的检测应经检验人员认可。

6.4.6 电缆的敷设

电缆的敷设应符合设计要求;电缆护套应无破损,绝缘性能应良好。

6.4.7 绝缘法兰(接头)、接地极、绝缘支撑块的安装

绝缘法兰(接头)的安装应满足设计要求,其不应设置在有可燃气体聚积部位和封闭场所、热补偿器附近、长期浸泡在水中的位置和气体系统内可能凝聚湿气的地方等。

在组装焊接前,应检测绝缘法兰(接头)的绝缘电阻,其值应≥10 MΩ。检测方法见附录 F。绝缘法兰(接头)应有可靠的防止高压电涌冲击装置。

当管道设有套管时,管道与套管间应设有可靠的绝缘支撑块。安装的绝缘支撑块不得在管道上滑动。

当管道采用导电的金属支撑架时,管道与导电的金属支撑之间应有可靠的绝缘。

6.4.8 检查片的安装

检查片的尺寸、数量、重量及表面处理、埋设位置等应符合设计要求,材质应与埋地管道的材质相同。检查片中心与管线中心处于同一标高、阔面相对、各检查片间距约 0.30 m,检查片中心与管壁净距不小于 0.30 m,检查片应按编号顺序排列。

6.4.9 智能测试装置的安装

智能测试系统的安装位置与安装要求应满足设计要求。

6.4.10 排流装置的安装

排流装置的安装位置与安装要求应满足设计要求,接地极接地电阻的检测应由检验人员认可。

6.4.11 电连续性装置检验

电连续性装置的安装应按设计和产品说明书的要求进行,安装完毕后应检测其绝缘电阻值,检测结果应满足设计要求。

6.5 验收检验

6.5.1 性能测试

阴极保护系统正式投用之前,应进行性能测试。性能测试的对象包括:强制电流、牺牲阳极、绝缘装置(含绝缘接头保护器)、排流装置、电连续性装置、智能测试系统。强制电流、牺牲阳极的性能测试内容分别见表 9、表 10;绝缘装置(含绝缘接头保护器)、电连续装置、排流装置的

性能应满足功能要求;智能测试系统现场测试数据与终端接收数据的差值应满足设计要求。

表 9 强制电流性能测试

测试内容	合格判据	测试方法
仪器输出电流、电压	稳定、连续可调	直接读取
阴极通电点电位(消除 IR 降)	略小于管道最大保护电位(绝对值)	A.2
管内电流	—	附录 G
阳极地床接地电阻	符合设计要求	H.1
管地电位保护电位	满足 6.1.2、6.1.3 的规定	A.2

表 10 牺牲阳极性能测试

测试内容	合格判据	测试方法
阳极开路电位	符合设计要求	I.1
阳极闭路(工作)电位	符合设计要求	I.2
管地电位保护电位	满足 6.1.2、6.1.3 的规定	A.2
试片自然腐蚀电位	—	A.2
阳极输出电流	符合设计要求	I.3
阳极接地电阻	符合设计要求	H.2
注:当阳极与管道之间通过测试桩连接时,可以测量阳极输出电流和阳极接地电阻,直接连接时无法测量。		

6.5.2 试运行期间的管线全线阴极保护电位的检测

阴极保护系统安装完成后,首次投用前应对被保护管线全线进行阴极保护效果检测,检测宜采用密间隔电位方法,见附录 J,检测结果应满足 6.1.2、6.1.3 的规定。密间隔电位检测应由具有检验资质的单位与专业人员进行。

6.5.3 竣工验收

竣工验收应包括:阴极保护系统施工图、隐蔽工程记录(电缆敷设、汇流点、阳极装置、检查片等),阴极保护产品的出厂合格证、性能测试报告和复验报告,阴极保护系统性能测试报告、设计(含设计变更)文件、施工记录等。

管道施工单位应向业主提交完整的竣工资料。

7 腐蚀防腐系统的运行检查与全面检验

7.1 一般规定

为了保证埋地钢质管道腐蚀防护系统的有效性,应对其运行情况和保护效果进行定期检测和评价。当检测检验结果不满足合格判据时,应查明原因、排除故障、重新检测,同时保存相应的记录和报告。定期检测和评价主要包括:运行检查、全面检验等。

7.2 运行检查

运行检查由埋地钢质管道业主(使用单位)的特种设备作业人员根据相关技术规范要求进行。运行检查记录应妥善保管。运行检查应包括宏观检查、外腐防层状况检测、阴极保护有效性检测以及排流保护有效性检测等,其中,阴极保护有效性检测以及排流保护有效性检测的测试参数、周期及合格判据见表 11。

表 11 运行检查

测试对象	测试参数	推荐周期[f]	合格判据	测试方法
牺牲阳极保护系统	保护电位[a]	每半年一次	符合 6.1 的要求	I.2
	保护率计算	每半年一次	按式(2)计算应为 100%	—
	保护度计算[b]	—	按式(3)计算应大于或等于 85%	—
强制电流保护系统	电源设备电流、电压	自动采集或每天记录	不应有较大波动	直接读取
	阴极通电点电位[c]		略小于管道最大保护电位(绝对值)	A.2
	保护电位[a]	每月一次	符合 6.1 的要求	A.2
	运行率计算	每月一次	按式(4)计算应大于或等于 98%	—
	保护度计算[b]	—	按式(3)计算应大于或等于 85%	—
	辅助阳极地床接地电阻	每月一次	不应逐月或突然大幅上升	H.1
排流装置	排流电流	每月一次	记录 24 h 内的最大、最小和平均值	万用表直接测试
	干扰时管地电位	每月一次	符合表 13 和表 14 的要求	A.2
	接地极开路电位[d]	每月一次	符合设计要求	I.1
	接地极闭路电位[d]	每月一次		I.2
排流装置	接地极接地电阻[e]	每月一次	不应逐月或突然大幅上升	H.2

[a] 通过测试桩测试。
[b] 当有保护试片(检查片)时才测试。
[c] 此处测试值应不包括 IR 降。
[d] 采用牺牲阳极组进行接地排流时测试。
[e] 采用接地排流时测试。
[f] 本表为推荐性周期,可根据管道敷设地理环境、地质条件及企业管理情况进行调整。

7.3 全面检验

腐蚀防护系统的全面检验由使用单位委托有相应检验资质的检验单位与人员进行。检验单位应在检验前进行资料(包括:外防腐层和阴极保护工程验收资料、运行记录、维修记录、检验报告和事故或故障处理记录和报告等)审查和分析,并制定检验方案,经双方确认后实施。全面检验包括:外防腐层状况检测、阴极保护有效性检测、腐蚀环境调查、排流保护有效性检测,并在此基础上进行腐蚀防护系统的综合评价。

全面检验周期应符合相关法规与标准的要求。以下情况宜缩短检验周期:

a) 所需阴极保护电流大幅增加;

b) 发生管道外腐蚀穿孔;

c) 受自然灾害与第三方破坏;

d) 管道埋深不满足相关规范标准要求;

e) 检验人员和使用单位认为应该缩短检验周期的。

7.3.1 外防腐层状况检测

7.3.1.1 外防腐层状况检测包括外防腐层整体状况不开挖检测(检测方法见附录 E)、破损点定位不开挖检测(检测方法见附录 D)和开挖检验等项目。

7.3.1.2 外防腐层整体状况不开挖检测评价可采用外防腐层电阻率(R_g 值)、电流衰减率(Y 值)、破损点密度(P 值)等不开挖检测指标进行分析,评价指标分别见附录 K 中的表 K.1～表 K.3。检测时,需保证仪器不受周围信号的干扰。

7.3.1.3 开挖检验应选择最可能出现的腐蚀活性区域,检验人员应首先按严重程度的不同对所有破损点进行分类并确定开挖检验顺序,开挖检验顺序见表 12。开挖检验项目:外观检查、漏点检测、厚度检测、粘结力检测。漏点检测、厚度检测、粘结力检测方法见附录 C。外观检查、漏点检测分级见表 13;当防腐层实测厚度低于 50%设计厚度时,外防腐层直接判为 4 级;当粘结力大于设计值的 50%,不影响管道外防腐层分级。

表 12 开挖检验顺序分类

一类	二类	三类
优先开挖	计划开挖	监控
多个相邻管段外防腐层均被评为 4 级的管段上的破损点。 两种以上不开挖检测手段均评价为 4 级管段上的破损点。 初次开展外防腐层评价时,检测结果不能解释的点或采用不同的不开挖检测方法进行检测,评价结果不一致的破损点。 存在于外防腐层等级为 4 级、3 级管段上,结合历史和经验判断有可能出现严重腐蚀的破损点。 无法判定腐蚀活性区域严重程度的破损点	1) 孤立并未被列入一类中的 4 级的点。 2) 只存在外防腐评为 3 级管段上集中区域的点,且已有腐蚀事故记录	1) 不开挖检测判断为 2 级的点。 2) 未被列入一类、二类的点
注:外防腐层分级评价分别见表 K.1～表 K.3。		

表 13 外防腐层开挖检验分级评价(外观检查与漏点检测)

<table>
<tr><th colspan="2">级 别</th><th>1</th><th>2</th><th>3</th><th>4</th></tr>
<tr><td rowspan="3">外观描述</td><td>3LPE</td><td rowspan="2">色泽明亮,粘结力强,无脆化,无龟裂,无剥离;无破损</td><td rowspan="2">色泽略暗,粘结力较强,轻度脆化,少见龟裂,无剥离;极少见破损</td><td rowspan="2">色泽暗,粘结力差,发脆,显见龟裂,轻度剥离或充水;有破损</td><td rowspan="2">粘结力极差,明显脆化与龟裂,严重剥离或充水;多处破损</td></tr>
<tr><td>沥青</td></tr>
<tr><td>硬质聚氨酯泡沫防腐保温层</td><td>防护层表面应光滑平整,无暗泡、麻点、裂口等缺陷。保温层应充满钢管和防护层的环形空间,无开裂、泡孔条纹及脱层、收缩等缺陷</td><td>防护层色泽略暗,表面光滑,无收缩、发酥、泡孔不均、烧芯等缺陷;保温层应充满钢管和防护层的环形空间,无开裂、泡孔条纹及脱层、收缩等缺陷,但有极少数空洞</td><td>防护层色泽暗,有收缩、发酥、泡孔不均、烧芯等缺陷;保温层有开裂、泡孔条纹及脱层、收缩等缺陷,并有大量空洞</td><td>防护层色泽暗,有收缩、发酥、泡孔不均、烧芯等缺陷,并有大量龟裂;保温层有大量空洞,出现严重充水现象</td></tr>
</table>

表 13(续)

级别			1	2	3	4
漏点检测电压 kV	3LPE		$V \geqslant 25$	$25 > V \geqslant 15$	$15 > V \geqslant 5$	$V < 5$
	石油沥青	普通 (≥4 mm)	$V \geqslant 16$	$16 > V \geqslant 8$	$8 > V \geqslant 3.2$	$V < 3.2$
		加强 (≥5.5 mm)	$V \geqslant 18$	$18 > V \geqslant 9$	$9 > V \geqslant 3.8$	$V < 3.8$
		特加强 (≥7 mm)	$V \geqslant 20$	$20 > V \geqslant 10$	$10 > V \geqslant 4.0$	$V < 4.0$
	环氧煤沥青	普通 (≥0.3 mm)	$V \geqslant 2$	$2 > V \geqslant 1$	$1 > V \geqslant 0.4$	$V < 0.4$
		加强 (≥0.4 mm)	$V \geqslant 2.5$	$2.5 > V \geqslant 1.25$	$1.25 > V \geqslant 0.5$	$V < 0.5$
		特加强 (≥0.6 mm)	$V \geqslant 3$	$3 > V \geqslant 1.5$	$1.5 > V \geqslant 0.6$	$V < 0.6$
	单层熔结环氧粉末	普通 (≥0.3 mm)	$V \geqslant 1.5$	$1.5 > V \geqslant 0.8$	$0.8 > V \geqslant 0.3$	$V < 0.3$
		加强 (≥0.4 mm)	$V \geqslant 2$	$2 > V \geqslant 1.0$	$1.0 > V \geqslant 0.4$	$V < 0.4$

7.3.1.4 外防腐层状况分级评价应充分考虑不开挖检测与开挖检验结果,并依据开挖检验结果,对不开挖检测评价结果进行修正,然后进行外防腐层状况分级评价。

7.3.2 阴极保护有效性检测评价

阴极保护有效性检测可采用密间隔电位检测方法,见附录 J。阴极保护有效性评价指标见 6.1 的规定。同时根据检测结果按式(2)～式(4)计算保护率、保护度、运行率,并按表 11 进行评价。

$$保护率 = \frac{管道总长 - 未达到有效保护管道长}{管道总长} \times 100\% \quad \cdots\cdots(2)$$

$$保护度 = \frac{G_1/S_1 - G_2/S_2}{G_1/S_1} \times 100\% \quad \cdots\cdots(3)$$

式中:

G_1——未施加阴极保护检查片的失重(精度 0.1 mg),单位为克(g);

S_1——未施加阴极保护检查片的裸露面积(精度 0.01 cm^2),单位为平方厘米(cm^2);

G_2——施加阴极保护检查片的失重(精度 0.1 mg),单位为克(g);

S_2——施加阴极保护检查片的裸露面积(精度 0.01 cm^2),单位为平方厘米(cm^2)。

$$运行率 = \frac{1\ 年内有效运行时间(h)}{全年小时数(8\ 760)} \times 100\% \quad \cdots\cdots(4)$$

7.3.3 腐蚀环境调查

腐蚀环境调查应按第 4 章规定的内容和方法进行检测和评价。

7.3.4 排流保护效果检测评价

7.3.4.1 排流保护措施实施后,应立即投入使用,在系统运行稳定后,进行排流保护效果检测评价。排流保护效果检测评价包括直流排流保护效果检测评价和交流排流保护效果检测评价。检测方法分别见 B.2.1 和 B.2.3。

7.3.4.2 一般情况下,对于直流排流保护采取排流保护措施后应达到如下要求:

a) 对于排流保护系统中的管道(包括共同防护构筑物),其任意点上的管地电位达到阴极保护电位标准或者达到或接近未受干扰时的状态;

b) 对于排流保护系统中的管道(包括共同防护构筑物),管地电位最大负值尽可能不超过管道所允许的最大保护电位;

c) 对排流保护系统以外的埋地管道或金属构筑物的干扰尽可能小。

7.3.4.3 如果检测评价的结果未能满足上述要求,则可通过电位正向偏移平均值比进行直流排流保护效果的进一步评定。直流排流保护效果评价指标见表 14。

表 14 直流排流保护效果评价

排流方式	干扰时管地电位/V	电位平均值比 η_V/%
直接向干扰源排流 (直接、极性、强制排流)	>10	>95
	≥5～10	>90
	<5	>85
间接向干扰源排流 (接地排流)	>10	>90
	≥5～10	>85
	<5	>80

$$\eta_V=\frac{V_1(+)-V_2(+)}{V_1(+)}\times 100\%。$$

$V_1(+)$——排流前,在规定时间段内的正管地电位算术平均值。

$V_2(+)$——排流后,在规定时间段内的正管地电位算术平均值。

$V_1(+)$、$V_2(+)$的计算方法见 B.2。

7.3.4.4 直流排流保护效果的进一步评定,应符合下列规定:

a) 排流保护效果的评定点一般不应少于 3 点(不包括排流点),当干扰段较长、复杂管道系统、管地电位复杂多变时,不应少于 5 点(不包括排流点);

b) 排流保护效果的评定点应包括排流点、干扰缓解较大的点和干扰缓解较小的点,其他评定点可根据实际情况选择;

c) 在测取排流保护前后参数时,应统一测试点、测试时间段、读数时间间隔、测试方法和仪表设备;

d) 所有评定点的评定结果均应满足表 14 中的指标要求。

7.3.4.5 交流干扰防护效果的评价应符合以下原则:

a) 防护效果的评价点应包括防护接地点、检查片安装点、干扰缓解较大的点、干扰缓解较小的点,其他评定点可根据实际情况选择;

b) 在测取干扰防护措施实施前、后参数时,应统一测量点、测定时间段、读数时间间隔、测量方法和仪表设备。

7.3.4.6 交流干扰防护效果应符合表15的要求。

表15 交流排流保护效果评价

周围土壤电阻率/(Ω·m)	保护效果要求
≤25	管道交流干扰电压低于4 V
>25	交流电流密度小于60 A/m²

7.3.5 腐蚀防护系统综合评价

应根据外防腐层状况、阴极保护有效性、腐蚀环境、排流保护效果检测评价结果进行腐蚀防护系统综合评价。可采用模糊数学综合评价方法或由中国腐蚀与防护学会承压设备专业委员会等相关专业机构认可的其他可行方法进行,模糊数学综合评价方法见附录L。腐蚀防护系统的综合评价分为4个等级,见表M.1。

附 录 A
(规范性附录)
土壤腐蚀性检测方法

A.1 土壤电阻率测试

A.1.1 等距法

A.1.1.1 适用范围

本方法适用于平均土壤电阻率的测量。

A.1.1.2 仪器

宜选用接地电阻测量仪,精度为 0.5 级。

A.1.1.3 测试步骤

a) 在测量点使用接地电阻测量仪,采用 4 极法进行测试,测试接线见图 A.1;

b) 将测量仪的 4 个电极布置在一条直线上,a 为内侧相邻两电极间距,单位为 m,其值与测试土壤的深度相同,且 $a=b$,电极入土深度应小于 $a/20$;

c) 按仪器说明书进行测试并记录土壤电阻 R 值。

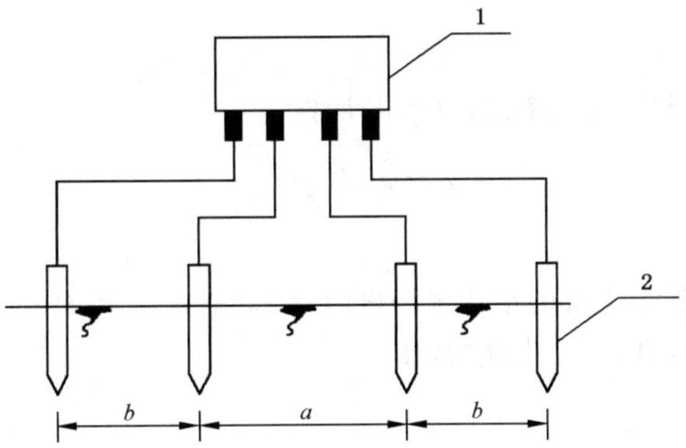

说明:

1——接地电阻测量仪;

2——测试电极。

图 A.1 土壤电阻率测试接线示意图

A.1.1.4 数据处理

从地表至深度为 a 的平均土壤电阻率按式(A.1)计算。

$$\rho=2\pi aR \qquad (A.1)$$

式中:

ρ ——从地表至深度 a 土层的平均土壤电阻率,单位为欧米(Ω・m);

a ——内侧两电极之间的距离,单位为米(m);

R——接地电阻测量仪示值,单位为欧姆(Ω)。

A.1.2 不等距法

A.1.2.1 适用范围

不等距法主要用于测试土壤深度不小于 20 m 情况下的平均土壤电阻率。

A.1.2.2 仪器

宜选用接地电阻测量仪,精度为 0.5 级。

A.1.2.3 测试步骤

a) 测试接线见图 A.1。

b) 采用不等距法应先计算确定 4 个电极的间距,此时 $b>a$。a 值通常情况可取 5 m~10 m,b 值根据测试土壤深度计算确定,按式(A.2)计算:

$$b=h-\frac{a}{2} \qquad \cdots\cdots\cdots\cdots(\text{A.2})$$

式中:

b ——为外侧电极与相邻内侧电极之间的距离,单位为米(m);

h ——土壤测试深度,单位为米(m);

a ——内侧两电极之间的距离,单位为米(m)。

c) 根据确定的间距将测量仪的 4 个电极布置在一条直线上,电极入土深度应小于 $a/20$。

d) 按仪器说明书进行测试并记录土壤电阻示值。若 R 值出现小于零时,应加大 a 值并重新布置电极。

A.1.2.4 数据处理

土壤深度 h 的平均土壤电阻率按式(A.3)计算。

$$\rho=\pi R\left(b+\frac{b^2}{a}\right) \qquad \cdots\cdots\cdots\cdots(\text{A.3})$$

式中:

ρ ——从地表至深度 h 土层的平均土壤电阻率,单位为欧米(Ω·m);

R——接地电阻仪示值,单位为欧姆(Ω)。

A.2 管地电位测试

A.2.1 地表参比法

A.2.1.1 适用范围

地表参比法主要用于管道自然腐蚀电位、试片自然腐蚀电位、阴极通电点电位、管道保护电位等参数的测试。

A.2.1.2 仪器

宜选用数字万用表:内阻不小于 10 MΩ,精度不低于 0.5 级。

参比电极:应采用 CSE,并应符合下列要求:

a) 流过 CSE 的允许电流密度不大于 5 $\mu A/cm^2$;

b) 电位漂移不能超过 30 mV。

A.2.1.3 测试步骤

a) 测试接线见图 A.2;

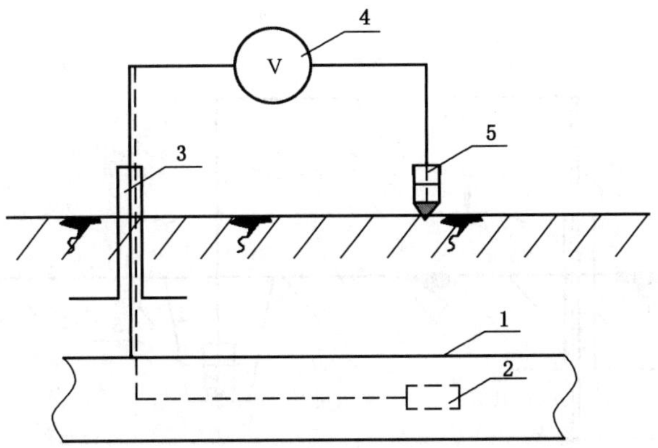

说明：

1——管道；

2——试片；

3——测试桩；

4——数字万用表；

5——参比电极。

图 A.2 地表参比法测试接线示意图

b) 将参比电极放在管道正上方地表潮湿的土壤上，应保证参比电极与土壤电接触良好；

c) 将数字万用表调至适宜的量程上，读取数据，做好记录，注明该电位值的名称。

A.2.2 近参比法

A.2.2.1 适用范围

近参比法一般用于防腐层质量差(被评为 3 或 4 级)的管道保护电位和牺牲阳极闭路电位的测试。

A.2.2.2 仪器

宜选用数字万用表：内阻不小于 10 MΩ，精度不低于 0.5 级。

参比电极：应采用 CSE，并应符合下列要求：

a) 流过 CSE 的允许电流密度不大于 5 $\mu A/cm^2$；

b) 电位漂移不能超过 30 mV。

A.2.2.3 测试步骤

a) 测试接线见图 A.3；

b) 在管道(或牺牲阳极)上方，沿管道走向距测试点 1 m 左右挖一露出管体(或牺牲阳极)的深坑用以安放参比电极，将参比电极置于坑内距管壁(或牺牲阳极)3 cm～5 cm 的土壤上，参比电极正下方处管道的防腐层宜拆除露出管体；

c) 将万用表调至适宜的量程上，读取数据，做好记录，注明该电位值的名称。

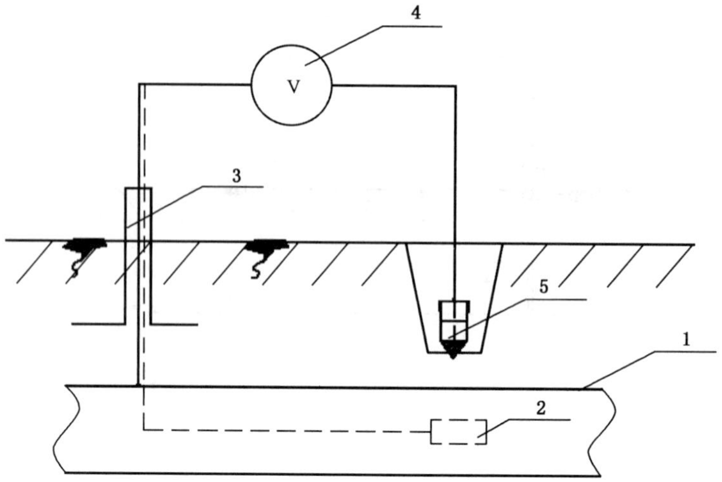

说明：

1——埋地管道；

2——牺牲阳极；

3——测试桩；

4——数字万用表；

5——参比电极。

图 A.3　近参比法测试接线示意图

A.3　氧化还原电位测试

A.3.1　适用范围

适用于现场土壤氧化还原电位的测试，常用去极化法进行检测。

A.3.2　仪器

氧化-还原电位测定仪，内阻不小于 10 MΩ，量程范围为－1 999 mV～1 999 mV，精度为±1 mV，温度范围为 0 ℃～50 ℃；铂电极 5 支。

A.3.3　测试步骤

a）先将 5 支铂电极分别插入待测土壤中，平衡 1 h 后，铂电极接正极，插在附近土壤中的 SCE 接负极。

b）打开仪器，在 mV 档进行测定，读取数据，做好记录，注明该电位值的名称。

A.3.4　注意事项

a）从仪器上读得的电位值 E，是土壤中铂电极的电位值对 SCE 电位之差，将其换算成 SHE。以铂电极为正极，SCE 为负极时：

$$E_{SHE}=E_{SCE}+E \qquad \text{(A.4)}$$

式中：

E ——氧化还原电位仪上测得的数值，单位为毫伏(mV)；

E_{SCE}——SCE 电极电位，单位为毫伏(mV)；

E_{SHE}——换算为标准氢电极电位后的氧化还原电位，单位为毫伏(mV)。

SCE 电位，在不同温度下有些差异，见表 A.1。

表 A.1 在不同温度下 SCE 电位

温度/℃	10	15	20	25	30	35	40	50
电位/mV	254.0	250.8	247.6	244.3	241.0	237.6	234.2	227.1

为了统一比较，土壤 E_{SHE} 值一般需要 pH 校正，其校正公式见式(A.5)：

$$E_{SHE\,7} = E_{SHE} + 60(pH - 7) \quad \cdots\cdots (A.5)$$

式中：

$E_{SHE\,7}$——校正后的氧化还原电位，单位为毫伏(mV)；

E_{SHE}——换算为标准氢电极电位后的氧化还原电位，单位为毫伏(mV)；

pH——所测得的土壤实际 pH 值。

b) 土壤本身是不均匀的，测定 E_{SHE} 时要重复 3 次～5 次，重复次数要根据所测定土壤的均匀情况确定。可用一支电极逐次测量不同位置，也可以同时用多支电极测定不同位置，然后求 E_{SHE} 平均值。

c) 铂电极的预处理。

对于新的铂电极在使用前应进行表面处理，以消除铂电极在高温下加工而形成的表面氧化膜的影响。其方法是将铂电极浸入丙酮中浸泡 10 min，脱脂后用水洗净，接着浸入 0.2 mol/L HCl + 0.1 mol/L NaCl 溶液中，加热至微沸，加入少量固体 Na_2SO_3 (0.2 g/100 mL)继续加热 30 min，取出用清水冲洗电极 3 次～5 次，将电极放入氧化-还原电位测定仪浸泡液中待用。

A.4 土壤 pH 值测试

A.4.1 适用范围

适用于土壤中液相介质的 pH 值的测定。被测溶液温度 5 ℃～60 ℃。

A.4.2 仪器和试剂

pH 计：测量范围(0～14)pH，基本误差±0.01 pH，被测溶液温度 5 ℃～60 ℃。

试剂：pH 值为 4.01、6.86 和 9.18 的标准缓冲溶液。

A.4.3 测定步骤

a) 将待测土壤放在 80 ℃～120 ℃的干燥箱中干燥 2 h 后粉碎，用 20 目筛去除大颗粒固体及杂物，称取 20 g 的过筛土样放入 50 mL 的高型烧杯中，加入 20 mL 去离子水，利用磁力搅拌器或人工搅拌 20 min～30 min，使土壤充分散开，静置半小时使泥沙沉淀。制备过程应避免空气中存在氨或挥发性酸。

b) 将 pH 计插入上部清液中进行 pH 值测定，待读数稳定后即可记录结果。

A.4.4 测试注意事项

a) 每测一个样品，需用去离子水将 pH 计探头所粘的土粒冲洗干净，并用滤纸轻轻将吸附的水吸干，方可进行第二个样品的测定；

b) pH 计在初次使用前，连续测定 5 个～6 个样品后或闲置一周以上时，应对 pH 计校正一次，并将测量探头浸泡于饱和氯化钾溶液中浸泡 1 h～2 h，再进行使用。

A.5 土壤含盐量测试

A.5.1 适用范围

适用于室内土壤中溶解于水的盐类总量测试，采用干渣称重法。

A.5.2 仪器

往复式电动振荡机、真空泵、天平(精度 0.1 mg)、巴氏滤管、布氏漏斗或离心机(4 000 r/min)、1 000 mL 广口塑料瓶、电热板、水浴锅、干燥器、蒸发皿、15% H_2O_2。

A.5.3 测试步骤

a) 待测液的制备(5∶1 水土比的浸出液)：

1) 将待测土壤放在 80 ℃～120 ℃的干燥箱中加热 2 h 烘干后粉碎，用 20 目筛去除大颗粒固体及杂物，称取土样 100 g，放入 1 000 mL 广口塑料瓶中，加入去离子水 500 mL，用橡皮塞塞紧瓶口，在往复式振荡机上振荡 3 min；

2) 将上述水土混合物立即用抽滤管(吸漏斗)过滤，如滤液浑浊，则应重新过滤滤液，直到获得清亮的浸出液。

b) 可溶性盐总量的测试：

1) 取 50 mL 滤液放入已知质量(W_0)的烧杯或蒸发皿中蒸干后，放入 105 ℃～110 ℃的干燥箱中干燥加热 4 h 烘干；

2) 在上述烘干残渣中滴加 15% H_2O_2 溶液，使残渣湿润，放在沸水浴上蒸干，如此反复处理，直至残渣完全变白为止，再按步骤 1)的方法烘干至恒重(W_1)，按式(A.6)计算水溶性盐总量：

$$\text{可溶性盐总量}(\%)=\frac{W_1-W_0}{W}\times 100 \qquad \cdots\cdots\cdots\cdots\cdots(\text{A.6})$$

式中：

W_0——烧杯或磁蒸发皿的质量，单位为克(g)；

W_1——15% H_2O_2 处理并烘干后样品的总质量，单位为克(g)；

W ——与吸取浸出液相当的土壤样品质量，单位为克(g)。

A.6 土壤质地测试

A.6.1 适用范围

适用于现场土壤质地的测试。

A.6.2 测试步骤

A.6.2.1 取土壤 5 g～10 g，加适量水搓揉，破坏原结构。

A.6.2.2 根据以下特征进行鉴别：

砂土：无论加多少水和多大压力，也不能搓成土球，而呈分散状态。

轻壤土：可团成表面不平的小土球，搓成条状时易碎成块。

中壤土：可搓成条，弯曲时有裂纹折断。

重壤土：可搓成 1.5 mm～2 mm 的细土条，在弯曲成环时，弯曲处发生裂纹。

轻黏土：容易揉成细条，弯曲时没有裂纹，压扁时边缘没有裂纹。

黏土：可揉搓成任何形状，弯曲处均无裂纹。

A.7　土壤含水量测试

A.7.1　适用范围

适用于实验室内土壤中水含量的测试,常用烘干法。

A.7.2　仪器

铝盒(每次使用前应烘干并称其质量)、天平(精度 0.1 mg)、玻璃干燥器(内有干燥用的变色硅胶)、烘箱。

A.7.3　测试步骤

a)　采集约为铝盒容积 4/5 的土壤样品,放入已知质量的铝盒中,加盖称重后,盖缝用橡皮胶封好,带回实验室;

b)　将铝盒除去橡皮胶,用蘸乙醇的脱脂棉花球擦去橡皮胶残迹,打开盖子,连盖置于烘箱中,在 105 ℃～110 ℃温度下加热 6 h;

c)　取出后加盖,放入干燥器内冷却至常温后称重;再打开盖子加热 3 h,冷却,称重,前后两次称重相差不超过 0.05 g 即可;

d)　以烘干土为基数的含水量按式(A.7)计算:

$$W=\frac{g_1-g_2}{g_2-g_0}\times 100\% \quad \cdots\cdots(\text{A.7})$$

式中:

W——含水量,%;

g_0——铝盒质量,单位为克(g);

g_1——铝盒加湿土质量,单位为克(g);

g_2——铝盒加烘干样品质量,单位为克(g)。

A.8　土壤中氯离子含量测试

A.8.1　适用范围

适用于土壤中 Cl^- 含量的测试。

A.8.2　仪器和试剂

仪器:容量瓶(100 mL)、容量瓶(1 000 mL)、天平(精度 0.1 mg)。

试剂:K_2CrO_4、$AgNO_3$、去离子水。

A.8.3　测试步骤

a)　5%K_2CrO_4指示剂的制备:将 5 g K_2CrO_4(试剂级)溶于少量水中,滴加 1 mol/L 的 $AgNO_3$,至有红色沉淀生成,摇匀后过滤出沉淀,并将滤液稀释至 100 mL 备用;

b)　0.02 mol/L $AgNO_3$标准溶液的制备:将 3.398 g 的 $AgNO_3$(经 105 ℃烘干 30 min)溶于水中,移入 1 L 容量瓶定容,贮于棕色瓶中备用;

c)　吸取土壤浸出液(见 A.5.3)25.00 mL 放入三角瓶中,加 K_2CrO_4指示剂 5 滴,在不断搅动下,用 $AgNO_3$标准溶液滴到出现的砖红色不再褪色为止,记录 $AgNO_3$溶液的用量(V);

d)　按式(A.8)计算:

$$土壤中 Cl^-(质量百分比)=\frac{M\times V}{W}\times 35.5\times 100\% \quad \cdots\cdots\cdots(A.8)$$

式中：

V——滴定时消耗的 $AgNO_3$ 标准溶液体积，单位为升(L)；

M——$AgNO_3$ 标准溶液的摩尔浓度，单位为摩尔每升(mol/L)；

W——与吸取待测液毫升数相当的土壤样品质量，单位为克(g)。

附　录　B
(规范性附录)
杂散电流干扰测试方法

B.1　一般规定

B.1.1　测试仪器的选用要求

a)　应具有防电磁干扰性能；

b)　满足测试要求的显示速度、精度和量程，携带方便、供电方便、适应野外测量环境；

c)　宜具有数据自动记录存储功能的测试仪器。

B.1.2　注意事项

a)　测试中应首先接好仪表回路，再进行与被测体的连接，并保证所有测试连接点电接触良好。测试结束时，按相反的顺序操作，并采用单手操作法；

b)　干扰管道的自然腐蚀电位应在干扰源处于非工作状态并保证管道在充分去极化的条件下直接测试；当不具备这一条件时，也可采用多功能探头、实验室测试等特殊方法测试；

c)　在可能有易燃性气体的环境中测试，应避免接线或拆线过程中产生电火花。在无法避免产生电火花时，应采取措施确认不存在燃爆危险时方可进行测试作业。

表 B.1　推荐使用的测试仪器

名称	量程要求	精度	内阻	电源要求
自动平衡记录仪	±5 mV～±10 V，十档零点可调	0.5%	10 MΩ	可用交直流或干电池
数字万用表	—	—	≥10 MΩ	干电池
多功能测试箱	交直转换、电位、电流多参数	—	—	—
SCM 检测仪	同时测电位，感应电流	—	—	—
管地电位测试仪	测量管地电位	—	—	—
感应电流测试仪	测量感应电流	—	—	—

B.2　杂散电流干扰测试

B.2.1　直流干扰管地电位测试

B.2.1.1　适用范围

适用于直流干扰引起的埋地钢质管道侧的管地电位的测试。

B.2.1.2　仪器

宜选用数字万用表：内阻不小于 10 MΩ，精度不低于 0.5 级。

宜选用便携式自动平衡记录仪：内阻 20 kΩ～10 MΩ，精度 0.5 级，量程±5 mV～+10 V，10 档，零点可调，走纸速度可调。

参比电极：应采用 CSE，并应符合下列要求：

a)　流过 CSE 的允许电流密度不大于 5 $\mu A/cm^2$；

b)　电位漂移不能超过 30 mV。

B.2.1.3 测试要求

a) 测试点的选择和分布宜符合下列原则:
   1) 预备性测试:利用现有的测试桩(点);
   2) 排流工程测试:宜根据预备性测试结果布设在干扰较严重的管段上,测试点间距以50 m~200 m为宜,不应大于500 m;
   3) 排流工程效果测试:在排流工程各实施点中选定测试点。

b) 排流工程测试及排流工程效果测试宜符合下列原则:
各测试点的测试工作同时开始和结束;各测试点以相同的读数间隔记录数据;干扰源和干扰管道两方面同步测试。

c) 为进行干扰的识别和评价,需要测试管道无干扰状态下的自然电位。一般情况下,应在干扰源处于非工作状态并保证管道充分去极化的条件下直接测试,当不具备这一条件时,也可采用极化探头和现场埋设试片等特殊方法测试。

d) 所有测试连接点必须保证电接触良好。

e) 在电磁干扰严重的环境中,应采取防干扰措施。例如,使用带有屏蔽层的电线作为测试线。

f) 干扰防护系统关闭状态下的管地电位和电压等测试作业,应待阴极保护和排流保护等防护设施关闭24 h后进行。

g) 干扰防护系统运行状态下的管地电位和电压等测试作业,应待阴极保护和排流保护等防护设施稳定运行24 h后进行。

B.2.1.4 测试步骤

a) 测试接线见图B.1,电位测试仪优先选用表B.1中的具有数据存储功能测试仪器,记录测试值;

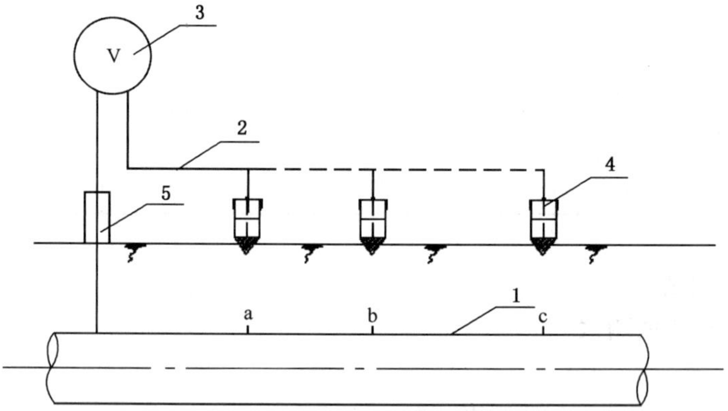

说明:
1 ——管道(被测体);
2 ——测试导线(多股铜芯绝缘线;在有电磁干扰的地区采用屏蔽导线);
3 ——数字万用表;
4 ——参比电极;
5 ——测试桩。
a、b、c——检测点示意。

图B.1 直流干扰管地电位测试接线示意图

b) 测定时间段应分别选择在干扰源的高峰、低峰和一般负荷 3 个时间段上，测定时间段一般为 60 min，对运行频繁的电气化铁路可取 30 min；

c) 读数时间间隔一般为 10 s～30 s，电位交变激烈时，不应大于 1 s；

d) 对拟定的排流点、实际排流点、排流效果评定点及其他具有代表性的点，进行 24 h 连续测试；

e) 所有测试的次数不宜少于 3 次，每次的起止时间、测试时间段、读数时间间隔、测定点均应详细记录。

B.2.1.5 数据处理

a) 对每个测试值按式(B.1)计算管地电位相对于自然腐蚀电位的偏移值(简称电位偏移值)：

$$\Delta V = V - V_0 \qquad \cdots\cdots(\text{B.1})$$

式中：

ΔV ——电位偏移值，单位为伏特(V)；

V ——管地电位测试值，单位为伏特(V)；

V_0 ——管道自然腐蚀电位，单位为伏特(V)。

b) 从所有的电位偏移值中选择最大值和最小值；

c) 管地电位正、负向偏移值的平均值按式(B.2)计算：

$$\bar{V}(\pm) = \frac{\sum_{i=1}^{n} \Delta V_i(\pm)}{n} \qquad \cdots\cdots(\text{B.2})$$

式中：

$\bar{V}(\pm)$ ——规定的测试时间段内正、负向电位偏移值的平均值，单位为伏特(V)；

$\sum_{i=1}^{n} \Delta V_i(\pm)$ ——分别计算的正、负向电位偏移值的总和，单位为伏特(V)；

n ——规定的测试时间段内全部读数的总次数。

d) 建立直角坐标系，纵轴表示电位，横轴表示时间，将某一测试点在规定测试时间段内的各次电位测试值记入坐标中，则绘制成该测试点的电位-时间曲线；如把电位测试值换成电位偏移值则绘制成电位偏移值-时间曲线；

e) 建立直角坐标系，纵轴表示电位，横轴表示距离，将各测试点的正、负电位偏移值的平均值和最大值、最小值记入坐标中，则绘制成某一干扰管段的电位偏移值-距离曲线，即是电位偏移值分布曲线。

B.2.2 土壤表面电位梯度测试

B.2.2.1 适用范围

适用于直流干扰引起的埋地钢质管道侧的土壤表面电位梯度的测试。

B.2.2.2 仪器

宜选用数字万用表：内阻不小于 1 MΩ，精度不低于 0.5 级；

参比电极：应采用 CSE，并应符合下列要求：

a) 流过 CSE 的允许电流密度不大于 5 $\mu A/cm^2$；

b) 电位漂移不能超过 30 mV。

B.2.2.3 测试步骤

a) 按图 B.2 接好测试线路。图中,ac 与 bd 的距离相等,且垂直对称布设,其中 ac 或 bd 应与管道平行,参比电极间距一般不宜小于 20 m。当受到环境限制时可适当缩短,但应使电压表有明显的指示。

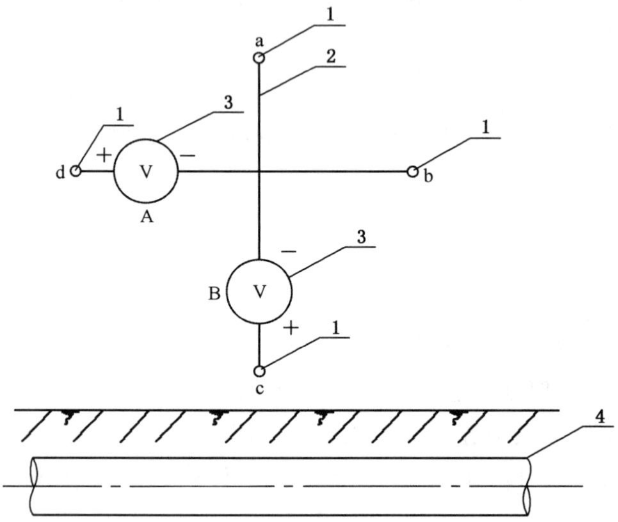

说明:

1——a,b、c、d 四支 CSE;

2——测试导线(多股铜芯塑料软线);

3——数字万用表;

4——埋地管道。

图 B.2 土壤表面电位梯度测试接线示意图

b) 同时读取电压表 A、B 的数值(V_A和 V_B)。

c) 按照电压测试值的正负将读数分成[$V_A(+)V_B(+)$]、[$V_A(+)V_B(-)$]、[$V_A(-)V_B(+)$]与[$V_A(-)V_B(-)$]4 种读数组合,再分别计算 4 种读数组合中的 $V_A(+)$、$V_A(-)$、$V_B(+)$与$V_B(-)$的平均值。以计算 $V_A(+)$的平均值为例,见式(B.3):

$$\bar{V}_A(+)=\frac{\sum_{i=1}^{n}\Delta V_{Ai}(+)}{n} \quad\cdots\cdots\cdots\cdots(B.3)$$

式中:

$\sum_{i=1}^{n}\Delta V_{Ai}(+)$ ——规定的测试时间段内 $V_A(+)$的测试值的总和,单位为伏特(V);

$\bar{V}_A(+)$ ——规定的测试时间段内 $V_A(+)$的平均值,单位为伏特(V);

n ——规定的测试时间段内全部读数的总次数。

d) 建立直角坐标系,使其纵、横两轴分别与图 B.2 的 ac、bd 相对应。将计算出的 4 种读数组合的平均值分别记入坐标中,然后利用矢量合成法,分别求出各自的矢量和。

e) 上述测得的数值或经数据处理后的测试值,分别除以各自对应的参比电极间距(以 m

为单位),即为电位梯度。

f) 沿着某一干扰段选取几个地点,重复进行上述的测试及数据处理,通过几个测试点的电位梯度的大小和方向,判断杂散电流源的方位。

g) 当单独测试地电位梯度时,参比电极的间距应小一些,在可能的情况下以 1 m 为宜。

B.2.3 管道交流干扰电压测量

B.2.3.1 适用范围

适用于交流干扰引起的管道交流干扰电压测量。

B.2.3.2 仪器

宜选用交流电压表:内阻不小于 10 MΩ,精度不低于 0.5 级,长期测量应使用存储式交流电压测试仪。

参比电极:可采用钢棒电极或 CSE。采用钢棒电极时,钢棒直径不宜小于 15 mm;采用 CSE 时,应符合下列要求:

a) 流过 CSE 的允许电流密度不大于 5 $\mu A/cm^2$;

b) 电位漂移不能超过 30 mV。

B.2.3.3 测试要求

a) 预备性测试应遵循下列原则:

1) 测试点应选在与干扰源接近的管段,间隔宜为 1 km,应尽量利用现有测试桩;

2) 对与高压交流输电线路接近的管段,各点测试时间不短于 5 min;对与交流电气化铁路接近的管段,测试宜选择在列车运行的高峰时间段上;

3) 应记录每次测量的时间和位置。

b) 排流工程测试应遵循下列原则:

1) 测试点应根据预备性测试结果布设在干扰较严重的管段上,干扰复杂时宜加密测试点;

2) 测定时间段应分别选择在干扰源的高峰、低峰和一般负荷 3 个时间段上,测定时间段一般为 60 min,对运行频繁的电气化铁路可取 30 min;对强度大或剧烈波动的干扰,普查测试期间测得的交流干扰电压最大和交流电流密度最大的点,以及其他具有代表性的点,应当进行 24 h 连续测试,或者直到确立和干扰源负载变化的对应关系;

3) 每次测试的起止时间、测定时间段、读数时间间隔、测试点均应相同;

4) 各测试点以相同的读数时间间隔记录数据。

c) 排流工程效果测试应遵循下列原则:

1) 防护效果评定应在所有排流工程测试点进行,测定时间段一般为 8 h;

2) 接地点、检查片安装点、干扰缓解较大的点和较小的点,测定时间段为 24 h;

3) 在安装检查片的测试点应进行交流电流密度的测量;

4) 在安装减轻干扰的接地点应测量接地线中的交流电流;

5) 其他原则与排流工程测试相同;

6) 应绘制实施干扰防护措施前、后,原干扰段的管地交流电位分布曲线和测试点的电压-时间曲线。

d) 上述各类测试中,读数时间间隔一般为 10 s～30 s,干扰电压变动剧烈时,宜为 1 s。

B.2.3.4 测试步骤

a) 按图 B.3 接好测试线路;

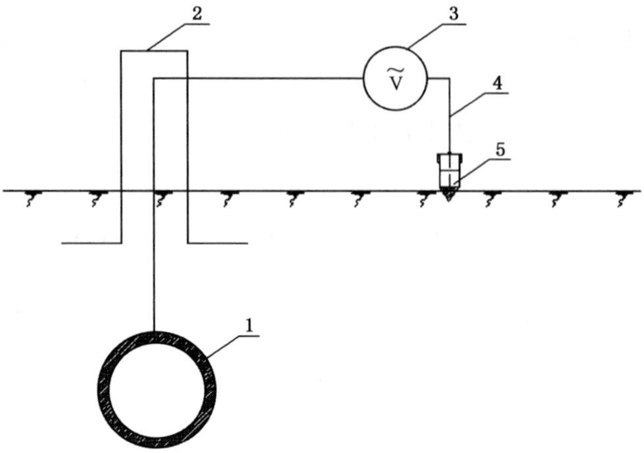

说明:

1——埋地管道;

2——测试桩;

3——交流电压表;

4——测试导线;

5——参比电极。

图 B.3 管道交流干扰电压测试接线示意图

b) 将电压表调至适宜的量程上,记录测量值和测量时间。

B.2.3.5 数据处理

a) 测试点干扰电压的最大值、最小值,从已记取的各次测试数值中直接选择。平均值按式(B.4)计算:

$$V_{\mathrm{p}}=\frac{\sum_{i=1}^{n}V_i}{n} \qquad \cdots\cdots(\mathrm{B.4})$$

式中:

V_{p} ——规定测试时间段内测试点交流干扰电压平均值,单位为伏特(V);

$\sum_{i=1}^{n}V_i$ ——规定测试时间段内测试点交流干扰电压各次读数的总和;

n ——规定测试时间段内读数的总次数。

b) 绘制出测试点的电压-时间曲线;

c) 绘制出干扰管段的最大、最小、平均干扰电压-距离曲线,即干扰电压分布曲线。

B.2.4 交流电流密度测试

B.2.4.1 适用范围

适用于监测及评估管道运行期间交流干扰影响程度的测量。

B.2.4.2　仪器

交流电流表:分辨率应满足被测电流值的精度要求,至少应具有两位有效数,当只有两位有效数时,首位应大于1,准确度不低于2.5级。

B.2.4.3　测量步骤

a) 对于管线详细测试,可使用裸露面积为100 mm^2的便携式棒状探头。将便携式棒状探头插入靠近管道的土壤内,并通过测量电缆与管道电连通,保持与管道相同的阴极保护和交流干扰状态。

b) 对用于监测及评估管道运行期间交流影响程度的测量,应使用腐蚀检查片组(如3片),其中应有一个检查片通过测量电缆与管道电连通,保持与管道相同的阴极保护和交流干扰状态。各检查片间距至少大于1 m,一般为3 m,检查片中心与管壁净距不小于0.30 m,一般0.50 m左右。检查片除裸露面积为100 mm^2的金属表面外,其余部位应作好防腐绝缘。

c) 将交流电流表串入回路与管道及检查片相连接,接线方式见图B.4。

d) 将交流电流表调至适宜的量程上,记录测量值和测量时间。

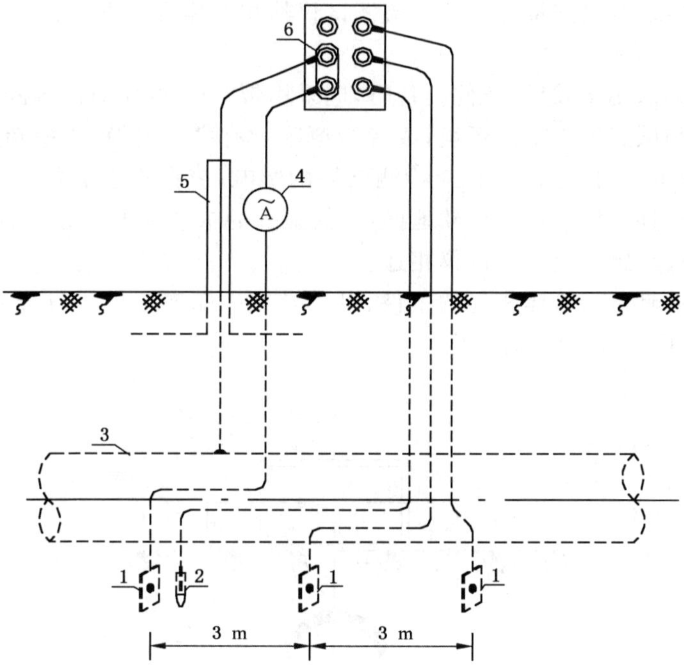

说明:

1——腐蚀检查片;

2——长效硫酸铜参比电极;

3——埋地钢质管道;

4——交流电流表;

5——测试桩;

6——铜质连接片。

图B.4　交流电流密度测量接线示意图

B.2.4.4 数据处理

将直接测量获得的交流电流值(I_{AC})除以检查片裸露面积即为交流电流密度值(J_{AC})。

B.2.5 感应电流测试法

B.2.5.1 适用范围

该方法可以用于测试静态干扰与动态干扰的感应电流。在进行测试时,如果具备与管体相连的条件,可以同时测试管中电位。

B.2.5.2 仪器

感应电流测试仪,分辨率不低于 0.1 A。

同步断续器:中断频率宜为通电 12 s,断电 3 s。

宜采用 CSE,并应符合下列要求:

a) 流过 CSE 的允许电流密度不大于 5 $\mu A/cm^2$;

b) 电位漂移不能超过 30 mV。

B.2.5.3 测试步骤

a) 静态干扰

1) 按仪器说明书连接好感应电流测试仪的相关连线。将仪器横跨在管道正上方,测试简图如图 B.5 所示。

2) 为了确保测试效果,条件具备时,应采用带 GPS 的实时同步断续器。

3) 如果测试点位于市区环境,或者管道附近有高压电缆,为避免来往的车辆或平行管线(电缆)的电磁干扰对检测结果的影响,应在管道上方打出一个插入孔,将带有磁力计的探针插入松软地面,并使探针的末端位于管道顶部的中心位置,同时,将探针与感应电流测试仪相连。

4) 如仪器具备与管体相连的条件,可用导线一端连接仪器与管体,另一端连接仪器与 CSE 电极,测试管地电位。

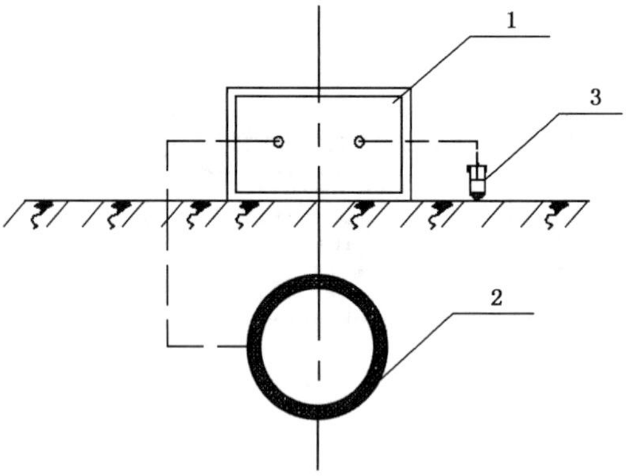

说明:

1——感应电流测试仪;

2——埋地钢质管道;

3——参比电极。

图 B.5 感应电流测试简图

b） 动态干扰

1） 为了测试来自电气化铁路，或者邻近有阴极保护的管道的杂散电流干扰，可以采用动态杂散电流不开挖测试方法。以铁路杂散电流测试为例，检测示意图如图 B.6。

2） 一定数量的感应电流测试仪(或探针)以一定的距离间隔和记录时间间隔放置在目标管线的正上方，可以有效测试出管道被监测部分的动态杂散电流的分布情况。

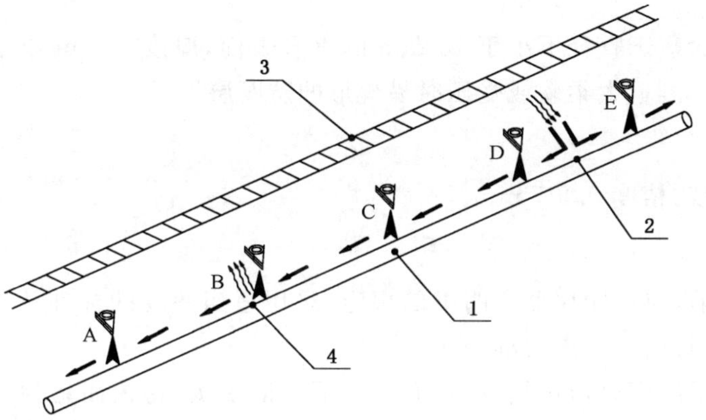

说明：

1——埋地管道；

2——检测位置流入点；

3——并行铁路系统；

4——电流流出点。

图 B.6 轨道交通对管道的杂散电流动态干扰测试图

3） 在某些情况下杂散电流是动态变化的，如来自电气化铁路系统的杂散电流，通常要将感应电流测试仪长时间(如 24 h)放置在同一个地方进行测试。检测数据应能自动存储。另外，在条件许可的情况下，也应同时测试感应电流测试仪放置处的管地电位。

B.2.5.4 数据处理

直接读取仪器检测的数据。

附 录 C
(规范性附录)
外防腐层物理性能测试方法

C.1 外防腐层厚度检测

C.1.1 适用范围

本方法适用于涂敷于直径不小于 13 mm 的钢管表面,厚度 6 mm 以下的防腐层厚度的测量。本方法不适用于测量太柔软或受压时易变形的防腐层。

C.1.2 仪器

磁性涂层测厚仪,精度 0.001 mm。

C.1.3 测试步骤

a) 仪器使用前,应按照仪器说明书的规定,采用适当厚度的标准片进行校准。在仪器使用过程中,每周应至少校准一次。

b) 测量防腐层厚度时,每根管沿顶面等间距测量 3 次,将顶面记为“0”点钟,顺时针分别在管子“3”“6”“9”点钟方向等间距测 3 次,记录 12 个防腐层厚度数据,并得出平均值、最大值、最小值。

c) 对硬质聚氨酯泡沫防腐保温层,当无法采用磁性涂层测厚仪时,可利用游标卡尺进行检测。

C.2 外防腐层漏点检测

C.2.1 适用范围

本方法适用于钢质管道外防腐层中的漏点(如针孔、缝隙、穿透外防腐层的金属微粒等缺陷)或厚度过薄处的测定。

C.2.2 方法概述

C.2.2.1 本方法分为方法 A 和方法 B,方法 A 和方法 B 都是根据漏点或金属微粒能形成低电阻通路及防腐层中的过薄点会产生电击穿的原理发出报警来进行检测。

C.2.2.2 方法 A 使用直流电压低于 100 V 的低压湿海绵检漏仪,仅适用于检测厚度在 0.025 mm～0.5 mm 防腐层中的漏点。方法 A 为非破坏性检验,不能检测出防腐层过薄的位置。

C.2.2.3 方法 B 使用直流电压为 900 V～36 000 V 的电火花检漏仪,用于检测任意厚度的管道防腐层。方法 B 为破坏性试验,能检测出防腐层过薄的位置。

C.2.3 仪器

C.2.3.1 低压检漏仪:检漏直流电压低于 100 V 的检漏装置,装有由导电液体浸湿的海绵电极、音频信号发生器以及连接管壁的地线。

C.2.3.2 电火花检漏仪:直流电压在 900 V～36 000 V 的检漏装置,装有由铜丝刷或其他导电材料组成的探测电极、音频信号发生器以及连接管壁的地线。

C.2.3.3 峰值电压表:可以测量直流电压单个脉冲信号峰值的高阻电压表。

C.2.4 仪器校准

C.2.4.1 检漏试验前应按仪器说明书中给出的要求对检漏电压值进行校准,校准采用峰值电压表或示波器。

C.2.4.2 低压检漏仪的灵敏度校准是在仪器检测端并联一个 0.5 W、100 kΩ 的电阻,此时检漏仪应能触发报警。

C.2.5 方法 A 的测试步骤

a) 按低压检漏仪的使用说明书组装电极棒和电极,并将地线与金属管壁连接。

b) 将电极夹与电极棒连接,用导电液体浸湿海绵,然后把海绵放入电极夹中夹紧。当防腐层厚度小于 0.25 mm 时,可采用普通自来水;当防腐层厚度位于 0.25 mm~0.5 mm 时,应在自来水中放入一些湿润剂,以使液体尽快渗入漏点。

c) 把探测电极和地线的一端分别接到仪器上,地线的另一端和金属管壁连接。用湿海绵与金属管的另一裸露表面接触,仪器应发出音频信号,表明检漏仪已准备好。检漏时应将湿海绵紧贴防腐层表面移动。根据音频信号找到漏点时,改用电极尖找出漏点的确切位置。

d) 低压检漏仪处于正常工作时,湿海绵电极与金属管壁间的直流电压不应超过 100 V。

e) 检漏前应保证防腐层表面干燥。如果防腐层处于能在其表面形成电解液的环境(如盐雾)中,则检漏前要冲洗防腐层表面并晾干。检漏时应保证探测电极距金属管端或金属裸露面至少 13 mm。

C.2.6 方法 B 的测试步骤

a) 选定检漏电压。检漏电压与防腐层厚度有关,根据不同防腐层标准的厚度要求可由式(C.1)、式(C.2)确定。

外防腐层厚度小于 1 mm 时:

$$V = 3\,294\sqrt{T} \qquad \cdots\cdots(C.1)$$

外防腐层厚度大于或等于 1 mm 时:

$$V = 7\,843\sqrt{T} \qquad \cdots\cdots(C.2)$$

式中:

V ——检漏电压峰值,单位为伏特(V);

T ——外防腐层厚度,单位毫米(mm)。

注:以上公式是以击穿与防腐层厚度相同空气间隙所需电压为依据得到的。因此仅适用于检测针孔、缝隙和防腐层过薄的位置,不适用于作为防腐层厚度质量控制的手段。

b) 检漏电压也可用外防腐层每毫米厚的绝缘击穿电压乘以防腐层最小允许厚度来确定。各种外防腐层每毫米厚的绝缘击穿电压可通过以下试验方法确定:在已知厚度的防腐层上逐渐增加检漏电压并测出检漏仪刚好报警时的电压值,将此值除以防腐层的已知厚度即得到每毫米厚的绝缘击穿电压值。

c) 将地线一端与金属管壁相连接,地线的另一端接检漏仪,再将探测电极和检漏仪相连接,然后开启检漏仪。

注:由于涉及高压,检漏仪开启后,操作者不能同时接触地线和探测电极的金属部分。

d) 将探测电极沿外防腐层表面移动进行检漏，并始终保持探测电极和外防腐层表面紧密接触。当探测电极经过外防腐层漏点或厚度过薄位置时，检漏仪就会报警，此时可移回电极，通过观察电火花的跳出点确定漏点的位置。

e) 检漏过程中必须确保外防腐层表面干燥，并注意保持探测电极距金属管端或金属裸露面至少 13 mm。

C.3 外防腐层粘结力(附着力)测定方法

C.3.1 适用范围

本方法适用于埋地管道的各种防腐层粘结力(附着力)的测试。

C.3.2 聚乙烯防腐层(含热缩套)

C.3.2.1 仪器

a) 测力计：最小刻度为 1 N；

b) 钢板尺：最小刻度为 1 mm；

c) 裁刀：可以划透防腐层；

d) 表面温度计：精度为 1 ℃。

C.3.2.2 测试步骤

先将防腐层沿环向划开宽度为 20 mm～30 mm、长 10 cm 以上的长条，划开时应划透防腐层，并撬起一端。用测力计以 10 mm/min 的速率垂直钢管表面匀速拉起聚乙烯层，记录测力计数值，见图 C.1。

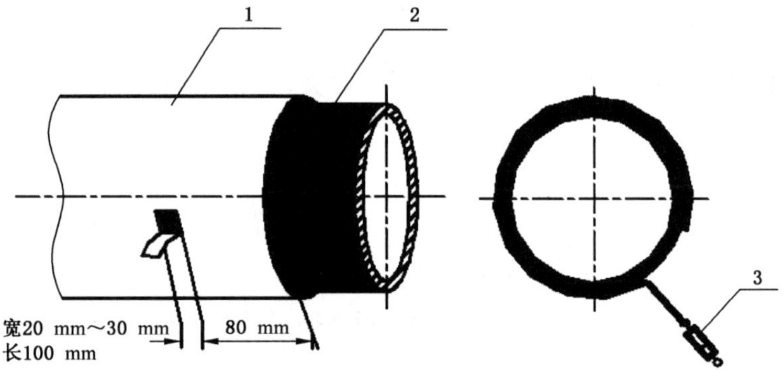

说明：

1——防腐层；

2——钢管；

3——弹簧秤。

图 C.1 剥离强度测试示意图

C.3.2.3 数据处理

将测定时记录的力值除以防腐层的剥离宽度，即为剥离强度，单位为 N/cm。

C.3.3 熔结环氧粉末外涂层附着力测试

C.3.3.1 测试设备

a) 可控温慢速烘箱或耐腐蚀的水浴；

b) 烧杯；

c) 温度计；

d) 通用小刀。

C.3.3.2 试件要求

试验室涂覆试件尺寸约为 100 mm×100 mm×6 mm。管段试件尺寸为 100 mm×100 mm×管壁厚度,试件数为 3 件。

C.3.3.3 测试步骤

a) 每次试验在浸泡试件之前先把水预热到 75 ℃±3 ℃。把试件放入烘箱或水浴,用预热的水充分淹没试件,在 75 ℃±3 ℃下浸泡至少 24 h,然后取出试件。

b) 当试件仍温热时,立即用小刀在涂层上划一个大约 30 mm×15 mm 的长方形,透过涂层到达试件金属表面,然后在空气中自然冷却到 20 ℃±3 ℃。在取出试件后 1 h 内从长方形的任一角将刀尖插入涂层下面,以水平方向的力撬剥涂层,连续推进刀尖直到长方形内的涂层全部撬离或涂层表现出明显的抗撬性能为止。

c) 按下列分级标准评定长方形内涂层的附着力等级:

1) 1 级——涂层明显地不能被撬剥下来；

2) 2 级——被撬离的涂层小于或等于 50%；

3) 3 级——被撬离的涂层大于 50%,但涂层表现出明显的抗撬性能；

4) 4 级——涂层很容易被撬剥成条状或大块碎屑；

5) 5 级——涂层成一整片被剥离下来。

C.3.3.4 试验报告

试验报告包括以下内容:

a) 环氧粉末的批号；

b) 附着力的级别；

c) 试验日期。

C.3.4 聚乙烯胶粘带防腐层

C.3.4.1 仪器

a) 测力计:最小刻度为 1 N；

b) 钢板尺:最小刻度为 1 mm；

c) 表面温度计:精度为 1 ℃。

C.3.4.2 测试步骤

先将防腐层沿环向划开宽度 10 mm、长 100 mm 以上的长条,划开时应划透防腐层,并撬起一端。用测力计以不大于 300 mm/min 的速率垂直钢管表面匀速拉起聚乙烯层,记录测力计数值,如图 C.2。

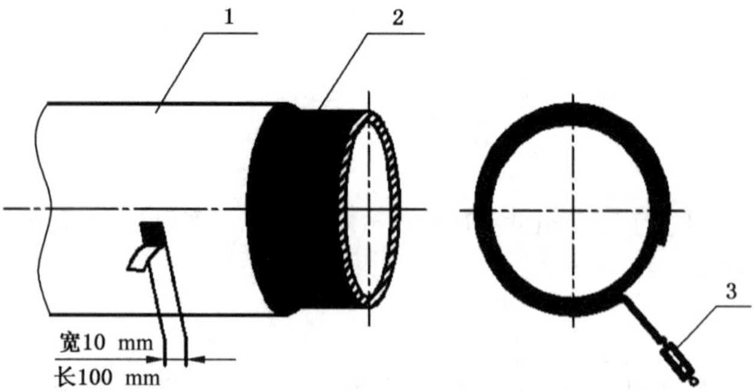

说明：

1——防腐层；

2——钢管；

3——弹簧秤。

图 C.2 附着力测试示意图

C.3.4.3 数据处理

将测定时记录的力值除以防腐层的剥离宽度,即为剥离强度,单位为牛顿每厘米(N/cm)。

C.3.5 环氧煤沥青防腐层

C.3.5.1 仪器

a) 钢板尺:最小刻度为 1 mm;

b) 裁刀:可以划透防腐层。

C.3.5.2 测试步骤

C.3.5.2.1 普通级防腐层

a) 用锋利刀刃垂直划透防腐层,形成边长约 40 mm、夹角约 45°的 V 形切口,用刀尖从切割线交点挑剥切口内的防腐层。

b) 符合下列条件之一认为防腐层粘结力合格:

  1) 实干后只能在刀尖作用处被局部挑起,其他部位的防腐层仍和钢管粘结良好、不出现成片挑起或层间剥离的情况;

  2) 固化后的很难将防腐层挑起,挑起处的防腐层呈脆性点状断裂,不出现成片挑起或层间剥离的情况。

C.3.5.2.2 加强级和特加强级防腐层应符合下列规定:

a) 用锋利刀刃垂直划透防腐层,形成边长约 100 mm、夹角 45°～60°的切口,从切口尖端撕开玻璃布;

b) 符合下列条件之一认为防腐层粘结力合格:

  1) 实干后的防腐层,撕开面积约 50 cm^2,撕开处应不露铁,底漆与面漆普遍粘结;

  2) 固化后的防腐层,只能撕裂、且破坏处不露铁,底漆与面漆普遍粘结。

C.3.6 石油沥青防腐层

C.3.6.1 仪器

钢板尺:最小刻度为 1 mm。

C.3.6.2 测试步骤

在管道防腐层上，切一夹角为45°～60°的切口，切口边长约40 mm～50 mm，从角尖端撕开防腐层，撕开面积宜为30 cm^2～50 cm^2，防腐层应不易撕开，撕开后粘附在钢管表面上的第一层石油沥青或底漆占撕开面积的100％为合格。

附 录 D
(规范性附录)
防腐层破损点定位不开挖检测方法

D.1 交流电位梯度检测方法(ACVG)

D.1.1 交流地电位差测量法

D.1.1.1 方法介绍

交流地电位差测量法可采用埋地管道电流测量系统与交流地电位差测量仪(A字架),通过测量土壤中交流地电位梯度的变化,从而对埋地管道防腐层破损点进行查找和准确定位。检测原理见图D.1。

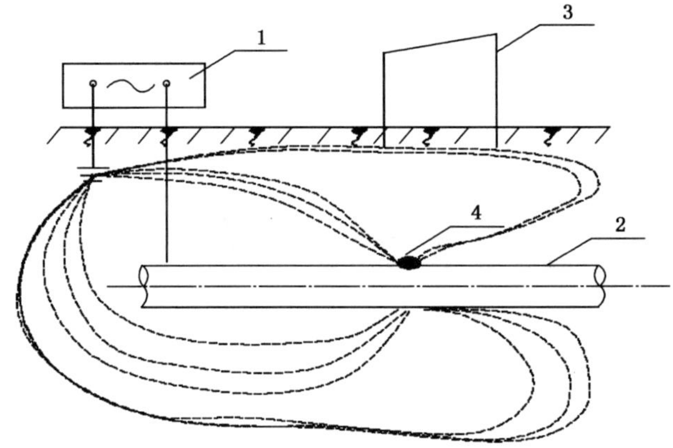

说明:
1——发射主机;
2——埋地管道;
3——交流地电位差测量仪;
4——防腐层破损点。

图 D.1 检测原理示意图

D.1.1.2 适用范围

适用于除钢套管、钢丝网加强的混凝土配重层(套管)外,远离高压交流输电线地区,任何交变磁场能穿透的覆盖层下的管道外防腐层破损点的定位检测。另外,下列情况会使本方法应用困难或测量结果的准确性受到影响:

a) 交流地电位差测量仪距离发射机较近;
b) 测量不可到达的区域,如河流穿越;
c) 管道上方覆盖物导电性很差的管段,如位于钢筋混凝土铺砌路面、沥青路面、冻土、含有大量岩石回填物下的管段。

D.1.1.3 检测设备

交流地电位差测量法检测设备包括发射机、接收机、交流地电位差测量仪,以及配套的电源设备、连接线、接地电极等。

D.1.1.4 测量步骤

a) 按交流电流衰减法(见附录I)的测量步骤将发射机接线连接好,并用接收机对管道定位。

b) 按仪器的使用说明书将接收机固定在交流地电位差测量仪上,连接好接线后,在目标管道正上方沿管道的路由,以一定间隔将交流地电位差测量仪的两支探针插入地面。检测时,如某处附近存在防腐层"破损点",则在两支探针之间的电位差会在接收机面板上以稳定的向前(后)的箭头指示及电位梯度值显示。

c) 当交流地电位差测量仪正好位于破损点正上方时,显示的箭头为两个方向,同时显示的电位梯度值读数最小。此时,将两支探针脚连线划出一条直线,再将两支探针旋转90°,并沿与刚划出的直线垂直的方向再进一步准确定位,使两探针向前(后)稍加移动至箭头变回反向为止。两条线的交叉点即为管道防腐层破损点位置。但需要指出的是利用电位梯度值的大小判断破损的相对大小时,需考虑破损处的管道埋深、土壤的干湿等情况。

d) 破损点定位后,应做好破损点位置坐标与周围环境的文字描述记录,并在地面做出明显标识,便于查找。

D.1.2 PEARSON(音频法)

D.1.2.1 适用范围

音频检漏法适用于一般地段的埋地管道防腐层检漏。不适用于套管内的管道、架空管道、外防腐层导电性很差的管道、水下管道的防腐层破损点检测;水田或沼泽地、高压交流电力线附近的埋地管道,使用本方法进行防腐层破损点检测比较困难。

D.1.2.2 检测设备

音频检漏仪主要由发射机、探管仪、接收系统及其配套的电源系统组成。

D.1.2.3 测量步骤

a) Pearson 法检测简图见图 D.2。检查发射机、探管仪、接收机电源电量是否充足,并在合适的地方,将发射机的信号输出端用仪器的短线与管道连接,长线与接地极连接。

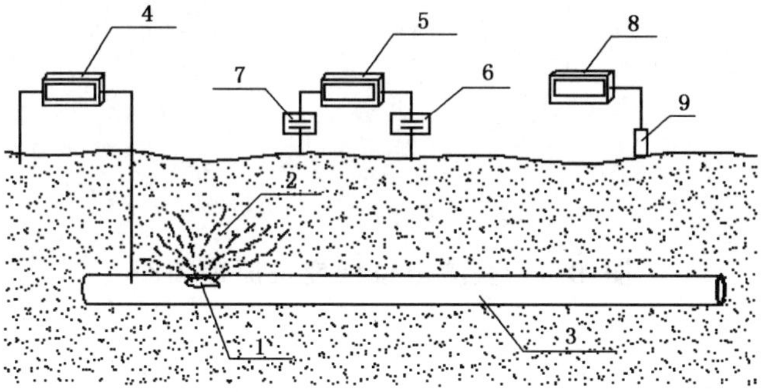

说明:

1——埋地管道;
2——破损点;
3——埋地管道;
4——发射机;
5——检测仪;
6——探头 A;
7——探头 B;
8——探管仪;
9——探头 C。

图 D.2 Pearson 法检测简图

b） 按仪器的使用说明书调节发射机的输出电流。

c） 按仪器的使用说明书设定探管仪的探管方式和接收机的灵敏度。

d） 两名操作人员按使用说明书戴好腕表，接好电缆，在距发射机接入点 30 m 以后，沿管顶一前一后行走，前面人员携带探管仪，后面人员携带检测仪，保证两名操作人员一直沿着管顶前进。

e） 当接收机的声、电信号越来越强时，预示着前进方向出现破损点，当手持探管仪者走到破损点正上方时，声、电信号最强；两人继续前进，声、电信号逐步减弱，当破损点位于两人的几何中心点时，信号最弱；两人继续前进，声、电信号又逐步增强，当后面持检测仪者位于破损点正上方时，声、电信号第二次达到最强。

f） 测量中两次声、电信号最强，一次声、电信号相比最弱的位置，即为防腐层破损点的正上方。确定破损点准确位置后，作好地面标志和记录坐标位置。

D.2 直流电位梯度法(DCVG)

D.2.1 方法介绍

直流电位梯度法原理如图 D.3。采用周期性同步通/断的阴极保护直流电流施加在管道上后，利用两根硫酸铜参比电极探杖，以密间隔测量管道上方土壤中的直流地电位梯度，在接近破损点附近电位梯度会增大，破损面积越大，电位梯度也越大，根据测量的电位梯度变化，可确定防腐层破损点位置；通过检测破损点处土壤中电流的方向，可识别破损点的腐蚀活性；依据破损点 IR%定性判断破损点的大小及严重程度。

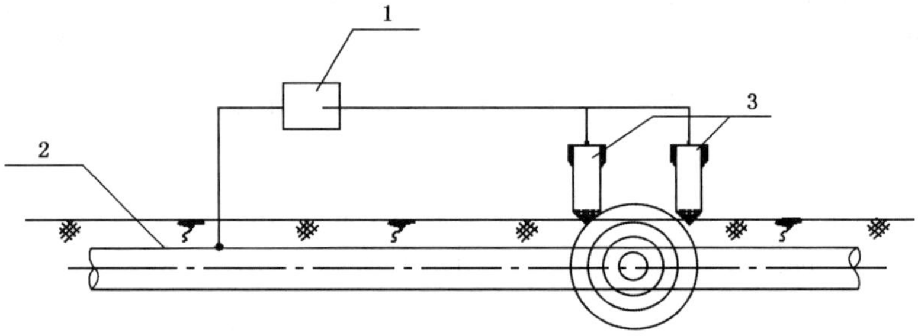

说明：
1——测量主机；
2——埋地管道；
3——探杖。

图 D.3 直流电位梯度法原理简图

D.2.2 适用范围

直流地电位梯度法(DCVG)测量技术适用于埋地管道外防腐层破损点的查找和准确定位，并对破损点腐蚀状态进行识别。结合密间隔管地电位测量技术还可对外防腐层破损点的大小及严重程度进行定性分类。本方法不适用于对处于套管内破损点未被电解质淹没的管道、防腐层剥离未与外界电连通的管道的检测，另外下列情况会使本方法应用困难或测量结果的准确性受到影响：

a） 交流地电位差测量仪距离发射机较近；

b） 测量不可到达的区域，如河流穿越；

c) 管道上方覆盖物导电性很差的管段,如位于钢筋混凝土铺砌路面、沥青路面、冻土、含有大量岩石回填物下的管段。

D.2.3 设备

a) 管地电位及直流地电位梯度测量主机一套;

b) GPS卫星同步电流断续器两台或更多;

c) 探管仪;

d) 两根硫酸铜参比电极探杖,参比电极应符合下列要求:

1) 流过CSE的允许电流密度不大于5 $\mu A/cm^2$;

2) 电位漂移不能超过30 mV。

e) 配套测量线轴及连接导线。

D.2.4 测量步骤

a) 在测量之前,应确认阴极保护正常运行,管道已充分极化。

b) 检查测量主机电池电量,并对两CSE进行校正。

c) 将两根探杖与测量主机相连,按密间隔电位测量法(见附录J)的相关要求设置好相关参数后,测量人员沿管道行走。其中,一根探杖一直保持在管道正上方,另一根探杖放在管道正上方或垂直于管道并与第一根探杖保持固定间距(1 m~2 m),以1 m~3 m间隔进行测量。当两根探杖都与地面接触良好时读数,记录同步断续器接通和断开时直流地电位梯度读数的变化。

d) 当接近破损点时,电位梯度数值会逐渐增大;当跨过这个破损点后,地电位梯度数值则会随着远离破损点而逐渐减小,变化幅度最大的区域即为破损点疑似位置。

e) 在破损点疑似位置,返回复测,以精确确定破损点位置。在管道正上方找出电位梯度读数显示为零的位置;然后在与管道走向垂直的方向重复测量一次。两条探杖连线的交点位置就是防腐层破损点的正上方。

f) 在确定一个破损点后,继续向前测量时,宜先以每0.5 m的间隔测量一次,在离开这个梯度场后,若没有出现地电位梯度读数及极性的改变,可按常规间距继续进行测量;否则,说明附近有新的破损点。

g) 在确定的破损点位置处,通过观察测量主机上电流方向柱状条的显示方向,对管道在通电和断电状态下,土壤中电流流动的方向分别进行测量与辨别,以判断破损点部位管道的腐蚀活跃性。所测结果按表D.1进行填写记录,原则上对破损点腐蚀状态的评价分为:阴极/阴极(C/C)、阴极/中性(C/N)、阴极/阳极(C/A)和阳极/阳极(A/A)四种类型。

h) 在确定的破损点位置处,测量并记录该点的通电电位(V_{on})、断电电位(V_{off})、电位梯度($V_{G,on}$和$V_{G,off}$)、GPS坐标或里程;同时,应记录附近的永久性标志、参照物及它们的位置等信息,并在破损点位置处作好标识,尤其是通/断状态下电流均从破损点流出到土壤的点。

D.2.5 数据处理

a) 将现场测量数据下载到计算机中,进行数据处理分析;

b) 以距离为横坐标、直流地电位梯度为纵坐标绘出测量段的DCVG分布曲线图;

c) 根据破损点位置处测量的数据,按式(D.1)计算表征破损点的大小及严重程度的 α 值,并根据使用经验、典型破损点的验证开挖结果,分类记录;

$$\alpha=\frac{\Delta V_{on}-\Delta V_{off}}{V_{on}-V_{off}}\times 100\% \qquad \text{(D.1)}$$

式中:

α ——破损点位置处百分比 IR 降;

ΔV_{on}——通电状态时测得的直流地电位梯度值,单位为毫伏(mV);

ΔV_{off}——断电状态时测得的直流地电位梯度值,单位为毫伏(mV);

V_{on} ——破损点位置处的通电电位,单位为毫伏(mV);

V_{off} ——破损点位置处的断电电位,单位为毫伏(mV)。

d) 根据破损点位置处测量的数据,将测量数据和计算结果填写在表 D.1 中;

表 D.1 破损点 DCVG 测量数据表

编号	位置	管地电位/mV		直流地电位梯度/mV		电流方向		腐蚀状态类型	α	备注
		V_{on}	V_{off}	ΔV_{on}	ΔV_{off}	通电	断电			

e) 分级情况见表 D.2。

表 D.2 破损点严重程度分级

级别	1	2	3	4
IR%值	1～15	16～35	36～60	61～100

附 录 E
(规范性附录)
外防腐层整体状况检测方法

E.1 交流电流衰减法

E.1.1 适用范围

本方法适用于埋地管道外防腐层整体状况的检测。

E.1.2 方法介绍

此方法为多频管中电流法,其理论依据是"线传输函数"。将信号输入管道,理论上可视为单线—大地回路,电流沿管道纵向逐渐衰减,衰减率与防腐层质量优劣有关。该方法通过测取感应电流(代替管中电流)沿管线纵向传输系统的衰减来定性判断管道外防腐层的好坏,同时利用感应电流可探管。

E.1.3 使用仪器

管道电流测量系统,仪器精度:定位精度±2.5%,电流检测精度±2.5%。

E.1.4 测量步骤

a) 按仪器操作说明连接好电源、发射机与待测管道间的连线,注意正负极性,选定检测频率。

b) 设定电流强度。根据回路电阻情况调节发射机输出电流,使其尽量大地稳定输出。应降低回路电阻,以提高检测长度与效果。可采用导线各接触部位打磨、接地极尽量在土壤电阻低的位置等措施、以增加接地极的个数等,是增加电流输出的有效办法。

c) 检查接收机电池,必要时更换新电池。

d) 设定接收机探测频率,必须与发射机工作在同一频率上。

e) 避开盲区开始测量电流值,盲区位置可以通过在其他位置加入信号再进行测量。可以用峰值法或零值法对管道定位,在管道正上方测量并记录电流值,一般情况数据采集距离为 50 m,也可根据实际需要确定是加密还是放宽采集距离。

E.1.5 数据处理

检测数据由埋地钢质管道腐蚀防护系统综合评价软件进行处理,绘制电流衰减曲线,计算电流衰减率。

E.2 电流-电位法

E.2.1 适用范围

适用于埋地管道外防腐层电阻率的测量。应用本方法时,要求所测管段无分支、无接地装置,长度宜为 500 m～10 000 m,(一般为 5 000 m)的管道的外防腐层电阻率测试。

E.2.2 仪器及工具

a) 数字万用表:内阻不小于 10 MΩ,精度不低于 0.5 级;直流电压量程为 0 V～2 V,直流电流最小量程为 0 μA～200 μA;

b) 饱和硫酸铜参比电极一支;要求:流过 CSE 的允许电流密度不大于 5 $\mu A/cm^2$,且电位漂移不能超过 30 mV;

c) 恒电位仪或能提供 0.1 A 以上直流电源一组;

d) 同步断续器:中断频率宜为通电 12 s,断电 3 s。

E.2.3 测量要求

E.2.3.1 测量段内管道应无分支、无接地装置,若有牺牲阳极必须断开。

E.2.3.2 在新建管道上测量应保证管道回填土沉降完全密实。

E.2.3.3 测量段必须不受阳极地电位影响。

E.2.3.4 测量段距离通电点不小于 πD。

E.2.3.5 测量段保护电流方向应同向流回通电点,否则应重新分段。

E.2.3.6 在动态杂散电流区域,应在测量段两端同时测量管地电位和管内电流。

E.2.4 测量步骤

a) 测量简图见图 E.1。

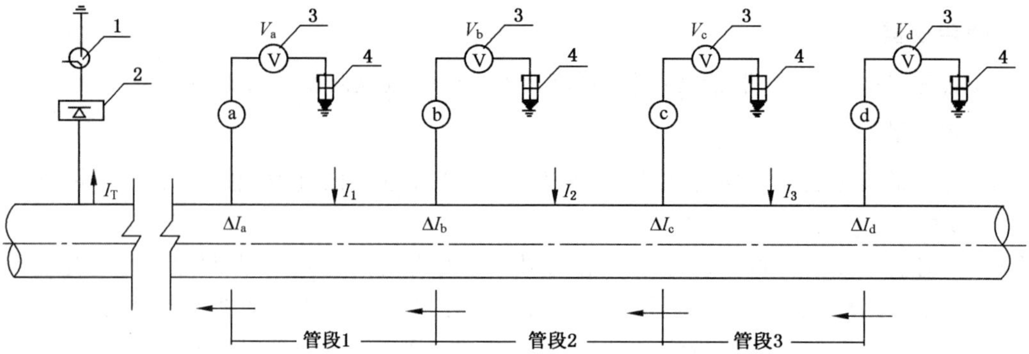

说明:

1——同步断续器;

2——恒电位仪或临时电源;

3——数字万用表;

4——CSE。

图 E.1 外防腐层电阻率测量简图

b) 在测量之前,应确认测量段管道已经充分极化,保护电流稳定,且在靠近通电点附近的断电电位没有出现比−1 150 mV(对厚度小于 1 mm 的防腐层为−1 100 mV)(CSE)更负的过保护电位。

c) 获得测量段的长度(精确到 1.0 m)。

d) 测量期间,对测量区间有影响的阴极保护电源应安装电流同步断续器,并设置合理的通/断周期,同步误差小于 0.1 s。通/断周期设置宜为通电 12 s,断电 3 s。

e) 按 A.2.1 的测量方法,测量各测量点的通电电位和断电电位,测量点的通/断电位差按式(E.1)计算。例如 a 点:

$$\Delta V_a = V_{a \cdot on} - V_{a \cdot off} \quad \cdots\cdots (E.1)$$

式中：

ΔV_a ——a 测量点的通/断电位差,单位为伏特(V)；

$V_{a\cdot on}$——a 测量点的通电电位,单位为伏特(V)；

$V_{a\cdot off}$——a 测量点的断电电位,单位为伏特(V)。

f) 按式(E.2)计算每对相邻两测量点的电位差比率 K,K 值应在 1.6～0.625 之间,否则应在中间再增加一处或多处测量点,直至 K 值位于 1.6～0.625 之间；

$$K=\frac{\Delta V_a}{\Delta V_b} \quad \cdots\cdots(\text{E.2})$$

式中：

K ——第 1 管段的电位差比率；

ΔV_a ——a 测量点的通/断电位差,单位为伏特(V)；

ΔV_b ——b 测量点的通/断电位差,单位为伏特(V)。

g) 按附录 G 的测量方法,测量各测量点处通电状态和断电状态下的管内电流,其通电和断电状态下的管内电流应有明显的变化,测量点的管内保护电流按式(E.3)计算。例如 a 点：

$$\Delta I_a=I_{a\cdot on}-I_{a\cdot off} \quad \cdots\cdots(\text{E.3})$$

式中：

ΔI_a ——a 测量点的管内保护电流,单位为安培(A)；

$I_{a\cdot on}$——a 测量点的通电状态下的管内电流,单位为安培(A)；

$I_{a\cdot off}$——a 测量点的断电状态下的管内电流,单位为安培(A)。

h) 按第 e)～g)步骤完成各测量段每一测量点的测量,并将测量数据和基本计算结果填写在表 E.1 中。

表 E.1 电阻率测量基本参数记录表

测试位置	里程 km+m	管地电位 V_i			K	管内电流 A_i		
		V_{ion}	V_{ioff}	ΔV_i		I_{ion}	I_{ioff}	ΔH_i

E.2.5 数据处理

a) 以第 1 测量段为例,按式(E.4)和式(E.5)分别计算第 1 测量段的平均通/断电位差(ΔV_1)和电流漏失量(ΔI_1)；

$$\Delta V_1=\frac{\Delta V_a+\Delta V_b}{2} \quad \cdots\cdots(\text{E.4})$$

$$\Delta I_1=\Delta I_a-\Delta I_b \quad \cdots\cdots(\text{E.5})$$

式中：

ΔV_1——第 1 测量段的平均通/断电位差,单位为伏特(V)；

ΔI_1 ——第 1 测量段的保护电流漏失量,单位为安培(A)。

b) 第 1 测量段的防腐层电阻按式(E.6)计算：

$$R_1=\frac{\Delta V_1}{\Delta I_1} \quad \cdots\cdots\cdots\cdots (E.6)$$

c) 第1测量段的平均防腐层电阻率按式(E.7)计算:

$$r_{u,1}=R_1\cdot\pi\cdot D\cdot L \quad \cdots\cdots\cdots\cdots (E.7)$$

式中:

$r_{u,1}$——第1测量段的平均防腐层电阻率,单位为欧姆平方米($\Omega\cdot m^2$);

R_1 ——第1测量段防腐层电阻,单位为欧姆(Ω);

D ——管道外径,单位为米(m);

L ——第1测量段的长度,单位为米(m)。

d) 依照a)～c)的计算方法完成相应各测量段的数据计算,所得计算数据按表E.2进行填写记录。

表 E.2 测量段平均防腐层电阻率数据表

测量管段	管段长度 m	平均通/断电位差 ΔV_i V	电流漏失量 ΔI_i A	防腐层电阻 R_i/Ω	管段表面积 m^2	平均电阻率 $r_{u,i}/(\Omega\cdot m^2)$

附　录　F
(规范性附录)
绝缘法兰(接头)绝缘性能测试方法

F.1　兆欧表法

F.1.1　适用范围

适用于制成但尚未安装到管道上的绝缘法兰(接头)的绝缘电阻值的测试。

F.1.2　仪器

宜选用兆欧表,500 V/500 MΩ(误差不大于10%)。

F.1.3　测量步骤

a)　兆欧表测量接线见图F.1。测量导线与管道的连接宜采用磁性接头或夹子,连接点应除锈;

b)　转动兆欧表手柄到规定的转速,持续10 s,兆欧表稳定指示的电阻值即为绝缘法兰(接头)的绝缘电阻值。

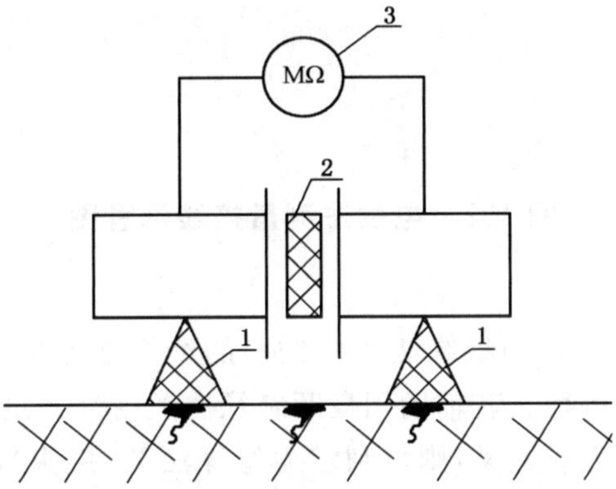

说明:

1——绝缘支墩;

2——绝缘法兰(接头);

3——兆欧表。

图 F.1　兆欧表法测量接线图

F.2　电位法

F.2.1　适用范围

适用于定性判别有阴极保护运行的绝缘法兰(接头)的绝缘性能。

F.2.2　仪器

宜选用数字万用表;内阻不小于10 MΩ,精度不低于0.5级;

参比电极:宜采用CSE,并应符合下列要求:

a)　流过CSE的允许电流密度不大于5 $\mu A/cm^2$;

b) 电位漂移不能超过 30 mV。

F.2.3 测量步骤

a) 测量接线见图 F.2 所示；

b) 保持 CSE 位置不变，采用数字万用表分别测量绝缘法兰(接头)非保护端 a 点的管地电位 V_a 和保护端 b 点的管地电位 V_b。

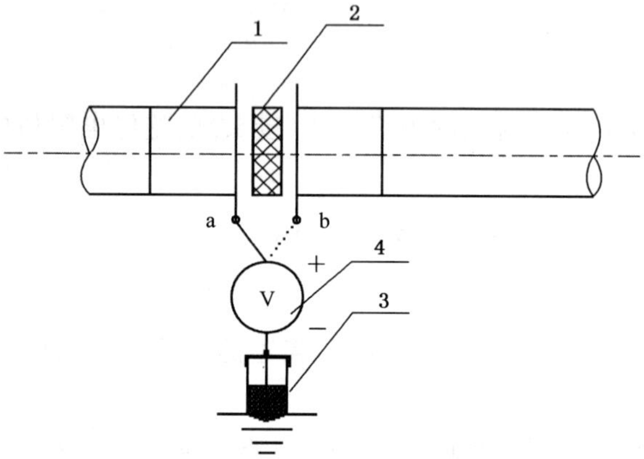

说明：

1——管道；

2——绝缘法兰(接头)；

3——CSE；

4——数字万用表。

图 F.2 电位法测量接线示意图

F.2.4 数据分析

若 V_b 明显地比 V_a 更负，则认为绝缘法兰(接头)的绝缘性能良好；若 V_b 接近 V_a 值，则认为绝缘法兰(接头)的绝缘性能可疑。若辅助阳极距绝缘法兰(接头)足够远，且判明与非保护端相连的管道没同保护的管道接近或交叉，则可判定为绝缘法兰(接头)的绝缘性能很差(严重漏电或短路)；否则应按 F.3、F.4 或 F.5 的方法进一步测量。

F.3 漏电电阻测试法

F.3.1 适用范围

已安装到管道上使用的绝缘法兰(接头)，采用电位法测试其绝缘性能可疑时。

F.3.2 测量仪器

宜选用数字万用表，内阻不小于 10 MΩ，精度不低于 0.5 级。

参比电极：流过 CSE 的允许电流密度不大于 5 $\mu A/cm^2$，电位漂移不能超过 30 mV。

F.3.3 测试步骤

a) 按图 F.3 接好测试线路，进行漏电电阻或漏电百分率测试。其中 a、b 之间的水平距离不得小于 πD，b、c 段的长度宜为 30 m；

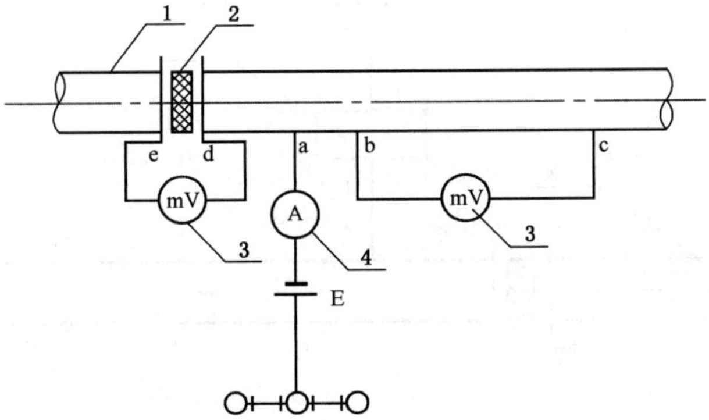

说明:

1——管道;

2——绝缘法兰(接头);

3——数字万用表;

4——电流表。

图 F.3 漏电电阻测试接线示意图

b) 调节强制电源 E 的输出电流 I_1,使保护侧的管道达到阴极保护电位值;

c) 用数字万用表测定绝缘法兰(接头)两侧 d、e 间的电位差 ΔV;

d) 测试 bc 段的电流 I_2;

e) 读取强制电源向管道提供的阴极保护电流 I_1。

F.3.4 计算

F.3.4.1 绝缘法兰(接头)漏电电阻按式(F.1)计算:

$$R_H = \frac{\Delta V}{I_1 - I_2} \quad \cdots\cdots(F.1)$$

式中:

R_H——绝缘法兰(接头)漏电电阻,单位为欧姆(Ω);

ΔV——绝缘法兰两侧的电位差,单位为伏特(V);

I_1 ——强制电源 E 的输出电流,单位为安培(A);

I_2 ——bc 段的管内电流,单位为安培(A)。

F.3.4.2 绝缘法兰(接头)的漏电百分率按式(F.2)计算:

$$漏电百分率(\%) = \frac{I_1 - I_2}{I_1} \times 100 \quad \cdots\cdots(F.2)$$

F.3.4.3 若测试结果 $I_2 \rightarrow I_1$,则认为绝缘法兰(接头)的漏电电阻无穷大,漏电百分率为零,绝缘法兰(接头)的绝缘性能良好。

F.4 电流衰减法测试漏电率

F.4.1 适用范围

已建成的管道上的绝缘法兰(接头),可通过管道电流测量系统测量漏电率来判断其绝缘性能。

F.4.2 测量步骤

a) 测量接线如图 F.4 所示;

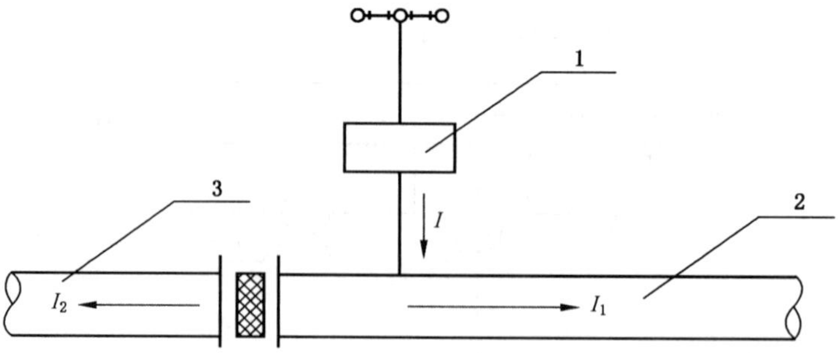

说明：

1——发射机；

2——管道保护侧；

3——管道非保护侧。

图 F.4 绝缘法兰(接头)漏电率测量接线图

b) 断开保护侧阴极保护电源；

c) 按管道电流测量系统仪器说明进行操作，用发射机在保护侧接近绝缘法兰(接头)处向管道输入近直流电流 I；

d) 在保护侧电流输入点外侧，用接收机测量并记录该侧管道电流 I_1；

e) 在非保护侧用接收机测量并记录该侧管道电流 I_2。

F.4.3 数据处理

用式(F.3)计算绝缘法兰(接头)漏电百分率。

$$\eta = \frac{I_2}{I_1 + I_2} \times 100 \qquad \text{(F.3)}$$

式中：

η ——绝缘法兰(接头)漏电百分率，%；

I_1——接收机测量的绝缘法兰(接头)保护侧管内电流，单位为安培(A)；

I_2——接收机测量的绝缘法兰(接头)非保护侧管内电流，单位为安培(A)。

F.5 接地电阻仪测量法

F.5.1 适用范围

本方法适用于利用接地电阻仪测量在役管道上的绝缘法兰(接头)的绝缘电阻值。

F.5.2 测量仪器

接地电阻仪；

参比电极：宜采用 CSE，并应符合下列要求：

a) 流过 CSE 的允许电流密度不大于 5 $\mu A/cm^2$；

b) 电位漂移不能超过 30 mV。

F.5.3 测量步骤

a) 先测量绝缘法兰(接头)两端管道的接地电阻，其测量接线如图 F.5 所示。分别对 a 点和 b 点按 H.1 的测量方法进行测量(d_{12}和 d_{13}的根据站场或阀室接地体对角线长度 L 确定)，读取并记录仪表读数值 R_a和 R_b；

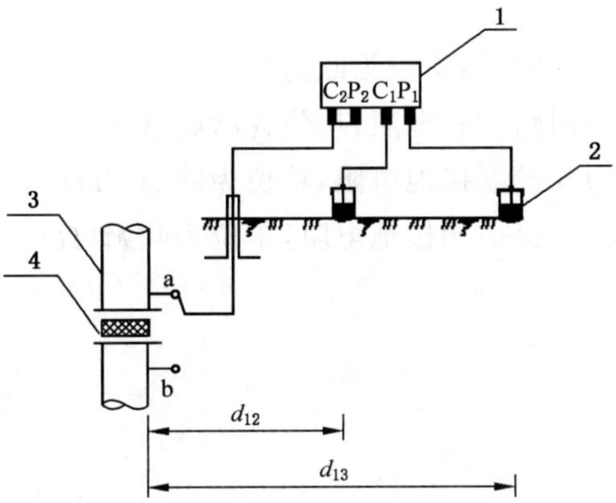

说明：

1——接地电阻仪；

2——参比电极；

3——管道；

4——绝缘法兰(接头)。

图 F.5　绝缘法兰(接头)两端接地电阻测量接线图

b)　再测量绝缘法兰(接头)回路的总电阻,其测量接线按图 F.6 所示。按 H.1.3e)的操作步骤,测量并记录仪表读数值 R_r。当 $R_r \leqslant 1\ \Omega$ 时,相邻两测量接线点的间隔应不小于 πD;当 $R_r > 1\ \Omega$ 时,相邻两测量接线点(a 点与 c 点,b 点与 d 点)可合二为一,此时 C_1 与 P_1、C_2 与 P_2 可短接。

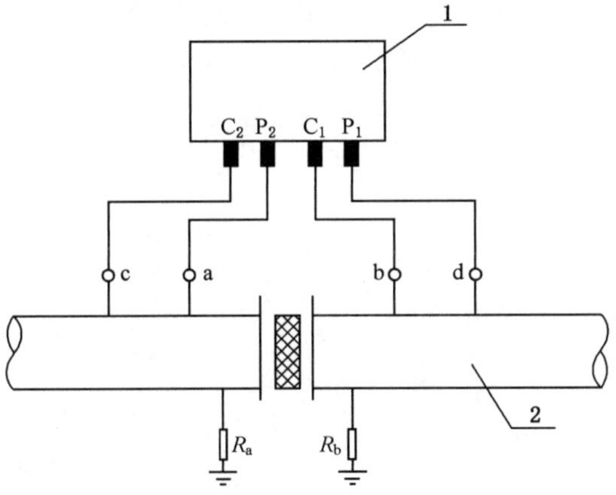

说明：

1——接地电阻仪；

2——管道。

图 F.6　接地电阻仪法测量接线图

F.5.4　数据处理

实际运行工况下的绝缘法兰(接头)的电阻按式(F.4)计算。

$$R = \frac{R_r(R_a + R_b)}{(R_a + R_b) - R_r} \qquad \text{(F.4)}$$

式中：

R ——绝缘法兰(接头)的电阻，单位为欧姆(Ω)；

R_r ——绝缘法兰(接头)回路的总电阻，单位为欧姆(Ω)；

R_a ——绝缘法兰(接头)保护端接地电阻，单位为欧姆(Ω)；

R_b ——绝缘法兰(接头)非保护端接地电阻，单位为欧姆(Ω)。

附 录 G
(规范性附录)
管内电流测试

G.1 电压降法

G.1.1 适用范围

具有良好外防腐层的管道,当被测管段无分支管道、无接地极,且已知管径、壁厚、材料的电阻率时,可使用电压降法测量管内电流。

G.1.2 测量仪器

直流电位差计或数字万用表(内阻不小 10 MΩ,分辨率达 1 μV)。

G.1.3 测量步骤

a) 电压降法测量管内电流接线图见图 G.1;

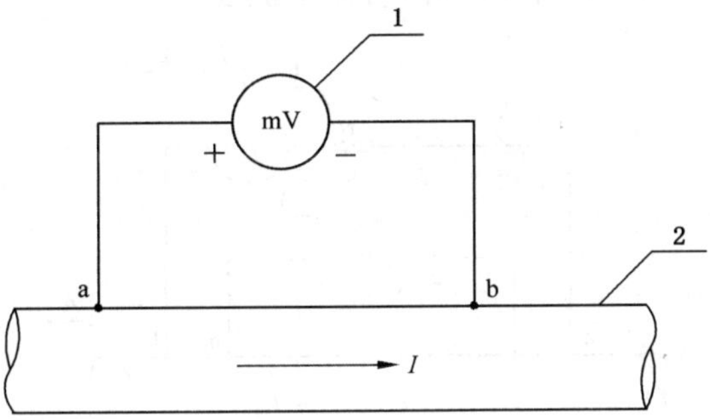

说明:
1——直流电位差计(或数字万用表);
2——管道。

图 G.1 电压降法测试接线示意图

b) 测量 a、b 两点之间的管长 L_{ab},误差不大于 1%。L_{ab}的最小长度应根据管径大小和管内的电流量决定,最小管长应保证 a、b 两点之间的电位差不小于 50 μV,一般 L_{ab}取 30 m;

c) 测量 a、b 两点之间电位差。如果采用直流电位差计测量,应先用数字万用表判定 a、b 两点的正、负极性并粗测 V_{ab}值。然后将正极端和负极端分别接到直流电位差计“未知”端的相应接线柱上,细测 V_{ab}值。当数字电压表的分辨率达到 1 μV 时,可直接测量 V_{ab}值。

G.1.4 数据处理

ab 段管内的电流按式(G.1)计算:

$$I=\frac{V_{ab}\cdot\pi(D-\delta)\delta}{\rho L_{ab}} \qquad (G.1)$$

式中：

I ——流过 ab 段的管内电流，单位为安培(A)；

V_{ab}——ab 间电位差，单位为伏特(V)；

D ——管道外径，单位为毫米(mm)；

δ ——管道壁厚，单位为毫米(mm)；

ρ ——管材电阻率，单位为欧平方米每米(Ω·mm²/m)；

L_{ab}——ab 间的管道长度，单位为米(m)。

G.2 标定法

G.2.1 适用范围

具有良好外防腐层的管道，当被测管段无分支管道、无接地极，无须知道管径、长度、壁厚、钢材电阻率四项参数，可使用标定法测量管内电流。

G.2.2 仪器

宜采用分辨率为 1 μV 的数字电压表或 UJ-33D-1 电位差计。

0 Ω～10 Ω 磁盘变阻器；12 V 直流电源；直流电流表。

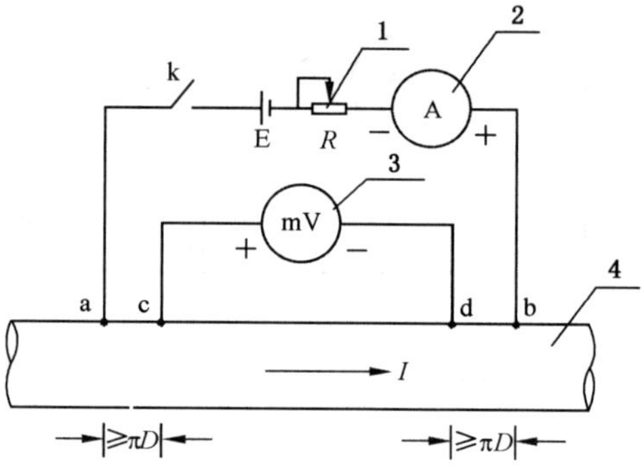

说明：

1——变阻器；

2——直流电流表；

3——直流电位差计(或数字万用表)；

4——管道。

图 G.2 标定法测试接线示意图

G.2.3 测试步骤

a) 接线见图 G.2。其中，$L_{ac} \geqslant \pi D$，$L_{db} \geqslant \pi D$，L_{cd} 的长度不宜小于 10 m。

b) 断开开关 K，测量并记录 c、d 的电位差 V_0，单位为 mV，并注意极性，以识别被测管内电流流向。

c) 合上开关 K，调节变阻器，使电流表的读数 I_1 约为 10 A，并同时记录毫伏表测量的 c、d 电位差 V_1。再调节变阻器，使电流表读数 I_2 约为 5 A，并同时记录毫伏表测量的 c、d 电位差 V_2，单位为 mV，并注意极性，所施加的标定电流应与被测管内电流的流向相同。

G.2.4 数据处理

a) 按式(G.2)～式(G.4)分别计算施加 I_1 和 I_2 时的校正因子 β_1、β_2 及平均校正因子 β；

$$\beta_1 = \frac{I_1}{V_1 - V_0} \qquad \cdots\cdots(G.2)$$

$$\beta_2 = \frac{I_2}{V_2 - V_0} \qquad \cdots\cdots(G.3)$$

$$\beta = \frac{\beta_1 + \beta_2}{2} \qquad \cdots\cdots(G.4)$$

式中：

β_1——施加 I_1 电流时的校正因子，单位为安每毫伏(A/mV)；

β_2——施加 I_2 电流时的校正因子，单位为安每毫伏(A/mV)；

β ——平均校正因子(cd 管段管道电阻的倒数)，单位为安每毫伏(A/mV)；

I_1——第一次标定施加的电流，单位为安培(A)；

I_2——第二次标定施加的电流，单位为安培(A)；

V_0——未施加标定电流时 c、d 电位差，单位为毫伏(mV)；

V_1——施加 I_1 电流时 c、d 电位差，单位为毫伏(mV)；

V_2——施加 I_2 电流时 c、d 电位差，单位为毫伏(mV)。

b) cd 段管内电流按式(G.5)计算：

$$I = V_0 \times \beta \qquad \cdots\cdots(G.5)$$

式中：

I——cd 管段管内电流，单位为安培(A)。

附　录　H
（规范性附录）
接地电阻测试

H.1　长接地体接地电阻测试

H.1.1　适用范围

适用于测量对角线长度大于 8 m 的接地体的接地电阻。

H.1.2　仪器

宜选用接地电阻测量仪,(量程 0～1 Ω～10 Ω～100 Ω),精度 0.5 级。

H.1.3　测试步骤

a)　测量接线如图 H.1 所示。

b)　当采用图 H.1a)测量时,d_{13}不得小于 40 m,d_{12}不得小于 20 m。在土壤电阻率较均匀的地区,d_{13}取 $2L$、d_{12}取 L;在土壤电阻率不均匀的地区,d_{13}取 $3L$、d_{12}取 $1.7L$。

c)　测量过程中,电位极沿接地体与电流极的连线移动 3 次。每次移动距离为 d_{13}的 5% 左右,若3 次测试值接近,取其平均值作为长接地体的接地电阻值;若测试值不接近,将电位极往电流极方向移动,直至测试值接近为止。

d)　长接地体的接地电阻也可以采用图 H.1b)所示的三角形布极法测量,此时 $d_{13}=d_{12}\geqslant 2L$;

e)　按图 H.1b)布好电极后,按仪器操作说明进行检测,读取接地电阻值。

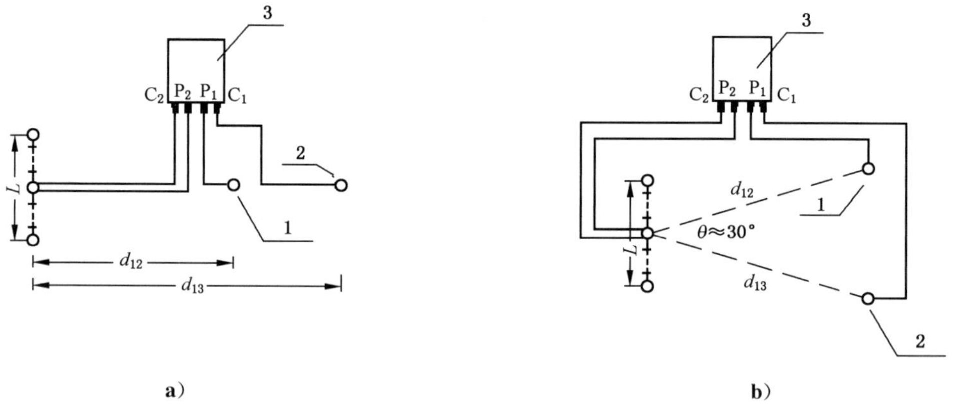

说明:
1——电位极;
2——电流极;
3——接地电阻测量仪。

图 H.1　长接地体接地电阻测量接线图

H.2 短接地体接地电阻

H.2.1 适用范围

适用于测量对角线长度小于 8 m 的接地体的接地电阻。

H.2.2 仪器

宜选用接地电阻测量仪,(量程 0 Ω～1 Ω～10 Ω～100 Ω),精度 0.5 级。

H.2.3 测试步骤

测量前,必须将接地体与管道断开,然后采用图 H.2 所示接线图沿垂直于管道的一条直线布置电极,d_{13}约 40 m,d_{12}取 20 m 左右,按仪器操作说明进行检测,读取接地电阻值。

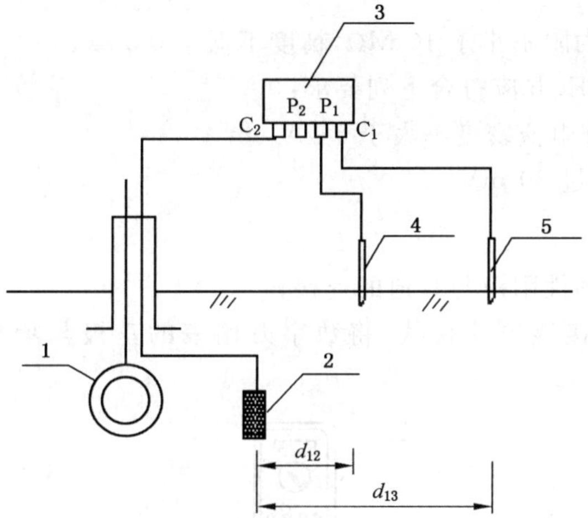

说明：

1——管道；

2——短接地体；

3——接地电阻测量仪；

4——电位极；

5——电流极。

图 H.2 短接地体接地电阻测量接线图

附 录 I
(规范性附录)
牺牲阳极参数测试方法

I.1 开路电位测试

I.1.1 适用范围

适用于牺牲阳极在埋设环境中未与管道相连时开路电位的测量。

I.1.2 仪器

宜选用数字万用表:内阻不小于 10 MΩ,精度不低于 0.5 级。

参比电极:宜采用 CSE,并应符合下列要求:

a) 流过 CSE 的允许电流密度不大于 5 $\mu A/cm^2$;

b) 电位漂移不能超过 30 mV。

I.1.3 测量步骤

a) 测量前,应断开牺牲阳极与管道的连接;

b) 按图 I.1 的测量接线方式接线,将数字万用表的正极与牺牲阳极连接,负极与 CSE 连接;

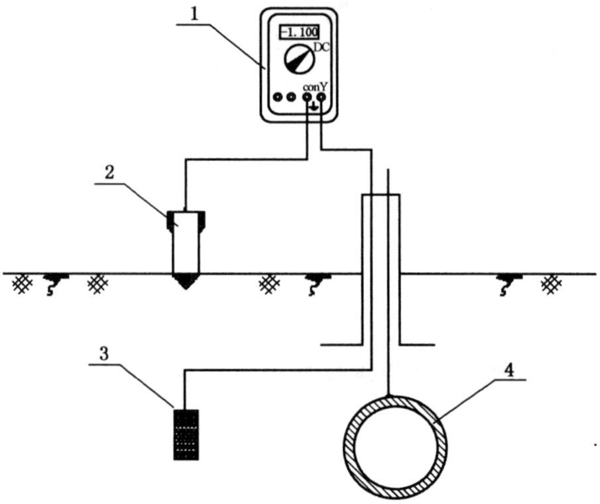

说明:

1——数字万用表;

2——参比电极;

3——牺牲阳极;

4——埋地管道。

图 I.1 牺牲阳极开路电位测量接线图

c) 将 CSE 放置在牺牲阳极埋设位置正上方的潮湿土壤上,应保证 CSE 底部与土壤接触良好;

d) 将数字万用表调至适宜的量程上,读取数据,作好电位值及极性记录,注明该电位值的名称；

e) 测量完成后将牺牲阳极与管道恢复连通。

I.2 闭路电位测试(牺牲阳极接入点管地电位)

I.2.1 适用范围

适用于牺牲阳极闭路电位测量。为消除牺牲阳极工作时产生的电位正偏移所引起的管地电位测量误差,可采用远参比法消除。

I.2.2 仪器

宜选用数字万用表:内阻不小于 10 MΩ,精度不低于 0.5 级;

参比电极:宜采用 CSE,并应符合下列要求:

a) 流过 CSE 的允许电流密度不大于 5 $\mu A/cm^2$;

b) 电位漂移不能超过 30 mV。

I.2.3 测量步骤

a) 远参比法的测量接线见图 I.2。

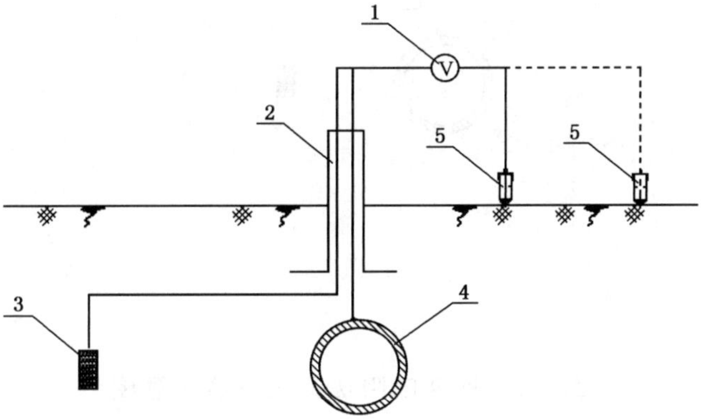

说明:

1——数字万用表;

2——测试桩;

3——牺牲阳极;

4——管道;

5——CSE。

图 I.2 远参比法测量接线图

b) 将 CSE 朝远离牺牲阳极的方向逐次安放在地表上,第一个安放点距管道测试点不小于 20 m,以后逐次移动 5 m。将数字万用表调至适宜的量程上,读取数据,作好电位值和极性记录,当相邻两个安放点测试的管地电位相差小于 2.5 mV 时,CSE 不再往远方移动,取最远处的管地电位值作为该测试点的管道对远方大地的电位值。

I.3 输出电流测试

I.3.1 标准电阻法

I.3.1.1 适用范围

当采用 0.1 Ω 或 0.01 Ω 标准电阻时，牺牲阳极(组)的输出电流采用标准电阻法。

I.3.1.2 仪器

宜选用数字万用表：内阻不小于 10 MΩ，精度不低于 0.5 级。

参比电极：宜采用 CSE，并应符合下列要求：

a) 流过 CSE 的允许电流密度不大于 5 $\mu A/cm^2$；

b) 电位漂移不能超过 30 mV。

I.3.1.3 测量步骤

a) 按图 I.3 接线。标准电阻的两个电流接线柱分别接到管道和牺牲阳极的接线柱上，两个电位接线柱分别接数字万用表，并将数字万用表置于 DC200 mV 量程。接入导线的总长度不大于 1 m，截面积不宜小于 2.5 mm^2。

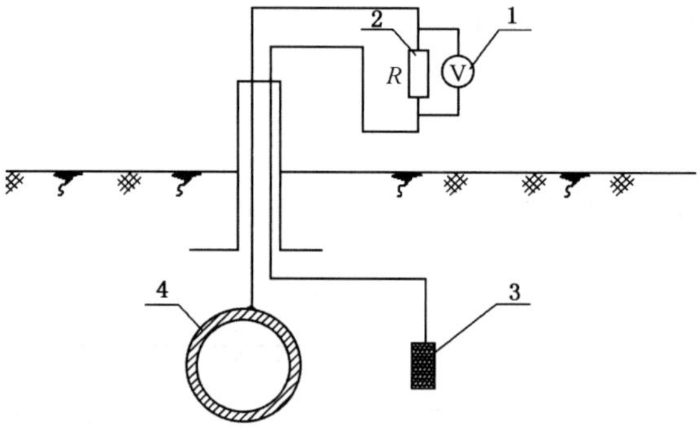

说明：

1——数字万用表；

2——标准电阻；

3——牺牲阳极；

4——埋地管道。

图 I.3 标准电阻法测试接线示意图

b) 标准电阻的阻值宜为 0.1 Ω，准确度为 0.02 级；为了获得更准确的测量结果，标准电阻可为0.01 Ω，此时采用的数字万用表，DC 电压量程的分辨率应不大于 0.01 mV。

I.3.1.4 牺牲阳极的输出电流按式(I.1)计算：

$$I=\frac{\Delta V}{R} \quad \cdots\cdots(\text{I.1})$$

式中：

I ——牺牲阳极(组)输出电流，单位为毫安(mA)；

ΔV ——数字万用表读数，单位为毫伏(mV)；

R ——标准电阻阻值，单位为欧姆(Ω)。

I.3.2 直测法

I.3.2.1 适用范围

当不采用 0.1 Ω 或 0.01 Ω 标准电阻时，牺牲阳极(组)的输出电流应采用直测法。

I.3.2.2 仪器

宜选用 $4\frac{1}{2}$位的数字万用表：内阻不小于 10 MΩ，精度不低于 0.5 级；

参比电极：宜采用 CSE，并应符合下列要求：

a） 流过 CSE 的允许电流密度不大于 5 $\mu A/cm^2$；

b） 电位漂移不能超过 30 mV。

I.3.2.3 测量步骤

a） 按图 I.4 连线；

b） 直测法应选用 $4\frac{1}{2}$位的数字万用表，用 DC.10 A 量程直接读出电流值。

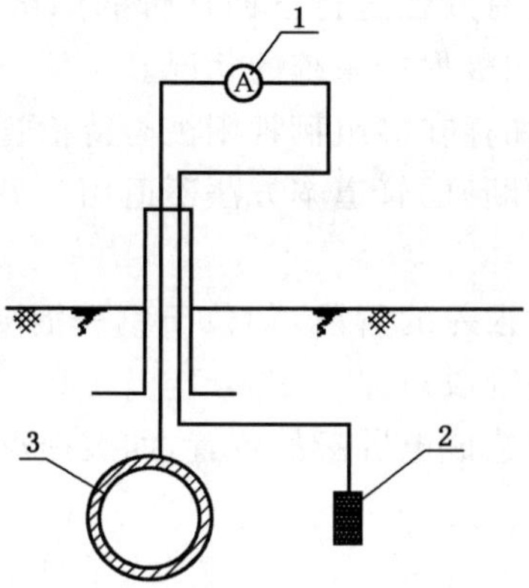

说明：

1——数字万用表；

2——牺牲阳极；

3——埋地管道。

图 I.4 直测法测试接线示意图

附 录 J
(规范性附录)
密间隔电位检测方法

J.1 适用范围

适用于管道阴极保护系统的有效性进行全面评价的测试。本方法可测得管道沿线的通电电位和断电电位,全面评价管线阴极保护系统的状况。

对保护电流不能同步中断(如存在多组牺牲阳极与待检管道直接相连,不可拆开,或待检管道的外部强制电流设备不能被中断)的管道本方法不适用。另外下列情况会使本方法应用困难或测量结果的准确性受到影响:

a) 管道上方覆盖物导电性很差的管段,如位于钢筋混凝土铺砌路面、沥青路面、冻土、含有大量岩石回填物下的管段;

b) 剥离防腐层下或绝缘物造成电屏蔽的位置,如破损点处外包覆或衬垫绝缘物的管道。

J.2 使用仪器

a) 密间隔电位测量仪/数字万用表;

b) 同步断续器;

c) 探管仪。

J.3 测量步骤

a) 测量简图见图 J.1。

b) 在测量之前,应确认阴极保护正常运行,管道已充分极化。

c) 同步断续器的连接。测量时,对测量区间有影响的阴极保护电源应安装电流同步断续器,并设置合理的通/断周期,同步误差小于 0.1 s。合理的通/断周期和断电时间设置原则是:断电时间应尽可能的短,但又应有足够长的时间在消除冲击电压影响后采集数据。断电期不宜大于 3 s,典型的通/断周期设置为:通电 12 s,断电 3 s。

d) 密间隔电位测量仪/数字万用表的连接。将长测量导线一端与密间隔电位测量仪主机(或与数字万用表)相连,另一端与测试桩连接,将一支 CSE 与密间隔电位测量仪主机(或与数字万用表)连接。

e) 打开密间隔电位测量仪主机,设置密间隔电位测量仪测量模式,设置与同步断续器保持同步运行的通/断循环时间与断电时间,并设置合理的断电电位测量延迟时间。典型的延迟时间设置宜为 50 ms~100 ms。

f) 当采用数字式万用表时,将仪器调至适宜的量程上,读取数据,读数应在通/断电 0.5 s 之后进行。

g) 测量时,利用探管仪对管道定位,保证 CSE 放置在管道的正上方。

h) 从测试桩开始,沿管线管顶地表以密间隔(一般是 1 m~3 m)逐次移动 CSE(数据采集间距可以根据实际需要确定),每移动一次就记录一组通电电位和一组断电电位,按此完成全线的测量。

i) 同时应使用米尺、GPS坐标测量或其他方法,确定CSE安放处的位置,应记录沿线的永久性标志、参照物等信息,并应对通电电位和断电电位异常位置处作好标志与记录。

j) 某段密间隔测量完成后,若当天不再测量,应通知阴极保护站维护人员恢复连续供电状态。

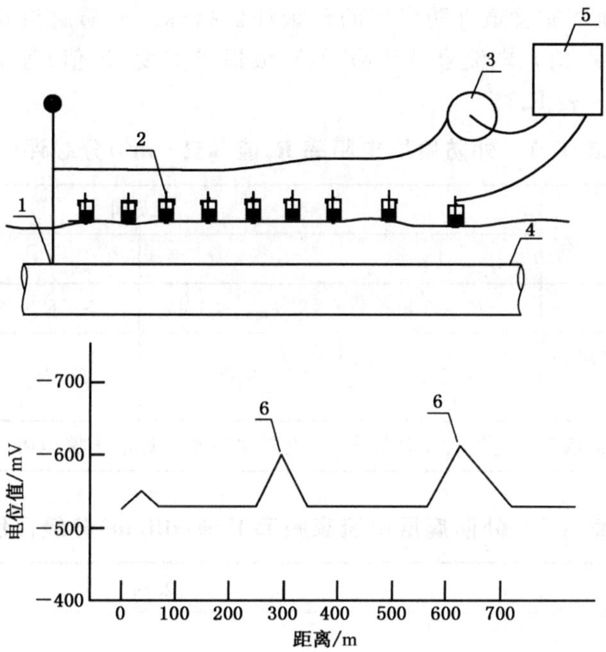

说明:

1——测试点;

2——参比电极位置;

3——电连线轴;

4——管道;

5——测量主机或数字万用表;

6——测量值。

图 J.1 密间隔电位测试简图

J.4 数据处理

a) 将现场测量数据输入到计算机中,进行数据处理分析;

b) 对每处的通电电位和断电电位,分别取其算术平均值,代表该测量点的通电电位和断电电位;

c) 以距离为横坐标、电位为纵坐标分别绘出测量段的通电电位和断电电位分布曲线图,在直流干扰和平衡电流影响可忽略不计地方,断电电位曲线代表阴极保护保护电位分布曲线。

附　录　K
(规范性附录)
埋地钢质管道外防腐层分级评价

本附录提出了埋地钢质管道外防腐层的分级评价指标。外防腐层状况不开挖检测评价可采用外防腐层电阻率(R_g值)、电流衰减率(Y 值)、破损点密度(P 值)等不开挖检测指标进行分析,评价指标见表 K.1～表 K.3。

表 K.1　外防腐层电阻率 R_g值(kΩ·m²)分级评价

防腐类型	级别			
	1	2	3	4
3LPE	$R_g \geqslant 100$	$20 \leqslant R_g < 100$	$5 \leqslant R_g < 20$	$R_g < 5$
硬质聚氨酯泡沫防腐保温层和沥青防腐层	$R_g \geqslant 10$	$5 \leqslant R_g < 10$	$2 \leqslant R_g < 5$	$R_g < 2$
注:本标准中 R_g值是基于线传输理论计算所得;电阻率是基于标准土壤电阻率 10 Ω·m。				

表 K.2　外防腐层电流衰减率 Y 值(dB/m)分级评价

外防腐层类型	管径/mm	级别			
		1	2	3	4
3LPE	323	$Y \leqslant 0.013$	$0.013 < Y \leqslant 0.06$	$0.06 < Y \leqslant 0.129$	$Y > 0.129$
	660	$Y \leqslant 0.02$	$0.02 < Y \leqslant 0.072$	$0.072 < Y \leqslant 0.158$	$Y > 0.158$
	813	$Y \leqslant 0.021$	$0.021 < Y \leqslant 0.078$	$0.078 < Y \leqslant 0.2$	$Y > 0.2$
硬质聚氨酯泡沫防腐保温层和沥青防腐层	219	$Y \leqslant 0.08$	$0.08 < Y \leqslant 0.11$	$0.11 < Y \leqslant 0.2$	$Y > 0.2$
	323	$Y \leqslant 0.093$	$0.093 < Y \leqslant 0.129$	$0.129 < Y \leqslant 0.216$	$Y > 0.216$
	529	$Y \leqslant 0.11$	$0.11 < Y \leqslant 0.15$	$0.15 < Y \leqslant 0.23$	$Y > 0.23$
	660	$Y \leqslant 0.112$	$0.112 < Y \leqslant 0.158$	$0.158 < Y \leqslant 0.24$	$Y > 0.24$
	813	$Y \leqslant 0.114$	$0.114 < Y \leqslant 0.2$	$0.2 < Y \leqslant 0.28$	$Y > 0.28$
	914	$Y \leqslant 0.15$	$0.15 < Y \leqslant 0.24$	$0.24 < Y \leqslant 0.3$	$Y > 0.3$

注 1:Y 是基于标准土壤电阻率 10 Ω·m 情况下的计算值,根据实际情况,在试验分析的基础上,分界点可以适当调整。

注 2:dB 值$=20|\lg(I_1/I_2)|$,I_1、I_2为相邻 2 个检测点的实测电流值,此电流值为在管道上施加 128 Hz 电流的检测值,仪器采用不同频率时,分级评价可参照执行。

注 3:位于两者之间的管径,采用插值法,位于表中所列范围之外的,参照上表最接近的管径执行,可据经验进行适当调整。

表 K.3 外防腐层破损点密度 P 值(处/100 m)分级评价

外防腐层类型	级别			
	1	2	3	4
3LPE	$P \leqslant 0.1$	$0.1 < P < 0.5$	$0.5 \leqslant P \leqslant 1$	$P > 1$
硬质聚氨酯泡沫防腐保温层和沥青防腐层	$P \leqslant 0.2$	$0.2 < P < 1$	$1 \leqslant P \leqslant 2$	$P > 2$

注:相邻最小距离不超过2倍管道中心埋深的两个破损点可当作一处。

附 录 L
(规范性附录)
埋地钢质管道腐蚀防护系统模糊综合评价

L.1 总则

本附录提出了基于埋地钢质管道外防腐层状况、阴极保护有效性、土壤腐蚀性、杂散电流干扰、排流保护效果全面检验基础上对腐蚀防护系统进行分级的模糊综合评价方法,包括基于层次分析与专家打分两种模糊综合评价方法。

L.2 基于层次分析法的模糊综合评价

L.2.1 评价步骤

L.2.1.1 建立模糊集

a) 建立因素集

依据影响埋地钢质管道腐蚀防护系统分级评价的五个因素:外防腐层状况 u_1、阴极保护有效性 u_2、土壤腐蚀性 u_3、杂散电流干扰 u_4、排流保护效果 u_5,建立因素集 $U=[u_i]=[u_1,u_2,u_3,u_4,u_5]$($i=1,2,3,4,5$),即:

$U=\{$外防腐层状况 u_1,阴极保护有效性 u_2、土壤腐蚀性 u_3,杂散电流干扰 u_4,排流效果 $u_5\}$。

因素集 $U=[u_i]$中各因素 u_i 的性能优劣分别由相应的评价指标进行评判,各因素 u_i 的评价指标见本标准相关章节。

b) 建立评价集

按本标准规定的埋地钢质管道腐蚀防护系统评价等级属性,建立评价集 V,即:

$$V=[v_j]=[v_1,v_2,v_3,v_4]=[1,2,3,4] \quad (j=1,2,3,4)$$

评价集中,各评价等级对应附录 M 中的表 M.1 的 4 个等级。

L.2.1.2 建立单因素评价矩阵

a) 评价向量

确定因素集 $U=[u_i]$中各因素 u_i 的评价指标对评价集 $V=[v_j]$中各评价等级 v_j 的隶属度值,建立单因素 u_i 的评价向量 $R_i=[r_{ivj}(x)]$($i=1,2,3,4$;$j=1,2,3,4$)。其中,$r_{ivj}(x)$为因素集中各因素 u_i 的隶属度函数,表示各因素 u_i 隶属于评价等级 v_j 的程度,其值在$[0,1]$上取值,见图 L.1,图中 x 为因素集中各因素 u_i 对应评价指标的实际检测值,x_1、x_2、x_3 为评价指标在本标准中进行等级划分时的指标值。在确定隶属度函数时,首先确定各评价指标的取值范围,即通过因素集中各单因素对应评价指标的评价标准来确定。由于本标准把因素集中各评价指标的分级定为 4 级,因此,各评价指标的取值范围划为 4 个区间,即$(-\infty,x_1]$、$(x_1,x_2]$、$(x_2,x_3]$、$(x_3,+\infty)$与$[x_3,+\infty)$、(x_2,x_3)、$(x_1,x_2]$、$(-\infty,x_1]$,分别对应评价指标值越小越安全与评价指标值越大越安全两种的情况。

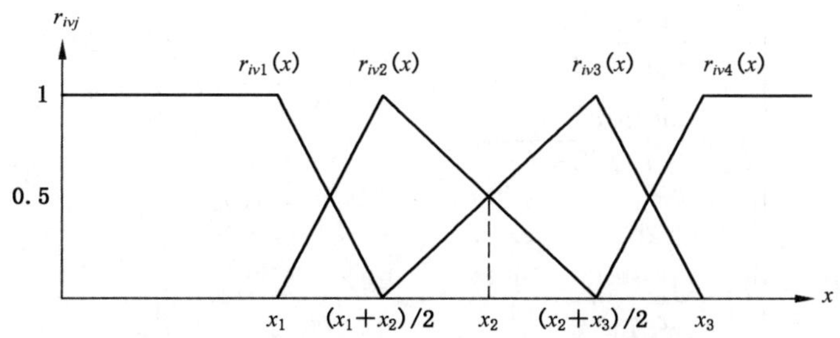

图 L.1 单因素评价矩阵隶属函数

1) 对于指标值越小越安全的情况,选取 4 个区间的 3 个端点值 x_1、x_2、x_3,并取两两端点的中点 $(x_1+x_2)/2$、$(x_2+x_3)/2$,建立降梯形分布函数 $r_{iv1}(x)$、升梯形分布函数 $r_{iv4}(x)$ 以及折线函数 $r_{iv2}(x)$、$r_{iv3}(x)$ 作为因素集中各因素的隶属度函数,即:

$$r_{iv1}(x)=\begin{cases}1 & x\leqslant x_1\\ \dfrac{x-(x_1+x_2)/2}{x_1-(x_1+x_2)/2} & x_1<x\leqslant (x_1+x_2)/2\\ 0 & \text{其他}\end{cases} \qquad \cdots\cdots(\text{L.1})$$

$$r_{iv2}(x)=\begin{cases}\dfrac{x-x_1}{(x_1+x_2)/2-x_1} & x_1\leqslant x\leqslant (x_1+x_2)/2\\ \dfrac{x-(x_2+x_3)/2}{(x_1+x_2)/2-(x_2+x_3)/2} & (x_1+x_2)/2<x\leqslant (x_2+x_3)/2\\ 0 & \text{其他}\end{cases} \qquad \cdots\cdots(\text{L.2})$$

$$r_{iv3}(x)=\begin{cases}\dfrac{x-(x_1+x_2)/2}{(x_2+x_3)/2-(x_1+x_2)/2} & (x_1+x_2)/2\leqslant x\leqslant (x_2+x_3)/2\\ \dfrac{x-x_3}{(x_2+x_3)/2-x_3} & (x_2+x_3)/2<x\leqslant x_3\\ 0 & \text{其他}\end{cases} \qquad \cdots\cdots(\text{L.3})$$

$$r_{iv4}(x)=\begin{cases}\dfrac{x-(x_2+x_3)/2}{x_3-(x_2+x_3)/2} & (x_2+x_3)/2\leqslant x\leqslant x_3\\ 1 & x>x_3\\ 0 & \text{其他}\end{cases} \qquad \cdots\cdots(\text{L.4})$$

2) 对于指标值越大越安全的情况,因素集中各因素的隶属度函数为

$$r_{iv1}(x)=\begin{cases}\dfrac{x-(x_2+x_3)/2}{x_3-(x_2+x_3)/2} & (x_2+x_3)/2\leqslant x\leqslant x_3\\ 1 & x>x_3\\ 0 & \text{其他}\end{cases} \qquad \cdots\cdots(\text{L.5})$$

$$r_{iv2}(x)=\begin{cases}\dfrac{x-(x_1+x_2)/2}{(x_2+x_3)/2-(x_1+x_2)/2} & (x_1+x_2)/2\leqslant x\leqslant (x_2+x_3)/2\\ \dfrac{x-x_3}{(x_2+x_3)/2-x_3} & (x_2+x_3)/2< x\leqslant x_3\\ 0 & \text{其他}\end{cases}$$

……(L.6)

$$r_{iv3}(x)=\begin{cases}\dfrac{x-x_1}{(x_1+x_2)/2-x_1} & x_1\leqslant x\leqslant (x_1+x_2)/2\\ \dfrac{x-(x_2+x_3)/2}{(x_1+x_2)/2-(x_2+x_3)/2} & (x_1+x_2)/2< x\leqslant (x_2+x_3)/2\\ 0 & \text{其他}\end{cases}$$

……(L.7)

$$r_{iv4}(x)=\begin{cases}1 & x\leqslant x_1\\ \dfrac{x-(x_1+x_2)/2}{x_1-(x_1+x_2)/2} & x_1\leqslant x\leqslant (x_1+x_2)/2\\ 0 & \text{其他}\end{cases}$$ ……(L.8)

b) 建立单因素评价矩阵

把因素集中各因素 u_i 对应评价指标的实际检测值 x 代入隶属函数,计算各单因素评价指标对评价集中 v_j 的隶属度值 $r_{ivi}(x)$,建立单因素评价矩阵 $R=[R_i]^{\mathrm{T}}=[r_{ivi}(x)]^{\mathrm{T}}$,即:

$$R=[R_i]^{\mathrm{T}}=[\mu_{ivj}(x)]^{\mathrm{T}}=\begin{bmatrix}r_{1v1}(x) & r_{1v2}(x) & r_{1v3}(x) & r_{1v4}(x)\\ r_{2v1}(x) & r_{2v2}(x) & r_{2v3}(x) & r_{2v4}(x)\\ r_{3v1}(x) & r_{3v2}(x) & r_{3v3}(x) & r_{3v4}(x)\\ r_{4v1}(x) & r_{4v2}(x) & r_{4v3}(x) & r_{4v4}(x)\\ r_{5v1}(x) & r_{5v2}(x) & r_{5v3}(x) & r_{5v4}(x)\end{bmatrix}$$

c) 单因素评价矩阵计算方法

首先依据本标准给出的单因素评价矩阵隶属函数,计算各单因素 u_i 的评价指标对各评价等级 v_j 的隶属度值 $r_{ivi}(x)$,建立单因素 u_i 的评价向量 $R_i=[r_{ivi}(x)]$。

1) 外防腐层状况 u_1:

在不开挖检验情况下进行外防腐层状况评价时,选择外防腐层绝缘电阻率(R_g 值)(分级标准见表 K.1)、电流衰减率(Y 值)(分级标准见表 K.2)、破损点密度(P 值)(分级标准见表 K.3)等评价指标中最具代表性的一个指标进行评价,通过根据隶属度函数计算其评价向量 $R_1=[r_{1v1}\ r_{1v2}\ r_{1v3}\ r_{1v4}]$。

在开挖检验情况下,以外观检查、漏点检测、外防腐厚度和粘结力中等级最差的一个作为开挖检验的评价指标进行评价。对于漏电检测,依据分级标准(分级标准见表 12),通过隶属度函数计算其评价向量 $R_1=[r_{1v1}\ r_{1v2}\ r_{1v3}\ r_{1v4}]$。对于外观检查、外防腐厚度和粘结力检测,由于没有明确的分级评价指标值,可将评价向量简化为 $R_1=[1\ 0\ 0\ 0]$、$[0\ 1\ 0\ 0]$、$[0\ 0\ 1\ 0]$、$[0\ 0\ 0\ 1]$,分别对应评价集中的 4 个等级(分级标准见表 13),依据实际检验结果直接选取其中一组向量;对于只有合格与不合格两种分级结果,依据检验结果直接选取 $R_1=[1\ 0\ 0\ 0]$或$[0\ 0\ 0\ 1]$,不需要计算隶属度。

2) 阴极保护有效性 u_2:通过测试阴保系统的管地保护电位以及计算阴极保护系统的保护率、保护度、运行率等评价指标来评价阴极保护的有效性,评价结果只有合格和不合格两种情况(评价标准见表 11),依据检验结果选取评价向量 $R_2=[1\ 0\ 0\ 0]$或$[0\ 0\ 0\ 1]$,分别对应评价集中的一级和四级,不需要计算隶属度。在进行评价时,管地保护电位、保护率、保护度、运行率中只要有一个评价指标不合格,评价结果即为不合格。

3) 土壤腐蚀性 u_3:对于土壤腐蚀性评价,首先依据 4.2 规定对土壤电阻率、管道自然腐蚀电位、氧化还原电位、土壤 pH 值、土壤质地、土壤含水率、土壤含盐量、土壤 Cl^- 含量等评价指标进行测试,根据测试结果依据表 1 分别计算上述 8 个评价指标的评价指标分数 $N_i(i=1,2,3,4,5,6,7,8)$及其和值 $N=\sum_{i=1}^{8}N_i$,然后依据表 2 给出的土壤腐蚀性分级标准,通过隶属度函数,计算土壤腐蚀性评价向量 $R_3=[r_{3v1}\ r_{3v2}\ r_{3v3}\ r_{3v4}]$。如果评价土壤腐蚀性的 8 个检测指标不全时,可根据实际情况估算一个缺项检测指标的评价分数 N_i。

4) 杂散电流干扰 u_4:对于直流干扰时,以实际检测的管地电位较自然电位正向偏移值或土壤表面的地电位梯度值(评价标准见表 4)作为评价指标进行评价,根据隶属度函数计算其评价向量 $R_4=[r_{4v1}\ r_{4v2}\ r_{4v3}\ r_{4v4}]$。对于交流干扰,以管道交流干扰电压和交流电流密度作为评价指标进行评价,当管道上任意一点上的交流干扰电压都小于 4 V 时,可认为不存在交流干扰,评价向量直接选取 $R_4=[1\ 0\ 0\ 0]$,可不采取交流干扰防护措施;高于此值时采用交流密度(评价标准见表 5)作为评价指标,并根据隶属度函数计算其评价向量 R_4。对于发现有杂散电流干扰,但又无法判断是直流或交流干扰时,通过实际检测管地电位波动值或感应电流波动值(评价标准见表 6)作为评价指标,并根据隶属度函数计算其评价向量 R_4。

注:在通过隶属度函数计算评价向量时,由于表 4、表 5、表 6 给出的评价标准只有"弱、中、强"3 级,即评价指标的取值范围只有$(-\infty,a)$、$[a,b]$、$(b,+\infty)$3 个区间,为能够使用本附录给出的隶属度函数计算评价指标的评价向量,通过插值法将$[a,b]$区间等分成$[a,(a+b)/2)$、$[(a+b)/2,b]$两个区间,从而将评价指标的取值范围扩展成$(-\infty,a)$、$[a,(a+b)/2)$、$[(a+b)/2,b]$、$(b,+\infty)$4 个区间,分别对应"弱、较弱、较强、强"4 个等级,并按照指标值越小越安全的情况,选择相应的隶属度函数计算因素 u_4 的评价向量 R_4。

5) 排流保护效果 u_5:对于直流排流保护效果评价,根据实际检测的干扰时的管地电位,通过计算其电位平均值进行评价(评价标准见表 14);对于交流排流保护效果评价,通过实际检测被测管道周围土壤电阻率的值,再根据管道交流干扰电压(土壤电阻率≤25 Ω·m)与交流电流密度(土壤电阻率>25 Ω·m)进行排流效果评价(评价标准见表 15);不管是直流排流保护效果评价,还是交流排流保护效果评价,评价结果只有合格与不合格两种情况,因此,其评价向量取 $R_5=[1\ 0\ 0\ 0]$或 $R_5=[0\ 0\ 0\ 1]$,分别对应评价集中的一级和四级,不需要计算隶属度。

依据上述计算出的单因素评价向量,建立埋地钢质管道腐蚀防护系统的单因素评判矩阵 $R=[R_i]^T=[r_{ivi}(x)]$,即:

$$R=[R_i]^{T}=\begin{bmatrix}R_1\\R_2\\R_3\\R_4\\R_5\end{bmatrix}=\begin{bmatrix}r_{1v1}(x) & r_{1v2}(x) & r_{1v3}(x) & r_{1v4}(x)\\ r_{2v1}(x) & r_{2v2}(x) & r_{2v3}(x) & r_{2v4}(x)\\ r_{3v1}(x) & r_{3v2}(x) & r_{3v3}(x) & r_{3v4}(x)\\ r_{4v1}(x) & r_{4v2}(x) & r_{4v3}(x) & r_{4v4}(x)\\ r_{5v1}(x) & r_{5v2}(x) & r_{5v3}(x) & r_{5v4}(x)\end{bmatrix}$$

L.2.1.3 基于层次分析法确定评价指标的权重

L.2.1.3.1 构造判断矩阵

应用层次分析法(Analytical Hierarchy Process,简称“AHP”法)确定因素集$U=[u_i]$中各因素u_i在评判埋地钢质管道腐蚀防护系统等级时所占的权重大小W_i,建立评价指标的权重向量$W=(W_1\ W_2\ W_3\ W_4\ W_5)$。首先需要对因素集$U=[u_i]$中各因素$u_i$进行两两比较,建立判断矩阵$B$,即:

$$B=[b_{ij}]=\begin{bmatrix}b_{11} & b_{12} & b_{13} & b_{14} & b_{15}\\ b_{21} & b_{22} & b_{23} & b_{24} & b_{25}\\ b_{31} & b_{32} & b_{33} & b_{34} & b_{35}\\ b_{41} & b_{42} & b_{43} & b_{44} & b_{45}\\ b_{51} & b_{52} & b_{53} & b_{54} & b_{55}\end{bmatrix}\qquad (i,j=1,2,3,4,5)$$

判断矩阵的结构如表 L.1 所示。

表 L.1 构造的判断矩阵 *B*

B	u_1	u_2	u_3	u_4	u_5
u_1	b_{11}	b_{12}	b_{13}	b_{14}	b_{15}
u_2	b_{21}	b_{22}	b_{23}	b_{24}	b_{25}
u_3	b_{31}	b_{32}	b_{33}	b_{34}	b_{35}
u_4	b_{41}	b_{42}	b_{43}	b_{44}	b_{45}
u_5	b_{51}	b_{52}	b_{53}	b_{54}	b_{55}

判断矩阵$B=(b_{ij})_{5\times5}$具有下述性质:

$$b_{ij}>0,b_{ij}=\frac{1}{b_{ji}},b_{ii}=1\quad(i,j=1,2,3,4,5)\qquad\cdots\cdots(L.9)$$

其中,b_{ij}代表因素u_i与u_j相互之间重要性的比例标度,其值反映了因素集中各因素u_i之间的相对重要性,采用1～9比例标度对各因素u_i之间的相对重要性程度进行赋值,赋值原则如表 L.2 所示,其标度由专家根据实际检验结果判定两两因素之间的重要性并赋值。

表 L.2 判断矩阵标度及其含义

标度	含　义
1	表示两个因素相比,具有同等重要性
3	表示两个因素相比,前者比后者稍微重要
5	表示两个因素相比,前者比后者明显重要

表 L.2(续)

标度	含　义
7	表示两个因素相比,前者比后者强烈重要
9	表示两个因素相比,前者比后者极端重要
2,4,6,8	表示上述相邻判断的中间值
倒数	因素 u_i、u_j 的重要性之比为 b_{ij},因素 u_i、u_j 的重要性之比为 $b_{ji}=1/b_{ij}$

L.2.1.3.2　计算权重值 W

采用方根法计算判断矩阵 $B=(b_{ij})_{5\times5}$ 的最大特征根 $\lambda_{\max}$,$\lambda_{\max}$所对应的判断矩阵 B 的特征向量即为因素集 $U=[u_i]$中各因素 u_i 的权重值,其计算步骤如下:

a)　计算判断矩阵 $B=(b_{ij})_{5\times5}$ 每一行各元素的乘积 M_i:

$$M_i=\prod_{j=1}^{5}b_{ij} \qquad \cdots\cdots(\text{L.10})$$

b)　计算乘积 M_i 的 5 次方根 $\overline{W}_i$:

$$\overline{W}_i=\sqrt[5]{M_i} \qquad \cdots\cdots(\text{L.11})$$

c)　对向量 $\overline{W}=(\overline{W}_i)=(\overline{W}_1\ \overline{W}_2\ \overline{W}_3\ \overline{W}_4\ \overline{W}_5)^{\mathrm{T}}$ 进行正规化:

$$W_i=\frac{\overline{W}_i}{\sum_{i=1}^{5}\overline{W}_i} \qquad \cdots\cdots(\text{L.12})$$

所得 $W=(W_1\ W_2\ W_3\ W_4\ W_5)^{\mathrm{T}}$ 即为 $\lambda_{\max}$所对应的特征向量,亦即因素集 $U=[u_i]$中各因素 u_i 的权重值。

d)　计算判断矩阵 $B=(b_{ij})_{5\times5}$ 的最大特征根 $\lambda_{\max}$:

$$\lambda_{\max}=\sum_{i=1}^{5}\frac{(BW)_i}{5W_i} \qquad \cdots\cdots(\text{L.13})$$

式中,$(BW)_i$ 表示向量 BW 的第 i 分量。

L.2.1.3.3　一致性检验

计算出判断矩阵 $B=(b_{ij})_{5\times5}$ 的最大特征根 $\lambda_{\max}$后,需要检验判断矩阵 B 的一致性是否满足要求,首先定义一致性指标 CI,即:

$$\mathrm{CI}=\frac{\lambda_{\max}-5}{4} \qquad \cdots\cdots(\text{L.14})$$

将 CI 与平均随机一致性指标 RI(见表 L.3)进行比较。

表 L.3　1～9 阶矩阵的平均随机一致性指标

阶数	1	2	3	4	5	6	7	8	9
RI	0.00	0.00	0.58	0.90	1.12	1.24	1.32	1.41	1.45

然后,检验判断矩阵 B 的随机一致性比例 CR=CI/RI,由于本判断矩阵 B 的阶数为 5 阶,则 CR=CI/1.12。若 CR<0.10,判断矩阵 B 具有满意的一致性;否则,需要重新调整判断矩阵 B 中的

标度,即两两因素比较的值。

L.2.1.4 腐蚀防护系统模糊综合评价

腐蚀防护系统的综合评价结果 A,即:

$$A = W \cdot R = (W_1, W_2, W_3, W_4, W_5) \cdot \begin{bmatrix} R_1 \\ R_2 \\ R_3 \\ R_4 \\ R_5 \end{bmatrix}$$

$$= (W_1, W_2, W_3, W_4, W_5) \cdot \begin{bmatrix} r_{1v1}(x) & r_{1v2}(x) & r_{1v3}(x) & r_{1v4}(x) \\ r_{2v1}(x) & r_{2v2}(x) & r_{2v3}(x) & r_{2v4}(x) \\ r_{3v1}(x) & r_{3v2}(x) & r_{3v3}(x) & r_{3v4}(x) \\ r_{4v1}(x) & r_{4v2}(x) & r_{4v3}(x) & r_{4v4}(x) \\ r_{5v1}(x) & r_{5v2}(x) & r_{5v3}(x) & r_{5v4}(x) \end{bmatrix} \quad \cdots\cdots(\text{L.15})$$

经过模糊计算得到的腐蚀防护系统综合评价结果 $A=[a_j](j=1,2,3,4)$,具有一定的模糊性,为了能准确评价腐蚀防护系统的状况,对评价集 $V=[v_j]=[v_1,v_2,v_3,v_4]$中的评价等级 v_j 采用百分制记分的方法进行量化处理,即用评语 $90\leqslant c_1\leqslant 100$(代表一级 v_1)、$80\leqslant c_2<90$(代表二级 v_2)、$70\leqslant c_3<80$(代表三级 v_3)、$60\leqslant c_4<70$(代表四级 v_4)表示,从而得到评语的分数向量 $C=[c_i]=[c_1,c_2,c_3,c_4]$,计算评语得分:

$$S = \frac{1}{\sum_{j=1}^{4} a_j} AC^{\mathrm{T}} = \frac{\sum_{j=1}^{4} a_j c_j}{\sum_{j=1}^{4} a_j} \quad \cdots\cdots(\text{L.16})$$

由于各评语得分为一区间,通过计算评语的高、中、低得分 S_{h}、S_{m}、S_{l},用它们的平均值 $\bar{S}$ 作为评价管道腐蚀防护系统状况等级的依据,即:

$$S_k = \frac{\sum_{i=1}^{4} a_i c_{ki}}{\sum_{i=1}^{4} a_i} \quad (k = \mathrm{h,m,l}) \quad \cdots\cdots(\text{L.17})$$

$$\bar{S} = \frac{S_{\mathrm{h}} + S_{\mathrm{m}} + S_{\mathrm{l}}}{3} \quad \cdots\cdots(\text{L.18})$$

式中:

$k=\mathrm{h,m,l}$ ——分别代表评价等级分数的高、中、低;

$C_{\mathrm{h}i}$ ——区间上限组成的评语分数向量,$C_{\mathrm{h}i}=(c_{\mathrm{h1}},c_{\mathrm{h2}},c_{\mathrm{h3}},c_{\mathrm{h4}})=(100,89,79,69)$;

$C_{\mathrm{m}i}$ ——区间中间向量组成的评语分数向量,$C_{\mathrm{m}i}=(c_{\mathrm{m1}},c_{\mathrm{m2}},c_{\mathrm{m3}},c_{\mathrm{m4}})=(95,85,75,65)$;

$C_{\mathrm{l}i}$ ——区间下限组成的评语分数向量,$C_{\mathrm{l}i}=(c_{\mathrm{l1}},c_{\mathrm{l2}},c_{\mathrm{l3}},c_{\mathrm{l4}})=(90,80,70,60)$。

最后,由计算出的 $\bar{S}$ 值所在评语区间 $c_j(j=1,2,3,4)$对应的评语作为评定腐蚀防护系统等级的依据。

L.3 基于专家打分法的模糊综合评价

L.3.1 评价步骤

L.3.1.1 建立模糊集

依据影响埋地钢质管道腐蚀防护系统分级的5个因素:外防腐层状况 u_1、阴极保护有效性 u_2、土壤腐蚀性 u_3、杂散电流干扰 u_4、排流保护效果 u_5,建立因素集 $U=[u_i]=[u_1,u_2,u_3,u_4,u_5](i=1,2,3,4,5)$,因素集 $U=[u_i]$ 中各因素 u_i 的性能优劣分别由相应的评价指标进行评判。

依据腐蚀防护系统的等级属性,将埋地钢质管道的腐蚀防护系统分为4级,建立评价集 $V=[v_i]=[v_1,v_2,v_3,v_4]=[1,2,3,4](j=1,2,3,4)$。

L.3.1.2 建立单因素评价矩阵

依据专家打分法建立单因素评价矩阵。选取一定数量的专家,针对因素集 $U=[u_i]$ 中的各因素 u_i 对应评价指标的检测值(对于单个因素 u_i 有多个评价指标的情况,选取最具代表性的一个评价指标),依据各评价指标对应的评价标准,通过统计分析的方法,确定外防腐层状况 u_1、阴极保护有效性 u_2、土壤腐蚀性 u_3、杂散电流干扰 u_4、排流保护效果 u_5 各因素相对于评价集 V 中各等级 v_j 的隶属度。设专家总数为 M,对某一因素 u_i 评级为 v_i 的专家数为 N_{ij},则因素 u_i 隶属于等级 v_i 的隶属度为:

$$r_{ivj}(x)=\frac{N_{ij}}{M},(i=1,2,3,4,5;j=1,2,3,4) \quad\cdots\cdots\cdots\cdots(\text{L.19})$$

由此得到埋地钢质管道腐蚀防护系统的单因素评价向量 $R_i=[r_{iv1},r_{iv2},r_{iv3},r_{iv4}]$,从而建立单因素评价矩阵 R,即:

$$R=[R_i]^{\mathrm{T}}=[R_1,R_2,R_3,R_4,R_5]^{\mathrm{T}}=\begin{bmatrix} r_{1v1}(x) & r_{1v2}(x) & r_{1v3}(x) & r_{1v4}(x) \\ r_{2v1}(x) & r_{2v2}(x) & r_{2v3}(x) & r_{2v4}(x) \\ r_{3v1}(x) & r_{3v2}(x) & r_{3v3}(x) & r_{3v4}(x) \\ r_{4v1}(x) & r_{4v2}(x) & r_{4v3}(x) & r_{4v4}(x) \\ r_{5v1}(x) & r_{5v2}(x) & r_{5v3}(x) & r_{5v4}(x) \end{bmatrix} \quad\cdots\cdots(\text{L.20})$$

L.3.1.3 基于专家打分法确定评价指标的权重

由专家打分法确定因素集 $U=[u_i]$ 中各因素 u_i 在评判埋地钢质管道腐蚀防护系统等级时所占的权重大小 W_i,建立评价指标的权重向量 $W=(W_1\ W_2\ W_3\ W_4\ W_5)$。

选取一定数量的专家,依据埋地钢制管道腐蚀防护系统的实际检测结果,针对各因素 u_i 在评定埋地钢质腐蚀防护系统状况等级时的重要程度进行打分。设专家总数为 M,认为因素 u_i 的重要程度最大的专家数为 N_i,则因素 u_i 在评判埋地钢质管道腐蚀防护系统等级时所占的权重大小 $\overline{W}_i$ 为:

$$\overline{W}_i=\frac{N_i}{M},(i=1,2,3,4,5) \quad\cdots\cdots\cdots\cdots(\text{L.21})$$

对权重 $\overline{W}_i$ 进行归一化处理,则有:

$$W_i=\frac{\overline{W}_i}{\sum_{i=1}^{5}\overline{W}_i} \quad\cdots\cdots\cdots\cdots(\text{L.22})$$

因此，各因素 u_i 在评判埋地钢质管道腐蚀防护系统等级时的权重向量 $W=(W_1\ W_2\ W_3\ W_4\ W_5)$。

L.3.1.4 腐蚀防护系统模糊综合评价

计算腐蚀防护系统的评价结果 A，即：

$$A=W\cdot R=(W_1,W_2,W_3,W_4,W_5)\cdot\begin{bmatrix}R_1\\R_2\\R_3\\R_4\\R_5\end{bmatrix}=[a_1,a_2,a_3,a_4] \quad \cdots\cdots(\text{L.23})$$

由此，得到评价对象隶属于各个评价等级的隶属度向量 $A=[a_j](j=1,2,3,4)$，腐蚀防护系统等级进行评判的具体方法与 L.2.1.4 相同。

附　录　M
(规范性附录)
埋地钢质管道腐蚀防护系统分级

按7.3.5的要求,检验完成后应根据检测结果进行腐蚀防护系统综合评价,并给出相应等级,腐蚀防护系统的综合评价分为4个等级,见表M.1。

表M.1　埋地钢质管道腐蚀防护系统分级

等级	评语 c_j 分值区间	分级属性及检验周期
1	$90 \leqslant c_1 \leqslant 100$	腐蚀防护系统功能完好,满足设计要求,在6年的检验周期内能有效使用
2	$80 \leqslant c_2 < 90$	腐蚀防护系统基本完好,但存在一些不影响防护效果的缺陷,能基本满足设计要求,3年~6年的检验周期内能使用
3	$70 \leqslant c_3 < 80$	腐蚀防护系统整体状况较差,存在缺陷,不能完全满足设计要求,在使用单位采取适当措施后,可在1年~3年检验周期内在限定的条件下使用
4	$60 \leqslant c_4 < 70$	腐蚀防护系统缺陷严重,不能满足设计要求,不能有效防止金属管体腐蚀,使用单位应立即采取重大维修

附 录 N
(资料性附录)
埋地钢质管道腐蚀防护系统模糊综合评价算例

N.1 算例概述

本附录提出了基于埋地钢质管道外防腐层状况、阴极保护有效性、土壤腐蚀性、杂散电流干扰、排流保护效果全面检验基础上对腐蚀防护系统进行分级的模糊综合评价方法，包括基于层次分析和专家打分法两种综合评价方法。

以上海某化工厂高压丙烯管道为例对本标准提出的模糊综合评价方法进行举例说明。选取的埋地管段采用石油沥青外覆盖以及牺牲阳极阴极保护措施，埋地管段的土壤质地为沙土，通过对该段埋地管道的外防腐层状况、阴极保护有效性、土壤腐蚀性、杂散电流干扰、排流保护效果进行不开挖全面检验，依据检验结果对该段埋地钢质管道的腐蚀防护系统进行综合评判，并给出评价等级。

沿着管段每隔 50 m～100 m 的距离测量评价土壤腐蚀性的检测指标，选取 8 个点，检测结果如表 N.1 所示。该段管道的外防腐层状况通过绝缘电阻率和破损点密度进行评价，其检测结果如表 N.2 所示。

表 N.1 土壤腐蚀性检测结果

检测指标	实测点的数值							
	1	2	3	4	5	6	7	8
土壤电阻率/(Ω·m)	123.4	136.5	112.6	153.8	258.4	56.5	86.7	42.9
氧化还原电位/mV	539.0	577.7	592.1	573.0	542.6	594.8	610.6	643.6
管地自然电位/−mV	335	450	471	498	333	465	448	450
pH 值	8.03	8.08	7.86	7.68	8.06	8.10	8.04	8.02
土壤含水量/%	15.4	20.5	16.8	17.6	18.5	8.45	9.23	14.8
土壤含盐量/%	0.09	0.11	0.12	0.21	0.25	0.16	0.13	0.06
Cl^-/%	0.03	0.05	0.036	0.028	0.037	0.019	0.023	0.015

表 N.2 外防腐层绝缘电阻率和破损点密度检测结果

检测指标	实测点的数值							
	1	2	3	4	5	6	7	8
外防腐层电阻率/(kΩ·m^2)	3.4	5.2	7.8	1.2	2.3	8.4	6.5	3.2
破损点密度	该管段全长 575 m，破损点 21 个，平均 3.6 个/100 m							

由于该段管道的埋设靠近城铁附近，杂散电流干扰主要为直流干扰，现场采用地电位梯度作为检测参量，杂散电流干扰与阴极保护效果检测结果如表 N.3 所示；管道排流采用直接向干扰源排流，检测时每隔 100 m 布置一个测试点，每隔 30 min 测量一次管地电位，通过检测得到

干扰时的管地电位及计算出的电位平均值比如表 N.3 所示。

表 N.3 杂散电流、阴极保护、排流保护实际检测结果

影响因素		每段管线上的实际检测值							
		1	2	3	4	5	6	7	8
杂散电流干扰/(mV/m)		0.8	0.6	1.0	0.4	0.7	1.6	1.2	0.5
阴极保护状况	阴极保护运行率/%	100	98	99	100	100	98	98	100
	阴极保护率/%	20	30	50	85	75	80	86	90
排流保护效果	干扰时的管地电位/V	12.3	11.5	8.7	9.3	4.8	7.6	6.6	10.8
	电位平均值比 η_V/%	96	90	88	95	86	74	93	97

下面以检测点 4 为例对本标准提出的模糊综合评价方法进行举例说明。

N.2 基于层次分析法的模糊综合评价

N.2.1 评价步骤

N.2.1.1 建立模糊集

a) 建立因素集

依据影响埋地钢质管道腐蚀防护系统分级评价的五个因素:外防腐层状况、阴极保护有效性、土壤腐蚀性、杂散电流干扰、排流保护效果,建立因素集 $U=[u_i]=[u_1,u_2,u_3,u_4,u_5]$$(i=1,2,3,4,5)$,即:

$U=\{$外防腐层状况 u_1,阴极保护有效性 u_2,土壤腐蚀性 u_3,杂散电流干扰 u_4,排流效果 $u_5\}$

b) 建立评价集

按本标准规定的埋地钢质管道腐蚀防护系统评价等级属性(见表 M.1),建立评价集 V,即:

$$V=[v_j]=[v_1,v_2,v_3,v_4]=[1,2,3,4] \quad (j=1,2,3,4)$$

N.2.1.2 建立单因素评价矩阵

a) 建立单因素评价矩阵

把因素集中各因素 u_i 对应评价指标的实际检测值 x 代入隶属函数,计算各单因素评价指标对评价集中 v_j 的隶属度值 $r_{ivj}(x)$,建立单因素评价矩阵 $R=[R_i]^T=[r_{ivj}(x)]^T$,即:

$$R=[R_i]^T=[r_{ivj}(x)]^T=\begin{bmatrix} r_{1v1}(x) & r_{1v2}(x) & r_{1v3}(x) & r_{1v4}(x) \\ r_{2v1}(x) & r_{2v2}(x) & r_{2v3}(x) & r_{2v4}(x) \\ r_{3v1}(x) & r_{3v2}(x) & r_{3v3}(x) & r_{3v4}(x) \\ r_{4v1}(x) & r_{4v2}(x) & r_{4v3}(x) & r_{4v4}(x) \\ r_{5v1}(x) & r_{5v2}(x) & r_{5v3}(x) & r_{5v4}(x) \end{bmatrix}$$

b) 单因素评价矩阵计算方法

首先依据本标准给出的单因素评价矩阵隶属函数,计算各单因素 u_i 的评价指标对各评价等级 v_j 的隶属度值 $r_{ivi}(x)$,建立单因素 u_i 的评价向量 $R_i=[r_{ivi}(x)]$。

1) 外防腐层状况 u_1

在非开挖检验情况下对外防腐层状况进行评价,选取外防腐层绝缘电阻率为评价指标,外防腐层为石油沥青,根据表 N.2 给出的检测数据以及外防腐层绝缘电阻率分级标准(见表 K.1)可知:$x=1.2$、$x_1=2$、$x_2=5$、$x_3=10$。

由式(L.5)～式(L.8)给出的隶属函数,计算外防腐层状况 u_1 对各评价等级 v_j 的隶属度值 $r_{1vj}(x)$,即:

$$r_{1v1}(x)=0$$

$$r_{1v2}(x)=0$$

$$r_{1v3}(x)=0$$

$$r_{1v4}(x)=1$$

因此,单因素 u_1 的评价向量为:$R_1=[0\ 0\ 0\ 1]$。

2) 阴极保护有效性 u_2

由于阴极保护方式采用牺牲阳极保护,根据表 N.3 给出的检测数据可知:保护电位为-950 mV,保护率为 100%,保护度为 86%,由阴极保护有效性评价标准(见表 11),选取单因素 u_2 的评价向量为 $R_2=[1\ 0\ 0\ 0]$。

3) 土壤腐蚀性 u_3

根据表 N.1 给出的土壤腐蚀性检测数据以及 4.2 表 1 给出的评价标准,计算评价土壤腐蚀性 8 个检测指标的评价分数 $N_i(i=1,2,3,4,5,6,7,8)$ 及其和值 $N=\sum_{i=1}^{8}N_i$,得到 $N_1=0$、$N_2=3$、$N_3=0$、$N_4=1$、$N_5=2.5$、$N_6=5.5$、$N_7=2$、$N_8=1$ 以及 $N=15$,依据表 2 给出的土壤腐蚀性分级标准可知,土壤腐蚀性等级为三级,且 $x=15$、$x_1=5$、$x_2=11$、$x_3=19$,由式(L.1)～式(L.4)给出的隶属函数,计算土壤腐蚀性 u_3 对各评价等级 v_j 的隶属度值 $r_{3vj}(x)$,即:

$$r_{3v1}(x)=0$$

$$r_{3v2}(x)=\frac{x-(x_2+x_3)/2}{(x_1+x_2)/2-(x_2+x_3)/2}=\frac{15-(11+19)/2}{(5+11)/2-(11+19)/2}=0$$

$$r_{3v3}(x)=\frac{x-(x_1+x_2)/2}{(x_2+x_3)/2-(x_1+x_2)/2}=\frac{15-(5+11)/2}{(11+19)/2-(5+11)/2}=1$$

$$r_{3v4}(x)=0$$

因此,单因素 u_3 的评价向量为 $R_3=[0\ 0\ 1\ 0]$。

4) 杂散电流干扰 u_4

由于杂散电流干扰为直流干扰,根据表 N.3 给出的土壤表面地电位梯度检测数据以及直流干扰程度评价标准(见表 4),通过区间扩展,将评价指标的取值范围扩展成$(-\infty,0.5)$、$[0.5,2.75)$、$[2.75,5]$、$(5,+\infty)$4 个区间,可知 $x=0.4$、$x_1=0.5$、$x_2=2.75$、$x_3=5$,通过选择指标越小越安全的那组隶属度函数,由式(L.1)～式(L.4)计算杂散电流干扰 u_4 对各评价等级 v_j 的隶属度值 $r_{4vj}(x)$,即:

$$r_{iv1}(x)=1$$

$$r_{iv2}(x)=0$$

$$r_{iv3}(x)=0$$

$$r_{iv4}(x)=0$$

因此,单因素 u_4 的评价向量为:$R_4=[1\ 0\ 0\ 0]$。

5) 排流保护效果 u_5

由于排流方式为直接向干扰源排流,根据表 N.3 给出的排流保护检测数据可知:干扰时的管地电位为 9.3 V,电位平均值比 η_V 为 95%,直流排流保护效果评价标准(评价标准见表 14),选取单因素 u_5 的评价向量为:$R_5=[1\ 0\ 0\ 0]$。

由上述计算出的单因素评价向量 R_i,建立单因素评价矩阵 R 为:

$$R=[R_i]^T=\begin{bmatrix}R_1\\R_2\\R_3\\R_4\\R_5\end{bmatrix}=\begin{bmatrix}0&0&0&1\\1&0&0&0\\0&0&1&0\\1&0&0&0\\1&0&0&0\end{bmatrix}$$

N.2.1.3 基于层次分析法确定评价指标的权重

N.2.1.3.1 构造判断矩阵

应用层次分析法确定因素集 $U=[u_i]$中各因素 u_i 在评判埋地钢质管道腐蚀防护系统等级时所占的权重大小 W_i,建立评价指标的权重向量 $W=(W_1\ W_2\ W_3\ W_4\ W_5)$。

依据实际检测数据以及表 M.2 给出的判断矩阵标度表,通过对因素集 $U=[u_i]$中各因素 u_i进行两两比较,对各因素 u_i之间的相对重要性程度进行赋值,给出判断矩阵 B 的标度值如表 N.4 所示。

表 N.4 判断矩阵 B 的标度值

B	u_1	u_2	u_3	u_4	u_5
u_1	1	2	3	5	3
u_2	1/2	1	4	3	2
u_3	1/3	1/4	1	2	1/2
u_4	1/5	1/3	1/2	1	1/3
u_5	1/3	1/2	2	3	1

从而,构造判断矩阵 B,即:

$$B=[b_{ij}]=\begin{bmatrix}b_{11}&b_{12}&b_{13}&b_{14}&b_{15}\\b_{21}&b_{22}&b_{23}&b_{24}&b_{25}\\b_{31}&b_{32}&b_{33}&b_{34}&b_{35}\\b_{41}&b_{42}&b_{43}&b_{44}&b_{45}\\b_{51}&b_{52}&b_{53}&b_{54}&b_{55}\end{bmatrix}=\begin{bmatrix}1&2&3&5&3\\\frac{1}{2}&1&4&3&2\\\frac{1}{3}&\frac{1}{4}&1&2&\frac{1}{2}\\\frac{1}{5}&\frac{1}{3}&\frac{1}{2}&1&\frac{1}{3}\\\frac{1}{3}&\frac{1}{2}&2&3&1\end{bmatrix}$$

N.2.1.3.2 计算权值

采用方根法计算判断矩阵 B 的最大特征根 λ_{max}及其对应的特征向量 W,并进行一致性检验。其计算步骤如下：

a） 计算判断矩阵 $B=(b_{ij})_{5\times 5}$ 每一行各元素的乘积 M_i，由计算公式 $M_i=\prod_{j=1}^{n} b_{ij}$ 可得：

$$M_1=b_{11}b_{12}b_{13}b_{14}b_{15}=1\times 2\times 3\times 5\times 3=90$$

$$M_2=b_{21}b_{22}b_{23}b_{24}b_{25}=\frac{1}{2}\times 1\times 4\times 3\times 2=12$$

$$M_3=b_{31}b_{32}b_{33}b_{34}b_{35}=\frac{1}{3}\times\frac{1}{4}\times 1\times 2\times\frac{1}{2}=0.083\ 3$$

$$M_4=b_{41}b_{42}b_{43}b_{44}b_{45}=\frac{1}{5}\times\frac{1}{3}\times\frac{1}{2}\times 1\times\frac{1}{3}=0.011\ 1$$

$$M_5=b_{51}b_{52}b_{53}b_{54}b_{55}=2\times 3\times\frac{1}{3}\times\frac{1}{2}\times 1=1$$

b） 计算乘积 M_i 的 5 次方根 $\overline{W}_i$，由计算公式 $\overline{W}_i=\sqrt[5]{M_i}$ 可得：

$$\overline{W}_1=\sqrt[5]{M_1}=\sqrt[5]{90}=2.459\ 5$$

$$\overline{W}_2=\sqrt[5]{M_2}=\sqrt[5]{12}=1.643\ 8$$

$$\overline{W}_3=\sqrt[5]{M_3}=\sqrt[5]{0.083\ 3}=0.608\ 3$$

$$\overline{W}_4=\sqrt[5]{M_4}=\sqrt[5]{0.011\ 1}=0.406\ 5$$

$$\overline{W}_5=\sqrt[5]{M_5}=\sqrt[5]{1}=1$$

c） 对向量 $\overline{W}=(\overline{W}_i)=(\overline{W}_1\ \overline{W}_2\ \overline{W}_3\ \overline{W}_4\ \overline{W}_5)^{\mathrm{T}}$ 正规化，由计算公式 $W=\frac{\overline{W}_i}{\sum_{j=1}^{n}\overline{W}_j}(n=5)$

可得：

$$\sum_{j=1}^{n}\overline{W}_j=\overline{W}_1+\overline{W}_2+\overline{W}_3+\overline{W}_4+\overline{W}_5=2.459\ 5+1.643\ 8+0.608\ 3+0.406\ 5+1=6.118\ 1$$

$$W_1=\frac{\overline{W}_1}{\sum_{j=1}^{n}\overline{W}_j}=\frac{2.459\ 5}{6.118\ 1}=0.402$$

$$W_2=\frac{\overline{W}_2}{\sum_{j=1}^{n}\overline{W}_j}=\frac{1.643\ 8}{6.118\ 1}=0.269$$

$$W_3=\frac{\overline{W}_3}{\sum_{j=1}^{n}\overline{W}_j}=\frac{0.608\ 3}{6.118\ 1}=0.099$$

$$W_4=\frac{\overline{W}_4}{\sum_{j=1}^{n}\overline{W}_j}=\frac{0.406\ 5}{6.118\ 1}=0.066$$

$$W_5=\frac{\overline{W}_5}{\sum_{j=1}^{n}\overline{W}_j}=\frac{1}{6.118\ 1}=0.163$$

故，$W=(W_1,W_2,\cdots,W_5)^{\mathrm{T}}=(0.402\quad 0.269\quad 0.099\quad 0.066\quad 0.163)^{\mathrm{T}}$，即为 $\lambda_{\max}$

所对应的特征向量,亦即因素集 $U=[u_i]$ 中各因素 u_i 的权重值。

d) 计算判断矩阵 $B=(b_{ii})_{5\times5}$ 的最大特征根 λ_{max},即:

$$\lambda_{max}=\sum_{i=1}^{5}\frac{(BW)_i}{5W_i}$$

计算 $B\cdot W$ 的值:

$$B\cdot W=\begin{pmatrix}1&2&3&5&3\\ \frac{1}{2}&1&4&3&2\\ \frac{1}{3}&\frac{1}{4}&1&2&\frac{1}{2}\\ \frac{1}{5}&\frac{1}{3}&\frac{1}{2}&1&\frac{1}{3}\\ \frac{1}{3}&\frac{1}{2}&2&3&1\end{pmatrix}\cdot(0.402\quad 0.269\quad 0.099\quad 0.066\quad 0.163)^{T}$$

$$=(2.056\ 1.39\ 0.514\ 0.340\ 0.827)^{T}$$

将 $(B\cdot W)_i$ 值以及 W_i 代入公式 $\lambda_{max}=\sum_{i=1}^{n}\frac{(B\cdot W)_i}{nW_i}$,得:

$$\lambda_{max}=\sum_{i=1}^{n}\frac{(BW)_i}{nW_i}=\frac{1}{5}\left[\frac{(BW)_1}{W_1}+\frac{(BW)_2}{W_2}+\frac{(BW)_3}{W_3}+\frac{(BW)_4}{W_4}+\frac{(BW)_5}{W_5}\right]$$

$$=\frac{1}{5}\left(\frac{2.056}{0.402}+\frac{1.390}{0.269}+\frac{0.514}{0.099}+\frac{0.340}{0.066}+\frac{0.827}{0.163}\right)=5.140$$

N.2.1.3.3 一致性检验

计算一致性指标 CI:$CI=\frac{\lambda_{max}-5}{4}=0.035$

计算判断矩阵 B 的随机一致性比例 $CR=CI/RI=\frac{0.035}{1.12}=0.031<0.10$,具有满意的一致性。

N.2.1.4 腐蚀防护系统模糊综合评价

计算腐蚀防护系统的综合评价结果 A,即:

$$A=W\cdot R=(W_1\ W_2\ W_3\ W_4\ W_5)\cdot\begin{bmatrix}R_1\\R_2\\R_3\\R_4\\R_5\end{bmatrix}$$

$$=(0.402\ 0.269\ 0.099\ 0.066\ 0.163)\cdot\begin{bmatrix}0&0&0&1\\1&0&0&0\\0&0&1&0\\1&0&0&0\\1&0&0&0\end{bmatrix}$$

$$=(0.498\ 0\ 0.099\ 0.402)$$

为了能够准确评价腐蚀防护系统的状况，对评价集 $V=[v_j]=[v_1,v_2,v_3,v_4]$ 中的评价等级 v_j 采用百分制记分的方法进行量化处理，通过计算评语 S_k 的高、中、低得分 S_h、S_m、S_l，并用它们的平均值 $\overline{S}$ 作为评价管道腐蚀防护系统状况等级的依据。

评语 S_k 计算公式：

$$S_k=\frac{\sum_{i=1}^{t}a_ic_{ki}}{\sum_{i=1}^{t}a_i}\quad(k=\mathrm{h,m,l})$$

式中：

$C_{hi}=(c_{h1},c_{h2},c_{h3},c_{h4})=(100,89,79,69)$；

$C_{mi}=(c_{m1},c_{m2},c_{m3},c_{m4})=(95,85,75,65)$；

$C_{li}=(c_{l1},c_{l2},c_{l3},c_{l4})=(90,80,70,60)$。

由此可得，评语的高、中、低得分 S_h、S_m、S_l 为：

$$S_h=\frac{\sum_{i=1}^{t}a_ic_{hi}}{\sum_{i=1}^{t}a_i}=\frac{a_1c_{h1}+a_2c_{h2}+a_3c_{h3}+a_4c_{h4}}{a_1+a_2+a_3+a_4}$$

$$=\frac{0.498\times100+0+0.099\times79+0.042\times69}{0.999}=85.444$$

$$S_m=\frac{\sum_{i=1}^{t}a_ic_{mi}}{\sum_{i=1}^{t}a_i}=\frac{a_1c_{m1}+a_2c_{m2}+a_3c_{m3}+a_4c_{m4}}{a_1+a_2+a_3+a_4}$$

$$=\frac{0.498\times95+0+0.099\times75+0.402\times65}{0.999}=80.946$$

$$S_l=\frac{\sum_{i=1}^{t}a_ic_{li}}{\sum_{i=1}^{t}a_i}=\frac{a_1c_{l1}+a_2c_{l2}+a_3c_{l3}+a_4c_{l4}}{a_1+a_2+a_3+a_4}$$

$$=\frac{0.498\times90+0+0.099\times70+0.402\times60}{0.999}=75.946$$

计算评语 S_h、S_m、S_l 的平均值 $\overline{S}$，即：

$$\overline{S}=\frac{S_h+S_m+S_l}{3}=\frac{85.444+80.946+75.946}{3}=80.779$$

由于 $\overline{S}=80.779$ 位于区间 $80\leqslant c_2<90$ 中，表明该段管道的腐蚀状况综合评价结果为二级。

N.3 基于专家打分法的模糊综合评价

N.3.1 评价步骤

N.3.1.1 建立因素集与评价集

依据影响埋地钢质管道腐蚀防护系统分级的 5 个因素：外防腐层状况 u_1、阴极保护有效性 u_2、土壤腐蚀性 u_3、杂散电流干扰 u_4、排流保护效果 u_5，建立因素集 $U=[u_i]=[u_1,u_2,u_3,u_4,u_5](i=1,2,3,4,5)$；依据腐蚀防护系统的等级属性，将埋地钢质管道的腐蚀防护系统分为四级,建立评价集 $V=[v_j]=[v_1,v_2,v_3,v_4]=[1,2,3,4]$ $(j=1,2,3,4)$。

N.3.1.2 建立单因素评价矩阵

依据专家打分法建立单因素评价矩阵。选取 $M=20$ 位专家,针对因素集 $U=[u_i]$ 中的各因素 u_i 对应评价指标的检测值进行评价,对某一因素 u_i 评级为 v_j 的专家数为 N_{ij},评级结果如表 N.5 所示。

表 N.5 某一因素 u_i 评级为 v_j 的专家数 N_{ij}

主要因素 u	评价等级 v_j			
	v_1	v_2	v_3	v_4
u_1	0	1	3	16
u_2	19	1	0	0
u_3	0	4	16	0
u_4	16	2	2	0
u_5	18	2	0	0

由公式 $u_{ivj}(x)=\dfrac{N_{ij}}{M}(i=1,2,3,4,5;j=1,2,3,4)$ 以及表 N.5 数据可得埋地钢质管道腐蚀防护系统的单因素评价向量 R_i 为:

外防腐层状况 u_1 的评价向量 $R_1=[0\quad 0.05\quad 0.15\quad 0.8]$

阴极保护有效性 u_2 的评价向量 $R_2=[0.95\quad 0.05\quad 0\quad 0]$

土壤腐蚀性 u_3 的评价向量 $R_3=[0\quad 0.2\quad 0.8\quad 0]$

杂散电流干扰 u_4 的评价向量 $R_4=[0.8\quad 0.1\quad 0.1\quad 0]$

排流保护效果 u_5 的评价向量 $R_5=[0.9\quad 0.1\quad 0\quad 0]$

从而,建立单因素评价矩阵 R,即:

$$R=\begin{bmatrix} 0 & 0.05 & 0.15 & 0.8 \\ 0.95 & 0.05 & 0 & 0 \\ 0 & 0.2 & 0.8 & 0 \\ 0.8 & 0.1 & 0.1 & 0 \\ 0.9 & 0.1 & 0 & 0 \end{bmatrix}$$

N.3.1.3 基于专家打分法确定评价指标的权重

由专家打分法确定因素集 $U=[u_i]$ 中各因素 u_i 在评判埋地钢质管道腐蚀防护系统等级时所占的权重大小 W_i,建立评价指标的权重向量 $W=(W_1\ W_2\ W_3\ W_4\ W_5)$。设专家总数为 $M=20$,认为因素 u_i 的重要程度最大的专家数为 N_i,评价结果如表 N.6 所示。

表 N.6 认为因素 u_i 的重要程度最大的专家数 N_i

因素 u_i	u_1	u_2	u_3	u_4	u_5
专家数 N_i	8	6	1	2	3

由计算公式 $\overline{W}_i=\dfrac{N_i}{M}$ 可得:

$$\overline{W}_1=\frac{N_1}{M}=\frac{8}{20}=0.4$$

$$\overline{W}_2=\frac{N_2}{M}=\frac{6}{20}=0.3$$

$$\overline{W}_3=\frac{N_3}{M}=\frac{1}{20}=0.05$$

$$\overline{W}_4=\frac{N_4}{M}=\frac{2}{20}=0.1$$

$$\overline{W}_5=\frac{N_5}{M}=\frac{3}{20}=0.15$$

对公式 $W_i=\frac{\overline{W}_i}{\sum_{i=1}^{5}\overline{W}_i}$ 权重 $\overline{W}_i$ 进行归一化,可得:

$$W_1=\frac{\overline{W}_1}{\sum_{i=1}^{5}\overline{W}_i}=\frac{0.4}{1}=0.4$$

$$W_2=\frac{\overline{W}_2}{\sum_{i=1}^{5}\overline{W}_i}=\frac{0.3}{1}=0.3$$

$$W_3=\frac{\overline{W}_3}{\sum_{i=1}^{5}\overline{W}_i}=\frac{0.05}{1}=0.05$$

$$W_4=\frac{\overline{W}_4}{\sum_{i=1}^{5}\overline{W}_i}=\frac{0.1}{1}=0.1$$

$$W_5=\frac{\overline{W}_5}{\sum_{i=1}^{5}\overline{W}_i}=\frac{0.15}{1}=0.15$$

因此,因素 u_i 在评判埋地钢质管道腐蚀防护系统等级时的权重向量为:

$$W=(W_1\ W_2\ W_3\ W_4\ W_5)=(0.4\ 0.3\ 0.05\ 0.1\ 0.15)$$

N.3.1.4 腐蚀防护系统模糊综合评价

计算腐蚀防护系统的评价结果 A,即:

$$A=W\cdot R=(W_1\ W_2\ W_3\ W_4\ W_5)\cdot\begin{bmatrix}R_1\\R_2\\R_3\\R_4\\R_5\end{bmatrix}$$

$$=(0.4\ 0.3\ 0.05\ 0.1\ 0.15)\cdot\begin{bmatrix}0 & 0.05 & 0.15 & 0.8\\0.95 & 0.05 & 0 & 0\\0 & 0.2 & 0.8 & 0\\0.8 & 0.1 & 0.1 & 0\\0.9 & 0.1 & 0 & 0\end{bmatrix}$$

$=(0.5\ 0.07\ 0.11\ 0.32)$

对评价集 $V=[v_j]=[v_1,v_2,v_3,v_4]$ 中评价等级 v_j 采用百分制记分的方法进行量化,通过计算评语 S_k 的高、中、低得分 S_h、S_m、S_l,并用它们的平均值 $\overline{S}$ 作为评价管道腐蚀防护系统状况等级的依据。

评语 S_k 计算公式:

$$S_k=\frac{\sum_{i=1}^{t}a_ic_{ki}}{\sum_{i=1}^{t}a_i}\quad(k=\mathrm{h,m,l})$$

式中:

$C_{hi}=(c_{h1},c_{h2},c_{h3},c_{h4})=(100,89,79,69)$;

$C_{mi}=(c_{m1},c_{m2},c_{m3},c_{m4})=(95,85,75,65)$;

$C_{li}=(c_{l1},c_{l2},c_{l3},c_{l4})=(90,80,70,60)$。

由此可得,评语的高、中、低得分 S_h、S_m、S_l 为:

$$S_h=\frac{\sum_{i=1}^{t}a_ic_{hi}}{\sum_{i=1}^{t}a_i}=\frac{a_1c_{h1}+a_2c_{h2}+a_3c_{h3}+a_4c_{h4}}{\sum_{i=1}^{t}a_i}$$

$$=\frac{0.5\times100+0.07\times89+0.11\times79+0.32\times69}{0.5+0.07+0.11+0.32}=87$$

$$S_m=\frac{\sum_{i=1}^{t}a_ic_{mi}}{\sum_{i=1}^{t}a_i}=\frac{a_1c_{m1}+a_2c_{m2}+a_3c_{m3}+a_4c_{m4}}{\sum_{i=1}^{t}a_i}$$

$$=\frac{0.5\times95+0.07\times85+0.11\times75+0.32\times65}{0.5+0.07+0.11+0.32}=82.5$$

$$S_l=\frac{\sum_{i=1}^{t}a_ic_{li}}{\sum_{i=1}^{t}a_i}=\frac{a_1c_{l1}+a_2c_{l2}+a_3c_{l3}+a_4c_{l4}}{\sum_{i=1}^{t}a_i}$$

$$=\frac{0.5\times90+0.07\times80+0.11\times70+0.32\times60}{0.5+0.07+0.11+0.32}=77.5$$

计算评语 S_h、S_m、S_l 的平均值 $\overline{S}$,即:

$$\overline{S}=\frac{S_h+S_m+S_l}{3}=\frac{87+82.5+77.5}{3}=82.33$$

由于 $\overline{S}=82.33$ 位于区间 $80\leqslant c_2<90$ 中,表明该段管道的腐蚀状况综合评价结果为二级。

ICS 23.040
J 74

中华人民共和国国家标准

GB/T 20801.1—2020
代替 GB/T 20801.1—2006

压力管道规范　工业管道
第1部分：总则

Pressure piping code—Industrial piping—Part 1：General

2020-03-06 发布　　2020-10-01 实施

国家市场监督管理总局
国家标准化管理委员会 发布

前 言

GB/T 20801《压力管道规范 工业管道》分为以下6个部分：

——第1部分：总则；

——第2部分：材料；

——第3部分：设计和计算；

——第4部分：制作与安装；

——第5部分：检验与试验；

——第6部分：安全防护。

本部分为GB/T 20801的第1部分。

本部分按照GB/T 1.1—2009给出的规则起草。

本部分代替GB/T 20801.1—2006《压力管道规范 工业管道 第1部分：总则》，与GB/T 20801.1—2006相比，除编辑性修改外主要技术变化如下：

——根据特种设备目录，修改了标准的适用范围[见1.3 a)，2006年版的1.3.1]；

——采用排除法，修改了标准的适用范围[见1.3 b)，2006年版的1.3.2]；

——修改了标准的不适用范围与不包括范围(见1.4、1.5，2006年版的1.4、1.5)；

——修改了本部分用管道组成件的定义(见3.5，2006年版的3.5)；

——修改了介质危险性的有关定义(见3.9、3.10、3.11，2006年版的3.10、3.11)；

——增加了“气体”的有关定义(见3.12)；

——根据有关行政许可，修改了压力管道GC1、GC2、GC3级的划分(见4.1、4.2，2006年版的4.1、4.2、4.3)；

——增加了“压力管道中介质毒性和易燃性分类”(见附录A)。

本部分由全国锅炉压力容器标准化技术委员会(SAC/TC 262)提出并归口。

本部分起草单位：全国化工设备设计技术中心站、国家市场监督管理总局特种设备安全监察局、上海市特种设备监督检验技术研究院。

本部分主要起草人：蔡暖姝、应道宴、徐锋、黄正林、汤晓英。

本部分所代替标准的历次版本发布情况为：

——GB/T 20801.1—2006。

压力管道规范　工业管道
第1部分:总则

1　范围

1.1　GB/T 20801 规定了工业金属压力管道设计、制作、安装、检验、试验和安全防护的基本要求。

1.2　GB/T 20801 的本部分规定了压力管道的适用范围和管道分级等基本要求。

1.3　本部分所指工业金属压力管道(以下简称“压力管道”)包括了工艺装置、辅助装置以及界区内公用工程所属的压力管道。

本部分适用于下列条件的管道:

a)　最高工作压力大于或等于 0.1 MPa(表压),介质为气体、液化气体、蒸汽或可燃、易爆、有毒、有腐蚀性、最高工作温度高于或等于标准沸点的液体,且公称直径大于或等于 50 mm 的压力管道。公称直径小于 150 mm,且其最高工作压力小于 1.6 MPa(表压)的输送无毒、不可燃、无腐蚀性气体的管道和设备本体所属管道除外。

b)　除 1.5 列出以外的压力管道。

1.4　本部分不包括范围如下:

a)　在役压力管道改造、检查、检验、试验、维护和修理等方面的专门要求;

b)　公称压力为 PN420 以上的管道;

c)　非金属管道或其衬里层。

1.5　本部分不适用范围如下:

a)　军事装备和核设施的管道;

b)　石油、天然气、地热等勘探和采掘装置的管道;

c)　移动设备如铁道机车、汽车、船舶、航空航天器等上的压力管道;

d)　GA 类长输管道;

e)　GB 类公用管道;

f)　GCD 类动力管道;

g)　锅炉、压力容器以及加热炉的内部管道以及设备的外接管口;

h)　设计压力低于 0.1 MPa(表压)但不低于大气压的输送无毒、不可燃、无腐蚀性流体的管道。

2　规范性引用文件

下列文件对于本文件的应用是必不可少的。凡是注日期的引用文件,仅注日期的版本适用于本文件。凡是不注日期的引用文件,其最新版本(包括所有的修改单)适用于本文件。

GB/T 20801.2　压力管道规范　工业管道　第2部分:材料

GB/T 20801.3　压力管道规范　工业管道　第3部分:设计和计算

GB/T 20801.4　压力管道规范　工业管道　第4部分:制作与安装

GB/T 20801.5　压力管道规范　工业管道　第5部分:检验与试验

GB/T 20801.6　压力管道规范　工业管道　第6部分:安全防护

GB 30000(所有部分)　化学品分类和标签规范

GB 50016—2014　建筑设计防火规范

GB 50160—2008　石油化工企业设计防火标准

危险化学品目录(2015版)

3 术语和定义

GB/T 20801.2、GB/T 20801.3、GB/T 20801.4、GB/T 20801.5 和 GB/T 20801.6 界定的以及下列术语和定义适用于本文件。

3.1

管道　piping

由管道组成件装配而成,用于输送、分配、混合、分离、排放、计量或截止流体流动的系统。

注:除管道组成件外,还包括管道支承件,但不包括支承构筑物,如建筑框架、管架、管廊和底座(管墩或基础)等。

3.2

公称压力　nominal pressure;PN

由字母PN和无因次整数数字组成,代表管道组成件压力等级的参数。

3.3

公称直径　nominal diameter;DN

由字母DN和无因次整数数字组成,代表管道组成件规格的参数。

3.4

管子　pipe;tube

用以输送流体或传递流体压力的密封中空连续体。

3.5

管道组成件　piping component

用于连接或装配成压力密封的管道系统机械元件。

注:包括压力管道元件(管子、管件、阀门、法兰、补偿器、密封元件、特种元件)、安全附件(安全阀、爆破片装置、紧急切断阀),以及诸如紧固件、阻火器、膨胀节、挠性接头、耐压软管、过滤器、管路中的仪表(如孔板)和分离器等。

3.6

管道支承件　pipe-supporting element

用于将管道荷载,包括管道的自重、输送流体的重量、由于操作压力和温差所造成的荷载以及振动、风力、地震、雪载、冲击和位移应变引起的荷载等传递到管架结构上去的元件。

注1:管道支承件分为固定件和结构附件两类。

注2:固定件包括悬挂式固定件如吊杆、弹簧吊架、斜拉杆、平衡锤、松紧螺栓、支撑杆、链条、导轨和固定架,以及承载式固定件,如鞍座、底座、滚柱、托座和滑动支座等。

注3:结构附件是指用焊接、螺栓连接或夹紧方法附装在管道上的元件,如吊耳、管吊、卡环、管夹、U形夹和夹板等。

3.7

管件　fitting

管道组成件的一个类别,通常包括弯头、三通、四通、弯管、异径管、管帽、翻边短节和活接头等。

3.8

管架　pipe support

用于支承管道的构筑物。

注1:管道通过支承件将荷重和推力传递到管架上。

注2:管架由钢结构或钢筋混凝土结构的立柱、横梁或框架所构成,独立固定在基础上,也可固定在设备上或墙上。

注3:按类型分有独柱式、双柱式和悬臂式等。

3.9

急性毒性　acute toxicity

由一次性接触导致人体死亡的化学品(介质)毒性指标。按其 LD_{50}(经口,经皮)或 LC_{50}(吸入4 h)的半数致死量进行危害程度的分类,详见附录A。

3.10

可燃气体　flammable gas

在20 ℃及101.3 kPa标准压力下,与空气混合有一定爆炸(易燃)范围的气体,详见附录A。

3.11

可燃液体　flammable liquid

具有一定闪点的液体(包括液化烃),按其闪点及沸点高低分类,详见附录A。

3.12

气体　gas

除3.10的定义外,GB/T 20801范围内涉及的"气体"还包括蒸汽、液化气体、最高工作温度高于或等于标准沸点的液体以及包括气相的两相或多相流体介质。

4　压力管道分级

4.1　1.3 a)中列出的"压力管道"按其危害程度和安全等级划分为GC1级、GC2级:

a)　符合下列条件之一的压力管道应划分为GC1级:

1)　输送《危险化学品目录(2015版)》中规定的毒性程度为急性毒性类别1介质、急性毒性类别2气体介质和工作温度高于其标准沸点的急性毒性类别2液体介质的压力管道。

2)　输送GB 50160—2008、GB 50016—2014中规定的火灾危险性为甲、乙类可燃气体或甲类可燃液体(包括液化烃),并且设计压力大于或等于4.0 MPa的压力管道。

3)　输送除前两项介质以外的流体,并且设计压力大于或等于10.0 MPa,或设计压力大于或等于4.0 MPa且设计温度高于或等于400 ℃的压力管道。

b)　符合下列条件的压力管道(包括制冷管道)应划分为GC2级:

介质毒性或易燃性危险和危害程度、设计压力和设计温度低于 4.1 a)规定(GC1 级)的压力管道。

4.2 1.3 b)中列出的并且符合下列条件的压力管道应划分为 GC3 级：

输送无毒、不可燃、无腐蚀性液体介质，设计压力小于或等于 1.0MPa 且设计温度高于 −20 ℃但不高于 185 ℃的压力管道。

注：GC3 级管道不适用于 1.3 a)中列出的压力管道。

4.3 输送毒性或易燃性危险和危害程度不同的混合介质时，应按附录 A 的规定，由业主或设计确定压力管道等级。

5 基本要求

5.1 压力管道的建造材料应符合 GB/T 20801.2 的规定。

5.2 压力管道的设计和计算应符合 GB/T 20801.3 的规定。

5.3 压力管道的制作与安装应符合 GB/T 20801.4 的规定。

5.4 压力管道的检验与试验应符合 GB/T 20801.5 的规定。

5.5 压力管道的安全防护应符合 GB/T 20801.6 的规定。

附 录 A
(规范性附录)
压力管道中介质毒性和易燃性分类

A.1 一般规定

A.1.1 压力管道中介质的危害和危险程度、分类原则以及定义是以 GB 50160—2008、GB 50016—2014、《危险化学品目录(2015 版)》和 GB 30000 的规定为基础确定的。
A.1.2 介质危害性系指在生产和储存过程中因事故泄漏致使介质与人体接触、发生火灾引起的健康危害和安全危险程度，用介质的毒性及易燃性表示。其危害和危险程度的划分分别按 A.2 和 A.3 的规定确定。
A.1.3 一种化学介质可能存在多种危害和危险种类，应分别按照 GB 30000.2～GB 30000.29 进行评估，确定其危害程度或危险性，以高者为基准。
A.1.4 A.2 和 A.3 列入的危险化学品及其混合物应视为有毒、易燃的危险性介质。

A.2 易燃性

A.2.1 可燃气体

按照 GB 50160—2008 及 GB 50016—2014 的规定，压力管道涉及的可燃气体分类见表 A.1。

表 A.1 可燃气体

名 称		类别	判 据
GB 50160—2008	可燃气体	甲	与空气混合物的爆炸下限不大于 10%(体积分数)
		乙	与空气混合物的爆炸下限大于或等于 10%(体积分数)

A.2.2 可燃液体

按照 GB 50160—2008 及 GB 50016—2014 的规定，压力管道涉及的可燃液体分类见表 A.2。

表 A.2 可燃液体

名 称		类别	判 据
GB 50160—2008	可燃液体	甲 A(液化烃)	沸点不高于 15 ℃的烃类液体及其他类似液体
		甲 B	甲 A 类以外闪点低于 28 ℃的液体
		乙 A	闪点高于或等于 28 ℃且低于或等于 45 ℃的液体
		乙 B	闪点高于 28 ℃且低于 60 ℃的液体
		丙 A	闪点高于或等于 60 ℃且低于或等于 120 ℃的液体
		丙 B	闪点高于 120 ℃的液体
注：工作温度高于其闪点的乙类可燃液体视为甲 B 类可燃液体。工作温度高于其闪点的丙类可燃液体视为乙类可燃液体。			

A.2.3 其他可燃介质

《危险化学品目录(2015 版)》中列入的下列可燃介质应根据其火灾危险性(易燃性)、闪点

和介质的状态(气、液、固)视为表 A.1 或表 A.2 规定的甲、乙类可燃气体或甲类可燃液体(包括液化烃):

a) 气溶胶(类别 1)、氧化性气体(类别 1)、遇水放出易燃气体的物质和混合物(类别 1、2、3);

b) 易燃固体(类别 1、2)、自燃固体(类别 1)、氧化性固体(类别 1、2、3);

c) 自燃液体(类别 1)、氧化性液体(类别 1、2、3);

d) 有机过氧化物(类别 A、B、C、D、E、F)、自反应物质和混合物(类别 A、B、C、D、E)、自热物质和混合物(类别 1、2)。

A.2.4 混合物的易燃性

混合物(介质)的易燃性按相应 GB 30000 的规定进行评估。

A.3 毒性

A.3.1 有毒介质和急性毒性

按照《危险化学品目录(2015 版)》和 GB 30000.18 的规定,压力管道涉及的有毒介质应根据其急性毒性进行分类,见表 A.3。

表 A.3 急性毒性类别

接触途径	单位	危害类别 1 (剧毒)	危害类别 2 (有毒)	危害类别 3 (有毒)
经口 LD_{50}	mg/kg	≤5	≤50	≤300
经皮 LD_{50}	mg/kg	≤50	≤200	≤1 000
吸入气体 LC_{50}	mL/L	≤0.1	≤0.5	≤2.5
吸入蒸汽 LC_{50}	mg/L	≤0.5	≤2.0	≤10
吸入粉尘和烟雾 LC_{50}	mg/L	≤0.05	≤0.5	≤1.0

注 1:LC_{50}(吸入 4 h,50%致死浓度):化学品在空气中或水中造成一组试验动物 50%(一半)死亡的浓度。

注 2:LD_{50}:一次全部给予造成一组试验动物 50%(一半)死亡的化学品数量。

注 3:表中的吸入临界值以 4 h 接触试验为基础,根据 1 h 接触产生的现有吸入毒性数据的换算:对于气体和蒸汽,除以因子 2,对于粉尘和烟雾,除以因子 4。

注 4:《危险化学品目录(2015 版)》中注明的剧毒介质可视为急性毒性类别 1。

A.3.2 混合物的毒性

混合物(介质)的毒性应按 GB 30000.18 中规定的混合物分类标准进行评估。

ICS 23.040
J 74

中华人民共和国国家标准

GB/T 20801.2—2020
代替 GB/T 20801.2—2006

压力管道规范 工业管道
第2部分：材料

Pressure piping code—Industrial piping—Part 2:Materials

2020-11-19 发布 2021-06-01 实施

国家市场监督管理总局
国家标准化管理委员会 发布

前 言

GB/T 20801《压力管道规范 工业管道》分为以下6个部分：

——第1部分：总则；

——第2部分：材料；

——第3部分：设计和计算；

——第4部分：制作与安装；

——第5部分：检验与试验；

——第6部分：安全防护。

本部分为GB/T 20801的第2部分。

本部分按照GB/T 1.1—2009给出的规则起草。

本部分代替GB/T 20801.2—2006《压力管道规范 工业管道 第2部分：材料》，与GB/T 20801.2—2006相比，除编辑性修改外主要技术变化如下：

——修改了规范性引用文件(见第2章，2006年版的第2章)；

——增加了低温降应力工况(见3.2、8.1.3.3)；

——修改了剧烈循环工况的定义(见3.7，2006年版的3.6)；

——增加了普通碳素结构钢的定义(见3.8)；

——增加了管线钢及其材料选用规定(见6.3)；

——修改了管子和对焊管件的使用限制(见6.4，2006年版的6.3)；

——增加了板焊管的使用要求(见6.7)；

——增加了高温蠕变工况下材料的使用限制(见7.2.2.1、7.2.3.1、7.2.4.3)；

——修改了"许用应力表"(见附录A，2006年版的附录A)；

——增加了"基于风险的材料设计和选用"(见附录C)；

——增加了"我国与国外材料标准及牌号对照表"(见附录D)。

本部分由全国锅炉压力容器标准化技术委员会(SAC/TC 262)提出并归口。

本部分起草单位：全国化工设备设计技术中心站、中石化上海工程有限公司、国家市场监督管理总局特种设备安全监察局、中石化洛阳工程有限公司、中国寰球工程有限公司北京分公司、江阴市南方管件制造有限公司、江苏武进不锈股份有限公司。

本部分主要起草人：应道宴、尤子涵、徐锋、黄正林、岳进才、姜万军、马学娅、郭顺显、宋建新。

本部分所代替标准的历次版本发布情况为：

——GB/T 20801.2—2006。

压力管道规范　工业管道
第2部分:材料

1　范围

GB/T 20801 的本部分规定了压力管道元件用材料的基本要求,包括材料的选用、基于材料性能的使用限制、标记和质量证明方面的规定。

本部分适用于 GB/T 20801.1 范围界定的压力管道元件用材料的选择和使用。

2　规范性引用文件

下列文件对于本文件的应用是必不可少的。凡是注日期的引用文件,仅注日期的版本适用于本文件。凡是不注日期的引用文件,其最新版本(包括所有的修改单)适用于本文件。

GB/T 229　金属材料　夏比摆锤冲击试验方法
GB/T 1220　不锈钢棒
GB/T 1348　球墨铸铁件
GB/T 2882　镍及镍合金管
GB/T 3077　合金结构钢
GB/T 3087　低中压锅炉用无缝钢管
GB/T 3091　低压流体输送用焊接钢管
GB/T 3098.1　紧固件机械性能　螺栓、螺钉和螺柱
GB/T 3098.6　紧固件机械性能　不锈钢螺栓、螺钉和螺柱
GB/T 3624　钛及钛合金无缝管
GB/T 4334　金属和合金的腐蚀　不锈钢晶间腐蚀试验方法
GB/T 4437.1　铝及铝合金热挤压管　第1部分:无缝圆管
GB/T 5310　高压锅炉用无缝钢管
GB/T 6479　高压化肥设备用无缝钢管
GB/T 6614　钛及钛合金铸件
GB/T 6893　铝及铝合金拉(轧)制无缝管
GB/T 8163　输送流体用无缝钢管
GB/T 9439　灰铸铁件
GB/T 9440　可锻铸铁件
GB/T 9711　石油天然气工业　管线输送系统用钢管
GB/T 9948　石油裂化用无缝钢管
GB/T 12228　通用阀门　碳素钢锻件技术条件
GB/T 12229　通用阀门　碳素钢铸件技术条件
GB/T 12230　通用阀门　不锈钢铸件技术条件

GB/T 12771　流体输送用不锈钢焊接钢管

GB/T 12778　金属夏比冲击断口测定方法

GB/T 13295　水及燃气用球墨铸铁管、管件和附件

GB/T 13401　钢制对焊管件　技术规范

GB/T 14976　流体输送用不锈钢无缝钢管

GB/T 16253　承压钢铸件

GB/T 18984　低温管道用无缝钢管

GB/T 20801.1—2020　压力管道规范　工业管道　第1部分:总则

GB/T 20801.3—2020　压力管道规范　工业管道　第3部分:设计和计算

GB/T 20801.4—2020　压力管道规范　工业管道　第4部分:制作与安装

GB/T 20801.5—2020　压力管道规范　工业管道　第5部分:检验与试验

GB/T 20801.6—2020　压力管道规范　工业管道　第6部分:安全防护

GB/T 21832(所有部分)　奥氏体-铁素体型双相不锈钢焊接钢管

GB/T 21833　奥氏体　铁素体型双相不锈钢无缝钢管

GB/T 25137　钛及钛合金锻件

GB/T 26027　铝及铝合金大规格拉制无缝管

GB/T 26030　镍及镍合金锻件

GB/T 26057　钛及钛合金焊接管

GB/T 26058　钛及钛合金挤压管

GB/T 27684　钛及钛合金无缝和焊接管件

GB/T 29168.1　石油天然气工业　管道输送系统用感应加热弯管、管件和法兰　第1部分:感应加热弯管

GB/T 29168.2　石油天然气工业　管道输送系统用感应加热弯管、管件和法兰　第2部分:管件

GB/T 29168.3　石油天然气工业　管道输送系统用感应加热弯管、管件和法兰　第3部分:法兰

GB/T 30059　热交换器用耐蚀合金无缝管

GB/T 31032　钢质管道焊接及验收

GB/T 32964　液化天然气用不锈钢焊接钢管

HG/T 20537.3　化工装置用奥氏体不锈钢焊接钢管技术要求

HG/T 20537.4　化工装置用奥氏体不锈钢大口径焊接钢管技术要求

HG/T 20634　钢制管法兰用紧固件(Class系列)

JB/T 5263　电站阀门铸钢件技术条件

JB/T 7248　阀门用低温钢铸件技术条件

NB/T 47008　承压设备用碳素钢和合金钢锻件

NB/T 47009　低温承压设备用合金钢锻件

NB/T 47010　承压设备用不锈钢和耐热钢锻件

NB/T 47013.2—2015　承压设备无损检测　第2部分:射线检测

NB/T 47013.3—2015　承压设备无损检测　第3部分:超声检测

NB/T 47014　承压设备焊接工艺评定

NB/T 47028　压力容器用镍及镍合金锻件

NB/T 47029　压力容器用铝及铝合金锻件

SY/T 5037　普通流体输送管道用埋弧焊钢管

YB/T 4173　高温用锻造镗孔厚壁无缝钢管

ASTM A333　低温用无缝及焊接钢管(Specification for Seamless and Welded Steel Pipe for Low—Temperature Service)

ASTM A671　常温及低温用电熔焊钢管(Specification for Electric-Fusion—Welded Steel Pipe for Atmospheric and Lower Temperatures)

ASTM A691　高温高压用碳钢及合金钢电熔焊钢管(Specification for Carbon and Alloy Steel Pipe,Electric Fusion Welded for High Pressure Service at High Temperatures)

ASTM B361　铝及铝合金焊接管件(Standard Specification for Factory Made Wrought Aluminum and Aluminum Alloy Welding Fittings)

ASTM B366　镍及镍合金管件(Standard Specification for Factory Made Wrought Nickel and Nickel Alloy Fittings)

ASTM B444　镍铬钼铌合金(UNS N06625 和 UNS N06852)和镍铬钼硅合金(UNS N06219)管[Standard Specification for Nickel-Chromium-Molybdenum-Columbium Alloys (UNS N06625 and UNS N06852) and Nickel-Chromium-Molybdenum-Silicon Alloy (UNS N06219)Pipe and Tube]

ASTM B619　镍及镍钴合金焊接管(Standard Specification for Welded Nickel and Nickel Cobalt Alloy Pipe)

ASTM B622　镍及镍钴合金无缝管(Standard Specification for Seamless Seamless Nickel and Nickel Cobalt Alloy Pipe and Tube)

3　术语和定义

GB/T 20801.1—2020、GB/T 20801.3—2020、GB/T 20801.4—2020、GB/T 20801.5—2020 和 GB/T 20801.6—2020 界定的以及下列术语和定义适用于本文件。

3.1

低温低应力工况　low temperature and low stress service

需同时满足下列各项条件的工况:

a)　低温下的最大工作压力不大于常温下最大允许工作压力的 30%;

b)　管道由压力、重量及位移产生的轴向拉应力总和(计算位移应力时,不计入应力增大系数)不大于材料常温许用应力值的 30%,且不大于 50 MPa。

注:直管和对焊管件类元件的最大允许工作压力按 GB/T 20801.3—2020 公式计算或型式试验确定;法兰、阀门类元件的最大允许工作压力按相应标准规定的常温压力额定值选取。

3.2

低温降应力工况　lower temperature and lower stress service

需同时满足下列各项条件的工况:

a)　低温下的最大工作压力不大于常温下最大允许工作压力的 80%;

b) 管道由压力、重量及位移产生的轴向拉应力总和(计算位移应力时,不计入应力增大系数)不大于材料常温许用应力值的80%。

3.3

电阻焊焊管 electric-resistance welded pipe;ERW

以管子(带卷)本身作为电流回路,利用电阻加热、在压力作用下连续对接焊接的管子。

3.4

电熔焊焊管 electric-fusion welded pipe;EFW

采用自动电弧焊或手工电弧焊,在预成型的坯料上纵向对接焊成的管子。

3.5

板焊管 plate welded pipe

以平板板材预成型为管状,带有一条或两条纵向直焊缝的电熔焊焊管。

3.6

质量证明文件 inspection certificate

材料质量证明(检验文件)的一种形式。由制造单位生产部门以外的独立授权部门或人员,按照标准及合同的规定,按批在交货产品上(或取样)进行检验和试验,并注明结果的检验文件。

注:制造单位质量证明书由独立于生产部门的制造厂检验部门签署并批准生效。法律法规有规定的或业主要求的,由法定检验检测机构或第三方检验检测机构出具监督检验证明。

3.7

剧烈循环工况 severe cyclic conditions

发生以下情况之一的工况:

a) 管道系统中的管子、管道元件或接头中的位移应力范围 S_E[按GB/T 20801.3—2020式(39)计算]超过许用应力范围 S_A[按GB/T 20801.3—2020式(34)或式(35)计算]的0.8倍,同时当量循环次数 N[按GB/T 20801.3—2020式(37)计算]超过7 000;

b) 设计人员根据经验判定的其他具有相同效应[位移应力范围 S_E 接近许用应力范围 S_A,且许用应力范围折减系数 f[按GB/T 20801.3—2020式(36)计算或通过图12查得)接近1.0]的工况。

3.8

普通碳素结构钢 general carbon structural steels

GB/T 700中产品质量等级不高于A级的碳素钢。

3.9

管线钢 pipeline steels

长输管道用高屈强比碳锰钢。

注:包括GB/T 9711、GB/T 29168.1、GB/T 29168.2、GB/T 29168.3中钢级不低于L290/X42的电阻焊焊管、无缝钢管、板焊管、感应弯管、对焊管件、法兰锻件等。

3.10

产品质量等级 product specification level;PSL

表征GB/T 9711等管线钢产品质量的级别,其缩略语后缀数字代表不同的质量等级。

4 一般规定

4.1 材料选用

业主或设计者应根据具体使用条件(包括制造、制作安装、介质、操作情况、工作环境和试验等)以及本部分规定的材料使用要求和限制,考虑材料的损伤风险,选用合适的管道组成件材料。本部分未包括焊接、非金属等的材料要求。

4.2 材料和技术要求

4.2.1 附录A的表A.1和表A.2规定了管道组成件材料的牌号、许用应力和使用范围等要求,用于管道组成件的材料应符合表A.1和表A.2所列材料标准的要求。

材料的物理性能参数参见附录B。常用管道材料的选用、损伤风险以及相应的材料设计要求和工程措施参见附录C。

4.2.2 除表A.1和表A.2所列的材料外,下列材料可用于管道组成件,但应符合本部分对相应材料的要求和使用限制:

a) 表A.1和表A.2列入的工业管道适用材料标准的其他牌号材料;

b) 材料符合已公布的材料标准,包括化学成分、物理性能、力学性能、制造方法和工艺、热处理和质量控制等,并不低于表A.1和表A.2列入的相应材料标准要求;

c) GB/T 20801.3—2020表13列入的管道组成件标准适用材料;

d) 附录D所列与表A.1和表A.2所列材料对应的国外标准材料。

4.2.3 牌号不明的材料不得应用于管道组成件。

4.2.4 回收的材料不得应用于管道组成件。

4.2.5 其他材料的选用应经过具有相应资质的机构技术鉴定及评审认可。

5 材料选用的基本原则

5.1 受压元件(螺栓除外)用材料应有足够的强度、塑性和韧性,在最低使用温度下应具备足够的抗脆断能力。当采用延伸率低于14%的脆性材料时,应采取必要的安全防护措施。

5.2 选用的材料应具有足够的稳定性,包括化学性能、物理性能、耐蚀和耐磨性能、抗疲劳性能和组织稳定性等。

5.3 选用材料时,应考虑材料在可能发生的明火、火灾和灭火条件下的适用性以及由此而带来材料性能变化和次生危害。

5.4 选用的材料应适合相应的制造、制作和安装,包括焊接、冷热加工及热处理等方面的要求。

5.5 当几种不同的材料组合使用时,应考虑可能产生的不利影响。

5.6 材料应具备可获得性和经济性。

6 材料的使用限制

6.1 球墨铸铁、灰铸铁和可锻铸铁

6.1.1 球墨铸铁

6.1.1.1 球墨铸铁用于管道组成件时,其延伸率应不低于15%,使用温度应不高于350 ℃,但应高于−20 ℃;GB/T 20801.3—2020表13所列球墨铸铁管道元件的使用限制应符合GB/T 13295的相应规定。

6.1.1.2 除用于GC3级管道外,球墨铸铁应符合GB/T 1348的冲击性能要求,压力额定值应不大于5.0 MPa。

6.1.1.3 球墨铸铁不得用于剧烈循环工况。

6.1.1.4 除应符合6.1.1.1、6.1.1.2、6.1.1.3的要求外,球墨铸铁管、管件、附件、管法兰、阀门的适用压力-温度额定值还应符合GB/T 20801.3—2020表13相应标准的规定。

6.1.1.5 制造、制作、安装过程中不得焊接。

6.1.2 灰铸铁和可锻铸铁

6.1.2.1 表A.1所列的灰铸铁和可锻铸铁用于管道组成件时,应符合下列规定:

a) 灰铸铁管道组成件的使用温度应不低于−10 ℃且不高于230 ℃,压力额定值应不大于2.0 MPa;

b) 可锻铸铁管道组成件的使用温度应不低于−20 ℃且不高于300 ℃,压力额定值应不大于2.0 MPa;

c) 灰铸铁和可锻铸铁管道组成件不得用于GC1级管道或剧烈循环工况;

d) 灰铸铁和可锻铸铁管道组成件用于GC2级管道时,其使用温度应不高于150 ℃,最高允许工作压力应不大于1.0 MPa;

e) 应采取防止过热、急冷急热、振动以及误操作等安全防护措施;

f) 制造、制作、安装过程中不得焊接。

6.1.2.2 除符合6.1.2.1的要求外,灰铸铁和可锻铸铁管、管件、管法兰、阀门的适用压力-温度额定值还应符合GB/T 20801.3—2020表13相应标准的规定。

6.2 碳素结构钢

碳素结构钢的使用限制应符合下列各项规定:

a) 不得用于GC1级管道组成件;

b) 选用Q215A、Q235A等A级镇静钢时,设计压力应不大于1.6 MPa,设计温度应不高于350 ℃且不低于图1曲线A(或表1)所示温度,介质限于非可燃及非有毒流体;

c) 用于焊接的管道组成件,含碳量不得大于0.30%。选用沸腾钢和半镇静钢时,厚度应不大于12 mm;选用A级镇静钢时,厚度应不大于16 mm。

表1 碳钢(包括碳锰钢)免除冲击试验的最低使用温度 单位为摄氏度

名义厚度 mm	6	8	10	12	14	15	16	18	20	22	24	26	28	30	32	34	36	38	40
图1曲线A	−10	−10	−10	−3.2	2.1	4.2	5.9	9.7	13.4	16.4	18.5	20.8	23.3	24.9	—	—	—	—	—
图1曲线B	＞−20	＞−20	＞−20	＞−20	＞−20	＞−20	−16.4	−11.7	−7.7	−4.3	−1.4	1.2	3.3	5.4	6.8	8.3	9.2	10.5	11.9

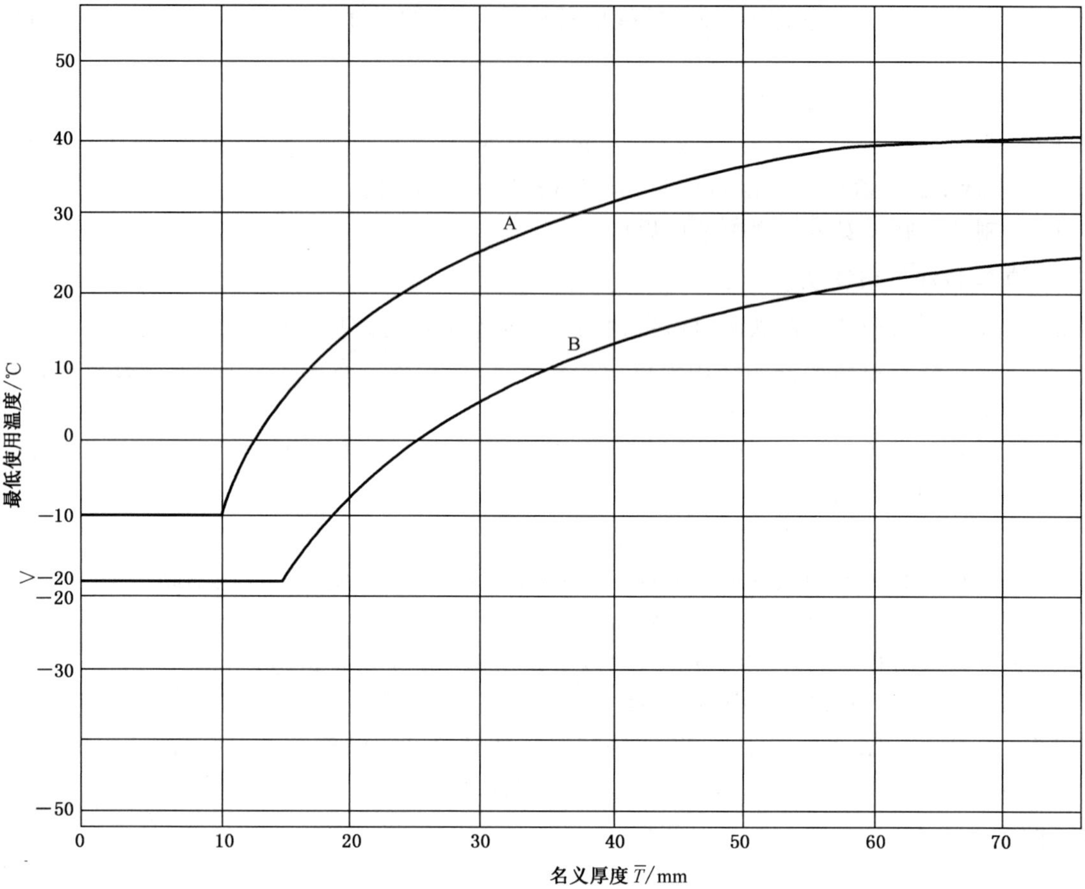

最低使用温度/厚度组合位于相应曲线或以上者,可免除冲击试验,位于曲线以下者,应进行冲击试验(低温低应力工况、低温降应力工况及小截面除外)。

碳钢(包括碳锰钢)使用于 GC3 级管道时,可免除冲击试验。

注 1:A、B 类材料的分类见表 A.1。

注 2:图示名义厚度系指焊接部位的厚度:对接焊按厚度较小侧;支管与主管的角接接头按支管厚度;对焊法兰按锥颈小端厚度;非焊接部位按 1/4 计。

图 1 碳钢(包括碳锰钢)免除冲击试验的最低使用温度

6.3 管线钢

6.3.1 表 A.1 列入了包括 GB/T 9711 的长输管道用碳钢和管线钢钢管、对焊管件和法兰锻件,如表 2 所示。

表 2 长输管道用碳钢和管线钢钢管、对焊管件和法兰锻件

材料		碳钢	管线钢
GB/T 9711 钢管	电阻焊焊管	L210/A(PSL1),L245/B(PSL1)	L290/X42～L450/X65(PSL2)
	无缝钢管	L245/B(PSL1),L245/B(PSL2)	L290/X42～L555/X80(PSL2)
	板焊管	L245/B(PSL1),L245/B(PSL2)	L290/X42～L555/X80(PSL2)
GB/T 29168.2 对焊管件		—	L290/X42～L555/X80(PSL2)
GB/T 29168.3 法兰锻件		—	L290/F42～L555/F80(PSL2)

6.3.2 管线钢的产品质量等级(PSL)应满足如下要求：

a) GB/T 9711 长输管线用钢管有 PSL1 及 PSL2 两个产品质量等级。

b) PSL2 的产品质量等级较高，且有韧性要求。采用 PSL2 时，用户应根据最低使用温度提出冲击试验温度要求，通常冲击试验温度为－30 ℃～0 ℃；低于－50 ℃～－30 ℃时，应供需双方协商，用户若未提出冲击试验温度要求，供方按 0 ℃执行。

c) GB/T 29168 长输管线用弯管、对焊管件、法兰(锻件)仅有 PSL2 产品质量等级，其冲击试验要求与上述 GB/T 9711 长输管线用管 PSL2 产品质量等级相同。

d) 表 2 所列管线钢的最高使用温度应不高于 200 ℃。许用应力按表 A.1 的规定。

6.3.3 表 2 所列 PSL1 碳钢的最低使用温度按图 1 曲线 B 的规定；PSL2 的碳钢和管线钢最低使用温度应不低于－30 ℃且应符合相应温度下材料标准规定的冲击试验要求。

6.3.4 L360/X52 及以下钢级的管线钢和碳钢的焊接工艺评定按 NB/T 47014 的规定；钢级高于L360/X52管线钢的焊接工艺评定按 NB/T 47014 或 GB/T 31032 的规定，但应按每个钢材生产厂的每个钢级分别评定。

6.3.5 GB/T 9711 产品和管线钢钢管及对焊管件的使用限制应符合表 2 的规定。

6.4 管子和对焊管件

6.4.1 碳钢、管线钢和奥氏体不锈钢钢管及其对焊管件的使用限制应符合表 3 的规定。

表 3 碳钢、管线钢和奥氏体不锈钢钢管及对焊管件

<table>
<tr><th>标 准</th><th>材料(牌号)</th><th>制管工艺</th><th>使用限制</th></tr>
<tr><td rowspan="2">GB/T 3091</td><td rowspan="2">碳素结构钢</td><td>电阻焊焊管</td><td rowspan="4">a)按 6.2 规定，且设计压力不高于 1.6 MPa；
b)不得用于剧烈循环工况；
c)不得用于 GC1 级管道</td></tr>
<tr><td>电熔焊焊管</td></tr>
<tr><td>SY/T 5037</td><td>碳素结构钢</td><td>电熔焊焊管</td></tr>
<tr><td>GB/T 13401</td><td>CF370</td><td>无缝及焊接对焊管件</td></tr>
<tr><td>GB/T 9711(PSL1)</td><td>L210
L245</td><td>电阻焊焊管</td><td>a)不得用于 GC1 级管道；
b)不得用于剧烈循环工况；
c)设计压力不高于 4.0 MPa</td></tr>
<tr><td>GB/T 9711(PSL2)</td><td>L290/X42～
L450/X65</td><td>电阻焊焊管</td><td>a)不得用于 GC1 级(毒性)管道或气体管道；
b)不得用于剧烈循环工况</td></tr>
<tr><td>GB/T 8163
GB/T 3087
GB/T 9711(PSL1)</td><td>碳钢</td><td>无缝管</td><td rowspan="2">不得用于 GC1 级管道</td></tr>
<tr><td>GB/T 13401</td><td>CF415,CF485</td><td>无缝及焊接对焊管件</td></tr>
<tr><td>GB/T 12771
HG/T 20537.3</td><td rowspan="2">奥氏体不锈钢</td><td>电熔焊焊管(不添加填充金属)及其对焊管件</td><td rowspan="2">a)不得用于 GC1 级管道；
b)不得用于剧烈循环工况</td></tr>
<tr><td>HG/T 20537.4</td><td>纵缝未作射线检测的电熔焊焊管(添加填充金属)及其对焊管件</td></tr>
</table>

6.4.2 剧烈循环工况下使用的钢管、有色金属管和对焊管件，应符合下列规定：

a) 应采用表 A.1 所列无缝管或纵向焊接接头系数大于或等于 0.90 的电熔焊(EFW)焊管和板焊管,不得选用电阻焊(ERW)焊管以及未经射线照相检测的电熔焊焊管;

b) 应采用无缝管件、纵向焊接接头系数不小于 0.90 的板制对焊管件和铸件质量系数不小于0.90的铸件。

6.5 碳钢和铬钼合金钢

6.5.1 用于焊接的碳钢、铬钼合金钢,含碳量应不大于 0.30%。

6.5.2 使用温度高于 455 ℃的 2¼Cr-1Mo 钢,焊缝金属的含碳量应不小于 0.05%。

6.5.3 铬钼合金钢焊管和管件的焊缝应进行 100%射线检测或超声检测,且符合 NB/T 47013.2—2015 规定的Ⅱ级要求(RT)或 NB/T 47013.3—2015 规定的Ⅰ级要求(UT)。铬钼合金钢焊管和管件焊缝的射线或超声检测应在焊后热处理后进行。

6.6 奥氏体不锈钢

6.6.1 低碳(含碳量≤0.08%)非稳定化不锈钢(如 06Cr19Ni10、06Cr17Ni12Mo2)在非固溶状态下(包括固溶后经热加工或焊接)不宜用于可能发生晶间腐蚀的环境,材料要求参见附录 C。

6.6.2 超低碳不锈钢在 425 ℃以上长期使用存在晶间腐蚀倾向,材料要求参见附录 C。

6.6.3 低碳/超低碳奥氏体不锈钢等双牌号钢,其常温机械性能应满足两个牌号中机械性能的较高值,化学成分应满足超低碳级的要求。使用温度不高于 538 ℃者,许用应力按低碳级选取,使用温度高于 538 ℃者,许用应力按超低碳级选取。

6.6.4 根据设计文件要求,奥氏体不锈钢可按 GB/T 4334 进行晶间腐蚀试验,也可按相关标准进行应力腐蚀试验或点腐蚀试验,试验方法、试样状态、抽样比例和合格指标应在设计文件中明确。

6.7 板焊管

6.7.1 板焊管应采用钢板纵卷成型,带有 1 条或 2 条纵向直焊缝。受钢板宽度限制,更大直径的板焊管可采用钢板横卷成型。除 GB/T 3091 及 SY/T 5037 外,板焊管的厚度负偏差应不大于 0.3 mm,板焊管的尺寸偏差按 GB/T 9711 等相关标准的规定。

6.7.2 钢管应采用电熔焊工艺制造,除 GB/T 3091 及 SY/T 5037 外,板焊管应为全焊透结构。碳钢、管线钢、低温碳钢和镍钢、合金钢应采用双面埋弧焊或气体保护焊;不锈钢应采用包括加丝或不加丝的双面气体保护焊。

6.7.3 焊缝的化学成分应与母材接近或相当,其性能不低于母材的性能。GB/T 9711 PSL2 板焊管应进行不高于最低设计温度,且不低于－30 ℃的冲击试验。对于要求进行冲击试验的钢管,应包括母材、焊缝及热影响区。

6.7.4 除 GB/T 9711 PSL2 板焊管外,要求进行低于或等于 0 ℃冲击试验的低温碳钢板焊管应采用正火状态的钢板。厚度大于或等于 20 mm 的碳钢和低温碳钢板焊管,应进行焊后消除应力热处理;所有铬钼合金钢板焊管应进行焊后消除应力热处理;除业主或设计另有规定外,奥氏体不锈钢和双相不锈钢板焊管应进行焊后固溶处理。

6.7.5 除 GC3 级管道及 GB/T 3091、SY/T 5037 板焊管外,应对板焊管焊缝进行局部或 100%射线或超声检测,且符合 GB/T 20801.5—2020 中 6.3.2 的相应规定。

6.7.6 剧烈循环工况下使用的焊管应采用添加填充金属的焊接工艺,并进行局部或 100%射线或超声检测,且符合 GB/T 20801.5—2020 中 6.3.2 的相应规定。

6.8 铝及铝合金

6.8.1 铝及铝合金的力学性能与厚度、供货状态有关，表A.1所列性能及许用应力仅适用于相应标准的规定范围。

6.8.2 材料标准未规定抗拉及屈服强度者，本部分要求于采购合同中补充。

6.8.3 加工硬化状态材料的焊接结构，应采用相应牌号退火状态的许用应力；析出硬化状态材料的焊接结构，应采用相应牌号焊接状态的许用应力。

6.8.4 铝及铝合金管件的性能及许用应力与坯料、工艺及热处理状态有关，可参照相同牌号无缝管、焊管、板、棒、锻件的性能及许用应力。表A.1所列性能及许用应力为典型示例。

6.9 镍及镍合金

6.9.1 镍及镍合金的力学性能与加工、热处理状态有关，表A.1所列性能及许用应力仅适用于相应标准的规定范围。

6.9.2 镍及镍合金管件的性能及许用应力与坯料、工艺及热处理状态有关，可参照相同牌号无缝管、焊管、板、棒、锻件的性能及许用应力。表A.1所列性能及许用应力为典型示例。

6.9.3 625镍基合金采用ENiCrMo-3或ERNiCrMo-3焊接的接头抗拉强度应不小于758 MPa。

6.9.4 625镍基合金经538 ℃～760 ℃热履历可能致使常温韧性的降低和焊接区域的应力松弛裂纹，参见附录C。

6.10 管道支承件材料

6.10.1 表A.1和表A.2所列标准、材料及许用应力也适用于管道支承件。

6.10.2 管道支承件材料的其他要求按GB/T 20801.3—2020第8章的规定。

6.11 低熔点金属

6.11.1 铅、锌等低熔点金属及其合金不得用于输送可燃介质的管道。

6.11.2 应防止铅、锌等低熔点金属在热处理、焊接或高温使用过程对奥氏体不锈钢及镍基合金的液体金属侵蚀，参见附录C。

7 高温条件下的材料使用限制

7.1 材料使用温度上限

7.1.1 表A.1及表A.2规定了一般情况下材料的使用温度上限。

7.1.2 确定材料使用温度上限时应考虑使用介质和环境的影响。

7.2 高温材料的选用原则

7.2.1 一般要求

7.2.1.1 高温条件下长期使用的材料，应考虑组织或性能变化对材料使用可靠性的影响。

7.2.1.2 高温条件下长期使用的材料，应考虑因蠕变引起的过度变形、过大位移、材料组织和性能的劣化以及螺栓的应力松弛；典型金属材料的蠕变阈值温度见GB/T 20801.3—2020表5，其他金属材料可参见附录C。

7.2.1.3 高温条件下使用的材料，应考虑高温及化学腐蚀引起的材料损伤。

7.2.1.4 通过热处理强化的材料，如果长期在接近或高于回火温度下使用，应考虑材料强度降低的因素。

7.2.2 高温条件下碳钢及铬钼合金钢的使用

7.2.2.1 高温蠕变工况焊接接头高温强度降低系数 W 按 GB/T 20801.3—2020 中 4.2.7 的规定。

7.2.2.2 碳钢、碳锰钢、低温用镍钢的高温石墨化倾向以及铬钼合金钢的软化(珠光体球化)倾向参见附录 C。

7.2.2.3 铬钼合金钢的回火脆性敏感性参见附录 C。

7.2.3 高温条件下不锈钢的使用

7.2.3.1 高温蠕变工况(见 GB/T 20801.3—2020 的 3.2)不锈钢焊接接头高温强度降低系数 W 按GB/T 20801.3—2020 中 4.2.7 的规定。

7.2.3.2 铁素体不锈钢、马氏体不锈钢和双相不锈钢的 475 ℃脆性敏感性参见附录 C。

7.2.3.3 铬镍奥氏体不锈钢的 σ 相脆化敏感性参见附录 C。

7.2.3.4 铝、锑、铋、镉、镓、铅、锰、锡、锌等低熔点金属及其化合物在高温下对奥氏体不锈钢的液体侵蚀(LME)参见附录 C。

7.2.3.5 表 A.1 低碳级(含碳量≤0.08%)奥氏体不锈钢高温使用时,应符合表 4 的附加要求。

表 4 低碳级奥氏体不锈钢高温使用的附加要求

低碳级奥氏体不锈钢代号	使用温度/℃	附加要求		
		母材含碳量	热处理状态	晶粒度
CF8	>425	≥0.04	>1 040 ℃快冷	—
CF8M、CF8C	>425	≥0.04	>1 095 ℃快冷	—
06Cr18Ni11Ti 06Cr18Ni11Nb	>538	≥0.04	>1 095 ℃快冷	平均晶粒度 7 级或更粗
06Cr19Ni10 06Cr17Ni12Mo2	>538	≥0.04	>1 040 ℃快冷	平均晶粒度 7 级或更粗
06Cr23Ni13 06Cr25Ni20	>538	≥0.04	>1 040 ℃快冷	平均晶粒度 6 级或更粗

7.2.4 高温条件下其他材料的使用

7.2.4.1 钛及钛合金不宜在 316 ℃以上的温度下使用。

7.2.4.2 镍及镍基合金的使用温度上限按表 5 的规定。

7.2.4.3 高温蠕变工况(见 GB/T 20801.3—2020 的 3.2)镍基合金焊接接头高温强度降低系数 W 按 GB/T 20801.3—2020 中 4.2.7 的规定。

表 5 镍及镍基合金的使用温度上限

单位为摄氏度

材料	不含硫的环境			蒸汽	含硫环境	
	氧化	H_2还原	CO 还原		氧化	还原
镍 (N4、N6)	1 040	1 260	1 260	425	315	260
镍-铜 (NCu30)	540	1 100	815	370	315	260

表 5 镍及镍基合金的使用温度上限(续) 单位为摄氏度

材料	不含硫的环境			蒸汽	含硫环境	
	氧化	H_2还原	CO还原		氧化	还原
镍-铬-铁(NS312)	1 100	1 150	1 150	815	815	540
镍-铁-铬(NS111、NS112)	1 100	1 260	1 150	980	815	540

8 低温条件下的材料使用限制

8.1 最低使用温度及冲击试验免除

8.1.1 一般规定(铸铁除外)

8.1.1.1 除8.1.1.4、8.1.3、8.1.4、8.1.5和8.1.6免除冲击试验的规定外,材料及其焊接接头应进行冲击试验。

8.1.1.2 材料及其焊接接头的冲击试验应按8.2的规定进行。

8.1.1.3 确定最低设计温度时,应考虑流体节流效应及环境温度的影响。

8.1.1.4 用于GC3级管道的碳钢材料可免除冲击试验。

8.1.2 铸铁

球墨铸铁、灰铸铁和可锻铸铁的最低使用温度应符合6.1的规定。

8.1.3 碳钢、低温钢、铬钼合金钢、铁素体不锈钢和双相不锈钢

8.1.3.1 碳钢、低温钢、铬钼合金钢、铁素体不锈钢和双相不锈钢的最低使用温度及冲击试验免除条件应符合表6和表A.1的规定。

8.1.3.2 材料的焊接工艺评定应符合表8、表11和表12的规定。

8.1.3.3 当碳钢(包括碳锰钢)符合低温低应力或低温降应力工况时,其免于冲击试验的最低使用温度可以比8.1.3.1规定的更低,并应符合下列规定:

a) 符合低温降应力工况的碳钢(包括碳锰钢)免于冲击试验的材料最低使用温度降低量为11 ℃,且最低使用温度应不低于−30 ℃,但应符合下列规定:
   1) 管道应经不低于1.5倍设计压力的水压试验;
   2) 除公称壁厚小于或等于13 mm外,管道系统应对外加载荷(如维修载荷、冲击载荷、热冲击载荷等)进行安全防护;
   3) 低温降应力工况适用于GC2级管道以及环境气温不高于−20 ℃,但不低于−30 ℃地区的GC3级管道,且适用的碳钢材料中不包括碳素结构钢和螺栓材料,管道系统中不准许存在铁素体与奥氏体的异种金属焊接接头。

   注:最低环境温度取历年来月平均最低气温的最低值。

b) 符合低温低应力工况的GC2级管道,最低使用温度应不低于−104 ℃,且适用的碳钢材料中不包括碳素结构钢和螺栓材料,管道系统中不准许存在铁素体与奥氏体的异种金属焊接接头。

表 6　钢(奥氏体不锈钢除外)的最低使用温度和冲击试验

材料类别（按低温性能区分）	最低使用温度/℃	免除冲击试验条件	冲击试验要求	
			材　料	制作、安装中的焊接
图 1 曲线 A[a]	−10	厚度小于或等于 10 mm。或厚度大于 10 mm,但设计温度高于或等于图 1 曲线 A 所示值	厚度大于 10 mm,且设计温度低于图 1 曲线 A 所示值时,应进行常温或设计温度(取较低者)下的冲击试验	a)焊缝及热影响区的冲击要求同“材料”栏要求。 b)冲击试验要求应包括在相应的焊接工艺评定中
图 1 曲线 B[b]	−104	低温低应力工况	免除	免除
	−46	小截面[c]		
	−30	低温降应力工况: 厚度小于或等于 15 mm。或厚度大于 15 mm,且设计温度提高 11 ℃后高于或等于图 1 曲线 B 所示值。 非焊接件按厚度的 1/4 计	厚度大于 15 mm,且设计温度提高 11 ℃后仍低于图 1 曲线 B 所示值时,应进行常温或设计温度提高 11 ℃(取较低者)的冲击试验	a)焊缝及热影响区的冲击要求同“材料”栏要求。 b)冲击试验要求应包括在相应的焊接工艺评定中
	大于−20	厚度小于或等于 15 mm。或厚度大于 15 mm,且设计温度高于或等于图 1 曲线 B 所示值。非焊接件按厚度的 1/4 计	厚度大于 15 mm,且设计温度低于图 1 曲线 B 所示值时,应进行常温或设计温度(取较低者)的冲击试验	a)焊缝及热影响区的冲击要求同“材料”栏要求。 b)冲击试验要求应包括在相应的焊接工艺评定中
表 A.1 的 2.3 锻件和表 A.1 的 2.4 铸件	按表 A.1	全部免除	免除	如进行焊接,根据焊缝厚度,焊缝及热影响区按图 1 曲线 B“制作、安装中的焊接”栏要求
	−30	低温降应力工况	免除	如进行焊接,根据焊缝厚度,焊缝及热影响区按图 1 曲线 B“制作、安装中的焊接”栏要求
	−104	低温低应力工况	免除	免除

表 6(续)

材料类别(按低温性能区分)	最低使用温度/℃	免除冲击试验条件	冲击试验要求	
			材　料	制作、安装中的焊接
低温钢(表 A.1 中 3)	按表 A.1		a)设计温度低于或等于－20 ℃时应进行设计温度下的冲击试验(材料、焊缝、热影响区)。 b)材料应符合相应低温钢材料标准的全部要求	
	表 A.1 或－46 ℃,取较低值	小截面[c]	免除	免除
	－104	低温低应力工况		
铬钼合金钢	－30	设计温度不低于左列最低使用温度时,可免除冲击试验要求; 低温低应力工况可使用至－104 ℃		
铁素体不锈钢	－30			
双相不锈钢	－50			

[a] 图 1 曲线 A 包括表 A.1 中下列碳钢:
Q215A、Q235A 的板材以及板焊管、CF370 焊制管件;
Q215A、Q235A 的 ERW 焊管;
用于 GC3 级管道时,见 8.1.1.4。

[b] 图 1 曲线 B 包括除脚注 a 外的其他表 A.1 所列碳钢(包括碳锰钢)。

[c] "小截面"系指材料由于厚度及截面形状限制,无法制备 2.5 mm×10 mm×55 mm 冲击试样的状况。

8.1.4 奥氏体不锈钢

8.1.4.1 奥氏体不锈钢的最低使用温度应符合表 A.1 的规定。

8.1.4.2 当使用温度低于或等于－20 ℃时,奥氏体不锈钢应进行低温冲击试验,但同时满足下列规定者,可免除低温冲击试验。

a) 母材最低使用温度不低于－196 ℃、焊缝金属最低设计温度不低于－104 ℃和因材料截面尺寸限制无法制备 2.5 mm×10 mm×55 mm 冲击试样三个条件之一者;

b) 材料含碳量不大于 0.10%且为固溶热处理状态;

c) 焊缝填充金属含碳量不大于 0.10%。

8.1.5 镍、镍基合金、钛合金和铝合金

镍、钛、铝及其合金的最低使用温度应符合表 A.1 的规定,其免除冲击试验条件应符合表 7 的规定。

表 7　有色金属(镍和镍基合金、钛和钛合金、铝和铝合金)的最低使用温度

<table>
<tr><th rowspan="2">材料类别</th><th rowspan="2">最低使用温度/℃</th><th colspan="2">冲击试验要求</th><th rowspan="2">更低使用温度</th></tr>
<tr><th>材料</th><th>焊接接头</th></tr>
<tr><td>镍及镍基合金</td><td>−200</td><td rowspan="3">全部免除</td><td rowspan="3">a)如焊缝金属成分符合母材规定,无额外要求。
b)如焊缝金属成分不符合母材规定,按右侧更低使用温度栏要求</td><td rowspan="3">设计应对材料、焊缝金属和热影响区在设计温度下进行相应的试验(包括延伸率、缺口拉伸/常规拉伸比较、冲击试验等)来确定其适用性</td></tr>
<tr><td>钛及钛合金</td><td>−60</td></tr>
<tr><td>铝及铝合金</td><td>−270</td></tr>
</table>

8.1.6 螺栓材料

8.1.6.1 螺栓材料的最低使用温度应符合表 A.2 的规定,符合下列条件者可免除冲击试验:

a) 碳钢、合金结构钢标准紧固件;

b) 奥氏体不锈钢标准紧固件;

c) 0Cr18Ni9、0Cr17Ni12Mo2 及其应变硬化不锈钢紧固件(B8-2、B8M-2);

d) 25Cr2MoV 钢紧固件;

e) 配用螺母材料。

8.1.6.2 最低使用温度小于下列 a)和 b)所示温度,但不低于−104 ℃的 35CrMo 螺栓应进行低温冲击试验,但符合下列条件之一的 35CrMo 螺栓可免除低温冲击试验:

a) 螺纹直径小于或等于 M64 且最低使用温度高于或等于−46 ℃者;

b) 螺纹直径大于 M64 且最低使用温度高于或等于−40 ℃者。

8.2 冲击试验

8.2.1 母材的冲击试验

除符合 8.1 规定的免除冲击试验的材料外,母材均应按 8.2.3、8.2.4 和 8.2.5 的要求进行冲击试验。对于材料标准中有关冲击试验的规定符合上述要求者,应按材料标准进行冲击试验;对于材料标准未作冲击试验规定或规定不符合上述要求者,应提出冲击试验的附加要求。

8.2.2 焊接接头的冲击试验

焊接接头的冲击试验应符合下列规定:

a) 焊接接头的冲击试验应在焊接工艺评定中进行;

b) 焊接接头冲击试验的试件制备、试样位置及数量应符合表 8 的规定;

c) 表 6 所列材料的焊接接头冲击试验应包括焊缝金属和热影响区,但奥氏体不锈钢的焊接接头冲击试验仅包括焊缝金属。

表 8　焊接接头冲击试验(制作、安装)

制备冲击试样的试件	试验的覆盖范围	试样位置及数量	冲击试验进行者
每一种焊接工艺、每种焊接材料型号、每种焊剂均要进行一套冲击试验。试样的热处理状态与完工管道相同(包括热处理温度、保温时间、冷却速度)	试件厚度为 T,则可覆盖的厚度范围为 $T/2 \sim T+6$ mm	焊缝金属(三个一组): a)试样横贯焊缝; b)缺口位于焊缝金属并垂直于接头表面; c)试样的一个表面尽可能接近接头表面。 热影响区(如需要,三个一组): a)缺口根部及其后的断口尽可能多地位于焊接接头的热影响区; b)其余同上	制作、安装

8.2.3 冲击试验方法

冲击试验方法应符合下列规定：

a) 冲击试验方法应符合 GB/T 229 和 GB/T 12778 的规定。

b) 标准冲击试样为 10 mm×10 mm×55 mm 夏比缺口冲击试样。

c) 若因截面尺寸限制无法制备标准试样时，也可采用厚度为 7.5 mm、5.0 mm、2.5 mm 的小尺寸试样或尽可能宽的小尺寸试样。小尺寸试样的缺口宽度一般应不小于材料厚度的 80%。

d) 试样缺口应沿厚度方向切取，三个试样为一组。

8.2.4 冲击试验温度

冲击试验温度应符合下列规定：

a) 标准试样的冲击试验温度应不高于最低设计温度；

b) 小尺寸试样的冲击试验温度的降低值应符合表 9 和表 10 的规定；

c) 降低小尺寸试样的冲击试验温度仅适用于表 11 中以冲击吸收能量作为合格判据的状况，采用冲击断口侧向膨胀量作为合格判据的冲击试验温度应符合表 12 的规定。

表 9 冲击试验温度降低值

材料厚度 t/mm	冲击试样宽度/mm	冲击试验温度降低值 ΔT/℃
≥10	≥8	0
	<8	ΔT_2[b]
<10	≥$0.8t$	0
	<$0.8t$	$\lvert \Delta T_1{}^{a} - \Delta T_2 \rvert$

[a] ΔT_1 为材料厚度小于 10 mm 时的温度降低值(按表 10)。

[b] ΔT_2 为冲击试样宽度小于 10 mm 时的温度降低值(按表 10)。

表 10 ΔT_1 和 ΔT_2

材料厚度或试样缺口宽度/mm	ΔT_1、ΔT_2/℃
10(标准试样)	0
9	0
8	0
7.5(7.5 mm 试样)	3
7	4
6.67(2/3 宽试样)	5
6	8
5(5 mm 试样)	11
4	17
3.33(1/3 宽试样)	19
3	22
2.5(2.5 mm 试样)	28

注：可采用内插法。

表 11　冲击试验的冲击吸收能量合格标准(母材、焊缝金属、热影响区)

材料类别	标准规定最小抗拉强度 R_m/MPa	标准试样冲击吸收能量/J	
		三个试样平均值	单个试样最低值
碳钢、合金钢(R_m<655 MPa)	≤450	18	14
	>450～515	20	16
	>515～<655	27	20
合金钢螺栓材料(≤M52)	≥655	27	20

[a] 采用小尺寸试样时,冲击吸收能量合格标准按试样宽度的比例降低。

表 12　冲击试验的侧向膨胀量合格标准(母材、焊缝金属)

材料类别	最低使用温度/℃	冲击试验温度/℃	侧向膨胀量[a]/mm
奥氏体不锈钢、铁素体不锈钢、双相不锈钢、>M52且 R_m≥655 MPa 碳钢和合金钢螺栓材料	≥−196	最低设计温度	0.38
	<−196	−196	0.46

[a] 采用小尺寸试样时,侧向膨胀量合格标准与标准试样相同,且三个试样均应合格。

8.2.5　合格标准

冲击试验的合格标准应按照下列有关要求进行确定:

a) 标准规定的材料最小抗拉强度小于 655 MPa 的碳钢、合金钢、低温钢以及螺纹直径小于或等于 M52 的螺栓材料,其冲击试验应符合表 11 的规定;

b) 螺纹直径大于 M52 的螺栓材料和奥氏体不锈钢的冲击试样断口侧向膨胀量应符合表 12 的规定。

9　材料标记和质量证明

9.1　材料标记

9.1.1　材料标记应符合相应标准和合同的规定。

9.1.2　标记内容至少应包括制造厂标记以及材料(代号)名称,下列管道组成件的标记还应包括材料炉批号或代号:

a) GC1 级管道用管道组成件;

b) 按本部分要求进行冲击试验的管道组成件;

c) 铬钼合金钢(螺栓材料除外)管道组成件;

d) 用于高温条件下的奥氏体不锈钢(H 型)管道组成件;

e) 镍及镍合金、钛及钛合金管道组成件。

9.1.3　材料应逐件标记,标记应清晰、牢固,公称直径小于或等于 DN40 的材料可采用标签或其他替代方法进行标记。

9.2　质量证明

材料的质量证明应符合下列规定:

a) 材料应具有相应的质量证明文件;

b) 质量证明文件应包括标准以及合同规定的检验和试验结果,且具有可追溯性;

c) 未包括检验和试验结果的质量证明文件(合格证)仅限于 GC3 级管道组成件。

附 录 A
(规范性附录)
材料牌号和许用应力

A.1 许用应力

表 A.1 给出了符合本部分要求的材料牌号和许用应力。

A.2 螺栓许用应力

表 A.2 给出了符合本部分要求的螺栓材料牌号和许用应力。

A.3 纵向焊接接头系数

表 A.3 给出了表 A.1 所列管子与对焊管件的纵向焊接接头系数 Φ_w,管子与对焊管件的纵向焊接接头系数应符合 GB/T 20801.3—2020 中的 4.2.5 和表 3 的规定。

A.4 铸件质量系数

表 A.4 给出了表 A.1 所列铸件的铸件质量系数 Φ_c,铸件质量系数应符合 GB/T 20801.3—2020 中4.2.6和表 4 的规定。

A.5 表 A.1 许用应力使用说明

表 A.1 许用应力表的使用应符合下列要求:

a) 表 A.1 中的许用应力未计入管子和对焊管件的纵向焊接接头系数、焊接接头高温强度降低系数以及铸件质量系数;焊接接头高温强度降低系数按 GB/T 20801.3—2020 中 4.2.7 的规定;

b) 剪切、接触、压缩应力应符合 GB/T 20801.3—2020 中 4.2.4.5 和 4.2.4.4 的规定;

c) 表 A.1 未列温度的许用应力可采用内插法计算;

d) 低于 40 ℃的许用应力取 40 ℃的值;

e) 表列斜体许用应力值取决于抗拉强度;黑体取决于长期(持久、蠕变)强度;正体取决于屈服强度;正体加下横线取决于 90%中温屈服强度;正体加灰底色表示许用应力值高于 2/3 中温屈服强度;

f) 表列正体加下横线以及正体灰底色许用应力值均适用于奥氏体不锈钢和镍基合金的设计计算,但用于非标法兰或按 GB/T 20801.3—2020 中 7.5.4 计算时应将该值乘以 75%(正体加下横线者)或适当降低(正体灰底色);

g) 材料使用温度上限及对应的许用应力按表列所示(而不是表头所示温度);

h) 材料最低使用温度按表列温度或图 1 所示曲线,数字表示最低使用温度,英文字母 A 或 B 表示图 1 中的曲线,材料尚应满足第 8 章以及相应注解的要求。

表 A.1 材料许用应力表

标准	牌号等级	尺寸范围/mm,或状态	最低使用温度/℃或图1的曲线号	标准规定最小强度/MPa		最高使用温度/℃	在下列温度(℃)下的许用应力/MPa																			脚注
				R_m	R_{eL}(或$R_{p0.2}$)		40	65	100	150	200	250	300	325	350	375	400	425	450	475	500	525	550	575	600	
1 铸铁																										1 铸铁
1.1 灰铸铁																										1.1 灰铸铁
GB/T 94392	HT200		−10	200		230	20	20	20	20	20	20 (230 ℃)														a,c
GB/T 9439	HT250		−10	250		230	25	25	25	25	25	25 (230 ℃)														a,c
GB/T 9439	HT300		−10	300		230	30	30	30	30	30	30 (230 ℃)														a,c
GB/T 9439	HT350		−10	350		230	35	35	35	35	35	35 (230 ℃)														a,c
1.2 球墨铸铁																										1.2 球墨铸铁
GB/T 1348	QT400-18		0	400	250	350	133		124	118	113	106	100	95	91											b,c
GB/T 1348	QT400-18L		−20	400	250	350	133		124	118	113	106	100	95	91											b,c
1.3 可锻铸铁(黑芯)																										1.3 可锻铸铁(黑芯)
GB/T 9440	KTH300-06		−20	300		300	60	60	60	60	60	60	60													a,c
GB/T 9440	KTH350-10		−20	350	200	300	70	70	70	70	70	70	70													a,c
2 碳钢(包括碳锰钢)																										2 碳钢(包括碳锰钢)
2.1 无缝管																										2.1 无缝管
GB/T 8163	10	≤16	B	335	205	593	112	112	112	112	112	112	108	105	97.0	84.3	73.3	64.0	55.8	43.9	31.7	21.4	14.2	9.40	6.89(593 ℃)	d
GB/T 8163	10	>16～30	B	335	195	593	112	112	112	110	106	102	96.9	94.1	91.2	84.3	73.3	64.0	55.8	43.9	31.7	21.4	14.2	9.40	6.89(593 ℃)	d
GB/T 8163	10	>30	B	335	185	593	112	112	112	110	106	102	96.9	94.1	91.2	84.3	73.3	64.0	55.8	43.9	31.7	21.4	14.2	9.40	6.89(593 ℃)	d
GB/T 9948	10	全部	B	330	205	593	112	112	112	112	112	112	108	105	97.0	84.3	73.3	64.0	55.8	43.9	31.7	21.4	14.2	9.40	6.89(593 ℃)	d
GB/T 6479	10	≤16	B	335	205	593	112	112	112	112	112	112	108	105	97.0	84.3	73.3	64.0	55.8	43.9	31.7	21.4	14.2	9.40	6.89(593 ℃)	d,k
GB/T 6479	10	>16～40	B	335	195	593	112	112	112	110	106	102	96.9	94.1	91.2	84.3	73.3	64.0	55.8	43.9	31.7	21.4	14.2	9.40	6.89(593 ℃)	d,k
GB/T 6479	10	>40	B	335	185	593	112	112	112	110	106	102	96.9	94.1	91.2	84.3	73.3	64.0	55.8	43.9	31.7	21.4	14.2	9.40	6.89(593 ℃)	d,k

表 A.1(续)

标准	牌号等级	尺寸范围/mm,或状态	最低使用温度/℃或图1的曲线号	标准规定最小强度/MPa		最高使用温度/℃	在下列温度(℃)下的许用应力/MPa																			脚注
				R_m	R_{eL}(或$R_{p0.2}$)		40	65	100	150	200	250	300	325	350	375	400	425	450	475	500	525	550	575	600	
GB/T 3087	10	≤16	B	335	205	593	112	112	112	112	112	112	108	105	97.0	84.3	73.3	64.0	55.8	43.9	31.7	21.4	14.2	9.40	6.89(593 ℃)	d
GB/T 3087	10	>16	B	335	195	593	112	112	112	110	106	102	96.9	94.1	91.2	84.3	73.3	64.0	55.8	43.9	31.7	21.4	14.2	9.40	6.89(593 ℃)	d
GB/T 9711	L245/B(PSL1)	全部	B	415	245	593	138	138	138	138	138	132	126	122	118	113	95.1	79.5	62.6	45.0	31.7	21.4	14.2	9.40	6.89(593 ℃)	d,g
GB/T 9711	L245/B(PSL2)	全部	−30	415	245	593	138	138	138	138	138	132	126	122	118	113	95.1	79.5	62.6	45.0	31.7	21.4	14.2	9.40	6.89(593 ℃)	d,g,k
GB/T 8163	20	≤16	B	410	245	593	137	137	137	137	137	132	126	122	118	113	95.1	79.5	62.6	45.0	31.7	21.4	14.2	9.40	6.89(593 ℃)	d
GB/T 8163	20	>16~30	B	410	235	593	137	137	137	137	137	132	126	122	118	113	95.1	79.5	62.6	45.0	31.7	21.4	14.2	9.40	6.89(593 ℃)	d
GB/T 8163	20	>30	B	410	225	593	137	137	134	130	126	121	115	111	108	105	95.1	79.5	62.6	45.0	31.7	21.4	14.2	9.40	6.89(593 ℃)	d
GB/T 3087	20	≤16	B	410	245	593	137	137	137	137	137	132	126	122	118	113	95.1	79.5	62.6	45.0	31.7	21.4	14.2	9.40	6.89(593 ℃)	d
GB/T 3087	20	>16	B	410	235	593	137	137	137	137	137	132	126	122	118	113	95.1	79.5	62.6	45.0	31.7	21.4	14.2	9.40	6.89(593 ℃)	d
GB/T 5310	20G	全部	B	410	245	593	137	137	137	137	137	132	126	122	118	113	95.1	79.5	62.6	45.0	31.7	21.4	14.2	9.40	6.89(593 ℃)	d
GB/T 5310	20MnG	全部	B	415	240	593	138	138	138	138	138	132	126	122	118	113	95.1	79.5	62.6	45.0	31.7	21.4	14.2	9.40	6.89(593 ℃)	d
YB/T 4173	20G	全部	B	410	245	593	137	137	137	137	137	132	126	122	118	113	95.1	79.5	62.6	45.0	31.7	21.4	14.2	9.40	6.89(593 ℃)	d
YB/T 4173	20MnG	全部	B	415	240	593	138	138	138	138	138	132	126	122	118	113	95.1	79.5	62.6	45.0	31.7	21.4	14.2	9.40	6.89(593 ℃)	d
GB/T 6479	20	≤16	B	410	245	593	137	137	137	137	137	132	126	122	118	113	95.1	79.5	62.6	45.0	31.7	21.4	14.2	9.40	6.89(593 ℃)	d,k
GB/T 6479	20	>16~40	B	410	235	593	137	137	137	137	137	132	126	122	118	113	95.1	79.5	62.6	45.0	31.7	21.4	14.2	9.40	6.89(593 ℃)	d,k

表 A.1（续）

标准	牌号等级	尺寸范围/mm,或状态	最低使用温度/℃或图1的曲线号	标准规定最小强度/MPa		最高使用温度/℃	在下列温度(℃)下的许用应力/MPa																			脚注
				R_m	R_{eL}(或$R_{p0.2}$)		40	65	100	150	200	250	300	325	350	375	400	425	450	475	500	525	550	575	600	
GB/T 6479	20	>40	B	410	225	593	*137*	*137*	134	130	126	121	115	111	108	105	95.1	79.5	62.6	45.0	31.7	21.4	14.2	9.40	6.89(593 ℃)	d,k
GB/T 9948	20	全部	B	410	245	593	*137*	*137*	*137*	*137*	*137*	132	126	122	118	113	95.1	79.5	62.6	45.0	31.7	21.4	14.2	9.40	6.89(593 ℃)	d
GB/T 8163	Q345A	≤16	B	470	345	427	*157*	*157*	*157*	*157*	*157*	*157*	151	144	139	135	122	101	83.8(427 ℃)							d
GB/T 8163	Q345A	>16~30	B	470	325	427	*157*	*157*	*157*	*157*	*157*	*157*	151	144	139	135	122	101	83.8(427 ℃)							d
GB/T 8163	Q345A	>30	B	470	295	427	*157*	*157*	*157*	*157*	*157*	*157*	151	144	139	135	122	101	83.8(427 ℃)							d
GB/T 5310	25MnG	全部	B	485	275	427	*162*	*162*	*162*	*162*	158	158	151	144	139	135	122	101	83.8(427 ℃)							d
YB/T 4173	25MnG	全部	B	485	275	427	*162*	*162*	*162*	*162*	158	151	144	139	135	122	101	83.8	82.7(427 ℃)							d
GB/T 6479	Q345B	≤16	B	490	345	427	*163*	*163*	*163*	*163*	158	151	144	139	135	122	101	83.8	82.7(427 ℃)							d
GB/T 6479	Q345B	>16~40	B	490	335	427	*163*	*163*	*163*	*163*	158	151	144	139	135	122	101	83.8	82.7(427 ℃)							d
GB/T 6479	Q345B	>40	B	490	325	427	*163*	*163*	*163*	*163*	158	151	144	139	135	122	101	83.8	82.7(427 ℃)							d
GB/T 6479	Q345D	≤16	−20	490	345	427	*163*	*163*	*163*	*163*	158	151	144	139	135	122	101	83.8	82.7(427 ℃)							d
GB/T 6479	Q345D	>16~40	−20	490	335	427	*163*	*163*	*163*	*163*	158	151	144	139	135	122	101	83.8	82.7(427 ℃)							d
GB/T 6479	Q345D	>40	−20	490	325	427	*163*	*163*	*163*	*163*	158	151	144	139	135	122	101	83.8	82.7(427 ℃)							d
GB/T 9711	L290/X42 (PSL2)	全部	−30	415	290	204	*138*	*138*	*138*	*138*	*138*															g,h,i,j
GB/T 9711	L360/X52 (PSL2)	全部	−30	460	360	204	*153*	*153*	*153*	*153*	*153*															g,h,i,j
GB/T 9711	L415/X60 (PSL2)	全部	−30	520	415	204	*173*	*173*	*173*	*173*	*173*															g,h,i,j
GB/T 9711	L450/X65 (PSL2)	全部	−30	535	450	204	*178*	*178*	*178*	*178*	*178*															g,h,i,j

表 A.1(续)

标准	牌号等级	尺寸范围/mm,或状态	最低使用温度/℃或图1的曲线号	标准规定最小强度/MPa		最高使用温度/℃	在下列温度(℃)下的许用应力/MPa																			脚注
				R_m	R_{eL}(或$R_{p0.2}$)		40	65	100	150	200	250	300	325	350	375	400	425	450	475	500	525	550	575	600	
GB/T 9711	L485/X70 (PSL2)	全部	−30	570	485	204	*190*	*190*	*190*	*190*	*190*															g,h,i,j
GB/T 9711	L555/X80 (PSL2)	全部	−30	625	555	204	*208*	*208*	*208*	*208*	*208*															g,h,i,j
2.2 焊管(ERW)																										2.2 焊管(ERW)
GB/T 3091	Q215A	≤16	A	335	215	350	*112*	*112*	*112*	*112*	*112*	*112*	108	105	**97.0**											d,e,f
GB/T 3091	Q215A	>16	A	335	205	350	*112*	*112*	*112*	*112*	*112*	*112*	108	105	**97.0**											d,e,f
GB/T 9711	L210/A (PSL1)	全部	B	335	210	350	*112*	*112*	*112*	*112*	*112*	*112*	108	105	**97.0**											d,e,g
GB/T 3091	Q235A	≤16	A	370	235	350	*123*	*123*	*123*	*123*	*123*	*123*	118	115	**97.0**											d,e,f
GB/T 3091	Q235A	>16	A	370	225	350	*123*	*123*	*123*	*123*	*123*	*123*	118	115	**97.0**											d,e,f
GB/T 9711	L245/B (PSL1)	全部	B	415	245	350	*138*	*138*	*138*	*138*	*138*	132	126	122	118											d,e,g
GB/T 9711	L290/X42 (PSL2)	全部	−30	415	290	204	*138*	*138*	*138*	*138*	*138*															g,h,i,j
GB/T 9711	L360/X52 (PSL2)	全部	−30	460	360	204	*153*	*153*	*153*	*153*	*153*															g,h,i,j
GB/T 9711	L415/X60 (PSL2)	全部	−30	520	415	204	*173*	*173*	*173*	*173*	*173*															g,h,i,j
GB/T 9711	L450/X65 (PSL2)	全部	−30	535	450	204	*178*	*178*	*178*	*178*	*178*															g,h,i,j
2.3 管件																										2.3 管件
GB/T 13401	CF370	全部	A	370	235	350	*123*	*123*	*123*	*123*	*123*	*123*	118	115	**97.0**											d,e,f

表 A.1(续)

标准	牌号等级	尺寸范围/mm,或状态	最低使用温度/℃或图1的曲线号	标准规定最小强度/MPa		最高使用温度/℃	在下列温度(℃)下的许用应力/MPa																			脚注
				R_m	R_{eL}(或$R_{p0.2}$)		40	65	100	150	200	250	300	325	350	375	400	425	450	475	500	525	550	575	600	
GB/T 13401	CF415	全部	B	415	240	593	*138*	*138*	*138*	*138*	*138*	132	126	122	118	113	95.1	79.5	62.6	45.0	31.7	21.4	14.2	9.40	6.89(593 ℃)	d,e
GB/T 13401	CF415K	全部	B	415	240	593	*138*	*138*	*138*	*138*	*138*	132	126	122	118	113	95.1	79.5	62.6	45.0	31.7	21.4	14.2	9.40	6.89(593 ℃)	d,e
GB/T 13401	CF485	全部	B	485	275	427	*162*	*162*	*162*	*162*	158	151	144	139	135	122	101	83.8	82.7(427 ℃)							d,e
GB/T 13401	CF485K	全部	B	485	275	427	*162*	*162*	*162*	*162*	158	151	144	139	135	122	101	83.8	82.7(427 ℃)							d,e
GB/T 29168.2	L290/X42 (PSL2)	全部	−30	415	290	204	*138*	*138*	*138*	*138*	*138*															g,h,i,j
GB/T 29168.2	L360/X52 (PSL2)	全部	−30	460	360	204	*153*	*153*	*153*	*153*	*153*															g,h,i,j
GB/T 29168.2	L415/X60 (PSL2)	全部	−30	520	415	204	*173*	*173*	*173*	*173*	*173*															g,h,i,j
GB/T 29168.2	L450/X65 (PSL2)	全部	−30	535	450	204	*178*	*178*	*178*	*178*	*178*															g,h,i,j
GB/T 29168.2	L485/X70 (PSL2)	全部	−30	570	485	204	*190*	*190*	*190*	*190*	*190*															g,h,i,j
GB/T 29168.2	L555/X80 (PSL2)	全部	−30	625	555	204	*208*	*208*	*208*	*208*	*208*															g,h,i,j
2.4 板焊管(EFW/SAW)												2.4 板焊管(EFW/SAW)														
GB/T 3091	Q215A	≤16	A	335	215	350	*112*	*112*	*112*	*112*	*112*	*112*	108	105	101											d,e,f
GB/T 3091	Q215A	>16	A	335	205	350	*112*	*112*	*112*	*112*	*112*	*112*	108	105	101											d,e,f
GB/T 3091	Q235A	≤16	A	370	235	350	*123*	*123*	*123*	*123*	*123*	*123*	118	115	111											d,e,f
GB/T 3091	Q235A	>16	A	370	225	350	*123*	*123*	*123*	*123*	*123*	*123*	118	115	111											d,e,f
GB/T 9711	L245/B (PSL1)	全部	B	415	245	593	*138*	*138*	*138*	*138*	*138*	132	126	122	118	113	95.1	79.5	62.6	45.0	31.7	21.4	14.2	9.40	6.89(593 ℃)	d,g

表 A.1(续)

标准	牌号等级	尺寸范围/mm,或状态	最低使用温度/℃或图1的曲线号	标准规定最小强度/MPa		最高使用温度/℃	在下列温度(℃)下的许用应力/MPa																			脚注
				R_m	R_{eL}(或$R_{p0.2}$)		40	65	100	150	200	250	300	325	350	375	400	425	450	475	500	525	550	575	600	
GB/T 9711	L245/B (PSL2)	全部	−30	415	245	593	*138*	*138*	*138*	*138*	*138*	132	126	122	118	**113**	**95.1**	**79.5**	**62.6**	**45.0**	**31.7**	**21.4**	**14.2**	**9.40**	**6.89(593 ℃)**	d,g,k
GB/T 9711	L290/X42 (PSL2)	全部	−30	415	290	204	*138*	*138*	*138*	*138*	*138*															g,h,i,j
GB/T 9711	L360/X52 (PSL2)	全部	−30	460	360	204	*153*	*153*	*153*	*153*	*153*															g,h,i,j
GB/T 9711	L415/X60 (PSL2)	全部	−30	520	415	204	*173*	*173*	*173*	*173*	*173*															g,h,i,j
GB/T 9711	L450/X65 (PSL2)	全部	−30	535	450	204	*178*	*178*	*178*	*178*	*178*															g,h,i,j
GB/T 9711	L485/X70 (PSL2)	全部	−30	570	485	204	*190*	*190*	*190*	*190*	*190*															g,h,i,j
GB/T 9711	L555/X80 (PSL2)	全部	−30	625	555	204	*208*	*208*	*208*	*208*	*208*															g,h,i,j
ASTM A671	CC60	Cl 22	B,−46	414	221	538	*138*	*138*	134	130	126	121	115	111	108	105	**95.1**	**79.5**	**62.6**	**45.0**	**31.7**	**21.4**	**17.2(538 ℃)**			d,k
ASTM A671	CC70	Cl 22	B,−46	485	260	538	*161*	*161*	159	154	150	144	136	132	128	**122**	**101**	**83.8**	**66.8**	**50.3**	**33.2**	**21.4**	**17.2(538 ℃)**			d,k
2.5 锻件																										2.5 锻件
GB/T 12228	25	全部	−20	450	275	427	*150*	*150*	*150*	*150*	*150*	*150*	144	139	135	**122**	**101**	**83.8**	**82.7(427 ℃)**							c,d
GB/T 12228	A105	全部	−30	480	250	593	*160*	156	151	146	142	136	129	125	122	118	**101**	**83.8**	**66.8**	**50.3**	**33.2**	**21.4**	**14.2**	**9.40**	**6.89(593 ℃)**	c,d
NB/T 47008	20	≤100	−20	410	235	593	*137*	130	126	122	118	113	108	105	101	98.3	**95.1**	**79.5**	**62.6**	**45.0**	**31.7**	**21.4**	**14.2**	**9.40**	**6.89(593 ℃)**	c,d
NB/T 47008	16Mn	≤100	−20	480	305	593	*160*	156	151	146	142	136	129	125	122	118	**101**	**83.8**	**66.8**	**50.3**	**33.2**	**21.4**	**14.2**	**9.40**	**6.89(593 ℃)**	c,d
NB/T 47008	16Mn	>100~200	−20	470	295	593	*157*	156	151	146	142	136	129	125	122	118	**101**	**83.8**	**66.8**	**50.3**	**33.2**	**21.4**	**14.2**	**9.40**	**6.89(593 ℃)**	c,d

表 A.1(续)

标准	牌号等级	尺寸范围/mm,或状态	最低使用温度/℃或图1的曲线号	标准规定最小强度/MPa		最高使用温度/℃	在下列温度(℃)下的许用应力/MPa																			脚注
				R_m	R_{eL}(或$R_{p0.2}$)		40	65	100	150	200	250	300	325	350	375	400	425	450	475	500	525	550	575	600	
GB/T 29168.3	F290	全部	−30	415	290	204	*138*	*138*	*138*	*138*	*138*															g,h,i,j
GB/T 29168.3	F360	全部	−30	460	360	204	*153*	*153*	*153*	*153*	*153*															g,h,i,j
GB/T 29168.3	F415	全部	−30	520	415	204	*173*	*173*	*173*	*173*	*173*															g,h,i,j
GB/T 29168.3	F450	全部	−30	535	450	204	*178*	*178*	*178*	*178*	*178*															g,h,i,j
GB/T 29168.3	F485	全部	−30	570	485	204	*190*	*190*	*190*	*190*	*190*															g,h,i,j
GB/T 29168.3	F555	全部	−30	625	555	204	*208*	*208*	*208*	*208*	*208*															g,h,i,j
2.6 铸件																										2.6 铸件
GB/T 12229	WCA	全部	−30	415	205	593	*138*	130	126	122	118	113	108	105	101	98.3	95.1	79.5	62.6	45.0	31.7	21.4	14.2	9.40	6.89(593 ℃)	c,d,e
GB/T 12229	WCB	全部	−30	485	250	593	*162*	156	151	146	142	136	129	125	122	118	101	83.8	66.8	50.3	33.2	21.4	14.2	9.40	6.89(593 ℃)	c,d
GB/T 12229	WCC	全部	−30	485	275	538	*162*	*162*	*162*	*162*	158	151	144	139	135	122	101	83.8	66.8	50.3	33.2	21.4	17.2(538 ℃)			c,d
3 低温钢																										3 低温钢
3.1 低温无缝管																										3.1 低温无缝管
GB/T 6479	Q345E	≤16	−40	490	345	427	*163*	*163*	*163*	*163*	158	151	144	139	135	122	101	83.8	82.7(427 ℃)							d,k
GB/T 6479	Q345E	>16~40	−40	490	335	427	*163*	*163*	*163*	*163*	158	151	144	139	135	122	101	83.8	82.7(427 ℃)							d,k
GB/T 6479	Q345E	>40	−40	490	325	427	*163*	*163*	*163*	*163*	158	151	144	139	135	122	101	83.8	82.7(427 ℃)							d,k
GB/T 18984	10MnDG	全部	−46	400	240	450	*133*	*133*	*133*	*133*	*133*	132	126	122	118	113	95.1	79.5	62.6							d,k
GB/T 18984	16MnDG	≤16	−46	490	325	427	*163*	*163*	*163*	*163*	158	151	144	139	135	122	101	83.8	82.7(427 ℃)							d,k
GB/T 18984	16MnDG	>16	−46	490	315	427	*163*	*163*	*163*	*163*	158	151	144	139	135	122	101	83.8	82.7(427 ℃)							d,k
GB/T 18984	06Ni3MoDG	全部	−104	455	250	450	*152*	*152*	147	142	138	132	124	119	113	107	95.1	79.5	64.4							k,n
ASTM A333	Gr.8	全部	−196	690	515	93	*230*	*230*	*230 (93 ℃)*																	k

表 A.1(续)

标准	牌号等级	尺寸范围/mm,或状态	最低使用温度/℃或图1的曲线号	标准规定最小强度/MPa R_m	标准规定最小强度/MPa R_{eL}(或 $R_{p0.2}$)	最高使用温度/℃	在下列温度(℃)下的许用应力/MPa 40	65	100	150	200	250	300	325	350	375	400	425	450	475	500	525	550	575	600	脚注
3.2 低温管件																										3.2 低温管件
GB/T 13401	LF415K1	全部	−20	415	240	427	*138*	*138*	*138*	*138*	*138*	132	126	122	118	113	95.1	79.5	62.6(427 ℃)							d,k
GB/T 13401	LF415K2	全部	−46	415	240	427	*138*	*138*	*138*	*138*	*138*	132	126	122	118	113	95.1	79.5	62.6(427 ℃)							d,k
GB/T 13401	LF485K2	全部	−46	485	275	427	*162*	*162*	*162*	*162*	158	151	144	139	135	122	101	83.8	82.7(427 ℃)							d,k
GB/T 13401	LF450K3	全部	−104	450	240	93	*150*	*150*	147(93 ℃)																	k,n
GB/T 13401	LF680K4	全部	−196	680	515	93	*230*	*230*	*230* (93 ℃)																	k,l
3.3 低温锻件																										3.3 低温锻件
NB/T 47009	16MnD	≤100	−46	480	305	427	*160*	156	151	146	142	136	129	125	122	118	101	83.8	66.8(427 ℃)							c,d,k
NB/T 47009	16MnD	>100~200	−40	470	295	427	*157*	156	151	146	142	136	129	125	122	118	101	83.8	66.8(427 ℃)							c,d,k
NB/T 47009	08Ni3D	≤300	−104	460	260	93	*153*	*153*	*153* (93 ℃)																	c,k,n
NB/T 47009	06Ni9D	≤300	−196	680	550	93	*227*	*227*	*227* (93 ℃)																	c,k,l
3.4 低温铸件																										3.4 低温铸件
JB/T 7248	LCB	全部	−46	450	240	427	*150*	*150*	147	142	138	132	126	122	118	113	95.1	79.5	64.4(427 ℃)							c,d,k
JB/T 7248	LCC	全部	−46	485	275	371	*162*	*162*	161	161	158	151	139	137	136	132(371 ℃)										c,d,k
JB/T 7248	LC3	全部	−104	485	275	343	*162*	*162*	*162*	*162*	158	151	142	136	131(343 ℃)											c,k,n
JB/T 7248	LC9	全部	−196	585	515	93	*195*	*195*	*195* (93 ℃)																	c,k

表 A.1（续）

标准	牌号等级	尺寸范围/mm，或状态	最低使用温度/℃或图1的曲线号	标准规定最小强度/MPa		最高使用温度/℃	在下列温度(℃)下的许用应力/MPa																					脚注
				R_m	R_{eL}(或 $R_{p0.2}$)		40	65	100	150	200	250	300	325	350	375	400	425	450	475	500	525	550	575	600	625	650	
4 合金钢																											4 合金钢	
4.1 合金钢无缝管																											4.1 合金钢无缝管	
GB/T 6479	15CrMo	≤16	−30	440	295	649	*147*	*147*	*147*	*147*	*147*	145	141	139	138	136	134	132	129	126	92.1	61.1	40.4	26.4	17.4	11.6	7.58(649 ℃)	o
GB/T 6479	15CrMo	>16～40	−30	440	285	649	*147*	*147*	*147*	*147*	*147*	145	141	139	138	136	134	132	129	126	92.1	61.1	40.4	26.4	17.4	11.6	7.58(649 ℃)	o
GB/T 6479	15CrMo	>40	−30	440	275	649	*147*	*147*	*147*	*147*	*147*	145	141	139	138	136	134	132	129	126	92.1	61.1	40.4	26.4	17.4	11.6	7.58(649 ℃)	o
GB/T 5310	15CrMoG	全部	−30	440	295	649	*147*	*147*	*147*	*147*	*147*	145	141	139	138	136	134	132	129	126	92.1	61.1	40.4	26.4	17.4	11.6	7.58(649 ℃)	o
GB/T 9948	15CrMo	全部	−30	440	295	649	*147*	*147*	*147*	*147*	*147*	145	141	139	138	136	134	132	129	126	92.1	61.1	40.4	26.4	17.4	11.6	7.58(649 ℃)	o
YB/T 4173	15CrMoG	全部	−30	440	295	649	*147*	*147*	*147*	*147*	*147*	145	141	139	138	136	134	132	129	126	92.1	61.1	40.4	26.4	17.4	11.6	7.58(649 ℃)	o
GB/T 9948	12Cr1Mo	全部	−30	415	205	649	*138*	131	126	121	116	113	109	107	106	104	102	99.6	97.2	94.5	73.7	52.0	36.3	25.2	17.6	12.3	8.27(649 ℃)	o
YB/T 4173	12Cr2MoG	全部	−30	450	280	649	*150*	*150*	*150*	*150*	*150*	*150*	*150*	*150*	*150*	*150*	*150*	*150*	*150*	119	88.4	64.0	44.6	30.0	19.7	12.8	8.27(649 ℃)	o,q
GB/T 5310	12Cr2MoG	全部	−30	450	280	649	*150*	*150*	*150*	*150*	*150*	*150*	*150*	*150*	*150*	*150*	*150*	*150*	*150*	119	88.4	64.0	44.6	30.0	19.7	12.8	8.27(649 ℃)	o,q
GB/T 9948	12Cr2Mo	全部	−30	450	280	649	*150*	*150*	*150*	*150*	*150*	*150*	*150*	*150*	*150*	*150*	*150*	*150*	*150*	119	88.4	64.0	44.6	30.0	19.7	12.8	8.27(649 ℃)	o,q
GB/T 6479	12Cr2Mo	全部	−30	450	280	649	*150*	*150*	*150*	*150*	*150*	*150*	*150*	*150*	*150*	*150*	*150*	*150*	*150*	119	88.4	64.0	44.6	30.0	19.7	12.8	8.27(649 ℃)	o,q
GB/T 5310	12Cr1MoVG	全部	−20	470	255	580	157	157	157	157	157	156	151	147	143	139	135	131	128	124	118	83.5	65.0	49.0	46.0 (580 ℃)			o
YB/T 4173	12Cr1MoVG	全部	−20	470	255	580	157	157	157	157	157	156	151	147	143	139	135	131	128	124	118	83.5	65.0	49.0	46.0 (580 ℃)			o
GB/T 9948	12Cr1MoV	全部	−20	470	255	580	157	157	157	157	157	156	151	147	143	139	135	131	128	124	118	83.5	65.0	49.0	46.0 (580 ℃)			o
GB/T 6479	10MoWVNb	≤16	−20	470	295	500	157	157	157	157	156	153	147	144	141	138	135	130	126	121	97.0							o
GB/T 6479	10MoWVNb	>16～40	−20	470	285	500	157	157	157	156	150	147	141	138	135	132	129	124	119	111	97.0							o

表 A.1（续）

标准	牌号等级	尺寸范围/mm，或状态	最低使用温度/℃或图1的曲线号	标准规定最小强度/MPa		最高使用温度/℃	在下列温度(℃)下的许用应力/MPa																						脚注
				R_m	R_{eL}（或 $R_{p0.2}$）		40	65	100	150	200	250	300	325	350	375	400	425	450	475	500	525	550	575	600	625	650	
GB/T 6479	10MoWVNb	＞40	−20	470	275	500	157	157	157	155	147	144	138	135	132	129	126	121	116	106	97.0							o
GB/T 9948	12Cr5MoI	全部	−30	415	205	649	138	129	124	120	119	118	117	116	114	112	110	106	103	80.6	61.7	46.4	34.7	25.5	17.8	11.4	6.89(649 ℃)	o
GB/T 9948	12Cr5MoNT	全部	−30	480	280	649	*160*	*160*	*160*	*156*	*155*	*154*	*153*	*151*	*149*	*146*	*142*	*137*	*131*	80.6	61.7	46.4	34.7	25.5	17.8	11.4	6.89(649 ℃)	o
GB/T 9948	12Cr9MoI	全部	−30	460	210	649	*153*	129	124	120	119	118	117	116	114	112	110	106	103	98.3	83.2	60.2	42.9	29.9	20.6	14.4	10.3(649 ℃)	o
GB/T 9948	12Cr9MoNT	全部	−30	590	390	649	*197*	*197*	*194*	*189*	*188*	*187*	*186*	*184*	*181*	*177*	*172*	*166*	*159*	*151*	83.2	60.2	42.9	29.9	20.6	14.4	10.3(649 ℃)	o
GB/T 5310	10Cr9Mo1VNbN	全部	−30	585	415	649	*195*	*195*	*195*	*195*	*195*	*194*	*192*	*190*	*187*	*183*	*178*	*172*	*165*	*156*	*147*	*137*	115	87.0	64.7	45.1	29.6(649 ℃)	o
YB/T 4173	10Cr9Mo1VNbN	全部	−30	585	415	649	*195*	*195*	*195*	*195*	*195*	*194*	*192*	*190*	*187*	*183*	*178*	*172*	*165*	*156*	*147*	*137*	115	87.0	64.7	45.1	29.6(649 ℃)	o
4.2 合金钢管件																												4.2 合金钢管件
GB/T 13401	AF12	全部	−30	415	220	649	*138*	*138*	132	125	120	116	113	112	110	109	107	105	103	101	92.1	61.1	40.4	26.4	17.4	11.6	7.58(649 ℃)	o,p
GB/T 13401	AF12G	全部	−30	485	275	649	*162*	*162*	*162*	*162*	150	145	141	139	138	136	134	132	129	126	92.1	61.1	40.4	26.4	17.4	11.6	7.58(649 ℃)	o,p
GB/T 13401	AF11	全部	−30	415	205	649	*138*	131	126	121	116	113	109	107	106	104	102	99.6	97.2	94.5	73.7	52.0	36.3	25.2	17.6	12.3	8.27(649 ℃)	o,p
GB/T 13401	AF11G	全部	−30	485	275	649	*162*	*162*	*162*	*162*	155	150	146	143	141	138	136	133	130	104	73.7	52.0	36.3	25.2	17.6	12.3	8.27(649 ℃)	o,p
GB/T 13401	AF14	全部	−20	470	255	580	157	157	157	157	157	156	151	147	143	139	135	131	128	124	118	83.5	65.0	49.0	46.0 (580 ℃)			o,p
GB/T 13401	AF22	全部	−30	450	280	649	*150*	*150*	*150*	*150*	*150*	*150*	*150*	*150*	*150*	*150*	*150*	*150*	*150*	119	88.4	64.0	44.6	30.0	19.7	12.8	8.27(649 ℃)	o,p,q
GB/T 13401	AF22G	全部	−30	520	310	649	*173*	*173*	*171*	*167*	*167*	*167*	*167*	*167*	*167*	*167*	*167*	*167*	*167*	119	88.4	64.0	44.6	30.0	19.7	12.8	8.27(649 ℃)	o,p,q
GB/T 13401	AF5	全部	−30	415	205	649	*138*	129	124	120	119	118	117	116	114	112	110	106	103	80.6	61.7	46.4	34.7	25.5	17.8	11.4	6.89(649 ℃)	o,p
GB/T 13401	AF5G	全部	−30	520	310	649	*173*	172	171	167	165	165	164	162	159	156	130	126	104	80.6	61.7	46.4	34.7	25.5	17.8	11.4	6.89(649 ℃)	o,p
GB/T 13401	AF9	全部	−30	460	210	649	*153*	129	124	120	119	118	117	116	114	112	110	106	103	98.3	87.5	61.2	42.9	29.9	20.6	14.4	10.3(649 ℃)	o,p

表 A.1（续）

标准	牌号等级	尺寸范围/mm,或状态	最低使用温度/℃或图1的曲线号	标准规定最小强度/MPa		最高使用温度/℃	在下列温度(℃)下的许用应力/MPa																						脚注
				R_m	R_{eL}(或$R_{p0.2}$)		40	65	100	150	200	250	300	325	350	375	400	425	450	475	500	525	550	575	600	625	650	
GB/T 13401	AF9G	全部	−30	520	310	649	173	173	172	168	167	166	165	163	161	157	153	147	141	134	83.2	60.2	42.9	29.9	20.6	14.4	10.3(649 ℃)	o,p
GB/T 13401	AF91	全部	−30	585	415	649	195	195	195	195	195	194	192	190	187	183	178	172	165	156	147	137	115	87.0	64.7	45.1	29.6(649 ℃)	o,p
4.3 合金钢板焊管(EFW/SAW)														4.3 合金钢板焊管(EFW/SAW)														
ASTM A691	A387Gr.12-2	Cl 22	−30	450	275	649	149	149	146	144	144	144	141	139	138	136	134	132	129	126	92.1	61.1	40.4	26.4	17.4	11.6	7.58(649 ℃)	m,o,p
ASTM A691	A387Gr.11-2	Cl 22	−30	515	310	649	172	172	172	172	172	169	164	161	159	156	153	149	146	104	73.7	52.0	36.3	25.2	17.6	12.3	8.27(649 ℃)	m,o,p
ASTM A691	A387Gr.22-2	Cl 22	−30	515	310	649	172	172	171	167	167	167	167	167	167	167	167	167	167	119	88.4	64.0	44.6	30.0	19.7	12.8	8.27(649 ℃)	m,o,p,q
4.4 合金钢锻件														4.4 合金钢锻件														
NB/T 47008	15CrMo	≤300	−30	480	280	649	160	160	160	160	150	145	141	139	138	136	134	132	129	126	92.1	61.1	40.4	26.4	17.4	11.6	7.58(649 ℃)	c,o
NB/T 47008	14Cr1Mo	≤300	−30	490	290	649	163	163	163	163	155	150	146	143	141	138	136	133	130	104	73.7	52.0	36.3	25.2	17.6	12.3	8.27(649 ℃)	c,o
NB/T 47008	12Cr1MoV	≤300	−20	470	280	580	157	157	157	157	157	156	151	147	143	139	135	131	128	124	118	83.5	65.0	49.0	46.0 (580 ℃)			c,o
NB/T 47008	12Cr2Mo1	≤300	−30	510	310	649	170	170	170	167	167	167	167	167	167	167	167	167	167	119	88.4	64.0	44.6	30.0	19.7	12.8	8.27(649 ℃)	c,o,q
NB/T 47008	12Cr5Mo	≤300	−30	590	390	649	197	197	195	190	189	188	186	184	181	178	173	167	161	80.6	61.7	46.4	34.7	25.5	17.8	11.4	6.89(649 ℃)	c,o
NB/T 47008	10Cr9Mo1VNbN	≤300	−30	585	415	649	195	195	195	195	195	194	192	190	187	183	178	172	165	156	147	137	115	87.0	64.7	45.1	29.6(649 ℃)	c,o
4.5 合金钢铸件														4.5 合金钢铸件														
JB/T 5263	WC6	全部	−30	485	275	649	161	161	161	161	155	150	146	143	141	138	136	133	130	104	73.7	52.0	36.3	25.2	17.6	12.3	8.27(649 ℃)	c,o
JB/T 5263	WC9	全部	−30	485	275	649	161	161	160	156	156	156	156	156	156	156	156	156	156	119	88.4	64.0	44.6	30.0	19.7	12.3	8.27(649 ℃)	c,o
JB/T 5263	C12A	全部	−30	585	415	649	195	195	195	195	195	194	192	190	187	183	178	172	165	156	147	137	115	87.0	64.7	45.1	29.6(649 ℃)	c,o,q
GB/T 16253	ZG16Cr5MoG	全部	−30	630	420	649	210	210	205	200	199	198	196	194	191	187	182	176	169	80.6	61.7	46.4	34.7	25.5	17.8	11.4	6.89(649 ℃)	c,o

表 A.1(续)

标准	牌号等级	尺寸范围/mm,或状态	最低使用温度/℃或图1的曲线号	标准规定最小强度/MPa		最高使用温度/℃	在下列温度(℃)下的许用应力/MPa																												脚注
				R_m	R_{eL}(或 $R_{p0.2}$)		40	65	100	150	200	250	300	325	350	375	400	425	450	475	500	525	550	575	600	625	650	675	700	725	750	775	800	825	
5 不锈钢																																			5 不锈钢
5.1 不锈钢无缝管																																			5.1 不锈钢无缝管
GB/T 14976	06Cr18Ni11Ti (321)		−255	520	205	816	138	138	138	138	138	135	128	125	123	120	119	117	116	114	113	112	88.7	59.2	44.0	32.9	24.5	18.3	12.5	8.49	6.19	4.28	2.75	2.07 (816 ℃)	s,v,x
GB/T 14976	07Cr19Ni11Ti (321H)		−200	520	205	816	138	138	138	138	138	135	128	125	123	120	119	117	116	114	113	112	100	76.5	58.7	46.0	36.8	28.7	23.0	18.4	14.5	11.5	9.02	7.58 (816 ℃)	v
GB/T 5310	07Cr19Ni11Ti (321H)		−200	520	205	816	138	138	138	138	138	135	128	125	123	120	119	117	116	114	113	112	100	76.5	58.7	46.0	36.8	28.7	23.0	18.4	14.5	11.5	9.02	7.58 (816 ℃)	v
GB/T 9948	07Cr19Ni11Ti (321H)		−200	520	205	816	138	138	138	138	138	135	128	125	123	120	119	117	116	114	113	112	100	76.5	58.7	46.0	36.8	28.7	23.0	18.4	14.5	11.5	9.02	7.58 (816 ℃)	v
GB/T 14976	06Cr18Ni11Nb (347)		−255	520	205	816	138	138	138	138	138	138	135	132	130	128	127	126	126	125	125	125	97.6	75.9	57.2	40.2	30.3	23.2	16.2	11.4	8.97	7.08	5.89	5.52 (816 ℃)	t,v,x
GB/T 14976	07Cr18Ni11Nb (347H)		−200	520	205	816	138	138	138	138	138	138	135	132	130	129	127	126	126	125	125	125	125	112	90.6	69.6	53.8	41.4	31.8	24.0	18.8	14.6	10.9	8.96 (816 ℃)	v
GB/T 5310	07Cr18Ni11Nb (347H)		−200	520	205	816	138	138	138	138	138	138	135	132	130	129	127	126	126	125	125	125	125	112	90.6	69.6	53.8	41.4	31.8	24.0	18.8	14.6	10.9	8.96 (816 ℃)	v
GB/T 9948	07Cr18Ni11Nb (347H)		−200	520	205	816	138	138	138	138	138	138	135	132	130	129	127	126	126	125	125	125	125	112	90.6	69.6	53.8	41.4	31.8	24.0	18.8	14.6	10.9	8.96 (816 ℃)	v
GB/T 14976	022Cr19Ni10 (304L)		−255	480	175	816	115	115	115	115	110	103	97.7	95.7	94.1	92.6	91.3	90.0	88.7	87.3	85.6	83.7	81.4	40.4	33.2	26.7	21.9	18.2	15.0	12.4	8.87	7.20	6.58	6.21 (816 ℃)	w
GB/T 14976	06Cr19Ni10 (304)		−255	520	205	816	138	138	138	138	129	122	116	113	111	109	107	105	103	101	99.1	97.3	95.5	78.9	63.8	51.6	41.6	32.9	26.5	21.3	17.2	14.1	11.2	9.65 (816 ℃)	v,w,x
GB/T 14976	07Cr19Ni10 (304H)		−200	520	205	816	138	138	138	138	129	122	116	113	111	109	107	105	103	101	99.1	97.3	95.5	78.9	63.8	51.6	41.6	32.9	26.5	21.3	17.2	14.1	11.2	9.65 (816 ℃)	v

表 A.1(续)

标准	牌号等级	尺寸范围/mm,或状态	最低使用温度/℃或图1的曲线号	标准规定最小强度/MPa R_m	标准规定最小强度/MPa R_{eL}(或 $R_{p0.2}$)	最高使用温度/℃	在下列温度(℃)下的许用应力/MPa 40	65	100	150	200	250	300	325	350	375	400	425	450	475	500	525	550	575	600	625	650	675	700	725	750	775	800	825	脚注
GB/T 5310	07Cr19Ni10 (304H)		−200	520	205	816	138	138	138	138	129	122	116	113	111	109	107	105	103	101	99.1	97.3	95.5	78.9	63.8	51.6	41.6	32.9	26.5	21.3	17.2	14.1	11.2	9.65 (816 ℃)	v
GB/T 9948	07Cr19Ni10 (304H)		−200	520	205	816	138	138	138	138	129	122	116	113	111	109	107	105	103	101	99.1	97.3	95.5	78.9	63.8	51.6	41.6	32.9	26.5	21.3	17.2	14.1	11.2	9.65 (816 ℃)	v
GB/T 14976	022Cr17Ni12Mo2 (316L)		−255	480	175	816	115	115	115	115	109	103	98.1	96.1	94.3	92.6	90.9	89.3	87.6	85.9	84.2	82.5	80.8	79.3	77.9	58.0	43.6	33.0	25.3	18.8	14.0	10.4	7.99	6.89 (816 ℃)	w
GB/T 9948	022Cr17Ni12Mo2 (316L)		−255	480	175	816	115	115	115	115	109	103	98.1	96.1	94.3	92.6	90.9	89.3	87.6	85.9	84.2	82.5	80.8	79.3	77.9	58.0	43.6	33.0	25.3	18.8	14.0	10.4	7.99	6.89 (816 ℃)	w
GB/T 14976	06Cr17Ni12Mo2 (316)		−255	520	205	816	138	138	138	138	134	125	119	116	114	112	111	110	109	108	107	106	105	97.8	80.8	65.0	50.4	38.6	29.6	23.0	17.4	13.3	10.4	8.96 (816 ℃)	v,w,x
GB/T 14976	07Cr17Ni12Mo2 (316H)		−200	515	205	816	138	138	138	138	134	125	119	116	114	112	111	110	109	108	107	106	105	97.8	80.8	65.0	50.4	38.6	29.6	23.0	17.4	13.3	10.4	8.96 (816 ℃)	v
GB/T 14976	06Cr23Ni13 (309)		−200	520	205	816	138	138	138	138	138	135	131	129	127	125	124	122	121	119	117	108	83.7	64.0	48.5	36.3	27.3	21.0	15.9	12.5	9.87	7.65	5.97	5.17 (816 ℃)	v,w,x,y,z
GB/T 14976	06Cr25Ni20 (310)		−200	520	205	816	138	138	138	138	138	134	129	127	125	123	122	120	119	117	116	108	83.7	64.0	48.5	36.3	27.3	21.0	15.9	12.5	9.87	7.65	5.97	5.17 (816 ℃)	v,w,x,y,z
GB/T 5310	08Cr18Ni11NbFG (347HFG)		−200	550	205	750	138	138	138	138	138	134	132	131	131	130	130	128	127	125	124	123	122	120	107	85.4	67.0	51.7	39.3	29.4	21.7				
GB/T 21833	022Cr22Ni5Mo3N (31803)		−50	620	450	316	*207*	*207*	*207*	*199*	*193*	*188*	*186*	*185* (316 ℃)																					u
GB/T 21833	022Cr23Ni5Mo3N (2205)		−50	655	485	316	*218*	*218*	*218*	*210*	*203*	*199*	*196*	*196* (316 ℃)																					u
GB/T 21833	022Cr25Ni7Mo4N (2507)		−50	800	550	316	*267*	*265*	*264*	*251*	*243*	*238*	*237*	*236* (316 ℃)																					u

表 A.1（续）

标准	牌号等级	尺寸范围/mm,或状态	最低使用温度/℃或图1的曲线号	标准规定最小强度/MPa R_m	标准规定最小强度/MPa R_{eL}(或 $R_{p0.2}$)	最高使用温度/℃	在下列温度(℃)下的许用应力/MPa 40	65	100	150	200	250	300	325	350	375	400	425	450	475	500	525	550	575	600	625	650	675	700	725	750	775	800	825	脚注
5.2 不锈钢焊管(EFW,无填充金属)																																			
GB/T 12771 HG/T 20537.3	022Cr19Ni10 (304L)		−255	480	180	816	115	115	115	115	110	103	97.7	95.7	94.1	92.6	91.3	90.0	88.7	87.3	85.6	83.7	81.4	40.4	33.2	26.7	21.9	18.2	15.0	12.4	8.87	7.20	6.58	6.21 (816 ℃)	w,aa
GB/T 12771 HG/T 20537.3	06Cr19Ni10 (304)		−255	520	205	816	138	138	138	138	129	122	116	113	111	109	107	105	103	101	99.1	97.3	95.5	78.9	63.8	51.6	41.6	32.9	26.5	21.3	17.2	14.1	11.2	9.65 (816 ℃)	v,w, x,aa
GB/T 12771 HG/T 20537.3	022Cr17Ni12Mo2 (316L)		−255	480	175	816	115	115	115	115	109	103	98.1	96.1	94.3	92.6	90.9	89.3	87.6	85.9	84.2	82.5	80.8	79.3	77.9	58.0	43.6	33.0	25.3	18.8	14.0	10.4	7.99	6.89 (816 ℃)	w,aa
GB/T 12771 HG/T 20537.3	06Cr17Ni12Mo2 (316)		−255	520	205	816	138	138	138	138	134	125	119	116	114	112	111	110	109	108	107	106	105	97.8	80.8	65.0	50.4	38.6	29.6	23.0	17.4	13.3	10.4	8.96 (816 ℃)	v,w, x,aa
GB/T 12771 HG/T 20537.3	06Cr18Ni11Ti (321)		−255	520	205	816	138	138	138	138	138	135	128	125	123	120	119	117	116	114	113	112	88.7	59.2	44.0	32.9	24.5	18.3	12.5	8.49	6.19	4.28	2.75	2.07 (816 ℃)	s,v, x,aa
GB/T 12771 HG/T 20537.3	06Cr18Ni11Nb (347)		−255	520	205	816	138	138	138	138	138	138	135	132	130	128	127	126	126	125	125	125	97.6	75.9	57.2	40.2	30.3	23.2	16.2	11.4	8.97	7.08	5.89	5.52 (816 ℃)	t,v, x,aa
GB/T 12771 HG/T 20537.3	06Cr25Ni20 (310)		−200	520	205	816	138	138	138	138	138	134	129	127	125	123	122	120	119	117	116	108	83.7	64.0	48.5	36.3	27.3	21.0	15.9	12.5	9.87	7.65	5.97	5.17 (816 ℃)	v,w,x, y,z,aa
GB/T 21832 (所有部分)	022Cr22Ni5Mo3N (31803)		−50	620	450	316	207	207	207	199	193	188	186	185 (316 ℃)																					u,bb
GB/T 21832 (所有部分)	022Cr23Ni5Mo3N (2205)		−50	655	485	316	218	218	218	210	203	199	196	196 (316 ℃)																					u,bb
GB/T 21832 (所有部分)	022Cr25Ni7Mo4N (2507)		−50	800	550	316	267	265	264	251	243	238	237	236 (316 ℃)																					u,bb
5.3 不锈钢板焊管(EFW)																																			
HG/T 20537.4	022Cr19Ni10 (304L)		−255	480	180	816	115	115	115	115	110	103	97.7	95.7	94.1	92.6	91.3	90.0	88.7	87.3	85.6	83.7	81.4	40.4	33.2	26.7	21.9	18.2	15.0	12.4	8.87	7.20	6.58	6.21 (816 ℃)	m,w

表 A.1(续)

标准	牌号等级	尺寸范围/mm,或状态	最低使用温度/℃或图1的曲线号	标准规定最小强度/MPa		最高使用温度/℃	在下列温度(℃)下的许用应力/MPa																												脚注
				R_m	R_{eL}(或 $R_{p0.2}$)		40	65	100	150	200	250	300	325	350	375	400	425	450	475	500	525	550	575	600	625	650	675	700	725	750	775	800	825	
HG/T 20537.4	06Cr19Ni10 (304)		−255	520	205	816	138	138	138	138	129	122	116	113	111	109	107	105	103	101	99.1	97.3	95.5	78.9	63.8	51.6	41.6	32.9	26.5	21.3	17.2	14.1	11.2	9.65 (816 ℃)	m,v,w,x
HG/T 20537.4	022Cr17Ni12Mo2 (316L)		−255	480	175	816	115	115	115	115	109	103	98.1	96.1	94.3	92.6	90.9	89.3	87.6	85.9	84.2	82.5	80.8	79.3	77.9	58.0	43.6	33.0	25.3	18.8	14.0	10.4	7.99	6.89 (816 ℃)	m,w
HG/T 20537.4	06Cr17Ni12Mo2 (316)		−255	520	205	816	138	138	138	138	134	125	119	116	114	112	111	110	109	108	107	106	105	97.8	80.8	65.0	50.4	38.6	29.6	23.0	17.4	13.3	10.4	8.96 (816 ℃)	m,v,w,x
HG/T 20537.4	06Cr18Ni11Ti (321)		−255	520	205	816	138	138	138	138	138	135	128	125	123	120	119	117	116	114	113	112	88.7	59.2	44.0	32.9	24.5	18.3	12.5	8.49	6.19	4.28	2.75	2.07 (816 ℃)	m,s,v,x
HG/T 20537.4	06Cr18Ni11Nb (347)		−255	520	205	816	138	138	138	138	138	138	135	132	130	128	127	126	126	125	125	125	97.6	75.9	57.2	40.2	30.3	23.2	16.2	11.4	8.97	7.08	5.89	5.52 (816 ℃)	m,t,v,x
HG/T 20537.4	06Cr25Ni20 (310)		−200	520	205	816	138	138	138	138	138	134	129	127	125	123	122	120	119	117	116	108	83.7	64.0	48.5	36.3	27.3	21.0	15.9	12.5	9.87	7.65	5.97	5.17 (816 ℃)	m,v,w,x,y,z
GB/T 32964	022Cr19Ni10 (304L)		−255	490	175	816	115	115	115	115	110	103	97.7	95.7	94.1	92.6	91.3	90.0	88.7	87.3	85.6	83.7	81.4	40.4	33.2	26.7	21.9	18.2	15.0	12.4	8.87	7.20	6.58	6.21 (816 ℃)	m,r,w
GB/T 32964	06Cr19Ni10 (304)		−255	520	210	816	138	138	138	138	129	122	116	113	111	109	107	105	103	101	99.1	97.3	95.5	78.9	63.8	51.6	41.6	32.9	26.5	21.3	17.2	14.1	11.2	9.65 (816 ℃)	m,r,v,w,x
GB/T 32964	022Cr17Ni12Mo2 (316L)		−255	490	175	816	115	115	115	115	109	103	98.1	96.1	94.3	92.6	90.9	89.3	87.6	85.9	84.2	82.5	80.8	79.3	77.9	58.0	43.6	33.0	25.3	18.8	14.0	10.4	7.99	6.89 (816 ℃)	m,r,w
GB/T 32964	06Cr17Ni12Mo2 (316)		−255	520	210	816	138	138	138	138	134	125	119	116	114	112	111	110	109	108	107	106	105	97.8	80.8	65.0	50.4	38.6	29.6	23.0	17.4	13.3	10.4	8.96 (816 ℃)	m,r,v,w,x
GB/T 32964	06Cr18Ni11Ti (321)		−255	520	210	816	138	138	138	138	138	135	128	125	123	120	119	117	116	114	113	112	88.7	59.2	44.0	32.9	24.5	18.3	12.5	8.49	6.19	4.28	2.75	2.07 (816 ℃)	m,r,s,v,x
GB/T 32964	06Cr18Ni11Nb (347)		−255	520	210	816	138	138	138	138	138	138	135	132	130	128	127	126	126	125	125	125	97.6	75.9	57.2	40.2	30.3	23.2	16.2	11.4	8.97	7.08	5.89	5.52 (816 ℃)	m,r,t,v,x

表 A.1(续)

标准	牌号等级	尺寸范围/mm,或状态	最低使用温度/℃或图1的曲线号	标准规定最小强度/MPa		最高使用温度/℃	在下列温度(℃)下的许用应力/MPa																												脚注
				R_m	R_{eL}(或$R_{p0.2}$)		40	65	100	150	200	250	300	325	350	375	400	425	450	475	500	525	550	575	600	625	650	675	700	725	750	775	800	825	
5.4 不锈钢管件																																			5.4 不锈钢管件
GB/T 13401	SF304L		−255	480	170	816	115	115	115	115	110	103	97.7	95.7	94.1	92.6	91.3	90.0	88.7	87.3	85.6	83.7	81.4	40.4	33.2	26.7	21.9	18.2	15.0	12.4	8.87	7.20	6.58	6.21 (816 ℃)	w
GB/T 13401	SF304		−255	515	205	816	138	138	138	138	129	122	116	113	111	109	107	105	103	101	99.1	97.3	95.5	78.9	63.8	51.6	41.6	32.9	26.5	21.3	17.2	14.1	11.2	9.65 (816 ℃)	v,w,x
GB/T 13401	SF304H		−200	515	205	816	138	138	138	138	129	122	116	113	111	109	107	105	103	101	99.1	97.3	95.5	78.9	63.8	51.6	41.6	32.9	26.5	21.3	17.2	14.1	11.2	9.65 (816 ℃)	v
GB/T 13401	SF316L		−255	480	170	816	115	115	115	115	109	103	98.1	96.1	94.3	92.6	90.9	89.3	87.6	85.9	84.2	82.5	80.8	79.3	77.9	58.0	43.6	33.0	25.3	18.8	14.0	10.4	7.99	6.89 (816 ℃)	w
GB/T 13401	SF316		−255	515	205	816	138	138	138	138	134	125	119	116	114	112	111	110	109	108	107	106	105	97.8	80.8	65.0	50.4	38.6	29.6	23.0	17.4	13.3	10.4	8.96 (816 ℃)	v,w,x
GB/T 13401	SF316H		−200	515	205	816	138	138	138	138	134	125	119	116	114	112	111	110	109	108	107	106	105	97.8	80.8	65.0	50.4	38.6	29.6	23.0	17.4	13.3	10.4	8.96 (816 ℃)	v
GB/T 13401	SF321		−255	515	205	816	138	138	138	138	138	135	128	125	123	120	119	117	116	114	113	112	88.7	59.2	44.0	32.9	24.5	18.3	12.5	8.49	6.19	4.28	2.75	2.07 (816 ℃)	s,v, w,x
GB/T 13401	SF321H		−200	515	205	816	138	138	138	138	138	135	128	125	123	120	119	117	116	114	113	112	100	76.5	58.7	46.0	36.8	28.7	23.0	18.4	14.5	11.5	9.02	7.58 (816 ℃)	v
GB/T 13401	SF347		−255	515	205	816	138	138	138	138	138	138	135	132	130	128	127	126	126	125	125	125	97.6	75.9	57.2	40.2	30.3	23.2	16.2	11.4	8.97	7.08	5.89	5.52 (816 ℃)	t,v,x
GB/T 13401	SF347H		−200	515	205	816	138	138	138	138	138	138	135	132	130	129	127	126	126	125	125	125	125	112	90.6	69.6	53.8	41.4	31.8	24.0	18.8	14.6	10.9	8.96 (816 ℃)	v
GB/T 13401	SF310		−200	515	205	816	138	138	138	138	138	134	129	127	125	123	122	120	119	117	116	108	83.7	64.0	48.5	36.3	27.3	21.0	15.9	12.5	9.87	7.65	5.97	5.17 (816 ℃)	v,w,x, y,z
GB/T 13401	SF2225		−50	620	450	316	*207*	*207*	*207*	*199*	*193*	*188*	*186*	*185* (316 ℃)																					u,bb

表 A.1(续)

标准	牌号等级	尺寸范围/mm,或状态	最低使用温度/℃或图1的曲线号	标准规定最小强度/MPa		最高使用温度/℃	在下列温度(℃)下的许用应力/MPa																												脚注
				R_m	R_{eL}(或 $R_{p0.2}$)		40	65	100	150	200	250	300	325	350	375	400	425	450	475	500	525	550	575	600	625	650	675	700	725	750	775	800	825	
GB/T 13401	SF2205		−50	655	450	316	*218*	*218*	*218*	*210*	*203*	*199*	*196*	*196* (316 ℃)																					u,bb
GB/T 13401	SF2507		−50	800	550	316	*267*	*265*	*264*	*251*	*243*	*238*	*237*	*236* (316 ℃)																					u,bb
5.5 不锈钢锻件																																			5.5 不锈钢锻件
NB/T 47010	022Cr19Ni10 (304L)	≤150	−255	480	210	816	115	115	115	115	110	103	97.7	95.7	94.1	92.6	91.3	90.0	88.7	87.3	85.6	83.7	81.4	40.4	33.2	26.7	21.9	18.2	15.0	12.4	8.87	7.20	6.58	6.21 (816 ℃)	w
NB/T 47010	06Cr19Ni10 (304)	≤150	−255	520	220	816	138	138	138	138	129	122	116	113	111	109	107	105	103	101	99.1	97.3	95.5	78.9	63.8	51.6	41.6	32.9	26.5	21.3	17.2	14.1	11.2	9.65 (816 ℃)	v,w,x
NB/T 47010	07Cr19Ni10 (304H)	≤150	−200	520	220	816	138	138	138	138	129	122	116	113	111	109	107	105	103	101	99.1	97.3	95.5	78.9	63.8	51.6	41.6	32.9	26.5	21.3	17.2	14.1	11.2	9.65 (816 ℃)	v
NB/T 47010	022Cr17Ni12Mo2 (316L)	≤150	−255	480	210	816	115	115	115	115	109	103	98.1	96.1	94.3	92.6	90.9	89.3	87.6	85.9	84.2	82.5	80.8	79.3	77.9	58.0	43.6	33.0	25.3	18.8	14.0	10.4	7.99	6.89 (816 ℃)	w
NB/T 47010	06Cr17Ni12Mo2 (316)	≤150	−255	520	220	816	138	138	138	138	134	125	119	116	114	112	111	110	109	108	107	106	105	97.8	80.8	65.0	50.4	38.6	29.6	23.0	17.4	13.3	10.4	8.96 (816 ℃)	v,w,x
NB/T 47010	07Cr17Ni12Mo2 (316H)	≤150	−200	520	210	816	138	138	138	138	134	125	119	116	114	112	111	110	109	108	107	106	105	97.8	80.8	65.0	50.4	38.6	29.6	23.0	17.4	13.3	10.4	8.96 (816 ℃)	v
NB/T 47010	06Cr18Ni11Ti (321)	≤150	−255	520	205	816	138	138	138	138	138	135	128	125	123	120	119	117	116	114	113	112	88.7	59.2	44.0	32.9	24.5	18.3	12.5	8.49	6.19	4.28	2.75	2.07 (816 ℃)	s,v,x
NB/T 47010	07Cr19Ni11Ti (321H)	≤150	−200	520	205	816	138	138	138	138	138	135	128	125	123	120	119	117	116	114	113	112	100	76.5	58.7	46.0	36.8	28.7	23.0	18.4	14.5	11.5	9.02	7.58 (816 ℃)	v
NB/T 47010	06Cr18Ni11Nb (347)	≤150	−255	520	205	816	138	138	138	138	138	138	135	132	130	128	127	126	126	125	125	125	97.6	75.9	57.2	40.2	30.3	23.2	16.2	11.4	8.97	7.08	5.89	5.52 (816 ℃)	t,v,x

表 A.1（续）

标准	牌号等级	尺寸范围/mm，或状态	最低使用温度/℃或图1的曲线号	标准规定最小强度/MPa		最高使用温度/℃	在下列温度(℃)下的许用应力/MPa																												脚注
				R_m	R_{eL}（或 $R_{p0.2}$）		40	65	100	150	200	250	300	325	350	375	400	425	450	475	500	525	550	575	600	625	650	675	700	725	750	775	800	825	
NB/T 47010	07Cr18Ni11Nb (347H)	≤150	−200	520	205	816	138	138	138	138	138	138	135	132	130	129	127	126	126	125	125	125	125	**112**	**90.6**	**69.6**	**53.8**	**41.4**	**31.8**	**24.0**	**18.8**	**14.6**	**10.9**	**8.96** (816 ℃)	v
NB/T 47010	015Cr21Ni26Mo5Cu2 (904L)	≤150	−200	490	220	260	143	143	143	141	130	120	116																						w
NB/T 47010	015Cr20Ni18Mo6CuN (6Mo)	≤150	−200	650	330	427	207	207	207	206	198	192	194	179	176	173	170	167	166 (427 ℃)																w
NB/T 47010	022Cr22Ni5Mo3N (31803)	≤150	−50	620	450	316	*207*	*207*	*207*	*199*	*193*	*188*	*186*	*185* (316 ℃)																					u
NB/T 47010	022Cr23Ni5Mo3N (2205)	≤150	−50	620	450	316	*218*	*218*	*218*	*210*	*203*	*199*	*196*	*196* (316 ℃)																					u
NB/T 47010	022Cr25Ni7Mo4N (2507)	≤150	−50	800	550	316	*267*	*265*	*264*	*251*	*243*	*238*	*237*	*236* (316 ℃)																					u
5.6 不锈钢铸件																																			5.6 不锈钢铸件
GB/T 12230	CF3		−255	485	205	427	138	138	138	138	129	122	116	113	111	109	107	105	103 (427 ℃)																w
GB/T 12230	CF8		−255	485	205	816	138	138	138	138	129	122	116	113	111	109	107	105	103	101	99.1	**94.4**	**75.3**	**60.4**	**49.0**	**40.1**	**32.8**	**27.2**	**23.4**	**19.6**	**16.8**	**14.7**	**12.8**	**11.7** (816 ℃)	v,w,x
GB/T 12230	CF3M		−255	485	205	454	138	138	138	138	133	125	119	116	114	112	111	109	108	107 (454 ℃)															w
GB/T 12230	CF8M		−200	485	205	816	138	138	138	138	129	122	116	113	111	109	107	105	103	101	99.1	97.3	95.5	**75.9**	**57.2**	**40.2**	**30.3**	**23.2**	**16.2**	**11.4**	**8.97**	**7.08**	**5.89**	**5.52** (816 ℃)	v,w,x
GB/T 12230	CF8C		−200	485	205	816	138	135	131	121	115	111	108	108	108	108	108	108	108	108	107	106	98.3	**77.2**	**57.7**	**39.9**	**30.0**	**23.2**	**16.3**	**11.2**	**8.93**	**7.08**	**5.77**	**5.32** (816 ℃)	t

表 A.1(续)

标准	牌号等级	状态	最低使用温度/℃	标准规定最小强度/MPa		最高使用温度/℃	在下列温度(℃)下的许用应力/MPa																															脚注
				R_m	R_{eL}(或$R_{p0.2}$)		40	65	100	150	200	250	300	325	350	375	400	425	450	475	500	525	550	575	600	625	650	675	700	725	750	775	800	825	850	875	900	
6 镍及镍合金																																						
6.1 镍及镍合金管																																						
GB/T 2882	N7 (200)	退火	−200	380	105	316	68.9	68.9	68.9	68.9	68.9	68.9	68.9	68.9 (316 ℃)																								
GB/T 2882	N5 (201)	退火	−200	345	80	649	55.2	53.8	52.8	51.9	51.6	51.6	51.6	51.6	51.5	51.2	50.7	49.9	41.4	33.1	27.4	22.8	18.7	15.6	12.9	10.0	8.27 (649 ℃)											
GB/T 2882	NCu30 (400)	退火	−200	480	170	482	115	106	99.7	93.6	90.9	90.4	90.4	90.4	90.4	89.8	89.0	88.0	79.7	59.9	55.2 (482 ℃)																	
GB/T 2882	NCr15-8 (600)	退火	−200	550	240	649	161	161	161	161	161	161	161	161	161	161	161	161	161	161	84.8	58.4	39.7	27.0	19.2	15.0	13.8 (649 ℃)											
GB/T 30059	NS3102 (600)	冷作退火	−200	550	205	649	138	138	138	138	138	138	138	138	138	138	138	138	138	138	84.8	58.4	39.7	27.0	19.2	15.0	13.8 (649 ℃)											
GB/T 30059	NS3102 (600)	热作退火	−200	550	170	649	115	115	115	115	115	115	115	115	115	115	115	115	115	115	84.8	58.4	39.7	27.0	19.2	15.0	13.8 (649 ℃)											
ASTM B444	NS3306 (625)	退火	−200	825	415	649	276	276	276	273	270	267	262	260	257	255	252	251	249	247	245	242	215	194	156	136	91.0 (649 ℃)											ee,ff
GB/T 30059	NS1101 (800)	退火	−200	515	205	816	138	138	138	138	138	138	138	138	138	138	138	138	138	138	138	138	136	107	83.8	63.9	44.7	29.8	15.5	11.7	8.68	7.20	6.25	5.11 (816 ℃)				dd
GB/T 30059	NS1101 (800H)	退火	−200	450	170	899	115	115	115	115	115	115	115	113	110	108	106	104	102	100	98.6	97.1	95.7	91.8	75.7	62.6	50.6	41.2	33.6	27.7	22.6	18.3	15.0	11.9	9.03	7.35	5.86 (899 ℃)	
GB/T 30059	NS1402 (825)	退火	−200	590	240	538	137	137	137	137	137	137	137	137	137	136	136	135	135	134	133	131	129 (538 ℃)															

表 A.1(续)

标准	牌号等级	状态	最低使用温度/℃	标准规定最小强度/MPa		最高使用温度/℃	在下列温度(℃)下的许用应力/MPa																															脚注
				R_m	R_{eL}(或 $R_{p0.2}$)		40	65	100	150	200	250	300	325	350	375	400	425	450	475	500	525	550	575	600	625	650	675	700	725	750	775	800	825	850	875	900	
ASTM B619 ASTM B622	10276 (C276)	固溶	−200	690	283	677	188	188	188	188	188	187	177	172	168	165	162	159	157	156	155	154	143	119	98.4	81.6	67.0	54.5	53.8 (677 ℃)									
6.2 镍及镍合金管件																																						6.2 镍及镍合金管件
ASTM B366	WPN (200)	退火	−200	380	105	316	68.9	68.9	68.9	68.9	68.9	68.9	68.9	68.9 (316 ℃)																								cc
ASTM B366	WPNL (201)	退火	−200	345	70	649	46.0	44.7	43.9	43.6	43.3	43.2	43.2	43.1	42.9	42.6	42.1	41.5	40.7	33.1	27.4	22.8	18.7	15.6	12.9	10.0	8.27 (649 ℃)											cc
ASTM B366	WPNC (400)	退火	−200	480	170	482	115	106	99.7	93.6	90.9	90.4	90.4	90.4	90.4	89.8	89.0	88.0	79.7	59.9	55.2 (482 ℃)																	cc
ASTM B366	WPNCI (600)	退火	−200	550	240	649	161	161	161	161	161	161	161	161	161	161	161	161	161	161	84.8	58.4	39.7	27.0	19.2	15.0	13.8 (649 ℃)											cc
ASTM B366	WPNCMC (625)	退火	−200	825	415	649	276	276	276	273	270	267	262	260	257	255	252	251	249	247	245	242	215	194	156	136	91.0 (649 ℃)											ee
ASTM B366	WPNIC (800)	退火	−200	515	205	816	138	138	138	138	138	138	138	138	138	138	138	138	138	138	138	138	136	107	83.8	63.9	44.7	29.8	15.5	11.7	8.68	7.20	6.25	5.11 (816 ℃)				
ASTM B366	WPNIC10 (800H)	退火	−200	450	170	899	115	115	115	115	115	115	115	113	110	108	106	104	102	100	98.6	97.1	95.7	91.8	75.7	62.6	50.6	41.2	33.6	27.7	22.6	18.3	15.0	11.9	9.03	7.35	5.86 (899 ℃)	
ASTM B366	WPNIC11 (800HT)	退火	−200	450	170	899	115	115	115	115	115	115	115	113	110	108	105	104	102	100	98.7	97.1	96.1	94.1	85.5	69.3	56.8	46.8	38.6	31.5	25.5	20.6	17.1	13.8	10.2	7.98	6.20 (899 ℃)	
ASTM B366	WPNICMC (825)	退火	−200	590	240	538	137	137	137	137	137	137	137	137	137	136	136	135	135	134	133	131	129 (538 ℃)															
ASTM B366	WPNC276 (C276)	固溶	−200	690	283	677	188	188	188	188	188	187	177	172	168	165	162	159	157	156	155	154	143	119	98.4	81.6	67.0	54.5	53.8 (677 ℃)									

表 A.1（续）

标准	牌号等级	状态	最低使用温度/℃	标准规定最小强度/MPa R_m	标准规定最小强度/MPa R_{eL}(或 $R_{p0.2}$)	最高使用温度/℃	在下列温度(℃)下的许用应力/MPa 40	65	100	150	200	250	300	325	350	375	400	425	450	475	500	525	550	575	600	625	650	675	700	725	750	775	800	825	850	875	900	脚注
6.3 镍及镍合金锻件																																						
NB/T 47028	N7 (200)	退火	−200	380	105	316	68.9	68.9	68.9	68.9	68.9	68.9	68.9	68.9 (316 ℃)																								c,cc
]NB/T 47028	N5 (200)	退火	−200	340	65	649	46.0	44.7	43.9	43.6	43.3	43.2	43.2	43.1	42.9	42.6	42.1	41.5	40.7	33.1	27.4	22.8	18.7	15.6	12.9	10.0	8.27 (649 ℃)											c,cc
NB/T 47028	NCu30 (400)	退火	−200	480	170	482	115	106	99.7	93.6	90.9	90.4	90.4	90.4	90.4	89.8	89.0	88.0	79.7	59.9	55.2 (482 ℃)																	c
GB/T 26030	NW6600 (600)	退火	−200	550	240	649	161	161	161	161	161	161	161	161	161	161	161	161	161	161	84.8	58.4	39.7	27.0	19.2	15.0	13.8 (649 ℃)											c
GB/T 26030	NW6625 (625)	退火	−200	760	345	649	230	230	230	251	248	245	241	239	236	234	252	251	249	247	245	242	215	194	156	136	91.0 (649 ℃)											c,ee
NB/T 47028	NS1101 (800)	退火	−200	520	205	816	138	138	138	138	138	138	138	138	138	138	138	138	138	138	138	138	136	107	83.8	63.9	44.7	29.8	15.5	11.7	8.68	7.20	6.25	5.11 (816 ℃)				c
GB/T 26030	NW8810 (800H)	退火	−200	450	170	899	115	115	115	115	115	115	115	113	110	108	106	104	102	100	98.6	97.1	95.7	91.8	75.7	62.6	50.6	41.2	33.6	27.7	22.6	18.3	15.0	11.9	9.03	7.35	5.86 (899 ℃)	c
GB/T 26030	NW8811 (800HT)	退火	−200	450	170	899	115	115	115	115	115	115	115	113	110	108	105	104	102	100	98.7	97.1	96.1	94.1	85.5	69.3	56.8	46.8	38.6	31.5	25.5	20.6	17.1	13.8	10.2	7.98	6.20 (899 ℃)	c
GB/T 26030	NW8825 (825)	退火	−200	590	240	538	137	137	137	137	137	137	137	137	137	136	136	135	135	134	133	131	129 (538 ℃)															c
NB/T 47028	NS3304 (C276)	固溶	−200	690	280	677	188	188	188	188	188	187	177	172	168	165	162	159	157	156	155	154	143	119	98.4	81.6	67.0	54.5	53.8 (677 ℃)									c

表 A.1(续)

标准	牌号等级	状态	最低使用温度/℃	标准规定最小强度/MPa		最高使用温度/℃	在下列温度(℃)下的许用应力/MPa													脚注
				R_m	R_{eL}(或 $R_{p0.2}$)		40	65	75	100	125	150	175	200	225	250	275	300	325	
7 钛及钛合金(无缝管无填充金属 EFW 焊管及挤压管)																				7 钛及钛合金(无缝管无填充金属 EFW 焊管及挤压管)
7.1 钛及钛合金管																				7.1 钛及钛合金管
GB/T 3624	TA1	退火	−60	240	140	316	80.4	74.0	70.7	62.4	55.5	49.2	43.6	38.5	34.0	30.2	27.2	25.2	24.1(316 ℃)	
GB/T 3624	TA2	退火	−60	400	275	316	133	125	123	113	105	96.3	89.8	83.3	81.3	71.3	63.4	57.8	53.8(316 ℃)	
GB/T 3624	TA3	退火	−60	500	380	316	149	141	136	124	112	102	92.8	84.5	77.1	70.8	65.5	61.3	58.2(316 ℃)	
GB/T 3624	TA9	退火	−60	400	275	316	133	125	123	113	105	96.3	89.8	83.3	81.3	71.3	63.4	57.8	53.8(316 ℃)	
GB/T 3624	TA10	退火	−60	450	300	316	147	140	138	130	122	114	106	98.0	94.0	90.0	86.0	82.0		
GB/T 26057	TA1	退火	−60	240	140	316	80.4	74.0	70.7	62.4	55.5	49.2	43.6	38.5	34.0	30.2	27.2	25.2	24.1(316 ℃)	
GB/T 26057	TA2	退火	−60	400	275	316	133	125	123	113	105	96.3	89.8	83.3	81.3	71.3	63.4	57.8	53.8(316 ℃)	
GB/T 26057	TA3	退火	−60	500	380	316	149	141	136	124	112	102	92.8	84.5	77.1	70.8	65.5	61.3	58.2(316 ℃)	
GB/T 26057	TA9	退火	−60	400	275	316	133	125	123	113	105	96.3	89.8	83.3	81.3	71.3	63.4	57.8	53.8(316 ℃)	
GB/T 26057	TA10	退火	−60	485	345	316	162	154	151	144	135	126	117	108	106	104	102	100		
GB/T 26058	TA1	退火	−60	240		316	80.4	74.0	70.7	62.4	55.5	49.2	43.6	38.5	34.0	30.2	27.2	25.2	24.1(316 ℃)	
GB/T 26058	TA2	退火	−60	400		316	133	125	123	113	105	96.3	89.8	83.3	81.3	71.3	63.4	57.8	53.8(316 ℃)	
GB/T 26058	TA3	退火	−60	500		316	149	141	136	124	112	102	92.8	84.5	77.1	70.8	65.5	61.3	58.2(316 ℃)	
GB/T 26058	TA9	退火	−60	400		316	133	125	123	113	105	96.3	89.8	83.3	81.3	71.3	63.4	57.8	53.8(316 ℃)	
GB/T 26058	TA10	退火	−60	485		316	162	154	151	144	135	126	117	108	106	104	102	100		

表 A.1(续)

标准	牌号等级	状态	最低使用温度/℃	标准规定最小强度/MPa		最高使用温度/℃	在下列温度(℃)下的许用应力/MPa													脚注
				R_m	R_{eL}(或 $R_{p0.2}$)		40	65	75	100	125	150	175	200	225	250	275	300	325	
7.2 钛及钛合金管件																				7.2 钛及钛合金管件
GB/T 27684	TA1	退火	−60	240	140	316	80.4	74.0	70.7	62.4	55.5	49.2	43.6	38.5	34.0	30.2	27.2	25.2	24.1(316 ℃)	
GB/T 27684	TA2	退火	−60	400	275	316	133	125	123	113	105	96.3	89.8	83.3	81.3	71.3	63.4	57.8	53.8(316 ℃)	
GB/T 27684	TA3	退火	−60	500	380	316	149	141	136	124	112	102	92.8	84.5	77.1	70.8	65.5	61.3	58.2(316 ℃)	
GB/T 27684	TA9	退火	−60	400	275	316	133	125	123	113	105	96.3	89.8	83.3	81.3	71.3	63.4	57.8	53.8(316 ℃)	
GB/T 27684	TA10	退火	−60	450	300	316	147	140	138	130	122	114	106	98.0	94.0	90.0	86.0	82.0		
7.3 钛及钛合金锻件																				7.3 钛及钛合金锻件
GB/T 25137	F1	退火	−60	240	140	316	80.4	74.0	70.7	62.4	55.5	49.2	43.6	38.5	34.0	30.2	27.2	25.2	24.1(316 ℃)	
GB/T 25137	F2H	退火	−60	400	275	316	133	125	123	113	105	96.3	89.8	83.3	81.3	71.3	63.4	57.8	53.8(316 ℃)	
GB/T 25137	F3	退火	−60	500	380	316	149	141	136	124	112	102	92.8	84.5	77.1	70.8	65.5	61.3	58.2(316 ℃)	
GB/T 25137	F7H	退火	−60	400	275	316	133	125	123	113	105	96.3	89.8	83.3	81.3	71.3	63.4	57.8	53.8(316 ℃)	
GB/T 25137	F12	退火	−60	450	300	316	162	154	151	144	135	126	117	108	106	104	102	100		
7.4 钛及钛合金铸件																				7.4 钛及钛合金铸件
GB/T 6614	ZTA1	退火	−60	345	275	316	92.0		84.0	74.0	69.0	62.0	58.0	53.0	50.0	46.0				
GB/T 6614	ZTA2	退火	−60	440	370	316	118		106	97.0	89.0	80.0	74.0	66.0	62.0	56.0				

表 A.1(续)

标准	牌号等级	状态	最低使用温度/℃	标准规定最小强度/MPa		最高使用温度/℃	在下列温度(℃)下的许用应力/MPa								脚注
				R_m	R_{eL}(或$R_{p0.2}$)		40	65	100	125	150	175	200	225	
8 铝及铝合金															8 铝及铝合金
8.1 铝及铝合金管															8.1 铝及铝合金管
GB/T 6893	1060	0	−270	60		204	11.5	11.5	10.9	9.8	8.8	7.5	5.8	5.5(204 ℃)	gg,ii
GB/T 6893	1060	H14	−270	85	70	204	*27.6*	*27.6*	*27.6*	*26.6*	18.1	12.7	8.4	7.8(204 ℃)	gg,ii
GB/T 4437.1	1060	0	−270	65		204	11.5	11.5	10.9	9.8	8.8	7.5	5.8	5.5(204 ℃)	gg,ii
GB/T 4437.1	1060	H112	−270	60		204	11.5	11.5	10.9	9.8	8.8	7.5	5.8	5.5(204 ℃)	gg,ii
GB/T 6893	3003	0	−270	95	35	204	23.0	22.1	21.4	20.5	18.2	13.6	10.9	10.5(204 ℃)	gg,ii
GB/T 6893	3003	H14	−270	130	110	204	*46.0*	*46.0*	*46.0*	*43.9*	29.0	21.1	16.7	16.1(204 ℃)	gg,ii
GB/T 26027	3003	0	−270	95	35	204	23.0	22.1	21.4	20.5	18.2	13.6	10.9	10.5(204 ℃)	gg,ii
GB/T 26027	3003	H14	−270	130	110	204	*46.0*	*46.0*	*46.0*	*43.9*	29.0	21.1	16.7	16.1(204 ℃)	gg,ii
GB/T 4437.1	3003	0	−270	95		204	23.0	22.1	21.4	20.5	18.2	13.6	10.9	10.5(204 ℃)	gg,ii
GB/T 4437.1	3003	H112	−270	95		204	23.0	22.1	21.4	20.5	18.2	13.6	10.9	10.5(204 ℃)	gg,ii
GB/T 6893	5052	0	−270	170	65	204	46.0	46.0	46.0	45.9	41.6	28.8	17.6	16.1(204 ℃)	gg
GB/T 6893	5052	H14	−270	230	180	204	*78.1*	*78.1*	*78.1*	*78.1*	41.6	28.8	17.6	16.1(204 ℃)	gg,ii
GB/T 26027	5052	0	−270	170	65	204	46.0	46.0	46.0	45.9	41.6	28.8	17.6	16.1(204 ℃)	gg
GB/T 26027	5052	H14	−270	230	180	204	*78.1*	*78.1*	*78.1*	*78.1*	41.6	28.8	17.6	16.1(204 ℃)	gg,ii
GB/T 6893	5083	0	−270	270	110	65	73.5	73.5							ii
GB/T 26027	5083	0	−270	270	110	65	73.5	73.5							ii
GB/T 4437.1	5083	0,H112	−270	270	110	65	73.5	73.5							ii
GB/T 6893	6061	T4	−270	205	110	204	*68.9*	*68.9*	*68.9*	*67.8*	*64.8*	*57.9*	40.2	35.9(204 ℃)	ii
GB/T 6893	6061	T6	−270	290	240	204	*96.5*	*96.5*	*96.5*	*92.5*	*79.9*	*63.1*	40.2	35.9(204 ℃)	ii
GB/T 26027	6061	T4	−270	205	110	204	*68.9*	*68.9*	*68.9*	*67.8*	*64.8*	*57.9*	40.2	35.9(204 ℃)	ii
GB/T 26027	6061	T6	−270	290	240	204	*96.5*	*96.5*	*96.5*	*92.5*	*79.9*	*63.1*	40.2	35.9(204 ℃)	ii
GB/T 4437.1	6061	T4	−270	180	110	204	*59.9*	*59.9*	*59.9*	*59.0*	*56.3*	*50.3*	40.2	35.9(204 ℃)	ii

表 A.1(续)

标准	牌号等级	状态	最低使用温度/℃	标准规定最小强度/MPa		最高使用温度/℃	在下列温度(℃)下的许用应力/MPa								脚注
				R_m	R_{eL}(或 $R_{p0.2}$)		40	65	100	125	150	175	200	225	
GB/T 4437.1	6061	T6	−270	260	240	204	86.5	86.5	86.5	82.9	71.6	56.6	40.2	35.9(204 ℃)	ii
GB/T 4437.1	6061	T4 焊,T6 焊	−270	165		204	55.2	55.2	55.2	54.3	52.2	46.3	35.3	34.8(204 ℃)	ii
GB/T 6893	6063	T6	−270	220	190	204	75.8	75.8	74.8	64.0	49.2	27.5	15.3	13.8(204 ℃)	ii
GB/T 26027	6063	T4	−270	150	75	204	46.0	45.8	45.8	45.5	45.5	41.5	27.7	12.0(204 ℃)	ii
GB/T 26027	6063	T6	−270	220	190	204	75.8	75.8	74.8	64.0	49.2	27.5	15.3	13.8(204 ℃)	ii
GB/T 26027	6063	T4 焊,T6 焊	−270	117		204	39.1	39.1	37.9	35.9	32.1	25.7	17.6	13.8(204 ℃)	ii
8.2 铝及铝合金管件															8.2 铝及铝合金管件
ASTM B361	1060		−270	60		204	11.5	11.5	10.9	9.8	8.8	7.5	5.8	5.5(204 ℃)	cc,gg,hh,ii
ASTM B361	1060	H14	−270	85	70	204	27.6	27.6	27.6	26.6	18.1	12.7	8.4	7.8(204 ℃)	cc,gg,hh,ii
ASTM B361	3003	0	−270	95	35	204	23.0	22.1	21.4	20.5	18.2	13.6	10.9	10.5(204 ℃)	cc,gg,hh,ii
ASTM B361	5052	0	−270	170	65	204	46.0	46.0	46.0	45.9	41.6	28.8	17.6	16.1(204 ℃)	cc,gg,hh,ii
ASTM B361	5052	H34	−270	230	180	204	78.1	78.1	78.1	78.1	41.6	28.8	17.6	16.1(204 ℃)	cc,gg,hh,ii
ASTM B361	5083	0	−270	270	110	65	73.5	73.5							cc,gg,hh,ii
ASTM B361	6061	T4	−270	180	110	204	59.8	59.8	59.8	59.8	56.3	50.2	38.3	35.9(204 ℃)	cc,gg,hh,ii
ASTM B361	6061	T6	−270	260	240	204	87.3	87.3	87.3	83.6	72.3	57.2	40.2	35.9(204 ℃)	cc,gg,hh,ii
ASTM B361	6061	T4 焊,T6 焊	−270	165		204	55.2	55.2	55.2	54.3	52.2	46.3	35.3	34.8(204 ℃)	cc,gg,hh,ii
ASTM B361	6063	T4	−270	125	62	204	41.4	41.3	41.3	41.0	41.0	33.9	22.6	9.8(204 ℃)	cc,gg,hh,ii
ASTM B361	6063	T6	−270	205	170	204	68.9	68.9	67.7	59.0	45.9	27.5	15.3	13.8(204 ℃)	cc,gg,hh,ii
ASTM B361	6063	T4 焊,T6 焊	−270	117		204	39.1	39.1	37.9	35.9	32.1	25.7	17.6	13.8(204 ℃)	cc,gg,hh,ii
8.3 铝及铝合金锻件															8.3 铝及铝合金锻件
NB/T 47029	1050A	0,H112	−270	65	20	204	13.0	13.0	12.0	11.0	10.0	8.0	6.0		ii,jj
NB/T 47029	3003	0,H112	−270	95	35	204	23.0	22.1	21.4	20.5	18.2	13.6	10.9	10.5(204 ℃)	ii,jj
NB/T 47029	5083	0,H112	−270	270	110	65	73.5	73.5							ii,jj
NB/T 47029	6061	T6	−270	255	230	204	87.3	87.3	87.3	83.6	72.3	57.2	40.2	35.9(204 ℃)	ii,jj

表 A.1(续)

标准	牌号等级	状态	最低使用温度/℃	标准规定最小强度/MPa		最高使用温度/℃	在下列温度(℃)下的许用应力/MPa								脚注
				R_m	R_{eL}(或 $R_{p0.2}$)		40	65	100	125	150	175	200	225	

[a] 应符合 6.1.2 的规定。表列灰铸铁的最高使用温度应不高于 230 ℃。

[b] 应符合 6.1.1 的规定。

[c] GB/T 20801.3—2020 表 13 所列管道元件标准的压力额定值按表列标准的规定,表 A.1 所列锻件和铸件的许用应力值用于表 13 以外所列管道元件的压力设计或表列管道元件标准的非标压力等级评估。

[d] 长期使用温度高于 427 ℃,有石墨化倾向,详见 7.2.2.2。

[e] 使用温度高于 482 ℃,应采用镇静钢。

[f] 普通碳素结构钢的使用应符合 6.2 的规定。

[g] GB/T 9711 长输管线用管有 PSL1 及 PSL2 两个质量等级。PSL2 的质量等级较高,且有韧性要求。采用 PSL2 者,用户应根据最低使用温度提出冲击试验温度要求,通常冲击试验温度不低于−30 ℃;低于−30 ℃~−50 ℃,应供需双方协商,用户若未提出冲击试验温度要求,供方按 0 ℃执行。最低使用温度应不低于材料及焊接接头的冲击试验温度。采用 PSL1 质量等级者,通常不作冲击试验。GB/T 29168 长输管线用弯管、对焊管件、法兰(锻件)仅有 PSL2 质量等级,其冲击试验要求与上述 GB/T 9711 长输管线用管相同。

[h] 应对每个强度等级(L290/X42~L555/X80)的材料进行单独的焊接工艺评定。

[i] L290/X42~L555/X80 管线钢不宜用于 200℃以上的高温。

[j] L290/X42~L555/X80 管线钢通常采用微合金化及控轧控冷工艺,使用时可在 GB/T 9711 的基础上附加更详尽的成分、碳当量、状态、低温韧性等要求。最低使用温度应不小于材料及焊接接头的冲击试验温度及其要求。

[k] 材料如附加−20 ℃(GB/T 6479)低温冲击试验要求,其最低使用温度为−20 ℃。

[l] 非焊接件的许用应力值可提高至 230 MPa。

[m] 板焊管应符合 6.7 的各项规定。

[n] 除进行−101 ℃冲击试验且符合本部分要求外,厚度大于 50 mm 的 3.5%Ni 钢最低使用温度应不低于−87 ℃。

[o] 长期使用温度高于 440 ℃,有软化(珠光体球化)及回火脆性倾向,详见 7.2.2.2、7.2.2.3。

[p] 铬钼合金钢的焊缝(焊管、管件及其对焊接头)应于焊后热处理后进行 100%的 RT 或 UT,焊接接头高温强度降低系数 *W* 按 GB/T 20801.3—2020 中 4.2.7 的规定。

[q] 使用温度高于 455 ℃的 2.25Cr-1Mo 钢焊接材料的含碳量应不小于 0.05%。

表 A.1(续)

标准	牌号等级	状态	最低使用温度/℃	标准规定最小强度/MPa		最高使用温度/℃	在下列温度(℃)下的许用应力/MPa								脚注
				R_m	R_{eL}(或 $R_{p0.2}$)		40	65	100	125	150	175	200	225	

[r] 使用温度高于−101 ℃者可免除−196 ℃低温冲击试验及其要求。

[s] 使用温度高于 538 ℃时,热处理温度应不低于 1 093 ℃。

[t] 使用温度高于 538 ℃时,热处理温度应不低于 1 038 ℃。

[u] 使用温度高于 316 ℃时,有 475℃脆化及 σ 相或中间相析出脆化的风险,参见附录 C。

[v] 材料适用于高温,但应关注 σ 相析出而导致常温塑性和韧性的降低,参见附录 C。

[w] 含碳量大于 0.03%的 300 系列非稳定性奥氏体不锈钢以及有温度高于 425 ℃长期热履历的超低碳奥氏体不锈钢有晶间腐蚀倾向,见 6.6。

[x] 使用温度高于 538 ℃者,含碳量应不低于 0.04%。

[y] 使用温度高于 538 ℃者,平均晶粒度应不细于 6 级。

[z] 使用温度低于−30 ℃者,含碳量应不大于 0.10%。

[aa] 本部分使用的 GB/T 12771 不锈钢焊管(EFW,无填充金属)应符合下列各项要求:

1) 机组带卷机械化连续成型;

2) 无填充金属自动或半自动氩弧焊或等离子焊;

3) 焊后固溶急冷热处理;

4) 焊缝涡流或电磁表面无损检测(纵向焊接接头系数 0.85)。

[bb] 焊后应作固溶急冷热处理。

[cc] 管件的性能及许用应力与坯料、工艺及热处理状态有关,可参照相同牌号无缝管、焊管、板、棒、锻件的性能及许用应力。表 A.1 所列性能及许用应力为典型示例。

[dd] 982 ℃退火。

[ee] 625 镍基合金采用 ENiCrMo-3 或 ERNiCrMo-3 焊接接头抗拉强度应不小于 758 MPa。

[ff] 625 镍基合金经 538 ℃～760 ℃热履历可能致使常温韧性的降低和焊接区域的应力松弛裂纹。

[gg] 材料标准未规定抗拉及屈服强度者,本部分要求于采购合同中补充。

[hh] 力学性能与厚度有关,表列性能及许用应力仅适用于相应标准的规定范围。

[ii] 加工硬化状态材料的焊接结构,应采用退火状态材料的许用应力;析出硬化状态材料的焊接结构,应采用焊接状态材料的许用应力。

[jj] 表列数据限用于模锻件。

表 A.2 螺栓许用应力表

标准	牌号等级	状态	最低使用温度/℃	标准规定最小强度/MPa		最高使用温度/℃	在下列温度(℃)下的许用应力/MPa																															脚注
				R_m	R_{eL}(或 $R_{p0.2}$)		40	65	100	125	150	175	200	225	250	275	300	325	350	375	400	425	450	475	500	525	550	575	600	625	650	675	700	725	750	775	800	
螺栓紧固件																																						螺栓紧固件
标准紧固件																																						标准紧固件
GB/T 3098.1	5.6	≤M39	−20	500	300	300	125	125	125	125	125	125	125	125	125	125	125																					
GB/T 3098.1	8.8	≤M39	−20	800	640	300	160	160	160	160	160	160	160	160	160	160	160																					
GB/T 3098.6	A2-50	≤M39	−255	520	210	800	130		114	109	103	100	96	93	90	88	85	84	82	81	79	77	76	75	74	72	71	69	64	51	41	33	27	21	17	14	11	
GB/T 3098.6	A4-50	≤M39	−200	520	210	800	130		120	11.0	107	103	99	96	93	91	88	86	84	83	82	81	80	79	79	78	78	77	74	65	51	39	30	23	19	14	11	
GB/T 3098.6	A2-70	≤M24	−255	700	450	400	130		114	114	113	113	113	113	113	113	113	113	113	113	113																	
GB/T 3098.6	A4-70	≤M24	−200	700	450	400	130		120	114	113	113	113	113	113	113	113	113	113	113	113																	
专用紧固件																																						专用紧固件
GB/T 3077	35CrMo	≤M22	−50	835	735	525	167	167	167	167	167	167	167	167	167	167	167	167	167	165	162	146	121	94.0	68.0	44.0												
GB/T 3077	35CrMo	>M24 ~M88	−50	805	685	525	161	161	161	161	161	161	161	161	161	161	161	160	159	156	153	139	116	93.0	68.0	44.0												
GB/T 3077	35CrMo	>M88	−50	735	590	525	147	147	147	147	147	147	147	147	147	147	147	144	143	141	138	125	104	83.8	68.0	40.0												
HG/T 20634	42CrMo(B7)	≤M65	−50	860	720	538	172	172	172	172	172	172	172	172	172	172	172	172	172	172	172	172	121	93.4	67.3	41.6	23.5 (538 ℃)											
HG/T 20634	42CrMo(B7)	>M65 ~100	−40	790	660	538	159	159	159	159	159	159	159	159	159	159	159	159	159	159	159	159	116	92.3	67.3	41.6	23.5 (538 ℃)											
HG/T 20634	A193 L7	≤M65	−100	860	725	371	172	172	172	172	172	172	172	172	172	172	172	172	172	172(371 ℃)																		
GB/T 3077	25Cr2MoV	≤M48	−20	835	735	575	167	167	167	167	167	167	167	167	167	167	167	167	167	167	167	167	164	147	121	92	62	35										

表 A.2(续)

标准	牌号等级	状态	最低使用温度/℃	标准规定最小强度/MPa		最高使用温度/℃	在下列温度(℃)下的许用应力/MPa																															脚注
				R_m	R_{eL}(或 $R_{p0.2}$)		40	65	100	125	150	175	200	225	250	275	300	325	350	375	400	425	450	475	500	525	550	575	600	625	650	675	700	725	750	775	800	
GB/T 3077	25Cr2MoV	>M48	−20	805	685	575	161	161	161	161	161	161	161	161	161	161	161	161	161	161	161	152	146	132	113	90	62	35										
GB/T 1220	06Cr19Ni10 (304)		−255	515	205	800	130		114	109	103	99.5	96.0	93	90	87.5	85	83.5	82	80.5	79	77	76	75	74	72	71	69	64	51	41	33	27	21	17	14	11	
GB/T 1220	06Cr17Ni12Mo2 (316)		−255	515	205	800	130		120	114	107	103	99.0	96	93	90.5	88	86	84	83	82	81	80	79	79	78	78	77	74	65	51	39	30	23	19	14	11	
HG/T 20634	A193 B8-2	≤M20	−200	860	690	538	172	172	172	172	172	172	172	172	172	172	172	172	172	172	172	172	172	172	172	168	162(538 ℃)											a
HG/T 20634	A193 B8-2	>M20 ~M24	−200	795	550	538	138	138	138	138	138	138	138	138	138	138	138	138	138	138	138	138	138	138	138	138	138(538 ℃)											a
HG/T 20634	A193 B8−2	>M24 ~M30	−200	725	450	538	129	123	113	112	112	112	112	112	112	112	112	112	112	112	112	112	112	112	112	112	112(538 ℃)											a
HG/T 20634	A193 B8-2	>M30 ~M36	−200	690	345	538	129	123	113	108	103	99.0	95.6	92.7	90.1	87.9	86.2	86.2	86.2	86.2	86.2	86.2	86.2	86.2	86.2	86.2	86.2(538 ℃)											a
HG/T 20634	A193 B8M-2	≤M20	−200	760	665	538	152	152	152	152	152	152	152	152	152	152	152	152	152	152	152	152	152	152	152	152	152(538 ℃)											a
HG/T 20634	A193 B8M-2	>M20 ~M24	−200	690	550	538	138	138	138	138	138	138	138	138	138	138	138	138	138	138	138	138	138	138	138	138	138(538 ℃)											a
HG/T 20634	A193 B8M-2	>M24 ~M30	−200	725	450	538	129	126	118	112	112	112	112	112	112	112	112	112	112	112	112	112	112	112	112	112	112(538 ℃)											a
HG/T 20634	A193 B8M-2	>M30 ~M36	−200	620	345	538	129	126	118	112	107	103	99.1	95.8	92.8	90.3	88.1	86.2	86.2	86.2	86.2	86.2	86.2	86.2	86.2	86.2	86.2(538 ℃)											a
HG/T 20634	A453 660		−30	895	585	538	155	155	155	155	155	155	155	154	153	152	150	149	148	147	147	147	147	147	147	147	147(538 ℃)											b

表列螺栓许用应力仅用于非标法兰设计的螺栓强度要求,而螺栓安装的目标应力可达 50%~70%螺栓材料的屈服强度,且应注意控制法兰转角、垫片的蠕变松弛和螺栓的应力松弛而导致螺栓安装应力的衰减。

[a] A193 B8-2 和 B8M-2 的螺纹根部硬度应不大于 RC35。硬度测点位于螺纹根径以内 3 mm 处,硬度检查频次同拉伸试验。

[b] A453 660 适用于高温,但应关注 σ 相析出而导致常温塑性和韧性的降低,参见附录 C。

表 A.3 管子与对焊管件的纵向焊接接头系数 Φ_w

<table>
<tr><th>标准</th><th>型式</th><th>简述</th><th>纵向焊接接头系数 Φ_w</th></tr>
<tr><td colspan="4">碳钢(包括碳锰钢),管线钢</td></tr>
<tr><td>GB/T 8163</td><td rowspan="7">无缝</td><td rowspan="7">无缝管</td><td rowspan="7">1.00</td></tr>
<tr><td>GB/T 6479</td></tr>
<tr><td>GB/T 5310</td></tr>
<tr><td>GB/T 3087</td></tr>
<tr><td>GB/T 9948</td></tr>
<tr><td>GB/T 9711</td></tr>
<tr><td>YB/T 4173</td></tr>
<tr><td rowspan="2">GB/T 3091 焊管</td><td>电阻焊</td><td>电阻焊焊管(直缝)ERW</td><td>0.85</td></tr>
<tr><td>电熔焊(埋弧焊)</td><td>埋弧焊焊管(直缝)SAW</td><td>0.80</td></tr>
<tr><td>GB/T 9711 焊管</td><td>电阻焊</td><td>电阻焊焊管(直缝)ERW</td><td>0.85</td></tr>
<tr><td>SY/T 5037 焊管</td><td>埋弧焊</td><td>双面埋弧焊焊管(直缝或螺旋缝)SAW</td><td>0.85</td></tr>
<tr><td>GB/T 13401 管件</td><td rowspan="2">无缝或电熔焊</td><td>无缝或焊接管件</td><td rowspan="2">1.00</td></tr>
<tr><td>GB/T 29168.2 管件</td><td>双面电熔焊,100%射线检测</td></tr>
<tr><td>GB/T 9711 板焊管</td><td>电熔焊(埋弧焊)</td><td>双面埋弧焊焊管(直缝)SAW</td><td>0.95</td></tr>
<tr><td>ASTM A671 板焊管</td><td>电熔焊</td><td>板制焊管,双面电熔焊,100%射线检测;板制焊管,双面电熔焊</td><td>1.00
0.85</td></tr>
<tr><td colspan="4">低温碳钢及低温镍钢</td></tr>
<tr><td>GB/T 6479</td><td rowspan="3">无缝</td><td rowspan="3">无缝管</td><td rowspan="3">1.00</td></tr>
<tr><td>GB/T 18984</td></tr>
<tr><td>ASTM A333</td></tr>
<tr><td>GB/T 13401 管件</td><td>无缝或电熔焊</td><td>无缝或焊接管件,双面电熔焊,100%射线检测</td><td>1.00</td></tr>
<tr><td>ASTM A671 板焊管</td><td>电熔焊</td><td>板制焊管,双面电熔焊,100%射线检测</td><td>1.00</td></tr>
<tr><td colspan="4">合金钢</td></tr>
<tr><td>GB/T 6479</td><td rowspan="4">无缝</td><td rowspan="4">无缝管</td><td rowspan="4">1.00</td></tr>
<tr><td>GB/T 5310</td></tr>
<tr><td>GB/T 9948</td></tr>
<tr><td>YB/T 4173</td></tr>
<tr><td>GB/T 13401 管件</td><td>无缝或电熔焊</td><td rowspan="2">无缝或焊接管件,双面电熔焊,100%射线检测板焊管,双面电熔焊,100%射线检测</td><td rowspan="2">1.00
1.00</td></tr>
<tr><td>ASTM A691 板焊管</td><td>电熔焊</td></tr>
<tr><td colspan="4">不锈钢</td></tr>
<tr><td>GB/T 14976</td><td rowspan="4">无缝</td><td rowspan="4">无缝管</td><td rowspan="4">1.00</td></tr>
<tr><td>GB/T 5310</td></tr>
<tr><td>GB/T 9948</td></tr>
<tr><td>GB/T 21833</td></tr>
<tr><td>GB/T 12771 焊管</td><td>电熔焊</td><td>电熔焊焊管(无填充金属)</td><td>0.85</td></tr>
<tr><td>HG/T 20537.3 焊管</td><td>电熔焊</td><td>电熔焊焊管(无填充金属)</td><td>0.85</td></tr>
<tr><td>GB/T 21832(所有部分)焊管</td><td>电熔焊</td><td>电熔焊焊管(无填充金属)</td><td>0.85</td></tr>
<tr><td rowspan="3">HG/T 20537.4 板焊管</td><td rowspan="3">电熔焊</td><td>板焊管,电熔焊,100%射线检测</td><td>1.00</td></tr>
<tr><td>板焊管,电熔焊,按标准局部射线检测</td><td>0.90</td></tr>
<tr><td>板焊管,双面电熔焊</td><td>0.85</td></tr>
</table>

表 A.3(续)

标准	型式	简述	纵向焊接接头系数 Φ_w
GB/T 32964 板焊管	电熔焊	板焊管,双面电熔焊,100%射线检测	1.00
GB/T 13401 管件	无缝或电熔焊	无缝或焊接管件,双面电熔焊,100%射线检测	1.00
镍及镍合金			
GB/T 2882	无缝	无缝管	1.00
GB/T 30059	无缝	无缝管	1.00
ASTM B444	无缝	无缝管	1.00
ASTM B622	无缝	无缝管	1.00
ASTM B619	电熔焊	电熔焊焊管(无填充金属)	0.85
ASTM B366	无缝或电熔焊	无缝或焊接管件,双面电熔焊,100%射线检测	1.00
钛及钛合金			
GB/T 3624	无缝	无缝管	1.00
GB/T 26058			
GB/T 26057 焊管	电熔焊	电熔焊焊管(无填充金属)	0.85
GB/T 27684 管件	无缝或电熔焊	无缝或焊接管件,双面电熔焊,100%射线检测	1.00
铝及铝合金			
GB/T 6893	无缝	无缝管	1.00
GB/T 4437.1	无缝	无缝管	1.00
GB/T 26027	无缝	无缝管	1.00
ASTM B361 管件	无缝	无缝管件	1.00
	电熔焊	焊接管件,电熔焊,100%射线检测	1.00
	电熔焊	焊接管件,双面电熔焊	0.85
	电熔焊	焊接管件,单面电熔焊	0.80

表 A.4 铸件质量系数 Φ_C

材料类别	标准	名称	铸件质量系数 Φ_C
铸铁	GB/T 9439	灰铸铁	1.00
	GB/T 1348	球墨铸铁	1.00
	GB/T 9440	黑芯可锻铸铁	1.00
碳钢(包括碳锰钢)	GB/T 12229	碳素钢铸件	0.80
低温碳钢及低温镍钢	JB/T 7248	低温钢铸件	0.80
合金钢	JB/T 5263	合金钢铸件	0.80
	GB/T 16253		
不锈钢	GB/T 12230	不锈钢铸件	0.80
钛及钛合金	GB/T 6614	钛及钛合金铸件	0.80
注:表列非铸铁材料如按 GB/T 20801.3—2020 表 4 进行无损检测,Φ_C 可适当提高。			

附　录　B
（资料性附录）
材料的物理性能

表 B.1 和表 B.2 中的物理性能参数按材料类型划分，设计者也可采用具体牌号材料的物理性能参数。其中，表 B.1 给出了金属热膨胀系数和金属总热膨胀量，表 B.2 给出了金属弹性模量。

表 B.1 金属热膨胀系数和金属总热膨胀量

材料名称	系数	在下列温度(℃)下的材料热膨胀系数和总热膨胀量																																		
		−200	−100	−50	20	50	75	100	125	150	175	200	225	250	275	300	325	350	375	400	425	450	475	500	525	550	575	600	625	650	675	700	725	750	775	800
组别1:碳钢、低合金钢	*A*	9.9	10.7	11.1	11.5	11.8	11.9	12.1	12.3	12.4	12.6	12.7	12.9	13.0	13.2	13.3	13.4	13.6	13.7	13.8	14.0	14.1	14.2	14.4	14.5	14.6	14.7	14.8	4.9	15.0	15.1	15.1	15.2	15.3	15.3	15.4
	B	−2.2	−1.3	−0.8	0.0	0.4	0.7	1.0	1.3	1.6	2.0	2.3	2.6	3.0	3.4	3.7	4.1	4.5	4.9	5.3	5.7	6.1	6.5	6.9	7.3	7.7	8.2	8.6	9.0	9.4	9.9	10.3	10.7	11.1	11.6	12.0
组别2:低合金钢	*A*	10.8	11.7	12.0	12.6	12.8	13.0	13.1	13.2	13.4	13.5	13.6	13.7	13.8	13.9	14.0	14.1	14.2	14.3	14.4	14.5	14.6	14.6	14.7	14.8	14.8	14.9	15.0	15.0	15.1	15.1	15.2	15.2	15.3	15.3	15.3
	B	−2.4	−1.4	−0.8	0.0	0.4	0.7	1.0	1.4	1.7	2.1	2.4	2.8	3.2	3.6	3.9	4.3	4.7	5.1	5.5	5.9	6.3	6.7	7.1	7.5	7.9	8.3	8.7	9.1	9.5	9.9	10.3	10.7	11.1	11.1	11.5
5Cr-1Mo	*A*	10.1	10.8	11.2	11.5	11.8	12.0	12.1	12.3	12.4	12.5	12.6	12.6	12.7	12.8	12.8	12.9	13.0	13.0	13.1	13.2	13.2	13.3	13.4	13.4	13.5	13.6	13.6	13.7	13.7	13.8	13.9	13.9	14.0	14.0	14.1
	B	−2.2	−1.3	−0.8	0.0	0.4	0.7	1.0	1.3	1.6	1.9	2.3	2.6	2.9	3.3	3.6	3.9	4.3	4.6	5.0	5.3	5.7	6.1	6.4	6.8	7.2	7.5	7.9	8.3	8.7	9.0	9.4	9.8	10.2	10.6	11.0
9Cr-1Mo	*A*	9.0	9.8	10.1	10.5	10.6	10.7	10.9	11.0	11.1	11.2	11.3	11.4	11.5	11.6	11.7	11.8	11.9	11.9	12.0	12.1	12.2	12.3	12.3	12.4	12.5	12.6	12.7	12.7	12.8	12.9	13.0	13.1	13.3	13.4	13.6
	B	−2.0	−1.2	−0.7	0.0	0.3	0.6	0.9	1.2	1.4	1.7	2.0	2.3	2.6	3.0	3.3	3.6	3.9	4.2	4.6	4.9	5.2	5.6	5.9	6.3	6.6	7.0	7.3	7.7	8.1	8.5	8.9	9.3	9.7	10.1	10.6
12Cr～13Cr	*A*	9.1	9.9	10.2	10.6	10.9	11.0	11.1	11.3	11.4	11.4	11.5	11.6	11.6	11.7	11.7	11.8	11.8	11.9	11.9	12.0	12.0	12.1	12.1	12.2	12.2	12.3	12.3	12.4	12.4	12.5	12.5	12.5	12.5	12.6	12.6
	B	−2.0	−1.2	−0.7	0.0	0.3	0.6	0.9	1.2	1.5	1.8	2.1	2.4	2.7	3.0	3.3	3.6	3.9	4.2	4.5	4.9	5.2	5.5	5.8	6.2	6.5	6.8	7.2	7.5	7.8	8.2	8.5	8.8	9.2	9.5	9.8
15Cr～17Cr	*A*	8.1	8.8	9.1	9.6	9.7	9.9	10.0	10.1	10.2	10.3	10.4	10.5	10.6	10.7	10.8	10.8	10.9	11.0	11.0	11.1	11.2	11.2	11.3	11.3	11.4	11.4	11.5	11.5	11.5	11.6	11.6	11.7	11.7	11.8	11.9
	B	−1.8	−1.1	−0.6	0.0	0.3	0.5	0.8	1.1	1.3	1.6	1.9	2.2	2.4	2.7	3.0	3.3	3.6	3.9	4.2	4.5	4.8	5.1	5.4	5.7	6.0	6.3	6.6	7.0	7.3	7.6	7.9	8.2	8.6	8.9	9.3
27Cr	*A*	7.7	8.5	8.7	9.0	9.2	9.2	9.3	9.4	9.4	9.5	9.5	9.6	9.6	9.7	9.7	9.8	9.9	9.9	10.0	10.0	10.1	10.2	10.2	10.3	10.4	10.4	10.5	10.5	10.6	10.6	10.7	10.7	10.8	10.8	10.9
	B	−1.7	−1.0	−0.6	0.0	0.3	0.5	0.7	1.0	1.2	1.5	1.7	2.0	2.2	2.5	2.7	3.0	3.3	3.5	3.8	4.1	4.3	4.6	4.9	5.2	5.5	5.8	6.1	6.4	4.7	7.0	7.2	7.6	7.9	8.2	8.5
奥氏体不锈钢(304,316,321,347等)	*A*	13.5	14.3	14.7	15.3	15.6	15.9	16.2	16.4	16.6	16.8	17.0	17.2	17.4	17.5	17.7	17.8	17.9	18.0	18.1	18.2	18.3	18.4	18.4	18.5	18.6	18.7	18.8	18.9	19.0	19.1	19.2	19.3	19.4	19.4	19.4
	B	−3.0	−1.7	−1.0	0.0	0.5	0.9	1.3	1.7	2.2	2.6	3.1	3.5	4.0	4.5	4.9	5.4	5.9	6.4	6.9	7.4	7.9	8.3	8.9	9.4	9.0	10.4	10.9	11.4	12.0	12.5	13.1	13.6	14.1	14.7	15.2
其他奥氏体不锈钢(309,310等)	*A*	12.8	13.6	14.1	14.7	15.0	15.2	15.4	15.6	15.7	15.9	16.0	16.1	16.3	16.4	16.5	16.6	16.6	16.7	16.8	16.9	17.0	17.1	17.2	17.2	17.3	17.4	17.5	17.6	17.7	17.8	17.9	18.0	18.1	18.2	18.3
	B	−2.8	−1.6	−1.0	0.0	0.4	0.8	1.2	1.6	2.0	2.5	2.9	3.3	3.7	4.2	4.6	5.0	5.5	5.9	6.4	6.8	7.3	7.8	8.2	8.7	9.2	9.7	10.2	10.6	11.1	11.7	12.2	12.7	13.2	13.7	14.3
灰铸铁	*A*				9.8	10.1	10.2	10.4	10.5	10.7	10.8	11.0	11.1	11.2	11.4	11.5	11.7	11.8	12.0	12.1	12.3	12.4	12.6	12.7	12.9	13.0										
	B				0.0	0.3	0.6	0.8	1.1	1.4	1.7	2.0	2.3	2.6	2.9	3.2	3.6	3.9	4.2	4.6	5.0	5.3	5.7	6.1	6.5	6.9										
球墨铸铁	*A*		8.8	9.5	10.3	10.5	10.7	10.9	11.1	11.3	11.6	11.8	12.0	12.2	12.4	12.5	12.6	12.8	12.9	13.0	13.1	13.2	13.2	13.3	13.4	13.5										
	B		−1.1	−0.7	0.0	0.3	0.6	0.9	1.2	1.5	1.8	2.1	2.5	2.8	3.1	3.5	3.9	4.2	4.6	4.9	5.3	5.7	6.0	6.4	6.8	7.2										

表 B.1(续)

材料名称	系数	在下列温度(℃)下的材料热膨胀系数和总热膨胀量																																		
		−200	−100	−50	20	50	75	100	125	150	175	200	225	250	275	300	325	350	375	400	425	450	475	500	525	550	575	600	625	650	675	700	725	750	775	800
蒙乃尔合金(UNS N04400)67Ni-30Cu	*A*	10.4	12.2	13.0	13.8	14.1	14.4	14.6	14.8	15.0	15.1	15.3	15.4	15.5	15.6	15.7	15.8	15.9	16.0	16.0	16.1	16.1	16.2	16.2	16.3	16.3	16.4	16.4	16.5	16.5	16.5	16.6	16.6	16.7	16.7	16.8
	B	−2.3	−1.5	−0.9	0.0	0.4	0.8	1.2	1.6	1.9	2.3	2.8	3.2	3.6	4.0	4.4	4.8	5.2	5.7	6.1	6.5	6.9	7.4	7.8	8.2	8.6	9.1	9.5	10.0	10.4	10.8	11.3	11.7	12.2	12.6	13.1
镍合金(UNS N02200,N02201)	*A*	9.6	10.8	11.4	11.9	12.4	12.7	13.0	13.3	13.5	13.7	13.9	14.0	14.2	14.3	14.4	14.5	14.6	14.7	14.8	14.9	15.0	15.1	15.2	15.3	15.4	15.5	15.6	15.6	15.7	15.8	15.9	15.9	16.0	16.1	16.2
	B	−2.2	−1.4	−0.8	0.0	0.4	0.7	1.0	1.4	1.8	2.1	2.5	2.9	3.3	3.6	4.0	4.4	4.8	5.2	5.6	6.0	6.5	6.9	7.3	7.7	8.2	8.6	9.0	9.5	9.9	10.3	10.8	11.2	11.7	12.2	12.6
镍合金(UNS N06600)	*A*	9.9	10.8	11.5	12.3	12.5	12.7	12.8	13.0	13.2	13.3	13.5	13.6	13.7	13.8	14.0	14.1	14.2	14.3	14.4	14.5	14.6	14.7	14.8	14.9	15.0	15.1	15.2	15.3	15.4	15.6	15.7	15.8	15.9	16.1	16.2
	B	−2.2	−1.3	−0.8	0.0	0.4	0.7	1.0	1.4	1.7	2.1	2.4	2.8	3.2	3.5	3.9	4.3	4.7	5.1	5.5	5.9	6.3	6.7	7.1	7.5	7.9	8.4	8.8	9.3	9.7	10.2	10.7	11.1	11.6	12.1	12.6
镍合金(UNS N06625)	*A*				12.0	12.4	12.6	12.8	12.9	13.0	13.1	13.2	13.2	13.2	13.3	13.3	13.3	13.4	13.5	13.5	13.6	13.7	13.8	14.0	14.1	14.2	14.3	14.5	14.6	14.8	14.9	15.0	15.1	15.3	15.4	15.6
	B				0.0	0.4	0.7	1.0	1.4	1.7	2.0	2.4	2.7	3.0	3.4	3.7	4.1	4.4	4.8	5.1	5.5	5.9	6.3	6.7	7.1	7.5	8.0	8.4	8.8	9.3	9.8	10.2	10.7	11.2	11.6	12.1
镍合金(UNS N08800)	*A*	10.6	12.5	13.3	14.2	14.6	14.9	15.1	15.3	15.5	15.6	15.8	15.9	16.0	16.1	16.2	16.3	16.4	16.5	16.5	16.6	16.7	16.8	16.8	16.9	17.0	17.1	17.2	17.2	17.3	17.4	17.5	17.6	17.7	17.8	17.9
	B	−2.3	−1.5	−0.9	0.0	0.4	0.8	1.2	1.6	2.0	2.4	2.8	3.3	3.7	4.1	4.5	5.0	5.4	5.8	6.3	6.7	7.2	7.6	8.1	8.5	9.0	9.5	9.9	10.4	10.9	11.4	11.9	12.4	12.9	13.4	14.0
镍合金(UNS N08825)	*A*			12.9	13.5	13.6	13.7	13.9	14.0	14.2	14.3	14.4	14.4	14.5	14.6	14.7	14.8	14.9	15.0	15.1	15.1	15.2	15.3	15.4	15.5	15.6										
	B			−0.9	0.0	0.4	0.8	1.1	1.5	1.8	2.2	2.6	3.0	3.3	3.7	4.1	4.5	4.9	5.3	5.7	6.1	6.5	7.0	7.4	7.8	8.3										
镍合金(UNS N010276)	*A*				10.8	11.0	11.2	11.4	11.6	11.7	11.9	12.0	12.2	12.4	12.5	12.6	12.8	12.9	13.0	13.1	13.2	13.3	13.4	13.5	13.6	13.7	13.8	13.9	14.0	14.1	14.2	14.3	14.3	14.4	14.5	14.6
	B				0.0	0.3	0.6	0.9	1.2	1.5	1.8	2.2	2.5	2.8	3.2	3.5	3.9	4.3	4.6	5.0	5.4	5.7	6.1	6.5	6.9	7.3	7.7	8.1	8.5	8.9	9.3	9.7	10.1	10.5	10.9	11.4
青铜	*A*	15.1	15.8	16.4	17.2	17.6	17.9	18.0	18.2	18.2	18.3	18.4	18.5	18.5	18.6	18.7	18.8	18.9	19.0	19.0	19.1	19.2	19.3	19.4	19.4	19.5	19.6	19.7	19.7	19.8						
	B	−3.3	−1.9	−1.1	0.0	0.5	1.0	1.4	1.9	2.4	2.8	3.3	3.8	4.3	4.7	5.2	5.7	6.2	6.7	7.2	7.7	8.3	8.8	9.3	9.8	10.3	10.9	11.4	11.9	12.5						
黄铜	*A*	14.7	15.4	16.0	16.7	17.1	17.4	17.6	17.8	18.0	18.2	18.4	18.6	18.8	19.0	19.2	19.3	19.5	19.6	19.8	20.1	20.3	20.5	20.7	20.8	21.0	21.2	21.4	21.6	21.8						
	B	−3.2	−1.9	−1.1	0.0	0.5	1.0	1.4	1.9	2.3	2.8	3.3	3.8	4.3	4.8	5.4	5.9	6.4	7.0	7.5	8.2	8.7	9.3	9.9	10.5	11.1	11.8	12.4	13.1	13.7						
白铜 70Cu-30Ni	*A*	11.9	13.4	14.0	14.5	14.9	15.2	15.3	15.5	15.7	15.8	16.0	16.1	16.3	16.4	16.5	16.5	16.6	16.6	16.7																
	B	−2.6	−1.6	−1.0	0.0	0.4	0.8	1.2	1.6	2.0	2.5	2.9	3.3	3.7	4.2	4.6	5.0	5.5	5.9	6.3																
铝合金	*A*	18.0	19.7	20.8	21.7	22.6	23.1	23.4	23.7	23.9	24.4	24.4	24.7	25.0	25.2	25.5	25.6																			
	B	−4.0	−2.4	−1.5	0.0	0.7	1.3	1.9	2.5	3.1	3.7	4.4	5.1	5.7	6.4	7.1	7.8																			
钛合金(Grade1,2,3,7,12)	*A*			8.2	8.3	8.4	8.5	8.5	8.6	8.6	8.6	8.7	8.7	8.7	8.8	8.8	8.8	8.9	8.9	9.0	9.2															
	B			−0.6	0.0	0.3	0.5	0.7	0.9	1.1	1.3	1.6	1.8	2.0	2.2	2.5	2.7	2.9	3.2	3.4	3.7															

表 B.1(续)

材料名称	系数	在下列温度(℃)下的材料热膨胀系数和总热膨胀量																																					
		−200	−100	−50	20	50	75	100	125	150	175	200	225	250	275	300	325	350	375	400	425	450	475	500	525	550	575	600	625	650	675	700	725	750	775	800

注 1:系数 A:金属热膨胀系数,10^{-6}/℃。

注 2:系数 B:金属总热膨胀量,mm/m(从 20 ℃至表列温度时所产生的总的单位长度热膨胀量)。

注 3:表列数据仅供参考。

注 4:组别 1 材料包括下列公称成分的钢。

C-½Mo	3Cr-1Mo
½Cr-⅕Mo-V	½Ni-½Mo-V
½Cr-¼Mo-Si	½Ni-½Cr-¼Mo-V
½Cr-½Mo	¾Ni-½Mo-Cr-V
½Cr-½Ni-¼Mo	¾Ni-½Mo-⅓Cr-V
¾Cr-½Ni-Cu	¾Ni-½Cu-Mo
¾Cr-¾Ni-Cu-Al	¾Ni-½Cr-½Mo-V
1Cr-⅕Mo	¾Ni-1Mo-¾Cr
1Cr-⅕Mo-Si	1Ni-½Cr-½Mo
1Cr-½Mo	1¼Ni-1Cr-½Mo
1Cr-½Mo-V	1¾Ni-¾Cr-¼Mo
1¼C-½Mo	2Ni-¾Cr-¼Mo
1¼Cr-½Mo-Si	2Ni-¾Cr-⅓Mo
1¾Cr-½Mo-Cu	2½Ni
2Cr-½Mo	3½Ni
2¼Cr-1Mo	3½Ni-1¾Cr-½Mo-V

注 5:组别 2 材料包括下列公称成分的钢。

Mn-V

Mn-¼Mo

Mn-½Mo

Mn-½Mo-¼Ni

Mn-½Mo-½Ni

Mn-½Mo-¾Ni

表 B.2 金属弹性模量

材料名称	在下列温度(℃)下的弹性模量 E /(10^3 N/mm^2)																					材料名称
	−254	−198	−150	−100	20	100	150	200	250	300	350	400	450	500	550	600	650	700	750	800	816	
铁基金属																						铁基金属
灰铸铁					92	91	89	87	84	81	77	73										灰铸铁
碳钢,含碳量≤0.3%	220	217	214	210	203	198	195	191	188	185	178	172	162	150	137	123						碳钢,含碳量≤0.3%
碳钢,含碳量>0.3%	219	215	212	209	202	197	193	190	187	183	178	170	160	149	135	122	106					碳钢,含碳量>0.3%
C-Mo 钢	219	215	212	208	201	196	193	189	186	183	178	170	160	148	135	121	105					C-Mo 钢
Ni 钢,Ni2%~9%	208	204	202	198	192	186	184	180	178	175	172	164										Ni 钢,Ni2%~9%
Cr-Mo 钢,Cr½%~2%	221	218	215	212	205	199	196	192	190	186	183	178	174	169	164	158	150	142	132			Cr-Mo 钢,Cr½%~2%
Cr-Mo 钢,Cr2¼%~3%	228	225	222	219	211	205	203	199	196	192	188	184	179	175	169	163	155	146	136			Cr-Mo 钢,Cr2¼%~3%
Cr-Mo 钢,Cr5%~9%	230	227	224	221	213	207	205	200	198	194	190	184	176	166	153	139	126	108	91			Cr-Mo 钢,Cr5%~9%
Cr 钢,Cr12%,17%,27%	219	215	213	210	201	196	192	188	184	181	178	174	163	152	144	129	114					Cr 钢,Cr12%,17%,27%
奥氏体钢(304,310,316,321,347 等)	212	209	206	202	195	190	186	183	178	176	173	169	165	161	156	152	146	140	133	127	125	奥氏体钢(304,310,316,321,347 等)
铜及铜合金																						铜及铜合金
海军黄铜(C4640)		110	108	107	103	100	99	97	95	93	90											海军黄铜(C4640)
铜(C1100)		117	115	114	111	107	106	104	102	99	96											铜(C1100)
铜,红铜,铝青铜(C1020,C1220,C2300,C6140)		125	123	122	118	114	113	111	108	105	102											铜,红铜,铝青铜(C1020,C1220,C2300,C6140)
90Cu-10Ni(C7060)		131	129	128	125	121	120	117	115	112	108											90Cu-10Ni(C7060)
80Cu-20Ni(C7100)		146	144	143	138	134	132	129	127	124	120											80Cu-20Ni(C7100)
70Cu-30Ni(C7150)		161	159	157	152	148	145	143	140	136	131											70Cu-30Ni(C7150)

表 B.2(续)

材料名称	在下列温度(℃)下的弹性模量 E /(10^3 N/mm^2)																					材料名称
	−254	−198	−150	−100	20	100	150	200	250	300	350	400	450	500	550	600	650	700	750	800	816	
镍及镍合金																						镍及镍合金
镍 200,201,625	225	221	218	215	207	202	199	197	194	192	190	186	182	179	175	173	169					镍 200,201,625
蒙耐尔 400	195	191	189	186	179	175	173	171	168	167	165	161	158	155	152	149	146					蒙耐尔 400
Ni-Cr-Fe 合金 600	233	228	226	223	214	208	206	204	201	198	196	192	188	184	181	178	175					Ni-Cr-Fe 合金 600
Ni-Fe-Cr 合金 800,800H	214	210	208	204	196	191	189	187	184	182	179	177	174	170	167	164	160					Ni-Fe-Cr 合金 800,800H
合金 C276	224	218	217	214	206	200	197	195	193	191	188	184	181	178	174	172	168					合金 C276
钛及钛合金																						钛及钛合金
TA0～TA3、TA9					107	103	101	97	92	88	84	79										TA0～TA3、TA9
铝及铝合金																						铝及铝合金
1060,3003,3004,6061,6063	79	76	76	74	69	66	64	60														1060,3003,3004,6061,6063
5052,5454	80	77	76	75	71	67	65	62														5052,5454
5083,5086	81	78	77	76	71	68	66	63														5083,5086

附　录 C
（资料性附录）
基于风险的材料设计和选用

C.1　材料设计和选用准则

C.1.1　通则

C.1.1.1　本部分规定的材料选用要求及限制系基于应对由压力载荷而导致的材料强度失效以及延性金属在低于韧脆转变温度下的低应力脆断。

C.1.1.2　本部分未涉及材料应对使用环境及介质的腐蚀和选材。业主或设计者可参考相关的腐蚀手册、图表和专著，尤其是类似装置的长期使用经验、现场试验和分析以及新工艺开发中的实验数据。

C.1.1.3　本附录所列各项为常用管道材料选用时应注意的，但除 C.1.1.1 和 C.1.1.2 以外的损伤风险以及相应的材料设计要求和工程措施。

C.1.2　通用规定

C.1.2.1　应考虑管道暴露明火下的可能性以及管道材料的熔点、软化温度、高温下强度的降低和材料的可燃性。

C.1.2.2　应考虑发生火灾或采取灭火措施时，热冲击导致管道材料脆性断裂或损坏的敏感性以及由此而产生的次生灾害。

C.1.2.3　应考虑火灾时，管道绝热材料对管道的损伤(如稳定性、耐火性能及在火中保持原有位置的能力)。

C.1.2.4　管道系统不可避免存在众多缝隙，如垫片密封面、螺纹或承插接头等，应考虑管道材料对缝隙腐蚀的敏感性。

C.1.2.5　电偶腐蚀是两种腐蚀电位相差较大的金属材料紧密接触，通过电解质构成腐蚀电流回路，致使腐蚀电位低侧的金属成为阳极加速腐蚀，反之腐蚀电位较高侧的金属成为阴极而得到保护。

电位差越大、阳极/阴极面积比越小(即小阳极/大阴极)，则电偶腐蚀越严重。

材料表面状态，包括非金属或金属涂层及阴极保护(牺牲阳极)都对减轻电偶腐蚀产生重大影响，可采取如下防护措施：

a)　对腐蚀电位较高侧的金属施以非金属涂层；

b)　碳钢的热镀锌(水温不高于 66 ℃)；

c)　埋地管道采用阴极保护(牺牲阳极)及绝缘法兰。

C.1.2.6　应考虑螺纹润滑剂或密封剂与流体工况的相容性。

C.1.2.7　应考虑衬垫、密封件和“O”形环与流体工况的相容性。

C.1.2.8　应考虑诸如胶黏剂、熔剂等材料与流体工况的相容性。

C.1.2.9　应考虑管道材料，包括密封剂、垫片、润滑剂和绝热材料与强氧化性流体(如氧气或氟气)的相容性。

C.2 低温脆性断裂

C.2.1 碳钢、碳锰钢和合金钢的低温脆性断裂

C.2.1.1 低温脆性断裂是金属材料在低温或韧脆转变温度以下，发生突然破裂的灾难性失效现象。发生脆性断裂时，构件承受应力水平远低于材料屈服强度，因此构件断裂前无塑性变形，断口呈脆性。

C.2.1.2 基于金属材料的韧脆转变温度、使用经验及断裂力学分析，本部分列出了材料最低允许使用温度(MDMT)及相应冲击试验要求。

C.2.1.3 除本部分的要求外，下列因素应予考虑：

a) 降低钢材韧脆转变温度的主要因素并非合金化(－50 ℃以上)，而是纯净化、细晶化及热处理状态。

b) 厚度是影响脆性断裂的重要因素，一方面材料的韧性水平随厚度增加而降低；另一方面厚壁构件更易产生三向应力，而诱发脆性断裂。

c) 应力水平(包括缺陷处的应力集中和残余应力、组织应力)也有重大影响，50 MPa 以下的低载荷状态可大大缓解脆性断裂的风险。而焊接残余应力及焊接热影响区的晶粒粗化使焊缝成为压力元件脆性断裂的首发区域，为此，焊后热处理(PWHT)也成为降低脆性断裂风险的重要措施。

d) 压力设备高于转变温度的超载“温压力试验”具有缺陷尖端钝化、降低焊接残余应力、过载保护等多重效能，已成为控制脆性断裂风险的重要措施。

C.2.1.4 应考虑下列情况对 8.1.3.3 所列的免除冲击试验的碳钢和碳锰钢管道系统的脆性断裂风险：

a) 冲击载荷(管道内部或外部的冲击载荷、流体的撞击等冲击荷载、泄压或排放产生的反力等)；

b) 热加工而导致材料韧性损失；

c) 奥氏体和铁素体材料之间的异种钢焊接，由于线膨胀系数的差异而产生的附加应力；

d) 管道强行装配和冷紧导致的附加轴向应力，尤其是对低温低应力工况评定的影响；

e) 评估上述作用力时，应考虑材料低温下的弹性模量的计算。

C.2.1.5 应考虑由于液态烃、液化气体之类高挥发性流体，由节流、闪蒸、骤冷而导致脆性断裂的风险。

C.2.1.6 应考虑低温(材料产生脆性)或高温(降低材料强度)导致管道支架损坏的可能性。

C.2.2 奥氏体不锈钢的低温脆性断裂

C.2.2.1 奥氏体不锈钢为面心立方晶格的奥氏体组织，其韧脆转变温度低于绝对零度(－273 ℃)，因此 300 系列奥氏体不锈钢固溶状态下不存在低温脆性断裂的风险。

C.2.2.2 下列情况，有可能导致 300 系列奥氏体不锈钢的脆性转变温度提高：

a) 剧烈冷变形，导致奥氏体组织的马氏体转变而脆性转变温度的提高，为此应重新固溶。

b) 奥氏体不锈钢的焊缝可能含有高达 10%以上的 δ 铁素体，由此会影响－100 ℃及以下的焊缝冲击韧性，为此应控制焊缝铁素体数 FN≤8～10。在控制焊缝 FN 的同时，也要防止 FN 过低而引起的热裂纹风险，应加强 PT 检查。

c) 降低含碳量，尽量避免使用 321、347，提高含镍量都有利于提高奥氏体不锈钢的低温

稳定性。

d) 316L、316LN 是－253 ℃液氢管道的通用选材，AWS A5.4 E16-8-2(FN≤5)焊条为其标配。

C.3 高温

C.3.1 蠕变断裂

蠕变断裂是金属材料在高温和低于屈服强度的应力的共同作用下，产生随时间延长而不断增加的变形，直至断裂。压力设备典型金属材料的蠕变阈值温度如表 C.1 所示。

虽然本部分已列入材料高于蠕变阈值温度的使用温度上限和相应的寿命为 10^5 h 的设计许用应力，但工程实践中还存在诸多涉及高温蠕变断裂的工况需作安全评估，常见有如下各项：

a) 高温短时应力的安全评估；

b) 两种以上高温短时应力的累积损伤安全评估；

c) 剩余寿命安全评估；

d) 大于 10^5 h 的材料设计许用应力。

上述 a)项可按压力元件在预期工况下的应力水平应不高于按 Larson-Miller 法获得的材料在 25 h～2.5×10^5 h，温度高于蠕变阈值温度至极限使用温度区间的平均或最小持久断裂应力(应考虑相应安全系数)为准则进行评估。

上述 b)项可按压力元件在预期工况下应力水平根据 MPC-Ω 法求得材料在25 h～2.5×10^5 h，温度高于蠕变阈值温度至极限使用温度区间的蠕变速率 RC(1/h)。蠕变速率 RC 与该工况的使用时间 t(小时)的乘积即为该工况(温度、时间、应力)对材料造成的蠕变损伤 DC。根据 MPC-Ω 法及API 579-1:2007 第 10 部分的准则，DC≤2.5。压力元件服役期间如将经历多种蠕变温度区间内的工况(温度、时间、应力)，都可按上述方法逐个求得每一工况下的 DC，其累积值按上述相同准则，不得大于 2.5。

上述 c)项同样可按 a)或 b)所述方法进行剩余寿命安全评估。

上述 d)项可按 Larson-Miller 法或查阅 ASME 锅炉压力容器规范第Ⅲ卷核动力装置 NH 卷取得。

表 C.1 典型金属材料的蠕变阈值温度

材　　料	蠕变阈值温度
碳钢(R_m≤414 MPa)	343 ℃(650 ℉)
碳钢(R_m>414 MPa)	371 ℃(700 ℉)
0.5Mo 钢	399 ℃(750 ℉)
铬钼合金钢 1¼Cr-1/2Mo(正火＋回火)	427 ℃(800 ℉)
铬钼合金钢 1¼Cr-1/2Mo(退火)	427 ℃(800 ℉)
铬钼合金钢 2¼Cr-1Mo(正火＋回火)	427 ℃(800 ℉)

表 C.1（续）

材　　料	蠕变阈值温度
铬钼合金钢 2¼Cr-1Mo(退火)	427 ℃(800 ℉)
铬钼合金钢 2¼Cr-1Mo(调质)	427 ℃(800 ℉)
铬钼合金钢 2¼Cr-1Mo-V	441 ℃(825 ℉)
铬钼合金钢 3Cr-1Mo-V	441 ℃(825 ℉)
铬钼合金钢 5Cr-1/2Mo	427 ℃(800 ℉)
铬钼合金钢 7Cr-1/2Mo	427 ℃(800 ℉)
铬钼合金钢 9Cr-1Mo	427 ℃(800 ℉)
铬钼合金钢 9Cr-1Mo-V	454 ℃(850 ℉)
马氏体不锈钢 12Cr	482 ℃(900 ℉)
铬镍奥氏体不锈钢 304,304H	510 ℃(950 ℉)
铬镍奥氏体不锈钢 316,316H	538 ℃(1 000 ℉)
铬镍奥氏体不锈钢 321,321H	538 ℃(1 000 ℉)
铬镍奥氏体不锈钢 347,347H	538 ℃(1 000 ℉)
Ni-Cu-Fe 合金 800,800H,800HT	565 ℃(1 050 ℉)
铬镍奥氏体不锈钢 HK-40	649 ℃(1 200 ℉)

C.3.2　475 ℃脆化

C.3.2.1　含铬量≥12%的 400 系列不锈钢(高铬不锈钢)、铁素体含量较高的锻造或铸造奥氏体不锈钢和双相不锈钢中的铁素体相在 316 ℃～540 ℃温度范围内停留较长时间后，Cr-P 金属中间相析出，材料硬度增加，塑性韧性下降而导致脆化，脆化的最大速率发生在 475 ℃，故常称为 475 ℃脆化。

C.3.2.2 含铬量越高以及不锈钢中的铁素体相比例越高,475 ℃脆化越严重。但这种脆化主要导致材料常温或较低温度下的塑性韧性下降,而对其高温下的塑性韧性影响甚微,因此在压力设备的开停车及压力试验期间容易产生风险。410 型马氏体不锈钢对 475 ℃脆化免疫,而 405 型铁素体不锈钢却不能幸免。

C.3.2.3 工作温度在上述温度范围或敏感材料在热处理或冷却过程中在此温度范围停留时间过长,都可能产生 475 ℃脆化。

C.4 铸铁

铸铁、可锻铸铁、高硅铸铁以及延伸率小于 15%的球墨铸铁均属脆性材料,对冲击载荷及热冲击较敏感,应在有限条件下控制使用,并采取相应的防护措施。

C.5 碳钢、碳锰钢和合金钢

C.5.1 碱脆(Caustic Embrittlement)

C.5.1.1 输送中高浓度 NaOH 或其他强碱性流体的碳钢管道将产生应力腐蚀破裂(晶间裂纹),俗称"碱脆",碱脆随碱液浓度和温度提高而加剧。

C.5.1.2 温度<46 ℃,一般不会发生碱脆;46 ℃~82 ℃,随 NaOH 质量分数升高而加剧;>82 ℃时,仅当 NaOH 浓度≤5%时才不发生碱脆,但易发生碱液蒸发浓缩,故而仍存在碱脆的风险。

C.5.1.3 碱脆经常出现在未作消除应力热处理的焊缝附近,因此 620 ℃以上的 PWHT 和防止过热可相应扩大碳钢在碱液中的适用范围。

C.5.2 碱性应力腐蚀破裂(Alkaline Stress Corrosion Cracking,ASCC)

C.5.2.1 碳钢除上述在苛性钠中发生的碱脆以及下列酸性介质中的氢致应力开裂外,还存在着在下列介质中发生多种碱性应力腐蚀破裂的风险:

a) 常温或低温无水液氨;

b) 醇胺液(常用于脱硫、脱 CO_2);

c) 碱性碳酸盐-酸水溶液(气体净化系统)。

C.5.2.2 碳钢、低合金高强度钢的 ASCC,与残余应力、介质的组成和浓度(包括反应物杂质副反应污染)与特定的温度区间有关。通常裂纹位于焊接热影响区,许多硬度达标的焊接接头还是会发生ASCC。

为此,与酸性介质中发生 SCC 归因于氢致开裂不同,对于 ASCC 的机理,目前倾向归因于过高的焊接或冷变形残余拉应力存在,致使材料在特定的弱碱性(含有 H_2S、CO_2、NH_4、O_2、氯化物、氰化物)腐蚀环境中形成的钝化膜滑移破裂,而使失去钝化膜保护的裸露金属快速局部腐蚀所致。因此 PWHT 就成为控制 ASCC 的关键措施,而控制硬度反成多余。实践表明,对于常用的碳钢、碳锰钢,规范规定的 600 ℃ PWHT 温度还不足以把焊接热影响区的残余应力峰值降低到免除 ASCC 的阈值。应采用更高的 620 ℃~650 ℃PWHT。对于如碳酸盐溶液管道系统的局部热处理,还需把 PWHT 温度提高至 650 ℃~660 ℃。

C.5.2.3 对策主要为限制使用高强钢(但一般不必控制硬度)、冷变形和采用较高的温度进行 PWHT。对于液氨引起的 SCC,避免 O_2(空气)污染或加入 0.2%水也可有效地控制 SCC。

C.5.3 石墨化

C.5.3.1 碳钢和0.5Mo钢长期在427 ℃以上工作,致使稳定性不高的碳化物分解成铁素体和石墨,导致材料常温强度和高温长期强度下降。下降程度对应于石墨化进程。

C.5.3.2 温度和时间是影响石墨化的最重要因素,温度高于538 ℃时,热影响区发生严重石墨化仅需5年,而温度为454 ℃时,产生轻微的石墨化也需要30年~40年。

C.5.3.3 冷变形及焊接热影响区,相对更易发生石墨化。

C.5.3.4 曾有硅镇静优于铝镇静的论点,但无确切证明,现已忽略。

C.5.4 软化(珠光体球化)

C.5.4.1 铬钼合金钢,如15CrMo、1-1/4CrMo、2-1/4CrMo、12Cr1MoV、5Cr0.5Mo钢长期在440 ℃以上工作,珠光体中的碳化物不稳定,由原先的片状或弥散分布聚集成球状或块状碳化物,导致材料常温强度和高温长期强度下降。

C.5.4.2 温度、时间和合金含量是影响珠光体球化的重要因素。退火状态相对优于N+T或QT;硅镇静的粗晶粒钢相对优于铝镇静的细晶粒钢。

C.5.4.3 虽然珠光体球化致使材料高温强度下降,但伴随塑性的提高,即使在应力集中部位也允许有更大的应变。除高应力水平的应力集中区或伴随其他材料失效风险,仅由于珠光体球化而导致压力设备更换维修的案例甚为罕见。

C.5.5 高温氢侵蚀

C.5.5.1 碳钢及铬含量不大于3%的铬钼合金钢使用温度177 ℃以上,且氢分压不低于0.345 MPa时,有可能发生高温高压氢侵蚀,又称为"热氢侵蚀",以区别于常见的氢脆、氢白点、氢致裂纹等在常温或相对较低温度下产生的氢损伤。

C.5.5.2 随着温度及氢分压的提高,原子氢与钢中的碳反应而生成甲烷,从而在材料表面形成脱碳层;而在钢材内部反应生成的甲烷集聚在晶界或钢材内部的缺陷(如夹杂物)无法扩散逸出而形成很高压力,致使钢材内部脱碳、微裂直至破裂。晶界或夹杂处集聚的高压若接近材料表面则可产生氢鼓泡。

C.5.5.3 表面脱碳层较薄,对材料整体的强度和延性影响甚小,工程上可忽略;但内部脱碳及裂纹将导致临氢压力设备发生灾难性事故。较高温度但较低氢分压,高温氢侵蚀的损伤模式为表面脱碳(见Nelson曲线的虚线);而较低温度但较高氢分压,高温氢侵蚀的损伤模式为内部脱碳及裂纹(见Nelson曲线的实线);高温加高压,则两种损伤模式都可能存在,尤以后者为甚。由此可见影响高温氢侵蚀最重要的因素是温度,其次是氢分压。

C.5.5.4 铬、钼合金元素的加入是工程中应对高温氢侵蚀的常见有效措施,并由此根据长期经验绘制成Nelson曲线,制定了API RP941并不断根据案例剖析进行修订。

a) 含铬量大于或等于5%的铬钼合金钢以及不锈钢,从目前工程实例而言,对高温氢侵蚀是免疫的。奥氏体不锈钢常用于内壁堆焊、复合或衬里用于抵御高温硫或其他介质的腐蚀。

b) 奥氏体不锈钢的氢溶解度比铁素体钢大一个数量级,氢的扩散速度要低两个数量级,因此可降低复合材料中基层材料的氢分压。

C.5.5.5 根据Nelson曲线进行选材时应注意如下事项:

a) 留有20 ℃以上安全裕量,切不可超温,防止过热;采用内部隔热衬里可降低基层材料

温度时,应防止隔热衬里的完整性破损而引起过热热点;

b) Nelson 曲线是基于材料良好的热处理状态,以保证其金相组织及碳化物稳定性,而焊接热影响区及5%以上冷变形将改变金相组织及碳化物形态和稳定性,导致其抗氢性能的下降。近年来多次碳钢、0.5Mo 钢临氢设备在低于但接近 Nelson 曲线的安全区域发生高温氢侵蚀的重大事故,究其原因都归于焊后未作 PWHT 或冷变形。因此碳钢及铬钼合金钢临氢设备,如换热器管子与管板,焊后均应作 PWHT,否则还应将 Nelson 曲线留有 50 ℃以上安全裕量,如图 C.1所示。

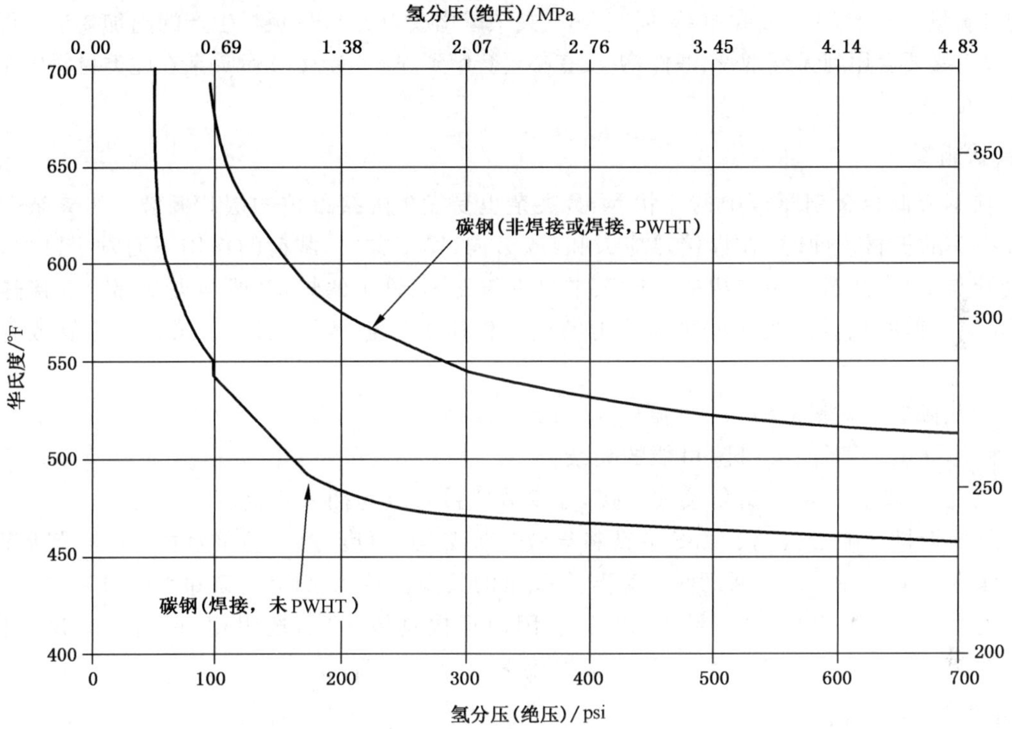

图 C.1 焊后未作 PWHT 的碳钢 Nelson 曲线(API 941:2016)

C.5.6 湿硫化氢/硫化物应力腐蚀破裂(Sulfate Stress Corrosion Cracking,SSC)

C.5.6.1 湿硫化氢/硫化物应力腐蚀破裂是金属在水(电解质)和硫化氢存在下由拉伸应力和腐蚀共同作用的开裂。硫化物应力破裂(SSC)有多种失效分类,如 SSC、SCC、HSC、HIC、SOHIC、SWC 等,从开裂的机理而言也可归因为氢致应力开裂,由于都是吸收硫化物在金属表面电化学腐蚀所产生的原子氢而造成的,为此本附录均将其归为 SSC。碳钢或低合金钢焊接压力设备是发生 SSC 的重灾区。为此,仅就此列出选材时应予关注的要点。

C.5.6.2 影响 SSC 的环境因素有 H_2S 浓度(H_2S 分压 0.035 MPa 绝压以上)、pH(酸性)及温度,氰化物的存在对 SSC 有催化作用且易诱发 HIC。氯化物、CO_2的存在也将产生多种腐蚀形态的共生与加剧。H_2S 浓度(分压)越高,pH 越低,SSC 越敏感,因此工程中常称为酸性介质的 SCC。温度提高导致氢的渗透速率提高,SSC 发生的概率反而下降,因此 SSC 通常发生在常温或工作温度 65 ℃以下。

C.5.6.3 防止碳钢或低合金钢焊接压力设备发生 SSC 的工程措施核心是控制硬度。控制硬度就是控制金相组织、控制组织应力及残余应力。因为这些部位正是氢致裂纹的根源。碳钢、低合金钢防止 SSC 的硬度上限为 RC22 或 HV_{10} 237。由于焊接热影响区的高硬度区很窄,HV_{10} 无法用于现场检测,HB 压痕较大,其读数代表的是平均硬度而非峰值,因此焊缝检测时的硬度上限为 HB200。

控制硬度要落实到工程设备的每一细节、内壁外壁、宏观微观,因此如冷变形、锤击、钢印、坡口外焊接打弧和飞溅都应禁止。低强度钢优于高强钢;原材料正火、正火加回火、退火、调质及 PWHT 都是有益于防止 SSC。

C.5.6.4 产生 HIC 的材料因素是板材单向轧制过程中形成的片状 MnS 夹杂,因此控制板材及板焊管母材的含硫量不大于 0.002%或加 Ca 促使 MnS 夹杂球化成为抗 HIC 板材生产的附加要求。但该低硫要求没有必要套用到无缝钢管、锻件,更没有必要套用到焊缝,因为 MnS 夹杂在此类材料中不可能呈片状分布。

C.5.7 层状撕裂

C.5.7.1 碳钢或低合金钢厚板中的片状 MnS 夹杂也易发生焊接部位的层状撕裂。当夹杂邻近 T 型焊接接头的板材表面时,在焊接热应力和/或 Z 向(厚度方向)载荷的作用下而发生撕裂,如安放式接管与主管、凸形封头与裙座、管板、平封头与壳体、管子的焊接;或当夹杂邻近焊接热影响区,由焊接过程的充氢扩散和焊接热应力的共同作用下发生类似硫化氢 SCC 中的氢致阶梯状开裂 HOHIC。

C.5.7.2 层状撕裂的对策:

a) 待焊部位 UT 探伤,排除可能的夹杂;

b) 改变 T 型角接为 L 型角接或对接,如安放式接管改为插入式接管;

c) 降低钢材含硫量,片状 MnS 夹杂将导致钢板 Z 向(厚度方向)拉伸性能,尤其是断面收缩率大幅下降。Z 向断面收缩率与含硫量的关系大致为 Z15(含硫量≤0.010)、Z25(含硫量≤0.007)、Z35(含硫量≤0.005)。因此根据具体工况,选用相应 Z 向(厚度方向)性能厚板就成为海上平台之类厚板焊接钢结构的惯例。

C.5.8 高温硫化物腐蚀

C.5.8.1 碳钢、合金钢和不锈钢在超过 260 ℃环境下与硫化物发生反应造成腐蚀,氢的存在会加速腐蚀。硫化物腐蚀主要是由 H_2S 和其他活性硫化物引起的,所谓活性硫化物即在高温下容易分解生成 H_2S 的硫化物,而非总硫。因此,H_2S 和活性硫化物浓度和温度越高,尤其在 260 ℃～425 ℃,随着温度升高,腐蚀速率呈指数式升高,而在 425 ℃达到峰值。

C.5.8.2 碳钢、合金钢、不锈钢和镍基合金的耐蚀性取决于生成保护性硫化物膜的能力。对碳钢而言,含硅量≥0.1%将比含硅量≤0.1%者大大增加耐硫化的能力。对合金钢而言,含铬量可以明显增加耐硫化的能力,但含铬量低于 9%,耐蚀性能提高不多。而加氢与高温硫化物腐蚀共存时,含铬量低于 12%对耐蚀性能提高不多。因此应采用不锈钢和镍基合金,其耐蚀性同样取决于含铬量。

C.5.8.3 工程设计时通常按 McConomy 曲线(无 H_2、硫化物、温度、含铬量)或 Couper-Gorman 曲线(H_2+H_2S)进行初步选材。

C.5.9 铬钼合金钢的回火脆性与再热裂纹

C.5.9.1 碳钢和合金钢在 343 ℃～577 ℃温度停留将导致材料韧性不同程度地下降,由于该温度范围与钢材的回火温度相近,故称为回火脆性。由于铬钼合金钢的使用温度范围又与其高度重合，因此对其格外关注。产生回火脆性的根源在于钢中磷(P)、砷(As)、锑(Sb)、锡(Sn)等有害元素的晶间析出集聚，而硅、锰对此亦有辅助作用。此外大截面构件的热履历也对其回火脆性的敏感性带来显著的影响。

C.5.9.2 回火脆性导致的韧性下降主要对压力元件开停车阶段以及在转变温度下快速加载或承受冲击载荷构成威胁，尤其是厚壁(≥50 mm)及结构不连续构件。因此提高材料的纯净度和原始韧性水平就成为规避回火脆性风险的核心工程措施。

C.5.9.3 铬钼合金钢中对回火脆性最为敏感的是 440 ℃左右长期使用的 2.25～3Cr-1Mo 钢的≥38 mm厚壁临氢压力设备。为此工程中采用控制措施如下：

$$母材的\ J=(Si+Mn)(P+Sn)\times 10\,000\leqslant 150(wt\%)；$$

$$焊缝的\ X=(10P+5Sb+4Sn+As)/100\leqslant 15\times 10^{-6}；$$

通过控制材料经历 PWHT 和步冷处理后的转变温度增值来控制厚壁临氢压力设备的回火脆性风险。用户应根据自身情况及使用经验，不必盲目套用上述要求。

C.5.9.4 5%～9%CrMo 钢对回火脆性并不敏感。工程界曾担忧 1～1.25Cr0.5Mo 钢的回火脆性敏感性，研究表明，随着用户对铬钼合金钢韧性要求的提高，1～1.25Cr0.5Mo 钢的回火脆性敏感性低于2.25～3Cr-1Mo 钢。

C.5.9.5 近年来铬钼合金钢的冶金技术已由粗晶钢转为铝脱氧的细晶钢，如钢中的含磷量≤0.010；含硫量≤0.005，0～－20 ℃ AKV 50J 就足以控制 1～1.25Cr0.5Mo 厚壁压力设备的回火脆性风险。因此，1～1.25Cr0.5Mo 厚壁(≥25 mm)压力设备通过下列工程措施以控制再热裂纹及回火脆性的风险：

a) 母材及焊缝的 X 系数≤15×10^{-6}、含碳量≤0.15%；

b) 采用低氢焊材(H8)、焊接区域 PWHT 后 HV_{10}≤235 或 HB≤225；

c) 水压试验温度不低于 15 ℃。

C.5.9.6 材料的回火脆性可通过 620 ℃的回火热处理来恢复韧性，但并不能对再次发生回火脆性免疫。

C.5.10 氢脆和氢致开裂(Hydrogen Embrittlement，HE)

C.5.10.1 由于碳钢、低合金钢为体心立方晶格，氢在钢中的溶解度比面心立方晶格的奥氏体钢或镍合金要低得多，而且其在相变冷却过程中过饱和的氢大量析出，在晶格畸变、组织应力高或缺陷、空穴处的集聚致使碳钢、低合金钢成为氢脆和氢致开裂的敏感金属。

C.5.10.2 氢的来源有下列三大渠道：

a) 材料冶炼、锻造、焊接过程中进入，而其后快速冷却到常温过程中来不及逸出，而导致脆裂或韧性大幅下降，如氢白点、焊接延迟裂纹(冷裂纹)。

b) 材料电化学腐蚀过程中阴极产生的氢原子渗入金属，而导致的氢致裂纹 HSC。除上述 H_2S 导致的 SSC、HIC 外，高浓度的氢氟酸与碳钢、低合金钢腐蚀反应生成的原子氢渗入钢中也将产生与酸性 H_2S 溶液类同的 SCC 和 HIC。此外，钢材的过酸洗和阴极保护中过电位也可能导致阴极充氢而引发的氢脆。

c) 氢对金属材料的渗透率随氢分压的提高而加大，除上述高温高压氢侵蚀外，在常温或较低温度下，随着氢分压的提高也将导致高强钢或钢的淬硬组织处产生氢脆。如气体工业将常温氢分压≥1.0 MPa 的压力设备列入应考虑采取防范氢脆的工程措施；ASME 已制定 B31.12 氢管道和管线规范，专门应对高压下常温与低温的氢脆。

C.5.10.3 控制氢脆和氢致开裂的对策如下：

a) 采用真空脱气或采用低氢焊材，降低钢中含氢量。由于氢在温度升高时，氢在钢中的渗透率大大提高，因此缓冷、脱氢处理也将大大缓解氢脆风险。总之从氢的供给侧采取釜底抽薪的方式控制氢脆风险。

b) 控制材料强度、硬度、冷变形、PWHT、板材的含硫量(HIC)等从材料及应力(包括内应力、残余应力)侧控制氢脆风险。

C.6 奥氏体不锈钢和镍基合金

C.6.1 奥氏体不锈钢和镍基合金的冶金特征

奥氏体不锈钢是压力设备用材中仅次于碳钢、碳锰钢的第二大户，选择奥氏体不锈钢的理由大致有两个：首先是一钢多用，洁净美观、耐蚀、高温(800 ℃～1 000 ℃)、超低温(−253 ℃)，此外良好机械强度、塑性、韧性和加工焊接性能。正确使用奥氏体不锈钢，规避其常见的潜在风险，应了解下列各项基本冶金特征：

a) 300 系列奥氏体不锈钢的耐蚀性主要来自其铬含量及其表面只有 2 nm 的氧化铬钝化膜完整性、自钝化和修复能力；而 Ni 的作用主要在于形成奥氏体组织及由此带来的塑性韧性和加工焊接性能。一切有损于钝化膜完整性的因素都将对其耐蚀性带来颠覆性的后果，因此保证钝化膜完整性是应对不锈钢一切腐蚀问题的基础。

b) 不锈钢的不锈是相对碳钢而言，在氧化性介质中有良好的耐蚀性，而 300 系列奥氏体不锈钢对还原性介质、强氧化性介质、氧化还原性介质、卤式盐以及抗 SCC 的能力十分有限；高性能奥氏体不锈钢、双相不锈钢以及 Inco、哈氏等镍基耐蚀合金的选用正好填补这方面的空白。

c) 奥氏体不锈钢的组织特征，如铬当量、镍当量、Schaeffler 图、Delong 图、FN 数、PRE 点蚀指数、A262 晶蚀试验 B 法、C 法、E 法、G48A 点蚀试验和点蚀临界温度，都对分析和应对不锈钢和镍基耐蚀合金各种失效风险至关重要。

C.6.2 晶间腐蚀(Intergranular Corrosion，IGC)

C.6.2.1 晶间腐蚀是奥氏体不锈钢和镍基耐蚀合金在特定有限的几种无机及有机酸中(通常在高于常温的温度下)发生的沿晶界进行的选择性局部腐蚀(属电化学腐蚀)。

C.6.2.2 发生晶间腐蚀的机理一般均解释为与不良的热履历导致碳化铬在晶界连续析出而产生的敏化贫铬现象有关。此外，σ 相、Chi 相、焊接金属中的 δ 铁素体甚至"端晶"也有可能导致类似晶间腐蚀的选择性腐蚀。由于碳在高镍镍基耐蚀合金中的溶解度比低含镍量的奥氏体不锈钢更低，因此因敏化而产生晶间腐蚀的倾向更大。

C.6.2.3 防止晶间腐蚀的对策如下：

a) 固溶(即将碳化物重新在高温下溶解到奥氏体晶内)后快冷，防止碳化物在敏化区再次析出。

b) 超低碳(300 系列奥氏体不锈钢含碳量≤0.030；镍基耐蚀合金及双相不锈钢、高性能奥氏体不锈钢含碳量≤0.020，甚至 0.015%)；但超低碳奥氏体合金在敏化区长期停留仍不能防止碳化物析出，见图 C.2 所示。

c) 加入铌、钛等强烈碳化物元素，优先形成铌、钛的碳化物而减少碳化铬在晶界连续析出，或再施以稳定化处理进一步强化稳定化效果。

d) 晶间腐蚀试验是研究奥氏体合金及其制作工艺应对晶间腐蚀倾向的重要方法,但各种晶间腐蚀试验方法与不锈钢用户所面临的腐蚀环境缺乏对应性与可比性。因此,晶间腐蚀试验不应成为用户的选材依据。对于腐蚀环境下使用300系列奥氏体不锈钢而言,超低碳、双牌号或稳定化已成惯例,绝大多数潜在的晶间腐蚀风险已被控制,加上常用的硫酸-硫酸铜铜屑法的敏感性不高,因此除极少数的工况外(如尿素、硝酸用途的休氏试验),晶间腐蚀试验在实际工程中很少用作300系列奥氏体不锈钢质量控制要求。

e) 而对镍基耐蚀合金及高镍的高性能不锈钢,由于产生晶间腐蚀的倾向更大,同时面临更为严苛的腐蚀环境,因此晶间腐蚀试验经常作为质量控制的保证,但应注意试验方法的对应性。双相不锈钢更应注意敏化处理的适用性。

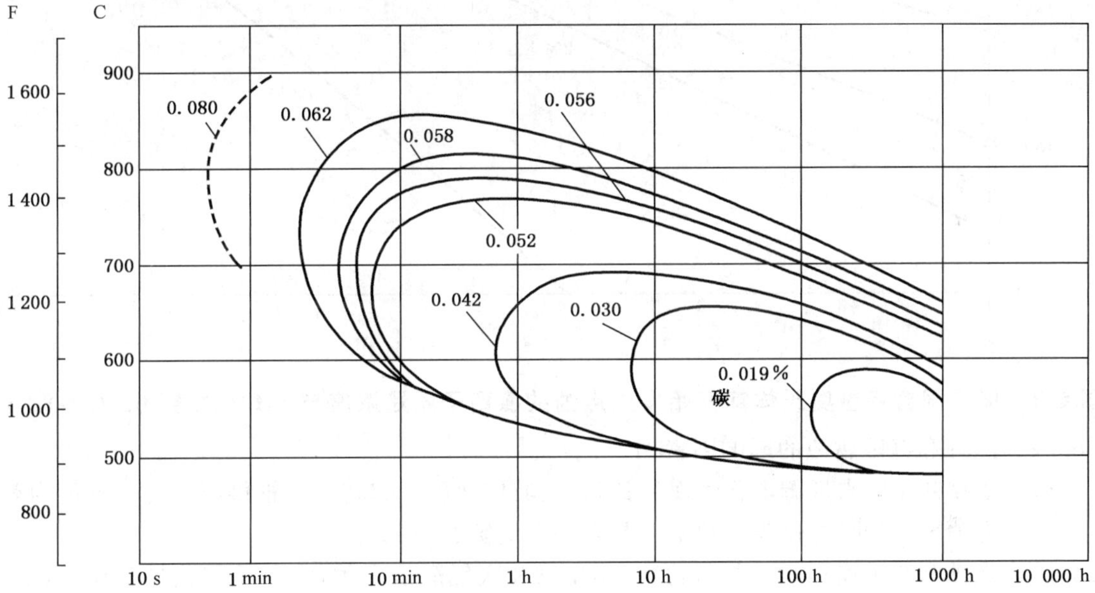

图 C.2 304 不锈钢的敏化 C 曲线

C.6.3 点蚀和缝隙腐蚀(Pitting Corrosion and Crevice Corrosion)

C.6.3.1 点蚀是发生在金属表面的局部腐蚀,腐蚀局限于一个点或很小的区域,蚀坑优先沿重力方向向纵深发展直至穿孔,也有可能在蚀坑的前端诱发腐蚀速度更快的应力腐蚀裂纹。通常认为点蚀机理是金属表面钝化膜首先被局部击穿,形成一个电解槽。小孔内小面积的阳极(相对于未被击穿的大面积金属钝化的阴极)迅速腐蚀,而且通过自身或催化过程不断向纵深发展。蚀坑的进展包括金属的溶解以及坑底部溶解的金属离子的水解而维持高酸度这两个过程。点蚀是奥氏体不锈钢和镍基合金在中性或偏酸性的氯化物溶液中最常见的局部腐蚀现象。图C.3所示为使不同含钼量奥氏体钢开始发生点蚀的氯离子浓度与pH的关系(65 ℃~80 ℃)。

至于缝隙腐蚀是点蚀发生在缝隙中的特殊形式。缝隙一般在0.1 mm~0.01 mm(腐蚀介质可进入并滞留)。由于缝隙内缺氧,造成氢离子和氯离子的浓缩、pH下降、腐蚀速度加快等“自催化过程”,缝隙外构成阴极保护、缝隙内成为牺牲阳极。

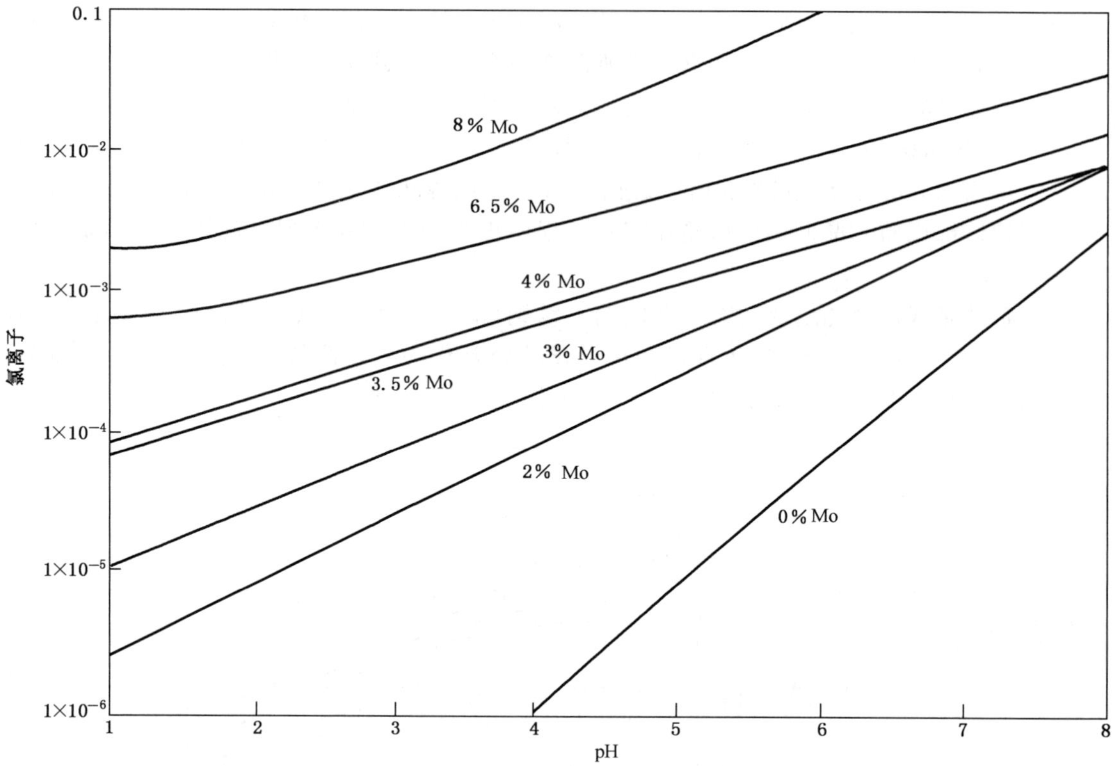

图 C.3　使不同含钼量奥氏体钢开始发生点蚀的氯离子质量浓度与 pH 的关系(65 ℃～80 ℃)

C.6.3.2　点蚀和缝隙腐蚀的影响因素如下：

a)　依靠钝化膜来抵御电化学腐蚀的材料，其钝化膜的完整性及抵御卤素离子的能力就成为关键，因此，钝化膜的缺陷就是点蚀和缝隙腐蚀的高发区。

b)　点蚀和缝隙腐蚀大多与氯化物、溴化物和次氯酸盐有关，尤其是氧化性金属盐，如铜、铁、汞的卤化物，因为这些金属盐本身具有氧化性，即使在缺氧的条件下也具有很强的侵蚀性。Na、Ca、Mg、Al 的卤化物在有氧条件下也会发生点蚀和缝隙腐蚀。

c)　卤化物浓度增加(或蒸发、浓缩)、低 pH、温度升高、充氧，就每一因数而言，在一定范围内都可能对点蚀和缝隙腐蚀有促进作用。但任何因素都有一个度，物极必反，更何况多因素共同作用时的相互制约作用，因此从介质及工况预测点蚀是否发生，在实用中尚有困难。

d)　统计表明，点蚀和缝隙腐蚀大多发生在 60 ℃以下。这可能与下列因素有关：

1)　温度升高，氧在介质中的溶解度反而下降，降低了 NaCl 的点蚀倾向；

2)　温度升高导致腐蚀速度以及氯离子浓缩概率大大提高，由点蚀诱发 CLSCC 的概率也随之提高。

e)　点蚀通常与介质滞留、蒸发、浓缩有关；反之，提高流速、避免缝隙、结垢、沉积、气液两相交替和滞液区，也可大大降低点蚀风险。

C.6.3.3　通常用点蚀指数 PRE 来衡量奥氏体不锈钢、双相不锈钢的相对耐点蚀、缝隙腐蚀和 SCC 的能力：

$$PRE = Cr + 3.3Mo + 1.65W + 16N$$

常用奥氏体不锈钢、双相不锈钢的点蚀指数 PRE 如表 C.2 所示。经验表明,耐海水点蚀用奥氏体不锈钢、双相不锈钢的点蚀指数 PRE 应不低于 32。

表 C.2 常用奥氏体不锈钢、双相不锈钢和镍基耐蚀合金点蚀指数 PRE 典型值

300 系列 ASS	PRE	高性能 ASS	PRE	双相钢 DSS	PRE	镍基耐蚀合金	PRE
304、304L	18	Alloy 20	30	2304	23	625	51
304LN	19.6	904L	34	3RE60	27	C22	70
316316L	22.6	254SMO	43	31803 (2205)	30.5	C276	75
316LN	24.2	AL-6XN	44	2205	34	Alloy 59	76
317L	27.9	654SMO	56	2507	43	Alloy 686	81

C.6.3.4 不锈钢钢和镍基耐蚀合金的点蚀试验与点蚀临界温度按下列方法确定:

a) 工程中采用 6%$FeCl_3$溶液来测试各种奥氏体不锈钢、双相不锈钢和镍基耐蚀合金的点蚀临界温度(CPT)和缝隙腐蚀临界温度(CCT)。

b) 常用的试验方法有 ASTM G48-A 法(CPT)、B 法(CCT)、C 法(CPT)、D 法(CCT)和 A923 C 法(DSS-CPT)。应注意,试验溶液大致相同,但试样处理、pH 调节、时间、判据等细节上有差异,对 CPT、CCT 有影响。图 C.4 所示为 ASTM G48 B 法缝隙腐蚀临界温度与点蚀指数 PRE 对应关系。

c) 6% $FeCl_3$,溶液的 pH 值约 1.3,具有很强点蚀倾向,所以由试验而确定的材料 CCT 和 CPT 并不代表材料在实际工况中的点蚀临界温度,但基本反映了各种奥氏体不锈钢、双相不锈钢和镍基耐蚀合金的相对耐点蚀和缝隙腐蚀能力和排序。

d) ASTM A923 C 法及 G48 A 法常用于双相不锈钢产品(材料及焊缝)质量检验的依据如下:

A923 C 法 2205,母材 25 ℃、焊缝 22 ℃,无点蚀;2507,母材 45 ℃~50 ℃、焊缝 40 ℃,无点蚀。

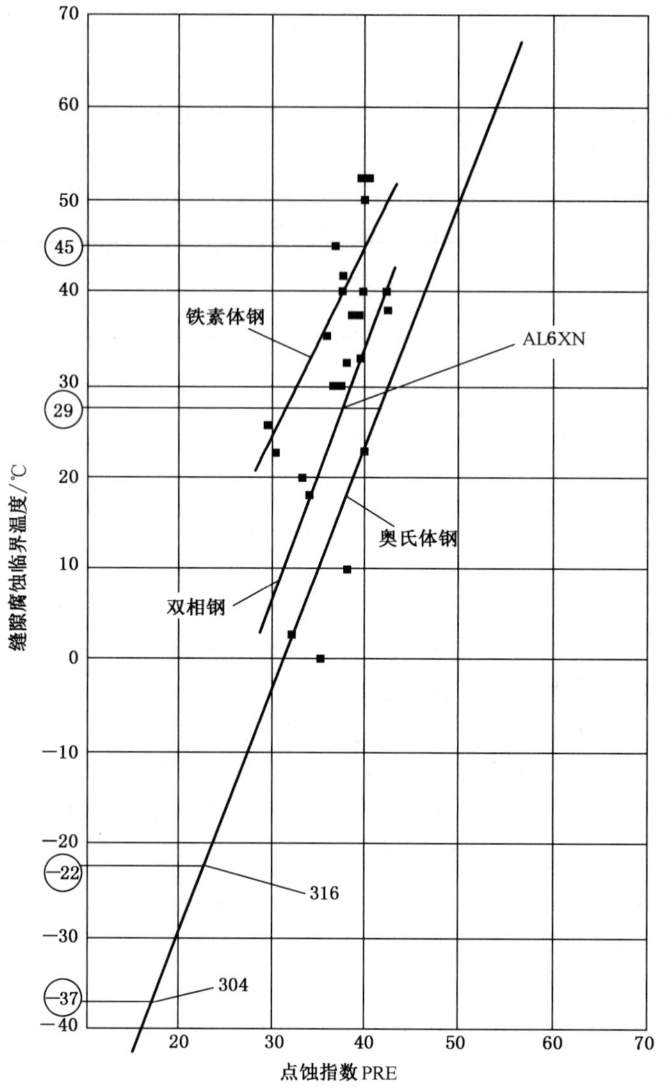

图 C.4 缝隙腐蚀临界温度与点蚀指数 PRE 对应关系(ASTM G48 B 法)

C.6.4 氯化物应力腐蚀破裂(Chloride Stress Corrosion Cracking,CLSCC)

C.6.4.1 氯化物应力腐蚀破裂机理和规律如下:

a) 氯化物应力腐蚀破裂是奥氏体不锈钢,尤其是常用的 304、316 最常见的失效模式。发生氯化物应力腐蚀破裂的机理,尤其在其诱发孕育期大都与上述点蚀基本相同,都经历了钝化膜被击穿,随后经“自催化过程”形成蚀坑,其后在应力与温度的作用下,在缺陷(蚀坑或裂纹)尖端“自催化过程”更为加剧、金属快速溶解,形成穿晶带树枝状分枝的裂纹,裂纹间隙的电子探针可见高浓度的氯化物腐蚀产物。奥氏体不锈钢发生 CLSCC 的应力阈值较低,且一般由冷作应力或焊接残余应力引起,与载荷应力关系不大。

图 C.5 所示为氯化物应力腐蚀破裂概率与含镍量的关系,可见:

1) 300 系列奥氏体不锈钢对氯化物应力腐蚀破裂最为敏感。304 的 CLSCC 阈值温度 20 ℃左右,316 阈值温度 50 ℃左右。

2) 双相钢、铁素体不锈钢及含镍量 30%以上的镍基合金对氯化物应力腐蚀破裂几乎是免疫的。

3) 提高含钼量可提高 CLSCC 阈值温度,含 6%Mo 的 AL-6XN 的 CLSCC 阈值温度达240 ℃左右。

b) 从腐蚀环境(介质)来看,氯离子浓度越高、pH 越低,CLSCC 发生的概率越高;但从含几百万分之一氯离子直至几百分之一、pH 从 1～10 都有发生 CLSCC 的事例。在破裂断口的腐蚀产物分析可见:氯离子可浓缩数百倍达数百分之一、pH≈0。可见除了自催化过程外,氯离子的沉积、蒸发、干湿交替是诱发点蚀及 CLSCC 的重要因素。导致发生 CLSCC 的氯离子质量分数往往取决于整个服役期间(包括水压、使用、维修)的最高质量分数。

c) 60 ℃以上温度越高,CLSCC 发生的概率越高;导致发生 CLSCC 的温度往往取决于整个服役期间(包括水压、使用、维修)的最高温度。以 60 ℃～80 ℃作为点蚀及 CLSCC 的分界点,主要归因于:

1) 温度越高,SCC 的腐蚀速率加快且超过点蚀的腐蚀速率,因此失效模式就表现为 CLSCC;

2) 温度越高,氯离子的浓缩概率越大。60 ℃以下 CLSCC 发生的概率较低,而点蚀的概率较高,但在临界条件也有常温发生 CLSCC 的案例。

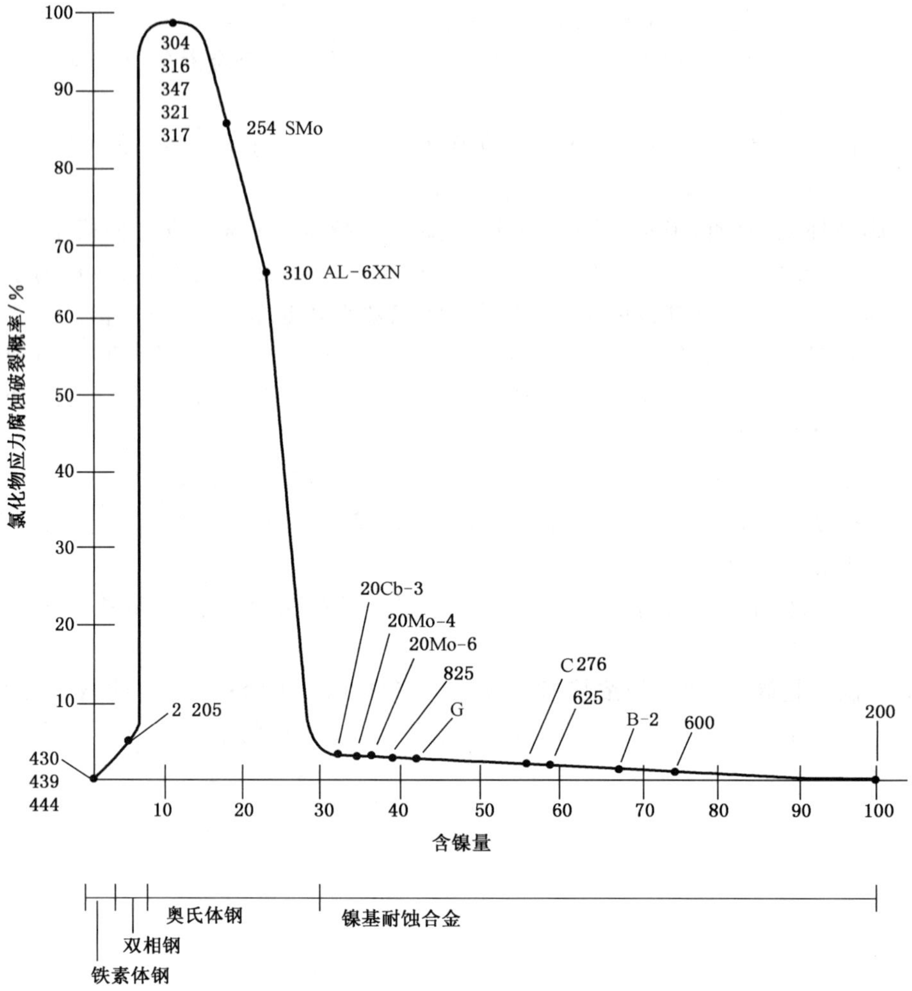

图 C.5 氯化物应力腐蚀破裂概率与含镍量的关系

C.6.4.2 氯化物应力腐蚀破裂的影响因素如下：

a) 氯离子质量分数、温度的影响如表 C.3 所示。

表 C.3 氯离子质量分数、温度对 304L 的 CLSCC 的影响

温度/℃	氯离子质量分数×10^{-6}(pH≤10)				存在浓缩、沉积、蒸发
	1～10	11～100	101～1 000	>1 000	
10～38	低风险	低风险	低风险	中等风险	高风险
>38～66	低风险	中等风险	中等风险	高风险	高风险
>66～93	中等风险	中等风险	高风险	高风险	高风险
>93	中等风险	高风险	高风险	高风险	高风险
注：表列氯离子浓度、pH 和温度为整个服役期间(包括水压、使用、维修)可能存在的最高质量分数和温度。					

b) 下列情况将提高表 C.3 的 CLSCC 风险等级：

1) 材料敏化；

2) 表面质量差(钝化膜完整性、酸洗钝化、污染、氧化色、机械损伤等)；

3) 铁离子污染；

4) 材料纯净度差；

5) 冷作变形或易切削级不锈钢；

6) 已存在点蚀或锈斑；

7) 存在缝隙、未焊透之类结构缺陷；

8) 频繁开停车或温度波动。

C.6.4.3 氯化物应力腐蚀破裂的对策如下：

a) 规避 C.6.4.2 不利因素，降低 CLSCC 风险等级；

b) 非金属涂层或热喷铝，包裹铝箔应对外壁 CUI；

c) 采用点蚀指数(PRE)更高的材料或图 C.5 所示对 CLSCC 免疫的材料；

d) 缓蚀剂或阴极保护；

e) 在未彻底清除氯化物应力腐蚀破裂区域前，不能采取焊补措施。

C.6.5 连多硫酸应力腐蚀破裂(Polythionic Acid Stress Cracking，PTASCC)

C.6.5.1 连多硫酸应力腐蚀破裂是一种通常发生在停工、开工和有水及湿气存在的操作过程中的应力腐蚀开裂。开裂是由于材料在含有硫化物的高温腐蚀环境中使用后，在停工、维修期间由于气体的冷凝以及空气、氧和湿气侵入，与金属的硫化腐蚀层形成连多硫酸，然后当设备再次运行后很快就引起的开裂。

C.6.5.2 300 系列的奥氏体不锈钢、INCO 600 和 INCOLOY 800 系列的镍铬铁合金都会发生连多硫酸应力腐蚀破裂。裂纹集中在焊缝区域，呈类似晶间腐蚀状的沿晶开裂(区别于上述 CLSCC 大多为穿晶树枝状开裂)。

由于设备工作温度与不锈钢的敏化温度重合，因此常规的超低碳或稳定化不锈钢不能防止在敏化温度长时间停留后的碳化铬析出和贫铬现象。此外，奥氏体不锈钢一般不作 PWHT，而且现场管道要重作固溶处理十分困难，所以焊缝区域就成为晶间 PTASCC 的高风险区。

C.6.5.3 连多硫酸应力腐蚀破裂的对策如下：

a) 材料和制造

1) 稳定化不锈钢并在固溶后加作稳定化处理，以减少在敏化温度长时间停留后的碳化铬析出；

2) 采用改良型 347H；

3) PWHT，温度为稳定化温度，空冷。

b) 停车保护

1) 充氮(干燥，无氧或加 5×10^{-3} 氨)；

2) 碱洗(1%～5% Na_2CO_3)；

3) 充干燥空气(空气的露点温度应低于金属内壁温度至少 22 ℃以上)。

C.6.6 焊接裂纹

C.6.6.1 焊接热裂纹具有如下特征：

a) 奥氏体不锈钢和镍基合金的焊接裂纹与碳钢、合金钢的焊接冷裂纹(延迟裂纹或C.5.10的氢致裂纹)不同,它是焊缝凝固结晶的后期,即固液共存温度下产生的裂纹,故称为焊接热裂纹,又称为凝固裂纹;

b) 焊接热裂纹的表现形式有两种:一是位于焊缝中央纵向裂纹或收弧弧坑中的放射性裂纹;另一种位于熔合线及临近的母材部位(包括多层焊时,上层焊道与底层焊道的熔合区)的晶间开裂,又称液化裂纹;

c) 奥氏体不锈钢和镍基合金,与焊接关系密切的、工程中常见的裂纹,还有应力松弛裂纹(C.6.7)和液体金属侵蚀(C.6.8)。

C.6.6.2 焊接热裂纹机理如下:

a) 单相的奥氏体熔池在结晶后期,奥氏体柱状晶、树枝状晶之间富集着低熔点的液态共晶物或化合物在冷却收缩变形而形成的拉应力作用下导致的晶间开裂。奥氏体钢凝固裂纹倾向有如下原因:

1) 导热系数小、线胀系数大、焊接变形和应力大;

2) 铌、硅、硫、磷在首先凝固的 γ 奥氏体相中溶解度小,而偏析在柱状晶、树枝状晶之间富集形成低熔点的液态共晶物或化合物。而锰、钼、钨、钒、钛有利于防止凝固裂纹。

b) 液化裂纹多与过高焊接热量导致熔合线区域中金属重新液化(尤其是低熔点夹杂较多部位的偏析),后又快速冷却产生应力而造成的开裂。

C.6.6.3 焊接热裂纹对策如下:

a) 当前工程上最有效的措施是:在单相的奥氏体焊接材料中人为地提高铁素体形成元素含量,即铬当量,调整铬镍比,使焊缝金属含有一定量的 δ 铁素体数,改变熔池的凝固过程,以消除或降低焊接热裂纹风险;通常304、316、321的FN数应不低于3;而347的FN数应不低于5。特殊工况需要控制FN数更低时,可采用16-8-2型低铁素体焊材。

b) 焊接工艺的调整改善措施如下:

1) 避免过高焊接输入热量,多层焊时让底层焊缝充分冷却后再焊下一道;

2) 控制焊道熔深与宽度之比,避免形成既深又窄的熔池(易热裂);

3) 弧坑要填满、焊缝要饱满或凸起,不要形成凹形焊道;

4) 采用碱性焊条,抗裂性优于酸性焊条。

c) 降低母材和焊接材料中S、P等杂质含量,提高纯净度。

C.6.7 应力松弛裂纹(Stress Relaxation Cracking,SRC)

C.6.7.1 应力松弛裂纹又称为再热裂纹,是含有稳定化元素(如铌、钛)的奥氏体不锈钢和镍基合金,焊后在高温(550 ℃~750 ℃)使用或焊后在该温度区间停留后(如热处理或热加工的升温过程),在焊缝残余应力峰值区域发生开裂的现象。裂纹大多位于焊接热影响区的粗晶区,呈晶间开裂状。裂纹有少量也可能位于焊缝金属以及母材的冷变形区。

C.6.7.2 产生SRC的机理常归为下列三个因素共同作用的结果:

a) 稳定化元素(如铌、钛)的碳化物在焊接热影响作用下,在晶界的大量析出导致该部位的蠕变塑性大大降低(可检 $HV_{10} \geqslant 200$;蠕变塑性 $<2\%$,甚至 $<0.1\%$);

b) 焊接,尤其是厚壁(12 mm~25 mm以上)、角接(如支管座)焊缝的应力集中区和缺陷

区的过高残余应力;

c) 在高温(550 ℃~750 ℃)区间,残余应力松弛的过程中,由于该部位的蠕变塑性过低而导致开裂。

C.6.7.3 应力松弛裂纹的敏感因素如下:

a) 奥氏体不锈钢中:347H 最高;321H 中等;304H 较低;316H 免疫;
镍基合金中:617、601 敏感度高于 800HT、625。

b) 粗晶粒敏感度高于细晶粒;固溶后的稳定化热处理可降低应力松弛裂纹的敏感性。

C.6.7.4 应力松弛裂纹的对策如下:

a) 除非必要,少用 347H,改用 316H;617 焊材降级为 NiCrFe-3;亦有认为,对 347H:降低含碳量≤0.020%;提高铌碳质量比≥15;含氮量为 0.05%~0.10%可改善 347H 的抗 SRC 能力,免除 PWHT。

b) 晶粒度细于或等于 3.5 级;进行固溶+稳定化处理。

c) 降低焊接线能量(≤2.15 kJ/mm)、窄焊道(≤15 mm)、控制层间温度≤135 ℃;改善焊缝表面质量及应力集中(焊缝粗糙、咬边、未焊透、未熔合);控制支管座焊缝尺寸及成型;如采用焊补,采用 16-8-2 的 316 型焊材。

d) 焊后 PWHT 是消除焊接残余应力的有效措施,免除了其后使用过程中发生 SRC 的隐患。但 PWHT 的过程,尤其是高于 460 ℃的升温过程,又是产生 SRC 的高风险区,应快速通过。PWHT 温度一般选择稳定化温度,PWHT 后空冷即可。

e) PWHT 后应对焊接区域全面 PT 检查,清除可能产生的 SRC。

C.6.8 液体金属侵蚀(Liquid Metal Embrittlement,LME)

C.6.8.1 液体金属侵蚀是金属材料与熔点较低的液体金属接触时引起的晶间脆裂现象。

C.6.8.2 常见的 LME 现象有下列两种:

a) 不锈钢的热加工或焊接热影响区表面,由于低熔点金属细末的污染,其残留的粉末在热加工或焊接热量下熔化而对不锈钢的晶间侵入所致。典型的低熔点金属有锌、铜、铅、锡、汞;来源于加工环境、机具、切割砂轮、回丝、钎焊料、表面擦痕或标记颜料、墨水等。少量的残留粉末,焊后 PT 检查热影响区就可检出微裂纹。破裂断口的光谱分析可见低熔点金属痕迹。表面浅层的 LME,打磨清除即可。

b) 含铜量较高的不锈钢,如 316Cu、904L 的大截面锻件的锻造过程中,高温加热致使表面氧化后富集的铜在高温熔化后渗入晶界而产生裂绞,又称为铜脆。

C.6.9 σ 相脆化

C.6.9.1 σ 相脆化是含铬量超过 17%的不锈钢,尤其如铬镍奥氏体不锈钢和双相不锈钢在 540 ℃~900 ℃温度下停留或使用一段时间,形成一种硬而脆的铁-铬金属间化合物而引起的脆化。σ 相脆化(即其数量及其形态)取决于不锈钢中 δ 铁素体相的比例及其铁素体形成元素铬当量(即铬、硅、钼、铝、钨、钒、钛、铌)的高低。反之,奥氏体形成元素镍当量(即碳、镍、氮、锰)可阻滞 σ 相脆化。

C.6.9.2 σ 相脆化将导致材料韧性的下降(冲击吸收能量及断口纤维率)。随着 σ 相数量的增加将大大提高不锈钢的脆性转变温度,1%~2%的 σ 相不锈钢的脆性转变温度尚在-46 ℃以下,而 5%~8%的 σ 相,不锈钢的脆性转变温度在 0 ℃左右,对压力设备的开停车及压力试验就可能存在风险;如 σ 相达到10%或以上,脆性转变温度将提高至数百摄氏度,而且显著降低蠕变塑性,降低了压力元件抗热冲击和温度-载荷波动的能力,压力元件在高温下的脆性断裂风险大大增加。

C.6.9.3　奥氏体不锈钢过量的冷变形及其焊缝中的 δ 铁素体将促使 σ 相脆化。重新进行1 065 ℃以上保温较长时间后快冷可溶解 σ 相,而去 σ 相脆化。因此控制焊缝中的 δ 铁素体数 FN≤8,过量的冷变形后应重新固溶处理就成为控制奥氏体不锈钢 σ 相脆化的主要工程措施。

C.7　铜合金的氨裂和脱锌(脱合金)

C.7.1　铜合金的氨裂

黄铜与氨接触会发生严重的应力腐蚀开裂,俗称氨裂。铜合金的氨裂有下列特征:

a) 含锌量大于15%的海军黄铜和铝黄铜为氨裂敏感材料。降低含锌量可降低氨裂敏感性但不足以免疫,而铜-镍合金和镍-铜合金对氨裂是免疫的。

b) pH 大于8.5的液氨、氨水、含氨的溶液如胺液,在各种温度下都可产生氨裂;即使在气相时,空气中氧的污染也将促进氨裂;避免敏感材料在上述环境接触是规避风险的主要途径。

c) 拉伸应力可加速氨裂,但材料的残余应力足以导致开裂。

C.7.2　铜合金的脱锌(脱合金)

铜合金的脱锌有如下特征:

a) 表C.4所列的铜合金和环境组合易发生脱合金现象,所谓脱合金就是铜合金中某一合金元素在特定的介质中发生的选择性腐蚀现象,合金中某一合金元素(或组织)优先快速被腐蚀,而残留的合金呈多孔状而失效,其中以黄铜的脱锌最为多见,故又称为脱锌。

b) 铜合金增加某种合金元素可以提高耐脱合金的性能,锡可以提高铜合金的耐脱合金性能;加入非常少量的磷、锑、砷可以提高海军黄铜的耐蚀性能;铝青铜的脱铝可以通过热处理产生 α 和 β 微观组织来防护。

表C.4　发生脱合金的铜合金和环境组合

铜合金	环　境	被脱除的合金元素
黄铜(>15%Zn)	水,尤其是静止的凝结水	锌(脱锌)
铝青铜(通常Al质量分数大于8%)	HF酸,含氯化物的酸,海水	铝(脱铝)
硅青铜	高温蒸汽和酸性物质	硅(脱硅)
锡青铜	热盐或蒸汽	锡(脱锡)
铜镍合金(70-30)	高热通量和低流速的水	镍(脱镍)
Monel	HF或其他酸	镍(脱镍)

C.8　微生物腐蚀(Microbiologialy Induced Corrosion,MIC)

C.8.1　微生物腐蚀的机理

微生物腐蚀是由微生物代谢作用而导致在大多数金属材料(包括碳钢、不锈钢、镍基合金)表面产生的类似于点蚀的杯状腐蚀现象。各种未经消毒的水，如给水、冷却水、消防水、海水都含有大量的细菌、藻类和真菌，在滞留及流速缓慢的情况下，获得各种无机物（硫、氨、硫化氢等）、有机物（碳氢化合物和有机酸）包括泄漏的介质、结垢或腐蚀产物的营养而大量繁殖代谢，在其附着的金属表面下产生严重的孔蚀。

C.8.2 微生物腐蚀的防护措施

应结合具体情况选择如下防护措施：

a) 采用加氯、溴、臭氧、紫外线等消毒措施，杀灭微生物；

b) 清除滞留的积水、提高流速、消除滞流死角；

c) 表面涂层、包裹或阴极保护，如埋地管道及储罐底板；

d) 定期冲刷、化学清洗、消毒等方法清除表面附着的各种污垢、结疤等，也可减轻 MIC，延长使用寿命。

C.9 绝热层下腐蚀（Corrision Under Insulation，CUI）

C.9.1 绝热层下腐蚀的机理

绝热层下腐蚀（CUI）是压力容器或管道在绝热层下，由于水或蒸气的渗入、结露以及在外表某些局部区域集聚、蒸发及浓缩而造成的局部电化学腐蚀。碳钢、合金钢以及奥氏体不锈钢、双相不锈钢都会发生 CUI，但两者的腐蚀机理及其形态不同。前者是相当充气水（饱和氧）对钢的氧化腐蚀，生成氧化铁的锈蚀层；而后者大多与氯离子的浓缩而引起的点蚀和应力腐蚀破裂有关。

C.9.2 影响因素

影响 CUI 的主要因素有两个：首先是水渗入绝热层及在管道外表面某些部位的集聚。对于不锈钢的点蚀和氯化物应力腐蚀开裂（CL-SCC）还包含着氯离子的溶入。水的来源有多种：雨水、结露、蒸气冷凝、跑冒滴漏、绝热层的吸潮都有可能成为腐蚀介质的来源；而特定部位如绝热层外壳的易渗水或破损处、设备外表面的积液处、热蒸气排放或疏水点、冷却塔或局部酸雨区域都是 CUI 的敏感区；统计表明，温暖、湿润的东南沿海区域发生 CUI 的概率要大于寒冷、干燥的内陆区域。

C.9.3 温度

影响绝热层下腐蚀的温度并非一定是正常工作温度或设计温度，还可能是实际影响腐蚀速率的金属温度及其温度波动或温差。因为，温度波动、温差或开停车将促使金属外表的冷凝、蒸发、干湿交替，从而提高腐蚀速率。常用金属材料的绝缘层下腐蚀呈现如下规律：

a) 碳钢、合金钢发生 CUI 的温度范围为－12 ℃～175 ℃，由于为氧化性腐蚀，腐蚀速率随温度提高而加速，由于低温端通常不需设置绝热层，而高温端大多因渗入的水快速蒸发而干燥，丧失了电化学腐蚀环境，因此，碳钢、合金钢发生 CUI 的敏感区为75 ℃～110 ℃。

b) 奥氏体不锈钢、双相不锈钢发生 CUI 的温度范围为 60 ℃～205 ℃，同样腐蚀速率随温度提高而加速，因为温度升高促使水的蒸发和氯离子浓缩，并使腐蚀形态由点蚀转变为腐蚀速率更快的 SCC 应力腐蚀开裂，高温端也因渗入的水快速蒸发，从而丧失了电化学腐蚀环境，因此，奥氏体不锈钢发生 CUI 的敏感区为 60 ℃～175 ℃；双相不锈钢相对 300 系列的奥氏体不锈钢有较高的 PRE 点蚀指数和双相抗 SCC 应力腐蚀开裂组织,所以发生 CUI 的概率相对要低一些,但在严酷环境下也未能免疫。

C.9.4 对策

解决 CUI 的途径主要有三个:

a) 消除 C.9.2 所列入的水的来源及结构泄漏破损部位;

b) 选择更换吸潮率低、氯离子含量低或有抑制腐蚀功能的绝热层材料;

c) 表面涂料、热喷铝或采用铝箔包裹的保护措施。

附　录　D
(资料性附录)
我国与国外材料标准及牌号对照表

我国与国外材料标准及牌号对照表见表 D.1。

表 D.1　我国与国外材料标准及牌号对照表

我国标准	我国材料牌号	国外标准	国外材料牌号
铸铁			
GB/T 9439	HT200	ASTM A48	200
GB/T 9439	HT250	ASTM A48	250
GB/T 9439	HT300	ASTM A48	300
GB/T 9439	HT350	ASTM A48	350
GB/T 1348	QT400-18	ASTM A395	60-40-18
GB/T 1348	QT400-18L	ASTM A395	60-40-18
GB/T 9440	KTH300-06	ASTM A47	22010
GB/T 9440	KTH350-10	ASTM A47	22010
碳钢(包括碳锰钢)、管线钢无缝管			
GB/T 8163	10	ASTM A53	A [a]
GB/T 9948	10	ASTM A106	A
GB/T 6479	10	ASTM A106	A [a]
GB/T 3087	10	ASTM A53	A [a]
GB/T 9711	L245/B(PSL1)	API5L	B(PSL1)
GB/T 9711	L245/B(PSL2)	API5L	B(PSL2)
GB/T 8163	20	ASTM A53	B [a]
GB/T 3087	20	ASTM A53	B
GB/T 5310	20G	ASTM A106	B
GB/T 5310	20MnG	ASTM A106	B
GB/T 6479	20	ASTM A106	B [a]
GB/T 9948	20	ASTM A106	B
YB/T 4173	20G	ASTM A369	FPB
YB/T 4173	20MnG	ASTM A369	FPB
GB/T 8163	Q345A	ASTM A53	C
YB/T 4173	25MnG	ASTM A369	FPC
GB/T 6479	Q345B	ASTM A106	C
GB/T 6479	Q345D	ASTM A106	C

表 D.1(续)

我国标准	我国材料牌号	国外标准	国外材料牌号
GB/T 9711	L290/X42～L555/X80 (PSL2)	API5L	X42～X80(PSL2)
碳钢(包括碳锰钢)、管线钢焊管(ERW)			
GB/T 3091	Q215A	ASTM A53	A-ERW
GB/T 9711	L210/A(PSL1)	API5L	A(PSL1)ERW
GB/T 3091	Q235A	ASTM A53	B-ERW [a]
GB/T 9711	L245/B(PSL1)	API5L	B(PSL1)ERW
GB/T 9711	L290/X42～L450/X65 (PSL2)	API5L	X42～X65(PSL2)ERW
碳钢(包括碳锰钢)、管线钢管件			
GB/T 13401	CF370	ASTM A234	(WPA)[b]
GB/T 13401	CF415	ASTM A234	WPB
GB/T 13401	CF415K	ASTM A234	WPB
GB/T 13401	CF485	ASTM A234	WPC
GB/T 13401	CF485K	ASTM A234	WPC
GB/T 29168.2	L290/X42～L450/X80	MSS SP75 ISO 15590-2	WPHY42～WPHY80
碳钢(包括碳锰钢)、管线钢板焊管(EFW/SAW)			
GB/T 3091 SY/T 5037	Q215A	ASTM A134	A283-C
GB/T 3091 SY/T 5037	Q235A	ASTM A134	A283-D
GB/T 9711	L245/B(PSL1)	API5L	B(PSL1)
GB/T 9711	L245/B(PSL2)	API5L	B(PSL2)
GB/T 9711	L290/X42～L555/X80 (PSL2)	API5L	X42～X80(PSL2)
—	—	ASTM A671	CC60
—	—	ASTM A671	CC70
碳钢(包括碳锰钢)、管线钢锻件			
GB/T 12228	25	ASTM A181	70
GB/T 12228	A105	ASTM A105	
NB/T 47008	20	ASTM A181	60
NB/T 47008	16Mn	ASTM A105	
GB/T 29168.3	F290(F42)～F555(F80)	ASTM A694 ISO 15590-3	F42～F80
碳钢(包括碳锰钢)铸件			
GB/T 12229	WCA	ASTM A216	WCA
GB/T 12229	WCB	ASTM A216	WCB
GB/T 12229	WCC	ASTM A216	WCC

表 D.1(续)

我国标准	我国材料牌号	国外标准	国外材料牌号
低温碳钢及低温镍钢无缝管			
GB/T 6479	Q345E	ASTM A333	6[b]
GB/T 18984	10MnDG	ASTM A333	6[b]
GB/T 18984	16MnDG	ASTM A333	6[b]
GB/T 18984	06Ni3MoDG	ASTM A333	3
—	—	ASTM A333	8
低温碳钢及低温镍钢板焊管(EFW/SAW)			
—	—	ASTM A671	CC60
—	—	ASTM A671	CC70
低温碳钢及低温镍钢管件			
GB/T 13401	LF415K1	ASTM A234	WPL6
GB/T 13401	LF415K2	ASTM A420	WPL6
GB/T 13401	LF485K2	ASTM A420	WPL6[b]
GB/T 13401	LF450K3	ASTM A420	WPL3
GB/T 13401	LF680K4	ASTM A420	WPL8
低温碳钢及低温镍钢锻件			
NB/T 47009	16MnD	ASTM A350	LF2
NB/T 47009	08Ni3D	ASTM A350	LF3
NB/T 47009	06Ni9D	ASTM A522	Type1
低温碳钢及低温镍钢铸件			
JB/T 7248	LCB	ASTM A352	LCB
JB/T 7248	LCC	ASTM A352	LCC
JB/T 7248	LC3	ASTM A352	LC3
JB/T 7248	LC9	ASTM A352	LC9
合金钢无缝管			
GB/T 6479	15CrMo	ASTM A335	P12[c]
GB/T 5310	15CrMoG	ASTM A335	P12[c]
GB/T 9948	15CrMo	ASTM A335	P12[c]
YB/T 4173	15CrMoG	ASTM A369	FP12[c]
GB/T 9948	12Cr1Mo	ASTM A335	P11
YB/T 4173	12Cr2MoG	ASTM A369	FP22[c]
GB/T 5310	12Cr2MoG	ASTM A335	P22[c]
GB/T 9948	12Cr2Mo	ASTM A335	P22[c]
GB/T 6479	12Cr2Mo	ASTM A335	P22[c]

表 D.1（续）

我国标准	我国材料牌号	国外标准	国外材料牌号
GB/T 5310	12Cr1MoVG	—	—
YB/T 4173	12Cr1MoVG	—	—
GB/T 9948	12Cr1MoV	—	—
GB/T 6479	10MoWVNb	—	—
GB/T 6479	10MoWVNb	—	—
GB/T 6479	10MoWVNb	—	—
GB/T 9948	12Cr5MoⅠ	ASTM A335	P5
GB/T 9948	12Cr5MoNT	ASTM A335	P5[c]
GB/T 9948	12Cr9MoⅠ	ASTM A335	P9
GB/T 9948	12Cr9MoNT	ASTM A335	P9[c]
GB/T 5310	10Cr9Mo1VNbN	ASTM A335	P91
YB/T 4173	10Cr9Mo1VNbN	ASTM A369	FP91
合金钢管件			
GB/T 13401	AF12	ASTM A234	WP12-1
GB/T 13401	AF12G	ASTM A234	WP12-2
GB/T 13401	AF11	ASTM A234	WP11-1
GB/T 13401	AF11G	ASTM A234	WP11-2
GB/T 13401	AF14	—	—
GB/T 13401	AF22	ASTM A234	WP22-2[c]
GB/T 13401	AF22G	ASTM A234	WP22-3
GB/T 13401	AF5	ASTM A234	WP5
GB/T 13401	AF5G	ASTM A234	WP5[c]
GB/T 13401	AF9	ASTM A234	WP9(C1.1)
GB/T 13401	AF9G	ASTM A234	WP9(C1.3)
GB/T 13401	AF91	ASTM A234	WP91
合金钢板焊管(EFW/SAW)			
—	—	ASTM A691 1CR-2	A387 12-2
—	—	ASTM A691 1-1/4CR-2	A387 11-2
—	—	ASTM A691 2-1/4CR-2	A387 22-2
合金钢锻件			
NB/T 47008	15CrMo	ASTM A182	F12-2
NB/T 47008	14Cr1Mo	ASTM A182	F11-2
NB/T 47008	12Cr1MoV	—	—
NB/T 47008	12Cr2Mo1	ASTM A182	F22-3

表 D.1(续)

我国标准	我国材料牌号	国外标准	国外材料牌号
NB/T 47008	12Cr5Mo	ASTM A182	F5a[d]
NB/T 47008	10Cr9Mo1VNbN	ASTM A182	F91
合金钢铸件			
JB/T 5263	WC6	ASTM A217	WC6
JB/T 5263	WC9	ASTM A217	WC9
JB/T 5263	C12A	ASTM A217	C12A
GB/T 16253	ZG16Cr5MoG	ASTM A217	C5
不锈钢无缝管			
GB/T 14976	06Cr18Ni11Ti	ASTM A312	TP321
GB/T 14976 GB/T 9948 GB/T 5310	07Cr19Ni11Ti	ASTM A312	TP321H
GB/T 14976	06Cr18Ni11Nb	ASTM A312	TP347
GB/T 14976 GB/T 9948 GB/T 5310	07Cr18Ni11Nb	ASTM A312	TP347H
GB/T 14976	022Cr19Ni11	ASTM A312	TP304L
GB/T 14976	06Cr19Ni10	ASTM A312	TP304
GB/T 14976 GB/T 9948 GB/T 5310	07Cr19Ni10	ASTM A312	TP304H
GB/T 14976 GB/T 9948	022Cr17Ni12Mo2	ASTM A312	TP316L
GB/T 14976	06Cr17Ni12Mo2	ASTM A312	TP316
GB/T 14976	07Cr17Ni12Mo2	ASTM A312	TP316H
GB/T 14976	06Cr23Ni13	ASTM A312	TP309
GB/T 14976	06Cr25Ni20	ASTM A312	TP310
GB/T 5310	08Cr18Ni11NbFG	ASTM A213	347HFG
GB/T 21833	022Cr22Ni5Mo3N	ASTM A790	31803
GB/T 21833	022Cr23Ni5Mo3N	ASTM A790	32205
GB/T 21833	022Cr25Ni7Mo4N	ASTM A790	32750
不锈钢焊管(EFW,无填充金属)			
GB/T 12771 HG/T 20537.3	022Cr19Ni11	ASTM A312	TP304L-W
GB/T 12771 HG/T 20537.3	06Cr19Ni10	ASTM A312	TP304-W

表 D.1(续)

我国标准	我国材料牌号	国外标准	国外材料牌号
GB/T 12771 HG/T 20537.3	022Cr17Ni12Mo2	ASTM A312	TP316L-W
GB/T 12771 HG/T 20537.3	06Cr17Ni12Mo2	ASTM A312	TP316-W
GB/T 12771 HG/T 20537.3	06Cr18Ni11Ti	ASTM A312	TP321-W
GB/T 12771 HG/T 20537.3	06Cr18Ni11Nb	ASTM A312	TP347-W
GB/T 12771 HG/T 20537.3	06Cr25Ni20	ASTM A312	TP310-W
GB/T 21832(所有部分)	022Cr22Ni5Mo3N	ASTM A790	31803-W
GB/T 21832(所有部分)	022Cr23Ni5Mo3N	ASTM A790	32205-W
GB/T 21832(所有部分)	022Cr25Ni7Mo4N	ASTM A790	32750-W
不锈钢板焊管(EFW)			
HG/T 20537.4 GB/T 32964	022Cr19Ni11	ASTM A358	304L
HG/T 20537.4 GB/T 32964	06Cr19Ni10	ASTM A358	304
HG/T 20537.4 GB/T 32964	022Cr17Ni12Mo2	ASTM A358	316L
HG/T 20537.4 GB/T 32964	06Cr17Ni12Mo2	ASTM A358	316
HG/T 20537.4 GB/T 32964	06Cr18Ni11Ti	ASTM A358	321
HG/T 20537.4 GB/T 32964	06Cr18Ni11Nb	ASTM A358	347
HG/T 20537.4	06Cr25Ni20	ASTM A358	310
不锈钢管件			
GB/T 13401	SF304L	ASTM A403	WP304L
GB/T 13401	SF304	ASTM A403	WP304
GB/T 13401	SF304H	ASTM A403	WP304H
GB/T 13401	SF316L	ASTM A403	WP316L
GB/T 13401	SF316	ASTM A403	WP316
GB/T 13401	SF316H	ASTM A403	WP316H

表 D.1(续)

我国标准	我国材料牌号	国外标准	国外材料牌号
GB/T 13401	SF321	ASTM A403	WP321
GB/T 13401	SF321H	ASTM A403	WP321H
GB/T 13401	SF347	ASTM A403	WP347
GB/T 13401	SF347H	ASTM A403	WP347H
GB/T 13401	SF310	ASTM A403	WP310
GB/T 13401	SF2225	ASTM A815	WP31803
GB/T 13401	SF2205	ASTM A815	WP32205
GB/T 13401	SF2507	ASTM A815	WP32750
不锈钢锻件			
NB/T 47010	022Cr19Ni10	ASTM A182	F304L
NB/T 47010	06Cr19Ni10	ASTM A182	F304
NB/T 47010	07Cr19Ni10	ASTM A182	F304H
NB/T 47010	022Cr17Ni12Mo2	ASTM A182	F316L
NB/T 47010	06Cr17Ni12Mo2	ASTM A182	F316
NB/T 47010	07Cr17Ni12Mo2	ASTM A182	F316H
NB/T 47010	06Cr18Ni11Ti	ASTM A182	F321
NB/T 47010	07Cr18Ni11Ti	ASTM A182	F321H
NB/T 47010	06Cr18Ni11Nb	ASTM A182	F347
NB/T 47010	07Cr18Ni11Nb	ASTM A182	F347H
NB/T 47010	015Cr21Ni26Mo5Cu2	ASTM A182	F904L
NB/T 47010	015Cr20Ni18Mo6CuN	ASTM A182	F62
NB/T 47010	022Cr22Ni5Mo3N(S22253)	ASTM A182	F51
NB/T 47010	022Cr22Ni5Mo3N(S22053)	ASTM A182	F60
NB/T 47010	022Cr25Ni7Mo4N	ASTM A182	F53
不锈钢铸件			
GB/T 12230	CF3	ASTM A351	CF3
GB/T 12230	CF8	ASTM A351	CF8
GB/T 12230	CF3M	ASTM A351	CF3M
GB/T 12230	CF8M	ASTM A351	CF8M
GB/T 12230	CF8C	ASTM A351	CF8C
镍及镍合金管			
GB/T 2882	N7(200)	ASTM B161	UNS N02200
GB/T 2882	N5(201)	ASTM B161	UNS N02201
GB/T 2882	NCu30(400)	ASTM B165	UNS N04400

表 D.1（续）

我国标准	我国材料牌号	国外标准	国外材料牌号
GB/T 2882	NCr15-8(600)	ASTM B167	UNS N06600
GB/T 30059	NS3102(600)	ASTM B167	UNS N06600
—	—	ASTM B444	UNS N06625
GB/T 30059	NS1101(800)	ASTM B407	UNS N08800
GB/T 30059	NS1101(800H)	ASTM B407	UNS N08810
GB/T 30059	NS1402(825)	ASTM B705	UNS N08825
—	—	ASTM B622	UNS N10276
镍及镍合金管件			
—	—	ASTM B366	WPN(200)
—	—	ASTM B366	WPNL(201)
—	—	ASTM B366	WPNC(400)
—	—	ASTM B366	WPNCI(600)
—	—	ASTM B366	WPNCMC(625)
—	—	ASTM B366	WPNIC(800)
—	—	ASTM B366	WPNIC10(800H)
—	—	ASTM B366	WPNIC11(800HT)
—	—	ASTM B366	WPNICMC(825)
—	—	ASTM B366	WPNC276(C276)
镍及镍合金锻件			
NB/T 47028	N7(200)	ASTM B564	UNS N02200
NB/T 47028	N5(201)	ASTM B564	UNS N02201
NB/T 47028	NCu30(400)	ASTM B564	UNS N04400
GB/T 26030	NW6600(600)	ASTM B564	UNS N06600
GB/T 26030	NW6625(625)	ASTM B564	UNS N06625
NB/T 47028	NS1101(800)	ASTM B564	UNS N08800
GB/T 26030	NW8810(800H)	ASTM B564	UNS N08810
GB/T 26030	NW8811(800HT)	ASTM B564	UNS N08811
GB/T 26030	NW8825(825)	ASTM B564	UNS N08825
NB/T 47028	NS3304(C276)	ASTM B564	UNS N10276
钛及钛合金管(无缝管及挤压管)			
GB/T 3624 GB/T 26058	TA1	ASTM B861	1
GB/T 3624 GB/T 26058	TA2	ASTM B861	2H

表 D.1（续）

我国标准	我国材料牌号	国外标准	国外材料牌号
GB/T 3624 GB/T 26058	TA3	ASTM B861	3
GB/T 3624 GB/T 26058	TA9	ASTM B861	7H
GB/T 3624 GB/T 26058	TA10	ASTM B861	12
钛及钛合金管(无填充金属 EFW 焊管)			
GB/T 26057	TA1	ASTM B862	1
GB/T 26057	TA2	ASTM B862	2H
GB/T 26057	TA3	ASTM B862	3
GB/T 26057	TA9	ASTM B862	7H
GB/T 26057	TA10	ASTM B862	12
钛及钛合金管件			
GB/T 27684	TA1	ASTM B363	WPT1
GB/T 27684	TA2	ASTM B363	WPT2H
GB/T 27684	TA3	ASTM B363	WPT3
GB/T 27684	TA9	ASTM B363	WPT7H
GB/T 27684	TA10	ASTM B363	WPT12
钛及钛合金锻件			
GB/T 25137	F1	ASTM B381	F1
GB/T 25137	F2H	ASTM B381	F2H
GB/T 25137	F3	ASTM B381	F3
GB/T 25137	F7H	ASTM B381	F7H
GB/T 25137	F12	ASTM B381	F12
钛及钛合金铸件			
GB/T 6614	ZTA1	ASTM B367	C2
GB/T 6614	ZTA2	ASTM B367	C3
铝及铝合金管			
GB/T 6893 GB/T 4437.1	1060-O 1060-H14 1060-H112	ASTM B210	1060
GB/T 6893 GB/T 26027 GB/T 4437.1	3003-O 3003-H14 3003-H112	ASTM B210	3003
GB/T 6893 GB/T 26027	5052-O 5052-H14	ASTM B210	5052

表 D.1（续）

我国标准	我国材料牌号	国外标准	国外材料牌号
GB/T 6893 GB/T 26027 GB/T 4437.1	5083-O 5083-H112	ASTM B210	5083
GB/T 6893 GB/T 26027 GB/T 4437.1	6061-T4 6061-T6	ASTM B210	6061
GB/T 6893 GB/T 26027	6063-T4 6063-T6	ASTM B210	6063
铝及铝合金管件			
—	—	ASTM A361	1060-O 1060-H14
—	—	ASTM A361	3003-O
—	—	ASTM A361	5052-O 5052-H34
—	—	ASTM A361	5083-O
—	—	ASTM A361	6061-T4 6061-T6
—	—	ASTM A361	6063-T4 6063-T6
铝及铝合金锻件			
NB/T 47029	1050A-O;H112		
NB/T 47029	3003-O;H112	ASTM B247	3003
NB/T 47029	5083-O;H112	ASTM B247	5083
NB/T 47029	6063-T6	ASTM B247	6063
标准紧固件			
GB/T 3098.1	5.6	ISO 898-1	5.6
GB/T 3098.1	8.8	ISO 898-1	8.8
GB/T 3098.6	A2-50	ISO 3506	A2-50
GB/T 3098.6	A4-50	ISO 3506	A4-50
GB/T 3098.6	A2-70	ISO 3506	A2-70
GB/T 3098.6	A4-70	ISO 3506	A4-70
专用紧固件			
GB/T 3077	35CrMo	ASTM A193	B7
HG/T 20634	42CrMo(B7)	ASTM A193	B7
HG/T 20634	A320 L7	ASTM A320	L7
GB/T 3077	25Cr2MoV	ASTM A193	B16
GB/T 1220	06Cr19Ni10(304)	ASTM A193	B8
GB/T 1220	06Cr17Ni12Mo2(316)	ASTM A193	B8M
HG/T 20634	A193 B8-2	ASTM A193	B8-2

表 D.1（续）

我国标准	我国材料牌号	国外标准	国外材料牌号
HG/T 20634	A193 B8M-2	ASTM A193	B8M-2
HG/T 20634	A453-660	ASTM A453	660

[a] 均属碳钢,ASTM材料机械性能(抗拉/屈服)相对略高。
[b] 均属碳钢,ASTM材料机械性能(抗拉/屈服)相对较低。
[c] 化学成分相同,因热处理制度差异,ASTM材料机械性能(抗拉/屈服)相对较低。
[d] 化学成分相同,因热处理制度差异,ASTM材料机械性能(抗拉/屈服)相对略高。

参 考 文 献

[1] GB/T 700 碳素结构钢

[2] ASME B31.3:2016 Process Piping

[3] ASME Boiler and Pressure Vessel Code Ⅱ Materials Part D Properties

[4] ASME Boiler and Pressure Vessel Code Ⅲ Rules for Construction of Nuclear Facility Components Division 1-Subsection NH

[5] API 579-1/ASME FFS-1:2007 Fitness For Service

[6] API RP 571:2011 Damage Mechanisms Affecting Fixed Equipment in The Refining Industry

[7] API RP583:2014 Corrosion under Insulation and Fireproofing

[8] API RP 941:2016.Steels for Hydrogen Service at Elevated Temperatures and Pressures in Petroleum Refineries and Petrochemical Plants

[9] API STD 530:2015 Calculation of Heater-tube Thickness in Petroleum Refineries

[10] API RP 945:2003.Avoiding Environmental Cracking in Amine Units

[11] API RP 939C:2009.Guidelines for Avoiding Sulfidation(Sulfidic)Corrosion Failures in Oil Refineries

[12] ISO 17945/NACE MR0103:2015 Petroleum,Petrochemical and Natural Gas Industries—Metallic Materials Resistant to Sulfide Stress Cracking in Corrosive Petroleum Refining Environments

[13] API RP934A:2010 Materials and Fabrication of 2¼Cr-1Mo,2¼Cr-1Mo-1/4V,3Cr-1Mo,and 3Cr-1Mo-1/4V Steel Heavy Wall Pressure Vessels for High-temperature,High-pressure Hydrogen Service

[14] API RP934C:2008 Materials and Fabrication of 1¼Cr-1/2Mo Steel Heavy Wall Pressure Vessels for High-pressure Hydrogen Service Operating at or Below 825 ℉(441 ℃)

[15] API RP934E:2010 Recommended Practice for Materials and Fabrication of 1¼CR-1/2Mo Steel Pressure Vessels for Service Above 825 ℉(441 ℃)

[16] NACE RP0170:2004 Protection of Austenitic Stainless Steels and Other Austenitic Alloys from Polythionic Acid Stress Corrosion Cracking During Shutdown of Refinery Equip-

ment

[17] NACE SP0403:2008 Avoiding Caustic Stress Corrosion Cracking of Carbon Steel Refinery Equipment and Piping

[18] API RP582:2010 Welding Guidelines for the Chemical,Oil,and Gas Industries

[19] HSE RR902:2011 Chloride Stress Corrosion Cracking In Austenitic Stainless Steel

ICS 23.040
J 74

中华人民共和国国家标准

GB/T 20801.3—2020

代替 GB/T 20801.3—2006

压力管道规范　工业管道
第3部分：设计和计算

Pressure piping code—Industrial piping—Part 3: Design and calculation

2020-11-19 发布　　　　2021-06-01 实施

国家市场监督管理总局
国家标准化管理委员会　发布

前　　言

GB/T 20801《压力管道规范　工业管道》分为以下6个部分：

——第1部分：总则；

——第2部分：材料；

——第3部分：设计和计算；

——第4部分：制作与安装；

——第5部分：检验与试验；

——第6部分：安全防护。

本部分为GB/T 20801的第3部分。

本部分按照GB/T 1.1—2009给出的规则起草。

本部分代替GB/T 20801.3—2006《压力管道规范　工业管道　第3部分：设计和计算》，与GB/T 20801.3—2006相比，除编辑性修改外主要技术变化如下：

——增加了高温蠕变工况的定义及其使用规定(见3.2、4.2.7.1、5.2.2.7、6.7.2.4)；

——修改了剧烈循环工况的定义(见3.4,2006年版的3.4)；

——增加了强韧型铁素体耐热钢的定义(见3.12)；

——增加了用于挥发性有机物系统阀门的密封控制要求(见5.1.11.8)；

——修改了球墨铸铁的许用应力准则(见表1,2006年版的表1)；

——增加了法兰接头最大螺栓安装载荷的确定准则(见5.2.3.5)；

——修改了典型管道组成件型式尺寸标准(见表13,2006年版的表14)；

——增加了表列标准(表13)以外的管道元件标准适用要求(见5.3.3)；

——增加了管法兰承受外载荷能力的评定准则(见6.4)；

——修改了管道应力分析的方法及其适用范围(见7.2,2006年版的7.1.1、7.1.2)；

——修改了持续荷载的应力强度条件(见7.5.2,2006年版的7.3.1)；

——修改了柔性分析方法(见7.5.5.7,2006年版的7.3.3.6)；

——修改了支承反力的确定方法(见7.5.5.8,2006年版的7.3.4)；

——修改了管道支吊架的相应要求(见第8章,2006年版的7.4)；

——修改了"风荷载和地震荷载的计算"(见附录A,2006年版的附录D)；

——增加了"管道布置"(见附录B)；

——修改了"国际通用石油化工阀门标准"(见附录C,2006年版的附录A)；

——增加了"低泄漏阀门阀杆密封通用要求"(见附录D)；

——修改了"柔性系数和应力增大系数"(见附录G,2006年版的附录C)；

——增加了"静设备管口许用荷载"(见附录I)；

——修改了"金属波纹膨胀节"(见附录J,2006年版的附录F)。

本部分由全国锅炉压力容器标准化技术委员会(SAC/TC 262)提出并归口。

本部分起草单位：全国化工设备设计技术中心站、中国寰球工程有限公司北京分公司、国家市场监督管理总局特种设备安全监察局、中石油华东设计院有限公司、中石化宁波工程有限公司、上海华谊工程有限公司、华陆工程科技有限责任公司。

本部分主要起草人：应道宴、张世忱、徐锋、黄正林、岳进才、李中央、刘洪福、李永红、康美琴、郭卫疆、蔡暖姝。

本部分所代替标准的历次版本发布情况为：

——GB/T 20801.3—2006。

压力管道规范　工业管道
第3部分:设计和计算

1　范围

GB/T 20801的本部分规定了压力管道的设计和计算的基本要求,这些基本要求包括设计条件、设计准则、管道组成件及其压力设计、管道应力分析等方面的规定。

本部分适用于GB/T 20801.1范围界定的压力管道的设计和计算。

2　规范性引用文件

下列文件对于本文件的应用是必不可少的。凡是注日期的引用文件,仅注日期的版本适用于本文件。凡是不注日期的引用文件,其最新版本(包括所有的修改单)适用于本文件。

GB/T 150(所有部分)　压力容器

GB/T 196　普通螺纹　基本尺寸

GB/T 197　普通螺纹　公差

GB/T 1031　产品几何技术规范(GPS)　表面结构　轮廓法　表面粗糙度参数及其数值

GB/T 1047　管道元件　公称尺寸的定义和选用

GB/T 1048　管道元件　公称压力的定义和选用

GB/T 3287　可锻铸铁管路连接件

GB/T 3420　灰口铸铁管件

GB/T 3422　连续铸铁管

GB/T 3733　卡套式端直通管接头

GB/T 3734　卡套式锥螺纹直通管接头

GB/T 3735　卡套式端直通长管接头

GB/T 3736　卡套式锥螺纹长管接头

GB/T 3737　卡套式直通管接头

GB/T 3738　卡套式可调向端弯通管接头

GB/T 3739　卡套式锥螺纹弯通管接头

GB/T 3740　卡套式弯通管接头

GB/T 3741　卡套式可调向端三通管接头

GB/T 3742　卡套式锥螺纹三通管接头

GB/T 3743　卡套式可调向端弯通三通管接头

GB/T 3744　卡套式锥螺纹弯通三通管接头

GB/T 3745　卡套式三通管接头

GB/T 3746　卡套式四通管接头

GB/T 3747　卡套式焊接管接头

GB/T 3748　卡套式过板直通管接头
GB/T 3749　卡套式过板弯通管接头
GB/T 3750　卡套式铰接管接头
GB/T 3751　卡套式压力表管接头
GB/T 3752　卡套式组合弯通管接头
GB/T 3753　卡套式组合三通管接头
GB/T 3754　卡套式锥密封组合弯通管接头
GB/T 3755　卡套式锥密封组合三通管接头
GB/T 3756　卡套式锥密封组合直通管接头
GB/T 3757　卡套式过板焊接管接头
GB/T 3758　卡套式管接头用锥密封焊接接管
GB/T 3759　卡套式管接头用连接螺母
GB/T 3760　卡套式管接头用锥密封堵头
GB/T 3763　管接头用六角薄螺母
GB/T 3764　卡套
GB/T 3765　卡套式管接头技术条件
GB/T 5625　扩口式端直通管接头
GB/T 5626　扩口式锥螺纹直通管接头
GB/T 5627　扩口式锥螺纹长管接头
GB/T 5628　扩口式直通管接头
GB/T 5629　扩口式锥螺纹弯通管接头
GB/T 5630　扩口式弯通管接头
GB/T 5631　扩口式可调向端弯通管接头
GB/T 5632　扩口式组合弯通管接头
GB/T 5633　扩口式可调向端三通管接头
GB/T 5634　扩口式组合弯通三通管接头
GB/T 5635　扩口式锥螺纹三通管接头
GB/T 5637　扩口式可调向端弯通三通管接头
GB/T 5638　扩口式组合三通管接头
GB/T 5639　扩口式三通管接头
GB/T 5641　扩口式四通管接头
GB/T 5642　扩口式焊接管接头
GB/T 5643　扩口式过板直通管接头
GB/T 5644　扩口式过板弯通管接头
GB/T 5645　扩口式压力表管接头
GB/T 5646　扩口式管接头管套
GB/T 5647　扩口式管接头用 A 型螺母
GB/T 5648　扩口式管接头用 B 型螺母
GB/T 5649　管接头用锁紧螺母和垫圈

GB/T 5650　扩口式管接头用空心螺栓
GB/T 5651　扩口式管接头用密合垫
GB/T 5652　扩口式管接头扩口端尺寸
GB/T 5653　扩口式管接头技术条件
GB/T 5782　六角头螺栓
GB/T 6170　1型六角螺母
GB/T 6175　2型六角螺母
GB/T 7306.1　55°密封管螺纹　第1部分:圆柱内螺纹与圆锥外螺纹
GB/T 7306.2　55°密封管螺纹　第2部分:圆锥内螺纹与圆锥外螺纹
GB/T 8464　铁制和铜制螺纹连接阀门
GB/T 9065.1　液压软管接头　第1部分:O形圈端面密封软管接头
GB/T 9065.2　液压软管接头　第2部分:24°锥密封端软管接头
GB/T 9065.5　液压软管接头　第5部分:37°扩口端软管接头
GB/T 9124.1　钢制管法兰　第1部分:PN系列
GB/T 9124.2　钢制管法兰　第2部分:Class系列
GB/T 9711　石油天然气工业　管线输送系统用钢管
GB/T 12220　工业阀门　标志
GB/T 12221　金属阀门　结构长度
GB/T 12224　钢制阀门　一般要求
GB/T 12232　通用阀门　法兰连接铁制闸阀
GB/T 12233　通用阀门　铁制截止阀与升降式止回阀
GB/T 12234　石油、天然气工业用螺柱连接阀盖的钢制闸阀
GB/T 12235　石油、石化及相关工业用钢制截止阀和升降式止回阀
GB/T 12236　石油、化工及相关工业用的钢制旋启式止回阀
GB/T 12237　石油、石化及相关工业用的钢制球阀
GB/T 12238　法兰和对夹连接弹性密封蝶阀
GB/T 12239　工业阀门　金属隔膜阀
GB/T 12240　铁制旋塞阀
GB/T 12241　安全阀　一般要求
GB/T 12243　弹簧直接载荷式安全阀
GB/T 12246　先导式减压阀
GB/T 12459—2017　钢制对焊管件　类型与参数
GB/T 12716　60°密封管螺纹
GB/T 12777　金属波纹管膨胀节通用技术条件
GB/T 13295　水及燃气用球墨铸铁管、管件和附件
GB/T 13402　大直径钢制管法兰
GB/T 13927　工业阀门　压力试验
GB/T 13932　铁制旋启式止回阀
GB/T 14383　锻制承插焊和螺纹管件

GB/T 17116(所有部分) 管道支吊架

GB/T 17185 钢制法兰管件

GB/T 17186.1 管法兰连接计算方法 第1部分:基于强度和刚度的计算方法

GB/T 17241 铸铁管法兰

GB/T 17395 无缝钢管尺寸、外形、重量及允许偏差

GB/T 18615 波纹金属软管用非合金钢和不锈钢接头

GB/T 19326 锻制承插焊、螺纹和对焊支管座

GB/T 20801.1—2020 压力管道规范 工业管道 第1部分:总则

GB/T 20801.2—2020 压力管道规范 工业管道 第2部分:材料

GB/T 20801.4—2020 压力管道规范 工业管道 第4部分:制作与安装

GB/T 20801.5—2020 压力管道规范 工业管道 第5部分:检验与试验

GB/T 20801.6—2020 压力管道规范 工业管道 第6部分:安全防护

GB/T 26480 阀门的检验和试验

GB/T 26481 阀门的逸散性试验

GB/T 29168.1 石油天然气工业 管道输送系统用感应加热弯管、管件和法兰 第1部分:感应加热弯管

GB/T 29168.2 石油天然气工业 管道输送系统用感应加热弯管、管件和法兰 第2部分:管件

GB/T 29168.3 石油天然气工业 管道输送系统用感应加热弯管、管件和法兰 第3部分:法兰

GB/T 32294 锻制承插焊和螺纹活接头

GB/T 38343 法兰接头安装技术规定

HG/T 3651 钛制对焊无缝管件

HG/T 20553 化工配管用无缝及焊接钢管尺寸选用系列

HG/T 20592 钢制管法兰(PN系列)

HG/T 20606 钢制管法兰用非金属平垫片(PN系列)

HG/T 20607 钢制管法兰用聚四氟乙烯包覆垫片(PN系列)

HG/T 20609 钢制管法兰用金属包覆垫片(PN系列)

HG/T 20610 钢制管法兰用缠绕式垫片(PN系列)

HG/T 20611 钢制管法兰用具有覆盖层的齿形组合垫(PN系列)

HG/T 20612 钢制管法兰用金属环形垫(PN系列)

HG/T 20613 钢制管法兰用紧固件(PN系列)

HG/T 20614 钢制管法兰、垫片、紧固件选配规定(PN系列)

HG/T 20615 钢制管法兰(Class系列)

HG/T 20623 大直径钢制管法兰(Class系列)

HG/T 20627 钢制管法兰用非金属平垫片(Class系列)

HG/T 20628 钢制管法兰聚四氟乙烯包覆垫片(Class系列)

HG/T 20630 钢制管法兰用金属包覆垫片(Class系列)

HG/T 20631 钢制管法兰缠绕式垫片(Class系列)

HG/T 20632 钢制管法兰用具有覆盖层的齿形组合垫(Class 系列)
HG/T 20633 钢制管法兰用金属环形垫(Class 系列)
HG/T 20634 钢制管法兰用紧固件(Class 系列)
HG/T 20635 钢制管法兰、垫片、紧固件选配规定(Class 系列)
HG/T 21547 管道用钢制插板、垫环、8 字盲板系列
JB/T 2768 阀门零部件 高压管子、管件和阀门端部尺寸
JB/T 2769 阀门零部件 高压螺纹法兰
JB/T 2772 阀门零部件 高压盲板
JB/T 2776 阀门零部件 高压透镜垫
JB/T 2778 阀门零部件 高压管件和紧固件温度标记
JB 4732 压力容器分析设计标准
JB/T 6439 阀门受压件磁粉探伤检验
JB/T 6440 阀门受压铸钢件射线照相检验
JB/T 6899 阀门的耐火试验
JB/T 6902—2008 阀门液体渗透检测
JB/T 6903—2008 阀门锻钢件超声波检查方法
JB/T 7747 针形截止阀
JB/T 7927—2014 阀门铸钢件外观质量要求
JB/T 8527 金属密封蝶阀
JB/T 8937 对夹式止回阀
NB/T 47014 承压设备焊接工艺评定
SH/T 3419 石油化工钢制异径短节
SH/T 3425 钢制管道用盲板技术标准

ISO 15848-1 工业阀门 散逸性介质泄漏的测量、试验和鉴定程序 第 1 部分:阀门的分类体系和型式试验鉴定程序(Industrial valves—Measurement, test and qualification procedures for fugitive emissions—Part 1:Classification system and qualification procedures for type testing of valves)

API 600 钢制闸阀 法兰连接端和对焊端、螺栓连接阀盖(Steel Gate—Valves Flanged and Butt-welding Ends,Bolted Bonnets)

ASME BPV Code Ⅷ-2 ASME 锅炉及压力容器规范 Ⅷ 第 2 册 压力容器建造另一规则(ASME BPVC Section Ⅷ—Rules for Construction of Pressure Vessels Division 2 Alternative Rules)

ASME B16.9 工厂制造的轧制对焊管件(Factory Made Wrought Butt-welding Fittings)
ASME B16.11 承插焊和螺纹锻制管件(Forged Fittings,Socket-welding and Threaded)
ASME B36.10M 无缝和焊接钢管(Welded and Seamless Wrought Steel Pipe)
ASME B36.19M 不锈钢钢管(Stainless Steel Pipe)

3 术语和定义

GB/T 20801.1—2020、GB/T 20801.2—2020、GB/T 20801.4—2020、GB/T 20801.5—2020

和GB/T 20801.6—2020 界定的以及下列术语和定义适用于本文件。

3.1

管道系统 piping system

由同一设计条件确定且相互连接的管道。

3.2

高温蠕变工况 elevated temperature fluid service

材料使用温度处于焊接接头高温强度降低系数 W 小于 1(见 4.2.7 及表 5)的工况,相当于工作温度处于由材料长期强度决定许用应力温度范围的工况。

3.3

流体工况 fluid service

涉及管道系统应用的综合性术语,综合考虑流体性质、操作条件和其他因素,构成管道系统设计的基础。

3.4

剧烈循环工况 severe cyclic conditions

发生以下情况之一的工况:

a) 管道系统中的管子、管道元件或接头中的位移应力范围 S_E[按式(39)计算]超过许用应力范围 S_A[按式(34)或式(35)计算]的 0.8 倍,同时当量循环次数 N[按式(37)计算]超过 7 000;

b) 设计人员根据经验判定的其他具有相同效应[位移应力范围 S_E 接近许用应力范围 S_A,且许用应力范围折减系数 f(按式(36)计算或通过图 12 查得)接近 1.0]的工况。

3.5

支管连接管件 branch connection fitting

通过对焊连接、承插焊连接、螺纹连接,将支管连接于主管的整体补强管件。

注:如支管座、半管接头等。

3.6

额定值 rating value

标准规定的管道组成件压力值。

3.7

管标号 schedule number

管子壁厚系列的数值代号。

3.8

位移应变 displacement strain

在管道组成件中,由管道约束点发生位移、端点附加位移所产生的应变以及因温度变化所产生的应变。

3.9

位移应力 displacement stress

管道组成件中由位移应变引起的应力。

3.10

管部　structural attachments;attachment of support on piping

采用焊接、螺栓连接或卡箍方式与管道或其绝缘层直接连接的支吊架零件的总称。

3.11

最低设计温度　design minimum temperature

预期工况中组件的最低温度,按此温度确定特殊设计要求和材料评定要求。

3.12

强韧型铁素体耐热钢　creep strength enhanced ferritic steels;CSEF

通过析出强化和细晶化提高蠕变断裂强度的铬钼铁素体钢。

注:通常包括91、92、911、122和23铬钼铁素体钢。

3.13

挥发性有机物　volatile organic compounds;VOC

参与大气光化学反应的有机化合物或任何能向大气释放有机化合物的符合以下任一条件的有机液体:

a) 20 ℃时,挥发性有机液体的真实蒸气压大于0.3 kPa;

b) 20 ℃时,空气与有机化合物的混合物中,真实蒸气压大于0.3 kPa的纯有机化合物的总质量分数等于或者高于20%,参见GB 31570和GB 31571。

4 设计条件和设计准则

4.1 设计条件

4.1.1 设计压力

4.1.1.1 一般规定

4.1.1.1.1 管道系统中每个管道组成件的设计压力,应不小于在操作中可能遇到的最苛刻的压力和温度组合工况下的压力,但4.2.3规定的情况除外。

4.1.1.1.2 最苛刻的工况导致管道组成件具有最大厚度和最高压力等级。

4.1.1.1.3 最苛刻的压力和温度组合工况应考虑压力源(如泵、压缩机)、压力脉动、不稳定流体的分解、静压头、控制装置和阀门的失效或操作失误、环境影响等可能产生的运行条件。

4.1.1.2 设计压力的确定原则

4.1.1.2.1 装有安全泄放装置的管道,其设计压力应不小于安全泄放装置的设定压力(或最大标定爆破压力),但GB/T 20801.6—2020中4.1.5 a)2)和4.1.5 c)规定的情况除外。

4.1.1.2.2 未设置压力泄放装置或可能发生与压力泄放装置隔离、堵塞的管道,其设计压力应不小于可能因此而产生的最大压力。

4.1.1.2.3 当管道与设备直接连接作为一个压力系统时,管道的设计压力应不小于设备的设计压力。

4.1.1.2.4 离心泵出口管道的设计压力应不小于泵的关闭压力。

4.1.1.2.5 输送制冷剂、液化烃类低沸点介质的管道,其设计压力应不小于阀门切断时或介质不流动时介质可能达到的最大压力。

4.1.1.2.6 当管道被分隔件(包括夹套管、盲板等)分隔为几个单独的受压段时,该分隔件的设计压力应不小于在操作中两侧受压室可能遇到的最苛刻的压差和温度组合工况的压力。

4.1.1.2.7 装有安全控制装置的真空管道,设计压力取最大压差的1.25倍或0.1 MPa中的较小值,并按外压条件进行设计;对于没有安全控制装置的真空管道,设计压力取0.1 MPa。

4.1.2 设计温度

4.1.2.1 一般规定

4.1.2.1.1 管道系统中每个管道组成件的设计温度应按操作中可能遇到的最苛刻的压力和温度组合工况的温度确定。

4.1.2.1.2 同一管道中的不同管道组成件的设计温度可以不同。

4.1.2.1.3 确定设计温度时,应考虑流体温度、环境温度、阳光辐射、加热或冷却介质的温度以及管道隔热、传热的影响。

4.1.2.2 设计温度的确定原则

4.1.2.2.1 对无外隔热层的管道,介质温度低于65 ℃时,管道组成件的设计温度与介质温度相同,但应考虑阳光辐射或其他可能导致介质温度升高的因素;介质温度高于或等于65 ℃时,管道组成件的设计温度确定应符合以下规定:

a) 对于阀门、管子、翻边端部和焊接管件,取介质温度的95%;

b) 对于松套法兰以外的法兰,取介质温度的90%;

c) 对于松套法兰,取介质温度的85%;

d) 对于螺栓,取介质温度的80%;

e) 也可以取实测的平均壁温或根据传热计算得到的平均壁温。

4.1.2.2.2 外部隔热管道的设计温度一般取介质温度,但也可以取实测的平均壁温或根据传热计算得到的平均壁温,采用伴管或夹套结构的管道应考虑加热或冷却对设计温度的影响。

4.1.2.2.3 内部隔热管道的管道组成件,设计温度应按传热计算或试验确定。

4.1.2.3 最低设计温度

管道设计时应考虑最低设计温度对管道设计、材料选用和7.5.5应力分析的影响。

4.1.3 荷载条件

4.1.3.1 持久荷载

持久荷载系指作用于管道的载荷,包括:

a) 介质压力:管道内压、外压或最大压差(设计压力应与对应的设计温度一起作为荷载条件)。

b) 重力荷载:管道设计应计入的重力荷载包括:

  1) 静荷载:管道组成件、隔热材料重量以及施加在管道上由管道支承的其他永久性荷载;

  2) 活荷载:输送介质的重量或液压试验介质的重量以及由于环境和操作条件造成的冰、雪的重量。

4.1.3.2 偶然性荷载

偶然性荷载系指短时间作用于管道的载荷,包括:

a) 风荷载:设计室外管道时,应计算风荷载,其计算方法可参见附录 A;

b) 地震荷载:设计管道时,应计算由地震引起的水平力,其计算方法可参见附录 A;

c) 流体排放反力:由于流体的减速或排放而产生的反作用力,管道的设计、布置、支承应能承受此反作用力。

4.1.3.3 温度及位移荷载

温度及位移载荷系指管道系统由温度及位移而引起的荷载,包括:

a) 因约束产生的荷载:温度变化时,因管道受约束使管道不能自由热胀冷缩而产生的轴向力和力矩;

b) 端点位移引起的荷载:管道支吊架或管道连接的设备发生位移引起的荷载;

c) 由于膨胀特性不同产生的荷载:材料热胀系数差异导致热膨胀的不同而产生的荷载,如双金属管道、夹套管道、非金属衬里管道等;

d) 温度梯度形成的荷载:因温度剧变或分布不均匀而在管壁中产生的应力所形成的荷载,如高温流体通过厚壁管或流体分层流动而产生的管道弯曲。

4.1.3.4 循环荷载

循环荷载系指管道系统由压力循环、热循环以及其他循环引起的疲劳的荷载。

4.1.3.5 冲击

冲击系指外部或内部条件引起的冲击力,包括介质流动导致的冲击、介质流速的变化、压力波动、液体闪蒸、水击、液体或固体的猛击、暴涨和喷发。

4.1.3.6 振动

振动系指由冲击、压力脉动、紊流涡流、压缩机共振以及风荷载引起的振动。管道设计、布置、支承应能消除过度和有害的振动影响。

4.1.4 厚度附加量

4.1.4.1 腐蚀裕量

管道设计应有足够的腐蚀裕量,腐蚀裕量应根据预期的使用寿命和介质对材料的腐蚀速率来确定,还应考虑冲蚀和局部腐蚀等因素。

4.1.4.2 其他附加量

确定管道组成件最小厚度时,应包括腐蚀、冲蚀、螺纹深度或沟槽深度所需的裕量。为防止因支承、结冰、回填、运输和装卸等引起的超载应力和变形,从而可能产生的损坏、垮塌或失稳等现象,应考虑增加管壁厚度。

4.1.5 环境影响

4.1.5.1 压力

对于被隔断管道中的流体,应考虑因受环境加热产生膨胀所导致的压力升高或因受环境冷却而导致管道的压力下降甚至真空。

4.1.5.2 温度

当管道系统的设计温度低于 0 ℃时,应考虑因表面冷凝、冰冻而引起的阀门、泄压装置或排放管道故障以及低温对柔性分析和材料选用等的影响。

4.1.6 管道布置和特定管道系统的设计要求

管道布置和特定管道系统,如泄放管道、埋地管道、可燃介质和有毒介质管道、蒸汽管道、低温管道、管道的隔热和静电接地设计要求等参见附录B。

4.2 设计准则

4.2.1 管道组成件压力-温度设计准则

管道组成件的压力-温度设计应采用4.2.1.1~4.2.1.4规定的方法之一。

4.2.1.1 压力-温度额定值方法

管道组成件的压力-温度额定值的确定应符合下列规定:

a) 除本部分另有规定外,表13中已规定压力-温度额定值的管道组成件,其设计温度下的最大允许工作压力按相关标准规定的压力-温度额定值;
b) 如设计温度高于表13中相关标准给出的温度额定值,但不高于GB/T 20801.2规定的材料使用温度上限者,设计者可根据相关温度下的材料许用应力折算;
c) 对于表13中仅标明公称压力的管道组成件,设计温度下的最大允许工作压力可根据设计温度和常温下的材料许用应力折算;
d) 表13中未列入的管道组成件,其适用的压力-温度值应符合5.3.3的规定。

4.2.1.2 压力设计方法

管道组成件的压力设计应符合下列规定:

a) 直管、斜接弯头、弯管、盲板、非标法兰和非标对焊管件等管道组成件应按第6章设计;
b) 对于按壁厚系列规定的承插焊管件和螺纹管件,其设计温度下的最大允许工作压力应不大于具有相同壁厚系列和相同许用应力的无缝直管按有效厚度确定的最大允许工作压力;
c) 支管与主管直接连接的压力设计应符合6.7、6.8的规定。

4.2.1.3 验证性压力试验方法

管道组成件的验证性压力试验应符合下列规定:

a) 对于表13中的对焊管件,如未按4.2.1.2 a)进行压力设计,可进行验证性压力试验并在验证性压力试验的覆盖范围内按4.2.1.2 b)确定其设计温度下的最大允许工作压力;
b) 其他管道组成件也可根据验证性压力试验确定其最大允许工作压力。

4.2.1.4 其他方法

除4.2.1.1、4.2.1.2和4.2.1.3规定的方法外,管道组成件的最大允许工作压力也可以采用对比经验分析、应力分析或实验应力分析方法确定。

4.2.2 管道系统压力-温度设计准则

管道系统的压力-温度设计应符合下列规定:

a) 除4.2.3的规定外,管道的设计压力应不大于该管道系统中所有管道组成件按4.2.1确定的设计温度下的最大允许工作压力的最小值；

b) 不同流体工况的管道连接时，分隔阀门的额定值应按苛刻工况确定。但位于阀门任一侧的管道均应按相应的工况条件进行设计。

4.2.3 压力和温度的允许变动范围

4.2.3.1 确定设计压力和设计温度时，应考虑管道系统运行时发生的压力和温度的变动。

4.2.3.2 GC1 级管道压力和温度不得超出设计范围。

4.2.3.3 除符合下列各项条件以及 4.2.3.4 的要求外，GC2 和 GC3 级管道应按压力和温度变动中的最苛刻组合确定设计条件：

a) 管道系统中没有铸铁或其他脆性金属材料的管道组成件；

b) 由压力产生的管道名义应力不超过材料在相应温度下的屈服强度；

c) 总应力符合 7.5.5 的规定；

d) 管道系统预期寿命内，超过设计条件的压力-温度变化的总次数不大于 1 000 次；

e) 压力变动的上限值不大于管道系统的试验压力；

f) 持续和周期性变动不改变管道系统中所有管道组成件的操作安全性能；

g) 温度变动的下限值不小于 GB/T 20801.2 规定的材料最低使用温度；

h) 阀门闭合元件的压力差不超过阀门制造商规定的最大额定压力差。

4.2.3.4 超过设计条件的压力偶然变动应限制在下列任一范围内：

a) 压力超过相应温度下的压力额定值或由压力产生的管道名义应力超过材料许用应力值的幅度和频率应满足下列条件之一：

  1) 变动幅度不大于 33%，每次变动时间不超过 10 h，且每年累计变动时间不超过 100 h；

  2) 变动幅度不大于 20%，每次变动时间不超过 50 h，且每年累计变动时间不超过 500 h。

b) 当波动为自限(例如压力泄放)时，在每次变动时间不超过 50 h 且每年累计变动时间不超过 500 h 条件下，压力额定值变动幅度不大于 20%，或管道名义应力超过材料许用应力值的幅度不大于 20%。

4.2.4 许用应力

4.2.4.1 金属材料许用应力和螺栓材料许用应力应符合 GB/T 20801.2—2020 表 A.1 和表 A.2 的规定。

注：表中许用应力值未包括材料的纵向焊接接头系数 Φ_w、焊接接头高温强度降低系数 W 和铸件质量系数 Φ_C(见表 4)。

4.2.4.2 GB/T 20801.2—2020 表 A.1 和表 A.2 以外的金属材料和螺栓材料应按表 1 和表 2 规定的准则确定各自的许用应力。

4.2.4.3 拉伸许用应力按 4.2.4.1 和 4.2.4.2 取值。

4.2.4.4 压缩许用应力应符合结构稳定性的要求，且不大于拉伸许用应力。

4.2.4.5 剪切许用应力取拉伸许用应力的 80%，接触许用应力取拉伸许用应力的 160%。

4.2.5 纵向焊接接头系数 Φ_w

管子和对焊管件的纵向焊接接头系数 Φ_w 应按表 3 规定的准则或 GB/T 20801.2—2020

表 A.3 确定。

表 1 金属材料许用应力准则

材料	许用应力应不大于下列各值中的最小值				
	抗拉强度下限值 R_m/MPa	屈服强度下限值 $R_{eL}(R_{p0.2})$/MPa	设计温度下屈服强度 $R^t_{eL}(R^t_{p0.2})$/MPa	持久强度平均值或持久强度最低值 R^t_D 或 R^t_{Dmin}/MPa	蠕变极限平均值 R^t_n/MPa
灰铸铁	$\frac{R_m}{10}$	—	—	—	—
可锻铸铁	$\frac{R_m}{5}$	—	—	—	—
球墨铸铁,碳钢、合金钢、铁素体不锈钢、延伸率小于35%的奥氏体不锈钢、双相不锈钢、钛和钛合金、铝和铝合金	$\frac{R_m}{3}$	$\frac{R_{eL}(R_{p0.2})}{1.5}$	$\frac{R^t_{eL}(R^t_{p0.2})}{1.5}$	$\frac{R^t_D}{1.5}$,$\frac{R^t_{Dmin}}{1.25}$	$\frac{R^t_n}{1.0}$
延伸率大于或等于35%的奥氏体不锈钢和镍基合金	$\frac{R_m}{3}$	$\frac{R_{eL}(R_{p0.2})}{1.5}$	$0.90R^t_{eL}(R^t_{p0.2})$[a]	$\frac{R^t_D}{1.5}$,$\frac{R^t_{Dmin}}{1.25}$	$\frac{R^t_n}{1.0}$

[a] 对于法兰或其他有微量永久变形就引起泄漏或故障的场合不能采用。

表 2 螺栓材料许用应力准则

材料	许用应力应不大于下列各值中的最小值				
	抗拉强度下限值 R_m/MPa	屈服强度下限值 $R_{eL}(R_{p0.2})$/MPa	设计温度下屈服强度 $R^t_{eL}(R^t_{p0.2})$/MPa	持久强度平均值或持久强度最低值 R^t_D 或 R^t_{Dmin}/MPa	蠕变极限平均值 R^t_n/MPa
非热处理或应变强化的螺栓材料	$\frac{R_m}{4}$	$\frac{R_{eL}(R_{p0.2})}{1.5}$	$\frac{R^t_{eL}(R^t_{p0.2})}{1.5}$	$\frac{R^t_D}{1.5}$,$\frac{R^t_{Dmin}}{1.25}$	$\frac{R^t_n}{1.0}$
热处理或应变强化的螺栓材料	$\frac{R_m}{5}$	$\frac{R_{eL}(R_{p0.2})}{4}$	$\frac{R^t_{eL}(R^t_{p0.2})}{1.5}$	$\frac{R^t_D}{1.5}$,$\frac{R^t_{Dmin}}{1.25}$	$\frac{R^t_n}{1.0}$

注 1:对于热处理或应变强化处理的螺栓材料,许用应力取表中最小值。若该许用应力小于材料退火状态下的许用应力,取非热处理或应变强化(即退火状态)螺栓材料的许用应力。

注 2:表列螺栓许用应力准则仅用于非标准法兰设计的螺栓强度要求,而螺栓安装的目标应力可达50%~70%螺栓材料的屈服强度。

表 3 纵向焊接接头系数 Φ_w

序号	焊接型式	焊缝类型	检 查	Φ_w
1	连续炉焊[a]	直缝	按材料标准规定	0.60
2	电阻焊(ERW)[a]	直缝或螺旋缝	按材料标准规定	0.85

表 3(续)

序号	焊接型式		焊缝类型	检 查	Φ_w
3	电熔焊(EFW)	单面对接焊(带或不带填充金属)	直缝或螺旋缝	按材料标准或本部分规定不作 RT	0.80
				局部(10%)RT	0.90
				100%RT	1.00
		双面对接焊(带或不带填充金属)	直缝或螺旋缝(除序号 4 外)	按材料标准或本部分规定不作 RT	0.85
				局部(10%)RT	0.90
				100%RT	1.00
4	GB/T 9711 电熔焊(EFW),双面对接焊		直缝(一条或两条)或螺旋缝	按 GB/T 9711 规定	0.95
				附加 100%RT	1.00
[a] 不得通过附加无损检测来提高电阻焊(ERW)的纵向焊接接头系数。					

表 4 铸件质量系数 Φ_C 及附加无损检测要求

序号	附加无损检测要求	铸件质量系数 Φ_C
1	铸件表面加工至 Ra6.3,提高目视检查的清晰度,并满足 JB/T 7927—2014 中 B 级的要求	0.85
2	铸件表面按 JB/T 6902—2008(PT)中的 4 级或 JB/T 6439(MT)进行着色渗透检测或磁粉检测	0.85
3	铸件按 JB/T 6440(RT)或 JB/T 6903—2008(UT)中的 2 级进行射线照相或超声检测	0.95
4	同序号 1 和序号 2	0.90
5	同序号 1 和序号 3	1.00
6	同序号 2 和序号 3	1.00

4.2.6 铸件质量系数 Φ_C

4.2.6.1 铸铁件(灰铸铁、球墨铸铁、可锻铸铁)的铸件质量系数 Φ_C 取 1.0。

4.2.6.2 除铸铁外,GB/T 20801.2—2020 表 A.1 中金属静态铸件应按 JB/T 7927 进行外观检查,且不低于 B 级要求,铸件质量系数取 0.8。

4.2.6.3 对需要进行附加无损检测的铸件可取表 4 中的铸件质量系数,但铸件质量系数 Φ_C 的改变并不影响管道组成件的压力-温度额定值。

4.2.7 焊接接头高温强度降低系数 W

4.2.7.1 使用表 5 所列高温蠕变工况的铬钼合金钢、强韧型铁素体耐热钢、300 系奥氏体不锈钢、800 和 600 镍基合金焊接接头的长期工作强度可能低于母材。

按第 6 章设计承受内压的焊接直管和弯管、弯头、斜接弯头、异径管等对焊管件壁厚时,许用应力与纵向焊接接头系数的乘积 $S\Phi_w$ 还应乘以焊接接头高温强度降低系数 W;计算由持续性荷载产生的轴向应力时,环焊缝的许用应力 S_h 也应乘以 W。

4.2.7.2 符合下列条件之一者,可不计焊缝接头高温强度降低系数 W:

a) 评价临时荷载(如风荷载、地震荷载)时;

b) 按 4.2.3 评价的压力和温度允许变动范围时;

c) 按 a)或 b)条件的额定压力或许用应力;

d) 按 7.5.5.3 计算柔性分析的许用应力范围 S_A 时。

4.2.7.3 对于表 5 以外的材料,除 4.2.7.4 以外,温度不高于 510 ℃时,W 取 1.0;温度为 815 ℃时,W 取 0.5,中间数值采用线性内插法计算;温度高于 815 ℃时,由设计者确定 W。

4.2.7.4 允许通过焊接接头蠕变断裂试验确定大于表 5 或 4.2.7.3 的 W 值,但应符合下列规定:

a) 应采用全厚度包括母材、焊缝及热影响区的横向焊接接头试样;

b) 持久断裂时间不低于 1 000 h。

表 5 焊接接头高温强度降低系数 W[g]

材料	温度/℃														
	427	454	482	510	538	566	593	621	649	677	704	732	760	788	816
CrMo 钢[a~c]	1	0.95	0.91	0.86	0.82	0.77	0.73	0.68	0.64	—	—	—	—	—	—
CSEF(N+T)[c~e]	—	—	—	1	0.95	0.91	0.86	0.82	0.77	—	—	—	—	—	—
CSEF[c,d](PWHT)	—	—	1	0.5	0.5	0.5	0.5	0.5	0.5	—	—	—	—	—	—
无填充金属的 300 系奥氏体不锈钢及 800 和 600 镍基合金自熔焊[f]	—	—	—	1	1	1	1	1	1	1	1	1	1	1	1
带填充金属的 300 系奥氏体不锈钢及 800 镍基合金	—	—	—	1	0.95	0.91	0.86	0.82	0.77	0.73	0.68	0.64	0.59	0.55	0.5

[a] CrMo 钢包括 0.5Cr-0.5Mo、1Cr-0.5Mo、1.25Cr-0.5Mo、2.25Cr-1Mo、3Cr-1Mo、5Cr-0.5Mo、9Cr-1Mo。直缝及螺旋缝应是正火、正火加回火或适当的亚临界焊后热处理(PWHT)状态。

[b] 直缝及螺旋缝电熔焊结构不准许用于 454 ℃以上的 C-0.5Mo 钢。

[c] 焊缝填充金属的碳含量应≥0.05%。埋弧焊焊剂的碱度应≥1.0。

[d] CSEF(强韧型铁素体耐热钢)钢包括:91、92、911、122 和 23。

[e] N+T:焊后正火+回火。

[f] 无填充金属的自熔焊。焊后应进行固溶退火处理。

[g] 表列温度仅用于相应材料焊接接头高温强度降低系数 W,材料的使用温度上限按 GB/T 20801.2 的相应规定。

5 管道组成件

5.1 管道组成件的选用

5.1.1 一般规定

应根据流体的性质、各种可能出现的操作工况以及外部环境的要求和经济合理性选用管道组成件。

5.1.2 管子和对焊管件

5.1.2.1 按 GB/T 20801.2—2020 表 A.1 和表 13 选用的管子和对焊管件，其壁厚计算应符合本部分第 6 章的相关规定。

5.1.2.2 按 GB/T 20801.2—2020 表 A.1 和表 13 选用的管子，还应考虑设计条件和各种可能出现的操作工况。

5.1.2.3 管子和对焊管件材料的使用限制应符合 GB/T 20801.2 的相关规定。

5.1.2.4 用于 GC1 级管道和剧烈循环工况的对焊管件应符合下列规定：

a） 符合 GB/T 12459—2017 附录 B 的最小壁厚要求；

b） 采用带折边异径管，且半锥角不大于 30°。

5.1.2.5 采用 GB/T 9711 中 L290(X42)～L555(X80)的管道系统，对焊管件应符合GB/T 29168.2 的相关要求。

5.1.3 弯管

5.1.3.1 弯管的制作应符合 GB/T 20801.4 的相关规定。

5.1.3.2 弯管最小壁厚应符合 6.2 的规定。

5.1.3.3 带褶皱和波浪的弯管(见 GB/T 20801.4—2020 的图 1)不得用于 GC1 级管道和剧烈循环工况。

5.1.3.4 采用 GB/T 9711 中 L290(X42)～L555(X80)的管道系统，弯管应符合 GB/T 29168.1 的相关要求。

5.1.4 斜接弯头(虾米弯)

5.1.4.1 斜接弯头的使用应符合以下规定：

a） 设计压力 $P \leqslant 2.0$ MPa，且设计温度低于材料的蠕变温度；

b） 斜接弯头的变方向角 α 大于 45°者，仅适用于 GC3 级管道；

c） 斜接弯头的变方向角 α 大于 22.5°者，不得用于 GC1 级管道和剧烈循环工况；

d） 斜接弯头的变方向角 α 小于或等于 3°者，可作为直管而不作为斜接弯头。

5.1.4.2 除满足 5.1.4.1 的规定外，非标准斜接弯头应按第 6 章进行压力设计，其焊接和制作还应符合 GB/T 20801.4 的相关规定。

5.1.5 短半径弯头

短半径弯头和短半径回弯头($R=1.0D$)应符合 GB/T 12459 的规定。

弯头中心线所在平面的内弧侧壁厚不小于管件公称壁厚的 1.25 倍者，其最大允许工作压力与4.2.1.3 a)确定的最大允许工作压力相同。

内弧侧壁厚小于管件公称壁厚的 1.25 倍者，其最大允许工作压力应不大于按 4.2.1.3 a)确定的最大允许工作压力的 80%。

5.1.6 翻边接头

5.1.6.1 翻边接头的选用应符合表 13 所列相应标准的规定。

5.1.6.2 现场制作的焊制翻边接头应符合下列规定：

a） 应采用图 1 规定的焊制翻边接头的基本型式，但对于剧烈循环工况，则应采用图 1 d)、图 1 e)所示的圆角结构；

b) 外径应符合 GB/T 12459 的相关要求,翻边接头的密封面应按相应管法兰密封面的要求加工;

c) 厚度应不小于与其连接管子的公称壁厚;

d) 材料的许用应力应不小于与其连接的管子在 GB/T 20801.2—2020 表 A.1 中规定的许用应力;

e) 制作和检验应符合 GB/T 20801.4 和 GB/T 20801.5 的有关规定。

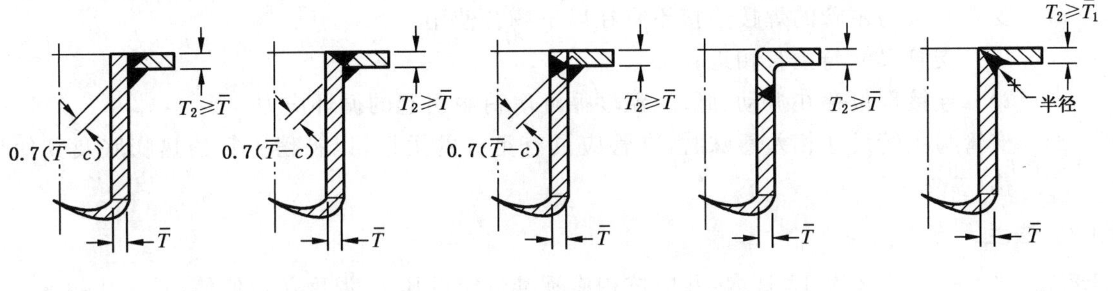

图 1 焊制翻边接头的基本型式

5.1.6.3 现场制作的扩口翻边接头应符合以下规定:

a) 不得用于剧烈循环工况;

b) 扩口翻边用管子应符合 GB/T 20801.2—2020 表 A.1 相应材料标准以及相应的扩口翻边加工工艺要求;

c) 翻边接头的密封面外径应符合 GB/T 12459 的相关要求,密封面应按相应管法兰密封面的要求加工;

d) 内圆角半径应不大于 3 mm;

e) 最小厚度应不小于管子最小壁厚的 95%;

f) 压力设计应符合 4.2.1.2 的规定。

5.1.6.4 现场制作的扩口翻边接头用于 GC1 级管道时,除符合 5.1.6.3 的规定以外,还应满足以下要求:

a) 公称直径应不大于 DN100,且扩口翻边前管子壁厚应大于 Sch10;

b) 最高允许工作压力应不大于 PN20 法兰规定的相应额定值;

c) 工作温度应不高于 200 ℃。

5.1.6.5 满足以下任一要求的翻边接头可用于剧烈循环工况下:

a) 符合 GB/T 12459 的翻边接头;

b) 在管端整体锻制翻边接头;

c) 符合 5.1.6.2 并且采用图 1 d)、图 1 e)所示的圆角结构。

5.1.7 支管连接及其管件

5.1.7.1 支管连接包括支管直接与主管的焊接连接和通过支管连接管件与主管的连接两种形式,支管连接管件包括支管座、半管接头和三通等。用于 GC1 级管道的支管连接管件应符合 5.1.7.2 的规定。支管直接与主管的焊接连接应符合 5.1.7.3 的规定。

5.1.7.2 用于 GC1 级管道的支管连接管件应符合下列规定:

a) GC1 级管道用支管连接管件宜采用整体补强的支管连接管件或三通;

b) 承插或螺纹支管座和半管接头的公称直径应不大于 DN80;

c) 螺纹管件的选用应符合 5.2.5 的有关规定。

5.1.7.3 支管直接与主管的焊接连接应符合下列规定:

a) 应按 6.7、6.8 的规定进行压力设计,焊接应符合 5.2.2.1 的规定。

b) 用于剧烈循环工况时,除应符合 5.1.7.3 a)的规定外,还应采用 GB/T 20801.4—2020 图 10 b)、图 10 d)、图 10 f)的结构。

c) 支管直接与主管的焊接连接不宜在以下场合使用:

1) 支管尺寸与主管相近;

2) 连接部位存在振动、脉动、温度循环等荷载引起的循环应力。

d) 支管与主管尺寸相差悬殊时,支管应具有足够的柔性,以补偿主管的热膨胀及其他位移(参见 7.5.5)。

5.1.8 法兰

5.1.8.1 法兰一般应按表 13 选取,并应按相应标准规定的压力-温度额定值使用。

5.1.8.2 当选用表 13 以外的法兰时,应符合 4.2.1.2~4.2.1.4 的规定。

5.1.8.3 平焊法兰和松套法兰的附加要求:

a) 平焊法兰不得用于温度频繁变化的工况,特别是法兰未作隔热的场合;

b) 带颈平焊法兰与翻边短节配合的使用范围应符合表 6 的规定;

表 6 与翻边短节配合的带颈平焊法兰的使用范围

压力等级	最大法兰公称直径
Class 150	DN300
Class 300	DN200

c) 松套法兰或带颈平焊法兰与翻边接头(包括现场制作的焊制翻边、扩口翻边等)配合使用时,应考虑法兰内孔与翻边转角的配合。

5.1.8.4 承插焊法兰的焊接应符合 5.2.2.3 的规定。

5.1.8.5 螺纹法兰(采用锥管螺纹连接的法兰)附加要求:

a) 螺纹法兰的连接应符合 5.2.5 规定;

b) 选用 DN65、DN125 和 DN150 螺纹法兰时,其钢管外径还应符合表 7 的规定。

表 7 螺纹法兰的钢管外径

公称尺寸	钢管外径/mm	
	GB/T 7306(55°锥管螺纹)	GB/T 12716(60°锥管螺纹)
DN65	76.1	73
DN125	139.7	141.3
DN150	165.1	168.3

5.1.8.6 法兰型式的选用应考虑法兰的刚度对法兰接头密封性能的影响。

5.1.8.7 剧烈循环工况下,应选用整体法兰或带颈对焊法兰。

5.1.8.8 确定法兰密封面型式及表面粗糙度时,应考虑流体性质和垫片性能。

5.1.8.9 有毒、可燃介质管道不得采用板式平焊法兰。

5.1.8.10 胀接法兰和螺纹法兰(不包括高压用螺纹法兰-透镜垫密封型式)不得用于 GC1 级管道。

5.1.9 **垫片**

5.1.9.1 垫片的选用应考虑流体性质、工作温度、压力以及法兰密封面等因素。垫片的密封荷载应与法兰的压力等级、密封面型式、表面粗糙度和紧固件相匹配。

5.1.9.2 有冷流倾向的垫片,其密封面型式宜采用全平面、凹凸面或榫槽面。

5.1.9.3 选用缠绕式垫片、金属包覆垫等半金属垫或金属环垫的公称压力小于或等于 PN20 的标准管法兰,应采用带颈对焊等刚性较大的结构型式。

5.1.9.4 可燃材料(如橡胶)制成的垫片,不得用于输送强氧化性介质的管道。

5.1.10 **紧固件**

5.1.10.1 紧固件包括六角头螺栓、等长双头螺柱、全螺纹螺柱、螺母,紧固件强度按表 8 分类。

表 8 紧固件强度分类

螺栓材料 (HG/T 20613,HG/T 20634)		
高强度	中强度	低强度
8.8 35CrMo 25Cr2MoV 42CrMo(B7) A320 L7	A2-70 A4-70 A193 B8-2 A193 B8M-2 A453 660	5.6 A4-50 A2-50 06Cr17Ni12Mo2 06Cr18Ni10
除设计计算保证具有足够强度外,低强度紧固件不应用于 Class 600 及以上等级法兰接头和金属垫片密封的法兰接头。 5.2.3.5 所列工况,应采用中强度或高强度紧固件。		

5.1.10.2 紧固件应符合预紧及操作条件下垫片的密封要求。

5.1.10.3 较高强度等级的紧固件可代用较低强度等级的紧固件。高温条件下使用的紧固件应与法兰材料具有相近的热膨胀系数。螺栓的工作温度宜不高于其蠕变阈值温度。

5.1.10.4 配对法兰中一侧为铸铁法兰或铜合金法兰时,应采用低强度紧固件。但以下情况除外:

a) 两侧法兰的密封面均为全平面且采用全平面垫片的场合;

b) 规定了螺栓拧紧力矩和拧紧程序的场合。

5.1.10.5 低强度紧固件不得用于剧烈循环工况下的法兰接头。

5.1.11 **阀门**

5.1.11.1 应根据管道的设计温度、设计压力、介质性质和阀门用途来选用阀门,并应考虑外部荷载对阀门操作性能和密封性能的影响。

5.1.11.2 阀门应按表 13 选取,也可参见附录 C 选取,并应按相应标准规定的压力-温度额定值使用。阀门内件采用非金属材料时,应根据非金属材料所能承受的压力-温度额定值确定阀门的压力-温度额定值。

5.1.11.3 阀盖与阀体的连接应满足以下要求:

a) 采用螺纹阀盖的阀门应设有防止阀盖松动的安全装置,如锁紧装置等;

b) 阀盖与阀体的连接螺栓个数少于 4 或采用 U 形螺栓连接的阀门,仅适用于 GC3 级管道。

5.1.11.4 对于内部可能滞留流体介质的阀门(如双密封阀座阀门),应采取适当的安全措施防止因温度升高导致的压力增加。

5.1.11.5 对于阀杆填料和管道内流体介质温差较大的工况以及阀门设计温度低于−46 ℃的低温工况,应采用加长阀盖的结构形式。

5.1.11.6 对于 GC1 级管道和剧烈循环工况,其阀门的选用应符合以下规定:

a) 除本部分另有规定外,宜选用重载(GB/T 12234、GB/T 12235 或 API 600)阀门。

b) 阀帽或阀盖的密封结构应采用下列型式之一:

1) 法兰连接,螺栓数量大于或等于 4,且法兰接头及其螺栓上紧应符合 5.2.3.5 的相应规定;

2) 压力密封阀盖;

3) 全焊透焊接结构。

c) 不得采用螺纹连接的阀盖密封结构。

d) 用于剧烈循环工况的阀门铸件质量系数 Φ_C 应大于或等于 0.90。

5.1.11.7 采用非金属密封材料内件,且用于可燃流体的阀门,应符合耐火试验要求,并应根据非金属材料所能承受的压力-温度额定值确定阀门的压力-温度额定值。

5.1.11.8 用于 GC1 级(毒性、易燃性)以及挥发性有机物(VOC)的阀门应采用低逸散结构,控制阀杆填料处的泄漏,且符合 ISO 15848-1(型式试验)和 GB/T 26481(阀门检验)的相应要求,参见附录 D 表 D.3 所列要求。

5.1.11.9 对于 5.1.11.1~5.1.11.8 的规定同样适用于管道过滤器、疏水器及分离器等与阀门类似的管道组成件。

5.2 管道组成件连接形式的选用

5.2.1 一般规定

管道组成件连接形式的选用应与管道材料和流体工况相适应,并应考虑在预期的使用和试验工况下,压力、温度和外荷载对连接接头密封性能和机械强度的影响。

5.2.2 焊接接头

5.2.2.1 管道组成件的连接形式宜优先选用焊接接头。管道组成件在制作和安装过程中的焊接、预热和热处理应符合 GB/T 20801.4 的有关规定,其检查及检验应符合 GB/T 20801.5 的有关规定。

5.2.2.2 衬环和熔化性嵌条应符合以下规定:

a) 对于腐蚀、振动或剧烈循环工况,焊接时应尽量避免使用衬环;如需采用衬环,应在焊后去除衬环并打磨接头内表面;在不可能去除衬环时,应考虑使用不带衬环的焊接,或使用可熔化性嵌条替代衬环,或焊后能去除的非金属衬环。

b） 对于剧烈循环工况或GC1级管道，不应使用不连续的开口衬环。

5.2.2.3 采用承插焊的焊接接头应符合以下规定：

a） 一般用于公称直径小于或等于DN50的管道。

b） 承口尺寸应符合相应法兰或管件标准的规定，承插焊焊缝尺寸应不小于GB/T 20801.4—2020图8、图9所示尺寸。

c） 以下场合不得采用承插焊焊接：

1） 可能产生缝隙腐蚀或严重冲蚀的场合；

2） 要求焊接部位及管道内壁光滑过渡的场合；

3） 剧烈循环工况、GC1级管道且公称直径大于DN50的场合。

d） 管道组成件上开设的旁通管和排放孔可采用承插焊连接，其承口尺寸应符合图2 a)以及表9的规定。

e） 开设旁通管和排放孔的管道组成件的壁厚如不能满足表9的尺寸要求或需要开孔补强时，应增加凸缘[如图2 b)所示]，凸缘的尺寸应符合表10的规定。

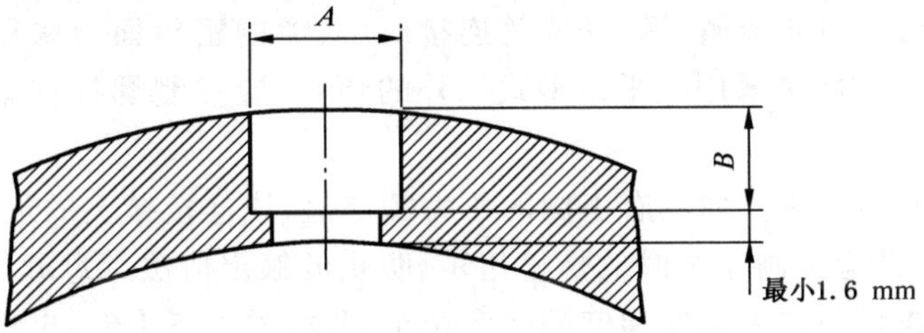

a）

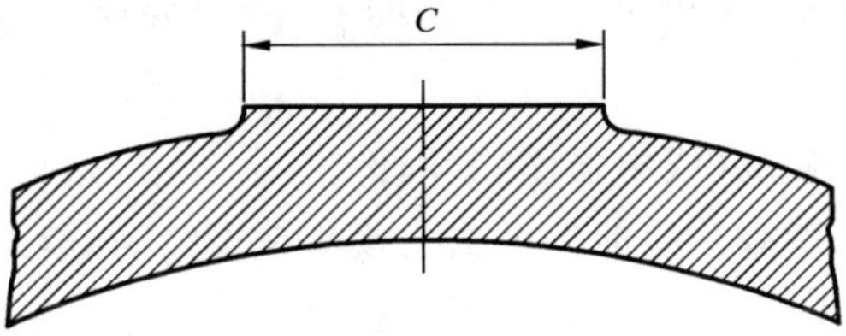

b）

图2 承口和凸缘

表9 承口尺寸

连接尺寸		DN10	DN15	DN20	DN25	DN32	DN40	DN50
最小直径 A/mm	国际通用系列钢管	17.7	21.8	27.4	34.2	42.9	48.8	61.1
	国内沿用系列钢管	14.5	18.5	25.5	32.5	38.5	45.5	57.8
最小深度 B/mm		5	5	6.5	6.5	6.5	6.5	8

表10 凸缘尺寸

连接尺寸	DN10	DN15	DN20	DN25	DN32	DN40	DN50
最小直径 C/mm	32	38	44.5	54	63.5	70	86

5.2.2.4 角焊缝应符合以下规定：

a) 符合 GB/T 20801.4—2020 图 7、图 8 和图 9 的角焊缝，可用于连接承插焊元件和平焊法兰的主要焊缝；

b) 角焊缝也可用于连接补强元件和结构附件，以增加强度或降低应力集中。

5.2.2.5 密封焊焊缝仅用于防止螺纹连接接头的泄漏，而不应考虑其对连接强度的影响。

5.2.2.6 用于剧烈循环工况的焊接接头除应符合 5.2.2.1～5.2.2.4 的要求外，其焊接接头的检查还应符合 GB/T 20801.5—2020 第 6 章的相关要求。

5.2.2.7 用于高温蠕变工况的焊接接头除应符合 4.2.7、5.2.2.1～5.2.2.4 的要求外，其焊接接头的检查还应符合 GB/T 20801.5—2020 第 6 章的相关要求。

5.2.3 法兰连接

5.2.3.1 法兰连接的选用应根据设计条件、荷载、流体特性、泄漏率等因素来考虑，同时还应综合考虑法兰、垫片和紧固件的选用和配合。

5.2.3.2 金属法兰与非金属或铸铁法兰连接时，法兰的密封面应采用全平面型式，且一般配以全平面型式垫片。如果采用全平面型式以外的垫片，应控制螺栓拧紧力矩，防止非金属或铸铁法兰过载。

5.2.3.3 配对的两个法兰如具有不同的压力额定值，该连接接头的最高无冲击工作压力应按较低额定值确定，并应控制安装时的螺栓扭矩，防止低额定值法兰过载。

5.2.3.4 高温或承受较大温度梯度的法兰接头，除应符合 5.1.8～5.1.10 的要求外，还应考虑法兰的高温变形、温差和螺栓材料的应力松弛以及垫片蠕变。

5.2.3.5 GC1 级(毒性、易燃性)管道以及高温或低温、剧烈循环以及振动、疲劳等工况条件下，应满足下列各项要求：

a) 采用表 8 所示的高强度(或中强度)紧固件。

b) 法兰接头的螺栓安装载荷应能保证法兰接头在安装、试验及运行过程中满足下列各项要求：

   1) 螺栓安装载荷应在法兰不变形、垫片不压溃或压碎、螺栓不屈服的条件下取最大值。螺栓安装目标应力(以螺栓根径截面积计)不大于 70％螺栓材料屈服强度。采用高强度紧固件时，螺栓安装目标应力一般可取 350 MPa。

   2) 考虑螺栓材料的应力松弛、垫片蠕变以及法兰偏转而致使螺栓安装载荷的衰减。

   3) 考虑安装偏差而导致螺栓安装载荷的损失。

   4) 考虑管道各种工作(包括试验)压力及外加载荷(包括温度及温差)而导致垫片密封应力的降低。

   5) 运行条件下维持足够的垫片密封应力，满足设计要求的连接紧密性。

c) 采用 GB/T 38343 规定的最大螺栓安装载荷控制技术，法兰接头装配、紧固方法和紧固程序的要求符合 GB/T 20801.4—2020 中 10.2 的相关规定。

5.2.4 胀接接头

5.2.4.1 胀接接头不得用于剧烈循环工况或 GC1 级管道。

5.2.4.2 应采取适当措施以防止胀接接头的松动、分离。

5.2.4.3 用于输送有毒介质的胀接接头，应采取安全防护措施。

5.2.4.4　对承受温度循环、振动、不均匀(或局部)膨胀或收缩以及外部机械荷载的管道,当采用胀接接头连接时,应保证胀接接头的密封性能,并采取安全防护措施。

5.2.5　螺纹密封的管螺纹连接

5.2.5.1　螺纹密封的管螺纹型式应符合表11的规定。

表11　螺纹牙型角

外螺纹	内螺纹	牙型角	标准
锥形 NPT	锥形 NPT	60°	GB/T 12716
锥形 R	锥形 RC	55°	GB/T 7306.2
	平行 RP	55°	GB/T 7306.1

5.2.5.2　锥管螺纹(NPT和R/RC)应符合以下规定:

a)　对于可能发生应力腐蚀、缝隙腐蚀、冲蚀或由于振动、压力脉动及温度变化等可能产生交变荷载的部位,不宜采用螺纹连接;

b)　除温度计套管外,急性毒性类别1和类别2介质的管道和剧烈循环工况管道不应采用螺纹连接;

c)　采用螺纹接头的管道系统,应考虑减小螺纹接头上的应力,特别是由热膨胀和阀门(尤其是端部阀门)操作产生的应力,以防止螺纹接头松动;

d)　除GC3级管道外,不得采用管端伸出螺纹法兰作为密封面的结构型式,如图3所示(不包括高压用螺纹法兰透镜垫密封型式);

e)　圆锥外螺纹元件的公称直径和最小壁厚应符合表12的规定;

f)　圆锥内螺纹元件与外螺纹元件应具有同等的强度和韧性,且符合流体工况的要求;

g)　未承受外部弯矩作用的螺纹元件(如温度计套管),可用于剧烈循环工况。

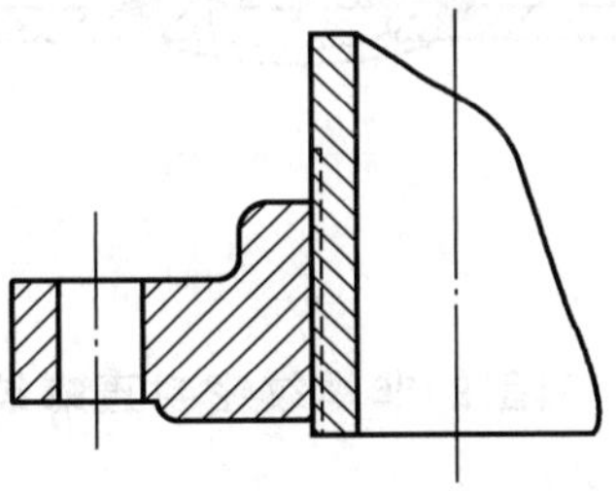

图3　管端伸出螺纹法兰作为密封面的结构

表12　圆锥外螺纹元件的最小壁厚

管道级别	材料	钢管公称直径	最小壁厚(管标号或壁厚)
GC1	碳钢、合金钢	DN8～DN25	Sch80
	不锈钢		Sch40s

表 12(续)

管道级别	材 料	钢管公称直径	最小壁厚 (管标号或壁厚)
GC2	碳钢、合金钢	≤DN40	Sch80
		DN50～DN150	Sch40
	不锈钢	≤DN150	Sch40s
GC3	碳钢、合金钢、不锈钢	≤DN300	按 6.1 规定
用于输送可燃、有毒介质且大于 DN50 的螺纹连接接头,应采取安全防护措施。			

5.2.5.3 锥/平管螺纹(R/RP)应符合以下规定:

a) 圆锥外螺纹与圆柱内螺纹的配合(R/RP),仅适用于 GC3 级管道;

b) 用于水、低压蒸汽和空气系统管道时,可采用密封剂或密封带;

c) 还应符合 5.2.5.1 的规定。

5.2.6 直螺纹连接

直螺纹连接接头可采用图 4 所示的靠一对接触表面密封(非螺纹密封)结构,且仅适用于 GC3 级管道。

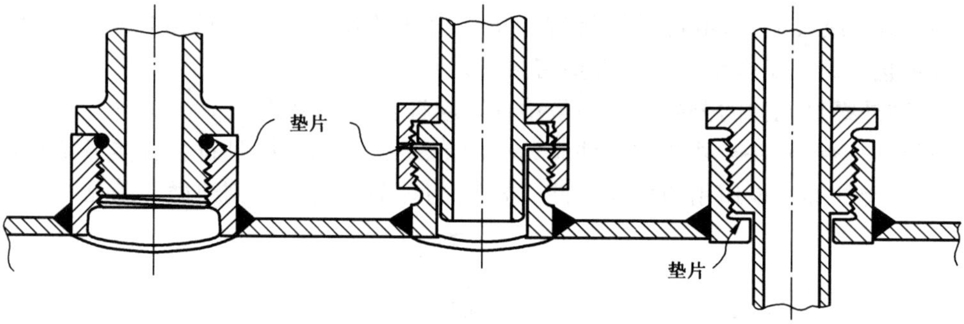

a)　　b)　　c)

图 4 典型的非螺纹密封直螺纹接头

5.2.7 扩口、非扩口压合型管件的连接

5.2.7.1 扩口、非扩口压合型管件(如图 5 所示)连接型式的选用,应考虑装拆、循环荷载、振动、冲击、热膨胀和收缩等因素可能产生的不利影响。

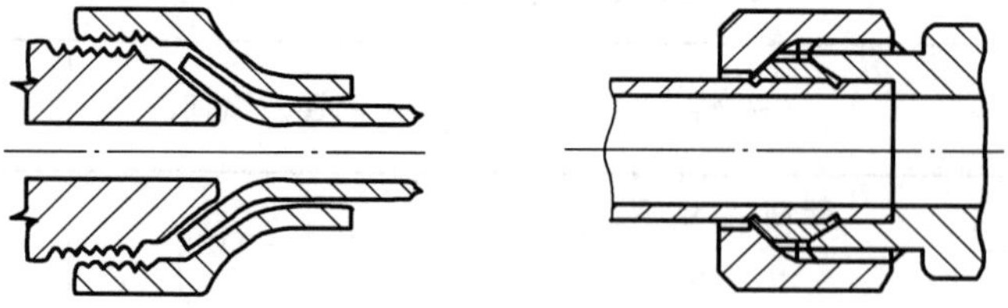

a)　　b)

图 5 扩口、非扩口压合型管件连接结构

5.2.7.2 表 13 所列扩口、非扩口压合型管件的连接应满足以下要求：

a) 管件的最大及最小壁厚应满足相连管子的连接要求，且符合相应管件标准的规定；

b) 扩口压合型管件仅适用于 GC3 级管道，当用于剧烈循环工况选用非扩口压合型管件时，应采取安全防护措施。

5.2.7.3 表 13 中未列入的扩口、非扩口压合型管件，如能满足压力和其他荷载要求，可按 5.2.7.2 的规定使用，且应符合 5.3.3 的相关规定。

5.2.8 填函接头

填函接头应符合以下规定：

a) 在承口和插口的环形空间之间注入或压入填充物的填函接头，仅适用于 GC3 级管道；

b) 使用温度应不高于 93 ℃；

c) 应采取预防措施，以防止接头松动和管道变形，并能承受由于支管连接等原因引起的横向作用力。

5.2.9 钎焊

5.2.9.1 软钎焊接头应符合以下规定：

a) 软钎焊接头仅限用于 GC3 级管道；

b) 不准许采用填角式软钎焊接头；

c) 在可能遇到明火或高温的场合，应考虑软钎料熔点的适应性。

5.2.9.2 硬钎焊和钎接焊接头应符合以下规定：

a) 用于可燃、有毒或对人体有害的流体工况时，应采取安全防护措施；

b) 不得用于剧烈循环工况；

c) 在可能遇到明火的场合，应考虑低熔点焊接合金的影响；

d) 不准许采用填角式硬钎焊接头。

5.2.10 特殊管接头

5.2.10.1 特殊管接头是指 5.2.1～5.2.9 不包括的管接头形式，如图 6 所示的承口式(钟形)、填函式等特殊管接头、机械连接接头等。

5.2.10.2 表 13 所列特殊管接头不得用于 GC1 级管道。

5.2.10.3 表 13 中未列入的特殊管接头应符合 5.3.3 的规定。

5.2.10.4 连接结构应具有足够的强度，并在预期的使用工况下，保证连接的完整性，以防止接头松动。

5.2.10.5 用于吸收热膨胀的填料接头，在承接口底部应留有适当的间隙以供膨胀时移动。

5.2.10.6 机械连接接头、承口-填料式连接接头不得用于剧烈循环工况。

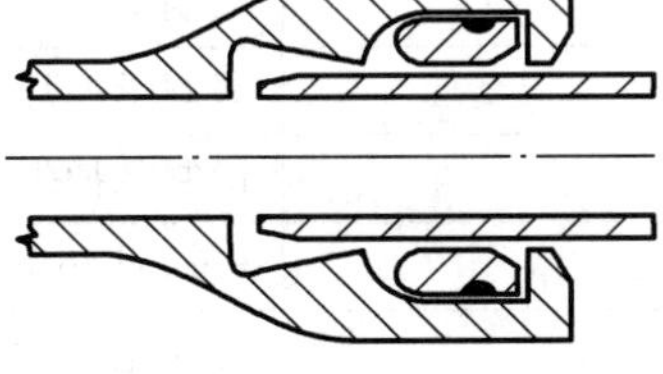

图 6 承口式管件连接结构示意图

5.3 管道组成件的型式和尺寸标准

5.3.1 表13给出了符合GB/T 20801要求的管道组成件的型式和尺寸常用(典型)标准，表14给出了符合GB/T 20801要求的管道组成件的常用(典型)基础标准及检验、试验标准。

5.3.2 表13所列标准规定的压力-温度额定值、公称压力、壁厚等级均符合4.2.1的规定，可作为管道组成件的压力-温度设计准则。

5.3.3 表13中未列入的管道组成件标准的选用应符合下列和本部分的其他相应要求：

a) 非表13所列管道组成件标准包括下列两类：

1) 其他管道组成件国家标准与行业标准；

2) 制造商标准、工程标准及设计规定。

b) 非表13所列其他管道组成件国家标准与行业标准的选用前，设计或业主应确认该标准的设计、材料、制造、检验和质量保证符合本部分的相应要求。

c) 由制造商标准或工程设计标准规定的其他管道组成件标准选用，应符合下列各项要求：

1) 设计。采用本部分第6章或应力分析的方法进行压力设计，或采用与表13所列标准对比的方法来确定最大允许工作压力-温度值，对比时应注意型式、壁厚及通径的可比性。

2) 材料。采用本部分适用的材料，应关注材料在设计温度上限或下限时以及苛刻工况下对特定管道组成件的适用性和可能出现的失效风险。

3) 制造。管道元件的制造工艺应符合本部分的要求以及类似表13所列管道组成件标准的要求。

4) 检验和质量保证。管道元件的检验和质量保证应符合本部分的要求以及类似表13所列管道组成件标准的要求。

5) 应经设计或业主审核和同意。

表13 典型管道组成件型式尺寸标准

分类		标准号	标准名称
钢管		HG/T 20553	化工配管用无缝及焊接钢管尺寸选用系列
		GB/T 17395	无缝钢管尺寸、外形、重量及允许偏差
		ASME B36.10M	Welded and Seamless Wrought Steel Pipe
		ASME B36.19M	Stainless Steel Pipe
管件	对焊	GB/T 12459	钢制对焊管件
		ASME B16.9	Factory Made Wrought Butt-welding Fittings
		HG/T 3651	钛制对焊无缝管件
	承插和螺纹	GB/T 14383	锻制承插焊和螺纹管件
		GB/T 32294	锻制承插焊和螺纹活接头
		ASME B16.11	Forged Fittings, Socket-welding and Threaded
		SH/T 3419	石油化工钢制异径短节
		GB/T 19326	锻制承插焊、螺纹和对焊支管座

表 13（续）

分类		标准号	标准名称
管件	法兰	GB/T 17185	钢制法兰管件
	其他	HG/T 21547	管道用钢制插板、垫环、8字盲板系列
		SH/T 3425	钢制管道用盲板技术标准
		GB/T 29168.1～GB/T 29168.3	石油天然气工业　管道输送系统用感应加热弯管、管件和法兰
		GB/T 9065.1、GB/T 9065.2、GB/T 9065.5	液压软管接头
		GB/T 3733～GB/T 3760 GB/T 3763～GB/T 3765	卡套式管接头
		GB/T 5625～GB/T 5653	扩口式管接头
钢制法兰		GB/T 9124.1、GB/T 9124.2	钢制管法兰
		GB/T 13402	大直径钢制管法兰
		HG/T 20592	钢制管法兰(PN系列)
		HG/T 20615	钢制管法兰(Class系列)
		HG/T 20623	大直径钢制管法兰(Class系列)
		HG/T 20614	钢制管法兰、垫片、紧固件选配规定(PN系列)
		HG/T 20635	钢制管法兰、垫片、紧固件选配规定(Class系列)
		JB/T 2768、JB/T 2769、JB/T 2772、JB/T 2776、JB/T 2778	阀门零部件　高压管子、管件和阀门端部尺寸
螺栓/螺母		GB/T 5782	六角头螺栓
		GB/T 6170	1型六角螺母
		GB/T 6175	2型六角螺母
		HG/T 20613	钢制管法兰用紧固件(PN系列)
		HG/T 20634	钢制管法兰用紧固件(Class系列)
垫片		HG/T 20606、HG/T 20607、HG/T 20609～HG/T 20612	钢制管法兰用垫片(PN系列)
		HG/T 20627～HG/T 20628、HG/T 20630～HG/T 20633	钢制管法兰用垫片(Class系列)
波纹管膨胀节		GB/T 12777	金属波纹管膨胀节通用技术条件
支吊架		GB/T 17116	管道支吊架
消防软管连接件		GB/T 18615	波纹金属软管用非合金钢和不锈钢接头
铸铁管		GB/T 3422	连续铸铁管
		GB/T 13295	水及燃气用球墨铸铁管、管件和附件
铸铁管件	法兰、承插	GB/T 3420	灰口铸铁管件
	螺纹	GB/T 3287	可锻铸铁管路连接件

表 13(续)

分类		标准号	标准名称
铸铁法兰		GB/T 17241	铸铁管法兰
阀门	通用标准	GB/T 12224	钢制阀门　一般要求
	闸阀	GB/T 12234	石油、天然气工业用螺柱连接阀盖的钢制闸阀
		GB/T 12232	通用阀门　法兰连接铁制闸阀
	安全阀	GB/T 12241	安全阀　一般要求
		GB/T 12243	弹簧直接载荷式安全阀
		GB/T 12246	先导式减压阀
	止回阀	GB/T 12236	石油、化工及相关工业用的钢制旋启式止回阀
		JB/T 8937	对夹式止回阀
		GB/T 13932	铁制旋启式止回阀
	旋塞阀	GB/T 12240	铁制旋塞阀
	球阀	GB/T 12237	石油、石化及相关工业用的钢制球阀
		GB/T 8464	铁制和铜制螺纹连接阀门
	蝶阀	GB/T 12238	法兰和对夹连接弹性密封蝶阀
		JB/T 8527	金属密封蝶阀
	截止阀	GB/T 12235	石油、石化及相关工业用钢制截止阀和升降式止回阀
		JB/T 7747	针形截止阀
		GB/T 12233	通用阀门　铁制截止阀和升降式止回阀
	隔膜阀	GB/T 12239	工业阀门　金属隔膜阀

表 14　典型基础标准及检验、试验标准

标准号	标准名称
GB/T 196	普通螺纹　基本尺寸
GB/T 197	普通螺纹　公差
GB/T 7306.1	55°密封管螺纹　第1部分:圆柱内螺纹与圆锥外螺纹
GB/T 7306.2	55°密封管螺纹　第2部分:圆锥内螺纹与圆锥外螺纹
GB/T 12716	60°密封管螺纹
GB/T 1047	管道元件　公称尺寸的定义和选用
GB/T 1048	管道元件　公称压力的定义和选用
GB/T 12220	工业阀门　标志
GB/T 12221	金属阀门　结构长度
GB/T 13927	工业阀门　压力试验
GB/T 1031	产品几何技术规范(GPS)　表面结构　轮廓法　表面粗糙度参数及其数值
GB/T 26480	阀门的检验和试验
JB/T 6899	阀门的耐火试验

6 管道组成件的压力设计

6.1 直管

6.1.1 符号

A ——与几何参数有关的外压(或真空)设计系数;

A_s ——加强圈横截面积,单位为平方毫米(mm^2);

B ——与材料有关的外压(或真空)设计系数,单位为兆帕(MPa);

C ——厚度附加量,为腐蚀、冲蚀裕量和机械加工深度的总和,即 $C=C_2+C_3$,见图 7,单位为毫米(mm);

C_1 ——材料厚度负偏差,按材料标准规定,见图 7,单位为毫米(mm);

C_2 ——腐蚀、冲蚀裕量,见图 7,单位为毫米(mm);

C_3 ——机械加工深度,见图 7,单位为毫米(mm);
对带螺纹的管道组成件,取公称螺纹深度;
对未规定公差的机械加工表面或槽,取规定切削深度加 0.5mm;

D ——管外径,取管子外径的名义值,或由实测所得,单位为毫米(mm);

d ——管内径,用于压力计算时,应是材料标准允许的最大值,单位为毫米(mm);

E ——设计温度下材料的弹性模量,由 GB/T 20801.2—2020 的表 B.3 确定,单位为兆帕(MPa);

L ——外压(或真空)管道的计算长度,单位为毫米(mm);
1) 对于直管,取两相邻支撑线之间的距离,按 GB/T 150.3 的规定确定;
2) 当直管带有焊接相连的(即相接处不作为支撑线)弯头或弯管、斜接弯头时,取直管包括弯头、弯管或斜接弯头的轴线在内的两相邻支撑线之间的距离;
3) 当直管带有异径管时,一般取包括异径管轴向长度在内,大端直管支撑线到小端直管支撑线之间的距离(见 GB/T 150.3—2011 图 4-1);

L_s ——一个加强圈对直管的加强长度,取加强圈中心线到相邻两侧加强圈中心线距离之和的一半,若直管与凸形封头相邻,则应计入封头曲面深度的 1/3,单位为毫米(mm);

P ——设计压力,单位为兆帕(MPa);

$[P]$ ——许用外压,单位为兆帕(MPa);

S ——设计温度下管道组成件金属材料的许用应力,由 GB/T 20801.2—2020 中表 A.1 查取,单位为兆帕(MPa);

T ——最小厚度,为实测所得或取名义厚度减去材料厚度负偏差 C_1,见图 7,单位为毫米(mm);

$\overline{T}$ ——名义厚度,材料标准规定的厚度,单位为毫米(mm);

T_e ——有效厚度,为名义厚度减去厚度附加量和材料厚度负偏差以后的厚度,见图 7,单位为毫米(mm);

t ——计算厚度,按内压或外压(或真空),分别由公式计算而得的厚度,见图 7,单位为

毫米(mm);

t_d ——设计厚度,为计算厚度与厚度附加量之和(必要时可用 T 值替代),见图 7,单位为毫米(mm);

Y ——计算系数,当 $t<D/6$ 时,按表 15 查取;当 $t \geqslant D/6$ 时,$Y=\dfrac{d+2C}{D+d+2C}$;

W ——焊接接头高温强度降低系数,见 4.2.7;

Δ ——厚度圆整值,见图 7,单位为毫米(mm);

$\Phi(\Phi_w、\Phi_C)$ ——焊件的纵向焊接接头系数或铸件质量系数,按 GB/T 20801.2—2020 中表 A.3、表 A.4 或本部分表 3、表 4 查取。

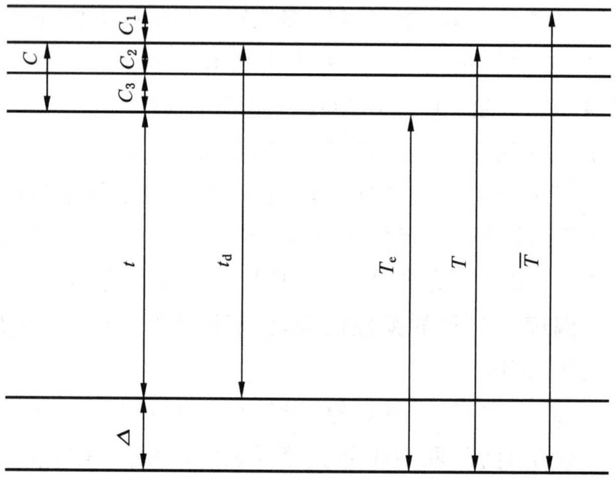

图 7 厚度、附加量和负偏差及其相互关系

表 15 $T<D/6$ 时的 Y 值

材料	温度/℃							
	≤482	510	538	566	593	621	649	≥677
铁素体钢	0.4	0.5	0.7	0.7	0.7	0.7	0.7	0.7
奥氏体钢	0.4	0.4	0.4	0.4	0.5	0.7	0.7	0.7
镍基合金	0.4	0.4	0.4	0.4	0.4	0.4	0.5	0.7
其他延性材料	0.4	0.4	0.4	0.4	0.4	0.4	0.4	0.4
铸铁	0.0	—	—	—	—	—	—	—

6.1.2 直管的内压设计

直管的内压设计应符合下列规定:

a) 当 $t<D/6$ 时,直管的计算厚度 t 按式(1)计算:

$$t=\frac{PD}{2\times(S\Phi W+PY)} \qquad (1)$$

b) 当 $t \geqslant D/6$ 或 $P/S\Phi>0.385$ 时,计算时还应考虑失效机理、疲劳影响和温差应力等因素。

6.1.3 直管的外压(或真空)设计

直管的外压(或真空)设计应符合下列规定:

a) 应根据 D、L、T_e 值以及所用材料,按 GB/T 150.3 等有关标准,并按 $P \leqslant [P]$ 的准则确定计算厚度;

b) 对于 $L/D \geqslant 25$ 且 $D/T_e \geqslant 65$ 的碳钢、低合金钢、奥氏体不锈钢以及铸铁直管,当设计温度不超过 300 ℃时,可按式(2)计算许用外压$[P]$:

$$[P] = \frac{2.2}{3} E \left(\frac{T_e}{D}\right)^3 \qquad \cdots\cdots (2)$$

c) 加强圈的设置和设计应符合 GB/T 150.3 的规定。

6.2 弯管或弯头

6.2.1 符号

I ——计算系数;

R ——弯管或弯头在管子中心线处的弯曲半径(对于弯管,一般取 $R \geqslant 3D$),单位为毫米(mm);

t_w ——弯管或弯头在内侧、外侧或弯管中心线处的计算厚度,单位为毫米(mm);

α ——弯管或弯头的转角,单位为度(°)。

6.2.2 弯管或弯头的内压设计

弯管或弯头的计算厚度(位于 $\alpha/2$ 处)应按式(3)确定:

$$t_w = \frac{PD}{2 \times \left[\left(\frac{S\Phi W}{I} + PY\right)\right]} \qquad \cdots\cdots (3)$$

a) 当计算弯管或弯头的内侧厚度时:

$$I = \frac{4 \times \left(\frac{R}{D}\right) - 1}{4 \times \left(\frac{R}{D}\right) - 2} \qquad \cdots\cdots (4)$$

b) 当计算弯管或弯头的外侧厚度时:

$$I = \frac{4 \times \left(\frac{R}{D}\right) + 1}{4 \times \left(\frac{R}{D}\right) + 2} \qquad \cdots\cdots (5)$$

c) 当计算弯管中心线侧壁处厚度时:

$$I = 1.0 \qquad \cdots\cdots (6)$$

d) 弯管在弯制成型后的端部最小厚度应不小于直管设计厚度 t_d。

6.2.3 弯管或弯头的外压(或真空)设计

弯管或弯头的外压(或真空)设计应按 6.1.3 的规定进行,其计算长度 L 取直管上包括沿弯管或弯头轴线在内的两相邻支撑线之间的距离。

6.3 斜接弯头

6.3.1 符号

P_m ——斜接弯头的最大许用内压,单位为兆帕(MPa);

R_1 ——斜接弯头的有效半径(见图 8),即斜接弯头弯曲中心到斜接管中心线的垂直距离,其值应不小于$\frac{A}{\tan\theta}+\frac{D}{2}$,$A$ 值按表 16 确定,单位为毫米(mm);

r_2 ——管子的平均半径(中径),单位为毫米(mm);

α ——斜接弯头的变方向角(见图 8),$\alpha=2\theta$,单位为度(°);

θ ——斜接处的切割角(见图 8),单位为度(°)。

表 16 系数 A 值

单位为毫米

T_e	A
≤13	25
$13<T_e<22$	$2T_e$
≥22	$[2T_e/3]+30$

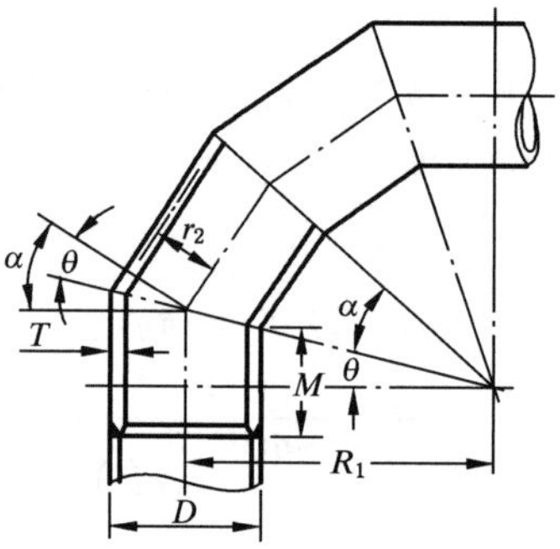

图 8 斜接弯头

6.3.2 斜接弯头的内压设计

斜接弯头的内压设计应符合下列规定:

a) 变方向角 α 不超过 3°的斜接弯头,按直管计算;

b) 单弯斜接弯头的最大许用内压 P_m 应分别按式(7)和式(8)计算:

1) 当 $\theta\leqslant22.5°$时:

$$P_m=\frac{S\Phi WT_e}{r_2}\left[\frac{T_e}{T_e+0.643\tan\theta\sqrt{r_2T_e}}\right] \qquad (7)$$

2) 当 $\theta>22.5°$时:

$$P_m=\frac{S\Phi WT_e}{r_2}\left[\frac{T_e}{T_e+1.25\tan\theta\sqrt{r_2T_e}}\right] \qquad (8)$$

c) θ 角不大于 22.5°的多弯斜接弯头的最大许用内压 P_m,应取按式(7)和式(9)计算值的较小者:

$$P_m=\frac{S\Phi WT_e}{r_2}\left[\frac{R_1-r_2}{R_1-0.5r_2}\right] \qquad (9)$$

d) 斜接弯头两端的直边段长度 M(见图 8),应不小于下列两式中的较大值:

$$M = 2.5(r_2 T)^{0.5} \qquad \cdots\cdots(10)$$

$$M = (R_1 - r_2)\tan\theta \qquad \cdots\cdots(11)$$

其中,直边段的厚度应不小于有效厚度和厚度附加量之和,直管段末端的削薄长度可计入 M 值。

6.3.3 斜接弯头的外压(或真空)设计

斜接弯头的外压(或真空)设计应按 6.1.3 的规定进行,但计算长度 L 应取直管包括斜接弯头各段斜接管轴线在内的两相邻支撑线之间的距离。

6.4 管法兰和法兰盖的压力设计与承受外载荷评估

6.4.1 符号

C ——螺栓中心圆直径,单位为毫米(mm);

D_G ——垫片中心圆直径,单位为毫米(mm);

F ——外加轴向力(拉伸时计入,压缩时不计),单位为牛顿(N);

F_E ——按式(13)计算,由外加轴向力与外加弯矩产生的当量力,单位为牛顿(N);

H_D ——内压引起的作用于法兰内径截面的轴向力,单位为毫米(mm);

h_D ——螺栓中心圆至 H_D 作用圆的径向距离,单位为毫米(mm);

I ——法兰横截面弯曲惯性矩,单位为四次方毫米(mm^4),详见 ASME BPV Code Ⅷ-2 中表4.16.7;

I_F ——法兰横截面极惯性矩,单位为四次方毫米(mm^4),详见 ASME BPV Code Ⅷ-2 中表4.16.7;

M ——外加弯矩,单位为牛顿毫米(N·mm);

M_D ——按泰勒方法,由 H_D 产生的力矩分量,$M_D = H_D h_D$,单位为牛顿毫米(N·mm);

P ——设计压力,单位为兆帕(MPa);

P_e ——由外加轴向力与外加弯矩产生的当量压力,单位为兆帕(MPa)。

6.4.2 标准管法兰的压力-温度额定值

表 13 所列的标准管法兰和法兰盖按标准规定的压力-温度额定值选用。

6.4.3 标准管法兰的压力设计核算

经设计者同意,也可按 6.4.4 所列非标法兰的设计方法[泰勒(Taylor Forge)方法]确定标准管法兰的许用压力-温度值(最大允许工作压力)。

6.4.4 非标法兰的压力设计

非标法兰和法兰盖的压力设计(最大允许工作压力)应符合 GB/T 17186.1 规定的泰勒方法,但法兰及螺栓材料的许用应力应符合 GB/T 20801 的相关规定。当采用控制螺栓安装载荷的法兰上紧措施时,螺栓设计载荷和予紧状态的法兰力矩按需要的螺栓面积 A_m 计算,而不考虑实际螺栓面积 A_b。

6.4.5 管法兰的外载荷评估

当管法兰承受外加轴向力或外加弯矩时,可按下列方法之一评估:

a) 法兰压力-温度额定值-当量压力方法

按式(12)计算其外加轴向力或外加弯矩的当量压力 P_e,设计压力与当量压力之和应不大于法兰的压力-温度额定值。

注:经设计者同意,设计压力也可采用相应工况下的最大工作压力。

$$P_e = \frac{16M}{\pi D_G^3} + \frac{4F}{\pi D_G^2} \quad\cdots\cdots(12)$$

b) 泰勒方法-当量压力方法

按式(12)计算其外加轴向力或外加弯矩的当量压力 P_e,设计压力与当量压力之和应不大于按 6.4.4 方法所得的最大允许工作压力。

c) 泰勒方法-当量力方法

在按 6.4.4 方法进行法兰设计应力校核时:

1) 由内压引起的作用于法兰内径截面的轴向力 H_D 应叠加由外加轴向力 F 以及外加弯矩 M 产生的当量力 F_E,即(H_D+F_E);

$$F_E = F + \left(\frac{4M}{C-2h_D}\right) \quad\cdots\cdots(13)$$

2) 计算法兰力矩 M_D 时,以 $M_D=(H_D+F_E)h_D$ 代替 H_Dh_D;

3) 而 H_T 和 H_G 及相应的法兰力矩计算仅计入设计压力,而不考虑外加轴向力或外加弯矩;

4) 按上述方法所得的法兰设计应力校核应符合 GB/T 17186.1 和 6.4.4 的规定。

d) 泰勒方法-修正当量力方法

在按 c)泰勒方法-当量力方法时,按 ASME BPV Code Ⅷ-2 中式(4.16.14)和式(4.16.16),引入外加弯矩 M 的修正系数$[I/(0.384\,6I_P+I)]$,以 $M[I/(0.384\,6I_P+I)]$代替外加弯矩 M。

6.4.6 法兰刚度

必要时,还可按 GB/T 17186.1 的规定校核法兰刚度。

6.5 盲板

6.5.1 符号

d_g ——对于突面、凹凸面或平面法兰,为垫片内径;对于环连接面和榫槽面法兰,为垫片的平均直径,见图 9,单位为毫米(mm);

t_m ——盲板计算厚度,单位为毫米(mm)。

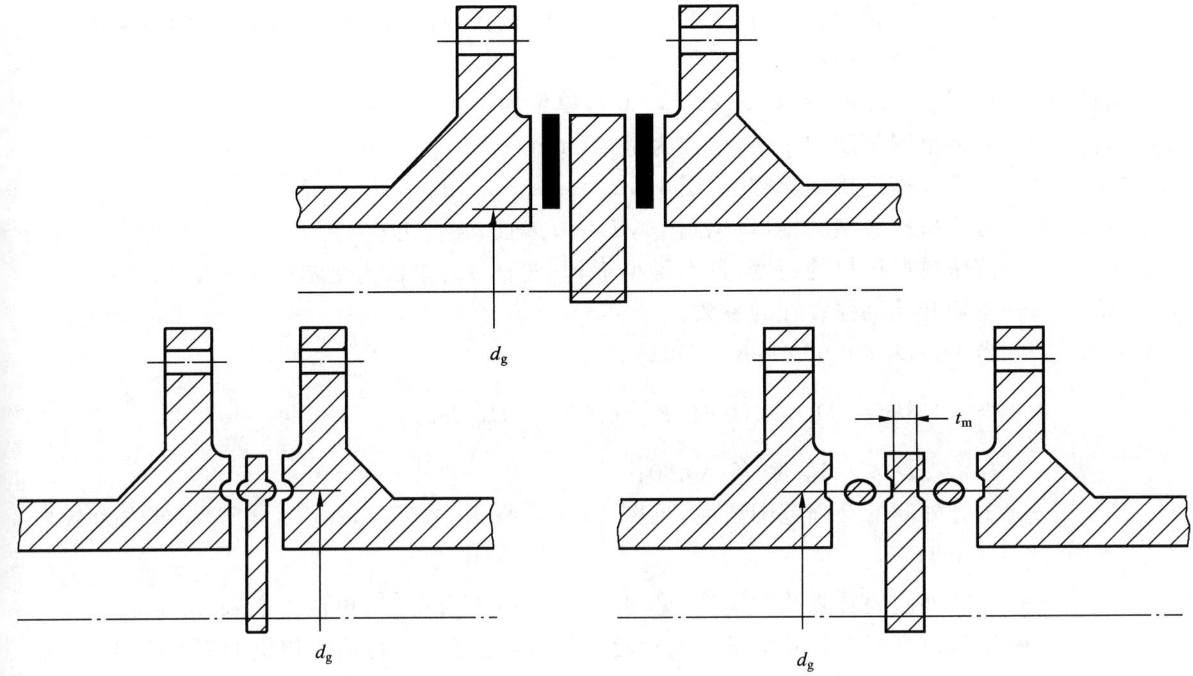

图9 盲板结构图

6.5.2 盲板计算厚度

盲板计算厚度应按式(14)计算:

$$t_m = d_g \sqrt{\frac{3P}{16SW\Phi}} \qquad \cdots\cdots(14)$$

6.6 其他管道组成件

其他管道组成件如异径管、凸形封头和平封头等的压力设计,应按相关标准进行。

6.7 支管连接的等面积补强法

6.7.1 符号

A_1 ——因开孔削弱而要求补强的截面积,见图10,单位为平方毫米(mm^2);

A_2 ——补强范围内主管上除承受压力所需面积之外的多余截面积,见图10和图11,单位为平方毫米(mm^2);

A_3 ——补强范围内支管上除承受压力所需面积之外的多余截面积,见图10和图11,单位为平方毫米(mm^2);

A_4 ——补强范围内的补强圈截面积,或挤压成型接口端部除承受压力所需之外的多余截面积,见图10和图11,单位为平方毫米(mm^2);

A_5 ——补强范围内的焊缝截面积,见图10,单位为平方毫米(mm^2);

D_b ——支管外直径,见图10和图11,单位为毫米(mm);

D_h ——主管外直径,见图10和图11,单位为毫米(mm);

D_r ——补强圈外直径,单位为毫米(mm);

d_b ——支管内直径,见图11,单位为毫米(mm);

d_x ——挤压成型接口的设计内直径,取支管内直径与两倍的厚度附加量之和,见图 11,单位为毫米(mm);

d_1 ——见图 10,$d_1\sin\beta=D_b-2(T_b-C)$,单位为毫米(mm);

d_2 ——补强范围宽度的一半,单位为毫米(mm);
对于焊接连接的支管,见图 10,$d_2=\max(d_1, T_{eb}+T_{eh}+d_1/2)$;
对于挤压成型的接口,见图 11,$d_2=d_x$,且 $d_2\leqslant D_h$;

h_x ——挤压成型接口的高度,且不得小于 r_x,见图 11,单位为毫米(mm);

K ——主管开孔补强设计的系数:
当 $D_b/D_h>0.60$ 时:$K=1.0$;
当 $0.15<D_b/D_h\leqslant0.60$ 时:$K=0.6+\frac{2}{3}(D_b/D_h)$;
当 $D_b/D_h\leqslant0.15$ 时:$K=0.70$;

L_4 ——主管外侧的补强范围高度,见图 10,$L_4=\min(2.5T_{eh}, 2.5T_{eb}+T_r)$,单位为毫米(mm);

L_5 ——主管外侧的补强范围高度,见图 11,$L_5=0.7\sqrt{D_bT_x}$,单位为毫米(mm);

r_x ——挤压成型接口外轮廓部分的过渡半径,在支管和主管轴线相交的平面上测量,见图 11,单位为毫米(mm);

T_b ——支管最小厚度,为实测所得或取名义厚度减去材料厚度负偏差,单位为毫米(mm);

$\overline{T}_b$ ——支管名义厚度,单位为毫米(mm);

T_{eb} ——支管有效厚度,支管名义厚度减去厚度附加量和厚度负偏差后的厚度,单位为毫米(mm);

T_{eh} ——主管有效厚度,主管名义厚度减去厚度附加量和厚度负偏差后的厚度,单位为毫米(mm);

T_h ——主管最小厚度,为实测所得或取名义厚度减去材料厚度负偏差,单位为毫米(mm);

$\overline{T}_h$ ——主管名义厚度,单位为毫米(mm);

T_r ——补强圈或补强鞍板的名义厚度,由管切制时,则为最小厚度,单位为毫米(mm);

T_x ——挤压成型接口的厚度,从主管以上高度为 r_x 处测量,不包括腐蚀、冲蚀裕量,见图 11,单位为毫米(mm);

t_b ——支管计算厚度,应计入支管 Φ_w 值,当只管为外压(或真空)时,t_b 应将外压(或真空)作为内压,且 $\Phi_w=1.0$,单位为毫米(mm);

t_h ——主管计算厚度,应计入支管 Φ_w 值,当支管未和主管纵焊缝相遇或当为外压(或真空)时,t_h 应将外压(或真空)作为内压,且 $\Phi_w=1.0$,单位为毫米(mm);

β ——支管轴线和主管轴线间的夹角,应不大于 90°,单位为度(°)。

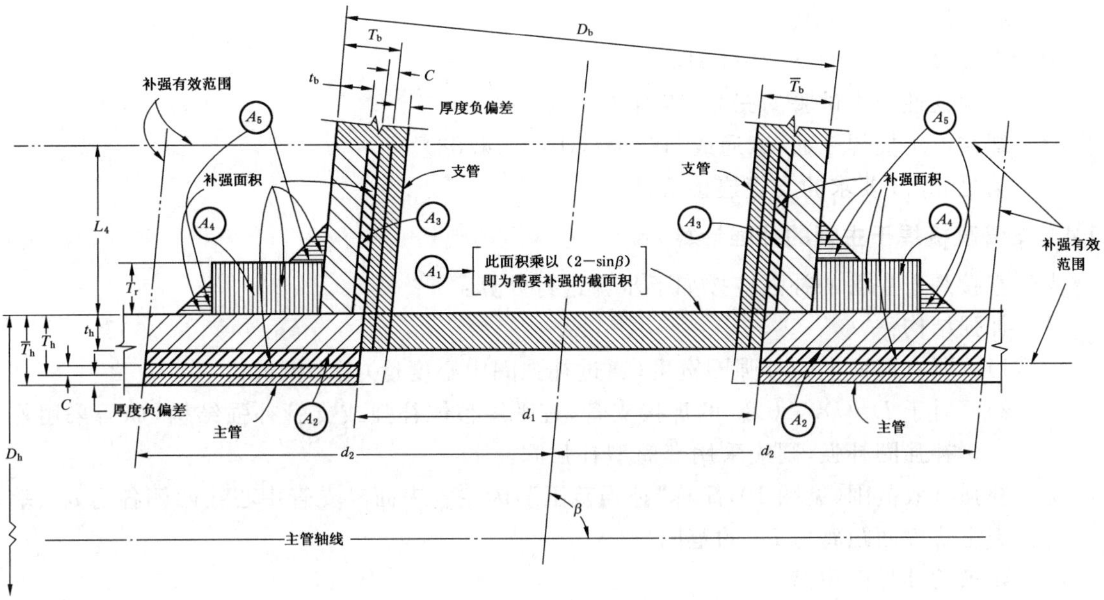

图 10 直主管上的支管连接

6.7.2 等面积补强法的适用范围

6.7.2.1 等面积补强法计算是支管连接的最低要求,6.7.3~6.7.5 规定的等面积补强法计算适用于以下支管连接结构:

a) GB/T 20801.4—2020 图 10 a)~f)所示的焊接支管;

b) 与 a)结构类似的焊接或锻造三通、四通、斜三通;

c) 未列入表 13 的其他直接焊接于主管的支管连接管件。

6.7.2.2 等面积补强法的结构尺寸应符合以下规定:

a) $D_h/T_h<100$ 时,$D_b/D_h\leqslant1.0$;$D_h/T_h\geqslant100$ 时,$D_b/D_h<0.5$;

b) $\beta\geqslant45°$;

c) 支管轴线和主管轴线相交。

6.7.2.3 外加补强材料应符合以下规定:

a) 外加补强材料可不同于主管材料,但应和主管、支管材料具有相近的焊接性能、热处理要求、电位差和热膨胀系数等;

b) 如外加补强材料的许用应力低于主管的许用应力,则用于补强的截面积 A_4 应乘以二者许用应力的比值后再行校核;如补强材料的许用应力高于主管的许用应力,则其影响可不予考虑。

6.7.2.4 对于剧烈循环工况和高温蠕变工况的管道及设计压力大于或等于 10.0 MPa 的高压管道不宜采用补强圈作为补强措施。

6.7.3 不需要补强的条件

符合下列情况之一者,不需要进行补强计算,也不需要采取其他补强措施:

a) 直接焊于主管的螺纹、承插焊半管接头(GB/T 14383),且符合下列各项要求:

1) 支管公称直径不大于 DN50;

2) $D_b/D_h \leqslant 1/4$。

b) 直接焊于主管的支管座(GB/T 19326)。

c) 经验证性压力试验的三通、四通(GB/T 12459)。

d) 螺纹或承插焊三通、四通或斜三通(GB/T 14383)。

e) 满足 5.3.3 要求的支管连接管件。

6.7.4 支管直接焊于主管的补强计算

支管直接焊于主管的补强应按如下步骤进行计算:

a) 补强结构:

1) 所有截面上的补强圈宽度(通过补强圈中心度量)应为恒值;

2) 对于 $D_b/D_h > 0.80$ 的焊接支管,宜采用整体补强或支管补强结构,如需采用外加补强圈补强,则应采用套筒型补强圈。

b) 补强有效范围(见图 10,简称"补强范围")为主管表面沿支管中心线两侧各为 d_2、垂直于主管表面距离为 L_4 的范围。

c) 要求的补强面积 A_1:

1) 对于承受内压的支管连接件,A_1 应按式(15)计算:

$$A_1 = t_h d_1 (2 - \sin\beta) \qquad (15)$$

2) 对于承受外压(或真空)的支管连接件,A_1 应将外压(或真空)作为内压按式(16)计算:

$$A_1 = t_h d_1 (2 - \sin\beta) \qquad (16)$$

d) 补强范围内的补强面积:

1) 除承受压力荷载所需计算厚度 t_h 之外,主管上多余厚度构成的面积 A_2 应按式(17)计算,但内压或外压(或真空)的计算厚度 t_h 应予以区别:

$$A_2 = (2d_2 - d_1)(T_{eh} - t_h) \qquad (17)$$

2) 除承受压力荷载所需计算厚度 t_b 之外,支管上多余厚度所构成的面积 A_3 应按式(18)计算,但内压或外压(或真空)的计算厚度 t_b 应予以区别:

$$A_3 = 2L_4 (T_{eb} - t_b)/\sin\beta \qquad (18)$$

3) 补强圈面积 A_4 应取式(19)和式(20)中的较小值:

$$A_4 = \left(D_r - \frac{D_b}{\sin\beta}\right) T_r \qquad (19)$$

$$A_4 = \left(2d_2 - \frac{D_b}{\sin\beta}\right) T_r \qquad (20)$$

4) 焊缝面积 A_5 应按实际焊缝尺寸计算,焊缝的最小尺寸应符合 GB/T 20801.4—2020 图 10 的规定。

e) 补强面积应满足式(21)的校核要求:

$$A_2 + A_3 + A_4 + A_5 \geqslant A_1 \qquad (21)$$

支管直接焊于主管的补强计算实例参见附录 E。

f) 多个支管连接的补强设计:

1) 如任意两相邻支管的中心距大于或等于该两支管平均直径的 2 倍,则每个支管应分别符合上述 b)~e)的规定。

2） 如任意两相邻支管的中心距小于该两支管平均直径的 2 倍，则两支管的补强设计应按以下规定进行：

——任意两相邻支管的中心距不宜小于该两支管平均直径的 1.5 倍；

——两支管补强范围内相互重叠的面积不能重复计入，且两支管之间的补强面积应不小于该两支管所需补强面积总和的 50%；

——相邻两支管应分别符合上述 b)～e)规定的补强计算要求。

6.7.5 带挤压成型接口的支管连接补强计算

带挤压成型接口的支管连接补强计算应按如下步骤进行计算：

a） 补强结构：

1） 接口(包括支管)轴线和主管轴线相交，且垂直于主管轴线。

2） 挤压成型接口在主管表面的凸出高度 h_x 应大于或等于接口外侧的过渡半径 r_x [见图 11 a)]。

3） 最小过渡半径 r_x 应取 $0.05D_b$ 或 38 mm 中小者。

4） 最大过渡半径 r_x 应满足以下要求：

当 D_b<DN200 时，r_x=32 mm；

当 D_b≥DN200 时，$r_x \leqslant 0.1D_b + 13$ mm。

5） 接口外轮廓由多个过渡半径组成时，应取超过 45°弧线的最佳拟合半径为最大半径 r_x 值，且应满足上述 3)和 4)的规定。

6） 当 r_x 不满足上述要求时，不得采用机加工的方法。

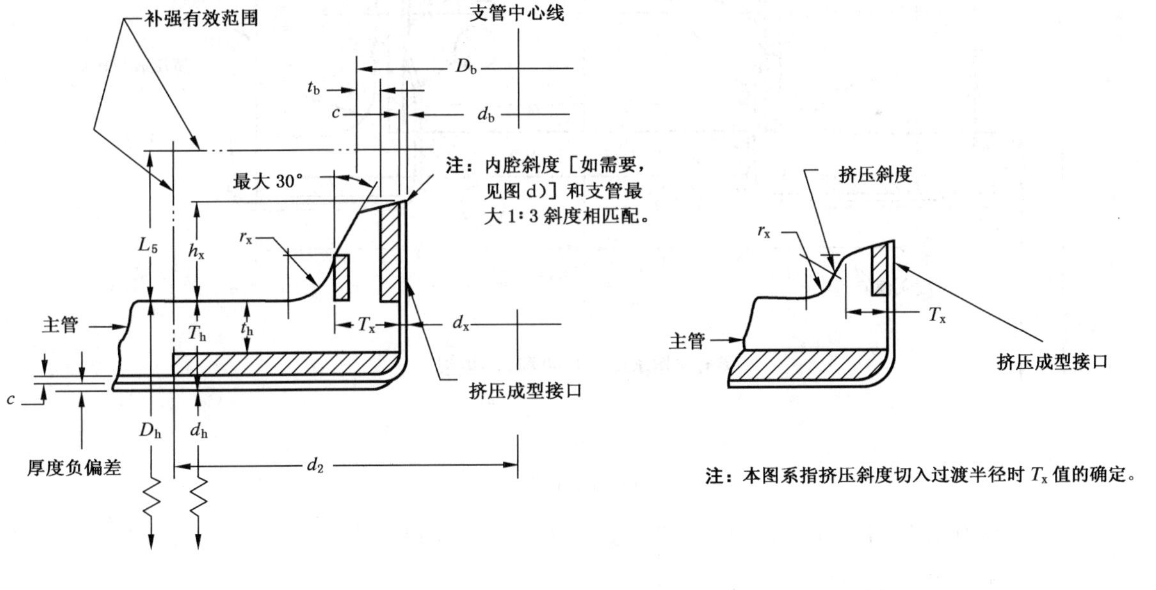

图 11 带挤压成型接口的支管连接

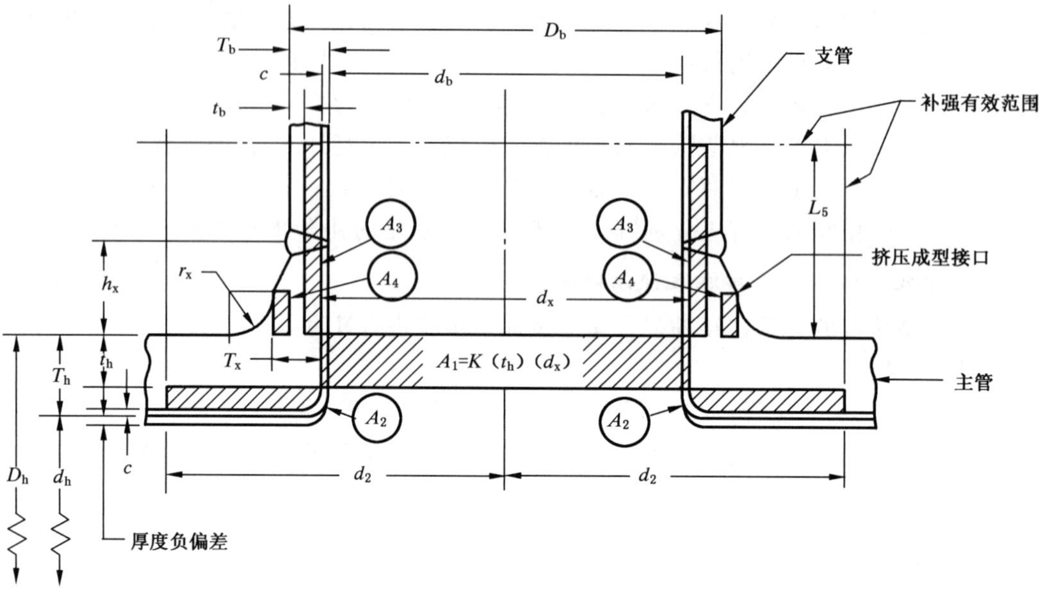

注：本图系指K=1.0时。

c)

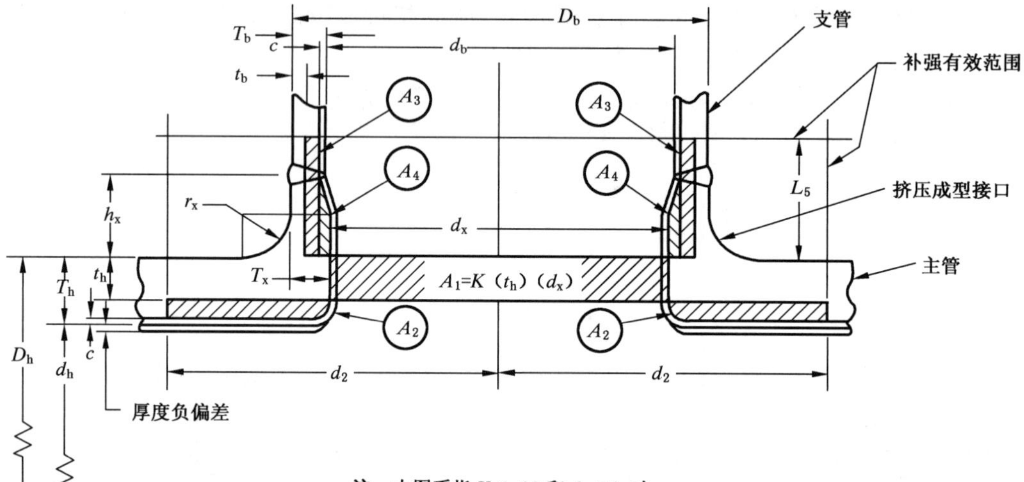

注：本图系指K=1.00和d_x<d_b时。

d)

图 11（续）

b) 补强有效范围(简称“补强范围”)，见图 11，为主管表面沿支管中心线两侧各为 d_2、垂直于主管表面距离为 L_5 的范围。

c) 要求补强的面积 A_1：

1) 对于承受内压的主管上挤压成型的接口，A_1 应按式(22)计算：

$$A_1 = K t_h d_x \quad \cdots\cdots(22)$$

2) 对于承受外压(或真空)的主管上挤压成型的接口：A_1 应将外压(或真空)作为内压按式(23)计算：

$$A_1 = K t_h d_x \qquad (23)$$

d) 补强范围内的补强面积：

1) 除承受压力荷载所需计算厚度 t_h 之外，主管上多余厚度构成的面积 A_2 应按式(24)计算，但内压或外压(或真空)的计算厚度 t_h 应予以区别；

$$A_2 = (2d_2 - d_x)(T_{eh} - t_h) \qquad (24)$$

2) 除承受压力荷载所需计算厚度 t_b 之外，支管上多余厚度构成的面积 A_3 应按式(25)计算，但内压或外压(或真空)的计算厚度 t_b 应予以区别；

$$A_3 = 2L_5(T_{eb} - t_b) \qquad (25)$$

3) 对于挤压成型接口端部的多余厚度构成的面积 A_4 应按式(26)计算：

$$A_4 = 2r_x(T_x - T_{eb}) \qquad (26)$$

e) 补强面积应满足式(27)的校核要求：

$$A_2 + A_3 + A_4 \geqslant A_1 \qquad (27)$$

f) 多个支管连接的补强设计按 6.7.4 f)的规定进行。其中，要求的补强面积及补强范围内的补强面积应按上述 c)和 d)计算。

6.7.6 封头上支管连接的补强设计

封头上支管连接的补强设计应符合以下规定：

a) 补强结构：

1) 开孔直径应不大于封头内径的二分之一，如超过此值，则宜采用异径管；

2) 在通过开孔中心轴垂直于封头表面的任意截面上，开孔每一侧的补强面积至少应等于该截面上所需补强总面积的一半。

b) 补强有效范围：

1) 焊接连接的支管或挤压成型的接口，其补强有效范围应分别按 6.7.4 b)或 6.7.5 b)的要求确定；

2) 凸形封头的补强有效范围应在封头轮廓线之内。

c) 要求补强的面积 A_1 按 GB/T 150 等相关标准的规定计算。

d) 焊接连接的支管连接或挤压成型的接口，其补强面积应分别按 6.7.4 d)或 6.7.5 d)的要求确定。

e) 焊接连接的支管连接或挤压成型的接口，其补强面积的校核应分别符合 6.7.4 e)或 6.7.5 e)的要求。

f) 对于多个支管连接的补强设计，其焊接连接的支管连接或挤压成型接口应分别按 6.7.4 f)或6.7.5 f)的规定进行计算。

6.8 整体成型三通及支管连接的压力面积法计算

6.8.1 表 13 所列整体成型对焊三通可按验证性压力试验或 GB/T 12459—2017 附录 B 的最小壁厚确定其最大允许工作压力。

6.8.2 支管座、Y 形管等需作开孔补强强度设计的异形管道元件以及 6.7.2.2 以外的支管直接连接的补强计算也可采用附录 F 的压力面积法。

6.8.3 根据设计的要求，GB/T 12459 中整体成型三通也可采用附录 F 的压力面积法进行压力设计。

7 管道应力分析

7.1 一般规定

7.1.1 本章对各种可能存在的荷载，在管道元件中产生的应力给出分析方法和评定准则。

如需考虑压力波动对管道元件产生的疲劳效应，可按照 JB 4732 给出的分析方法和评定准则，并在 7.5.5 的柔性分析中，对式(34)、式(35)中许用应力范围的折减系数 f 取 1.0。

7.1.2 本章所述的柔性分析方法不适用于铸铁等脆性材料。

7.1.3 在进行管道系统应力分析时，应考虑膨胀节和其他管道元件的刚度。各种管道元件的柔性系数和应力增大系数可按附录 G 中表 G.1 所列出的公式计算，设计者亦可采用由实验或其他方法得到的更为精确的值。

7.1.4 管道系统中支吊架的个数、位置和型式对管道系统的应力分布有很大影响。设计中，应慎重对待支吊架的布置，以减小管道的应力。管道系统设计应保证每个支吊架具有足够的强度和适当的刚度。

7.2 管道应力分析的范围及方法

7.2.1 所有管线均应做应力分析，工程设计中宜根据管道的温度、压力、口径及连接的设备类型确定分析方法和详细程度。

7.2.2 符合下列条件之一的管道系统，可使用目测或简化分析方法：

a) 口径小于 DN50；

b) 设计温度高于－46 ℃低于 150 ℃；

c) 设计温度高于或等于 150 ℃，低于 200 ℃，口径大于或等于 DN50，小于或等于 DN400；

d) 设计温度高于或等于 200 ℃，低于 350 ℃，口径大于或等于 DN50，小于或等于 DN200；

e) 符合 7.5.5.6 a)、7.5.5.6 b)规定的管道。

7.2.3 符合以下条件之一的管道系统应按本章要求进行详细应力分析：

a) 设备管口有特殊的荷载要求；

b) 预期寿命内温度循环次数超过 7 000 的管道；

c) 设计温度高于或等于 350 ℃，或低于或等于－46 ℃的管道；

d) 利用简化分析方法后，表明需要进行详细分析的管道。

7.3 符号

如未特别注明，本章符号与第 6 章相同。

7.4 荷载及其组合工况

7.4.1 荷载分类

管道应力分析的荷载分类应符合下列规定：

a) 管道应力分析应计入 4.1.3.1、4.1.3.2、4.1.3.3 等所列的管道荷载；

b) 持久性荷载：永久作用于管道系统的荷载，如压力和重力荷载，但不包括冰荷载和雪荷载；

c) 偶然性荷载：短时间作用于管道系统的荷载，如风、地震、冰雪、阀门开、关时的反冲力和压力升高等荷载；

d) 交变性荷载：大小和方向随时间发生变化的荷载，如温差、风力引起的端点位移(如高塔在风载作用下的摆动)、摩擦力等荷载。

7.4.2 荷载组合工况

管道应力分析的荷载组合工况应符合下列规定：

a) 4.1.3.1 所述压力、重力(包括绝热层、管道组成件和管道中流体的重量)等持久性荷载同时作用。

b) 以上 a)所述持续性荷载与 4.1.3.2 a)风荷载或 4.1.3.2 b)地震荷载等偶然性荷载同时作用(当考虑地震荷载时，仅需计入地震所产生的水平力)。必要时，还需考虑 4.1.3.1 b)冰雪荷载、阀门关闭引起的压力短时升高、泄放阀打开时对管道的反冲力等荷载的作用。

c) 因温度引起 4.1.3.3 a)、4.1.3.3 c)、4.1.3.3 d)的荷载及其他交变荷载。

d) 必要时，需计入 4.1.3.3 b)所述端点或支吊架永久性位移引起的荷载，但在结构设计时应尽可能消除该荷载的影响。

7.4.3 偶然性荷载的条件和要求

7.4.3.1 同时满足以下条件时，应考虑 4.1.3.2 b)地震荷载：

a) GC1 级管道以及介质为有毒或可燃的 GC2 类管道；

b) 地震设防烈度大于或等于 6 度，且设计基本地震加速度大于或等于 0.10g。

7.4.3.2 如需考虑 4.1.3.2 a)风荷载，则风荷载和地震荷载无需同时与其他偶然性荷载构成组合工况。

7.4.3.3 如需考虑因阀门开、关产生的荷载，则该荷载与其他偶然性荷载(如地震荷载等)不耦合作用，即无需构成组合工况。

7.5 静态应力分析和强度条件

7.5.1 一般规定

以下应力计算方法和评定准则按 7.4.2 所列荷载组合工况给出。7.5.2～7.5.4 规定的强度条件应同时满足。

7.5.2 持续荷载的应力强度条件

对于 7.4.2 a)所述的持续荷载组合工况，管道和管道元件的应力 S_L 应不大于 S_h，即满足式(28)和式(29)的强度条件：

$$S_L \leqslant S_h \qquad \cdots\cdots (28)$$

$$S_L = \sqrt{(|S_a| + S_b)^2 + 4S_t^2} \qquad \cdots\cdots (29)$$

式(29)中的 S_b、S_a、S_t 应分别按式(30)、式(31)和式(32)计算：

$$S_b = \frac{\sqrt{(I_i M_i)^2 + (I_o M_o)^2}}{Z} \qquad \cdots\cdots (30)$$

$$S_a = \frac{I_a F_a}{A_p} \qquad \cdots\cdots (31)$$

$$S_t = \frac{I_t M_t}{2Z} \qquad \cdots\cdots (32)$$

式中：

S_a ——由持续纵向力产生的应力，单位为兆帕(MPa)；

S_b ——由持续弯矩产生的应力，单位为兆帕(MPa)；

S_t ——由持续扭矩产生的应力，单位为兆帕(MPa)；

Z ——名义壁厚减去壁厚裕量的管道截面模量，单位为立方毫米(mm^3)；

M_i——由持续载荷如压力和重力产生的平面内弯矩，单位为牛顿毫米(N·mm)；

M_o——由持续载荷如压力和重力产生的平面外弯矩，单位为牛顿毫米(N·mm)；

I_i ——平面内持续弯矩系数，在缺少更多可用数据时，取 $0.75i_i$ 或 1.00 的较大值；

I_o ——平面外持续弯矩系数，在缺少更多可用数据时，取 $0.75i_o$ 或 1.00 的较大值；

I_a ——持续纵向力系数，在缺少更多可用数据时，取 1.00；

F_a ——由持续荷载如压力和重力产生的纵向力，单位为牛顿(N)；

A_p ——名义壁厚减去壁厚裕量的管道横截面积，单位为平方毫米(mm^2)；

I_t ——扭矩系数，在缺少更多可用数据时，取 1.00；

M_t——由持续荷载如压力和重力产生的扭矩，单位为牛顿毫米(N·mm)；

注：持续纵向力包括由压力产生的持续力 P_jA_f，P_j 为内压力，$A_f=\pi d^2/4$，d 为管道厚度减去裕度后的内径。如果管系中安装有膨胀节，由设计确定内压力产生的持续纵向力。

S_h ——GB/T 20801.2—2020 表 A.1 中与计算条件相应的温度所对应的许用应力值，单位为兆帕(MPa)；对于高温下工作的材料，还应满足 4.2.7 的规定；用于式(34)、式(35)时，对铸件应乘以相应的铸件质量系数 Φ_C，对焊接件可不乘以纵向焊接接头系数 Φ_w，且最大取 138 MPa；

i_i ——平面内应力增大系数，见附录 G；

i_o ——平面外应力增大系数，见附录 G。

7.5.3 厚度

计算 S_L 所用管壁厚度应为名义厚度减去加工、腐蚀和冲蚀等裕量后的厚度，用于计算应力的面积亦为名义尺寸减去其裕度计算出的面积。而计算重量引起的荷载宜基于整个系统组件的名义厚度，除非有经过更严格分析证明的其他方法。

管道系统中，有一些工况，支架会脱空，应考虑所有工况的支撑条件，式(28)和式(35)的 S_L 应采用各工况计算出的最大值。

7.5.4 持续荷载与偶然性荷载组合工况的应力限制条件

7.5.4.1 对于 7.4.2 b)规定的荷载组合工况，管道和管道元件的应力应满足式(33)限制条件：

$$S_{L2} \leqslant 1.33S_h \qquad (33)$$

式中：

S_{L2}——7.5.2 的 S_L 与风或地震等偶然荷载所产生的应力之和。

7.5.4.2 风荷载和地震荷载均属偶然性荷载，设计时可不同时考虑，并满足下列要求：

a) 如需考虑阀门关闭引起的压力短时升高，应将该升高值计入压力 P 中。如需考虑泄放阀打开时的反冲力，应将其产生的应力计入偶然荷载产生的应力。阀门开、关对管道产生的反冲力和压力升高可参见附录 H 规定的方法进行计算，或采用更精确的方法进行计算。

b) 奥氏体不锈钢和镍基合金的最高工作温度下的材料许用应力 S_h 应符合 GB/T 20801.2—

2020 的 A.5f)的规定。

注：压力试验工况不考虑如风载、地震等偶然荷载。

7.5.5 柔性分析

7.5.5.1 在 7.4.2 c)所述的荷载组合工况的作用下，所有管道系统都应具有足够的柔性以避免出现如下情况：

a) 由于应力超限或疲劳原因导致的管道或支吊架失效；

b) 管道连接部位发生泄漏；

c) 因存在过大的推力或弯矩，而导致管道支吊架、管道元件或与管道连接的其他设备产生过大应力或荷载超限。

7.5.5.2 管道系统设计应满足以下基本要求：

a) 管道系统中任何一处由位移引起的应力范围不应超过 7.5.5.3 规定的许用应力范围；

b) 支座反力或端点反力不应使管道系统中的支吊架或与管道系统连接的设备失效。

7.5.5.3 柔性分析的许用应力范围应按照下列要求确定：

a) 许用位移应力范围 S_A 一般应按式(34)计算：

$$S_A = f(1.25S_c + 0.25S_h) \qquad \cdots\cdots(34)$$

b) 如果在 7.4.2 a)规定的载荷组合工况下计算得到的管道元件的应力 S_L 小于材料在最高工作温度下的许用应力 S_h，则许用位移应力范围 S_A 可按式(35)计算：

$$S_A = f[1.25(S_c + S_h) - S_L] \qquad \cdots\cdots(35)$$

式中：

S_c ——循环荷载作用下管道元件或管道材料在最低金属温度下的许用应力，最大取 138 MPa，单位为兆帕(MPa)；

f ——许用应力范围系数，按式(36)计算或通过图 12 查得：

$$f = 6.0(N)^{-0.2} \leqslant f_m \qquad \cdots\cdots(36)$$

N——预期工作寿命内，以最大应力范围为基准的当量循环次数，按式(37)计算：

$$N = N_E + \sum(r_i^5 N_i),\ i = 1,2,\cdots,n \qquad \cdots\cdots(37)$$

f_m ——应力范围系数的最大值，对于规定最小抗拉强度小于或等于 517 MPa 且循环条件下最高金属温度低于或等于 371 ℃时，铁基材料应力范围系数的最大值为 1.2；其他情况应力范围系数的最大值为 1.0；

N_E——最大应力范围 S_E 的循环次数；

S_E ——最大的计算位移应力范围，单位为兆帕(MPa)；

r_i ——应力范围的比值，$r_i = S_i / S_E$；

S_i ——小于最大位移应力范围 S_E 的某一个第 i 次计算位移应力范围值，单位为兆帕(MPa)；

N_i ——位移应力范围 S_i 的循环次数。

注：式(36)或图 12 不适用于膨胀节。

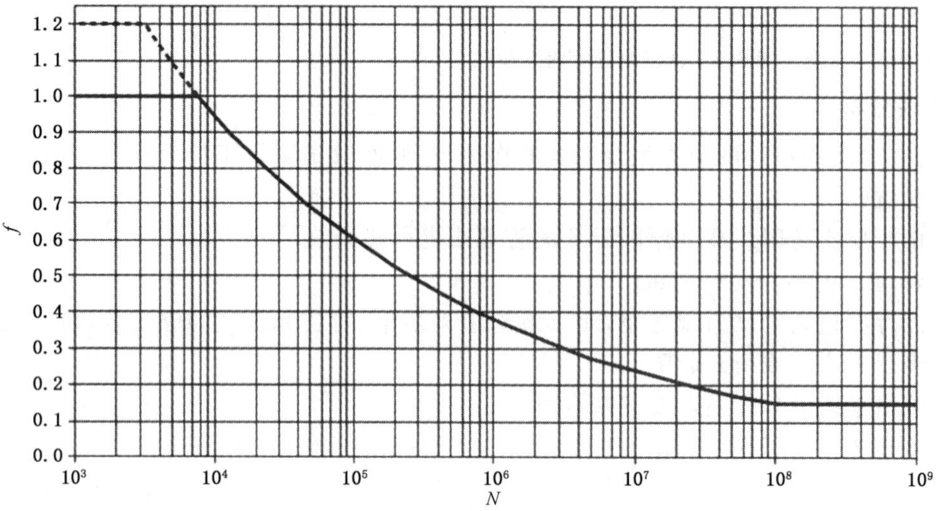

图 12　应力范围系数 f 与位移循环当量数 N 之间的关系

7.5.5.4　材料的物理性能包括参数:

a) 线膨胀系数:

1) 计算应力范围时,应根据材料在温度循环中最高和最低工作温度下从 GB/T 20801.2—2020的表 B.1 查取相应的线膨胀系数;

2) 计算支承反力时,应根据材料在最高(或最低)工作温度和环境温度下从 GB/T 20801.2—2020 的表 B.1 查取相应的线膨胀系数。

b) 弹性模量:

1) 计算应力范围时,材料的弹性模量可按温度为 20 ℃时取值。当管道系统中的各管道元件的弹性模量对管道系统中的应力分布会产生很大影响时,则应按材料在温度循环中的最高和最低工作温度从 GB/T 20801.2—2020 的表 B.2 查取相对应的弹性模量 E_m。

2) 计算支承反力时,应根据材料在最高(或最低)工作温度和环境温度下从 GB/T 20801.2—2020 的表 B.2 查取最高或最低温度下材料的弹性模量 E_m 以及环境温度下的弹性模量 E_a。

3) 当弹性模量无法在 GB/T 20801.2—2020 的表 B.2 中查到时,也可使用其他可靠资料或文献中的数据,但应经过国家认可的机构审查。

c) 泊桑比一般取 0.3,但也可取更为精确的值。

d) 柔性分析时应采用管道或管道元件的名义厚度和外径值。

7.5.5.5　可采用附录 G 所给出的柔性系数 k 和应力增大系数值 i 进行柔性分析。对于附录 G 未列入的管道组成件,其应力增大系数和柔性系数可近似取附录 G 中结构形状相似的管道组成件的值。

7.5.5.6　符合以下条件之一时,管道系统可免除柔性分析:

a) 设计的管道系统与一已成功运行的管道系统的结构和布置一致,或在结构和布置上仅有很少且不影响管道系统柔性要求的差异。

b) 可以容易地判定,所设计的管道系统的柔性不低于一已经过柔性分析的管道系统。

c） 设计的管道系统中，管子尺寸相同、固定点不超过两个、不存在中间约束，且满足式(38)：

$$\frac{D \cdot y}{(L-U)^2} \leqslant K_1 \qquad \cdots\cdots(38)$$

式中：

y ——管道系统所需吸收的总的线位移，单位为毫米(mm)；

L ——管道在两固定点间的展开长度，单位为米(m)；

U ——两固定点之间的直线距离，单位为米(m)；

K_1 ——$208\,000 S_A/E_a$，单位为二次方毫米每米[$(mm/m)^2$]；

E_a ——管道材料在 20 ℃时的弹性模量，单位为兆帕(MPa)；

S_A ——由式(34)计算出的许用位移应力范围，单位为兆帕(MPa)。

d） 下列管道不适用于免除柔性分析：

1） 剧烈循环工况的管道；

2） 含有不等长 U 形弯管($L/U>2.5$)或近似直线的锯齿状管道；

3） 不在固定支承连接方向上的附加位移在总位移量中占了大部分的管道。

7.5.5.7 对于 7.4.2 c)规定的荷载组合工况，可按以下规定的方法进行应力计算和校核。此外，也可以采用任何简化和近似的方法进行管道系统的柔性分析，只要该方法已被证明是偏安全的。在按以下方法进行详细的应力分析时，应对管道系统中所有的管道元件进行应力计算和校核，而不仅限于直管中的应力。

a） 假定和要求：

在进行管道系统柔性分析时，应将管道系统作为一个整体，并应计算管道系统在各可能工况下的所有危险部位及其受力，包括管子和管道组成件中的应力、支吊架处所产生的摩擦力和所受的反力。管道系统柔性分析前，应首先确定所有管道支吊架及其他约束的位置和类型，并且假定支吊架和约束具有足够的强度和刚度，以承受管道或管道组成件对其施加的力和力矩。在分析中所采用的材料性能参数按 7.5.5.4 的规定。

b） 应力范围的计算及其限制条件：

应首先按可能的工况，分别对管道系统中可能的危险部位计算其所受的轴向应力、弯曲应力和扭矩引起的剪应力，然后按式(39)计算组合应力范围：

$$S_E=\sqrt{(|S_a|+S_b)^2+4S_t^2} \qquad \cdots\cdots(39)$$

计算得到的组合应力范围 S_E 应小于或等于 7.5.5.3 规定的许用应力范围，即：

$$S_E \leqslant S_A \qquad \cdots\cdots(40)$$

$$S_t=\frac{i_t M_t}{2Z} \qquad \cdots\cdots(41)$$

$$S_a=\frac{i_a F_a}{A_p} \qquad \cdots\cdots(42)$$

式中：

S_E ——最大的计算位移应力范围，单位为兆帕(MPa)；

S_a ——由位移应变产生的轴向应力范围，单位为兆帕(MPa)；

S_b ——由位移应变产生的弯曲应力范围，单位为兆帕(MPa)；

S_t ——由位移应变产生的扭转应力范围，单位为兆帕(MPa)；

M_t ——要评估的两种工况之间，由位移应变产生的扭矩范围，单位为牛顿毫米(N·mm)；

Z ——管道截面模量，单位为三次方毫米(mm^3)，见7.5.5.4 d)；

F_a ——要评估的两种工况间，由位移应变产生的轴向力范围，单位为牛顿(N)；

A_p ——管道横截面积，单位为平方毫米(mm^2)，见7.5.5.4 d)；

i_a ——轴向应力增大系数，缺少更多可用数据时，对弯管、弯头、斜接弯头(单斜接、宽间距、窄间距斜接弯头)，i_a 取1，附录G中的其他管道组件，$i_a=i_o$，见7.5.5.5；

i_t ——扭转应力增大系数，缺少更多可用数据时，i_t 取1，见7.5.5.5。

c) 对弯头、斜接弯头、等径三通，如图13所示，式(39)中由位移应变产生的弯曲应力范围 S_b 按式(43)计算：

$$S_b=\frac{\sqrt{(i_iM_i)^2+(i_oM_o)^2}}{Z} \qquad (43)$$

式中：

i_i ——平面内应力增大系数，见附录G；

i_o ——平面外应力增大系数，见附录G；

M_i ——要评估的两个工况间的平面内弯矩范围，单位为牛顿毫米(N·mm)；

M_o ——要评估的两个工况间的平面外弯矩范围，单位为牛顿毫米(N·mm)。

d) 对异径三通，式(39)中由位移应变引起的弯曲应力范围 S_b 按式(44)和式(45)计算，如图13所示。

主管端：

$$S_b=\frac{\sqrt{(i_iM_i)^2+(i_oM_o)^2}}{Z} \qquad (44)$$

支管端：

$$S_b=\frac{\sqrt{(i_iM_i)^2+(i_oM_o)^2}}{Z_e} \qquad (45)$$

式中：

Z_e ——$Z_e=\pi r_2 2T_s$，支管有效截面模量，单位为三次方毫米(mm^3)，见7.5.5.5；

T_s ——三通支管有效厚度，取 $\overline{T}_h$ 和$(i_i)(\overline{T}_b)$中的小者，单位为毫米(mm)；

$\overline{T}_b$ ——支管厚度，单位为毫米(mm)；

$\overline{T}_h$ ——三通主管厚度，不包括主管补强厚度，单位为毫米(mm)；

r_2 ——支管横截面的平均半径，单位为毫米(mm)。

e) 图13所示的弯矩方向为该弯矩的矢量方向。在计算应力范围时，弯矩或扭矩都是指所需计算部位处的值。同时，抗弯截面模数也是指该计算部位处的对应值。

如果在焊缝处，交变应力范围值超过 $0.8S_A$，且荷载当量循环次数大于7 000，则该焊缝应按GB/T 20801.5—2020中6.1.1规定的检查等级Ⅰ级要求进行检查。

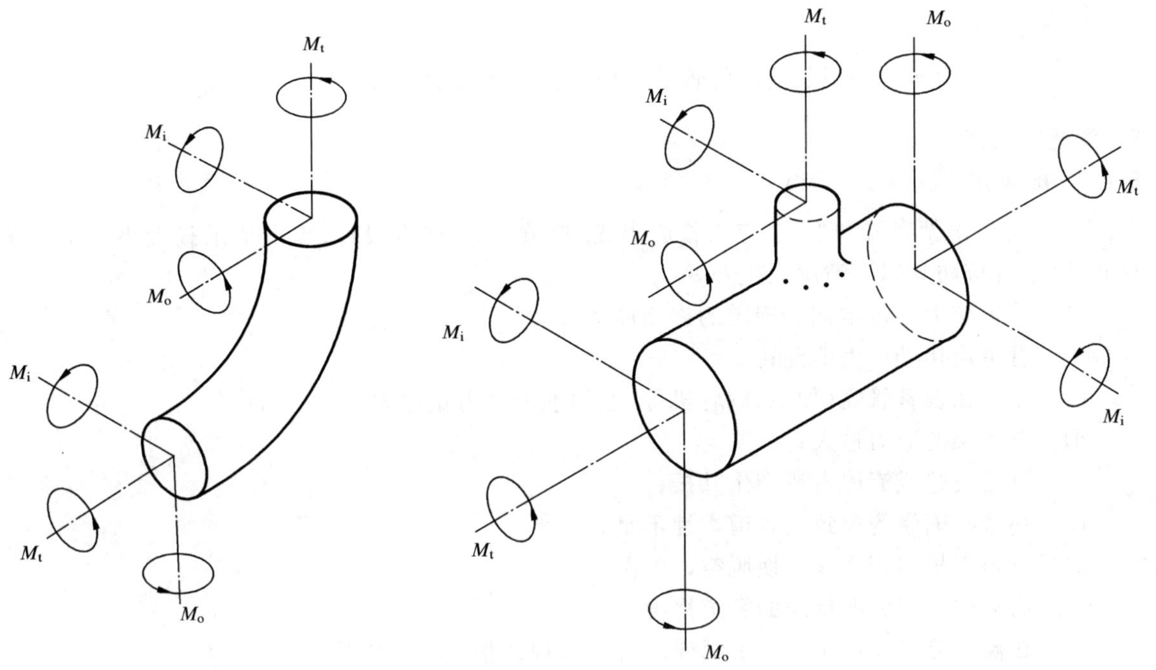

图 13 平面内和平面外弯矩和扭矩

7.5.5.8 确定管道支吊架或与管道连接的设备所受到的最大支承反力时,宜按 7.4.2 b)、c)和 d)同时作用下的荷载工况进行计算,静设备管口许用荷载可参照附录 I。

7.5.6 自补偿的管道

采用自补偿的管道,其柔性不能满足要求时,可采用下列措施改善管道的柔性:

a) 调整支吊架的型式和位置;

b) 改变管道走向;

c) 当条件受限,可根据管道设计参数和类别选用补偿装置,对特殊管道,如口径大于或等于 DN400 的可燃气体排放总管宜选用金属波纹膨胀节进行补偿。排放总管选用的金属波纹膨胀节应满足 7.5.7 及附录 J 的要求。

7.5.7 管道用金属波纹膨胀节

管道用金属波纹膨胀节应符合下列规定:

a) 膨胀节应按附录 J 的要求设计;

b) 膨胀节的型式及安装位置应经过管道应力分析后予以确定;

c) 膨胀节的额定补偿量宜是管道各种工况计算位移最大值的 1.15 倍~1.2 倍;

d) 膨胀节波纹管的材料应按照设计温度、设计压力、管道介质属性以及外界环境等条件进行选用;

e) 膨胀节中的端管、中间管、法兰接管等的材质应不低于安装膨胀节管道的管道材料;

f) 膨胀节用的波纹管应采用液压成型;

g) 宜给出波纹管的单层最小厚度;

h) 整体膨胀节的压力试验宜与其所在的管道压力试验相匹配。

7.5.8 管道的动力分析

有冲击、压力脉动等引起振动的管道宜用动力分析方法进行管道应力分析。

8 管道支吊架

8.1 一般规定

8.1.1 管道支吊架布置和型式,应与管道布置、管道柔性、防振设计、支吊架承载大小和生根条件相适应,并应防止以下情况发生:

a) 管道应力超过本部分规定的许用应力;

b) 管道连接处产生泄漏;

c) 作用在设备管嘴(如泵、汽轮机等)上的推力和力矩过大;

d) 支吊架的应力过大;

e) 管道受迫或流体自激产生共振;

f) 热胀冷缩受约束致使管道柔性不足;

g) 管道支吊架产生非预期脱空;

h) 需通过一定坡度排净的管道挠度过大;

i) 在反复热循环作用下产生蠕变的管道出现过量变形或松弛;

j) 支吊架承受过度热传导,超出材料的设计温度。

8.1.2 管道支吊架结构和连接应具有足够的强度和适宜的刚度。

8.1.3 管道支吊架及其生根结构的设计应考虑同时作用在支吊架上的荷载,包括管道自重以及由介质压力和温度的偶合、振动、风、雪、地震、冲击和位移应变引起的载荷。此外,除非采取防止液体介质进入管道的措施,并且管道在现场安装期间或以后的检验不需进行水压试验,否则,对于输送气体或蒸汽的管道,还应考虑水压试验时的充水重量。

8.1.4 管道支吊架的位置和设计通常可采用简单计算或工程经验来确定。当需要精确分析时,应采用计算得到的应力、力矩和作用力设计管道支吊架。

8.1.5 操作中管道受振动和/或冲击可能产生共振时,应设置适宜的阻尼器、限位架或固定架等设施予以消除。

8.2 材料要求

8.2.1 管道支吊架元件的许用应力(弹簧除外)可按 GB/T 17116 或 GB/T 20801.2—2020 中表 A.1 选取。管道支吊架元件采用焊接制作时,其许用应力可不计纵向焊缝系数。

8.2.2 管道支吊架用材料应与其使用条件相匹配,选用时应考虑支吊架零部件的使用条件、材料的工艺性能和经济合理性。与管道直接接触的支吊架零部件,其材料应按管道设计温度选取。与管道直接焊接的零部件,其材料宜与管道材料相匹配。

8.2.3 采用金属制作的管道支吊架,其材料应符合 GB/T 17116 或 GB/T 20801.2 的规定。当采用木材或其他非金属材料制作管道支吊架时,支吊架结构应设计合理,并应考虑温度、强度和寿命的影响。

8.2.4 铸铁、球墨铸铁和可锻铸铁可用作滚柱、滚柱底板、固定架底板及其他承受压缩荷载的支吊架元件,但其使用温度不得高于 230 ℃。对于存在因振动或脉动而引起冲击荷载的场合,不得使用铸铁等脆性材料。球墨铸铁和可锻铸铁可用于制作管卡、吊挂法兰、托架和吊环等。用于承受动荷载的支吊架零部件不得采用沸腾钢,也不得采用常温冲击功小于 20 J 的钢材。

8.2.5 技术要求明确且与承压管道组成件有相容性的管道支吊架材料可直接与压力管道焊接。技术要求不确定的钢材,可用作不直接与承压管道焊接的管道支吊架元件,该钢材的容许拉伸或压缩应力不得超过材料最低拉伸强度的25%或82 MPa的较小值,使用温度应在−29 ℃～343 ℃范围内。

8.2.6 剪切许用应力应取GB/T 20801.2—2020中表A.1规定的材料基本许用应力的0.8倍,挤压许用应力应取GB/T 20801.2—2020附录A规定的材料基本许用应力的1.6倍。

8.2.7 螺纹连接件、支吊架组成件的焊缝以及与管道的连接件,其许用应力应降低25%。管道组成件和管部材料的许用应力值不同时,相连焊缝的许用应力应取两者的较小值。

8.2.8 支吊架用钢材冷成型后的弯曲半径小于其壁厚的2倍时,应进行成型后的退火或正火处理。

8.3 设计要求

8.3.1 一般规定

8.3.1.1 管道支吊架的设计应符合GB/T 17116的规定,应优先选用标准的及通用的管道支吊架;非标管道支吊架应采用可靠的方法进行强度或刚度校核。

8.3.1.2 管道支吊架的设计应保证其与管道连接处不会产生过大的局部弯曲应力,且不会使管子压扁或产生有害的热拱。有循环荷载的场合,应尽可能减小连接处的应力集中。

8.3.1.3 管道支吊架应具备一定的生根条件,宜利用建构筑物梁柱、平台、设备本体、钢结构、地面等设置支吊架的生根构件;也可以生根在可承受荷载且不会产生不良影响的其他管道上,但不得借助高温管道、低温管道和有振动的管道作为支吊架的生根点。

8.3.1.4 管道支吊架的设计应不妨碍管道预期热位移。

8.3.1.5 与管道焊接连接的管部材料应具有良好的可焊性。预热、焊接和热处理应符合GB/T 20801.4的规定。设计时应考虑管部与管道焊接处的局部应力以及它们之间温差对管道造成的影响。

8.3.1.6 支吊架用螺栓、螺纹吊杆及其他螺纹连接件的最大安全荷载应基于螺纹根径进行计算。

8.3.2 结构

8.3.2.1 下列管道不宜在施工现场与管道支吊架零部件直接焊接:

a) 管壁温度等于或高于400 ℃的高温管道;
b) 低温管道;
c) 需要热处理的管道;
d) 生产中经常需要拆卸的管道;
e) 现场焊接施工不便的管道;
f) 其他不准许现场焊接的管道(如非金属衬里管道、镀锌管道等)。

8.3.2.2 用于DN80及以上管道的吊架,在承重状态下应可进行调节。螺纹应符合相应标准的规定。与松紧螺母和调节螺母配合的螺杆应为全通丝结构。除非采取其他锁紧措施,否则采用螺纹调节时应配备防松螺母。

8.3.2.3 如果垂直管道的重量借助管卡支撑,为防止管道下滑,管卡宜布置在法兰、管件或直接焊接在管道上的支耳等部件的下方。

8.3.2.4 对于合金钢管道,可采用整体补强、全封闭补强或者采用适当的合金材料作为中间垫板,以避免或降低合金管道受到侵蚀或产生非预期的热影响。

8.3.2.5 当管道和管架之间存在相对运动可能使管道磨损且使管道壁厚减薄时,可在支撑点处使用垫板或采取其他防护措施。

8.3.3 荷载

8.3.3.1 管道支吊架设计时,应考虑下列荷载:

a) 管道组成件及绝热层的重量;
b) 支吊架零部件的重量;
c) 管道输送介质的重量;
d) 水压试验或管道清洗时的介质重量;
e) 管道柔性元件在内压下产生的内压推力(俗称盲板力);
f) 支吊架约束管道位移所承受的约束反力和力矩;
g) 管道或管道绝热层外表面温度小于 20 ℃的室外管道受到的雪荷载;
h) 室外管道受到的风荷载;
i) 管内流体动量瞬时突变引起的瞬态作用力;
j) 流体排放产生的反力;
k) 地震引起的荷载。

8.3.3.2 蠕变温度下操作的管道,可根据与管道相连设备或设施的特点适当考虑应变自均衡后的位移约束反力。

8.3.3.3 带有变力弹簧支吊架的管道,应考虑在冷态和热态下变力弹簧支吊架荷载变化引起邻近管道支吊架的荷载转移。

8.3.3.4 水平方向限位的管道支吊架,在其约束方向的荷载还应考虑管道中滑动支吊架因摩擦力约束管道位移引起的荷载传递。

8.3.3.5 对于设置无约束型波纹管膨胀节或伸缩节的管道,固定架或限位架应能承受内压推力、滑动摩擦力、膨胀节弹性反力等载荷。

8.3.4 强度和刚度

8.3.4.1 管道支吊架结构和连接应能承受管道和相关设备在可能出现的各种荷载组合工况下所施加的静荷载和动荷载。

8.3.4.2 与土建结构、基础或设备相连接的管道支吊架的钢结构的设计,应满足最大荷载时的强度要求,并应满足下列刚度条件:

a) 用于固定、限位和阻尼作用时,梁的最大挠度不应大于 0.002 倍梁的计算长度;
b) 用于其他支架时,梁的最大挠度不应大于 0.004 倍梁的计算长度;
c) 采用悬臂梁时,悬臂长度不宜大于 800 mm。

8.3.5 限位架

限位架的设计应符合下列规定:

a) 固定架应在任何工况下保证其初始安装位置,即保证其与管道、支承或设备的固定连接;
b) 为保护设备或管道系统的薄弱部分,可设置固定架、限位架或导向架控制位移或将热膨胀引导到管道系统中可吸收热膨胀的管段；

c） 设置膨胀节的管道，固定支吊架的布置应符合J.2.3的规定，其他支吊架的布置应避免膨胀节产生非预期的受力和变形；

d） 除了要考虑其他热态受力和力矩外，在设计固定架和导向架时还应考虑系统中其他支架的摩擦力影响；

e） 限位架用于抑制、导向或吸收管道位移时，应考虑内压和热膨胀在支吊架处产生的力和力矩。

8.3.6 弹簧支吊架

8.3.6.1 弹簧支吊架承受的垂直荷载应为弹簧支吊架与管道连接点处通过力的平衡计算确定的荷载。设计弹簧支吊架时，应尽量避免使弹簧受到偏心荷载或其他可能导致支吊架失稳的荷载，并应防止支撑处意外脱载。一般应使用限位装置以防止弹性支吊架失稳，并应防止在外力作用下弹簧发生过量的变形而导致失效。弹簧的设计还应保证其能够承受外力作用下可能出现的最大变形。

8.3.6.2 在垂直位移较大的地方宜采用恒力弹簧支吊架。选择恒力弹簧支吊架时，其行程范围应大于预期的位移量。

8.3.6.3 应采取适当措施防止因过度位移引起弹簧支吊架应力过大。弹簧支吊架应配备位移指示器。

8.3.6.4 可变弹簧支吊架和恒定支吊架的荷载计算，应基于管道的操作条件，该荷载不包括液压试验时的介质重量。但支吊架应能承受液压试验时的总荷载，否则还应额外设置支吊架。

8.3.7 其他支吊架

8.3.7.1 滑动支架(或管托)除应承受垂直荷载外，还应能承受摩擦力的作用。支架底板尺寸应考虑所支撑管道的预期位移量。

8.3.7.2 导向架和滑动支架应保证管道仅沿设定的方向自由移动。

8.3.7.3 平衡锤型式的管架应设置位移限位装置。用于将配重荷载连接到管道上的链条、缆绳、挂件、悬臂杆等应符合8.2的规定。

8.3.7.4 液压支架可提供恒定的支承力，设计时应配备安全设施和限位设施以便在液压支架故障时承担荷载。

8.4 管道支吊架设置和选用

8.4.1 一般规定

8.4.1.1 管道支吊架的布置和结构不应妨碍操作人员的通行、设备和管道的安装或检修。

8.4.1.2 支撑点水平位移较大时，可选用加长管托或采取偏装。

8.4.2 管道的跨距

8.4.2.1 对于水平管道，支吊架与相邻设备或与支吊架之间的最大间距应符合GB/T 17116等相关标准的规定。确定水平管道支吊架间距时应保证管道不产生过大的挠度、弯曲应力和剪切应力，确定管道跨距时还应考虑管道上的阀门、法兰等集中荷载的作用。

8.4.2.2 水平直管道的支吊架间距应按强度条件、刚度条件进行计算，取其中较小值；对于可能产生振动或有抗震要求的管道，应进行固有频率计算；对于大直径薄壁管道，还应进行局部应力校核，并应满足下列规定：

a) 强度条件:应控制管道自重产生的弯曲应力,使管道的持续外载当量应力在允许范围内。一般管道的自重应力不宜大于 16 MPa。

b) 刚度条件:应控制管道自重产生的弯曲挠度,使管道在安全范围内使用。管道的相对挠度应小于管道疏放水时实际坡度的 1/4。

c) 固有频率条件:对于可能产生振动或有抗震要求的管道,还应控制管道的挠度,使管道的固有频率被限制在适当的范围内;一般管道的挠度不宜大于 2.5 mm。

d) 局部应力条件:对于大直径薄壁管道,应考虑局部应力的影响,按式(46)进行局部应力核算,如不能满足要求,可设置加强板或采取其他加强措施,否则应减小管道的跨距。

$$\sigma = 1.17\sqrt{R/t} \times \frac{f}{t} \leqslant 0.5[\sigma] \quad \cdots\cdots (46)$$

式中:

σ ——支撑点的局部应力,单位为兆帕(MPa);

R ——管子外半径,单位为毫米(mm);

t ——管子扣除腐蚀裕量后的壁厚,单位为毫米(mm);

f ——支撑反力作用于管壁的线荷载,单位为牛顿每毫米(N/mm);

$[\sigma]$——管材在设计温度下的许用应力,单位为兆帕(MPa)。

8.4.3 承重架

承重架的位置可按下列原则设置:

a) 宜靠近设备管口;

b) 宜靠近集中荷载;

c) 宜靠近弯管和大直径三通式分支管;

d) 支承点处无垂直方向位移或位移较小时可采用刚性支吊架,有垂直位移时可采用变力弹簧支吊架,位移量较大时可采用恒力弹簧支吊架;

e) 对于竖直管道,宜在靠近上端部位设置承重支吊架;

f) 对于需要检修拆卸的管道组成件或相连设备需要拆卸移走时,应考虑相连管道的稳定性,必要时设置承重支吊架。

8.4.4 固定支架

固定支架可按下列原则设置:

a) 对于复杂管道,可利用固定支架将其划分为几个形状较为简单的管段进行分析计算;

b) 确定管道固定支架位置时,应使两固定点之间的管段能够自然补偿;

c) 选用 π 型补偿器时,宜将其设置在两固定点的中部;

d) 为减少主管对与其相连支管的影响,固定支架宜靠近分支管附近设置;

e) 进出装置的工艺管道和公用工程管道,宜在装置分界处设置固定支架;

f) 调节阀组的一侧宜设置固定支架或限位架。

8.4.5 导向架

导向架可按下列原则设置:

a) 竖直管道较长时,应在中部设置若干个导向架,防止管道产生横向不稳定;

b) 管道在拐弯处有较大位移,可能影响邻近管道或其他设施时,应在适当位置设置导向架；

c） 在允许管道轴向位移，而不允许横向位移的位置应设置导向架；

d） π型补偿器两侧应设置导向架；

e） 自由型波纹管膨胀节两侧应设置导向架，第1组导向架距离膨胀节中心位置不应大于4DN，第2组导向架距离第1组导向架不应大于14DN；

f） 不宜在靠近弯头和支管的连接处设置导向架。

8.4.6 防振支架

防振支架可按下列原则设置：

a） 管道支吊架的布置应避免由于压缩机、泵等的运转而使管道发生共振；

b） 对于有抗震要求的管道，支吊架布置时应使管道系统的固有频率控制在设计规定的范围内，以避免管道受到较大的地震力作用；

c） 有机械振动的管道和可能存在两相流的管道，应在适当位置设置防振管卡；

d） 防振支架应具有足够的刚度，宜沿地面设置独立基础，避免生根在厂房的梁柱上。

8.4.7 限位架

为控制管道热胀冷缩的位移量或减轻管道对约束点(如设备管口、固定点等)的推力或力矩，可在适当位置设置限位架。

8.4.8 其他

带有膨胀节的管道，其布置、固定支架、限位架的设计应符合附录J的规定，其他类型管道支吊架的布置还应满足膨胀节产品说明的要求。

附 录 A
(资料性附录)
风荷载和地震荷载的计算

A.1 水平风力的计算

作用于管道上的水平风力可看成为作用于管道上的均布荷载，对于不等直径的管道，应按直径分段进行均布荷载的计算。单位长度上的水平风力可按式(A.1)计算：

$$p = K_1 K_2 q_o \mu_z D \times 10^{-6} \quad \cdots\cdots (A.1)$$

式中：

p ——单位长度上管道所受的水平风力，单位为牛顿每毫米(N/mm)。

q_o ——基本风压值，单位为牛顿每平方米(N/m^2)，按表 A.8 查取。

μ_z ——风压高度变化系数，按表 A.4 查取。

D ——所计算的管道外径，如有保温层，应考虑保温层的厚度，单位为毫米(mm)。

K_1 ——空气动力系数，按以下取值。

a) 上下双管(见图 A.1)，K_1 按表 A.1 取值。

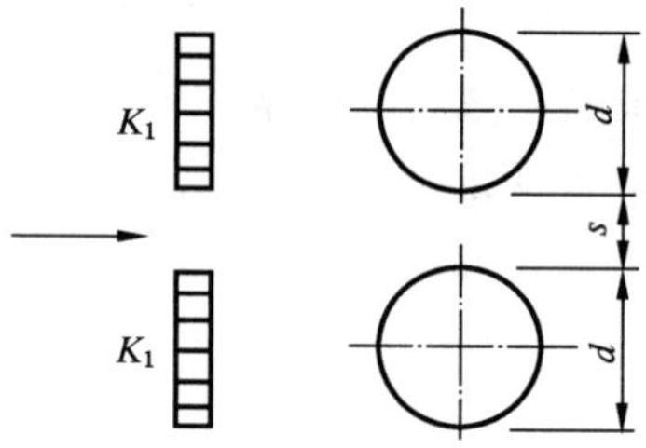

图 A.1 上下双管示意图

表 A.1 上下双管系数 K_1

s/d	≤0.25	0.5	0.75	1.0	1.5	2.0	≥3.0
K_1	1.2	0.9	0.75	0.7	0.65	0.63	0.6

b) 前后双管(见图 A.2)，K_1 按表 A.2 取值。

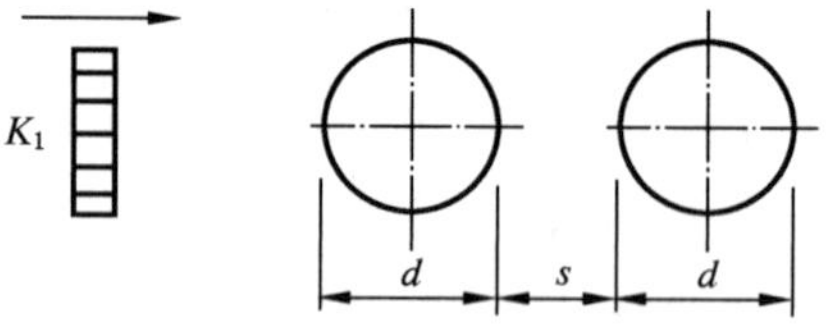

图 A.2 前后双管示意图

表 A.2 前后双管系数 K_1

s/d	≤0.25	0.5	1.5	3.0	4.0	6.0	8.0	≥10.0
K_1	0.68	0.86	0.94	0.99	1.08	1.11	1.14	1.20

表列 K_1 值为前后两管之和,其中前管为 0.6。

c) 密排多管(见图 A.3),$K_1=1.4$。

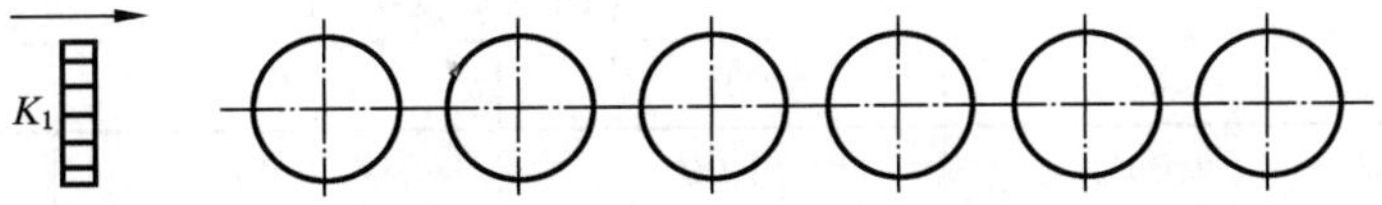

图 A.3 密排多管示意图

K_1 值为各管之总和。

K_2——风振系数,按式(A.2)计算:

$$K_2=1+5I_{10}B_z\sqrt{1+R_2} \qquad \text{(A.2)}$$

式中:

I_{10}——10 m 高度名义湍流强度,对应 A、B、C 和 D 类地面粗糙度,可分别取 0.12、0.14、0.23 和 0.39;

R——脉动风荷载的共振分量因子,按式(A.3)、式(A.4)计算:

$$R=\sqrt{\frac{\pi}{0.06}\cdot\frac{X_1^2}{(1+X_1^2)^{4/3}}} \qquad \text{(A.3)}$$

$$X_1=\frac{30f_1}{\sqrt{k_w\omega_o}},X_1>5 \qquad \text{(A.4)}$$

式中:

f_1——管道系统第 1 阶自振频率,单位为赫兹(Hz);

注:计算管道系统的自振频率时,可在固定支架处将管段分开计算。对于非等直径、作用有集中荷载或多支承管道系统,其自振频率可用合适的数值方法求得,如矩阵传递法、矩阵迭代或有限元法等。

k_w——地面粗糙度修正系数,对 A、B、C 和 D 类地面粗糙度分别取 1.28、1.00、0.54 和 0.26;

B_z——脉动风荷载的背景分量因子,按式(A.5)计算:

$$B_z=kH^{\alpha_1}\rho_z\frac{\phi_1(z)}{\mu_z} \qquad \text{(A.5)}$$

式中:

$\phi_1(z)$——管道系统第 1 阶振型系数,振型系数是指在某一振型下一点的水平相对位移,当水平风力按均布荷载计算时,可保守地取 1.0;

H——管道系统总高度,单位为米(m);

ρ_z——脉动风荷载竖直方向相关系数,按式(A.6)计算:

$$\rho_z=\frac{10\sqrt{H+60e^{-H/60}-60}}{H} \qquad \text{(A.6)}$$

k、α_1——系数,按表 A.3 取值。

表 A.3 系数 k 和 α_1

粗糙度类别	A	B	C	D
k	1.276	0.910	0.404	0.155
α_1	0.186	0.218	0.292	0.376

表 A.4 风压高度变化系数 μ_z

计算截面距地面高度[a]/m	地面粗糙度类别[b]			
	A	B	C	D
5	1.09	1.00	0.65	0.51
10	1.28	1.00	0.65	0.51
15	1.42	1.13	0.65	0.51
20	1.52	1.23	0.74	0.51
30	1.67	1.39	0.88	0.51
40	1.79	1.52	1.00	0.60
50	1.89	1.62	1.10	0.69
60	1.97	1.71	1.20	0.77
70	2.05	1.79	1.28	0.84
80	2.12	1.87	1.36	0.91
90	2.18	1.93	1.43	0.98
100	2.23	2.00	1.50	1.04
150	2.46	2.25	1.79	1.33
200	2.64	2.46	2.03	1.58

[a] 可按一根管道的最高点查取,但当将 μ_z 值用于计算 K_2 时,应按一根管道的最低点查取。

[b] A 类系指近海海面及海岛、海岸、湖岸及沙漠地区;
B 类系指田野、乡村、丛林、丘陵以及房屋比较稀疏的乡镇和城市郊区;
C 类系指有密集建筑群的城市市区;
D 类系指有密集建筑群且房屋较高的城市市区。

对于远海海面和海岛的管道系统,风压高度变化系数除按 A 类粗糙度类别由表 A.4 确定外,还应用表 A.5 给出的修正系数进行修正。

表 A.5 远海海面和海岛的修正系数 η

距海岸距离/km	η
<40	1.0
40～60	1.0～1.1
60～100	1.1～1.2

A.2 水平地震力和地震弯矩的计算

地震将对管系产生与地面平行和垂直的两个方向上的作用力,本部分仅考虑地震引起的水平惯性力对管系的影响。与地面平行的地震作用力方向应选择使管系中应力水平最大的方向。本附录仅给出地震作用时,管道所受惯性力的一般计算方法,设计也可用更精确的方法进行计算。当求得管道上的分布惯性力后,应按照 7.4.2 和 7.5.4 对管道和管道元件进行强度校核,并应按算得的支承反力保证支吊架有足够的强度。

当发生地震时，作用于管道上，对应于管道基本自振周期的水平分布力可按式(A.7)计算：

$$Q_k = \alpha_1 \cdot \eta_{1k} \cdot \Delta m_k \cdot g \qquad \text{(A.7)}$$

式中：

Q_k ——管道质量作为离散分布，在 k 处的集中力，单位为牛顿(N)。

α_1 ——对应于管道基本自振周期的地震影响系数 α，地震影响系数 α 按图 A.4 确定，但不小于 $0.2\alpha_{max}$。

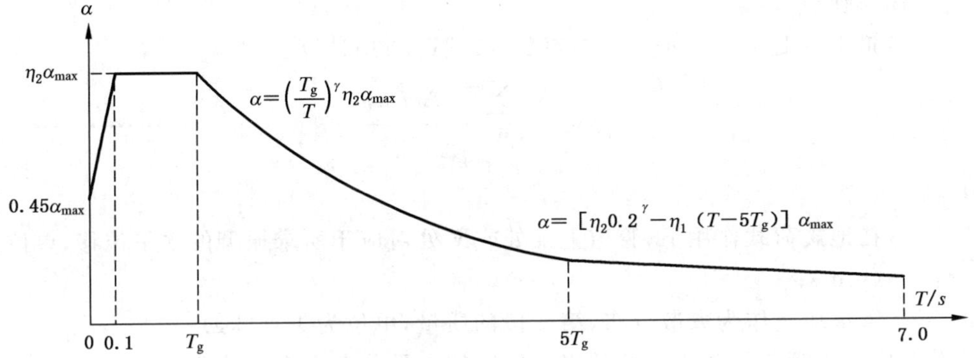

图 A.4 地震影响系数曲线

α_{max}——地震影响系数的最大值，见表 A.6。

表 A.6 对应于设防烈度的 α_{max}

设防烈度	6	7	8	9
α_{max}	0.04	0.08(0.12)	0.16(0.24)	0.32
注：括号中数值分别用于设计基础地震加速度为 0.15 g 和 0.3 g 的地区。				

T_g——各类场地土的特征周期，见表 A.7。

表 A.7 各类场地土的特征周期 T_g

设计地震分组	场地土类别				
	Ⅰo	Ⅰ	Ⅱ	Ⅲ	Ⅳ
第一组	0.20	0.25	0.35	0.45	0.65
第二组	0.25	0.30	0.40	0.55	0.75
第三组	0.30	0.35	0.45	0.65	0.90

γ——曲线下降段的衰减指数，按式(A.8)计算：

$$\gamma = 0.9 + \frac{0.05 - \xi}{0.3 + 6\xi} \qquad \text{(A.8)}$$

式中：

ξ ——阻尼比。

η_1 ——直线下降段斜率的调整系数，按式(A.9)计算，当 η_1 小于 0 时，取 0：

$$\eta_1 = 0.02 + \frac{0.05 - \xi}{4 + 32\xi} \qquad \text{(A.9)}$$

式中：

ξ ——阻尼比。

η_2 ——阻尼调整系数，按式(A.10)计算，当 η_2 小于 0.55 时，取 0.55：

$$\eta_2 = 1 + \frac{0.05 - \xi}{0.08 + 1.6\xi} \qquad \text{(A.10)}$$

式中：

ξ ——阻尼比。

η_{1k} ——管道上 k 处的基本振型参与系数，按式(A.11)计算：

$$\eta_{1k} = \frac{\chi_k \sum_{i=1}^{n} \Delta m_i \chi_i}{\sum_{i=1}^{n} \Delta m_i \chi_i^2} \qquad \text{(A.11)}$$

式中：

χ、χ_k ——在地震荷载作用下，管道上某处或 k 处对应于所求振型的水平位移，单位为毫米(mm)；

Δm_k ——管道质量作为离散分布，第 k 段的质量，单位为千克(kg)。

地震荷载作用于管道的弯矩可按照以上所述的水平分布力进行计算。一般，对于管道在地震作用下的受激振动，需考虑高阶振型的影响，可按式(A.12)近似计算考虑高阶振型影响后的地震弯矩，也可按更详细的振型分析结果对弯矩进行组合：

$$M_h = 1.25 M_b \qquad \text{(A.12)}$$

式中：

M_h ——考虑高阶振型影响后的地震弯矩，单位为牛顿毫米(N·mm)；

M_b ——对应于基本振型的地震弯矩，单位为牛顿毫米(N·mm)。

表 A.8 全国主要城市的风压数据 q_o 单位为千牛每平方米

城市名	北京市	天津市	塘沽市	上海市	重庆市	石家庄市	邢台市	张家口市
风压	0.45	0.50	0.55	0.55	0.40	0.35	0.30	0.55
城市名	承德市	秦皇岛市	唐山市	保定市	沧州市	太原市	大同市	阳泉市
风压	0.40	0.45	0.40	0.40	0.40	0.40	0.55	0.40
城市名	临汾市	长治市	呼和浩特市	满洲里市	海拉尔市	乌兰浩特市	包头市	集宁市
风压	0.40	0.50	0.55	0.65	0.65	0.55	0.55	0.60
城市名	通辽市	赤峰市	沈阳市	阜新市	锦州市	鞍山市	本溪市	抚顺市
风压	0.55	0.55	0.55	0.60	0.60	0.50	0.45	0.45
城市名	营口市	丹东市	大连市	长春市	四平市	吉林市	通化市	哈尔滨市
风压	0.65	0.55	0.65	0.65	0.55	0.50	0.50	0.55
城市名	齐齐哈尔市	绥化市	安达市	牡丹江市	济南市	德州市	烟台市	威海市
风压	0.45	0.55	0.55	0.50	0.45	0.45	0.55	0.65
城市名	淄博市张店	青岛市	兖州市	南京市	徐州市	镇江市	无锡市	泰州市
风压	0.40	0.60	0.40	0.40	0.35	0.40	0.45	0.40
城市名	连云港市	常州市	杭州市	金华市	宁波市	衢州市	温州市	合肥市
风压	0.55	0.40	0.45	0.35	0.50	0.35	0.60	0.35

表 A.8(续)

单位为千牛每平方米

城市名	西安市	榆林市	宝鸡市	兰州市	酒泉市	张掖市	武威市	天水市
风压	0.35	0.40	0.35	0.30	0.55	0.50	0.55	0.35
城市名	银川市	中卫	西宁市	格尔木市	乌鲁木齐市	克拉玛依市	库尔勒	喀什
风压	0.65	0.45	0.35	0.40	0.60	0.90	0.45	0.55
城市名	哈密	郑州市	新乡市	洛阳市	许昌市	开封市	武汉市	宜昌市
风压	0.60	0.45	0.40	0.40	0.40	0.45	0.35	0.30
城市名	黄石市	长沙市	岳阳市	邵阳市	衡阳市	广州市	汕头市	深圳市
风压	0.35	0.35	0.40	0.30	0.40	0.50	0.80	0.75
城市名	湛江市	南宁市	桂林市	柳州市	梧州市	北海市	海口市	三亚市
风压	0.80	0.35	0.30	0.30	0.30	0.75	0.75	0.85
城市名	成都市	宜宾市	西昌市	内江市	泸州市	贵阳市	遵义市	昆明市
风压	0.30	0.30	0.30	0.40	0.30	0.30	0.30	0.30

附 录 B
(资料性附录)
管道布置

B.1 管道布置基本原则

管道布置设计是将工艺管道及附属公用管道按一定的规则进行空间定位的过程。本附录仅从安全角度对管道布置设计给出一些规定及指导性的实践经验。管道布置应符合下列基本原则:

a) 符合管道及仪表控制流程设计的要求;
b) 应符合有关的规范、标准的要求;
c) 管道布置应统筹规划,做到安全可靠、经济合理、整齐美观;
d) 满足施工、操作和维修等方面的要求;
e) 在确定进、出装置的管道方位与敷设方式时,应做到内外协调;
f) 厂区内的全厂性管道的敷设,应与厂区内的装置(单元)、道路、建筑物、构筑物等协调,避免管道包围装置(单元),减少管道与铁路、道路的交叉;
g) 永久性的地上、地下管道不得穿越或跨越与其无关的工艺装置、系统单元或储罐组,在跨越罐区泵房的可燃气体、液化烃和可燃液体的管道上不应设置阀门及易发生泄漏的管道附件;
h) 管道布置应满足管道柔性及设备、机泵管口允许的作用力和力矩要求,且应使管道短,弯头数量少;
i) 管道布置宜做到"步步高"或"步步低",减少"气袋"或"液袋",否则应根据操作检修要求设置放空或放净,管道布置应减少死区;
j) 管道布置中应能承受各种动力荷载,控制管道的振动,如风荷载、地震引起的水平力、压力脉动、机器共振等,在地震区设计的管道应符合国家现行抗震标准规定;
k) 管道布置和支承点设置应同时考虑所能承受外部或内部的动力荷载,支承应可靠,不应发生管道与其支承件脱离、管道扭曲、下垂或立管不垂直等现象;
l) 管道的净空高度、净距及埋设深度应符合现行有关标准;
m) 阀门应布置在容易接近、便于操作和检修的地方,成排管道上的阀门应集中布置,并设置操作平台及梯子,应尽量减少阀门延伸杆或链轮操作,如要采用,不能阻挡操作通道;
n) 管道布置不应妨碍设备、机泵及其内部构件的安装、检修;
o) 安全喷淋洗眼器应根据腐蚀性介质或有毒介质的性质、操作特点和防护要求等设置,其服务半径范围不应大于15 m;
p) 软管站应根据需要设置,站内可包括蒸汽、新鲜水、装置空气和氮气等,其服务半径的范围宜为15 m~20 m;
q) 金属管道除与阀门、仪表、设备等需要用法兰或螺纹连接者外,应尽量采用焊接连接。

B.2 可燃介质和有毒介质管道的设计原则

可燃介质和有毒介质管道的设计应按下列原则确定：

a) 管道不得穿越与其无关的建(构)筑物；

b) 管道应尽量架空或沿地面敷设,必须采用管沟敷设时,应采取有效的安全措施防止气体或液体的积聚；

c) 在急性毒性类别 1 和类别 2 介质的生产区和使用区内,应设置安全喷淋洗眼器；

d) 设置在安全隔墙或隔板内急性毒性类别 1 和类别 2 介质管道上的手动阀门应采用阀门延伸杆,且引至隔墙或隔板外操作；

e) 急性毒性类别 1 和类别 2、GB 50160 中定义的甲类易燃气体及液化烃介质应采取密闭循环取样,取样口不得设在有振动的设备或管道上,否则应采取减振措施,采样管道不得引入化验室；

f) 可燃介质管道不得安装在通风不良的厂房内、室内的吊顶内及建(构)筑物封闭的夹层内；

g) 有毒介质、有腐蚀性介质管道,若布置在人行通道或机泵上方时,不应设置阀门及易发生泄漏的管道附件,如不可避免,则应设置保护罩防止泄漏；

h) 氧气管道与可燃介质管道共架敷设时,应布置在一侧,且平行布置时,净距不应小于 500 mm,交叉布置时,净距不应小于 250 mm,当管道采用焊接连接结构,并无阀门时,其平行净距可取上述净距的 50%；

i) 除管道和仪表流程图上指定的要求外,对于紧急处理及防火需要开或关的阀门,应位于安全和方便操作的地方；

j) 进出装置的可燃介质的管道,在装置边界处应设隔断阀和 8 字盲板,在隔断阀处应设平台,长度等于或大于 8 m 的平台应在两个方向设梯子；

k) 隔断设备用的阀门与急性毒性类别 1 和类别 2 介质的设备相连接时,管道上的阀门应与设备管口直接相连,且该阀门不得使用链轮操作；

l) 特殊可燃介质管道如氢气、氧气、乙炔气等的管道布置应符合现行有关标准的要求。

B.3 蒸汽管道的设计原则

装置的蒸汽管道宜架空敷设,不宜管沟敷设,更不应埋地敷设。由工厂系统进入装置的主蒸汽管道,一般布置在管廊的上层。蒸汽管道应按下列要求布置:

a) 蒸汽支管应从主管的顶部引出,支管上的切断阀应安装在靠近主管的水平管段上,以避免存液。

b) 蒸汽主管进入装置界区的切断阀上游和主管末端应设排液设施。排液设施应根据不同情况设放净阀、分液包及疏水阀。

c) 水平敷设的蒸汽主管上的排液设施的间隔宜符合下列要求：

1) 在装置内,饱和蒸汽不宜大于 80 m,过热蒸汽不宜大于 160 m；

2) 在装置外,顺坡时不宜大于 300 m,逆坡时不宜大于 200 m。

d) 不得从用气要求很严格的蒸汽管道上接出支管作其他用途。

e) 蒸汽支管的低点,应根据不同情况设排液阀或(和)疏水阀。

f) 在蒸汽管道的 π 型补偿器上,不得引出支管。在靠近 π 型补偿器两侧的直管上引出支管时,支管不应妨碍主管的位移。因主管热胀而产生的支管引出点的位移,不应使支管承受过大的应力。

g) 凡饱和蒸汽主管进入装置,在装置侧的边界附近应设蒸汽分水器,在分水器下部设经常疏水措施。过热蒸汽主管进入装置一般可不设分水器。

h) 多根蒸汽伴热管应成组布置并设分配管,分配管的蒸汽宜就近从主管引出。

i) 直接排至大气的蒸汽放空管,应在该管下端的弯头附近开一个 ϕ6 mm～ϕ10 mm 的排液孔,并引至安全位置。

j) 连续排放或经常排放的乏汽管道,排放口应远离操作区布置。

B.4 低温管道的设计原则

低温管道的设计应按下列原则确定:

a) 低温介质管道的布置在满足管道柔性下应使管道短、弯头数量少,且应减少液袋;

b) 低温介质管道要考虑整个管道有足够的柔性,应充分利用管道自然补偿,当无法自然补偿时,应设置补偿器;

c) 布置低温管道时,应避免管道振动,若有机械的振源,应采取消振措施,在接近振源处的管道应设置弹性元件,以隔断振源;

d) 低温管道应采用保冷管道支吊架,支吊架应有防止产生"冷桥"的措施;

e) 低温介质管道上的阀门宜安装在水平管道上,阀杆方向宜垂直向上;

f) 低温管道的间距应根据保冷后的法兰、阀门、测量元件的厚度以及管道的位移确定;

g) 低温介质管道上的法兰不宜与弯头或三通直接焊接。

B.5 泄放管道的设计原则

B.5.1 放净与放空管道设计原则

B.5.1.1 管道系统中的高点或低点应根据操作、检修的要求,设置放空或放净。

B.5.1.2 为了尽量减少滞留在管道内介质的危害程度,如水锤、真空破裂、腐蚀及不能控制的化学反应,应在管道低点设置放净,高点设置放空。

B.5.1.3 管道需要完全放净时,管道需设置坡度,并设置放净点。下列介质管道,需要考虑完全放净:

a) 多功能的管线;

b) 管道拆除时,会产生有害及危险介质;

c) 管道中的液体会产生聚合或固体沉淀;

d) 由于间歇生产,液体存在于管道内将影响液体的纯度;

e) 可能会产生气体冷凝液的管道;

f) 有可能增加液体残留量的两相流介质。

B.5.1.4 管道系统进行水压试验、吹扫、清洗时,需在管道高点设置放空。水压试验后或停工检修可在残存液体处设置放净。

B.5.1.5 全厂性管道的放净设置宜符合下列规定:

a) 管廊上公用工程管道的末端及蒸汽管道的低点应设置放净;

b) 自燃点高出操作温度不足10 ℃的可燃液体管道的低点不得设置放净；

c) 急性毒性类别1和类别2介质管道的低点不得设置放净；

d) 腐蚀性介质的低点不得设置放净；

e) 不产生凝结液的气体管道的低点不得设置放净。

B.5.1.6 急性毒性类别1和类别2介质管道的放空或放净应设置双阀，并应排入密闭回收系统。

B.5.1.7 除急性毒性类别1和类别2介质外，有毒气体的排放口应符合环保的要求，有毒液体不应排入下水道。

B.5.1.8 急性毒性类别1和类别2介质的管道的放空或放净宜设置双阀，当设置单阀时，应加盲板或法兰盖。

B.5.1.9 高压管道的放空或放净宜设置双阀，当设置单阀时，应加盲板或法兰盖。

B.5.1.10 连续操作的可燃气体管道低点的放净应设置双阀，排出的液体应排放至密闭系统。可燃气体管道仅在开停工时使用的放净，可只设一道阀门并加丝堵、管帽或法兰盖。

B.5.1.11 管道放空或放净上的阀门应靠近主管，对易自聚、易冻结、易凝固或含固体介质的管道上的放净不应有拐弯。

B.5.1.12 振动管道上公称直径小于或等于40 mm的放空、放净根部接口处应采取加强措施。

B.5.2 泄压排放和火炬系统管道设计

B.5.2.1 直接向大气排放的非可燃气体放空管的高度应符合下列规定：

a) 设备或管道上的放空管口应高出临近操作平台2.2 m以上；

b) 紧靠建筑物、构筑物或其内部布置的设备或管道的放空口，应高出建筑物或构筑物顶2.2 m以上。

B.5.2.2 易燃性气体排放管道的设计应符合SH 3009—2013中7.2的规定。

B.5.2.3 受工艺条件或介质特性所限，无法排入火炬或装置处理系统的可燃气体，当通过排气筒、放空管直接向大气排放时，排气筒、放空管的高度应符合GB 50160—2008中5.5.11的规定。

B.5.2.4 有毒气体放空口的位置应符合GB/T 3840的规定。

B.5.2.5 设备和管道上可燃气体安全泄压装置允许向大气排放时，应符合下列要求：

a) 排放管口不得朝向邻近设备或有人通过的地区；

b) 排放管口的高度应高出以安全泄压装置为中心，半径为8 m的范围内的操作平台或建筑物顶3 m以上。

B.5.2.6 安全泄压装置出口管道的布置，应考虑由于泄压排放引起的反作用力，并合理设置支架。

B.5.2.7 严禁排入火炬的可燃气体携带可燃液体。火炬的辐射热不应影响人身及设备的安全。距火炬筒30 m范围内，不应设置可燃气体放空。

B.5.2.8 可燃气体放空管道内的凝结液应密闭回收，不得随地排放。

B.5.2.9 严禁将混合后可能发生化学反应，并形成爆炸性混合物的几种气体混合排放。

B.5.2.10 火炬排放总管的热补偿应采用自然补偿，如因工艺和空间条件的限制，全厂火炬总管公称直径大于或等于DN400时，宜采用金属波纹膨胀节进行热补偿，且在管道的适当位置应采取轴向限位和导向措施。

B.5.2.11 排放管道凝结液的凝固点等于或高于该地区最冷月平均温度时,应有防止凝结液在波纹膨胀节处聚集的措施。

B.5.2.12 金属波纹膨胀节的补偿量至少应是热补偿管段的全温度范围位移量的1.15倍,其他应符合附录J的要求。

B.6 埋地管道的设计原则

B.6.1 一般规定

B.6.1.1 本章节是指工厂界区内埋地管道布置的设计原则。埋地管道分为直埋敷设和管沟敷设。

B.6.1.2 工厂界区内埋地敷设的管道对人员和设备存在潜在的危险和不安全因素,埋地管道布置应妥善解决防冻、防凝结、吹扫、排液、防外腐蚀及承受外荷载等问题,并应遵守有关国家及当地的规定。

B.6.1.3 管道只有在不可能在地上架空敷设时,才采用埋地敷设,并符合下列要求:

a) 输送介质无腐蚀性、无毒和无爆炸危险的液体、气体管道可直埋敷设;

b) 无法在地上架空敷设,而又不宜直埋敷设的管道可在管沟内敷设;

c) 因工艺要求无法架空的可燃介质、有毒介质、有腐蚀性介质的管道,需要埋地敷设时,应采取一定的保护措施;

d) 除特殊需要外,急性毒性类别1和类别2介质管道不宜埋地敷设。当工艺要求埋地敷设时,应有监测泄漏、防止腐蚀、收集有害流体等的安全措施。

B.6.2 埋地管道设计原则

埋地管道的设计应按如下原则确定:

a) 埋地管道的走向、敷设,埋地管道与连接系统的相互影响;

b) 材料、施工规范和质量控制;

c) 运行程序和控制;

d) 防腐蚀;

e) 外部影响的减轻及管道的防护。

B.6.3 埋地管道的走向规划

所有埋地管道的走向应进行详细规划,并应经业主确定同意。在规划图纸中应包括:

a) 埋地管道的走向、定位尺寸及埋设标高;

b) 埋地部分的其他设施,如电缆沟等,也应包括将来计划实施的埋地设施;

c) 划定埋地管道建设区域内地上部分所有道路及其他地上设施。

B.6.4 直埋管道的设计要求

B.6.4.1 工厂界区内直埋管道的埋设深度应根据最大冻土深度、地下水位和管道不受损坏等原则确定,管道埋设深度宜符合下列规定:

a) 无混凝土铺砌的区域,管道的管顶距地面不宜小于0.5 m;

b) 室内或室外有混凝土铺砌的区域,管道的管顶距地面不宜小于0.3 m;

c) 机械车辆的通行区域,管道的管顶距地面不宜小于0.7 m;

d) 可燃、有毒等介质管道埋设深度应按有关规范执行。

B.6.4.2 直埋管道的外护套管(简称套管)设置应符合下列规定：

a) 直埋管道穿越车行道路时，应加设套管，套管顶面到路面应不小于 0.3 m；

b) 穿越厂区铁路的管道应设套管，套管顶面至铁轨底的距离不应小于 1.2 m；

c) 输送可燃介质的直埋管道不宜穿越埋地敷设的电缆沟，否则应设套管，当管道介质温度超过 60 ℃时，在套管内应充填隔热材料，使套管外壁温度不超过 60 ℃；

d) 套管应具备一定的刚度，应能承受所有外表面的荷载；

e) 带有套管的直埋管道，布置时应有足够的柔性，内管应有热胀冷缩的余地；

f) 套管与输送管道最小净距为 100 mm，套管两端应进行密封，防止水及其他外来物的侵入。

B.6.4.3 大直径薄壁管道深埋时，应满足在土壤压力下的稳定性及刚度要求。

B.6.4.4 管道埋深应在冰冻线以下。当无法实现时，应有可靠的防冻措施。

B.6.5 管沟内管道布置

B.6.5.1 无法架空而又不宜直埋敷设的管道可在不通行管沟内布置。不通行管沟分为全封闭式管沟和敞开式管沟。

B.6.5.2 全封闭式管沟适用于不需经常检查和检修的管道，敞开式管沟适用于需要经常检查和检修的管道，在无可靠的通风条件及无安全措施时，不得在通行管沟内布置窒息性及可燃介质管道，并符合下列要求：

a) 可燃介质的管道不宜布置在全封闭式管沟内，若必须布置在管沟内，应采取防止可燃介质在管沟内积聚的措施，并在进出装置及厂房处设密封隔断；

b) 在敞开式管沟内，不宜敷设密度比环境空气大的可燃气体管道，当不可避免时，应在管沟内填满细砂，并应定期检查管道使用情况。

B.6.5.3 距散发比空气重的可燃气体设备 30 m 以内的管沟，应采取防止可燃气体窜入和积聚的措施。

B.6.5.4 埋地管道布置设计应考虑管道内介质能全部排净，管道应有一定的坡度，并在低点及高点设置放净及放空。

B.6.6 埋地管道标记及记录

B.6.6.1 竣工后的埋地管道应采用业主认可的方法进行地上识别标记。标记内容一般应包括介质名称、公称直径、业主名称、日期等。

B.6.6.2 埋地管道在管道安装工程竣工后，应向业主提交安装质量文件及埋地管道安装竣工图，图纸上要正确表示出管道的走向、坐标、标高等。

B.6.7 直埋管道防腐蚀及阴极保护

B.6.7.1 外表面防腐蚀处理应符合下列规定：

a) 为了避免土壤中水和地下污染物对直埋管道的外表面腐蚀，外表面应进行防腐绝缘层处理；

b) 外表面绝缘防腐蚀等级应根据土壤的腐蚀性程度确定。直埋管道穿越道路、铁路以及改变埋设深度时的弯管处，防腐蚀等级应为特加强级。

B.6.7.2 直埋管道的阴极保护应符合下列规定：

a) 长距离直埋钢质管道除采用绝缘涂层保护外，一般需同时采用阴极保护来降低管道涂层薄弱处产生局部腐蚀的风险；

b) 依据土壤不同的腐蚀环境条件，被保护直埋管道具体状况和技术要求，一般由阴极保护系统设计制造商确定选择牺牲阳极保护或强制电流阴极保护方式；

c) 在工厂较为复杂的地下环境，为防止地下直流杂散电流的腐蚀，可采用排流保护法，使管道上的杂散电流不经土壤而经过导线单向地流向电源负极，从而保护管道表面不受腐蚀；

d) 直埋管道应采用绝缘法兰、螺栓、垫片和地上管道绝缘隔断。当局部采用钢套管时，套管间应设绝缘支撑进行电绝缘，套管两端应采用牢固的非导电材料密封。

B.7 地上管道的防腐要求

B.7.1 一般规定

对于地上管道，除奥氏体不锈钢、镀锌、塑料管道外，均应考虑通过喷涂防腐涂料进行防腐。

B.7.2 防腐涂料的选用

防腐涂料的选用要求如下：

a) 与被涂物的使用条件相适应；

b) 与被涂物表面的材质相适应；

c) 底漆与面漆正确配套；

d) 经济合理；

e) 具备施工条件。

B.8 管道的隔热要求

B.8.1 管道保温

下列情况下应考虑对管道进行保温：

a) 管道外表面温度高于 50 ℃，为减少管道在操作中的热量损失；

b) 工艺生产有要求，以避免、限制或延迟管道内介质的凝固、冻结，维持正常生产；

c) 寒冷或严寒地区，为了减少管道内介质的冻结而带来的不利影响；

d) 表面温度等于或高于 60 ℃的不保温管道，需要经常维护又无法采用其他措施防止烫伤的部位，应设防烫保温。

B.8.2 管道保温伴热

下列管道应采用伴管或夹套管保温伴热：

a) 需从外部补偿管内介质热损失，以维持被输送介质温度的管道；

b) 在输送过程中，由于热损失而产生凝液，并可能导致腐蚀或影响正常操作的气体管道；

c) 在操作过程中，由于介质压力突然下降而自冷，可能冻结导致堵塞的管道；

d) 在切换操作或停运期间，管内介质由于热损失造成温度下降，介质不能放净、吹扫而可能凝固的管道；

e) 在输送过程中，由于热损失可能引起管内介质析出结晶的管道；

f) 由于热损失可能导致输送介质黏度增高，系统阻力增加，输送量下降，达不到工艺最小允许量的管道；

g) 输送介质的凝固点等于或高于环境温度的管道。

B.8.3 管道的保冷

下列情况下应考虑对管道进行保冷：

a) 需减少冷介质在生产或输送过程中的温升或气化(包括突然减压而气化产生结冰)；

b) 需减少冷介质在生产或输送过程中的冷量损失,或规定允许冷损失量；

c) 需防止在环境温度下,管道外表面凝露。

B.9 管道静电接地要求

B.9.1 对爆炸、火灾危险场所内可能产生静电危险的设备和管道,均应采取静电接地措施。

B.9.2 在聚烯烃树脂处理系统、输送系统和料仓区应设置静电接地系统,不得出现不接地的孤立导体。

B.9.3 可燃气体、可燃液体、可燃固体的管道应设静电接地。接地连接点应符合下列要求：

a) 装置区中各个相对独立的建(构)筑物内的管道,可通过与工艺设备金属外壳的连接,进行静电接地；

b) 在进出装置或设施处,爆炸危险场所的边界应设静电接地设施,管道泵及泵入口永久过滤器、缓冲器等处应设置接地连接点；

c) 可燃液体、液化烃的装卸站台和码头的管道应设置接地连接点；

d) 管网在进出装置区处、不同爆炸危险环境的边界、管道分岔处的管道应进行接地,对于长距离的无分支管道,应在始端、末端以及每隔 100 m 与接地体可靠连接；

e) 平行管道净距小于 100 mm 时,应每隔 20 m 加跨接线,当管道交叉且净距小于 100 mm 时,应加跨接线；

f) 当工艺管道与伴热管之间有隔离块时(防止局部过热和接触腐蚀),加热伴管应利用金属丝捆扎连接外,尚应使伴热管进汽口及回水口与工艺管道等电位连接,见图 B.1；

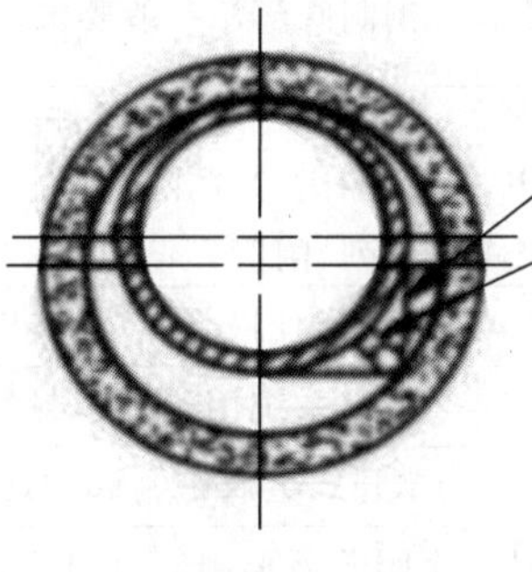

图 B.1 工艺管道与伴热管之间有隔热垫的伴管结构示意图

g) 对金属管道中间的非导体管段(如聚氯乙烯管),除需做特殊防静电处理外,两端的金属管应分别与接地干线相连,或用 6 mm^2 多股铜芯软绞线跨接后接地；

h) 非导体管段上的所有金属件均应接地。

B.9.4 除非另有规定,当金属法兰采用金属的螺栓或卡子紧固时,一般可不必另装静电连接线,但应保证至少有两个螺栓或卡子间具有良好的导电接触面。

B.9.5 每组专设的静电接地体,其对地电阻值,一般情况应小于 100 Ω。在山区等土壤电阻率较高的场所,其对地电阻值也应不大于 1 000 Ω。

B.9.6 管道静电接地的设计,除符合上述规定外,尚应符合项目的特殊要求及现行有关标准规范的规定。

附 录 C
(资料性附录)
常用工业阀门标准与国外通用石油化工阀门标准对照

表 C.1 所示为常用工业阀门标准与国外通用石油化工阀门标准对照表。表中左列是以 ASME/API/MSS/AWWA 为代表的 Class 系列的国外阀门标准。表中右列为对应的国内阀门标准,其中标明 Class+PN 系列者,即为以 Class 系列阀门为依据,添加了 PN 系列。

表中左右两侧无对应者,即为各自依据相应通用标准(ASME B16.34,GB/T 12224)制定的阀门标准,无对应关系。

表 C.1 常用工业阀门标准与国外通用石油化工阀门标准对照表

<table>
<tr><td colspan="2">阀门通用标准——基本参数类标准</td></tr>
<tr><td>国外系列阀门标准</td><td>国内系列阀门标准</td></tr>
<tr><td>ASME B16.34 法兰、焊接、螺纹端阀门</td><td>GB/T 12224 钢制阀门 一般要求(Class+PN 系列)</td></tr>
<tr><td colspan="2">常用闸阀产品标准</td></tr>
<tr><td>国外系列阀门标准</td><td>国内系列阀门标准</td></tr>
<tr><td>ASME B16.34 法兰、焊接、螺纹端阀门(闸阀)</td><td>GB/T 12224 钢制阀门 一般要求(Class+PN 系列闸阀)</td></tr>
<tr><td>API 600 法兰端和对焊端螺栓连接阀盖钢制闸阀(重型)</td><td>GB/T 12234 石油、天然气工业用螺栓连接阀盖的钢制闸阀(Class+PN 系列)(重型)</td></tr>
<tr><td>API 603 法兰端和对焊端螺栓连接阀盖的耐腐蚀闸阀</td><td>GB/T 12224 钢制阀门 一般要求(Class+PN 系列闸阀)</td></tr>
<tr><td>API 6D 管线阀门(闸阀)</td><td>GB/T 19672 管线阀门 技术条件(Class+PN 系列,闸阀)
GB/T 20173 石油天然气工业 管道输送系统 管道阀门(Class+PN 系列,闸阀)</td></tr>
<tr><td></td><td>GB/T 12232 通用阀门 法兰连接铁制闸阀(PN 系列)</td></tr>
<tr><td>AWWA C209 供水系统用弹性密封闸阀</td><td>GB/T 24924 供水系统用弹性密封闸阀(PN 系列)</td></tr>
<tr><td></td><td>JB/T 10637 撑开式金属密封阀门(Class+PN 系列闸阀)</td></tr>
<tr><td></td><td>JB/T 8691 无阀盖刀形闸阀(PN 系列)</td></tr>
<tr><td></td><td>GB/T 8464 铁制和铜制螺纹连接阀门(PN 系列闸阀)</td></tr>
<tr><td colspan="2">常用截止阀、截止止回阀、升降式止回阀产品标准</td></tr>
<tr><td>国外系列阀门标准</td><td>国内系列阀门标准</td></tr>
<tr><td>ASME B16.34 法兰、焊接、螺纹端阀门(截止阀,截止止回阀,升降式止回阀)</td><td>GB/T 12224 钢制阀门一般要求(Class+PN 系列截止阀,截止止回阀,升降式止回阀,柱塞阀)</td></tr>
<tr><td>API 600 法兰端和对焊端螺栓连接阀盖钢制闸阀(截止阀,截止止回阀,升降式止回阀)(重型)</td><td rowspan="2">GB/T 12235 石油、石化及相关工业用钢制截止阀和升降式止回阀(Class+PN 系列)(重型)</td></tr>
<tr><td>BS 1873 石油、石化及相关工业用法兰和对焊连接钢制截止阀,升降式止回阀(Class+PN 系列)(重型)</td></tr>
</table>

表 C.1（续）

	GB/T 12233　通用阀门　铁制截止阀与升降式止回阀(PN 系列)
常用旋启式止回阀、对夹式止回阀、轴流式止回阀产品标准	
国外系列阀门标准	国内系列阀门标准
ASME B16.34　法兰、焊接、螺纹端阀门(旋启式止回阀)	GB/T 12224　钢制阀门　一般要求(Class+PN 系列旋启式止回阀，柱塞阀)
API 600　法兰端和对焊端螺栓连接阀盖钢制闸阀(旋启式止回阀)(重型)	GB/T 12236　石油、化工及相关工业用钢制旋启式止回阀(Class+PN 系列旋启式止回阀)(重型)
BS 1868　石油、石化及相关工业用法兰和对焊连接钢制止回阀(Class+PN 系列)(重型)	
	GB/T 13932　铁制旋启式止回阀(PN 系列)
API 594　法兰、凸耳对夹、对夹及对焊连接止回阀(重型)	GB/T 12236　石油、化工及相关工业用钢制旋启式止回阀(Class+PN 系列旋启式止回阀)(重型)
	JB/T 8937　对夹式止回阀(Class+PN 系列)
	GB/T 21387　轴流式止回阀(Class+PN 系列)
常用球阀产品标准	
国外系列阀门标准	国内系列阀门标准
API 608　法兰、螺纹和焊接连接的金属球阀	GB/T 12237　石油、石化及相关工业用的钢制球阀(Class+PN 系列)
BS 5351　石油、石化及相关工业用的钢制球阀(Class+PN 系列)	
API 6D　管线阀门(球阀)	GB/T 19672　管线阀门　技术条件(球阀，Class+PN 系列)
	GB/T 21385　金属密封球阀(Class+PN 系列)
	GB/T 26146　偏心半球阀(Class+PN 系列)
常用蝶阀产品标准	
国外系列阀门标准	国内系列阀门标准
API 609　双法兰式、对夹式及凸耳式蝶阀	
AWWA C504　橡胶密封蝶阀	GB/T 12238　法兰和对夹连接弹性密封蝶阀(PN 系列)
	GB/T 26144　法兰和对夹连接钢制衬氟塑料蝶阀(PN 系列)
	JB/T 8527　金属密封蝶阀(Class+PN 系列)
常用旋塞阀产品标准	
国外系列阀门标准	国内系列阀门标准
API 599　法兰端、螺纹端和焊接端金属旋塞阀	GB/T 22130　钢制旋塞阀(Class+PN 系列)(重型)

表 C.1(续)

API 593　法兰连接球墨铸铁旋塞阀	GB/T 12240　铁制旋塞阀(Class+PN 系列)
	JB/T 11152　金属密封提升式旋塞阀(Class+PN 系列)
常用低温阀产品标准	
国外系列阀门标准	国内系列阀门标准
BS 6364　低温阀门	GB/T 24925　低温阀门　技术条件
常用小口径、螺纹、承插端阀门产品标准	
国外系列阀门标准	国内系列阀门标准
API 602　石油和天然气工业用公称尺寸小于和等于 DN100 的钢制闸阀、截止阀和止回阀	JB/T 7746　紧凑型钢制阀门(Class 系列钢制闸阀、截止阀和止回阀)
	GB/T 28776　石油和天然气工业用钢制闸阀、截止阀和止回阀(≤DN100)(Class 系列钢制闸阀、截止阀和止回阀)
	GB/T 8464　铁制和铜制螺纹连接阀门(PN 系列闸阀、截止阀和止回阀)
常用阀门检验、试验标准	
国外系列阀门标准	国内系列阀门标准
API 598　阀门的检验和试验	GB/T 26480　阀门的检验和试验 JB/T 9092　阀门的检验与试验
	GB/T 13927　工业阀门　压力试验
ASME B16.104(FCI70-2-98)　调节阀阀座泄漏检验	
API 607　部分回转阀门弹性密封耐火试验	GB/T 26479　弹性密封部分回转阀门　耐火试验
API 6FA　阀门耐火试验规范	
API 6FB　端部耐火试验	
API 6FC　阀门倒密封耐火试验	SY/T 6746　倒密封阀耐火试验规范
API 6FD　止回阀耐火试验	GB/T 26482　止回阀　耐火试验
ISO 15848-1　阀门的逸散性型式试验和评定	
ISO 15848-2　阀门的逸散性试验	GB/T 26481　阀门的逸散性试验
API 622　阀门填料试验规范	
常用阀门材料检验、试验标准	
国外系列阀门标准	国内系列阀门标准
MSS SP55　阀门铸钢件外观检测	JB/T 7927　阀门铸钢件外观质量要求
MSS SP54(ASME　B16.34 附录Ⅰ)　阀门铸钢件射线检测	JB/T 6440　阀门受压铸钢件射线照相检验

表 C.1(续)

ASTM E709(ASME B16.34 附录Ⅱ) 阀门铸钢件磁粉检测	JB/T 6439 阀门受压件磁粉探伤检验
ASTM E165(ASME B16.34 附录Ⅲ) 阀门液体渗透检测	JB/T 6902 阀门液体渗透检测
ASTM A388,A609(ASME B16.34 附录Ⅳ) 阀门锻钢件,铸钢件超声波检测	JB/T 6903 阀门锻钢件超声波检查方法
NACE MR0175 油田耐硫化氢腐蚀金属材料	GB/T 20972 石油天然气工业 油气开采中用于含硫化氢环境的材料

附 录 D
(资料性附录)
低泄漏阀门阀杆密封通用要求

表 D.1 和表 D.2 分别列出了 ISO 15848-1、GB/T 26481、API 622、API 624、API 641 低泄漏阀杆型式试验及产品检验技术要求，用户或设计者可参照表 D.3 提出低泄漏阀门的阀杆密封通用要求。

表 D.1 ISO 15848-1 低泄漏阀杆型式试验及产品检验技术参数一览表

<table>
<tr><th rowspan="2">阀门类别</th><th colspan="4">ISO 15848-1 低泄漏阀杆型式试验</th><th rowspan="2">GB/T 26481 低泄漏阀门产品检验</th></tr>
<tr><th>试验气体及检漏方法</th><th>密封等级及泄漏率</th><th>试验压力</th><th>试验条件(机械循环/温度循环次数，温度循环等级)</th></tr>
<tr><td rowspan="6">切断阀</td><td rowspan="3">氦 He
真空压力法或正压累积法(定量)</td><td>AH，10^{-5} mg/(s·m)，真空压力法</td><td rowspan="12">阀门公称压力及相应温度的压力额定值</td><td rowspan="6">CO1，机械循环 205 次/温度循环 2 次；
CO2，机械循环 1 500 次/温度循环 3 次；
CO3，机械循环 2 500 次/温度循环 4 次；
温度循环可选择下列 5 个等级：
常温(−29～+40 ℃)；
常温～+200 ℃；
常温～+400 ℃；
常温～−196 ℃；
常温～−46 ℃</td><td rowspan="12">试验压力：0.6 MPa；
试验气体：氦气；
检漏方法：吸气法。
常温，机械循环 5 次。
密封等级及泄漏率：
A 级：≤50×10^{-6}；
B 级：≤100×10^{-6}；
C 级：≤200×10^{-6}</td></tr>
<tr><td>BH，10^{-4} mg/(s·m)，真空压力法或正压累积法</td></tr>
<tr><td>CH，10^{-2} mg/(s·m)真空压力法或正压累积法</td></tr>
<tr><td rowspan="3">甲烷 CH_4
吸气法(半定量)</td><td>AM，≤50×10^{-6}</td></tr>
<tr><td>BM，≤100×10^{-6}</td></tr>
<tr><td>CM，≤500×10^{-6}</td></tr>
<tr><td rowspan="6">调节阀</td><td rowspan="3">氦 He
真空压力法或正压累积法(定量)</td><td>AH，10^{-5} mg/(s·m)，真空压力法</td><td rowspan="6">CC1，机械循环 20 000 次/温度循环 2 次；
CC2，机械循环 60 000 次/温度循环 3 次；
CC3，机械循环 100 000 次/温度循环 4 次；
温度循环可选择下列 5 个等级：
常温(−29～+40 ℃)；
常温～+200 ℃；
常温～+400 ℃；
常温～−196 ℃；
常温～−46 ℃</td></tr>
<tr><td>BH，10^{-4} mg/(s·m)，真空压力法或正压累积法</td></tr>
<tr><td>CH，10^{-2} mg/(s·m)，真空压力法或正压累积法</td></tr>
<tr><td rowspan="3">甲烷 CH_4
吸气法(半定量)</td><td>AM，≤50×10^{-6}</td></tr>
<tr><td>BM，≤100×10^{-6}</td></tr>
<tr><td>CM，≤500×10^{-6}</td></tr>
</table>

表 D.2　API 低泄漏阀杆型式试验技术参数一览表

标准号	名称	试验气体、检漏方法	泄漏率	试验条件(机械循环/温度循环次数,温度循环等级)	相当 ISO 15848-1
API 622	切断阀低泄漏填料型式试验	甲烷 CH_4 试验压力: 4.0 MPa; 吸气法(半定量)	$\leqslant 500\times10^{-6}$	机械循环 1 510 次/温度循环常温~+260 ℃,5 次	CO2-CM
API 624	升杆切断阀低泄漏填料型式试验	甲烷 CH_4 试验压力: 4.0 MPa; 吸气法(半定量)	$\leqslant 100\times10^{-6}$	机械循环 310 次/温度循环常温~+260 ℃,3 次	CO1-BM
API 641	1/4 旋转切断阀低泄漏填料型式试验			机械循环 610 次/温度循环常温~+260 ℃,3 次	CO2-BM

注:API 622 低泄漏阀门填料型式试验,API 624 升杆阀低泄漏石墨填料型式试验,API 6411/4 旋转阀低泄漏填料型式试验。

表 D.3　低泄漏阀门阀杆密封通用要求

阀门类别	阀杆密封类别	低泄漏阀杆型式试验通用要求		低泄漏阀门产品检验 GB/T 26481
		ISO 15848-1	API	
切断阀	填料,升杆	CO1-CM,或 CH	API 622 或 API 624	C 级
	填料,1/4 旋转	CO1-BM,或 BH	API 622 或 API 641	B 级
	波纹管	CO1-AM,或 AH		A 级
调节阀	填料,升杆	CC1-CM,或 CH		C 级
	填料,1/4 旋转	CC1-BM,或 BH		B 级
	波纹管	CC1-AM,或 AH		A 级

注 1:试验气体采用氦气与甲烷,两者无对比换算关系,检漏方法采用真空压力法或正压累积法(定量)与吸气法(半定量),两者也无对比换算关系。前者为稀有气体、定量检漏、灵敏度高,但与工作介质及环保法规无直接对应关系;后者为可燃气体,与工作介质及环保法规对应度较好,但对检验测试机构的安全防护要求较高,不宜用于产品检测要求。

注 2:表 D.3 所列为低泄漏阀杆型式试验通用要求,用户可根据实际用途选择低泄漏阀杆型式试验的试验条件,包括机械循环/温度循环次数,温度循环等级。通用的温度循环等级为常温~200 ℃或常温~260 ℃。

注 3:低泄漏阀杆型式试验及低泄漏阀门产品检验的组批分组可参照 API 的相应规定。

附　录　E
(资料性附录)
计算实例

例1　在真空下操作的某管道,外径 $D=508$ mm,壁厚 $T=6.3$ mm,两连接法兰之间的距离 $L=15\ 000$ mm,材料为20号无缝钢管,取腐蚀裕量 $C_2=1$ mm,在常温下操作。试问所选壁厚是否合适?

解:因 $L/D=\dfrac{15\ 000}{508}=29.5$,$D/T_e=\dfrac{508}{6.3-1}=95.8$,故可由式(2)直接计算许用外压:

$$[P]=\frac{2.2}{3}E\left(\frac{T_e}{D}\right)^3=\frac{2.2}{3}\times2.03\times10^5\left(\frac{6.3-1}{508}\right)^3=0.169(\text{MPa})$$

其中,由GB/T 20801.2—2020中表B.3查得,$E=2.03\times10^5$ MPa。

故所选壁厚合适。

例2　在真空下操作的某管道,从连接法兰到异径管连接线的大端直管外径为 $D=508$ mm,壁厚 $T=6.3$ mm,大端直管长6 000 mm;从异径管小端连接线到小端直管连接法兰的长度为6 000 mm,小端直管外径 $D=324$ mm,壁厚 $T=4$ mm,与大、小直管焊接相连的异径管壁厚 $T=6.3$ mm,异径管的轴向长度为508 mm,直管材料都为20号无缝钢管,异径管系由Q235-B钢板卷制,取腐蚀裕量 $C_2=1$ mm,在常温下操作。试问大端直管、小端直管、异径管的所选壁厚是否合适?

解:据6.1.1、6.1.3,包括异径管在内的真空管道计算长度:

$$L=6\ 000+508+6\ 000=12\ 508(\text{mm})$$

对于大端直管,$L/D=\dfrac{12\ 508}{508}=24.6$,$D/T_e=\dfrac{508}{6.3-1}=95.8$

对于小端直管,$L/D=\dfrac{12\ 508}{324}=38.6$,$D/T_e=\dfrac{324}{4-1}=108$

对于大端直管,据GB /T 150.3—2011中图6-2,可由 $L/D=24.6$,$D/T_e=95.8$ 而得 $A=0.000\ 12$,并据GB/T 20801.2—2020中表B.3,$t=20$ ℃时得 $E=2.03\times10^5$ MPa,因此,大端直管的许用外压:

$$[P]=\frac{2AE}{3(D/T_e)}=\frac{2\times0.000\ 14\times2.03\times10^5}{3\times95.8}=0.170(\text{MPa})$$

对于小端直管,和大端直管相同,可由 $L/D=38.6$,$D/T_e=108$ 而得 $A=0.000\ 1$,并由 $E=2.03\times10^5$ MPa,故小端直管的许用外压:

$$[P]=\frac{2AE}{3(D/T_e)}=\frac{2\times0.000\ 10\times2.03\times10^5}{3\times108}=0.125(\text{MPa})$$

因异径管等于大端直管厚度,故可得和大端直管相同的许用外压。

由上面计算可知,大端、小端直管以及异径管在所选厚度时都能满足所受真空要求。

例3　外径 $D_h=219$ mm、壁厚 $\overline{T}_h=8$ mm的油品主管上有一垂直支管,支管外径 $D_b=$

114 mm,壁厚$\overline{T}_b=6.3$ mm,主管和支管材料都是 15CrMo 无缝钢管,见图 E-1,设计压力 $P=2$ MPa,设计温度$t=200$ ℃,接管处填角焊缝符合 GB /T 20801.4—2020 中 7.8 和图 10 a)规定的最小尺寸要求,取腐蚀裕量 $C_2=2.5$ mm。试问该管件是否需要另加补强?

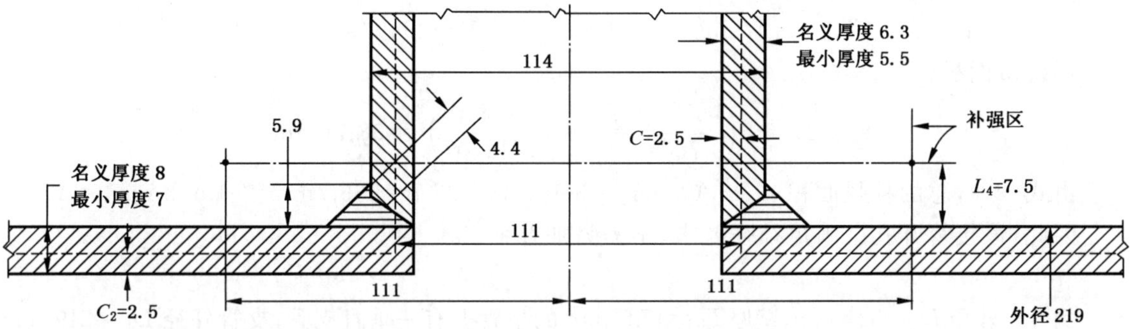

图 E.1 例 3 的附图

解:由 GB/T 20801.2—2020 中表 A.1,$S=121$ MPa,由 GB/T 20801.2—2020 中表 A.3,$\Phi=1.0$

$T_h=0.875\ \overline{T}_h=0.875\times 8=7(\text{mm})$

$T_b=0.875\ \overline{T}_b=0.875\times 6.3=5.5(\text{mm})$

$$t_h=\frac{PD_h}{2(S\Phi+PY)}=\frac{2\times 219}{2(121\times 1+2\times 0.4)}=1.8(\text{mm})$$

$$t_b=\frac{PD_b}{2(S\Phi+PY)}=\frac{2\times 114}{2(121\times 1+2\times 0.4)}=0.94(\text{mm})$$

t_h、t_b 式中的 Y 值据表 15,$Y=0.4$。

由 6.7.1:

$d_1=(D_b-2T_{eb})/\sin\beta=[114-(5.5-2.5)]/\sin 90°=111(\text{mm})$

d_2 取下列两式中的较大值:

$d_2=d_1=111(\text{mm})$

$$d_2=T_{eb}+T_{eh}+\frac{d_1}{2}=(5.5-2.5)+(7-2.5)+\frac{111}{2}=63(\text{mm})$$

故 $d_2=111$ mm。

L_4 取下列两式中的较小值:

$L_4=2.5T_{eh}=2.5(7-2.5)=11.25(\text{mm})$

$L_4=2.5T_{eb}=2.5(5.5-2.5)=7.5(\text{mm})$

故 $L_4=7.5$ mm。

由图 E.1,焊缝厚度 t_c 取下列两式中的较小值:

$t_c=0.7\ \overline{T}_b=0.7\times 6.3=4.4(\text{mm})$

$t_c=6.4$ mm

故 $t_c=4.4$ mm。

由式(15),所需补强面积:

$A_1 = t_h d_1 (2-\sin\beta) = 1.8\times111(2-\sin90°) = 199.8(\text{mm}^2)$

由式(17),主管的多余截面积:

$A_2 = (2d_2 - d_1)(T_{eh} - t_h) = 111(7-2.5-1.8) = 300(\text{mm}^2)$

由式(18),支管的多余截面积:

$$A_3 = 2L_4(T_{eb} - t_b)/\sin\beta = 2\times7.5(5.5-2.5-0.94)/\sin90° = 31(\text{mm}^2)$$

焊缝截面积:

$$A_5 = 2\times0.5\left(\frac{t_c}{0.707}\right)^2 = 2\times0.5\left(\frac{4.4}{0.707}\right)^2 = 38.7(\text{mm}^2)$$

由式(21),总的补强面积 $A_2 + A_3 + A_5 = 300+31+38.7 = 369.7\text{mm}^2 > 199.8\text{mm}^2 = A_1$

因此,该接管开孔已满足补强要求,不需另加补强。

例 4 外径 $D_h = 324$ mm、壁厚 $\overline{T}_h = 17.5$ mm 的主管上有一垂直支管,支管外径 $D_b = 219$ mm,壁厚 $\overline{T}_b = 12.5$ mm,主管和支管材料都是 ASTM B 241 6061-T6 无缝铝合金管,在连接处用从 ASTM B241 6063-T6 无缝铝管上切取的 $D_r = 350$ mm、$T_r = 17.5$ mm 的补强圈,见图 E.2。设计温度 $t = -196$ ℃,填角焊缝符合 GB/T 20801.4—2020 中图 10 c)的最小尺寸要求,规定取腐蚀裕量 $C_2 = 0$。试问该管件的最大允许设计内压为多少?

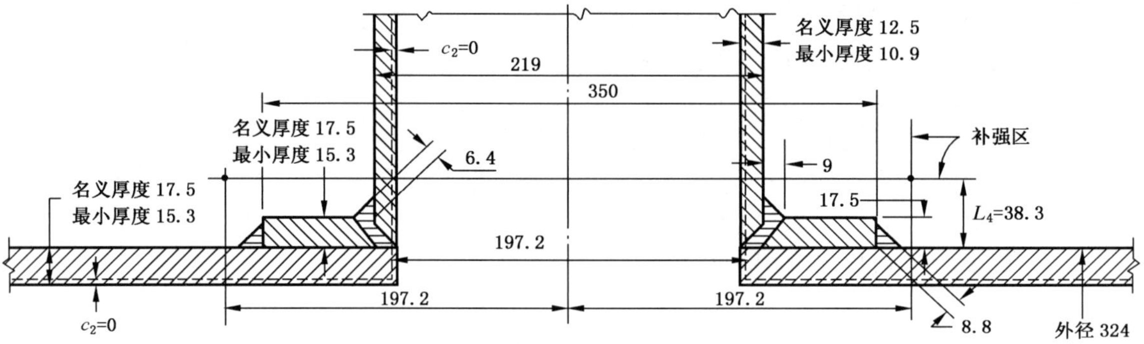

图 E.2 例 4 的附图

解:由 GB/T 20801.2—2020 中表 A.1,对于主管和支管,$S = 55$ MPa,对补强圈,$S = 55$ MPa;由 GB/T 20801.2—2020 中表 A.3,$\Phi = 1.0$。

$T_h = 0.875\,\overline{T}_h = 0.875\times17.5 = 15.3(\text{mm})$

$T_b = 0.875\,\overline{T}_b = 0.875\times12.5 = 10.9(\text{mm})$

$$t_h = \frac{PD_h}{2(S\Phi + PY)} = \frac{324P}{2(55\times1 + 0.4P)}$$

$$t_b = \frac{PD_b}{2(S\Phi + PY)} = \frac{219P}{2(55\times1 + 0.4P)}$$

t_h、t_b 式中的 Y 值据表 15,$Y = 0.4$。

采用符号 $q = \dfrac{P}{110+0.8P}$,则可得:

$t_h = 324q$

$t_b = 219q$

由 6.7.1：

$d_1=(D_b-2T_{eb})/\sin\beta=(219-2\times10.9)/\sin90^\circ=197.2(\text{mm})$

d_2 取下列两式中的较大值：

$$d_2=d_1=197.2\ \text{mm}$$

$$d_2=T_{eb}+T_{eh}+\frac{d_1}{2}=10.9+15.3+\frac{197.2}{2}=124.8(\text{mm})$$

故 $d_2=197.2$ mm。

L_4 取下列两式中的较小值：

$$L_4=2.5T_{eh}=2.5\times15.3=38.3(\text{mm})$$

$$L_4=2.5T_{eb}+T=2.5\times10.9+15.3=42.6(\text{mm})$$

故 $L_4=38.3$ mm。

由图 E.2，支管对主管的焊缝厚度 t_c 取下列两式中的较小值：

$t_c=0.7\overline{T}_b=0.7\times12.5=8.8(\text{mm})$

$t_c=6.4$ mm

故 $t_c=6.4$ mm。

补强圈对主管的焊缝厚度 $t_c=0.5T_r=0.5\times17.5=8.8(\text{mm})$。

由式(15)，所需补强面积：

$A_1=t_h d_1(2-\sin\beta)=324q\times197.2(2-\sin90^\circ)=638\ 92.8q(\text{mm}^2)$

由式(17)，主管的多余截面积：

$$A_2=(2d_2-d_1)(T_{eh}-t_h)=197.2(15.3-324q)=3\ 017.2-63\ 892.8q(\text{mm}^2)$$

由式(18)，支管的多余截面积：

$$A_3=2L_4(T_{eb}-t_b)/\sin\beta=2\times38.3(10.9-219q)=833.9-16\ 753.5q(\text{mm}^2)$$

补强圈截面积取式(19)、式(20)中的较小值：

$$A_4=\left(D_r-\frac{D_b}{\sin\beta}\right)\times0.875T_r=\left(350-\frac{219}{\sin90^\circ}\right)\times0.875\times17.5=2\ 006(\text{mm}^2)$$

$$A_4=\left(2d_2-\frac{D_b}{\sin\beta}\right)\times0.875T_r=\left(2\times197.2-\frac{219}{\sin90^\circ}\right)\times0.875\times17.5=2\ 686(\text{mm}^2)$$

故 $A_4=2\ 006\ \text{mm}^2$。

焊缝截面积

$$A_5=2\times0.5\left(\frac{t_c}{0.707}\right)^2+2\times0.5\left(\frac{t_c}{0.707}\right)^2=\left(\frac{6.4}{0.707}\right)^2+\left(\frac{8.8}{0.707}\right)^2=236.9(\text{mm}^2)$$

由式(21)，$A_2+A_3+A_4+A_5=A_1$ 可得：

$$(3\ 017.2-63\ 892.8q)+(833.9-16\ 753.5q)+236.9+2\ 006=63\ 892.8q$$

可解得 $q=0.042$，以此代入符号 q 的表示式，可解得：

最大允许设计内压 $P=4.78$ MPa。

例 5　外径 $D_h=406$ mm、壁厚 $\overline{T}_h=12.5$ mm 的油品主管上有一沿主管 60°轴向倾斜的支管，支管外径 $D_b=168$ mm、壁厚 $\overline{T}_b=7.1$ mm，材料都为 15CrMo 无缝管，在连接处用 16MnR 板材所制的 $D_r=300$ mm、$T_r=12$ mm 的补强圈，见图 E.3。设计温度 $t=370$ ℃，设计压力 $P=$

3.5 MPa,支管对主管、补强圈对主管的填角焊缝焊脚尺寸都是 9 mm,规定取腐蚀裕量 $C_2=$ 2.5 mm,试问该管件是否满足补强设计?

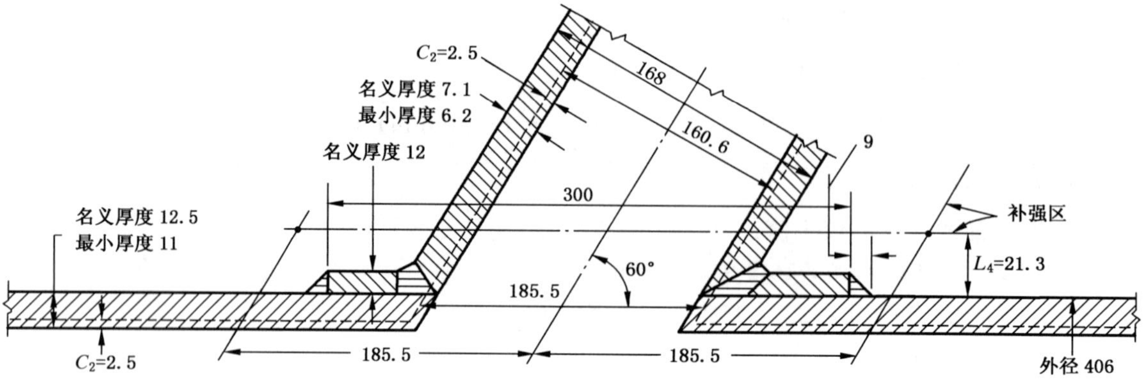

图 E.3　例 5 的附图

解:由 GB/T 20801.2—2020 中表 A.1,对主管和支管,$S=109$ MPa,对补强圈,$S=117$ MPa,据本部分 6.7.2.3 b)的规定,在计算补强圈面积 A_4 值时可不予关注。

由 GB /T 20801.2—2020 中表 A.3 查得,$\Phi=1.0$

$T_h=0.875\,\overline{T}_h=0.875\times12.5=11(\text{mm})$

$T_b=0.875\,\overline{T}_b=0.875\times7.1=6.2(\text{mm})$

$$t_h=\frac{PD_h}{2(S\Phi+PY)}=\frac{3.5\times406}{2(109\times1+3.5\times0.4)}=6.4(\text{mm})$$

$$t_b=\frac{PD_b}{2(S\Phi+PY)}=\frac{3.5\times168}{2(109\times1+3.5\times0.4)}=2.7(\text{mm})$$

t_h、t_b 式中的 Y 值据表 15,$Y=0.4$。

由 6.7.1:

$d_1=(D_b-2T_{eb})/\sin\beta=[168-2(6.2-2.5)]/\sin60°=185.5(\text{mm})$

d_2 取下列两式中的较大值:

$d_2=d_1=185.5$ mm

$$d_2=T_{eb}+T_{eh}+\frac{d_1}{2}=(6.2-2.5)+(11-2.5)+185.5/2=105(\text{mm})$$

故 $d_2=185.5$ mm。

L_4 取下列两式中的较小值:

$L_4=2.5T_{eh}=2.5(11-2.5)=21.3(\text{mm})$

$L_4=2.5T_{eb}+T_r=2.5(6.2-2.5)+12=21.3(\text{mm})$

故 $L_4=21.3$ mm。

由式(15),所需补强面积 $A_1=t_hd_1(2-\sin\beta)=6.4\times185.5(2-\sin60°)=1\,346.8(\text{mm}^2)$。

由式(17),主管的多余截面积 $A_2=(2d_2-d_1)(T_{eh}-t_h)=185.5(8.6-6.4)=408.1(\text{mm}^2)$。

由式(18),支管的多余截面积:

$$A_3=2L_4(T_{eb}-t_b)/\sin\beta=2\times21.3(3.7-2.7)/\sin60°=49.3(\text{mm}^2)$$

补强圈截面积取式(19)、式(20)中的较小值:

$$A_4=\left(D_r-\frac{D_b}{\sin\beta}\right)T_r=\left(300-\frac{168}{\sin 60^\circ}\right)\times 12=1\ 272.1(\mathrm{mm}^2)$$

$$A_4=\left(2d_2-\frac{D_b}{\sin\beta}\right)T_r=\left(2\times 185.5-\frac{168}{\sin 60^\circ}\right)\times 12=2\ 124.1(\mathrm{mm}^2)$$

故 $A_4=1\ 272.1\ \mathrm{mm}^2$。

焊缝截面积 $A_5=4\times 0.5\times 9^2=162$ mm。

由式(21),总的补强面积:

$A_2+A_3+A_4+A_5=408.1+49.3+1\ 272.1+162=1\ 891.8(\mathrm{mm}^2)>1\ 346.8\mathrm{mm}^2=A_1$

因此,该管件满足补强设计。

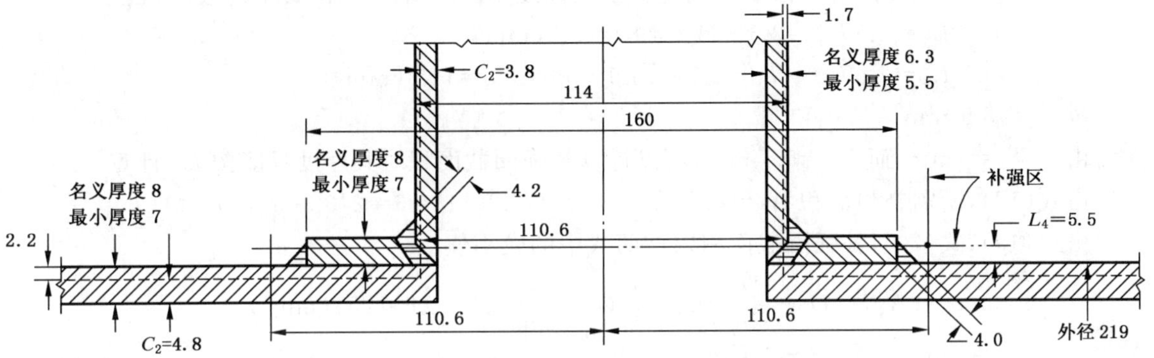

图 E.4　例 6 的附图

例 6　外径 $D_h=219$ mm、壁厚 $\overline{T}_h=8$ mm 的主管上有一垂直支管,支管外径 $D_b=114$ mm、壁厚 $\overline{T}_b=6.3$ mm,主管和支管都是 15CrMo 无缝管,见图 E.4。设计压力 $P=2.5$ MPa,$t=200$ ℃,假设包括主管和支管在内的管系在服役寿命期内所有除承受压力所需之外的多余厚度全部腐蚀殆尽(其中对主管取 $C_2=4.8$ mm,对支管取 $C_2=3.8$ mm),即按式(19)、式(20)算得的 $A_2=A_3=0$。试问该管件要求多厚的补强圈?

解:由 GB/T 20801.2—2020 中表 A.1 查得,$S=121$ MPa,由 GB/T 20801.2—2020 中表 A.3,查得 $\Phi=1.0$。

$T_h=0.875\ \overline{T}_h=0.875\times 8=7(\mathrm{mm})$

$T_b=0.875\ \overline{T}_b=0.875\times 6.3=5.5(\mathrm{mm})$

$$t_h=\frac{PD_h}{2(S\Phi+PY)}=\frac{2.5\times 219}{2\times(121\times 1+2.5\times 0.4)}=2.2(\mathrm{mm})$$

$$t_b=\frac{PD_b}{2(S\Phi+PY)}=\frac{2.5\times 114}{2\times(121\times 1+2.5\times 0.4)}=1.2(\mathrm{mm})$$

t_h、t_b 式中的 Y 值据表 15,$Y=0.4$。

由 6.7.1:

$d_1=(D_b-2T_{eb})/\sin\beta=[114-2(5.5-3.8)]/\sin 90^\circ=110.6(\mathrm{mm})$

d_2 取下列两式中的较大值:

$d_2=d_1=110.6$ mm

$$d_2=T_{eb}+T_{eh}+\frac{d_1}{2}=(5.5-3.8)+(7-4.8)+\frac{110.6}{2}=59.2(\mathrm{mm})$$

故 $d_2=110.6\ \text{mm}$。

L_4 取下列两式中的较小值：

$L_4=2.5T_{eh}=2.5\times(7-4.8)=5.5(\text{mm})$

$L_4=2.5T_{eb}=2.5\times(5.5-3.8)=4.3(\text{mm})$

故 $L_4=4.3\text{mm}$。

初定 L_4 值时，暂未考虑设置补强圈。

试取补强圈直径 $D_r=160\ \text{mm}$，并假设该补强圈是由主管材料切割制成。

故 $T_r=T_h=0.875\ \overline{T}_h=0.875\times 8=7(\text{mm})$。

由于考虑了设置补强圈，故重新确定补强区高度 L_4，L_4 取下列两式中的较小值：

$$L_4=2.5T_{eh}=2.5\times(7-4.8)=5.5(\text{mm})$$

$$L_4=2.5T_{eb}+T_r=2.5\times(5.5-3.8)+7=11.3(\text{mm})$$

故 $L_4=5.5\ \text{mm}$。

由于 $T_r=7\text{mm}$，而 $L_4=5.5\ \text{mm}$，所以计算补强圈截面积时其厚度只能按 L_4 计算。

由式(15)，所需补强面积 $A_1=t_h d_1(2-\sin\beta)=2.2\times 110.6=243.3(\text{mm}^2)$。

由式(19)、式(20)，补强圈截面积取该两式中的较小值：

$$A_4=\left(D_r-\frac{D_b}{\sin\beta}\right)L_4=\left(160-\frac{114}{\sin 90°}\right)\times 5.5=253(\text{mm}^2)$$

$$A_4=\left(2d_2-\frac{D_b}{\sin\beta}\right)L_4=\left(2\times 110.6-\frac{114}{\sin 90°}\right)\times 5.5=589.6(\text{mm}^2)$$

故 $A_4=253\ \text{mm}^2$。

由于 $L_4<T_r$，所以在计算焊缝面积 A_5 时，只考虑补强圈对主管的连接焊缝，而不考虑支管对主管的连接焊缝。

焊脚尺寸为：

$$\frac{0.5T_r}{0.707}=\frac{0.5\times 8}{0.707}=5.7(\text{mm})$$

焊缝截面积：

$A_5=2\times 0.5\times 5.7^2=32.5(\text{mm}^2)$

$A_4+A_5=253+32.5=285.5(\text{mm}^2)>243.3\ \text{mm}^2=A_1$

由此，设置由 $D_b=219\ \text{mm}$、$\overline{T}_h=8\ \text{mm}$ 无缝主管上切割制成的补强圈是能够满足本管件的补强要求的。

例 7 外径 $D_h=219\ \text{mm}$、壁厚 $\overline{T}_h=8\ \text{mm}$ 的油品主管上有一垂直锻制承插焊管接头，$D_b=38\ \text{mm}$，Sch80，支管的焊缝都符合 GB/T 20801.4—2020 中图 10 的焊缝尺寸要求，主管材料为 20 号无缝钢管，设计压力 $P=2.8\ \text{MPa}$，$t=230\ ℃$，规定取腐蚀裕量 $C_2=2.5\ \text{mm}$。

试问此管件是否需要附加补强?

解：在主管和支管按内压计算能满足强度的前提下，对此承插焊管接头，按照 6.7.3 不需补强的条件 a)，不必进行补强计算，也不必采用补强措施。

附 录 F
(资料性附录)
压力面积法补强计算

F.1 符号

A_s ——补强范围内三通纵断面上的承载面积,单位为平方毫米(mm^2);
A_p ——补强范围内三通纵断面上的承压面积,单位为平方毫米(mm^2);
D_b ——三通支管外直径,单位为毫米(mm);
D_h ——三通主管外直径,单位为毫米(mm);
L_4 ——三通主管外侧补强范围高度,$L_4=\sqrt{(D_b-T_{eb})T_{eb}}$,单位为毫米(mm);
L_6 ——三通主管外侧补强范围宽度,$L_6=\sqrt{(D_h-T_{eh})T_{eh}}$,单位为毫米(mm);
P ——设计压力,单位为兆帕(MPa);
S ——设计温度下三通材料的许用应力,单位为兆帕(MPa);
T_{eb} ——支管有效厚度,单位为毫米(mm);
T_{eh} ——主管有效厚度,单位为毫米(mm)。

F.2 补强计算

整体成型三通的补强计算应按如下步骤进行,其他异形元件的开孔补强计算也可参照压力面积法进行补强计算,可参见 EN 13480.3:

a) 应参照图 F.1 画出三通纵断面图,求出承压面积 A_p 和承载面积 A_s。

b) 强度条件应符合式(F.1)的要求:

$$S \geqslant P\left(\frac{A_p}{A_s}+\frac{1}{2}\right) \qquad (F.1)$$

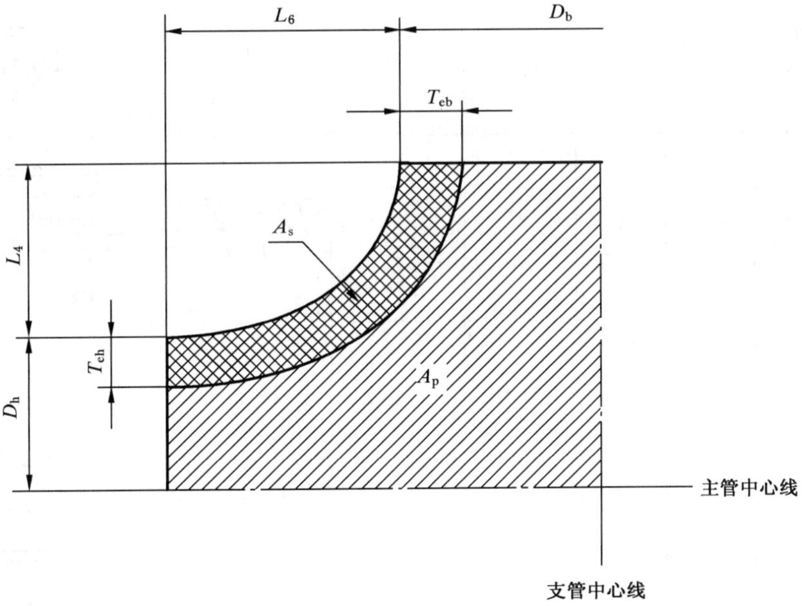

图 F.1 三通补强计算示意图

附　录　G
（规范性附录）
柔性系数和应力增大系数

表 G.1 和表 G.2 分别列出了管道元件及其连接接头的柔性系数和应力增大系数。

表 G.1　柔性系数和应力增大系数(一)[a]

名称	脚注	柔性系数 k	应力增大系数[b,c]		尺寸系数 h	简图
			平面外 i_o	平面内 i_i		
对焊弯头或弯管	b,d,e,f,g	$\frac{1.65}{h}$	$\frac{0.75}{h^{2/3}}$	$\frac{0.9}{h^{2/3}}$	$\frac{\overline{T}R_1}{r_2^{\,2}}$	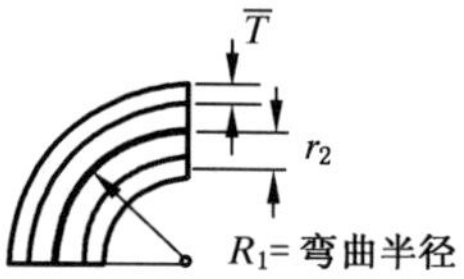
窄间距斜接弯头 $S<r_2(1+\tan\theta)$	b,d,e,g	$\frac{1.52}{h^{5/6}}$	$\frac{0.9}{h^{2/3}}$	$\frac{0.9}{h^{2/3}}$	$\frac{\cot\theta}{2}\left(\frac{s\overline{T}}{r_2^{\,2}}\right)$	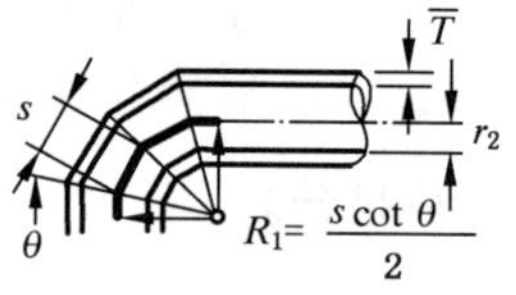
单斜弯头或宽间距斜接弯头 $S>r_2(1+\tan\theta)$	b,d,g	$\frac{1.52}{h^{5/6}}$	$\frac{0.9}{h^{2/3}}$	$\frac{0.9}{h^{2/3}}$	$\frac{1+\cot\theta}{2}\left(\frac{\overline{T}}{r_2}\right)$	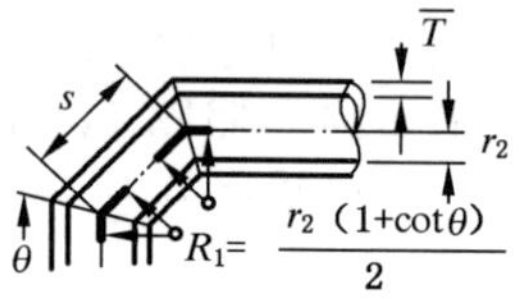
标准对焊三通 (GB/T 12459-B)	b,d,f,h,i	1	$\frac{0.9}{h^{2/3}}$	$3/4i_o+1/4$	$3.1\left(\frac{\overline{T}}{r_2}\right)$	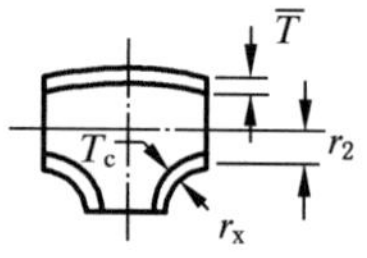
带补强焊制三通	b,d,i,j,k	1	$\frac{0.9}{h^{2/3}}$	$3/4i_o+1/4$	$\frac{(\overline{T}+1/2\,\overline{T}_r)^{2.5}}{\overline{T}^{1.5}r_2}$	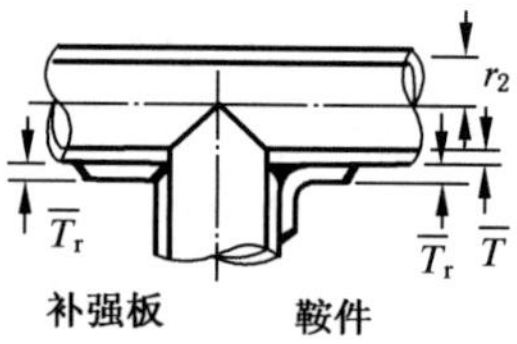
不带补强焊制三通	b,d,i,k	1	$\frac{0.9}{h^{2/3}}$	$3/4i_o+1/4$	$\frac{\overline{T}}{r_2}$	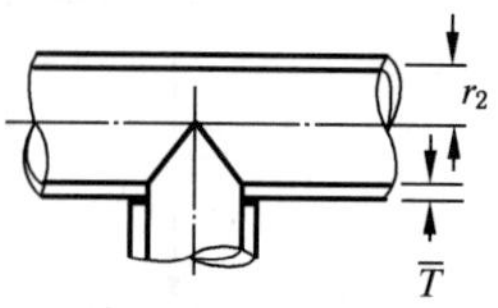
挤压成型对焊三通 $r_x\geqslant 0.05D_b$ $T_c<1.5\overline{T}$	b,d,i	1	$\frac{0.9}{h^{2/3}}$	$3/4i_o+1/4$	$\left(1+\frac{r_x}{r_2}\right)\frac{\overline{T}}{r_2}$	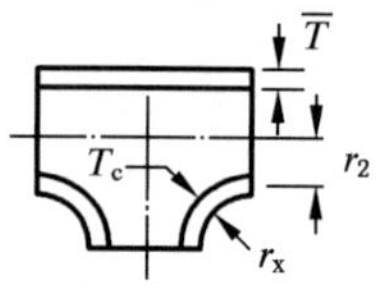

表 G.1(续)

名 称	脚注	柔性系数 k	应力增大系数[b,c] 平面外 i_o	应力增大系数[b,c] 平面内 i_i	尺寸系数 h	简 图
嵌入式支管	b,d,h,i	1	$\frac{0.9}{h^{2/3}}$	$3/4i_o+1/4$	$3.1\frac{\overline{T}}{r_2}$	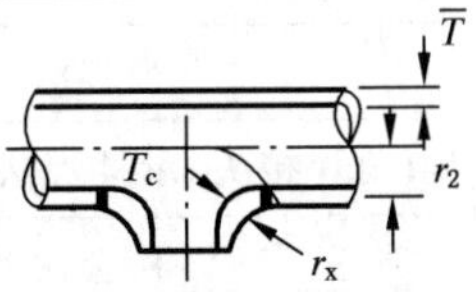
整体补强支管座	b,d,k,l	1	$\frac{0.9}{h^{2/3}}$	$\frac{0.9}{h^{2/3}}$	$3.3\frac{\overline{T}}{r_2}$	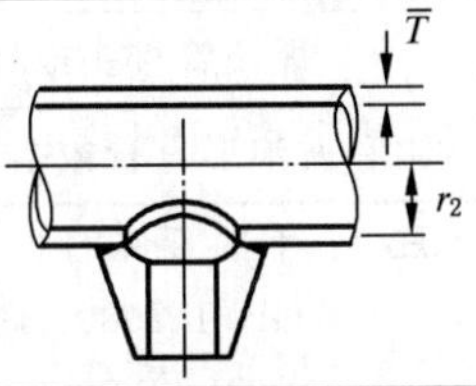

[a] 应力增大系数和柔性系数是用于缺少更直接的应用数据的情况。对于 $D/T \leqslant 100$,已证实表中值是有效的。

[b] 柔性系数 k 适用于任何平面内的弯曲。柔性系数 k 和应力增大系数 i 均不应小于 1。这两个系数应用于弯头和斜接弯头的有效弧长(图表中粗中心线表示)上以及三通的交叉点处。

[c] 需要时,对于 i_i 和 i_o 都可使用单一的应力增大系数 $0.9/h^{2/3}$。

[d] k 值和 i 值可由表列公式计算 h 值,再从图 G.1 上直接读出。

表中符号如下:

$\overline{T}$ ——对于弯头和斜接弯头,为管件的名义厚度;对于三通,为主管名义厚度;

T_c ——三通的叉口处厚度;

T_r ——补强圈或鞍件的厚度;

θ ——相邻斜接弯管轴线夹角之半;

r_2 ——主管平均半径;

R_1 ——对焊弯头或弯管弯曲半径;

r_x ——挤压成型管座外轮廓部分的过渡半径,见图 11;

s ——斜接弯管在中心线上的间距;

D_b ——支管外径。

[e] 当法兰装在一端或两端时,表中 k 和 i 值应按系数 C_1 来修正。系数 C_1 可用计算得到的 h 值由图 G.2 查得。

[f] 设计应注意对接焊的铸造弯头的壁厚可能比连接管子的壁厚大得多,如不考虑这些较大壁厚的影响,可能出现较大的误差。

[g] 对于直径大、管壁薄的弯头和弯管,压力会明显地影响其 k 和 i 的数值。因此,将表中的值修正如下:

$$\frac{k}{\left[1+6\left(\frac{P}{E}\right)\left(\frac{r_2}{\overline{T}}\right)^{\frac{7}{3}}\left(\frac{R_1}{r_2}\right)^{\frac{1}{3}}\right]}$$

$$\frac{i}{\left[1+3.25\left(\frac{P}{E}\right)\left(\frac{r_2}{\overline{T}}\right)^{\frac{5}{2}}\left(\frac{R_1}{r_2}\right)^{\frac{2}{3}}\right]}$$

式中:

P——设计压力,单位为兆帕(MPa);

E——弹性模量,单位为兆帕(MPa)。

[h] 若 $r_x \geqslant 1/8D_b$ 且 $T_c > 1.5\overline{T}$,可使用的柔度特性为 $h=4.4\overline{T}/r_2$。

[i] 支管连接的应力增大系数是基于支管中心线两侧长度至少为 2 倍直径的验证性压力试验而得,间距更小的支管需特殊考虑。

[j] $\overline{T}_r > 1\frac{1}{2}\overline{T}$ 时,$h=4\overline{T}/r_2$。

[k] 支管与主管直径比在 $0.5 \leqslant d/D < 1.0$ 时,其平面外的应力增大系数可能是不保守的,有内凹且平滑过渡的焊缝轮廓可减小应力增大系数。选择适当的应力增大系数是设计的责任。

[j] 设计应保证整体补强支管座与直管具有相同的压力额定值。

表 G.2 柔性系数和应力增大系数(二)

名称	注	柔性系数 k	应力增大系数 i
对焊接头,异径管或带颈对焊法兰	—	1	1.0
平焊法兰	—	1	1.2
填角焊接头,承插焊法兰或承插管件	1	1	1.3
松套法兰	—	1	1.6
螺纹管接头或螺纹法兰	—	1	2.3
褶皱和波浪形直管或褶皱和波浪形弯头	2	5	2.5

注 1：承插管件的填角焊接头的应力增大系数是基于承插管件和管子符合 GB/T 12459,填角焊符合 GB/T 20801.4—2020 中图 9 的要求;承插焊法兰的填角焊接头的应力增大系数是基于填角焊符合GB/T 20801.4—2020 中图 8 c)的要求;填角焊缝应平缓过渡至管子,GB/T 20801.4—2020 中图 7 b)、d)所示凹形焊缝有利改善焊缝的抗疲劳性能。

注 2：所示系数适用于弯曲,对于扭曲,其柔性系数为 0.9。

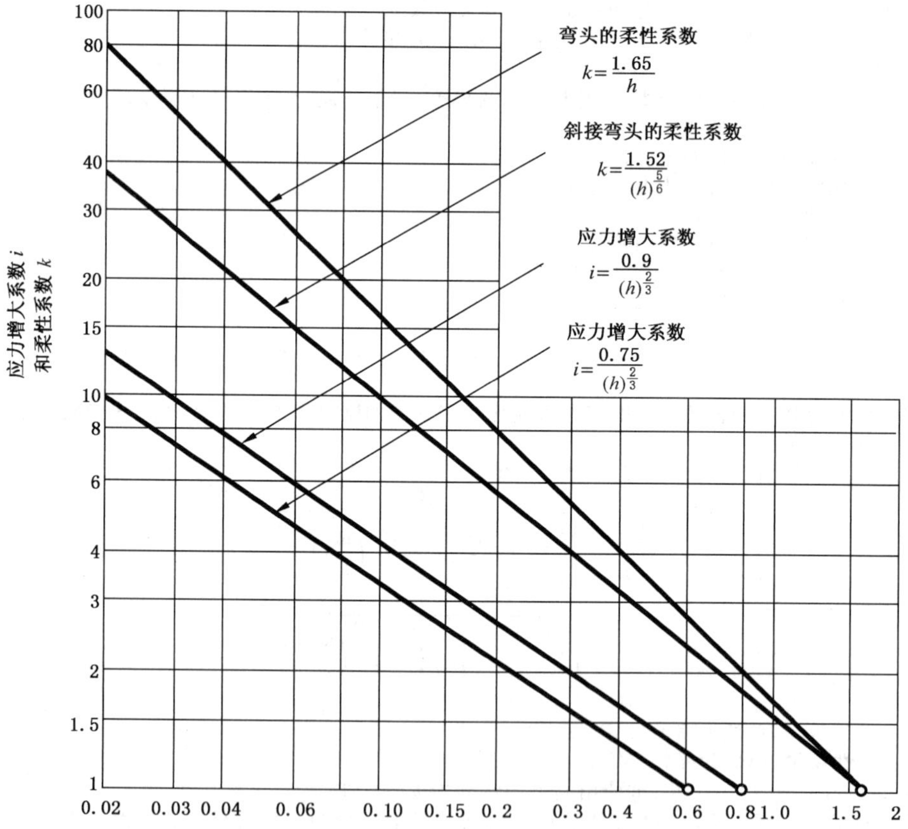

图 G.1 尺寸系数 h

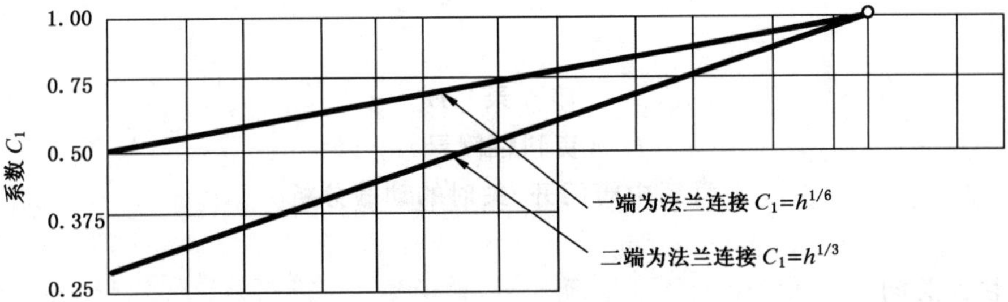

图 G.2 系数 C_1

附　录　H
（资料性附录）
管系中阀门开、关时的动载分析

H.1　阀门快速关闭

H.1.1　如管系有“水锤”现象存在，则应保证该管系中的管道和管道元件能安全地承受正常操作压力加上短时压力的升高值。同时应保证管道具有足够的强度以抵御非平衡力的作用。对压力波造成的管道振动，设计人员也应在管道结构布置时适当加以考虑。

H.1.2　下列方法仅考虑阀门刚关闭时管系中的压力升高，并假定由此产生的管系中的应力是管系所经历的最大应力。该方法未考虑压力波对管系产生的振动，其计算结果应是偏保守的。按式(H.1)计算：

a)　当满足以下不等式时会出现“水锤”现象：

$$T < \frac{2L}{v_s} \quad \cdots\cdots(H.1)$$

式中：

T ——阀门的有效关闭时间，单位为秒(s)；

L ——管系的长度，单位为米(m)；

v_s ——管道中流体的声速，单位为米每秒(m/s)，将管道视为完全刚性时，可按式(H.2)算得：

$$v_s = \sqrt{\frac{E_o}{\rho}} \times 10^3 \quad \cdots\cdots(H.2)$$

E_o——流体的体积弹性模量，单位为兆帕(MPa)；

ρ ——管道中流体的密度，单位为千克每立方米(kg/m³)。

当考虑管道所具有的弹性时，v_s 以式(H.3)计算：

$$v_s = \sqrt{\frac{1}{\rho\left(\frac{1}{E_o} + \frac{D}{T_e E}\right)}} \times 10^3 \quad \cdots\cdots(H.3)$$

E——钢管在操作温度下的弹性模量，单位为兆帕(MPa)。

b)　压力升高值 Δp，(MPa)可按式(H.4)计算：

$$\Delta p = v_s \cdot v \cdot \rho \times 10^{-6} \quad \cdots\cdots(H.4)$$

式中：

v——管道中流体的实际流速，单位为米每秒(m/s)。

c)　对一段直管道，最大非平衡力 F(N)可按式(H.5)、式(H.6)计算：

对刚性管道：

$$F = \frac{\pi \cdot D^2 \cdot V_m \cdot L}{2 \cdot V_a \cdot \lambda} \cdot \Delta p \times 10^{-3} \quad \cdots\cdots(H.5)$$

对柔性管道：

$$F=\frac{\pi \cdot D^{2} \cdot V_{m} \cdot L}{V_{a} \cdot \lambda} \cdot \Delta p \times 10^{-3} \quad \cdots\cdots(\text{H.6})$$

式中：

V_m ——阀门关闭过程中的最高速率，单位为平方米每秒(m^2/s)；

V_a ——阀门关闭过程中的平均速率，用总关闭时间除阀门面积而得，单位为平方米每秒(m^2/s)；

λ ——压力波的波长[见式(H.7)]，单位为米(m)。

$$\lambda=v_{s} \cdot T \quad \cdots\cdots(\text{H.7})$$

H.2 泄放阀的打开

当安全泄放阀开启时，气体的排放会对与阀门相连的管道产生一反作用力，该反作用力将对管道的强度有很大的影响。

泄放阀开启的影响可看作是与阀门连接的接管对管道产生的一个局部作用力，设计者应在管道设计和支吊架的布置时考虑这个因素。如在管道或封头上安装有多个泄放阀，则应考虑多个泄放阀开启时的联合影响。

在设计中，考虑泄放阀开启的影响时，可认为管道中的物料向大气中排放，从而采用较简单的静态分析方法，再以一动态荷载系数来考虑其动态效应。

向通风管或大气中排放物料时的持续反作用力(N)按式(H.8)计算：

$$F_{r}=M v_{e}(p_{e}-p_{a}) A \quad \cdots\cdots(\text{H.8})$$

式中：

M ——物料排放时的质量流速，单位为千克每秒(kg/s)；

v_e ——物料在泄放阀的出口速率，单位为米每秒(m/s)；

p_e ——泄放阀出口处的压力，单位为兆帕(MPa)；

p_a ——大气压力，单位为兆帕(MPa)；

A ——泄放阀出口处的物料流动面积，单位为平方毫米(mm^2)。

为了考虑泄放阀开启瞬间所具有的动态效应，首先按式(H.9)计算泄放阀的固有周期 T(s)：

$$T=\frac{2\pi}{\sqrt{3}} \sqrt{\frac{m_{v} \cdot h^{3}}{1\,000 \times E J}} \quad \cdots\cdots(\text{H.9})$$

式中：

m_v ——泄放阀组件(包括法兰等)的质量，单位为千克(kg)；

h ——主管表面至出口管中心线的距离(见图 H.1)，单位为毫米(mm)；

J ——泄放阀进口管的惯性矩，单位为毫米四次方(mm^4)。

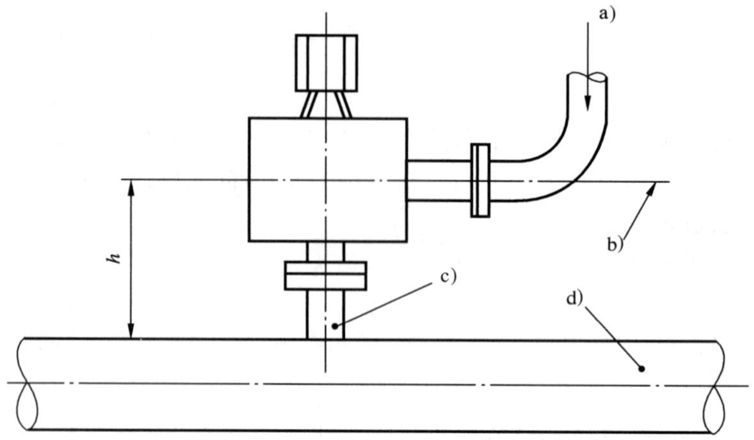

说明：

a)——反作用力；　　c)——阀门的进口管；

b)——阀门出口管的中心线；　　d)——主管。

图 H.1　泄放阀的典型布置

然后,用泄放阀实际开启时间 t(从阀门完全关闭到完全打开所用的时间)与泄放阀固有周期 T 之比,从图 H.2 中查得动态荷载系数 Z_{dlf}。

泄放阀开启瞬间的动态力(N),可以按式(H.10)计算:

$$F_d = F_r Z_{dlf} \qquad \cdots\cdots\cdots(H.10)$$

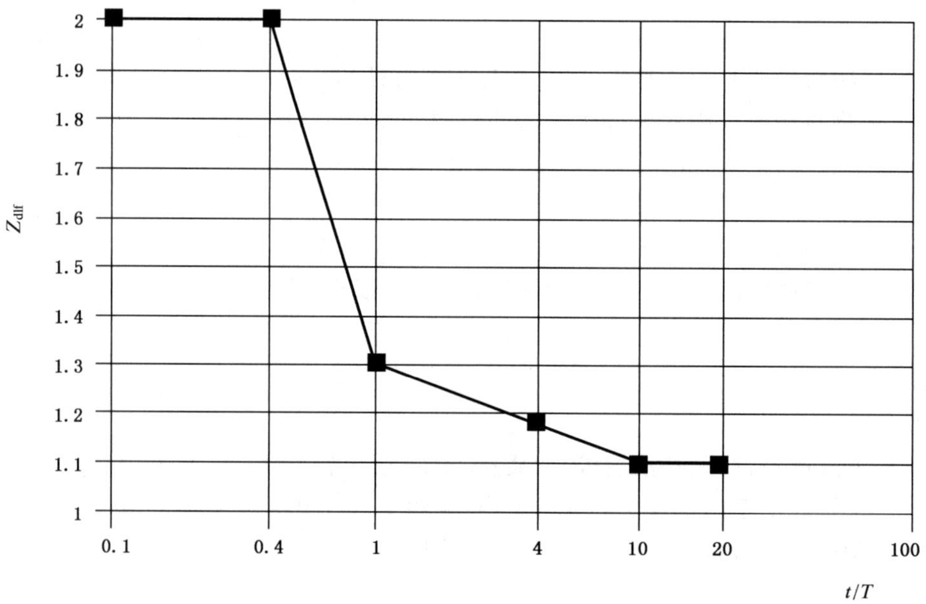

图 H.2　动态荷载系数 Z_{dlf}

附　录 I
(资料性附录)
静设备管口许用荷载

I.1 范围

本附录给出了静设备接管及其补强板、接管所在处的壳体应能承受的除压力外的力和弯矩。

本附录适用于设计压力大于 0.1 MPa,小于 35 MPa 的一般钢制压力容器及管壳式换热器(以下简称一般设备)。

本附录不适用于固定顶罐、浮顶罐、储气罐、料仓、箱形容器等。

本附录不适用于非法线接管和非圆形接管。

I.2 设计压力大于 0.1 MPa,小于 10 MPa 的一般设备

I.2.1 对于半径 R=1 000 mm,壳体有效厚度 t =10 mm 的一般设备,所有接管(与管道相连)及其补强板、接管所在处的壳体都应能够承受表 I.1 所列的力和弯矩(方向见图 I.1)。

表 I.1 设计压力大于 0.1 MPa,小于 10 MPa 的设备许用管口荷载

NPS	P/N	T_L/N	T_C/N	M_L/(N·m)	M_C/(N·m)	M_T/(N·m)
3″	1 500	1 500	1 500	600	600	600
4″	2 100	2 100	2 100	1 100	1 100	1 100
6″	4 600	4 600	4 600	3 400	3 400	3 400
8″	6 000	6 000	6 000	5 700	5 700	5 700
10″	7 600	7 600	7 600	6 900	6 900	6 900
12″	9 200	9 200	9 200	8 000	8 000	8 000
14″	10 800	10 800	10 800	9 200	9 200	9 200
16″	14 600	14 600	14 600	11 300	11 300	11 300
18″	18 500	18 500	18 500	13 500	13 500	13 500
20″	22 300	22 300	22 300	15 600	15 600	15 600
24″	30 000	30 000	30 000	20 000	20 000	20 000

I.2.2 对于材料为不锈钢的一般设备,表 I.1 所列数值应降至 75%。

I.2.3 对于不同直径和壁厚的一般设备,应对表 I.1 所列数值乘以系数 k 进行修正,k 按式(I.1)计算:

$$k = t^{1.5} / \sqrt{R} \qquad \cdots\cdots\cdots\cdots (\text{I}.1)$$

式中：

k ——修正系数；

t ——接管所在处设备壳体有效厚度，单位为毫米(mm)；

R ——接管所在处设备壳体内半径，单位为毫米(mm)。

I.3 设计压力大于或等于10 MPa，小于35 MPa的一般设备

此类设备的所有接管(与管道相连)及其补强板、接管所在处的壳体都应能够承受表I.2所列的力和弯矩(方向见图I.1)。

表 I.2 设计压力大于或等于10 MPa，小于35 MPa的设备许用管口荷载

NPS	P/N	T_L/N	T_C/N	M_L/(N·m)	M_C/(N·m)	M_T/(N·m)
2″	2 260	1 040	1 040	1 060	1 060	1 060
12-1/2″	3 130	1 440	1 440	1 470	1 470	1 470
3″	3 980	1 840	1 840	1 870	1 870	1 870
4″	6 100	2 820	2 820	2 860	2 860	2 860
6″	12 460	5 730	5 730	5 820	5 820	5 820
8″	22 070	10 200	10 200	10 400	10 400	10 400
10″	35 810	16 480	16 480	16 780	16 780	16 780
12″	54 250	25 020	25 020	25 410	25 410	25 410
14″	71 020	32 770	32 770	33 350	33 350	33 350
16″	99 080	45 810	45 810	46 500	46 500	46 500
18″	134 400	61 800	61 800	62 780	62 780	62 780
20″	175 600	81 230	81 230	82 500	82 500	82 500
24″	284 490	131 450	131 450	133 420	133 420	133 420
24″以上	$882.5\times10^{-6}D^3$	$407.3\times10^{-6}D^3$	$407.3\times10^{-6}D^3$	$413.8\times10^{-6}D^3$	$413.8\times10^{-6}D^3$	$413.8\times10^{-6}D^3$

表I.2中的D按式(I.2)进行计算：

$$D = D_o + 76.2 \quad \cdots\cdots\cdots\cdots (I.2)$$

式中：

D_o——接管外径，单位为毫米(mm)。

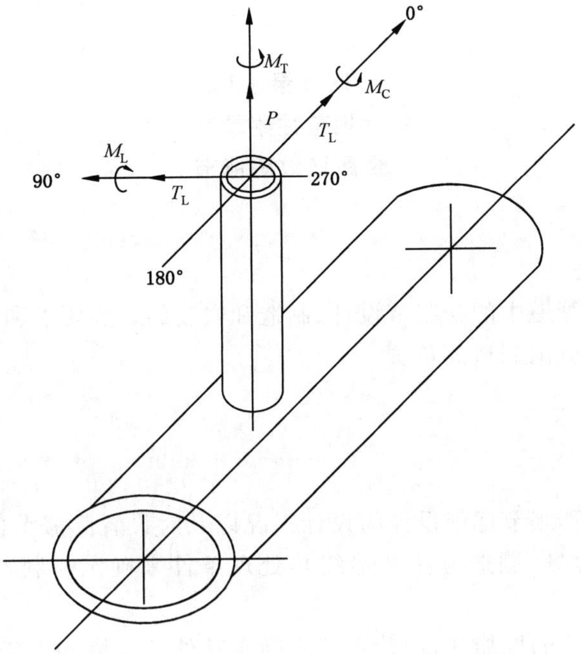

图 I.1 设备管口承受的力和力矩方向

附　录 J
（规范性附录）
金属波纹膨胀节

J.1　基本要求

本附录规定了压力管道中的膨胀节设计、制造和安装的一般要求和设计计算的标准。膨胀节所有元件的详细设计应由制造商负责。

J.2　对管道设计者的要求

J.2.1　总则

管道设计者应提供膨胀节详细设计的设计工况以及对设置膨胀节的管道设计要求。设计者应结合合金元素的含量、制造方法和最终热处理条件来确定材料产生应力腐蚀裂纹的敏感性。

除膨胀节中流动介质的性能外，设计者还应确定其外部环境和由于波纹管在低温下操作，可能在其外壁产生冷凝或结冰。

宜给出波纹管的单层最小厚度。

应确认膨胀节检修维护的可达性。

需要从膨胀节制造商处获得的数据至少包括：

a） 有效的承受轴向内压的面积；

b） 横向、轴向和扭转刚度；

c） 特定设计条件下的设计疲劳寿命；

d） 安装长度和质量；

e） 在管道上附加支撑或约束的要求；

f） 材料合格证明；

g） 最大实验压力；

h） 设计计算书；

i） 总装配图。

J.2.2　膨胀节设计条件

管道设计提出的膨胀节设计条件应包括：

a） 静态设计条件

本条件应包括正常操作状态下的压力、温度以及可能出现的压力、温度的波动上、下限。如果所给出的膨胀节组件设计温度不是介质温度，则该温度应通过适当的换热计算方法或试验的方法来核实，或通过对在同样条件下服役的相同设备的测量来获得。

b） 循环设计条件

本条件应包括操作期内同时作用的压力、温度、所施加的端点位移、膨胀节本身的热膨胀所对应的循环数。

由短时工况引起的循环数（如开车、停车和非正常操作）应单独说明，并应叠加累积疲劳效应。

c) 其他荷载

除以上条件之外的其他荷载也需说明,包括动力荷载(如风荷载、地震荷载、热冲击、振动等)和重力荷载(如绝热材料、雪、冰等产生的重力荷载)。

d) 流体特性

同设计要求相关的流体介质特性应在设计条件中指定,如业主指定的介质类型、流体速率和方向、内部衬里等。

e) 其他设计条件

影响膨胀节设计的其他条件应在设计条件中说明,如保护套的使用,内、外隔热层,限位装置,其他约束,膨胀节上的外加接管(如排气和排液管)等。

J.2.3 管道设计要求

在进行管道布置、固定点位置和约束、导向件、支承件设计时,应避免在膨胀节上施加非预定的位移和力,例如,膨胀节通常不能抵抗扭矩。如膨胀节无自约束装置,管道上的固定和导向支承应能承受膨胀节的内压推力及柱失稳(由于管内流体压力)产生的荷载。

固定支吊架设计要求如下:

a) 主固定架

主固定架应能承受J.2.2 b)所列的力和力矩以及压力所产生的推力,该推力等于膨胀节上承受轴向压力的有效面积乘以最大工作压力。对于在压力试验时无附加约束的膨胀节,应考虑试验期间由试验压力所产生的推力比正常操作时的推力大,主固定架应能承受该推力。

膨胀节上承受轴向压力的有效面积应由制造商推荐。当无资料时,该面积可根据波纹的中径计算而得。

b) 中间固定架

中间固定架应能承受以下的力和力矩:

1) 约束膨胀节发生压缩、伸长、偏移或转动(由计算得到的位移、转角产生)时所需要的力或力矩;
2) 管道在最大伸缩位置间移动时,其支承上所产生的静摩擦力(计算位移是基于固定架和膨胀节之间的管道长度);
3) 流动介质所产生的操作荷载和瞬时动态荷载;
4) 其他的管道力和力矩。

J.3 对膨胀节制造商的要求

J.3.1 制造总则

膨胀节制造商应根据本部分及工程设计要求进行膨胀节的详细设计以及整个膨胀节部件的制造和检验等,包括:

a) 膨胀节装配件所包括的管子、法兰、管件、连接件、波纹管、管道的支承件或约束件等;
b) 对膨胀节装配件以外需外加的支承件和约束件及其设计数据;
c) 对那些与膨胀节一起提供,而与操作介质不接触的零部件确定其设计条件;
d) 向管道设计者提供膨胀节的性能参数,如膨胀节的刚度、质量等;

e） 随产品附安装说明书。

J.3.2 膨胀节设计

膨胀节的设计应符合下列规定：

a） 膨胀节的设计计算应符合 GB/T 12777 的规定。

b） 在失稳压力下的安全系数不小于 2.25，在极限断裂压力下的安全系数不小于 3.00。

c） 按 GB/T 12777 计算波形膨胀节的应力时，应采用 GB/T 20801.3—2020 中 4.2.4 规定的材料许用应力值来判定所设计的膨胀节的强度。同时，应采用 GB/T 20801.2 所规定的弹性模量值计算膨胀节的刚度和补偿量。

d） 约束压力推力的结构件材料亦应符合 GB/T 20801.2 的相关规定。

e） 由设计压力在波纹管、波纹管直边段和加强环中产生的环向膜应力及在波纹管中产生的子午向膜应力（包括紧固件中的拉应力）应不超过 GB/T 20801.2—2020 中表 A.1 给出的许用应力。非表列材料的许用应力值按 GB/T 20801.3—2020 中 4.2.4 的规定来确定。

f） 成型后退火的非加强型波纹管，在波纹管的子午向膜应力与弯曲应力之和应不超过 GB/T 20801.2—2020 中表 A.1 许用应力的 1.5 倍。

g） 自约束型膨胀节的约束件（如拉杆、铰链、销轴等）和约束于管子或法兰的连接件中的应力应计算，其拉伸应力、压缩应力、挤压应力和剪切应力应不超过 GB/T 20801.3—2020 中 4.2.4 所述的许用应力极限。约束件附着在管道上的情况，局部应力可使用 JB 4732 的准则进行评定。

h） 管段、管件和法兰的压力设计应符合 GB/T 20801.3—2020 中第 5 章和第 6 章的要求。

i） 疲劳分析应考虑所有的设计循环工况，并应给出设计疲劳寿命的计算报告。

j） 波纹管元件的操作温度在蠕变范围内时，应考虑蠕变-疲劳相互作用的有害影响。

k） 设计温度低于 425 ℃的成型态奥氏体不锈钢波纹管设计疲劳寿命按 GB/T 12777 的方法计算。

J.3.3 膨胀节的制造、检验和压力试验

J.3.3.1 制造技术方案

在管道系统中设置膨胀节时，应确保管道系统中安装的膨胀节具有足够的静载强度和疲劳强度。膨胀节的制造商应制定合适的制造技术方案，这些技术方案应包括 J.3.3.2～J.3.3.4 所述的内容。

J.3.3.2 制造

为使膨胀节能满足相连管道的位移补偿要求，可考虑采用与管道不同的材料来制造膨胀节，但应保证膨胀节与管道的焊接质量。膨胀节的焊接应满足以下要求：

a） 应由取得资格的合格焊工或焊机操作工使用已评定的焊接工艺进行焊接操作。焊接工艺评定应符合 NB/T 47014 的要求。

b） 波纹管上的纵向焊缝应全焊透。在波纹管成型前，焊缝厚度应不小于波纹管材料名义厚度的 1.0 倍，且不大于 1.1 倍。

c） 全角焊缝可用作波纹管元件与相邻管道组件的主焊缝。

d） 制造波纹管的管坯不得使用搭接焊。

e) 当波纹管与管道组件直接焊接，且管道组件材料组别是 Fe-4、Fe-5A、Fe-5B(见 NB/T 47014)时，该焊缝应按 GB/T 20801.4—2020 中第 9 章的规定进行热处理，不准许使用其免除热处理的规定。恒温时间由管道组件的厚度确定。焊缝的检测应在热处理后进行。热处理可能影响波纹管的承压能力、力学性能和耐腐蚀性能，如果确认热处理对波纹管的性能有害，波纹管就不应直接与管道组件焊接，在这种情况下，管道组件的焊缝坡口边应使用适当的填充金属进行隔离层堆焊，并按 GB/T 20801.4—2020 中第 9 章进行热处理，然后再与波纹管焊接。

J.3.3.3 检验

以下是控制焊接质量的最低检验要求：

a) 焊缝检验应符合 GB/T 20801.5—2020 中第 4 章～第 8 章的要求。

b) 在波纹管成型前，纵焊缝应进行 100% 射线探伤。如波纹管名义厚度小于或等于 2.4 mm，可采用单面焊，且应在内、外表面进行渗透探伤代替。波纹管的纵向焊接接头质量系数取 1.0。

c) 波纹管成型后，可及的内、外表面焊缝均应进行渗透探伤。波纹管与管道连接的环焊缝等也应进行 100% 渗透探伤。

d) 射线探伤的评判应符合 GB/T 20801.5—2020 中 6.3.1.2 对纵缝的要求。渗透探伤的评判标准是不准许有裂纹、咬边和未焊透。

J.3.3.4 压力试验

膨胀节的压力试验应符合下列规定：

a) 制造商应按 GB/T 20801.5—2020 中第 9 章的规定对每一个膨胀节进行压力试验，试验压力应按 GB/T 20801.5—2020 中 9.1.3 和 9.1.4 确定，式(1)中的 S_1、S_2 宜按膨胀节所在管道的管道材料选取，试验压力至少应保持 10 min。

b) 能抵抗压力推力的膨胀节，在压力试验时，不应提供外加的轴向约束。如有必要，可施加模拟管道刚度的暂时约束。

c) 在压力试验时，除要检查泄漏和结构总体强度外，还应在压力试验前、压力试验时和压力试验后确认无波纹管屈曲现象。在进行内压的压力试验时，初始状态为对称的波纹管会发生变形，该变形可导致波纹管之间不平行或波纹管波距不一致，这时就认为屈曲已经产生。不准许出现以下情形的变形：

   1) 对于无加强的膨胀节，最大的波距与受压前的波距之比大于 1.15；

   2) 对于有加强的膨胀节，最大的波距与受压前的波距之比大于 1.20。

   对泄漏和变形的检测应在 100% 试验压力达到后、不低于 2/3 试验压力下进行。

d) 对于屈曲的检查应在最大试验压力时进行。为了安全，可在临时安装有参考尺寸的隔间通过远距离观察(通过望远镜或录像等)进行检查。泄漏检查应在 100% 试验压力到达之后且不低于 2/3 试验压力下进行。气压试验应遵照 GB/T 20801.5—2020 中 9.1.4 的规定。

J.4 安装

膨胀节的安装应符合下列规定：

a） 膨胀节安装时应使导流标志方向与介质流向一致；
b） 不得利用膨胀节的变形来调整或弥补管道的安装偏差；
c） 安装时应避免波纹管产生划痕、焊弧、焊接飞溅或凹陷等缺陷；
d） 膨胀节吊装时，不得将任何提升装置直接作用在波纹管或波纹管的外保护罩上，在吊装过程中，应避免波纹管和法兰密封面受到机械损伤；
e） 在所有导向支架和固定支架被正确安装完毕前，不应进行压力试验或对其抽真空；
f） 管道的固定支架安装完毕，并且管道得到正确的支承和导向，膨胀节上的运输固定装置应拆除，使膨胀节在以后的过程中随环境温度的变化进行补偿；
g） 膨胀节安装除上述要求外，还应满足制造商的安装说明书的要求。

参考文献

[1] GB/T 3840 制定地方大气污染物排放标准的技术方法
[2] GB 31570 石油炼制工业污染物排放标准
[3] GB 31571 石油化学工业污染物排放标准
[4] GB 50160—2008 石油化工企业设计防火规范
[5] EN 13480.3 Metallic industrial piping—Part 3：Design and calculation
[6] API 622 Type Testing of Process Valve Packing for Fugitive Emissions
[7] API 624 Type Testing of Rising Stem Valves Equipped for Graphite Packing for Fugitive Emissions
[8] API 641 Type Testing of Quarter-turn Valves for Fugitive Emissions

ICS 23.040
J 74

中华人民共和国国家标准

GB/T 20801.4—2020
代替 GB/T 20801.4—2006

压力管道规范　工业管道
第4部分:制作与安装

Pressure piping code—Industrial piping—Part 4:Fabrication and assembly

2020-11-19 发布　　2021-06-01 实施

国家市场监督管理总局
国家标准化管理委员会
发布

前　　言

GB/T 20801《压力管道规范　工业管道》分为以下6个部分：

——第1部分：总则；

——第2部分：材料；

——第3部分：设计和计算；

——第4部分：制作与安装；

——第5部分：检验与试验；

——第6部分：安全防护。

本部分为GB/T 20801的第4部分。

本部分按照GB/T 1.1—2009给出的规则起草。

本部分代替GB/T 20801.4—2006《压力管道规范　工业管道　第4部分：制作与安装》，与GB/T 20801.4—2006相比，除编辑性修改外主要技术变化如下：

——修改了管道元件及材料的检查与验收要求(见第5章，2006年版的第5章)；

——修改了板焊管的制作要求(见6.4，2006年版的6.4)；

——修改了焊接工艺评定要求，补充了焊接材料的相关要求(见7.1、7.2，2006年版的7.1、7.2)；

——增加了合金钢和有色金属管道焊接方法和施焊程序规定(见7.5.2)；

——增加了管道单面底层焊的气体保护要求(见7.5.8)；

——修改了承插焊接头的最小焊缝尺寸(见图9，2006年版的图9)；

——增加了支管座与主管的焊接接头形式和要求[见图10 g)、7.8.7]；

——修改了材料的预热及道间温度要求(见第8章，2006年版的第8章)；

——修改了焊后热处理要求(见9.3，2006年版的9.2)；

——增加了管道预制(装配)相关要求(见第10章)；

——增加了"管道封闭口装配错口偏差评估方法"(见附录A)；

——增加了"法兰接头螺栓拧紧方法和安装目标荷载"(见附录B)。

本部分由全国锅炉压力容器标准化技术委员会(SAC/TC 262)提出并归口。

本部分起草单位：中国化学工程第三建设有限公司、国家市场监督管理总局特种设备安全监察局、全国化工设备设计技术中心站、杜拉巴尔流体装置(苏州)有限公司。

本部分主要起草人：夏节文、程国华、徐锋、黄正林、蔡暖姝、张胜清、应道宴。

本部分所代替标准的历次版本发布情况为：

——GB/T 20801.4—2006。

压力管道规范　工业管道
第4部分:制作与安装

1　范围

GB/T 20801的本部分规定了压力管道制作与安装的基本要求。这些基本要求包括制作、焊接、预热、热处理、装配和安装以及管道清理等方面的规定。

本部分适用于GB/T 20801.1范围界定的压力管道元件的制作与安装。

2　规范性引用文件

下列文件对于本文件的应用是必不可少的。凡是注日期的引用文件,仅注日期的版本适用于本文件。凡是不注日期的引用文件,其最新版本(包括所有的修改单)适用于本文件。

GB/T 985.1　气焊、焊条电弧焊、气体保护焊和高能束焊的推荐坡口

GB/T 985.2　埋弧焊的推荐坡口

GB/T 985.3　铝及铝合金气体保护焊的推荐坡口

GB/T 985.4　复合钢的推荐坡口

GB/T 13927　工业阀门　压力试验

GB/T 20801.1—2020　压力管道规范　工业管道　第1部分:总则

GB/T 20801.2—2020　压力管道规范　工业管道　第2部分:材料

GB/T 20801.3—2020　压力管道规范　工业管道　第3部分:设计和计算

GB/T 20801.5—2020　压力管道规范　工业管道　第5部分:检验与试验

GB/T 20801.6—2020　压力管道规范　工业管道　第6部分:安全防护

GB 50236　现场设备、工业管道焊接工程施工规范

NB/T 47014　承压设备焊接工艺评定

TSG ZF001　安全阀安全技术监察规程

TSG Z6002　特种设备焊接操作人员考核细则

3　术语和定义

GB/T 20801.1—2020、GB/T 20801.2—2020、GB/T 20801.3—2020、GB/T 20801.5—2020和GB/T 20801.6—2020界定的以及下列术语和定义适用于本文件。

3.1

制造　manufacture

管子、管道组成件或管道支承件等产品的生产过程。

3.2

制作　fabrication

管道安装前的准备工作。

注:包括切割、加工螺纹、开坡口、成型、弯曲、焊接和将组件装配成部件,可在车间或现场进行。

3.3

装配 assembly

按照设计文件的规定,用螺栓、焊接、粘结、螺纹、硬钎焊、软钎焊或使用密封元件将两个或两个以上管道组成件连接在一起(包括管道预制)的过程。

3.4

安装 erection

根据设计文件的规定,将一个管道系统完整地固定在指定位置和支架上的过程。

注:包括按规范要求对该系统所做的所有现场制作、装配、检查和试验等工作。

3.5

轴测图 isometric diagram

按照轴测投影的绘制方法将每条管道画成以单线表示的管道空视图。

3.6

热弯 hot bending

在温度高于金属临界点 A_{C1} 时制作弯管的工艺。

3.7

冷弯 cold bending

在温度低于金属临界点 A_{C1} 时制作弯管的工艺。

3.8

自由管段 pipe-segments to be prefabricated

在管道制作加工前,按照轴测图选择确定的、可以先行加工的管段。

3.9

封闭管段 pipe-segments for dimension adjustment

在管道制作加工前,按照轴测图选择确定的、经实测安装尺寸后再行加工的管段。

3.10

定位焊缝 tack weld

在完成最终焊缝以前,用以保持焊接件定位的焊缝。

3.11

焊件 weldment

以焊接方法将构件各部件焊接成的组件。

注:焊件包括母材和焊接接头两部分。

3.12

焊接工艺评定 welding procedure qualification

为验证所拟定的焊件焊接工艺的正确性,按照预焊接工艺规程的规定,制备试件和试样,并进行试验及结果评价的过程。

3.13

焊接工艺评定报告 welding procedure qualification report

记录焊接工艺评定过程中有关试验数据及结果的文件。

3.14

焊接工艺规程 welding procedure specification

根据焊接工艺评定报告,并结合实践经验而制定的直接指导焊接生产的技术细则文件。

注：包括对焊接头、母材、焊接材料、焊接位置、预热、电特性、操作技术等内容进行详细的规定，以保证焊接质量的再现性。

3.15

焊接技能评定　welding performance qualification

对焊接作业人员的操作技能进行评估考核的过程。

3.16

预热　preheating

在成型、焊接或切割过程之前或之间对母材进行加热的过程。

3.17

道间温度　interpass temperature

多道焊缝及相邻母材在施焊下一焊道之前的瞬时温度。

3.18

焊后热处理　post weld heat treatment

能改变焊接接头的组织和性能或焊接残余应力的热过程。

3.19

管道元件　pipework components

连接或装配成管道系统的各种零部件的总称，包括管道组成件和管道支承件。

3.20

最终封闭口　final closure point

在管道系统中两个固定位置之间进行装配的最后一个连接口。

注：管道最终封闭口的连接方式可为焊接(对接接头、承插焊接头)或法兰连接。

3.21

最终封闭口错口偏差　misalignment at the final closure point

管道最终封闭口在不受外力状态下装配时的偏差，可分解为横向(X、Y 轴)和轴向(Z 轴)三个方向的错口偏差值。横向(X、Y 轴)偏差值表示两个被连接管段的端面中心线的偏离程度；轴向(Z 轴)偏差值表示两个被连接管段端部平行截面之间的间隙量。

3.22

装配管道长度　length of assembly pipe

某方向(X、Y 或 Z 轴)上的装配管段长度，即管道系统中从封闭点向两端延伸到最近的两个固定位置之间的其他两个方向(横向或轴向)上的管段累积长度之和。

4　一般规定

4.1　管道的制造、制作和安装单位应具有符合压力管道安全监察有关法规要求的行政许可证。管道制作和安装单位应建立相应的质量保证体系，并符合下列规定：

a)　具有健全的质量管理制度以及制作、安装工艺文件，工艺文件(如施工组织设计、施工方案等)应经业主(或其委托方)批准后方可用于管道制作或安装工作；

b)　参加管道制作或安装的人员应具备相应的能力并履行各自的职责；

c)　使用的计量器具应检定合格并在有效期内。

4.2 管道的制作和安装应按设计文件及本部分的规定进行。当需要修改设计文件及工程材料代用时,应经原设计单位同意,并出具书面文件。

4.3 管道的制作和安装单位宜采用管道焊接信息化管理系统,及时输入并保存管道元件、焊接、热处理、检查与试验等相关数据。

4.4 管道的制作和安装单位应建立并妥善保存必要的施工记录及证明文件。管道安装工程竣工后,制作和安装单位应向业主至少提交以下技术文件和资料:

a) 管道安装竣工图(含管道轴测图、设计修改文件和材料代用单)。设计修改和材料代用等变更内容应在竣工图上直接标注。管道轴测图应至少包括管道组成件的材质、规格和炉批号、管段的实际尺寸、焊缝位置、焊缝编号、焊工代号、无损检测方法、局部或抽样无损检测焊缝的位置、焊缝补焊位置、热处理焊缝位置等。

b) 管道组成件、支承件和焊接材料的产品合格证、质量证明书或复验、试验报告。

c) 管道制作、安装检查记录和检验、试验报告。管道制作、安装检查记录应包含管道焊接检查记录、焊缝返修检查记录、管道隐蔽记录、管道热处理曲线记录及报告等内容。

d) 管道安装质量证明书。如果现场制作管道组成件或管道支承件,还应提交管道组成件和管道支承件的质量证明书。

5 管道元件及材料的检查与验收

5.1 材料标记和质量证明文件的验收

管道元件及材料的标记和质量证明文件除应按设计文件以及 GB/T 20801.2—2020 中 9.1 和 9.2 的规定进行验收外,还应满足以下要求:

a) 供货方(制造商)应按设计文件和供货合同的规定提供各项性能数据或检验结果,且应符合设计文件和产品标准的规定;

b) 质量证明文件提供的性能数据或检验结果如不符合产品标准和设计文件的规定,或者接受方对其性能数据或检验结果有异议时,应进行必要的验证性试验或补充试验;

c) 管道元件及材料的标记应清晰完整,并能够追溯到产品质量证明文件。

5.2 外观检查

管道元件及材料应按设计文件和产品标准的规定核对其材质、规格、型号和数量,并逐个进行外观质量和几何尺寸的检查验收,其结果应符合设计文件和相应产品标准的规定。

5.3 材质检查

对于铬钼合金钢、含镍低温钢、不锈钢以及镍及镍合金、钛及钛合金材料的管道组成件,在使用前应采用光谱分析(PMI)或其他方法对主要合金元素含量进行检查,其数量应满足以下要求:

a) 对于 GC1 级管道,检查数量应按每个检验批的 10%且不少于 1 个管道组成件进行抽查;

b) 其他管道为每个检验批抽查 5%,且不少于 1 个管道组成件。

注:每个检验批表示同炉批号、同型号规格、同时到货的一批管道元件或材料。

5.4 阀门压力试验

5.4.1 阀门应进行压力试验,其数量应满足以下要求:

a) 用于 GC1 级管道的阀门,应逐个进行壳体压力试验和密封试验;

b) 用于 GC2 级管道的阀门,应按每个检验批抽查 10%进行壳体压力试验和密封试验,且不得少于 1 个;

c) 用于 GC3 级管道的阀门,应按每个检验批抽查 5%进行壳体压力试验和密封试验,且不得少于 1 个;

d) 经设计者或业主同意,到制造厂逐件见证压力试验并有见证试验记录的阀门,可免除压力试验。

5.4.2 阀门的压力试验方法、程序与试验结果应符合设计文件和供货合同的规定。当无规定时,应符合 GB/T 13927 的规定。

5.4.3 经设计者或业主同意,对于公称压力小于或等于 PN100 且公称直径大于或等于 DN600 的闸阀,可随管道系统进行压力试验,密封试验可采用色印方法。

5.4.4 安全阀的校验应按 TSG ZF001 和设计文件的规定进行。

5.4.5 带夹套的阀门进行夹套压力试验时,其试验压力应为 1.5 倍的夹套设计压力。

5.5 其他检查

当设计文件对管道元件和材料提出其他检查与验收要求(如无损检测、硬度检查等)时,应予以满足。检查方法、数量及检查结果应符合设计文件和相关标准的规定。

5.6 不合格品的处置

5.6.1 管道元件及材料进行抽样检查、检测或试验时,若有 1 件不合格,则该抽样检查、检测或试验所代表的这一检验批应视为不合格,该批管道元件及材料不得使用,或对该批管道元件及材料逐个进行检查、检测或试验,其中的合格者仍可使用。

5.6.2 管道元件及材料进行抽样检查、检测或试验时,应做好记录和材料识别标记,并对不合格品进行隔离处理。

5.7 材料保管

管道元件及材料在制作、安装过程中应妥善保管,不得混淆或损坏。不锈钢和有色金属的管道元件及材料在储存期间不得与碳钢、低合金钢接触。暂不安装的管子、阀门和管件,应封闭管口。

6 管道制作

6.1 切割与坡口加工

6.1.1 管道元件及材料的切割加工可采用冷切割或热切割方法。如采用热切割方法,切割后应采用机械加工或打磨方法清除表面熔渣和影响管道焊接质量的表面层。

6.1.2 碳钢、碳锰钢可采用机械加工方法或火焰切割方法切割和制备坡口。低温镍钢和合金钢宜采用机械加工方法切割和制备坡口。

6.1.3 不锈钢、有色金属应采用机械加工或等离子切割方法切割和制备坡口。不锈钢、镍及镍合金、钛及钛合金、锆及锆合金采用砂轮切割或修磨时,应使用专用砂轮片。

6.1.4 管道元件及材料在加工制作、安装过程中应避免材料表面的机械损伤。对有严重伤痕的部位应进行补焊或修磨,修磨处的壁厚应不小于设计壁厚。

6.2 标记移植

6.2.1 管道组成件在制作过程中,应核对并尽量保存材料的原始标记。当无法保存原始标记时,应采用移植方法重新进行材料标识,材料标识也可采用管道组成件的工程统一编码或色标。

6.2.2 标记方法的采用应以对材料不构成损害或污染为原则,低温用钢、不锈钢及有色金属不得使用硬印标记。当奥氏体不锈钢和有色金属材料采用色码标记时,印色不应含有对材料构成损害的物质,如硫、铅和氯等。

6.2.3 如采用硬印或雕刻之外的其他标记方法,制作者应保证不同材料之间不会产生混淆,如采用分别处理(时间、地点)或区分色带等方法。

6.3 弯管

6.3.1 制作弯管时,应根据管子材料性能、输送流体工况和管子弯曲半径,采用适当的弯曲工艺和装备。

6.3.2 制作弯管可采用热弯和冷弯两种方法。

6.3.3 当采用焊管制作弯管时,焊缝应避开受拉(压)区。

6.3.4 弯管的不圆度、褶皱和减薄应满足以下要求:

a) 不圆度应满足以下要求:

1) 弯管的不圆度 u(%)应按式(1)计算:

$$u=\frac{2(D_{max}-D_{min})}{D_{max}+D_{min}}\times 100 \qquad (1)$$

式中:

u ——弯管的不圆度;

D_{max}——同一截面的最大实测外径,单位为毫米(mm);

D_{min}——同一截面的最小实测外径,单位为毫米(mm)。

2) 对于承受内压的弯管,其不圆度应不大于8%;对于承受外压的弯管,其不圆度应不大于3%。

b) 弯管内侧褶皱高度 h_m 应不大于管子外径 D_1 的3%,且波浪间距 a 应不小于 $12h_m$。其中,h_m 为相邻两个褶皱的平均高度,并按图1和式(2)计算:

$$h_m=\frac{D_2+D_4}{2}-D_3 \qquad (2)$$

式中:

h_m ——褶皱高度,单位为毫米(mm);

D_2 ——褶皱凸出处外径,单位为毫米(mm);

D_3 ——褶皱凹进处外径,单位为毫米(mm);

D_4 ——相邻褶皱凸出处外径,单位为毫米(mm)。

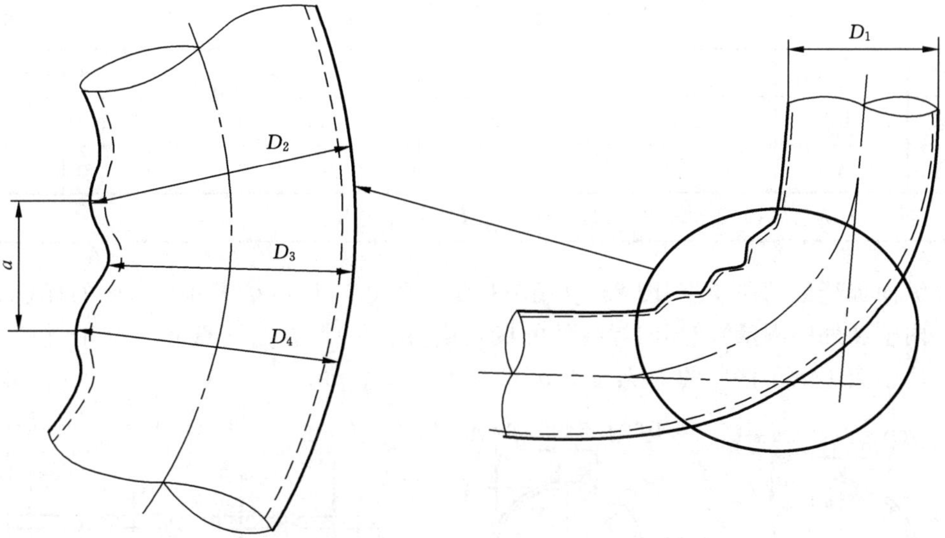

图 1　弯管的褶皱和波浪间距

c）弯管制作前的管子壁厚宜符合表 1 的规定。弯管制作后的最小厚度不得小于直管的设计厚度。

表 1　弯管制作前的管子壁厚

单位为毫米

弯曲半径 R	弯管制作前壁厚
$R \geqslant 6D$	$1.06t_d$
$5D \leqslant R < 6D$	$1.08t_d$
$4D \leqslant R < 5D$	$1.14t_d$
$3D \leqslant R < 4D$	$1.25t_d$
注：D 为管子外径，t_d 为直管的设计厚度。	

6.3.5　GC1 级管道的弯管弯制后，应逐件对弯曲部位进行磁粉检测或渗透检测，且应符合 GB/T 20801.5—2020 的规定。发现的线性缺陷应予以修磨，修磨后的壁厚不得小于直管的设计厚度。

6.4　板焊管

6.4.1　板焊管的制作应符合设计文件和产品标准的规定。

6.4.2　制作和安装公称直径不小于 400 mm 的板焊管时，应符合以下规定：

a）单个筒节的长度应不小于 300 mm，相邻筒节纵缝应错开 100 mm 以上。支管外壁距焊缝不宜小于 50 mm。

b）同一筒节上的纵向焊缝应不大于两条，纵缝间距应不小于 200 mm。

c）对于有加固环的板焊管，加固环的对接焊缝应与管子纵向焊缝错开，其间距应不小于 100 mm，加固环距管子的环焊缝应不小于 50 mm。

d）板焊管的周长及管端直径应符合表 2 的规定。

表 2 板焊管的周长允差及直径允差

单位为毫米

公称直径	≤800	>800～1 200	>1 200～1 600	>1 600～2 400	>2 400～3 000	>3 000
周长允差	±5	±7	±9	±11	±13	±15
直径允差	4	4	6	8	9	10
注：直径允差为管端(100 mm 以内)最大外径与最小外径之差。						

e) 纵向焊缝处的棱角度[图 2a)](用弦长等于 $1/6D_i$ 且不小于 300 mm 的样板分别在管内壁和外壁测量)和环向焊缝处的棱角度[图 2b)](在管内壁和外壁用直尺检查)，其 E 值应不大于壁厚的 10%加 2 mm，且不大于 5 mm。

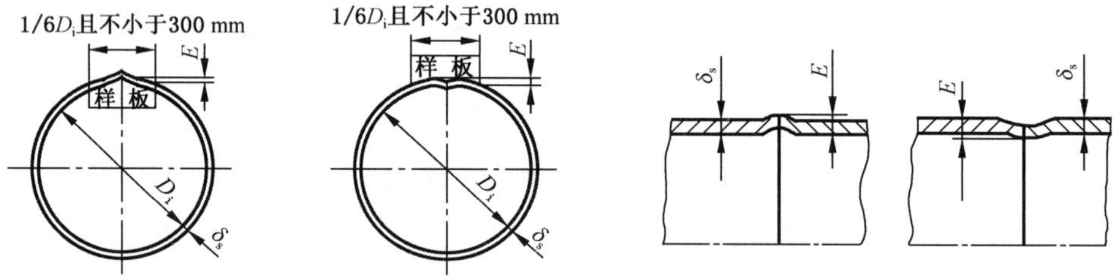

a) 纵向焊缝　　b) 环向焊缝

图 2 纵向与环向焊缝处的棱角度检查

f) 对接焊缝的错边量应符合表 3 及下列规定：

1) 只能从单面焊接的纵向和环向焊缝，其内壁错边量不应大于壁厚的 25%，且不应超过 2 mm；

2) 复合钢板组对时，应以复层表面为基准，错边量不应大于钢板复层厚度的 50%，且不大于 1 mm。

表 3 板焊管对接焊缝的错边量

单位为毫米

母材厚度 T	错边量	
	纵向焊缝	环向焊缝
T≤12	≤T/4	≤T/4
12<T≤20	≤3	≤T/4
20<T≤40	≤3	≤5
40<T≤50	≤3	≤T/8
T>50	≤T/16，且≤10	≤T/8，且≤20

g) 板焊管的直度允差应不大于其单根长度的 0.2%。

h) 板焊管的焊接、焊后热处理和检查、检验应符合本部分相应章条及 GB/T 20801.5—2020 的相关规定。

i) 板焊管应逐根进行压力试验，试验压力应符合 GB/T 20801.5—2020 的相应规定。经业主或设计者同意,可采用 GB/T 20801.5—2020 规定的用纵向焊缝、环向焊缝 100%射线照相或 100%超声检测代替板焊管的压力试验的方法。

6.5 斜接弯头

6.5.1 除设计另有规定外,斜接弯头的制作应符合 6.5.2~6.5.4 的规定。斜接弯头的焊接应符合第7 章的规定,斜接弯头的检查和检验还应符合 GB/T 20801.5—2020 的相关规定。

6.5.2 可按图 3 所示的组成形式配制斜接弯头。对于公称直径大于 400 mm 的斜接弯头,可适当增加中节数量,但其内侧的最小宽度应不小于 50 mm。

6.5.3 斜接弯头的焊接接头应采用全焊透形式。公称直径大于或等于 600 mm 的斜接弯头宜进行双面焊。

6.5.4 公称直径大于 1 000 mm 时,斜接弯头的周长允许偏差应为±6 mm;公称直径小于或等于1 000 mm 时,斜接弯头的周长允许偏差应为±4 mm。

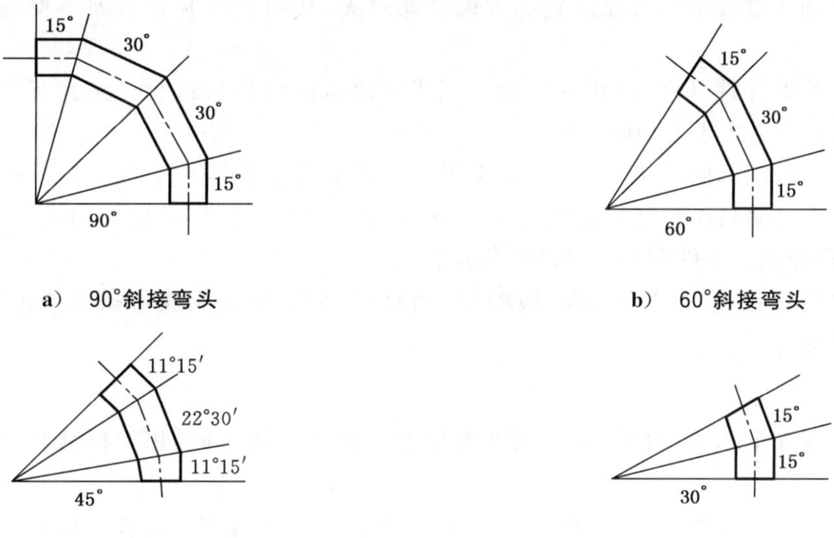

a) 90°斜接弯头　　b) 60°斜接弯头

c) 45°斜接弯头　　d) 30°斜接弯头

图 3 斜接弯头的组成形式

6.6 翻边接头

6.6.1 翻边接头宜采用符合相关标准的管件制造产品。翻边接头的制作应符合 GB/T 20801.3—2020 中 5.1.6 和本部分 6.6.2、6.6.3 的规定。

6.6.2 焊制翻边接头的基本形式应符合图 4 的规定。焊接后应对翻边部位进行机械加工或整形。密封面的表面粗糙度应符合法兰标准的规定。外侧焊缝应进行修磨,以不影响松套法兰内缘与翻边的装配为原则。

6.6.3 扩口翻边后的外径及转角半径应能保证螺栓及法兰的装配。翻边端面与管子中心线应垂直,垂直度允差应不大于 1 mm。

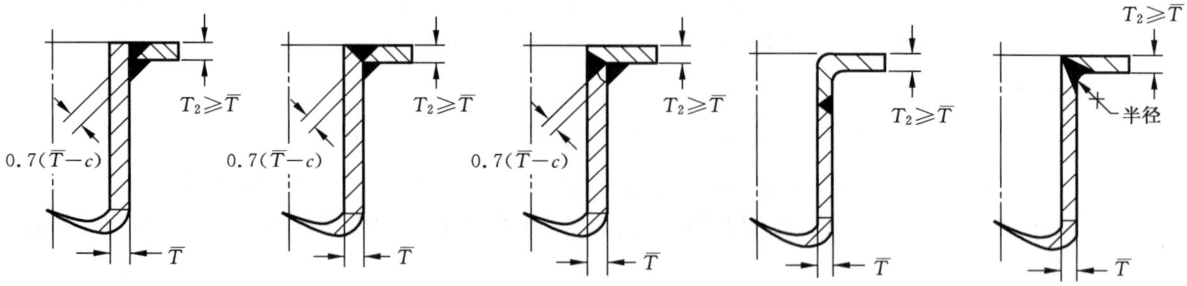

图4 典型的焊制翻边接头

6.7 夹套管

6.7.1 夹套管及其部件的结构形式与制作应符合设计文件和相关标准的规定。

6.7.2 夹套管制作过程中应确保内管的焊缝裸露可见,在内管检验合格前不得进行外管封闭焊接。

6.7.3 夹套弯管的外管组焊,应在内管制作完毕并经检验合格后进行。夹套弯管的外管和内管的同轴度偏差不得大于3 mm。

6.7.4 外管与内管间的间隙应均匀,并应按设计文件的规定安装定位板。定位板的安装应不妨碍夹套内介质流动和内管与外管的胀缩,其材质应与内管相同。定位板的几何尺寸、安装位置、间距等应符合设计文件和相关标准的规定。

6.7.5 夹套管的焊接、热处理、检查、检验与试验应符合本部分相应章条及GB/T 20801.5—2020的相关规定。

6.8 支吊架

6.8.1 管道支吊架的形式、材质、加工尺寸及精度应符合设计文件、相关标准和产品技术文件的规定。

6.8.2 管道支吊架的组装尺寸与焊接方式应符合设计文件的规定。制作后应对焊缝进行目视检查,焊接变形应予以矫正。所有螺纹连接均应按设计要求予以锁紧。

6.8.3 支吊架中要求全焊透的焊缝应进行射线检测或超声检测,且应符合GB/T 20801.5—2020的相关规定。检测数量不少于20%,且焊缝长度不小于200 mm。

6.8.4 制作合格的支吊架应进行防锈处理并应妥善分类保管。合金钢支吊架应有材质标记。

7 焊接

7.1 焊接工艺评定和焊工技能评定

7.1.1 管道承压件与承压件的焊接,承压件与非承压件的焊接,均应采用经评定合格的焊接工艺,并由合格焊工施焊。

7.1.2 焊接工艺评定应符合NB/T 47014的规定。冲击试验要求应符合GB/T 20801.2—2020中8.2的规定。

7.1.3 当焊接工艺评定要求使用的材料无法满足7.1.2的规定时,经设计者和业主同意,允许采用对预焊接工艺规程进行技术评审的方式代替焊接工艺评定,但应同时符合下列条件:

a) 施焊单位已掌握该金属材料的特性(化学成分、力学性能和焊接性能);

b) 施焊单位能够提供同类别(同组别)其他母材的焊接工艺评定,且具有其施焊经验(业

绩);

c) 施焊的焊工已取得相应的技能评定合格资格;

d) 能够提供其他单位完成的符合7.1.2要求的该材料焊接工艺评定。

7.1.4 管道施焊前,应根据焊接工艺评定报告(或已通过技术评审的预焊接工艺规程)编制焊接工艺规程,用于指导焊工施焊和焊后热处理工作。焊接工艺规程应至少包括下列内容:

a) 焊接方法及操作类型(手工、自动、半自动);

b) 焊接接头的坡口形式、尺寸及加工要求;

c) 焊接接头母材的标准号、型号、规格尺寸及相关要求;

d) 焊接材料的标准号、型号、牌号、规格、烘烤要求;

e) 焊接位置及焊接方向;

f) 预热及道间温度控制要求(预热温度、道间温度范围、加热方式及范围、测量方法等),必要时的后热要求(后热温度、时间、加热及缓冷方式等);

g) 焊后热处理要求(热处理温度、保温时间、升温速度、降温速度、加热及测量方式等);

h) 保护气体的种类(成分)、混合配比(纯度)、流量等要求;

i) 焊接电特性及焊接工艺参数;

j) 焊接操作要领与技术措施;

k) 其他相关要求。

7.1.5 焊工技能评定应符合TSG Z6002的规定。

7.2 焊接材料

7.2.1 焊接材料应符合设计文件和相关标准的规定,且通过焊接工艺评定验证。当设计无规定时,焊接材料的选用应按照母材的化学成分、力学性能、焊接性能、焊前预热、焊后热处理、使用条件及现场施工条件等因素综合确定,且符合下列规定:

a) 焊缝金属的抗拉强度应不小于母材规定抗拉强度的下限值。对于两种不同强度的母材相互焊接,焊缝金属的抗拉强度应不低于规定抗拉强度较低母材的下限值。

b) 焊缝金属的化学成分应与母材相近。对于两种不同化学成分的母材相互焊接,除奥氏体钢与铁素体钢相互焊接外,焊缝金属的化学成分应与其中任何一个母材一致或介于两者之间。

c) 当奥氏体钢与铁素体钢相互焊接时,焊缝金属应有显著的奥氏体晶体结构,可选用25Cr-13Ni型或含镍量更高的焊接材料。当设计温度高于425 ℃时,宜选用镍基焊接材料。

d) 焊接材料的焊接工艺性能应良好。

7.2.2 焊接材料(包括焊条、焊丝、焊剂及焊接用气体)使用前应按设计文件和相关标准的规定进行检查和验收,且应具有质量证明文件和包装标记。

7.2.3 焊接材料(包括焊条、焊丝及焊剂)的储存应保持适宜的温度及湿度,相对湿度应不超过60%。焊接材料库应保持干燥、清洁。

7.2.4 库存期超过规定期限的焊条、焊剂及药芯焊丝,应经复验合格后方可使用。焊接材料库存的规定期限应在焊接材料质量证明书或说明书上注明。

7.2.5 应按焊接材料说明书的要求对焊条、焊剂和药芯焊丝进行烘干,焊丝使用前应按规定进行除油、除锈及清洗处理。

7.2.6 使用过程中应注意保持焊接材料的识别标记,以免错用。

7.3 焊接环境

7.3.1 焊接环境温度应能保证焊件的焊接温度和焊工技能不受影响。环境温度低于 0 ℃时，应符合8.2.1 的规定。

7.3.2 应采取防风措施保证焊接时的风速不大于以下规定值：

a) 对于焊条电弧焊、自保护药芯焊丝电弧焊和气焊，规定风速为 8 m/s；

b) 对于钨极惰性气体保护电弧焊和熔化极气体保护焊，规定风速为 2 m/s。

7.3.3 焊接电弧周围 1 m 范围内的相对湿度应符合以下规定：

a) 铝及铝合金的焊接，相对湿度应不大于 80%；

b) 其他材料的焊接，相对湿度应不大于 90%。

7.3.4 在雨雪天气施焊时，应采取有效防护措施，否则禁止施焊。

7.4 焊前准备

7.4.1 坡口制备

7.4.1.1 坡口加工应符合 6.1 的规定。坡口表面应光滑并呈金属光泽，热切割产生的熔渣和影响焊接质量的表面层应清除干净。

7.4.1.2 坡口形式和尺寸应符合设计文件的规定。无规定时，可按照 GB/T 985.1、GB/T 985.2、GB/T 985.3、GB/T 985.4、GB 50236 或相关标准，并结合现场实际情况确定坡口形式和尺寸。

7.4.1.3 当设计文件和相关标准对坡口表面提出无损检测的要求时，无损检测及缺陷处理应在施焊前完成。

7.4.2 清理

7.4.2.1 对于焊件坡口及内外表面，应在焊接前去除油漆、油污、锈斑、熔渣、氧化皮以及有害的其他物质。

7.4.2.2 焊件坡口及内外表面的清理应满足表 4 的要求。

表 4 焊件坡口及其内外表面的清理

材 料	清理范围/mm	清理对象	清理方法
碳素钢、低温钢、合金钢、不锈钢	≥20	油、漆、锈、毛刺等污物，裂纹，夹层	手工或机械等方法
铝及铝合金、钛及钛合金、镍及镍合金、锆及锆合金	≥50	油污、氧化膜等	有机溶剂除油污，化学或机械方法除氧化膜
铜及铜合金	≥20		

7.4.3 组对

7.4.3.1 对接接头的组对应符合以下规定：

a) 对接接头的组对应内壁齐平，内壁错边量应符合设计文件和表 5 的规定；

表 5　管道组对内壁错边量

材　料		内壁错边量
碳素钢、低温钢、合金钢、不锈钢		不大于壁厚的 10%，且小于或等于 2 mm
铝及铝合金	壁厚小于或等于 5 mm	≤0.5 mm
	壁厚大于 5 mm	不大于壁厚的 10%，且小于或等于 2 mm
铜及铜合金、钛及钛合金、镍及镍合金、锆及锆合金		不大于壁厚的 10%，且小于或等于 1 mm

b)　不等壁厚的工件组对时，薄件端面的内侧和外侧应位于厚件端面范围之内。当内壁错边量不符合表 5 的规定或外壁错边量大于 3 mm 时，焊件端部应按图 5 的规定进行削薄修整。端部削薄修整后的壁厚应不小于设计厚度 t_d。

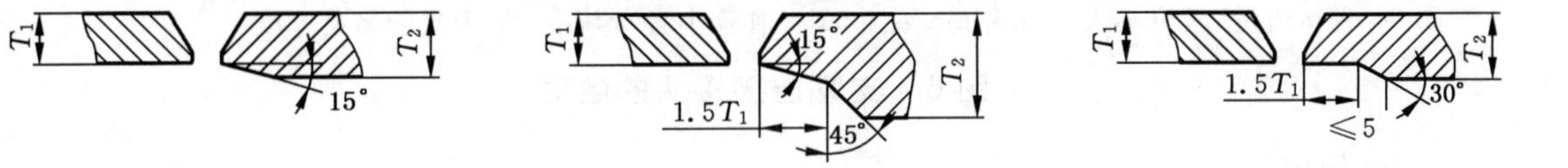

a)　$T_2-T_1\leqslant 10$ mm　　b)　$T_2-T_1>10$ mm　　c)　$T_2-T_1\leqslant 5$ mm

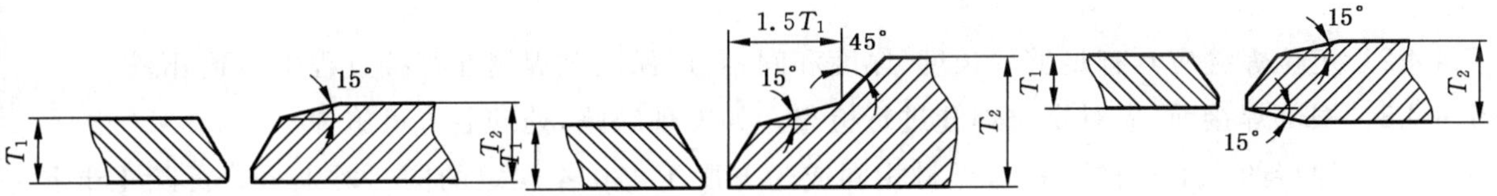

d)　$T_2-T_1\leqslant 10$ mm　　e)　$T_2-T_1>10$ mm　　f)　$T_2>T_1$

注 1：用于管件时，如受长度限制，图 5a)、图 5d)、图 5f)中的 15°可改为 30°。

注 2：图 5a)、图 5b)和图 5c)为外侧齐平，图 5d)和图 5e)为内侧齐平，图 5f)为内外侧均不齐平。

图 5　不等壁厚对接焊件的端部加工

7.4.3.2　支管连接接头的组对应符合以下规定：

a)　安放式支管的端部制备及组对应符合图 6a)、图 6b)的规定；

b)　插入式支管的主管端部制备及组对应符合图 6c)的规定；

c)　主管开孔与支管组对时的错边量应不大于 m 值[见图 6a)、图 6b)]，必要时可进行堆焊修正。

7.4.3.3　组对间隙应控制在焊接工艺规程允许的范围内。

7.4.3.4　除设计文件规定的管道预拉伸或预压缩焊口外，不得强行组对。需预拉伸或预压缩的焊接接头，组对时所使用的工卡具应在整个焊接及热处理完毕并经检验合格后拆除。

7.4.3.5　组对时应垫置牢固，并应采取措施防止在焊接和热处理过程中产生附加应力和变形。

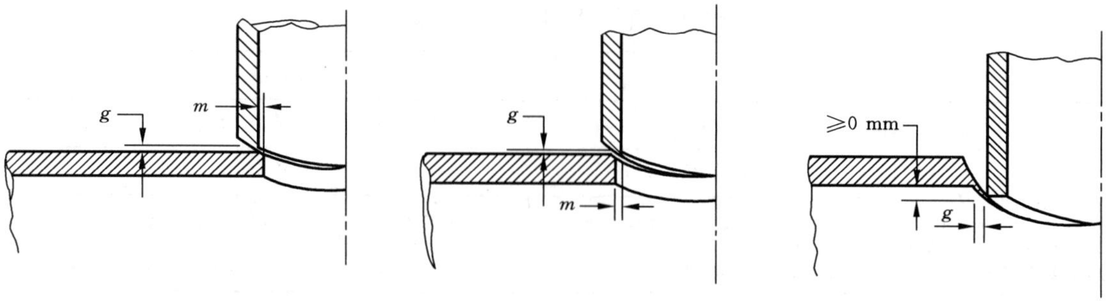

a) 安放式支管(支管内径大于主管开孔直径)

b) 安放式支管(支管内径小于主管开孔直径)

c) 插入式支管

注 1:g 为根部间隙。

注 2:m 为错边量,其值不大于 3.2 mm 或 $0.5\overline{T}_b$(取较小者),其中 $\overline{T}_b$ 为支管名义厚度。

图 6 支管连接接头的组对

7.4.4 定位焊缝

7.4.4.1 定位焊缝的焊接应采用与根部焊道相同的焊接材料和焊接工艺,并应由评定合格的焊工施焊。

7.4.4.2 定位焊缝应具有足够的长度、厚度和间距,以保证该焊缝在焊接过程中不致开裂。

7.4.4.3 根部焊接前,应对定位焊缝进行检查。如发现缺陷,处理后方可施焊。

7.4.4.4 焊接的工卡具材质宜与母材相同或为 NB/T 47014 规定的同一类别号。拆除工卡具时不应损伤母材,拆除后应确认无裂纹并将残留焊疤打磨修整至与母材表面齐平。对于下列管道,应对工卡具拆除部位进行表面无损检测:

a) 铬钼合金钢管道;

b) 标准抗拉强度下限值大于或等于 540 MPa 的合金钢管道。

7.4.5 焊接设备

焊接设备及辅助装备等应能保证焊接工作的正常进行和安全可靠,仪表应定期校验。

7.5 焊接的基本要求

7.5.1 应采用经评定合格的焊接工艺,由合格焊工按焊接工艺规程对焊缝(包括为组对而堆焊的焊缝金属)进行焊接。

7.5.2 焊接时应采取合理的焊接方法和施焊顺序:

a) 碳素钢和合金钢焊接时,可采用焊条电弧焊、钨极惰性气体保护电弧焊、熔化极气体保护电弧焊、自保护药芯焊丝电弧焊、埋弧焊或气焊方法;

b) 铝及铝合金焊接时,可采用钨极惰性气体保护电弧焊或熔化极惰性气体保护电弧焊方法;

c) 铜及铜合金、钛及钛合金、锆及锆合金可采用钨极惰性气体保护电弧焊方法,黄铜也可采用氧乙炔焊(气焊)方法;

d) 镍及镍合金可采用焊条电弧焊、钨极惰性气体保护电弧焊、熔化极惰性气体保护电弧焊或埋弧焊方法。

7.5.3 对含铬量大于或等于3%或合金元素总含量大于5%的管道焊缝,采用钨极惰性气体保护电弧焊或熔化极气体保护电弧焊进行根部焊道单面焊接时,焊缝背面应充氩气或其他保护气体,或应采取其他防止背面焊缝金属被氧化的措施。

7.5.4 除因工艺或检验要求需要分次焊接外,每条焊缝一般应一次连续焊接完成,当因故中断焊接时,应根据工艺要求采取保温缓冷或后热等措施以防止裂纹的产生。再次焊接前应检查焊层表面,确认无裂纹后,按原工艺要求继续施焊。

7.5.5 在根部焊道和盖面焊道上不宜采用锤击消除残余应力。

7.5.6 对焊接连接的阀门施焊时,所采用的焊接顺序、工艺以及焊后热处理,均应保证阀座的密封性能不受影响。

7.5.7 不得在焊件表面引弧或试验电流。对于设计温度不高于-20 ℃的管道、淬硬倾向较大的合金钢管道、不锈钢及有色金属管道,其表面均不得有电弧擦伤等缺陷。

7.5.8 当有下列情况之一时,管道的单面焊焊缝根部应采用钨极惰性气体保护电弧焊或能保证根部焊接质量的其他焊接工艺方法:

a) GC1级管道;

b) 公称直径小于500 mm,且设计温度低于-20 ℃的管道;

c) 内部清洁要求较高且焊接后不易清理的管道;

d) 机器入口管道;

e) 设计规定的其他管道。

7.5.9 公称直径大于或等于500 mm的管道,宜在内侧进行根部双面焊。

7.5.10 多道焊每道焊完后,应立即进行清理和目视检查。如发现缺陷,应消除后方可进行下一层施焊。

7.5.11 规定进行层间无损检测的焊缝,无损检测应在目视检查合格后进行,表面无损检测应在射线照相检测及超声波检测前进行,经检测的焊缝在评定合格后方可继续进行焊接。

7.5.12 焊接完毕后,应及时将焊缝表面的熔渣及附近的飞溅物清理干净。

7.5.13 每个焊工均应有指定的识别代号。除工程另有规定外,管道承压焊缝应标有焊工识别标记,标记方法应符合6.2.2的规定。如无法直接在管道承压件上作焊工标记,则应在管道轴测图上或用简图记录焊工识别代号,并将简图列入交工技术文件。

7.6 焊缝设置

管道(夹套管除外)焊缝的设置应避开应力集中区,且应符合以下规定:

a) 当公称直径大于或等于150 mm时,直管段上两对接环焊缝中心面之间的距离应不小于150 mm;当公称直径小于150 mm时,该距离应不小于管子外径,且不小于50 mm。

b) 管道环焊缝距离弯管(不包括弯头)起弯点的距离应不小于100 mm。

c) 管道环焊缝与支吊架的净距离应不小于50 mm。需要热处理的焊缝与支吊架的距离应不小于焊缝宽度的5倍,且应不小于100 mm。

d) 不宜在焊缝及其边缘上开孔。当无法避免在焊缝上开孔或开孔补强时,应对以开孔中心为中心、在 1.5 倍开孔直径或补强板直径范围内的焊缝进行无损检测,检测合格后方可进行开孔。补强板覆盖的焊缝应磨平。管孔边缘不应存在焊接缺陷。

e) 管道环焊缝距离支管或管接头的开孔边缘应不小于 50 mm,且应不小于孔径。

f) 焊接管及焊接管件组对时,应尽量避免十字焊缝。当无法避免十字焊缝或焊缝的错开距离小于 100 mm 时,该部位焊缝应经射线检测或超声检测合格。

7.7 角焊缝

7.7.1 角焊缝(包括承插焊缝)可采用凹形和凸形,其焊缝尺寸应符合图 7 的规定。

7.7.2 平焊法兰或承插焊法兰的角焊缝应符合图 8 的规定,其他承插焊接头的最小焊缝尺寸应符合图 9 的规定。

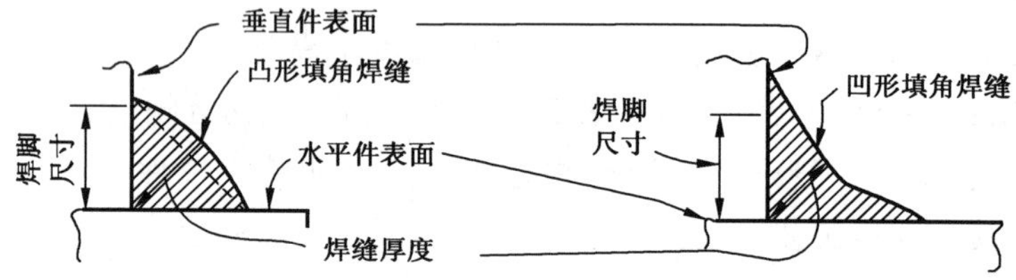

a) 凸形等边角焊缝　　b) 凹形等边角焊缝

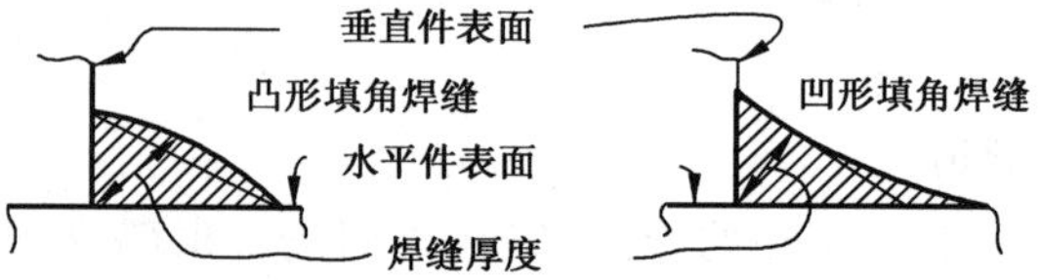

c) 凸形不等边角焊缝　　d) 凹形不等边角焊缝

注 1:等边角焊缝的焊脚尺寸为焊缝最大内切等腰直角三角形的股长,焊缝厚度为 0.7 倍焊脚尺寸。

注 2:不等边角焊缝的焊脚尺寸为内切于焊缝截面的最大直角三角形的股长。

图 7 角焊缝的形式和尺寸

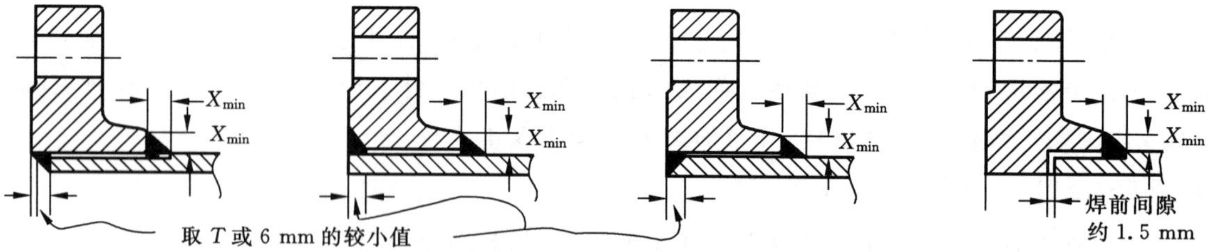

a) 双面角焊　　b) 法兰面角接及背面角焊　　c) 承插焊法兰

注:X_{min} 取直管名义厚度的 1.4 倍或法兰颈部厚度两者中的较小者。

图 8 平焊法兰和承插焊法兰的角焊缝

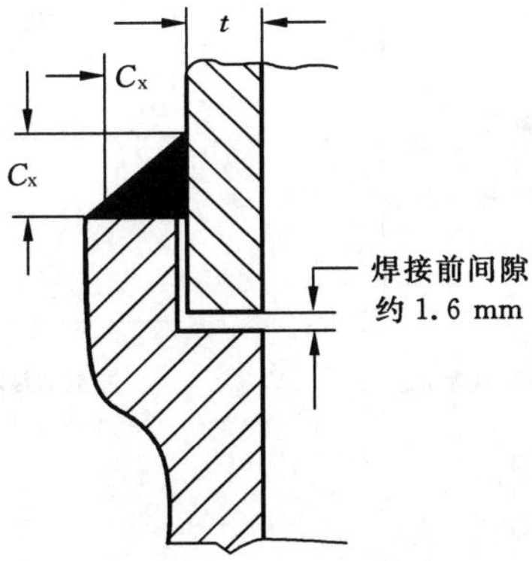

注 1：t 为名义厚度。

注 2：C_x 取 $1.09t$ 或承插件端部厚度两者中的较小值。

图 9　除法兰外的其他承插焊接头的最小焊缝尺寸

7.8　支管的焊接连接

7.8.1　支管与主管的焊接连接应符合图 10 所示的支管连接焊缝形式和焊缝尺寸的规定。

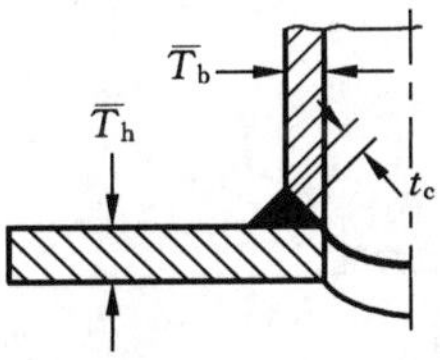

a）　安放式

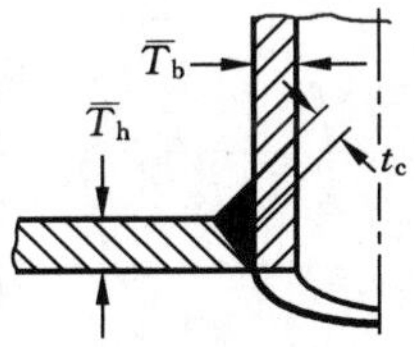

b）　插入式

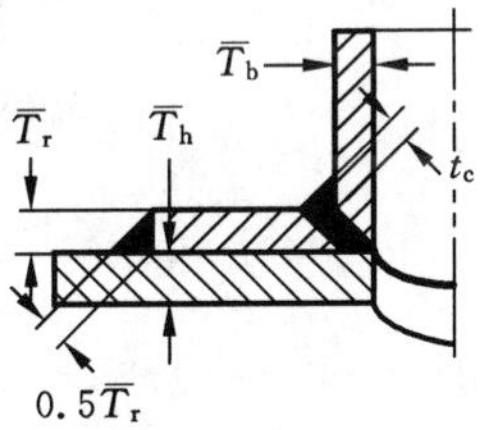

c）　安放式(带补强圈)

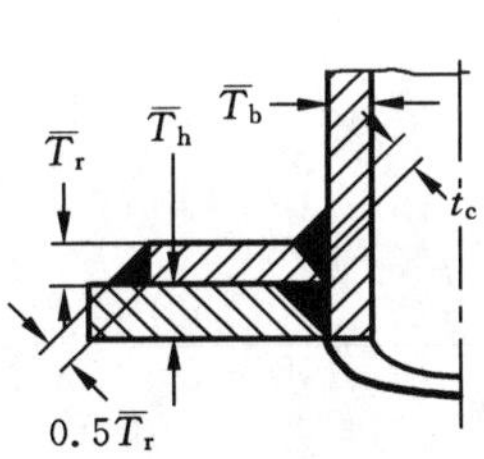

d）　插入式(带补强圈)

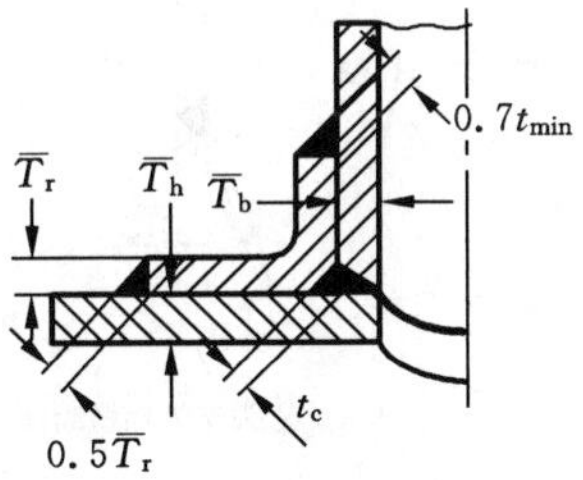

e）　鞍形补强件

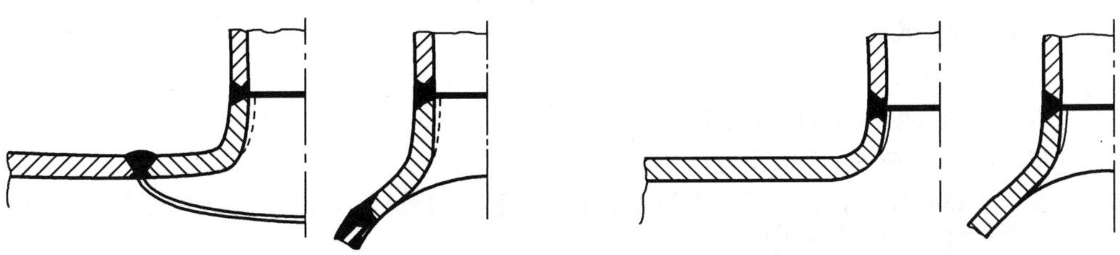

f）　对接式

图 10　支管连接的焊接接头形式

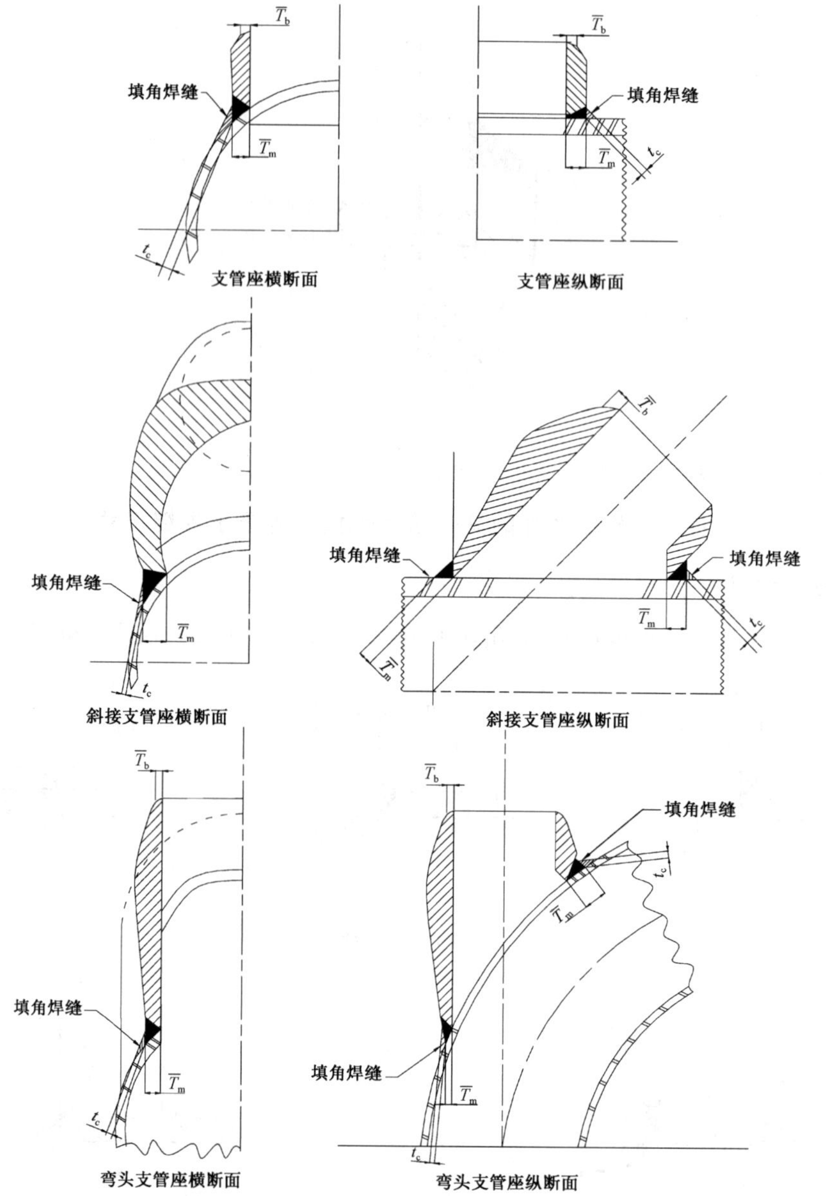

g） 支管座与主管的连接

说明：

t_c ——填角焊缝有效厚度，取 $0.7\overline{T}_b$ 或 6.4 mm 中的小者；

$\overline{T}_b$ ——支管名义厚度；

$\overline{T}_h$ ——主管名义厚度；

$\overline{T}_r$ ——补强圈或鞍形补强件的名义厚度；

t_{min} ——$\overline{T}_b$ 或 $\overline{T}_r$，取两者中的较小者；

$\overline{T}_m$ ——支管座焊缝名义厚度，当设计文件或支管连接件制造厂的说明书无要求时，其厚度按照组对后的组合焊缝坡口的最深厚度。

支管座与主管的连接的盖面填角焊缝，在纵断面处为等边角焊缝，但在其他断面处，随着支管/主管口径比，尤其在横断面处，可能将转变为不等边角焊缝，但应保持与坡口焊缝及主管表面的平滑过渡。

图 10（续）

7.8.2 安放式焊接支管或插入式焊接支管的接头,包括整体补强的支管座,应全焊透,盖面的角焊缝厚度应不小于填角焊缝有效厚度[见图 10a)和图 10b)]。

7.8.3 补强圈或鞍形补强件的焊接应符合以下规定:

a) 补强圈与支管应全焊透,盖面的角焊缝厚度应不小于填角焊缝有效厚度[见图 10c)和图 10d)]。

b) 鞍形补强件与支管连接的角焊缝厚度应不小于 $0.7t_{min}$[见图 10e)]。

7.8.4 补强圈或鞍形补强件外缘与主管连接的角焊缝厚度应大于或等于 $0.5\overline{T}_r$[见图 10c)、图 10d)和图 10e)]。

7.8.5 补强圈和鞍形补强件应与主管和支管贴合良好。应在补强圈或鞍形补强件的高位(不在主管轴线处)开设一个焊缝焊接和检漏时使用的通气孔。补强圈或鞍形补强件可采用多块拼接组成,但拼接接头应与母材等的强度相同,且每块拼板均应开设通气孔。

7.8.6 应在支管与主管连接焊缝的检查和修补合格后,再进行补强圈或鞍形补强件的焊接。

7.8.7 支管座与主管应全焊透,盖面的填角焊缝厚度应不小于填角焊缝有效厚度 t_c[见图 10g)]。盖面的填角焊缝应平滑过渡到主管。

7.9 附件的焊接

7.9.1 结构附件可采用全焊透、局部焊透和角焊缝的形式进行焊接。

7.9.2 对于碳钢和低合金钢材料,当进行临时附件(如热电偶)焊接时,可采用电容储能焊接方法,但应满足以下条件:

a) 不要求进行焊接工艺评定和焊接技能评定,但应编制焊接工艺规程,焊工应有成熟的技能经验;

b) 焊接线能量应不超过 125 W·s;

c) 点焊接头可不进行预热和焊后热处理;

d) 临时附件拆除后,应检查焊点区域是否存在缺陷。必要时应进行表面无损检测。

7.10 密封焊

密封焊缝应由评定合格的焊工施焊。密封焊缝应覆盖全部露出的螺纹。

7.11 焊缝返修

7.11.1 返修前应对缺陷产生的原因进行分析,提出相应的返修措施。应将缺陷消除干净,必要时可采用无损检测方法确认。

7.11.2 返修需要补焊时,应采用经评定合格的焊接工艺,并由合格的焊工施焊。补焊部位的坡口形状和尺寸应防止产生焊接缺陷并便于焊接操作。

7.11.3 同一部位(指焊补的填充金属重叠的部位)的返修次数超过两次时,应重新制定返修措施,经施焊单位技术负责人批准后方可进行返修。

7.11.4 返修后应按原方法重新检验,并连同返修及检验记录(明确返修次数、部位、返修后的无损检测结果)一并记入交工技术文件。

7.11.5 要求进行焊后热处理的管道,如在热处理后进行焊接修补,修补后应重新进行热处理。

8 预热

8.1 一般规定

8.1.1 本章规定的预热要求适用于管道所有类型的焊接,包括定位焊、补焊和螺纹接头的密封焊。

8.1.2 预热温度等要求应在焊接工艺规程或设计文件中规定,并经焊接工艺评定验证。

8.1.3 当用热加工法切割、开坡口、清根、开槽或施焊临时焊缝时,也应考虑预热要求。

8.2 预热温度

8.2.1 预热温度应符合设计文件的要求。当设计文件无规定时,各种材料的最低预热温度应符合表6的规定。

表6 预热温度

母材类别	较厚件的名义壁厚/mm	附加限制条件	要求的最低预热温度/℃
碳钢、碳锰钢	≤25	母材最小抗拉强度≤490 MPa	10
	＞25	母材最小抗拉强度≤490 MPa	95
	全部	母材最小抗拉强度＞490 MPa	95
合金钢 Cr≤0.5%	≤13	母材最小抗拉强度≤450 MPa	10
	＞13	母材最小抗拉强度≤450 MPa	95
	全部	母材最小抗拉强度＞450 MPa	95
合金钢 0.5%＜Cr≤2%	全部	无	120
合金钢 2.25%≤Cr≤10%	全部	母材最小抗拉强度≤415 MPa	150
	全部	母材最小抗拉强度＞415 MPa	200
	≤13	Cr＞6%	200
马氏体不锈钢	全部	无	200
低温镍钢(Ni≤2.5%)	全部	无	120
3.5Ni 钢	全部	无	150
5Ni 钢	全部	无	10
8Ni、9Ni 钢	全部	无	10
27Cr 钢	全部	无	150
9Cr-1Mo-V 钢	全部	无	200
所有其他材料	全部	无	10

8.2.2 对于预热温度要求不同的材料焊接时,应选用表6中较高的预热温度。

8.2.3 对于需要预热的多层(道)焊焊件,其道间温度应不低于预热温度,但应符合如下要求:

a) 碳钢和低合金钢的道间温度不宜高于315 ℃;

b) 奥氏体不锈钢和镍及镍合金的道间温度不宜高于150 ℃;

c) 钛及钛合金的道间温度不宜高于150 ℃;

d) 27Cr 钢的道间温度应保持在150 ℃～230 ℃;

e) 马氏体不锈钢的道间温度应不高于315 ℃;

f) 双相不锈钢的道间温度应不高于 50 ℃(≤3 mm),70 ℃(≤6 mm),100 ℃(≤10 mm),120 ℃(>10 mm)。

8.2.4 定位焊缝的母材温度应不低于表 6 规定的最低预热温度,预热范围应为距离定位焊缝两端不小于 25 mm。

8.2.5 对于返修补焊,其预热温度应比原焊缝适当提高。

8.3 预热温度的测量

8.3.1 应采用测温笔、热电偶或其他合适的方法测量预热温度并记录,以保证在焊前及焊接过程中达到和保持焊接工艺规程中规定的温度。采用的测量仪表应经计量检定合格。热电偶焊接应符合 7.9.2 的规定。

8.3.2 预热区域应以焊缝中心为基准,每侧距离应不小于焊件厚度的 3 倍,且不小于 100 mm。

8.4 中断焊接

8.4.1 焊接中断时,应控制冷却速度或采取其他措施防止其对管道产生有害影响。

8.4.2 恢复焊接前,应对中断焊缝进行清理、检查确认,并按焊接工艺规程的规定重新进行预热。

8.4.3 铬钼合金钢、9Cr-1Mo-V 钢以及马氏体不锈钢施焊全过程,应始终保持焊缝区域不低于表 6 规定的预热温度。焊接中断时,如不能维持预热温度,应采取下列工艺措施:

a) 焊缝已焊厚度应不小于 20%或 10 mm(取小者),且焊道冷却前应打磨光滑,无尖锐缺口。焊件应良好支承,缓慢移动,防止承载、碰撞。

b) Cr≤2%铬钼合金钢,焊缝应保温缓冷。

c) 2%≤Cr≤10%铬钼合金钢、9Cr-1Mo-V 钢以及马氏体不锈钢应按 9.3.1i)的规定立即进行后热处理并保温缓冷,否则应进行中间热处理并控制冷却速度,或采用最大扩散氢含量为4 mL/100 g 的低氢焊接材料,防止氢致焊接裂纹。

d) 焊缝冷却后和恢复焊接前,应目视检查确认无焊接裂纹。

e) 恢复焊接前,应重新进行预热。

9 热处理

9.1 一般规定

9.1.1 本章规定了压力管道焊接、弯曲和成型后热处理的基本要求。

9.1.2 本部分给出的热处理要求是基于材料本身的性能、冷热加工以及焊接性能而提出的,并未考虑介质和工况条件的适应性。设计者可以根据具体的工况条件,如提高材料及其焊接接头的抗应力腐蚀破裂、抗应力松弛裂纹以及抗脆断能力、抗高温氢腐蚀能力或者高温长期强度,提出更高的或附加热处理要求。

9.1.3 本部分并不限制采用较低的甚至免除热处理要求,但应符合 9.7 的要求。

9.2 弯曲和成型后的热处理

9.2.1 所有厚度的铬钼合金钢、马氏体不锈钢材料在热弯和热成型后,应按表 7 的规定进行热处理。

9.2.2 管道制作采用冷弯和冷成型时，符合下列情况之一者应按表7的规定进行热处理：

a) 对碳钢、碳锰钢、铬钼合金钢、马氏体不锈钢材料，冷弯和冷成型后，成型应变率(在最大变形方向)超过该材料标准所规定的最小延伸率的50%时，应进行热处理。但如能证明所选用的管子和弯曲或成型的方法能保证在冷弯和冷成型后，应变最大的材料仍保持有至少为10%的延伸率，则可不进行热处理。

b) 任何要求进行低于0 ℃低温冲击试验的材料，弯曲或成型后其成型应变率超过5%。

c) 设计文件规定时。

表7 焊后热处理和弯曲、成型后的热处理基本要求

母材类别	名义厚度/mm	母材最小规定抗拉强度/MPa	金属热处理温度/℃	保温时间 ≤50 mm	保温时间 >50 mm	布氏硬度[b]≤
碳钢、碳锰钢	≤20	全部	不要求	1 h/25 mm，最少 60 min	2 h+(15 min/增加 25 mm)	200[b]
	>20		595～650			
合金钢 Cr≤0.5%	≤20	≤490	不要求			225
	>20	全部	595～650			
	全部	>490				
合金钢 0.5%<Cr≤2%	≤13	≤490	不要求	1 h/25 mm，最少 2 h		225
	>13	全部	650～705			
	全部	>490				
合金钢 2%≤Cr≤3% 和 C≤0.15%	≤13	全部	不要求			241
	>13	全部	675～760			
合金钢 3%<Cr≤10% 或 C>0.15%	全部	全部	675～760			241
9Cr-1Mo-V 钢	全部	全部	705～775[d]		≤125 mm，1 h/25 mm；>125 mm，5 h+(15 min/增加 25 mm)	250
马氏体不锈钢	全部	全部	760～800		2 h+(15 min/增加 25 mm)	241
铁素体不锈钢	全部	全部	不要求	—		—
奥氏体不锈钢和镍基合金[e]	全部	全部	不要求			187[b]
低温镍钢(Ni≤4%)[f]	≤20	全部	不要求	—		—
	>20		595～650	0.5 h/25 mm，最少 60 min		
5Ni 钢[e]	>51	全部	550～585	1 h/25 mm，最少 60 min		—
8Ni、9Ni 钢[e]	≤51	全部	不要求			—
	>51		550～585			

表7(续)

母材类别	名义厚度/mm	母材最小规定抗拉强度/MPa	金属热处理温度/℃	保温时间		布氏硬度[b]≤
				≤50 mm	>50 mm	
双相不锈钢[a]	全部	全部	不要求	0.5 h/25 mm,最少 30 min	2 h+(15 min/每增加 25 mm)	—

[a] 双相不锈钢是否应进行焊后热处理不做具体规定,如需热处理,应为固溶快冷。

[b] 硬度要求应符合 9.6 的规定。碳钢、碳锰钢、奥氏体不锈钢和镍基合金的硬度检查仅适用于特定工况,设计有规定时,可按本表取值。

[c] 对于 5Ni、8Ni、9Ni 钢材料,热处理保温后应以大于 170 ℃/h 的冷却速度冷至 300 ℃。

[d] 除设计有规定外,填充金属 Ni+Mn 应不大于 1.20%,最高热处理温度应≤800 ℃。如果热处理温度高于800 ℃,或者热处理温度虽不高于 800 ℃,但高于填充金属的 A_1(转变温度下限或临界温度下限),则应去除焊缝金属及热影响区重焊及重新进行焊后热处理。壁厚≤13 mm 的 9Cr-1Mo-V 钢最低热处理温度可为 675 ℃。

采用 Cr≤3.0%或镍基、奥氏体不锈钢焊接材料进行异种钢焊接时,最低热处理温度可为 720 ℃。

[e] 奥氏体不锈钢和镍基合金是否应进行焊后热处理不做具体规定。为防止应力松弛裂纹,壁厚大于 13 mm 且使用温度高于 540 ℃的含 Nb、Ti、Al 奥氏体不锈钢和镍基合金,可根据具体情况,选择固溶、稳定化或不完全退火等焊后热处理工艺。

[f] 按 9.3.1d),焊后热处理的温度下限可不低于 550 ℃。

9.2.3 高温及超低温使用的奥氏体不锈钢或镍基合金材料,在冷、热弯曲或成型后,应按表 8 的规定进行热处理。

表8 高温及超低温使用的材料弯曲、成型后的热处理要求

材料类别及使用条件	成型应变率/%[a]	热处理与否
设计温度高于 540 ℃,但低于 675 ℃的奥氏体不锈钢及镍合金(600、617、800、800H、800HT)	>15	固溶处理
设计温度高于或等于 675 ℃的奥氏体不锈钢(H 级)及镍合金(600、617、800、800H、800HT)	>10	固溶处理[b]
设计温度低于或等于−100 ℃的奥氏体不锈钢	>10	固溶处理[b]

[a] 采用管子扩口、缩口、引伸、墩粗时,成型应变率为本表规定值的一半。

[b] 固溶处理的保温时间为 20 min/25 mm 或 10 min,且取其中的较大者。

9.2.4 成型应变率的计算应符合下列规定:

a) 管子弯曲,按式(3)、式(4)计算,取应变率(%)中的较大者:

$$应变率=\frac{50D}{R} \qquad \cdots\cdots(3)$$

$$应变率=\left(\frac{T_1-T_2}{T_1}\right)\times 100 \qquad \cdots\cdots(4)$$

b) 以板成型的圆筒、锥体或管子的应变率(%)按式(5)计算:

$$应变率=\frac{T}{R_f}\times 50 \qquad \cdots\cdots(5)$$

c) 以板成型的凸型封头、折边等双向变形的元件的应变率(%)按式(6)计算:

$$应变率=\frac{75T}{R_f} \qquad \cdots\cdots(6)$$

d) 管子扩口、缩口或引伸、镦粗,其应变率(%)取下列绝对值中的最大者:

1) 环向应变

$$应变率=\left(\frac{D-D_e}{D}\right)\times 100 \qquad \cdots\cdots(7)$$

2) 轴向应变

$$应变率=\left(\frac{L-L_e}{L}\right)\times 100 \qquad \cdots\cdots(8)$$

3) 径向应变

$$应变率=\left(\frac{T_1-T_2}{T_1}\right)\times 100 \qquad \cdots\cdots(9)$$

式中:

D ——管子外径,单位为毫米(mm);

R ——管子中心线弯曲半径,单位为毫米(mm);

T ——板材名义厚度,单位为毫米(mm);

T_1 ——管子初始平均厚度,单位为毫米(mm);

T_2 ——成型后管子最小厚度,单位为毫米(mm);

D_e ——成型后圆筒或管子的外径,单位为毫米(mm);

R_f ——成型后最小曲率半径(厚度中心处),单位为毫米(mm);

L ——管子变形区初始长度,单位为毫米(mm);

L_e ——成型后管子变形区的长度,单位为毫米(mm)。

9.2.5 对于有应力腐蚀倾向或对消除应力有较高要求的管道,在弯曲或成型加工后,应按设计文件的规定进行热处理。

9.3 焊后热处理

9.3.1 焊后热处理的基本要求

焊后热处理应符合下列基本要求:

a) 应按设计文件的规定进行焊后热处理,当设计文件无规定时,焊后热处理应符合表7的规定;

b) 表7所列焊后热处理的温度范围较宽,业主或设计者可根据具体工况,规定指定的焊后热处理温度,但不能超出表7、表9及9.3.1规定的限值;

c) 除下列d)的规定外,碳钢、碳锰钢、低温镍钢(Ni≤4%)可按表9所示降低焊后热处理温度,但应相应延长保温时间;

d) 为改善焊接接头强度和低温韧性,并经业主或设计者同意以及相应焊接工艺评定证实,最小抗拉强度大于或等于535 MPa的碳锰钢、低温碳钢以及低温镍钢(Ni≤4%)的焊后热处理的温度下限可不低于550 ℃,而无需延长保温时间;

e) 正火加回火或调质钢的焊后热处理温度应比材料的回火温度降低至少10 ℃;

f) 表7所列铬钼合金钢可采用比材料回火温度或表列温度更高的焊后热处理温度,但应考虑由此而引起的高温强度下降;

g) 铁素体钢之间的异种钢焊接接头的焊后热处理,应按表7两者之中的较高热处理温度进行,但不应超过另一侧钢材的临界点 A_{c1};

h) 焊后热处理工艺应在焊接工艺规程中规定,并经焊接工艺评定验证,任何焊后热处理的温度控制都应满足焊接工艺评定的要求;

i) 当管道焊缝焊后不立即进行热处理时,应控制焊接冷却速度,或采用其他措施防止对管道的有害影响。对2%<Cr≤10%的铬钼合金钢、9Cr-1Mo-V钢以及马氏体不锈钢管道,焊后应及时进行热处理。当不能及时进行焊后热处理时,应在焊后立即均匀加热至200 ℃~350 ℃的后热处理,并保温缓冷。保温时间应根据后热温度和焊缝金属的厚度确定,一般不少于30 min。后热保温范围应与焊后热处理要求相同。

表9 碳钢、碳锰钢、低温镍钢(Ni≤4%)焊后热处理降温延时要求

降低焊后热处理温度/℃	保温时间	
	≤25 mm	>25 mm
30	2 h	增加15 min/增加25 mm
55	4 h	
注:9.3.1.d)的规定除外。		

9.3.2 焊后热处理厚度

按表7及表9进行焊后热处理时,热处理厚度应为焊缝厚度与焊接接头处焊件厚度(当受压元件与非受压元件焊接时则为受压元件的厚度)中的较小者。焊缝厚度应为下列厚度:

a) 坡口对接焊缝——焊缝厚度。

b) 填角焊缝——腰高(见图7)。

c) 部分焊透焊缝——焊缝坡口深度。

d) 焊补焊缝——补焊处开槽深度。

e) 支管连接时,热处理厚度应是主管或支管的焊缝厚度,而不考虑支管连接件(包括整体补强或非整体补强件)的厚度。支管连接的焊缝厚度计算应符合表10的规定。

表10 支管连接结构的焊缝厚度

支管连接结构形式	焊缝厚度
焊接支管(安放式),见图10a)	$\overline{T}_b+t_c$
焊接支管(插入式),见图10b)	$\overline{T}_h+t_c$
补强圈补强的焊接支管(安放式),见图10c)	$\overline{T}_b+t_c$ 或 $\overline{T}_r+t_c$,取较大者
补强圈补强的焊接支管(插入式),见图10d)	$\overline{T}_h+\overline{T}_r+t_c$
鞍形补强件补强的焊接支管,见图10e)	$\overline{T}_b+t_c$
支管座,见图10g)	$\overline{T}_m+t_c$

f) 对用于平焊法兰、承插焊法兰、公称直径小于或等于 50 mm 的管子连接角焊缝和螺纹接头的密封焊缝以及管道支吊架与管道的连接焊缝，下述情况可不要求焊后热处理：

1) 碳钢材料，当焊缝厚度小于或等于 16 mm 时，任意厚度的母材都不需要进行焊后热处理；

2) 铬钼合金钢材料(Cr≤10%)，当焊缝厚度小于或等于 13 mm 时，如果预热温度不低于表 6 的规定值，且母材规定的最小抗拉强度小于 490 MPa，则任意厚度的母材都不需要进行焊后热处理；

3) 对于铁素体钢材料，当焊缝采用奥氏体或镍基填充金属时，不需要进行焊后热处理。但应保证操作条件(如高温下不同线膨胀系数或腐蚀等)对焊缝不产生有害影响。

9.4 加热和冷却

9.4.1 热处理时，应保证温度的均匀性和对温度的控制，可采用炉内加热、局部火焰加热、电阻或电感应等加热方法，也可采用炉冷、空冷、局部加热、隔热或其他合适的方法来控制冷却速度。

9.4.2 除设计文件或其他标准另有规定外，热处理的加热和冷却速度应符合以下规定：

a) 当温度升至 400 ℃以上时，加热速度应不大于 205(25/T)℃/h，且应不大于 205 ℃/h；

b) 保温后的冷却速度应不大于 260(25/T)℃/h，且应不大于 260 ℃/h，400 ℃以下可自然冷却。

注：T 为热处理部位的最大厚度。

9.5 热处理温度的测量

9.5.1 热处理温度应采用热电偶或其他合适的方法进行测量，热电偶焊接应符合 7.9.2 的规定。

9.5.2 宜采用自动测温记录仪在整个热处理过程中连续测量并记录热处理温度。测温记录仪在使用前应经校验合格。

9.6 硬度检查

9.6.1 要求焊后热处理的焊接接头、弯曲和成型加工的管道元件，热处理后应测量硬度值。焊接接头的硬度测定区域应包括焊缝和热影响区，热影响区的测定区域应紧邻熔合线。

9.6.2 炉内热处理的每一热处理炉次应至少抽查 10%进行硬度值测定，局部热处理者应 100%进行硬度值测定。

9.6.3 除设计另有规定外，焊接接头以及弯曲和成型加工的管道元件在热处理后的硬度值应符合下列规定：

a) 硬度值应符合表 7 的规定；

b) 表 7 中未注明硬度值要求的材料，焊缝和热影响区的硬度值不应大于母材硬度值的 125%；

c) 异种金属材料焊接时，两侧母材和焊接接头均应符合表 7 规定的各自硬度值。

9.7 替代热处理

经设计者同意，正火、正火加回火或退火可代替焊接、弯曲或成型后的消除应力热处理，但焊接接头和母材的力学性能应符合相应标准的规定。

9.8 热处理基本要求的变更

9.8.1 设计者可根据具体工况条件,变更或调整消除应力热处理的基本要求,包括规定更为严格的要求(如对厚度较薄材料的热处理和硬度限制),也可放宽或取消热处理和硬度试验要求。但应在设计文件中指明。

9.8.2 当放宽消除应力热处理和硬度试验要求时,应具备可供类比的成功使用经验,并考虑工作温度及其影响、热循环频率及其强度、柔性分析的应力水平、脆性破坏及其他有关因素。此外,还应进行包括焊接工艺评定在内的有关试验。

9.9 分段热处理

对于不能进行整体热处理的管道,允许分段热处理。分段处应有宽度大于或等于 300 mm 的搭接带。分段热处理时,炉外的部分应适当保温,并应防止产生较大的温度梯度。

9.10 局部热处理

9.10.1 局部热处理时,加热范围应包括主管或支管的整个环形带,并均应达到规定的热处理温度,管内应隔断,防止空气流动散热。

9.10.2 环形加热带应有足够的宽度,保证其均温带宽度(达到规定温度范围的加热带宽度)不小于3 倍的环缝焊接处的最大壁厚。对于支管或附件连接焊缝,均温带的宽度应从焊缝边缘各向外延伸不小于 2 倍的主管厚度,环形加热带要完全包含主管及支管的整周。弯管局部热处理的加热范围应包括弯曲或成型部分及其两侧至少 25 mm 的宽度。加热带以外部分应在 100 mm～150 mm 的范围内保温,测温热电偶的设置应位于均温带的边缘。

9.10.3 当焊缝与阀门、连接件或变径临近时,设置热电偶应特别考虑散热因素。

9.10.4 除 9.7 的规定外,不准许材料的任何部分承受超过下临界温度的热源。

9.11 重新热处理

热处理后如进行焊接返修、弯曲、成型加工,或硬度检查超过规定要求的焊缝,应重新进行热处理。

10 装配和安装

10.1 一般规定

10.1.1 管道装配(包括管道预制)和安装应按管道轴测图进行,可在工厂(车间)或现场分别完成。管道轴测图应至少包括下列内容:

a) 管道编号;

b) 管段端点坐标、标高或尺寸、接续号等表示管段整体的范围;

c) 管子、管件、法兰、阀门、特殊件等各管道组成件的名称、规格、型号、材质、端部形式、压力等级、标准、数量;

d) 管子、管件、法兰、阀门、特殊件等各管道组成件、支吊架、支管连接以及在线仪表的位置和连接形式;

e) 管段的操作参数、设计参数及绝热厚度;

f) 需要冷紧的冷紧口位置及冷紧值;

g) 管道等级分界点。

可用管道布置图、局部详图或立面图和管道材料等级表代替管道轴测图,但这些代替文件的内容应包含上述内容。

10.1.2 管道制作前,应按照轴测图选择确定自由管段和封闭管段,并在管道轴测图上注明下列内容:

a) 焊缝位置、焊缝编号,并区别现场安装的固定焊缝和预制焊缝、管支架与管道直接焊接的焊缝;

b) 弯管弯曲半径;

c) 预制管段的加工长度和尺寸偏差;

d) 水平管道的坡度和坡向。

10.1.3 自由管段和封闭管段的加工制作尺寸允许偏差应符合表11的规定。

表11 自由管段和封闭管段的加工尺寸允许偏差

单位为毫米

项目		允许偏差	
		自由管段	封闭管段
长度		±10	±1.5
凸台、支管座相对于管道中心线偏差		±1.0	±1.0
相邻支管中心距 S	$S \leqslant 250$	±1.5	±1.5
	$250 < S \leqslant 500$	±2.0	±2.0
	$500 < S \leqslant 1\ 000$	±2.5	±2.5
	$S > 1\ 000$	±3.0	±3.0
法兰密封面与管子中心线垂直度	DN<100	0.5	0.5
	100≤DN≤300	1.0	1.0
	DN>300	2.0	2.0
法兰螺栓孔对称水平度		±1.6	±1.6

10.1.4 装配管段应具有足够的刚性,必要时可进行加固,以保证在存放、运输过程中不变形。装配完毕的管段,应将内部清理干净,及时封闭管口。

10.1.5 除设计有预拉伸或预压缩的要求外,管道装配和安装时,不得强力对接、加热管子、加偏垫或加多层垫等方法来消除接头端面间的空隙、偏斜、错口或不同心等缺陷。也禁止采用任何导致设备或管道组成件产生有害残余应变的扭曲方法进行组对。管道封闭口装配时的错口偏差可参照附录A进行评估。

10.1.6 管道穿越墙、道路或铁路时应设套管加以保护,套管内的管段不宜有环焊缝存在。如有环焊缝,应进行100%无损检测。

10.1.7 管道装配和安装过程中的焊接、热处理、检验、检查和试验应符合本部分相关章条及GB/T 20801.5—2020的规定。

10.1.8 管道安装后,不得承受设计以外的附加荷载。

10.1.9 对于铬钼合金钢、含镍低温钢、不锈钢以及镍及镍合金、钛及钛合金材料的管道组成件,在安装完毕后应检查其材质标记。当发现无标记或标记不清晰时,应采用光谱分析(PMI)或其他方法对无标记或标记不清晰的管道、管道元件的材质进行复查。对上述材料的管道焊缝也应进行材质复查,复查数量:每条管道(按管道编号)不应少于 2 道焊口。若出现 1 个焊口不合格,则该材质的所有焊缝均进行复查。

10.2 法兰连接

10.2.1 法兰连接前应检查、清理法兰密封面和垫片密封面,不得有影响密封性能的划痕、斑点、裂纹、磕伤等缺陷,否则应予修理或更换。通过焊接修补的法兰面应进行表面处理达到密封要求。垫片密封面应检查其平整度是否符合要求。螺母和垫圈支撑面不得有涂层、毛刺。

10.2.2 法兰接头装配时,垫片的尺寸应与法兰的尺寸相一致。1 对法兰密封面间只允许使用 1 个垫片。垫片安装应保持与法兰同轴,防止垫片阻挡介质流道。

10.2.3 法兰接头装配应与管道同心,并应保证法兰螺栓孔跨中布置,法兰螺栓自由穿入。设计文件无规定时,法兰接头应按下列要求对中:

a) 在上紧螺栓前,垫片的接触面在任何直径方向测量,两个法兰的平行度(偏转)偏差应不大于1 mm/200 mm。封闭管段或两个固定支点间法兰连接时的允许错口偏差和偏转间隙参见表 A.1～表 A.3 所示。表中列出的法兰密封面间的安装偏差将导致 20% 左右螺栓安装荷载的损耗。

b) 不得用强紧螺栓的方法消除法兰接头的偏转。

c) 法兰接头上紧后,垫片接触表面的荷载应均匀分布。

d) 法兰螺栓孔应对准,孔与孔之间的偏移不大于 3 mm。

10.2.4 法兰接头装配应使用同一规格螺栓,安装方向应一致。螺栓应对称紧固。螺栓紧固后应与法兰紧贴,不得有楔缝。需加垫圈时,每个螺栓不应超过 1 个。所有螺母应全部拧入螺栓。任何情况下,螺母上未完全啮合的螺纹应不大于 1 个螺距。

10.2.5 除业主或设计另有规定,GC1 级(毒性、易燃性)管道或设计指定要求的法兰接头,应根据设计提出的螺栓安装载荷、紧固方法和紧固程序的要求,编制书面的安装程序文件,并经安装单位技术负责人批准后方可进行装配操作。常用的安装程序和推荐的螺栓安装目标荷载参见附录 B。

10.2.6 法兰接头装配时,如两个法兰的压力等级或力学性能有较大差别,应考虑压力等级较低或抗拉强度较低时法兰的承受能力。宜将螺栓拧紧至预定的扭矩。

10.3 螺纹连接

10.3.1 用于螺纹的保护剂或润滑剂应适用于工况条件,并对输送的流体或管道材料均应不产生不良影响。

10.3.2 进行密封焊的螺纹接头不得使用螺纹保护剂和密封材料。

10.3.3 采用垫片密封而非螺纹密封的直螺纹接头应符合 GB/T 20801.3—2020 的规定。直螺纹接头与主管焊接时,应防止密封面变形。

10.3.4 螺纹接头采用密封焊时,外露螺纹应在整个周长密封焊接,且应符合 7.5 的规定。

10.3.5 应采取措施防止螺纹接头因热膨胀导致的螺纹松动。

10.4 其他形式的连接

10.4.1 管接头

管接头的装配和安装应符合下列规定：

a) 管接头成套部件应为配套厂家生产，材质应与管道材质一致；

b) 管接头连接处的管道表面应无皱褶、扁平、凹陷、凸起、划痕等缺陷，端部应保证断面的水平，毛刺应清理干净；

c) 管接头在拧紧前应与管道保证对中；

d) 扩口管接头装配前，对扩口的密封面应进行检查，有缺陷的扩口应予修理或报废；

e) 对于非扩口压合型管接头，如管接头制造厂的说明书中规定螺母拧紧圈数，应从用手将螺母拧紧后开始计算。

10.4.2 填料函接头

用于吸收热膨胀的填料函接头，在承口底部应留有适当的膨胀间隙。

10.4.3 其他形式接头

其他形式的接头连接，诸如铸铁管承插接头、卡箍式连接接头、钎焊接头、粘接接头、胀接接头等的装配和安装应按相关标准、设计文件和制造厂的说明书要求进行。

10.5 管道预拉伸或预压缩

管道预拉伸或预压缩应符合设计文件规定。进行预拉伸或预压缩前应满足下列要求：

a) 预拉伸或预压缩区域内固定支架间所有焊缝(预拉伸或预压缩口除外)应焊接完毕并经检验合格。需热处理的焊缝应完成热处理工作。

b) 预拉伸或预压缩区域支、吊架应安装完毕，管子与固定支架应安装牢固。预拉伸或预压缩口附近的支、吊架应预留足够的调整裕量，支、吊架弹簧应按设计值进行调整，并临时固定，不使弹簧承受管道载荷。

c) 预拉伸或预压缩区域内的所有连接螺栓应拧紧。

10.6 连接设备的管道

10.6.1 管道与设备的连接应在设备安装定位并紧固地脚螺栓后进行。

10.6.2 对不准许承受附加外荷载的动设备，管道与动设备连接应符合下列规定：

a) 管道与动设备连接前，应在自由状态下检验法兰的平行度和同心度，当设计文件或产品技术文件无规定时，其允许偏差应符合表 12 的规定；

表 12 法兰平行度、同心度允许偏差

机器转速/(r/min)	平行度/mm	同心度/mm
<3 000	≤0.40	≤0.80
3 000～6 000	≤0.15	≤0.50
>6 000	≤0.10	≤0.20

b) 管道系统与动设备最终连接时，应在联轴器上架设百分表监视动设备位移。当动设备

额定转速大于 6 000 r/min 时,其位移值应小于 0.02 mm;当额定转速小于或等于 6 000 r/min 时,其位移值应小于 0.05 mm。

10.6.3 大型储罐的管道与泵或其他有独立基础的设备连接,或储罐底部管道沿地面敷设在支架上时,应注意储罐基础沉降的影响。此类管道应在储罐液压或充水试验后安装;或将储罐接口处法兰在液压试验且基础初阶段沉降后再连接。

10.6.4 管道试压、吹扫与清洗合格后,应对管道与动设备的接口进行复位检查,其偏差值应符合表 12 的规定。

10.7 埋地管道

10.7.1 埋地管道的防腐层应按设计要求在安装前完成。运输和安装时应采取保护措施防止防腐层损坏。埋地前应进行检查,被损坏的防腐层应及时进行修补。焊缝部位未经检验合格不得作防腐层处理。

10.7.2 埋地管道安装应在支承地基或基础检验合格后进行。支承地基和基础的施工应符合设计文件和国家现行有关标准的规定。当有地下水或积水时,应采取排水措施。

10.7.3 必要时,应根据设计文件要求采取阴极保护措施。

10.7.4 埋地管道应经防腐层检测和严密性试验,并按隐蔽工程验收,合格后方可回填土。

10.8 夹套管

10.8.1 内管焊缝应经检验及试压合格后,方可装配外管。

10.8.2 夹套管焊缝布置应符合下列规定:

a) 直管段环向焊缝的间距,内管应不小于 200 mm,外管应不小于 100 mm;

b) 环向焊缝距管架的净距应不小于 100 mm,且不得留在过墙或楼板处;

c) 水平管段外管剖切的纵向焊缝,应置于易检修的部位;

d) 内管焊缝上不得开孔或连接支管段。外管焊缝上应尽量避免开孔或连接支管,否则应符合 7.6 d)的规定。

10.8.3 夹套管的连通管安装应符合设计文件的规定。连通管应排放流畅,防止存液,避免堵塞通路。

10.9 阀门

10.9.1 当阀门与管道以法兰或螺纹方式连接时,阀门应在关闭状态下安装。当阀门与管道以焊接方式连接时,阀门应在开启状态下安装。坡口对接焊缝的底层应采用钨极惰性气体保护电弧焊,且应对阀门采取防变形措施。

10.9.2 阀门不得强行组对连接或承受外加重力负荷,以防止由于附加应力而损坏阀门。

10.9.3 阀门安装前应按介质流向确定安装方向,手轮位置应易于操作、检查和维修。

10.9.4 安全阀的安装应符合下列规定:

a) 安全阀应垂直安装;

b) 安全阀的出口管道应接向安全地点;

c) 当进出管道上设置切断阀时,应加铅封,且应锁定在全开启状态。

10.9.5 管道试运行前,应及时调校安全阀。安全阀的调校应符合 TSG ZF001 的要求,安全阀最终调校合格后应铅封,并做好调校记录。

10.10　管道补偿装置

管道补偿装置的安装应符合设计文件、产品技术文件和相关标准的规定。

10.11　支吊架

10.11.1　管道支吊架的安装除应符合10.11.2～10.11.8的规定外，还应符合设计文件和产品技术文件的规定。

10.11.2　管道安装时，应及时进行支吊架的固定和调整工作。支吊架位置应正确，管子和支承面接触应良好。

10.11.3　无热位移的管道吊架其吊杆应垂直安装；有热位移的管道吊架，其吊杆应偏置安装。当设计文件无规定时，吊点应设在位移的相反方向，并按位移值的1/2偏位安装。两根有热位移的管道不得同时使用同一吊杆。

10.11.4　固定支架应按设计文件的规定安装，并应在补偿装置预拉伸或预压缩前固定。没有补偿装置的冷、热管道直管段上，不得同时安置两个或两个以上的固定支架。

10.11.5　弹簧支吊架的弹簧安装高度应按设计文件规定进行调整。弹簧支架的临时固定件应待系统安装、试压、隔热完毕后方可拆除。

10.11.6　支吊架的焊接应由合格焊工施焊，并不得有漏焊、欠焊或焊接裂纹等缺陷。管道与支架焊接时，管道不得有咬边、烧穿等现象。

10.11.7　从有热位移的主管引出小直径的支管时，支管的支架类型和结构应符合设计要求，并不应限制主管的位移。

10.11.8　导向支架或滑动支架的滑动面应洁净平整，不得有歪斜和卡涩现象。不得在滑动支架底板处临时点焊定位。仪表及电气的支撑件不得焊在滑动支架上。

10.12　静电接地

10.12.1　设计有静电接地要求的管道，当每对法兰接头、螺纹接头或其他接头间电阻值大于0.03 Ω时，应设导线跨接。

10.12.2　管道系统的接地电阻值、接地位置及连接方式应符合设计文件的规定。接地引线宜采用焊接形式。

10.12.3　设计有静电接地要求的不锈钢管或有色金属管道，导线跨接或接地引线不得与管道直接连接，应采用同材质连接板过渡。

10.12.4　静电接地安装完毕后，应进行测试，电阻值超过规定时应进行调整。

11　不锈钢和有色金属管道

11.1　防护基本要求

11.1.1　不锈钢和有色金属管道组成件的制作和装配应有专门的场地和专用工装，不得与黑色金属制品或其他产品混杂。工作场所应保持清洁、干燥，严格控制灰尘。

11.1.2　管道吊装用的钢丝绳、卡扣不得与管道直接接触，应用木板或合适的非金属制品等进行隔离。制作、安装过程中应避免不锈钢和有色金属管材表面划伤与机械损伤。

11.1.3　现场交叉安装不锈钢和有色金属管道时，应采取可靠的遮挡防护措施控制不锈钢和有色金属管道表面的机械损伤以及其他管道切割、焊接时的飞溅物对其造成的污染。

11.2　不锈钢管道

11.2.1　安装不锈钢管道时，不得使用可能造成铁离子污染的铁质工具。

11.2.2 不锈钢焊件坡口两侧各 100 mm 范围内，在施焊前应采取防止焊接飞溅物沾污焊件表面的措施。

11.2.3 不锈钢管道焊缝或管道组成件应按设计文件要求进行酸洗、钝化处理。酸洗后的不锈钢表面不得有残留酸洗液，不得有颜色不均匀的斑痕。钝化后应用水冲洗，呈中性后擦干水迹。

11.3 铝及铝合金管道

11.3.1 可根据接头形式、焊接位置及工况条件，在焊缝背面加临时垫环或永久性垫环。加垫环的焊接接头应内壁齐平。

11.3.2 永久性垫环的材质应符合设计规定，垫环表面应清洁且无划伤、碰伤，装配时应避免表面机械损伤。临时垫环应采用对焊缝质量无不良影响的材质。

11.4 铜及铜合金管道

11.4.1 扩口翻边连接的铜管应保持同轴，当公称直径小于或等于 50 mm 时，其允许偏差应不大于1 mm；当公称直径大于 50 mm 时，其允许偏差应不大于 2 mm。

11.4.2 螺纹连接的管子，螺纹部分应涂刷石墨甘油。

11.5 镍及镍合金管道

11.5.1 管道制作、安装时，不得使用可能造成铁离子污染的铁质工具，应使用不锈钢制工具和专用砂轮片。焊接时坡口两侧的防护应符合 11.2.2 的规定。

11.5.2 管道连接使用的卡具不宜直接焊在管道上，否则卡具材质应与管道成分相近。卡具的拆除应用砂轮磨削，不得采用敲打、掰扭等方法。

11.5.3 焊接时应严格控制焊接热输入和层间温度，防止接头过热。对于小直径的管子，焊接中宜采取在焊缝两侧加装冷却铜块或用湿布擦拭焊缝两侧等措施，减少焊缝在高温的停留时间，增加焊缝的冷却速度。

11.6 钛及钛合金管道

11.6.1 扩口翻边应尽量加热到 300 ℃～400 ℃时进行，翻边不应出现裂口、拉痕、划伤、缩颈等缺陷。

11.6.2 管道与支吊架、支座或钢结构之间应垫入合适的非金属制品或其他对钛无害的材料。

11.6.3 施焊前和焊接过程中应防止坡口污染。每焊完一道焊缝都应进行焊道表面颜色检查。表面颜色不合格者，应立即除去，然后重焊。表面颜色检查参照相关标准执行。

12 管道清理、吹扫和清洗

12.1 一般规定

12.1.1 管道清理、吹扫和清洗(以下简称“吹洗”)应考虑管道制作、装配、存放、安装和检验、检查、试验期间造成的污染和腐蚀产物对管道使用的影响。

12.1.2 对于强氧化性流体(如氧或氟)管道，应在管道装配后、安装前分段或单件进行脱脂，包括所有组成件与流体接触的表面均应脱脂。应避免残存的脱脂介质与氧气形成危险的混合物。

12.1.3 低温使用的管道应吹扫清除系统中的油、脂、水气，避免阀门的冻结、管道或小孔的堵塞。

12.1.4 带控制点的工艺流程图和设计施工图上应标明吹扫、清洗管道的预留位置。吹扫、清洗方案应在管道安装之前提出。

12.1.5 吹洗方法应根据管道的使用要求、工作介质及管道内表面的脏污程度确定,并应符合下列规定:

a) 公称直径大于或等于 600 mm 的液体或气体管道宜采用人工清理;

b) 公称直径小于 600 mm 的液体管道宜采用水冲洗;

c) 公称直径小于 600 mm 的气体管道宜采用空气吹扫;

d) 蒸汽管道应采用蒸汽吹扫,非热力管道不得采用蒸汽吹扫;

e) 有特殊要求的管道应按设计文件规定采用相应的吹洗方法。

12.1.6 管道吹洗前,不应安装孔板以及法兰或螺纹连接的调节阀、重要阀门、节流阀、安全阀、仪表等。焊接连接阀门和仪表应采取流经旁路或卸掉阀芯,并对阀座加保护套等保护措施。

12.1.7 不准许吹洗的设备及管道应与吹洗系统隔离。

12.1.8 管道系统的吹洗应确保安全,业主方和设计方应提供吹洗工作所需要的安全环境和安全操作技术要求。清理、冲洗或吹扫所用的介质不宜采用易燃、有毒的流体,当不可避免时,应制定专门的预防措施,且符合下列要求:

a) 液体应排放到安全的收集点,气体排放应选择安全的露天地点;

b) 易燃气体、液体的排放应远离火源和人员;

c) 应对吹洗工作区域进行隔离,并在其四周设置警戒标识,对进入人员进行管控。

12.1.9 已清理、吹扫或清洗干净的管道组成件、装配管段或整个管道系统应及时采取封闭管口或充氮保护等措施防止再污染。

12.1.10 管道清理、吹扫和清洗的质量检验和验收应符合相关标准及设计文件的规定。

12.2 水冲洗

管道水冲洗时应使用洁净水。冲洗奥氏体不锈钢管道时,水中氯离子含量不得超过 50 mg/L。

12.3 空气吹扫

空气吹扫时的吹扫压力不得超过容器和管道的设计压力。

12.4 蒸汽吹扫

12.4.1 蒸汽吹扫前,应先行暖管、及时排水,并应检查管道热位移。蒸汽吹扫应按加热—冷却—再加热的顺序循环进行。吹扫时管道附近不得放置易燃物。

12.4.2 蒸汽吹扫用的临时管道应按蒸汽管道的技术要求安装,吹扫时应设置禁区。

12.5 化学清洗

12.5.1 操作人员应穿专用防护服装,并应根据不同清洗液对人体的危害,佩戴护目镜、防毒面具等防护用具。

12.5.2 清洗液的配方应经过鉴定,并曾在生产装置中使用过,经实践证明是有效可靠的。

12.5.3 化学清洗后的废液处理和排放应符合环境保护的规定。

附 录 A
(资料性附录)
管道封闭口装配错口偏差评估方法

A.1 范围

本附录提出了对管道封闭口装配的错口偏差进行定量评估的基本方法,适用于管道系统的首次安装,也适用于管道的常规维护。

本附录基于封闭口两端管道的柔度,对管道封闭口错口偏差进行评估。

A.2 管道错口偏差评估方法

A.2.1 应变敏感性管道最终封闭口的装配要求见表 A.1,适用于与泵机、小型透平机、压缩机等传动机械,以及与需要进行管道应力分析的容器和储罐的接管相连接的管道系统。非应变敏感性管道最终封闭口的装配要求见表 A.2。

A.2.2 管道封闭点安装时,如果横向和轴向的自由管段长度大于表 A.1 或表 A.2 规定的最小装配管道长度,则允许通过冷拉调整的方法进行对口。否则,该管道应重新装配或进行技术评估。

表 A.1 应变敏感管道的允许错口值

公称直径/mm	管道组对时的允许错口值/mm														
	2.5	5	7.5	10	12.5	15	17.5	20	22.5	25	30	35	40	45	50
	应变敏感管道的最小管道总长/m														
15	1.7	2.4	2.9	3.4	3.7	4.1	4.4	4.8	5.0	5.3	5.8	6.3	6.7	7.1	7.5
20	1.9	2.7	3.2	3.7	4.2	4.6	5.0	5.3	5.6	5.9	6.5	7.0	7.5	8.0	8.4
25	2.1	3.0	3.6	4.2	4.7	5.2	5.5	5.9	6.3	6.6	7.3	7.8	8.4	8.9	9.4
40	2.5	3.6	4.4	5.0	5.6	6.2	6.7	7.1	7.6	8.0	8.7	9.4	10.1	10.7	11.3
50	2.8	3.1	4.9	5.6	6.3	6.9	7.5	8.0	8.4	8.9	9.8	10.5	11.3	11.9	12.6
65	3.1	4.4	5.4	6.2	6.9	7.6	8.2	8.8	9.3	9.8	10.7	11.6	12.4	13.2	13.9
75	3.4	4.8	5.9	7.1	7.7	8.4	9.1	9.7	10.3	10.8	11.9	12.8	13.7	14.5	15.3
100	3.9	5.5	6.7	7.8	8.7	9.5	10.3	11.0	11.6	12.3	13.4	14.5	15.5	16.5	17.3
150	4.7	6.6	8.1	9.4	10.5	11.5	12.5	13.3	14.1	14.9	16.3	17.6	18.8	20.0	21.1
200	5.4	7.6	9.3	10.7	12.1	13.2	14.2	15.2	16.1	17.0	18.6	20.1	21.5	22.8	24.0
250	6.0	8.5	10.4	12.0	13.4	14.7	15.8	16.9	18.0	19.0	20.8	22.4	24.0	25.5	26.8
300	6.5	9.2	11.3	13.0	14.6	16.0	17.3	18.5	19.6	20.6	22.6	24.4	26.1	27.7	29.2
350	6.8	9.7	11.9	13.7	15.3	16.8	18.1	19.4	20.5	21.6	23.7	25.6	27.4	29.0	30.5
400	7.3	10.3	12.7	14.6	16.4	17.9	19.4	20.7	21.9	23.1	25.3	27.4	29.3	31.1	32.6
450	7.8	11.0	13.4	15.5	17.3	19.0	20.5	21.9	23.3	24.5	26.9	29.0	31.1	32.9	34.7
500	8.2	11.6	14.2	16.4	18.3	20.0	21.6	23.1	24.5	25.9	28.3	30.5	32.6	34.7	36.6

表 A.1(续)

公称直径/mm	管道组对时的允许错口值/mm														
	2.5	5	7.5	10	12.5	15	17.5	20	22.5	25	30	35	40	45	50
	应变敏感管道的最小管道总长/m														
550	8.6	12.1	14.8	17.2	19.2	21.0	22.7	24.3	25.7	27.1	29.7	32.0	34.4	36.3	38.4
600	9.0	12.7	15.5	17.9	20.0	21.9	23.7	25.3	26.9	28.3	31.1	33.5	36.0	38.1	39.9
650	9.3	13.2	16.2	18.7	20.8	22.8	24.7	26.4	28.0	29.5	32.3	34.7	37.2	39.6	41.8
700	9.7	13.7	16.8	19.4	21.6	23.7	25.6	27.4	29.0	30.5	33.5	36.3	38.7	41.1	43.3
750	10.0	14.2	17.3	20.0	22.4	24.5	26.5	28.3	30.1	31.7	34.7	37.5	39.9	42.4	44.8
注:表中所示错口偏差值和最小装配管道长度可用内插法求得。															

表 A.2 非应变敏感管道的允许错口值

公称直径/mm	管道组对时的允许错口值/mm														
	2.5	5	7.5	10	12.5	15	17.5	20	22.5	25	30	35	40	45	50
	应变敏感管道的最小管道总长/m														
15	1.2	1.7	2.0	2.4	2.7	2.9	3.1	3.4	3.6	3.7	4.1	4.4	4.8	5.0	5.3
20	1.3	1.9	2.3	2.7	3.0	3.2	3.5	3.7	4.0	4.2	4.6	5.0	5.3	5.6	5.9
25	1.5	2.1	2.6	3.0	3.3	3.6	3.9	4.2	4.5	4.7	5.2	5.5	5.9	6.3	6.6
40	1.8	2.4	3.1	3.6	4.0	4.3	4.7	5.0	5.3	5.6	6.1	6.7	7.1	7.6	7.9
50	2.0	2.8	3.4	4.0	4.5	4.9	5.3	5.6	6.0	6.3	6.9	7.5	8.0	8.4	8.9
65	2.2	3.1	3.8	4.4	4.9	5.4	5.8	6.2	6.6	6.9	7.6	8.2	8.8	9.3	9.8
75	2.4	3.4	4.2	4.8	5.4	5.9	6.4	6.8	7.3	7.7	8.4	9.1	9.7	10.3	10.8
100	2.7	3.9	4.8	5.5	6.1	6.7	7.3	7.8	8.2	8.7	9.5	10.3	11.0	11.6	12.3
150	3.3	4.7	5.8	6.6	7.4	8.1	8.8	9.4	10.0	10.5	11.3	12.5	13.3	14.0	14.9
200	3.8	5.4	6.6	7.6	8.5	9.3	10.1	10.7	11.4	12.0	13.2	14.2	15.2	16.1	17.0
250	4.2	6.0	7.3	8.5	9.5	10.4	11.2	11.9	12.7	13.4	14.7	15.8	16.9	18.0	19.0
300	4.6	6.5	8.0	9.2	10.3	11.3	12.2	13.0	13.8	14.6	16.0	17.3	18.5	19.5	20.6
350	4.8	6.9	8.4	9.7	10.8	11.9	12.8	13.7	14.5	15.3	16.8	18.1	19.4	20.4	21.6
400	5.2	7.3	9.0	10.3	11.6	12.7	13.7	14.6	15.5	16.4	17.9	19.4	20.7	21.9	23.1
450	5.5	7.8	9.5	11.0	12.3	13.4	14.5	15.5	16.5	17.3	19.0	20.5	21.9	23.3	24.5
500	5.8	8.2	10.0	11.6	12.9	14.2	15.3	16.4	17.3	18.3	20.0	21.6	23.1	24.5	25.9
550	6.1	8.6	10.5	12.1	13.6	14.8	16.0	17.2	18.2	19.2	21.0	23.3	24.3	25.7	27.1
600	6.3	9.0	11.0	12.7	14.1	15.5	16.8	17.9	19.0	20.0	21.9	23.7	25.3	26.9	28.3
650	6.6	9.3	11.4	13.2	14.8	16.2	17.4	18.7	19.8	20.8	22.8	24.7	26.4	28.0	29.5
700	6.8	9.7	11.9	13.7	15.3	16.8	18.2	18.7	20.5	21.6	23.7	25.6	27.4	29.0	30.5
750	7.1	10.0	12.3	14.2	15.8	17.3	18.7	20.0	21.2	22.4	24.5	26.5	28.3	30.1	31.7
注:表中所示错口偏差值和最小装配管道长度可用内插法求得。															

A.3 示例

图A.1所示为一条两个设备之间的管道系统，在最终封闭口处有 X、Y、Z 三个方向的错口偏差值，分别为12.5 mm、20 mm、10 mm。在两设备之间的管道共有8个管段：

X 方向的管段：2个，总长度＝7＋10＝17(m)。

Y 方向的管段：2个，总长度＝2＋3＝5(m)。

Z 方向的管段：4个，总长度＝1＋12＋1.5＋3＝17.5(m)。

垂直于错口 ΔX 方向的管段为 Y、Z 方向的管段6个(4＋2)，总长度＝17.5＋5＝22.5(m)。

垂直于错口 ΔY 方向的管段为 X、Z 方向的管段6个(2＋4)，总长度＝17＋17.5＝34.5(m)。

垂直于错口 ΔZ 方向的管段为 X、Y 方向的管段4个(2＋2)，总长度＝17＋5＝22(m)。

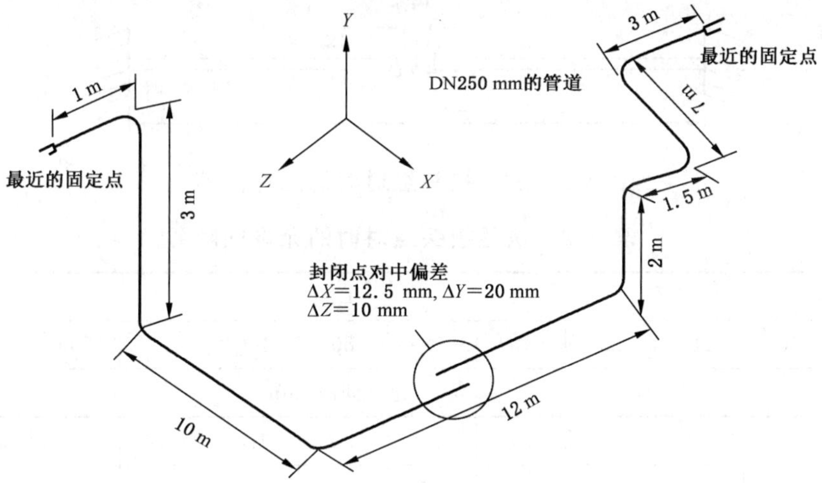

图A.1 示例图

该最终封闭口的错口偏差值分别按如下方法进行评估：

a) 对于12.5 mm的 ΔX 错口：

垂直于错口 ΔX 方向的有6个管段，它们的总长度是22.5 m(6个管段的总长)；在表A.1中查到DN250管道 ΔX 方向错口偏差值为12.5 mm时，要求的最小装配管道长度是13.4 m。由于实际装配管道总长度大于此值，故 ΔX 方向错口偏差值12.5 mm是可以接受的。

b) 对于20 mm的 ΔY 错口：

垂直于错口 ΔY 方向的有4个管段，它们的总长度是34.5 m(6个管段的总长)；在表A.1中查到DN250管道 ΔY 方向错口偏差值为20 mm时，要求的最小装配管道长度是16.9 mm。由于实际装配管道总长度大于此值，故 ΔY 方向错口偏差值20 mm是可以接受的。

c) 对于10 mm的 ΔZ 错口：

垂直于错口 ΔZ 方向的有4个管段，它们的总长度是22 m(4个管段的总长)；在表A.1

中查到DN250管道 ΔZ 方向错口偏差值为10 mm时，要求的最小装配管道长度是12 m。由于实际装配管道总长度大于此值，故 ΔZ 方向错口偏差值10 mm是可以接受的。

通过计算和比对，由于所有方向的错口偏差值都在允差范围之内，故这条管道可以通过冷拉对正。

A.4 法兰接头偏转偏差评估方法

A.4.1 管道最终封闭口采用法兰连接装配时，除A.2所列的错口偏差外，还可能存在法兰接头偏转偏差，即由于两个法兰之间的不平行度而产生的外缘间隙，如图A.2所示。该偏转偏差将消耗部分螺栓的预紧载荷，降低垫片的预紧载荷。

A.4.2 管道最终封闭口采用法兰连接的装配要求见表A.3。

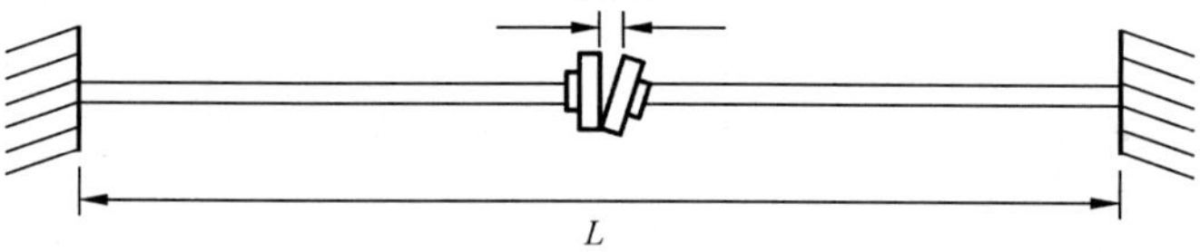

图A.2 法兰接头组对时的允许间隙

表A.3 法兰接头组对时的允许间隙

最小轴向间距 L/mm	DN										
	15	20	25	40	50	80	100	150	200	250	300
	允许间隙/mm										
250	2.3	2.1	1.8	1.5	1.4	1.2	1.1	0.94	0.89	0.84	0.84
350	3.3	2.9	2.5	2.1	2.0	1.7	1.6	1.3	1.2	1.2	1.2
450	4.2	3.7	3.3	2.7	2.5	2.2	2.0	1.7	1.6	1.5	1.5
550	5.2	4.6	4.0	3.3	3.1	2.6	2.5	2.1	1.9	1.8	1.8
650	6.1	5.4	4.7	3.8	3.7	3.1	2.9	2.4	2.3	2.2	2.2
750	7.0	6.2	5.4	4.4	4.2	3.6	3.4	2.8	2.6	2.5	2.5
850	8.0	7.1	6.2	5.0	4.8	4.1	3.8	3.2	3.0	2.8	2.8
950	8.9	7.9	6.9	5.6	5.4	4.6	4.3	3.5	3.4	3.2	3.2
1 050	9.9	8.7	7.6	6.2	6.0	5.1	4.7	3.9	3.7	3.5	3.5
1 150	10.8	9.6	8.4	6.8	6.5	5.5	5.2	4.3	4.0	3.8	3.8
1 250	11.8	10.4	9.1	7.4	7.1	6.0	5.6	4.6	4.4	4.2	4.2
1 350	12.7	11.3	9.8	8.0	7.7	6.5	5.9	5.0	4.8	4.5	4.5
1 450	13.7	12.1	10.5	8.6	8.2	7.0	6.5	5.4	5.1	4.9	4.9
1 550	14.6	12.9	11.3	9.2	8.8	7.5	7.0	5.8	5.4	5.2	5.2
1 650	15.6	13.8	12.0	9.8	9.4	8.0	7.4	6.1	5.8	5.5	5.5

表 A.3（续）

最小轴向间距 L/mm	DN										
	15	20	25	40	50	80	100	150	200	250	300
	允许间隙/mm										
1 750	16.6	14.6	12.8	10.4	9.9	8.4	7.8	6.5	6.1	5.8	5.8
1 850	17.5	15.5	13.5	10.9	10.5	8.9	8.3	6.9	6.5	6.2	6.2
1 950	18.5	16.3	14.2	11.6	11.1	9.4	8.8	7.3	6.9	6.5	6.5
2 050	19.5	17.2	15.0	12.1	11.6	9.9	9.2	7.6	7.2	6.9	6.8
2 150	20.4	18.0	15.7	12.8	12.2	10.3	9.7	8.0	7.5	7.2	7.2
2 250	21.4	18.9	16.4	13.3	12.8	10.8	10.1	8.4	7.9	7.5	7.5
2 350	22.4	19.7	17.2	13.9	13.4	11.3	10.6	8.7	8.3	7.8	7.8
2 450	23.4	20.6	17.9	14.5	13.9	11.8	11.0	9.0	8.6	8.2	8.2
2 550	24.4	21.4	18.7	15.1	14.5	12.3	11.5	9.5	9.0	8.5	8.5
2 650	25.5	22.4	19.4	15.7	15.1	12.8	11.9	9.9	9.3	8.9	8.9
2 750	26.4	23.2	20.1	16.3	15.6	13.2	12.3	10.3	9.7	9.2	9.2

注：表中所示允许间隙值为扣除法兰凸台高度及密封垫厚度后，由两个法兰之间的不平行度而产生的外缘间隙。

附　录　B
（资料性附录）
法兰接头螺栓拧紧方法和安装目标载荷

B.1　总则

本附录规定了法兰连接的拧紧方法，以获得均布的螺栓预紧载荷，减小法兰偏转变形。

B.2　螺栓(扭矩控制)拧紧方法

B.2.1　十字交叉法

B.2.1.1　在法兰上对预紧螺栓进行编号。可按图 B.1a)时针顺序编号体系(传统方法)或按图 B.1b)对称交叉编号体系进行编号。螺栓拧紧顺序按照对称交叉进行。具体操作如下：

a)　按时针顺序编号体系(传统方法)对螺栓位置进行编号，则拧紧顺序按照 1-7-4-10；2-8-5-11；3-9-6-12；

b)　按对称交叉方法对螺栓位置进行编号，则拧紧顺序按照螺栓编号进行，如 1-2-3-4；5-6-7-8；9-10-11-12。

B.2.1.2　用短扳手或人工转动螺母与法兰表面接触，每个螺栓端部伸出螺母的螺纹个数相等。检查沿法兰圆周的间隙应均匀。

B.2.1.3　按十字交叉拧紧的方法，拧紧螺栓至 30%的安装目标载荷。检查沿法兰圆周的间隙应均匀。

B.2.1.4　重复 B.2.1.3，拧紧螺栓至 70%的安装目标载荷。检查沿法兰圆周的间隙应均匀。

B.2.1.5　重复 B.2.1.3，拧紧螺栓至 100%的安装目标载荷。检查沿法兰圆周的间隙应均匀。

B.2.1.6　按时针顺序，用 100%的安装目标载荷依次拧紧螺栓。检查所有螺母无松动。

B.2.2　修正方法

B.2.2.1　按 B.2.1.1 进行编号。十字交叉位置 4 个螺栓为一组。

B.2.2.2　按十字交叉顺序，拧紧第一组螺栓至 30%的安装目标载荷。检查沿法兰圆周的间隙应均匀。

B.2.2.3　按十字交叉顺序，拧紧第二组螺栓至 70%的安装目标载荷。检查沿法兰圆周的间隙应均匀。

B.2.2.4　按十字交叉顺序，拧紧剩余组螺栓至 100%的安装目标载荷。检查沿法兰圆周的间隙应均匀。

B.2.2.5　按十字交叉顺序，拧紧所有螺栓至 100%的安装目标载荷。检查沿法兰圆周的间隙应均匀。

B.2.2.6　按时针顺序，用 100%的安装目标载荷依次拧紧螺栓。检查所有螺母无松动。

B.2.3　其他

大直径法兰应考虑增加拧紧的次数。

B.3　螺栓(拉伸控制)拧紧方法

B.3.1　拉伸装置的数量宜为 4 的倍数。

B.3.2　图 B.2 所示为 50%～50%紧固方法，其中载荷 A 大于载荷 B。加载分三次进行：

a) 第1次加载,拉伸拧紧50%的螺栓(如1、2、3、4)至规定载荷 A;
b) 第2次加载,拉伸拧紧剩余50%的螺栓(如5、6、7、8)至规定载荷 B;
c) 第3次加载确认,拉伸拧紧第1次加载的50%的螺栓(如1、2、3、4)至规定载荷 B。

B.4 螺栓安装目标载荷

B.4.1 安装扭矩

螺栓安装扭矩应符合下列规定:

a) 螺栓的目标安装扭矩可按式(B.1)计算:

$$M = K \times D \times F \quad \cdots\cdots (B.1)$$

式中:

M ——目标安装扭矩,单位为牛顿米(N·m);
K ——螺母系数,是由实验确定的无量纲系数,常用低合金钢螺栓,如42CrMo(B7),初次拧紧的常温螺母系数为0.16~0.23;
D ——螺栓名义直径,单位为米(m);
F ——螺栓的安装目标载荷/力,单位为牛顿(N)。

b) 螺栓的目标拉伸载荷(力)可参照表B.1确定或采用经实践证明可靠的设计方法进行计算。

B.4.2 螺栓的目标预紧力

螺栓的目标预紧力应符合下列规定:

a) 表B.1为基于螺栓根径截面积,以常用低合金钢螺栓42CrMoA(B7)为基准,设定螺栓安装应力为350 MPa时单个螺栓的安装目标力的参考值;
b) 当采用其他材料的螺栓时,可按材料的屈服强度或设定螺栓安装应力进行换算,增加或减少;
c) 螺栓的安装目标应力一般不超过螺栓材料屈服强度的70%,特殊情况下超过此范围时,需经过安全评估合格;
d) 表B.1值应用于低压小直径法兰接头以及大直径法兰接头等,应确认垫片具有足够的强度,法兰变形不超过标准规定,否则应安全评估合格。

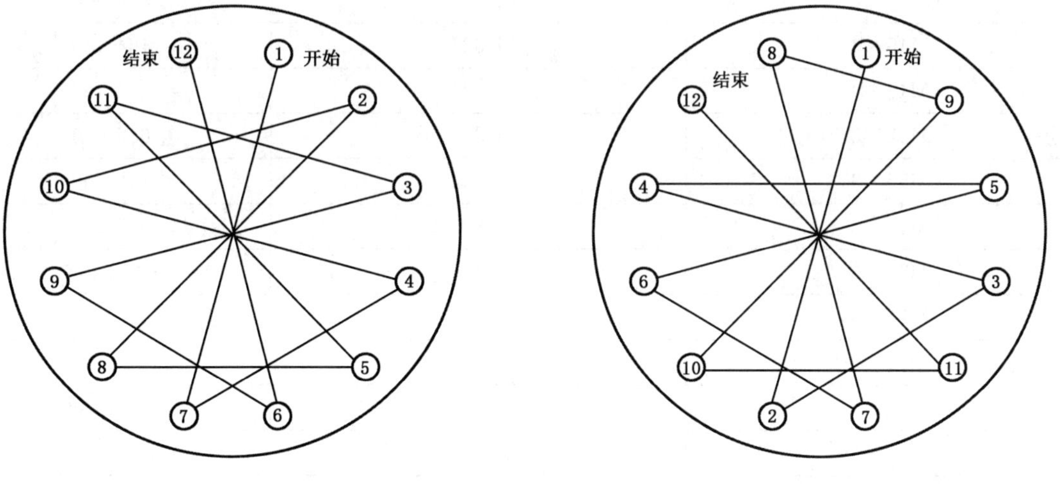

a) 时针顺序编号　　b) 对称交叉编号

图B.1 十字交叉顺序拧紧

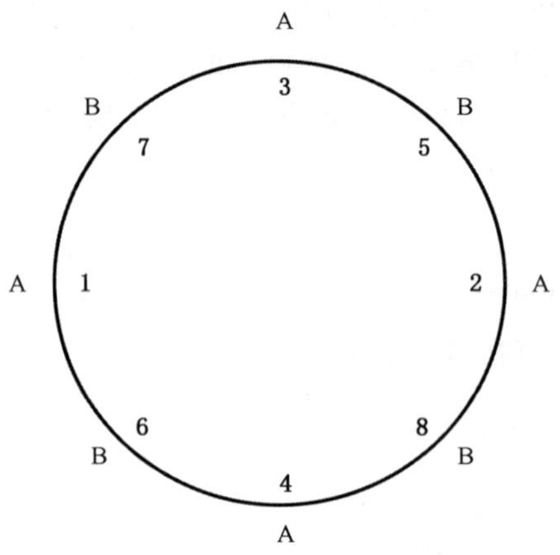

图 B.2 拉伸控制拧紧

表 B.1 螺栓的安装目标力(螺栓安装应力 350 MPa)

螺栓尺寸	根径面积/mm²	螺栓安装力/(N/个)
M14×2	102.1	35 735
M16×2	141	49 350
M20×2.5	220.4	77 140
M24×3	317.3	111 055
M27×3	419.1	146 685
M30×3	535	187 250
M33×3	665.1	232 785
M36×3	809.3	283 255
M39×3	976.6	341 810
M42×3	1 140	399 000
M45×3	1 327	464 450
M48×3	1 527	534 450
M52×3	1 817	635 950
M56×3	2 132	746 200
M64×3	2 837	992 950
M70×3	3 432	1 201 200
M76×3	4 083	1 429 050
M82×3	4 791	1 676 850
M90×3	5 822	2 037 700
M95×3	6 518	2 281 300
M100×3	7 253	2 538 550

ICS 23.040
J 74

中华人民共和国国家标准

GB/T 20801.5—2020
代替 GB/T 20801.5—2006

压力管道规范　工业管道
第5部分:检验与试验

Pressure piping code—Industrial piping—Part 5: Inspection and testing

2020-11-19 发布　　2021-06-01 实施

国家市场监督管理总局
国家标准化管理委员会　发布

前　　言

GB/T 20801《压力管道规范　工业管道》分为以下 6 个部分：

——第 1 部分：总则；

——第 2 部分：材料；

——第 3 部分：设计和计算；

——第 4 部分：制作与安装；

——第 5 部分：检验与试验；

——第 6 部分：安全防护。

本部分为 GB/T 20801 的第 5 部分。

本部分按照 GB/T 1.1—2009 给出的规则起草。

本部分代替 GB/T 20801.5—2006《压力管道规范　工业管道　第 5 部分：检验与试验》，与 GB/T 20801.5—2006 相比，除编辑性修改外主要技术变化如下：

——修改了无损检测等规范性引用文件（见第 2 章，2006 年版的第 2 章）；

——增加了累进检查的相应要求[见 4.4 f)]；

——修改了抽样检查的组批原则（见 5.1.2 注 1，2006 年版的 5.1.2）；

——修改了管道检查等级的分级规定/要求（见 6.1，2006 年版的 6.1）；

——修改了焊接接头目视检查质量验收标准（见 6.2，2006 年版的 6.2）；

——修改了焊接接头无损检测方法的相应规定（见 6.3，2006 年版的 6.3）；

——修改了硬度检查的相应规定（见 6.4，2006 年版的 6.4）；

——增加了仪表接头免除压力试验、GC3 级管道压力试验时可以包覆隔热层、真空管道采用真空度试验代替内压压力试验的相关规定[见 9.1.1.4 d)、9.1.1.5 b)]；

——修改了液压试验压力的相关规定（见 9.1.3，2006 年版的 9.1.3）；

——修改了气压试验压力的相关规定（见 9.1.4，2006 年版的 9.1.4）；

——增加了气压试验风险控制的要求[见 9.1.4 a)]；

——增加了敏感性泄漏试验的方法和要求（见 9.2.1）。

本部分由全国锅炉压力容器标准化技术委员会（SAC/TC 262）提出并归口。

本部分起草单位：上海市特种设备监督检验技术研究院、全国化工设备设计技术中心站、国家市场监督管理总局特种设备安全监察局、上海石化设备检验检测有限公司。

本部分主要起草人：汤晓英、应道宴、徐锋、黄正林、邢丽。

本部分所代替标准的历次版本发布情况为：

——GB/T 20801.5—2006。

压力管道规范　工业管道
第5部分:检验与试验

1　范围

GB/T 20801 的本部分规定了压力管道检验、检查和试验的基本安全要求。

本部分适用于 GB/T 20801.1 范围界定的压力管道的检验、检查和试验。

2　规范性引用文件

下列文件对于本文件的应用是必不可少的。凡是注日期的引用文件,仅注日期的版本适用于本文件。凡是不注日期的引用文件,其最新版本(包括所有的修改单)适用于本文件。

GB/T 20801.1—2020　压力管道规范　工业管道　第1部分:总则

GB/T 20801.2—2020　压力管道规范　工业管道　第2部分:材料

GB/T 20801.3—2020　压力管道规范　工业管道　第3部分:设计和计算

GB/T 20801.4—2020　压力管道规范　工业管道　第4部分:制作与安装

GB/T 20801.6—2020　压力管道规范　工业管道　第6部分:安全防护

NB/T 47013.1　承压设备无损检测　第1部分:通用要求

NB/T 47013.2　承压设备无损检测　第2部分:射线检测

NB/T 47013.3　承压设备无损检测　第3部分:超声检测

NB/T 47013.4　承压设备无损检测　第4部分:磁粉检测

NB/T 47013.5　承压设备无损检测　第5部分:渗透检测

NB/T 47013.7　承压设备无损检测　第7部分:目视检测

NB/T 47013.8—2012　承压设备无损检测　第8部分:泄漏检测

NB/T 47013.10　承压设备无损检测　第10部分:衍射时差法超声检测

NB/T 47013.11　承压设备无损检测　第11部分:X射线数字成像检测

3　术语和定义

GB/T 20801.1—2020、GB/T 20801.2—2020、GB/T 20801.3—2020、GB/T 20801.4—2020和GB/T 20801.6—2020 界定的以及下列术语和定义适用于本文件。

3.1

检验　inspection

由业主或独立于管道建造方的检验机构为证实产品或管道建造是否满足规范和工程设计要求而进行的符合性评审过程。

3.2

检验人员　inspector

业主方或检验机构从事检验工作的专职人员。

3.3

检查　examination

由制造厂、制作、施工、安装单位对材料、组成件以及加工、制作、安装等过程进行必需的检测和试验,证实产品或管道建造是否满足相关标准和工程设计要求而履行质量控制职责的过程。

3.4

检查人员　examination personnel

制造厂、制作、施工、安装单位从事检查工作的专职人员,由独立于制造、制作和安装部门的人员担任。

4　检查要求

4.1　一般规定

4.1.1　本章对管道安装进行了规定,包括每个组成件及其制作加工工艺进行检查的要求,任何工程设计要求的附加检查以及验收标准。GB/T 20801.2—2020 的表 A.1 中铬钼合金钢管道的检查应在全部热处理结束后进行,对于支管的焊接以及承压焊接接头的返修都应在补强圈或鞍形补强件焊接之前完成。

4.1.2　由工厂加工的管道组成件(或其组件)的检查试验应符合相关产品标准和设计文件的要求。

4.2　验收准则

本部分给出的检查试验要求为基本安全要求,当设计文件有特殊检查试验要求时,应按设计文件的要求进行检查试验和验收。

4.3　超标缺陷的处理

当发现受检件有超过本部分验收准则的缺陷时,应予返修或更换。新件应按原件的要求用相同的方法,在相同的范围用相同的验收准则检查。

4.4　累进检查

当局部或抽样检查发现有超标缺陷时,应按以下要求处理:

a)　另取两个相同件(如为焊接接头,应为同一焊工所焊的同一批焊接接头)进行相同的检查;

b)　如 a)要求的两个被检件检查合格,则附加检查所代表的批应视为合格,但有缺陷件应予返修或更换并重新进行检查;

c)　如 a)要求的两个被检件中任何一件发现有超标缺陷,则针对每个缺陷项应增加两个相同件进行检查;

d)　如 c)要求的两个被检件检查合格,则附加检查所代表的批应视为合格,但有缺陷件应予返修或更换并进行重新检查;

e)　如 c)要求的两个被检件中任何一件发现有超标缺陷,则该批应全部进行检查,不合格者应进行返修或更换并进行重新检查;

f)　如缺陷件经过返修或更换后进行重新检查时再次发现有超标缺陷,则针对在修复中发现的缺陷,不需按照 a)、c)、e)继续进行累进检查,但是有超标缺陷件应进行返修或更换并进行复查，直到满足本部分的可接受准则。如果可能的话，也可以对其他未检查的焊接接头进行局部或抽样检查。

4.5 检查人员

对于现场制作、焊接的检查试验，如果没有特殊指明，应由施工单位负责实施。检查人员应符合3.4的定义。

5 检查方法

5.1 一般规定

5.1.1 本章规定了符合本部分、工程设计或检验人员要求的主要检查方法。如使用本章规定以外的方法，则应在工程设计中规定其验收标准。

5.1.2 检查的比例包括100%检查、抽样检查和局部检查，定义如下：

a) 在指定的一批管道中，对某一具体项目进行全部检查，称作100%检查；

b) 在指定的一批管道中，对某一具体项目的某一百分数进行全部检查，称作抽样检查；

c) 在指定的一批管道中，对某一具体项目的每一件进行规定的部分检查，称作局部检查。

注1：指定批是本部分中用于检查要求考虑的管道数量。指定批数量和程度宜由合同双方在工作开始前协议规定。指定批的确定原则是：

——“批”的数量不宜过大；

——相同管道级别、相同材质或者相同检测比例的被检件可组成同一“批”；

——对于焊接接头焊接时间宜控制在2周以内；

——对不同种类的管道制作、安装工作，可以规定不同的“批”。

注2：抽样或局部检查将不保证制造产品质量水平。在被代表检查的一批管道中，未检查部分可能在进一步检查中会暴露缺陷。如果要对某一批管道，要求不存在射线检测规定的超标焊接缺陷时，则规定100%的射线检测检查。

5.2 目视检查

目视检查是指对易于观察或能做外观检查的组成件、连接接头及其他管道元件的部分在其制造、制作、装配、安装、检查或试验之前、进行中或之后进行的观察。目视检查应包括核实材料、组件、尺寸、接头的制备、组对、焊接、粘接、钎焊、法兰连接、螺纹或其他连接方法、支承件、装配以及安装等的质量是否达到相关标准和工程设计的要求。目视检查应按NB/T 47013.7的规定进行。

5.3 无损检测

焊接接头的无损检测分为射线检测、超声检测、磁粉检测、渗透检测、衍射时差法超声检测、X射线数字成像检测，检测方法应按NB/T 47013.1、NB/T 47013.2、NB/T 47013.3、NB/T 47013.4、NB/T 47013.5、NB/T 47013.10、NB/T 47013.11的规定进行。

5.4 硬度检查

对焊接接头、热弯以及热成型组件应进行硬度检查，以检查热处理工艺的可靠性。硬度检查的数量和要求应符合GB/T 20801.4—2020的有关规定。

6 检查范围和验收准则

6.1 检查等级

6.1.1 压力管道按管道级别、材料类别和公称压力等划分为Ⅰ、Ⅱ、Ⅲ、Ⅳ、Ⅴ五个检查等级，当压力管道按 6.1.2～6.1.6 划分为不同的检查等级时,应按较高的检查等级确定其检查等级。当设计文件有特殊要求时,还应符合相关设计文件的要求。

6.1.2 符合下列条件之一的压力管道的检查等级为Ⅰ级:

a) 设计文件注明为剧烈循环工况的管道;

b) GC1 级管道;

c) 高温蠕变工况使用的管道(GB/T 20801.3—2020 的 3.2 所示);

d) 钛及钛合金、镍及镍基合金、高铬镍钼奥氏体不锈钢、锆及锆基合金管道;

e) 公称压力大于 PN160 的管道;

f) 夹套管的内管;

g) 按 9.1.7 的规定可以免除压力试验的管道;

h) 设计要求进行焊接接头 100%无损检测的管道。

6.1.3 符合下列条件之一的压力管道的检查等级为Ⅱ级:

a) 公称压力大于 PN50 的碳钢(本部分要求冲击试验)管道;

b) 公称压力大于 PN110 的奥氏体不锈钢管道;

c) 低温含镍钢、铬钼合金钢、双相不锈钢、铝及铝合金管道;

d) 设计要求进行焊接接头 20%无损检测的管道。

6.1.4 符合下列条件之一的压力管道的检查等级为Ⅲ级:

a) 毒性程度为有毒介质的 GC2 级管道;

b) 除 GC3 级管道外,公称压力不大于 PN50 的碳钢(本部分要求冲击试验)管道;

c) 除 GC3 级管道外,公称压力不大于 PN110 的奥氏体不锈钢管道;

d) 设计要求进行焊接接头 10%无损检测的管道。

6.1.5 符合下列条件之一的压力管道的检查等级为Ⅳ级:

a) 除 6.1.4 a)以外的 GC2 级管道;

b) 除 GC3 级管道外,公称压力不大于 PN50 的碳钢管道(本部分无冲击试验要求);

c) 设计要求进行焊接接头 5%无损检测的管道。

6.1.6 GC3 级压力管道的检查等级为Ⅴ级。

6.2 目视检查

6.2.1 目视检查的内容应符合下列规定:

a) 对于 GC2、GC3 级管道,应符合 5.2 的规定,目视检查的项目为:

1) 随机选择足够数量的材料和管道组成件,使检查人员满意地认为它们都符合技术要求且无缺陷;

2) 100%的纵向焊接接头,但按 GB/T 20801.2—2020 中表 A.1 和 GB/T 20801.3—2020 表 13中管道组成件所含的纵向焊接接头除外;

3) 抽样检查螺纹、螺栓连接和其他接头的组件,当需进行气压试验时,对所有的螺纹、螺栓连接及其他接头均应进行检查;

4) 管道安装时的抽样检查,包括组对、支撑件和冷紧的检查;

5) 检查已安装管道,找出需返修或者更换的缺陷以及不符合设计要求的明显偏差。

b) 除应符合 a)的规定外,GC1 级管道的目视检查还应符合以下规定:

1) 除 a)的规定外,对所有制作和安装的焊接接头均应进行 100%目视检查;

2) 对所有螺纹、螺栓以及其他连接接头均应进行100%目视检查。

c) 剧烈循环工况管道以及GB/T 20801.3—2020的3.2所示高温蠕变工况的管道,其目视检查除符合b)的规定外,还应校核所有安装管道的尺寸和偏差。支架、导向件和冷紧点都应检查以保证管道的位移能适应开车、操作和停车等所有的工况,而不能发生卡住和意外约束的现象。

d) 焊接接头目视检查的比例应符合表1的要求,应对每一焊工或焊接操作工的焊接接头进行目视检查。

6.2.2 目视检查验收准则应符合下列规定:

a) 焊接接头目视检查应按照NB/T 47013.7的规定执行,检查内容和合格指标不低于表2的规定;

b) 其他要求应符合相关产品标准和工程设计规定。

6.3 焊接接头的无损检测

6.3.1 无损检测方法

无损检测方法应符合下列规定:

a) 压力管道焊接接头的无损检测应采用NB/T 47013.2、NB/T 47013.3、NB/T 47013.4、NB/T 47013.5、NB/T 47013.10、NB/T 47013.11规定的方法,当采用不可记录的脉冲反射法超声检测时,应采用射线检测或者衍射时差法超声检测作为附加局部或抽样检测。

b) 管道的名义厚度小于或等于30 mm的对接接头,应优先采用射线检测,采用超声检测代替射线检测应经设计者和业主同意;名义厚度大于30 mm的对接接头可采用超声检测代替射线检测。

c) 有色金属制压力管道对接接头应优先采用X射线检测。

d) 焊接接头的表面裂纹应优先采用表面无损检测。

e) 铁磁性材料制压力管道焊接接头的表面检测应优先采用磁粉检测。

6.3.2 焊接接头的射线检测和超声检测

6.3.2.1 除设计文件另有规定外,现场焊接的管道及管道组成件的对接接头、支管连接接头应进行射线检测或超声检测。检查数量应符合以下规定:

a) 管道的公称直径小于500 mm时,可根据环向对接接头数,按表1的检查比例进行抽样检测,且不得少于1个环向对接接头。凡进行检测的环向对接接头,应包括其整个圆周长度。固定焊的环向对接接头抽样检测比例应不少于检测数量的40%;

b) 管道的公称直径大于或等于500 mm时,对每条环向对接接头应按表1的检查比例进行局部检测,检查长度不得小于150 mm;

c) 纵向对接接头应按表3的检查比例进行检测,局部检测检查长度不得小于150 mm;

d) 对高温蠕变工况使用的铬钼合金钢管子和管件的焊接接头应进行100%射线检测或超声检测;

e) 选择被检焊接接头时应包括每个参加产品焊接的焊工或焊接操作工所焊的焊接接头,同时应在最大范围内包括与纵向焊接接头的交叉点。当环向焊接接头与纵向焊接接头相交时,应包括检查长度不小于38 mm的相邻纵向焊接接头。

6.3.2.2 射线检测应按照 NB/T 47013.2、NB/T 47013.11 的规定执行,质量要求和合格级别如下:

a) 进行全部无损检测的焊接接头,射线检测技术等级不低于 AB 级,合格级别不低于Ⅱ级;

b) 进行局部或抽样的焊接接头,射线检测技术等级不低于 AB 级,合格级别不低于Ⅲ级。

6.3.2.3 超声检测应按照 NB/T 47013.3、NB/T 47013.10 的规定执行,质量要求和合格级别如下:

a) 进行全部无损检测的焊接接头,脉冲反射法超声检测技术等级不低于 B 级,合格级别为Ⅰ级;

b) 进行局部或抽样的焊接接头,脉冲反射法超声检测技术等级不低于 B 级,合格级别不低于Ⅱ级;

c) 采用衍射时差法超声检测的焊接接头,检测技术等级原则上不低于 B 级,合格级别不低于Ⅱ级。

6.3.2.4 当采用射线、超声等方法进行组合无损检测时,质量要求和合格级别按照各自执行的标准确定,并且均应合格。

6.3.3 焊接接头的表面无损检测

6.3.3.1 除设计文件另有规定外,现场焊接的管道及管道组成件的对接接头、支管连接接头和角接接头应进行磁粉检测或渗透检测,检测比例应不低于表 1 的规定。

6.3.3.2 焊接接头的表面无损检测均应按照 NB/T 47013.4、NB/T 47013.5的规定执行,合格级别为Ⅰ级。

6.3.3.3 有延迟裂纹倾向的材料焊接接头应在焊接完成 24 h 后进行无损检测。

6.3.3.4 具有再热裂纹倾向的材料焊接接头应在焊接及热处理后各进行一次表面无损检测。

6.3.4 检测不合格

当焊接接头抽样检测或局部检测发现有不合格时,应按 4.4 的要求进行累进检查,不合格的焊接接头经返修后,应采用原规定的检测方法重新检查。

6.3.5 其他

局部无损检测的焊接接头位置及检查点应由检查人员确定,并经建设单位或检验机构的检验人员批准。

6.4 制作过程中的检查

6.4.1 制作过程中的检查应包括以下内容:

a) 焊接接头的制备和清洗;

b) 预热;

c) 连接前的装配、连接间隙以及内侧对准;

d) 焊接工艺规定的技术参数,包括填充材料、焊接位置等;

e) 焊接清理后的根部焊道(包括外侧和可及内侧)状况,必要时,可辅之以磁粉检测或渗透检测;

f) 焊渣的清除和焊道间的焊接情况;

g) 完工后焊接接头的外观;

h) 设计文件规定的其他要求。

6.4.2 检查要求和验收准则，除设计文件另有规定外，应按6.2进行目视检查。

6.5 硬度检查

6.5.1 除设计文件另有规定外，压力管道硬度检查的数量和验收准则应符合GB/T 20801.4—2020中9.6的规定。

6.5.2 焊接接头的硬度检查范围应包括焊缝及热影响区，热影响区的硬度检查应尽可能紧邻熔合线。对基体材料的硬度检查应尽可能在变形量较大的部位。

6.5.3 当管道组成件和焊接接头重新进行热处理时，应采用原规定的检查方法重新进行硬度检查。

6.5.4 对抽样检查的管道组成件和焊接接头，当发现硬度值有不合格时，应按4.4的要求进行累进检查。

表1 焊接接头检查方法和比例[a]

检查等级	检查方法	焊接接头类型及检查比例/%		
		环向对接接头	角接接头[b]	支管连接[c]
Ⅰ	目视检查	100	100	100
	磁粉/渗透检测	100[d]	100	100
	射线检测/超声检测	100	—	100[e]
Ⅱ	目视检查	100	100	100
	磁粉/渗透检测	20[d]	20	20
	射线检测/超声检测	20	—	20[e]
Ⅲ	目视检查	100	100	100
	磁粉/渗透检测	10[d]	—	10
	射线检测/超声检测	10	—	—
Ⅳ	目视检查	100	100	100
	射线检测/超声检测	5	—	—
Ⅴ	目视检查	10	100	100

[a] 根据业主或工程设计要求，可采用较表1更严格检查等级代替较低检查等级。

[b] 表中角接接头包括承插焊和密封焊以及平焊法兰、支管补强和支架的连接焊接接头。

[c] 表中支管连接焊接接头包括支管和翻边接头的承压焊接接头。

[d] 对碳钢、不锈钢及铝合金无此要求。

[e] 适用于大于或等于DN100的管道。

表 2　焊接接头目视检查质量验收标准[a]

检查等级	Ⅰ			Ⅱ			Ⅲ			Ⅳ			Ⅴ		
缺陷类型	环向、斜接坡口和支管连接[b]	纵向坡口[c]	角接[d]	环向、斜接坡口和支管连接	纵向坡口	角接	环向、斜接坡口和支管连接	纵向坡口	角接	环向、斜接坡口和支管连接	纵向坡口	角接	环向、斜接坡口和支管连接	纵向坡口	角接
表面裂纹、未熔合	A	A	A	A	A	A	A	A	A	A	A	A	A	A	A
表面未焊透	A	A	N/A	A	A	N/A	B	A	N/A	B	A	N/A	C	A	N/A
表面气孔或暴露的夹渣[e]	A	A	A	A	A	A	A	A	A	A	A	A	A	A	A
咬边	A	A	A	A	A	A	D	A	D	D	A	D	E	A	D
根部表面凹陷	F	F	N/A	F	F	N/A	F	F	N/A	F	F	N/A	F	F	N/A
余高或根部凸出	G	G	G	G	G	G	G	G	G	G	G	G	H	H	H

表中符号说明：

A：缺陷范围：无明显缺陷；

B：未焊透累计长度[f]：每 150 mm 长度范围内≤15 mm 和 10%焊缝总长度；

C：未焊透累计长度：每 150 mm 长度范围内≤20 mm 和 20%焊缝总长度；

D：咬边深度：≤1 mm 和 $T/4$[g]；

E：咬边深度：≤1.5 mm 和($T/4$ 或 1 mm)；

F：根部表面凹陷深度：接头总厚，包括焊缝补强：≥T[h]；

G：焊缝余高或内凸起的高度：

T(mm)	H(mm)
≤6	≤1.5
>6，≤13	≤3.0
>13，≤25	≤4.0
>25	≤5.0

H：焊缝余高或内凸起的高度：范围为上述 G 相应值的 2 倍；

N/A：表示对于这种类型的缺陷，本部分未规定验收准则或不要求评价。

[a] 本表是针对所要求的检查，工程设计也可规定更严格的要求。

[b] 支管连接焊接接头包括支管和翻边接口的承压焊接接头。

[c] 纵向接头包括直缝接头和螺旋缝接头，但 GB/T 20801.2—2020 中表 A.1 和 GB/T 20801.3—2020 表 13 所列管道组成件材料和型式尺寸标准制造的产品中所含纵向接头除外。

[d] 角接接头包括承插焊和密封焊以及平焊法兰、支管补强和支承件的连接焊接接头。

[e] 仅评价公称壁厚≤5 mm 焊接接头的缺陷。

[f] 两个极限数值用“和”分开时，其中较小者为合格值，两组数值用“或”分开时，则较大者为合格值。

[g] T 是对焊接头中两个连接件厚度较薄者的名义厚度。

[h] 对没有额外填充金属的坡口环向接头，其外部凹陷深度不得小于 1 mm 或 10%接头名义厚度，焊缝金属应平滑过渡到组件表面，焊缝总厚度(包括焊缝补强)不得小于最小名义厚度。

表 3　制作过程中纵向焊接接头检查方法和检查比例

纵向焊接接头系数 Φ_W	目视检查比例/%	射线检测/超声检测比例/%
≤0.85	100	—
0.90	100	10
1.00	100	100
注：GB/T 20801.2—2020 中表 A.1 和 GB/T 20801.3—2020 表 13 中所含的纵向焊接接头除外。		

7　检查工艺

检查应按第 5 章中规定的某一方法进行，检验人员应审定检查工艺的评定结果、日期和记录。

8　检查合格证和记录

检查人员应通过审阅合格证、质量证明书、标记和其他证明文件，确信材料和组成件均为规定等级并已经过要求的热处理、检查和试验。检查人员应向检验人员提交一份说明规范和工程设计规定的全部质量控制要求已经执行的证明文件。

9　试验

9.1　压力试验

9.1.1　一般要求

在初次运行前以及按第 6 章的要求完成有关的检查后，每个管道系统应进行压力试验以保证其承压强度和密封性。除 9.1.1.1 压力试验可代替的情况外，应按 9.1.3 的规定进行液压试验。

9.1.1.1　压力试验的替代

压力试验的替代应符合下列规定：

a)　对 GC3 级管道，经业主或设计者同意，可按 9.1.6 规定的初始运行压力试验代替液压试验。

b)　当业主或设计者认为液压试验不切实际时，可用 9.1.4 规定的气压试验来代替；如考虑到气压试验的危险性，也可用 9.1.5 规定的液压-气压试验来代替。

c)　当业主或设计者认为液压和气压试验都不切实际时，如果下列两种情况都存在，则可采用9.1.7规定的免除(或替代)办法：

1)　液压试验会损害衬里或内部隔热层，或会污染生产过程(该过程会由于有湿气而变为危险的、腐蚀的或无法工作)，或由于试验载荷而导致管道支撑结构过载，或在试验中由于低温而出现脆性断裂的危险；

2)　气压试验具有比液压试验更大的风险，或在试验中由于低温而出现脆性断裂的危险。

d)　排放且连通大气中的管线，如最后一个切断阀后的放空管线或排污管线，除非设计有特殊规定，否则不需要做压力试验。

9.1.1.2 压力的限制

试验压力的限制应符合下列规定：

a) 如果试验压力会产生的管道周向应力或轴向应力超过试验温度下的屈服强度，试验压力可减至在该温度下不会超过屈服强度的最大压力；

b) 如果试验压力需要保持一段时间，且管道系统中的试验流体会受到热膨胀，则应注意避免超压；

c) 在液压试验前，可先用压力不大于 170 kPa 的空气进行试验以找出泄漏点。

9.1.1.3 其他试验要求

其他试验要求应符合下列规定：

a) 压力试验保压时间不少于 10 min，保压后可降压至设计压力，并应检查所有接头和连接处有无泄漏和其他异常；

b) 压力试验应在全部热处理完成后进行；

c) 当压力试验在接近金属延性-脆性转变温度下进行时，应考虑脆性破坏的可能性。

9.1.1.4 压力试验的特殊规定

压力试验的特殊(免除)规定如下：

a) 管道组成件或管道预制件可以单独进行试验，也可以装配在管道上与管道一起进行试验；

b) 管道系统装配之前已经做过试验的法兰接头和压力试验时为隔离容器或其他管道而插入盲板的法兰接头，均不需要重新进行压力试验；

c) 如果连接管道系统或组成件的最后一条焊接接头已按 6.4 的规定进行了制作过程中的检查，且经 100%射线检测或 100%超声检测合格，同时该管道系统或组成件已按本章的规定通过了压力试验，则此焊接接头不需要再进行压力试验；

d) 管道系统压力试验后的仪表接头(螺纹和/或其他管接头)不需要再进行压力试验。

9.1.1.5 真空或外压管道

真空或外压管道的压力试验应符合下列规定：

a) 真空或外压管道应以内外压力差的 1.5 倍，但不小于 105 kPa 进行内压压力试验；

b) 经业主或设计者同意，真空管道可采用真空度试验来代替 a)所列内压压力试验，但应制定相应试验规程。

9.1.1.6 夹套管

夹套管的压力试验应符合下列规定：

a) 内管试验压力应按内部或外部设计压力中的较大值确定，如果需要按照 9.1.2.1 的规定对内管接头作目视检查，此压力试验应在夹套管完成之前进行；

b) 除设计另有规定外，外管应按 9.1 的规定进行压力试验。

9.1.1.7 压力试验后的修补或增添物件

如果压力试验后进行修补或增添物件，则受影响的管道应重新进行压力试验。经检验人员同意，对采取了预防措施并能保证结构完好的一些小修补或增添物件，不需重新进行压力试验。

9.1.1.8 试验记录

应对每一管道系统做好试验记录,记录内容至少应包括以下主要内容:

a) 试验日期;

b) 试验流体;

c) 试验压力;

d) 检查人员出具的检查结果合格证。

9.1.2 准备工作

9.1.2.1 接头外露

压力试验时的接头外露应符合下列规定:

a) 除按本部分预先进行过试验的接头可以包覆隔热层或覆盖层外,所有接头均不得包覆隔热层,以便在压力试验时进行检查;

b) 按9.1.7 c)的规定进行泄漏试验时,所有接头均不应上底漆和油漆;

c) 对GC3级管道,经业主或设计者同意,进行液压试验或初始运行压力试验时,接头可以包覆隔热层或覆盖层,但应延长保压时间以观察有无泄漏和其他异常。

9.1.2.2 临时支承件

输送蒸汽或气体的管道,必要时应加装临时支承件,以支承试验流体的重量。

9.1.2.3 膨胀节

压力试验时,膨胀节应符合下列规定:

a) 对于金属波纹膨胀节,如果按照本章的要求确定的试验压力大于制造厂(符合GB/T 20801.3—2020附录F的要求)的试验压力时,应按照制造厂的试验压力来进行;

b) 除a)的情况外,依靠外部主固定架来约束端部压力荷载的非约束膨胀节,应在没有临时约束的情况下,以1.5倍膨胀节设计压力在管道系统现场进行试验。如果系统要求的试验压力大于1.5倍的膨胀节设计压力,且主固定架无法承受此压力试验载荷,那么膨胀节应从管道系统移开,或应采用临时约束以承受压力试验载荷;

c) 除a)的情况外,带有约束构件来承受压力载荷的自约束金属波纹膨胀节(即复式、铰链式和压力平衡式等)及其管道系统应按照本章的要求进行压力试验。如已由制造厂进行过压力试验,则压力试验时可与系统隔离(但不包括敏感性泄漏试验)。所有类型膨胀节的约束构件均应在设计上保证其能够承受试验压力下的载荷。

9.1.2.4 管道压力试验的隔断

不拟进行试验的容器在管道系统压力试验进行期间应与管道分离,或用盲板或其他方法将它与管道隔开,也可采用适合试验压力的阀门(包括其闭合机构)予以切断。

9.1.2.5 压力表

试验用压力表应经过校验,在校验有效期内,压力表的精度不得低于1.6级。压力表的满刻度值应为最大试验压力的1.5倍~2.0倍。试验时使用的压力表不得少于2块,其中至少1块压力表安装于液位最高点,且以安装于液位最高点的压力表读数为准。

9.1.3 液压试验

液压试验应符合下列规定：

a) 试验流体一般应使用洁净水。当对奥氏体不锈钢管道或对连有奥氏体不锈钢组成件或容器的管道进行试验时，水中氯离子含量不得超过 50 mg/L。如果水对管道或工艺有不良影响并有可能损坏管道时，可使用其他合适的无毒液体。当采用可燃液体进行试验时，其闪点不得低于 49 ℃，且应考虑到试验周围的环境。试验时流体的温度应不低于 5 ℃。

b) 内压管道除 9.1.3 e)规定外，系统中任何一点的液压试验压力均应按下述规定：

1) 不得低于 1.5 倍设计压力；

2) 设计温度高于试验温度时，试验压力应不小于式(1)的计算值：

$$p_T = 1.5pS_1/S_2 \qquad \cdots\cdots(1)$$

式中：

p_T ——试验压力，单位为兆帕(MPa)；

p ——设计压力，单位为兆帕(MPa)；

S_1 ——试验温度下，管子许用应力，单位为兆帕(MPa)；

S_2 ——设计温度下，管子许用应力，单位为兆帕(MPa)。

c) 如果管道系统中未包含管子，则可根据其他管道组成件(不包括管道支承件和连接螺栓)的许用应力来确定 S_1/S_2 的值。如果管道系统由多种材料组成，则可根据多种材料的 S_1/S_2 最小值来确定。

d) 如果上述规定试验压力，在试验温度下的周向应力或纵向应力(基于最小管壁厚度)会超过材料屈服强度，或在试验温度下的试验压力大于 1.5 倍组成件的额定值，则可将试验压力降低到试验温度下不致超过材料屈服强度或 1.5 倍组成件额定值的最大压力。

e) 管道与容器作为一个系统时，液压试验应符合以下规定：

1) 当管道试验压力不大于容器的试验压力时，应按管道的试验压力进行试验；

2) 当管道试验压力大于容器的试验压力，且无法将管道与容器隔开，且容器的试验压力不小于 77%按式(1)计算所得的管道试验压力时，经业主或设计者同意，可按容器的试验压力进行试验。

9.1.4 气压试验

气压试验应符合下列规定：

a) 如果采用气压试验，应对管道系统的完整性进行风险评估和危害辨识，气压试验的安全操作程序应经过审核。

气压试验时，应将脆性破坏的可能性减少至最低程度，应考虑试验温度的影响。气压试验温度至少要比管道系统材料的最低允许金属温度高 17 ℃。材料的最低允许金属温度不明时，试验温度不得低于 17 ℃。试验系统中不得包括铸铁等脆性材料。

注：气压试验的储存能量比液压试验增加 2 500 余倍。

b) 试验时应装有压力泄放装置，其设定压力不得高于 1.1 倍的试验压力。

c) 用作试验的介质应是干燥洁净的空气、氮气或其他不易燃和无毒的气体。

d) 承受内压的金属管道，气压试验压力应不低于 1.1 倍设计压力，同时不超过下列压力的较小者：

1） 1.33倍设计压力；

2） 试验温度下产生超过90%屈服强度周向应力或纵向应力(基于最小管壁厚度)时的试验压力。

e） 应按以下步骤进行气压试验：

1） 试验前应进行预试验，预试验的压力宜为0.2 MPa；

2） 试验时，应逐级缓慢增加压力，当压力升至试验压力的50%时，应进行初始检查，如未发现异常或泄漏，继续按试验压力的10%逐级升压(每级应有足够的保压时间以平衡管道的应变)，每级稳压3 min直至达到规定的试验压力。再将压力降至设计压力，应用发泡剂检查有无泄漏，保压时间应根据查漏工作需要确定。

9.1.5 液压-气压试验

如果使用液压-气压结合试验，则应满足9.1.4的要求，且被液体充填部分管道的压力应不大于9.1.3的规定。

9.1.6 初始运行压力试验

初始运行压力试验应符合下列规定：

a） 对GC3级管道，经业主或设计者同意，可结合试车，用管道输送的流体进行压力试验。在管道初始运行时或运行前，压力应分级逐渐增加至操作压力，每级应有足够的保压时间以平衡管道应变。如果输送的流体是气体或蒸汽，则按9.1.4 e)1)的要求进行预试验。

b） 在运行压力下，需按照9.1.1.3 a)的要求进行泄漏检查。对之前按照本部分进行过试验的接头和连接处可不再进行泄漏检查。

9.1.7 压力试验的免除

同时满足下列要求时，可免除压力试验：

a） 按下述规定进行检查的焊接接头：

1） 环向、纵向以及螺旋焊焊接接头均应进行100%的射线检测或100%超声波检测；

2） 所有未包括在上述1)中的焊接接头，包括附件的连接焊接接头，应进行100%的磁粉或渗透检测。

b） 按GB/T 20801.3—2020的有关规定，已通过柔性分析的管道系统。

c） 已按9.2.1 a)的要求进行敏感性泄漏试验的管道系统。

9.2 泄漏试验

对于GC1级(毒性)、GC1和GC2级(易燃性)的管道，应按9.2.1进行敏感性泄漏试验。

泄漏试验应在压力试验合格后进行。泄漏试验时，应重点检查阀门填料函、法兰或螺纹连接处、放空阀、排气阀和排水阀等部位。除另有规定外，敏感性泄漏试验应符合相应检漏方法的试验灵敏度要求。

经9.1.4气压试验合格，且在试验后未经拆卸过的管道系统可不进行泄漏试验。

经业主、设计者以及安装、检验者同意，可采用9.2.2气密性试验代替9.2.1进行泄漏试验，以无可察泄漏为合格。

9.2.1 敏感性泄漏试验

敏感性泄漏试验应符合下列规定：

a) 除业主或设计者另有规定外，本部分规定的敏感性泄漏试验为符合 NB/T 47013.8—2012 附录 A 规定的气泡泄漏检测——直接加压技术。试验介质可采用空气，试验灵敏度相当于 10^{-4}(Pa·m³)/s。

泄漏试验应能满足以下要求：

1) 根据业主或设计者的要求，试验压力应不小于 105 kPa 或 25%设计压力(取较小值)；

2) 应将试验压力逐渐增加至 0.5 倍规定的试验压力或 170 kPa(取较小值)，然后进行初检，再分级逐渐增加至试验压力，每级应有足够的保压时间以平衡管道的应变；

3) 无重复或连续的气泡出现。

b) 根据业主或设计的要求，可采用下列检测灵敏度更高的检漏方法：

1) 按 NB/T 47013.8—2012 附录 C 的要求，采用漏率型检漏仪进行的卤素泄漏试验，试验压力按本部分的 9.2.1 a)的规定，试验灵敏度不应低于 10^{-5}(Pa·m³)/s；

2) 按 NB/T 47013.8—2012 附录 D 的要求，采用氦质谱仪泄漏检测——吸枪技术进行的氦检漏，试验压力按本部分的 9.2.1 a)的规定，试验气体为氦气或含 1%或 10%氦的混合气体，试验灵敏度不应低于 10^{-5}(Pa·m³)/s(如采用混合气体，应按氦的比例相应提高灵敏度)；

3) 按 NB/T 47013.8—2012 附录 E 的要求，采用氦质谱仪泄漏检测——示踪探头技术进行的氦检漏，待检管道或元件内抽真空，在待检部位外用氦气或含 1%或 10%氦的混合气体吹扫，试验灵敏度不应低于 10^{-6}(Pa·m³)/s(如采用混合气体，应按氦的比例相应提高灵敏度)；

4) 按 NB/T 47013.8—2012 附录 G 的要求，充入 10%～30%或 1%氨气进行氨泄漏检测，试验压力及试验方法按 NB/T 47013.8—2012 附录 G 的要求。

9.2.2 气密性试验

气密性试验压力应为设计压力，真空管道试验压力应为内压 0.1 MPa，试验介质可采用空气。除试验压力外，气密性试验按 9.1.4 气压试验的相关要求进行。经业主或设计者同意，气密性试验可按最高工作压力或结合试车一并进行。

9.3 真空度试验

除 9.1.1.5 b)的情况外，真空管道系统在压力试验合格后，还应按设计文件的规定进行 24 h 的真空度试验，增压率应不大于 5%。增压率应按式(2)计算：

$$\Delta p=\frac{p_2-p_1}{p_1}\times 100\% \quad \cdots\cdots(2)$$

式中：

Δp ——24 h 的增压率，%；

p_1 ——试验初始压力,单位为兆帕(MPa);

p_2 ——试验最终压力,单位为兆帕(MPa)。

10 记录

按本部分和工程设计要求的记录,应由管道的设计者、制造厂以及制作和安装单位分别负责准备和保存,保存年限应按政府的有关规定执行。

ICS 23.040
J 74

中华人民共和国国家标准

GB/T 20801.6—2020
代替 GB/T 20801.6—2006

压力管道规范　工业管道
第6部分:安全防护

Pressure piping code—Industrial piping—Part 6:Safeguarding

2020-11-19 发布　　2021-06-01 实施

国家市场监督管理总局
国家标准化管理委员会　发布

前　言

GB/T 20801《压力管道规范　工业管道》分为以下6个部分：

——第1部分：总则；

——第2部分：材料；

——第3部分：设计和计算；

——第4部分：制作与安装；

——第5部分：检验与试验；

——第6部分：安全防护。

本部分为GB/T 20801的第6部分。

本部分按照GB/T 1.1—2009给出的规则起草。

本部分代替GB/T 20801.6—2006《压力管道规范　工业管道　第6部分：安全防护》，与GB/T 20801.6—2006相比，除编辑性修改外主要技术变化如下：

——增加了安全保护装置的定义(见3.1)；

——修改了安全泄放装置的设定压力和最大泄放压力限制(见4.1.5、2006年版的4.1.6)；

——增加了背压对安全泄放装置性能和泄放量的影响(见4.1.6)；

——增加了确定安全泄放量的确定准则(见表2)；

——增加了防"水锤"和"汽锤"措施以及防雷措施(见表2、7.4.3、C.1.6)；

——增加了安全泄放装置的选用方法(见4.4、附录C)；

——修改了MESG的分级(见表3，2006年版的表1)；

——增加了火灾紧急切断阀和机械联锁装置(见第6章)；

——增加了气液二相最小泄放面积的计算方法(见附录B的B.3.4)；

——增加了阻火器的类别和选用(见附录D)；

——增加了典型可燃气体和蒸气的MESG测试值(见表E.1)。

本部分由全国锅炉压力容器标准化技术委员会(SAC/TC 262)提出并归口。

本部分起草单位：上海凯赢达化工设计工程咨询有限公司、全国化工设备设计技术中心站、国家市场监督管理总局特种设备安全监察局、华东理工大学。

本部分主要起草人：俞庆生、蔡暖姝、徐锋、黄正林、惠虎、应道宴。

本部分所代替标准的历次版本发布情况为：

——GB/T 20801.6—2006。

压力管道规范 工业管道 第6部分:安全防护

1 范围

GB/T 20801的本部分规定了压力管道系统的安全泄放装置、阻火器、火灾紧急切断阀和机械联锁装置等安全保护装置和安全防护的基本要求。

本部分未规定的其他安全防护要求参见GB/T 20801其他部分以及国家现行有关规程、标准和规范的规定。

本部分适用于GB/T 20801.1范围界定的压力管道系统的安全防护。

2 规范性引用文件

下列文件对于本文件的应用是必不可少的。凡是注日期的引用文件,仅注日期的版本适用于本文件。凡是不注日期的引用文件,其最新版本(包括所有的修改单)适用于本文件。

GB 12158 防止静电事故通用导则

GB/T 12242 压力释放装置 性能试验规范

GB/T 15605 粉尘爆炸泄压指南

GB/T 15706 机械安全 设计通则 风险评估与风险减小

GB/T 20801.1—2020 压力管道规范 工业管道 第1部分:总则

GB/T 20801.2—2020 压力管道规范 工业管道 第2部分:材料

GB/T 20801.3—2020 压力管道规范 工业管道 第3部分:设计和计算

GB/T 20801.4—2020 压力管道规范 工业管道 第4部分:制造与安装

GB/T 20801.5—2020 压力管道规范 工业管道 第5部分:检验与试验

GB 31571 石油化学工业污染物排放标准

GB 50016 建筑设计防火规范

GB 50057 建筑物防雷设计规范

GB 50160 石油化工企业设计防火规范

GB 50984 石油化工工厂布置设计规范

TSG ZF001 安全阀安全技术监察规程

TSG ZF003 爆破片装置安全技术监察规程

ISO 16852 阻火器 性能要求、试验方法和应用限制(Flame arresters—Performance requirements, test methods and limits for use)

ISO 23251 石油、石油化工和天然气工业 泄压和减压系统(Petroleum, petrochemical and natural gas industries—Pressure-relieving and depressuring systems)

NFPA 68 爆燃泄放防爆标准(Standard on explosion protection by deflagration venting)

PD CEN/TR 16793 阻火器选用导则(Guide for the selection, application and use of flame arresters)

3 术语和定义

GB/T 20801.1—2020、GB/T 20801.2—2020、GB/T 20801.3—2020、GB/T 20801.4—2020和GB/T 20801.5—2020界定的以及下列术语和定义适用于本文件。

3.1

安全保护装置 safety protection device

按照安全保护层分析(参见附录A),在自控仪表和人工干预失效情况下起作用的机械(物理)保护装置。

注:安全保护装置是防止事故发生或减轻事故损失的最后一道屏障,包括安全泄放装置、阻火器、火灾紧急切断阀和机械联锁装置等。

3.2

安全泄放装置 safety relief device

在非火灾或火灾事故情况下,由进口静压力或进出口静压差的作用开启,泄放流体,以防止系统内压力超过预定安全值的装置。

注:包括安全阀、爆破片装置及爆破针阀等。

3.3

安全阀 safety valve

由弹簧作用或导阀控制的阀门。当入口处的静压力(对于普通型阀门为进出口静压差)超过设定压力时,阀门开启,泄放流体,以防止系统内压力超过预定的安全值。当压力降至回座压力时,阀门可自动关闭。

注:安全阀类型有普通型、平衡型和先导型。

3.4

爆破片装置 rupture disk device

由爆破片和夹持器组成的一种不重新闭合的安全泄放装置。当爆破片两侧的压力差达到预定温度下的预定值时,爆破片发生破裂或脱落。

注:爆破片类型有正拱型、反拱型、平板型和石墨等,形式有普通型、开缝型、带刀(槽)型、鳄齿型和脱落型等。

3.5

爆破针阀 buckling pin relief valve

由阀门和在阀体外装有爆破针的机盒组成的一种不重新闭合的安全泄放装置。爆破针通过机械传动机构承载阀盘上的载荷。当阀门进口静压力达到弯折压力时,爆破针失稳弯曲,阀盘全开,泄放流体。

注:爆破针阀有角型和直线型。

3.6

基本安全泄放装置 first safety relief device

当并联设置分级设定多个安全泄放装置时,设定压力最低,且首先开启的一个安全泄放装置。

3.7

附加安全泄放装置 additional safety relief device

当并联设置分级设定多个安全泄放装置时,对于非火灾工况,除了基本安全泄放装置以外的一个或几个安全泄放装置。

3.8

辅助安全泄放装置　supplemental safety relief device

当并联设置分级设定多个安全泄放装置时,对于火灾工况,除了基本安全泄放装置和附加安全泄放装置以外的一个或几个安全泄放装置。

3.9

独立压力系统　independent pressure system

由一个或多个设备采用管道连接,且中间无阀门隔断的或不会产生阻塞的压力系统,其两端设有可与其他系统隔断的阀门。

3.10

系统设计压力　design pressure of system

受保护的独立压力系统的设计压力,不大于系统内全部设备、管道和仪表的设计压力。

3.11

安全泄放装置设定压力　set pressure of the safety relief device

使安全泄放装置开始泄放的压力。

注:包括安全阀的开启压力、爆破片装置的最大标定爆破压力及爆破针装置的弯折压力。

3.12

最大泄放压力　maximum relieving pressure

在安全泄放装置泄压过程中,独立压力系统所承受的最大系统压力。

3.13

背压　back pressure

排放系统内压力导致安全泄放装置出口处的压力。

注1:为附加背压和积聚背压之和。

注2:安全泄放装置开启后,介质流动导致出口处的压力增加,称为积聚背压。积聚背压是变动的。

注3:安全泄放装置开启前,在出口处由排放系统中其他压力源导致的静压称为附加背压。附加背压可以是恒定的或是变动的。

3.14

安全泄放量　required relief capacity

为了防止系统超压,安全泄放装置泄放的流量。

3.15

最小泄放面积　minimum relief area

安全泄放装置全开启时的净流通面积。

3.16

切断阀　block valve or stop valve

用于隔断或连通管内流体的阀门。

注:包括闸阀、球阀、旋塞阀、蝶阀、隔膜阀等。

3.17

阻火器　flame arrester

允许介质流动,且能够阻止火焰和爆炸传播、蔓延的安全保护装置。

3.18

爆燃 deflagration

以亚音速传播的爆炸。

3.19

爆轰 detonation

以超音速传播的爆炸,冲击波是其特征。

3.20

最大试验安全间隙 maximum experimental safe gap

MESG

在规定试验条件下[(1.013±0.02)kPa、(20±2)℃],内腔体内试验气体或蒸气与空气混合成的各种浓度混合物被点燃时,阻止火焰通过 25 mm 长的通道点燃外部气体混合物的内腔体两个部件之间最大间隙。

3.21

爆炸级别 explosion group

根据最大试验安全间隙(MESG)划分的可燃气体和蒸气的爆炸危险性级别。

3.22

火灾紧急切断阀 fire emergency block valve

FEBV

在火灾工况下,没有人工干预和外部动力(电、气、液)供应,能自动关断的切断阀,具有耐火、防静电、高密封性和耐冲击等性能。

4 安全泄放装置

4.1 一般规定

4.1.1 安全泄放装置应防止独立压力系统中的任一部分发生超压事故。设计人员宜采用各种过程危险源评价(PHA)方法,研究具体工艺过程所有可能的超压工况。识别各种超压工况时,应遵循下列准则:

a) 任何单个事件是可信的;

b) 两个顺序发生的相关事件是可信的;

c) 同时发生的两个或两个以上不相关的独立事件是不可信的。

4.1.2 自动控制仪表和报警联锁装置不得替代安全泄放装置作为系统的超压保护设施。当不允许排放或不能安装安全泄放装置时,可通过过程危险源评价及分析所有的超压工况,采用系统设计方法,即本质安全设计或高完整性保护系统(HIPS),消除系统的超压原因或者进行系统超压保护。

4.1.3 符合下列情况的设备或管道系统,应设置安全泄放装置:

a) 设计压力小于外部压力源的压力,出口可能被关断或堵塞的设备和管道系统;

b) 出口可能被关断的容积式泵和容积式压缩机出口管道系统;

c) 冷却水或回流中断、再沸器输入热量过多而引起超压的蒸馏塔顶气相管道系统;

d) 不凝气体积聚产生超压的设备和管道系统;

e) 加热炉出口管道中,切断阀或调节阀的上游管道系统;

f) 两端切断阀关闭后,受环境温度、阳光辐射或伴热影响,产生热膨胀或气化的管道系统;

g) 冷却或搅拌失效、有催化作用的杂质进入、反应抑制剂中断,导致放热反应失控的反应器出口处切断阀上游的管道系统;

h) 凝汽式汽轮机的蒸汽出口管道系统;

i) 蒸气发生器等产气设备的出口管道系统;

j) 低沸点液体(液化气等)容器的出口管道系统;

k) 管程破裂或泄漏可能导致超压的热交换器低压侧的出口管道系统;

l) 风扇故障导致冷却负荷下降的空冷器管程的出口管道系统;

m) 可能暴露于外部火灾的设备和容器的出口管道系统。

4.1.4 独立压力系统应在适当的位置设置一个或多个并联的安全泄放装置。

4.1.5 安全泄放装置相关压力的确定应符合下列规定:

a) 独立压力系统中,设备或管道的安全泄放装置相关压力的确定应以系统设计压力或最大允许工作压力(MAWP)为基准,且应符合下列规定:

1) 安装一个安全泄放装置时,设定压力应不大于系统设计压力或 MAWP。非火灾工况的最大泄放压力应不大于系统设计压力或 MAWP 的 110%和系统设计压力或 MAWP 加20 kPa 中的较大者,火灾工况的最大泄放压力应不大于系统设计压力或 MAWP 的 121%。

2) 当并联设置分级设定的多个安全泄放装置时,除一个基本安全泄放装置的设定压力应不大于系统设计压力或 MAWP 外,还应符合下列要求(表 1):

——非火灾工况下,附加安全泄放装置设定压力应不大于系统设计压力或 MAWP 的 105%,且基本安全泄放装置和附加安全泄放装置最大泄放压力应不大于系统设计压力或 MAWP 的 116%和系统设计压力或 MAWP 加 30 kPa 中的较大值;

——火灾工况下,辅助安全泄放装置设定压力应不大于系统设计压力或 MAWP 的 110%,且基本安全泄放装置、附加安全泄放装置和辅助安全泄放装置最大泄放压力应不大于系统设计压力或 MAWP 的 121%。

表 1 在非火灾和火灾工况下单个或多个并联设置的安全泄放装置设定压力和最大泄放压力的限制[a]

事故类型		单个装置		多个并联装置	
		设定压力	最大泄放压力	设定压力	最大泄放压力
非火灾工况	单个装置或基本装置	100	110[b]	100	116[c]
	一个或多个附加装置	—	—	105	116[c]
火灾工况	单个装置或基本装置	100	121	100	121
	一个或多个附加装置	—	—	105	121
	一个或多个辅助装置	—	—	110	121

[a] 表中所有数值是系统设计压力或最大允许工作压力(MAWP)的百分数。

[b] 取 100%系统设计压力或 MAWP 和系统设计压力或 MAWP 加 20 kPa 中的较大者。

[c] 取 116%系统设计压力或 MAWP 和系统设计压力或 MAWP 加 30 kPa 中的较大者。

b） 单纯管道系统的超压保护，除c)的规定外，设定压力和最大泄放压力应符合a)的规定。

c） GC2级和GC3级的单纯管道系统超压保护应符合下列规定：

1） 防止两端关闭的液体管道系统受热膨胀的超压工况，设定压力允许超过系统设计压力，但应不大于系统设计压力的120％和系统试验压力中的较小值。

2） 在符合GB/T 20801.3—2020中4.2.3.3要求的条件下，压力泄放导致的压力变动按GB/T 20801.3—2020中4.2.3.4规定：

——每次不超过10 h，且每年累计不超过100 h，最大泄放压力不超过系统设计压力的133％；

——每次不超过50 h，且每年累计不超过500 h，最大泄放压力不超过系统设计压力的120％。

4.1.6 背压限制应符合下列规定：

a） 安全泄放装置的背压限制如下：

1） 普通型安全阀积聚背压超过10％设定压力时，泄放量快速下降，并发生颤振或频跳。平衡型安全阀总背压不超过约50％设定压力，可稳定操作，泄放量有所降低。先导型安全阀的操作和泄放量不受背压影响。

2） 爆破片装置没有积聚背压的问题，变动附加背压可能导致爆破片提前或滞后破裂，需要增设背压或真空支架，或者在其下游串联爆破片装置或平衡型安全阀。

3） 爆破针阀没有积聚背压的问题，且设计成不受背压影响的平衡型结构。背压不影响其操作性能。

b） 安全泄放装置的背压都会提高泄放压力，应防止背压超过最大泄放压力造成超压事故。

4.2 安全泄放量和最小泄放面积的确定

4.2.1 典型超压工况下，安全泄放量按表2准则确定：

a） 系统的某个部位有几种超压工况时，应分别计算每种超压工况的安全泄放量，并取其中的最大值为该部位的安全泄放量；

b） 安全泄放量的计算可参见附录B规定。附录B中未规定的其他超压工况的安全泄放量计算，可参照ISO 23251的相应规定。

表2 典型超压工况下确定安全泄放量准则

序号	超压工况	液体泄放[a]	蒸气泄放[a]
1	设备出口关闭	最大液体泵入流量	水蒸气和蒸气总进入量，加上泄放条件下产生的水蒸气和蒸气
2	冷却器冷却水故障	—	在泄放条件下进入冷凝器的蒸气总量
3	塔顶回流故障	—	水蒸气和蒸气总进入量，加上泄放条件下产生的水蒸气和蒸气减去被侧线回流冷凝的蒸气
4	侧线回流故障	—	泄放条件下进入蒸气和排出蒸气之差额

表 2(续)

序号	超压工况	液体泄放[a]	蒸气泄放[a]
5	至吸收塔的贫油故障	—	通常没有
6	不凝气体的积聚	—	在塔中产生的结果与第 2 项相同,在其他设备中产生的结果与第 1 项相同
7	高挥发物的进入: a) 水进入热油 b) 轻烃进入热油	—	采用替代防护方法避免这种情况。见本表第 15 项 a)
8	储罐或缓冲罐装料过满	最大液体泵入流量	—
9	自动控制故障	—	逐个分析各种情况(如进口和出口控制装置、旁路、故障保持阀位的阀门或节流阀故障)
10	异常工艺热量或蒸气进入: a) 异常工艺热量进入 b) 阀门误操作开启 c) 节流阀故障	—	估计因过热产生的最大的蒸气量和不凝气体量
11	内部爆炸或瞬变压力冲击(如水锤、汽锤或冷凝液锤击)	常规泄压装置不适用	常规泄压装置不适用。可燃气体或粉尘爆燃(不包括爆轰)泄放量计算按 NFPA 68 和 GB/T 15605的规定
12	化学反应	—	从正常和失控两种条件来估算蒸气产生量,需考虑两相的影响
13	液体膨胀: a) 冷液体关闭在里面 b) 工艺装置区域外部管线液体关闭在里面	按被关闭的冷液体受热膨胀确定要求的泄放量	—
14	外部火灾	—	按暴露于外部池火中设备内液体浸润面积吸收的热量产生蒸气和气体量(按 ISO 23251)
15	传热设备故障: a) 换热器管子破裂 b) 套管 c) 板和框	穿过破裂处的液体流量等于 1 根管子内横截面积 2 倍的流量	穿过破裂处的水蒸气或蒸气流量等于 1 根管子内横截面积 2 倍的流量
16	动力故障(水蒸气、电或其他):	—	分析装置情况,以确定动力故障的影响,按可能出现的最坏情况来确定安全泄放量
	a)蒸馏塔	—	所有的泵失效,导致回流和冷却水故障
	b)反应器	—	考虑搅拌或搅动、淬冷或抑制物流故障,按失控反应产生的蒸气确定安全泄放量
	c)空冷器	—	风扇故障,按正常和紧急事故的负荷差额确定安全泄放量
	d)缓冲罐	最大液体进入流量	—
[a] 需考虑泄放压力高于操作压力而引起泄放量的减少。			

4.2.2 最小泄放面积应符合下列要求：

a) 安全泄放装置最小泄放面积应根据安全泄放量、最大泄放压力、泄放流体温度、安全泄放装置有效泄放系数和校正系数以及流体物理性质确定；

b) 最小泄放面积可参见附录B的规定计算；

c) 选用安全泄放装置产品的额定泄放量应不小于安全泄放量。

4.3 安全泄放装置进、出口阀门和管道的设置

4.3.1 安全泄放装置的进、出口不宜安装切断阀。确因安全泄放装置检测、维修需要安装时，应符合下列要求：

a) 切断阀应采用全通径的，或压力降不影响安全泄放装置的正常工作和安全泄放量；

b) 安全泄放装置正常工作时，切断阀应锁定或铅封在全开位置。

4.3.2 安全泄放装置入口管道应符合下列要求：

a) 管径应不小于安全泄放装置的进口尺寸，管道长度尽可能短。管道不可回收的总压力降不宜超过安全阀的3%设定压力；

b) 在容积式压缩机排出口管道上安装安全泄放装置时，阻尼器或孔板至安全泄放装置的直管段距离应不小于10倍管径。

4.3.3 安全泄放装置的出口管道应符合下列要求：

a) 泄放至大气的管道出口应位于安全地点，安全泄放装置、泄放管道及其支承应有足够的强度承受泄放反力；

b) 排放至密闭系统(排气筒、火炬系统、收集容器或其他处理系统)的出口管道和泄放总管背压应不超过安全泄放装置允许的最大背压；

c) 应考虑液化气等低沸点液体降压闪蒸时产生骤冷对管道材料的低温脆裂影响。

4.4 安全泄放装置的选用

4.4.1 安全泄放装置应考虑泄放介质、过程超压工况以及安全泄放装置的性能，选用合适的安全泄放装置形式，参见附录C。安全泄放装置的选用应符合相关标准的规定。

4.4.2 安全泄放装置产品应符合TSG ZF001和TSG ZF003以及GB/T 12242等相关标准的规定。

5 阻火器

5.1 阻火器的应用

5.1.1 阻火器产品和应用应符合ISO 16852和PD CEN/TR 16793等相关标准的规定。

5.1.2 在工艺装置中，有大量潜在爆炸性环境的非电气设备以及管道系统。阻火器是非电气设备防爆的主要安全防护装置，具有防止爆炸、阻止爆炸通过管道蔓延以及防止爆燃发展成爆轰的作用。阻火器的类别和选用参见附录D。

5.2 阻火器设置

下列设备和管道系统应设置阻火器：

a) 可燃液体常压储罐，以及液态烃、LNG等低温储罐的通气口和呼吸阀进、出口及其气相连通管；

b) 火炬、焚烧炉、氧化炉等燃烧设备入口；

c) 有持续点燃源和0区的风机、真空泵、压缩机等机械设备进、出口；

d) 装卸可燃液体或气体终端站、槽船和槽罐车的呼吸阀，以及气体置换和平衡管线；

e) 沼气系统、污水处理和垃圾填埋气系统中间气体储罐的呼吸阀以及气体总管；

f) 加工可燃化学品的并联设备系统(如反应器)、可燃溶剂回收系统、可燃气体和蒸气回收系统、可燃尾气处理系统的单台设备或系统的气体和蒸气出口，以及集合总管进入火炬、焚烧炉、氧化炉、活性炭吸附槽等处理设备进口；

g) 可能发生失控放热反应、自燃、自分解的反应器或容器至大气或不耐爆炸压力的容器的出口；

h) 输送可能发生爆燃或爆轰的爆炸性气体和蒸气的管道系统；

i) 可燃气体在线分析设备的放空总管；

j) 进入爆炸性气体环境危险区域的内燃发动机的排气总管。

5.3 可燃气体和蒸气的 MESG 和爆炸级别

按 MESG 将可燃气体和蒸气分为 7 个爆炸级别，如表 3 所示。阻火器的间隙应小于可燃气体和蒸气的 MESG。

纯组分与多组分可燃气体与蒸气的 MESG 和爆炸级别参见附录 E。

表 3 爆炸级别和相对应的 MESG 及试验气体

爆炸级别	MESG/mm	空气中试验气体体积分数/%
ⅡA1	≥1.14	甲烷 8.4±0.2
ⅡA	>0.90	丙烷 4.2±0.2
ⅡB1	≥0.85	乙烯 5.2±0.2
ⅡB2	≥0.75	乙烯 5.7±0.2
ⅡB3	≥0.65	乙烯 6.6±0.3
ⅡB	≥0.5	氢 45.0±0.5
ⅡC	<0.5	氢 28.5±2.0

6 其他安全保护装置

6.1 火灾紧急切断阀

6.1.1 大型、液化气体及急性毒性类别 1 和类别 2 化学品等重点储罐出口端宜设置火灾紧急切断阀。

6.1.2 大量储存各种危险化学品的港口码头、车站和物流公司等仓储区的大型危险化学品储罐，宜设置机械紧急切断阀等火灾紧急切断阀(FEBV)。

6.2 机械联锁装置

6.2.1 机械联锁是防范因人为失误造成重大事故的高完整性安全保护装置。产品应符合 GB/T 15706 等相关标准的规定。

6.2.2 运行和维修的操作失误可能导致重大事故时，宜设置机械联锁装置：

a) 安全泄放装置进、出口切断阀运行和维修操作；

b) 火炬系统气体排放和气体回收切换阀及放空阀运行与维修操作;

c) 聚乙烯装置脱气仓与高压氮气罐之间切断阀运行和维修操作;

d) 醋酸乙烯-乙烯共聚乳液(VAE)充氮阀运行和维护操作;

e) 间歇和半间歇反应釜多种物料加料阀和分段程序加料阀操作。

7 安全防护

7.1 一般规定

采取安全防护措施时,应考虑以下因素:

a) 由流体性质以及操作压力和操作温度确定的流体危险性;

b) 由管道材料、结构、连接形式及其安全运行经验确定的管道安全性;

c) 管道一旦发生损坏或泄漏,导致流体的泄漏量及其对周围环境、设备造成的危害程度;

d) 管道事故对操作人员、维修人员和一切可能接触人员的危害程度。

7.2 工厂布置中的安全防护

7.2.1 露天化的设备布置应符合以下规定:

a) 生产区和居民区之间、装置之间,建、构筑物之间以及设备之间应保持一定的安全距离;

b) 装置内的主要行车道、消防通道以及安全疏散通道的设置应符合 GB 50984、GB 50160 和GB 50016的规定;

c) 应对接近生产装置的人员予以控制;

d) 应设置必要的坡度、排放沟、防火堤和隔堤。

7.2.2 可燃、有毒流体应排入封闭系统内,不得直接排入下水道及大气。

7.2.3 密度比环境空气大的可燃气体应排入火炬系统,密度比环境空气小的可燃气体,在不允许设置火炬及符合卫生标准的情况下,可排入大气。

7.2.4 可燃气体管道的放空管管口及安全泄放装置的排放位置应符合 GB 50160、GB 50984 及 GB 31571的规定。

7.2.5 架空管道穿过道路、铁路及人行道等的净空高度,以及外管廊的管架边缘至建筑物或其他设施的水平距离应符合 GB 50160、GB 50016 及 GB 50984 的规定,管道与高压电力线路间交叉净距应符合架空线路相关标准的规定。

7.2.6 位于通道、道路和铁路上方的管道不应安装阀门、法兰、螺纹接头以及带有填料的补偿器等可能发生泄漏的管道组成件。

7.2.7 在可通行管沟内不得布置 GC1 级管道。

7.3 生产管理中的安全防护

7.3.1 应建立各项安全生产管理制度,包括生产责任制,安全生产和维修人员教育和培训制度,有危险性工作的操作许可制度(如动火规程等),安全生产检查制度,事故调查、报告和责任制度以及安全监察制度等。

7.3.2 应制定安全可靠的开、停车和正常操作的规程,以及停水、停电等情况下事故停车的程序,以尽可能减少对管道的损害和减少操作人员、维修人员及其他人员接触危险性管道的可能性。

7.3.3 建立管道管理系统数据库,包括管道目录库、管道故障记录库、管道检测报告库以及管道检修报告库等。

7.4 安全防护设施和措施

7.4.1 灭火消防系统和喷淋设施应包括建构筑物的防火墙、防爆墙等防火结构,去除有毒、腐蚀性或可燃性蒸气的通风装置、遥测和遥控装置以及储存或回收装置、火炬或焚烧炉等紧急处理有害物质的设施。

7.4.2 在脆性材料管道系统或法兰、接头、阀盖、仪表或视镜处应设置保护罩,以限制和减小泄漏的危害程度。

7.4.3 当充满液体的管道可能发生"水锤"现象,或在存有可压缩性流体的管道中可能发生"汽锤"的情况下,宜根据流体力学分析结果,采取适当的防护措施。

7.4.4 应采用自动或遥控的紧急切断、过流量阀、附加的切断阀、限流孔板或自动关闭压力源等方法限制流体泄漏的数量和速度。

7.4.5 处理事故用的紧急放空、事故隔离、消防蒸汽、消防栓等阀门,应布置在安全、明显、方便操作的地方。

7.4.6 进出装置的可燃、有毒物料管道,应在界区边界处设置切断阀,并在装置侧设"8"字盲板,以防止发生火灾时相互影响。

7.4.7 应设置必要的防护面罩、防毒面具、应急呼吸系统、专用药剂、便携式可燃和有毒气体检测报警系统等卫生安全设备,在可能造成人体意外伤害的排放点或泄漏点附近应设置紧急淋浴和洗眼器。

7.4.8 有辐射性的流体管道,应设置屏蔽保护和自动报警系统,并配置专用的面具、手套和防护服等。

7.4.9 对爆炸、火灾危险场所内可能产生静电危险的管道系统,均应采取静电接地措施。如可通过设备、管道及土建结构的接地网接地,法兰跨接。其他防静电要求应符合 GB 12158 的规定。

7.4.10 盲板设置应符合下列规定:

a) 当装置停运维修时,对装置外可能继续运行的管道,在装置边界处除设置切断阀外,还应在阀门靠装置一侧的法兰处设置盲板;

b) 当运行中的设备需切断检修时,应在阀门与设备之间法兰接头处设置盲板。当有毒、可燃流体管道、阀门与盲板之间装有放空阀时,对于放空阀后的管道,应保证其出口位于安全范围之内。

7.4.11 蒸气、空气、氮气等公用工程管道与 GC1 级、GC2 级管道连接时,应符合下列规定:

a) 连续使用的公用工程管道上应设止回阀,并在其根部设切断阀;

b) 间歇使用的公用工程管道上应设两道切断阀,并在两阀间设检查阀。

7.4.12 生产装置内的建、构筑物防雷措施应符合 GB 50057 的规定。露天布置的塔器、容器,或可燃气体、液体和粉尘的储罐与料仓,可能泄放或泄漏可燃气体或粉尘的储罐和料仓,防雷措施和/或防雷接地设施应符合 GB 50057 的规定。

附 录 A
(资料性附录)
安全保护层分析

A.1 工业压力管道系统的安全运行,需多层次的安全防护。典型的安全保护层图如图 A.1 所示。每个安全保护层应是独立的,由里层至外层,事故后果逐层升高。

A.2 图 A.1 中第 6 层是本部分定义为安全保护装置的物理(机械)保护装置。该层在自控仪表和人工干预失效时起防护作用,是防止事故发生或减轻事故损失的最后一道屏障。

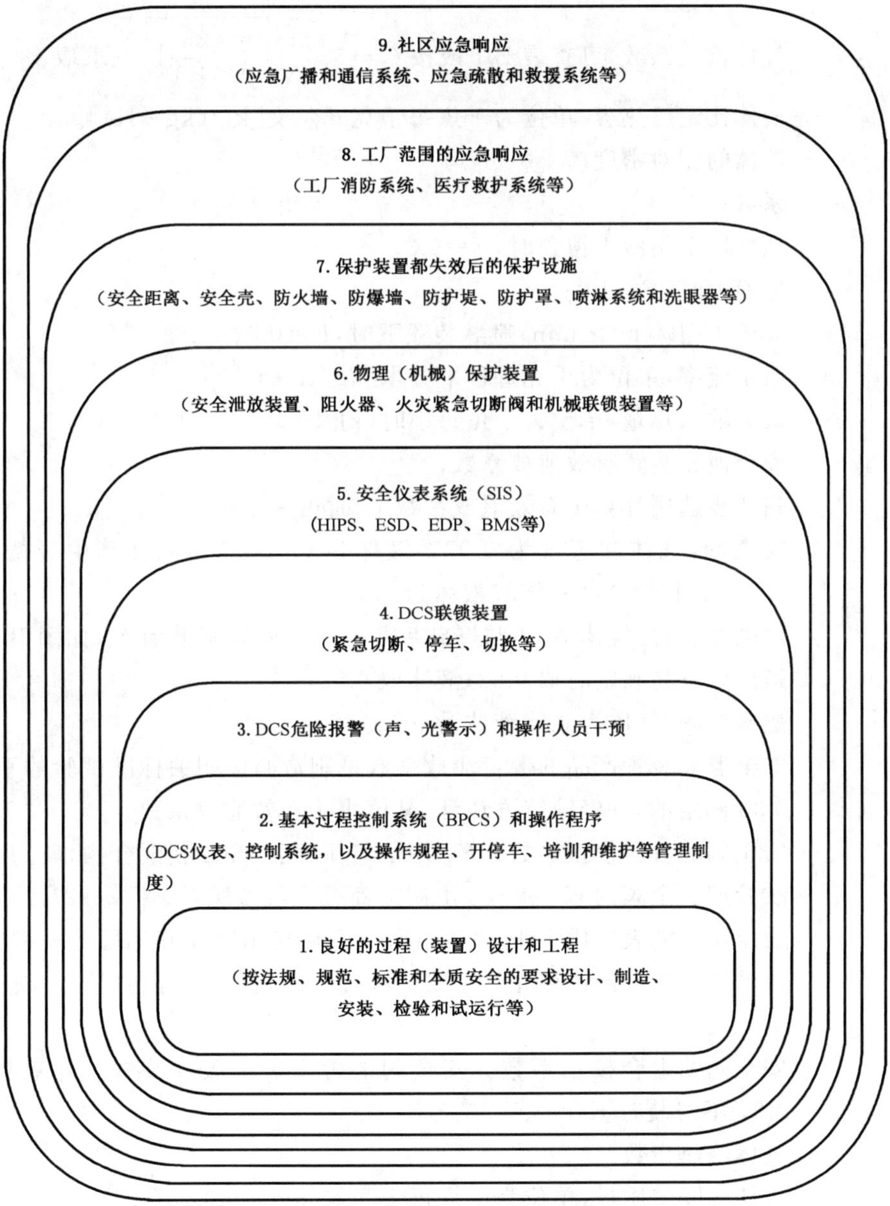

图 A.1 典型的安全保护层图

附　录　B
(资料性附录)
安全泄放装置的计算

B.1　符号

A ——安全泄放装置的最小泄放面积,单位为平方毫米(mm^2)。

A_r ——容器受热面积,单位为平方米(m^2)。

C ——气体特性系数,可查表B.1或按 $C=520\sqrt{k\left(\frac{2}{k+1}\right)^{\frac{k+1}{k-1}}}$ 求取。

C_{pl} ——液体比定压热容,单位为千焦每千克开尔文[kJ/(kg·K)]。

d ——液体的相对密度。

F ——系数;

地面以下用沙土覆盖时,$F=0.3$;

地面上时,$F=1.0$;

大于10 L/(m^2·min)喷淋装置下时,$F=0.6$。

G ——质量流率,单位为千克每秒平方米[kg/(s·m^2)]。

H ——最大输入热量,单位为千焦每小时(kJ/h)。

K ——安全泄放装置有效泄放系数;

在初步选用计算中有效泄放系数 K 时可采用:

安全阀:气体和蒸气为0.975,液体为0.62,二相流计算中轻微过冷液体为0.65,二相混合物和饱和液体为0.85;

爆破片装置:气体 K 值与爆破片装置入口管道形状有关,如图B.1所示,当管道形状不易确定时取0.62;液体取0.62;

爆破针阀:气体为0.8,液体为0.68。

安全泄放装置产品的额定泄放系数是制造商按相关标准试验的平均系数乘以0.90确定的,并经第三方认证,其值小于有效泄放系数。

K_b,K_w ——安全阀的背压校正系数。K_b 用于气体、蒸气和二相混合物,K_w 用于液体。波纹管型安全阀的 K_b 和 K_w 由制造商提供或参照GB/T 24921.1确定。背压与设定压力的表压比小于10%的临界流动气体用或液体用普通型安全阀、临界流动气体用或液体用先导型安全阀,以及爆破片装置和爆破针阀 K_b 和 K_w 均为1.0。

K_c ——安全阀的组合校正系数。安全阀上游安装爆破片装置或爆破针阀时 $K_c=0.9$,不安装时 $K_c=1.0$。

k ——气体绝热指数。

M ——气体的摩尔质量,单位为千克每千摩尔(kg/kmol)。

p_c ——二相混合物临界压力(绝压),单位为兆帕(MPa)。

p_d ——安全泄放装置的最大泄放压力(绝压),单位为兆帕(MPa)。

p_o ——安全泄放装置出口侧压力(绝压),单位为兆帕(MPa)。

p_s ——二相混合物的饱和蒸汽压力(绝压),单位为兆帕(MPa)。

Q_s ——二相流计算中的安全泄放量,单位为升每分(L/min)。

q ——在泄放压力下,液体汽化潜热,单位为千焦每千克(kJ/kg)。

T ——安全泄放装置的泄放温度,单位为开尔文(K)。

t ——最大泄放压力下介质的饱和温度,单位为摄氏度(℃)。

V_s ——液体安全泄放量,单位为立方米每小时(m^3/h)。

v ——进口管最大气体流速,单位为米每秒(m/s)。

W_s ——安全泄放量,单位为千克每小时(kg/h)。

Z ——在最大泄放压力及温度下,气体的压缩系数。

α ——液体的体积膨胀系数,单位为每摄氏度(1/℃),可查表 B.2。

δ ——保温层厚度,单位为米(m)。

λ ——常温下绝热材料的导热系数,单位为千焦每米小时开尔文[kJ/(m·h·K)]。

μ ——液体的动力黏度,单位为千克每米秒[kg/(m·s)]。

ξ ——安全泄放装置的液体动力黏度校正系数,根据雷诺数 $Re=\dfrac{0.3134\,W_s}{\mu\sqrt{A}}$ 由图 B.2 查取;当液体黏度等于或小于水的黏度时,取 $\xi=1$。

ν_0 ——安全泄放装置入口状态下二相混合物比容,单位为立方米每千克(m^3/kg)。

ν_9 ——安全泄放装置 90%入口压力下二相混合物比容,单位为立方米每千克(m^3/kg)。

ρ_s ——安全泄放装置入口状态下气体密度,单位为千克每立方米(kg/m^3)。

ρ_l ——安全泄放装置入口状态下液体密度,单位为千克每立方米(kg/m^3)。

ρ_9 ——对应安全泄放装置入口温度下,90%入口液体饱和蒸汽压 p_s 时的二相混合物密度,单位为千克每立方米(kg/m^3)。

η_0 ——背压比,$\eta_0=p_o/p_d$。

η_c ——临界压力比,$\eta_c=p_c/p_d$。

η_s ——饱和蒸汽压力比,$\eta_s=p_s/p_d$。

η_{st} ——转变饱和压力比,见式(B.19)。

ω ——欧米伽参数,见式(B.12)。

ω_s ——饱和欧米伽参数,见式(B.18)。

B.2 独立压力系统的安全泄放量计算

B.2.1 安全泄放量计算的确定原则

当中间无阀门关断的管道系统与相连接的几个设备(容器)一起作为一个独立的被保护压力系统,用一个或几个设置在容器上或管道上的安全泄放装置保护时,其安全泄放量采用压力容器安全泄放量的计算方法,但应将管道系统和相连接的容器都包括在内。

单纯的管道系统的超压主要发生在充满液体的封闭管道系统中,液体受热膨胀可能发生超压。若安全泄放装置设定压力大于液体蒸气压,则安全泄放量按液体热膨胀计算,反之按液体汽化计算。

B.2.2　压缩气体和蒸气的安全泄放量

B.2.2.1　蒸气发生器等产生蒸气换热设备的系统安全泄放量按式(B.1)计算：

$$W_s = H/q \qquad \cdots\cdots(\text{B.1})$$

B.2.2.2　压缩气体系统的安全泄放量，按式(B.2)计算：

$$W_s = 2.83\times10^{-3}\rho_s v d^3 \qquad \cdots\cdots(\text{B.2})$$

B.2.3　液化气体的容器和管道系统安全泄放量

B.2.3.1　易爆液化气体及有可能发生火灾环境下的非易爆液化气体，安全泄放量按式(B.3)或式(B.4)计算。

无绝热保温层时，安全泄放量按式(B.3)计算：

$$W_s = \frac{2.55\times10^5 F A_r^{0.82}}{q} \qquad \cdots\cdots(\text{B.3})$$

有完善的绝热保温层时，安全泄放量按式(B.4)计算：

$$W_s = \frac{2.61(650-t)\lambda A_r^{0.82}}{\delta q} \qquad \cdots\cdots(\text{B.4})$$

B.2.3.2　非易爆液化气体在无火灾危险的环境下工作时，安全泄放量根据有、无保温层计算，不小于式(B.3)或式(B.4)计算值的30%。

B.2.4　化学反应导致超压的安全泄放量

因化学反应而导致超压者，安全泄放量按化学反应可能生成的最大气量和反应时间来确定。

B.2.5　充满液体的封闭管道系统中液体受热膨胀的安全泄放量

在受热后，液体的饱和蒸汽压小于安全泄放装置设定压力(或最大标定爆破压力)时，按式(B.5)计算：

$$V_s = 0.001\frac{\alpha H}{d\cdot c_{pl}} \qquad \cdots\cdots(\text{B.5})$$

B.2.6　充满液体封闭管道系统中液体受热汽化的安全泄放量

受热后，液体饱和蒸气压大于安全泄放装置设定压力(或最大标定爆破压力)时，按式(B.6)计算：

$$W_s = H/q \qquad \cdots\cdots(\text{B.6})$$

B.3　安全泄放装置的最小泄放面积计算

B.3.1　气体

B.3.1.1　临界流动：$\frac{p_o}{p_d} \leqslant \left(\frac{2}{k+1}\right)^{\frac{k}{k-1}}$ 时，最小泄放面积按式(B.7)计算：

$$A = 13.16\frac{W_s}{CKK_bK_c\xi p_d}\sqrt{\frac{ZT}{M}} \qquad \cdots\cdots(\text{B.7})$$

B.3.1.2 亚临界流动：$\frac{p_o}{p_d}>\left(\frac{2}{k+1}\right)^{\frac{k}{k-1}}$ 时，最小泄放面积按式(B.8)计算：

$$A=1.79\times10^{-2}\frac{W_s}{KK_c\xi p_d\sqrt{\frac{k}{k-1}\left[\left(\frac{p_o}{p_d}\right)^{\frac{2}{k}}-\left(\frac{p_o}{p_d}\right)^{\frac{k+1}{k}}\right]}}\sqrt{\frac{ZT}{M}} \quad\cdots\cdots\cdots\cdots(\text{B.8})$$

亚临界流动的波纹管型安全阀应按式(B.7)计算。

B.3.2 饱和蒸气

B.3.2.1 饱和蒸气中蒸气含量不小于98%，最大过热度为10 ℃。

B.3.2.2 当 $p_d\leqslant10$ MPa时，最小泄放面积按式(B.9)计算：

$$A=0.19\frac{W_s}{KK_bK_c\xi p_d} \quad\cdots\cdots\cdots\cdots(\text{B.9})$$

B.3.2.3 当10 MPa$<p_d\leqslant22$ MPa时，最小泄放面积按式(B.10)计算：

$$A=0.19\frac{W_s}{KK_bK_c\xi p_d}\left(\frac{33.2p_d-1\ 061}{27.6p_d-1\ 000}\right) \quad\cdots\cdots\cdots\cdots(\text{B.10})$$

B.3.3 液体

$$A=0.196\frac{W_s}{KK_wK_c\xi\sqrt{\rho_l(p_d-p_o)}} \quad\cdots\cdots\cdots\cdots(\text{B.11})$$

对于黏性流体的泄放面积计算程序如下：

a) 假设为非黏性流体，取 $\xi=1.0$，按式(B.11)计算出初始的泄放面积与相应的直径，并向上圆整到产品系列化规格相近的公称直径及相对应的泄放面积；

b) 根据a)计算出的圆整后泄放面积按式(B.11)及 $\xi=1.0$ 计算泄放量 W；

c) 根据b)计算出的 W 及a)计算出的圆整后泄放面积按式 $Re=0.313\frac{W}{\mu\sqrt{A}}$ 计算雷诺数，由图B.2查得 ξ 值按式(B.11)重新计算泄放量 W。

若 $W\geqslant W_s$，则该直径(面积)即为所求的泄放面积；若 $W<W_s$，则采用大一挡的产品公称直径相对应的泄放面积代替a)计算出的圆整后泄放面积，重复b)～c)的计算，直至 $W\geqslant W_s$。

B.3.4 气液二相

B.3.4.1 气液二相流工况安全阀最小泄放面积计算宜采用API STD 520-1的方法。气液二相流泄放工况可分为下述四种类型：

a) 不含不凝气的饱和液相或二相流通过安全阀，阀后有闪蒸；

b) 含有不凝气或饱和气体的高度过冷液体通过安全阀，阀后无闪蒸；

c) 含有不凝气的过冷或饱和液体通过安全阀，阀后有闪蒸；

d) 不含不凝气的过冷或饱和液体通过安全阀，阀后有闪蒸。

B.3.4.2 B.3.4.1 a)、b)和c)类型的气液二相流的计算步骤如下：

a) 计算欧米伽参数 ω，按式(B.12)：

$$\omega=9\left(\frac{\nu_9}{\nu_0}-1\right) \quad\cdots\cdots\cdots\cdots(\text{B.12})$$

b) 临界压力比 η_c,按式(B.13)计算:

$$\eta_c = [1+(1.044\ 6-0.009\ 343\ 1\omega^{0.5})\omega^{-0.562\ 61}]^{(-0.703\ 56+0.014\ 685\ln\omega)} \qquad \cdots\cdots(B.13)$$

c) 确定临界压力 p_c,按式(B.14)计算:

$$p_c = \eta_c \cdot p_d \qquad \cdots\cdots(B.14)$$

d) 计算质量流率 G:

当 $p_c \geqslant p_o$,为临界流动时,按式(B.15)计算:

$$G = \eta_c\sqrt{\frac{p_d \times 10^{-3}}{\omega\nu_0}} \qquad \cdots\cdots(B.15)$$

当 $p_c < p_o$,为亚临界流动时,按式(B.16)计算:

$$G = \frac{\{-2[\omega\ln\eta_0+(\omega-1)(1-\eta_0)]\}^{0.5}}{\omega\left(\frac{1}{\eta_0}-1\right)+1}\sqrt{\frac{p_d \times 10^{-3}}{\nu_0}} \qquad \cdots\cdots(B.16)$$

e) 计算最小泄放面积,按式(B.17):

$$A = 277.8\frac{W_s}{KK_bK_c\xi G} \qquad \cdots\cdots(B.17)$$

B.3.4.3 B.3.4.1d)类型的气液二相流的计算步骤如下:

a) 计算饱和欧米伽参数 ω_s,按式(B.18):

$$\omega_s = 9\left(\frac{\rho_1}{\rho_9}-1\right) \qquad \cdots\cdots(B.18)$$

b) 确定过冷区

$p_s \geqslant \eta_{st}p_d$,为低过冷区(在喉管上游开始闪蒸);

$p_s < \eta_{st}p_d$,为高过冷区(在喉管中开始闪蒸)。

转变的饱和压力比按式(B.19)计算:

$$\eta_{st} = \frac{2\omega_s}{1+2\omega_s} \qquad \cdots\cdots(B.19)$$

c) 对于低过冷区:

饱和蒸气压力比按式(B.20)计算:

$$\eta_s = \frac{p_s}{p_d} \qquad \cdots\cdots(B.20)$$

若 $\eta_s \leqslant \eta_{st}$,则临界压力比 $\eta_c = \eta_s$;

若 $\eta_s > \eta_{st}$,则临界压力比按式(B.21)计算:

$$\eta_c = \eta_s\left(\frac{2\omega}{2\omega-1}\right)\left[1-\sqrt{1-\frac{1}{\eta_s}\left(\frac{2\omega-1}{2\omega}\right)}\right] \qquad \cdots\cdots(B.21)$$

$$p_c = \eta_c p_d$$

当 $p_c \geqslant p_o$,为临界流动时,按式(B.22)计算:

$$G = \frac{\left\{2(1-\eta_s)+2\left[\omega_s\eta_s\ln\frac{\eta_s}{\eta_c}-(\omega_s-1)(\eta_s-\eta_c)\right]\right\}^{0.5}}{\omega_s\left(\frac{\eta_s}{\eta_c}-1\right)+1}\sqrt{p_o\rho_1 \times 10^{-3}} \qquad \cdots\cdots(B.22)$$

当 $p_c < p_o$，为亚临界流动时，按式(B.23)计算：

$$G=\frac{\left\{2(1-\eta_s)+2\left[\omega_s\eta_s\ln\frac{\eta_s}{\eta_0}-(\omega_s-1)(\eta_s-\eta_0)\right]\right\}^{0.5}}{\omega_s\left(\frac{\eta_s}{\eta_0}-1\right)+1}\sqrt{p_o\rho_1\times10^{-3}} \quad \cdots\cdots\cdots(\text{B.23})$$

d) 对于高过冷区：

当 $p_c \geqslant p_o$，为临界流动时，按式(B.24)计算：

$$G=1.414\left[\rho_1(p_d-p_s)\times10^{-3}\right]^{0.5} \quad \cdots\cdots\cdots(\text{B.24})$$

当 $p_c < p_o$，为亚临界流动时，按式(B.25)计算：

$$G=1.414\left[\rho_1(p_d-p_o)\times10^{-3}\right]^{0.5} \quad \cdots\cdots\cdots(\text{B.25})$$

e) 计算最小泄放面积，按式(B.26)：

$$A=16.67\frac{Q_s\rho_1}{KK_bK_c\xi G} \quad \cdots\cdots\cdots(\text{B.26})$$

B.4 额定泄放量的验证

上述计算方法仅适用于初步选用计算。在选定产品后，制造商应提供经第三方认证的额定泄放系数和实际最小泄放面积。用额定泄放系数和实际最小泄放面积验证，额定泄放量应达到或超过安全泄放量。

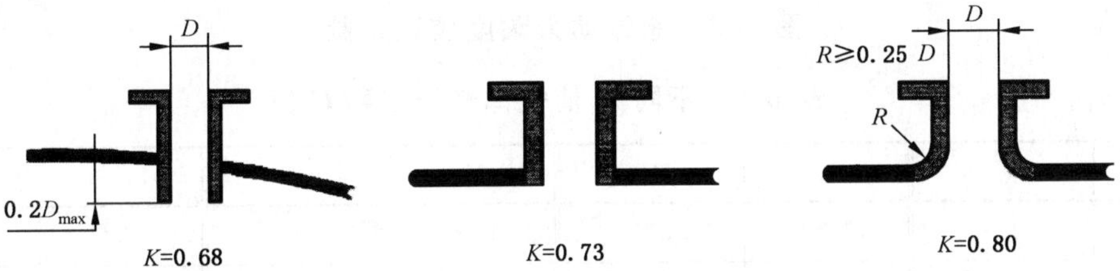

说明：

D ——接管内径；

R ——接管圆角半径。

图 B.1 爆破片装置入口管道形状与用于气体的爆破片有效泄放系数 K

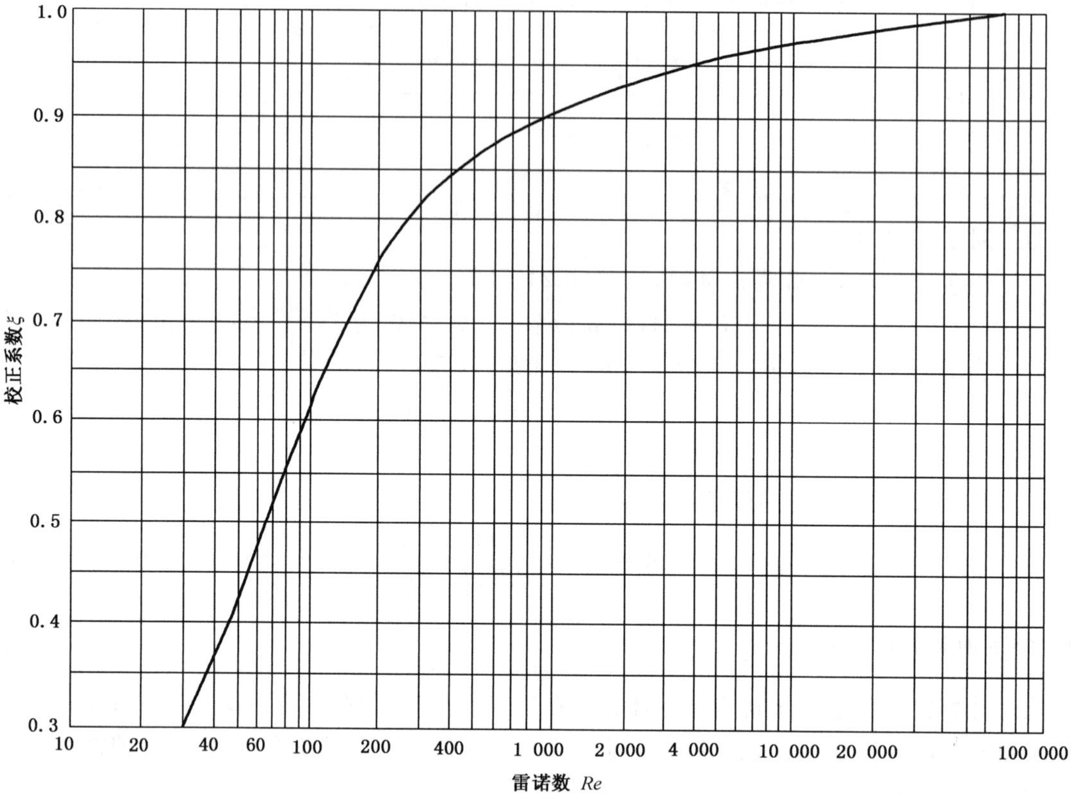

图 B.2 液体动力黏度校正系数 ξ

表 B.1 不同 *K* 值气体特性系数 *C* 值

K	*C*	*K*	*C*	*K*	*C*	*K*	*C*
1.00	315	1.20	337	1.40	356	1.60	372
1.02	318	1.22	339	1.42	358	1.62	374
1.04	320	1.24	341	1.44	359	1.64	376
1.06	322	1.26	343	1.46	361	1.66	377
1.08	324	1.28	345	1.48	363	1.68	379
1.10	327	1.30	347	1.50	364	1.70	380
1.12	329	1.32	349	1.52	366	2.00	400
1.14	331	1.34	351	1.54	368	2.20	412
1.16	333	1.36	352	1.56	369	—	—
1.18	335	1.38	354	1.58	371	—	—

表 B.2　20 ℃的液体体积膨胀系数

液体	体积膨胀系数/(1/℃)	液体	体积膨胀系数/(1/℃)
水	0.002 07	乙酸	0.001 07
硫酸水溶液,100%	0.000 558	乙醚	0.001 66
硫酸水溶液,10.9%	0.000 387	丙酮	0.001 49
硫酸水溶液,5.4%	0.000 311	乙二醇	0.000 638
硫酸水溶液,1.4%	0.000 234	丙三醇(甘油)	0.000 505
盐酸水溶液,33.2%	0.000 455	乙酸甲酯	0.001 43
盐酸水溶液,4.2%	0.000 239	乙酸乙酯	0.001 39
盐酸水溶液,1.0%	0.000 211	苯	0.001 24
氯化钠水溶液,26.0%	0.000 440	甲苯	0.001 09
氯化钠水溶液,20.6%	0.000 414	苯酚	0.001 09
硫酸钠水溶液,24%	0.000 410	苯胺	0.000 858
硫酸钠水溶液,1.9%	0.000 235	对二甲苯	0.001 01
氯化钾水溶液,24.3%	0.000 353	间二甲苯	0.000 99
氯化钙水溶液,40.9%	0.000 458	邻二甲苯	0.000 97
氯化钙水溶液,6.0%	0.000 250	油品,°API 3～35	0.000 72[a]
二硫化碳	0.001 22	油品,°API 35～51	0.000 90[a]
四氯化碳	0.001 24	油品,°API 51～64	0.001 08[a]
三氯甲烷(氯仿)	0.001 27	油品,°API 64～79	0.001 26[a]
甲醇	0.001 20	油品,°API 79～89	0.001 44[a]
乙醇	0.001 12	油品,°API 89～94	0.001 53[a]
甲酸	0.001 03	油品,°API≥94～100	0.001 62[a]

[a] 15.6℃的体积膨胀系数。

附　录　C
（资料性附录）
安全泄放装置选用

C.1　安全阀选用

C.1.1　适用于清洁、无颗粒、无聚合物和低黏度的介质。

C.1.2　按介质的相态(气、液和气液二相流)选用阀门形式和阀门内件结构。对于二相流，在不能确定泄放量和/或二相的比例时，宜选用调节式先导型阀门。

C.1.3　用于变动背压工况，应按背压选用阀门形式。

C.1.4　液化天然气等低温工况宜选用密封性良好的先导型阀门。

C.1.5　用于容积式压缩机出口管道的阀门宜选用在导压管上设置阻尼器的先导型阀门。

C.1.6　不适用于失控放热反应的超压、内部爆燃、水锤或汽锤等压力急剧上升的工况。

C.2　爆破片装置选用

C.2.1　适用于失控放热反应等压力迅速上升的工况。

C.2.2　适用于含固体颗粒、易沉淀结晶、易聚合和高黏度介质。

C.2.3　适用于急性毒性类别 1 和类别 2、可燃气体和液体等不准许泄漏介质。

C.2.4　适用于使用哈氏合金、锆和钽等特种材料的强腐蚀性介质。

C.2.5　适用于泄放量大、压力和/或温度过高或过低等不宜用安全阀的场合。

C.2.6　不宜用于泄放大量有害物质造成重大安全和环境后果的场合。

C.2.7　不宜用于系统压力和/或温度循环工况导致爆破片拉伸疲劳破坏的场合。

C.2.8　不宜用于有变动附加背压的场合。

C.2.9　爆破片装置形式应根据泄放介质和超压工况特征选用：

a）用于爆炸性环境时，应确保爆破时不产生火花、静电；

b）用于安全阀上游时，爆破不应产生碎片；

c）用于全液相的液体工况；

d）用于高黏度、易聚合、易结垢工况时，宜选用能横向冲刷表面的正拱形爆破片。

C.3　爆破针阀选用

C.3.1　适用于爆破片装置的工况皆可用爆破针阀，且性能更稳定，精度更高。爆破针阀开启后可迅速复位。可在外部更换爆破针，不要求定期检验和更换。

C.3.2　适用于存在变动背压的工况。

C.3.3　适用于压力和/或温度循环工况。

C.3.4　适用于高达 95%操作比(即最大系统操作压力对爆破压力或弯折压力之比)的工况。

C.3.5　适用于单相流和多相流工况。

C.3.6　适用于火炬系统和气体回收系统调节阀或阻火器的旁路。

C.4 爆破片装置或爆破针阀与安全阀的组合使用

C.4.1 串联使用时,爆破片装置或爆破针阀设置在安全阀入口:

a) 保护安全阀不受工艺介质腐蚀、堵塞或背压影响;

b) 防止安全阀泄漏;

c) 减少爆破片破裂后泄放损失;

d) 安全阀的在线检测。

C.4.2 串联使用时,爆破片装置在安全阀出口,保护安全阀不受泄放总管中气体腐蚀。

C.4.3 并联使用时,作为备用装置持续超压保护。分级设定几个安全泄放装置适用于泄放量大、可能有多种超压工况等场合。

附 录 D
(资料性附录)
阻火器类别和选用

D.1 阻火器类别

阻火器类别如图 D.1 所示。

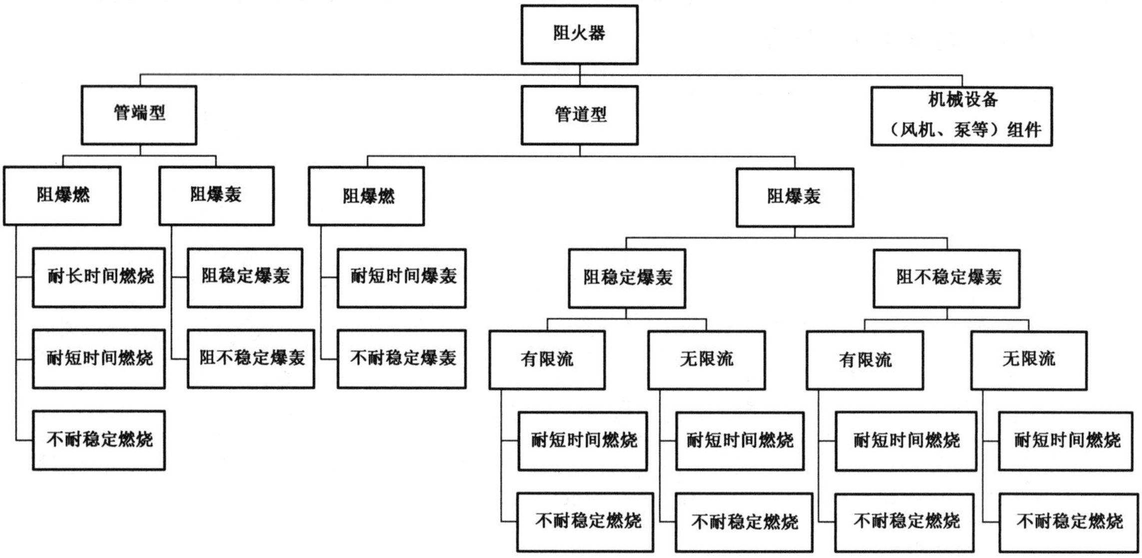

图 D.1 阻火器的类别

D.2 阻火器选用

D.2.1 应根据可燃气体和蒸气 MESG、阻火器安装位置、燃烧过程时间、爆炸过程特征、保护端管道特征以及工艺过程要求(设计温度和压力、最大流量、允许压力降和管道布置等)确定阻火器的类别和规格。典型阻火器的选用见图 D.2 所示。

D.2.2 阻火器选用的注意事项:

a) 管端型阻火器不能作为管道型阻火器使用;

b) 管道型阻火器不耐长时间燃烧;

c) 管道型阻稳定爆轰阻火器的安装应避开不稳定爆轰位置;

d) 阻火器产品测试包括阻爆燃/轰性能、耐燃烧时间、流量和压力降等。

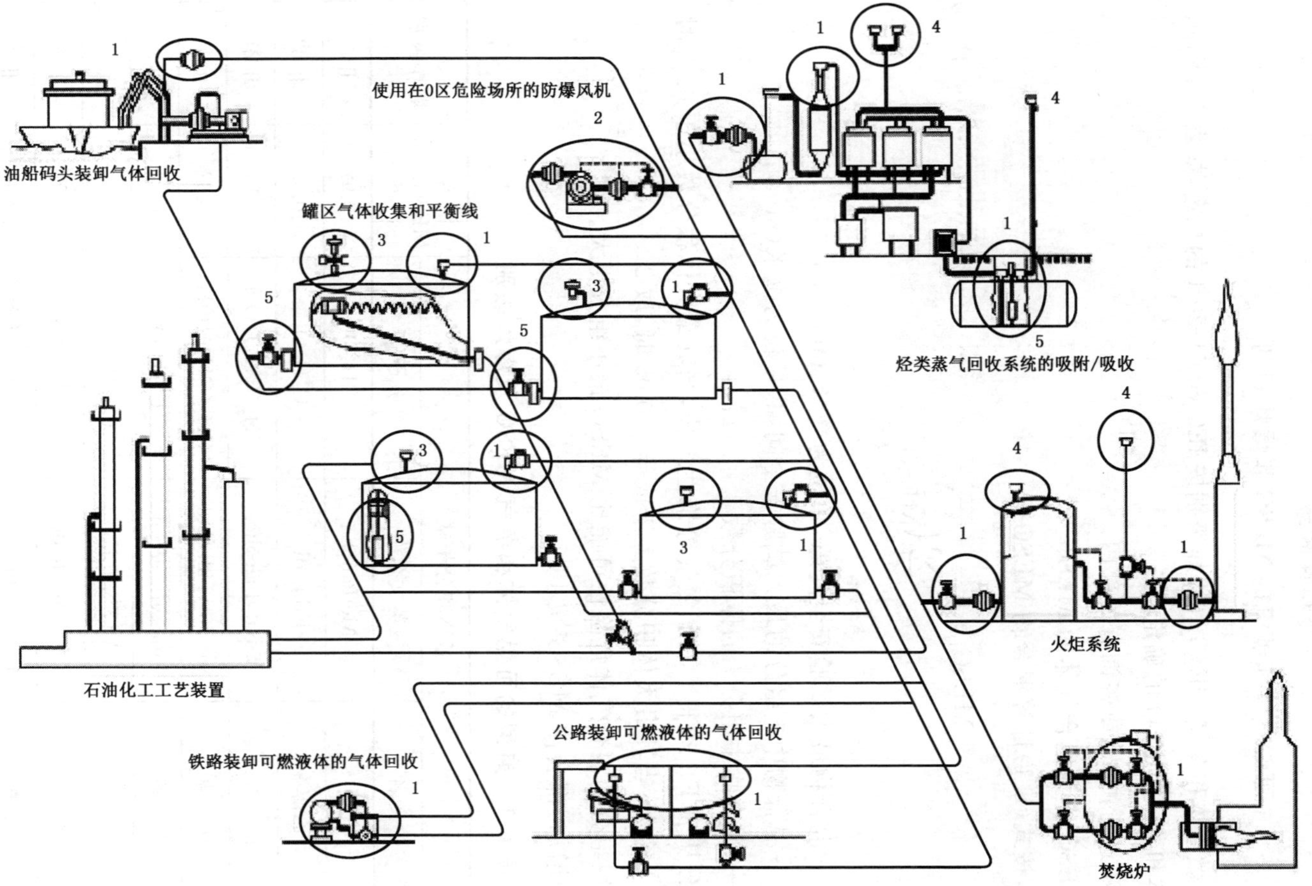

说明：
1——管道阻爆轰阻火器；
2——管道阻爆燃阻火器；
3——全天候阻火呼吸阀；
4——管端阻爆燃或耐烧阻火器；
5——液体阻火器。

图 D.2 典型阻火器的选用

附 录 E
（资料性附录）
可燃气体和蒸气的 MESG 和爆炸级别

E.1 典型的纯组分可燃气体和蒸气 MESG 和爆炸级别按 IEC 60079-20-1 的规定，如表 E.1 所示。

E.2 多组分可燃气体和蒸气 MESG 的确定：

a) 采用标准方法进行测试，或咨询有关部门。

b) 采用最小 MESG 作为混合气体的 MESG。

c) 采用加和法，按式(E.1)计算混合物 MESG：

$$MESG_{min} = \frac{1}{\sum_i \left(\frac{X_i}{MESG_i}\right)} \qquad \cdots\cdots(E.1)$$

式中：

$MESG_{min}$ ——混合物最大试验安全间隙，单位为毫米(mm)；

$MESG_i$ ——混合物中 i 组分的最大试验安全间隙，单位为毫米(mm)；

X_i ——混合物中组分 i 的体积分数。

其中可燃组分从表 E.1 查得。对于氮气等惰性组分，当其最大体积分数小于 0.05 时，MESG 值取无穷大；当其最大体积分数大于或等于 0.05 时，取 2。

d) 含有催化作用组分的混合气体危险性可能比 MESG 最小组分更大。

E.3 温度升高或压力增加，都会使 MESG 减小。

表 E.1 典型的可燃气体和蒸气 MESG 及爆炸级别

序号	CAS 号	名称和分子式			MESG/mm	爆炸级别
		中文名	英文名	分子式		
1	67-56-1	甲醇	Methanol	CH_4O	0.92	ⅡA
2	64-17-5	乙醇	Ethanol	C_2H_6O	0.89	ⅡB3
3	71-36-3	正丁醇	n-butyl alcohol	$CH_3(CH_2)_3OH$	0.87	ⅡB1
4	71-36-3	异丁醇	iso-butyl alcohol	$CH_3(CH_2)_3OH$	0.87	ⅡB1
5	71-41-0	正戊醇	n-amyl alcohol	$C_5H_{12}O$	0.99	ⅡA
6	107-18-6	烯丙醇	Allyl alcohol	$CHCH_2OH$	0.84	ⅡB2
7	75-07-0	乙醛	Acetaldehyde	CH_3CHO	0.92	ⅡA
8	123-72-8	正丁醛	n-butyraldehyde	$CH_3(CH_2)_2CHO$	0.92	ⅡA
9	107-02-8	丙烯醛	Acrolein	C_3H_4O	0.72	ⅡB3
10	4170-30-3	巴豆醛	Crotonaldehyde	C_4H_6O	0.81	ⅡB1
11	74-82-8	甲烷	Methane	CH_4	1.14	ⅡA1

表 E.1(续)

序号	CAS 号	名称和分子式			MESG/mm	爆炸级别
		中文名	英文名	分子式		
12	74-84-0	乙烷	Ethane	C_2H_6	0.91	ⅡA
13	74-98-6	丙烷	Propane	C_3H_8	0.92	ⅡA
14	106-97-8	丁烷	Butane	C_4H_{10}	0.98	ⅡA
15	109-66-0	正戊烷	n-pentane	C_5H_{12}	0.93	ⅡA
16	110-54-3	正已烷	n-hexane	C_6H_{14}	0.93	ⅡA
17	142-82-5	正庚烷	n-heptane	C_7H_{16}	0.91	ⅡA
18	111-65-9	辛烷	Octanes	C_8H_{18}	0.94	ⅡA
19	110-82-7	环已烷	Cyclohexane	C_6H_{12}	0.94	ⅡA
20	109-89-7	二乙胺	Diethylamine	$C_4H_{11}N$	1.15	ⅡA1
21	75-50-3	三甲胺	Trimethylamine	C_3H_9N	1.05	ⅡA
22	107-15-3	乙二胺	Ethylenediamine	$C_2H_8N_2$	1.25	ⅡA1
23	71-43-2	苯	Benzene	C_6H_6	0.99	ⅡA
24	106-42-3	对二甲苯	p-xylene	C_8H_{10}	1.09	ⅡA
25	79-20-9	醋酸甲酯	Methyl acetate	$C_3H_6O_2$	0.97	ⅡA
26	141-78-6	乙酸乙酯	Ethyl acetate	$C_4H_8O_2$	0.95	ⅡA
27	109-60-4	醋酸正丙酯	n-propyl acetate	$C_5H_{10}O_2$	1.04	ⅡA
28	123-86-4	醋酸正丁酯	n-butyl acetate	$C_6H_{12}O_2$	1.02	ⅡA
29	108-05-4	醋酸乙烯酯	Vinyl acetate	$C_4H_6O_2$	0.93	ⅡA
30	140-88-5	丙烯酸乙酯	Ethyl acrylate	$C_5H_8O_2$	0.86	ⅡB1
31	60-29-7	二乙醚	Diethylether	$C_4H_{10}O$	0.87	ⅡB1
32	108-20-3	二异丙基醚	di-isopropyl ether	$C_6H_{14}O$	0.94	ⅡA
33	75-21-8	环氧乙烷	Ethylene oxide	C_2H_4O	0.59	ⅡB
34	75-56-9	环氧丙烷	Propylene oxide	C_3H_6O	0.7	ⅡB
35	109-99-9	四氢呋喃	Tetrahydrofuran	C_4H_8O	0.87	ⅡB1
36	110-91-8	吗啉	Morpholine	C_4H_9NO	0.92	ⅡA
37	106-89-8	环氧氯丙烷	Epichlorohydrin	C_3H_5ClO	0.74	ⅡB3
38	75-01-4	氯乙烯	Vinyl chloride	C_2H_3Cl	0.96	ⅡA
39	67-64-1	丙酮	Acetone	CH_3COCH_3	1.04	ⅡA
40	78-93-3	丁酮	Methyl ethyl ketone	$CH_3COCH_2CH_3$	0.85	ⅡB1
41	141-79-7	亚异丙基丙酮	Mesityl oxide	$C_6H_{10}O$	0.93	ⅡA

表 E.1（续）

序号	CAS号	名称和分子式			MESG/mm	爆炸级别
		中文名	英文名	分子式		
42	107-13-1	丙烯腈	Acrylonitrile	C_3H_3N	0.87	ⅡB1
43	74-85-1	乙烯	Ethylene	C_2H_4	0.65	ⅡB3
44	115-07-1	丙烯	Propylene	C_3H_6	0.95	ⅡA
45	106-99-0	1,3-丁二烯	1,3-butadiene	C_4H_6	0.79	ⅡB3
46	78-79-5	异戊二烯	Isoprene	C_5H_8	0.81	ⅡB2
47	74-86-2	乙炔	Acetylene	C_2H_2	0.37	ⅡC
48	7664-41-7	氨	Ammonia	NH_3	3.18	ⅡA1
49	75-15-0	二硫化碳	Carbon disulfide	CS_2	0.34	ⅡC
50	630-08-0	一氧化碳	Carbon monoxide	CO	0.94	ⅡA
51	1333-74-0	氢	Hydrogen	H_2	0.29	ⅡC
52	7783-06-4	硫化氢	Hydrogen sulfide	H_2S	0.83	ⅡB2
53	50-00-0	甲醛	Formaldehyde	$HCHO$	0.57	ⅡB
54	57-14-7	偏二甲肼	Dimethylhydrazine	$C_2H_8N_2$	0.85	ⅡB1
55	71-23-8	正丙醇	n-propanol	$CH_3CH_2CH_2OH$	0.89	ⅡB1
56	74-90-8	氰化氢	Hydrogen cyanide	HCN	0.8	ⅡB2
57	79-09-4	丙酸	Propionic acid	CH_3CH_2COOH	1.1	ⅡA
58	79-10-7	丙烯酸	Acrylic acid	$C_3H_4O_2$	0.86	ⅡB1
59	79-24-3	硝基乙烷	Nitroethane	$C_2H_5NO_2$	0.87	ⅡB1
60	96-33-3	丙烯酸甲酯	Methyl acrylate	$C_4H_6O_2$	0.85	ⅡB1
61	98-00-0	糠醇	Furfuryl alcohol	$C_5H_6O_2$	0.8	ⅡB2
62	98-83-9	α-甲基苯乙烯	Alpha-Methylstyrene	C_9H_{10}	0.88	ⅡB1
63	103-09-3	2-乙基己醇乙酸酯	2-Ethylhexyl acetate	$C_{10}H_{20}O_2$	0.88	ⅡB1
64	105-45-3	乙酰乙酸甲酯	Methyl acetoacetate	$C_5H_8O_3$	0.85	ⅡB1
65	105-58-8	碳酸二乙酯	Diethyl carbonate	$C_5H_{10}O_3$	0.83	ⅡB2
66	106-89-8	环氧氯丙烷	Epichlorohydrin	C_3H_5ClO	0.74	ⅡB3
67	106-92-3	烯丙基缩水甘油醚	Allyl glycidyl ether	$C_6H_{10}O_2$	0.7	ⅡB3
68	107-00-6	丁炔	1-butyne	C_4H_6	0.71	ⅡB3
69	107-19-7	炔丙醇	Propargyl alcohol	C_3H_4O	0.58	ⅡB
70	108-03-2	1-硝基丙烷	1-nitropropane	$CH_3CH_2CH_2NO_2$	0.84	ⅡB2
71	109-86-4	乙二醇甲醚	2-methoxyethanol	$HOCH_2CH_2OCH_3$	0.85	ⅡB1
72	109-87-5	二甲氧基甲烷	Dimethoxymethane	$C_3H_8O_2$	0.86	ⅡB1
73	110-00-9	呋喃	Oxole	$CH=CHCH=CHO$	0.68	ⅡB3
74	110-05-4	过氧化二叔丁基	Di-tert-butyl peroxide	$C_8H_{18}O_2$	0.84	ⅡB2

参 考 文 献

[1] GB/T 24921.1 石化工业用压力释放阀的尺寸确定、选型和安装 第1部分:尺寸的确定和选型

[2] IEC 60079-20-1 Explosive atmospheres—Part 20-1:Material characteristics for gas and vapour classification-test methods and data

[3] API STD 520-1 Sizing, selection and installation of pressure-relieving devices in refineries—Part 1:Sizing and selection

[4] 美国化工过程安全中心.保护层分析:简化的过程风险评估.白永忠,党文义,于安峰译.北京:中国石化出版社,2010.

[5] 布赖恩·内斯比特(Brian Nesbitt).阀门和驱动装置技术手册.张双清,尹玉杰,李树勋,等译.北京:化学工业出版社,2010:197-216.

[6] Michael Beyer(Germany,PTB).防爆非电气设备的点燃危险评估方法.2003国际工业防爆技术论坛,中国上海,2003.

[7] AIChE Center for Chemical Process Safety(CCPS). Guidelines for Pressure Relief and Effluent Handling Systems,1998.

[8] Michael Davies,Thomas Heidermann. Protect your Process with the Proper Flame Arresters. Chemical Engineering Progress,Dec. 2013:16-22.

ICS 75.180.30
E 98

中华人民共和国国家标准

GB/T 21246—2020
代替 GB/T 21246—2007

埋地钢质管道阴极保护参数测量方法

Measurement method for cathodic protection parameters of buried steel pipeline

2020-11-19 发布　　2021-06-01 实施

国家市场监督管理总局
国家标准化管理委员会　发布

前　言

本标准按照 GB/T 1.1—2009 给出的规则起草。

本标准代替 GB/T 21246—2007《埋地钢质管道阴极保护参数测量方法》，与 GB/T 21246—2007 相比，主要技术变化如下：

——补充了氯化银参比电极及常用参比电极的电位值及温度系数(见 4.3.3，2007 年版的 4.3.3)；

——细化了断电电位测量的要求(见 5.3，2007 年版的 5.3)；

——增加了密间隔电位测量中电流同步性验证的要求(见 5.4.2)；

——修改了阴极极化电位的名称和适用性及图(见 5.6，2007 年版的 5.6)；

——补充了极化探头法的安装和试片要求(见 5.7，2007 年版的 5.9)；

——增加了土壤管法(见 5.8)；

——增加了电流环法(见 7.3)；

——修改了兆欧表法测量仪器要求(见 8.1.2，2007 年版的 9.1.2)；

——细化了绝缘接头(法兰)绝缘性能测试电位法的内容(见 8.2，2007 年版的 9.2)；

——绝缘接头(法兰)绝缘性能测试中增加了电压法和电源电流环法(见 8.3 和 8.5)；

——增加了腐蚀速率的测量(见第 11 章)；

——删除了管道阳极区定位(见 2007 年版的 5.10)；

——删除了管道外防腐层电阻率(见 2007 年版的第 8 章)；

——删除了管道外防腐层地面检漏(见 2007 年版的第 12 章)。

本标准由全国石油天然气标准化技术委员会(SAC/TC 355)提出并归口。

本标准起草单位：中国石油工程建设有限公司西南分公司、中国石油天然气股份有限公司西南油气田分公司安全环保与技术监督研究院、中国石油天然气股份有限公司管道分公司、中国石油天然气管道工程有限公司、中石油北京天然气管道有限公司、广东大鹏液化天然气有限公司。

本标准主要起草人：张平、秦林、陈振华、黄留群、王春雨、刘权、屠海波、张良、唐强、左斐、郑安升、张胜利、徐华天。

本标准所代替标准的历次版本发布情况为：

——GB/T 21246—2007。

埋地钢质管道阴极保护参数测量方法

1 范围

本标准规定了陆上埋地钢质管道阴极保护参数的现场测量方法。

本标准适用于陆上埋地钢质油、气、水管道阴极保护参数的现场测量。

2 规范性引用文件

下列文件对于本文件的应用是必不可少的。凡是注日期的引用文件,仅注日期的版本适用于本文件。凡是不注日期的引用文件,其最新版本(包括所有的修改单)适用于本文件。

JJG 124 电流表、电压表、功率表及电阻表

JJG 366 接地电阻表检定规程

JJG 622 绝缘电阻表(兆欧表)检定规程

JJF 1587 数字多用表校准规范

SY/T 0029 埋地钢质检查片应用技术规范

3 术语和定义

下列术语和定义适用于本文件。

3.1

管地电位 pipe-to-soil potential

管道与其相邻电解质(土壤)的电位差。

3.2

自然电位 natural potential

没有净电流(外部)从研究金属表面流入或流出的腐蚀电位。

3.3

通电电位 on potential

阴极保护系统持续运行时测量的管地电位。

3.4

IR 降 IR drop

阴极保护回路中所有电流与回路电阻(主要是电解质电阻和管道电阻)的乘积。

3.5

断电电位 instant-off potential

瞬时断电电位

为测试无 IR 降电位,在回路电流中断短时间延迟后瞬间所测的电位。

3.6

冲击电压 voltage spiking

阴极保护电流被中断或施加的瞬间,由系统的电感和电容特性引起的管道上的瞬间性电位

波动。

3.7

密间隔电位法 close-interval potential survey;CIPS

沿着管顶地表以小的固定间距测量管道和大地间电位的测试方法。

3.8

加强测量法 intensive measurement technique

通过同时测量管地电位与垂直方向土壤电位梯度,识别防腐层缺陷和获取消除所有 IR 降后电位的方法。

3.9

远参比法 reference electrode method remote from pipeline

将参比电极置放于距被测管道远方大地的地面测量管地电位的方法。

3.10

土壤管 reference tube

一种采用非导电性和非渗透性材料制作,中间填充土壤或其他电解质,用于放置参比电极的管子。

4 基本规定

4.1 测量仪表

4.1.1 测量仪表的显示速度、精度、准确度和量程应满足测量要求;同时还应满足携带使用方便、供电方便、适应现场测量环境需求。宜选用数字式仪表。

4.1.2 常规测量仪表的定期校验,应按 JJG 124、JJG 366、JJG 622、JJF 1587 的有关规定执行。

4.2 电压、电流仪表

4.2.1 直流电压表选用应遵循以下原则:

a) 数字式电压表的输入阻抗应不小于 10 MΩ;指针式电压表的内阻应不小于 100 kΩ/V。

b) 电压表的分辨率应满足被测电压值的精度要求,至少应具有三位有效数。

c) 数字式电压表的准确度应不低于 0.5 级;指针式电压表的准确度应不低于 2.5 级。

d) 测量受交流干扰的管道的管地电位时,应选用具有抗工频干扰功能的数字式电压表,也可选用指针式电压表。选用数字式电压表时,直流电位的显示值中叠加的交流干扰电压值不宜超过 5 mV。

4.2.2 直流电流表选用应遵循以下原则:

a) 电流表的内阻应小于被测电流回路总电阻的 5%;

b) 电流表的分辨率应满足被测电流值的精度要求,至少应具有两位有效数,当只有两位有效数时,首位应大于 1;

c) 电流表的准确度应不低于 2.5 级。

4.3 参比电极

4.3.1 电位测量前,应对参比电极进行校准。

4.3.2 宜采用铜-饱和硫酸铜电极(以下简称硫酸铜电极,代号 CSE)作为参比电极,电极电位误差应不大于 5 mV,制作材料和使用应满足下列要求:

a) 铜电极采用紫铜丝或棒,纯度不应小于 99.7%;

b) 硫酸铜为化学纯,用蒸馏水或纯净水配制饱和硫酸铜溶液;

c) 渗透膜采用渗透率高的微孔材料,外壳应使用绝缘材料;

d) 流过硫酸铜电极的允许电流密度不大于 5 $\mu A/cm^2$。

4.3.3 对不能使用硫酸铜电极的环境,宜采用高纯锌参比电极,纯度不应小于 99.995%,或采用氯化银参比电极替代。常用参比电极的电位值及温度系数见表 1。

表 1 常用参比电极电位值及温度系数表

参比电极	电解质溶液	相对标准氢电极电位（25 ℃,mV)	相对硫酸铜电极电位（25 ℃,mV)	温度系数 mV/℃
硫酸铜 CSE	饱和硫酸铜	+316	0	0.9
高纯锌 ZRE	土壤	−800±100	−1 100±100	—
氯化银 SSC	饱和氯化钾	+222	−94	−0.7

4.4 测量基本要求

4.4.1 测量连接点应电接触良好,测量导线应采用铜芯绝缘软线,在有电磁干扰的地区,应采用屏蔽导线。

4.4.2 测量仪表应按使用说明书的有关规定进行操作。

4.4.3 在对强制电流阴极保护电源设备进行安装、调试、测量、维修时,应执行国家现行有关电气安全标准(规范)的规定。

4.4.4 测量接线应采用绝缘线夹和插头,以避免与未知高压电接触,测量操作中应首先接好仪表回路,然后再连接被测体,测量结束时,按相反的顺序操作,并执行单手操作法。

4.4.5 进行测量之前,应检查是否存在危险电压。

4.4.6 在雷暴天气下,不应进行测量。

4.4.7 当测量导线穿越街道、公路等交通繁忙的地段时,应设置安全警示标志或安全监护人员。

4.4.8 在涵洞或隧道中测量时,应确认是安全的条件下方可进行测量。

4.5 电位极性

4.5.1 采用直流数字式电压表测量管地电位时,应将电压表的负接线柱(COM 端)与硫酸铜电极连接,正接线柱(V 端)与管道连接,测量接线见图 1。仪表指示的是管道相对于硫酸铜电极的电位值,正常情况下显示负值。

4.5.2 当采用直流指针式电压表测量管地电位时,应采用图 2 方式接线,将电压表的负接线柱(−)与管道连接,正接线柱(+)与硫酸铜电极连接,在指针没有发生反转的情况下,所记录的数据应该加负号。

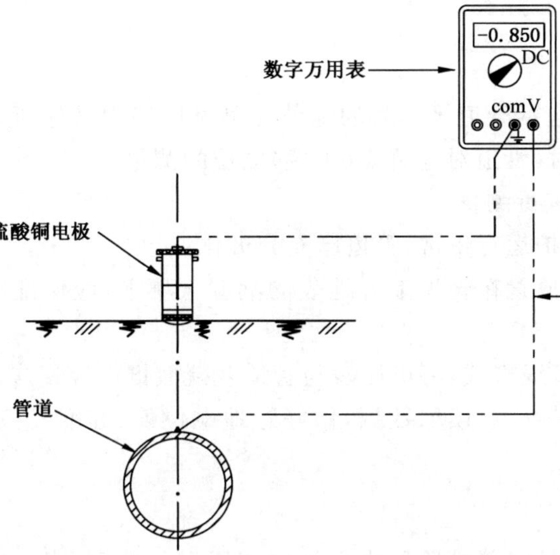

图 1　数字万用表管地电位测量接线示意图

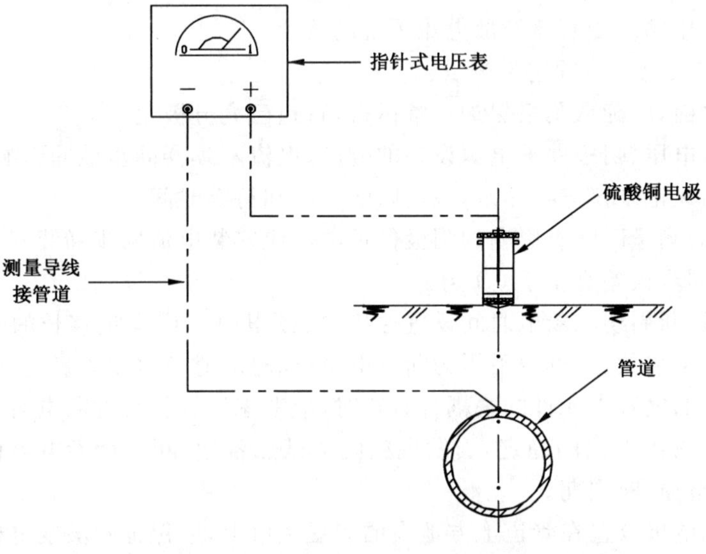

图 2　指针式电压表管地电位测量接线示意图

5　电位测量

5.1　自然电位

5.1.1　本方法适用于管道自然电位的测量。

5.1.2　自然电位应按以下步骤进行测量：

a)　测量前，应确认管道是处于没有施加阴极保护、没有受到电干扰影响以及不存在异种金属连接的状态下，对已实施过阴极保护的管道宜在完全断电 24 h 后进行；

b)　测量时，将硫酸铜电极放置在管道上方地表的潮湿土壤上，应保证硫酸铜电极底部与土壤接触良好；

c)　按图 1 或图 2 的测量接线方式，将电压表与管道及硫酸铜电极相连接；

d)　将电压表调至适宜的量程上，读取数据，应记录管地电位值、温度及极性，注明该电位值的名称。

5.2 通电电位

5.2.1 本方法测得的电位应为包括管道极化后的电位与测量回路中其他所有电压降的和。本方法适用于施加阴极保护电流时,管道对电解质(土壤)电位的测量。

5.2.2 通电电位应按以下步骤进行测量:

a) 测量前,应确认阴极保护运行正常,管道已充分极化;

b) 测量时,将硫酸铜电极放置在管道上方地表的潮湿土壤上,应保证硫酸铜电极底部与土壤接触良好;

c) 按图1或图2的测量接线方式,将电压表与管道及硫酸铜电极相连接;

d) 将电压表调至适宜的量程上,读取数据,做好管地电位值、温度及极性记录,注明该电位值的名称。

5.3 断电电位

5.3.1 本方法测得的断电电位(V_{off})是消除了由保护电流所引起的IR降后的管地电位。本方法不适用于存在多组牺牲阳极、牺牲阳极与管道直接连接、不能被中断的外部强制电流设备等保护电流不能同步中断或受直流杂散电流干扰的管道。

5.3.2 断电电位应按以下步骤进行测量:

a) 在测量之前,应确认阴极保护正常运行,管道已充分极化。

b) 存在冲击电压、阴极保护电源设备的响应、电流断续器同步性的影响时,应使用脉冲示波器或高速记录仪进行测量,核实影响大小和持续时间。

c) 测量时,对测量区间有影响的阴极保护电源应安装电流同步断续器,并设置合理的通/断周期,同步误差宜小于0.1 s。

d) 合理的通/断周期和断电时间设置原则是:断电时间应有足够长的时间在消除冲击电压影响后采集数据,读取平缓的断电电位,同时应避免过度去极化;管道上设置有用于干扰防护的电容类元件的去耦合装置时,应考虑设置较长的断电时间。测试过程中应保持设备输出电流的稳定,当发现相同测试点各通/断周期断电电位出现持续衰减现象,应调整通/断周期。

e) 将硫酸铜电极放置在管道上方地表的潮湿土壤上,应保证硫酸铜电极底部与土壤接触良好。

f) 按图1或图2的测量接线方式,将电压表与管道及硫酸铜电极相连接。

g) 记录通电电位(V_{on})和断电电位(V_{off}),以及相对于硫酸铜电极的极性。所测得的断电电位(V_{off})为硫酸铜电极安放处消除了由保护电流所引起的IR降后的管地电位。

5.4 密间隔电位

5.4.1 本方法可测得管道沿线的通电电位(V_{on})和断电电位(V_{off})。本方法适用于对管道阴极保护系统的有效性进行全面评价。本方法不适用于多组牺牲阳极、牺牲阳极与管道直接连接、存在不能被中断的外部强制电流设备等的管道,以及破损点未与电解质(土壤、水)接触的管段。密间隔电位法测量示意图见图3。

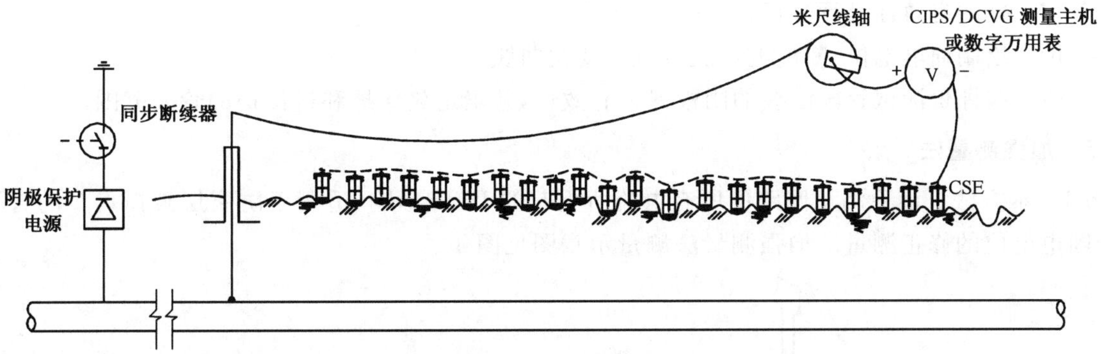

图3　密间隔电位测量示意图

5.4.2　密间隔电位法应按以下步骤进行测量：

a)　在测量之前，应确认阴极保护正常运行，管道已充分极化。

b)　按5.3.2要求安装电流同步断续器和设置合理的通/断周期。

c)　将测量导线一端与测量设备主机连接，另一端与测试桩连接，将一支硫酸铜电极与测量设备主机连接。

d)　打开测量设备主机，设置与同步断续器保持同步运行的相同的通/断循环时间和断电时间，并设置合理的断电电位测量延迟时间。

e)　当采用数字式万用表时，按5.3进行测量。

f)　测量时，利用探管仪对管道定位，保证硫酸铜电极放置在管道的正上方。

g)　从测试桩开始，沿管线管顶地表以密间隔(一般是1 m～3 m)逐次移动硫酸铜电极，每移动一次就记录一组通电电位(V_{on})和一组断电电位(V_{off})，直至按此完成全段的测量。

h)　同时应使用米尺、全球定位系统坐标测量或其他方法，确定硫酸铜电极安放处的位置，应记录沿线的永久性标志、参照物等信息，并应对通电电位(V_{on})和断电电位(V_{off})异常位置处做好标志与记录。

i)　某段密间隔测量完成后，若当天不再测量，应及时将阴极保护站恢复为连续供电状态。

j)　测量前宜对测量区段保护电流通/断的同步性进行验证。验证可按下列方法进行：

1)　断续器的同步性，可通过同一测试点位置示波器的波形输出或高速采集记录仪测得的结果进行核实；

2)　管内所有电流的同步性，可按第7章中管内电流的电压降法，利用相邻两测试桩或电流桩，分别测量通电和断电周期内接线两点间的电压降，通过定性判断在断电状态下管内电流的大小进行核实；

3)　管内所有电流的同步性，也可通过测量管道正上方和与管道垂直的距离约2.5倍管道埋深的左右两侧的通电电位(V_{on})和断电电位(V_{off})，进行判断，若两侧的管地电位比正上方处更负，表明电流由土壤流向管道，当在断电周期内测得有较大电流流向管道，则说明管内电流没有同步断除。

5.4.3　数据处理应按以下要求进行：

a)　每处位置记录的数据应包括：纬度、经度、通电电位、断电电位等数据，导出数据后对数据的有效性进行分析；

b) 绘制通电电位、断电电位随位置的变化曲线；

c) 应评价测试管段沿线的阴极保护有效性，并确定欠保护和过保护的管段范围。

5.5 加强测量法

5.5.1 本方法可消除测量回路中所有电流所引起的 IR 降影响，适用于防腐层破损点多的管段的断电电位的修正测量。加强测量法测量示意图见图 4。

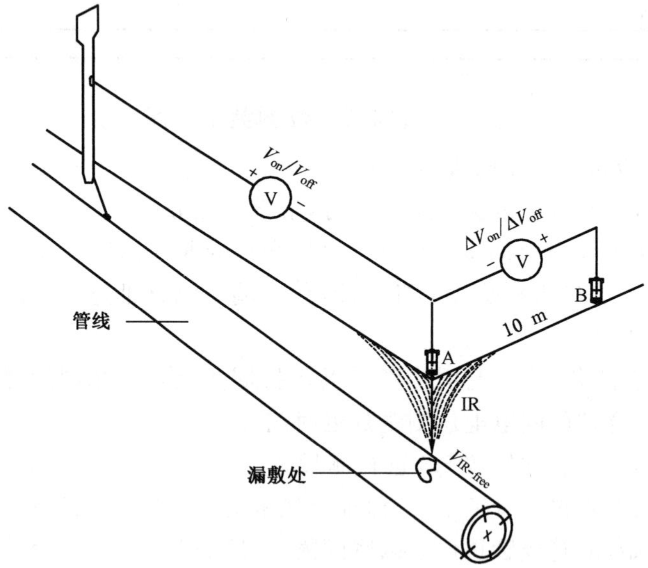

图 4 加强测量法测量示意图

5.5.2 加强测量法应按以下步骤进行测量：

a) 按 5.4 密间隔管地电位测量法测量管道正上方图 4 中 A 点的通电电位 V_{on} 和断电电位 V_{off}；

b) 采用已校准过的另一支硫酸铜电极，将其置于与管道方向相垂直，距离管顶测量点图 4 的 A 点 10 m 位置处图 4 的 B 点，测量并记录 A、B 两点间的通电电位梯度 ΔV_{on} 和断电电位梯度 ΔV_{off}；

c) 使用米尺、全球定位系统坐标测量或其他方法，确定管顶测量点的位置，同时应记录沿线的永久性标志、参照物、沿线测量的通/断电位梯度差($\Delta V_{on}-\Delta V_{off}$)的峰值位置等信息；

d) 某段测量完成后，若当天不再测量，应及时将阴极保护站恢复为连续供电状态。

5.5.3 修正后的断电电位 $V_{IR\text{-}free}$ 应按式(1)计算：

$$V_{IR\text{-}free}=V_{off}-\frac{\Delta V_{off}}{\Delta V_{on}-\Delta V_{off}}(V_{on}-V_{off}) \qquad \cdots\cdots(1)$$

式中：

$V_{IR\text{-}free}$——A 测量点修正后的断电电位，单位为毫伏(mV)；

V_{on} ——A 测量点的通电电位，单位为毫伏(mV)；

V_{off} ——A 测量点的断电电位，单位为毫伏(mV)；

ΔV_{on} ——通电状态下,A 与 B 两测量点间的直流地电位梯度,单位为毫伏(mV);

ΔV_{off} ——断电状态下,A 与 B 两测量点间的直流地电位梯度,单位为毫伏(mV)。

5.5.4 数据处理应按以下要求进行:

a) 每处位置记录的数据应包括:纬度、经度、通电电位、断电电位、通电电位梯度和断电电位梯度等数据,导出数据后对数据的有效性进行分析;

b) 以距离为横坐标、电位为纵坐标分别画出测量段的通电电位、断电电位、修正后的断电电位分布曲线图,修正后的断电电位曲线代表对断电电位修正后的管道保护电位分布曲线。

5.6 阴极电位负向偏移量

5.6.1 本方法适用于采用 100 mV 阴极电位负向偏移准则来判定阴极保护效果的测量。通过测量管道或极化探头(试片)的极化衰减或极化形成的方法,来判定测量点处管道是否达到阴极保护准则。

5.6.2 管道阴极极化衰减应按以下步骤进行测量:

a) 在测量之前,应确认阴极保护正常运行,管道或连接的试片已充分极化。

b) 管道测量时,对测量区间有影响的阴极保护电源应安装电流同步中断器,同步中断所有阴极保护电流。对断电电位法不适用的管道可采用极化探头法或土壤管法测量。

c) 将硫酸铜电极放置在管道上方地表的潮湿土壤上,应保证硫酸铜电极底部与土壤接触良好。

d) 测量接线见图 1 或图 2。

e) 将电压表调至适宜的量程上,读取数据,记录通电电位("on"电位)和断电电位("off"电位)以及相对硫酸铜电极的极性。将消除冲击电压影响后采集的瞬间断电电位("off"电位)作为计算极化衰减的基准电位值。

f) 继续保持阴极保护电流处于关闭状态,直到观察达到稳定的去极化水平后记录管道的去极化电位。

g) 上述两个电位之差(去极化电位与基准电位),即为阴极电位负向偏移量。管道阴极极化衰减测量的方法见图 5。

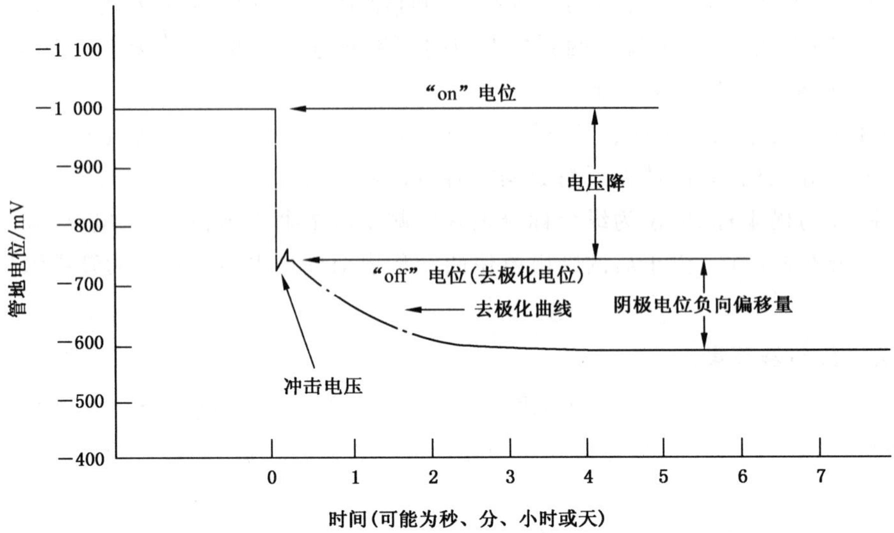

图 5 阴极极化衰减测量示意图

5.6.3 管道阴极极化形成应按以下步骤进行测量:

a) 按 5.1 测量并记录管道或试片的自然电位。将此电位作为计算极化形成的基准电位值。

b) 施加阴极保护电流,并确认保护管道或连接的试片已充分极化。

c) 管道测量时,按 5.3.2 要求安装电流同步断续器和设置合理的通/断周期。对断电电位法不适用的管道可采用极化探头法或土壤管法进行。

d) 测量并记录通电电位("on"电位)和断电电位("off"电位)以及相对硫酸铜电极的极性。断电电位和自然电位之差即为阴极电位负向偏移量。管道阴极极化形成测量的方法见图 6。

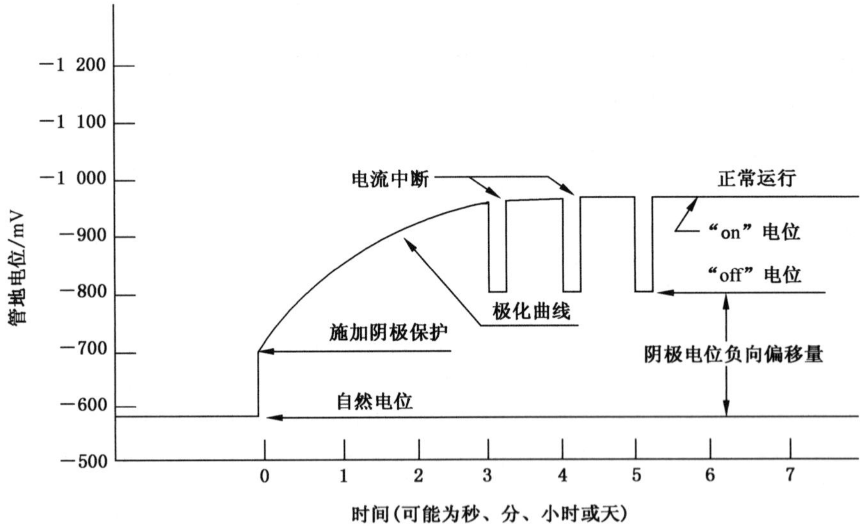

图 6 阴极极化形成测量示意图

5.7 极化探头法

5.7.1 本方法适用于受杂散电流干扰或无法同步中断保护电流的管道,用极化探头法测量埋设位置处管道保护电位。

5.7.2 极化探头法应按以下步骤进行测量:

a) 极化探头埋设环境宜与管道相同。长效型极化探头宜按图7所示位置埋设,极化试片裸露面不应面向管道,应保证极化试片与周边土壤接触良好。

b) 在测量之前,应对极化探头内参比电极进行校核,极化试片的自然电位测量应在极化试片与管道连通前进行。

c) 保护电位测量前应确认阴极保护运行正常,极化探头的极化试片与管道已连通,管道和极化试片充分极化。

d) 测量中,按图7的接线方式,将直流数字电压表的正接线柱(V端)接探头的极化试片,负接线柱(com端)接探头的硫酸铜电极。

e) 测量并记录极化试片的通电电位。

f) 将极化试片与管道断开,立即测量并记录极化试片的断电电位。所测得的断电电位,代表埋设点附近管道防腐层破损点面积与极化试片裸露面积相近的管道保护状况。

g) 探头中极化试片裸露面积尺寸应与调查区域中可能产生的防腐层最大缺陷接近,裸露面积宜为1 cm^2~100 cm^2。

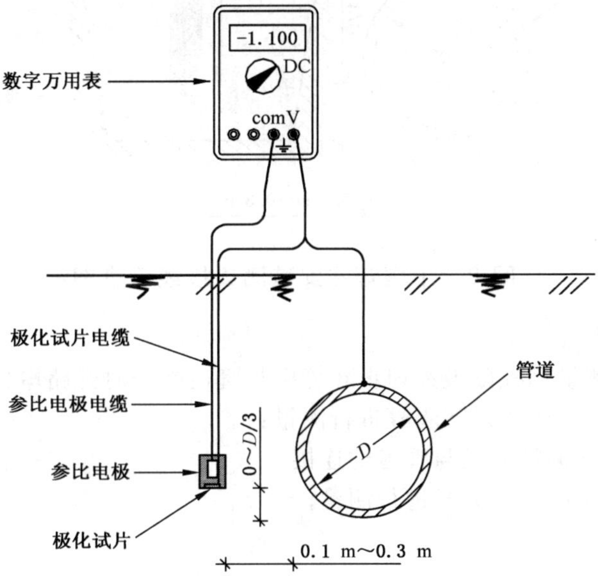

图7 极化探头法测量接线示意图

5.8 土壤管法

5.8.1 本方法适用于受杂散电流干扰或保护电流不能同步中断的管道,用土壤管与极化试片配合测量埋设处管道的保护电位。

5.8.2 土壤管法应按以下步骤进行测量:

a) 土壤管宜采用PVC管、PE管或PC管。土壤管的安装见图8。

b) 安装时,土壤管与极化试片安装于管道的同一侧,与管道埋深相同。极化试片可安装在土壤管的一侧,与管道外壁的间距宜为 100 mm～300 mm。土壤管不应置于极化试片与被保护结构物之间。

c) 土壤管管顶端宜高出地面 300 mm 以上,直径不宜小于 50 mm,端口设端盖。

d) 土壤管中用土壤或其他电解质填实。在土壤电阻率高于 100 Ω·m 的场合,土壤管中应填充低电阻率的物质,如膨润土或混合了钙盐的土壤。填充物不应对极化试片埋设位置附近的土壤造成污染。

e) 测量前,应确认阴极保护正常运行,极化试片已充分极化。

f) 按照图 8 所示接线,测量并记录试片通电电位;土壤管中电解质干燥时,应进行浇水处理。冬季测量时,应先判断土壤管内填充物是否结冰。

g) 断开极化试片与管道的连接,并立即测量和记录极化试片的断电电位。所测得的断电电位,代表埋设点附近防腐层破损点面积与极化试片裸露面积相近的管道保护状况。

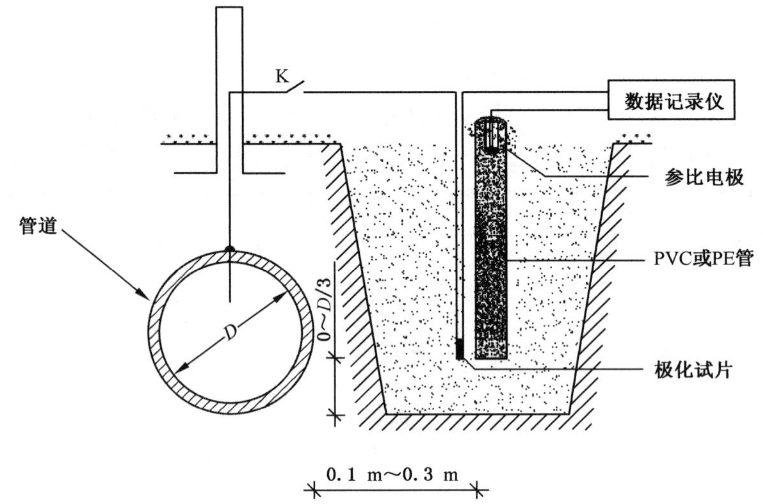

图 8 土壤管法安装测量接线示意图

5.9 牺牲阳极开路电位

5.9.1 本方法适用于测量牺牲阳极在埋设环境中与管道断开时开路电位。

5.9.2 牺牲阳极开路电位应按以下步骤进行测量:

a) 测量前,应断开牺牲阳极与管道的连接;

b) 测量中,按图 9 的接线方式进行测量;

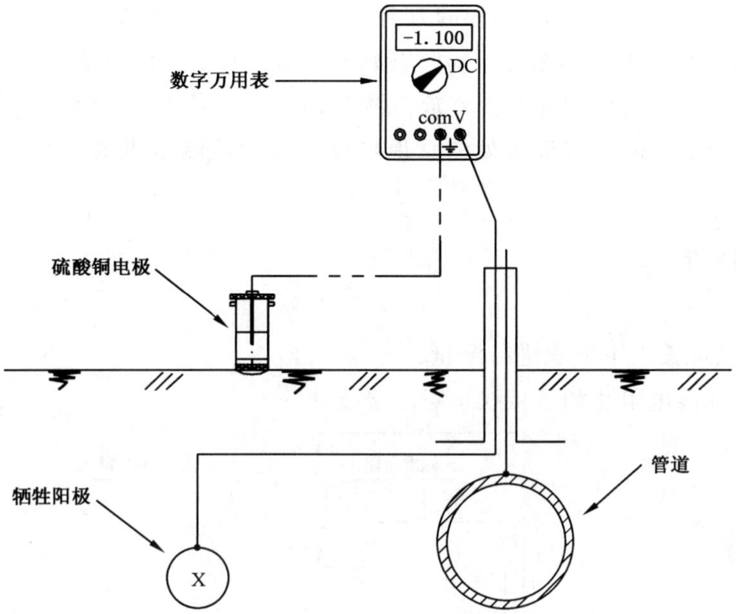

图 9　牺牲阳极开路电位测量接线示意图

c)　将硫酸铜电极放置在牺牲阳极埋设位置上方的潮湿土壤上,应保证硫酸铜电极底部与土壤接触良好;

d)　将数字万用表调至适宜的量程上,读取数据,做好电位值及极性记录,注明该电位值的名称;

e)　测量完成后将牺牲阳极与管道连通。

5.10　牺牲阳极接入点的管地电位(闭路电位)

5.10.1　本方法适用于消除牺牲阳极工作时,产生的地电位正偏移所引起的管地电位测量误差。该误差可采用远参比法消除。

5.10.2　牺牲阳极接入点的管地电位应按以下步骤进行测量:

a)　按图 10 远参比法测量接线示意图接线。

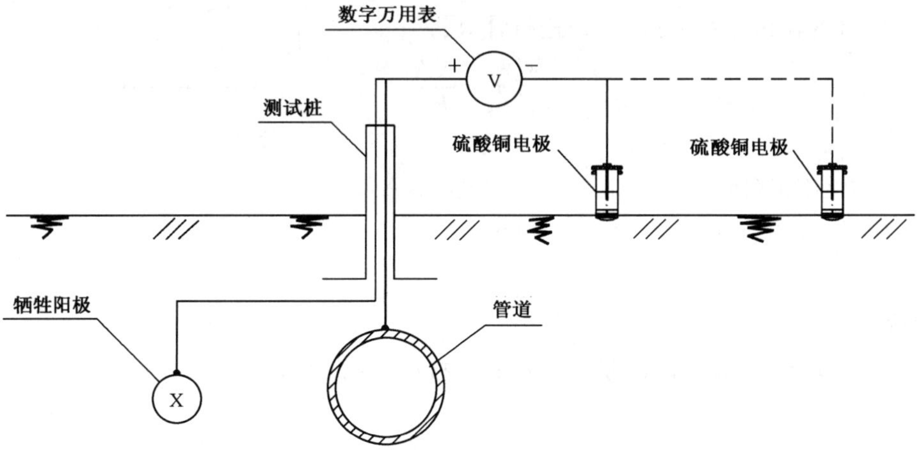

图 10　远参比法测量接线示意图

b) 将硫酸铜电极朝远离牺牲阳极的方向逐次安放在地表上，第一个安放点距管道测量点不小于 20 m，以后逐次移动 5 m。将数字万用表调至适宜的量程上，读取数据，做好电位值和极性记录，当相邻两个安放点测量的管地电位相差小于 2.5 mV 时，硫酸铜电极不再往远方移动，取最远处的管地电位值作为该测量点的牺牲阳极接入点的管地电位。

6 牺牲阳极输出电流

6.1 标准电阻法

6.1.1 标准电阻法应按以下要求进行测量：

a) 按图 11 标准电阻法测量接线示意图接线。

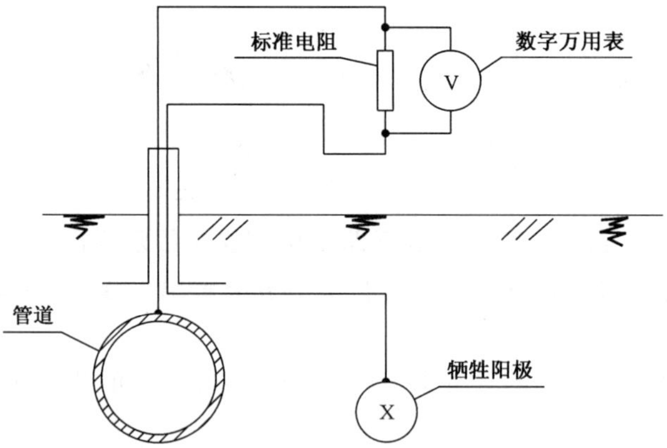

图 11 标准电阻法测量接线示意图

b) 标准电阻的两个电流接线柱分别接到管道和牺牲阳极的接线柱上，两个电位接线柱分别接数字万用表，并将数字万用表置于 DC 电压最低量程。接入导线的总长不大于 1 m，截面积不宜小于 2.5 mm^2。

c) 标准电阻的阻值宜为 0.1 Ω，准确度为 0.02 级；为了获得更准确的测量结果，标准电阻可为0.01 Ω，采用的数字万用表，DC 电压量程的分辨率应不大于 0.01 mV。

6.1.2 牺牲阳极的输出电流应按式(2)进行计算：

$$I=\frac{\Delta V}{R} \qquad \cdots\cdots(2)$$

式中：

I ——牺牲阳极(组)输出电流，单位为毫安(mA)；

ΔV ——数字万用表读数，单位为毫伏(mV)；

R ——标准电阻阻值，单位为欧(Ω)。

6.2 直测法

6.2.1 直测法应按图 12 直测法测量接线示意图接线，进行测量。

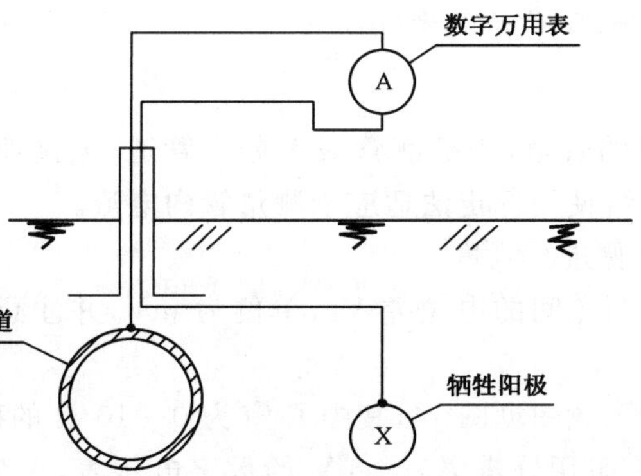

图 12 直测法测量接线示意图

6.2.2 直测法应选用分辨率为 1 mA 的数字万用表,用内阻小于 0.1 Ω 的 DC 直流量程档直接读取并记录电流值。

7 管内直流电流

7.1 电压降法

7.1.1 电压降法适用于具有良好外防腐层的管道,且被测管段无分支管道、无接地极,又已知管径、壁厚、长度、管材电阻率时,可使用电压降法测量管内电流。电压降法测量接线示意图见图 13。

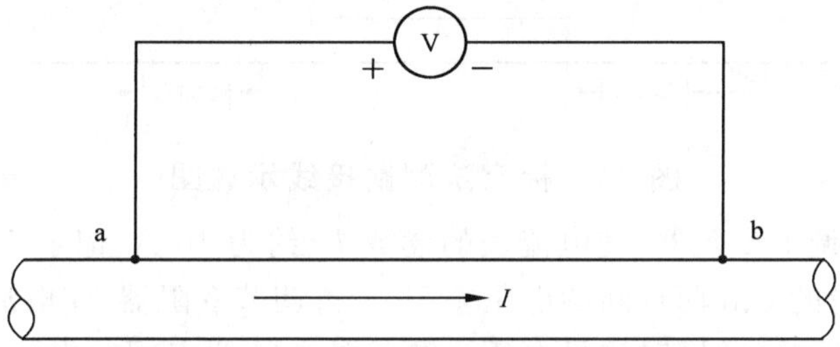

图 13 电压降法测量接线示意图

7.1.2 电压降法应按以下要求进行测量:

a) 测量 a、b 两点之间的管长 L_{ab},误差不大于 1%。L_{ab} 的最小长度应根据管径大小和管内的电流量决定,最小管长应保证 a、b 两点之间的电位差不小于 50 μV,L_{ab} 典型值取 30 m~100 m。

b) 可采用分辨率为 1 μV 数字电压表,测量 a、b 两点间的电位差 V_{ab}。

7.1.3 ab 段的管内电流应按式(3)计算:

$$I=\frac{V_{ab}\cdot\pi(D-\delta)\delta}{\rho L_{ab}} \qquad \cdots\cdots(3)$$

式中:

I ——ab 段的管内电流,单位为安(A);

V_{ab} ——ab 间的电位差,单位为伏(V);

D ——管道外径,单位为毫米(mm);

δ ——管道壁厚,单位为毫米(mm);

ρ ——管材电阻率,单位为欧平方毫米每米(Ω·mm²/m);

L_{ab}——ab 间的管道长度,单位为米(m)。

7.2 标定法

7.2.1 具有良好外防腐层的管道,当被测管段无分支管道、无接地极,无须知道管径、长度、壁厚、钢材电阻率四项参数,可使用标定法适应于测量管内电流。

7.2.2 标定法应按以下步骤进行测量:

a) 测量并记录 c、d 两点间的电位差 V_0,单位为 mV,并注意极性,以识别被测管内电流流向。

b) 标定法测量接线示意图见图 14,其中 R 宜为 0～10 Ω 的磁盘变阻器,E 宜为 12 V 直流电源,电压表宜采用分辨率为 1 μV 的数字电压表,A 为直流电流表,$L_{ac} \geqslant \pi D$,$L_{db} \geqslant \pi D$,L_{cd}的长度不宜小于 10 m。

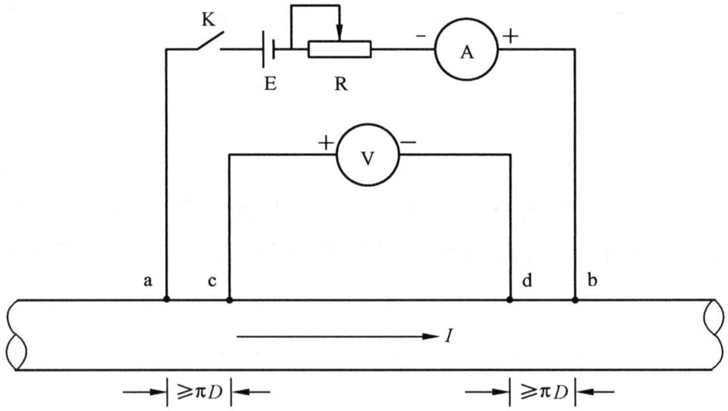

图 14 标定法测量接线示意图

c) 合上开关 K,调节变阻器,使电流表的读数 I_1 约为 10 A,记录 I_1 准确读数,并同时记录电压表测量的 c、d 两点间的电位差 V_1。再调节变阻器,使电流表读数 I_2 约为 5 A,记录 I_2 准确读数,并同时记录电压表测量的 c、d 两点间的电位差 V_2,单位为 mV,并注意极性,所施加的标定电流应与被测管内电流的流向相同。

7.2.3 数据处理应按以下步骤进行:

a) 计算施加 I_1 和 I_2 时的校正因子 β_1、β_2 及平均校正因子 β 宜按式(4)、式(5)和式(6)分别进行。

$$\beta_1 = \frac{I_1}{V_1 - V_0} \qquad \cdots\cdots(4)$$

$$\beta_2 = \frac{I_2}{V_2 - V_0} \qquad \cdots\cdots(5)$$

$$\beta = \frac{\beta_1 + \beta_2}{2} \qquad \cdots\cdots(6)$$

式中:

β_1——施加 I_1 电流时的校正因子,单位为安每毫伏(A/mV);

β_2——施加 I_2 电流时的校正因子,单位为安每毫伏(A/mV);

β ——平均校正因子(cd 管段管道电阻的倒数),单位为安每毫伏(A/mV);

I_1——第一次标定施加的电流,单位为安(A);

I_2——第二次标定施加的电流,单位为安(A);

V_0——未施加标定电流时 cd 间的电位差,单位为毫伏(mV);

V_1——施加 I_1 电流时 cd 间的电位差,单位为毫伏(mV);

V_2——施加 I_2 电流时 cd 间的电位差,单位为毫伏(mV)。

b) cd 段管内电流宜按式(7)计算。

$$I = V_0 \times \beta \quad\quad \cdots\cdots (7)$$

式中:

I——cd 管段的管内电流,单位为安(A)。

7.3 电流环法

7.3.1 本方法适用于直接测量管内电流和判断绝缘接头(法兰)的绝缘性能,电流环需要安装在架空管段或者开挖悬空的管段上,管内电流小于 1 A 时,应评估电流环的适用性。电流环测试管中电流示意图见图 15。

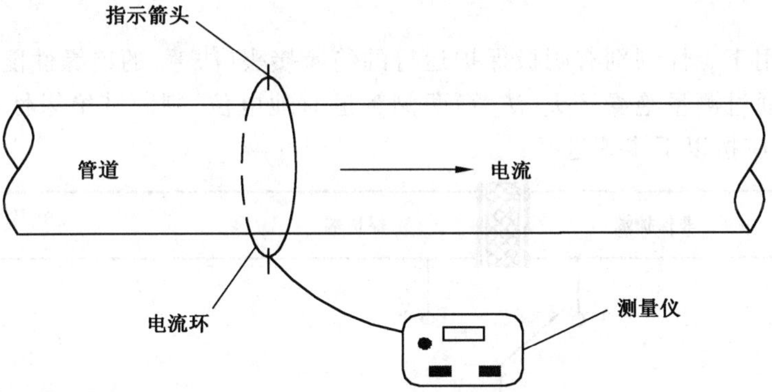

图 15 电流环测试管中电流示意图

7.3.2 电流环法应按以下步骤进行测量:

a) 测试前,根据被测管道尺寸选择与管道尺寸相匹配的电流环,并垂直安装在被测管道上,使电流环的正向与管中介质流向一致;

b) 测试过程中,不能断开或移动电流环。待电流读数稳定后,读取并记录电流值和方向。

8 绝缘接头(法兰)绝缘性能

8.1 兆欧表法

8.1.1 本方法适用于测量未安装到管道上的绝缘接头(法兰)的绝缘电阻值。

8.1.2 兆欧表法应按以下要求进行测量:

a) 兆欧表法测量接线示意图见图 16。测量导线与管道的连接宜采用磁性接头或夹子,连接点应除锈。

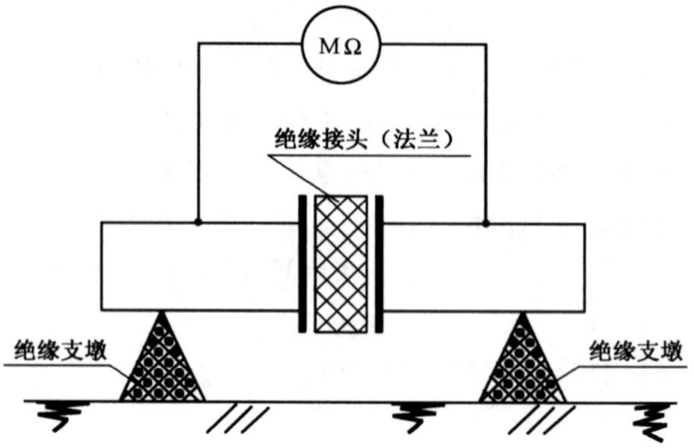

图 16　兆欧表法测量接线示意图

b）测量仪器采用 1 000 V 兆欧表。转动兆欧表手柄达到规定的转速，持续 10 s，兆欧表稳定指示的电阻值即为绝缘接头(法兰)的绝缘电阻值。

8.2　电位法

8.2.1　本方法适用于定性判别有阴极保护运行的绝缘接头(法兰)的绝缘性能。

8.2.2　电位法是通过测量绝缘接头(法兰)两侧管道对地电位，判断其绝缘性能，测量接线应按图 17 所示。测量应按以下步骤进行：

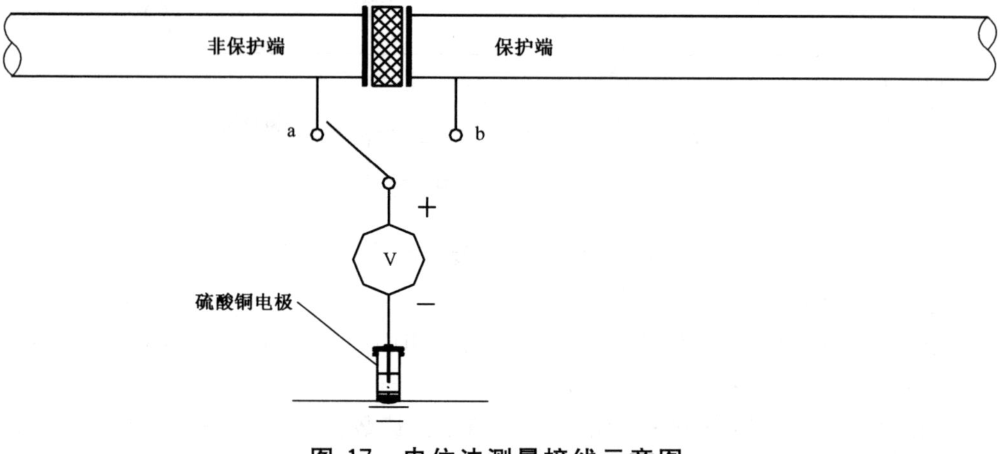

图 17　电位法测量接线示意图

a）测量前，应确认绝缘接头(法兰)两侧管道的阴极保护工作状况和运行参数，使绝缘接头(法兰)一侧的阴极保护处于工作状态，另一侧处于非保护状态。

b）埋地安装的绝缘接头(法兰)保持硫酸铜电极位置不变，采用数字万用表分别测量绝缘接头(法兰)非保护端 a 点的管地电位 V_a 和保护端 b 点的管地电位 V_b。对地面安装的绝缘接头(法兰)硫酸铜电极可分别放置在两侧的出入土位置处测量。

c）测量中可根据 V_a 和 V_b 的差值情况，通过适当调整变化保护电流量；或使保护端处于通/断电周期状态，测量并观察非保护端管地电位 V_a 的变化情况。

8.2.3　绝缘接头(法兰)绝缘性能可按以下测量结果进行判断：

a）在保护电流没有异常偏大情况下，若 V_b 明显地比 V_a 更负，则认为绝缘接头(法兰)的绝缘性能良好；

b）在保护电流增大的情况下，若非保护端管地电位 V_a 没有明显变化或数值正向偏移，则

认为绝缘接头(法兰)的绝缘性能良好;

c) 在通/断电周期内,若 V_a 和 V_b 的同步变化趋势明显,则需核实绝缘接头的绝缘性能,可按 8.3 或 8.4 或 8.5 的方法进行后续测量;

d) 若 V_a 和 V_b 相同或相近,则认为绝缘接头(法兰)的绝缘性能可疑;若核实辅助阳极距离绝缘接头足够远,且已判明与非保护端相连的管道和保护端管道没有异常交叉搭接,绝缘接头(法兰)防电涌保护器等设施完好或已临时断开,则可判定绝缘接头的绝缘性能差(严重漏电或短路)。否则可按 8.3 或 8.4 或 8.5 的方法进行后续测量。

8.3 电压法

8.3.1 当采用电位法判定绝缘接头(法兰)绝缘性能可疑,或需要比较准确确定漏电率时,对一侧有地面管段的绝缘接头(法兰)的绝缘性能可采用电压法测量。电压法测量接线示意图见图 18。

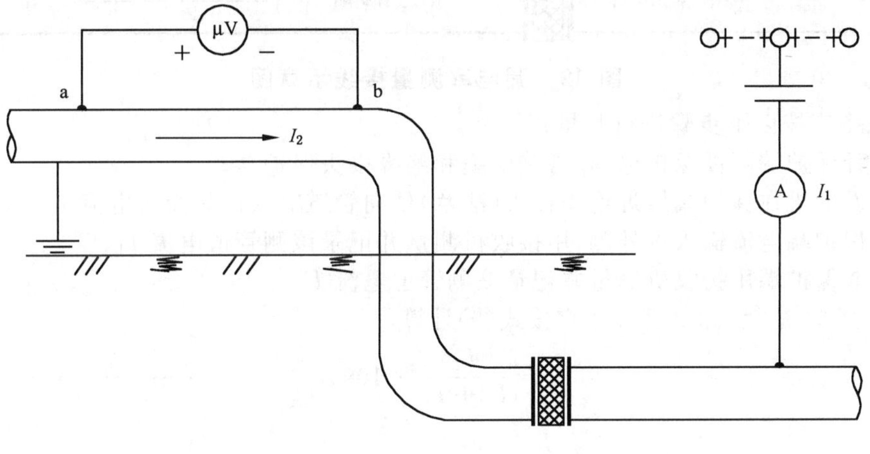

图 18 电压法测量接线示意图

8.3.2 电压法应按以下步骤进行测量:

a) 利用管道阴极保护系统的电源或外加直流电源在绝缘接头(法兰)一侧进行馈电,电流宜大于 2 A;

b) 在无分支管道、无接地极的地面管段选取 a、b 两点,间距宜大于 2 m,采用分辨率为 1 μV 数字电压表,测量 a、b 两点的电压差 V_{ab} 和电流流向,宜采用电位差计;

c) 测量并记录强制电源向管道提供的电流 I_1。

8.3.3 绝缘接头(法兰)绝缘性能可按以下测量结果进行判定:

a) 当测得的 $V_{ab} \geqslant 20\ \mu V$ 时,按 7.1 管内电流的电压降法用式(3)计算绝缘接头(法兰)的漏泄电流 I_2。绝缘接头(法兰)漏电率按式(8)计算。

$$\eta = \frac{I_2}{I_1} \times 100\% \qquad \cdots\cdots(8)$$

式中:

η ——绝缘接头(法兰)漏电百分率;

I_1——强制电源向管道提供的电流,单位为毫安(mA);

I_2——绝缘接头(法兰)非保护端管内电流,单位为毫安(mA)。

b) 对 DN>500 mm 管道,对应于 2 m 间距测得的 $V_{ab} \geqslant 5\ \mu V$,且随阴极保护电流或馈电电流增大而增大,电流方向指向绝缘接头时,则可判定绝缘接头(法兰)性能较差。

8.4 漏电率测量法

8.4.1 本方法适用于采用交流电流测量在役管道绝缘接头(法兰)的漏电率,判断其绝缘性能。漏电率测量接线示意图见图19。

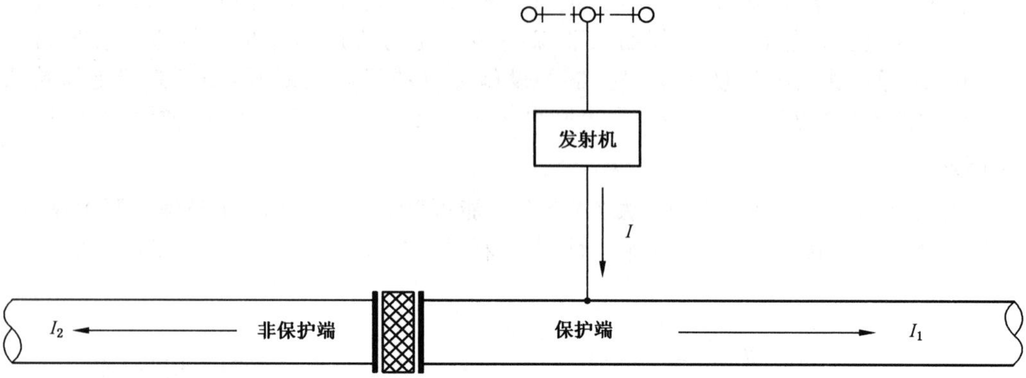

图19 漏电率测量接线示意图

8.4.2 漏电率应按以下步骤进行测量:

a) 断开保护端阴极保护电源、跨接电缆和绝缘接头保护器;

b) 用发射机在保护端接近绝缘接头(法兰)处向管道输入低频交流电流 I;

c) 在保护端电流输入点外侧,用接收机测量并记录该侧管道电流 I_1;

d) 在非保护端用接收机测量并记录该侧管道电流 I_2。

8.4.3 绝缘接头(法兰)漏电百分率宜按式(9)计算:

$$\eta=\frac{I_2}{I_1+I_2}\times 100\% \qquad \cdots\cdots(9)$$

式中:

η——绝缘接头(法兰)漏电百分率;

I_1——接收机测量的绝缘接头(法兰)保护端管内电流,单位为毫安(mA);

I_2——接收机测量的绝缘接头(法兰)非保护端管内电流,单位为毫安(mA)。

8.5 电源电流环法

8.5.1 本方法适用于测试和判断在役管道绝缘接头(法兰)的绝缘性能。电流环测试管道绝缘性能示意图见图20。

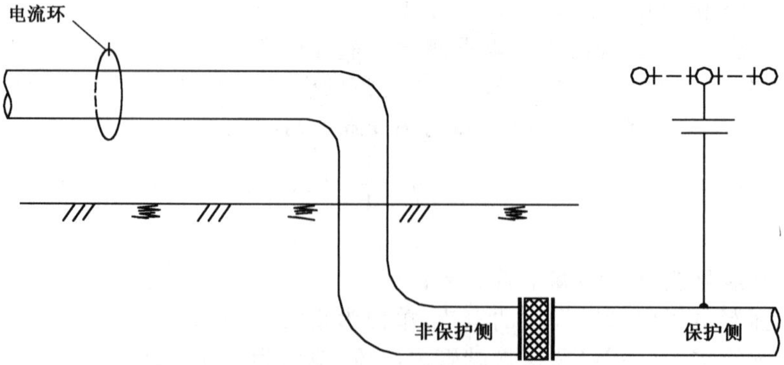

图20 电流环测试管道绝缘性能示意图

8.5.2 电源电流环法应按以下步骤进行测量：

a) 测试前，选择与管道尺寸相匹配的电流环，并安装于绝缘接头一侧的管道上。电流环宜优先安装于非保护侧且靠近绝缘接头的地上管道。必要时，也可将绝缘装置开挖，用于安装电流环。

b) 测量时，可利用管道阴极保护系统的电源，也可外加直流电源进行馈电。加载电流量不宜小于 1 A。

c) 依次调节电源的输出电流大小，分别读取和记录电流的大小和方向，观察电流读数和方向变化。

8.5.3 若电流环安装于非保护侧时，若测量到的电流值为零或很小，则认为绝缘性能可靠。若测量到的电流值接近或等于电源输出电流，且电流流向绝缘接头(法兰)，则认为绝缘性能差。

8.6 接地电阻仪测量法

8.6.1 本方法适用于用接地电阻仪测量在役管道绝缘接头(法兰)的绝缘电阻。

8.6.2 接地电阻仪测量法应按以下步骤进行测量：

a) 先测量绝缘接头(法兰)两端管道的接地电阻，其测量接线示意图按图 21 所示。分别对 a 点和 b 点按 9.1 的测量方法进行测量(d_{12}和 d_{13}根据站场或阀室接地体对角线长度 L 确定)，读取并记录仪表读数值 R_a 和 R_b。

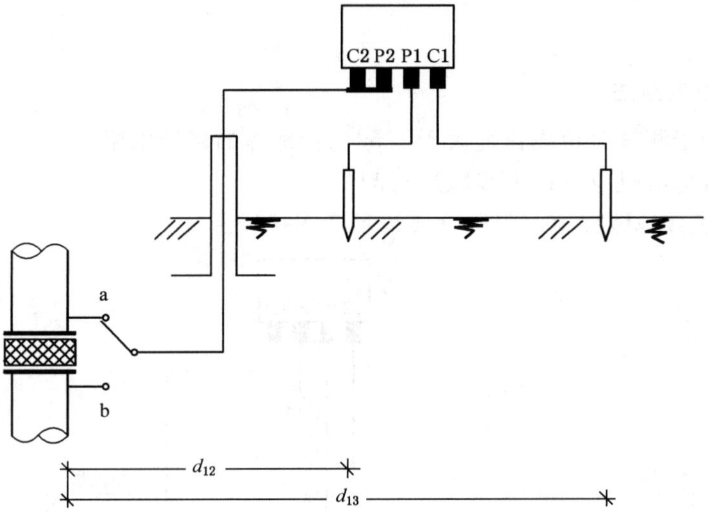

图 21 绝缘接头(法兰)两端接地电阻测量接线示意图

b) 再测量 a、b 两点的总电阻，其测量接线示意图按图 22 所示。测量并记录仪表读数值 R_r。当 $R_r \leqslant 1\ \Omega$ 时，相邻两测量接线点的间隔应不小于 πD；当 $R_r > 1\ \Omega$ 时，相邻两测量接线点(a 点与 c 点，b 点与 d 点)可合二为一，此时 C1 与 P1、C2 与 P2 可短接。

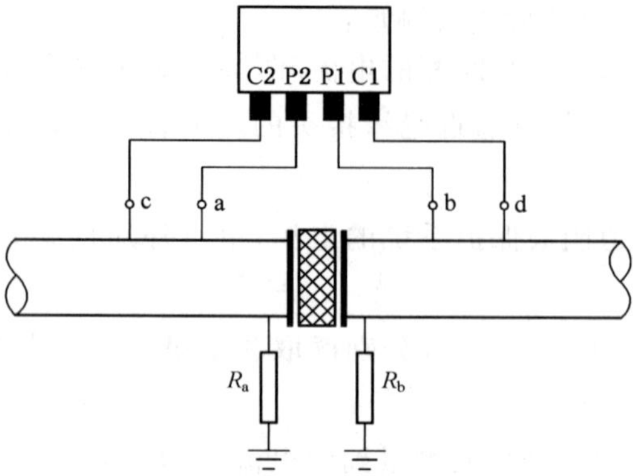

图 22 接地电阻仪法测量接线示意图

8.6.3 绝缘接头(法兰)的绝缘电阻应按式(10)计算:

$$R=\frac{R_r(R_a+R_b)}{(R_a+R_b)-R_r} \qquad \cdots\cdots(10)$$

式中:

R ——绝缘接头(法兰)的电阻,单位为欧(Ω);

R_r ——a、b 两点的总电阻,单位为欧(Ω);

R_a ——绝缘接头(法兰)保护端接地电阻,单位为欧(Ω);

R_b ——绝缘接头(法兰)非保护端接地电阻,单位为欧(Ω)。

9 接地电阻

9.1 长接地体接地电阻法

9.1.1 本方法适用于测量对角线长度大于 8 m 的接地体的接地电阻。

9.1.2 长接地体接地电阻应按以下步骤进行测量:

a) 按图 23 长接地体接地电阻测量接线示意图接线。

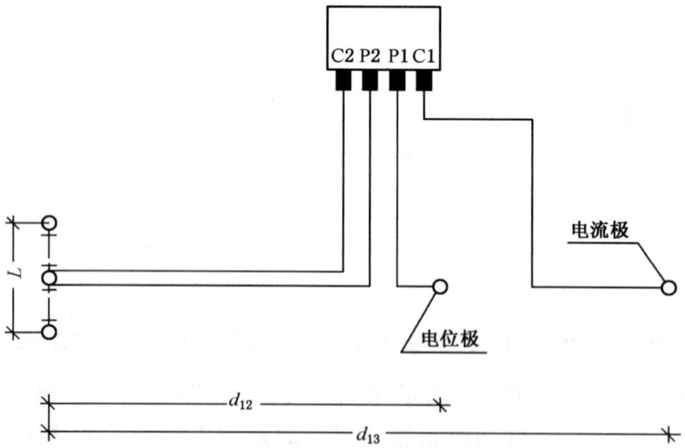

a)

图 23 长接地体接地电阻测量接线示意图

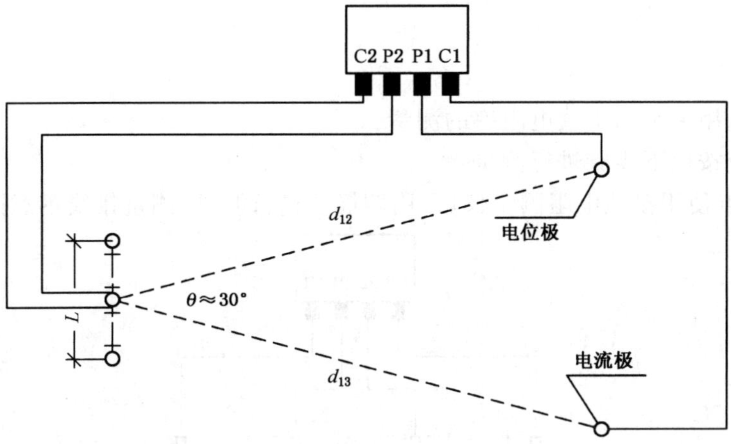

b)

图 23(续)

b) 当采用图 23 a)测量时,d_{13}不得小于 40 m,d_{12}不得小于 20 m。在土壤电阻率较均匀的地区,d_{13}取 $2L$,d_{12}取 L;在土壤电阻率不均匀的地区,d_{13}取 $3L$,d_{12}取 $1.7L$。

c) 在测量过程中,电位极沿接地体与电流极的连线移动三次,每次移动的距离为 d_{13}的5%左右,若三次测量值接近,取其平均值作为长接地体的接地电阻值;若测量值不接近,将电位极往电流极方向移动,直至测量值接近为止。

d) 长接地体的接地电阻也可以采用图 23 b)所示的三角形布极法测试,此时 $d_{13}=d_{12}\geqslant 2L$。

9.2 短接地体接地电阻法

9.2.1 本方法适用于测量对角线长度小于 8 m 的接地体的接地电阻。

9.2.2 测量前,应将接地体与管道断开,然后按图 24 所示的接线图沿垂直于管道的一条直线布置电极,d_{13}约 40 m,d_{12}取 20 m 左右,测量接地电阻值。

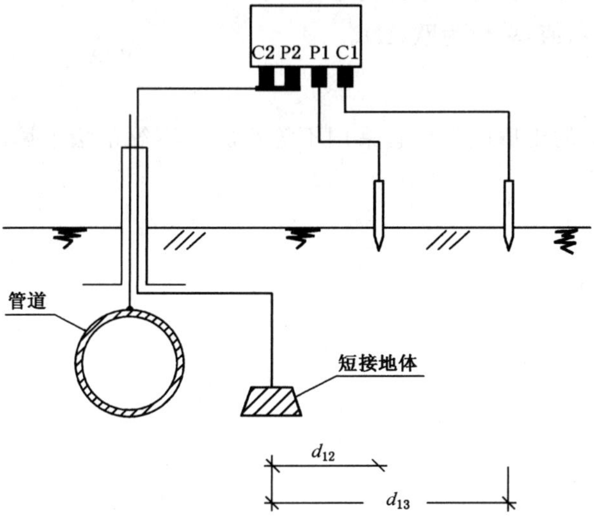

图 24 短接地体接地电阻测量接线示意图

10 土壤电阻率

10.1 等距法

10.1.1 本方法适用于平均土壤电阻率的测量。

10.1.2 等距法应按以下步骤进行测量：

a) 在测量点使用接地电阻测量仪,采用四极法进行测试,测量接线示意图见图 25。

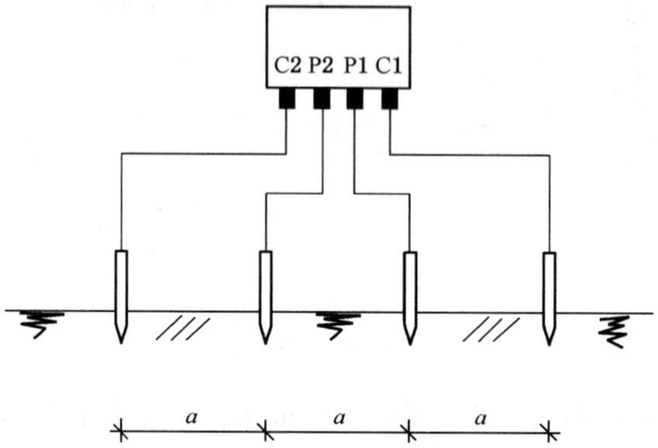

图 25 土壤电阻率测量接线示意图

b) 将测量仪的四个电极以等间距 a 布置在一条直线上,电极入土深度应小于 $a/20$。测试区域存在管线或其他金属构筑物时,应使电极连线垂直于管道布置,并使最近的电极与管线的距离大于 $a/2$。

c) 按接地电阻测量仪使用说明操作测量并记录土壤电阻 R 值。

10.1.3 从地表至深度为 a 的平均土壤电阻率应按式(11)计算：

$$\rho = 2\pi aR \quad \cdots\cdots (11)$$

式中：

ρ——从地表至深度 a 土层的平均土壤电阻率,单位为欧米(Ω·m)；

a——相邻两电极之间的距离,单位为米(m)；

R——接地电阻仪示值,单位为欧(Ω)。

10.2 不等距法

10.2.1 测深大于 20 m 的土壤电阻率宜采用不等距法。不等距法土壤电阻率测量接线示意图见图 26。

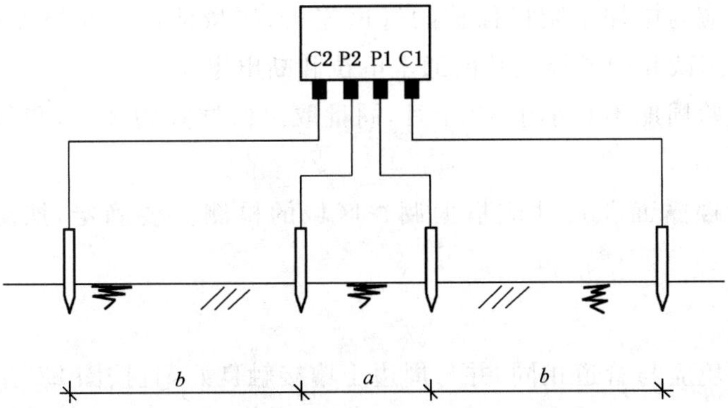

图 26 不等距法土壤电阻率测量接线示意图

10.2.2 不等距法应按以下步骤进行测量：

a) 采用不等距法应先计算确定四个电极的间距，此时 $b>a$。a 值通常情况可取 5 m～10 m，b 值根据测深计算确定，计算见式(12)。

$$b = h - \frac{a}{2} \qquad \cdots\cdots (12)$$

式中：

b ——为外侧电极与相邻内侧电极之间的距离，单位为米(m)；

h ——测深，单位为米(m)；

a ——内侧电极之间的距离，单位为米(m)。

b) 根据确定的间距将测量仪的四个电极布置在一条直线上，电极入土深度应小于 $a/20$。

c) 按接地电阻测量仪使用说明操作测量并记录土壤电阻 R 值。若 R 值出现小于零时，应加大 a 值并重新布置电极。

10.2.3 测深 h 的平均土壤电阻率应按式(13)计算：

$$\rho = \pi R\left(b + \frac{b^2}{a}\right) \qquad \cdots\cdots (13)$$

式中：

ρ ——从地表至深度 h 土层的平均土壤电阻率，单位为欧米(Ω·m)；

R——接地电阻仪示值，单位为欧(Ω)。

11 腐蚀速率

11.1 一般规定

11.1.1 阴极保护管道的腐蚀速率可采用失重检查片法、电阻探针法进行测量，用于评估电干扰严重或腐蚀风险高的管道测量位置处的阴极保护效果和腐蚀程度。

11.1.2 失重检查片法适用于埋地管道外腐蚀速率定期开挖测量，电阻探针法适用于埋地管道外腐蚀速率的非开挖测量。

11.2 失重检查片法

11.2.1 失重检查片尺寸、制备、埋设、现场取样及处理、记录应符合 SY/T 0029 的相关规定。

11.2.2 失重检查片应与施加了阴极保护的管道连接，测量前确认阴极保护运行正常，且检查片已充分极化，分别测试并记录检查片的通电电位和断电电位。

11.2.3 开挖取样试验周期不宜小于12个月，同批取出试样宜为3片，测量后应保持检查片与管道连通。

11.2.4 失重检查片裸露面积尺寸应根据调查区域的检测需要确定，裸露面积宜为1 cm^2～100 cm^2。

11.3 电阻探针法

11.3.1 探针埋设环境应与管道相同，并与周边土壤接触良好，宜按图27所示位置埋设。

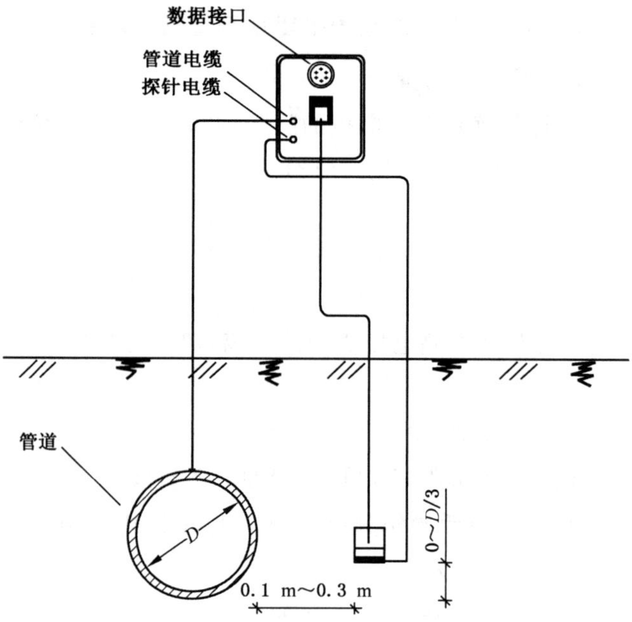

图 27 电阻探针法安装测量接线示意图

11.3.2 探针埋设后应先采集初始值，采集仪测量精度不低于0.01%探针有效厚度。设置测量时间、编号，读取并储存探针的初始值。

11.3.3 测量前确认阴极保护运行正常，且已充分极化，分别测试并记录探针的通电电位和断电电位。

11.3.4 测量时将采集仪与探针接头端子连通读取并储存探针的当前金属损耗值。

11.3.5 应根据预期的腐蚀情况确定合理的测量间隔周期。

11.3.6 探针裸露面积尺寸应根据调查区域的监测需要确定。

11.3.7 测试完成后应进行数据处理，计算腐蚀速率。

ICS 75.200
E 98

中华人民共和国国家标准

GB/T 21447—2018
代替 GB/T 21447—2008

钢质管道外腐蚀控制规范

Specifications for steel pipeline external corrosion control

2018-02-06 发布 2018-09-01 实施

中华人民共和国国家质量监督检验检疫总局
中国国家标准化管理委员会 发布

前 言

本标准按照 GB/T 1.1—2009 给出的规则起草。

本标准代替 GB/T 21447—2008《钢质管道外腐蚀控制规范》,与 GB/T 21447—2008 相比,除编辑性修改外主要技术变化如下:

——修订了本标准的适用范围(见第 1 章);

——增加了 5 个术语(见 3.1、3.5、3.11、3.12 和 3.13);

——修订、增加环境腐蚀性测定方法和分级评价指标(见 4.3);

——修订了防腐层设计的一般规定,并增加陆上埋地及水下管道防腐层、陆上地上管道防腐层、海底管道防腐层的规定(见 5.1、5.2、5.3 和 5.4);

——修订了陆上管道阴极保护准则,并增加了海底管道的阴极保护内容(见 6.1.2、6.2);

——增加了干扰控制的一般规定,修订了交直流干扰的判断指标和防护效果评价指标(见 7.1、7.2.1、7.3.1);

——修订了施工与验收内容(见第 8 章);

——调整运行及维护管理内容,并增加检测与评价相关内容(见第 9 章)。

本标准由全国石油天然气标准化技术委员会(SAC/TC 355)提出并归口。

本标准起草单位:大庆油田工程有限公司、中国石油规划总院、中国石油天然气管道工程有限公司、中海油研究总院、中国石油集团工程技术研究院、中国石油集团工程设计有限责任公司西南分公司、中国石油天然气管道分公司、中石油西南油气田分公司安全环保与技术监督研究院。

本标准主要起草人:杨春明、张昆、刘芳、黄春蓉、黄留群、韩文礼、胡丽华、韦振光、罗锋、滕延平、张平、秦林、符中欣、张贻刚、李双林、张宝良、徐华天、张荣兰。

本标准的历次版本发布情况为:

——GB/T 21447—2008。

钢质管道外腐蚀控制规范

1 范围

本标准规定了钢质管道(以下简称管道)外腐蚀控制工程设计、施工及管理等应遵循的最低要求,包括基本规定、防腐层设计、阴极保护设计、干扰防护、施工与验收、运行及维护管理等内容。

本标准适用于陆上和海底新建、扩建及改建的输送介质温度低于100 ℃的油、气、水管道的外腐蚀控制。

2 规范性引用文件

下列文件对于本文件的应用是必不可少的。凡是注日期的引用文件,仅注日期的版本适用于本文件。凡是不注日期的引用文件,其最新版本(包括所有的修改单)适用于本文件。

GB/T 8923.1　涂覆涂料前钢材表面处理　表面清洁度的目视评定　第1部分:未涂覆过的钢材表面和全面清除原有涂层后的钢材表面的锈蚀等级和处理等级

GB/T 19292.1　金属和合金的腐蚀　大气腐蚀性　分类

GB/T 21246　埋地钢质管道阴极保护参数测量方法

GB/T 21448　埋地钢质管道阴极保护技术规范

GB/T 23257　埋地钢质管道聚乙烯防腐层

GB 32167　油气输送管道完整性管理规范

GB/T 50538　埋地钢质管道防腐保温层技术标准

GB/T 50698　埋地钢质管道交流干扰防护技术标准

GB 50991　埋地钢质管道直流干扰防护技术标准

GB/T 51172　在役油气管道工程检测技术规范

GB/T 35988　石油天然气工业海底管道阴极保护

SY/T 0029　埋地钢质检查片应用技术规范

SY/T 0087.1　钢制管道及储罐腐蚀评价标准　埋地钢质管道外腐蚀直接评价

SY/T 0315　钢质管道熔结环氧粉末外涂层技术规范

SY/T 0407　涂装前钢材表面处理规范

SY/T 0414　钢质管道聚烯烃胶粘带防腐层技术标准

SY/T 0447　埋地钢质管道环氧煤沥青防腐层技术标准

SY/T 5918　埋地钢质管道外防腐层修复技术规范

SY/T 6854　埋地钢质管道液体环氧外防腐层技术标准

SY/T 6878　海底管道牺牲阳极阴极保护

SY/T 6964　石油天然气站场阴极保护技术规范

SY/T 7036　石油天然气站场管道及设备外防腐层技术规范

SY/T 7041　钢质管道聚丙烯防腐层技术规范

SY/T 7347　油气架空管道防腐保温技术标准

3 术语和定义

下列术语和定义适用于本文件。

3.1

腐蚀控制 corrosion control

改进腐蚀体系以减轻腐蚀损伤的措施。

3.2

电解质 electrolyte

含有在电场中可以迁移离子的化学物质，在本规范中指邻近和接触埋地或水下金属管道系统的土壤或液体，其中包括水分和所含有的其他化学物质。

3.3

极化电位 polarized potential

消除由阴极保护电流或其他电流所引起的IR降误差后管道对电解质的电位。

3.4

电绝缘 electric isolation

与其他金属构筑物或环境呈电气隔离的状态。

3.5

飞溅区 splash zone

由于波浪和潮汐的作用，周期性地浸入水中或露出水面的构筑物的外表面。

3.6

屏蔽 shielding

阻止阴极保护电流按预定的路线流通。

3.7

干扰 interference

由于杂散电流的作用而对管道产生的电扰动。

3.8

保护率 coverage range of protection

对所辖管道施加阴极保护后，满足阴极保护准则部分的比率。

3.9

运行率 percentage of effectiveness operation

年度内阴极保护有效投运时间与全年时间的比率。

3.10

保护度 degree of protection

通过保护措施实现的腐蚀损伤减小的百分数。

3.11

直接评价 direct assessment;DA

一种采用结构化过程的完整性评价方法，即通过整合管道物理特性、系统的运行记录或检测、检查和评价结果的管道等信息，给出预测性的管道完整性评价结论。

3.12

破损点　fault

防腐层上的机械损伤、露铁点等防腐层缺陷。

3.13

海底管道　subsea pipeline

包括立管及位于最高潮位的水面以下的管道。

4　基本规定

4.1　应根据管道预期服役年限、工程安全要求和经济性等因素,进行管道外腐蚀控制:

a)　新建管道:应采用外防腐层(以下简称防腐层)或防腐层联合阴极保护。调查表明不需要腐蚀控制的,可不采用。

b)　已建有防腐层无阴极保护的埋地或水下管道:调查表明需要加强腐蚀控制,宜增加阴极保护。

c)　已建无外腐蚀控制管道:应检测评价管道系统的腐蚀状况,并根据评价结果确定采取的腐蚀控制措施。

4.2　腐蚀控制方法的选择应考虑如下因素:

a)　环境的腐蚀性;

b)　管道特性;

c)　运行工况;

d)　施工条件;

e)　环境敏感性;

f)　运行维护需求;

g)　管道预期服役年限;

h)　经济性。

4.3　管道所处环境的腐蚀性等级划分应符合下列规定:

a)　大气腐蚀性等级划分应符合表1的规定。当大气的年腐蚀速率难以获取时,应按GB/T 19292.1有关规定划分大气腐蚀性等级。

表1　大气腐蚀性分级

大气腐蚀性分级	很低	低	中等	高	很高(工业)	很高(海洋)
第一年的腐蚀速率 $V_{corr}/(\mu m/a)$	≤1.3	$1.3<V_{corr}\leqslant 25$	$25<V_{corr}\leqslant 50$	$50<V_{corr}\leqslant 80$	$80<V_{corr}\leqslant 200$	$80<V_{corr}\leqslant 200$

b)　土壤腐蚀性的测定可采用土壤电阻率,并按照表2的规定划分等级。也可采用试片失重法和腐蚀坑深法,按表3的规定划分等级。含细菌土壤的腐蚀等级,可按表4的规定划分等级。

表2　按电阻率划分土壤腐蚀性等级

等　级	弱	中	强
土壤电阻率/(Ω·m)	>50	20～50	<20

表 3 按腐蚀速率划分土壤腐蚀性等级

等 级	弱	较弱	中	较强	强
平均腐蚀速率(试片失重法) $g/(dm^2 \cdot a)$	<1	1～3	3～5	5～7	>7
最大腐蚀速率(腐蚀坑深测试法) mm/a	<0.1	0.1～0.3	0.3～0.6	0.6～0.9	>0.9

表 4 按土壤细菌腐蚀划分等级

腐蚀级别	弱	中	较强	强
氧化还原电位/mV	≥400	200～400	100～200	<100

5 防腐层设计

5.1 一般规定

5.1.1 钢质管道外防腐层应具备良好的电绝缘性、机械性、防潮防水性、附着力、耐化学性和热老化性、耐微生物侵蚀等基本性能,且易于施工和修补。

5.1.2 选择防腐层时应考虑下列主要因素:

a) 环境类型(大气、土壤、水下等);

b) 管道材质、管径、长度及预期服役年限;

c) 管道系统的可接近性;

d) 管道系统的运行温度和施工温度;

e) 管道敷设区域以及位置;

f) 管道敷设及连接方式;

g) 防腐层对钢管表面处理要求;

h) 经济性;

i) 搬运与储存。

5.1.3 埋地、水下及海底敷设的管道,选择防腐层时除考虑 5.1.2 的因素外还应考虑下列因素:

a) 与阴极保护的兼容性;

b) 土壤应力,包括冷热循环带来的应力;

c) 在岩石区、非开挖穿越施工中或其他外力影响下抗机械损伤的性能;

d) 抗冲击损伤的性能;

e) 大气与土壤界面段的影响;

f) 与管道配重层的匹配性。

5.2 埋地及水下管道防腐层

5.2.1 埋地及水下管道防腐层除应具备 5.1.1 规定的基本性能外,还具有良好的耐土壤应力性能,并应与阴极保护相匹配。

5.2.2 管道低温环境施工时,防腐层还应具备良好的低温施工性能。

5.2.3 石方段管道及施工过程易造成防腐层损伤的管段宜采取保护措施,保护措施包括但不限于细土回填、加厚防腐层、防腐层保护层等。保护层选择时宜考虑下列因素：

a) 与管道防腐层在化学和物理性能上应相匹配；

b) 保护层不应对阴极保护有效性产生不利影响。

5.2.4 埋地与水下管道防腐层，选用以下管道外防腐层时，应执行下列标准。

a) 挤压聚乙烯防腐层应符合 GB/T 23257 的规定；

b) 挤压聚丙烯防腐层应符合 SY/T 7041 的规定；

c) 熔结环氧防腐层应符合 SY/T 0315 的规定；

d) 聚烯烃冷缠带防腐层应符合 SY/T 0414 的规定；

e) 无溶剂液体环氧防腐层应符合 SY/T 6854 的规定；

f) 环氧煤沥青防腐层应符合 SY/T 0447 的规定。

5.3 地上管道防腐层

5.3.1 地上管道防腐层除应具备 5.1.1 规定外，还应具备较强的耐候性能。

5.3.2 大气环境、绝热层下管道防腐层应根据管道运行温度、预期服役年限、环境腐蚀性进行选择。

5.3.3 站场管道外防腐层宜按 SY/T 7036 执行，埋地保温管道防腐层宜按 GB/T 50538 执行，线路跨越管道外防腐层宜执行 SY/T 7347。

5.4 海底管道防腐层

5.4.1 平管段防腐层除应具备 5.1.1 性能外，还应满足抗海水和海泥腐蚀性要求，以及静水压和机械强度要求。

5.4.2 立管的大气区、飞溅区和全浸区可采用不同的防腐层类型和结构。大气区和飞溅区除了满足5.1.1的性能要求外还应具有良好的耐候性，立管飞溅区防腐层还应具有良好的耐冲击和耐磨性能。

5.4.3 弯管和现场补口防腐层的选择应与海底管道防腐层相匹配。有配重层或保温层的海底管道，现场补口应由防腐层和填充物组成。

6 阴极保护设计

6.1 陆上管道

6.1.1 一般规定

6.1.1.1 埋地油气长输管道、油气田外输管道和油气田内集输干线管道应采用阴极保护；其他埋地管道宜采用阴极保护。

6.1.1.2 阴极保护应与防腐层联合实施。

6.1.1.3 阴极保护工程应与主体工程同时勘察、设计、施工和投运，当阴极保护系统在管道埋地三个月内不能投入运行时，应采取临时性阴极保护措施；在强腐蚀性土壤环境中，应在管道埋地时施加临时阴极保护措施；临时阴极保护措施应维持至永久阴极保护系统投运；对于受到直流杂散电流干扰影响的管道，阴极保护(含排流保护)应在三个月之内投入运行。

6.1.1.4 埋地或水下管道阴极保护可采用强制电流法、牺牲阳极保护法或两种方法的结合，应依据工程规模、土壤环境、管道防腐层质量等因素，经济合理地选用。

6.1.1.5 设计时应考虑高温、防腐层剥离、隔热保温层、屏蔽、细菌侵蚀及电解质的异常污染等特殊条件下阴极保护可能无效或部分无效情况。

6.1.1.6 被保护管道应和其他金属构筑物电绝缘，无法实现电绝缘时，应考虑阴极保护电流流失。

6.1.1.7 并行或交叉管道的保护，应符合以下原则：

a) 并行管道采用联合阴极保护时，宜在汇流点及其他适当位置设置跨接线；并行管道分别实施阴极保护时，宜选择各自适宜的阳极地床方式或位置，避免相互之间的干扰；当存在干扰时应采取防治措施。

b) 被保护管道与其他埋地管道交叉时，二者间的净垂直距离不应小于 0.3 m。当小于 0.3 m 时，两者间应设有坚固的绝缘隔离物，确保交叉管道之间的电绝缘。同时，两管道在交叉点两侧各延伸 10 m 以上的管段上，应确保管道防腐层无缺陷。

6.1.2 阴极保护准则

6.1.2.1 无 IR 降阴极保护电位 E_{IRfree} 应满足式(1)要求：

$$E_{l} \leqslant E_{\text{IRfree}} \leqslant E_{p} \qquad \cdots\cdots(1)$$

式中：

E_{l} ——为限制临界电位；

E_{p} ——金属腐蚀速率小于 0.01 mm/a 时的最小保护电位；

E_{IRfree} ——无 IR 降阴极保护电位。

6.1.2.2 阴极保护电位宜满足表 5 要求。

表 5 金属材料在土壤、水中的自然电位、最小保护电位和限制临界电位[1,2]

金属或合金	环境条件	自然电位(参考值)E_{COR}/V	最小保护电位(无 IR 降)E_{p}/V	限制临界电位(无 IR 降)E_{l}/V
碳钢、低合金钢和铸铁	一般土壤和水环境	−0.65～−0.40	−0.85	a
	40 ℃<T<60 ℃的土壤和水环境	—	b	a
	T>60 ℃的土壤和水环境[c]	−0.80～−0.50	−0.95	a
	T<40 ℃，100<ρ<1 000 Ω·m 含氧的土壤和水环境	−0.50～−0.30	−0.75	a
	T<40 ℃，ρ>1 000 Ω·m 含氧的土壤和水环境	−0.40～−0.20	−0.65	a
	存在硫酸盐还原菌腐蚀风险的缺氧的土壤和水环境	−0.80～−0.65	−0.95	a
PREN<40 的奥氏体不锈钢	环境温度下，中性和碱性的土壤与水环境	−0.10～+0.20	−0.50	d
PREN>40 的奥氏体不锈钢		−0.10～+0.20	−0.30	—
马氏体和双相不锈钢		−0.10～+0.20	−0.50	e
不锈钢	环境温度下的酸性土壤和水	−0.10～+0.20	e	e

表 5（续）

金属或合金	环境条件	自然电位（参考值）E_{COR}/V	最小保护电位（无 IR 降）E_p/V	限制临界电位（无 IR 降）E_l/V
铜	环境温度下，土壤和水环境	−0.20～0.00	−0.20	—
镀锌钢		−1.10～−0.00	−1.20	—

注 1：所有电位无 IR 降的，且相对于铜/饱和硫酸铜参比电极(CSE，下同)。

注 2：管道寿命期内，应考虑管道周围介质电阻率变化。

[a] 对于高强度非合金钢和屈服强度超过 550 N/mm² 的低合金钢，临界限制电位值应有文件证明或实验确定。

[b] 温度为 40 ℃～60 ℃时，最小保护电位值可在 40 ℃的电位值(−0.65 V，−0.75 V，−0.85 V 或−0.95 V)与60 ℃的电位值(−0.95 V)之间通过线性插值法确定。

[c] 高 pH 值应力腐蚀开裂风险随温度升高而增加。

[d] 如果存在马氏体和铁素体相，应有文件证明或通过实验确定氢脆危害风险。

[e] 应由文献或实验确定。

6.1.2.3 管道防腐层的限制临界电位 E_l 不应负于−1.20 V(CSE)，并防止防腐层出现阴极剥离、起泡、管体氢脆现象。

6.1.2.4 当表 5 的阴极保护准则无法达到时，也可采用阴极电位负向偏移最少 100 mV 的准则。100 mV阴极电位偏移准则不应用于温度大于 40 ℃的环境、含硫酸盐还原菌的土壤、存在干扰电流、平衡电流和大地电流的情形，存在外部应力腐蚀风险的情形，以及管道连接处或者由多种金属组成的部件。

6.1.2.5 可采用具备良好的电位稳定性、极化小的金属材料或结构，在确认其相对于铜/饱和硫酸铜参比电极的电位后，代替铜/饱和硫酸铜参比电极。

6.1.2.6 交流干扰下的阴极保护准则

a) 在存在交流干扰的管道，应测试交流感应电压和(或)交流电流密度，评估交流干扰程度。

b) 对存在交流干扰的管道，阴极保护电位除应满足表 1 要求之外，还应满足 GB/T 50698 的有关规定。

c) 交流干扰防护措施及防护效果应满足 GB/T 50698 的有关规定。

6.1.2.7 直流干扰下的阴极保护准则

a) 当管道遭受直流干扰影响时，应采取防护措施。

b) 直流干扰防护措施及防护效果应满足 GB 50991 的有关规定。

6.1.2.8 阴极保护效果也可通过腐蚀状况检查或检查片腐蚀速率测试方法判定阴极保护的有效性：

a) 腐蚀状况检查，包括被保护管道的外观检查，腐蚀类型、腐蚀产物分析，腐蚀深度和金属壁厚测试等，所获结果应表明腐蚀程度没有超出被保护管道使用寿命所允许的限度。

b) 检查片腐蚀速率测试。检查片腐蚀速率测试结果应限制在允许的范围内。

6.1.3 埋地管道线路阴极保护应执行 GB/T 21448。站场埋地管道阴极保护应执行 SY/T 6964。

6.2 海底管道

6.2.1 一般规定

6.2.1.1 位于全浸区的海底管道,应采用阴极保护系统对管道提供足够的保护,阴极保护方式可采用牺牲阳极或外加电流。

6.2.1.2 与受阴极保护的陆上管道直接相接的短距离海底管道或其支管的阴极保护设计宜执行GB/T 21448。

6.2.2 海底管道的阴极保护效果应满足表 6 的要求。

表 6 海底管道阴极保护电位判据

材料		最正阴极保护电位/V	最负阴极保护电位[a]/V
碳钢	浸没在海水中	−0.80	−1.10[b]
	埋设在海泥中	−0.90[f]	−1.10[b]
奥氏体不锈钢[g]	PREN≥40[c]	−0.30[d]	−1.10
	PREN<40[c]	−0.50[d]	−1.10
双相不锈钢		−0.50[d]	[e]
马氏体不锈钢[13%Cr]		−0.50[d]	[e]

注:表中电位是相对饱和甘汞电极电极(SCE)的电位,当海水电阻率为 30 Ω·cm 时,SCE 电极电位等效于 Ag/AgCl/海水电极电位。

[a] 阴极电位限制应同时确保阴极保护系统对管道涂层不产生不良影响。

[b] 对于高强钢管道系统(SMYS > 550 MPa),应确定不产生氢脆的最负阴极保护电位。

[c] PREN =%Cr + 3.3%[Mo+0.5 W] + 16%N。

[d] 对于不锈钢,最正阴极电位同时适用于含氧和无氧条件。

[e] 根据强度、特殊金相条件和服役环境中承受的压力等级不同,合金易发生氢脆和开裂。如果存在氢脆风险,则宜避免阴极电位低于−0.8 V。

[f] 考虑了 SRB 菌作用和管道温度>60 ℃的情况。

[g] 如果不锈钢材料的金相结构不完全为奥氏体,则该不锈钢易发生氢致开裂(HISC),宜避免阴极电位过负。

6.2.3 海底管道阴极保护设计应满足 GB/T 35988 的要求。

7 干扰防护

7.1 一般规定

7.1.1 管道与高压直流换流站接地极、直流牵引系统、高压交流变电站(所)等强干扰源应相互避让远离。

7.1.2 电力、铁路、地铁、管道等工程设计中,应充分考虑管道可能受到的干扰影响,并对管道上可能产生的杂散电流腐蚀和对腐蚀控制系统的影响进行分析和评估。

7.1.3 对管道造成干扰影响的干扰源方,应根据国家现行有关标准采取减轻干扰的措施,并应为管道干扰的调查测试和防护工作提供支持。

7.1.4 在干扰区域,宜由被干扰方、干扰源方及其他有关各方,组成防干扰协调机构,对干扰进行统一测试和评价,协调设计干扰防护措施并分别实施和管理。

7.1.5 当确认管道受干扰影响和危害时,应采取与干扰程度相适应的防护措施。

7.1.6 在同一条或同一系统的管道中,根据实际情况可采用一种或多种防护措施。

7.1.7 受干扰影响的管道可安装检查片、极化探头或电阻探针。

7.2 直流干扰

7.2.1 直流干扰的判断应符合下列规则:

a) 对在设计阶段的新建管道可采用管道两侧的土壤直流电位梯度判断,当土壤直流电位梯度>0.5 mV/m 时,确认存在直流杂散电流;当土壤电位梯度≥2.5 mV/m 时,应评估管道敷设后可能受到的直流干扰影响,根据评估结果预设干扰防护措施。

b) 对已建管道宜采用在没有阴极保护电流时管地电位相对于自然电位的偏移值进行判断,当任意点上的管地电位相对于自然电位正向或负向偏移超过 20 mV,应确认存在直流干扰;当任意点上管地电位相对于自然电位正向偏移≥100 mV 时,应及时采取干扰防护措施。

c) 已投运阴极保护的管道,当干扰导致管道不满足保护准则时,应及时采取干扰防护措施。

d) 可根据干扰程度和受干扰位置随时间变化的情况,判定干扰的形态属动态干扰或静态干扰。

7.2.2 管道侧应根据调查与测试的结果,选择排流保护、阴极保护、防腐层修复、等电位连接、绝缘隔离、绝缘装置跨接和屏蔽等干扰防护措施,防护措施的选取应考虑下列因素:

a) 干扰来源及干扰源与管道相互位置关系;

b) 干扰的形态和程度;

c) 干扰的范围及管道阳极区、管道阴极区和管道交变区的位置;

d) 管道周围地形、地貌和土壤电阻率等环境因素;

e) 管道防腐层绝缘性能;

f) 管道已有干扰防护措施及干扰防护措施的防护效果。

7.2.3 当调整被干扰管道的阴极保护系统不能减轻干扰影响时,应采取排流保护及其他防护措施。

7.2.4 干扰防护措施实施后,应进行干扰防护效果评定测试,采取干扰防护措施后应满足下列要求:

a) 对于干扰防护系统中的管道及其他共同防护构筑物,管地电位应达到阴极保护电位标准或者达到或接近未受干扰时的状态;

b) 对于干扰防护系统中的管道及其他共同防护构筑物,管地电位最大负值不宜超过管道所允许的最大保护电位;

c) 不宜对干扰防护系统以外的埋地管道或金属构筑物产生不可接受的干扰;

d） 在复杂干扰情况下，如果评定测试的结果未能满足上述a)、b)、c)要求时，可通过电位正向偏移平均值比进一步评定，干扰防护效果的评定指标应符合GB 50991的规定。

7.2.5 直流干扰的调查与测试和采取的干扰防护措施应符合GB 50991的规定。

7.3 交流干扰

7.3.1 当管道上的交流干扰电压不高于4 V时，可不采取交流干扰防护措施；高于4 V时，应采用交流电流密度进行评估，交流干扰程度的判断指标应符合表7的规定。

表7 交流干扰程度的判断指标

交流干扰程度	弱	中	强
交流电流密度/(A/m^2)	＜30	30～100	＞100

7.3.2 当交流干扰程度判定为“强”时，应采取交流干扰防护措施；判定为“中”时，宜采取交流干扰防护措施；判定为“弱”时，可不采取交流干扰防护措施。

7.3.3 管道侧防护措施应根据调查与测试的结果，选择集中接地、故障屏蔽、固态去耦合器接地、接地垫等干扰防护措施；干扰防护措施不得对管道阴极保护的有效性造成不利影响。防护措施的选取应考虑下列因素：

a） 管道所受瞬间强电冲击干扰、持续干扰的影响情况和减缓目标；

b） 干扰源来源及干扰源与管道相互位置关系；

c） 管道外防腐层绝缘性能及管道上阴极保护设备、绝缘接头(绝缘法兰)、干扰防护设施等腐蚀控制设施的设置情况；

d） 管道周围地形、地貌和土壤电阻率等环境因素；

e） 管道上其他接地设施或已有干扰防护措施的防护效果。

7.3.4 交流干扰防护效果应符合下列规定：

a） 在土壤电阻率不大于25 Ω·m的地方，管道交流干扰电压低于4 V；在土壤电阻率大于25 Ω·m的地方，交流电流密度小于60 A/m^2；

b） 在安装阴极保护电源设备、电位远传设备及测试桩位置处，管道上的持续干扰电压和瞬间干扰电压应低于相应设备所能承受的抗工频干扰电压和抗电强度指标，并满足安全接触电压的要求。

7.3.5 埋地管道与架空输电线路的距离宜符合下列要求：

a） 在开阔地区，埋地管道与高压交流输电线路杆塔基脚间控制的最小距离不宜小于杆塔高度；

b） 在路径受限地区，埋地管道与交流输电系统的各种接地装置之间的最小水平距离不宜小于表8的规定。在采取故障屏蔽、接地、隔离等防护措施后，表8规定的距离可适当减小。

表8 埋地管道与交流接地体的最小距离

电压等级/kV	≤220	330	500
铁塔或电杆接地/m	5.0	6.0	7.5

7.3.6 管道与110 kV及以上高压交流输电线路的交叉角度不宜小于55°。在不能满足要求时，宜根据工程实际情况进行管道安全评估，结合防护措施，交叉角度可适当减小。

7.3.7 直埋电缆不应沿埋地管道的正上方或正下方敷设。埋地管道与直埋敷设电缆之间容许的最小距离应符合表9的要求。水下的电缆与管道之间的水平距离不宜小于50 m，受条件限制时不得小于15 m。

表9 埋地管道与直埋敷设电缆之间容许的最小距离

管道类别	平行	交叉
热力管沟	2 m[a]	0.5 m[b]
油管或易燃气管道	1 m	0.5 m[b]
其他管道	0.5 m	0.5 m[b]

[a] 特殊情况可酌减且最多减少一半值。

[b] 用隔板分隔或电缆穿管时可为0.25 m。

7.3.8 交流干扰的调查与测试和采取的干扰防护措施及效果评价应符合GB/T 50698的规定。

8 施工与验收

8.1 一般规定

8.1.1 施工作业人员应经过专业培训，并按规定配备个人防护用具。

8.1.2 腐蚀控制工程施工机具应安全可靠；检测仪器仪表应经过检定、校准、比对，并在有效期内。

8.1.3 防腐材料使用前应检验，供应商应提供相应的资质证明文件及产品质量保证书，确认合格后方可使用。

8.2 防腐层施工与验收

8.2.1 陆上管道

8.2.1.1 防腐层涂敷前，钢表面应进行预处理，经检查合格后方可涂敷。表面预处理要求应符合GB/T 8923.1和SY/T 0407的有关规定。

8.2.1.2 现场涂敷施工时应符合以下规定：

a) 防腐层的缺陷应予修补。管道防腐层补口、补伤及管件、管道连接装置的涂敷材料应与管道原有防腐层相匹配；

b) 管沟沟底应平整，且没有石块或其他可能损伤防腐层或导致电屏蔽的物质。在恶劣条件下，应考虑衬垫管道或在沟底加垫层；

c) 管道下沟及回填时，应注意避免下沟工具、石块等损伤管道防腐层；

d) 在管道四周不宜使用可能对阴极保护产生电屏蔽效应的岩石护板等材料；

e) 局部位于地面上的管道，宜采用适宜的防大气腐蚀材料。

8.2.1.3 埋地管道防腐层的施工及验收应执行下列标准的有关规定：

a) 挤压聚乙烯防腐层应符合GB/T 23257的规定；

b) 挤压聚丙烯防腐层应符合SY/T 7041的规定；

c) 熔结环氧防腐层应符合SY/T 0315的规定；

d) 聚烯烃冷缠带防腐层应符合 SY/T 0414 的规定；

e) 无溶剂液体环氧防腐层应符合 SY/T 6854 的规定；

f) 环氧煤沥青防腐层应符合 SY/T 0447 的规定。

8.2.1.4 埋地保温管道防腐施工与验收可按 GB/T 50538 的有关规定执行。

8.2.1.5 埋地管道防腐层验收时，应进行外防腐层地面检漏，应修复破损点及漏涂的防腐层缺陷。

8.2.1.6 地上管道防腐层施工与验收可按 SY/T 7036 的有关规定执行。

8.2.2 海底管道

8.2.2.1 海底管道防腐层的施工和验收应按照具体类型的防腐层施工验收规范执行。

8.2.2.2 海底管道采用铺管船敷设时，防腐层在经过张紧器后不应出现破损。

8.2.2.3 海底管道防腐层节点补口所采用的材料应与海底管道防腐层系统相匹配。

8.2.2.4 海底管道采用铺管船敷设时，节点补口材料在经过托管架滚轮后不应脱落。

8.3 阴极保护施工与验收

8.3.1 陆上管道

8.3.1.1 强制电流系统施工与验收应符合以下要求：

a) 电源设备与阴极保护电缆的连接应符合设计要求，接线应正确，电气接触应导通良好，电缆应明确标识；电源设备安放位置应符合设计要求，应预留足够空间用于接线安装、检测与维护。

b) 阳极地床施工过程中，阳极接头应牢固密封完整，阳极电缆应完整无损坏，每根阳极电缆长度均应符合安装位置尺寸的要求，并留有余量；阳极安装后，宜在阴极保护系统断电状态下测试阳极组的接地电阻，并作好测试记录。

8.3.1.2 牺牲阳极施工与验收应符合以下要求：

a) 牺牲阳极的布局、位置和数量应符合设计要求；非预包装牺牲阳极应除去牺牲阳极的所有防水包装材料，阳极周围应填充填包料，并置于填包料中心位置，填包料应混合均匀并完整包覆阳极；采用预包装牺牲阳极时，填包料应采用麻袋或棉质布袋包装，不应采用化纤类包装袋包装。牺牲阳极就位后应浇水浸泡。

b) 带状牺牲阳极在低温环境下施工时，应注意低温环境对带状阳极机械性能的影响。

c) 电缆与牺牲阳极钢芯的连接宜采用焊接方式或铜管钳接方式，焊接处应防腐绝缘。

8.3.1.3 线路阴极保护施工与验收按 GB/T 21448 执行，站场阴极保护施工与验收按 SY/T 6964 执行。

8.3.2 海底管道

8.3.2.1 牺牲阳极与海底管道连接可采用铝热焊、铜焊或焊接，应控制焊接过程的热量导入。阳极安装完成后，焊接热影响区应彻底清理，暴露的钢表面采用热缩带保护。

8.3.2.2 有混凝土配重层的管道，应避免牺牲阳极与混凝土加强筋之间的电连接。

8.3.2.3 海底管道牺牲阳极安装检验应包括焊缝外观和电连接检验。

8.3.2.4 海底管道牺牲阳极阴极保护施工可按 SY/T 6878 的有关规定执行。

8.3.3 系统验收

阴极保护系统通电和(或)调试之后,应按9.1.4.4规定的方法进行检测,阴极保护工程应达到阴极保护准则的要求方可通过验收。

9 运行及维护管理

9.1 陆上管道

9.1.1 一般要求

9.1.1.1 在役管道应制定管道外腐蚀检测计划并实施检测,检测应重点关注以下部位:

a) 管道补口处;

b) 热煨弯头;

c) 绝缘接头附近;

d) 保温层下的管道;

e) 输送介质温度超过40 ℃的管段;

f) 管道固定墩、支撑墩附近;

g) 管道穿跨越段;

h) 隧道内的管道;

i) 阴极保护不足段;

j) 杂散电流干扰段;

k) 阴极保护屏蔽段;

l) 涂层剥离区;

m) 管道周围电解质异常污染或含有微生物。

9.1.1.2 管道外腐蚀检测方法可按GB/T 51172执行。

9.1.1.3 对于管体的腐蚀缺陷应进行评估,根据评估结果确定修复措施并及时修复。

9.1.1.4 管道因外腐蚀发生泄漏后,应进行腐蚀机理分析,确定发生腐蚀的原因,并采取相应的应对措施。

9.1.2 管道检测

9.1.2.1 管道外腐蚀检测可采用内检测、外腐蚀直接评价或其他适宜的方法。管道内检测应按GB 32167的规定执行,外腐蚀直接评价应按照SY/T 0087.1规定执行。

9.1.2.2 管道投产后宜在3年内进行管道基线检测,检测间隔应根据上次检测结果综合确定。保温层管道宜缩短检测周期。

9.1.2.3 管道管理部门应根据管道外腐蚀检测结果,对外腐蚀控制措施的有效性进行评价,对外腐蚀控制措施失效的管段,应及时采取应对措施。

9.1.3 防腐层管理

9.1.3.1 管道防腐层管理宜结合完整性评价结果进行。有内检测报告时,应优先根据内检测结果指导防腐层的维修与管理。

9.1.3.2 宜定期进行防腐层检漏,并做好防腐层检漏修补记录。

9.1.3.3 应根据管道外防腐层检测结果,结合阴极保护情况,对管道的防腐层缺陷点进行修复。对于位于阴极保护不足以及其他易发生腐蚀区域的防腐层缺陷点,应及时修复。外防腐层的修复应按SY/T 5918的有关规定执行。

9.1.3.4 应定期对管道外防腐层、补口材料、保温材料以及可能产生阴极保护屏蔽的防腐材料进行开挖检查。对管道外腐蚀控制采用的新材料、新工艺、新结构,应缩短检查周期。检查评价方法应按SY/T 0087.1的规定执行。

9.1.3.5 埋地管道暴露后,宜对管道的防腐层状况进行检测。

9.1.3.6 管道防腐层大修应依据管道内外检测结果、土壤条件并结合日常维护管理资料综合考虑,宜优先修复高后果区的管段。

9.1.3.7 当管道运行工况与环境发生重大变化,应对防腐层的服役性能重新评价。

9.1.4 阴极保护管理

9.1.4.1 管道阴极保护管理应符合 GB/T 21448 的规定。阴极保护参数的测试应符合 GB/T 21246 的规定。

9.1.4.2 可通过定期对外防腐层缺陷点开挖,检查缺陷点处管体表面情况,评价阴极保护效果。也可适量埋设检查片,通过检查片失重法对阴极保护效果进行评价,检查片的埋设位置、制备及腐蚀速率的测试应按 SY/T 0029 的规定执行。

9.1.4.3 当同步中断法使用受限时,宜采用极化探头法或者阴极保护电位检查片断电法评价管道阴极保护的有效性。

9.1.4.4 管道线路阴极保护系统的保护率应达到 100%,阴极保护设备的运行率应大于 98%,阴极保护系统的保护度宜大于 85%。

a) 保护率计算公式见式(2):

$$\eta_P = \frac{L_0 - L_1}{L_0} \times 100\% \qquad \cdots\cdots(2)$$

b) 运行率计算公式见式(3):

$$\eta_O = \frac{T_1}{T_0} \times 100\% \qquad \cdots\cdots(3)$$

c) 保护度计算公式见式(4):

$$\eta_C = \frac{G_1/S_1 - G_2/S_2}{G_1/S_1} \times 100\% \qquad \cdots\cdots(4)$$

式中:

η_P ——阴极保护系统的保护率;

η_O ——阴极保护设备的运行率;

η_C ——阴极保护系统的保护度;

L_0 ——阴极保护对象为管道时,管道总长度,单位为千米(km);

L_1 ——阴极保护对象为管道时,未达有效阴极保护管道的长度,单位为千米(km);

T_0 ——全年小时数,8 760 h;

T_1 ——年度有效投运时间,单位为小时(h);

G_1 ——未施加阴极保护试片的失重,单位为克(g);

S_1 ——未施加阴极保护试片的裸露面积,单位为平方厘米(cm^2);

G_2 ——施加阴极保护试片的失重,单位为克(g);

S_2 ——施加阴极保护试片的裸露面积,单位为平方厘米(cm^2)。

9.2 海底管道

9.2.1 一般规定

9.2.1.1 海底管道外防腐检测宜包含管道外防腐层检测和管道牺牲阳极检测。

9.2.1.2 应根据检测评价结果,制定下一次检测计划。

9.2.2 海底管道防腐层运行维护管理

9.2.2.1 飞溅区和大气区立管防腐层:应进行防腐层的外观检查,如涂层变色、隆起或开裂等,确定是否采取预防性的维护。

9.2.2.2 水下区管道与立管防腐层:对于裸露于海床上的管道,可采用目视外防腐层状况、水下测厚等进行检测,并采用摄影、录像等方式进行管道外防腐层检测记录。对于海底管道,可采用管道沿线电位梯度检测判断管道防腐层漏点,测量时,应确保测量电极偏差管道轴线距离不大于1 m。

9.2.3 海底管道牺牲阳极运行维护管理

9.2.3.1 海底管道牺牲阳极的检测内容主要包括但不限于:

a) 海底管道/海水的保护电位;

b) 绝缘效果:海底管道分段保护时,检测绝缘法兰(接头)的绝缘性能,并检测绝缘法兰(接头)管道防腐层完整性和腐蚀情况;

c) 牺牲阳极状况,包括:牺牲阳极的消耗情况;牺牲阳极有无移动、脱落、损坏,牺牲阳极与海底管道是否连接牢固,牺牲阳极表面是否覆盖了海洋生物或出现钝化现象等。

9.2.3.2 海底管道的阴极保护检测方法:可通过潜水员或ROV调查船等对海底管道阴极保护参数进行测量。

9.2.3.3 牺牲阳极处理与更换可采取下列方法:

a) 阳极块被海洋生物严重覆盖时,可由潜水员或ROV机械臂剥离。

b) 牺牲阳极损坏或严重消耗时,可由潜水员更换新阳极块。

10 腐蚀控制记录

10.1 与设计、施工相关的记录主要应包括:

a) 电流需要量的试验结果;

b) 土壤电阻率勘测的结果;

c) 外部金属构筑物、外部干扰源的位置;

d) 管道材质、壁厚、焊接类型等管道特征数据;

e) 管道埋深、连接方法、穿跨越、套管、回填的等管道施工文件、竣工资料;

f) 防腐层设计、施工与验收规范以及设计文件、竣工资料;

g) 阴极保护设计、施工与验收规范以及设计文件、竣工资料;

h) 其他腐蚀控制措施的有关资料。

10.2 与腐蚀控制维护管理相关的记录主要应包括:

a) 防腐层的检测,维修记录;

b) 阴极保护系统的检测、维修记录;

c) 干扰腐蚀控制设施的检测/维修记录;

d） 腐蚀泄漏、断裂、失效和管道更换记录；

e） 当埋地管道暴露时，观察到的管道及防腐层的状况；

f） 管道运行压力、运行温度、巡线记录等运行记录；

g） 其他有关的检测、维修记录。

10.3 宜保存管道调查、检测和试验的相关记录。

10.4 有关设施仍在役使用时，宜保存证明腐蚀控制措施必要性和有效性的评价记录。根据需要，其他有关的腐蚀控制记录也宜保存一定期限。

ICS 75.200
E 98

中华人民共和国国家标准

GB/T 21448—2017
代替 GB/T 21448—2008

埋地钢质管道阴极保护技术规范

Specification of cathodic protection for underground steel pipelines

(ISO 15589-1:2015,Petroleum,petrochemical and natural gas industries—Cathodic protection of pipeline systems—Part 1:On-land pipelines,NEQ)

2017-12-29 发布　　2018-07-01 实施

中华人民共和国国家质量监督检验检疫总局
中国国家标准化管理委员会　发布

前　　言

本标准按照 GB/T 1.1—2009 给出的规则起草。

本标准代替 GB/T 21448—2008《埋地钢质管道阴极保护技术规范》，与 GB/T 21448—2008 相比，除编辑性修改外主要技术变化如下：

——进一步明确了临时阴极保护的要求（见 4.1.3）；

——修改了“阴极保护准则”并增加了“交流干扰下的阴极保护准则”和“直流干扰下的阴极保护准则”的规定（见 4.4）；

——增加了强制电流系统电源设备的要求（见 5.1）；

——增加了石墨阳极、导电聚合物线性阳极和 MMO-Ti 线性阳极的主要性能指标要求（见 5.2.5.2、5.2.5.3 和 5.2.5.4）；

——增加了“并行管道的阴极保护”要求（见 5.3）；

——修改了牺牲阳极性能指标要求（见 6.2 和 6.3）；增加了牺牲阳极系统的设计要求（见 6.4.1）；修改了牺牲阳极种类选用要求及其填包料要求（见 6.4.2 和 6.5）；

——细化了测试装置的特殊要求（见 7.1.2），增加了测试桩的类型规定（见 7.1.3），增加了“检查片、极化探头与电阻探针”（见 7.1.4）；

——细化了“附加措施”中与套管、防雷保护和防浪涌保护器相关的要求（见 8.2、8.3 和 8.4）；

——增加了“施工与调试”（见第 9 章）；

——修改了“管理与维护”的内容（见第 10 章）；

——修改了附录 A，并删除了附录 B，附录 A 由规范性附录修改为资料性附录（见附录 A）。

本标准使用重新起草法参考 ISO 15589-1：2015《石油石化天然气工业　管道输送系统的阴极保护　第 1 部分：陆上管道》编制，与 ISO 15589-1：2015 的一致性程度为非等效。

本标准由全国石油天然气标准化技术委员会（SAC/TC 355）提出并归口。

本标准起草单位：中国石油管道局工程有限公司、中国石油规划总院、中国石油天然气管道分公司、中国石油集团工程设计有限责任公司西南分公司、中国石化管道储运有限公司。

本标准主要起草人：黄留群、张文伟、廖煜炤、罗锋、黄丽、郑安升、闫明珍、李国辉、滕延平、张平、黄春蓉、马晓成、刘佳、丁杰、王杰、郭娟丽、陈莎莎、付伟、潘怀良、付平平、程明、张延丰。

本标准所代替标准的历次版本发布情况为：

——GB/T 21448—2008。

埋地钢质管道阴极保护技术规范

1 范围

本标准规定了陆上埋地钢质管道(以下简称管道)外表面阴极保护系统设计、施工、测试、管理与维护的最低技术要求。

本标准适用于陆上埋地钢质油、气、水管道。

2 规范性引用文件

下列文件对于本文件的应用是必不可少的。凡是注日期的引用文件,仅注日期的版本适用于本文件。凡是不注日期的引用文件,其最新版本(包括所有的修改单)适用于本文件。

GB/T 4208 外壳防护等级
GB/T 4950 锌-铝-镉合金牺牲阳极
GB/T 10123 金属和合金的腐蚀 基本术语和定义
GB/T 17731 镁合金牺牲阳极
GB/T 21246 埋地钢质管道阴极保护参数测量方法
GB 50058 爆炸危险环境电力装置设计规范
GB 50217 电力工程电缆设计规范
GB/T 50698 埋地钢质管道交流干扰防护技术标准
GB 50991 埋地钢质管道直流干扰防护技术标准
SY/T 0029 埋地钢质检查片应用技术规范
SY/T 0086 阴极保护管道的电绝缘标准
SY/T 0087.1 钢质管道及储罐腐蚀评价标准 埋地钢质管道外腐蚀直接评价
SY/T 0096 强制电流深阳极地床技术规范
SY/T 0516 绝缘接头与绝缘法兰技术规范
SY/T 6964 石油天然气站场阴极保护技术规范

3 术语、定义和缩略语

3.1 术语和定义

GB/T 10123 界定的以及下列术语和定义适用于本文件。

3.1.1

阳极填料 anode backfill

填充在埋地阳极周围的低电阻率材料,用于保持湿度、减小阳极与电解质之间的电阻,以及防止阳极极化。

3.1.2

跨接 bond

采用金属导体(多为铜质导体)连接同一金属结构或不同金属结构上的两点,用于保证两点之间的电连续性。

3.1.3

去耦隔直装置 direct current decoupling device

为交流电流提供低阻抗并为直流电流提供高电阻通道的设备。

例如:极化电池、电容器、二极管。

3.1.4

汇流点 drain point

阴极保护系统中的阴极电缆与被保护管道的连接点,保护电流通过此点流回电源。

3.1.5

等电位连接 equipotential bonding

将分开的金属结构直接用导体或经电涌保护器连接到防雷装置上以减小雷电流引发的电位差。

3.1.6

地床 groundbed

埋地的牺牲阳极或强制电流辅助阳极系统。

3.1.7

辅助阳极 impressed-current anode

强制电流阴极保护系统中用于提供电流的电极。

3.1.8

断电电位 instant-OFF potential

瞬时断电电位

为测试无 IR 降电位,在回路电流中断短时间延迟后瞬间所测的电位。

3.1.9

IR 降 IR drop

阴极保护回路中所有电流与回路电阻(主要是电解质电阻和管道电阻)的乘积。

3.1.10

极化电位 polarized potential

无 IR 降电位

消除由阴极保护电流或其他电流所引起的 IR 降后管道对电解质的电位。

3.1.11

绝缘装置 isolating/insulating devices

用于隔离金属间电连续的设施,指专用的配件、加工件等。

3.1.12

线性阳极 linear auxiliary anode

阳极主体由线性的、连续的阳极材料组成,阳极材料周围填充焦炭填料,并预包装在织物覆盖层及耐磨编织网中。

例如,导电聚合物线性阳极、混合金属氧化物(MMO-Ti)线性阳极。

3.1.13

测试桩　test post

布设在埋地管道沿线,用于监测与测试管道阴极保护参数的设施。

3.1.14

通电电位　ON potential

阴极保护系统持续运行时测量的管道对电解质电位。

3.1.15

耐点蚀当量数　pitting resistance equivalent number;PREN

依据不锈钢合金化学成分中所含的铬、钼、钨以及氮等组分,反映和预测不锈钢耐点蚀能力的数值。

3.1.16

极化　polarization

由外部电流引起的管道对电解质电位的变化。

3.1.17

保护电位　protection potential

管道的金属腐蚀速率可以接受状态下的管道对电解质电位。

3.1.18

恒电位仪　potentiostat unit

能自动保持管道对电解质电位恒定的电源设备。

3.1.19

电源设备额定输出电压　rated output voltage

$\boldsymbol{U}_{dN}$

电源设备规定的最高输出电压。

3.1.20

电源设备额定输出电流　rated output current

$\boldsymbol{I}_{dN}$

电源设备规定的最大输出电流。

3.1.21

杂散电流　stray current

在非指定回路中流动的电流。

3.2　缩略语

下列缩略语适用于本文件。

CCVT:密闭循环蒸气发电机组。

CSE:铜/饱和硫酸铜参比电极。

SCC:应力腐蚀开裂。

SCE:饱和 KCl 甘汞电极。

SRB:硫酸盐还原菌。

TEG:热电发生器。

4 通则

4.1 基本要求

4.1.1 埋地油气长输管道、油气田外输管道和油气田内埋地集输干线管道应采用阴极保护;其他埋地管道宜采用阴极保护。

4.1.2 阴极保护应与防腐层联合实施。

4.1.3 阴极保护工程应与主体工程同时勘察、设计、施工和投运。当阴极保护系统在管道埋地三个月内不能投运时,应采取临时阴极保护措施保护管道;在强腐蚀性土壤环境中,应在管道埋地时施加临时阴极保护措施;临时阴极保护措施应维持至永久阴极保护系统投运;对于受到直流杂散电流干扰影响的管道,阴极保护系统及排流保护措施应在三个月之内投运。

4.1.4 埋地管道阴极保护可采用强制电流法、牺牲阳极法或两种方法结合的方式,应视工程规模、土壤环境、管道防腐层绝缘性能等因素,经济合理地选用。

4.1.5 对于高温、防腐层剥离、隔热保温层、屏蔽、细菌侵蚀及电解质的异常污染等特殊条件下,阴极保护可能无效或部分无效,在设计时应予以考虑。

4.1.6 站场埋地管道阴极保护应符合 SY/T 6964 的规定。

4.2 管道条件

4.2.1 电绝缘

4.2.1.1 一般要求

阴极保护管道应与非保护金属结构和公共或场区接地系统电绝缘。

阴极保护线路管道应与工艺站场内管道、井场设施、非阴极保护的管道和钢质套管等金属结构电绝缘。

阴极保护管道在杂散电流干扰影响区可安装电绝缘装置分段隔离。

电绝缘无法实现时,阴极保护设计应提供足够的阴极保护电流和有效的电流分布。

电绝缘装置的设计、材料、尺寸和结构应符合 SY/T 0516 和 SY/T 0086 的规定。绝缘接头宜采用整体型。对于输送导电介质的管道,绝缘接头内表面及与绝缘接头相连的管道内表面应涂敷内防腐层,涂刷长度应根据输送介质的电阻率计算,以能够消除两侧电位差导致的腐蚀为准。所使用的密封材料、防腐层材料和绝缘材料应适应所输送的介质。

4.2.1.2 电绝缘装置安装位置

可在管道下列位置处设置绝缘装置:

——与站场管道连接处;

——与支线管道连接处;

——不同金属材料之间;

——交、直流干扰影响的管段上;

——阴极保护管道与非保护金属结构之间。

绝缘装置不应设置在易形成导电凝析液或游离水积聚的位置。

4.2.1.3 电绝缘装置安装

电绝缘装置安装应符合 SY/T 0086 的有关规定。

绝缘接头和绝缘法兰安装前应进行绝缘电阻检测,性能应符合 SY/T 0516 的规定。

绝缘接头安装处应设置测试设施。

绝缘法兰安装时宜采取防尘防水密封措施。

4.2.1.4 电绝缘装置保护

绝缘接头和绝缘法兰应设置防电涌保护器。

防电涌保护器设置不应影响绝缘接头或绝缘法兰的性能。防电涌保护器可采用固态去耦合器、避雷器、火花间隙、电解接地电池、极化电池、等电位连接器等。

4.2.2 电连续性

4.2.2.1 阴极保护管道应具有良好的电连续性。

4.2.2.2 电连续性跨接可设置在电绝缘装置两侧。对于非焊接钢质管道,电连续性跨接应设置在管道接头处。

4.2.2.3 电连续性跨接应在测试装置内进行。

4.2.3 接地

4.2.3.1 当阴极保护管道需要接地时,接地系统应与阴极保护系统兼容,可在接地回路中安装去耦隔直装置。当管道局部接地时,可采用锌或镀锌接地极与管道直接连接。

4.2.3.2 所有接地设施不应对阴极保护系统造成不利影响。

4.3 设计资料及现场勘察

4.3.1 管道阴极保护系统设计时,宜收集下列技术资料:

——管道参数,包括长度、直径、壁厚、材料类型与等级、防腐层类型与等级;

——输送介质、设计温度、设计压力、操作温度和操作压力;

——管道路由带状图纸;

——工艺站场和阀室的分布;

——穿越河流、铁路、公路的位置和结构;

——沿线已有的埋地电缆、金属结构和钢质管道的分布;

——套管位置和结构;

——管沟回填材料种类;

——管道上的其他电动设备;

——地形地貌和土壤特性参数,包括土壤电阻率、pH 值、引起腐蚀的细菌、冻土层;

——气候条件;

——高压输电线路或埋地高压电缆的位置、走向及额定电压;

——邻近交、直流电气化牵引系统的特性参数、变电站位置和其他干扰电流源的特性参数;

——接地系统类型与位置;

——阴极保护系统设计寿命;

——阴极保护设施安装的环境条件;

——绝缘装置类型与位置;

——电源的可利用性;

——可用于远距离监测的遥测系统的类型与位置。

4.3.2 现场勘察所测项目应包括下列内容:

——阳极地床可选区域不同深度的土壤电阻率;

——细菌活动的腐蚀条件；

——交、直流干扰源特性参数及与管道的相对位置关系；

——4.3.1 中收集到的资料不能满足设计要求的项目。

4.4 阴极保护准则

4.4.1 无 IR 降阴极保护电位

无 IR 降阴极保护电位 E_{IRfree} 应满足式(1)要求：

$$E_{\text{l}} \leqslant E_{\text{IRfree}} \leqslant E_{\text{p}} \qquad \cdots\cdots(1)$$

式中：

E_{l} ——限制临界电位；

E_{IRfree} ——无 IR 降阴极保护电位；

E_{p} ——金属腐蚀速率小于 0.01 mm/a 时的最小保护电位。

4.4.2 阴极保护电位

阴极保护电位宜满足表 1 的要求。在管道寿命期内，应考虑管道周围介质电阻率变化对阴极保护电位的影响。

表 1 金属材料在土壤、水中的自然电位、最小保护电位和限制临界电位

金属或合金	环境条件	自然电位 E_{COR}（参考值）V	最小保护电位 E_{p}（无 IR 降）V	限制临界电位 E_{l}（无 IR 降）V
碳钢、低合金钢和铸铁	一般土壤和水环境	−0.65～−0.40	−0.85	E_{l}^{a}
	40 ℃<T<60 ℃的土壤和水环境	—	E_{p}^{b}	E_{l}^{a}
	T>60 ℃的土壤和水环境[c]	−0.80～−0.50	−0.95	E_{l}^{a}
	T<40 ℃，100<ρ<1 000 Ω·m 含氧的土壤和水环境	−0.50～−0.30	−0.75	E_{l}^{a}
	T<40 ℃，ρ>1 000 Ω·m 含氧的土壤和水环境	−0.40～−0.20	−0.65	E_{l}^{a}
	存在硫酸盐还原菌(SRB)腐蚀风险的缺氧土壤和水环境	−0.80～−0.65	−0.95	E_{l}^{a}
PREN<40 的奥氏体不锈钢	环境温度下，中性和碱性的土壤与水环境	−0.10～+0.20	−0.50	E_{l}^{d}
PREN>40 的奥氏体不锈钢		−0.10～+0.20	−0.30	—
马氏体或奥氏-铁素体(双相)不锈钢		−0.10～+0.20	−0.50	E_{l}^{d}
不锈钢	环境温度下，酸性的土壤和水环境	−0.10～+0.20	E_{p}^{e}	E_{l}^{d}

表 1(续)

金属或合金	环境条件	自然电位 E_{COR} (参考值) V	最小保护电位 E_p (无 IR 降) V	限制临界电位 E_1 (无 IR 降) V
铜	环境温度下,土壤和水环境	−0.20~0.00	−0.20	—
镀锌钢		−1.10~0.00	−1.20	—
注:所有电位相对于铜/饱和硫酸铜参比电极(CSE,下同)。				

[a] 对于高强度非合金钢和屈服强度超过 550 N/mm² 的低合金钢,临界限制电位值应有文件证明或通过实验确定。

[b] 温度为 40 ℃~60 ℃时,最小保护电位值可在 40 ℃时的电位值(−0.65 V,−0.75 V,−0.85 V 或 −0.95 V)与 60 ℃时的电位值(−0.95 V)之间通过线性插值法确定。

[c] 高 pH 值应力腐蚀开裂(SCC)风险随温度升高而增加。

[d] 若存在马氏体和铁素体相,应有文件证明或通过实验确定氢脆危害风险。

[e] 应通过文献或实验确定。

4.4.3 限制临界电位

管道防腐层的限制临界电位 E_1 不应比 −1.20 V(CSE)更负,并应防止防腐层出现阴极剥离、起泡、管体氢脆现象。

4.4.4 100 mV 阴极电位负向偏移准则

4.4.4.1 当表 1 的阴极保护准则无法达到时,可采用阴极电位负向偏移至少 100 mV 的准则。

4.4.4.2 100 mV 阴极电位负向偏移准则不适用于温度大于 40 ℃的环境,含硫酸盐还原菌的土壤,存在干扰电流、平衡电流和大地电流的情形,存在外部应力腐蚀风险的情形,以及管道连接处或由多种金属组成的部件。

4.4.5 交流干扰下的阴极保护准则

4.4.5.1 当管道遭受交流干扰影响时,应测试管道上的交流感应电压和(或)交流电流密度,评估交流干扰程度。

4.4.5.2 对遭受交流干扰影响的管道,阴极保护电位除应满足表 1 要求之外,还应满足 GB/T 50698 的规定。

4.4.5.3 交流干扰防护措施及防护效果应满足 GB/T 50698 的规定。

4.4.6 直流干扰下的阴极保护准则

4.4.6.1 当管道遭受直流干扰影响时,应采取直流干扰防护措施。

4.4.6.2 直流干扰防护措施及防护效果应满足 GB 50991 的规定。

5 强制电流系统

5.1 电源设备

5.1.1 一般要求

5.1.1.1 电源设备应使用市电或所在站场稳定可靠的交流电源,在无可利用电源的场所,可采用太阳能电池、风力发电机、天然气发电机、TEG、CCVT 等直流电源。电源设备所用外部电源应设置独立的配电箱。

5.1.1.2 电源设备的机壳应接地。

5.1.1.3 防爆区域使用的电源设备应符合 GB 50058 的规定。

5.1.1.4 电源设备安装环境应与设备使用环境相匹配,应采取措施确保电源设备正常工作。

5.1.2 电源设备选择

5.1.2.1 电源设备可选用恒电位仪和变压器-整流器。

5.1.2.2 电源设备应具备恒电位、恒电流或整流器运行模式。

5.1.2.3 电源设备的额定输出电流、额定输出电压宜不低于实际需要的 1.5 倍。

5.1.2.4 电源设备的输出功率可参照附录 A 计算确定。

5.1.3 电源设备基本要求

5.1.3.1 电源设备应能在下列环境条件下正常工作:

——环境温度:−25 ℃~+50 ℃;

——相对湿度:15%~90%;

——大气压力:86 kPa~106 kPa。

5.1.3.2 电源设备应能在下列外部电源条件下正常工作:

a) 交流供电电源:

1) 单相 220(1±10%)V,频率:50(1±5%)Hz;

2) 三相 380(1±10%)V,频率:50(1±5%)Hz。

b) 直流供电电源:87.5%U_{dN}~117.5%U_{dN}。

5.1.3.3 电源设备的输出电压不宜超过 50 V。

5.1.3.4 电源设备的输入端子和输出端子对机壳的绝缘电阻应不小于 10 MΩ。

5.1.3.5 电源设备的抗电强度应满足以下要求:

a) 交流电源输入端子对机壳、设备“零位接阴”端子对各远传接口输出端子应能承受 1 500 V(有效值)、50 Hz 的试验电压,试验时间 1 min,不出现飞弧或击穿现象;

b) 直流电源输入端子对机壳应能承受 750 V(有效值)、50 Hz 的试验电压,试验时间 1 min,不出现飞弧或击穿现象。

5.1.3.6 电源设备的防雷保护应满足以下要求:

a) 电源设备的输入、输出端子应安装适宜的雷电防护单元;

b) 当阳极电缆和管道受到感应雷影响时,阳极电缆与阴极电缆、阳极电缆与零位接阴电缆之间的限幅电压 100 V~150 V,过压通流容量 20 kA(8/20 μs),漏电流不大于 20 mA;参比电缆和零位接阴电缆之间的限幅电压 5 V,过压通流容量 50 A(10/1 000 μs),漏电流小于 0.3 μA(3 V)。

5.1.3.7 电源设备应安装过电流保护装置;当阴极保护电源设备各路输出电流达到额定值的110%时,应采用黄色指示灯指示,并发出报警,持续 2 min 可自动限流。

5.1.3.8 恒电位仪无法恒电位运行时,应具备自动转换成恒电流工作方式的功能,同时具备手动锁定恒电位工作方式的功能及手动锁定恒电流工作方式的功能。

5.1.3.9 电源设备控制精度应满足以下要求:

a) 当负载变化、电网电压在本标准规定的范围内变化时,恒电位仪的通电点电位值的变化应小于 5 mV。

b) 恒电流方式工作时,输出电流为 $2\% I_{dN}$～$100\% I_{dN}$ 内,恒电流的控制精度应为±1%,且偏移量不超过 50 mA。

5.1.3.10 当需要实现远程测控时,电源设备应提供点对点或(和)数字通讯接口。

5.1.3.11 电源设备内的电路板和导线焊接点应进行防霉、防潮、防尘处理。户外安装时,机壳防护等级应为 GB/T 4208 规定的 IP55 及以上;户内安装时,机壳防护等级应为 GB/T 4208 规定的 IP31 及以上。

5.2 辅助阳极地床

5.2.1 一般要求

5.2.1.1 辅助阳极地床(以下简称地床)的设计和选址应满足以下条件:

——地床材料的质量应满足阴极保护系统的设计寿命;

——在最大的预期保护电流需要量时,地床接地电阻上的电压降应小于额定输出电压的 70%;

——避免对邻近埋地金属构筑物造成不可接受的干扰影响。

5.2.1.2 辅助阳极地床分为深井型和浅埋型,在选择时应分析下列因素的影响:

——岩土地质特征和土壤电阻率随深度的变化;

——地下水位;

——不同季节土壤条件极端变化;

——地形地貌特征;

——屏蔽作用;

——第三方破坏的可能性;

——周围环境规划情况;

——经济性。

5.2.1.3 采用多座地床时,各地床的输出电流应能独立调整。

5.2.2 深井阳极地床

5.2.2.1 深井阳极地床的设计、安装、运行与维护应符合 SY/T 0096 的规定。地床接地电阻的计算应采用位于阳极段长度中点深度的土壤电阻率值,并分析不同层次土壤电阻率差异的影响。

5.2.2.2 深井阳极地床应安装非金属耐氯材料制造的排气管,缓解阳极与导电填料间产生气阻。

5.2.2.3 深井阳极地床处应设置永久性地床标识桩。

5.2.3 浅埋阳极地床

5.2.3.1 浅埋阳极地床可采用水平式或立式。在非永冻土地区,辅助阳极应安装在冻土层以下,埋深不宜小于 1 m;在永冻土地区,辅助阳极应安装在岛状冻土之间的非永冻土层或冻融地层内。

5.2.3.2 浅埋阳极地床首末端应设置永久性地床标识桩。

5.2.4 辅助阳极

5.2.4.1 辅助阳极可选用高硅铸铁阳极、石墨阳极、钢铁阳极、导电聚合物阳极和金属氧化物阳极。

5.2.4.2 阳极材料和质量选用应按阴极保护系统设计寿命期内最大预期保护电流的125%计算。

5.2.4.3 阳极宜使用填充料,可使用冶金焦炭、石油焦炭或石墨填充料,填充料的含碳量宜大于85%,最大粒径应不大于15 mm。

5.2.4.4 辅助阳极接地电阻、工作寿命和阳极数量计算可参见附录A。

5.2.5 常用辅助阳极主要性能

5.2.5.1 高硅铸铁阳极的化学成分应符合表2的规定。阳极的允许电流密度为5 A/m²～80 A/m²,消耗率应小于0.5 kg/(A·a)。阳极引出线与阳极的接触电阻应小于0.01 Ω,拉脱力数值应大于阳极自身质量的1.5倍,接头密封可靠。阳极引线长度应不小于1.5 m。阳极表面应无明显缺陷。

表2 高硅铸铁阳极的化学成分

序号	类型	主要化学成分的质量分数 %					杂质质量分数 %	
		Si	Mn	C	Cr	Fe	P	S
1	普通	14.25～15.25	0.5～1.5	0.80～1.05		余量	≤0.25	≤0.1
2	加铬	14.25～15.25	0.5～1.5	0.8～1.4	4～5	余量	≤0.25	≤0.1

5.2.5.2 石墨阳极的性能应符合表3的规定。阳极宜经亚麻油或石蜡浸渍处理,阳极引出电缆与阳极的接触电阻应小于0.01 Ω,拉脱力数值应大于阳极自身质量的1.5倍,接头应密封。阳极电缆长度应不小于1.5 m。阳极表面应无明显缺陷。

表3 石墨阳极的主要性能

密度 g/cm³	气孔率 %	灰分 %	石墨化程度 %	电阻率 Ω·mm²/m	消耗率 kg/(A·a)	允许电流密度 A/m²
1.7～2.2	25～30	≤0.5	≥81	9.5～11.0	<0.6	5～10

5.2.5.3 导电聚合物线性阳极的性能应符合表4的规定。

表4 导电聚合物线性阳极主要性能

最大输出线电流密度 mA/m		最低施工温度 ℃	阳极铜芯截面积 mm²	阳极外径 mm	最小弯曲半径 mm
无填充料	有填充料				
52	82	−18	16	13	150

5.2.5.4 MMO-Ti线性阳极主体应采用线性的、连续的钛基混合铱/钽金属氧化物阳极，阳极主体的性能应符合表5的规定。

表5 MMO-Ti阳极主体性能指标

项目	性能指标	试验方法
基材	一级钛	ASTM B863-2010
防腐层厚度 g/m^2	≥6	ASTM B568-2009
在额定最大线电流密度下的使用寿命 a	≥25	NACE TM108-2008
最大工作电流密度 A/m^2	100	土壤环境中，使用填充料

5.2.5.5 钢铁阳极的消耗率为8 kg/(A·a)～10 kg/(A·a)。

5.3 并行管道的阴极保护

5.3.1 同沟敷设并行管道、同期建设管径相同或相近的并行管道、阴极保护站合建的并行管道宜采用联合阴极保护。同沟敷设阴极保护站分建的并行管道以及非同沟敷设的并行管道宜分别实施阴极保护。

5.3.2 与高压输电线路长距离并行、与电气化铁路并行或多次交叉的并行管道，不宜采用联合保护。

5.3.3 并行管道采用联合阴极保护时，宜在汇流点及其他适当位置设置跨接线。

5.3.4 并行管道分别实施阴极保护时，宜选择各自适宜的阳极地床方式或位置，避免相互之间的干扰；当存在干扰时应采取防治措施。

5.3.5 分别实施阴极保护的并行管道在投运时应进行联合调试。

6 牺牲阳极系统

6.1 基本要求

6.1.1 牺牲阳极系统适用于保护敷设在电阻率较低的土壤、水、沼泽或湿地环境中的小口径管道或距离较短并带有优质防腐层的管道。

6.1.2 选用牺牲阳极时，应考虑以下因素：

——无合适的可利用电源；

——电器设备难以维护保养的情形；

——临时性保护；

——强制电流系统保护的补充；

——永冻土层内管道周围土壤融化带；

——存在阴极保护屏蔽的地方。

6.1.3 牺牲阳极上应标记材料类型(如商标)、阳极质量(不含阳极填充料)和炉号。供货商应提供完整的文件资料说明阳极的数量、类型、质量、直径、化学成分和性能数据等。

6.2 锌合金牺牲阳极

6.2.1 化学成分

锌合金牺牲阳极成分中锌的含量应不小于99.314%,高纯锌合金中锌的含量应不小于99.99%,其他元素含量应符合表6的规定。

表6 锌合金牺牲阳极化学成分

元素	锌合金主要化学成分的质量分数 %	高纯锌合金主要化学成分的质量分数 %
Al	0.1~0.5	≤0.005
Cd	0.025~0.07	≤0.003
Fe	≤0.005	≤0.001 4
Pb	≤0.006	≤0.003
Cu	≤0.005	≤0.002
其他杂质	总含量≤0.1	—

6.2.2 棒状锌合金牺牲阳极

棒状锌合金牺牲阳极的电化学性能应符合表7的规定,结构与尺寸应符合GB/T 4950的规定。使用其他成分的锌合金牺牲阳极时,应提供满足表7规定的证明材料。

表7 土壤环境中棒状锌合金牺牲阳极的电化学性能

性能	锌合金
开路电位 V	−1.05~−1.10
工作电位 V	−1.00~−1.05
实际电容量 A·h/kg	≥780
电流效率 %	≥95
消耗率 kg/(A·a)	11.2
注:所有电位相对于CSE。	

6.2.3 带状锌合金牺牲阳极

带状锌合金牺牲阳极的电化学性能应符合表8的规定,规格及尺寸应符合表9的规定,截面图例可参见图1。

表 8　带状锌合金牺牲阳极的电化学性能

型号	开路电位 V		理论电容量 A·h/kg	实际电容量 A·h/kg	电流效率 %
	相对 CSE	相对 SCE			
高纯锌	≤−1.10	≤−1.03	820	≥740	≥90
注：实验介质——人造海水。					

表 9　带状锌合金牺牲阳极的规格及尺寸

阳极截面尺寸 $D_1 \times D_2$ mm×mm	25.40×31.75	15.88×22.22	12.70×14.28	8.73×10.32
阳极带线质量 kg/m	3.57	1.785	0.893	0.372
钢芯直径 mm	4.70	3.43	3.30	2.92
标准卷长 m	30.5	61	152	305
标准卷内径 mm	900	600	300	300
钢芯的中心度偏差 mm	−2～+2			

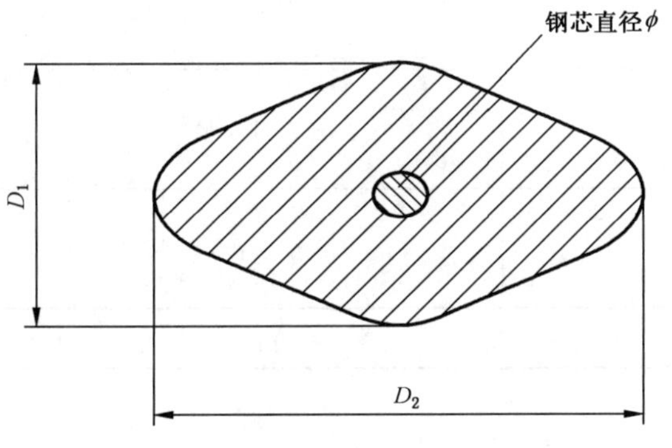

图 1　带状锌阳极的截面示意图

6.3　镁合金牺牲阳极

6.3.1　化学成分

镁合金牺牲阳极化学成分应符合表 10 的规定。

表 10 镁合金牺牲阳极的化学成分

元素	标准型主要化学成分的质量分数 %	镁锰型主要化学成分的质量分数 %
Mn	≥0.25	0.50～1.50
Al	5.0～7.0	≤0.05
Zn	2.0～4.0	≤0.03
Fe	≤0.005	≤0.03
Ni	≤0.003	≤0.002
Cu	≤0.08	≤0.02
Si	≤0.30	≤0.05
其他杂质	≤0.30	≤0.30
Mg	余量	余量

6.3.2 电化学性能

镁合金牺牲阳极电化学性能应符合表 11 的规定。使用其他成分的镁合金牺牲阳极时应提供满足表 11 规定的证明材料。

表 11 镁合金牺牲阳极的电化学性能

性能	标准型	镁锰型
开路电位 V	−1.57～−1.60	−1.77～−1.82
工作电位 V	−1.52～−1.57	−1.64～−1.69
实际电容量 A·h/kg	1 100	1 100
实际消耗率 kg/(A·a)	7.5	7.5
注：所有电位相对 CSE。		

6.3.3 结构与尺寸

镁合金牺牲阳极结构形式可选用棒状、带状，镁合金牺牲阳极的结构与尺寸应符合 GB/T 17731 的规定。

6.4 牺牲阳极系统的设计

6.4.1 设计原则

牺牲阳极系统的设计应满足以下要求：

——阳极材料应能持续提供管道所需的保护电流；

——阳极总质量应满足阴极保护系统设计寿命要求；

——阳极总质量计算应考虑阳极利用系数，阳极利用系数一般取0.8；

——应分析阳极及其填料对环境的不利影响。

6.4.2 牺牲阳极选用

6.4.2.1 牺牲阳极种类应按表12的要求选取。

表12 牺牲阳极种类的应用选择

阳极种类	土壤电阻率 Ω·m
锌合金牺牲阳极	<50
镁合金牺牲阳极	50～100

6.4.2.2 对于锌合金牺牲阳极，当土壤电阻率大于50 Ω·m时，应现场试验确认其有效性。

6.4.2.3 对于镁合金牺牲阳极，当土壤电阻率大于100 Ω·m时，应现场试验确认其有效性。

6.5 牺牲阳极填包料

牺牲阳极的填包料由石膏粉、膨润土和工业硫酸钠组成，它们的质量百分比为75∶20∶5。

6.6 牺牲阳极与管道的连接

牺牲阳极电缆应通过测试装置与管道实现电连接。

6.7 牺牲阳极布置

6.7.1 棒状牺牲阳极

6.7.1.1 棒状牺牲阳极可采取单支埋设或多支成组埋设两种方式，同组阳极宜选用同一炉号或开路电位相近的阳极。

6.7.1.2 棒状牺牲阳极埋设方式按轴向和径向分为立式和水平式两种。一般情况下，牺牲阳极宜距离管道外壁3 m～5 m，最小不宜小于0.5 m，埋设深度以阳极顶部距地面不小于1 m为宜。成组埋设时，阳极间距宜为2 m～3 m。

6.7.1.3 棒状牺牲阳极应埋设在冻土层以下。埋设在地下水位低于3 m的干燥地带或河床中的阳极，应适当加深埋设。在冻土区，阳极应安装在冻融地层或岛状冻土之间的非永冻土层。

6.7.1.4 棒状牺牲阳极布置时，阳极与管道之间不应存在其他金属构筑物。

6.7.2 带状牺牲阳极

带状牺牲阳极应根据用途和需要与管道同沟敷设或缠绕敷设。

6.7.3 特殊用途的牺牲阳极

牺牲阳极作为接地极、交直流干扰防护、参比电极等特殊应用时，应根据用途和需要进行布置。

7 测试及监测

7.1 测试装置

7.1.1 一般要求

阴极保护测试装置应与阴极保护系统同步安装。测试装置应沿管道线路走向进行布设，相邻测试装置间隔宜不大于 3 km。在城镇市区或工业区,相邻测试装置间隔不应大于 1 km;在杂散电流干扰影响区域内,测试装置可适当加密。测试装置宜安装在管道上方,并进行标识。

7.1.2 特殊要求

7.1.2.1 在下列位置处,应安装测试装置:

——绝缘接头处;

——金属套管处;

——与其他管道或设施连接处;

——辅助试片及接地设施连接处;

——强制电流阴极保护系统汇流点;

——辅助阳极处;

——管道定向钻穿越处;

——需要进行电流测试的位置。

7.1.2.2 在下列位置处,宜安装测试装置:

——管道与交、直流电气化铁路交叉处或平行段;

——管道与交流高压线交叉或平行段;

——与外部管道交叉处;

——管道与主要道路或堤坝交叉处;

——管道穿越铁路或河流处;

——靠近其他阴极保护构筑物的位置。

7.1.2.3 对于非同沟敷设的并行管道,每条管道应单独设置测试装置,测试装置应安装在相应管道的正上方。

7.1.2.4 每个测试装置中应有不少于两根电缆与管道连接,电缆应采用颜色或其他标记法区分,并应全线统一。

7.1.3 测试桩

测试桩类型主要包括:

——电位测试桩;

——电流测试桩;

——绝缘接头测试桩;

——管道交叉测试桩;

——长效参比电极、试片、探头、极化探头、直流去耦设施等测试桩;

——输送管与金属套管绝缘性能测试桩。

7.1.4 检查片、极化探头与电阻探针

7.1.4.1 下列情况下可安装检查片、极化探头或电阻探针:

——同步中断法不能有效测量管地电位;

——评价管道阴极保护效果;

——评价交流腐蚀风险;

——检测交流或者直流电流密度;

——检测管道在土壤中的腐蚀速率。

7.1.4.2 可采用埋地钢质检查片评价土壤腐蚀性和阴极保护效果。根据测试目的,可分别或同时使用腐蚀失重检查片和阴极保护电位检查片。

7.1.4.3 检查片、极化探头和电阻探针应靠近管道安装。极化探头的长效参比电极应靠近试片,且应需要定期校准。

7.2 监测装置

7.2.1 与外部管道交叉

在与其他外部管道交叉时宜设置监测装置,每条管道上宜分别引出两根测试电缆连接到监测装置中,电缆可直接连接,或通过电阻或二极管跨接。

7.2.2 金属套管处

采用金属套管穿越时,套管和输送管两侧宜分别引出两根测试电缆连接到监测装置中;应通过监测装置检测金属套管与输送管之间的电绝缘状况。

7.2.3 电流监测装置

应对电流测试桩的每根测试电缆进行标识,以确定电流的方向。

7.2.4 绝缘接头处

绝缘接头两侧宜分别引出两根测试电缆连接到监测装置中。在监测装置中,应根据需要与防浪涌保护装置跨接。

7.2.5 排流点处

在杂散电流干扰影响区域,直接排流、极性排流或强制排流的排流点处,宜将来自管道、干扰源或接地体的电缆引至监测装置,在监测装置中进行电缆跨接或与排流装置跨接。

7.2.6 汇流点处

7.2.6.1 汇流点处宜设置监控设施,监控设施宜安装在监测装置中。

7.2.6.2 当阴极保护系统保护多条管道时,监测装置中应为每根管道配备分流器和阻断二极管。

7.2.6.3 宜从管道上单独引出测试电缆并连接到汇流点处的监测装置中,用于测量汇流点处的管/地电位。

7.3 远程监测装置

当管道穿越无人地区或很难接近的地方,应采用远程监测、遥感技术或其他数据传输系统,同时配合使用长效参比电极、极化探头或检查片。远程监测装置应具备自动采集、储存和远传功能,采集参数的范围及误差应满足要求。

7.4 消除IR降的测试装置

当存在杂散电流干扰影响或牺牲阳极难以拆除时,应采用阴极保护检查片或者极化探头进行断电电位测量。极化探头和阴极保护检查片的安装应符合SY/T 0029的规定。

8 附加措施

8.1 临时阴极保护

8.1.1 临时阴极保护可采用牺牲阳极方式,在阴极保护系统调试期间及调试后,牺牲阳极和管道应通过测试桩连接。

8.1.2 应安装测试装置测试临时性阴极保护效果，测试装置应与管道同时安装。

8.2 套管

8.2.1 一般要求

8.2.1.1 宜避免采用套管穿越。

8.2.1.2 采用套管穿越时，套管内的输送管应具有完好的防腐层，且应满足如下要求：

——套管与输送管之间应安装绝缘支撑隔离；

——套管端部应密封。

8.2.2 屏蔽阴极保护电流的套管

采用塑料管、带防腐层的混凝土管、导电性差的混凝土管、带防腐层的钢套管等屏蔽阴极保护电流的套管时，管道的腐蚀控制可采取如下措施：

——套管内存在电解质时，应采用牺牲阳极保护，牺牲阳极不应与套管存在电连接，应避免阳极腐蚀产物造成套管与输送管电连接；

——向套管内的环形空间填充防腐材料。

8.2.3 导通阴极保护电流的套管

采用裸钢套管或防腐层质量差的钢套管、混凝土导电性良好的无防腐层的混凝土管、进行就近接地的防腐套管等导通阴极保护电流的套管时，应按以下要求采取措施：

——套管与管道之间无电连接，且环形空间内存在足够量的电解质时，可利用管道的外部阴极保护电流对套管内的管道进行保护。

——对于实施了阴极保护的套管，套管与管道之间应通过可调电阻跨接，套管相对于管道应处于阳极状态。

8.3 防雷防护

8.3.1 电绝缘装置或需要防护的设备应设置防电涌保护器。

8.3.2 当电绝缘装置所处位置存在交流干扰时，防电涌保护器还应具有导通交流电流的能力，宜采用固态去耦合器或其他等效的产品。

8.3.3 当需要将感应交流电、雷电、故障电流或静电积累电流从管道上向大地中排放时，接地材料可采用锌合金阳极；当采用非牺牲阳极材料作为接地极时，管道与接地极之间应安装去耦隔直装置或其他等效产品。所有防护措施均不应对管道阴极保护的有效性造成不利影响。

8.3.4 防电涌保护器应安装在能防止灰尘和潮气汇聚的地方。

8.3.5 防电涌保护器连接电缆的长度、横截面面积和类型应与防电涌保护器的电气性能相匹配；截面积不应小于 16 mm^2，电缆长度应短、直。

8.4 防电涌保护器

8.4.1 防电涌保护器应能承受预期的最大电流冲击或故障电流。

8.4.2 防电涌保护器应具有较强的绝缘强度自恢复能力。

8.4.3 用于阴极保护系统的防电涌保护器应能有效隔离阴极保护直流电流，且额定隔离电压值应低于绝缘设施的击穿电压。

8.4.4 用于阴极保护系统的防电涌保护器应具有较小的漏泄电流。

8.4.5 用于保护阴极保护设备的防电涌保护器的残压应小于设备的耐受电压。

8.4.6 防电涌保护器应完全封包以防在大气中出现火花;设置在防爆区域内的防电涌保护器应安装在具备相应防爆性能的防爆接线箱内。

8.4.7 防电涌保护器外壳防护等级应为 GB/T 4208 的 IP55 及以上。

8.5 阴极保护电缆与电缆连接

8.5.1 电缆选用

8.5.1.1 阴极保护电缆应采用铜芯电缆,测试电缆的截面不宜小于 4 mm^2。采用多股连接导线时,每股导线的截面不宜小于 2.5 mm^2。

8.5.1.2 用于强制电流阴极保护的阴极电缆和阳极电缆截面不宜小于 16 mm^2,用于牺牲阳极阴极保护的铜芯电缆的截面不宜小于 4 mm^2。

8.5.2 电缆与管道连接

8.5.2.1 焊接位置不宜在弯头上或管道焊缝两侧 150 mm 范围内。

8.5.2.2 电缆与管道的连接可采用铝热焊方法,当电缆截面大于 16 mm^2时,可将电缆分成若干股,每股小于 16 mm^2,分开进行焊接。

8.5.2.3 在运行管道上实施铝热焊时,应制定安全防范措施,并应分析下列因素对焊接的影响:

——焊接前管道的完整性;

——输送介质对焊接热量传输与散失的影响;

——焊接热量对输送介质的影响。

8.5.2.4 在耐蚀合金管道上不应实施铝热焊。

9 施工与调试

9.1 施工

9.1.1 电源设备的安装

9.1.1.1 电源设备安放位置应符合设计要求,设备周围 500 mm 内不应有其他物体,应预留足够空间用于接线安装、检测与维护。

9.1.1.2 电源设备与阴极保护电缆的连接应符合设计要求,接线应正确,电气接触应导通良好,电缆应明确标识。

9.1.2 浅埋阳极地床的施工

9.1.2.1 施工前应检查阳极,阳极不应有损伤和裂纹,阳极接头应牢固密封完整,阳极电缆应完整无损坏,每根阳极电缆长度均应符合安装位置尺寸的要求,并留有余量。

9.1.2.2 浅埋阳极地床的位置、阳极布局和阳极数量应符合设计要求。

9.1.2.3 阳极安装后,宜在阴极保护系统断电状态下测试阳极组的接地电阻,并做好测试记录。

9.1.3 深井阳极地床的施工

9.1.3.1 深井阳极地床的安装施工应符合 SY/T 0096 的规定。

9.1.3.2 安装过程中应保证电缆的松弛度,电缆不应承重。

9.1.4 牺牲阳极的施工

9.1.4.1 牺牲阳极的布局、位置和数量应符合设计要求。

9.1.4.2 非预包装牺牲阳极施工时,应除去牺牲阳极的所有防水包装材料,阳极周围应填充填包料,并置于填包料中心位置,填包料应混合均匀并完整包覆阳极;采用预包装牺牲阳极时,填包料应采用麻袋或棉质布袋包装,不应采用化纤类包装袋包装。牺牲阳极就位后应浇水浸泡。

9.1.4.3 带状牺牲阳极在低温环境下施工时,应注意低温环境对带状阳极机械性能的影响。

9.1.4.4 电缆与牺牲阳极钢芯的连接宜采用焊接方式或铜管钳接方式,焊接处应防腐绝缘。

9.1.5 测试桩的施工

9.1.5.1 测试桩的安装位置应符合设计要求。

9.1.5.2 测试电缆与管道连接后应防腐密封,并留有裕量。

9.1.5.3 测试桩应安装铭牌,标识管道信息,铭牌宜面对油气流方向。

9.1.6 电缆敷设安装

9.1.6.1 阴极保护电缆敷设应符合 GB 50217 相关规定,宜在电缆正上方每隔 50 m 以及电缆转角处设置电缆走向标志桩。

9.1.6.2 阴极保护电缆埋地敷设时,应减少电缆接头。

9.1.6.3 阴极保护电缆穿越围墙、道路、管道、沟渠以及其他电缆时,应当采取套管防护。

9.1.6.4 电缆与管道焊接前应将焊点处打磨至露出金属光泽。焊点应牢固无尖锐突出,不应虚焊,焊后应清除焊渣,焊点应防腐密封。

9.2 调试

9.2.1 一般要求

9.2.1.1 阴极保护系统的调试应在管道投产前完成。

9.2.1.2 阴极保护系统的调试应分三步进行:

a) 投运前检查;

b) 阴极保护系统投运;

c) 阴极保护有效性测试与调整。

9.2.1.3 当存在其他干扰源影响管道时,应分别在干扰源处于正常运行工况和其他典型运行工况下进行测试和对比。

9.2.2 投运前检查

9.2.2.1 阴极保护系统投运前,所有必备的安全文件应齐全。

9.2.2.2 检查前,应断开所有的临时阴极保护系统,使管道完全去极化。

9.2.2.3 投运前应检查并确认阴极保护系统符合设计要求,所有电气设施安装应符合标准规范的规定。

9.2.2.4 投运前,宜开展下列检查和测试,并应做好记录:

——阴极保护系统回路的完整性;

——阴极保护站的电源设备接线、阴极保护电缆接线与标识、螺栓与螺母连接、油冷式电源设备的油位、附属设施;

——测试装置的电缆接线、电缆标识、紧固情况等;

——绝缘设施及防电涌保护器性能;

——阀室内管道与接地网的绝缘情况;

——管道与接地系统、金属套管的绝缘情况;

——检查片及参比电极接线及性能;

——排流设施的接线、电缆标识、螺栓与螺母连接、附属设施;

——辅助阳极地床、牺牲阳极、排流设施地床的接地电阻测量;

——被保护管道与阳极地床之间的电阻测量;

——所有测试桩处管道自腐蚀电位、牺牲阳极开路电位、附近外部构筑物对地电位测量;

——排流设施处不小于 24 h 的管道电位测量,交、直流干扰源对管道的影响测试。

9.2.2.5 检查完成后,应提交投运前检查报告。

9.2.3 阴极保护系统投运

9.2.3.1 强制电流阴极保护系统投运后,应开展以下工作内容:

——投运后阴极保护系统运行情况检查;

——若投运后管地电位发生正向偏移,应立即关机并检查阴阳极接线是否接反;

——调整阴极保护系统设置,使汇流点附近管地电位满足阴极保护准则要求;

——记录电源设备的输出电压与输出电流;

——监测汇流点的通电电位。

9.2.3.2 牺牲阳极系统投运后,应开展以下工作内容:

——所有牺牲阳极与管道连接后,应确保其正常工作,存在偏差时,应查找原因并采取措施;

——可通过在回路中串接可变电阻,调整牺牲阳极的输出电流;

——测量每组牺牲阳极的输出电流;

——测量管道通电电位。

9.2.3.3 应在测试桩处测试并记录:

——阴极保护系统保护范围远端处的管道通电电位;

——关键测试桩处的管道通电电位;

——检查片处的管道通电电位与电流;

——外部临近构筑物对地电位变化情况;

——被跨接构筑物对地电位、跨接电缆的电流;

——绝缘接头电绝缘情况,金属套管、混凝土钢筋、接地系统与管道的绝缘情况。

9.2.4 阴极保护有效性测试与调整

9.2.4.1 阴极保护系统投运且管道极化完成后,应对管地电位和电流进行测量。管道断电电位应满足阴极保护准则要求。管道交流电压应满足 GB/T 50698 的规定。

9.2.4.2 交、直流电位的测量宜包括以下内容:

——每个测试桩处的直流电位与交流电压。当直流电位或者交流电压波动较大时,应采用数据记录仪在测试桩处进行 24 h 连续监测并记录;

——每个测试桩处进行断电电位测试;

——在所有安装检查片或者极化探头的测试桩处应进行断电电位测试。当存在直流杂散电流干扰时,连续监测至少 24 h 并记录。

9.2.4.3 电流测量宜包括以下内容:

——强制电流阴极保护系统的直流输出电流,包括每条阴极电缆流过的电流;

——每组牺牲阳极的输出电流;

——跨接电缆中直流电流的大小与方向、交流电流的大小;

——直流排流设施中的直流电流大小,宜进行 24 h 连续监测并记录;

——通过去耦隔直装置的直流与交流电流;

——极化探头或者检查片中的直流与交流电流,当存在直流或者交流杂散电流干扰时,宜进行24 h 连续监测并记录。

9.2.4.4 若管道未达到有效阴极保护时,应调整阴极保护系统参数,并重新测量,直到所有管段的管地电位均满足阴极保护准则的要求。

9.2.4.5 在有效性测试过程中发现管道受到直流杂散电流干扰影响时,应进行详细测试,评估测试结果后决定是否实施专项直流干扰防护设计。直流干扰防护应符合 GB 50991 的规定。

9.2.4.6 在有效性测试过程中发现管道交流干扰不符合 GB/T 50698 的规定时,应进行详细测试,通过调整交流干扰防护设施的安装位置或者增加交流干扰防护设施,直至交流干扰满足 GB/T 50698 的规定。

9.2.4.7 阴极保护有效性测试与调整完成,应编制测试与调整报告。

9.3 交工资料

9.3.1 阴极保护系统调试完成后,应向业主提交设计及施工资料与调试报告。

9.3.2 设计及施工资料宜包括:

——设计文件与设计变更文件;

——阴极保护产品说明书、技术规格书、产品合格证、安装图纸等技术文件;

——管道线路走向图、阴极保护系统竣工图;

——管道附属设施,如固定墩,穿跨越,阀室,套管等分布、结构与防腐保护状态;

——所有直流与交流排流设施接线示意图;

——阴极保护检查片的原始规格;

——隐蔽工程记录;

——其他与阴极保护有关的设计资料。

9.3.3 调试报告应包括投运前检查、阴极保护系统投运、阴极保护有效性测试与调整等调试阶段的所有检查结果和测试数据,宜包括但不限于下列内容:

——强制电流阴极保护系统的参数设置;

——牺牲阳极系统的测量参数;

——辅助阳极与牺牲阳极的接地电阻;

——管道自腐蚀电位;

——管道 ON/OFF 电位;

——管道上的交流感应电压;

——检查片的 ON/OFF 电位;

——流经检查片的电流;

——跨接线上的电流;

——排流电流;

——采用的可变电阻值;

——所有电绝缘设施有效性检测结果;

——调试前后的干扰测试结果;

——调试完成后,阴极保护系统有效性评价结果;

——调试过程中所采取的改进措施及结果;

——改进阴极保护系统的其他措施。

10 管理与维护

10.1 一般要求

10.1.1 管道管理部门应收集、整理、保存由设计、施工单位提供的和其他来源获得的文件、图纸资料和原始资料以及运行、维护资料。

10.1.2 管道管理部门应配备必需的设备和仪表、工具。至少包括:管道防腐层检测仪、接地电阻测试仪、万用表、便携式 CSE 参比电极、管道定位设备。所有测量仪器和设备应符合 GB/T 21246 的要求。当土壤里含有大量氯化物时,测量电位不宜使用 CSE。

10.1.3 阴极保护管理人员,上岗前应进行专门的技术培训。

10.1.4 应定期对阴极保护系统进行检查与测试,确保阴极保护系统运行正常、管地电位符合阴极保护准则。

10.2 管理要求

10.2.1 阴极保护效果宜采用断电电位数值评价,阴极保护系统有效性评价宜采用下列测量方法:

——宜优先采用极化探头或者检查片进行断电电位测量;

——满足同步中断法测试条件时,可采用同步中断法在所有测试桩进行断电电位测量。

10.2.2 对于阴极保护系统运行稳定,且开展过断电电位测试的管段,可参考断电电位测试结果,采用通电电位数值对阴极保护效果进行评价。

10.2.3 阴极保护系统运行参数调整后,宜重新测量管道断电电位。

10.2.4 当管道阴极保护存在局部保护不足,应进行调查并采取相应的措施,确保阴极保护的有效性。

10.2.5 宜根据管道阴极保护及杂散电流干扰的实际情况,选择适当位置长期埋设检查片,通过检查片失重法确定管道的阴极保护效果。检查片的制作、安装、维护、管理及开挖应符合 SY/T 0029 的规定。

10.2.6 对于高温、防腐层剥离、隔热保温层、屏蔽、细菌侵蚀及电解质的异常污染、高土壤电阻率等阴极保护可能无效或部分无效的情况,宜通过开挖调查或者加密内检测频次对管道腐蚀控制效果进行评价。

10.2.7 管道周围进行第三方管道、电气化铁路、高压电力线、地铁、轻轨等可能引起杂散电流干扰的工程建设时,应及时进行干扰测试,并根据测试结果调整或增设阴极保护系统、排流设施等。

10.3 日常测量

10.3.1 日常测量与检查频次应符合表 13 的要求。所有的测量与检查结果应记录。

10.3.2 下列情况下宜开展详细检查,确定阴极保护系统的有效性:

——管道防腐层破损或者与金属搭接时;

——管道有位移迹象;

——管道运行环境发生变化;

——交流干扰;

——电干扰情况发生长期变化。

10.3.3 宜通过管中电流测量,评价阴极保护电流分布与杂散电流干扰情况。

10.3.4 阴极保护系统的管理与维护应基于管道监测和检测数据进行。

——宜结合管道内外检测、日常开挖检测结果,评价阴极保护管理是否有效;尤其是内检测数据、外检测开挖结果,对管道阴极保护效果进行评价;

——识别阴极保护管理存在的不足并加以改进;

——确定是否有必要对管道状况进行更详细评价;

——确定是否需要进行交直流干扰专项测试。

表 13 日常测量与检查最小频次

项目	内容	检查周期
强制电流系统	1) 检查阴极保护电源运行情况; 2) 记录阴极保护电源设备的运行参数	每天
	综合测试强制电流阴极保护系统的性能,宜包括: 1) 阴极保护电源运行情况检测; 2) 阳极地床的接地电阻测试; 3) 阴极保护电源接地系统性能测试; 4) 电源设备控制系统检测; 5) 电源设备输出电压与输出电流校核	≤6 个月
与外部构筑物的连接(电阻跨接或者直接跨接)	设备功能的全面测试、电流大小与方向、电位	≤6 个月
长效硫酸铜参比电极	测量与校准参比电极的误差	≤3 个月
安装阴极保护检查片或者极化探头的测试桩	1) 检查片的 ON/OFF 电位; 2) 检查片上的电流	≤3 个月
关键测试桩	测量通电电位	≤6 个月
所有测试桩	测量断电电位	≤三年
牺牲阳极系统	综合测试牺牲阳极系统,宜包括: 1) 输出电流; 2) 管地电位; 3) 接地电阻; 4) 电缆连接的有效性	≤6 个月
所有的电绝缘装置	电绝缘装置的有效性	≤6 个月
防浪涌保护器	防浪涌保护器的有效性	≤6 个月

10.3.5 直流干扰防护系统的管理与维护应符合 GB 50991 的规定。

10.3.6 交流干扰防护系统的管理与维护应符合 GB/T 50698 的规定。

10.4　远程监测

10.4.1　远程监测数据应与现场测量的数据一致。应定期检查远程监测系统的监测结果,确保远程监测系统正常运行。

10.4.2　根据管道防腐层质量、管道外部环境变化以及远程监测的数量与分布,可适当提高远程监测的频率与数量。

10.4.3　当发现远程监测系统运行故障或者传输的阴极保护参数异常时,应查找原因并采取相应的修复措施。

10.5　专项调查

10.5.1　当怀疑防腐层破损严重或者部分管段阴极保护不充分时,宜按 SY/T 0087.1 开展专项调查。专项调查内容包括但不局限于:

——防腐层地面检漏;
——阴极保护有效性;
——馈电实验;
——土壤腐蚀性调查;
——阴极保护电绝缘设施有效性;
——管道杂散电流测试;
——其他。

10.5.2　确定专项调查的检测频率与必要性时,应考虑下列因素:

——外部电解质的腐蚀性;
——管道的材质、长度与复杂程度;
——防腐层的质量;
——管道受到机械损伤的风险;
——直流或交流杂散电流干扰;
——阴极保护设备受雷电、过电压或机械损伤的敏感性;
——管道失效风险与后果;
——与阴极保护有效性有关的施工特性;
——远程监测使用情况;
——牺牲阳极或者阴极保护电源的运行情况;
——电源类型(如太阳能板或者热电发生器);
——排流设施运行情况;
——环境与安全;
——管道的年限与历史情况;
——管理要求。

10.6　测试计划

10.6.1　应制定并执行阴极保护系统测试计划。测试计划应包括以下内容:

——测试内容;
——测试位置;
——测试仪器设备;

——测量方法；

——测量频次。

10.6.2 测试计划应包括管道上安装的远程监测系统。

10.7 系统维护

10.7.1 阴极保护系统应在整个管道服役期内有效。当发现阴极保护系统故障时，应及时进行维修。

10.7.2 阴极保护欠保护或者过保护时，应采取相应的措施。

10.7.3 当管道存在杂散电流干扰时，应按照 GB 50991 和 GB/T 50698 的要求开展相应的调查，并采取相应的防护措施。

10.8 运行与维修记录

10.8.1 运行与管理资料

阴极保护管理部门应制定阴极保护运行与维修管理手册，并对阴极保护系统的运行与维修进行记录。阴极保护运行与维修管理手册的内容应包括：

——阴极保护系统说明；

——调试报告；

——竣工图；

——制造商文件；

——所有监测设施的分布；

——阴极保护电位准则；

——监测计划；

——监测时间安排表以及需要的监测设备；

——监测设施的检测与监测程序；

——阴极保护系统安全操作规程。

10.8.2 检测与监测记录

所有的检测与监测(包括专项调查)结果均应进行记录和归档。

10.8.3 维修记录

当存在以下情况时，应进行记录：

——整流器或其他直流电源的修复；

——阳极、阳极连接以及电缆的修复或更换；

——防腐层、绝缘装置、测试桩和其他测试设备的维护、修理和更换；

——阴极保护系统的更新；

——排流系统、套管、交流减缓装置以及远程监测装置的修复或更换；

——阴极保护管道的更新、改造与扩建记录；

——管道腐蚀穿孔分布、测试及分析记录等。

附 录 A
(资料性附录)
阴极保护计算公式

A.1 强制电流的计算

A.1.1 管道保护长度的计算：

$$2L_p=\sqrt{\frac{8\times \Delta V}{\pi \times D_p \times J_s \times R_s}} \qquad \text{(A.1)}$$

$$R_s=\frac{\rho_\tau}{\pi(1\,000D_p-\delta)\delta} \qquad \text{(A.2)}$$

式中：

L_p——单侧保护管道长度，单位为米(m)；

ΔV——极限保护电位与保护电位之差，单位为伏(V)；

D_p——管道外径，单位为米(m)；

J_s——保护电流密度，单位为安每平方米(A/m^2)；

R_s——管道线电阻，单位为欧每米(Ω/m)；

ρ_τ——钢管电阻率，单位为欧平方毫米每米($\Omega\cdot mm^2/m$)；

δ——管道壁厚，单位为毫米(mm)。

A.1.2 保护电流的计算：

$$2I_0=2\pi \times D_p \times J_s \times L_p \qquad \text{(A.3)}$$

式中：

I_0——单侧管道保护电流，单位为安(A)；

D_p——管道外径，单位为米(m)；

J_s——保护电流密度，单位为安每平方米(A/m^2)；

L_p——单侧保护管道长度，单位为米(m)。

A.1.3 辅助阳极接地电阻的计算：

1) 单支立式辅助阳极接地电阻的计算见式(A.4)，单支水平式辅助阳极接地电阻的计算见式(A.5)，深井式辅助阳极接地电阻的计算见式(A.6)。

$$R_{v1}=\frac{\rho}{2\pi L_a}\ln\left(\frac{2L_a}{D_a}\sqrt{\frac{4t+3L_a}{4t+L_a}}\right) \quad (t>>D_a)(D_a<<L_a) \qquad \text{(A.4)}$$

$$R_h=\frac{\rho}{2\pi L_a}\ln\left(\frac{L_a^2}{tD_a}\right) \quad (t<<L_a)(D_a<<L_a) \qquad \text{(A.5)}$$

$$R_{v2}=\frac{\rho}{2\pi L_a}\ln\left(\frac{2L_a}{D_a}\right) \quad (t>>L_a) \qquad \text{(A.6)}$$

式中：

R_{v1}——单支立式辅助阳极接地电阻，单位为欧(Ω)；

R_{v2}——深埋式辅助阳极接地电阻，单位为欧(Ω)；

R_h ——单支水平式辅助阳极接地电阻,单位为欧(Ω);
ρ ——土壤电阻率,单位为欧米(Ω·m);
L_a ——辅助阳极长度(含填料),单位为米(m);
D_a ——辅助阳极直径(含填料),单位为米(m);
t ——辅助阳极埋深(阳极体中间位置距地表面),单位为米(m)。

2) 辅助阳极组接地电阻的计算:

$$R_z = F\frac{R_a}{n} \quad \cdots\cdots(A.7)$$

$$F \approx 1+\frac{\rho}{nsR_a}\ln(0.66n) \quad \cdots\cdots(A.8)$$

式中:
R_z——辅助阳极组接地电阻,单位为欧(Ω);
F ——辅助阳极电阻修正系数,可查图 A.1;
R_a——单支辅助阳极接地电阻,单位为欧(Ω);
n ——阳极支数;
ρ ——土壤电阻率,单位为欧米(Ω·m);
s ——辅助阳极间距,单位为米(m)。

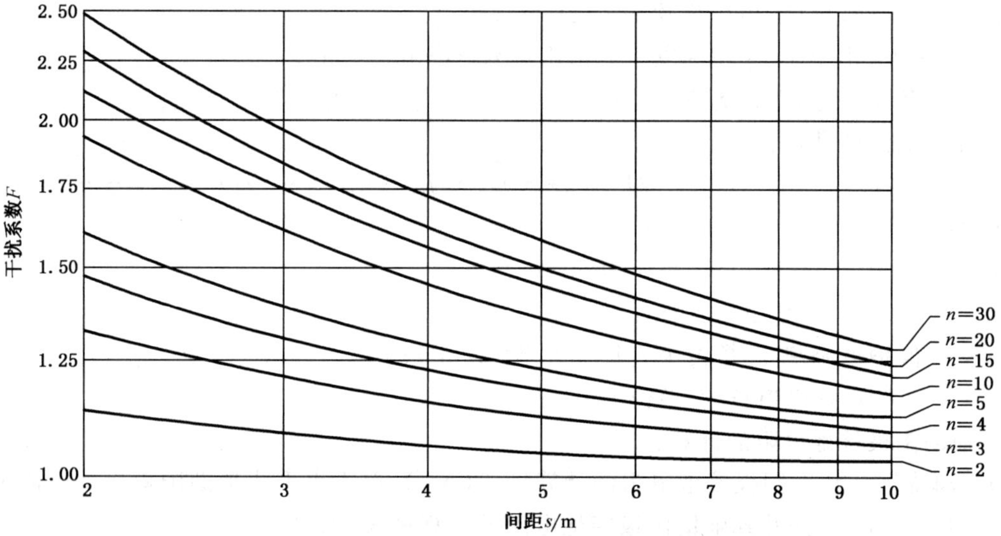

图 A.1 由 n 支阳极组成的阳极地床的干扰系数 F

A.1.4 辅助阳极质量的计算:

$$W_a = \frac{T_a \times \omega_a \times I}{K} \quad \cdots\cdots(A.9)$$

式中:
W_a——辅助阳极总质量,单位为千克(kg);
T_a——辅助阳极设计寿命,单位为年(a);
ω_a——辅助阳极的消耗率,单位为千克每安年[kg/(A·a)];

I ——保护电流,单位为安(A);

K ——辅助阳极利用系数,取 0.7~0.85。

注:当已知辅助阳极阳极质量,也可用式(A.9)计算辅助阳极设计寿命。

A.1.5 电源设备功率的计算:

$$P=\frac{IV}{\eta} \quad \cdots\cdots\cdots\cdots(A.10)$$

$$V=I(R_z+R_1+R_c)+V_r \quad \cdots\cdots\cdots\cdots(A.11)$$

$$R_c=\frac{\sqrt{R_t\times r_t}}{2\text{th}(\alpha L)} \quad \cdots\cdots\cdots\cdots(A.12)$$

$$\alpha=\sqrt{\frac{r_t}{R_t}} \quad \cdots\cdots\cdots\cdots(A.13)$$

$$I=2I_0 \quad \cdots\cdots\cdots\cdots(A.14)$$

式中:

P ——电源功率,单位为瓦(W);

I ——保护电流,单位为安(A);

V ——电源设备的输出电压,单位为伏(V);

η ——电源设备效率,一般取 0.7;

R_z——辅助阳极组接地电阻,单位为欧(Ω);

R_1——导线电阻,单位为欧(Ω);

R_c——阴极过渡电阻,单位为欧(Ω);

V_r——辅助阳极地床的反电动势,单位为伏(V),当采用焦炭填充时,取 $V_r=2$ V;

R_t——防腐层过渡电阻率,单位为欧米(Ω·m);

r_t ——管道线电阻,单位为欧每米(Ω/m);

α ——管道衰减因数,单位为每米(m^{-1});

L ——被保护管道长度,单位为米(m);

I_0——单侧保护电流,单位为安(A)。

A.2 牺牲阳极的计算

A.2.1 单支立式牺牲阳极接地电阻的计算:

$$R_v=\frac{\rho}{2\pi l_g}\left(\ln\frac{2l_g}{D_g}+\frac{1}{2}\ln\frac{4t_g+l_g}{4t_g-l_g}+\frac{\rho_g}{\rho}\ln\frac{D_g}{d_g}\right) \quad (l_g>>d_g, t_g>>l_g/4) \quad \cdots(A.15)$$

式中:

R_v——立式牺牲阳极接地电阻,单位为欧(Ω);

ρ ——土壤电阻率,单位为欧米(Ω·m);

l_g ——裸牺牲阳极长度,单位为米(m);

D_g——预包装牺牲阳极直径,单位为米(m);

t_g ——牺牲阳极中心至地面的距离,单位为米(m);

ρ_g ——填包料电阻率,单位为欧米(Ω·m);

d_g ——裸牺牲阳极等效直径,单位为米(m)[$d_g=c/\pi$,c 为周长,单位为米(m)]。

A.2.2 单支水平式牺牲阳极接地电阻的计算:

$$R_h=\frac{\rho}{2\pi l_g}\left\{\ln\frac{2l_g}{D_g}\left[1+\frac{l_g/4t_g}{\ln^2(l_g/D_g)}\right]+\frac{\rho_g}{\rho}\ln\frac{D_g}{d_g}\right\}\quad(l_g>>d_g,t_g>>l_g/4)$$

…(A.16)

式中:

R_h——水平式牺牲阳极接地电阻,单位为欧(Ω);

ρ——土壤电阻率,单位为欧米(Ω·m);

l_g——裸牺牲阳极长度,单位为米(m);

D_g——预包装牺牲阳极直径,单位为米(m);

t_g——牺牲阳极中心至地面的距离,单位为米(m);

ρ_g——填包料电阻率,单位为欧米(Ω·m);

d_g——裸牺牲阳极等效直径,单位为米(m)[$d_g=c/\pi$,c 为周长,单位为米(m)]。

A.2.3 多支牺牲阳极接地电阻的计算:

$$R_g=f\frac{R_0}{n}$$

…………………………(A.17)

式中:

R_g——多支组合牺牲阳极接地电阻,单位为欧(Ω);

f——牺牲阳极电阻修正系数,可查图 A.2;

R_0——单支牺牲阳极接地电阻,单位为欧(Ω);

n——阳极支数。

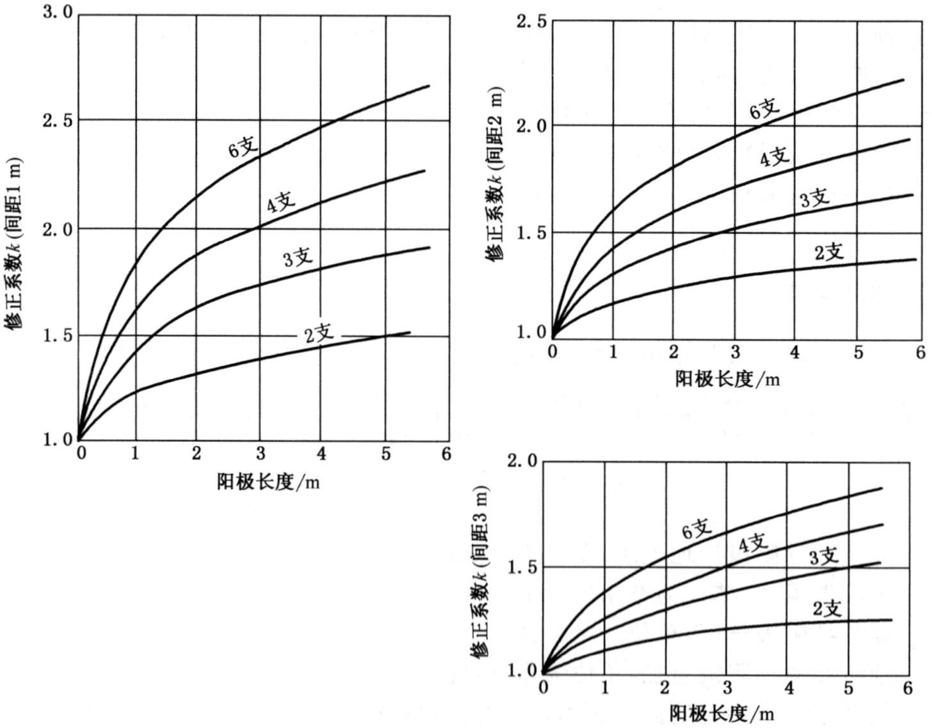

图 A.2 阳极接地电阻修正系数 k

A.2.4　牺牲阳极输出电流的计算：

$$I_g=\frac{e_c-e_a}{R}=\frac{(E_c-\Delta E_c)-(E_a+\Delta E_a)}{R_g+R_c+R_l}=\frac{\Delta E}{R} \quad\cdots\cdots(A.18)$$

式中：

I_g ——牺牲阳极输出电流，单位为安(A)；

e_c ——阴极极化电位，单位为伏(V)；

e_a ——阳极极化电位，单位为伏(V)；

R ——回路总电阻，单位为欧(Ω)；

E_c ——阴极开路电位，单位为伏(V)；

ΔE_c——阴极极化电位，单位为伏(V)；

E_a ——阳极开路电位，单位为伏(V)；

ΔE_a——阳极极化电位，单位为伏(V)；

R_g ——多支组合牺牲阳极接地电阻，单位为欧(Ω)；

R_c ——阴极过渡电阻，单位为欧(Ω)；

R_l ——导线电阻，单位为欧(Ω)；

ΔE ——牺牲阳极有效电位差，单位为伏(V)。

A.2.5　所需牺牲阳极支数的计算：

$$n=\frac{B\times I}{I_{g_0}} \quad\cdots\cdots(A.19)$$

式中：

n ——阳极支数；

B ——备用系数，取2～3；

I ——保护电流，单位为安(A)；

I_{g_0}——单支牺牲阳极输出电流，单位为安(A)。

A.2.6　牺牲阳极工作寿命的计算：

$$T_g=0.85\frac{W_g}{\omega_g I} \quad\cdots\cdots(A.20)$$

式中：

T_g——牺牲阳极工作寿命，单位为年(a)；

W_g——牺牲阳极组净质量，单位为千克(kg)；

ω_g——牺牲阳极消耗率，单位为千克每安年[kg/(A·a)]；

I ——保护电流，单位为安(A)。

ICS 75.200
E 98

中华人民共和国国家标准

GB/T 23257—2017
代替 GB/T 23257—2009

埋地钢质管道聚乙烯防腐层

Polyethylene coating for buried steel pipeline

2017-05-12 发布

2017-12-01 实施

950 中华人民共和国国家质量监督检验检疫总局
中国国家标准化管理委员会 发布

前　言

本标准按照 GB/T 1.1—2009 给出的规则起草。

本标准代替 GB/T 23257—2009《埋地钢质管道聚乙烯防腐层》。与 GB/T 23257—2009 相比,主要技术变化如下:

——调整了范围中挤压聚乙烯防腐层分类的最高温度定义,由“最高使用温度”调整为“最高设计温度”,温度值分别由 50 ℃调整为 60 ℃,70 ℃调整为 80 ℃(见第 1 章);

——增加了术语和定义(见第 3 章);

——修改了环氧粉末涂料热特性指标(见表 2);

——修改了聚乙烯专用料的拉伸性能要求(见表 5);

——补充修改了聚乙烯防腐层的性能要求(见表 7);

——补充修改了热收缩带补口材料的性能要求(见表 11);

——增加了补口施工准备和补口工艺评定要求(见 9.2);

——修订了部分附录试验方法(见附录 B、附录 K);

——增加了附录试验方法(见附录 G、附录 M、附录 Q)。

本标准由中国石油天然气集团公司提出。

本标准由全国石油天然气标准化技术委员会(SAC/TC 355)归口。

本标准负责起草单位:中国石油集团工程技术研究院、中国石油集团海洋工程有限公司。

本标准参加起草单位:宝鸡石油钢管有限责任公司、大庆油田工程建设有限公司天宇设计院。

本标准主要起草人:张其滨、刘金霞、赫连建峰、温宏伟、陈守平、史惠辉。

本标准所代替标准的历次版本发布情况为:

——GB/T 23257—2009。

埋地钢质管道聚乙烯防腐层

1 范围

本标准规定了钢质管道挤压聚乙烯防腐层及辐射交联聚乙烯热收缩带(套)补口的最低技术要求。

本标准适用于埋地钢质管道挤压聚乙烯防腐层的设计、生产和检验,及其现场补口的设计、施工和检验。其他敷设形式的管道挤压聚乙烯防腐层可参照执行。

挤压聚乙烯防腐层可分为最高设计温度不超过 60 ℃的常温型(N)和最高设计温度不超过 80 ℃的高温型(H)两类。

2 规范性引用文件

下列文件对于本文件的应用是必不可少的。凡是注日期的引用文件,仅注日期的版本适用于本文件。凡是不注日期的引用文件,其最新版本(包括所有的修改单)适用于本文件。

GB/T 1040.2 塑料 拉伸性能的测定 第 2 部分:模塑和挤塑塑料的试验条件

GB/T 1408.1 绝缘材料电气强度试验方法 第 1 部分:工频下试验

GB/T 1410 固体绝缘材料体积电阻率和表面电阻率试验方法

GB/T 1633 热塑性塑料维卡软化温度(VST)的测定

GB/T 1725 色漆、清漆和塑料 不挥发物含量的测定

GB/T 1842 塑料 聚乙烯环境应力开裂试验方法

GB/T 3682 热塑性塑料熔体质量流动速率和熔体体积流动速率的测定

GB/T 4472 化工产品密度、相对密度的测定

GB/T 5470 塑料 冲击法脆化温度的测定

GB 6514 涂装作业安全规程 涂漆工艺安全及其通风净化

GB/T 6554 电气绝缘用树脂基反应复合物 第 2 部分:试验方法 电气用涂敷粉末方法

GB/T 7124 胶粘剂 拉伸剪切强度的测定(刚性材料对刚性材料)

GB 7692 涂装作业安全规程 涂漆前处理工艺安全及其通风净化

GB/T 8923.1 涂覆涂料前钢材表面处理 表面清洁度的目视评定 第 1 部分:未涂覆过的钢材表面和全面清除原有涂层后的钢材表面的锈蚀等级和处理等级

GB/T 13021 聚乙烯管材和管件炭黑含量的测定(热失重法)

GB/T 15332 热熔胶粘剂软化点的测定 环球法

GB/T 18570.3 涂覆涂料前钢材表面处理 表面清洁度的评定试验 第 3 部分:涂覆涂料前钢材表面的灰尘评定(压敏粘带法)

GB/T 18570.9 涂覆涂料前钢材表面处理 表面清洁度的评定试验 第 9 部分:水溶性盐的现场电导率测定法

GB/T 50087 工业企业噪声控制设计规范

GB 50369 油气长输管道工程施工及验收规范

3 术语和定义

下列术语和定义适用于本文件。

3.1

挤压聚乙烯防腐层 extruded polyethylene coating

在挤出机中通过加热、加压使聚乙烯以流动状态连续通过挤出口模成型包覆在管道上而形成的防腐层,包覆方式包括纵向挤出包覆和侧向缠绕包覆。

3.2

最高设计温度 maximum design temperature

在管道运输、搬运、施工及运行过程中防腐层可能达到的最高温度。

3.3

最高运行温度 maximum operation temperature

管道或者管线系统在运行过程中所达到的最高温度。

注:最高运行温度不超过最高设计温度。

3.4

低温涂敷环氧粉末涂料 low temperature applied epoxy powder coating

用作本标准规定的三层结构聚乙烯防腐层底层,并可在低于200 ℃以下涂敷施工的环氧粉末涂料。

3.5

断裂标称应变 nominal tensile strain at break

与拉伸断裂应力相对应的拉伸标称应变。

3.6

内聚破坏 cohesive failure

胶粘层自身破裂,在两个被粘物表面均有胶粘剂粘结存在。

3.7

界面破坏 interfacial failure

胶粘层与被粘物界面处发生目视可见的破坏现象。

4 防腐层结构

4.1 挤压聚乙烯防腐层分二层结构和三层结构两种。二层结构的底层为胶粘剂层,外层为聚乙烯层;三层结构的底层通常为环氧粉末涂层,中间层为胶粘剂层,外层为聚乙烯层。DN500以上的管道不宜采用两层结构聚乙烯防腐层。

4.2 防腐层的最小厚度应符合表1的规定。焊缝部位的防腐层厚度不应小于表1规定值的80%。应根据管道建设环境和运行条件,选择防腐层等级。

表 1 防腐层的厚度

钢管公称直径 DN	环氧涂层[a] μm	胶粘剂层 μm	防腐层最小厚度 mm	
			普通级(G)	加强级(S)
DN≤100	≥120	≥170	1.8	2.5
100＜DN≤250			2.0	2.7
250＜DN＜500			2.2	2.9
500≤DN＜800	≥150		2.5	3.2
800≤DN≤1 200			3.0	3.7
DN＞1 200			3.3	4.2
[a] 不适用于二层结构聚乙烯防腐层。				

5 材料

5.1 钢管

5.1.1 钢管应符合现行有关钢管标准或订货技术条件的规定,并有出厂合格证。

5.1.2 应对钢管逐根进行外观检查。外观质量应符合现行有关标准或订货技术条件的规定,不合格的钢管不应涂敷防腐层。

5.2 防腐层材料

5.2.1 一般规定

5.2.1.1 防腐层各种原材料均应有出厂质量证明书及检验报告、使用说明书、安全数据单、出厂合格证、生产日期及有效期。环氧粉末涂料供应商应提供产品的热特性曲线等资料。

5.2.1.2 防腐层的各种原材料均应包装完好,应按产品说明书的要求存放。

5.2.1.3 每种牌(型)号的环氧粉末涂料、胶粘剂以及聚乙烯专用料,在使用前均应由通过国家计量认证的检验机构,按 5.2 规定的相应性能项目进行检测。性能检测结果达到本标准规定要求的材料方可使用。

5.2.2 环氧粉末涂料

环氧粉末涂料及其涂层的性能应符合表 2 和表 3 的规定。涂敷厂对每一生产批(不超过 20 t)环氧粉末涂料均应按表 2 和表 3(不包括 65 ℃,30 d 阴极剥离)的规定进行质量复检,表 3 第 3 项应不定期复检。钢管有低温涂敷要求时,应采用低温涂敷环氧粉末涂料,性能应符合表 2 和表 3 的规定。

表 2 环氧粉末涂料的性能指标

<table>
<tr><th colspan="2">项目</th><th>性能指标</th><th>试验方法</th></tr>
<tr><td colspan="2">粒径分布
%</td><td>150 μm 筛上粉末≤3.0
250 μm 筛上粉末≤0.2</td><td>GB/T 6554</td></tr>
<tr><td colspan="2">不挥发分含量(105 ℃)
%</td><td>≥99.4</td><td>GB/T 6554</td></tr>
<tr><td colspan="2">密度
g/cm³</td><td>1.30～1.50 且符合厂家给定值±0.05</td><td>GB/T 4472</td></tr>
<tr><td colspan="2">胶化时间
s</td><td>≥12 且符合厂家给定值±20%</td><td>GB/T 6554</td></tr>
<tr><td colspan="2">固化时间
min</td><td>≤3</td><td>附录 A</td></tr>
<tr><td rowspan="2">热特性</td><td>ΔH
J/g</td><td>≥45</td><td rowspan="2">附录 B</td></tr>
<tr><td>Tg₂
℃</td><td>≥98</td></tr>
<tr><td colspan="4">注：环氧粉末涂料胶化时间和固化时间的测试温度为产品说明书指定的涂敷温度。未指定时，常温涂敷粉末试验温度为 200 ℃，低温涂敷粉末试验温度低于 200 ℃。</td></tr>
</table>

表 3 熔结环氧涂层的性能指标

<table>
<tr><th>项目</th><th>性能指标</th><th>试验方法</th></tr>
<tr><td>附着力
级</td><td>1</td><td>附录 C</td></tr>
<tr><td>阴极剥离(65 ℃,48 h)
mm</td><td>≤5</td><td>附录 D</td></tr>
<tr><td>阴极剥离(65 ℃,30 d)
mm</td><td>≤15</td><td>附录 D</td></tr>
<tr><td>抗弯曲(−20 ℃,2.5°)</td><td>无裂纹</td><td>附录 E</td></tr>
<tr><td colspan="3">注：实验室喷涂试件的涂层厚度应为 300 μm～400 μm，涂敷温度为产品说明书指定的温度。未指定时，常温涂敷粉末涂敷温度为 200 ℃，低温涂敷粉末涂敷温度低于 200 ℃。</td></tr>
</table>

5.2.3 胶粘剂

胶粘剂的性能应符合表 4 的规定。涂敷厂对每一生产批(不超过 30 t)胶粘剂均应按照表 4 的规定进行质量复检。二层结构聚乙烯防腐层采用热熔胶型胶粘剂时，应根据工程要求确定适当的技术性能指标。

表 4 胶粘剂的性能指标

项目	性能指标	试验方法
密度 g/cm^3	0.920～0.950	GB/T 4472
熔体流动速率 (190 ℃,2.16 kg) g/10 min	≥0.7	GB/T 3682
维卡软化点(A_{50},9.8 N) ℃	≥90	GB/T 1633
脆化温度 ℃	≤−50	GB/T 5470
氧化诱导期(200 ℃) min	≥10	附录 F
含水率 %	≤0.1	附录 G
拉伸强度[a] MPa	≥17	GB/T 1040.2
断裂标称应变[a] %	≥600	GB/T 1040.2
[a] 拉伸速度 50 mm/min。		

5.2.4 聚乙烯

聚乙烯专用料及其压制片材的性能应符合表 5 和表 6 的规定。涂敷厂对每一生产批(不超过 500 t)聚乙烯专用料,应对表 5 规定的前 5 项和表 6 规定的前 4 项性能进行质量复验,需要时,也可对其他性能进行复验。

表 5 聚乙烯专用料的性能指标

项目	性能指标	试验方法
密度 g/cm^3	0.940～0.960	GB/T 4472
熔体流动速率(190 ℃,2.16 kg) g/10 min	≥0.15	GB/T 3682
碳黑含量 %	≥2.0	GB/T 13021
含水率 %	≤0.1	附录 G
氧化诱导期(220 ℃) min	≥30	附录 F
耐热老化[a](100 ℃,4 800 h) %	≤35	GB/T 3682
[a] 耐热老化指标为试验前与试验后的熔体流动速率变化率。		

表6　聚乙烯专用料的压制片材性能指标

项目	性能指标	试验方法
拉伸屈服强度[a] MPa	≥15	GB/T 1040.2
拉伸强度[a] MPa	≥22	GB/T 1040.2
断裂标称应变[a] %	≥600	GB/T 1040.2
维卡软化点(A_{50},9.8 N) ℃	≥110	GB/T 1633
脆化温度 ℃	≤−65	GB/T 5470
电气强度 MV/m	≥25	GB/T 1408.1
体积电阻率 Ω·m	$\geqslant 1\times 10^{13}$	GB/T 1410
耐环境应力开裂(F_{50}) h	≥1 000	GB/T 1842
压痕硬度 mm (23 ℃) (60 ℃或80 ℃)[b]	 ≤0.2 ≤0.3	附录H
耐化学介质腐蚀[c](浸泡7 d) % 10%HCl 10%NaOH 10%NaCl	 ≥85 ≥85 ≥85	附录I
耐紫外光老化[c](336 h) %	≥80	附录J

[a] 拉伸速度50 mm/min。
[b] 常温型,试验条件为60 ℃;高温型,试验条件为80 ℃。
[c] 耐化学介质腐蚀及耐紫外光老化指标为试验后的拉伸强度和断裂标称应变的保持率。

5.3 工艺评定试验

5.3.1 涂敷厂应用所选定的防腐层材料在涂敷生产线上进行工艺评定试验,并对防腐层性能进行检测。当防腐层材料生产厂家或牌(型)号或钢管管径改变或壁厚增大时,应重新进行工艺评定试验。工艺评定试验合格后,涂敷厂应按照工艺评定试验确定的工艺参数进行防腐层涂敷生产。

5.3.2 聚乙烯层及防腐层性能应符合表7和表8的规定。

5.3.2.1 按确定的工艺参数涂敷聚乙烯层并进行性能检测,用于性能检测的聚乙烯层应不含胶和环氧粉末层,结果应符合表7的规定。

表7 聚乙烯层的性能指标

项目		性能指标	试验方法
拉伸强度[a]	轴向 MPa	≥20	GB/T 1040.2
	周向 MPa	≥20	
	偏差[b] %	≤15	
断裂标称应变[a] %		≥600	GB/T 1040.2
压痕硬度 mm (23 ℃) (60 ℃或80 ℃)[c]		 ≤0.2 ≤0.3	附录H
耐环境应力开裂(F_{50}) h		≥1 000	GB/T 1842
热稳定性[d] |ΔMFR| %		≤20	GB/T 3682

[a] 拉伸速度50 mm/min。
[b] 偏差为轴向和周向拉伸强度的差值与两者中较低者之比。
[c] 常温型,试验条件为60 ℃;高温型,试验条件为80 ℃。
[d] 聚乙烯挤出前后熔体流动速率变化率。

5.3.2.2 从防腐管或在同一工艺条件下涂敷的试验管段上截取试件对防腐层整体性能进行检测,检测结果应符合表8的规定。

表 8 防腐层的性能指标

项目	性能指标		试验方法
	二层结构	三层结构	
剥离强度 N/cm (20 ℃±5 ℃) (60 ℃±5℃)	≥70 ≥35	≥100(内聚破坏) ≥70(内聚破坏)	附录 K
阴极剥离 (65 ℃,48 h) mm	≤15	≤5	附录 D
阴极剥离(最高运行温度,30 d) mm	≤25	≤15	附录 D
环氧粉末底层热特性 玻璃化温度变化值 | ΔTg | ℃	—	≤5	附录 B
冲击强度 J/mm	≥8		附录 L
抗弯曲(−30 ℃,2.5°)	聚乙烯无开裂		附录 E
耐热水浸泡(80 ℃,48 h)	翘边深度平均≤2 mm 且最大≤3 mm		附录 M

6 防腐层涂敷

6.1 钢管表面处理应符合下列要求:

a) 在防腐层涂敷前,先清除钢管表面的油脂和污垢等附着物,然后进行抛(喷)射除锈。在进行抛(喷)射除锈前,钢管表面温度应不低于露点温度以上 3 ℃。除锈质量应达到 GB/T 8923.1 中规定的 Sa2½ 级要求,锚纹深度达到 50 μm~90 μm。钢管表面的焊渣、毛刺等应清除干净。

b) 应将钢管表面附着的灰尘及磨料清扫干净。钢管表面的灰尘度应不低于 GB/T 18570.3 规定的 2 级。

c) 抛(喷)射除锈后的钢管应按 GB/T 18570.9 规定的方法或其他适宜的方法检测钢管表面的盐分含量,钢管表面的盐分不应超过 20 mg/m^2。如果钢管表面盐分含量超过 20 mg/m^2,应采用适宜的方法处理至合格。

d) 钢管表面处理后应防止钢管表面受潮、生锈或二次污染。表面处理后的钢管最迟应在 4 h 内进行涂敷,超过 4 h 或当出现返锈或表面污染时,应重新进行表面处理。

6.2 开始防腐层涂敷时,先用试验管段在生产线上依次调节预热温度及防腐层各层厚度,各项参数达到要求后方可开始正式涂敷。

6.3 应用无污染的热源对钢管加热至确定的涂敷温度,最高加热温度应低于钢管加热温度限制。

6.4 环氧粉末应均匀涂敷在钢管表面。回收环氧粉末的使用及其添加比例应按表 2 和表 3 规定的性能进行检验后确认。

6.5 胶粘剂涂敷应在环氧粉末胶化过程中进行。

6.6 采用侧向缠绕工艺时,应确保搭接部分的聚乙烯及焊缝两侧的聚乙烯完全辊压密实无空洞,辊压时应避免损伤聚乙烯层表面。

6.7 聚乙烯层包覆后应用水冷却至钢管温度不高于 60 ℃,并确保熔结环氧涂层固化完全。

6.8 防腐层涂敷完成后,应除去管端部位的防腐层。管端预留长度宜为 100 mm～150 mm,并满足实际焊接和检验要求。聚乙烯层端面应形成不大于 30°的倒角,聚乙烯层端部外宜保留 10 mm～30 mm 的环氧粉末涂层。

6.9 涂敷采用热熔胶的二层结构聚乙烯防腐层时,应根据涂敷作业线的特点制定详细可行的工艺方案,并在涂敷作业中严格执行。

7 质量检验

7.1 钢管表面处理的质量检验应符合下列要求:

a) 抛(喷)射除锈后的钢管应逐根进行表面除锈等级检验,用 GB/T 8923.1 中相应的照片或标准板进行目视比较,表面除锈质量应达到 Sa2½级的要求;表面锚纹深度应每班(不超过 12 h)至少测量两次,每次测量两根钢管,宜采用粗糙度测量仪或锚纹深度测试纸测量,锚纹深度应达到 50 μm～90 μm;表面处理前的钢管表面温度应进行监测,钢管表面温度应不低于露点温度以上 3 ℃。

b) 钢管表面灰尘度应每班(不超过 12 h)至少检测两次,每次检测两根钢管。应按照 GB/T 18570.3 规定的方法进行表面灰尘度评定,表面灰尘度应不低于 2 级。

c) 每批进厂的钢管在表面处理后应至少抽测 2 根钢管表面的盐分。钢管经海运、海边堆放或涂敷施工现场处于盐碱地带时,每班(不超过 12 h)应至少检测 2 根钢管表面的盐分。按照GB/T 18570.9 规定的方法或其他适宜的方法进行钢管表面盐分的测定,钢管表面的盐分应不超过 20 mg/m^2。

7.2 除锈后,应检查钢管表面缺陷,钢管表面缺陷和不规则(重皮、损伤、划伤等)未经修复后不应涂敷。

7.3 涂敷过程中应对钢管加热温度进行连续监测,钢管的加热温度等工艺参数应符合确定的参数。

7.4 防腐层外观应逐根目测检查。聚乙烯层表面应平滑,无暗泡、无麻点、无皱折、无裂纹,色泽应均匀,防腐管端应无翘边。

7.5 防腐层的漏点应按采用在线电火花检漏仪进行连续检查,检漏电压为 25 kV,无漏点为合格。单管有两个或两个以下漏点时,可按第 9 章的规定进行修补;单管有两个以上漏点或单个漏点沿轴向尺寸大于 300 mm 时,该防腐管为不合格。

7.6 连续生产的钢管防腐层厚度至少应检测第 1 根、第 5 根、第 10 根,之后每 10 根至少测一根。宜采用磁性测厚仪或电子测厚仪测量钢管 3 个截面圆周方向均匀分布的 4 点的防腐层厚度,同时应检测焊缝处的防腐层厚度,结果应符合 4.2 的规定。

7.7 防腐层的粘结力按附录 K 的方法通过测定剥离强度进行检验。每班(不超过 12 h)至少在两个温度条件下各抽测一次,结果应符合表 8 的规定。

7.8 每班(不超过 12 h)至少应测量一次三层结构防腐管的环氧粉末层厚度及热特性,结果应分别符合表 1 和表 8 的规定。

7.9 每连续涂敷生产的第 10 km、20 km、30 km 的防腐管均应按附录 D 的方法进行一次 48 h 的阴极剥离试验,之后每 50 km 进行一次阴极剥离试验,结果应符合表 8 的规定。如不合格,应在前一次检验合格后涂敷的防腐管中加倍取样检验。加倍检验全部合格时,该两次检测区间生产的防腐管为合格;仍有不合格时,该两次检测区间生产的批防腐管为不合格。

7.10 每连续涂敷生产 50 km 防腐管应截取聚乙烯层样品,按 GB/T 1040.2 检验其拉伸强度和断裂标称应变,结果应符合表 7 的规定。若不合格,应在前一次检验合格后涂敷的防腐管中加倍取样检验。加倍检验全部合格时,该两次检测区间生产的防腐管为合格;仍有不合格时,该两次检测区间生产的批防腐管为不合格。

8 标志、堆放和搬运

8.1 检验合格的防腐管应在距管端约 400 mm 处标有产品标志。产品标志应包括:防腐层结构、防腐层类型、防腐等级、执行标准、制造厂名(代号)、生产日期等,并将钢管标志信息移置到防腐层表面。

8.2 挤压聚乙烯防腐管的吊装,应采用尼龙吊带或其他不损坏防腐层的吊具。

8.3 堆放时,防腐管底部应采用两道(或以上)支垫垫起,支垫间距为 4 m~8 m,支垫最小宽度为100 mm,防腐管离地面不应少于 100 mm,支垫与防腐管之间以及防腐管相互之间应垫上柔性隔离物。运输时,宜使用尼龙带等捆绑固定,装车过程中应避免硬物混入管垛。

8.4 挤压聚乙烯防腐管的允许堆放层数应符合表 9 的规定。

表 9 挤压聚乙烯防腐管的允许堆放层数

公称直径 DN	DN<200	200≤DN<300	300≤DN<400	400≤DN<600	600≤DN<800	800≤DN≤1 200	DN>1 200
堆放层数	≤10	≤8	≤6	≤5	≤4	≤3	≤2

8.5 挤压聚乙烯防腐管露天存放时间不宜超过 6 个月,若需存放 6 个月以上时,应用不透明的遮盖物对防腐管加以保护。

9 补口及补伤

9.1 补口材料

9.1.1 挤压聚乙烯防腐管的现场补口可采用环氧底漆/辐射交联聚乙烯热收缩带(套)方式或设计选定的其他方式。当采用环氧底漆/辐射交联聚乙烯热收缩带(套)时,应满足本标准要求。无溶剂环氧树脂底漆应由热收缩带(套)厂家配套提供或指定,底漆供应量应满足厚度大于或等于 150 μm 的涂敷要求。

9.1.2 辐射交联聚乙烯热收缩带(套)应按管径选用配套的规格,产品的基材边缘应平直,表面应平整、清洁、无气泡、裂口及分解变色。热收缩带(套)产品的厚度应符合表 10 的规定。热收缩带的周向收缩率应不小于 15%;热收缩套的周向收缩率应不小于 50%。其性能应符合表 11 和表 12 的规定。

9.1.3 每一牌号的热收缩带(套)及其配套环氧底漆,使用前且每年至少应按表 10、表 11 和表 12 规定的项目进行一次全面检验。使用过程中,每批(不超过 5 000 个)到货,应对表 10、表 11

中耐环境应力开裂除外的项目和表 12 的剥离强度等性能进行复检，性能应达到规定的要求。

表 10　热收缩带(套)的厚度

单位为毫米

基材类型	适用管径 DN	基材	胶层
普通型	≤400	≥1.2	≥1.0
	>400	≥1.5	
高密度型		≥1.0	≥1.5

表 11　热收缩带(套)的性能指标

项　　目		性能指标	试验方法
基材性能[a]			
拉伸强度 MPa	普通型	≥17	GB/T 1040.2
	高密度型	≥20	GB/T 1040.2
断裂标称应变 %		≥400	GB/T 1040.2
维卡软化点(A_{50}，9.8 N) ℃	普通型	≥90	GB/T 1633
	高密度型	≥100	GB/T 1633
脆化温度 ℃		≤−65	GB/T 5470
电气强度 MV/m		≥25	GB/T 1408.1
体积电阻率 Ω·m		$\geq 1\times10^{13}$	GB/T 1410
耐环境应力开裂(F_{50}) h		≥1 000	GB/T 1842
耐化学介质腐蚀[b](浸泡 7 d) % 10%HCl 10%NaOH 10%NaCl		 ≥85 ≥85 ≥85	附录 I
耐热老化(150 ℃，21 d) 拉伸强度 MPa 断裂标称应变 %		 ≥14 ≥300	 GB/T 1040.2 GB/T 1040.2

表 11(续)

项目		性能指标	试验方法
热冲击(225 ℃,4 h)		无裂纹、无流淌、无垂滴	附录 N
胶层性能			
胶软化点(环球法) ℃		≥最高运行温度+40 且不低于 90 ℃	GB/T 15332
搭接剪切强度(钢/钢) MPa	23 ℃	≥1.0	GB/T 7124[c]
	最高运行温度	≥0.07	GB/T 7124[c]
搭接剪切强度(PE/PE) MPa	23 ℃	≥1.0	GB/T 7124[c]
	最高运行温度	≥0.07	GB/T 7124[c]
脆化温度 ℃		≤−15	附录 O
底漆性能			
不挥发物含量 %		≥95	GB/T 1725
剪切强度 MPa		≥5.0	GB/T 7124[d]
阴极剥离 (65 ℃,48 h)[e] mm		≤8	附录 D
阴极剥离(23 ℃,30 d)[e] mm		≤15	附录 D

[a] 除热冲击外,基材性能需经过 200 ℃±5 ℃,5 min 自由收缩后进行测定,拉伸试验速度为 50 mm/min。

[b] 耐化学介质腐蚀指标为试验后的拉伸强度和断裂标称应变的保持率。

[c] 拉伸速度为 10 mm/min。

[d] 拉伸速度为 2 mm/min。

[e] 底漆涂层厚度 300 μm~400 μm。

表 12 热收缩带(套)安装系统的性能指标

项目		性能指标	试验方法
抗冲击强度 J		≥15	附录 L
剥离强度(对管体) N/cm	23 ℃	≥50(内聚破坏)	附录 K
	最高运行温度	≥3(内聚破坏)	附录 K
剥离强度 (对搭接部位聚乙烯层) N/cm	23 ℃	≥50(内聚破坏)	附录 K
	最高运行温度	≥3(内聚破坏)	附录 K
阴极剥离(最高运行温度,30 d) mm		≤20	附录 D
耐热水浸泡(最高运行温度,30 d) 剥离强度保持率(对底漆钢、对管体涂层) %		≥75	附录 P 附录 K
耐热水浸泡(最高运行温度,120 d)		无鼓泡、无剥离,膜下无水	附录 P
耐热老化(最高运行温度+20 ℃,100 d) 剥离强度保持率(P_{100}/P_{70},对底漆钢、对管体涂层) %		≥75	附录 Q

9.2 补口施工准备

9.2.1 补口施工开工前,应编制补口施工工艺规程(APS),并按施工工艺规程进行工艺评定试验(PQT)验证。

9.2.2 补口施工工艺规程(APS)应根据设计要求、热收缩带(套)使用说明书、标准规范要求和补口施工经验等进行编制。

9.2.3 补口施工工艺规程(APS)应通过工艺评定试验(PQT)进行验证:

a) 工艺评定试验(PQT)应在具有代表性的管道上进行,宜采用与实际工程用管同管径同壁厚同防腐层的管道。

b) 工艺评定试验(PQT)应在涂敷管体防腐层的管道上至少 3 个试验口进行。试验口的长度应与实际补口长度一致。试验口没有环向焊道时,应在试验口的中间加上一个模拟现场焊缝的环形圈。

c) 工艺评定试验(PQT)使用的所有工具和设备类型应与实际补口施工中使用的相同。

d) 补口区域进行加热时,应避免对管体防腐层产生起泡或剥离等可见破坏现象。

e) 工艺评定试验(PQT)期间的热收缩带(套)安装时间应与预估的现场补口时间相当。工艺评定试验不在工程现场进行时,应考虑评定试验环境与实际施工环境和作业条件的差异。

f) 进行工艺评定试验(PQT)时的检验项目、试验方法和验收指标应符合本标准补口施工及检验中的相关规定。

g) 工艺评定试验(PQT)结束后,应提交完整的评定试验结果报告。

9.3 补口施工

9.3.1 当存在下列情况之一,且无有效措施时,不应进行露天补口施工:

a) 雨天、雪天、风沙天;

b) 风力达到5级以上;

c) 相对湿度大于85%;

d) 环境温度低于0℃。

9.3.2 补口施工可采用人工或机具安装方式。应采用无污染的加热方式对钢管表面补口部位进行加热,大口径管道宜采用机具加热方式。加热不应造成钢管表面污染,不应损坏管体防腐层。

9.3.3 应对焊口进行清理,环向焊缝及其附近的毛刺、焊渣、飞溅物、焊瘤等应清理干净。补口处的污物、油和杂质应清理干净;防腐层端部有翘边、生锈、开裂等缺陷时,应进行清理。

9.3.4 在进行表面磨料喷砂除锈前,应使用无污染的热源将补口部位的钢管预热至露点以上至少5℃的温度。

9.3.5 补口部位的喷砂除锈应采用适宜的磨料,粒度均匀,且应干燥、清洁、无杂质。补口部位的表面除锈等级应达到GB/T 8923.1规定的Sa2½级,锚纹深度应达到40 μm~90 μm。除锈后应清除表面灰尘,表面灰尘度等级应不低于GB/T 18570.3规定的3级。

9.3.6 补口部位钢管表面处理与补口施工间隔时间不宜超过2 h,表面返锈时,应重新进行表面处理。

9.3.7 补口搭接部位的聚乙烯层应打磨至表面粗糙,粗糙程度应符合热收缩带(套)使用说明书的要求。

9.3.8 按热收缩带(套)产品说明书的要求控制预热温度。加热后应采用接触式测温仪或经接触式测温仪校准的红外线测温仪测温,应至少分别测量补口部位钢管表面、聚乙烯防腐层表面周向均匀分布4个点的温度,结果均应符合产品说明书的要求。用红外测温仪测温时,应根据校准结果对测量的数据进行修正。

9.3.9 应按照产品使用说明书和补口施工工艺规程的要求调配底漆并均匀涂刷,底漆的湿膜厚度应不小于150 μm。

9.3.10 热收缩带加热,宜控制火焰强度,缓慢加热,不应对热收缩带上任意一点长时间烘烤。收缩过程中用指压法检查胶的流动性,手指压痕应自动消失。

9.3.11 收缩后,热收缩带(套)与聚乙烯层搭接宽度应不小于100 mm;采用热收缩带时,应采用固定片固定,周向搭接宽度应不小于80 mm。

9.4 补口质量检验

补口质量应检验外观、漏点及剥离强度等三项内容,检验宜在补口安装24 h后进行:

a) 补口的外观应逐个目测检查,热收缩带(套)表面应平整、无皱折、无气泡、无空鼓、无烧焦炭化等现象;热收缩带(套)周向应有胶粘剂均匀溢出。固定片与热收缩带搭接部位的滑移量不应大于5 mm;

b) 每一个补口均应用电火花检漏仪进行漏点检查。检漏电压为15 kV。若有漏点,应重新补口并检漏,直至合格;

c) 补口后热收缩带(套)的剥离强度按附录K规定的方法进行检测。检验时的管体温度宜为15 ℃～25 ℃,对钢管和聚乙烯防腐层的剥离强度都应不小于50 N/cm并80%表面呈内聚破坏,当剥离强度超过100 N/cm时,可以呈界面破坏,剥离面的底漆应完整附着在钢管表面。每100个补口至少抽测一个口,如不合格,应加倍抽测。加倍抽测仍有不合格时,则对应的100个补口应全部返修。

9.5 补伤

9.5.1 补伤可采用辐射交联聚乙烯补伤片、热收缩带、聚乙烯粉末、热熔修补棒和粘弹体加外护等方式。

9.5.2 对于小于或等于30 mm的损伤,可采用辐射交联聚乙烯补伤片修补。补伤片的性能应达到热收缩带的规定,补伤片对聚乙烯的剥离强度应不低于50 N/cm。

9.5.3 修补时,应先除去损伤部位的污物,并将该处的聚乙烯层打毛。然后将损伤部位的聚乙烯层修切圆滑,边缘应形成钝角,在孔内填满与补伤片配套的胶粘剂,然后贴上补伤片。补伤片的大小应保证其边缘距聚乙烯层的孔洞边缘不小于100 mm。贴补时应边加热边用辊子滚压或戴耐热手套用手挤压,排出空气,直至补伤片四周胶粘剂均匀溢出。

9.5.4 对于大于30 mm的损伤,可按照9.5.2的规定贴补伤片,然后在修补处包覆一条热收缩带,包覆宽度应比补伤片的两边至少各大50 mm。

9.5.5 对于直径不超过10 mm的漏点或损伤深度不超过管体防腐层厚度50%的损伤,在预制厂内可用与管体防腐层配套的聚乙烯粉末或热熔修补棒修补,施工现场宜用热熔修补棒修补。

9.5.6 补伤质量应检验外观、漏点及剥离强度等三项内容:

a) 补伤后的外观应逐个检查,表面应平整、无皱折、无气泡、无烧焦碳化等现象;补伤片四周应粘结密封良好。不合格的应重补;

b) 每一个补伤处均应用电火花检漏仪进行漏点检查,检漏电压为15 kV。若不合格,应重新修补并检漏,直至合格;

c) 采用补伤片补伤的剥离强度按附录K规定的方法进行检验,管体温度为15 ℃～25 ℃时的剥离强度应不低于50 N/cm。

9.5.7 涂敷厂生产过程的补伤,补伤应在白天进行,每天抽测不少于1处补伤的粘结力,不合格时,应加倍抽查。加倍抽查仍出现不合格时,当天的补伤全部返工。

9.5.8 现场施工过程的补伤,每20个补伤抽查一处剥离强度,不合格时,应加倍抽查。加倍抽查仍出现不合格时,则对应的20个补伤应全部返修。

10 下沟回填

10.1 防腐管下沟前,应用电火花检漏仪对管线全部进行检漏,检漏电压为15 kV。如有漏点应进行修补至合格,并填写记录。

10.2 挤压聚乙烯防腐管的下沟回填应符合GB 50369的规定。

11 安全、卫生和环境保护

11.1 涂敷生产的安全、环保应符合GB 7692的要求。

11.2 钢质管道除锈、涂敷生产过程中,各种设备产生的噪声,应符合GB/T 50087的有关规定。

11.3 钢质管道除锈、涂敷生产过程中,空气中粉尘含量不得超过 GBZ 1 的规定。

11.4 钢质管道除锈、涂敷生产过程中,空气中有害物质浓度不应超过 8 mg/m^2。

11.5 涂敷区电气设备应符合国家有关爆炸危险场所电气设备的安全规定,操作部分应设触电保护器。

11.6 钢质管道除锈、涂敷生产过程中,所有机械设施的转动和运动部位应设置保护。

11.7 防腐管的运输和施工过程中的安全、卫生和环境保护应符合 GB 50369 等标准的规定。

11.8 所有操作人员应按规定配戴劳动防护用品。

12 交工文件

交工文件应包括:

a) 防腐层原材料、防腐管的出厂合格证及质量检验报告;

b) 补口材料出厂合格证及质量检验报告;

c) 补口、补伤施工记录及检验报告;

d) 建设单位所需的其他有关资料。

附 录 A
（规范性附录）
环氧粉末的固化时间试验方法

A.1 仪器设备

本试验需要的设备应符合下列要求：

a) 电热板，温度精度为±3 ℃；

b) 金属板，尺寸为 150 mm×150 mm×25 mm；

c) 接触式温度计；

d) 计时器；

e) 拉延板(形状见图 A.1)；

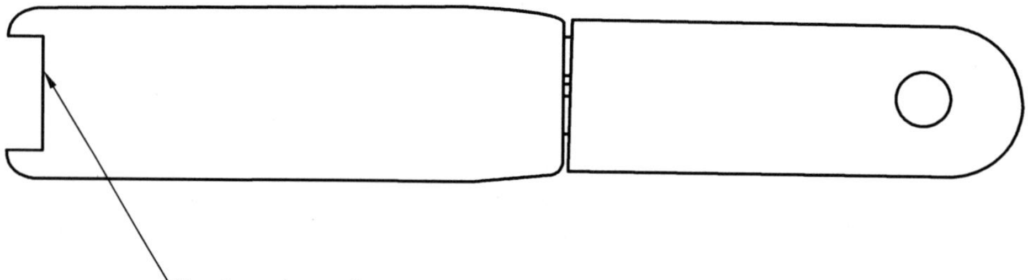

图 A.1 拉延板

f) 镊子(小钳子)；

g) 刮刀；

h) 通用小刀；

i) 差示扫描量热仪(DSC)。

A.2 试验步骤

A.2.1 加热金属板并保持温度在规定温度±3 ℃。

A.2.2 在金属板上用拉延板把环氧粉末迅速铺开，涂敷成一层薄膜，使膜厚在 300 μm～400 μm 之间，当金属板上的粉末开始熔化时，立即起动计时器开始计时。

A.2.3 趁涂膜未完全胶化之前，用一把通用小刀或刮刀在膜上将涂膜划分为 10 条带状，如图 A.2 所示。

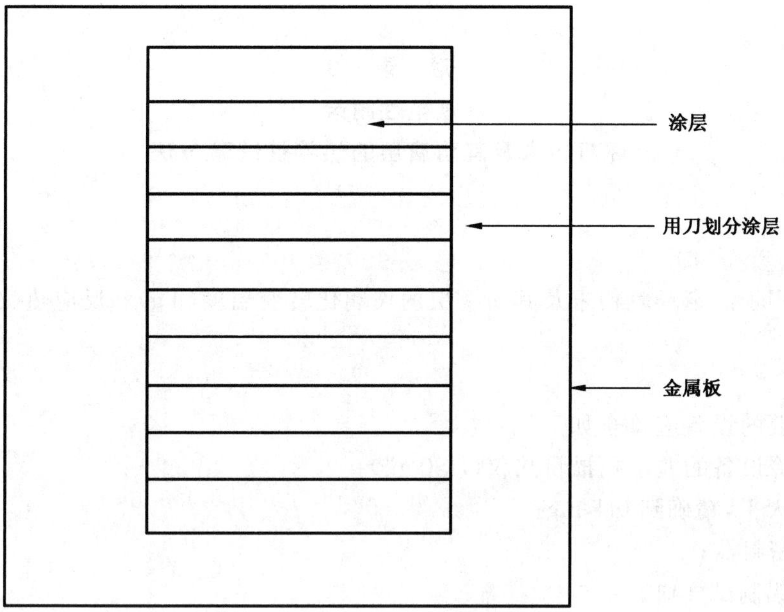

图 A.2 涂层平板划线

A.2.4 经过 30 s±3 s 以后，用通用小刀取下第 1 条涂膜带，并立即淬入冷水中。

A.2.5 每经过 30 s±3 s，重复一次 A.2.4 中的操作。注意应按从最初拉延开始的先后顺序取下、淬冷并按顺序摆放。

A.2.6 使用一台"差示扫描量热仪"(DSC)，按附录 B 的要求，测定涂膜的 ΔTg(玻璃化温度的变化值)或转化百分率 C。

A.2.7 绘出时间对 ΔTg 或时间对转化百分率的曲线。

A.3 试验结果

对应 ΔTg 为 2 ℃的时间或对应 99%转化百分率的时间(s)。

附　录　B
（规范性附录）
环氧粉末及其防腐层的热特性试验方法

B.1　范围

本试验适用于测定环氧粉末及其防腐层的玻璃化转变温度（Tg）和反应热（ΔH）。

B.2　仪器设备

本试验需要的设备应符合如下规定：

a）带制冷设备的差示扫描量热仪（DSC 仪）；

b）分析天平，精确到 0.1 mg；

c）试样密封器；

d）带盖铝制试样皿。

B.3　试验步骤

B.3.1　取 10 mg±1 mg 的环氧粉末或防腐层作试样，放入预先称好的试样皿中，盖上盖子密封试样并称量，试样的质量精确到 0.1 mg。

B.3.2　将试样和参照物放入差示扫描量热仪的以干燥惰性气体保护的测量池中。

B.3.3　对环氧粉末试样，按下列程序完成其热扫描：

a）以 20 ℃/min 的速率对试样加热，从 25 ℃±5 ℃加热到 70 ℃±5 ℃，然后将试样急冷到 25 ℃±5 ℃。

b）以 20 ℃/min 的速率对同一试样加热，从 25 ℃±5 ℃加热到 285 ℃±10 ℃，然后将试样急冷到 25 ℃±5 ℃。

c）以 20 ℃/min 的速率对试样加热，从 25 ℃±5 ℃加热到 150 ℃±10 ℃。

B.3.4　对防腐层试样，按下列程序完成其热扫描：

a）以 20 ℃/min 的速率对试样加热，从 25 ℃±5 ℃加热到 110 ℃±5 ℃，在 110 ℃时保持1.5 min，然后将试样急冷到 25 ℃±5 ℃。

b）以 20 ℃/min 的速率对同一试样加热，从 25 ℃±5 ℃加热到 285 ℃±10 ℃，然后将试样急冷到 25 ℃±5 ℃。

c）以 20 ℃/min 的速率对试样加热，从 25 ℃±5 ℃加热到 150 ℃±10 ℃。

B.4　试验结果

B.4.1　对应于 B.3.3 中程序 b）和程序 c）与 B.3.4 中程序 b）和程序 c）所得的每一个热扫描线，确定其相应的 Tg(midpoint)值，分别为 Tg_1、Tg_2、Tg_3、Tg_4，Tg 值是玻璃化转变过程温度范围的中值。此外，还可确定相应的反应放热量 ΔH（见图 B.1 和图 B.2）。

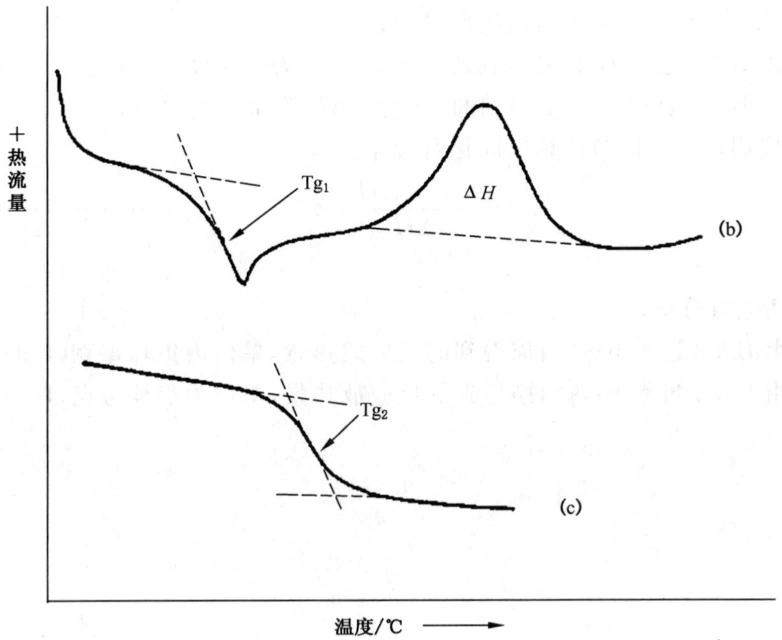

图 B.1 对环氧粉末热扫描

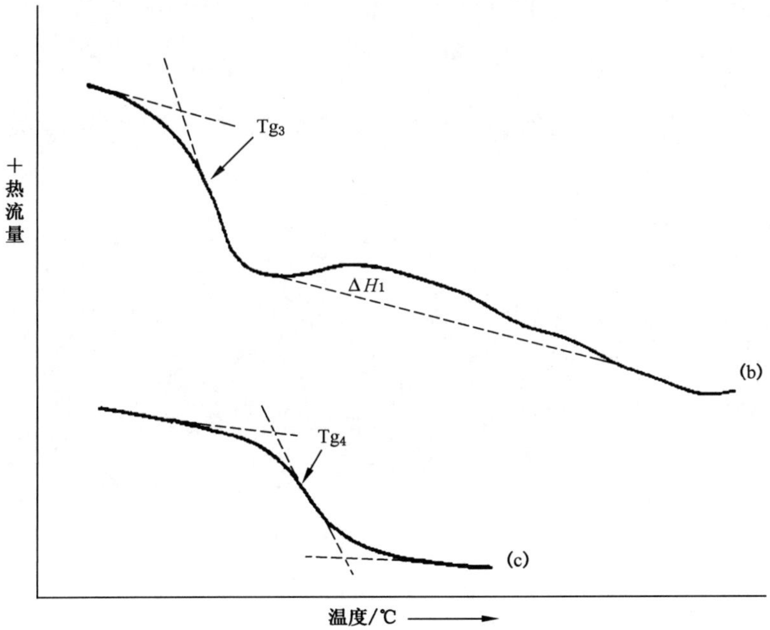

图 B.2 对涂层热扫描

B.4.2 对于防腐层,用式(B.1)计算出 Tg 值的变化:

$$\Delta Tg = Tg_4 - Tg_3 \qquad \cdots\cdots (B.1)$$

式中：

ΔTg ——Tg 值的变化，单位为摄氏度(℃)；

Tg_3 ——由 B.3.4 过程 b)扫描得到的 Tg 值，单位为摄氏度(℃)；

Tg_4 ——由 B.3.4 过程 c)扫描得到的 Tg 值，单位为摄氏度(℃)。

B.4.3 对于防腐层，用式(B.2)计算出固化百分率：

$$C = \frac{\Delta H - \Delta H_1}{\Delta H} \times 100\% \qquad \text{(B.2)}$$

式中：

C ——固化百分率；

ΔH ——由 B.3.3 过程 b)热扫描得到的反应放热量，单位为焦耳每克(J/g)；

ΔH_1——由 B.3.4 过程 b)热扫描得到的反应放热量，单位为焦耳每克(J/g)。

附　录　C
（规范性附录）
防腐层的附着力测定方法

C.1　仪器设备

本试验仪器设备应符合如下规定：

a）烘箱或水浴，精度范围±3 ℃；

b）电火花检漏仪：量程 0～30 kV；

c）磁性测厚仪：量程 0.01 mm～5 mm，在 1 mm 以下的分度值为 1 μm；在 1 mm 以上的分度值为 0.01 mm；

d）耐热容器；

e）温度计；

f）通用小刀。

C.2　试件

试件尺寸约为 100 mm×100 mm×6 mm，每组试件 3 件。

C.3　试验步骤

C.3.1　用电火花检漏仪对试件进行漏点检查，检漏电压按 5 V/μm 计算，无漏点的试件才可进行试验；将试件放入耐热容器内，加入足够的水，使试件充分浸没，加热至 75 ℃±3 ℃，恒温 48 h，取出试件。

C.3.2　当试件仍温热时，立即用小刀在涂层上划一约 30 mm×15 mm 的长方形，划透防腐层至基材，在 1 h 内将试件冷却至室温后，从长方形的任一角将刀尖插入防腐层下面，以水平推力撬剥涂层，连续推进刀尖至长方形内防腐层全部撬离或显出明显的抗撬性能为止。

C.4　结果评定

按下列分级标准评定防腐层的附着力等级：

a）1 级——涂层明显的不能撬剥；

b）2 级——被撬剥的涂层小于或等于 50%；

c）3 级——被撬剥的涂层大于 50%，但涂层对水平力表现出明显的抗撬剥性；

d）4 级——涂层很容易被撬剥成条状或大块碎屑；

e）5 级——涂层成一整片被剥离下来。

以 3 个试件中级别最低的，作为该组试件的附着力级别。

附 录 D
(规范性附录)
防腐层阴极剥离试验方法

D.1 设备和材料

本试验的主要仪器设备和材料应符合如下规定:

a) 可调直流稳压电源:0 V～6 V。

b) 恒温装置:温控范围室温～100 ℃,温控精度±3 ℃。

c) 磁性测厚仪:量程 0.01 mm～5 mm,在 1 mm 以下的分度值为 1 μm;在 1 mm 以上的分度值为 0.01 mm。

d) 电火花检漏仪:量程 0～30 kV。

e) 游标卡尺:量程 0～200 mm,精度 0.02 mm。

f) 塑料圆筒:ϕ75 mm。

g) 辅助电极:可采用铂电极等惰性材料。

h) 参比电极:具有稳定的电位值且适用于试验温度条件,一般温度条件下可采用饱和甘汞电极。

i) 氯化钠:化学纯。

D.2 试件制备

D.2.1 试件的规格和数量应符合如下规定:

a) 实验室制备的平板试件尺寸为 100 mm×100 mm×6 mm;

b) 管段加工成的试件尺寸为 150 mm×150 mm×管壁厚,其中两个 150 mm 分别为沿管子轴向和圆周方向的切割宽度。热收缩带(套)补口试件可采用管状试件;

c) 每组试件应不少于 2 个。

D.2.2 按所检验防腐层的涂敷要求制备防腐层试件。单层环氧粉末防腐层厚度 300 μm～400 μm、热收缩带底漆厚度 300 μm～400 μm。

D.3 试验步骤

D.3.1 用电火花检漏仪对试件进行针孔检查,试件为单层环氧粉末或热收缩带(套)底漆时,检漏电压为 5 V/μm;试件为聚乙烯三层结构时,检漏电压为 25 kV;试件为热收缩带(套)防腐层时,检漏电压为 15 kV。无针孔的试件才可用于试验。

D.3.2 在试件中部钻一个试验孔,钻透防腐层,露出基材。试件为单层环氧粉末或热收缩带(套)底漆时,试验孔直径为 3.2 mm;试件为聚乙烯防腐层或热收缩带(套)防腐层时,试验孔直径为 6.4 mm。

D.3.3 用密封胶将预制好的塑料圆筒与试件同心粘结,形成以试件为底的试验槽,槽内加入浓度为 3%(质量分数)的氯化钠溶液,至槽高的 4/5 处,试验过程添加蒸馏水保持液位,试验过程中,保持溶液 pH 值在 6～9 范围。

D.3.4 将试件与直流稳压电源的负极相连接；将辅助电极插入溶液，并与直流稳压电源的正极连接(如图 D.1)。

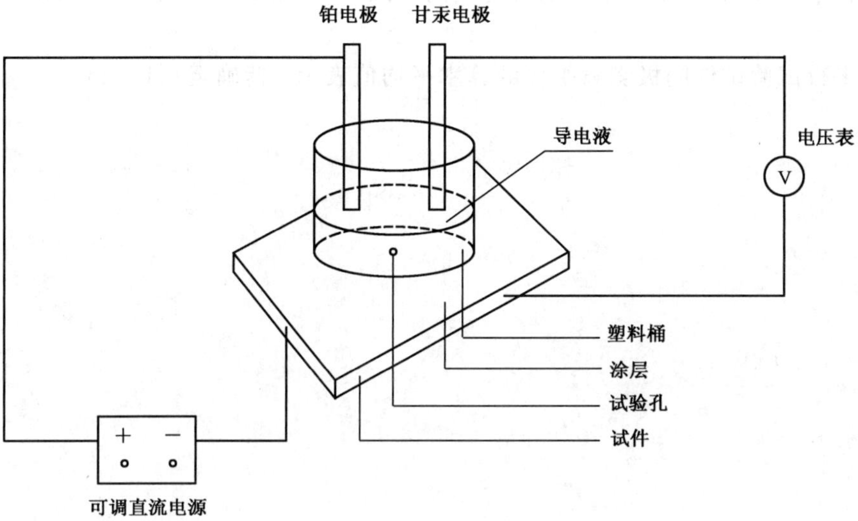

图 D.1 防腐层阴极剥离试验示意图

D.3.5 使试件电位控制在－1.5 V(相对于饱和甘汞电极)。控制试验温度为规定的温度。

D.3.6 试验周期结束，取下试件并冷却至室温，冷却时间不少于 1 h，用小刀以试验孔为中心沿 360°圆周的八个等分，向外划割涂层，要划透防腐层，露出基材，划割距离至少为 20 mm(如图 D.2)。

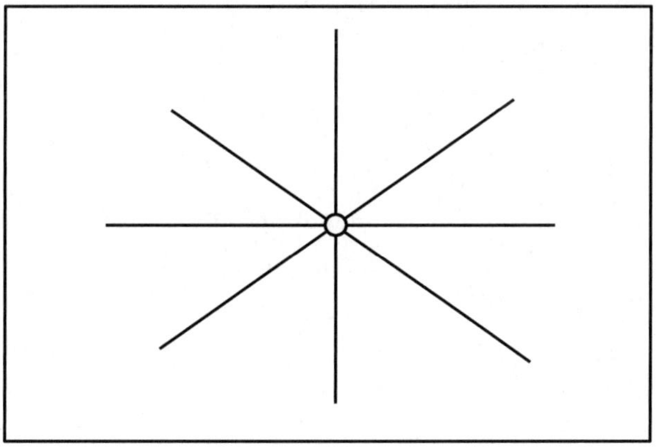

图 D.2 在试件上划透涂层的放射线

D.3.7 用小刀从试验孔处插入防腐层下面，以水平力沿划割线撬剥涂层，直至涂层表现出明显的抗撬剥性为止。

D.4 试验结果

从试验孔边缘开始,测量每条划割线的剥离距离,并求出其平均值,即为该试件的阴极剥离距离。

用两个平行试验试件阴极剥离距离的算术平均值表示,精确至 0.1 mm。

附　录　E
(规范性附录)
防腐层抗弯曲试验方法

E.1　仪器设备

本试验仪器设备应符合如下规定：

a)　弯曲试验机：主要由压力机及弯曲角为 2.5°的弯曲模具(包括凸模和凹模)组成。其中凸模的曲率半径按式(E.1)确定：

$$R = 22.43t \qquad \cdots\cdots (E.1)$$

式中：

R ——凸模半径，单位为毫米(mm)；

t ——试件有效厚度，单位为毫米(mm)，包括试样实际厚度以及任何的曲度(图 E.1)。

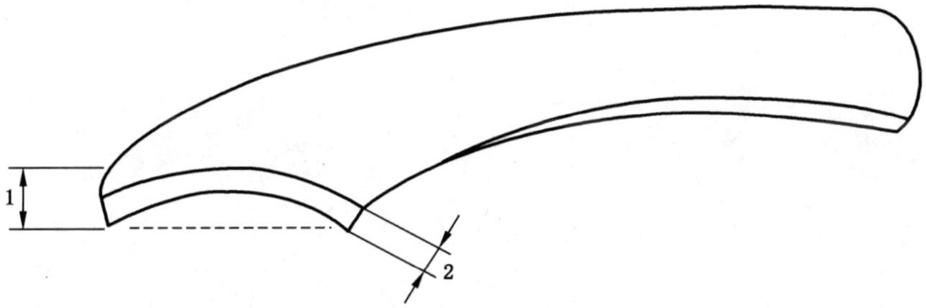

说明：

1——有效厚度；

2——实际厚度。

图 E.1　试件有效厚度

b)　低温箱：最低温度为－40 ℃，控温精度±3 ℃。

E.2　试件

实验室喷涂粉末防腐层试件尺寸为 200 mm×25 mm×6 mm。从试验管段或实际防腐管上截取试件，并加工成 25 mm×200 mm×管壁厚，其中 200 mm 为沿管子轴向切割长度，试件边缘应光滑无缺陷。每组试件不少于 3 个。

E.3　试验步骤

E.3.1　将试件放入低温箱，冷却至规定的试验温度并保持 1 h 以上。

E.3.2　把试件放到弯曲试验机上进行弯曲试验，每个试件的弯曲试验应在 30 s 内完成。

E.3.3　将弯曲后的试件在室温下放置 2 h 以上，用目测法检查防腐层。

E.4 结果评定

对于环氧涂层,当3个试件的涂层均无裂纹时，该样品的弯曲性能为合格。

对于聚乙烯防腐层,当3个试件聚乙烯均无开裂时,该样品的弯曲性能为合格。

附　录　F
（规范性附录）
氧化诱导期测定方法

F.1　仪器设备

本试验仪器设备应符合如下规定：

a)　差示扫描量热仪(DSC)：能记录热流或温差随时间的变化曲线，精度 0.1 min。

b)　自动气体开关：能在 1 min 内迅速切换高纯氮气和氧气，并能控制气体流量。

c)　电子天平：精度 0.1 mg。

F.2　试验步骤

F.2.1　将聚乙烯或胶粘剂压制成约 250 μm 的薄片。

F.2.2　切取 5 mg～10 mg 样片，准确称量后放入 DSC 仪配套的无盖铝制坩埚中。

F.2.3　将盛样坩埚和参比坩埚放入 DSC 仪的测量池中。

F.2.4　按下列设定进行 DSC 扫描：

a)　室温，通氮气 5 min，氮气流量设定为 50 mL±5 mL。

b)　以 20 ℃/min 的速率对测量池加热，从室温加热到指定的测量氧化诱导期温度。加热过程中持续通氮气，流量为 50 mL±5 mL。

c)　温度达到指定温度后，恒温，同时继续通氮气 5 min。

d)　将气体切换到氧气，流量设定为 50 mL±5 mL，切换的瞬间为氧化诱导期测定的开始时间。

e)　在流量为 50 mL±5 mL 的氧气环境下，恒温至出现快速放热曲线后至少 2 min。

f)　测量结束，将气体切换到氮气，冷却测量池到室温。

F.3　试验结果

扫描曲线的 Y 轴为热流，X 轴为时间。

延长基线，与氧化反应放热曲线相交，交点对应的时间即为指定温度下的氧化诱导期，如图 F.1 所示。

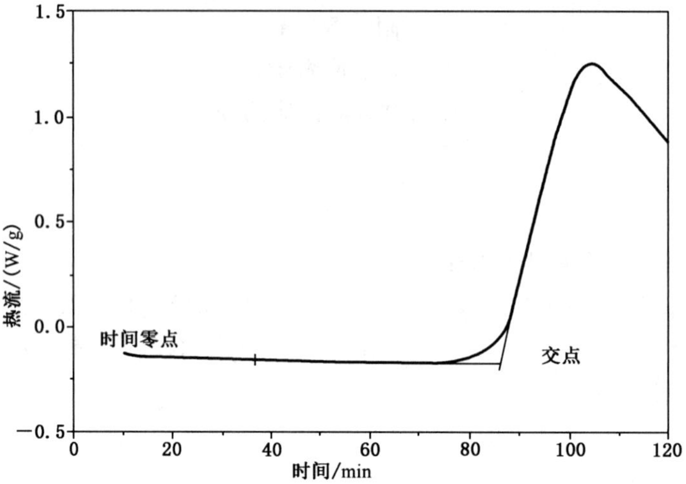

图 F.1 氧化诱导期的确定

附 录 G
(规范性附录)
塑料含水率测定试验方法

G.1 仪器设备

本试验仪器设备应符合如下规定：

a) 烘箱，精度范围±2 ℃；

b) 天平：精度 1 mg。

G.2 试验步骤

G.2.1 将培养皿在 105 ℃±2 ℃的烘箱中干燥 0.5 h，取出，在干燥器中冷却后称量。

G.2.2 在培养皿中加入约 5 g 的样品，称量。

G.2.3 将盛有样品的培养皿放入 105 ℃±2 ℃的烘箱中，烘 3 h，取出，放入干燥器中冷却后，称量。

G.2.4 每个试样进行两次测定。

G.3 结果

G.3.1 含水率按式(G.1)计算：

$$C=[(m_1-m_2)/(m_1-m_0)]\times 100\% \quad \text{(G.1)}$$

式中：

C ——含水率；

m_0——培养皿质量，单位为克(g)；

m_1——培养皿和样品质量，单位为克(g)；

m_2——干燥后培养皿和样品质量，单位为克(g)。

G.3.2 结果为两次测量的算术平均值。

附　录　H
(规范性附录)
压痕硬度测定方法

H.1　仪器设备

本试验仪器设备应符合如下规定：

a)　压痕仪：压头为底部直径 1.8 mm 或截面积 2.5 mm^2 的金属棒，加载后向下的总应力为 10 MPa。刻度指示器的读数精度为 0.01 mm。

b)　恒温装置：控温精度为±2 ℃。

H.2　试验步骤

将试件置于测定温度下 1 h 后，将压头(不带附加荷载)缓慢且小心降落在试件上，在 5 s 之内将刻度指示器设置零位值。然后将附加荷载施加在压头上，24 h 后读取刻度指示器的指示值，该值即为试件的压痕深度。

H.3　试验结果

以 3 个试件的压痕深度平均值表示该样品的压痕硬度，单位为 mm。

附 录 I
（规范性附录）
聚乙烯耐化学介质腐蚀试验方法

I.1 仪器设备及材料

本试验仪器设备和材料应符合如下规定：

a) 万能试验机或拉力试验机；

b) 恒温水浴，精度±2 ℃；

c) 天平，精度 0.01 g；

d) 化学试剂，化学纯。

I.2 溶液及试件的制备

I.2.1 盐酸溶液(10%)的配制：将相对密度为 1.19 的浓盐酸 239 mL(283 g)加入 764 mL 蒸馏水中。

I.2.2 氢氧化钠溶液(10%)的配制：将 111 g 氢氧化钠溶解于 988 mL 蒸馏水中。

I.2.3 氯化钠溶液(10%)的配制：将 107 g 氯化钠溶解于 964 mL 蒸馏水中。

I.2.4 试件制备：按 GB/T 1040.2 的规定制备拉伸试件并进行外观检查；至少应准备 4 组试件，每组不少于 5 个试件。

I.3 试验步骤

I.3.1 先按 GB/T 1040.2 的规定测定样品的初始拉伸强度和断裂标称应变。

I.3.2 采用恒温水浴调节腐蚀溶液的温度至 23 ℃±2 ℃；在 3 种溶液中分别浸入 1 组试件，试件表面不应有气泡或露出液面，各试件间及试件与容器壁间应不相互接触。

I.3.3 每天晃动一次容器；浸泡 7 d 后从腐蚀溶液中取出试件，用水冲洗试件表面，然后用滤纸吸干水分，检查试件外观是否有变化。

I.3.4 将浸泡后的 3 组试件按 GB/T 1040.2 的规定测定拉伸强度和断裂标称应变。

I.4 结果计算

耐化学介质腐蚀 7 d 后的性能保持率按式(I.1)计算：

$$C=(b/a)\times 100\% \qquad \text{(I.1)}$$

式中：

C ——性能保持率；

a ——浸泡前的拉伸强度或断裂标称应变；

b ——浸泡后的拉伸强度或断裂标称应变。

附　录　J
(规范性附录)
聚乙烯耐紫外光老化试验方法

J.1　仪器设备

本试验仪器设备应符合如下规定:

a)　试验箱:由 8 根荧光紫外灯管、加热槽、试样架及控制和记录操作时间与温度的系统所构成,能进行荧光紫外和冷凝循环。

b)　灯管:采用光谱能量分布在 280 nm～350 nm 的波长范围，最大强度的波长为 340 nm 的灯管。

c)　万能试验机或拉力试验机。

J.2　试验

J.2.1　试样应按 GB/T 1040.2 的要求制作。

J.2.2　试验条件采用 60 ℃、8 h 荧光紫外照射与 50 ℃、4 h 冷凝暴露交替循环。辐照度 0.89 W/m^2 · nm

J.2.3　试验时间:336 h。

J.2.4　测试:试验后按 GB/T 1040.2 测试拉伸强度和断裂标称应变。

J.3　试验结果

光老化后的性能保持率按式(J.1)计算:

$$C=(b/a)\times 100\% \qquad \text{(J.1)}$$

式中:

C ——性能保持率;

a ——试验前的拉伸强度或断裂标称应变;

b ——试验后的拉伸强度或断裂标称应变。

附 录 K
(规范性附录)
防腐层剥离强度测定方法

K.1 实验室试验

K.1.1 试验仪器设备应符合如下规定:

a) 拉伸试验机:精度为示值±1%,可控速度 10 mm/min;

b) 便携式剥离强度测定装置:可控制剥离垂直钢管表面,可控制剥离速度在 10 mm/min,并能记录剥离力值,精度为示值±5%;

c) 测力计:精度 1 N;

d) 钢板尺:最小刻度为 1 mm;

e) 裁刀:可以划透防腐层;

f) 测温仪:精度为 1 ℃。

K.1.2 实验室剥离试件应符合如下要求:

a) 从防腐管或补口处截取,试件的尺寸约为(100 mm~150 mm)×(150 mm~200 mm)×管壁厚,试件数量应不少于 3 个;

b) DN≤168 mm 的防腐管可直接截取试验管段,长度约 300 mm;实验室制备补口防腐层试件时,应按照产品安装要求安装模拟补口管段。

K.1.3 剥离试验应按如下步骤进行:

a) 实验室试件剥离强度测试宜采用拉伸试验机,也可采用便携式剥离强度测定装置或测力计。

b) 实验室测试温度常温剥离控制±2 ℃,高温剥离控制在试验温度±5 ℃。

c) 先将防腐层沿环向划开宽度约为 20 mm、长至少为 160 mm 的长条,划开时应划透防腐层,并撬起一端,以 10 mm/min 的速率垂直试件表面匀速拉起防腐层。

d) 剥离长度约 140 mm,记录时间-力值曲线。如不能自动记录时间-力值时,每隔 2 min 读取1 次剥离力值。若剥离过程中,防腐层拉断,记录拉断时的力值。

e) 测定高温下的剥离强度,可将按 K.1.3c)划好的防腐层试件加热到试验温度之上约 5 ℃~10 ℃,并用接触式测温仪或经接触式测温仪校准并修正过的红外测温仪监测剥离条根部温度,当温度降至测定温度上限,立即开始测量,温度降至下限前,结束测量。

K.1.4 试验结果应按如下要求计算:

测定时连续记录的平均力值除以剥离的防腐层宽度,即为剥离强度,单位为 N/cm。不能连续记录时,将 140 mm 剥离长度上的数据分成七段(每隔 2 min 读取 1 次的剥离力值)计算剥离强度,舍去第一段和最后段的数据,以中间 100 mm 长度的上 5 个剥离强度的算术平均值为试验结果。

K.2 现场试验

K.2.1 仪器设备应符合下列要求:

a) 便携式剥离强度测定装置:可控制剥离垂直钢管表面,可控制剥离速度在 10 mm/min,并能记录剥离力值,精度为示值±5%;
b) 测力计:精度 5 N;
c) 钢板尺:最小刻度为 1 mm;
d) 裁刀:可以划透防腐层;
e) 测温仪:精度为 1 ℃。

K.2.2 剥离试验应符合如下要求:

a) 3PE 防腐层的剥离强度测定,可在生产过程中,选定防腐管,待温度降至规定的温度范围时,在钢管上直接测量,剥离试验温度控制在规定温度的±5 ℃。
b) 补口防腐层剥离强度测定应在补口施工完成 24 h 后进行,剥离试验温度控制在 20 ℃±5 ℃。
c) 测量过程中应用接触式测温仪或经接触式测温仪校准并修正过的红外测温仪监测剥离条根部温度。

K.2.3 剥离试验应按如下步骤进行:

a) 现场剥离强度测试宜采用便携式剥离强度测定装置,也可采用带测力计。
b) 先将防腐层沿环向划开宽度约为 20 mm、长至少为 160 mm 的长条,划开时应划透防腐层,并撬起一端,以 10 mm/min 的速率垂直钢管表面匀速拉起防腐层。
c) 剥离长度应不低于 140 mm,记录稳定的力值(不包括起始段和末端各 20 mm 的数值)。

K.2.4 将记录的稳定力值除以剥离的防腐层宽度,即为剥离强度,单位为 N/cm。

附　录　L
(规范性附录)
防腐层冲击强度试验方法

L.1　仪器设备

本试验仪器设备应符合如下规定:

a)　冲击试验机:由底座、冲击锤垂直导向管、冲击锤和调节机构组成。

b)　冲击锤垂直导向管:直径 48 mm,长 1 200 mm,标尺分度值 5 mm。管内应光滑,保证冲击锤自由下落。

c)　冲击锤:质量 2 000 g±2 g 或 3 000 g±2 g,冲头直径为 25 mm。

d)　电火花检漏仪:检漏电压直流 25 kV。

e)　磁性测厚仪:测量范围 20 μm～5 mm。

L.2　试验步骤

L.2.1　从防腐管或补口处截取试件,补口防腐层也可按实际操作方法制作,试件的尺寸约为 350 mm×170 mm×管壁厚,其中 350 mm 沿管子轴向的切割长度。试件应不少于 2 个,用 25 kV(补口防腐层用 15 kV)的直流电压进行电火花检漏无漏点的试件才能使用。

L.2.2　用磁性测厚仪或电子测厚仪测量防腐层厚度,在每个试件上距各边缘的距离大于 38 mm 的范围内均匀测量四点,用 1 组试件所测各点厚度的平均值代表该样品的防腐层厚度(以 mm 计)。

L.2.3　试件应放置在刚性、稳定的水平支撑上,冲击是应防止冲头回弹造成的二次冲击。

L.2.4　在冲击试验机上用预定的冲击能对试件表面进行冲击,冲击点可以任意选择,但离试件边缘的距离不应小于 30 mm,相邻冲击点之间的距离不应小于 30 mm。球形冲头最多冲击 10 次后应转到一个新的位置。当总冲击次数达到 200 次以后应更换冲头。

L.2.5　防腐层冲击试验的环境温度应为 20 ℃±5 ℃。

L.2.6　用同组试件冲击 10 次,然后用 L.2.1 规定的直流电压对试件进行检漏。

L.3　试验结果

对 10 个冲击点进行检漏没有发现漏点时,表明该组试件的冲击强度大于预定的冲击能。

附　录　M
（规范性附录）
聚乙烯防腐层耐热水浸泡试验方法

M.1　仪器设备

本试验仪器设备应符合如下规定：

a)　烘箱或恒温水浴：控温精度±3；

b)　容器：带盖的容器，尺寸适合盛放试件。

M.2　试件制备

从试验管段或实际防腐管上截取试件。DN≤76 mm 的防腐管，试件冷切成 150 mm 长管环；DN>76 mm 的防腐管，试件冷切成 150 mm×100 mm×管壁厚，其中 150 mm 为沿管子轴向切割长度，试件边缘应用水砂纸打磨至光滑无缺陷。每组试件不少于 3 个。

M.3　试验步骤

M.3.1　将试件放入已恒温至规定温度的蒸馏水或去离子水中，水浸没试样至少 50 mm。

M.3.2　保持水和试件温度在 80 ℃，48 h。取出试件，将试件擦干，冷却至室温。

M.3.3　目视检查试件。沿试件四周检查防腐层与基材界面的粘结情况。不考虑四角周围 5 mm 范围内的防腐层剥离。对出现剥离或附着力下降的区域，用锋利刀片插入防腐层与钢基材间的缝隙，翘起失去粘结的防腐层，并测量剥离深度。

M.4　结果

记录防腐层剥离最大深度和平均深度，平均深度以 3 块试件剥离深度的平均值表示。

附 录 N
(规范性附录)
热收缩带(套)耐热冲击试验方法

N.1 仪器设备

电热鼓风干燥箱:室温至 300 ℃,精度±2 ℃。

N.2 试件制备

从热收缩带(套)上切割试件,尺寸为 300 mm×25 mm,其中 300 mm 为收缩方向,试件数量每组 3 件。

N.3 试验步骤

N.3.1 将切好的试件悬挂于恒温 225 ℃的电热鼓风干燥箱中 4 h,试样不能接触干燥箱箱壁,也不能互相接触。

N.3.2 4 h 后取出试件,冷却至室温。观察试件是否有流淌、裂纹或垂滴。如有要求,用 25 mm 轴棒,将试件弯曲 360°,观察试件是否有裂纹。

N.3.3 以 3 个试件均无流淌、无裂纹、无垂滴为合格。

附　录　O
（规范性附录）
热熔胶的脆化温度试验方法

O.1　仪器设备

本试验仪器设备应符合如下规定：

a)　低温箱：精度±3 ℃；

b)　不锈钢轴棒：ϕ25 mm。

O.2　试件制备

从热收缩带(套)样品上截取 3 个试件，试件长 300 mm，宽 25 mm。

O.3　试验步骤

O.3.1　将试件及轴棒放入恒定温度的低温箱，冷却 4 h。

O.3.2　在 10 s±2 s 内，将试件沿轴棒弯曲 360°。

O.3.3　从低温箱中取出试件进行目测检查。

O.4　结果评定

以不出现裂纹的最低温度为试样的脆化温度。

附　录　P
(规范性附录)
补口防腐层耐热水浸泡试验方法

P.1　仪器设备

本试验仪器设备应符合如下规定：

a)　电热鼓风干燥箱或能恒温的试验槽：温度控制精度±2 ℃；

b)　试验槽：尺寸满足浸泡一定数量试验管段要求。

P.2　试件制备

按照热收缩带(套)的安装要求，将热收缩带(套)安装在管径89 mm～159 mm范围的聚乙烯防腐管段上，制成模拟补口试件。管段长约300 mm，热收缩带(套)的边缘距管段端部应有10 mm左右的距离。对钢管内壁和端部的裸露钢表面，可涂刷防腐涂料进行防腐保护。

每组试验至少2个试件。

P.3　试验步骤

将水温调至规定的试验温度，恒温。将无破损的试件放入试验槽中，加水至完全浸没试件。试验过程中应补充水，保持试件完全浸没水中。

P.4　试验结果

在规定的试验时间后，可取出试件，按本标准附录K的规定进行剥离强度性能检测。

规定的试验周期结束后，取出试件，观察防腐层，无鼓泡、无剥离、膜下无水为合格。

附　录　Q
（规范性附录）
补口防腐层热老化试验方法

Q.1　仪器设备

本试验仪器设备应符合如下规定：

电热鼓风干燥箱：温度控制精度±2 ℃；尺寸能够将试样垂直放置而不会受到任何影响。

Q.2　试样制备

Q.2.1　冷切割 300 mm 长，直径 ϕ89 mm～ϕ273 mm 的管段（带有工厂预制 3PE 防腐层），去除管段中部约 100 mm 长的 3PE 防腐层，然后采用热收缩带补口材料进行包覆，操作条件与现场施工条件一致。

Q.2.2　试件数量：3 个，每个样品分别标明为(a)、(b)、(c)，以示区分。

Q.3　试验步骤

试验前，所有试件在老化温度下预先调整 7 d。然后按照如下要求，将试样在最高运行温度＋20 ℃的温度下进行老化试验。

a)　将试件(a)在无阳光照射室温下放置 100 d；

b)　将试件(b)放置在老化温度的烘箱里 70 d，然后在无阳光照射的室内室温下放置 30 d；

c)　将试件(c)放置在老化温度的烘箱里 100 d。

老化试验之后，在 8 h 内，所有试件在相同试验条件下，按本标准附录 K 的规定进行补口防腐层对补口部位管体和对搭接部位 3PE 防腐层的剥离强度试验，试验温度为 23 ℃±2 ℃。每个试样对管体和对 PE 防腐层分别进行 3 次剥离强度试验。

Q.4　试验结果

计算每个试件三次剥离强度的算术平均值。然后计算不同热老化时间的剥离强度的比值 P_{100}/P_0 和 P_{100}/P_{70}，其中：P_0 为未经热老化试样(a)在 23 ℃测得的剥离强度值；P_{70} 为经 70 d 热老化的试样(b)在 23 ℃测得的剥离强度值；P_{100} 为热老化 100 d 的试样(c)在 23 ℃测得的剥离强度值。

ICS 75.200
CCS E 98

中华人民共和国国家标准

GB/T 24259—2023
代替 GB/T 24259—2009

石油天然气工业 管道输送系统

**Petroleum and natural gas industries—
Pipeline transportation systems**

(ISO 13623:2017,MOD)

2023-09-07 发布 2024-01-01 实施

国家市场监督管理总局
国家标准化管理委员会 发布

前　　言

本文件按照 GB/T 1.1—2020《标准化工作导则　第 1 部分:标准化文件的结构和起草规则》的规定起草。

本文件代替 GB/T 24259—2009《石油天然气工业　管道输送系统》,与 GB/T 24259—2009 相比,除结构调整和编辑性改动外,主要技术变化如下:

a) 更改了文件的适用范围(见第 1 章,2009 年版的第 1 章);
b) 删除了“设计强度”“组装件”“带压开孔”“铺管线路”“管道”规定的最小抗拉强度”的术语和定义(见 2009 年版的第 3 章);
c) 增加了“符号”一章(见第 4 章);
d) 更改了“流体的分类”,将二氧化碳更改为有毒流体(见 6.2,2009 年版的 5.2);
e) 更改了“水力分析”中的注,将其改为条文。(见 6.3,2009 年版的 5.3);
f) 删除了“当国家相关公众安全和环境保护法规的要求高于本标准要求时,应按照相关国家法规执行。当没有特殊要求时,应采用本标准关于公众安全及环境保护的要求。”(见 2009 年版的 5.6);
g) 增加了线路选线时应评估的因素(见 7.2.1.1);
h) 增加了规定最高设计温度和最低设计温度的要求(见 7.3.2.3);
i) 增加了采空载荷和冻土载荷(见 7.3.3.4);
j) 更改了由流体压力引起的最大环向应力和等效应力的计算公式(见 7.4.2.2,2009 年版的6.4.2.2);
k) 增加了椭圆度或不圆度的计算公式与相关解释(见 7.4.2.5);
l) 增加了容许应变准则(见 7.4.2.6);
m) 增加了 SBD 管道和焊缝材料性能(见 7.4.2.7);
n) 增加了需要单独考虑冻胀区域的覆盖层的技术要求(见 7.8.2.1);
o) 删除了“焊接施工应采用按照 ISO 13847 审定的规程和资格考试合格的操作工。”(见 2009 年版的 6.14.2);
p) 增加了褶皱的技术要求(见 9.3.2);
q) 增加了“所有工艺浸湿部件(金属和非金属)应符合设计使用条件。”(见 9.3.5);
r) 更改了单层熔结环氧树脂(FBE)涂层技术要求(见 9.4.1.2,2009 年版的 8.4.1.2);
s) 增加了“海底应用的湿式保温应符合 ISO 12736 的要求。”(见 9.4.1.3);
t) 增加了“管道周边的杂散电流干扰源(如地铁、高压线等)”(见 10.4.1);
u) 更改了“焊缝检验”(见 11.4.2,2009 版的 10.4.2);
v) 增加了在引入输送流体之前对阀门进行最终测试的技术要求(见 13.4);
w) 增加了“应完成投产前应急演练。”(见 13.6);
x) 删除了“要按照下列目标建立和执行管理体系”(见 2009 年版的 13.1.1);
y) 更改了运行和维护计划(见 14.1.2,2009 年版的 13.1.2);

z) 增加了运行和维护程序(见 14.1.3);

aa) 增加了"管道沿线工程施工机械(钻探、打桩、定向钻、顶管、机械挖掘等)操作手"(见 14.1.7);

bb) 增加了"管道应按照 13.6 的要求充装"(见 14.2.5);

cc) 增加了"地球物理勘查石油地震找矿(放炮)情况"(见 14.3.2.2);

dd) 增加了"消防系统情况""防雷防静电系统情况"(见 14.3.5.8);

ee) 增加了"周边交通、村镇、厂区、树木、农作物等"(见 14.3.7.3);

ff) 增加了"导致流体蒸气点燃的压缩效应"(见 14.3.7.4);

gg) 增加了"地区等级的更改"(见 14.4.7);

hh) 增加了"现有管道所在地区等级"(见 D.7)。

本文件修改采用 ISO 13623:2017《石油天然气工业 管道输送系统》。

本文件与 ISO 13623:2017 相比,在结构上有较多调整,两个文件之间的结构编号变化对照一览表见附录 A。

本文件与 ISO 13623:2017 相比,存在较多技术差异,在所涉及的条款的外侧页边空白位置用垂直单线(|)进行了标示。这些技术差异及其原因一览表见附录 B。

本文件做了下列编辑性改动:

——增加了附录 A(资料性)"本文件与 ISO 13623:2017 结构编号对照一览表";

——增加了附录 B(资料性)"本文件与 ISO 13623:2017 技术性差异及其原因一览表";

——将 ISO 16708 替换为 GB/T 29167;

——更改了表格"陆上管道最小埋深"和"评估外腐蚀时要考虑的环境条件"的序号;

——更改了"全约束的管道所承受的轴向力(F)"和"CE 值"计算公式的序号。

请注意本文件的某些内容可能涉及专利。本文件的发布机构不承担识别专利的责任。

本文件由全国石油天然气标准化技术委员会(SAC/TC 355)归口。

本文件起草单位:国家石油天然气管网集团有限公司科学技术研究总院分公司、长江大学、中国石油天然气管道工程有限公司、中国石油大学(北京)、中海油研究总院有限责任公司、陕西延长石油(集团)有限责任公司管道运输公司、中油国际管道有限公司、中石化石油工程设计有限公司、浙江浙能技术研究院有限公司、福州大学。

本文件主要起草人:苗青、闫锋、聂超飞、顾晓婷、张文伟、刘啸奔、支树洁、李其抚、王玉彬、彭世垚、刘峻峰、赵彬、朱坤峰、黄俊、李新林、袁运栋、梁海宁、李想、李大朋、滕霖、郝郁、孙士恩、周翔、魏子云、杨金威。

本文件于 2009 年首次发布,本次为第一次修订。

石油天然气工业
管道输送系统

1 范围

本文件规定了石油天然气工业中管道输送系统的设计、管道及主要配管设备、站场和终端设计、材料和涂层、腐蚀管理、施工、试压、预投产和投产、运行、维护及废弃等方面的要求。

本文件适用于所有新建、改建钢制金属管道系统。

本文件不适用于柔性管道或其他材料的管道,如玻璃纤维增强塑料等。

2 规范性引用文件

下列文件中的内容通过文中的规范性引用而构成本文件必不可少的条款。其中,注日期的引用文件,仅该日期对应的版本适用于本文件;不注日期的引用文件,其最新版本(包括所有的修改单)适用于本文件。

GB/T 229 金属材料 夏比摆锤冲击试验方法(GB/T 229—2020,ISO 148-1:2016,MOD)

GB/T 755 旋转电机 定额和性能(GB/T 755—2019,IEC 60034-1:2017,IDT)

GB/T 3215 石油、石化和天然气工业用离心泵(GB/T 3215—2019,ISO 13709:2009,MOD)

GB 3836.14 爆炸性环境 第14部分:场所分类 爆炸性气体环境(GB 3836.14—2014,IEC 60079-10-1:2008,IDT)

GB/T 3836.15 爆炸性环境 第15部分:电气装置的设计、选型和安装(GB/T 3836.15—2017,IEC 60079-14:2007,MOD)

GB/T 9711—2017 石油天然气工业 管线输送系统用钢管(ISO 3183:2012,MOD)

注:GB/T 9711—2017 被引用的内容与 ISO 3183:2012 被引用的内容没有技术上的差异。

GB/T 18253 钢及钢产品 检验文件的类型(GB/T 18253—2018,ISO 10474:2013,IDT)

GB/T 20173 石油天然气工业 管道输送系统 管道阀门(GB/T 20173—2013,ISO 14313:2007, MOD)

GB/T 20972(所有部分) 石油天然气工业 油气开采中用于含硫化氢环境的材料[ISO 15156(所有部分)]

注:GB/T 20972.1—2007 石油天然气工业 油气开采中用于含硫化氢环境的材料 第1部分:选择抗裂纹材料的一般原则(ISO 15156-1:2001,IDT)

GB/T 20972.2—2008 石油天然气工业 油气开采中用于含硫化氢环境的材料 第2部分:抗开裂碳钢、低合金钢和铸铁(ISO 15156-2:2003,MOD)

GB/T 20972.3—2008 石油天然气工业 油气开采中用于含硫化氢环境的材料 第3部分:抗开裂耐蚀合金和其他合金(ISO 15156-3:2003,MOD)

GB/T 29168.1—2021 石油天然气工业 管道输送系统用感应加热弯管、管件和法兰 第1部分:感应加热弯管(ISO 15590-1:2009,MOD)

注:GB/T 29168.1—2021 被引用的内容与 ISO 15590-1:2009 被引用的内容没有技术上的差异。

GB/T 29168.2　石油天然气工业　管道输送系统用感应加热弯管、管件和法兰　第 2 部分:管件(GB/T 29168.2—2012,ISO 15590-2:2003,MOD)

GB/T 29168.3　石油天然气工业　管道输送系统用感应加热弯管、管件和法兰　第 3 部分:法兰(GB/T 29168.3—2012,ISO 15590-3:2004,MOD)

GB/T 34391　石油、石化和天然气工业用往复泵(GB/T 34391—2017,ISO 13710:2004,IDT)

ISO 3977(所有部分)　燃气轮机　采购(Gas—Procurement)

注:GB/T 14099(所有部分)燃气轮机　采购[ISO 3977(所有部分)]

ISO 10439(所有部分)　石油、石化和天然气工业　轴流式和离心式压缩机和膨胀机(Petroleum,petrochemical and natural gas industries—Axial and centrifugal compressors and expander-compressors)

ISO 12736　石油和天然气工业　管道、流线、设备和海底结构的湿绝热涂层(Petroleum and natural gas industris—Wet thermal insulation coatings for pipelines, flow Lines, equipment and subsea structures)

ISO 13707　石油和天然气工业　往复式压缩机(Petroleum and natural gas industries—Reciprocating compressors)

ISO 13847　石油和天然气工业　管道输送系统　管道的焊接(Petroleum and natural gas industries—Pipeline transportation systems—Welding of pipelines)

ISO 14723　石油和天然气工业　管道输送系统　海底管道阀门(Petroleum and natural Gas Industries—Pipeline transportation systems—Subsea pipeline valves)

ISO 15589.1　石油、石化和天然气工业　输送管道系统的阴极防护　第 1 部分:陆上管线(Petroleum, petrochemical and natural gas industries—Cathodic protection of pipeline systems—Part 1: On-land pipelines)

ISO 15589.2　石油、石化和天然气工业　输送管道系统的阴极防护　第 2 部分:海上管线(Petroleum, petrochemical and natural gas industries—Cathodic protection of pipeline transportation systems—Part 2: Offshore pipelines)

ISO 15649　石油和天然气工业　配管(Petroleum and natural gas industries—Piping)

ISO 16440　石油天然气工业　管道输送系统　钢制管道的设计、施工与维护(Petroleum and natural gas industries—Pipeline transportation systems—Design,construction and maintenance of steel cased pipelines)

ISO 21809.1—2018　石油天然气工业　管道输送系统用埋地和水下管道的外涂层　第 1 部分:聚烯烃涂层(3 层 PE 和 3 层 PP)(Petroleum and natural gas industries—External coatings for buried or submerged pipelines used in pipeline transportation systems—Part 1: Polyolefin coatings (3-layer PE and 3-layer PP))

ISO 21809.2—2014　石油天然气工业　管道输送系统用埋地和水下管道的外涂层　第 2 部分:单层熔接环氧涂层(Petroleum and natural gas industries—External coatings for buried or submerged pipelines used in pipeline transportation systems—Part 2:Single layer fusion-bonded epoxy coatings)

ISO 21809.3—2016 石油天然气工业 管道输送系统用埋地和水下管道的外涂层 第3部分:现场接头涂层(Petroleum and natural gas industries—External coatings for buried or submerged pipelines used in pipeline transportation systems—Part 3:Field joint coatings)

ISO 21809.4—2009 石油天然气工业 管道输送系统用埋地和水下管道的外涂层 第4部分:聚乙烯涂层(2层PE)(Petroleum and natural gas industries—External coatings for buried or submerged pipelines used in pipeline transportation systems—Part 4:Polyethylene coatings (2-layer PE))

ISO 21809.5—2017 石油天然气工业 管道输送系统用埋地和水下管道的外涂层 第5部分:第5部分:外部混凝土涂层(Petroleum and natural gas industries—External coatings for buried or submerged pipelines used in pipeline transportation systems—Part 5:External concrete coatings)

API Std 620 大型焊接低压储罐的设计与建造(Design and construction of large,welded,low-pressure storage tanks)

API Std 650 钢制焊接石油储罐 (Welded tanks for oil storage)

ASME B16.5 管法兰和法兰管件(Pipe flanges and flanged fittings-NPS 1/2 through NPS 24)

ASME BPVC.Ⅷ.1 锅炉及压力容器规范 第八章压力容器建造规则 第1部分,压力容器建造规则[ASME Boiler and pressure vessel code, section Ⅷ, division 1, rules for construction of pressure vessels(BPVC)]

MSS SP-25 阀门、管件、法兰及活接头用标准标号系统(Standard marking system for valves,fittings,flanges,and unions)

MSS SP-44 钢制管道法兰(Steel pipeline flanges)

NFPA 30 易燃和可燃液体防火规范(Flammable and combustible liquids code)

NFPA 220 房屋结构类型标准(Standard on types of building construction)

3 术语和定义

下列术语和定义适用于本文件。

3.1

投产 commissioning

与管道系统最初充装流体有关的活动。

3.2

设计寿命 design life

设计预计的有效使用年限。

3.3

设计压力 design pressure

按照本文件设计的管道系统承压部件的最大内压力。

3.4

流体 fluid

通过管道系统输送的介质。

3.5

在役管道　in-service pipeline

已经投产用于输送流体的管道。

3.6

地区等级　location class

按照以人口密度和人类活动为基础划分等级的地理区域。

3.7

维护　maintenance

为保持管道系统的正常运行而进行的检测、调查、试压、维修、更换、修复等有计划的活动。

3.8

最大允许操作压力　maximum allowable operation pressure;MAOP

管道系统或其部件允许操作的最大压力。

注:根据试验期间达到的最大压力确定MAOP。

3.9

近海管道　offshore pipeline

铺设在高水位海域和河流入海口处的管道。

3.10

陆上管道　pipeline on land

铺设在地上或埋地的管道。

注:陆上管道包括铺设在内陆水域下的管道。

3.11

管道系统　pipeline system

用于输送、分配、汇合、分离、排放、计量、控制或缓冲流体的管子、管件、法兰、紧固件、垫片、阀门和其他组成件及支承件的集成。

注:管道系统也包括管道支承元件,但不包括结构框架和地基等支承结构。

3.12

配管　piping

站场和终端内的管子、管件和部件。

注:配管不属于管道线路的一部分。

3.13

主要配管　primary piping

输送或储存管道所输流体的配管。

3.14

管道通行带　right-of-way

管道运营商有权按照与土地所有者所签订的协议而开展活动的土地通道。

3.15

立管　riser

从海床延伸至近海设施管道终点的部分管道。

3.16

辅助配管　secondary piping

用于输送管道和主要配管所输流体以外流体(如燃料气、水或润滑油等)的配管。

3.17

规定的最小屈服强度　specified minimum yield strength;SMYS

材料依据规范或标准中要求的最小屈服强度。

3.18

站场　station

用于增压、减压、储存、过滤、计量、加热、冷却或隔离所输流体的设施。

4 符号

下列符号适用于本文件。

A_i　管道内部横截面积

A_s　管壁横截面积

D　规定直径(外径或内径)

D_{max}　最大实测直径(外径或内径)

D_{min}　最小实测直径(外径或内径)

D_0　公称外径

E　弹性模量

f_{eq}　等效设计系数

f_h　环向应力设计系数(对于陆上管道,见表2,对于近海管道,见表3)。

f_t　温度折减系数

K　安全系数

O　椭圆度或不圆度

P_{id}　设计压力

P_{od}　最小外部静水压力

T_1　安装温度

T_2　运行期间的最高或最低温度

t_{min}　规定的最小壁厚

α　线性热膨胀系数

$[\varepsilon]$　管道容许应变

ε^{crit}　管道极限应变

ε_d　管道设计应变

ν　泊松比

σ_D　设计强度

σ_{eq}　等效应力

σ_h　环向应力

σ_{hp}　由流体压力引起的环向应力

σ_l　轴向应力

σ_y 规定的最小屈服强度

τ 剪切应力

5 总体要求

5.1 健康、安全与环境

本文件的目的是确保石油天然气工业管道系统的安全性,包括设计、材料、施工、试压、运行、维护及废弃等,并符合健康、安全和环保要求。

5.2 资质保证

与管道系统的设计、施工、测试、运行、维护和废弃相关的所有工作应由有资质的人员执行。

5.3 一致性

宜实施质量保证体系以保证所做工作符合本文件要求。

注:ISO/TS 29001 文件提供了与各类质量管理体系相关的行业指南。

5.4 记录

应保存和维护管道系统在整个生命周期内的有关记录。记录及文件编制指南见附录 C。

6 管道系统设计

6.1 系统确定

宜以文件形式记录管道系统范围、功能要求、适用的法规和标准规范等。

宜通过对系统的描述定义其范围,包括各种设施、总体位置以及与其他设施的划分和界限。

宜确定设计寿命和设计条件。在明确设计条件时,宜包含未来可预见的正常、极端和关闭(例如当管道系统被隔离时)运行条件,以及流量、压力、温度、流体组成及流体性质等方面的可能变化范围。

6.2 流体的分类

根据公共安全潜在危害程度,应将流体按照表 1 进行分类。

表 1 根据公共安全潜在危害程度对流体的分类

类别	公共安全潜在危害程度
A 类	水基不可燃流体
B 类	在环境温度及标准气压下是液态的易燃和/或有毒流体,例如石油及石油产品
C 类	在环境温度下及大气压力条件下是气态的无毒非易燃流体,例如氮气、氩气及空气
D 类	无毒、单相的天然气
E 类	在环境温度及大气压力下是气体,并可以作为气体和/或液体,或超临界流体形式输送的易燃和/或有毒流体,例如氢气、二氧化碳、天然气(属于 D 类的除外)、乙烷、乙烯、液化石油气(如丙烷和丁烷)、液化天然气、氨和氯气

表 1 中未明确说明的气体或液体宜将其与潜在危险性相似的流体归为一类。如果分类仍不够明确,则该流体归到危害性较大的类别中。

6.3 水力分析

为使管道系统能按6.1规定的设计条件安全输送流体,宜分析管道系统的水力状况,包括稳态和瞬态工况。识别和确定管道运行中的约束条件和要求,包括:

——水击压力允许值;

——水合物形成和结蜡引起堵塞的预防措施;

——在较低操作温度下由于较高黏度引起的无法接受的压力损失的允许值;

——在多相流体输送中控制液体段塞体积的措施;

——控制流体内腐蚀、冲蚀速率和避免管道的不满流流态的措施。

6.4 压力控制和超压保护

若管道系统中任一位置的操作压力超过最大允许操作压力,则应安装压力控制阀或自动关闭增压设备,或执行相应的控制程序,防止操作压力超过正常稳态条件下的最大允许操作压力(MAOP)。

如有必要防止管道系统中任一位置的意外压力超过7.3.2.2中规定的极限值,则应设置泄压阀或气源点截断阀等超压保护设施。

6.5 运行和维护要求

应明确管道系统的运行及维护要求,并形成文档,以便在设计、编制运行规程和维护时使用。要求包括以下方面:

——对管道、站场及所输送流体的识别;

——系统控制原则,包括员工水平和检测仪表;

——控制中心的位置及级别;

——语音及数据通信;

——腐蚀管理;

——工况监视;

——泄漏检测;

——清管方法;

——用于运行、维护及更换管道的通道、分段及隔离;

——与上下游设施的接口;

——紧急关闭;

——减压放空和/或排放;

——停输和再启动;

——根据水力分析确定的要求。

6.6 公众安全与环境保护

D类和E类流体的陆上管道系统应至少符合附录D中有关公共安全的要求。

7 管道及主要配管设备

7.1 设计原则和要求

设计范围及细节应表明在设计寿命期限内符合本文件要求的完整性和适用性。

载荷及承载能力的代表值应根据工程经验选取。分析的方法可基于解析、数值、经验模型或综合采用上述方法。

如果考虑所有相关的极限和适用性极限状态,则可采用基于可靠性极限状态的设计原理。应评估载荷及抗载荷力不确定性的所有相关因素,并应有统计数据表征该不确定性。

基于可靠性的极限状态的设计方法不能替代表2和表3中对流体压力引起的最大允许环向应力的要求。

注1:极限状态一般伴随结构失去完整性,例如破裂、断裂、疲劳或失稳等,而超出了适用性的极限状态会阻止管道按预定要求运行。

注2:GB/T 29167 提供了基于可靠性的极限状态设计指南。

表2 陆上管道的环向应力设计系数[a](f_h)

位置	环向应力设计系数
一般路线[b]	0.77
穿越和平行占用[c]次要道路	0.77
穿越和平行占用[c]主要公路、铁路、运河、河流、防洪堤和湖泊	0.67
清管器收发筒及多管塞捕集器	0.67
主要配管	0.67
特殊结构(如预制组件以及桥上管道)	0.67

[a] 按附录D的要求设计的D类和E类管线应采用表D.2中的环向应力系数上述系数适用于水试压管道。当用空气试压时,可能有必要降低设计系数。

[b] 对于在人类活动稀少和无永久人类居住地区(如荒漠及冻土地带)的输送A类、C类和D类流体的管道,环向应力系数可以增大到0.83。

[c] 关于穿越和平行占用的描述,见7.9。

表3 近海管道的环向应力设计系数(f_h)

位置	环向应力设计系数
一般路线[a]	0.77
航道、指定的抛锚区域和海港入口	0.77
登陆点	0.67
清管器收发筒及管束式段塞流捕集器	0.67
立管和主要配管	0.67

[a] 输送A类、C类和D类流体的管道,环向应力可增大到0.83。

7.2 线路选择

7.2.1 需要考虑的事项

7.2.1.1 总体要求

线路选择应评估本文件要求的设计、施工、运行、维护及废弃等方面的内容。

为了最大程度地降低未来改线和出现各种限制的可能性,应评估城市和工业未来的发展。

选线时应评估的因素包括以下方面:

——公众和在管道上及附近作业人员的安全;

——文物保护;

——环境保护;

——其他财产和设施;

——第三方活动;

——岩土、腐蚀性和水文等条件;

——线路上的主要穿越工程;

——施工、运行和维护的要求;

——国家和/或地方要求;

——未来的勘测。

选线工作规划指南见附录E。在考虑7.2.1.1~7.2.1.7提出的要求时,宜考查的因素见附录F。

7.2.1.2 公共安全

输送B类、C类、D类及E类流体的管道,宜避开建筑物聚集的地区或人类活动频繁的地区。

如果国家无相关公共安全要求,则应按照附录G的要求对下列管道进行安全评估:

——多层建筑物居多、交通拥堵或繁忙地区和地下可能有众多其他设施地区用于输送D类流体的管道;

——输送E类流体的管道。

7.2.1.3 环境

环境影响评估至少应包含以下情况:

——施工、维修和改造期间的临时工程;

——管道的长期运行;

——潜在的流体泄漏。

7.2.1.4 其他设施

宜识别可能影响管道的沿线设施,并与当地政府主管部门及设施的管理者进行协商,以评估沿线设施对线路选择的影响。

7.2.1.5 第三方活动

应识别沿线的第三方活动,并与当地政府主管部门及第三方进行协商,以评估沿线第三方活动对线路选择的影响。

7.2.1.6 岩土、水文和气象条件

应明确对管道工程不利的岩土工程和水文条件,并确定减轻危害的措施。对于极地条件等特殊工况,有必要考查气象条件。

7.2.1.7 施工、试压、运行和维护

线路应提供施工、试压、运行和维护(包括管道更换)所需的通道及作业施工带,还宜审查施工、运行和维护所必需设施的可用性。

7.2.2 陆上管道的勘察

应开展线路和地质勘察,识别和探测相关地貌、地质、岩土、腐蚀性、地形及环境的特点,以及其他可能影响管道线路选择的设施(如其他管道、电缆和障碍物等)。

7.2.3 近海管道的勘察

应对拟定路线开展线路和地质勘察,以识别和定位以下方面:

——地质特征和自然灾害;

——管道、电缆及井口装置;

——障碍物,如沉船残骸、矿井及其他残骸;

——岩土性质。

应搜集设计和施工计划所需的气象和海洋地理方面的数据。这类数据可能包括:

a) 海洋测深;

b) 海风;

c) 海潮;

d) 海浪;

e) 海流;

f) 大气条件;

g) 水文条件(如温度、含氧量、pH 值、电阻率、生物活性、盐度等);

h) 海洋生物;

i) 土壤沉积和侵蚀。

7.3 载荷

7.3.1 通用要求

应在设计中识别并包括可能导致管道失效或管道故障的载荷。

在强度设计中,载荷应划分为:

——功能性载荷;

——环境载荷;

——施工载荷;

——偶然载荷。

7.3.2 功能性载荷

7.3.2.1 分类

使用中产生的载荷和其他来源的残余载荷应归类为功能性载荷。

注:以下三类均属于功能性载荷:

——管道(包括部件和流体)的质量以及由于压力和温度产生的载荷;

——预应力、残余安装应力、土壤覆盖层、外部静水压力、海洋生物、沉降和不均匀沉降、冻胀和融沉,以及由结冰引起的持续载荷;

——由功能性载荷引起的支撑反作用力、由持续位移引起的载荷、支撑的转动或反输变化产生的作用力。

7.3.2.2 设计压力

管道系统中任意一点的设计压力应不小于最大允许操作压力(MAOP)。流体静压头引起的压力应计入稳态压力。

瞬变条件下压力的频率和持续时间有限,且瞬变压力的超压值不大于MAOP的10%时,则瞬变压力允许超过MAOP。

注:因水击、压力控制设备失效引起的压力以及超压保护设备启动过程中产生的累积压力均属于瞬时压力。如果关断不是一种常规操作行为,封闭静止流体加热产生的压力也属于瞬时压力。

7.3.2.3 温度

确定温度载荷时,应包括正常操作和预计气体放空条件下的流体温度范围。应规定设计温度的最高值和最低值。

7.3.3 环境载荷

7.3.3.1 分类

由环境产生的载荷应归类为环境载荷,需要视为功能性载荷(见7.3.2)或由于发生概率很低而作为偶然载荷(见7.3.5)的情况除外。

注:海浪、海流、海潮、风、雪、冰、地震、交通、捕鱼及采矿等引起的载荷,设备振动及地面或海床上的结构引起的位移均属于环境载荷。

7.3.3.2 水动力载荷

施工阶段的水动力载荷重现期宜根据计划施工工期、施工季节和与超出重现期相关的载荷所产生的后果确定。正常运行阶段的设计重现期宜为100年。

确定水动力载荷时,宜考虑极端风、浪和水流的量级和方向以及它们同时出现的概率。

应包含由于海洋生物或结冰而使暴露面积增大的影响。

对于跨越和水下悬空管段,应包含由涡激振动引起的载荷。

7.3.3.3 地震载荷

抗震设计时应包含以下因素:

——断层位移的方向、错动量及加速度;

——在设计条件下,管道适应位移的柔性;

——操作条件下的力学性能;

——发生断层位移时,由于土壤特性对埋地穿越管段产生的附加应力以及惯性效应对地上跨越管段产生的附加应力;

——地震引起的各种效应(如土壤液化、滑坡等)。

7.3.3.4 土壤载荷和冰载荷

设计沙层载荷时应包含以下效应:

——沙丘移动;

——沙层侵蚀。

设计冻土载荷时应包含以下效应:

——差异性冻胀;

——差异性融沉;

——边坡热融滑移,包含顺坡滑移、空间滑移。

设计采空载荷时应包含以下效应:

——连续地面移动变形;

——非连续地面移动变形。

设计冰载荷时应包含以下效应：

a) 在管道或支撑结构上的结冰；

b) 冰层底部的冲刷；

c) 浮冰；

d) 冰融引起的冲击力；

e) 冰膨胀引起的冲击力；

f) 由于暴露面积增大而产生较高的水动力载荷；

g) 可能产生的涡激振动效应。

7.3.3.5 公路和铁路交通

应按照交通管理部门的规定确定最大车辆轮轴载荷和频率，并了解现有和预测的住宅、商业级工业的发展情况。

7.3.3.6 捕鱼

应根据所采用的捕捞技术确定捕鱼活动产生的载荷及频率。

7.3.3.7 采矿

应包含由于爆破而产生的地面震动引起的载荷。采矿活动引起的地层沉降产生的载荷应归类为功能性载荷。

7.3.4 施工载荷

安装和调试所需载荷应归类为施工载荷。在适当的情况下，应包含施工船只及设备产生的动态效应。

注：安装包括运输、搬运、储存、安装及试压。压力灌浆产生的外部压力增长或由于放空和真空干燥产生的低于大气压的内压，同样会造成施工载荷的增大。铺管船的移动产生的动态效应对于近海管道也是需要加以考虑的施工载荷。

7.3.5 偶然载荷

不在计划之列，但可能在意外条件下出现的施加在管道上的载荷应作为偶然载荷。当确定管道针对偶然载荷进行设计时，宜考虑该偶然载荷发生的概率及可能导致的后果。

注：偶然载荷包括由火灾、爆炸、突然减压、物体坠落、滑坡过程中的瞬变条件、第三方设备(如挖掘机或船舶的锚)、施工机械失去动力和相碰撞引起的载荷。

7.3.6 组合载荷

计算等效应力或应变时(见7.4.1.2)，应评估可预测到同时发生的功能性载荷、环境载荷、施工载荷及偶然载荷的最不利组合。

如果运行原则是在极端环境下减少或停止作业，则应包含以下载荷的组合：

——设计环境载荷加适当降低的功能性荷载；

——设计功能性载荷和同时发生的最大环境载荷。

除非有依据预计它们会同时发生，否则没必要考虑偶然载荷间的组合或偶然载荷同极端环境载荷的组合。

7.4 强度要求

7.4.1 应力计算

7.4.1.1 由流体压力引起的环向应力

仅由流体压力引起的环向应力(σ_{hp}),应按照公式(1)进行计算:

$$\sigma_{hp}=(P_{id}-P_{od})\times\frac{D_0}{2t_{min}} \qquad \cdots\cdots(1)$$

式中:

σ_{hp}——由流体压力引起的环向应力,单位为兆帕(MPa);

P_{id}——设计压力,单位为兆帕(MPa);

P_{od}——最小外部静水压力,单位为兆帕(MPa);

D_0——公称外径,单位为毫米(mm);

t_{min}——规定的最小壁厚,单位为毫米(mm)。

注:规定最小壁厚为公称壁厚减去制管标准规定的制管公差及腐蚀裕量。对于有衬层或衬里的管道(见9.2.3),衬层或衬里的强度贡献一般不包括在内。

7.4.1.2 其他应力

计算环向、轴向、剪切和等效应力时,应包含由所有相关功能、环境和施工荷载引起的应力。应按7.3.5的规定确定偶然载荷。应包含管道的所有部件和所有约束如支撑、导向结构及摩擦力等的作用。计算柔性时,还应包含管道附属设备的线性位移和角位移。

计算时应确定除直管以外的部件的柔性及应力集中系数。

柔性计算应基于公称尺寸及适当温度下的弹性模量。

等效应力(σ_{eq})应按公式(2)Von Mises公式进行计算:

$$\sigma_{eq}=(\sigma_h^2+\sigma_l^2-\sigma_h\sigma_l+3\tau^2)^{\frac{1}{2}} \qquad \cdots\cdots(2)$$

式中:

σ_{eq}——等效应力,单位为兆帕(MPa);

σ_h——环向应力,单位为兆帕(MPa);

σ_l——轴向应力,单位为兆帕(MPa);

τ——剪切应力,单位为兆帕(MPa)。

可基于公称直径及壁厚计算等效应力,当径向应力不显著时可忽略不计。

7.4.2 强度标准

7.4.2.1 总体要求

管道应按照下列力学失效模式及变形设计:

——屈服;

——屈曲;

——疲劳;

——椭圆度。

7.4.2.2 屈服

由流体压力引起的最大环向应力(σ_{hp}),应按照公式(3)确定:

$$\sigma_{hp}\leqslant f_h\times f_t\times\sigma_y \qquad \cdots\cdots(3)$$

式中：

f_h——环向应力设计系数，陆上管道按照表2的规定取值，近海管道按照表3的规定取值；

f_t——温度折减系数(温度低于50 ℃时，为1.0)；

σ_y——规定的最小屈服强度(SMYS)，单位为兆帕(MPa)。

采用L555等级以上钢材的管道宜根据GB/T 29167或其他公认的规范和标准规定的基于可靠性的极限状态设计方法进行设计。如果未使用极限状态设计方法，应按照公式(4)进行计算：

$$\sigma_{hp} \leqslant f_h \times f_t \times \sigma_D \qquad \cdots\cdots(4)$$

式中：

σ_D——设计强度，对于L555以上等级钢材，取SMYS或规定的最小抗拉强度(SMTS)除以1.15两者中较小者；

当温度高于50 ℃时，f_t 应按照9.1.7的规定进行记录。

$f_t \times \sigma_D$——最高温度下的材料强度，在安装和试压阶段按环境温度确定 f_t，在运行时按设计温度确定 f_t。

等效应力(σ_{eq})应能按照公式(5)进行计算：

$$\sigma_{eq} \leqslant f_{eq} \times f_t \times \sigma_y \qquad \cdots\cdots(5)$$

式中：

f_{eq}——等效设计系数，应按表4的规定取值。

如果管道设计使用L555及以上等级钢材制造，公式(5)中 σ_y 应采用 σ_D 替代。

表4　等效设计系数(f_{eq})

组合载荷	等效设计系数
施工和环境	1.00
功能和环境	0.90
功能、环境和偶然	1.00

对于一些特殊工况，允许应变标准可代替等效应力标准，见7.4.2.6。

7.4.2.3　屈曲

应包含下列屈曲模式：

——由外部压力、轴向拉伸或压缩、弯曲和扭转等作用引起的局部屈曲或上述载荷组合作用引起的局部屈曲；

——屈曲扩展；

——由较高操作温度和压力引起的轴向压缩作用导致受约束管子的屈曲。

注：有约束的屈曲对于未埋地管道表现为水平屈曲，对于埋沟或埋地管道则表现为垂直上拱。

7.4.2.4　疲劳

对于在循环载荷下可能易于疲劳的管段和部件应开展疲劳分析，以便：

——论证不会生成裂纹；

——确定疲劳检查的要求。

疲劳分析应包括对施工和运行期间载荷循环的预测,并将载荷循环转换为名义应力或应变循环。

当确定抗疲劳强度时,应包含平均应力、内部工况、外部环境、塑性预应变及循环加载速率等的影响。

可基于具有代表性部件的抗疲劳特性(通常以 S-N 曲线形式提供,即应力幅度与失效循环次数的关系)或断裂力学的疲劳寿命评估抗疲劳强度。

安全系数的选择应包含抗疲劳预测结果的固有不准确性和疲劳损伤的检查方法。有必要监测引起疲劳的参数变化,并相应地控制可能的疲劳损伤。

7.4.2.5 椭圆度

椭圆度或不圆度(O)(用%表示)采用给定的公式(6)进行确定:

$$O=\frac{D_{max}-D_{min}}{D}\times 100 \qquad \cdots\cdots(6)$$

式中:

D ——规定直径(外径或内径),单位为毫米(mm);

D_{max} ——最大实测直径(外径或内径),单位为毫米(mm);

D_{min} ——最小实测直径(外径或内径),单位为毫米(mm)。

应控制可能引起屈曲或妨碍清管作业的椭圆度或不圆度。

7.4.2.6 容许应变准则

容许应变准则适用于基于应变的设计(SBD),涉及轴向设计应变超过全局应变 0.5%的重要纵向管道载荷。基于应变的设计要求明确施加的管道变形(应变需求)以及管道和焊缝的材料特性。容许应变准则要求明确管道在拉伸和压缩时的极限状态。拉伸应变能力可根据管道几何参数、焊缝缺陷几何参数、管道性能参数、环焊缝性能参数、焊缝错边量和管道内压等输入参数进行预测。压缩应变能力受管道径厚比、应力应变特性(包括管道材料的各向异性)、管道几何缺陷、环焊缝和现场弯曲的影响。

容许应变应确保管道的预测应变能力超过应变需求,使基于应变设计的管道的安全性和可靠性与基于容许应力设计的常规管道相似。

只有当管道受变形或位移控制,或在超出容许应变前管道位移可能受几何约束限制时,才可使用容许应变准则。

允许的应变准则可应用于管道施工,以确定与卷筒法、J 形管拉管法、立管的弯曲靴形法及相似的安装方法等相关的允许弯曲和校直量。

在运行的管道中,容许应变准则可用于下列情况:

a) 由可预计的支撑、地面或海床非循环性位移(如沿管道的断层移动或不均匀沉降)等引起的管道变形;

b) 管道在超出容许应变前对管道起支撑作用位置处的非循环变形,例如对于没有得到连续支撑但下垂受到海床限制的近海管道的情况;

c) 循环功能性载荷造成塑性变形,即便塑性变形仅在管道第一次受到其“最坏情况”的功能载荷组合作用时发生,而在后续载荷的循环作用下,不再处于“最坏情况”。

容许应变准则应通过小尺寸和全尺寸试验来确定,以确保应变能力超过应变需求,并有裕量来解决能力和需求的不确定性。

管道应变设计的校核准则为管道设计应变(ε_d)不应大于管道容许应变([ε]),应按照公式(7)进行校核。

$$\varepsilon_d \leqslant [\varepsilon] \quad \cdots\cdots(7)$$

式中:

ε_d ——管道设计应变;

[ε] ——管道容许应变。

设计应变的计算应采用实测的管材真应力应变曲线。当无实测的真应力应变曲线时,可采用公式(8)确定的 R-O 曲线进行估算。

$$\varepsilon_d = \frac{\sigma}{E} + \alpha \frac{\sigma_0}{E}\left(\frac{\sigma}{\sigma_0}\right)^n \quad \cdots\cdots(8)$$

式中:

σ ——应力,单位为兆帕(MPa);

E ——管材的弹性模量,单位为兆帕(MPa),可取 2.1×10^5 MPa;

σ_0 ——管材的屈服应力,单位为兆帕(MPa),当无实测数据时可按表 5 选取;

α ——屈服偏移量,当无实测数据时可按表 5 选取;

n ——应变强化指数,当无实测数据时可按表 5 选取。

管道容许应变应按公式(9)计算:

$$[\varepsilon] = \frac{\varepsilon^{crit}}{K} \quad \cdots\cdots(9)$$

式中:

ε^{crit}——管道极限应变,包括拉伸极限应变和压缩极限应变,拉伸极限应变应根据断裂力学分析和物理试验确定,并应分析缺欠、焊缝及热影响区性能、应变速率、初始应变、应变时效等因素的影响,压缩极限应变应根据分析法或试验法确定;

K ——安全系数,包括拉伸极限安全系数和压缩极限安全系数。

表 5 R-O 曲线参数

序号	钢级	管材的屈服应力 MPa	屈服偏移量	应变强化指数
1	L245(B),L290(X42)	350	2.004	17.72
2	L360(X52)	389	1.699	14.14
3	L390(X56)	417	1.519	17.79
4	L415(X60)	437	1.403	15.85
5	L450(X65)	459	1.288	19.90
6	L485(X70)	470	1.234	14.58
7	L555(X80)	530	0.981	20.12

7.4.2.7 SBD 管道和焊缝材料性能

纵向管道特性影响应变需求和应变能力。相关材料性能包括管道屈服强度、抗拉强度、均匀延伸率和屈服强度与抗拉强度比。纵向管道特性应包含应变时效引起的管道性能变化，包括使用寿命期间的自然老化或与涂层应用相关的加热机制等。

管道的可预测塑性变形是 SBD 的必要条件，要求管道在设计条件下保持韧性，并要求焊缝过度匹配，以避免焊缝中出现应变集中。

7.5 稳定性

管道设计应防止管道水平和垂直移动，或应具有灵活性，允许在本文件的强度要求范围内进行预计移动。

进行稳定性设计时宜考虑到的各种因素包括：

——水动力及风力载荷；

——管道弯曲处的轴向压力和分支连接处的侧向力；

——由管道中的轴向压力载荷造成的侧向挠度；

——由一般侵蚀或局部冲刷引起的裸露；

——各种岩土条件，包括由地震活动、滑坡、冻胀、融沉以及地下水位变化引起的土壤不稳定性；

——施工方法；

——挖沟和/或回填技术。

注：提高陆上管道稳定性的措施有管道质量选择、锚固、控制回填材料、土壤覆盖层、土壤置换、排水以及为避免冻胀采取的保温措施等。提高海底管道稳定性的措施有加大管道质量、增加涂层质量、挖沟、埋设(包括自然埋填)、抛砾石或岩石、锚固以及安装沉排或马鞍形压块。

7.6 管道跨越

应按照 7.4.2 中的强度要求控制管道的跨度，应包含以下内容：

——支撑条件；

——与邻近跨越的相互影响；

——由风、水流及风浪引起的振动；

——管道的轴向力；

——土壤沉积和侵蚀；

——第三方活动可能造成的影响；

——土壤特性。

7.7 试压

7.7.1 总体要求

管道安装完毕以后，在投入运行之前，应进行试压以验证其强度和严密性。组合件及碰死口管段可在安装之前预先试压，但在后续的施工及安装过程中应保证其完整性。在地形高差显著的地段，管道壁厚和/或钢材的等级应由试压要求确定。

7.7.2 试压介质

应使用水(包括加缓蚀剂的水)进行试压，但下列情况除外：

——环境温度低；

——水的品质和数量不满足需求；

——排水问题无法解决；

——不具备水试压条件；

——水的污染是不可接受的。

必要时可使用空气或一种无毒气体进行试压。

注：运行的短管段或碰死口管段改线时不进行水试压。

7.7.3 压力等级和试压持续时间

确定强度和/或严密性试验持续时间时，应评估环境温度变化和检漏方法的影响。

应在温度和加压操作过程中的水击压力稳定后进行管道及主要配管的强度试验。系统中任一点压力至少为 MAOP 的 1.25 倍，最小持续时间为 1 h。

如适用，强度试验压力应乘以以下比率：

——试压温度条件下的 σ_y 除以设计温度条件下的 σ_y；

——如有腐蚀裕量，用 t_{min} 加上腐蚀裕量除以 t_{min} 的数值。

在人类活动稀少和无永久人类居住地区输送 C 类和 D 类流体的管道，如果最大事故压力不超过 MAOP 的 1.05 倍，则其强度试验压力可降低至不小于 MAOP 的 1.20 倍。

强度试验成功后，应对管道进行严密性试验，要求系统中任一点的压力不低于 MAOP 的 1.1 倍，试压至少持续 8 h。

强度试验和严密性试验可结合起来，在上述规定的强度试验压力下试验 8 h，针对完全可进行目视检查的管道或主要配管，当严密性试验保持 2 h 后整个管道无泄漏，其试验时间可减少到 2 h。附录 D 中规定的输送 D 类和 E 类流体的管道应按 D.6 中的附加试验要求执行。

7.7.4 验收标准

强度试验过程中由非泄漏原因造成的压力变化可以接受。

严密性试验过程中由环境温度或压力变化(如对于近海管道的潮汐变化)造成的压力上升或下降可以接受。

应对不符合上述要求的管道进行修理，并按照本文件中的有关要求重新试验。

7.8 其他活动

7.8.1 第三方活动

确定管道的保护措施时，应包含下列因素：

——管道损坏对公众安全及环境的影响；

——第三方活动的干扰可能产生的影响；

——国家在公共安全及环境保护方面的要求。

示例：影响陆上管道运行的第三方活动包括其他土地使用者、交通、耕作、排水设施安装、建筑施工及在公路、铁路、水道上进行的各种作业和军事训练。影响近海管道的第三方活动包括导向支架工程船的就位作业、船锚及锚链的移动、水中受阻的电缆和系缆管道、设施附近的物体下沉、靠近立管的移动船只、管道施工期间的海底捕鱼作业活动以及军事训练等。

如有必要，应制定明确的管道保护要求，并将其纳入 7.2.1.2。

示例：针对陆上管道采取的保护措施包括增加覆盖层、增加壁厚、标识及标记带、机械保护，控制管道线路通道或者同时采用上述多种措施；针对近海管道采取的保护措施包括挖沟或埋设、抛石、沉排护底或防护结构覆盖以及增设立管防护结构等。

对于陆上管道,宜在公路、铁路、河流及运河的穿越处及其他地方设置标记,以便该区域内的其他活动主体能够快速辨别管道的位置。对于陆上埋地管道,宜使用标志桩或标记带。

7.8.2 管道覆盖层

7.8.2.1 陆上管道

陆上埋地管道宜按照不小于表6中所列埋深敷设。埋深应从地面可能最低标高处测量,直至管道顶部(包括涂层及附件)。

表6 陆上管道最小埋深

位置	埋深[a] m
人类活动有限或无人类活动的区域	0.8
农业或园艺业活动区[b]	0.8
运河、河流[c]	1.2
公路和铁路[d]	1.2
居民、工业及商业区	1.2
岩石地面[e]	0.5

[a] 对冻胀区域的覆盖层采取特殊处理手段。
[b] 最小埋深不应小于正常耕作深度。
[c] 应从预计的最低河床面量起。
[d] 应从排水沟的底部量起。
[e] 管子顶部至少要低于岩石层表面0.15 m。

如果管道埋深小于表6中指定的埋深,则提供相同水平的保护方法作为替代方案。

设计可替代的保护方法时宜包含以下因素:

——对该区域其他土地使用者造成影响;

——土壤的稳定性及沉降;

——管道的稳定性;

——阴极保护;

——管道的膨胀;

——管道维修通道。

7.8.2.2 近海管道

若存在影响管道完整性的外部损害,应将管道放置沟内、埋设或增加保护措施以减少与其他活动的相互干扰。制定减少或防止此类相互干扰的技术要求时,应咨询该区域的其他土地使用者。

近海管道的防护结构宜具有光滑流畅的轮廓,以最大限度降低锚索及捕鱼机具所造成的绊阻及损坏风险。此外,保证防护结构宜与管道系统之间留有充足的空间,以便于维修人员接近管道对其进行维护,同时允许管道膨胀和结构基础沉降。管道防护结构的设计宜与其阴极保护设计相匹配。

7.9 穿跨越与占用

7.9.1 向主管部门咨询

应按照有关主管部门的规定确定管道设计荷载(包括频率、施工方法和穿越保护要求等)。

7.9.2 道路

为确定环向应力设计系数,宜将公路分为主要道路和次要道路。

高速公路和干线道路宜归为主要道路,其他公共道路则归为次要道路。可通行重型车辆的小路宜归为次要道路。

表2中的环向应力设计系数及表6中的埋深为道路路权边界以内的管道的最低要求,若边界线不确定,可将主要道路距离硬路肩10 m和次要道路距离硬路肩5 m作为边界线。

在可行的情况下,与道路平行敷设的管道宜敷设在道路路权边界线之外。

7.9.3 铁路

表2中的环向应力设计系数及表6中的埋深作为最低要求,适用于铁路边界以外5 m处,如果该边界线还没有明确,则宜取距铁轨10 m以外。

与铁路并行敷设的管道,只要可行的话,宜敷设在铁路路权界线以外。

对于明挖法穿越铁路的管道,管顶距离铁轨顶部最小垂直距离宜为1.4 m,用穿孔法或隧道法穿越时,该最小垂直距离宜为1.8 m。

7.9.4 水路及登陆段

宜与水域及水路管理主管部门协商确定穿越运河、航道、河流、湖泊及登陆段管道的保护要求。

穿越防洪堤时,可附加设计措施以防洪、度汛和限制可能发生的不良后果。

确定保护要求时,应评估由船舶抛锚、冲刷及潮汐作用,土壤不均匀沉降或沉陷及未来作业(如挖泥、疏浚加深和拓宽河道或运河等)造成的管道损害。

7.9.5 现有管道或电缆穿越

新建管道不应与现有管道及电缆直接接触。在管道的设计寿命期限内,为防止两者相接触,宜安装沉排或其他永久性隔离措施。

穿越时宜保证新建管道与现有管道及电缆的交叉角尽可能地接近90°。

7.9.6 管桥跨越

埋地穿越无法实现时,可考虑管桥跨越。

管桥应按结构设计标准设计,其间距能够避免车辆通行可能造成的损伤,并便于维修。应评估管道阴极保护与桥梁支撑结构阴极保护之间的相互干扰对管道的影响。

应制定限制公众进入管桥的措施。

7.9.7 套管穿越

宜尽可能地避免套管穿越。如果使用钢套管,则应符合ISO 16440的要求。

7.10 不利的地层及海床条件

应制定保护措施和监测要求,以减少不利地层及海床条件引发的管道损坏。

示例:不利地层及海床条件包括滑坡、侵蚀、沉陷、不均匀沉降、冻胀及融沉的地区、高地下水位的泥炭地区及沼泽地等。可能采用的保护性措施有增加管壁厚度、稳定土层、防止冲刷侵蚀、安装锚固件、采取负浮力保障措施等，以及监测措施。监测方法包括测量地层运动、管道位移或管道应力变化。

宜向当地主管部门、当地地质研究机构及采矿咨询公司等单位咨询总的地质条件、滑坡及沉降区域、隧洞开挖以及可能的不利地层条件。

7.11 管段隔离阀

管段隔离阀宜安装在管道的开始和末端，用于下列需求：

——操作和维修；

——应急控制；

——限制潜在的外溢量。

宜根据地形、操作及维修要求(包括压力泄放要求)、安保以及与有人居住建筑距离要求等布置阀门。

确定管段隔离阀的安装位置时，应确定阀的操作模式。

7.12 完整性监测

设计阶段应编制管道完整性监测的技术要求。

注：监测包括腐蚀监测、检测和泄漏检测。

7.13 清管设计

应确定清管要求并据此设计管道。管道宜按内检测器要求设计。

清管设计宜考虑下列内容：

——永久性清管器收发筒安装位置或临时清管器收发筒连接口的位置；

——通道；

——吊装设备；

——清管器发送和接收操作时的隔断要求；

——放空及排放要求(用于预投产充气敷设及运行中)；

——清管方向；

——允许的弯管最小曲率半径；

——弯管与管件之间的距离；

——允许的最大直径变化；

——内径变化时的锥度要求；

——支管连接设计与管线管材的匹配；

——内部管件；

——内涂层；

——清管信号装置。

布置清管器收发筒的方向时，应评估进入道路及附近设施的安全问题。

7.14 预制部件

7.14.1 焊接的支线连接部件

钢管焊接式支线连接部件应按照公认的设计标准要求设计。连接部件中的环向应力不应超过所连接管子中的允许环向应力。

若机械式管件的设计符合或超过管道的设计压力，则可用于带压开孔的管道。

7.14.2 焊接预制的特殊部件

特殊部件应按照本文件和可靠的工程经验设计。当该部件的强度按照本文件要求不能计算和确定时,应按照 ASME BPVC.Ⅷ.1 中的要求确定其最大允许操作要求。

预制部件不同于普通制造的对接焊管件,其使用的材料和径向焊缝应按照本文件设计、施工和试验。不应使用桔瓣形堵头、桔瓣形大小头及鱼尾形封头。

平板盖应按照 ASME BPVC.Ⅷ.1 设计。

特殊部件应能承受管道系统强度试验的压力。现有管道系统上安装的部件在安装前应按照 7.7 进行试压。

7.14.3 挤出式出口

挤出式出口应按照 GB/T 29168.2 设计。

7.14.4 清管器收发筒

确定收发球筒的尺寸时,应评估预计的清管操作,包括可能的内检测。

应根据表 2 和表 3 中的环向应力设计系数设计永久性和临时性清管器收发筒,包括放空管、排流管及液体喷出支管、喷嘴加强圈、马鞍形支座等部件。盲板应符合 ASME BPVC.Ⅷ.1 的要求。

盲板设计应保证清管器收发筒受压时盲板不能打开。盲板设计包括与主管道阀门互锁的装置。

清管器收发筒应按照 7.7 进行试压。

7.14.5 段塞流捕集器

7.14.5.1 容器式段塞流捕集器

容器式段塞流捕集器应按照 ASME BPVC.Ⅷ.1 进行设计与制造。

7.14.5.2 多管式段塞流捕集器

应按照表 2 和表 3 中的环向应力设计系数设计多管段塞流捕集器。

7.14.6 组合件

组合件的环向设计系数应适用于整个总装配后的组合件,但管末端的大小头、弯管或弯头除外,并应包括距离最后部件以外各方向上延伸 5 倍管直径或 3m 中较短的管段。

7.15 支座或锚固件与管道的连接

为防止或抑制过度振动,管道及设备应支撑牢固,并应锚固以防止作用在连接设备上的异常载荷。

应以固结的回填土支撑陆上管道的分支连接点或者使其柔性满足要求。

当需开挖固结的回填土以便将新建支线连接到现有陆上管道,则总管和支线均应设置固定墩以防止发生垂直和侧向移动。

为防止配管振动而要求安装的拉杆及阻尼装置应通过全包型构件与输送管连接。

所有管道附件设计均应最大限度地减小对管道造成的附加应力。附件的比例及焊接强度要求均应符合标准的结构做法。

不应将结构支撑、拉杆或锚固件直接焊接到设计工作压力等于或超过 50%SMYS 的管道上。应采用全包型的加强环支撑装置的构件。

当需要提供主动支撑时,如在锚固件处,附件应焊到全包型构件上面,不应焊接到管道上。管道与全包型构件的连接采用连续环向连接,不应采用断续焊接。

不焊接的管道支座设计宜便于被支撑管道的检查。

设计用于防止管道轴向移动锚固墩时,宜考虑管道的膨胀力与土壤间阻碍移动的摩擦力。

全包型构件的设计应包括输送管在功能性、环境、施工及偶然载荷下的组合应力。全包型构件可以夹持或用全包圆周焊缝连接到管子上。

全约束的管道所承受的轴向力(F),应按照公式(10)计算:

$$F=-P_{id}\times A_i(1-2\nu)-A_s\times E\times\alpha(T_2-T_1) \quad \cdots\cdots(10)$$

式中:

P_{id}——设计压力(如果充气敷设),单位为兆帕(MPa)

A_i——管道内部横截面积,单位为平方毫米(mm^2);

A_s——管壁横截面积,单位为平方毫米(mm^2);

E——弹性模量,单位为兆帕(MPa);

α——线性热膨胀系数;

T_1——安装温度,单位为摄氏度(℃);

T_2——运行期间的最高或最低温度,单位为摄氏度(℃);

ν——泊松比。

确定管道轴向力时,应包含残余安装载荷。

7.16 近海立管

对近海装置有关键作用的近海立管,因暴露于环境载荷和与各种机械连接,设计中宜考虑下列因素:

——海水飞溅区(载荷与腐蚀);

——运行中降低的检测能力;

——引发的移动;

——立管空间布置引起疲劳的影响;

——平台沉降的可能性;

——为保护立管,把立管布置在支撑结构之中。

8 站场和终端设计

8.1 位置选择

选择陆上站场和终端位置时应评估下列因素:

——地形;

——土壤情况;

——通道;

——可利用的公共设施;

——管道入口和出口的连接要求;

——附近设施及其他活动引起的危害;

——公共安全和环境保护;

——预计的发展。

站场和终端的布置宜确保管道运营公司控制的邻近设施发生火灾时不受影响。

将管道系统的一部分布置在其他设施(陆地或近海)内时,宜作为该设施总图布置的一部分进行审查。审查时,宜考虑安全评估的结果,包括发生爆炸或火灾后员工住宿和逃生。

8.2 平面布置

站场和终端周围应为消防设备的自由移动提供空间、通道及防火间距,以便消防设备及其他紧急救援设备进出。

站场和终端的平面布置应最大限度减小火灾的蔓延及后果。

站内和终端内有可能聚集爆炸性气体混合物的区域应按照 GB 3836.14 加以分类并对区域内装置及设备提出相应的防爆要求。

罐区间距应按 NFPA 30 的规定。

管道及配管布置不应对人员造成绊倒或碰头等伤害,并且不应妨碍对设备及配管进行检测和维修,还应包含设备更换通道的要求。

向大气排放流体的管线应延长到可以安全排放的位置。在近海装置生活区附近布置排放管线时,应更注意管线的安全问题。

8.3 安保

应控制进入站场和终端的通道。宜设置防护栏、有人值守的门或所有门应上锁。

站场和终端四周应设永久性告示,指明泵站或终端详情以及可与管道运行公司联系的电话号码。

管道系统的一部分,若设在其他装置内,则其安保要求应结合该装置的安保要求予以考虑。

8.4 安全

应设立识别危险的、划分等级的和高电压区域的标志。应限制进入该区域。

围栏不应阻碍人员逃往安全区域。当设置围护结构时,各安全门应是向外开的并且不用钥匙就能从里面打开。

主泵房和压缩机房的每一操作楼层、地下室,以及任何高空走道或平台应提供满足要求出口和通往安全位置的通道。

应提供适用的火焰和气体探测器及消防设施。对于陆上站场及终端,应通过与当地消防部门进行磋商确定设施的各项要求。

储罐、防火堤和防火墙应符合 NFPA 30 的要求。

在正常或非正常条件下(如垫片被吹出或填料密封损坏等),暴露在含有危险浓度的易燃或有毒液体、蒸汽或气体的环境中,为保护人员,应设置通风系统,还应配置能探测流体危险浓度的设备。

可能引起人员伤害的热配管或冷配管应适当隔热或加以防护。

8.5 环境

废水及排放物的处理排放应符合国家和当地的环境要求。

8.6 建筑

泵房和压气机房,如其中设备或配管尺寸外径大于 60 mm,或者除家用目的外的输送 D 类及E类流体的设备,应使用按NFPA 220所定义的耐火、不可燃或阻燃的材料进行建造。

8.7 设备

泵、压缩机、原动机以及它们的辅助设备、附件、控制及支撑系统,均应适合6.1中系统定义中规定的用途。泵、压缩机及其原动机设计操作条件范围应限制在6.4中确定由控制设备所限定的管道系统的约束条件之内。

除电感应(异步)或同步电机外,原动机应配备有自动控制设备,能在原动机或被驱动设备的转速超过制造厂所规定的最大安全转速之前关闭机组。

装置及设备应符合8.2中规定的区域划分的要求。

除了上述的功能性要求外,泵、压缩机、燃气轮机和电动机应满足ISO 3977(所有部分)、ISO 10439(所有部分)、ISO 13707、GB/T 3215、GB/T 34391或GB/T 755中适用的要求。

8.8 配管

8.8.1 主要配管

主要配管应按照第7章的要求进行设计。

配管的设计中应分析振动设备引起的振动、由往复泵或压缩机引起的流体振荡以及流动诱发的振荡。

应保护配管免遭真空外压及超压损坏。压力控制及超压保护等均应符合6.4的要求。

注:配管可能处于超压或真空状态,其产生原因是关阀或停泵期间流动的突然变化产生的水击、过高的静水压力、流体膨胀、在错误的条件下与高压力源连接,或者在停输或放空期间形成的真空等原因。

8.8.2 辅助配管

8.8.2.1 燃料气配管

站内的燃料气配管应符合ISO 15649的要求。

燃气管线应在建筑和居民区外面设置总切断阀。

燃气系统应配备压力限制设备,以防止燃气压力超出系统正常操作压力的25%。最大燃气压力不应超过设计压力的10%。

当原动力或连接的设备正在进行维修时,应制定燃料总管的放空或吹扫措施,以防止燃料气进入燃烧室。

8.8.2.2 压缩空气配管

站内压缩空气配管应符合ISO 15649的要求。

压缩空气罐或储气瓶应按ASME BPVC.Ⅷ.1的要求制造和装配。

8.8.2.3 润滑油和液压油配管

所有站内润滑油及液压配管应符合ISO 15649的要求。

8.8.2.4 放空及排水管线

放空及排水管线的尺寸应与泄压阀的容量相匹配。

8.9 紧急停车系统

每座泵站或压气站应配备快速、就地和/或远程操作且可关闭所有原动机的紧急停车系统。还宜考虑把站场和管道隔离开以及需要时可以泄压或放空。

紧急停车系统的操作还应允许关闭任何不用于应急目的且危害现场安全的燃烧天然气设备。

保护个人安全以及保护设备功能所必需的用电,应设计不间断供电电源。

8.10 电气

站内电气设备接线应符合 GB/T3836.15 的要求,在紧急情况下需要继续运行的电气装置应保障其所在区域在紧急情况下的用电条件。

8.11 储存和工作罐

为储存和接运流体的罐应按下列标准设计和制造:

——蒸汽压力小于 3.5 kPa [0.035 bar(g)]的流体应按照 API STD 650 设计和制造;

——蒸汽压力大于 3.5 kPa [0.035 bar(g)]、但不大于 100 kPa [1 bar(g)]的流体应按照 API STD 620 设计和制造;

——蒸汽压力大于 100 kPa [1 bar(g)]的管式储存器应按照本文件设计和制造;

——其他适用于蒸汽压力大于 100 kPa [1 bar(g)]的非管式储存器的标准。

应根据计划和技术要求设计和建造基础,技术要求应包含土壤条件、储罐类型、用途以及大概位置。

8.12 加热站和冷却站

当管道系统运行时,流体需要加热或冷却的位置宜安装温度指示器和控制器。

为了保证停输后的安全流动条件,加热站可能需要考虑停输后站内管线、泵体、放水管线及仪表管线的伴热。

8.13 计量站和压力控制站

流量计和粗、细过滤器应按同一内压设计,并应满足本文件试压要求。

所有部件均应支撑良好,防止对连接配管系统施加过度的载荷。

设计和安装应留有便于维护和检修用的通道并最大限度地减少对站内操作的干扰。对站内操作的干扰应包含流动液体的回流、振动或脉动。

过滤网孔或过滤材料空隙应能防止外来有害物质侵入设备及静电荷聚集。

8.14 监视和通信系统

按照第 6 章规定进行系统设计应确定并包括下列技术要求:监测压力、温度、流量及被输流体的物理特性;监视泵、压缩机、阀位、计量表及罐液位的信息以及监视动力供应故障、电机线圈及旋转机械轴承的高温、过度振动、低吸入压力、高输送压力、密封泄漏、异常温度等报警条件的相关信息;探测火灾及危险大气环境。

监视控制与数据采集系统(SCADA)可用于控制设备。

管道系统操作要求及安全和环境保护要求,应作为确定监视及通信部件冗余量和备用电源需求的基础。

8.15 用于陆上供气系统的压气站

有关压气站的其他特殊功能要求,见 EN 12583。

9 材料和涂层

9.1 管道和主要配管的一般材料要求

9.1.1 选择

用于管道和主要配管的材料应:

——具有满足7.4设计要求的力学性能,如强度及韧性;

——具有满足第10章腐蚀控制要求的性能;

——适用于预定的加工制造和/或施工方法。

注:有关辅助配管的材料要求,见ISO 15649。

9.1.2 酸性介质中使用的材料

酸性介质中材料的技术条件应满足GB/T 20972(所有部分)的要求。

9.1.3 要求的一致性

对管道系统内所有承压部件的要求应一致。

示例:对管道系统内所有承压部件的要求包括确保化学成分的可焊性和防止脆性断裂的韧性。

9.1.4 化学成分

用于焊接且没有产品标准的铁碳素钢材料,其最大的碳当量(CE)为:

——规定最小屈服强度不大于360 MPa等级的钢为0.45;

——规定最小屈服强度大于360 MPa等级的钢为0.48。

用于焊接且有产品标准的铁素体钢,其碳当量不超过上述数值或取上述数值和产品标准中规定值两者中的较小者。

材料采购者可考虑采用较高碳当量值的材料或者要求对可接受的最大CE值进一步加以限制。

应按公式(11)计算CE值:

$$CE = C + Mn/6 + (Cr + Mo + V)/5 + (Ni + Cu)/15 \qquad \cdots\cdots\cdots\cdots (11)$$

其中元素的符号表示相应元素的质量分数百分比。

注:公式(11)的格式不符合ISO标准格式,但其在行业中的历史源远流长,人们已经破例接受了它。

对于输送A类流体的管道和主要配管,其化学成分未知时,应按公式(12)计算CE值。

$$CE = C + Mn/6 + 0.04 \qquad \cdots\cdots\cdots\cdots (12)$$

9.1.5 脆性断裂韧性

材料的选择和应用应防止脆性断裂。

公称直径大于DN 150并且材质是铁素体/奥氏体、马氏体不锈钢或碳素钢的用于输送C类、D类及E类流体管道和主要配管的材料,其全尺寸夏比V型缺口试件的最小夏比冲击功应满足:

——规定的最小屈服强度不大于360 MPa的材料,平均27 J,单个试件20 J;

——规定的最小屈服强度大于360 MPa的材料,平均40 J,单个试件30 J。

输送A类及B类流体管道和主要配管的材料,以及输送C类、D类及E类流体的管道系统中公称直径不大于DN 150的部件使用的材料,防止其发生脆性断裂的技术要求应根据设计条件确定。

注:阻止韧性断裂扩展需要更高的冲击功(见9.1.6)。

全尺寸夏比V型缺口试验应按GB/T 229执行,也可采用GB/T 9711—2017规定的带锥度的试件。当要试验的管件厚度不满足制作全尺寸夏比V型缺口试样的条件时,可采用缩尺的试件试验,最小冲击功按试件厚度比例减小。

试验温度不应高于材料在承压状态下可能经受的最低温度。对于气体或气/液管道和主要配管、近海立管及大厚度管件应评估更低的试验温度。

母体金属、焊接部件的焊缝金属和热影响区金属均应符合防止脆性断裂的要求,通过采用经鉴定的焊接工艺保证达到规定的耐脆性断裂性能。

9.1.6 剪切断裂韧性

输送C类、D类及E类流体的管线用管的母体金属应具有阻止剪切断裂扩展的能力。流体在突然减压情况下的相变行为应加以确定,并应验证在各种相态下所要求的剪切止裂性能。

注:GB/T 9711—2017中的附录H提供了确定阻止剪切裂纹扩展所要求断裂韧性的指南。

夏比V型缺口试验应按照9.1.5要求进行,试验温度应为管道在空气、海水或地下运行过程中可能出现的最低温度。

如果材料性能实际上达不到阻止断裂所要求的韧性,可采用由套管或厚壁管组成的机械止裂器。应按照断裂扩展的后果确定止裂器沿管道的安装位置及最小间距。

9.1.7 高温工况

材料在50 ℃以上的最高工作温度下的机械性能宜记录在案,除非相关产品标准或补充证明文件中有规定。

9.1.8 成型及热处理后的性能

对于经热处理、热或冷加工成型或影响材料性能的其他加工过程的材料,应用文件形式证明在最终状态下的材料性质符合规定的要求。如果为焊接部件,该类证明文件包括母材,焊缝金属及热影响区的性质。

9.1.9 生产质量鉴定程序

宜根据以前加工该材料的经验,考虑生产质量鉴定程序和生产前材料试验的要求。管道运营商应安排专业技术人员驻厂监造。

9.1.10 标记

材料和部件应按照适用的产品标准的要求予以标记,如无规定,则可按MSS SP-25的要求执行。

冲压标记制作的方式应确保最大限度地减小应力集中,且应设置在不对材料或部件产生损伤的位置。

9.1.11 检验文件

所有材料在供应时应附有GB/T 18253所述的检验文件,该文件可以追溯到管道组件。对于承压部件用材料,应至少提供GB/T 18253所述的5.1型的检验证明。

9.1.12 规范

所有管线用管、配管部件和涂层材料应按照相关标准及本文件的要求制造和使用。

对于未纳入相关产品标准中的本文件要求,应进行规定并补充至产品标准中。

如果没有相关的产品标准可用,则应编制材料的详细技术要求,包括性能、尺寸及制造、试验、检验、认证及形成文档等要求。

9.1.13 部件的重新使用

部件允许重新使用,如果:

——原始制造的规范符合本文件要求;

——检验文件符合 9.1.11 的要求;

——经过检测、清理和本文件允许的修理之后,经检验证明部件是可靠和无缺陷的。

原始制造技术规范未知的管线用管,如果经过检验和试验后被证明其满足 GB/T 9711—2017 的适用部分的要求,则可以作为 L245 级管线用管使用。此类材料的使用应限于在规定的低于最小屈服强度 30%应力水平下运行的管道。

注:管道运营商需在工程规范中表明同意重新使用该材料。

9.1.14 记录

按照 14.1.8 的要求,在运行期间,应收集并保存关于供求双方同意偏差的说明,如计算书和图纸的设计、记录资料、试验与检验结果及合格证。

9.2 管线用管

9.2.1 碳钢管

C-Mn 钢制成的管线用管应符合 GB/T 9711—2017 的要求。

9.2.2 不锈钢及非铁金属管线用管

不锈钢及非铁金属管线用管可为焊接管或无缝管。

9.2.3 不锈钢或非金属内衬的碳钢管

碳钢管线用管应符合 GB/T 9711—2017 的要求。

设计及内腐蚀评估应说明,不锈钢或非铁金属衬里与外层碳钢管应使用冶金方法结合(敷融)或用机械方法压接(衬里)。管道和焊缝处内衬的最小厚度不宜小于 3 mm。

如有必要,应审查并规定比 GB/T 9711—2017 中更接近的焊管管端公差要求。

9.3 管道以外的部件

9.3.1 法兰

法兰连接应符合 GB/T 29168.3、ASME B16.5、MSS SP-44 或其他公认规范的要求。允许专用法兰设计。宜符合 ASME BPVC.Ⅷ.1 的相关要求。

当法兰尺寸和钻孔与 GB/T 29168.3 规定有偏差时,应说明其符合 GB/T 29168.3 的设计要求。

法兰内径应与相连管道内径吻合,以便于对准焊接。

垫片材料不应被管道系统中的流体损坏,并应能承受使用中的压力和温度。使用温度高于 120 ℃时,应采用阻燃材料。

螺栓材料应与操作条件、环境条件及管线材料相匹配。螺栓或双头螺栓应伸出螺母。

9.3.2 弯管

弯管可由管子用冷弯曲、热弯曲或感应弯曲的方法制造。不应采用斜接弯管。

热弯管或冷弯管的要求如下:

——管材应为全镇静钢;

——弯管管体的椭圆度不应超过2.5%；

——弯管管端公差应符合连接管子管端的公差；

——不应有褶皱，但是，若符合GB/T 29168.1—2021中10.5的要求，弯管内壁上的“起伏”可接受；

——弯管的所有部位应符合相邻管道规定的最小管壁厚度的要求；

——弯管应符合9.2规定的有关管道力学性能的要求。

感应弯管应满足GB/T 29168.1—2021的要求。

弯管的试验及检验应在交货条件下进行。

9.3.3 管件

管件应符合GB/T 29168.2要求。

管件应采用全镇静钢制造，应采用公认的作法以保证预计的热处理效果及切口韧性。

9.3.4 阀门

球阀、止回阀、闸阀及旋塞阀应符合GB/T 20173的要求。海底应用的阀门应符合ISO 14723的要求。

9.3.5 预制的绝缘接头

预制的绝缘接头在安装到管道上之前，应采用MAOP的1.5倍压力进行试验，并进行电气试验验证绝缘性。所有工艺浸湿部件(金属和非金属)应符合设计使用条件。

9.3.6 其他部件

对无产品标准的部件设计应符合ASME BPVC.Ⅷ.1规定的要求。焊接制造和焊接连接至管道的所有其他部件应符合ISO 13847的要求。

9.4 涂层

9.4.1 外涂层

9.4.1.1 混凝土配重层

混凝土配重层应符合ISO 21809.5的要求。

9.4.1.2 防腐和绝热保温涂层

工厂预制的涂层应符合10.5及如下要求：

——三层聚烯烃涂层符合ISO 21809.1；

——单层熔结环氧树脂(FBE)涂层符合ISO 21809.2；

——两层聚烯烃符合ISO 21809.4。

9.4.1.3 绝热保温涂层

绝热保温涂层应符合公认标准或规范，包括如下要求：

——涂层及增强材料(如相关)的类型；

——各层厚度及总厚度；

——组成及/或基材；

——力学性能；

——温度限制；

——表面处理要求；

——黏结要求；

——材料、施工及固化要求，包括关于健康、安全及环境方面的要求；

——涂层系统及人员评定试验要求(如相关)；

——试验和检测要求；

——有关的修补步骤。

海底应用的湿式保温应符合 ISO 12736 的要求。

9.4.2 内涂层/衬里

内涂层一般宜符合公认标准或技术规范，包括如下要求：

——涂层及增强材料(如相关)的类型；

——各层厚度及总厚度；

——组成及/或基材；

——力学性能；

——温度限制；

——表面处理要求；

——黏结要求；

——材料、施工及固化要求，包括关于健康、安全及环境方面的要求；

——涂层系统及人员评定试验要求(如相关)；

——试验和检测要求；

——有关的修补步骤。

减阻涂层最小厚度宜为 40 μm。

10 腐蚀管理

10.1 总体要求

应对管道系统的内外腐蚀进行管理，以防在设计寿命期内腐蚀导致不可接受的管道失效或丧失运行能力的风险。腐蚀管理包括以下内容：

——识别并评估潜在的腐蚀危险源；

——管材选择，考虑内外腐蚀性评估结果；

——识别必要的腐蚀减缓措施；

——确定腐蚀监测和检测要求；

——复核腐蚀监测和检测结果；

——根据经验和设计条件与管道环境变化要求，定期改进腐蚀管理要求。

内外腐蚀性的评估应以文件形式说明。对于已选择材料，应确保在设计寿命内将腐蚀控制在设计范围内。

评估应基于有关运行维护经验和实验室试验结果。

任何腐蚀裕量均应包含管道设计寿命期内预计的腐蚀类型及速率。

在评估中还应包括管道材料在运输、储存、施工、试验、管道保存、投产及运行事故条件下可能的内外腐蚀。

10.2 内腐蚀评估

应针对所有设计条件(见 6.1)确定可能的管道腐蚀损失或管道材料劣化。

应根据管道运行期间预计的流体流速、压力和温度条件评估形成游离水的可能性。

应识别可能引起或影响内腐蚀的流体组分，并确定在其预计浓度、压力及温度下的潜在腐蚀性。

示例：可能引起或影响内腐蚀的流体组分包括二氧化碳、硫化氢、元素硫、汞、氧气、水、溶解盐(氯化物、碳酸氢盐、羧化物等)、固体沉积物(与管道清洁度有关)、微生物污染、上游活动中注入的化学添加剂和来自上游工艺事故的污染物。

应说明的潜在类型腐蚀包括下列几种：

——整体材料损失和劣化；

——局部腐蚀，如沉积物下的点腐蚀和晶面腐蚀或缝隙腐蚀；

——微生物引起的腐蚀；

——应力开裂；

——氢致开裂或台阶式开裂；

——应力诱发氢致开裂；

——冲蚀及冲刷腐蚀；

——疲劳腐蚀；

——双金属/电偶腐蚀，包括选择性焊缝腐蚀。

10.3 内腐蚀减缓措施

10.3.1 方法

内腐蚀减缓方法包括：

——改进设计/操作条件；

——采用耐腐蚀材料；

——采用化学添加剂；

——采用内涂层或内衬；

——定期进行机械清管；

——消除双金属电偶对。

宜考虑所选腐蚀减缓方法与下游操作的相容性。

10.3.2 设计条件的修订

管道系统上游流体处理设施及管道系统运行程序，可能需要审查，以便查找机会消除腐蚀性评估中识别出的腐蚀成分或条件。

10.3.3 化学添加剂

在选择化学添加剂时考虑的因素宜包括：

——在整个管道系统水湿润区的有效性；

——流体流速变化；

——多相系统中的相分布特性；

——沉积物及垢的影响；

——与流体规范的一致性；

——与其他添加剂的相容性；

——与管道部件材料的相容性，特别是与非金属材料的相容性；

——化学处理过程中的人员安全性；
——排放时对环境的影响；
——与管道下游操作的相容性。

10.3.4 内涂层或内衬

确定非完整内涂层/内衬保护(如针孔或其他缺陷)不会导致不可接受的腐蚀时，可采用内涂层或内衬减轻内腐蚀。

在选择内涂层或内衬时宜考虑的因素包括：

——现场接头的内涂层；
——施工方法；
——修补方法的可用性；
——操作条件；
——流体对内涂层/内衬的长期作用；
——耐压力变化的性能；
——内涂层上温度梯度的影响；
——适应清管作业。

10.3.5 清管

宜确定周期性机械清管要求。考虑的因素宜包括：

a) 清除积聚的固体和腐蚀液体以助于减轻积液区腐蚀；
b) 增强化学添加剂的有效性。

选择机械式清管设备，宜考虑：

a) 清除有保护作用的腐蚀产物或化学添加剂的可能后果；
b) 机械清管损伤内涂层或内衬的可能后果；
c) 管道材料(如不锈钢管)和机械清管器材料接触可能发生的不良后果。

10.4 外腐蚀评估

10.4.1 应根据管道运行温度(见6.1)及沿线外部条件(见7.2)确定发生外腐蚀的可能性。表7给出了在评估外腐蚀发生可能性时应包含的典型环境条件。

表7 评估外腐蚀时要考虑的环境条件

近海管道	陆上管道
大气条件(海洋)	大气条件(海洋/工业/乡村)
空气/水界面(飞溅区)	海水(潮汐区、海岸)
海水	淡水或半咸水
海床或埋在海床里	沼泽及泥炭地
在管束内或管套内	河流穿越
岩石堆/混凝土沉排	干土壤或湿土壤
J形管/沉箱内部	隧道、套管或沉箱内部
管道周边的杂散电流干扰源(如地铁、高压线等)	管道周边的杂散电流干扰源(如地铁、高压线等)

10.4.2 外腐蚀评估时宜考虑的环境参数包括：

a) 大气温度；

b) 环境的电阻率、盐度及氧含量；

c) 细菌活性；

d) 水流；

e) 埋设程度；

f) 潜在的植物根系成长危害；

g) 碳氢化合物及其他污染物对土壤的潜在污染。

10.4.3 腐蚀测量评估除考虑管道安装时的腐蚀性外，还宜考虑环境的长期腐蚀性。陆上管道，应评估管道穿越区内的土地使用变更计划，该变更会改变环境条件并继而改变土壤腐蚀性，如对以往干扰或低腐蚀性土壤的灌溉。

10.4.4 应评估环境 pH 值及可能的杂散电流和交变电流源对陆上管道的影响。

10.4.5 外腐蚀损坏类型应包括：

——整体金属损失和劣化；

——局部腐蚀，如沉积物下的点腐蚀或缝隙腐蚀；

——微生物引起的腐蚀；

——应力腐蚀开裂，如碳酸盐/碳酸氢盐侵蚀。

10.5 外腐蚀减缓措施

10.5.1 保护要求

金属管道宜采用外涂层，埋地或水下金属管道应施加阴极保护。对于可能发生严重腐蚀的场合，宜考虑腐蚀裕量并采用耐久外涂层或耐腐蚀合金包覆。

示例：近海管道立管的飞溅区是严重腐蚀区域。

10.5.2 外涂层

在选择外涂层时考虑涂层是否能够提供要求的保护以及在施工和运行中可能发生的危害。

评估外涂层的有效性时应包括的参数：

——涂层的电阻率；

——湿气的渗透率与其温度的关系；

——涂层与基体金属之间的黏结力；

——对涂层与附加保护层、保温层或环境之间的抗剪切力；

——对阴极剥离的敏感性；

——耐老化性、耐脆裂及开裂性；

——涂层修补的要求；

——可能对管道材料造成的不良影响；

——可能的温度循环；

——耐运输、搬运、储存、安装及运行过程损伤的性能。

管线用管的外防腐层宜在工厂涂装，现场接头及其他特殊接头应现场施涂。

现场接头应采用涂层相容的涂层系统进行保护。涂层宜能满足或超过管道涂层规范要求，并能在预期现场条件下按要求施涂。

绝热管道宜包括防护涂层。

J形管道应有外涂层。在选择涂层时，宜评估J形管内安装过程中可能出现的涂层损坏。

10.5.3 阴极保护

陆上管道和近海管道应分别按照 ISO 15589.1 和 ISO 15589.2 设计、制造、安装和运行阴极保护系统。

10.6 监测程序和方法

10.6.1 监测要求

应根据预测的腐蚀机理和腐蚀速率(见 10.2 和 10.4)、选定的腐蚀缓解方法(见 10.3 和 10.5)以及安全和环境因素，确定腐蚀监控程序的要求。

要求对整个管道整个长度上内部或外部腐蚀或其他缺陷进行监测时，宜考虑采用内检测器。通过分析连续的金属损失检测结果可确定腐蚀劣化速率或腐蚀劣化趋势。

投产后宜尽快进行一次检测，并将其结果作为将来检测结果分析的基线。

10.6.2 内腐蚀监测

10.6.2.1 技术选择

内腐蚀监测技术的选择应包含：

——预计的腐蚀形式；

——潜在的水分析出、冲刷等(流动特性)；

——预计的腐蚀速率(见 10.2)；

——要求的检测精度；

——现有管内、外检测方法；

——影响清管器或检测器通过的管内障碍物。

注：可能的检测技术包括安装监测设施(如腐蚀性试件)以显示管道腐蚀，或者定期分析流体成分以监测其腐蚀性等。

10.6.2.2 局部腐蚀监测的测试点位置

腐蚀监测的测试点宜沿管道或相关设施设置，并选择最有可能获得管道中代表性的腐蚀特征处。

10.6.3 外部情况监测

可接近的管段宜定期通过外观检测评估管道系统状况，如可能，要进行外涂层评估。埋地或水下管道在暴露时应进行检测。

很可能出现严重腐蚀的地方，应定期进行更详细、更密集的外观检查。

应确定陆上管道涂层定期检查要求，需考虑选用的涂层、预计的涂层裂化、土壤类型、观测保护电位及保护电流需求及已知金属损失等。

注：适用检查方法，参考 ISO 15589.1。

10.6.4 阴极保护监测

应按照 ISO 15589.1 和 ISO 15589.2 进行定期检验以对阴极保护进行监测。

10.7 监测及检测结果评估

应评估所有监测及检测活动结果，以便：

——审查腐蚀管理是否满足要求；

——识别可能的改进措施；

——指出进一步详细评估管道状况的要求；

——指出改进腐蚀管理要求的必要性。

10.8 腐蚀性管理文件

按照10.1～10.6中的腐蚀管理要求编制文件，其内容应对下述事项进行说明：

——腐蚀威胁及有关失效可能性的评估；

——材料及腐蚀减缓方法的选择；

——检查及腐蚀监测技术的选择及检测频率；

——与选择的腐蚀管理方法有关的废弃要求。

11 施工

11.1 总体要求

11.1.1 施工计划

施工开始之前应编制施工计划，以助于控制施工作业。该计划应与作业的复杂性和危险性相适应，应至少包括下列内容：

——施工工程描述；

——健康、安全及环境保护计划；

——质量计划。

施工工程描述宜包括方法、施工所需人员、设备及作业规程。

注：特殊的施工工程(如隧道、近海管道登岸段、管桥及水平定向钻孔等)可能需要补充的管道安装程序。

健康、安全和环境保护计划宜说明保护公众和施工人员健康、安全和环境保护等方面的要求和措施。该计划还宜包含有关法律和适用标准的要求、危险识别与要求的控制措施以及应急程序等。

11.1.2 其他设施附近的施工

在开始施工前，应识别所有可能会受到管道系统施工影响的设施。

宜制定施工期间保护已识别设施的必要临时保护方法及安全措施。在确定临时保护方法和安全措施时，宜与该设施的业主或运营商磋商。

注：其他设施包括已有的道路及铁路、水道、人行道、管道、电缆及建筑物等。

11.1.3 工厂、设备及海洋施工船

施工之前和施工过程中均应对主要施工工厂、设备及海洋施工船进行检查，以便根据工程实践确定其是否适合于预期的施工作业。

11.1.4 材料运输与搬运

材料的搬运、储存、运输和安装应防止或最大限度地减少对管道、配件、部件和涂层的损坏。可能需要制定运输及搬运程序。该程序宜规定需使用机械及堆放要求。

注：API RP 5LW及API RP 5L1提供了关于管道用管的工作指南。

应检查材料是否存在不符合规范要求的损坏或缺陷。除非损坏和/或缺陷已被去除或修复，否则不应安装该材料。

11.2 陆上管线的准备

11.2.1 现场检查

批准进入线路之后、施工开始之前，应检查管道作业施工带沿线的当前情况。检查结果应说明可能会受施工影响的项目状况，并记录所有相关方共同审定的一致意见。

11.2.2 勘查和标记

施工之前，应把管道路线、作业施工带、地下结构以及架空结构勘查清楚，做好标记，并保持该标记在施工期间完好无损。

11.2.3 作业施工带的准备

为保证公众安全和防止牲畜侵入，必要时，应沿作业施工带设置适当的栅栏。施工规范应明确在作业施工带内要遵守的限制条件及预防措施。

注：限制条件或预防措施包括：保护特定的树木、处理树枝和树根、分离表土、排水、防止冲刷及侵蚀等。

11.2.4 喷砂清理

喷砂清理作业应遵守有关法规及环境保护限制条件，并应由有资质的人员施工。

11.3 近海路线的准备

11.3.1 勘查

除了7.2.3勘查要求外，施工前宜沿着计划的路线进行勘查，以查明对管道或施工作业潜在的危害。

11.3.2 海床准备

应对海床勘查数据进行评估，必要时对海床进行平整，以满足7.4.2中的强度要求。

11.4 焊接和连接

11.4.1 焊接标准

管道和主配管焊接应按照ISO 13847进行。辅助配管焊接应按照ISO 15649进行。

11.4.2 焊缝检验

管道和主要配管中的焊缝应按照ISO 13847进行，但12.5规定的对死口焊缝除外。应在试压之前进行焊缝检测。

所有焊缝应目视检查并且通过射线或超声检验。

射线或超声检验应检查整个圆周长度上的焊缝。检查方法应适合接头形状、壁厚和管径。

辅助配管中的焊缝应按照适用标准进行检测。

焊缝应符合焊接标准的规定，不符合规定的焊缝应被拆除，或在允许的情况下，进行修复并重新检测。

11.4.3 非焊接连接

采用其他技术连接管道，应按照批准的程序进行。

11.5 涂层

11.5.1 现场补口的涂层

现场补口的涂层应满足ISO 21809.3的要求。

11.5.2 涂层检查

在安装管道时应对涂层进行目视检查,以确定其符合规定的标准和适用程序。

管道即将下沟或离开铺管船之前,应采用检漏仪检验整个涂层表面,检漏电压应适用于该涂层。应对缺陷进行标注并在管道最终就位之前予以修复。发现涂层损坏或剥离时,应去除涂层、重涂和重新检查。

应在安装前采用检漏仪对接接头、特殊部件及穿越管段的涂层进行检查。

11.6 陆上管道的安装

11.6.1 布管

布管作业应按照程序进行。程序应明确规定施工通道的限制尺寸,以及为了最大程度地降低对当地公共用地干扰的措施,并且还包括通道横穿作业施工带的措施。

11.6.2 现场弯管

为使管道对接或吻合现场地形条件,管道可能要在现场进行冷弯处理。现场弯管应采用弯管机。弯管机对管子截面的支撑应能防止屈曲或管壁皱折并保持涂层的完整性。

弯管最小半径不宜小于:

——对于外径小于 200 mm 的管道,为 20D;

——对于外径 200 mm～400 mm 的管道,为 30D;

——对于外径大于 400 mm 的管道,为 40D。

现场弯管半径可小于上述要求,但应保证弯管之后管道的椭圆度不大于且壁厚不小于设计允许值,且材料性质应满足规定的管线用管的韧性要求。

弯管应无屈曲、裂纹或其他明显的机械损伤。

当弯管直径 300 mm 以上且管道直径与壁厚的比值大于 70∶1 时,应采用内芯。

进行试弯,确认满足本条要求。

弯管弯曲部位两环焊缝之间的间距不宜小于 1 m。纵向焊缝宜位于接近现场弯管中心轴线位置。

11.6.3 管沟开挖

挖沟深度应能够保证管道覆盖层厚度符合 7.8.2.1 的要求。

应评估沟边坡度,以确定是否需要支撑或减小坡度,以保证安全作业条件。宜制定侵蚀减缓措施以防止管沟不稳定并对环境造成损害。

沟底应平整,不应有会损伤管道或涂层的尖锐物体。否则,应铺设衬垫材料或机械方法保护管道。任何衬垫材料或机械保护措施均不应起隔断阴极保护电流通向管子表面的屏蔽作用。

如果在管沟内进行焊接施工,管沟应加宽和加深,以保障安全工作条件。

在施工人员进入管沟之前,应采取一系列安全措施,以确保管沟内的环境安全且不易燃。在现有地下结构附近挖沟时,应采取措施以避免对地下结构造成损坏。应保证与任何埋地管道与其他结构的最外边缘之间至少 0.3 m 的净空间距,否则应采取专门的措施以保护管道及地下结构。

11.6.4 下管

下管之前,应对管沟进行清理,保证不存在可能会损害涂层的物体且沟底坡度平缓,保证管道有均匀支撑。

将管道下放至管沟中的设备或方法不应损坏管道或其涂层。起吊和下管步骤应确保不会造成超过7.4.2中规定的强度要求。

11.6.5 回填

为了避免涂层受损,下管之后宜尽快回填。

在回填前,水淹管沟宜用泵抽干或把水排净。当无法把水排尽而水淹管道又需要回填时,应保证液化的土壤不会使管道移动。

应选择回填材料或防护措施以防止管道或其涂层受损。

在作业期间被断开的现场排水管、排水沟及其他排水系统宜重新恢复。

管道在公路、人行道、路肩、河岸及类似区域下方通过时,所选回填材料和施工方法应确保设施的稳定性和完整性。当存在可能引起冲蚀的地形土壤及水条件时,应采取保护措施防止滑坡或冲溃。

11.6.6 碰死口

碰死口程序应包括控制管道应力在7.4.2中允许强度要求之内的措施。该程序应包括管道的结构形状、计划对接后的移动,以及碰死口作业时的温度与未来运行温度之间的温差。

11.6.7 地貌恢复

受施工影响的作业面宽度及其他地区的地貌予以恢复,地貌恢复应遵照有关法律及与当地政府主管部门及土地所有者事先达成的协议要求进行。

11.6.8 穿越

所有穿越均应按照7.2.1和11.1.2的要求进行施工。

当采用大开挖方法穿越水道时,应评估水道底部的地质状况、河堤变化、水流速、冲刷以及特殊的季节性问题。开挖作业时应防止水漫淹附近的土地。

管道安装期间应采取预防措施避免冲击、扭曲管道或者其他可能引起管道应力或应变超出设计水平的情况发生。

水平定向钻穿越施工规程应说明这种穿越的独特要求:

——定向钻流体的控制和处置;

——耐磨防腐涂层的选择;

——监测钻孔剖面、导向和牵引力的仪表。

11.6.9 标记

管道位置标记应按7.8.1的规定设置。

11.7 近海管道的安装

11.7.1 海上作业

11.7.1.1 抛锚及保持定位

定位系统应具有冗余或备用,以确保其他船舶或设施不会因其部分故障而受到威胁。

施工船若采用锚泊定位,宜按照预定的抛锚方向图执行。抛锚方向宜在水深图中标示缩尺比,并注明下列适当的资料:

——每个锚和每条锚链触地点;

——现有管道及装置的位置；
——锚链与管道之间的垂直距离；
——计划的管道线路及铺管走廊；
——在施工期内的临时性作业；
——附近其他船只的抛锚特性；
——施工船的位置；
——禁止抛锚区；
——沉船及其他潜在的障碍物。

为防止对设施的损害，应确定锚具和锚缆与固定结构、海底装置或其他管道之间的最小间距。

所有锚如需越过海底装置或管道时，宜先放置在抛锚船甲板上，运送至抛锚点下锚。施工船的抛锚绞车宜设置锚链长度及负荷指示器。

11.7.1.2 应急程序

开始施工前，应编制应急程序。该程序宜包括下列内容：
——施工现场废弃；
——管道屈曲(充水或空管)；
——涂层损坏；
——弃管与管道回收作业。

11.7.1.3 通知

近海管道施工前，应将正式通告给将在管道施工和拖管过程中被穿越的现有管道与电缆的运营商。还应将正式通告给有关单位，如海事管理单位、渔民及海洋作业者。

11.7.2 勘查及定位系统

水平表面定位(无论是卫星定位还是陆基定位)都应构成定位施工船舶、管道位置和本地定位系统参考点的基础。定位系统的精度应满足要求，以使管道敷设位置在设计文件规定的公差范围内。在人口稠密地区和要求精确定位时，可能要求定位系统的精度比管道定位精度更高。

当管道包含海岸穿越管段时，近海应用的定位系统应和陆上探测系统相互校正。

11.7.3 铺管

宜明确管道长度且进行排列以适应铺设驳船工作站的间距，使得管道长度变化不影响铺管作业。

铺管系统和张力系统均应能在敷设管道时，使其不超过7.4.2中的强度要求，并且设计应保证防止损伤涂层和阳极。

宜用摄像监视铺管架上的关键支撑点。

在铺管时宜采用屈曲探测器检测管道直径的缩小量。该探测器应能分辨出直径大于或等于5%的变化。

宜装设仪器监测和记录各项需要参数，以确认没有超出7.4.2中规定的允许强度要求。

用拖管法安装就位时(无论是海底拖、离地拖或海面拖管)均可能需要监视船和/或护卫船，以防止其他船只对托运中的管段干扰。

在J型铺管船以及卷筒式铺管船法的施工计划中，应说明与此类方法相关的特定应力水平和张力要求。

11.7.4 登陆段

底拖法、定向钻或其他方法安装登岸管段时，不应造成管道设计应力或应变超过 7.4.2 中的强度要求或损坏涂层或阳极。

11.7.5 挖沟

选用的挖沟深度和沟的纵断面宜保证挖沟作业过程中管道应力不会超过 7.4.2 的强度要求。在挖沟过程中，宜对管道承受的载荷进行监测。如果管道上浮，则应包含强加的额外载荷。宜对巨砾、碎石及过大跨度进行监测。选用的挖沟方法及设备应防止管道、涂层及阳极受损，同时宜适用于土壤条件。

先铺设后挖沟法和边挖沟边铺管法中采用的挖沟设备应配有监测仪表，用于监测和记录必要的参数，以确认应力没有超出强度要求。

注：公认的挖沟方法包括喷射、犁耕、岩石或硬土的机械切割和疏浚。

11.7.6 回填

回填材料应在受控的状态下填入，防止管道及管道涂层受损，并保证符合规定的坡度、覆盖层及纵断面的要求。选择的回填土纵断面应确保最大限度地减少其对渔业和其他第三方的干扰。

11.7.7 穿越其他管道及电缆

穿越工程施工前，应调查被穿越的管道或电缆的位置、方位及其状态。

若规定预先安装支座，则在安装支座之前，应准确确定已有管道、电缆及穿越地点的位置。安装的支座宜组成平滑的穿越纵断面，以减少外力(如抛锚及捕鱼)对结构的损伤。

水平面定位系统应辅以海底定位系统。因要求的间隙很小，宜对穿越安装加以监测，以确认结构均在正确的位置。

11.7.8 悬空段

应检查管道是否存在悬空段，必要时应对悬空段进行处理，以满足 7.4.2 的强度要求限制。应确定冲刷的可能性和支座或进口材料的稳定性。

11.7.9 碰死口

碰死口施工程序应包括控制管道应力在 7.4.2 中允许强度要求之内的措施。

11.8 清扫及测径

施工后，应用清管器或类似装置对管段进行清洗，以清除污垢、施工碎屑和其他物质。

试压之前，检验椭圆度及检查管内是否有障碍物，测径清管器应能通过各管段。测径板直径不应小于管道最小标称内径的 95%，测径板与管壁之间的间隙不宜小于 7 mm。

11.9 竣工勘查

施工完毕，应进行竣工勘查以记录管道、穿跨越、附件、悬空段及附属设备的准确位置。

11.10 施工记录

工程竣工后，应提供可复制和检索形式的永久性记录，该记录可确定管道系统的位置和说明，应包括以下内容：

——竣工勘查结果；

——焊接文件；

——施工图、各种技术规范；

——施工程序。

12 试压

12.1 总体要求

试压应满足7.7的要求。

分段试压的段数宜减少到最小。选择试压段时应评估：

——人员与公众的安全，以及保护环境及其他设备；

——施工顺序；

——地形和通道；

——试压用水的来源及排放。

若试压介质在试压过程中发生热膨胀，则应采取泄压措施。

试压过程中，应将不宜进行试压的设备与管道隔离。

阀门不宜作为试压中的管端盲板，除非该阀门的压力等级能够承受试压过程中阀门两端的压力差。所有管道封堵端工具的强度应能够承受试验压力。

临时性的试压用管汇、清管器收发筒及与试压管段连接的其他试验部件均应设计制造成能耐管道的设计压力。

单独部件及工厂制作的预制件，如收发球筒、管汇、计量橇座、截断阀组件、穿跨越管(河流、公路或铁路)、立管及死口管段可按照本文件提出的措施预先试压，其试验压力不低于管道强度试验压力。

12.2 安全

试压过程中，除参加试压的人员外，不应在试压管道系统及其附近工作。

试压期间，应设置警示牌，并对管道路线进行适当的巡检，以防止无关人员接近管道。

如进行气压试验，则在制定安全要求时，应评估管道中所储存能量的危险性。

当泄放试压介质降低压力时，应保证公众、施工人员、附近设施的安全并满足环境保护要求。若试压介质采用空气或气体，应在控制减压状态下泄放。

12.3 程序

12.3.1 书面程序

试压开始之前，应编制书面的强度和严密性试验程序，内容应包括7.7的要求及下列各项：

——试压段的纵断面及长度，并注明试压管段两端规定的试验压力(纵断面宜标出管子等级及壁厚)；

——安全措施；

——对连续监测的要求(见12.6和12.7)；

——试压用水的来源、组分及其排放；

——设备要求；

——加压和持续时间；

——试验结果的评估；

——泄漏检查。

12.3.2 通信

试压过程中,有人值守点之间宜保证通信联络畅通。

12.3.3 水质

试压及冲洗用水宜保持清洁,且无危害管材或内涂层的悬浮物或溶解物质,或可能在管内形成沉淀物。宜分析水样,并采取适当的预防措施去除有害物质或进行缓蚀。应按照10.2考虑内腐蚀的控制,按照10.6.2进行内腐蚀监测。

12.3.4 缓蚀剂与添加剂

若试压用水分析或程序表明有必要使用缓蚀剂和添加剂,如缓蚀剂、除氧剂、杀菌剂和染色剂,则应评估它们的相互作用以及其排放对环境的影响。还宜评估到添加剂对整个管道系统材料的影响。

12.3.5 注水速度

向管内注水速率应加以控制。可使用清管器或清管球使空气与水有明确的交界面,并最大程度地减少空气夹带量。静水压试验开始之前宜对所有可能截留空气的位置(如阀腔及旁路管线)进行密封,并在注水过程中打开放气管。

当管道穿越陡峭地形时,宜采取措施防止清管器或清管球运行超过管内充水段的前端,以防止在充水段的末端产生安全问题。宜使用清管器跟踪系统和使用背压控制清管器速度。

12.3.6 空气含量

若空气含量影响静水压试验的准确性,则应确定空气含量,并在评估试验结果的过程中予以考虑。

注:通过绘制压力容积图直至两者出现明确的线性关系的方式对空气含量进行评估。

12.3.7 温度稳定

在管内注水之后和开始水压试验之前预留的时间,宜使注入管子内的水温随环境温度趋于稳定。

12.3.8 温度效应与关联性

应制定显示温度变化对试验压力影响的关联性数据,以便用于评估温度变化对初始试验压力和最终试验压力的影响。

12.3.9 泄漏检测

应编制泄漏检测和定位程序,并将其作为静水压试验程序的一部分。

12.4 验收标准

试压应符合7.7的要求。

12.5 试验后的对死口连接

连接后未进行强度试验的对死口焊缝应按照11.4.2进行检测。

安装后未进行试压的非焊接对死口接头,则应在开始运行之前,在可能达到的最大压力(但不超过MAOP)条件下进行严密性试验。

12.6 试压设备

静水压试验设备宜包括下列内容：

——静压测试仪或其他同等精度的设备；

——压力表；

——体积测量设备；

——温度测量设备；

——压力和温度记录设备。

应提供能证明仪表精度的有效标定证书。

12.7 试验文件和记录

在管道系统寿命期限内，试验记录应妥善保存，并应包括下列内容：

——试压程序；

——在整个试验期内每半个小时间隔的压力与体积变化；

——海水、地下温度及大气温度，如条件允许，每隔 1 h 记录气象条件 1 次；

——压力记录图表；

——试验仪表校准数据；

——管道系统操作员姓名；

——试验负责人的姓名；

——试压公司名称；

——试验日期及时间；

——试验现场最小及最大试验压力；

——试验介质；

——试验持续时间；

——试验验收签字；

——被测设施和试验设备的描述；

——对压力记录图表上的任何不连续点(包括试压失败)的解释与处置；

——如试压管段的高差超过 30 m，则应附有管段整个长度上的所有测试点的标高的纵断面图。

12.8 试压用流体的排放

应最大限度地减少试压用流体的排放对公众及环境的影响。

12.9 试压后的保护

除非已按照 10.2 中要求采取了措施，否则试压用流体在试压后不应留在管道或配管内。

若用水作为试验介质，则在寒冷地区，应采取措施防止试验用水结冰。

13 预投产和投产

13.1 总体要求

预投产和投产均应编制书面规程。规程应包含流体性质、与其他连接设施隔离管道系统任何部分的要求，以及已建成管道系统向管道运行管理者的移交要求。

制定预投产及投产规程，应确保所使用的工具及通过管内的流体，不会有任何与流体或管道系统部件材料的不相容物进入管道系统内。

13.2 清扫规程

13.2.1 除11.8要求范围外，应评估管道及其部件需要清扫和测量的必要性。

可能需要额外清扫以便清除下列物质：

——试压残留物及轧钢锈皮；

——会影响智能清管器结果解释的金属颗粒；

——试压水缓蚀剂残留的化学物质；

——试压用水产生的有机物；

——施工设备，例如对死口用的隔离球。

13.2.2 为保证管道适用智能清管系统，管道清扫规程应评估以下内容：

a) 保护管道部件免遭清扫工具或清扫液体的损害；

b) 清除可能会污染流体的颗粒物；

c) 清除可能影响智能清管作业的金属颗粒。

13.3 干燥规程

应根据满足管输流体质量标准规定的干燥程度要求选择干燥方法。

干燥程度的判据应是确定水露点温度。干燥程序应评估以下因素：

——与输送流体质量规范的符合性；

——干燥流体和设备对阀门密封材料、管道内涂层和其他部件的影响；

——由于游离水和干燥剂引起的联合腐蚀效应，特别是 H_2S 和 CO_2 的潜在腐蚀效应；

——去除阀腔、支管配管及其他的系统盲管中的可能残留的水和干燥剂；

——投产过程中水化物形成的影响。

示例：干燥方法包括用干燥流体或凝胶抽汲、空气或氮气吹扫、真空干燥或用管输液体本身干燥等。

13.4 设备与系统的功能试验

作为投产工作的一部分，所有管道系统监测和控制系统全部应经过功能性检测合格，特别是安全系统(如清管器与收发球筒之间内部联锁、压力及流量监测系统，以及管道紧急停输系统)的功能试验，以确保它们能正确运行。还宜在引入输送流体之前对阀门进行最终测试，以确保阀门正确运行。

13.5 文件和记录

应保存的预投产记录包括：

——清洁和干燥程序；

——清洁和干燥结果；

——管道系统监测和控制设备功能测试记录。

13.6 投产规程及充装管输流体

通入管输流体之前，应编制书面投产规程，并要求：

——系统宜机械完工并能良好运转；

——所有功能试验宜完成并合格；

——所有必要的安全系统应操作良好；

——应备齐各种操作规程；

——已建立通信系统；

——正式将完整的管道系统向负责管道运行管理者交工；

——应完成投产前应急演练。

管道充装流体时，应控制充装速率，流体压力不应超过允许的极限。

注：针对某些流体，充装速率至关重要，以防止爆炸、气体分层、不稳定的多尘环境等。

对输送液体的管道，应维持背压以防充装时发生水力阻塞。

在充装过程中，应周期性地进行泄漏检测。

14 运行、维护及废弃

14.1 管理

14.1.1 目标和基本要求

应制定并实施管理制度，确保管道系统安全可靠运行。

注：API STD 1160，ASME B31.8S 和 EN 16348 给出了完整性管理的指导原则。

管理制度应包括以下内容：

——明确负责管理管道系统运行和维护以及关键活动的人员；

——合适的组织；

——包含各种操作和维护程序的书面计划；

——包括管道系统故障和其他突发事件的书面应急计划；

——书面持证上岗制度；

——控制设计工况变化的书面计划。

管理体系还应规定培训、与第三方的联络和记录保存的要求。

管道系统的运行、维护、改造和废弃应按计划进行。

管理体系应经常不断地随着实践需要、经营条件变化及管道环境要求而进行审查修改。

14.1.2 运行和维护计划

运行和维护计划应包括以下内容：

——正常运行和维护程序；

——人员通信要求；

——发布涵盖非常规操作和维护程序的计划。

14.1.3 运行和维护程序

运行和维护程序应明确以下内容：

——每个人员的职责和任务；

——必要的安全预防措施；

——与其他管道系统和装置的接口；

——适用规程和指南的有关信息和参考文件。

与其他管道系统和装置的接口处理程序，宜与其运营商协商制定。

注：关于运行与维护规程所需的内容指南见附录 H。

14.1.4 突发事件和应急响应计划

突发事件和应急响应计划应确定出为解救意外事故、紧急状态所需人员及设备，以及应急人员的培训工作。

应通过事件和紧急情况的桌面和现场模拟,定期测试计划的有效性。应急响应模拟应与受突发事件影响的与应急有关的人员或机构协作进行。

宜针对突发事件及紧急故障的原因加以分析,并采取必要的措施尽量避免再次发生。

注:关于应急程序的内容指南宜参考附录H。

14.1.5 持证上岗制度

持证上岗制度应明确岗位工作范围、授权颁发上岗证的人员的职责以及规定负责必要安全措施的人员的职责。

持证上岗制度宜规定下列工作要求:

——许可证颁发和使用方面的培训和说明;

——审查持证上岗制度的有效性;

——向控制管道系统的人员提供系统工作活动信息和所有相关的安全要求;

——出示许可证;

——在停输时控制管道系统的运行;

——交接班。

工作许可证宜包含以下内容:

a) 确定工作范围、性质、地点和时间安排;

b) 指出危害并确定必要的安全措施;

c) 说明管道系统恢复运行的要求;

d) 说明执行该项工作的授权范围。

14.1.6 培训

相关人员培训应包括以下内容:

——熟悉管道系统、管输流体相关的潜在危险以及运行和维护程序;

——工作许可证的使用;

——防护设备和消防设备的使用;

——急救措施;

——对突发事件和紧急情况的响应应对。

14.1.7 联络

宜与相关的组织和个人建立并保持联系,如:

——消防、警察、海事管理单位和其他应急救援服务单位;

——监管和法定管理部门;

——公共设施经营单位;

——与本管道相连接的管道、被穿越的管道或在本管道附近运行管道的运营商;

——管道沿线工程施工机械(如钻探、打桩、定向钻、顶管、机械挖掘等)操作手;

——居住在管道系统附近的居民;

——管道穿越土地的所有人和占用人;

——其活动可能影响或受管道系统影响的第三方。

宜将管道线路走向图报告给主管部门或"开挖专线"组织。

注:"开挖专线"组织专门收集地下设施信息,在接到在该地区建设施工的通知后,宜提醒施工方地下存在

设施。地方法律有权强调在开工之前要求取得地下公共设施埋设的信息资料。

14.1.8 记录

应编制和保存运行与维护活动的记录,以便:

——证明管道系统是按照运行与维护计划进行操作的;

——审查运行与维护计划的有效性时,提供必要的信息;

——为确定管道系统的完整性而提供必要信息。

注:有关保留各项记录的做法指南宜参考附录C。

14.2 操作

14.2.1 流体参数的监控

管道系统的操作程序宜规定设计允许的操作条件范围,以及控制腐蚀的操作要求和限制条件。宜监测流体参数,以确定管道系统是否按要求运行。

多种油品管道系统的操作程序宜包括对批次到达的检测、切割和预测的要求。

多相管道系统的操作规程中宜包括控制管道段塞及控制段塞捕集器中的自由体积的要求。

应调查和报告与运行计划的偏差,并采取措施将偏离值降到最小。

14.2.2 站场和终端

站场和终端操作程序宜包括设备启动和停运的要求,以及设备、控制、报警和保护装置的定期测试要求。

14.2.3 清管

清管作业程序宜包括下列要求:

——确认管道内清管器通过的地方无任何阻碍物或缩口;

——清管器运行速度的控制;

——清管器收发筒的安全隔离;

——发生清管器卡堵事故时的应急措施。

14.2.4 停运

若管道系统长期不运行,则宜考虑管道停运。应按照14.3.7排空管内流体。

除废弃管道外,埋地或水下的停运管道应予以维护,并进行阴极保护。

14.2.5 重新运行

在重新运行前,应确定退役管道系统的条件并确认其完整性。

管道应按照13.6的要求充装。

14.3 维护

14.3.1 维护计划

应编制和执行维护计划,以监测管道系统的状况,并提供评估其完整性所需的信息。确定状态监测要求时应评估的因素包括:

——管道系统设计;

——竣工条件;

——早期各种检测的结果;

——预测的管道系统状况恶化;

——不利的现场条件；

——检查时间间隔；

——相关法规和法定机构的要求。

注：管道状况可能的恶化包括大面积腐蚀和孔蚀，管壁几何尺寸变化(如椭圆度、折皱、压坑、凿槽等)，开裂(如应力腐蚀和疲劳开裂)，管道位置变动，支撑或覆盖层变化，以及加重层重量损失等。

应评估不良结果(如缺陷、损坏和设备故障)，并在必要时采取纠正措施，以保持管道应有的完整性。

维护大纲应覆盖到整个管道系统，包括消防和其他安全设备、进入通道、房屋、保安设施(如围墙、围栏及大门)、管道标识、管道的部件、管中输送流体以及警告牌等，重点宜放在管道保护及管道安全设备方面。

14.3.2 线路检查

14.3.2.1 总体要求

应定期对管道线路(包括陆上管道通行带)进行巡查/勘测，对于已发现可能影响管道系统安全和运行的因素，应记录并加以监控。

14.3.2.2 陆上管道

管道通行带宜加以维护，以保证有必要的通道可接近管道和其附属设施。管道标识应加以维护，保证该标识能清楚地指示管道的线路；在管道扩建地区，如有必要，宜增加新的标识。

巡查宜确定以下内容：

——管道侵蚀情况；

——地上管道及暴露管段的机械损伤及泄漏点；

——第三方活动情况；

——用地变更情况；

——火灾；

——采矿/采煤作业；

——地球物理勘查石油地震找矿(放炮)情况；

——地层运动；

——土壤侵蚀；

——水域穿跨越工程情况，如覆盖物厚度、碎石堆积、洪水或暴风雪损坏等情况。

14.3.2.3 中对近海管道的检查要求亦适用于陆上管道穿越大河及河口三角洲地带的管段。

14.3.2.3 近海管道

管道和附近海床的勘查宜查明：

——管道的机械损伤，包括泄漏；

——管道移动的证据；

——海洋生物生长范围；

——附近海床的情况，包括有无外来物体；

——任何自由悬空段的范围；

——埋设的或受保护管段沿线管段，其覆盖层、加重层损失范围；

——海岸被冲刷范围或物质沉积范围；

——管道附件的稳固度,包括阳极以及重叠管道上管夹的稳固度。

14.3.3 力学状况监测

14.3.3.1 腐蚀

维护计划应包括按照第10章制定的关于腐蚀管理监测的要求。

宜定期对缓蚀剂的质量及性质进行验证,以确保其持续有效。

14.3.3.2 不利地层条件和振动

应按照7.10的规定,在含不利地层条件的区域进行监测。

应制定程序,以保护爆破或任何其他可能影响管道系统完整性的地面振动活动附近的所有管道和相关设施。此类程序应说明对管道系统的最大允许影响。

14.3.4 泄漏检测及勘查

宜定期检查和测试泄漏检测系统的性能,以确认是否符合6.5的要求。应保存警报和泄漏的记录,以协助性能评审。若有条件,应进行泄漏调查。选用的勘查类型应能测出可能发生的潜在泄漏危险。

14.3.5 设施、设备和部件的监控

14.3.5.1 地上管道、配管和跨越

宜检查地上管道、配管和支撑的腐蚀情况、机械完整性、稳定性及混凝土裂化情况。

宜对限制第三方接近地面管道和配管的障碍物加以维护。

14.3.5.2 阀门

宜定期检查、移动和/或测试阀门,以确保其能运行良好。当需要完全打开阀门时,宜计算通过每个阀门的允许压力降。

遥控操作的阀门和执行机构宜远距离进行试操作,以保证整个系统能正确发挥其功能。

阀门执行机构附属的压力容器应周期地进行检验,并经耐压试验合格。

14.3.5.3 保护装置

应对保护装置(包括执行机构、附属仪表及控制系统)进行定期检查和测试。检查及测试范围包括:

——运行状况;

——检验其正确安装和保护功能;

——正确设置和驱动;

——泄漏检查。

示例:保护装置包括压力控制及超压保护、紧急停输隔断、快速通/断机械连接、储罐液面控制等。

宜定期对各种紧急截断阀(包括执行机构和配套控制系统)进行检查和测试,以确保整个系统正确运行且阀门密封泄漏速率在允许范围内。

应特别注意储罐液位控制器及装在压力储存容器上的泄压阀。

14.3.5.4 清管器收发筒及过滤器

装有快开盲板以及其他控制系统的清管器收发筒和过滤器应进行维护,特别注意连锁关闭机构,该机构应定期进行试验。

对于临时或移动式清管器收发筒,宜在使用前检查设备在运输或安装过程中有无机械损害

痕迹。

14.3.5.5 **仪器仪表**

对管道系统安全运行重要的仪表、各种远动系统及数据采集、显示与存储系统皆应考查、测试、维护并标定合格。

维护程序宜包括出于维护或其他目的对仪表的临时解除或超弛控制。

14.3.5.6 **立管**

应对近海装置上的立管进行定期检查，特别注意“飞溅区”内的管段。检查宜包括：

——立管的状况，包括有无壁厚变薄的情况，特别是在立管管夹和立管导向板下面的部位；

——防冲击保护设施、消防设施、防护涂层、金属内衬及贴附在管道上阳极的状况；

——立管法兰或管箍的状况；

——附件或管夹的排列及配套支撑结构的状况；

——立管位置的变化；

——海洋生物的生长范围；

——封闭J形管或充气浮筒内的防腐蚀措施。

14.3.5.7 **管套或套管中的管道**

对处于套管中管段的检查应包括：

——管道和套管的状况；

——管道与套管间的电气隔离；

——进入或来自承压套管系统的泄漏。

14.3.5.8 **储存容器和储罐**

对储存容器及储罐(常压或增压储罐)的检查应包括：

——基础的稳定性；

——储罐底板、罐体、灌顶及各种密封的状况；

——放空及安全阀设备；

——防火墙及储罐防火堤的状况；

——排放管线的状况和阻塞情况；

——消防系统情况；

——防雷防静电系统情况。

14.3.5.9 **极地条件下的管道**

极地条件下的管道系统检查应包括：

——按照7.10要求规定的监视要求；

——在冬季冰裂期期间及之后进行检查和监视，以便对冻胀情况和潮水的冲刷进行监测；

——定期检查和监督暴露在风致振动下的管道和配管，特别是环焊缝和螺纹接头。

程序应满足暴露于大雪中的结构对于除雪的要求。

14.3.6 **管道和配管缺陷和损坏**

14.3.6.1 **初始措施**

若已含缺陷或已损坏，管道压力应保持或低于首次报告缺陷或损坏时的压力。

应由合格人员进行初步评估，如发现任何不安全情况，应立即采取适当措施。

14.3.6.2 缺陷的检查、检测和评估

因有突然失效的可能性，在准备检测受损和受压管道时应采取必要的安全保障措施。宜考虑将管道工作压力降低到常压(如潜水员对水下管道进行检查时)，或降低到不会导致管道破裂的应力水平。

应制定管道缺陷和损坏评估程序。

原始制造和施工规范允许的缺陷和损坏可会留在管道中，无需采取进一步措施。

对于其他缺陷，宜进行进一步评估，以确定其可接受性或降低压力、修理或其他纠正措施的要求。评估可包括以下方面的审查：

——检验和测量数据，包括缺陷的方位和与其他特征(如焊缝或热影响区)的距离；

——原始设计和制造规范的细节；

——实际管材力学和化学性质；

——可能的失效模式；

——可能的缺陷扩展；

——操作和环境参数，包括对清管作业的影响；

——失效的后果；

——在可能的情况下，对缺陷进行监测。

14.3.7 管道和配管的维修和改进

14.3.7.1 通用要求

维修程序应包括维修技术的选用和维修的执行。维修应恢复缺陷或损坏位置的预期完整性。

注：缺陷和损坏可分为多个类别，包括：管壁缺陷[如裂纹(包括因应力腐蚀和疲劳引起的裂纹)、凿痕、凹痕、腐蚀、焊接缺陷、分层]；管道涂层缺陷(如失去缠绕带或混凝土涂层)；失去支撑(如管道悬空段)；管道移动(如隆起屈曲、冻胀和滑坡，也可能导致屈曲、凹陷或开裂)。

14.3.7.2 隔断

选择管道隔断方法时宜评估下列内容：

——管输流体相关危险；

——要求的管道系统的可用性；

——作业活动的持续时间；

——隔离系统需要的冗余；

——对管材可能产生的影响；

——相互连接的放空管、排水管、仪表管道和“死水段”的隔离。

示例：可能的隔离技术包括可拆卸短管、带孔盲板、阀门、管道冻结或冻结堵塞、管线堵塞、高摩擦力清管器、惰性流体段塞。

14.3.7.3 放空和火炬点燃

计划放空或点燃火炬时宜评估的危险和约束条件有：

——排放气体的窒息效应；

——杂散电流、静电或其他潜在点火源点燃；

——噪声水平限值；
——对飞行器移动的危害，尤其是海上设施和码头附近的直升机；
——水合物的形成；
——阀门冻结；
——对钢管的脆性断裂效应；
——周边交通、村镇、厂区、树木、农作物等。

14.3.7.4 排液作业

可用泵抽出管道中的液体，或用水或惰性气体推动清管器将液体排除。计划排放时宜评估的危险和约束条件包括如下内容：

——惰性气体的窒息效应；
——接收液体设施的超压保护；
——阀腔及“死水段”的液体放空；
——流体及被污染水的处置；
——用气体置换液体时的浮力效应；
——导致流体蒸气点燃的压缩效应；
——在增压条件下的流体的可燃性；
——由惰性气体推动的卡住清管器由于能量的积聚而发生事故性前冲。

14.3.7.5 吹扫

准备吹扫时宜评估的危险和约束条件包括：

——吹扫气体的窒息效应；
——最大程度地减少释放到环境中的易燃或有毒流体；
——重新引入流体时的燃烧、产品污染或腐蚀条件。

14.3.7.6 冷切割或钻孔

冷切割或钻孔程序应规定防止突然泄放或点燃流体的要求以及防止其他不安全的情况。

在适当的情况下，应隔离正在工作的管道或管段，通过通风、燃烧或排放和吹扫进行减压。

准备断开电气连接的管道时，宜事先在断开处连接一条临时的导线跨接线。

14.3.7.7 动火作业

运行的管道上进行动火作业前宜考虑下列事项：

——可能发生的物理和化学反应，包括流体或残留物的燃烧；
——管材的类型、性质及质量状况，以及在动火作业位置处的管壁厚度；
——管道及焊缝可能的腐蚀。

开始焊接前，应批准焊接程序，并检查焊工资格的有效性。

宜监测通过管道的流体压力、温度和流量，并将其保持在批准的焊接工艺规定的限值内。

焊接过程中和之后，应检查所有焊缝。

通入流体之前，宜对套筒、支座、加强圈或其他附属管件的焊缝试漏。

14.4 设计条件的变更

14.4.1 变更控制

变更控制计划应规定以下文件化程序的要求，以处理设计条件的变更。

对设计条件进行变更(如提高 MAOP 或改变流体)之前,应证明修改后的管道系统满足本文件的要求。应更新本文件要求的文件,以反映修订后的设计条件。

14.4.2 操作压力

提高 MAOP 可能需要附加的水压试验、检查、阴极保护的附加检测及其他措施,以符合本文件的要求。当增大操作压力时,宜以可控方式提高压力,以便有时间监测管道系统。

如果管道压力额定值减低,且随后无法重新使用,则应保持严格的数据和支持计算,以记录新的操作条件。

14.4.3 用途改变

改变管道用途(包括改变管输流体)之前,应确认管道设计及完整性适用于所建议的新用途。在执行改变一种用途之前,应仔细审查管道竣工图、操作与维护数据。审查的数据宜包括如下内容。

——原始管道设计、施工、检验及试验数据。应特别注意所使用的焊接规程、其他连接方法、内外涂层以及管道、阀门和其他材料数据。

——所有可利用的运行和维护记录,包括腐蚀控制实践、检查、更新、管道事故和维修记录。

14.4.4 新建穿越工程和开发工程

当管道穿越新建公路、铁路或其他管道时,应确认满足 7.4 的强度要求。应研究新建穿越工程对已有阴极保护系统的影响。

还应评估在管道系统附近的新开发工程可能造成的影响。

14.4.5 在役管道和配管的移位

当计划在役管道的移位时,宜先进行下列评估和准备工作:

——评估施加在管道上的载荷,以确认能够移动管道而不会发生应力超限的情况;

——确认所设想的管道数据及其目前的状况;

——编制各种程序,该程序应确定管道在移动时的运行工况、应急措施以及工作人员、公众及环境的安全保护措施。

14.4.6 改造管道和配管的试压

所有预制组件(包括短节)宜按照 7.7 的规定或在安装之前进行试压。

管道系统中所有承压部件的机械接头(如已经脱开连接或已经受到扰动),则至少应进行泄漏检测。所有接头在试验中不应有泄漏迹象。

现场试压的介质,按其风险大小优先次序如下所示:

a) 水;

b) 流体(若为液体);

c) 惰性气体,例如氮气[示踪元素(如条件允许)];

d) 流体(若为气体)。

改造工程中包含采用对死口焊接的管道,如果未经试压,应按 12.5 进行检验。

14.4.7 地区等级的更改

若通行带监测表明陆上管道周围的人口密度增加,则宜根据 D.7 审查地区等级。

14.5 延长寿命周期

若计划运行一条管道初始设计寿命到期后的管道，则在原始设计寿命到期之前，宜对管道的设计、运行条件和历史进行工程调查，以确定管道的状况和继续安全运行的限制条件。

工程勘查宜包括提出下列证明条件：

a) 验证结构完整性，以确认管道能继续经受最大允许操作条件下的流体；

b) 如果管道被腐蚀和/或侵蚀，则应给出缺损的形状、金属损失速率及剩余的最小壁厚；

c) 如果管道经受过疲劳负荷，则宜给出疲劳循环的幅度和频率；

d) 按照附录G完成安全评估，并确定拟用减轻危害的方法；

e) 审查安全和运行计划、运行和维护、应急响应及安全环保程序的适宜性。

审查完成后，在设计寿命到期之前，宜解决工程勘查中发现的所有问题，并相应地修改管道记录。

管道宜在规定和批准的条件和限制条件下运行。

14.6 管道的废弃

应按照14.2.4的规定，将要废弃的管道系统停运，并且与管道系统中尚保留运行的其他部分断开连接。

废弃的管段应在对公众和环境安全的状态下存放。

附　录　A
（资料性）
本文件与 ISO 13623:2017 结构编号对照一览表

表 A.1 给出了本文件与 ISO 13623:2017 结构编号对照一览表。

表 A.1　本文件与 ISO 13623:2017 结构编号对照

本文件结构编号	ISO 13623:2017 结构编号
3	3.1
4	3.2
5	4
6	5
7	6
8	7
9	8
10	9
11	10
12	11
13	12
14	13
附录 A	—
附录 B	—
附录 C	附录 A
附录 D	附录 B
附录 E	附录 C
附录 F	附录 D
附录 G	附录 E
附录 H	附录 F
注：表中的章条以外的本文件其他章条编号与 ISO 13623:2017 其他章条编号均相同且内容相对应。	

附 录 B
(资料性)
本文件与 ISO 13623:2017 技术差异及其原因一览表

表 B.1 给出了本文件与 ISO 13623:2017 的技术差异及其原因一览表。

表 B.1 本文件与 ISO 13623:2017 技术差异及原因

本文件的结构编号	技术差异	原因
1	在“范围”中删除了图 1 本文件适用的管道系统范围	文中已有使用范围的文字描述,表达重复
6.3	更改了“水力分析”中的注释,将注释改为条文	增加可操作性,便于本文件的应用
7.3.3.4	在“环境载荷”中增加了“冻土载荷和采空载荷”	根据我国国情补充西气东输、中俄东线等重大国家管道工程相关载荷,增加可操作性,便于本文件的应用
7.4.2.6	在“强度要求”中增加“容许应变准则”	增加可操作性,便于本文件的应用
7.14.2	用规范性引用的 GB/T 29168.2 替换了 ISO 15590-2	以适应我国技术条件
8.2	用规范性引用的 GB 3836.14 替换了 IEC 60079-10-1	以适应我国技术条件
8.7	用规范性引用的 GB/T 34391 替换了 ISO 13710 用规范性引用的 GB/T 755 替换了 IEC 60034-1	以适应我国技术条件
8.10	用规范性引用的 GB/T 3836.15 替换了 IEC 60079-14	以适应我国技术条件
9.1.2	用规范性引用的 GB/T 20972.1 替换了 ISO 15156-1 用规范性引用的 GB/T 20972.2 替换了 ISO 15156-2 用规范性引用的 GB/T 20972.3 替换了 ISO 15156-3	以适应我国技术条件
9.1.5	用规范性引用的 GB/T 229 替换了 ISO 148-1	以适应我国技术条件
9.1.5、9.1.6、9.1.13、9.2.1、9.2.3	用规范性引用的 GB/T 9711—2017 替换了 ISO 3183:2012	以适应我国技术条件
9.1.11	用规范性引用的 GB/T 18253 替换了 ISO 10474	以适应我国技术条件
9.3.1	用规范性引用的 GB/T 29168.3 替换了 ISO 15590-3	以适应我国技术条件
9.3.2	用规范性引用的 GB/T 29168.1—2021 替换了 ISO 15590-1:2009	以适应我国技术条件
9.3.4	用规范性引用的 GB/T 20173 替换了 ISO 14313	以适应我国技术条件

表 B.1 本文件与 ISO 13623:2017 技术差异及原因(续)

本文件的结构编号	技术差异	原因
9.4.1.2	在"防腐和绝热保温涂层"中删除了"多层熔结环氧树脂(FBE)涂层"	文中并未给出"多层熔结环氧树脂(FBE)涂层"应该符合的标准规范
10.4.1	在"评估外腐蚀时要考虑的环境条件"中增加了"管道周边的杂散电流干扰源(如地铁、高压线等)"	根据我国国情补充,便于本文件的应用
13.6	在"投产规程及充装管输流体"中增加了"应完成投产前应急演练"	增加可操作性,便于本文件的应用
14.1.7	在"联络"中增加了"管道沿线工程施工机械(钻探、打桩、定向钻、顶管、机械挖掘等)操作手"	增加可操作性,便于本文件的应用
14.3.2.2	在"陆上管道"中增加了"地球物理勘查石油地震找矿(放炮)情况"	根据我国国情补充,便于本文件的应用
14.3.5.8	在"储存容器和储罐"中增加了"消防系统情况"与"防雷防静电系统情况"	增加可操作性,便于本文件的应用
14.3.7.3	在"放空和火炬点燃"中增加了"周边交通、村镇、厂区、树木、农作物等"	根据我国国情补充,便于本文件的应用

附　录　C
（资料性）
记录和文件

记录和文件宜包括以下内容。

a）设计及施工详图：
- 设计依据和计算结果；
- 通用材料规格书及合格证书；
- 检验和试验证明及报告；
- 有关授权及批准管道经营的文件；
- 有关土地拥有权的详细资料；
- 勘查和路线文件(包括其他运行管道的位置)；
- 竣工路线定线图、特殊穿越详图、详细管道工程和仪表图；
- 管道系统运行参数(如压力和温度)。

b）操作记录：
- 运行及维修详细记录；
- 检验报告,例如:声频/视频记录和阴极保护等检验报告；
- 事故记录；
- 修理及改造记录；
- 管道用途变更；
- 人员培训及资格考试记录。

c）废弃管线记录：
- 废弃的陆上管道的详细资料包括线路图、管道尺寸、埋没深度以及管道对地表表征性物体的相对位置；
- 废弃近海管道的详细信息,包括显示管道路线的航海图。

附　录　D
(规范性)
陆上 D 类及 E 类流体管道公共安全补充要求

D.1　目标

本附录提供了陆上管道 D 类和 E 类流体的最大环向应力和压力试验的具体补充要求。本附录适用于没有具体公共安全保护要求的位置的管道。

D.2　地区等级

管道地区应按照表 D.1 中的人口密度和人员集中程度划分等级。

沿线第三方活动造成的管线损坏是导致管道失效的重要因素。以人类活动为基础确定管道地区等级,可提供一种评估路线受损程度及其对公共安全的影响的方法。

表 D.1　地区分级

地区分级	描述
1 级	不经常有人类活动,无永久性住房的地区,一级地区是指不通行的区域,如沙漠、荒凉的冻土地区
2 级	人口密度 50 人/km^2 以下地区,二级地区是指诸如荒凉地、放牧地、农田及其他人口稀少地区
3 级	人口密度≥50 人/km^2 但<250 人/km^2 的地区,有居住房、有旅馆和办公楼,但经常不会超过 50 人集结在一起,偶尔有工业厂房。三级地区是指人口密度在二级与四级之间,例如,城镇边缘地区及大牧场和乡村地产
4 级	人口密度≥250 人/km^2 的地区,但普遍为五级地区的情况除外。四级地区为市郊居民住房地区、住宅区、工业区及其他不符合五级地区人口密度要求的区域
5 级	位于大多数是高层建筑(4 层及以上)、交通繁忙或交通密度很大且有数种其他地下设施的地区

D.3　人口密度

人口密度用每平方千米中的人数表示,其数值应通过沿管道线路划定若干个以管道为中心线的带状区域来确定,每个带状区域的宽度按以下规则确定:

——对输送 D 类流体的管道为 400 m;

——对输送 E 类流体的管道,需考虑流体泄漏可能对公众产生的危害程度,但不应小于 400 m。

注:只要能根据划定的带状区域获得管道沿线人口密度的代表性数值,且确保该区域宽度的二分之一大于流体泄漏的影响距离,则能不遵守上述两条规则。

用于确定人口密度的上述带状区域的长度为 1.5 km。对区域中具有多个住宅单元的建筑,其中每个住宅单元应分别计为一座供人居住的独立建筑物。为准确反映管道沿线人口密度的变化,应使划定的每个带状区域在折算为 1.5 km 长度后包含的供人居住的建筑物最多。为此,某些带状区域的长度可小于 1.5 km。

人口密度测算应基于直接清点居民人数或对常住住户的调查,并应包括经常有人聚集的场所,如学校、公共会堂、医院和工业区。

住宅和其他房屋的位置与数量应根据现有的大比例尺平面布局图和/或航拍测量确定,必要时还需进行现场调研。若能获取人口普查统计数据,可根据该数据确定住宅的入住情况。

在确定人口密度时,应确认并考虑未来发展规划可能导致的人口密度和人类活动水平的增长。

D.4 人群聚集

在 2 级、3 级地区内的教堂、学校、多户住宅单元、医院及开展集体活动的娱乐区等场所存在人员聚集区域,应针对该区域附近发生管道事故可能造成的后果增加安全措施。

若 2 级、3 级地区的管道靠近公众集会中心或人口聚集区域,如教堂、学校、多户住宅单元、医院及开展集体活动的娱乐区等场所,且该场所是经常使用的,则管道应遵循与 4 级地区管道相同的补充要求。

注:D.4 中提及的人口聚集区域是指户外或建筑物内至少有 20 人聚集的区域。

D.5 最大环向应力

按照 7.4.2.2 确定最大允许环向应力时,使用的环向应力设计系数应采用表 D.2 中的系数代替表 1 中的设计系数。

表 D.2 环向应力设计系数(f_h)

流体类别	D 类	E 类	D 类和 E 类			
地区等级	1	1	2	3	4	5
一般线路	0.83	0.77	0.77	0.67	0.55	0.45
穿越及平行敷设[a] 次要道路	0.77	0.77	0.77	0.67	0.55	0.45
穿越及平行敷设[a] 主要公路、铁路、运河、河流、防洪堤和湖泊	0.67	0.67	0.67	0.67	0.55	0.45
清管器收发筒及多段管塞捕集器	0.67	0.67	0.67	0.67	0.55	0.45
主要配管	0.67	0.67	0.67	0.67	0.55	0.45
特殊结构(如组合件以及桥上管道)	0.67	0.67	0.67	0.67	0.55	0.45
[a] 关于穿跨越和占用的描述,见 7.9。						

D.6 试压要求

对于 4 级和 5 级地区的管道,强度试验期间管道的最小压力应从 1.25 MAOP 增加到 1.40 MAOP。

D.7 现有管道所在地区等级

应监测输送 D 类和 E 类流体的管道附近的人口密度。如果出现人口增长,可放宽人口密度的设计限值,如表 D.3 所示。表 D.3 显示了已运行管道各等级地区的可接受人口密度。D.4 中规定的人群高度集中的建筑仍然适用。

表 D.3 现有管道所在地区等级

地区等级	人口密度/描述
1 级	<25 人/km^2
2 级	[25～100]人/km^2
3 级	(100～350]人/km^2
4 级	>350 人/km^2,不包括 5 级地区
5 级	位于大多数是多层建筑(4 层及以上)、交通繁忙或交通密度很大且可能有数种其他地下设施的地区

D.8 地区等级变更后的 MAOP 要求

如果管道沿线人口增长超过表 D.3 中的人口密度限值,则应改变管段的地区等级,并根据新的地区等级确定该管段的 MAOP。宜使用表 D.2 和 D.6 确定新的 MAOP。

如果管段已改为 2 级、3 级和 4 级地区,则 MAOP 可根据表 D.4 确定,前提是满足以下要求:

——管道在现行(或更高)MAOP 条件下运行至少 5 年;

——定期进行管道内检查、腐蚀和阴极保护监测;

——无疲劳、SCC 或其他开裂机制的情况或历史;

——根据施工、运行和维护历史进行的工程评估发现,管道适合在新类别地区使用;

——根据 D.9 采取第三方损坏缓解措施。

基于表 D.4 的评估不应用于增加当前 MAOP 或更改设计条件:新 MAOP 不应大于当前 MAOP 或原始设计压力。

表 D.4 2 级、3 级或 4 级地区管道地区等级变更为后的 MAOP[a] 要求

<table>
<tr><td>流体类别</td><td>D 类</td><td>E 类</td><td colspan="2">D 类和 E 类</td></tr>
<tr><td>人口密度[b]/(人/km^2)</td><td><100</td><td><100</td><td>[100 — 350]</td><td>>350</td></tr>
<tr><td>一般路线</td><td>$Min\left\{0,83SMYS,\frac{P_{test}}{1,25}\right\}$</td><td>$Min\left\{0,77SMYS,\frac{P_{test}}{1,25}\right\}$</td><td>$Min\left\{0,77SMYS,\frac{P_{test}}{1,25}\right\}$</td><td rowspan="3">$Min\left\{0,67SMYS,\frac{P_{test}}{1,25}\right\}$</td></tr>
<tr><td>穿越和平行占用[c] 次要道路</td><td>$Min\left\{0,77SMYS,\frac{P_{test}}{1,25}\right\}$</td><td>$Min\left\{0,77SMYS,\frac{P_{test}}{1,25}\right\}$</td><td>$Min\left\{0,77SMYS,\frac{P_{test}}{1,25}\right\}$</td></tr>
<tr><td>穿越和平行占用[c]主要公路、铁路、运河、河流、防洪堤和湖泊清管器收发筒及多管塞捕集器站场和终端的主要配管特殊结构(如组合件以及桥上管道)</td><td>$Min\left\{0,67SMYS,\frac{P_{test}}{1,25}\right\}$</td><td>$Min\left\{0,67SMYS,\frac{P_{test}}{1,25}\right\}$</td><td>$Min\left\{0,67SMYS,\frac{P_{test}}{1,25}\right\}$</td></tr>
<tr><td colspan="5">[a] MAOP 也受原始设计压力和当前 MAOP 的限制。
[b] 沿 1 500 m 的宽度(见表 D.6)进行评估。
[c] 关于穿越和平行占用的描述,见 7.9。</td></tr>
</table>

表 D.5 显示了评估表 D.4 中使用的人口密度时应采用的宽度，而不是 400m。该公式是针对天然气确定的，它是从破裂点(随后点燃)到表中所示的热阈值点的距离的两倍。其他液体应作为具体评估的对象或遵循 D.3。

表 D.5 评估 MAOP 的人口密度所用宽度(用于测定 MAOP)-D 类流体

新的地区等级	宽度/m	热量阈值/(kW/m²)
2 级	$Min\{0,42D_0\sqrt{MOP},200\}$	15.8
3 级	$Min\{0,42D_0\sqrt{MOP},200\}$	15.8
4 级	$Min\{0,50D_0\sqrt{MOP},200\}$	11.0
MOP 最大工作压力，单位为磅力/平方英寸(psi)。 D_0 标称外径，单位为英寸(in)。		

D.9 第三方损坏减缓

如果地区等级发生变更的管段将在表 D.4 允许的 MAOP 下运行，应采取减缓第三方损坏的额外措施。表 D.6 给出了可能的减缓程度。

表 D.6 地区等级变更后的第三方损坏减缓程度

新的地区等级	第三方损坏减缓程度
2 级	—
3 级	40%
4 级	65%

达到表 D.6 所示的防护等级。可从表 D.7 中选择减缓措施。可以综合采用不同的减缓机制，在这种情况下，综合削减率如下：

$$综合削减率 = 1 - \prod_{i=1}^{n}(1 - 第\ i\ 个削减率)$$

表 D.7 可接受的第三方减缓措施

减缓措施	失效频率削减率
覆土为 1.5 m	20%
覆土为 2.0 m	40%
覆土为 3.0 m	80%
钢筋混凝土护栏或钢套管	85%
地下胶带	40%
增加通行带标记，通行带标记间距≤25 m	25%
通行带每月巡查两次	20%

附 录 E
(资料性)
管道路由选择过程

E.1 地理界限

管道选线地理界限宜明确管道的起点及终点,即拟定要通过的中间点。这些点宜标记在适当比例包含通过地区的平面图上,以便将来进行选线程序时一并考虑。

E.2 限制条件

宜确定感兴趣区域内现有和计划的路由选择限制(见7.2.1),以便帮助选择可比选的其他线路。确定的限制应绘制在适当比例的地图上,该图需全面展示出已知的信息资料和复杂地形情况,然后可选择潜在的有价值的管道通道以供进一步开展选线工作。

E.3 路由走廊的优选

在考虑到所有会显著影响管道系统安装和运行的技术、环境及安全相关的诸多因素的基础上,宜优选路由走廊。宜注意最短的走廊未必是最适宜的。

E.4 详细布线

从选定的路由走廊中采纳一条暂定线路宜经过案头研究、咨询及现场勘察,使用所有从公共范畴内所能收集到的信息之后决定。

在选择最终的线路之前,宜进行土地及环境测量,围绕预选线路的测量范围和测量精度宜能够确定所有影响管道安装及运行的恶劣条件。恶劣条件还宜进一步经过向所有受影响的第三方咨询得到证实,如可行宜沿线步行勘查。

宜分析研究沿线第三方的活动及其相关的管道安全问题。

宜将大量的记录、地图及自然测量成果绘成一套对管道设计、施工及安全可靠的运行有用的数据。选择的线路宜记录在恰当比例的定线图上。所有关键点,如目标点、穿越点、弯管起点和弯管终点的坐标皆宜标出。轮廓线宜隔一定间隔标出,以能满足线路设计需要为准特别是在安装和运行阶段,并宜考虑到绘制线路垂直剖面图的需要。

附　录　F
（资料性）
选线考虑因素示例

表 F.1 给出了选线考虑因素示例。

表 F.1　选线考虑因素

考虑因素	陆上管道	近海管道
安全	见附录 G	见附录 G 人员膳宿
环境	环境敏感地区： ——景观美化地区； ——重要文物地区； ——命名的风景区； ——有价值保护区； ——自然资源，如集水源区、水库及森林； ——含水层和饮用水源	环境敏感地区： ——特殊科学意义区域； ——重要自然保护区； ——重要海洋文物地区； ——海洋公园
设施	各种管道 地下和地上公共设施 隧道	各种管道 电缆、缆绳、缆索海底结构及井装置、海岸护岸工程
第三方活动	土地使用 矿井道作业 采矿作业 军事区	船运航道 抛锚 游览业 渔业 勘探开发及生产 开挖及抛石 军事演习 平台卸货 船只靠岸
环境条件	工程地质条件： ——起伏地形，岩石露头及洼地； ——活动的断层及裂隙； ——软地层和浸透水的地层； ——土壤腐蚀性； ——岩石及硬地层； ——浸洪区； ——地震区	工程地质条件： ——起伏地形，露头岩石及洼地； ——地震区； ——高坡降； ——不稳定的海床； ——软沉积物及沉积物的迁移； ——接近海表面出现的天然气； ——海岸被侵蚀； ——海滩移动； ——近底强海流； ——水文条件

表 F.1　选线考虑因素（续）

考虑因素	陆上管道	近海管道
施工安装及运行	通道 工作面宽度 动力供应 试压用水来源及排放 穿跨越 后勤保障	最大可靠岸的水深 最小允许铺管半径 站台给养船 贴靠平台及地下井口装置 对死口管段 靠岸及登陆段安装技术 穿越 后勤保障

附 录 G
(规范性)
管道的安全评估

G.1 通则

本附录提供 7.2.1.2.中要求的管道安全评估的计划、执行和形成文件方面的指南。

本附录主要是关于评估管中流体漏失对公众安全的影响。本附录中阐述的原理也可用于其他方面的安全评估。

G.2 通用要求

安全评估应按照一定的步骤顺序进行。图 G.1 给出了可供遵循的步骤。

安全性评估应能显示管道是按照本文件的安全要求设计、施工及操作的。

评估的详细程度和所应用分析技术的水平,应适用于评估对象。

在管道的使用寿命内,当管道界限范围、管道环境或其他情况有变化,若该变化随时可能使以前的安全评估结论失效时,应进行进一步的安全评估。

安全性评估应由具有必要的专门技术及安全经验的专家负责进行。

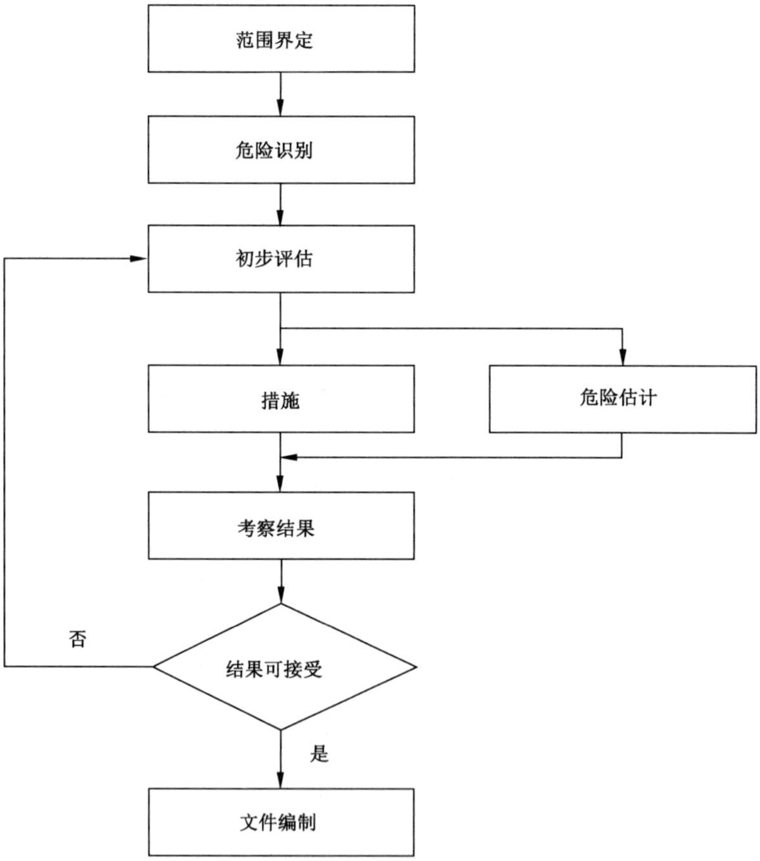

图 G.1 安全性评估

G.3 界定范围

评估范围宜明确并形成文件作为编制安全性计划的基础。评估范围至少包括以下内容：

——需要评估的理由和具体对象；

——要评估管道的界定；

——环境的界定，即管道附近居民及活动情况；

——鉴别消除或减轻对公众安全不良影响因素的可行措施及效果；

——评估中的主要限制条件及假设的描述；

——鉴别要求的输出数据。

G.4 危险识别和初步评估

宜识别由流体损失造成的危险区域，以及危害的根源，可包括下列内容：

——设计、施工或操作失误；

——材料或零件损坏；

——由于腐蚀或冲蚀导致的材料劣化和壁厚损失；

——第三方活动；

——自然灾害。

对危害的识别方法可包括安全检查表法、历史事故回顾、头脑风暴法，以及危险与可操作性(HAZOP)分析。

对确认为严重危害的，宜在估算的可能性和可能后果的基础上进行初步评估。

对于明确的危害对象，初步安全评估应选择下列行动之一：

——灾害发生的可能性或后果不显著时，可缩减评估；

——消除危害或将危害降至可容忍水平的建议措施；

——风险评估。

G.5 危害性评估

G.5.1 通则

危险性估算宜针对特定危险事件得出对公众安全影响程度的度量。估算可定性或定量表示，并由发生频率、后果、风险或者为完成安全分析目标的上述数据的适当组合来确定。

当表达估算结果时，宜对所采用的所有术语进行清晰的解释。估算结果的精度水平宜与所采用的信息和分析方法的准确度保持一致。

在危险识别阶段，宜对被识别的相关危险对公众安全的影响进行检测，并确定降低这种影响的已识别减缓措施的利益。

G.5.2 频率分析

被认定的每个危害事件的流体损失的可能性宜用下列方法估算：

——使用相关的历史数据；

——采用事故和影响分析技术来综合得出事故频率；

——判断。

G.5.3 后果分析

估算流体损失可能发生的后果时宜评估以下因素。

——流体的性质,即易燃性、毒性、化学反应性等。
——管道设计。
——埋地或地上敷设的地貌。
——环境条件。
——漏孔和裂口尺寸。
——限制内容物流失的减轻措施,如泄漏检测以及隔离阀的使用。
——流体流失的模型。
——流体扩散和可能的点火源。
——流体流失之后可能的事故后果可能包括:
- 伴随流体释放的压力波;
- 点火后的燃烧/或爆炸;
- 毒性效应或引起的窒息。

——暴露的程度和估算的影响。

G.5.4 风险计算

风险由已鉴别的危害发生频率和后果确定。

风险宜以对个人和公众均适用的术语来确定,并可以定性或定量的方式表达。宜说明计算风险的完全性和精确度,并且宜对其中的不确定性或假设条件的影响进行试验。

G.6 结果审查

危险识别的结果、初步评估及风险计算应与安全性要求相比较,以显示其一致性。

G.7 文件编制

编制管道安全评估书宜至少包括下列内容:
——目录;
——摘要;
——目标及范围;
——安全要求;
——限制条件、假设条件和假定的理由;
——系统描述;
——分析方法;
——危害鉴别的结果;
——有假设条件模型的描述和验证;
——数据及其来源;
——对公众安全的影响;
——敏感性及不确定性;
——结果讨论;
——结论;
——参考文献。

附　录　H
（资料性）
操作、维护与应急程序的内容

H.1　操作规程

操作规程可包括下列详细内容：

——组织机构及人员；

——管道系统，包括加压站、终端、罐区、平台及其他装置；

——可输送的流体；

——管道系统操作工况，包括各种操作极限及允许偏离极限值的范围；

——控制功能及通信；

——管道监控系统及泄漏检测方法；

——海洋操作规程（如适用）；

——日程表及调度规程；

——各种清管规程及调度规程；

——有关所编制的文件的参考资料，如持证上岗制度、制造厂资料、图纸、地图等；

——与第三方的协调；

——标明管道系统的界限及在整个管道系统中的产权范围及经营范围的图纸；

——放空及火炬点燃规程；

——有关法规或法定管理机关的要求。

H.2　维护规程

维护规程可包括下列详细内容：

——指明负责人员的组织体系；

——管道系统，包括加压站、终端、罐区、平台及其他装置；

——管道系统每一单体的维护日程表，检查与维护规范以及说明书；

——有关手册及编制的文件的参考资料，例如制造厂资料，以及持证上岗制度等；

——有关的图纸及线路地图；

——仓库及备件的组织；

——某些修理或改造作业可能要求编制的专门程序。

H.3　应急规程

应急规程可包括下列详细内容：

——所有应参与偶然事故或应急处理的人员的职责，宜制定组织体系图工参考；

——管道系统，包括加压站、终端、罐区、平台及其他装置；

——输送流体（包括流体外泄带来的危险性的详细叙述）以及正常操作条件；

——与控制中心联系的通信设施的位置及详图；

——发生突发事件或应急状态应通知到的（救援）公司和/或合同救援人员，有关第三方以及各法定的团体；

——应急设备及专家服务的位置;

——对本单位人员或第三方人员撤离的安排,特别注意潜水员的安全撤离,因为他们有可能正封闭在减压仓内进行减压;

——在紧急事件中,保持管道安全的措施,以及限制丧失密封性产生的危险后果或者降低丧失密封性风险的措施;

——对于那些连接各种装置的管道系统,当其他装置发生紧急事故时,应编制紧急切断停输规程;

——放空及火炬点燃规程。

参 考 文 献

[1] GB/T 29167 石油天然气工业 管道输送系统 基于可靠性的极限状态方法

[2] ISO/TS 29001 石油、石化和天然气工业 部门专用质量管理系统 产品和服务机构的要求

[3] API RP 5L1 线路管铁路运输用推荐实施规程

[4] API RP 5LW 驳船和船舶上管线运输的推荐实施规程

[5] API STD 1160 危险液体管道完整性管理规范

[6] ASME B31.8S 气体管道完整性管理系统

[7] EN 12583 气体基础设施 压缩机站 功能要求

[8] EN 16348 燃气基础设施 燃气传输基础设施的安全管理系统(SMS)及燃气输送管道的管道完整性管理系统(PIMS)功能要求

国家质量技术基础应用系列丛书

特种设备法规标准手册

承压类标准卷
压力管道(2)

国家市场监督管理总局特种设备安全监察局　编

中国标准出版社
北　京

图书在版编目（CIP）数据

特种设备法规标准手册．承压类标准卷．压力管道．2/国家市场监督管理总局特种设备安全监察局编．—北京：中国标准出版社，2024．3

ISBN 978-7-5066-9042-3

Ⅰ．①特…　Ⅱ．①国…　Ⅲ．①设备管理—法规—中国　Ⅳ．①D922．292

中国国家版本馆 CIP 数据核字（2023）第 062361 号

中国标准出版社出版发行
北京市朝阳区和平里西街甲 2 号（100029）
北京市西城区三里河北街 16 号（100045）
网址 www．spc．net．cn
总编室：（010）68533533　发行中心：（010）51780238
读者服务部：（010）68523946
北京联兴盛业印刷股份有限公司印刷
各地新华书店经销

*

开本 787×1092　1/16　印张 78．25　字数 1 896　千字
2024 年 3 月第一版　　2024 年 3 月第一次印刷

*

定价(全三册)：880.00 元

《特种设备法规标准手册》

编委会

前　言

特种设备是经济社会发展的重要基础设施，关系国计民生，关系人民群众生命财产安全。守住特种设备安全底线，提高特种设备安全监管和节能环保水平，促进行业高质量发展，是切实增强人民群众安全感和幸福感的重要体现。

近年来，随着我国经济水平快速提高，人民群众对安全的需求越来越高，而在用特种设备数量快速增长，尤其是高参数、高危险性及高龄老旧设备日益增多，使特种设备安全风险和监管压力持续增大。要切实提高特种设备安全监管效能，不断释放特种设备促进节能环保潜能，充分发挥特种设备安全与节能对促进高质量发展的作用，其根本是要保证特种设备领域各项法规标准得到有效贯彻实施。为此，国家市场监督管理总局特种设备安全监察局组织编写了《特种设备法规标准手册》（以下简称《手册》），旨在对特种设备安全与节能法治体系进行全面、系统梳理，从而推动形成以科学监管、多元共治为特征的特种设备治理体系，推进特种设备治理标准化、现代化、国际化，为特种设备行业高质量发展提供重要保障。

《手册》收录了特种设备行业现行有效的法规标准，根据特种设备行业特点分为4卷13分册。其中，法律法规卷收录特种设备相关法律、行政法规、部门规章、地方性法规、规范性文件等；安全技术规范卷收录特种设备安全技术规范共43项；承压类标准卷收录现行有效的承压类特种设备标准，分为综合、锅炉与节能、压力容器、压力管道、气瓶、安全附件共6个分册；机电类标准卷收录现行有效的机电类特种设备标准，分为起重机械、电梯、游乐设施、客运索道、场（厂）内专用机动车辆共5个分册。限于成书篇幅、资料收集难度等原因，承压类标准和机电类标准两卷仅收录特种设备常用标准，其中国家标准及能源行业标准以全文形式收录，其余未收录的相关国家标准及行业标准以附件形式仅列出标准目录。

国家市场监督管理总局特种设备安全监察局高度重视《手册》的出版工作，对《手册》框架结构、分卷（册）等顶层设计给予了极大指导。同时，在《手册》编写过程中，中国特种设备检测研究院技术法规研究所、全国锅炉压力容器标准化技

术委员会(SAC/TC 262)、全国气瓶标准化技术委员会(SAC/TC 31)、全国电梯标准化技术委员会(SAC/TC 196)、全国起重机械标准化技术委员会(SAC/TC 227)、全国升降工作平台标准化技术委员会(SAC/TC 335)、全国索道与游乐设施标准化技术委员会(SAC/TC 250)、全国工业车辆标准化技术委员会(SAC/TC 332)等给予了大力支持,相关编写人员收集、查阅了大量资料,在此对他们的辛勤付出一并表示感谢!

期望通过《手册》的出版,为特种设备各类从业人员学习研究、依法监管提供详尽指导,从而进一步提升特种设备安全监管人员、作业人员、检验检测人员的素质能力,为特种设备行业高质量发展保驾护航。同时,希望在全社会的共同努力下,特种设备安全与节能状况能够不断改善,人民群众生命财产安全得到更多保障!

《特种设备法规标准手册》编委会

2023 年 6 月

目　录

1）　发布年份目录中用四位数字表示，正文按发布时的两位数表示。

ICS 23.020.30
J 74

中华人民共和国国家标准

GB/T 27512—2011

埋地钢质管道风险评估方法

Risk assessment for buried steel pipeline

2011-11-21 发布　　　　2012-05-01 实施

中华人民共和国国家质量监督检验检疫总局
中国国家标准化管理委员会　发布

前　言

本标准由全国锅炉压力容器标准化技术委员会(SAC/TC 262)提出并归口。

本标准起草单位:中国特种设备检测研究院、西南石油大学、北京航空航天大学、中国石油工程设计有限公司西南分公司、中国市政工程华北设计研究院、国家质检总局特种设备安全监察局、上海市质量技术监督局、上海市政工程管理处、上海煤气第一管线工程有限公司、中石化集团管道储运公司、天津燃气集团有限公司、长庆油田第一输油处等。

本标准主要起草人:左尚志、陶雪荣、姚安林、张峥、何仁洋、章申远、李颜强、修长征、陈钢、王善江、张永钢、孟涛、杨永、李又绿、顾军、高河东、张天华、李佩、宋德琦、蒋宏业。

引　言

本标准是为适应国家有关法规、规章中关于埋地钢质管道风险评估要求和工程需要而提出的对埋地钢质管道进行风险评估的方法,主要用于在用埋地钢质管道的风险评估,也为埋地钢质管道在可行性论证阶段、设计审查阶段和竣工交付阶段的风险评估提供了一种方法。

本标准依据风险评估的基本原理,用于从发生事故的可能性和事故后果两个方面综合评估埋地钢质管道在其实际使用工况和环境下的风险程度,是一种适合于工程实际的半定量风险评估方法。

埋地钢质管道风险评估方法

1 范围

本标准规定了埋地钢质管道风险评估的术语、定义和符号，总则，风险评估基本工作流程，管道区段划分，失效可能性评价，失效后果评价，风险值计算，风险等级划分、降低风险措施的建议和风险再评估。

本标准适用于输送原油、成品油、腐蚀性液体、天然气介质的长输管道、集输管道，输送天然气、人工煤气、液化石油气介质的公用管道，输送腐蚀性液体介质的工业管道中的埋地钢质管道，用于其埋地部分、跨越部分和露管部分在可行性论证阶段、设计审查阶段、竣工验收阶段、在用阶段四个阶段的风险评估。

本标准不适用于非钢质长输管道、集输管道、公用管道、输送腐蚀性液体介质的工业管道的风险评估，也不适用于长输管道、集输管道、公用管道、输送腐蚀性液体介质的工业管道的站场中的各种装置、设备本身的风险评估。

2 规范性引用文件

下列文件对于本文件的应用是必不可少的，凡是注日期的引用文件，仅注日期的版本适用于本文件，凡是不注日期的引用文件，其最新版本(包括所有的修改单)适用于本文件。

GB/T 19285 埋地管道腐蚀防护工程检验

GB/T 19624 在用含缺陷压力容器安全评定

GB/T 20801.1—2006 压力管道规范 工业管道 第1部分：总则

GB/T 20801.2—2006 压力管道规范 工业管道 第2部分：材料

GB/T 20801.3—2006 压力管道规范 工业管道 第3部分：设计和计算

GB/T 20801.4—2006 压力管道规范 工业管道 第4部分：制作与安装

GB/T 20801.5—2006 压力管道规范 工业管道 第5部分：检验与试验

GB/T 20801.6—2006 压力管道规范 工业管道 第6部分：安全防护

GB 50028—2006 城镇燃气设计规范

GB 50251—2003 输气管道工程设计规范

GB 50253—2006 输油管道工程设计规范

GB 50350—2005 油气集输设计规范

JB/T 4730 承压设备无损检测

3 术语、定义和符号

3.1 术语、定义

下列术语和定义适用于本文件。

3.1.1

输气管道 long-distance gas transmiting pipeline

输送天然气、煤气、液化石油气介质的长输管道。

3.1.2

集气管道　gas gathering lines

油田内部自一级油气分离器至天然气的商品交接点之间的气管道。

3.1.3

输油管道　long-distance oil transmiting pipeline

输送原油、成品油的长输管道。

3.1.4

集油管道　crude gathering lines

油田内部计量分离器至有关场站间输送气液两相或未经处理的液流管道。

3.1.5

半定量风险评估　semi-quantity risk assessment

按照评分体系对影响失效可能性和失效后果的各种因素进行打分,并综合得出以分数表示的风险值的过程。

3.1.6

区段　section

为对管道进行风险评估而将管道划分成的各个部分,是管道风险评估的最小单位。

3.1.7

失效可能性　failure probability

管道发生事故的可能性,以分数表示。

3.1.8

失效可能性评分基本模型　basic model for failure probability assessement

在对管道失效可能性评分时,所采用的统一的失效可能性评分模型,该模型包括了影响管道失效的基本因素,即评分项,并给出了这些评分项的缺省权重。

3.1.9

失效可能性评分修正模型　modified model for failure probability assessement

针对所评价的管道所确定的失效可能性评分模型,即,根据所评价管道所处特定条件所确定的影响管道失效的因素,即评分项,并给出了这些评分项的权重。

3.1.10

第三方破坏　third-party damage

除管道业主、使用管理维护方之外的其他人员无意中对管道造成的破坏。

3.1.11

管道本质安全质量　pipeline essential safety quality

由管道设计、制造、施工、地质条件、自然灾害、缺陷等因素所决定的管道安全水平。

3.1.12

失效后果　failure consequence

潜在的管道泄漏、燃烧、爆炸等事故所可能引起的最严重的人员伤亡、直接经济损失、无形损失等后果,以分数表示。

3.1.13

直接经济损失 directly economic loss

由于管道泄漏、燃烧、爆炸等事故所造成的管道业主的不包括停工损失等间接损失的经济损失，在计算直接经济损失时不考虑由于该事故所引起的次生事故所造成的损失。

3.1.14

无形损失 imvisible loss

由于管道泄漏、燃烧、爆炸等事故所造成的非经济损失，包括政治、社会、军事等方面的损失。

3.1.15

风险值 risk value

以分数表示的失效可能性与失效后果的乘积。

3.1.16

风险绝对等级 risk absolute grade

将[0,15 000]划分为预先给定的若干个区间，根据风险值所属的区间所确定的等级。

3.1.17

风险相对等级 risk relative grade

将[同一管道上的风险最小值，同一管道上的风险最大值]划分为若干个区间，根据风险值所属的区间所确定的等级。

3.2 符号

本标准所用的符号含义如下：

a_{11}——针对设计审查阶段的失效可能性评分修正模型中设计控制得分的修正系数，无量纲；

a_{12}——针对设计审查阶段的失效可能性评分修正模型中施工控制得分的修正系数，无量纲；

a_{13}——针对设计审查阶段的失效可能性评分修正模型中第三方破坏控制得分的修正系数，无量纲；

a_{14}——针对设计审查阶段的失效可能性评分修正模型中腐蚀控制得分的修正系数，无量纲；

a_{21}——针对竣工交付阶段的失效可能性评分修正模型中第三方破坏得分的修正系数，无量纲；

a_{22}——针对竣工交付阶段的失效可能性评分修正模型中腐蚀得分的修正系数，无量纲；

a_{23}——针对竣工交付阶段的失效可能性评分修正模型中设备(装置)及人员培训得分的修正系数，无量纲；

a_{24}——针对竣工交付阶段的失效可能性评分修正模型中本质安全质量得分的修正系数，无量纲；

a_{31}——针对在用管道的失效可能性评分修正模型中第三方破坏得分的修正系数，无量纲；

a_{32}——针对在用管道的失效可能性评分修正模型中腐蚀得分的修正系数，无量纲；

a_{33}——针对在用管道的失效可能性评分修正模型中设备(装置)及操作得分的修正系数，无量纲；

a_{34}——针对在用管道的失效可能性评分修正模型中本质安全质量得分的修正系数，无量纲；

C——失效后果得分，无量纲；

C_d——泄漏系数，无量纲；

C_P——理想气体的恒压比热，$J \cdot g^{-1}/K$；

C_V——理想气体的恒积比热，$J \cdot g^{-1}/K$；

K——C_P 与 C_V 的比值，无量纲；

d_1——设计规范要求的覆土层最小厚度，mm；

d_2——设计的覆土层厚度，mm；

d_3——实际的覆土层厚度，mm；

g_c——转变系数，无量纲；

M——介质分子量，g/mol；

N——从管道投用后到所进行的风险评估期间，工作压力的波动次数，无量纲；

P——管道内介质压力，MPa；

P_1——管道设计压力，MPa；

P_{max}——管道组成件的最大允许工作压力，MPa；

P_{max2}——管道最高工作压力，MPa；

P_2——管道强度试验压力，MPa；

P_a——大气压力，MPa；

P_{trans}——临界压力，MPa；

P'——液体介质的静水压，MPa；

q——距离发生泄漏的区段最近的上下游紧急切断阀之间的介质量，kg；

Q——介质泄漏量，kg；

R——风险值，无量纲；

R'——理想气体常数，无量纲；

S——失效可能性得分，无量纲；

S_{11}——针对设计审查阶段的失效可能性评分中设计控制得分，无量纲；

S_{12}——针对设计审查阶段的失效可能性评分中施工控制得分，无量纲；

S_{13}——针对设计审查阶段的失效可能性评分中第三方破坏控制得分，无量纲；

S_{14}——针对设计审查阶段的失效可能性评分中腐蚀控制得分，无量纲；

S_{21}——针对竣工交付阶段的失效可能性评分中第三方破坏得分，无量纲；

S_{22}——针对竣工交付阶段的失效可能性评分中腐蚀得分，无量纲；

S_{23}——针对竣工交付阶段的失效可能性评分中设备(装置)及人员培训得分，无量纲；

S_{24}——针对竣工交付阶段的失效可能性评分中本质安全质量得分，无量纲；

S_{31}——针对在用阶段的失效可能性评分中第三方破坏得分，无量纲；

S_{32}——针对在用阶段的失效可能性评分中腐蚀得分，无量纲；

S_{33}——针对在用阶段的失效可能性评分中设备(装置)及人员培训得分，无量纲；

S_{34}——针对在用阶段的失效可能性评分中本质安全质量得分，无量纲；

S_k——泄漏孔面积，mm^2；

t——泄漏持续时间,s;

t_1——管道所需要的最小壁厚,为设计计算值(如果相应规范规定采用计算的方式确定壁厚)和相应设计规范要求的最小值(如果相应规范给出最小值)两者中的较大值,mm;

t_2——管道设计所选用的壁厚,mm;

t_3——管道实测最小壁厚,mm;

T——介质温度,K;

W_g——介质泄漏速度,kg/s;

y——从管道上次强度试验到所进行的风险评估之间的时间,年;

Y——埋地钢质管道外防腐层的电流衰减率,db/m;

ρ——介质在泄漏温度下的密度,g/cm^3;

ΔP——管道工作压力的最大波动幅度,MPa。

4 总则

4.1 一般要求

4.1.1 采用本标准进行埋地钢质管道风险评估时除应遵循本标准的规定外,还应遵守国家有关部门颁布的相关法律、法规和规章。

4.1.2 本标准对管道的各区段进行评价,以风险值的大小对管道各区段作出综合评价。

4.2 评估人员组成和评估单位的基本要求

4.2.1 评估单位的基本要求

4.2.1.1 进行埋地钢质管道风险评估的单位,应根据评估对象的实际工况和环境,对所评估的区段明确地给出其风险值,并对高风险的区段,明确给出降低风险措施的建议。

4.2.1.2 进行埋地钢质管道风险评估的单位,应对所评估管道的评估结论的正确性负责。

4.2.2 评估人员组成

应由熟悉本标准、有经验的检验人员、材料和腐蚀专业人员、管道工艺专业人员、使用管理人员等技术人员组成风险评估团队,对埋地钢质管道进行风险评估。

4.3 风险评估所需要的基本信息及来源

4.3.1 可行性论证阶段的埋地钢质管道的风险评估,需要以下基本信息:

a) 可行性论证单位资格;

b) 工程概况及其研究结论;

c) 环境评价单位资格及其报告、地质评价单位资格及其报告、地震评价单位资格及其报告;

d) 其他有关资料。

4.3.2 设计审查阶段的埋地钢质管道的风险评估,需要以下基本信息:

a) 管道设计单位资格、设计图纸及有关计算书;

b) 防腐设计单位资格、防腐设计资料;

c) 其他有关资料。

4.3.3 竣工交付阶段的埋地钢质管道的风险评估,需要以下基本信息:

a) 管道设计单位资格、设计图纸、安装施工图及有关计算书、设计变更单;

b) 管道安装单位资格、防腐设计单位资格、监检单位和监检人员资格、监理单位和监理人员资格;

c) 施工过程中的施工联络单、各种修改记录、各种检验记录、竣工交付资料;

d) 使用单位巡线规程、操作规程、设备维护规程、人员培训规定等质量管理体系文件和应急预案;

e) 其他有关资料。

4.3.4 在用埋地钢质管道的风险评估,需要以下基本信息:

a) 管道设计单位资格、设计图纸、安装施工图及有关计算书、设计变更单;

b) 管道安装单位资格、防腐设计单位资格、监检单位和监检人员资格、监理单位和监理人员资格;

c) 施工过程中的施工联络单、各种修改记录、各种检验记录、竣工交付资料;

d) 使用单位巡线规程、操作规程、设备维护规程、人员培训规定等质量管理体系文件和应急预案;

e) 管道运行记录、开停车记录、介质监测记录、检修记录、隐患监护措施实施情况记录、改造施工记录、巡线记录、故障处理记录、人员培训记录、人员考核记录;

f) 管道历次年度检查报告、全面检验或合于使用评价报告;

g) 其他有关资料。

4.3.5 对于竣工交付阶段和在用的埋地钢质管道,宜进行管道沿线环境调查和内检测或直接检测以获得实际调查和检测数据。

4.3.6 如果无法通过资料收集或实际调查和检测获得上述基本信息,则可以采用以下方式间接获取所评估管道的基本信息,但应在风险评估报告中明确指出结论的有效性有所降低:

a) 同地区的土壤检测数据;

b) 同地区其他同类管道的检测数据;

c) 不同地区其他同类管道的检测数据;

d) 同地区与被评估管道同期建设的其他同类管道的基本信息;

e) 与有关人员的访谈;

f) 评估人员的经验。

4.4 风险评估报告的基本要求

埋地钢质管道风险评估报告应至少包括以下方面的内容:

a) 所评估管道的基本情况概述;

b) 风险评估所需基本信息的来源;

c) 管道区段划分;

d) 失效可能性得分;

e) 失效后果得分;

f) 风险值;

g) 高风险区段的风险来源分析及降低风险的措施;

h) 风险评估周期。

5 风险评估基本工作流程

埋地钢质管道风险评估的基本工作流程如下：

a) 管道区段划分；

b) 对每一区段,确定失效可能性得分；

c) 对每一区段,确定失效后果得分；

d) 对每一区段,确定风险值；

e) 对每一区段,确定风险等级；

f) 对高风险区段,给出降低风险措施的建议。

6 管道区段划分

6.1 按照管道压力进行区段划分

按照管道压力进行区段划分。

6.2 按照管道规格进行区段划分

对按照 6.1 划分的每一区段,按照管道规格再次进行区段划分。

6.3 按照管道使用年数进行区段划分

对按照 6.2 划分的每一区段,按照管道使用年数再次进行区段划分。

6.4 按照管道输送介质的腐蚀性进行区段划分

对按照 6.3 划分的每一区段,按照管道输送介质的腐蚀性再次进行区段划分。

6.5 按照管道沿线人口密度进行区段划分

对按照 6.4 划分的每一区段,按照管道沿线人口密度再次进行区段划分。

6.6 按照管道沿线土壤的腐蚀性进行区段划分

对按照 6.5 划分的每一区段,按照管道沿线土壤的腐蚀性再次进行区段划分。

6.7 按照管道沿线杂散电流状况进行区段划分

对按照 6.6 划分的每一区段,按照管道沿线杂散电流状况再次进行区段划分。

6.8 按照管道外覆盖层状况进行区段划分

对按照 6.7 划分的每一区段,按照管道外覆盖层状况再次进行区段划分。

6.9 按照管道阴极保护状况进行区段划分

对按照 6.8 划分的每一区段,按照管道阴极保护状况再次进行区段划分。

6.10 按照管道沿线土壤工程地质条件进行区段划分

对按照 6.9 划分的每一区段,按照管道沿线土壤工程地质条件再次进行区段划分。

6.11 按照管道沿线附近建筑物的密集程度和重要程度进行区段划分

对按照 6.10 划分的每一区段,按照管道沿线附近建筑物的密集程度和重要程度再次进行区段划分。

7 失效可能性评价

7.1 评价模型的采用

如果风险评估的目的是为政府安全监察提供技术数据，则采用基本模型。

如果风险评估的目的是为企业安全管理提供技术数据，则采用修正模型。

如果风险评估的目的是既为政府安全监察提供技术数据，又为企业安全管理提供技术数据，则应同时采用基本模型和修正模型，形成两种风险评估结论。

采用修正模型时，应遵循以下原则：

a) 修正模型应根据企业营运管道所处环境条件的客观实际，在基本模型的架构下调整相关因素的评分权重，或增加所评估管道特有的风险因素，或在基本模型中剔除不影响所评管道各区段风险排序的风险因素；

b) 采用修正模型时应由熟悉本标准并且具有长期风险评估经验的评估单位在基本模型的基础上确定修正模型；

c) 修正模型仅适用于其所针对的管道。

7.2 埋地钢质管道可行性论证阶段的失效可能性评分

7.2.1 当采用基本模型进行失效可能性评分时，按照附录 A 规定的评分项、评分项的权重和评分细则进行评分，失效可能性得分 S 等于 100 减去各个评分项得分之和。

7.2.2 当采用修正模型进行失效可能性评分时，应针对所评价管道，结合管道可行性论证方面的专家意见，在基本模型的基础上确定针对具体情况的修正模型，并按照修正模型进行评分，失效可能性得分 S 等于 100 减去各个评分项得分之和。

7.3 埋地钢质管道设计审查阶段的失效可能性评分

7.3.1 当采用基本模型进行失效可能性评分时，按照附录 B 规定的评分项及其层次关系、评分的权重和评分细则进行评分，分别确定设计控制得分 S_{11}、施工控制得分 S_{12}、第三方破坏控制得分 S_{13}、腐蚀控制得分 S_{14}，按照式(1)计算失效可能性得分 S：

$$S = 100 - (0.40S_{11} + 0.15S_{12} + 0.30S_{13} + 0.15S_{14}) \qquad \cdots\cdots(1)$$

7.3.2 当采用修正模型进行失效可能性评分时，应针对所评价管道，结合管道设计方面的专家意见，在基本模型的基础上确定针对具体情况的修正模型，确定评分项和评分项的权重，并且进行归一化处理，保证设计控制、施工控制、第三方破坏控制、腐蚀控制的权重均为 100，同时各个评分项的权重等于由其分解而得到的各个子评分项的权重之和。按照修正模型进行评分，分别确定设计控制得分 S_{11}、施工控制得分 S_{12}、第三方破坏控制得分 S_{13}、腐蚀控制得分 S_{14}，按照式(2)计算失效可能性得分 S：

$$S = 100 - (a_{11}S_{11} + a_{12}S_{12} + a_{13}S_{13} + a_{14}S_{14}) \qquad \cdots\cdots(2)$$

式中：

a_{11}——针对设计审查阶段的失效可能性评分修正模型中设计控制得分的修正系数；

a_{12}——针对设计审查阶段的失效可能性评分修正模型中施工控制得分的修正系数；

a_{13}——针对设计审查阶段的失效可能性评分修正模型中第三方破坏控制得分的修正系数；

a_{14}——针对设计审查阶段的失效可能性评分修正模型中腐蚀控制得分的修正系数；

$a_{11}+a_{12}+a_{13}+a_{14}=1$。

7.3.3 如果所评估的区段中存在强度设计不满足相关标准、规范规定的最小强度要求的情况，应将失效可能性得分 S 调整为 100 分。

7.4 竣工交付阶段埋地钢质管道的失效可能性评分

7.4.1 当采用基本模型进行失效可能性评分时，按照附录 C 规定的评分项及其层次关系、评分的权重和评分细则进行评分，分别确定第三方破坏得分 S_{21}、腐蚀得分 S_{22}、设备(装置)及人员培训得分 S_{23}、本质安全质量得分 S_{24}，按照式(3)计算失效可能性得分 S：

$$S = 100 - (0.30S_{21} + 0.10S_{22} + 0.15S_{23} + 0.45S_{24}) \quad \cdots\cdots(3)$$

7.4.2 当采用修正模型进行失效可能性评分时，应针对所评价管道，结合当地的管道事故统计数据和设计、安装、使用、检验等方面的专家意见，在基本模型的基础上确定针对具体情况的修正模型，确定评分项和评分项的权重，并且进行归一化处理，保证第三方破坏、腐蚀、设备(装置)及人员培训、本质安全质量的权重均为 100，同时各个评分项的权重等于由其分解而得到的各个子评分项的权重之和。按照修正模型进行评分，分别确定第三方破坏得分 S_{21}、腐蚀得分 S_{22}、设备(装置)及人员培训得分 S_{23}、本质安全质量得分 S_{24}，按照式(4)计算失效可能性得分 S：

$$S = 100 - (a_{21}S_{21} + a_{22}S_{22} + a_{23}S_{23} + a_{24}S_{24}) \quad \cdots\cdots(4)$$

式中：

a_{21}——针对竣工交付阶段的失效可能性评分修正模型中第三方破坏得分的修正系数；

a_{22}——针对竣工交付阶段的失效可能性评分修正模型中腐蚀得分的修正系数；

a_{23}——针对竣工交付阶段的失效可能性评分修正模型中设备(装置)及人员培训得分的修正系数；

a_{24}——针对竣工交付阶段的失效可能性评分修正模型中本质安全质量得分的修正系数；$a_{21}+a_{22}+a_{23}+a_{24}=1$。

7.4.3 如果所评估的区段中存在以下情况，应将失效可能性得分 S 调整为 100 分：

a) 管道组成件不满足设计要求；

b) 实测最小壁厚低于管道所需要的最小壁厚；

c) 含有不能通过按照 GB/T 19624 进行的安全评定的平面缺陷或体积型缺陷；

d) 安全保护装置和措施不满足设计要求。

7.5 在用埋地钢质管道的失效可能性评分

7.5.1 当采用基本模型进行失效可能性评分时，按照附录 D 规定的评分项及其层次关系、评分的权重和评分细则进行评分，分别确定第三方破坏得分 S_{31}、腐蚀得分 S_{32}、设备(装置)及人员操作得分 S_{33}、本质安全质量得分 S_{34}，长输管道和集输管道按照式(5)计算失效可能性得分 S：

$$S = 100 - (0.25S_{31} + 0.25S_{32} + 0.25S_{33} + 0.25S_{34}) \quad \cdots\cdots(5)$$

城市燃气管道和输送腐蚀性液体介质的工业管道按照式(6)计算失效可能性得分 S：

$$S = 100 - (0.30S_{31} + 0.30S_{32} + 0.10S_{33} + 0.30S_{34}) \quad \cdots\cdots(6)$$

7.5.2 当采用修正模型进行失效可能性评分时，应针对所评价管道，结合当地的管道事故统计数据和设计、安装、使用、检验等方面的专家意见，在通用模型的基础上确定针对具体情况的修正模型，确定评分项和评分项的权重，并且进行归一化处理，保证第三方破坏、腐蚀、设备(装置)

及人员操作、本质安全质量的权重均为100,同时各个评分项的权重等于由其分解而得到的各个子评分项的权重之和。按照修正模型进行评分,分别确定第三方破坏得分 S_{31}、腐蚀得分 S_{32}、设备(装置)及人员操作得分 S_{33}、本质安全质量得分 S_{34},按照式(7)计算失效可能性得分 S:

$$S=100-(a_{31}S_{31}+a_{32}S_{32}+a_{33}S_{33}+a_{34}S_{34}) \quad \cdots\cdots(7)$$

式中:

a_{31}——针对在用阶段的失效可能性评分修正模型中第三方破坏得分的修正系数;

a_{32}——针对在用阶段的失效可能性评分修正模型中腐蚀得分的修正系数;

a_{33}——针对在用阶段的失效可能性评分修正模型中设备(装置)及人员操作得分的修正系数;

a_{34}——针对在用阶段的失效可能性评分修正模型中本质安全质量得分的修正系数;

$a_{31}+a_{32}+a_{33}+a_{34}=1$。

7.5.3 如果所评估的区段中存在以下情况,应将失效可能性得分 S 调整为100分:

a) 管道组成件不满足设计要求;

b) 工作压力超过设计压力;

c) 实测最小壁厚低于管道所需要的最小壁厚;

d) 含有不能通过按照GB/T 19624进行的安全评定的平面缺陷或体积型缺陷;

e) 安全保护装置和措施不满足设计要求。

8 失效后果评价

按照附录E规定的评分项及其层次关系、评分项的权重和评分细则进行评分,计算各个评分项得分之和,即为失效后果得分 C。

如果输气管道的区段存在下列情况之一,则将失效后果得分 C 调整为150分:

a) 未避开GB 50251—2003所规定的必须避开的区域及设施;

b) 未避开GB 50251—2003所规定的应避开的区域及设施,并且未采取安全保护措施。

如果输油管道的区段未避开GB 50253—2006所规定的不得通过的区域并且未采取安全保护措施,则将失效后果得分 C 调整为150分。

如果高压城市燃气管道的区段存在下列情况之一,则将失效后果得分 C 调整为150分:

a) 未避开GB 50028—2006所规定的不宜进入或通过的区域,并且与建筑物外墙的水平净距小于GB 50028—2006的规定或不满GB 50028—2006对分段阀门的规定;

b) 未避开GB 50028—2006所规定的不应通过的区域或设施,并且未采取安全保护措施。

9 风险值计算

按式(8)计算风险值 R

$$R=S\times C \quad \cdots\cdots(8)$$

式中:

S——失效可能性得分;

C——失效后果得分。

10 风险等级划分

10.1 风险绝对等级划分

10.1.1 低风险绝对等级

如果 $R\in[0,3\,600)$,则风险等级为低风险绝对等级。

10.1.2 中等风险绝对等级

如果 $R\in[3\,600,7\,800)$,则风险等级为中等风险绝对等级。

10.1.3 较高风险绝对等级

如果 $R\in[7\,800,12\,600)$,则风险等级为较高风险绝对等级。

10.1.4 高风险绝对等级

如果 $R\in[12\,600,15\,000]$,则风险等级为高风险绝对等级。

10.2 风险相对等级划分

10.2.1 低风险相对等级

设同一条管道上各区段的风险最小值为 Min,风险最大值为 Max,如果 $R\in[\text{Min},\text{Min}+(\text{Max}-\text{Min})\times 6/25)$,则风险等级为低风险相对等级。

10.2.2 中等风险相对等级

设同一条管道上各区段的风险最小值为 Min,风险最大值为 Max,如果 $R\in[\text{Min}+(\text{Max}-\text{Min})\times 6/25,\text{Min}+(\text{Max}-\text{Min})\times 13/25)$,则风险等级为中等风险相对等级。

10.2.3 较高风险相对等级

设同一条管道上各区段的风险最小值为 Min,风险最大值为 Max,如果 $R\in[\text{Min}+(\text{Max}-\text{Min})\times 13/25,\text{Min}+(\text{Max}-\text{Min})\times 21/25)$,则风险等级为较高风险相对等级。

10.2.4 高风险相对等级

设同一条管道上各区段的风险最小值为 Min,风险最大值为 Max,如果 $R\in[\text{Min}+(\text{Max}-\text{Min})\times 21/25,\text{Max}]$,则风险等级为高风险相对等级。

11 降低风险措施的建议

对于高风险绝对等级或高风险相对等级的区段,应分析其风险的主要来源,并针对其风险主要来源,提出相应的降低风险措施的建议。

12 风险再评估

当出现下列情况之一时,应对所评估的埋地钢质管道重新进行风险评估:

a) 采取降低风险措施;

b) 上次风险评估周期到期;

c) 管道进行重大修理改造;

d) 管道站场的设备进行重大修理改造;

e) 操作工况发生重大变化；

f) 管道所属业主的管理制度发生重大变化；

g) 沿线环境发生重大变化；

h) 下游用户发生重大变化。

附　录　A
（规范性附录）
埋地钢质管道可行性论证阶段失效可能性评分基本模型

A.1　一般要求

本附录提出了埋地钢质管道可行性论证阶段失效可能性评分基本模型，从单位资质和质量体系、与规划的符合性、管道基本情况和周围环境状况四个方面对埋地钢质管道可行性论证阶段失效可能性进行半定量评分。

每个方面的得分为其下设的一个或多个评分项得分之和，从每个评分项下设的各列项中单一选择最接近实际情况的列项，从而确定该评分项的得分。

A.2　单位资质和质量体系的评分

A.2.1　概述

单位资质和质量体系的得分，为以下各项得分之和：

a）可行性论证单位资质和业绩；

b）建设单位质量管理体系。

A.2.2　可行性论证单位资质和业绩的评分

a）如果可行性论证单位不具备与所论证管道所属建设项目级别相应的咨询资质，则为0分；

b）如果可行性论证单位具备与所论证管道所属建设项目级别相应的咨询资质，但无类似项目的论证经验，则为1分；

c）如果可行性论证单位具备与所论证管道所属建设项目级别相应的咨询资质，存在类似项目的论证经验，则为4分；

d）如果可行性论证单位具备与所论证管道所属建设项目级别相应的咨询资质，并且类似项目的论证经验丰富，则为8分。

A.2.3　建设单位质量管理体系的评分

a）如果建设单位未建立质量管理体系，则为0分；

b）如果建设单位已建立质量管理体系，但未获得认证证书，则为3分；

c）如果建设单位已获得质量管理认证证书，则为6分。

A.3　与总体规划的符合性的评分

a）如果设计与总体规划不符合，则为0分；

b）如果设计与总体规划基本符合，则为7分；

c）如果设计符合总体规划，则为14分。

A.4 管道基本情况的评分

A.4.1 概述

管道基本情况的得分,为以下各项得分之和:

a) 管道选材;

b) 防腐层和/或阴极保护系统;

c) 不良地质条件;

d) 加强措施;

e) 净距控制和/或安全保护措施。

A.4.2 管道选材的评分

按照 GB 50251—2003 确定输气管道对材料的要求,按照 GB 50253—2006 确定输油管道对材料的要求,按照 GB 50350—2005 确定集气管道和集油管道对材料的要求,按照 GB 50028—2006 确定城市燃气管道对材料的要求,按照 GB/T 20801—2006 确定输送腐蚀性液体介质的工业管道对材料的要求:

a) 如果拟采用的材料不满足相应标准规范的规定,则为 0 分;

b) 如果拟采用的材料满足相应标准规范的规定,则为 7 分。

A.4.3 防腐层和/或阴极保护系统的评分

a) 如果拟采用的防腐层和/或阴极保护系统不满足 GB/T 19285 的要求,则为 0 分;

b) 如果拟采用的防腐层和/或阴极保护系统基本满足 GB/T 19285 的要求,则为 3 分;

c) 如果拟采用的防腐层和/或阴极保护系统满足 GB/T 19285 的要求,则为 7 分。

A.4.4 不良地质条件的评分

a) 如果未对地质条件进行评价,则为 0 分;

b) 如果存在对可能的不良地质条件不能采取保护措施的情况,则为 0 分;

c) 如果存在对可能的不良地质条件只能采取一定的保护措施的情况,则为 5 分;

d) 如果对可能的不良地质条件可以采取有效的保护措施,则为 10 分;

e) 如果不可能存在不良地质条件,不需要保护措施,则为 10 分。

A.4.5 加强措施的评分

a) 如果存在对穿、跨越段不能采取加强措施的情况,则为 0 分;

b) 如果存在对穿、跨越段只能采取一定的加强措施的情况,则为 3 分;

c) 如果对穿、跨越段可以采取有效的加强措施,则为 6 分。

A.4.6 净距控制和/或安全保护措施的评分

按照 GB 50251—2003 确定输气管道对净距和/或安全保护措施的要求,按照 GB 50253—2006 确定输油管道对净距和/或安全保护措施的要求,按照 GB 50350—2005 确定集气管道和集油管道对净距和/或安全保护措施的要求,按照 GB 50028—2006 确定城市燃气管道对净距和/或安全保护措施的要求,按照 GB/T 20801—2006 确定输送腐蚀性液体介质的工业管道对净距和/或安全保护措施的要求:

a) 如果净距和/或安全保护措施不能满足相应标准规范的要求的情况普遍,则为 0 分;

b) 如果存在净距和/或安全保护措施不能满足相应标准规范的要求的情况,则为 3 分;

c) 如果净距和/或安全保护措施可以满足相应标准规范的要求,则为6分。

A.5 周围环境状况的评分

A.5.1 概述

周围环境状况的得分,为以下各项得分之和:

a) 拟建管道区段沿线人口密度;

b) 拟建管道区段沿线交通繁忙程度;

c) 大气腐蚀性;

d) 介质腐蚀性;

e) 土壤腐蚀性。

A.5.2 拟建管道区段沿线人口密度的评分

按照GB 50251—2003确定输气管道、集气管道、输油管道和集油管道沿线地区等级,按照GB 50028—2006确定城市燃气管道和输送腐蚀性液体介质的工业管道沿线地区等级:

a) 如果管道区段所在位置沿线主要是四级地区,并且地面4层及以上的建筑物普遍,则为0分;

b) 如果管道区段所在位置沿线主要是四级地区,则为2分;

c) 如果管道区段所在位置沿线主要是三级地区,则为3分;

d) 如果管道区段所在位置沿线主要是二级地区,则为5分;

e) 如果管道区段所在位置沿线主要是一级地区,则为7分。

A.5.3 拟建管道沿线交通繁忙程度的评分

a) 如果管道区段所在位置附近主要是铁路或公路交通主干线,则为0分;

b) 如果管道区段所在位置附近主要是公路交通干线,则为4分;

c) 如果管道区段所在位置附近主要是公路交通线、乡村公路、机耕道,则为7分;

d) 如果管道区段所在位置附近几乎没有车辆通行,则为10分。

A.5.4 大气腐蚀性的评分

对埋地段,大气腐蚀性的得分为3分。

对跨越段,按照以下规定确定大气腐蚀性的得分:

a) 如果未进行大气腐蚀性调查,则为0分;

b) 如果是海洋气候,并且含化学品,则为0分;

c) 如果是工业大气或一般大气,含化学品,并且湿度高,则为1分;

d) 如果是海洋气候并且不含化学品,则为1.5分;

e) 如果是工业大气或一般大气,不含化学品,并且湿度高、温度高,则为2分;

f) 如果是工业大气或一般大气,含化学品,并且湿度低,则为2.5分;

g) 如果是工业大气或一般大气,不含化学品,并且湿度低、温度低,则为3分。

A.5.5 介质腐蚀性的评分

a) 如果介质对所选材料的均匀腐蚀速率>0.25 mm/年,或可能发生严重的点蚀、晶间腐蚀等局部腐蚀,或很可能发生氢脆、氢致开裂等氢损伤,则为0分;

b) 如果介质对所选材料的均匀腐蚀速率∈(0.025 mm/年,0.25 mm/年],或可能发生点

蚀、晶间腐蚀等局部腐蚀,或可能发生氢脆、氢致开裂等氢损伤,则为4分;

c) 如果介质对所选材料的均匀腐蚀速率≤0.025 mm/年,并且不可能发生点蚀、晶间腐蚀等局部腐蚀,也不可能发生氢脆、氢致开裂等氢损伤,则为8分。

A.5.6 土壤腐蚀性的评分

对跨越段,土壤腐蚀性的得分为8分。

对埋地段,按照以下规定确定土壤腐蚀性的得分:

a) 如果未进行土壤电阻率测量,则为0分;

b) 如果土壤电阻率<20 Ω·m,则为0分;

c) 如果土壤电阻率∈[20 Ω·m,50 Ω·m],则为4分;

d) 如果土壤电阻率>50 Ω·m,则为8分。

附　录　B
(规范性附录)
埋地钢质管道设计审查阶段失效可能性评分基本模型

B.1　一般要求

本附录提出了埋地钢质管道设计审查阶段失效可能性评分基本模型,从设计控制、施工控制、第三方破坏控制和腐蚀控制四个方面对埋地钢质管道设计审查阶段失效可能性进行半定量评分。

每个方面的得分为其下设的一个或多个评分项得分之和,下设子评分项的得分为其下设所有子评分项得分之和。从每个评分项或子评分项下设的各列项中,单一选择最接近实际情况的列项,从而确定该评分项或子评分项的得分。

B.2　设计控制的评分

B.2.1　概述

设计控制的得分,为以下各项得分之和:

a)　设计单位资质;
b)　设计人员资质;
c)　设计规范选用;
d)　设计更改;
e)　设计文件审批;
f)　危险识别;
g)　与总体规划的符合性;
h)　风雪载荷;
i)　自然灾害及其防范措施;
j)　选材控制;
k)　壁厚控制;
l)　应力控制;
m)　锚固件的控制;
n)　安全保护装置的控制;
o)　净距控制或安全保护装置。

B.2.2　设计单位资质的评分

a)　如果设计单位不具备与所设计管道类别相应的设计资质,则为0分;
b)　如果设计单位具备与所设计管道类别相应的设计资质,但无类似项目的设计经验,则为1分;
c)　如果设计单位具备与所设计管道类别相应的设计资质,存在类似项目的设计经验,则为4分;
d)　如果设计单位具备与所设计管道类别相应的设计资质,类似项目的设计经验丰富,则为9分。

B.2.3 设计人员资质的评分

a) 如果设计人员不具备与所设计管道类别相应的设计资质,则为0分;

b) 如果设计人员具备与所设计管道类别相应的设计资质,但无类似项目的设计经验,则为1分;

c) 如果设计人员具备与所设计管道类别相应的设计资质,存在类似项目的设计经验,则为4分;

d) 如果设计人员具备与所设计管道类别相应的设计资质,类似项目的设计经验丰富,则为9分。

B.2.4 设计规范选用的评分

a) 如果未按标准规范设计或采用已经作废的标准规范,则为0分;

b) 如果采用现行标准规范,则为9分。

B.2.5 设计更改的评分

a) 如果设计文件更改手续不完整,则为0分;

b) 如果设计文件更改手续完整,则为4分;

c) 如果无设计更改,则为4分。

B.2.6 设计文件审批的评分

a) 如果设计文件未经过审批,则为0分;

b) 如果设计文件审批手续不完整,则为2分;

c) 如果设计文件审批手续完整,则为5分。

B.2.7 危险识别的评分

a) 如果没有事先制订设计方案,未进行危险识别分析,则为0分;

b) 如果设计方案不严密,由无资质的单位和人员进行危险识别分析,则为2分;

c) 如果完全按设计规范制定设计方案,进行了严格的危险识别分析,则为5分。

B.2.8 与总体规划的符合性的评分

a) 如果设计时未考虑与总体规划的符合性,则为0分;

b) 如果设计与总体规划基本符合,则为2分;

c) 如果设计符合总体规划,则为5分。

B.2.9 风雪载荷的评分

B.2.9.1 概述

风雪载荷的得分,为以下各项得分之和:

a) 风载荷;

b) 雪载荷。

B.2.9.2 风载荷的评分

a) 如果是跨越管段,并且未考虑抗风能力或考虑不足,则为0分;

b) 如果是跨越管段,考虑了足够的抗风能力,则为2分;

c) 如果是非跨越管段,则为2分。

B.2.9.3 雪载荷的评分

a) 如果是跨越管段,未考虑抗雪能力或考虑不足,则为0分;

b) 如果是跨越管段,考虑了足够的抗雪能力,则为2分;

c) 如果是非跨越管段,则为2分。

B.2.10 自然灾害及其防范措施的评分

B.2.10.1 概述

自然灾害及其防范措施的得分,为以下各项得分之和:

a) 滑坡及泥石流防范措施;

b) 防震措施;

c) 抵御洪水能力;

d) 其他地质稳定性。

B.2.10.2 滑坡及泥石流防范措施的评分

a) 如果未对滑坡及泥石流地质条件做评价,则为0分;

b) 如果在明显滑坡及泥石流地段未设计堡坎,则为0分;

c) 如果堡坎的设计强度不足,则为1分;

d) 如果在明显滑坡及泥石流地段设计有足够强度的堡坎,则为2分;

e) 如果在所有可能滑坡及泥石流地段均设计有足够强度的堡坎,则为5分。

B.2.10.3 防震措施的评分

a) 如果未对地震基本烈度评价,则为0分;

b) 如果地震烈度不小于相关标准、规范所规定的地震基本烈度,并且未采取防震措施,则为0分;

c) 如果设防烈度小于地震基本烈度,则为1分;

d) 如果设防烈度大于地震基本烈度,则为3分;

e) 如果不需要防震,则为5分。

B.2.10.4 抵御洪水能力的评分

a) 如果未考虑抵御洪水,则为0分;

b) 如果能抵御20年一遇洪水,则为1分;

c) 如果能抵御50年一遇洪水,则为1.5分;

d) 如果能抵御100年及更长时间一遇洪水,则为2分;

e) 如果不需要考虑抵御洪水,则为2分。

B.2.10.5 其他地质稳定性的评分

a) 如果未考虑其他地质稳定性,则为0分;

b) 如果充分考虑了其他地质稳定性并采取有效的措施,则为2分。

B.2.11 选材控制的评分

按照GB 50251—2003确定输气管道对材料的要求,按照GB 50253—2006确定输油管道对材料的要求，按照 GB 50350—2005 确定集气管道和集油管道对材料的要求，按照 GB 50028—2006 确定城市燃气管道对材料的要求，按照 GB/T 20801—2006 确定输送腐蚀性液体介质的工业管道对材料的要求：

a) 如果选用的材料不满足相关标准规范的规定，则为 0 分；

b) 如果选用的材料满足相关标准规范的规定，则为 7 分。

B.2.12 壁厚控制的评分

B.2.12.1 概述

壁厚控制的得分，为以下各项得分之和：

a) 壁厚计算与/或选择；

b) 额外壁厚。

B.2.12.2 壁厚计算与/或选择的评分

按照 GB 50251—2003 确定输气管道在壁厚计算与/或选择方面的要求，按照 GB 50253—2006 确定输油管道在壁厚计算与/或选择方面的要求，按照 GB 50350—2005 确定集气管道和集油管道在壁厚计算与/或选择方面的要求，按照 GB 50028—2006 确定城市燃气管道在壁厚计算与/或选择方面的要求，按照 GB/T 20801—2006 确定输送腐蚀性液体介质的工业管道在壁厚计算与/或选择方面的要求：

a) 如果壁厚计算与/或选择不满足相应标准规范的要求，则为 0 分；

b) 如果壁厚计算与/或选择满足相应标准规范的要求，则为 7 分。

B.2.12.3 额外壁厚的评分

按照式(B.1)计算额外壁厚的得分：

$$2.5\times\left(\frac{t_2}{t_1}-1\right) \qquad \cdots\cdots (B.1)$$

当额外壁厚的得分小于 0 时，取失效可能性得分 S 为 100。

当额外壁厚的得分大于 2 时，取额外壁厚的得分为 2。

B.2.13 应力控制的评分

B.2.13.1 概述

应力控制的得分，为以下各项得分之和：

a) 应力计算或校核；

b) 额外的压力安全裕度。

B.2.13.2 应力计算或校核的评分

按照 GB 50251—2003 确定输气管道在应力计算或校核方面的要求，按照 GB 50253—2006 确定输油管道在应力计算或校核方面的要求，按照 GB 50350—2005 确定集气管道和集油管道在应力计算或校核方面的要求，按照 GB 50028—2006 确定城市燃气管道在应力计算或校核方面的要求，按照GB/T 20801—2006 确定输送腐蚀性液体介质的工业管道在应力计算或校核方面的要求：

a) 如果未进行应力计算或校核，则为 0 分；

b) 如果应力计算或校核结果不满足相应标准规范的要求，则为 0 分；

c) 如果应力计算或校核结果满足相应标准规范的要求,则为8分;

d) 如果不需要应力计算或校核,则为8分。

B.2.13.3 额外的压力安全裕度的评分

按照式(B.2)计算额外的压力安全裕度的得分:

$$\frac{P_{\max}}{P_1}-1 \qquad \text{(B.2)}$$

当额外的压力安全裕度的得分小于0时,取失效可能性得分 S 为100分。

当额外的压力安全裕度的得分大于1时,取额外的压力安全裕度的得分为1。

B.2.14 锚固件的控制的评分

按照GB 50251—2003确定输气管道对锚固件的要求,按照GB 50253—2006确定输油管道对锚固件的要求,按照GB 50350—2005确定集气管道和集油管道对锚固件的要求,按照GB 50028—2006确定城市燃气管道对锚固件的要求,按照GB/T 20801—2006确定输送腐蚀性液体介质的工业管道对锚固件的要求:

a) 如果锚固件的控制不满足相应标准规范的要求,则为0分;

b) 如果锚固件的控制满足相应标准规范的要求,则为3分;

c) 如果不需要对锚固件进行控制,则为3分。

B.2.15 安全保护装置的控制的评分

按照GB 50251—2003确定输气管道系统在安全保护装置方面的要求,按照GB 50253—2006确定输油管道系统在安全保护装置方面的要求,按照GB 50350—2005确定集气管道系统和集油管道系统在安全保护装置方面的要求,按照GB 50028—2006确定城市燃气管道系统在安全保护装置方面的要求,按照GB/T 20801—2006确定输送腐蚀性液体介质的工业管道系统在安全保护装置方面的要求:

a) 如果安全保护装置的控制不满足相应标准规范的要求,则为0分;

b) 如果安全保护装置的控制满足相应标准规范的要求,则为3分;

c) 如果不需要对安全保护装置进行控制,则为3分。

B.2.16 净距控制与/或安全保护距离的评分

按照GB 50251—2003确定输气管道对净距与/或安全保护距离的要求,按照GB 50253—2006确定输油管道对净距与/或安全保护距离的要求,按照GB 50350—2005确定集气管道和集油管道对净距与/或安全保护距离的要求,按照GB 50028—2006确定城市燃气管道对净距与/或安全保护距离的要求,按照GB/T 20801—2006确定输送腐蚀性液体介质的工业管道对净距与/或安全保护措施的要求:

a) 如果净距与/或安全保护距离不满足相应标准规范的要求,则为0分;

b) 如果净距与/或安全保护距离满足相应标准规范的要求,则为5分。

B.3 施工控制的评分

B.3.1 概述

施工控制的得分,为以下各项得分之和:

a) 管道元件质量控制的规定;

b) 管道安装质量控制的规定;
c) 管道监检的规定;
d) 管道监理的规定;
e) 管道建设单位质量管理。

B.3.2 管道元件质量控制的规定的评分

B.3.2.1 概述

管道元件质量控制的规定的得分,为以下各项得分之和:

a) 管道元件制造单位的资质;
b) 管道元件质量的规定。

B.3.2.2 管道元件制造单位的资质的评分

a) 如果未对管道元件制造单位的资质进行要求,则为0分;
b) 如果要求管道元件制造单位必须具备制造资质,则为5分。

B.3.2.3 管道元件质量的规定的评分

按照GB 50251—2003确定输气管道对管道元件的要求,按照GB 50253—2006确定输油管道对管道元件的要求,按照GB 50350—2005确定集气管道和集油管道对管道元件的要求,按照GB 50028—2006确定城市燃气管道对管道元件的要求,按照GB/T 20801—2006确定输送腐蚀性液体介质的工业管道对管道元件的要求:

a) 如果未规定元件必须满足相应标准和规范的要求,则为0分;
b) 如果规定元件必须满足相应标准和规范的要求,但无进货检验的规定,则为5分。
c) 如果规定元件必须满足相应标准和规范的要求,但进货检验的规定不完善,则为10分;
d) 如果规定元件必须满足相应标准和规范的要求,且进货检验的规定完善,则为15分。

B.3.3 管道安装质量控制的规定的评分

B.3.3.1 概述

管道安装质量控制的规定的得分,为以下各项得分之和:

a) 安装单位资质的规定;
b) 施工注意事项。

B.3.3.2 安装单位资质的规定的评分

a) 如果未规定安装单位必须具备与所安装管道类别相应的安装资质,则为0分;
b) 如果规定安装单位必须具备与所安装管道类别相应的安装资质,则为4分。

B.3.3.3 施工注意事项的评分

a) 如果设计文件中对影响管道安全的施工注意事项未进行规定,则为0分;
b) 如果设计文件中对影响管道安全的施工注意事项的规定不满足有关标准或规范的要求,则为0分;
c) 如果设计文件中对影响管道安全的施工注意事项的规定满足有关标准或规范的要求,则为4分。

B.3.4 管道监检的规定的评分

B.3.4.1 概述

管道监检的规定的得分,为以下各项得分之和:

a) 监检单位资质的规定;

b) 监检人员资质的规定。

B.3.4.2 监检单位资质的规定的评分

a) 如果管道安装时不进行监检,则为0分;

b) 如果未对监检单位的资质进行要求,则为0分;

c) 如果规定监检单位必须具备监检资质,则为15分。

B.3.4.3 监检人员资质的规定的评分

a) 如果管道安装时不进行监检,则为0分;

b) 如果未对监检人员的资质进行要求,则为0分;

c) 如果规定监检人员必须具备监检资质,则为15分。

B.3.5 管道监理的规定的评分

B.3.5.1 概述

管道监理的规定的得分,为以下各项得分之和:

a) 监理单位资质的规定;

b) 监理人员资质的规定。

B.3.5.2 监理单位资质的规定的评分

a) 如果管道安装时不进行监理,则为0分;

b) 如果未对监理单位的资质进行要求,则为0分;

c) 如果规定监理单位必须具备监理资质,则为12分。

B.3.5.3 监理人员资质的规定的评分

a) 如果管道安装时不进行监理,则为0分;

b) 如果未对监理人员的资质进行要求,则为0分;

c) 如果规定监理人员必须具备监理资质,则为12分。

B.3.6 管道建设单位质量管理的评分

B.3.6.1 概述

管道建设单位质量管理的得分,为以下各项得分之和:

a) 建设单位质量管理体系;

b) 项目管理机构。

B.3.6.2 建设单位质量管理体系的评分

a) 如果建设单位未建立质量管理体系,则为0分;

b) 如果建设单位已建立质量管理体系,但未获得认证证书,则为5分;

c) 如果建设单位已获得质量管理认证证书,则为10分。

B.3.6.3 项目管理机构的评分

a) 如果未设置项目管理机构,则为0分;

b) 如果设置专门的项目管理机构,但人员组成或人员经验有欠缺,则为3分;

c) 如果设置专门的项目管理机构,人员结构合理,经验丰富,则为6分。

B.4 第三方破坏控制的评分

B.4.1 概述

第三方破坏控制的得分,为以下各项得分之和:

a) 地面活动水平;

b) 地面装置及其保护措施;

c) 管道设计埋深;

d) 管道标识。

B.4.2 地面活动水平的评分

B.4.2.1 概述

输气管道、集气管道、输油管道和集油管道按照B.4.2.2的规定确定地面活动水平的得分,城市燃气管道和输送腐蚀性液体介质的工业管道按照B.4.2.3的规定确定地面活动水平的得分。

B.4.2.2 输气管道、集气管道、输油管道和集油管道地面活动水平的评分

B.4.2.2.1 概述

输气管道、集气管道、输油管道和集油管道地面活动水平的得分,为以下各项得分之和:

a) 地区等级;

b) 交通繁忙程度;

c) 农业生产活动。

B.4.2.2.2 地区等级的评分

按照GB 50251—2003确定管道区段设计位置沿线地区等级:

a) 如果是四级地区,则为0分;

b) 如果是三级地区,则为6分;

c) 如果是二级地区,则为12分;

d) 如果是一级地区,则为18分。

B.4.2.2.3 交通繁忙程度的评分

a) 如果管道区段设计位置附近有铁路或公路交通主干线,则为0分;

b) 如果管道区段设计位置附近有公路交通干线,则为5分;

c) 如果管道区段设计位置附近有公路交通线、乡村公路、机耕道,则为10分;

d) 如果管道区段设计位置附近几乎没有车辆通行,则为15分。

B.4.2.2.4 农业生产活动的评分

a) 如果在管道区段设计位置上方进行大型机械化耕种,打苕沟,犁地等较深挖掘,则为0分;

b) 如果在管道区段设计位置上有少量挖掘深度小于500 mm的浅土层农作物，则为1分；

c) 如果在管道区段设计位置上无农业生产活动，则为2分。

B.4.2.3 城市燃气管道和输送腐蚀性液体介质的工业管道地面活动水平的评分

B.4.2.3.1 概述

城市燃气管道和输送腐蚀性液体介质的工业管道地面活动水平的得分，为以下各项得分之和：

a) 人口密度；

b) 交通繁忙程度。

B.4.2.3.2 人口密度的评分

a) 如果2 km长度范围内，管道区段设计位置两侧各200 m的范围内，地上4层及以上建筑物普遍，则为0分；

b) 如果2 km长度范围内，管道区段设计位置与人员聚集的室内外场所的距离<30 m，则为0分；

c) 如果2 km长度范围内，管道区段设计位置两侧各200 m的范围内，存在地上4层及以上建筑物，则为4分；

d) 如果2 km长度范围内，管道区段设计位置与人员聚集的室内外场所的距离∈[30 m，90 m]，则为4分；

e) 如果2 km长度范围内，管道区段设计位置两侧各200 m的范围内，供人居住的单元数>80，但无地上4层及以上的建筑物，则为8分；

f) 如果2 km长度范围内，管道区段设计位置与人员聚集的室内外场所的距离>90 m，则为12分；

g) 如果2 km长度范围内，管道区段设计位置两侧各200 m的范围内，供人居住的单元数∈[12,80]，则为12分；

h) 如果2 km长度范围内，管道区段设计位置两侧各200 m的范围内，供人居住的单元数<12，则为20分。

B.4.2.3.3 交通繁忙程度的评分

a) 如果管道区段设计位置附近有铁路或公路交通主干线，则为0分；

b) 如果管道区段设计位置附近有公路交通干线，则为5分；

c) 如果管道区段设计位置附近有公路交通线，则为10分；

d) 如果管道区段设计位置附近几乎没有车辆通行，则为15分。

B.4.3 地面装置及其保护措施的评分

B.4.3.1 概述

地面装置及其保护措施的得分，为以下各项得分之和：

a) 地面装置与公路的距离；

b) 地面装置的围栏；

c) 地面装置的沟渠；

d) 地面装置的警示标志符号。

B.4.3.2　地面装置与公路的距离的评分

a）如果所设计的地面装置与公路的距离不大于15 m，则为0分；

b）如果所设计的地面装置与公路的距离大于15 m，则为5分；

c）如果无地面装置，则为5分。

B.4.3.3　地面装置的围栏的评分

a）如果所设计的地面装置没有保护围栏或者粗壮的树木将装置与路隔离，则为0分；

b）如果所设计的地面装置设有保护围栏或者粗壮的树木将装置与路隔离，则为4分；

c）如果无地面装置，则为4分。

B.4.3.4　地面装置的沟渠的评分

a）如果所设计的地面装置与道路之间无不低于1.2 m深的沟渠，则为0分；

b）如果所设计的地面装置与道路之间有不低于1.2 m深的沟渠，则为4分；

c）如果无地面装置，则为4分。

B.4.3.5　地面装置的警示标志符号的评分

a）如果所设计的地面装置无警示标志符号，则为0分；

b）如果所设计的地面装置有警示标志符号，则为2分；

c）如果无地面装置，则为2分。

B.4.4　管道设计埋深的评分

B.4.4.1　概述

对非水下穿越管道，按照B.4.4.2的规定确定管道设计埋深的得分，对水下穿越管道，按照B.4.4.3的规定确定管道设计埋深的得分。

B.4.4.2　非水下穿越管道设计埋深的评分

a）如果是跨越段，则为0分；

b）如果是埋地段，则按照式(B.3)计算陆地管道设计埋深的得分。

$$\mathrm{Min}\left(\frac{d_2}{64},35\right) \qquad \cdots\cdots\cdots\cdots (\mathrm{B.3})$$

各种保护措施按以下规定折算为覆土层厚度：

a）每50 mm水泥保护层相当于增加200 mm的覆土厚度；

b）每100 mm水泥保护层相当于增加300 mm的覆土厚度；

c）管道套管相当于增加600 mm的覆土厚度；

d）加强水泥盖板相当于增加600 mm的覆土厚度；

e）警告标志带相当于增加150 mm覆土厚度；

f）网栏围住相当于增加460 mm覆土厚度。

B.4.4.3　水下穿越管道设计埋深的评分

B.4.4.3.1　概述

水下穿越管道设计埋深的得分，为以下各项得分之和：

a）可通航河道河底土壤表面(河床表面)与航船底面距离或未通航河道的水深；

b）在河底的土壤设计埋深；

c) 保护措施。

B.4.4.3.2 可通航河道河底土壤表面(河床表面)与航船底面距离或未通航河道的水深的评分

a) 如果上述距离或深度∈[0 m～0.5 m),则为0分;

b) 如果上述距离或深度∈[0.5 m～1.0 m),则为2分;

c) 如果上述距离或深度∈[1.0 m～1.5 m),则为4分;

d) 如果上述距离或深度∈[1.5 m～2.0 m),则为6分;

e) 如果上述距离或深度>2.0 m,则为8分。

B.4.4.3.3 在河底的土壤设计埋深的评分

a) 如果埋深∈[0 m～0.5 m),则为0分;

b) 如果埋深∈[0.5 m～1.0 m),则为5分;

c) 如果埋深∈[1.0 m～1.5 m),则为10分;

d) 如果埋深∈[1.5.m～2.0 m),则为12分;

e) 如果埋深>2.0 m,则为15分。

B.4.4.3.4 保护措施的评分

a) 如果无保护措施,则为0分;

b) 如果采用石笼稳管、加设固定墩等稳管措施,则为6分;

c) 如果采用30 mm以上水泥保护层或其他能达到同样加固效果的措施,则为12分。

B.4.5 管道标识的评分

B.4.5.1 概述

输气管道、集气管道、输油管道和集油管道按照B.4.5.2的规定确定管道标识的得分,城市燃气管道和输送腐蚀性液体介质的工业管道按照B.4.5.3的规定确定管道标识的得分。

B.4.5.2 输气管道、集气管道、输油管道和集油管道标识的评分

按照GB 50251—2003确定输气管道对管道标识的要求,按照GB 50253—2006确定输油管道对管道标识的要求,按照GB 50350—2005确定集气管道和集油管道对管道标识的要求:

a) 如果未设计地面标志,则为0分;

b) 如果所设计的地面标志不完全满足相应设计标准规范的要求,则为8分;

c) 如果所设计的地面标志满足相应设计标准规范的要求,则为15分。

B.4.5.3 城市燃气管道和输送腐蚀性液体介质的工业管道标识的评分

按照GB 50028—2006确定城市燃气管道对管道标识的要求,参照GB 50028—2006确定输送腐蚀性液体介质的工业管道对管道标识的要求:

a) 如果未设计地面标志,则为0分;

b) 如果所设计的地面标志不完全满足相应设计标准规范的要求,则为8分;

c) 如果所设计的地面标志满足相应设计标准规范的要求,则为15分;

d) 如果不需要地面标志,则为15分。

B.5 腐蚀控制的评分

B.5.1 概述

腐蚀控制的得分,为以下各项得分之和:

a) 大气腐蚀控制；

b) 内腐蚀控制；

c) 土壤腐蚀控制。

B.5.2 大气腐蚀控制的评分

B.5.2.1 概述

埋地段按照 B.5.2.2 的规定确定大气腐蚀控制的得分，跨越段按照 B.5.2.3 的规定确定大气腐蚀控制的得分。

B.5.2.2 埋地段的大气腐蚀控制的评分

埋地段的大气腐蚀控制的得分为 10 分。

B.5.2.3 跨越段的大气腐蚀控制的评分

B.5.2.3.1 概述

跨越段的大气腐蚀控制的得分，为以下各项得分之和：

a) 跨越段的位置特点；

b) 跨越段的结构特点；

c) 大气腐蚀性；

d) 大气腐蚀防腐层。

B.5.2.3.2 跨越段的位置特点的评分

a) 如果于位于水与空气的界面，则为 0 分；

b) 如果位于土壤与空气界面，则为 1 分；

c) 如果位于空气中，则为 2 分。

B.5.2.3.3 跨越段的结构特点的评分

a) 如果加装套管，则为 0 分；

b) 如果存在支撑或吊架，则为 0.5 分；

c) 如果无上述情况，则为 1 分。

B.5.2.3.4 大气腐蚀性的评分

a) 如果未进行大气腐蚀性调查，则为 0 分；

b) 如果是海洋气候，并且含化学品，则为 0 分；

c) 如果是工业大气或一般大气，含化学品，并且湿度高，则为 1 分；

d) 如果是海洋气候并且不含化学品，则为 1.5 分；

e) 如果是工业大气或一般大气，不含化学品，并且湿度高、温度高，则为 2 分；

f) 如果是工业大气或一般大气，含化学品，并且湿度低，则为 2.5 分；

g) 如果是工业大气或一般大气，不含化学品，并且湿度低、温度低，则为 3 分。

B.5.2.3.5 大气腐蚀防腐层的评分

大气腐蚀防腐层的得分，为以下各项得分之和：

a) 大气腐蚀防腐层的适用性；

b) 大气腐蚀防腐层进货检验的规定；

c) 大气腐蚀防腐层施工质量控制的规定。

对于大气腐蚀防腐层的适用性,按以下规定评分:

a) 如果无大气腐蚀防腐层,则为 0 分;

b) 如果大气腐蚀防腐层不适合管道区段所处环境,则为 0 分;

c) 如果大气腐蚀防腐层不是专门为管道区段所处环境设计的,则为 0.5 分;

d) 如果大气腐蚀防腐层是适应管道区段所处环境的防腐层,则为 1 分。

对于大气腐蚀防腐层进货检验的规定,按以下规定评分:

a) 如果未采用大气腐蚀防腐层,则为 0 分;

b) 如果无大气腐蚀防腐层质量进货检验规定,则为 0 分;

c) 如果大气腐蚀防腐层质量进货检验的规定不完善,则为 0.5 分;

d) 如果大气腐蚀防腐层质量进货检验的规定完善,则为 1 分。

对于大气腐蚀防腐层施工质量控制的规定,按以下规定评分:

a) 如果未采用大气腐蚀防腐层,则为 0 分;

b) 如果无大气腐蚀防腐层施工质量控制规定,则为 0 分;

c) 如果大气腐蚀防腐层施工质量控制的规定不完善,则为 0.5 分;

d) 如果大气腐蚀防腐层施工质量控制的规定完善,则为 2 分。

B.5.3 内腐蚀控制的评分

B.5.3.1 概述

输气管道按照 B.5.3.2 的规定确定内腐蚀控制得分,集气管道按照 B.5.3.3 的规定确定内腐蚀控制得分,输油管道按照 B.5.3.4 的规定确定内腐蚀控制得分,集油管道按照 B.5.3.5 的规定确定内腐蚀控制得分,输送天然气、液化气介质的城市燃气管道按照 B.5.3.6 的规定确定内腐蚀控制得分,输送人工煤气介质的城市燃气管道按照 B.5.3.7 的规定确定内腐蚀控制得分,输送腐蚀性液体介质的工业管道按照 B.5.3.8 的规定确定内腐蚀控制得分。

B.5.3.2 输气管道内腐蚀控制的评分

B.5.3.2.1 概述

输气管道内腐蚀控制的得分,为以下各项得分之和:

a) 拟输送介质腐蚀性;

b) 拟采用的内防腐措施。

B.5.3.2.2 拟输送介质腐蚀性的评分

拟输送介质腐蚀性的得分,为以下各项得分之和:

a) 含水量;

b) 二氧化碳含量;

c) 硫化氢含量;

d) 介质流速。

对于含水量,按以下规定评分:

a) 如果有凝析水,则为 0 分;

b) 如果运行过程中有可能产生凝析水,则为 0 分;

c) 如果无凝析水,则为 5 分。

对于二氧化碳含量,按以下规定评分:

a) 如果二氧化碳分压>0.21 MPa,则为 0 分;

b) 如果二氧化碳分压∈[0.021 MPa,0.21 MPa],则为 1 分;

c) 如果二氧化碳分压<0.021 MPa,则为 2 分。

对于硫化氢含量,按以下规定评分:

a) 如果硫化氢含量>20 mg/m^3,则为 0 分;

b) 如果硫化氢含量≤20 mg/m^3,则为 2 分。

对于介质流速,按以下规定评分:

a) 如果介质流速<3 m/s,则为 0 分;

b) 如果介质流速≥3 m/s,则为 1 分。

B.5.3.2.3 拟采用的内防腐措施的评分

a) 如果无内防腐措施,则为 0 分;

b) 如果计划采用内腐蚀监测,则为 1 分;

c) 如果计划定期清管,则为 2 分;

d) 如果计划注入缓蚀剂,则为 3 分;

e) 如果计划采用防腐内覆盖层,则为 4 分;

f) 如果计划采用上述两种或两种以上的措施,则为 5 分;

g) 如果不需要采取措施,则为 5 分。

B.5.3.3 集气管道内腐蚀控制的评分

B.5.3.3.1 概述

集气管道内腐蚀控制的得分,为以下各项得分之和:

a) 拟输送介质腐蚀性;

b) 拟采用的内防腐措施。

B.5.3.3.2 拟输送介质腐蚀性的评分

拟输送介质腐蚀性的得分,为以下各项得分之和:

a) 含水量;

b) 氯离子含量;

c) pH 值;

d) 二氧化碳含量;

e) 硫化氢含量;

f) 介质温度;

g) 介质流速。

对于含水量(包括冷凝水),按以下规定评分:

a) 如果不含游离水,则为 0 分;

b) 如果含游离水,则为 10 分。

对于氯离子含量,按以下规定评分:

a) 如果氯离子含量>60 000 mg/L,则为 0 分;

b) 如果氯离子含量∈[10 000 mg/L,60 000 mg/L],则为 1 分;

c) 如果氯离子含量∈[1 000 mg/L,10 000 mg/L),则为 3 分;

d） 如果氯离子含量<1 000 mg/L,则为4分。

对于pH值,按以下规定评分:

a） 如果pH≤3.5,则为0分;

b） 如果pH值∈(3.5,6.5],则为2分;

c） 如果pH>6.5,则为4分;

对于二氧化碳含量,按以下规定评分:

a） 如果二氧化碳分压>0.21 MPa,则为0分;

b） 如果二氧化碳分压∈[0.021 MPa,0.21 MPa],则为2分;

c） 如果二氧化碳分压<0.021 MPa,则为4分。

对于硫化氢含量,按以下规定评分:

a） 如果硫化氢分压>1 MPa,则为0分;

b） 如果硫化氢分压∈[0.1 MPa,1 MPa],则为1分;

c） 如果硫化氢分压∈[0.01 MPa,0.1 MPa),则为2分;

d） 如果硫化氢分压∈[0.000 3 MPa,0.01 MPa),则为3分;

e） 如果硫化氢分压<0.000 3 MPa,则为4分。

对于介质温度,按以下规定评分:

a） 如果介质温度<60 ℃或>100 ℃,则为0分;

b） 如果介质温度∈[60 ℃,100 ℃],则为2分。

对于介质流速,按以下规定评分:

a） 如果介质流速<3 m/s,则为0分;

b） 如果介质流速>影响缓蚀剂膜稳定性的流速,则为0分;

c） 如果介质流速∈[3 m/s,影响缓蚀剂膜稳定性的流速],则为2分。

B.5.3.3.3 拟采用的内防腐措施的评分

a） 如果无内防腐措施,则为0分;

b） 如果计划采用内腐蚀监测,则为4分;

c） 如果计划定期清管,则为8分;

d） 如果计划注入缓蚀剂,则为12分;

e） 如果计划采用防腐内覆盖层,则为16分;

f） 如果计划采用上述两种或两种以上的措施,则为20分;

g） 如果不需要采取措施,则为20分。

B.5.3.4 输油管道内腐蚀控制的评分

B.5.3.4.1 概述

输油管道内腐蚀控制的得分,为以下各项得分之和:

a） 拟输送介质腐蚀性;

b） 拟采用的内防腐措施。

B.5.3.4.2 拟输送介质腐蚀性的评分

拟输送介质腐蚀性的得分,为以下各项得分之和:

a） 含水量;

b) 二氧化碳含量;

c) 硫化氢含量;

d) 蜡含量;

e) 介质温度;

f) 介质流速。

对于含水量,按以下规定评分:

a) 如果有凝析水,则为0分;

b) 如果运行过程中有可能产生凝析水,则为0分;

c) 如果无凝析水,则为3分。

对于二氧化碳含量,按以下规定评分:

a) 如果二氧化碳分压>0.21 MPa,则为0分;

b) 如果二氧化碳分压∈[0.021 MPa,0.21 MPa],则为1分;

c) 如果二氧化碳分压<0.021 MPa,则为2分。

对于硫化氢含量,按以下规定评分:

a) 如果硫化氢含量>20 mg/m^3,则为0分;

b) 如果硫化氢含量≤20 mg/m^3,则为2分。

对于蜡含量,按以下规定评分:

a) 如果蜡含量中等,则为0分;

b) 如果蜡含量低,则为0.5分;

c) 如果蜡含量高,则为1分。

对于介质温度,按以下规定评分:

a) 如果介质温度较高,则为0分;

b) 如果介质温度中等,则为0.5分;

c) 如果介质温度较低,则为1分。

对于介质流速,按以下规定评分:

a) 如果介质流速<3 m/s,则为0分;

b) 如果介质流速≥3 m/s,则为1分。

B.5.3.4.3 拟采用的内防腐措施的评分

a) 如果无内防腐措施,则为0分;

b) 如果计划采用内腐蚀监测,则为1分;

c) 如果计划定期清管,则为2分;

d) 如果计划注入缓蚀剂,则为3分;

e) 如果计划采用防腐内覆盖层,则为4分;

f) 如果计划采用上述两种或两种以上的措施,则为5分;

g) 如果不需要采取措施,则为5分。

B.5.3.5 集油管道内腐蚀控制的评分

B.5.3.5.1 概述

集油管道内腐蚀控制的得分,为以下各项得分之和:

a) 拟输送介质腐蚀性;

b) 拟采用的内防腐措施。

B.5.3.5.2 拟输送介质腐蚀性的评分

拟输送介质腐蚀性的得分,为以下各项得分之和:

a) 含水量(包括冷凝水);

b) 氯离子含量;

c) pH 值;

d) 二氧化碳含量;

e) 硫化氢含量;

f) 蜡含量;

g) 介质温度;

h) 介质流速。

对于含水量(包括冷凝水),按以下规定评分:

a) 如果不含游离水,则为 0 分;

b) 如果含游离水,则为 8 分。

对于氯离子含量,按以下规定评分:

a) 如果氯离子含量>60 000 mg/L,则为 0 分;

b) 如果氯离子含量∈[10 000 mg/L,60 000 mg/L],则为 1 分;

c) 如果氯离子含量∈[1 000 mg/L,10 000 mg/L),则为 3 分;

d) 如果氯离子含量<1 000 mg/L,则为 4 分。

对于 pH 值,按以下规定评分:

a) 如果 pH≤3.5,则为 0 分;

b) 如果 pH 值∈(3.5,6.5],则为 2 分;

c) 如果 pH>6.5,则为 4 分。

对于二氧化碳含量,按以下规定评分:

a) 如果二氧化碳分压>0.21 MPa,则为 0 分;

b) 如果二氧化碳分压∈[0.021 MPa,0.21 MPa],则为 2 分;

c) 如果二氧化碳分压<0.021 MPa,则为 4 分。

对于硫化氢含量,按以下规定评分:

a) 如果硫化氢分压>1 MPa,则为 0 分;

b) 如果硫化氢分压∈[0.1 MPa,1 MPa],则为 1 分;

c) 如果硫化氢分压∈[0.01 MPa,0.1 MPa),则为 2 分;

d) 如果硫化氢分压∈[0.000 3 MPa,0.01 MPa),则为 3 分;

e) 如果硫化氢分压<0.000 3 MPa,则为 4 分。

对于蜡含量,按以下规定评分:

a) 如果蜡含量中等,则为 0 分;

b) 如果蜡含量低,则为 1 分;

c) 如果蜡含量高,则为 2 分。

对于介质温度,按以下规定评分:

a) 如果介质温度较高,则为 0 分;

b) 如果介质温度中等,则为1分;

c) 如果介质温度较低,则为2分。

对于介质流速,按以下规定评分:

a) 如果介质流速<3 m/s,则为0分;

b) 如果介质流速>影响缓蚀剂膜稳定性的流速,则为0分;

c) 如果介质流速∈[3 m/s,影响缓蚀剂膜稳定性的流速],则为2分。

B.5.3.5.3 拟采用的内防腐措施的评分

a) 如果无内防腐措施,则为0分;

b) 如果计划采用内腐蚀监测,则为4分;

c) 如果计划定期清管,则为8分;

d) 如果计划注入缓蚀剂,则为12分;

e) 如果计划采用防腐内覆盖层,则为16分;

f) 如果计划采用上述两种或两种以上的措施,则为20分;

g) 如果不需要采取措施,则为20分。

B.5.3.6 输送天然气、液化气介质的城市燃气管道内腐蚀控制的评分

B.5.3.6.1 概述

输送天然气、液化气介质的城市燃气管道内腐蚀控制的得分,为以下各项得分之和:

a) 拟输送介质腐蚀性;

b) 气质监测计划。

B.5.3.6.2 拟输送介质腐蚀性的评分

拟输送介质腐蚀性的得分,为以下各项得分之和:

a) 含水量;

b) 二氧化碳含量;

c) 硫化氢含量;

d) 介质流速。

对于含水量,按以下规定评分:

a) 如果有凝析水,则为0分;

b) 如果运行过程中有可能产生凝析水,则为0分;

c) 如果无凝析水,则为2分;

对于二氧化碳含量,按以下规定评分:

a) 如果二氧化碳分压>0.21 MPa,则为0分;

b) 如果二氧化碳分压∈[0.021 MPa,0.21 MPa],则为0.5分;

c) 如果二氧化碳分压<0.021 MPa,则为1分。

对于硫化氢含量,按以下规定评分:

a) 如果硫化氢含量>20 mg/m^3,则为0分;

b) 如果硫化氢含量≤20 mg/m^3,则为1分。

对于介质流速,按以下规定评分:

a) 如果介质流速<3 m/s,则为0分;

b) 如果介质流速≥3 m/s,则为1分。

B.5.3.6.3 气质监测计划的评分

a) 如果无气质监测计划,则为0分;

b) 如果计划的气质监测周期过长,不满足实际需要,则为1分;

c) 如果计划的气质监测周期基本满足实际需要,则为3分;

d) 如果计划的气质监测周期满足实际需要,则为5分;

e) 如果不需要进行气质监测,则为5分。

B.5.3.7 输送人工煤气介质的城市燃气管道内腐蚀控制的评分

B.5.3.7.1 概述

输送人工煤气介质的城市燃气管道内腐蚀控制的得分,为以下各项得分之和:

a) 拟输送介质腐蚀性;

b) 气质监测计划。

B.5.3.7.2 拟输送介质腐蚀性的评分

拟输送介质腐蚀性的得分,为以下各项得分之和:

a) 含水量;

b) 氯离子含量;

c) pH值;

d) 二氧化碳含量;

e) 硫化氢含量;

f) 介质流速。

对于含水量(包括冷凝水),按以下规定评分:

a) 如果不含游离水,则为0分;

b) 如果含游离水,则为5分。

对于氯离子含量,按以下规定评分:

a) 如果氯离子含量>60 000 mg/L,则为0分;

b) 如果氯离子含量∈[10 000 mg/L,60 000 mg/L],则为0.3分;

c) 如果氯离子含量∈[1 000 mg/L,10 000 mg/L),则为0.8分;

d) 如果氯离子含量<1 000 mg/L,则为1分。

对于pH值,按以下规定评分:

a) 如果pH≤3.5,则为0分;

b) 如果pH值∈(3.5,6.5],则为0.5分;

c) 如果pH>6.5,则为1分。

对于二氧化碳含量,按以下规定评分:

a) 如果二氧化碳分压>0.21 MPa,则为0分;

b) 如果二氧化碳分压∈[0.021 MPa,0.21 MPa],则为0.5分;

c) 如果二氧化碳分压<0.021 MPa,则为1分。

对于硫化氢含量,按以下规定评分:

a) 如果硫化氢分压>1 MPa,则为0分;

b) 如果硫化氢分压∈[0.1 MPa,1 MPa],则为0.2分;

c) 如果硫化氢分压∈[0.01 MPa,0.1 MPa),则为0.4分;

d) 如果硫化氢分压∈[0.000 3 MPa,0.01 MPa),则为0.8分;

e) 如果硫化氢分压<0.000 3 MPa,则为1分。

对于介质流速,按以下规定评分:

a) 如果介质流速<3 m/s,则为0分;

b) 如果介质流速大于影响缓蚀剂膜稳定性的流速,则为0分;

c) 如果介质流速∈[3 m/s,影响缓蚀剂膜稳定性的流速],则为1分。

B.5.3.7.3 气质监测计划的评分

a) 如果无气质监测计划,则为0分;

b) 如果计划的气质监测周期过长,不满足实际需要,则为2分;

c) 如果计划的气质监测周期基本满足实际需要,则为6分;

d) 如果计划的气质监测周期满足实际需要,则为10分;

e) 如果不需要进行气质监测,则为10分。

B.5.3.8 输送腐蚀性液体介质的工业管道内腐蚀控制的评分

B.5.3.8.1 概述

输送腐蚀性液体介质的工业管道内腐蚀控制的得分,为以下各项得分之和:

a) 拟输送介质腐蚀性;

b) 拟采用的内防腐措施。

B.5.3.8.2 拟输送介质腐蚀性的评分

拟输送介质腐蚀性的得分,为以下各项得分之和:

a) 腐蚀性介质浓度及钝化性能;

b) 介质的pH值;

c) 介质中的氧化剂含量;

d) 介质流速;

e) 应力腐蚀敏感性。

对于腐蚀性介质浓度及钝化性能,按以下规定评分:

a) 如果不发生钝化,并且腐蚀性介质浓度高,则为0分;

b) 如果不发生钝化,并且腐蚀性介质浓度中等,则为5分;

c) 如果不发生钝化,并且腐蚀性介质浓度低,则为10分;

d) 如果发生钝化,则为15分。

对于介质的pH值,按以下规定评分:

a) 如果pH≤4.5或>12.5,则为0分;

b) 如果pH∈(4.5,5.5]或(11.5,12.5],则为1分;

c) 如果pH∈(5.5,6]或(10.5,11.5],则为4分;

d) 如果pH∈(6,6.5]或(8,10.5],则为7分;

e) 如果pH∈(6.5,8],则为10分。

对于介质中的氧化剂含量,按以下规定评分:

a) 如果介质中的氧化剂含量高,则为0分;

b) 如果介质中的氧化剂含量中等,则为 4 分;

c) 如果介质中的氧化剂含量低,则为 8 分。

对于介质流速,按以下规定评分:

a) 如果介质流速<3 m/s,则为 0 分;

b) 如果介质流速>影响缓蚀剂膜稳定性的流速,则为 0 分;

c) 如果介质流速∈[3 m/s,影响缓蚀剂膜稳定性的流速],则为 3 分。

对于应力腐蚀敏感性,按以下规定评分:

a) 如果管道材料与介质形成应力腐蚀敏感性组合,则为 0 分;

b) 如果管道材料与介质不形成应力腐蚀敏感性组合,则为 4 分。

B.5.3.8.3 拟采用的内防腐措施的评分

a) 如果无内防腐措施,则为 0 分;

b) 如果计划采用内腐蚀监测,则为 2 分;

c) 如果计划注入缓蚀剂,则为 4 分;

d) 如果计划采用防腐内覆盖层,则为 8 分;

e) 如果计划采用上述两种或两种以上的措施,则为 10 分;

f) 如果不需要采取措施,则为 10 分。

B.5.4 土壤腐蚀控制的评分

B.5.4.1 概述

输气管道和输油管道按照 B.5.4.2 的规定确定土壤腐蚀控制得分,集气管道、集油管道和输送腐蚀性液体介质的工业管道按照 B.5.4.3 的规定确定土壤腐蚀控制得分,输送天然气、液化气介质的城市燃气管道按照 B.5.4.4 的规定确定土壤腐蚀控制得分,输送人工煤气介质的城市燃气管道按照B.5.4.5 的规定确定土壤腐蚀控制得分。

B.5.4.2 输气管道和输油管道土壤腐蚀控制的评分

B.5.4.2.1 概述

输气管道和输油管道土壤腐蚀控制的得分,为以下各项得分之和:

a) 环境腐蚀性调查;

b) 防腐设计;

c) 外防腐层的规定;

d) 深根植被;

e) 阴极保护系统的规定。

B.5.4.2.2 环境腐蚀性调查的评分

环境腐蚀性调查的得分,为以下各项得分之和:

a) 土壤电阻率;

b) 直流杂散电流干扰其排流措施;

c) 交流杂散电流干扰。

对于土壤电阻率,按以下规定评分:

a) 如果未进行土壤电阻率测量,则为 0 分;

b) 如果土壤电阻率<20 Ω·m,则为 0 分;

c) 如果土壤电阻率∈[20 Ω・m,50 Ω・m],则为4分;

d) 如果土壤电阻率>50 Ω・m,则为8分。

对于直流杂散电流干扰其排流措施,按照GB/T 19285确定直流杂散电流干扰程度,并按以下规定评分:

a) 如果直流杂散电流干扰程度大,并且未设置排流装置,则为0分;

b) 如果直流杂散电流干扰程度大,并且设置的排流装置不能完全满足排流的需要,则为1分;

c) 如果直流杂散电流干扰程度中或小,并且未设置排流装置,则为1分;

d) 如果直流杂散电流干扰程度中或小,并且设置的排流装置不能完全满足排流的需要,则为2分;

e) 如果设置的排流装置能满足排流的需要,则为3分;

f) 如果不存在直流杂散电流干扰,则为3分。

对于交流杂散电流干扰,按照GB/T 19285确定其干扰程度,并按以下规定评分:

a) 如果存在交流杂散电流干扰,则为0分;

b) 如果不存在交流杂散电流干扰,则为1分。

B.5.4.2.3 防腐设计的评分

防腐设计的得分,为以下各项得分之和:

a) 防腐设计单位的资质;

b) 防腐设计标准规范的选用;

c) 防腐设计的适用性。

对于防腐设计单位的资质,按以下规定评分:

a) 如果防腐设计单位不具备相应资质,则为0分;

b) 如果防腐设计单位具备相应资质,则为4分。

对于防腐设计标准规范的选用,按以下规定评分:

a) 如果管道防腐设计未按标准规范设计或采用已经作废的标准规范,则为0分;

b) 如果管道防腐设计采用现行标准规范,则为4分。

对于防腐设计的适用性,按照GB/T 19285确定防腐设计的要求,并按以下规定评分:

a) 如果外防腐层和/或阴极保护系统的设计不符合防腐设计标准规范要求,则为0分;

b) 如果外防腐层和/或阴极保护系统的设计基本符合防腐设计标准规范要求,则为5分;

c) 如果外防腐层和/或阴极保护系统的设计符合防腐设计标准规范要求,则为10分。

B.5.4.2.4 外防腐层的规定的评分

外防腐层的规定的得分,为以下各项得分之和:

a) 外防腐层制造质量控制的规定;

b) 外防腐层施工质量控制的规定。

外防腐层制造质量控制的规定的得分,为以下各项得分之和:

a) 外防腐层质量证明文件的规定;

b) 外防腐层复验的规定。

对于外防腐层质量证明文件的规定,按以下规定评分:

a） 如果无外防腐层，则为 0 分；

b） 如果未对外防腐层质量证明文件进行要求，则为 0 分；

c） 如果规定外防腐层质量证明文件必须齐全，则为 4 分；

d） 如果不需要外防腐层，则为 4 分。

对于外防腐层复验的规定，按以下规定评分：

a） 如果无外防腐层，则为 0 分；

b） 如果无防腐层复验的规定，则为 0 分；

c） 如果外防腐层复验的规定不满足 GB/T 19285 的要求，则为 0 分；

d） 如果外防腐层复验的规定满足 GB/T 19285 的要求，则为 6 分；

e） 如果不需要外防腐层，则为 6 分。

外防腐层施工质量控制的规定的得分，为以下各项得分之和：

a） 外防腐层补口补伤检验和下沟前检验的规定；

b） 外防腐层漏点检验的规定。

对于外防腐层补口补伤检验和下沟前检验的规定，按以下规定评分：

a） 如果无外防腐层，则为 0 分；

b） 如果无外防腐层补口补伤检验和下沟前检验的规定，则为 0 分；

c） 如果外防腐层补口补伤检验和下沟前检验的规定不满足 GB/T 19285 的要求，则为 0 分；

d） 如果外防腐层补口补伤检验和下沟前检验的规定满足 GB/T 19285 的要求，则为 6 分；

e） 如果不需要外防腐层，则为 6 分。

对于外防腐层漏点检验的规定，按以下规定评分：

a） 如果无外防腐层，则为 0 分；

b） 如果无防腐层漏点检验的规定，则为 0 分；

c） 如果外防腐层漏点检验的规定不满足 GB/T 19285 的要求，则为 0 分；

d） 如果外防腐层漏点检验的规定满足 GB/T 19285 的要求，则为 8 分；

e） 如果不需要外防腐层，则为 8 分。

B.5.4.2.5 深根植被的评分

a） 如果管道区段设计位置两侧各 5 m 范围内存在大量深根植物，则为 0 分；

b） 如果管道区段设计位置两侧各 5 m 范围内存在少量深根植物，则为 0.5 分；

c） 如果管道区段设计位置两侧各 5 m 范围内不存在深根植物，则为 1 分。

B.5.4.2.6 阴极保护系统的规定的评分

阴极保护系统的规定的得分，为以下各项得分之和：

a） 阴极保护系统设计文件审查；

b） 阴极保护系统制造质量控制的规定；

c） 阴极保护系统过程检验的规定；

d） 阴极保护系统投产测试的规定；

e） 阴极保护系统测试头设计间距；

对于阴极保护系统设计文件审查,按以下规定评分:

a) 如果未加阴极保护,则为0分;

b) 如果阴极保护系统设计文件未经过审查,则为0分;

c) 如果阴极保护系统设计文件审查手续不完整,则为1分;

d) 如果阴极保护系统设计文件审查手续完整,则为4分;

e) 如果不需要进行阴极保护,则为4分。

阴极保护系统制造质量控制的规定的得分,为以下各项得分之和:

a) 阴极保护系统制造单位的资质的规定;

b) 阴极保护系统质量证明文件的规定;

c) 阴极保护系统抽样复验的规定。

对于阴极保护系统制造单位的资质的规定,按以下规定评分:

a) 如果未加阴极保护,则为0分;

b) 如果未对阴极保护系统制造单位的资质进行要求,则为0分;

c) 如果规定阴极保护系统制造单位必须具备相应资质,则为1分;

d) 如果不需要进行阴极保护,则为1分。

对于阴极保护系统质量证明文件的规定,按以下规定评分:

a) 如果未加阴极保护,则为0分;

b) 如果未对阴极保护系统质量证明文件进行要求,则为0分;

c) 如果规定阴极保护系统质量证明文件必须齐全,则为2分;

d) 如果不需要进行阴极保护,则为2分。

对于阴极保护系统抽样复验的规定,按以下规定评分:

a) 如果未加阴极保护,则为0分;

b) 如果无阴极保护系统抽样复验规定,则为0分;

c) 如果阴极保护系统抽样复验规定不满足GB/T 19285的要求,则为0分;

d) 如果阴极保护系统抽样复验规定满足GB/T 19285的要求,则为3分;

e) 如果不需要进行阴极保护,则为3分。

对于阴极保护系统过程检验的规定,按以下规定评分:

a) 如果未加阴极保护,则为0分;

b) 如果无阴极保护系统过程检验规定,则为0分;

c) 如果阴极保护系统过程检验的规定不满足GB/T 19285的要求,则为0分;

d) 如果阴极保护系统过程检验的规定基本满足GB/T 19285的要求,则为3分;

e) 如果阴极保护系统过程检验的规定满足GB/T 19285的要求,则为4分;

f) 如果不需要进行阴极保护,则为4分。

对于阴极保护系统投产测试的规定,按以下规定评分:

a) 如果未加阴极保护,则为0分;

b) 如果无阴极保护系统投产测试规定,则为0分;

c) 如果阴极保护系统投产测试的规定不满足GB/T 19285的要求,则为0分;

d) 如果阴极保护系统投产测试的规定基本满足GB/T 19285的要求,则为3分;

e) 如果阴极保护系统投产测试的规定满足GB/T 19285的要求,则为5分;

f) 如果不需要进行阴极保护,则为5分。

对于阴极保护系统测试头设计间距,按以下规定评分:

a) 如果未加阴极保护,则为0分;

b) 如果测试头设计间距>3 km,则为0分;

c) 如果测试头设计间距∈[2 km,3 km],或有部分交叉管道和套管未监控,则为0分;

d) 如果测试头设计间距<2 km,并且对管道附近所有地下金属设施监控,则为1分;

e) 如果不需要进行阴极保护,则为1分。

B.5.4.3 集气管道、集油管道和输送腐蚀性液体介质的工业管道土壤腐蚀控制的评分

B.5.4.3.1 概述

集气管道、集油管道和输送腐蚀性液体介质的工业管道土壤腐蚀控制的得分,为以下各项得分之和:

a) 环境腐蚀性调查;

b) 防腐设计;

c) 外防腐层的规定;

d) 深根植被;

e) 阴极保护系统的规定。

B.5.4.3.2 环境腐蚀性调查的评分

环境腐蚀性调查的得分,为以下各项得分之和:

a) 土壤电阻率;

b) 直流杂散电流干扰其排流措施;

c) 交流杂散电流干扰。

对于土壤电阻率,按以下规定评分:

a) 如果未进行土壤电阻率测量,则为0分;

b) 如果土壤电阻率<20 Ω·m,则为0分;

c) 如果土壤电阻率∈[20 Ω·m,50 Ω·m],则为1.5分;

d) 如果土壤电阻率>50 Ω·m,则为3分。

对于直流杂散电流干扰其排流措施,按照GB/T 19285确定直流杂散电流干扰程度,并按以下规定评分:

a) 如果直流杂散电流干扰程度大,并且未设置排流装置,则为0分;

b) 如果直流杂散电流干扰程度大,并且设置的排流装置不能完全满足排流的需要,则为0.5分;

c) 如果直流杂散电流干扰程度中或小,并且未设置排流装置,则为0.5分;

d) 如果直流杂散电流干扰程度中或小,并且设置的排流装置不能完全满足排流的需要,则为1分;

e) 如果设置的排流装置能满足排流的需要,则为2分;

f) 如果不存在直流杂散电流干扰,则为2分。

对于交流杂散电流干扰,按照GB/T 19285确定其干扰程度,并按以下规定评分:

a) 如果存在交流杂散电流干扰,则为0分;

b） 如果不存在交流杂散电流干扰，则为1分。

B.5.4.3.3 防腐设计的评分

防腐设计的得分，为以下各项得分之和：

a） 防腐设计单位的资质；

b） 防腐设计标准规范的选用；

c） 防腐设计的适用性。

对于防腐设计单位的资质，按以下规定评分：

a） 如果防腐设计单位不具备相应资质，则为0分；

b） 如果防腐设计单位具备相应资质，则为1分。

对于防腐设计标准规范的选用，按以下规定评分：

a） 如果管道防腐设计未按标准规范设计或采用已经作废的标准规范，则为0分；

b） 如果管道防腐设计采用现行标准规范，则为2分。

对于防腐设计的适用性，按照GB/T 19285确定防腐设计的要求，并按以下规定评分：

a） 如果外防腐层和/或阴极保护系统的设计不符合防腐设计标准规范要求，则为0分；

b） 如果外防腐层和/或阴极保护系统的设计基本符合防腐设计标准规范要求，则为2分；

c） 如果外防腐层和/或阴极保护系统的设计符合防腐设计标准规范要求，则为4分。

B.5.4.3.4 外防腐层的规定的评分

外防腐层的规定的得分，为以下各项得分之和：

a） 外防腐层制造质量控制的规定；

b） 外防腐层施工质量控制的规定。

外防腐层制造质量控制的规定的得分，为以下各项得分之和：

a） 外防腐层质量证明文件的规定；

b） 外防腐层复验的规定。

对于外防腐层质量证明文件的规定，按以下规定评分：

a） 如果无外防腐层，则为0分；

b） 如果未对外防腐层质量证明文件进行要求，则为0分；

c） 如果规定外防腐层质量证明文件必须齐全，则为1分；

d） 如果不需要外防腐层，则为1分。

对于外防腐层复验的规定，按以下规定评分：

a） 如果无外防腐层，则为0分；

b） 如果无防腐层复验的规定，则为0分；

c） 如果外防腐层复验的规定不满足GB/T 19285的要求，则为0分；

d） 如果外防腐层复验的规定满足GB/T 19285的要求，则为3分；

e） 如果不需要外防腐层，则为3分。

外防腐层施工质量控制的规定的得分，为以下各项得分之和：

a） 外防腐层补口补伤检验和下沟前检验的规定；

b） 外防腐层漏点检验的规定。

对于外防腐层补口补伤检验和下沟前检验的规定，按以下规定评分：

a） 如果无外防腐层,则为0分;
b） 如果无外防腐层补口补伤检验和下沟前检验的规定,则为0分;
c） 如果外防腐层补口补伤检验和下沟前检验的规定不满足GB/T 19285的要求,则为0分;
d） 如果外防腐层补口补伤检验和下沟前检验的规定满足GB/T 19285的要求,则为3分;
e） 如果不需要外防腐层,则为3分。

对于外防腐层漏点检验的规定,按以下规定评分:
a） 如果无外防腐层,则为0分;
b） 如果无防腐层漏点检验的规定,则为0分;
c） 如果外防腐层漏点检验的规定不满足GB/T 19285的要求,则为0分;
d） 如果外防腐层漏点检验的规定满足GB/T 19285的要求,则为5分;
e） 如果不需要外防腐层,则为5分。

B.5.4.3.5 深根植被的评分

a） 如果管道区段设计位置两侧各5 m范围内存在大量深根植物,则为0分;
b） 如果管道区段设计位置两侧各5 m范围内存在少量深根植物,则为0.5分;
c） 如果管道区段设计位置两侧各5 m范围内不存在深根植物,则为1分。

B.5.4.3.6 阴极保护系统的规定的评分

阴极保护系统的规定的得分,为以下各项得分之和:
a） 阴极保护系统设计文件审查;
b） 阴极保护系统制造质量控制的规定;
c） 阴极保护系统过程检验的规定;
d） 阴极保护系统投产测试的规定;
e） 阴极保护系统测试头设计间距。

对于阴极保护系统设计文件审查,按以下规定评分:
a） 如果未加阴极保护,则为0分;
b） 如果阴极保护系统设计文件未经过审查,则为0分;
c） 如果阴极保护系统设计文件审查手续不完整,则为1分;
d） 如果阴极保护系统设计文件审查手续完整,则为2分;
e） 如果不需要进行阴极保护,则为2分。

阴极保护系统制造质量控制的规定的得分,为以下各项得分之和:
a） 阴极保护系统制造单位的资质的规定;
b） 阴极保护系统质量证明文件的规定;
c） 阴极保护系统抽样复验的规定。

对于阴极保护系统制造单位的资质的规定,按以下规定评分:
a） 如果未加阴极保护,则为0分;
b） 如果未对阴极保护系统制造单位的资质进行要求,则为0分;
c） 如果规定阴极保护系统制造单位必须具备相应资质,则为1分;

d) 如果不需要进行阴极保护,则为1分。

对于阴极保护系统质量证明文件的规定,按以下规定评分:

a) 如果未加阴极保护,则为0分;

b) 如果未对阴极保护系统质量证明文件进行要求,则为0分;

c) 如果规定阴极保护系统质量证明文件必须齐全,则为1分;

d) 如果不需要进行阴极保护,则为1分。

对于阴极保护系统抽样复验的规定,按以下规定评分:

a) 如果未加阴极保护,则为0分;

b) 如果无阴极保护系统抽样复验规定,则为0分;

c) 如果阴极保护系统抽样复验规定不满足GB/T 19285的要求,则为0分;

d) 如果阴极保护系统抽样复验规定满足GB/T 19285的要求,则为2分;

e) 如果不需要进行阴极保护,则为2分。

对于阴极保护系统过程检验的规定,按以下规定评分:

a) 如果未加阴极保护,则为0分;

b) 如果无阴极保护系统过程检验规定,则为0分;

c) 如果阴极保护系统过程检验的规定不满足GB/T 19285的要求,则为0分;

d) 如果阴极保护系统过程检验的规定基本满足GB/T 19285的要求,则为1.5分;

e) 如果阴极保护系统过程检验的规定满足GB/T 19285的要求,则为3分;

f) 如果不需要进行阴极保护,则为3分。

对于阴极保护系统投产测试的规定,按以下规定评分:

a) 如果未加阴极保护,则为0分;

b) 如果无阴极保护系统投产测试规定,则为0分;

c) 如果阴极保护系统投产测试的规定不满足GB/T 19285的要求,则为0分;

d) 如果阴极保护系统投产测试的规定基本满足GB/T 19285的要求,则为2分;

e) 如果阴极保护系统投产测试的规定满足GB/T 19285的要求,则为4分;

f) 如果不需要进行阴极保护,则为4分。

对于阴极保护系统测试头设计间距,按以下规定评分:

a) 如果未加阴极保护,则为0分;

b) 如果测试头设计间距>3 km,则为0分;

c) 如果测试头设计间距∈[2 km,3 km],或有部分交叉管道和套管未监控,则为0分;

d) 如果测试头设计间距<2 km,并且对管道附近所有地下金属设施监控,则为1分;

e) 如果不需要进行阴极保护,则为1分。

B.5.4.4 输送天然气、液化气介质的城市燃气管道土壤腐蚀控制的评分

B.5.4.4.1 概述

输送天然气、液化气介质的城市燃气管道土壤腐蚀控制的得分,为以下各项得分之和:

a) 环境腐蚀性调查;

b) 防腐设计;

c) 外防腐层的规定;

d) 深根植被;

e) 阴极保护系统的规定。

B.5.4.4.2 环境腐蚀性调查的评分

环境腐蚀性调查的得分,为以下各项得分之和:

a) 土壤电阻率;

b) 直流杂散电流干扰其排流措施;

c) 交流杂散电流干扰。

对于土壤电阻率,按以下规定评分:

a) 如果未进行土壤电阻率测量,则为0分;

b) 如果土壤电阻率<20 Ω·m,则为0分;

c) 如果土壤电阻率∈[20 Ω·m,50 Ω·m],则为4分;

d) 如果土壤电阻率>50 Ω·m,则为9分。

对于直流杂散电流干扰其排流措施,按照GB/T 19285确定直流杂散电流干扰程度,并按以下规定评分:

a) 如果直流杂散电流干扰程度大,并且未设置排流装置,则为0分;

b) 如果直流杂散电流干扰程度大,并且设置的排流装置不能完全满足排流的需要,则为1分;

c) 如果直流杂散电流干扰程度中或小,并且未设置排流装置,则为1分;

d) 如果直流杂散电流干扰程度中或小,并且设置的排流装置不能完全满足排流的需要,则为2分;

e) 如果设置的排流装置能满足排流的需要,则为4分;

f) 如果不存在直流杂散电流干扰,则为4分。

对于交流杂散电流干扰,按照GB/T 19285确定其干扰程度,并按以下规定评分:

a) 如果存在交流杂散电流干扰,则为0分;

b) 如果不存在交流杂散电流干扰,则为2分。

B.5.4.4.3 防腐设计的评分

防腐设计的得分,为以下各项得分之和:

a) 防腐设计单位的资质;

b) 防腐设计标准规范的选用;

c) 防腐设计的适用性。

对于防腐设计单位的资质,按以下规定评分:

a) 如果防腐设计单位不具备相应资质,则为0分;

b) 如果防腐设计单位具备相应资质,则为5分。

对于防腐设计标准规范的选用,按以下规定评分:

a) 如果管道防腐设计未按标准规范设计或采用已经作废的标准规范,则为0分;

b) 如果管道防腐设计采用现行标准规范,则为5分。

对于防腐设计的适用性,按照GB/T 19285确定防腐设计的要求,并按以下规定评分:

a) 如果外防腐层和/或阴极保护系统的设计不符合防腐设计标准规范要求,则为0分;

b) 如果外防腐层和/或阴极保护系统的设计基本符合防腐设计标准规范要求,则为5分;

c) 如果外防腐层和/或阴极保护系统的设计符合防腐设计标准规范要求,则为 10 分。

B.5.4.4.4 外防腐层的规定的评分

外防腐层的规定的得分,为以下各项得分之和:

a) 外防腐层制造质量控制的规定;

b) 外防腐层施工质量控制的规定。

外防腐层制造质量控制的规定的得分,为以下各项得分之和:

a) 外防腐层质量证明文件的规定;

b) 外防腐层复验的规定。

对于外防腐层质量证明文件的规定,按以下规定评分:

a) 如果无外防腐层,则为 0 分;

b) 如果未对外防腐层质量证明文件进行要求,则为 0 分;

c) 如果规定外防腐层质量证明文件必须齐全,则为 4 分;

d) 如果不需要外防腐层,则为 4 分。

对于外防腐层复验的规定,按以下规定评分:

a) 如果无外防腐层,则为 0 分;

b) 如果无防腐层复验的规定,则为 0 分;

c) 如果外防腐层复验的规定不满足 GB/T 19285 的要求,则为 0 分;

d) 如果外防腐层复验的规定满足 GB/T 19285 的要求,则为 6 分;

e) 如果不需要外防腐层,则为 6 分。

外防腐层施工质量控制的规定的得分,为以下各项得分之和:

a) 外防腐层补口补伤检验和下沟前检验的规定;

b) 外防腐层漏点检验的规定。

对于外防腐层补口补伤检验和下沟前检验的规定,按以下规定评分:

a) 如果无外防腐层,则为 0 分;

b) 如果无外防腐层补口补伤检验和下沟前检验的规定,则为 0 分;

c) 如果外防腐层补口补伤检验和下沟前检验的规定不满足 GB/T 19285 的要求,则为 0 分;

d) 如果外防腐层补口补伤检验和下沟前检验的规定满足 GB/T 19285 的要求,则为 6 分;

e) 如果不需要外防腐层,则为 6 分。

对于外防腐层漏点检验的规定,按以下规定评分:

a) 如果无外防腐层,则为 0 分;

b) 如果无防腐层漏点检验的规定,则为 0 分;

c) 如果外防腐层漏点检验的规定不满足 GB/T 19285 的要求,则为 0 分;

d) 如果外防腐层漏点检验的规定满足 GB/T 19285 的要求,则为 8 分;

e) 如果不需要外防腐层,则为 8 分。

B.5.4.4.5 深根植被的评分

a) 如果管道区段设计位置两侧各 5 m 范围内存在大量深根植物,则为 0 分;

b) 如果管道区段设计位置两侧各 5 m 范围内存在少量深根植物,则为 0.5 分;

c) 如果管道区段设计位置两侧各 5 m 范围内不存在深根植物,则为 1 分。

B.5.4.4.6 阴极保护系统的规定的评分

阴极保护系统的规定的得分,为以下各项得分之和:

a) 阴极保护系统设计文件审查;

b) 阴极保护系统制造质量控制的规定;

c) 阴极保护系统过程检验的规定;

d) 阴极保护系统投产测试的规定;

e) 阴极保护系统测试头设计间距。

对于阴极保护系统设计文件审查,按以下规定评分:

a) 如果未加阴极保护,则为 0 分;

b) 如果阴极保护系统设计文件未经过审查,则为 0 分;

c) 如果阴极保护系统设计文件审查手续不完整,则为 2 分;

d) 如果阴极保护系统设计文件审查手续完整,则为 4 分;

e) 如果不需要进行阴极保护,则为 4 分。

阴极保护系统制造质量控制的规定的得分,为以下各项得分之和:

a) 阴极保护系统制造单位的资质的规定;

b) 阴极保护系统质量证明文件的规定;

c) 阴极保护系统抽样复验的规定。

对于阴极保护系统制造单位的资质的规定,按以下规定评分:

a) 如果未加阴极保护,则为 0 分;

b) 如果未对阴极保护系统制造单位的资质进行要求,则为 0 分;

c) 如果规定阴极保护系统制造单位必须具备相应资质,则为 1 分;

d) 如果不需要进行阴极保护,则为 1 分。

对于阴极保护系统质量证明文件的规定,按以下规定评分:

a) 如果未加阴极保护,则为 0 分;

b) 如果未对阴极保护系统质量证明文件进行要求,则为 0 分;

c) 如果规定阴极保护系统质量证明文件必须齐全,则为 2 分;

d) 如果不需要进行阴极保护,则为 2 分。

对于阴极保护系统抽样复验的规定,按以下规定评分:

a) 如果未加阴极保护,则为 0 分;

b) 如果无阴极保护系统抽样复验规定,则为 0 分;

c) 如果阴极保护系统抽样复验规定不满足 GB/T 19285 的要求,则为 0 分;

d) 如果阴极保护系统抽样复验规定满足 GB/T 19285 的要求,则为 3 分;

e) 如果不需要进行阴极保护,则为 3 分。

对于阴极保护系统过程检验的规定,按以下规定评分:

a) 如果未加阴极保护,则为 0 分;

b) 如果无阴极保护系统过程检验规定,则为 0 分;

c) 如果阴极保护系统过程检验的规定不满足 GB/T 19285 的要求,则为 0 分;

d) 如果阴极保护系统过程检验的规定基本满足 GB/T 19285 的要求,则为 2 分;

e) 如果阴极保护系统过程检验的规定满足 GB/T 19285 的要求,则为 4 分;

f) 如果不需要进行阴极保护,则为 4 分。

对于阴极保护系统投产测试的规定,按以下规定评分:

a) 如果未加阴极保护,则为 0 分;

b) 如果无阴极保护系统投产测试规定,则为 0 分;

c) 如果阴极保护系统投产测试的规定不满足 GB/T 19285 的要求,则为 0 分;

d) 如果阴极保护系统投产测试的规定基本满足 GB/T 19285 的要求,则为 2 分;

e) 如果阴极保护系统投产测试的规定满足 GB/T 19285 的要求,则为 5 分;

f) 如果不需要进行阴极保护,则为 5 分。

对于阴极保护系统测试头设计间距,按以下规定评分:

a) 如果未加阴极保护,则为 0 分;

b) 如果测试头设计间距>3 km,则为 0 分;

c) 如果测试头设计间距∈[2 km,3 km],或有部分交叉管道和套管未监控,则为 0 分;

d) 如果测试头设计间距<2 km,并且对管道附近所有地下金属设施监控,则为 1 分;

e) 如果不需要进行阴极保护,则为 1 分。

B.5.4.5 输送人工煤气介质的城市燃气管道土壤腐蚀控制的评分

B.5.4.5.1 概述

输送人工煤气介质的城市燃气管道土壤腐蚀控制的得分,为以下各项得分之和:

a) 环境腐蚀性调查;

b) 防腐设计;

c) 外防腐层的规定;

d) 深根植被;

e) 阴极保护系统的规定。

B.5.4.5.2 环境腐蚀性调查的评分

环境腐蚀性调查的得分,为以下各项得分之和:

a) 土壤电阻率;

b) 直流杂散电流干扰其排流措施;

c) 交流杂散电流干扰。

对于土壤电阻率,按以下规定评分:

a) 如果未进行土壤电阻率测量,则为 0 分;

b) 如果土壤电阻率<20 Ω·m,则为 0 分;

c) 如果土壤电阻率∈[20 Ω·m,50 Ω·m],则为 4 分;

d) 如果土壤电阻率>50 Ω·m,则为 8 分。

对于直流杂散电流干扰其排流措施,按照 GB/T 19285 确定直流杂散电流干扰程度,并按以下规定评分:

a) 如果直流杂散电流干扰程度大,并且未设置排流装置,则为 0 分;

b) 如果直流杂散电流干扰程度大,并且设置的排流装置不能完全满足排流的需要,则为

1 分;

c) 如果直流杂散电流干扰程度中或小,并且未设置排流装置,则为 1 分;

d) 如果直流杂散电流干扰程度中或小,并且设置的排流装置不能完全满足排流的需要,则为 2 分;

e) 如果设置的排流装置能满足排流的需要,则为 3 分;

f) 如果不存在直流杂散电流干扰,则为 3 分。

对于交流杂散电流干扰,按照 GB/T 19285 确定其干扰程度,并按以下规定评分:

a) 如果存在交流杂散电流干扰,则为 0 分;

b) 如果不存在交流杂散电流干扰,则为 1 分。

B.5.4.5.3 防腐设计的评分

防腐设计的得分,为以下各项得分之和:

a) 防腐设计单位的资质;

b) 防腐设计标准规范的选用;

c) 防腐设计的适用性。

对于防腐设计单位的资质,按以下规定评分:

a) 如果防腐设计单位不具备相应资质,则为 0 分;

b) 如果防腐设计单位具备相应资质,则为 4 分。

对于防腐设计标准规范的选用,按以下规定评分:

a) 如果管道防腐设计未按标准规范设计或采用已经作废的标准规范,则为 0 分;

b) 如果管道防腐设计采用现行标准规范,则为 4 分。

对于防腐设计的适用性,按照 GB/T 19285 确定防腐设计的要求,并按以下规定评分:

a) 如果外防腐层和/或阴极保护系统的设计不符合防腐设计标准规范要求,则为 0 分;

b) 如果外防腐层和/或阴极保护系统的设计基本符合防腐设计标准规范要求,则为 5 分;

c) 如果外防腐层和/或阴极保护系统的设计符合防腐设计标准规范要求,则为 10 分。

B.5.4.5.4 外防腐层的规定的评分

外防腐层的规定的得分,为以下各项得分之和:

a) 外防腐层制造质量控制的规定;

b) 外防腐层施工质量控制的规定。

外防腐层制造质量控制的规定的得分,为以下各项得分之和:

a) 外防腐层质量证明文件的规定;

b) 外防腐层复验的规定。

对于外防腐层质量证明文件的规定,按以下规定评分:

a) 如果无外防腐层,则为 0 分;

b) 如果未对外防腐层质量证明文件进行要求,则为 0 分;

c) 如果规定外防腐层质量证明文件必须齐全,则为 3 分;

d) 如果不需要外防腐层,则为 3 分。

对于外防腐层复验的规定,按以下规定评分:

a) 如果无外防腐层,则为 0 分;

b） 如果无防腐层复验的规定，则为 0 分；

c） 如果外防腐层复验的规定不满足 GB/T 19285 的要求，则为 0 分；

d） 如果外防腐层复验的规定满足 GB/T 19285 的要求，则为 5 分；

e） 如果不需要外防腐层，则为 5 分。

外防腐层施工质量控制的规定的得分，为以下各项得分之和：

a） 外防腐层补口补伤检验和下沟前检验的规定；

b） 外防腐层漏点检验的规定。

对于外防腐层补口补伤检验和下沟前检验的规定，按以下规定评分：

a） 如果无外防腐层，则为 0 分；

b） 如果无外防腐层补口补伤检验和下沟前检验的规定，则为 0 分；

c） 如果外防腐层补口补伤检验和下沟前检验的规定不满足 GB/T 19285 的要求，则为 0 分；

d） 如果外防腐层补口补伤检验和下沟前检验的规定满足 GB/T 19285 的要求，则为 5 分；

e） 如果不需要外防腐层，则为 5 分。

对于外防腐层漏点检验的规定，按以下规定评分：

a） 如果无外防腐层，则为 0 分；

b） 如果无防腐层漏点检验的规定，则为 0 分；

c） 如果外防腐层漏点检验的规定不满足 GB/T 19285 的要求，则为 0 分；

d） 如果外防腐层漏点检验的规定满足 GB/T 19285 的要求，则为 8 分；

e） 如果不需要外防腐层，则为 8 分。

B.5.4.5.5 深根植被的评分

a） 如果管道区段设计位置两侧各 5 m 范围内存在大量深根植物，则为 0 分；

b） 如果管道区段设计位置两侧各 5 m 范围内存在少量深根植物，则为 0.5 分；

c） 如果管道区段设计位置两侧各 5 m 范围内不存在深根植物，则为 1 分。

B.5.4.5.6 阴极保护系统的规定的评分

阴极保护系统的规定的得分，为以下各项得分之和：

a） 阴极保护系统设计文件审查；

b） 阴极保护系统制造质量控制的规定；

c） 阴极保护系统过程检验的规定；

d） 阴极保护系统投产测试的规定；

e） 阴极保护系统测试头设计间距。

对于阴极保护系统设计文件审查，按以下规定评分：

a） 如果未加阴极保护，则为 0 分；

b） 如果阴极保护系统设计文件未经过审查，则为 0 分；

c） 如果阴极保护系统设计文件审查手续不完整，则为 1 分；

d） 如果阴极保护系统设计文件审查手续完整，则为 3 分；

e） 如果不需要进行阴极保护，则为 3 分。

阴极保护系统制造质量控制的规定的得分,为以下各项得分之和:

a) 阴极保护系统制造单位的资质的规定;

b) 阴极保护系统质量证明文件的规定;

c) 阴极保护系统抽样复验的规定。

对于阴极保护系统制造单位的资质的规定,按以下规定评分:

a) 如果未加阴极保护,则为0分;

b) 如果未对阴极保护系统制造单位的资质进行要求,则为0分;

c) 如果规定阴极保护系统制造单位必须具备相应资质,则为1分;

d) 如果不需要进行阴极保护,则为1分。

对于阴极保护系统质量证明文件的规定,按以下规定评分:

a) 如果未加阴极保护,则为0分;

b) 如果未对阴极保护系统质量证明文件进行要求,则为0分;

c) 如果规定阴极保护系统质量证明文件必须齐全,则为1分;

d) 如果不需要进行阴极保护,则为1分。

对于阴极保护系统抽样复验的规定,按以下规定评分:

a) 如果未加阴极保护,则为0分;

b) 如果无阴极保护系统抽样复验规定,则为0分;

c) 如果阴极保护系统抽样复验规定不满足GB/T 19285的要求,则为0分;

d) 如果阴极保护系统抽样复验规定满足GB/T 19285的要求,则为3分;

e) 如果不需要进行阴极保护,则为3分。

对于阴极保护系统过程检验的规定,按以下规定评分:

a) 如果未加阴极保护,则为0分;

b) 如果无阴极保护系统过程检验规定,则为0分;

c) 如果阴极保护系统过程检验的规定不满足GB/T 19285的要求,则为0分;

d) 如果阴极保护系统过程检验的规定基本满足GB/T 19285的要求,则为2分;

e) 如果阴极保护系统过程检验的规定满足GB/T 19285的要求,则为4分;

f) 如果不需要进行阴极保护,则为4分。

对于阴极保护系统投产测试的规定,按以下规定评分:

a) 如果未加阴极保护,则为0分;

b) 如果无阴极保护系统投产测试规定,则为0分;

c) 如果阴极保护系统投产测试的规定不满足GB/T 19285的要求,则为0分;

d) 如果阴极保护系统投产测试的规定基本满足GB/T 19285的要求,则为2分;

e) 如果阴极保护系统投产测试的规定满足GB/T 19285的要求,则为5分;

f) 如果不需要进行阴极保护,则为5分。

对于阴极保护系统测试头设计间距,按以下规定评分:

a) 如果未加阴极保护,则为0分;

b) 如果测试头设计间距>3 km,则为0分;

c) 如果测试头设计间距∈[2 km,3 km],或有部分交叉管道和套管未监控,则为0分;

d) 如果测试头设计间距<2 km,并且对管道附近所有地下金属设施监控,则为1分;

e) 如果不需要进行阴极保护,则为1分。

附　录　C
（规范性附录）
埋地钢质管道竣工交付阶段失效可能性评分基本模型

C.1　一般要求

本附录提出了埋地钢质管道竣工交付阶段失效可能性评分基本模型，从第三方破坏、腐蚀、设备（装置）及人员培训、管道本质安全质量四个方面对埋地钢质管道竣工交付阶段失效可能性进行半定量评分。

每个方面的得分为其下设的一个或多个评分项得分之和，下设子评分项的评分项的得分为其下设所有子评分项得分之和。从每个评分项或子评分项下设的各列项中单一选择最接近实际情况的列项，从而确定该评分项或子评分项的得分。

C.2　第三方破坏的评分

C.2.1　概述

输气管道、集气管道、输油管道和集油管道按照 C.2.2 的规定确定第三方破坏的得分，城市燃气管道和输送腐蚀性液体介质的工业管道按照 C.2.3 的规定确定第三方破坏的得分。

C.2.2　输气管道、集气管道、输油管道和集油管道第三方破坏的评分

C.2.2.1　概述

输气管道、集气管道、输油管道和集油管道第三方破坏的得分，为以下各项得分之和：

a）地面活动水平；

b）埋深；

c）地面装置及其保护措施；

d）占压；

e）管道施工带条件；

f）巡线；

g）对公众进行管道安全教育的计划；

h）公众对管道的保护意识。

C.2.2.2　地面活动水平的评分

C.2.2.2.1　概述

地面活动水平的得分，为以下各项得分之和：

a）地区等级；

b）地面活动频繁程度。

C.2.2.2.2　地区等级的评分

按照 GB 50251—2003 确定管道区段沿线地区等级：

a）如果是四级地区，则为 0 分；

b）如果是三级地区，则为 2 分；

c） 如果是二级地区，则为 4 分；

d） 如果是一级地区，则为 6 分。

C.2.2.2.3 地面活动频繁程度的评分

地面活动频繁程度的得分，为以下各项得分之和：

a） 建设活动；

b） 交通繁忙程度；

c） 农业生产活动；

d） 地质勘探活动；

e） 野生动物活动。

建设活动的得分，为以下各项得分之和：

a） 建设活动频繁程度；

b） 对建设活动施工单位的技术交底。

对于建设活动频繁程度，按以下规定进行评分：

a） 如果管道区段位于矿藏开发及重工业生产地区，则为 0 分；

b） 如果管道区段位于在建的经济技术开发区，则为 1 分；

c） 如果管道区段位于经常对周围地下设施进行维护的地区，则为 1.5 分；

d） 如果管道区段位于附近有清理水沟，修围墙等维护活动的地区，则为 2 分；

e） 如果管道区段位于没有建设活动的地区，则为 3 分。

对于对建设活动施工单位的技术交底，按以下规定进行评分：

a） 如果未交底，则为 0 分；

b） 如果进行图纸交底，则为 1 分；

c） 如果进行现场交底，则为 3 分。

对于交通繁忙程度，按以下规定进行评分：

a） 如果管道区段附近有铁路、公路交通主干线，则为 0 分；

b） 如果管道区段附近有公路交通干线，则为 1 分；

c） 如果管道区段附近有公路交通线、乡村公路、机耕道，则为 3 分；

d） 如果管道区段附近几乎没有车辆通行，则为 4 分。

对于农业生产活动，按以下规定进行评分：

a） 如果在管道区段上方进行大型机械化耕种，打苕沟，犁地等较深挖掘，则为 0 分；

b） 如果在管道区段上有少量挖掘深度小于 500 mm 的浅土层农作物，则为 2 分；

c） 如果在管道区段上无农业生产活动，则为 3 分。

对于地质勘探活动，按以下规定进行评分：

a） 如果管道区段附近有地质勘探活动，则为 0 分；

b） 如果管道区段附近无地质勘探活动，则为 2 分。

对于野生动物活动，按以下规定进行评分：

a） 如果管道区段附近有老鼠打洞等野生动物活动，则为 0 分；

b) 如果管道区段附近无老鼠打洞等野生动物活动,则为1分。

C.2.2.3 埋深的评分

C.2.2.3.1 概述

对非水下穿越管道,按照C.2.2.3.2的规定确定埋深的得分,对水下穿越管道,按照C.2.2.3.3的规定确定埋深的得分。

C.2.2.3.2 非水下穿越管道埋深的评分

a) 如果是跨越段或露管段,则为0分;

b) 如果是埋地段,则按照式(C.1)计算陆地管道埋深的得分。

$$\mathrm{Min}\left(\frac{d_3}{64},25\right) \qquad \cdots\cdots\cdots\cdots (\mathrm{C.1})$$

各种保护措施按以下规定折算为覆土层厚度:

a) 每50 mm水泥保护层相当于增加200 mm的覆土厚度;

b) 每100 mm水泥保护层相当于增加300 mm的覆土厚度;

c) 管道套管相当于增加600 mm的覆土厚度;

d) 加强水泥盖板相当于增加600 mm的覆土厚度;

e) 警告标志带相当于增加150 mm覆土厚度;

f) 网栏围住相当于增加460 mm覆土厚度。

C.2.2.3.3 水下穿越管道埋深的评分

水下穿越管道设计埋深的得分,为以下各项得分之和:

a) 可通航河道河底土壤表面(河床表面)与航船底面距离或未通航河道的水深;

b) 在河底的土壤埋深;

c) 保护措施。

对于可通航河道河底土壤表面(河床表面)与航船底面距离或未通航河道的水深,按以下规定评分:

a) 如果上述距离或深度∈[0 m~0.5 m),则为0分;

b) 如果上述距离或深度∈[0.5 m~1.0 m),则为2分;

c) 如果上述距离或深度∈[1.0 m~1.5 m),则为3分;

d) 如果上述距离或深度∈[1.5 m~2.0 m),则为4分;

e) 如果上述距离或深度≥2.0 m,则为6分。

对于在河底的土壤埋深,按以下规定评分:

a) 如果埋深∈[0 m~0.5 m),则为0分;

b) 如果埋深∈[0.5 m~1.0 m),则为3分;

c) 如果埋深∈[1.0 m~1.5 m),则为6分;

d) 如果埋深∈[1.5 m~2.0 m),则为9分;

e) 如果埋深≥2.0 m,则为12分。

对于保护措施,按以下规定评分:

a) 如果无保护措施,则为0分;

b) 如果采用石笼稳管、加设固定墩等稳管措施,则为4分;

c) 如果采用30 mm以上水泥保护层或其他能达到同样加固效果的措施,则为7分。

C.2.2.4 地面装置及其保护措施的评分

C.2.2.4.1 概述

地面装置及其保护措施的得分,为以下各项得分之和：

a） 地面装置与公路的距离；

b） 地面装置的围栏；

c） 地面装置的沟渠；

d） 地面装置的警示标志符号。

C.2.2.4.2 地面装置与公路的距离的评分

a） 如果地面装置与公路的距离不大于 15 m,则为 0 分；

b） 如果地面装置与公路的距离大于 15 m,则为 5 分；

c） 如果无地面装置,则为 5 分。

C.2.2.4.3 地面装置的围栏的评分

a） 如果地面装置没有保护围栏或者粗壮的树将装置与路隔离,则为 0 分；

b） 如果地面装置设有保护围栏或者粗壮的树将装置与路隔离,则为 3 分；

c） 如果无地面装置,则为 3 分。

C.2.2.4.4 地面装置的沟渠的评分

a） 如果地面装置与道路之间无不低于 1.2 m 深的沟渠,则为 0 分；

b） 如果地面装置与道路之间有不低于 1.2 m 深的沟渠,则为 3 分；

c） 如果无地面装置,则为 3 分。

C.2.2.4.5 地面装置的警示标志符号的评分

a） 如果地面装置无警示标志符号,则为 0 分；

b） 如果地面装置有警示标志符号,则为 1 分；

c） 如果无地面装置,则为 1 分。

C.2.2.5 占压的评分

a） 如果管道区段上占压现象严重(5 处以上),则为 0 分；

b） 如果管道区段上存在占压管道的现象(1～4 处),则为 3 分；

c） 如果管道区段上无占压现象,则为 6 分。

C.2.2.6 管道施工带条件的评分

a） 如果管道区段处于茂密的树林中或大块农田中,无法准确确认其位置,无任何标志,则为 0 分；

b） 如果有部分标志,但确定管道区段位置比较困难,则为 2 分；

c） 如果管道区段走向清晰可见,则为 4 分。

C.2.2.7 巡线的评分

C.2.2.7.1 概述

巡线的得分,为以下各项得分之和：

a） 巡线频率；

b） 巡线方式；

c） 线民密度。

C.2.2.7.2 巡线频率的评分

a） 如果从来不巡线，则为0分；

b） 如果巡线频率∈(0，每月1次]，则为1分；

c） 如果巡线频率∈(每月1次，每月2次]，则为3分；

d） 如果巡线频率∈(每月2次，每周1次]，则为4分；

e） 如果巡线频率∈(每周1次，每两日1次]，则为5分；

f） 如果巡线频率∈(每两日1次，每日1次]，则为6分；

g） 如果聘有随时报告员，则为7分。

C.2.2.7.3 巡线方式的评分

a） 如果巡检乘车方便的管段，则为0分；

b） 如果巡检建设、挖掘频繁的管段，则为1分；

c） 如果逐一村社巡线，则为2分；

d） 如果沿管道区段逐步巡线，则为3分。

C.2.2.7.4 线民密度的评分

a） 如果没有人随时向管道操作员报告管道沿线的破坏行为，则为0分；

b） 如果随时报告管道沿线情况的线民密度∈(0，1人/10 km]，则为1分；

c） 如果随时报告管道沿线情况的线民密度∈(1人/10 km，1人/5 km]，则为2分；

d） 如果随时报告管道沿线情况的线民密度∈(1人/5 km，1人/1 km]，则为3分；

e） 如果管道巡线工能与随时报告管道沿线情况的线民有固定、可靠的联系，则为4分。

C.2.2.8 对公众进行管道安全教育的计划的评分

C.2.2.8.1 概述

对公众进行管道安全教育的计划的得分为以下各得分之和：

a） 与当地建筑商及其分包商会晤的计划；

b） 向当地可能的承包商、挖掘者发放宣传资料的计划；

c） 每年与当地干部举行联席会的计划；

d） 对社会团体进行定期教育的计划；

e） 与村镇签订联防协议的计划；

f） 给管道经过地区居民发放宣传资料的计划；

g） 对村民进行挨家挨户宣传教育的计划；

h） 张贴或书写宣传标语的计划。

C.2.2.8.2 与当地建筑商及其分包方会晤的计划的评分

a） 如果无此计划，则为0分；

b） 如果有此计划，则为1分。

C.2.2.8.3 向当地可能的承包商、挖掘者发放宣传资料的计划的评分

a） 如果无此计划，则为0分；

b) 如果有此计划,则为1分。

C.2.2.8.4 每年与当地干部举行联席会的计划的评分

a) 如果无此计划,则为0分;
b) 如果有此计划,则为1分。

C.2.2.8.5 对社会团体进行定期教育的计划的评分

a) 如果无此计划,则为0分;
b) 如果有此计划,则为1分。

C.2.2.8.6 与村镇签订联防协议的计划的评分

a) 如果无此计划,则为0分;
b) 如果有此计划,则为1分。

C.2.2.8.7 给管道经过地区居民发放宣传资料的计划的评分

a) 如果无此计划,则为0分;
b) 如果有此计划,则为1分。

C.2.2.8.8 对村民进行挨家挨户宣传教育的计划的评分

a) 如果无此计划,则为0分;
b) 如果有此计划,则为1分。

C.2.2.8.9 张贴或书写宣传标语的计划的评分

a) 如果无此计划,则为0分;
b) 如果有此计划,则为1分。

C.2.2.9 公众对管道的保护意识的评分

C.2.2.9.1 概述

公众对管道的保护意识的得分,为以下各项得分之和:
a) 村镇文明建设;
b) 村镇经济发达程度;
c) 村镇社会治安状况;
d) 居民文化素质;
e) 当地政府的配合情况。

C.2.2.9.2 村镇文明建设的评分

a) 如果管道区段沿线是从未获得文明称号的村镇,则为0分;
b) 如果管道区段沿线是曾获得过1～2次文明称号的村镇,则为0.5分;
c) 如果管道区段沿线是连续3次以上的文明村镇,则为1分。

C.2.2.9.3 村镇经济发达程度的评分

a) 如果管道区段沿线村镇的人均年收入<1 500元人民币,则为0分;
b) 如果管道区段沿线村镇的人均年收入∈[1 500,3 000)元人民币,则为1分;
c) 如果管道区段沿线村镇的人均年收入∈[3 000,5 000]元人民币,则为1.5分;
d) 如果管道区段沿线村镇的人均年收入>5 000元人民币,则为2分。

C.2.2.9.4 村镇社会治安状况的评分

a) 如果管道区段沿线村镇每年都有治安和刑事案件发生,则为0分;
b) 如果管道区段沿线村镇近两年有1～2次治安和刑事案件发生,则为1分;
c) 如果管道区段沿线村镇近五年有1～2次治安和刑事案件发生,则为1.5分;
d) 如果管道区段沿线村镇从未发生过治安和刑事案件,则为2分。

C.2.2.9.5 居民文化素质的评分

a) 如果管道区段沿线村镇居民大多数为文盲或小学文化水平(占总人口70%以上),则为0分;
b) 如果管道区段沿线村镇居民基本为初中文化程度(占总人口70%以上),则为0.5分;
c) 如果管道区段沿线村镇居民有一些高中文化程度居民(至少占总人口10%),则为1分;
d) 如果管道区段沿线村镇居民有一些大学生(不到总人口10%),则为1.5分;
e) 如果管道区段沿线村镇居民大学生比例不小于10%,则为2分。

C.2.2.9.6 当地政府的配合情况的评分

a) 如果管道区段沿线当地政府对破坏管道行为不积极制止和惩罚,则为0分;
b) 如果管道区段沿线当地政府的配合被动,不得力,则为0.5分;
c) 如果管道区段沿线当地政府积极配合管道公司的工作,则为1分。

C.2.3 城市燃气管道和输送腐蚀性液体介质的工业管道第三方破坏的评分

C.2.3.1 概述

城市燃气管道和输送腐蚀性液体介质的工业管道第三方破坏的得分,为以下各项得分之和:

a) 地面活动水平;
b) 埋深;
c) 地面装置及其保护措施;
d) 占压;
e) 管道标识;
f) 巡线;
g) 公众教育计划。

C.2.3.2 地面活动水平的评分

C.2.3.2.1 概述

地面活动水平的得分,为以下各项得分之和:

a) 人口密度;
b) 地面活动频繁程度。

C.2.3.2.2 人口密度的评分

a) 如果2 km长度范围内,管道区段两侧各200 m的范围内,地上4层及以上建筑物普遍,则为0分;
b) 如果2 km长度范围内,管道区段与人员聚集的室内外场所的距离＜30 m,则为0分;

c) 如果 2 km 长度范围内,管道区段两侧各 200 m 的范围内,存在地上 4 层及以上建筑物,则为 1 分;

d) 如果 2 km 长度范围内,管道区段与人员聚集的室内外场所的距离∈[30 m,90 m],则为 1 分;

e) 如果 2 km 长度范围内,管道区段两侧各 200 m 的范围内,供人居住的单元数>80,但无地上4 层及以上的建筑物,则为 2 分;

f) 如果 2 km 长度范围内,管道区段与人员聚集的室内外场所的距离>90 m,则为 3 分;

g) 如果 2 km 长度范围内,管道区段两侧各 200 m 的范围内,供人居住的单元数∈[12,80],则为 3 分;

h) 如果 2 km 长度范围内,管道区段两侧各 200 m 的范围内,供人居住的单元数<12,则为 5 分。

C.2.3.2.3 地面活动频繁程度的评分

地面活动频繁程度的得分,为以下各项得分之和:

a) 建设活动;

b) 交通繁忙程度;

c) 地质勘探活动。

建设活动的得分,为以下各项得分之和:

a) 建设活动频繁程度;

b) 对建设活动施工单位的技术交底。

对于建设活动频繁程度,按以下规定进行评分:

a) 如果管道区段位于矿藏开发及重工业生产地区,则为 0 分;

b) 如果管道区段位于在建的经济技术开发区,则为 1 分;

c) 如果管道区段位于经常对周围地下设施进行维护的地区,则为 3 分;

d) 如果管道区段位于附近有清理水沟,修围墙等维护活动的地区,则为 5 分;

e) 如果管道区段位于没有建设活动的地区,则为 7 分。

对于对建设活动施工单位的技术交底,按以下规定进行评分:

a) 如果未交底,则为 0 分;

b) 如果进行图纸交底,则为 4 分;

c) 如果进行现场交底,则为 7 分。

对于交通繁忙程度,按以下规定进行评分:

a) 如果管道区段附近有铁路、公路交通主干线,则为 0 分;

b) 如果管道区段附近有公路交通干线,则为 4 分;

c) 如果管道区段附近有公路交通线,则为 8 分;

d) 如果管道区段附近几乎没有车辆通行,则为 12 分。

对于地质勘探活动,按以下规定进行评分:

a) 如果管道区段附近有地质勘探活动,则为 0 分;

b) 如果管道区段附近无地质勘探活动,则为 4 分。

C.2.3.3 埋深的评分

C.2.3.3.1 概述

对非水下穿越管道，按照C.2.3.3.2的规定确定埋深的得分，对水下穿越管道，按照C.2.3.3.3的规定确定埋深的得分。

C.2.3.3.2 非水下穿越管道埋深的评分

a) 如果是跨越段或露管段，则为0分；

b) 如果是埋地段，按照GB 50028确定城市燃气管道对埋深的要求，参照GB 50028确定输送腐蚀性液体介质的工业管道对埋深的要求，并按照式(C.2)计算非水下穿越管道设计埋深的得分。

$$15\times\left\{1-\frac{\max[d_1-d_3),0]}{d_1}\right\} \quad \cdots\cdots (C.2)$$

各种保护措施按以下规定折算为覆土层厚度：

a) 每50 mm水泥保护层相当于增加200 mm的覆土厚度；

b) 每100 mm水泥保护层相当于增加300 mm的覆土厚度；

c) 管道套管相当于增加600 mm的覆土厚度；

d) 加强水泥盖板相当于增加600 mm的覆土厚度；

e) 警告标志带相当于增加150 mm覆土厚度；

f) 网栏围住相当于增加460 mm覆土厚度。

C.2.3.3.3 水下穿越管道埋深的评分

水下穿越管道埋深的得分，为以下各项得分之和：

a) 可通航河道河底土壤表面(河床表面)与航船底面距离或未通航河道的水深；

b) 在河底的土壤埋深；

c) 保护措施。

对于可通航河道河底土壤表面(河床表面)与航船底面距离或未通航河道的水深，按以下规定评分：

a) 如果上述距离或深度∈[0 m～0.5 m)，则为0分；

b) 如果上述距离或深度∈[0.5 m～1.0 m)，则为1分；

c) 如果上述距离或深度∈[1.0 m～1.5 m)，则为2分；

d) 如果上述距离或深度∈[1.5 m～2.0 m)，则为2.5分；

e) 如果上述距离或深度≥2.0 m，则为3分。

对于在河底的土壤埋深，按以下规定评分：

a) 如果埋深∈[0 m～0.5 m)，则为0分；

b) 如果埋深∈[0.5 m～1.0 m)，则为2分；

c) 如果埋深∈[1.0 m～1.5 m)，则为4分；

d) 如果埋深∈[1.5 m～2.0 m)，则为6分。

e) 如果埋深≥2.0 m，则为8分。

对于保护措施，按以下规定评分：

a) 如果无保护措施，则为0分；

b） 如果采用石笼稳管、加设固定墩等稳管措施,则为 2 分;

c） 如果采用 30 mm 以上水泥保护层或其他能达到同样加固效果的措施,则为 4 分。

C.2.3.4 地面装置及其保护措施的评分

C.2.3.4.1 概述

地面装置及其保护措施的得分,为以下各项得分之和:

a） 地面装置与公路的距离;

b） 地面装置的围栏;

c） 地面装置的沟渠;

d） 地面装置的警示标志符号。

C.2.3.4.2 地面装置与公路的距离的评分

a） 如果地面装置与公路的距离不大于 15 m,则为 0 分;

b） 如果地面装置与公路的距离大于 15 m,则为 5 分;

c） 如果无地面装置,则为 5 分。

C.2.3.4.3 地面装置的围栏的评分

a） 如果地面装置没有保护围栏或者粗壮的树将装置与路隔离,则为 0 分;

b） 如果地面装置设有保护围栏或者粗壮的树将装置与路隔离,则为 4 分;

c） 如果无地面装置,则为 4 分。

C.2.3.4.4 地面装置的沟渠的评分

a） 如果地面装置与道路之间无不低于 1.2 m 深的沟渠,则为 0 分;

b） 如果地面装置与道路之间有不低于 1.2 m 深的沟渠,则为 4 分;

c） 如果无地面装置,则为 4 分。

C.2.3.4.5 地面装置的警示标志符号的评分

a） 如果地面装置无警示标志符号,则为 0 分;

b） 如果地面装置有警示标志符号,则为 2 分;

c） 如果无地面装置,则为 2 分。

C.2.3.5 占压的评分

a） 如果管道区段上占压现象严重(5 处以上),则为 0 分;

b） 如果管道区段上存在占压管道的现象(1～4 处),则为 3 分;

c） 如果管道区段上无占压现象,则为 6 分。

C.2.3.6 管道标识的评分

a） 如果无地面标志,则为 0 分;

b） 如果部分地面标志损坏,则为 3 分;

c） 如果地面标志完好,但有些地面标志不显著,则为 6 分;

d） 如果地面标志完好、清晰可见,则为 8 分;

e） 如果不需要地面标志,则为 8 分。

C.2.3.7 巡线的评分

C.2.3.7.1 概述

巡线的得分,为以下各项得分之和:

a) 巡线频率;

b) 巡线方式。

C.2.3.7.2 巡线频率的评分

a) 如果从来不巡线,则为0分;

b) 如果巡线频率∈(0,每月1次],则为1分;

c) 如果巡线频率∈(每月1次,每月2次],则为2分;

d) 如果巡线频率∈(每月2次,每周1次],则为4分;

e) 如果巡线频率∈(每周1次,每两日1次],则为6分;

f) 如果巡线频率∈(每两日1次,每日1次],则为8分;

g) 如果聘有随时报告员,则为9分。

C.2.3.7.3 巡线方式的评分

a) 如果巡检乘车方便的管段,则为0分;

b) 如果巡检建设、挖掘频繁的管段,则为1分;

c) 如果沿管道区段逐步巡线,则为3分。

C.2.3.8 公众教育计划的评分

a) 如果与公安部门、居民委员会等部门没有联系,并且不开展宣传工作,则为0分;

b) 如果与公安部门、居民委员会等部门没有联系,但开展一定程度的宣传工作,则为1分;

c) 如果与公安部门、居民委员会等部门没有联系,但开展大量的宣传工作,则为2分;

d) 如果与公安部门、居民委员会等部门有一定的联系,但不开展宣传工作,则为3分;

e) 如果与公安部门、居民委员会等部门有一定的联系,并且开展一定程度的宣传工作,则为4分;

f) 如果与公安部门、居民委员会等部门有一定的联系,并且开展大量的宣传工作,则为5分;

g) 如果与公安部门、居民委员会等部门密切联系,但不开展宣传工作。则为6分;

h) 如果与公安部门、居民委员会等部门密切联系,并且开展一定程度的宣传工作,则为7分;

i) 如果与公安部门、居民委员会等部门密切联系,并且开展大量的宣传工作,则为9分。

C.3 腐蚀的评分

C.3.1 概述

腐蚀的得分,为以下各项得分之和:

a) 大气腐蚀;

b) 内腐蚀;

c) 土壤腐蚀。

C.3.2 大气腐蚀的评分

C.3.2.1 概述

埋地段按照C.3.2.2的规定确定大气腐蚀的得分,跨越段按照C.3.2.3的规定确定大气腐蚀的得分。

C.3.2.2 埋地段的大气腐蚀的评分

埋地段的大气腐蚀的得分为10分。

C.3.2.3 跨越段的大气腐蚀的评分

C.3.2.3.1 概述

跨越段的大气腐蚀的得分,为以下各项得分之和:

a) 跨越段的位置特点;

b) 跨越段的结构特点;

c) 大气腐蚀性;

d) 大气腐蚀防腐层。

C.3.2.3.2 跨越段的位置特点的评分

a) 如果位于水与空气的界面,则为0分;

b) 如果位于土壤与空气界面,则为1分;

c) 如果位于空气中,则为2分。

C.3.2.3.3 跨越段的结构特点的评分

a) 如果加装套管,则为0分;

b) 如果存在支撑或吊架,则为0.5分;

c) 如果无上述情况,则为1分。

C.3.2.3.4 大气腐蚀性的评分

a) 如果未进行大气腐蚀性调查,则为0分;

b) 如果是海洋气候,并且含化学品,则为0分;

c) 如果是工业大气或一般大气,含化学品,并且湿度高,则为1分;

d) 如果是海洋气候并且不含化学品,则为1.5分;

e) 如果是工业大气或一般大气,不含化学品,并且湿度高、温度高,则为2分;

f) 如果是工业大气或一般大气,含化学品,并且湿度低,则为2.5分;

g) 如果是工业大气或一般大气,不含化学品,并且湿度低、温度低,则为3分。

C.3.2.3.5 大气腐蚀防腐层的评分

大气腐蚀防腐层的得分,为以下各项得分之和:

a) 大气腐蚀防腐层的适用性;

b) 大气腐蚀防腐层施工质量;

c) 大气腐蚀防腐层的日常检查的规定;

d) 大气腐蚀防腐层的修补更换的规定。

对于大气腐蚀防腐层的适用性,按以下规定评分:

a) 如果无大气腐蚀防腐层,则为0分;

b) 如果大气腐蚀防腐层不适合管道区段所处环境,则为0分;

c) 如果大气腐蚀防腐层不是专门为管道区段所处环境设计的,则为0.5分;

d) 如果大气腐蚀防腐层是适应管道区段所处环境的防腐层,则为1分。

对于大气腐蚀防腐层施工质量,按以下规定评分:

a) 如果无大气腐蚀防腐层,则为0分;

b) 如果施工步骤疏漏,没有进行环境控制,则为0分;

c) 如果施工步骤齐全,但操作不规范,则为0.5分;

d) 如果施工步骤齐全,操作较规范,但没有正规的质量控制程序,则为0.8分;

e) 如果有详细的规范说明,采用适当的质量控制系统,则为1分。

对于大气腐蚀防腐层的日常检查的规定,按以下规定评分:

a) 如果无大气腐蚀防腐层,则为0分;

b) 如果不检查大气腐蚀防腐层,则为0分;

c) 如果规定的检查周期过长,不满足实际需要,或未规定由经过专门培训的检查人员进行检查,则为0.5分;

d) 如果规定的检查时间间隔合理,并且规定由经过专门培训的检查人员进行检查,则为1分。

对于大气腐蚀防腐层的修补更换的规定,按以下规定评分:

a) 如果无大气腐蚀防腐层,则为0分;

b) 如果未规定修补、更换损坏的大气腐蚀防腐层,则为0分;

c) 如果未规定报告和修复缺陷,则为0.5分;

d) 如果未规定制定修复时间表并按该时间表进行修复,则为0.8分;

e) 如果规定制定修复时间表并按该时间表进行修复,则为1分。

C.3.3 内腐蚀的评分

C.3.3.1 概述

输气管道按照C.3.3.2的规定确定内腐蚀得分,集气管道按照C.3.3.3的规定确定内腐蚀得分,输油管道按照C.3.3.4的规定确定内腐蚀得分,集油管道按照C.3.3.5的规定确定内腐蚀得分,输送天然气、液化气介质的城市燃气管道按照C.3.3.6的规定确定内腐蚀得分,输送人工煤气介质的城市燃气管道按照C.3.3.7的规定确定内腐蚀得分,输送腐蚀性液体介质的工业管道按照C.3.3.8的规定确定内腐蚀得分。

C.3.3.2 输气管道内腐蚀的评分

C.3.3.2.1 概述

输气管道内腐蚀的得分,为以下各项得分之和:

a) 拟输送介质腐蚀性;

b) 拟采用的内防腐措施和内检测。

C.3.3.2.2 拟输送介质腐蚀性的评分

拟输送介质腐蚀性的得分,为以下各项得分之和:

a) 含水量(包括冷凝水);

b） 二氧化碳含量；

c） 硫化氢含量；

d） 介质流速。

对于含水量,按以下规定评分：

a） 如果有凝析水,则为 0 分；

b） 如果运行过程中有可能产生凝析水,则为 0 分；

c） 如果无凝析水,则为 5 分。

对于二氧化碳含量,按以下规定评分：

a） 如果二氧化碳分压>0.21 MPa,则为 0 分；

b） 如果二氧化碳分压∈[0.021 MPa,0.21 MPa],则为 1 分；

c） 如果二氧化碳分压<0.021 MPa,则为 2 分。

对于硫化氢含量,按以下规定评分：

a） 如果硫化氢含量>20 mg/m^3,则为 0 分；

b） 如果硫化氢含量≤20 mg/m^3,则为 2 分。

对于介质流速,按以下规定评分：

a） 如果介质流速<3 m/s,则为 0 分；

b） 如果介质流速≥3 m/s,则为 1 分。

C.3.3.2.3 拟采用的内防腐措施和内检测的评分

拟采用的内防腐措施和内检测的得分,为以下各项得分之和：

a） 拟采用的内防腐措施；

b） 内检测周期的规定。

对于拟采用的内防腐措施,按以下规定评分：

a） 如果无内防腐措施,则为 0 分；

b） 如果计划采用内腐蚀监测,则为 0.5 分；

c） 如果计划定期清管,则为 1 分；

d） 如果计划注入缓蚀剂,则为 1.5 分；

e） 如果计划采用防腐内覆盖层,则为 2 分；

f） 如果计划采用上述两种或两种以上的措施,则为 3 分；

g） 如果不需要采取措施,则为 3 分。

对于内检测周期的规定,按以下规定评分：

a） 如果不进行内检测,则为 0 分；

b） 如果内检测周期>8 年,则为 0 分；

c） 如果内检测周期∈(5 年,8 年],则为 1 分；

d） 如果内检测周期∈[3 年,5 年],则为 1.5 分；

e） 如果内检测周期<3 年,则为 2 分；

f） 如果不需要进行内检测,则为 2 分。

C.3.3.3 集气管道内腐蚀的评分

C.3.3.3.1 概述

集气管道内腐蚀的得分,为以下各项得分之和：

a) 拟输送介质腐蚀性;

b) 拟采用的内防腐措施和内检测。

C.3.3.3.2 拟输送介质腐蚀性的评分

拟输送介质腐蚀性的得分,为以下各项得分之和:

a) 含水量;

b) 氯离子含量;

c) pH 值;

d) 二氧化碳含量;

e) 硫化氢含量;

f) 介质温度;

g) 介质流速。

对于含水量(包括冷凝水),按以下规定评分:

a) 如果不含游离水,则为 0 分;

b) 如果含游离水,则为 10 分。

对于氯离子含量,按以下规定评分:

a) 如果氯离子含量> 60 000 mg/L,则为 0 分;

b) 如果氯离子含量∈[10 000 mg/L,60 000 mg/L],则为 1 分;

c) 如果氯离子含量∈[1 000 mg/L,10 000 mg/L),则为 3 分;

d) 如果氯离子含量<1 000 mg/L,则为 4 分。

对于 pH 值,按以下规定评分:

a) 如果 pH≤3.5,则为 0 分;

b) 如果 pH 值∈(3.5,6.5],则为 2 分;

c) 如果 pH>6.5,则为 4 分。

对于二氧化碳含量,按以下规定评分:

a) 如果二氧化碳分压>0.21 MPa,则为 0 分;

b) 如果二氧化碳分压∈[0.021 MPa,0.21 MPa],则为 2 分;

c) 如果二氧化碳分压<0.021 MPa,则为 4 分。

对于硫化氢含量,按以下规定评分:

a) 如果硫化氢分压>1 MPa,则为 0 分;

b) 如果硫化氢分压∈[0.1 MPa,1 MPa],则为 1 分;

c) 如果硫化氢分压∈[0.01 MPa,0.1 MPa),则为 2 分;

d) 如果硫化氢分压∈[0.000 3 MPa,0.01 MPa),则为 3 分;

e) 如果硫化氢分压<0.000 3 MPa,则为 4 分。

对于介质温度,按以下规定评分:

a) 如果介质温度<60 ℃或>100 ℃,则为 0 分;

b) 如果介质温度∈[60 ℃,100 ℃],则为 2 分。

对于介质流速,按以下规定评分:

a) 如果介质流速<3 m/s,则为 0 分;

b) 如果介质流速>影响缓蚀剂膜稳定性的流速,则为 0 分;

c) 如果介质流速∈[3 m/s,影响缓蚀剂膜稳定性的流速],则为 2 分。

C.3.3.3.3 拟采用的内防腐措施和内检测的评分

拟采用的内防腐措施和内检测的得分,为以下各项得分之和:

a) 拟采用的内防腐措施;

b) 内检测周期的规定。

对于拟采用的内防腐措施,按以下规定评分:

a) 如果无内防腐措施,则为 0 分;

b) 如果计划采用内腐蚀监测,则为 2 分;

c) 如果计划定期清管,则为 4 分;

d) 如果计划注入缓蚀剂,则为 6 分;

e) 如果计划采用防腐内覆盖层,则为 8 分;

f) 如果计划采用上述两种或两种以上的措施,则为 12 分;

g) 如果不需要采取措施,则为 12 分。

对于内检测周期的规定,按以下规定评分:

a) 如果不进行内检测,则为 0 分;

b) 如果内检测周期>5 年,则为 0 分;

c) 如果内检测周期∈(3 年,5 年],则为 2 分;

d) 如果内检测周期∈[2 年,3 年],则为 4 分;

e) 如果内检测周期<2 年,则为 8 分;

f) 如果不需要进行内检测,则为 8 分。

C.3.3.4 输油管道内腐蚀的评分

C.3.3.4.1 概述

输油管道内腐蚀的得分,为以下各项得分之和:

a) 拟输送介质腐蚀性;

b) 拟采用的内防腐措施和内检测。

C.3.3.4.2 拟输送介质腐蚀性的评分

拟输送介质腐蚀性的得分,为以下各项得分之和:

a) 含水量;

b) 二氧化碳含量;

c) 硫化氢含量;

d) 蜡含量;

e) 介质温度;

f) 介质流速。

对于含水量,按以下规定评分:

a) 如果有凝析水,则为 0 分;

b) 如果运行过程中有可能产生凝析水,则为 0 分;

c) 如果无凝析水,则为 3 分。

对于二氧化碳含量,按以下规定评分:

a) 如果二氧化碳分压>0.21 MPa,则为 0 分;

b) 如果二氧化碳分压∈[0.021 MPa,0.21 MPa],则为 1 分;

c) 如果二氧化碳分压<0.021 MPa,则为 2 分。

对于硫化氢含量,按以下规定评分:

a) 如果硫化氢含量>20 mg/m^3,则为 0 分;

b) 如果硫化氢含量≤20 mg/m^3,则为 2 分。

对于蜡含量,按以下规定评分:

a) 如果蜡含量中等,则为 0 分;

b) 如果蜡含量低,则为 0.5 分;

c) 如果蜡含量高,则为 1 分。

对于介质温度,按以下规定评分:

a) 如果介质温度较高,则为 0 分;

b) 如果介质温度中等,则为 0.5 分;

c) 如果介质温度较低,则为 1 分。

对于介质流速,按以下规定评分:

a) 如果介质流速<3 m/s,则为 0 分;

b) 如果介质流速≥3 m/s,则为 1 分。

C.3.3.4.3 拟采用的内防腐措施和内检测的评分

拟采用的内防腐措施和内检测的得分,为以下各项得分之和:

a) 拟采用的内防腐措施;

b) 内检测周期的规定。

对于拟采用的内防腐措施,按以下规定评分:

a) 如果无内防腐措施,则为 0 分;

b) 如果计划采用内腐蚀监测,则为 0.5 分;

c) 如果计划定期清管,则为 1 分;

d) 如果计划注入缓蚀剂,则为 1.5 分;

e) 如果计划采用防腐内覆盖层,则为 2 分;

f) 如果计划采用上述两种或两种以上的措施,则为 3 分;

g) 如果不需要采取措施,则为 3 分。

对于内检测周期的规定,按以下规定评分:

a) 如果不进行内检测,则为 0 分;

b) 如果内检测周期>8 年,则为 0 分;

c) 如果内检测周期∈(5 年,8 年],则为 1 分;

d) 如果内检测周期∈[3 年,5 年],则为 1.5 分;

e) 如果内检测周期<3 年,则为 2 分;

f) 如果不需要进行内检测,则为 2 分。

C.3.3.5 集油管道内腐蚀的评分

C.3.3.5.1 概述

集油管道内腐蚀的得分,为以下各项得分之和:

a) 拟输送介质腐蚀性；

b) 拟采用的内防腐措施和内检测。

C.3.3.5.2 拟输送介质腐蚀性的评分

拟输送介质腐蚀性的得分,为以下各项得分之和：

a) 含水量(包括冷凝水)；

b) 氯离子含量；

c) pH 值；

d) 二氧化碳含量；

e) 硫化氢含量；

f) 蜡含量；

g) 介质温度；

h) 介质流速。

对于含水量(包括冷凝水),按以下规定评分：

a) 如果不含游离水,则为 0 分；

b) 如果含游离水,则为 8 分。

对于氯离子含量,按以下规定评分：

a) 如果氯离子含量>60 000 mg/L,则为 0 分；

b) 如果氯离子含量∈[10 000 mg/L,60 000 mg/L],则为 1 分；

c) 如果氯离子含量∈[1 000 mg/L,10 000 mg/L),则为 3 分；

d) 如果氯离子含量<1 000 mg/L,则为 4 分。

对于 pH 值,按以下规定评分：

a) 如果 pH≤3.5,则为 0 分；

b) 如果 pH 值∈(3.5,6.5],则为 2 分；

c) 如果 pH>6.5,则为 4 分。

对于二氧化碳含量,按以下规定评分：

a) 如果二氧化碳分压>0.21 MPa,则为 0 分；

b) 如果二氧化碳分压∈[0.021 MPa,0.21 MPa],则为 2 分；

c) 如果二氧化碳分压<0.021 MPa,则为 4 分。

对于硫化氢含量,按以下规定评分：

a) 如果硫化氢分压>1 MPa,则为 0 分；

b) 如果硫化氢分压∈[0.1 MPa,1 MPa],则为 1 分；

c) 如果硫化氢分压∈[0.01 MPa,0.1 MPa),则为 2 分；

d) 如果硫化氢分压∈[0.000 3 MPa,0.01 MPa),则为 3 分；

e) 如果硫化氢分压<0.000 3 MPa,则为 4 分。

对于蜡含量,按以下规定评分：

a) 如果蜡含量中等,则为 0 分；

b) 如果蜡含量低,则为 1 分；

c) 如果蜡含量高,则为 2 分。

对于介质温度,按以下规定评分：

a) 如果介质温度较高,则为0分;

b) 如果介质温度中等,则为1分;

c) 如果介质温度较低,则为2分。

对于介质流速,按以下规定评分:

a) 如果介质流速<3 m/s,则为0分;

b) 如果介质流速>影响缓蚀剂膜稳定性的流速,则为0分;

c) 如果介质流速∈[3 m/s,影响缓蚀剂膜稳定性的流速],则为2分。

C.3.3.5.3 拟采用的内防腐措施和内检测的评分

拟采用的内防腐措施和内检测的得分,为以下各项得分之和:

a) 拟采用的内防腐措施;

b) 内检测周期的规定。

对于拟采用的内防腐措施,按以下规定评分:

a) 如果无内防腐措施,则为0分;

b) 如果计划采用内腐蚀监测,则为2分;

c) 如果计划定期清管,则为4分;

d) 如果计划注入缓蚀剂,则为6分;

e) 如果计划采用防腐内覆盖层,则为8分;

f) 如果计划采用上述两种或两种以上的措施,则为12分;

g) 如果不需要采取措施,则为12分。

对于内检测周期的规定,按以下规定评分:

a) 如果不进行内检测,则为0分;

b) 如果内检测周期>5年,则为0分;

c) 如果内检测周期∈(3年,5年],则为2分;

d) 如果内检测周期∈[2年,3年],则为4分;

e) 如果内检测周期<2年,则为8分;

f) 如果不需要进行内检测,则为8分。

C.3.3.6 输送天然气、液化气介质的城市燃气管道内腐蚀的评分

C.3.3.6.1 概述

输送天然气、液化气介质的城市燃气管道内腐蚀的得分,为以下各项得分之和:

a) 拟输送介质腐蚀性;

b) 气质监测计划。

C.3.3.6.2 拟输送介质腐蚀性的评分

拟输送介质腐蚀性的得分,为以下各项得分之和:

a) 含水量;

b) 二氧化碳含量;

c) 硫化氢含量;

d) 介质流速。

对于含水量,按以下规定评分:

a) 如果有凝析水,则为 0 分;

b) 如果运行过程中有可能产生凝析水,则为 0 分;

c) 如果无凝析水,则为 2 分。

对于二氧化碳含量,按以下规定评分:

a) 如果二氧化碳分压>0.21 MPa,则为 0 分;

b) 如果二氧化碳分压∈[0.021 MPa,0.21 MPa],则为 0.5 分;

c) 如果二氧化碳分压<0.021 MPa,则为 1 分。

对于硫化氢含量,按以下规定评分:

a) 如果硫化氢含量>20 mg/m^3,则为 0 分;

b) 如果硫化氢含量≤20 mg/m^3,则为 1 分。

对于介质流速,按以下规定评分:

a) 如果介质流速<3 m/s,则为 0 分;

b) 如果介质流速≥3 m/s,则为 1 分。

C.3.3.6.3 气质监测计划的评分

a) 如果无气质监测计划,则为 0 分;

b) 如果计划的气质监测周期过长,不满足实际需要,则为 1 分;

c) 如果计划的气质监测周期基本满足实际需要,则为 3 分;

d) 如果计划的气质监测周期满足实际需要,则为 5 分;

e) 如果不需要进行气质监测,则为 5 分。

C.3.3.7 输送人工煤气介质的城市燃气管道内腐蚀的评分

C.3.3.7.1 概述

输送人工煤气介质的城市燃气管道内腐蚀的得分,为以下各项得分之和:

a) 拟输送介质腐蚀性;

b) 气质监测计划。

C.3.3.7.2 拟输送介质腐蚀性的评分

拟输送介质腐蚀性的得分,为以下各项得分之和:

a) 含水量;

b) 氯离子含量;

c) pH 值;

d) 二氧化碳含量;

e) 硫化氢含量;

f) 介质流速。

对于含水量(包括冷凝水),按以下规定评分:

a) 如果不含游离水,则为 0 分;

b) 如果含游离水,则为 5 分。

对于氯离子含量,按以下规定评分:

a) 如果氯离子含量> 60 000 mg/L,则为 0 分;

b) 如果氯离子含量∈[10 000 mg/L,60 000 mg/L],则为 0.3 分;

c） 如果氯离子含量∈[1 000 mg/L,10 000 mg/L),则为 0.8 分；

d） 如果氯离子含量<1 000 mg/L,则为 1 分。

对于 pH 值,按以下规定评分：

a） 如果 pH≤3.5,则为 0 分；

b） 如果 pH 值∈(3.5,6.5],则为 0.5 分；

c） 如果 pH>6.5,则为 1 分。

对于二氧化碳含量,按以下规定评分：

a） 如果二氧化碳分压>0.21 MPa,则为 0 分；

b） 如果二氧化碳分压∈[0.021 MPa,0.21 MPa],则为 0.5 分；

c） 如果二氧化碳分压<0.021 MPa,则为 1 分。

对于硫化氢含量,按以下规定评分：

a） 如果硫化氢分压>1 MPa,则为 0 分；

b） 如果硫化氢分压∈[0.1 MPa,1 MPa],则为 0.2 分；

c） 如果硫化氢分压∈[0.01 MPa,0.1 MPa),则为 0.4 分；

d） 如果硫化氢分压∈[0.000 3 MPa,0.01 MPa),则为 0.8 分；

e） 如果硫化氢分压<0.000 3 MPa,则为 1 分。

对于介质流速,按以下规定评分：

a） 如果介质流速<3 m/s,则为 0 分；

b） 如果介质流速>影响缓蚀剂膜稳定性的流速,则为 0 分；

c） 如果介质流速∈[3 m/s,影响缓蚀剂膜稳定性的流速],则为 1 分。

C.3.3.7.3 气质监测计划的评分

a） 如果无气质监测计划,则为 0 分；

b） 如果计划的气质监测周期过长,不满足实际需要,则为 2 分；

c） 如果计划的气质监测周期基本满足实际需要,则为 6 分；

d） 如果计划的气质监测周期满足实际需要,则为 10 分；

e） 如果不需要进行气质监测,则为 10 分。

C.3.3.8 输送腐蚀性液体介质的工业管道内腐蚀的评分

C.3.3.8.1 概述

输送腐蚀性液体介质的工业管道内腐蚀的得分,为以下各项得分之和：

a） 拟输送介质腐蚀性；

b） 拟采用的内防腐措施。

C.3.3.8.2 拟输送介质腐蚀性的评分

拟输送介质腐蚀性的得分,为以下各项得分之和：

a） 腐蚀性介质浓度及钝化性能；

b） 介质的 pH 值；

c） 介质中的氧化剂含量；

d） 介质流速；

e） 应力腐蚀敏感性。

对于腐蚀性介质浓度及钝化性能,按以下规定评分:

a) 如果不发生钝化,并且腐蚀性介质浓度高,则为 0 分;

b) 如果不发生钝化,并且腐蚀性介质浓度中等,则为 5 分;

c) 如果不发生钝化,并且腐蚀性介质浓度低,则为 10 分;

d) 如果发生钝化,则为 15 分。

对于介质的 pH 值,按以下规定评分:

a) 如果 pH≤4.5 或>12.5,则为 0 分;

b) 如果 pH∈(4.5,5.5]或(11.5,12.5],则为 1 分;

c) 如果 pH∈(5.5,6]或(10.5,11.5],则为 4 分;

d) 如果 pH∈(6,6.5]或(8,10.5],则为 7 分;

e) 如果 pH∈(6.5,8],则为 10 分。

对于介质中的氧化剂含量,按以下规定评分:

a) 如果介质中的氧化剂含量高,则为 0 分;

b) 如果介质中的氧化剂含量中等,则为 4 分;

c) 如果介质中的氧化剂含量低,则为 8 分。

对于介质流速,按以下规定评分:

a) 如果介质流速<3 m/s,则为 0 分;

b) 如果介质流速>影响缓蚀剂膜稳定性的流速,则为 0 分;

c) 如果介质流速∈[3 m/s,影响缓蚀剂膜稳定性的流速],则为 3 分。

对于应力腐蚀敏感性,按以下规定评分:

a) 如果管道材料与介质形成应力腐蚀敏感性组合,则为 0 分;

b) 如果管道材料与介质不形成应力腐蚀敏感性组合,则为 4 分。

C.3.3.8.3 拟采用的内防腐措施的评分

a) 如果无内防腐措施,则为 0 分;

b) 如果计划采用内腐蚀监测,则为 2 分;

c) 如果计划注入缓蚀剂,则为 4 分;

d) 如果计划采用防腐内覆盖层,则为 8 分;

e) 如果计划采用上述两种或两种以上的措施,则为 10 分;

f) 如果不需要采取措施,则为 10 分。

C.3.4 土壤腐蚀的评分

C.3.4.1 概述

输气管道和输油管道按照 C.3.4.2 的规定确定土壤腐蚀得分,集气管道、集油管道和输送腐蚀性液体介质的工业管道按照 C.3.4.3 的规定确定土壤腐蚀得分,输送天然气、液化气介质的城市燃气管道按照 C.3.4.4 的规定确定土壤腐蚀得分,输送人工煤气介质的城市燃气管道按照 C.3.4.5 的规定确定土壤腐蚀得分。

C.3.4.2 输气管道和输油管道土壤腐蚀的评分

C.3.4.2.1 概述

输气管道和输油管道土壤腐蚀的得分,为以下各项得分之和:

a) 环境腐蚀性调查;

b) 防腐设计;

c) 外防腐层;

d) 深根植被;

e) 阴极保护系统。

C.3.4.2.2 环境腐蚀性调查的评分

环境腐蚀性调查的得分,为以下各项得分之和:

a) 土壤电阻率;

b) 直流杂散电流干扰及其排流措施;

c) 交流杂散电流干扰。

对于土壤电阻率,按以下规定评分:

a) 如果未进行土壤电阻率测量,则为0分;

b) 如果土壤电阻率<20 Ω·m,则为0分;

c) 如果土壤电阻率∈[20 Ω·m,50 Ω·m],则为3分;

d) 如果土壤电阻率>50 Ω·m,则为6分。

对于直流杂散电流干扰及其排流措施,按照GB/T 19285确定直流杂散电流干扰程度,并按以下规定评分:

a) 如果直流杂散电流干扰程度大,并且未设置排流装置,则为0分;

b) 如果直流杂散电流干扰程度大,并且设置的排流装置不能完全满足排流的需要,则为1分;

c) 如果直流杂散电流干扰程度中或小,并且未设置排流装置,则为1分;

d) 如果直流杂散电流干扰程度中或小,并且设置的排流装置不能完全满足排流的需要,则为2分;

e) 如果设置的排流装置能满足排流的需要,则为4分;

f) 如果不存在直流杂散电流干扰,则为4分。

对于交流杂散电流干扰,按照GB/T 19285确定其干扰程度,并按以下规定评分:

a) 如果存在交流杂散电流干扰,则为0分;

b) 如果不存在交流杂散电流干扰,则为2分。

C.3.4.2.3 防腐设计的评分

防腐设计的得分,为以下各项得分之和:

a) 防腐设计单位的资质;

b) 防腐设计标准规范的选用;

c) 防腐设计的适用性。

对于防腐设计单位的资质,按以下规定评分:

a) 如果防腐设计单位不具备相应资质,则为0分;

b) 如果防腐设计单位具备相应资质,则为1分。

对于防腐设计标准规范的选用,按以下规定评分:

a) 如果管道防腐设计未按标准规范设计或采用设计当时已经作废的标准规范,则为

0 分；

b) 如果管道防腐设计采用设计当时有效的旧版本标准规范，则为 1 分；

c) 如果管道防腐设计采用现行标准规范，则为 2 分。

对于防腐设计的适用性，按照 GB/T 19285 确定防腐设计的要求，并按以下规定评分：

a) 如果外防腐层和/或阴极保护系统的设计不符合防腐设计标准规范要求，则为 0 分；

b) 如果外防腐层和/或阴极保护系统的设计基本符合防腐设计标准规范要求，则为 3 分；

c) 如果外防腐层和/或阴极保护系统的设计符合防腐设计标准规范要求，则为 5 分。

C.3.4.2.4 外防腐层的评分

外防腐层的得分，为以下各项得分之和：

a) 外防腐层类型；

b) 外防腐层制造质量；

c) 外防腐层施工质量；

d) 外防腐层全面检验的规定；

e) 外防腐层维护的规定。

对于外防腐层类型，按以下规定评分：

a) 如果无外防腐层，则为 0 分；

b) 如果是防锈油漆，则为 1 分；

c) 如果是高密度聚乙烯，则为 2 分；

d) 如果是沥青加玻璃布，则为 3 分；

e) 如果是煤焦油瓷漆或环氧煤沥青，则为 3.5 分；

f) 如果是三层 PE 复合涂层，则为 4 分；

g) 如果不需要外防腐层，则为 4 分。

外防腐层制造质量的得分，为以下各项得分之和：

a) 外防腐层质量证明文件；

b) 外防腐层复验。

对于外防腐层质量证明文件，按以下规定评分：

a) 如果无外防腐层，则为 0 分；

b) 如果外防腐层无质量证明文件，则为 0 分；

c) 如果外防腐层质量证明文件齐全，则为 2 分；

d) 如果不需要外防腐层，则为 2 分。

对于外防腐层复验，按以下规定评分：

a) 如果无外防腐层，则为 0 分；

b) 如果未进行外防腐层复验，则为 0 分；

c) 如果外防腐层复验不合格，则为 0 分；

d) 如果外防腐层复验合格，则为 6 分；

e) 如果不需要进行外防腐层复验，则为 6 分；

f) 如果不需要外防腐层，则为 6 分。

外防腐层施工质量的得分，为以下各项得分之和：

a) 外防腐层补口补伤检验和下沟前检验；

b) 外防腐层漏点检验。

对于外防腐层补口补伤检验和下沟前检验,按以下规定评分:

a) 如果无外防腐层,则为 0 分;

b) 如果未进行外防腐层补口补伤检验和下沟前检验,则为 0 分;

c) 如果外防腐层补口补伤检验或下沟前检验不合格,则为 0 分;

d) 如果外防腐层补口补伤检验和下沟前检验合格,则为 8 分;

e) 如果不需要外防腐层,则为 8 分。

对于外防腐层漏点检验,按以下规定评分:

a) 如果无外防腐层,则为 0 分;

b) 如果未进行外防腐层漏点检验,则为 0 分;

c) 如果外防腐层漏点检验不合格,则为 0 分;

d) 如果外防腐层漏点检验合格,则为 10 分;

e) 如果不需要外防腐层,则为 10 分。

外防腐层全面检验的规定的得分,为以下各项得分之和:

a) 全面检验人员资质的规定;

b) 全面检验项目和周期的规定。

对于全面检验人员资质的规定,按以下规定评分:

a) 如果无外防腐层,则为 0 分;

b) 如果不进行外防腐层全面检验,则为 0 分;

c) 如果未对外防腐层全面检验人员的资质进行要求,则为 0 分;

d) 如果规定外防腐层全面检验人员必须具备相应的资质,则为 1 分;

e) 如果不需要外防腐层,则为 1 分。

对于全面检验项目和周期的规定,按以下规定评分:

a) 如果无外防腐层,则为 0 分;

b) 如果不进行外防腐层全面检验,则为 0 分;

c) 如果未规定外防腐层全面检验项目和周期,则为 0 分;

d) 如果外防腐层全面检验项目或周期的规定不满足 GB/T 19285 的要求,则为 0 分;

e) 如果外防腐层全面检验项目和周期的规定满足 GB/T 19285 的要求,则为 2 分;

f) 如果不需要外防腐层,则为 2 分。

对于外防腐层维护的规定,按以下规定评分:

a) 如果无外防腐层,则为 0 分;

b) 如果无外防腐层维护的规定,则为 0 分;

c) 如果未规定报告和修复缺陷,则为 0.5 分;

d) 如果未规定制定修复时间表并按该时间表进行修复,则为 0.8 分;

e) 如果规定制定修复时间表并按该时间表进行修复,则为 1 分。

C.3.4.2.5 深根植被的评分

a) 如果管道区段两侧各 5 m 范围内存在大量深根植物,则为 0 分;

b) 如果管道区段两侧各 5 m 范围内存在少量深根植物,则为 0.5 分;

c) 如果管道区段两侧各 5 m 范围内不存在深根植物,则为 1 分。

C.3.4.2.6 阴极保护系统的评分

阴极保护系统的得分,为以下各项得分之和:

a) 阴极保护系统产品质量;

b) 阴极保护系统安装质量;

c) 阴极保护系统在线检查的规定;

d) 阴极保护系统全面检验的规定;

e) 阴极保护系统测试头间距。

阴极保护系统产品质量的得分,为以下各项得分之和:

a) 阴极保护系统产品质量证明文件;

b) 阴极保护系统产品抽样复验。

对于阴极保护系统产品质量证明文件,按以下规定评分:

a) 如果未加阴极保护,则为0分;

b) 如果阴极保护系统产品无质量证明文件,则为0分;

c) 如果阴极保护系统产品质量证明文件齐全,则为2分;

d) 如果不需要进行阴极保护,则为2分。

对于阴极保护系统产品抽样复验,按以下规定评分:

a) 如果未加阴极保护,则为0分;

b) 如果未进行阴极保护系统产品抽样复验,则为0分;

c) 如果阴极保护系统产品抽样复验不合格,则为0分;

d) 如果阴极保护系统产品抽样复验合格,则为3分;

e) 如果不需要进行阴极保护,则为3分。

阴极保护系统安装质量的得分,为以下各项得分之和:

a) 阴极保护系统安装过程质量控制;

b) 阴极保护系统投产测试。

对于阴极保护系统安装过程质量控制,按以下规定评分:

a) 如果未加阴极保护,则为0分;

b) 如果未进行阴极保护系统安装过程质量控制,则为0分;

c) 如果阴极保护系统安装过程质量控制不满足GB/T 19285的要求,则为0分;

d) 如果阴极保护系统安装过程质量控制基本满足GB/T 19285的要求,则为1.5分;

e) 如果阴极保护系统安装过程质量控制满足GB/T 19285的要求,则为3分;

f) 如果不需要进行阴极保护,则为3分。

对于阴极保护系统投产测试,按以下规定评分:

a) 如果未加阴极保护,则为0分;

b) 如果未进行阴极保护系统投产测试,则为0分;

c) 如果阴极保护系统投产测试结果不满足GB/T 19285的要求,则为0分;

d) 如果阴极保护系统投产测试结果基本满足GB/T 19285的要求,则为3分;

e) 如果阴极保护系统投产测试结果满足GB/T 19285的要求,则为7分;

f) 如果不需要进行阴极保护,则为7分。

对于阴极保护系统在线检查的规定,按以下规定评分:

a) 如果未加阴极保护,则为 0 分;

b) 如果未规定进行在线检查,则为 0 分;

c) 如果在线检查项目或周期的规定不满足 GB/T 19285 的要求,则为 0 分;

d) 如果在线检查项目和周期的规定满足 GB/T 19285 的要求,则为 1 分;

e) 如果不需要进行阴极保护,则为 1 分。

阴极保护系统全面检验的规定的得分,为以下各项得分之和:

a) 全面检验人员资质的规定;

b) 全面检验项目和周期的规定。

对于全面检验人员资质的规定,按以下规定评分:

a) 如果未加阴极保护,则为 0 分;

b) 如果不进行阴极保护系统全面检验,则为 0 分;

c) 如果未对阴极保护系统全面检验人员的资质进行要求,则为 0 分;

d) 如果规定阴极保护系统全面检验人员必须具备相应的资质,则为 1 分;

e) 如果不需要进行阴极保护,则为 1 分。

对于全面检验人员资质的规定,按以下规定评分:

a) 如果未加阴极保护,则为 0 分;

b) 如果不进行阴极保护系统全面检验,则为 0 分;

c) 如果未规定阴极保护系统全面检验项目和周期,则为 0 分;

d) 如果阴极保护系统全面检验项目或周期的规定不满足 GB/T 19285 的要求,则为 0 分;

e) 如果阴极保护系统全面检验项目和周期的规定满足 GB/T 19285 的要求,则为 2 分;

f) 如果不需要进行阴极保护,则为 2 分。

对于阴极保护系统测试头间距,按以下规定评分:

a) 如果未加阴极保护,则为 0 分;

b) 如果测试头间距>3 km,则为 0 分;

c) 如果测试头间距∈[2 km,3 km],或有部分交叉管道和套管未监控,则为 0 分;

d) 如果测试头间距<2 km,并且对管道附近所有地下金属设施有监控,则为 1 分;

e) 如果不需要进行阴极保护,则为 1 分。

C.3.4.3 集气管道、集油管道和输送腐蚀性液体介质的工业管道土壤腐蚀的评分

C.3.4.3.1 概述

集气管道、集油管道和输送腐蚀性液体介质的工业管道土壤腐蚀的得分,为以下各项得分之和:

a) 环境腐蚀性调查;

b) 防腐设计;

c) 外防腐层;

d) 深根植被;

e) 阴极保护系统。

C.3.4.3.2 环境腐蚀性调查的评分

环境腐蚀性调查的得分,为以下各项得分之和:

a） 土壤电阻率；

b） 直流杂散电流干扰及其排流措施；

c） 交流杂散电流干扰。

对于土壤电阻率，按以下规定评分：

a） 如果未进行土壤电阻率测量，则为 0 分；

b） 如果土壤电阻率<20 Ω·m，则为 0 分；

c） 如果土壤电阻率∈[20 Ω·m，50 Ω·m]，则为 4 分；

d） 如果土壤电阻率>50 Ω·m，则为 8 分。

对于直流杂散电流干扰及其排流措施，按照 GB/T 19285 确定直流杂散电流干扰程度，并按以下规定评分：

a） 如果直流杂散电流干扰程度大，并且未设置排流装置，则为 0 分；

b） 如果直流杂散电流干扰程度大，并且设置的排流装置不能完全满足排流的需要，则为 0.5 分；

c） 如果直流杂散电流干扰程度中或小，并且未设置排流装置，则为 0.5 分；

d） 如果直流杂散电流干扰程度中或小，并且设置的排流装置不能完全满足排流的需要，则为 1 分；

e） 如果设置的排流装置能满足排流的需要，则为 2 分；

f） 如果不存在直流杂散电流干扰，则为 2 分。

对于交流杂散电流干扰，按照 GB/T 19285 确定其干扰程度，并按以下规定评分：

a） 如果存在交流杂散电流干扰，则为 0 分；

b） 如果不存在交流杂散电流干扰，则为 1 分。

C.3.4.3.3 防腐设计的评分

防腐设计的得分，为以下各项得分之和：

a） 防腐设计单位的资质；

b） 防腐设计标准规范的选用；

c） 防腐设计的适用性。

对于防腐设计单位的资质，按以下规定评分：

a） 如果防腐设计单位不具备相应资质，则为 0 分；

b） 如果防腐设计单位具备相应资质，则为 1 分。

对于防腐设计标准规范的选用，按以下规定评分：

a） 如果管道防腐设计未按标准规范设计或采用设计当时已经作废的标准规范，则为 0 分；

b） 如果管道防腐设计采用设计当时有效的旧版本标准规范，则为 0.5 分；

c） 如果管道防腐设计采用现行标准规范，则为 1 分。

对于防腐设计的适用性，按照 GB/T 19285 确定防腐设计的要求，并按以下规定评分：

a） 如果外防腐层和/或阴极保护系统的设计不符合防腐设计标准规范要求，则为 0 分；

b） 如果外防腐层和/或阴极保护系统的设计基本符合防腐设计标准规范要求，则为 1 分；

c） 如果外防腐层和/或阴极保护系统的设计符合防腐设计标准规范要求，则为 3 分。

C.3.4.3.4 外防腐层的评分

外防腐层的得分,为以下各项得分之和:

a) 外防腐层类型;

b) 外防腐层制造质量;

c) 外防腐层施工质量;

d) 外防腐层全面检验的规定;

e) 外防腐层维护的规定。

对于外防腐层类型,按以下规定评分:

a) 如果无外防腐层,则为0分;

b) 如果是防锈油漆,则为0.5分;

c) 如果是高密度聚乙烯,则为0.8分;

d) 如果是沥青加玻璃布,则为1分;

e) 如果是煤焦油瓷漆或环氧煤沥青,则为1.5分;

f) 如果是三层PE复合涂层,则为2分;

g) 如果不需要外防腐层,则为2分。

外防腐层制造质量的得分,为以下各项得分之和:

a) 外防腐层质量证明文件;

b) 外防腐层复验。

对于外防腐层质量证明文件,按以下规定评分:

a) 如果无外防腐层,则为0分;

b) 如果外防腐层无质量证明文件,则为0分;

c) 如果外防腐层质量证明文件齐全,则为1分;

d) 如果不需要外防腐层,则为1分。

对于外防腐层复验,按以下规定评分:

a) 如果无外防腐层,则为0分;

b) 如果未进行外防腐层复验,则为0分;

c) 如果外防腐层复验不合格,则为0分;

d) 如果外防腐层复验合格,则为2分;

e) 如果不需要进行外防腐层复验,则为2分;

f) 如果不需要外防腐层,则为2分。

外防腐层施工质量的得分,为以下各项得分之和:

a) 外防腐层补口补伤检验和下沟前检验;

b) 外防腐层漏点检验。

对于外防腐层补口补伤检验和下沟前检验,按以下规定评分:

a) 如果无外防腐层,则为0分;

b) 如果未进行外防腐层补口补伤检验和下沟前检验,则为0分;

c) 如果外防腐层补口补伤检验或下沟前检验不合格,则为0分;

d) 如果外防腐层补口补伤检验和下沟前检验合格,则为2分;

e) 如果不需要外防腐层,则为2分。

对于外防腐层漏点检验,按以下规定评分:

a) 如果无外防腐层,则为0分;

b) 如果未进行外防腐层漏点检验,则为0分;

c) 如果外防腐层漏点检验不合格,则为0分;

d) 如果外防腐层漏点检验合格,则为4分;

e) 如果不需要外防腐层,则为4分。

外防腐层全面检验的规定的得分,为以下各项得分之和:

a) 全面检验人员资质的规定;

b) 全面检验项目和周期的规定。

对于全面检验人员资质的规定,按以下规定评分:

a) 如果无外防腐层,则为0分;

b) 如果不进行外防腐层全面检验,则为0分;

c) 如果未对外防腐层全面检验人员的资质进行要求,则为0分;

d) 如果规定外防腐层全面检验人员必须具备相应的资质,则为1分;

e) 如果不需要外防腐层,则为1分。

对于全面检验项目和周期的规定,按以下规定评分:

a) 如果无外防腐层,则为0分;

b) 如果不进行外防腐层全面检验,则为0分;

c) 如果未规定外防腐层全面检验项目和周期,则为0分;

d) 如果外防腐层全面检验项目或周期的规定不满足GB/T 19285的要求,则为0分;

e) 如果外防腐层全面检验项目和周期的规定满足GB/T 19285的要求,则为2分;

f) 如果不需要外防腐层,则为2分。

对于外防腐层维护的规定,按以下规定评分:

a) 如果无外防腐层,则为0分;

b) 如果无外防腐层维护的规定,则为0分;

c) 如果未规定报告和修复缺陷,则为0.5分;

d) 如果未规定制定修复时间表并按该时间表进行修复,则为0.8分;

e) 如果规定制定修复时间表并按该时间表进行修复,则为1分。

C.3.4.3.5 深根植被的评分

a) 如果管道区段两侧各5 m范围内存在大量深根植物,则为0分;

b) 如果管道区段两侧各5 m范围内存在少量深根植物,则为0.5分;

c) 如果管道区段两侧各5 m范围内不存在深根植物,则为1分。

C.3.4.3.6 阴极保护系统的评分

阴极保护系统的得分,为以下各项得分之和:

a) 阴极保护系统产品质量;

b) 阴极保护系统安装质量;

c) 阴极保护系统在线检查的规定;

d) 阴极保护系统全面检验的规定;

e) 阴极保护系统测试头间距。

阴极保护系统产品质量的得分,为以下各项得分之和:

a) 阴极保护系统产品质量证明文件;

b) 阴极保护系统产品抽样复验。

对于阴极保护系统产品质量证明文件,按以下规定评分:

a) 如果未加阴极保护,则为0分;

b) 如果阴极保护系统产品无质量证明文件,则为0分;

c) 如果阴极保护系统产品质量证明文件齐全,则为1分;

d) 如果不需要进行阴极保护,则为1分。

对于阴极保护系统产品抽样复验,按以下规定评分:

a) 如果未加阴极保护,则为0分;

b) 如果未进行阴极保护系统产品抽样复验,则为0分;

c) 如果阴极保护系统产品抽样复验不合格,则为0分;

d) 如果阴极保护系统产品抽样复验合格,则为2分;

e) 如果不需要进行阴极保护,则为2分。

阴极保护系统安装质量的得分,为以下各项得分之和:

a) 阴极保护系统安装过程质量控制;

b) 阴极保护系统投产测试。

对于阴极保护系统安装过程质量控制,按以下规定评分:

a) 如果未加阴极保护,则为0分;

b) 如果未进行阴极保护系统安装过程质量控制,则为0分;

c) 如果阴极保护系统安装过程质量控制不满足GB/T 19285的要求,则为0分;

d) 如果阴极保护系统安装过程质量控制基本满足GB/T 19285的要求,则为1分;

e) 如果阴极保护系统安装过程质量控制满足GB/T 19285的要求,则为2分;

f) 如果不需要进行阴极保护,则为2分。

对于阴极保护系统投产测试,按以下规定评分:

a) 如果未加阴极保护,则为0分;

b) 如果未进行阴极保护系统投产测试,则为0分;

c) 如果阴极保护系统投产测试结果不满足GB/T 19285的要求,则为0分;

d) 如果阴极保护系统投产测试结果基本满足GB/T 19285的要求,则为1.5分;

e) 如果阴极保护系统投产测试结果满足GB/T 19285的要求,则为3分;

f) 如果不需要进行阴极保护,则为3分。

对于阴极保护系统在线检查的规定,按以下规定评分:

a) 如果未加阴极保护,则为0分;

b) 如果未规定进行在线检查,则为0分;

c) 如果在线检查项目或周期的规定不满足GB/T 19285的要求,则为0分;

d) 如果在线检查项目和周期的规定满足GB/T 19285的要求,则为1分;

e) 如果不需要进行阴极保护,则为1分。

阴极保护系统全面检验的规定的得分,为以下各项得分之和:

a） 全面检验人员资质的规定；

b） 全面检验项目和周期的规定。

对于全面检验人员资质的规定，按以下规定评分：

a） 如果未加阴极保护，则为0分；

b） 如果不进行阴极保护系统全面检验，则为0分；

c） 如果未对阴极保护系统全面检验人员的资质进行要求，则为0分；

d） 如果规定阴极保护系统全面检验人员必须具备相应的资质，则为1分；

e） 如果不需要进行阴极保护，则为1分。

对于全面检验项目和周期的规定，按以下规定评分：

a） 如果未加阴极保护，则为0分；

b） 如果不进行阴极保护系统全面检验，则为0分；

c） 如果未规定阴极保护系统全面检验项目和周期，则为0分；

d） 如果阴极保护系统全面检验项目或周期的规定不满足GB/T 19285的要求，则为0分；

e） 如果阴极保护系统全面检验项目和周期的规定满足GB/T 19285的要求，则为2分；

f） 如果不需要进行阴极保护，则为2分。

对于阴极保护系统测试头间距，按以下规定评分：

a） 如果未加阴极保护，则为0分；

b） 如果测试头间距＞3 km，则为0分；

c） 如果测试头间距∈[2 km，3 km]，或有部分交叉管道和套管未监控，则为0分；

d） 如果测试头间距＜2 km，并且对管道附近所有地下金属设施监控，则为1分；

e） 如果不需要进行阴极保护，则为1分。

C.3.4.4 输送天然气、液化气介质的城市燃气管道土壤腐蚀的评分

C.3.4.4.1 概述

输送天然气、液化气介质的城市燃气管道土壤腐蚀的得分，为以下各项得分之和：

a） 环境腐蚀性调查；

b） 防腐设计；

c） 外防腐层；

d） 深根植被；

e） 阴极保护系统。

C.3.4.4.2 环境腐蚀性调查的评分

环境腐蚀性调查的得分，为以下各项得分之和：

a） 土壤电阻率；

b） 直流杂散电流干扰及其排流措施；

c） 交流杂散电流干扰。

对于土壤电阻率，按以下规定评分：

a） 如果未进行土壤电阻率测量，则为0分；

b） 如果土壤电阻率＜20 Ω·m，则为0分；

c) 如果土壤电阻率∈[20 Ω·m,50 Ω·m],则为3分;

d) 如果土壤电阻率>50 Ω·m,则为6分。

对于直流杂散电流干扰及其排流措施,按照GB/T 19285确定直流杂散电流干扰程度,并按以下规定评分:

a) 如果直流杂散电流干扰程度大,并且未设置排流装置,则为0分;

b) 如果直流杂散电流干扰程度大,并且设置的排流装置不能完全满足排流的需要,则为1分;

c) 如果直流杂散电流干扰程度中或小,并且未设置排流装置,则为1分;

d) 如果直流杂散电流干扰程度中或小,并且设置的排流装置不能完全满足排流的需要,则为2分;

e) 如果设置的排流装置能满足排流的需要,则为4分;

f) 如果不存在直流杂散电流干扰,则为4分。

对于交流杂散电流干扰,按照GB/T 19285确定其干扰程度,并按以下规定评分:

a) 如果存在交流杂散电流干扰,则为0分;

b) 如果不存在交流杂散电流干扰,则为2分。

C.3.4.4.3 防腐设计的评分

防腐设计的得分,为以下各项得分之和:

a) 防腐设计单位的资质;

b) 防腐设计标准规范的选用;

c) 防腐设计的适用性。

对于防腐设计单位的资质,按以下规定评分:

a) 如果防腐设计单位不具备相应资质,则为0分;

b) 如果防腐设计单位具备相应资质,则为2分。

对于防腐设计标准规范的选用,按以下规定评分:

a) 如果管道防腐设计未按标准规范设计或采用设计当时已经作废的标准规范,则为0分;

b) 如果管道防腐设计采用设计当时有效的旧版本标准规范,则为1分;

c) 如果管道防腐设计采用现行标准规范,则为2分。

对于防腐设计的适用性,按照GB/T 19285确定防腐设计的要求,并按以下规定评分:

a) 如果外防腐层和/或阴极保护系统的设计不符合防腐设计标准规范要求,则为0分;

b) 如果外防腐层和/或阴极保护系统的设计基本符合防腐设计标准规范要求,则为3分;

c) 如果外防腐层和/或阴极保护系统的设计符合防腐设计标准规范要求,则为6分。

C.3.4.4.4 外防腐层的评分

外防腐层的得分,为以下各项得分之和:

a) 外防腐层类型;

b) 外防腐层制造质量;

c) 外防腐层施工质量;

d) 外防腐层全面检验的规定;

e） 外防腐层维护的规定。

对于外防腐层类型，按以下规定评分：

a） 如果无外防腐层，则为 0 分；

b） 如果是防锈油漆，则为 1 分；

c） 如果是高密度聚乙烯，则为 2 分；

d） 如果是沥青加玻璃布，则为 3 分；

e） 如果是煤焦油瓷漆或环氧煤沥青，则为 3.5 分；

f） 如果是三层 PE 复合涂层，则为 4 分；

g） 如果不需要外防腐层，则为 4 分。

外防腐层制造质量的得分，为以下各项得分之和：

a） 外防腐层质量证明文件；

b） 外防腐层复验。

对于外防腐层质量证明文件，按以下规定评分：

a） 如果无外防腐层，则为 0 分；

b） 如果外防腐层无质量证明文件，则为 0 分；

c） 如果外防腐层质量证明文件齐全，则为 3 分；

d） 如果不需要外防腐层，则为 3 分。

对于外防腐层复验，按以下规定评分：

a） 如果无外防腐层，则为 0 分；

b） 如果未进行外防腐层复验，则为 0 分；

c） 如果外防腐层复验不合格，则为 0 分；

d） 如果外防腐层复验合格，则为 6 分；

e） 如果不需要进行外防腐层复验，则为 6 分；

f） 如果不需要外防腐层，则为 6 分。

外防腐层施工质量的得分，为以下各项得分之和：

a） 外防腐层补口补伤检验和下沟前检验；

b） 外防腐层漏点检验。

对于外防腐层补口补伤检验和下沟前检验，按以下规定评分：

a） 如果无外防腐层，则为 0 分；

b） 如果未进行外防腐层补口补伤检验和下沟前检验，则为 0 分；

c） 如果外防腐层补口补伤检验或下沟前检验不合格，则为 0 分；

d） 如果外防腐层补口补伤检验和下沟前检验合格，则为 8 分；

e） 如果不需要外防腐层，则为 8 分。

对于外防腐层漏点检验，按以下规定评分：

a） 如果无外防腐层，则为 0 分；

b） 如果未进行外防腐层漏点检验，则为 0 分；

c） 如果外防腐层漏点检验不合格，则为 0 分；

d） 如果外防腐层漏点检验合格，则为 12 分；

e） 如果不需要外防腐层，则为 12 分。

外防腐层全面检验的规定的得分,为以下各项得分之和:

a) 全面检验人员资质的规定;

b) 全面检验项目和周期的规定。

对于全面检验人员资质的规定,按以下规定评分:

a) 如果无外防腐层,则为0分;

b) 如果不进行外防腐层全面检验,则为0分;

c) 如果未对外防腐层全面检验人员的资质进行要求,则为0分;

d) 如果规定外防腐层全面检验人员必须具备相应的资质,则为1分;

e) 如果不需要外防腐层,则为1分。

对于全面检验项目和周期的规定,按以下规定评分:

a) 如果无外防腐层,则为0分;

b) 如果不进行外防腐层全面检验,则为0分;

c) 如果未规定外防腐层全面检验项目和周期,则为0分;

d) 如果外防腐层全面检验项目或周期的规定不满足GB/T 19285的要求,则为0分;

e) 如果外防腐层全面检验项目和周期的规定满足GB/T 19285的要求,则为2分;

f) 如果不需要外防腐层,则为2分。

对于外防腐层维护的规定,按以下规定评分:

a) 如果无外防腐层,则为0分;

b) 如果无外防腐层维护的规定,则为0分;

c) 如果未规定报告和修复缺陷,则为0.5分;

d) 如果未规定制定修复时间表并按该时间表进行修复,则为0.8分;

e) 如果规定制定修复时间表并按该时间表进行修复,则为1分。

C.3.4.4.5 深根植被的评分

a) 如果管道区段两侧各5 m范围内存在大量深根植物,则为0分;

b) 如果管道区段两侧各5 m范围内存在少量深根植物,则为0.5分;

c) 如果管道区段两侧各5 m范围内不存在深根植物,则为1分。

C.3.4.4.6 阴极保护系统的评分

阴极保护系统的得分,为以下各项得分之和:

a) 阴极保护系统产品质量;

b) 阴极保护系统安装质量;

c) 阴极保护系统在线检查的规定;

d) 阴极保护系统全面检验的规定;

e) 阴极保护系统测试头间距。

阴极保护系统产品质量的得分,为以下各项得分之和:

a) 阴极保护系统产品质量证明文件;

b) 阴极保护系统产品抽样复验。

对于阴极保护系统产品质量证明文件,按以下规定评分:

a) 如果未加阴极保护,则为0分;

b) 如果阴极保护系统产品无质量证明文件,则为0分;

c) 如果阴极保护系统产品质量证明文件齐全,则为2分;

d) 如果不需要进行阴极保护,则为2分。

对于阴极保护系统产品抽样复验,按以下规定评分:

a) 如果未加阴极保护,则为0分;

b) 如果未进行阴极保护系统产品抽样复验,则为0分;

c) 如果阴极保护系统产品抽样复验不合格,则为0分;

d) 如果阴极保护系统产品抽样复验合格,则为3分;

e) 如果不需要进行阴极保护,则为3分。

阴极保护系统安装质量的得分,为以下各项得分之和:

a) 阴极保护系统安装过程质量控制;

b) 阴极保护系统投产测试。

对于阴极保护系统安装过程质量控制,按以下规定评分:

a) 如果未加阴极保护,则为0分;

b) 如果未进行阴极保护系统安装过程质量控制,则为0分;

c) 如果阴极保护系统安装过程质量控制不满足GB/T 19285的要求,则为0分;

d) 如果阴极保护系统安装过程质量控制基本满足GB/T 19285的要求,则为1.5分;

e) 如果阴极保护系统安装过程质量控制满足GB/T 19285的要求,则为3分;

f) 如果不需要进行阴极保护,则为3分。

对于阴极保护系统投产测试,按以下规定评分:

a) 如果未加阴极保护,则为0分;

b) 如果未进行阴极保护系统投产测试,则为0分;

c) 如果阴极保护系统投产测试结果不满足GB/T 19285的要求,则为0分;

d) 如果阴极保护系统投产测试结果基本满足GB/T 19285的要求,则为3分;

e) 如果阴极保护系统投产测试结果满足GB/T 19285的要求,则为7分;

f) 如果不需要进行阴极保护,则为7分。

对于阴极保护系统在线检查的规定,按以下规定评分:

a) 如果未加阴极保护,则为0分;

b) 如果未规定进行在线检查,则为0分;

c) 如果在线检查项目或周期的规定不满足GB/T 19285的要求,则为0分;

d) 如果在线检查项目和周期的规定满足GB/T 19285的要求,则为1分;

e) 如果不需要进行阴极保护,则为1分。

阴极保护系统全面检验的规定的得分,为以下各项得分之和:

a) 全面检验人员资质的规定;

b) 全面检验项目和周期的规定。

对于全面检验人员资质的规定,按以下规定评分:

a) 如果未加阴极保护,则为0分;

b) 如果不进行阴极保护系统全面检验,则为0分;

c) 如果未对阴极保护系统全面检验人员的资质进行要求,则为0分;

d） 如果规定阴极保护系统全面检验人员必须具备相应的资质，则为1分；

e） 如果不需要进行阴极保护，则为1分。

对于全面检验项目和周期的规定，按以下规定评分：

a） 如果未加阴极保护，则为0分；

b） 如果不进行阴极保护系统全面检验，则为0分；

c） 如果未规定阴极保护系统全面检验项目和周期，则为0分；

d） 如果阴极保护系统全面检验项目或周期的规定不满足GB/T 19285的要求，则为0分；

e） 如果阴极保护系统全面检验项目和周期的规定满足GB/T 19285的要求，则为2分；

f） 如果不需要进行阴极保护，则为2分。

对于阴极保护系统测试头间距，按以下规定评分：

a） 如果未加阴极保护，则为0分；

b） 如果测试头间距＞3 km，则为0分；

c） 如果测试头间距∈[2 km，3 km]，或有部分交叉管道和套管未监控，则为0分；

d） 如果测试头间距＜2 km，并且对管道附近所有地下金属设施监控，则为1分；

e） 如果不需要进行阴极保护，则为1分。

C.3.4.5 输送人工煤气介质的城市燃气管道土壤腐蚀的评分

C.3.4.5.1 概述

输送人工煤气介质的城市燃气管道土壤腐蚀的得分，为以下各项得分之和：

a） 环境腐蚀性调查；

b） 防腐设计；

c） 外防腐层；

d） 深根植被；

e） 阴极保护系统。

C.3.4.5.2 环境腐蚀性调查的评分

环境腐蚀性调查的得分，为以下各项得分之和：

a） 土壤电阻率；

b） 直流杂散电流干扰及其排流措施；

c） 交流杂散电流干扰。

对于土壤电阻率，按以下规定评分：

a） 如果未进行土壤电阻率测量，则为0分；

b） 如果土壤电阻率＜20 Ω·m，则为0分；

c） 如果土壤电阻率∈[20 Ω·m，50 Ω·m]，则为4分；

d） 如果土壤电阻率＞50 Ω·m，则为8分。

对于直流杂散电流干扰及其排流措施，按照GB/T 19285确定直流杂散电流干扰程度，并按以下规定评分：

a） 如果直流杂散电流干扰程度大，并且未设置排流装置，则为0分；

b） 如果直流杂散电流干扰程度大，并且设置的排流装置不能完全满足排流的需要，则为

1 分；

c) 如果直流杂散电流干扰程度中或小，并且未设置排流装置，则为 1 分；

d) 如果直流杂散电流干扰程度中或小，并且设置的排流装置不能完全满足排流的需要，则为 2 分；

e) 如果设置的排流装置能满足排流的需要，则为 3 分；

f) 如果不存在直流杂散电流干扰，则为 3 分。

对于交流杂散电流干扰，按照 GB/T 19285 确定其干扰程度，并按以下规定评分：

a) 如果存在交流杂散电流干扰，则为 0 分；

b) 如果不存在交流杂散电流干扰，则为 2 分。

C.3.4.5.3 防腐设计的评分

防腐设计的得分，为以下各项得分之和：

a) 防腐设计单位的资质；

b) 防腐设计标准规范的选用；

c) 防腐设计的适用性。

对于防腐设计单位的资质，按以下规定评分：

a) 如果防腐设计单位不具备相应资质，则为 0 分；

b) 如果防腐设计单位具备相应资质，则为 1 分。

对于防腐设计标准规范的选用，按以下规定评分：

a) 如果管道防腐设计未按标准规范设计或采用设计当时已经作废的标准规范，则为 0 分；

b) 如果管道防腐设计采用设计当时有效的旧版本标准规范，则为 1 分；

c) 如果管道防腐设计采用现行标准规范，则为 2 分。

对于防腐设计的适用性，按照 GB/T 19285 确定防腐设计的要求，并按以下规定评分：

a) 如果外防腐层和/或阴极保护系统的设计不符合防腐设计标准规范要求，则为 0 分；

b) 如果外防腐层和/或阴极保护系统的设计基本符合防腐设计标准规范要求，则为 3 分；

c) 如果外防腐层和/或阴极保护系统的设计符合防腐设计标准规范要求，则为 5 分。

C.3.4.5.4 外防腐层的评分

外防腐层的得分，为以下各项得分之和：

a) 外防腐层类型；

b) 外防腐层制造质量；

c) 外防腐层施工质量；

d) 外防腐层全面检验的规定；

e) 外防腐层维护的规定。

对于外防腐层类型，按以下规定评分：

a) 如果无外防腐层，则为 0 分；

b) 如果是防锈油漆，则为 1 分；

c) 如果是高密度聚乙烯，则为 1.5 分；

d) 如果是沥青加玻璃布，则为 2 分；

e) 如果是煤焦油瓷漆或环氧煤沥青,则为2.5分;

f) 如果是三层PE复合涂层,则为3分;

g) 如果不需要外防腐层,则为3分。

外防腐层制造质量的得分,为以下各项得分之和:

a) 外防腐层质量证明文件;

b) 外防腐层复验。

对于外防腐层质量证明文件,按以下规定评分:

a) 如果无外防腐层,则为0分;

b) 如果外防腐层无质量证明文件,则为0分;

c) 如果外防腐层质量证明文件齐全,则为2分;

d) 如果不需要外防腐层,则为2分。

对于外防腐层复验,按以下规定评分:

a) 如果无外防腐层,则为0分;

b) 如果未进行外防腐层复验,则为0分;

c) 如果外防腐层复验不合格,则为0分;

d) 如果外防腐层复验合格,则为6分;

e) 如果不需要进行外防腐层复验,则为6分;

f) 如果不需要外防腐层,则为6分。

外防腐层施工质量的得分,为以下各项得分之和:

a) 外防腐层补口补伤检验和下沟前检验;

b) 外防腐层漏点检验。

对于外防腐层补口补伤检验和下沟前检验,按以下规定评分:

a) 如果无外防腐层,则为0分;

b) 如果未进行外防腐层补口补伤检验和下沟前检验,则为0分;

c) 如果外防腐层补口补伤检验或下沟前检验不合格,则为0分;

d) 如果外防腐层补口补伤检验和下沟前检验合格,则为8分;

e) 如果不需要外防腐层,则为8分。

对于外防腐层漏点检验,按以下规定评分:

a) 如果无外防腐层,则为0分;

b) 如果未进行外防腐层漏点检验,则为0分;

c) 如果外防腐层漏点检验不合格,则为0分;

d) 如果外防腐层漏点检验合格,则为10分;

e) 如果不需要外防腐层,则为10分。

外防腐层全面检验的规定的得分,为以下各项得分之和:

a) 全面检验人员资质的规定;

b) 全面检验项目和周期的规定。

对于全面检验人员资质的规定,按以下规定评分:

a) 如果无外防腐层,则为0分;

b) 如果不进行外防腐层全面检验,则为0分;

c) 如果未对外防腐层全面检验人员的资质进行要求,则为0分;

d) 如果规定外防腐层全面检验人员必须具备相应的资质,则为1分;

e) 如果不需要外防腐层,则为1分。

对于全面检验项目和周期的规定,按以下规定评分:

a) 如果无外防腐层,则为0分;

b) 如果不进行外防腐层全面检验,则为0分;

c) 如果未规定外防腐层全面检验项目和周期,则为0分;

d) 如果外防腐层全面检验项目或周期的规定不满足GB/T 19285的要求,则为0分;

e) 如果外防腐层全面检验项目和周期的规定满足GB/T 19285的要求,则为2分;

f) 如果不需要外防腐层,则为2分。

对于外防腐层维护的规定,按以下规定评分:

a) 如果无外防腐层,则为0分;

b) 如果无外防腐层维护的规定,则为0分;

c) 如果未规定报告和修复缺陷,则为0.5分;

d) 如果未规定制定修复时间表并按该时间表进行修复,则为0.8分;

e) 如果规定制定修复时间表并按该时间表进行修复,则为1分。

C.3.4.5.5 深根植被的评分

a) 如果管道区段两侧各5 m范围内存在大量深根植物,则为0分;

b) 如果管道区段两侧各5 m范围内存在少量深根植物,则为0.5分;

c) 如果管道区段两侧各5 m范围内不存在深根植物,则为1分。

C.3.4.5.6 阴极保护系统的评分

阴极保护系统的得分,为以下各项得分之和:

a) 阴极保护系统产品质量;

b) 阴极保护系统安装质量;

c) 阴极保护系统在线检查的规定;

d) 阴极保护系统全面检验的规定;

e) 阴极保护系统测试头间距。

阴极保护系统产品质量的得分,为以下各项得分之和:

a) 阴极保护系统产品质量证明文件;

b) 阴极保护系统产品抽样复验。

对于阴极保护系统产品质量证明文件,按以下规定评分:

a) 如果未加阴极保护,则为0分;

b) 如果阴极保护系统产品无质量证明文件,则为0分;

c) 如果阴极保护系统产品质量证明文件齐全,则为1分;

d) 如果不需要进行阴极保护,则为1分。

对于阴极保护系统产品抽样复验,按以下规定评分:

a) 如果未加阴极保护,则为0分;

b) 如果未进行阴极保护系统产品抽样复验,则为0分;

c) 如果阴极保护系统产品抽样复验不合格,则为0分;

d) 如果阴极保护系统产品抽样复验合格,则为3分;

e) 如果不需要进行阴极保护,则为3分。

阴极保护系统安装质量的得分,为以下各项得分之和:

a) 阴极保护系统安装过程质量控制;

b) 阴极保护系统投产测试。

对于阴极保护系统安装过程质量控制,按以下规定评分:

a) 如果未加阴极保护,则为0分;

b) 如果未进行阴极保护系统安装过程质量控制,则为0分;

c) 如果阴极保护系统安装过程质量控制不满足GB/T 19285的要求,则为0分;

d) 如果阴极保护系统安装过程质量控制基本满足GB/T 19285的要求,则为1.5分;

e) 如果阴极保护系统安装过程质量控制满足GB/T 19285的要求,则为3分;

f) 如果不需要进行阴极保护,则为3分。

对于阴极保护系统投产测试,按以下规定评分:

a) 如果未加阴极保护,则为0分;

b) 如果未进行阴极保护系统投产测试,则为0分;

c) 如果阴极保护系统投产测试结果不满足GB/T 19285的要求,则为0分;

d) 如果阴极保护系统投产测试结果基本满足GB/T 19285的要求,则为3分;

e) 如果阴极保护系统投产测试结果满足GB/T 19285的要求,则为6分;

f) 如果不需要进行阴极保护,则为6分。

对于阴极保护系统在线检查的规定,按以下规定评分:

a) 如果未加阴极保护,则为0分;

b) 如果未规定进行在线检查,则为0分;

c) 如果在线检查项目或周期的规定不满足GB/T 19285的要求,则为0分;

d) 如果在线检查项目和周期的规定满足GB/T 19285的要求,则为1分;

e) 如果不需要进行阴极保护,则为1分。

阴极保护系统全面检验的规定的得分,为以下各项得分之和:

a) 全面检验人员资质的规定;

b) 全面检验项目和周期的规定。

对于全面检验人员资质的规定,按以下规定评分:

a) 如果未加阴极保护,则为0分;

b) 如果未进行阴极保护系统全面检验,则为0分;

c) 如果未对阴极保护系统全面检验人员的资质进行要求,则为0分;

d) 如果规定阴极保护系统全面检验人员必须具备相应的资质,则为1分;

e) 如果不需要进行阴极保护,则为1分。

对于全面检验项目和周期的规定,按以下规定评分:

a) 如果未加阴极保护,则为0分;

b） 如果未进行阴极保护系统全面检验,则为 0 分；

c） 如果未规定阴极保护系统全面检验项目和周期,则为 0 分；

d） 如果阴极保护系统全面检验项目或周期的规定不满足 GB/T 19285 的要求,则为 0 分；

e） 如果阴极保护系统全面检验项目和周期的规定满足 GB/T 19285 的要求,则为 2 分；

f） 如果不需要进行阴极保护,则为 2 分。

对于阴极保护系统测试头间距,按以下规定评分：

a） 如果未加阴极保护,则为 0 分；

b） 如果测试头间距>3 km,则为 0 分；

c） 如果测试头间距∈[2 km,3 km],或有部分交叉管道和套管未监控,则为 0 分；

d） 如果测试头间距<2 km,并且对管道附近所有地下金属设施监控,则为 1 分；

e） 如果不需要进行阴极保护,则为 1 分。

C.4 设备(装置)及人员培训的评分

C.4.1 概述

设备(装置)及人员培训的得分,为以下各项得分之和：

a） 设备(装置)功能及安全质量；

b） 设备(装置)维护保养规程；

c） 设备(装置)操作规程；

d） 人员培训与考核；

e） 安全管理制度；

f） 防错装置。

C.4.2 设备(装置)功能及安全质量的评分

C.4.2.1 概述

设备(装置)功能及安全质量的得分,为以下各项得分之和：

a） 设备(装置)性能和操作性；

b） 设备(装置)质量证明文件；

c） 设备(装置)检验；

d） 设备(装置)计量；

e） 超压保护装置；

f） 通讯系统。

C.4.2.2 设备(装置)性能和操作性的评分

a） 如果设备(装置)不满足技术要求,则为 0 分；

b） 如果设备(装置)满足技术要求,但性能稳定性较差,操作不方便,则为 5 分；

c） 如果设备(装置)满足技术要求,安全可靠,但操作不方便,则为 10 分；

d） 如果设备(装置)满足技术要求,安全可靠,操作方便,则为 12 分。

C.4.2.3 设备(装置)质量证明文件的评分

a） 如果设备(装置)无质量证明文件,则为 0 分；

b） 如果设备(装置)质量证明文件齐全,则为 2 分。

C.4.2.4 设备(装置)检验的评分

a） 如果设备(装置)不检验,则为 0 分;
b） 如果设备(装置)检验结果表明应停止使用或报废,则为 0 分;
c） 如果设备(装置)检验结果表明应监控使用,则为 1 分;
d） 如果设备(装置)检验结果表明应在限定条件下安全使用,则为 4 分;
e） 如果设备(装置)检验结果表明可在设计条件下安全使用,则为 8 分;
f） 如果设备(装置)不需要检验,则为 8 分。

C.4.2.5 设备(装置)计量的评分

a） 如果设备(装置)不计量,则为 0 分;
b） 如果设备(装置)超过计量有效期,则为 0 分;
c） 如果设备(装置)在计量有效期内,则为 7 分;
d） 如果设备(装置)不需要计量,则为 7 分。

C.4.2.6 超压保护装置的评分

a） 如果无超压保护或报警系统,则为 0 分;
b） 如果具备超压报警装置,则为 1 分;
c） 如果具备超压手动保护系统,则为 3 分;
d） 如果具备超压自动保护系统,则为 6 分。

C.4.2.7 通讯系统的评分

a） 如果通讯设备未固定专用,则为 0 分;
b） 如果各个站间配有专用通讯系统和工具,则为 5 分。

C.4.3 设备(装置)维护保养规程的评分

a） 如果无设备(装置)维护保养规程,则为 0 分;
b） 如果设备(装置)维护保养规程不完整,则为 3 分;
c） 如果设备(装置)维护保养规程完整、正确,则为 5 分。

C.4.4 设备(装置)操作规程的评分

a） 如果无设备(装置)操作规程,则为 0 分;
b） 如果设备(装置)操作规程不完整,则为 2 分;
c） 如果设备(装置)操作规程完整、正确,但未放置于操作现场,则为 4 分;
d） 如果设备(装置)操作规程完整、正确,并且放置于操作现场,则为 6 分。

C.4.5 人员培训与考核的评分

C.4.5.1 概述

人员培训与考核的得分,为以下各项得分之和:

a） 培训制度;
b） 培训内容;
c） 培训材料;
d） 培训及考核方式;

e） 培训激励。

C.4.5.2 培训制度的评分

a） 如果无培训制度，由领导临时决定是否进行培训，则为0分；

b） 如果没有建立培训制度，只对部分岗位的员工进行培训，则为1分；

c） 如果培训写入企业管理规章制度中，但仅对部分员工进行培训，则为3分；

d） 如果培训写入企业管理规章制度中，并得到良好执行，则为5分。

C.4.5.3 培训内容的评分

a） 如果不进行培训，则为0分；

b） 如果培训无实质性内容，则为0分；

c） 如果培训内容不全面，但进行了简单的培训，则为2分；

d） 如果培训内容全面，包括操作、操作规程、岗位对人员素质的要求等全部内容，则为4分。

C.4.5.4 培训材料的评分

a） 如果不进行培训，则为0分；

b） 如果没有正式培训材料，则为0分；

c） 如果培训材料简单，未经专家审核，则为2分；

d） 如果培训材料完整，并由行业内专家审核，则为4分。

C.4.5.5 培训及考核方式的评分

a） 如果不进行培训，则为0分；

b） 如果进行没有考核的简单一次性培训，则为0分；

c） 如果进行一次性培训，培训结束后对员工进行笔试，则为2分；

d） 如果定期持续培训，培训结束对员工进行面试、笔试评估等，则为4分。

C.4.5.6 培训激励的评分

C.4.5.6.1 概述

培训激励的得分，为以下各项得分之和：

a） 对培训考核成绩优异的员工的奖励；

b） 对员工自发参加相关培训班的奖励；

c） 实际操作考察。

C.4.5.6.2 对培训考核成绩优异的员工的奖励的评分

a） 如果不对培训考核成绩优异的员工进行奖励，则为0分；

b） 如果对培训考核成绩优异的员工进行奖励，则为1分。

C.4.5.6.3 对员工自发参加相关培训班的奖励的评分

a） 如果不对员工自发参加相关培训班进行奖励，则为0分；

b） 如果对员工自发参加相关培训班进行奖励，则为1分。

C.4.5.6.4 实际操作考查的评分

a） 如果不注重对员工进行实际操作考察，则为0分；

b) 如果注重对员工进行实际操作考察,则为1分。

C.4.6 安全管理制度的评分

C.4.6.1 概述

安全管理制度的得分,为以下各项得分之和:

a) 安全责任制;

b) 安全机构和人员。

C.4.6.2 安全责任制的评分

a) 如果无安全责任制,则为0分;

b) 如果有安全责任制,但未严格执行,则为2分;

c) 如果安全责任制健全,并严格执行,则为4分。

C.4.6.3 安全机构和人员的评分

a) 如果无安全机构和人员,则为0分;

b) 如果设置安全机构,但人员缺乏,则为2分;

c) 如果设置安全机构,配备充足的专、兼职人员,则为4分。

C.4.7 防错装置的评分

C.4.7.1 概述

防错装置的得分,为以下各项得分之和:

a) 防止误操作的硬件措施;

b) 联锁装置;

c) 通过计算机软件控制操作步骤的顺序。

C.4.7.2 防止误操作的硬件措施的评分

C.4.7.2.1 概述

防止误操作的硬件措施的得分,为以下各项得分之和:

a) 硬件的适用性;

b) 硬件制造单位的资质。

C.4.7.2.2 硬件的适用性的评分

a) 如果硬件不适用于防止误操作,则为0分;

b) 如果硬件设计合理,适用于防止误操作,则为3分。

C.4.7.2.3 硬件制造单位的资质的评分

a) 如果硬件制造单位无相应制造资质,则为0分;

b) 如果硬件制造单位有相应制造资质,则为4分;

c) 如果硬件制造单位不需要制造资质,则为4分。

C.4.7.3 联锁装置的评分

a) 如果无联锁装置,则为0分;

b) 如果具有可靠的自动联锁装置,则为7分。

C.4.7.4 通过计算机软件控制操作步骤的评分

a) 如果不通过计算机软件控制操作步骤控制,则为0分;

b） 如果通过计算机软件控制操作步骤控制，但软件的可靠性和健壮性未经证实，则为0分；

c） 如果通过计算机软件控制操作步骤控制，并且已经证实软件的可靠性和健壮性，则为7分。

C.5 管道本质安全质量的评分

C.5.1 概述

管道本质安全质量的得分，为以下各项得分之和：

a） 设计施工控制；

b） 检测及评价计划；

c） 自然灾害及其防范措施。

C.5.2 设计施工控制的评分

C.5.2.1 概述

设计施工控制的得分，为以下各项得分之和：

a） 设计控制；

b） 管道元件控制；

c） 安装及验收；

d） 附加安全裕度；

e） 安全保护措施；

f） 监检；

g） 监理；

h） 记录和图纸。

C.5.2.2 设计控制的评分

C.5.2.2.1 概述

设计控制的得分，为以下各项得分之和：

a） 设计单位的资质；

b） 设计人员的资质；

c） 设计标准规范；

d） 选材控制；

e） 壁厚计算与/或选择；

f） 设计文件审批；

g） 危险识别。

C.5.2.2.2 设计单位的资质的评分

a） 如果设计单位不具备与管道类别相应的设计资质，则为0分；

b） 如果设计单位具备与管道类别相应的设计资质，则为1分。

C.5.2.2.3 设计人员的资质的评分

a） 如果设计人员不具备与管道类别相应的设计资质，则为0分；

b） 如果设计人员具备与管道类别相应的设计资质，则为1分。

C.5.2.2.4 设计标准规范的评分

a) 如果未按照标准规范设计或采用设计当时已经作废的标准规范,则为0分;

b) 如果采用设计当时有效的旧版本的标准规范,则为0.5分;

c) 如果采用现行标准规范,则为1分。

C.5.2.2.5 选材控制的评分

按照GB 50251—2003确定输气管道对材料的要求,按照GB 50253—2006确定输油管道对材料的要求,按照GB 50350—2005确定集气管道和集油管道对材料的要求,按照GB 50028—2006确定城市燃气管道对材料的要求,按照GB/T 20801—2006确定输送腐蚀性液体介质的工业管道对材料的要求

a) 如果选用的材料不满足相关标准规范的规定,则为0分;

b) 如果选用的材料满足相关标准规范的规定,则为2分。

C.5.2.2.6 壁厚计算与/或选择的评分

按照GB 50251—2003确定输气管道在壁厚计算与/或选择方面的要求,按照GB 50253—2006确定输油管道在壁厚计算与/或选择方面的要求,按照GB 50350—2005确定集气管道和集油管道在壁厚计算与/或选择方面的要求,按照GB 50028—2006确定城市燃气管道在壁厚计算与/或选择方面的要求,按照GB/T 20801—2006确定输送腐蚀性液体介质的工业管道在壁厚计算与/或选择方面的要求

a) 如果壁厚计算与/或选择不满足相应标准规范的要求,则为0分;

b) 如果壁厚计算与/或选择满足相应标准规范的要求,则为2分。

C.5.2.2.7 设计文件审批的评分

a) 如果设计文件未经过审批,则为0分;

b) 如果设计文件经过专人严格审批,则为1分。

C.5.2.2.8 危险识别的评分

a) 如果没有事先制定设计方案,未进行危险识别分析,则为0分;

b) 如果设计方案不严密,由无资质的单位和人员进行危险识别分析,则为1分;

c) 如果完全按设计规范制定设计方案,进行了严格的危险识别分析,则为2分。

C.5.2.3 管道元件控制的评分

C.5.2.3.1 概述

管道元件控制的得分,为以下各项得分之和:

a) 管道元件制造单位的资质;

b) 管道元件质量。

C.5.2.3.2 管道元件制造单位的资质的评分

a) 如果管道元件制造单位不具备制造资质,则为0分;

b) 如果管道元件制造单位具备制造资质,则为1分。

C.5.2.3.3 管道元件质量的评分

管道元件质量的得分,为以下各项得分之和:

a) 管道元件质量证明文件;

b) 管道元件进货检验;

c) 管道元件储存与搬运。

对于管道元件质量证明文件,按以下规定进行评分:

a) 如果无管道元件质量证明文件,则为0分;

b) 如果管道元件质量证明文件齐全,则为1分。

对于管道元件进货检验,按以下规定进行评分:

a) 如果未进行进货检验,则为0分;

b) 如果进货检验不合格,则为0分;

c) 如果进货检验合格,则为2分。

对于管道元件储存与搬运,按以下规定进行评分:

a) 如果储存与搬运过程中管道元件受到严重的机械损坏,影响其安全性能,则为0分;

b) 如果储存与搬运过程中管道元件受到一定程度的机械损坏,但不影响其安全性能,则为1分;

c) 如果储存与搬运过程中管道元件无机械损坏,则为2分。

C.5.2.4 安装及验收的评分

C.5.2.4.1 概述

安装及验收的得分,为以下各项得分之和:

a) 安装单位资质;

b) 施工组织;

c) 管道元件预处理;

d) 材料误用、混用状况;

e) 开槽控制;

f) 焊接及其检验;

g) 回填控制;

h) 强度试验;

i) 严密性试验;

j) 清管和/或干燥。

C.5.2.4.2 安装单位的资质的评分

a) 如果安装单位不具备与管道类别相应的安装资质,则为0分;

b) 如果安装单位具备与管道类别相应的安装资质,但经验不足,则为0.5分;

c) 如果安装单位具备与管道类别相应的安装资质,经验丰富,则为1分。

C.5.2.4.3 施工组织的评分

施工组织的得分,为以下各项得分之和:

a) 项目管理;

b) 施工指导;

c) 例会;

d) 施工质量控制。

对于项目管理,按以下规定进行评分:

a) 如果未实现严格的项目管理,则为0分;

b) 如果实现严格的项目管理,则为1分。

对于施工指导,按以下规定进行评分:

a) 如果未由经验丰富的设计代表现场指导施工,则为0分;

b) 如果由经验丰富的设计代表现场指导施工,则为1分。

对于例会,按以下规定进行评分:

a) 如果未做到每天召开例会、及时发现施工中的问题并立即处理,则为1分;

b) 如果每天召开例会、及时发现施工中的问题并立即处理,则为1分。

对于施工质量管理,按以下规定进行评分:

a) 如果未在施工过程中实行严格的质量控制,则为0分;

b) 如果在施工过程中实行严格的质量控制,则为1分。

C.5.2.4.4 管道元件预处理的评分

a) 如果管道元件表面有可见的油渍和污垢,或者有附着不牢的氧化皮、铁锈和涂料涂层等附着物,则为0分;

b) 如果管道元件表面无可见的油渍和污垢,并且没有附着不牢的氧化皮、铁锈和涂料涂层等附着物,则为1分;

c) 如果管道元件表面无可见的油渍、污垢、氧化皮、铁锈和涂料涂层等附着物,表面显示均匀金属光泽,则为2分。

C.5.2.4.5 材料误用、混用情况的评分

a) 如果存在材料误用、混用,则为0分;

b) 如果不存在材料误用、混用,则为4分。

C.5.2.4.6 开槽控制的评分

按照GB 50251—2003确定输气管道在开槽方面的要求,按照GB 50253—2006确定输油管道在开槽方面的要求,按照GB 50350—2005确定集气管道和集油管道在开槽方面的要求,按照GB 50028—2006确定城市燃气管道在开槽方面的要求,参照GB 50028—2006确定输送腐蚀性液体介质的工业管道在开槽方面的要求:

a) 如果未进行开槽控制,则为0分;

b) 如果开槽不满足相应标准规范的要求,则为0分;

c) 如果开槽满足相应标准规范的要求,则为1分。

C.5.2.4.7 焊接及其检验的评分

焊接及其检验的得分,为以下各项得分之和:

a) 焊接操作人员资质;

b) 焊接工艺程序及焊接工艺评定记录;

c) 焊接检测;

d) 焊接质量。

对于焊接操作人员资质,按以下规定进行评分:

a) 如果焊接操作人员无相应资质,则为0分;

b） 如果焊接操作人员有相应的资质,则为 1 分。

对于焊接工艺程序及焊接工艺评定记录,按以下规定进行评分：

a） 如果没有焊接工艺程序及焊接工艺评定记录,则为 0 分；

b） 如果有焊接工艺程序,但无相应的焊接工艺评定记录,则为 1 分；

c） 如果焊接工艺程序和焊接工艺评定记录齐全,则为 1 分。

对于焊接检测,按以下规定进行评分：

a） 如果检测单位或人员不具备检测资质,则为 0 分；

b） 如果检测单位或人员具备检测资质,但未按照 JB 4730 进行检测,则为 0 分；

c） 如果检测单位或人员具备检测资质,并且严格按照 JB 4730 进行检测,则为 1 分。

对于焊接质量,按以下规定进行评分：

a） 如果焊缝含有不能通过按照 GB/T 19624 进行的安全评定的缺陷,则取失效可能性 S 为 100；

b） 如果焊缝含有能通过按照 GB/T 19624 进行的安全评定的缺陷,则为 2 分；

c） 如果焊缝不含缺陷,则为 4 分。

C.5.2.4.8 回填控制的评分

按照 GB 50251—2003 确定输气管道在回填方面的要求,按照 GB 50253—2006 确定输油管道在回填方面的要求,按照 GB 50350—2005 确定集气管道和集油管道在回填方面的要求,按照GB 50028—2006 确定城市燃气管道在回填方面的要求,参照 GB 50028—2006 确定输送腐蚀性液体介质的工业管道在回填方面的要求：

a） 如果回填工艺或回填土质量、厚度不满足相应标准规范的要求,则为 0 分；

b） 如果回填工艺和回填土质量、厚度均满足相应标准规范的要求,则为 1 分。

C.5.2.4.9 强度试验的评分

按照 GB 50251—2003 确定输气管道在试压方面的要求,按照 GB 50253—2006 确定输油管道在试压方面的要求,参照 GB 50251—2003 确定集气管道和城市燃气管道在试压方面的要求,参照GB 50253—2006 确定集油管道在试压方面的要求,按照 GB/T 20801—2006 确定输送腐蚀性液体介质的工业管道在试压方面的要求：

a） 如果未进行强度试验,则为 0 分；

b） 如果强度试验不符合相关标准规范的规定,则为 0 分；

c） 如果进行了符合相关标准规范的规定的强度试验,则按式(C.3)计算强度试验的得分。

$$5-3\times(3-2P_2/P_1) \qquad \text{(C.3)}$$

如果强度试验的得分小于 0,则取强度试验的得分为 0；

如果强度试验的得分大于 5,则取强度试验的得分为 5。

C.5.2.4.10 严密性试验的评分

按照 GB 50251—2003 确定输气管道在试压方面的要求,按照 GB 50253—2006 确定输油管道在试压方面的要求,参照 GB 50251—2003 确定集气管道和城市燃气管道在试压方面的要求,参照GB 50253—2006 确定集油管道,按照 GB/T 20801—2006 确定输送腐蚀性液体介质的工业管道在试压方面的要求：

a） 如果未进行严密性试验,则为 0 分；

b） 如果严密性试验不符合相关标准规范的规定,则为0分;

c） 如果严密性试验符合相关标准规范的规定,则为1分。

C.5.2.4.11 清管和/或干燥的评分

a） 如果未清管和/或干燥,则为0分;

b） 如果清管和/或干燥不满足与管道类别相应的标准规范的要求,则为0分;

c） 如果清管和/或干燥基本满足与管道类别相应的标准规范的要求,则为1分;

d） 如果清管和/或干燥满足与管道类别相应的标准规范的要求,则为3分;

e） 如果不需要清管和/或干燥,则为3分。

C.5.2.5 附加安全裕度的评分

按照式(C.4)计算附加安全裕度的得分:

$$2.5\times\left(\frac{t_3}{t_1}-1\right) \qquad \cdots\cdots (C.4)$$

当附加安全裕度的得分小于0时,取失效可能性 S 为100;

当附加安全裕度的得分大于2时,取附加安全裕度的得分为2。

C.5.2.6 安全保护措施的评分

C.5.2.6.1 概述

输气管道、集气管道和城市燃气管道按照C.5.2.6.2的规定确定安全保护措施的得分,输油管道、集油管道和输送腐蚀性液体介质的工业管道按照C.5.2.6.3的规定确定安全保护措施的得分。

C.5.2.6.2 输气管道、集气管道和城市燃气管道的安全保护措施的评分

输气管道、集气管道和城市燃气管道的安全保护措施的得分,为以下各项得分之和:

a） 翻越点后低洼段、泵站出站段的安全保护装置;

b） 穿越公路的安全保护措施;

c） 穿越河流的安全保护措施。

对于翻越点后低洼段、泵站出站段的安全保护装置,按以下规定进行评分:

a） 如果无安全保护装置,则为0分;

b） 如果设有安全保护装置,但设备选型不合理,则为1分;

c） 如果设有安全保护装置,并且设备选型合理,则为2分;

d） 如果是非翻越点后低洼段、泵站出站段,则为2分。

对于穿越公路的安全保护措施,按以下规定进行评分:

a） 如果未加厚管壁或采用其他安全保护措施,则为0分;

b） 如果采取加厚管壁或采用其他有效的安全保护措施,则为2分;

c） 如果是非穿越公路的区段,则为2分。

对于穿越河流的安全保护措施,按以下规定进行评分:

a） 如果未加设防震措施或采用其他安全保护措施,则为0分;

b） 如果加设防震措施或采用其他有效的安全保护措施,则为2分;

c） 如果是非穿越河流的区段,则为2分。

C.5.2.6.3 **输油管道、集油管道和输送腐蚀性液体介质的工业管道的安全保护措施的评分**

输油管道、集油管道和输送腐蚀性液体介质的工业管道的安全保护措施的得分，为以下各项得分之和：

a) 翻越点后低洼段、泵站出站段的安全保护装置；

b) 穿越公路的安全保护措施；

c) 穿越河流的安全保护措施；

d) 防止水击的安全保护措施；

e) 大落差段的安全保护措施。

对于翻越点后低洼段、泵站出站段的安全保护装置，按以下规定进行评分：

a) 如果无安全保护装置，则为 0 分；

b) 如果设有安全保护装置，但设备选型不合理，则为 0.5 分；

c) 如果设有安全保护装置，并且设备选型合理，则为 1 分；

d) 如果是非翻越点后低洼段、泵站出站段，则为 1 分。

对于穿越公路的安全保护措施，按以下规定进行评分：

a) 如果未加厚管壁或采用其他安全保护措施，则为 0 分；

b) 如果采取加厚管壁或采用其他有效的安全保护措施，则为 1 分；

c) 如果是非穿越公路的区段，则为 1 分。

对于穿越河流的安全保护措施，按以下规定进行评分：

a) 如果未加设防震措施或采用其他安全保护措施，则为 0 分；

b) 如果加设防震措施或采用其他有效的安全保护措施，则为 1 分；

c) 如果是非穿越河流的区段，则为 1 分。

对于防止水击的安全保护措施，按以下规定进行评分：

a) 如果无防止水击的安全保护措施，则为 0 分；

b) 如果设置了缓冲罐或慢速关闭装置，则为 0.5 分；

c) 如果设置了缓冲罐和慢速关闭装置等安全保护措施，则为 1 分；

d) 如果根据流体密度和弹性模数，发生水击的可能性很小，不需要防止水击的安全保护措施，则为 1 分。

对于大落差段的安全保护措施，按以下规定进行评分：

a) 如果未采用变径管或其他安全保护措施，则为 0 分；

b) 如果采用变径管或其他有效的安全保护措施，则为 2 分。

C.5.2.7 **监检的评分**

C.5.2.7.1 **概述**

监检的得分，为以下各项得分之和：

a) 监检单位及人员的资质；

b) 监检工作执行情况；

c) 监检结论。

C.5.2.7.2 **监检单位及人员的资质的评分**

a) 如果管道安装时未进行监检，则为 0 分；

b) 如果管道监检单位或人员不具备监检资质,则为0分;

c) 如果管道监检单位和人员具备监检资质,则为1分。

C.5.2.7.3 监检工作执行情况的评分

a) 如果管道安装时未进行监检,则为0分;

b) 如果监检工作未按照监检大纲(或计划)进行,则为0分;

c) 如果监检工作严格按照监检大纲(或计划)进行,则为1分。

C.5.2.7.4 监检结论的评分

a) 如果管道安装时未进行监检,则为0分;

b) 如果无监检报告,则为0分;

c) 如果监检结论为"不合格",则为0分;

d) 如果监检结论为"合格",则为4分。

C.5.2.8 监理的评分

C.5.2.8.1 概述

监理的得分,为以下各项得分之和:

a) 监理单位及人员的资质;

b) 监理工作执行情况;

c) 监理结论。

C.5.2.8.2 监理单位及人员的资质的评分

a) 如果管道安装时未进行监理,则为0分;

b) 如果管道监理单位或人员不具备监理资质,则为0分;

c) 如果管道监理单位和人员具备监理资质,则为1分。

C.5.2.8.3 监理工作执行情况的评分

a) 如果管道安装时未进行监理,则为0分;

b) 如果监理工作未按照监理大纲(或计划)进行,则为0分;

c) 如果监理工作严格按照监理大纲(或计划)进行,则为1分。

C.5.2.8.4 监理结论的评分

a) 如果管道安装时未进行监理,则为0分;

b) 如果无监理报告,则为0分;

c) 如果监理结论为"不合格",则为0分;

d) 如果监理结论为"合格",则为4分。

C.5.2.9 记录和图纸的评分

C.5.2.9.1 概述

记录和图纸的得分,为以下各项得分之和:

a) 材料使用记录;

b) 施工检验记录;

c) 图纸。

C.5.2.9.2 材料使用记录的评分

a) 如果无材料使用记录,则为0分;

b) 如果材料使用记录不完整,则为1分;

c) 如果有完整、详细的材料使用记录,则为2分。

C.5.2.9.3 施工检验记录的评分

a) 如果无任何检验记录,则为0;

b) 如果无修补记录,其他记录完整,则为1分;

c) 如果检验记录不连续,则为1.5分;

d) 如果只有焊口探伤检验记录,无其他记录,则为2分;

e) 如果重要施工环节有检验记录,其他环节无检验记录,则为3分;

f) 如果施工全过程均有完整的检验记录,则为4分。

C.5.2.9.4 图纸的评分

a) 如果无图纸,则为0分;

b) 如果图纸不齐全,则为1分;

c) 如果图纸齐全,则为2分。

C.5.3 检测及评价计划的评分

C.5.3.1 概述

检测及评价计划的得分,为以下各项得分之和:

a) 泄漏检测计划;

b) 管体缺陷检验及评价计划。

C.5.3.2 泄漏检测计划的评分

a) 如果不进行泄漏检测,则为0分;

b) 如果计划的泄漏检测周期过长,不满足实际需要,则为1分;

c) 如果计划的泄漏检测周期基本满足实际需要,则为2分;

d) 如果计划的泄漏检测周期满足实际需要,则为4分。

C.5.3.3 管体缺陷检验及评价计划的评分

a) 如果不进行管体缺陷检验及评价,则为0分;

b) 如果计划的缺陷检验及评价周期过长,不满足实际需要,则为1分;

c) 如果计划的缺陷检验及评价周期基本满足实际需要,则为2分;

d) 如果计划的缺陷检验及评价周期满足实际需要,则为4分。

C.5.4 自然灾害及其防范措施的评分

C.5.4.1 概述

自然灾害及其防范措施的得分,为以下各项得分之和:

a) 风载荷及其防范;

b) 雪载荷及其防范;

c) 滑坡、泥石流及其防范;

d） 地震及其防范；

e） 抵抗洪水能力；

f） 土壤移动；

g） 其他地质稳定性；

h） 自然灾害区域的监测计划。

C.5.4.2 风载荷及其防范的评分

a） 如果是跨越段，跨距/外径>200，且历史最大风力≥设计时考虑的风力，则为 0 分；

b） 如果是跨越段，跨距/外径∈(100,200]，且历史最大风力≥设计时考虑的风力，则为 0.5 分；

c） 如果是跨越段，跨距/外径∈[30,100]，且历史最大风力≥设计时考虑的风力，则为 0.8 分；

d） 如果是跨越段，跨距/外径<30，且历史最大风力≥设计时考虑的风力，则为 1 分；

e） 如果是跨越段，但历史最大风力<设计时考虑的风力，则为 1 分；

f） 如果是非跨越段，则为 1 分。

C.5.4.3 雪载荷及其防范的评分

a） 如果是跨越段，跨距/外径>200，且历史最大降雪量≥设计时考虑的降雪量，则为 0 分；

b） 如果是跨越段，跨距/外径∈(100,200]，且历史最大降雪量≥设计时考虑的降雪量，则为0.5 分；

c） 如果是跨越段，跨距/外径∈[30,100]，且历史最大降雪量≥设计时考虑的降雪量，则为0.8 分；

d） 如果是跨越段，跨距/外径<30，且历史最大降雪量≥设计时考虑的降雪量，则为 1 分；

e） 如果是跨越段，但历史最大降雪量<设计时考虑的降雪量，则为 1 分；

f） 如果是非跨越段，则为 1 分。

C.5.4.4 滑坡、泥石流及其防范的评分

C.5.4.4.1 概述

滑坡、泥石流及其防范的得分，为以下各项得分之和：

a） 年降雨量；

b） 斜坡及穿越；

c） 排水设施；

d） 滑坡及泥石流预防措施。

C.5.4.4.2 年降雨量的评分

a） 如果年降雨量>1 270 mm，则为 0 分；

b） 如果年降雨量∈[305 mm，1 270 mm]，则为 0.5 分；

c） 如果年降雨量<305 mm，则为 1 分。

C.5.4.4.3 斜坡及穿越的评分

a） 如果管道区段所在处的斜坡度数>30°，则为 0 分；

b) 如果管道区段穿越铁路或有 10 吨以上大卡车经过的公路,则为 0 分;

c) 如果管道区段所在处的斜坡度数∈[10°,30°],则为 0.5 分;

d) 如果管道区段穿越有 10 吨以下车辆经过的公路,则为 0.5 分;

e) 如果管道区段所在处的斜坡度数<10°并且管道区段不穿越公路或铁路,则为 1 分。

C.5.4.4.4 排水设施的评分

a) 如果无排水沟,或者在管道区段附近形成积水池,水流直接冲击管道,则为 0 分;

b) 如果有排水沟,但是不清理,常堵塞,可能形成水流冲击管道,则为 0.5 分;

c) 如果有排水沟,并且排水沟定期清理疏通,设置合理,不可能形成水流冲击管道,则为 1 分。

C.5.4.4.5 滑坡及泥石流预防措施的评分

a) 如果未对滑坡及泥石流地质条件做评价,则为 0 分;

b) 如果在明显滑坡及泥石流地段未设计堡坎,则为 0 分;

c) 如果堡坎的设计强度不足,则为 0.5 分;

d) 如果在明显滑坡及泥石流地段设计有足够强度的堡坎,则为 1 分;

e) 如果在所有可能滑坡及泥石流地段均设计有足够强度的堡坎,则为 2 分。

C.5.4.5 地震及其防范的评分

C.5.4.5.1 概述

地震及其防范的得分,为以下各项得分之和:

a) 地震断裂带;

b) 防震措施。

C.5.4.5.2 地震断裂带的评分

a) 如果未对地震地质条件做评价,则为 0 分;

b) 如果管道区段位于地震断裂带,则为 0 分;

c) 如果管道区段不位于地震断裂带,则为 2 分。

C.5.4.5.3 防震措施的评分

a) 如果未对地震基本烈度评价,则为 0 分;

b) 如果地震烈度不小于相关标准、规范所规定的地震基本烈度,并且未采取防震措施,则为 0 分;

c) 如果设防烈度小于地震基本烈度,则为 1 分;

d) 如果设防烈度大于地震基本烈度,则为 2 分;

e) 如果不需要防震,则为 3 分。

C.5.4.6 抵御洪水能力的评分

a) 如果未考虑抵御洪水,则为 0 分;

b) 如果能抵御 20 年一遇洪水,则为 0.5 分;

c) 如果能抵御 50 年一遇洪水,则为 0.8 分;

d) 如果能抵御 100 年或更长时间一遇洪水,则为 1 分;

e) 如果不需要考虑抵御洪水,则为 1 分。

C.5.4.7 土壤移动的评分

C.5.4.7.1 概述

土壤移动的得分,为以下各项得分之和:

a) 土壤类型;

b) 地基土沉降监测计划。

C.5.4.7.2 土壤类型的评分

a) 如果管道区段所在处土壤是黄土、淤泥土、沙土、黏性土、粉质黏土等,则为 0.5 分;

b) 如果管道区段所在处土壤是沙岩、泥岩、风化岩壁,则为 1 分。

C.5.4.7.3 地基土沉降监测计划的评分

a) 如果不监测,则为 0 分;

b) 如果至少每年监测一次,则为 1 分;

c) 如果连续监测,则为 2 分;

d) 如果不需要监测,则为 2 分。

C.5.4.8 其他地质稳定性的评分

a) 如果管道区段处容易发生崩塌,则为 0 分;

b) 如果管道区段处曾经发生沉降,或者位于采矿区,则为 0.5 分;

c) 如果管道区段位于斜坡段、活断层、液化区等,地质不稳定,则为 0.8 分;

d) 如果管道区段处地质稳定,则为 1 分。

C.5.4.9 自然灾害区域的监测计划的评分

a) 如果不监测,则为 0 分;

b) 如果监测周期≥1 年,则为 0.2 分;

c) 如果监测周期∈[半年,1 年),则为 0.5 分;

d) 如果监测周期∈[1 周,半年),则为 0.8 分;

e) 如果监测周期<1 周,则为 1 分;

f) 如果不需要监测,则为 1 分。

附 录 D
(规范性附录)
埋地钢质管道在用阶段失效可能性评分基本模型

D.1 一般要求

本附录提出了埋地钢质管道在用阶段失效可能性评分基本模型,从第三方破坏、腐蚀、设备(装置)及操作、管道本质安全质量四个方面对埋地钢质管道在用阶段失效可能性进行半定量评分。

每个方面的得分为其下设的一个或多个评分项得分之和,下设子评分项的评分项的得分为其下设所有子评分项得分之和。从每个评分项或子评分项下设的各列项中单一选择最接近实际情况的列项,从而确定该评分项或子评分项的得分。

D.2 第三方破坏的评分

D.2.1 概述

输气管道、集气管道、输油管道和集油管道按照 D.2.2 的规定确定第三方破坏的得分,城市燃气管道和输送腐蚀性液体介质的工业管道按照 D.2.3 的规定确定第三方破坏的得分。

D.2.2 输气管道、集气管道、输油管道和集油管道第三方破坏的评分

D.2.2.1 概述

输气管道、集气管道、输油管道和集油管道第三方破坏的得分,为以下各项得分之和:

a) 地面活动水平;

b) 埋深;

c) 地面装置及其保护措施;

d) 占压;

e) 管道施工带条件;

f) 巡线;

g) 对公众进行管道安全教育;

h) 公众对管道的保护意识。

D.2.2.2 地面活动水平的评分

D.2.2.2.1 概述

地面活动水平的得分,为以下各项得分之和:

a) 地区等级;

b) 地面活动频繁程度。

D.2.2.2.2 地区等级的评分

按照 GB 50251—2003 确定管道区段沿线地区等级

a) 如果是四级地区,则为 0 分;

b) 如果是三级地区,则为 2 分;

c) 如果是二级地区,则为 4 分;

d) 如果是一级地区,则为 6 分。

D.2.2.2.3 地面活动频繁程度的评分

地面活动频繁程度的得分,为以下各项得分之和:

a) 建设活动;

b) 交通繁忙程度;

c) 农业生产活动;

d) 地质勘探活动;

e) 野生动物活动。

建设活动的得分,为以下各项得分之和:

a) 建设活动频繁程度;

b) 对建设活动施工单位的技术交底。

对于建设活动频繁程度,按以下规定进行评分:

a) 如果管道区段位于矿藏开发及重工业生产地区,则为 0 分;

b) 如果管道区段位于在建的经济技术开发区,则为 1 分;

c) 如果管道区段位于经常对周围地下设施进行维护的地区,则为 1.5 分;

d) 如果管道区段位于附近有清理水沟,修围墙等维护活动的地区,则为 2 分;

e) 如果管道区段位于没有建设活动的地区,则为 3 分。

对于对建设活动施工单位的技术交底,按以下规定进行评分:

a) 如果未交底,则为 0 分;

b) 如果进行图纸交底,则为 1 分;

c) 如果进行现场交底,则为 3 分。

对于交通繁忙程度,按以下规定进行评分:

a) 如果管道区段附近有铁路、公路交通主干线,则为 0 分;

b) 如果管道区段附近有公路交通干线,则为 0.5 分;

c) 如果管道区段附近有公路交通线、乡村公路、机耕道,则为 1 分;

d) 如果管道区段附近几乎没有车辆通行,则为 2 分。

对于农业生产活动,按以下规定进行评分:

a) 如果在管道区段上方进行大型机械化耕种,打苕沟,犁地等较深挖掘,则为 0 分;

b) 如果在管道区段上有少量挖掘深度小于 500 mm 的浅土层农作物,则为 1 分;

c) 如果在管道区段上无农业生产活动,则为 2 分。

对于地质勘探活动,按以下规定进行评分:

a) 如果管道区段附近有地质勘探活动,则为 0 分;

b) 如果管道区段附近无地质勘探活动,则为 1 分。

对于野生动物活动,按以下规定进行评分:

a) 如果管道区段附近有老鼠打洞等野生动物活动,则为 0 分;

b) 如果管道区段附近无老鼠打洞等野生动物活动,则为 1 分。

D.2.2.3 埋深的评分

D.2.2.3.1 概述

对非水下穿越管道,按照 D.2.2.3.2 的规定确定埋深的得分,对水下穿越管道,按照 D.2.2.3.3 的规定确定埋深的得分。

D.2.2.3.2 非水下穿越管道埋深的评分

a) 如果是跨越段或露管段,则为 0 分;

b) 如果是埋地段,则按照式(D.1)计算非水下穿越管道埋深的得分。

$$\mathrm{Min}\left(\frac{d_3}{80}, 20\right) \qquad \cdots\cdots\cdots\cdots (D.1)$$

各种保护措施按以下规定折算为覆土层厚度:

a) 每 50 mm 水泥保护层相当于增加 200 mm 的覆土厚度;

b) 每 100 mm 水泥保护层相当于增加 300 mm 的覆土厚度;

c) 管道套管相当于增加 600 mm 的覆土厚度;

d) 加强水泥盖板相当于增加 600 mm 的覆土厚度;

e) 警告标志带相当于增加 150 mm 覆土厚度;

f) 网栏围住相当于增加 460 mm 覆土厚度。

D.2.2.3.3 水下穿越管道埋深的评分

水下穿越管道埋深的得分,为以下各项得分之和:

a) 可通航河道河底土壤表面(河床表面)与航船底面距离或未通航河道的水深;

b) 在河底的土壤埋深;

c) 保护措施。

对于可通航河道河底土壤表面(河床表面)与航船底面距离或未通航河道的水深,按以下规定评分:

a) 如果上述距离或深度∈[0 m~0.5 m),则为 0 分;

b) 如果上述距离或深度∈[0.5 m~1.0 m),则为 2 分;

c) 如果上述距离或深度∈[1.0 m~1.5 m),则为 3 分;

d) 如果上述距离或深度∈[1.5 m~2.0 m),则为 4 分;

e) 如果上述距离或深度≥2.0 m,则为 5 分。

对于在河底的土壤埋深,按以下规定评分:

a) 如果埋深∈[0 m~0.5 m),则为 0 分;

b) 如果埋深∈[0.5 m~1.0 m),则为 3 分;

c) 如果埋深∈[1.0 m~1.5 m),则为 5 分;

d) 如果埋深∈[1.5 m~2.0 m),则为 7 分;

e) 如果埋深≥2.0 m,则为 10 分。

对于保护措施,按以下规定评分:

a) 如果无保护措施,则为 0 分;

b) 如果采用石笼稳管、加设固定墩等稳管措施,则为 3 分;

c) 如果采用 30 mm 以上水泥保护层或其他能达到同样加固效果的措施,则为 5 分。

D.2.2.4 地面装置及其保护措施的评分

D.2.2.4.1 概述

地面装置及其保护措施的得分,为以下各项得分之和:

a) 地面装置与公路的距离;

b) 地面装置的围栏。

c) 地面装置的沟渠;

d) 地面装置的警示标志符号。

D.2.2.4.2 地面装置与公路的距离的评分

a) 如果地面装置与公路的距离不大于 15 m,则为 0 分;

b) 如果地面装置与公路的距离大于 15 m,则为 4 分;

c) 如果无地面装置,则为 4 分。

D.2.2.4.3 地面装置的围栏的评分

a) 如果地面装置没有保护围栏或者粗壮的树将装置与路隔离,则为 0 分;

b) 如果地面装置设有保护围栏或者粗壮的树将装置与路隔离,则为 2 分;

c) 如果无地面装置,则为 2 分。

D.2.2.4.4 地面装置的沟渠的评分

a) 如果地面装置与道路之间无不低于 1.2 m 深的沟渠,则为 0 分;

b) 如果地面装置与道路之间有不低于 1.2 m 深的沟渠,则为 2 分;

c) 如果无地面装置,则为 2 分。

D.2.2.4.5 地面装置的警示标志符号的评分

a) 如果地面装置无警示标志符号,则为 0 分;

b) 如果地面装置有警示标志符号,则为 1 分;

c) 如果无地面装置,则为 1 分。

D.2.2.5 占压的评分

a) 如果管道区段上占压现象严重(5 处以上),则为 0 分;

b) 如果管道区段上存在占压管道的现象(1~4 处),则为 3 分;

c) 如果管道区段上无占压现象,则为 6 分。

D.2.2.6 管道施工带条件的评分

a) 如果管道区段处于茂密的树林中或大块农田中,无法准确确认其位置,无任何标志,则为 0 分;

b) 如果有部分标志,但确定管道区段位置比较困难,则为 2 分;

c) 如果管道区段走向清晰可见,则为 4 分。

D.2.2.7 巡线的评分

D.2.2.7.1 概述

巡线的得分,为以下各项得分之和:

a) 巡线频率;

b) 巡线方式;

c) 巡线人员的能力;

d) 线民密度。

D.2.2.7.2 巡线频率的评分

a) 如果从来不巡线,则为0分;

b) 如果巡线频率∈(0,每月1次],则为1分;

c) 如果巡线频率∈(每月1次,每月2次],则为3分;

d) 如果巡线频率∈(每月2次,每周1次],则为4分;

e) 如果巡线频率∈(每周1次,每两日1次],则为5分;

f) 如果巡线频率∈(每两日1次,每日1次],则为6分;

g) 如果聘有随时报告员,则为8分。

D.2.2.7.3 巡线方式的评分

a) 如果只巡检乘车方便的管段,则为0分;

b) 如果只巡检建设、挖掘频繁的管段,则为1分;

c) 如果逐一村社巡线,则为2分;

d) 如果沿管道区段逐步巡线,则为4分。

D.2.2.7.4 巡线人员的能力的评分

a) 如果巡线人员不能胜任巡线工作,则为0分;

b) 如果巡线人员基本胜任巡线工作,则为2分;

c) 如果巡线人员能胜任巡线工作,则为3分。

D.2.2.7.5 线民密度的评分

a) 如果没有人随时向管道操作员报告管道沿线的破坏行为,则为0分;

b) 如果随时报告管道沿线情况的线民密度∈(0,1人/10 km],则为1分;

c) 如果随时报告管道沿线情况的线民密度∈(1人/10 km,1人/5 km],则为2分;

d) 如果随时报告管道沿线情况的线民密度∈(1人/5 km,1人/1 km],则为3分;

e) 如果管道巡线工能与随时报告管道沿线情况的线民有固定、可靠的联系,则为4分。

D.2.2.8 对公众进行管道安全教育的评分

D.2.2.8.1 概述

对公众进行管道安全教育的得分为以下各得分之和:

a) 与当地建筑商及其分包商会晤;

b) 向当地可能的承包商、挖掘者发放宣传资料;

c) 每年与当地干部举行联席会;

d) 对社会团体进行定期教育;

e) 与村镇签订联防协议;

f) 向管道经过地区居民发放宣传资料;

g) 对村民进行挨家挨户宣传教育;

h) 张贴或书写宣传标语。

D.2.2.8.2　与当地建筑商及其分包商会晤的评分

a）如果未进行会晤,则为0分;

b）如果进行了会晤,则为2分。

D.2.2.8.3　向当地可能的承包商、挖掘者发放宣传资料的评分

a）如果未发放资料,则为0分;

b）如果发放了资料,则为4分。

D.2.2.8.4　每年与当地干部举行联席会的评分

a）如果未进行会议,则为0分;

b）如果进行了会议,则为2分。

D.2.2.8.5　对社会团体进行定期教育的评分

a）如果未进行教育,则为0分;

b）如果进行了教育,则为2分。

D.2.2.8.6　与村镇签订联防协议的评分

a）如果未签定协议,则为0分;

b）如果签定了协议,则为1分。

D.2.2.8.7　向管道经过地区居民发放宣传资料的评分

a）如果未发放资料,则为0分;

b）如果发放了资料,则为2分。

D.2.2.8.8　对村民进行挨家挨户宣传教育的评分

a）如果未进行教育,则为0分;

b）如果进行了教育,则为2分。

D.2.2.8.9　张贴或书写宣传标语的评分

a）如果未宣传,则为0分;

b）如果进行了宣传,则为1分。

D.2.2.9　公众对管道的保护意识的评分

D.2.2.9.1　概述

公众对管道的保护意识的得分,为以下各项得分之和:

a）村镇文明建设;

b）村镇经济发达程度;

c）村镇社会治安状况;

d）居民文化素质;

e）当地政府的配合情况。

D.2.2.9.2　村镇文明建设的评分

a）如果管道区段沿线是从未获得文明称号的村镇,则为0分;

b）如果管道区段沿线是曾获得过1～2次文明称号的村镇,则为0.5分;

c）如果管道区段沿线是连续3次以上的文明村镇,则为1分。

D.2.2.9.3 村镇经济发达程度的评分

a) 如果管道区段沿线村镇的人均年收入<1 500 元人民币,则为 0 分;
b) 如果管道区段沿线村镇的人均年收入∈[1 500,3 000)元人民币,则为 1 分;
c) 如果管道区段沿线村镇的人均年收入∈[3 000,5 000]元人民币,则为 1.5 分;
d) 如果管道区段沿线村镇的人均年收入>5 000 元人民币,则为 2 分。

D.2.2.9.4 村镇社会治安状况的评分

a) 如果管道区段沿线村镇每年都有治安和刑事案件发生,则为 0 分;
b) 如果管道区段沿线村镇近两年有 1~2 次治安和刑事案件发生,则为 1 分;
c) 如果管道区段沿线村镇近五年有 1~2 次治安和刑事案件发生,则为 1.5 分;
d) 如果管道区段沿线村镇从未发生过治安和刑事案件,则为 2 分。

D.2.2.9.5 居民文化素质的评分

a) 如果管道区段沿线村镇居民大多数为文盲或小学文化水平(占总人口 70%以上),则为 0 分;
b) 如果管道区段沿线村镇居民基本为初中文化程度(占总人口 70%以上),则为 0.5 分;
c) 如果管道区段沿线村镇居民有一些高中文化程度居民(至少占总人口 10%),则为 1 分;
d) 如果管道区段沿线村镇居民有一些大学生(不到总人口 10%),则为 1.5 分;
e) 如果管道区段沿线村镇居民大学生比例不小于 10%,则为 2 分。

D.2.2.9.6 当地政府的配合情况的评分

a) 如果管道区段沿线当地政府对破坏管道行为不积极制止和惩罚,则为 0 分;
b) 如果管道区段沿线当地政府的配合被动,不得力,则为 0.5 分;
c) 如果管道区段沿线当地政府积极配合管道公司的工作,则为 1 分。

D.2.3 城市燃气管道和输送腐蚀性液体介质的工业管道第三方破坏的评分

D.2.3.1 概述

城市燃气管道和输送腐蚀性液体介质的工业管道第三方破坏的得分,为以下各项得分之和:

a) 地面活动水平;
b) 埋深;
c) 地面装置及其保护措施;
d) 占压;
e) 管道标识;
f) 巡线;
g) 公众教育。

D.2.3.2 地面活动水平的评分

D.2.3.2.1 概述

地面活动水平的得分,为以下各项得分之和:

a) 人口密度;

b) 地面活动频繁程度。

D.2.3.2.2 人口密度的评分

a) 如果2 km长度范围内,管道区段两侧各200 m的范围内,地上4层及以上建筑物普遍,则为0分;

b) 如果2 km长度范围内,管道区段与人员聚集的室内外场所的距离<30 m,则为0分;

c) 如果2 km长度范围内,管道区段两侧各200 m的范围内,存在地上4层及以上建筑物,则为1分;

d) 如果2 km长度范围内,管道区段与人员聚集的室内外场所的距离∈[30 m,90 m],则为1分;

e) 如果2 km长度范围内,管道区段两侧各200 m的范围内,供人居住的单元数>80,但无地上4层及以上的建筑物,则为2分;

f) 如果2 km长度范围内,管道区段与人员聚集的室内外场所的距离>90 m,则为3分;

g) 如果2 km长度范围内,管道区段两侧各200 m的范围内,供人居住的单元数∈[12,80],则为3分;

h) 如果2 km长度范围内,管道区段两侧各200 m的范围内,供人居住的单元数<12,则为5分。

D.2.3.2.3 地面活动频繁程度的评分

地面活动频繁程度的得分,为以下各项得分之和:

a) 建设活动;

b) 交通繁忙程度;

c) 地质勘探活动。

建设活动的得分,为以下各项得分之和:

a) 建设活动频繁程度;

b) 对建设活动施工单位的技术交底。

对于建设活动频繁程度,按以下规定进行评分:

a) 如果管道区段位于矿藏开发及重工业生产地区,则为0分;

b) 如果管道区段位于在建的经济技术开发区,则为1分;

c) 如果管道区段位于经常对周围地下设施进行维护的地区,则为3分;

d) 如果管道区段位于附近有清理水沟,修围墙等维护活动的地区,则为5分;

e) 如果管道区段位于没有建设活动的地区,则为7分。

对于对建设活动施工单位的技术交底,按以下规定进行评分:

a) 如果未交底,则为0分;

b) 如果进行图纸交底,则为4分;

c) 如果进行现场交底,则为7分。

对于交通繁忙程度,按以下规定进行评分:

a) 如果管道区段附近有铁路、公路交通主干线,则为0分;

b) 如果管道区段附近有公路交通干线,则为2分;

c) 如果管道区段附近有公路交通线,则为5分;

d) 如果管道区段附近几乎没有车辆通行,则为8分。

对于地质勘探活动,按以下规定进行评分:

a) 如果管道区段附近有地质勘探活动,则为0分;

b) 如果管道区段附近无地质勘探活动,则为3分。

D.2.3.3 埋深的评分

D.2.3.3.1 概述

对非水下穿越管道,按照D.2.3.3.2的规定确定埋深的得分,对水下穿越管道,按照D.2.3.3.3的规定确定埋深的得分。

D.2.3.3.2 非水下穿越管道埋深的评分

a) 如果是跨越段或露管段,则为0分;

b) 如果是埋地段,按照GB 50028—2006确定城市燃气管道对埋深的要求,参照GB 50028—2006确定输送腐蚀性液体介质的工业管道对埋深的要求,并按照式(D.2)计算非水下穿越管道埋深的得分。

$$8\times\left\{1-\frac{\max[(d_1-d_3),0]}{d_1}\right\} \quad\cdots\cdots\cdots(\text{D.2})$$

各种保护措施按以下规定折算为覆土层厚度:

a) 每50 mm水泥保护层相当于增加200 mm的覆土厚度;

b) 每100 mm水泥保护层相当于增加300 mm的覆土厚度;

c) 管道套管相当于增加600 mm的覆土厚度;

d) 加强水泥盖板相当于增加600 mm的覆土厚度;

e) 警告标志带相当于增加150 mm覆土厚度;

f) 网栏围住相当于增加460 mm覆土厚度。

D.2.3.3.3 水下穿越管道埋深的评分

水下穿越管道埋深的得分,为以下各项得分之和:

a) 可通航河道河底土壤表面(河床表面)与航船底面距离或未通航河道的水深;

b) 在河底的土壤设计埋深;

c) 保护措施。

对于可通航河道河底土壤表面(河床表面)与航船底面距离或未通航河道的水深,按以下规定评分:

a) 如果上述距离或深度∈[0 m~0.5 m),则为0分;

b) 如果上述距离或深度∈[0.5 m~1.0 m),则为0.5分;

c) 如果上述距离或深度∈[1.0 m~1.5 m),则为1分;

d) 如果上述距离或深度∈[1.5 m~2.0 m),则为1.5分;

e) 如果上述距离或深度≥2.0 m,则为2分。

对于在河底的土壤埋深,按以下规定评分:

a) 如果埋深∈[0 m~0.5 m),则为0分;

b) 如果埋深∈[0.5 m~1.0 m),则为1分;

c) 如果埋深∈[1.0 m~1.5 m),则为2分;

d) 如果埋深∈[1.5 m～2.0 m),则为 3 分;

e) 如果埋深≥2.0 m,则为 4 分。

对于保护措施,按以下规定评分:

a) 如果无保护措施,则为 0 分;

b) 如果采用石笼稳管、加设固定墩等稳管措施,则为 1 分;

c) 如果采用 30 mm 以上水泥保护层或其他能达到同样加固效果的措施,则为 2 分;

D.2.3.4 地面装置及其保护措施的评分

D.2.3.4.1 概述

地面装置及其保护措施的得分,为以下各项得分之和:

a) 地面装置与公路的距离;

b) 地面装置的围栏;

c) 地面装置的沟渠;

d) 地面装置的警示标志符号。

D.2.3.4.2 地面装置与公路的距离的评分

a) 如果地面装置与公路的距离不大于 15 m,则为 0 分;

b) 如果地面装置与公路的距离大于 15 m,则为 3 分;

c) 如果无地面装置,则为 3 分。

D.2.3.4.3 地面装置的围栏的评分

a) 如果地面装置没有保护围栏或者粗壮的树将装置与路隔离,则为 0 分;

b) 如果地面装置设有保护围栏或者粗壮的树将装置与路隔离,则为 2 分;

c) 如果无地面装置,则为 2 分。

D.2.3.4.4 地面装置的沟渠的评分

a) 如果地面装置与道路之间无不低于 1.2 m 深的沟渠,则为 0 分;

b) 如果地面装置与道路之间有不低于 1.2 m 深的沟渠,则为 2 分;

c) 如果无地面装置,则为 2 分。

D.2.3.4.5 地面装置的警示标志符号的评分

a) 如果地面装置无警示标志符号,则为 0 分;

b) 如果地面装置有警示标志符号,则为 1 分;

c) 如果无地面装置,则为 1 分。

D.2.3.5 占压的评分

a) 如果管道区段上占压现象严重(5 处以上),则为 0 分;

b) 如果管道区段上存在占压管道的现象(1～4 处),则为 3 分;

c) 如果管道区段上无占压现象,则为 6 分。

D.2.3.6 管道标识的评分

a) 如果无地面标志,则为 0 分;

b) 如果部分地面标志损坏,则为 3 分;

c） 如果地面标志完好，但有些地面标志不显著，则为 6 分；

d） 如果地面标志完好、清晰可见，则为 8 分；

e） 如果不需要地面标志，则为 8 分。

D.2.3.7 巡线的评分

D.2.3.7.1 概述

巡线的得分，为以下各项得分之和：

a） 巡线频率；

b） 巡线方式；

c） 巡线人员的能力。

D.2.3.7.2 巡线频率的评分

a） 如果从来不巡线，则为 0 分；

b） 如果巡线频率∈(0，每月 1 次]，则为 2 分；

c） 如果巡线频率∈(每月 1 次，每月 2 次]，则为 4 分；

d） 如果巡线频率∈(每月 2 次，每周 1 次]，则为 6 分；

e） 如果巡线频率∈(每周 1 次，每两日 1 次]，则为 8 分；

f） 如果巡线频率∈(每两日 1 次，每日 1 次]，则为 10 分；

g） 如果聘有随时报告员，则为 12 分。

D.2.3.7.3 巡线方式的评分

a） 如果只巡检乘车方便的管段，则为 0 分；

b） 如果只巡检建设、挖掘频繁的管段，则为 4 分；

c） 如果沿管道区段逐步巡线，则为 8 分。

D.2.3.7.4 巡线人员的能力的评分

a） 如果巡线人员不能胜任巡线工作，则为 0 分；

b） 如果巡线人员能基本胜任巡线工作，则为 3 分；

c） 如果巡线人员能胜任巡线工作，则为 5 分。

D.2.3.8 公众教育的评分

a） 如果与公安部门、居民委员会等部门没有联系，并且未进行宣传工作，则为 0 分；

b） 如果与公安部门、居民委员会等部门没有联系，但进行了一定程度的宣传工作，则为 3 分；

c） 如果与公安部门、居民委员会等部门没有联系，但进行了大量的宣传工作，则为 7 分；

d） 如果与公安部门、居民委员会等部门有一定的联系，但未进行宣传工作，则为 7 分；

e） 如果与公安部门、居民委员会等部门有一定的联系，并且进行了一定程度的宣传工作，则为 9 分；

f） 如果与公安部门、居民委员会等部门有一定的联系，并且进行了大量的宣传工作，则为 11 分；

g） 如果与公安部门、居民委员会等部门密切联系，但未进行宣传工作，则为 11 分；

h） 如果与公安部门、居民委员会等部门密切联系，并且进行了一定程度的宣传工作，则为

13 分;

i) 如果与公安部门、居民委员会等部门密切联系,并且进行了大量的宣传工作,则为 15 分。

D.3 腐蚀的评分

D.3.1 概述

腐蚀的得分,为以下各项得分之和:

a) 大气腐蚀;

b) 内腐蚀;

c) 土壤腐蚀。

D.3.2 大气腐蚀的评分

D.3.2.1 概述

埋地段按照 D.3.2.2 的规定确定大气腐蚀的得分,跨越段按照 D.3.2.3 的规定确定大气腐蚀的得分。

D.3.2.2 埋地段的大气腐蚀的评分

埋地段的大气腐蚀的得分为 10 分。

D.3.2.3 跨越段的大气腐蚀的评分

D.3.2.3.1 概述

跨越段的大气腐蚀的得分,为以下各项得分之和:

a) 跨越段的位置特点;

b) 跨越段的结构特点;

c) 大气腐蚀性;

d) 大气腐蚀防腐层。

D.3.2.3.2 跨越段的位置特点的评分

a) 如果位于水与空气的界面,则为 0 分;

b) 如果位于土壤与空气界面,则为 1 分;

c) 如果位于空气中,则为 2 分。

D.3.2.3.3 跨越段的结构特点的评分

a) 如果加装套管,则为 0 分;

b) 如果存在支撑或吊架,则为 0.5 分;

c) 如果无上述情况,则为 1 分。

D.3.2.3.4 大气腐蚀性的评分

a) 如果未进行大气腐蚀性调查,则为 0 分;

b) 如果是海洋气候,并且含化学品,则为 0 分;

c) 如果是工业大气或一般大气,含化学品,并且湿度高,则为 1 分;

d) 如果是海洋气候并且不含化学品,则为 1.5 分;

e) 如果是工业大气或一般大气,不含化学品,并且湿度高、温度高,则为 2 分;

f) 如果是工业大气或一般大气,含化学品,并且湿度低,则为 2.5 分;

g) 如果是工业大气或一般大气,不含化学品,并且湿度低、温度低,则为 3 分。

D.3.2.3.5 大气腐蚀防腐层的评分

大气腐蚀防腐层的得分,为以下各项得分之和:

a) 大气腐蚀防腐层的适用性;

b) 大气腐蚀防腐层的施工质量;

c) 大气腐蚀防腐层的日常检查;

d) 大气腐蚀防腐层的修补更换。

对于大气腐蚀防腐层的适用性,按以下规定评分:

a) 如果无大气腐蚀防腐层,则为 0 分;

b) 如果大气腐蚀防腐层不适合管道区段所处环境,则为 0 分;

c) 如果大气腐蚀防腐层不是专门为管道区段所处环境设计的,则为 0.5 分;

d) 如果大气腐蚀防腐层是适应管道区段所处环境的防腐层,则为 1 分。

对于大气腐蚀防腐层的施工质量,按以下规定评分:

a) 如果无大气腐蚀防腐层,则为 0 分;

b) 如果施工步骤疏漏,没有进行环境控制,则为 0 分;

c) 如果施工步骤齐全,但操作不规范,则为 0.5 分;

d) 如果施工步骤齐全,操作较规范,但没有正规的质量控制程序,则为 0.8 分;

e) 如果有详细的规范说明,采用适当的质量控制系统,则为 1 分。

对于大气腐蚀防腐层的日常检查,按以下规定评分:

a) 如果无大气腐蚀防腐层,则为 0 分;

b) 如果未检查大气腐蚀防腐层,则为 0 分;

c) 如果很少检查,偶尔查看常出问题的地方,则为 0.5 分;

d) 如果检查不正规,检查人员未经专门培训或检查时间间隔过长,则为 0.8 分;

e) 如果进行正规彻底的检查,检查人员经专门培训,检查时间间隔合理,则为 1 分。

对于大气腐蚀防腐层的修补更换,按以下规定评分:

a) 如果无大气腐蚀防腐层,则为 0 分;

b) 如果不修补、更换损坏的大气腐蚀防腐层,则为 0 分;

c) 如果不坚持报告和修复缺陷,则为 0.5 分;

d) 如果不正式报告缺陷,仅在方便的时候才进行修复,则为 0.8 分;

e) 如果立即报告缺陷,并有文件记录安排修复时间,按照时间安排和规范进行修复,则为 1 分。

D.3.3 内腐蚀的评分

D.3.3.1 概述

输气管道按照 D.3.3.2 的规定确定内腐蚀得分,集气管道按照 D.3.3.3 的规定确定内腐蚀得分,输油管道按照 D.3.3.4 的规定确定内腐蚀得分,集油管道按照 D.3.3.5 的规定确定内腐蚀得分,输送天然气、液化气介质的城市燃气管道按照 D.3.3.6 的规定确定内腐蚀得分,输送人工煤气介质的城市燃气管道按照 D.3.3.7 的规定确定内腐蚀得分,输送腐蚀性液体介质的工业管道按照 D.3.3.8 的规定确定内腐蚀得分。

D.3.3.2　输气管道内腐蚀的评分

D.3.3.2.1　概述

输气管道内腐蚀的得分,为以下各项得分之和:

a) 介质腐蚀性;

b) 内防腐措施和内检测。

D.3.3.2.2　介质腐蚀性的评分

介质腐蚀性的得分,为以下各项得分之和:

a) 含水量;

b) 二氧化碳含量;

c) 硫化氢含量;

d) 介质流速。

对于含水量,按以下规定评分:

a) 如果有凝析水,则为 0 分;

b) 如果运行过程中有可能产生凝析水,则为 0 分;

c) 如果无凝析水,则为 3 分。

对于二氧化碳含量,按以下规定评分:

a) 如果二氧化碳分压>0.21 MPa,则为 0 分;

b) 如果二氧化碳分压∈[0.021 MPa,0.21 MPa],则为 1 分;

c) 如果二氧化碳分压<0.021 MPa,则为 2 分。

对于硫化氢含量,按以下规定评分:

a) 如果硫化氢含量>20 mg/m^3,则为 0 分;

b) 如果硫化氢含量≤20 mg/m^3,则为 2 分。

对于介质流速,按以下规定评分:

a) 如果介质流速<3 m/s,则为 0 分;

b) 如果介质流速≥3 m/s,则为 1 分。

D.3.3.2.3　内防腐措施和内检测的评分

内防腐措施和内检测的得分,为以下各项得分之和:

a) 内防腐措施;

b) 内检测。

对于内防腐措施,按以下规定评分:

a) 如果无内防腐措施,则为 0 分;

b) 如果采用内腐蚀监测,则为 0.5 分;

c) 如果定期清管,则为 1 分;

d) 如果注入缓蚀剂,则为 1.5 分;

e) 如果采用防腐内覆盖层,则为 2 分;

f) 如果采用上述两种或两种以上的措施,则为 3 分;

g） 如果不需要采取措施，则为 3 分。

内检测的得分，为以下各项得分之和：

a） 内检测周期；

b） 内检测结果。

对于内检测周期，按以下规定评分：

a） 如果未进行内检测，则为 0 分；

b） 如果内检测周期>8 年，则为 0 分；

c） 如果内检测周期∈(5 年，8 年]，则为 1 分；

d） 如果内检测周期∈[3 年，5 年]，则为 1.5 分；

e） 如果内检测周期<3 年，则为 2 分；

f） 如果不需要进行内检测，则为 2 分。

对于内检测结果，按以下规定评分：

a） 如果未进行内检测，则为 0 分；

b） 如果发现的腐蚀缺陷数量≥5，则为 0 分；

c） 如果发现的腐蚀缺陷数量∈[1，5)，则为 1 分；

d） 如果未发现腐蚀缺陷，则为 2 分；

e） 如果不需要进行内检测，则为 2 分。

D.3.3.3 集气管道内腐蚀的评分

D.3.3.3.1 概述

集气管道内腐蚀的得分，为以下各项得分之和：

a） 介质腐蚀性；

b） 内防腐措施和内检测。

D.3.3.3.2 介质腐蚀性的评分

介质腐蚀性的得分，为以下各项得分之和：

a） 含水量；

b） 氯离子含量；

c） pH 值；

d） 二氧化碳含量；

e） 硫化氢含量；

f） 介质温度；

g） 介质流速。

对于含水量(包括冷凝水)，按以下规定评分：

a） 如果含游离水，则为 0 分；

b） 如果不含游离水，则为 6 分。

对于氯离子含量，按以下规定评分：

a） 如果氯离子含量>60 000 mg/L，则为 0 分；

b） 如果氯离子含量∈[10 000 mg/L，60 000 mg/L]，则为 1 分；

c） 如果氯离子含量∈[1 000 mg/L，10 000 mg/L)，则为 3 分；

d) 如果氯离子含量<1 000 mg/L,则为 4 分。

对于 pH 值,按以下规定评分:

a) 如果 pH≤3.5,则为 0 分;

b) 如果 pH 值∈(3.5,6.5],则为 2 分;

c) 如果 pH>6.5,则为 4 分。

对于二氧化碳含量,按以下规定评分:

a) 如果二氧化碳分压>0.21 MPa,则为 0 分;

b) 如果二氧化碳分压∈[0.021 MPa,0.21 MPa],则为 2 分;

c) 如果二氧化碳分压<0.021 MPa,则为 4 分。

对于硫化氢含量,按以下规定评分:

a) 如果硫化氢分压>1 MPa,则为 0 分;

b) 如果硫化氢分压∈[0.1 MPa,1 MPa],则为 1 分;

c) 如果硫化氢分压∈[0.01 MPa,0.1 MPa),则为 2 分;

d) 如果硫化氢分压∈[0.000 3 MPa,0.01 MPa),则为 3 分;

e) 如果硫化氢分压<0.000 3 MPa,则为 4 分。

对于介质温度,按以下规定评分:

a) 如果介质温度<60 ℃或>100 ℃,则为 0 分;

b) 如果介质温度∈[60 ℃,100 ℃],则为 2 分。

对于介质流速,按以下规定评分:

a) 如果介质流速<3 m/s,则为 0 分;

b) 如果介质流速>影响缓蚀剂膜稳定性的流速,则为 0 分;

c) 如果介质流速∈[3 m/s,影响缓蚀剂膜稳定性的流速],则为 2 分。

D.3.3.3.3 内防腐措施和内检测的评分

内防腐措施和内检测的得分,为以下各项得分之和:

a) 内防腐措施;

b) 内检测。

对于内防腐措施,按以下规定评分:

a) 如果无内防腐措施,则为 0 分;

b) 如果采用内腐蚀监测,则为 2 分;

c) 如果定期清管,则为 4 分;

d) 如果注入缓蚀剂,则为 6 分;

e) 如果采用防腐内覆盖层,则为 8 分;

f) 如果采用上述两种或两种以上的措施,则为 10 分;

g) 如果不需要采取措施,则为 10 分。

内检测的得分,为以下各项得分之和:

a) 内检测周期;

b) 内检测结果。

对于内检测周期,按以下规定评分:

a) 如果未进行内检测,则为 0 分;

b) 如果内检测周期>5 年,则为 0 分;

c) 如果内检测周期∈(3 年,5 年],则为 2 分;

d) 如果内检测周期∈[2 年,3 年],则为 4 分;

e) 如果内检测周期<2 年,则为 6 分;

f) 如果不需要进行内检测,则为 6 分。

对于内检测结果,按以下规定评分:

a) 如果未进行内检测,则为 0 分;

b) 如果发现的腐蚀缺陷数量≥5,则为 0 分;

c) 如果发现的腐蚀缺陷数量∈[1,5),则为 4 分;

d) 如果未发现腐蚀缺陷,则为 8 分;

e) 如果不需要进行内检测,则为 8 分。

D.3.3.4 输油管道内腐蚀的评分

D.3.3.4.1 概述

输油管道内腐蚀的得分,为以下各项得分之和:

a) 介质腐蚀性;

b) 内防腐措施和内检测。

D.3.3.4.2 介质腐蚀性的评分

介质腐蚀性的得分,为以下各项得分之和:

a) 含水量;

b) 二氧化碳含量;

c) 硫化氢含量;

d) 蜡含量;

e) 介质温度;

f) 介质流速。

对于含水量,按以下规定评分:

a) 如果有凝析水,则为 0 分;

b) 如果运行过程中有可能产生凝析水,则为 0 分;

c) 如果无凝析水,则为 3 分。

对于二氧化碳含量,按以下规定评分:

a) 如果二氧化碳分压>0.21 MPa,则为 0 分;

b) 如果二氧化碳分压∈[0.021 MPa,0.21 MPa],则为 0.5 分;

c) 如果二氧化碳分压<0.021 MPa,则为 1 分。

对于硫化氢含量,按以下规定评分:

a) 如果硫化氢含量>20 mg/m^3,则为 0 分;

b) 如果硫化氢含量≤20 mg/m^3,则为 1 分。

对于蜡含量,按以下规定评分:

a) 如果蜡含量中等,则为 0 分;

b) 如果蜡含量低,则为 0.5 分;

c） 如果蜡含量高,则为1分。

对于介质温度,按以下规定评分:

a） 如果介质温度较高,则为0分;

b） 如果介质温度中等,则为0.5分;

c） 如果介质温度较低,则为1分。

对于介质流速,按以下规定评分:

a） 如果介质流速<3 m/s,则为0分;

b） 如果介质流速≥3 m/s,则为1分。

D.3.3.4.3 内防腐措施和内检测的评分

内防腐措施和内检测的得分,为以下各项得分之和:

a） 内防腐措施;

b） 内检测。

对于内防腐措施,按以下规定评分:

a） 如果无内防腐措施,则为0分;

b） 如果采用内腐蚀监测,则为0.5分;

c） 如果定期清管,则为1分;

d） 如果注入缓蚀剂,则为1.5分;

e） 如果采用防腐内覆盖层,则为2分;

f） 如果采用上述两种或两种以上的措施,则为3分;

g） 如果不需要采取措施,则为3分。

内检测的得分,为以下各项得分之和:

a） 内检测周期;

b） 内检测结果。

对于内检测周期,按以下规定评分:

a） 如果未进行内检测,则为0分;

b） 如果内检测周期>8年,则为0分;

c） 如果内检测周期∈(5年,8年],则为1分;

d） 如果内检测周期∈[3年,5年],则为1.5分;

e） 如果内检测周期<3年,则为2分;

f） 如果不需要进行内检测,则为2分。

对于内检测结果,按以下规定评分:

a） 如果未进行内检测,则为0分;

b） 如果发现的腐蚀缺陷数量≥5,则为0分;

c） 如果发现的腐蚀缺陷数量∈[1,5),则为1分;

d） 如果未发现腐蚀缺陷,则为2分;

e） 如果不需要进行内检测,则为2分。

D.3.3.5 集油管道内腐蚀的评分

D.3.3.5.1 概述

集油管道内腐蚀的得分,为以下各项得分之和:

a） 介质腐蚀性；

b） 内防腐措施和内检测。

D.3.3.5.2 介质腐蚀性的评分

介质腐蚀性的得分，为以下各项得分之和：

a） 含水量(包括冷凝水)；

b） 氯离子含量；

c） pH 值；

d） 二氧化碳含量；

e） 硫化氢含量；

f） 蜡含量；

g） 介质温度；

h） 介质流速。

对于含水量(包括冷凝水)，按以下规定评分：

a） 如果含游离水，则为 0 分；

b） 如果不含游离水，则为 8 分。

对于氯离子含量，按以下规定评分：

a） 如果氯离子含量>60 000 mg/L，则为 0 分；

b） 如果氯离子含量∈[10 000 mg/L，60 000 mg/L]，则为 1 分；

c） 如果氯离子含量∈[1 000 mg/L，10 000 mg/L)，则为 2 分；

d） 如果氯离子含量<1 000 mg/L，则为 3 分。

对于 pH 值，按以下规定评分：

a） 如果 pH≤3.5，则为 0 分；

b） 如果 pH 值∈(3.5，6.5]，则为 1.5 分；

c） 如果 pH>6.5，则为 3 分。

对于二氧化碳含量，按以下规定评分：

a） 如果二氧化碳分压>0.21 MPa，则为 0 分；

b） 如果二氧化碳分压∈[0.021 MPa，0.21 MPa]，则为 1.5 分；

c） 如果二氧化碳分压<0.021 MPa，则为 3 分。

对于硫化氢含量，按以下规定评分：

a） 如果硫化氢分压>1 MPa，则为 0 分；

b） 如果硫化氢分压∈[0.1 MPa，1 MPa]，则为 1 分；

c） 如果硫化氢分压∈[0.01 MPa，0.1 MPa)，则为 1 分；

d） 如果硫化氢分压∈[0.000 3 MPa，0.01 MPa)，则为 2 分；

e） 如果硫化氢分压<0.000 3 MPa，则为 3 分。

对于蜡含量，按以下规定评分：

a） 如果蜡含量中等，则为 0 分；

b） 如果蜡含量低，则为 1 分；

c） 如果蜡含量高，则为 2 分。

对于介质温度，按以下规定评分：

a) 如果介质温度较高,则为 0 分;

b) 如果介质温度中等,则为 1 分;

c) 如果介质温度较低,则为 2 分。

对于介质流速,按以下规定评分:

a) 如果介质流速<3 m/s,则为 0 分;

b) 如果介质流速>影响缓蚀剂膜稳定性的流速,则为 0 分;

c) 如果介质流速∈[3 m/s,影响缓蚀剂膜稳定性的流速],则为 2 分。

D.3.3.5.3 内防腐措施和内检测的评分

内防腐措施和内检测的得分,为以下各项得分之和:

a) 内防腐措施;

b) 内检测。

对于内防腐措施,按以下规定评分:

a) 如果无内防腐措施,则为 0 分;

b) 如果采用内腐蚀监测,则为 2 分;

c) 如果定期清管,则为 4 分;

d) 如果注入缓蚀剂,则为 6 分;

e) 如果采用防腐内覆盖层,则为 8 分;

f) 如果采用上述两种或两种以上的措施,则为 10 分;

g) 如果不需要采取措施,则为 10 分。

内检测的得分,为以下各项得分之和:

a) 内检测周期;

b) 内检测结果。

对于内检测周期,按以下规定评分:

a) 如果未进行内检测,则为 0 分;

b) 如果内检测周期>5 年,则为 0 分;

c) 如果内检测周期∈(3 年,5 年],则为 2 分;

d) 如果内检测周期∈[2 年,3 年],则为 4 分;

e) 如果内检测周期<2 年,则为 6 分;

f) 如果不需要进行内检测,则为 6 分。

对于内检测结果,按以下规定评分:

a) 如果未进行内检测,则为 0 分;

b) 如果发现的腐蚀缺陷数量≥5,则为 0 分;

c) 如果发现的腐蚀缺陷数量∈[1,5),则为 4 分;

d) 如果未发现腐蚀缺陷,则为 8 分;

e) 如果不需要进行内检测,则为 8 分。

D.3.3.6 输送天然气、液化气介质的城市燃气管道内腐蚀的评分

D.3.3.6.1 概述

输送天然气、液化气介质的城市燃气管道内腐蚀的得分,为以下各项得分之和:

a) 介质腐蚀性;

b) 气质监测。

D.3.3.6.2 介质腐蚀性的评分

介质腐蚀性的得分,为以下各项得分之和:

a) 含水量;

b) 二氧化碳含量;

c) 硫化氢含量;

d) 介质流速。

对于含水量,按以下规定评分:

a) 如果有凝析水,则为 0 分;

b) 如果运行过程中有可能产生凝析水,则为 0 分;

c) 如果无凝析水,则为 2 分。

对于二氧化碳含量,按以下规定评分:

a) 如果二氧化碳分压>0.21 MPa,则为 0 分;

b) 如果二氧化碳分压∈[0.021 MPa,0.21 MPa],则为 0.5 分;

c) 如果二氧化碳分压<0.021 MPa,则为 1 分。

对于硫化氢含量,按以下规定评分:

a) 如果硫化氢含量>20 mg/m^3,则为 0 分;

b) 如果硫化氢含量≤20 mg/m^3,则为 1 分。

对于介质流速,按以下规定评分:

a) 如果介质流速<3 m/s,则为 0 分;

b) 如果介质流速≥3 m/s,则为 1 分。

D.3.3.6.3 气质监测的评分

a) 如果未进行气质监测,则为 0 分;

b) 如果气质监测周期过长,不满足实际需要,则为 1 分;

c) 如果气质监测周期基本满足实际需要,则为 3 分;

d) 如果气质监测周期满足实际需要,则为 5 分;

e) 如果不需要进行气质监测,则为 5 分。

D.3.3.7 输送人工煤气介质的城市燃气管道内腐蚀的评分

D.3.3.7.1 概述

输送人工煤气介质的城市燃气管道内腐蚀的得分,为以下各项得分之和:

a) 介质腐蚀性;

b) 气质监测。

D.3.3.7.2 介质腐蚀性的评分

介质腐蚀性的得分,为以下各项得分之和:

a) 含水量;

b) 氯离子含量;

c) pH 值;

d） 二氧化碳含量；

e） 硫化氢含量；

f） 介质流速。

对于含水量(包括冷凝水)，按以下规定评分：

a） 如果含游离水，则为0分；

b） 如果不含游离水，则为5分。

对于氯离子含量，按以下规定评分：

a） 如果氯离子含量>60 000 mg/L，则为0分；

b） 如果氯离子含量∈[10 000 mg/L,60 000 mg/L]，则为0.3分；

c） 如果氯离子含量∈[1 000 mg/L,10 000 mg/L)，则为0.8分；

d） 如果氯离子含量<1 000 mg/L，则为1分。

对于pH值，按以下规定评分：

a） 如果pH≤3.5，则为0分；

b） 如果pH值∈(3.5,6.5]，则为0.5分；

c） 如果pH>6.5，则为1分。

对于二氧化碳含量，按以下规定评分：

a） 如果二氧化碳分压>0.21 MPa，则为0分；

b） 如果二氧化碳分压∈[0.021 MPa,0.21 MPa]，则为0.5分；

c） 如果二氧化碳分压<0.021 MPa，则为1分。

对于硫化氢含量，按以下规定评分：

a） 如果硫化氢分压>1 MPa，则为0分；

b） 如果硫化氢分压∈[0.1 MPa,1 MPa]，则为0.2分；

c） 如果硫化氢分压∈[0.01 MPa,0.1 MPa)，则为0.4分；

d） 如果硫化氢分压∈[0.000 3 MPa,0.01 MPa)，则为0.8分；

e） 如果硫化氢分压<0.000 3 MPa，则为1分。

对于介质流速，按以下规定评分：

a） 如果介质流速<3 m/s，则为0分；

b） 如果介质流速>影响缓蚀剂膜稳定性的流速，则为0分；

c） 如果介质流速∈[3 m/s,影响缓蚀剂膜稳定性的流速]，则为1分。

D.3.3.7.3 气质监测的评分

a） 如果未进行气质监测，则为0分；

b） 如果气质监测周期过长，不满足实际需要，则为2分；

c） 如果气质监测周期基本满足实际需要，则为6分；

d） 如果气质监测周期满足实际需要，则为10分；

e） 如果不需要进行气质监测，则为10分。

D.3.3.8 输送腐蚀性液体介质的工业管道内腐蚀的评分

D.3.3.8.1 概述

输送腐蚀性液体介质的工业管道内腐蚀的得分，为以下各项得分之和：

a） 介质腐蚀性；

b） 内防腐措施。

D.3.3.8.2 介质腐蚀性的评分

介质腐蚀性的得分，为以下各项得分之和：

a） 腐蚀性介质浓度及钝化性能；

b） 介质的 pH 值；

c） 介质中的氧化剂含量；

d） 介质流速；

e） 应力腐蚀敏感性。

对于腐蚀性介质浓度及钝化性能，按以下规定评分：

a） 如果不发生钝化，并且腐蚀性介质浓度高，则为 0 分；

b） 如果不发生钝化，并且腐蚀性介质浓度中等，则为 4 分；

c） 如果不发生钝化，并且腐蚀性介质浓度低，则为 8 分；

d） 如果发生钝化，则为 12 分。

对于介质的 pH 值，按以下规定评分：

a） 如果 pH≤4.5 或>12.5，则为 0 分；

b） 如果 pH∈(4.5,5.5]或(11.5,12.5]，则为 1 分；

c） 如果 pH∈(5.5,6]或(10.5,11.5]，则为 3 分；

d） 如果 pH∈(6,6.5]或(8,10.5]，则为 6 分；

e） 如果 pH∈(6.5,8]，则为 8 分。

对于介质中的氧化剂含量，按以下规定评分：

a） 如果介质中的氧化剂含量高，则为 0 分；

b） 如果介质中的氧化剂含量中等，则为 3 分；

c） 如果介质中的氧化剂含量低，则为 6 分。

对于介质流速，按以下规定评分：

a） 如果介质流速<3 m/s，则为 0 分；

b） 如果介质流速>影响缓蚀剂膜稳定性的流速，则为 0 分；

c） 如果介质流速∈[3 m/s，影响缓蚀剂膜稳定性的流速]，则为 3 分。

对于应力腐蚀敏感性，按以下规定评分：

a） 如果管道材料与介质形成应力腐蚀敏感性组合，则为 0 分；

b） 如果管道材料与介质不形成应力腐蚀敏感性组合，则为 3 分。

D.3.3.8.3 内防腐措施的评分

a） 如果无内防腐措施，则为 0 分；

b） 如果采用内腐蚀监测，则为 4 分；

c） 如果注入缓蚀剂，则为 8 分；

d） 如果采用防腐内覆盖层，则为 15 分；

e） 如果采用上述两种或两种以上的措施，则为 18 分；

f） 如果不需要采取措施，则为 18 分。

D.3.4　土壤腐蚀的评分

D.3.4.1　概述

输气管道和输油管道按照D.3.4.2的规定确定土壤腐蚀得分,集气管道、集油管道和输送腐蚀性液体介质的工业管道按照D.3.4.3的规定确定土壤腐蚀得分,输送天然气、液化气介质的城市燃气管道按照D.3.4.4的规定确定土壤腐蚀得分,输送人工煤气介质的城市燃气管道按照D.3.4.5的规定确定土壤腐蚀得分。

D.3.4.2　输气管道和输油管道土壤腐蚀的评分

D.3.4.2.1　概述

输气管道和输油管道土壤腐蚀的得分,为以下各项得分之和:

a)　环境腐蚀性调查;

b)　防腐设计;

c)　外防腐层;

d)　深根植被;

e)　阴极保护系统。

D.3.4.2.2　环境腐蚀性调查的评分

环境腐蚀性调查的得分,为以下各项得分之和:

a)　土壤电阻率;

b)　直流杂散电流干扰其排流措施;

c)　交流杂散电流干扰。

对于土壤电阻率,按以下规定评分:

a)　如果未进行土壤电阻率测量,则为0分;

b)　如果土壤电阻率<20 Ω·m,则为0分;

c)　如果土壤电阻率∈[20 Ω·m,50 Ω·m],则为3分;

d)　如果土壤电阻率>50 Ω·m,则为6分。

对于直流杂散电流干扰及其排流措施,按照GB/T 19285确定直流杂散电流干扰程度,并按以下规定评分:

a)　如果直流杂散电流干扰程度大,并且未设置排流装置,则为0分;

b)　如果直流杂散电流干扰程度大,并且设置的排流装置不能完全满足排流的需要,则为1分;

c)　如果直流杂散电流干扰程度中或小,并且未设置排流装置,则为1分;

d)　如果直流杂散电流干扰程度中或小,并且设置的排流装置不能完全满足排流的需要,则为2分;

e)　如果设置的排流装置能满足排流的需要,则为4分;

f)　如果不存在直流杂散电流干扰,则为4分。

对于交流杂散电流干扰,按照GB/T 19285确定其干扰程度,并按以下规定评分:

a)　如果存在交流杂散电流干扰,则为0分;

b)　如果不存在交流杂散电流干扰,则为2分。

D.3.4.2.3 防腐设计的评分

防腐设计的得分,为以下各项得分之和:

a) 防腐设计单位的资质;

b) 防腐设计标准规范的选用;

c) 防腐设计的适用性。

对于防腐设计单位的资质,按以下规定评分:

a) 如果防腐设计单位不具备相应资质,则为0分;

b) 如果防腐设计单位具备相应资质,则为1分。

对于防腐设计标准规范的选用,按以下规定评分:

a) 如果管道防腐设计未按标准规范设计或采用当时已经作废的设计标准规范,则为0分;

b) 如果管道防腐设计采用当时有效的旧版本管道设计标准规范,则为1分;

c) 如果管道防腐设计采用现行标准规范,则为2分。

对于防腐设计的适用性,按照GB/T 19285确定防腐设计的要求,并按以下规定评分:

a) 如果外防腐层和/或阴极保护系统的设计不符合防腐设计标准规范要求,则为0分;

b) 如果外防腐层和/或阴极保护系统的设计基本符合防腐设计标准规范要求,则为3分;

c) 如果外防腐层和/或阴极保护系统的设计符合防腐设计标准规范要求,则为5分。

D.3.4.2.4 外防腐层的评分

外防腐层的得分,为以下各项得分之和:

a) 外防腐层类型;

b) 外防腐层制造质量;

c) 外防腐层施工质量;

d) 外防腐层全面检验;

e) 外防腐层维护。

对于外防腐层类型,按以下规定评分:

a) 如果无外防腐层,则为0分;

b) 如果是防锈油漆,则为1分;

c) 如果是高密度聚乙烯,则为1.5分;

d) 如果是沥青加玻璃布,则为2分;

e) 如果是煤焦油瓷漆或环氧煤沥青,则为2.5分;

f) 如果是三层PE复合涂层,则为3分;

g) 如果不需要外防腐层,则为3分。

外防腐层制造质量的得分,为以下各项得分之和:

a) 外防腐层质量证明文件;

b) 外防腐层复验。

对于外防腐层质量证明文件,按以下规定评分:

a) 如果无外防腐层,则为0分;

b) 如果外防腐层无质量证明文件,则为0分;

c) 如果外防腐层质量证明文件齐全,则为 1 分;

d) 如果不需要外防腐层,则为 1 分。

对于外防腐层复验,按以下规定评分:

a) 如果无外防腐层,则为 0 分;

b) 如果未进行外防腐层复验,则为 0 分;

c) 如果外防腐层复验不合格,则为 0 分;

d) 如果外防腐层复验合格,则为 3 分;

e) 如果不需要进行外防腐层复验,则为 3 分;

f) 如果不需要外防腐层,则为 3 分。

外防腐层施工质量的得分,为以下各项得分之和:

a) 外防腐层补口补伤检验和下沟前检验;

b) 外防腐层漏点检验。

对于外防腐层补口补伤检验和下沟前检验,按以下规定评分:

a) 如果无外防腐层,则为 0 分;

b) 如果未进行外防腐层补口补伤检验和下沟前检验,则为 0 分;

c) 如果外防腐层补口补伤检验或下沟前检验不合格,则为 0 分;

d) 如果外防腐层补口补伤检验和下沟前检验合格,则为 3 分;

e) 如果不需要外防腐层,则为 3 分。

对于外防腐层漏点检验,按以下规定评分:

a) 如果无外防腐层,则为 0 分;

b) 如果未进行外防腐层漏点检验,则为 0 分;

c) 如果外防腐层漏点检验不合格,则为 0 分;

d) 如果外防腐层漏点检验合格,则为 4 分;

e) 如果不需要外防腐层,则为 4 分。

外防腐层全面检验的得分,为以下各项得分之和:

a) 外防腐层全面检验人员资质;

b) 外防腐层全面检验项目和周期;

c) 外防腐层全面检验结果。

对于外防腐层全面检验人员资质,按以下规定评分:

a) 如果无外防腐层,则为 0 分;

b) 如果未进行外防腐层全面检验,则为 0 分;

c) 如果外防腐层全面检验人员无相应资质,则为 0 分;

d) 如果外防腐层全面检验人员具备相应资质,则为 2 分;

e) 如果不需要外防腐层,则为 2 分。

对于外防腐层全面检验项目和周期,按以下规定评分:

a) 如果无外防腐层,则为 0 分;

b) 如果未进行外防腐层全面检验,则为 0 分;

c) 如果外防腐层全面检验项目或周期不满足 GB/T 19285 的要求,则为 0 分;

d) 如果外防腐层全面检验项目和周期满足 GB/T 19285 的要求,则为 4 分;

e) 如果不需要外防腐层,则为 4 分。

对于外防腐层全面检验结果,按以下规定评分:

a) 如果无外防腐层,则为 0 分;

b) 如果不进行外防腐层全面检验,则为 0 分;

c) 如果管道区段的最大电流衰减率 $Y>0.023$,则为 0 分;

d) 如果管道区段的最大电流衰减率 $Y\in(0.015,0.023]$,则为 5 分;

e) 如果管道区段的最大电流衰减率 $Y\in(0.011,0.015]$,则为 9 分;

f) 如果管道区段的最大电流衰减率 $Y\leqslant 0.011$,则为 12 分;

g) 如果不需要外防腐层,则为 12 分。

对于外防腐层维护,按以下规定评分:

a) 如果无外防腐层,则为 0 分;

b) 如果很少或者不关注外防腐层缺陷,则为 0 分;

c) 如果仅对部分外防腐层缺陷进行报告和修复,则为 0.5 分;

d) 如果非正式报告外防腐层缺陷,并在方便的时候才进行修复,则为 1 分;

e) 如果正式报告外防腐层缺陷,并形成修复计划,按计划进行修复,则为 2 分;

f) 如果不需要外防腐层,则为 2 分。

D.3.4.2.5 深根植被的评分

a) 如果管道区段两侧各 5 m 范围内存在大量深根植物,则为 0 分;

b) 如果管道区段两侧各 5 m 范围内存在少量深根植物,则为 0.5 分;

c) 如果管道区段两侧各 5 m 范围内不存在深根植物,则为 1 分。

D.3.4.2.6 阴极保护系统的评分

阴极保护系统的得分,为以下各项得分之和:

a) 阴极保护系统产品质量;

b) 阴极保护系统安装质量;

c) 阴极保护系统年度检查;

d) 阴极保护系统全面检验;

e) 阴极保护系统测试头间距。

阴极保护系统产品质量的得分,为以下各项得分之和:

a) 阴极保护系统产品质量证明文件;

b) 阴极保护系统产品抽样复验。

对于阴极保护系统产品质量证明文件,按以下规定评分:

a) 如果未加阴极保护,则为 0 分;

b) 如果阴极保护系统产品无质量证明文件,则为 0 分;

c) 如果阴极保护系统产品质量证明文件齐全,则为 1 分;

d) 如果不需要进行阴极保护,则为 1 分。

对于阴极保护系统产品抽样复验,按以下规定评分:

a) 如果未加阴极保护,则为 0 分;

b) 如果未进行阴极保护系统产品抽样复验,则为 0 分;

c) 如果阴极保护系统产品抽样复验不合格,则为 0 分;

d) 如果阴极保护系统产品抽样复验合格,则为 2 分;

e) 如果不需要进行阴极保护,则为 2 分。

阴极保护系统安装质量的得分,为以下各项得分之和:

a) 阴极保护系统安装过程质量控制;

b) 阴极保护系统投产测试。

对于阴极保护系统安装过程质量控制,按以下规定评分:

a) 如果未加阴极保护,则为 0 分;

b) 如果未进行阴极保护系统安装过程质量控制,则为 0 分;

c) 如果阴极保护系统安装过程质量控制不满足 GB/T 19285 的要求,则为 0 分;

d) 如果阴极保护系统安装过程质量控制基本满足 GB/T 19285 的要求,则为 0.5 分;

e) 如果阴极保护系统安装过程质量控制满足 GB/T 19285 的要求,则为 1 分;

f) 如果不需要进行阴极保护,则为 1 分。

对于阴极保护系统投产测试,按以下规定评分:

a) 如果未加阴极保护,则为 0 分;

b) 如果未进行阴极保护系统投产测试,则为 0 分;

c) 如果阴极保护系统投产测试结果不满足 GB/T 19285 的要求,则为 0 分;

d) 如果阴极保护系统投产测试结果基本满足 GB/T 19285 的要求,则为 1 分;

e) 如果阴极保护系统投产测试结果满足 GB/T 19285 的要求,则为 2 分;

f) 如果不需要进行阴极保护,则为 2 分。

阴极保护系统年度检查的得分,为以下各项得分之和:

a) 阴极保护系统年度检查项目和周期;

b) 阴极保护系统年度检查结果及异常情况处理。

对于阴极保护系统年度检查项目和周期,按以下规定评分:

a) 如果未加阴极保护,则为 0 分;

b) 如果未进行阴极保护系统年度检查,则为 0 分;

c) 如果阴极保护系统年度检查项目或周期不满足 GB/T 19285 的要求,则为 0 分;

d) 如果阴极保护系统年度检查项目和周期满足 GB/T 19285 的要求,则为 1 分;

e) 如果不需要进行阴极保护,则为 1 分。

对于阴极保护系统年度检查结果及异常情况处理,按以下规定评分:

a) 如果未加阴极保护,则为 0 分;

b) 如果未进行阴极保护系统年度检查,则为 0 分;

c) 如果阴极保护系统年度检查结果不满足 GB/T 19285 的要求,并且未进行相应处理或处理不当,则为 0 分;

d) 如果阴极保护系统年度检查结果不满足 GB/T 19285 的要求,但及时进行了适当处理,则为 2 分;

e) 如果阴极保护系统年度检查结果满足 GB/T 19285 的要求,则为 2 分;

f) 如果不需要进行阴极保护,则为 2 分。

阴极保护系统全面检验的得分,为以下各项得分之和:

a) 阴极保护系统全面检验人员资质;

b) 阴极保护系统全面检验项目和周期;

c) 阴极保护系统全面检验结果及异常情况处理。

对于阴极保护系统全面检验人员资质,按以下规定评分:

a) 如果未加阴极保护,则为0分;

b) 如果未进行阴极保护系统全面检验,则为0分;

c) 如果阴极保护系统全面检验人员无相应的资质,则为0分;

d) 如果阴极保护系统全面检验人员具备相应的资质,则为1分;

e) 如果不需要进行阴极保护,则为1分。

对于阴极保护系统全面检验项目和周期,按以下规定评分:

a) 如果未加阴极保护,则为0分;

b) 如果未进行阴极保护系统全面检验,则为0分;

c) 如果阴极保护系统全面检验项目或周期不满足GB/T 19285的要求,则为0分;

d) 如果阴极保护系统全面检验项目和周期满足GB/T 19285的要求,则为2分;

e) 如果不需要进行阴极保护,则为2分。

对于阴极保护系统全面检验结果及异常情况处理,按以下规定评分:

a) 如果未加阴极保护,则为0分;

b) 如果未进行阴极保护系统全面检验,则为0分;

c) 如果阴极保护系统全面检验结果不满足GB/T 19285的要求,并且未进行相应处理或处理不当,则为0分;

d) 如果阴极保护系统全面检验结果不满足GB/T 19285的要求,但及时进行了适当处理,则为7分;

e) 如果阴极保护系统全面检验结果满足GB/T 19285的要求,则为7分;

f) 如果不需要进行阴极保护,则为7分。

对于阴极保护系统测试头间距,按以下规定评分:

a) 如果未加阴极保护,则为0分;

b) 如果测试头间距>3 km,则为0分;

c) 如果测试头间距∈[2 km,3 km],或有部分交叉管道和套管未监控,则为0分;

d) 如果测试头间距<2 km,并且对管道附近所有地下金属设施监控,则为1分;

e) 如果不需要进行阴极保护,则为1分。

D.3.4.3 集气管道、集油管道和输送腐蚀性液体介质的工业管道土壤腐蚀的评分

D.3.4.3.1 概述

集气管道、集油管道和输送腐蚀性液体介质的工业管道土壤腐蚀的得分,为以下各项得分之和:

a) 环境腐蚀性调查;

b) 防腐设计;

c) 外防腐层;

d) 深根植被;

e) 阴极保护系统。

D.3.4.3.2 环境腐蚀性调查的评分

环境腐蚀性调查的得分,为以下各项得分之和:

a) 土壤电阻率;

b) 直流杂散电流干扰其排流措施;

c) 交流杂散电流干扰。

对于土壤电阻率,按以下规定评分:

a) 如果未进行土壤电阻率测量,则为0分;

b) 如果土壤电阻率<20 Ω·m,则为0分;

c) 如果土壤电阻率∈[20 Ω·m,50 Ω·m],则为1.5分;

d) 如果土壤电阻率>50 Ω·m,则为3分。

对于直流杂散电流干扰及其排流措施,按照GB/T 19285确定直流杂散电流干扰程度,并按以下规定评分:

a) 如果直流杂散电流干扰程度大,并且未设置排流装置,则为0分;

b) 如果直流杂散电流干扰程度大,并且设置的排流装置不能完全满足排流的需要,则为0.5分;

c) 如果直流杂散电流干扰程度中或小,并且未设置排流装置,则为0.5分;

d) 如果直流杂散电流干扰程度中或小,并且设置的排流装置不能完全满足排流的需要,则为1分;

e) 如果设置的排流装置能满足排流的需要,则为2分;

f) 如果不存在直流杂散电流干扰,则为2分。

对于交流杂散电流干扰,按照GB/T 19285确定其干扰程度,并按以下规定评分:

a) 如果存在交流杂散电流干扰,则为0分;

b) 如果不存在交流杂散电流干扰,则为1分。

D.3.4.3.3 防腐设计的评分

防腐设计的得分,为以下各项得分之和:

a) 防腐设计单位的资质;

b) 防腐设计标准规范的选用;

c) 防腐设计的适用性。

对于防腐设计单位的资质,按以下规定评分:

a) 如果防腐设计单位不具备相应资质,则为0分;

b) 如果防腐设计单位具备相应资质,则为1分。

对于防腐设计标准规范的选用,按以下规定评分:

a) 如果管道防腐设计未按标准规范设计或采用当时已经作废的设计标准规范,则为0分;

b) 如果管道防腐设计采用当时有效的旧版本管道设计标准规范,则为0.5分;

c) 如果管道防腐设计采用现行标准规范,则为1分。

对于防腐设计的适用性,按照GB/T 19285确定防腐设计的要求,并按以下规定评分:

a) 如果外防腐层和/或阴极保护系统的设计不符合防腐设计标准规范要求,则为0分;

b) 如果外防腐层和/或阴极保护系统的设计基本符合防腐设计标准规范要求,则为1分;

c) 如果外防腐层和/或阴极保护系统的设计符合防腐设计标准规范要求,则为3分。

D.3.4.3.4 外防腐层的评分

外防腐层的得分,为以下各项得分之和:

a) 外防腐层类型;

b) 外防腐层制造质量;

c) 外防腐层施工质量;

d) 外防腐层全面检验;

e) 外防腐层维护。

对于外防腐层类型,按以下规定评分:

a) 如果无外防腐层,则为0分;

b) 如果是防锈油漆,则为0.5分;

c) 如果是高密度聚乙烯,则为0.8分;

d) 如果是沥青加玻璃布,则为1分;

e) 如果是煤焦油瓷漆或环氧煤沥青,则为1.5分;

f) 如果是三层PE复合涂层,则为2分;

g) 如果不需要外防腐层,则为2分。

外防腐层制造质量的得分,为以下各项得分之和:

a) 外防腐层质量证明文件;

b) 外防腐层复验。

对于外防腐层质量证明文件,按以下规定评分:

a) 如果无外防腐层,则为0分;

b) 如果外防腐层无质量证明文件,则为0分;

c) 如果外防腐层质量证明文件齐全,则为1分;

d) 如果不需要外防腐层,则为1分。

对于外防腐层复验,按以下规定评分:

a) 如果无外防腐层,则为0分;

b) 如果未进行外防腐层复验,则为0分;

c) 如果外防腐层复验不合格,则为0分;

d) 如果外防腐层复验合格,则为1分;

e) 如果不需要进行外防腐层复验,则为1分;

f) 如果不需要外防腐层,则为1分。

外防腐层施工质量的得分,为以下各项得分之和:

a) 外防腐层补口补伤检验和下沟前检验;

b) 外防腐层漏点检验。

对于外防腐层补口补伤检验和下沟前检验,按以下规定评分:

a) 如果无外防腐层,则为0分;

b) 如果未进行外防腐层补口补伤检验和下沟前检验,则为0分;

c) 如果外防腐层补口补伤检验或下沟前检验不合格,则为0分;

d) 如果外防腐层补口补伤检验和下沟前检验合格,则为1分;

e) 如果不需要外防腐层,则为1分。

对于外防腐层漏点检验,按以下规定评分:

a) 如果无外防腐层,则为 0 分;
b) 如果未进行外防腐层漏点检验,则为 0 分;
c) 如果外防腐层漏点检验不合格,则为 0 分;
d) 如果外防腐层漏点检验合格,则为 1 分;
e) 如果不需要外防腐层,则为 1 分。

外防腐层全面检验的得分,为以下各项得分之和:

a) 外防腐层全面检验人员资质;
b) 外防腐层全面检验项目和周期;
c) 外防腐层全面检验结果。

对于外防腐层全面检验人员资质,按以下规定评分:

a) 如果无外防腐层,则为 0 分;
b) 如果未进行外防腐层全面检验,则为 0 分;
c) 如果外防腐层全面检验人员无相应资质,则为 0 分;
d) 如果外防腐层全面检验人员具备相应资质,则为 1 分;
e) 如果不需要外防腐层,则为 1 分。

对于外防腐层全面检验项目和周期,按以下规定评分:

a) 如果无外防腐层,则为 0 分;
b) 如果未进行外防腐层全面检验,则为 0 分;
c) 如果外防腐层全面检验项目或周期不满足 GB/T 19285 的要求,则为 0 分;
d) 如果外防腐层全面检验项目和周期满足 GB/T 19285 的要求,则为 2 分;
e) 如果不需要外防腐层,则为 2 分。

对于外防腐层全面检验结果,按以下规定评分:

a) 如果无外防腐层,则为 0 分;
b) 如果不进行外防腐层全面检验,则为 0 分;
c) 如果管道区段的最大电流衰减率 $Y>0.023$,则为 0 分;
d) 如果管道区段的最大电流衰减率 $Y\in(0.015,0.023]$,则为 2 分;
e) 如果管道区段的最大电流衰减率 $Y\in(0.011,0.015]$,则为 3 分;
f) 如果管道区段的最大电流衰减率 $Y\leqslant 0.011$,则为 4 分;
g) 如果不需要外防腐层,则为 4 分。

对于外防腐层维护,按以下规定评分:

a) 如果无外防腐层,则为 0 分;
b) 如果很少或者不关注外防腐层缺陷,则为 0 分;
c) 如果仅对部分外防腐层缺陷进行报告和修复,则为 0.5 分;
d) 如果非正式报告外防腐层缺陷,并在方便的时候才进行修复,则为 0.8 分;
e) 如果正式报告外防腐层缺陷,并形成修复计划,按计划进行修复,则为 1 分;
f) 如果不需要外防腐层,则为 1 分。

D.3.4.3.5 深根植被的评分

a) 如果管道区段两侧各 5 m 范围内存在大量深根植物,则为 0 分;

b) 如果管道区段两侧各 5 m 范围内存在少量深根植物,则为 0.5 分;

c) 如果管道区段两侧各 5 m 范围内不存在深根植物,则为 1 分。

D.3.4.3.6 阴极保护系统的评分

阴极保护系统的得分,为以下各项得分之和:

a) 阴极保护系统产品质量;

b) 阴极保护系统安装质量;

c) 阴极保护系统年度检查;

d) 阴极保护系统全面检验;

e) 阴极保护系统测试头间距。

阴极保护系统产品质量的得分,为以下各项得分之和:

a) 阴极保护系统产品质量证明文件;

b) 阴极保护系统产品抽样复验。

对于阴极保护系统产品质量证明文件,按以下规定评分:

a) 如果未加阴极保护,则为 0 分;

b) 如果阴极保护系统产品无质量证明文件,则为 0 分;

c) 如果阴极保护系统产品质量证明文件齐全,则为 1 分;

d) 如果不需要进行阴极保护,则为 1 分。

对于阴极保护系统产品抽样复验,按以下规定评分:

a) 如果未加阴极保护,则为 0 分;

b) 如果未进行阴极保护系统产品抽样复验,则为 0 分;

c) 如果阴极保护系统产品抽样复验不合格,则为 0 分;

d) 如果阴极保护系统产品抽样复验合格,则为 1 分;

e) 如果不需要进行阴极保护,则为 1 分。

阴极保护系统安装质量的得分,为以下各项得分之和:

a) 阴极保护系统安装过程质量控制;

b) 阴极保护系统投产测试。

对于阴极保护系统安装过程质量控制,按以下规定评分:

a) 如果未加阴极保护,则为 0 分;

b) 如果未进行阴极保护系统安装过程质量控制,则为 0 分;

c) 如果阴极保护系统安装过程质量控制不满足 GB/T 19285 的要求,则为 0 分;

d) 如果阴极保护系统安装过程质量控制基本满足 GB/T 19285 的要求,则为 0.5 分;

e) 如果阴极保护系统安装过程质量控制满足 GB/T 19285 的要求,则为 1 分;

f) 如果不需要进行阴极保护,则为 1 分。

对于阴极保护系统投产测试,按以下规定评分:

a) 如果未加阴极保护,则为 0 分;

b) 如果未进行阴极保护系统投产测试,则为 0 分;

c) 如果阴极保护系统投产测试结果不满足 GB/T 19285 的要求,则为 0 分;

d) 如果阴极保护系统投产测试结果基本满足 GB/T 19285 的要求,则为 0.5 分;

e) 如果阴极保护系统投产测试结果满足 GB/T 19285 的要求,则为 1 分;

f） 如果不需要进行阴极保护,则为1分。

阴极保护系统年度检查的得分,为以下各项得分之和：

a） 阴极保护系统年度检查项目和周期；

b） 阴极保护系统年度检查结果及异常情况处理。

对于阴极保护系统年度检查项目和周期,按以下规定评分：

a） 如果未加阴极保护,则为0分；

b） 如果未进行阴极保护系统年度检查,则为0分；

c） 如果阴极保护系统年度检查项目或周期不满足GB/T 19285的要求,则为0分；

d） 如果阴极保护系统年度检查项目和周期满足GB/T 19285的要求,则为1分；

e） 如果不需要进行阴极保护,则为1分。

对于阴极保护系统年度检查结果及异常情况处理,按以下规定评分：

a） 如果未加阴极保护,则为0分；

b） 如果未进行阴极保护系统年度检查,则为0分；

c） 如果阴极保护系统年度检查结果不满足GB/T 19285的要求,并且未进行相应处理或处理不当,则为0分；

d） 如果阴极保护系统年度检查结果不满足GB/T 19285的要求,但及时进行了适当处理,则为2分；

e） 如果阴极保护系统年度检查结果满足GB/T 19285的要求,则为2分；

f） 如果不需要进行阴极保护,则为2分。

阴极保护系统全面检验的得分,为以下各项得分之和：

a） 阴极保护系统全面检验人员资质；

b） 阴极保护系统全面检验项目和周期；

c） 阴极保护系统全面检验结果及异常情况处理。

对于阴极保护系统全面检验人员资质,按以下规定评分：

a） 如果未加阴极保护,则为0分；

b） 如果未进行阴极保护系统全面检验,则为0分；

c） 如果阴极保护系统全面检验人员无相应的资质,则为0分；

d） 如果阴极保护系统全面检验人员具备相应的资质,则为1分；

e） 如果不需要进行阴极保护,则为1分。

对于阴极保护系统全面检验项目和周期,按以下规定评分：

a） 如果未加阴极保护,则为0分；

b） 如果未进行阴极保护系统全面检验,则为0分；

c） 如果阴极保护系统全面检验项目或周期不满足GB/T 19285的要求,则为0分；

d） 如果阴极保护系统全面检验项目和周期满足GB/T 19285的要求,则为2分；

e） 如果不需要进行阴极保护,则为2分。

对于阴极保护系统全面检验结果及异常情况处理,按以下规定评分：

a） 如果未加阴极保护,则为0分；

b） 如果未进行阴极保护系统全面检验,则为0分；

c） 如果阴极保护系统全面检验结果不满足GB/T 19285的要求,并且未进行相应处理或

处理不当,则为0分;

d) 如果阴极保护系统全面检验结果不满足GB/T 19285的要求,但及时进行了适当处理,则为3分;

e) 如果阴极保护系统全面检验结果满足GB/T 19285的要求,则为3分;

f) 如果不需要进行阴极保护,则为3分。

对于阴极保护系统测试头间距,按以下规定评分:

a) 如果未加阴极保护,则为0分;

b) 如果测试头间距>3 km,则为0分;

c) 如果测试头间距∈[2 km,3 km],或有部分交叉管道和套管未监控,则为0分;

d) 如果测试头间距<2 km,并且对管道附近所有地下金属设施监控,则为1分;

e) 如果不需要进行阴极保护,则为1分。

D.3.4.4 输送天然气、液化气介质的城市燃气管道土壤腐蚀的评分

D.3.4.4.1 概述

输送天然气、液化气介质的城市燃气管道土壤腐蚀的得分,为以下各项得分之和:

a) 环境腐蚀性调查;

b) 防腐设计;

c) 外防腐层;

d) 深根植被;

e) 阴极保护系统。

D.3.4.4.2 环境腐蚀性调查的评分

环境腐蚀性调查的得分,为以下各项得分之和:

a) 土壤电阻率;

b) 直流杂散电流干扰其排流措施;

c) 交流杂散电流干扰。

对于土壤电阻率,按以下规定评分:

a) 如果未进行土壤电阻率测量,则为0分;

b) 如果土壤电阻率<20 Ω·m,则为0分;

c) 如果土壤电阻率∈[20 Ω·m,50 Ω·m],则为3分;

d) 如果土壤电阻率>50 Ω·m,则为6分。

对于直流杂散电流及干扰其排流措施,按照GB/T 19285确定直流杂散电流干扰程度,并按以下规定评分:

a) 如果直流杂散电流干扰程度大,并且未设置排流装置,则为0分;

b) 如果直流杂散电流干扰程度大,并且设置的排流装置不能完全满足排流的需要,则为1分;

c) 如果直流杂散电流干扰程度中或小,并且未设置排流装置,则为1分;

d) 如果直流杂散电流干扰程度中或小,并且设置的排流装置不能完全满足排流的需要,则为2分;

e) 如果设置的排流装置能满足排流的需要,则为4分;

f） 如果不存在直流杂散电流干扰，则为4分。

对于交流杂散电流干扰，按照GB/T 19285确定其干扰程度，并按以下规定评分：

a） 如果存在交流杂散电流干扰，则为0分；

b） 如果不存在交流杂散电流干扰，则为2分。

D.3.4.4.3 防腐设计的评分

防腐设计的得分，为以下各项得分之和：

a） 防腐设计单位的资质；

b） 防腐设计标准规范的选用；

c） 防腐设计的适用性。

对于防腐设计单位的资质，按以下规定评分：

a） 如果防腐设计单位不具备相应资质，则为0分；

b） 如果防腐设计单位具备相应资质，则为2分。

对于防腐设计标准规范的选用，按以下规定评分：

a） 如果管道防腐设计未按标准规范设计或采用当时已经作废的设计标准规范，则为0分；

b） 如果管道防腐设计采用当时有效的旧版本管道设计标准规范，则为1分；

c） 如果管道防腐设计采用现行标准规范，则为2分。

对于防腐设计的适用性，按照GB/T 19285确定防腐设计的要求，并按以下规定评分：

a） 如果外防腐层和/或阴极保护系统的设计不符合防腐设计标准规范要求，则为0分；

b） 如果外防腐层和/或阴极保护系统的设计基本符合防腐设计标准规范要求，则为4分；

c） 如果外防腐层和/或阴极保护系统的设计符合防腐设计标准规范要求，则为6分。

D.3.4.4.4 外防腐层的评分

外防腐层的得分，为以下各项得分之和：

a） 外防腐层类型；

b） 外防腐层制造质量；

c） 外防腐层施工质量；

d） 外防腐层全面检验；

e） 外防腐层维护。

对于外防腐层类型，按以下规定评分：

a） 如果无外防腐层，则为0分；

b） 如果是防锈油漆，则为1分；

c） 如果是高密度聚乙烯，则为1.5分；

d） 如果是沥青加玻璃布，则为2分；

e） 如果是煤焦油瓷漆或环氧煤沥青，则为2.5分；

f） 如果是三层PE复合涂层，则为3分；

g） 如果不需要外防腐层，则为3分。

外防腐层制造质量的得分，为以下各项得分之和：

a） 外防腐层质量证明文件；

b） 外防腐层复验。

对于外防腐层质量证明文件,按以下规定评分：

a） 如果无外防腐层,则为 0 分；

b） 如果外防腐层无质量证明文件,则为 0 分；

c） 如果外防腐层质量证明文件齐全,则为 1 分；

d） 如果不需要外防腐层,则为 1 分。

对于外防腐层复验,按以下规定评分：

a） 如果无外防腐层,则为 0 分；

b） 如果未进行外防腐层复验,则为 0 分；

c） 如果外防腐层复验不合格,则为 0 分；

d） 如果外防腐层复验合格,则为 3 分；

e） 如果不需要进行外防腐层复验,则为 3 分；

f） 如果不需要外防腐层,则为 3 分。

外防腐层施工质量的得分,为以下各项得分之和：

a） 外防腐层补口补伤检验和下沟前检验；

b） 外防腐层漏点检验。

对于外防腐层补口补伤检验和下沟前检验,按以下规定评分：

a） 如果无外防腐层,则为 0 分；

b） 如果未进行外防腐层补口补伤检验和下沟前检验,则为 0 分；

c） 如果外防腐层补口补伤检验或下沟前检验不合格,则为 0 分；

d） 如果外防腐层补口补伤检验和下沟前检验合格,则为 3 分；

e） 如果不需要外防腐层,则为 3 分。

对于外防腐层漏点检验,按以下规定评分：

a） 如果无外防腐层,则为 0 分；

b） 如果未进行外防腐层漏点检验,则为 0 分；

c） 如果外防腐层漏点检验不合格,则为 0 分；

d） 如果外防腐层漏点检验合格,则为 5 分；

e） 如果不需要外防腐层,则为 5 分。

外防腐层全面检验的得分,为以下各项得分之和：

a） 外防腐层全面检验人员资质；

b） 外防腐层全面检验项目和周期；

c） 外防腐层全面检验结果。

对于外防腐层全面检验人员资质,按以下规定评分：

a） 如果无外防腐层,则为 0 分；

b） 如果未进行外防腐层全面检验,则为 0 分；

c） 如果外防腐层全面检验人员无相应资质,则为 0 分；

d） 如果外防腐层全面检验人员具备相应资质,则为 2 分；

e） 如果不需要外防腐层,则为 2 分。

对于外防腐层全面检验项目和周期,按以下规定评分：

a) 如果无外防腐层,则为0分;

b) 如果未进行外防腐层全面检验,则为0分;

c) 如果外防腐层全面检验项目或周期不满足GB/T 19285的要求,则为0分;

d) 如果外防腐层全面检验项目和周期满足GB/T 19285的要求,则为4分;

e) 如果不需要外防腐层,则为4分。

对于外防腐层全面检验结果,按以下规定评分:

a) 如果无外防腐层,则为0分;

b) 如果不进行外防腐层全面检验,则为0分;

c) 如果管道区段的最大电流衰减率$Y>0.023$,则为0分;

d) 如果管道区段的最大电流衰减率$Y\in(0.015,0.023]$,则为5分;

e) 如果管道区段的最大电流衰减率$Y\in(0.011,0.015]$,则为10分;

f) 如果管道区段的最大电流衰减率$Y\leqslant 0.011$,则为14分;

g) 如果不需要外防腐层,则为14分。

对于外防腐层维护,按以下规定评分:

a) 如果无外防腐层,则为0分;

b) 如果很少或者不关注外防腐层缺陷,则为0分;

c) 如果仅对部分外防腐层缺陷进行报告和修复,则为0.5分;

d) 如果非正式报告外防腐层缺陷,并在方便的时候才进行修复,则为1分;

e) 如果正式报告外防腐层缺陷,并形成修复计划,按计划进行修复,则为2分;

f) 如果不需要外防腐层,则为2分。

D.3.4.4.5 深根植被的评分

a) 如果管道区段两侧各5 m范围内存在大量深根植物,则为0分;

b) 如果管道区段两侧各5 m范围内存在少量深根植物,则为0.5分;

c) 如果管道区段两侧各5 m范围内不存在深根植物,则为1分。

D.3.4.4.6 阴极保护系统的评分

阴极保护系统的得分,为以下各项得分之和:

a) 阴极保护系统产品质量;

b) 阴极保护系统安装质量;

c) 阴极保护系统年度检查;

d) 阴极保护系统全面检验;

e) 阴极保护系统测试头间距。

阴极保护系统产品质量的得分,为以下各项得分之和:

a) 阴极保护系统产品质量证明文件;

b) 阴极保护系统产品抽样复验。

对于阴极保护系统产品质量证明文件,按以下规定评分:

a) 如果未加阴极保护,则为0分;

b) 如果阴极保护系统产品无质量证明文件,则为0分;

c) 如果阴极保护系统产品质量证明文件齐全,则为1分;

d) 如果不需要进行阴极保护,则为 1 分。

对于阴极保护系统产品抽样复验,按以下规定评分:

a) 如果未加阴极保护,则为 0 分;

b) 如果未进行阴极保护系统产品抽样复验,则为 0 分;

c) 如果阴极保护系统产品抽样复验不合格,则为 0 分;

d) 如果阴极保护系统产品抽样复验合格,则为 2 分;

e) 如果不需要进行阴极保护,则为 2 分。

阴极保护系统安装质量的得分,为以下各项得分之和:

a) 阴极保护系统安装过程质量控制;

b) 阴极保护系统投产测试。

对于阴极保护系统安装过程质量控制,按以下规定评分:

a) 如果未加阴极保护,则为 0 分;

b) 如果未进行阴极保护系统安装过程质量控制,则为 0 分;

c) 如果阴极保护系统安装过程质量控制不满足 GB/T 19285 的要求,则为 0 分;

d) 如果阴极保护系统安装过程质量控制基本满足 GB/T 19285 的要求,则为 0.5 分;

e) 如果阴极保护系统安装过程质量控制满足 GB/T 19285 的要求,则为 1 分;

f) 如果不需要进行阴极保护,则为 1 分。

对于阴极保护系统投产测试,按以下规定评分:

a) 如果未加阴极保护,则为 0 分;

b) 如果未进行阴极保护系统投产测试,则为 0 分;

c) 如果阴极保护系统投产测试结果不满足 GB/T 19285 的要求,则为 0 分;

d) 如果阴极保护系统投产测试结果基本满足 GB/T 19285 的要求,则为 1 分;

e) 如果阴极保护系统投产测试结果满足 GB/T 19285 的要求,则为 2 分;

f) 如果不需要进行阴极保护,则为 2 分。

阴极保护系统年度检查的得分,为以下各项得分之和:

a) 阴极保护系统年度检查项目和周期;

b) 阴极保护系统年度检查结果及异常情况处理。

对于阴极保护系统年度检查项目和周期,按以下规定评分:

a) 如果未加阴极保护,则为 0 分;

b) 如果未进行阴极保护系统年度检查,则为 0 分;

c) 如果阴极保护系统年度检查项目或周期不满足 GB/T 19285 的要求,则为 0 分;

d) 如果阴极保护系统年度检查项目和周期满足 GB/T 19285 的要求,则为 1 分;

e) 如果不需要进行阴极保护,则为 1 分。

对于阴极保护系统年度检查结果及异常情况处理,按以下规定评分:

a) 如果未加阴极保护,则为 0 分;

b) 如果未进行阴极保护系统年度检查,则为 0 分;

c) 如果阴极保护系统年度检查结果不满足 GB/T 19285 的要求,并且未进行相应处理或处理不当,则为 0 分;

d) 如果阴极保护系统年度检查结果不满足 GB/T 19285 的要求,但及时进行了适当处

理,则为 2 分;

e) 如果阴极保护系统年度检查结果满足 GB/T 19285 的要求,则为 2 分;

f) 如果不需要进行阴极保护,则为 2 分。

阴极保护系统全面检验的得分,为以下各项得分之和:

a) 阴极保护系统全面检验人员资质;

b) 阴极保护系统全面检验项目和周期;

c) 阴极保护系统全面检验结果及异常情况处理。

对于阴极保护系统全面检验人员资质,按以下规定评分:

a) 如果未加阴极保护,则为 0 分;

b) 如果未进行阴极保护系统全面检验,则为 0 分;

c) 如果阴极保护系统全面检验人员无相应的资质,则为 0 分;

d) 如果阴极保护系统全面检验人员具备相应的资质,则为 1 分;

e) 如果不需要进行阴极保护,则为 1 分。

对于阴极保护系统全面检验项目和周期,按以下规定评分:

a) 如果未加阴极保护,则为 0 分;

b) 如果未进行阴极保护系统全面检验,则为 0 分;

c) 如果阴极保护系统全面检验项目或周期不满足 GB/T 19285 的要求,则为 0 分;

d) 如果阴极保护系统全面检验项目和周期满足 GB/T 19285 的要求,则为 2 分;

e) 如果不需要进行阴极保护,则为 2 分。

对于阴极保护系统全面检验结果及异常情况处理,按以下规定评分:

a) 如果未加阴极保护,则为 0 分;

b) 如果未进行阴极保护系统全面检验,则为 0 分;

c) 如果阴极保护系统全面检验结果不满足 GB/T 19285 的要求,并且未进行相应处理或处理不当,则为 0 分;

d) 如果阴极保护系统全面检验结果不满足 GB/T 19285 的要求,但及时进行了适当处理,则为 7 分;

e) 如果阴极保护系统全面检验结果满足 GB/T 19285 的要求,则为 7 分;

f) 如果不需要进行阴极保护,则为 7 分。

对于阴极保护系统测试头间距,按以下规定评分:

a) 如果未加阴极保护,则为 0 分;

b) 如果测试头间距>3 km,则为 0 分;

c) 如果测试头间距∈[2 km,3 km],或有部分交叉管道和套管未监控,则为 0 分;

d) 如果测试头间距<2 km,并且对管道附近所有地下金属设施监控,则为 1 分;

e) 如果不需要进行阴极保护,则为 1 分。

D.3.4.5 输送人工煤气介质的城市燃气管道土壤腐蚀的评分

D.3.4.5.1 概述

输送人工煤气介质的城市燃气管道土壤腐蚀的得分,为以下各项得分之和:

a) 环境腐蚀性调查;

b) 防腐设计;

c) 外防腐层;

d) 深根植被;

e) 阴极保护系统。

D.3.4.5.2 环境腐蚀性调查的评分

环境腐蚀性调查的得分,为以下各项得分之和:

a) 土壤电阻率;

b) 直流杂散电流干扰其排流措施;

c) 交流杂散电流干扰。

对于土壤电阻率,按以下规定评分:

a) 如果未进行土壤电阻率测量,则为 0 分;

b) 如果土壤电阻率<20 Ω·m,则为 0 分;

c) 如果土壤电阻率∈[20 Ω·m,50 Ω·m],则为 2.5 分;

d) 如果土壤电阻率>50 Ω·m,则为 5 分。

对于直流杂散电流干扰其排流措施,按照 GB/T 19285 确定直流杂散电流干扰程度,并按以下规定评分:

a) 如果直流杂散电流干扰程度大,并且未设置排流装置,则为 0 分;

b) 如果直流杂散电流干扰程度大,并且设置的排流装置不能完全满足排流的需要,则为 1 分;

c) 如果直流杂散电流干扰程度中或小,并且未设置排流装置,则为 1 分;

d) 如果直流杂散电流干扰及程度中或小,并且设置的排流装置不能完全满足排流的需要,则为 2 分;

e) 如果设置的排流装置能满足排流的需要,则为 3 分;

f) 如果不存在直流杂散电流干扰,则为 3 分。

对于交流杂散电流干扰,按照 GB/T 19285 确定其干扰程度,并按以下规定评分:

a) 如果存在交流杂散电流干扰,则为 0 分;

b) 如果不存在交流杂散电流干扰,则为 2 分。

D.3.4.5.3 防腐设计的评分

防腐设计的得分,为以下各项得分之和:

a) 防腐设计单位的资质;

b) 防腐设计标准规范的选用;

c) 防腐设计的适用性。

对于防腐设计单位的资质,按以下规定评分:

a) 如果防腐设计单位不具备相应资质,则为 0 分;

b) 如果防腐设计单位具备相应资质,则为 1 分。

对于防腐设计标准规范的选用,按以下规定评分:

a) 如果管道防腐设计未按标准规范设计或采用当时已经作废的设计标准规范,则为 0 分;

b) 如果管道防腐设计采用当时有效的旧版本管道设计标准规范,则为 1 分;

c） 如果管道防腐设计采用现行标准规范，则为 2 分。

对于防腐设计的适用性，按照 GB/T 19285 确定防腐设计的要求，并按以下规定评分：

a） 如果外防腐层和/或阴极保护系统的设计不符合防腐设计标准规范要求，则为 0 分；

b） 如果外防腐层和/或阴极保护系统的设计基本符合防腐设计标准规范要求，则为 3 分；

c） 如果外防腐层和/或阴极保护系统的设计符合防腐设计标准规范要求，则为 5 分。

D.3.4.5.4 外防腐层的评分

外防腐层的得分，为以下各项得分之和：

a） 外防腐层类型；

b） 外防腐层制造质量；

c） 外防腐层施工质量；

d） 外防腐层全面检验；

e） 外防腐层维护。

对于外防腐层类型，按以下规定评分：

a） 如果无外防腐层，则为 0 分；

b） 如果是防锈油漆，则为 1 分；

c） 如果是高密度聚乙烯，则为 1.5 分；

d） 如果是沥青加玻璃布，则为 2 分；

e） 如果是煤焦油瓷漆或环氧煤沥青，则为 2.5 分；

f） 如果是三层 PE 复合涂层，则为 3 分；

g） 如果不需要外防腐层，则为 3 分。

外防腐层制造质量的得分，为以下各项得分之和：

a） 外防腐层质量证明文件；

b） 外防腐层复验。

对于外防腐层质量证明文件，按以下规定评分：

a） 如果无外防腐层，则为 0 分；

b） 如果外防腐层无质量证明文件，则为 0 分；

c） 如果外防腐层质量证明文件齐全，则为 1 分；

d） 如果不需要外防腐层，则为 1 分。

对于外防腐层复验，按以下规定评分：

a） 如果无外防腐层，则为 0 分；

b） 如果未进行外防腐层复验，则为 0 分；

c） 如果外防腐层复验不合格，则为 0 分；

d） 如果外防腐层复验合格，则为 2 分；

e） 如果不需要进行外防腐层复验，则为 2 分；

f） 如果不需要外防腐层，则为 2 分。

外防腐层施工质量的得分，为以下各项得分之和：

a） 外防腐层补口补伤检验和下沟前检验；

b） 外防腐层漏点检验。

对于外防腐层补口补伤检验和下沟前检验，按以下规定评分：

a) 如果无外防腐层,则为 0 分;
b) 如果未进行外防腐层补口补伤检验和下沟前检验,则为 0 分;
c) 如果外防腐层补口补伤检验或下沟前检验不合格,则为 0 分;
d) 如果外防腐层补口补伤检验和下沟前检验合格,则为 3 分;
e) 如果不需要外防腐层,则为 3 分。

对于外防腐层漏点检验,按以下规定评分:
a) 如果无外防腐层,则为 0 分;
b) 如果未进行外防腐层漏点检验,则为 0 分;
c) 如果外防腐层漏点检验不合格,则为 0 分;
d) 如果外防腐层漏点检验合格,则为 4 分;
e) 如果不需要外防腐层,则为 4 分。

外防腐层全面检验的得分,为以下各项得分之和:
a) 外防腐层全面检验人员资质;
b) 外防腐层全面检验项目和周期;
c) 外防腐层全面检验结果。

对于外防腐层全面检验人员资质,按以下规定评分:
a) 如果无外防腐层,则为 0 分;
b) 如果未进行外防腐层全面检验,则为 0 分;
c) 如果外防腐层全面检验人员无相应资质,则为 0 分;
d) 如果外防腐层全面检验人员具备相应资质,则为 2 分;
e) 如果不需要外防腐层,则为 2 分。

对于外防腐层全面检验项目和周期,按以下规定评分:
a) 如果无外防腐层,则为 0 分;
b) 如果未进行外防腐层全面检验,则为 0 分;
c) 如果外防腐层全面检验项目或周期不满足 GB/T 19285 的要求,则为 0 分;
d) 如果外防腐层全面检验项目和周期满足 GB/T 19285 的要求,则为 4 分;
e) 如果不需要外防腐层,则为 4 分。

对于外防腐层全面检验结果,按以下规定评分:
a) 如果无外防腐层,则为 0 分;
b) 如果不进行外防腐层全面检验,则为 0 分;
c) 如果管道区段的最大电流衰减率 $Y>0.023$,则为 0 分;
d) 如果管道区段的最大电流衰减率 $Y\in(0.015,0.023]$,则为 4 分;
e) 如果管道区段的最大电流衰减率 $Y\in(0.011,0.015]$,则为 9 分;
f) 如果管道区段的最大电流衰减率 $Y\leqslant 0.011$,则为 12 分;
g) 如果不需要外防腐层,则为 12 分。

对于外防腐层维护,按以下规定评分:
a) 如果无外防腐层,则为 0 分;
b) 如果很少或者不关注外防腐层缺陷,则为 0 分;

c) 如果仅对部分外防腐层缺陷进行报告和修复,则为 0.5 分;

d) 如果非正式报告外防腐层缺陷,并在方便的时候才进行修复,则为 1 分;

e) 如果正式报告外防腐层缺陷,并形成修复计划,按计划进行修复,则为 2 分;

f) 如果不需要外防腐层,则为 2 分。

D.3.4.5.5 深根植被的评分

a) 如果管道区段两侧各 5 m 范围内存在大量深根植物,则为 0 分;

b) 如果管道区段两侧各 5 m 范围内存在少量深根植物,则为 0.5 分;

c) 如果管道区段两侧各 5 m 范围内不存在深根植物,则为 1 分。

D.3.4.5.6 阴极保护系统的评分

阴极保护系统的得分,为以下各项得分之和:

a) 阴极保护系统产品质量;

b) 阴极保护系统安装质量;

c) 阴极保护系统年度检查;

d) 阴极保护系统全面检验;

e) 阴极保护系统测试头间距。

阴极保护系统产品质量的得分,为以下各项得分之和:

a) 阴极保护系统产品质量证明文件;

b) 阴极保护系统产品抽样复验。

对于阴极保护系统产品质量证明文件,按以下规定评分:

a) 如果未加阴极保护,则为 0 分;

b) 如果阴极保护系统产品无质量证明文件,则为 0 分;

c) 如果阴极保护系统产品质量证明文件齐全,则为 1 分;

d) 如果不需要进行阴极保护,则为 1 分。

对于阴极保护系统产品抽样复验,按以下规定评分:

a) 如果未加阴极保护,则为 0 分;

b) 如果未进行阴极保护系统产品抽样复验,则为 0 分;

c) 如果阴极保护系统产品抽样复验不合格,则为 0 分;

d) 如果阴极保护系统产品抽样复验合格,则为 2 分;

e) 如果不需要进行阴极保护,则为 2 分。

阴极保护系统安装质量的得分,为以下各项得分之和:

a) 阴极保护系统安装过程质量控制;

b) 阴极保护系统投产测试。

对于阴极保护系统安装过程质量控制,按以下规定评分:

a) 如果未加阴极保护,则为 0 分;

b) 如果未进行阴极保护系统安装过程质量控制,则为 0 分;

c) 如果阴极保护系统安装过程质量控制不满足 GB/T 19285 的要求,则为 0 分;

d) 如果阴极保护系统安装过程质量控制基本满足 GB/T 19285 的要求,则为 0.5 分;

e) 如果阴极保护系统安装过程质量控制满足 GB/T 19285 的要求,则为 1 分;

f) 如果不需要进行阴极保护,则为1分。

对于阴极保护系统投产测试,按以下规定评分:

a) 如果未加阴极保护,则为0分;
b) 如果未进行阴极保护系统投产测试,则为0分;
c) 如果阴极保护系统投产测试结果不满足GB/T 19285的要求,则为0分;
d) 如果阴极保护系统投产测试结果基本满足GB/T 19285的要求,则为1分;
e) 如果阴极保护系统投产测试结果满足GB/T 19285的要求,则为2分;
f) 如果不需要进行阴极保护,则为2分。

阴极保护系统年度检查的得分,为以下各项得分之和:

a) 阴极保护系统年度检查项目和周期;
b) 阴极保护系统年度检查结果及异常情况处理。

对于阴极保护系统年度检查项目和周期,按以下规定评分:

a) 如果未加阴极保护,则为0分;
b) 如果未进行阴极保护系统年度检查,则为0分;
c) 如果阴极保护系统年度检查项目或周期不满足GB/T 19285的要求,则为0分;
d) 如果阴极保护系统年度检查项目和周期满足GB/T 19285的要求,则为1分;
e) 如果不需要进行阴极保护,则为1分。

对于阴极保护系统年度检查结果及异常情况处理,按以下规定评分:

a) 如果未加阴极保护,则为0分;
b) 如果未进行阴极保护系统年度检查,则为0分;
c) 如果阴极保护系统年度检查结果不满足GB/T 19285的要求,并且未进行相应处理或处理不当,则为0分;
d) 如果阴极保护系统年度检查结果不满足GB/T 19285的要求,但及时进行了适当处理,则为2分;
e) 如果阴极保护系统年度检查结果满足GB/T 19285的要求,则为2分;
f) 如果不需要进行阴极保护,则为2分。

阴极保护系统全面检验的得分,为以下各项得分之和:

a) 阴极保护系统全面检验人员资质;
b) 阴极保护系统全面检验项目和周期;
c) 阴极保护系统全面检验结果及异常情况处理。

对于阴极保护系统全面检验人员资质,按以下规定评分:

a) 如果未加阴极保护,则为0分;
b) 如果未进行阴极保护系统全面检验,则为0分;
c) 如果阴极保护系统全面检验人员无相应的资质,则为0分;
d) 如果阴极保护系统全面检验人员具备相应的资质,则为1分;
e) 如果不需要进行阴极保护,则为1分。

对于阴极保护系统全面检验项目和周期,按以下规定评分:

a) 如果未加阴极保护,则为0分;
b) 如果未进行阴极保护系统全面检验,则为0分;

c） 如果阴极保护系统全面检验项目或周期不满足 GB/T 19285 的要求，则为 0 分；

d） 如果阴极保护系统全面检验项目和周期满足 GB/T 19285 的要求，则为 2 分；

e） 如果不需要进行阴极保护，则为 2 分。

对于阴极保护系统全面检验结果及异常情况处理，按以下规定评分：

a） 如果未加阴极保护，则为 0 分；

b） 如果未进行阴极保护系统全面检验，则为 0 分；

c） 如果阴极保护系统全面检验结果不满足 GB/T 19285 的要求，并且未进行相应处理或处理不当，则为 0 分；

d） 如果阴极保护系统全面检验结果不满足 GB/T 19285 的要求，但及时进行了适当处理，则为 5 分；

e） 如果阴极保护系统全面检验结果满足 GB/T 19285 的要求，则为 5 分；

f） 如果不需要进行阴极保护，则为 5 分。

对于阴极保护系统测试头间距，按以下规定评分：

a） 如果未加阴极保护，则为 0 分；

b） 如果测试头间距＞3 km，则为 0 分；

c） 如果测试头间距∈[2 km，3 km]，或有部分交叉管道和套管未监控，则为 0 分；

d） 如果测试头间距＜2 km，并且对管道附近所有地下金属设施监控，则为 1 分；

e） 如果不需要进行阴极保护，则为 1 分。

D.4 设备（装置）及操作的评分

D.4.1 概述

设备（装置）及操作的得分，为以下各项得分之和：

a） 设备（装置）功能及安全质量；

b） 设备（装置）维护保养；

c） 设备（装置）操作；

d） 人员培训与考核；

e） 安全管理制度；

f） 防错装置。

D.4.2 设备（装置）功能及安全质量的评分

D.4.2.1 概述

设备（装置）功能及安全质量的得分，为以下各项得分之和：

a） 设备（装置）性能和操作性；

b） 设备（装置）质量证明文件；

c） 设备（装置）检验；

d） 设备（装置）计量；

e） 超压保护装置；

f） 通讯系统。

D.4.2.2 设备（装置）性能和操作性的评分

a） 如果设备（装置）不满足技术要求，则为 0 分；

b) 如果设备(装置)满足技术要求,但性能稳定性较差,操作不方便,则为1分;

c) 如果设备(装置)满足技术要求,安全可靠,但操作不方便,则为3分;

d) 如果设备(装置)满足技术要求,安全可靠,操作方便,则为5分。

D.4.2.3 设备(装置)质量证明文件的评分

a) 如果设备(装置)无质量证明文件,则为0分;

b) 如果设备(装置)质量证明文件齐全,则为2分。

D.4.2.4 设备(装置)检验的评分

D.4.2.4.1 概述

设备(装置)检验的得分,为以下各项得分之和:

a) 设备(装置)检验周期;

b) 设备(装置)检验结果。

D.4.2.4.2 设备(装置)检验周期的评分

a) 如果设备(装置)不检验,则为0分;

b) 如果设备(装置)检验周期不满足有关法规的要求,则为0分;

c) 如果设备(装置)检验周期满足有关法规的要求,则为2分;

d) 如果设备(装置)不需要检验,则为2分。

D.4.2.4.3 设备(装置)检验结果的评分

a) 如果设备(装置)不检验,则为0分;

b) 如果设备(装置)检验结果表明应停止使用或报废,则为0分;

c) 如果设备(装置)检验结果表明应监控使用,则为1分;

d) 如果设备(装置)检验结果表明应在限定条件下安全使用,则为3分;

e) 如果设备(装置)检验结果表明可在设计条件下安全使用,则为5分;

f) 如果设备(装置)不需要检验,则为5分。

D.4.2.5 设备(装置)计量的评分

D.4.2.5.1 概述

设备(装置)计量的得分,为以下各项得分之和:

a) 设备(装置)计量周期;

b) 设备(装置)计量状态。

D.4.2.5.2 设备(装置)计量周期的评分

a) 如果设备(装置)不计量,则为0分;

b) 如果设备(装置)计量周期不满足有关法规、标准和质量体系文件的要求,则为0分;

c) 如果设备(装置)检验周期满足有关法规、标准和质量体系文件的要求,则为2分;

d) 如果设备(装置)不需要计量,则为2分。

D.4.2.5.3 设备(装置)计量状态的评分

a) 如果设备(装置)不计量,则为0分;

b) 如果设备(装置)超过计量有效期,则为0分;

c) 如果设备(装置)在计量有效期内,则为4分;

d) 如果设备(装置)不需要计量,则为4分。

D.4.2.6 超压保护装置的评分

a) 如果无超压保护或报警系统,则为0分;

b) 如果具备超压报警装置,则为1分;

c) 如果具备超压手动保护系统,则为2分;

d) 如果具备超压自动保护系统,则为3分。

D.4.2.7 通讯系统的评分

a) 如果通讯设备未固定专用,则为0分;

b) 如果各个站间配有专用通讯系统和工具,则为2分。

D.4.3 设备(装置)维护保养的评分

D.4.3.1 概述

设备(装置)维护保养的得分,为以下各项得分之和:

a) 维护保养规程;

b) 维护保养规程执行情况。

D.4.3.2 维护保养规程的评分

a) 如果无设备(装置)维护保养规程,则为0分;

b) 如果设备(装置)维护保养规程不完整,则为3分;

c) 如果设备(装置)维护保养规程完整、正确,则为5分。

D.4.3.3 维护保养规程执行情况的评分

D.4.3.3.1 概述

维护保养规程执行情况的得分,为以下各项得分之和:

a) 维护保养计划;

b) 维护保养方式;

c) 维护保养记录。

D.4.3.3.2 维护保养计划的评分

a) 如果无维护计划,则为0分;

b) 如果进行不定期维护,则为1分;

c) 如果进行定期维护,则为2分。

D.4.3.3.3 维护保养方式的评分

a) 如果不维护保养,则为0分;

b) 如果仅进行保养,不修理或更换,则为2分;

c) 如果进行保养,并且必要时修理,则为3分;

d) 如果进行保养,并且必要时更换,则为5分。

D.4.3.3.4 维护保养记录的评分

a) 如果未进行维护保养,则为0分;

b) 如果无维护保养记录和相关图纸,则为0分;

c） 如果维护保养记录和相关图纸不完整，则为1分；

d） 如果维护保养记录和相关图纸齐全，则为3分。

D.4.4 设备（装置）操作的评分

D.4.4.1 概述

设备（装置）操作的得分，为以下各项得分之和：

a） 操作规程；

b） 操作规程执行情况；

c） 操作员工的素质。

D.4.4.2 操作规程的评分

a） 如果无设备（装置）操作规程，则为0分；

b） 如果设备（装置）操作规程不完整，则为2分；

c） 如果设备（装置）操作规程完整、正确，但未放置于操作现场，则为4分；

d） 如果设备（装置）操作规程完整、正确，并且放置于操作现场，则为6分。

D.4.4.3 操作规程执行情况的评分

D.4.4.3.1 概述

操作规程执行情况的得分，为以下各项得分之和：

a） 操作规程执行情况的审查；

b） 操作记录和日志。

D.4.4.3.2 操作规程执行情况的审查的评分

a） 如果对操作规程执行情况未进行审查，则为0分；

b） 如果对操作规程执行情况进行一级审查（内部审查），则为4分；

c） 如果对操作规程执行情况进行二级审查（内部审查、外部审查），则为6分；

d） 如果对操作规程执行情况进行三级审查（内审、外审、第三方审查），则为8分。

D.4.4.3.3 操作记录和日志的评分

a） 如果无操作记录和日志，则为0分；

b） 如果操作记录和日志不齐全，则为2分；

c） 如果操作记录和日志齐全，则为5分。

D.4.4.4 操作员工的素质的评分

D.4.4.4.1 概述

操作员工的素质的得分，为以下各项得分之和：

a） 操作员工的专业；

b） 操作员工的经验。

D.4.4.4.2 操作员工的专业的评分

a） 如果操作员工未在相关专业中专或大专完成系统学习，则为0分；

b） 如果操作员工在相关专业中专或大专完成了系统学习，则为1分。

D.4.4.4.3 操作员工的经验的评分

a） 如果操作员工无相关岗位工作经验，则为0分；

b) 如果操作员工具备相关岗位3年以下工作经验,则为1分;

c) 如果操作员工具备相关岗位3年及3年以上工作经验,则为3分。

D.4.5 人员培训与考核的评分

D.4.5.1 概述

人员培训与考核的得分,为以下各项得分之和:

a) 培训制度;

b) 培训内容;

c) 培训材料;

d) 培训及考核方式;

e) 培训激励。

D.4.5.2 培训制度的评分

a) 如果无培训制度,由领导临时决定是否进行培训,则为0分;

b) 如果没有建立培训制度,只对部分岗位的员工进行培训,则为1分;

c) 如果培训写入企业管理规章制度中,但仅对部分员工进行培训,则为3分;

d) 如果培训写入企业管理规章制度中,并得到良好执行,则为5分。

D.4.5.3 培训内容的评分

a) 如果不进行培训,则为0分;

b) 如果培训无实质性内容,则为0分;

c) 如果培训内容不全面,但进行了简单的培训,则为2分;

d) 如果培训内容全面,包括操作、操作规程、岗位对人员素质的要求等全部内容,则为4分。

D.4.5.4 培训材料的评分

a) 如果不进行培训,则为0分;

b) 如果没有正式培训材料,则为0分;

c) 如果培训材料简单,未经专家审核,则为2分;

d) 如果培训材料完整,并由行业内专家审核,则为4分。

D.4.5.5 培训及考核方式的评分

a) 如果不进行培训,则为0分;

b) 如果进行没有考核的简单一次性培训,则为0分;

c) 如果进行一次性培训,培训结束后对员工进行笔试,则为2分;

d) 如果定期持续培训,培训结束对员工进行面试、笔试评估等,则为4分。

D.4.5.6 培训激励的评分

D.4.5.6.1 概述

培训激励的得分,为以下各项得分之和:

a) 对培训考核成绩优异的员工的奖励;

b) 对员工自发参加相关培训班的奖励;

c) 实际操作考察。

D.4.5.6.2 对培训考核成绩优异的员工的奖励的评分

a) 如果不对培训考核成绩优异的员工进行奖励,则为 0 分;

b) 如果对培训考核成绩优异的员工进行奖励,则为 1 分。

D.4.5.6.3 对员工自发参加相关培训班的奖励的评分

a) 如果不对员工自发参加相关培训班进行奖励,则为 0 分;

b) 如果对员工自发参加相关培训班进行奖励,则为 1 分。

D.4.5.6.4 实际操作考查的评分

a) 如果不注重对员工进行实际操作考察,则为 0 分;

b) 如果注重对员工进行实际操作考察,则为 1 分。

D.4.6 安全管理制度的评分

D.4.6.1 概述

安全管理制度的得分,为以下各项得分之和:

a) 安全责任制;

b) 安全机构和人员。

D.4.6.2 安全责任制的评分

a) 如果无安全责任制,则为 0 分;

b) 如果有安全责任制,但未严格执行,则为 2 分;

c) 如果安全责任制健全,并严格执行,则为 4 分。

D.4.6.3 安全机构和人员的评分

a) 如果无安全机构和人员,则为 0 分;

b) 如果设置安全机构,但人员缺乏,则为 2 分;

c) 如果设置安全机构,配备充足的专、兼职人员,则为 4 分。

D.4.7 防错装置的评分

D.4.7.1 概述

防错装置的得分,为以下各项得分之和:

a) 防止误操作的硬件措施;

b) 联锁装置;

c) 通过计算机软件控制操作步骤的顺序。

D.4.7.2 防止误操作的硬件措施的评分

D.4.7.2.1 概述

防止误操作的硬件措施的得分,为以下各项得分之和:

a) 硬件的适用性;

b) 硬件制造单位的资质。

D.4.7.2.2 硬件的适用性的评分

a) 如果硬件不适用于防止误操作,则为 0 分;

b) 如果硬件设计合理,适用于防止误操作,则为 1 分。

D.4.7.2.3 硬件制造单位的资质的评分

a) 如果硬件制造单位无相应制造资质,则为0分;

b) 如果硬件制造单位有相应制造资质,则为2分;

c) 如果硬件制造单位不需要制造资质,则为2分。

D.4.7.3 联锁装置的评分

a) 如果无联锁装置,则为0分;

b) 如果具有可靠的自动联锁装置,则为3分。

D.4.7.4 通过计算机软件控制操作步骤的评分

a) 如果不通过计算机软件控制操作步骤控制,则为0分;

b) 如果通过计算机软件控制操作步骤控制,但软件的可靠性和健壮性未经证实,则为0分;

c) 如果通过计算机软件控制操作步骤控制,并且已经证实软件的可靠性和健壮性,则为3分。

D.5 管道本质安全质量的评分

D.5.1 概述

管道本质安全质量的得分,为以下各项得分之和:

a) 设计施工控制;

b) 检测及评价;

c) 自然灾害及其防范措施;

d) 其他评价项。

D.5.2 设计施工控制的评分

D.5.2.1 概述

设计施工控制的得分,为以下各项得分之和:

a) 设计控制;

b) 管道元件控制;

c) 安装及验收;

d) 附加安全裕度;

e) 安全保护措施;

f) 监检;

g) 监理;

h) 记录和图纸。

D.5.2.2 设计控制的评分

D.5.2.2.1 概述

设计控制的得分,为以下各项得分之和:

a) 设计单位和人员的资质;

b) 设计标准规范;

c) 设计文件审批;

d) 危险识别。

D.5.2.2.2　设计单位和人员的资质的评分

a）如果设计单位或人员不具备与管道类别相应的设计资质，则为 0 分；

b）如果设计单位和人员具备与管道类别相应的设计资质，则为 1 分。

D.5.2.2.3　设计标准规范的评分

a）如果未按标准规范设计或采用当时已经作废的设计标准规范，则为 0 分；

b）如果采用当时有效的旧版本管道设计标准规范，则为 0.5 分；

c）如果采用现行标准规范，则为 1 分。

D.5.2.2.4　设计文件审批的评分

a）如果设计文件未经过审批，则为 0 分；

b）如果设计文件经过专人严格审批，则为 1 分。

D.5.2.2.5　危险识别的评分

a）如果没有事先制订设计方案，未进行危险识别分析，则为 0 分；

b）如果设计方案不严密，由无资质的单位和人员进行危险识别分析，则为 1 分；

c）如果完全按设计规范制定设计方案，进行了严格的危险识别分析，则为 2 分。

D.5.2.3　管道元件控制的评分

D.5.2.3.1　概述

管道元件控制的得分，为以下各项得分之和：

a）管道元件制造单位的资质；

b）管道元件质量。

D.5.2.3.2　管道元件制造单位的资质的评分

a）如果管道元件制造单位不具备制造资质，则为 0 分；

b）如果管道元件制造单位具备制造资质，则为 1 分。

D.5.2.3.3　管道元件质量的评分

管道元件质量的得分，为以下各项得分之和：

a）管道元件质量证明文件；

b）管道元件进货检验；

c）管道元件储存与搬运。

对于管道元件质量证明文件，按以下规定进行评分：

a）如果无管道元件质量证明文件，则为 0 分；

b）如果管道元件质量证明文件齐全，则为 1 分。

对于管道元件进货检验，按以下规定进行评分：

a）如果未进行进货检验，则为 0 分；

b）如果进货检验不合格，则为 0 分；

c）如果进货检验合格，则为 1 分。

对于管道元件储存与搬运，按以下规定进行评分：

a）如果储存与搬运过程中管道元件受到严重的损坏，影响其安全性能，则为 0 分；

b）如果储存与搬运过程中管道元件受到一定程度的损坏，但不影响其安全性能，则为 0.

5分；

c) 如果储存与搬运过程中管道元件无损坏，则为1分。

D.5.2.4 安装及验收的评分

D.5.2.4.1 概述

安装及验收的得分，为以下各项得分之和：

a) 安装单位资质；

b) 施工组织；

c) 管道元件预处理；

d) 材料误用、混用状况；

e) 开槽控制；

f) 焊接及其检验；

g) 回填控制；

h) 强度试验；

i) 严密性试验；

j) 清管和/或干燥；

k) 竣工验收。

D.5.2.4.2 安装单位的资质的评分

a) 如果安装单位不具备与管道类别相应的安装资质，则为0分；

b) 如果安装单位具备与管道类别相应的安装资质，但经验不足，则为0.5分；

c) 如果安装单位具备与管道类别相应的安装资质，经验丰富，则为1分。

D.5.2.4.3 施工组织的评分

施工组织的得分，为以下各项得分之和：

a) 项目管理；

b) 施工指导；

c) 例会；

d) 施工质量控制。

对于项目管理，按以下规定进行评分：

a) 如果未实现严格的项目管理，则为0分；

b) 如果实现严格的项目管理，则为1分。

对于施工指导，按以下规定进行评分：

a) 如果未由经验丰富的设计代表现场指导施工，则为0分；

b) 如果由经验丰富的设计代表现场指导施工，则为1分。

对于例会，按以下规定进行评分：

a) 如果未做到每天召开例会、及时发现施工中的问题并立即处理，则为0分；

b) 如果每天召开例会、及时发现施工中的问题并立即处理，则为1分。

对于施工质量管理，按以下规定进行评分：

a) 如果未在施工过程中实行严格的质量控制，则为0分；

b) 如果在施工过程中实行严格的质量控制，则为1分。

D.5.2.4.4 管道元件预处理的评分

a) 如果管道元件表面有可见的油渍和污垢,或者有附着不牢的氧化皮、铁锈和涂料涂层等附着物,则为 0 分;

b) 如果管道元件表面无可见的油渍和污垢,并且没有附着不牢的氧化皮、铁锈和涂料涂层等附着物,则为 0.5 分;

c) 如果管道元件表面无可见的油渍、污垢、氧化皮、铁锈和涂料涂层等附着物,表面显示均匀金属光泽,则为 1 分。

D.5.2.4.5 材料误用、混用情况的评分

a) 如果存在材料误用、混用,则为 0 分;

b) 如果不存在材料误用、混用,则为 1 分。

D.5.2.4.6 开槽控制的评分

按照 GB 50251—2003 确定输气管道在开槽方面的要求,按照 GB 50253—2006 确定输油管道在开槽方面的要求,按照 GB 50350—2005 确定集气管道和集油管道在开槽方面的要求,按照 GB 50028—2006 确定城市燃气管道在开槽方面的要求,参照 GB 50028—2006 确定输送腐蚀性液体介质的工业管道在开槽方面的要求:

a) 如果未进行开槽控制,则为 0 分;

b) 如果开槽不满足相应标准规范的要求,则为 0 分;

c) 如果开槽满足相应标准规范的要求,则为 1 分。

D.5.2.4.7 焊接及其检验的评分

焊接及其检验的得分,为以下各项得分之和:

a) 焊接操作人员资质;

b) 焊接工艺程序及焊接工艺评定记录;

c) 焊接检测;

d) 焊接质量。

对于焊接操作人员资质,按以下规定进行评分:

a) 如果焊接操作人员无相应资质,则为 0 分;

b) 如果焊接操作人员有相应的资质,则为 1 分。

对于焊接工艺程序及焊接工艺评定记录,按以下规定进行评分:

a) 如果没有焊接工艺程序及焊接工艺评定记录,则为 0 分;

b) 如果有焊接工艺程序,但无相应的焊接工艺评定记录,则为 1 分;

c) 如果焊接工艺程序和焊接工艺评定记录齐全,则为 1 分。

对于焊接检测,按以下规定进行评分:

a) 如果检测单位或人员不具备检测资质,则为 0 分;

b) 如果检测单位或人员具备检测资质,但未按照 JB/T 4730 进行检测,则为 0 分;

c) 如果检测单位或人员具备检测资质,并且严格按照 JB/T 4730 进行检测,则为 1 分。

对于焊接质量,按以下规定进行评分:

a) 如果焊缝含有不能通过按照 GB/T 19624 进行的安全评定的缺陷,则取失效可能性 S 为 100;

b） 如果焊缝含有能通过按照 GB/T 19624 进行的安全评定的缺陷，则为 1.5 分；

c） 如果焊缝不含缺陷，则为 3 分。

D.5.2.4.8 回填控制的评分

按照 GB 50251—2003 确定输气管道在回填方面的要求，按照 GB 50253—2006 确定输油管道在回填方面的要求，按照 GB 50350—2005 确定集气管道和集油管道在回填方面的要求，按照 GB 50028—2006 确定城市燃气管道在回填方面的要求，参照 GB 50028—2006 确定输送腐蚀性液体介质的工业管道在回填方面的要求：

a） 如果回填工艺或回填土质量、厚度不满足相应标准规范的要求，则为 0 分；

b） 如果回填工艺和回填土质量、厚度均满足相应标准规范的要求，则为 1 分。

D.5.2.4.9 强度试验的评分

按照 GB 50251—2003 确定输气管道在试压方面的要求，按照 GB 50253—2006 确定输油管道在试压方面的要求，参照 GB 50251—2003 确定集气管道和城市燃气管道在试压方面的要求，参照GB 50253—2006 确定集油管道在试压方面的要求，按照 GB/T 20801—2006 确定输送腐蚀性液体介质的工业管道在试压方面的要求：

a） 如果未进行强度试验，则为 0 分；

b） 如果强度试验不符合相关标准规范的规定，则为 0 分；

c） 如果进行了符合相关标准规范的规定的强度试验，则按式(D.3)计算强度试验的得分。

$$3-1.8\times\left(3-2\frac{P_2}{P_{\max2}}\right)-0.12y \qquad\cdots\cdots(\text{D.3})$$

式中：

y 为从上次强度试验到所进行的风险评估的年数，如果 y 大于 10，取 y 等于 10；

如果强度试验的得分小于 0，则取强度试验的得分为 0；

如果强度试验的得分大于 3，则取强度试验的得分为 3。

D.5.2.4.10 严密性试验的评分

按照 GB 50251—2003 确定输气管道在试压方面的要求，按照 GB 50253—2006 确定输油管道在试压方面的要求，参照 GB 50251—2003 确定集气管道和城市燃气管道在试压方面的要求，参照GB 50253—2006 确定集油管道在试压方面的要求，按照 GB/T 20801—2006 确定输送腐蚀性液体介质的工业管道在试压方面的要求：

a） 如果未进行严密性试验，则为 0 分；

b） 如果严密性试验不符合相关标准规范的规定，则为 0 分；

c） 如果严密性试验符合相关标准规范的规定，则为 1 分。

D.5.2.4.11 清管和/或干燥的评分

a） 如果未清管和/或干燥，则为 0 分；

b） 如果清管和/或干燥不满足与管道类别相应的标准规范的要求，则为 0 分；

c） 如果清管和/或干燥基本满足与管道类别相应的标准规范的要求，则为 1 分；

d） 如果清管和/或干燥满足与管道类别相应的标准规范的要求，则为 2 分；

e） 如果不需要清管和/或干燥，则为 2 分。

D.5.2.4.12 竣工验收的评分

竣工验收的得分,为以下各项得分之和:

a) 施工单位自验收;

b) 业务组织专家验收。

对于施工单位自验收,按以下规定评分:

a) 如果未进行施工单位自验收,则为0分;

b) 如果施工单位自验收不合格,则为0分;

c) 如果施工单位自验收合格,则为1分。

对于业务组织专家验收,按以下规定评分:

a) 如果未进行业务组织专家验收,则为0分;

b) 如果业务组织专家验收不合格,则为0分;

c) 如果业务组织专家验收合格,则为1分。

D.5.2.5 附加安全裕度的评分

按照式(D.4)计算附加安全裕度的得分:

$$2.5\times(t_3/t_1-1) \qquad \cdots\cdots(\text{D.4})$$

当附加安全裕度的得分小于0时,取失效可能性 S 为100;

当附加安全裕度的得分大于2时,取附加安全裕度的得分为2。

D.5.2.6 安全保护措施的评分

D.5.2.6.1 概述

输气管道、集气管道和城市燃气管道按照D.5.2.6.2的规定确定安全保护措施的得分,输油管道、集油管道和输送腐蚀性液体介质的工业管道按照D.5.2.6.3的规定确定安全保护措施的得分。

D.5.2.6.2 输气管道、集气管道和城市燃气管道的安全保护措施的评分

输气管道、集气管道和城市燃气管道的安全保护措施的得分,为以下各项得分之和:

a) 翻越点后低洼段、泵站出站段的安全保护装置;

b) 穿越公路的安全保护措施;

c) 穿越河流的安全保护措施。

对于翻越点后低洼段、泵站出站段的安全保护装置,按以下规定进行评分:

a) 如果无安全保护装置,则为0分;

b) 如果设有安全保护装置,但设备选型不合理,则为0.5分;

c) 如果设有安全保护装置,并且设备选型合理,则为1分;

d) 如果是非翻越点后低洼段、泵站出站段,则为1分。

对于穿越公路的安全保护措施,按以下规定进行评分:

a) 如果未加厚管壁或采用其他安全保护措施,则为0分;

b) 如果采取加厚管壁或采用其他有效的安全保护措施,则为1分;

c) 如果是非穿越公路的区段,则为1分。

对于穿越河流的安全保护措施,按以下规定进行评分:

a) 如果未加设防震措施或采用其他安全保护措施,则为0分;

b) 如果加设防震措施或采用其他有效的安全保护措施,则为1分;

c) 如果是非穿越河流的区段,则为1分。

D.5.2.6.3 输油管道、集油管道和输送腐蚀性液体介质的工业管道的安全保护措施的评分

输油管道、集油管道和输送腐蚀性液体介质的工业管道的安全保护措施的得分,为以下各项得分之和:

a) 翻越点后低洼段、泵站出站段的安全保护装置;

b) 穿越公路的安全保护措施;

c) 穿越河流的安全保护措施;

d) 防止水击的安全保护措施;

e) 大落差段的安全保护措施。

对于翻越点后低洼段、泵站出站段的安全保护装置,按以下规定进行评分:

a) 如果无安全保护装置,则为0分;

b) 如果设有安全保护装置,但设备选型不合理,则为0.5分;

c) 如果设有安全保护装置,并且设备选型合理,则为1分;

d) 如果是非翻越点后低洼段、泵站出站段,则为1分。

对于穿越公路的安全保护措施,按以下规定进行评分:

a) 如果未加厚管壁或采用其他安全保护措施,则为0分;

b) 如果采取加厚管壁或采用其他有效的安全保护措施,则为1分;

c) 如果是非穿越公路的区段,则为1分。

对于穿越河流的安全保护措施,按以下规定进行评分:

a) 如果未加设防震措施或采用其他安全保护措施,则为0分;

b) 如果加设防震措施或采用其他有效的安全保护措施,则为1分;

c) 如果是非穿越河流的区段,则为1分。

对于防止水击的安全保护措施,按以下规定进行评分:

a) 如果无防止水击的安全保护措施,则为0分;

b) 如果设置了缓冲罐或慢速关闭装置0.5;

c) 如果设置了缓冲罐和慢速关闭装置等安全保护措施,则为1;

d) 如果根据流体密度和弹性模数,发生水击的可能性很小,不需要防止水击的安全保护措施,则为1分。

对于大落差段的安全保护措施,按以下规定进行评分:

a) 如果未采用变径管或其他安全保护措施,则为0分;

b) 如果采用变径管或其他有效的安全保护措施,则为1分。

D.5.2.7 监检的评分

D.5.2.7.1 概述

监检的得分,为以下各项得分之和:

a) 监检单位及人员的资质;

b) 监检工作执行情况;

c) 监检结论。

D.5.2.7.2　监检单位及人员的资质的评分

a）如果管道安装时未进行监检,则为0分;

b）如果管道监检单位或人员不具备监检资质,则为0分;

c）如果管道监检单位和人员具备监检资质,则为1分。

D.5.2.7.3　监检工作执行情况的评分

a）如果管道安装时未进行监检,则为0分;

b）如果监检工作未按照监检大纲(或计划)进行,则为0分;

c）如果监检工作严格按照监检大纲(或计划)进行,则为1分。

D.5.2.7.4　监检结论的评分

a）如果管道安装时未进行监检,则为0分;

b）如果无监检报告,则为0分;

c）如果监检结论为“不合格”,则为0分;

d）如果监检结论为“合格”,则为1分。

D.5.2.8　监理的评分

D.5.2.8.1　概述

监理的得分,为以下各项得分之和:

a）监理单位及人员的资质;

b）监理工作执行情况;

c）监理结论。

D.5.2.8.2　监理单位及人员的资质的评分

a）如果管道安装时未进行监理,则为0分;

b）如果管道监理单位或人员不具备监理资质,则为0分;

c）如果管道监理单位和人员具备监理资质,则为1分。

D.5.2.8.3　监理工作执行情况的评分

a）如果管道安装时未进行监理,则为0分;

b）如果监理工作未按照监理大纲(或计划)进行,则为0分;

c）如果监理工作严格按照监理大纲(或计划)进行,则为1分。

D.5.2.8.4　监理结论的评分

a）如果管道安装时未进行监理,则为0分;

b）如果无监理报告,则为0分;

c）如果监理结论为“不合格”,则为0分;

d）如果监理结论为“合格”,则为1分。

D.5.2.9　记录和图纸的评分

D.5.2.9.1　概述

记录和图纸的得分,为以下各项得分之和:

a）材料使用记录;

b) 施工检验记录;

c) 图纸。

D.5.2.9.2 材料使用记录的评分

a) 如果无材料使用记录,则为 0 分;

b) 如果材料使用记录不完整,则为 0.5 分;

c) 如果有完整、详细的材料使用记录,则为 1 分。

D.5.2.9.3 施工检验记录的评分

a) 如果无任何检验记录,则为 0;

b) 如果无修补记录,其他记录完整,则为 0.5 分;

c) 如果检验记录不连续,则为 1 分;

d) 如果只有焊口探伤检验记录,无其他记录,则为 1.5 分;

e) 如果重要施工环节有检验记录,其他环节无检验记录,则为 1.8 分;

f) 如果施工全过程均有完整的检验记录,则为 2 分。

D.5.2.9.4 图纸的评分

a) 如果无图纸,则为 0 分;

b) 如果图纸不齐全,则为 0.5 分;

c) 如果图纸齐全,则为 1 分。

D.5.3 检测及评价的评分

D.5.3.1 概述

输气管道和集气管道,按照 D.5.3.2 的规定确定检测及评价的得分,输油管道、集油管道和输送腐蚀性液体介质的工业管道,按照 D.5.3.3 的规定确定检测及评价的得分,城市燃气管道,按照 D.5.3.4 的规定确定检测及评价的得分。

D.5.3.2 输气管道和集气管道检测及评价的评分

D.5.3.2.1 概述

输气管道和集气管道检测及评价的得分,为以下各项得分之和:

a) 管道使用年数;

b) 泄漏检测;

c) 管体缺陷检验及评价。

D.5.3.2.2 管道使用年数的评分

a) 如果管道使用年数≤5 年或管道使用年数≥25 年,则为 0 分;

b) 如果管道使用年数∈(5 年,25 年),则为 5 分。

D.5.3.2.3 泄漏检测的评分

a) 如果未进行泄漏检测,则为 0 分;

b) 如果泄漏检测周期过长,不满足实际需要,则为 1 分;

c) 如果泄漏检测周期基本满足实际需要,则为 2 分;

d) 如果泄漏检测周期满足实际需要,则为 4 分。

D.5.3.2.4　管体缺陷检验及评价的评分

管体缺陷检验及评价的得分，为以下各项得分之和：

a）管体缺陷检验单位及人员的资质；

b）管体缺陷检验及评价周期；

c）管体缺陷检验及评价结果。

对于管体缺陷检验单位及人员的资质，按以下规定评分：

a）如果未进行管体缺陷检验及评价，则为 0 分；

b）如果检验单位或人员无相应资质，则为 0 分；

c）如果检验单位和人员具备相应资质，则为 4 分。

对于管体缺陷检验及评价周期，按以下规定评分：

a）如果未进行管体缺陷检验及评价，则为 0 分；

b）如果管体缺陷检验及评价周期过长，不满足实际需要，则为 1 分；

c）如果管体缺陷检验及评价周期基本满足实际需要，则为 2 分；

d）如果管体缺陷检验及评价周期满足实际需要，则为 5 分。

对于管体缺陷检验及评价结果，按以下规定评分：

a）如果未进行管体缺陷检验及评价，则为 0 分；

b）如果管体含有不能通过按照 GB/T 19624 进行的安全评定的缺陷，则取失效可能性 S 为 100；

c）如果管体含有能通过按照 GB/T 19624 进行的安全评定的缺陷，则为 10 分；

d）如果管体不含缺陷，则为 15 分。

D.5.3.3　输油管道、集油管道和输送腐蚀性液体介质的工业管道检测及评价的评分

D.5.3.3.1　概述

输油管道、集油管道和输送腐蚀性液体介质的工业管道检测及评价的得分，为以下各项得分之和：

a）管道使用年数；

b）泄漏检测；

c）管体缺陷检验及评价。

D.5.3.3.2　管道使用年数的评分

a）如果管道使用年数≤5 年或管道使用年数≥25 年，则为 0 分；

b）如果管道使用年数∈(5 年，25 年)，则为 5 分。

D.5.3.3.3　泄漏检测的评分

a）如果未进行泄漏检测，则为 0 分；

b）如果泄漏检测周期过长，不满足实际需要，则为 1 分；

c）如果泄漏检测周期基本满足实际需要，则为 2 分；

d）如果泄漏检测周期满足实际需要，则为 4 分。

D.5.3.3.4　管体缺陷检验及评价的评分

管体缺陷检验及评价的得分，为以下各项得分之和：

a) 管体缺陷检验单位及人员的资质;
b) 管体缺陷检验及评价周期;
c) 管体缺陷检验及评价结果。

对于管体缺陷检验单位及人员的资质,按以下规定评分:
a) 如果未进行管体缺陷检验及评价,则为0分;
b) 如果检验单位或人员无相应资质,则为0分;
c) 如果检验单位和人员具备相应资质,则为3分。

对于管体缺陷检验及评价周期,按以下规定评分:
a) 如果未进行管体缺陷检验及评价,则为0分;
b) 如果管体缺陷检验及评价周期过长,不满足实际需要,则为1分;
c) 如果管体缺陷检验及评价周期基本满足实际需要,则为2分;
d) 如果管体缺陷检验及评价周期满足实际需要,则为4分。

对于管体缺陷检验及评价结果,按以下规定评分:
a) 如果未进行管体缺陷检验及评价,则为0分;
b) 如果管体含有不能通过按照GB/T 19624进行的安全评定的缺陷,则取失效可能性 S 为100;
c) 如果管体含有能通过按照GB/T 19624进行的安全评定的缺陷,则为10分;
d) 如果管体不含缺陷,则为15分。

D.5.3.4 城市燃气管道检测及评价的评分

D.5.3.4.1 概述

城市燃气管道检测及评价的得分,为以下各项得分之和:
a) 管道使用年数;
b) 泄漏检测;
c) 管体缺陷检验及评价。

D.5.3.4.2 管道使用年数的评分

a) 如果管道使用年数≤5年或管道使用年数≥25年,则为0分;
b) 如果管道使用年数∈(5年,25年),则为5分。

D.5.3.4.3 泄漏检测的评分

a) 如果未进行泄漏检测,则为0分;
b) 如果泄漏检测周期过长,不满足实际需要,则为1分;
c) 如果泄漏检测周期基本满足实际需要,则为2分;
d) 如果泄漏检测周期满足实际需要,则为4分。

D.5.3.4.4 管体缺陷检验及评价的评分

管体缺陷检验及评价的得分,为以下各项得分之和:
a) 管体缺陷检验单位及人员的资质;
b) 管体缺陷检验及评价周期;
c) 管体缺陷检验及评价结果。

对于管体缺陷检验单位及人员的资质,按以下规定评分:

a) 如果未进行管体缺陷检验及评价,则为 0 分;

b) 如果检验单位或人员无相应资质,则为 0 分;

c) 如果检验单位和人员具备相应资质,则为 4 分。

对于管体缺陷检验及评价周期,按以下规定评分:

a) 如果未进行管体缺陷检验及评价,则为 0 分;

b) 如果管体缺陷检验及评价周期过长,不满足实际需要,则为 1 分;

c) 如果管体缺陷检验及评价周期基本满足实际需要,则为 2 分;

d) 如果管体缺陷检验及评价周期满足实际需要,则为 5 分。

对于管体缺陷检验及评价结果,按以下规定评分:

a) 如果未进行管体缺陷检验及评价,则为 0 分;

b) 如果管体含有不能通过按照 GB/T 19624 进行的安全评定的缺陷,则取失效可能性 S 为 100;

c) 如果管体含有能通过按照 GB/T 19624 进行的安全评定的缺陷,则为 14 分;

d) 如果管体不含缺陷,则为 18 分。

D.5.4 自然灾害及其防范措施的评分

D.5.4.1 概述

自然灾害及其防范措施的得分,为以下各项得分之和:

a) 风载荷及其防范;

b) 雪载荷及其防范;

c) 滑坡、泥石流及其防范;

d) 地震及其防范;

e) 抵抗洪水能力;

f) 土壤移动;

g) 其他地质稳定性;

h) 自然灾害区域的监测。

D.5.4.2 风载荷及其防范的评分

a) 如果是跨越段,跨距/外径>200,且历史最大风力大于等于设计时考虑的风力,则为 0 分;

b) 如果是跨越段,跨距/外径∈(100,200],且历史最大风力大于等于设计时考虑的风力,则为0.5 分;

c) 如果是跨越段,跨距/外径∈[30,100],且历史最大风力大于等于设计时考虑的风力,则为0.8 分;

d) 如果是跨越段,跨距/外径<30,且历史最大风力大于等于设计时考虑的风力,则为 1 分;

e) 如果是跨越段,但历史最大风力小于设计时考虑的风力,则为 1 分;

f) 如果是非跨越段,则为 1 分。

D.5.4.3 雪载荷及其防范的评分

a) 如果是跨越段,跨距/外径>200,且历史最大降雪量大于等于设计时考虑的降雪量,则为 0 分；

b) 如果是跨越段，跨距/外径∈(100,200]，且历史最大降雪量大于等于设计时考虑的降雪量，则为 0.5 分；

c) 如果是跨越段，跨距/外径∈[30,100]，且历史最大降雪量大于等于设计时考虑的降雪量，则为 0.8 分；

d) 如果是跨越段，跨距/外径<30，且历史最大降雪量大于等于设计时考虑的降雪量，则为 1 分；

e) 如果是跨越段，但历史最大降雪量小于设计时考虑的降雪量，则为 1 分；

f) 如果是非跨越段，则为 1 分。

D.5.4.4 滑坡、泥石流及其防范的评分

D.5.4.4.1 概述

滑坡、泥石流及其防范的得分，为以下各项得分之和：

a) 年降雨量；

b) 斜坡及穿越；

c) 排水设施；

d) 滑坡及泥石流预防措施。

D.5.4.4.2 年降雨量的评分

a) 如果年降雨量>1 270 mm，则为 0 分；

b) 如果年降雨量∈[305 mm,1 270 mm]，则为 0.5 分；

c) 如果年降雨量<305 mm，则为 1 分。

D.5.4.4.3 斜坡及穿越的评分

a) 如果管道区段所在处的斜坡度数>30°，则为 0 分；

b) 如果管道区段穿越铁路或有 10 吨以上大卡车经过的公路，则为 0 分；

c) 如果管道区段所在处的斜坡度数∈[10°,30°]，则为 0.5 分；

d) 如果管道区段穿越有 10 吨以下车辆经过的公路，则为 0.5 分；

e) 如果管道区段所在处的斜坡度数<10°并且管道区段不穿越公路或铁路，则为 1 分。

D.5.4.4.4 排水设施的评分

a) 如果无排水沟，或者在管道区段附近形成积水池，水流直接冲击管道，则为 0 分；

b) 如果有排水沟，但是不清理，常堵塞，可能形成水流冲击管道，则为 0.5 分；

c) 如果有排水沟，并且排水沟定期清理疏通，设置合理，不可能形成水流冲击管道，则为 1 分。

D.5.4.4.5 滑坡及泥石流预防措施的评分

a) 如果未对滑坡及泥石流地质条件做评价，则为 0 分；

b) 如果在明显滑坡及泥石流地段未设计堡坎，则为 0 分；

c) 如果堡坎的设计强度不足，则为 0.5 分；

d) 如果在明显滑坡及泥石流地段设计有足够强度的堡坎，则为 1 分；

e) 如果在所有可能滑坡及泥石流地段均设计有足够强度的堡坎，则为 2 分。

D.5.4.5 地震及其防范的评分

D.5.4.5.1 概述

地震及其防范的得分,为以下各项得分之和:

a) 地震断裂带;

b) 防震措施。

D.5.4.5.2 地震断裂带的评分

a) 如果未对地震地质条件做评价,则为0分;

b) 如果管道区段位于地震断裂带,则为0分;

c) 如果管道区段不位于地震断裂带,则为2分。

D.5.4.5.3 防震措施的评分

a) 如果未对地震基本烈度评价,则为0分;

b) 如果地震烈度不小于相关标准、规范所规定的地震基本烈度,并且未采取防震措施,则为0分;

c) 如果设防烈度小于地震基本烈度,则为1分;

d) 如果设防烈度大于地震基本烈度,则为3分;

e) 如果不需要防震,则为4分。

D.5.4.6 抵御洪水能力的评分

a) 如果未考虑抵御洪水,则为0分;

b) 如果能抵御20年一遇洪水,则为0.5分;

c) 如果能抵御50年一遇洪水,则为0.8分;

d) 如果能抵御100年或更长时间一遇洪水,则为1分;

e) 如果不需要考虑抵御洪水,则为1分。

D.5.4.7 土壤移动的评分

D.5.4.7.1 概述

土壤移动的得分,为以下各项得分之和:

a) 土壤类型;

b) 地基土沉降监测。

D.5.4.7.2 土壤类型的评分

a) 如果管道区段所在处土壤是黄土、淤泥土、沙土、黏性土、粉质黏土等,则为0.5分;

b) 如果管道区段所在处土壤是沙岩、泥岩、风化岩壁,则为1分。

D.5.4.7.3 地基土沉降监测的评分

a) 如果不监测,则为0分;

b) 如果至少每年监测一次,则为1分;

c) 如果连续监测,则为2分;

d) 如果不需要监测,则为2分。

D.5.4.8 其他地质稳定性的评分

a) 如果管道区段处容易发生崩塌,则为0分;

b） 如果管道区段处曾经发生沉降或者位于采矿区，则为 0.5 分；

c） 如果管道区段位于斜坡段、活断层、液化区等，地质不稳定，则为 0.8 分；

d） 如果管道区段处地质稳定，则为 1 分。

D.5.4.9 自然灾害区域的监测的评分

a） 如果不监测，则为 0 分；

b） 如果监测周期≥1 年，则为 0.2 分；

c） 如果监测周期∈[半年，1 年)，则为 0.5 分；

d） 如果监测周期∈[1 周，半年)，则为 0.8 分；

e） 如果监测周期<1 周，则为 1 分；

f） 如果不需要监测，则为 1 分。

D.5.5 其他评价项的评分

D.5.5.1 概述

城市燃气管道，按照 D.5.5.2 的规定确定其他评价项的得分，输气管道、集气管道、输油管道、集油管道和输送腐蚀性液体介质的工业管道，按照 D.5.5.3 的规定确定其他评价项的得分。

D.5.5.2 城市燃气管道的其他评价项的评分

城市燃气管道的其他评分项的得分为 0。

D.5.5.3 输气管道、集气管道、输油管道、集油管道和输送腐蚀性液体介质的工业管道的其他评价项的评分

a） 如果 $\Delta P/P_{max2} \in (90\%, 100\%]$，并且 $N < 10^3$，则为 1.5 分；

b） 如果 $\Delta P/P_{max2} \in (90\%, 100\%]$，并且 $N \in [10^3, 10^4)$，则为 1 分；

c） 如果 $\Delta P/P_{max2} \in (90\%, 100\%]$，并且 $N \in [10^4, 10^5)$，则为 0.6 分；

d） 如果 $\Delta P/P_{max2} \in (90\%, 100\%]$，并且 $N \in [10^5, 10^6]$，则为 0.4 分；

e） 如果 $\Delta P/P_{max2} \in (90\%, 100\%]$，并且 $N > 10^6$，则为 0 分；

f） 如果 $\Delta P/P_{max2} \in (75\%, 90\%]$，并且 $N < 10^3$，则为 1.6 分；

g） 如果 $\Delta P/P_{max2} \in (75\%, 90\%]$，并且 $N \in [10^3, 10^4)$，则为 1.2 分；

h） 如果 $\Delta P/P_{max2} \in (75\%, 90\%]$，并且 $N \in [10^4, 10^5)$，则为 1 分；

i） 如果 $\Delta P/P_{max2} \in (75\%, 90\%]$，并且 $N \in [10^5, 10^6]$，则为 0.6 分；

j） 如果 $\Delta P/P_{max2} \in (75\%, 90\%]$，并且 $N > 10^6$，则为 0.4 分；

k） 如果 $\Delta P/P_{max2} \in (50\%, 75\%]$，并且 $N < 10^3$，则为 1.8 分；

l） 如果 $\Delta P/P_{max2} \in (50\%, 75\%]$，并且 $N \in [10^3, 10^4)$，则为 1.5 分；

m） 如果 $\Delta P/P_{max2} \in (50\%, 75\%]$，并且 $N \in [10^4, 10^5)$，则为 1.2 分；

n） 如果 $\Delta P/P_{max2} \in (50\%, 75\%]$，并且 $N \in [10^5, 10^6]$，则为 0.8 分；

o） 如果 $\Delta P/P_{max2} \in (50\%, 75\%]$，并且 $N > 10^6$，则为 0.6 分；

p） 如果 $\Delta P/P_{max2} \in (25\%, 50\%]$，并且 $N < 10^3$，则为 2 分；

q） 如果 $\Delta P/P_{max2} \in (25\%, 50\%]$，并且 $N \in [10^3, 10^4)$，则为 1.8 分；

r） 如果 $\Delta P/P_{max2} \in (25\%, 50\%]$，并且 $N \in [10^4, 10^5)$，则为 1.4 分；

s） 如果 $\Delta P/P_{max2} \in (25\%, 50\%]$，并且 $N \in [10^5, 10^6]$，则为 1 分；

t) 如果 $\Delta P/P_{max2}\in(25\%,50\%]$,并且 $N>10^6$,则为 0.8 分;
u) 如果 $\Delta P/P_{max2}\in(10\%,25\%]$,并且 $N<10^3$,则为 2.2 分;
v) 如果 $\Delta P/P_{max2}\in(10\%,25\%]$,并且 $N\in[10^3,10^4)$,则为 2 分;
w) 如果 $\Delta P/P_{max2}\in(10\%,25\%]$,并且 $N\in[10^4,10^5)$,则为 1.6 分;
x) 如果 $\Delta P/P_{max2}\in(10\%,25\%]$,并且 $N\in[10^5,10^6]$,则为 1.2 分;
y) 如果 $\Delta P/P_{max2}\in(10\%,25\%]$,并且 $N>10^6$,则为 1 分;
z) 如果 $\Delta P/P_{max2}\in(5\%,10\%]$,并且 $N<10^3$,则为 2.6 分;
aa) 如果 $\Delta P/P_{max2}\in(5\%,10\%]$,并且 $N\in[10^3,10^4)$,则为 2.2 分;
bb) 如果 $\Delta P/P_{max2}\in(5\%,10\%]$,并且 $N\in[10^4,10^5)$,则为 1.8 分;
cc) 如果 $\Delta P/P_{max2}\in(5\%,10\%]$,并且 $N\in[10^5,10^6]$,则为 1.4 分;
dd) 如果 $\Delta P/P_{max2}\in(5\%,10\%]$,并且 $N>10^6$,则为 1.2 分;
ee) 如果 $\Delta P/P_{max2}\leqslant 5\%$,并且 $N<10^3$,则为 3 分;
ff) 如果 $\Delta P/P_{max2}\leqslant 5\%$,并且 $N\in[10^3,10^4)$,则为 2.5 分;
gg) 如果 $\Delta P/P_{max2}\leqslant 5\%$,并且 $N\in[10^4,10^5)$,则为 2 分;
hh) 如果 $\Delta P/P_{max2}\leqslant 5\%$,并且 $N\in[10^5,10^6]$,则为 1.5 分;
ii) 如果 $\Delta P/P_{max2}\leqslant 5\%$,并且 $N>10^6$,则为 1.4 分。

附　录　E
(规范性附录)
埋地钢质管道失效后果评分模型

E.1　总则

本附录提出了埋地钢质管道失效后果评分模型,从介质的短期危害性、介质的最大泄漏量、介质的扩散性、人口密度、沿线环境、泄漏原因和供应中断对下游用户影响七个方面对埋地钢质管道失效后果进行半定量评分。

失效后果得分为每个方面的得分之和。每个方面的得分为其下设的一个或多个评分项得分之和,下设子评分项的评分项的得分为其下设所有子评分项得分之和。从每个评分项或子评分项下设的各列项中单一选择最接近实际情况的列项,从而确定该评分项或子评分项的得分。

E.2　介质的短期危害性的评分

E.2.1　概述

介质的短期危害性的得分,为以下各项得分之和

a)　介质燃烧性;

b)　介质反应性;

c)　介质毒性。

E.2.2　介质燃烧性的评分

a)　如果介质不可燃,则为 0 分;

b)　如果介质可燃,介质闪点>93 ℃,则为 3 分;

c)　如果介质可燃,介质闪点∈(38 ℃,93 ℃],则为 6 分;

d)　如果介质可燃,介质闪点≤38 ℃并且介质沸点≤38 ℃,则为 9 分;

e)　如果介质可燃,介质闪点≤23 ℃并且介质沸点≤38 ℃,则为 12 分。

E.2.3　介质反应性的评分

E.2.3.1　概述

介质反应性的得分,为以下各项得分之和:

a)　低放热值的峰值温度;

b)　最高工作压力。

E.2.3.2　低放热值的峰值温度的评分

a)　如果峰值温度>400 ℃,则为 0 分;

b)　如果峰值温度∈(305 ℃,400 ℃],则为 2 分;

c)　如果峰值温度∈(215 ℃,305 ℃],则为 4 分;

d)　如果峰值温度∈(125 ℃,215 ℃],则为 6 分;

e)　如果峰值温度≤125 ℃,则为 8 分。

E.2.3.3 最高工作压力的评分

E.2.3.3.1 概述

如果管道所输送介质为液体状态,则按照 E.2.3.3.2 的规定确定最高工作压力的得分,如果管道所输送介质为气体状态,则按照 E.2.3.3.3 的规定确定最高工作压力的得分。

E.2.3.3.2 管道所输送介质为液体状态时的最高工作压力的评分

a) 如果 $P_{max2} \leqslant 0.68$ MPa,则为 0 分;

b) 如果 $P_{max2} > 0.68$ MPa,则为 4 分。

E.2.3.3.3 管道所输送介质为气体状态时的最高工作压力的评分

a) 如果 $P_{max2} \leqslant 0.34$ MPa,则为 0 分;

b) 如果 $P_{max2} \in (0.34$ MPa,1.36 MPa$]$,则为 2 分;

c) 如果 $P_{max2} > 1.36$ MPa,则为 4 分。

E.2.4 介质毒性的评分

a) 如果介质无毒性,则为 0 分;

b) 如果介质有轻度危害毒性,则为 4 分;

c) 如果介质有中度危害毒性,则为 8 分;

d) 如果介质有高度危害毒性,则为 10 分;

e) 如果介质有极度危害毒性,则为 12 分。

E.3 介质的最大泄漏量的评分

E.3.1 可能的最大泄漏量的估算

E.3.1.1 概述

可能的最大泄漏量按照以下规定估算:

a) 计算介质泄漏速度;

b) 估算泄漏的时间;

c) 估算泄漏量;

d) 调整泄漏量。

E.3.1.2 计算介质泄漏速度

E.3.1.2.1 计算液体介质泄漏速度

对于液体介质,按照式(E.1)计算介质泄漏速度 W_g:

$$W_g = 0.03 C_d S_k \sqrt{(P + P')\rho} \quad \cdots\cdots (E.1)$$

式中:

C_d——泄漏系数,取 0.61;

S_k——泄漏面积,单位为平方毫米(mm^2),可保守地取 S_k 为所计算管道的横截面积,但最大不超过 129 717 mm^2。

E.3.1.2.2 计算气体介质泄漏速度

对于气体介质,按如下步骤计算介质泄漏速度 W_g:

按式(E.2)计算气体临界压力 P_{trans}

$$P_{\text{trans}}=P_{\text{a}}\left(\frac{K+1}{2}\right)^{\frac{K}{K-1}} \quad \cdots\cdots\cdots(\text{E.2})$$

如果 $P<P_{\text{trans}}$，则介质泄漏速率 W_{g} 按式(E.3)计算：

$$W_{\text{g}}=0.005\ 6C_{\text{d}}S_{\text{k}}P\sqrt{\frac{K}{R'T}g_{\text{c}}\frac{2K}{K-1}\left(\frac{P_{\text{a}}}{P}\right)^{\frac{2}{K}}\left[1-\left(\frac{P_{\text{a}}}{P}\right)^{\frac{K-1}{K}}\right]} \quad \cdots\cdots\cdots(\text{E.3})$$

式中：

C_{d} ——泄漏系数，取 0.85；

S_{k} ——泄漏面积，单位为平方毫米(mm^2)，可保守地取 S_{k} 为计算管道的横截面积，但最大不超过129 717 mm^2；

R' ——气体常数，8.314 J $\text{mol}^{-1}\text{K}^{-1}$；

g_{c} ——转变系数，取 32.2。

如果气体压力 $P\geqslant P_{\text{trans}}$，则介质泄漏速率 W_{g} 按式(E.4)计算：

$$W_{\text{g}}=0.005\ 6C_{\text{d}}S_{\text{k}}P\sqrt{\frac{KM}{R'T}g_{\text{c}}\left(\frac{2}{K+1}\right)^{\frac{K+1}{K-1}}} \quad \cdots\cdots\cdots(\text{E.4})$$

E.3.1.3 估算泄漏时间

按所评估管道的实际情况，确定泄漏持续时间，如果不能实际确定，则按表 E.1 和表 E.2 确定监测系统和切断系统的等级，并按表 E.3 估算泄漏持续时间 t。

表 E.1 监测系统等级

监测系统类型	等　级
监测关键参数的变化从而间接监测介质流失的专用设备	A
直接监测介质实际流失的灵敏的探测器	B
目测，摄像头等	C

表 E.2 切断系统等级

切断系统类型	等　级
由监测设备或探测器激活的自动切断装置	A
由操作员在操作室或其他远离泄漏点的位置人为切断装置	B
人工操作的切断阀	C

表 E.3 泄漏时间估算

监测系统等级	切断系统等级	泄漏时间估算
A	A	小规模泄漏为 1 200 s；中等规模泄漏为 600 s；较大规模泄漏为 300 s
A	B	小规模泄漏为 1 800 s；中等规模泄漏为 1 800 s；较大规模泄漏为 600 s

表 E.3（续）

监测系统等级	切断系统等级	泄漏时间估算
A	C	小规模泄漏为 2 400 s；中等规模泄漏为 1 800 s；较大规模泄漏为 1 200 s
B	A 或 B	小规模泄漏为 2 400 s；中等规模泄漏为 1 800 s；较大规模泄漏为 1 200 s
B	C	小规模泄漏为 3 600 s；中等规模泄漏为 1 800 s；较大规模泄漏为 1 200 s
C	A、B 或 C	小规模泄漏为 3 600 s；中等规模泄漏为 2 400 s；较大规模泄漏为 1 200 s
注：小规模指泄漏面积小于 15 mm^2，中等规模指泄漏面积小于 500 mm^2，较大规模泄漏指泄漏面积大于 500 mm^2。		

E.3.1.4 估算泄漏量

泄漏量 Q 按式(E.5)估算：

$$Q=\min(W_g \times t, q) \tag{E.5}$$

E.3.1.5 调整泄漏量

分别按照表 E.4、表 E.5 和表 E.6 调整泄漏量，得到可能的最大泄漏量。

表 E.4 按照监测与切断系统调整泄漏量

监测系统等级	切断系统等级	泄漏量的调整
A	A	减小 25%
A	B	减小 20%
A 或 B	C	减小 10%
B	C	减小 15%
C	C	不调整

表 E.5 按照消防系统调整泄漏量

消防系统	泄漏量的调整
紧急泄放系统，且装备有 A 级或 B 级切断系统	减小 25%
消防水喷淋和监测系统	减小 20%
泡沫喷射系统	减小 15%
消防水监测系统	减小 5%

表 E.6 按照应急预案调整泄漏量

应急预案	泄漏量的调整
应急预案完整可靠，经常演习	减小 20%
应急预案不完整，或缺乏演习	减小 10%
无应急预案	不调整

E.3.2 介质的最大泄漏量的评分

a) 如果可能的介质最大泄漏量≤450 kg,则为 1 分;

b) 如果可能的介质最大泄漏量∈(450 kg,4 500 kg],则为 8 分;

c) 如果可能的介质最大泄漏量∈(4 500 kg,45 000 kg],则为 12 分;

d) 如果可能的介质最大泄漏量∈(45 000 kg,450 000 kg],则为 16 分;

e) 如果可能的介质最大泄漏量>450 000 kg,则为 20 分。

E.4 介质的扩散性的评分

E.4.1 概述

液体介质按照 E.4.2 的规定确定介质的扩散性的得分,气体介质按照 E.4.3 的规定确定介质的扩散性的得分。

E.4.2 液体介质的扩散性的评分

a) 如果可能的泄漏处具有密封隔离层(渗透率为 0),则为 3 分;

b) 如果可能的泄漏处土壤为泥土、密集的硬黏土或无缝岩石(渗透率<10^{-7} cm/s),则为 6 分;

c) 如果可能的泄漏处土壤为泥沙、淤泥、黄土、黏泥及沙石(渗透率∈[10^{-7} cm/s,10^{-5} cm/s]),则为 9 分;

d) 如果可能的泄漏处土壤为细砂、粉砂和中等程度碎石(渗透率∈[10^{-5} cm/s,10^{-3} cm/s]),则为 12 分;

e) 如果可能的泄漏处土壤为砂砾、沙子和大块碎石(渗透率>10^{-3} cm/s),则为 15 分。

E.4.3 气体介质的扩散性的评分

E.4.3.1 概述

气体介质的扩散性的得分,为以下各项得分之和:

a) 地形;

b) 风速。

E.4.3.2 地形的评分

a) 如果可能的泄漏处地形闭塞,则为 1 分;

b) 如果可能的泄漏处地形开阔,则为 6 分。

E.4.3.3 风速的评分

a) 如果可能的泄漏处年平均风速低,则为 2 分;

b) 如果可能的泄漏处年平均风速中等,则为 6 分;

c) 如果可能的泄漏处年平均风速高,则为 9 分。

E.5 人口密度的评分

a) 如果可能的泄漏处是荒芜人烟地区,则为 0 分;

b) 如果可能的泄漏处 2 km 长度范围内,管道区段两侧各 200 m 的范围内,人口数量∈[1,100),则为 6 分;

c) 如果可能的泄漏处 2 km 长度范围内,管道区段两侧各 200 m 的范围内,人口数量∈[100,300),则为 12 分;

d) 如果可能的泄漏处 2 km 长度范围内,管道区段两侧各 200 m 的范围内,人口数量∈[300,500],则为 16 分;

e) 如果可能的泄漏处 2 km 长度范围内,管道区段两侧各 200 m 的范围内,人口数量>500,则为 20 分。

E.6 沿线环境(财产密度)的评分

a) 如果可能的泄漏处是荒芜人烟地区,则为 0 分;

b) 如果可能的泄漏处 2 km 长度范围内,管道区段两侧各 200 m 的范围内,大多为农业生产区,则为 3 分;

c) 如果可能的泄漏处 2 km 长度范围内,管道区段两侧各 200 m 的范围内,大多为住宅、宾馆、娱乐休闲地,则为 6 分;

d) 如果可能的泄漏处 2 km 长度范围内,管道区段两侧各 200 m 的范围内,大多为商业区,则为 9 分;

e) 如果可能的泄漏处 2 km 长度范围内,管道区段两侧各 200 m 的范围内,大多为仓库、码头、车站等,则为 12 分;

f) 如果可能的泄漏处 2 km 长度范围内,管线两侧各 200 m 的范围内,大多为工业生产区,则为 15 分。

E.7 泄漏原因的评分

a) 如果最可能的泄漏原因是操作失误,则为 1 分;

b) 如果最可能的泄漏原因是焊接质量或腐蚀穿孔,则为 5 分;

c) 如果最可能的泄漏原因是第三方破坏或自然灾害,则为 8 分。

E.8 供应中断对下游用户的影响的评分

E.8.1 概述

供应中断对下游用户的影响的得分,为以下各项得分之和:

a) 抢修时间;

b) 供应中断的影响范围和程度;

c) 用户对管道所输送介质的依赖性。

E.8.2 抢修时间的评分

a) 如果抢修时间<1 天,则为 1 分;

b) 如果抢修时间∈[1 天,2 天),则为 3 分;

c) 如果抢修时间∈[2 天,4 天),则为 5 分;

d) 如果抢修时间∈[4 天,7 天),则为 7 分;

e) 如果抢修时间≥7 天,则为 9 分。

E.8.3 供应中断的影响范围和程度的评分

a) 如果无重要用户,供应中断对其他单位影响一般,则为 3 分;

b) 如果供应中断影响小城市、小城镇的工业用燃料,则为 6 分;

c) 如果供应中断影响小企业、小城市生活,则为 9 分;

d) 如果供应中断影响一般的工业生产、中型城市生活,则为 12 分;

e) 如果供应中断影响国家重要大型企业、大型中心城市的生产、生活,则为 15 分。

E.8.4 用户对管道所输送介质的依赖性的评分

a) 如果供应中断的影响很小,则为 3 分;

b) 如果有替代介质可用,则为 6 分;

c) 如果有自备储存设施,则为 9 分;

d) 如果用户对管道所输送介质绝对依赖,则为 12 分。

ICS 75.200
CCS E 98

中华人民共和国国家标准

GB/T 27699—2023
代替 GB/T 27699—2011

钢质管道内检测技术规范

Technical specification for in-line inspection of steel pipeline

2023-05-23 发布

2023-05-23 实施

国家市场监督管理总局
国家标准化管理委员会 发布

前　　言

本文件按照 GB/T 1.1—2020《标准化工作导则　第1部分:标准化文件的结构和起草规则》的规定起草。

本文件代替 GB/T 27699—2011《钢质管道内检测技术规范》,与 GB/T 27699—2011 相比,除结构调整和编辑性改动外,主要技术变化如下:

a) 更改了适用范围(见第1章,2011年版的第1章);
b) 增加了术语"中心线检测""检测阈值""报告阈值""应变"(见3.4、3.10、3.11、3.25),删除了术语"模拟器""验证"(见2011年版的3.13、3.17),更改了术语"可信度""管道特征"的定义(见3.15、3.16,2011年版的3.7、3.16);
c) 增加了被检测管道安装有自动开启、关闭功能阀门和单向阀时的规定(见4.4.2、4.4.3);
d) 更改了检测器运行期间对管道运行压力的规定,增加了检测器运行期间对管道介质运行温度的规定(见4.8,2011年版的4.8、4.9);
e) 增加了被检测管道实施投产前几何变形检测的一般性的规定(见4.9);
f) 增加了牵拉试验标定的条件、基本要求和牵拉试验报告编制的规则(见6.5.1、6.5.3、6.5.4);
g) 增加了设标点管道埋深的规定,增加了重点位置和特殊地段的设标规则(见6.6);
h) 增加了管道实施清管的一般要求(见7.1);
i) 删除了"投运模拟器"的规则(见2011年版的第9章);
j) 增加了检测器投运期间设标和跟踪的要求(见9.2.1);
k) 更改了接收检测器后数据完整性的检查要求及数据完整性不满足本文件要求时的处理要求(见9.4.2、9.4.3,2011年版的10.4.2、10.4.3);
l) 增加了中心线检测和轴向应变检测的内容(见第10章、第11章);
m) 更改了"几何变形检测报告"中凹陷、椭圆度统计规则,增加了褶皱、屈曲的统计和变形分布图的编制规则(见13.1.3,2011年版的12.1.3);
n) 更改了金属损失检测报告基本信息(见13.2,2011年版的12.2);
o) 增加了"中心线检测结果""弯曲应变分析报告""位移分析报告""轴向应变分析报告""用户化软件报告"(见13.3、13.4、13.5、13.6、13.7)。

请注意本文件的某些内容可能涉及专利。本文件的发布机构不承担识别专利的责任。

本文件由全国锅炉压力容器标准化技术委员会(SAC/TC 262)提出并归口。

本文件起草单位:中油管道检测技术有限责任公司、中国石油管道局工程有限公司、中国石油天然气管道科学研究院有限公司、石油天然气管道工程质量监督站、国家市场监督管理总局特种设备安全监察局、中国特种设备检验协会、中国特种设备安全与节能促进会、中国特种设备检测研究院、国家石油天然气管网集团有限公司西气东输分公司、国家管网集团西南管道有限责任公司、国家石油天然气管网集团有限公司科学技术研究总院分公司、国家管网集团北方管道有限责任公司沈阳检测技术分公司、国家管网集团联合管道有限责任公司西部分公司、中国石油天然气股份有限公司塔里木油田分公司、大庆油田有限责任公司天然气分公司、中国石油天然气股份有限公司吉林油田分公司、中国石油天然气股份有限公司辽河油田分公司、深圳市燃气集团股份有限公司、中国石油化工股份有限公司西南油气分公司采气二厂、苏州燃气集团有限责任公司、华南蓝天航空油料有限公司、浙江浙能天然气运行有限公司、陕西燃气集团工程有限公司、湖南省特种设备检验检测研究院、温州市特种设备检测科学研究院。

本文件主要起草人:李育忠、常连庚、姜晓红、贾会英、王庆伟、洪险峰、黄凯、任洪泽、刘利威、邱长春、刘争、赵鹏、曹雷、郑景娜、李扬、杨金生、程景彬、唐立志、张锋、姚登樽、刘实睿、王伟中、王营、秦先勇、张华、吉建立、杨志伟、李安营、陈金忠、何仁碧、顾清林、冯伟、赵冬野、曹国飞、刘奎荣、朱建平、侯浩、余东亮、陈朋超、赵晓利、胡江峰、杨春林、安超、王金星、张伟、年志慧、孙景山、王建华、孙凯、郭大成、杨光、孙天礼、高云程、林奕、沈佳园、章卫文、甘霖、彭小兰、王仁荣。

本文件于2011年首次发布,本次为第一次修订。

钢质管道内检测技术规范

1 范围

本文件规定了实施钢质管道内检测的要求、内检测周期及设备选择、检测施工准备、检测前清管、几何变形检测、金属损失检测、中心线检测和轴向应变检测的技术要求，对检测数据预处理、检测报告、检测结果验证、职业健康、安全、环境与交工资料做出了规定。

本文件适用于输送介质为气体和液体的陆上钢质管道内检测，输送介质为气体和液体的海底钢质管道内检测可参照本文件执行。

2 规范性引用文件

下列文件中的内容通过文中的规范性引用而构成本文件必不可少的条款。其中，注日期的引用文件，仅该日期对应的版本适用于本文件；不注日期的引用文件，其最新版本(包括所有的修改单)适用于本文件。

SY/T 5536 原油管道运行规范

SY/T 5922 天然气管道运行规范

3 术语和定义

下列术语和定义适用于本文件。

3.1

管道内检测 in-line inspection;ILI

利用在管道内运行的可实时采集并记录管道信息的检测器所完成的检测。

3.2

几何变形检测 geometry inspection

以检测管道的几何变形情况为目的所实施的管道内检测。

3.3

金属损失检测 metal loss inspection

以检测管壁金属损失为目的所实施的管道内检测。

3.4

中心线检测 center line inspection

利用惯性检测单元搭载在内检测器上，结合地面设标和设标点坐标测量，通过数据分析可生成管道高程、平面坐标。

3.5

标定 calibrate

对检测设备的机械性能和检测性能进行测试与调整。

3.6

清管 pigging

使用可在管道内运行的设备,清理管道内杂质、积垢及凝蜡的工作。

3.7

测径板 gauge plate

安装在清管器上,直径小于管道公称内径的软质金属圆盘(通常使用铝盘)。

注:用于定性判定管道的变形程度。

3.8

地面标记器 above ground marker;AGM

一种放置于管道上方,能够检测并记录检测器的通过或能发出被检测器检测到的信号的便携式或永久性装置。

3.9

设标 marking

为实现对检测到的管道特征精确定位和检测过程中对检测器运行状况进行跟踪而设置地面测量参考点的工作。

3.10

检测阈值 detection threshold

为获得指定的检测概率,某一特征尺寸超出的临界值。

3.11

报告阈值 reporting threshold

说明是否报告某项异常的参数。

注:该参数可以是一个有关异常或特征的深度、宽度或长度的限制值。

3.12

检测概率 probability of detection;POD

检测器检测出管道特征的概率。

3.13

识别概率 probability of identification;POI

能够正确识别被检测到的异常或其他特征的概率。

3.14

量化精度 sizing accuracy

在要求的可信度下,报告的异常尺寸或特性的精度。

3.15

可信度 certainty

检测结果报告的异常特征在给定公差范围内的概率。

3.16

管道特征 pipeline feature

管道上存在的金属损失、变形、裂纹、焊缝异常、焊缝、管道附属设施及制造缺陷等。

3.17

异常　anomaly

管材、焊缝等存在的偏离正常且未经验证的偏差。

3.18

缺陷　defect

尺寸或特性超出可接受限度的异常。

3.19

变形　deformation

管道形状的永久性改变。

注：弯曲、屈曲、凹陷、椭圆度、波纹、褶皱或影响管道截面圆度或平直度的其他变化，都属于管道变形。

3.20

金属损失　metal loss

因金属消失导致的管道壁厚减薄。

注：金属损失通常是由于腐蚀、机械损伤及管材缺陷造成的。

3.21

内部金属损失　internal metal loss

发生在管壁内表面的金属损失。

3.22

外部金属损失　external metal loss

发生在管壁外表面及壁中的金属损失。

3.23

裂纹　crack

一种断裂型不连续，其主要特征为锋利的尖端和张开位移处长宽比大。

3.24

焊缝缺陷　weld defect

位于焊缝处的尺寸或特征超出可接受限度的异常。

注：焊缝缺陷包括咬边、未焊透、夹渣、气孔、余高不足和错边等。

3.25

应变　strain

管道材料中粒子间相对位移的变化量。

注：通常用百分数表示。

3.26

预评估维修系数　estimated repair factor;ERF

最大允许运行压力与通过金属损失评价方法计算出的安全运行压力的比值。

$$\mathrm{ERF}=p/p_{\mathrm{safe}}$$

式中：

p　——最大允许运行压力，单位为兆帕(MPa)；

p_{safe}——通过金属损失评估法计算出的安全运行压力，单位为兆帕(MPa)。

4 一般要求

4.1 收发球筒

收发球筒示意图见图1,收发球筒的尺寸应满足表1的要求。

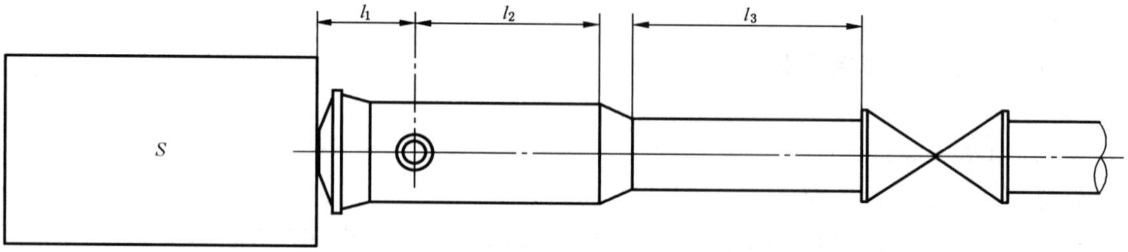

图1 收发球筒示意图

表1 收发球筒应具备的条件

要求	S/m²	l_1/m	l_2/m	l_3/m
发球筒	$\geqslant 2.5\ l_0 \times l_0$	0.5~1	$\geqslant l_0$	≥1
收球筒	$\geqslant 2.5\ l_0 \times l_0$	0.5~1	$\geqslant l_0$	$\geqslant l_0$

注1:S指检测器操作场地的面积,以(长×宽)表示。
注2:l_0 指检测器的长度。
注3:l_1 指注(回)介质口距盲板的距离。
注4:l_2 指注(回)介质口距大小头的距离。
注5:l_3 指大小头距阀门的距离。

4.2 三通

4.2.1 开孔直径大于30%管道外径的三通应设置挡条,并应符合下列规定:

a) 挡条的内弧与主管内表面弧度相同,并等间距分布;
b) 纵向挡条和横向挡条应垂直交叉并焊接牢固,挡条两端与管道应焊接固定;
c) 挡条的具体设置方法和要求按照附录A的规定执行。

4.2.2 套管三通开孔区域轴向长度不应大于管道外径。

4.2.3 相邻两个三通(开孔直径大于30%管道外径的三通)中心间距离应大于公式(1)计算值:

$$l > 1.5D + \frac{d_1 + d_2}{2} \quad \cdots\cdots (1)$$

式中:

l ——相邻两个三通中心间距离,单位为毫米(mm);
D ——管道外径,单位为毫米(mm);
d_1,d_1——两相邻三通的开孔直径,单位为毫米(mm)。

4.3 弯头

4.3.1 管道弯头的曲率半径应满足相应规格检测器的通过性能指标。

4.3.2 相邻弯头间的直管段长度应大于管道外径。

4.4 阀门

4.4.1 管道沿线阀门应开启灵活,清管、检测期间应处于全开状态。全开状态的阀门内径应满足检测器最低通过性能指标。

4.4.2 当管道沿线安装有自动开启、关闭功能的阀门时,在实施清管、检测期间应关闭其自动功能。

4.4.3 当管道沿线安装有单向阀时,在实施清管、检测期间应锁定在全开状态。

4.5 管道斜接

管道斜接不应影响检测器的通过性能。

4.6 直管段变形

管道直管段变形量应满足检测器的通过性能指标。

4.7 里程桩、标志桩、测试桩

管道沿线的里程桩、标志桩、测试桩宜齐备。

4.8 管道运行环境

管道运行环境符合下列规定:

a) 检测器运行期间,管道运行压力应满足检测器正常运行的要求;

b) 检测器运行期间,管道介质运行温度应满足检测器正常运行的要求;

c) 检测器运行期间,管道的输送流量应保持平稳且满足检测器运行速度的要求。

4.9 投产前几何变形检测的管道

投产前几何变形检测的管道符合下列规定:

a) 使用空压机作为动力源时,被检管道宜预建背压,背压不应小于 0.5 MPa;

b) 应有管道施工记录,包括焊口和弯头编号、位置信息和壁厚数据;

c) 站间管道应连通并埋地;

d) 管道应试压、清管合格;

e) 空压机流量及出口压力或泵的流量及扬程应满足动力要求;

f) 管道应具备临时或永久收发球筒。

5 内检测周期及设备的选择

5.1 管道内检测周期不应超过 8 年。

5.2 具备下列条件之一,管道内检测周期应适当缩短:

a) 多次发生事故(含第三方损伤)的;

b) 防腐层损坏严重的;

c) 管道运行环境恶劣的;

d) 输送介质含硫化氢等腐蚀成分较高或介质对管道腐蚀情况不明的;

e) 运行期超过 20 年的;

f) 处于环境敏感地带或人口密集区的;

g) 管道处于地质灾害高易发区。

5.3 具备下列条件之一,应尽快进行管道内检测:

a） 管道所在地发生地震、海啸、泥石流等重大地质灾害的；
b） 管道停用超过1年再启用的；
c） 管道需要提高当前最大运行压力运行的；
d） 管道输送介质种类发生重大变化，改变为更危险介质的；
e） 管道存在重大改造维修的。

5.4 新建管道应在投产后3年内完成首次管道内检测。

5.5 管道使用单位应根据检测的目的、管道的工况条件选择合适的内检测设备，选择依据见附录B。常见内检测器的类型和用途见附录C。

6 检测实施准备

6.1 资质

6.1.1 从事管道内检测的机构应具备特种设备安全监督管理部门核准颁发的相应检验、检测资质。

6.1.2 从事检验、检测工作的技术人员应具备国家特种设备安全监督管理部门颁发的相应资格证书。

6.2 管道调查

6.2.1 管道使用单位应详细填写管线调查表，管线调查表见附录D。

6.2.2 管道使用单位应提供与检测相关的管道建设、维护维修资料，检测及评价结果。

6.2.3 检测机构应在管道使用单位的配合下对管道调查表中的内容进行现场勘察和核实。

6.3 管道及附属设施改造

对不满足或不具备检测器通过性能指标的管道及管道附属设施应进行改造或更换。

6.4 管道内检测实施方案

6.4.1 检测机构应依据核实后的管线调查表及现场实际勘察情况，制定管道内检测实施方案。

6.4.2 管道内检测实施方案应经管道使用单位批准。

6.4.3 检测机构严格按照认可后的管道内检测实施方案进行内检测工作。管道内检测实施流程见附录E。

6.5 设备标定

6.5.1 管道内检测器具备下列条件之一，应进行牵拉试验标定：
a） 首次工业现场应用的管道内检测器；
b） 数据采集单元及励磁部分有更换的管道内检测器；
c） 闲置1年以上重新启用的管道内检测器；
d） 管道使用单位有要求的。

6.5.2 标定的主要内容如下：
a） 探头的输入输出比例；
b） 检测信号与实际金属损失尺寸的对应关系；
c） 检测信号与实际变形量的对应关系。

6.5.3 牵拉试验标定基本要求如下：
a） 牵拉试验场牵引机组应能提供足够的牵引力，满足不同口径管道内检测器的牵拉试验动力要求；

b) 牵拉试验场牵引机组应能具备多种牵拉速度，速度宜满足 0.2 m/s～5 m/s 范围，且应能连续可调；

c) 牵拉试验设施有记录功能，可实时记录牵引速度、牵引力等参数；

d) 牵拉试验管道长度不应小于 100 m，包括加速段、减速段和匀速段，匀速段不应小于 60 m，减速段不应小于 20 m；

e) 牵拉试验管每节管子上应有标识，标识内容为编号/管径/管长/壁厚/材质；

f) 牵拉试验管宜在匀速段制作人工缺陷，人工缺陷制作要求及数量见附录 F。

6.5.4 牵拉试验报告基本要求如下。

a) 应通过牵拉试验的结果与实际缺陷的比对验证检测器的技术指标。

b) 验证应至少包含以下内容：

1) 最小可检测缺陷深度；

2) 长度精度、宽度精度、深度精度；

3) 可信度；

4) 检测概率(POD)；

5) 识别概率(POI)；

6) 轴向定位精度；

7) 周向定位精度。

c) 牵拉试验完成后应根据验证结果出具牵拉试验报告，见附录 G。

6.5.5 标定过程及设备调试过程应有记录。

6.6 踏线选点

使用地面标记器作为设标工具，检测前检测机构应在管道使用单位的配合下对管道沿线进行现场勘察，了解管道走向及路况，并按下列规定选择设标点位置：

a) 以里程桩、标志桩、测试桩为基础，设标点应在管道正上方，设标点间距不应大于 1 km，设标点管道埋深不应大于 3 m；

b) 泵站、阀室、大型穿跨越和裸管等重点位置两端应进行设标并监听，阀室两侧设标点距离阀室应大于 30 m，并避开弯头。

7 检测前清管

7.1 一般要求

7.1.1 清管作业前，应收集、评估管道基本资料，并应对管道线路和站场工艺进行检查确认。

7.1.2 对管道内运行介质、杂质、工艺条件、过滤器前后压差和排污量进行分析，确定清管器作业条件。

7.1.3 机械清管器应安装跟踪仪器。

7.2 常规清管

首次清管应使用通过能力不低于管道使用单位日常维护所使用的清管器进行清管。

7.3 测径清管

7.3.1 使用带测径板的清管器至少进行一次清管。测径板的直径不应小于检测器的最小通过直径。

7.3.2 若测径板发生损伤,应及时分析损伤原因。若通过分析确定损伤是由管道变形造成的,宜实施管道几何变形检测对管道变形进行量化和定位。

7.4 特殊清管

7.4.1 测径清管后,检测机构应根据测径清管的结果和输送介质的特点选择适用的机械清管器进行清管。

7.4.2 检测前宜采用磁力清管器清除管内的铁磁性杂质。

7.5 管道清管作业

7.5.1 输油管道清管作业应符合 SY/T 5536 的规定。

7.5.2 输气管道清管作业应符合 SY/T 5922 的规定。

7.5.3 发送、接收清管器程序按附录 H。

7.6 清管次数

清管次数由检测机构视清管效果决定,清管效果应满足检测器正常检测的要求。

8 几何变形检测

8.1 管道有下列情况之一,应投运几何变形检测器:

a) 测径清管器测径板发生严重变形且无法确定变形点的准确位置时;

b) 新建管道在投入试运营前;

c) 投入运营一年以上且在投运前后未进行过几何变形检测的管道;

d) 运营管道被超负荷物体长期占压或机械破坏;

e) 管道通过地区发生泥石流、山体滑坡等自然灾害;

f) 受地震影响,管道通过地区的地震烈度达到或超过 8 度;

g) 管道安全评估需要。

8.2 几何变形检测器投运及数据检查的要求按第 9 章执行。

9 金属损失检测

9.1 发送检测器

9.1.1 发送前检测器应调试正常。

9.1.2 检测器的发送操作按附录 H。

9.2 跟踪设标

9.2.1 检测器投运期间,应对检测器进行设标和跟踪,并应符合下列规定:

a) 可使用地面标记器进行地面跟踪,跟踪间距不应大于 1 km;

b) 在特殊地段或者不宜跟踪的地段,可用预埋地面标记器方式代替地面跟踪;

c) 检测时可采用预埋永久性磁铁的方式代替地面跟踪,磁铁预埋间距不应大于 1 km,磁铁置于管道顶部,并保留记录。

9.2.2 跟踪组之间、跟踪组与管道使用单位运行管理部门之间应保持通信畅通。

9.3 接收检测器

9.3.1 检测器的接收操作按附录 H。

9.3.2 检测器从收球筒中取出后,应对检测器进行外观检查和清洁处理。

9.4 数据检查

9.4.1 下载并备份检测数据。

9.4.2 检查检测数据的完整性,应至少包括:

a) 非连续性的数据丢失小于或等于管道长度的3%;

b) 连续性的数据丢失小于或等于管道长度的0.5%;

c) 连续通道丢失小于全圆周通道数的1%或者25 mm圆周数据中的最小值;

d) 影响正常数据分析的噪声通道可接受条件参照a)或b)。

9.4.3 检测数据完整性不符合9.4.2的规定时,检测机构应与管道使用单位沟通,分析原因并确定是否需要重新检测;如不需要重新检测,应明确对管道特征的检测能力及缺陷量化能力的影响。

10 中心线检测

10.1 一般要求

10.1.1 中心线检测应由具备管道内检测资质的机构执行。

10.1.2 地面参考点三维坐标的测量、存储及使用应符合国家法律法规和管道使用单位的管理要求。

10.2 技术规格

10.2.1 地面参考点之间的距离小于1 km时,在80%的可信度下,定位偏差的绝对值小于1 m。

10.2.2 单次检测应识别出曲率半径小于400D(D为管道直径)的弯曲变形特征,重复检测应识别出曲率半径小于2 500D的弯曲变形变化特征。

10.2.3 重复检测应识别出的最小位移变化量为0.2 m。

10.3 地面测绘参考点的测量

10.3.1 参考点应与管道沿线的三桩(里程桩、标志桩、测试桩)的设标点为同一位置。

10.3.2 应对收发球筒阀门中心位置、沿线场站阀门和阀室阀门中心位置进行测量。

11 轴向应变检测

11.1 轴向应变探头应在检测器上周向对称分布,数量宜为4个~8个,取与被检测管道相同的材质进行应力与探头输出标定。

11.2 检测性能指标见表2。

表2 轴向应变检测性能指标

项目	要求
POD=90%时的检测阈值	200 $\mu\varepsilon$(等效于0.02%)
可信度=80%时的检测精度	±100 $\mu\varepsilon$(等效于±0.01%)

12 检测数据预处理

12.1 变形检测完成后，应进行数据预处理，出具几何变形检测初始报告，报告变形量超过管道外径5%的几何变形点的相关信息。

12.2 金属损失检测完成后，应进行数据预处理，出具几何变形检测初始报告，报告金属损失深度大于管道正常壁厚50%以上的金属损失点的相关信息。

13 检测报告

13.1 几何变形检测报告

13.1.1 概述

几何变形检测报告包括检测器运行数据、几何变形特征列表、数据统计总结。

13.1.2 检测器运行数据

检测器运行数据应至少包括：

a) 检测数据的完整性情况；

b) 轴向采样间距；

c) 探头尺寸及周向间隔；

d) 检测阈值；

e) 报告阈值；

f) 凹陷检测精度及可信度；

g) 椭圆度检测精度及可信度；

h) 定位精度；

i) 检测器运行速度图。

13.1.3 几何变形特征列表

几何变形特征列表应包括变形、壁厚变化(可选项)及造成管道内径变化的管道附件等。对变形的描述应至少包括以下几个方面：

a) 特征里程位置；

b) 特征名称；

c) 变形的几何变形量；

d) 凹陷的周向位置；

e) 管节的长度；

f) 距上游环焊缝的距离；

g) 距最近参考点的距离。

13.1.4 数据统计总结

几何变形检测数据统计总结以数据和统计图形式给出结果，应包括以下内容。

a) 几何变形总数。

b) 凹陷总数包括以下内容：

1) 2%OD≤变形量<6%OD(OD指管道外径)的凹陷总数；

2) 6%OD≤变形量<9%OD的凹陷总数；

3） 变形量≥9%OD 的凹陷总数。

c） 椭圆度总数包括以下内容：

1） 1%OD≤变形量<5%OD 的椭圆度总数；

2） 5%OD≤变形量<10%OD 的椭圆度总数；

3） 变形量≥10%OD 椭圆度总数。

d） 褶皱总数。

e） 屈曲总数。

f） 变形沿管道里程的分布图。

g） 凹陷沿管道里程的周向分布图。

13.2 金属损失检测报告

13.2.1 概述

金属损失检测报告包括的基本信息有检测器运行数据、环焊缝列表、金属损失列表、焊缝异常列表、补口带下异常列表、金属增加列表、壁厚变化列表、弯头列表、管道特征列表、金属损失检测数据统计和严重金属损失列表。

13.2.2 检测器运行数据

检测器运行数据应至少包括：

a） 检测数据的完整性情况；

b） 磁场方向；

c） 轴向采样间距/频率；

d） 传感器周向间隔；

e） 检测阈值；

f） 报告阈值；

g） 不同金属损失类型的检测精度及可信度；

h） 缺陷的轴向和周向定位精度；

i） 检测器运行速度图。

13.2.3 环焊缝列表

环焊缝列表应以列表的形式提供管道全线环焊缝信息，至少包括：

a） 环焊缝编号；

b） 环焊缝的里程位置；

c） 管节长度(环焊缝下游)；

d） 管节壁厚；

e） 焊缝交点(无缝管除外)；

f） 最近参考点名称；

g） 距最近参考点距离；

h） 坐标(可选项)。

13.2.4 金属损失列表

金属损失列表应包括检测器检测出且达到报告阈值的金属损失，至少包括以下信息：

a） 金属损失的里程位置；

b) 金属损失的尺寸；
c) 金属损失类型；
d) 周向位置；
e) 内/外部指示；
f) ERF(可选项)；
g) 距上游环焊缝距离；
h) 上游环焊缝编号；
i) 管节壁厚；
j) 最近参考点名称；
k) 距最近参考点距离；
l) 坐标(可选项)。

13.2.5 焊缝异常列表

焊缝异常列表应包括检测器检测到的环焊缝异常、螺旋焊缝异常、直焊缝异常的信息，至少包括：

a) 焊缝异常的里程位置；
b) 长度、宽度；
c) 深度或程度级别；
d) 周向位置；
e) 最近参考点名称；
f) 距最近参考点距离；
g) 坐标(可选项)。

13.2.6 补口带下异常列表

补口带下异常列表应包括检测器检测到的补口带下阴影、补口带下腐蚀信息，至少包括：

a) 补口带下异常的里程位置；
b) 管节类型；
c) 管节长度；
d) 管节壁厚；
e) 焊缝交点(无缝管除外)；
f) 最近参考点名称；
g) 距最近参考点距离；
h) 补口带下腐蚀深度；
i) 坐标(可选项)。

13.2.7 金属增加列表

金属增加列表应包括检测器检测到的接近或接触的金属信息，至少包括：

a) 金属增加的里程位置；
b) 周向位置；
c) 距上游环焊缝距离；
d) 最近参考点名称；

e） 距最近参考点距离；

f） 坐标(可选项)。

13.2.8 壁厚变化列表

壁厚变化列表应包括检测器检测到的管节壁厚变化信息，至少包括：

a） 壁厚变化的起点里程位置；

b） 管节壁厚；

c） 每种壁厚管节的延续长度；

d） 最近参考点名称；

e） 壁厚变化的起点距最近参考点距离；

f） 壁厚变化的起点坐标(可选项)。

13.2.9 弯头列表

弯头列表应至少包括：

a） 弯头的起始里程位置(可选项)；

b） 弯头的中心里程位置；

c） 弯头的结束里程位置(可选项)；

d） 最近参考点名称；

e） 弯头的中心距最近参考点距离；

f） 弯头的起止点坐标(可选项)。

13.2.10 管道特征列表

管道特征列表应至少包括以下信息：

a） 特征的里程位置；

b） 特征类型；

c） 特征尺寸；

d） 特征周向位置；

e） 内/外部指示；

f） ERF(可选项)；

g） 距上游环焊缝距离；

h） 上游环焊缝名称；

i） 管节长度；

j） 管节壁厚；

k） 最近参考点名称；

l） 距最近参考点距离；

m） 坐标(可选项)。

13.2.11 金属损失检测数据统计

13.2.11.1 概述

金属损失检测数据统计至少包括金属损失统计表、金属损失分布柱状图、金属损失分布图。金属损失类型定义见附录I。

13.2.11.2 金属损失统计表

金属损失统计表应包括以下内容：

a) 全部金属损失数量；
b) 内部金属损失数量；
c) 外部金属损失数量；
d) 一般金属损失数量；
e) 坑状金属损失数量；
f) 针孔金属损失数量；
g) 轴向沟槽金属损失数量；
h) 轴向沟纹金属损失数量；
i) 环向沟槽金属损失数量；
j) 环向沟纹金属损失数量；
k) 深度<10%t(t 指管道正常壁厚)的金属损失数量；
l) 10%t≤深度<20%t 的金属损失数量；
m) 20%t≤深度<30%t 的金属损失数量；
n) 30%t≤深度<40%t 的金属损失数量；
o) 40%t≤深度<50%t 的金属损失数量；
p) 50%t≤深度<60%t 的金属损失数量；
q) 60%t≤深度<70%t 的金属损失数量；
r) 70%t≤深度<80%t 的金属损失数量；
s) 80%t≤深度<90%t 的金属损失数量；
t) 深度≥90%t 的金属损失数量；
u) 0.6≤ERF<0.8 的金属损失数量；
v) 0.8≤ERF<0.9 的金属损失数量；
w) 0.9≤ERF<1.0 的金属损失数量；
x) ERF≥1.0 的金属损失数量。

13.2.11.3 金属损失分布柱状图

金属损失分布柱状图按照管道检测长度应提供以下柱状图：

a) 所有金属损失数量；
b) 深度<40%t 的金属损失数量；
c) 40%t≤深度<60%t 的金属损失数量；
d) 60%t≤深度<80%t 的金属损失数量；
e) 深度≥80%t 的金属损失数量；
f) 0.6≤ERF<0.8 的金属损失数量；
g) 0.8≤ERF<0.9 的金属损失数量；
h) 0.9≤ERF<1.0 的金属损失数量；
i) ERF≥1.0 的金属损失数量。

13.2.11.4 金属损失分布图

金属损失分布图按照管道检测长度应提供以下分布图：

a) 管道全程所有金属损失深度及数量分布图；
b) 管道全程所有外部金属损失深度及数量分布图；
c) 管道全程所有内部金属损失深度及数量分布图；
d) 管道全程所有金属损失周向分布图；
e) 管道全程所有外部金属损失周向分布图；
f) 管道全程所有内部金属损失周向分布图。

13.2.12 严重金属损失列表

严重金属损失列表应至少提供5个最深或5个ERF值最大的金属损失点相关信息。具体内容应至少包括：

a) 金属损失的里程位置；
b) 金属损失距环焊缝的距离；
c) 金属损失所在管节及相邻上下游各两节管节的长度，螺旋焊缝或直焊缝与环焊缝交点信息；
d) 上游最近环焊缝距上游参考点的距离；
e) 下游最近环焊缝距下游参考点的距离；
f) 金属损失的周向位置；
g) 特征描述和尺寸；
h) ERF(可选项)；
i) 内/外部指示；
j) 坐标(可选项)。

13.3 中心线检测结果

13.3.1 中心线检测结果应给出特征相对于发球点的三维直角坐标位置，格式为“北东高”，应包括环焊缝的相对坐标。

13.3.2 当中心线检测技术与其他检测技术同时进行时，宜给出其他检测技术报告特征的相对坐标。

13.3.3 中心线检测结果应提交弯头列表，包括弯头的走向、曲率半径和角度等信息。

13.3.4 中心线检测结果应符合国家相关法规关于测绘的保密要求。

13.4 弯曲应变分析报告

13.4.1 弯曲应变分析报告应给出弯曲应变特征的详细信息，包括总应变值、水平应变值及垂直应变值，同时给出开始和结束的内检测里程及环焊缝编号。

13.4.2 如管道使用单位和检测机构未事先约定，水平应变正负定义为：曲率中心在沿输送介质运行方向的管道中心线右侧为正，左侧为负；垂直应变正负定义为：曲率中心在沿输送介质运行方向的管道中心线上方为正，下方为负。

13.4.3 应按照弯曲应变大小给出弯曲应变特征沿里程方向的数据信号对齐曲线图谱，图谱包括总应变曲线图、水平应变曲线图、垂直应变曲线图及高程变化曲线图等。如报告的弯曲应变特征数量小于5处，应给出全部特征图谱，否则特征图谱数量不应少于5处。

13.4.4 对于再次开展的弯曲应变检测，报告还应给出弯曲应变的变化情况。

13.5 位移分析报告

13.5.1 两次中心线检测数据宜进行管道位移分析。

13.5.2 位移分析报告应给出位移变化特征的详细信息,包括位移变化长度和位移量,同时给出开始和结束的内检测里程及环焊缝编号。

13.5.3 应按照位移量大小给出位移变化特征沿里程方向的数据信号对齐曲线图谱,图谱应包括水平弯曲应变曲线图(两次值)、垂直弯曲应变曲线图(两次值)、水平弯曲应变差曲线图、垂直弯曲应变差曲线图、高程差曲线图及横向位移差曲线图等。如报告的位移变化特征数量小于5处,应给出全部特征图谱,否则特征图谱数量不应少于5处。

13.6 轴向应变分析报告

13.6.1 轴向应变分析报告应给出轴向应变特征的详细信息,包括轴向应变变化测量值,同时给出开始和结束的内检测里程及环焊缝编号、管道的基本信息(管道的运行压力、壁厚、钢级、制管焊缝类型、弯头等)。分析确定潜在的轴向应变危害区域需考虑轴向应变变化测量值以及管道焊缝、弯头、运行压力、壁厚、高程以及管道途经相关地形情况。

13.6.2 应按照轴向应变大小给出轴向应变特征沿里程方向的数据信号对齐曲线图谱,图谱应包括轴向应变变化曲线图、高程变化曲线图等。如报告的轴向应变变化特征数量小于5处,应给出全部特征图谱,否则特征图谱数量不应少于5处。

13.7 用户化软件报告

应提供检测数据的硬盘拷贝和用户化软件报告,软件报告应具有的功能包括但不限于:

a) 浏览原始检测数据;

b) 查询数据分析结果;

c) 展示各类统计图表;

d) 按条件统计检索分析结果;

e) 自动生成开挖单。

14 检测结果验证

14.1 验证过程

14.1.1 检测初始报告提供后,应选择适当缺陷或异常点进行开挖验证、测绘,并形成检测结果验证报告。每百公里连续检测段验证点数量不宜少于5个,且每次单个连续检测段的验证点不应少于2个。报告中应以表格的形式详细描述开挖验证点的检测结果和实测结果。

14.1.2 将验证点的现场测量结果与检测结果进行比对,若事先没有具体约定,检测概率和可信度均不应低于80%。

14.1.3 检测结果验证合格,管道使用单位现场代表应在检测结果验证报告上签字确认。

14.2 验证报告

验证报告应包括以下内容。

a) 验证点的全面描述。

b) 验证点现场实测结果。

c) 验证点检测数据信号图。

d) 验证点现场照片。

e) 金属损失检测结果与实测结果之间的误差，应包括：

1) 深度误差；

2) 长度误差；

3) 宽度误差；

4) 轴向定位误差；

5) 周向定位误差。

f) 如有必要，可对检测结果的可信度进行进一步计算、验证。

15 职业健康、安全、环境

15.1 管道使用单位在检测工作开展前，根据其掌握的情况应对管道检测机构进行下列告知义务：

a) 管道沿线的民俗情况及相关注意事项；

b) 管道沿线存在的地方病；

c) 作业站场可能存在的危险源、环境因素及控制措施；

d) 对进入站场的人员进行安全教育；

e) 指定废弃物的排放及回收点。

15.2 管道检测机构从事检测工作前应完成下列工作：

a) 为检测人员配备符合管道使用单位要求的劳动保护用品；

b) 根据管道使用单位告知的对职业健康、安全、环保等方面的要求，制定相应的控制措施和应急预案；

c) 对从事检测工作的员工进行安全教育；

d) 编制应急预案并报管道使用单位。

15.3 管道使用单位负责管道清管器、检测器投运和接收期间的作业区域安全标志的设置及安全检查工作。

15.4 管道使用单位负责管道清管、检测期间管道运行设备的操作及废弃物的处置。

15.5 检测机构应负责将清管、检测期间产生的废弃物收集整理并移交管道使用单位按环保要求处置。

16 交工资料

交工资料应至少包括以下内容：

a) 内检测实施方案；

b) 检测报告；

c) 检测结果验证报告。

附 录 A
（资料性）
管道三通挡条设置要求

A.1 管道三通纵向、横向挡条的数量、厚度和高度应根据三通接管公称尺寸大小确定，不同公称尺寸接管对应的纵向、横向挡条的数量、厚度和高度设置要求见表A.1。

A.2 当接管公称尺寸为DN100～DN300时，只设置纵向挡条，并沿主管轴线均匀布置。当接管公称尺寸大于或等于DN350时，应设置横向挡条，纵向挡条位于横向挡条两侧并均匀布置。布置方式见图A.1。

表A.1 不同公称尺寸接管对应的挡条数量、厚度和高度

接管 公称尺寸	挡条数量 根		挡条厚度 T mm	挡条高度 I mm
	纵向	横向	纵向、横向	纵向、横向
DN100	2	无	6	25
DN150	2	无	8	50
DN200	2	无	8	50
DN250	3	无	12	50
DN300	3	无	12	50
DN350	9	1	12	75
DN400	9	1	12	75
DN450	9	1	12	75
DN500	9	1	12	100
DN550	9	1	14	100
DN600	9	1	14	100
DN650	11	1	18	100
DN700	11	1	18	100
DN750	13	1	18	100
DN800	13	1	18	100
DN900	13	1	18	100
DN1 000	15	1	18	150
DN1 200	15	1	18	150

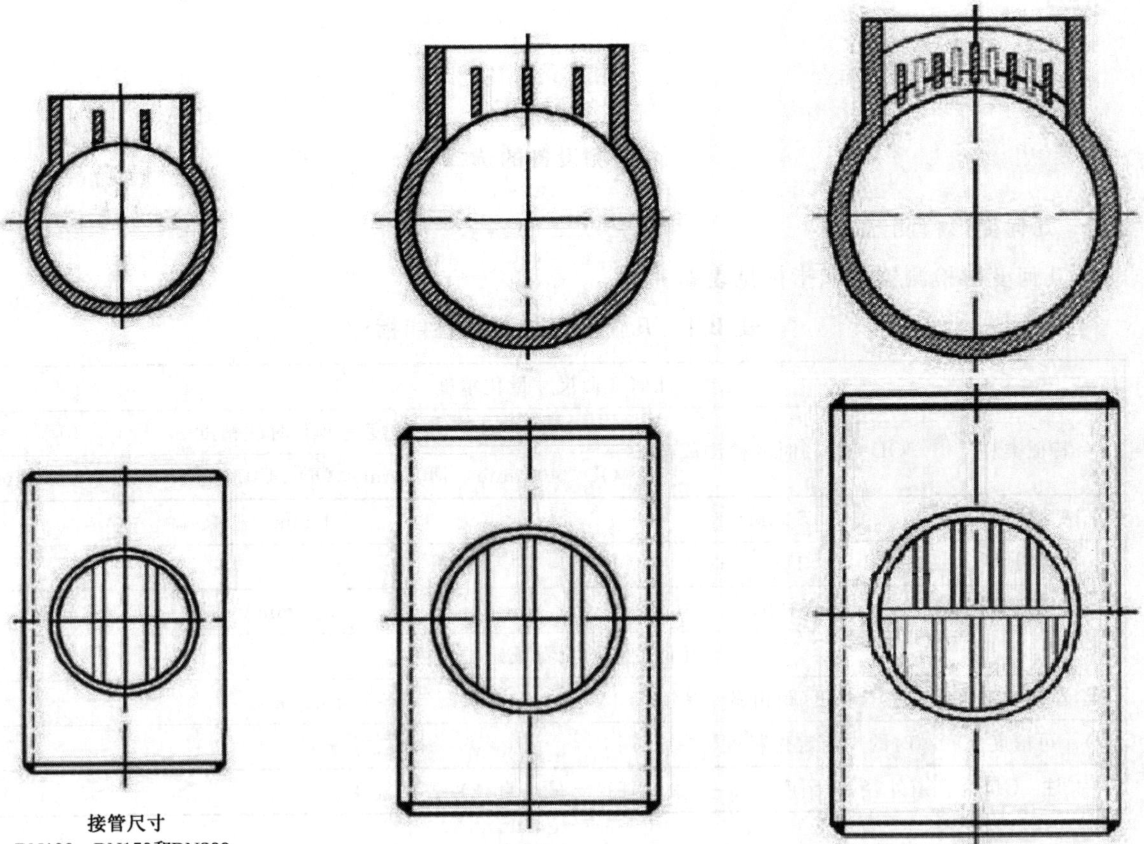

接管尺寸
DN100、DN150和DN200

接管尺寸
DN250、DN300

接管尺寸
DN350~DN1 200

图 A.1　不同公称尺寸接管挡条布置示意图

附 录 B
(资料性)
内检测设备的选择

B.1 几何变形检测器

几何变形检测器性能指标见表 B.1。

表 B.1 几何变形检测器性能指标

<table>
<tr><td colspan="5">几何变形尺寸量化精度</td></tr>
<tr><td rowspan="2">特征类型</td><td rowspan="2">POD=90%时的检测阈值</td><td colspan="3">可信度=90%时的精度</td></tr>
<tr><td>OD≤406 mm</td><td>406 mm<OD<1 016 mm</td><td>OD≥1 016 mm</td></tr>
<tr><td>壁厚变化</td><td>1.5 mm</td><td colspan="3">±1 mm</td></tr>
<tr><td>椭圆度</td><td>1%</td><td colspan="3">±1%</td></tr>
<tr><td>凹陷</td><td>1%OD</td><td>±2 mm</td><td>±3.5 mm</td><td>±5 mm</td></tr>
<tr><td colspan="5">几何变形检测特征定位精度</td></tr>
<tr><td colspan="2">可信度=90%时的轴向定位精度(距相邻环焊缝)</td><td colspan="3">±0.1 m</td></tr>
<tr><td colspan="2">可信度=90%时的周向定位精度</td><td colspan="3">±15°</td></tr>
<tr><td colspan="5">注：OD 为管道外径，椭圆度(%)=(最大直径－最小直径)/公称直径。</td></tr>
</table>

B.2 金属损失检测器

B.2.1 金属损失检测方法对比

用于钢质管道金属损失检测的方法包括漏磁检测法、超声检测法和涡流检测法。三种金属损失检测方法具有不同的特性，见表 B.2。

表 B.2 金属损失检测方法对比

漏磁检测的特点	超声检测的特点	涡流检测的特点
性能不受管道介质的影响，适用于气体和液体管道	应使用耦合剂，多数只能在液体管道内运行	性能不受管道介质的影响，适用于气体和液体管道
对管道内清洁度要求相对较低	对管道内清洁度要求较高	对管道内清洁度要求相对较低
可检测 89 mm(3 in)以上的管径的管道	可检测 159 mm(6 in)以上的管径的管道	基本不受管径限制
是一种间接测量，需要复杂的解释技术将其量化	可直接测量管道的壁厚，由于直接、线性壁厚测量，因此可得到可靠的深度尺寸	设备相对轻便，是一种间接测量，需要复杂的解释技术将其量化
由于饱和磁化管道的要求，对管道的最大壁厚有限制	对管道的最大壁厚没有限制，对最小壁厚有限制，不小于 3 mm	只能检测管壁内侧近表面缺陷，渗透能力有限

B.2.2 漏磁检测器

漏磁检测器分为三种类型:标准清晰度检测器、高清晰度检测器和超高清晰度检测器。不同类别检测器的主要区别在于漏磁检测器探头的数量、大小及方向,磁路设计以及磁化水平,数据分析模型。漏磁检测器性能指标见表 B.3。

表 B.3 漏磁检测器的性能指标

指标名称		标准清晰度检测器	高清晰度检测器	超高清晰度检测器
轴向采样间距		5 mm	3.33 mm	1 mm
传感器周向间距		25 mm	8 mm～17 mm	≤2 mm
一般金属损失	POD=90%时的检测阈值(深度)	15%t	10%t	5%t
	可信度=90%时的深度精度	±15%t	±10%t	±5%t
	可信度=90%时的长度精度	±20 mm	±10 mm	±7 mm
	可信度=90%时的宽度精度	±20 mm	±15 mm	±10 mm
坑状金属损失	POD=90%时的检测阈值(深度)	20%t	10%t	5%t
	可信度=90%时的深度精度	±15%t	±10%t	±5%t
	可信度=90%时的长度精度	±20 mm	±10 mm	±7 mm
	可信度=90%时的宽度精度	±20 mm	±15 mm	±10 mm
轴向沟槽金属损失	POD=90%时的检测阈值(深度)	40%t	20%t	8%t
	可信度=90%时的深度精度	±20%t	±15%t	±8%t
	可信度=90%时的长度精度	±20 mm	±10 mm	±7 mm
	可信度=90%时的宽度精度	±20 mm	±15 mm	±10 mm
环向沟槽金属损失	POD=90%时的检测阈值(深度)	10%t	10%t	5%t
	可信度=90%时的深度精度	±20%t	±15%t	±8%t
	可信度=90%时的长度精度	±15 mm	±10 mm	±7 mm
	可信度=90%时的宽度精度	±20 mm	±15 mm	±10 mm

表 B.3 漏磁检测器的性能指标(续)

指标名称	标准清晰度检测器	高清晰度检测器	超高清晰度检测器
可信度=90%时的轴向定位精度(距相邻环焊缝)	±0.1 m		
可信度=90%时的周向定位精度	±5°		

B.2.3 超声检测器

超声检测器性能指标见表 B.4。

表 B.4 超声检测器性能指标

指标名称	超声波壁厚检测器	超声波裂纹检测器
轴向采样间距	2 mm	2 mm
传感器周向间距	8 mm	10 mm
POD=90%时的检测阈值(深度)	1 mm	管体:1 mm 直焊缝:2 mm
POD=90%时的检测阈值(长度)	—	25 mm
可信度=90%时的深度精度	±0.5 mm	裂纹深度<4 mm 时:±1 mm 裂纹深度≥4 mm 时:报告为 4 mm
可信度=90%时的长度精度	±6 mm	±10 mm
可信度=90%时的宽度精度	±12 mm	—
可信度=90%时的轴向定位精度(距相邻环焊缝)	±0.1 m	
可信度=90%时的周向定位精度	±5°	

B.2.4 涡流检测器

涡流检测器性能指标见表 B.5。

表 B.5 涡流检测器性能指标

指标名称	量化精度
POD=90%时的管道内壁缺陷检测阈值(深度)	1.5 mm
管道内壁缺陷报告阈值(深度)	10 mm
可信度=90%时的深度精度	±1.5 mm
可信度=90%时的长度精度	±15 mm
可信度=90%时的宽度精度	±20 mm
可信度=90%时的轴向定位精度(距相邻环焊缝)	±0.1 m
可信度=90%时的周向定位精度	±5°

附 录 C
（资料性）
内检测器类型和检测用途

内检测器类型和检测用途见表C.1。

表C.1 内检测器类型和检测用途

异常	瑕疵/缺陷/特征	金属损失检测器		裂纹检测器			变形检测器	涡流检测器
		轴向漏磁	超声测厚[a]	超声裂纹[a]	电磁超声	环向漏磁		
金属损失	外腐蚀	可检出 可判定尺寸	可检出 可判定尺寸	检不出	检不出	可检出 可判定尺寸	检不出	有限检出
	内腐蚀	可检出 可判定尺寸	可检出 可判定尺寸	检不出	检不出	可检出 可判定尺寸	有限检出[d]	可检出 可判定尺寸
	划痕	可检出[b] 可判定尺寸[b]	可检出[c] 可判定尺寸[c]	检不出	检不出	可检出[b] 可判定尺寸[b]	检不出	有限检出
类裂纹	狭长轴向外腐蚀	可检出	可检出 可判定尺寸	可检出 可判定尺寸	可检出 可判定尺寸	可检出 可判定尺寸	检不出	检不出
	应力腐蚀裂纹	检不出	检不出	可检出 可判定尺寸	可检出 可判定尺寸	有限检出[e] 可判定尺寸	检不出	有限检出
	疲劳裂纹	检不出	检不出	可检出 可判定尺寸	可检出 可判定尺寸	有限检出[e] 可判定尺寸	检不出	有限检出
	直焊缝裂纹等（焊趾裂纹、钩形裂纹、未焊透、焊缝优先腐蚀）	检不出	检不出	可检出 可判定尺寸	可检出 可判定尺寸	有限检出[e] 可判定尺寸	检不出	有限检出
	环向裂纹	有限检出[e] 可判定尺寸	检不出	可检出[f] 可判定尺寸[f]	检不出	检不出	检不出	有限检出
	氢致裂纹	检不出	检不出	可检出 可判定尺寸	有限检出[e]	有限检出[e]	检不出	有限检出
焊缝异常	直焊缝异常	有限检出	有限检出	可检出 可判定尺寸	可检出 可判定尺寸	可检出[e] 可判定尺寸[e]	检不出	检不出
	螺旋焊缝异常	有限检出	有限检出	检不出	检不出	可检出[e] 可判定尺寸[e]	检不出	检不出
	环焊缝异常	有限检出	有限检出	可检出[f] 可判定尺寸[f]	检不出	检不出	检不出	检不出

表 C.1 内检测器类型和检测用途(续)

异常	瑕疵/缺陷/特征	金属损失检测器		裂纹检测器			变形检测器	涡流检测器
		轴向漏磁	超声测厚[a]	超声裂纹[a]	电磁超声	环向漏磁		
变形	凹陷	可检出[g]	可检出[g]	检不出	检不出	可检出[g]	可检出 可判定 尺寸	可检出[g]
	椭圆度	检不出	检不出	检不出	检不出	检不出	可检出 可判定 尺寸	检不出
	褶皱	可检出[g]	可检出[g]	检不出	检不出	有限检出[g]	可检出 可判定 尺寸	可检出[g]
维修记录	A 型套筒	可检出	检不出	检不出	检不出	可检出	检不出	检不出
	B 型套筒	可检出	可检出	可检出	可检出	可检出	检不出	检不出
	复合套筒	可检出[h]	检不出	检不出	检不出	可检出[h]	检不出	检不出
	补丁/半圆补强板	可检出	可检出	可检出	可检出	可检出	检不出	检不出
	沉积焊	有限检出	有限检出	检不出	检不出	有限检出	检不出	检不出

[a] 仅在液体环境(即液体管道或液体耦合的气体管道)中能使用的内检测技术。基于 EMAT 的壁厚测量不需要液体耦合。

[b] 如检测器装配有可用于探测机械损伤的装置,否则仅探测和量化金属损失。

[c] 仅探测和量化金属损失。

[d] 普通检测器的分辨率不足以探测和量化内部金属损失。

[e] 用于探测类裂纹特征需要一定开口宽度,闭合裂纹减小了 POD。

[f] 修改传感器支撑,使传感器旋转 90°。

[g] POD 和量化能力的减小取决于尺寸与形状。

[h] 探测不到未做铁磁性标记的复合套筒。

附 录 D
(规范性)
管线调查表

管线调查表见图 D.1。

管线调查表

1 管道使用单位(客户)调查

管道使用单位(客户)名称:________

地　　址:________ 邮编:________

联 系 人:________ 部门:________ 职务:________

电　　话:________ 传真:________ 邮箱:________

职业健康:

个人防护装备要求: □防毒 □防窒息 □防地方病

地区气候、习俗、限制:________

安全信息:________

主要危险源:________

____

环境要求:________

指定废弃物处理/回收点:________

2 所需服务

□管道清管 □变形检测 □腐蚀检测

□管道走向检测 □完整性评价 □技术咨询

3 管线概况

管线名称:________ 管线投产时间:________

被检测管道累计长度:____ km 输送介质:________ 管道位置(陆上/水下/湿地):________

管线外径:____ mm 防腐类型:________ 是否有内涂层: □是 □否

管道材质:________ 壁厚:____ mm 焊接类型:________

钢材等级:________ 地区等级:________

管道材质:________ 壁厚:____ mm 焊接类型:________

钢材等级:________ 地区等级:________

河流穿/跨越:________处 公路穿跨越:________处 铁路穿/跨越:________ 处

管道跨越:________ 处 是否能提供详细的穿/跨越位置及长度记录: □是 □否

图 D.1 管线调查表

4 工艺参数

设计压力:________MPa 最大允许操作压力:__________MPa 工作压力范围:__________MPa

排量范围:____________ 是否可以停输: □是 □否

运行温度:____________ 当前:________℃ 最高:________℃ 最低:__________℃

含蜡量:________________%(体积分数) 含硫化氢(H_2S)量:______________$\times10^{-6}$

含水量:______________% 起火粉末:__________________________

5 清管/检测历史

清管器类型:____________________________ 清管周期:__________________________

清出污物成分:__________________________ 近期单次清出污物重量:____________kg

曾进行过何种内检测:__________ 检测器类型:__________ 检测时间:__________

已知(未改造)管道最大变形:__________%OD 位置:__________

金属损失类型:__________ 金属损失数量:__________ 金属损失主要分布区:__________

是否发生过穿孔泄漏:________________ 穿孔泄漏次数:________________________

是否发现外防腐层破损:______________ 外防腐层破损位置:______________________

是否实施过管道大修:________________ 修理类型(熔焊、补丁、套管、换管):__________

大修区间:____

6 管道详情

管道详情调查表见表1～表4。

表1 沿线各站情况

序号	名称	站间最大高程差/m	功能	有无收/发球装置

表2 管道详细情况

编号	壁厚 mm	外径 mm	最小孔径 mm	长度 m	材质	焊接类型	设计压力 MPa	里程范围 km

表3 穿跨越信息

序号	穿/跨越名称	位置	穿跨越长度/m	固定/保护方式	壁厚/mm

图D.1 管线调查表(续)

表 4　相关管道附件信息

弯头信息

序号	类型(制造、现场弯制、热拉弯管、斜接弯管)	数量/个	曲率半径	弯头角度/(°)	壁厚/mm	说明

相邻弯头间最短直管段长度：　　　　m

开孔直径大于30%的三通信息

序号	里程位置	周向位置	开孔直径/mm	是否有挡条或挡板

套管三通信息

序号	位置	开孔区域轴向长度/m

阀门信息

序号	位置	阀门类型(球阀/闸阀/单向阀)	最小孔径/mm	工作状态

图 D.1　管线调查表(续)

7 收发球筒情况

收发球筒示意图见图1,收发球筒信息填入表5。

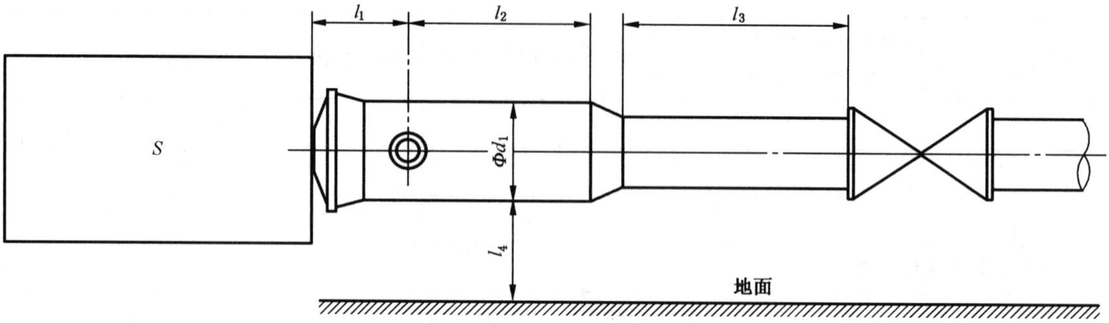

图1 收发球筒示意图

表5 收发球筒信息

序号	站名	球筒类别	S m^2	l_1 m	l_2 m	l_3 m	l_4 m	d_1 m
		发球筒						
		收球筒						
		发球筒						
		收球筒						
		发球筒						
		收球筒						
		发球筒						
		收球筒						
		发球筒						
		收球筒						

8 应提供的资料

- 以往检测结果 ( )
- 管线维修记录 ( )
- 管道壁厚变化表 ( )
- 管线穿跨越记录 ( )
- 管线走向图 ( )
- 站区工艺流程图 ( )
- 管道泄漏统计 ( )
- 焊缝手册 ( )

填写人:　　　　审核人:

填写时间:　　　　年　　月　　日

单位:(盖章)

图D.1 管线调查表(续)

附　录　E
(资料性)
管道内检测实施流程

管道内检测实施流程见图 E.1。

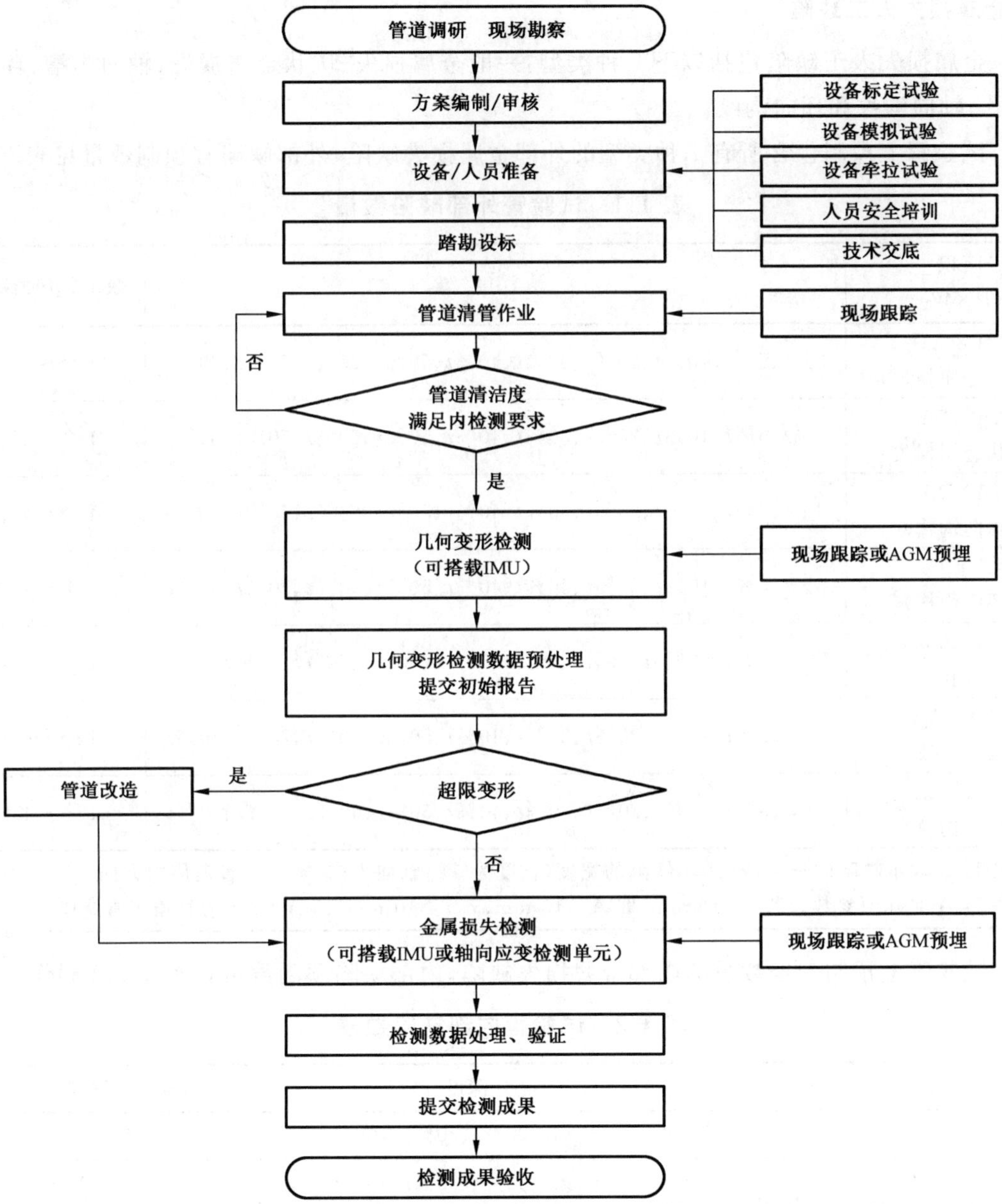

图 E.1　管道内检测实施流程图

附 录 F
(资料性)
人工缺陷的制备

F.1 金属损失人工缺陷

F.1.1 金属损失人工缺陷包括以下7种类型:一般金属损失、坑状金属损失、轴向沟槽、环向沟槽、针孔、轴向沟纹和环向沟纹。

F.1.2 试验管上预制包含所有7种类型的外部金属损失缺陷,外部缺陷宜预制数量见表F.1。

表 F.1 试验管外部缺陷数量

面积($L \times W$)	深度	数量(每种深度)
$4A \times 4A$(一般金属损失)	$3\%t$、$5\%t$、$10\%t$、$20\%t$、$30\%t$、$40\%t$、$50\%t$、$60\%t$、$70\%t$、$80\%t$	1个~4个
$2A \times 2A$(坑状金属损失)	$3\%t$、$5\%t$、$10\%t$、$20\%t$、$30\%t$、$40\%t$、$50\%t$、$60\%t$、$70\%t$、$80\%t$	1个~4个
$4A \times 2A$(轴向沟槽)	$3\%t$、$5\%t$、$10\%t$、$20\%t$、$30\%t$、$40\%t$、$50\%t$、$60\%t$、$70\%t$、$80\%t$	1个~4个
$2A \times 4A$(环向沟槽)	$3\%t$、$5\%t$、$10\%t$、$20\%t$、$30\%t$、$40\%t$、$50\%t$、$60\%t$、$70\%t$、$80\%t$	1个~4个
$0.5A \times 0.5A$(针孔)	$10\%t$、$20\%t$、$30\%t$、$40\%t$、$50\%t$、$60\%t$、$70\%t$、$80\%t$	1个~4个
$2A \times 0.5A$(轴向沟纹)	$3\%t$、$5\%t$、$10\%t$、$20\%t$、$30\%t$、$40\%t$、$50\%t$、$60\%t$、$70\%t$、$80\%t$	1个~4个
$0.5A \times 2A$(环向沟纹)	$3\%t$、$5\%t$、$10\%t$、$20\%t$、$30\%t$、$40\%t$、$50\%t$、$60\%t$、$70\%t$、$80\%t$	1个~4个

注1:L 表示缺陷的长度,W 表示缺陷的宽度(长度为管道轴向方向,宽度为管道周向方向)。

注2:A 是几何参数。若 $t<10$ mm,即 $A=10$ mm;若 $t \geqslant 10$ mm,即 $A=t$,t 为管道正常壁厚。

F.1.3 试验管上预制一定数量的内部金属损失缺陷,内部缺陷预制数量宜按表F.2制作。

表 F.2 试验管内部缺陷数量

面积($L \times W$)	深度	数量(每种深度)
$1A \times 1A$	$10\%t$、$20\%t$、$30\%t$、$40\%t$	1个~2个
$2A \times 2A$	$10\%t$、$20\%t$、$30\%t$、$40\%t$	1个~2个
$4A \times 4A$	$5\%t$、$10\%t$、$20\%t$、$50\%t$	1个~2个

注1:L 表示缺陷的长度,W 表示缺陷的宽度(长度为管道轴向方向,宽度为管道周向方向)。

注2:A 是几何参数。若 $t<10$ mm,即 $A=10$ mm;若 $t \geqslant 10$ mm,即 $A=t$,t 为管道正常壁厚。

F.1.4 邻近的人工缺陷应满足下列要求：

a） 邻近的人工缺陷制作成圆形缺陷，以验证邻近缺陷的相互作用，见图 F.1；

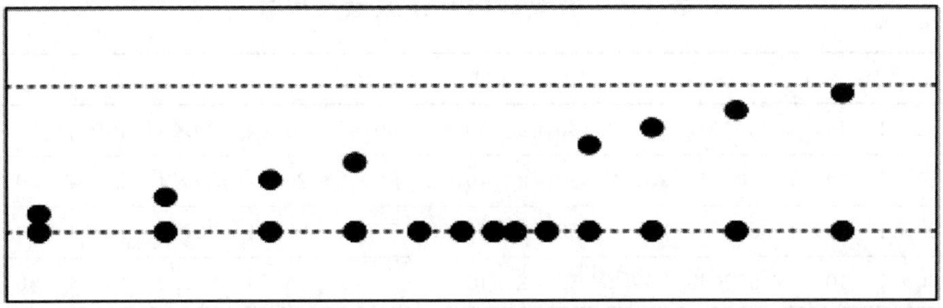

图 F.1 预制人工缺陷示意图

b） 圆形缺陷位置要求见表 F.3。

表 F.3 圆形缺陷位置要求

缺陷直径	缺陷深度	轴向间距/mm	周向间距/mm
$2A$	$40\%t$	250	300
$2A$	$40\%t$	150	200
$2A$	$40\%t$	100	150
$2A$	$40\%t$	80	100
$2A$	$40\%t$	60	—
$2A$	$40\%t$	30	—
$2A$	$40\%t$	0	—
$2A$	$40\%t$	30	—
$2A$	$40\%t$	60	—
$2A$	$40\%t$	100	70
$2A$	$40\%t$	150	50
$2A$	$40\%t$	250	30
$2A$	$40\%t$	—	0

注 1：圆形缺陷直径为 $2A$，缺陷深度宜为 $40\%t$，若 $t<10$ mm，即 $A=10$ mm；若 $t\geqslant10$ mm，即 $A=t$，t 为管道正常壁厚。

注 2：轴向间距边缘如图 F.1 从左至右按表 F.3 轴向间距所列数值依次排列，周向间距边缘如图 F.1 从右至左按表 F.3 周向间距所列数值依次排列。小于 ϕ508 mm 试验管道参考上列要求选择性制作。

F.2 焊缝的人工缺陷

F.2.1 夹渣、气泡的尺寸应分别为：ϕ3 mm、ϕ5 mm。

F.2.2 迭层尺寸应分别为：2 mm×2 mm、5 mm×5 mm、5 mm×10 mm。

F.2.3 咬边尺寸应分别为:1 mm×3 mm、1 mm×5 mm、1 mm×7 mm。

F.2.4 裂纹尺寸宜按表 F.4 制作。

表 F.4 裂纹缺陷制作数量及尺寸

轴向夹角	长度×深度/(mm×mm)											数量/个
0°	30×1	40×1	50×1	20×2	30×2	40×2	50×2	20×4	30×4	40×4	50×4	1～2
45°	30×1	40×1	50×1	20×2	30×2	40×2	50×2	20×4	30×4	40×4	50×4	1～2
90°	30×1	40×1	50×1	20×2	30×2	40×2	50×2	20×4	30×4	40×4	50×4	1～2
135°	30×1	40×1	50×1	20×2	30×2	40×2	50×2	20×4	30×4	40×4	50×4	1～2

F.3 管材缺陷制作

F.3.1 夹渣的尺寸应分别为:ϕ1 mm、ϕ3 mm、ϕ5 mm。

F.3.2 迭片的尺寸应分别为:2 mm×2 mm、5 mm×5 mm、5 mm×10 mm。

F.3.3 裂纹缺陷宜按表 F.4 制作。

F.4 变形缺陷制作

F.4.1 变形缺陷可采用管道内部预制模拟凹陷,边角应圆滑过渡。

F.4.2 局部凹陷尺寸应与检测器的通过性能相当。

F.5 人工缺陷制作要求

F.5.1 管体缺陷制作时,应避开焊缝包括环焊缝和螺旋焊缝。若缺陷位置在螺旋焊缝附近100 mm 以内,可再在下一位置重新制作该缺陷。

F.5.2 缺陷的底部轮廓应接近真实腐蚀,宜为正圆形的一部分见图 F.2。

图 F.2 缺陷底部轮廓示意图

F.5.3 沟纹及沟槽的制作方法和圆形缺陷相似,边缘接近真实腐蚀,轴向沟纹或沟槽的横切、周向沟纹或沟槽的纵切和轴向沟纹或沟槽的纵切、周向沟纹或沟槽的横切见图 F.3。

a) 轴向沟纹或沟槽的横切、周向沟纹或沟槽的纵切　　b) 轴向沟纹或沟槽的纵切、周向沟纹或沟槽的横切

图 F.3 沟纹及沟槽缺陷横纵切面示意图

F.5.4 制作焊缝缺陷的焊道焊接应按 GB 50540 的规定焊接。

F.5.5 制作完成的焊缝制造缺陷及管材缺陷,宜进行 X 射线检测,获取缺陷的实际尺寸,且焊缝上存在的非预制缺陷也应进行记录,并绘制到人工缺陷分布图中。

F.5.6 人工缺陷预制完成后,应重新测量所有缺陷的实际尺寸。

F.5.7 测量每节试验管段长度,包括焊缝中心间距、螺旋焊缝中心间距、缺陷中心距焊缝中心间距、固定墩中心位置、管道实测壁厚。

F.5.8 将测量结果绘制到布管图和人工缺陷图。人工缺陷图还应包括管道上所有原有的特征及精确位置。

附　录　G
(资料性)
检测器牵拉试验报告

检测器牵拉试验报告见图 G.1。

检测器牵拉试验报告 编制： 校对： 审核： 年　　月　　日

图 G.1　检测器牵拉试验报告

1 概述

2 牵拉管段描述及缺陷分布图

3 使用的设备

4 牵拉试验数据分析结果

4.1 轴向定位精度

里程轮直径:______ mm。

采样间距:______ mm。

牵拉试验轴向定位精度见表1。

表 1 牵拉试验轴向定位精度

管段编号	实测长度/m	检测长度/m	误差/m	轴向定位精度/(‰)
1				
2				
3				
……				
总长				

4.2 周向定位精度

4.3 通道信号质量

4.4 检测缺陷能力

在不同速度、不同管段壁厚情况下,检测设备针对不同类型缺陷的检测能力见表2。

表 2 检测缺陷能力

缺陷尺寸	可拾取最小深度/(%t)	备注
$4A\times4A$		
$2A\times2A$		
$4A\times2A$		
$2A\times4A$		
$0.5A\times0.5A$		
$2A\times0.5A$		
$0.5A\times2A$		

4.5 缺陷量化精度

4.5.1 一般金属损失($4A\times4A$)量化精度统计如下:

a) 经统计得到在90%可信度,缺陷长度误差;

b) 经统计得到在90%可信度,缺陷宽度误差;

c) 经统计得到在90%可信度,缺陷深度误差。

图 G.1 检测器牵拉试验报告(续)

4.5.2 坑状金属损失(2A×2A)量化精度统计如下：

a) 经统计得到在90%可信度,缺陷长度误差；

b) 经统计得到在90%可信度,缺陷宽度误差；

c) 经统计得到在90%可信度,缺陷深度误差。

4.5.3 轴向沟槽(4A×2A)量化精度统计如下：

a) 经统计得到在90%可信度,缺陷长度误差；

b) 经统计得到在90%可信度,缺陷宽度误差；

c) 经统计得到在90%可信度,缺陷深度误差。

4.5.4 环向沟槽(2A×4A)量化精度统计如下：

a) 经统计得到在90%可信度,缺陷长度误差；

b) 经统计得到在90%可信度,缺陷宽度误差；

c) 经统计得到在90%可信度,缺陷深度误差。

5 牵拉试验结论

牵拉试验结论见表3。

表3 牵拉试验金属损失检测及量化精度

指标名称	一般金属损失	坑状金属损失	轴向沟槽	环向沟槽	针孔	轴向沟纹	环向沟纹
POD=90%时的检测阈值							
可信度=90%时的深度精度							
可信度=90%时的长度精度							
可信度=90%时的宽度精度							

图G.1 检测器牵拉试验报告(续)

附 录 H
(规范性)
收、发检测器作业程序

H.1 发送检测器基本工艺流程

发送检测器工艺流程见图 H.1。

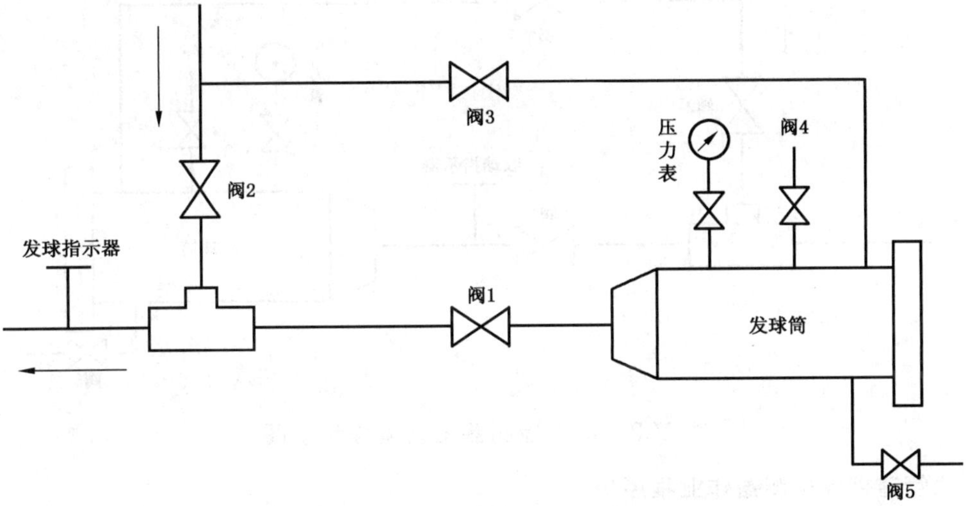

图 H.1 发送检测器工艺流程示意图

H.2 输油管道发送检测器作业程序

H.2.1 发送检测器前,将管道输送介质压力调整到管道内检测实施方案要求的压力。

H.2.2 打开发球筒快开盲板,将检测器送入球筒底部大小头处,检测器前皮碗与大小头应紧密贴合。

H.2.3 检查球筒内无异物后应擦净盲板密封面,在密封面上涂抹黄油,并关闭快开盲板。

H.2.4 缓慢打开阀 3,使发球筒内充入介质。

H.2.5 缓慢打开发球筒阀 4,排净球筒内的气体,使发球筒内充满介质。

H.2.6 接到调度命令后,打开阀 1 至全开。

H.2.7 缓慢关闭阀 2,使检测器通过发送系统发送出站。

H.2.8 待发球指示器动作并确认检测器发出后,恢复正常生产流程。

H.3 输气管道发送检测器作业程序

H.3.1 发送检测器前,将管道输送介质压力调整到管道内检测实施方案要求的压力。

H.3.2 对发球筒内的气体进行氮气置换,直至检测可燃气体浓度合格。

H.3.3 打开发球筒阀 4,确认发球筒无压力后,打开发球筒快开盲板,把检测器送入发球筒大小头处,检测器前皮碗与大小头处应紧密贴合。

H.3.4 检查发球筒内无异物后应擦净盲板密封面,在密封面上涂抹黄油,并关闭快开盲板。

H.3.5 关闭发球筒阀 4。

H.3.6 导通平压管,缓慢打开阀 3,平衡发球筒内压力。

H.3.7 接到调度命令后,打开阀 1 至全开。

H.3.8 缓慢关闭阀 2,使检测器通过发送系统发送出站。

H.3.9 待发球指示器动作并确认检测器发出后,恢复正常生产流程。

H.4 接收检测器基本工艺流程

接收检测器基本工艺流程见图 H.2。

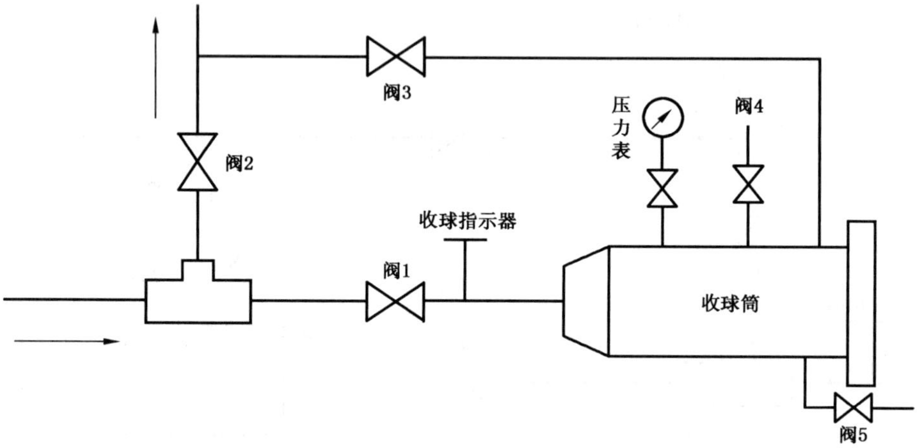

图 H.2 接收检测器工艺流程示意图

H.5 输油管道接收检测器作业程序

H.5.1 根据已制定的管道内检测实施方案,确定是否在收球筒内提前采取防撞措施,关闭收球筒快开盲板。

H.5.2 按调度命令切换接收流程,开启阀 1、阀 3,关闭阀 2。

H.5.3 当收球指示器动作,并确认检测器已进入收球筒后,恢复正常生产流程。

H.5.4 打开阀 5,排出污油,取出检测器。

H.6 输气管道接收检测器作业程序

H.6.1 根据已制定的管道内检测实施方案,确定是否在收球筒内提前采取防撞措施,关闭收球筒快开盲板。

H.6.2 按调度命令切换接收流程,关闭阀 4,打开阀 3 平衡收球筒压力。

H.6.3 全开阀 1,关闭阀 2,使收球筒处于接收状态。

H.6.4 当收球指示器动作,并确认检测器进入收球筒后,恢复正常生产流程。

H.6.5 对收球筒内的气体进行氮气置换,直至检测可燃气体浓度合格。

H.6.6 打开阀 4、阀 5,排除废气和污物,取出检测器。

附　录　I
(资料性)
金属损失类型定义

金属损失类型定义见图 I.1 和表 I.1。

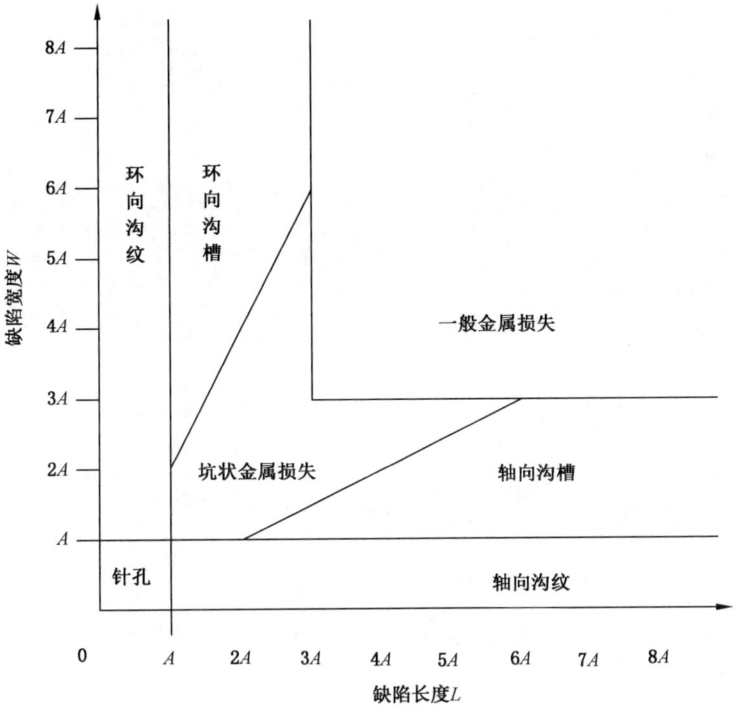

图 I.1　金属损失类型定义

表 I.1　金属损失类型定义表

金属损失类型	定义	参考尺寸(L×W)
一般金属损失	{[W≥3A]和[L≥3A]}	4A×4A
坑状金属损失	{([1A≤W<6A]和[1A≤L<6A]和[0.5<L/W<2])并且不能是([W≥3A]和[L≥3A])}	2A×2A
轴向沟槽	{[1A≤W<3A]和[L/W≥2]}	4A×2A
环向沟槽	{[L/W≤0.5]和[1A≤L<3A]}	2A×4A
针孔	{[0<W<1A]和[0<L<1A]}	0.5A×0.5A
轴向沟纹	{[0<W<1A]和[L≥1A]}	2A×0.5A
环向沟纹	{[W≥1A]和[0<L<1A]}	0.5A×2A
注 1:L 表示缺陷的长度,W 表示缺陷的宽度(长度为管道轴向方向,宽度为管道周向方向)。 注 2:A 是几何参数。若 t<10 mm,即 A=10 mm;若 t≥10 mm,即 A=t,t 为管道正常壁厚。		

参 考 文 献

[1] GB 50540 石油天然气站内工艺管道工程施工规范

ICS 75.200
CCS E 98

中华人民共和国国家标准

GB/T 28055—2023
代替 GB/T 28055—2011

钢质管道带压封堵技术规范

Technical specification for hot tapping and plugging on steel pipeline

2023-05-23 发布 2023-05-23 实施

国家市场监督管理总局
国家标准化管理委员会 发布

前　言

本文件按照GB/T 1.1—2020《标准化工作导则　第1部分:标准化文件的结构和起草规则》的规定起草。

本文件代替GB/T 28055—2011《钢质管道带压封堵技术规范》,与GB/T 28055—2011相比,除结构调整和编辑性改动外,主要技术变化如下:

a) 适用范围增加了"液压主动封堵、双级密封封堵、智能封堵作业"(见第1章);
b) 增加了"液压主动封堵""双级密封封堵""智能封堵"术语和定义(见3.18、3.19、3.20);
c) 增加了对封堵管件制造方和带压焊接的具体要求(见4.1、4.4);
d) 增加了带压管道焊接工艺形式(见9.6.1);
e) 增加了对开三通(对开四通)开孔补强的规定要求(见第10章);
f) 删除了"图5 环向填角焊缝堆焊焊接形式示意图"(见2011年版的图5);
g) 增加了双级密封封堵头、液压主动封堵头的安装要求(见10.3.2.5、10.3.2.6);
h) 增加了旁通管道焊接完成后压力试验的详细要求(见10.3.5);
i) 增加了断管作业过程中的气体保护要求(见10.8);
j) 增加了极寒天气施工过程中设备的防寒保暖措施要求(见11.3.3.1)。

请注意本文件的某些内容可能涉及专利。本文件的发布机构不承担识别专利的责任。

本文件由全国锅炉压力容器标准化技术委员会(SAC/TC 262)提出并归口。

本文件起草单位:中国石油管道局工程有限公司维抢修分公司、中国石油管道局工程有限公司、中国特种设备检测研究院、中油管道检测技术有限责任公司、国家管网集团北京管道有限责任公司。

本文件主要起草人:曹崇珍、刘格非、贾志方、李文东、续理、修长征、郝新伟、王鑫、时春城、宋锦、李育忠、徐海波、季峰、陶伟莉、张艺新、那晶、夏国发、姜修才、陈娟、程志杰、王国超、赵明、黄凯、洪险峰、贾会英、姜晓红、殷朋、陈博渊。

本文件于2011年首次发布,本次为第一次修订。

钢质管道带压封堵技术规范

1 范围

本文件规定了钢质管道带压开孔、封堵作业的技术要求。

本文件适用于钢质油气输送管道带压开孔作业及塞式、折叠式、筒式、囊式、液压主动、双级密封和智能等封堵作业,其他介质的管道,在充分评估介质温度或者毒性等带来的风险后,可参照本文件实施开孔、封堵作业。

2 规范性引用文件

下列文件中的内容通过文中的规范性引用而构成本文件必不可少的条款。其中,注日期的引用文件,仅该日期对应的版本适用于本文件;不注日期的引用文件,其最新版本(包括所有的修改单)适用于本文件。

GB/T 19326 锻制支管座

GB 30871 危险化学品企业特殊作业安全规范

GB/T 31032 钢质管道焊接及验收

GB 50194 建设工程施工现场供用电安全规范

GB 50251 输气管道工程设计规范

GB 50253 输油管道工程设计规范

SY/T 6554—2019 石油工业带压开孔作业安全规程

3 术语和定义

下列术语和定义适用于本文件。

3.1

带压开孔 hot-tapping

在管道密闭状态下,以机械切削方式在管道上加工出圆形孔的一种作业。

3.2

开孔机 tapping machine

在管道密闭状态下,以机械切削方式在管道上加工出圆形孔的一种设备。

3.3

封堵头 plugging head

由机械支撑部分和密封部件组成、用于阻止管道内介质流动的装置。

3.4

封堵器 plugging machine

在密闭状态下,能够从开孔处将封堵头送入管道中的设备。

3.5

封堵 plugging

从开孔处将封堵头送入管道并密封管道,从而阻止管道内介质流动的一种作业。

3.6

对开三通 L-O-R split fitting

用于管道开孔、封堵作业,法兰部位带有塞堵和卡环机构的全包围式特制三通。

注:通常分为封堵三通和旁通三通。

3.7

对开四通 L-O-R split 4-way fitting

用于管道筒式封堵作业,法兰部位带有塞堵和卡环机构、下护板带有突出密封腔体的全包围式特制四通。

3.8

塞堵 plug

置于对开三通(对开四通)的法兰孔内,带有O形密封圈、单向阀和卡环槽的圆柱形的装置。

3.9

卡环机构 ring segment

置于对开三通(对开四通)的法兰内,用于固定、限制塞堵的可伸缩机构。

3.10

夹板阀 sandwich valve

在开孔、封堵作业中,用于对开三通(对开四通)连接开孔及封堵装置的专用阀门。

3.11

开孔结合器 T.M. adapter

容纳筒刀、塞堵,用于夹板阀和开孔机之间密封连接的装置。

3.12

封堵结合器 plugging head housing

容纳封堵头,用于夹板阀和封堵器之间密封连接的装置。

3.13

筒刀 cutter

一端带有多个刀齿、另一端与开孔机相连的圆筒形铣刀。

3.14

鞍形板 coupon

用筒刀切下的管壁。

3.15

中心钻 pilot drill

用于定位、导向和取出鞍形板,辅助筒刀开孔的钻头。

3.16

内旁通 internal bypass

置于夹板阀内,用于连接阀板上下连通的可控通道。

3.17

隔离囊(墙)　isolating bag(wall)

在常压状态下,用于隔离油气,保证安全作业的皮囊(墙)。

3.18

液压主动封堵　hydraulic active plugging

在管道开孔点置入圆柱球状带密封胶桶的液压主动封堵头,通过液压控制实现密封胶桶主动封堵管道的一种作业。

3.19

双级密封封堵　double-level seal plugging

在1个开孔点的管道内置入2个塞堵头,实现双道环向橡胶密封管道的一种封堵作业形式。

3.20

智能封堵　smart plugging

不依托于开孔的一种封堵方式,从场站阀室的收发球筒将智能封堵器置入管内,通过人为远程、内外控制,实现封堵器在管内游走运行至需要封堵位置进行封堵的一种作业形式。

4　一般要求

4.1　从事钢质管道带压封堵作业的单位应持有国家法律法规规定的许可。

4.2　参与封堵设备操作的人员应经过专业培训。

4.3　对开三通(对开四通)开孔补强应符合 GB 50251、GB 50253 的相关规定,并进行计算和校核。

4.4　封堵管件应由具备压力元件制造许可资质的制造方生产,应具有材质单、质量保证书、检验报告、产品合格证和标识。

4.5　作业前,施工单位应根据设计文件和业主(检修)工艺方案,编制施工组织设计或技术方案及质量、安全、健康和环境作业文件,并报业主审批。

4.6　开孔封堵设备和管件装备满足管道开孔、封堵作业要求。

4.7　管道带压焊接的具体要求应符合 GB/T 31032 的相关规定。

5　封堵工艺

5.1　不停输封堵工艺

通过导通两封堵器外侧管道运行介质(如预先在两封堵器外侧管道上分别带压焊接旁通三通,开孔并连接两旁通三通形成介质管路),实现不停输工艺运行状态下的一种封堵方式,其一般工艺流程见附录A。

5.2　停输封堵工艺

对于允许停输的管道,若能够在规定停输时间内完成维修改造工作,宜采用停输封堵工艺,否则应采用不停输工艺,囊式封堵是停输封堵工艺的特例,工艺流程见附录B。

5.3　智能封堵工艺

对于特殊地域(如河流、沼泽、海洋、站场等),宜采用智能封堵,工艺流程见附录C。

6 封堵压力分类

6.1 按封堵头可承受的压力分为低压封堵、中压封堵、高压封堵和超高压封堵。

6.2 低压封堵指管道运行压力小于或等于 0.5 MPa 的封堵作业。

6.3 中压封堵指管道压力大于 0.5 MPa 且小于或等于 2.5 MPa 的封堵作业。

6.4 高压封堵指管道压力大于 2.5 MPa 且小于或等于 5.0 MPa 的封堵作业。

6.5 超高压封堵指管道压力大于 5.0 MPa 的封堵作业。

7 封堵头分类及选用原则

7.1 封堵头分为塞式封堵头、折叠封堵头、筒式封堵头、囊式封堵头、双级密封封堵头、液压主动封堵头和智能封堵头等。

7.2 根据封堵压力的分类,选择适用的设备和封堵头。

8 管道施焊压力要求

管道允许带压施焊的压力按式(1)计算:

$$p=\frac{2\sigma_s(t-c)}{D}F \qquad \cdots\cdots(1)$$

式中:

p ——管道允许带压施焊的压力,单位为兆帕(MPa);

σ_s——管材的最小屈服极限,单位为兆帕(MPa);

t ——焊接处管道实际最小壁厚,单位为毫米(mm);

c ——因焊接引起的壁厚修正量,见表1,单位为毫米(mm);

D——管道外径,单位为毫米(mm);

F——安全系数见表2。

表1 推荐修正量

手工焊					药芯气体保护自动焊	
焊条直径/mm	<2.0	2.5	3.2	4.0	焊丝直径/mm	1.2
c	1.4	1.6	2.0	2.8	c	2.4

表2 推荐安全系数

t/mm	$t\geqslant12.7$	$8.7\leqslant t<12.7$	$6.4\leqslant t<8.7$	$t<6.4$
F	0.72	0.68	0.55	0.4

9 封堵作业准备

9.1 管道调查与现场踏勘

对封堵作业管段的走向、埋深、高差、作业距离、土壤情况和施工期间环境温度等进行现场调查。了解管道技术规格、输送介质参数、管道运行参数、防腐方式、清管情况、最低允许输送压力及管道允许的最长停输时间等。并填写管道调查表,见附录D。

9.2 材料的复核

9.2.1 对提供的管件进行复核。

9.2.2 钢管及对开三通(对开四通)应无磨损、裂纹、气孔、褶皱、重皮和夹渣等缺陷,无超过壁厚负偏差的锈蚀和凹陷。

9.2.3 应检查对开三通(对开四通)卡环的伸出圈数,以保证安装塞堵位置准确。

9.2.4 密封材料应无气孔、杂质、飞边、毛刺和裂纹等缺陷,与介质接触的密封材料应满足管道介质和运行温度的要求。

9.2.5 检查筒刀的筒体尺寸,并检查筒刀和中心钻的刀齿无缺失、打齿、崩齿和过量磨损等缺陷。

9.3 计量仪表要求

计量仪表应经过检定或校准,并在有效期内。

9.4 机械设备要求

施工前所有机械设备应调试运转正常。

9.5 模拟试验

当作业单位无类似规格、介质、运行参数的管道封堵作业经验时,封堵作业开始前应先进行模拟试验。

9.6 焊接工艺及评定

9.6.1 带压管道焊接可采用手工焊接、半自动焊接、全自动焊接工艺,或几种工艺相结合的形式施焊。

9.6.2 根据管道材料、运行参数以及焊件材料编制预焊接工艺规程。

9.6.3 按预焊接工艺规程施焊后进行工艺评定,按合格的焊接工艺评定编制焊接工艺规程。

9.6.4 按照焊接工艺规程进行带压管道焊接。

9.7 施工现场确定原则

施工现场应有足够的作业场地和操作空间,进出作业场地的交通道路应畅通。

9.8 作业坑的要求

9.8.1 作业坑分为封堵作业坑和动火作业坑,封堵作业坑和动火作业坑之间宜设隔墙,作业坑形式见图1。

9.8.2 作业坑两侧应设有方便上下的安全通道;作业坑土质不稳定时,应有预防作业坑塌方的措施;地下水位较高的地段,应采取降水措施。

9.8.3 设备应摆放在距离作业坑边坡1 m范围外。

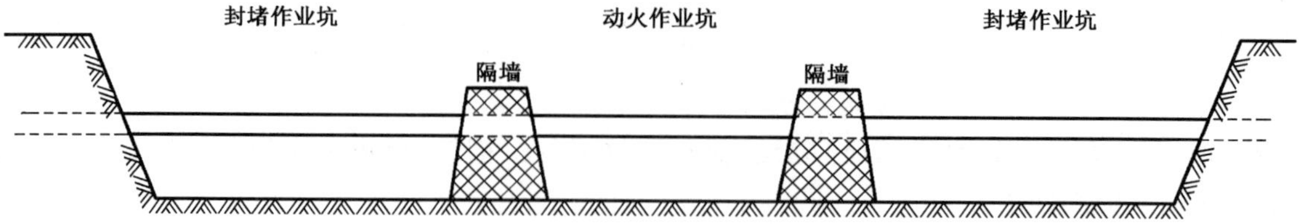

图1　封堵作业坑示意图

9.9　作业平台的搭建

9.9.1　在地上管道施工，对开三通(对开四通)的法兰端面高于地面1.3 m时，应搭建作业平台。

9.9.2　在埋地管道施工，对开三通(对开四通)的法兰端面高于作业坑底1.3 m时，应搭建作业平台。

9.9.3　作业平台应搭建牢固，有足够的操作空间，有护栏和上下行梯。

10　封堵作业

10.1　开孔、封堵作业点的选取

10.1.1　开孔、封堵作业点应选择在直管段上。开孔部位尽量避开管道焊缝，无法避开时，对筒刀切削部位的焊道宜适量打磨且中心钻不应落在焊缝上。

10.1.2　开孔、封堵部位的防腐层应剥离并打磨干净。

10.1.3　开孔封堵部位的管道圆度误差不应超过管外径的1%。

10.1.4　测量施焊部位管道壁厚，满足施焊最小壁厚要求。

10.2　封堵管件的组对与焊接

10.2.1　管道介质流速要求

封堵管件焊接时，管道内液体流速不应大于5 m/s，气体流速不应大于10 m/s。

10.2.2　管件组对

对开三通(对开四通)法兰沿管道轴线方向的两端到管顶的距离差小于1 mm，对开三通(对开四通)法兰轴线与其所在位置管道轴线间距不应大于1.5 mm。

10.2.3　焊接要求

按焊接工艺规程施焊。

10.2.4　管道制管螺旋焊缝和对接环焊缝的处理

管道上的焊缝余高影响对开三通(对开四通)组对施工时，宜对焊接对开三通(对开四通)部位的管道制管螺旋焊缝和对接焊缝进行适量打磨，打磨前应对焊接对开三通(对开四通)部位的管道制管螺旋焊缝和对接焊缝进行无损检测。

10.2.5　焊工数量

10.2.5.1　对护板长度大于或等于750 mm的对开三通(对开四通)进行纵向对接焊缝的焊接时，每道焊缝宜至少由两名焊工同时施焊。

10.2.5.2　在管道外径大于或等于ϕ325 mm的管道上进行对开三通(对开四通)环向角焊缝的焊接时，每道焊缝宜至少由两名焊工同时施焊，且两电弧间应相距至少50 mm。

10.2.6　对开三通(对开四通)焊接顺序

10.2.6.1　应先同时焊接两侧对接焊缝,再焊接环焊缝。

10.2.6.2　由两名焊工焊接两侧纵向对接焊缝时,应按图 2 a)所示焊接顺序同时焊接。

10.2.6.3　由四名焊工焊接两侧纵向对接焊缝时,应按图 2 b)所示焊接顺序同时焊接。

10.2.6.4　对开三通(对开四通)的两道环向填角焊缝的焊接,应先焊接完成一侧环向填角焊缝后,再焊接另一侧环向填角焊缝。当两名焊工同时焊接一道环向填角焊缝时,应按图 3 所示焊接顺序同时焊接。

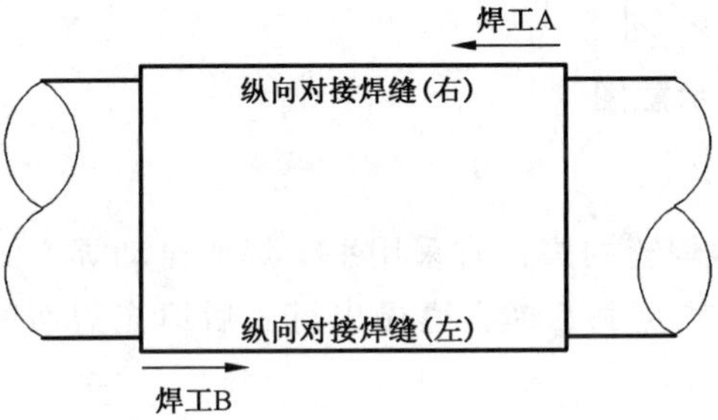

a)　两名焊工同时焊接

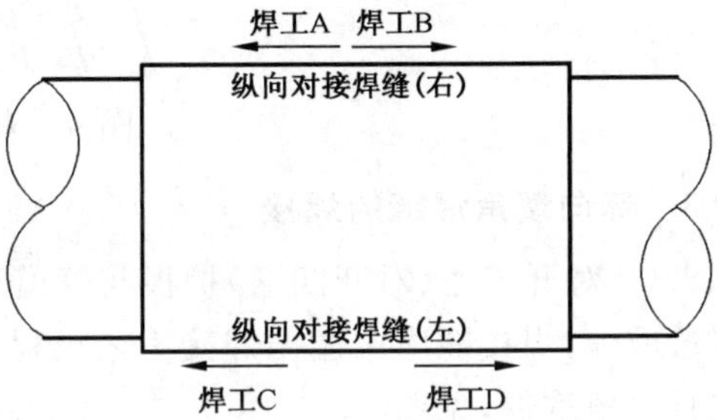

b)　四名焊工同时焊接

图 2　纵向对接焊缝焊接顺序

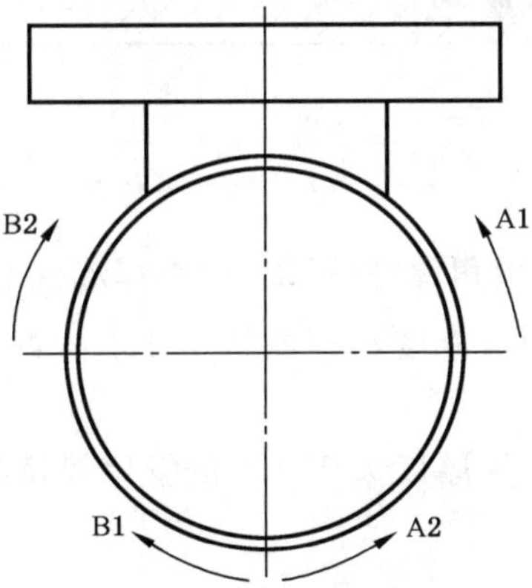

图 3　环向填角焊缝焊接顺序

10.2.7　纵向对接焊缝的焊接

对开三通(对开四通)纵向对接焊缝宜加垫板,垫板的初始长度宜大于护板长度 100 mm～200 mm,宽度为对接焊缝宽度的 2 倍～3 倍,对接焊缝完成后截除护板两端富余的垫板,截除后垫板端部与对开三通(对开四通)端部平齐,垫板布置见图 4。

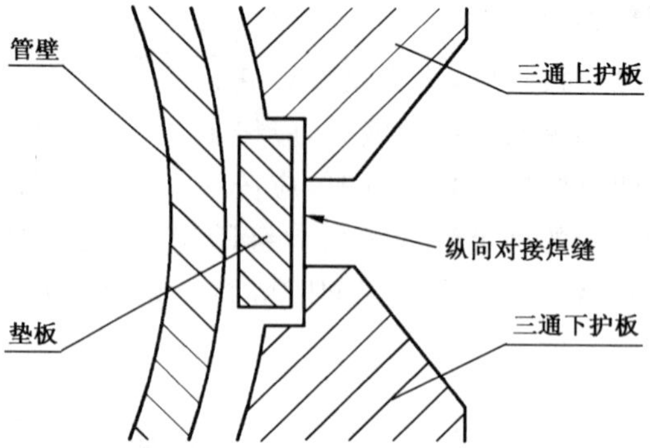

图4　垫板布置示意图

10.2.8　环向填角焊缝的焊接

10.2.8.1　对开三通(对开四通)护板与管道环向填角焊缝的焊接宜采用手工焊或自动焊方式进行多道堆焊,焊接顺序应遵循焊接工艺规程要求,如常规手工焊宜遵循先打底后填充盖面的顺序进行填角堆焊,见图5。

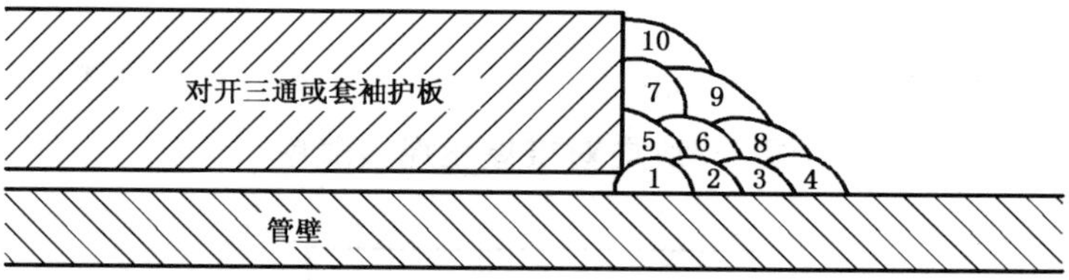

标引序号说明:

1～4 ——打底焊接;

5～10——逐层填充盖面。

图5　环向填角焊缝(手工焊)堆焊焊接形式示意图

10.2.8.2　对开三通(对开四通)护板厚度小于或等于1.4倍管壁厚度时,填角焊缝的焊脚高度和宽度应与护板厚度一致,见图6。

10.2.8.3　对开三通(对开四通)护板厚度大于1.4倍管壁厚度时,填角焊缝的焊脚高度和宽度应等于1.4倍管壁厚度,见图7。

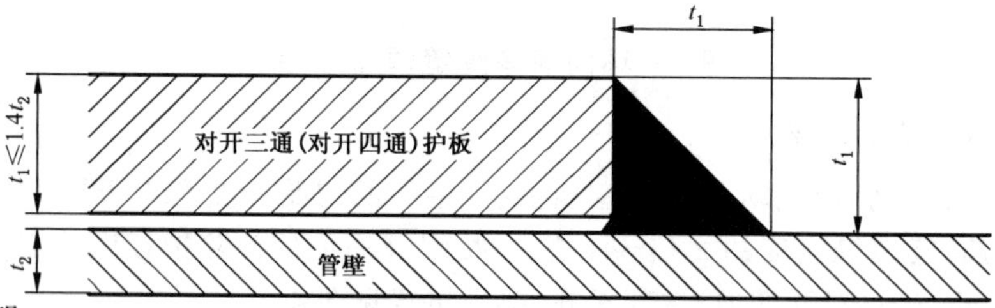

标引序号说明:

t_1——对开三通(对开四通)护板的厚度;

t_2——管道本体的管壁厚度。

图6　环向填角焊缝焊角尺寸(护板厚度小于或等于1.4倍管壁厚度)

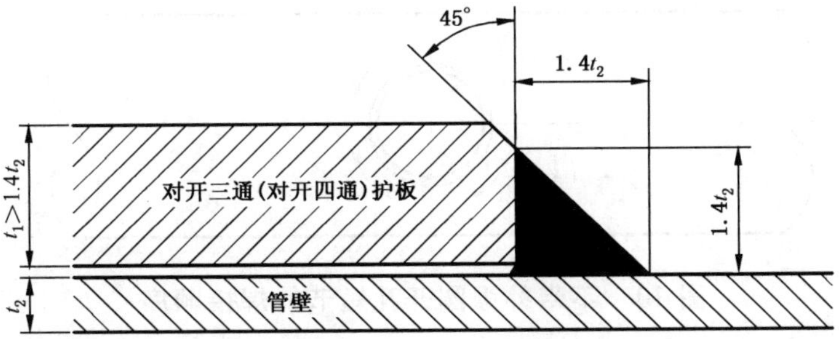

标引序号说明：

t_1——对开三通(对开四通)护板的厚度；

t_2——管道本体的管壁厚度。

图7　环向填角焊缝焊角尺寸(护板厚度大于1.4倍管壁厚度)

10.2.9　开孔短节焊接

10.2.9.1　开孔短节可以是补强圈或补强凸台的形式，其补强应符合GB 50251、GB 50253的相关规定。

10.2.9.2　补强圈的尺寸应符合GB 50251、GB 50253的规定，补强凸台的尺寸应符合GB/T 19326的规定，并进行计算和校核。

10.2.9.3　应按焊接工艺规程施焊。

10.2.9.4　带补强圈开孔短节的焊道顺序见图8，焊接顺序见图9。

10.2.9.5　不带补强圈的开孔短节焊接顺序见图10。

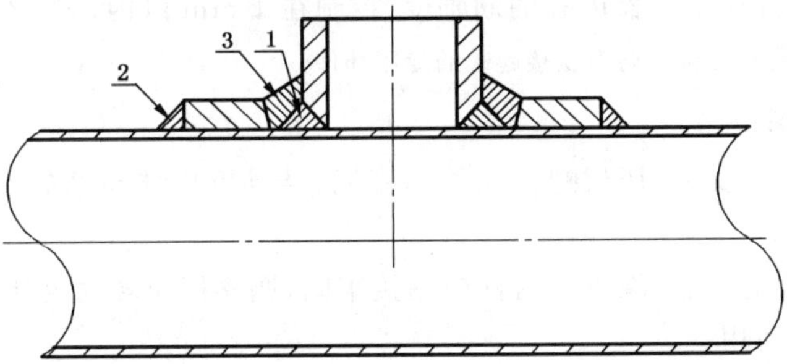

标引序号说明：

1——开孔短节焊接；

2——补强圈外圈焊接；

3——补强圈内圈与短节间填焊。

图8　带补强圈开孔短节的焊道顺序

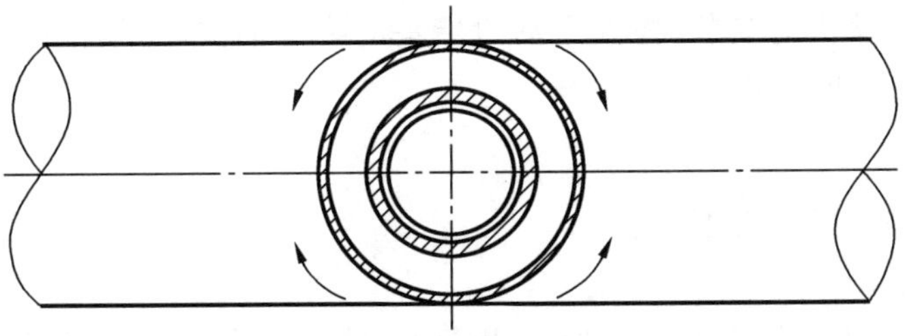

图9　带补强圈开孔短节的焊接顺序

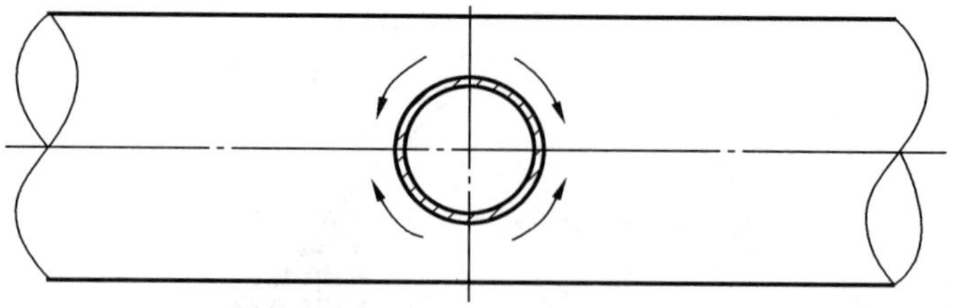

图 10　不带补强圈开孔短节的焊接顺序

10.2.10　焊接质量检验

应有焊接记录，见附录 E。焊缝检验的方法可采用渗透检测、磁粉检测、超声检测和超声相控阵检测或两种方法的组合。焊接接头的检验、缺陷的清除和返修应符合 GB/T 31032 的规定。

10.2.11　部分开孔位置防卡刀预处理

当开孔孔径大于 DN 500 时，开孔位置管表宜加焊防胀圈。

注：防胀圈是预先焊接在开孔部位管道上，防止筒刀在开孔过程中切取的鞍形板变形引起卡刀的专用部件。

10.3　安装要求

10.3.1　刀具的安装

中心钻提取鞍形板装置应工作可靠。刀具结合器与开孔机主轴之间的锥度联接不应有任何松动。测量筒刀与开孔结合器内孔的同轴度，控制在 1 mm 以内。

注：刀具结合器是将开孔机与筒刀联接起来的专用部件。

10.3.2　封堵头的安装

10.3.2.1　塞式封堵头的安装：压板螺栓应均匀紧固，转动臂应能灵活转动，封堵头密封件不应重复使用。

10.3.2.2　筒式封堵头的安装：橡胶密封件应粘接牢固，调整杆应转动灵活，封堵筒应伸缩自如，橡胶密封件不应重复使用。

10.3.2.3　折叠式封堵头的安装：应对折叠板拉杆进行调节，折叠板应伸缩自如，封堵皮碗压板螺栓应均匀紧固，封堵皮碗不应重复使用。

10.3.2.4　囊式封堵头的安装：检查挡板的灵活性，密封囊应完好且不应重复使用。

10.3.2.5　双级密封封堵头的安装：检查双级密封封堵头转动臂的灵活性，封堵皮碗应完好且不应重复使用。

10.3.2.6　液压主动封堵头的安装：检查主动封堵头的姿态油缸、压缩油缸和转动臂的灵活性，密封胶筒应完好且不应重复使用。

10.3.3　夹板阀的安装

10.3.3.1　夹板阀应在关闭状态下吊装。

10.3.3.2　内旁通应关闭。

10.3.3.3　应测量夹板阀内孔与对开三通(对开四通)法兰内孔的同轴度，同轴度误差不应超过 1 mm。

10.3.4 开孔和封堵机具的组对安装

开孔机与开孔结合器、封堵器与封堵结合器宜竖直安装和拆卸。

10.3.5 旁通管路的要求

10.3.5.1 根据管道工艺条件要求,确定旁通管路的材质及管径。

10.3.5.2 旁通管路的焊接应有焊接工艺规程,应对焊缝进行无损检测。

10.3.5.3 旁通管道焊接完成后进行压力试验,试验压力不低于封堵施工期间管道最高运行压力的1.25倍,压力试验稳定时间1 h,以不降压、无泄漏、无变形为合格,应记录试验结果。

10.3.5.4 应在旁通管路高点安装排气阀,低点安装排污阀,并在适当位置安装压力表。

10.3.5.5 旁通管路应支撑固定,保障管线平稳运行。

10.3.5.6 旁通管道投用前,应使用氮气或惰性气体置换空气,用气体检测仪检测旁通管道内氧气含量,氧气含量小于2%为合格。合格后使用管道介质置换管内氮气或惰性气体,稳压1 h,以不降压、无泄漏和无变形为合格。

10.3.6 塞堵的安装

10.3.6.1 调整塞堵结合器内中心顶杆的伸出长度。

注:塞堵结合器是将开孔机或其他下塞堵装置,与塞堵连接起来的专用部件。

10.3.6.2 应检查塞堵的方向,确保鞍形板的方向与管道方向一致。塞堵安装完成后,开孔机主轴应全部收回。

10.3.6.3 开孔时切下的鞍形板应随塞堵装回管道。鞍形板装回管道前应清边,清边后鞍形板外径宜比开孔孔径小15 mm~30 mm。

10.3.7 尺寸测量

相关设备组装完成后,应测量并记录设备的安装尺寸,计算开孔、封堵、下塞堵的操作尺寸,采用塞式封堵头方法的尺寸测量,见附录F。

10.4 开孔作业

10.4.1 试验压力

10.4.1.1 开孔前应对焊接到管道上的管件和组装到管道上的阀门、开孔机等部件进行整体的气体置换和试压,气体置换采用氮气或惰性气体置换三通(或四通)、阀门结合器等内的空气,保证后续的开孔作业安全性,试验压力宜等于管道运行压力,最高不应超过管道运行压力的1.1倍,且不低于0.6 MPa,并填写开孔作业检查表,见附录G。

10.4.1.2 关闭夹板阀,卸去开孔结合器的压力,验证夹板阀的密封性,若密封良好,进行下道作业;若泄漏,应进行检修更换。

10.4.2 开孔

10.4.2.1 开孔前,应打开开孔结合器上的排气阀,当排气完毕后关闭排气阀,然后开孔。

10.4.2.2 开孔时,当开孔机切削到预定尺寸后,停机,然后以手动操作开孔机使开孔筒刀前进5 mm~10 mm,确认孔完全被开透,方可上提筒刀。

10.4.2.3 开孔完成后将筒刀退出,关闭夹板阀,卸放压力。然后排出开孔结合器内的介质,拆卸开孔机。具体内容应符合SY/T 6554—2019中5.6的规定。

10.5 旁通管路投用

用运行管道内介质导通旁通管路。

10.6 封堵作业

10.6.1 封堵作业期间不应清管、调整管道运行参数。

10.6.2 液体管道带压封堵时的介质流速不宜大于 2.5 m/s,气体管道带压封堵时的介质流速不宜大于 5 m/s。

10.6.3 封堵设备吊装到夹板阀上之前,确认封堵头的封堵方向为被封堵管段。

10.6.4 下封堵时应先下下游封堵头,后下上游封堵头。

10.6.5 可通过开启平衡孔进行封堵效果的验证。当打开平衡孔后,管道压力降为零,观察 5 min,若封堵隔离段管道压力没有回升,则表示封堵效果验证成功,并填写封堵作业检查表,见附录 H。

10.7 介质排放

10.7.1 应采用防爆设备排放管道介质或回收管道介质。

10.7.2 应对封堵隔离段进行置换,置换介质宜采用氮气或惰性气体。

10.8 断管作业

10.8.1 应采用机械方式或高压水射流切割技术断管。

10.8.2 断管期间,宜采用水冷却,并采取预防管道轴向膨胀的措施。

10.8.3 断管作业时,宜持续注氮气或惰性气体进行保护。

10.9 管道改造作业

10.9.1 按焊接工艺规程进行焊接。

10.9.2 焊缝应进行无损检测。

10.10 封堵隔离段投用

10.10.1 封堵隔离段投用前应进行氮气或惰性气体置换。

10.10.2 应通过管道介质导入置换掉氮气或惰性气体。

10.11 解除封堵

10.11.1 对塞式、折叠、筒式、双级密封和球形封堵头,应首先确认封堵头前后的压力平衡,并应先提上游封堵头,后提下游封堵头。

10.11.2 囊式封堵头应先提封堵囊,后提挡板。

10.12 拆除旁通管路

10.12.1 对管道输送介质为液体的旁通管路,宜将旁通管路内的介质注入到运行管道或油罐车中。

10.12.2 对管道输送介质为可燃气体的旁通管路,宜将旁通管路内的介质放燃并进行氮气置换。

10.12.3 对长距离的旁通管路的拆除,宜采用机械方法断管。如采用氧-乙炔切割时,应采取安全保护措施。

10.13 下塞堵作业

10.13.1 下塞堵作业期间管道运行参数应保持稳定。

10.13.2　应在开孔机或其他下塞堵装置,与夹板阀的上阀板上安装压力表,并进行压力监控。

10.13.3　操作过程中,应先用夹板阀的内旁通平衡压力,再打开外平衡管路阀门。

10.13.4　塞堵到位后,伸出卡环并确认卡环圈数。

10.13.5　确认塞堵安装完毕后,应先脱离主轴,并将主轴上提 25 mm,之后验证塞堵密封效果。

10.14　取塞堵作业

10.14.1　首先应取压力平衡孔的塞堵,然后安装压力表,确认管道运行参数。取塞堵尺寸,见附录 F。

10.14.2　取塞堵时开孔机上宜安装助力器。

10.15　安装盲板

10.15.1　安装前,应对盲板的密封面、密封垫片进行外观检查,应无缺陷。

10.15.2　螺栓应对称紧固。

10.16　防腐及地貌恢复

10.16.1　三通等管件应按原管道防腐等级进行防腐。

10.16.2　对于埋地管道,待防腐层固化后按规定再进行土方回填,并做好地貌的恢复。地貌恢复后,应在地面上埋设标志桩。

11　健康、安全、环境

11.1　风险的识别

作业前应进行风险识别、评价,制定风险削减措施和必要的应急预案。

11.2　健康监护

11.2.1　所有施工人员应建立健康档案。

11.2.2　直接从事有毒、有害施工作业人员应定期进行职业病检查。

11.2.3　施工人员的心理、生理条件应满足工作性质要求。

11.2.4　施工人员食宿应安全、卫生,并应做好地方病的防治工作。

11.3　安全防护

11.3.1　施工人员的安全

11.3.1.1　施工人员应按规定正确使用劳动防护用品,主要包括:

a)　所有施工人员应配戴防静电劳动防护用品;

b)　在对人呼吸器官有害的作业环境里,施工人员应配戴防毒面具等;

c)　在对人眼睛、皮肤有害的作业环境里,施工人员应配戴防护眼镜、面罩和防护服等。

11.3.1.2　施工现场应配备应急药箱和应急药品。

11.3.1.3　夏季施工,应有防暑降温措施;冬季施工,应有防寒保暖措施。

11.3.1.4　其他未提及的内容应符合 GB 30871 的规定。

11.3.2　施工现场的安全

11.3.2.1　开挖作业坑时,应根据土质情况决定边坡坡度,必要时,宜采取防塌方措施。

11.3.2.2　施工现场应根据消防要求配置消防设施和消防器具,保持消防通道畅通。

11.3.2.3　施工现场应设置安全警戒区,并在明显位置设置安全标志。

11.3.3 施工作业的安全

11.3.3.1 雷雨天不应进行露天封堵作业;极寒天气施工,宜对设备采取防寒保温措施。

11.3.3.2 每个流程切换前,应先进行置换。置换设备应具有防爆功能。

11.3.3.3 动火和断管作业不应同时进行。

11.3.3.4 断管前应将断管位置两侧管道做好接地。

11.3.3.5 管道封堵存在微渗漏的工况时,宜采用隔离措施和引流措施。

11.3.3.6 现场用电安全管理应符合 GB 50194 的规定。

11.3.3.7 现场起重作业、动土作业、动火作业、高处作业和受限空间作业应符合 GB 30871 的规定。

11.3.3.8 对接焊缝、环焊缝可燃气体管道的封堵作业宜安装隔离囊,隔离囊距离焊接部位应在 1 m 以上。

11.4 环境保护

11.4.1 封堵作业过程中产生的管道介质应按业主的要求进行处理。

11.4.2 对液体输送管道,在施工作业中宜在断管底部安放集液箱。

11.4.3 对可燃气体输送管道,在施工作业中宜对旁通管路内介质进行放燃。

11.4.4 施工作业完成后,应清理施工作业现场,将废弃物进行分类处理。

12 竣工技术资料

竣工后,提供以下竣工技术资料:

a) 开工报告;

b) 主要材料证书;

c) 施工记录表;

d) 管件焊接记录;

e) 焊接无损检测报告;

f) 隐蔽工程验收记录;

g) 竣工图;

h) 施工总结;

i) 竣工验收证书。

附　录　A
（资料性）
管道不停输机械封堵作业工艺

A.1　工艺流程

不停输机械封堵工艺流程见图 A.1,双级不停输机械封堵工艺流程见图 A.2,液压主动不停输机械封堵工艺流程见图 A.3。

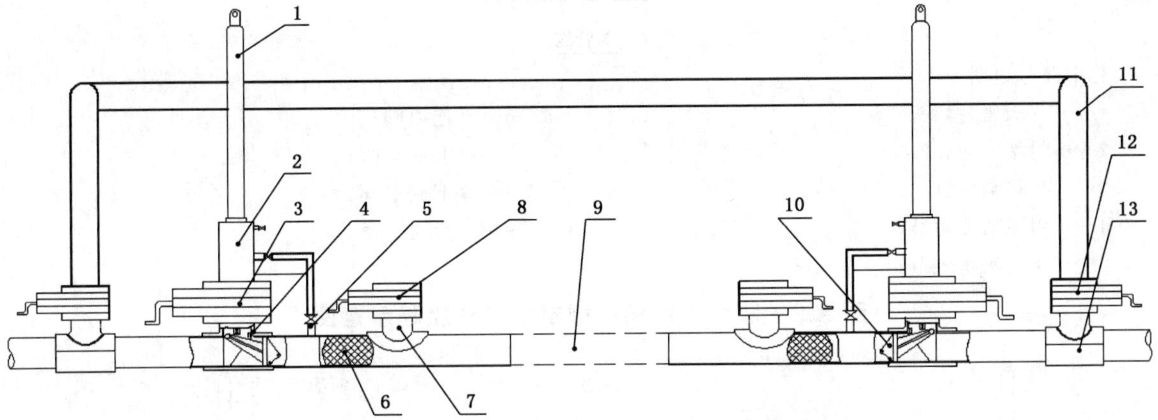

标引序号说明：

1——封堵器；
2——封堵结合器；
3——封堵夹板阀；
4——封堵三通；
5——压力平衡短节；
6——隔离囊(墙)；
7——隔离囊开孔短节；
8 ——隔离囊夹板阀；
9 ——维修改造管段；
10——封堵头；
11——旁通管路；
12——旁通夹板阀；
13——旁通三通。

图 A.1　不停输机械封堵工艺流程示意图

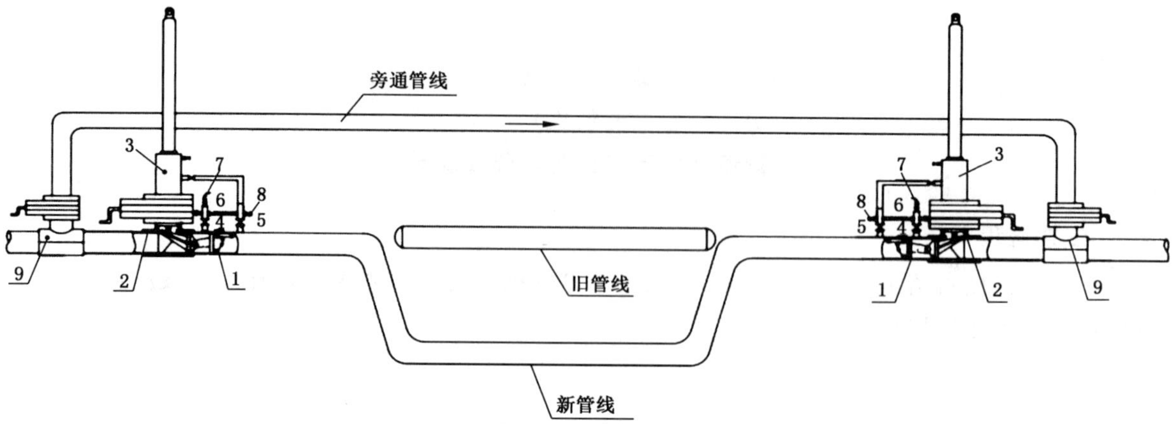

标引序号说明：

1——双级密封堵头；

2——封堵三通；

3——封堵液压缸；

4——引流监测短节；

5——压力平衡短节；

6——连通阀；

7——上放空阀；

8——下放空阀；

9——旁通三通。

图 A.2　双级不停输机械封堵工艺流程示意图

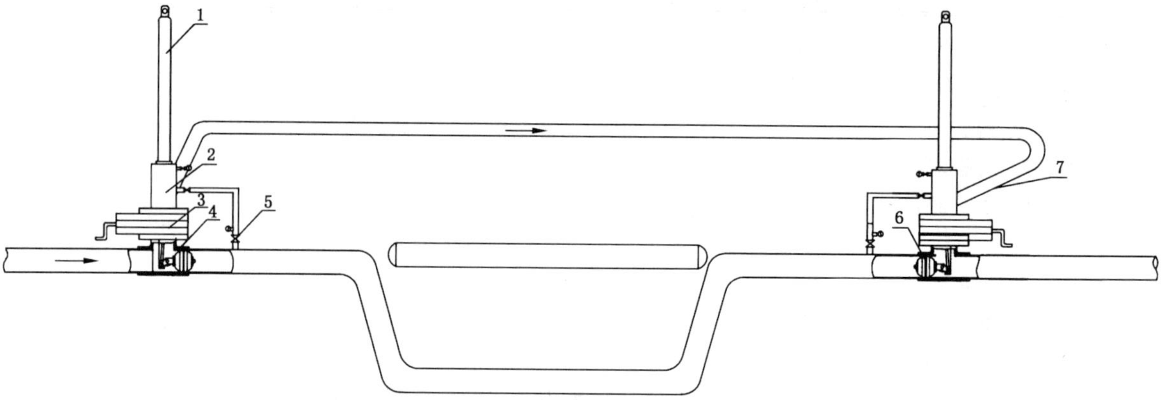

标引序号说明：

1——封堵器；

2——送进支撑筒；

3——封堵夹板阀；

4——封堵三通；

5——压力平衡短节；

6——液压主动封堵头；

7——旁通管路。

图 A.3　液压主动不停输机械封堵工艺流程示意图

A.2　封堵部件

主要封堵部件示意图见图 A.4。

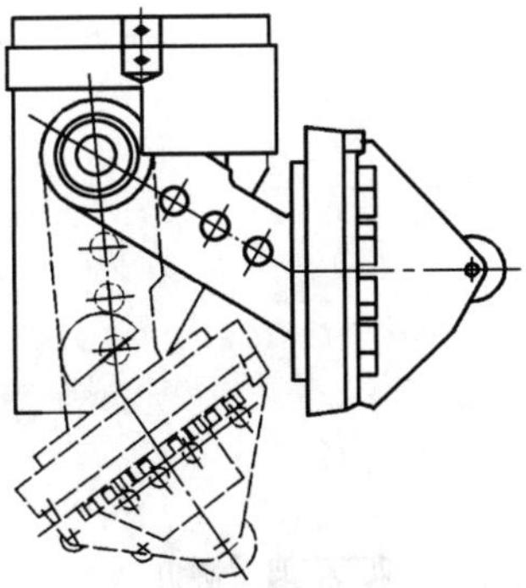

a) 塞式封堵头

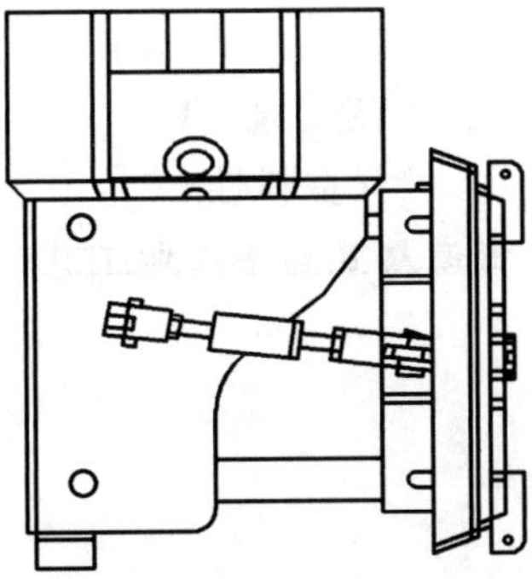

b) 折叠封堵头

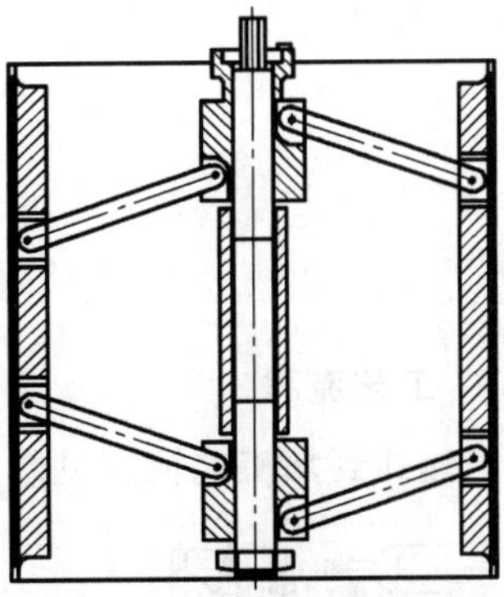

c) 筒式封堵头

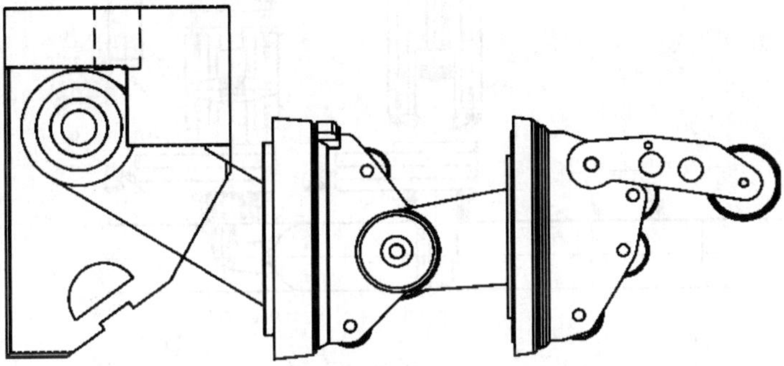

d) 双级封堵头

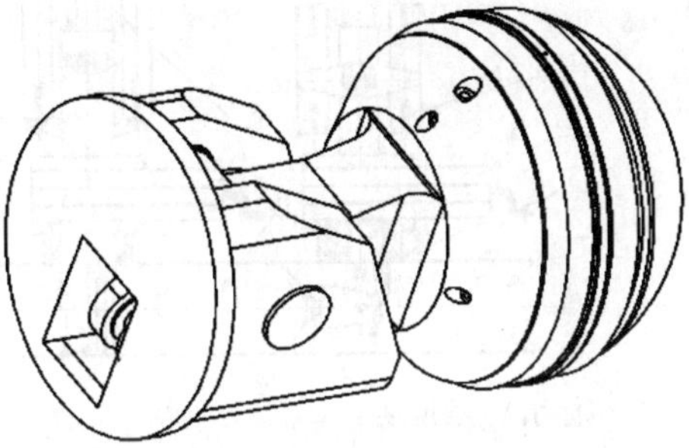

e) 液压主动封堵头

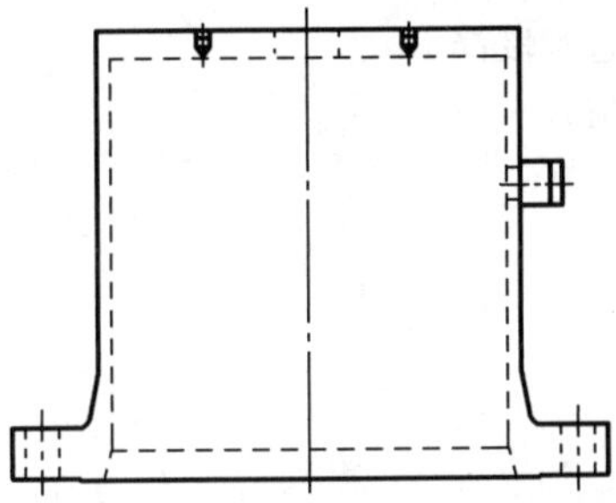

f) 开孔结合器(封堵结合器)

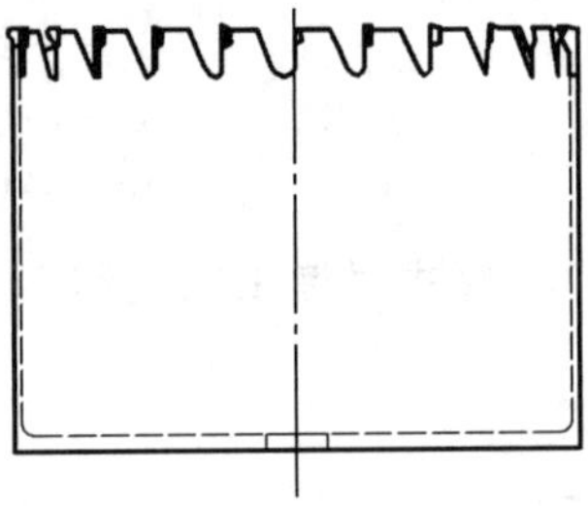

g) 筒刀

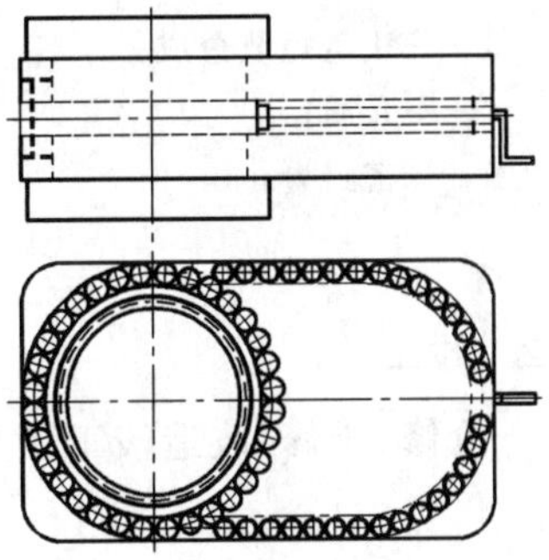

h) 夹板阀

图 A.4 主要封堵部件示意图

A.3 竣工

抢修、维修、改造竣工图见图 A.5。

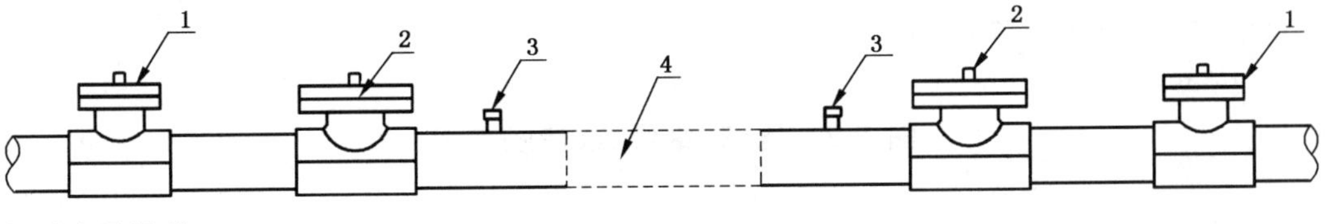

标引序号说明：

1——旁通三通； 2——封堵三通； 3——压力平衡短节； 4——抢修、维修、改造管段。

图 A.5 抢修、维修、改造竣工图

附 录 B
(资料性)
管道囊式封堵作业工艺

B.1 工艺流程

囊式封堵工艺流程见图 B.1。

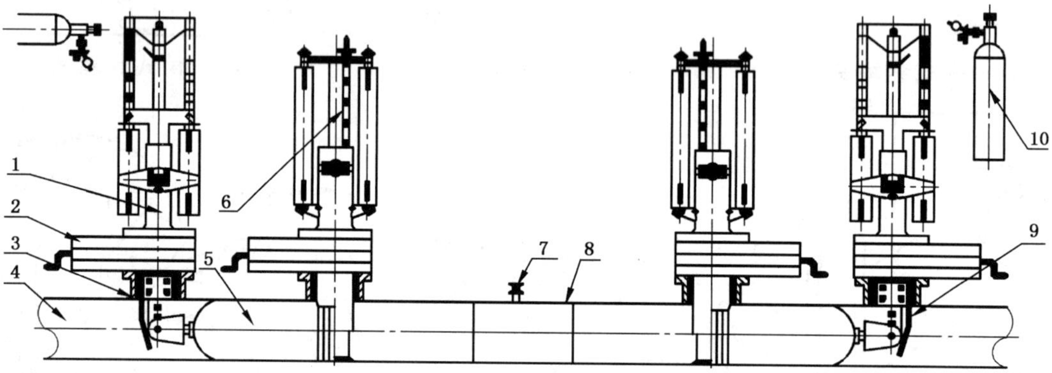

标引序号说明：

1——送取囊装置；
2——夹板阀；
3——法兰短节总成；
4——介质；
5——密封囊；
6——挡板装置；
7——排油短节；
8——维修改造管段；
9——压力管道；
10——氮气瓶。

图 B.1 囊式封堵工艺流程示意图

B.2 竣工

抢修、维修、改造竣工图见图 B.2。

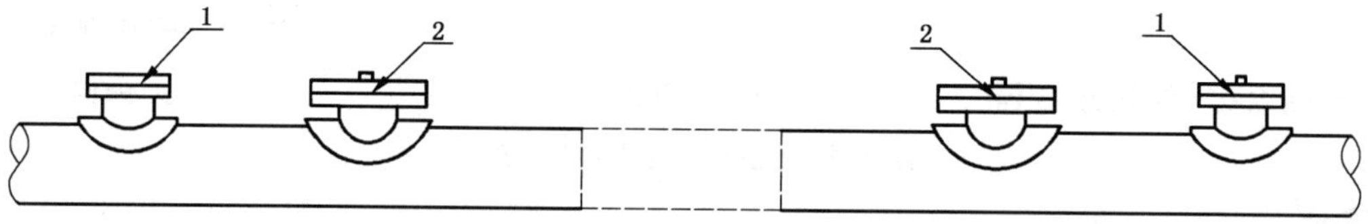

标引序号说明：

1——送取囊装置用法兰短节；
2——挡板装置用法兰短节。

图 B.2 抢修、维修、改造竣工图

附　录　C
(资料性)
管道智能封堵作业工艺

C.1　管道智能不停输封堵工艺流程

管道智能不停输封堵工艺流程见图C.1。

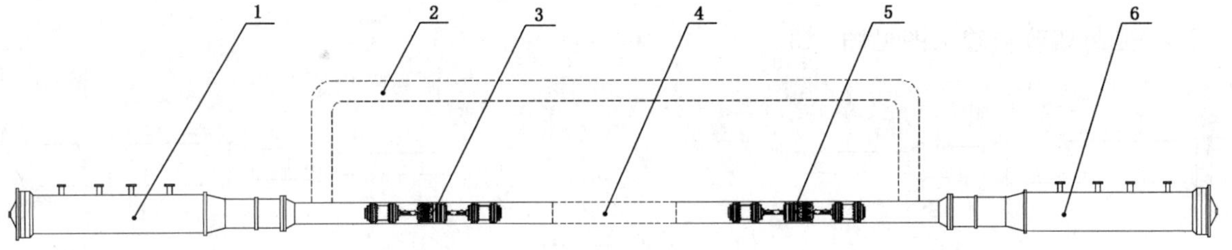

标引序号说明：

1——上游场站阀室收发球筒；
2——旁通管道；
3——上游智能封堵器；
4——待维修改造管段；
5——下游智能封堵器；
6——下游场站阀室收发球筒。

图C.1　管道智能不停输封堵工艺流程示意图

C.2　管道智能不停输封堵工艺作业程序

C.2.1　准备工作：检查、调试智能封堵器全套设备。确定上下游封堵位置，安装定位信标，清洁管道，测量壁厚，预制旁通管道。

C.2.2　调节上游场站阀室收发球筒阀门压力，发送两组智能封堵器。

C.2.3　智能封堵器，到达预设信标处待命。

C.2.4　旁通管道导通。

C.2.5　电脑下达指令，智能封堵器开始封堵，实现管道封堵。

C.2.6　对封堵的待维修改造管段进行维修改造。

C.2.7　解除封堵。

C.2.8　从下游场站阀室收发球筒回收智能封堵器。

C.2.9　拆除旁通管道。

C.3　双向发射管道智能封堵工艺流程

双向发射管道智能封堵工艺流程见图C.2。

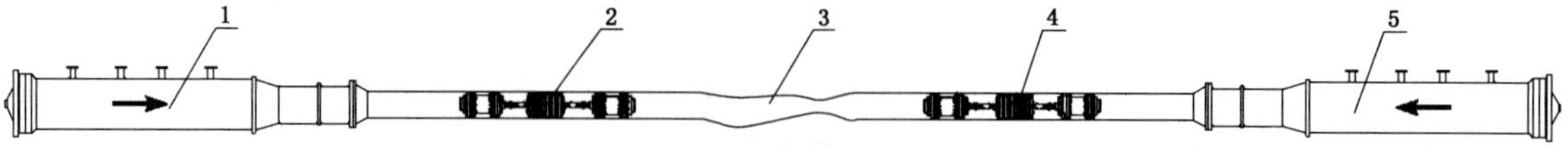

标引序号说明：

1——上游场站阀室收发球筒；

2——上游智能封堵器；

3——待维修变形泄漏管段；

4——下游智能封堵器；

5——下游场站阀室收发球筒。

图 C.2　双向发射管道智能封堵工艺流程示意图

C.4　竣工

智能封堵改造竣工图见图 C.3。

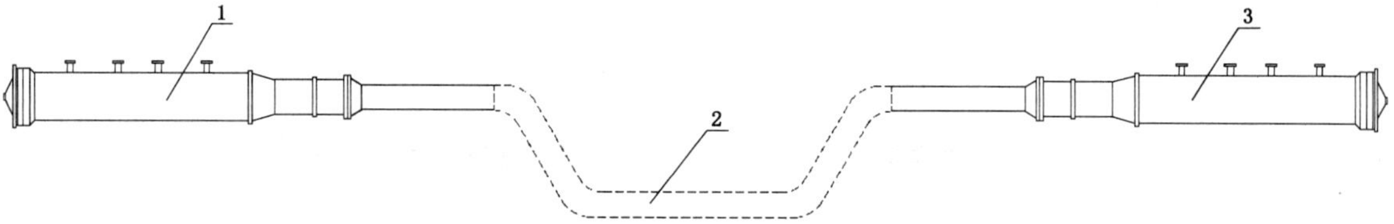

标引序号说明：

1——上游场站阀室收发球筒；

2——维修改造后的新管段；

3——下游场站阀室收发球筒。

图 C.3　智能封堵改造竣工图

附 录 D
（资料性）
管道调查表

管道调查表见表D.1。

表D.1 管道调查表

建设单位名称： 年 月 日

<table>
<tr><td colspan="8">施工要求、目的：</td></tr>
<tr><td colspan="8">作业地点描述(作业点位置、地形地貌、水文、道路及周边环境)：</td></tr>
<tr><td colspan="8">管道参数</td></tr>
<tr><td>管道外径/mm</td><td></td><td>管道壁厚/mm</td><td></td><td colspan="3">管道类型(螺旋 直缝 无缝)</td><td></td></tr>
<tr><td>管道材质</td><td></td><td>设计压力/MPa</td><td></td><td colspan="3">管道建设日期</td><td></td></tr>
<tr><td colspan="8">管道运行参数</td></tr>
<tr><td>输送介质</td><td></td><td>运行压力/MPa</td><td></td><td>运行温度/℃</td><td></td><td>流速/(m/s)</td><td></td></tr>
<tr><td colspan="2">介质流速稳定性</td><td colspan="2"></td><td colspan="2">施工季节允许停输时间</td><td colspan="2"></td></tr>
<tr><td colspan="8">介质参数</td></tr>
<tr><td>凝固点/℃</td><td></td><td colspan="2">黏度</td><td></td><td colspan="2">沸点/℃</td><td></td></tr>
<tr><td>露点/℃</td><td></td><td colspan="2">介质组成成分</td><td></td><td colspan="2">化学特性</td><td></td></tr>
<tr><td>爆炸下限/%</td><td></td><td colspan="2">爆炸上限/%</td><td></td><td colspan="2">对人伤害程度</td><td></td></tr>
<tr><td colspan="8">管道清管情况</td></tr>
<tr><td>是否定期清管</td><td></td><td colspan="2">清管器形式</td><td></td><td colspan="2">清管周期</td><td></td></tr>
<tr><td colspan="8">管道开孔、封堵作业情况</td></tr>
<tr><td colspan="2">是否进行过管道开孔、封堵作业</td><td colspan="2"></td><td>施工时间</td><td colspan="3"></td></tr>
<tr><td colspan="8">开孔、封堵作业有无异常：</td></tr>
<tr><td colspan="8">联系方式</td></tr>
<tr><td colspan="2">联系人</td><td colspan="2"></td><td colspan="2">联系电话</td><td colspan="2"></td></tr>
<tr><td colspan="2">传真</td><td colspan="2"></td><td colspan="2">E-mail</td><td colspan="2"></td></tr>
<tr><td colspan="2">通讯地址</td><td colspan="2"></td><td colspan="2">邮政编号</td><td colspan="2"></td></tr>
<tr><td colspan="4">填写人(签字)：</td><td colspan="4">单位盖章：</td></tr>
</table>

附 录 E
(资料性)
管件焊接记录

管道焊接记录见表 E.1。

表 E.1 管道焊接记录

<table>
<tr><td>项目名称</td><td colspan="3"></td><td>施工地点</td><td colspan="3"></td></tr>
<tr><td>建设单位</td><td colspan="3"></td><td>施工单位</td><td colspan="3"></td></tr>
<tr><td>产品编号</td><td colspan="3"></td><td>位置说明</td><td colspan="3"></td></tr>
<tr><td colspan="4">管道</td><td colspan="4">管件</td></tr>
<tr><td>管径/mm</td><td colspan="2">壁厚/mm</td><td>材质</td><td>规格/mm</td><td colspan="2">壁厚/mm</td><td>材质</td></tr>
<tr><td></td><td colspan="2"></td><td></td><td></td><td colspan="2"></td><td></td></tr>
<tr><td></td><td colspan="2"></td><td></td><td></td><td colspan="2"></td><td></td></tr>
<tr><td colspan="2">焊缝号</td><td colspan="2">焊工</td><td colspan="2">焊接工艺编号</td><td colspan="2">连接形式</td></tr>
<tr><td colspan="2"></td><td colspan="2"></td><td colspan="2"></td><td colspan="2"></td></tr>
<tr><td colspan="2"></td><td colspan="2"></td><td colspan="2"></td><td colspan="2"></td></tr>
<tr><td colspan="2"></td><td colspan="2"></td><td colspan="2"></td><td colspan="2"></td></tr>
<tr><td colspan="2"></td><td colspan="2"></td><td colspan="2"></td><td colspan="2"></td></tr>
<tr><td colspan="8">附图</td></tr>
<tr><td>记录人</td><td colspan="3"></td><td>日期</td><td colspan="3"></td></tr>
</table>

附　录　F
(资料性)
开孔、封堵、下塞堵、取塞堵尺寸记录和计算要求

开孔、封堵、下塞堵、取塞堵尺寸记录和计算要求,见图 F.1～图 F.3。

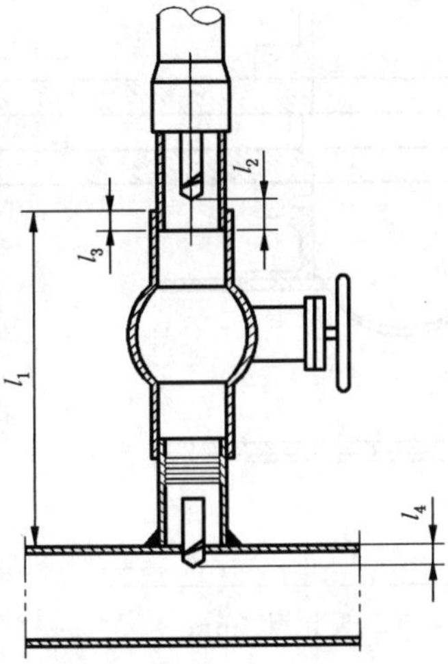

开孔(压力平衡)　____游

名称代号	尺寸/mm
l_1	
l_2	
l_3	
l_4	
总尺寸	
总尺寸$=l_1+l_2-l_3+l_4$	

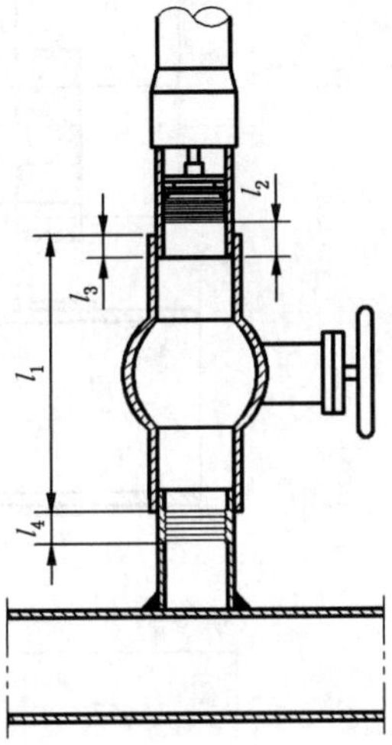

下塞堵(压力平衡)　____游

名称代号	尺寸/mm
l_1	
l_2	
l_3	
l_4	
第一尺寸	
总尺寸	
第一尺寸 $=l_1+l_2-l_3$	
总尺寸 = 第一尺寸$+l_4$	

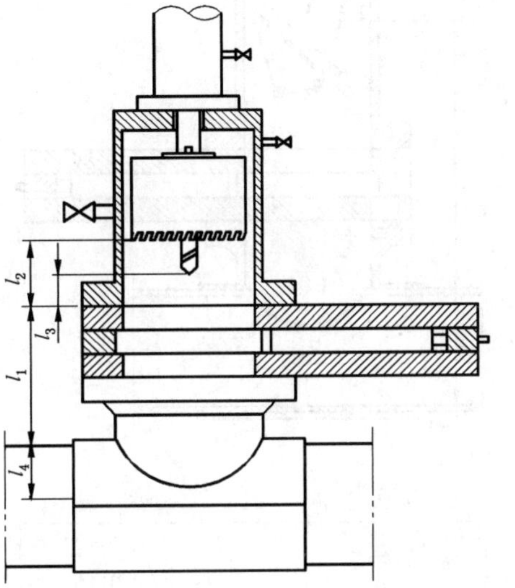

开 孔　____游

名称代号	尺寸/mm	
	封堵孔	旁通孔
l_1		
l_2		
l_3		
l_4		
第一尺寸		
总尺寸		
第一尺寸$=l_1+l_3$		
总尺寸=第一尺寸$+l_2-l_3+l_4$		

图 F.1　开孔、下塞堵(压力平衡孔)尺寸记录和计算要求

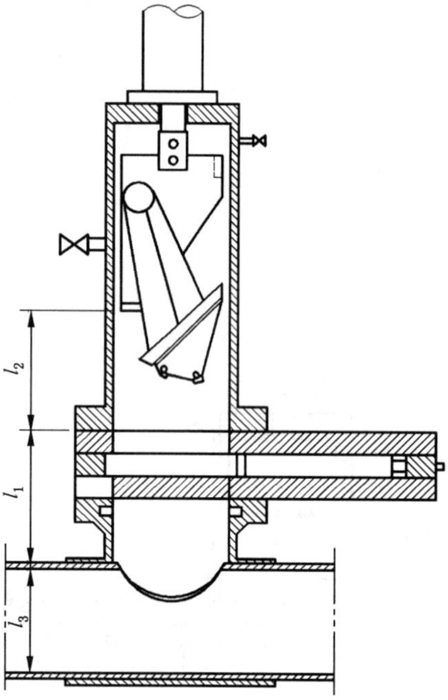

下封堵头 ____游

名称 代号	尺寸/mm
l_1	
l_2	
l_3	
总尺寸	
总尺寸=$l_1+l_2+l_3$	

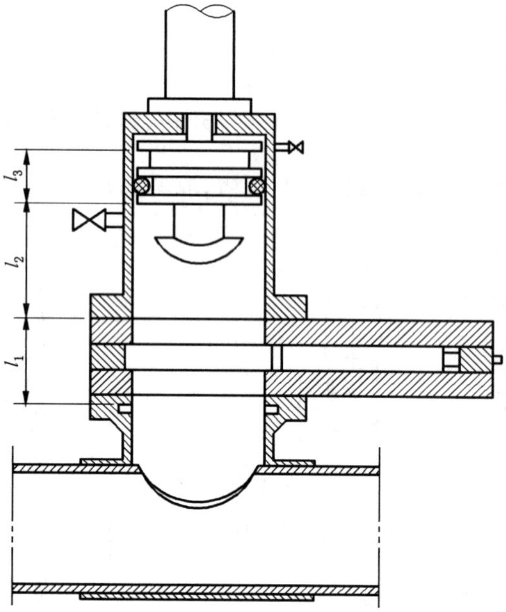

下塞堵 ____游

名称 代号	尺寸/mm	
	封堵孔	旁通孔
l_1		
l_2		
l_3		
总尺寸		
总尺寸=$l_1+l_2+l_3$		

图 F.2 封堵、下塞堵尺寸记录和计算要求

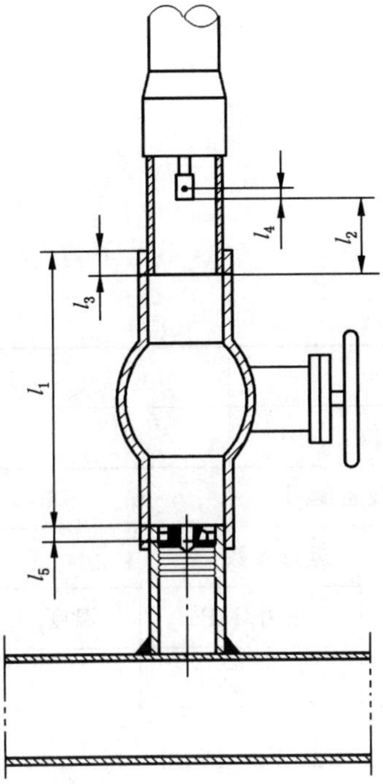

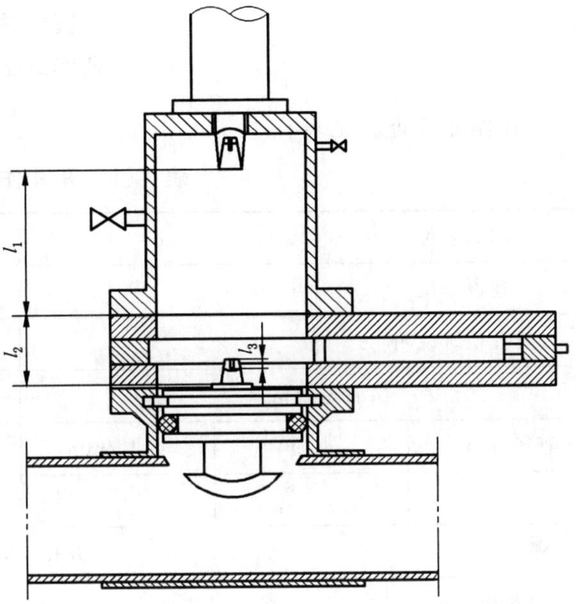

取塞堵(压力平衡)　　____游

名称 代号	尺寸/mm
l_1	
l_2	
l_3	
l_4	
l_5	
第一尺寸	
总尺寸	
第一尺寸＝$l_1+l_2-l_3$	
总尺寸＝第一尺寸＋l_4+l_5	

取塞堵　　____游

名称 代号	尺寸/mm	
	封堵孔	旁通孔
l_1		
l_2		
l_3		
第一尺寸		
总尺寸		
第一尺寸＝$l_1+l_2-l_3$		
总尺寸＝l_1+l_2		

图 F.3　取塞堵尺寸记录和计算要求

附　录　G
（资料性）
开孔作业检查表

开孔作业检查表见表 G.1。

表 G.1　开孔作业检查表

<table>
<tr><td colspan="3">项目名称</td><td colspan="2"></td><td colspan="3">施工地点</td><td colspan="2"></td></tr>
<tr><td colspan="3">建设单位</td><td colspan="2"></td><td colspan="3">施工单位</td><td colspan="2"></td></tr>
<tr><td colspan="3">开孔位置说明</td><td colspan="2"></td><td colspan="3">开孔机型号/设备编号</td><td colspan="2"></td></tr>
<tr><td colspan="5">管道规格</td><td colspan="5">运行参数</td></tr>
<tr><td>管径/mm</td><td colspan="3">材质</td><td>壁厚/mm</td><td>介质</td><td colspan="3">压力/MPa</td><td>温度/℃</td></tr>
<tr><td></td><td colspan="3"></td><td></td><td></td><td colspan="3"></td><td></td></tr>
<tr><td colspan="10">开孔参数</td></tr>
<tr><td colspan="2">刀具规格/mm</td><td colspan="3">第一尺寸/mm</td><td colspan="2">开透尺寸/mm</td><td colspan="3">开孔机转速/(r/min)</td></tr>
<tr><td colspan="2"></td><td colspan="3"></td><td colspan="2"></td><td colspan="3"></td></tr>
<tr><td colspan="2">开始时间</td><td colspan="3"></td><td colspan="2">终止时间</td><td colspan="3"></td></tr>
<tr><td colspan="10">有无异常情况及原因分析和处理办法</td></tr>
<tr><td colspan="2">记录人</td><td colspan="3"></td><td colspan="2">日 期</td><td colspan="3"></td></tr>
</table>

附 录 H
(资料性)
封堵作业检查表

封堵作业检查表见表 H.1。

表 H.1 封堵作业检查表

<table>
<tr><td colspan="3">项目名称</td><td colspan="3"></td><td colspan="3">施工地点</td><td colspan="3"></td></tr>
<tr><td colspan="3">建设单位</td><td colspan="3"></td><td colspan="3">施工单位</td><td colspan="3"></td></tr>
<tr><td colspan="3">封堵位置说明</td><td colspan="3"></td><td colspan="3">封堵器型号/设备编号</td><td colspan="3"></td></tr>
<tr><td colspan="6">管道规格</td><td colspan="6">运行参数</td></tr>
<tr><td colspan="2">管径/mm</td><td colspan="2">材质</td><td colspan="2">壁厚/mm</td><td colspan="2">介质</td><td colspan="2">压力/MPa</td><td colspan="2">温度/℃</td></tr>
<tr><td colspan="2"></td><td colspan="2"></td><td colspan="2"></td><td colspan="2"></td><td colspan="2"></td><td colspan="2"></td></tr>
<tr><td colspan="12">封堵参数</td></tr>
<tr><td colspan="3">封堵头规格/mm</td><td colspan="3">到位尺寸/mm</td><td colspan="3">开始时间</td><td colspan="3">终止时间</td></tr>
<tr><td colspan="3"></td><td colspan="3"></td><td colspan="3"></td><td colspan="3"></td></tr>
<tr><td colspan="12">封堵效果说明

</td></tr>
<tr><td colspan="12">有无异常情况及原因分析和处理办法

</td></tr>
<tr><td colspan="3">记录人</td><td colspan="3"></td><td colspan="3">日期</td><td colspan="3"></td></tr>
</table>

ICS 23.040.10
E 16

中华人民共和国国家标准

GB/T 30582—2014

基于风险的埋地钢质管道外损伤检验与评价

Risk-Based-Inspection and assessment methodology of external damage for buried steel pipelines

2014-05-06 发布 2014-12-01 实施

中华人民共和国国家质量监督检验检疫总局
中国国家标准化管理委员会 发布

前　言

本标准按照 GB/T 1.1—2009 给出的规则起草。

本标准由全国锅炉压力容器标准化技术委员会(SAC/TC 262)提出并归口。

本标准起草单位:中国特种设备检测研究院、国家质量监督检验检疫总局特种设备安全监察局、中国石油大学(北京)、北京科技大学、北京工业大学、中国石油化工股份有限公司镇海炼化分公司、上海质量技术监督局、中国石油西南油气田安全环保与技术监督研究院、深圳市燃气集团有限公司、中国石油天然气集团公司长庆油田分公司、中国石油天然气股份有限公司大庆油田特种设备检验中心、中国石油化工股份有限公司油品销售事业部、上海市特种设备监督检验技术研究院、中国石油化工股份有限公司上海高桥石化分公司。

本标准主要起草人:何仁洋、陶雪荣、杨永、黄辉、孟涛、杨绪运、周德敏、刘长征、修长征、孙亮、王笑梅、帅健、马彬、刘智勇、周方勤、秦林、高健、王新华、徐成裕、王善江、陈秋雄、安跃红、陈运文、李佩、臧国军、王兴龙、李曙华、吴亚滨、单洪翔、卜文平、顾雪东、蔡建平、杨惠谷。

基于风险的埋地钢质管道外损伤检验与评价

1 范围

本标准规定了基于风险的埋地钢质管道外损伤的检验与评价内容，给出了检验与评价方法。

本标准适用于长输管道、集输管道、公用管道、工业管道和动力管道中的埋地钢质管道外损伤的检验与评价，其他的埋地钢质管道可参照本标准执行。

2 规范性引用文件

下列文件对于本文件的应用是必不可少的。凡是注日期的引用文件，仅注日期的版本适用于本文件。凡是不注日期的引用文件，其最新版本(包括所有的修改单)适用于本文件。

GB/T 223(适用部分) 钢铁及合金化学分析方法

GB/T 228.1 金属材料 拉伸试验 第1部分:室温试验方法

GB/T 229 金属材料 夏比摆锤冲击试验方法

GB/T 655 化学试剂 过硫酸铵

GB/T 4334.1 金属和合金的腐蚀 不锈钢晶间腐蚀试验方法

GB/T 4340.1 金属材料 维氏硬度试验 第1部分:试验方法

GB/T 4157 金属在硫化氢环境中抗特殊形式环境开裂实验室试验

GB/T 8650 管线钢和压力容器钢抗氢致开裂评定方法

GB/T 9711 石油天然气工业 管线输送系统用钢管

GB/T 9854 化学试剂 二水合草酸(草酸)

GB/T 19285—2014 埋地钢质管道腐蚀防护工程检验

GB/T 26610.1 承压设备系统基于风险的检验实施导则 第1部分:基本要求和实施程序

GB/T 27512 埋地钢质管道风险评估方法

GB/T 50251 输气管道工程设计规范

JB/T 4730(适用部分) 承压设备无损检测

SY/T 4109 石油天然气钢质管道无损检测

SY/T 6476 输送钢管落锤撕裂试验方法

TSG D7003 压力管道定期检验规则——长输(油气)管道

TSG D7004 压力管道定期检验规则——公用管道

国质检锅(2003)108号 在用工业管道定期检验规程(试行)

3 术语和定义

下列术语和定义适用于本文件。

3.1

外损伤 external damage

由外腐蚀、外力破坏(包括机械破坏、不良地质条件和不良地面条件等)危害造成的埋地钢质管道结构不完整性。

3.2

合于使用评价 fitness for service assessment

对含有缺陷或损伤的管道进行的一种评价,以确定在预期的工作条件下是否可以继续安全运行。

3.3

剩余强度 remaining strength

含缺陷管道的剩余承载能力。

3.4

凹陷 dent

凹陷为管壁受外部挤压或碰撞产生径向位移而形成的局部塌陷,是由于管壁永久塑性变形而使管道横截面发生的形状改变。

3.5

划伤 scratches

外部物体接触导致管道表面金属损失。

3.6

不良条件 unfaverable condition

不良地质条件和不良地面条件。不良地质条件包括采空沉陷、冻土、滑坡和断层等;不良地面条件包括场地占压和洪水等。

3.7

剩余寿命 remaining life

在预期工作条件下,损伤缺陷尺寸扩展到临界尺寸所需的时间。

4 总则

4.1 本标准规定的检验与评价是按照 TSG D7003、TSG D7004 和国质检锅(2003)108 号规定开展的针对埋地钢质管道外损伤的全面检验、合于使用评价与综合评价。

4.2 本标准通过基于风险的检验,识别已经发生、正在发生或预测可能发生的外损伤,并进行合于使用评价及综合评价,对危及管道安全的缺陷与问题提出处理意见。

4.3 基于风险的埋地钢质管道外损伤检验与评价关键要素及流程见图 1。

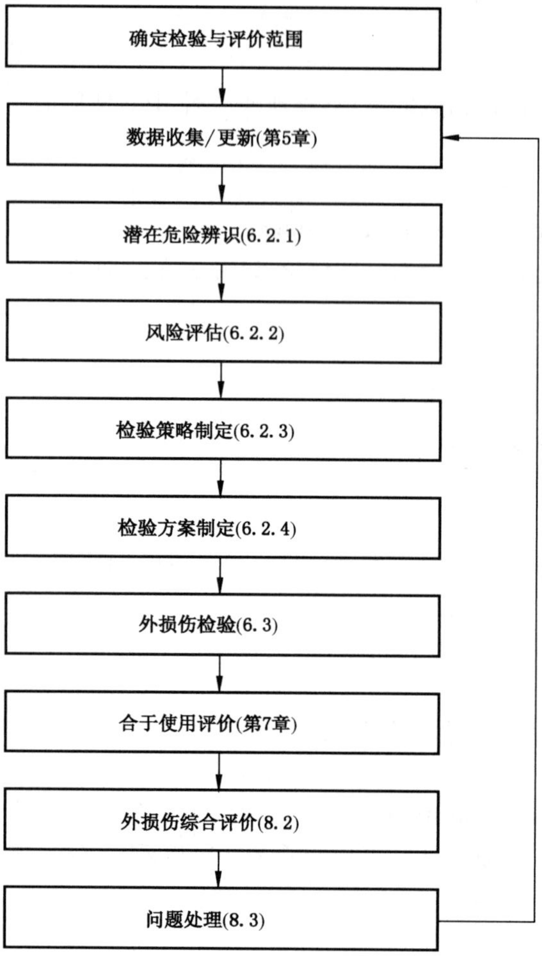

图 1 基于风险的外损伤检验评价流程图

4.4 开展检验与评价的单位和人员应在认可的资格范围内从事检验与评价工作,并对检验与评价结论的真实性、准确性和有效性负责。

注:真实性表示结论、报告以事实为基础,不作假证;准确性表示结论、报告所涉及的检测数据符合相关要求;有效性表示检验机构的资质、检验人员的资格符合要求,所使用的仪器设备在检定校准有效期内,检验依据合法,报告审批程序符合要求。

4.5 基于风险的埋地钢质管道外损伤检验与评价除执行本标准外,应符合现行有关国家标准的规定。

5 数据收集

5.1 检验与评价需要的数据

5.1.1 在进行检验与评价前应对各类相关数据进行全面收集、整合、对比及分析。

5.1.2 开展外损伤检验与评价应收集以下典型数据:

a) 管道类型;

b) 材质;

c) 检测、维修和更换记录;

d) 输送介质;
e) 运行条件;
f) 安全与监测系统;
g) 损伤模式、速率和严重程度;
h) 沿线人员密度;
i) 腐蚀防护系统;
j) 停产损失。

5.1.3 应采用一致的原则进行数据收集,收集的数据应真实有效。

5.1.4 在数据收集过程中,当现有数据不完整时,应根据缺少数据的重要程度,通过实施现场检测进行数据收集。

5.2 数据来源

5.2.1 设计、制造、安装与竣工资料,其中包括:
a) 设计文件(包括计算书、施工图、说明书等)、设计变更;
b) 管道元件制造质量证明文件、监督检验报告;
c) 管道安装竣工验收资料、管道安装监督检验报告、工程质量检验和评定报告;
d) 采用的法规和标准;
e) 腐蚀防护系统;
f) 水工保护;
g) 泄漏检测与监控系统;
h) 紧急泄压与泄放系统。

5.2.2 检测与评价报告,其中包括:
a) 时间与周期;
b) 类型和数量;
c) 维修与更新;
d) 结论。

5.2.3 工艺文件,其中包括:
a) 介质成分分析(含腐蚀成分);
b) 数据采集系统;
c) 运行规范;
d) 应急预案;
e) 运行日志与工艺记录;
f) 管理变更记录。

5.2.4 失效数据文件,其中包括:
a) 泄漏数据;
b) 腐蚀数据;
c) 外力破坏数据;
d) 地质灾害数据。

5.2.5 管道事故调查资料。

5.2.6 现有的完整性管理系统或地理信息系统。

5.3 数据更新

管道经过检验与评价后,管道使用单位应对管道数据进行完善和更新,并补充到管道数据库中。

6 基于风险的外损伤检验

6.1 基于风险的外损伤检验流程

基于风险的埋地钢质管道外损伤检验流程如图 2 所示。

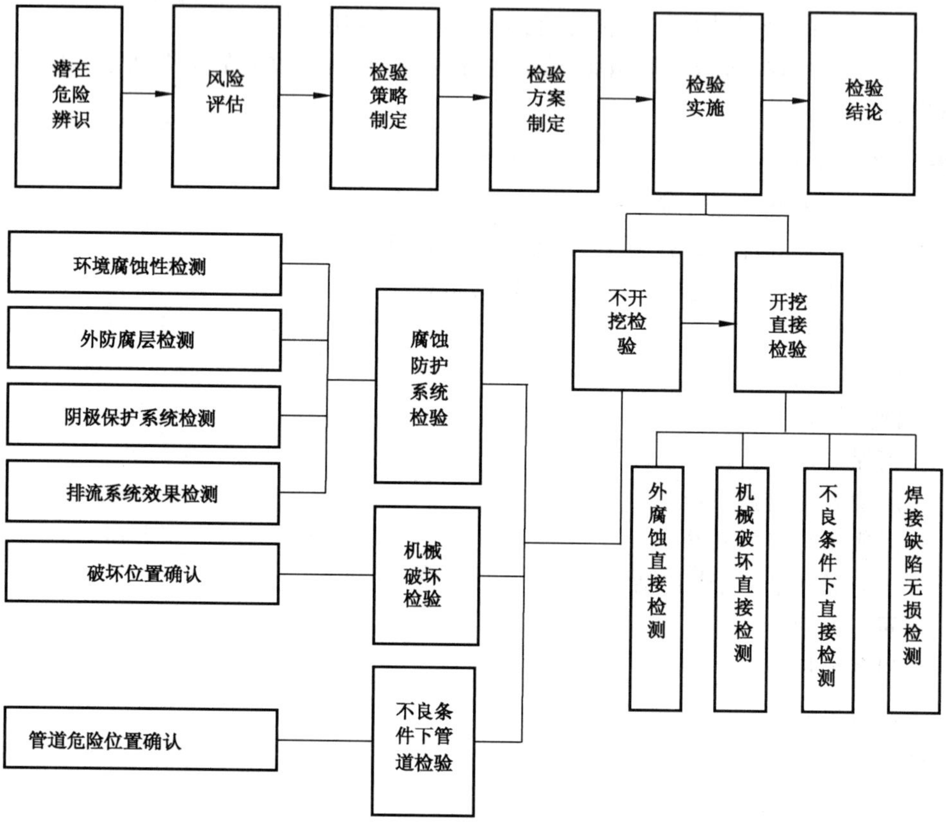

图 2 基于风险的外损伤检验流程图

6.2 基于风险的外损伤检验步骤

6.2.1 潜在危险辨识

检验人员应在数据收集分析基础上,辨识危害管道结构完整性的潜在危险。潜在危险可分为以下几种:

a) 固有危险,如制造与安装、改造、维修施工过程中产生的缺陷;

b) 运行过程中与时间有关的危险,如内腐蚀、外腐蚀、应力腐蚀;

c) 运行过程中与时间无关的危险,如第三方破坏、误操作、外力机械破坏及不良地质条件等;

d) 其他危害管道安全的潜在危险。

检验人员应通过辨识所有危害管道结构完整性的潜在危险以确认能否应用本标准,否则应采取其他检验与评价方法。

6.2.2 风险评估

6.2.2.1 风险评估包括风险预评估和风险再评估。风险预评估是检验机构对资料审查分析完成后,全面检验开展前,按照有关安全技术规范及其相应标准进行的风险评估。风险再评估是使用单位对管道采取相应的修复或采取降压措施,并且经评价机构确认后,评价机构重新对风险预评估结果进行的修正。

6.2.2.2 风险评估人员应充分了解每种管道风险评估方法的优缺点,并应在相应的资质范围内开展评估工作。

6.2.2.3 应遵守 GB/T 26610.1 的基本原则和要求,并按照 GB/T 27512 进行风险评估。

6.2.2.4 风险评估应按照 GB/T 27512 进行风险区段划分。

6.2.2.5 风险评估人员应根据管道实际情况,以修正模型开展外损伤为主要潜在危险的风险评估。在基本模型的架构下调整相关因素的评分权重,或增加所评估管道特有的风险因素,或在基本模型中剔除不影响所评管道各区段风险排序的风险因素。

6.2.3 检验策略制定

6.2.3.1 检验策略的制定应遵守国家相关法律、法规、规章和安全技术规范。

6.2.3.2 检验策略应由检验人员依据风险评估报告制定,并征询使用单位意见。

6.2.3.3 制定检验策略的人员应具有足够的材料、电化学腐蚀、外腐蚀检测及合于使用评价等知识背景和实践经验,单位应建立制定基于风险的检验策略质量控制程序。

6.2.3.4 基于风险的检验策略一般包括以下内容:

a) 管道的潜在失效模式;
b) 设定的风险可接受水平;
c) 管道检验前的风险水平;
d) 实施检验后预期可达到的风险水平;
e) 检验的时间;
f) 检验的管道区段;
g) 检验针对的潜在危险;
h) 检验的范围;
i) 检验的方法、仪器及比例。

6.2.3.5 管道风险可接受水平可使用失效可能性、失效后果或风险级别来表述,根据管道使用单位的实际情况,由用户与检验策略制定人员协商确定,但应满足法律、法规、规章和安全技术规范的有关规定。宜以风险级别来描述风险可接受水平。

6.2.3.6 检验区段划分时应综合考虑以下因素:

a) 风险评估的区段,检验区段长度不应小于风险评估区段长度;
b) 检验方法及检测工具的差异;
c) 检验实施的经济性。

6.2.4 检验方案制定

6.2.4.1 检验人员应依据风险预评估结果和基于风险的检验策略内容,按照相关法规标准制定检验方案。

6.2.4.2 检验方案应至少包括以下内容要求：

a) 安全注意事项；

b) 检验人员；

c) 检验设备；

d) 检验方法；

e) 检验项目；

f) 检验比例；

g) 检验记录格式；

h) 检验报告格式；

i) 管道使用单位配合项目。

6.2.4.3 检验人员应于检验前就检验方案征询管道使用单位意见。

6.2.5 检验实施与结论

检验机构与人员应根据外损伤检验方案开展检验工作，外损伤检验包括不开挖检验和开挖直接检验，并根据检验情况给出单项检验结论。

6.3 基于风险的外损伤检验过程

6.3.1 检验时间

6.3.1.1 新建管道投用后 3 年内一般应进行首次基于风险的检验。

6.3.1.2 其他管道检验时间的确定以管道风险是否达到风险可接受水平来调整原定检验周期。

6.3.1.3 属于下列情况之一的管道，当只能进行外损伤检验时，应当立即进行外损伤检验与评价：

a) 运行工况发生显著改变从而导致运行风险提高的；

b) 输送介质种类发生重大变化，改变为更危险介质的；

c) 停用超过 1 年后再启用的；

d) 年度检查结论要求进行外损伤检验的；

e) 所在地发生地震、滑坡、泥石流等重大地质灾害的。

6.3.2 外损伤不开挖检验

6.3.2.1 一般要求

6.3.2.1.1 埋地钢质管道外损伤不开挖检验包括腐蚀防护系统检验、机械破坏检验和不良条件下管道检验。

6.3.2.1.2 Ⅰ、Ⅱ级公路、高速公路、铁路和大中型水域穿越管段、检验人员认为重要的管段，可采用行业认可的其他方法进行检验。

6.3.2.2 腐蚀防护系统检验

6.3.2.2.1 腐蚀防护系统检验的内容包括环境腐蚀性检测、外防腐层检测、阴极保护系统检测和排流系统效果检测。

6.3.2.2.2 确定腐蚀防护系统检验比例时应考虑不同类别、不同风险等级管道的差异。

6.3.2.2.3 环境腐蚀性检测包括土壤腐蚀性检测和杂散电流检测：

a) 土壤腐蚀性检测采用抽样检测，必要时可根据腐蚀活性增加土壤腐蚀抽样检测点。检测方法见 GB/T 19285—2014 的附录 A，检测比例见本标准附录 A 中 A.1；

b) 杂散电流检测包括直流杂散电流检测和交流杂散电流检测。应对日常巡检、年度检查或外损伤检验过程中发现的杂散电流干扰区域进行检测。检测方法及评价准则见GB/T 19285。

6.3.2.2.4 外防腐层检测包括外防腐层整体状况和局部破损点的不开挖检测：

a) 外防腐层整体状况不开挖检测可采用直流电流衰减法和交流电流衰减法，并利用外防腐层电阻率、电流衰减率等指标进行评价，检测评价方法见GB/T 19285—2014的附录I；

b) 外防腐层破损点不开挖检测可采用交流电位梯度法和直流电位梯度法，并利用破损点密度指标进行评价，检测方法见GB/T 19285—2014的附录D；

c) 外防腐层不开挖检测项目及比例见A.1。

6.3.2.2.5 阴极保护系统检测应包括阴极保护效果检测和阴极保护设施状况检测。检测对象包括外加电流阴极保护系统和牺牲阳极阴极保护系统，检测评价方法见GB/T 19285：

a) 针对外加电流阴极保护系统，当管道风险等级为高或较高等级时，应进行100%密间隔断电电位检测；当管道风险等级为中或低风险等级时，应在电位测试桩处进行管地电位检测；发现异常时，应对该处前后管段进行100%密间隔断电电位检测；

b) 针对牺牲阳极阴极保护系统、外加电流与牺牲阳极联合保护系统，当管道风险等级为高或较高等级时，应进行100%密间隔电位检测；当管道风险等级为中或低风险等级时，应在电位测试桩处进行管地电位检测；发现异常时，应对该处前后管段进行密间隔电位检测；

c) 检测管道无阴极保护电位测试桩时，应开挖进行管地电位检测，开挖间隔不宜大于1km；

d) 阴极保护设施检测时，针对外加电流阴极保护系统，可对恒电位仪、辅助阳极床、绝缘装置及电连接装置等设施性能状况进行检测；针对牺牲阳极阴极保护系统，可对电位测试桩、牺牲阳极等设施性能状况进行检测。

6.3.2.2.6 排流系统检测应包括排流效果检测和排流设施检测。检测对象包括直流排流和交流排流系统，检测内容测评价方法见GB/T 19285：

a) 排流效果检测通过排流点电位检测、杂散电流干扰段阴极保护效果检测、交流接地体安全距离检测等方法检测排流效果。交流接地体安全距离的测量范围应包括已知交流接地体安全距离的复核和未知交流接地体的调查与测量；

b) 应对包括排流器、排流线、接地床、电绝缘装置等设施性能状况检测。

6.3.2.3 机械破坏检验

通过数据收集、日常巡查，并结合现场地物地貌分析、管道附属设施完好情况统计及第三方活动情况调查等，确定管段是否存在机械破坏；再对管道走向、埋深和防腐层状况进行不开挖检测，确定机械破坏的准确位置。

6.3.2.4 不良条件下管道检验

对管道走向、位置、埋深等进行不开挖检测，确定是否存在不良条件造成的管道本体凹陷、变形、漂管等潜在危险：

a) 采空沉陷区管道不开挖检验项目有：管道途经地区地下资源开采活动资料收集、地表沉降情况调查，管道的走向、位置、埋深检测和高程测量；

b) 冻土区管道不开挖检验项目有：历史冻土深度调查，管道的走向、位置和埋深检测；

c) 滑坡区管道不开挖检验项目有:管道途经地区地质资料调查,管道的走向、位置和埋深检测,坐标与高程测量。计算管道中心线位移量;

d) 断层区管道不开挖检验项目有:管道途经地区地质断层状况调查,管道的走向、位置和埋深检测;

e) 占压不开挖检验项目有:地面建构筑物情况调查,管道的走向、位置、埋深和防腐层状况、阴极保护效果检测;

f) 洪水区不开挖检验项目有:河床、河岸的稳定性和洪水季节性资料调查,管道的走向、位置和埋深检测。

6.3.3 外损伤开挖直接检验

6.3.3.1 一般要求

6.3.3.1.1 埋地钢质管道外损伤开挖直接检验包括外腐蚀直接检测、机械破坏直接检测、不良条件下直接检测及焊缝无损检测,所选择的检测项目应满足合于使用评价的需要。

6.3.3.1.2 开挖点的选取应当结合数据收集中的错边、咬边严重的焊接接头以及碰口与连头焊口,使用中发生过泄漏、第三方破坏的位置,并重点选择风险评估中属于较高风险及高风险等级管段。

6.3.3.2 外腐蚀直接检测

6.3.3.2.1 外腐蚀直接检测包括土壤腐蚀性检测、外防腐层直接检测、管地电位检测和管体腐蚀检测。

6.3.3.2.2 外腐蚀开挖点数量确定原则见表1。每条管道应至少开挖一处。

表1 埋地钢质管道外腐蚀开挖点数量确定原则

单位为处每千米

管道类别	腐蚀防护系统质量等级			
	1	2	3	4
长输气管道、GB1-Ⅰ级和GB1-Ⅱ级高压燃气管道、联合站至长输首站集输气管道	不开挖	0.1	1.0~1.2	1.8~2.0
长输油管道、联合站至长输首站集输油管道、集输站至联合站集输管管道	不开挖	0.1	0.6~0.8	1.2~1.5
GB1-Ⅲ级次高压燃气管道、GB1-Ⅳ级次高压燃气管道	0.05	0.1	0.6~0.8	1.2~1.5
GB1-Ⅴ级和GB1-Ⅵ级中压燃气管道、GB2级热力管道	不开挖	0.05	0.3	0.6~0.8
GC1级工业管道	0.1	0.5	1.0~1.2	1.8~2.0
GC2级工业管道、GD1级动、GD2级动力管道	0.05	0.1	0.6~0.8	1.2~1.5
GC3级工业管道	不开挖	0.05	0.3	0.6~0.8
单井站至集输站集输管道	0.05	0.1	0.6~0.8	1.2~1.5
注:当有机械破坏和不良条件管体检验需要的开挖点时,开挖数量可纳入本表所需比例。				

6.3.3.2.3 土壤腐蚀性检测

土壤腐蚀性检测包括土壤质地、土壤电阻率、氧化还原电位、管地电位、土壤pH值、土壤的含水率、土壤含盐量、土壤 Cl^- 含量等参数的测试，检测方法依据 GB/T 19285—2014 的附录 A。

6.3.3.2.4 外防腐层直接检测

包括外观检查、漏点检测、防腐层厚度检测和粘结力检测，检测评价方法见 GB/T 19285—2014 的附录 C，并应遵守以下要求：

a) 应对开挖探坑中露出的防腐层全部进行检测；

b) 进行防腐层厚度检测时，应检测管道截面 12 个时钟位置的厚度。

6.3.3.2.5 管地电位检测

应在开挖处使用饱和硫酸铜参比电极检测近参比管地电位。

6.3.3.2.6 管体外腐蚀检测

管体外腐蚀检测项目包括：

a) 外观检查：应检测外腐蚀的位置、腐蚀程度、形貌等；

b) 腐蚀产物分析：如存在腐蚀产物，应检测腐蚀产物分布(均匀、非均匀)、厚度、颜色、结构(分层状、粉状或多孔)、紧实度(松散、紧实、坚硬)。腐蚀产物分析可采用现场初步鉴定方法，现场初步鉴定方法见 A.2；

c) 外腐蚀尺寸检测：包括腐蚀深度和腐蚀面积检测，并检测腐蚀缺陷在管道轴向与环向上的投影长度，对于腐蚀严重缺陷或位于风险等级为高或较高等级区段的腐蚀缺陷，应采用危险厚度截面法检测腐蚀缺陷尺寸，检测方法见 A.3。管道风险等级为中或低风险等级的腐蚀缺陷，可采用危险厚度截面法检测腐蚀缺陷尺寸；

d) 内腐蚀尺寸检测：应采用外壁漏磁、超声扫描成像或超声测厚等技术判断管道是否存在内腐蚀，检测要求见外腐蚀尺寸检测；

e) 选取未腐蚀区域进行管道壁厚的检测，应检测管道截面 12 个时钟位置的厚度。

6.3.3.3 机械破坏直接检测

对存在机械破坏的管段进行开挖检测，包括外观检查、尺寸检测、管体损伤无损检测等项目：

a) 外观检查：应检测机械破坏的位置、损伤类型、损伤程度、形貌等；

b) 尺寸检测：应检测损伤的深度和面积，检测方法与外腐蚀检测相同。对于沟槽状缺陷应检测根部曲率半径；

c) 管体缺陷无损检测：应对凹陷的边缘和沟槽状缺陷进行磁粉检测，并对凹陷底部进行射线检测。具体检测方法见 A.4。

6.3.3.4 不良条件下直接检测

对不良条件下存在损伤的管段进行开挖检测，包括管道偏移量检测和损伤检测等项目：

a) 管道偏移量检测：采用坐标测量等方法检测管段最大偏移量；

b) 损伤检测：应对不良条件下管道表面损伤进行检测，检测方法同 6.3.3.3。

6.3.3.5 焊接缺陷无损检测

6.3.3.5.1 焊接缺陷无损检测按照 JB/T 4730 或 SY 4109 执行，一般采用射线或者超声方法，也可采用国家质检总局认可的其他无损检测方法。

6.3.3.5.2 焊接缺陷无损检测应与探坑检测、露管段检测相结合。开挖检测部位的焊接接头应100%无损检测。必要时还应对以下焊接接头进行无损检测：

a) 制造、安装中返修过的焊接接头和安装时固定口的焊接接头；

b) 错边、咬边超标的焊接接头；

c) 泵、压缩机、调压站、分水器、阀室进出口第一道焊接接头或相近的焊接接头；

d) 穿跨越部位、出土与入土端附近的焊接接头；

e) 表面检测发现裂纹的焊接接头；

f) 硬度检验和厚度测试中发现异常的焊接接头；

g) 检验人员和使用单位认为需要抽查的其他焊接接头。

7 埋地钢质管道合于使用评价

7.1 一般要求

7.1.1 外损伤检验完成后，应及时开展埋地钢质管道合于使用评价(以下简称合于使用评价)工作。合于使用评价包括材料适用性评价、剩余强度评估、不良条件下管道安全评定和剩余寿命预测。

7.1.2 根据外损伤检验管道类别、检验结论确定需开展的合于使用评价项目。

7.1.3 评价机构必须制定合于使用评价方案(包括安全措施和应急预案)，征询使用单位的意见，并由评价机构授权的技术负责人审批。合于使用评价人员必须严格按照批准后的合于使用评价方案进行评价工作。评价过程中根据实际情况需作调整时，必须经过评价机构授权的技术负责人审查批准，并征求使用单位意见。

7.1.4 评价工作结束后，评价人员应出具合于使用评价报告。

7.2 材料适用性评价

7.2.1 一般要求

7.2.1.1 对材质不明，以及有可能发生 H_2S 等应力腐蚀，或者使用年限已经超过 15 年并且发生过与应力腐蚀、焊接缺陷有关的修理改造的管道，应当进行管道材料适用性评价。

7.2.1.2 材料适用性评价应在材料性能试验的基础上，开展化学成分、金相组织、力学性能、特殊服役条件评价等工作。

7.2.1.3 输送石油天然气介质的管道材料适用性评价见 7.2.2 与 7.2.3，输送其他介质的管道材料适用性评价参照相关标准。

7.2.2 测试种类与数量

根据材料适用性评价项目开展材料测试，测试种类与数量见表 2，测试方法见附录 B。材料性能测试应由具有国家实验室相应资质的单位进行。

表 2　测试种类与数量

测试种类	取样位置	钢管类型				试样数量
		无缝钢管	电阻焊管	埋弧焊管		
				直缝	螺旋缝	
化学成分分析	管体	√	√	√	√	2
金相分析	管体	√	√	√	√	2
	焊缝	√	√	√	√	2
拉伸测试	管体	√	√	√	√	3
	焊缝	—	√	√	√	3
	环焊缝	√	√	√	√	3
夏比 V 型缺口冲击韧性测试	管体	√	√	√	√	3
	焊缝[a]	—	√	√	√	3
	环焊缝[a]	—	√	√	√	3
	热影响区	—	√	√	√	3
落锤撕裂测试	管体	√	√	√	√	2
夏比 V 型缺口低温冲击韧性测试[b]	管体	√	√	√	√	3
	焊缝[a]	—	√	√	√	3
	环焊缝[a]	√	√	√	√	3
	热影响区	√	√	√	√	3
硬度测试	见图 B.4	√	√	√	√	1
HIC 测试[c]	管体	√	√	√	√	3
	焊缝	√	√	√	√	3
SCC 测试[c]		√	√	√	√	3
晶间腐蚀测试[d]	管体	√	√	√	√	2
	焊缝[a]	—	√	√	√	2
	环焊缝[a]	√	√	√	√	2
	热影响区	√	√	√	√	2

注：对于不宜取样的管段可采用微损伤试样进行力学性能测试，测试方法可参考相关文献。

[a] 未经压平。

[b] 若管道壁温≥0 ℃，可不进行夏比 V 型缺口低温冲击韧性测试。

[c] 若管道运行环境中无硫化物存在，可不进行 HIC 和 SCC 测试。

[d] 本项测试仅针对奥氏体不锈钢。

7.2.3　材料适用性评价要求

7.2.3.1　化学成分要求

各钢级的化学成分应达到表 3～表 5 对应要求，表 3～表 5 中没有对应的钢级或者供货商原始标准高于表 3～表 5 的，应达到供货商提供的原始标准要求；二者都不能满足的，应达到实际使用要求。表中的碳当量 CE_{IIW} 或 CE_{Pcm} 应根据待测材料成分按式(1)或式(2)进行计算：

$$CE_{IIW}=C+\frac{Mn}{6}+\frac{Cr+Mo+V}{5}+\frac{Cu+Ni}{15} \quad\cdots\cdots(1)$$

$$CE_{Pcm}=C+\frac{Si}{30}+\frac{Mn+Cu+Cr}{20}+\frac{Ni}{60}+\frac{Mo}{15}+\frac{V}{10}+5B \cdots\cdots\cdots\cdots\cdots\cdots (2)$$

表 3　化学成分要求(壁厚≤25.0mm 的 PSL 1 级钢管)

钢级		元素含量[a](质量分数)/%							
		C	Mn	P		S	V	Ni	Ti
		最大[b]	最大[b]	最小	最大	最大	最大	最大	最大
无缝钢管	L175(A25)	0.21	0.60	—	0.030	0.030	—	—	—
	L175(A25P)	0.21	0.80	0.045	0.080	0.030	—	—	—
	L210(A)	0.22	0.90	—	0.030	0.030	—	—	—
	L245(B)	0.28	1.20	—	0.030	0.030	c,d	c,d	d
	L290(X42)	0.28	1.30	—	0.030	0.030	d	d	d
	L320(X46)	0.28	1.40	—	0.030	0.030	d	d	d
	L360(X52)	0.28	1.40	—	0.030	0.030	d	d	d
	L390(X56)	0.28[e]	1.40[e]	—	0.030	0.030	d	d	d
	L415(X60)	0.28[c]	1.40[c]	—	0.030	0.030	f	f	f
	L450(X65)	0.28[e]	1.40[e]	—	0.030	0.030	f	f	f
	L485(X70)	0.28[e]	1.40[e]	—	0.030	0.030	f	f	f
	L555(X80)	0.09	1.85	—	0.022	0.005	0.06	0.11	0.025
焊接钢管	L175(A25)	0.21	0.60	—	0.030	0.030	—	—	—
	L175(A25P)	0.21	0.60	0.045	0.080	0.030	—	—	—
	L210(A)	0.22	0.90	—	0.030	0.030	—	—	—
	L245(B)	0.26	1.20	—	0.030	0.030	c,d	c,d	d
	L290(X42)	0.26	1.30	—	0.030	0.030	d	d	d
	L320(X46)	0.26	1.40	—	0.030	0.030	d	d	d
	L360(X52)	0.26	1.40	—	0.030	0.030	d	d	d
	L390(X56)	0.26[e]	1.40	—	0.030	0.030	d	d	d
	L415(X60)	0.26[e]	1.40	—	0.030	0.030	f	f	f
	L450(X65)	0.26[e]	1.45[e]	—	0.030	0.030	f	f	f
	L485(X70)	0.26[e]	1.65[e]	—	0.030	0.030	f	f	f
	L555(X80)	0.09	1.85	—	0.022	0.005	0.06	0.11	0.025

[a] 最大铜(Cu)含量为 0.50%;最大镍(Ni)含量为 0.50%,最大铬(Cr)含量为 0.50%,最大钼(Mo)含量为 0.15%。对于 L360/X52 及以下钢级,不得随意加入 Cu、Cr、Ni。

[b] 碳(C)含量比规定最大碳含量减少 0.01%,则允许锰(Mn)含量比规定最大的锰(Mn)含量高 0.05%,但进行如下限制:对于 L245/B≤钢级≤L360/X52 最大的锰(Mn)含量不得超过 1.65%;对于 L360/X52<钢级<L485/X70 最大的锰(Mn)含量不得超过 1.75%,对于 L485/X70 钢级最大的锰(Mn)含量不得超过 2.00%。

[c] 除另有协议外,铌(Nb)含量和钒(V)含量之和应≤0.06%。

[d] 铌(Nb)含量、钒(V)含量和钛(Ti)含量之和应≤0.15%。

[e] 除另有协议外。

[f] 除另有协议外,铌(Nb)含量、钒(V)含量和钛(Ti)含量之和应≤0.15%。

表 4　化学成分要求(壁厚≤25.0mm 的 PSL 2 级钢管)

钢级		最大元素含量（质量分数）/%									碳当量[a]/%(最大)	
		C [b]	Si	Mn [b]	P	S	V	Nb	Ti	其他	CE_{IIW}	CE_{Pcm}
无缝和焊接钢管	L245R(BR)	0.24	0.40	1.20	0.025	0.015	[c]	[c]	0.04	[e]	0.43	0.25
	L290R(X42R)	0.24	0.40	1.20	0.025	0.015	0.06	0.05	0.04	[e]	0.43	0.25
	L245N(BN)	0.18	0.40	1.20	0.025	0.015	[c]	[c]	0.04	[e]	0.43	0.25
	L290N(X42N)	0.24	0.40	1.20	0.025	0.015	0.06	0.05	0.04	[e]	0.43	0.25
	L320N(X46N)	0.24	0.40	1.40	0.025	0.015	0.07	0.05	0.04	[d,e]	0.43	0.25
	L360(X52N)	0.24	0.45	1.40	0.025	0.015	0.10	0.05	0.04	[d,e]	0.43	0.25
	L390N(X56N)	0.24	0.45	1.40	0.025	0.015	0.10[f]	0.05	0.04	[d,e]	0.43	0.25
	L415N(X60N)	0.24[f]	0.45[f]	1.40[f]	0.025	0.015	0.10[f]	0.05[f]	0.04[f]	[g,h]	依照协议	
	L245Q(BQ)	0.18	0.45	1.40	0.025	0.015	0.05	0.05	0.04	[e]	0.43	0.25
	L290Q(X42Q)	0.18	0.45	1.40	0.025	0.015	0.05	0.05	0.04	[e]	0.43	0.25
	L290Q(X46Q)	0.18	0.45	1.40	0.025	0.015	0.05	0.05	0.04	[e]	0.43	0.25
	L320(X52Q)	0.18	0.45	1.50	0.025	0.015	0.05	0.05	0.04	[e]	0.43	0.25
	L360Q(X56Q)	0.18	0.45	1.50	0.025	0.015	0.07	0.05	0.04	[d,e]	0.43	0.25
	L415Q(X60Q)	0.18[f]	0.45[f]	1.70[f]	0.025	0.015	[g]	[g]	[g]	[h]	0.43	0.25
	L450Q(X65Q)	0.18[f]	0.45[f]	1.70[f]	0.025	0.015	[g]	[g]	[g]	[h]	0.43	0.25
	L485Q(X70Q)	0.18[f]	0.45[f]	1.80[f]	0.025	0.015	[g]	[g]	[g]	[h]	0.43	0.25
	L555Q(X80Q)	0.18[f]	0.45[f]	1.90[f]	0.025	0.015	[g]	[g]	[g]	[i,j]	依照协议	
焊接钢管	L245M(BM)	0.22	0.60	—	0.025	0.015	0.05	0.05	0.04	[e]	0.43	0.25
	L290M(X42M)	0.22	0.60	0.045	0.025	0.015	0.05	0.05	0.04	[e]	0.43	0.25
	L320M(X46M)	0.22	0.90	—	0.025	0.015	0.05	0.05	0.04	[e]	0.43	0.25
	L360M(X52M)	0.22	1.20	—	0.025	0.015	[d]	[d]	[d]	[e]	0.43	0.25
	L390(X56M)	0.22	1.30	—	0.025	0.015	[d]	[d]	[d]	[e]	0.43	0.25
	L415M(X60M)	0.12[f]	1.40	—	0.025	0.015	[g]	[g]	[g]	[h]	0.43	0.25
	L450M(X65M)	0.12[f]	1.40	—	0.025	0.015	[g]	[g]	[g]	[h]	0.43	0.25
	L485M(X70M)	0.12[f]	1.40	—	0.025	0.015	[g]	[g]	[g]	[h]	0.43	0.25
	L555M(X80M)	0.12[f]	1.40	—	0.025	0.015	[g]	[g]	[g]	[i]	0.43	0.25
	L625M(X90M)	0.12[f]	1.45[e]	—	0.020	0.010	[g]	[g]	[g]	[i]		0.25
	L690M(X100M)	0.10	1.65[e]	—	0.020	0.010	[g]	[g]	[g]	[i,j]	—	0.25
	L830M(X120M)	0.10	1.80	—	0.020	0.010	[g]	[g]	[g]	[i,j]		0.25

[a] 依据产品分析结果,壁厚>20.0mm 的无缝钢管,碳当量的极限值应协商确定。碳含量大于 0.12%使用 CE_{IIW},碳含量小于或等于 0.12%使用 CE_{Pcm}。

[b] 碳含量比规定的最大碳含量每减少 0.01%,允许锰含量比规定最大锰含量高 0.05%,对钢级≥L245(B)但≤L360(X52)的锰含量不得超过 1.65%;对于钢级>L360(X52)但<L485(X70)的不得超过 1.75%;对于钢级≥L485(X70)但≤L555(X80)的锰含量不得超过 2.00%;对于钢级>L555(X80)的锰含量不得超过 2.20%。

[c] 除另有协议外,铌(Nb)含量和钒(V)含量之和应≤0.06%。

[d] 除另有协议外,铌(Nb)含量、钒(V)含量和钛(Ti)含量之和应≤0.15%。

[e] 除另有协议外,最大铜(Cu)含量为 0.05%,最大镍(Ni)含量为 0.30%,最大铬(Cr)含量为 0.30%,最大钼(Mo)含量为 0.15%。

[f] 除另有协议外。

[g] 除另有协议外,铌(Nb)含量、钒(V)含量和钛(Ti)含量之和应≤0.15%。

[h] 除另有协议外,最大铜(Cu)含量为 0.05%,最大镍(Ni)含量为 0.50%,最大铬(Cr)含量为 0.50%,最大钼(Mo)含量为 0.50%。

[i] 除另有协议外,最大铜(Cu)含量为 0.05%,最大镍(Ni)含量为 1.00%,最大铬(Cr)含量为 0.50%,最大钼(Mo)含量为 0.50%。

[j] 最大硼(B)含量为 0.004%。

表 5 化学成分要求 壁厚≤25.0mm 的 PSL 2 级钢管(酸性服役条件)

钢级		最大元素含量(质量分数)/%									碳当量[a]/%(最大)	
		C[b]	Si	Mn[b]	P	S	V	Nb	Ti	其他[c,d]	CE_{IIW}	CE_{Pcm}
无缝和焊接钢管	L245NS(NS)	0.14	0.40	1.35	0.020	0.003[e]	[f]	[f]	0.04	[g]	0.36	0.19[h]
	L290NS(X42NS)	0.14	0.40	1.35	0.020	0.003[e]	0.05	0.05	0.04	—	0.36	0.19[h]
	L320NS(X46NS)	0.14	0.40	1.40	0.020	0.003[e]	0.07	0.05	0.04	[g]	0.38	0.20[h]
	L360NS(X52NS)	0.16	0.45	1.65	0.020	0.003[e]	0.10	0.05	0.04	[g]	0.43	0.22[h]
	L245QS(BQS)	0.14	0.40	1.35	0.020	0.003[e]	0.04	0.04	0.04	—	0.34	0.19[h]
	L290QS(X42QS)	0.14	0.40	1.35	0.020	0.003[e]	0.04	0.04	0.04	—	0.34	0.19[h]
	L320N(X46QS)	0.15	0.45	1.40	0.020	0.003[e]	0.05	0.05	0.04	—	0.36	0.20[h]
	L360QS(X52QS)	0.16	0.45	1.65	0.020	0.003[e]	0.07	0.05	0.04[f]	[g]	0.39	0.20[h]
	L390QS(X56QS)	0.16	0.45	1.65	0.020	0.003[e]	0.07	0.05	0.04	[g]	0.40	0.21[h]
	L415QS(X60QS)	0.16	0.45	1.65	0.020	0.003[e]	0.08	0.05	0.04	[g,i,k]	0.41	0.22[h]
	L450QS(X65QS)	0.16	0.45	1.65	0.020	0.003[e]	0.09	0.05	0.06	[g,i,k]	0.42	0.22[h]
	L485QS(X70QS)	0.16	0.45	1.65	0.020	0.003[e]	0.09	0.05	0.06	[g,i,k]	0.42	0.22[h]
焊接钢管	L245MS(BMS)	0.10	0.40	1.25	0.020	0.002[e]	0.04	0.04	0.04	—	—	0.19
	L290MS(X42MS)	0.10	0.40	1.25	0.020	0.002[e]	0.04	0.04	0.04	—	—	0.19
	L320MS(X46MS)	0.10	0.45	1.35	0.020	0.002[e]	0.05	0.05	0.04	—	—	0.20
	L360MS(X52MS)	0.10	0.45	1.45	0.020	0.002[e]	0.05	0.06	0.04	—	—	0.20
	L390MS(X56MS)	0.10	0.45	1.45	0.020	0.002[e]	0.06	0.08	0.04	[g]	—	0.21
	L415MS(X60MS)	0.10	0.45	1.45	0.020	0.002[e]	0.08	0.08	0.06	[g,i]	—	0.21
	L450MS(X65MS)	0.10	0.45	1.60	0.020	0.002[e]	0.10	0.08	0.06	[g,i,j]	—	0.22
	L485MS(X70MS)	0.10	0.45	1.60	0.020	0.002[e]	0.10	0.08	0.06	[g,i,j]	—	0.22

[a] 依据产品分析结果,碳含量大于 0.12%使用 CE_{IIW},碳含量小于或等于 0.12%使用 CE_{Pcm}。

[b] 碳含量比规定的最大碳含量每减少 0.01%,允许锰含量比规定最大锰含量高 0.05%,最大增加 0.20%。

[c] Al_{total}≤0.060%;N≤0.012%;Al/N≥2(不适合钛镇静钢或钛处理钢);Cu≤0.35%(如果协议,Cu≤0.10%);Ni≤0.30%;Cr≤0.30%;Mo≤0.15%;B≤0.000 5%。

[d] 在焊管有意增加钙(Ca)含量的情况下,除另有协议外,如果 S>0.001 5%,则 Ca/S≥1.5。对于无缝钢管和焊接钢管钙(Ca)含量应≤0.006%。

[e] 无缝钢管的最大硫(S)含量可增加至 0.008%,而且如果协议焊管可增至 0.006%。对于硫(S)含量水平较高的焊管,可协议确定较低的 Ca/S。

[f] 除另有协议外,铌(Nb)含量和钒(V)含量之和应≤0.06%。

[g] 铌(Nb)含量、钒(V)含量和钛(Ti)含量之和应≤0.15%。

[h] 对于无缝钢管,表列值可增加 0.03%。

[i] 如果协议,钼(Mo)含量应≤0.35%。

[j] 如果协议,铬(Cr)含量应≤0.45%。

[k] 如果协议,铬(Cr)含量应≤0.45%且镍(Ni)含量应≤0.50%。

7.2.3.2 金相组织要求

应对管道的母材和焊缝进行显微组织和夹杂物金相分析，试样应未出现明显的由硫化氢等导致的环境开裂。

7.2.3.3 力学性能要求

7.2.3.3.1 抗拉强度和屈服强度要求

抗拉强度和屈服强度应符合表6对应的钢级代号要求，表6中没有对应钢级代号的或者供货商原始标准高于表6的，以原始标准为依据。达不到原始要求的，按照表6对应的抗拉强度和屈服强度标准钢级进行分析。其他钢质管道材料拉伸性能可参照相关标准。

表6 管道拉伸性能要求

钢级	最小屈服强度/MPa	最小抗拉强度/MPa	最小伸长率 A/%
Q235	235	375	—
Q345	345	490	—
L175	175	315	27
L210(A)	210	335	25
L245(B)	245	415	21
L290(X42)	290	415	21
L320(X46)	320	435	20
L360(X52)	360	460	19
L390(X56)	390	490	18
L415(X60)	415	520	17
L450(X65)	450	535	17
L485(X70)	485	570	16
L555(X80)	555	625	15

7.2.3.3.2 断裂韧性要求

断裂韧性性能应满足表7的要求。若管道所用钢材的钢级不在表7范围之内，则应按照实测的最低屈服强度和抗拉强度对应表6中钢级，当屈服强度和抗拉强度位于两个钢级之间时，应取较高的钢级以确定其冲击韧性的要求。应根据夏比V型缺口冲击性能断裂韧性测试结果制定相应的韧脆转变曲线。

表 7　埋地管道夏比 V 型缺口冲击性能与落锤撕裂性能要求

钢级	最小冲击功/J						落锤撕裂测试剪切面积/%
	钢管外径 D/mm						钢管外径 D/mm
	≤508	508～762	762～914	914～1 219	1 219～1 422	1 422～2 134	508～2 134
L175	27(20)	27(20)	40(30)	40(30)	40(30)	40(30)	≥85
L210(A)	27(20)	27(20)	40(30)	40(30)	40(30)	40(30)	
L245(B)	27(20)	27(20)	40(30)	40(30)	40(30)	40(30)	
L290(X42)	27(20)	27(20)	40(30)	40(30)	40(30)	40(30)	
L320(X46)	27(20)	27(20)	40(30)	40(30)	40(30)	40(30)	
L360(X52)	27(20)	27(20)	40(30)	40(30)	40(30)	40(30)	
L390(X56)	27(20)	27(20)	40(30)	40(30)	40(30)	40(30)	
L415(X60)	27(20)	27(20)	40(30)	40(30)	40(30)	40(30)	
L450(X65)	27(20)	27(20)	40(30)	40(30)	54(40)	54(40)	
L485(X70)	40(30)	40(30)	40(30)	40(30)	54(40)	68(50)	
L555(X80)	40(30)	40(30)	40(30)	40(30)	54(40)	68(50)	
注：括号内为单个试样要求的最小值。							

对于螺旋焊缝、环焊缝和热影响区等特殊区域试样，其夏比 V 型缺口冲击性能可降低要求。在与母材相同测试温度条件下，3 个试样的最小冲击功平均值为 40 J，单个试样的最小冲击功平均值为 30 J。

7.2.3.3.3　硬度要求

对于运行环境中含 H_2S 的管线钢，硬度不得超过 250HV10。

7.2.3.4　特殊服役条件性能要求

7.2.3.4.1　抗氢致开裂(HIC)性能要求

母材与焊缝的氢致开裂(HIC)测试结果应满足表 8 要求。

表 8　抗氢致开裂测试性能要求

钢级	裂纹敏感性比率/CSR	裂纹长度比率/CLR	裂纹厚度比率/CTR
Q235	—	—	—
Q345	—	—	—
L175	≤2	≤15	≤5
L210(A)	≤2	≤15	≤5
L245(B)	≤2	≤15	≤5
L290(X42)	≤2	≤15	≤5
L320(X46)	≤2	≤15	≤5
L360(X52)	≤2	≤15	≤5
L390(X56)	≤2	≤15	≤5
L415(X60)	≤2	≤15	≤5
L450(X65)	≤2	≤15	≤5
L485(X70)	≤2	≤15	≤5
L555(X80)	≤1	≤10	≤3

7.2.3.4.2 抗硫化氢应力腐蚀开裂(SSC)性能要求

硫化氢应力腐蚀开裂(SSC)测试应用10倍以上放大镜或长焦距显微镜观察,沿钢管壁厚方向的试样表面上没有深度超过0.1 mm的裂纹。

7.2.3.4.3 抗晶间腐蚀性能要求

不锈钢管道须取样进行10%的草酸浸泡测试,其腐蚀特征应满足表9的要求。

表9 不允许存在的晶间腐蚀形貌特征

名称	试样类别	组织特征
阶梯组织	压力加工试样	晶界无腐蚀沟,晶粒呈台阶状
混合组织	压力加工试样	晶界有腐蚀沟,但没有一个晶粒被腐蚀沟包围
沟状组织	压力加工试样	晶界有腐蚀沟,个别或全部晶粒被腐蚀沟包围
游离铁素体组织	铸造试样和焊缝区 (包括焊缝和热影响区)	晶界无腐蚀沟,铁素体被显现
连续沟状组织	铸造试样和焊缝区 (包括焊缝和热影响区)	焊缝晶界沟状组织很深,并形成连续沟状组织
凹坑组织Ⅰ	压力加工试样、铸造试样和焊缝区 (包括焊缝和热影响区)	浅凹坑多,深凹坑少的组织
凹坑组织Ⅱ	压力加工试样、铸造试样和焊缝区 (包括焊缝和热影响区)	浅凹坑少,深凹坑多的组织

7.3 剩余强度评估

7.3.1 适用范围

剩余强度评估适用于含体积型缺陷和凹陷的在役埋地钢质管道的评估。

7.3.2 数据收集

除按第5章的规定进行数据收集外,还应收集以下数据:

a) 缺陷的类型、尺寸和位置;

b) 结构和焊缝的几何形状和尺寸;

c) 材料的化学成分、力学和断裂韧度性能数据;

d) 承受载荷。

7.3.3 体积型缺陷剩余强度评估

7.3.3.1 一般要求

体积型缺陷剩余强度评估含单一体积型缺陷或含相互作用体积型缺陷的埋地钢质管道,应同时满足以下条件:

a) 体积型缺陷由腐蚀、缺陷打磨或机械损伤形成;

b) 材料韧性良好,并且未出现材料性能劣化及劣化趋向;

c) 缺陷深度在管道壁厚的20%~80%之间;

d) 缺陷处及其附近区域无其他表面缺陷或埋藏缺陷;

e) 无明显塑性变形与应力集中;

f) 不承受疲劳载荷、动态冲击载荷。

7.3.3.2 单一体积型缺陷管道剩余强度评估

7.3.3.2.1 当管段只含一个独立的缺陷时,采用单一体积型缺陷管道剩余强度评估方法。该方法分为彼此独立的3个等级,根据获得数据的完整性及管道使用单位的要求选择一级、二级或三级。

7.3.3.2.2 一级评估见C.1.1。

7.3.3.2.3 二级评估见C.1.2。

7.3.3.2.4 三级评价采用有限元分析方法,依据管道材料属性选用下列相应失效准则:

a) 弹性极限准则:缺陷处的Mises等效应力不超过管材的屈服强度;

b) 塑性极限状态失效准则:缺陷处的Mises等效应力不超过管材的抗拉强度;

c) 塑性失效准则:缺陷处的Mises等效应力不超过管材的后屈服点。

7.3.3.3 相互作用体积缺陷管道剩余强度评估

当管段分布有多个缺陷时(见图3),如缺陷之间的相对位置满足下列任一条件,则作为单一体积缺陷处理,否则,应按相互作用体积缺陷评估,见C.2:

a) 相邻缺陷之间的环向角 ϕ 满足式(3)

$$\phi > 360\sqrt{\delta/D} \qquad (3)$$

b) 相邻缺陷之间的纵向间距 s 满足式(4)

$$s > 2.0\sqrt{D\delta} \qquad (4)$$

式中:

δ ——管道壁厚,单位为毫米(mm);

D ——管道外径,单位为毫米(mm)。

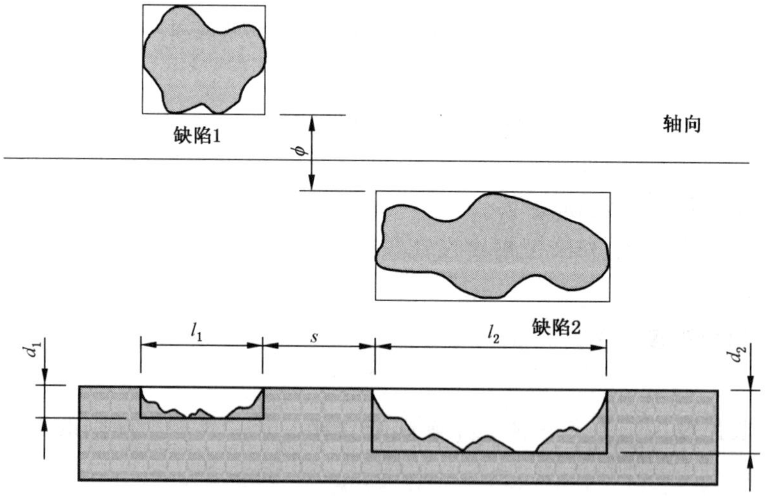

图3 管道上缺陷位置与尺寸

7.3.4 含凹陷管道的剩余强度评估

7.3.4.1 适用于受外部硬物挤压或碰撞而产生无划伤和含划伤凹陷的埋地钢质管道的剩余强度评估方法。

应同时满足以下条件：

a) 含径向变形不大于管道外径6%的凹陷；

b) 材料韧性良好，并且未出现材料性能劣化及劣化趋向；

c) 缺陷处及其附近区域无其他表面缺陷或埋藏缺陷；

d) 无明显塑性变形与应力集中；

e) 管道焊缝及热影响区影响范围之外的体积型缺陷；

f) 不承受疲劳载荷、动态冲击载荷。

当焊缝处存在凹陷时，应采取修复措施。

7.3.4.2 无划伤凹陷评估可采用基于应变准则和基于凹陷深度准则。宜优先采用基于凹陷深度准则；当管道凹陷尺寸数据充足时，宜采用基于应变准则：

a) 基于凹陷深度准则

管道凹陷深度不应超过管道外径的6%。当凹陷深度超过外径的6%时应采取修复措施，否则应采取定期监测措施。

b) 基于应变准则

管道凹陷处的应变不应超过0.06，见D.1。

7.3.4.3 含划伤凹陷管道的剩余强度评估见D.2。

7.4 不良条件下埋地钢质管道安全评定

不良条件下埋地钢质管道安全评定是对评定对象的状况调查(历史、工况、环境等)、缺陷检测、缺陷成因分析、失效模式判断、材料检验(性能、损伤与退化等)、应力分析、必要的实验与计算，并根据本标准的规定对评定对象的安全性进行综合分析和评价。

针对不良条件下埋地钢质管道极限状态的安全评定判据见附录E。

7.5 剩余寿命预测

7.5.1 一般要求

7.5.1.1 当应用本标准的规定确定管道的检验周期时，应遵守特种设备安全技术规范TSG D7003、TSG D7004的规定，并不超过预测的剩余寿命的一半。

7.5.1.2 腐蚀寿命预测可以选用TSG D7003、TSG D7004中的计算方法或本标准中的预测方法。使用本标准中的方法时，当检验区段开挖点数量小于16处时，宜选用均匀腐蚀剩余寿命预测方法或局部腐蚀剩余寿命预测方法，计算每处抽检管段的剩余寿命，其中的最小值确定为管道的腐蚀剩余寿命；当检验区段开挖点数量大于或等于16处时，宜选用极值统计法进行剩余寿命预测。

7.5.2 均匀腐蚀剩余寿命预测

7.5.2.1 直管段均匀腐蚀剩余寿命预测

直管段均匀腐蚀剩余寿命采用壁厚法进行预测，壁厚法是基于未来服役条件、实测壁厚、金属损失区域尺寸、预期腐蚀速率以及裂纹扩展速率估计计算需要的最小壁厚。预测过程见F.1。

7.5.2.2 弯头、三通均匀腐蚀剩余寿命预测

弯头、三通等管道元件均匀腐蚀剩余寿命采用最大允许工作压力(MAWP)方法进行预测，

见 F.2。

7.5.3 局部腐蚀剩余寿命预测

7.5.3.1 直管段局部腐蚀剩余寿命预测

直管段局部腐蚀剩余寿命采用壁厚法进行预测，直管段局部腐蚀与均匀腐蚀剩余寿命计算不同之处在于剩余壁厚比 R_t 的取值不同，详见 F.1。

7.5.3.2 弯头、三通局部腐蚀剩余寿命预测

弯头、三通等管道元件局部腐蚀剩余寿命采用 MAWP 方法进行预测，见 F.2。

7.5.4 极值统计腐蚀剩余寿命预测

检验区段开挖点数量大于或等于 16 处时宜使用本方法，如果管道壁厚减薄达到最小要求壁厚，即认为管道剩余寿命为 0，计算过程见 F.3。

8 外损伤综合评价

8.1 一般要求

8.1.1 外损伤检验与合于使用评价完成后，应对埋地钢质管道区段进行外损伤综合评价，为制定管道外损伤问题的处理提供依据。

8.1.2 在外损伤检验评价报告中应明确许用参数、下次检验日期。当有管道外损伤问题时应明确处理措施。

8.1.3 问题处理措施实施后，应对管道的数据资料进行更新，并由合于使用评价机构对管道进行风险再评估，其结果纳入管道使用登记工作中。

8.2 外损伤综合评价

8.2.1 外损伤综合评价结果分为以下 4 个等级：

a) 1 级：管道安全质量符合有关法规和标准要求，满足设计条件下在 6 年的检验周期内能安全使用；

b) 2 级：管道安全质量符合有关法规和标准要求，但腐蚀防护系统或管道本体存在某些不符合有关规范和标准的问题或缺陷，经合于使用评价，结论为满足设计条件下在 3 年～6 年的检验周期内能安全使用；

c) 3 级：管道安全质量符合有关法规和标准要求，但腐蚀防护系统或管道本体存在某些不符合有关规范和标准的问题或缺陷，经合于使用评价，结论为满足设计条件下在 1 年～3 年检验周期内在限定的条件下安全使用；

d) 4 级：管道系统外损伤缺陷严重，不能满足设计要求，管道不能安全运行，使用单位应立即采取重大维修措施。

8.2.2 腐蚀防护系统评价等级依据 GB/T 19285 划分。

8.2.3 管道本体评价等级依据管体本身的损伤情况评价，分级规则如下：

a) 经合于使用评价能安全使用 6 年以上(含 6 年)的，管道本体评价等级为 1 级；

b) 经合于使用评价 6 年内能安全使用的，管道本体评价等级为 2 级；

c) 经合于使用评价 3 年内能安全使用的，管道本体评价等级为 3 级；

d) 存在无法通过安全评定的外损伤缺陷，管道本体评价等级为 4 级。

8.2.4 管道外损伤综合评价等级依据腐蚀防护系统评价、管道本体评价等级进行评级，见

表10。

表 10　管道外损伤综合评价等级

管道外损伤综合评价等级				
腐蚀防护系统评价等级	管道本体评价等级			
	1	2	3	4
1	1	2	3	4
2	2	2	3	4
3	3	3	3	4
4	3	3	4	4

8.3　外损伤检验评价报告要求及问题处理措施

8.3.1　外损伤检验评价报告要求

8.3.1.1　报告内容应至少包括以下内容：

a)　项目概况；

b)　数据收集：应简要说明数据来源，并特别注明有怀疑或矛盾的数据；

c)　潜在危险辨识：说明辨识的依据，明确目标管道是否存在外损伤危险，辨识过程中确认的其他非外损伤危险也应在报告体现；

d)　风险评估：包括所依据的评价标准、主要的原始信息及详细评估结论；

e)　外损伤检验：包含检验的管道区段、检验的时间、检验时的环境条件、使用的技术方法与设备，相关单项检验的结论；

f)　合于使用评价：包括评价的初始条件、评价过程涉及的所有单项评价参数及单项评价结论；

g)　综合评价：包括评价的过程参数；

h)　结论建议：许用参数、下次检验日期；当有缺陷要求进行处理时，应明确缺陷进行修复或者采取降压运行的措施。

8.3.1.2　检验与评价工作结束后，检验机构一般应在30个工作日内出具报告，交付使用单位存入压力管道技术档案。

8.3.1.3　检验评价结论报告应当有编制、审核、批准三级人员签字，批准人员为检验机构的主要负责人或者授权的技术负责人。

8.3.1.4　风险再评估报告宜在问题处理措施完成后单独出具，并作为检验评价报告的附件。

8.3.2　问题处理措施

8.3.2.1　使用单位应对检验评价发现的问题进行处理。

8.3.2.2　问题处理措施包括对管道的维修维护及管理工作。

8.3.2.3　管道本体的维修，可使用传统的加套筒等方法、不动火的复合材料补强等技术。宜优先使用不动火的复合材料补强技术。

附　录　A
（规范性附录）
管道外损伤检验方法及检验比例

A.1　腐蚀防护系统检验项目和检验比例

A.1.1　土壤腐蚀性检测项目包括土壤质地、土壤电阻率、管地电位、氧化还原电位、土壤 pH 值、土壤含水率、土壤含盐量、土壤 Cl^- 含量等参数的测试，根据管段的风险等级，按表 A.1 选择检测项目及检测比例。

表 A.1　土壤腐蚀性检测项目和检测比例

管道类型	风险等级	土壤腐蚀性检测项目							
		土壤质地	土壤电阻率	管地电位	氧化还原电位	土壤 pH 值	土壤含水率	土壤含盐量	土壤 Cl^- 含量
输气管道	高风险	全部	全部	全部	全部	全部	全部	全部	全部
	较高风险	全部	全部	全部	50%	50%	50%	50%	50%
	中风险	全部	全部	全部	20%	20%	20%	20%	20%
	低风险	全部	全部	全部	—	—	—	—	—
GA1 级输油管道	高风险	全部	全部	全部	全部	全部	全部	全部	全部
	较高风险	全部	全部	全部	50%	50%	50%	50%	50%
	中风险	全部	全部	全部	—	—	—	—	—
	低风险	50%	50%	50%	—	—	—	—	—
GA2 级输油管道	高风险	全部	全部	全部	全部	全部	全部	全部	全部
	较高风险	全部	全部	全部	20%	20%	20%	20%	20%
	中风险	全部	全部	全部	—	—	—	—	—
	低风险	20%	20%	20%	—	—	—	—	—
联合站至长输首站集输油气管道	高风险	全部	全部	全部	全部	全部	全部	全部	全部
	较高风险	全部	全部	全部	20%	20%	20%	20%	20%
	中风险	全部	全部	全部	—	—	—	—	—
	低风险	全部	全部	全部	—	—	—	—	—
集输站至联合站集输油气管道	高风险	全部	全部	全部	全部	全部	全部	全部	全部
	较高风险	全部	全部	全部	20%	20%	20%	20%	20%
	中风险	全部	全部	全部	—	—	—	—	—
	低风险	50%	50%	50%	—	—	—	—	—
单井站至集输站集输油气管道	高风险	全部	全部	全部	全部	全部	全部	全部	全部
	较高风险	全部	全部	全部	—	—	—	—	—
	中风险	全部	全部	全部	—	—	—	—	—
	低风险	20%	20%	20%	—	—	—	—	—
GB1-Ⅰ级、GB1-Ⅱ级燃气管道	高风险	全部	全部	全部	全部	全部	全部	全部	全部
	较高风险	全部	全部	全部	50%	50%	50%	50%	50%
	中风险	全部	全部	全部	20%	20%	20%	20%	20%
	低风险	全部	全部	全部	—	—	—	—	—

表 A.1(续)

管道类型	风险等级	土壤腐蚀性检测项目							
		土壤质地	土壤电阻率	管地电位	氧化还原电位	土壤pH值	土壤含水率	土壤含盐量	土壤 Cl^- 含量
GB1-Ⅲ 级燃气管道	高风险	全部	全部	全部	全部	全部	全部	全部	全部
	较高风险	全部	全部	全部	50%	50%	50%	50%	50%
	中风险	全部	全部	全部	—	—	—	—	—
	低风险	50%	50%	50%	—	—	—	—	—
GB1-Ⅳ级、GB1-Ⅴ级、GB1-Ⅵ级燃气管道	高风险	全部	全部	全部	全部	全部	全部	全部	全部
	较高风险	全部	全部	全部	20%	20%	20%	20%	20%
	中风险	50%	50%	50%	—	—	—	—	—
	低风险	20%	20%	20%	—	—	—	—	—
GB2 级热力管道	高风险	全部	全部	全部	全部	全部	全部	全部	全部
	较高风险	全部	全部	全部	20%	20%	20%	20%	20%
	中风险	50%	50%	50%	—	—	—	—	—
	低风险	20%	20%	20%	—	—	—	—	—
GC1 级工业管道	高风险	全部	全部	全部	全部	全部	全部	全部	全部
	较高风险	全部	全部	全部	50%	50%	50%	50%	50%
	中风险	全部	全部	全部	20%	20%	20%	20%	20%
	低风险	全部	全部	全部	—	—	—	—	—
GC2 级工业管道	高风险	全部	全部	全部	全部	全部	全部	全部	全部
	较高风险	全部	全部	全部	20%	20%	20%	20%	20%
	中风险	全部	全部	全部	—	—	—	—	—
	低风险	50%	50%	50%	—	—	—	—	—
GC3 级工业管道	高风险	全部	全部	全部	50%	50%	50%	50%	50%
	较高风险	全部	全部	全部	—	—	—	—	—
	中风险	全部	全部	全部	—	—	—	—	—
	低风险	—	—	—	—	—	—	—	—
GD1 级动力管道	高风险	全部	全部	全部	全部	全部	全部	全部	全部
	较高风险	全部	全部	全部	20%	20%	20%	20%	20%
	中风险	全部	全部	全部	—	—	—	—	—
	低风险	50%	50%	50%	—	—	—	—	—
GD2 级动力管道	高风险	全部	全部	全部	50%	50%	50%	50%	50%
	较高风险	全部	全部	全部	20%	20%	20%	20%	20%
	中风险	全部	全部	全部	—	—	—	—	—
	低风险	—	—	—	—	—	—	—	—

注 1:全部指所有开挖检测点进行土壤腐蚀性检测,表中百分数是指应在开挖检测点进行土壤腐蚀性检测的百分数。

注 2:当存在腐蚀活性时,应增加土壤腐蚀性检测。

A.1.2 外防腐层不开挖检测包括整体状况和破损点不开挖检测，按表 A.2 选择检测项目及检测比例。

表 A.2 外防腐层检测项目和检测比例

管道类型	风险等级	整体状况不开挖检测	破损点不开挖检测	
		交流电流衰减法	交流电位梯度法	直流电位梯度法
输气管道	高风险	100%	100%	30%
	较高风险	100%	100%	—
	中风险	100%	100%	—
	低风险	50%	100%	—
GA1 级输油管道	高风险	100%	100%	30%
	较高风险	100%	100%	—
	中风险	50%	100%	—
	低风险	20%	100%	—
GA2 级输油管道	高风险	100%	100%	30%
	较高风险	100%	100%	—
	中风险	100%	100%	—
	低风险	20%	100%	—
联合站至长输首站集输油气管道	高风险	100%	100%	30%
	较高风险	100%	100%	—
	中风险	50%	100%	—
	低风险	20%	100%	—
集输站至联合站集输油气管道	高风险	100%	100%	30%
	较高风险	100%	100%	—
	中风险	50%	100%	—
	低风险	20%	100%	—
单井站至集输站集输油气管道	高风险	100%	100%	30%
	较高风险	100%	100%	—
	中风险	20%	100%	—
	低风险	—	100%	—
GB1-Ⅰ级、GB1-Ⅱ级燃气管道	高风险	100%	100%	30%
	较高风险	100%	100%	—
	中风险	100%	100%	—
	低风险	50%	100%	—
GB1-Ⅲ 级燃气管道	高风险	100%	100%	30%
	较高风险	100%	100%	—
	中风险	50%	100%	—
	低风险	50%	100%	—

表 A.2(续)

管道类型	风险等级	整体状况不开挖检测	破损点不开挖检测	
		交流电流衰减法	交流电位梯度法	直流电位梯度法
GB1-Ⅳ级、GB1-Ⅴ级、GB1-Ⅵ级燃气管道	高风险	100%	100%	30%
	较高风险	100%	100%	—
	中风险	50%	100%	—
	低风险	20%	100%	—
GB2 级热力管道	高风险	100%	100%	30%
	较高风险	100%	100%	—
	中风险	50%	100%	—
	低风险	20%	100%	—
GC1 级工业管道	高风险	100%	100%	30%
	较高风险	100%	100%	—
	中风险	100%	100%	—
	低风险	50%	100%	—
GC2 级工业管道	高风险	100%	100%	30%
	较高风险	100%	100%	—
	中风险	50%	100%	—
	低风险	20%	100%	—
GC3 级工业管道	高风险	100%	100%	30%
	较高风险	100%	100%	—
	中风险	20%	100%	—
	低风险	—	100%	—
GD1 级动力管道	高风险	100%	100%	30%
	较高风险	100%	100%	—
	中风险	50%	100%	—
	低风险	20%	100%	—
GD2 级动力管道	高风险	100%	100%	30%
	较高风险	100%	100%	—
	中风险	20%	100%	—
	低风险	—	100%	—
注:当两种检测方法结果存在差异时应开挖验证。				

A.2 腐蚀产物现场辨识

可根据产物颜色按表 A.3 的方法进行辨识。

表 A.3 现场腐蚀产物颜色与成分

产物颜色	主要成分
黑	FeO
红棕至黑	Fe_2O_3
红棕	Fe_3O_4
黑棕	FeS
绿或白	$Fe(OH)_2$
灰	$FeCO_3$

A.3 外腐蚀缺陷尺寸检测

A.3.1 外腐蚀形貌宏观检查

清除腐蚀产物后,应进行外腐蚀宏观检查。

A.3.2 外腐蚀深度和腐蚀面积的测量

A.3.2.1 探针法

采用带尾针游标卡尺、千分表或专用探针,清除腐蚀区域表面异物后,测量坑边缘到最深底部的深度。

A.3.2.2 超声波法

采用超声波测厚仪测量管壁厚度。当管壁厚度变化均匀时,可直接进行厚度测量;当管壁厚度变化不均匀时,应先用超声波测厚仪连续扫查,确定管壁最薄处的面积区域,然后再进行测量,或者采用超声波C扫技术,进行管道壁厚分布测量。

A.3.2.3 危险厚度截面法(TCP)

当管体存在大面积腐蚀坑时,除上述测量外,还需采用危险厚度截面法(TCP)确定腐蚀坑的尺寸,步骤如下:

a) 将腐蚀区域划分为管道轴向、环向交叉的若干个方格,见图A.1,推荐的截面间距计算见式(A.1);

$$L_S = \max\{0.18\sqrt{Dt}, 12.7\} \quad \cdots\cdots (A.1)$$

式中:

L_S ——推荐的检测截面间距,单位为毫米(mm);

D ——管道内径,单位为毫米(mm);

t ——基于设计压力计算的最小要求壁厚,单位为毫米(mm)。

b) 测量每个交叉点的坑深或壁厚,作好记录。

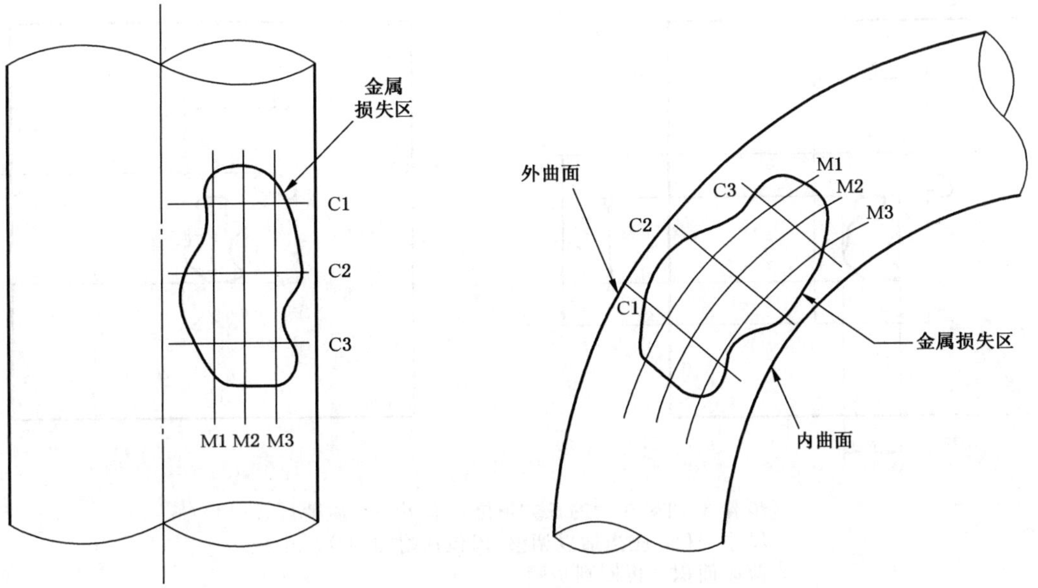

图 A.1　腐蚀区域危险厚度截面网格划分

A.3.3　相邻外腐蚀的尺寸确定

A.3.3.1　当两个相邻腐蚀之间未腐蚀区域最小尺寸小于 25 mm 时，应视为同一腐蚀，即轴向腐蚀长度为两个腐蚀长度与未腐蚀区域长度之和。

A.3.3.2　当两个相邻腐蚀之间未腐蚀区域最小尺寸小于 6 倍壁厚($6t$)时，应视为同一腐蚀计算其环向投影的长度。

A.3.3.3　在不考虑腐蚀的轴向、环向投影长度时，按图 A.2 的步骤确认相邻腐蚀的尺寸。

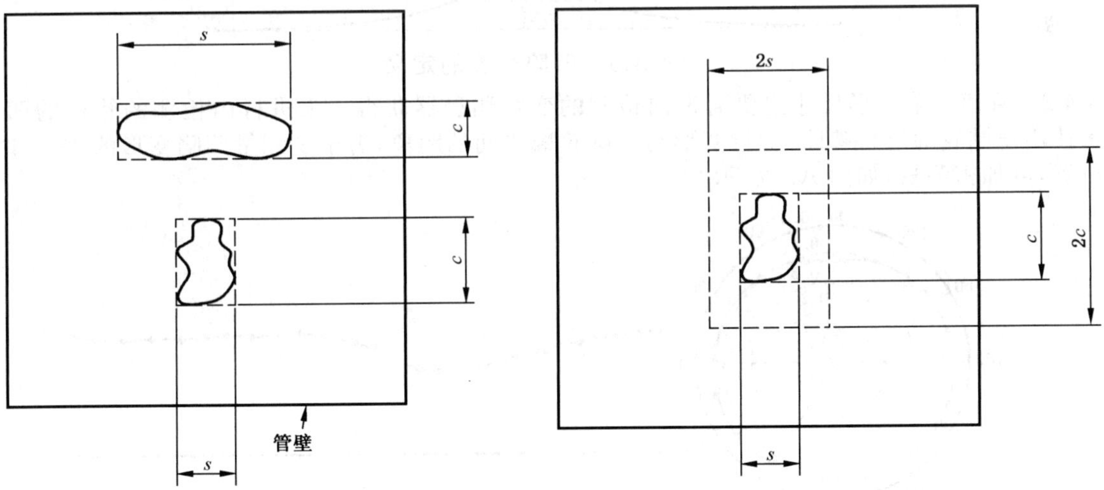

步骤 1：画出一个长方形，它完全包围了减薄区。测量在此长方形中的最大的轴向范围 s(英寸或毫米)及环向范围 c(英寸或毫米)。这两个尺寸在评价中将用于确定减薄区的面积。

步骤 2：围着减薄区画出第二个长方形，其尺寸为第一个长方形的 2 倍($2s\times2c$)。

图 A.2　相邻腐蚀区域尺寸的确定方法

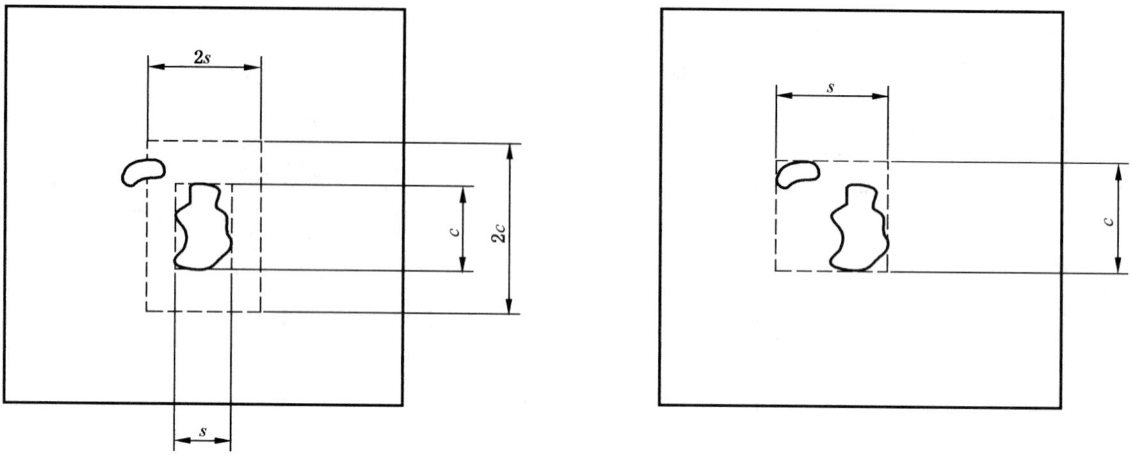

步骤 3:如果在大的长方形之内有另一个减薄区,尺寸 s 和 c 应当加以调整,以包括附加的这一个减薄区面积。再回到步骤 2。

图 A.2(续)

A.4 凹陷变形尺寸检测

A.4.1 凹陷长度 l 指 $d/2$ 凹陷深度对应的凹陷轴向长度,如图 A.3。

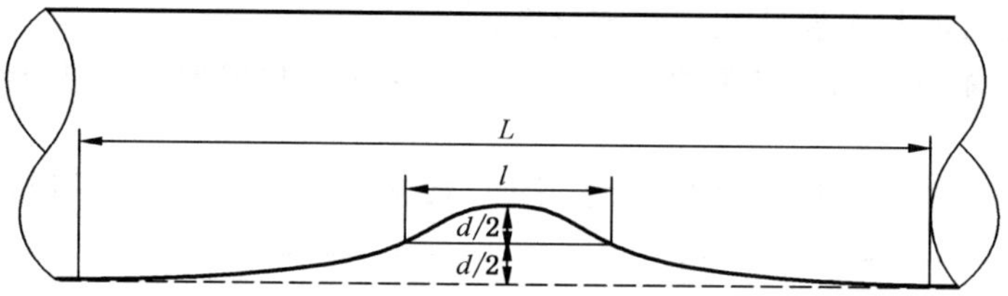

图 A.3 凹陷长度的定义

A.4.2 管道凹陷变形尺寸主要通过内检测的变径测径器获得。未进行内检测的管道的凹陷,可使用正圆轮廓进行参照,测量变形与正圆轮廓之间的距离,需至少测量凹陷变形的 12 个时钟位置,可加密测量,如图 A.4 所示。

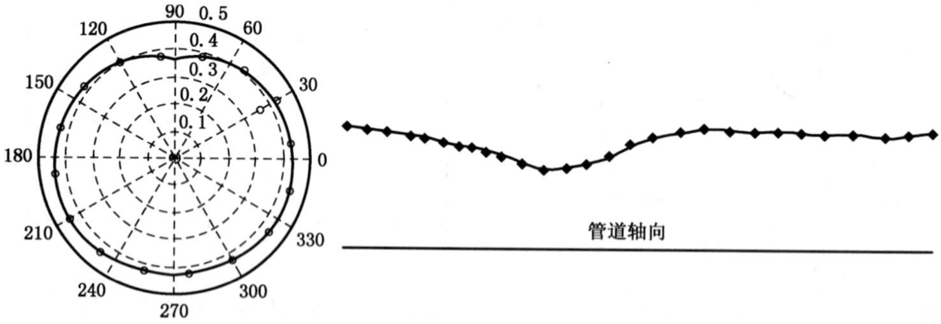

a) 环向轮廓　　　　b) 轴向轮廓

图 A.4 管道凹陷的环向和轴向轮廓示意图

附　录　B
（规范性附录）
材料性能测试方法

B.1　化学成分分析

B.1.1　化学成分分析方法

试样的化学成分分析方法应参照 GB/T 223 有关规定执行。

B.1.2　化学成分分析内容

化学成分分析内容每一次需要分析的元素至少包含以下内容：

a)　碳、硅、锰、硫、磷等 5 种元素；

b)　待测钢材炼制时加入的用于脱氧之外的其他合金元素。

B.1.3　化学成分分析取样

取样方法参照 GB/T 9711，取样可以从力学测试试样上截取，也可以从钢材样品上直接截取，存在焊缝的钢材必须远离焊缝至少半个钢管直径的距离。

B.2　金相组织分析

金相组织分析位置包括管道的母材和焊缝，母材的位置必须远离焊缝和热影响区。焊缝金相分析位置应包括焊缝和热影响区。

金相组织分析可采用金相显微镜、扫描电子显微镜等设备。

B.3　力学性能测试

B.3.1　抗拉强度和屈服强度测试

B.3.1.1　拉伸测试方法

拉伸测试方法应符合 GB/T 228.1 要求。

B.3.1.2　拉伸测试取样

拉伸试样取样应符合图 B.1 要求，即从管道的垂直和水平两向截取，要求所取的试样应压平，带焊缝的试样应使焊缝位于试样中心。

B.3.1.3　伸长率 A 计算

$$A = \frac{L_1 - L_0}{L_0} \times 100\% \qquad \cdots\cdots\cdots\cdots(B.1)$$

式中：

A ——金属断裂后的伸长率，%；

L_1 ——金属断裂后的标距，单位为毫米(mm)；

L_0 ——金属的原始的标距，单位为毫米(mm)。

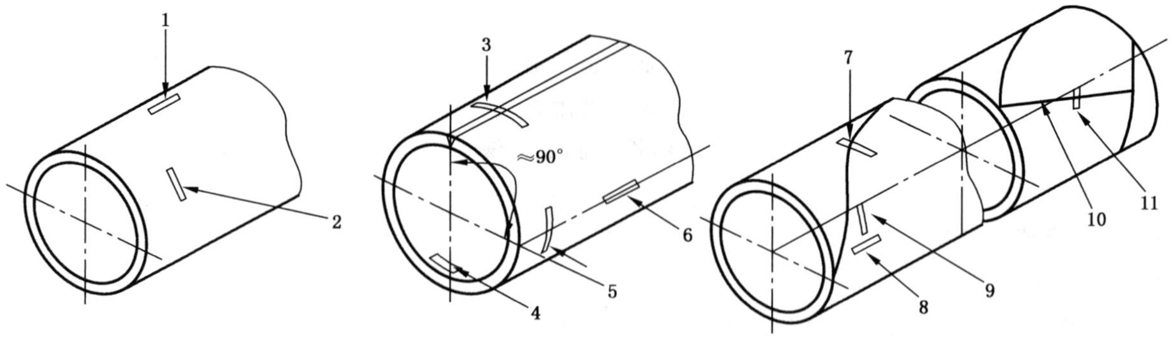

a) 无缝焊管　　b) 直缝焊管　　c) 螺缝焊管

说明：

1 ——纵向试块；

2 ——横向试块；

3 ——横向试块,中心在直焊缝上；

4 ——横向试块,中心距直焊缝约 180°；

5 ——横向试块,中心距直焊缝约 90°；

6 ——纵向试块,中心距直焊缝约 90°；

7 ——横向试块,中心在螺旋焊缝上；

8 ——纵向试块,中心沿钢管纵向距螺旋焊缝至少 $L/4$；

9 ——横向试块,中心沿钢管纵向距螺旋焊缝至少 $L/4$；

10——钢带/钢板对头焊缝,长度为 L；

11——横向试块,中心距螺旋焊缝和钢带/钢板对头焊缝至少 $L/4$。

图 B.1　拉伸试样的截取位置

B.3.2　断裂韧性测试方法

B.3.2.1　夏比 V 型缺口冲击测试方法

a) 夏比 V 型缺口冲击测试方法应符合 GB/T 229 要求。

b) 测试须采用全尺寸试样,允许端部带有弧面。具体取样应符合图 B.2 和图 B.3 要求。横向试样应压平后测试。试样缺口轴向应垂直于钢管表面。对于焊缝试样,应使焊缝中心沿试样缺口轴向,并使焊缝位于试样中心;对于热影响区试样,缺口轴向位置可以位于融合线(FL)+2 mm～5 mm 的最小冲击韧性值处。

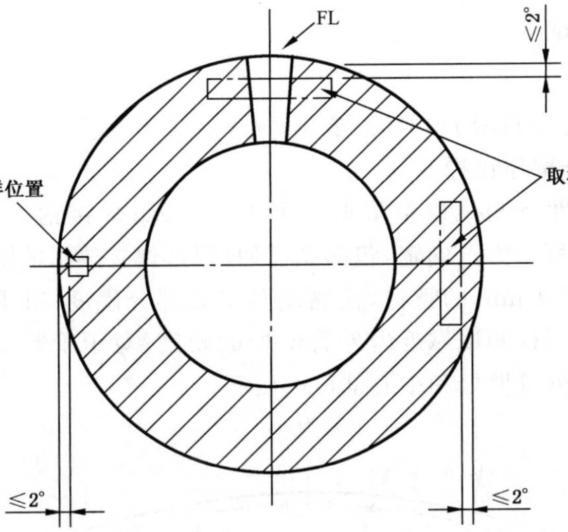

图 B.2 夏比 V 型缺口冲击试样取样位置

单位为毫米

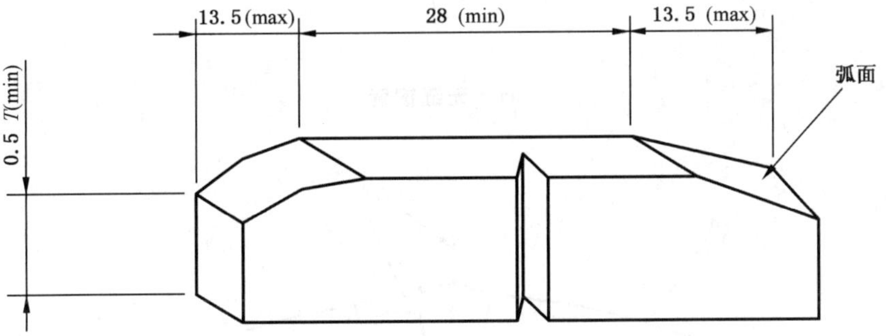

说明：

T——钢管壁厚。

图 B.3 夏比 V 型缺口冲击试样样品尺寸

c) 测试温度选择管道运行最低温度与－10 ℃中的较低值进行。韧脆转变曲线至少应包含以下温度的测试点(如果不能做出完整的韧脆转变曲线,应适当增加其他温度测试点)：20 ℃、0 ℃、－10 ℃、－20 ℃、－40 ℃、－60 ℃。

B.3.2.2 落锤撕裂测试方法

a) 落锤撕裂测试方法应符合 SY/T 6476 要求；

b) 取样方法应符合 SY/T 6476 要求,且试样沿管道圆周方向截取,试样缺口轴向通过管道壁厚；

c) 测试温度选择管道运行最低温度与－10 ℃中的较低值进行。

B.4 特殊服役条件性能测试

B.4.1 硬度测试

a) 硬度测试方法应符合 GB/T 4340.1 要求。

b) 测试试样应采用全壁厚试样。

c) 无缝钢管试样硬度点测试位置依据图 B.4 a)所示;焊接钢管试样硬度点位置依据图 B.4 b)、B.4 c)所示方法确定,包括试样的母材、焊接热影响区和焊缝位置。对于管壁厚度小于或等于 4 mm 的管材,仅测试其中心部分硬度;对于管壁厚度大于 4 mm 小于 6 mm 的管材,仅测试靠近内外管壁处的硬度;对于管壁厚度大于或等于 6 mm 的管材,须测试内外管壁处和中心部位的硬度。

单位为毫米

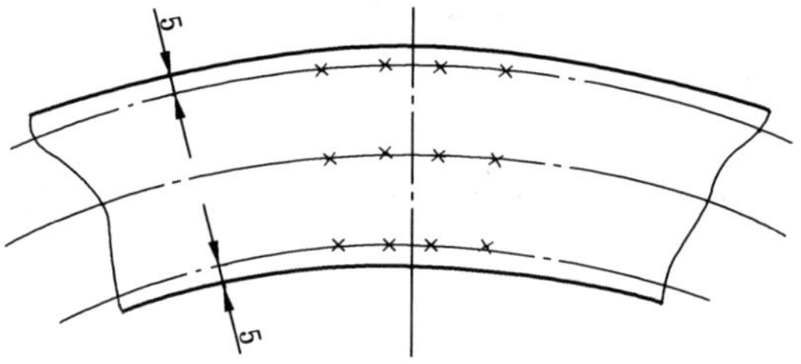

a) 无缝钢管

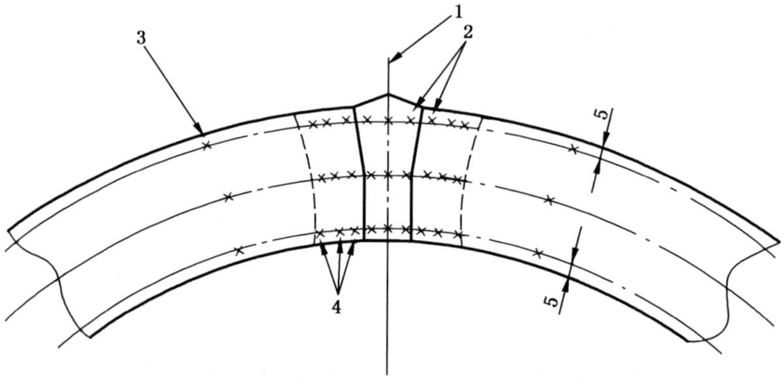

b) 埋弧焊管及环焊缝

图 B.4 硬度测试点位置

单位为毫米

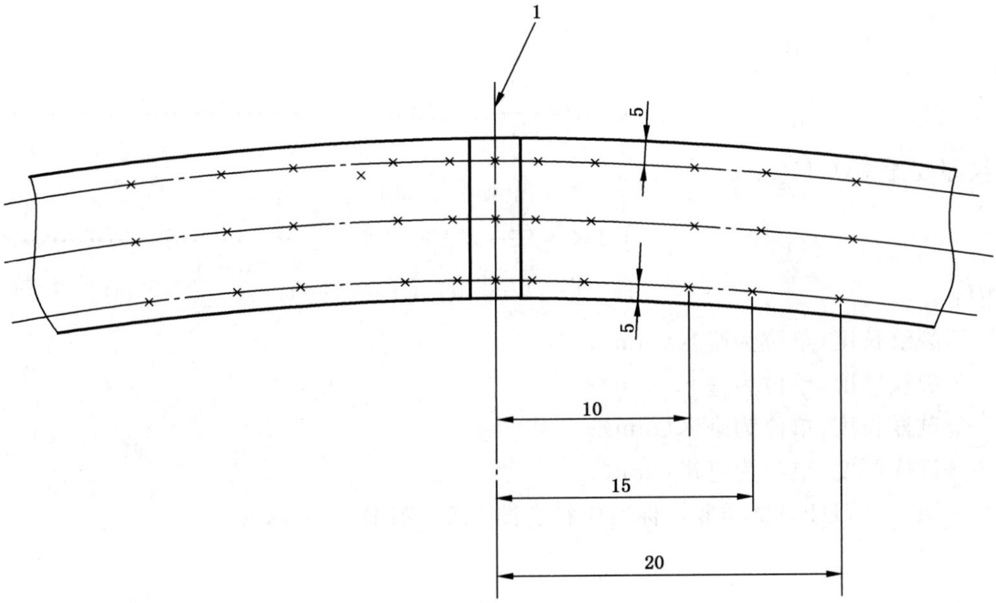

c) 电阻焊管

说明：

1——焊缝中心；

2——距离熔合线 0.75 mm；

3——距离熔合线 1*T*(*T* 为钢管壁厚)；

4——间距为 1.00 mm；

5——距离内外壁表面 1.50 mm±0.50 mm。

图 B.4(续)

B.4.2 氢致开裂(HIC)测试

a) 氢致开裂(HIC)测试应符合 GB/T 8650 要求；

b) 裂纹敏感性比率(CSR)、裂纹长度比率(CLR)、裂纹厚度比率(CTR)的计算方法如图 B.5 所示：

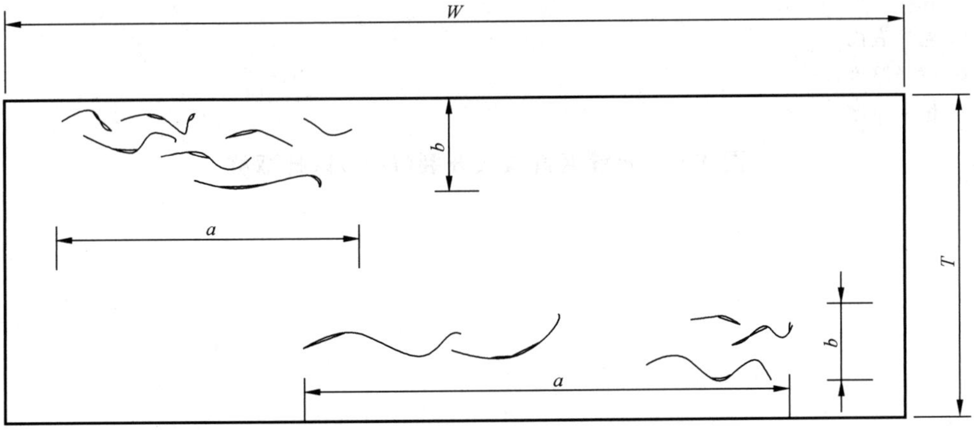

图 B.5 裂纹长度和宽度测量图

裂纹敏感性比率(CSR)：

$$CSR = \frac{\sum(a \times b)}{(W \times T)} \times 100\% \quad \cdots\cdots (B.2)$$

裂纹长度比率(CLR):

$$CLR = \frac{\sum a}{W} \times 100\% \quad \cdots\cdots (B.3)$$

裂纹厚度比率(CTR):

$$CTR = \frac{\sum b}{T} \times 100\% \quad \cdots\cdots (B.4)$$

式中:

a ——裂纹长度,单位为毫米(mm);

b ——裂纹厚度,单位为毫米(mm);

W——试样长度,单位为毫米(mm);

T——试样厚度,单位为毫米(mm)。

c) 氢致开裂(HIC)试样取样标准应符合图 B.6~图 B.10 所示。

单位为毫米

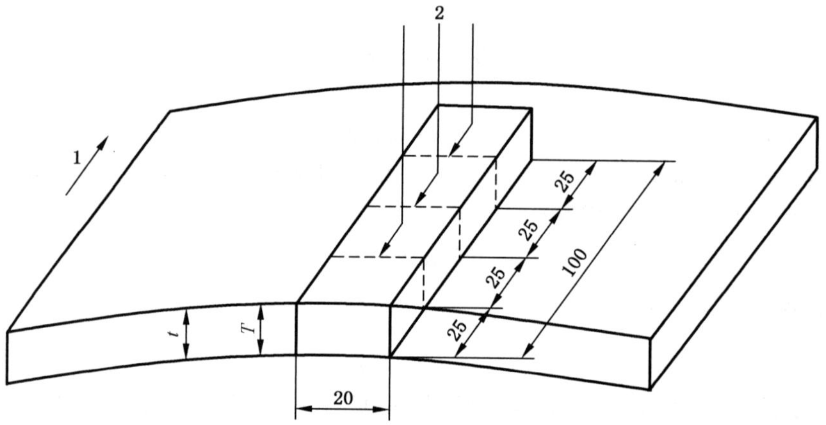

说明:

1 ——轧向;

2 ——测试表面;

T——试样厚度;

t ——板材厚度。

图 B.6 无缝钢管氢致开裂(HIC)试样取样

单位为毫米

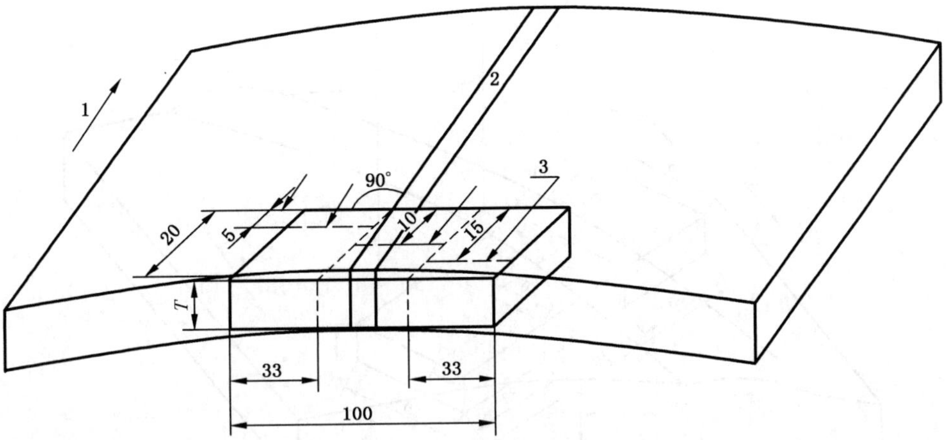

说明：

1——轧向；

2——焊缝；

3——测试表面。

图 B.7　直缝焊管焊缝区氢致开裂(HIC)试样取样

单位为毫米

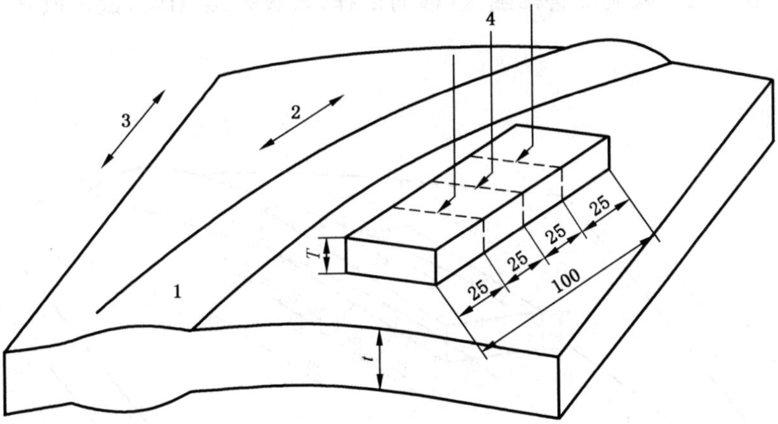

说明：

1 ——焊缝；

2 ——轧向；

3 ——管轴向；

4 ——测试表面；

T——试样厚度；

t ——板材厚度。

图 B.8　螺旋焊管母材区氢致开裂(HIC)试样取样

单位为毫米

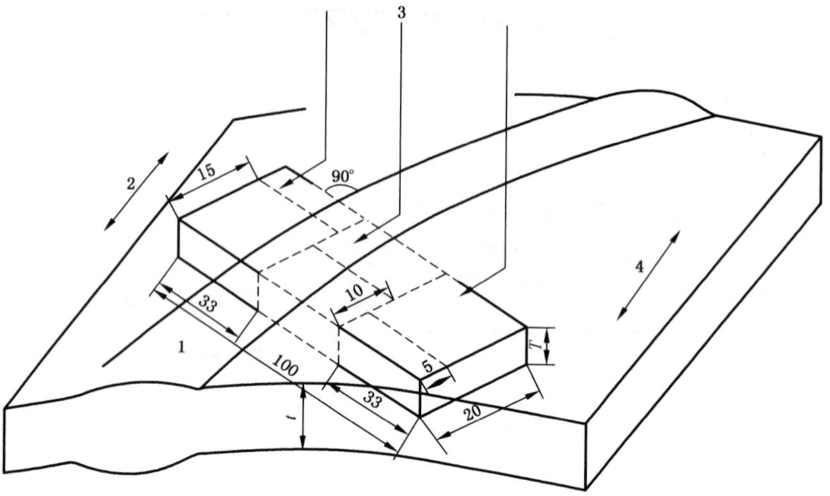

说明：
1 ——焊缝；
2 ——轧向；
3 ——管轴向；
4 ——测试表面；
T——试样厚度；
t ——板材厚度。

图 B.9 螺旋焊管焊缝区(横向试样)氢致开裂(HIC)试样取样

单位为毫米

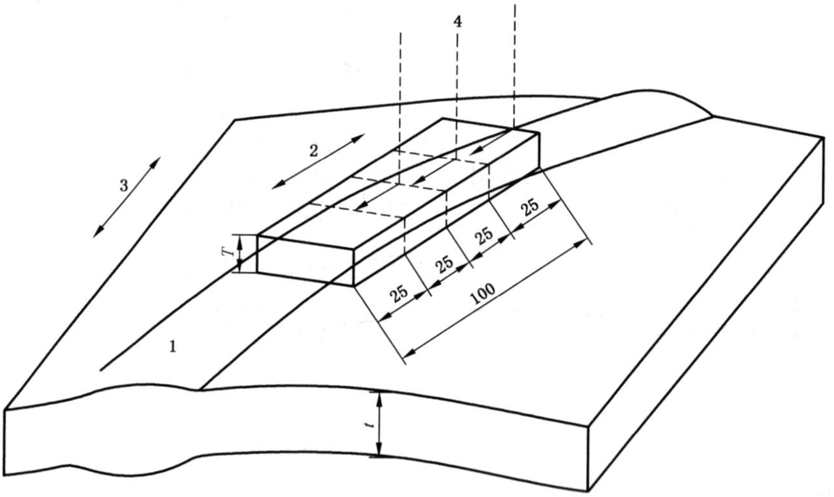

说明：
1 ——焊缝；
2 ——轧向；
3 ——管轴向；
4 ——测试表面；
T——试样厚度；
t ——板材厚度。

图 B.10 螺旋焊管焊缝区(纵向试样)氢致开裂(HIC)试样取样

B.4.3　抗硫化氢应力腐蚀开裂(SSC)测试

a)　抗硫化氢应力腐蚀开裂(SSC)测试应符合 GB/T 4157 要求。测试应力应为 0.72 倍的最小规定屈服强度。测试方法可选用恒载荷拉伸法、三点弯法、四点弯法或 C 形试样法。

b)　测试介质为 5%(质量分数)NaCl+0.5%(质量分数)冰醋酸+饱和 H_2S。

c)　测试温度为 25 ℃。

B.4.4　晶间腐蚀性能测试

a)　测试选用符合 GB/T 9854 的优质草酸与蒸馏水或去离子水配置成质量百分比为 10% 的溶液,对于难以出现阶梯组织的含钼钢种,可选择符合 GB/T 655 的过硫酸铵代替草酸配制成 10%的过硫酸铵溶液;

b)　浸蚀测试设备采用直流电源、可变电阻器,选用适当量程的电流表。阴极选用奥氏体不锈钢制成的钢杯或者表面积足够大的不锈钢片,阳极为测试试样,其连接电路如图 B.11 所示;

c)　浸蚀溶液温度以管道运行实际温度为准,电流密度控制在 1 A/cm²,当浸蚀溶液为 10%的草酸溶液时,浸蚀时间为 90 s;当浸蚀溶液为 10%的过硫酸铵溶液时,浸蚀时间为 10 min;

d)　浸蚀结束后,将试样以流水洗净并干燥后,置于金相显微镜下观察试样表面,放大倍数选择 200 倍～500 倍,金相组织可参照 GB/T 4334.1 所示。

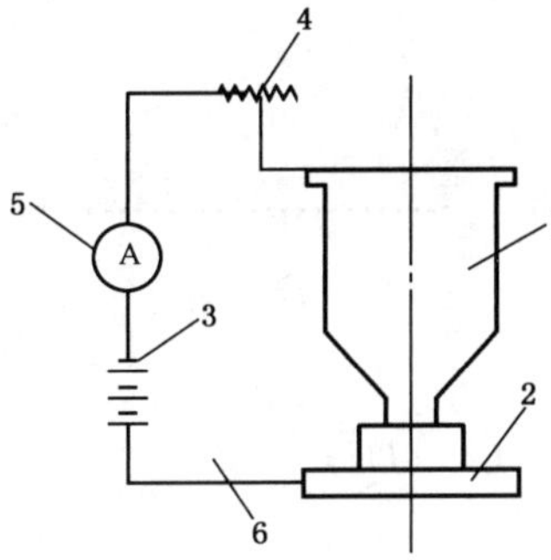

a)　大试样用

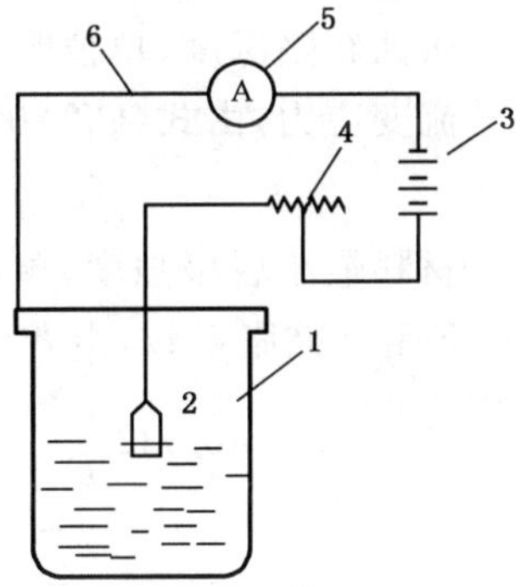

b)　小试样用

单位为毫米

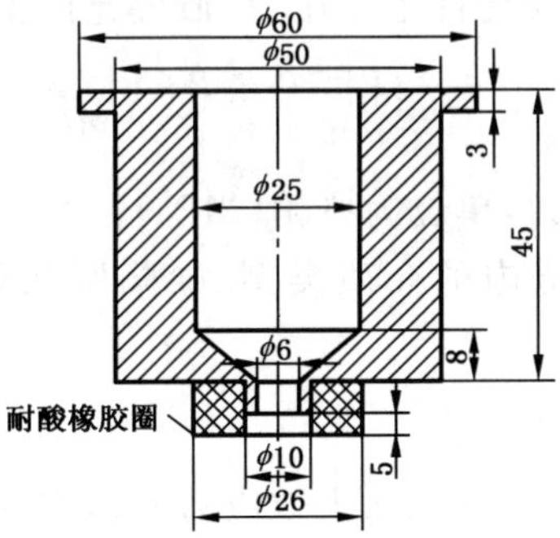

c)　不锈钢耐酸容器

说明:

1——不锈钢容器;

2——测试试样;

3——直流电源;

4——变阻器;

5——电流表;

6——开关。

图 B.11　电解浸蚀电路及其装置图

附　录　C
(规范性附录)
体积型缺陷管道剩余强度评价

C.1　含单一体积缺陷管道剩余强度评价

C.1.1　一级评价

一级评价中,含体积型缺陷管道的失效压力如下:

$$p_{F}=\frac{2\sigma_{flow}t}{D}\left[\frac{1-0.85\dfrac{d}{t}}{1-0.85\dfrac{d}{t}\cdot\dfrac{1}{M}}\right] \qquad \text{(C.1)}$$

式中:

p_F ——含缺陷管道的失效压,单位为兆帕(MPa);

D ——管道直径,单位为毫米(mm);

t ——管道壁厚,单位为毫米(mm);

d ——腐蚀缺陷深度,单位为毫米(mm);

σ_{flow}——流变应力,由式(C.2)确定:

$$\sigma_{flow}=1.1\sigma_{ys}^{min} \qquad \text{(C.2)}$$

σ_{ys}^{min}——材料最小屈服强度,单位为兆帕(MPa);

M ——Folias 鼓胀系数,由式(C.3)确定:

$$\begin{cases} M=0.032\dfrac{L^2}{Dt}+3.3 & L^2/(Dt)>50 \\ M=\sqrt{1+\dfrac{2.51(L/2)^2}{Dt}-\dfrac{0.054(L/2)^4}{(Dt)^2}} & L^2/(Dt)\leqslant 50 \end{cases} \qquad \text{(C.3)}$$

L ——缺陷长度,单位为毫米(mm)。

管道的运行压力不得超过最大允许工作压力,最大允许工作压力为:

$$p=K\cdot p_F \qquad \text{(C.4)}$$

式中:

p ——管道最大允许工作压力,单位为兆帕(MPa);

K ——设计系数,应根据管道内的介质类型、缺陷所在处的地区级别等,参照 GB 50251 取定。

C.1.2　二级评价

二级评价使用有效面积法,有效面积法失效应力表达式见式(C.5):

$$\sigma_F=\sigma_{flow}\left[\frac{1-A/A_0}{1-(A/A_0)/M}\right] \qquad \text{(C.5)}$$

式中:

A ——体积型缺陷的轴向投影面积,单位为平方毫米(mm^2);

A_0——原始面积,单位为平方毫米(mm^2);

M ——Folias 鼓胀系数,见式(C.3)。

有效面积法是分别对一系列连续缺陷的每一个梯形截面计算出管段的失效压力,取其中的最小值,见图 C.1。

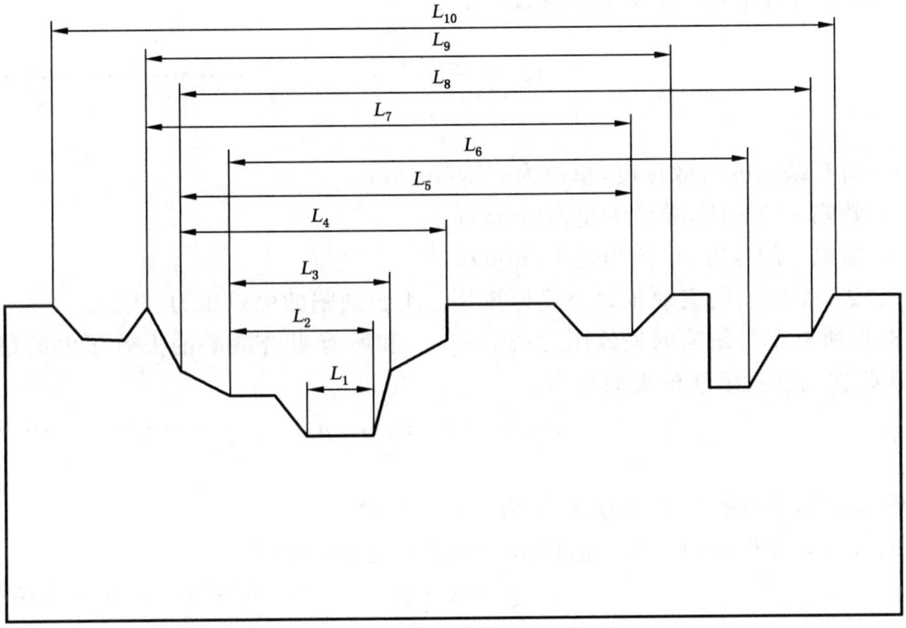

图 C.1 有效面积法示意

C.2 相互作用体积缺陷管道的剩余强度评估

多个缺陷之间的相互作用,含缺陷管道的剩余强度的评价步骤如下:

步骤 1:在管道上建立一系列纵向投影线,每条纵向投影线相隔的环向角由式(C.6)确定:

$$\phi = 360\sqrt{t/D} \qquad \cdots\cdots(C.6)$$

式中:

ϕ ——每条纵向投影线相隔的环向角;

t ——管道壁厚,单位为毫米(mm);

D——管道直径,单位为毫米(mm)。

步骤 2:依次对每一条投影线,将位于投影线$\pm\phi$ 范围内的所有缺陷向上投影。

步骤 3:缺陷投影重叠处,取缺陷组合的长度和最大深度。

步骤 4:将每个缺陷看作是独立缺陷,计算每个缺陷处的失效压力。

步骤 5～步骤 7 估算所有缺陷组合的失效压力。组合缺陷 nm(即定义为由单个缺陷 n 至单个缺陷 m,这里 $n=1,\cdots,N$ 和 $m=n,\cdots,N$)的失效压力。

步骤 5:计算所有缺陷组合的组合长度,由式(C.7)给出:

$$l_{nm} = l_m + \sum_{i=n}^{i=m-1}(l_i + s_i)\ (n,m=1,\cdots,N) \qquad \cdots\cdots(C.7)$$

式中:

l_{nm}——所有缺陷的组合长度,单位为毫米(mm);

l_m ——缺陷 m 的长度,单位为毫米(mm);

l_i ——缺陷 i 的长度,单位为毫米(mm);

s_i ——缺陷的间距,单位为毫米(mm)。

步骤 6:计算所有组合缺陷的有效深度,见式(C.8):

$$d_{nm}=\frac{\sum_{i=n}^{i=m} d_i l_i}{l_{nm}} \qquad \text{(C.8)}$$

式中:

d_{nm}——所有缺陷的有效深度,单位为毫米(mm);

l_i ——缺陷 i 的长度,单位为毫米(mm);

d_i ——缺陷 i 的深度,单位为毫米(mm)。

步骤 7:按单个缺陷的失效压力公式计算每一组合缺陷的失效压力(P_{nm})。

步骤 8:取所有单个缺陷的失效压力($p_1 \sim p_N$)和所有组合缺陷的失效压力的最小值作为相互作用缺陷在当前投影线的失效压力:

$$p_{\mathrm{F}}=\min(p_1, p_2, \ldots p_N, p_{nm}) \qquad \text{(C.9)}$$

式中:

p_{F}——含缺陷管道的失效压力,单位为兆帕(MPa)。

步骤 9:计算相互作用缺陷在当前投影线的最大允许工作压力:

$$p=K \cdot p_{\mathrm{F}} \qquad \text{(C.10)}$$

式中:

p ——管道最大允许工作压力,单位为兆帕(MPa);

K ——设计系数,应根据管道内的介质类型、缺陷所在处的地区级别等,参照 GB 50251 取定。

步骤 10:对环绕圆周的每条纵向投影线计算相互作用缺陷的最大允许工作压力,取最小值作为该段管道的最大允许工作压力。

附　录　D
（规范性附录）
含凹陷管道的剩余强度评估

D.1　基于应变准则的含凹陷管道剩余强度评估

D.1.1　管道凹陷应变计算流程

基于应变准则的含凹陷管道计算流程见图 D.1。

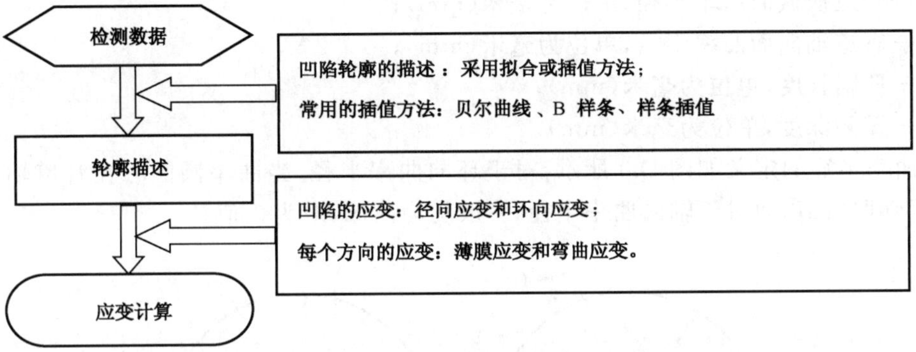

图 D.1　基于应变准则的含凹陷管道计算流程

D.1.2　管道凹陷应变计算

凹陷的应变分为环向应变和轴向应变，每个方向应变又由薄膜应变和弯曲应变组成，如图 D.2 所示。

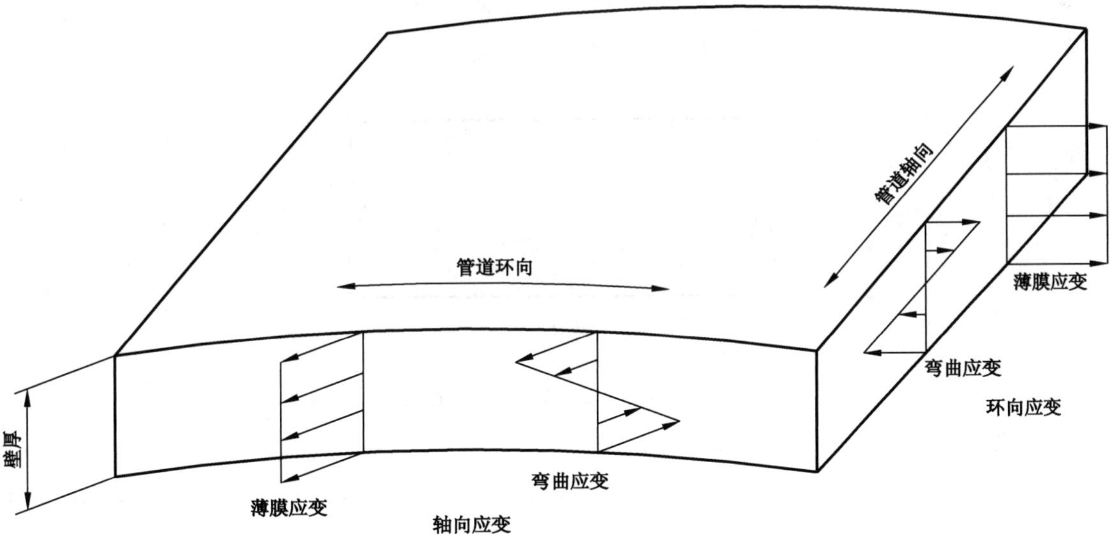

图 D.2　凹陷区域的应变组成

凹陷环向弯曲应变、轴向弯曲应变以及轴向薄膜应变计算见式(D.1)：

$$\varepsilon_1=\frac{t}{2}\left(\frac{1}{R_0}-\frac{1}{R_1}\right),\varepsilon_2=-\frac{t}{2}\frac{1}{R_2},\varepsilon_3=\frac{1}{2}\left(\frac{d}{L}\right)^2 \quad\cdots\cdots(\text{D.1})$$

式中：

ε_1 ——环向弯曲应变；

ε_2 ——轴向弯曲应变；

ε_3 ——轴向薄膜应变；

t ——管道壁厚，单位为毫米(mm)；

R_0——管道内半径，单位为毫米(mm)；

R_1——管道横截面曲率半径，单位为毫米(mm)；

R_2——管道轴向面曲率半径，单位为毫米(mm)；

L ——凹陷长度，单位为毫米(mm)；

d ——凹陷深度，单位为毫米(mm)。

两个曲率半径的定义如图D.3所示，对于环向曲率半径，当曲率圆圆心在管道轴线一侧时取正值，否则取负值；而对于轴向曲率半径，一般均为内凹，取为正值。

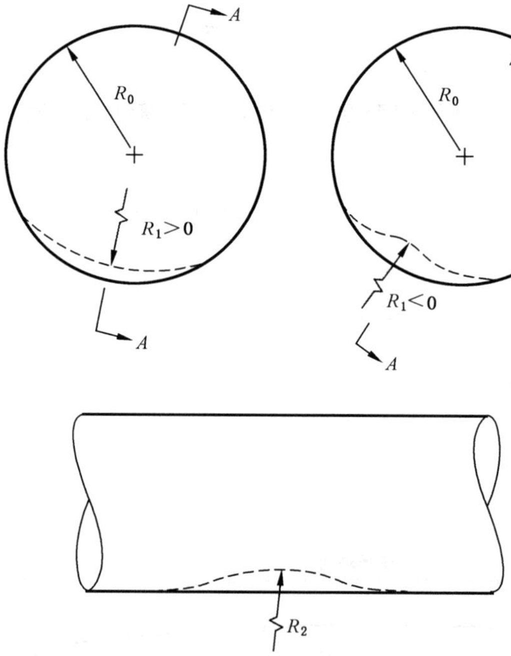

图 D.3　曲率半径的定义

凹陷处的总等效应变表达式为：

$$\varepsilon_{\text{eff}}=\sqrt{\varepsilon_x^2-\varepsilon_x\varepsilon_y+\varepsilon_y^2} \quad\cdots\cdots(\text{D.2})$$

式中：

ε_{eff}——凹陷处总等效应变；

ε_x ——管道轴向总应变，$\varepsilon_x=\pm\varepsilon_2+\varepsilon_3$；

ε_y ——管道环向总应变，$\varepsilon_y=\pm\varepsilon_1$，“±”分别表示所求轴向应变和环向应变为管道内表面或者外表面应变。

将式(D.1)中各应变值代入式(D.2)得到管道内、外表面的等效应变：

$$\varepsilon_{in}=[\varepsilon_1^2-\varepsilon_1(\varepsilon_2+\varepsilon_3)+(\varepsilon_2+\varepsilon_3)^2]^{\frac{1}{2}}$$
$$\varepsilon_{out}=[\varepsilon_1^2+\varepsilon_1(-\varepsilon_2+\varepsilon_3)+(-\varepsilon_2+\varepsilon_3)^2]^{\frac{1}{2}} \quad \cdots\cdots(D.3)$$

式中：

ε_{in}——管道内表面等效应变；

ε_{out}——管道外表面等效应变。

评价凹陷时，取内、外表面应变值中的较大值：

$$\varepsilon_{max}=\max\{\varepsilon_{in},\varepsilon_{out}\} \quad \cdots\cdots(D.4)$$

式中：

ε_{max}——管道内外表面最大应变值。

D.1.3 凹陷轮廓曲线的曲率

D.1.3.1 极坐标系下环向曲率半径 R_1：

$$R_1=\left.\frac{[\rho(\theta)^2+\rho'(\theta)^2]^{3/2}}{\rho(\theta)^2+2\rho'(\theta)^2-\rho(\theta)\rho''(\theta)}\right|_{\theta=\theta_0} \quad \cdots\cdots(D.5)$$

式中：

θ ——极坐标系中的极角，$\theta=3.14x/180$，x 为直角坐标系中的横轴；

$\rho(\theta)$——插值得到的二维轮廓曲线在极坐标系下的表达式；

θ_0 ——凹陷顶点处环向角度值，应根据环向检测数据点的定位方法确定取值。

D.1.3.2 直角坐标系下轴向曲率半径 R_2：

$$R_2=\left.\frac{[1+s(x)'^2]^{\frac{3}{2}}}{|s(x)''|}\right|_{x=x_0} \quad \cdots\cdots(D.6)$$

式中：

$s(x)$——插值得到的二维轮廓曲线表达式；

x_0 ——凹陷顶点处的轴向坐标，应根据轴向检测数据范围确定取值。

利用插值法计算轮廓曲线的方法可以参照下面方法进行。

D.1.4 凹陷轮廓的插值方法

基于应变的评价方法通常只需计算凹陷区域的最大应变值即可(一般位于凹陷的底部)，为简化计算，可以只插值出凹陷区域的环向和轴向截面轮廓，依此求解应变。

可采用B样条曲线和三次样条曲线对凹陷的轮廓曲线进行插值。

D.1.4.1 B样条插值

B样条曲线以贝塞尔曲线为基础，贝塞尔曲线是采用伯恩斯坦多项式为基函数的参数曲线，对于$0\leqslant t\leqslant 1$，伯恩斯坦基函数定义如下：

$$b_i^n(t)=\begin{cases}C_n^i t^i(1-t)^{n-i}, & i=0,1,\cdots,n\\ 0, & \text{其他}\end{cases} \quad \cdots\cdots(D.7)$$

根据定义可知，伯恩斯坦基函数具有函数递推性，即 n 次伯恩斯坦基函数可分别递推表示成两个$n-1$次或 $n+1$ 次的伯恩斯坦基函数的线性组合，即：

$$b_i^n(t)=(1-t)B_i^{n-1}(t)+tB_{i-1}^{n-1}(t)$$
$$b_i^n(t)=\frac{i+1}{n+1}B_{i+1}^{n+1}(t)+\left(1-\frac{i}{n+1}\right)B_i^{n+1}(t) \quad \cdots\cdots\cdots\cdots\cdots\cdots\cdots(\text{D.8})$$

由伯恩斯坦基函数的性质可知高阶贝塞尔曲线可由低阶贝塞尔曲线表示,如果凹陷轮廓采用三次贝塞尔曲线描述,则该曲线可由如下过程推出:

线性贝塞尔曲线表达式如下:

$$B(t)=P_0+(P_1-P_0)t=(1-t)P_0+tP_1,\ t\in[0,1] \quad \cdots\cdots\cdots(\text{D.9})$$

如图 D.4 a)所示,线性贝塞尔曲线只是两数据点之间的直线段,而两数据点之间的值则按线性分布,即如式(D.9)所示。

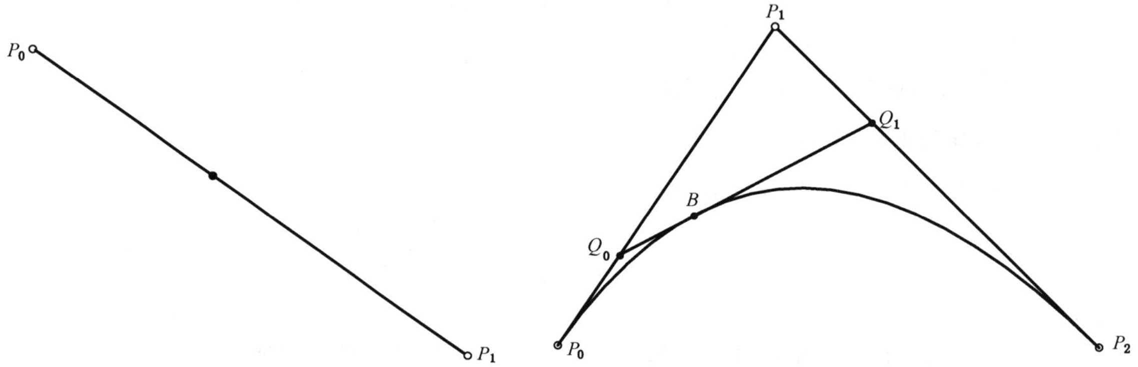

a) 线性贝塞尔曲线　　　　b) 二次贝塞尔曲线

图 D.4 贝塞尔曲线示意图

二次贝塞尔曲线由两条线性贝塞尔曲线的线性组合而成,如图 D.4 b)所示,对于点 P_0、P_1 和 P_2 定义的二次贝塞尔曲线数学定义如下:

$$B(t)=(1-t)^2P_0+2t(1-t)P_1+t^2P_2,\ t\in[0,1] \quad \cdots\cdots\cdots(\text{D.10})$$

同理,三次贝塞尔曲线由二条二次贝塞尔曲线组合,而每条二次贝塞尔曲线又可由线性贝塞尔曲线组合,如图 D.5 所示。

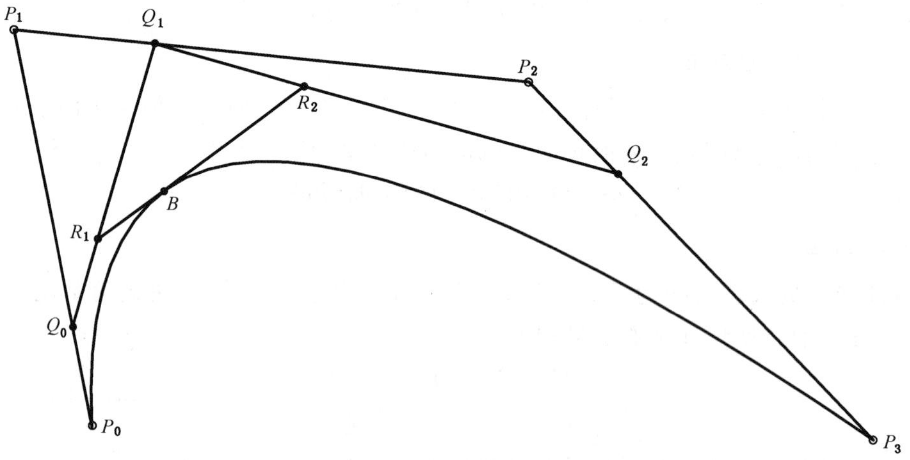

图 D.5 三次贝塞尔曲线示意图

三次贝塞尔曲线的数学定义如下：

$$B(t)=(1-t)^3P_0+3t(1-t)^2P_1+3t^2(1-t)P_2+t^3P_3,\ t\in[0,1] \quad\cdots\cdots(\text{D.11})$$

该式亦可表示为：

$$B(t)=\begin{bmatrix}(1-t)^3 & 3t(1-t)^2 & 3t^2(1-t) & t^3\end{bmatrix}\begin{bmatrix}P_0\\P_1\\P_2\\P_3\end{bmatrix} \quad\cdots\cdots(\text{D.12})$$

$$=\begin{bmatrix}b_0^3 & b_1^3 & b_2^3 & b_3^3\end{bmatrix}\begin{bmatrix}P_0\\P_1\\P_2\\P_3\end{bmatrix}$$

$$=\sum_{i=0}^{3}b_i^3P_i(t),t\in[0,1]$$

b_i^n即伯恩斯坦基多项式，定义如式(D.7)所示。

为描述凹陷的轮廓，则需要根据变径检测数据点将其轮廓曲线分割为若干段贝塞尔曲线，各段曲线的定义如下所示，假设数据点为$n+1$个。

$$S(x)=\begin{cases}S_0(x)=\sum_{i=0}^{n}b_i^3P_i^0(x) & x\in[x_0,x_1)\\ S_1(x)=\sum_{i=0}^{n}b_i^3P_i^1(x-x_1) & x\in[x_1,x_2)\\ \vdots \qquad \vdots & \\ S_n(x)=\sum_{i=0}^{n}b_i^3P_i^k(x-x_n) & x\in[x_n,x_{n-1}]\end{cases} \quad\cdots\cdots\cdots(\text{D.13})$$

B样条曲线的表示方法与贝塞尔曲线类似，即保留了贝塞尔方法的优点，又克服了其由于整体表示带来的不具有局部性质的缺点，本质上是由若干段贝塞尔曲线构成的，但又与普通的分段贝塞尔曲线简单拼接不同，可以保证在各曲线段拼接处的二阶导数连续。三次B样条曲线的数学表达式为：

$$P_i(t)=\sum_{j=0}^{3}B_{j,3}(t)P_{i+j}$$

$$=\frac{1}{6}\begin{bmatrix}t^3 & t^2 & t & 1\end{bmatrix}\begin{bmatrix}-1 & 3 & -3 & 1\\3 & -6 & 3 & 0\\-3 & 0 & 3 & 0\\1 & 4 & 1 & 0\end{bmatrix}\begin{bmatrix}P_i\\P_{i+1}\\P_{i+2}\\P_{i+3}\end{bmatrix},i=0,1,\cdots,n-3 \quad\cdots\cdots(\text{D.14})$$

其中的基函数亦可以表示为：

$$\begin{cases} B_{i,0}(t)=\begin{cases}1, t_i \leqslant t \leqslant t_{i+1} \\ 0, 其他\end{cases} \\ B_{i,k}(t)=\dfrac{t-t_i}{t_{i+k}-t_i}B_{i,k-1}(t)+\dfrac{t_{i+k+1}-t}{t_{i+k+1}-t_{i+1}}B_{i+1,k-1}, 3 \geqslant k \geqslant 1 \\ 假定:\dfrac{0}{0}=1 \end{cases} \quad \cdots\cdots(D.15)$$

以上三次B样条曲线并不能保证所得曲线经过每个检测数据点,还需要通过反求控制点的方法保证曲线的插值。

D.1.4.2 三次样条插值

三次样条具有连续的一、二阶导数,因此应用较为广泛,虽然三次样条的三阶导数和高阶导数可能是不连续的,但其在直观上并不能觉察到,影响较小,所以可以满足凹陷轮廓插值要求。

假设检测数据点沿轮廓曲线分布个数为 $n+1$ 个,曲线则被分为 n 段,每相邻两个数据点之间的曲线段可由三次样条插值函数 $s(x)=ax_i^3+bx_i^2+cx_i+d$ 表示,每个多项式含有4个待定系数,所以整个插值区间上有 $4n$ 个系数,则需要建立 $4n$ 个方程联立求解。

根据变径数据,每个曲线段的两个端点已知,即得到 $2n$ 个方程,另外由于凹陷轮廓的连续性,相邻2个曲线段在相邻端点处应该一阶和二阶导数连续,由此可根据 $n-1$ 个相邻端点确定 $2n-2$ 个方程,结合检测数据点,已得到 $4n-2$ 个方程,如公式所示。

$$\begin{cases} s(x_i-0)=s(x_i+0)=s(x_i) \\ s'(x_i-0)=s'(x_i+0) \\ s''(x_i-0)=s''(x_i+0) \qquad i=1,2,\cdots,n \\ s(x_0+0)=s(x_0) \\ s(x_{n+1}-0)=s(x_{n+1}) \end{cases} \quad \cdots\cdots\cdots(D.16)$$

另外2个约束方程可以由轮廓曲线两端的边界条件给出,当曲线两端的径向位移值给定之后,曲线两端的边界条件有如下3类:

a) 固支梁边界条件,即两端点的一阶导数为定值:

$$s'(x_0+0)=m_0, s'(x_{n+1}-0)=m_{n+1} \quad \cdots\cdots\cdots\cdots\cdots\cdots\cdots\cdots(D.17)$$

b) 弯矩边界条件,即两端点的二阶导数为定值:

$$s''(x_0+0)=M_0, s''(x_{n+1}-0)=M_{n+1} \quad \cdots\cdots\cdots\cdots\cdots\cdots\cdots\cdots(D.18)$$

特别地,当两端的二阶导数为零时,即 $s''(x_0+0)=0, s''(x_{n+1}-0)=0$,则称为自然边界条件。

c) 周期性边界条件,即两端点相互连接,具有共同的一阶和二阶导数:

$$\begin{cases} s'(x_0+0)=s'(x_{n+1}-0) \\ s''(x_0+0)=s''(x_{n+1}-0) \end{cases} \quad \cdots\cdots\cdots\cdots\cdots\cdots\cdots\cdots(D.19)$$

此时一般有 $s(x_0)=s(x_{n+1})$。

D.2 含划伤凹陷管道的剩余强度评价

D.2.1 评价准则

如果管道实际环向应力大于D.2.2中计算出的环向失效应力,则认为管道失效。该方法简化了几何模型,忽略了凹陷和划伤的长度,但考虑了凹陷底部的薄膜应变和弯曲应变,并作出以下假设：

a） 凹陷是连续的且宽度恒定；

b） 划伤位于凹陷的底部且沿管道轴向；

c） 划伤沿轴向方向深度恒定。

D.2.2 失效应力计算

含划伤凹陷管道的失效应力表达式如下：

$$\frac{\sigma_\theta}{\sigma_f}=\frac{2}{\pi}\cos^{-1}\left(\exp\left\{\frac{-169.5\pi E}{\sigma_f^2 A d}(X+Y)^{-2}\exp\left[\frac{\ln(0.738C_V)-K_1}{K_2}\right]\right\}\right) \quad \cdots\cdots(\text{D.20})$$

$$X=Y_1\left(1-\frac{1.8H_0}{2R}\right),Y=Y_2\left(10.2\frac{R}{t}\frac{H_0}{2R}\right),\sigma_f=1.15\sigma_Y\left(1-\frac{d}{t}\right) \quad \cdots\cdots(\text{D.21})$$

$$Y_1=1.12-0.23\left(\frac{d}{t}\right)+10.6\left(\frac{d}{t}\right)^2-21.7\left(\frac{d}{t}\right)^3+30.4\left(\frac{d}{t}\right)^4 \quad \cdots\cdots(\text{D.22})$$

$$Y_2=1.12-1.30\left(\frac{d}{t}\right)+7.32\left(\frac{d}{t}\right)^2-13.1\left(\frac{d}{t}\right)^3+14.0\left(\frac{d}{t}\right)^4 \quad \cdots\cdots(\text{D.23})$$

式中：

σ_θ ——环向失效应力，单位为兆帕(MPa)；

σ_f ——流变应力，单位为兆帕(MPa)；

σ_Y ——屈服强度，单位为兆帕(MPa)；

E ——管材弹性模量，单位为兆帕(MPa)；

A ——3/2 夏比冲击试件的断裂面积，单位为平方毫米(mm^2)；

C_V——3/2 夏比冲击功，单位为焦(J)；

$K_1=1.9$，$K_2=0.57$，K_1 和 K_2 为非线性表达式参数；

H_0——无内压时的凹陷深度，一般为有内压时深度的 1.43 倍，单位为毫米(mm)；

R ——管道半径，单位为毫米(mm)；

t ——管道壁厚，单位为毫米(mm)；

d ——有内压时的凹陷深度，单位为毫米(mm)。

附　录　E
（规范性附录）
不良条件下埋地钢质管道安全评定

E.1　不良条件工况分类

E.1.1　地面沉降

包括地质沉降、采空沉降和施工沉降。

E.1.2　冻土

温度不高于零度并含有冰的土和岩石称为冻土。

E.1.3　滑坡

滑坡是坡体上大量土体或岩体的边界产生剪切破坏，并以一定的加速度沿软弱面整体下滑的现象。

E.1.4　断层

断层是指地壳岩层因受力达到一定强度而发生破裂，并沿破裂面有明显相对移动的构造现象。

E.1.5　场地占压

管道经过城市或工业区时，道路、建筑物及地面堆积物等对管道产生的占压会使管道截面受压变形、管道破裂。

E.1.6　洪水

埋地管道穿越河流、湖泊等水流活动区域时，由于河床变化较为剧烈或遇大型洪水导致的管道裸露、漂浮。

E.2　管道的极限状态

管道极限状态是指管道在载荷条件下出现的能够导致管道失效或不能满足继续工作的一种状态。极限状态分为最终极限状态（导致管道失效）和服役极限状态（管道不能继续安全工作），可归纳为断裂、屈曲和椭圆化变形 3 种。

表 E.1 列出 6 种不良条件下的埋地钢质管道最常见的载荷条件、变形情况和极限状态。

表 E.1　不良条件下埋地钢质管道的极限状态

类型	载荷条件	变形情况	极限状态
采空沉陷	①地表轴向、横向和下沉位移 ②内压、温度	拉伸、压缩、弯曲	屈曲、断裂
冻土	①地面差异性冻胀 ②内压、温度	拉伸、弯曲、弯曲导致的压缩	断裂、屈曲

表 E.1(续)

类型	载荷条件	变形情况	极限状态
横向滑坡	①滑坡拖曳力、摩擦力、管道重力 ②两侧场地土体抗力、摩擦力 ③内压、温度	拉伸、弯曲、弯曲导致的压缩	断裂、屈曲
断层	①断层错动位移 ②两侧场地土体抗力、摩擦力 ③内压、温度	拉伸、压缩、弯曲	断裂、屈曲
占压	①地面占压的附加载荷、覆土压力 ②管底地基反力 ③内压、温度	弯曲、凹陷、截面变形	椭圆化、屈曲
洪水	①动水拖曳力、浮力、重力 ②堤岸内部土抗力 ③内压、温度	拉伸、弯曲、弯曲导致的压缩	断裂

E.3 极限状态的安全评定判据

E.3.1 断裂

管道在载荷或位移作用下,管壁沿轴向或环向可能承受较大的拉伸变形和应变,当管壁存在(焊接)缺陷时,拉伸应变达到或超过极限值,可能导致管道断裂。拉伸应变应满足以下最小强度要求:

$$\varepsilon_{tf} \leqslant \phi_{\varepsilon t}\varepsilon_t^{crit} \qquad \cdots\cdots(E.1)$$

式中:

ε_{tf}——纵向或环向的单向拉伸应变;

$\phi_{\varepsilon t}$——拉伸应变阻力因子,可取 0.7;

ε_t^{crit}——管壁或焊接部件的拉伸极限应变,由材料试验确定。当缺乏具体信息时,拉伸极限应变取 0.75%,或按式(E.2)、式(E.3)计算:

a) 表面型缺陷:

$$\varepsilon_t^{crit} = \delta^{(2.36-1.58\lambda-0.101\xi\eta)}(1+\lambda^{-4.45})(-0.157+0.239\xi^{-0.241}\eta^{-0.315}) \qquad \cdots\cdots(E.2)$$

b) 埋藏型缺陷:

$$\varepsilon_t^{crit} = \delta^{(1.08-0.612\eta-0.073\,5\xi+0.364\psi)}(12.3-4.65\sqrt{t}+0.495t)(11.8-10.6\lambda)\left(-0.514+\frac{0.992}{\psi}+20.1\psi\right)(-3.63+11.0\sqrt{\eta}-8.44\eta)\left(-0.836+0.733\eta+0.048\,3\xi+\frac{3.49-14.6\eta-12.9\psi}{1+\xi^{1.84}}\right) \qquad \cdots\cdots(E.3)$$

式中:

δ——断裂韧度,单位为毫米(mm);

λ——屈强比;

ξ——缺陷长度与管道壁厚之比;

η——缺陷高度与管道壁厚之比;

ψ——缺陷深度与管道壁厚之比；

t——管道壁厚，单位为毫米(mm)。

E.3.2 屈曲

当管道承受压缩载荷或严重弯曲时，管道截面会产生压应力和应变，纵向压缩应变应满足以下最小强度要求：

$$\varepsilon_{cf} \leqslant \phi_{\varepsilon c}\varepsilon_{c}^{crit} \quad \cdots\cdots\cdots\cdots(\text{E.4})$$

式中：

ε_{cf}——纵向或环向的单向压缩应变；

$\phi_{\varepsilon c}$——压缩应变阻力因子，可取0.8；

ε_{c}^{crit}——轴向或环向压缩极限应变，应由正确分析方法或物理实验确定，且应考虑内压、外压、管线降压的影响、初始缺陷、残余应力和材料应力-应变关系，缺乏具体信息时按式(E.5)取值：

$$\varepsilon_{c}^{crit}=0.5\frac{t}{D}-0.0025+3000\left(\frac{(P_i-P_e)D}{2tE_s}\right)^2,\quad \frac{(P_i-P_e)D}{2tF_y}<0.4$$

$$\varepsilon_{c}^{crit}=0.5\frac{t}{D}-0.0025+3000\left(\frac{0.4F_y}{E_s}\right)^2,\quad \frac{(P_i-P_e)D}{2tF_y}\geqslant 0.4 \quad \cdots\cdots(\text{E.5})$$

式中：

t——管道壁厚，单位为毫米(mm)；

D——管道外径，单位为毫米(mm)；

P_i——最大设计内压，单位为兆帕(MPa)；

P_e——最小外部静水压力，单位为兆帕(MPa)；

$E_s=207$ GPa；

F_y——最小屈服强度，单位为兆帕(MPa)。

E.3.3 椭圆化变形

在外部载荷作用下，管道横截面有可能出现椭圆化变形，截面形状的改变可能导致截面塌陷或内检测器等装置无法通过。弯曲引起的椭圆化极限为：

$$\Delta_{\theta} \leqslant \Delta_{\theta}^{crit} \quad \cdots\cdots\cdots\cdots(\text{E.6})$$

式中：

Δ_{θ}——椭圆化变形率，其值为：

$$\Delta_{\theta}=2(D_{max}-D_{min})/(D_{max}+D_{min}) \quad \cdots\cdots\cdots\cdots(\text{E.7})$$

式中：

D_{max}——最大管外径，单位为毫米(mm)；

D_{min}——最小管外径，单位为毫米(mm)；

Δ_{θ}^{crit}——临界椭圆化变形率，应通过分析或实验确定，缺少详细信息时取0.03，若变形大但并未发生截面破坏取0.06。

附　录　F
（规范性附录）
埋地钢质管道外腐蚀剩余寿命预测

F.1　壁厚法剩余寿命预测

壁厚法是基于未来服役条件、实测壁厚、金属局部损失区域尺寸、预期腐蚀速率以及裂纹扩展速率估计计算需要的最小壁厚。适用于直管段均匀腐蚀与局部腐蚀剩余寿命预测，方法见式(F.1)。

$$R_L=\frac{t_{mm}-R_t\cdot t_{min}}{C_{rate}} \qquad \cdots\cdots(\text{F.1})$$

式中：

R_L ——剩余寿命，单位为年(a)；

C_{rate}——预期腐蚀速率，单位为毫米每年(mm/a)；

t_{mm} ——管道实测平均壁厚，单位为毫米(mm)；

t_{min} ——管道最小要求壁厚，单位为毫米(mm)；

R_t ——剩余壁厚比，由剩余强度评估可得。当直管段为均匀腐蚀时，R_t 由 RSF_a 代替，当直管段为局部腐蚀时，R_t 计算公式如式(F.2)：

$$R_t=\begin{cases}0.2 & \lambda\leqslant 0.354\\ \left(RSF_a-\dfrac{RSF_a}{M_t}\right)\left(1-\dfrac{RSF_a}{M_t}\right)^{-1} & 0.354\leqslant\lambda\leqslant 20\\ 0.9 & \lambda\geqslant 20\end{cases} \qquad \cdots\cdots(\text{F.2})$$

式中：

M_t ——傅里叶因子，$M_t=(1+0.48\lambda^2)^{0.5}$；

λ ——壳体参数，$\lambda=1.285s/\sqrt{D_i\cdot t_{min}}$，如果评估环向缺陷，$c$ 代替 s；

RSF_a——许用的剩余强度因子；

D_i ——管道内径，单位为毫米(mm)；

s ——实测局部金属损失轴向长度，单位为毫米(mm)；

c ——实测局部金属损失环向长度，单位为毫米(mm)。

壁厚法通过单个壁厚计算腐蚀区剩余寿命。如果壁厚值采用断面轮廓图确定其尺寸，剩余寿命建议使用 MAWP 方法。

F.2　MAWP 法剩余寿命预测

弯头、三通等管道元件均匀腐蚀与局部腐蚀的剩余寿命预测均采用 MAWP 方法计算，步骤如下：

步骤 1：确定管道壁厚径向的损失量 t_{loss}，即管道的公称壁厚 t_{loss} 减去最近一次实测平均壁厚 t_{am} 得到的数值。

步骤 2：根据管道的腐蚀裕量 CA_e 和公称壁厚 t_{nom}，确定未来服役时间与 MAWP 的关系曲线。腐蚀裕量 CA_e 按式(F.3)计算：

$$CA_e = t_{loss} + C_{rate} \times t_{ime} \qquad \text{(F.3)}$$

式中：

CA_e ——管道的腐蚀裕量,单位为毫米(mm)；

t_{loss} ——管道壁厚径向的损失量,单位为毫米(mm)；

C_{rate} ——预期腐蚀速率,单位为毫米每年(mm/a)；

t_{ime} ——管道的未来服役时间,单位为年(a)。

步骤 3:均匀腐蚀剩余寿命预测,即根据未来服役时间与 MAWP 的关系曲线,与设计的 MAWP 曲线的交点所对应的时间就是均匀腐蚀剩余寿命。

步骤 4:按照上述步骤,对实测的不同管段分别计算,所有计算结果中最小值作为管道的剩余寿命。

F.3 极值统计腐蚀剩余寿命预测

极值统计腐蚀剩余寿命预测适用于检验区段开挖点数量大于等于 16 处。如果检验区段管道剩余壁厚达到最小要求壁厚,则认为管道剩余寿命为 0。

管道最小要求壁厚 t_{min} 见式(F.4)：

$$t_{min} = \max(t_{min}^{C}, t_{min}^{L}) = \max\left(\frac{pD_o}{2SE}, \frac{pD_o}{4SE} + \frac{F}{SE\pi D_m} + \frac{4M}{SE\pi D_m^2}\right) \qquad \text{(F.4)}$$

式中：

p ——内压,单位为兆帕(MPa)；

D_o——管子外径,单位为毫米(mm)；

S ——许用应力,单位为兆帕(MPa)；

E ——焊缝系数；

F ——轴向作用力,单位为牛顿(N)；

M ——弯矩,单位为牛顿毫米(N·mm)；

D_m——管道内半径,单位为毫米(mm)。

极值统计剩余寿命预测方法和步骤如下：

步骤 1:腐蚀剩余寿命预测见式(F.5)：

$$R_L = \frac{C_2}{v_x\{1 - C_x[0.779\,7\ln(-\ln R_a) + 0.450\,1]\}} \qquad \text{(F.5)}$$

式中：

R_L ——剩余寿命,单位为年(a)；

C_2 ——管道的腐蚀裕量,单位为毫米(mm)；

v_x ——腐蚀速率,单位为毫米每年(mm/a)；

C_x ——腐蚀速率变异系数；

R_a ——可靠度。

步骤 2:腐蚀速率 v_x、变异系数 C_x求解公式分别见式(F.6)、式(F.7)：

$$v_x = (x^* + t_{0.90,N-1} \cdot S_x/\sqrt{N-1})/T_1 \qquad \text{(F.6)}$$

$$C_x = S_x\sqrt{N/\chi^2_{0.90,N-1}}/\mu_x \qquad \text{(F.7)}$$

式中：

x^* ——最大腐蚀深度的均值，单位为毫米(mm)，可由 $x^*=\frac{\sum_{i=1}^{N}x_i}{N}$ 求得；

S_x ——最大腐蚀深度的方差，单位为毫米(mm)，可由 $S_x=\sqrt{\frac{1}{N-1}\sum_{i=1}^{N}(x^*-x_i)^2}$ 求得；

T_1 ——管道已使用时间，单位为年(a)；

N ——开挖坑腐蚀检测的个数；

$t_{0.90,N-1}$ ——90%置信度下的 t 分布系数；

$\chi^2_{0.90,N-1}$ ——90%置信度下的 χ^2 分布系数。

步骤3：腐蚀剩余寿命预测可根据式(F.5)建立可靠度 R_a 与剩余寿命 R_L 之间的关系曲线，如图F.1所示。

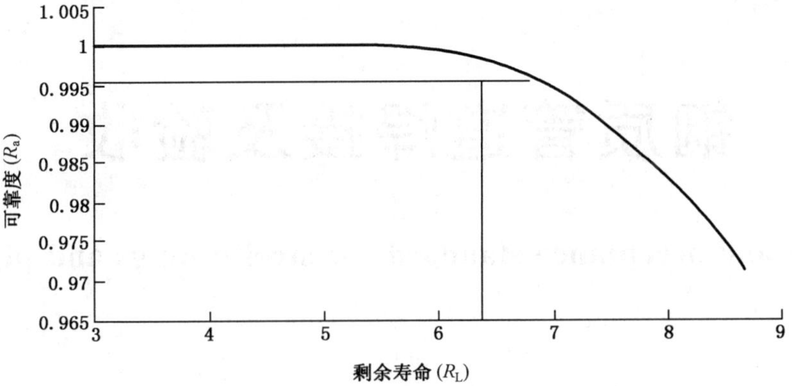

图 F.1 可靠度 R_a 与剩余寿命 R_L 的关系曲线

可靠度 R_a 与不同风险地段发生事故的可接受失效概率 p 关系为：$p=1-R_a$，低风险管段 p 可取 2.3×10^{-2}；中风险管段 p 可取 1.0×10^{-3}；高风险管段 p 可取 1.0×10^{-5}。根据图F.1可得不同风险管段对应的腐蚀剩余寿命。

ICS 75.200;25.160.40
P 94

中华人民共和国国家标准

GB/T 31032—2014

钢质管道焊接及验收

Welding and acceptance standard for steel pipings and pipelines

2014-12-05 发布　　2015-06-01 实施

314 中华人民共和国国家质量监督检验检疫总局
中国国家标准化管理委员会　发布

前　言

本标准按照 GB/T 1.1—2009 和 GB/T 20000.2—2009 给出的规则起草。

本标准使用重新起草法修改采用 API Std 1104:2010《钢质管道焊接及验收》。

本标准由全国石油天然气标准化技术委员会(SAC/TC 355)提出并归口。

本标准起草单位:中国石油管道学院、中国石油天然气管道第二工程公司、廊坊北方检测公司。

本标准主要起草人:李建军、高泽涛、续理、王乐生、吴大可、吕向阳、于英姿、王义、刘光云、徐进、张宏亮、袁浩、周文波、乔桂利、韩德辉、胡庆春、马佳、古桢、周艳霞、陈俊敏、田丽。

钢质管道焊接及验收

1 范围

本标准规定了原油、成品油、燃气、二氧化碳、氮气等介质的输送管线、管网、阀室和站场的碳钢和低合金钢管及管件的对接接头、角接接头和承插接头的气焊和电弧焊工艺,也包括集输系统的焊接工艺。

适用的焊接方法为焊条电弧焊、埋弧焊、熔化极及非熔化极气体保护电弧焊、药芯焊丝电弧焊、等离子弧焊、气焊或其组合。焊接方式为手工焊、半自动焊、机动焊、自动焊或其组合。适用的焊接位置为固定焊、旋转焊或其组合。

本标准还规定了射线检测、磁粉检测、渗透检测和超声检测的工艺以及采用破坏性试验或采用射线、磁粉、渗透、超声和外观检测的现场焊缝的验收标准。

本标准适用于新建管线、在役管线和返修管线的焊接。

2 规范性引用文件

下列文件对于本文件的应用是必不可少的。凡是注日期的引用文件,仅注日期的版本适用于本文件。凡是不注日期的引用文件,其最新版本(包括所有的修改单)适用于本文件。

GB/T 229 金属材料夏比摆锤冲击试验方法(GB/T 229—2007,ISO 148-1:2006,MOD)

GB/T 3091 低压流体输送用焊接钢管(GB/T 3091—2008,ISO 559:1991,NEQ)

GB/T 4340 金属材料维氏硬度试验

GB/T 5117 非合金钢及细晶粒钢焊条(GB/T 5117—2012,ISO 2560:2009,MOD)

GB/T 5118 热强钢焊条(GB/T 5118—2012,ISO 3580:2010,MOD)

GB/T 5293 埋弧焊用碳钢焊丝和焊剂(GB/T 5293—1999,ANSI/AWS A5.17:1989,EQV)

GB/T 8110 气体保护电弧焊用碳钢、低合金钢焊丝(GB/T 8110—2008,AWS A5.18M:2005,MOD)

GB/T 9711 石油天然气工业管线输送系统用钢管(GB/T 9711—2011,ISO 3183:2007,MOD)

GB/T 10045 碳钢药芯焊丝(GB/T 10045—2001,ANSI/AWS A5.20:1995,MOD)

GB/T 12459 钢制对焊无缝管件(GB/T 12459—2005,ASME B16.9:2001,MOD)

GB/T 12470 埋弧焊用低合金钢焊丝和焊剂

GB/T 13793 直缝电焊钢管(GB/T 13793—2008,ASTM A 53/A 53M:2005 JIS G 3444:2004,MOD)

GB/T 14957 熔化焊用钢丝

GB/T 17493 低合金钢药芯焊丝(GB/T 17493—2008,AWS A5.29M:2005,MOD)

SY/T 0510 钢制对焊管件规范

SY/T 4109　石油天然气钢质管道无损检测(SY/T 4109—2005,API Std 1104:1999,NEQ)

SY/T 5037　普通流体输送管道用埋弧焊钢管

SY/T 5038　普通流体输送管道用直缝高频焊钢管

SY/T 5257　油气输送用钢制感应加热弯管(SY/T 5257—2012,ISO 15590.1:2001,NEQ)

JB/T 7902　无损检测　射线照相检测用线型像质计(JB/T 7902—2006,ISO 19232-1:2004,NEQ)

TSG Z6002:2010《特种设备焊接操作人员考核细则》国家质量监督检验检疫总局

API RP 2201　石油石化行业不停输封堵安全操作规程(Safe hot tapping practices in the petroleum & petrochemical industries)

ASTM E92　金属材料维氏硬度测试方法(Standard test method for vickers hardness of metallic materials)

AWS A5.1　碳钢药皮电弧焊焊条(Covered carbon steel arc welding electrodes)

AWS A5.2　铸铁和钢质氧乙炔气焊焊丝(Iron and steel oxyfuel gas welding rods)

AWS A5.5　低合金钢药皮电弧焊焊条(Low alloy steel covered arc welding electrodes)

AWS A5.17　埋弧焊用碳钢焊丝及焊剂(Carbon steel electrodes and fluxes for submerged-arc welding)

AWS A5.18　气体保护电弧焊碳钢填充材料(Carbon steel filler metals for gas shielded arc welding)

AWS A5.28　气体保护电弧焊低合金钢填充材料(Low-alloy steel filler metals for gas shielded arc welding)

AWS A5.29　低合金钢药芯电弧焊焊丝(Low-alloy steel electrodes for flux cored arc welding)

BS 7448　断裂韧性试验　第二部分　焊缝金属 K_{IC} 临界 CTOD 及临界 J 积分取值方法(BS 7448 Pt 2 Fracture mechanics toughness test—Part 2,Method for determination of K_{IC} critical CTOD and critical J values of welds in metallic materials)

BS 7910　金属结构裂纹验收评定方法指南(Guide to methods for assessing the acceptability of flaws in metallic structures)

NACE MR0175　油田设备用抗硫化物应力开裂金属材料(Sulfide stress cracking resistant metallic materials for oil field equipment)

《特种设备无损检测人员考核与监督管理规则》国家质量监督检验检疫总局

3　术语和定义

下列术语和定义适用于本文件。

3.1

业主　company

工程的主管单位或建设单位,或由其委派或授权的单位或代表。

3.2

承包商 contractor

从事本标准中所述工程任务的承包单位和分包单位。

3.3

机动焊 mechanized welding

焊接参数和焊炬导控均由机械或电子控制,也可采用手动操控,以保持规定的焊接工艺。

3.4

半自动焊 semi-automatic welding

控制填充材料传送速度的设备进行的电弧焊。焊炬的移动由手动控制。

3.5

根焊 root bead

连接管与管、管与管件或管件与管件之间焊接的第一层焊道。

3.6

热焊 hot pass

根焊完成后立即快速进行的第二层焊道。

3.7

填充焊 filling welding

根焊或热焊完成后,盖面焊之前的焊道。

3.8

盖面焊 cap welding

最外面一层的成型焊道。

3.9

返修 repair

对经外观检查或无损检测发现的缺陷进行的修补焊接。

3.10

旋转焊 roll welding

焊接时焊接热源位置固定,并位于或接近其顶部中心,被焊管或管件旋转。

3.11

固定焊 position welding

焊接过程中管或管件固定不动。

3.12

焊缝 weld

焊件焊接后所形成的结合部分。

3.13

支管焊缝 branch weld

采用骑坐式、嵌入式方法或管件(支管座或三通)连接支管或管件到主管的完整坡口焊缝或角焊缝。

3.14

缺欠 imperfection

按本标准中的检测方法检测出的焊缝的不连续性、不均匀性以及其他不健全等欠缺。

3.15

缺陷　defect

达到本标准拒收要求的缺欠。

3.16

显示　indication

通过无损检测获得的证据。

3.17

内凹　internal concavity

焊道已经良好的熔合并且已经完好渗入沿坡口两侧的管壁厚度，但焊道中部比管壁的内表面低，形成的内陷即为内凹。

3.18

合格焊工　qualified welder

按照第5章或第6章的要求考核合格的焊工。

3.19

焊工考试　welder qualification test

焊工经过培训或一定工作时间后，按标准规定对其专业理论知识和实际操作技能进行的考试。

3.20

预焊接工艺规程(PWPS)　preliminary welding procedure specification

按照工程设计要求，根据已有的焊接试验结果或其他类似工程经验，由业主委托的焊接试验单位编制的用于焊接工艺评定的焊接工艺指导性文件。

3.21

焊接工艺评定　welding procedure qualification

在工程焊接前，为制定焊接工艺规程，通过对焊接方法、焊接材料、焊接参数等进行选择和调整的一系列工艺性试验，以确定获得标准规定焊接质量的正确工艺。

3.22

焊接工艺规程　welding procedure specification

根据焊接工艺评定报告，并结合实践经验而制定的直接指导工程焊接的技术细则文件。包括对焊接接头、母材、焊接材料、焊接位置、预热、电特性、操作技术等内容进行详细的规定，以保证焊接质量的再现性。

4　焊接一般规定

4.1　设备

焊接所用设备应能满足焊接工艺要求，且应具有良好的工作状态和安全性。凡不符合要求的焊接设备应予修复或更换。

4.2　材料

4.2.1　管材及管件

本标准适用于焊接符合下列最新版本的标准中的管材和管件：

GB/T 3091

GB/T 9711(API Spec 5L、ISO 3183)

GB/T 12459

GB/T 13793

SY/T 0510

SY/T 5037

SY/T 5038

SY/T 5257

适用的 ASTM 标准

本标准也适用于未按照上述标准制造,但其化学成分和力学性能满足上述标准规定的材料。

4.2.2 填充材料

4.2.2.1 类型和规格

所有填充材料应符合下列任一标准,使用本标准的各方应探讨使用下列标准的最新版本:

GB/T 5117

GB/T 5118

GB/T 5293

GB/T 8110

GB/T 10045

GB/T 12470

GB/T 14957

GB/T 17493

AWS A5.1

AWS A5.2

AWS A5.5

AWS A5.17

AWS A5.18

AWS A5.28

AWS A5.29

不符合上述标准要求的填充材料,如经过焊接工艺评定合格后也可使用。

4.2.2.2 填充材料及焊剂的保管、搬运

填充材料及焊剂在保管和搬运时,应符合生产厂家的规定,并应避免损坏填充材料、焊剂及其包装。包装开启后,应保护其不致变质,药皮焊条应避免受潮湿。凡有损坏或变质迹象的填充材料和焊剂不应使用。

4.2.3 保护气体

4.2.3.1 类型

保护气体分为惰性气体、活性气体及惰性气体和活性气体的组合。保护气体的纯度和干燥度,应满足焊接工艺规程要求。

4.2.3.2 保管和使用

保护气体应存放在容器中、并应远离高温或低温等极端环境,其他气体不应混入容器中。若保护气体的质量和容器存在问题,则不应使用。

5 焊接工艺评定

5.1 工艺评定

5.1.1 在焊接生产开始之前,应制定详细的预焊接工艺规程,并对此焊接工艺进行评定。工艺

评定目的在于验证用此工艺能否得到具有合格力学性能，如强度、塑性、韧性和硬度等的完好焊接接头。其中，环焊缝的附加验收标准见附录C，在役管道的焊接见附录D。

5.1.2 应使用破坏性试验检验焊接接头质量。应依据评定合格的工艺编制焊接工艺规程。

5.2 记录

评定的焊接工艺的各项细节和焊接工艺评定试验的各项结果的记录见表E.1和表E.2，并在该焊接工艺规程使用期间内应保存好记录。

5.3 工艺规程

5.3.1 概述

工艺规程应包含5.3.2中的适用内容。

5.3.2 规程说明

5.3.2.1 焊接方法

应指明所使用的焊接方法，或其方法的组合。

5.3.2.2 管子及管件材料

应指明适用的管子材料和管件材料。

适用的管子和管件材料分组见5.4.2.2，评定试验应选择该组材料中具有最高规定屈服强度的材料进行。

5.3.2.3 外径和壁厚

应规定焊接工艺规程适用的外径和壁厚范围，其分组见6.4.2中d)和e)。

5.3.2.4 接头设计

应画出接头的简图。简图应指明接头形式、坡口形式、坡口角度、钝边尺寸和根部间隙等。角焊缝应指明形状和尺寸。如使用垫板时，还需指明其尺寸和材质。

5.3.2.5 填充材料和焊道数

应指明填充材料的种类和规格、焊缝最少层数及焊道顺序。

5.3.2.6 电特性

应指明电流种类和极性，规定所使用的每一种焊条或焊丝的电弧电压和焊接电流值的范围。

5.3.2.7 火焰特性

应指明使用的火焰类型(中性焰、碳化焰或氧化焰)，并应规定每种规格的焊丝适用的焊炬喷嘴的规格。

5.3.2.8 焊接位置

应指明旋转焊或固定焊。固定焊应指明水平固定焊接位置(5G)、垂直焊接位置(2G)或45°倾斜固定管位置(6G)。

5.3.2.9 焊接方向

应指明上向焊或下向焊。

5.3.2.10 焊道之间的时间间隔

应规定完成根焊道后至开始第二焊道及完成第二焊道后至开始其他焊道之间的最长时间

间隔。

5.3.2.11 对口器的类型和撤离

应规定是否使用对口器、使用内对口器或外对口器。如使用对口器，应规定在撤离对口器时完成根焊道长度的最小百分比。

5.3.2.12 焊道的清理及打磨

应指明使用电动或手工工具进行焊道的清理和打磨。

5.3.2.13 预热和焊后热处理

应规定预热和焊后热处理的加热方法，温度、温度控制方法及需预热和焊后热处理的环境温度的范围，且应符合 7.11 的规定。

5.3.2.14 保护气体及流量

应规定保护气体的成分及流量范围。

5.3.2.15 保护焊剂

应规定保护焊剂的类型。

5.3.2.16 焊接速度

应规定各焊道的焊接速度范围。

5.3.2.17 层(道)间温度

应规定焊接时焊层(道)之间的温度范围。

5.4 焊接工艺规程的基本要素

5.4.1 概述

当焊接工艺规程有 5.4.2 中规定的基本要素变更时，应对焊接工艺重新评定。当焊接工艺规程有 5.4.2 中规定的基本要素以外的变更时，应修订焊接工艺规程，但不必对焊接工艺重新评定。

5.4.2 基本要素

5.4.2.1 焊接方法

焊接工艺规程中焊接方法的变更，其方法见 5.3.2.1。

5.4.2.2 母材

焊接两组不同材料时，应采用强度较高材料组别的焊接工艺单独评定。本标准所有材料的分组如下：

a) 规定最小屈服强度小于或等于 290 MPa；
b) 规定最小屈服强度大于 290 MPa，且小于 448 MPa；
c) 规定最小屈服强度大于等于 448 MPa 的各级碳钢及低合金钢均应进行单独的评定试验；
d) 以上分组并不表示上述每组中母材可任意替代已做过焊接工艺评定的母材或填充材料，还应考虑母材和填充材料在冶金特性、力学性能、预热和焊后热处理要求上的不同。

5.4.2.3 接头设计

接头设计的重大变更(如 V 型坡口改为 U 型坡口，或反之)。坡口角度或钝边的细小变化不属于基本要素。

5.4.2.4 焊接位置

由旋转焊变为固定焊,或反之。固定焊应指明水平固定焊接位置(5G)、垂直固定焊接位置(2G)或45°倾斜固定焊接位置(6G)。6G位可替代5G位和2G位,其他不得相互替代。

5.4.2.5 壁厚

从一种壁厚分组到另一种壁厚分组的变更[管壁厚分组见6.4.2 e)]。

5.4.2.6 填充材料

5.4.2.6.1 填充材料的变更

从一组填充材料变为另一组填充材料应符合表1的规定。

表1 填充材料分类

组别	标准	焊条(焊丝)	焊剂[c]
1	GB/T 5117	E4310,E4311	—
	GB/T 5118	E5010,E5011	
	AWS A5.1	E6010,E6011	
	AWS A5.5	E7010,E7011	
2	GB/T 5118	E5510 E5511	—
	AWS A5.5	E8010 E8011 E9010	
3	GB/T 5117 或 GB/T5118	E5015, E5016, E5018	—
	GB/T 5118	E5515, E5516, E5518	
	AWS A5.1 或 AWS A5.5	E7015, E7016, E7018	
	AWS A5.5	E8015, E8016, E8018 E9018 E10018	
4[a]	GB/T 5293 GB/T 12470	H08 H10Mn2	HJ401 HJ402
	AWS A5.17	EL8	P6XZ
		EL8K	F6X0
		EL12	F6X2
		EM5K	F7XZ
		EM12K	F7X0
		EM13K	F7X2
		EM15K	—
5[b]	GB/T 8110	ER50-6 ER50-G	—
	AWS A5.18	ER70S-2 ER70S-6	
	GB/T 8110	ER55-6 ER62-××	
	AWS A5.28	ER80S-D2 ER90S-G E70C-×× E80C-××	

表 1(续)

组别	标准	焊条(焊丝)	焊剂[c]
6	AWS A5.2	RG60,RG65	—
7	AWS A5.20	E61T-GS[d] E71T-GS[d]	—
8	GB/T 17493	E501T8-K6	—
	AWS A5.29	E71T8-K6,E71T8-Ni1	
9	AWS A5.29	E81T8-Ni2 E81T8-G E91T8-G	—

[a] 其他型号的焊条、填充材料和焊剂也可以使用,但需要进行单独的焊接工艺评定。

[b] 在4组中可使用其他焊丝和焊剂的组合进行焊接工艺评定,此组合应用完整的AWS型号表示,如F7A0-EL12或F6A2-EMl2K。只有用同一AWS型号的材料允许不重新进行焊接工艺评定。国内材料亦同。当焊接或焊后热处理时,焊剂型号中的X可以为A或P。

[c] 在5组中的焊丝应使用保护气体。

[d] 7组的焊丝仅用于根焊。

5.4.2.6.2 规定最小屈服强度大于或等于448 MPa的管材填充材料型号的变更(见5.4.2.2)

可在5.4.2.2 a)和5.4.2.2 b)中规定的分组内变更填充材料,但应从力学性能的角度保持母材和填充材料的一致性。

5.4.2.7 电特性

直流焊接时焊条(焊丝)接正极变更为接负极或反之;直流电变为交流电或反之。

5.4.2.8 焊道之间的时间间隔

根焊道完成后至第二焊道开始前所允许的最长时间间隔的增加。

5.4.2.9 焊接方向

从下向焊改为上向焊,或者反之。

5.4.2.10 保护气体和流量

一种气体换成另一种气体,或一种混合气体换成另一种混合气体,或保护气体流量范围较大地增加或减少。

5.4.2.11 保护焊剂

保护焊剂的选用可参照表1。

5.4.2.12 焊接速度

焊接速度范围的变更。

5.4.2.13 预热

降低焊接工艺规程的最低预热温度。

5.4.2.14 焊后热处理

增加焊后热处理工艺或改变焊接工艺规程中焊后热处理的范围或温度。

5.5 **试验管接头的焊接——对接焊**

应将两个管段按照预焊接工艺规程规定的要求进行组对和焊接。

5.6 **焊接接头的试验——对接焊**

5.6.1 **试样制备**

5.6.1.1 试件取样应按图1指定的位置进行,试样的最少数量及试验项目见表2。

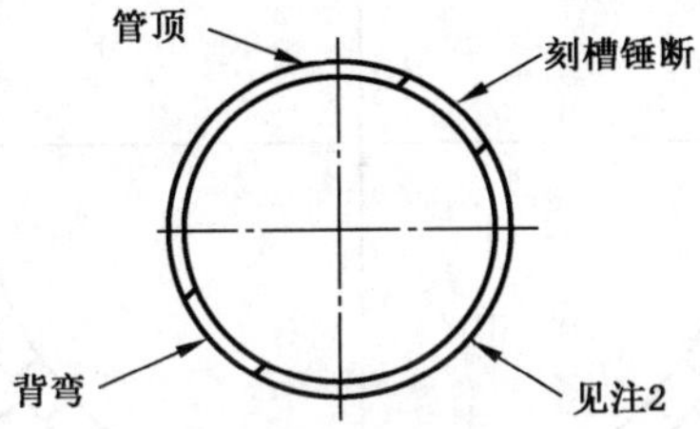

a) 小于 60.3 mm

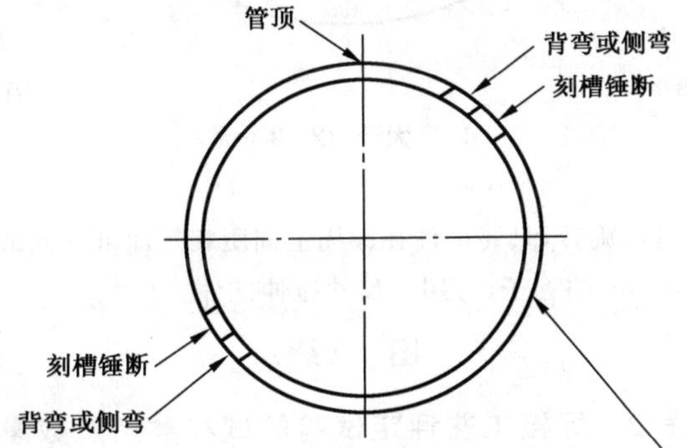

b) 大于 60.3 mm,小于或等于 114.3 mm;
当壁厚大于 12.7 mm,小于或等于 114.3 mm

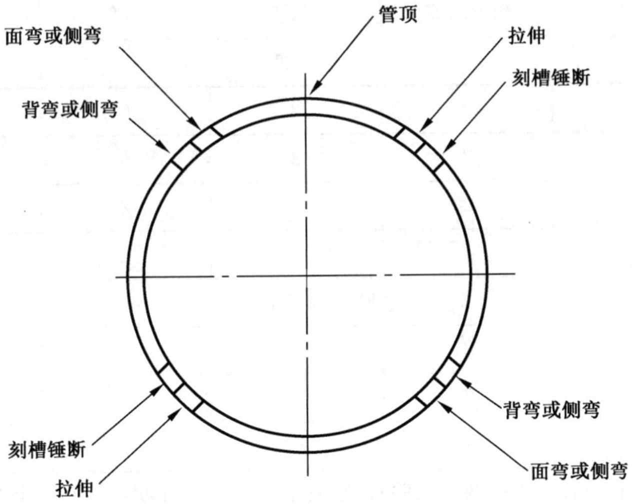

c) 大于 114.3 mm;
小于或等于 323.9 mm

图 1 对接接头焊接工艺评定试验的试样位置

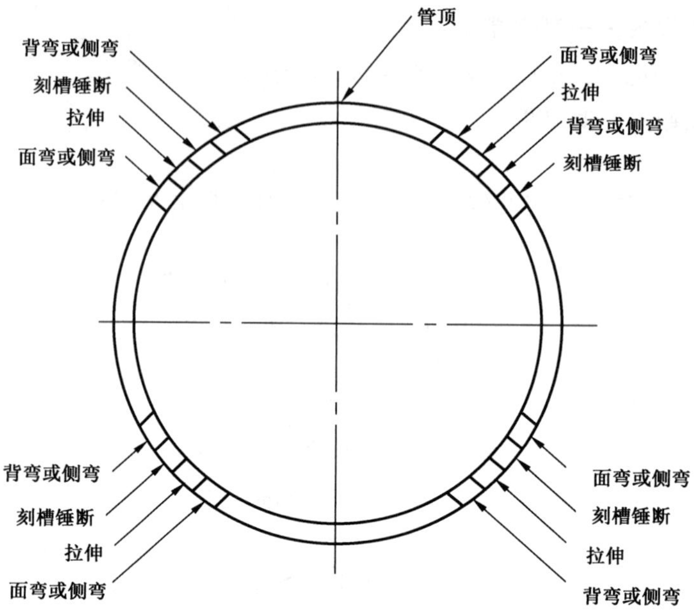

d） 大于 323.9 mm

说明：

1 根据业主的意见,位置可以旋转,只要试件在圆周上间距相等即可。但试件不能包含有纵向焊缝。

2 对直径小于或等于 33.4 mm 的管子,可用全尺寸拉伸试件。

图 1（续）

表 2 焊接工艺评定试验的试样类型及数量

管外径 mm	试样数量					
	拉伸	刻槽锤断	背弯	面弯	侧弯	总数
	壁厚≤12.7 mm					
＜60.3	0	2	2	0	0	4
60.3～114.3	0	2	2	0	0	4
114.3～323.9	2	2	2	2	0	8
＞323.9	4	4	4	4	0	16
壁厚＞12.7 mm						
≤114.3	0	2	0	0	2	4
114.3～323.9	2	2	0	0	4	8
＞323.9	4	4	0	0	8	16
对外径小于 60.3 mm 的管子焊接两个试验焊缝,各取一个刻槽锤断试样及一个背弯试样。对外径小于或等于 33.4 mm 的管子,应做一个全尺寸的拉伸试样。 对于规定最低屈服强度大于 290 MPa 的材料至少应进行一次拉伸试验。						

5.6.1.2 试样应按图 2、图 3、图 4 或图 5 的要求制备。试样的试验应在试样空冷至室温后进行。

5.6.1.3 对于外径小于 60.3 mm 的管子,应焊接两个试验焊口以获得所需的试样数量。

5.6.1.4 对于外径小于或等于 33.4 mm 的管子,可用一个全尺寸试样的拉伸试验代替两个刻槽锤断试样和两个背弯试样。

5.6.1.5 全尺寸试样的试验应按 5.6.2.2 的规定进行,且应符合 5.6.2.3 的要求。

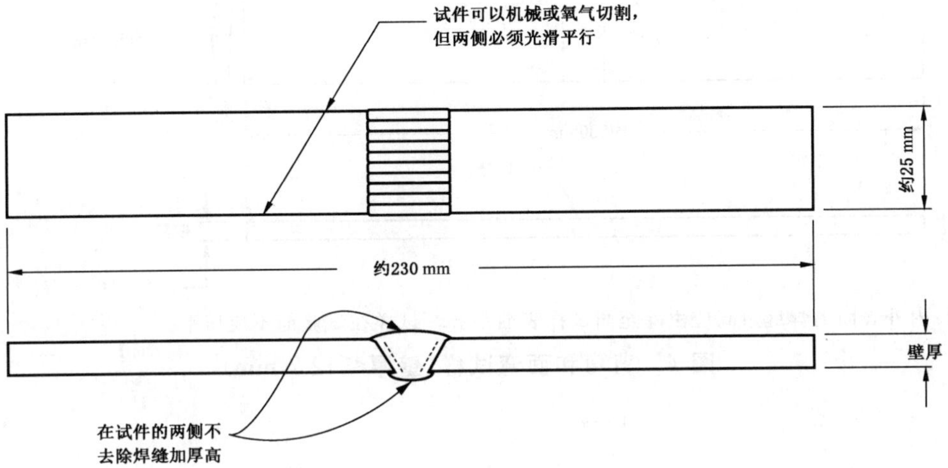

图 2 拉伸试样

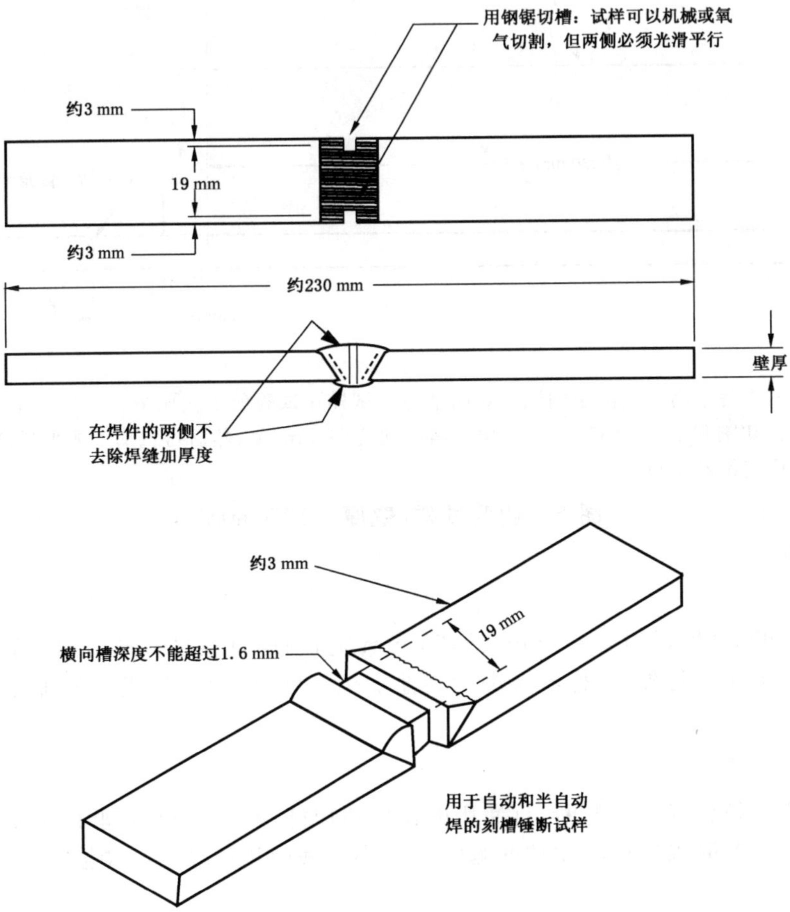

图 3 刻槽锤断试样

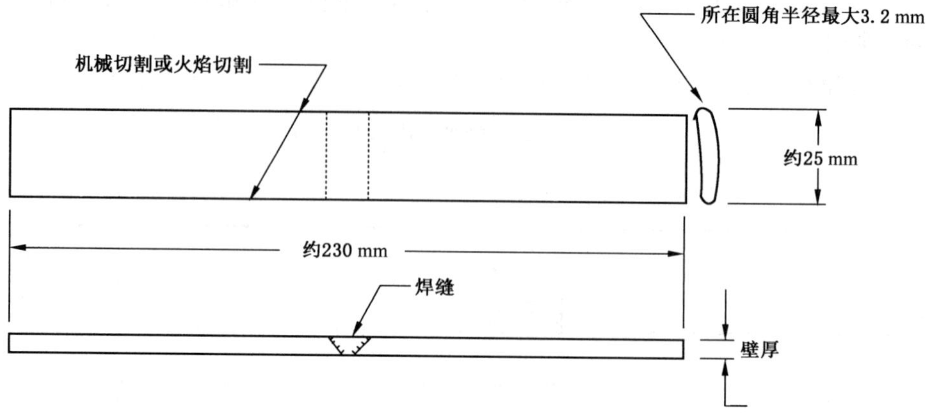

说明:内外表面的焊缝余高应去除至与试样表面平齐。试样在试验前不应压平。

图4 背弯和面弯试样(壁厚≤12.7 mm)

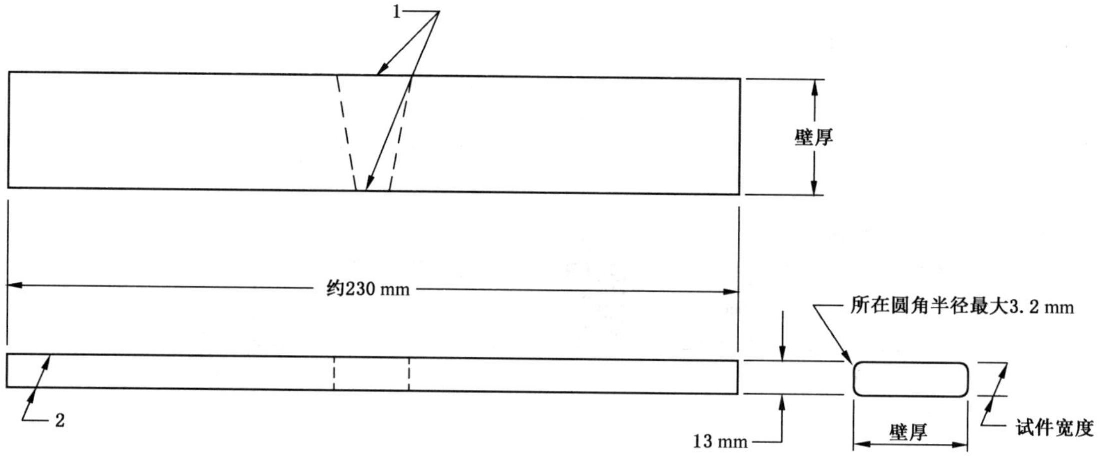

说明:

1 内外表面的焊缝余高应去除至到试样表面平齐。试样在试验前不应压平。

2 试样应机械切割到 13 mm 宽,或氧乙炔焰切割到约 19 mm 宽,然后再机加工或平滑打磨到 13 mm 宽。切割表面应光滑和平行。

图5 侧弯试样(壁厚>12.7 mm)

5.6.2 拉伸试验

5.6.2.1 准备

拉伸试样(如图 2 所示)约 230 mm 长,25 mm 宽,制样可通过机械切割或氧气切割的方法进行。除有缺口或不平行外,试样不必进行其他加工。如有必要,应进行机加工处理使试样边缘光滑和平行。

5.6.2.2 方法

拉伸试样应在拉伸载荷下拉断,且使用的拉伸机应能测量出拉伸试验时的最大载荷。用拉伸试验时的最大载荷除以试样在拉伸前测定的最小横截面积计算出抗拉强度。

5.6.2.3 要求

5.6.2.3.1 焊缝的抗拉强度,包括每个试样熔合区的抗拉强度应大于或等于管材的规定最小抗拉强度,但不需要大于或等于管材的实际抗拉强度。

5.6.2.3.2　如试样断在母材上,且抗拉强度大于或等于管材规定的最小抗拉强度时,则该试样合格。

5.6.2.3.3　如试样断在焊缝或熔合区,其抗拉强度大于或等于管材规定的最小抗拉强度,且断面缺陷符合 5.6.3.3 的要求,则该试样合格。

5.6.2.3.4　如试样是在低于管材规定的最小抗拉强度下断裂,则该焊接接头不合格,应重新试验。

5.6.3　刻槽锤断试验

5.6.3.1　试样制备

刻槽锤断试样(如图 3 所示)约 230 mm 长,25 mm 宽,制样可通过机械切割或氧气切割的方法进行。用钢锯在试样两侧焊缝断面的中心(以根焊道为准)锯槽,每个刻槽深度约为3 mm。用此方法准备的某些机动焊及半自动焊(有时也包括焊条电弧焊)的刻槽锤断试样,有可能断在母材上而不断在焊缝上。当前一次试验表明可能会在母材处断裂时,为保证断口断在焊缝上,则可在焊缝外表面余高上刻槽,但深度从焊缝表面算起不超过 1.6 mm。

如业主要求,采用半自动焊或机动焊工艺的焊接工艺评定的刻槽锤断试样可在刻槽前进行宏观金相试验。

5.6.3.2　方法

刻槽锤断试样应在拉伸机上拉断;或支承两端,打击中部锤断;或支承一端,锤断另一端。断口暴露面宽至少应达到 19 mm。

5.6.3.3　要求

每个刻槽锤断试样的断裂面应完全焊透和熔合,任何气孔的最大尺寸应不大于 1.6 mm,且所有气孔的累计面积应不大于断裂面积的 2%,夹渣高度应不超过 0.8 mm,长度应不大于钢管公称壁厚的1/2,且小于 3 mm。相邻夹渣之间至少应有 13 mm,测量方法如图 6 所示。

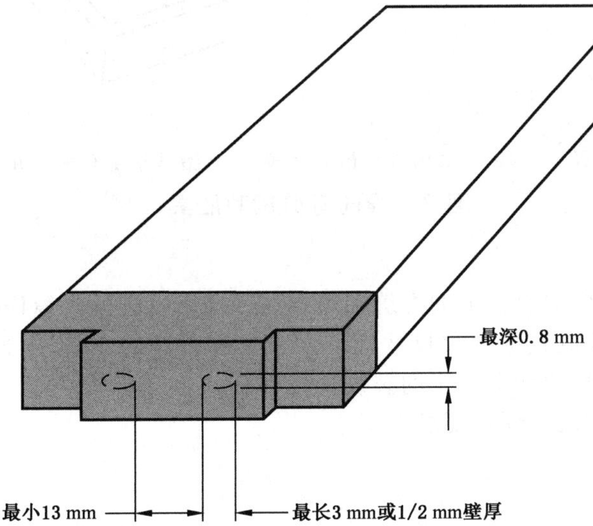

说明:此图为断裂的刻槽锤断试样。也适用于断裂拉伸和角焊试样。

图 6　刻槽锤断试样的缺欠尺寸测量

5.6.4 背弯和面弯试验

5.6.4.1 试样制备

背弯和面弯试验试样(如图 4 所示)约 230 mm 长,25 mm 宽,且其长边缘应磨成圆角。制样可通过机械切割或氧气切割的方法进行。焊缝内外表面余高应去除至与试样母材表面平齐。加工的表面应光滑,加工痕迹应轻微且垂直于焊缝轴线。

5.6.4.2 方法

背弯和面弯试样应在导向弯曲试验模具上弯曲,模具如图 7 所示。试样以焊缝为中心放置于下模上。面弯试验以焊缝外表面朝向下模,背弯试验以焊缝内表面朝向下模,施给上模压力,将试样压入下模内,直到试样弯曲成近似 U 形。

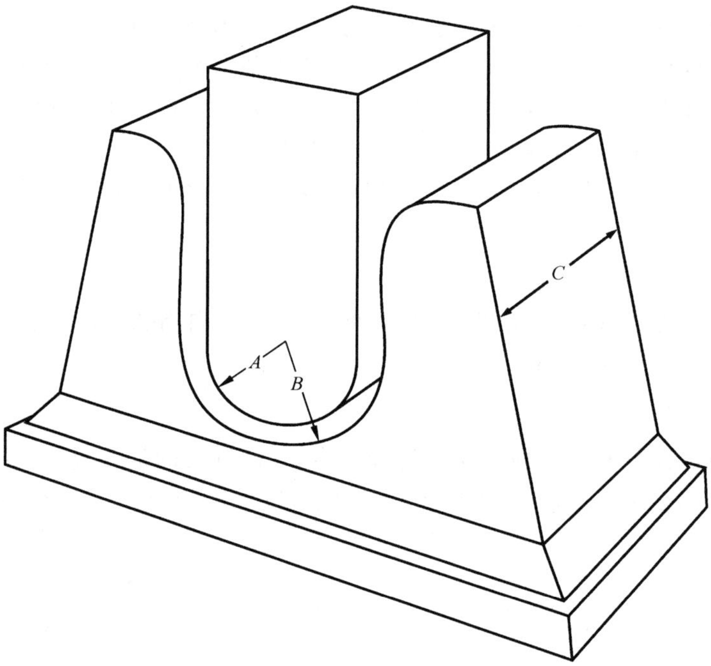

说明:图无比例,压头半径 A=45 mm,胎具半径 B=60 mm,胎具厚度 C=50 mm。

图 7 导向弯曲试验胎具

5.6.4.3 要求

弯曲后,在试样拉伸弯曲表面上的焊缝和熔合线区域所发现的焊缝任何方向上或焊缝和熔合区之间发现的任一裂纹或其他缺欠尺寸应不大于公称壁厚的 1/2,且不大于 3.0 mm。若未发现其他明显缺欠,由试样边缘上产生的裂纹长度在任何方向上均小于 6.0 mm,应视为合格。弯曲试验中每个试样均应满足评定要求。

5.6.5 侧弯试验

5.6.5.1 试样制备

侧弯试样(如图 5 所示)约 230 mm 长,13 mm 宽,且其长边缘应磨成圆角。试样可通过机械切割或氧气切割的方法制成宽度约 19 mm 的粗样,并用机加工或磨削制成 13 mm 宽的试验试样。试样各表面应光滑平行。焊缝的内外表面余高应去除至与试件表面平齐。

5.6.5.2 方法

侧弯试样应在类似于图7所示的导向弯曲试验模具上弯曲。将试样以焊缝为中心放在下模上,焊缝表面与模具成90°。施给上模压力,将试样压入下模内,直到试样弯曲成近似U形。

5.6.5.3 要求

每个侧弯试样应符合5.6.4.3的规定。

5.6.6 夏比冲击试验

5.6.6.1 试样制备

当规定做冲击试验时,应对每一种焊接方法(或焊接工艺)的平焊位置和立焊位置的焊缝区和熔合线各取3个冲击试样,对两侧母材不同的焊缝,每侧熔合线均应取3个冲击试样。

冲击试样(如图8所示)应采用机械加工,其标准尺寸应为10 mm×10 mm×55 mm;若无法制备标准试样时,可采用厚度为7.5 mm或5.0 mm的小尺寸试样。

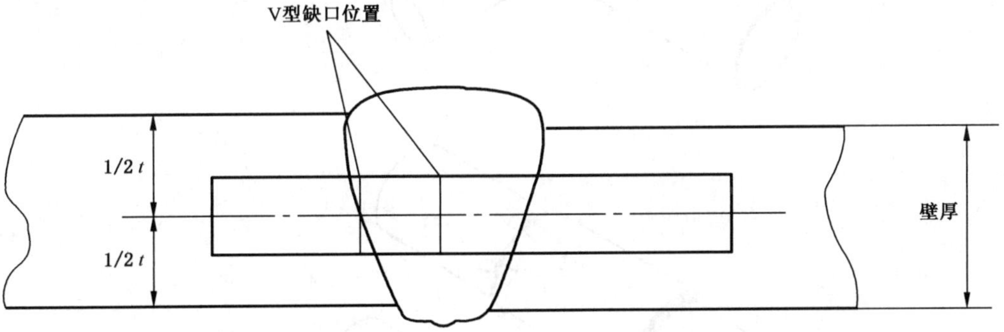

图8 冲击试样

5.6.6.2 方法

冲击试验应符合GB/T 229的规定。

5.6.6.3 要求

冲击试验的合格指标应满足设计的技术要求。

5.6.7 其他试验

5.6.7.1 试样制备

当进行金相、硬度、抗腐蚀(HIC SCC)和断裂韧性(CTOD)试验时,应满足试样制备相关标准的要求。

5.6.7.2 方法

执行试样相关试验标准的规定。

5.6.7.3 要求

合格指标应满足设计的技术要求。

5.7 试验管接头的焊接——角焊

应按图9所示的任一结构进行角焊。

5.8 焊接接头的试验——角焊

5.8.1 试样制备

试样取样应按图9指定的位置进行。试样应至少4件,并按图10进行准备。制样可通过机械切割或氧气切割的方法进行。试样应至少25 mm宽,并有足够的长度使之能在焊缝处断裂。对于外径小于60.3 mm的管子,为满足所需的试样数量,应焊接两个试验焊口。试样应在空冷至室温后进行试验。

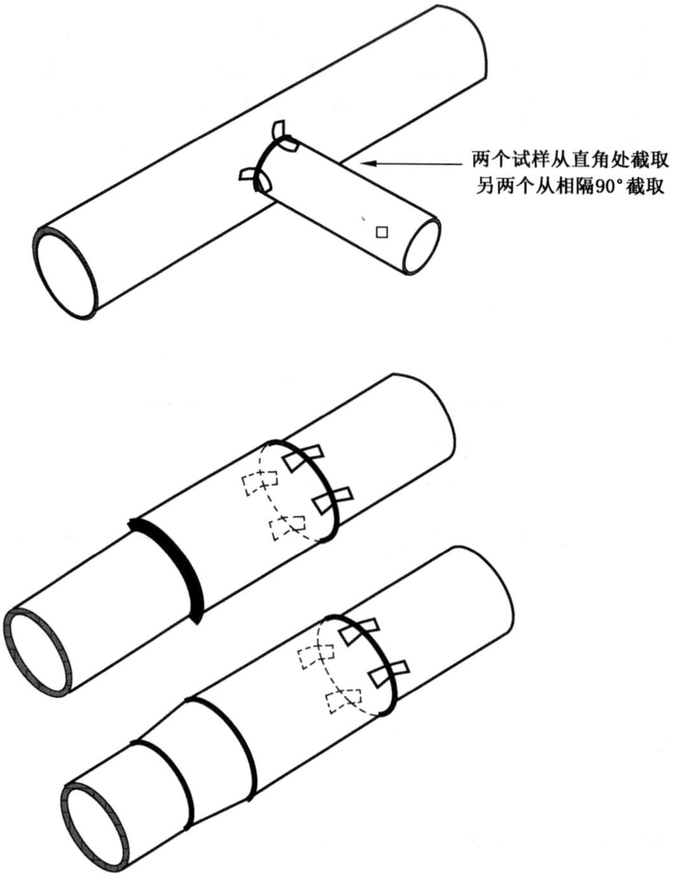

说明:图中所示的试样位置适用于直径大于或等于60.3 mm的接头,对于外径小于60.3 mm的接头,试样应从大致相同的位置切取,但应从两个试验焊口上各切取两个试样。

图9 刻槽锤断试样的位置:角焊焊接工艺及焊工资格考试

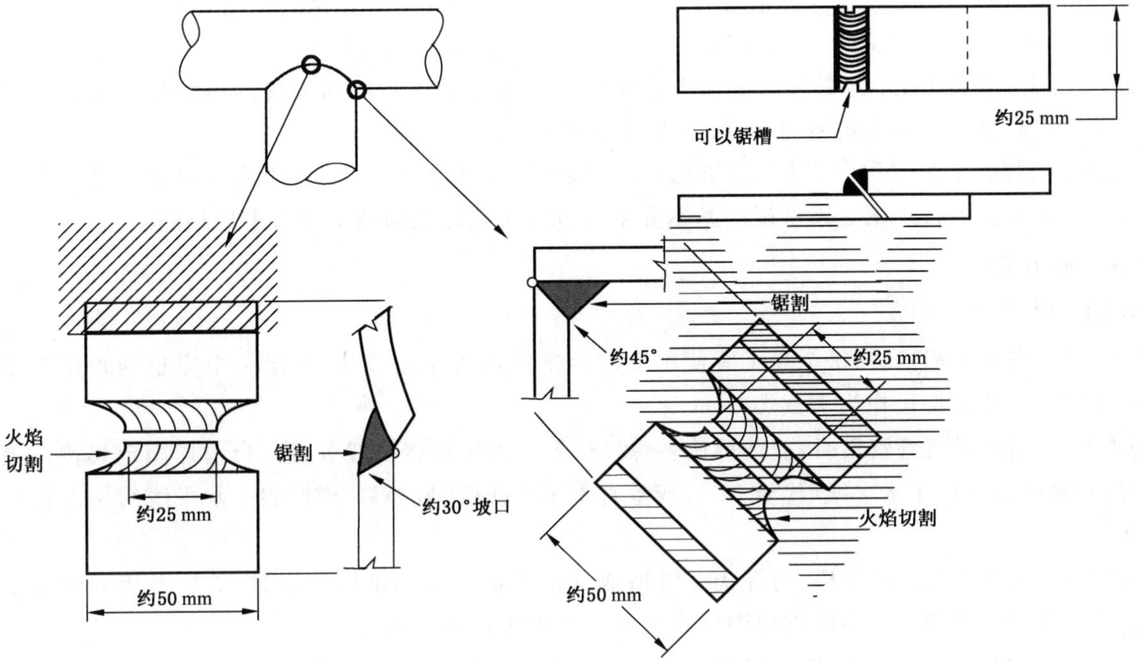

图 10　刻槽锤断试样的位置:角焊焊接工艺评定及焊工资格考试(包括支管连接焊工资格考试)

5.8.2　方法

可采用任何一种适当的方法使角焊试样在焊缝处断裂。

5.8.3　要求

每个角焊试样的断裂表面应完全焊透和熔合,且满足以下要求:

a)　最大气孔尺寸不大于 1.6 mm;

b)　所有气孔的累计面积不大于断裂面积的 2%;

c)　夹渣高度不大于 0.8 mm,长度不大于公称管壁厚的 1/2,且小于 3.0 mm;

d)　相邻夹渣之间应至少有 13 mm 的无缺陷焊缝金属,测量方法如图 6 所示。

6　焊工资格

6.1　概述

焊工考试分资格取证考试和上岗取证考试,焊工上岗考试前应具备国家质监部门颁发的资格证书。

资格考试机构必须是国家质量监督检验检疫总局颁布的管道焊接操作人员考试机构。考试机构应严格按照国家质量监督检验检疫总局公布的考试类别、考试项目和《特种设备焊接操作人员考核细则》TSG Z6002 组织进行焊工考试。

6.2　资格考试

从事管道焊接工作的焊工必须持有质监部门颁发的《特种设备作业人员证》,且焊工上岗考试项目应在其所持的《特种设备作业人员证》合格项目范围内。

6.3　上岗考试

6.3.1　焊工在上岗考试前应持有质量技术监督部门颁发的《特种设备作业人员证》。

6.3.2 在进行管道安装焊接之前应按照 6.4 或 6.5 中的规定对焊工进行上岗考试。

6.3.3 焊工在上岗考试时,应使用和管道安装焊接时相同的焊接工艺。

6.3.4 焊工应按 6.4.1 的要求焊接一个完整的管接头或管接头的扇形段。当焊接管接头扇形段时应将其支承在具有典型的平焊、立焊和仰焊的位置。

6.3.5 当焊接工艺规程中有 6.4.2 和 6.5.2 中规定的基本要素变更时,应重新对焊工进行上岗考试。需重新进行焊工上岗考试的基本要素与焊接工艺评定的基本要素不尽相同。

6.4 单项资格

6.4.1 概述

6.4.1.1 取单项资格时,每个焊工应使用评定合格的焊接工艺规程,焊接一个完整的管接头或一个管接头的扇形段作为考试焊口。

6.4.1.2 当取对接管资格时,应选择旋转焊接位置或固定焊接位置进行。当选择固定焊接位置时,管轴线应平行于水平线(代号 5G),或垂直于水平线(代号 2G),或倾斜于水平线约 45°(代号 6G)。

6.4.1.3 当取支管连接资格、角焊接头资格或其他类型接头的单项资格时,应按专用的焊接工艺规程进行。取得的资格范围应限定在该工艺规程规定的范围内。

6.4.1.4 当使用的焊接工艺规程有 6.4.2 中所述的基本要素变更时,应重新对焊工资格进行考试。

6.4.1.5 若考试焊口经检验和试验满足 6.6,且满足 6.7 或 6.8 中的要求,则应给焊工颁发相应的单项资格证。

6.4.2 资格范围

除了焊接工艺规程有以下基本要素的变更外,按 6.4.1 规定取得资格的焊工可以进行规定范围内的焊接工作。当焊接工艺规程有下列基本要素变更时,焊工应重新进行资格考试。

a) 由一种焊接方法变为另一种焊接方法或其他焊接方法的组合;

b) 焊接方向由上向焊变为下向焊,或反之;

c) 填充材料组别从 1 组或 2 组变为 3 组,或从 3 组变为 1 组或 2 组(见表 1);

d) 从一种管外径分组变为另一种管外径分组,管外径的分组如下:

——外径小于 60.3 mm;

——外径大于或等于 60.3 mm 且小于或等于 323.9 mm;

——外径大于 323.9 mm。

e) 从一种管壁厚分组变为另一种管壁厚分组,管壁厚分组如下:

——公称管壁厚小于 4.8 mm;

——公称管壁厚大于或等于 4.8 mm 且小于或等于 19.1 mm;

——公称管壁厚大于 19.1 mm。

f) 焊接位置的变更(如从旋转焊变为固定焊;或从垂直焊接位置(2G)变为水平焊接位置(5G),或反之)。若焊工已取得 45°倾斜固定管资格(6G),则可焊接任意焊接位置的对接焊和角焊;

g) 接头设计的变更(如由无垫板变为有垫板;或由 V 型坡口变为 U 型坡口,或反之)。

6.5 全项资格

6.5.1 概述

6.5.1.1 取全项资格时,焊工应使用评定合格的焊接工艺进行下述两项考试:

a) 固定焊接位置对接焊。管位置可以是水平固定(5G),或是倾斜固定(6G)。管外径应不小于 168.3 mm,公称管壁厚应不小于 6.4 mm,焊口内表面无垫板。考试焊口的试样应从图 10 所示的位置上取样或按图 10 所示的顺序,在相对位置上取样。对于各种外径的管子,相邻试样试验类型的顺序应与图 10 中所示的顺序相同。若考试焊口经检验和试验符合 6.4 和 6.5 或6.6 的要求,则焊接该焊口的焊工获得固定焊接位置对接焊资格;

b) 支管连接。考试用管的外径应不小于 168.3 mm,公称管壁厚应不小于 6.4 mm。在主管上切割一全尺寸孔。焊接时,应使主管管轴线在水平位置,支管管轴线与主管管轴线垂直,支管在主管下方。焊接完成后,焊缝外观应整齐均匀。

6.5.1.2 在整个圆周上,焊缝应完全焊透。根焊道不应有任何超过 6 mm 的烧穿。在焊缝任何 300 mm 的连续长度中,未经修补的烧穿,其最大尺寸的累积长度应不超过 13 mm。

6.5.1.3 按照图 10 所示位置从管接头上切取 4 块刻槽锤断试样。试样应按照 5.8.1 和 5.8.2 的规定进行准备和试验,其断裂面上缺陷应符合 5.8.3 的要求。

6.5.1.4 若考试焊口满足上述要求,则焊接该焊口的焊工获得支管连接资格。

6.5.2 资格范围

6.5.2.1 如焊工已按 6.4.1.2 和 6.4.1.3 中所述的方法通过对接焊和支管连接两项考试,且考试用管的外径大于或等于 323.9 mm,则该焊工取得全项资格,可以焊接所有焊接位置、管壁厚、管外径,接头形式和管件的焊口。

6.5.2.2 如焊工已按 6.4.1.2 和 6.4.1.3 中所述的方法通过对接焊和支管连接两项考试,且考试用管的外径小于 323.9 mm,则该焊工取得全项资格,可以焊接所有焊接位置、管壁厚、接头形式和管件的焊口,但管外径应小于或等于其考试用管的外径。

6.5.2.3 如焊接工艺规程中有下列基本要素的任一变更,焊工应重新进行资格考试;

a) 从一种焊接方法变为另一种焊接方法或其他焊接方法的组合;

b) 焊接方向由上向焊变为下向焊,或反之;

c) 填充材料类别由 1 组或 2 组变为 3 组,或从 3 组变为 1 组或 2 组(见表 1)。

6.6 考试焊口外观检查

6.6.1 考试焊口的焊缝,除盖面焊道的咬边外,应无裂纹、未焊透、烧穿及其他缺陷。

6.6.2 焊缝应整齐均匀,盖面焊道的咬边深度应不大于管壁厚的 12.5%,且不超过 0.8 mm。

6.6.3 在焊缝任何 300 mm 的连续长度中,累计咬边长度应不大于 50 mm。

6.6.4 当采用半自动焊或机动焊工艺时,应将填充金属对管内壁的损伤降到最小。

6.6.5 如考试焊口不符合本节要求,则该焊口不应再做其他的试验和检验。

6.7 破坏性试验

6.7.1 对接焊试样

当考试焊口是完整环焊缝时,应按照图 10 中所示的取样位置在每个考试焊口上取样;当考试焊口是管接头的扇形段时,则应从每一扇形段上截取数量相等的试样。试验项目和试样数量要求见表 3。试样应空冷至室温后试验。

表 3 试验项目和试样数量

管外径 mm		试样数量					
		拉伸	刻槽锤断	背弯	面弯	侧弯	总数
壁厚 ≤12.7 mm	<60.3	0	2	2	0	0	4
	60.3~114.3	0	2	2	0	0	4
	>114.3~323.9	2	2	2	0	0	6
	>323.9	4	4	2	2	0	12
壁厚 >12.7 mm	≤114.3	0	2	0	0	2	4
	>114~323.9	2	2	0	0	2	6
	>323.9	4	4	0	0	4	12
外径小于 60.3 mm 的管子应焊接两个试验焊缝,各取一个刻槽锤断试样及一个背弯试样。对外径小于或等于 33.4 mm 的管子,应做一个全尺寸试样的拉伸试样。该表适用于对接管资格考试和工程焊接要求的破坏性试验。							

当考试用管外径小于或等于 33.4 mm 时,可用一个全尺寸管试样的拉伸试验代替背弯和刻槽锤断试验。拉伸试验除应按 5.6.2.2 的要求进行,并应符合 5.6.2.3 的要求。

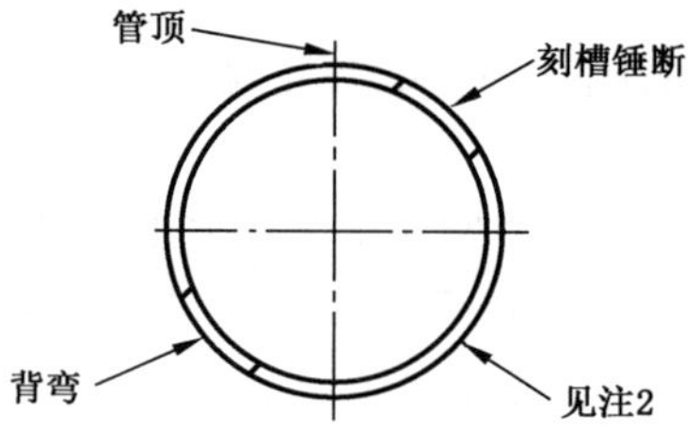

a) 小于 60.3 mm

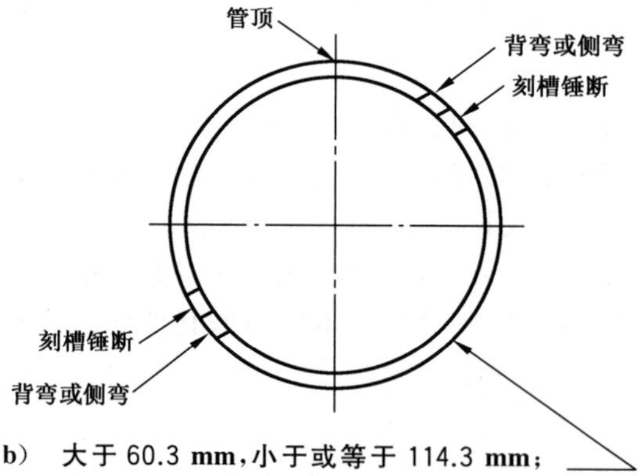

b) 大于 60.3 mm,小于或等于 114.3 mm;
当壁厚大于 12.7 mm,小于或等于 114.3 mm

图 11 对接焊焊工资格考试试验的试样位置

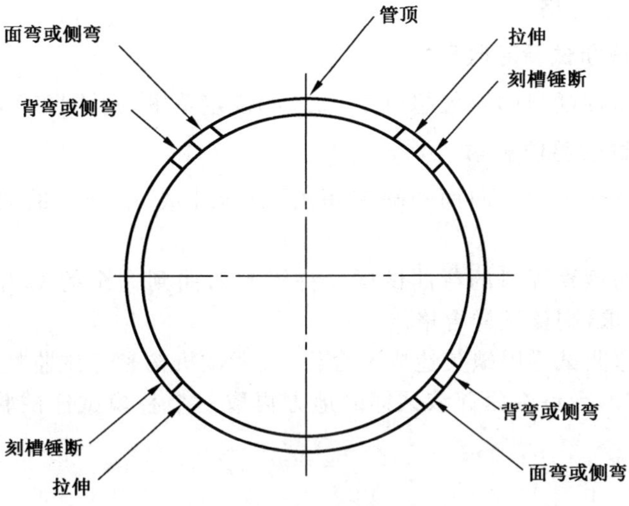

c) 大于 114.3 mm;
小于或等于 323.9 mm

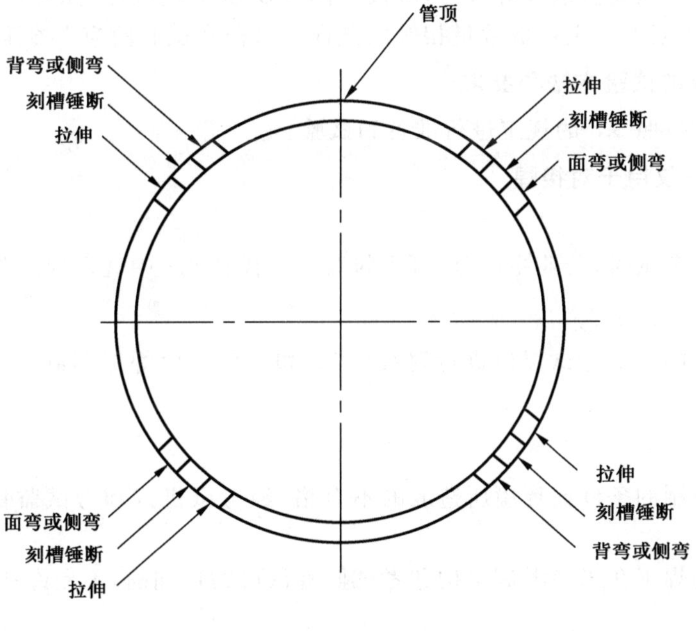

d) 大于 323.9 mm

说明:

1 根据业主的意见,位置可以旋转,只要试样在圆周上间距相等即可。但试样不能包含有纵向焊缝。

2 对于直径小于或等于 33.4 mm 的管子,可用全截面拉伸试样。

图 11(续)

6.7.2 对接焊的拉伸、刻槽锤断和弯曲试验

试样的制备及试验应按 5.6 的规定进行,对于焊工上岗考试而言,不必计算出试样的抗拉强度。用于拉抻试验的试样可改做刻槽锤断试验。

6.7.3 对接焊拉伸试验验收要求

如拉伸试样或全尺寸管试样拉伸断口在焊缝处或熔合线处,且断口缺欠无法满足 5.6.3.3

的质量要求,则该焊工不合格。

6.7.4 对接焊的刻槽锤断试验验收要求

如任一刻槽锤断试样断口的缺欠超出5.6.3.3的规定范围,则该焊工不合格。

6.7.5 对接焊的弯曲试验验收要求

6.7.5.1 如任一弯曲试样拉伸弯曲面的缺欠超出5.6.4.3或5.6.5.3的规定范围,则该焊工不合格。

6.7.5.2 对级别较高的钢管焊口的弯曲试样允许没有弯曲到完全的U型。如试样断裂,且其断面满足5.6.3.3的要求,则该试样合格。

6.7.5.3 如只有一个弯曲试样因缺欠造成不合格,且考试机构和考试监督认定该试样中的缺欠不是该焊缝的典型缺欠,允许在紧邻该试样的地方再取一个替换试样试验,如替换试样仍不合格,则该焊工不合格。

6.7.6 角焊缝试样

应从每个考试焊口上取样。

当考试焊口是一道完整的环焊缝时,应按照图9所示位置取样;如考试焊口是管接头的扇形段时,则应从每个扇形段上截取数量相等的试样。试样在试验前应空冷至室温。

6.7.7 角焊缝试样的试验方法和要求

角焊缝试样应按照5.8的规定进行准备和试验。

6.8 射线检测——仅用于对接焊

6.8.1 概述

在对接管资格考试时,若业主许可,可用射线检测代替6.7中规定的试验。

6.8.2 检测要求

应对每个焊工的全部考试焊口进行射线检测,如任何一段焊缝不满足9.3的要求,则该焊工不合格。

6.9 补考

因焊工不能控制的条件或环境所造成的不合格,经考试机构和考试监督同意,可给该焊工一次补考机会。

其他不合格的焊工在未经考试机构和考试监督认可的培训前,不允许补考。

6.10 记录

应使用附录E所示的表格(该表格可进行修改以适合不同考试的要求,但其记录内容必须充分翔实,满足本标准对焊工考试的要求),将每名焊工的试验和每次试验的详细结果进行记录。

合格焊工的名单和考试使用的焊接工艺规程应存档。如对某个合格焊工的能力有疑问时,可要求重新进行资格考试。

7 施工现场焊接接头的设计和准备

7.1 概述

管道工程的焊接应使用评定合格的焊接工艺规程,焊工应取得相应资格。管口表面在焊接前应均匀光滑,无起鳞、裂纹、锈皮、夹渣、油脂、油漆及其他影响到焊接质量的有害物质。接头设计及对口间隙应符合所采用的焊接工艺规程的要求。

7.2 管口组对

组对同一公称壁厚的管口时,当壁厚小于等于14 mm时,错边量不大于1.5 mm;当壁厚大于14 mm且小于等于17 mm时,错边量不大于2.0 mm;当壁厚大于17 mm且小于等于21 mm时,错边量不大于2.2 mm;当壁厚大于21 mm且小于等于26 mm时,错边量不大于2.5 mm;当壁厚大于等于26 mm时,错边量不大于3.0 mm。如果由于尺寸偏差造成一处较大的集中错边,应沿管口圆周将其均匀分布。不宜直接用锤击法校正错口。

7.3 对接焊缝对口器的使用

按照焊接工艺规程的要求,对接焊应使用对口器。当允许在根焊道焊接完成前撤离对口器时,则在卸下对口器前,完成的根焊道应均匀分布于管口圆周,且每段焊道长度和间距近似相等。如使用内对口器,焊完的部分焊道难于阻止管子位移或应力过大,则应在卸去内对口器张力前焊完全部根焊道。在外对口器撤离前,完成的根焊道应均匀分布于管口圆周,焊道累计长度应不少于管周长的50%。

7.4 坡口

7.4.1 工厂加工

所有管端坡口应符合焊接工艺规程中对接头设计的要求。

7.4.2 现场加工

管端坡口现场加工宜用坡口机或自动氧气切割机进行。如业主同意,也可用手工氧气切割方法进行。坡口加工后应光滑均匀,尺寸应符合焊接工艺规程要求。

7.5 气候条件

当恶劣气候条件影响焊接质量时,应停止焊接。恶劣气候条件包括(但不限于)大气潮湿、风沙或大风。如有条件,可使用防风棚焊接。焊接工艺规程应规定适于焊接的气候条件。

7.6 作业空间

当管道在沟上焊接时,管口周围焊接作业空间距离应不小于400 mm。沟下焊接时,焊接工作坑的大小应使焊工操作容易。

7.7 层间清理

坡口和每层焊道上的锈皮及焊渣,在下一步焊接前应清除干净。清理工具可使用无动力工具或动力工具。若焊接工艺规程规定使用动力工具,则应使用动力工具。

当采用机动焊或半自动焊时,在下一焊道焊接前,应用砂轮磨除已完成焊道表面的密集气孔、引弧处、高凸处及熔渣。

7.8 固定焊

7.8.1 工艺

管道在焊接时应可靠固定,并在管口周围有足够的焊接作业空间。

7.8.2 填充焊和盖面焊

对于全位置固定焊接,填充焊和盖面焊的焊道数目,应保证完成的焊缝横断面在整个管口上均匀一致。焊缝表面任何一点应不低于管外表面。焊缝余高应不大于2.0 mm,局部不大于3.0 mm。

相邻焊层引弧点应错开。焊缝表面宽度宜比坡口开口宽度宽 3.0 mm。焊口完成后应将表面彻底清理干净。

7.9 旋转焊

7.9.1 管口组对

条件允许时,可采用旋转焊接。在旋转滚架上,应使用足够的支撑滚轮使组对的管道在旋转焊接时保持平直稳定。

7.9.2 填充焊和盖面焊

对于旋转焊接,填充焊和盖面焊的焊道数目,应保证完成的焊缝横断面在整个管口上均匀一致,焊缝表面任何一点应不低于管外表面。焊缝余高应不大于 2.0 mm,局部不大于 3.0 mm。

相邻焊层引弧点应相互错开。焊缝表面宽度应约大于坡口开口宽度 0.5 mm～2.0 mm。应保持在旋转管的顶部或管顶附近位置进行焊接,焊口完成后应将表面彻底清理干净。

7.10 焊口标记

每个焊工应在自己完成的焊口上按规定的方法标记。

7.11 预热及焊后热处理

当使用的材料或气候条件要求焊前预热或焊后热处理时,焊接工艺规程中应规定焊前预热或焊后热处理的工艺。

8 焊缝检验与人员资格

8.1 检验内容

应对焊缝进行无损检测或力学性能试验。检验可在焊接过程中或焊接完成后进行。检验比例应按业主的规定执行。

8.2 检验方法

8.2.1 无损检测包括射线检测、超声检测、磁粉检测、渗透检测或业主规定的其他检测方法。使用的检测方法应能检出焊缝缺欠,并便于对缺欠进行准确定性和定量。

8.2.2 对焊缝质量评定应按第 9 章的要求进行。

8.2.3 破坏性试验应包括截取一道完整焊口,在该焊口上切取试样和对试样进行试验及检验。试样的准备应符合 6.7 的要求。

8.2.4 对任何不合格的焊口,业主有权验收或不验收。对焊接不合格焊口的焊工(焊工组),可取消其焊接资格。

8.2.5 对无损检测人员可要求进行现场操作考试,以检验其技术水平及其使用的检测规程的准确性。

8.2.6 不应采用穿孔试验法(即自焊缝处锯取柱状试样以检验焊口的方法)。

8.3 检测人员的资格审定

应对检测人员的培训经历和同类型检测经验进行资格审定。检测人员资格审定资料至少应包括:

a) 学历;

b) 检测经历;

c) 资格证书。

8.4 无损检测人员的资格

8.4.1 规定

无损检测人员应按国家质量监督检验检疫总局《特种设备无损检测人员考核与监督管理规则》规定取得相应的资格。无损检测人员资格级别分为Ⅰ级(初级)、Ⅱ级(中级)和Ⅲ级(高级),只有Ⅱ级(中级)或Ⅲ级(高级)检验员有权评定检测结果。资格证书应在有效期内。当对持证人员的能力有疑问时,可要求对其检测能力进行确认。

8.4.2 记录

应保存无损检测人员的取证记录。该记录应包括取证考试的结果、发证机构和有效日期。

9 无损检测验收标准

9.1 概述

本验收标准适于用射线检测、磁粉检测、渗透检测、超声检测和自动超声检测等方法检测出的缺欠。本标准同时也可用于外观检查。

按6.7给出的要求进行破坏性试验的焊缝不应使用无损检测方法进行试件部位选择。

9.2 拒收权

任何无损检测均有一定的局限性。若检出的缺欠在本标准的容限范围内,但业主认为该缺欠的深度对焊缝有危害,可拒收该焊缝。

9.3 射线检测

9.3.1 根部未焊透(IP)

根部未焊透是指焊缝根部未完全熔化结合(填充不完全)而引起的缺欠,如图12所示。当根部未焊透符合下列任一条件时,应评定为缺陷:

a) 单个长度超过25 mm;

b) 在任何连续300 mm焊缝长度中,其累计长度超过25 mm;

c) 当焊缝长度小于300 mm时,其累计长度超过焊缝长度的8%。

9.3.2 错边未焊透(IPD)

错边未焊透是指由于错边而引起的单边根部未焊透,如图13所示。当错边未焊透符合下列任一条件时,应评定为缺陷:

a) 单个长度超过50 mm;

b) 在任何连续300 mm焊缝长度中,其累计长度超过75 mm。

9.3.3 中间未焊透(ICP)

中间未焊透是指内焊第一层与外焊第一层之间由于未焊透而引起的内部缺欠。如图14所示。当中间未焊透符合下列任一条件时,应评定为缺陷:

a) 单个长度超过50 mm;

b) 在任何连续300 mm焊缝长度中,其累计长度超过50 mm。

9.3.4 表面未熔合(IF)

表面未熔合是指焊缝与母材之间未能完全熔化结合,并延续到表面的缺欠,如图15所示。当表面未熔合符合下列任一条件时,应评定为缺陷:

a) 单个长度超过25 mm;

b) 在任何连续 300 mm 焊缝长度中,其累计长度超过 25 mm;

c) 当焊缝长度小于 300 mm 时,其累计长度超过焊缝长度的 8%。

9.3.5 夹层未熔合(IFD)

夹层未熔合是指焊道与焊道之间或焊道与母材之间未能完全熔化结合,但未延续到表面的缺欠,如图 16 所示。当夹层未熔合符合下列任一条件时,应评定为缺陷:

a) 单个长度超过 50 mm;

b) 在任何连续 300 mm 焊缝长度中,其累计长度超过 50 mm;

c) 其累计长度超过焊缝长度的 8%。

9.3.6 内凹(IC)

9.3.6.1 内凹是指焊道已经良好的熔合并且已经完好渗入沿坡口两侧的管壁厚度,但焊道中部比管壁的内表面低,形成的内陷即为内凹。内凹的深度为管壁表面的轴向延伸线和该焊道表面最低点之间的垂直距离(如图 17 所示)。

9.3.6.2 当内凹的影像黑度不超过相邻较薄侧母材的黑度时,任何长度均允许。

9.3.6.3 当内凹的影像黑度超过相邻较薄母材的黑度时,应符合 9.3.7 的规定,按烧穿的标准进行评定。

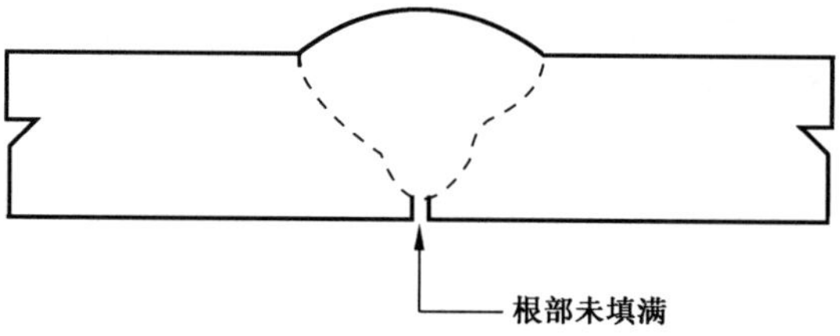

注:在根部的一边未填满或两边未填满。

图 12 根部未焊透

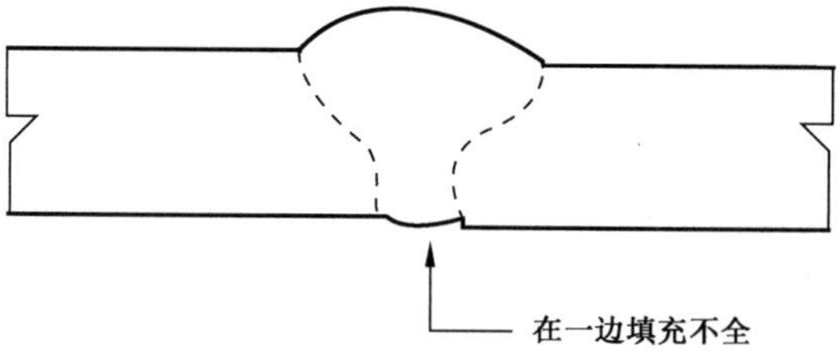

图 13 错边未焊透

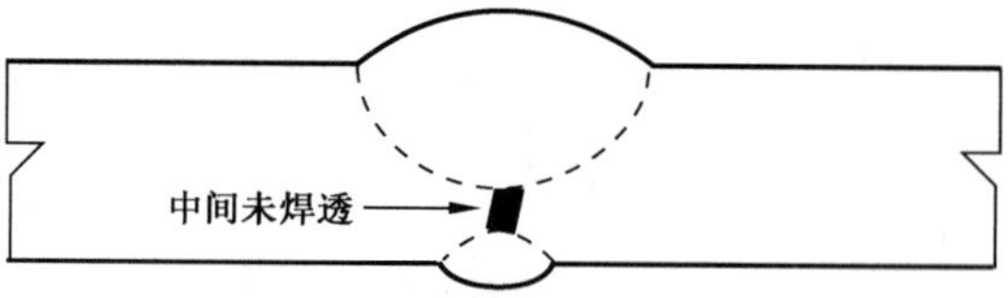

图 14 中间未焊透

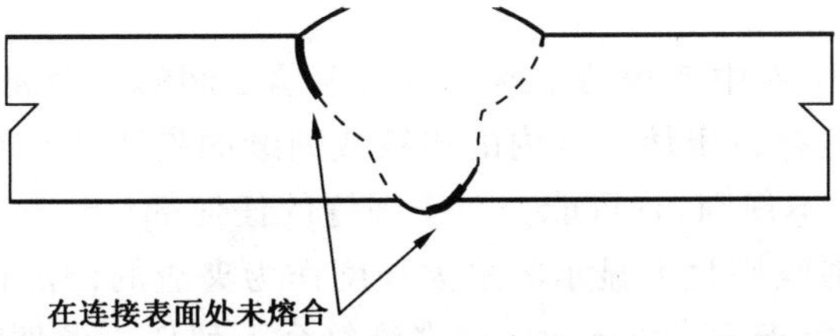

图 15　焊道根部或接头顶部表面未熔合

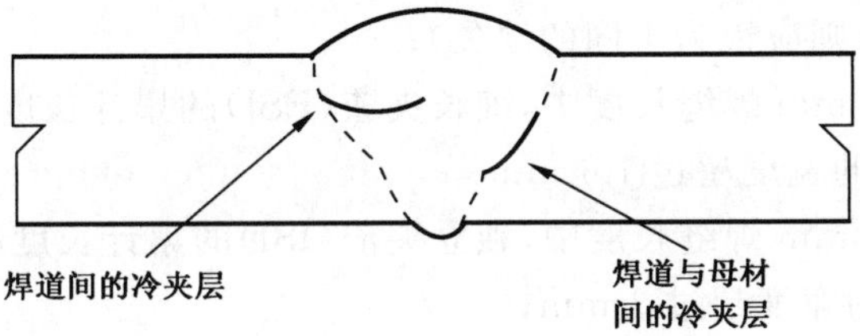

注：冷夹层为夹层两面未熔合。

图 16　夹层未熔合

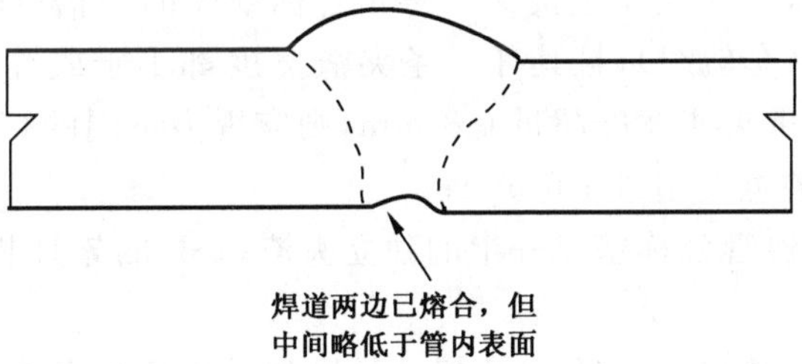

图 17　根部内凹

9.3.7　**烧穿**(BT)

9.3.7.1　烧穿是指部分根焊道被熔透,引起焊缝塌陷的缺欠。

9.3.7.2　当管外径大于或等于 60.3 mm 时,如果烧穿符合下列任一条件时,应评定为缺陷：

a)　烧穿影像的任一部分黑度超过相邻较薄侧母材黑度,且其最大长度超过 6 mm；

b)　烧穿影像的任一部分黑度超过相邻较薄侧母材的黑度,且其最大长度超过接头较薄侧的公称壁厚；

c)　在任何连续 300 mm 焊缝长度中(当焊缝长度小于 300 mm 时,取全部焊缝长度),影像黑度的任一部分超过相邻较薄侧母材黑度的烧穿,其累计长度超过 13 mm。

9.3.7.3　当管外径小于 60.3 mm 时,如果烧穿符合下列任一条件时,应评为缺陷：

a)　烧穿影像的任一部分黑度大于相邻较薄侧母材的黑度,且其最大长度超过 6 mm；

b)　烧穿影像的任一部分黑度大于相邻较薄侧母材黑度,且其最大长度超过相邻较薄侧母材的公称壁厚；

c)　无论长度如何,烧穿影像的任一部分黑度大于相邻较薄侧母材黑度,且多于一处。

9.3.8 **夹渣**(SI)

9.3.8.1 夹渣定义为焊缝金属中或焊缝金属与母材金属之间的非金属固体夹杂物。

细长夹渣(ESIs):一般存在于熔合区内的连续或断续的夹渣线和车轨线等均属细长夹渣。

独立夹渣(ISIs):形状不规则,且可能分布于焊缝的任何部位。

在评定时,把夹渣在射线底片上显示的最大长度作为夹渣的评定长度。

9.3.8.2 当管外径大于或等于 60.3 mm 时,如夹渣符合下列任一条件时,应评定为缺陷:

a) 单个细长夹渣(ESI)长度超过 50 mm(间隔宽度约为根焊道宽度的平行细长夹渣(车轨线),且其任一夹渣宽度都小于或等于 0.8 mm 时,应视为一个缺欠。当任一夹渣宽度超过 0.8 mm,则应视为不同的缺欠);

b) 在任何连续 300 mm 焊缝长度中,细长夹渣(ESI)的累计长度超过 50 mm;

c) 细长夹渣(ESI)的宽度超过 1.6 mm;

d) 在任何连续 300 mm 焊缝长度中,独立夹渣(ISI)的累计长度超过 13 mm;

e) 独立夹渣(ISI)的宽度超过 3 mm;

f) 在任何连续 300 mm 焊缝长度中,最大宽度达到 3 mm 的独立夹渣(ISI)超过 4 个;

g) 细长夹渣(ESI)和独立夹渣(ISI)的累计长度超过焊缝长度的 8%。

9.3.8.3 当管外径小于 60.3 mm 时,如果夹渣符合下列任一条件时,应评定为缺陷:

a) 单个细长夹渣(ESI)长度超过接头较薄侧公称壁厚的 3 倍(间隔宽度约为根焊道宽度的平行细长夹渣(车轨线),且其任一条夹渣宽度都小于或等于 0.8 mm 时,应视为一个缺欠。当任一条夹渣宽度超过 0.8 mm,则应视为不同的缺欠);

b) 细长夹渣(ESI)的宽度超过 1.6 mm;

c) 宽度超过相邻较薄管公称壁厚一半的独立夹渣(ISI)的累计长度超过接头较薄侧公称壁厚的 2 倍;

d) 细长夹渣(ESI)和独立夹渣(ISI)的累计长度超过焊缝长度的 8%。

9.3.9 **气孔**

9.3.9.1 **气孔定义**

熔池中的气体在金属凝固前未能从焊缝表面逸出,在焊缝金属中残留下来所形成的孔穴。气孔通常是球形的,但也有狭长形或不规则形状的,如条状气孔。在评定时,缺欠的最大尺寸应符合 9.3.9.2~9.3.9.4 的规定。

9.3.9.2 **单个或分散气孔**(P)

当单个或分散气孔符合下列任一条件时,应评定为缺陷:

a) 单个气孔的最大尺寸超过 3 mm;

b) 单个气孔的尺寸超过相邻较薄侧母材公称壁厚的 25%;

c) 分散气孔的分布超过图 18 或图 19 允许的分布。

9.3.9.3 **密集气孔**(CP)

非盖面焊道上存在的密集气孔应按 9.3.9.2 给出的要求进行评定。盖面焊中的密集气孔符合下列任一条件时,应评定为缺陷:

a) 密集气孔分布区域的长径超过 13 mm;

b) 在任何连续 300 mm 焊缝长度中,密集气孔分布区域长径的累计长度超过 13 mm。

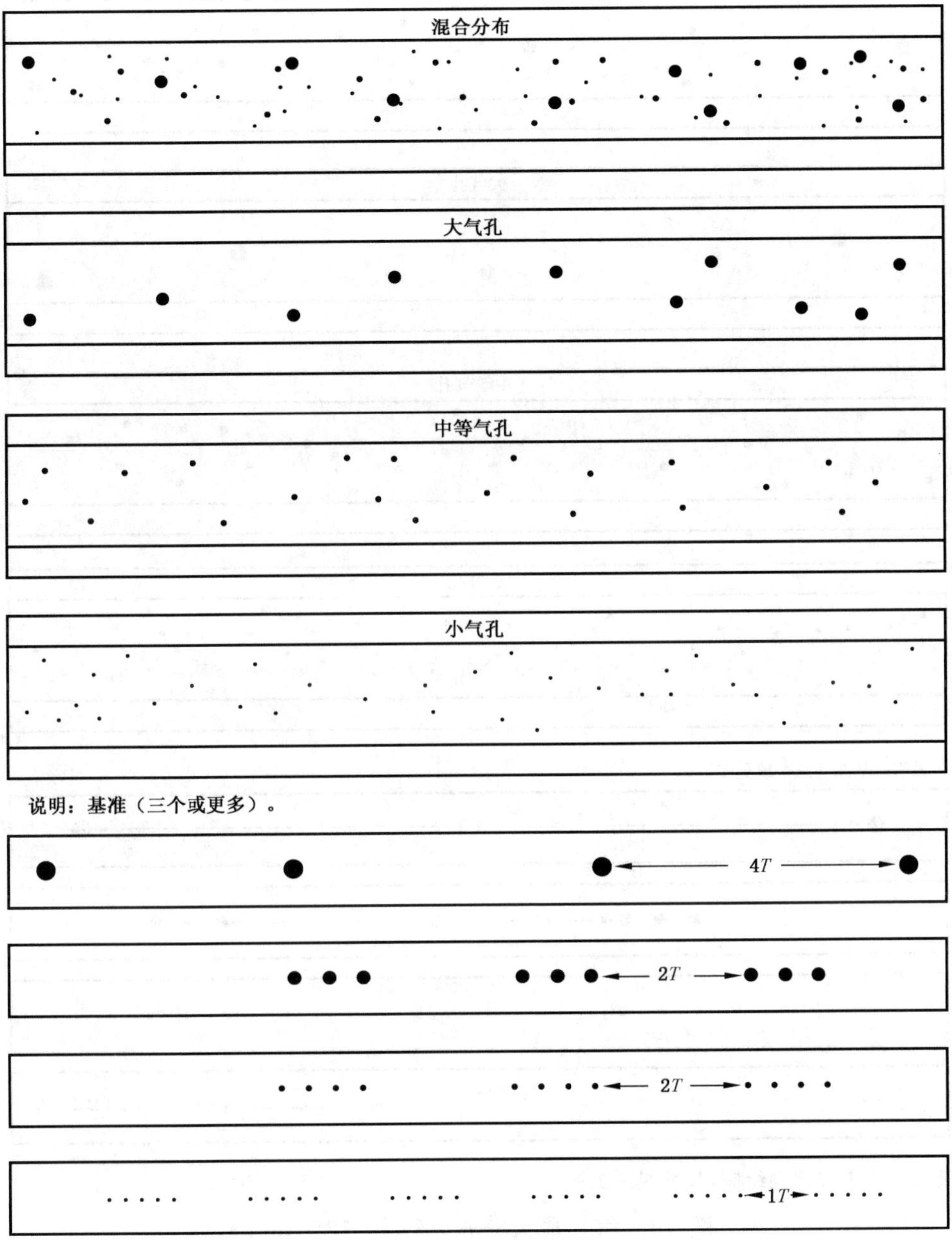

注：气孔尺寸未按比例绘制，尺寸参照 9.3.9。

图 18　气孔最大分布：壁厚≤12.7 mm

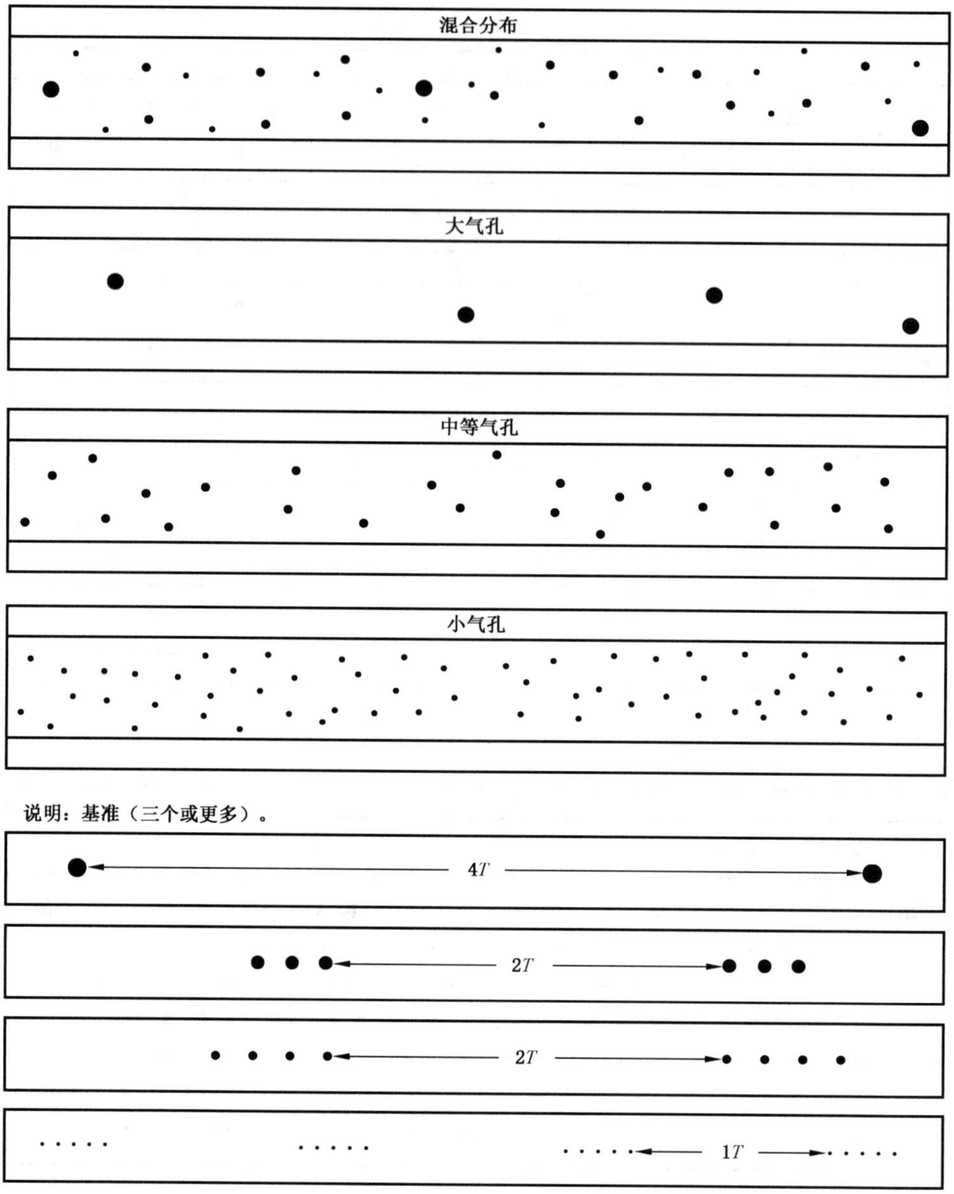

注：气孔尺寸未按比例绘制，尺寸见 9.3.9。

图 19　气孔最大分布：壁厚>12.7 mm

9.3.9.4　空心焊道(HB)

空心焊道(HB)是指根部焊道中的条形气孔。当其符合下列任一条件时，应评定为缺陷：

a)　单个长度超过 13 mm；

b)　在任何连续 300 mm 焊缝长度中，其累计长度超过 50 mm；

c)　长度大于 6 mm 的单个空心焊道(HB)间的间隔小于 50 mm；

d)　所有空心焊道(HB)的累计长度超过焊缝长度的 8%。

9.3.10 裂纹(C)

当裂纹符合下列任一条件时,应评定为缺陷:

a) 焊缝中除浅弧坑裂纹或星形裂纹以外任何尺寸或位置的裂纹;

b) 长度超过 4 mm 的浅弧坑裂纹或星形裂纹(浅弧坑裂纹或星形裂纹是位于焊缝收弧处由于焊缝金属在固化期间收缩引起的结果)。

9.3.11 咬边

咬边是指沿着焊趾或根焊在母材部位产生的没有被焊接金属填充的沟槽。当外咬边(EU)或内咬边(IU)符合下列任一条件时,应评定为缺陷:

a) 在任何连续 300 mm 焊缝长度中,任意组合的外咬边(EU)和内咬边(IU)的累计长度超过 50 mm;

b) 任意组合的外咬边(EU)和内咬边(IU)的累计长度超过焊缝长度的 1/6(外观检查或机械检测咬边的验收标准见 9.7)。

9.3.12 缺欠累计评定

除了咬边和错边未焊透外,当其他缺欠的累计长度符合下列任一条件时,应评定为缺陷:

a) 在任何连续 300 mm 焊缝长度中,缺欠累计长度超过 50 mm;

b) 缺欠累计长度超过焊缝长度的 8%。

9.3.13 管子和管件缺欠

射线检测时,在管子或管件上发现的缺欠应向业主报告。对缺欠的处理应在业主的指导下进行。

9.4 磁粉检测

9.4.1 磁痕分类

9.4.1.1 磁粉检测发现的显示不一定都是由缺欠产生的,磁性或金相组织的变化均可产生类似缺欠显示的非相关磁痕显示。对显示的磁痕应按 9.4.1.2 和 9.4.1.3 的规定进行评定。

9.4.1.2 任何最大尺寸小于或等于 1.6 mm 的磁痕显示应判定为非相关显示。任何大于 1.6 mm 的磁痕显示,在未重新用磁粉或其他无损检测方法判定其是否是真实存在的缺欠前,均应判为相关显示。

重新检测前,宜将检测表面磨光或进行其他处理。当一个显示确定为非相关显示后,其他相同类型的磁痕显示不必重新检测,可直接判定为非相关显示。

9.4.1.3 由缺欠引起的磁痕显示为相关显示。长度与宽度之比大于 3 的为线形显示;长度与宽度之比小于或等于 3 的为圆形显示。

9.4.2 验收标准

当相关显示符合下列任一条件时,应评定为缺陷:

a) 评定为弧坑裂纹或星形裂纹的线形显示,其长度超过 4 mm;

b) 评定为裂纹的线形显示(弧坑裂纹和星形裂纹除外);

c) 评定为未熔合的线形显示,在任何 300 mm 连续焊缝长度中,累计长度超过 25 mm 或者超过焊缝长度的 8%。

圆形显示应按 9.3.9.2 和 9.3.9.3 的规定进行评定。评定时,以圆形显示的最大磁痕尺寸作为评定尺寸。

9.4.3 管子和管件缺欠

磁粉检测时,在管子或管件上发现的缺欠应向业主报告。对缺欠的处理应在业主的指导下进行。

9.5 渗透检测

9.5.1 显示分类

9.5.1.1 渗透检测所发现的显示不一定是由缺欠产生的。机加工痕迹、擦痕及表面状况均会产生类似于缺欠显示的非相关显示。对渗透显示应按9.5.1.2的规定进行评定。

9.5.1.2 相关显示及非相关显示

9.5.1.2.1 任何最大尺寸小于或等于1.6 mm的显示应判定为非相关显示。任何最大尺寸大于1.6 mm的显示,在未重新用渗透或其他无损检测方法判别其是否是真实存在的缺欠前,均判为相关显示。

9.5.1.2.2 重新检测前,应将检测表面磨光或进行其他处理。当一个显示确定为非相关显示后,其他同类型的显示不必重新检测,可直接判为非相关显示。

9.5.1.3 由缺欠引起的显示为相关显示。长度与宽度之比大于3的缺欠为线形显示;长度与宽度之比小于或等于3的缺欠为圆形显示。

9.5.2 验收标准

9.5.2.1 当相关显示符合下列任何一条时,应评定为缺陷:

a) 评定为弧坑裂纹或星形裂纹的线形显示,其长度超过4 mm;

b) 评定为裂纹的线形显示(弧坑裂纹和星形裂纹除外);

c) 评定为未熔合的线形显示,在任何300 mm连续焊缝长度中,缺陷累计长度超过25 mm或者超过焊缝长度的8%。

9.5.2.2 圆形显示应按9.3.9.2和9.3.9.3的规定进行评定,评定时,以圆形显示的最大显示尺寸作为评定尺寸。

9.5.3 管子和管件缺陷

用液体渗透检测查出的管子和管件中的缺欠应向业主报告。对缺欠的处理应在业主的指导下进行。

9.6 超声检测

9.6.1 显示分类

9.6.1.1 超声检测时,出现的反射波不一定是由缺陷产生的。错边引起的焊缝几何尺寸变化、焊缝内外余高变化、管内的倒角以及由以上原因引起的超声波型转换均会产生类似于缺陷的反射信号。

9.6.1.2 线性显示是指焊缝纵向上尺寸最大的显示。典型的线性显示可能是由于根部未焊透(IP)、错边未焊透(IPD)、中间未焊透(ICP)、表面未熔合(IF)、夹层未熔合(IFD)、细长夹渣(ESI)、裂纹(C)、外咬边(EU)、内咬边(IU)及空心焊道气孔(HB)等及其他一些原因引起。

9.6.1.3 横向显示是指在焊缝横向上尺寸最大的显示。典型的横向显示可能是裂纹(C)、独立夹渣(ISI)、引弧、熄弧时的夹层未熔合(IFD)等缺欠造成的,但并不限于这些缺欠。

9.6.1.4 体积型显示是三维缺欠,是由于单个或多个夹渣、缩孔或气孔引起的。焊道引弧、熄弧处的缩孔、气孔或小夹渣,其在焊缝横向上的尺寸可能大于纵向。典型的体积型显示可能但并不限于下列原因:内凹(IC)、烧穿(BT)、独立夹渣(ISI)、气孔(P)、密集气孔(CP)等。

9.6.1.5 由缺欠产生的相关显示应按11.4.7给出的要求评价,验收应按9.6.2的规定执行。

9.6.2 验收标准

9.6.2.1 当相关显示符合下列任一条件时,应评定为缺陷:

a) 判定为裂纹(C)的相关显示;

b) 单个相关显示的垂直高度(壁厚方向)大于壁厚的1/4;

c) 周向位置相同的多个相关显示,其自身高度之和大于壁厚的1/2。

9.6.2.2 表面线形显示(非裂纹)(LS)是指延续到焊缝内、外表面的缺欠。当表面线形显示符合以下任一条件时,应评定为缺陷:

a) 在任何连续300 mm焊缝长度中,累计长度超过25 mm;

b) 累计长度超过焊缝长度的8%。

9.6.2.3 内部线形显示(非裂纹)(LB)是指在焊缝内部,没有延续到表面的缺欠。当内部线形显示符合以下任一条件时,应评定为缺陷:

a) 在任何连续300 mm焊缝中,累计长度超过50 mm;

b) 累计长度超过焊缝长度的8%。

9.6.2.4 横向显示(非裂纹)(T)应视为体积型缺欠,应使用体积型缺欠验收标准进行评定。所有横向缺欠报告应用字母T表示。

9.6.2.5 当密集体积型显示(VC)的最大尺寸超过13 mm时,应评定为缺陷。

9.6.2.6 当单个体积型显示(VI)的最大尺寸超过3.0 mm时,应评定为缺陷。

9.6.2.7 根部体积型显示(VR)是指延伸到焊缝内表面的缺欠。当符合下列任一条,应评定为缺陷:

a) 根部体积型显示最大尺寸超过6.0 mm或公称壁厚,取二者中的较小值;

b) 根部体积型显示在任何连续300 mm焊缝长度中,累计长度超过13 mm。

9.6.2.8 当缺欠显示波累计长度(AR)符合下列任一条件时,应评定为缺陷:

a) 在任何300 mm的连续焊缝长度中,在评定线以上的相关显示的累计长度超过50 mm;

b) 在评定线以上的相关显示的累计长度超过焊缝长度的8%。

9.6.3 管或管件缺欠

超声检测时,若在管或管件中发现缺欠,应向业主报告。对缺欠的处理应在业主的指导下进行。

9.7 咬边的外观检查标准

9.7.1 概述

咬边定义见9.3.11。在9.7.2中增补的验收标准,不应代替本标准中其他部分对外观检查的要求。

9.7.2 验收标准

当采用外观检查确定咬边深度时,表面咬边或根部咬边应不应超过表4中的规定。当外观检查和射线检测均可使用时,宜采用外观检查。

表4 咬边的最大尺寸

深　　度	长　　度
＞0.8 mm或＞12.5％管壁厚，取二者中的较小值	任何长度均不允许
＞6％～12.5％管壁厚或＞0.4 mm，取二者中的较小值	在焊缝任何300 mm连续长度中不超过50 mm或者焊缝的1/6，取二者中的较小值
≤(0.4 mm)或≤6％的管壁厚，取二者中的较小值	任何长度均允许

10 缺陷的清除和返修

10.1 返修权限

10.1.1 裂纹

除非符合9.3.10的规定或业主同意返修，否则所有带裂纹的焊口应按有关的规定从管线上切除。当裂纹长度小于焊缝长度的8％时，可使用评定合格的返修焊接工艺进行返修。

10.1.2 非裂纹缺陷

根焊道及填充焊道中出现的非裂纹缺陷，经业主同意后方可返修。盖面焊道中出现的非裂纹缺陷，可直接返修。若返修工艺不同于原始焊道的焊接工艺，或返修是在原来的返修位置进行时，应使用评定合格的返修焊接工艺规程。同一部位的返修不应超过两次。

10.2 返修规程

返修时应使用评定合格的、能够保证焊缝力学性能和韧性要求的返修焊接工艺规程。这应通过力学性能试验确定，试验项目和数量应符合业主要求。返修规程应至少包括以下内容：

a) 缺陷的检测方法；

b) 缺陷的清除方法；

c) 检查返修坡口，以确认缺陷完全清除；

d) 预热和层间温度；

e) 焊接方法其他细节说明，见5.3.2；

f) 层间无损检测规定。

10.3 验收标准

返修区域应采用返修前使用的检测方法进行检测。业主可要求采用同样的检测方法复查包括返修区域的整个焊口(见8.1和8.2)。返修焊缝应满足第9章的规定。

10.4 监督

焊缝返修应在对返修技术有经验的技术人员的监督下进行。

10.5 焊工

应由有资格的焊工进行返修。

11 无损检测

11.1 射线检测方法

11.1.1 概述

11.1.1.1 规定了使用X射线或γ射线在胶片或其他介质上产生射线影像的要求。应按本标准制定射线检测规程。采用该规程所得到的射线底片应达到本标准要求的底片黑度(见11.1.10)、清晰度和对比度。用其他系统得到的射线影像,应达到要求的像质计灵敏度。评定时,应达到以下标准:

a) 底片应质量良好、无过大灰雾、无因暗室处理不当造成的在底片评定区内的影响评定的伪缺陷;
b) 规定的像质计和要求达到的线径;
c) 符合要求的识别系统;
d) 合格的检测技术和装备;
e) 满足验收标准。

11.1.1.2 有关影像质量的要求,对X射线或γ射线均适用。应按照业主的规定,进行射线检测及确定检测的百分率。

11.1.1.3 射线检测之前,所用的射线检测规程应经业主批准。业主应要求检测承包商验证其所用的射线检测规程的适用性。

11.1.2 检测规程内容

11.1.2.1 概述

应记录每个射线检测规程细节。记录可以采用文字、图表或二者相结合的方法。每个规程应至少包括11.1.2.2和11.1.2.3中的项目。

11.1.2.2 射线照相检测

射线照相检测规程应至少包括下列各项:

a) 射线源——射线源类型、有效焦点尺寸,以及X射线设备的额定电压;
b) 增感屏——增感屏类型及位置;如使用铅屏,应规定其厚度;
c) 胶片——胶片牌号、类型和暗袋中胶片数量;若采用多胶片技术,应规定底片的观片方法、胶片牌号、类型和暗袋中胶片数量;
d) 透照几何条件——应规定采用单壁单影法(SWE/SWV)、双壁单影法(DWE/SWV)或双壁双影法(DWE/DWV),确定焦距,规定胶片、焊缝、射线源、像质计,搭接处或其他标志的相对位置,规定透照一道焊口所需的曝光次数;
e) 曝光量——使用mA·min或Ci·min,规定X射线的管电压、管电流及曝光时间;
f) 处理过程——使用自动洗片或手工洗片,规定显定影液配方、显影时间、温度、停显或漂洗、定影、水洗时间以及干燥细节等;
g) 材料——规程适用的材料类型及厚度范围;
h) 像质计——应规定材料种类、编号以及必要的钢丝外径;
i) 隔热垫——规定材料、厚度,以及从隔热垫的胶片侧到管子表面的距离。

11.1.2.3 其他成像介质检测

其他成像介质的射线检测规程应至少包括下列各项:

a) 射线源——射线源类型、有效焦点尺寸,以及X射线设备的额定电压;
b) 所用的影像采集系统;
c) 所用的影像处理系统;
d) 所用的观像系统;

e) 所用的影像存贮系统；

f) 照几何条件——应规定单壁单影法(SWE/SWV)、双壁单影法(DWE/SWV)或双壁双影法(DWE/DWV)。无论是动态成像还是静止成像,应规定动态成像的扫描速度、焦距,规定焊缝、射线源、像质计、搭接处或其他标记与成像介质之间的相对位置,几何放大倍数,用于观看的总放大率,透照一个焊口所需的曝光次数；

g) 曝光量——使用 mA·min 或 Ci·min,规定 X 射线电压或输入电压及电流,以及曝光时间；

h) 材料——规程适用的材料类型及厚度范围；

i) 像质计——应规定材料种类、编号以及必要的钢丝外径；

j) 隔热垫——如需要隔热垫,应规定材料、厚度,以及从隔热垫的成像介质侧到管子表面的距离。

11.1.3 透照几何条件

11.1.3.1 射线照相胶片布置

11.1.3.1.1 当射线源位于管中心(中心周向透照)时,一道完整焊口的检测需一次曝光(单壁单影法 SWE/SWV)。

11.1.3.1.2 当射线源位于管外,距焊缝表面不超过 13 mm 时,一道完整焊口的检测,应至少进行三次相隔 120°的曝光(双壁单影法 DWE/SWV)。

11.1.3.1.3 当射线源位于管外,距焊缝表面大于 13 mm 时,一道完整焊口的检测,应至少进行四次相隔 90°的曝光(双壁单影法 DWE/SWV)。

11.1.3.1.4 当管径小于或等于 89 mm 时,可采用双壁双影法(DWE/DWV)。采用这种方法时,应使射线束偏斜,使得靠射线源一侧和靠底片一侧的焊缝在底片评定区内不重叠,一道完整焊口检测应至少做两次间隔 90°的曝光。当射线源一侧和靠底片一侧的焊缝在底片评定区内重叠时,一道完整焊口检测应至少做三次间隔 60°的曝光。

11.1.3.1.5 当射线检测管径更小和壁厚较厚的管子时,宜增加曝光次数,以减少底片上焊缝影像在边缘上的畸变。

射线源或焦点与射线源一侧管表面之间的最小距离应按式(1)确定(采用恒定的计量单位)：

$$L_1 = D_f \times T/K \quad \cdots\cdots(1)$$

式中：

L_1——射线源或焦点与射线源一侧管表面之间的最小距离,单位为毫米(mm)；

D_f——有效焦点尺寸(mm)；

T——透照厚度,包括余高和胶片到胶片侧焊缝表面的距离(mm),见表 5；

K——几何不清晰度系数(mm)。

11.1.3.1.6 当采用单壁单影法(SWE/SWV)和双壁单影法(DWE/SWV)时,T 为单一壁厚与焊缝余高的和;当采用双壁双影法(DWE/DWV)时,T 为焊口焊缝外径尺寸(即管外径加上两倍的焊缝平均余高),见表 6。

表 5　透照厚度的计算

透照方式	T 值计算公式
单壁单影	T=壁厚+焊缝余高
双壁单影	T=壁厚+焊缝余高
双壁双影	T=管外径+2×焊缝余高

11.1.3.1.7　当透照厚度小于或等于 50.8 mm 时，一般 K 为 0.5 mm，但应达到规定的像质计灵敏度。

11.1.3.1.8　最终透照几何尺寸应根据每张底片是否能观察到所规定的像质计钢丝外径确定。

11.1.3.2　**其他成像介质**

透照几何条件的基本原则：影像是否能达到所规定的像质计灵敏度。对于运动过程中的成像，应考虑运动引起的清晰度损失，且应在对全部焊缝进行射线检测期间使用最大的扫描速度来评价透照几何条件。

11.1.4　**像质计类型**

线型像质计应符合 JB/T 7902 的规定。像质计应使用与被检材料类似的材料制作，如图 20。

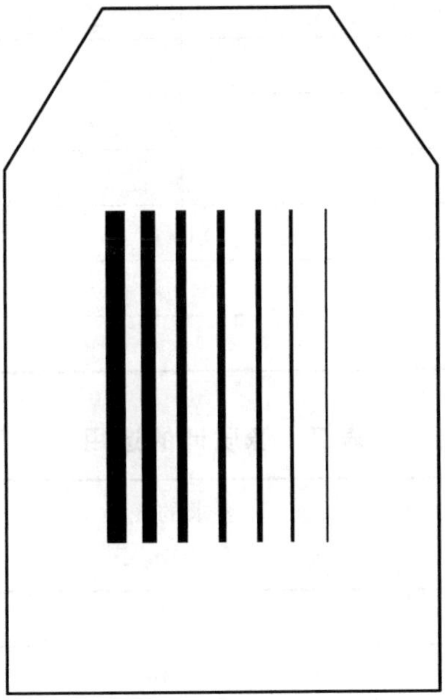

图 20　线型像质计

11.1.5　**像质计型号选择**

对于 JB/T 7902 线型像质计如表 6 中所示，应根据焊缝的厚度选用相应线径的像质计，见表 7。也可以采用比上述规定小的线型像质计，但必须达到规定的射线探伤灵敏度。线型像质计的编号和要求放置的字母均应在射线底片上清楚地显示出来。规定线径的影像应在整个区域内清晰。

表 6 JB/T 7902 标准规定的线型像质计线号、线径

线　号	标称线径 mm
1	3.2
2	2.5
3	2.0
4	1.6
5	1.25
6	1.0
7	0.8
8	0.63
9	0.50
10	0.40
11	0.32
12	0.25
13	0.20
14	0.15
15	0.125
16	0.100
17	0.080
18	0.063
19	0.050

表 7 像质计的选用

管壁厚或焊缝厚 mm	要求的线径 mm	线号
0～6.4	0.20	13
＞6.4～9.5	0.25	12
＞9.5～12.7	0.32	11
＞12.7～19.1	0.40	10
＞19.1～25.4	0.50	9
＞25.4～50.8	0.63	8

11.1.6 像质计的位置

11.1.6.1 射线照相

像质计的放置应贴紧管道焊缝,并应符合下列条件:

a) 当源在管内一次中心曝光时,应至少使用4个像质计,并应垂直横跨焊缝,且应沿圆周近似相等的间隔放置。对于双壁双影工艺,一个像质计应放置在管子的源侧并垂直横跨焊缝以致要求达到的线径影像投影到焊缝影像上。对于双壁单影或单壁单影工艺,要求一个完整的焊缝分段曝光的,且底片的评定长度大于130 mm时,应使用2个像质计垂直横跨焊缝并位于胶片侧。一个应在底片评定长度末端25 mm之内,另一个应在底片的中间。当底片的评定长度小于等于130 mm时,一个像质计应放置在胶片侧,并在横跨焊缝并位于评定长度的中间。当检测返修焊缝时,应横跨每个返修区附加一个像质计。

b) 当由于焊缝形状或工件大小致使像质计无法放置的时候,可把像质计放在另一个分离的金属块上,要求其材质与透照材料类似,厚度与焊缝相同。

c) 隔热垫:如果在射线检测之前已证明这种像质计放置合格,则可将像质计放置在隔热垫上而不是直接放在热的管道焊缝上。

11.1.6.2 其他成像介质

对于非胶片成像的其他射线检测方法,像质计放置的位置应按11.1.6.1的规定执行。像质计可放置在管表面上或放在管表面和成像介质之间有支撑的位置,成像介质应装在夹具上或扫描装置上。

11.1.7 射线检测评定

只有Ⅱ级或Ⅲ级资格的射线检测人员可对焊缝的射线影像进行评定。评定人员应报告观察到的所有缺陷,若业主要求报告所有观察到的缺欠,应按业主要求执行。评定人员应按照第9章要求对焊缝做出评定结论。

11.1.8 影像标记

应用铅号、铅字母、标识或其他方法进行标记,以便迅速和准确地识别良好焊缝和有缺陷的焊缝。业主可规定所采用的标记方法。

当环焊缝使用一个以上的底片时,相邻底片应有重叠,每个底片均应有标记,并不应漏检任何一段焊缝。

11.1.9 胶片及其他成像介质的贮存

11.1.9.1 胶片

所有未透照的胶片应储存在对感光乳胶膜无损害的清洁、干燥的地方。对储存条件有疑问时,应对每盒胶片的开头一张和最后一张,或从每一原卷胶片上取下等于周长的一段进行灰雾度试验。如果被检查的胶片灰雾度超标,则被检胶片所在的整盒或整卷胶片应报废。如经过第二次试验证明盒中或卷内剩余的胶片没有受到感光,则可继续使用。底片本底灰雾度应不大于0.3。

11.1.9.2 其他成像介质

其他成像介质的储存应严格执行生产厂家的规定。

11.1.10 底片观察

11.1.10.1 底片黑度

除局部小面积是由于不规则焊缝形状而造成的之外,焊缝部分的底片黑度应不小于1.8也不应大于4.0。局部小面积的黑度可超过此限定值,但最小黑度不应低于1.5,而最大黑度不应超过4.2。

11.1.10.2 观片灯

观片灯应具有可调光、高亮度的特点,并应能在11.1.10.1中规定的范围内观察底片黑度。观片灯应有防护装置,防止来自底片边缘或透过底片低黑度区域的光,以便评片。

11.1.10.3 观片室

观片室应能提供柔和的背景光,以防止射线底片上的反射、盲区和眩目。

11.1.11 底片处理与保存

射线检测底片或其他成像介质的冲洗、搬运和保存应至少七年后仍达到评定要求。当业主有要求时,按照业主要求执行。

11.1.12 洗片室或影像处理室

洗片室或数字射线影像的房间及设施应保持清洁。

11.1.13 辐射防护

射线检测操作人员应负责防护和监督使用或接近辐射源的每个人。防护和监督应符合政府的有关规定。

11.2 磁粉检测方法

11.2.1 当业主规定使用磁粉检测时,检测承包商应制定详细的书面磁粉检测规程,并应符合SY/T 4109的要求。检测前,磁粉检测规程应经业主同意并批准。

11.2.2 业主应要求检测承包商证明按此规程操作会得到满意的检测结果,并应按该规程进行磁粉探伤工作。

11.3 渗透检测方法

11.3.1 当业主规定使用渗透检测方法时,检测承包商应制定详细的渗透检测规程,并应符合SY/T 4109的要求。在检测前,渗透检测规程应经业主同意并批准。

11.3.2 业主应要求检测承包商证明按此规程操作将会得到满意的结果,并要求按该规程进行渗透探伤工作。

11.4 超声检测方法

11.4.1 总则

11.4.1.1 如业主规定采用超声检测方法检查新建的或在役的对接环焊缝时,应执行本条规定。应建立和记录每个详细的超声检测工艺。超声探伤方法的使用和适用范围应符合业主的规定。在实施检测前,业主和检测承包商均应同意该超声检测规程。

11.4.1.2 业主应要求检测承包商演示其推荐的超声检测规程,以证明其检测结果满足要求,并应要求其在检测工作中执行该规程。

11.4.1.3 应用超声检测方法检测在役的对接环焊缝时,应注意母材和表面缺陷对超声检测结果的干扰。

11.4.1.4　所有要进行超声检测的表面均应无涂层。对新建工程,在管子防腐涂敷前,应在管端预留供超声扫查所必须长度的裸管,该裸管部分的制管焊缝余高应打磨至和母材平齐,并应圆滑过渡,以便进行超声检测。

11.4.2　规程内容

11.4.2.1　总则

应记录所有超声检测规程的细节,记录可采用文字、图表或二者相结合的方法。每个规程应至少包括 11.4.2.2 中规定的项目。

11.4.2.2　超声检测规程

焊缝超声检测规程应至少包括以下内容:

a)　被检测的焊缝形式、焊接接头尺寸和焊接方法;

b)　管材类型(如:管道外径、壁厚、材质、制造工艺);

c)　检测表面的条件和准备;

d)　检测阶段的执行;

e)　超声检测设备/系统和探头(如:制造商、类型、晶片尺寸、频率、K 值或折射角等);

f)　自动检测或人工检测;

g)　耦合剂;

h)　检测技术参数;

　1)　角度;

　2)　频率(MHz);

　3)　温度和范围;

　4)　扫查方法和扫查速度;

　5)　距离波幅曲线和参照缺陷位置坐标(如:面、根部和环缝位置)。

i)　参考标准试件——用实际材料制作的试件的示意图应详细标明所有缺陷的平面和立体尺寸;

j)　校准要求——检测仪或系统要求的校准间隔时间,在焊缝检测前的调校程序,包括所用的标准试块,使用的参考缺陷,参考的评定线(如 DAC 或 TCG),以及设定的校准间隔时间;

k)　扫查灵敏度值——在参考灵敏度基础上增加一定的 dB 值;
评定灵敏度值——评定过程要求的在扫查过程中发现的反射波高度或水平值,以及在对缺陷进行验收的评定前做的任何灵敏度的调整;

l)　结果记录——记录的类型(如:绘图、记录仪、光盘等)和记录的内容(如记录所有的缺陷,或仅记录判废的缺陷);

m)　超声检测报告——应提供正规的超声检测报告。

11.4.3　超声检测人员资格要求

应由无损检测超声Ⅲ级资质的人员编制检测工艺规程。只有取得Ⅱ级或Ⅲ级资质的人员才能调校设备、评判结果并出具检测报告。超声检测人员应根据经过评定的检测规程(见 11.4.4)进行超声检测。检测人员应根据 9.6 列出的验收标准评判焊缝的检测结论。

业主有权要求检测人员证明其有执行经过评定的检测规程的能力。

11.4.4　超声检测规程的评定

在签字同意前,业主应要求检测承包商演示其超声检测系统和其制定的检测规程。在实际检测前,应有书面的检测规程评定报告和评定结论。

检测规程应包括以下内容:

a) 带有缺陷以及缺欠的实际焊缝试件(每种评定合格的焊接工艺应至少两个试件)。可使用焊工资格考试的试件;
b) 试件应经过射线检测并具有书面的检测报告;
c) 在允许的温度范围内,应按规程对试件进行超声检测,写出检测报告,并与射线检测报告对比;
d) 应记录两个检测结果的差异(因超声检测和射线检测发现缺陷类型的能力不同)并形成报告。如业主要求,应通过破坏性试验验证;
e) 超声检测规程应用于实际工程焊缝检测时,应根据以下限制条件来确定是否采用超声检测方法:
   1) 环向位置;
   2) 长度尺寸;
   3) 埋深;
   4) 轴向位置(焊缝横断面)。该规程应按 9.6 和 11.4.7 给出的验收标准进行评定。

11.4.5 灵敏度对比试块

11.4.5.1 手动超声检测的灵敏度应根据对比试块确定(即:距离波幅曲线[DAC]或[TCG]时间增益校正),该对比试块(即 N10 刻槽试块)应从被检件上平行于轴线方向截取制作,见图 21 和图 22,其材料用直探头检测时,不应有大于或等于 Φ2 mm 平底孔回波幅度 1/4 高度的缺欠。试块上的参考反射体应至少有 2 点或 3 点。

11.4.5.2 DAC/TCG 曲线的最高波应不低于满屏高的 80%。实际的声速、折射角、声程应利用对比试块测得。

11.4.5.3 当管道焊接使用不同化学材料、不同壁厚、不同外径或不同生产厂家的钢管时,应重新测定声速和折射角。并应通过两个相同角度和频率的探头对应放置测定,见图 23。当发现声速、折射角或声程不同时,应从不同的管材上截取材料制作对比试块。

11.4.5.4 DAC 曲线制作方法:在对比试块上将内壁刻槽的回波高度调到满屏高的 80%,再移动探头,找出外壁刻槽的最大回波,连接两点即为距离-波幅曲线,作为检测时的基准灵敏度。

11.4.5.5 当采用自动超声检测或手工超声检测方法时,若业主有特殊要求,应在被检管道试样上机械加工平底孔,平底孔的外径约等于焊道层厚度。各孔的反射面在焊接接头每层焊道的同一角度和位置。平底孔应制作在焊缝的中心线上,底面和焊缝垂直轴线垂直。所有平底孔均应分开,以保证在一个检测位置上不同时存在两个反射波。

11.4.5.6 对于其他新的工程,应采用与被检管道相同钢级、壁厚和外径的管件来制作对比试块。应用适当的方法来确定实际声程、实际折射角度和在被检材料中声波的衰减,确定时应使用具有相同入射角度和频率的探头见图 23。

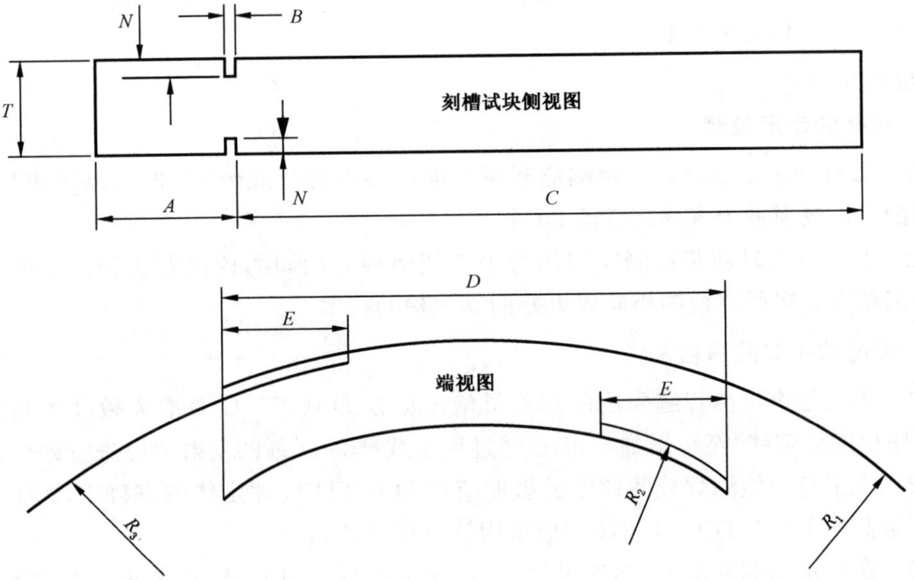

说明：

T ——管子的公称壁厚；

N ——刻槽深度=$0.1T\pm10\%$；

A ——最小为 50 mm；

B ——刻槽最大宽度 3.2 mm；

C ——最小为 $11.35T+50$ mm；

D ——最小宽度为 80 mm；

E ——刻槽最小长度 25 mm；

R_1 ——管子外表面半径；

R_2 ——内侧刻槽半径=$R_1-0.9T$；

R_3 ——外表刻槽半径=$R_1-0.1T$。

图 21 手动超声参考试块

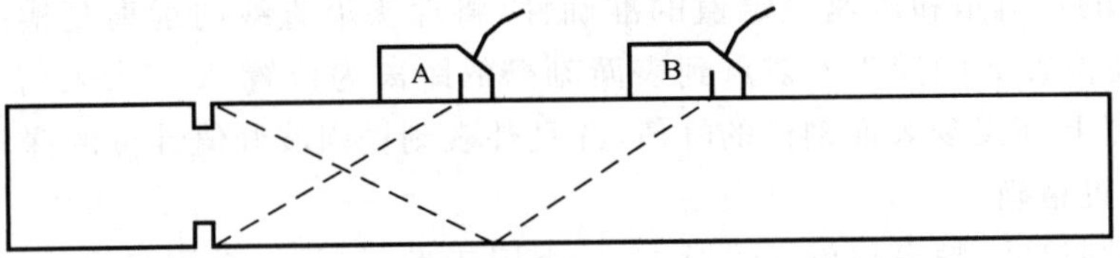

图 22 确定距离、折射角及声速

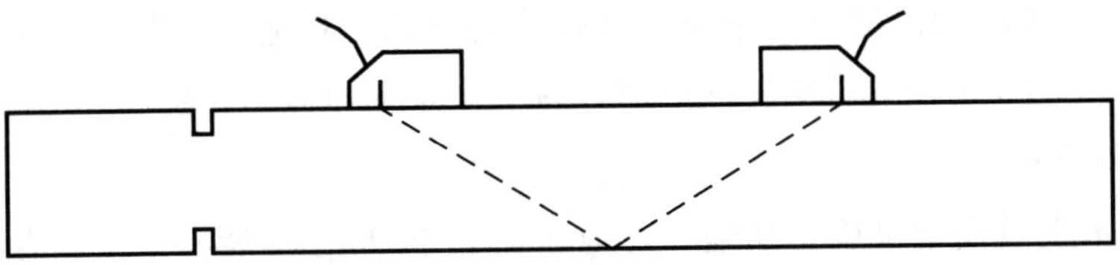

图 23 转换程序

11.4.6 管材的超声检测

在对接环焊缝焊接完成后，使用超声检测前，应用直探头多次回波法对焊缝两侧母材进行超声检测(最小距离=1.25×跨距)。应注明所有的缺陷回波的 dB 值(包括至焊缝边缘的距离和位置),并记录在检验报告上。

11.4.7 扫查和评定

11.4.7.1 管材的超声检测

11.4.7.1.1 管材的手工纵波超声检测应利用标准试块进行校准(见图 21),基准灵敏度调整到标准试块的二次反射波为满屏高度的 80%。

11.4.7.1.2 管材的自动超声检测应使用与手工超声检测相同的校核方法和评定线,或采用能证实与手工超声多次回波检测相同或更好的其他检测技术。

11.4.7.2 焊缝的手工超声检测

11.4.7.2.1 手工超声检测焊缝采用的扫查灵敏度应在 DAC/TCG 基准灵敏度的基础上(根据对比试块作出的评定线)至少增加 6 dB。超过评定线屏高 50%的反射波应进行评估。

11.4.7.2.2 手工超声检测焊缝的评定灵敏度应在 DAC/TCG 评定线的基础上增加 6 dB,所有达到 50%屏高的 DAC/TCG 反射波均应采用该灵敏度评估。

11.4.7.2.3 在确定基准灵敏度、扫查灵敏度、评定灵敏度后进行评定,并编制最终检测规程和检测报告。

11.4.7.3 焊缝的自动超声检测

11.4.7.3.1 采用脉冲反射技术进行自动超声检测,扫查灵敏度应在基准灵敏度 80%满屏高的基础上增加 4 dB。评定灵敏度应与扫描灵敏度相同。

11.4.7.3.2 采用自动脉冲反射技术,判定线(记录阈值)应为满屏高度的 40%。

11.4.7.3.3 若证明其他自动检测技术具有与脉冲反射技术相同的检测焊缝缺陷能力,参照反射体、基准灵敏度、扫查灵敏度、评定灵敏度和评估阀值也可使用。

探头放在 A 点位置,将来自内壁刻槽的回波调至最大值(峰值),并将幅度调到全屏高度的 80%。测量从内侧刻槽(也可从外表刻槽)到探头入射点的表面距离。表面距离除以壁厚等于探头折射角的正切值(K 值)。

为校验测量的折射角和声速设定值的准确性,将探头沿直线向远离刻槽的方向从位置 A 移动到位置 B,使位置 B 的探头入射点到表面刻槽的距离为位置 A 探头入射点到表面刻槽距离的两倍,如位置 B 能发现表面刻槽的峰值,并且外表刻槽回波峰值计算的深度接近 0,证明折射角度和声速设置精确。

使用两个相同尺寸、频率和角度的探头,一个用于发射,另一个用于接收,仪器设定为一收一发方式。前后移动探头位置,找到接收波的最大回波位置。测量两个探头入射点之间的表面距离,表面距离的一半再除以测得的壁厚就是探头折射角正切值(K 值)。在不改变仪器设定值的情况下,在未知声速、折射角以及衰减值的管材上重复此过程,以确定差值。

11.4.8 超声检测评定

超声检测技术人员应记录所有缺陷。若业主有要求,应记录所有缺欠。业主有权确定焊缝的最终处理方法。

11.4.9 报告的内容

超声检测报告应至少包括焊口编号、基准位置、长度、距外表面深度以及缺陷的类型(线型、面积型或体积型)。

12 有填充金属的机动焊

12.1 适用的焊接方法

机动焊应采用一种或多种下列焊接方法:

a) 埋弧焊;

b) 熔化极气体保护焊;

c) 非熔化极气体保护焊;

d) 自保护或气保护药芯焊丝电弧焊;

e) 等离子弧焊。

12.2 焊接工艺评定

12.2.1 在焊接生产开始之前,应制定详细的预焊接工艺规程,并应对此焊接工艺进行评定。工艺评定旨在验证采用此工艺能否得到具有合格力学性能(如强度、塑性、韧性和硬度)的完好焊接接头。

12.2.2 应按预焊接工艺规程焊接两根整管或两管段接头。应采用无损检测和破坏性试验检验焊接接头的质量和性能。无损检测应符合第9章的要求,破坏性试验应符合5.6给出的要求。应依据评定合格的焊接工艺编制焊接工艺规程。

12.2.3 应严格遵守和执行焊接工艺规程,除非业主明确要求变更12.5中所列的基本要素。

12.3 记录

应对评定的焊接工艺的参数、试验和结果进行详细记录。记录表格见表E.1和表E.2。在该焊接工艺使用期间内应妥善保存评定记录。

12.4 焊接工艺规程

12.4.1 概述

焊接工艺规程应包括12.4.2规定的正确操作、维护、调试焊接设备的各项内容。

12.4.2 规程内容

12.4.2.1 焊接方法

应指明焊接方法或其组合,包括所使用的焊接工艺和焊接设备。

12.4.2.2 管子及管件

应指明适用的管子和管件材料。

适用的管子和管件材料分组见5.4.2.2,评定试验应选择该组材料中具有最高规定屈服强度的材料进行。

12.4.2.3 外径

应确定焊接工艺规程适用管子或管件的外径范围。

12.4.2.4 壁厚范围、焊道顺序及焊道数

应指明适用的管壁厚范围、对应壁厚的焊道数及各焊道使用的设备。

12.4.2.5 接头设计

应画出接头的简图和坡口形式(如V型或U型)。简图应指明坡口角度、钝边尺寸和根部

间隙。填角焊缝应指明形状和尺寸;如使用垫板时,应指明其形式及材质。

12.4.2.6 **填充材料**

应指明填充材料的种类和规格。

12.4.2.7 **电特性**

应指明电流种类和极性,并规定使用焊条或焊丝的电弧电压和焊接电流值的范围。

12.4.2.8 **焊接位置**

应指明旋转焊或固定焊。

12.4.2.9 **焊接方向**

应指明上向焊或下向焊,此要求仅适用于固定焊。

12.4.2.10 **焊道之间的时间间隔**

应规定完成根焊道之后至开始第二焊道之间的最长时间间隔,以及完成第二道焊之后与开始其他焊道之间的最长时间间隔。

12.4.2.11 **对口器的类型**

应规定是否使用对口器,使用内对口器或外对口器。

12.4.2.12 **清理**

应指明要求的接头或层间的清理方法。

12.4.2.13 **预热**

应规定预热的方法和宽度、开始焊接时的最低温度,以及需预热的最低环境温度。

12.4.2.14 **焊后热处理**

应规定焊后热处理的方法、宽度、最低和最高温度、保温时间及控制温度方法。

12.4.2.15 **保护气体及流量**

应规定保护气体的成份及流量范围。

12.4.2.16 **保护焊剂**

应指明保护焊剂的型号或牌号。

12.4.2.17 **焊接速度**

应规定各焊道的焊接速度范围。

12.4.2.18 **其他参数**

应规定所有保证正确操作和焊接质量的其他参数。包括埋弧焊机头的位置和角度,导电嘴与工件的距离,以及电弧摆动的宽度和频率。

12.4.2.19 **层(道)间温度**

应规定焊接时焊层(道)之间的温度范围。

12.5 焊接工艺规程的变更

12.5.1 概述

当焊接工艺规程有12.5.2中规定的基本要素变更时,应对焊接工艺重新评定。当焊接工艺规程有 12.5.2 中规定的基本要素以外的变更时,应修订焊接工艺规程,但不必对焊接工艺重新评定。

12.5.2 基本要素

12.5.2.1 焊接方法

焊接工艺规程中焊接方法的变更。

12.5.2.2 管材

焊接工艺规程中管材组别的变更。

本标准应将所有碳钢及低合金钢进行以下分组:

a) 规定最小屈服强度小于或等于 290 MPa;

b) 规定最小屈服强度高于 290 MPa,但小于 448 MPa;

c) 对规定最小屈服强度大于等于 448 MPa 的各级碳钢及低合金钢均应进行单独的评定试验。

以上分组并不表示上述每组中所有的管材可任意代用已做过焊接工艺评定的管材填充材料,还应考虑管材和填充材料在冶金特性,力学性能及对预热和焊后热处理要求的不同。

12.5.2.3 接头设计

接头设计的重大变更(如 V 型坡口改为 U 型坡口或反之),或坡口角度、间隙及钝边的变更超过规定的范围。

12.5.2.4 壁厚

壁厚变化超过规定的范围。

12.5.2.5 管径

管径变化超过规定的范围。

12.5.2.6 填充材料

填充材料的下列变更:

a) 从一组填充材料到另一组填充材料(见表 1);

b) 对于规定最小屈服强度大于或等于 448 MPa 的管材(见 5.4.2.2),填充材料型号的变更。

可在 12.5.2.2a)和 b)中规定的分组内变更填充材料,但应从力学性能的角度保持母材和填充材料的一致性。

12.5.2.7 填充焊丝尺寸

填充焊丝尺寸的变化。

12.5.2.8 焊道之间时间间隔

完成根焊至开始第二层焊道之间允许最大时间间隔的增加。

12.5.2.9 焊接方向

从下向焊改为上向焊,或者反之。

12.5.2.10 保护气体和流量

一种气体换成另一种气体,或一种混合气体换成另一种混合气体,或保护气体流量范围较大的增加或减少。

12.5.2.11 保护焊剂

保护焊剂的选用见表1。

12.5.2.12 焊接速度

焊接速度范围的变更。

12.5.2.13 预热和焊后热处理

预热和焊后热处理的变更。

12.5.2.14 电特性

电特性的变更。

12.5.2.15 压缩喷嘴孔径的变更或气体成份的变更

对于等离子弧焊,压缩喷嘴孔径的变更或气体成份的变更。

12.6 焊接设备和操作人员的审定

12.6.1 焊接操作人员资格审定程序

a) 每名焊接操作人员应按合格的焊接工艺规程焊接一道合格的焊缝;

b) 对该焊缝应采用破坏性试验、无损检测或同时采用前述两种方法进行检验。该焊缝性能应符合6.4、6.5、6.6和6.7的要求,但对6.7.4的刻槽锤断试验不做要求;

c) 焊接生产前,每名焊机操作工应进行设备操作培训并取得相应的焊接资格;如焊接工艺规程包括不止一种焊接操作,焊机操作工应充分熟悉要在现场焊接使用的焊接设备。12.6.2中规定的焊接基本要素若发生变更,焊接操作工应重新取得资格。

12.6.2 范围

焊接基本要素变更范围包括下列内容:

a) 由一种焊接方法、熔滴过渡方式、极性变为另一种焊接方法或其他焊接方法的组合(例如:短路过渡,脉冲过渡,喷射过渡,惰性气体过渡等);

b) 焊接方向由上向焊变为下向焊,或反之;

c) 填充材料类型的变化(实芯焊丝,金属粉芯焊丝,药芯焊丝);

d) 从一种管径变为另一种管径:

 1) 管径小于323.9 mm;

 2) 管径大于或等于323.9 mm。

e) 焊机操作工考试时应采用最大壁厚;

f) 焊接位置的变更(如从旋转焊变为固定焊,或从垂直焊接位置变为水平焊接位置);

g) 焊接机头制造商或型号的改变;

h) 根焊道焊接方式的改变(如采用外焊还是内焊);

i) 接头设计的变更(如由V型坡口变为U型坡口或J型坡口)或超出所规定的范围。诸如间隙、钝边、坡口角度等基本变化;

j) 在多焊道对接焊缝中,只负责焊接特定焊道的焊工/焊机操作工,应通过焊接工艺规程相应内容的考试。

12.7 合格机动焊操作工的记录

合格机动焊操作工的记录表格见表 E.3(该表格可进行修改以适合业主的要求,但其记录内容应满足本标准对操作工考试的要求),对每个操作工的试验(按 12.6 要求)和每次试验的详细结果应进行记录。

合格操作工的名单和考试使用的焊接工艺规程应存档。如业主对某个操作工的能力有疑问,可要求重新进行资格考试。

12.8 现场焊缝的检查和试验

应按第 8 章的要求对现场焊缝进行检查和试验。

12.9 无损检测验收标准

无损检测验收标准应符合第 9 章的规定或业主所选其他相关标准的要求。

12.10 缺陷的返修和切除

缺陷的清除和返修应符合第 10 章的规定。

12.11 射线检测

射线检测应符合 11.1 的规定。

12.12 超声检测

超声检测应符合 11.4 的规定。

附 录 A
(资料性附录)
本标准与 API Std 1104:2010 相比的结构变化情况

本标准与 API Std 1104:2010 相比在结构上有较多调整,具体章条号对照情况见表 A.1。

表 A.1 本标准与 API Std 1104:2010 的章条号对照情况

本标准章条号	对应 API Std 1104:2010 标准章条号
1	1、1.1
2	2
3	3、3.1、3.2(3.2.1、3.2.13、3.2.18、3.2.20 删除)
3.6、3.7、3.8、3.19、3.20、3.21、3.23	无
4	4
5.1.1、5.1.2	5.1
5.3.2.17	无
5.4.2.2 d)	5.4.2.2 注(Note)
5.6.1.1~5.6.1.5	5.6.1
5.6.2.3.1~5.6.2.3.2	5.6.2.3 第一段
5.6.2.3.3	5.6.2.3 第二段
5.6.2.3.4	5.6.2.3 第三段
5.6.6	无
5.6.7	无
6.1	无
6.2	无
6.3.1	6.1 第二段~第四段
6.4	6.2
6.4.1.1、6.4.1.2	6.2.1 第一段
6.4.1.3	6.2.1 第二段
6.4.1.4	6.2.1 第三段
6.4.1.5	6.2.1 第四段
6.4.2	6.2.2
6.5	6.3
6.5.1.1	6.3.1 第一段、第二段、第三段
6.5.1.2	6.3.1 第四段

表 A.1(续)

本标准章条号	对应 API Std 1104:2010 标准章条号
6.5.1.3	6.3.1 第五段
6.5.1.4	无
6.5.2	6.3.2
6.5.2.1、6.5.2.2	6.3.2 第一段
6.5.2.3	6.3.2 第二段
6.6	6.4
6.6.1、6.6.2、6.6.3	6.4 第一段
6.6.4	6.4 第二段
6.6.5	6.4 第三段
6.7	6.5
6.7.1	6.5.1
6.7.2	6.5.2
6.7.3	6.5.3
6.7.4	6.5.4
6.7.5	6.5.5
6.7.5.1、6.7.5.2	6.5.5 第一段
6.7.5.3	6.5.5 第二段
6.7.6	6.5.6
6.7.7	6.5.7
6.8	6.6
6.8.1	6.6.1
6.8.2	6.6.2
6.9	6.7
6.10	6.8
7	7
8	8
8.1	8.1
8.2.1、8.2.2	8.2 第一段
8.2.3、8.2.4	8.2 第二段
8.2.5	8.2 第三段
8.2.6	8.2 第四段

表 A.1(续)

本标准章条号	对应 API Std 1104:2010 标准章条号
9	9
9.3.6(9.3.6.1～9.3.6.3)	9.3.6
9.5.1.2(9.5.1.2.1～9.5.1.2.2)	9.5.1.2
9.5.2.1	9.5.2 第 1～4 段
9.5.2.2	9.5.2 第 5 段
10	10
10.2a)～f)	10.2.1～10.2.6
10.3	10.3、10.3.1
10.4	10.4、10.4.1
10.5	10.5、10.5.1
11	11
11.1.1.1	11.1.1 第一段
11.1.1.2	11.1.1 第二段
11.1.1.3	11.1.1 第三段
11.1.3.1.1～11.1.3.1.4	11.1.3.1 第一段
11.1.3.1.5	11.1.3.1 第二段
11.1.3.1.6～11.1.3.1.8	11.1.3.1 第三段
11.2.1	11.2 第一段
11.2.2	11.2 第二段
11.3.1	11.3 第一段
11.3.2	11.3 第二段
11.4.1.1～11.4.1.4	11.4.1 第 1～4 段
11.4.5.1～11.4.5.4	11.4.5 第一段
11.4.5.5	11.4.5 第二段
11.4.5.6	11.4.5 第三段
11.4.7.1.1	11.4.7.1 第一段
11.4.7.1.2	11.4.7.1 第二段
11.4.7.2.1～11.4.7.2.3	11.4.7.2 第 1～3 段
11.4.7.3.1～11.4.7.3.3	11.4.7.3 第 1～3 段
12	12
12.2.1～12.2.3	12.2

表 A.1（续）

本标准章条号	对应 API Std 1104:2010 标准章条号
12.4.2.19	无
12.6、12.6.1	12.6
12.6.2	12.6.1
12.12	无
无	第 13 章 无填充金属的自动焊
附录 A	无
附录 B	无
附录 C	附录 A
附录 D	附录 B
附录 E	无

附 录 B
(资料性附录)
本标准与 API Std 1104:2010 技术性差异及其原因

表 B.1 给出了本标准与 API Std 1104:2010 的技术性差异及其原因的一览表。

表 B.1 本标准与 API Std 1104:2010 技术性差异及其原因

本标准的章条号	技术性差异	原 因
第 1 章	本标准适用于施工和返修焊接。适用的焊接方法为焊条电弧焊、埋弧焊、熔化极及非熔化极气体保护电弧焊、药芯焊丝电弧焊、等离子弧焊、氧乙炔气焊<u>或闪光对接焊</u>; 删除了"或闪光对接焊"	闪光对接焊目前在我国管道工程建设中尚未使用
第 2 章	增加了国家标准(GB/T)、石油行业标准(SY/T)、机械行业标准(JB/T)、国家质量监督检验检疫总局《特种设备无损检测人员考核与监督管理规则》、TSG Z6002—2010《特种设备焊接操作人员考核细则》,删除了 ISO 1027(国际标准); 增加了"ASTM E92 金属材料维氏硬度测试方法(Standard test method for vickers hardness of metallic materials)"; 删除了"ASNT RP SNT-TC-1A 、ASNT ACCP、AWS A 3.0、AWS A 5.2、AWS A5.20"	1) 更加符合我国目前管道施工的现状和需要,以参考相关国标为基础; 2) 删除了我国现行的国标相对应的国外标准
3.1	业主(company)工程的主管单位或建设单位,或由其委派或授权的单位或代表	按国内通行理解定义
3.6	增加术语"热焊——根焊完成后立即快速进行的第二层焊道。"	按国内焊接名词术语相关定义
3.7	增加"填充焊——根焊或热焊完成后,盖面焊之前的焊道。"	按国内焊接名词术语相关定义
3.8	增加"盖面焊——最外面一层的成型焊道。"	按国内焊接名词术语相关定义
3.18	将焊工(welder)改为"合格焊工(qualified welder)"	和标准其后的焊工资格内容相对应
3.19	增加了"焊工考试 welder qualification test"的定义——焊工经过培训或一定工作时间后,按标准规定对其专业理论知识和实际操作技能进行的考试	标准的重要内容
3.21	增加了"预焊接工艺规程(PWPS)"的定义	根据工艺试验实际需要
3.22	增加了"焊接工艺评定(welding procedure qualification"的定义	标准的重要内容
3.23	qualified welding procedure(评定合格的焊接工艺)修改为焊接工艺规程 welding procedure specification	按国内焊接名词术语相关定义

表 B.1(续)

本标准的章条号	技术性差异	原　因
第3章	删除了 automatic welding(自动焊)、shall(应)和 radiographer(射线操作工)的定义	
4.2	增加了国家标准(GB/T)和石油行业标准(SY/T)部分,删除了 AWS 5.2、AWS 5.20	符合我国标准执行现状和要求
5.1	"(如强度、塑性和硬度)"改为"(如强度、塑性、韧性和硬度)" 删除了"除了业主特别通知变更 5.4 中所列的项目外,应遵守这些焊接工艺规程。"	更符合实际
5.3.2.1	"应指明是使用焊条电弧焊、半自动焊或自动焊,或它们的任意组合方法。"改为"应指明所使用的焊接方法或他们的任何组合。"	表述更完善
5.3.2.4	"简图应指明接头形式、坡口形式、坡口角度。"如使用垫板时,还需指明其形式。"改为"如使用垫板时,还需指明其尺寸和材质。"	文字表达更加全面、明确
5.3.2.8	改为"应指明旋转焊或固定焊,固定焊应指明水平固定焊接位置(5G)、垂直焊接位置(2G)或 45°倾斜固定管位置(6G)。"	表述更完善
5.3.2.17	增加层(道)间温度"应规定焊接时焊层(道)之间的温度范围。"	符合实际
5.4.2.4	增加"固定焊应指明水平固定焊接位置(5G)、垂直固定焊接位置(2G)或 45°倾斜固定焊接位置(6G)。6G 位可替代 5G 位和 2G 位,其他不得相互替代。"	表述更完善
表1	增加了以下标准及对应的焊条、焊丝和焊剂型号:GB/T 5117、GB/T 5118、GB/T 5293、GB/T 8110、GB/T 12470、GB/T 17493	更符合我国国情
5.6.3.3	删除了原文中的"鱼眼,定义见 AWS A3.0,可以接受"	更符合我国国情
5.6.4.3	"发现的裂纹或其他缺欠尺寸应不大于 3 mm 或公称壁厚的 1/2(取二者中的较小值),则弯曲试验合格"改为"发现的任一裂纹或其他缺欠尺寸应不大于公称壁厚的 1/2,且不大于 3.0 mm。"	更符合我国国情和工程实际
5.6.6	增加了夏比冲击试验的"试样制备、方法、要求"	更加符合我国国情
5.6.7	增加了其他试验的"试样制备、方法、要求"	更加符合我国国情
5.8.3	"c)夹渣高度不大于 0.8 mm,且长度不大于公称管壁厚的 1/2 或 3.0 mm(取二者中的较小值)"改为"夹渣高度不大于 0.8 mm,长度不大于公称管壁厚的 1/2,且小于 3.0 mm" "d)相邻夹渣之间应至少有 13 mm 的无缺陷焊缝金属"增加了"无缺陷焊缝金属"	更符合我国国情和工程实际 表述更清楚

表 B.1(续)

本标准的章条号	技术性差异	原　因
6.1	增加"焊工考试分资格取证考试和上岗取证考试,焊工上岗考试前应具备国家质监部门颁发的资格证书。 资格考试机构必须是国家质量监督检验检疫总局颁布的管道焊接操作人员考试机构。考试机构应严格按照国家质量监督检验检疫总局公布的考试类别、考试项目和《特种设备焊接操作人员考核细则》TSG Z6002 组织进行焊工考试。"	明确考试分为资格考试和上岗考试,对资格考试和上岗考试机构和考试范围提出了要求
6.2	增加"从事管道焊接工作的焊工必须持有质监部门颁发的《特种设备作业人员证》,且焊工上岗考试项目应在其所持的《特种设备作业人员证》合格项目范围内。"	对焊工资格考试要求按照国家相关部门要求来进行的
6.3	增加"焊工在上岗考试前应持有质监部门颁发的《特种设备作业人员证》。"焊工上岗考试的目的是检验焊工能否使用经过评定合格的焊接工艺规程焊接出合格的相应的对接或角接管焊缝。在进行管道安装焊接之前应按照 6.3.1 或 6.3.2 中的规定对焊工进行上岗考试	明确了焊工上岗考试需要的资质,先有资质,才能进行上岗考试
6.6.2	"盖面焊道的咬边深度应不大于管壁厚的 12.5%,或 0.8 mm (取二者中的较小值)。"改为"盖面焊道的咬边深度应不大于管壁厚的 12.5%,且不超过 0.8 mm"	更符合我国国情和工程实际
7.2	"对于相同标称壁厚的管口,错边量应不超过3 mm;稍大一点的偏差也可接受,前提是该偏差是由钢管采购规格书中规定的误差允许范围内的管口尺寸偏差造成的,且该偏差基本上均匀分布于管口圆周。"改为"当壁厚小于等于 14 mm 时,错边量不大于 1.5 mm;当壁厚大于 14 mm 且小于等于 17 mm 时,错边量不大于 2.0 mm;当壁厚大于 17 mm 且小于等于 21 mm 时,错边量不大于 2.2 mm;当壁厚大于 21 mm 且小于等于 26 mm 时,错边量不大于 2.5 mm;当壁厚大于等于 26 mm 时,错边量不大于 3.0 mm。"	采用了 GB 50369,量纲更明确,更具有可操作性
7.2	"应尽量少用用锤击法校正错口。"改为"不宜直接用锤击法校正错口。"	表述更恰当
7.5	"业主应规定适于焊接的气候条件。"改为"焊接工艺规程应规定适于焊接的气候条件。"	更符合工作实际
7.7	删除"业主有要求时,在施焊前应清除焊道间的熔渣。"	表述更完善
7.8.2	"焊缝余高应不大于 1.6 mm。"改为"焊缝余高应不大于 2.0 mm,局部不大于 3.0 mm。"	满足"合于使用"的原则

表 B.1（续）

本标准的章条号	技术性差异	原　因
7.9.2	“相邻焊层引弧点应相互错开。焊缝表面宽度应大于坡口表面宽度 3 mm。”改为“相邻焊层引弧点应相互错开。焊缝表面宽度应约大于坡口表面宽度 0.5 mm～2.0 mm。”	满足“合于使用”的原则
8.1	“业主有对全部焊缝进行无损检测或对焊缝进行破坏性试验的权力。”改为“应对焊缝进行无损检测或对力学性能试验。”	表述更符合实际
8.2	API Std 1104 的 8.2 中“无损检测包括射线检测或业主规定的其他检测方法。”修改为“无损检测包括射线检测、超声检测、磁粉检测、渗透检测或业主规定的其他检测方法。”	表述更清楚
8.3	检测人员资格审定部分将“检测人员资格应被业主认可”删除，并根据国内情况将检测人员资格审定资料减少为“学历、检测经历和资格证书” “检测人员资格审定资料至少应包括： a)　学历及检测经历 b)　培训经历 c)　所有检测考试成绩” 改为“检测人员资格审定资料至少应包括： a)　学历；b)　检测经历；c)　资格证书。”	更符合我国现状
11.1.1	“必须确定和记录射线探伤的详细过程”改为“应按本标准制定射线检测规程”	表述更符合我国国情
11.1.1.3	“工程射线检测之前，业主和射线检测承包商应共同确定要应用的射线检测规程，业主应要求承包商证明：提出的射线检测规程能获得合格的图像底片，且应要求承包商使用该规程进行现场射线检测。”改为“射线检测之前，所用的射线检测规程应经业主批准。业主应要求检测承包商验证其所用的射线检测规程的适用性。”	
11.1.3.1.4	“当管子(含焊缝)的外径小于或等于 88.9 mm 时”改为“当管径小于或等于 89 mm 时”	考虑到 API Std 1104 标准为含焊缝余高的外径，而焊缝余高会各不相同，不便于国内标准的执行；原 SY/T 4103 标准里面圆整为 89 毫米，SY/T 4109 标准里面也是 89 毫米，所有本条也进行了调整
11.1.3.1.5	“应增加曝光次数”改为“宜增加曝光次数”	API Std 1104 标准里虽然用了“应”，但由于没有规定图像的失真到底多少，执行的活动余地较大
11.1.3.1.6	增加了表 5 透照厚度的计算	查找方便

表 B.1(续)

本标准的章条号	技术性差异	原 因
11.1.4	“像质计应使用符合 ASTM E1027 或 ASTM E 747 标准要求的线型像质计。”修改为“线型像质计应符合 JB/T 7902 的规定。” 删除了“业主应规定采用的像质计类型”	引用了中国像质计专门的标准； 因本标准中已经删除了平板孔型像质计，只有丝型像质计，不需要业主再规定
11.1.5	表 7 中数据，管壁厚或焊缝厚(mm)9.5～50.8 要求的线径(mm)，参考了 JB/T 7902:2006，与原来的 ASTM E747 中的数据两者不完全相等； 增加了“表 7 像质计的选用。”	考虑到本标准是引用了国内的 JB/T 7902 像质计标准，理应使用 JB/T 7902 中的数据，而且使用 JB/T 7902 中的数据比原 ASTM E747 中的数据灵敏度稍微提高，故代用； 方便像质计的选用
11.1.9.1	“不透明基胶片的反射黑度不超过 0.05”删除	考虑到实际应用几乎都是透明胶片
11.1.10.1	删除了不透明基底片相关的黑度要求	国内几乎全部使用透明基胶片
11.2、11.3	11.2 和 11.3 中磁粉和渗透检测方法中引用了 ASTM E709 和 ASTM E165，经过查证 ASTM E709:2008 和 ASTM E165:2002，没有查到对应的国标。故修改为现在常用的 SY/T 4109 标准	适合国内使用
11.3	“液体渗透检测”改为“渗透检测”	符合国内情况
11.4.2.1	删除了“记录的副本应提供给业主备案”	符合国内实际，检测记录由检测单位保存备查
11.4.2.2	增加了超声探头的“频率、K 值或折射角”	符合国内使用习惯
11.4.3	“NDT”改为“无损检测”	表述更明确
11.4.5.1	增加了对比试块取材的要求“其材料用直探头检测时，不应有大于或等于 Φ2 mm 平底孔回波幅度 1/4 高度的缺欠。”	相对严格，考虑更周全
11.4.5.4	增加了详细的 DAC 曲线制作方法	便于实际操作
12.4.2.3	“应确定焊接工艺规程适用的外径范围。”改为“应确定焊接工艺规程适用管子或管件的外径范围。”	表述更完整
12.4.2.19	新增内容：层(道)间温度“应规定焊接时焊层(道)之间的温度范围。”	对工艺规程内容要求更全面
12.12	新增内容	符合我国工程实际情况
注：第 13 章无填充金属的自动焊(闪光对接焊)，闪光对接焊目前在我国管道工程建设中尚未使用，因此在本标准中全部删除。		

附　录　C
（规范性附录）
环焊缝的附加验收标准

C.1　概述

第9章所给出的验收标准是基于工艺水平的以经验为依据的质量标准，管道焊接施工中必须严格根据质量标准判定缺陷，其判定的主要依据是缺陷的长度。多年来这种标准提供了管线运营可靠性的极佳记录。对于特定的焊接不连续性或不符合质量标准的焊接缺陷，还可以依据基于断裂力学的合于使用原则作进一步评价，即所谓合于使用评定或缺陷评定。应用断裂力学分析和合于使用原则来确定验收标准作为一种备选方法，是融合了缺陷高度和缺陷长度的评定。一般而言，合于使用原则给出了更宽容的可允许缺陷长度。要应用合于使用原则就需要进行附加的评定试验、应力分析和检测。建立在合于使用原则基础上的性能分析也称为工程临界分析(ECA)。

本附录此前版本中的"合乎使用"原则要求CTOD断裂韧性的最小值是0.127 mm或0.254 mm，高于0.254 mm的断裂韧性值按0.254 mm计算。随着焊材的改进和更精确的焊接工艺，特别是机动焊接装置使用的增加，使得多数焊缝的韧性和延展性更高也更均匀。同时，小于0.127 mm的韧性数值也出现过，特别是在比本附录此前版本要求更严格的CTOD开口试样中。当焊缝韧性低于0.127 mm是可以接受的，验收标准则调整为与低韧性一致。修改验收标准与测量的韧性和应用的负载水平相匹配。

本附录包含了确定平面缺陷验收极限的3种选择(按数字顺序)。这3种选择应用难度越来越复杂，但适用范围也越大。方法1是最简单的。方法2要求充分利用材料的韧性，给出更准确的判定，但也要求更多的计算。前2种方法是基于同一程序开发的，其应用局限于C.2.2.1中所描述的低疲劳负载或中度疲劳负载。方法3主要是用于疲劳负载已超出适用前2种选择的极限情况。方法3为非规定性的，其可操作性远低于方法1和方法2。方法3只能在必要时由专业水平高且对断裂力学和管线负载分析非常了解的操作人员进行计算分析。本附录此次修订版中提供了应用这3种选择来确定缺陷检测和验收极限的更完备的方法。

检测出第9章列出的缺陷后，应用本附录定量计算单个焊缝的验收极限值通常是不切实际的，因为需要进行破坏性试验来得到与施焊工艺一致的焊接接头力学性能。

本附录给出了确定最大可允许缺陷尺寸的程序。本附录不妨碍确定焊缝缺陷验收极限的第9章的使用。本附录的使用与否完全由业主选择。

本附录中缺陷验收极限值这一术语和其他含有缺陷一词的术语使用并非意味着暗示有缺陷的情况存在或缺乏焊缝完整性。含有特定特征的焊缝可以分别被描述为假缺陷、缺陷、不连续性或瑕疵。这些术语已被广为接受且可以相互替换使用。本附录的主要目的是在技术分析的基础上定义这些不规则的不同类型、尺寸和形状对应用于具体服役的整个焊缝匹配度的影响。

本附录的使用仅限于以下条件：

a)　等壁厚的管之间的环焊缝；

b) 所有焊缝均进行无损检测;

c) 不存在严重的焊缝强度低匹配,见 C.3.2.1;

d) 最大轴向设计应力不大于规定的最小屈服强度(SMYS);

e) 最大轴向设计应变不大于 0.5%;

f) 泵站和压气站的焊缝、返修焊缝、主线路的管件和阀门(焊接)不包括在内。

C.2 应力分析

C.2.1 轴向设计应力

要使用本附录,应进行应力分析以确定环焊缝在施工和运行期间可能承受的最大轴向设计应力。应力分析应包括管线安装期间的应力及运行和气候条件所引发的应力。这些应力在不同时间会达到其峰值。最大轴向设计应力是指管线在设计寿命周期内的任何时间的最大总轴向应力。

C.2.2 循环应力

C.2.2.1 分析

循环应力分析应根据管道的设计使用寿命预设疲劳载荷谱。疲劳载荷谱的设计应包括但不局限于因水压试验、管道安装而产生的应力,如可能还应包括热、震动及其相关应力等。疲劳载荷谱由若干循环轴向应力水平和各自的循环次数组成。如果每次循环的应力水平不同,应采用一套适当的计数方法(如雨流记数方法)确定循环应力水平及循环次数。

(注:雨流记数方法可以见 N. E. Dowling 发表的"在复杂应力-应变曲线下疲劳破坏的预测",材料学报,1972 年3 月,Vol.7,No.1,pp.71~87。)

定义疲劳载荷谱强度 S^* 为:

$$S^* = N_1(\Delta\sigma_1)^3 + N_2(\Delta\sigma_2)^3 + \cdots + N_i(\Delta\sigma_i)^3 + N_k(\Delta\sigma_k)^3 \quad \cdots\cdots\cdots(\text{C.1})$$

式中:

S^* ——载荷谱强度;

N_i ——第 i 水平循环应力下的循环次数;

$\Delta\sigma_i$ ——循环应力幅度,MPa;

k ——循环应力水平的总数;

i ——第 i 次循环应力,从 1 至 k。

如 S^* 小于 5×10^6,且应用如 BS 7910:1999 中表格 4 所定义的钢在空气中的裂纹扩展曲线,则可应用选择 1 和选择 2 中的验收标准(C.5.1.2 和 C.5.1.3),而无须做进一步的疲劳分析。如 S^* 大于 5×10^6,且不采用钢在空气中的裂纹扩展曲线,使用选择 1 和选择 2 时要做进一步分析,或采用选择 3 中的步骤进行分析。

C.2.2.2 环境对疲劳的影响

影响焊接接头疲劳裂纹扩展的因素主要有应力集中、循环载荷、缺陷尺寸和裂纹尖端的环境介质。在无污染介质的环境条件下,油和碳氢化合物的影响与空气类似。但水、盐水及含 CO_2 或 H_2S 的溶液会加快疲劳裂纹的扩展速率。在正常的不抗腐蚀的管线中,应尽量减少 CO_2 和 H_2S 在介质中的含量。当 CO_2 或 H_2S 任一浓度超过不抗腐蚀管线的公认标准时,本附录不再适用。除非有证据表明推荐的超标浓度不会导致裂纹疲劳扩展速率的增加(或采取了充分的防腐措施)。由于采用外涂层和阴极保护措施,本附录使用时可不考虑管子外部环境对管道环焊缝疲劳扩展速率的影响。

C.2.3 应力腐蚀开裂

当在役管道焊缝承受持久载荷时,某些环境会加速裂纹的扩展,或诱使缺陷周围的材料变脆并达到临界开裂状态。这些典型环境如含 H_2S,也指含强氢氧化物、硝酸盐及碳酸盐介质等。当管子中存在这些介质时,应确定最小临界应力。如计算应力超过了最小临界应力值,本附录不再适用。考虑到 H_2S 的影响,对 H_2S 腐蚀环境时,对管线的服役说明见 NACE MR0175。尽管有极少量的报道给出管道表面暴露在含碳酸盐和硝酸盐土壤环境中导致应力腐蚀开裂的例子,但这种裂纹通常是承受周向应力的轴向开裂,轴向应力对其影响不大。到目前为止,未见报道由环焊缝上的应力腐蚀裂纹造成管道失效的例子。然而,环向上的应力腐蚀开裂可能出现在纵向应力超出管线服役期的位置,比如在不稳定斜坡上的大曲率半径的弯管。

采用适当的涂层和阴极保护措施可以缓解应力腐蚀开裂出现的频率和严重性。本附录适用于采用涂层技术改善环境危害的情况。

C.2.4 动载荷

应力分析应考虑环焊缝所可能承受的潜在动载荷,如检修阀关闭时产生的动载荷。当焊缝承受的应变速率大于 $10^{-3}\ s^{-1}$(应力速率为 207 MPa·s)时,本附录不适用。

C.2.5 残余应力

通过规定最低的 CTOD(裂纹尖端张开位移)韧性和夏比试验冲击功并结合选择 1 和 2(C.5.1.2 和 C.5.1.3)步骤中适合的安全要素即可看出焊接残余应力的影响。选择 1 和 2 中不考虑残余应力的影响。残余应力的影响应通过所有与时间相关的失效机制(如疲劳)来加以评估。

C.3 焊接工艺

C.3.1 概述

有断裂韧性要求的焊接工艺相对于那些没有最小断裂韧性要求的焊接工艺,其变量控制更严格。应制订适宜的质量控制程序以确保焊接按照合格的焊接工艺的参数进行。本附录的焊接工艺评定应按第 5 章或第 12 章的规定进行(附加的机械性能试验按 C.3.2 进行)。

当焊接工艺规程中有以下基本要素变更时,应对焊接工艺重新进行评定:

a) 焊接工艺方法、电弧过渡模式或操作方法的改变。

b) 钢材等级或管材生产工艺发生变化,或化学成分发生变化。

c) 接头设计变更(如由 U 型坡口变为 V 型坡口)。不造成热输入量范围变化的坡口角度或钝边的微小变化不属于基本要素变更。

d) 焊接位置由旋转焊变为固定焊,或反之。固定焊应指明水平固定焊接位置(5G)、垂直焊接位置(2G)或 45°倾斜固定管位置(6G)。

e) 评定合格的公称壁厚钢管其壁厚变化正负超过 3.275 mm。

f) 填充材料的种类和规格变化(批次),或者填充材料的型号没有变化(尽管属于同一种 AWS 标准的规格),但生产厂家发生变化。同类产品批号改变,应对该焊缝进行拉伸、夏比冲击和 CTOD 试验。

g) 完成根焊道之后至开始第二焊道之间的时间间隔增加。

h) 焊接方向变化(如从下向焊改为上向焊,或反之)。

i) 一种保护气体换成另一种保护气体,或由一种混合气体换成另一种混合气体。

j) 保护气体流量增加或减少。

k) 保护焊剂的变化,包括生产同一 AWS 型号材料的生产厂家的变化。

l) 改变电流种类(交流或直流)或极性。

m) 预热温度要求的改变。

n) 层间温度的变化。如层间温度低于焊接工艺评定试验中记录的最低层间温度,或层间温度高出焊接工艺评定试验中记录的最高层间温度 25 ℃。

o) 焊后热处理要求的改变,或增加或减少焊后热处理工艺。

p) 标称管外径的变化超过工艺评定口管径的 $-0.25D$ 或 $+0.5D$ 时。

q) 焊接工艺评定过程中所记录的每层焊道热输入量的变化超过 ±10%,热输入量可按式(C.2)计算:

$$J = 60UI/V \qquad \text{(C.2)}$$

式中:

J ——热输入量,单位为焦耳每米(J/m);

U ——电压,单位为伏特(V);

I ——电流,单位为安培(A);

V ——焊接电弧速度,单位为米每分钟(m/min)。

C.3.2 力学性能试验

C.3.2.1 焊缝拉伸性能

C.3.2.1.1 试件的准备和试验

试件截面为矩形,中间部位变窄至 19 mm。试件应按图 C.1 的要求准备。无需去除焊缝余高。试件两端应足以用于夹持。

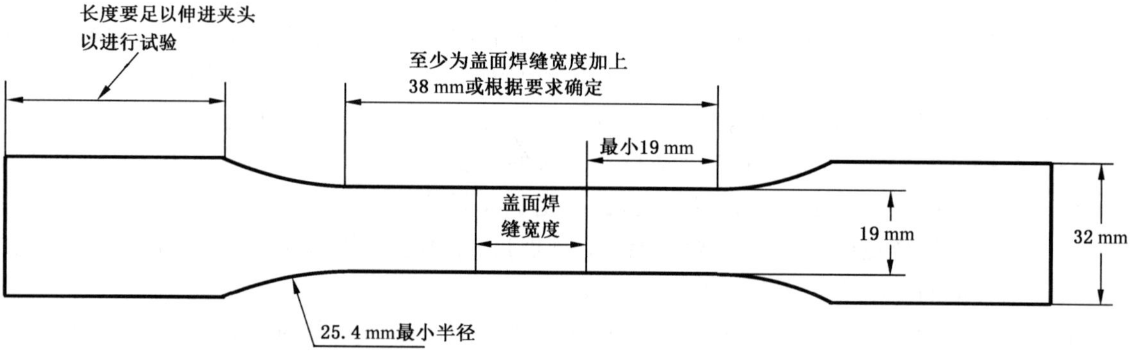

图 C.1 横向拉伸试样

C.3.2.1.2 要求

内容如下:

a) 拉伸强度应大于等于钢管的规定最小抗拉强度;

b) 试件不能在焊缝位置失效。应避免可能造成焊缝损伤变形的焊缝强度的低匹配。

C.3.2.2 夏比冲击功

C.3.2.2.1 试样制备

夏比V形缺口冲击试件的长度应平行于管子的轴向。应使用管壁厚度所允许的最大尺寸试件。非全尺寸试件的厚度应至少达到壁厚的80%。应从以下位置取6个试样:12点、6点以及3点(或9点)位置的焊缝中心和热影响区各取1个试样,使得V形坡口和熔合线在管外径1/3管壁处相交。夏比冲击试样在管壁的位置见图C.2。

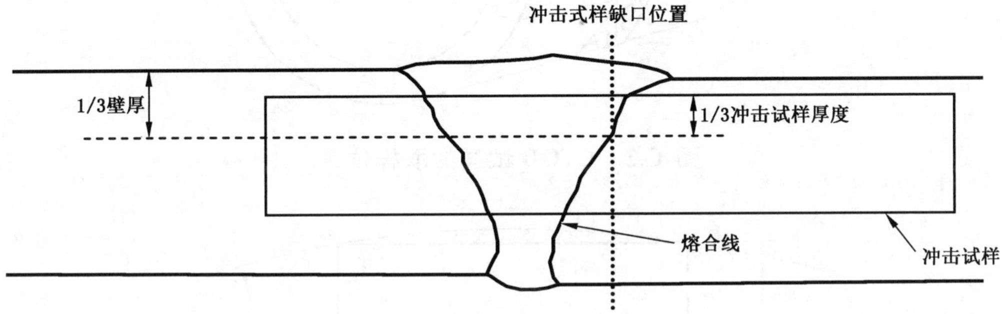

图C.2 热影响区的夏比冲击试验取样及V形缺口开口位置

C.3.2.2.2 试验

试验应按GB/T 229的要求在最低设计温度进行。

C.3.2.2.3 要求

每个缺口位置的夏比冲击功的最小值和平均值相应地要大于30 J和40 J。剪切面积应大于等于50%。

C.3.2.3 断裂韧性试验

C.3.2.3.1 概述

要使用本附录,应按本附录中所补充的BS 7448:Part 2的要求通过试验确定焊缝的断裂韧性值。

C.3.2.3.2 试样制备

试件截面尺寸最好为B×2B规格。试样应标注方向,以保证取样时试样的长度方向平行于管轴线,宽度方向为管环形方向(如图C.3所示),使得裂纹尖端线贯穿于厚度方向。试样的厚度应为管壁厚减去最小磨削量(如图C.4)。这种磨削加工能够保证试样具有规则剖面(应去除焊缝余高)。试样毛坯粗加工后进行腐蚀以显示焊缝和热影响区的几何形态。焊缝金属的CTOD试验,缺口及预制疲劳裂纹尖端应完全在焊缝上;在典型的管环焊缝的CTOD焊缝试件准备时,缺口和预制疲劳裂纹尖端应在焊缝中心处(如图C.5)。

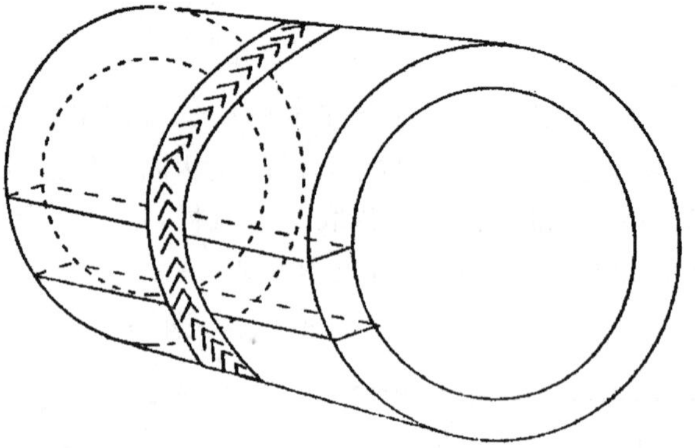

图 C.3 CTOD 试样的取样位置

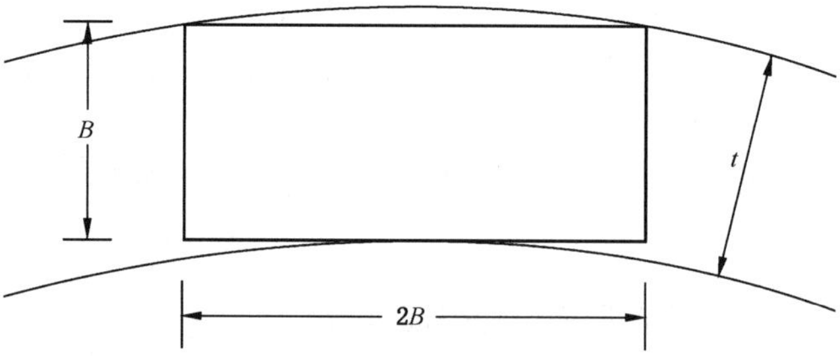

图 C.4 CTOD 试样加工与管壁厚关系示意图

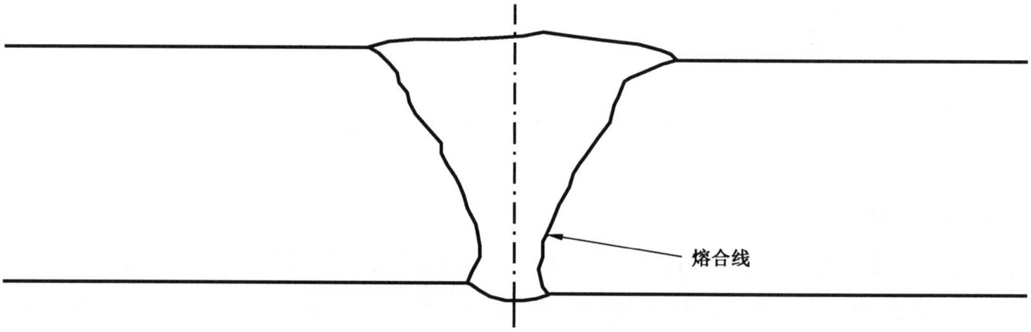

图 C.5 焊缝金属试样的开缺口位置

热影响区的 CTOD 试件准备时，应在每个试样上测量显微硬度，或在紧临该热影响区试样的焊缝剖面试样上（见图 C.6）测量显微硬度，其目的是找出最大硬度区（删除异常读数）。最大硬度区通常位于热影响区与最后一层焊道的熔合线之间。虽然疲劳裂纹最终扩展前缘通常不在热影响区，但缺口和预制疲劳裂纹尖端仍应开在热影响区，以使缺口和预制疲劳裂纹横穿最大硬度区。

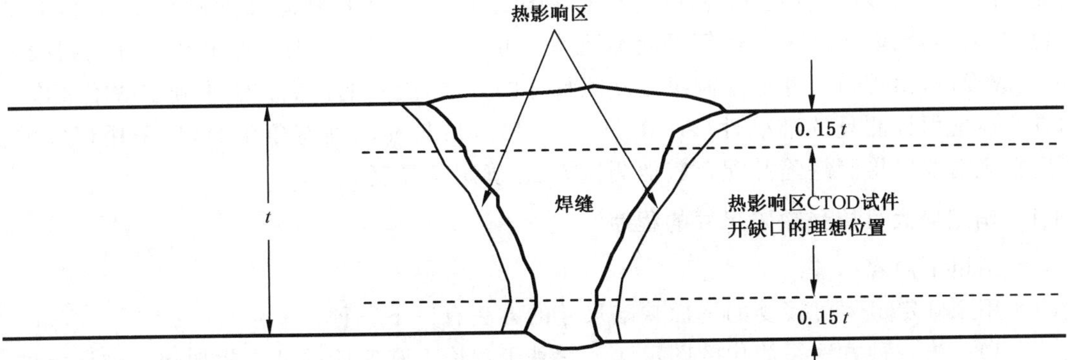

图 C.6　热影响区试样的开缺口位置

C.3.2.3.3　**CTOD 试验**

对于每一个焊接工艺,焊缝金属和热影响区都要进行试验。(焊缝金属和热影响区的)的每一次试验都应包括在设计温度或低于设计温度下进行的至少 3 个有效试样的试验。这 3 个试样应从试验焊缝上 12 点、3 点或 9 点、6 点钟位置上各取 1 个,并做永久性标识以识别其原始位置。

试验后,应特别注意 BS 7448 第 2 章 12.4.1 中的判据,这些判据与判断疲劳裂纹扩展尖端的几何形态有关。本附录中使用 δ_c、δ_u 或 δ_m 值表示 CTOD(这三个值为在 CTOD 试验中可能描述的值,在BS 7448 第 2 章定义为互不包含的值。δ_i 是条件启裂 CTOD 值,与本附录关系不大,不必测量)。当使用 δ_m 时,应注意从最大载荷的第一到达点测量。即使出现载荷降低,也必须考虑失稳裂纹的控制。试验报告中应包括 BS 7448 第 2 部分 13 规定的各项内容,特别注明试验试样的取样位置,区分试验报告中的 CTOD 值代表 δ_c、δ_u 或 δ_m。试验报告还应包括加载记录曲线和断口表面状态记录。断口表面状态记录可以通过断口照片表示,或保留断口直接观察。

C.3.2.3.4　**重新试验**

当存在下列任何情形之一,允许按 1∶1 重新进行试验:

a)　试件的加工出错;

b)　疲劳裂纹前端不能满足平直度要求;

c)　试件断开后发现裂纹前端周围有大量的焊缝缺陷。

C.3.2.3.5　**要求**

所有 6 个试件的最小 CTOD 数值均应大于 0.05 mm,方可使用本附录。

C.4　焊工资格

应按第 6 章对焊工进行考核。机动焊时,应按 12.6 对焊接设备和操作人员进行资格考核。

C.5　检测及验收标准

C.5.1　平面缺陷

在评定缺陷之前,应采用适当的无损检测技术或其他方法测量缺陷的长度、高度以及至试件表面的距离。射线检测(见 11.1)可以测量缺陷的长度,但测量缺陷高度时存在不足,尤其是对于裂纹、未熔合、咬边和未焊透等平面类缺陷。可以采用超声检测法、带有黑度计的射线检测法、声波成像法、由焊道尺寸的限制决定缺陷尺寸的方法,或其他检测方法来确定缺陷高度。采用的方法应能保证测量的准确性(AUT 见 11.4.4)。当其准确性有争议时,应采用保守的值。可采用常规射线以检测缺陷并配合其他测量方法,确定其高度。

C.5.1.1 确定最大可接受缺陷尺寸的程序

应包括以下内容:

a) 用来确定最大可接受的平面缺陷尺寸的方法有以下三种:

1) 第一种方法是简化的图示法。它基于理论上和实验验证有效地塑性破坏标准,并在合适的时候使用第二种方法来修正;

2) 第二种方法是使用失效评定图的形式。失效评定图允许同时考虑脆性断裂、塑性破坏和两种失效模式之间的影响(弹性-塑性断裂)。第一、二种方法仅适用于 C.2.2 中规定的带有有限疲劳载荷的管线;

3) 第三种方法在当交变载荷超过第一、二种方法的载荷谱要求时,允许使用验证有效的合于使用评定规范。

b) 第一种方法仅限于裂纹尖端张开位移 CTOD 韧性大于等于 0.10 mm。第二、三种方法可应用于 CTOD 韧性值大于要求的最小值 0.05 mm 时;

c) 第一、二种方法的使用基础对管径或管径与壁厚比(D/t 比)无任何限制。理论上已证实当 $D/t \geqslant 10$ 时这些评定程序是有效的;

d) 带有极高 Y/T 屈强比($Y/T > 0.95$)的管线钢通常会有较低的均匀应变(极限拉伸应力时的工程应变)和较低的延展性。有必要使用附录中的验收标准来进行额外的试验和验证。

C.5.1.2 使用第一种方法确定的可接受缺陷尺寸

这里给出了两套验收标准,取决于 CTOD 韧性值的不同,并包括以下内容:

a) 当 CTOD 韧性值大于等于 0.25 mm 时,图 C.7 给出了不同载荷水平(P_r)时的最大可接受缺陷尺寸。如果载荷水平不在图 C.7 范围内,最大可接受缺陷尺寸可以通过插值临近曲线或采用次高载荷值;

b) 当 CTOD 韧性大于等于 0.10 mm 且小于 0.25 mm 时,图 C.8 中给出了最大可接受缺陷尺寸;

c) 由于图 C.7 和 C.8 中的极限值分别被校准至 CTOD 韧性为 0.25 mm 和 0.10 mm,可接受缺陷尺寸可能比第二种工艺得到的数值更加具有限定性;

d) 总的缺陷长度不应大于管周长的 12.5%。最大缺陷高度不应大于管壁厚的 50%;

e) 所允许的内部缺陷高度应同所允许的表面相干涉缺陷高度一样处理;

f) 可接受缺陷尺寸的固有的安全因子可允许一定量缺陷高度的误差,且对焊缝的完整性不造成负面影响。假定的高度不确定值应为 1.5 mm 和管壁厚 8%中的较小值。如果检验的允许值(也可称为检测误差)优于假定的高度不确定值,则没必要减小允许的缺陷尺寸;

g) 如果不能满足上述条件,则可以通过检测误差与假定的高度不确定值之间的差异来减少允许的缺陷高度。

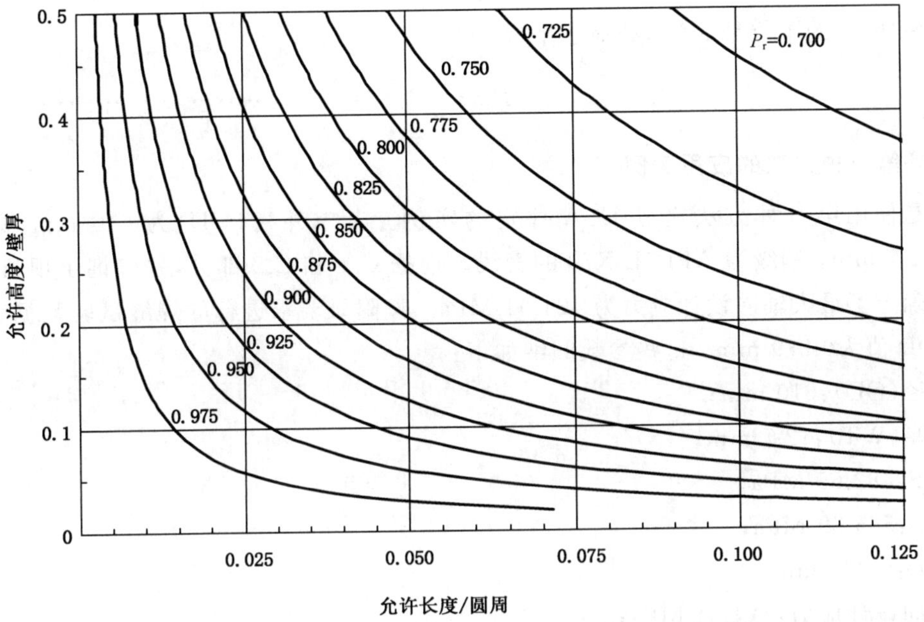

图 C.7　方法一　CTOD≥0.25 mm 时的缺陷极限曲线

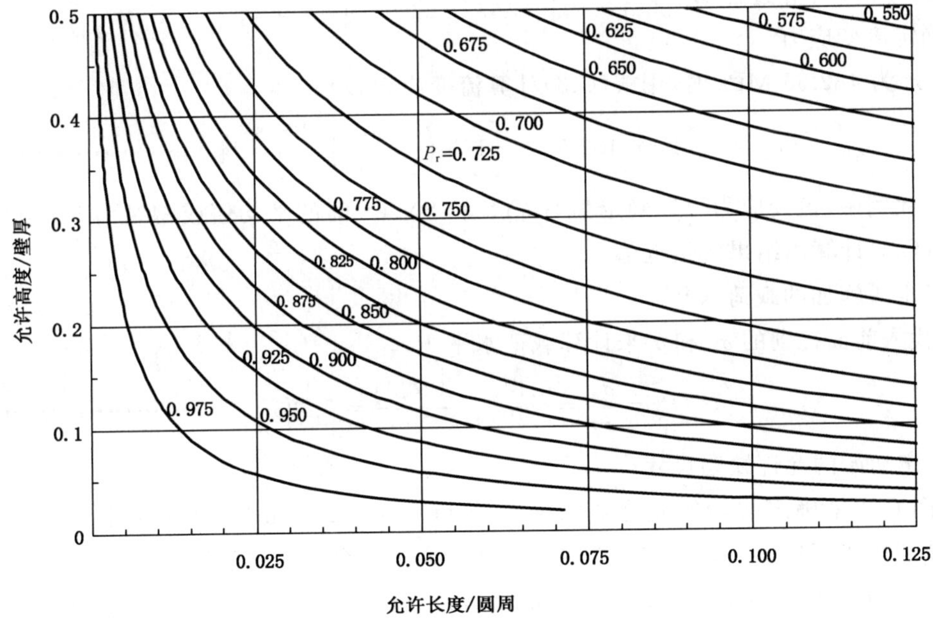

图 C.8　方法一　0.10 mm≤CTOD<0.25 mm 时的缺陷极限曲线

C.5.1.2.1　**载荷水平(P_r)的计算**

为了获得载荷水平,有必要确定材料的流变应力。流变应力是规定的最小屈服强度(SMYS)和规定的最小拉伸强度(SMTS)间的平均值。钢级为 API 5L X52-X80 的流变应力可以保守的估算为：

$$\sigma_f = 0.145\sigma_y\left[1+\left(\frac{150}{\sigma_y}\right)^{2.30}\right] \quad \cdots\cdots (C.3)$$

这里钢级 σ_r 的单位是 MPa，载荷水平(P_r)为：

$$P_r = \frac{\sigma_a}{\sigma_f} \quad \cdots\cdots (C.4)$$

C.5.1.2.2 第一种方法的应用实例

以下是使用第一种方法完成 ECA 评定的实例。考虑外径(OD)为 610 mm，标准壁厚(WT)为12.7 mm，钢级为 API 5L X70 的管线。根据 C.1 和 C.2 部分，并咨询了项目经理(按要求)后，确定了最大轴向设计应力为 424.04 MPa。按附录要求进行的焊缝试验数据表明了最小的 CTOD 值为0.279 mm。这些参数归纳如下：

管外径(OD)：610 mm；

管壁厚(WT)：12.7 mm；

SMYS：482.65 MPa；

SMTS：565.39 MPa；

CTOD：0.279 mm；

σ_a 轴向设计应力：424.04 MPa；

检测误差：1.27 mm。

详细的 ECA 计算过程如下：

步骤一：确定流变应力

钢级 σ_r 为 482.65 MPa 时，用式(C.3)计算流变应力。

$$\sigma_f = 0.145\times 482.65\times\left[1+\left(\frac{150}{482.65}\right)^{2.30}\right] = 74.745 \quad \cdots\cdots (C.5)$$

注意：此例中，流变应力可以确定为 SMYS 和 SMTS 间的平均值或钢级为 524.02 MPa 时为使用式(C.3)计算出结果的接近值。

步骤二：确定所施加的载荷水平

通过代入前面提到的 σ_a 和 σ_f 来计算载荷水平 P_r。

$$P_r = \frac{\sigma_a}{\sigma_f} = \frac{0.145\times 424.04}{74.745} = 0.823 \quad \cdots\cdots (C.6)$$

步骤三：确定初始的允许缺陷尺寸

利用图 C.7 来确定初始的允许缺陷尺寸(CTOD≥0.25 mm)。使用图中载荷水平 P_r = 0.825 的曲线来进行插值处理。表 C.1 和图 C.9 中列出了允许的缺陷尺寸。

表 C.1 的第二栏显示的允许缺陷高度值是通过允许缺陷高度/壁厚 WT 值乘以壁厚(此例中为12.7 mm) 得到的。同样，允许缺陷长度是通过允许缺陷长度/管周长值乘以管周长($\pi\times$OD)或 3.14×610 mm 计算得到的。

表 C.1 载荷水平=0.825 时的初始允许缺陷尺寸

可允许的缺陷高度/管壁厚度	可允许的缺陷高度 mm	可允许的缺陷长度/周长	可允许的缺陷长度 mm
12.7	6.4	0.64	48.26
10.16	5.0	0.81	60.96
7.62	3.81	1.07	81.28
5.0	2.5	1.60	121.92
2.5	1.27	3.25	246.38

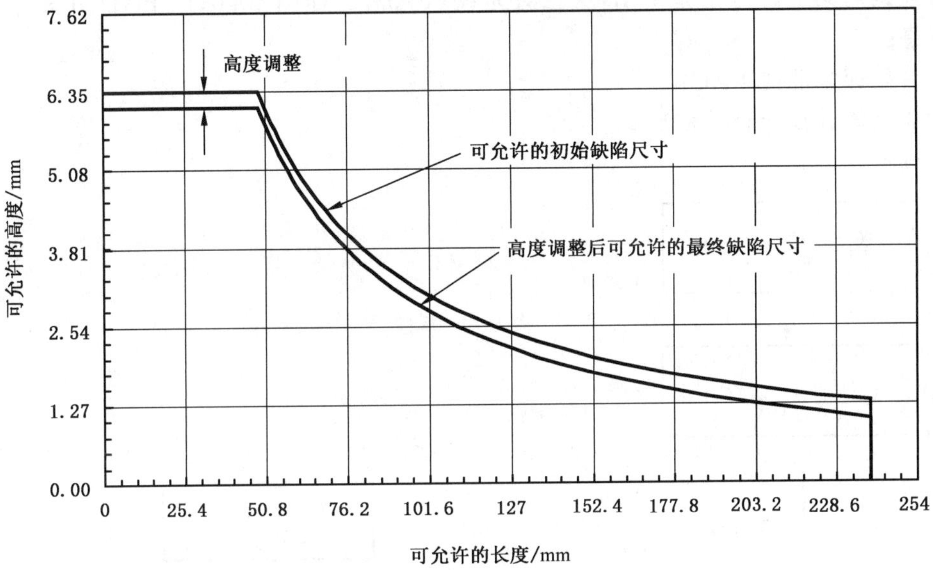

图 C.9 高度调整前后的允许缺陷尺寸曲线

步骤四:确定缺陷高度的调整

假定的缺陷高度不确定值=8%壁厚 WT 和 1.524 mm 中的较小值=1.02 mm。

检测允许值(即检测误差)=1.27 mm。

缺陷高度调整=检测误差-假定的缺陷高度不确定值=0.25 mm。

步骤五:得出最终验收表格

ECA 评定的结果应以方便用户使用的表格列出。表 C.2 列出了易于操作者使用的 ECA 格式。

但是,对于使用厚壁钢管的项目,类似表格中可能出现更多的连续值。

表 C.2 验收表格示例

可允许的缺陷高度/mm	可允许的缺陷长度/mm
0～1.27	203.2
1.27～12.7	76.2
3.81～6.10	48.26
>6.10	0.0
注：参照 C.5.1.3.2 中的步骤 8，进行进一步的调整是可行的。	

C.5.1.3 使用第二种方法确定可接受的缺陷尺寸

C.5.1.3.1 背景

这里强调的第二种方法是 FAD 失效评定图(FAD)。如图 C.10，用 FAD 方式评定的重要组成部分是：

1) 失效评定曲线 FAC；

2) 应力或载荷比，S_r 或 L_r；

3) 韧性比，K_r。

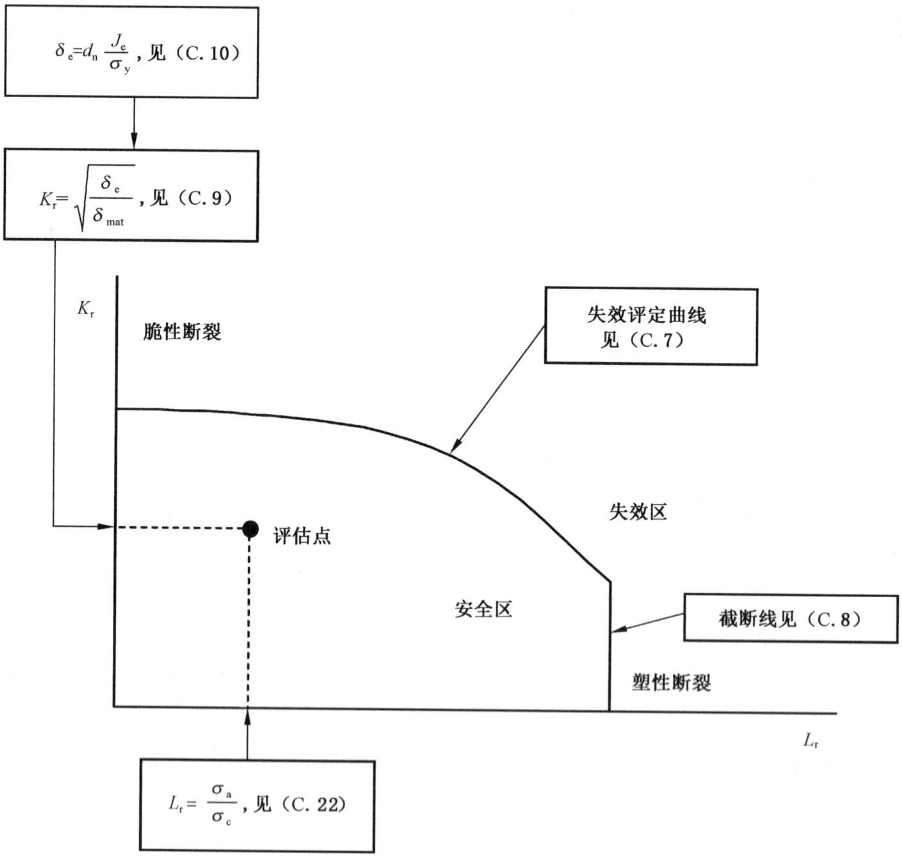

图 C.10 第二种工艺的示意图

FAC 失效评定曲线是用应力和韧性比来定义临界状态的一种轨迹。应力比定义了塑性破坏的可能性。韧性比是所施加的裂纹驱动力与材料的断裂韧性之比。它定义了脆性断裂的可能性。

FAD 方法的计算是很复杂的。有必要熟悉和理解断裂力学来确保计算过程的正确性。有效的计算程序能极大地简化计算过程。

C.5.1.3.2　确定临界缺陷尺寸

临界缺陷尺寸可以通过 C.5.1.3.3 提供的公式反复计算。可以按照以下步骤来进行：

a)　选定一个缺陷尺寸作为开始点。一个合理的开始点应为带有最大允许缺陷相对高度 $\eta=0.5$(η=缺陷高度/壁厚)和较小缺陷长度(它代表了使用选定的检测方法能肯定检测到的最小缺陷长度)的缺陷；

b)　按照 C.5.1.3.3,用 FAD 方式来确定评定点；

c)　如果评定点落在了安全区域以内,则需增大缺陷长度,并重复步骤 2；

d)　如果评定点落在了安全区域以外,则需减小缺陷长度,并重复步骤 2；

e)　如果评定点位于 FAC 上：

　1)　这代表了带有载荷、材料特性和缺陷尺寸的临界状态。记录下缺陷高度和长度；

　2)　减小缺陷高度,假设缺陷相对高度降低幅度 $\Delta\eta$ 为 0.05,从 1)中确定的缺陷长度开始,并重复步骤 b)；

f)　将临界缺陷高度和长度计入表格；

g)　在缺陷长度中应用安全因子 1.5 来产生可允许的缺陷高度/缺陷长度的初步表格；

h)　对初步表格进行必要的调整,以确保所选定检测方法和合理焊接规程的可检测性。产生允许缺陷高度/缺陷长度的最终表格。

C.5.1.3.2.1　总的缺陷长度不应大于管周长的 12.5%。最大缺陷高度不应大于管壁厚的 50%。

C.5.1.3.2.2　内部缺陷的允许高度应等同表面相干涉缺陷的允许高度一样处理。

C.5.1.3.2.3　可接受缺陷尺寸的固有安全因子可以包括一定量缺陷高度的尺寸不足,且不会负面影响焊缝的完整性。假定的高度不确定值应为 1.524 mm 和管壁厚 8%中的较小值。如果检验的允许值(也可称为检测误差)优于假定的高度不确定值,则没必要减小允许的缺陷尺寸。

C.5.1.3.2.4　如果不能满足上述条件,则可以通过检测误差与假定的高度不确定值之间的差异来减少允许的缺陷高度。

C.5.1.3.3　确定 FAD 评定的关键要素

关键要素应包括以下内容：

a)　失效评估曲线(FAC)；

　FAC 定义为：

$$K_r = f(L_r) = (1-0.14L_r^2)[0.3+0.7\exp(-0.65L_r^6)] \qquad \cdots\cdots\cdots\cdots(C.7)$$

失效评定曲线(FAC)在 L_r 轴向上的截断线为：

$$L_r^{\text{cutoff}} = \sigma_f/\sigma_y \qquad \cdots\cdots\cdots\cdots(C.8)$$

式中流变应力 σ_f 是 SMYS 和 SMTS 的平均值,或通过式(C.3)确定。

b）评定点韧性比 K_r

韧性比 K_r 定义为：

$$K_r = \sqrt{\frac{\delta_e}{\delta_{mat}}} \quad \cdots\cdots (C.9)$$

式中 δ_{mat}是材料的 CTOD 韧性。CTOD 驱动力的弹性部分 δ_e 可按下式计算：

$$\delta_e = d_n \frac{J_e}{\sigma_y} \quad \cdots\cdots (C.10)$$

式中 J_e 为 J 积分的弹性部分，d_n 为 J 到 CTOD 的转换因子，可按下式估算：

$$d_n = 3.69\left(\frac{1}{n}\right)^2 - 3.19\left(\frac{1}{n}\right) + 0.882 \quad \cdots\cdots (C.11)$$

式中 n 是下述应力(σ)应变(ε)关系中的应变硬化指数。

$$\varepsilon = \frac{\delta}{E} + \left(0.005 - \frac{\sigma_y}{E}\right)\left(\frac{\sigma}{\sigma_y}\right)^n \quad \cdots\cdots (C.12)$$

这里 E 是杨氏模量。

应变硬化指数可以通过 Y/T 屈强比来估算：

$$n = \frac{\ln(\varepsilon_t/0.005)}{\ln\{1/(Y/T)\}} \quad \cdots\cdots (C.13)$$

对于钢级为 API 5L X52-X80 的铁素体材料，Y/T 屈强比可以估算为：

$$Y/T = \frac{1}{1 + 2\left(\frac{21.75}{\sigma_y}\right)^{2.30}} \quad \cdots\cdots (C.14)$$

C.13 中的均匀应变 ε_t 估算为：

$$\varepsilon_t = -0.001\ 75\sigma_y + 0.22 \quad \cdots\cdots (C.15)$$

式 C.15 中钢级 σ_y 的单位是 MPa。弹性 J 积分定义为：

$$J_e = \frac{K_1^2}{E/(1-\upsilon^2)} \quad \cdots\cdots (C.16)$$

及

$$K_I = \sigma_a \sqrt{\pi a} F_b \quad \cdots\cdots (C.17)$$

参数 F_b 是管径比 α 、相对缺陷长度 β 和相对缺陷高度 η 的函数。

$$F_b(\alpha,\beta,\eta) = \begin{cases} F_{b0}(\alpha,\beta,\eta) & \eta \geqslant 0.1 \text{ 且 } \beta \leqslant \frac{80\eta}{\pi\alpha} \\ F_{b0}\left(\alpha,\beta=\frac{80\eta}{\pi\alpha}\right) & \eta \geqslant 0.1 \text{ 且 } \beta > \frac{80\eta}{\pi\alpha} \\ F_{b0}\left(\frac{80}{\pi}\ \frac{0.1}{\alpha},0.1\right) & \eta < 0.1 \end{cases} \quad \cdots\cdots (C.18)$$

这里

$$F_{b0}(\alpha,\beta,\eta) = \left(1.09 + 2.31\alpha^{0.791}\beta^{0.906}\eta^{0.983} + \frac{m_1}{\alpha\beta} + \alpha^{0.806}\beta m_2\right) \quad \cdots\cdots (C.19)$$

$$m_1 = -0.009\ 85 - 0.163\eta - 0.345\eta^2 \qquad \text{(C.20)}$$

$$m_2 = -0.004\ 16 - 2.18\eta + 0.155\eta^2 \qquad \text{(C.21)}$$

c) 评定点应力比 L_r

应力比给定为：

$$L_r = \frac{\sigma_a}{\sigma_c} \qquad \text{(C.22)}$$

式中塑性破坏应力 σ_c 给定为：

$$\sigma_c = \left[\frac{\pi}{4} + 385(0.05 - \eta\beta)^{2.5}\right]\left[\cos\left(\frac{\eta\beta\pi}{2}\right) - \frac{\eta\sin(\beta\pi)}{2}\right]\sigma_y$$

$$\text{if}\ \eta\beta < 0.05 \qquad \text{(C.23)}$$

$$\sigma_c = \frac{\pi}{4}\left[\cos\left(\frac{\eta\beta\pi}{2}\right) - \frac{\eta\sin(\beta\pi)}{2}\right]\sigma_y$$

$$\text{if}\ \eta\beta \geqslant 0.05 \qquad \text{(C.24)}$$

C.5.1.4 使用第三种方法确定可接受缺陷尺寸

C.5.1.4.1 概述

在大多数近海管道和管路中，建设和运营过程中的交变载荷是存在的。当预期出现显著缺陷增长时，允许使用第三种方法。

经业主批准，可使用验证有效的安全评定规范来建立缺陷验收标准。最为广泛接受的安全评定规范之一为 BS 7910。这些评定规范应由合格的，并经过证实已掌握断裂力学、管道焊接和无损检测 NDT 原理的分析师/工程师来实施。在制定验收标准时，任何选定的评定规范都要被看成一个整体，并恰当考虑安全因子。应当认识到各种公众可接触到的评定规范的基本假定可能不同于第一和第二种方法。不鼓励将不同方法各部分混合起来使用。

C.5.1.4.2 疲劳缺陷扩展

应包括下列内容：

a) 要进行恰当的疲劳缺陷分析来确定初始的缺陷验收标准。可以使用各种公众可接触的程序和软件来确定缺陷扩展(如 BS 7910:2009)。在整个疲劳载荷谱过程中，要检查所有峰值载荷时的静态抗裂性。熟练的技术人员在整个应用交变载荷的过程中可以使用现成的软件程序来进行疲劳分析和校核静态断裂条件。

b) 使用第一种方法得到的允许缺陷尺寸可以被用作内部和表面缺陷的初始缺陷尺寸。如果在使用寿命结束前就达到了临界缺陷尺寸或出现了静态峰值载荷的失效(带有恰当的设计或安全因子)，初始缺陷尺寸就需要减少。按照使用的种类，要小心选择恰当的缺陷扩展曲线(da/dN 曲线)。BS 7910 的表 4 和表 5 提供了选择这些曲线的指南，业主可以提供补充信息来建立管道内不同工况下的缺陷扩展曲线。对于较小的 D/t 比，扩展应力是不均匀的。有必要进行多个初始缺陷位置的分析。

C.5.1.4.3 检测误差和缺陷容限安全因子

应通过合格的检测系统/检测工艺/检测人员在特定项目或采用类似材料和焊接工艺的项目中 NDT 评定结果中获得的检测误差来减小可允许的缺陷高度。

C.5.1.5 横向平面缺陷

由于不当焊接工艺或不当实施焊接工艺而产生的横向平面缺陷需要返修或清除。焊缝缺陷从开始到终止的累积缺陷高度不应超过壁厚的50%。

C.5.2 体积缺陷的验收极限

高断裂韧性材料包含的内部体积缺陷,如夹渣或气孔等,其产生失效的可能性要低于平面缺陷。这些缺陷可以被处理和评定为平面缺陷,也可以使用表C.3的简化方法。表面相干涉缺陷和那些按照缺陷相连原则重新被归类为表面相干涉的内部缺陷,要被处理和评定为平面缺陷。无论如何评定缺陷,关于最小CTOD韧性和夏比冲击功的要求都是可以应用的。

表C.3 内部体积缺陷的验收极限

缺陷类型	高度或宽度	长 度
气孔	小于 $t/4$ 或 6.35 mm	小于 $t/4$ 或 6.35 mm
夹渣	小于 $t/4$ 或 6.35 mm	$4t$

C.5.3 电弧烧伤

电弧烧伤是由于引弧或操作不当而引起管子内外表面损伤的一种缺陷。这种缺陷肉眼可以看到一个小洞,在X射线照片中呈现影像致密区。这种缺陷通常存在于韧性比母材和焊缝低的热影响区中。

表C.4是未经返修的电弧烧伤的验收标准,其中假设热影响区的韧性值为零,且热影响区中的所有平面缺陷在边界钝化。大量数据显示电弧烧伤的深度小于宽度。

表C.4 未经返修的电弧烧伤的验收标准

测量尺寸	验收标准
宽度	$<t$ 或 7.94 mm
长度(任一方向)	$<t$ 或 7.94 mm
深度(至弧坑底部)	1.59 mm
注:表C.4适用于最小CTOD值为0.127 mm或0.254 mm的情况。	

如果电弧烧伤中有肉眼和常规射线检测可检测到的裂纹,则本附录不适用。这类电弧烧伤应进行返修或清除。

C.5.4 缺陷干涉

应包括下列内容:

a) 如果两个缺陷相邻很近,可看成是单个大缺陷。图C.11列出了缺陷干涉的评定标准。若缺陷干涉存在,则应按图C.11计算其有效缺陷尺寸,并按本附录评估;

b) 如果缺陷干涉中的一种缺陷需要进行返修,则所有相干涉的缺陷都应按C.7的要求进行返修。

	图示	相互干涉条件	干涉存在时,有效缺陷尺寸的计算如下:
情况1	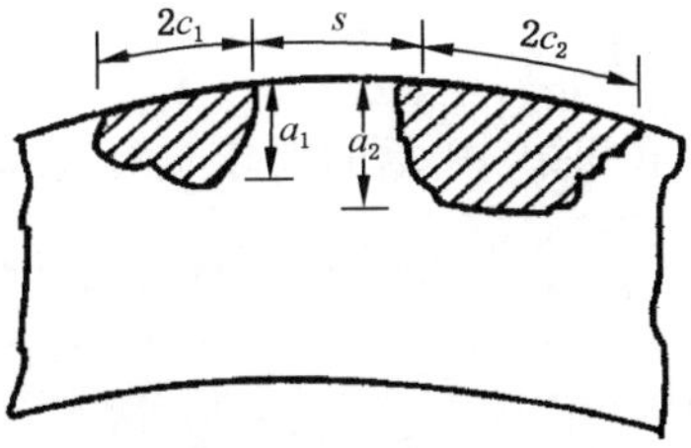	$s<c_1+c_2$	$a_e=a_2$ $2c_e=2c_1+s+2c_2$
情况2	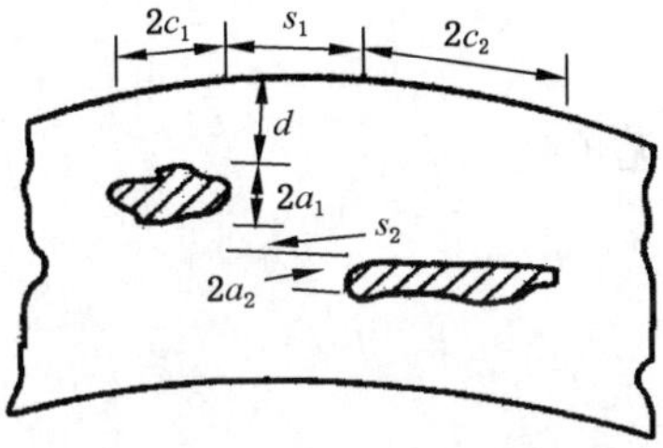	$s_1<c_1+c_2$ 和 $s_2<a_1+a_2$	$2a_e=2a_1+s_2+2a_2$ $2c_e=2c_1+s_1+2c_2$
情况3	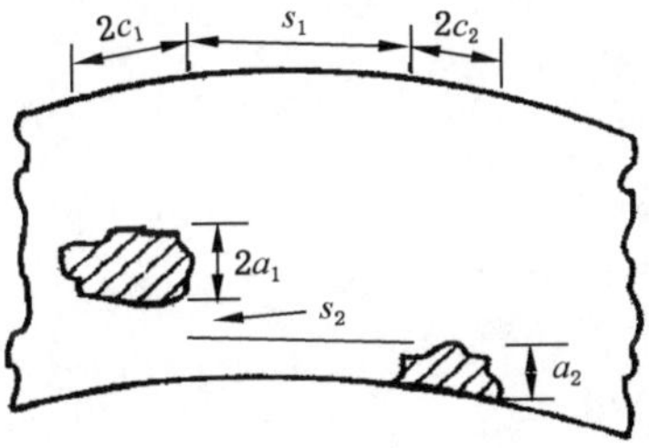	$s_1<c_+c_2$ 和 $s_2<a_1+a_2/2$	$a_e=2a_1+s_2+a_2$ $2c_e=2c_1+s_1+2c_2$
情况4	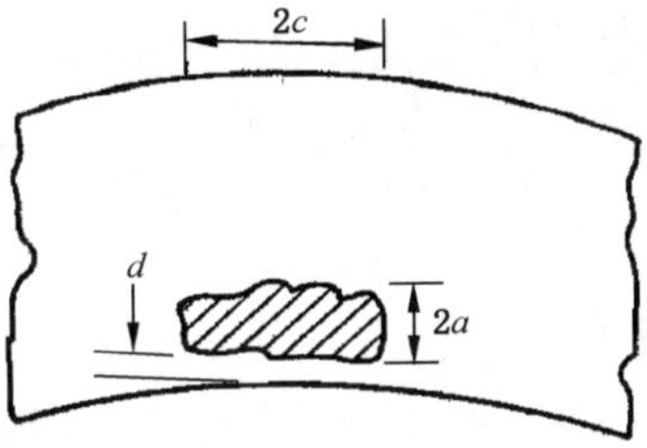	$d<a$	$a_e=d+2a$ $2c_e=2c$
情况5	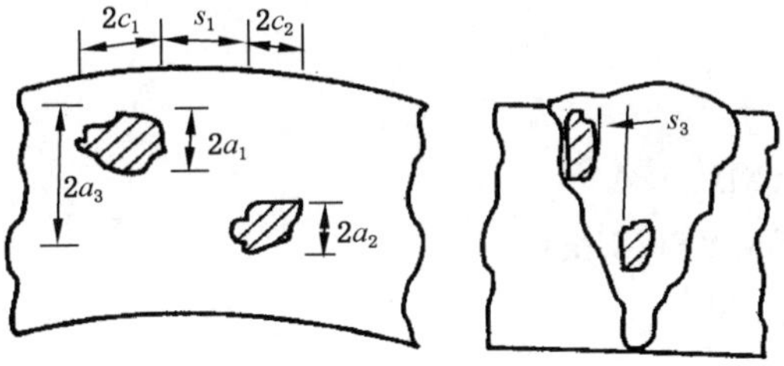	$s_1<c_1+c_2$ 和 $s_3<a_1+a_2$	$2a_e=2a_3$ $2c_e=2c_1+s_1+2c_2$

图 C.11 缺陷干涉评估准则

C.6 记录

按附录要求,业主代表应以适当格式记录各种缺陷的类型、位置及规格等,记录中还应包括管线射线检测或其他非破坏性试验的数据。

C.7 返修

依据本附录规定不合格的一切缺陷应按第 9 章和第 10 章的要求进行返修或切除。

C.8 术语

a ——缺陷高度(mm);
c ——缺陷的一半高度(mm);
D ——管外径(mm);
d_n ——由 J 积分计算 CTOD 的转换因子(无单位);
E ——杨式模量(MPa);
J_e ——J 积分的弹性部分(MPa/mm²);
K_1 ——应力强度因子(MPa/mm²);
K_r ——FAD 模式中的韧性比(无单位);
L_r ——FAD 模式中的应力比(无单位);
L_r^{cutoff} ——FAD 模式中的截断应力比(无单位);
n ——应变硬化指数(无单位);
P_r ——标准化的载荷应力或载荷水平,$P_r=\sigma_a/\sigma_f$(无单位);
t ——管壁厚度(mm);
α ——管径和壁厚之比,$\alpha=D/t$(无单位);
β ——缺陷长度和管周长之比,$\beta=2c/\pi D$(无单位);
δ_e ——CTOD 的弹性部分(mm);
δ_{mat} ——CTOD 韧性(mm);
t ——公称管壁厚;
η ——缺陷高度和管壁厚之比,$\eta=a/t$(无单位);
v ——泊松比(无单位);
σ_a ——最大轴向设计应力(MPa);
σ_c ——塑性破坏应力(MPa);
σ_f ——管材的流变应力(MPa);
σ_t,T ——管材的最大抗拉强度或 UTS(MPa);
σ_y,Y ——管材的规定最小屈服强度或 SMYS(MPa);
ε_t ——均匀应变(无单位)。

附　录　D
(规范性附录)
在役管道焊接技术

D.1　概述

本附录适用于在役管道及管道系统的配件返修及安装过程中的焊接操作。为便于分析,本附录将输送原油、成品油或天然气的管道统称为在役管道系统。本附录不适用于已经完全关闭、停产或不再运行的管道系统的焊接。

在役管道系统的焊接主要有两方面问题。一是要避免"烧穿",也就是焊接电弧灼伤管壁造成破裂。另一方面是氢致裂纹,主要是由于流动介质增加管壁散热,使焊接冷却速度增大造成的。

当钢管壁厚不小于 6.4 mm 时,采用低氢焊条(EXX18 型)焊接,正常情况下一般不会出现烧穿现象。而对于在役薄壁管线,通常需采取特殊措施,如控制热输入量等,以防止烧穿。

氢致裂纹的产生,应同时满足三个条件:焊缝中的含氢量、焊接接头的淬硬倾向以及焊接接头所承受的拘束应力。若其中有一个条件不满足,就可避免产生氢致裂纹。对在役管道系统进行焊接时,使用低氢焊条或低氢焊接工艺方法,以及减少淬硬组织形成的方法(当不能保证低氢水平时采用)均可有效地避免氢致裂纹。最常用的方法为采用足够的热输入量,以克服流动介质的影响。目前有多种预测热输入量的方法,其中包括计算机模拟热分析。这些方法主要是为了预测焊接生产中所需要的热输入量,不应替代焊接工艺评定(见 D.2)。采用预热或回火焊道熔敷顺序的方法也可以减少氢致裂纹的产生。对某些在役管道系统进行焊接时,由于输送介质散热,会给预热造成困难。图 D.1 为典型的回火焊道熔敷顺序。为了减少焊接应力,在安装时应注意合理装配,以减小焊缝根部的应力集中。

在役管道系统的焊接,既应保证焊缝的安全性,又应具有可靠的使用性能。例如,如果管壁比较薄(小于 6.4 mm),应限制热输入量以防止烧穿,但低热输入量又会因输送介质散热而使焊缝冷却速度增大,导致氢致裂纹产生。这样就应合理调整工艺参数。如果采用防止烧穿的最大许用热输入量仍不能避免氢致裂纹时,就应采取其他预防措施(如调整回火焊道熔敷顺序)。

本附录的主要内容是防止在在役管道系统的焊缝中产生氢致裂纹。若钢管壁厚小于 6.4 mm,应考虑烧穿的可能性,并应使用计算机模拟热分析或其他方法确定热输入极限。对于在役管道系统,在焊接过程中应注意其内部流动介质在热作用下易爆、易燃,或影响管材性能使其产生应力腐蚀开裂或脆性断裂等问题。其他指导见 SY 6554《石油工业带压开孔作业安全规范》及 API RP 2201《石油石化行业带压开孔安全操作规范》。

在役管道系统的焊接应遵循本标准中关于角焊缝的要求,并满足下列附加要求。

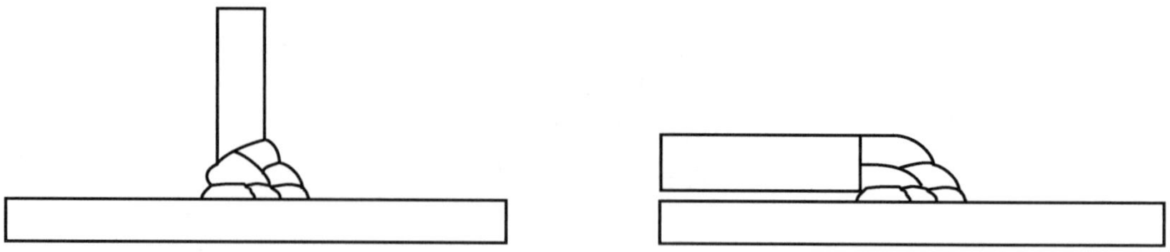

先用窄焊道堆焊熔敷金属隔离层。后续焊道采用高热输入工艺,可以细化和回火第一层焊道的热影响区。

图 D.1 典型的回火焊道熔敷顺序实例

D.2 在役管道系统的焊接工艺评定

除本附录的规定外,第5章对角焊缝焊接工艺评定的要求也应适用于在役管道焊接。

D.2.1 工艺规程

D.2.1.1 规程参数

D.2.1.1.1 管子和管件

在役管道系统焊接时,除了指明材料的名义屈服强度外,还应指明材料的碳当量。碳当量等级可进行分组。

焊接工艺可用于比焊接工艺评定所用材料碳当量值更高的材料,前提是热条件没有焊接工艺评定时那么严苛,且氢致开裂的风险不会增加。

D.2.1.1.2 管道运行条件

在役管道系统焊接时,应指明焊接工艺适用的管道运行条件(如管道输送介质、流量等)。管道运行条件可进行分组。

D.2.1.1.3 热输入量范围

为克服流动介质的影响采用足够高的热输入量(热输入量控制工艺)时,应规定要求的热输入量范围。

D.2.1.1.4 焊缝熔敷顺序

采用回火焊道熔敷顺序以改善流动介质影响时,应规定要求的焊道熔敷顺序。

D.2.2 基本要素

D.2.2.1 基本要素的变更

D.2.2.1.1 管子和管件

对于在役管道系统的角焊缝,名义屈服强度不是基本要素。

D.2.2.1.2 管道运行条件

对于在役管道系统的焊接,管道运行条件变恶劣(焊缝冷却速度方面)构成基本要素。

D.2.2.1.3 壁厚

对于在役管道系统角焊缝的焊接,壁厚不是基本要素。

D.2.2.1.4 焊缝熔敷顺序

从一种回火焊道熔敷顺序变为另一种焊道熔敷顺序构成基本要素。

D.2.3 试验接头的焊接

D.2.3.1 在役管道系统中支管和套袖的焊接应按 5.7 的规定进行。当进行试验接头焊接时，应模拟管道运行条件。

D.2.3.2 焊接试验接头时，试验管内充满水，且水流过试验截面时的热条件与施工现场相同或更为恶劣(见图 D.2)。只有模拟现场焊接条件的焊接工艺评定才能应用于现场。也可采用其他介质(如机油)来模拟不太恶劣的热环境。

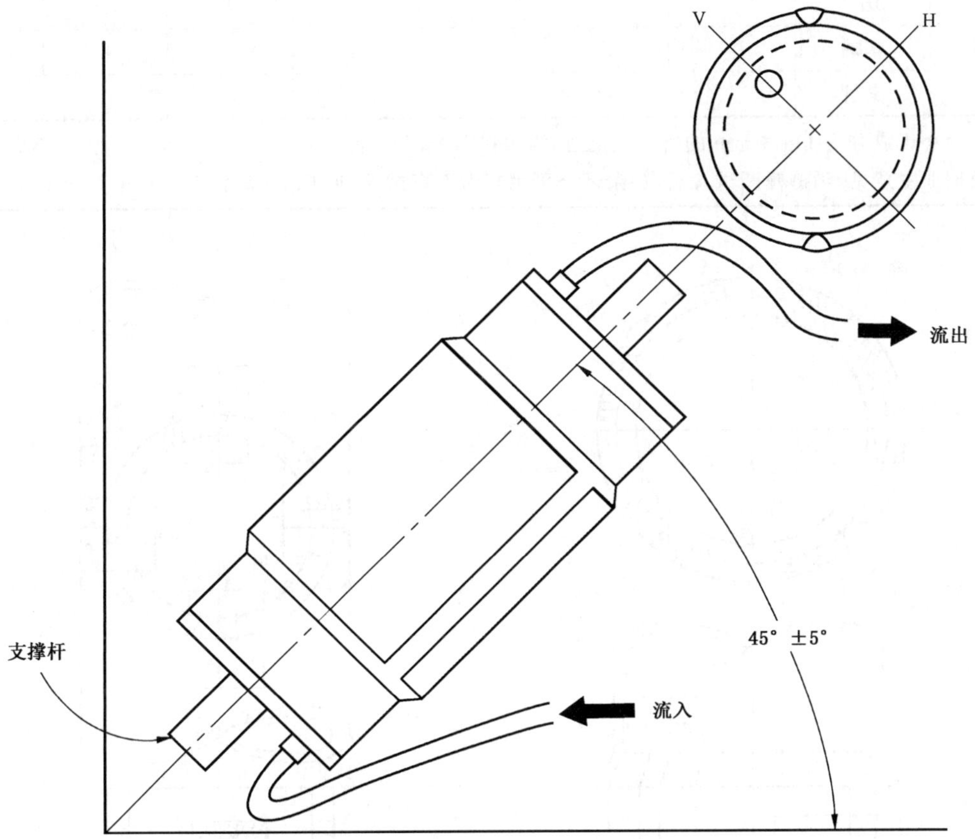

注：这种试验条件适用于各种现场施工条件下的工艺评定。也可在另一种条件下进行试验，但这种试验仅评定该条件下的工艺。

图 D.2 推荐的焊工考试方法和装配

D.2.4 焊接接头试验

D.2.4.1 准备

在役管道系统中角焊缝的焊接应按 5.8 给出的要求进行，试样的取样应按图 D.3 给出的规定进行。试验项目和试样数量见表 D.1。

表 D.1 试验项目和试样数量

管壁厚 mm	焊接类型	试样类型[a]						
		拉伸	刻槽锤断	背弯	面弯	侧弯	宏观试验	总数
≤12.7	坡口	2	2	2	2			8
	套袖		4[b]		4		4	12
	支管		4[b]		4		4	12
>12.7	坡口	2	2			4		8
	套袖		4[b]		4		4	12
	支管		4[b]		4		4	12

[a] 外径小于或等于 114.3 mm 的管子或支管,需焊接两个试验焊缝。

[b] 根据业主意见,刻槽锤断试验后,剩余部分可用来做面弯试验(见 C.2.4.5)。

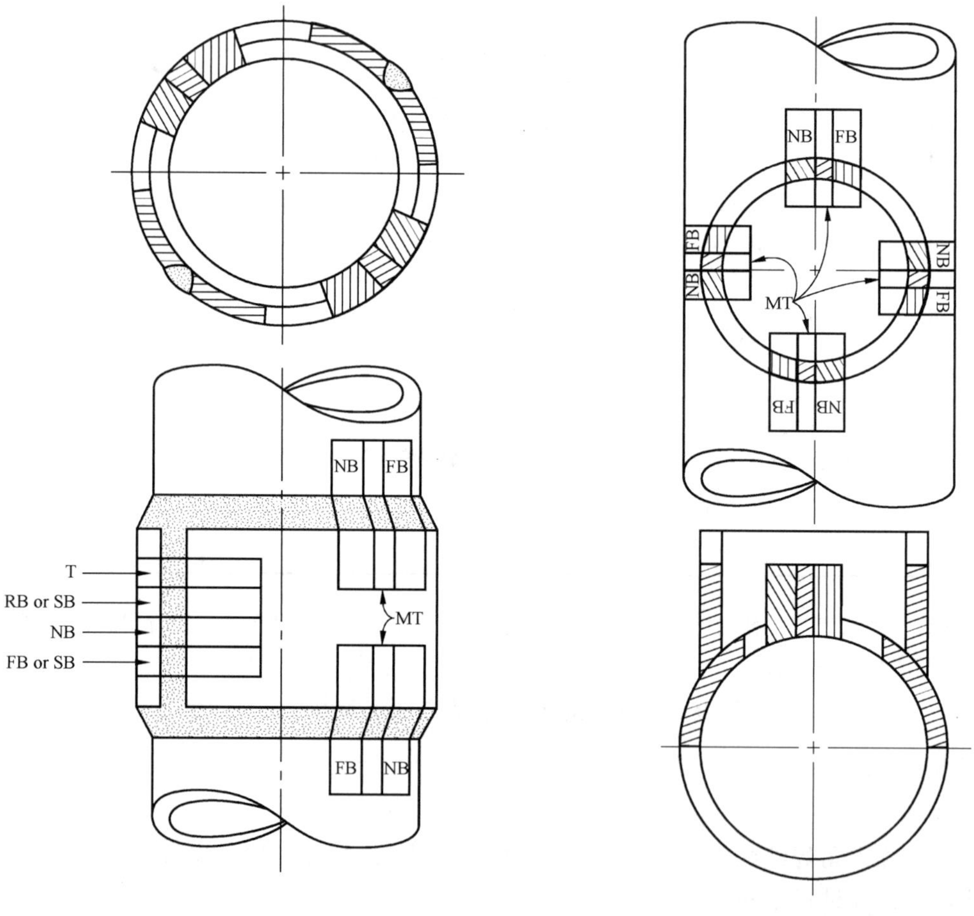

a) 套袖焊缝　　　　b) 支管焊缝

说明:T 为拉伸试验;RB 为背弯试验;FB 为面弯试验;NB 为刻槽锤断试验;SB 为侧弯试验;MT 为宏观金相试验。

图 D.3 在役管道系统焊接工艺评定试验试样的取样位置

D.2.4.2 纵向焊缝

环形套袖的纵向焊缝应按5.6给出的规定进行试验。如果焊接时使用了背部垫板,应先去除。试验前试样可以在室温下展平。

D.2.4.3 支管和套袖焊缝

支管和套袖焊缝试验应按5.8给出的规定进行,并应满足D.2.4.1的要求。

D.2.4.4 宏观金相试验——支管和套袖焊缝

D.2.4.4.1 准备

宏观金相试样应至少13 mm宽(如图D.4所示)。试样可先通过机械切割或氧气切割进行粗加工,然后机加工切除至少6 mm。宏观金相试样应至少有一个表面经W14或M14(600目)砂纸抛光。应用浸蚀液(如过硫酸铵或稀释盐酸)浸蚀试验表面,以清晰显示焊缝组织。

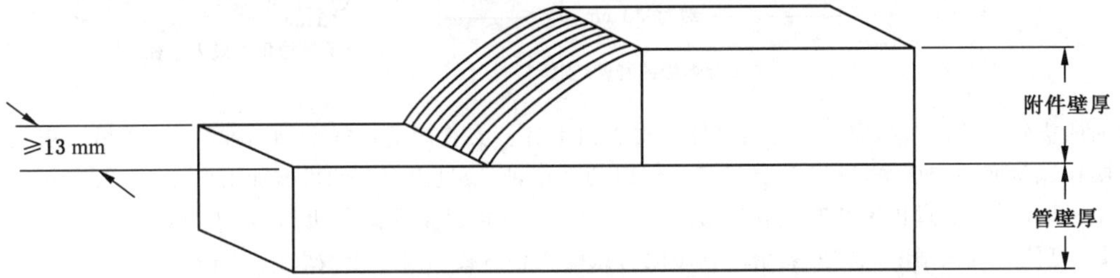

说明:每个焊缝试样至少有一个表面应进行磨光,并采用适当侵蚀液进行腐蚀,以清晰显示焊缝组织。

图D.4 在役管道系统焊缝的宏观试验试样

D.2.4.4.2 外观检查

应采用能够充分分辨焊缝致密度的灯光对焊缝横断面进行检查,不必使用光学设备或染色渗透试验。

D.2.4.4.3 硬度试验

四个宏观试样中有两个应用来做硬度试验。硬度试样应按ASTM E92或GB/T4340的要求准备。硬度试验需要在每个试样焊趾处热影响区的粗晶区最少测5个点,用维氏硬度机压头,对每个测量点施加10 kg的载荷。

D.2.4.4.4 要求

每个试样的焊缝根部应完全熔合和无裂纹。角焊缝的焊脚长度应至少等于焊接规程中规定的长度,角焊缝的曲度误差不应超过1.6 mm,咬边深度不应超过0.8 mm和钢管壁厚12.5%两者中的最小值。若一种焊接工艺使热影响区硬度值大于350 HV,则应对该工艺产生焊缝氢致裂纹的风险进行评估。

D.2.4.5 面弯试验——支管和套袖焊缝

D.2.4.5.1 准备

面弯试样(如图D.5所示)约230 mm长,25 mm宽。面弯试样可先通过机械切割或氧气切割的方法制成粗样,然后用机加工从试样每一表面切除3 mm。试样各表面应光滑平行,且其长边缘应磨成圆角。套袖或支管和加强板应去除至与试样母材表面平齐。所有咬边不应清除。也可使用刻槽锤断试样的剩余部分做面弯试样。

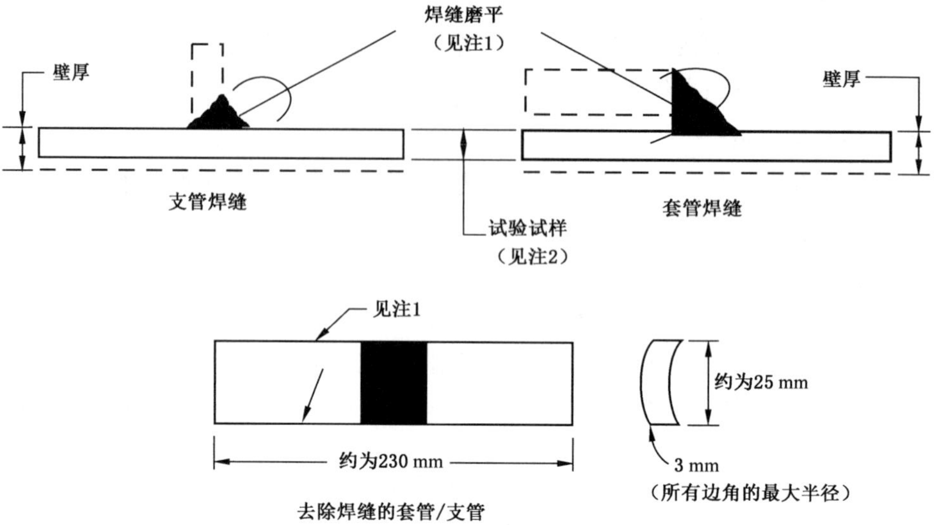

套袖或支管焊缝的余高应去除至与试样母材表面平齐。支管焊缝试样沿轴向取样，试样另一表面是弯曲的。试样在试验前不应压平；壁厚大于 12.7 mm 时的部位，应通过内表面的机械加工切除至 12.7 mm。

注 1：试样可先通过机械切割或氧气切割的方法制成粗样，然后再进行机加工(见 D.2.4.5.1)。

注 2：可使用刻槽锤断试样的剩余部分做面弯试样代替直接从管子上截取。

图 D.5　面弯试样

D.2.4.5.2　方法

面弯试验应在焊后 24 小时后进行。面弯试验应在导向弯曲模具上弯曲，模具如图 D.5 所示。试样应以焊缝为中心放置于下模上。面弯试验应以焊缝外表面朝向下模。施给上模压力，将试样压入下模内，直到试样弯曲或近似 U 形。

D.2.4.5.3　要求

弯曲后，面弯试样拉伸弯曲表面上的焊缝和热影响区域所发现的任何方向上的任一裂纹或其他缺欠尺寸应不大于 3 mm 和钢管公称壁厚 1/2 两者中的最小值。除非发现明显缺欠，由试样边缘上产生的裂纹长度在任何方向上应不大于 6 mm。

D.3　在役焊接焊工资格

D.3.1　焊工资格考试

除了下面规定的附加要求外，在对在役管道系统进行焊接前，应按 6.2 的规定对焊工进行资格考试：

如焊工取得 323.9 mm 以下管径的焊接资格，则视为其具备 323.9 mm 及以下管径的焊接资格；

如焊工取得 323.9 mm 及以上管径的焊接资格，则视为其具备所有管径的焊接资格；

如焊工取得 6.3 中规定的全项资格和 D.3 中的在役焊接资格，则视为其具备所有位置、所有管径和所有壁厚的在役焊接资格，但应在 6.3 规定的基本要素范围内。

D.3.2　试验接头的焊接

D.3.2.1　焊接试验接头时，应模拟影响输送介质从管壁带走热量的能力的管道运行条件。模拟管道运行条件应符合 D.2.3.2 的规定。

D.3.2.2 焊接试验管接头时,试验管内充满水,且水流过试验截面时的热条件与施工现场相同或更恶劣(见图 D.2)。此条件下考试合格的焊工视为具备所有在役抢修焊接操作资格。也可采用其他介质(如机油)来模拟不太恶劣的热环境。

D.3.2.3 焊工完成的试验接头,除应符合 D.3.2 中关于破坏性试验的规定外,还应能够按业主要求执行焊接工艺规程避免焊接出易产生裂纹的金相组织并防止烧穿;对于热输入控制工艺,应能将热输入量保持在焊接工艺规程规定的范围内;对于回火焊道工艺,应能将焊道控制在焊接工艺规程的尺寸范围内。

D.3.3 焊缝试验

如考试焊口经检验和试验符合 6.6 和 6.7 的要求,则焊工合格。对于纵向焊缝,试件的最小数目和试验见表 D.2。

表 D.2 纵焊缝焊工资格试验项目和试样数量

管壁厚/mm	试样类型					
	拉伸	刻槽锤断	背弯	面弯	侧弯	总数
≤12.7	1	1	1	1		4
>12.7	1	1			2	4

D.3.4 记录

应明确记录焊工考核时的管道运行条件(如输送介质、流量等)。施工条件可分组。

D.4 在役管道系统焊接的推荐操作

D.4.1 工程焊接

工程焊接生产应按第 7 章进行,并执行本附录中的附加要求。

在进行在役管道系统焊接之前,焊工应综合考虑工作压力、流动状态和焊接处的壁厚等影响焊接安全可靠性的各方面因素。应检查焊接区域,以确保无缺欠,且壁厚合适。进行返修的焊工应熟悉管线(输送原油、成品油或气体燃料等介质的管线)切割和焊接的安全预防措施。其他指导见 SY 6554 或 API RP 2201。

D.4.2 组对

D.4.2.1 装配

焊接套袖和马鞍时,套袖或马鞍与输送管之间的间隙不应太大。应使用夹具进行合理装配。如有必要,可在输送管上焊接预堆层使间隙最小。

D.4.2.2 根部间隙——纵向焊缝

由于输送管中任何裂纹都会受到环向应力影响,纵向对接焊缝焊透至输送管上存在很大风险。当整个套袖的纵向对接焊缝需要 100%焊透时,根部间隙(对接面的间距)应足够大。应装配低碳钢背部垫板防止焊到输送管。

D.4.3 焊接顺序

套袖和支管的推荐焊接顺序如图 D.6～图 D.11 所示。对于全包围管件,应先完成纵向焊缝的焊接,然后进行环焊缝的焊接。必须在完成管件一端的环焊缝焊接后,才允许进行另一端的环焊缝焊接。对于其他类型的管件,应采用使残余应力最小化的焊接顺序。

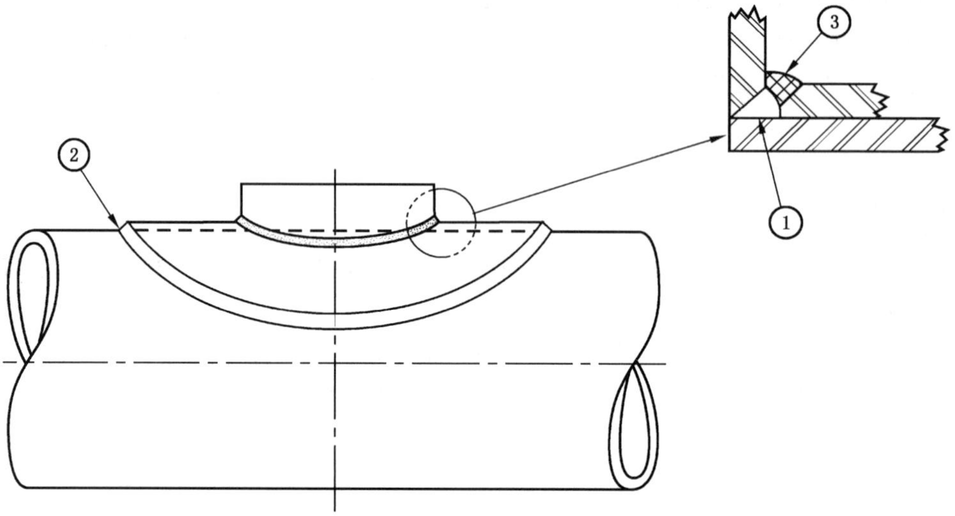

注:此为推荐焊接顺序;可按照业主的意见采用其他焊接顺序。

图 D.6 加强板

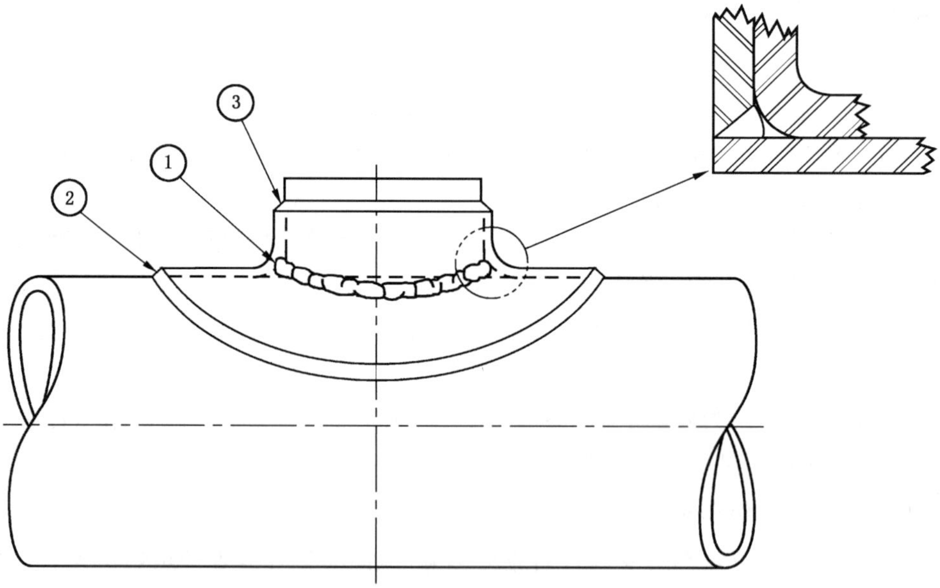

注:此为推荐焊接顺序;可按照业主的意见采用其他焊接顺序。

图 D.7 加强鞍板

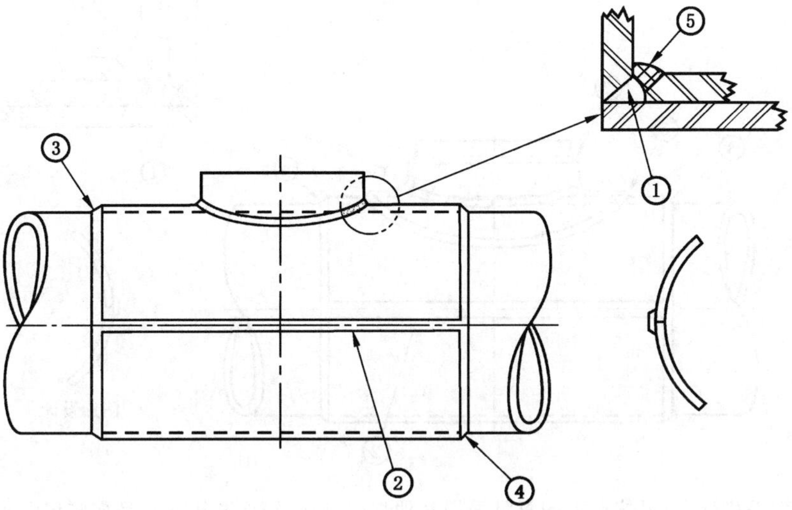

注：此为推荐焊接顺序；可按业主的意见采用其他焊接顺序，第 3 和第 4 道环向焊缝可不焊。

图 D.8　环形套袖

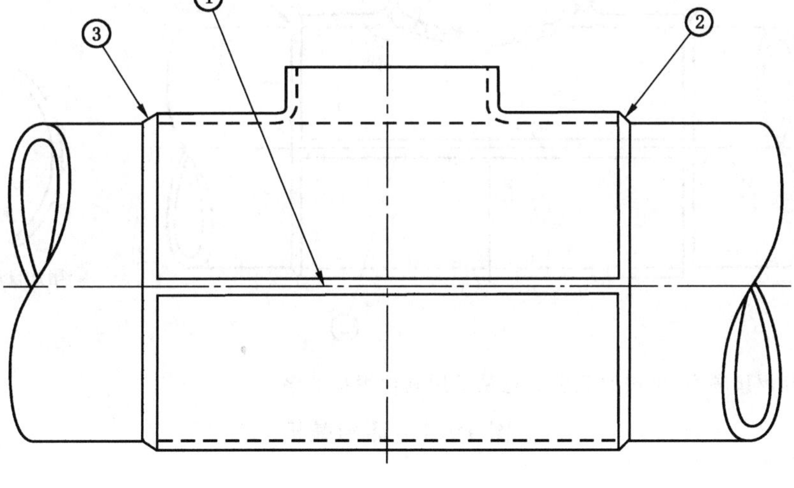

注 1：此为推荐焊接顺序；可按照业主的意见采用其他焊接顺序。

注 2：施焊时，管件承受管线工作压力。

图 D.9　环形三通管

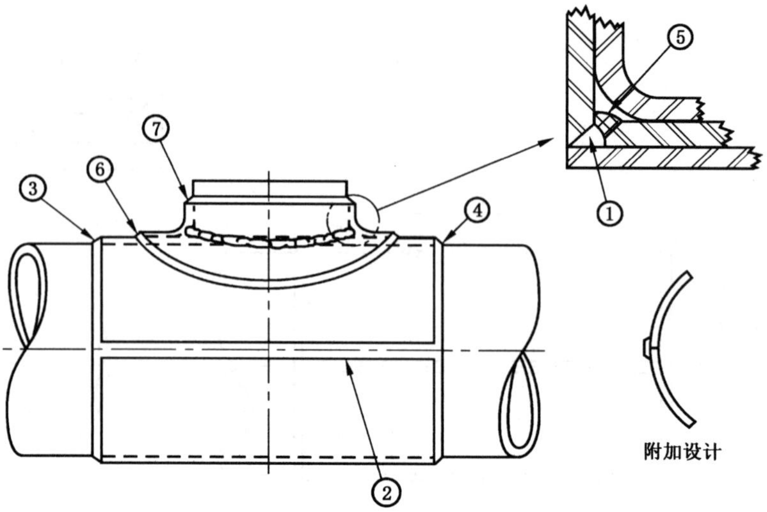

注：此为推荐焊接顺序；可按业主的意见采用其他焊接顺序，第 3 和第 4 道环向焊缝可不焊。

图 D.10　环形套袖和鞍板

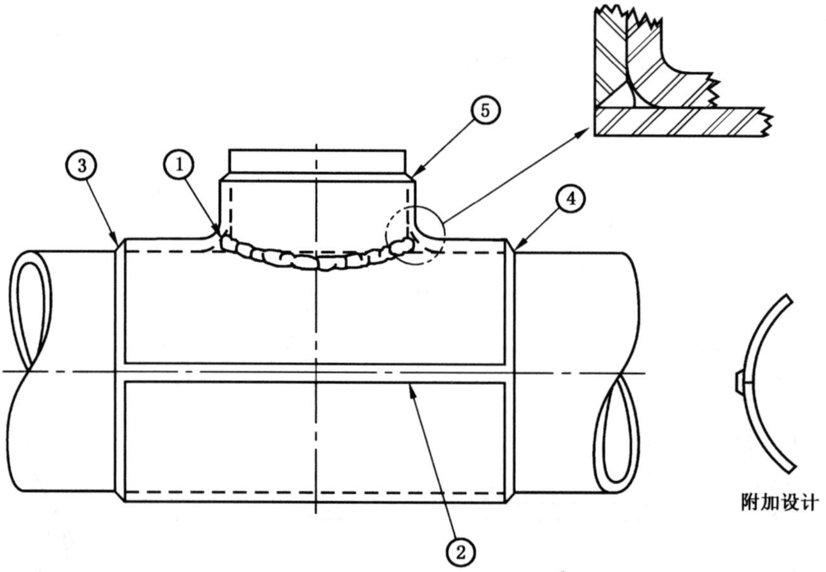

注：此为推荐焊接顺序；可按照业主的意见采用其他焊接顺序。

图 D.11　环形鞍板

D.5　在役管道焊缝的检测与试验

D.5.1　焊缝的检查和试验应按第 8 章的要求进行，并执行本附录的附加要求。

D.5.2　与输送管相连的焊缝易产生焊道下裂纹或延迟裂纹，应采用无损检测方法对焊缝进行检查。使用的检测方法应能检测出裂纹(尤其是输送管焊趾部位的裂纹)。可采用磁粉检测、超声检测，或两者共用，使用评定合格的检测规程，能有效检测套袖、马鞍和支管与输送管焊接的焊趾部位的氢致裂纹。

D.5.3 在检查氢致裂纹前,应考虑易出现裂纹的时间与焊缝产生裂纹机率的关系,确定合适的延迟时间;较长的延迟时间,减低了裂纹在检测完成后出现的机率;采用保守的焊接工艺,可使延迟裂纹出现的可能性达到最小。

D.6 无损检测验收标准(包括外观检查)

第9章缺欠的无损检测验收标准应适用于工程焊缝。

D.7 缺陷的清除和返修

在役管道系统焊缝中缺陷的清除和返修应符合第10章的规定。清除缺陷时,应保证壁厚不低于于输送管能够承受工作压力的厚度。

附 录 E

(资料性附录)

焊工考试记录

表 E.1 焊接工艺评定记录表格格式

参考本标准 5.2

焊接工艺评定记录

编号：________

委托单位：________ 评定单位：________

焊接方法：________

材料：________

外径和壁厚：________

焊接接头形式：________

填充材料、焊道层数：________

焊接位置：________

焊接方向：________

焊工数量：________

焊道之间的时间间隔：________

对口器类型及其拆卸：________

清理和(或)打磨：________

预热和应力消除：________

保护气体和流量：________

保护焊剂：________

附图和附表：________

焊工：________ 试验：________

审核(焊接工程师)：________

批准(焊接责任工程师)：________

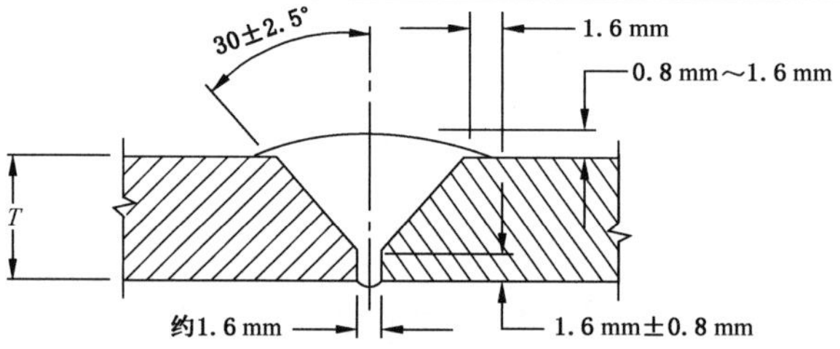

a) 标准V型坡口对接接头

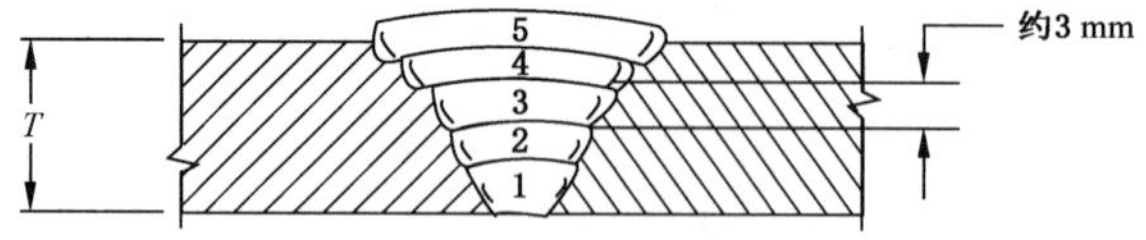

b) 焊道顺序

注：尺寸仅供参考

焊接参数							
焊道	焊材规格和型号	极性	电弧电压	电流	焊接速度	保护气体流量	热输入量

表 E.2 试件试验报告表格格式

焊接试样试验报告

日期：				试验编号：			
位置：							
试样状态：				焊接位置： 旋转焊 □ 定位焊 □			
焊工姓名：				焊工代号：			
焊接所需时间：				焊接时间：			
试验温度：				防风措施：			
气候条件：							
电弧电压：				电流：			
焊机型号：				焊机容量：			
填充材料：							
焊缝余高尺寸：							
管子类型和等级：				外径：			
壁厚：							
	1	2	3	4	5	6	7
试样编号							
试样原始尺寸							
试样原始面积							
最大载荷							
抗拉强度							
断裂位置							
□焊接工艺 □焊工考试				□评定试验 □工程焊口试验			□合格 □不合格
最大抗拉强度				最小抗拉强度			平均抗拉强度

表 E.2（续）

拉伸试验结论：	
1	
2	
3	
4	
弯曲试验结论：	
1	
2	
3	
4	
刻槽锤断试验结论：	
1	
2	
3	
4	
冲击韧性试验结论：	
1	
2	
3	
4	
其他试验结论：	
1	
2	
3	
4	
试验单位：	试验日期：
试验：	批准：

表 E.3 焊工考试记录表格格式

焊工姓名：　　　时间编号：　　　项目名称：　　　考试日期：　　年　　月　　日

<table>
<tr><td colspan="8">焊接工艺方法：　　　　　　　　执行焊接工艺规程编号：</td></tr>
<tr><td colspan="8">焊材型号：　　　　　　　　规格：</td></tr>
<tr><td colspan="8">试件钢级：　　　　　　　　规格：</td></tr>
<tr><td colspan="8">装配条件：坡口及角度：　型　(°)　对口方法：　根部间隙：　　mm　　钝边：　mm
错　　边：最大错边量　　mm，错边长度　　mm，错边位置</td></tr>
<tr><td colspan="2">预热方法：
电源种类：
电源型号：
清理工具：</td><td colspan="2">环境温度：
环境湿度：
风　　速：</td><td colspan="2">预热温度：　℃
保护气体类型：
纯度要求：
提前送气时间：</td><td colspan="2">延迟停气时间：
焊后保温：
运条方式：
其　　他：</td></tr>
<tr><td rowspan="2">工艺参数</td><td colspan="7">焊道</td></tr>
<tr><td>根焊</td><td>热焊</td><td>填充 1</td><td>填充 2</td><td>填充 3</td><td>填充 4</td><td>盖面焊</td></tr>
<tr><td>焊条(丝)种类</td><td></td><td></td><td></td><td></td><td></td><td></td><td></td></tr>
<tr><td>焊条(丝)规格/mm</td><td></td><td></td><td></td><td></td><td></td><td></td><td></td></tr>
<tr><td>电压范围/V</td><td></td><td></td><td></td><td></td><td></td><td></td><td></td></tr>
<tr><td>电流范围/A</td><td></td><td></td><td></td><td></td><td></td><td></td><td></td></tr>
<tr><td>焊接速度/(cm/min)</td><td></td><td></td><td></td><td></td><td></td><td></td><td></td></tr>
<tr><td>送丝速度/(cm/min)</td><td></td><td></td><td></td><td></td><td></td><td></td><td></td></tr>
<tr><td>气体流量/(L/min)</td><td></td><td></td><td></td><td></td><td></td><td></td><td></td></tr>
<tr><td>摆幅/mm</td><td></td><td></td><td></td><td></td><td></td><td></td><td></td></tr>
<tr><td>摆频/Hz</td><td></td><td></td><td></td><td></td><td></td><td></td><td></td></tr>
<tr><td>干伸长度/mm</td><td></td><td></td><td></td><td></td><td></td><td></td><td></td></tr>
<tr><td>停留时间/s</td><td></td><td></td><td></td><td></td><td></td><td></td><td></td></tr>
<tr><td>极性(正、反)</td><td></td><td></td><td></td><td></td><td></td><td></td><td></td></tr>
<tr><td>焊接起始时间</td><td></td><td></td><td></td><td></td><td></td><td></td><td></td></tr>
<tr><td>焊接结束时间</td><td></td><td></td><td></td><td></td><td></td><td></td><td></td></tr>
<tr><td>焊接温度</td><td></td><td></td><td></td><td></td><td></td><td></td><td></td></tr>
<tr><td>焊接方向</td><td></td><td></td><td></td><td></td><td></td><td></td><td></td></tr>
</table>

焊工签字：　　　　　　　　　　记录人签字：

表 E.4 焊工考试结果表格格式

1） **非破坏性检验**

外观检查　　　　　　　　　　　　检查结论：

报告编号：　　　　　　检查标准：　　　　　　报告日期：

检查单位：

管口编号	缺陷类型和尺寸	结　论

无损检测　　　　　　　　　　　　检验结论：

报告编号：　　　　　　执行标准：　　　　　　报告日期：

检验单位：

管口编号	缺陷类型和尺寸	结　论

2） **破坏性试验**

a） 拉伸试验　　　　　　　　　　　　实验结论：

报告编号：　　　　　　执行标准：　　　　　　报告日期：

实验单位：　　　　　　关口编号：　　　　　　试样尺寸：

试样区号				
拉伸强度/MPa				
断裂位置				

试验结论：

b） 导向弯曲试验

报告编号：　　　　　　执行标准：　　　　　　报告日期：

试验单位：　　　　　　管口编号：

试样区号				
面弯缺陷及检验结果				
背弯缺陷及检验结果				
侧弯缺陷及检验结果				

试验结论：

c） 刻槽锤断试验

报告编号：　　　　　　执行标准：　　　　　　报告日期：

试验单位：　　　　　　管口编号：

试样区号				
断面缺陷				
检验结果				

试验结论：

参 考 文 献

[1] GB/T 3375 焊接术语
[2] GB/T 4340 金属材料维氏硬度试验
[3] GB/T 8163 输送流体用无缝钢管
[4] GB/T 14383 锻制承插焊和螺纹管件
[5] GB/T 21143 金属材料 准静态断裂韧度的统一试验方法
[6] SY/T 0452 石油天然气金属管道焊接工艺评定
[7] SY 6554—2011 石油工业带压开孔作业安全规范
[8] ASTM E 164 Standard practice for ultrasonic contact examination of weldments
[9] ASTM E 165 Standard test methods for liquid penetrant examination
[10] ASTM E 709 Standard guide for magnetic particle examination
[11] BS 4515 Specification for welding of steel pipeliens on land and offshore

ICS 75.200
E 98

中华人民共和国国家标准

GB 32167—2015

油气输送管道完整性管理规范

Oil and gas pipeline integrity management specification

2015-10-13 发布 2016-03-01 实施

中华人民共和国国家质量监督检验检疫总局
中国国家标准化管理委员会 发布

前　言

本标准的4.4、4.5、4.6、8.1.1、8.1.2、8.1.5为强制性的,其余为推荐性的。

本标准按照GB/T 1.1—2009给出的规则起草。

本标准由全国石油天然气标准化技术委员会(SAC/TC 355)提出并归口。

本标准起草单位:中国石油天然气股份有限公司管道分公司、中国石油天然气股份有限公司天然气与管道分公司、中国石油天然气股份有限公司北京天然气管道有限公司、中国石油化工股份有限公司天然气分公司、中海石油气电集团有限责任公司、北京航天航空大学、中国安全生产科学研究院。

本标准主要起草人:冯庆善、吴志平、项小强、常景龙、王婷、董绍华、周利剑、贾韶辉、宗照峰、陈朋超、燕冰川、张华兵、王良军、王富祥、张海亮、李保吉、于智博、李振宇、张峥、张圣柱、吴欣航、王学力、冯文兴、戴联双、李睿、贾光明、刘成海、任重、沙胜义、赵晓明、赵连玉、郑洪龙、程万洲、刘亮、费凡、王为。

油气输送管道完整性管理规范

1 范围

本标准规定了油气输送管道完整性管理的内容、方法和要求,包括数据采集与整合、高后果区识别、风险评价、完整性评价、风险消减与维修维护、效能评价等内容。

本标准适用于遵循 GB 50251 或 GB 50253 设计,用于输送油气介质的陆上钢质管道的完整性管理。本标准不适用于站内工艺管道的完整性管理。

2 规范性引用文件

下列文件对于本文件的应用是必不可少的。凡是注日期的引用文件,仅注日期的版本适用于本文件。凡是不注日期的引用文件,其最新版本(包括所有的修改单)适用于本文件。

GB/T 16805 液体石油管道压力试验

GB/T 21447 钢制管道外腐蚀控制规范

GB/T 21448 埋地钢质管道阴极保护技术规范

GB/T 23258 钢质管道内腐蚀控制规范

GB/T 27512 埋地钢质管道风险评估方法

GB/T 27699 钢质管道内检测技术规范

GB/T 29639 生产经营单位生产安全事故应急预案编制导则

GB 50251 输气管道工程设计规范

GB 50253 输油管道工程设计规范

SY/T 0087.1 钢质管道及储罐腐蚀评价标准 埋地钢质管道外腐蚀直接评价

SY/T 0087.2 钢质管道及储罐腐蚀评价标准 埋地钢质管道内腐蚀直接评价

SY/T 6713 管道公众警示程序

SY/T 6825 管道内检测系统的鉴定

SY/T 6828 油气管道地质灾害风险管理技术规范

SY/T 6889 管道内检测

SY/T 6891.1 油气管道风险评价方法 第1部分:半定量评价法

3 术语和定义

下列术语和定义适用于本文件。

3.1

管道完整性 pipeline integrity

管道处于安全可靠的服役状态,主要包括:管道在结构和功能上是完整的;管道处于风险受控状态;管道的安全状态可满足当前运行要求。

3.2

管道完整性管理　pipeline integrity management;PIM

对管道面临的风险因素不断进行识别和评价，持续消除识别到的不利影响因素，采取各种风险消减措施，将风险控制在合理、可接受的范围内，最终实现安全、可靠、经济地运行管道的目的。

3.3

完整性管理方案　integrity management program

对管道完整性管理活动作出针对性计划和安排的文件，系统地指导数据采集与整合、高后果区识别、风险评价、完整性评价、风险消减与维修维护、效能评价等完整性管理工作。

3.4

线性参考　linear referencing

沿长输管道等线性系统的相对位置(如里程)存储数据的一种方法

3.5

数据对齐　data aligning

通过阀门、短节、环焊缝等易于识别的特征将多来源或多批次管道数据按照线性参考系统进行位置校准。

3.6

基线检测　baseline inspection

管道实施的第一次完整性检测，包括中心线、变形检测和漏磁内检测以及其他检测活动。

3.7

基线评价　baseline assessment

在基线检测的基础上开展的首次管道完整性状况评价。

3.8

高后果区　high consequence areas;HCAs

管道泄漏后可能对公众和环境造成较大不良影响的区域。

3.9

地区等级　location class

按管道沿线居民户数和(或)建筑物的密集程度等划分的等级，分为四个地区等级。

注：地区等级划分标准见 GB 50251。

3.10

潜在影响区域　potential impact zone

管道泄漏可能使其周边公众安全和/或财产遭到严重影响的区域。

3.11

完整性评价　integrity assessment

采取适用的检测或测试技术，获取管道本体状况信息，结合材料与结构可靠性等分析，对管道的安全状态进行全面评价，从而确定管道适用性的过程。常用的完整性评价方法有：基于管道内检测数据的适用性评价、压力试验和直接评价等。

3.12

内检测　in-line inspection;ILI

借助于流体压差使检测器在管内运动,检测管道缺陷(内外壁腐蚀、损伤、变形、裂纹等)、管道中心线位置和管道结构特征(焊缝、三通、弯头等)的方法。

3.13

规定的最小屈服强度　specified minimum yield strength;SMYS

针对某种管材,在技术条件中所规定的屈服强度的最小值。

3.14

直接评价　direct assessment;DA

一种采用结构化过程的完整性评价方法,即通过整合管道物理特性、系统的运行记录或检测、检查和评价结果的管段等信息,给出预测性的管道完整性评价结论。

3.15

失效　failure

管道或相关设施等失去原有设计所规定的功能或造成一定损失的物理变化,包括泄漏、损坏或性能下降。

3.16

金属损失　metal loss

管道表面部分区域集中失去金属的现象。

注:金属损失通常是由于腐蚀所致,但划痕或机械损伤也能导致金属损失。

3.17

制造缺陷　manufacturing defects

在钢板制造或者钢管、管件、法兰、阀门等元件生产过程中产生的缺陷。

3.18

变形　deformation

管体形状的改变,如弯曲、屈曲、凹陷、椭圆度、波纹、褶皱或影响管道截面圆度或平直度的其他变化。

3.19

适用性评价　fitness for purpose;FFP

对含缺陷或损伤的在役构件结构完整性的定量评价过程。

3.20

第三方损坏　third-party damage

管道企业及与其有合同关系的承包商之外的个人或组织无意或蓄意损坏管道系统的行为。

3.21

效能评价　performance measurement

对某种事物或系统执行某一项任务结果或者进程的质量好坏、作用大小、自身状态等效率指标的量化计算或结论性评价。

3.22

最大操作压力　maximum operating pressure;MOP

在正常运行条件下,管道系统实际达到的最高压力。

3.23

最大允许操作压力 maximum allowable operating pressure;MAOP

油气管道处于水力稳态工况时允许达到的最高压力,等于或小于设计压力。

3.24

安全运行压力 safe operating pressure

通过完整性评价得出的管道允许操作压力。

3.25

高后果区识别率 HCA identification rate

完成高后果区识别或更新的管道里程占在役油气管道里程的比例。

3.26

风险控制率 risk control rate

已采取控制措施将风险降低到可接受范围以内的管道风险点数占识别的风险点总数的比例。

4 一般要求

4.1 完整性管理应贯穿管道全生命周期,包括设计、采购、施工、投产、运行和废弃等各阶段,并应符合国家法律法规的规定。检验检测机构资质要求应满足特种设备相关法律法规规定。

4.2 新建管道的设计、施工和投产应满足完整性管理的要求。

4.3 数据采集与整合工作应从设计期开始,并在完整性管理全过程中持续进行。

4.4 在建设期开展高后果区识别,优化路由选择。无法避绕高后果区时应采取安全防护措施。

4.5 管道运营期周期性地进行高后果区识别,识别时间间隔最长不超过18个月。当管道及周边环境发生变化,及时进行高后果区更新。

4.6 对高后果区管道进行风险评价。

4.7 积极采用新技术。

4.8 管道企业应明确管道完整性管理的负责部门及职责要求,并对完整性管理从业人员进行培训。

4.9 完整性管理是持续循环的过程,包括数据采集与整合、高后果区识别、风险评价、完整性评价、风险消减与维修维护、效能评价等六个环节,见图1。

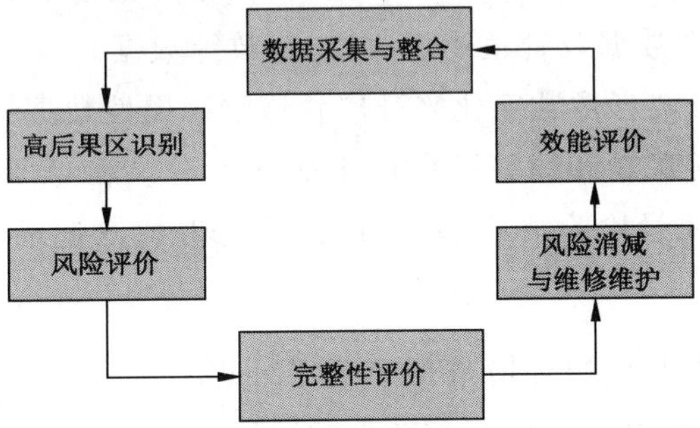

图1 完整性管理工作流程

5 数据采集与整合

5.1 数据采集

5.1.1 数据采集流程

5.1.1.1 应明确管道全生命周期不同阶段需采集数据的种类和属性,并按照源头采集的原则进行采集。

5.1.1.2 数据来源包括设计、采购、施工、投产、运行、废弃等过程中产生的数据,还包括管道测绘记录、环境数据、社会资源数据、失效分析、应急预案等。

5.1.2 数据采集内容

5.1.2.1 管道建设期数据采集内容应包含管道属性数据、管道环境数据、施工过程中的重要过程及事件记录、设计文件、施工记录及评价报告等。

5.1.2.2 运行期数据采集内容应包含管道属性数据、管道环境数据和管道检测维护管理数据。

5.1.2.3 管道完整性管理数据采集清单参见附录 A。

5.1.3 数据采集方法

5.1.3.1 中心线测量

5.1.3.1.1 新建管道中心线测量应在管道施工阶段进行,并在回填之前完成。测量的管道中心线数据应包括地理坐标、高程、埋深。测量数据应与桩、环焊缝、拐角点等信息对应。与公路、铁路、管道、河流、建筑物等交叉点的坐标数据应标注。

5.1.3.1.2 在管道运行阶段,应根据管理要求和规定维护和更新测绘数据。宜通过卫星定位系统和埋地管道探测确定管道坐标,也可采用管道内检测技术结合惯性测绘获得管道中心线坐标。对采用管线探测仪或探地雷达不能确定位置的管段,应采用开挖确认、走访调查、资料分析或其他有效方法确定其中心线位置。

5.1.3.1.3 管道改线时,应测量新的中心线,并及时进行数据更新。

5.1.3.1.4 管道中心线测量坐标精度应达到亚米级精度。

5.1.3.2 管道设施数据、基础地理等环境数据采集

5.1.3.2.1 管道设施数据宜在管道建设期从设计资料、施工记录和评估报告中进行采集,并在管道测绘同时采集基础地理数据及管道周边人口、行政等数据。

5.1.3.2.2 宜通过现场调查或影像数字化来开展管道沿线属性数据采集工作。

5.1.3.2.3 数据采集宜包括建设和运行阶段产生的施工记录和专项检测评价报告等。这些记录应至少包括:施工记录、质量检验记录、运行记录、维修和检测记录等。

5.1.4 数据对齐

5.1.4.1 管道附属设施数据和周边环境数据应基于环焊缝信息或其他拥有唯一地理空间坐标的实体信息进行对齐,对齐的基准应以精度较高的数据为准。

5.1.4.2 施工阶段和运行阶段的管道中心线对齐宜遵循如下要求:

a) 管道中心线对齐应以测绘数据或内检测提供的环焊缝信息为基准。若进行了内检测,中心线对齐以内检测环焊缝编号为基准。若没有进行过内检测,中心线对齐应基于测

绘数据。测绘数据精度不能满足要求时,宜根据外检测和补充测绘结果更新中心线坐标。

b) 当测绘数据与内检测数据均出现偏差时,应进行开挖测量校准。

5.2 数据移交

5.2.1 在试运行之前,管道建设单位应将管道设计资料、中心线数据、施工记录、评估报告、相关协议等管道数据提交给运营单位。

5.2.2 数据形式应为电子数据和纸质数据。管道工程资料数据可按工程竣工资料要求的格式和内容提交。管道中心线等电子数据宜采用标准格式,数据表结构参见附录B。

5.2.3 移交方应确保移交数据的准确性、完整性,要求如下:

a) 建设期的数据应按5.1.4的要求进行对齐整合,并建立数据之间的线性关联关系;

b) 建设期管道中心线及沿线地物坐标精度应达到亚米级精度。在人口密集区应适当提高数据精度。

5.3 数据存储与更新

5.3.1 宜采用线性参考系统对管道属性等数据进行组织和维护,对无法纳入线性系统的数据基于坐标进行保存。

5.3.2 应采用结构化的实体数据模型,实现全生命周期数据的管理和有效维护。

5.3.3 结构化数据的存储宜通过搭建基于数据模型的数据库进行存储。

5.3.4 文档、图片、视频等非结构化数据的存储应建立文件清单。非结构数据应保证提交数据与文件清单相一致。

5.3.5 应采取管理措施确保数据精度和时效性。

5.3.6 应具备数据内容更新方式和数据校验方法,宜使用更新过的或校验过的数据。

5.3.7 数据更新应符合下述要求:

a) 存储的数据宜进行例行性检查确保其一致性和完整性;

b) 设施信息更新,例如防腐层或管段更换都应被采集并存储;

c) 更新应标识版本详细信息,并能通过历史数据和当前数据的比较反映管道及周边环境的变化;

d) 管道数据的更新应按照数据变更管理流程进行,并做好相应记录;

e) 宜保留历史数据。

6 高后果区识别

6.1 识别准则

6.1.1 输油管道高后果区

6.1.1.1 管道经过区域符合表1识别项中任何一条的为高后果区。

表 1 输油管道高后果区管段识别分级表

管道类型	识别项	分级
输油管道	a) 管道中心线两侧各 200 m 范围内，任意划分成长度为 2 km 并能包括最大聚居户数的若干地段，四层及四层以上楼房(不计地下室层数)普遍集中、交通频繁、地下设施多的区段	Ⅲ级
	b) 管道中心线两侧 200 m 范围内，任意划分 2 km 长度并能包括最大聚居户数的若干地段，户数在 100 户或以上的区段，包括市郊居住区、商业区、工业区、发展区以及不够四级地区条件的人口稠密区	Ⅱ级
	c) 管道两侧各 200 m 内有聚居户数在 50 户或以上的村庄、乡镇等	Ⅱ级
	d) 管道两侧各 50 m 内有高速公路、国道、省道、铁路及易燃易爆场所等	Ⅰ级
	e) 管道两侧各 200 m 内有湿地、森林、河口等国家自然保护地区	Ⅱ级
	f) 管道两侧各 200 m 内有水源、河流、大中型水库	Ⅲ级

6.1.1.2 识别高后果区时，高后果区边界设定为距离最近一幢建筑物外边缘 200 m。

6.1.1.3 高后果区分为三级，Ⅰ级代表最小的严重程度，Ⅲ级代表最大的严重程度。

6.1.2 输气管道高后果区

6.1.2.1 管道经过区域符合表 2 识别项中任何一条的为高后果区。

表 2 输气管道高后果区管段识别分级表

管道类型	识别项	分级
输气管道	a) 管道经过的四级地区，地区等级按照 GB 50251 中相关规定执行	Ⅲ级
	b) 管道经过的三级地区	Ⅱ级
	c) 如管径大于 762 mm，并且最大允许操作压力大于 6.9 MPa，其天然气管道潜在影响区域内有特定场所的区域，潜在影响半径按照式(1)计算	Ⅱ级
	d) 如管径小于 273 mm，并且最大允许操作压力小于 1.6 MPa，其天然气管道潜在影响区域内有特定场所的区域，潜在影响半径按照式(1)计算	Ⅰ级
	e) 其他管道两侧各 200 m 内有特定场所的区域	Ⅰ级
	f) 除三级、四级地区外，管道两侧各 200 m 内有加油站、油库等易燃易爆场所	Ⅱ级

6.1.2.2 识别高后果区时，高后果区边界设定为距离最近一幢建筑物外边缘 200 m。

6.1.2.3 高后果区分为三级，Ⅰ级表示最小的严重程度，Ⅲ级表示最大的严重程度。

6.1.3 特定场所

6.1.3.1 除三级、四级地区外，由于天然气管道泄漏可能造成人员伤亡的潜在影响区域。包括以下地区：

a) 特定场所Ⅰ：医院、学校、托儿所、幼儿园、养老院、监狱、商场等人群疏散困难的建筑区域；

b) 特定场所Ⅱ：在一年之内至少有 50 d(时间计算不需连贯)聚集 30 人或更多人的区域。

例如集贸市场、寺庙、运动场、广场、娱乐休闲地、剧院、露营地等。

6.1.3.2 输气管道的潜在影响区域是依据潜在影响半径计算的可能影响区域。输气管道潜在影响半径，参见附录C，可按式(1)计算：

$$r = 0.099\sqrt{d^2 p} \qquad \cdots\cdots(1)$$

式中：

d ——管道外径，单位为毫米(mm)；

p ——管段最大允许操作压力(MAOP)，单位为兆帕(MPa)；

r ——受影响区域的半径，单位为米(m)。

注：系数0.099仅适用于天然气管道。

6.2 高后果区识别工作的基本要求

6.2.1 高后果区识别工作应由熟悉管道沿线情况的人员进行，识别人员应参加有关培训。

6.2.2 识别统计结果应按照统一的格式填写。

6.2.3 当识别出高后果区的区段相互重叠或相隔不超过50 m时，作为一个高后果区段管理。

6.2.4 当输油管道附近地形起伏较大时，可依据地形地貌条件、地下管涵等判断泄漏油品可能的流动方向，对表1中c)、d)、e)、f)中的距离进行调整。

6.2.5 当输气管道长期低于最大允许操作压力运行时，潜在影响半径宜按照最大操作压力计算。

6.3 高后果区的管理

6.3.1 建设期识别出的高后果区应作为重点关注区域。试压及投产阶段应对处于高后果区管段重点检查，制定针对性预案，做好沿线宣传并采取安全保护措施。

6.3.2 运营阶段应将高后果区管道作为重点管理段。

6.3.3 应定期审核管道完整性管理方案以确保高后果区管段完整性管理的有效性。必要时应修改完整性管理方案以反映完整性评价等工作中发现的新的运行要求和经验。

6.3.4 地区发展规划足以改变该地区现有等级时，管道设计应根据地区发展规划划分地区等级。对处于因人口密度增加或地区发展导致地区等级变化的输气管段，应评价该管段并采取相应措施，满足变化后的更高等级区域管理要求。当评价表明该变化区域内的管道能够满足地区等级的变化时，最大操作压力不需要变化；当评价表明该变化区域内的管道不能满足地区等级的变化时，应立即换管或调整该管段最大操作压力。

6.4 高后果区识别报告

6.4.1 管道高后果区识别可采用地理信息系统识别或现场调查。在高后果区识别报告中应明确所采用的方法。

6.4.2 高后果区识别报告的内容参见附录D。

7 风险评价

7.1 评价目标

7.1.1 管道风险评价主要目标如下：

a) 识别影响管道完整性的危害因素，分析管道失效的可能性及后果，判定风险水平；

b) 对管段进行排序，确定完整性评价和实施风险消减措施的优先顺序；

c) 综合比较完整性评价、风险消减措施的风险降低效果和所需投入；

d) 在完整性评价和风险消减措施完成后再评价，反映管道最新风险状况，确定措施有效性。

7.1.2 风险评价工作应达到如下要求：

a) 管道投产后1年内应进行风险评价；

b) 高后果区管道进行周期性风险评价，其他管段可依据具体情况确定是否开展评估；

c) 应根据管道风险评价的目标来选择合适的评价方法；

d) 应在设计阶段和施工阶段进行危害识别和风险评价，根据风险评价结果进行设计、施工和投产优化，规避风险；

e) 设计与施工阶段的风险评价宜参考或模拟运行条件进行。

7.2 评价方法

7.2.1 可采用一种或多种管道风险评价方法来实现评价目标。风险评价方法包括但不限于专家评价法、安全检查表法、风险矩阵法、指标体系法、场景模型评价法、概率评价法等。常用的风险评价方法有风险矩阵法和指标体系法。风险矩阵法参见附录E。指标体系法见SY/T 6891.1或GB/T 27512。

7.2.2 应基于评价目标，结合现有数据的完整程度以及经济投入等因素，选择适用的评价方法。

7.3 评价流程

7.3.1 评价步骤

风险评价流程应包含以下步骤，详细流程图见图2：

a) 确定评价对象；

b) 识别危害因素；

c) 数据采集与管段划分；

d) 失效可能性分析；

e) 失效后果分析；

f) 风险等级判定；

g) 提出风险消减措施建议。

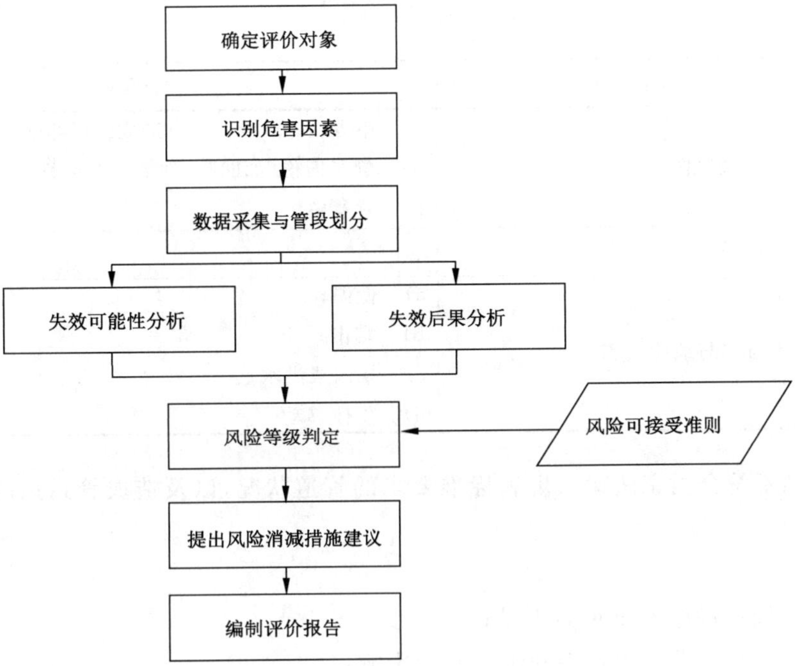

图 2 管道风险评价流程

7.3.2 确定评价对象

应根据开展风险评价的最初原因和关注的问题,确定管道风险评价的对象。

7.3.3 危害因素识别

7.3.3.1 应定期进行管道危害因素识别。

7.3.3.2 应从管道历史失效原因总结分析管道常见危害因素。管道失效原因的分类见表 3。

表 3 管道危害因素

分类	危害因素	子因素
时间相关	外腐蚀	
	内腐蚀/磨蚀	
	应力腐蚀开裂/氢致损伤	
	凹陷疲劳损伤	
固有因素	与制管有关的缺陷	a) 管体焊缝缺陷; b) 管体缺陷
	与焊接/施工有关的因素	a) 管道环焊缝缺陷,包括支管和 T 型接头焊缝; b) 制造焊缝缺陷; c) 褶皱弯管或屈曲; d) 螺纹磨损/管子破损/接头失效

表 3（续）

分类	危害因素	子因素
与时间无关	机械损伤	a） 甲方、乙方，或第三方造成的损坏(瞬时/立即失效)； b） 管子旧伤(如凹陷、划痕)(滞后性失效)； c） 故意破坏
	误操作	
	自然与地质灾害	a） 低温； b） 雷击； c） 暴雨或洪水； d） 土体移动

7.3.3.3 应识别不符合国家法律法规和标准要求的管道状况，以及造成管道风险升高的因素，包括但不限于：

a） 占压；

b） 管道与周边设施安全距离不足；

c） 周边环境对管道日常管理和维抢修的影响；

d） 外界对管道可能造成的损伤；

e） 管道本体或者附属设施的结构和功能缺失；

f） 输送介质或者管道的系统特征造成的管道现有工艺与设计的偏差；

g） 特定管道风险的应急预案与技术缺失；

h） 管道企业内部、管道企业与施工方、周边公众信息沟通不畅。

7.3.3.4 在管道建设期进行的风险评价宜考虑的因素参见附录 F。应识别出在运行过程中可能出现的风险源、发生事故的可能性、发生事故的可能后果和在这些威胁存在情况下所采取的措施需要投入的安全成本，通过分析，对可能发生的运行风险提出预防措施，或优化设计，规避风险。

7.3.3.5 在条件具备情况下，试运投产阶段应开展定性或定量风险评价，对识别出的风险因素，应逐一评价、落实各个风险点的风险控制措施是否满足运行要求。

7.3.3.6 建设期各阶段的风险评价宜作为各阶段工作成果的评估依据之一。在风险评价报告所提出的风险消减措施应得到有效落实。

7.3.4 数据采集与管段划分

7.3.4.1 应根据管道的属性和管道周边环境对管道进行管段划分。管段划分示意图见图 3。

7.3.4.2 应对每个管段进行数据采集和状况描述，具体包括但不限于：

a） 管材、管径、防腐层类型、管道附属设施及其起止里程；

b） 管体、防腐层和附属设施状况的评价；

c） 管道运行参数，包括输送介质、运行压力和温度等；

d） 管道沿线自然环境。

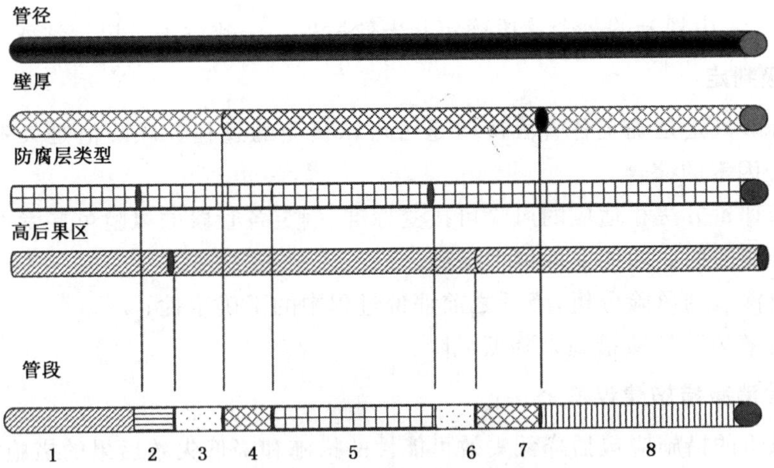

图3 管段划分示意图

7.3.5 失效可能性分析

7.3.5.1 应对7.3.3中的危害因素进行失效可能性分析。

7.3.5.2 应考虑已经采取的风险消减措施的效果,如检测、修复、第三方损坏防护等。

7.3.5.3 应对7.3.4中划分的每个管段确定其失效可能性。失效可能性可以定性或定量表示。

7.3.5.4 失效可能性分析采用的方法应以评价对象、可用的数据和模型而定。可利用历史失效数据对评价结果进行验证。

7.3.5.5 如直接采用历史失效数据进行失效可能性分析,或用来对失效可能性分析结果进行验证,需对历史数据的适用性和与被评价管道的可比性进行分析。

7.3.6 失效后果分析

7.3.6.1 失效后果分析用于确定管道失效对周边人员、财产和环境潜在不利影响的严重程度。这些不利影响可能由毒性、可燃性介质从管道中的意外泄漏、扩散引起。同时也可考虑管道失效造成的停输影响以及对管道企业声誉的影响。

7.3.6.2 失效后果分析应考虑以下因素:

a) 输送介质的性质,例如易燃性、毒性和反应性等;

b) 管道属性,如管径、压力等;

c) 地形;

d) 周边环境;

e) 失效模式,泄漏孔大小;

f) 减小泄漏量的控制措施,如泄漏检测和截断阀等;

g) 输送介质的扩散模式;

h) 着火的可能性;

i) 事故场景,包括热辐射、爆炸、中毒或窒息等;

j) 周边受影响对象暴露水平及其影响程度;

k) 应急响应。

7.3.6.3 应对7.3.4中划分的每个管段确定其失效后果。失效后果可以定性或定量表示。

7.3.7 风险等级判定

7.3.7.1 风险等级判定是确定各管段风险是否可以接受的过程。风险值是失效发生的可能性与失效后果两个因素的综合。

7.3.7.2 制定与评价方法相适应的风险可接受标准,确定各管段的风险可接受性。

7.3.7.3 对不能接受的风险应采取以下措施:

a) 进行更深入的风险分析,降低之前评价过程中的不确定性;

b) 采用有效风险消减措施来降低风险。

7.3.8 提出风险消减措施建议

7.3.8.1 消减风险的措施应包括降低失效可能性的措施和降低失效后果的措施。

7.3.8.2 应对提出的风险消减措施建议的有效性进行分析。

7.4 风险可接受性

7.4.1 确定风险可接受性标准应考虑以下因素:

a) 国家法律法规和标准相关要求;

b) 管道的重要性;

c) 管道状况;

d) 降低风险的成本。

7.4.2 可通过以下几个途径来确定风险的可接受性标准:

a) 参照国内外同行业或其他行业已经确立的风险可接受标准;

b) 根据以往经验判断认为可接受的情况;

c) 根据管道平均安全水平,参见附录G;

d) 与其他已经认可的活动和事件相比较。

7.4.3 如未满足风险可接受标准,应改进管道完整性管理活动或改进管道设计施工管理活动。

7.5 风险再评价

7.5.1 管道风险评价的时间间隔应根据风险评价的结论来确定,且不宜超过3年。应每年检查风险评价数据变化情况并及时更新数据。

7.5.2 管道属性和周边环境发生较大变化后,应进行风险再评价。

7.6 报告

7.6.1 应在风险评价报告中对管道风险评价过程和结果进行描述。

7.6.2 应针对评价目标向报告使用者描述评价结果,并说明所采用评价方法的局限性和评价因素的不确定性。

7.6.3 管道风险评价报告内容参见附录D。

8 完整性评价

8.1 评价方法及评价周期

8.1.1 新建管道在投用后3年内完成完整性评价。

8.1.2 输油管道高后果区完整性评价的最大时间间隔不超过8年。

8.1.3 应根据管道失效的历史和风险评价的结果选择适用的检测内容和技术指标。

8.1.4 宜优先选择基于内检测数据的适用性评价方法进行完整性评价。如管道不具备内检测条件,宜改造管道使其具备内检测条件。对不能改造或不能清管的管道,可采用压力试验或直接评价等其他完整性评价方法。

8.1.5 内检测时间间隔需要根据风险评价和上次完整性评价结果综合确定,最大评价时间间隔应符合表4要求。

表4 内检测时间间隔表

操作条件下的环向应力水平 σ		
>50 % SMYS	30%SMYS<σ≤50%SMYS	≤30 % SMYS
10年	15年	20年

8.1.6 宜通过压力试验和管材性能的综合分析、所需要的实际运行压力和最高试压压力的差值大小、随时间增长的缺陷增长速率等提出压力试验的再评价周期。无法确定缺陷增长速率的管道,最长不应超过3年。允许有其他被证实为科学可信的方法来确定再评价周期。

8.1.7 直接评价的再评价周期宜根据风险评价结论和直接评价结果综合确定,最长不应超过8年。对特殊危害因素应适当缩短再评价周期。

8.1.8 宜根据管道缺陷特征或可能新出现的缺陷,选择不同的检测评价技术或多种技术方法组合。

8.2 内检测

8.2.1 建设期要求

8.2.1.1 管道系统的设计应保障内检测器的可通过性,考虑如下因素:

a) 安装永久收发球筒或预留连接临时收发球筒的接口,收发球筒前应留有足够的作业空间和安全距离。
b) 上下游收发球筒间距宜控制在150 km以内,最长不能超过200 km。对投产后可能存在杂质较多、管道结蜡或者管道内表面对清管器磨损严重的管道,应适当缩短间距。
c) 收发球筒应满足使用内检测器的长度的要求。平衡管、阀门、三通等附件的设置满足清管和内检测的要求。
d) 最小允许弯管曲率半径。
e) 最大允许的内径变化。
f) 支管连接设计及线管材料兼容性。
g) 内涂层与内检测的相互影响。
h) 过球指示器。
i) 旁通与盲板的间距。
j) 在确定球筒方位时应考虑进入路线和相邻设施的安全。

8.2.1.2 投产前宜开展内检测,对其发现的特征进行分类,依据相关施工标准的要求进行修复,并记录在案。

8.2.1.3 投运前或投运后3年内的基线检测与评价结论可以作为工程验收依据。

8.2.2 内检测管理

8.2.2.1 应建立内检测管理程序。综合考虑风险评价建议和管道缺陷特征等确定需要选择的检测器类型，制定内检测计划。应优先采用高精度内检测器。

8.2.2.2 内检测器的适用性取决于待检测管道的条件和检测目标与检测器之间是否匹配。检测器类型及适用性的一般性分类参见附录 H，常见的检测技术性能规格参见附录 I。检测服务方的技术资质应符合 SY/T 6889 和 SY/T 6825 规定。金属损失检测、几何变形检测、裂纹检测、管道测绘检测等应符合 SY/T 6889 规定。当检测服务方能够证明或承诺其检测设备、数据分析人员达到上述标准要求时，可认可其具有检测资质。宜通过牵引试验或开挖验证等程序验证其资质与能力，也可参照检测服务方提供的验证结果或第三方评估结论。评价达到标准要求后，方可具备允许检测条件。

8.2.2.3 首次应用的内检测技术、新设备或检测新的缺陷类型应进行检测性能验证，验证方法可选择牵引试验验证或者依据检测结果开挖验证。

8.2.2.4 应定期进行清管作业，保持管道的可检测性。管道内检测前应进行清管。

8.2.2.5 内涂层、内衬修复等应不影响内检测性能。如影响内检测性能，则应考虑其他方法。

8.2.2.6 检测设备可具有单一功能，也可将多种功能组合在一起使用。

8.2.2.7 内检测可按照图 4 中推荐的实施流程进行。

8.2.2.8 管道企业和检测服务方宜指派代表共同分析待检测管道和检测器性能是否满足管道检测需求。检测器的选择依赖于管道的检测条件和检测所需达到的目的。

8.2.2.9 应根据以下条件评价内检测方法的可靠性：

a) 检测多种异常的能力；

b) 检测器性能规格和置信水平(如异常的检出率、分类和量化)；

c) 检测服务方使用这种检测方法的历史；

d) 成功/失败率；

e) 检测器检测数据是否能覆盖管段的全长和全圆周。

8.2.3 内检测实施

8.2.3.1 在清管和内检测项目实施前应进行风险识别并制定控制措施，纳入清管及内检测实施方案。

8.2.3.2 内检测的实施过程见 GB/T 27699 相关的规定。

8.2.3.3 管道企业负责内检测过程中的应急准备和工艺操作。

8.2.4 报告要求

检测报告格式及内容应符合 GB/T 27699、SY/T 6825 中的规定，并提交相应的数据查看软件。

8.2.5 开挖验证

8.2.5.1 应通过开挖验证，判断检测结果是否达到了合同中所约定的检测精度。评价方法按照 SY/T 6825执行。

8.2.5.2 检测数据的可接受标准可按照 SY/T 6889 中的要求确定。

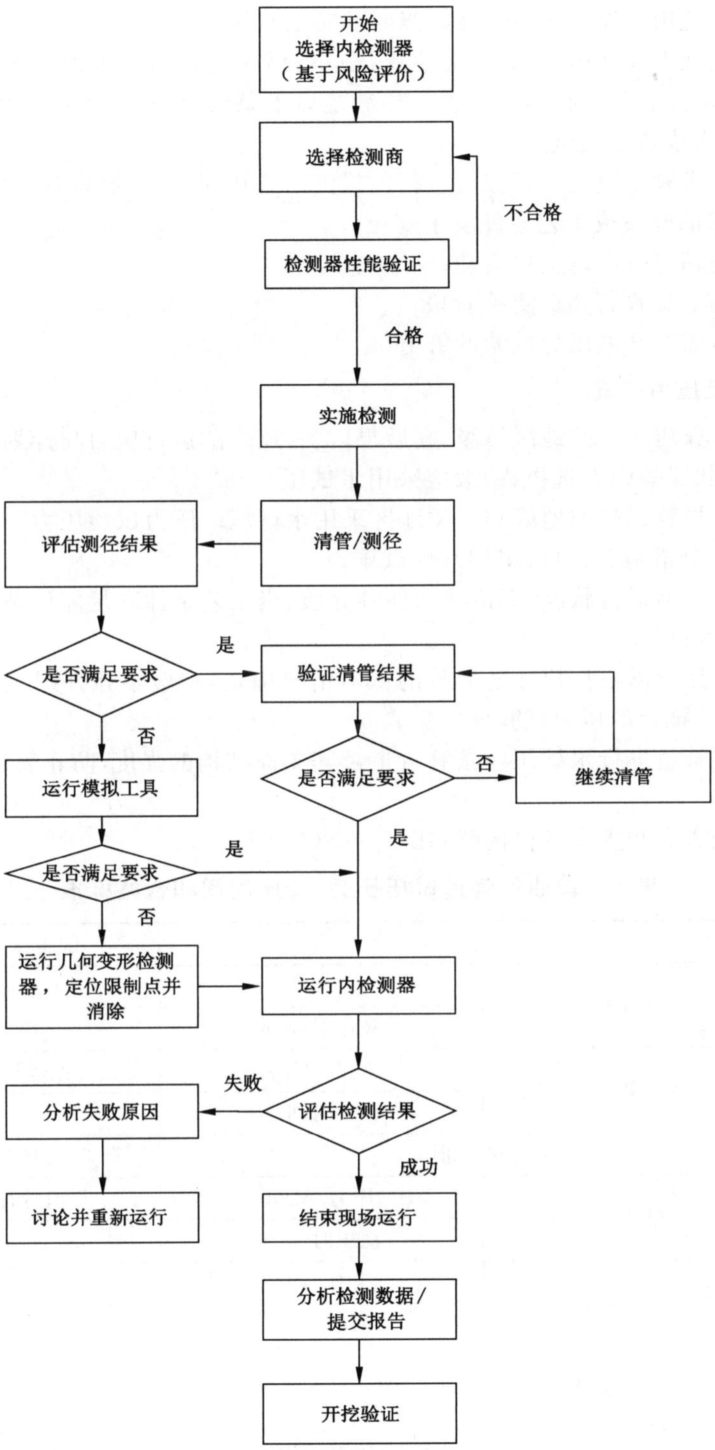

图 4　内检测实施流程

8.3　压力试验

8.3.1　适用性

8.3.1.1　8.3 所述压力试验只限于对在役管道进行完整性评价。

8.3.1.2　压力试验适用于评价管道本体在当时状态的承压能力。

8.3.1.3　管道长期低于设计压力运行，需要提压运行但压力仍然低于设计压力，在确保风险可控条件下，可采用输送介质进行压力试验。如满足以下条件之一，则不可采用输送介质进行压力试验，只可选用水或者空气试压：

a）管道采用多种完整性评价方法包括内检测与直接评价等，仍然事故频发；

b）设计输送的介质或工艺条件发生变更；

c）管道停输超过一年以上再启动；

d）新建管道和在役管道的更换管段；

e）经过分析需要开展压力试验的管道。

8.3.2　试压介质及压力装置

8.3.2.1　管道试压介质应按照地区等级、高后果区、管道当前运行压力与计划运行压力、管道服役年限、管道腐蚀状况等因素选择，一般应采用水试压。

8.3.2.2　输气管道推荐在三类地区和四类地区采用水试压。压力试验压力小于设计压力，经过评价并采取相应安全措施后，也可采用气体试压。

8.3.2.3　考虑管道当前运行状况，无论输送何种介质，当工艺条件满足停输条件，且能够进行置换和排空，宜选用水试压。

8.3.2.4　压力试验压力需根据拟计划运行的压力情况确定，一般不允许超过管道设计压力，且不超过 90%SYMS，推荐的压力试验压力见表 5。

8.3.2.5　对于架空管道进行水试压应核算管道及其支撑结构的强度，防止管道及支撑结构受力变形。

8.3.2.6　水试压的方案和操作过程按照 GB/T 16805 执行。

表 5　输油气管道试压压力、稳压时间和合格标准

输送介质	分类		试压压力及稳压时间
输油管道	一般地段	压力/MPa	拟运行压力 1.1 倍
		稳压时间/h	24
	高后果区	压力/MPa	拟运行压力 1.25 倍
		稳压时间/h	24
	合格标准		压降≤1%试压压力，且≤0.1 MPa
输气管道	一般地区	压力/MPa	拟运行压力 1.1 倍
		稳压时间/h	24
	高后果区Ⅰ级	压力/MPa	拟运行压力 1.25 倍
		稳压时间/h	24
	高后果区Ⅱ级	压力/MPa	拟运行压力 1.4 倍
		稳压时间/h	24
	高后果区Ⅲ级	压力/MPa	拟运行压力 1.5 倍
		稳压时间/h	24
	合格标准		压降≤1%试压压力，且≤0.1 MPa

注：不论地区等级如何，服役年限大于 30 年小于 40 年的管道建议至少按照 1.25 倍运行压力试压，对于超过40 年以上的管道宜按照拟运行压力的 1.1 倍试压。

8.3.3 **试压风险**

8.3.3.1 应根据风险评价的结果和缺陷严重程度,确定压力试验的时间。

8.3.3.2 应对压力试验方法及过程进行风险评价,应在风险可控的条件下实施。

8.3.3.3 试压前应进行风险识别,内容包括但不限于:

a) 工艺参数变化的风险;

b) 注水与排水对管道腐蚀的风险;

c) 管道泄漏风险及其引起的人员伤亡风险;

d) 试压过程中对整个系统扰动的风险;

e) 压力试验后管材屈服及应力变化、材料退化、缺陷增长的风险。

8.3.3.4 在任何阶段发生的泄漏都应按照第 11 章的要求进行切管分析,并制定针对性的应对措施,在此之前,不宜继续升压测试。

8.3.4 **试压过程监控**

8.3.4.1 应全面监控管道压力变化情况,分析是否有管材破裂、穿孔等泄漏情况发生。

8.3.4.2 应安排线路巡护人员重点观察沿线地面有无介质泄放,地面附着物有无异常。

8.3.4.3 应按照 GB/T 16805 记录试压过程和结果。

8.3.5 **泄漏点处置**

8.3.5.1 应对试压过程中发现的泄漏点进行开挖验证,分析泄漏原因并采取修复措施。

8.3.5.2 泄漏点处置完毕后,应再次进行系统试压直至达到预定要求。

8.3.6 压力试验报告内容参见附录 D。

8.4 **直接评价方法**

8.4.1 **适用性**

8.4.1.1 直接评价只限于评价三种具有时效性的缺陷,即外腐蚀、内腐蚀和应力腐蚀开裂(包括压力循环导致的疲劳评价)。需要事先了解管道的主要风险,有针对性地选择评价方法。对于同时面临其他风险的管道,该方法具有局限性。

8.4.1.2 直接评价一般在管道处于如下状况下选用:

a) 不具备内检测或压力试验实施条件的管道;

b) 不能确认是否能够实施内检测或压力试验的管道;

c) 使用其他方法评价需要昂贵改造费用的管道;

d) 确认直接评价更有效,能够取代内检测或压力试验的管道。

8.4.1.3 如管道不具备开展直接评价条件,为了对管道防腐层或阴极保护等质量进行检测,也可以参照直接评价的某些内容进行检测。

8.4.1.4 外观检查或其他传统的无损检测方法或其他新发展的技术,可用于开挖或地面管道检测,但只能作为对部分点或区段的检测,其结论不能作为管道系统完整性评价结果。

8.4.2 **直接评价过程和方法**

直接评价方法主要有外腐蚀直接评价 (ECDA),内腐蚀直接评价(ICDA),应力腐蚀裂纹直接评价 (SCCDA)等。直接评价的过程和方法可参照表 6 相关标准执行。

表6 直接评价主要类型及其相关标准

直接评价方法	相关标准
ECDA	SY/T 0087.1
	NACE SP0502
ICDA	NACE SP0206
	NACE SP0110
	NACE SP0208,SY/T 0087.2
SCCDA	NACE SP0204

8.4.3 直接评价管理

在选用直接评价方法时,应明确其局限性。将开挖验证等作为管道安全状况评价依据时,应说明其局限性。

8.5 其他评价方法

也可采用其他经过验证的完整性评价方法。

8.6 适用性评价

8.6.1 评价要求

8.6.1.1 应对管道缺欠进行评估,确定其可接受度。

8.6.1.2 管道完整性评价报告宜作为评估管道施工质量的依据。

8.6.1.3 缺陷评价应确定管道在规定的安全极限范围内是否有足够的结构强度承载运行过程中的载荷。对于报告的管道缺陷,应调查其性质、范围和原因。应评价缺陷是否可以接受,确定当前安全运行压力。

8.6.1.4 适用性评价内容主要包括:评价数据收集、缺陷数据统计与致因分析、评价方法选择、剩余强度评价、剩余寿命预测与再检测周期、措施与建议等。

8.6.1.5 安全运行建议和维修建议的制定应考虑高后果区、介质温度、压力变化及土壤应力等综合情况,不应只依据静压评估给出相应结论或建议。

8.6.1.6 当管道的运行工艺条件发生重大变化时,宜重新进行评价。

8.6.2 评价数据采集

8.6.2.1 适用性评价所需收集的数据宜包括:管道属性、缺陷参数、母材及焊缝力学性能、载荷参数、建设数据、运行数据、历史数据、内检测数据以及地理及环境信息、风险评价结果等。

8.6.2.2 应对所收集数据的可靠性进行分析。

8.6.3 缺陷数据统计与致因分析

8.6.3.1 应对缺陷数据进行统计分析,宜根据缺陷的类型、分布规律以及与管道高程、地理环境的对应关系,分析缺陷的可能成因。

8.6.3.2 适用性评价中应考虑缺陷致因分析的结果。

8.6.4 评价方法选择

8.6.4.1 评价方法应根据缺陷类型、载荷状况、评价目标以及评价数据的质量和类型等因素进行选择。缺陷类型与常用的缺陷评价方法参见附录J。

8.6.4.2 缺陷评价方法选择应考虑的因素,宜包括:

a) 法律法规要求;

b) 管道企业的管理规定与安全运行策略;

c) 缺陷类型、性质及管材属性;

d) 缺陷处管道承受的载荷类型(除内部压力外,缺陷处管道承受的弯曲载荷、轴向载荷、装配应力等其他载荷情况);

e) 评价方法的适用范围与局限性;

f) 开挖验证信息与历史失效分析。

8.6.5 剩余强度评价与剩余寿命预测

8.6.5.1 应按照标准、行业实践及管道企业的运行策略,结合管道的历史失效事故开展剩余强度评价与剩余寿命预测,并应确定不同类型缺陷的可接受准则。

8.6.5.2 对于与时间相关的缺陷,应基于管道投用时间、缺陷致因等信息,建立管道缺陷增长预测模型,预测缺陷增长趋势。

8.6.5.3 应结合缺陷失效模式、高后果区失效后果严重程度以及预测的缺陷剩余寿命,给出缺陷修复的时间和修复方法建议。

8.6.5.4 在适用性评价基础上应结合管道的历史失效事故、运行工况等,给出缺陷修复前,含缺陷管道安全运行压力建议。

8.6.5.5 宜综合考虑检出缺陷精度及置信度、缺陷增长对未来管道完整性的影响、预测结果随时间增长的分散性、未来需维修缺陷数量增长趋势与再检测的经济性对比,给出再检测评价的时间间隔和再检测评价的方法建议。

8.6.5.6 缺陷维修响应时间应从现场检测完成时开始计算。

8.6.5.7 应结合后期开挖验证结果修正预测腐蚀速率,并修正评价报告。

8.6.6 评价报告要求

8.6.6.1 报告内容参照附录D。

8.6.6.2 对与时间有关的缺陷,在再评价周期内,宜结合修复或开挖测量修正评价报告。

8.7 管道继续使用评估

8.7.1 对于运行时间长、事故频发,有证据表明存在大量缺陷,但无合适的方法进行完整性管理的管道,应评估管道是否可继续使用。

8.7.2 管道经评估如可继续使用,应根据完整性评价建议进行如管体缺陷的维修维护等响应措施,并确定在继续使用期内的再评估周期。

8.7.3 当评估结果显示不适宜继续使用时,管道宜报废。

8.7.4 对于已停用的管道,在重新启用前应进行完整性评价。

9 风险消减与维修维护

9.1 日常管理与巡护

9.1.1 应根据高后果区识别结果、风险评价和完整性评价等结论与建议制定管道巡护方案，明确巡护的内容、频次和重点关注位置，高后果区应作为巡护的重点段。

9.1.2 日常管理和巡护发现的异常和变化信息应及时上报并跟踪，实现闭环管理。

9.1.3 在管道埋入地下至投产前应制定巡护方案等实施巡护管理。

9.1.4 管道巡护的方式和方法可根据完整性管理方案，选择人工巡护或飞行器巡护等。日常管理内容与方法应根据管道完整性管理方案确定。

9.2 缺陷修复

9.2.1 对完整性评价结果为不可接受的缺陷应进行修复或者实施降低 MOP 等应对措施。

9.2.2 对临时修复的缺陷应及时进行永久修复。

9.2.3 对于不同类型缺陷的修复方法参见附录 K。

9.3 第三方损坏风险控制

9.3.1 应建立第三方施工管理程序。任何管道交叉处或管道中心线两侧 5 m 内的施工活动都应纳入第三方施工管理程序，按照有关要求办理相关手续，对 5 m 范围外可能对管道造成影响的施工也宜密切关注。对已与第三方建立联系的施工，如施工活动侵入了管道通行带，应在施工活动开始前对管道准确定位，设置临时标识，并在施工活动损坏或覆盖标识后及时维护，直到施工活动结束。

9.3.2 应与施工活动方建立联系，并签署管道保护协议。施工时管道企业有人现场监护。

9.3.3 应通过巡线、管道周边信息排查及其他可能的方式预防打孔盗油等故意破坏的发生。

9.3.4 应参照风险评价报告的风险信息进行公众宣传，公众宣传按照 SY/T 6713 执行。应向公众提供管道企业联系方式，如电话号码、电子邮箱等。

9.3.5 宜采用管道泄漏监测或安全预警系统等防范措施。

9.4 自然与地质灾害风险控制

9.4.1 应遵循 SY/T 6828 的要求，建立地质灾害风险管理程序。

9.4.2 应建立预防和减缓方案防止天气和地质灾害等损伤管道。

9.4.3 应在土体侵蚀、地表沉降等特殊区域采取预防和减缓措施。

9.4.4 应根据地质灾害风险评价结果，采取针对性监测或工程治理措施。

9.5 腐蚀风险控制

9.5.1 外腐蚀

9.5.1.1 应遵循 GB/T 21447 和 GB/T 21448 要求，建立外腐蚀控制程序。

9.5.1.2 应定期检测管地电位。如电位不满足阴极保护准则，应调查原因并采取相应措施。

9.5.1.3 应识别、测试、减缓杂散电流对管道的影响。

9.5.1.4 对发现的防腐层缺陷应及时修复。

9.5.2 内腐蚀

9.5.2.1 应对输送介质的腐蚀性进行分析，并依据分析结果选择合适的内腐蚀控制措施。

9.5.2.2　可通过安装探针、电阻监测装置、直接测量壁厚等方法,来监测关键位置的内腐蚀情况。内腐蚀减缓措施可按照 GB/T 23258 要求执行。

9.6　应急支持

9.6.1　应急预案编制

9.6.1.1　风险评价和完整性评价结论所提出的高风险段、高风险因素和缺陷情况应作为应急预案编制过程中重点预控对象,具体编制工作按照 GB/T 29639 规定执行。

9.6.1.2　应按照识别高后果区的分析结果,确定应急预案需要重点关注的管段和内容。

9.6.1.3　应急响应成员应包含完整性管理人员。

9.6.2　应急措施准备

9.6.2.1　宜依据风险评价的结果,确定管段一旦发生失效,潜在后果的种类和影响范围,并依据分析结果制定管道在紧急状态下应采取的应急措施。

9.6.2.2　管道泄漏后火灾、爆炸事故应作为安全防范的重点。可利用量化风险评价技术,确定不同泄漏模式下的泄漏速率和泄漏量,并计算介质泄漏后的影响。

9.6.2.3　应将输油管道泄漏后潜在的环境影响作为应急抢险防范的重点。可通过环境敏感性分析技术确定管道泄漏后油品在水中和土壤中的扩散轨迹以及扩散速率。

9.6.3　应急资源准备

应依据风险分析结果和缺陷分布情况,对应急资源,包括人员、物资、机具等配备的有效性进行评估,以确保应急措施能够顺利实施,包括:应急资源配置与分布、人员资质及能力、现场是否满足作业条件等。

9.6.4　应急数据准备

9.6.4.1　应将应急抢险所需的资料进行整理,并配发给应急指挥中心、维抢修中心等相关单位或个人,以确保应急管理人员能够获取所需的资料。这些资料宜包括但不限于:

a)　图纸,包括:管道走向图、管道路由影像图、管道高程图等;

b)　管道基本信息,包括:材质、管径、壁厚、焊接工艺、管道埋深等;

c)　管道周边设施的信息,包括:

　1)　管道中心线两侧各 50 m 范围内与之平行或交叉的第三方管道等地下设施、地上构筑物;

　2)　管道中心线各 200 m 范围内的人口、水体、公路、铁路等信息;

　3)　管道所经区域内或附近的道路上消防、医院、派出所等应急资源信息;

　4)　管道途径城市的地下排水排污等设施信息。

9.6.4.2　当数据管理规定的数据发生变更时,应及时更新相关数据。

9.6.4.3　应基于管道路由影像图、地图、高程图和水力分布图,预估泄漏点对环境的影响。

9.6.5　应急响应措施

应依据完整性管理获取的管道信息为抢修方案制定提供支持。

9.7　降压运行

临时降压运行可作为消减管道风险措施采用。

10 效能评价

10.1 应定期开展效能评价确定完整性管理的有效性,可采用管理审核、指标评价和对标等方法。

10.2 管理审核可采用内部审核或外部审核方式,发现并改进管理存在的不足。

10.3 效能评价应考虑针对具体危害因素的专项效能和完整性管理项目的整体效能设定评价指标,包括但不限于管道完整性管理覆盖率、高后果区识别率、风险控制率及缺陷修复情况。

10.4 应通过对标,查找与行业先进水平的差距。

10.5 效能评价活动结束后,应出具效能评价报告。

11 失效管理

11.1 应对失效进行分析,包括泄漏、管体不可接受缺陷、对管道安全造成影响的周边环境变化或附属设施损坏以及其他造成重大经济损失的情况等。

11.2 应根据现场调查结果及收集到的背景资料,结合试验分析结果等,综合分析判断失效模式,找出失效的直接原因与根本原因等。

11.3 应针对失效原因分析复核完整性管理方案和执行情况,查找管理制度和管理活动中存在的不足。

11.4 应由具有相关能力的人员负责事件调查并编写调查报告。事件调查报告应在管道企业内部进行发布和宣贯。

11.5 应建立统一的失效事件信息收集标准,事件信息统计表参见附录L。

12 记录与文档管理、沟通和变更管理

12.1 记录与文档管理

12.1.1 记录与文档管理应保存:

a) 全生命周期管道安全运行与维护所需的历史信息;

b) 管道管理有效性和合规性的客观证据;

c) 决策制定和允许的相关资料。

12.1.2 应建立管理计划以识别、收集、储存和废弃以下记录和文档:

a) 与管道管理相关;

b) 与12.1.1相符合;

c) 其他完整性管理方案相关文档。

12.1.3 管理计划应包含电子和纸质记录与文档的管理流程。

12.1.4 应建立和管理涉及管道设计、采购、施工、运行、维护和废弃阶段完整性管理活动的记录和文档。

12.1.5 各阶段的报告等应通过专业评审,并对报送备案的情况进行记录。

12.2 沟通

12.2.1 应制定和实施沟通计划以保证内外部有关人员能够获知完整性管理相关信息。

12.2.2 管道企业与各外部相关方的沟通应考虑以下内容:

a) 政府部门

1) 管道企业联系方式；

2) 管道走向图；

3) 应急预案。

b) 管道沿线居民

1) 管道企业联系方式；

2) 管道位置；

3) 管输介质；

4) 识别、报告和应对泄漏的方式。

12.2.3 内部相关部门沟通内容应包括：

a) 完整性管理的关键要素及其相关情况；

b) 必要的内部报告及其效果和结果；

c) 及时有效的完整性管理实施的相关信息。

12.3 变更管理

12.3.1 应制定变更管理程序，以规范变更管理。

12.3.2 对于工艺调整、改线、修复等变更，应及时更新数据，变更完整性管理方案。

13 培训和能力要求

13.1 从事管道完整性管理的相关人员应掌握以下相应技能，并通过培训和考核：

a) 数据管理；

b) 风险评价与高后果区识别管理；

c) 管道检测与适应性评价；

d) 管体缺陷修复管理；

e) 管道日常管理；

f) 效能评价与管理；

g) 管道完整性管理方法。

13.2 管道完整性管理培训与能力应分级管理。取得较高能力要求水平的人员可从事该级别以下规定的管理活动，较低能力水平的人员不得从事较高能力要求规定的管理活动。

13.3 应编制并贯彻执行对完整性管理人员的培训大纲，定期审查培训计划，并根据需要进行修订。培训大纲可参照附录M制定实施。当新标准、法规发布，新设备、新工艺程序或新管理理念应用时，应对培训大纲进行审查，并根据需要予以修订。

13.4 当学员熟练掌握理论知识，具备实际作业能力时，需对其能力进行考核。测试过程包括理论知识、工程实践考核，可通过书面、计算机或答辩等方式实施。

13.5 完整性管理人员应至少每3年再接受一次知识更新培训，以更新其岗位知识和技能。

13.6 依据工作范围，参加管道完整性管理相关人员应通过相应的培训，达到能力水平要求后从事相对应的业务工作。开展高后果区识别和数据采集等基础工作的人员应达到初级能力水平及以上要求，开展管道基础风险评价等工作人员应达到中级能力水平及以上要求，开展完整性评价、综合风险评价和效能评价等工作达到高级能力水平及以上要求的人员方可进行。

附 录 A
(资料性附录)
完整性管理数据采集清单

管道完整性管理数据应包括用于定位所有设备的全部必要数据。表 A.1 给出了一系列其他能够提升管道完整性管理的数据采集类目和对应的数据采集阶段。

表 A.1 完整性管理数据采集类目

序号	分类	数据子类名称	数据采集源头阶段
1	中心线	测量控制点	建设期
		中心线控制点	建设期,运行期
		标段	建设期
		埋深	建设期,运行期
2	阴极保护	阴极保护记录	运行期
		牺牲阳极	建设期,运行期
		阳极地床	建设期,运行期
		阴极保护电源	建设期,运行期
		排流装置	建设期,运行期
3	管道设施	站场边界	建设期
		标桩	建设期,运行期
		埋地标识	建设期,运行期
		附属物	建设期,运行期
		套管	建设期,运行期
		防腐层	建设期,运行期
		穿跨越	建设期,运行期
		弯管	建设期,运行期
		收发球筒	建设期,运行期
		非焊缝连接方式	建设期,运行期
		钢管	建设期,运行期
		开孔	建设期,运行期
		阀门	建设期,运行期
		环焊缝	建设期,运行期
		三通	建设期,运行期
		水工保护	建设期,运行期
		隧道	建设期,运行期

表 A.1(续)

序号	分类	数据子类名称	数据采集源头阶段
4	第三方设施	第三方管道	建设期
		公共设施	建设期,运行期
		地下障碍物	建设期,运行期
5	检测维护	内检测记录	运行期
		外检测记录	运行期
		适用性评价	运行期
		管体开挖单	运行期
		焊缝检测结果	建设期
		试压	建设期
		管道维修	运行期
6	基础地理	建构筑物	建设期,运行期
		河流	建设期
		土地利用	建设期
		行政区划	建设期
		铁路	建设期
		公路	建设期
		土壤	建设期
		地质灾害	建设期,运行期
		面状水域	建设期
7	运行	输送介质	运行期
		运行压力	运行期
		失效记录	运行期
		巡线记录	运行期
		泄漏监测系统	建设期、运行期
		清管	建设期、运行期
8	管道风险	高后果区识别结果	建设期,运行期
		管道风险评价结果	建设期,运行期
		地质灾害评价结果	建设期,运行期
9	应急管理	单位联系人	建设期,运行期
		应急组织机构	建设期,运行期
		应急组织人员	建设期,运行期
		应急抢修设备	建设期,运行期
		应急预案	建设期,运行期
		应急抢修记录	建设期,运行期
		储备物资	建设期,运行期

附　录　B
（资料性附录）
提交数据表结构

提交数据表结构格式见表 B.1～表 B.10。

表 B.1　管道中心线位置表

数据项名称	计量单位	域值名称	填写说明
管道 ID			
控制点 ID			
路由控制点坐标 X	度:分:秒		投影坐标应备注投影信息
路由控制点坐标 Y	度:分:秒		投影坐标应备注投影信息
埋深	m		
高程	m		
备注			

注 1：管道企业应给所属的每个管道分配唯一的名称及编号，每条管道的空间数据坐标系应保持一致。

注 2：路由控制点坐标 X、坐标 Y 为经纬度坐标或投影坐标。具体投影信息应在"管道中心线元数据表"中描述。

注 3：埋深为地表到管顶的垂直距离。

注 4：高程为管顶高程。

表 B.2　管道中心线属性表

数据项名称	计量单位	域值名称	填写说明
管道企业 ID			
管道企业名称			
管道 ID			
管道名称			
管道长度	m		
输送介质		产品类型	
投产时间			
设计单位名称			
建设单位名称			
备注			

注 1：管道企业 ID 为管道系统实际运营者的唯一编号。

注 2：应给每个管道分配唯一的名称及编号。

注 3："管道长度"字段填写该管道长度，单位 m，保留两位小数。

注 4：产品类型为管道系统运输的产品性质，字段提供了阈值。

注 5："投产时间"按照年/月/日（YYYYMMDD）格式数字序列填写。

表 B.3 管段属性表

数据项名称	计量单位	域值名称	填写说明
管道 ID			
管段 ID			
管段长度	m		
直径	mm		
壁厚	mm		
设计压力	MPa		
运行状态		运行状态	
位置数据质量		位置数据质量	
属性外键			
更新说明		更新说明	
备注			

注 1：管段是管道的子区域，管段 ID 由管道企业分配。原则上管段在位置上不存在重叠和空隙。每个管段仅有两个端点，不允许有分支，管道应划分尽量少的管段，仅在如下情况下划分管段：

a) 管道相交(指物理连通)，例如一个支线和干线；

b) 管道相关属性(如直径、壁厚)变化。

注 2：“属性外键”字段填写连接地理空间要素(管道)与其属性记录之间的外键。

注 3：“直径”和“壁厚”字段分别填写管段公称直径和壁厚，单位 mm，保留两位小数。

注 4：“位置数据质量”字段的阈值具体含义为：“优”表示空间坐标数据的误差小于 1 m；“良”表示误差在 1 m～10 m 之间；“中”表示误差大于 10 m～50 m 之间；“差”表示误差在大于 50 m。

注 5：“更新说明”标识自上次提交数据以来此次数据的修改方式，阈值包括：

a) 新增管道；b) 空间数据修改；c) 属性数据修改；d) 空间和属性数据修改；e) 删除；f) 无变更。

表 B.4 管道企业联系信息表

数据项名称	计量单位	域值名称	填写说明
管道企业 ID			
管道企业名称			
主要联系人姓名			
主要联系人职务			
主要联系人所在机构名称			
主要联系人地址 1			
主要联系人地址 2			
主要联系人邮编			
主要联系人手机号码			
主要联系人工作电话号码			
主要联系人传真号码			

表 B.4(续)

数据项名称	计量单位	域值名称	填写说明
主要联系人电子邮箱地址			
技术联系人姓名			
技术联系人职务			
技术联系人所在机构名称			
技术联系人地址 1			
技术联系人地址 2			
技术联系人邮编			
技术联系人手机号码			
技术联系人工作电话号码			
技术联系人传真号码			
技术联系人电子邮箱地址			

注 1:公众联系人负责处理公众关于相关管道的问题,管道企业允许有多个联系人负责不同运营单元。
注 2:管道企业 ID 为管道系统实际运营者的唯一编号。

表 B.5 站场表

数据项名称	计量单位	域值名称	填写说明
管道企业 ID			
管网 ID			
管道 ID			
站场 ID			
站场名称			
所在城市名			
所在省名			
业主			
投影方式		投影方式	
坐标系		坐标系	
X 坐标			
Y 坐标			
度量单位		度量单位	
备注			

注 1:管道 ID 为该站场所属管道的唯一编号,管网 ID 为该站场所属的管网的唯一编号;管道企业 ID 为该管网所属的管道企业的唯一编号。
注 2:坐标系要求:至少应提交 CGCS2000 坐标系成果,对其他坐标系成果应提交原始坐标系成果和转换后 CGCS2000 坐标系成果。
注 3:“城市名”“省名”为该站场所在的城市名称、省份名称。
注 4:“X 坐标”“Y 坐标”为站场区中心位置坐标;保留后面三位小数。
注 5:度量单位为 X、Y 坐标采用的单位,如度(°)、分(′)、秒(″)、米(m)或千米(km)。

表 B.6　高后果区管段表

数据项名称	计量单位	域值名称	填写说明
管道 ID			
高后果区编号			
行政区划			
起始里程			
终止里程			
起始桩号			
与起始桩的距离	m		
终止桩号			
与终止桩的距离	m		
高后果区长度	m		
高后果区类型		高后果区类型	
地区等级		地区等级	
识别时间			
备注			

注 1：高后果区编号：由管道企业进行编号，在一个高后果区识别工作周期内应保证同一管道内高后果区编号唯一，并可采用数字顺序编号。

注 2：两种高后果区位置提交方式：一是提交该高后果区管段的起始里程和终止里程；二是提交桩加偏移量数据。单位都为米。

注 3：高后果区长度，单位为米(m)。

注 4："识别时间"按照年/月/日(YYYYMMDD)格式数字序列填写。

表 B.7　管道占压表

数据项名称	计量单位	域值名称	填写说明
管道 ID			
行政区划			
里程	m		
桩号			
与桩的距离	m		
占压方位		占压方位	
占压物类型		占压物类型	
占压危害程度		占压危害程度	
占压物所在详细地址			
占压长度	m		
占压面积	m^2		

表 B.7(续)

数据项名称	计量单位	域值名称	填写说明
占压开始时间			
目前主要对策及保护措施			
计划清理完成时间			
备注			

注 1：有里程数据时优先提交里程信息，没有里程数据可提交桩加偏移量数据。

注 2：行政区划填写占压位置所在县级行政区划，可填写多个，以半角逗号分隔。

注 3：占压危害程度分为 A、B、C 三级，“A 级”指公众聚集场所、居民楼和易燃易爆场所等建、构筑设施；“B 级”指有人口居住、活动且可能引发人员伤亡，或影响管道安全运行的建、构筑设施；“C 级”是指“A 级”和“B 级”以外的建、构筑设施。

注 4：“占压长度”单位为米(m)，“占压面积”单位为平方米(m^2)。

注 5：“占压开始时间”和“计划清理完成时间”按照年/月/日(YYYYMMDD)格式数字序列填写。

表 B.8　高风险管段表

数据项名称	计量单位	域值名称	填写说明
管道 ID			
高风险管段编号			
起始里程	m		
终止里程	m		
起始桩号			
与起始桩的距离	m		
终止桩号			
与终止桩的距离	m		
主要危害因素		主要危害因素	
风险评价时间			
管段风险描述			
风险评价单位名称			
备注			

注 1：两种位置提交方式：一种是该高风险管段的起始里程和终止里程；二是提交桩加偏移量数据。单位都为米(m)。

注 2：高风险管段编号：由管道企业进行编号，在一个风险识别工作周期内应保证同一管网内高风险管段编号唯一，并可采用数字顺序编号。

注 3：“风险评价时间”按照年/月/日(YYYYMMDD)格式数字序列填写。

表 B.9 管道中心线元数据表

数据项名称	计量单位	域值名称	填写说明
元数据 ID			自动生成
管道企业 ID			
管道 ID			
提交日期			
覆盖省列表			
坐标系		坐标系	
度量单位			
投影方式		投影方式	
备注			

注 1：元数据 ID 为系统自动生成，不需填写。
注 2：管道企业 ID 为管道系统实际运营者的唯一编号。
注 3："提交日期"按照年/月/日(YYYYMMDD)格式数字序列填写。
注 4："覆盖省列表"字段为提交管道中线数据覆盖的省级行政区列表。
注 5：坐标系要求：至少应提交 CGCS2000 坐标系成果，对其他坐标系成果应提交原始坐标系成果和转换后 CGCS2000 坐标系成果。
注 6：提交的数据跨多个分带时须在备注字段中说明所跨的各分带号。

表 B.10 域值表

域值名称	域值代码	域值含义
产品类型	1	原油
	2	成品油
	3	天然气
运行状态	1	在用的
	2	损坏
	3	修复中
	4	建设中
	5	已废弃
位置数据质量	1	优
	2	良
	3	中
	4	差
	5	未知

表 B.10（续）

域值名称	域值代码	域值含义
更新说明	1	新增管道
	2	空间数据修改
	3	属性数据修改
	4	空间和属性数据修改
	5	删除
	6	无变更
投影方式	1	西安 80 坐标系 6 度分带
	2	西安 80 坐标系 3 度分带
	3	北京 54 坐标系 3 度分带
	4	北京 54 坐标系 6 度分带
	5	其他
坐标系	1	CGCS2000 大地坐标系
	2	WGS84 世界大地坐标系
	3	54 北京坐标系
	4	80 西安坐标系
	5	城市坐标系
	6	其他
度量单位	1	十进制度
	2	米
	3	千米
	4	其他
高后果区类型	1	未知
	2	高人口密度区
	3	其他人口密集区
	4	河流水源
	5	交通设施
	6	生态保护区
	7	其他
地区等级	1	未知
	2	等级 1——在规定面积内少于 15 户
	3	等级 2——在规定面积内多于 15 户少于 100 户
	4	等级 3——在规定面积内多于 100 户
	5	等级 4——交通发达的城镇商业区
	6	其他

表 B.10（续）

域值名称	域值代码	域值含义
占压方位	1	管道正上方
	2	管道两侧各 5 m 范围内
占压物类型	1	建构筑物
	2	圈占
	3	深根植物
	4	重物
	5	堆积物
	6	其他
危害程度	1	A 级
	2	B 级
	3	C 级
主要危害因素	1	未知
	2	腐蚀
	3	误操作
	4	制造与施工缺陷
	5	地质灾害
	6	第三方损坏
	7	其他

注 1：本表中域值名称对应表 B.1～B.9 中域值名称。

注 2：每种域值含义对应一个域值代码，域值代码用于设计数据库字段时使用；域值含义表示该域值名称所含有的类型。

附　录　C
（资料性附录）
潜在影响区示意图

输气管道潜在影响半径示例见图 C.1。

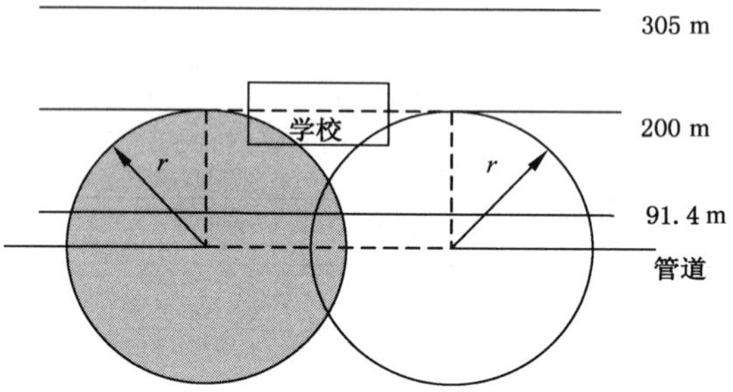

注：本图是直径 762 mm、最大允许操作压力为 7 MPa 管道的研究成果。

图 C.1　输气管道潜在影响区示意图

附　录　D
（资料性附录）
管道完整性管理相关报告的内容

D.1　高后果区识别报告

高后果区识别报告包括如下内容：

a）　概述

概述应包括以下内容：

1）　本次高后果区识别工作情况概述，包括识别单位、识别方法、识别日期等；

2）　管道参数以及信息的获取方式；

3）　管道周边人口和自然环境情况。

b）　识别结果

识别结果的内容应至少包括如下内容：

1）　高后果区管段识别统计表；

2）　高后果区管段长度比例图；

3）　减缓措施；

4）　再识别日期。

D.2　管道风险评价报告

管道风险评价报告包括如下内容：

a）　评价概述；

b）　管道系统概述；

c）　评价方法；

d）　评价的假设和局限性；

e）　危害因素识别结果；

f）　失效可能性分析结果；

g）　失效后果分析结果；

h）　风险判定结果及风险消减措施建议；

i）　风险因素敏感性和不确定性分析；

j）　问题讨论；

k）　结论和建议。

D.3　压力试验报告

压力试验报告包括如下内容：

a）　工程情况；

b）　试压方案；

c）　记录；

d) 发现的缺陷与异常；

e) 修复情况；

f) 再评价周期；

g) 结论。

D.4 适用性评价报告

适用性评价报告包括如下内容：

a) 管道概况；

b) 评价参照的法规标准；

c) 评价使用的管道相关参数；

d) 检测数据的统计分析；

e) 不同类型缺陷的完整性评价；

f) 评价结论及维修维护建议；

g) 再检测计划建议和管道安全运行建议。

附 录 E
(资料性附录)
管道风险矩阵

管道风险矩阵应包括管道失效可能性、失效后果和风险的分级标准。失效可能性分级由表E.1确定。失效后果由表E.2确定,分析过程中分别考虑人员安全、财产损失、环境污染和停输影响等。风险分级见表E.3。各风险等级的涵义见表E.4。

表E.1 失效可能性等级

失效可能性分级	描述	等级
高	企业内曾每年发生多次类似失效,或预计1年内发生失效	5
较高	企业内曾每年发生类似失效,或预计1年～3年内发生失效	4
中	企业内曾发生过类似失效,或预计3年～5年内发生失效	3
较低	行业中发生过类似失效,或预计5年～10年内发生失效	2
低	行业中没有发生类似失效,或预计超过10年后发生失效	1

表E.2 失效后果等级

后果分类	后果描述				
	A	B	C	D	E
人员伤亡	无或轻伤	重伤	死亡人数1～2	死亡人数3～9	死亡人数≥10
经济损失	＜10万元	10万～100万元	100万～1 000万元	1 000万～1亿元	＞1亿元
环境污染	无影响	轻微影响	区域影响	重大影响	大规模影响
停输影响	无影响	对生产重大影响	对上/下游公司重大影响	国内影响	国内重大或国际影响

表E.3 风险矩阵

失效后果	失效可能性				
	1	2	3	4	5
E	Ⅲ	Ⅲ	Ⅳ	Ⅳ	Ⅳ
D	Ⅱ	Ⅱ	Ⅲ	Ⅲ	Ⅳ
C	Ⅱ	Ⅱ	Ⅱ	Ⅲ	Ⅲ
B	Ⅰ	Ⅰ	Ⅰ	Ⅱ	Ⅲ
A	Ⅰ	Ⅰ	Ⅰ	Ⅱ	Ⅲ

表 E.4 风险等级

类别	描述
低 (Ⅰ)	风险水平可以接受,当前应对措施有效,可不采取额外技术、管理方面的预防措施
中 (Ⅱ)	风险水平可以接受,但应保持关注
较高 (Ⅲ)	风险水平不可接受,应在限定时间内采取有效应对措施降低风险
高 (Ⅳ)	风险水平不可接受,应尽快采取有效应对措施降低风险

附　录　F
（资料性附录）
管道建设期风险评价内容

在管道建设期进行的风险评价，应考虑以下因素：

a）根据管道沿线的地方政府规划，考虑现有设计是否能满足规划要求。

b）根据沿线土地的使用情况及规划用地情况分析可能存在的第三方损坏、占压等情况。避免投产后引起的占地纠纷、交叉施工过多带来的第三方损坏风险、短期内改线等情况。

c）应充分考虑腐蚀、疲劳、热应力等风险因素，在满足输量的情况下，合理选择管道材质、管径、壁厚等参数，并依据设计的正常工况及可能出现的紧急情况，对管道材质及壁厚选取进行校核；调研材质及焊接工艺对环境温度、湿度、土质等的敏感性，使管材及焊缝在运行环境中不产生异常失效速率。

d）根据沿线土壤腐蚀性、岩土类型、沿线电气化设施等分析可能出现的防腐层损坏、杂散电流和腐蚀易发区等风险。对局部腐蚀环境、杂散电流等腐蚀控制措施的有效性进行评价。防腐层及补口材料的选择应考虑具体的管径、壁厚、施工温度、土壤类型等因素。

e）应对管道穿跨越（含隧道）位置、活动断裂带及特殊不良地质地段的风险进行评价，管道应选择在稳定的缓坡地带、灾害地质较少的地段通过，避免通过滑坡、崩塌、泥石流、陡坡、陡坎等易造成管道破坏的地带；通过活动断裂带可选用应变能力强的钢管，宜适当加大壁厚，并尽量减少使用弯头等管件，断裂带两侧的过渡段范围内管道宜采用弹性敷设方式。

f）考虑施工阶段可能对周围环境和地形、地貌造成的挠动和破坏，依据地貌、土壤类型、降雨等信息，分析可能存在的地质灾害类型及危险程度。对于可能存在的山体滑坡、冻胀融沉等灾害，审核其监测设施运行有效性。管道铺设应尽量避免横坡铺设。

g）应识别施工可能对管道本体产生的危害，并给出评价结论。使用特殊的施工工艺应考虑对将来完整性评价的影响。

h）考虑工程变更时的风险，识别出由于变更对今后运行可能产生的危害，并提出消除危害和预防风险的措施。

附 录 G
(资料性附录)
管道泄漏频率统计和推荐可接受标准

国内外管道泄漏频率统计和推荐可接受标准见表G.1。

表G.1 管道泄漏频率和推荐可接受标准表

来源	输油管道泄漏频率/次/(10^3km·a)	输气管道泄漏频率/次/(10^3km·a)	油气管道整体泄漏频率/次/(10^3km·a)
美国管道与危险品安全管理局PHMSA(2012年)	2.155	0.400	0.906
欧洲CONCAW石油组织(2012年)	0.194	—	0.194
欧洲输气管道失效数据库EGIG(2001年～2010年)	—	0.167	0.167
英国陆上管道管理协会(2008年～2012年)	—	—	0.122
加拿大运输安全局TSB(2012年)	—	—	0.438
国内相关管道企业	2.151	0.193	—
推荐的失效可接受标准	2.0	0.4	—

附 录 H
(资料性附录)
内检测类型和检测用途

针对各类异常的内检测技术的适用性见表 H.1。

表 H.1 内检测器类型和用途对照表

异常	瑕疵/缺陷/特征	金属损失检测器			裂纹检测器		变形检测器
		漏磁(MFL)		超声纵波[m]	超声横波[m]	环向漏磁	
		标准分辨率(SR)	高分辨率(HR)				
金属损失	外腐蚀	可检出[a] 可判定尺寸[b]	可检出[a] 可判定尺寸[b]	可检出[a] 可判定尺寸[b]	可检出[a] 可判定尺寸[b]	可检出[a] 可判定尺寸[b]	检不出
	内腐蚀						
	划痕						
类裂纹	狭窄轴向外腐蚀	可检出[a]	可检出[a]	可检出[a] 可判定尺寸[b]	可检出[a] 可判定尺寸[b]	可检出[a] 可判定尺寸[b]	检不出
	应力腐蚀开裂	检不出	检不出	检不出	可检出[a] 可判定尺寸[b]	有限检出[a,c] 可判定尺寸[b]	检不出
	疲劳裂纹	检不出	检不出	检不出	可检出[a] 可判定尺寸[b]	有限检出[a,c] 可判定尺寸[b]	检不出
	直焊缝裂纹等	检不出	检不出	检不出	可检出[a] 可判定尺寸[b]	有限检出[a,c] 可判定尺寸[b]	检不出
	周向裂纹	检不出	可检出[c] 可判定尺寸[b]	检不出	可检出[a] 可判定尺寸[b,d]	检不出	检不出
	氢致裂纹	检不出	检不出	可检出[a]	有限检出	检不出	检不出
变形	弯折凹陷	可检出[e,g]	可检出[e,l]	可检出[e,g]	可检出[e,g]	可检出[e,g]	可检出[f] 可判定尺寸
	平滑凹陷	可检出[e,g]	可检出[e,l]	可检出[e,g]	可检出[e,g]	可检出[e,g]	可检出[f] 可判定尺寸
	鼓胀	可检出[e,g]	可检出[e,l]	可检出[e,g]	可检出[e,g]	可检出[e,g]	可检出[f] 可判定尺寸
	皱纹、波纹	可检出[e,g]	可检出[e,l]	可检出[e,g]	可检出[e,g]	可检出[e,g]	可检出[f] 可判定尺寸
	椭圆度	检不出	检不出	检不出	检不出	检不出	可检出 可判定尺寸[b]
部件	管式阀和配件	可检出	可检出	可检出	可检出	可检出	可检出
	套管(同心)	可检出	可检出	检不出	检不出	可检出	检不出
	套管(偏心)	可检出	可检出	检不出	检不出	可检出	检不出
	弯管	有限检出	有限检出	有限检出	有限检出	有限检出	可检出[h] 可判定尺寸[h]

表 H.1（续）

异常	瑕疵/缺陷/特征	金属损失检测器			裂纹检测器		变形检测器
		漏磁(MFL)		超声纵波[m]	超声纵波[m]	环向漏磁	
		标准分辨率(SR)	高分辨率(HR)				
部件	支管/带压开孔	可检出	可检出	可检出	可检出	可检出	检不出
	临近金属物	可检出	可检出	检不出	检不出	可检出	检不出
	铝热焊接	检不出	检不出	检不出	检不出	检不出	检不出
	管道坐标	检不出[k]	可检出[k]	可检出[k]	可检出[k]	可检出[k]	可检出[k]
维修特征	A 型套筒	可检出	可检出	检不出	检不出	可检出	检不出
	复合套筒	可检出[i]	可检出[i]	检不出	检不出	可检出[i]	检不出
	复合材料补强	检不出	检不出	检不出	检不出	检不出	检不出
	B 型套筒	可检出	可检出	可检出	可检出	可检出	检不出
	补丁/半圆补强板	可检出	可检出	可检出	可检出	可检出	检不出
	沉积焊	有限检出	有限检出	检不出	检不出	有限检出	检不出
各种异常	分层	有限检出	有限检出	可检出 可判定尺寸[b]	有限检出	有限检出	检不出
	夹杂物（未熔合）	有限检出	有限检出	可检出 可判定尺寸[b]	有限检出	有限检出	检不出
	冷作	检不出	检不出	检不出	检不出	检不出	检不出
	硬点	检不出	可检出[j]	检不出	检不出	检不出	检不出
	磨痕	有限检出[a]	有限检出[a]	可检出[a,b]	可检出[a,b]	有限检出[a,b]	检不出
	应变	检不出	检不出	检不出	检不出	检不出	可检出[j]
	环焊缝异常	有限检出	可检出	可检出	可检出[d]	检不出	检不出
	螺旋焊缝异常	有限检出	可检出	可检出	可检出	可检出	检不出
	直焊缝异常	检不出	检不出	可检出	可检出	可检出	检不出
	疤/毛刺/鼓泡	有限检出[a]	有限检出	可检出[a,b]	可检出[a,b]	有限检出[a]	有限检出

[a] 受可检测的指示的深度、长度和宽度的限制。

[b] 由检测器的尺寸精度确定。

[c] 闭合裂纹减小了检测概率(POD)。

[d] 传感器旋转 90°。

[e] 检测概率(POD)的减小取决于尺寸与形状。

[f] 如装配设备，也可检测周向位置。

[g] 尺寸不可靠。

[h] 如装配弯头测量设备。

[i] 不可探测未做标记的复合套筒。

[j] 如装配设备，取决于参数。

[k] 如装配具有测绘能力的设备(IMU)。

[l] 量化精度取决于设备。

[m] 仅在液体环境，即液体管道或液体耦合的气体管道中能使用的内检测技术。

附　录　I
（资料性附录）
内检测典型性能规格

I.1　几何检测器

几何检测器性能规格见表 I.1。

表 I.1　几何检测性能规格

特征	POD=90%时检测阈值（%OD）	置信度=80%时精度（%OD）	报告阈值（%OD）
凹陷	0.6%	ID_{red}<10%：±0.5%	2%
		ID_{red}>10%：±0.7%	
椭圆度	0.6%	ID_{red}<5%：±0.5%	5%
		ID_{red}=5%～10%：±1.0%	
		ID_{red}>10%：±1.4%	
ID：内径 OD：外径 椭圆度：(最大 ID-最小 ID)/公称 OD			
定位精度	轴向距最近的参考环焊缝：±0.2 m		
	轴向距最近的地面参考点（AGM）：±1‰		
	环向：±15°		

I.2　弯曲应变性能规格

IMU 测量的性能规格应满足：

a)　当两个地面 Marker 点之间间距小于 1 km 时，定位精度±1 m；

b)　单次检测识别的弯曲变形曲率$>\frac{1}{400D}$（D 为管径）；重复检测应识别出曲率变化率$>\frac{1}{2\ 500D}$。

I.3　漏磁检测器性能规格

漏磁检测器性能规格见表 I.2。

表 I.2　漏磁检测器性能规格

轴向采样间距	2 mm 以上如检测器采样频率是固定的,则检测速度越高,间距越大
环向传感器间隔	8 mm～ 17 mm
检测局限性	最小检测深度：10% WT 深度测量精度：10% WT
最小速度	0.5 m/s (感应线圈式)；无 (霍尔传感器)
最大速度	4 m/s～ 5 m/s
长度、深度量化精度	均匀金属损失： 最小深度：10%WT 深度量化精度：± 10%WT 长度量化精度：± 20 mm 坑状金属损失： 最小深度：(10 ～ 20)%WT 深度量化精度：± 10%WT 长度量化精度：± 10 mm 轴向沟槽： 最小深度：20%WT 深度量化精度：(－15～ 10)%WT 长度量化精度：± 20 mm 周向沟槽： 最小深度：10%WT 深度量化精度:(－10～ 15)%WT 长度量化精度：± 15 mm 轴向狭窄沟槽： 最小深度:可探测但无法准确报告 周向狭窄沟槽： 最小深度：10%WT 深度量化精度:(－15～ 20)%WT 长度量化精度：± 15 mm 与焊缝相关的腐蚀： 焊缝附近： 最小深度：10%WT 深度量化精度：±(10 ～ 20)%WT 位于或穿过焊缝： 最小深度：(10 ～ 20)%WT 深度量化精度：±(10 ～ 20)%WT
宽度量化精度 (环向)	±(10 ～ 17)mm
定位精度	轴向 (相对于最近的环焊缝)：±0.1 m 轴向 (相对于最近的 AGM)：±1‰ 环向:±5°
置信水平	80%
注：WT 为管材壁厚(表 I.3、表 I.5、表 I.6、表 I.7 同)。	

I.4 三轴漏磁检测器性能规格

三轴漏磁检测器能区分内部、外部缺陷,并且能够区分制造缺陷与一般金属损失,其性能规格见表I.3。

表 I.3 三轴漏磁检测器性能规格

序号	精度指标	大面积缺陷（$4A\times4A$）	坑状缺陷（$2A\times2A$）	轴向凹沟（$4A\times2A$）	周向凹沟（$2A\times4A$）
1	检测阈值（90%检测概率）	5%WT	8%WT	15%WT	10%WT
2	深度精度（80%置信水平）	±10%WT	±10%WT	±15%WT	±10%WT
3	长度精度（80%置信水平）	±10 mm	±10 mm	±15 mm	±12 mm
4	宽度精度（80%置信水平）	±10 mm	±10 mm	±12 mm	±15 mm

注:A 是与壁厚相关的几何参数,当壁厚小于 10 mm 时,A 为 10 mm;当壁厚大于或等于 10 mm 时,A 为壁厚。

I.5 超声波腐蚀检测器性能规格

超声波腐蚀检测器性能规格见表 I.4。

表 I.4 超声波腐蚀检测器典型性能规格

<table>
<tr><td>轴向采样间距</td><td colspan="2">3 mm</td></tr>
<tr><td>环向传感器间隔</td><td colspan="2">8 mm</td></tr>
<tr><td>最大速度</td><td colspan="2">2 m/s(当速度大于 2 m/s,轴向分辨率随着速度增大将降低)</td></tr>
<tr><td rowspan="3">检测能力</td><td colspan="2">一般深度精度:± 0.5 mm
平板和壁厚测量精度:± 0.2 mm
轴向分辨率:3 mm
环向分辨率:8 mm
最小可探测腐蚀深度:1 mm</td></tr>
<tr><td rowspan="2">最小可探测点蚀</td><td>仅给出腐蚀区域,不报告深度时:
直径:10 mm
深度:1.5 mm</td></tr>
<tr><td>需报告深度时:
直径:20 mm
深度:1 mm</td></tr>
<tr><td rowspan="3">定位精度</td><td colspan="2">轴向(相对于最近的环焊缝):±0.1m</td></tr>
<tr><td colspan="2">轴向(相对于最近的 AGM):±1‰</td></tr>
<tr><td colspan="2">环向:±5°</td></tr>
<tr><td>置信水平</td><td colspan="2">80%</td></tr>
</table>

I.6 液体耦合裂纹检测器性能规格

液体耦合裂纹检测器性能规格见表 I.5。

表 I.5 液体耦合裂纹检测器

轴向采样间距	3 mm
环向传感器间隔	10 mm
检测局限性	可检测缺陷： 最小长度：30 mm 最小深度：1 mm 检测错边：沿管道轴向± 15° 检测位置：内部、外部、内嵌、母材、直焊缝
检测速度	最大 1.0 m/s (当速度大于 1.0 m/s 时，轴向分辨率降低)
尺寸精度	长度： ± 10% WT (对于特征> 100 mm) ± 10 mm (对于特征< 100 mm)
	宽度 (对于裂纹场)：± 50 mm
	深度： 分类级别： < 12.5% WT (12.5 ~ 25)% WT (25 ~ 40)% WT > 40 % WT
定位精度	轴向 (相对于最近的环焊缝)：±0.1 m
	轴向 (相对于最近的 AGM)：±1‰
	环向：±5°
置信水平	80%

I.7 轮式耦合裂纹检测器性能规格

轮式耦合裂纹检测器性能规格见表 I.6。

表 I.6 轮式耦合裂纹检测器

轴向采样间距	5 mm
环向传感器间隔	(210 ~ 290)mm 取决于检测器尺寸

表 I.6（续）

检测局限性	可检测缺陷： 最小长度：50 mm 最小深度：25% WT 检测错边：沿管道轴向±10%WT 检测位置： ——距环焊缝大于 50 mm 的管体 ——无法区分内外
检测速度	(0.5 ～ 3)m/s 液体 (1 ～ 3)m/s 气体
定位精度	轴向（相对于最近的环焊缝）：±0.1 m
	轴向（相对于最近的 AGM）：±1‰
	环向：±5°
置信水平	80%

I.8 环向漏磁检测器性能规格

环向漏磁检测器性能规格见表 I.7。

表 I.7 环向漏磁性能规格

轴向采样间距	3.3 mm
环向传感器间隔	4 mm
检测局限性	可检测缺陷： 最小长度：25 mm 最小宽度：0.1 mm 最小深度：25%WT 检测位置： 直焊缝两侧 50 mm 以内，不区分内外
检测速度	(0.2 ～ 2)m/s
定位精度	轴向（相对于最近的环焊缝）：±0.2 m
	轴向（相对于最近的 AGM）：±1‰
	环向：±7.5°
置信水平	80%

附　录　J
（资料性附录）
缺陷类型与评价标准适用性对照表

缺陷类型与评价标准适用性对照表见表 J.1。

表 J.1　缺陷类型与评价标准适用性对照表

<table>
<tr><th rowspan="2">缺陷类型</th><th colspan="2">推荐标准</th></tr>
<tr><th>国内</th><th>国外</th></tr>
<tr><td>腐蚀</td><td>SY/T 6151
SY/T 6477
SY/T 10048
GB/T 19624</td><td>ASME B31G
DNV-RP-F101
API 579
BS 7910</td></tr>
<tr><td>划痕</td><td>—</td><td>API 579
BS 7910
Shannon 方法</td></tr>
<tr><td>管体制造缺陷[a]</td><td>—</td><td>API 579
BS 7910
Shannon 方法</td></tr>
<tr><td>凹陷</td><td>SY/T 6996</td><td>API 1156
API 1160
ASME B31.4
ASME B31.8
CSA Z662</td></tr>
<tr><td>焊缝缺陷[b]</td><td>SY/T 6477
GB/T 19624</td><td>API 579
BS 7910</td></tr>
<tr><td>裂纹</td><td>SY/T 6477
GB/T 19624</td><td>API 579
BS 7910</td></tr>
<tr><td colspan="3">[a] “管体制造缺陷”涵盖的管体缺陷范围很大，评价时宜进一步区分为平面型、体积型或其他类型。
[b] “焊缝缺陷”评价应首先明确缺陷类型(平面型、体积型)，对于类型不明宜结合历史失效事故或现场检测进一步验证，或按照平面性缺陷进行评价。碰死口、返修口处的环焊缝缺陷通常承受较大的装配应力或残余应力，评价时应重点考虑。</td></tr>
</table>

附　录　K
(资料性附录)
不同类型缺陷修复方法

常见缺陷类型与相关修复方法对应表见表 K.1。

表 K.1　不同类型缺陷修复方法表

缺陷类型[a]	打磨	A 型套筒	压缩套筒	B 型套筒	复合材料套筒	沉积焊接金属	螺栓紧固夹具	阻止泄漏夹具	补丁、缀片	带压开孔封堵[b]
1.泄漏(任何原因引起)或缺陷＞0.8 WT	否	否	否	永久	否	否	永久	临时[c]	否	永久
2.外腐蚀										
2a.浅至中度深坑＜0.8 WT	否	永久	永久	永久	永久	永久	永久	否	临时	永久
2b.深坑＞0.8 WT	否	否	否	永久	否	否	永久	否	否	永久
2c.焊缝选择性缺陷	否	否	永久	永久[d]	否	否	永久[d]	否	临时	否
3.内部缺陷或腐蚀	否	永久[e]	永久[e]	永久	永久[e]	否	永久[e]	否	否	否
4.划痕或其他管体金属损失	永久[f]	永久[g]	永久[g]	永久[h]	永久[g]	永久[g]	永久[h]	否	否	永久
5.电弧灼伤、内含物或叠层	永久[f]	永久	永久	永久	永久[g]	永久[g]	永久	否	否	永久
6.硬点	否	永久	永久	永久	否	否	永久	否	否	永久
7.凹陷										
7a.平滑凹陷	否	永久[i]	永久[i]	永久	永久[j]	否	永久	否	否	否
7b.焊缝或管壁应力集中的凹陷	永久[k]	永久[g,i,j]	永久[g,i,j]	永久	永久[g,i,j]	否	永久	否	否	永久
7c.环焊缝应力集中的凹陷	永久[k]	否	永久[g,i,j]	永久	否	否	永久[l]	否	否	否
8.裂纹										
8a. 浅裂纹＜0.4 WT	永久[f]	永久[g]	永久	永久[d]	永久[g]	永久[g]	永久[d]	否	临时	永久
8b. 深裂纹＞0.4 WT	否	永久[g]	永久	永久[d]	永久[g]	永久[g]	永久[d]	否	否	永久
9.焊缝缺陷										
9a.体缺陷	永久[f]	永久[g]	永久	永久	永久[g]	否	永久	否	否	永久
9b.线缺陷	永久[f]	永久[g]	永久	永久[d]	永久[g]	否	永久[d]	否	否	永久
9c.电阻焊缝上或附近缺陷	否	否	永久	永久[d]	否	否	永久[d]	否	否	否
10.环焊缝缺陷	永久[f]	否	否	永久	否	永久[m]	永久[l]	否	否	否
11.褶皱、扭曲或屈服	否	否	否	永久[n]	否	否	否	否	否	否

表 K.1(续)

缺陷类型	打磨	A型套筒	压缩套筒	B型套筒	复合材料套筒	沉积焊接金属	螺栓紧固夹具	阻止泄漏夹具	补丁、缀片	带压开孔封堵[b]
12.鼓泡,HIC	否	永久	永久	永久	否	否	永久	否	否	否

[a] 任何缺陷都可以通过换管方式进行修复。

[b] 带压开孔只能用于通过开孔可以去除的小尺寸缺陷。

[c] 阻止泄漏夹具只能用于能被夹具封堵的小泄漏处。

[d] 确保缺陷长度短于压缩套筒的长度。

[e] 确保内部缺陷或腐蚀缺陷没有继续向外部生长;需要对缺陷进行监控或将来进行修复。

[f] 如缺陷金属可以去除或者局部金属损失不多的话,可以进行不超过 0.4 WT 的打磨。

[g] 如损伤的材料已经打磨去除并且通过检验,就可以使用不超过 0.8 WT 的打磨。

[h] 推荐在去除损伤材料后对输送管道进行检验。

[i] 推荐使用填充材料和工程疲劳强度评定。

[j] 需要遵守操作规程上对最大凹陷尺寸的限制。

[k] 需要满足操作规程对最大允许打磨量的限制。

[l] 开口套筒夹具应能传递轴向载荷且保证结构完整性。

[m] 对打磨去除的缺陷在焊前和焊后要进行检查。

[n] 对凹陷、扭曲等变形缺陷在解除约束应力后尺寸减少的缺陷,宜按照原尺寸评价结论修复。

附 录 L
(资料性附录)
管道失效事件信息统计表

管道失效事件信息统计表格式见表 L.1。

表 L.1 管道失效事件信息统计表

序号	分类	信息
1	事件基础信息	管道名称
		管道失效日期
		失效发生地点
		桩号
		偏移量,m
		失效发生部位
		失效位置管径,mm
		失效处壁厚,mm
		失效处埋深,m
		失效时压力,MPa
		失效位置环境
		区域等级
		是否高后果区
2	失效模式及原因	失效直接原因
		失效根本原因
		失效事件等级
		失效模式
		失效发现途径
		调查人员信息
		损伤类别
		损伤尺寸
3	事件损失	是否发生爆炸
		是否发生着火
		泄漏量
		泄漏量单位
		死亡人数
		重伤人数
		轻伤人数

表 L.1 (续)

序号	分类	信息
3	事件损失	停输时间,h
		停输损失,元
		维抢修费用,元
		油(气)损失,元
		环境污染损失,元
		其他损失,元
		总经济损失,元
4	管道维护信息	是否进行过压力试验
		压力试验日期
		压力试验介质
		压力试验压力,MPa
		压力试验保压时间,h
		压力试验是否发现异常
		压力试验异常描述
		是否进行过内检测
		内检测日期
		内检测类型
		是否发生内检测异常
		内检测异常描述
		其他检测描述
5	管道抢修信息	维抢修队伍名称
		路上时间,h
		抢修时间,h
		更换管道长度,m
		更换防腐层面积,m^2
		重新焊接长度,m
		更换阀门数量,个
		其他(文字描述)
		备注

附　录　M
（资料性附录）
管道完整性管理培训大纲

M.1　初级

初级管道完整性管理能力培训应达到如下要求：

a)　掌握管道完整性管理的基本理念及基础知识，能够依照标准或体系文件实施完整性管理的各项要求；

b)　熟悉管道数据的类型，能够编制数据采集方案，并能够配合数据采集项目的开展；正确使用高后果区识别的相关规程；

c)　了解检测作业的风险及控制措施，能够配合检测作业的开展；了解管体缺陷常见修复方法的具体工序及要求，能够对管体缺陷修复施工进行监管与配合；能够依照标准或体系要求进行巡线和阴极保护系统测试；能够对巡线或测试过程中发现的次标准依照流程进行处理。

M.2　中级

中级管道完整性管理能力培训应达到如下要求：

a)　掌握完整性管理的基本理念，能够依照标准或体系文件实施完整性的各项要求；能够依据评价结果制定合理的完整性管理决策，能够编制完整性管理方案；

b)　熟悉管道数据的类型；能够依据完整性管理的要求对数据采集项目提出具体要求，并能够编制和审核数据采集方案；了解完整性管理数据流程；正确使用高后果区识别的相关规程；了解多种风险评价方法优缺点，能从事基础风险评价，并能正确解读评价结果；了解内检测作业的流程、风险及控制措施，能够配合检测作业的开展，熟练掌握检测报告的应用；掌握管体缺陷常见修复方法的具体工序及要求，能够对管体缺陷修复施工进行监管；能够依照标准或体系要求进行巡线和阴极保护系统测试；能够对巡线或测试过程中发现的次标准依照流程进行处理；能够对问题进行原因分析，通过类比发现其他管道的潜在问题。

M.3　高级

M.3.1　培训要求

中级管道完整性管理能力要求应按照符合培训条件的，通过中级能力要求的高级管理人员，应按照不同专业方向进行专业、系统的培训。

M.3.2　完整性综合管理、体系管理方向

培训所达要求：掌握完整性管理的基本理念和知识，能够依照标准或体系文件实施完整性管理的各项要求；能够依据评价结果制定合理的完整性管理决策，能够编制完整性管理方案；能

够独立开展或者指导团队开展管道完整性管理工作。

M.3.3 数据管理方向

培训所达要求:能够准确读取、分析数据;熟悉管道数据的类型;能够依据完整性管理的要求对数据采集项目提出具体要求,并能够编制和审核数据采集方案;依据完整性管理数据现状优化数据流程。

M.3.4 风险评价与高后果区识别管理方向

培训所达要求:正确使用高后果区识别的相关规程;能够依据管道不同特点选择评价方法;熟悉不同的评价方法并根据管道特点选择适合的评价方法;能够开展管道综合风险评价,编制和审核风险评价报告。

M.3.5 管道检测与评价管理方向

培训所达要求:掌握检测技术的基本原理与缺陷评价方法;掌握现场检测作业的风险识别及控制措施;能够合理选择内检测器种类并配合内检测作业的开展;熟知内检测信号特征,内检测器数据性能评价;选择缺陷评价方法开展完整性评价并掌握检测报告的应用;熟悉目前通用的缺陷评价方法;能够组织内外检测作业;能够组织并编写管道完整性评价报告。

M.3.6 管体缺陷修复管理方向

培训所达要求:了解管体缺陷修复相关标准具体条款的制定原则;管体缺陷修复程序和标准制定的原则;提供推荐性的缺陷修复计划,其中包括能够参考管体缺陷施工管理的经验和修复方法;在实际情况无法满足标准规定时需要以管体缺陷修复相关标准为准则制定,对施工方案提出建议,以满足管体缺陷修复相关标准具体条款的制定原则及原因;能够根据管体缺陷的程度及标准规定选择适用的修复方法;以及现场开挖及修复报告。

M.3.7 管道日常管理方向

培训所达要求:

a) 能够掌握管道腐蚀以及防腐措施所涉及的相关标准;

b) 能够依照标准或体系要求进行巡线和阴极保护系统测试;

c) 能够对巡线或测试过程中发现的次标准依照流程进行处理;

d) 能够对问题进行原因分析,通过类比发现其他管道的潜在问题;

e) 能够对存在的问题提出治理措施,对潜在问题提出预防措施。

M.4 培训和认证要求

各级能力要求和培训大纲明细例表见表 M.1。

表 M.1 管道完整性管理培训能力大纲明细例表

项目	资格要求	专业能力	培训大纲	要求
初级	从事管道完整性相关工作1年以上或2年以上相关工作经验	风险评价与高后果区识别管理	风险识别与评价基础； 高后果区识别技术； 地质灾害风险管理概述及调查识别	相关岗位工作满2年的人员直接通过确认；不足2年的人员参加完相关培训后通过考试认证
		管道检测与评价管理	内检测基础知识； 外检测基础知识； 清管技术基础，特别是内检测前的清管技术基础	相关岗位工作满2年的人员直接通过确认；不足2年的人员参加完相关培训后通过考试认证
中级	具有相关知识背景，从事完整性管理工作2年以上或从事管道管理工作5年以上	风险评价与高后果区识别管理	管道风险评价技术； 管道风险评价相关法规及标准规范； 风险评价方法应用； 地质灾害调查与识别	参加完相关培训后通过考试确认
		管道检测与评价管理	管道内检测基本原理及应用； 缺陷评价技术基础	参加完相关培训后通过考试确认
高级	具有相关技术背景的高级管理人员。管道从事完整性管理工作3年以上	风险评价与高后果区识别管理	管道风险评价； 地质灾害调查与识别； 风险识别与评价； 高后果区识别标准	参加完相关培训后通过面谈进行相关确认
		管道检测与评价管理	管道内检测管理； 管道工程适用性评价技术； 管道外检测管理	参加完相关培训后通过面谈进行相关确认

M.5 培训教师的要求

培训教师的要求如下：

a) 一般培训师应满足其中之一：

1) 在管道完整性领域具备5年以上工作经验，具备工程师及以上资质；

2) 编制过完整性技术与管理相关的行业标准或参与过国家标准编写；

3) 培训机构中在管道完整性管理方向具有3年以上培训经验；

4) 达到完整性高级培训要求的可培训初级、中级课程。

b) 高级培训师应满足其中之一：

1) 在管道完整性领域具务10年以上工作经验，具有高级工程师及以上资质，研究成果在工程上应用；

2） 编制过完整性技术与管理相关的国家标准或参与过国际标准、出版完整性类的中英文专著；

3） 开展过一般水平培训 5 年以上，并经高级培训师 3 人以上推荐。

参 考 文 献

[1] GB/T 19624 在用含缺陷压力容器安全评定

[2] GB 50253 输油管道工程设计规范

[3] SY/T 6151 钢制管道管体腐蚀损伤评价方法

[4] SY/T 6477 含缺陷油气输送管道剩余强度评价方法

[5] SY/T 6996 钢质油气管道凹陷评价方法

[6] SY/T 10048 腐蚀管道评估的推荐作法

[7] API 579 Fitness-for- service

[8] API 1156 Effects of smooth and rock dents on liquid petroleum pipelines

[9] API 1160 Managing system integrity for hazardous liquid pipelines

[10] ASME B31.4 Pipeline transportation systems for liquids and slurries

[11] ASME B31.8 Gas transmission and distribution piping systems

[12] ASME B31G Manual for determining the remaining strength of corroded pipelines

[13] BS 7910 Guide to methods for assessing the acceptability of flaws in metallic structures

[14] CSA Z662 Oil and gas pipeline systems

[15] DNV-RP-F101 Corroded pipelines

[16] NACE SP0110 Wet gas internal corrosion direct assessment methodology for pipelines

[17] NACE SP0204 Stress corrosion cracking (SCC) direct assessment methodology

[18] NACE SP0206 Internal corrosion direct assessment methodology for pipelines carrying normally dry natural gas

[19] NACE SP0208 Internal corrosion direct assessment methodology for liquid petroleum pipelines

[20] NACE SP0502 Pipeline external corrosion direct assessment methodology

[21] Shannon 方法 The failure behaviour of line pipe defects

ICS 23.040
J 74

中华人民共和国国家标准

GB/T 32270—2015

压力管道规范　动力管道

Pressure piping code—Power piping

2015-12-10 发布　　2016-07-01 实施

中华人民共和国国家质量监督检验检疫总局
中国国家标准化管理委员会　发布

前　言

本标准按照 GB/T 1.1—2009 给出的规则起草。

本标准由全国锅炉压力容器标准化技术委员会(SAC/TC 262)提出并归口。

本标准起草单位:中国电力规划设计协会、中国电力工程顾问集团东北电力设计院、西安热工研究院、中国电力工程顾问集团中南电力设计院、中国电力工程顾问集团华东电力设计院、广东省电力设计研究院、河南省电力勘测设计院、江苏省电力设计院、华电重工股份有限公司、江苏电力装备有限公司、河北省电力建设第一工程公司、电力工业管道产品质量检验测试中心、浙江省电力设计院、国核电力规划设计研究院、浙江格洛斯无缝钢管有限公司。

本标准主要起草人:郭晓克、马洪、裴育峰、郭亚莉、叶菲、刘启军、黄涛、周荣灿、康豫军、许玉新、薛家春、林磊、陈娟、邓成刚、潘诚、程祖田、王志斌、孙国模、翁燕殊、李诗玉、浦万生、毛敏、何朋臣、阎平、郭延军、钱海平、徐红波、王成立、陈宝、陈卓、石平。

压力管道规范　动力管道

1　范围

本标准规定了火力发电厂界区内以蒸汽、水和易燃易爆、有毒及腐蚀性液体或气体为介质的管道的材料、设计、制作、安装、检验、试验、安全防护、保温及防腐的基本要求等。其中易燃易爆、有毒及腐蚀性液体或气体为介质的管道参照GB/T 20801。

本标准不适用于下列管道：

a)　锅炉本体管道；

b)　核电厂管道；

c)　采暖通风与空气调节的管道及非圆形截面的管道；

d)　各种塔、建筑构架、贮罐、机械设备和仪表用的管道。

本标准不包括非金属管道的材料要求。

本标准规定的管道与锅炉本体范围内的管道分界见图1和图2。

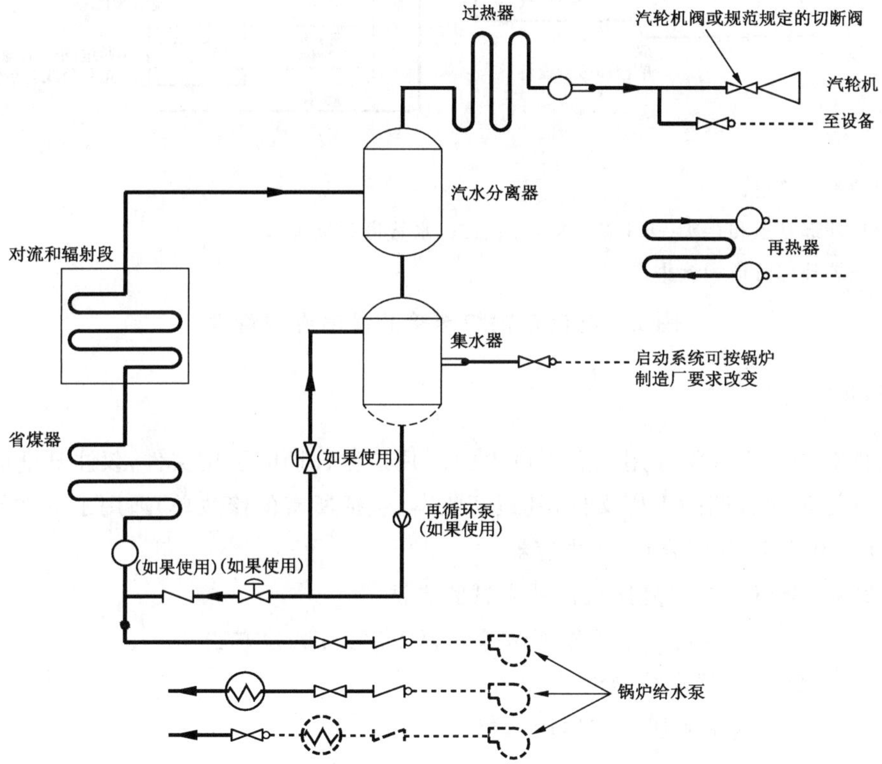

说明：

——锅炉本体管道；

●——锅炉外部管道和接头(第1章中规范的蒸汽、水管道和接头)；

○------非锅炉外部管道和接头。

图1　与直流锅炉连接的管道界限管理

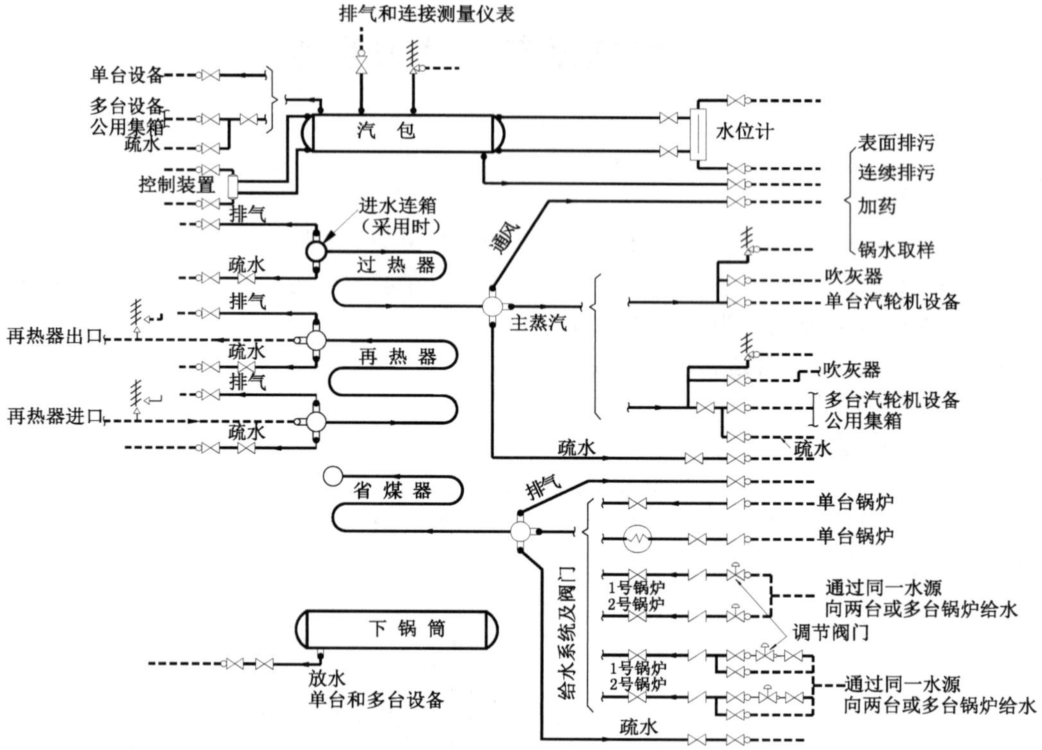

说明：

———锅炉本体管道；

●———锅炉外部管道和接头(第1章中规范的蒸汽、水管道和接头)；

○------非锅炉外部管道和接头。

图2　与汽包锅炉连接的管道界限管理

2　规范性引用文件

下列文件对于本文件的应用是必不可少的。凡是注日期的引用文件，仅注日期的版本适用于本文件。凡是不注日期的引用文件，其最新版本(包括所有的修改单)适用于本文件。

GB 150—2011(所有部分)　压力容器

GB/T 229　金属材料　夏比摆锤冲击试验方法

GB/T 231.1　金属材料　布氏硬度试验　第1部分：试验方法

GB/T 700—2006　碳素结构钢

GB 713—2014　锅炉和压力容器用钢板

GB/T 1048　管道元件　PN(公称压力)的定义和选用

GB 3087　低中压锅炉用无缝钢管

GB/T 3091　低压流体输送用焊接钢管

GB/T 3274　碳素结构钢和低合金结构钢热轧厚钢板和钢带

GB/T 4622.2—2008　缠绕式垫片　管法兰用垫片尺寸

GB 5310　高压锅炉用无缝钢管
GB/T 7233(所有部分)　铸钢件　超声检测
GB/T 8163　输送流体用无缝钢管
GB 8624　建筑材料及制品燃烧性能分级
GB/T 8923(所有部分)　涂覆涂料前钢材表面处理　表面清洁度的目视评定
GB/T 9115　对焊钢制管法兰
GB/T 9116　带颈平焊钢制管法兰
GB/T 9119　板式平焊钢制管法兰
GB/T 9123　钢制管法兰盖
GB/T 9124　钢制管法兰　技术条件
GB/T 9125　管法兰连接用紧固件
GB/T 12228　通用阀门　碳素钢锻件技术条件
GB/T 12229　通用阀门　碳素钢铸件技术条件
GB/T 12230　通用阀门　不锈钢铸件技术条件
GB/T 12241—2005　安全阀 一般要求
GB/T 12242—2005　压力释放装置　性能试验规范
GB/T 12243—2005　弹簧直接载荷式安全阀
GB/T 12777　金属波纹管膨胀节通用技术条件
GB/T 13298—1991　金属显微组织检验方法
GB/T 13927—2008　工业阀门　压力试验
GB/T 15957—1995　大气环境腐蚀性分类
GB/T 16253　承压钢铸件
GB/T 17116(所有部分)　管道支吊架
GB/T 17186　钢制管法兰连接强度计算方法
GB/T 17394　金属里氏硬度试验方法
GB/T 20801—2006(所有部分)　压力管道规范　工业管道
GB 50016　建筑设计防火规范
GB 50021　岩土工程勘察规范
GB 50126　工业设备及管道绝热工程施工规范
GB 50185　工业设备及管道绝热工程施工质量验收规范
GB 50229　火力发电厂与变电站设计防火规范
GB 50264　工业设备及管道绝热工程设计规范
GB 50764—2012　电厂动力管道设计规范
DL/T 438—2009　火力发电厂金属技术监督规程
DL/T 515—2004　电站弯管
DL/T 868—2014　焊接工艺评定规程
DL/T 869—2012　火力发电厂焊接技术规程

DL/T 991—2006 电力设备金属光谱分析技术导则
DL/T 5072—2007 火力发电厂保温油漆设计规程
JB/T 3223 焊接材料质量管理规程
JB/T 4730(所有部分) 承压设备无损检测
JB/T 5263 电站阀门铸钢件技术条件
JB/T 6439 阀门受压件磁粉探伤检验
JB/T 6440 阀门受压铸钢件射线照相检验
JB/T 6902 阀门液体渗透检测
JB/T 7927 阀门铸钢件外观质量要求
JB/T 9625 锅炉管道附件承压铸钢件技术条件
JB/T 9626 锅炉锻件 技术条件
JB/T 10087 汽轮机承压铸钢件技术条件
NB/T 47008 承压设备用碳素钢和合金钢锻件
NB/T 47009 低温承压设备用低合金钢锻件
NB/T 47010 承压设备用不锈钢和耐热钢锻件
NB/T 47014 承压设备焊接工艺评定
SY/T 5037 普通流体输送管道用埋弧焊钢管
SY/T 5038 普通流体输送管道用直缝高频焊钢管
TSG D0001 压力管道安全技术监察规程——工业管道

3 术语和定义

下列术语和定义适用于本文件。

3.1

管道 piping

由管道组成件和管道支吊装置等组成,用以输送、分配、混合、分离、排放、计量或控制流体流动。

3.2

管道系统 piping system

按流体与设计条件划分的单根或多根管道连接成的一组管道,简称管系。

3.3

管道组成件 piping component

用于连接或装配成管道的元件,包括管子、管件、法兰、垫片、紧固件、阀门、滤网及补偿器等。

3.4

管子 pipe or tube

用于输送流体的横截面为圆形的管道组成件。

3.5

管件 pipe fitting

管道组成件的一个类别,包括弯管或弯头、三通、接管座、异径管和封头等。

3.6

管段　piping assembly

按配管设计单独编号的管子、管件、弯管和法兰等组成的组合件。

3.7

制造　manufacture

管道组成件或管道支吊架等产品的生产过程。

3.8

制作　fabrication

管道安装前在工厂或在现场进行的切割、坡口制备、弯曲成形、焊接、热处理等工序,将管件和管子连接成管段的过程。

3.9

安装　erection

按照管道设计的规定,将一个管道系统完整就位的过程。

3.10

试验　test

按照标准或规程,由业主和制造、制作和安装单位共同规定的确认产品质量特性的一种方法。包括水压试验和气密性试验等。

3.11

验证　verification

动力管道制作或安装单位对接收的管道组成件和支吊架进行文件确认的过程。

3.12

验收　receiving acceptance

动力管道制作或安装单位通过验证和(或)检验对接收的管道组成件和支吊架进行确认的过程。

3.13

支管连接　branch connection

从主管引出支管的结构,包括整体加强的三通管件及不带加强的焊接结构的支管连接。

3.14

疏水收集器　liquid collecting pocket(drain leg)

在气体或蒸汽管道的低位点设置收集冷凝水的装置。

3.15

减振装置　sway brace

用以控制管道低频高幅晃动或高频低幅振动的装置。

3.16

阻尼装置　snubber

用以承受管道地震荷载或冲击荷载,控制管系高速振动位移,同时允许管系自由地热胀冷缩装置。

3.17

应力增加系数　stress intensification factor

弯管、弯头、异经管和三通管件在弯矩的作用下,产生的最大弯曲应力与承受相同弯矩的直管产生的最大弯曲应力的比值。或直管的疲劳强度与在相同交变弯矩作用下弯管、弯头、异径管和三通管件的疲劳强度的比值。

3.18

冷紧　cold spring

在安装管道时预先施加于管道的弹性变形,以产生预期的初始位移和应力,达到降低初始热态应力和初始热态管端的作用力和力矩。

3.19

柔性　flexiblity

管道通过自身变形吸收热胀、冷缩和其他位移变形的能力。

3.20

热位移　hot displacement

管道系统支吊点处冷、热状态间的位置变化量。

3.21

冷位移　cold displacement

由管道冷紧产生的位移,当采用热态吊零时,还包括弹簧附加力产生的位移。

3.22

自拉　self spring

由于应变自均衡或高温应力松弛,热态应力下降,管道再由热态到冷态时产生反向应力的现象。

3.23

电阻焊焊管　electric resistance-welded pipe

以管坯本身作为电流回路,利用电阻加热管坯、在压力作用下连续对接焊接的管子。

3.24

电熔焊焊管　electric-fusion-welded steel pipe

采用自动电弧焊或手工电弧焊,在预成形的坯料上纵向对接焊成的管子。

3.25

焊接接头系数　weld joint efficiency factors

焊缝许用应力修正系数的简称,应根据对接接头的焊缝形式及无损检测的长度比例确定。用以反映由于焊接材料、焊接缺陷和焊接残余应力等因素使焊接接头强度被削弱的程度,是焊接接头力学性能的综合反映。

3.26

质量证明书　inspection certificate

材料质量证明(检验文件)的一种形式。由制造厂生产部门以外的独立授权部门或人员,按照标准及合同的规定,按批在交货产品上(或取样)进行检验和试验,并注明结果的检验文件。

制造厂质量证明书由独立于生产部门的制造厂检验部门或第三方检验机构签署并批准生效。法律法规有规定的,由法定检验检测机构出具监督检验证明。

3.27

安全泄放装置　safety relief device

在非正常运行工况下,为防止系统内压力超过预定的安全值,利用进口静压力作用开启,泄放流体的装置。

3.28

安全阀整定压力　set pressure of the safety valve

在运行条件下安全阀阀瓣开始开起的预定压力,又称为开启压力、设定压力或起座压力。

3.29

最大泄放压力　maximum relieving pressure

在泄放状态下,安全阀的阀瓣达到规定开启高度时的最大进口压力。

4　管道分级

动力管道(GD类)划分为GD1级和GD2级:

GD1级:设计压力≥6.3 MPa,或者设计温度≥400 ℃;

GD2级:设计压力<6.3 MPa,且设计温度<400 ℃。

5　材料

5.1　一般规定

5.1.1　材料选用

管道材料应根据使用条件选用,并满足本标准规定的材料使用要求和限制。

5.1.2　材料牌号和性能

5.1.2.1　常用管道材料的牌号、许用应力和使用范围等应符合附录A的规定。

5.1.2.2　对符合本标准规定而未列于附录A的材料,如符合GB/T 20801.2—2006可直接取用,许用应力按照GB/T 20801.2—2006中的附录A选取。

5.1.2.3　对符合本标准规定但未列于附录A的国外成熟应用材料,应满足所引用材料标准的要求,其许用应力数值可直接取用。

5.1.2.4　常用钢管材料的弹性模量和线膨胀系数可按附录B选取,未列出的材料的弹性模量和线膨胀系数可按GB/T 20801.2—2006的附录B选取。

5.1.2.5　对符合本标准规定但未列于附录B的国外成熟应用材料,应满足所引用材料标准的要求,其物理性能参数可直接取用。

5.2　材料选用的基本原则

5.2.1　管道材料应按照材料的使用性能、工艺性能和经济性选用。

5.2.2　材料的使用性能应满足管道组成件的设计温度、受力状况、介质特性及工作的长期性和安全性的要求。

5.2.3　材料的工艺性能应满足管道组成件的几何形状、尺寸、制造工艺以及修复方法的要求。

5.2.4　不同的材料组合时不应对材料产生不利的影响。

5.2.5　在管子上直接焊接的零部件宜采用与管子相同的材料。

5.3　材料的使用

5.3.1　管道组成件

5.3.1.1　无缝管子和管件:

a) 符合 GB/T 8163 的无缝钢管,可用于设计压力不大于 1.6 MPa 的管道;符合 GB 3087 的无缝钢管,可用于设计压力不大于 5.3 MPa 的管道;符合 GB 5310 的无缝钢管,可用于设计压力大于 5.3 MPa 的管道;

b) 采用无缝钢管制作的管件,其压力使用范围应与管子的规定相同。

5.3.1.2 焊接管子和管件:

a) 符合 ASME SA672 和 ASME SA691 的直缝电熔焊钢管和对应的管件可用于设计压力不大于 10 MPa 且设计温度不在蠕变范围之内的管道;

b) GB/T 3091、SY/T 5037、SY/T 5038 电熔焊钢管可用于设计压力不大于 1.6 MPa 且设计温度不大于 300 ℃的管道;

c) 电熔焊钢管的纵向焊接接头系数根据表 1 中的焊接接头型式和检测比例确定;

d) 电阻焊碳钢钢管,纵向焊接接头系数按 0.85 选取,不应采用附加检测的方法增大纵向焊接接头系数;电阻焊碳钢钢管不应用于设计压力大于 1.6 MPa 或设计温度大于 200 ℃ 管道;不应采用电阻焊碳钢钢管制造对焊管件。

表 1 纵向焊接接头系数

序号	接头型式	检测比例	系数
1	单面焊(无填充金属)	按产品标准检测	0.85
		100%射线或超声检测[a]	1.00
2	单面焊(有填充金属)	按产品标准检测	0.80
		100%射线或超声检测[a]	1.00
3	双面焊(无填充金属)	按产品标准检测	0.90
		100%射线或超声检测[a]	1.00
4	双面焊(有填充金属)	按产品标准检测	0.90
		100%射线或超声检测[a]	1.00
[a] 射线检测、超声检测应符合 8.3 或相应的材料标准要求。			

5.3.1.3 铸钢件:

符合 JB/T 5263、JB/T 10087、JB/T 9625、GB/T 16253、GB/T 12229,GB/T 12230 等国内标准的铸钢件可应用于阀体等管道附件,铸钢件质量系数取 0.8。

在满足附加无损检测要求时,铸钢件可取表 2 中的质量系数。

表 2 铸钢件质量系数及附加无损检测要求

序号	附加无损检测要求	铸件质量系数 ϕ_c
1	铸件表面加工至 R_a6.3,提高目视检查的清晰度,并满足 JB/T 7927 中 B 级的要求	0.85
2	铸件表面按 JB/T 6902(PT)中的 4 级或 JB/T 6439(MT)进行着色渗透检测或磁粉检测	0.85
3	铸件按 GB/T 7233(UT)或 JB/T 6440(RT)进行超声或射线照相检测,按 GB/T 7233(UT)检测的缺陷的底波反射波高不应大于 V5 型对比试块所得的底波反射波高	0.95
4	铸件表面加工至 R_a6.3,提高目视检查的清晰度,并满足 JB/T 7927 中 B 级的要求 铸件表面按 JB/T 6902(PT)中的 4 级或 JB/T 6439(MT)进行着色渗透检测或磁粉检测	0.90
5	铸件表面加工至 R_a6.3,提高目视检查的清晰度,并满足 JB/T 7927 中 B 级的要求 铸件按 GB/T 7233(UT)或 JB/T 6440(RT)进行超声或射线照相检测,按 GB/T 7233(UT)检测的缺陷的底波反射波高不应大于 V5 型对比试块所得的底波反射波高	1.00
6	铸件表面按 JB/T 6902(PT)中的 4 级或 JB/T 6439(MT)进行着色渗透检测或磁粉检测 铸件按 GB/T 7233(UT)或 JB/T 6440(RT)进行超声或射线照相检测,按 GB/T 7233(UT)检测的缺陷的底波反射波高不应大于 V5 型对比试块所得的底波反射波高	1.00

5.3.1.4 锻钢件:

管道组成件的锻钢件应符合 NB/T 47008、NB/T 47009、NB/T 47010、GB/T 12228、JB/T 9626 的要求。

5.3.2 管道支吊架

管道支吊架所采用的材料应符合 6.5.4 和 GB/T 17116 的要求。

5.3.3 材料的使用限制

5.3.3.1 碳素结构钢或低合金结构钢

碳素结构钢或低合金结构钢的使用应符合下列规定:

a) 管道受压元件以及直接焊接于受压元件上的承载构件应采用镇静钢。承压件选用 B 级和C 级镇静钢时,设计温度不应高于 300 ℃,厚度不应大于 30 mm;

b) 除 a)外的其他构件可选用沸腾钢和半镇静钢,但厚度不应大于 12 mm;

c) 含碳量大于 0.35%的碳素结构钢或低合金结构钢不宜在焊接结构上使用;

d) 碳素结构钢或低合金结构钢不应用于毒性程度为极度危害介质、高度危害气体介质和工作温度高于标准沸点的高度危害液体介质的管道。

5.3.3.2 优质碳素钢与低合金耐热钢

优质碳素钢与低合金耐热钢的使用应符合下列规定:

a） 用于焊接结构的优质碳素钢、低合金耐热钢，含碳量不应大于0.35%；

b） 对低合金耐热钢，当使用温度大于455 ℃时，焊缝金属的含碳量应大于0.05%；

c） 低碳(C≤0.08%)非稳定化不锈钢(如06Cr19Ni10、06Cr17Ni12Mo2)在非固溶状态下(包括固溶后经热加工或焊接)不应用于可能发生晶间腐蚀的环境。奥氏体钢使用温度高于525 ℃时含碳量不应小于0.04%。

5.3.4 材料的使用温度限制

5.3.4.1 材料使用温度上限：

a） 材料的使用温度不应超过附录A中给出许用应力值的最高温度；

b） 确定材料的实际使用温度上限应考虑腐蚀介质的影响，高温条件下长期使用的材料，应考虑因组织或性能变化对材料使用可靠性的影响，蠕变温度以上长期使用的材料，应考虑因蠕变引起的过度变形、过大位移、材料组织和性能的劣化以及螺栓的应力松弛；

c） 碳钢、碳锰钢不宜在425 ℃以上的温度下长期使用，碳钼钢不宜在470 ℃以上的温度下长期使用，但在自限式卸压安全装置的直接对空排放管道中，碳钢可以用于425 ℃以上；

d） 铬钼合金钢长期在400 ℃～550 ℃温度下使用时，应根据使用经验和具体工况采取适当的防护措施；

e） 在高于454 ℃温度下使用低合金铬钢(含铬量2.25%)时，母材和焊缝填充金属的含碳量应等于或大于0.05%；

f） 铁素体不锈钢及马氏体不锈钢不宜在370 ℃以上的温度使用；

g） 铬镍奥氏体不锈钢在540 ℃～900 ℃温度下长期使用时应控制奥氏体钢中的铁素体含量及过度冷变形；

h） 双相不锈钢不得在300 ℃以上的温度使用；

i） 奥氏体钢的使用温度高于525 ℃时，钢中的碳含量应不低于0.04%；

j） GC类管道中的材料高温下使用的限制应符合GB/T 20801.2—2006中第7章的规定。

5.3.4.2 材料的使用温度下限：

a） 设计者应考虑材料在低温下试验、使用出现脆性断裂的可能性；

b） GC类管道的材料使用温度下限应符合GB/T 20801.2—2006中第8章的规定。

5.3.5 材料标记和质量证明文件

5.3.5.1 材料标记

5.3.5.1.1 材料标记应符合相应标准的规定和合同约定。

5.3.5.1.2 标记内容至少应包括：制造厂标识、材料牌号(代号)，压力管道组成件还应包括规格和材料炉(罐)批号或代号。

5.3.5.1.3 材料应逐件标记，标记应清晰、牢固，公称直径小于或等于DN40的材料可采用标签或其他替代方法进行标记。

5.3.5.2 质量证明文件

5.3.5.2.1 材料应具有相应的质量证明文件。

5.3.5.2.2 质量证明文件应包括标准以及合同规定的检验和试验结果，且具有可追溯性。

5.3.5.2.3 进口材料还应提供原产地证明文件和入境货物检验检疫证明。

6 设计与计算

6.1 设计条件和设计准则

6.1.1 设计条件

6.1.1.1 一般要求

管道设计应根据压力、温度及管内介质特性等工艺条件,并结合环境、荷载等综合条件进行。

6.1.1.2 设计压力

6.1.1.2.1 管道组成件的设计压力,不应低于运行中可能出现的最高持续压力;

6.1.1.2.2 GD类管道的设计压力应符合下列规定:

a) 超临界及以下参数机组,主蒸汽管道设计压力应取用锅炉最大连续蒸发量时过热器出口的额定工作压力。

b) 超超临界参数机组,主蒸汽管道设计压力应取用下列两项的较大值:

  1) 汽轮机主汽门进口处设计压力的105%;

  2) 汽轮机主汽门进口处设计压力加主蒸汽管道压降。

c) 再热蒸汽管道设计压力应取用汽轮机最大计算出力工况(调节汽门全开,即VWO工况)热平衡中高压缸排汽压力的1.15倍。对于再热器出口联箱到汽轮机的部分,可减至再热器出口安全阀动作的最低整定压力。

d) 汽轮机抽汽管道设计压力应符合下列规定:

  1) 非调整抽汽管道,应取用汽轮机最大计算出力工况下该抽汽压力的1.1倍,且不小于0.1 MPa;

  2) 调整抽汽管道,应取其最高工作压力;

  3) 背压式汽轮机排汽管道应取其最高工作压力,但不应小于0.1 MPa。

e) 与直流锅炉启动分离器连接的汽水管道设计压力应取用分离器各种运行工况中可能出现的最高工作压力。

f) 高压给水管道设计压力应符合下列规定:

  1) 非调速给水泵出口管道从前置泵到主给水泵或从主给水泵至锅炉省煤器进口区段,应分别取用前置泵或主给水泵特性曲线最高点对应的压力与该泵进水侧压力之和;

  2) 调速给水泵出口管道,从给水泵出口至第一个关断阀的管道,设计压力应取用泵在额定转速特性曲线最高点对应的压力与进水侧压力之和;从泵出口关断阀至锅炉省煤器进口区段,应取用泵在额定转速及设计流量下泵提升压力的1.1倍与泵进水侧压力之和;

  3) 高压给水管道设计压力,应计及水泵进水温度对压力的修正。

g) 低压给水管道设计压力应符合下列规定:

  1) 对于定压除氧系统,应取用除氧器额定压力与最高水位时水柱静压之和;

  2) 对于滑压除氧系统,应取用汽轮机最大计算出力工况(调节汽门全开,即VWO工况)下除氧器加热抽汽压力的1.1倍与除氧器最高水位时水柱静压之和。

h) 凝结水管道设计压力应符合下列规定：

1) 凝结水泵进口侧管道，应取用泵吸入口中心线至汽轮机排汽缸接口平面处的水柱静压(此时凝汽器内按大气压力)，且不小于 0.35 MPa；

2) 凝结水泵出口侧管道，应取用泵出口阀关断情况下泵的提升压力与进水侧压力(凝汽器热井最高水位与泵吸入口中心线的水柱静压)之和。

i) 加热器疏水管道设计压力应取用汽轮机最大计算出力工况(调节汽门全开，即 VWO 工况)下抽汽压力的 1.1 倍，且不应小于 0.1 MPa。当管道中疏水静压引起压力升高值大于抽汽压力的 3%时，应计及静压的影响。

j) 锅炉排污管道设计压力应符合下列规定：

1) 锅炉排污阀前管道，对于定期排污管道，设计压力不应小于汽包上所有安全阀中的最低整定压力与汽包最高水位至管道最低点水柱静压之和；对于连续排污管道，设计压力不应小于汽包上所有安全阀的最低整定压力；

2) 锅炉排污阀后管道，当排污阀后的管道装有阀门或堵板等可能引起管内介质压力升高时，其设计压力应按排污阀前管道设计压力的选取原则确定；当锅炉排污阀后的管道上未装有阀门或堵板等不会引起管内介质压力升高时，排污管道(定期排污或连续排污)的设计压力应按表 3 选取。

表 3 锅炉排污阀后管道设计压力

单位为兆帕

项 目	锅炉压力			
	1.750～4.150	4.151～6.200	6.201～10.300	≥10.301
管道设计压力	1.750	2.750	4.150	6.200

k) 给水再循环管道设计压力应符合下列规定：

1) 当采用单元制系统时，进除氧器的最后一道关断阀及其以前的管道，应取用相应的高压给水管道的设计压力，其后的管道，对于定压除氧系统，应取用除氧器额定压力；对于滑压除氧系统，应取用汽轮机最大计算出力工况(调节汽门全开，即 VWO 工况)下除氧器加热抽汽压力的 1.1 倍；

2) 当采用母管制系统时，节流孔板及其以前的管道，应取用相应的高压给水管道的设计压力；节流孔板后的管道，当未装设阀门或介质出路上的阀门不可能关断时，应取用除氧器的额定压力。

l) 安全阀后排汽管道设计压力应根据排汽管道的水力计算结果确定。

m) 其他管道的设计压力应符合下列规定：

1) 对于输送气化温度低的流体(液化气体)管道组成件，其设计压力不应小于阀被关闭或流体不流动时在最高环境温度下气化所能达到的最高压力；

2) 离心泵出口至第一道关断阀之间的管道组成件，对于定速泵，其设计压力不应小于泵额定工作特性曲线最高点对应的压力与泵吸入口压力之和；对于调速泵，其设计压力不应小于泵额定转速特性曲线最高点对应的压力与泵吸入口压力之和；

3） 装有安全阀的管道，管道组成件的设计压力不应小于安全阀的最低整定压力；

4） 减压装置后没有安全阀且流体可能被关断或堵塞的管道，管道组成件的设计压力不应低于减压装置前流体可能达到的最高压力。

6.1.1.3 设计温度

6.1.1.3.1 管道的设计温度不应低于管内介质持续运行的最高工作温度。

6.1.1.3.2 GD类管道的设计温度应符合下列规定：

a） 主蒸汽管道设计温度应取用锅炉过热器出口蒸汽额定工作温度加上锅炉正常运行时允许的温度偏差值，当锅炉制造厂未提供温度偏差时，温度偏差值可取用5 ℃。

b） 再热蒸汽管道设计温度应符合下列规定：

1） 高温再热蒸汽管道，应取用锅炉再热器出口蒸汽额定工作温度加上锅炉正常运行时允许的温度偏差，当锅炉制造厂未提供温度偏差时，温度偏差值可取用5 ℃；

2） 低温再热蒸汽管道，应取用汽轮机最大计算出力工况(调节汽门全开，即VWO工况)下高压缸排汽参数，等熵求取在管道设计压力下的相应温度。

c） 汽轮机抽汽管道设计温度应符合下列规定：

1） 非调整抽汽管道，应取用汽轮机最大计算出力工况(调节汽门全开，即VWO工况)下抽汽参数，等熵求取管道设计压力下的相应温度；

2） 调整抽汽管道，应取用抽汽的最高工作温度；

3） 背压式汽轮机排汽管道应取用排汽的最高工作温度。

d） 减温装置后的蒸汽管道设计温度应取用减温装置出口蒸汽的最高工作温度。

e） 与直流锅炉启动分离器连接的汽水管道设计温度应取用分离器各种运行工况中管内介质可能出现的最高工作温度。

f） 高压给水管道设计温度应取用高压加热器后高压给水的最高工作温度。

g） 低压给水管道设计温度应符合下列规定：

1） 定压除氧器系统，应取用除氧器额定压力对应的饱和温度；

2） 滑压除氧器系统，应取用汽轮机最大计算出力工况(调节汽门全开，即VWO工况)下1.1倍除氧器加热抽汽压力对应的饱和温度。

h） 凝结水管道设计温度应取用低压加热器后凝结水的最高工作温度。

i） 加热器疏水管道设计温度应取用该加热器抽汽管道设计压力对应的饱和温度。

j） 锅炉排污管道设计温度应符合下列规定：

1） 锅炉排污阀前管道(定期排污或连续排污)的设计温度，应取用汽包上所有安全阀中的最低整定压力对应的饱和温度；

2） 锅炉排污阀后管道，当排污阀后管道装有阀门或堵板等可能引起管内介质压力升高时，排污管道(定期排污或连续排污)的设计温度应按锅炉排污阀前管道的选取原则确定；当排污阀后未装设阀门或堵板等不会引起管内介质压力升高时，排污管道(定期排污或连续排污)的设计温度应按表4选取。

表 4 锅炉排污阀后管道设计温度

项 目	锅炉压力/MPa			
	1.750～4.150	4.151～6.200	6.201～10.300	≥10.301
管道设计温度/℃	210	230	255	280

k) 给水再循环管道设计温度应符合下列规定：

1) 对于定压除氧系统，应取用除氧器额定压力对应的饱和温度；

2) 对于滑压除氧系统，应取用汽轮机最大计算出力工况下 1.1 倍除氧器加热抽汽压力对应的饱和温度。

l) 安全阀后排汽管道排汽管道的设计温度，应根据排汽管道水力计算中相应数据选取。

6.1.1.3.3 对于非金属材料衬里的管道，基体管道的设计温度宜按流体的最高温度确定。

6.1.2 设计准则

6.1.2.1 管道组成件的压力-温度等级除用设计压力和设计温度表示外，还可用公称压力表示。

6.1.2.2 管道组成件公称压力的选用应符合 GB/T 1048 的有关规定。

6.1.2.3 对于只标明公称压力的管件，除另有规定外，在设计温度下的允许工作压力应按式(1)进行计算：

$$P_t = K_{PN} \times PN \frac{[\sigma]^t}{[\sigma]^s} \qquad \cdots\cdots(1)$$

式中：

P_t ——在设计温度下的允许工作压力，单位为兆帕(MPa)；

K_{PN} ——系数，$K_{PN}=0.1$ MPa；

PN ——公称压力；

$[\sigma]^t$ ——在设计温度下材料的许用应力，单位为兆帕(MPa)；

$[\sigma]^s$ ——公称压力对应的基准应力，是指材料在指定某一温度下的许用应力，单位为兆帕(MPa)。

6.1.3 许用应力

6.1.3.1 管子及管件用钢材的许用应力，应根据钢材的有关强度特性取下列三项中的最小值：

$$\frac{R_m^{20}}{3}, \frac{R_{eL}^t}{1.5} \text{或} \frac{R_{p0.2}^t}{1.5}, \frac{\sigma_D^t}{1.5} \qquad \cdots\cdots(2)$$

式中：

R_m^{20} ——钢材在 20 ℃时的抗拉强度最小值，单位为兆帕(MPa)；

R_{eL}^t ——钢材在设计温度下的下屈服强度最小值，单位为兆帕(MPa)；

$R_{p0.2}^t$ ——钢材在设计温度下 0.2%规定非比例延伸强度最小值，单位为兆帕(MPa)；

σ_D^t ——钢材在设计温度下 10^5 h 持久强度平均值，单位为兆帕(MPa)。

6.1.3.2 许用应力的应用应符合下列规定：

a) 附录 A 中材料的许用应力系指许用拉应力，使用时应符合下列规定：

1) 焊接管子和焊接管件采用附录 A 的许用应力时，应另外按表 1 计入焊接接头

系数;

2) 对于铸造和锻造管道组成件用材料,应计及铸件和锻件质量系数并符合 5.3.1.3 的规定。

b) 许用剪切应力为附录 A 许用应力的 0.8 倍。

c) 压缩许用应力应符合结构稳定性的要求,且不大于拉伸许用应力。

6.2 管道组成件的选用

6.2.1 一般规定

6.2.1.1 管道组成件应根据管道系统内介质的性质、各种可能出现的运行工况、外部环境、材料的使用性能和工艺性能以及经济性等综合因素选用。

6.2.1.2 按照本标准中所列的有关标准制造或制作的采用焊接连接、法兰连接的管道组成件均可用于管道系统。但其材料、压力和温度都应符合本规范的规定,弯头、弯管、支管连接、封头和异径管等材料的选用宜与所连接的管子材料一致。

6.2.1.3 对于本标准中所列标准中未包括的管道组成件应同时符合 6.3 及 TSG D0001 的有关规定,方可采用。

6.2.1.4 在管道系统中,管道组成件的连接形式宜采用对接焊接。

6.2.1.5 弯头、弯管、支管连接、异径管、封头、法兰盖的强度计算应符合 6.3 的规定。

6.2.1.6 管道及管件的最小壁厚或厚度应符合 6.3 的规定。

6.2.2 管子

6.2.2.1 管子材料的选用应符合 5.3 的规定。

6.2.2.2 高温再热蒸汽管道应采用无缝钢管,300 MW 及以上容量机组低温再热蒸汽管道宜采用电熔焊钢管或无缝钢管。

6.2.2.3 低压给水管道应采用无缝钢管。

6.2.2.4 管道系统中汽水两相流的管道宜采用 CrMo 合金钢材料。

6.2.3 弯头

6.2.3.1 弯头宜采用长半径弯头。

6.2.3.2 公称压力大于 PN25 的管道上均应采用无缝热压弯头,且宜带直管段。低温再热蒸汽管道可采用同质量电熔焊钢管热成型弯头。

6.2.3.3 按本标准规定进行承受内压计算、制造(制作)的斜接弯头,可与制造(制作)斜接弯头的直管一样用于相同的工作条件。工作压力不应超过 1.0 MPa,工作温度不应超过 300 ℃。

6.2.4 弯管

对于主蒸汽、再热蒸汽和高压给水等主要管道,宜采用较大弯曲半径的弯管,弯管弯曲半径宜为管子外径的 3 倍～5 倍。

6.2.5 支管连接

6.2.5.1 公称压力为 PN25 及以下,在满足补强要求的前提下可采用直管开孔连接;公称压力大于或等于 PN40、设计温度大于 250 ℃的支管连接应采用成型管件。

6.2.5.2 三通不宜采用带加强元件的辅助加强型式。

6.2.5.3 下列管道的三通型式宜按表 5 选用。

表5 三通型式

管道类别	机组参数			
	超超临界参数	超临界参数	亚临界参数	亚临界以下参数
主蒸汽管道	锻制 挤压	锻制 挤压	锻制 挤压	挤压
高温再热蒸汽管道	锻制 挤压	锻制 挤压	锻制 挤压	挤压
低温再热蒸汽管道	焊接	焊接	焊接	焊接 挤压
高压给水管道	挤压 焊接	挤压 焊接	挤压 焊接	挤压

6.2.5.4 亚临界及以上参数机组的主蒸汽、再热蒸汽管道的合流或分流三通宜采用斜三通或“Y”型三通。

6.2.6 **异径管**

6.2.6.1 异径管可采用同心或偏心型式。

6.2.6.2 异径管宜采用钢管模压型式,钢板焊制异径管不应用于PN25以上的管道。

6.2.7 **封头、法兰盖**

6.2.7.1 公称压力不小于PN40的管道宜采用椭球形封头等对焊封头,公称压力不大于PN25的管道可采用平焊封头。

6.2.7.2 法兰盖的型式选用应符合GB/T 9123的规定,突面法兰盖只能用在不大于PN25的管道上,PN40和PN63的管道上宜采用凸凹面法兰盖,法兰盖附件的选用应符合6.2.9的规定。

6.2.7.3 法兰盖的材料选用应符合附录A中规定的温度范围,并应符合6.2.9的规定。

6.2.8 **阀门**

6.2.8.1 阀门应根据管道的设计温度、设计压力、介质性质和管道系统对阀门的功能要求选择,并计及外部荷载对阀门操作性能和密封性能的影响。

6.2.8.2 阀门应按相应标准规定的压力温度等级选用。

6.2.8.3 连接不同压力等级管道的阀门、法兰等管道组成件,应按压力等级高的选用。

6.2.8.4 阀门的泄漏等级应符合合同约定及GB/T 13927的规定。

6.2.8.5 除设计另有规定外,对于PN40及以上阀门的选用应符合下列规定:

a) 阀盖密封不应采用螺纹连接的密封结构,宜采用压力自密封结构;

b) 阀门端部宜采用对焊连接。

6.2.8.6 下列阀门应采用钢制阀门:

a) PN16及以上的阀门;

b) 与高压除氧器或给水箱相连接的阀门;

c) 给水泵进口阀门;

d) 油系统阀门;

e) 仪用压缩空气系统阀门;

f) 其他有特殊要求的阀门。

6.2.8.7 易燃或可燃气体的阀门应采用严密性较好的可燃气体专用阀门,不应采用输送普通流体的阀门代替。

6.2.8.8 有毒介质管道的阀门应采用严密型的钢制阀门,阀门本体的密封应有可靠的防泄漏措施。

6.2.8.9 对于双向密封阀门应采取适当的安全措施防止因温度升高导致内部超压。

6.2.8.10 流体为饱和蒸汽和汽水两相流时,阀门的阀座及阀芯应采用耐冲蚀材料。

6.2.8.11 管道系统中至少下列阀门应满足启动时间要求:

a) 汽轮机抽汽管道的关断阀;

b) 加热器事故疏水阀;

c) 高压加热器给水管道进出口阀门和旁路阀;

d) 有安全功能要求的汽轮机旁路阀。

6.2.8.12 高压加热器三通阀应以阀门打开或关闭时阀座两侧的最大不平衡压差作为设计压力的基准值,阀座直径不应小于连接管道内径的90%。

6.2.8.13 当开启阀门前需预热主管线或用于平衡阀门两侧压力以便于阀门操作时需设置旁通阀。

6.2.9 法兰及垫片和紧固件

6.2.9.1 法兰的选择应符合下列规定:

a) 法兰型式的选用应符合本标准中所列标准:

1) 法兰应符合 GB/T 9124 中关于压力-温度等级的规定;

2) 连接不同压力等级管道的法兰,应按高等级选用。

b) 管道法兰型式的选择除应符合 GB/T 9115、GB/T 9116 和 GB/T 9119 等相关标准的规定外,并应满足下列要求:

1) 设计温度大于 300 ℃或公称压力大于等于 PN40 的管道,应选用对焊法兰。设计温度在 300 ℃及以下且公称压力小于等于 PN25 的管道,宜选用带颈平焊法兰;

2) 管道系统中不宜采用承插焊法兰、松套法兰和螺纹法兰;

3) 对焊法兰宜采用凸凹面(MF)和突面(RF)型式;

4) 带颈平焊法兰应采用突面(RF)型式。

c) 法兰的材料选用应采用符合附录 A 中规定的温度范围。

d) 当需要选配特殊法兰时,除应核对接口法兰的尺寸外,还应按 6.3.6 及相关标准进行计算,保证所选用的法兰厚度不小于连接管道公称压力下国家标准法兰的厚度。

6.2.9.2 垫片的选择应符合下列规定:

a) 垫片应根据流体性质、使用温度、压力以及法兰密封面等因素选用,垫片的密封荷载应与法兰的压力等级、密封面型式、表面粗糙度和紧固件相适应。

b) 垫片的选用应符合下列要求:

1) 管道法兰垫片宜采用柔性石墨金属缠绕式,并应符合 GB/T 4622 等相关标准的规定。对公称压力小于等于 PN10,且设计温度小于 150 ℃情况也可采用非金属垫片。缠绕式垫片内环材料应满足流体介质和管道设计温度的要求,外环材料应满足管道设计温度的要求;

2) 对于突面法兰(RF),宜采用带定位环或带内环和定位环型,不应采用基本型或仅带内环型;

3) 对凹凸面法兰(MF),应采用带内环型缠绕式垫片;用在突面(RF)型法兰上时宜带外定位环；

4) 非金属垫片的外径可超过突面(RF)型法兰密封面的外径，制成“自对中”式的垫片。

6.2.9.3 紧固件的选择应符合下列规定：

a) 六角头螺栓、等长双头螺柱、螺母和垫圈等紧固件的选用应符合 GB 150 和GB/T 9125 等相关标准的规定。

b) 法兰紧固件选用应符合下列规定：

1) 紧固件应符合预紧及设计参数下垫片的密封要求；

2) 高温条件下使用的紧固件应与法兰材料具有相近的热膨胀系数。

6.2.10 补偿器

6.2.10.1 补偿器应按照介质种类、运行工况、位移值选用，并符合 GB/T 12777 的规定。

6.2.10.2 波型补偿器不宜用于受扭转的场合。

6.3 管道组成件的强度设计

6.3.1 一般规定

6.3 中所列的管道组成件强度计算方法是内压下的强度计算。

6.3.2 直管的壁厚计算

6.3.2.1 承受内压的直管最小壁厚计算：

对于 $\frac{D_o}{D_i} \leqslant 1.7$ 的管子，在设计压力和设计温度下所需的最小壁厚 S_m，按式(3)～式(4)计算：

按管子外径确定壁厚时：

$$S_m = \frac{PD_o}{2[\sigma]^t\eta + 2YP} + C \qquad \cdots\cdots(3)$$

按管子内径确定壁厚时：

$$S_m = \frac{PD_i + 2[\sigma]^t\eta C + 2YPC}{2[\sigma]^t\eta - 2P(1-Y)} \qquad \cdots\cdots(4)$$

式中：

S_m ——管子最小壁厚，单位为毫米(mm)；

P ——设计压力，单位为兆帕(MPa)；

D_o ——管子外径，单位为毫米(mm)；

D_i ——管子最大内径，单位为毫米(mm)；(包括内径正偏差和加工过盈偏差)；

Y ——修正系数，按表 6 取用；

$[\sigma]^t$ ——在设计温度下材料的许用应力，单位为兆帕(MPa)；

η ——许用应力的修正系数，对于无缝钢管 $\eta=1.0$；对于焊接钢管，其 η 值按 5.3.1.2 取用；

C ——腐蚀、磨损和机械强度要求的附加厚度，单位为毫米(mm)；对于存在汽水两相流介质管道及超超临界参数机组的主蒸汽管道和高温再热蒸汽管道，可取 1.6 mm～2 mm；对于腐蚀性介质管道，根据介质的腐蚀特性确定。

表6　系数Y值

材料	温度/℃					
	≤482	510	538	566	593	621
铁素体钢	0.4	0.5	0.7			
奥氏体钢	0.4				0.5	0.7

注1：介于表列中间温度的Y值可用内插法计算。

注2：当管子的$D_o/S_m<6$时，对于设计温度小于等于480 ℃的铁素体和奥氏体钢，其Y值应按下式进行计算：

$Y=\frac{D_i}{D_i+D_o}$。

6.3.2.2　管子的计算壁厚：

管子的计算壁厚应按式(5)计算：

$$S_c=S_m+c_1 \quad\cdots\cdots(5)$$

式中：

S_c——管子计算壁厚，单位为毫米(mm)；

c_1——管子壁厚负偏差的附加值，单位为毫米(mm)。

6.3.2.3　管子壁厚负偏差附加值：

管子壁厚负偏差附加值应按下列规定选取：

a)　对于管子规格以外径×壁厚标示的无缝钢管，可按式(6)确定：

$$c_1=\frac{mS_m}{100-m} \quad\cdots\cdots(6)$$

式中：

m——管子产品技术条件中规定的壁厚允许负偏差，%。

b)　对于管子规格以最小内径×最小壁厚标示的无缝钢管，壁厚负偏差值等于零。

c)　对于焊接钢管，采用钢板厚度的负偏差值且不应小于0.5 mm。

6.3.2.4　管子的取用壁厚：

a)　对于以外径标示的管子，应根据管子的计算壁厚，并计及管子直径偏差引起的对口焊接要求，按管子产品规格中公称壁厚系列选取；

b)　对于以内径标示的管子，应根据管子的计算壁厚，并计及管子直径偏差引起的对口焊接要求，遵照制造厂产品技术条件中有关规定，按管子壁厚系列选取。

6.3.3　弯管弯头的壁厚计算

6.3.3.1　弯管的弯曲半径宜为外径的3倍～5倍。

6.3.3.2　弯管弯制前直管的最小壁厚可按表11、表12选用，也可根据制造厂的具体加工工艺条件适当调整。

6.3.3.3　弯管和弯头加工完成后的最小壁厚S_m按式(7)或式(8)确定：

按外径确定壁厚时：

$$S_m=\frac{PD_o}{2([\sigma]^t\eta/I+YP)}+C \quad\cdots\cdots(7)$$

按内径确定壁厚时：

$$S_m = \frac{PD_i + 2[\sigma]^t \eta C/I + 2YPC}{2([\sigma]^t \eta/I + YP - P)} \quad \cdots\cdots(8)$$

弯管和弯头内弧处：

$$I = \frac{4(R/D_o) - 1}{4(R/D_o) - 2} \quad \cdots\cdots(9)$$

弯管和弯头外弧处：

$$I = \frac{4(R/D_o) + 1}{4(R/D_o) + 2} \quad \cdots\cdots(10)$$

弯管和弯头中性线处：

$$I = 1.0 \quad \cdots\cdots(11)$$

式中：

R ——弯管或弯头弯曲半径，单位为毫米(mm)。

6.3.3.4 6.3.3.3中所有公式计算得出的壁厚为弯管或弯头成型件外侧和内侧允许的最小壁厚，不应包括弯制过程中的工艺减薄量和弯制选用管子负偏差的附加值。

6.3.3.5 弯管或弯头任何一点的壁厚，不应小于弯管(弯头)相应点的计算壁厚，且外弧侧壁厚不应小于相连管子的最小壁厚 S_m。

6.3.4 支管连接的补强

6.3.4.1 支管连接的强度计算方法有面积补偿法和压力面积法。

6.3.4.2 采用面积补偿法应符合下列规定：

a) 焊接或锻造的直三通支管连接可采用面积补偿法计算。

b) 当支管或补强元件材料与主管材料不同时，应符合以下规定：

  1) 支管或补强元件材料采用与主管焊接性能、热处理要求和热膨胀系数相近的材料；

  2) 当支管或补强元件的许用应力低于主管材料许用应力时，由支管或补强材料提供的补强面积按材料许用应力之比相应折减；

  3) 当支管或补强元件的许用应力高于主管材料许用应力时，不计及其增强作用。

c) 面积补偿法(见图3)，即主管上开孔挖去的纵断面上的金属面积，应由主、支管在有效补强范围内补强的金属面积和焊缝面积之和来补偿，其条件按式(12)计算：

$$A_1 + A_2 + A_3 > A \quad \cdots\cdots(12)$$

式中：

A ——需要补强的面积，单位为平方毫米(mm^2)。

$$A = S_{mh} d_1 \quad \cdots\cdots(13)$$

A_1——补强范围内主管的补强面积，单位为平方毫米(mm^2)。

$$A_1 = (2L_h - d_1)(S_h - S_{mh}) \quad \cdots\cdots(14)$$

A_2——补强范围内支管的补强面积，单位为平方毫米(mm^2)。

$$A_2 = 2L_b(S_b - S_{mb}) \quad \cdots\cdots(15)$$

A_3——补强范围内角焊缝面积，单位为平方毫米(mm^2)；

d_1——主管上经加工的支管开孔沿纵向中心线的尺寸，单位为毫米(mm)。

$$d_1 = D_{ob} - 2S_b \qquad \cdots\cdots(16)$$

L_h ——主管有效补强范围宽度之半，单位为毫米(mm)；L_h 取 d_1 或 $S_b + S_h + \frac{d_1}{2}$ 两者中的较大者，但任何情况下不大于 D_{oh}。

L_b ——支管有效补强高度，单位为毫米(mm)；L_b 取 $2.5(S_b - C)$ 或 $2.5(S_h - C)$ 两者中的较小值；

D_{oh}、D_{ob} ——主、支管外径，单位为毫米(mm)；

S_h、S_b ——主、支管的公称壁厚，单位为毫米(mm)；

S_{mh}、S_{mb} ——主、支管的最小壁厚，单位为毫米(mm)。

d) 主管上多开孔的补强应符合以下要求，如图4所示：

1) 多个支管的开孔不宜使其有效补强范围相互重叠；

2) 当必须紧密布置时，其强度应等于单个开孔所要求的补强的总和。在计算补强面积时，任何部分截面不得重复计入；

3) 任意两开孔中心最小距离不应小于1.5倍的开孔平均直径，且在两孔间的补强面积不应小于两个开孔所需补强总面积的50%。

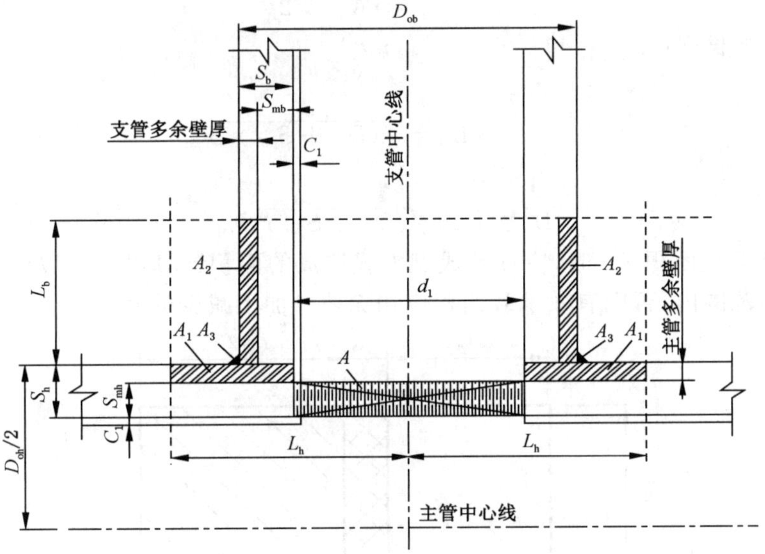

说明：

A——所需补强面积；　　A_1——主管提供的补强面积；

A_2——支管提供的补强面积；　　A_3——焊缝提供的补强面积。

图3　面积补强法计算示意图

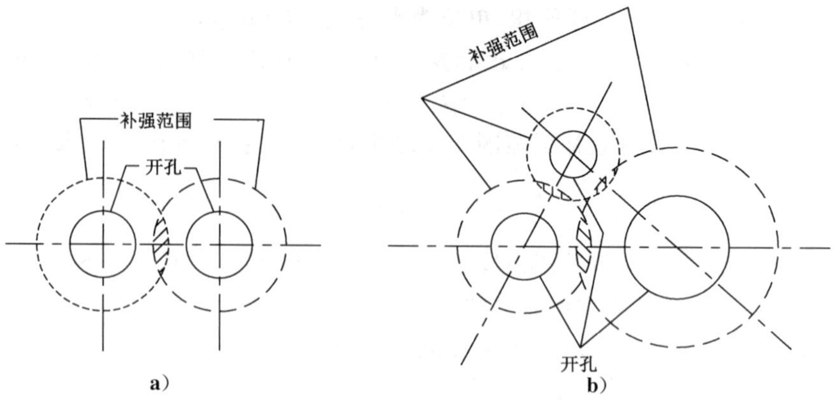

图 4 多个开孔的补强

6.3.4.3 压力面积法应符合下列规定：

a) 压力面积法的计算示意图见图 5，三通纵向断面上主、支管交叉区域内的有效承载断面积和平均应力的乘积，与其相应的有效受压面积和内压的乘积相平衡，并控制此承载面积内的一次膜态应力不超过钢材的许用应力。

b) 压力面积法的强度条件：

$$[\sigma]^{t} \geqslant P\left(\frac{A_{P}}{A_{\sigma}}+\frac{1}{2}\right) \quad \cdots\cdots (17)$$

c) 有效补强长度：

主管：

$$L_{h}=\sqrt{(D_{ih}+S_{mh})S_{mh}} \quad \cdots\cdots (18)$$

支管：

$$L_{b}=1.25\sqrt{(D_{ib}+S_{mb})S_{mb}} \quad \cdots\cdots (19)$$

d) 在计算承载面积 A_{σ} 时，应计及成型方式造成的面积计算误差。坡口加工段不宜在有效补强范围内，否则有效承载面积应扣除坡口加工减少的面积。

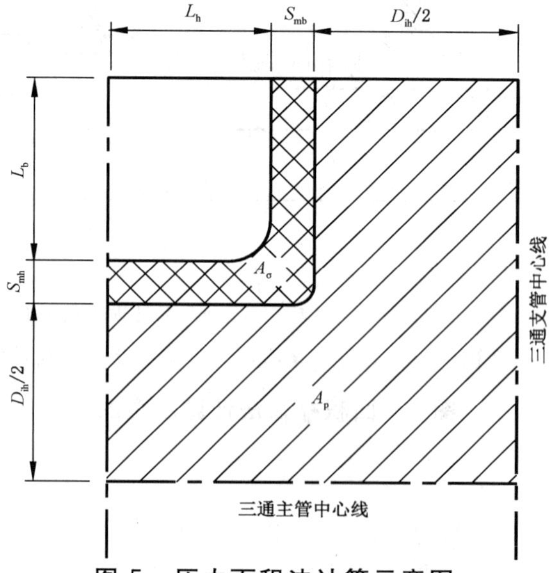

图 5 压力面积法计算示意图

6.3.5 异径管壁厚计算

6.3.5.1 异形管壁厚计算简图见图 6。异径管(大端)最小壁厚 S_m 按以式(20)和式(21)计算，取二者中的较大值。

$$S_m = \frac{PD_m + 2[\sigma]^t \eta C + 2YPC}{[2([\sigma]^t \eta - 2p(1-Y)\cos\theta)]} \quad \cdots\cdots(20)$$

$$S_m = \frac{pD_o}{2[\sigma]^t \eta + 2Yp} + C \quad \cdots\cdots(21)$$

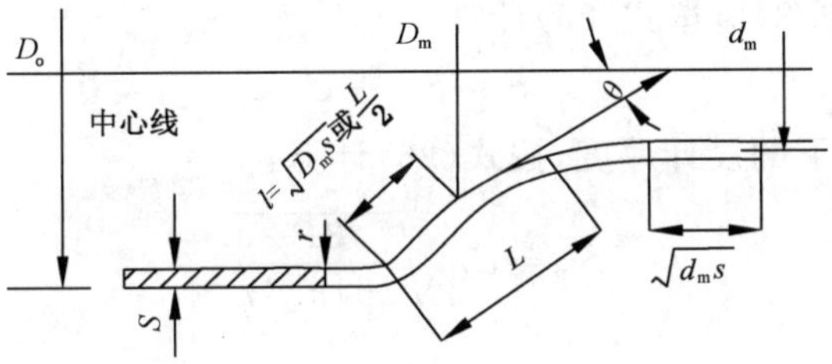

图 6 异径管壁厚计算简图

式中：

D_m ——异径管平均直径，单位为毫米(mm)；

$$D_m = D_o - S \quad \cdots\cdots(22)$$

θ ——半锥角，宜小于 15°；

C ——壁厚的附加值，单位为毫米(mm)；可按 6.3.2.1 选取。

6.3.5.2 异径管小端与管道连接处的强度根据图 7 按式(17)校核。图 7 中 L_G、L_A 按式(23)、式(24)计算：

$$L_G = \sqrt{D_m} S \quad \cdots\cdots(23)$$

$$L_A = \sqrt{d_m} S \quad \cdots\cdots(24)$$

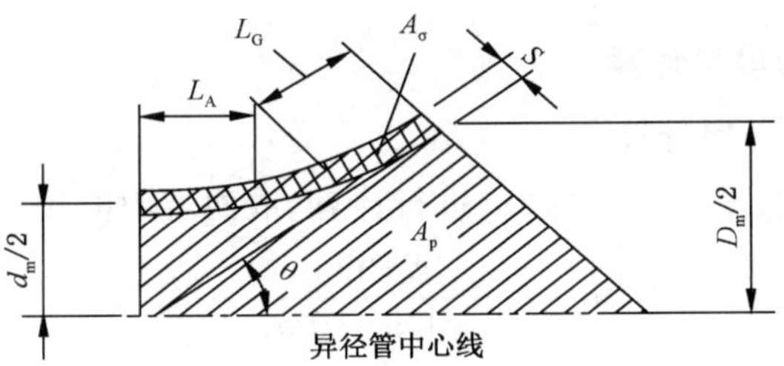

图 7 异径管小端计算示意图

6.3.5.3 异径管外侧弯曲半径不宜小于 $0.1D_o$。

6.3.6 法兰及法兰附件计算

6.3.6.1 螺栓连接的法兰强度应分别按运行工况及螺栓预紧力进行计算，并计及流体静压力及垫片的压紧力。

6.3.6.2 法兰连接计算应包括下列内容：

a) 确定垫片材料，型式及尺寸；

b) 确定螺栓材料，规格及数量；

c) 确定法兰材料，密封面型式及结构尺寸；

d) 进行应力校核，计算中所有尺寸均不包括腐蚀裕量。

6.3.6.3 对于未按标准规定制造的法兰，法兰及法兰连接应按 GB/T 17186 或 GB 150.3—2011 中第 7 章的规定计算。

6.3.6.4 盲板的厚度（见图 8）应按式(25)计算：

$$S = S_m + C \quad \cdots\cdots\cdots\cdots(25)$$

式中 S_m 为压力作用下的设计厚度，按式(26)计算：

$$S_m = d_G\sqrt{\frac{3P}{16[\sigma]^t\eta}} \quad \cdots\cdots\cdots\cdots(26)$$

式中：

d_G ——对于凸型法兰或平法兰为垫圈内径，或对带垫圈法兰为垫圈节径；

P ——设计压力，单位为兆帕(MPa)；

C ——厚度裕量，单位为毫米(mm)。

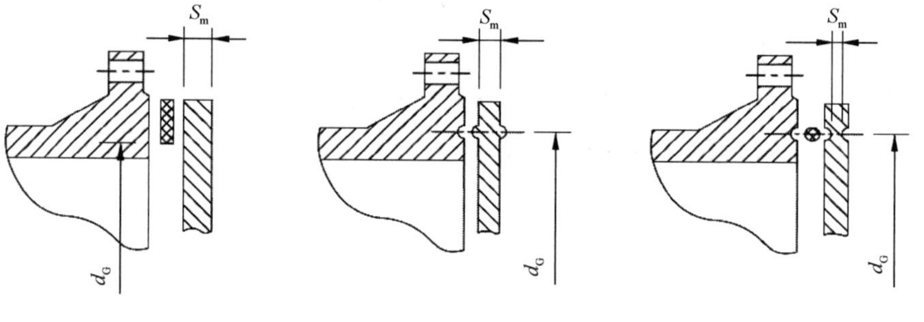

图 8 夹在法兰间的盲板

6.3.7 封头及节流孔板的厚度计算

6.3.7.1 椭球型封头最小壁厚计算：

a) 最小壁厚 S_m 应按式(27)、式(28)进行计算，取两者中的较大值。

$$S_m = \frac{KPD_i}{2[\sigma]^t\eta - 0.5P} + C \quad \cdots\cdots\cdots\cdots(27)$$

$$S_m = \frac{K(PD_i + 2[\sigma]^t\eta C + 2YPC)}{2[\sigma]^t\eta - 2P(1-Y)} \quad \cdots\cdots\cdots\cdots(28)$$

式中：

D_i ——封头内径，mm；

K ——与 $\frac{p}{[\sigma]^t}$ 比值有关的修正系数，当椭球形封头的椭圆形状系数 $D_0/2h_i = 2$（h_i 为

椭圆短半径)时,K 值可按图9查取;

Y ——修正系数,可按6.3.2.1选取;

η ——许用应力修正系数,封头无拼接时,$\eta=1.0$;有拼接时,η 值按表1取值;当设计温度在所用钢材的蠕变温度以上时,$\eta=0.7$;

$[\sigma]^t$ ——设计温度下材料许用应力,单位为兆帕(MPa);

P ——设计压力,单位为兆帕(MPa);

C ——腐蚀附加厚度,单位为毫米(mm)。

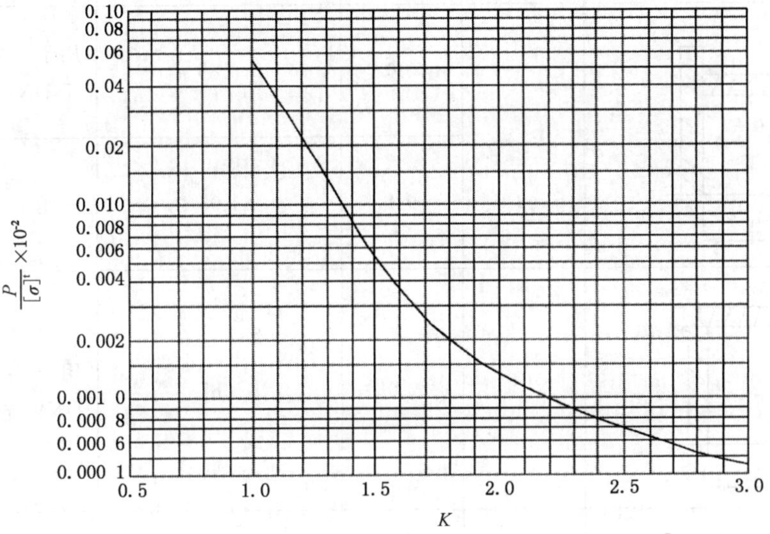

图9 椭球形封头的椭圆形状系数为2时修正系数 K

6.3.7.2 对焊封头和平封头壁厚按式(29)计算:

$$S_m=K'D_i\sqrt{\frac{P}{[\sigma]^t\varphi'}} \quad \cdots\cdots(29)$$

式中:

D_i ——封头内径,单位为毫米(mm)(取相连管道的最大内径);

K'、φ'——与封头结构有关的系数,按表7选取;

$[\sigma]^t$ ——设计温度下材料许用应力,单位为兆帕(MPa);

P ——设计压力,单位为兆帕(MPa)。

表 7　封头结构型式系数

堵头型式	结构要求	K'	φ'		备注
			$l \geqslant 2s_1$	$2s_1 > l \geqslant s_1$	
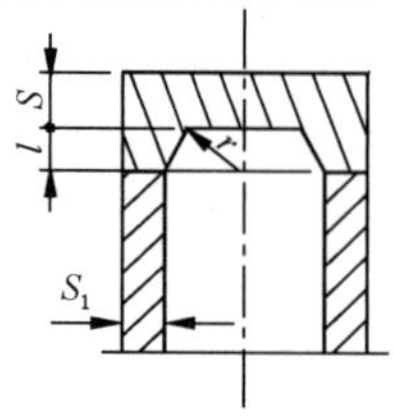	$r \geqslant \frac{2}{3}S_1$ $l \geqslant S_1$	0.4	1.05	1.00	推荐优先采用的结构型式
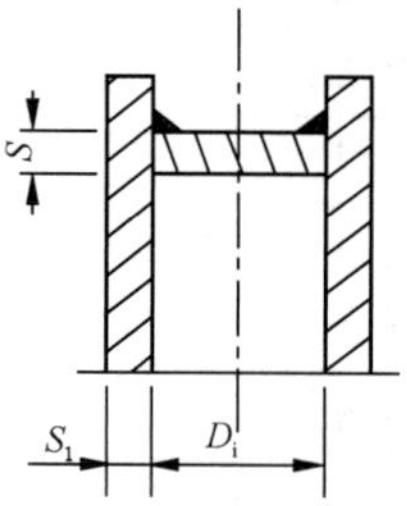		0.6	0.85		用于不大于 PN25 和不大于 DN400 的管道
		0.4	1.05		只用于水压试验
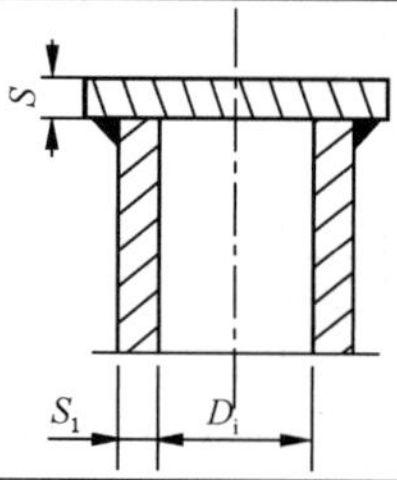		0.6	0.85		用于小于 PN25 和小于 DN40 的管道
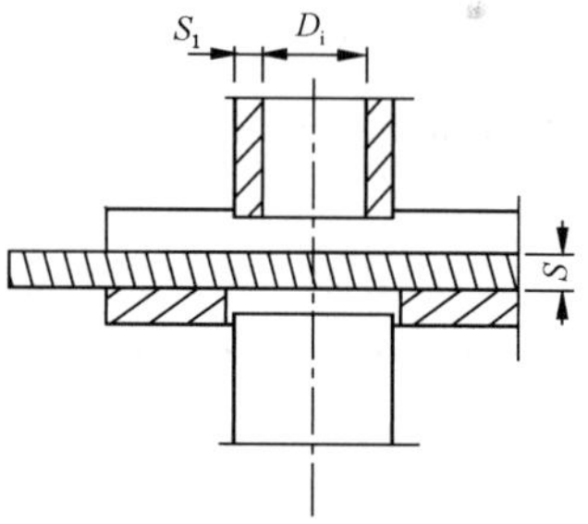		0.45	0.85		用于回转堵板，中间堵板和法兰式节流孔板

6.3.7.3　孔板厚度计算：

a)　夹在法兰之间的节流孔板、中间堵板和回转堵板的厚度计算，可按平封头的厚度计算公式，K'值取 0.45；

b)　焊接式节流孔板厚度可按平封头厚度计算公式，其 K' 值取 0.6。

6.4　管道应力计算

6.4.1　一般规定

6.4.1.1　本规范应力计算方法适用于利用管子自身的柔性进行补偿的管道。

6.4.1.2　管道应力计算宜按管道系统进行计算，对各种可能工况进行应力校核。

6.4.2 管道应力验算

6.4.2.1 管子在内压作用下的应力验算

a) 管子在工作状态下,由内压产生的折算应力,不应大于钢材在设计温度下的许用应力

$$\sigma_{eq}=\frac{P[0.5D_o-Y(S_s-C)]}{\eta(S_s-C)}\leqslant 1.0[\sigma]^t \qquad (30)$$

式中:

σ_{eq} ——内压折算应力,单位为兆帕(MPa);

P ——设计压力,单位为兆帕(MPa);

D_o ——管子外径,单位为毫米(mm);

S_s ——管子实测最小壁厚,单位为毫米(mm);

Y ——修正系数,见 6.3.2.1;

η ——许用应力的修正系数,见 6.3.2.1;

C ——腐蚀、磨损和机械强度的附加厚度,单位为毫米(mm);

$[\sigma]^t$ ——钢材在设计温度下的许用应力,单位为兆帕(MPa)。

b) 管道在运行工况下,允许温度和(或)压力超过设计值,但应符合下列规定:

1) 所计算的环向应力不超过相应温度下许用应力的 1.15 倍,允许每次不超过 8 h,且每年不超过 800 h;

2) 所计算的环向应力不超过相应温度下许用应力的 1.2 倍,允许每次不超过 1 h,且每年不超过 80 h。

6.4.2.2 持续荷载的应力验算

管道在工作状态下,由内压、自重和其他持续荷载作用下,产生的轴向应力之和,应满足式(31)的要求:

$$\sigma_L=\frac{PD_i^2}{D_o^2-D_i^2}+0.75\frac{iM_A}{W}\leqslant 1.0[\sigma]^t \qquad (31)$$

式中:

σ_L ——管道在工作状态下,由持续荷载产生的轴向应力之和,单位为兆帕(MPa);

P ——设计压力,单位为兆帕(MPa);

D_o ——管子外径,单位为毫米(mm);

D_i ——管子内径,单位为毫米(mm);

M_A ——自重和其他持续荷载作用在管子截面上的合成力矩,单位为牛[顿]毫米(N·mm);

W ——管子截面抗弯矩,单位为立方毫米(mm^3);

$$W=\frac{\pi}{32D_o}(D_o^4-D_i^4) \qquad (32)$$

i ——应力增加系数(见附录 C),且 $0.75i$ 不得小于 1;

$[\sigma]^t$ ——钢材在设计温度下的许用应力,单位为兆帕(MPa)。

6.4.2.3 持续荷载与偶然荷载组合工况的应力验算

管道在工作状态下,由内压、自重等持续荷载和偶然荷载作用下,产生的轴向应力应满足式(33)的要求:

$$\frac{PD_i^2}{D_o^2-D_i^2}+0.75\frac{iM_A}{W}+0.75\frac{iM_B}{W}\leqslant K[\sigma]^t \quad\cdots\cdots(33)$$

式中：

M_B ——偶然荷载作用在管子截面上的合成力矩，当地震设防烈度为8度及以上时，应计算地震力对管道的影响。在验算时，M_B 中的地震力矩只取变化范围的一半，单位为牛[顿]毫米(N·mm)；

K ——系数，在任一时期偶然荷载作用时间不超过8 h，且全年不超过800 h时，取 $K=1.15$，当在任一时期作用时间不超过1 h，且全年不超过80 h时，取 $K=1.2$。

其他符号的定义同6.4.2.2。

6.4.2.4 管系热胀应力范围验算

管系由热膨胀、端点附加位移等荷载所产生的管系热胀应力范围，应满足式(34)的要求：

$$\sigma_E=\frac{iM_C}{W}\leqslant f[1.2[\sigma]^{20}+0.2[\sigma]^t+([\sigma]^t-\sigma_L)] \quad\cdots\cdots(34)$$

式中：

σ_E ——热胀应力范围，单位为兆帕(MPa)；

M_C ——按热膨胀、端点附加位移等荷载和钢材在20 ℃的弹性模量计算的热胀合成力矩范围，单位为牛[顿]毫米(N·mm)；

$[\sigma]^{20}$ ——钢材在20 ℃时的许用应力，单位为兆帕(MPa)；

f ——应力范围的减小系数。

其他符号的定义同6.4.2.2。

预期电厂在运行年限内，系数 f 与管道全温度周期性的交变次数 N 有关：

——当 $N\leqslant 2\,500$ 时，$f=1$；

——当 $N>2\,500$ 时，$f=4.78N^{-0.2}$。

如果温度变化幅度有变动，可按式(35)计算当量全温度变化次数：

$$N=N_E+r_1^{\,5}N_1+r_2^{\,5}N_2+\cdots\cdots+r_n^{\,5}N_n \quad\cdots\cdots(35)$$

式中：

N_E ——计算热膨胀应力范围 σ_E 时，用全温度变化 ΔT_E 的交变次数；

$N_1,N_2,\cdots\cdots N_n$ ——温度变化较小 $\Delta T_1,\Delta T_2,\cdots\cdots,\Delta T_n$ 的交变次数；

$r_1,r_2,\cdots\cdots,r_n$ ——比值 $\Delta T_1/\Delta T_E,\Delta T_2/\Delta T_E,\cdots\cdots,\Delta T_n/\Delta T_E$。

6.4.2.5 力矩和截面抗弯矩的计算

a) 利用式(31)～式(35)验算直管元件、弯管和弯头时，合成力矩 M_j 按式(36)计算：

$$M_j=\sqrt{M_{xj}^2+M_{yj}^2+M_{zj}^2} \quad\cdots\cdots(36)$$

式中：

j ——相当于式(31)、式(33)、式(34)中的注脚A、B、C。

b) 验算等径三通时，应按式(36)分别计算各分支管的合成力矩，按三通的交叉点取值，见图10。管子截面抗弯矩按式(32)和连接管子尺寸计算。

c) 验算不等径三通时，应分别计算主管两侧和支管的合成力矩：

1) 计算不等径三通支管的合成力矩

$$M_A(M_B\text{ 或 }M_C)=\sqrt{M_{x3}^2+M_{y3}^2+M_{z3}^2} \quad \cdots\cdots(37)$$

支管的当量截面抗弯矩为：

$$w=\pi r_{mb}^2 S_{b3} \quad \cdots\cdots(38)$$

式中：

r_{mb} ——支管平均半径，单位为毫米(mm)；

S_{b3} ——支管当量壁厚，式(34)中取用主管公称壁厚 S_{nh} 和 i 倍支管公称壁厚 $S_{nb}i$ 二者中的较小值(mm)；式(31)和式(33)中取用主管公称壁厚 S_{nh} 和 $0.75iS_{nb}$ 二者中的较小值(mm)，其中 $0.75i\geqslant1.0$；

M_{x3},M_{y3},M_{z3} ——与三通支管连接的计算分支作用于三通交叉点的当量力矩。

2) 计算主管的合成力矩

$$M_A(M_B\text{ 或 }M_C)=\sqrt{M_{x1}^2+M_{y1}^2+M_{z1}^2} \quad \cdots\cdots(39)$$

$$M_A(M_B\text{ 或 }M_C)=\sqrt{M_{x2}^2+M_{y2}^2+M_{z2}^2} \quad \cdots\cdots(40)$$

式中：

M_{x1},M_{y1},M_{z1},M_{x2},M_{y2},M_{z2}——作用在三通交叉点处的当量力矩。

主管的截面抗弯矩按式(32)和连接管子尺寸计算。各合成力矩仍按三通的交叉点取值，见图10。

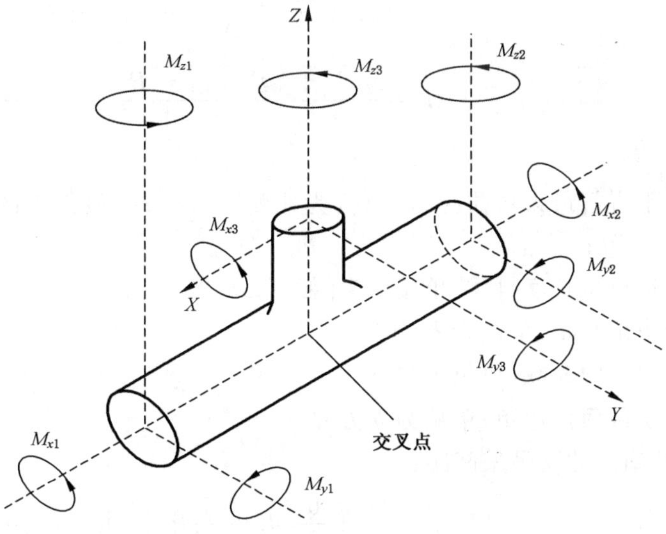

图 10 合成力矩示意图

3) 计算支管接管座(见附录C中的图C.3)的合成力矩：

$$M_A(M_B\text{ 或 }M_C)=\sqrt{M_{x3}^2+M_{y3}^2+M_{z3}^2} \quad \cdots\cdots(41)$$

接管座的截面抗弯矩按式(42)计算：

$$W=\pi(r_{mb})^2 S_b \quad \cdots\cdots(42)$$

如果附录C中图C.3中的a、b、c中 $L_1\geqslant0.5(r_iS_b)^{0.5}$，那么在计算接管座的截面抗弯矩和应力增加系数时，$r'_{mb}$应计算到 S_b 值的一半，验算点应取接管座中心线与主管外表面的交点。

6.4.3 管道支承反力的计算

6.4.3.1 管道对设备或支承点的推力应按6.4.2中荷载组合工况计算，推力应在设备所能安全承受的范围内。

6.4.3.2 当数根管道与设备相连时,管道在工作状态和冷状态下推力和力矩的最大值,应按设备和各连接管道可能出现的运行工况分别计算和进行组合。

6.5 管道支吊架

6.5.1 一般规定

6.5.1.1 管道支吊架的设置和选型应根据管道布置和对支吊架的功能要求确定。

6.5.1.2 支吊架间距应根据管道荷载的合理分布,并满足管道强度、刚度和防止振动等要求。

6.5.1.3 支吊架应支承在可靠的构筑物上,便于施工,且不影响设备检修及其他管道的安装和扩建。

6.5.1.4 支吊架零部件应有足够的强度和刚度,结构简单,宜采用标准产品。

6.5.1.5 室外管道吊架的拉杆,在穿过保温层处应采取防雨措施。

6.5.2 支吊架允许间距

6.5.2.1 管道支吊架的间距应满足强度和刚度条件的要求。

6.5.2.2 水平直管道支吊架间距应满足下列要求:

a) 按强度条件确定的支吊架间距:

$$\sigma_{\max}=\frac{(qL+2P_j)L}{8W} \quad\cdots\cdots(43)$$

$$L=\frac{\sqrt{P_j^2+8qW\sigma_{\max}}-P_j}{q} \quad\cdots\cdots(44)$$

式中:

$\sigma_{\max}$——水平直管最大弯曲应力,单位为兆帕(MPa);一般钢管的自重应力不宜大于16 MPa;

q ——管道单位长度自重,单位为牛[顿]每米(N/m);

L ——支吊架间距,单位为米(m);

P_j ——跨中集中荷载,单位为牛(N);

W ——管子截面抗弯矩,单位为立方厘米(cm^3)。

b) 按刚度条件确定的支吊架间距:

$$\delta_{\max}=\frac{L^3}{E_t I}\left(\frac{5}{384}qL+\frac{1}{48}P_j\right)\times10^5 \quad\cdots\cdots(45)$$

式中:

$\delta_{\max}$——最大弯曲挠度,单位为毫米(mm);一般钢管道的弯曲挠度不宜大于2.5 mm;

E_t ——管子材料在设计温度下的弹性模量,单位为兆帕(MPa);

I ——管子截面惯性矩,单位为四次方厘米(cm^4)。

c) 水平直管支吊架的允许间距,应取强度和刚度确定的间距最小值;在水平管道方向改变处,两支吊点间的管子展开长度不应超过水平直管支吊架允许间距的3/4。

6.5.2.3 垂直管道支吊架的间距可大于水平直管支吊架的允许间距,在最不利荷载作用下不应使管壁应力超过允许值。为防止管道侧向振动,垂直管道宜设置适当数量的管道侧向约束装置。

6.5.3 支吊架荷载及荷载组合

6.5.3.1 支吊架荷载及荷载组合应符合 GB/T 17116.1 的规定。支吊架应能承受管道和相关设备在可能出现的各种工况下所施加的静荷载和规定的动力荷载。支吊架零部件应按对其结构最不利的组合荷载进行选择和设计。在管道支吊架设计时,应计及的荷载包括(但不限于)下列各项:

a) 管道组成件及保温层的重力;
b) 支吊架的重力;
c) 管道输送介质的重力;
d) 对于蒸汽管道,应根据具体情况计及水压试验或管道清洗时的介质重力;
e) 管道中柔性管件由于内压力产生的作用力;
f) 支吊架约束管道位移所产生的约束反力和力矩;
g) 管道位移时在活动支吊架上引起的摩擦力,摩擦系数 μ 可按 6.5.3.3 取值;
h) 室外管道受到的雪荷载;
i) 室外管道受到的风荷载;
j) 正常运行时,由于种种原因引起的管道振动力;
k) 管内流体动量瞬时突变(如汽锤、水锤、安全阀排汽反力)引起的瞬态作用力;
l) 流体排放产生的反力;
m) 地震引起的荷载,但不计及地震荷载与风荷载同时出现的工况。

6.5.3.2 支吊架结构荷载应符合 GB 50764—2012 中 10.3.2 的规定。支吊架结构荷载计算应根据具体情况计及下述工况:

a) 运行初期冷态工况;
b) 运行初期热态工况;
c) 管道应变自均衡后的冷态工况;
d) 管道应变自均衡后的热态工况;
e) 水压试验或管路清洗工况;
f) 各种瞬态工况。

6.5.3.3 管道位移在活动支吊架上引起的摩擦力,其摩擦系数 μ 可按表 8 取值。

表 8 摩擦系数

序 号	摩擦形式	摩擦系数
1	钢与钢滑动摩擦	0.3
2	钢与聚四氟乙烯板	0.2
3	聚四氟乙烯之间	0.1
4	不锈钢(镜面)薄板之间	≤0.1
5	不锈钢(镜面)与聚四氟乙烯板间	0.05～0.07
6	钢表面的滚动摩擦	0.1

6.5.4 支吊架材料

6.5.4.1 与管道直接接触的支吊架零部件,其材料应按管道设计温度选用。与管道直接焊接的零部件，其材料应与管道材料相同或相容。

6.5.4.2 钢材的使用温度上限应符合附录A的规定。

6.5.4.3 用于承受拉伸荷载的支吊架零部件应采用有冲击功保证值的钢材。当采用没有冲击功保证值的钢材，应按GB 229的要求补做冲击韧性试验，其冲击功值符合有关国家标准的规定。

6.5.4.4 支吊架零部件不应采用沸腾钢或铸铁材料。

6.5.5 支吊架结构及强度

6.5.5.1 支吊架管部结构不应使管道局部过应力。

6.5.5.2 管部结构的设计应符合下列规定：

a) 管部结构应能承受功能所要求的力和力矩，保证管部与管道之间在预定约束方向不发生相对位移。管部结构的设计应控制管壁应力，防止管道局部塑性变形；

b) 管部结构尺寸应和管道外径相配，且应保证其与支吊架其他连接部件相连接的部位裸露在管道保温层外；

c) 垂直管道的管部结构或限制管道轴向位移的双臂管部结构，管部的任一侧应能承受该支吊架点的全部荷载。

6.5.5.3 支吊架的连接件设计应符合以下规定：

a) 螺纹拉杆的最大承载力可根据其许用应力和螺纹根部截面计算，螺纹拉杆的许用应力按照附录A的75%取用。用于不大于DN50管子上的吊杆直径不应小于10 mm，用于大于DN50管子上的吊杆直径不应小于12 mm。

b) 任何状态下吊杆与垂线之间夹角应符合下列规定值：

1) 刚性吊架吊杆与垂线之间夹角不应大于3°；

2) 弹性吊架吊杆与垂线之间夹角不应大于4°；

3) 当不能满足1)、2)的规定时，应采取偏装或加装滚动装置等措施。

c) 吊杆应有足够的螺纹长度，并配有调节垂直高度的部件，螺纹连接处应设置锁紧螺母。

d) 垂直管道双拉杆刚性吊架的连接件应按单侧承受全部结构荷载选择。

6.5.5.4 支吊架的焊接和根部钢结构设计应符合GB/T 17116的规定。

7 制作与安装

7.1 一般规定

7.1.1 本章规定了管道制作和安装的基本要求，包括原材料验收、弯曲成形、组对、预热、焊接、热处理、安装、清理吹扫和清洗等的规定。

7.1.2 管道制作和安装应建立并妥善保存相关的记录及证明文件。

7.2 制作或安装前材料的验收

7.2.1 一般规定

制作和安装单位应对所接收的材料进行验收，验收项目应按本规范及相应材料产品标准规定外，还应符合合同约定。

7.2.2 材料标记和质量证明文件的验收

7.2.2.1 入厂(场)材料应验证材料标记和质量证明文件，并应符合5.3.5的规定。

7.2.2.2 材料的质量证明文件内容不全、质量证明文件与实物上的标记不符以及标记模糊不清者应拒收。

7.2.3 管子的验收

7.2.3.1 管子应进行材料牌号、外观质量、规格和尺寸偏差检查,对合金钢管子还应进行光谱和硬度检查。

7.2.3.2 按照国内标准制造的管子应按本规范及相应产品标准的规定进行验收。

7.2.3.3 按照境外标准制造的管子或进口管子除合同另有约定外,应符合相应境外标准的规定。

7.2.4 管件、法兰和阀门的验收

7.2.4.1 管件、法兰和阀门的验收应符合相应产品标准的规定及合同约定。

7.2.4.2 管件、法兰和阀门的验收应检查标记、规格、材质、外观和几何尺寸。

7.2.4.3 合金钢件应进行光谱和硬度检查。

7.2.4.4 法兰、螺栓螺母等附件应进行配合性能检查。

7.2.4.5 阀门应按照有关国家或行业标准进行性能和严密性检查。

7.2.5 支吊架的验收

7.2.5.1 支吊架的验收应符合本标准及其产品标准的规定。

7.2.5.2 支吊架应验收产品标识、型号、规格和外观;合金钢件进行光谱和硬度检查;对恒力、变力弹性支吊架、弹簧减振器进行性能试验报告和状态指示检查。

7.2.6 抽样检查数量规定

7.2.6.1 抽样检查数量应按相应材料产品标准规定。

7.2.6.2 加倍抽样检查应符合 8.1.3 累进检查的规定。

7.2.7 材料的保管

7.2.7.1 管道制作和安装单位对所接收的材料应采取必要的防护措施,防止变形、腐蚀或损伤。

7.2.7.2 存放奥氏体不锈钢材料时,不应与铁素体材料相接触。

7.2.7.3 暂不安装的管子、管件和阀门等,应对端口进行妥善封闭。

7.3 管道制作

7.3.1 一般规定

7.3.1.1 管道的制作应符合本规范及合同约定,可在工厂或施工现场完成。

7.3.1.2 主蒸汽、再热蒸汽和高压给水管道应在工厂内制作。

7.3.2 切割与坡口制备

7.3.2.1 切割应符合下列规定:

a) 管子切割宜采用机械加工方法,也可采用等离子或火焰切割等方法;

b) 采用等离子或火焰切割时,应用机械加工方法清除淬硬层及过热金属;

c) 9%Cr～12%Cr 的马氏体耐热钢管应采用机械加工方法切割。

7.3.2.2 坡口制备应符合下列规定:

a) 坡口制备宜采用机械方法加工。不锈钢管采用机械方法制备坡口或修磨时,应符合 GB/T 20801.4 的规定。

b) 除设计另有规定外，焊接坡口的基本形式与尺寸可按附录 D 中 D.1 的规定。

c) 坡口表面质量应符合下列规定：

1) 采用等离子或火焰切割下料的坡口修磨后，应经表面无损检测合格；

2) 坡口及边缘 20 mm 内母材应无裂纹、重皮、破损、毛刺缺陷及污染物；

3) 除设计另有规定外，坡口端面偏斜度 Δf 应符合表 9 的规定。

表 9 坡口端面偏斜度偏差

图 例	管子外径 D_o mm	Δf mm
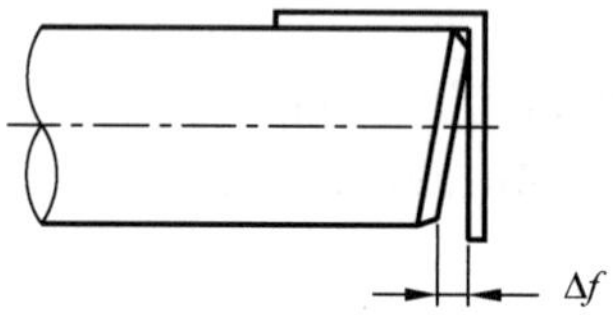 	$D_o \leqslant 60$ $60 < D_o \leqslant 159$ $159 < D_o \leqslant 219$ $D_o > 219$	0.5 1 1.5 2

7.3.3 标记移植

7.3.3.1 管子应保存材料的原始标记。当无法保存原始标记时，应采用适当的移植方法进行材料标记。

7.3.3.2 标记方法不应对材料表面构成损伤或污染，并不应降低材料的使用性能。当奥氏体不锈钢和有色金属材料采用色码标记时，印色不应含有硫、铅和氯等对材料有损害的物质。

7.3.3.3 移植后的标记应清晰可追溯。

7.3.4 弯曲成形

7.3.4.1 弯曲可采用冷弯成形或热弯成形两种工艺方法。热弯成形温度不应低于 A_{c1} 减 56 ℃；冷弯成形温度应低于 A_{c1} 减 56 ℃。钢管材料的下临界温度 A_{c1} 可按表 10 确定。

表 10 常用钢管材料下临界温度近似值

钢材类别	下临界温度 A_{c1} ℃
碳素钢	725
C-Mo 钢	730
1.15Ni-0.65Cu-Mo-Nb 钢	725
1Cr-0.5Mo 钢	745
1.25Cr-0.5Mo 钢	775
2.25Cr-1Mo 钢	805
9Cr-1Mo-V 钢	800
注：本表仅是钢管材料下临界温度的近似值，当可获得具体材料的该温度时，应取用实际温度。	

7.3.4.2 弯曲成形应符合以下规定：

a) 热弯曲成形应按照评定合格的工艺进行弯制；

b) 焊接钢管不宜采用冷弯成形方法；

c) 直缝焊接钢管热弯曲成形时，焊缝宜布置在中性线处，且不应超出中性线外侧 15°，如图 11 所示；

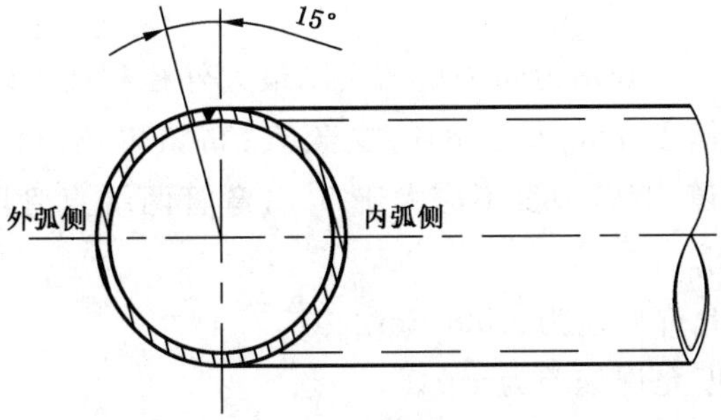

图 11 直焊缝布置位置

d) 热弯成形宜采用感应加热的弯曲方法；热弯弯管弯制前的直管最小壁厚可按表 11 选取；

表 11 热弯弯管弯制前直管最小壁厚

弯曲半径	弯制前直管最小壁厚
不小于 $6D_o$	$1.06S_m$
$5D_o$	$1.08S_m$
$4D_o$	$1.12S_m$
$3D_o$	$1.16S_m$
注：弯曲半径为中间值的弯管，弯制前直管最小壁厚可采用内插法计算。	

e) 冷弯弯管弯制前直管最小壁厚可按表 12 选取。

表 12 冷弯弯管弯制前直管最小壁厚

弯曲半径	弯制前直管最小壁厚
不小于 $6D_o$	$1.09S_m$
$5D_o$	$1.14S_m$
$4D_o$	$1.20S_m$
$3D_o$	$1.28S_m$
注：弯曲半径为中间值的弯管，弯制前直管最小壁厚可采用内插法计算。	

7.3.4.3 成形后的弯管应符合以下规定：

a) 弯管内、外弧上任何一点的实测壁厚不应小于第 6 章设计计算确定的计算壁厚，且外弧任何一点壁厚不应小于连接管子的最小壁厚。

b) 弯管表面不应有裂纹、折叠、重皮、凹陷和尖锐划痕等缺陷，发现缺陷应打磨直至完全消除，缺陷消除后的壁厚应符合 a)的规定。

c) 弯管的圆度偏差应符合以下规定：

1) 弯管的圆度偏差 μ(%)应按式(46)计算：

$$\mu=\frac{D_{max}-D_{min}}{D_{max}}\times 100\% \qquad \cdots\cdots\cdots\cdots(46)$$

式中：

D_{max}和 D_{min}——分别为同一截面实测最大外径和最小外径，单位为毫米(mm)。

2) 弯管的圆度偏差不应大于 8%；主蒸汽、高温再热蒸汽管道以及设计压力大于 8 MPa 的管道，弯管圆度不应大于 5%；弯管两端直管段端部的圆度应符合相应钢管标准要求。

d) 弯管的弯曲半径允许偏差为±50 mm。

e) 平面弯管弯曲角度允许偏差为±0.5°。

f) 热弯弯管的波浪率(波高 h 与外径 D_o 之比)不应大于 2%，冷弯弯管的波浪率不应大于 3%，且波距 A 与波高 h 之比应大于 12，如图 12 所示。

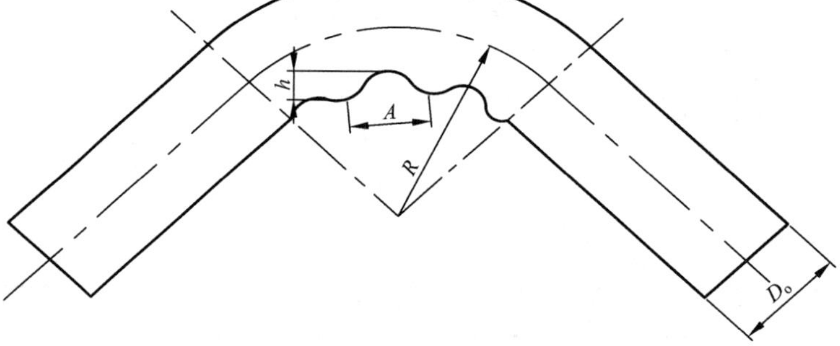

图 12 弯管波浪率示意图

g) 弯管不应有过烧组织，不应出现晶间裂纹。

h) 合金钢弯管热处理后的硬度、金相组织和晶粒度检验结果应符合相应管材产品标准的规定。

7.3.5 板焊管

7.3.5.1 板焊管制作适用于设计压力不大于 1.0 MPa 且设计温度不高于 200 ℃的管道。

7.3.5.2 用于制作板焊管的钢板，材料性能、外观质量、尺寸偏差、检验方法和验收规则应符合相关标准的规定。

7.3.5.3 板焊管制作应符合以下规定：

a) 卷板方向应与钢板的压延方向相同；

b) 公称尺寸大于等于 DN1 000 的板焊管，卷板对接焊缝根部宜采用封底焊；

c) 板焊管管子内径与壁厚的关系符合表 13 的要求时，允许冷卷成形；否则应在热卷或冷卷后进行热处理；

表 13 允许冷卷的内径与公称壁厚关系

序号	规定非比例延伸率 0.02%的强度 $R_{p0.2}$ MPa	钢管内径 D_i 与公称壁厚 S_n 关系 mm
1	$R_{p0.2} \leqslant 350$	$D_i \geqslant 33S_n$
2	$350 < R_{p0.2} \leqslant 450$	$D_i \geqslant 40S_n$
3	$450 < R_{p0.2} \leqslant 540$	$D_i \geqslant 48S_n$
4	$540 < R_{p0.2} \leqslant 800$	$D_i \geqslant 57S_n$
5	$R_{p0.2} > 800$	由试验确定

d) 环向拼接焊缝不宜多于 2 条,相邻筒节纵缝应错开至少 100 mm;

e) 钢管同端管口相互垂直两直径之差的最大值不应大于 $3D_o/1\ 000$,且最大不应大于 10 mm;

f) 钢管对圆后,实测周长与设计周长之差的最大值不应超过 $\pm 5D_o/1\ 000$,且最大不应超过±15 mm,相邻管节周长偏差应符合表 14 的要求;

表 14 相邻管节周长偏差

板厚 S_n mm	最大偏差 mm
$S_n < 10$	6
$S_n \geqslant 10$	10

g) 板焊管的焊接、焊后热处理和检查检验要求应符合本标准的相关规定。

7.3.6 支吊架

7.3.6.1 管道支吊架的型式、材质、加工尺寸及精度应符合设计文件和 GB/T 17116.1 的规定。

7.3.6.2 合金钢管道的支吊架与管子直接相焊接的部分宜在工厂内完成。

7.3.7 管道工厂化预制

7.3.7.1 管道宜工厂化预制。工厂化预制包括配管设计、弯曲成形、坡口加工、组对焊接、热处理、检验、清理、防护、标记和包装等。

7.3.7.2 在满足运输和安装等条件下,宜最大限度地进行工厂化预制。

7.3.7.3 配管设计应合理布置焊口位置,充分利用管材。

7.3.7.4 异种钢之间的焊接宜在工厂内完成。

7.3.7.5 配管设计的管段制造图至少应包括以下内容:

a) 管子规格和材质;

b) 各接管座开孔位置、尺寸和焊接要求;

c) 各管件的编号、规格、材质、几何尺寸及详图;

d) 工厂和现场焊口的编号及坡口详图;

e) 检验和标记要求。

7.3.7.6 管道工厂化预制后,管段尺寸偏差要求应符合附录 E 及相关标准的规定。

7.3.7.7 管子与支吊架组装焊接应符合以下规定：

a) 耳轴中心线应与管子中心线正交，并通过管子中心线；

b) 各卡块的承载面应处于垂直于管道轴线的同一平面上，且各对称卡块中心面均应处于管子中心线位置；

c) 耳轴、卡块等与管子直接焊接时，应采用全焊透结构。

7.3.8 管道清理、防护、标记与包装

7.3.8.1 管道清理应符合以下规定：

a) 管段制作完成后，应清除内外表面的氧化物、铁锈、焊接飞溅、砂粒、油渍以及其他有害物等；

b) 管道的清理可采用化学清洗、喷丸处理或喷砂处理等方法，清理方法及清理后的表面质量应符合设计文件和合同约定；

c) 任何清理方法均不应影响管道的使用性能。

7.3.8.2 管子清理后的表面应根据具体环境情况及时进行适当防护。防护应符合下列规定：

a) 酸洗表面涂装时间不应超过表面处理后的 12 h；喷丸或喷砂后表面涂装时间应根据环境条件确定，但不应超过表面处理后的 24 h；

b) 不锈钢和有色金属的防护应符合 GB/T 20801 的规定；

c) 防护方法应符合相关标准的规定及合同约定。

7.3.8.3 管道的标记和包装应符合以下规定：

a) 管道的标记应符合合同约定，并满足以下要求：

1) 永久性标记宜采用低应力字头钢印，标记管段号、焊工号口号、可追溯的材料标记；

2) 临时性标记包括工程代号、图号、管段号、重量、流向和制造厂等，标记在管段易于观察部位。

b) 管道的包装应符合合同及 GB/T 191 的规定。

7.4 焊接

7.4.1 一般规定

7.4.1.1 管道焊接应采用经评定合格的焊接工艺，并由具有相应资质的焊工施焊。

7.4.1.2 焊接工艺评定应符合 NB/T 47014 或 DL/T 868 的规定。

7.4.2 焊接材料

7.4.2.1 焊接材料应根据钢材的化学成分、力学性能、使用条件和焊接工艺评定的结果选用。

7.4.2.2 焊条、焊丝、焊剂及焊接用气体等焊接材料，使用前应按设计文件和 JB/T 3223 的规定进行检查和验收。

7.4.2.3 焊接材料的存放管理应符合下列要求：

a) 存放焊接材料的库房应保持适宜的温度和湿度，室内温度应在 5 ℃以上，相对湿度不应超过 60%；

b) 不同品种、型号、牌号和批号的焊接材料宜分类存放，并设置明确的区分标识；

c) 库存期超过规定期限的焊接材料，应重新做出鉴定，符合规定要求方可使用。

7.4.2.4 焊条、焊剂在使用前应按照说明书的要求进行烘焙，重复烘焙次数不应超过 2 次。焊

工领用经烘焙过的焊条时，应使用专用的保温筒，随用随取。

7.4.3 焊接环境

7.4.3.1 焊接时，以施焊部位为中心的 1 m 空间范围内，不同钢材的最低焊接环境温度应符合以下规定：

a) 含碳量不大于 0.35％的碳素钢为－10 ℃；

b) 普通低合金钢和珠光体耐热钢为 0 ℃；

c) 贝氏体和马氏体耐热钢为 5 ℃；

d) 奥氏体不锈钢不受限制。

7.4.3.2 焊接时，应采取防风措施，以保证焊接不受周围环境风速的影响。

7.4.3.3 焊接区域应有防雨、防雪和防潮湿的措施。

7.4.4 焊前准备

7.4.4.1 焊件在组对前应将坡口表面及附近母材内、外壁的油、漆、垢和锈等清理干净。清理范围应符合以下规定：

a) 对接接头：坡口每侧各 10 mm～15 mm；

b) 角接接头：宜比焊脚尺寸大 10 mm；

c) 埋弧焊接头：在 a)、b)的基础上加 5 mm。

7.4.4.2 焊口组对应符合以下规定：

a) 组对时内壁或根部宜齐平，如有错口，其错口值应符合以下规定：

1) 对接单面焊局部错口值不应超过壁厚的 10％，且不大于 2 mm；

2) 对接双面焊局部错口值不应超过焊件厚度的 10％，且不大于 3 mm。

b) 焊口组对的对口间隙应符合以下规定：

1) 对口间隙可参见附录 D 规定，并应与所采用的焊接方法相适应；

2) 公称尺寸大于 500 的管道，对口间隙局部超差不应超过 2 mm，且总长度不应超过焊缝总长度的 20％。

c) 不同厚度焊件组对时，应符合以下规定：

1) 内壁(或根部)尺寸不相等而外壁(或表面)要求齐平时，可按图 13 a)形式进行加工；

2) 外壁(或表面)尺寸不相等而内壁(或根部)要求齐平时，可按图 13 b)形式进行加工；

3) 内、外壁尺寸均不相等时，可按图 13 c)形式进行加工；

4) 焊件厚度不相等，且厚度差不超过 5 mm 时，可在不影响强度的条件下，按照图 13 d)进行加工；

5) 在进行上述管道不同厚度焊件组对加工时，尖角部位应圆滑过渡。

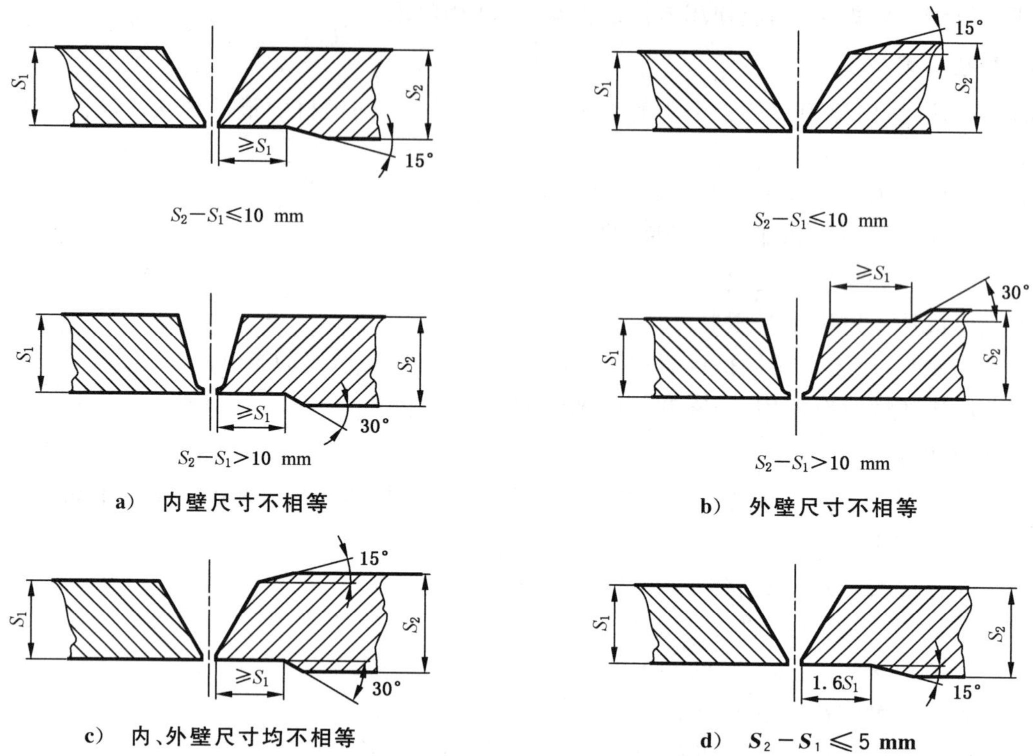

图 13 不同厚度的焊件组对

7.4.4.3 定位焊应符合以下规定：

a) 保留在完工焊缝内的定位焊应按照与根部焊道相同的焊接工艺施焊；

b) 坡口根部采用焊缝定位时，焊后应检查各个定位焊点质量，如有缺陷应立即清除，重新进行定位焊；$S_2-S_1\leqslant 10$ mm；

c) 厚壁大口径管采用临时定位焊时，定位焊件宜采用与母材同种材料。采用其他钢材作定位焊件时，应先在定位焊件上堆敷过渡层后再进行定位焊。堆敷材料应与正式焊接材料相同，堆敷厚度不应小于 5 mm。去除定位件时，不应损伤母材，应将残留焊疤清除干净、打磨修整至与母材平齐；

d) 定位焊缝应具有适当的长度、厚度和间距；

e) 根部焊接前，应对定位焊缝进行检查；若发现缺陷，处理后方可施焊；

f) 焊接到管子上的工卡具材质宜与母材相同。拆除工卡具时，不应损伤母材，拆除后应打磨修整至与母材平齐；必要时进行表面无损检测；

g) 含 9%Cr～12%Cr 的耐热钢表面不应焊接定位对口卡具。

7.4.5 施焊

7.4.5.1 焊接操作

焊接操作应符合以下规定：

a) 不应在被焊件表面引弧、试验电流或随意焊接临时支撑物。

b) 铬含量大于 3%或合金总含量大于 5%的耐热钢管道焊接时，内壁或焊缝背面应充氩气或其他混合气体保护。

c) 当组合件壁厚大于 38 mm 时,应符合下列规定:

1) 采用钨极氩弧焊进行根层焊接的焊层厚度不小于 3 mm;

2) 焊道的单层厚度不应大于所用焊条直径加 2 mm;单焊道宽度不宜大于所用焊条直径的5 倍。厚壁大直径管道多层多道排列示意参见图 14。

单位为毫米

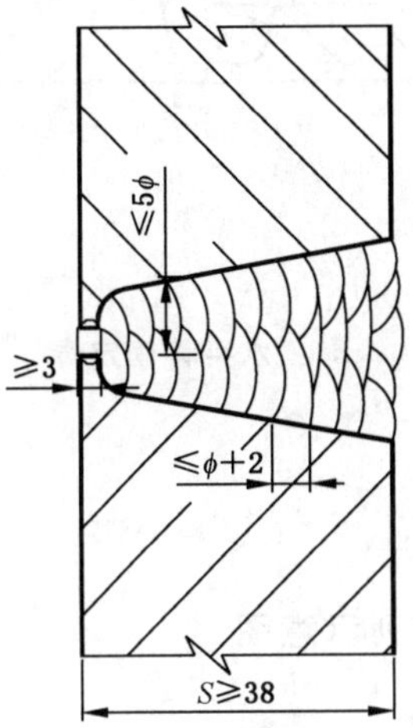

a) 垂直管固定焊

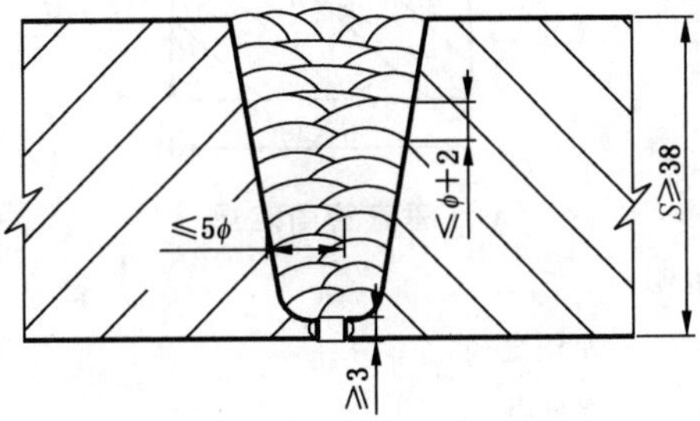

b) 水平管固定焊

说明:

ϕ ——焊条直径;

S ——焊件壁厚。

图 14 厚壁管焊道排列示意图

d) 含 Cr9%~12%的马氏体耐热钢厚壁管的焊接还应符合以下规定:

1) 熔敷金属的 A_{c1} 应与被焊母材相当;

2) 焊接时应按评定合格的工艺控制层间温度:

——电弧焊时,层间温度不宜超过 250 ℃;

——埋弧焊时,层间温度不宜超过 300 ℃。

3) 焊缝单层厚度不宜超过焊条直径、焊道宽度不宜超过焊条直径的 4 倍,多层多道排列示意参见图 15。

单位为毫米

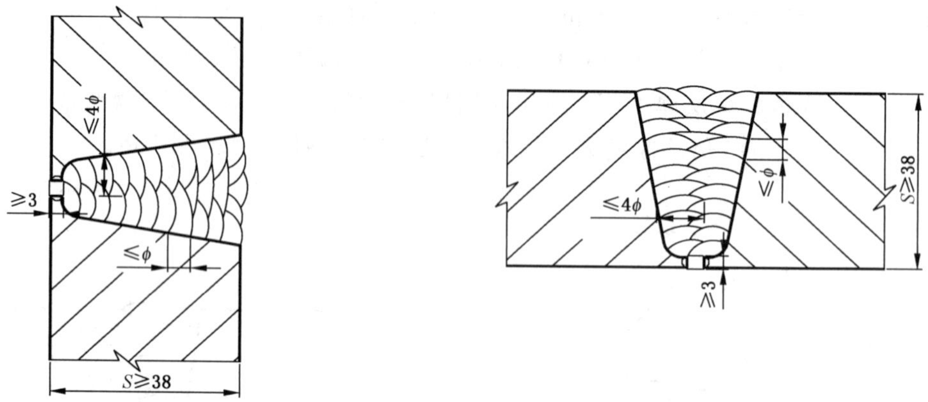

a） 垂直管固定焊　　　　b） 水平管固定焊

说明：

φ ——焊条直径；

S ——焊件壁厚。

图 15　马氏体耐热钢厚壁管焊道排列示意图

e） 奥氏体不锈钢的焊接应符合 GB/T 20801.4 的规定。

f） 焊接完成后，应对管道承压焊缝标识可追溯的焊工识别标记。

7.4.5.2　对接焊缝

焊缝边缘应与母材圆滑过渡，其外形尺寸应符合设计要求，对接焊缝的余高应符合表 15 的规定。

表 15　对接焊缝的余高

母材金属的壁厚 S_n mm	不同设计温度 t 下的允许余高 mm		
	$t>400$ ℃	400 ℃$\geqslant t \geqslant$175 ℃	$t<175$ ℃
$S_n\leqslant3.0$	2.0	2.5	3.0
$3.0<S_n\leqslant5.0$	2.0	3.0	4.0
$5.0<S_n\leqslant13.0$	2.0	4.0	5.0
$13.0<S_n\leqslant25.0$	2.5	5.0	5.0
$25.0<S_n\leqslant50.0$	3.0	6.0	6.0
$S_n>50.0$	4.0	取 6 mm 或 1/8 倍焊缝宽度两者中大值	

7.4.5.3　角焊缝

角焊缝应符合以下规定：

a） 焊缝金属的熔敷应保证焊缝根部的母材金属充分焊透；

b） 承压部件的角焊缝宜采用凹面焊缝；

c） 角焊缝的形式和尺寸应符合图 16 规定。

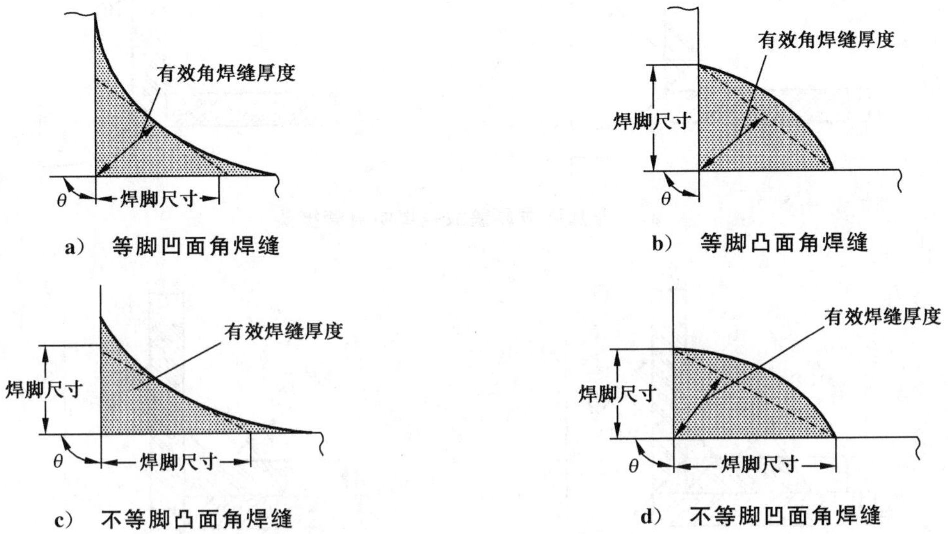

注 1：等边角焊缝焊脚尺寸为外切或内接最大等腰三角形的直角边长度；当两被焊件夹角 $\theta=90°$时，有效焊缝高度为 0.7 倍焊脚尺寸。

注 2：不等边角焊缝焊脚尺寸分别为最大外切或内接最大直角三角形的短边和长边长度，按图示计算有效焊缝高度。

注 3：对于其他角焊缝，有效角焊缝高度用焊脚尺寸和被焊件夹角 θ 计算。

图 16 角焊缝的形式和尺寸

7.4.5.4 焊制支管连接应符合以下规定：

a） 焊制支管连接的型式及焊接要求应符合设计规定；

b） 支管应采用与主管相同或相近的材料制作，并应符合第 5 章关于材料的规定；

c） 焊制支管内转角宜圆滑过渡，连接型式见图 17 和图 18；

d） 带加强板的焊制支管连接应在支管与主管连接焊缝检查合格后，再焊接加强板，该结构不宜用于设计温度大于 250 ℃的组成件以及剧烈循环的场合。

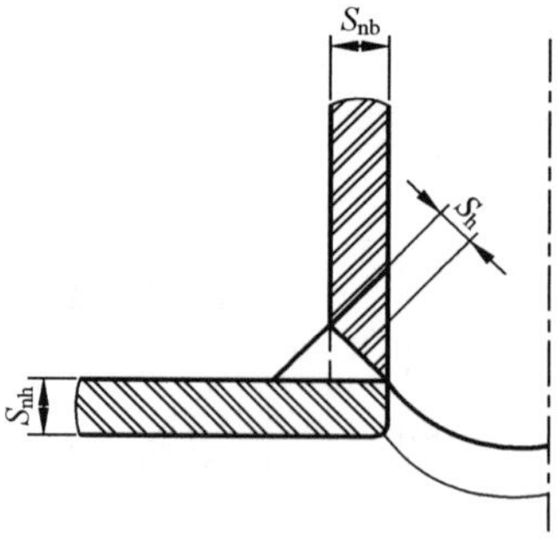

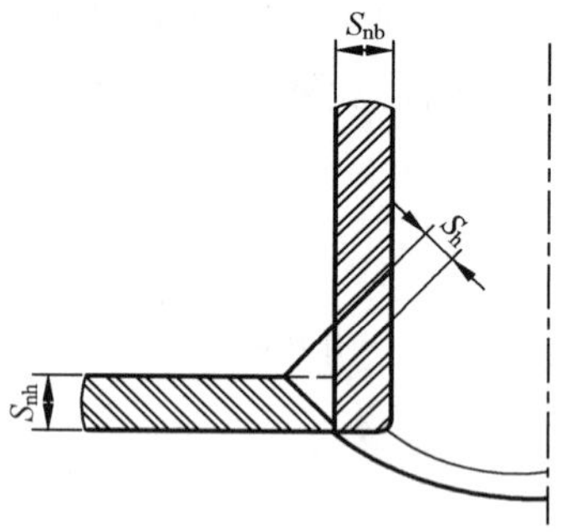

a) 非加强或厚壁加强焊制直管接头

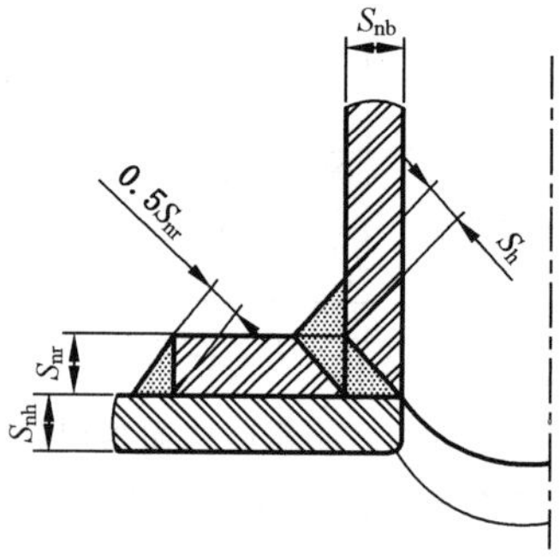

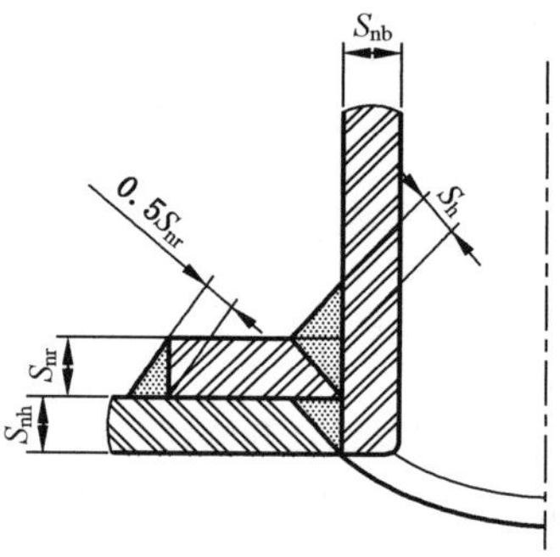

b) 带加强板的焊制直管接头

说明：

S_h 不应小于 6.0 mm 与 $0.7S_{nb}$ 中的较小者；

S_{nb}——支管公称壁厚，mm；

S_{nh}——主管公称壁厚，mm；

S_{nr}——加强件公称壁厚，mm。

图 17 焊制支管连接

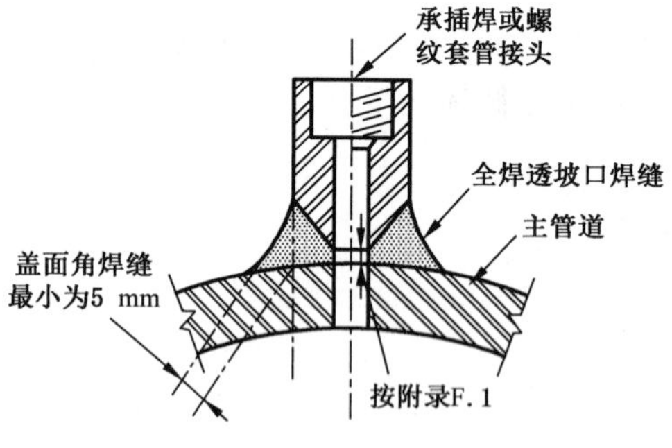

a) 承插焊或螺纹套管支管接头

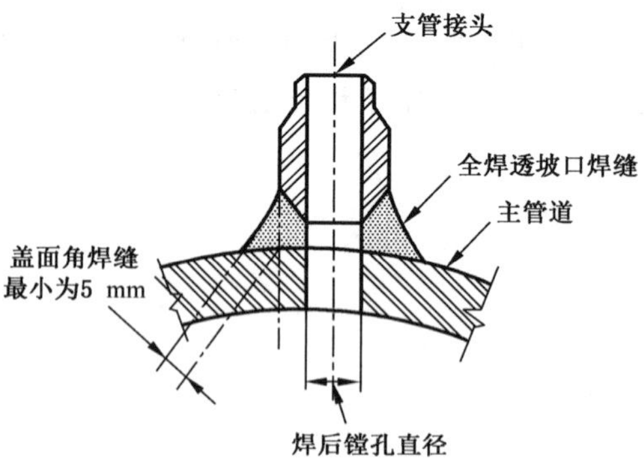

b) 焊后镗孔支管接头

图 18 小直径支管连接型式

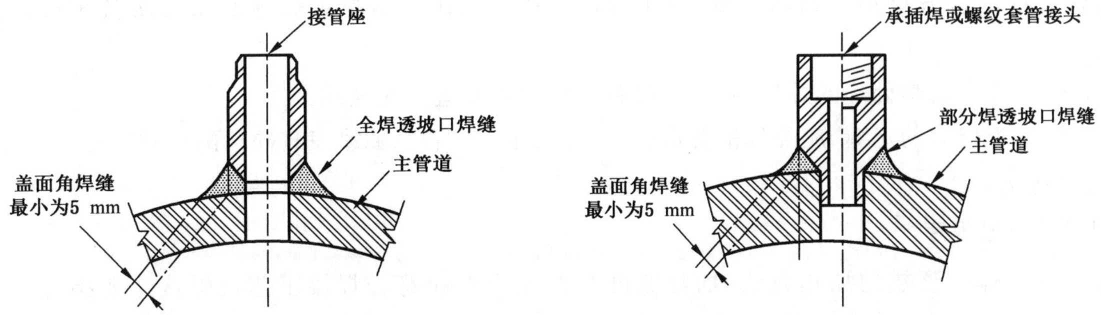

c) 直接焊接的支管接头 d) 承插焊或螺纹套管支管接头

注：d)只适用于公称尺寸50及以下的支管接头。当设计温度大于400 ℃或设计压力大于7.1 MPa时不应采用这种结构。

图 18（续）

7.4.6 异种钢焊接

7.4.6.1 异种钢的焊接应按照经评定合格的焊接工艺进行操作。

7.4.6.2 当采用奥氏体类型和镍基焊材焊接时，应注意焊接面和焊接材料的洁净度，控制层间温度。

7.4.6.3 异种钢接头两侧材料的合金成分差异较大时，可在低成分侧堆焊一种中间成分的材料，形成过渡层，过渡层厚度不应小于5 mm。

7.4.6.4 当一侧为奥氏体材料另一侧为非奥氏体材料焊接时，焊前可只对非奥氏体材料预热，焊接时层间温度不宜超过150 ℃。

7.4.7 焊接中断

7.4.7.1 施焊过程中除工艺或检查上要求分次焊接外，应连续完成。当被迫中断时，应采取防止裂纹产生的措施，如后热、缓冷和保温等。

7.4.7.2 对要求预热、控制层间温度和有焊后热处理要求的材料，焊接中断应符合以下规定：

a) 已焊接焊缝厚度应达到9.5 mm以上或已填充25%的坡口高度(取两者中的较小值)时，方可中断焊接；

b) 中断焊接的焊件需移动或受载时，应进行必要的保护或支撑；

c) 对铬含量不大于3%的材料，中断后允许缓冷至室温；

d) 对于含Cr9%～12%的马氏体耐热钢，只有当焊缝已进行后热或焊后热处理时，方可中断焊接。

7.4.7.3 恢复焊接前，应检查并确认无裂纹后，方可按照工艺要求继续施焊。

7.4.8 焊缝返修

7.4.8.1 对需进行返修的焊缝，宜采用机械方法清除缺陷。必要时，清除后可用磁粉或液体渗透检测方法检查，确认缺陷完全清除。

7.4.8.2 需要补焊时，应采用经评定合格的焊接工艺施焊。

7.4.8.3 焊缝同一部位的返修次数不宜超过三次；当超过两次时，应另行制定返修措施，经技术负责人批准后方可进行再次返修；含 Cr9%～12%马氏体耐热钢焊缝的返修次数不应超过两次。

7.4.8.4　需焊后热处理的焊接接头，返修补焊后应重新进行热处理。

7.4.8.5　返修后的焊缝，应经复检合格；复检方法至少应包括原来发现缺陷的检测方法。

7.5　预热

7.5.1　一般规定

7.5.1.1　焊前预热的加热方法、加热宽度和保温要求应符合焊接工艺及焊接作业指导书的规定。

7.5.1.2　预热的方法不应对加热部位造成损伤。

7.5.1.3　承压管道及其返修焊缝宜采用整圈加热的方法，并应采取措施降低周向和径向的温差，并保证焊件在规定的范围内达到要求的预热温度。

7.5.1.4　支管连接的加热宜采用包括主管和支管在内的环形加热方法。

7.5.2　预热温度

7.5.2.1　预热温度应根据钢材的焊接性能、焊件厚度、接头型式、环境温度以及焊接材料的潜在含氢量和结构拘束度等因素确定。管道常用钢材的推荐预热温度见表 16。

表 16　管道常用钢材推荐焊前预热温度

钢材类别	管材		板材	
	壁厚 S mm	预热温度 ℃	厚度 S mm	预热温度 ℃
碳含量≤0.35%的碳素钢	S≥26	100～200	S≥34	100～150
C-Mn	S≥15	150～200	S≥30	
1.15Ni-0.65Cu-Mo-Nb	S≥20	150～200	S≥20	150～200
1Cr-0.5Mo 1.25Cr-0.5Mo	S≥15	150～200	S≥15	150～200
1Cr-0.5Mo-V 2.25Cr-1Mo	S≥6	200～300	S≥8	200～300
9Cr-1Mo-V-Nb	任意厚度	200～250	任意厚度	200～250
注：当采用钨极氩弧焊打底时，可比下限温度降低 50 ℃。				

7.5.2.2　特殊情况下预热温度的选取应符合以下规定：

a）异种钢预热时应符合下列规定：

1）一侧为奥氏体钢时，预热温度应符合 7.4.6 的规定；

2）两侧均为非奥氏体型钢时应按预热温度要求高的选取。

b）支管连接时，应按主管的预热温度选取。

c）非承压件与承压件焊接时，应按承压件预热温度选取。

d) 焊接中断后施焊前应按原工艺要求重新预热。

7.5.3 加热方法和范围

7.5.3.1 一般采用柔性陶瓷电阻加热或远红外辐射加热,加热宽度每侧不少于焊件厚度的 4 倍;采用电磁感应加热时,每侧不少于焊件厚度的 3 倍,且不得小于 100 mm;

7.5.3.2 当管子外径大于 219 mm 或壁厚不小于 20 mm 时,宜采用柔性陶瓷电阻加热、远红外辐射加热或电磁感应加热方法进行预热。

7.5.3.3 当待焊接区为类似点状时,加热范围以焊接中心为圆心,以焊缝最大深度尺寸的 9 倍为半径的近圆形区域。

7.5.4 温度测量

7.5.4.1 测量预热温度并记录宜采用热电偶、测温笔、接触式表面温度仪和其他合适的方法。

7.5.4.2 温度测量仪表应经检定或校准合格。

7.6 热处理

7.6.1 弯曲成形后的热处理

7.6.1.1 公称壁厚大于 19 mm 的碳钢管道,当弯制温度低于 900 ℃时,弯后应进行回火热处理,回火温度可取 600 ℃~650 ℃。

7.6.1.2 对于公称尺寸不小于 100 或公称壁厚不小于 13 mm 的铁素体合金钢钢管,弯曲后热处理应符合以下规定:

a) 热弯曲成形后的热处理可参照相应钢管标准规定或评定合格的热处理制度执行;

b) 冷弯曲成形后的热处理要求可按表 17 规定。

表 17 推荐的冷弯成形后热处理

<table>
<tr><th>钢 种</th><th>保温温度
℃</th><th>保温时间</th></tr>
<tr><td>C-Mo 钢
0.5Cr-0.5Mo 钢</td><td>600~650</td><td rowspan="4">按壁厚,2.4 min/mm 但至少 15 min</td></tr>
<tr><td>1.15Ni-0.65Cu-Mo-Nb 钢</td><td>580~680</td></tr>
<tr><td>1Cr-0.5Mo 钢
1Cr-0.5Mo-V 钢
1.25Cr-1Mo 钢</td><td>700~750</td></tr>
<tr><td>2.25Cr-1Mo 钢
9Cr1Mo-V-Nb 钢</td><td>700~750</td></tr>
</table>

7.6.1.3 其他材料(包括奥氏体不锈钢材料)钢管弯曲成形后的热处理,应按照评定合格的热处理制度执行。

7.6.1.4 钢管弯曲成形后的热处理应采用炉内整体热处理的方式进行。

7.6.2 后热消氢处理

7.6.2.1 对容易产生延迟裂纹的材料,焊后若不能及时进行焊后热处理,应进行后热处理。

7.6.2.2 对含 Cr9%～12%的马氏体耐热钢，焊后不宜采用后热。当被迫后热时，应在焊接完成、焊件温度降至 80 ℃～100 ℃，保温 1 h～2 h 后进行，后热处理温度为 300 ℃～350 ℃，保温时间 2 h。

7.6.3 焊后热处理

7.6.3.1 当焊接工艺评定或相关标准有规定时，应进行焊后热处理。

7.6.3.2 采用奥氏体焊接材料焊接奥氏体不锈钢材料时，其焊接接头可不进行焊后热处理。

7.6.3.3 对含 Cr9%～12%的马氏体耐热钢，焊后热处理应在焊件温度降到 80 ℃～100 ℃、保温1 h～2 h 后立即进行。

7.6.3.4 焊后热处理恒温温度的选择原则：

a） 不应高于焊接材料熔敷金属及两侧母材中最低的 A_{c1} 值；宜低于该 A_{c1} 值 30 ℃。

b） 异种钢焊接接头应符合以下规定：

1） 当一侧为奥氏体型钢时，应避开脆化温度敏感区；

2） 当两侧均为非奥氏体型钢时，应按热处理温度较低侧材料的热处理温度上限确定。

7.6.3.5 管道常用钢材焊后热处理温度和恒温时间可按表 18 规定。

表 18 推荐的管道常用钢材焊后热处理

钢 种	焊后恒温温度 ℃	焊件厚度 S mm						
		$S\leqslant12.5$	$12.5<S\leqslant25$	$25<S\leqslant37.5$	$37.5<S\leqslant50$	$50<S\leqslant75$	$75<S\leqslant100$	$100<S\leqslant125$
		恒温时间 h						
碳含量≤0.35%的碳素钢 C-Mn	580～620	—	—	1.5	2	2.25	2.5	2.75
1.15Ni-0.65Cu-Mo-Nb	580～620	0.5	1	1.5	2	2.25	2.5	2.75
1Cr-0.5Mo 1.25Cr-0.5Mo	650～700	0.5	1	1.5	2	2.25	2.5	2.75
1Cr-0.5Mo-V 2.25Cr-1Mo	720～750	0.5	1	1.5	2	3	4	5
9Cr-1Mo-V-Nb	750～770	1	2	3	4～5	6～7	8～9	10

注 1：不同壁厚部件焊接接头焊后热处理厚度，应取下述两者中的较小值：

a） 焊缝厚度；

b） 焊缝处连接材料的较厚者。

注 2：焊缝厚度按照下述方法确定：

a） 坡口焊缝：坡口加工后，包括内倒角加工后，两相接端壁厚较大者；

b） 角焊缝：焊缝厚度；

c） 材料焊补：被修补凹坑的深度；

d） 支管焊缝：是指与纵向轴线相交的平面内尺寸。

7.6.4 炉内热处理

7.6.4.1 管段宜采用炉内整体热处理。

7.6.4.2 分段热处理时,重复加热部分不应少于 300 mm,且炉内与炉外的过渡部分应适当保温。

7.6.4.3 热处理采用火焰加热时,不应使火焰直接冲刷管段。

7.6.5 局部热处理

7.6.5.1 管道对接接头加热宽度宜根据加热方法及外径(D_o)与壁厚(S_n)的比值确定。加热中心应位于焊缝中心,并采取措施降低周向和径向的温差。

7.6.5.2 接管座焊件的加热,主管侧宜采用整圈加热或环形加热的方法,主管与接管侧的加热宽度从焊缝边缘起,不应小于两者中较大厚度的 2 倍。

7.6.5.3 异径管和支管连接等异形结构焊件宜采用分区控制的加热装置,并根据焊件的实际情况和温度分布调整加热功率。

7.6.6 热处理过程控制

7.6.6.1 热处理时应控制工件的温度及温差;加热温度范围内任何两点温度差不应超过 50 ℃。

7.6.6.2 热处理的升降温速率(℃/h)不应大于 6 250 与焊缝厚度(按毫米计)之比,且不超过 300 ℃/h。

7.6.6.3 热处理温度应采用检定合格的热电偶或其他合适的方法进行测量;测温设备和记录仪应定期校验。

8 检验与试验

8.1 检查要求

8.1.1 一般规定

8.1.1.1 管道组成件制作和安装的检查及检验应符合本标准的规定。

8.1.1.2 管子、管件、法兰及阀门等制作和安装前的验收应符合 7.2 的规定。

8.1.1.3 有热处理的管道应在全部热处理结束后进行检查。

8.1.2 超标缺陷的处理

如发现受检件有超过本标准验收标准的缺陷时,应返修或更换。返修件或新件的检查不应低于原件的要求。

8.1.3 累进检查

当局部或抽样检查发现有一件超标缺陷时,处理方法应符合下列规定:

a) 另取两个相同件(如为焊接接头,应为同一焊工所焊的同一批焊接接头)进行相同的检查;

b) 如 a)要求的两个被检件检查合格,则附加检查所代表的批应视为合格,但有缺陷件应予返修或更换并重新进行检查;

c) 如 a)要求的两个被检件中任何一件发现有超标缺陷,则针对每个缺陷项应再增加两个相同件进行检查;

d) 如 c)要求的两个被检件检查合格，则附加检查所代表的批应视为合格，但有缺陷件应予返修或更换并进行重新检查；

e) 如 c)要求的两个被检件中任何一件发现有超标缺陷，则该批应全部进行检查，不合格者应进行返修或更换并进行重新检查。

8.2 检查类型和方法

8.2.1 一般规定

8.2.1.1 本条规定了主要检查方法，检查人员还应根据 8.5 对相关的文件进行检查。如使用本条规定以外的方法，则应在设计文件中规定其验收标准。

8.2.1.2 检查的比例包括 100%检查、抽样检查和局部检查，并应符合以下规定：

a) 100%检查应在指定的一批管道中，对某一具体项目进行全部检查；

b) 抽样检查应在指定的一批管道中，对某一百分数的管道做某一具体项目的全部检查；

c) 局部检查应在指定的一批管道中，对每一件管道规定的部分做某一具体项目的检查。

8.2.2 目视检查

目视检查是对易于观察或能暴露检查的组成件、连接接头及其他管道元件的部分在其制造、制作、装配、安装、检查或试验之前、进行中或之后进行观察。这种检查包括核实材料、组件、尺寸、接头的制备、组对、焊接、粘接、钎焊、法兰连接、螺纹或其他连接方法、支承件、装配以及安装等的质量是否达到规范和工程设计的要求。

8.2.3 无损检测

无损检测可分为磁粉检测、渗透检测、射线检测和超声波检测，检测方法应按 JB/T 4730 的规定进行。无损检测应在目视检查合格后进行。

8.2.4 制作过程中的检查

8.2.4.1 制作过程中的检查内容应包括下列内容：

a) 焊接坡口的制备和清洗；

b) 预热；

c) 连接前的预组装、连接间隙以及内侧对准；

d) 焊接工艺规定的技术参数，包括填充材料、焊接位置等；

e) 焊接清理后的根部焊道(包括外侧和可及内侧)状况，按焊接工艺指导书的规定进行磁粉检测或渗透检测；

f) 焊渣的清除和焊道间焊缝情况；

g) 完工后接头外观。

8.2.4.2 除设计另有规定外，应按 8.3.2 进行目视检查。

8.2.5 光谱分析

8.2.5.1 光谱分析方法应符合 DL/T 991 的规定。

8.2.5.2 高合金部件进行光谱分析后应磨去弧光灼烧点。

8.2.6 硬度检验

硬度检验应符合 GB/T 231.1、GB/T 17394 或其他硬度检验标准以及所采用的硬度计的技术要求,不同硬度值之间的转换应根据测试材料和硬度范围选择合适的换算表或曲线。

8.2.7 金相检验

金相检验的方法应符合 GB/T 13298 的规定。

8.3 检查范围

8.3.1 检查等级

碳钢和低合金钢以及高铬马氏体耐热钢汽水管道焊接接头及管道上的角焊缝、支管连接根据管径和工作条件按照表 20 分为Ⅰ、Ⅱ、Ⅲ三种焊接接头类别。

其余 GC 类管道的检查等级按照 GB/T 20801.5—2006 中 6.1 划分。

8.3.2 目视检查

8.3.2.1 碳钢和低合金钢以及高铬马氏体耐热钢汽水管道焊接接头的目视自检和检查比例见表 19 和表 20,按照 DL/T 869 中 7.1 条的规定验收。

8.3.2.2 其余 GC 类管道目视检查比例及验收应符合 GB/T 20801.5—2006 中 6.2.1 的规定。

8.3.2.3 碳钢和低合金钢以及高铬马氏体耐热钢汽水管道弯管应按表 22 规定的比例进行目视检查,表面质量以及尺寸应符合 DL/T 515 的规定。

表 19 汽水管道对接接头检查等级、方法及比例

焊接接头类别	范围	检验方法及比例					
		目视检查		无损检测		光谱	硬度
		自检	检查	射线照相	超声波		
Ⅰ	外径 $D>159$ mm,且工作温度 $T>450$ ℃的蒸汽管道	100%	100%	100%		100%	100%
	工作压力 $P>8$ MPa 的汽、水管道	100%	100%	50%		100%	100%
	工作温度 300 ℃$<T\leqslant$450 ℃的汽水管道及管件	100%	50%	50%		100%	100%
Ⅱ	工作温度 150 ℃$<T\leqslant$300 ℃的蒸汽管道及管件	100%	25%	5		—	100%
	工作压力为 4 MPa$\leqslant P\leqslant$8 MPa 的汽、水管道	100%	25%	5		—	100%
	工作压力 1.6 MPa$<P<$4 MPa 的汽、水管道	100%	25%	5		—	—
Ⅲ	工作压力 0.1 MPa$\leqslant P\leqslant$1.6 MPa 的汽、水管道	100%	25%	1		—	—
	外径 $D<76$ mm 的疏水、放水、排污、取样管子	100%	100%	—		—	—
	烟、风、煤、粉、灰等管道及附件	100%	25%	100%的渗透检查		—	—

8.3.3 无损检测

8.3.3.1 碳钢和低合金钢以及高铬马氏体耐热钢汽水管道焊接接头及其角焊缝和支管连接的无损检测范围、比例应分别符合表 19 和表 20 中射线照相、超声波检测、磁粉和渗透检测的规定。厚度不大于20 mm 的汽、水管道采用超声波检测时,还应进行射线检测,其检测数量为超声波检测数量的 20%。厚度大于 20 mm 的管道和焊件,射线检测或超声波检测可任选其中一种。焊接接头质量应满足表 21 中规定的级别。

8.3.3.2 其余GC类管道焊接接头无损检测范围、比例及验收应符合GB/T 20801.5—2006中6.3的规定。

8.3.3.3 碳钢和低合金钢以及高铬马氏体耐热钢汽水管道弯管的无损检测范围、比例及验收应符合表22的规定。

表20 汽水管道角焊缝及支管连接分类检查的范围、方法及比例

焊接接头类别[b]	检查方法	检查比例	
		角焊缝	支管连接
Ⅰ	目视检查	100%	100%
	磁粉/渗透	100%	100%
	射线照相/超声波	—	100%[a]
Ⅱ	目视检查	100%	100%
	磁粉/渗透	20%	20%
	射线照相/超声波	—	20%[a]
Ⅲ	目视检查	100%	100%
	磁粉/渗透	—	10%
	射线照相/超声波	—	—

[a] 适用于大于或等于DN100的管道。

[b] 焊接接头类别的划分见表19。

表21 各类焊接接头的质量级别规定

检测方法[a]	焊接接头类别[b]		
	Ⅰ	Ⅱ	Ⅲ
射线检测	Ⅱ	Ⅱ	Ⅲ
超声波检测	Ⅰ	Ⅰ	Ⅱ
磁粉检测[a]	Ⅰ	Ⅰ	Ⅱ
渗透检测[a]	Ⅰ	Ⅰ	Ⅱ

注：焊接质量按照JB/T 4730规定分级。

[a] 磁粉、渗透检测结果不应有任何裂纹、成排气孔、分层和长度大于1.5 mm的线性缺陷显示(长度与宽度之比大于3的缺陷显示按线性缺陷处理)。

[b] 焊接接头类别见表19。

表 22 弯管检查方法及比例

序号	检查与试验项目	检查比例	检查部位	检查方法
1	外观	100%		目测
2	壁厚	100%	弯管受拉侧中心线上至少均匀取5点	测厚仪
3	圆度	100%	弯管弯曲部分至少均匀取5个截面	外卡尺
4	尺寸	100%		放样和测量工具
5	磁粉或渗透检测	100%[a]	弯管弯曲部分的受拉侧中心线上下各45°区域	JB/T 4730.4 或 JB/T 4730.5[c]
6	硬度	合金钢管:100%	受拉侧和中性侧各检验3~5点	GB/T 231.1 或 GB/T 17394
7	金相分析	[b]	弯管受拉侧	GB/T 13298

[a] 设计温度大于450 ℃的主蒸汽管道和高温再热蒸汽管道,以及300 MW及以上机组的低温再热蒸汽管道和主给水管道。

[b] 主汽及高温再热蒸汽管道:100%;其他管道:20%且不少于1根。

[c] Ⅰ级合格。

8.3.4 硬度检查

8.3.4.1 碳钢和低合金钢以及高铬马氏体耐热钢汽水管道弯管热处理后的热成型组件硬度检查比例见表21,弯管的硬度范围应符合相应的钢管技术标准以及DL/T 438的规定。

8.3.4.2 碳钢和低合金钢以及高铬马氏体耐热钢汽水管道的焊接接头的硬度检查比例见表20,硬度值应符合DL/T 869和DL/T 438的规定。

8.3.4.3 其余GC类管道焊接接头的检验范围和比例应符合GB/T 20801.5中6.4的规定。

8.3.5 金相检查

8.3.5.1 焊缝金属的金相组织应满足DL/T 438的要求,且无过热组织和淬火马氏体。

8.3.5.2 弯管的金相组织、晶粒度应符合相应的钢管技术标准及DL/T 438的要求,且不应有晶间裂纹。

8.3.6 光谱分析

8.3.6.1 碳钢和低合金钢以及高铬马氏体耐热钢汽水管道光谱分析比例应符合表20的要求。

8.3.6.2 经光谱分析确认材质不符的焊缝应判定为不合格焊缝。

8.4 文件检查

检验人员应审阅制作和安装过程中的记录文件、合格证、质量证明书、标记和其他证明文件。

8.5 压力试验

8.5.1 一般要求

管道安装完毕后应按设计规定进行压力试验检查管道系统的严密性。压力试验包括水压试验和气压试验。

8.5.2 **压力试验的替代**

不适合使用液体或者气体进行耐压试验的管道,可采用替代试验。替代试验应满足以下要求:

a) 管道系统的环焊缝和纵向焊缝经100%射线检测或超声波检测合格;

b) 管道系统的角焊缝经100%磁粉检测或渗透检测、100%超声波检测或射线检测合格。

8.5.3 **试验前的准备工作**

8.5.3.1 管道系统压力试验前应具备以下条件:

a) 管道系统应按照设计要求及本标准的规定安装完毕,防腐和绝热工程除外;

b) 支吊架(包括临时支吊架及加固装置)安装完毕并处于锁定状态;

c) 膨胀节已按制造厂安装文件及设计要求设置了临时约束装置;

d) 管道上的安全阀等安全装置及仪表元件已采取隔离措施;

e) 试验用压力表经检验、校准正确,压力表不少于两块;

f) 管道系统压力试验前组装、焊接、热处理和检验等文件应齐全。

8.5.3.2 管道系统试验时,应与试验范围以外的管道、设备、仪表等隔离。隔离可采用装设盲板的方法,加置盲板的部位应有明显标记和记录。如果以阀门隔绝时,阀门两侧温差不应超过100 ℃。

8.5.4 **水压试验**

8.5.4.1 水压试验应使用洁净水。对于奥氏体不锈钢管道水中氯离子含量不超过50×10^{-6}。

8.5.4.2 水压试验时环境温度不应低于5 ℃;水温不宜高于70 ℃。水压试验的压力不应小于设计压力的1.5倍,且不小于0.2 MPa。

8.5.4.3 管道系统进行水压试验时,管道周向应力及由试验压力与动载荷和静载荷产生的轴向应力均不应大于该管道材料试验温度下屈服强度的90%。

8.5.4.4 水压试验前应确保试验设备连接可靠。

8.5.4.5 管道与设备作为一个系统进行水压试验时,应符合下列规定:

a) 管道的试验压力不大于设备的试验压力时,应按照管道的试验压力进行试验;

b) 管道的试验压力大于设备的试验压力,且管道与设备无法隔断时,在设备的试验压力不小于管道设计压力的1.25倍条件下,应经建设单位和设计单位同意,按设备的试验压力进行试验;

c) 对位差较大的管道系统,应计及水的静压影响,并以试验管道系统最低位置点的压力为准;

d) 衬里管道严密性水压试验的压力为额定工作压力,不同额定压力的设备、管道安装在同一系统中,宜按系统中最低额定压力的设备或管道系统水压试验。

8.5.4.6 **试验检查:**

a) 管道系统水压试验时,当压力达到试验压力后应保持10 min,然后降至设计压力,保压30 min后对所有接头和连接处进行全面检查。整个管路系统除了泵或阀门填料局部地方外均不应有渗水或泄漏的痕迹,且目测无变形;

b) 在管道系统试验过程中,如发现渗漏,应降压消除缺陷后再进行试验,不应带压修理。

8.5.4.7 试验完毕应及时排净系统内的存水，并拆除临时支吊架、盲板及加固装置。

8.5.5 气压试验

8.5.5.1 气压试验时，应将脆性破坏的可能性减小至最少程度，设计者在选材时还应考虑试验温度的影响。

8.5.5.2 试验时应装有压力泄放装置，设定压力不应高于1.1倍的试验压力。

8.5.5.3 试验介质应是空气或其他不易燃、无毒、无腐蚀的气体。

8.5.5.4 承受内压的金属管道，试验压力应为设计压力的1.15倍，真空管道的试验压力应为0.2 MPa。

8.5.5.5 试验前应进行预试验，预试验压力宜为0.2 MPa。

8.5.5.6 试验时应逐级缓慢增加压力，当压力升至试验压力的50%时，应进行初始检查，如未发现异常或泄漏，继续按试验压力的10%逐级升压并保持足够的时间，直至达到规定的试验压力。然后再降至设计压力，检查有无泄漏。

8.5.5.7 采用气体进行严密性试验的管道设计压力不宜大于0.6 MPa。

8.5.6 补焊或增焊后的重新试验

8.5.6.1 试验完成后需要在管道补焊或增焊时应符合按第7章的规定。

8.5.6.2 补焊或增焊的位置在承压管道组成件上时应重新试验。

8.5.6.3 在管道上补焊或增焊吊耳、支架、保温层支承件、铭牌或其他非承压件时，满足下列要求可不重新进行试验：

a) 附件角焊缝厚度不大于10 mm，或者采用全焊透焊缝时所连接材料不超过承压组成件公称厚度且不大于12 mm；

b) 焊接按照4.5进行预热；

c) 焊接接头按照5.1～5.4进行检查。

8.6 记录

检验与试验应按照本规范及工程设计要求记录，应由管道制作和安装单位分别负责准备和保存。

9 安全防护

9.1 安全泄放装置

9.1.1 一般规定

9.1.1.1 有超压危险的管道系统应设置安全泄放装置。

9.1.1.2 自动控制仪表和事故联锁装置不应代替安全泄放装置。

9.1.1.3 符合下列情况之一者，应设置安全泄放装置：

a) 设计压力小于外部压力源的压力，出口可能被关断或堵塞的设备和管道系统；

b) 减压装置出口设计压力小于进口压力，排放出口可能被关断或堵塞的设备和管道系统；

c) 因两端关断阀关闭，受外界影响而产生热膨胀或汽化的管道系统；

d) 背压式汽轮机的排汽管道；

e) 汽轮机调整抽汽管道；

f) 可能产生超压的其他部位。

9.1.1.4 安全泄放装置相关压力的确定应符合下列规定:

a) 当安装一个安全泄放装置时,其整定压力不应大于系统设计压力,且最大泄放压力不宜大于系统设计压力的106%。

b) 当安装多个安全泄放装置时,至少有一个安全阀整定压力不应大于系统设计压力,其余安全阀整定压力不宜大于系统设计压力的103%,且安全阀最大泄放压力不宜大于系统设计压力的106%。

9.1.1.5 安全泄放量应符合下列规定:

a) 安全泄放量的计算应符合附录F的规定;

b) 取各种超压工况安全泄放量的最大值。

9.1.1.6 最小泄放面积应符合下列规定:

a) 最小泄放面积应根据安全泄放量、最大泄放压力、泄放流体温度、额定泄放系数以及流体的物理性质等计算,计算方法应符合附录F的规定;

b) 安全泄放装置的泄放面积不应小于最小泄放面积。

9.1.1.7 安全泄放装置的进、出口侧不应安装关断阀。

9.1.1.8 安全泄放装置的入口管道管径不应小于安全泄放装置的进口尺寸,入口管道应短捷,压力降应当小于安全阀设定压力的3%。

9.1.1.9 安全泄放装置的出口排放管道应符合下列规定:

a) 排放管道及其支承应有足够的强度承受泄放反力。当直接向大气排放时,应避开其他管道、设备及平台或人员可能到达的场所,排放管出口应高出屋面(平台)2 200 mm;

b) 安全泄放装置宜设置单独排放管道,当两个及以上排放装置组合排放时,排放管的流通截面不应小于所有安全泄放装置泄放面积的总和;

c) 排放管道的设计应有可靠的疏水;

d) 装设消音器时,消音器应有足够的通流面积。

9.1.2 安全泄放装置的选用

9.1.2.1 汽水介质管道安全泄放装置宜选用安全阀,安全阀的选用应符合GB 12241、GB 12242及GB 12243的规定。

9.1.2.2 除汽水介质外,其他介质管道安全泄放装置的选用应符合GB/T 20801.6的规定。

9.2 安全防护设施和措施

9.2.1 一般规定

9.2.1.1 下列条件下应采取安全防护措施:

a) 由工作压力、工作温度和介质特性决定的流体危险性;

b) 管道发生损坏或泄漏时,流体的泄漏量及其对周围人员和设备造成的危害程度。

9.2.1.2 流体泄漏应采用自动关闭压力源等方法限制。

9.2.2 布置中的安全防护

9.2.2.1 穿越道路、铁路及人行道等架空管道的净空高度,以及管架边缘至建筑物或其他设施的水平距离应符合GB 50229和GB 50016的规定,管道与电力线路间交叉净距应符合相关标准的规定。

9.2.2.2 位于道路和铁路上方的管道不应装设阀门、法兰等可能发生泄漏的管道组成件。

9.2.2.3 介质温度大于 60 ℃人体可能触及的设备及管道应进行防烫伤保温。

9.2.2.4 GD1 级管道不应布置在管沟内。

9.2.2.5 紧急放空、事故隔离、消防蒸汽等事故用的阀门,应布置在安全、明显、便于操作的位置。

10 保温及防腐

10.1 管道保温

10.1.1 一般规定

管道在下列条件下应保温:

a) 外表面温度高于 50 ℃需要减少散热损失的管道;

b) 有防冻、防结露要求的管道;

c) 外表面温度高于 60 ℃、工艺不要求保温的管道,但人体可能触及到的部位。

10.1.2 保温材料及主要辅助材料性能

10.1.2.1 保温材料应符合下列规定:

a) 保温层平均温度不高于 350 ℃时,导热系数不应大于 0.1 W/(m·K);

b) 硬质保温制品密度不应大于 220 kg/m^3,半硬质保温制品密度不大于 200 kg/m^3,软质保温制品密度不大于 150 kg/m^3;

c) 硬质保温制品的抗压强度不应小于 0.3 MPa;

d) 燃烧性能应符合 GB 8624 不燃类材料的要求;

e) 最高使用温度、吸湿率、收缩率、抗折强度、腐蚀性及耐蚀性等性能应符合相关标准的规定;

f) 应对环境无污染,对人体无伤害。

10.1.2.2 防潮层材料应符合下列规定:

a) 应具有良好的防水性和防潮性;

b) 具有稳定的化学性能,不应对保温层和保护层产生腐蚀或溶解;

c) 应具有良好的阻燃性能,火焰离开后能在 1 s~2 s 内自熄,其氧指数不小于 30%;

d) 涂抹型防潮层材料,软化温度不应低于 65 ℃,在 20 ℃时粘结强度不应低于0.15 MPa;

e) 应对环境无污染,对人体无伤害。

10.1.2.3 保护层材料应符合下列规定:

a) 应具有良好的防水性、防湿性及抗大气腐蚀性;

b) 具有稳定的化学性能,不易老化变质,不应对保温层或防潮层产生腐蚀或溶解;

c) 燃烧性能应符合 GB 8624 不燃类材料的要求;

d) 应对环境无污染,对人体无伤害。

10.1.3 保温设计

10.1.3.1 保温材料应按介质的最高温度选择。

10.1.3.2 保温层厚度计算应符合 GB 50264 规定。

10.1.3.3 保温结构应符合下列规定:

a) 保温结构宜由保温层和保护层组成。地沟内的管道和处在潮湿环境中的管道,应在保温层外增设防潮层；

b) 保温结构应有足够的机械强度；

c) 保温结构宜为固定式,但需要维修的部位宜采用可拆卸式。

10.1.4 保温施工与验收

10.1.4.1 保温工程应按 GB 50126 的规定进行施工。

10.1.4.2 保温工程应按 GB 50185 的规定进行验收。

10.2 管道防腐

10.2.1 一般规定

管道在下列条件下应进行外部防腐：

a) 不需要保温的管道；

b) 介质温度低于 120 ℃的保温管道；

c) 埋地管道。

10.2.2 腐蚀环境类型

10.2.2.1 大气腐蚀性等级应按 GB/T 15957 的规定划分；

10.2.2.2 土壤腐蚀性等级应按 GB 50021 的规定划分。

10.2.3 防腐设计

10.2.3.1 防腐涂料的性能应与腐蚀环境相适应。

10.2.3.2 防腐涂料的选择应符合下列规定：

a) 不保温的室内管道可选择醇酸涂料、环氧涂料等;室外管道可选择高氯化聚乙烯涂料、聚氨酯涂料等；

b) 工艺不要求保温的管道可选择环氧树脂耐热涂料、有机硅耐热涂料等；

c) 介质温度低于 120 ℃的保温管道宜选择富锌涂料等；

d) 埋地管道可选择环氧煤沥青涂料、硬质聚氨酯泡沫塑料等。

10.2.3.3 防腐涂层体系的设计应符合下列规定：

a) 应具有良好的附着力、耐蚀性、抗冲击和抗温度变化的能力；

b) 应符合 DL/T 5072 的规定。

10.2.4 防腐施工与验收

10.2.4.1 防腐涂层施工前应对管道表面进行处理,处理等级宜符合表 23 的规定：

表 23 管道表面除锈等级

底层涂料种类	最低除锈等级
环氧沥青底漆、醇酸树脂底漆	St3 或 Sa2
其他树脂类底漆	Sa2
各类富锌底漆	Sa2.5

注 1：不易维修的重要部件除锈等级不应低于 Sa2.5。

注 2：除锈等级按 GB 8923。

10.2.4.2 涂层的施工可采用刷涂、滚涂或喷涂方法。

10.2.4.3 涂层厚度应符合设计文件的要求。

10.2.4.4 施工环境应通风良好,并符合下列规定:

a) 温度宜为 15 ℃～30 ℃;

b) 钢管表面温度应高于露点温度 3 ℃;

c) 相对湿度宜不大于 85%;

d) 遇雨、雾、雪、强风天气不宜进行室外施工;

e) 不宜在强烈日光照射下施工。

10.2.4.5 防腐工程的检查和验收应符合 DL/T 5072 的规定。

附　录　A
（规范性附录）
材料的许用应力

A.1　钢管材料许用应力

钢管材料许用应力见表 A.1。

A.2　钢板材料许用应力

钢板材料许用应力见表 A.2。

表 A.1　钢管材料许用应力表

产品形式及标准号	牌号或级别	室温拉伸强度 MPa		在下列温度(℃)下的许用应力 MPa																			
		R_m	R_{eL}或 $R_{p0.2}$	20	200	250	260	270	280	290	300	310	320	330	340	350	360	370	380	390	400	410	420
无缝钢管																							
GB 5310	20G	410～550	245	137	135	125	123	120	118	115	113	111	109	106	102	100	97	95	92	89	87	83	78
	15MoG	450～600	270	150	150	137	133	130	126	123	120	118	117	115	114	113	111	110	109	108	107	106	105
	12CrMoG	410～560	205	137	121	117	116	115	115	114	113	112	112	111	111	110	109	108	108	107	106	105	104
	15CrMoG	440～640	295	147	135	146	146	146	145	144	143	141	140	138	136	135	132	132	131	129	128	127	126
	12Cr2MoG	450～600	280	150	124	124	124	124	124	124	124	124	124	124	124	124	124	124	123	123	123	123	122
	12Cr1MoVG	470～640	255	157	157	156	155	154	153	152	151	149	148	146	144	143	141	140	138	137	135	133	132
	15Ni1MnMoNbCu	620～780	440	207	207	207	207	207	207	207	207	207	207	207	207	207							
	10Cr9Mo1VNbN ＜75 mm	585～830	415	168	167	166	165	165	164	164	164	163	163	162	161	161	159	157	156	154	153	150	148
	10Cr9Mo1VNbN ≥75 mm	585～830	415	168	167	166	165	165	164	164	164	163	163	162	161	161	159	157	156	154	153	150	148

表 A.1(续)

产品形式及标准号	牌号或级别	室温拉伸强度 MPa		在下列温度(℃)下的许用应力 MPa																						
		R_m	R_{eL} 或 $R_{p0.2}$	430	440	450	460	470	480	490	500	510	520	530	540	550	560	570	580	590	600	610	620	630	640	650
无缝钢管																										
GB 5310	20G	410～550	245	72	63	55																				
	15MoG	450～600	270	104	103	103	102	101	95	78	62	49	39													
	12CrMoG	410～560	205	102	101	100	98	97	96	86	75	63	55	47												
	15CrMoG	440～640	295	125	124	123	122	120	119	112	96	82	69	59	49											
	12Cr2MoG	450～600	280	122	121	116	110	103	95	88	81	74	68	61	54	48	42	37								
	12Cr1MoVG	470～640	255	131	130	128	126	125	124	121	118	99	88	79	72	65	58	52	46							
	15Ni1MnMoNbCu	620～780	440																							
	10Cr9Mo1VNbN <75 mm	585～830	415	145	143	141	138	135	132	129	126	122	118	115	111	107	99.6	92.2	83.8	74.4	65.0	57.2	49.4	42.0	35.5	28.9
	10Cr9Mo1VNbN ≥75 mm	585～830	415	145	143	141	138	135	132	129	126	122	119	115	109	103	94.0	85.0	76.8	69.2	61.6	55.2	48.8	42.3	35.6	28.9

表 A.1(续)

产品形式及标准号	牌号或级别	室温拉伸强度 MPa		在下列温度(℃)下的许用应力 MPa																			
		R_m	R_{eL}或 $R_{p0.2}$	20	200	250	260	270	280	290	300	310	320	330	340	350	360	370	380	390	400	410	420
无缝钢管																							
GB 5310	07Cr19Ni10	≥515	205	137	126	122	120	119	118	117	116	115	114	113	112	111	108	109	108	107	107	106	105
	07Cr18Ni11Nb	≥520	205	138	117	105	103	102	101	100	100	99	98	97	96	96	95	95	94	94	94	94	93
GB 3087	10	335～475	195 (205)	111	111	104	101	98	96	93	91	89	87	85	83	80	78	76	75	73	70	68	66
	20	410～550	225 (245)	137	135	125	123	120	118	115	113	111	109	106	102	100	97	95	92	89	87	83	78
	Q345	470～630	315	156	156	149	146	143	140	137	135	132	131	130	130	129	127	124	122				
GB 8163	10	335～475	195 (205)	111	111	104	101	98	96	93	91	89	87	85	83	80	78	76	75	73	70	68	66
	20	410～550	225 (245)	137	135	125	123	120	118	115	113	111	109	106	102	100	97	95	92	89	87	83	78
焊接钢管																							
GB/T 3091	Q235B	≥370	225 (235)	123	123	113	111	108	105	103	101	97	93	90	88	85							
	Q345	≥470	325 (345)	156	156	149	146	143	140	137	135	132	131	130	130	129	127	124	122				

表 A.1（续）

产品形式及标准号	牌号或级别	室温拉伸强度 MPa		在下列温度(℃)下的许用应力 MPa																							
		R_m	R_{eL} 或 $R_{p0.2}$	430	440	450	460	470	480	490	500	510	520	530	540	550	560	570	580	590	600	610	620	630	640	650	660
无缝钢管																											
GB 5310	07Cr19Ni10	≥515	205	104	103	103	102	101	100	99	99	98	98	97	95	93	87	82	76	71	65	59	54	49	45	42	41
	07Cr18Ni11Nb	≥520	205	93	93	93	92	92	92	92	92	92	92	92	92	92	92	92	91	90	89	81	73	66	60	54	48
GB 3087	10	335～475	195 (205)	61	55	49																					
	20	410～550	225 (245)	72	63	55																					
GB 8163	Q345	470～630	315																								
	10	335～475	195 (205)	61	55	49																					
	20	410～550	225 (245)	72	63	55																					
焊接钢管																											
GB/T 3091	Q235B	≥370	225 (235)																								
	Q345	≥470	325 (345)																								

注 1：相邻金属温度数值之间的许用应力可用算数内插法确定，并舍弃小数点后的数字。
注 2：粗线右方的许用应力值由长期高温性能决定。
注 3：焊接钢管的许用应力未考虑纵向焊接接头系数。

表 A.2 钢板材料许用应力表

产品形式及标准号	牌号或级别		室温拉伸强度 MPa		在下列温度(℃)下的许用应力 MPa																			
			R_m	R_{eL} 或 $R_{p0.2}$	20	200	250	260	270	280	290	300	310	320	330	340	350	360	370	380	390	400	410	420
GB 713	Q245R	3<t≤16	400～520	245	133	124	111	109	107	105	103	102	100	98	96	94	92	91	90	88	87	86	84	81
		16<t≤36	400～520	235	133	124	111	109	107	105	103	102	100	98	96	94	92	91	90	88	87	86	84	81
		36<t≤60	400～520	225	133	119	107	105	103	101	99	98	96	94	92	90	88	87	86	84	83	82	81	80
	Q345R	≤16	510～640	345	170	166	156	154	151	148	146	143	141	139	137	135	133	132	130	129	128	126		
		t≤36	500～630	325	166	166	156	154	151	148	146	143	141	139	137	135	133	132	130	129	128	126		
		36<t≤60	490～620	315	163	160	146	144	141	138	136	133	131	129	127	125	123	122	120	119	118	116		
		60<t≤100	490～620	305	163	150	136	134	131	128	126	123	122	120	119	118	116	115	114	112	111	110		
	15CrMoR	6<t≤60	450～590	295	150	150	150	148	146	144	142	140	138	137	136	134	133	131	130	128	127	126	124	123
		60<t≤100	450～590	275	150	150	140	138	136	134	132	130	129	128	126	125	124	122	121	120	118	117	116	114
	12Cr1MoVR	6<t≤60	440～590	245	146	133	126	124	122	121	119	117	116	114	113	112	111	110	108	107	106	104	103	102
		60<t≤100	430～580	235	143	133	126	124	122	121	119	117	116	114	113	112	111	110	108	107	106	104	103	102
GB/T 3274	Q235		370～500	225 (235)	123	123	113	111	108	105	103	101	97	93	90	88	85							
	Q345		470～630	325 (345)	156	156	149	146	143	140	137	135	132	131	130	130	129	127	124	122				

表 A.2(续)

产品形式及标准号	牌号或级别		室温拉伸强度 MPa		在下列温度(℃)下的许用应力 MPa															
			R_m	R_{eL} 或 $R_{p0.2}$	430	440	450	460	470	480	490	500	510	520	530	540	550	560	570	580
GB 713	Q245R	3<t≤16	400～520	245	72	63	55													
		16<t≤36	400～520	235	72	63	55													
		36<t≤60	400～520	225	72	63	55													
	Q345R	≤16	510～640	345																
		t≤36	500～630	325																
		36<t≤60	490～620	315																
		60<t≤100	490～620	305																
	15CrMoR	20<t≤60	450～590	295	122	120	119	118	118	117	112	96	82	69	59	49	41			
		60<t≤100	450～590	275	113	112	111	110	110	109	108	96	82	69	59	49	41			
	12Cr1MoVR	6<t≤60	440～590	245	101	100	100	98	97	96	95	94	93	88	79	72	65	58		
		60<t≤100	430～580	235	101	100	100	98	97	96	95	94	93	88	79	72	65	58		
GB/T 3274	Q235		370～500	235																
	Q345		490～665	315																

注 1:相邻金属温度数值之间的许用应力可用算数内插法确定,并舍弃小数点后的数字。

注 2:粗线右方的许用应力值由长期高温性能决定。

注 3:焊接钢管的许用应力未考虑纵向焊接接头系数。

附　录　B
(资料性附录)
常用材料物理性能

B.1　常用钢材的弹性模量

常用钢材的弹性模量见表B.1。

B.2　常用国产钢材的平均热膨胀系数

常用国产钢材的平均热膨胀系数见表B.2。

表 B.1 常用钢材的弹性模量数据表

单位为吉帕

钢号		10	20.20G	15MoG	12CrMoG	15CrMoG	12Cr1MoVG	12Cr2MoG	15Ni1MnMoNbCu	10Cr9Mo1VNbN	Q235	Q345	07Cr19Ni10	07Cr18Ni11Nb
标准号		GB 3087	GB 3087 GB 5310	GB 5310	GB 5310	GB 5310	GB 5310	GB 5310	GB 5310	GB 5310	GB 700	GB 8163	GB 5310	GB 5310
设计温度/℃	20	198	198	210	213	206	208	218	218	218	206	206	197	200
	100	191	183	203	209	199	205	213	213	213	200	200	193	196
	200	181	175	195	202	190	201	206	210	210	192	189	185	188
	250	176	171	—	—	187	197	—	207	207	188	185	—	—
	260	175	170	—	—	186	196	—	—	—	187	184	—	—
	280	173	168	—	—	183	194	—	—	—	186	183	—	—
	300	171	166	185	193	181	192	199	199	199	184	181	178	181
	320	168	165	—	—	179	190	—	—	—	—	179	—	—
	340	166	163	—	—	177	188	—	—	—	—	177	—	—
	350	164	162	—	—	176	187	—	195	195		176	—	—
	360	163	161	—	—	175	186	—	—	—	—	175	—	—
	380	160	159	—	—	173	183	—	—	—	—	173	—	—
	400	157	158	175	185	172	181	191	190	190	—	171	169	172
	410	156	155	—	—	171	180	—	—	—	—	—	—	—
	420	155	153	—	—	170	178	—	—	—	—	—	—	—
	430	155	151	—	—	169	177	—	—	—	—	—	—	—
	440	154	148	—	—	168	175	—	—	—	—	—	—	—
	450	153	146	—	—	167	174	—	186	186	—	—	—	—

表 B.1（续）

单位为吉帕

钢号	10	20.20G	15MoG	12CrMoG	15CrMoG	12Cr1MoVG	12Cr2MoG	15Ni1MnMoNbCu	10Cr9Mo1VNbN	Q235	Q345	07Cr19Ni10	07Cr18Ni11Nb
标准号	GB 3087	GB 3087 GB 5310	GB 5310	GB 5310	GB 5310	GB 5310	GB 5310	GB 5310	GB 5310	GB 700	GB 8163	GB 5310	GB 5310
设计温度/℃ 460	—	144	—	—	166	172	—	—	—	—	—	—	—
470	—	141	—	176	165	170	—	—	—	—	—	—	—
480	—	129	—	—	164	168	—	—	—	—	—	—	—
490	—	—	—	—	164	166	—	—	—	—	—	—	—
500	—	—	165	—	163	165	181	—	181	—	—	161	163
510	—	—	—	—	162	163	—	—	—	—	—	—	—
520	—	—	—	—	161	162	—	—	—	—	—	—	—
530	—	—	—	—	160	160	—	—	—	—	—	—	—
540	—	—	—	—	159	158	—	—	—	—	—	—	—
550	—	—	—	—	—	157	—	—	175	—	—	157	160
560	—	—	—	—	—	153	—	—	—	—	—	—	—
570	—	—	—	—	—	153	—	—	—	—	—	—	—
580	—	—	—	—	—	152	170	—	—	—	—	—	—
590	—	—	—	—	—	—	—	—	—	—	—	—	—
600	—	—	—	—	—	—	—	—	168	—	—	154	156
650	—	—	—	—	—	—	—	—	162	—	—	149	151

表 B.2 常用国产钢材的平均热膨胀系数表(从 20 ℃至下列温度)(10^{-6}/℃)

钢号		10	20.20G	15CrMoG	12Cr1MoVG	15MoG	12Cr2MoG	15Ni1MnMoNbCu	12CrMoG[a]	10Cr9Mo1VNbN	07Cr19Ni10	07Cr18Ni11Nb	Q235	Q345
标准号		GB 3087	GB 3087 GB 5310	GB 5310	GB 5310	GB 5310	GB 5310	GB 5310	GB 5310	GB 5310	GB 5310	GB 5310	GB 14980	GB 8163
设计温度/℃	20	—	—	—	—	—	—	—	—	—	—	—	—	—
	50	—	—	—	—	—	—	11.8	—	10.6	—	—	—	—
	100	11.9	11.16	11.9	13.6	12.5	12	12.2	11.2	10.9	17.1	17.3	12.2	8.31
	150	—	—	—	—	—	—	12.5	—	11.1	—	—	—	—
	200	12.6	12.12	12.6	13.7	13.1	13	12.9	12.5	11.3	17.4	17.5	13	10.99
	250	12.7	12.45	12.9	13.85	—	—	13.2		11.5	—	—	13.23	11.6
	260	12.72	12.52	12.96	13.88	—	—	—	—	—	—	—	13.27	11.78
	280	12.76	12.65	13.08	13.94	—	—	—	—	—	—	—	13.36	12.05
	300	12.8	12.78	13.2	14	13.6	13	13.4	12.7	11.7	17.8	17.7	13.45	12.31
	320	12.84	12.99	13.3	14.04	—	—	—	—	—	—	—	—	12.49
	340	12.88	13.2	13.4	14.08	—	—	—	—	—	—	—	—	12.68
	350	12.9	13.31	13.45	14.1	—	—	13.7	—	11.8	—	—	—	12.77
	360	12.92	13.41	13.5	14.12	—	—	—	—	—	—	—	—	12.86
	380	12.96	13.62	13.6	14.16	—	—	—	—	—	—	—	—	13.04
	400	13	13.83	13.7	14.2	14.0	14	14.0	12.9	12	18.3	18.2	—	13.22
	410	13.1	13.84	13.73	14.23	—	—	—	—	—	—	—	—	—
	420	13.2	13.85	13.76	14.26	—	—	—	—	—	—	—	—	—
	430	13.3	13.86	13.79	14.29	—	—	—	—	—	—	—	—	—
	440	13.4	13.87	13.82	14.32	—	—	—	—	—	—	—	—	—

表 B.2（续）

钢号		10	20.20G	15CrMoG	12Cr1MoVG	15MoG	12Cr2MoG	15Ni1MnMoNbCu	12CrMoG[a]	10Cr9Mo1VNbN	07Cr19Ni10	07Cr18Ni11Nb	Q235	Q345
标准号		GB 3087	GB 3087 GB 5310	GB 5310	GB 5310	GB 5310	GB 5310	GB 5310	GB 5310	GB 5310	GB 5310	GB 5310	GB 14980	GB 8163
设计温度/℃	450	13.5	13.88	13.85	14.35	—	—	14.1	13.2	11.9	—	—	—	—
	460	—	13.89	13.88	14.38	—	—	—	—	—	—	—	—	—
	470	—	13.9	13.91	14.41	—	—	—	—	—	—	—	—	—
	480	—	13.91	13.94	14.44	—	—	—	—	—	—	—	—	—
	490	—	—	13.97	14.47	—	—	—	—	—	—	—	—	—
	500	—	—	14	14.5	14.4	14	—	13.5	12.0	18.8	18.6	—	—
	510	—	—	14.03	14.52	—	—	—	—	—	—	—	—	—
	520	—	—	14.06	14.54	—	—	—	—	—	—	—	—	—
	530	—	—	14.09	14.56	—	—	—	—	—	—	—	—	—
	540	—	—	14.12	14.58	—	—	—	—	—	—	—	—	—
	550	—	—	—	14.6	—	—	—	13.8	12.3	18.9	18.7	—	—
	560	—	—	—	14.62	—	—	—	—	—	—	—	—	—
	570	—	—	—	14.64	—	—	—	—	—	—	—	—	—
	580	—	—	—	14.68	—	—	—	—	—	—	—	—	—
	590	—	—	—	—	—	—	—	—	—	—	—	—	—
	600	—	—	—	—	14.7	—	—	12.6	12.5	—	—	—	—
	650	—	—	—	—	—	—	—	12.7	12.6	19.2	19.1	—	—

[a] 12CrMoG 的线膨胀系数是从 25 ℃至表中温度。

附　录　C
（规范性附录）
柔性系数和应力增加系数

C.1　柔性系数和应力增加系数

柔性系数和应力增加系数见表 C.1。

表 C.1　柔性系数和应力增加系数

名　称	尺寸系数 h	柔性系数 k	应力增加系数 i	简　图
弯制弯管和弯头 [见 C.2 a),C.2 b),C.2 h),C.2 i)]	$\frac{S_n R}{r^2}$	$\frac{1.65}{h}$	$\frac{0.9}{h^{2/3}}$	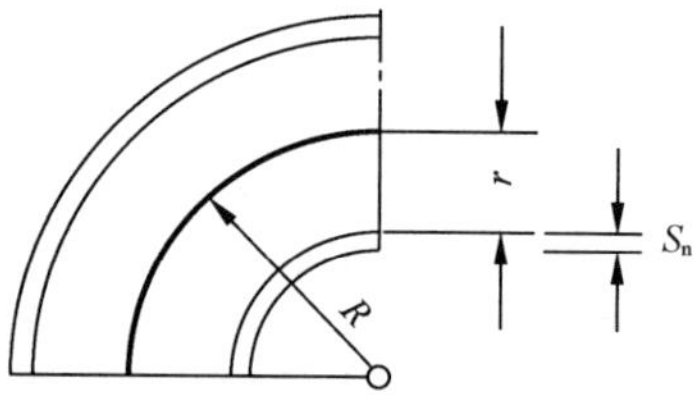
窄间距焊接弯管 [见 C.2 a),C.2 b),C.2 l)] $b<r(1+\tan\theta)$, $B\geqslant 6S_n$ $\theta\leqslant 22.5°$, $R=\frac{b\cot\theta}{2}$	$\frac{bS_n\cot\theta}{2r^2}$	$\frac{1.52}{h^{5/6}}$	$\frac{0.9}{h^{2/3}}$	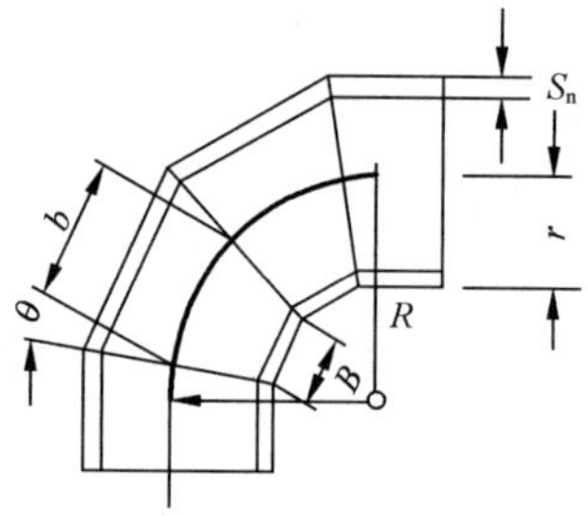
锻制三通按 ASME B16.9 [见 C.2a),C.2i)]	$\frac{4.4S_n}{r}$	1	$\frac{0.9}{h^{2/3}}$	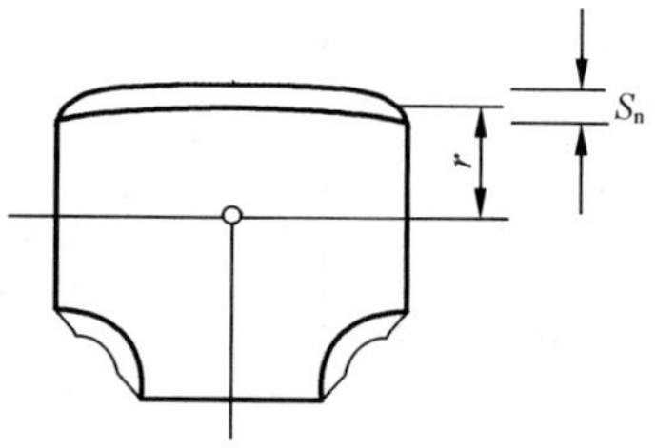
加强三通 [见 C. 2a), C. 2d), C. 2i)]	$\frac{\left(S_n+\frac{S_r}{2}\right)^{5/2}}{r(S_n)^{3/2}}$	1	$\frac{0.9}{h^{2/3}}$	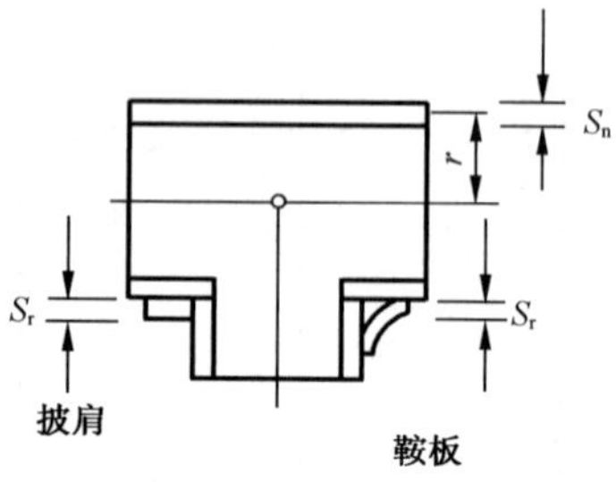

表 C.1(续)

名　称	尺寸系数 h	柔性系数 k	应力增加系数 i	简　图
无加强三通 [见 C.2a),C.2i)]	$\frac{S_n}{r}$	1	$\frac{0.9}{h^{2/3}}$	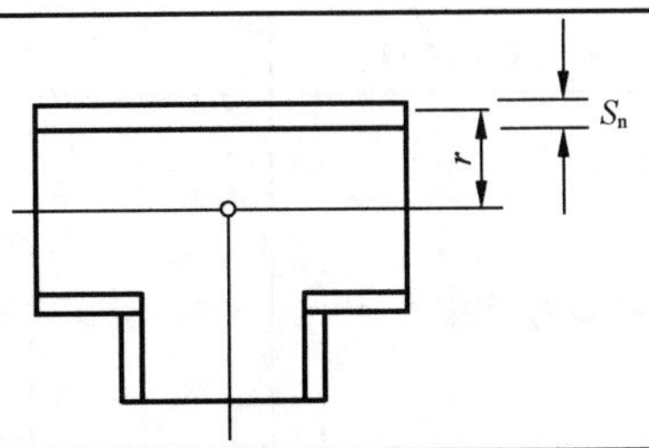
支管焊接管件(整体补强型) 按 MSS SP-97 [见 C.2a)]	$\frac{3.3S_n}{r}$	1	$\frac{0.9}{h^{2/3}}$	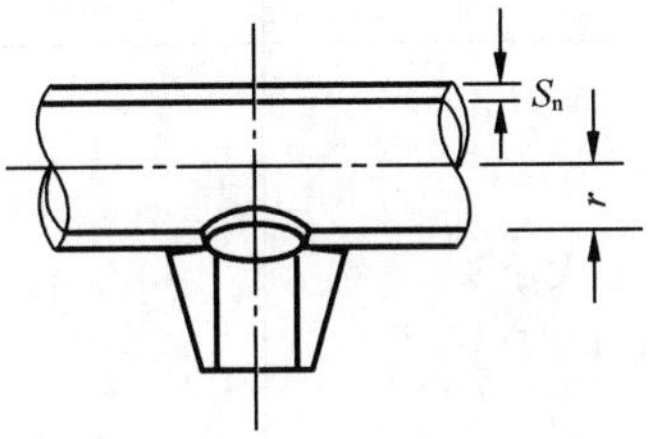
挤压三通 [见 C.2a)]	$\left(1+\frac{r_x}{r}\right)\frac{S_n}{r}$	1	$\frac{0.9}{h^{2/3}}$	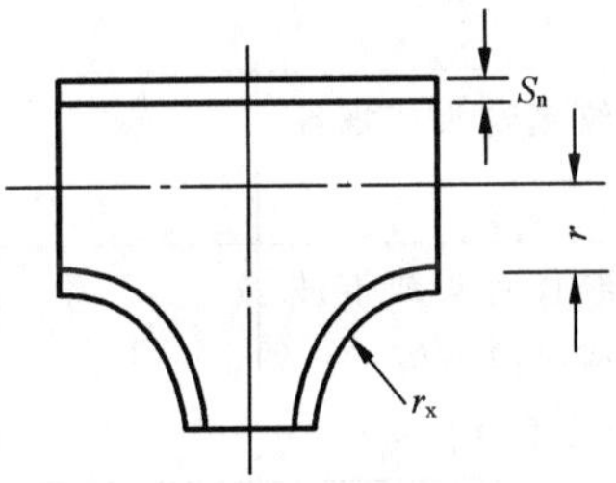
嵌入式焊接三通 [见 C.2a)]	$\frac{4.4S_n}{r}$	1	$\frac{0.9}{h^{2/3}}$	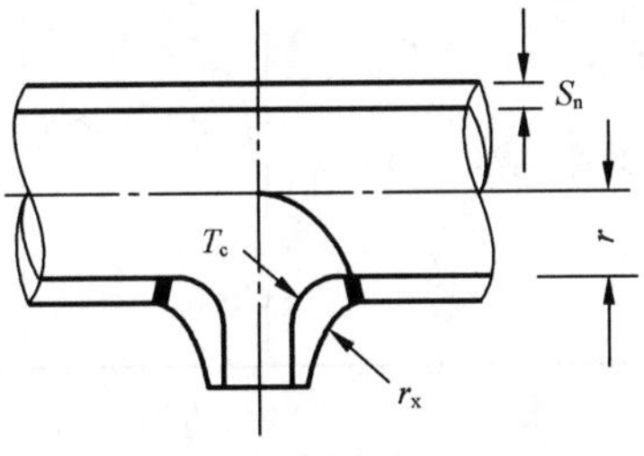
对接焊[见 C.2k)] $S \geqslant 6$ mm $\delta_{max} \leqslant 1.6$ mm, $\delta_{avg}/S \leqslant 0.13$		1	1.0	
对接焊[见 C.2k)] $S \geqslant 6$ mm $\delta_{max} \leqslant 3.2$ mm, δ_{avg}/S=任何值		1	$0.9+2.7(\delta_{avg}/S)$ 最小 1.0,最大 1.9	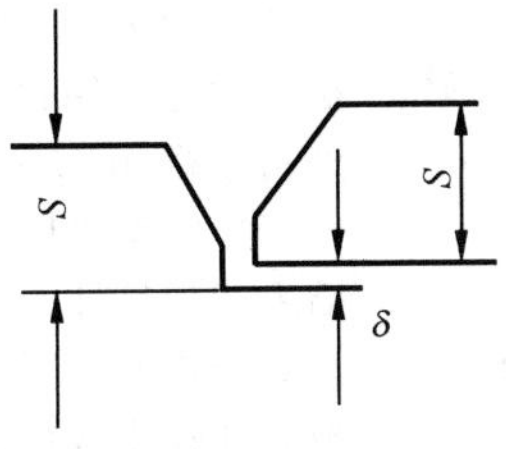
对接焊[见 C.2k)] $S \geqslant 6$ mm $\delta_{max} \leqslant 1.6$ mm, $\delta_{avg}/S \leqslant 0.33$		1		

表 C.1（续）

名　称	尺寸系数 h	柔性系数 k	应力增加系数 i	简　图
角焊[见 C.2 j)]		1	2.1 或 1.3	见图 C.4
扩口过渡段		1	$1.3+0.036\frac{D_o}{S_n}+3.6\frac{\delta}{S_n}$ 最大 1.9	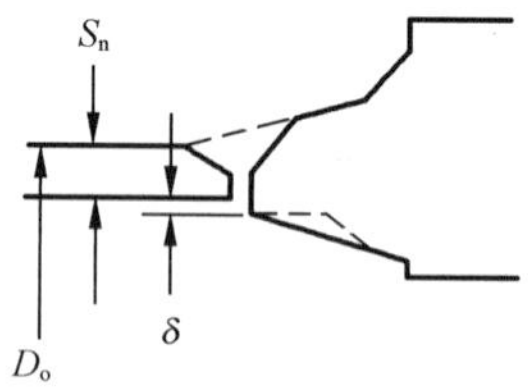
同心大小头 [见 C.2f)]		1	$0.5+0.01\alpha\left(\frac{D_2}{S_2}\right)^{\frac{1}{2}}$ 最大 1.9	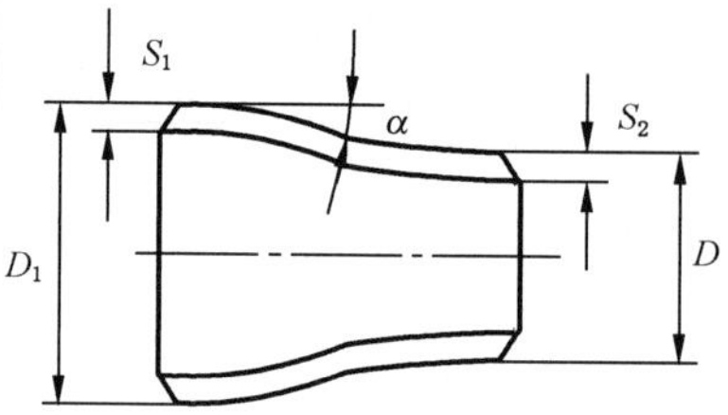
螺纹接管头或螺纹法兰		1	2.3	
波纹直管头或带波纹或皱纹弯管 [见 C.2g)]		5	2.5	
支管[见 C.2e)]		1	校核支管端部： $1.5\left(\frac{r_{mh}}{S_{nh}}\right)^{\frac{2}{3}}\cdot\left(\frac{r'_{mb}}{r_{mh}}\right)^{\frac{1}{2}}\cdot\left(\frac{S_{nb}}{S_{nh}}\right)\cdot\left(\frac{r'_{mb}}{r_p}\right)$ 参数见图 C.3 说明	见图 C.3

注：

B ——焊接弯管斜接过渡段内侧的长度，mm；

D_o ——管子外径，mm；

D_{ob}——支管外径，mm；

R ——弯头或弯管的弯曲半径，mm；

r ——管子平均半径（与三通相连接的管子），mm；

r_x ——插入式焊接件的外部转角半径，mm；

r_2 ——外角半径，mm；

b ——焊接弯管斜接段在中心线的长度，mm；

T_c ——插入式焊接件的背脊厚度，mm；

S_n ——直管公称壁厚（与三通相连接的管子），mm；

S_r ——披肩加强或鞍板加强元件的厚度，mm；

α ——异径接头锥角，(°)；

δ ——对接焊口的错边（δ_{avg} 为平均值），mm；

θ ——焊接弯管斜接轴线夹角的半角，(°)。

C.2 表 C.1 说明

柔性系数和应力增加系数在表 C.1 中已经给出,对于一些名称的说明如下:

a) 表 C.1 中的柔性系数 k 和应力增加系数 i 适用于部件在任何平面内的弯曲,但在任何情况下都不得小于 1。这两个系数对于弯管、弯头和焊接弯管用于有效弧长(详见简图中的粗中心线);对于三通用于交叉点。k 和 i 值可按由所给公式计算的尺寸系数 h 直接从图 C.1 中读得。

b) 对于一端或两端装有法兰的管道,其 k 和 i 值应乘以 c 值加以修正。两端装有法兰者,$c=h^{1/3}$;一端装有法兰者,$c=h^{1/6}$。c 值也可按计算出的 h 直接从图 C.2 中读得。

c) 包括单斜角连接。

d) 当 $S_r>1.5S_n$ 时,$h=4.05S_n/r$。

e) 只有满足下述条件才能适用此公式:

1) 接管座已满足开孔补强的要求;

2) 支管之轴垂直于主管壁的表面;

3) 对于主管上有几个接管座者,相邻两个接管座之间的中心距,沿主管外表面所测得的弧长在轴向上不得小于该两个接管座内半径总和的 3 倍或沿主管周向不得小于该两个半径总和的 2 倍;

4) 内角半径 r_1(见图 C.3)在 $10\%S_{nh}$ 和 $50\%S_{nh}$ 之间;

5) 外角半径 r_2(见图 C.3)不得小于 $S_b/2$、$(S_{nb}+Y)/2$,(见图 C.3)和 $S_{nh}/2$ 中的较大值;

6) 外半径 r_3 不得小于以下两者中的较大值,见图 C.3):$0.002\theta d_o$,$2(\sin\theta)^3$ 与图 C.3 中图 a)、图 b)所示的加厚部分的乘积;

7) $r_{mh}/S_{nh}\leqslant 50$ 和 $r'_{mb}/r_{mh}\leqslant 0.5$。

f) 只有满足下列条件才能适用此公式:

1) 锥角 α 不得大于 60°,且大小头为同心圆;

2) D_1/S_1 和 D_2/S_2 两者取用较大值,但不超过 100;

3) 整个大小头的壁厚不得小于 S_1,但紧接小头端部除外,该处壁厚不得小于 S_2。

g) 所示系数适用于弯曲;对于扭转,柔性系数取 0.9。

h) 对接焊铸造弯头的壁厚有比连接管子的壁厚大得多,设计者应加以注意,并考虑较大壁厚的影响,否则会造成较大的误差。

i) 附表中所示的应力增加系数 i 是由等径三通的试验中得到的,对于异径三通,在没有获得足够数据之前,可采用等径三通的数据。

j) 对于套接焊管件,若焊趾与管壁过渡平滑,则应力增加系数 i 可取用 1.3。

k) 此应力增加系数用于管子壁厚为 $0.875S_n$ 和 $1.1S_n$ 之间的对接焊口,其轴向距离为 $(D_oS_n)^{1/2}$。D_o 为管子公称外径,S_n 为直管公称壁厚,δ_{avg} 为错边的平均值。

l) 对大口径薄壁弯头和焊接弯头的柔性系数和应力增加系数,如果要考虑内压的影响,则可按下列方法修正:

1) 经内压修正后弯头的柔性系数为:

$$k_p=\frac{k}{1+6\dfrac{p}{E}\left(\dfrac{r}{S_n}\right)^{7/3}\left(\dfrac{R}{r}\right)^{1/3}} \quad \cdots\cdots\cdots\cdots(\text{C.1})$$

2) 经内压修正后弯头的应力增加系数为:

$$i_p = \frac{i}{1+3\,025\,\dfrac{p}{E}\left(\dfrac{r}{S_n}\right)^{5/2}\left(\dfrac{R}{r}\right)^{2/3}} \quad \cdots\cdots\cdots\cdots(\text{C.2})$$

式中：

p ——设计内压力，单位为兆帕(MPa)；

E ——管材的弹性模量，单位为兆帕(MPa)；

r ——管子平均半径，单位为毫米(mm)；

S_n ——直管公称壁厚，单位为毫米(mm)；

R ——弯管的弯曲半径，单位为毫米(mm)。

m) 对于单筋或蝶式加强焊接三通，$h=3.25S_n/r$，$i=0.9h^{2/3}$。

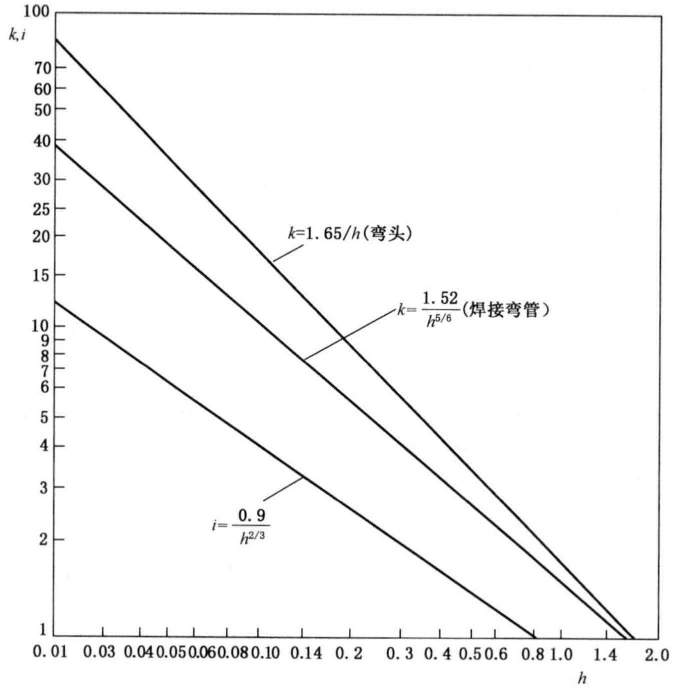

图 C.1 尺寸系数 h 与柔性系数 k 和应力增加系数 i 的关系

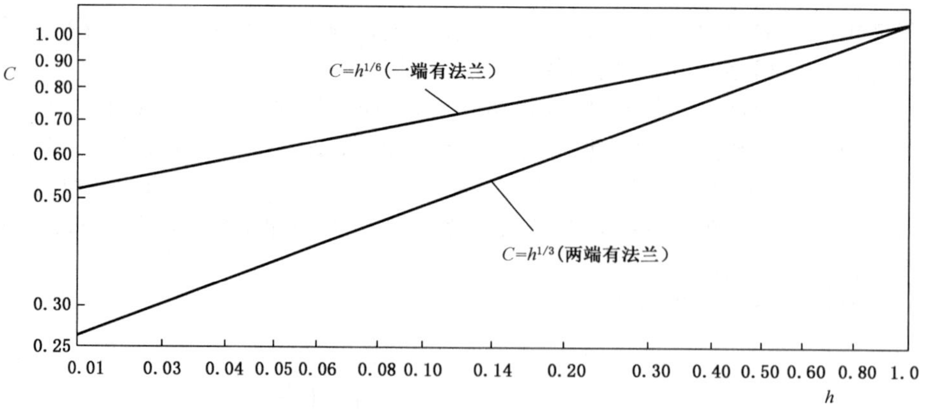

图 C.2 尺寸系数 h 与修正系数 C 的关系

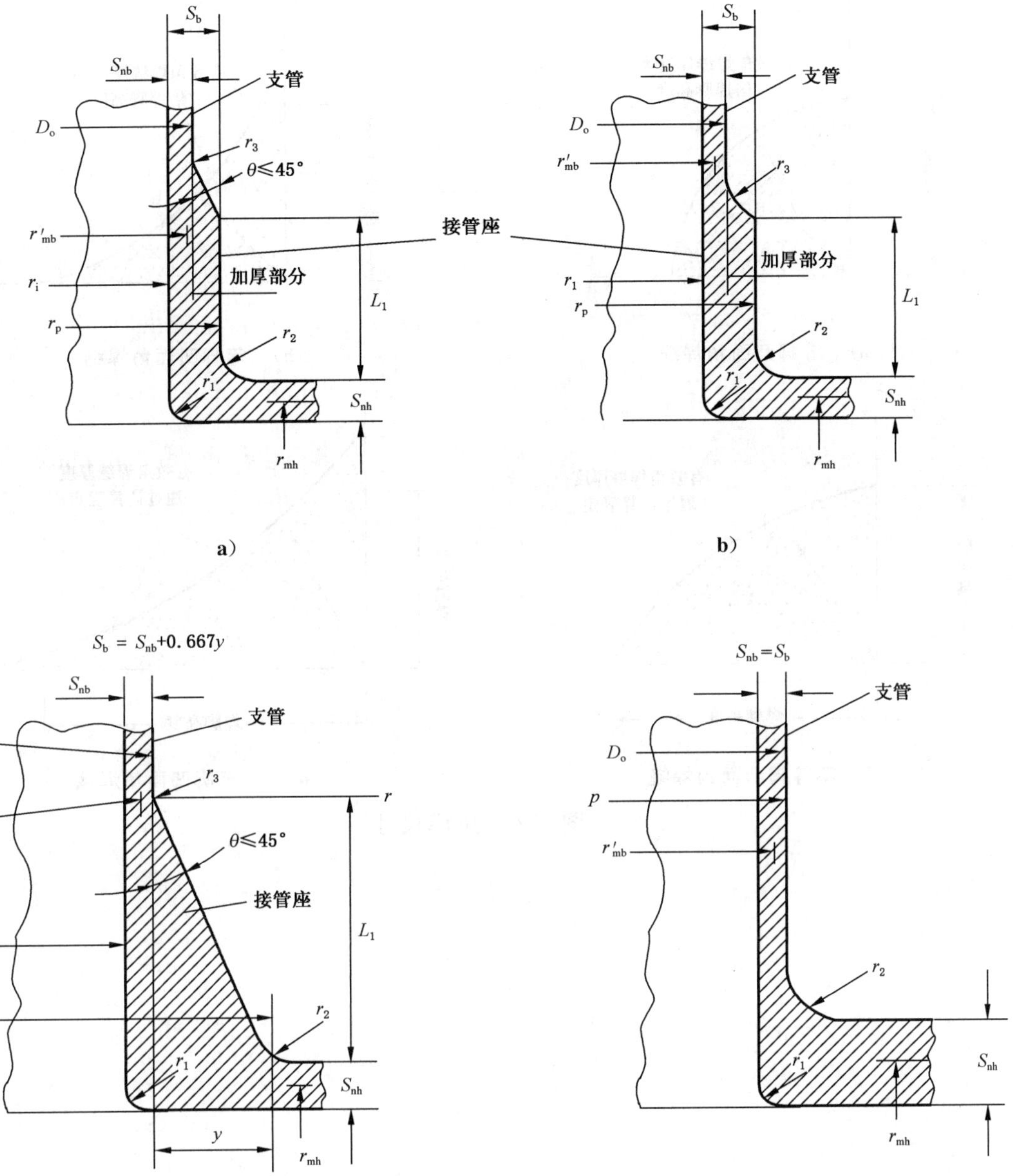

说明：

r'_{mb}——支管平均半径，mm；	S_{nb}——支管公称壁厚，mm；
S_b——接管座加强有效厚度度，mm；	r_{mh}——主管平均半径，mm；
r_i——支管内半径，mm；	D_o——支管外径，mm；
S_{nh}——主管公称壁厚，mm；	r_p——接管座加强部分的外半径，mm；
θ——接管座加强部分过渡段角度，(°)；	L_1——接管座高度，mm；
r_1,r_2,r_3——接管座加强部分过渡区半径，mm。	

图 C.3　接管座的尺寸图

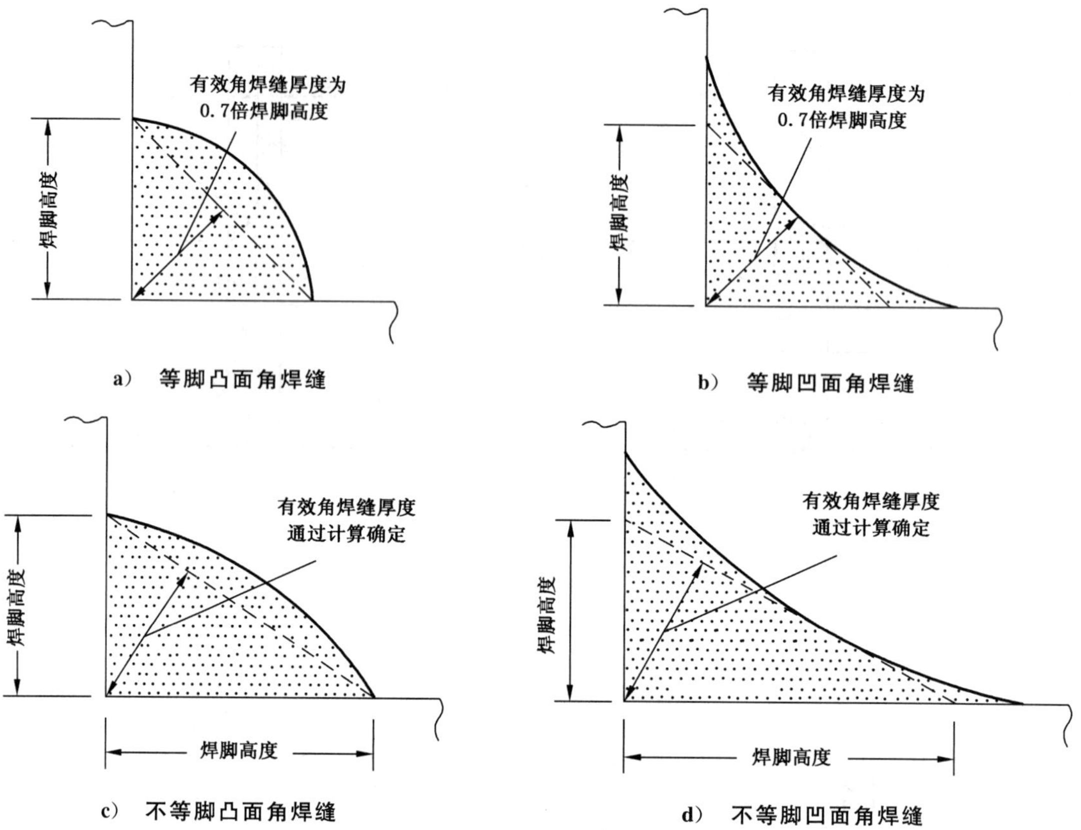
有效角焊缝厚度为
0.7倍焊脚高度
焊脚高度
a) 等脚凸面角焊缝
有效角焊缝厚度为
0.7倍焊脚高度
焊脚高度
b) 等脚凹面角焊缝
有效角焊缝厚度
通过计算确定
焊脚高度
焊脚高度
c) 不等脚凸面角焊缝
有效角焊缝厚度
通过计算确定
焊脚高度
焊脚高度
d) 不等脚凹面角焊缝

图 C.4 角焊尺寸

附 录 D
(资料性附录)
制作和安装常用资料

D.1 焊接接头基本形式与尺寸

焊接接头基本形式与尺寸见表 D.1。

表 D.1 焊接接头基本形式与尺寸

序号	接头类型	坡口形式	图形	焊接方法	焊件厚度 S mm	接头结构尺寸					适用范围
						α	β	B mm	P mm	R mm	
1	对接接头	I 型	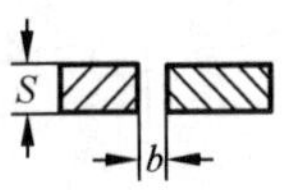	SMAW OFW GMAW/FCAW SAW	<3 ≤3 ≤3 8~16	—	—	1~2 1~2 0~1 0~1	—	—	容器和一般钢结构
2	对接接头	V 型	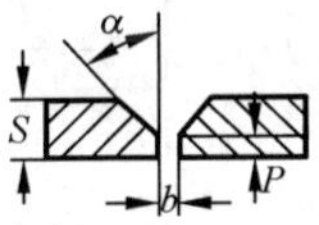	SMAW OFW GMAW/FCAW SAW	≤6 ≤16 ≤16 >16~20	30°~35°	—	视现场情况在焊接作业指导书中规定	0.5~2 1~2 1~2 7	—	各类承压管道,压力容器和中、薄件承重结构
3	对接接头	U 型	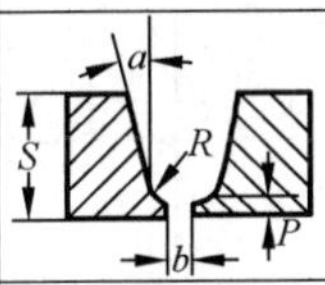	SMAW TIG	≤60	10°~15°	—	2~5	0.5~2	5	中、厚壁汽水管道
4	对接接头	双V形 水平管	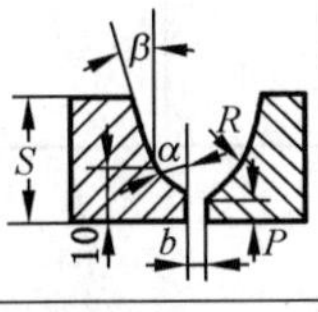	SMAW TIG	>16	30°~40°	8°~12°	2~5	1~2	5	中、厚壁汽水管道
5	对接接头	双V形 垂直管	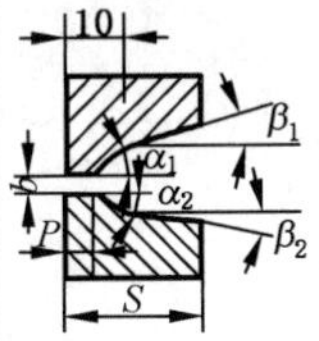	SMAW TIG	>16	α_1=35°~40° α_2=20°~25°	β_1=15°~20° β_2=5°~10°	1~4	1~2	5	中、厚壁汽水管道
6	对接接头	综合型	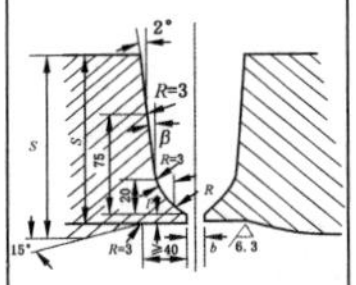	SMAW TIG FCAW SAW	>60	20°~25°	5°	2~5	2	5	厚壁汽水管道

表 D.1(续)

序号	接头类型	坡口形式	图形	焊接方法	焊件厚度 S mm	接头结构尺寸					适用范围
						α	β	B mm	P mm	R mm	
7	对接接头	封头	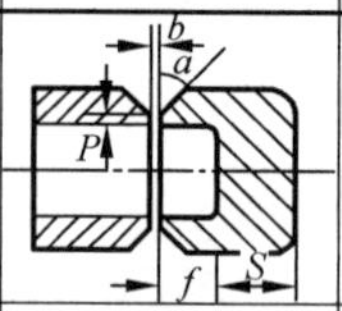	SMAW TIG	管径不限	同厚壁管坡口加工要求					汽水管道或联箱封头
8	对接接头	堵头	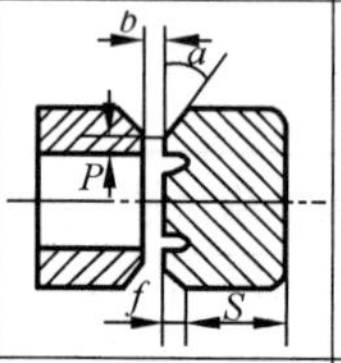	SMAW TIG	直径 $\phi \geqslant 273$	同厚壁管坡口加工要求					汽水管道或联箱封头
9	T型接头	管座	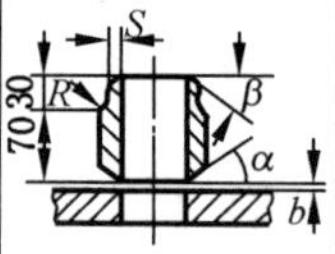	SMAW TIG	直径 $\phi \leqslant 76$	50°～60°	30°～35°	2～3	1～2	按壁厚差取	汽水、仪表取样等接管座
10	T型接头	管座	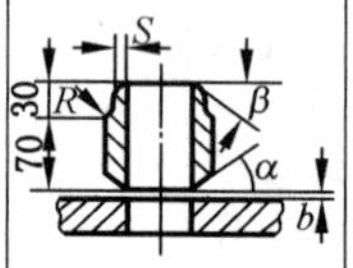	SMAW TIG	直径 76～133	50°～60°	30°～35°	2～3	1～2	—	一般汽水管道或容器的接管座或接头
11	T型接头	K形	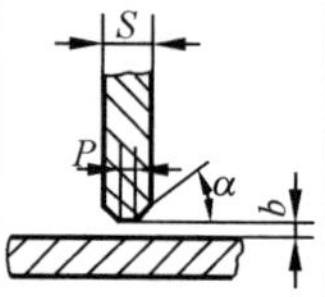	SMAW SAW	>20	50°～60°	—	1～2	1～2	—	要求焊透的大型结构

注:焊接方法:

TIG ——极氩弧焊;

SMAW——焊条电弧焊;

SAW ——埋弧焊;

GMAW——熔化极实心气体保护焊;

FCAW ——熔化极药芯气体保护焊;

OFW ——气焊。

D.2 常用钢管材料下临界温度近似值

常用钢管材料下临界温度近似值见表 D.2。

表 D.2　常用钢管材料下临界温度近似值

钢　　种	下临界温度 A_{c1} ℃
碳素钢	725
C-Mo 钢	730
1.15Ni-0.65Cu-Mo-Nb 钢	725
1Cr-0.5Mo 钢	745
1.25Cr-0.5Mo 钢	775
2.25Cr-1Mo 钢	805
9Cr-1Mo-V 钢	810

D.3　管道常用钢材推荐焊前预热温度

管道常用钢材推荐焊前预热温度见表 D.3。

表 D.3　管道常用钢材推荐焊前预热温度

钢　　种	管　材		板　材	
	壁厚 S mm	预热温度 ℃	厚度 S mm	预热温度 ℃
碳含量≤0.35%的碳素钢	S≥26	100～200	S≥34	100～150
C-Mn 钢	S≥15	150～200	S≥30	
1.15Ni-0.65Cu-Mo-Nb 钢	—	100～200	—	—
1Cr-0.5Mo 钢 1.25Cr-0.5Mo 钢	S≥10	150～250	S≥15	150～200
1Cr-0.5Mo-V 钢	S≥6	200～300	S≥6	200～300
2.25Cr-1Mo 钢	S≥6	250～350	—	—
9Cr-1Mo-V-Nb 钢	—	200～300	—	200～300
注：当采用钨极氩弧焊打底时，可按下限温度降低 50 ℃。				

D.4　推荐冷弯成形后的热处理

推荐冷弯成形后的热处理见表 D.4。

表 D.4　推荐冷弯成形后的热处理

钢　　种	保温温度 ℃	保温时间
C-Mo 钢 0.5Cr-0.5Mo 钢	600～650	按壁厚，2.4 min/ mm 但至少 15 min
1Cr-0.5Mo 钢 1Cr-0.5Mo-V 钢 1.25Cr-1Mo 钢	700～750	
2.25Cr-1Mo 钢 3Cr-1Mo 钢 9Cr-1Mo 钢 9Cr1Mo-V 钢 9Cr1Mo-V-Nb 钢	700～750	

D.5　推荐的管道常用钢材焊后热处理

推荐的管道常用钢材焊后热处理见表 D.5。

表 D.5　推荐的管道常用钢材焊后热处理

钢　　种	焊后恒温温度 ℃	焊件厚度 S mm						
		$S\leqslant12.5$	$12.5<S$ $\leqslant25$	$25<S$ $\leqslant37.5$	$37.5<S$ $\leqslant50$	$50<S$ $\leqslant75$	$75<S$ $\leqslant100$	$100<S$ $\leqslant125$
		恒温时间 h						
碳含量≤0.35% C-Mn 钢	600～650	—	—	1.5	2	2.25	2.5	2.75
1.15Ni-0.65Cu-Mo-Nb 钢	570～620	0.5	1	1.5	2	2.25	2.5	2.75
1Cr-0.5Mo 钢 1.25Cr-0.5Mo 钢	670～700	0.5	1	1.5	2	2.25	2.5	2.75
2.25Cr-1Mo 钢	720～750	0.5	1	1.5	2	3	4	5
9Cr-1Mo-V-Nb 钢	750～780	0.5	1	1.5	2	3	4	5

注 1：不同壁厚部件焊接接头焊后热处理厚度，应取下述两者中的较小值：

a)　焊缝厚度；

b)　焊缝处连接材料的较厚者。

注 2：焊缝厚度按照下述方法确定：

a)　坡口焊缝：坡口加工后，包括内倒角加工后，两相接端壁厚较大者；

b)　角焊缝：焊缝厚度；

c)　材料焊补：被修补凹坑的深度；

d)　支管焊缝：是指与纵向轴线相交的平面内尺寸。

附 录 E
(规范性附录)
管道预制组对偏差

E.1 管道预制组对偏差示意图

管道预制组对偏差示意图见图 E.1。

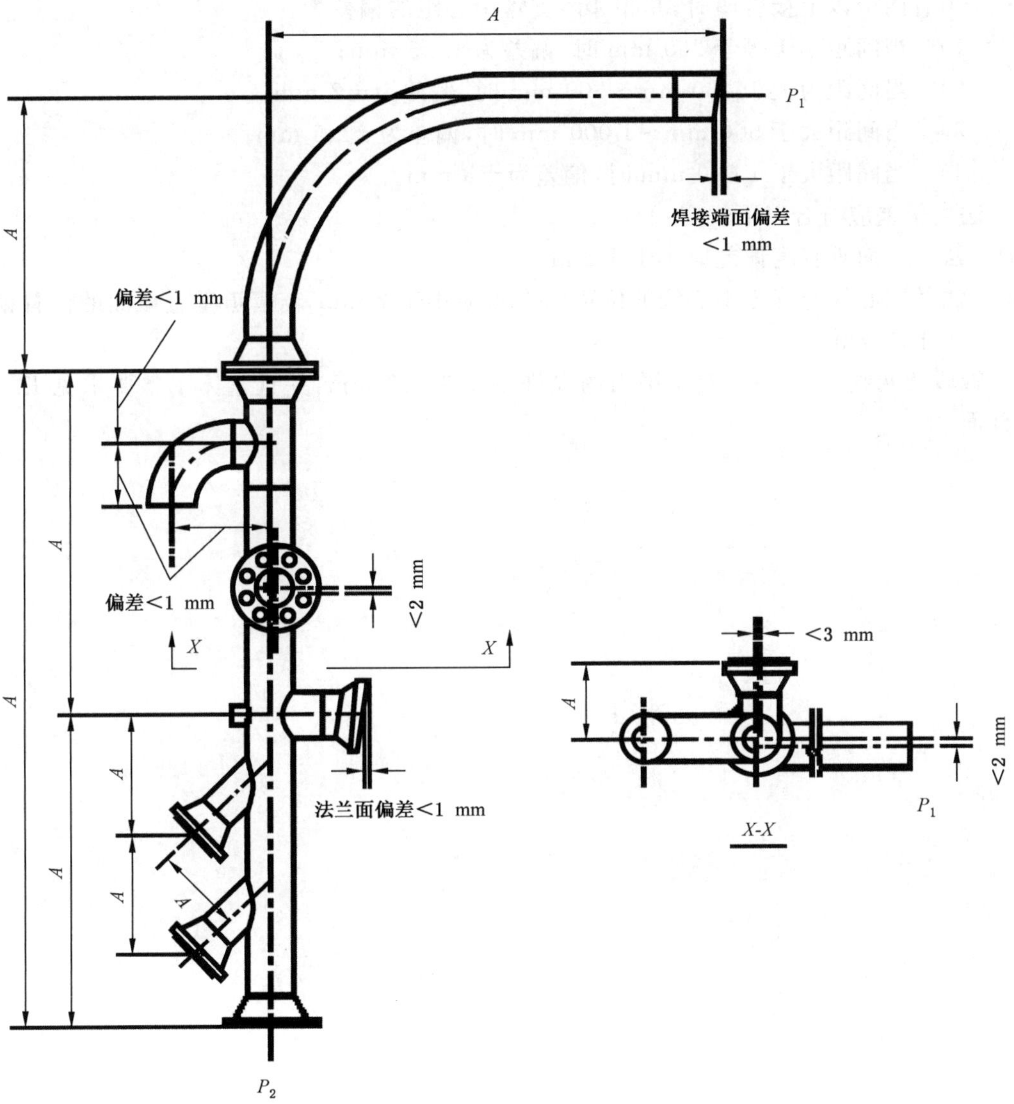

图 E.1 管道预制组对偏差示意图

E.2 长度偏差

E.2.1 管道组对尺寸 A 的偏差 ΔA 不应大于总长度的千分之一,且满足下述要求:

a) 管道公称尺寸 250 及以下,ΔA 为±3 mm;

b) 管道大于公称尺寸 250～600,ΔA 为±5 mm;

c) 管道大于公称尺寸 600～900,ΔA 为±6 mm;

d) 管道大于公称尺寸 900,每增加 300,允许 ΔA 的绝对值增加 2 mm,即:$|\Delta A| = 6 + 2 + \cdots$。

E.2.2 接管座中心线相对管道中心线的偏差应满足以下要求:

a) 当接管座外径大于 50 mm 时,偏差不应超过 1 mm。

b) 当接管座外径小于等于 50 mm 时,偏差不应超过 1.5 mm。

c) 当有两个以上接管座时,其相邻两支管中心距的偏差为:

1) 当间距小于等于 260 mm 时,偏差为±1.5 mm;

2) 当间距为大于 260 mm～500 mm 时,偏差为±2 mm;

3) 当间距大于 500 mm～1 000 mm 时,偏差为±2.5 mm;

4) 当间距大于 1 000 mm 时,偏差为±3 mm。

E.2.3 法兰偏差应符合以下规定:

a) 法兰平面垂直度偏差应小于 1 mm;

b) 法兰中心线与管道中心线的位置偏差 Δ 应小于 2 mm,与管道垂直截面的位置偏差应小于 2 mm。

E.2.4 管段的两端 P_1 和 P_2 对于平面的允许偏差为±3 mm,并且整体平整要求见 E.1 图中 X-X 剖面。

附 录 F
(规范性附录)
安全泄放装置的计算

F.1 符号

A——安全阀的最小泄放面积,mm^2;

对全启式安全阀,即 $h \geqslant \frac{1}{4}d_t$ 时,$A=\frac{\pi}{4}d_t^2$;

对微启式安全阀,即 $h<\frac{1}{20}d_t$ 时,平面型密封面 $A=\pi d_v h$;锥面型密封面 $A=\pi d_t h \sin\phi$;

C——气体特性系数,按式(F.1)求取;

$$C=520\sqrt{k\left(\frac{2}{k+1}\right)^{\frac{k+1}{k-1}}} \qquad \cdots\cdots(F.1)$$

d ——入口管内径,mm;

d_t——安全阀最小流道直径(阀座喉部直径),mm;

d_v——安全阀阀座内径,mm;

H——最大输入热量,kJ/h;

h——安全阀的阀瓣开启高度,mm;

K——安全阀的额定泄放系数,K 取 0.9 倍泄放系数(泄放系数与阀的结构有关,应根据实验数据确定,通常由安全阀制造厂提供);

无参考数据时,可按下列规定选取:

全启式安全阀 $K=0.60\sim0.70$;

带调节圈的微启式安全阀 $K=0.40\sim0.50$;

不带调节圈的微启式安全阀 $K=0.25\sim0.35$;

k——气体绝热指数(过热蒸汽取 1.3;饱和蒸汽取 1.135);

M——气体的摩尔质量,kg/kmol;

p_d——安全阀的最大泄放压力,MPa(a);

p_o——安全阀出口侧压力,MPa(绝压);

q——在泄放压力下,液体汽化潜热,kJ/kg;

T——泄放的气体温度,K;

W_s——系统的安全泄放量,kg/h;

Z——在泄放压力及温度下,气体的压缩系数,如图 F.1 所示;

ρ_l——安全阀入口侧温度下的液体密度,kg/m^3;

ϕ——锥型密封面的半锥角,(°)。

F.2 安全泄放量计算

当中间无阀门关断的管道系统与相连接的几个设备(容器)一起作为一个独立的被保护压

力系统,用一个或几个设置在容器上或管道上的安全泄放装置保护时,其安全泄放量采用压力容器安全泄放量的计算方法,但应将管道系统和相连接的容器都包括在内。

单纯的管道系统的超压主要发生在充满液体的封闭管道系统中,液体受热膨胀可能发生超压。

蒸汽发生器等产生蒸汽换热设备的系统及充满水封闭管道系统中水受热汽化的安全泄放量按式(F.2)计算:

$$W_s = H/q \qquad \cdots\cdots (F.2)$$

F.3 安全阀的最小泄放面积计算

F.3.1 蒸汽

最小泄放面积计算见式(F.3)、式(F.4):

a) 临界条件:

$$\frac{p_o}{p_d} \leqslant \left(\frac{2}{k+1}\right)^{\frac{k}{k-1}}$$

$$A = \frac{W_s}{0.076CKP_d\sqrt{\dfrac{M}{ZT}}} \qquad \cdots\cdots (F.3)$$

b) 亚临界条件:

$$\frac{p_o}{p_d} > \left(\frac{2}{k+1}\right)^{\frac{k}{k-1}}$$

$$A = \frac{W_s}{55.84KP_d\sqrt{\dfrac{M}{ZT}}\sqrt{\dfrac{k}{k-1}\left[\left(\dfrac{p_o}{p_d}\right)^{\frac{2}{k}} - \left(\dfrac{p_o}{p_d}\right)^{\frac{k+1}{k}}\right]}} \qquad \cdots\cdots (F.4)$$

F.3.2 水

最小泄放面积计算见式(F.5):

$$A = \frac{W_s}{5.1K\sqrt{\rho_1(p_d - p_o)}} \qquad \cdots\cdots (F.5)$$

F.3.3 饱和蒸汽

饱和蒸汽中蒸汽含量不小于98%,最大过热度为10 ℃。最小泄放面积计算见式(F.6)、式(F.7):

a) 当 $p_d \leqslant 10$ MPa 时:

$$A = \frac{W_s}{5.25Kp_d} \qquad \cdots\cdots (F.6)$$

b) 当 10 MPa $< p_d \leqslant 22$ MPa 时:

$$A = \frac{W_s}{5.25\ Kp_d\left(\dfrac{190.6p_d - 6\ 895}{229.2p_d - 7\ 315}\right)} \qquad \cdots\cdots (F.7)$$

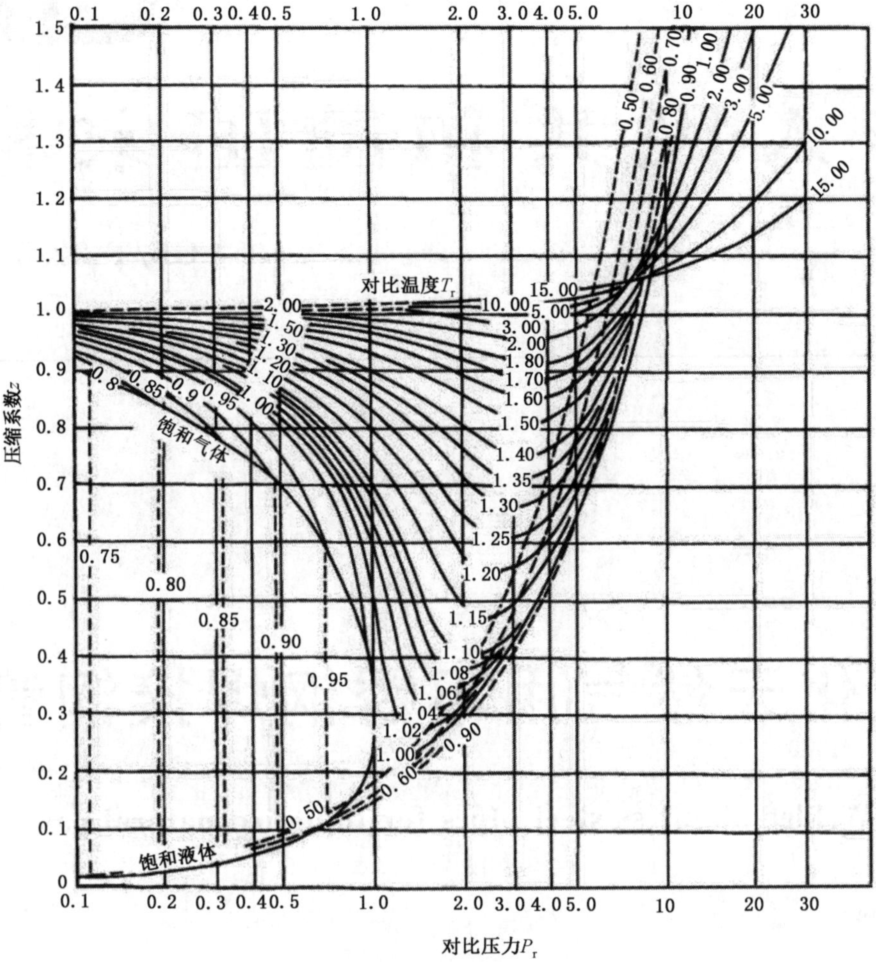

$$对比温度T_r=\frac{泄放介质的温度(K)}{介质的临界温度(K)}$$

$$对比压力P_r=\frac{泄放介质的压力(MPa)}{介质的临界压力(MPa)}\quad（绝压）$$

图 F.1 气体压缩系数

ICS 77.140.75
H 48

中华人民共和国国家标准

GB/T 32964—2016

液化天然气用不锈钢焊接钢管

Welded stainless steel pipes for liquefied natural gas

2016-08-29 发布　　　　2017-07-01 实施

558 中华人民共和国国家质量监督检验检疫总局
中国国家标准化管理委员会　发布

前　言

本标准按照 GB/T 1.1—2009 给出的规则起草。

本标准由中国钢铁工业协会提出。

本标准由全国钢标准化技术委员会(SAC/TC 183)归口。

本标准起草单位:江苏武进不锈股份有限公司、浙江久立特材科技股份有限公司、山西太钢不锈钢钢管有限公司、浙江格洛斯无缝钢管有限公司、冶金工业信息标准研究院。

本标准主要起草人:宋建新、陈亮、刘明洲、岳维恒、吉海、陆凤辉、杨玉先、董莉。

液化天然气用不锈钢焊接钢管

1 范围

本标准规定了液化天然气用不锈钢焊接钢管的分类、订货内容、尺寸、外形及重量、技术要求、试验方法、检验规则、包装、标志和质量证明书。

本标准适用于公称外径为219.1 mm～1 219 mm的液化天然气用奥氏体不锈钢焊接钢管(以下简称钢管)。

2 规范性引用文件

下列文件对于本文件的应用是必不可少的。凡是注日期的引用文件，仅注日期的版本适用于本文件。凡是不注日期的引用文件，其最新版本(包括所有的修改单)适用于本文件。

GB/T 222 钢的成品化学成分允许偏差

GB/T 223.11 钢铁及合金 铬含量的测定 可视滴定或电位滴定法

GB/T 223.16 钢铁及合金化学分析方法 变色酸光度法测定钛量

GB/T 223.25 钢铁及合金化学分析方法 丁二酮肟重量法测定镍量

GB/T 223.28 钢铁及合金化学分析方法 α-安息香肟重量法测定钼量

GB/T 223.40 钢铁及合金 铌含量测定 氯磺酚S分光光度法

GB/T 223.58 钢铁及合金化学分析方法 亚砷酸钠-亚硝酸钠滴定法测定锰量

GB/T 223.59 钢铁及合金 磷含量的测定 铋磷钼蓝分光光度法和锑磷钼蓝分光光度法

GB/T 223.60 钢铁及合金化学分析方法 高氯酸脱水重量法测定硅含量

GB/T 223.67 钢铁及合金 硫含量的测定 次甲基蓝分光光度法

GB/T 223.86 钢铁及合金 总碳含量的测定 感应炉燃烧后红外吸收法

GB/T 228.1 金属材料 拉伸试验 第1部分:室温试验方法

GB/T 229 金属材料 夏比摆锤冲击试验方法

GB/T 230.1 金属材料 洛氏硬度试验 第1部分:试验方法

GB/T 231.1 金属材料 布氏硬度试验 第1部分:试验方法

GB/T 232 金属材料 弯曲试验方法

GB/T 241 金属管 液压试验方法

GB/T 1954 铬镍奥氏体不锈钢焊缝铁素体含量测定方法

GB/T 2102 钢管的验收、包装、标志和质量证明书

GB/T 2650 焊接接头冲击试验方法

GB/T 2975 钢及钢产品 力学性能试验取样位置及试样制备

GB/T 3323—2005 金属熔化焊焊接接头射线照相

GB/T 4334—2008 金属和合金的腐蚀 不锈钢晶间腐蚀试验方法

GB/T 11170 不锈钢 多元素含量的测定 火花放电原子发射光谱法(常规法)

GB/T 20066 钢和铁 化学成分测定用试样的取样和制样方法

GB/T 20123　钢铁　总碳硫含量的测定　高频感应炉燃烧后红外吸收法(常规方法)

GB/T 21835　焊接钢管尺寸及单位长度重量

NB/T 47013.2　承压设备无损检测　射线检测

NB/T 47013.5　承压设备无损检测　渗透检测

3　分类

钢管按制造类别分为以下三类：

Ⅰ类——钢管双面焊，除打底焊和内侧盖面焊道可不添加填充金属外，其余焊道添加填充金属；

Ⅱ类——钢管双面焊，全部焊道添加填充金属；

Ⅲ类——钢管单面焊，全部焊道添加填充金属。

4　订货内容

按本标准订购钢管的合同或订单应包括但不限于下列内容：

a）标准编号；

b）产品名称；

c）钢的牌号；

d）钢管的制造类别；

e）尺寸规格(公称外径×公称壁厚，单位为毫米)；

f）订购的数量(总重量或总长度)；

g）交货状态；

h）特殊要求。

5　尺寸、外形及重量

5.1　外径和壁厚

5.1.1　钢管的公称外径(D)范围为219.1 mm～1 219 mm，其公称外径和公称壁厚(S)应符合GB/T 21835的规定。根据需方要求，经供需双方协商，可供应GB/T 21835规定以外尺寸的钢管。

5.1.2　钢管外径允许偏差为公称外径的±0.5%。

5.1.3　钢管壁厚允许偏差为－0.30 mm。

5.2　不圆度

钢管不圆度(实测外径最大值和最小值之差)应不大于公称外径的1.0%。对于薄壁钢管($S/D\leqslant 3\%$)其不圆度应不大于公称外径的1.5%。

5.3　长度

5.3.1　钢管的通常长度为6 000 mm～12 000 mm。

5.3.2　根据需方要求，经供需双方协商，钢管可按定尺长度供货，定尺长度的允许偏差为$^{+20}_{0}$ mm。

5.4　弯曲度

钢管的弯曲度应不大于3 mm/3 m。

5.5 端头外形

5.5.1 钢管两端面应平切,并应清除切口毛刺。

5.5.2 根据需方要求,经供需双方协商,并在合同中注明,对壁厚大于 3.0 mm 且不大于 22.0 mm 的钢管可加工坡口,坡口角度为 37.5°±2.5°,钝边为 1.6 mm±0.8 mm。

5.6 重量

5.6.1 钢管按实际重量交货。

5.6.2 根据需方要求,经供需双方协商,并在合同中注明,钢管亦可按理论重量交货。

5.6.3 钢管的每米理论重量按式(1)计算:

$$W=\frac{\pi}{1\ 000}\rho S(D-S) \qquad \cdots\cdots(1)$$

式中:

W ——钢管理论重量,单位为千克每米(kg/m);

π ——3.141 6;

ρ ——钢的密度,单位为千克每立方分米(kg/dm^3),钢的密度见表 2;

S ——钢管的公称壁厚,单位为毫米(mm);

D ——钢管的公称外径,单位为毫米(mm)。

6 技术要求

6.1 钢的牌号和化学成分

6.1.1 钢的牌号和化学成分(熔炼分析)应符合表 1 的规定。根据需方要求,经供需双方协商,并在合同中注明,可供应表 1 规定以外的牌号和/或化学成分要求的钢管。

6.1.2 如需方要求进行成品分析,应在合同中注明。成品钢管的化学成分允许偏差应符合 GB/T 222 的规定。

表 1 牌号和化学成分

序号	统一数字代号	牌号	化学成分(质量分数)/%									
			C	Si	Mn	P	S	Ni	Cr	Mo	Ti	Nb
1	S30408	06Cr19Ni10	≤0.08	≤1.00	≤2.00	≤0.040	≤0.030	8.00~11.00	18.00~19.50	—	—	—
2	S30403	022Cr19Ni10	≤0.030	≤1.00	≤2.00	≤0.040	≤0.030	8.00~11.00	18.00~19.50	—	—	—
3	S31608	06Cr17Ni12Mo2	≤0.08	≤1.00	≤2.00	≤0.040	≤0.030	10.00~14.00	16.00~18.00	2.00~3.00	—	—
4	S31603	022Cr17Ni12Mo2	≤0.030	≤1.00	≤2.00	≤0.040	≤0.030	10.00~14.00	16.00~18.00	2.00~3.00	—	—
5	S32168	06Cr18Ni11Ti	≤0.08	≤1.00	≤2.00	≤0.040	≤0.030	9.00~12.00	17.00~19.00	—	5C~0.70	—
6	S34778	06Cr18Ni11Nb	≤0.08	≤1.00	≤2.00	≤0.040	≤0.030	9.00~12.00	17.00~19.00	—	—	10C~1.10

6.2 制造方法

6.2.1 钢的冶炼方法

钢应采用粗炼钢水加炉外精炼方法冶炼。经供需双方协商,并在合同中注明,也可采用能满足本标准要求的其他冶炼方法。

6.2.2 钢管的制造方法

6.2.2.1 钢管可采用第3章中的Ⅰ类、Ⅱ类或Ⅲ类任一方法制造。需方指定某一种制造方法时,应在合同中注明。

6.2.2.2 钢管只允许有一条纵缝。经供需双方协商,并在合同中注明,对于外径不小于610 mm的钢管,可采用两条纵缝或单直缝+环焊缝对接。

6.2.2.3 焊缝同一位置的补焊不允许超过两次。补焊处应经适当的焊前表面清理和加工,用打磨方法彻底去除缺陷。补焊后,应按原规定的检验方法重新检验。补焊焊缝长度应不超过焊缝总长度的20%。补焊应在热处理前进行。如在热处理后进行补焊,补焊后应再次进行热处理。

6.2.2.4 对添加填充金属的焊接钢管,添加填充金属的合金成分应不低于母材。

6.3 交货状态

6.3.1 钢管应以整体热处理并酸洗钝化后交货,成品钢管的推荐热处理制度见表2。

6.3.2 经供需双方协议,并在合同中注明,钢管可采用表2规定以外的其他热处理制度。

6.4 力学性能

6.4.1 拉伸试验

6.4.1.1 热处理状态钢管的母材拉伸力学性能应符合表2的规定。

6.4.1.2 热处理状态钢管的焊缝横向抗拉强度应符合表2的规定。

表2 推荐热处理制度、力学性能和密度

<table>
<tr><th rowspan="3">序号</th><th rowspan="3">统一数字代号</th><th rowspan="3">牌号</th><th rowspan="3">推荐热处理制度</th><th colspan="4">力学性能</th><th colspan="2">硬度</th><th rowspan="3">密度 ρ kg/dm³</th></tr>
<tr><th rowspan="2">抗拉强度 R_m MPa</th><th rowspan="2">规定塑性延伸强度 $R_{P0.2}$ MPa</th><th colspan="2">断后伸长率 A %</th><th>洛氏 HRB</th><th>布氏 HBW</th></tr>
<tr><th>纵向</th><th>横向</th><th colspan="2">不大于</th></tr>
<tr><td>1</td><td>S30408</td><td>06Cr19Ni10</td><td>1 040 ℃~1 150 ℃,水冷或其他方式快冷</td><td>≥520</td><td>≥210</td><td>≥40</td><td>≥35</td><td>90</td><td>192</td><td>7.93</td></tr>
<tr><td>2</td><td>S30403</td><td>022Cr19Ni10</td><td>1 040 ℃~1 150 ℃,水冷或其他方式快冷</td><td>≥490</td><td>≥175</td><td>≥40</td><td>≥35</td><td>90</td><td>192</td><td>7.93</td></tr>
<tr><td>3</td><td>S31608</td><td>06Cr17Ni12Mo2</td><td>1 040 ℃~1 150 ℃,水冷或其他方式快冷</td><td>≥520</td><td>≥210</td><td>≥40</td><td>≥35</td><td>90</td><td>192</td><td>8.00</td></tr>
<tr><td>4</td><td>S31603</td><td>022Cr17Ni12Mo2</td><td>1 040 ℃~1 150 ℃,水冷或其他方式快冷</td><td>≥490</td><td>≥175</td><td>≥40</td><td>≥35</td><td>90</td><td>192</td><td>7.93</td></tr>
</table>

表 2（续）

序号	统一数字代号	牌号	推荐热处理制度	力学性能				硬度		密度 ρ kg/dm³
				抗拉强度 R_m MPa	规定塑性延伸强度 $R_{P0.2}$ MPa	断后伸长率 A %		洛氏 HRB	布氏 HBW	
						纵向	横向	不大于		
5	S32168	06Cr18Ni11Ti	≥1 040 ℃，水冷或其他方式快冷	≥520	≥210	≥40	≥35	90	192	8.03
6	S34778	06Cr18Ni11Nb	≥1 040 ℃，水冷或其他方式快冷	≥520	≥210	≥40	≥35	90	192	8.03

6.4.2 冲击试验

钢管的焊缝和母材应进行横向夏比 V 型缺口冲击试验，冲击试验温度为－196 ℃，冲击吸收能量应符合表 3 的规定。当钢管尺寸不足以截取 10 mm×3.3 mm 的冲击试样时，冲击试验不做要求。

表 3 冲击试验要求

试样尺寸(高度×宽度) mm	三个试样平均冲击吸收能量 J	单个试样最小冲击吸收能量 J	侧膨胀值 mm
10×10	≥60	≥42	≥0.38
10×7.5	≥45	≥31	≥0.38
10×5	≥30	≥21	≥0.38
10×3.3	≥20	≥14	≥0.38

6.4.3 硬度试验

根据需方要求，经供需双方协商，并在合同中注明，对壁厚不小于 1.7 mm 的钢管可做母材洛氏或布氏硬度试验，其平均值应符合表 2 的规定。

6.5 液压试验

6.5.1 钢管应逐根进行液压试验。试验压力按式(2)计算，最大试验压力为 19 MPa。

$$P = 2SR/D \qquad \cdots\cdots(2)$$

式中：

P ——试验压力，单位为兆帕(MPa)，当 $P<7$ MPa 时，修约到最接近的 0.5 MPa，当 $P\geqslant 7$ MPa 时，修约到最接近的 1 MPa；

S ——钢管的公称壁厚，单位为毫米(mm)；

D ——钢管的公称外径，单位为毫米(mm)；

R ——允许应力,单位为兆帕(MPa),按表 3 中规定塑性延伸强度最小值的 50%。

在试验压力下,稳压时间应不少于 10 s,钢管不允许出现渗漏现象。

6.5.2 根据需方要求,经供需双方协商,并在合同中注明,可采用其他试验压力进行液压试验。

6.5.3 根据需方要求,经供需双方协商,并在合同中注明,可用无损探伤代替液压试验。

6.6 焊缝的横向弯曲试验

6.6.1 钢管焊缝应进行横向弯曲试验。弯曲试样应从钢管或焊接试板上截取,焊接试板应与钢管同一材质、同一炉号、同一热处理制度以及同一焊接工艺。对于壁厚不大于 20 mm 的钢管,一组弯曲试验应包括一个正弯试验和一个反弯试验(即钢管内焊缝和外焊缝分别处于最大弯曲表面);对于壁厚大于20 mm的钢管,应取两个全厚度侧弯试样。

6.6.2 弯曲试验时,弯芯直径为试样厚度的 3 倍,弯曲角度为 180°。弯曲后,试样焊缝区域不允许出现裂纹或裂口。

6.7 无损检测

钢管焊缝应按照 GB/T 3323 或 NB/T 47013.2 进行 100%的射线检测,验收等级为Ⅱ级。

6.8 表面质量

6.8.1 钢管的内外表面不允许有裂纹、分层、未熔合、未焊透缺陷。这些缺陷应完全清除,缺陷清除处的实际壁厚应不小于壁厚所允许的最小值。

6.8.2 采用双面焊的钢管,其内外焊缝任一侧的余高应与母材齐平或有不超过 2.0 mm 的均匀余高;采用单面焊的钢管,其外焊缝的余高应与母材圆滑过渡,其内焊缝余高应不超过 15%S,但最大应不超过 2.0 mm。

6.8.3 母材不允许补焊,只允许用打磨方式消除缺陷。

6.9 特殊要求

根据需方要求,经供需双方协商,并在合同中注明,可增加下列检验项目:

a) 铁素体含量检测;

b) 渗透检测;

c) 晶间腐蚀试验。

7 试验方法

7.1 钢管的化学成分分析取样按 GB/T 20066 的规则进行,化学成分分析按 GB/T 223.11、GB/T 223.16、GB/T 223.25、GB/T 223.28、GB/T 223.40、GB/T 223.58、GB/T 223.59、GB/T 223.60、GB/T 223.67、GB/T 223.86、GB/T 11170、GB/T 20123 的规定进行,但仲裁分析时应按 GB/T 223.11、GB/T 223.16、GB/T 223.25、GB/T 223.28、GB/T 223.40、GB/T 223.58、GB/T 223.59、GB/T 223.60、GB/T 223.67、GB/T 223.86 的规定进行。

7.2 钢管的尺寸和外形应采用符合精度要求的量具逐根测量,钢管的外径可采用测量周长后计算。

7.3 钢管的内外表面应在充分照明条件下逐根目视检查或内窥镜检查。

7.4 钢管其他检验项目的试验方法和取样方法应符合表 4 的规定。

表 4 钢管的检验项目、取样数量、取样方法和试验方法

序号	检验项目	取样数量	取样方法	试验方法
1	化学成分	每炉取 1 个试样	GB/T 20066	按 7.1
2	拉伸试验	每批在两根钢管或试板上各取 1 个试样	GB/T 2975	GB/T 228.1
3	硬度试验	每批在两根钢管或试板上各取 1 个试样	GB/T 2975	GB/T 230.1、GB/T 231.1
4	弯曲试验	每批在两根钢管或试板上各取 1 组试样	GB/T 232	GB/T 232
5	液压试验	逐根	—	GB/T 241
6	射线探伤	逐根	—	GB/T 3323、NB/T 47013.2
7	冲击试验	焊缝和母材每批在钢管或试板上各取一组 3 个试样	GB/T 2975	GB/T 229、GB/T 2650
8	铁素体含量检测	协商	协商	GB/T 1954
9	渗透检测	协商	协商	NB/T 47013.5
10	晶间腐蚀试验	每批在两根钢管或试板上各取 1 个试样	GB/T 4334—2008	GB/T 4334—2008 方法 E

8 检验规则

8.1 检查和验收

钢管的检查和验收由供方质量技术监督部门进行。

8.2 组批规则

钢管应按批进行检查和验收。每批应由同一牌号、同一炉号、同一规格、同一焊接工艺和同一热处理制度的钢管组成。每批钢管的数量应不超过如下规定：

a) 外径不大于 610 mm,100 根；

b) 外径大于 610 mm,50 根。

8.3 取样数量

每批钢管各项检验的取样数量应符合表 4 的规定。

8.4 复验与判定规则

钢管的复验与判定规则应符合 GB/T 2102 中的有关规定。

9 包装、标志和质量证明书

钢管的包装、标志和质量证明书应符合 GB/T 2102 的规定。

ICS 23.040
J 74

中华人民共和国国家标准

GB/T 34275—2017

压力管道规范　长输管道

Pressure piping code—Long-distance pipeline

2017-09-07 发布　　2018-04-01 实施

中华人民共和国国家质量监督检验检疫总局
中国国家标准化管理委员会　发布

前　言

本标准按照 GB/T 1.1—2009 给出的规则起草。

本标准由全国锅炉压力容器标准化技术委员会(SAC/TC 262)提出并归口。

本标准起草单位:中国石油天然气管道局、国家质检总局特种设备安全监察局、中国特种设备检测研究院、全国化工设备设计技术中心站、中石化上海工程有限公司。

本标准主要起草人:续理、修长征、孙宇、寿比南、黄正林、许砚新、冯斌、魏国昌、徐进、门建新、古桢、马红昕、蔡暖姝、应道宴、王昊旸、尤子涵。

压力管道规范　长输管道

1　范围

本标准规定了长输(油气)商品介质管道(GA类)建设、投产,在役管道的运行、维修及检验等技术要求。

本标准适用于长输管道建设的设计、材料、安装、无损检测、投产和在役管道的运行、维修及检验。本长输管道系指产地、储存库、用户间的用于输送(油气)商品介质的管道。本标准适用的管道系统范围见图1所示。油气田集输管道符合本标准的相关条件的可执行本标准。

本标准不适用于公用管道(GB类)、工业管道(GC类)、动力管道(GD类);也不适用于其他类型的管道,如电气(电讯)专用的管道、军事装备和核设施的管道、海上设施和矿井的管道、移动设备上的管道、石油、天然气、地热等勘探和采掘装置的管道、城镇的门站后所属的燃气管网。

注:依据TSG D3001《压力管道安装许可规则》GA类为长输(油气)管道,GB类为公用管道,GC类为工业管道,GD类为动力管道。

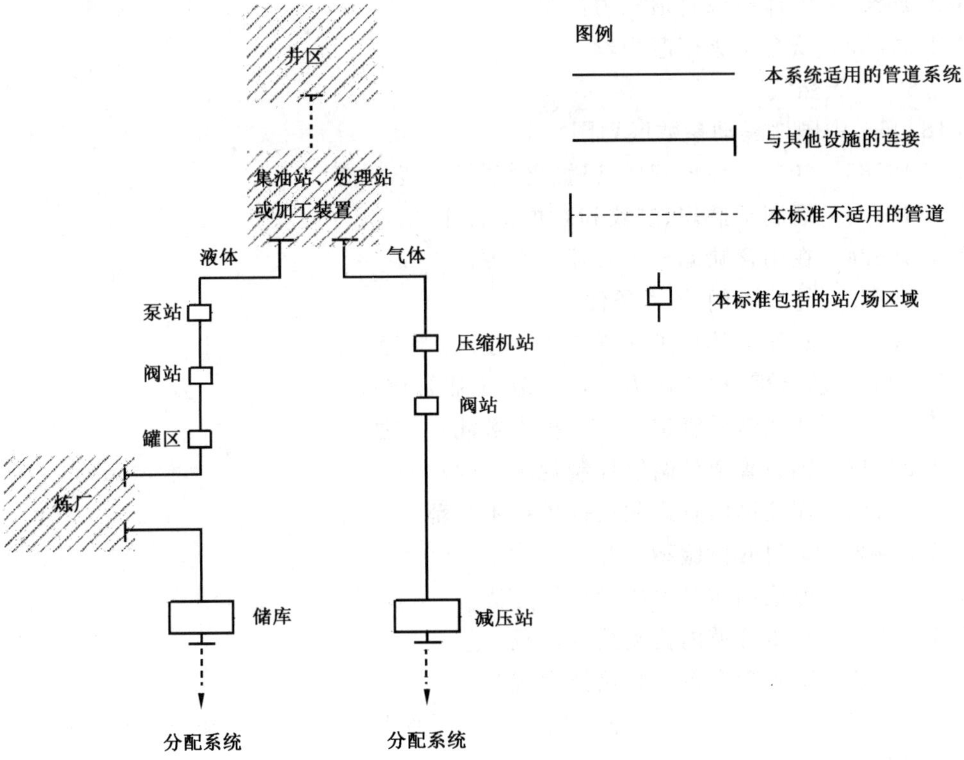

说明:管道系统在与其他设施的连接处和分支处,宜设置一个隔离阀。

图1　本标准适用的管道系统范围

2　规范性引用文件

下列文件对于本文件的应用是必不可少的。凡是注日期的引用文件,仅注日期的版本适用于本文件。凡是不注日期的引用文件，其最新版本(包括所有的修改单)适用于本文件。

GB/T 2887　计算机场地通用规范

GB/T 3620.1　钛及钛合金牌号和化学成分

GB/T 5117　非合金钢及细晶粒钢焊条

GB 6722　爆破安全规程

GB/T 8110　气体保护电弧焊用碳钢、低合金钢焊丝

GB/T 8163　输送流体用无缝钢管

GB 8978　污水综合排放标准

GB/T 9361　计算机场地安全要求

GB/T 9711　石油天然气工业　管线输送系统用钢管

GB 11174　液化石油气

GB/T 12459　钢制对焊无缝管件

GB/T 13401　钢板制对焊管件

GB/T 13402　大直径钢制管法兰

GB/T 14549　电能质量　公用电网谐波

GB/T 16805　液体石油管道压力试验

GB/T 17493　低合金钢药芯焊丝

GB 17820　天然气

GB 18306　中国地震动参数区划图

GB/T 19285—2014　埋地钢质管道腐蚀防护工程检验

GB/T 19326　锻制承插焊、螺纹和对焊支管座

GB/T 19624　在用含缺陷压力容器安全评定

GB/T 19672　管线阀门 技术条件

GB/T 20173　石油天然气工业 管道输送系统 管道阀门

GB/T 20801(所有部分)　压力管道规范 工业管道

GB/T 21246　埋地钢质管道阴极保护参数测量方法

GB/T 21447　钢质管道外腐蚀控制规范

GB/T 21448　埋地钢质管道阴极保护技术规范

GB/T 26480　阀门的检验和试验

GB/T 27512　埋地钢质管道风险评估方法

GB/T 27699　钢质管道内检测技术规范

GB/T 28055　钢质管道带压封堵技术规范

GB/T 29168.1　石油天然气工业　管道输送系统用感应加热弯管、管件和法兰　第1部分:感应加热弯管

GB/T 29168.2　石油天然气工业　管道输送系统用感应加热弯管、管件和法兰　第2部分:管件

GB/T 29168.3　石油天然气工业　管道输送系统用感应加热弯管、管件和法兰　第3部分:法兰

GB/T 30582—2014　基于风险的埋地钢质管道外损伤检验与评价

GB/T 31032　钢质管道焊接及验收
GB 50007　建筑地基基础设计规范
GB 50009　建筑结构荷载规范
GB 50010　混凝土结构设计规范
GB 50016　建筑设计防火规范
GB 50017　钢结构设计规范
GB 50055　通用用电设备配电设计规范
GB 50057　建筑物防雷设计规范
GB 50058　爆炸危险环境电力装置设计规范
GB 50086　岩土锚杆与喷射混凝土支护工程技术规范
GB 50093　自动化仪表工程施工及质量验收规范
GB 50135　高耸结构设计规范
GB 50140　建筑灭火器配置设计规范
GB 50147　电气装置安装工程　高压电器施工及验收规范
GB 50148　电气装置安装工程　电力变压器、油浸电抗器、互感器施工及验收规范
GB 50149　电气装置安装工程　母线装置施工及验收规范
GB 50160　石油化工企业设计防火规范
GB 50168　电气装置安装工程电缆线路施工及验收规范
GB 50169　电气装置安装工程接地装置施工及验收规范
GB 50170　电气装置安装工程旋转电机施工及验收规范
GB 50171　电气装置安装工程　盘、柜及二次回路接线施工及验收规范
GB 50172　电气装置安装工程　蓄电池施工及验收规范
GB 50173　电气装置安装工程 66 kV 及以下架空电力线路施工及验收规范
GB 50183　石油天然气工程设计防火规范
GB 50204　混凝土结构工程施工质量验收规范
GB 50205　钢结构工程施工质量验收规范
GB 50236　现场设备、工业管道焊接工程施工规范
GB 50242　建筑给水排水及采暖工程施工质量验收规范
GB 50243　通风与空调工程施工质量验收规范
GB 50251　输气管道工程设计规范
GB 50253　输油管道工程设计规范
GB 50254　电气装置安装工程　低压电器施工及验收规范
GB 50255　电气装置安装工程　电力变流设备施工及验收规范
GB 50256　电气装置安装工程　起重机电气装置施工及验收规范
GB 50257　电气装置安装工程　爆炸和火灾危险环境电气装置施工及验收规范
GB 50369　油气长输管道工程施工及验收规范
GB 50423　油气输送管道穿越工程设计规范
GB 50424　油气输送管道穿越工程施工规范
GB 50459　油气输送管道跨越工程设计规范

GB 50460　油气输送管道跨越工程施工规范
GB 50461　石油化工静设备安装工程施工质量验收规范
GB 50470　油气输送管道线路工程抗震技术规范
GB/T 50538　埋地钢质管道防腐保温层技术标准
GB/T 50539　油气输送管道工程测量规范
GB 50540　石油天然气站内工艺管道工程施工规范
GB 50568　油气田及管道岩土工程勘察规范
GB/T 50698　埋地钢质管道交流干扰防护技术标准
GB/T 50818　石油天然气管道工程全自动超声波检测技术规范
GB 50991　埋地钢质管道直流干扰防护技术标准
JTG D62　公路钢筋混凝土及预应力混凝土桥涵设计规范
JGJ 94　建筑桩基技术规范
JB/T 1308.2　PN2500 超高压阀门和管件　第 2 部分:阀门、管件和紧固件
JB 4732　钢制压力容器分析设计标准
NB/T 47008 承压设备用碳素钢和合金钢锻件
NB/T 47013.1～47013.6　承压设备无损检测
SH/T 3542　石油化工静设备安装工程施工技术规程
SY/T 0087.1—2006　钢制管道及储罐腐蚀评价标准　埋地钢质管道外腐蚀直接评价
SY/T 0095　埋地镁牺牲阳极试样试验室评价的试验方法
SY/T 0403　输油泵组安装技术规范
SY/T 0404　加热炉工程施工及验收规范
SY/T 0460　天然气净化装置设备与管道安装工程施工技术规范
SY/T 0510　钢制对焊管件规范
SY/T 0516　绝缘接头与绝缘法兰技术规范
SY/T 0524　导热油加热炉系统规范
SY/T 0538　管式加热炉规范
SY/T 0609　优质钢制对焊管件规范
SY/T 4108　输油(气)管道同沟敷设光缆(硅芯管)设计及施工规范
SY/T 4109　石油天然气钢质管道无损检测
SY/T 4111　天然气压缩机(组)安装工程施工技术规范
SY 4203　石油天然气建设工程施工质量验收规范　站内工艺管道工程
SY 4207　石油天然气建设工程施工质量验收规范　管道穿跨越工程
SY 4208　石油天然气建设工程施工质量验收规范　输油输气管道线路工程
SY/T 5262　火筒式加热炉规范
SY/T 5767　原油管道添加降凝剂输送技术规范
SY/T 6793　油气输送管道线路工程水工保护设计规范
SY/T 6884　油气管道穿越工程竖井设计规范
SY 7513　出矿原油技术条件
TSG Z6002　特种设备焊接操作人员考核细则

TSG D7003　压力管道定期检验规则　长输(油气)管道

ASME B31.8　输气和配气管道系统(Gas transmission and distribution piping systems)

3　术语和定义

下列术语和定义适用于本文件。

3.1

长输管道　long-distance pipeline

产地、储存库、用户间的用于输送(油气)商品介质的管道。

3.2

(油气)商品介质　oil and gas

符合国家相关标准要求的原油、成品油、天然气和液化石油气。

3.3

公称压力(*PN*)　nominal pressure

由字母 *PN* 和无因次整数数字组合的压力标记,代表管道组成件的允许的压力等级。

3.4

公称尺寸(*DN*)　nominal diameter

由字母 *DN* 和无因次整数数字组合的尺寸标识,这个数字与端部连接件的孔径和外径等特征尺寸直接相关(以 mm 计)。

3.5

弹性敷设　pipe laying with elastic bending

管道在外力或自重作用下产生弹性弯曲变形,利用这种变形进行管道敷设的一种方式。

3.6

水露点　water dew point

气体在一定压力下析出第一滴水时的温度。

3.7

烃露点　hydrocarbon dew point

气体在一定压力下析出第一滴液态烃时的温度。

3.8

冷弯管　cold bends

在不加热条件下,用模具(或夹具)将直管弯制成需要角度的弯管。

3.9

热煨弯管　hot bends

在加热条件下,在夹具上将直管弯曲成需要角度的弯管。

3.10

弯头　elbow

曲率半径小于 4 倍公称直径的弯曲管段。

3.11

管道　piping

由管道组成件和管道支撑件组成,用于输送、分配、混合、分离、排放、计量、控制或制止流体流动的钢管、管件、法兰、螺栓连接、垫片、阀门和其他组成件或受压部件的装配总成。

3.12

管道组成件 piping components

用于连接或装配成压力密封的管道系统机械元件,包括钢管、管件、法兰、垫片、紧固件、阀门、安全保护设施以及诸如膨胀节、挠性接头、耐压软管、过滤器、管路中的仪表(如孔板)和分离器等。

3.13

管件 pipe fittings

弯头、弯管、三通、异径接头和管封头等管道上各种异形连接件的统称。

3.14

管道附件 pipe auxiliaries

管件、法兰、阀门及其组合件,绝缘法兰、绝缘接头等管道专用部件的统称。

3.15

固定件 pipe supporting fixtures

将输送管或结构附件的载荷传递给支承构筑物或支承设备的各种零件,包括悬吊类固定件,如吊杆、弹簧吊、竖向支撑、平衡块、紧线螺丝、支撑杆、链条、导向支座和锚固件等;支承类固定件,如鞍形支座底座、滚筒、托架、滑动支座、限位支座、固定支座等;

3.16

结构附件 pipe supporting structural attachments

焊接在、栓接在或夹持在输送管上的零件,例如管夹、吊耳、吊环、卡箍、U形夹、箍带及裙座等。

3.17

管架 pipe support

支承管道的构筑物,管道通过支承固定件、结构附件将荷重和推力传递到管架上。管架由钢结构或钢筋混凝土结构的立柱、横梁或框架所构成,独立固定在基础上,也可固定在设备上或墙上。按类型分有:独柱式、双柱式和悬臂式等。

3.18

绝缘接头 insulating joint

对同时具有埋地钢质管道要求的密封性能和电法腐蚀防护工程要求的电绝缘性能接头的统称,它包括上、下导管,套筒、绝缘件、密封件、绝缘涂层。在绝缘接头的上、下导管对接端面间,夹有绝缘件和密封件,形成具有绝缘性能的双密封结构,套筒采用坡口焊接或与上导管直接焊接两种形式,将绝缘件和上、下导管牢固封裹在里面,保证了良好的绝缘效果和承压能力。

3.19

快开盲板 fast opening blind

用于压力管道的圆形开口上并能实现快速开启和关闭的一种机械装置。

3.20

橇装设备 prytopach equipment

将机泵和工艺管道等在工厂组装到钢质底座,整体拉运到现场、直接安装在基础的成套设备。

3.21

管道单元　pipe cell

采用预制的方法,将管道、管道附件按照设计的要求进行部分组装而成的单元。

3.22

输油泵机组　oil pump set

输送原油、成品油的泵组及驱动系统、润滑油系统、电气仪表系统等以及钢结构的总称。

3.23

压缩机机组　air-compress set

压缩介质为气体的压缩机及其驱动系统、冷却系统、润滑油系统、电气仪表系统以及钢结构的总称。

3.24

压力试验　pressure test

以液态或气体作为介质,对管道逐步加压,达到规定的压力,以检验管道运行安全性和严密性的试验。

3.25

干空气　dry air

在一定压力和温度条件下的空气,即露点低于－40 ℃的空气。

3.26

干空气干燥法　dry air drying

通过持续地向管道内注入干空气进行清扫,使残留在管道内的水分蒸发,并将蒸发后的湿空气置换出管道外,从而达到管道干燥目的的施工方法。

3.27

真空干燥法　vacuum drying

水的沸点随压力的降低而降低,在压力很低的情况下,水可以在很低的温度下沸腾汽化。利用这一原理,在控制条件下用真空泵不断地抽取管道内的气体,降低管道中的压力直至达到管壁温度下水的饱和蒸汽压,此时残留在管道内壁上的水沸腾而迅速汽化,汽化后的水蒸气随后被真空泵抽出的施工方法。

3.28

液氮干燥法　liquefied nitrogen drying

液氮经汽化器汽化,加热器加热后以不低于 50 ℃的温度进入管道进行低压间断性清扫,管道内的水分与干燥氮气混合后被带出管道,从而达到管道干燥目的的施工方法。

3.29

单线图　isometric diagram

将每条管道按照轴侧投影的绘制方法,画成以单线表示的管道空视图。

3.30

预焊接工艺规程　preliminary welding procedure specification

按照工程设计要求,根据焊接试验结果或其他类似工程经验,由焊接试验单位编制的用于焊接工艺评定的焊接工艺指导性文件。

3.31

焊接工艺评定 welding procedure qualification

在工程焊接前，为验证所拟定的焊件焊接工艺的正确性而进行的试验过程及结果评价。在本标准中，焊接工艺评定是指为使焊接接头的力学性能、弯曲性能或堆焊层的化学成分符合规定对预焊接工艺进行验证性试验和结果评价的过程。

3.32

焊接工艺规程 welding procedure specification

根据评定合格的焊接工艺编制的用于工程施工的一整套详细的焊接技术规定和程序。

3.33

根焊 root bead

为管与管，管与管件，管件与管件之间焊接时的第一层焊道。

3.34

热焊 hot bead

为了防止根部冷裂纹或根部烧穿，而在根焊完成后立即进行的第二层焊道。

3.35

填充焊 filler bead

在根焊或热焊完成后，盖面焊之前的焊道。

3.36

盖面焊 cap bead

最外面一层的成型焊道。

3.37

多道焊(排焊) multi-pass welding

熔敷两条或两条以上的焊道而完成一层焊缝所进行的焊接。

3.38

焊接缺陷 weld defect

在焊接接头与母材中，无损检测标准不允许存在的不连续部位。

3.39

焊接缺欠 weld imperfection

在焊接接头与母材中，无损检测标准允许存在的不连续部位。

3.40

修补 patching

对发现的表面非裂纹缺陷进行的修复。

3.41

返修焊 repair welding

对发现的表面裂纹缺陷及经无损检测发现的缺陷进行的修补焊接。

3.42

死口 set welding line

管道线路焊接施工中，两个管端在组对时，只能在二维平面进行调整，轴向位置不能调整，焊接后参加试压的焊口。

3.43

金口　set welding line nonattendance pressure test

管道线路焊接施工中,两个管端在组对时,只能在二维平面进行调整,轴向位置不能调整,焊接后只进行无损检测,不参加试压的焊口。

3.44

投产　commissioning

与管道系统最初充装管输流体有关的活动。

3.45

在役管道　in-service pipeline

已经投产输送流体的管道。

3.46

自动化仪表(SCADA)系统　supervisory control and data acquisition

数据采集与监视控制系统,无论规模大小都由三部分组成:位于调度控制中心的主端调度装置(MTU)、位于各站场的远程终端装置(RTU)和连接它们的通信系统。使用SCADA系统可对指定设施提供连续监测,并从控制中心对这些设施进行操作控制。

3.47

A型套袖　type A sleeve

由放置在管道损伤部位的两个半圆的柱状管或两片适当弯曲的钢板,并经侧缝焊接组合成。用作管道损伤部位的加强件,不用焊接可直接安装在管道上。

3.48

B型套袖　type B sleeve

由放置在管道损伤部位的两个半圆的柱状管或两片适当弯曲的钢板,并经侧缝焊接组合成。其末端应与管道进行焊接,套袖侧缝宜采用对接焊接方式。

3.49

动火　hotwork

在油气、易燃易爆危险区域内和油气容器、管线、设备或盛装易燃易爆物品的容器上,使用焊接,割等工具,能直接和间接产生明火的施工作业。

3.50

置换　displacement

用清水、蒸汽、氮气或其他惰性气体将作业管道、设备内部可燃气体替换出来的一种方法。

3.51

金属损失　metal-loss features

因金属消失导致的管道壁厚减薄。金属损失通常是由于腐蚀、机械损伤及管材缺陷造成的。

3.52

管道内检测(ILI)　in-line inspection

利用在管道内运行的可实时采集并记录管道信息的检测器所完成的检测。

3.53

几何变形检测　geometry inspection

以检测管道的几何变形情况为目的所实施的管道内检测。

3.54

金属损失检测　metal loss inspection

以检测管壁金属损失为目的所实施的管道内检测。

3.55

管道特征　pipeline feature

管道上存在的管壁金属损失、凹陷、椭圆度变形、管道附属设施及制造缺陷等。

3.56

标定　calibrate

对检测设备的力学性能和检测性能进行测试与调整。

3.57

设标　marking

为实现对检测出的管道特征精确定位而设置地面测量标记点的工作。

3.58

清管　pigging

使用可在管道内独立运行的设备,清理管道内杂质、积垢及凝蜡的工作。

3.59

测径板　gauge plate

用于初步测量管径变化的,可产生不可恢复变形的软质金属盘。

3.60

检测概率(POD)　probability of detection

检测器检测出管道特征的概率。

3.61

可信度(Conf.)　confidence

检验报告数据与管道实际情况的符合程度。

3.62

验证　verification

对检测结果进行复核的方式。

3.63

腐蚀活性点　corrosion activity

腐蚀正在进行,并以一定速率发展的部位,该发展速率足以导致管道在设计寿命内的承压能力降低。

3.64

防腐层缺陷　coating fault

防腐层上所有的异常,包括剥离区和漏点等。

3.65

漏点　holiday

防腐层不连续处(孔),使管体表面暴露于环境中。

3.66

密间距电位测量法　close-interval potential survey;CIPS

沿着管顶地表,以密间隔(1 m～3 m)移动参比电极测量管地电位的方法。

3.67

直流电位梯度　direct-current voltage gradient;DCVG

通过沿管道或环绕管道的由防腐层破损点漏泄的直流电流所产生的土壤中直流电压梯度的变化,来确定防腐层缺陷位置、大小以及表征腐蚀活性的地表测量方法。

3.68

交流电位梯度　alternating current voltage gradient;ACVG

通过沿管道或环绕管道的由防腐层破损点漏泄的交流电流所产生的土壤中交流电压梯度变化,来确定防腐层缺陷位置的地表测量方法。

3.69

管地电位　the pipe-to-soil potential

管道与其相邻电解质(土壤)的电位差。

3.70

断电电位　off potential

断电瞬间测得的构筑物对电解质(土壤)电位。

3.71

交流电流衰减法　alternating current attenuation survey

在现场应用电磁感应原理,采用专用仪器测量管内信号产生的电磁辐射,通过测量出的信号电流衰减变化,来评价管道防腐层总体情况的地表测量方法。收集到的数据可能包括管道位置、埋深、异常位置和异常类型。

4　材料

4.1　一般规定

4.1.1　按本标准建造的油气管道系统,所有作为永久性组成部分的材料,在规定的使用条件下,应适用、安全。所有这些材料应遵守有关技术条件、标准和本标准的要求。

4.1.2　按本标准制造的钢管或管件等适用于输送原油、成品油。输油管道输送原油的质量应符合SY 7513的规定,输气管道输送天然气的质量应符合 GB 17820 的规定,输送液态液化石油气的质量应符合 GB 11174 的规定,输送成品油的质量应符合国家现行产品标准。不适用于输送酸性天然气或其他腐蚀性介质的管道,也不包括基于应变设计地区使用的抗大变形钢管。

4.1.3　油气管道设计应根据具体条件(包括制造/制作、安装、介质、工况、工作环境和试验等)以及材料使用要求,选用合适的管道组成件材料。

4.1.4　油气管道组成件以及其他结构、元件的材质,应根据设计压力、温度和储运介质的物理化学性质等因素,经技术、经济综合比较分析后确定。

4.1.5　管道组成件应当逐件采用标志进行标记,标志内容一般包括制造单位代号或商标、许可标志、材料(牌号或强度等级、规格、炉批号)、产品编号等。产品规格较小,无法标记全部内容时,可采用标签或按照相关要求省略部分内容。产品标志应当能够追溯到产品质量证明文件。

4.1.6　油气管道所用材料、管道附件和设备的材质、规格和型号应符合设计要求,所有压力管道元件制造产品应具有压力管道元件制造的许可,其质量性能应符合本标准所列标准最新版本的规定,并具备产品质量证明文件,以及材质使用说明书,进口物资应有商检报告。实行监督检验的管道组成件，还应提供特种设备检验检测机构出具的监督检验证书。质量证明文件除包括产品合格证外，一般还应包括以下内容：

a) 材料化学成分；

b) 材料及焊接接头力学性能；

c) 热处理状态；

d) 无损检测结果；

e) 压力试验结果(适用于有关安全技术规范及其相应标准或者合同有规定的)；

f) 型式试验结果(适用于有型式试验要求的)；

g) 产品标准或用户规定的其他检验项目。

4.1.7 油气管道工程所用的材料、管道附件、设备在使用前，应核对其规格、材质、型号，并应进行外观检查。

4.1.8 对材料有复检要求或对材料的质量有疑问时，应按照相关规范的规定对材料进行复检。牌号及质量性能不明的材料不应用于管道(承压)组成件，不合格的材料、管道附件、设备不应安装使用。

4.2 基本要求

4.2.1 油气管道用钢应采用镇静钢，采用吹氧转炉工艺或电炉冶炼工艺冶炼，经协议，也可采用其他相当的炼钢工艺。

4.2.2 油气管道组成件用材料应有足够的强度、塑性和韧性，在最低使用温度下应具备足够的抗脆断能力。

4.2.3 油气管道组成件用材料应具有足够的稳定性，包括化学性能、力学性能、耐蚀和耐磨性能、抗疲劳性能等。

4.2.4 油气管道组成件用材料应适合相应的制造、制作和安装，包括焊接、冷热加工与热处理以及焊接性等方面的要求。

4.2.5 油气管道组成件所使用的焊接材料(焊条、焊丝、焊剂、保护气体等)应符合设计要求，其性能应与母体材料保持良好的强度与韧性匹配；应进行焊接材料与焊接方法相适应的焊接工艺评定。并根据合格的焊接工艺评定编制焊接工艺规程。

4.2.6 油气管道组成件用焊接材料的质量和检验要求应符合 GB/T 5117、GB/T 8110 和 GB/T 17493 等相关标准的规定。对不同生产厂家、不同规格、型号的焊接材料应按照批次、批号分别进行检查。

4.2.7 当管道组成件采用几种不同的材料组合使用时，应考虑可能产生的不利影响。

4.2.8 管道组成件的外观应完好无损伤，不应有毛刺、划痕、砂眼及气孔等超标缺陷。

4.2.9 管道组成件的尺寸偏差应符合现行国家或行业标准的有关规定。

4.2.10 管道元件用材料及其制造、安装(含现场制作)的技术要求和使用条件不符合本标准规定时，应当在学习借鉴和实验研究的基础上，将所做试验的依据、条件、数据、结果和第三方的检验报告及其他有关的技术资料报省级质量技术监督部门审核，国家质量监督检验检疫总局(以下简称国家质检总局)批准后，方可进行试制、试用。

4.2.11 管道组成件及管道支承固定件、结构附件在施工过程中应妥善保管，不应混淆或损坏，其色标或标记应明显清晰。防腐后，应对材料表面的标记进行移植。

4.3 线路用钢管及管件

4.3.1 线路用钢管

4.3.1.1 天然气管道线路用钢管产品等级应为 GB/T 9711 PSL2 级,原油和成品油管道线路用钢管产品等级宜选 GB/T 9711 PSL2 级,其钢管钢级包括 GB/T 9711 中的 L290/X42～L555/X80 钢级。选用钢管产品的质量性能应符合本标准与 GB/T 9711 的规定。

4.3.1.2 油气管道线路用钢管应综合考虑管道直径、壁厚、制造技术成熟度、使用要求及经济适用性,选择合适的高频焊(HFW)、螺旋缝埋弧焊(SAWH)和直缝埋弧焊(SAWL)(包括 UOE、JCOE、RBE 成形等)3 种类型的钢管。不同管型钢管的规格范围见表 1。

4.3.1.3 为了区别管线的重要程度,根据设计压力、管径将输送原油、成品油和天然气管道划分为不同级别,见表 2,并根据不同级别提出钢管的性能和检验的不同要求。

4.3.1.4 用于生产螺旋缝埋弧焊钢管的板卷的宽度不得小于钢管外径的 1.0 倍,也不得大于钢管外径的 2.5 倍。钢板或板卷不应含有任何补焊焊缝,制管过程中也不允许进行补焊。

4.3.1.5 对于不同等级的油气管道用钢,其炼制工艺与夹杂物等的控制要求见表 3。对于 L485/X70、L555/X80 钢级管线钢,其显微组织应为针状铁素体型。

4.3.1.6 对于壁厚不大于 25.0 mm 的钢管,其化学成分应符合表 4 的要求。对于壁厚大于 25.0 mm 的钢管,其化学成分可参考表 4 的要求,也可协商确定。

表 1 不同管型钢管的推荐规格范围

种类	钢级及钢种		尺寸范围 mm				
			管径	最大壁厚		管长	
				常用	理论	常用	最大
HFW	碳钢及低合金钢	L290/X42～L555/X80	219.1～610	13	19	12 000	18 000
SAWL	碳钢及低合金钢	L290/X42～L555/X80	508～1 219	28	40	12 000	18 000
SAWH	碳钢及低合金钢	L290/X42～L555/X80	355.6～1 219	20	25	12 000	18 000

表 2 油气输送管道级别的划分

管道类型	设计压力 MPa	管径/mm		
		＜508	508～914	914～1422
原油管道	＜6.3	1	1	2
	≥6.3	1	2	3
成品油管道	＜6.3	1	2	3
	≥6.3	2	3	4
天然气管道	＜6.3	1	2	3
	6.3～8	2	3	4
	＞8	3	4	5

表 3 油气管道用钢技术要求

管道种类	技术要求
1、2、3 级输气管道	(1)制管用的钢材应采用吹氧碱性转炉工艺或电炉工艺冶炼。钢应为细晶粒的镇静钢,晶粒尺寸应为 ASTM E112(或 GB/T 4335)No.7 级或更细; (2)对于 3 级输气管道用钢管,钢中 A、B、C、D 类非金属夹杂物级别均不应大于 2 级; (3)带状组织应不大于 3 级
4、5 级输气管道	(1)制管用的钢材须为吹氧转炉或电炉冶炼并经真空脱气、钙和微钛处理的细晶粒(X70 及以上钢级 No.10 级或更细,X70 以下钢级 No.8 级或更细)纯净镇静钢; (2)制管用钢板须用热机械控轧工艺(TMCP)生产; (3)钢中 A、B、C、D 类非金属夹杂物级别均不应大于 2 级; (4)带状组织应不大于 3 级
3 级原油管道 3、4 级成品油管道	(1)制管用的钢材应采用吹氧碱性转炉工艺或电炉工艺冶炼。钢应为细晶粒的镇静钢,晶粒尺寸应为 ASTM E112(或 GB/T 4335)No.7 级或更细; (2)制管用钢板宜采用热机械控轧工艺(TMCP)生产; (3)钢中 A、B、C、D 类非金属夹杂物级别均不应大于 2.5 级; (4)带状组织应不大于 3 级

表 4 壁厚不大于 25.0 mm 钢管的化学成分

钢号	根据熔炼分析和产品分析的最大质量分数 %									最大碳当量[a] %	
	C[b]	Si	Mn[b]	P	S	V	Nb	Ti	其他[i]	CE_{IIW}	CE_{Pcm}
焊接钢管											
L290 或 X42	0.22	0.45	1.30	0.025	0.015	0.05	0.05	0.04	[d]	0.43	0.25
L360 或 X52	0.22	0.45	1.40	0.025	0.015	[c]	[c]	[c]	[d]	0.43	0.25
L390 或 X56	0.22	0.45	1.40	0.025	0.015	[c]	[c]	[c]	[d]	0.43	0.25
L415 或 X60	0.12[e]	0.45[e]	1.60[e]	0.025	0.015	[f]	[f]	[f]	[g]	0.43	0.25
L450 或 X65	0.12[e]	0.45[e]	1.60[e]	0.025	0.015	[f]	[f]	[f]	[g]	0.43	0.25
L485 或 X70	0.12[e]	0.45[e]	1.70[e]	0.025	0.015	[f]	[f]	[f]	[g]	0.43	0.25
L555 或 X80	0.12[e]	0.45[e]	1.85[e]	0.025	0.015	[f]	[f]	[f]	[h]	0.43[e]	0.25

[a] 根据产品分析。如果碳的质量分数大于 0.12%,则 CE_{IIW} 极限适用;如果碳的质量分数小于或等于 0.12%,则 CE_{Pcm} 极限适用。

[b] 碳含量比规定最大质量分数每降低 0.01%,则允许锰含量比规定最大质量分数增加 0.05%,但对于大于或等于 L290 或 X42 小于或等于 L360 或 X52 的钢级,最大值不应超过 1.65%;对于大于 L360 或 X52 小于 L485 或 X70 的钢级,最大值不应超过 1.75%;对于大于或等于 L485 或 X70 钢级小于或等于 L555 或 X80 的钢级,最大值不应超过 2.00%。

[c] 铌、钒和钛的总含量不应超过 0.15%。

[d] 除非另有规定,铜的最大含量为 0.50%,镍的最大含量为 0.30%,铬的最大含量为 0.30%,钼的最大含量为0.15%。对于 L360/X52 及以下钢级,不应有意加入铜、铬和镍。

[e] 除非另有协议。

[f] 除非另有协议,铌、钒和钛的总含量不应超过 0.15%。

[g] 除非另有规定,铜的最大含量为 0.50%,镍的最大含量为 0.50%,铬的最大含量为 0.50%,钼的最大含量为 0.50%。

[h] 除非另有规定,铜的最大含量为 0.50%,镍的最大含量为 1.00%,铬的最大含量为 0.50%,钼的最大含量为 0.50%。

[i] 除非另有规定,不得有意加入 B,残留 B 含量应≤0.001%。

4.3.1.7 应根据钢管的不同使用环境,对钢管进行冷扩径。机械扩径过程中,应采用适当的措施,防止内扩径装置与焊缝相接触。不同介质与不同制造型式的钢管扩径应满足下列的要求:

a) 对于3级原油管道和3级、4级成品油管道用直缝埋弧焊管,应采用全长冷扩径,扩径率不大于1.5%。

b) 对于天然气管道用直缝埋弧焊管,应采用全长冷扩径,冷扩径技术要求见表5。

c) 管径不小于711 mm螺旋埋弧焊管管端150 mm范围内宜进行冷扩径,扩径率不大于0.6%。

表5 钢管冷扩径技术要求

钢管种类	技术要求
埋弧焊(SAW)	直缝埋弧焊钢管应全长扩径。扩径量范围为0.4%~1.4%。即: $$0.4\% \leqslant \frac{\text{扩径后外径}-\text{扩径前外径}}{\text{扩径前外径}} \times 100\% \leqslant 1.4\%$$ 管径不小于711 mm螺旋缝埋弧焊管管端150 mm范围内宜冷扩径;管端扩径量范围为0%~0.6%
高频焊(HFW)	可采用扩径或减径的方法将钢管定径至最终尺寸。定径比S_r不超过1.5%,即: $$\frac{\lvert\text{定径后外径}-\text{定径前外径}\rvert}{\text{钢管规定外径}} \times 100\% \leqslant 1.5\%$$

4.3.1.8 应对每根钢管进行静水压试验,试验过程中整个焊缝或管体无泄漏,试验后无形状的变化和管壁凸起。试验压力应按GB/T 9711的有关规定确定。D小于或等于457 mm的钢管,试验压力下的保持时间应不小于5 s;D大于457 mm小于或等于914 mm的钢管,试验压力下的保持时间应不小于10 s;D大于914 mm小于或等于1 422 mm的钢管,试验压力下的保持时间应不小于15 s。当环向应力达到规定最小屈服强度的95%时,试验压力保持时间应不小于15 s。

4.3.1.9 应从钢管上截取样品进行拉伸试验、弯曲试验和压扁试验等力学性能试验,钢管的拉伸性能应符合表6对相应钢级的要求。试验方法应符合GB/T 9711或设计的相关规定。

表6 钢管的拉伸性能要求

钢级	管体						焊接接头
	屈服强度 $R_{t0.5}$/MPa		抗拉强度[a] R_m/MPa		最大屈强比 $R_{t0.5}/R_m$	标距长度为50 mm的最小伸长率 $A_{f,min}$/%	最小抗拉强度 R_m/MPa
	最小	最大	最小	最大			
L290N或X42N L290Q或X42Q L290M或X42M	290	495	415	760	0.93	[a]	415
L360N或X52N L360Q或X52Q L360M或X52M	360	530	460	760	0.93	[a]	460

表 6 钢管的拉伸性能要求(续)

钢级	管体						焊接接头
	屈服强度 $R_{t0.5}$/MPa		抗拉强度[a] R_m/MPa		最大屈强比 $R_{t0.5}/R_m$	标距长度为 50 mm 的最小伸长率 $A_{f,min}$/%	最小抗拉强度 R_m/MPa
	最小	最大	最小	最大			
L390N 或 X56N L390Q 或 X56Q L390M 或 X56M	390	545	490	760	0.93	a	490
L415N 或 X60N L415Q 或 X60Q L415M 或 X60M	415	565	520	760	0.93	a	520
L450Q 或 X65Q L450M 或 X65M	450	600	535	760	0.93	a	535
L485Q 或 X70Q L485M 或 X70M	485	635	570	760	0.93	a	570
L555Q 或 X80Q L555M 或 X80M	555	705	625	825	0.93	a	625

[a] 规定最小伸长率 $A_{f,min}$ 应按下式计算确定:

$$A_{f,min}=C\frac{A_{xc}^{0.2}}{U^{0.9}}$$

式中:

C ——采用国际单位制为 1 940;

A_{xc} ——适用的拉伸试样横截面积,单位为平方毫米(mm^2),按下列方法确定:

1) 对于圆棒试样,直径为 12.5 mm 和 8.9 mm 的试样为 130 mm^2;直径为 6.4 mm 的试样为 65 mm^2;

2) 对于全截面试样,取 a)485 mm^2 和 b)采用钢管规定外径和规定壁厚计算的试样横截面积两者中的较小者,圆整到最接近的 10 mm^2;

3) 对于条形试样,取 a)485 mm^2 和 b)采用试样规定宽度和钢管规定壁厚计算的试样横截面积两者中的较小者,圆整到最接近的 10 mm^2;

U ——规定最小抗拉强度,单位为兆帕(MPa)。

4.3.1.10 应从钢管上截取样品进行 CVN 冲击试验、DWTT 试验拉伸试验。对于天然气输送管道,应对管体提出防止裂纹长程扩展的止裂韧性要求;对于焊缝、热影响区则提出防止启裂的韧性要求。天然气管道防止长程裂纹扩展的止裂韧性冲击功值要求应按表 7 所述的方法来确定,必要时应对要求值进行修正:

a) 对于 3 级及以下级别天然气管道用钢管的焊缝和热影响区,3 个试样夏比冲击功平均最小值 40 J,单个试样最小值为 30 J。

b) 对于4级天然气管道用钢管的焊缝和热影响区,3个试样夏比冲击功平均最小值为60 J,单个试样最小值为45 J。

c) 对于5级天然气管道用钢管的焊缝和热影响区,3个试样夏比冲击功平均最小值为80 J,单个试样最小值为60 J。试验温度与管体试验温度相同。

d) 对于原油与成品油管道,钢管与焊缝及热影响区的CVN冲击值应符合表8对相应钢级的要求。

e) 油气管道用钢管管体CVN冲击试验断口剪切面积应符合表9的要求。

f) 对于埋地天然气管道,钢管CVN冲击试验温度为−5 ℃。对于埋地原油管道和成品油管道,钢管夏比冲击试验温度为0 ℃。如果管道钢管的最低设计温度低于0 ℃,可在最低设计温度下进行试验。

g) 对于钢级不低于X52,管径在508 mm～1 422 mm之间的钢管,应进行落锤撕裂试验。落锤撕裂试验(DWTT)的剪切面积要求和试验温度如表10所示。

表7 确定陆上埋地输气管线用钢管延性断裂止裂CVN夏比冲击功值的方法

序号	方 法	来 源	内 容	适用范围
1	方法一	Battelle简化公式	$K_V = C_3 \times \sigma_h^2 \times \left(\frac{Dt}{2}\right)^{1/3}$ 式中: C_3——采用国际单位制时为3.57×10^{-5}; σ_h——设计环向应力,单位为兆帕(MPa); D——钢管外径,单位为毫米(mm); t——钢管壁厚,单位为毫米(mm)	钢级≤X80,输送压力≤7.0 MPa,40<D/t<115,单相气体
2	方法二	Battelle双曲线法	依据Battelle双曲线法,将断裂速度曲线和钢管韧性或阻力曲线相匹配而成。当两曲线相切时,定义为止裂所需的最小断裂韧性值。如果通过本方法计算的全尺寸冲击功大于100 J,则需对止裂韧性进行修正。修正时应获取专家的建议	钢级≤X80,输送压力≤12.0 MPa,40<D/t<115,单相或富气
3	方法三	全尺寸爆破试验	依据全尺寸爆破试验,对特定设计和输送流体的管线止裂韧性进行验证。典型做法是,一定范围的钢管韧性值设置在爆破试验段,随着距启裂源距离的增大,试验段两侧钢管韧性值随之增加。依据钢管发生止裂时的实际CVN冲击功确定止裂所需CVN冲击功	

表 8 原油和成品油钢管夏比 V 型缺口冲击功要求

规定外径 D/mm	全尺寸 3 个试样的最低平均值 K_V/J				
	管体				焊缝和 HAZ
	≤L415/X60	>L415/X60 ≤L450/X65	>L450/X65 ≤L485/X70	>L485/X70 ≤L555/X80	
≤508	27	27	27	40	27
>508~≤762	27	27	27	40	27
>762~≤914	40	40	40	40	27
>914~≤1 219	40	40	40	40	27

表 9 冲击试验断口剪切面积要求

管道级别	CVN 最小剪切面积百分比/(SA%)		试验温度[a]
	3 个试样平均值	单个值	
原油、成品油和输气管道	85	70	按 4.3.1.11

[a] 对于非埋地管道,根据购方规定或设计进行。

表 10 落锤撕裂试验要求

管 道 级 别	DWTT 最小剪切面积百分比/(SA%)		试验温度[a]
	2 个试样平均值	单个值	
1 级 原油、成品油和天然气管道	60	40	0 ℃
2 级、3 级 原油和成品油和天然气管道	80	60	
4 级成品油管道和 4 级、5 级天然气管道	85	70	

[a] 如果管道钢管的最低设计温度低于 0 ℃,可在最低设计温度下进行试验。

[b] 壁厚超过 25.4 mm 的钢管,由购方和制造商双方另行协商确定。

4.3.1.11 对于 HFW 钢管,应做压扁试验。其试验结果应符合下列要求:

a) 对于壁厚大于或等于 12.7 mm、钢级大于或等于 L415/X60 的钢管,板间距离达到钢管原始外径的 66%时,焊缝应不出现开裂。对于钢管钢级和规定壁厚的所有其他组合,板间距离达到钢管原始外径的 50%时,焊缝应不出现开裂。

b) 对于直径与壁厚比值大于 10 的钢管,板间距离达到钢管原始外径的 33%时,除焊缝之外的金属不应出现裂纹或断裂。

c) 对所有钢管,继续压扁,直到钢管的管壁贴合为止,在整个压扁试验过程中,不得出现分层或过烧金属的迹象。

4.3.1.12 所有规格的埋弧焊钢管焊缝应进行导向弯曲试验。试验过程中试样边缘出现的裂纹,只要其长度不超过 6.4 mm,应视为试验合格;如试样出现其下列任一种状况时,应视为试验不合格:

a) 完全断裂；

b) 在焊缝金属处出现任何长度大于 3.2 mm 的裂纹或断裂，无论深度如何；

c) 在母材金属、热影响区或熔合线处出现任何长度大于 3.2 mm、深度大于规定壁厚的 12.5%的裂纹或断裂。

4.3.1.13 为了控制钢管的残余应力，可采用切环法对残余应力进行检测。选取长度为 200 mm 左右的管段，在距焊缝 100 mm 处沿钢管纵向切开，然后测量管段周向张开量(切口张开间距)。不同运行压力、不同管径情况下钢管切口张开间距应满足表 11 要求。

表 11 切口张开量要求

运行压力 MPa	最大切口张开量/mm 管径/mm	
	323.9～762	>762
<6.3	80	100
6.3～8	80	100
>8	80	90

4.3.1.14 油气输送用钢管的检验，应按制管标准检查钢管的外径、壁厚、圆度等钢管尺寸偏差，尺寸偏差应符合表 12 要求，设计或购方有特殊要求时，按照订货要求执行。钢管表面不应有裂纹、结疤、折叠以及其他深度超过公称壁厚偏差的缺陷。钢管如有凿痕、槽痕、凹坑、变形或压扁等有害缺陷应按下列方法修复或消除后使用：

a) 凿痕、槽痕可用砂轮磨去，但磨剩的厚度不应小于材料标准允许的最小厚度，否则，应将受损部分整段切除。

b) 凹坑的深度不应超过公称管径 2%。凹坑位于纵向焊缝或环向焊缝处，应将凹坑处管子受损部分整段切除。

c) 变形或压扁的管段超过制管标准规定时，应修复，不能修复的应废弃。弯管端部应标注弯曲角度、钢管外径、壁厚、曲率半径及材质等参数。凡标注不明或不符合设计要求的不应使用。

表 12 钢管尺寸偏差要求

要求级别	钢管直径 D mm	管端直径公差	管体直径偏差	椭圆度	
				管端	管体
一般要求	219.1≤D≤610	±0.5%D， 最大为±1.6 mm	±0.75%D， 最大为±3 mm	1.5%D	2% D
	610<D≤1 219	±1.6 mm	±0.5%D， 最大为±4 mm	D/t≤75：1% D (最大 13 mm) D/t>75： 1.5%D 或协议	D/t≤75：1.5% D(最大 15 mm) D/t>75： 2% D 或协议
严格要求[a]		管端外径允许偏差为 +2.0 mm～−0.5 mm，且两端平均直径之差≤2.0 mm	−0.15%D～ +0.5%D	0.6% D	1.2% D

[a] 4 级、5 级输气管道和 4 级成品油管道用钢管应满足严格要求。

4.3.2 线路用弯管

4.3.2.1 管道线路用冷弯管制作可采用直缝埋弧焊钢管(SAWL)、螺旋缝埋弧焊钢管(SAWH)和无缝钢管,并满足 4.3.2.2 的规定。

4.3.2.2 外径为 914 mm 以下、L485 及以下钢级的冷弯管制作可采用直缝埋弧焊钢管或螺旋缝埋弧焊钢管,外径为 914 mm～1 422 mm、L485 或 L555 的冷弯管制作应采用直缝埋弧焊钢管。

4.3.2.3 冷弯管宜选用同钢级、同规格、同批次的线路用钢管制作。冷弯管的弯制角度、弯制工艺与质量检验应符合设计及现行相关技术规范的要求。

4.3.2.4 管道线路用热煨弯管可采用具有相同或相近的钢级、化学成分、力学性能和尺寸偏差的线路用钢管制作。用于制作热煨弯管的钢管应具有良好的再次热加工性能和不出现裂纹等缺陷的能力。

4.3.2.5 用于制作热煨弯管的钢管不允许有对接的环焊缝,其壁厚应有足够的裕量以满足由于感应加热弯制带来的外弧侧壁厚减薄。钢管内外表面不允许有黄铜、紫铜、铝、锡、铅、锌等低熔点金属污染,对表面的油污杂质应在感应加热前清除干净。

4.3.2.6 管道线路用热煨弯管的制作与质量应符合设计及 GB/T 29168.1 的要求。

4.3.2.7 管道线路用的热煨弯管、冷弯弯管的外观和主要尺寸应按表 13 的要求执行。

表 13 热煨弯管、冷弯弯管的外观和主要尺寸要求

种类	曲率半径	外观和主要尺寸	其他规定
热煨弯管	≥4D	无褶皱、裂纹、重皮、机械损伤;两端椭圆度小于或等于1.0%,其他部位的椭圆度不应大于 2%,外径偏差+2,−1,壁厚减薄量≤9%壁厚,弯曲半径小于或等于1 000 mm时,允许偏差为±5 mm;弯曲半径大于1 000 mm时,允许偏差为±0.5%,弯曲平面度≤7.0 mm	应满足清管器和探测仪器顺利通过;端部直管段≥1D 且不小于 0.5 m
冷弯弯管	≥30DN	无裂纹,机械损伤,弯管椭圆度小于 2.0%,弯曲角度误差在±0.2°,其平面度不大于 8 mm 冷弯管褶折深度≤3 mm	端部 2 m 的直管段
注:D 为管道外径,DN 为冷弯弯管的公称直径。			

4.4 站场用钢管及附件

4.4.1 站场用钢管

4.4.1.1 站场内管道所用钢管宜采用油气输送钢管,钢管的规格与性能应符合本标准和 GB/T 9711 的规定;站场内管道采用油气输送钢管有困难时,也可采用设计规定的相关标准的钢管。

4.4.1.2 站场用钢管选型的基本要求:

a) 对于钢管公称直径小于或等于 300 mm 时,宜采用无缝钢管;

b) 对于钢管公称直径大于 300 mm 小于或等于 600 mm 时,宜选用高频电阻焊钢管,也

可选用螺旋缝埋弧焊钢管或直缝埋弧焊钢管；

c) 对于钢管公称直径大于500 mm时，宜选用螺旋缝埋弧焊钢管或直缝埋弧焊钢管。

4.4.1.3 钢管用钢材须为纯净镇静钢，L485/X70强度级别材料晶粒度应为No.10级或更细；L450/X65～L360/X52强度级别材料晶粒度应为No.8级或更细；低于L360/X52强度级别材料晶粒度应为No.6级或更细。无缝管用钢材应为吹氧转炉或电炉冶炼、晶粒应为No.6级或更细的纯净镇静钢。

4.4.1.4 钢材中A、B、C、D类非金属夹杂物级别限定如表14所示。L485/X70强度级别钢材带状组织评定应不大于3级。L450/X65及以下强度级别钢材带状组织评定结果应不大于4.5级。

表14 非金属夹杂物级别限定

钢级	级别							
	A		B		C		D	
	薄	厚	薄	厚	薄	厚	薄	厚
L485/X70	≤2.0	≤2.0	≤2.0	≤2.0	≤2.0	≤2.0	≤2.0	≤2.0
其他	≤2.5	≤2.5	≤2.5	≤2.5	≤2.5	≤2.5	≤2.5	≤2.5

4.4.1.5 对于外径为114.3 mm及以上的站场用钢管，其夏比冲击试验按GB/T 9711相关要求进行；当钢管外径为70 mm～114.3 mm，且壁厚不小于6.5 mm时，应取纵向试样进行夏比冲击韧性试验。夏比冲击试验温度选取原则应满足下列要求：

a) 钢管及其焊缝的夏比冲击试验温度应考虑当地最低环境温度(最低环境温度可按该地区气象资料，取历年来月平均最低气温的最低值。月平均最低气温是指当月各天的最低气温值相加后除以当月的天数)，试验温度应不高于管线通过地区当地最低环境温度，试验温度一般取－10 ℃、－20 ℃或－30 ℃，且冲击功应满足表15的要求。剪切面积百分数仅提供数据供参考。

b) 当最低环境温度低于－30 ℃时，试验温度取－45 ℃，或/和采取保温或伴热等工艺措施，确保采取工艺措施后管道壁温度不低于－30 ℃。冲击功也应满足表15的要求。

c) 站场埋地钢管应在－5 ℃下进行夏比冲击韧性试验。

d) 如果协议在更低的试验温度下进行夏比冲击试验，其在该温度下的夏比冲击功满足规定的冲击试验结果要求，可认为该试验合格。

表 15　夏比冲击韧性要求(10 mm×10 mm×55 mm)

管径 D/mm	取样位置	各种强度级别钢管夏比冲击功[a]/J			试验温度
		B/L245	＞B/L245 ≤X70/L485	X80/L555	
≤508	焊接接头	27(20)	27(20)	—	−5 ℃ −10 ℃ −20 ℃ −30 ℃ −45 ℃
	管体母材	27(20)	40(30)	—	
＞508 ≤762	焊接接头	—	27(20)	—	
	管体母材	—	54(40)	—	
＞762 ≤914	焊接接头	—	40(30)	—	
	管体母材	—	80(60)	—	
＞914 ≤1 219	焊接接头	—	40(30)	50(40)	
	管体母材	—	80(60)	90(75)	

[a] 夏比冲击功数值,括号外为 3 个试样最小平均值,括号内为单个试样最小值。

4.4.1.6　站场用钢管应按照 GB/T 9711 进行落锤撕裂试验(DWTT),其在 0 ℃下的断口剪切面积的最小百分数要求见表 16。

表 16　DWTT(落锤撕裂试验)剪切面积的最小百分数要求

试验温度	两个试样最小平均值
0 ℃	40

4.4.1.7　站场用钢管外径的允许偏差为＋0.5%D～－0.15%D,但钢管外径的正偏差最大为 4.0 mm;100 mm 以内管端外径允许偏差为＋1.6 mm～－0.5 mm;钢管一端的外径与另一端外径之差不得大于 2.0 mm。距管端 100 mm 范围内钢管的椭圆度(即最大外径与最小外径之差与公称外径的比值)应不大于 0.6%,其余部分椭圆度应不大于 1.2%。

4.4.1.8　站场用钢管壁厚允许偏差应为公称壁厚的－3%～＋7%。无缝管壁厚允许偏差应为公称壁厚的－10%～＋12.5%。

4.4.2　站场用管道附件

4.4.2.1　用于制造站场用管件的原材料应是采用吹氧转炉或电炉冶炼的全镇静钢,且具有要求的韧性和热处理状态,并适合与油气输送管道用钢管及管件进行现场焊接。

4.4.2.2　制造管件的原材料应为各类锻件、板材、无缝管或有填充金属的焊接钢管。弯头本体不应有丁字或环形焊缝。

4.4.2.3　制造管件的原材料应为焊接性良好的碳钢或低合金高强度钢,当管件与连接钢管焊接需要预热时,制造商应说明规定的预热条件,并在管件上做出永久性标记。

4.4.2.4　制造商采用的管件制造材料,其化学成分、力学性能及检验应符合 GB/T 29168.2 的要求。为了满足产品性能要求,用低合金高强度钢制作的管件,其合金元素的选用应由购方和制造商协商确定,并由制造商按所供管件强度级别分别做出适用性评价报告。

4.4.2.5　管件可采用压制、拔制、冲压、挤压、焊接等加工工艺进行制造,所采用的工艺,应保证不产生裂纹缺陷和其他有碍于使用的损伤。若供方采用冷成型方式制造管件,应经过购方认可。

4.4.2.6 管件所用焊接材料在产品热处理后,其焊接接头拉伸性能和夏比冲击韧性应满足4.4.2.7 和4.4.2.8的要求。

4.4.2.7 成品管件母材的棒状、全壁厚矩形和焊接接头的全壁厚矩形拉伸试验结果应符合GB/T 29168.2的要求。

4.4.2.8 成品管件的母材、焊缝及热影响区在试验温度下的夏比 V 型缺口冲击韧性试验结果应符合表 19的要求。夏比冲击试验温度选取原则如下:

a) 管件夏比冲击试验温度应考虑当地最低环境温度,试验温度应低于管线通过地区当地最低环境温度,试验温度一般取－10 ℃、－20 ℃或－30 ℃,且冲击功应满足表 17 的要求。

b) 当最低环境温度低于－30 ℃时,试验温度取－45 ℃,或采取保温或伴热等工艺措施,当采取工艺措施后管道壁温度应不低于－30 ℃。冲击功亦应满足表 17 的要求。

c) 埋地管件应在－5 ℃下进行夏比冲击韧性试验。

d) 允许采用更低试验温度进行夏比冲击试验,但其在该温度下夏比功应满足规定冲击试验结果要求。

表 17 管件夏比冲击韧性要求

试样位置	强度等级	夏比冲击功 J		剪切面积 SA%	试验温度
		三个试样最小平均值	单个试样最小值		
母材	L555/X80	60	45	提供数据	－5 ℃ －10 ℃ －20 ℃ －30 ℃ －45 ℃
	≤L485/X70 ≥L245/B	40	30		
焊缝、热影响区	L555/X80	50	40	提供数据	
	≤L485/X70 ≥L245/B	40	30		

4.4.2.9 站场钢制管法兰用材料应遵循下列原则选用:

a) 满足压力和温度要求,材质从低级向高级选用;

b) 满足介质要求;碳钢与低合金钢一般优先采用 16 Mn;不锈钢一般优先采用材料 304 (0Cr18Ni9);

c) 管法兰材料一般应采取锻制,但板式平法兰、法兰盖可用钢板制作;

d) 材料选用应注明标准号,表明是钢板还是锻件。

4.4.2.10 站场钢制管法兰用材料应为镇静钢,其制造及热处理、化学成分及力学性能检验等应符合 GB/T 29168.3 的要求。

4.4.2.11 站场用钢制管件的尺寸、公差、技术要求、检验、标志和包装,应符合 GB/T 12459、GB/T 13401和 SY/T 0609 与 SY/T 0510 的规定。

4.4.3 站场用管道附件质量要求

4.4.3.1 管件、紧固件的检验应符合下列规定:

a) 管件、紧固件尺寸偏差应符合国家现行有关标准的规定;

b) 管件及紧固件使用前,应核对其制造厂的出厂合格证、质量证明文件;

c) 应按设计图纸(文件)核对管件所标注管径、壁厚、压力等级、材质等参数;

d) 管件及紧固件技术要求应符合设计要求,设计无要求时应符合 JB/T 1308.2 的有关规定。

4.4.3.2 弯头、异径管、三通、管帽的质量应符合以下条件:

a) 管件表面不应有裂纹,过热、过烧等;

b) 管件内外表面应光滑、无有损强度及外观的缺陷,如结疤、划痕、起皮等;

c) 不应用焊接方式对管件焊缝错边超标部分进行修补;

d) 弯头、三通、异径管、管帽的尺寸和几何形状误差值应符合设计及 SY/T 0609 与 SY/T 0510 的规定;

e) 弯头的端面倾斜偏差、弯曲角度偏差及圆度、曲率半径偏差,应符合表 18 的要求;

表 18 弯头允许偏差

检查项目	公称直径 mm			
	25～65	80～100	125～200	≥250
端面倾斜 mm	≤1.0	≤1.0	≤1.5	≤1.5
曲率半径 mm	±2	±3	±4	±5
弯曲角度	±1°	±1°	±1°	±1°
圆度	≤公称直径的 1%			

f) 弯头壁厚减薄量应小于厚度的 10%,且实测厚度不应小于设计计算壁厚;

g) 弯头坡口角度应满足设计规格书或焊接工艺要求,宜为 35°±5°,钝边宜为 1 mm～2 mm。

4.4.3.3 异径管、三通、管帽等管件的质量应符合 SY/T 0609 与 SY/T 0510 的规定。

4.4.3.4 法兰的质量应符合下列要求:

a) 法兰的尺寸和几何形状误差值应符合设计及相关标准的规定;

b) 法兰密封面应光滑、平整,不应有毛刺、径向划痕、砂眼及气孔;

c) 对焊法兰的尾部坡口处不应有碰伤;

d) 螺纹法兰的螺纹应完好;

e) 法兰连接件螺栓、螺母、垫片等应符合装配要求,不应有影响装配的划痕、毛刺、翘边等。

4.4.3.5 支管座的质量应符合 GB/T 19326 的规定,并应满足下列要求:

a) 支管座的外观不应有裂纹、过烧、重皮、结疤、夹渣和大于接管壁厚 5% 的机械划痕或凹坑。焊接坡口应光滑过渡。坡口周围应清洁、无锈斑。

b) 支管座的壁厚等级、无损检测等应符合现行国家标准的规定。

c） 支管座尺寸允许偏差应符合表19的规定。

表19 支管座尺寸允许偏差

单位为毫米

项目	类型	公称直径			
		6～20	25～100	125～300	350～600
		极限偏差			
结构高度	所有支管座	±0.8	±1.6	±3.2	±4.8
支管公称壁厚	对焊支管座	不小于公称壁厚的87.5%			
与支管连接处的端部外径		+0.8,−0.4		+1.6,−0.8	
与支管连接处的端部内径		±0.4		±0.8	
承插孔直径	承插焊直管座	+0.5,0		—	
流通孔径		+1.5,0		—	

4.4.3.6 绝缘接头(法兰)质量应符合下列要求：

a） 绝缘接头(法兰)外观应平整、端部坡口内测以及锻件本体内侧应与所接管道的内侧齐平。对焊坡口不应有严重的损伤。

b） 表面涂层用设计规定的绝缘电压值进行电火花检测应无漏电。

c） 绝缘接头压力等级应符合设计要求。绝缘接头的绝缘电阻值应大于10 MΩ。

4.4.3.7 汇管的质量应符合下列要求：

a） 管汇外观不应有裂纹、伤痕、毛刺、内部锈斑与污物；管汇的内部应清洁。对焊坡口不应有损伤。

b） 管汇支管间距尺寸误差应符合设计及相关标准的规定。

c） 管汇由锻制三通或四通制作时其扳边端口应平齐，扳边高度应高于扳边口外轮廓线的曲率半径，与支管内径相匹配的开孔内径拔梢段的锥度不小于1∶3；扳边端口的坡口尺寸应符合设计要求。

4.4.3.8 紧固件质量应符合下列要求：

a） 外观不应有裂纹、重皮、伤痕、毛刺、砂眼及气孔；

b） 尺寸应符合设计要求；

c） 材质应符合设计要求；

d） 用于管道上的螺栓、螺母应符合国家现行有关标准的规定，使用前应从每批中各取两根(个)进行硬度检查，不合格时加倍检查；仍有不合格时，逐根(个)检查，不合格者不应使用。螺栓硬度不合格，取最高、最低各一根校验机械性能，若有不合格，取硬度相近的螺栓加倍校验，仍有不合格，则该批螺栓不应使用。

4.4.3.9 支吊架的检验及其质量要求应符合下列规定：

a） 支吊架表面应无毛刺、铁锈、裂纹、漏焊、表面气孔等；

b） 支吊架用的弹簧表面不应有裂纹、折叠、分层、锈蚀等缺陷，工作圈数偏差不应超过半圈；

c） 自由状态时，弹簧各圈节距均匀，其节距允许偏差不应大于平均节距的10%；

d） 弹簧两端支撑面与弹簧轴线应垂直，其允许偏差不应大于自由高度的2%。

4.4.3.10 管线补偿器检验应按出厂说明书和设计要求进行，其尺寸偏差应符合下列要求：

a) "Π""L"形补偿器的弯曲钢管的圆度不应大于外径的8%，壁厚减薄量不应大于公称壁厚的15%，且壁厚不小于设计壁厚；

b) "Π"形补偿器悬臂长度允许偏差为±10 mm；平面翘曲每米允许偏差为±3 mm，且总长平面翘曲允许偏差为±10 mm。

4.5 阀门

4.5.1 阀门的设计、制造、测试等应符合GB/T 19672、GB/T 20173及相关标准的要求。

4.5.2 阀门的检验应符合GB/T 26480的要求。

4.5.3 应有产品合格证，带有伺服机械装置的阀门应有安装使用说明书。

4.5.4 现场安装的阀门应逐个进行外观检查，其外观质量应符合下列要求：

a) 阀体、阀盖、阀外表面无气孔、砂眼、裂纹等；

b) 垫片、填料应满足介质要求，安装应正确；

c) 丝杆、手轮、手柄无毛刺、划痕，且传动机构操作灵活、指示正确；

d) 铭牌完好无缺，标识清晰完整；

e) 备品备件应数量齐全、完好无损。

4.5.5 阀门应按要求进行试压检验，强度和密封试验应符合下列要求：

a) 工厂阀门压力试验应按工厂制造阀门依据的标准进行，并由买方在工厂内监督制造和试压。依据标准为GB/T 26480。

b) 需要现场进行阀门压力试验应按使用说明书要求执行，无要求时按下列要求执行：

1) 试压用压力表精度不应低于1.0级，表的量程应为被测压力(最大值)的1.5倍～2倍，并应经检定合格。

2) 阀门应用洁净水为介质进行强度和密封试验，强度试验压力应为管道设计压力的1.5倍，稳压时间应大于5 min，壳体、垫片、填料等不渗漏、不变形、无损坏，压力不降为合格。密封试验压力应为设计压力，稳压15 min，不内漏、压力不降为合格。

3) 止回阀、截止阀可按流向进行强度和密封试验。止回阀应按逆流向做密封试验、顺流向做强度试验，截止阀可按顺流向进行强度和密封试验。

4) 阀门试压合格后，应排除内部积水(包括中腔)，密封面应涂保护层，关闭阀门，封闭出入口，并应填写阀门试压记录。

4.5.6 安全阀安装前应由取得资质认定的单位进行调试。调试合格后应铅封，并应有合格的标识。安装后保留铅封。

4.5.7 液压球阀驱动装置，应按出厂说明书进行检查，压力油应在油标2/3处，各部驱动灵活。

4.5.8 电(液)驱动阀应按使用说明书检查其驱动装置，传动装置应灵活；电气部分、液压管路应无故障；液压油、润滑油应足量、合格。

4.6 焊接材料

焊接材料应符合下列规定：

a) 焊材的品种和型号应符合焊接工艺规程的要求，焊材包装应完好，标识应清晰；

b) 焊条应无破损、霉变、油污、锈蚀；焊丝应无锈蚀和折弯；焊剂应无变质现象；保护气体的纯度和干燥度应满足焊接工艺规程的要求；

c) 焊接材料生产厂商应随货提供必要的质量证明文件，工程使用前采购方应对不同批号的焊接材料进行复检；

d) 保护气体应达到规定的纯度。二氧化碳气体纯度不宜低于99.5%，含水量和含氧量不超过0.1%，气路系统中应设置干燥器和预热装置。氩气纯度不宜低于99.96%。

4.7 防腐及补口用材料

4.7.1 线路管体外防腐材料可采用三层结构聚乙烯外防腐层、单层环氧粉末外防腐层、双层熔结环氧粉末外防腐层等结构。应根据环境条件及工况要求选择适宜的外防腐层材料，防腐材料的质量性能应符合有关技术条件、标准的要求。

4.7.2 站场工艺管道埋地主管道可采用与线路外防腐材料相同的材料，也可采用无溶剂环氧液体防腐再缠绕增强型聚丙烯冷缠带。其他管道可采用无溶剂环氧液体防腐，异型连接件可采用粘弹体防腐，地上管道防腐涂层面层应采用耐候涂层。

4.7.3 管体外防腐层补口材料可采用辐射交联聚乙烯热收缩套/带(以下简称热收缩套/带)、热缩压敏带、无溶剂聚胺脂和无溶剂环氧液体补口涂料等。应根据环境条件及工况要求选择适宜的外防腐层补口材料，外防腐层补口材料的质量性能应符合有关技术条件、标准的要求。

4.7.4 管道防腐用材料的技术要求和使用条件不符合本标准规定时，应当在学习借鉴和实验研究的基础上，将所做试验的依据、条件、数据、结果进行评价，并进行相关现场试验后，经设计允许方可试用。并满足下列要求：

a) 管体防腐层材料的技术性能应满足管道的使用要求且具有成熟的施工工艺；

b) 防腐补口材料应与管体防腐层材料相同或相容，且施工工艺应能适应具体工程的现场施工环境及施工条件。

4.8 阴极保护材料

4.8.1 强制电流系统的辅助阳极有：高硅铸铁阳极、石墨阳极、钢铁阳极、柔性阳极、金属氧化物阳极等，其主要性能应符合以下要求：

a) 高硅铸铁阳极的化学成分应符合表20的规定，阳极的允许电流密度为5 A/m²～80 A/m²，消耗率应小于0.5 kg/(A·a)。阳极引出线与阳极的接触电阻应小于0.01 Ω，拉脱力数值应大于阳极自身质量的1.5倍，接头密封可靠；阳极引线长度不应小于1.5 m，阳极表面应无明显缺陷。

表20 高硅铸铁阳极化学成分

序号	类型	主要化学成分的质量分数/%					杂质质量分数/%	
		Si	Mn	C	Cr	Fe	P	S
1	普通	14.25～15.25	0.5～1.5	0.80～1.05	—	余量	≤0.25	≤0.1
2	加铬	14.25～15.25	0.5～1.5	0.8～1.4	4～5	余量	≤0.25	≤0.1

b) 石墨阳极的石墨化程度不应小于81%，灰分应不大于0.5%，阳极宜经亚麻油或石蜡浸渍处理，阳极的性能应符合表21的规定。阳极引出电缆与阳极接触电阻应小于0.01 Ω，拉脱力数值应大于阳极自身质量的1.5倍，接头密封可靠；阳极引线长度不应小于1.5 m，阳极表面应无明显缺陷。

表 21　石墨阳极主要性能

密度 g/m^3	电阻率 $\Omega\cdot mm^2/m$	气孔率 %	消耗率 kg/(A·a)	允许电流密度 A/m^2
1.7～2.2	9.5～11.0	25～30	<0.6	5～10

c)　柔性阳极是由导电聚合物包覆在铜芯上构成，其性能应符合表 22 的规定，阳极铜芯截面积为 16 mm^2，阳极外径为 13 mm。

表 22　柔性阳极主要性能

最大输出线电流密度/(mA/m)		最低施工温度 ℃	最小弯曲半径 mm
无填充料	有填充料		
52	82	−18	150

d)　钢铁阳极是指角钢、扁钢、槽钢、钢管制作的阳极或其他用作阳极的废弃钢铁构筑物，理论阳极的消耗率为 9.1 kg/(A·a)～10 kg/(A·a)。

e)　混合金属氧化物阳极基体材料采用工业纯钛，其化学成分应不低于 GB/T 3620.1 中对 TA2 的要求，在土壤环境中(带有填料)金属氧化物阳极的工作电流密度为 100 A/m^2，阳极与电缆接头的接触电阻应小于 0.01 Ω。

4.8.2　强制电流系统的辅助阳极有：锌合金牺牲阳极和镁合金牺牲阳极等，其主要性能应符合以下要求：

a)　锌合金牺牲阳极的成分见表 23，其棒状锌合金牺牲阳极的电化学性能见表 24，带状锌合金牺牲阳极的电化学性能见表 25，带状锌合金牺牲阳极的规格尺寸见表 26，带状锌合金牺牲阳极截面示意图见图 2。

表 23　锌合金牺牲阳极化学成分

元 素	锌合金主要化学成分的质量分数/%	高纯锌主要化学成分的质量分数/%
Al	0.1～1.5	≤0.005
Cd	0.025～0.07	≤0.003
Fe	≤0.005	≤0.001 4
Pb	≤0.006	≤0.003
Cu	≤0.005	≤0.002
其他杂质	总含量≤0.1	—
Zn	余量	余量

表 24 棒状锌合金牺牲阳极电化学性能

性能	锌合金、高纯锌	备注
密度/(g/m^3)	7.14	—
开路电位/V	−1.03	相对 SCE
理论电容量/[(A·h)/kg]	820	
电流效率/%	95	在海水中，3 mA/cm^3 条件下
发生电容量/[(A·h)/kg]	780	
消耗率/[kg/(A·a)]	11.88	
电流效率/%	≥65	在土壤中，0.03 mA/cm^3 条件下
发生电容量/[(A·h)/kg]	530	
消耗率/[kg/(A·a)]	≤17.25	
注：SCE 为饱合 KCl 甘汞电极。		

表 25 带状锌合金牺牲阳极电化学性能

型号	开位电位/V		理论电容量 A·h/kg	实际电容量 A·h/kg	电流效率 %
	相对 CSE	相对 SCE			
锌合金	≤−1.05	≤−0.98	820	≥780	≥95
高纯锌	≤−1.10	≤−1.03	820	≥740	≥90
注：实验介质为人造海水，CSE 为铜/饱合硫酸铜参比电极。					

表 26 带状锌合金牺牲阳极的规格尺寸

阳极规格	ZR-1	ZR-2	ZR-3	ZR-4
截面尺寸($D_1 \times D_2$)/mm	25.4×31.75	15.88×22.22	12.70×14.28	8.73×10.32
阳极带线质量/(kg/m)	3.57	1.785	0.893	0.372
钢芯直径 ϕ/mm	4.70	3.43	3.30	2.92
标准卷长/m	30.5	61	152	305
标准卷内径/mm	900	600	300	300
钢芯的中心度偏差/mm	−2～+2			
注：阳极规格中 Z 代表锌，R 代表带状，后面数字为系列号。				

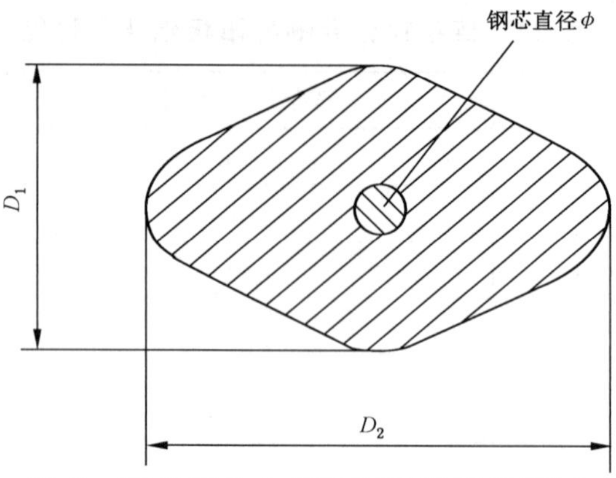

图 2 带状锌合金牺牲阳极截面示意图

b) 镁合金牺牲阳极的性能测试应按 SY/T 0095 进行,棒状镁合金牺牲阳极化学成分见表 27,棒状镁合金牺牲阳极的电化学性能见表 28,镁锰合金挤压制造的带状镁合金牺牲阳极规格及性能见表 29。

表 27 镁合金牺牲阳极化学成分

元素	标准主要化学成分的质量分数/%	镁锰型主要化学成分的质量分数/%
Al	5.3~6.7	≤0.010
Zn	2.5~3.5	—
Mn	0.15~0.60	0.50~1.30
Fe	≤0.005	≤0.03
Ni	≤0.003	≤0.001
Cu	≤0.020	≤0.020
Si	≤0.10	—
Mg	余量	余量

表 28 镁合金牺牲阳极电化学性能

性 能	标准型	镁锰型	备 注
密度/(g/m³)	1.77	1.74	—
开路电位/V	−1.48	−1.56	相对 SCE
理论电容量/[(A·h)/kg]	2 200	2 200	—
电流效率/%	55	50	在海水中,3 mA/cm³ 条件下
发生电容量/[(A·h)/kg]	1 220	1 100	
消耗率/[kg/(A·a)]	7.2	8.0	
电流效率/%	≤50	40	在土壤中,0.03 mA/cm³ 条件下
发生电容量/[(A·h)/kg]	1 100	880	
消耗率/[kg/(A·a)]	≤7.92	10.0	
注:如果在相似土壤环境中的阳极性能能够被证明可靠且有证据支持时,其他成分的镁合金牺牲阳极也可以使用。			

表 29 带状镁合金牺牲阳极规格及性能

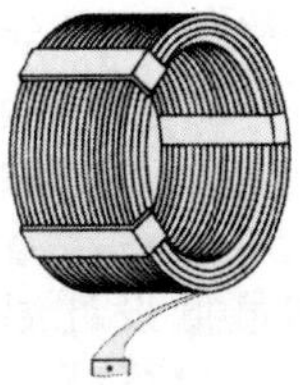	截面/mm		9.5×19
	钢芯直径/mm		3.2
	阳极带线质量/(kg/m)		0.37
	输出电流线密度 mA/m	海水	2 400
		土壤	10
		淡水	3
注:土壤条件为电阻率 60 Ω·m;淡水条件为 150 Ω·m。			

c) 牺牲阳极的包填料是由石膏粉、膨润土和工业硫酸钠组成的混合物,常规的牺牲阳极填料配方见表 30。

表 30 牺牲阳极填料包配方

阳极类型	质量分数/%			适用土壤电阻率 Ω·m
	石膏粉	膨润土	工业硫酸钠	
镁合金牺牲阳极	50	50	—	≤20
	75	20	5	>20
锌合金牺牲阳极	50	45	5	≤20
	75	20	5	>20
注:所选用石膏粉的分子式为 $CaSO_4 \cdot 2H_2O$。				

5 设计

5.1 设计准则

5.1.1 总则

5.1.1.1 长输油管道设计应遵循 GB 50253 的要求。

5.1.1.2 长输气管道设计应遵循 GB 50251 的要求。

5.1.1.3 长输管道穿越工程设计应遵循 GB 50423 的要求。

5.1.1.4 长输管道跨越工程设计应遵循 GB 50459 的要求。

5.1.1.5 长输管道线路工程抗震设计应遵循 GB 50470 的要求。

5.1.2 设计压力

5.1.2.1 在相应的设计温度下,设计用以计算管道壁厚及其他元件尺寸的压力值,该压力为管道的内部压力时称设计内压力,为外部压力时称设计外压力。

5.1.2.2 输油管道系统任何一处的设计内压力不应小于该处的最高稳态操作压力,且不应小于管内流体处于静止状态下该处的静压力。当设置反输流程时,输油管道任何一处的设计内压力不应小于该处正、反输送条件下的最高稳态操作压力的较高值，且不应小于该处正、反输送条件下静压力的较高值。管道及管道附件应能承受作用在其上的外压、内压、外压与内压之间最大压差。

5.1.2.3 输气管道的设计压力应根据起源条件、用户需要、管道材质及地区安全等因素综合确定。管道系统的最大允许操作压力应小于或等于设计压力。

5.1.3 设计温度

设计温度是用于设备或管道机械设计的温度，由最高设计温度和最低设计温度组成。设计温度应结合管道内介质温度、管道运行条件和环境温度综合确定。

5.1.4 载荷

5.1.4.1 管道、管道附件、支承固定件和支承结构附件，应根据管道敷设形式、所处环境和运行条件，按下列可能同时出现的永久载荷、可变载荷和偶然载荷的组合后进行设计：

a) 永久载荷：
   1) 输送油品的内压力；
   2) 钢管及其附件、绝缘层、保温层、结构附件的自重；
   3) 输送油品的重量；
   4) 横向和竖向的土压力；
   5) 管道介质静压力和水浮力；
   6) 温度作用载荷以及静止流体由于受热膨胀而增加的压力；
   7) 连接构件相对位移而产生的作用力。

b) 可变载荷：
   1) 试压或试运行时的水重量；
   2) 附在管道上的冰雪载荷；
   3) 内部高落差或风、波浪、水流等外部因素产生的冲击力；
   4) 车辆载荷及行人重量；
   5) 清管载荷；
   6) 检修载荷；
   7) 施工过程中的各种作用力。

c) 偶然载荷：
   1) 位于地震动峰值加速度 α 大于或等于 0.1 g 地区的管道，由于地震引起的断层位移、砂土液化、山体滑坡等施加在管道上的作用力；
   2) 振动和共振所引起的应力；
   3) 冻土或膨胀土中的膨胀压力；
   4) 沙漠中沙丘移动的影响；
   5) 地基沉降附加在管道上的载荷。

5.1.5 许用应力

5.1.5.1 输油管道直管段的许用应力应符合下列规定：

a) 线路段管道的许用应力应按式(1)计算：

$$[\sigma]=K\phi\sigma_s \qquad \cdots\cdots(1)$$

式中：

[σ] ——许用应力，单位为兆帕(MPa)；

K ——设计系数，输送原油、成品油管道除穿跨越段、敏感区域段按照 GB 50423 和 GB 50459的规定取值外，输油站外一般地段设计系数取 0.72；输送液化石油气(LPG)管道设计系数取值，执行 5.4.4.4 的规定；

σ_s ——钢管的最低屈服强度，单位为兆帕(MPa)，应按表 31 的规定取值；

ϕ ——焊缝系数，应按表 31 的规定取值。

表 31 输油管道常用钢管钢级的最低屈服强度、最低抗拉强度和焊缝系数

钢管标准名称	钢号或钢级	最低屈服强度 σ_s MPa	最低抗拉强度 σ_b MPa	焊缝系数	备注
GB/T 8163 《输送流体用无缝钢管》	Q295	295(S≤16 mm) 275(16 mm<S≤30 mm) 255(S>30 mm)	390	1.0	S—钢管的公称壁厚
	Q345	345(S≤16 mm) 325(16 mm<S≤30 mm) 295(S>30 mm)	470		
	20	245(S≤16 mm) 235(16 mm<S≤30 mm) 225(S>30 mm)	410		
《石油天然气工业管线输送系统用钢管》 GB/T 9711 PSL1 钢管的钢管等级	L175 L175P	175	310	1.0	—
	L210	210	335		
	L245	245	415		
	L290	290	415		
	L320	320	435		
	L360	360	460		
	L390	390	490		
	L415	415	520		
	L450	450	535		
	L485	485	570		

表 31 输油管道常用钢管钢级的最低屈服强度、最低抗拉强度和焊缝系数（续）

钢管标准名称	钢号或钢级	最低屈服强度 σ_s MPa	最低抗拉强度 σ_b MPa	焊缝系数	备注
《石油天然气工业管线输送系统用钢管》GB/T 9711 PSL2 钢管的钢管等级	L245R L245N L245Q L245M	245	415	1.0	—
	L290R L290N L290Q L290M	290	415		
	L320N L320Q L320M	320	435		
	L360N L360Q L360M	360	460		
	L390N L390Q L390M	390	490		
	L415N L415Q L415M	415	520		
	L450Q L450M	450	535		
	L485Q L485M	485	570		
	L555Q L555M	555	625		
	L625M	625	695		
	L690M	690	760		
	L830M	830	915		

注 1：PSL1 钢管的钢管等级中后缀字母 P 表明该钢中含有规定含量的磷。
注 2：PSL2 钢管的钢管等级中后缀字母 R、N、Q、M 表示钢管的交货状态。
注 3：R 表示轧制；
N 表示正火轧制、正火成型、正火或正火加回火；
Q 表示淬火加回火；
M 表示热机械轧制。

b) 输油站内管道的许用应力应按 GB 50253 的规定选取。

c) 对于旧钢管，如有出厂证明及制造标准资料，经材料性能检验及试压合格后，可按式(1)计算许用应力。

d) 对于为了达到规定的最低屈服强度要求而进行过冷加工（控轧、冷扩），并在其后加热至大于或等于 300 ℃（焊接除外）的钢管，其许用应力应按式(1)计算值的 75%取值。

e) 钢管的许用剪应力不应超过其最低屈服强度的 45%；支承外载荷作用下的许用应力（端面承压）不应超过其最低屈服强度的 90%。

5.1.5.2 管道结构支承固定件、结构附件和约束件所用钢材的许用拉应力和压应力不应超过其最低屈服强度的60%;许用剪应力不应超过其最低屈服强度的45%;支承应力(端面承压)不应超过其最低屈服强度的90%。

5.1.5.3 管道及管件强度验算的应力限用值应符合下列规定:

a) 根据设计内压力计算出的应力值不应超过钢管的许用应力;

b) 对于输送加热油品的管道,当管道轴向受约束时,其当量应力不得超过钢管最低屈服强度的90%;当管道轴向不受约束时,热胀当量应力不得超过钢管的许用应力;

c) 架空结构构件的强度验算应符合GB 50459的规定。

5.1.5.4 管道及管件由于永久载荷、可变载荷所产生的轴向应力之和,不应超过钢管的最低屈服强度的80%,但不应将地震作用和风载荷同时计入。

5.2 一般规定

5.2.1 资质要求

从事长输管道工程设计的设计单位应具有国家法律、法规规定的资质要求。

5.2.2 设计原则

5.2.2.1 长输管道工程设计除应满足规定的使用功能外,还应遵循安全、环境保护、健康、节能、节约用地和经济合理的原则。

5.2.2.2 设计所选用的设备及材料应符合国家相关标准的规定。

5.2.2.3 设计应对长输管道线路进行多方案比选,在符合相关法规规定条件下,满足沿线土地与规划部门要求,并结合各专项评估报告的条件,选择技术经济合理的方案。

5.2.2.4 管道系统应采用安全可靠的技术和设备。

5.2.3 基本资料

5.2.3.1 设计应获得管道起、终点及沿线资源地与目标市场的资料。

5.2.3.2 设计线路路由应遵循国家相关法规与技术标准,应获得沿线当地规划与土地管理部门认可的函件等,并应获取安全、社会稳定、环境保护、节能、水土保持、地质灾害、地震安全、矿产压覆、职业卫生、防洪和文物评价等评估报告。

5.2.3.3 设计应获得输送介质的有关物理性质资料、相关技术参数和环境参数;并有资源、市场、输量、系统功能要求的相应资料。

5.2.3.4 设计应收集沿线人文资料,包括行政规划、各行业资源状况、重要设施及保护区分布、社会依托条件等内容。

5.3 工艺设计

5.3.1 基本要求

5.3.1.1 输油管道输送原油的质量应符合SY 7513的规定,输送液态液化石油气的质量应符合GB 11174的规定,输送成品油的质量应符合国家现行产品标准。

5.3.1.2 进入输气管道的气体应清除机械杂质;水露点应比输送条件下最低环境温度低5 ℃;烃露点应低于最低环境温度;气体中硫化氢的含量不应大于20 mg/m^3。

5.3.1.3 管道设计输量应按设计委托书或设计合同规定的输量确定。设计最小输量应符合安全和经济输送条件。设计年工作天数宜按350 d计算。

5.3.1.4 长输管道宜设清管设施。

5.3.1.5 长输管道系统输送工艺方案应根据资源条件、输送距离、输送量、分输或输入量等特点和要求,考虑管道设计内压力、管径、输送方式、站数、顺序输送油品批次等因素,经综合分析后确定最佳输送工艺方案。

5.3.2 输油管道系统输送工艺

5.3.2.1 原油一般物理化学性质测定项目,应符合 GB 50253 的规定;原油流变性测定项目应符合GB 50253的规定。

5.3.2.2 原油管道的输送方式应根据输送原油的物理性质及其流变性,通过优化确定。

5.3.2.3 加热输送的原油管道应符合下列规定:

a) 加热温度应从安全输送和节约能源的角度优选确定。

b) 采用保温或不保温输送方案时,应进行技术经济论证。宜选择加保温层方案,并确定保温层结构和厚度。

c) 加热站和泵站的设置应综合管道的热力条件和水力条件优化确定。

5.3.2.4 成品油管道输送工艺应根据成品油输量、品种及各品种比例、沿线注入量及分输量确定。成品油管道最大输送流量应根据输送方式、年输送批次、沿线库容综合确定。

5.3.2.5 液化石油气管道输送工艺应按液化石油气输量、组分及各组分比例进行设计。

5.3.2.6 输油管道内输送牛顿流体时,沿程摩阻损失应按式(2)和式(3)计算:

$$h = \lambda \frac{L}{d} \cdot \frac{V^2}{2g} \quad \cdots\cdots (2)$$

$$V = \frac{4q_v}{\pi d^2} \quad \cdots\cdots (3)$$

式中:

h ——管道内沿程水力摩阻损失,单位为米(m);

λ ——摩阻系数,可按附录 A 计算;

L ——管道计算长度,单位为米(m);

d ——管道的内直径,单位为米(m);

V ——流体在管道内的平均流速,单位为米每秒(m/s);

g ——重力加速度 9.81 m/s^2,单位为米每平方秒(m/s^2);

q_v ——平均温度下的流量,单位为立方米每秒(m^3/s)。

5.3.2.7 液化石油气管道的沿程摩阻损失应按 5.3.2.6 中的公式计算,并取 1.1~1.2 的流态阻力增加系数。

5.3.2.8 液化石油气在管道中输送时,沿线任何一点的压力应高于输送温度下液化石油气的饱和蒸气压。

5.3.2.9 当管道内输送幂律流体时,其沿程摩阻损失可按附录 B 计算。

5.3.2.10 输油管道的沿线温降应按式(4)~式(6)计算:

$$\frac{t_1 - t_0 - b}{t_2 - t_0 - b} = e^{al} \quad \cdots\cdots (4)$$

$$b = \frac{ig}{Ca} \quad \cdots\cdots (5)$$

$$a = \frac{K \pi D}{q_m C} \quad \cdots\cdots (6)$$

式中：

t_1——计算管段的起点油温，单位为摄氏度(℃)；

t_2——计算管段的终点油温，单位为摄氏度(℃)；

t_0——埋地管道中心处最冷月份平均地温，单位为摄氏度(℃)；

l——计算管段长度，单位为米(m)；

i——流量为 q_m 时的水力坡降，单位为米每米(m/m)，可近似取计算管段的平均水力坡降；

g——重力加速度 9.81 m/s^2；

C——输油平均温度下原油的比热容，单位为焦每千克摄氏度[J/(kg·℃)]；

K——总传热系数，单位为瓦每平方米摄氏度[$W/(m^2·℃)$]；

D——管道外直径，单位为米(m)；

q_m——油品质量流量，单位为千克每秒(kg/s)。

5.3.2.11 输送多品种成品油时，宜采用连续顺序输送方式；当采用间歇顺序输送方式时，应采取减少混油量措施。

5.3.2.12 成品油顺序输送管道混油段长度按 GB 50253 的规定计算。

5.3.3 输气管道系统输送工艺

输气管道应按下列公式进行水力计算：

a) 当考虑输气管道纵断面的相对高差影响时，应按式(7)进行水力计算：

$$q_v = 1\,051\left\{\frac{[P_1^2 - P_2^2(1+\alpha\Delta h)]d^5}{\lambda Z\Delta TL\left[1+\frac{\alpha}{2L}\sum_{i=1}^{n}(h_i+h_{i-1})L_i\right]}\right\} \quad\cdots\cdots(7)$$

$$\alpha = \frac{2g\Delta}{ZR_aT} \quad\cdots\cdots(8)$$

式中：

q_v——气体(P_0=0.101 325 MPa，T=293 K)的流量，单位为 m^3/d；

P_1——输气管道计算段的起点压力(绝)，单位为兆帕(MPa)；

P_2——输气管道计算段的终点压力(绝)，单位为兆帕(MPa)；

α——系数，单位为每米(m^{-1})；

Δh——输气管道计算段的终点和起点的标高差，单位为米(m)；

d——输气管道内直径，单位为米(m)；

λ——水力摩阻系数；

Z——气体的压缩系数；

Δ——气体的相对密度，单位为千克每立方米(kg/m^3)；

T——气体的平均温度，单位为开(K)；

L——输气管道计算段的长度，单位为千米(km)；

n——输气管道沿线高差变化所划分的计算段数；

h_i，h_{i-1}——各分管段终点和起点的标高，单位为米(m)；

L_i——各分管段长度，单位为千米(km)；

g——重力加速度 9.81 m/s^2；

R_a ——空气的气体常数,在标准状况下($P_0=0.101\ 325$ MPa,$T=293$ K),$R_a=287.1\ m^2/(s^2\cdot K)$。

水力摩阻系数按式(9)计算:

$$\frac{1}{\sqrt{\lambda}}=-2.011\ g\left[\frac{k}{3.71d}+\frac{2.51}{Re\sqrt{\lambda}}\right] \qquad \cdots\cdots(9)$$

式中:

k ——管内壁绝对粗糙度,单位为米(m);

d ——管内径,单位为米(m);

Re——雷诺数。

b) 当输气管道纵断面图的相对高差 $\Delta h\leqslant 200$ m 且不考虑高差影响时,应按式(10)计算:

$$q_v=1\ 051\times 10^5\left\{\frac{(P_1^2-P_2^2)d^5}{\lambda Z\Delta TL}\right\}^{0.5} \qquad \cdots\cdots(10)$$

沿线温度计算应按式(11)和式(12)计算:

$$t_x=t_0+(t_1-t_0)e^{-\alpha x}-\frac{J\Delta P_x}{\alpha x}(1-e^{-\alpha x}) \qquad \cdots\cdots(11)$$

式中:

t_x ——输气管道沿线任意点的气体温度,单位为摄氏度(℃);

t_0 ——输气管道埋深处的土壤温度,单位为摄氏度(℃);

t_1 ——输气管道计算段起点的气体温度,单位为摄氏度(℃);

e ——自然对数底数,e=2.718;

x ——输气管道计算段起点至沿线任意点的长度,单位为千米(km);

J ——焦尔-汤姆逊效应系数,单位为摄氏度每兆帕(℃/MPa);

ΔP_x——x 长度管段的压降,单位为兆帕(MPa);

α ——系数。

$$\alpha=\frac{225.256\times 10^6 KD}{q_v\Delta C_P} \qquad \cdots\cdots(12)$$

式中:

K ——输气管中气体到土壤的总传热系数,单位为瓦每平方米摄氏度[W/(m²·℃)];

D ——输气管外径,单位为米(m);

q_v ——输气管流量($P_0=0.101\ 325$ MPa,$T=293$ K),单位为立方米每天(m³/d);

Δ ——气体的相对密度,单位为千克每立方米(kg/m³);

C_p ——气体的定压比热,单位为焦每千克摄氏度[J/(kg·℃)]。

5.3.4 压力保护系统

5.3.4.1 输油管道系统输送工艺设计应包括水力和热力计算,并进行稳态和瞬态水力分析,提出输油管道在密闭输送中瞬变流动过程的控制方法。

5.3.4.2 由于水击和其他因素造成的瞬间最大压力值,在管道系统中的任何一点都不应超过输油管道设计内压力的 1.1 倍。

5.3.4.3 输油管道站场压力泄放罐设置应根据瞬态水力分析确定。

5.3.4.4 液化石油气管道泵送设备宜选用液化石油气专用泵。泵出口管段上应设置止回阀、操作阀和液相安全回流阀。

5.3.4.5 液化石油气管道压缩机进、出口管之间应设置旁通管及旁通阀;压缩机出口管线上应设置止回阀和安全阀。

5.3.4.6 输气干线应按照一定的距离设置线路自动截断阀,在管道泄漏或者紧急状况下能自动切断管道,避免气体的大量泄漏。输气干线截断阀上下游均应设置放空管,放空管应能迅速放空两截断阀之间管段内的气体,放空阀直径与放空管直径应相等。

5.3.4.7 输气站存在超压可能的受压设备和容器,应设置安全阀,安全阀泄放的气体可引入同级等压的放空管线。

5.3.4.8 往复式压缩机出口与第一个截断阀之间应安装安全阀和放空阀,安全阀的泄放能力应不小于压缩机的最大排量。

5.3.4.9 每台压缩机应设置安全保护装置,并且在事故停机时,压缩机进出口阀门自动关闭,防喘振阀应开启,压缩机及其配管应泄压。

5.4 线路设计

5.4.1 管道路由

5.4.1.1 线路选线的主要原则

线路选线除应符合 GB 50251 和 GB 50253 中所列要求外,还应执行下列原则:

a) 线路选择应遵守国家和行业现行法律法规的相关要求,对法律法规中明确管道不能通过的地段应予以绕避。

b) 路由选择地形条件满足时,线路宜顺直。宏观方案选择时如有必要应与工艺站场布置相结合,并考虑运营费进行技术经济综合比选。

c) 对于管道建设受限地区,宜首选绕避方案。若经详细比选,实在无法绕避时应与主管部门协商,共同确定通过方案,并制定相应的防护措施方案。

d) 路由选择应充分与各专项评价成果结合,尤其重视与环境影响评价、水土保持评价、压覆矿产资源评价的结合,对评价报告中提出的敏感区域应予绕避或采取有效措施。

e) 多条管道并行敷设时,应结合工程的实际情况,统筹安排、合理布局,并充分考虑管道施工建设、运行维护、检修作业等要求。

5.4.1.2 油气管道与公路、铁路、电力线路等设施的间距应满足相关行业的规定或行业间协议。

5.4.2 线路敷设

5.4.2.1 具备埋地敷设条件时,管道应采用埋地敷设,不具备埋地敷设条件时,局部地段可采用土堤埋设或地上敷设。

5.4.2.2 埋地管道的埋设深度,应综合考虑管道所经过地段的农田耕作深度、冻土深度、地形和地质条件、地下水深度、地面车辆所施加的荷载及管道稳定性的要求等因素而确定:

a) 管顶的覆土层厚度不应小于 0.8 m;

b) 在岩石地区或其他特殊地段,可适当减少管顶覆土厚度,但应满足管道稳定性的要求,并应考虑输送介质物理性质的要求和外力对管道的影响。

5.4.2.3 当埋地管道通过地面坡度较大时,应视土壤情况和坡长以及管道在坡上敷设的方向,采取防止地面径流、渗水侵蚀和土体滑动影响管道安全的措施。

5.4.2.4 管道在沼泽、水网(含水田)地区敷设,或开挖穿越河道时,应进行管道抗漂浮计算,当管道覆土层不足以克服钢管浮力时，应采取稳管措施。

5.4.2.5 当管道穿(跨)越冲沟，或管道的一侧临近发育中的冲沟或陡坎时，应对冲沟的边坡、沟底和陡坎采取加固措施。

5.4.2.6 当管道采用土堤敷设时，土堤高度和顶部宽度，应根据地形、工程地质、水文地质、土壤类别及性质确定。

5.4.2.7 当埋地管道与其他埋地管道或金属构筑物交叉时，其垂直净距不应小于 0.3 m；管道与电力、通信电缆交叉时，其垂直净距不应小于 0.5 m，并应在交叉点处管道两侧各 10 m 以上的管段和电缆采用相应的最高绝缘等级防腐层。

5.4.2.8 管道穿跨越人工或天然障碍物如水域、冲沟、铁路、公路和建筑物等时，除应执行 GB 50423 以及 GB 50459 规定外，还应满足相关管理部门的要求。

5.4.2.9 当管道需改变平面走向适应地形变化时，可采用弹性弯曲、冷弯弯管、热煨弯管。在平面转角较小或地形起伏不大的情况下，首先应采用弹性弯曲敷设；不满足弹性弯曲敷设时可采用冷弯弯管或热煨弯管来满足管道转向的要求。冷弯弯管和热煨弯管应符合下列要求：

a) 采用热煨弯管时，其曲率半径不宜小于 4 倍钢管外直径，且应满足清管器或检测器顺利通过的要求；

b) 现场冷弯弯管的最小曲率半径应符合表 32 的规定。

表 32 现场冷弯弯管的最小弯管半径

单位为毫米

钢管外径 D	最小弯管半径
≤323.9	$18D$
355.6	$21D$
406.4	$24D$
457	$27D$
≥508	$30D$
注：D 为管外径，弯管两端宜有约 2 m 的直管段。	

5.4.2.10 当管道采用弹性弯曲敷设时，应符合下列要求：

a) 弹性弯曲敷设的管道其曲率半径应满足钢管的强度要求，且不应小于钢管外直径的 1 000 倍。垂直面上弹性敷设管道的曲率半径尚应大于管道在自重作用下产生的挠度曲线的曲率半径，其曲率半径应按式(13)计算：

$$R \geqslant 3\ 600\sqrt[3]{\frac{1-\cos\frac{\alpha}{2}}{\alpha^4}D^2} \qquad \cdots\cdots(13)$$

式中：

R ——管道弹性弯曲曲率半径，单位为米(m)；

D ——管道的外直径，单位为厘米(cm)；

α ——管道的转角，单位为度(°)。

b) 在相邻的反向弯曲管段之间应采用直管段连接，直管段长度不应小于钢管的外直径，且不应小于 500 mm。

c) 当管道平面和竖向同时发生转角时,不宜采用弹性敷设。

5.4.2.11 热煨弯管和冷弯弯管不应使用褶皱弯或虾米弯。管道对接偏差不应大于 3°。

5.4.2.12 并行敷设应符合下列要求:

a) 并行间距的确定应考虑管道输送介质的特征、压力、管径、地形特点、周围的土壤性质等参数,同时应满足施工和运行的要求。

b) 不受限制地段,并行间距应满足起决定作用的管道失效而不造成其他并行管道破坏的要求,并且应不小于 6 m;不同期建设的石方地段,并行间距不宜小于 20 m。

c) 受地形、规划等条件限制的区段,并行间距应满足下列要求:

1) 应根据具体的限制条件,经过技术经济比较,在采取安全措施后,可适当缩小并行间距。同期建设的并行管道可同沟敷设;不同期建设的并行管道不宜同沟敷设。

2) 不同期建设时,土方地段埋地并行管道的最小并行间距如表 33 所示。

表 33 不同期建设的土方地段埋地并行管道的最小并行间距要求

土壤类型	新建管径		
	<323.9 mm	323.9 mm~610 mm	711 mm~1 219 mm
	最小间距		
中密的沙土	2.8 m	3.5 m	4 m
中密的碎石类土(充填物为沙土)	2.5 m	2.8 m	3.5 m
硬塑的粉土	2 m	2.5 m	3 m
中密的碎石类土(充填物为黏性土)	2 m	2 m	2.5 m
硬塑的粉质黏土、黏土	1.5 m	1.5 m	2 m
老黄土	1.5 m	1.5 m	2 m
软土(经井点降水)	2.5 m	3 m	4 m

注 1:对于加热输送管道、弹性敷设段以及存在较大应力的其他地段,需进行土体稳定性的校核。

注 2:本表适用于管顶埋深小于 1.5 m,坡顶无动载情况。

3) 同沟敷设段管道的最小并行间距应符合表 34 的要求。

表 34 同沟敷设段管道的最小并行间距

管道直径/mm	<406.4	406.4~813	>813
最小并行间距/m	1.0	1.2	1.5

注:表中管道直径为并行管道中管径的大者。

5.4.2.13 抗震设计应符合下列要求:

a) 管道的抗震设计应按 GB 50470 的要求执行;

b) 油气输送管道线路工程文件中,应提出工程抗震设防依据和设防标准;

c) 对于一般地段埋地管道,当位于设计地震动峰值加速度大于或等于 0.20g 地区时,应进行抗拉伸和抗压缩校核。

5.4.2.14 管道防护工程在保护管道安全运行的同时,还应具有水土保持的功能。管道的防护工程主要分 3 大类：坡面防护、冲刷防护和支挡防护。其防护工程设计应满足 SY/T 6793 的要求。

5.4.2.15 管道的锚固应符合下列要求：

a) 管道通过高差较大的长陡坡地段，应设置管道锚固墩；

b) 当管道的设计温度同安装温度之差影响管道的稳定性时，宜在管道出土端、弯头、管径改变处以及管道和清管器收发筒装置连接处，应根据计算采用使管道稳固的措施。

5.4.2.16 管道标志应符合下列要求：

a) 管道沿线应设置里程桩、转角桩、交叉和警示牌等永久性地面标志，并宜在地下设置警示带标志。

b) 里程桩应设置在介质流向的左侧，沿管道从起点至终点，每隔 1 km 设置 1 个，不应间断。阴极保护测试桩可同里程桩结合设置。

c) 在管道改变方向处应设置水平转角桩。转角桩应设置在管道中心线的转角处左侧。

d) 管道穿跨越人工或天然障碍物时，应在穿跨越处两侧及地下建(构)筑物附近设立标志。通航河流上的穿跨越工程，应设置警示牌。

e) 对交通流量较大的以及人口密集活动频繁的地段，应设置警示牌，并应采取保护措施。

5.4.3 线路阀室

5.4.3.1 长输油气管道线路沿线应安装截断阀。输油管道和输送液态液化石油气管道，截断阀间距应按照 GB 50253 的规定执行；输气管道线路截断阀的间距，应按照 GB 50251 的规定执行。

5.4.3.2 对于管道沿线的大型穿跨越处，应增设线路阀室，中型穿跨越处及活动断裂带、饮用水源地、地质灾害多发区等特殊地段，如有必要可增设线路阀室。

5.4.3.3 阀室位置：

a) 线路阀室位置宜选在交通便利、地势较高且开阔、工程地质条件较好的地方，宜不占用基本农田用地。

b) 阀室设置应满足安全距离的要求，输气管线的阀室还应考虑放空管的防火间距。不点火的放空管可放置在阀室的围墙内。

c) 监控阀室选择应考虑周围供电、通信条件。

d) 当输气管道沿线有潜在天然气用户市场，阀室位置在满足该段地区等级要求间距的条件下宜靠近用户。

e) 截断阀室应设置在不受地质灾害及洪水影响、检修方便的位置，并应设保护设施。

5.4.4 线路用管设计与计算

5.4.4.1 线路用管满足第 4 章的要求。

5.4.4.2 输油气管道所采用的钢管、管道附件的材质选择，应根据设计压力、温度、所输介质的物理化学性质和使用地区等因素，经技术和经济上的比较后确定。采用的钢管和钢材应具有良好的韧性和可焊性。

5.4.4.3 壁厚选择及管件设计

5.4.4.3.1 输油管道用管壁厚计算

直管段管壁厚度应按式(14)计算：

$$\delta=\frac{PD}{2[\sigma]} \qquad (14)$$

式中：

δ ——直管段钢管计算壁厚，单位为毫米(mm)；

P ——设计内压力，单位为兆帕(MPa)；

D ——钢管外直径，单位为毫米(mm)；

$[\sigma]$——钢管许用应力，单位为兆帕(MPa)，应按 5.1.4 规定取值。

5.4.4.3.2 输气管道用管壁厚计算

直管段管壁厚度应按式(15)计算：

$$\delta=\frac{PD}{2\sigma_{s}\phi Kt} \qquad (15)$$

式中：

δ ——钢管计算壁厚，单位为毫米(mm)；

P ——设计压力，单位为兆帕(MPa)；

D ——钢管外径，单位为毫米(mm)；

σ_s ——钢管的最小屈服强度，单位为兆帕(MPa)；

ϕ ——焊缝系数，按表 31 取值；

K ——强度设计系数，根据地区等级选取，见 5.4.4.4.2；

t ——温度折减系数。当温度小于 120 ℃时，t 值取 1.0。

5.4.4.3.3 弯管壁厚计算

a) 弯管的壁厚应按式(16)～式(18)计算：

$$\delta_{H}\geqslant\delta \qquad (16)$$

$$\delta_{i}\geqslant\delta\times m \qquad (17)$$

$$m=\frac{4R-D}{4R-2D} \qquad (18)$$

式中：

δ_H ——弯管的外弧侧壁厚最小值，单位为毫米(mm)；

δ_i ——弯管的内弧侧壁厚最小值，单位为毫米(mm)；

δ ——弯管所连接直管段的计算壁厚，单位为毫米(mm)；

m ——弯管的壁厚增大系数；

R ——弯管的曲率半径，单位为毫米(mm)；

D ——弯管的外径，单位为毫米(mm)。

b) 弯管的母管壁厚应按式(19)计算：

$$\delta_{b}=\frac{1}{1-c}\delta \qquad (19)$$

式中：

δ_b ——弯管母管计算壁厚，单位为毫米(mm)；

δ ——弯管所连接直管段的计算壁厚，单位为毫米(mm)；

c ——弯管弯制允许最大壁厚削薄率，不大于 9%。

注：对于热煨弯管，还应考虑煨制过程中的壁厚减薄因素。

5.4.4.4 地区等级划分

5.4.4.4.1 对于输气管道、输送液化石油气(LPG)管道通过的地区,应按照沿线居民户数和(或)建筑物的密集程度,划分为4个地区等级,并依据地区等级做出相应的管道设计。

5.4.4.4.2 地区等级划分及相应的管道强度设计系数应符合下列规定:

a) 沿管道中心线两侧各200 m范围内,任意划分成长度为2 km并能包括最大聚集户数的若干地段,按划定地段内的户数划分为4个等级。在农村人口聚集的村庄、大院、住宅楼,应以每一独立户作为一个供人居住的建筑物计算,见表35。

表35 地区等级及管道强度设计系数

地区等级	说明	强度设计系数 *K*
一级地区	户数在15户或以下区段	0.72
二级地区	户数在15户以上,100户以下区段	0.60
三级地区	户数在100户或以上的区段包括市郊、商业区、工业区、不够四级的人口稠密区	0.50
四级地区	系指地面四层及四层以上楼房普遍集中、交通频繁、地下设施多的区段	0.40

b) 当划分地区等级边界线时,边界线距最近一幢建筑物外边缘应大于或等于200 m。

c) 在一级、二级地区内的学校、医院以及其他公共场所等人群聚集的地方,应按三级地区选取设计系数。

d) 当一个地区的发展规划足以改变该地区的现有等级时,应按发展规划划分地区等级。

5.4.4.4.3 输气管道穿越铁路、公路和人群聚集场所的管段以及输气站内管道的强度设计系数,应满足表36的规定。

表36 穿越铁路、公路及输气站内管道的强度设计系数

管道及管段	地区等级			
	一	二	三	四
	强度设计系数 *K*			
有套管穿越三级、四级公路的管道	0.72	0.6	0.5	0.4
无套管穿越三级、四级公路的管道	0.6	0.5	0.5	0.4
有套管穿越一级、二级公路、高速公路、铁路的管道	0.6	0.6	0.5	0.4
输气站内管道及其上、下游各200 m管道,截断阀室管道及其上、下游各50 m管道(其距离从输气站的阀室边界线起算)	0.5	0.5	0.5	0.4
人群聚集场所的管道	0.5	0.5	0.5	0.4

5.4.4.4.4 输送LPG管道穿越铁路、公路和人群聚集场所的管段以及LPG站内管段的强度设计系数,应符合表37的规定。

表 37 穿越铁路、公路及 LPG 站内管道的强度设计系数

管道及管段	地区等级			
	一	二	三	四
	强度设计系数 K			
有套管穿越三级、四级公路的管道	0.72	0.6	0.5	0.4
无套管穿越三级、四级公路的管道	0.6	0.5	0.5	0.4
有套管穿越一级、二级公路、高速公路、铁路的管道	0.6	0.6	0.5	0.4
LPG 站内管道及其上下游各 200 m 管段、人群聚集场所的管段	0.4	0.4	0.4	0.4

5.4.4.5 埋地管道的强度校核计算

5.4.4.5.1 管道强度校核计算应符合下列原则：

a) 管道应计算由设计内压力、外部荷载和热胀冷缩所产生的应力，并应使其小于管道、管道附件、与管道相连接的设备的安全承受能力。

b) 管道强度设计应根据管段所处地区等级以及所承受的可变荷载和永久荷载而定。当管道通过地震动峰值加速度大于或等于 $0.2g$ 的地区时，应按 GB 50470 规定对管道在地震作用下的强度进行校核。

c) 埋地直管段的轴向应力与环向应力组合的当量应力，应小于钢管的最小屈服强度的 90%。管道附件的设计强度不应小于相连接直管段的设计强度。

5.4.4.5.2 埋地高压输送管道的直管段和轴向变形受限制的地上管段的轴向应力应按式(20)和式(21)计算：

$$\sigma_L = \mu\sigma_h + E\alpha(t_1 - t_2) \quad \cdots\cdots(20)$$

$$\sigma_h = \frac{Pd}{2\delta} \quad \cdots\cdots(21)$$

式中：

σ_L ——由内压和温度变化引起的轴向应力，拉应力为正，压应力为负，单位为兆帕(MPa)；

μ ——泊松比，取值 0.3；

σ_h ——由内压产生的环向应力，单位为兆帕(MPa)；

E ——钢材的弹性模量，单位为兆帕(MPa)；

α ——钢材的线膨胀系数，单位为每摄氏度(℃$^{-1}$)；

t_1 ——管道下沟回填时温度，单位为摄氏度(℃)；

t_2 ——管道的工作温度，单位为摄氏度(℃)；

P ——管道设计内压力，单位为兆帕(MPa)；

d ——管道内径，单位为毫米(mm)；

δ ——管道公称壁厚，单位为毫米(mm)。

5.4.4.5.3 对于受约束的管道应按最大剪应力破坏理论计算当量应力，并应符合式(22)要求：

$$\sigma_e = \sigma_h - \sigma_L < 0.9\sigma_s \quad \cdots\cdots(22)$$

式中：

σ_e ——当量应力，单位为兆帕(MPa)；

σ_s ——钢管的最低屈服强度,单位为兆帕(MPa)。

5.4.4.5.4 对于无套管穿越公路、穿越用钢套管及埋深较大管段,应按无内压状态验算在外力作用下钢管的变形,其水平直径方向的变形量不应大于钢管外直径的3%。变形量应按式(23)、式(24)和式(25)计算:

$$\Delta X=\frac{ZKWD_m^3}{8EI+0.061E_sD_m^3} \quad\cdots\cdots(23)$$

$$W=W_1+W_2 \quad\cdots\cdots(24)$$

$$I=\frac{\delta_n^3}{12} \quad\cdots\cdots(25)$$

式中:

ΔX ——钢管水平方向最大变形量,单位为米(m);

Z ——钢管变形滞后系数,宜取1.5;

K ——基床系数,宜按表37选取;

W ——作用在单位管长上的总竖向荷载,单位为牛每米(N/m);

D_m ——钢管的平均直径,单位为米(m);

E ——钢材弹性模量,单位为牛每平方米(N/m²);

I ——单位管长截面惯性矩,单位为四次方米每米(m^4/m);

W_1 ——单位管长上的竖向永久荷载,单位为牛每米(N/m);

W_2 ——地面可变荷载传递到管道上的荷载,单位为牛每米(N/m);

δ_n ——钢管壁厚,单位为米(m);

E_s ——土壤变形模量,单位为牛每平方米(N/m²);

E_s 值应采用现场实测值。当无实测资料时,可按照表38选取。

表38 敷管条件的设计参数

敷管类型	敷管条件	E_s MN/m²	基床包角 (°)	基床系数 K
1型	管道敷设在未扰动的土上,回填土松散	1.0	30	0.108
2型	管道敷设在未扰动的土上,管道中线以下的土轻轻压实	2.0	45	0.105
3型	管道放在厚度有100 mm的松土垫层内,管顶以下的回填土轻轻压实	2.8	60	0.103
4型	管道放在砂卵石或碎石垫层内,垫层顶面应在管底以上1/8管径处,但不应小于100 mm,管顶以下回填土夯实密度约80%	3.8	90	0.096
5型	管道中线以下放在压实的黏土内,管顶以下的回填土夯实,夯实密度约90%	4.8	150	0.085
注1:管径大于或等于DN750 mm的管道,不采用1型。 注2:基床包角系数指管基土壤反作用的圆弧角。				

5.4.4.5.5 对加热输送的埋地输油管道,应验算其轴向稳定,并应符合式(26)和式(27)的要求:

$$N \leqslant \frac{N_{cr}}{n} \qquad (26)$$

$$N = [\alpha E(t_2 - t_1) + (0.5 - \mu)\sigma_h]A \qquad (27)$$

式中：

N ——由温差和内压产生的轴向压缩力，单位为兆牛(MN)；

N_{cr} ——管道开始失稳时的临界轴向力，单位为兆牛(MN)；

n ——安全系数，对于公称直径大于500 mm的钢管宜取 $n=1.33$；公称直径小于或等于500 mm的钢管宜取 $n=1.11$；

A ——钢管横截面积，单位为平方米(m^2)。

注：按式(26)计算时，如果计算结果 N 为正值，表示 N 为轴向压缩力，需按式(27)验算轴向稳定问题。若果 N 为负值，则表示 N 为轴向拉力，则不必验算轴向稳定问题。

5.4.4.5.6 对于轴向不受约束的地面管道和埋地管道出土端未设固定墩的管段，当温度变化较大时，应按式(28)～式(30)计算热胀当量应力，其值不应大于钢管的许用应力[σ]。

$$\sigma_t = \sqrt{\sigma_b^2 + 4\tau^2} \leqslant [\sigma] \qquad (28)$$

$$\sigma_b = \frac{\sqrt{(i_i M_i)^2 + (i_o M_o)^2}}{Z} \qquad (29)$$

$$\tau = \frac{M_t}{2Z} \qquad (30)$$

式中：

σ_t ——最大运行温差下热胀当量应力，单位为兆帕(MPa)；

σ_b ——最大运行温差下热胀合成弯曲应力，单位为兆帕(MPa)；

i_i ——构件平面内弯曲时的应力增强系数；

M_i ——构件平面内的弯曲力矩。对于三通，总管和支管部分的力矩应分别考虑，单位为兆牛米(MN·m)；

i_o ——构件平面外弯曲时的应力增强系数；

M_o ——构件平面外的弯矩，单位为兆牛米(MN·m)；

τ ——扭应力，单位为兆帕(MPa)；

M_t ——扭矩，单位为兆牛米(MN·m)；

Z ——管道截面系数，单位为立方米(m^3)。

注：计算地面管道的热胀应力时，管道的全补偿值包括热伸长值、管道端点的附加位移及有效预拉伸。预拉伸的有效系数取0.5。

5.4.4.5.7 对于管道弯头，还应考虑受内压和温差共同作用下的组合应力。

当弯头所受的环向应力 σ_h 小于许用应力[σ]时，组合应力 σ_e 应按式(31)～式(37)计算：

$$\sigma_e = \sigma_h + \sigma_{hmax} < \sigma_b \qquad (31)$$

$$\sigma_h = \frac{Pd}{2\delta_b} \qquad (32)$$

$$[\sigma] = F\phi t\sigma_s \qquad (33)$$

$$\sigma_{hmax} = \beta_q \sigma_o \qquad (34)$$

$$\beta_q = 1.8\left[1 - \left(\frac{r}{R}\right)^2\right]\left(\frac{1}{\lambda}\right)^{2/3} \qquad (35)$$

$$\lambda=\frac{R\delta_b}{r^2} \quad \cdots\cdots(36)$$

$$\sigma_o=\frac{Mr}{I_b} \quad \cdots\cdots(37)$$

式中：

σ_e ——由内压和温差作用下的弯头组合应力，单位为兆帕(MPa)；

σ_h ——由内压产生的环向应力，单位为兆帕(MPa)；

σ_b ——材料的强度极限，单位为兆帕(MPa)；

P ——设计内压力，单位为兆帕(MPa)；

d ——弯头内径，单位为米(m)；

δ_b ——弯头壁厚，单位为米(m)；

$[\sigma]$ ——材料的许用应力，单位为兆帕(MPa)；

F ——设计系数；

ϕ ——焊缝系数；

t ——温度折减系数，温度小于 120 ℃时，t 取 1.0；

σ_s ——材料的屈服极限，单位为兆帕(MPa)；

σ_{hmax}——由热胀弯矩产生的最大环向应力，单位为兆帕(MPa)；

β_q ——环向应力增强系数；

σ_o ——热胀弯矩产生的环向应力，单位为兆帕(MPa)；

r ——弯头截面平均半径，单位为米(m)；

R ——弯头曲率半径，单位为米(m)；

λ ——弯头参数；

M ——弯头的热胀弯矩，单位为兆牛米(MN·m)；

I_b ——弯头截面的惯性矩，单位为四次方米(m^4)。

5.5 穿跨越设计

5.5.1 一般规定

5.5.1.1 穿跨越工程设计前，应取得输送介质物理性质资料及输送工艺参数。其要求应按 GB 50253 和 GB 50251 的规定执行。

5.5.1.2 应按 GB/T 50539 和 GB 50568 要求进行测量和勘察。大中型穿跨越工程及非开挖小型穿越和小型跨越工程应单独进行勘察和测量，取得穿跨越场地工程测量和工程地质所需资料。

5.5.1.3 位于设计地震动峰值加速度 a 大于或等于 $0.1g$ 地区的大中型穿越工程，应调查下列 4 种情况，并取得量化指标：

a) 有无断层及断层活动性质，活动断层应取得一次性最大错动量；

b) 有无地震时两岸或水床出现开裂或错动；

c) 有无地震时发生基土液化；

d) 有无地震时引起两岸滑坡或深层滑动。

5.5.1.4 多条管道并行敷设时,对于同期建设的并行管道,宜共用穿跨越结构;对于不同期建设的并行管道,当利用在役管道已建的穿跨越结构及其设施敷设时,应对在役管道、穿跨越结构及其设施本体进行安全检测和评价,并根据检测评价结果确定加固及修复方案。

5.5.1.5 输油管道大型穿跨越工程两岸应设置截断阀,输气管道大型跨越工程两岸宜设置截断阀。截断阀位置应选择在设计洪水位以上、交通方便的地方。

5.5.2 穿跨越工程等级

5.5.2.1 穿越工程等级

水域穿越工程等级应按表39划分。

表39 水域穿越工程等级

单位为米

工程等级	穿越水域的水文特征	
	多年平均水位的水面宽度	相应水深
大型	≥200	不计水深
	≥100～<200	≥5
中型	≥100～<200	<5
	≥40～<100	不计水深
小型	<40	不计水深

注1:对于季节性河流或无资料的河流,水面宽度可按河槽宽度选取(不含滩地)。

注2:对于游荡性河流,水面宽度可按深泓线摆动范围选取;若无资料,可按两岸大堤间宽度选取。

注3:若采用裸管敷设或管沟埋设穿越,当施工期流速大于2 m/s时,中小型工程等级可提高一级。

注4:有特殊要求的中小型工程,工程等级可提高一级。

5.5.2.2 跨越工程等级

管道跨越工程等级应按表40划分。

表40 跨越工程等级

单位为米

工程等级	总跨长度	主跨长度
大型	≥300	≥150
中型	≥100～<300	≥50～<150
小型	<100	<50

5.5.3 穿跨越工程设防

5.5.3.1 洪水设防标准

穿跨越工程的设计洪水频率(重现周期)应按照不同工程等级按表41选用,并结合当地水文资料确定相应的设计洪水位。桥梁上游300 m范围内的穿越工程,设计洪水频率不应低于该桥梁的设计洪水频率。

表 41 设计洪水频率

工程等级	设计洪水频率	
	穿越工程	跨越工程
大型	1%(100 年一遇)	1%(100 年一遇)
中型	2%(50 年一遇)	2%(50 年一遇)
小型	2%(50 年一遇)	2%(50 年一遇)

5.5.3.2 防洪评价及设计要求

可行性研究或初步设计阶段,当管道穿跨越位置经规划、河道等相关管理部门同意批复后,按照河道主管部门的要求,应对有防洪要求的河流穿跨越工程进行河流防洪影响评价。河流大中型穿跨越工程应按批准的防洪影响评价报告提供的设防洪水水文参数、冲刷深度及对河流两岸岸坡和大堤提出的处理意见进行穿跨越工程设计。

5.5.3.3 抗震设防标准

5.5.3.3.1 位于设计地震动峰值加速度 a 大于或等于 $0.1g$ 地区的大中型穿越工程及设计地震动峰值加速度 a 大于或等于 $0.05g$ 地区的跨越工程,应进行抗震设计。设计地震动峰值加速度 a 为 $0.05g$ 地区的跨越工程,可不进行地震作用计算,但应采取相应的抗震措施。

5.5.3.3.2 大中型穿跨越工程应按 50 年超越概率 5%的地震动参数进行抗震设计,其中大型跨越及埋深小于 30 m 的大型穿越,应按 50 年超越概率 2%的地震动参数进行抗震设计;小型穿跨越工程应按50 年超越概率 10%的地震动参数进行抗震设计。大中型跨越工程抗震设计采用的地震动参数,应按地震安全性评价或经专门研究审定后的文件确定。小型穿跨越工程抗震设计采用的地震动参数,应按GB 18306的规定采用。

5.5.3.3.3 大型跨越工程和重要干线的中型跨越工程应按抗震设防类别乙类进行设防,其余跨越工程应按抗震设防类别丙类进行设防。

5.5.4 穿跨越位置选择

5.5.4.1 穿跨越位置应综合考虑地形、地势、河势、河流形态、水文、地质、地震、航运、现有水利工程和水利设施、水利规划、防洪要求、保护区规划、水上或地下构筑物以及两岸城市规划、交通条件、施工场地等因素,根据有关部门对管道工程的环境影响评估报告、灾害性地质评估报告、地震安全评估报告及防洪影响评价报告等,按 GB 50423、GB 50459 和 GB 50470 的相关规定确定。

5.5.4.2 穿跨越位置应符合线路总体走向,对于大中型穿跨越工程,线路局部走向可根据穿跨越位置进行调整。

5.5.4.3 穿跨越位置选择应符合国家及地方相关法律法规,满足河道、水务(利)、渔业、环保、航道、规划、交通、铁路和建筑物管理等相关部门的要求,并取得相关部门的管道通过许可协议。

5.5.4.4 穿跨越位置应避开水源地一级保护区和水生生物保护区核心区。对于水源地二级保护区和准保护区、水生生物保护区缓冲区和实验区宜首先避绕,确需通过时,应取得有关部门的同意,并采取必要的保护措施。

5.5.4.5 穿跨越位置选择宜避开下列河段:

a) 岸坡区岩土松软、不良地质作用发育且对穿跨越工程稳定性有直接危害或潜在威胁的河段;

b) 存在活动断裂的河段。

5.5.5 穿跨越方案选择

5.5.5.1 穿跨越方案的选择应根据地形、气象、水文、地质、水土保持、环境、交通、施工及管理条件等进行综合技术经济比选、论证,确定最优穿跨越方案。

5.5.5.2 对于通航河流,宜采用非开挖穿越或跨越方式。

5.5.5.3 对于枯水期流量很小或断流的季节性河流,宜选择枯水期采用开挖穿越方式。

5.5.5.4 对于常年有水流量较大的河流,当地质条件适宜、定向钻穿越方案可行的情况下,宜优先选择定向钻穿越方式。

5.5.5.5 过河位置经过水源保护区、水生生物保护区等敏感区时,宜选择非开挖穿越方式或一跨过河的跨越方式。

5.5.6 穿越工程设计与计算

5.5.6.1 开挖穿越设计

5.5.6.1.1 开挖穿越管段的埋深应按照工程等级与相应设计洪水冲刷深度或疏浚深度要求,按表42确定。

表42 开挖穿越水域的管顶埋深

单位为米

水域冲刷情况	大型	中型	小型	备注
有冲刷或疏浚的水域,应在设计洪水冲刷线下或规划疏浚线下,取其深者	≥1.5	≥1.2	≥1.0	当有船锚或疏浚机具,管顶埋深应达到不受机具损伤防腐层的要求
无冲刷或疏浚的水域,应埋在水床底面以下	≥1.5	≥1.3	≥1.0	—
河床为基岩,并在设计洪水下不被冲刷时,管段应嵌入基岩,管顶埋深	≥0.8	≥0.6	≥0.5	所挖沟槽应用满槽混凝土覆盖封顶,达到原水床标高

5.5.6.1.2 穿越管段的埋深除应符合表42规定外,还应考虑以下情况对管道穿越的影响:

a) 当穿越河段深弘线反复摆动时,穿越管段在全部摆动范围内埋深应相同;

b) 当穿越河段位于水库下游或水工建筑物附近时,考虑水库下泄清水引起的河床降低或水工建筑物附近局部冲刷的影响,应加大管道埋深;

c) 当穿越河段位于人工挖沙活动区时,考虑河床变化的影响,应加大管道埋深;

d) 当穿越河段位于河流弯曲段且无河工治理时,会出现凹岸冲淘、凸岸淤积的河势演变,应在凹岸加大管道埋深,并增加穿越长度;

e) 当穿越河段位于河流下游时,河床以下切为主,应加大管道埋深;

f) 当穿越河段位于河流中游时,对于边坡地质条件较差,且无人工堤防旁切严重的河段的应增大穿越长度。

5.5.6.1.3 水下穿越管段敷设后,不应发生管段漂浮和移位。当管段抗漂浮或抗移位稳定性核算不满足要求时,应采取稳管措施。

5.5.6.2 定向钻穿越设计

5.5.6.2.1 定向钻穿越管段的埋深应根据地质条件、冲刷深度(或疏浚深度)、穿越管径、入出土角、弹性敷设曲率半径等综合确定，并应满足下列要求：

a) 水域穿越管段管顶埋深不宜小于设计洪水冲刷线或规划疏浚线以下 6 m；

b) 水域穿越管段埋深应避开河道挖砂、采石、船只抛锚的影响；

c) 穿越铁路、公路、堤防等构筑物时，穿越管段埋深应符合铁路、公路、堤防等相关部门的规定。

5.5.6.2.2 定向钻穿越入出土角应根据穿越长度、穿越管段埋深、穿越管径、弹性敷设条件、地形条件，按 GB 50423 的相关规定确定。

5.5.6.2.3 采用定向钻穿越河流防洪堤坝时，不应危及堤坝的安全，应根据穿越场地地质条件采取措施控制堤坝和地面沉陷。

5.5.6.2.4 定向钻穿越管段防腐应满足以下要求：

a) 定向钻穿越段回拖前应对防腐层及补口进行质量检测；穿越完成后应进行馈电法对防腐层性能进行评价，对防腐层质量无法达到要求的定向钻穿越管道，应对出土端管道进行修复，并对定向钻穿越管段实施阴极保护。穿越管段阴极保护宜纳入干线阴极保护系统中。

b) 定向钻穿越管段在纳入永久阴极保护系统之前应采取临时阴极保护措施。

5.5.6.3 隧道穿越设计

5.5.6.3.1 矿山法隧道穿越宜选择在稳定的地层中，不宜穿越工程地质和水文地质复杂以及溶洞、暗河、煤层采空区等不良地层段；当必须通过时，应采取可靠的工程措施。

5.5.6.3.2 盾构法、顶管法隧道埋深应根据地面环境、地下设施、工程地质和水文地质条件、设备特性等按 GB 50423 的相关规定确定，并应满足隧道抗浮稳定性要求。

5.5.6.3.3 山岭隧道穿越轴线高程应满足输送工艺控制要求。隧道修建应避免破坏原有的地表形态和山体的平衡。

5.5.6.3.4 隧道结构净空尺寸应满足管道建筑限界、隧道施工、管道安装及运营维护等要求。

5.5.6.3.5 矿山法隧道应设衬砌，衬砌结构型式、设计参数应按照围岩级别、水文地质条件、埋置深度、隧道断面、施工条件等，应按 GB 50423 和 GB 50086 通过工程类比和结构计算确定。

5.5.6.3.6 顶管法隧道应进行顶进套管允许顶力验算、顶进套管强度、稳定性验算、钢管套管变形验算、混凝土套管裂缝宽度验算及顶管总顶力和中继站数量估算。

5.5.6.3.7 盾构法隧道应进行管片主体承载力及接头连接计算、千斤顶推力验算、壁后注浆压力验算、管片裂缝宽度验算、管片环及接头变形验算。

5.5.6.3.8 竖井结构设计应按 SY/T 6884 执行。

5.5.6.4 水工保护设计

5.5.6.4.1 河流护岸工程设计：

a) 受水流淘刷或冲蚀威胁的穿越管段，可修筑导流堤或丁坝等调治构筑物满足水流顺畅、不产生集中冲刷的要求。为保持岸坡稳定，应修筑护坡工程。

b) 防护工程的设计洪水设防标准宜与穿越工程相同，护岸顶应高出设计洪水位(包括浪高和壅水)0.5 m。若堤岸顶低于设计洪水位，护岸宜至堤顶。

c) 防护工程基础基底埋深要求在水床面下 1 m～2 m，同时也应满足设计冲刷线下 1.0 m 和冰冻线下 0.3 m 的要求。

d） 护坡(岸)顺水流方向长度,应根据实地水流形态、岸坡地质条件及管沟开挖宽度确定,且不应小于 5 m。

5.5.6.4.2 黄土冲沟防护设计

管道穿越黄土冲沟时,应根据当地水土保持部门的要求进行防护设计。主要措施如下:

a） 可利用冲沟地势在管道穿越的上下游设置若干道淤土坝,防止冲沟下切,保护管道安全;

b） 为防止冲沟两侧坍塌危及管道安全,应进行削坡并作护坡工程或挡土墙工程。

5.5.6.4.3 隧道洞口防护设计:

a） 隧道、明洞的洞口应设置截水沟和排水沟,水量可根据现场调查结论。排水沟应接口至天然排水处。

b） 多雨地区,宜采取措施防止洞口仰坡范围内地表水下渗和冲刷。

c） 洞外路堑的水不宜流入隧道。当出洞方向路堑为上坡时,宜将洞外侧沟做成与隧道坡度相反,且不小于 0.2%的坡度。

5.5.6.5 穿越管段计算

5.5.6.5.1 穿跨越管段应按 5.4.4 的规定选择壁厚和管材等级,并核算强度、刚度及稳定性;当不满足要求时,应增加钢管壁厚或提高管材等级。

5.5.6.5.2 穿越管道强度设计系数应符合表 43 的规定。

表 43 穿越管道强度设计系数

穿越管段类型	输气管道				输油管道
	一级地区	二级地区	三级地区	四级地区	
Ⅲ、Ⅳ级公路有套管穿越	0.72	0.6	0.5	0.4	0.72
Ⅲ、Ⅳ级公路无套管穿越	0.60	0.5	0.5	0.4	0.6
Ⅰ、Ⅱ级公路、高速公路、铁路穿越	0.60	0.6	0.5	0.4	
水域小型穿越	0.72	0.6	0.5	0.4	0.72
水域大、中型穿越	0.60	0.5	0.4	0.4	0.5
山岭隧道、冲沟穿越	0.60	0.5	0.5	0.4	0.6
注:穿越渡槽、桥梁、古迹可视其重要性按水域穿越取用设计系数。					

5.5.6.5.3 穿越管段钢管许用应力应按式(38)计算:

$$[\sigma]=\eta F\phi t\sigma_s \qquad \cdots\cdots(38)$$

式中:

$[\sigma]$ ——钢管许用应力,单位为兆帕(MPa)。

η ——钢管许用应力提高系数,运营阶段工况取 1.0,施工阶段工况(包括试压工况)取 1.3;

F ——管道强度设计系数,应按表 43 采用;

ϕ ——钢管焊缝系数,符合 4.3.1 规定的钢管,取 1.0;

t ——温度折减系数,输油管道,t 取 1.0;输气管道,当温度小于 120 ℃时,t 取 1.0;

σ_s ——钢管的规定最低屈服强度,单位为兆帕(MPa)。

5.5.6.5.4 穿越管段强度验算应根据作用效应组合分别计算轴向应力、环向应力和弯曲应力,对各工况的单项应力代数和、当量应力按下列规定分别进行核算:

a) 内压产生的环向应力按式(39)计算:

$$\sigma_h = \frac{Pd}{2\delta} \quad \cdots\cdots(39)$$

b) 内压与温度变化产生的轴向应力分别按式(40)~式(41)计算:

当管段轴向变形不受约束时:

$$\sigma_a = 0.5\sigma_h \quad \cdots\cdots(40)$$

当管段轴向变形受约束时:

$$\sigma_a = E\alpha(t_1 - t_2) + \mu\sigma_h \quad \cdots\cdots(41)$$

c) 弹性敷设产生的弯曲应力按式(42)计算:

$$\sigma_b = \pm\frac{ED}{2R} \quad \cdots\cdots(42)$$

式中:

σ_h——管段钢管的环向应力,单位为兆帕(MPa);

P ——管道设计压力,单位为兆帕(MPa);

d ——钢管内径,单位为毫米(mm);

δ ——钢管壁厚,单位为毫米(mm);

σ_a——管段钢管的轴向应力,单位为兆帕(MPa);

E ——钢材的弹性模量,取 2.1×10^5 MPa;

μ ——钢材的泊松比,取 0.3;

α ——钢材的线膨胀系数,取 1.2×10^{-5} m/(m·℃);

t_1——管道安装闭合时的环境温度,单位为摄氏度(℃);

t_2——穿越段管道输送介质温度,单位为摄氏度(℃);

σ_b——管段钢管的弯曲应力,单位为兆帕(MPa);

D——钢管外径,单位为毫米(mm);

R ——管段弹性敷设曲率半径,单位为毫米(mm)。

d) 其他作用引起的环向应力、轴向应力和弯曲应力,应根据实际可能发生的情况进行计算。

e) 穿越管段各单项应力、当量应力核算应满足式(43)~式(45)的要求:

$$\sum\sigma_a \leqslant [\sigma] \quad \cdots\cdots(43)$$

$$\sum\sigma_h \leqslant [\sigma] \quad \cdots\cdots(44)$$

$$\sigma_e = \sum\sigma_h - \sum\sigma_a \leqslant 0.9\sigma_s \quad \cdots\cdots(45)$$

式中:

$\sum\sigma_a$——各作用产生的轴向应力代数和,单位为兆帕(MPa);

$\sum\sigma_h$——各作用产生的环向应力代数和,单位为兆帕(MPa);

σ_e ——穿越管段钢管的当量应力,单位为兆帕(MPa)。

5.5.6.5.5 当内压与温度作用使穿越管段承受轴向压应力时,应按式(46)、式(47)核算管段的轴向稳定。

$$N \leqslant nN_{cr} \qquad \cdots\cdots(46)$$

$$N = [Ea(t_1 - t_2) + (0.5 - \mu)\sigma_h]A \qquad \cdots\cdots(47)$$

式中:

N ——由温度和内压产生的轴向压力,单位为兆牛(MN);

n ——安全系数,对于大型穿越工程,$n=0.7$;中型穿越工程,$n=0.8$;小型穿越工程,$n=0.9$;

N_{cr} ——管段开始失稳时的临界轴向力,单位为兆牛(MN),按附录C的规定计算;

A ——穿越管段钢管管壁的截面积,单位为平方米(m^2)。

5.5.6.5.6 开挖穿越管段,当埋深满足5.5.6.1.1的要求时,水下穿越管段可不进行抗移位稳定性核算,但应按式(48)进行抗漂浮稳定性核算。

$$W_1 \geqslant KF_s \qquad \cdots\cdots(48)$$

式中:

W_1 ——单位长度管段总重力(包括管身结构自重、加重层重、设计洪水冲刷线至管顶的土重;不含管内介质重),单位为牛每米(N/m);

K ——稳定安全系数,大中型穿越工程取1.2,小型穿越工程取1.1;

F_s ——单位长度管段静水浮力,单位为牛每米(N/m)。

对于竖向弹性敷设穿越管段,W_1 应减去按式(49)~式(52)计算的管段向上的弹性抗力。

$$q = \frac{384E_s I f_c}{5L^4} - 0.024\ 661\ 5(D - \delta)\delta \qquad \cdots\cdots(49)$$

$$I = \frac{\pi}{64}(D^4 - d^4) \qquad \cdots\cdots(50)$$

$$f_c = R - \sqrt{R^2 - \frac{L^2}{4}} \qquad \cdots\cdots(51)$$

$$R \geqslant 3\ 600\sqrt[3]{\frac{1-\cos\frac{\alpha}{2}}{\alpha^4}D^2 \times 10^4} \qquad \cdots\cdots(52)$$

式中:

q ——弹性敷设管段单位长度抗力,单位为牛每米(N/m);

E_s ——钢管弹性模量,取 2.1×10^{11},单位为牛每平方米(N/m^2);

I ——钢管截面惯性矩,单位为四次方米(m^4);

f_c ——弹性敷设的矢高,单位为米(m);

L ——弹性敷设起点与终点间的水平长度,单位为米(m);

D ——钢管外径,单位为米(m);

δ ——钢管壁厚,单位为米(m);

d ——钢管内径,单位为米(m);

R ——管段弹性敷设设计曲率半径,单位为米(m),不应小于 $1\ 000D_s$;

α ——管段弹性敷设转角,单位为度(°),宜小于5°。

5.5.6.5.7 定向钻穿越管段,当埋深满足 5.5.6.2.1 a)的要求时,水下穿越管段可不进行抗移位和抗漂浮稳定性核算。

5.5.6.5.8 定向钻穿越管段在扩孔回拖时,应按式(53)进行空管在泥浆压力作用下的径向屈曲稳定核算。

$$P_s \leqslant F_d \cdot P_{yp} \quad \cdots\cdots(53)$$

$$P_{yp}^2 - \left[\frac{\sigma_s}{m} + (1+6mn)P_{cr}\right]P_{yp} + \frac{\sigma_s P_{cr}}{m} = 0 \quad \cdots\cdots(54)$$

$$m = \frac{D}{2\delta} \quad \cdots\cdots(55)$$

$$n = \frac{f_0}{2} \quad \cdots\cdots(56)$$

$$P_{cr} = \frac{2E_s\left(\frac{\delta}{D}\right)^3}{1-\mu^2} \quad \cdots\cdots(57)$$

式中:

P_s ——泥浆压力,取 1.5 倍泥浆静压力或回拖施工时的实际动压力,单位为兆帕(MPa);

F_d ——穿越管段径向屈曲稳定设计系数,按 0.6 选取;

P_{yp}——穿越管段所能承受的极限外压力,单位为兆帕(MPa);

P_{cr}——钢管弹性变形临界压力,单位为兆帕(MPa);

σ_s ——钢管屈服强度,单位为兆帕(MPa);

D ——钢管外径,单位为米(m);

δ ——钢管壁厚,单位为米(m);

f_0 ——钢管椭圆度,以%表示,取 1%;

E_s ——钢管弹性模量,取 2.1×10^5,单位为兆帕(MPa);

μ ——泊桑比,取 0.3。

5.5.7 跨越工程设计与计算

5.5.7.1 跨越结构选型及跨度设计

5.5.7.1.1 跨越结构型式应根据航运、跨度、管径、地形地貌、水文、水文地质及工程地质条件等确定,可采用梁式直跨、轻型托架跨越、桁架梁跨越、拱式(双管拱、桁架拱)跨越、悬索跨越、斜拉索跨越、斜拉索悬索组合跨越、悬缆跨越等。

5.5.7.1.2 跨越跨度设计应综合考虑以下几项因素:

a) 应满足防洪、泄洪及疏浚整治规划要求;

b) 应考虑跨越上下游以建或拟建建(构)筑物对河床演变的影响;

c) 对于通航河流应满足通航所需的最小跨度要求;

d) 对于河床冲刷严重,河床下有流沙、液化土层、断层、溶洞等不良地质地层,河中不宜做桥墩,宜直接跨越过河;

e) 对于深沟、陡谷需修建深墩、高墩难度较大时,宜选择直接跨越过河。

5.5.7.2 跨越结构设计

5.5.7.2.1 跨越结构应按 GB 50459 和 GB 50009 的相关规定进行作用计算,并按运营、施工(包括管道清管、试压)各阶段不同工况进行作用组合,按最不利组合工况进行设计。

5.5.7.2.2 钢塔架、桁架设计应满足结构强度、刚度和稳定性要求,按 GB 50017、GB 50135 的有关规定执行。钢筋混凝土塔架设计应按 GB 50010、JTG D62 的有关规定执行。

5.5.7.2.3 跨越结构基础及锚固墩设计应满足地基承载力、变形、稳定性及基础自身的强度、稳定性要求,应按 GB 50459、GB 50007、JGJ 94 有关规定执行。

5.5.7.3 跨越管段计算

5.5.7.3.1 跨越管段应按 5.4.4 的规定选择钢管壁厚和管材等级,并进行强度核算;当强度核算不满足要求时,应增加钢管壁厚或提高管材等级。

5.5.7.3.2 跨越管道强度设计系数应符合表 44 的规定。

表 44 跨越管道强度设计系数

工程分类	工程等级	输气管道				输油管道
		一级地区	二级地区	三级地区	四级地区	
甲类	大型	0.4	0.4	0.4	0.4	0.45
	中型	0.45	0.45	0.45	0.4	0.5
	小型	0.5	0.5	0.5	0.4	0.55
乙类	大型	0.5	0.5	0.5	0.4	0.55
	中型	0.55	0.55	0.5	0.4	0.6
	小型	0.6	0.6	0.5	0.4	0.65
注:甲类为通航河流、电气化铁路和高速公路跨越,乙类为非通航河流及其他障碍跨越。						

5.5.7.3.3 跨越管段钢管许用应力应按式(58)计算:

$$[\sigma]=\eta F\sigma_s \qquad (58)$$

式中:

$[\sigma]$——钢管许用应力,单位为兆帕(MPa)。

η ——钢管许用应力提高系数,运营阶段工况取 1.0,施工阶段工况(包括试压工况)取 1.3;

F ——管道强度设计系数,应按表 44 采用;

σ_s ——钢管的规定最低屈服强度,单位为兆帕(MPa)。

5.5.7.3.4 跨越管段强度验算应根据作用效应组合分别计算轴向应力、环向应力、弯曲应力和剪应力,对各工况的当量应力按下列规定进行核算:

a) 管道输送介质内压引起的环向应力应按式(59)计算:

$$\sigma_h=\frac{Pd}{2\delta} \qquad (59)$$

式中:

σ_h ——管道输送介质内压引起的环向应力,单位为兆帕(MPa);

P ——管道输送介质内压,单位为兆帕(MPa);

d ——管道内径,单位为毫米(mm);

δ ——管道壁厚，单位为毫米(mm)。

b) 管道输送介质内压引起的轴向应力应按式(60)计算：

$$\sigma_{al}=0.5\sigma_h \quad\cdots\cdots(60)$$

式中：

σ_{al}——管道输送介质内压引起的轴向应力，单位为兆帕(MPa)。

c) 荷载效应引起的弯曲应力应按式(61)计算：

$$\sigma_{a2}=\frac{M}{W} \quad\cdots\cdots(61)$$

式中：

σ_{a2}——桥面荷载效应组合引起的弯曲应力，单位为兆帕(MPa)；

M ——桥面荷载效应组合产生的弯矩，单位为牛毫米(N·mm)；

W ——管道净截面抵抗拒，单位为立方毫米(mm^3)。

d) 管道弯曲变形引起的轴向应力应按式(62)计算：

$$\sigma_{a3}=\frac{4EDf}{L^2+4f^2} \quad\cdots\cdots(62)$$

式中：

σ_{a3}——管道悬垂引起的轴向应力，单位为兆帕(MPa)；

E ——钢材弹性模量，单位为牛每平方毫米(N/mm^2)；

D ——管道外径，单位为毫米(mm)；

f ——矢高，单位为毫米(mm)；

L ——跨度水平长度，单位为毫米(mm)。

e) 跨越结构应进行温度补偿，补偿后的温度应力应按式(63)计算：

$$\sigma_{at}=\frac{F_t}{A} \quad\cdots\cdots(63)$$

式中：

σ_{at}——温度变化引起的轴向应力，单位为兆帕(MPa)；

F_t——温度变化引起的弹性力，单位为牛(N)；

A ——管道截面面积，单位为平方毫米(mm^2)。

f) 两端固定管道的温度应力应按式(64)计算：

$$\sigma_{at}=\alpha E\Delta t \quad\cdots\cdots(64)$$

式中：

σ_{at}——温度变化引起的轴向应力，单位为兆帕(MPa)；

α ——钢管线膨胀系数，单位为每摄氏度(1/℃)，取 12×10^{-6}/℃；

E ——钢材弹性模量，单位为牛每平方毫米(N/mm^2)；

Δt——温差，单位为摄氏度(℃)。

g) 管道最大剪应力应按式(65)计算：

$$\tau_{max}=\frac{2V}{A} \quad\cdots\cdots(65)$$

式中：

τ_{max}——管道剪切引起的最大剪应力，单位为兆帕(MPa)；

V ——管道剪力，单位为牛(N)；

A ——管道截面面积，单位为平方毫米(mm^2)。

h) 当量应力应按式(66)计算：

$$\sigma=\sqrt{\sigma_x^2+\sigma_y^2-\sigma_x\sigma_y+3\tau_{xy}^2} \qquad \cdots\cdots(66)$$

式中：

σ ——跨越管段钢管的当量应力，单位为兆帕(MPa)；

σ_x、σ_y——X、Y方向的应力，单位为兆帕(MPa)；

τ_{xy} ——XY平面上的剪应力，单位为兆帕(MPa)。

i) 跨越管段当量应力应满足式(67)要求：

$$\sigma\leqslant[\sigma] \qquad \cdots\cdots(67)$$

式中：

$[\sigma]$——许用应力，单位为兆帕(MPa)。

5.6 站场设计

5.6.1 基本要求

5.6.1.1 油气管道站场的设置应与线路走向相结合，并满足管道工艺设计的要求；应符合国家现行的安全防火、环境保护、工业卫生等法律法规的规定；应满足居民点、工矿企业、铁路、公路等的相关要求。

5.6.1.2 各类站站场址位置、站场与四周相邻的居民点、工矿企业等的防火间距，应符合GB 50183的规定。

5.6.1.3 油气管道站场功能设置应根据系统分析结果，考虑管道运行需要，结合沿线市场需求及发展规划进行设置。

5.6.2 主要功能设计

5.6.2.1 输油管道站场：

a) 首站工艺流程一般具有收油、储存、增压正输(加热)、发送清管、检测器、站内循环的功能，必要时还应具有交接计量的功能。

b) 中间泵站工艺流程应具有增压正输、压力越站、全越站、接收和发送清管、检测器或清管、检测器越站的功能。

c) 中间热泵站工艺流程应具有增压正输、加热正输、压力越站、热力越站、全越站、接收和发送清管、检测器或清管、检测器越站的功能。

d) 中间热站工艺流程应具有加热正输、热力越站、全越站、接收和发送清管、检测器或清管、检测器越站的功能。

e) 设有分输功能的中间(热)泵站工艺流程尚应具有油品分输、调节及计量功能。

f) 设有注入功能的中间(热)泵站工艺流程尚应具有收油、调节、计量、注入的功能。

g) 清管站工艺流程应具有接收和发送清管、检测器的功能。

h) 减压站工艺流程应具有减压、接收和发送清管器的功能。设有分输或加热功能的减压站尚应分别具有分输站、热站的功能。

i) 分输站工艺流程应具有油品分输、调节及计量功能。与清管站合建的分输站尚应具有接收和发送清管、检测器的功能。

j) 注入站工艺流程应具有收油、调节、计量、注入的功能。与清管站合建的分输站尚应具有接收和发送清管、检测器的功能。

k) 末站工艺流程应具有收油、储存或不进罐直接计量后去用户、站内循环、接收清管、检测器的功能。

l) 采用反输工艺的输油管道各站场还应具有反输功能。

m) 设有压力泄放系统的各类站场,尚应具有油品泄压进罐及油品回注或处理功能。

5.6.2.2 输气管道站场:

a) 首站宜具有分离、过滤、气质分析、计量、调压、清管器发送或天然气增压等功能。工艺流程应满足正输计量、增压外输、清管器发送、站内自用气和越站的需要。

b) 分输站通常具有过滤、计量、调压功能。工艺流程应满足正输、分输计量、调压、站内自用气和越站的需要,必要时还应分输管道满足清管器发送及天然气加热的需要。

c) 分输清管站除具有分输站功能外,还应具有清管器接收、发送的功能。

d) 接收站宜具有气体分离、计量、气体分析、清管、检测器收发等功能。工艺流程应满足接收计量、(增压)外输和站内自用气的需要。

e) 压气站应具有过滤分离、天然气加压,根据需要增加清管、计量等功能。工艺流程应满足增压外输、站内自用气和越站的需要,必要时还应满足清管器接收、发送以及清管器转发的需要。

f) 末站应具有清管器接收、分离、计量、调压、分输和气质分析等功能。工艺流程应满足分输计量、调压、清管、检测器接收和站内自用气的需要,必要时还应满足支线清管、检测器发送及天然气加热的需要。

5.6.3 站场工艺设备及材料

5.6.3.1 输油泵机组:

输油站泵机组的选择应根据所输油品性质,合理选择泵型。当在输送温度下油品的粘度小于100 MPa·s时,输油主泵宜选用离心泵。输油泵站的泵机组工作特性曲线与管路特性曲线交汇点处的排量,应与管道的设计输量一致。

输油泵轴功率应按式(68)计算:

$$P=\frac{q_{v}\rho H}{102\eta} \qquad (68)$$

式中:

P ——输油泵轴功率,单位为千瓦(kW);

q_{v} ——设计温度下泵的排量,单位为立方米每秒(m^3/s);

ρ ——设计温度下介质的密度,单位为千克每立方米(kg/m^3);

H ——输油泵排量为 q_{v} 时的扬程,单位为米(m);

η ——设计温度下泵排量为 q_{v} 时的输油效率。

5.6.3.2 输油泵驱动装置:

a) 输油泵驱动装置在电力充足地区应采用电动机;无电或缺电地区宜采用内燃机;

b) 经技术经济比较后,可选择调速装置或可调速的驱动装置;

c) 驱动泵的电动机功率应按式(69)计算:

$$N=K\frac{P}{\eta_e} \quad \cdots\cdots(69)$$

式中:

N ——输油泵配电机额定功率,单位为千瓦(kW);

P ——输油泵轴功率,单位为千瓦(kW);

η_e ——传动系数,取值如下:

直接传动 $\eta_e=1.0$;

齿轮传动 $\eta_e=0.9\sim0.97$;

液力耦合器 $\eta_e=0.97\sim0.98$;

K ——电动机额定功率安全系数,取值如下:

$3<P\leqslant55$ kW $K=1.15$;

$55<P\leqslant75$ kW $K=1.14$;

$P>75$ kW $K=1.1$。

5.6.3.3 压缩机组:

a) 压缩机组的选型和台数,应根据压气站的总流量、总压比、出站压力、气质等参数,结合机组备用方式,进行技术经济比较后确定。

b) 压气站宜选用离心式压缩机。在站压比较高、输量较小时,可选用往复式压缩机。

c) 同一压气站内的压缩机组,宜采用同一机型。

d) 压缩机的原动机选型,应结合当地能源供给情况和环境条件,进行技术经济比较后确定。离心式压缩机宜采用燃气轮机或变频调速电机,往复式压缩机宜采用燃气发动机。

e) 驱动设备所需的功率应与压缩机相匹配。驱动设备的现场功率应有适当裕量,能满足不同季节环境温度、不同海拔高度条件下的工况需求,能克服由于运行年限增长等原因可能引起的功率下降。压缩机的轴功率应按 GB 50251 规定计算。

压缩机的原动机为变频调速电机时,电动机的供配电设计应符合 GB 50055 的规定。变频系统谐波对公用电网电能质量的影响和变频系统输入电机的谐波应符合 GB/T 14549 的规定。

5.6.3.4 加热设备:

a) 加热设备的热负荷应按式(70)计算:

$$Q=q_mC(t_1-t_2) \quad \cdots\cdots(70)$$

式中:

Q ——加热设备热负荷,单位为瓦(W);

q_m ——进入加热设备油品流量,单位为千克每秒(kg/s);

C ——加热设备进、出口平均温度下油品的比热容,单位为焦每千克摄氏度[J/(kg·℃)];

t_1 ——加热设备出口油品温度,单位为摄氏度(℃);

t_2 ——加热设备进口油品温度,单位为摄氏度(℃)。

b) 管式直接加热炉设计宜符合 SY/T 0538 的规定;

c) 导热油加热炉设计宜符合 SY/T 0524 的规定；

d) 水套炉设计宜符合 SY/T 5262 的规定；

e) 管式加热炉设计应适应原油进炉流量变化范围宽、实际操作中热负荷变化大的特点；

f) 燃烧器的输出功率应具有自动调节功能，根据原油的加热温度自动调节燃烧器输出功率；燃料油系统可实现燃料油的调压、过滤、泵送、加热、调节、计量等功能。燃烧系统应匹配燃烧器控制系统，达到最佳燃烧工况；

g) 加热炉应能根据用户端被加热介质温度变化，自动调节加热炉热负荷；应有完善的点火程序和熄火保护功能；应有多种非正常情况的报警和安全保护功能等。

5.6.3.5 非标设备：

a) 清管器接收筒、清管器发送筒的结构、筒径及长度应能满足通过清管器或检测器的要求；

b) 过滤分离器、过滤器、清管器收发筒等设备宜配设快开盲板。快开盲板应开闭灵活、轻便、密封可靠无泄漏，且设安全联锁装置。

5.6.3.6 阀门：

a) 安装于通清管、检测器管道上的阀门应选择阀门通道直径与管道内径同径的全通径阀门；

b) 当阀门与管道焊接连接时，阀体材料的焊接性能应与所连接的钢管的焊接性能相适应。

5.6.3.7 管道附件：

a) 管道附件应按设计内压力、设计温度和最低环境温度选择和设计；

b) 管件设计应符合 GB/T 29168.2 和 SY/T 0510 的规定；

c) 钢制锻造法兰及其他锻件应符合 GB/T 29168.3 和 NB/T 47008 的规定；

d) 法兰的选择应符合 GB/T 29168.3 和 NB/T 47008、GB/T 13402 的规定；

e) 绝缘接头、绝缘法兰的设计应符合 SY/T 0516 的规定。

5.6.3.8 站内管线敷设：

a) 站内的管线以地上敷设为主，埋地或管沟敷设为辅。管道埋地敷设时，其埋设深度应在土壤冰冻线以下，且覆土厚度(路面至管顶)不应小于 0.8 m。管线穿越站内主要道路时，需设套管。

b) 站内地上敷设的长管线、热油管线和不保温的成品油管线应考虑管线补偿。管线补偿应优先采用自然补偿，当自然补偿不能满足要求时，考虑采用补偿器，如 π 型补偿器或波纹补偿器。还应安装安全阀、泄压阀等。安全泄放装置的压力确定应符合 GB/T 20801(所有部分)的规定。管线在改变标高或走向时，应避免管线形成聚集气体的气袋或液体的死角，不可避免时，应安装高点排气、低点放空。

c) 地面管道的管架、钢管支承固定件、结构附件和锚固件的设计，应符合下列规定：

 1) 被支承的钢管不应产生过大的局部应力、轴向和侧向摩擦力；

 2) 管道运行时可能发生振动处，可采用支柱或防震装置，但不应影响管道的胀缩；

 3) 钢管上的支承固定件、结构附件，可采用不与钢管焊接成一体的部件，如管夹或“U”形管卡等。

5.7 管道应力分析

5.7.1 一般规定

规定如下：

a) 本节对各种可能存在的荷载，在管道元件中产生的应力给出分析方法和评定准则。如需考虑压力波动等对管道元件产生的疲劳效应，可参照 JB 4732 给出的方法和评定准则，并将许用应力范围折减系数 f 取为 1.0。

b) 本节所述的柔性分析方法不适用于铸铁等脆性材料。

c) 在进行管道系统应力分析时，应计及膨胀节和其他管道元件的刚度。各种管道元件的柔性系数和应力增大系数可参考 GB/T 20801.3 所列出的公式计算，设计者也可采用由实验或其他方法得到的更为精确的值。

d) 管道系统中支吊架的个数、位置和性质对管道系统的应力分布有很大影响。设计中，应慎重对待支吊架的位置，以减小管道的应力。管道系统设计应保证每个支吊架具有足够的强度。

e) 符合以下条件之一的管道系统可免除应力分析：

1) 与运行良好的管道系统相比，基本相同或基本相当的管道系统；

2) 与通过应力分析的管道系统相比，确认有足够强度和柔性的管道系统。

5.7.2 荷载及其组合工况

5.7.2.1 荷载及其分类：

a) 持久性荷载：持久作用于管道系统的荷载，如压力和重力荷载，但不包括冰荷载和雪荷载；

b) 临时性荷载：短时间作用于管道系统的荷载，如风、地震、冰雪、阀门开、关时的反冲力和压力升高等荷载；

c) 交变性荷载：大小和方向随时间发生变化的荷载，如温差、风力引气的端点位移、摩擦力等荷载。

5.7.2.2 应考虑的荷载组合工况：

a) 压力、重力(包括隔热层、管道组成件和管道中流体的重量)等持久性荷载同时作用；

b) 以上 a)所述持久性荷载与风荷载或地震荷载等临时性荷载同时作用。必要时，还需考虑冰雪荷载、阀门关闭引起的压力短时升高、泄放阀打开时对管道的反冲力等荷载的作用；

c) 因温差引起的荷载及其他交变荷载；

d) 必要时，需考虑端点或支吊架永久性位移引起的荷载，但在结构设计时应尽可能消除该荷载的影响。

5.7.2.3 应考虑临时性荷载的条件和要求：

a) 地震动峰值加速度大于或等于 $0.1g$ 时，应计及地震荷载；

b) 如需计及风载，则风载和地震荷载无需同时与其他临时性荷载构成组合工况；

c) 如需计及因阀门开、关产生的荷载，则该荷载与地震荷载无需同时与其他临时性荷载构成组合工况。

5.7.3 应力计算

5.7.3.1 管道约束条件

管道约束条件如下所示：

a） 非完全约束的管道。非完全约束的管道指管道横向和轴向能够自由移动。非完全约束的管道包含以下但不限于以下方面：

1） 能够吸收温度膨胀和支撑移动的地上管道系统；

2） 敷设在软质或非固结土壤中的弯头及与其相邻的管道；

3） 埋地管道的未回填段(能够横向变形或包含弯头)；

4） 未锚固段。

b） 完全约束的管道：

1） 远离弯头部分的埋地管道；

2） 靠近刚性支撑、两端及方向改变处锚固的地上管道；

3） 敷设在坚硬或固结土壤中的弯头及与其相邻的管道。

5.7.3.2 应力计算

以下应力计算方法按5.7.2.2所列荷载组合工况给出：

a） 环向应力

内压作用下管道的环向应力应按式(71)计算：

$$S_H = \frac{P_i D}{2t} \quad \cdots\cdots (71)$$

式中：

S_H ——内压作用下管道的环向应力，单位为兆帕(MPa)；

P_i ——设计压力，单位为兆帕(MPa)；

D ——管道外径，单位为毫米(mm)；

t ——管道壁厚，单位为毫米(mm)。

上式适用于$D/t \geqslant 20$的管道。

b） 膨胀应力

1） 完全约束的管道膨胀应力应按式(72)计算：

$$S_E = Ea(T_1 - T_2) \quad \cdots\cdots (72)$$

式中：

S_E ——膨胀应力，单位为兆帕(MPa)；

E ——弹性模量；

a ——膨胀系数，单位为mm/mm/℃；

T_1 ——管道的安装温度，单位为摄氏度(℃)；

T_2 ——管道的操作温度，单位为摄氏度(℃)。

2） 非完全约束的管道膨胀应力应按式(73)～式(75)计算：

$$S_E = \sqrt{S_b^2 + 4S_t^2} \quad \cdots\cdots (73)$$

式中：

S_b ——弯曲应力，单位为兆帕(MPa)；

S_t ——剪应力,单位为兆帕(MPa)。

$$S_b=\frac{\sqrt{(i_iM_i)^2+(i_oM_0)^2}}{Z} \quad\cdots\cdots(74)$$

$$S_t=\frac{M_t}{2Z} \quad\cdots\cdots(75)$$

式中:

i_i ——平面内应力增大系数;

M_i ——平面内弯矩,单位为牛毫米(N·mm);

i_0 ——平面外应力增大系数;

M_0 ——平面外弯矩,单位为牛毫米(N·mm);

M_t ——管子或管道元件所受扭矩,单位为牛毫米(N·mm);

Z ——管子或管道元件的抗弯截面模量,单位为立方毫米(mm^3)。

c) 轴向应力

1) 完全约束的管道轴向应力应按式(76)计算:

$$S_L=S_E+\nu S_H+\frac{M}{Z}+\frac{F_a}{A} \quad\cdots\cdots(76)$$

式中:

ν ——泊松比;

M ——弯矩,单位为牛毫米(N·mm);

F_a ——外部轴向力,单位为牛(N);

A ——管道截面积,单位为平方毫米(mm^2)。

2) 非完全约束的管道轴向应力应按式(77)计算:

$$S_L=\frac{p_iD}{4t}+\frac{iM}{Z}+\frac{F_a}{A} \quad\cdots\cdots(77)$$

式中:

i——管道元件平面内应力增大系数。

d) 完全约束的管道的组合应力

完全约束的管道的组合应力应按式(78)、式(79)计算:

1) 依据最大剪应力理论的计算公式:

$$S_{eq}=2\sqrt{\left(\frac{S_L-S_H}{2}\right)^2+S_t^2} \quad\cdots\cdots(78)$$

式中:

S_{eq}——组合应力,单位为兆帕(MPa)。

2) 依据形状改变比能理论的计算公式:

$$S_{eq}=\sqrt{S_H^2-S_HS_L+S_L^2+3S_t^2} \quad\cdots\cdots(79)$$

式中:

S_{eq}——组合应力,单位为兆帕(MPa)。

5.7.3.3 材料物理性能参数

材料物理性能参数如下所示:

a) 线膨胀系数。碳钢及低合金钢的线膨胀系数通常取 11.7×10^{-6} mm/mm/℃。

b) 弹性模量。柔性分析应基于环境温度下的弹性模量。

c) 泊松比。泊松比一般取 0.3,但也可取更为精确的值。

5.7.3.4 分析评定

5.7.3.4.1 应力准则

依据 5.7.3.2 计算的管道系统的应力值不应大于表 45、表 46 中的许用值。

a) 输气管道

表 45 输气管道许用应力

位置	膨胀应力,S_E	轴向应力,S_L	组合应力
完全约束的管道	—	$0.9S_YT$	kS_YT[b]
非完全约束的管道	S_A[a]	$0.75S_YT$	—

注:T——温度折减系数,当温度小于 121 ℃时取 1;
S_Y——管道材料的最小屈服强度,单位为兆帕(MPa);
k——对于持久荷载,k 值不应大于 0.9,对于非周期的偶然荷载,k 值不应大于 1.0。

[a] 见 5.7.3.2。
[b] 上述组合应力的评定准则仅适用于直管道。

b) 输油管道

表 46 输油管道许用应力

位 置	环向应力,S_H	膨胀应力,S_E	轴向应力,S_L	持久荷载与临时荷载轴向应力之和
完全约束的管道	$0.72(E)S_Y$	$0.9S_Y$	$0.54\ S_Y$	$0.8\ S_Y$
非完全约束的管道	$0.72(E)S_Y$	S_A[a]	$0.54\ S_Y$	$0.8\ S_Y$

注:E——焊接接头系数。

[a] 见 5.7.3.2。

5.7.3.4.2 柔性分析:

a) 在 5.7.2.1 所述荷载的作用下,所有管道系统都应具有足够的柔性以避免出现如下情况:

——由于应力超限或疲劳原因导致的管道或支吊架失效;

——管道连接部位发生泄漏;

——因存在过大的推力或弯矩,而导致管道支吊架、管道元件或与管道连接的其他设备产生应力或荷载超限。

b) 管道系统中任何一处由位移引起的应力不应超过规定的许用应力范围值 S_A。许用应力范围值 S_A 一般应按式(80)计算:

$$S_A=f[1.25(S_c+S_h)-S_L] \quad \cdots\cdots(80)$$

式中：

f——许用应力范围折减系数。

$$f=6.0N^{-0.2}\leqslant 1.0 \qquad (81)$$

式中：

N ——预期工作寿命内，以最大应力范围为基准的当量循环次数；

S_c ——循环荷载作用下管道元件或管子材料在最低工作温度下的许用应力，单位为兆帕(MPa)。

输气管道：
$$S_c=0.33S_uT \qquad (82)$$

输油管道：
$$S_c=\frac{2}{3}S_Y \qquad (83)$$

S_h——循环荷载作用下管道元件或管子材料在最高工作温度下的许用应力，单位为兆帕(MPa)。

输气管道：

$$S_h=0.33S_uT \qquad (84)$$

输油管道：

$$S_h=\frac{2}{3}S_Y \qquad (85)$$

S_u——最小抗拉强度，单位为兆帕(MPa)。

5.7.4 公用工程

5.7.4.1 总图设计：

a) 输油气管道站场应按 GB 50183 的相关规定划分等级，与周边设施的距离满足安全间距的要求。

b) 站场选址应避开下列场所：

1) 地震断裂带和抗震设防烈度大于 9 度的地区；
2) 较厚的Ⅲ级自重湿陷性黄土、新近堆积黄土、一级膨胀土等工程地质恶劣地区；
3) 有泥石流、滑坡、崩塌、地陷、地裂、流沙、溶洞、可能发生地表错位等直接危害地段；
4) 矿产采空区、高耸孤立的山丘、非岩石陡坡、条状突出的山嘴、河岸和边坡边缘地段；
5) 地面高程在 50 年一遇洪水位以下的场地；
6) 泄洪道、泄洪区不宜建永久建筑物的场地；
7) 重要的洪水水源卫生保护区；
8) 国家自然保护区；
9) 对飞机起落、电台通信、电视传播、雷达导航、天文观察等设施有影响的地区；
10) 重要军事设施的防护区；
11) 历史文物、名胜古迹保护区；
12) 地下有尚未开采的有价值矿藏的场地。

c) 站场内总平面布置要遵循功能分区的原则，按照生产区、辅助区、办公区分区块布置。生产区方位要便于干线进出站，且处于最小频率风向的上风侧；办公区方位要便于进场道路的连接,位于站场出入口处,且处于最小频率的下风侧;辅助区位于生产区与办公区之间。站内各设施之间的防火间距应遵循 GB 50183 的相关规定。

d) 站场内竖向布置考虑外围地形标高、道路及防洪排水等条件,宜做到挖填平衡。压气站、泵站、带储罐区的首末站,其防洪标准应按 100 年一遇进行设计,其余站场的防洪标准应按 50 年一遇进行设计。当站场所在区域的当地政府部门对防洪有特殊要求时,应遵循当地政府部门的相关规定。

e) 站内管线布置应符合下列要求:
   1) 满足工艺要求,符合流程顺畅、有利生产、保证安全、环保卫生、降低能耗、方便管理、提高效益的需要;
   2) 满足交通运输、消防、施工、检维修和自然条件等方面的需要;
   3) 管线布置应短捷顺畅,并与附近区域的道路、铁路、建筑红线或工艺装置、系统单元、储运设施等边界线平行;
   4) 不同类别的干管宜分类布置在道路两侧,地下干管宜布置在用户较多的道路一侧;
   5) 减少管线与道路、铁路及其他干管的交叉,当管线与道路或铁路必须交叉时宜为正交,在困难情况下,其交角不应小于 45°;
   6) 进出工艺装置、系统单元、储运设施等的管廊和地下管线应与站场主管廊及地下管线在平面布置及竖向布置上合理连接。

5.7.4.2 站场供配电:

a) 油气管道站场爆炸危险区域的划分及电气设备的选择,应符合 GB 50058 的规定。

b) 站场内的建、构筑物的防雷、接地保护措施应符合 GB 50057 的规定。

c) 消防设施的供配电应符合 GB 50183 的有关规定执行。

5.7.4.3 给排水与消防:

a) 生产和消防用水的水质标准应满足生产和消防工艺要求。

b) 含油污水应进行处理,并宜采用小型处理设备。处理深度应符合 GB 8978 的规定。

c) 站场的消防设计应符合 GB 50183 的规定。

d) 建筑消防设计应符合 GB 50016 和 GB 50140 的规定。

5.8 控制与通信

5.8.1 自控系统

5.8.1.1 输油(气)管道自动化控制系统宜采用计算机监控系统作为其控制设备。计算机监控系统应能使管道连续、平稳、高效运行和人身、环境、设备安全。计算机监控系统宜采用控制中心控制、站控制、就地控制等三级控制。

5.8.1.2 控制中心的设计应满足运行操作条件的要求,除应符合 GB/T 2887 和 GB/T 9361 的规定外,尚应满足计算机设备的安装要求。

5.8.1.3 控制中心应具有下列主要监控功能:

a) 各站及监控阀室工艺设备的运行状态;

b) 采集和处理主要工艺变量,实时进行显示、报警、存储、记录和打印;

c) 通过站控制系统进行远程控制、调节;

d) 监控线路截断阀的控制；

e) 全线紧急停运；

f) 数据分析、运行管理等。

5.8.1.4 站控制系统应具有下列主要监控功能：

a) 监控站场工艺设备的运行状态；

b) 采集和处理站场的各类工艺变量，实时进行画面显示、报警、存储、记录和打印；

c) 接收控制中心的指令，调整控制回路的设定值，并能独立工作；

d) 向控制中心报告经选择的工艺参数和报警信息；

e) 工艺过程及输油(气)设备的顺序控制；

f) 各类工艺参数的控制与调节等。

5.8.1.5 安全仪表系统设计：

a) 输油站的安全仪表系统可独立配置，其控制分为紧急停车和安全保护两个部分，并进行分级设计。安全仪表系统具有独立完成安全保护的功能。

b) 安全仪表系统应按故障安全型设计。

5.8.1.6 一般参数测量用压力表：

a) 对于腐蚀性介质的压力测量，应选用耐腐蚀压力表或不锈钢膜片压力表。

b) 当压力检测信号需要远传时，宜选用法兰式变送器或直接安装式变送器；对于准确度要求较高的压力或差压测量，宜选用智能型压力或差压变送器。与介质直接接触的材质，须根据介质的特性选择或采取必要的隔离措施。

5.8.1.7 输油(气)管道使用的控制阀宜选用球型、轴流式、直通式、蝶型等控制阀。执行机构宜选用电液执行机构、电动执行机构和气动执行机构。输气管道应首选自力式控制阀。

5.8.1.8 压力控制系统设计应满足下列要求：

a) 输气管道的站场压力控制系统应维持系统下游压力在工艺所需的范围之内。

b) 压力控制系统包括压力检测、压力调节、安全切断及相关的监视报警系统。压力检测系统使用的压力检测仪表宜选用智能压力变送器。安全切断系统中的安全截断阀应采用自力式结构。

c) 压力控制系统的设置，宜采用独立的安全截断阀、监控阀和工作调压阀串联组合设置；根据具体工况确定组合方式。

d) 压力控制系统应设置备用回路。

5.8.1.9 罐区、工艺设备区、泵区、压缩机区根据需要可设置可燃气体检测器及手动报警开关；泵区、压缩机区还应设火焰探测器。控制室设置报警器并应能与外部的计算机监控系统通信。

5.8.2 通信

5.8.2.1 应根据生产需要对重要数据业务设置备用通信信道传输方式。备用信道传输方式和传输路由宜根据已有通信信道的类型、可靠性和传输路由做出其他方式或传输路由的选择。

5.8.2.2 数据传输系统(SCADA)设计应符合下列规定：

a) 数据信号速率应根据数据传输量和工艺要求确定，但不宜小于 9 600 bit/s；

b) 传输方式应选择半双工或全双工，同步或异步、串行传输；

c) 传输误码率应小于 10^{-6}。

5.8.2.3 管道巡线、维修和事故抢修部门,宜设无线通信设施。

5.8.2.4 长输管道的通信传输方式如选用光纤通信,其光缆可与管道同沟敷设。与管道同沟敷设光缆线路的设计应符合 SY/T 4108 的规定。

5.9 腐蚀防护设计

5.9.1 长输油气管道的防腐蚀设计应符合 GB/T 21447 和 GB/T 21448 的规定。

5.9.2 站外主体管道外壁应采用防腐层进行腐蚀控制。防腐层的选用除应考虑其优良的电绝缘、机械强度、抗阴极剥离、耐老化等性能外,还应考虑其经济性,并符合国家有关环保要求。

5.9.3 在有特殊力学性能要求、不易施工或维护的特殊地段的管道、四类人口密集区,可适当提高防腐层等级。

5.9.4 站外埋地管道在采用外防腐层的同时,还应采用阴极保护腐蚀控制措施。阴极保护可采用牺牲阳极法、强制电流法或两种方法的结合。

5.9.5 敷设在高压交/直流输电线路、电气化铁路走廊内的管道,以及邻近其他电力设施和阴极保护系统的管道,应采取有效的干扰防护措施。

5.9.6 站外埋地保温管道的钢管外壁也应防腐,并应有良好的防水措施。保温层应满足 GB/T 50538 的要求。

5.9.7 站场埋地管道应采取区域阴极保护措施。

5.9.8 站内地面钢质管道和金属设施应采用防腐层进行腐蚀防护。

5.9.9 站内埋地钢质管道的防腐层应为加强级或特加强级,或采取外防腐层和阴极保护联合防护方式。

5.9.10 站内保温管道的钢管外壁及钢制设备外壁均应进行防腐,保温层外应设防护层。

6 线路施工

6.1 一般规定

6.1.1 承担油气长输管道工程施工的企业,应具备国家法律法规规定的资质要求。

6.1.2 特殊工种应按相关规定持证上岗。

6.1.3 施工前,应进行图纸会审、设计交底及技术交底。

6.1.4 应依据设计和标准规范编制施工组织设计及专项施工方案。

6.1.5 应做好施工设备的准备及专用施工机具的制作、配制。

6.1.6 所有用于检测的计量器具都应按规定进行校验,并在规定的期限内使用。

6.1.7 应提前办理相关施工许可证。

6.1.8 油气长输管道工程施工除应符合本标准规定外,尚应满足国家相关标准的要求。

6.1.9 线路桩的确定应满足设计要求及土地使用者要求。

6.1.10 管道施工方应与设计方在现场办理线路桩交接。

6.1.11 应进行线路中心线桩、变坡桩、转角桩的加密及补桩作业。

6.1.12 应在施工前和施工期间保持线路桩及标记。

6.1.13 管道施工交工文件按相应的施工标准进行编制。

6.1.14 管道施工交工各项记录按本标准和工程设计的要求,应由管道设计、制造、施工承包企业及物资采购企业分别负责编制,统一纳入竣工文件。

6.2 施工作业带清理

6.2.1 应根据油气长输管道的管径、施工方法、并行管道的数量、间距及相邻管道的建构筑物等确定施工作业带的宽度。穿跨越河流、沟渠、公路、铁路,地下水丰富或管沟挖深超过 5 m 的地段及拖管车调头处,可根据实际需要,适当增加占地宽度。山区非机械化施工及人工凿岩地段可根据地形、地貌条件酌情减少占地宽度。

6.2.2 施工作业带应平整、承载力应满足施工要求。在施工作业带范围内,影响施工机具通行的石块、树木和建(构)筑物应清理干净,沟坎应予平整,有积水的低洼地段应排水。施工作业带清理时,应注意对土地的保护,减少或防止产生水土流失,应减少破坏地表植被。

6.2.3 当需要爆破施工时,应遵守国家相关规定,应由有资质的单位和有资格的人员承担。对爆破区附近的居民和建构筑物应采取相应的预防保护措施,并应符合 GB 6722 的要求。

6.3 运布管

6.3.1 管子的运输应符合交通部门的有关规定。拖车与驾驶室之间应设置止推挡板,立柱应牢固。

6.3.2 应采用合适、安全的设备起吊和运布管,钢管装卸应使用不损伤管口的专用吊具,双联管吊装时应使用扁担式吊具。

6.3.3 应采取吊管带及人员牵引钢管、在吊装设备可能与钢管接触处加垫胶皮等方法,在起吊和运布管过程中,防止钢管跌落或碰撞其他物体而造成损坏。

6.3.4 所有施工机具和设备在行车、吊装、装卸过程中,其任何部位与架空电力线路的安全距离应符合表 47 的规定。

表 47 施工机具和设备与架空电力线路安全距离

电力线路电压/kV	<1	1～35	60	110	220	330	n
安全距离/m	>1.5	>3	>5.1	>5.6	>6.7	>7.8	$>0.01(n-50)+5$

6.4 管沟开挖

6.4.1 管沟开挖前,应确定与管沟走向相交叉或相近的地下建构筑物、光缆、管道等的位置,在地下设施两侧 5 m 范围内,应采用人工开挖,并对挖出的地下设施给予必要的保护。对于重要地下设施,开挖前应征得其主管部门同意,必要时应在其监督下开挖。

6.4.2 管沟开挖时,应将挖出的土石方堆放到焊接施工对面一侧,堆土应距沟边不小于 1 m。在耕作区开挖管沟时,应将表层耕作土与下层土分别堆放。下层土放置在靠近管沟一侧。

6.4.3 当在公路、铁路或居民区附近开挖管沟时,应设置警告牌、信号灯、护栏等安全措施。

6.4.4 爆破开挖管沟宜在布管前完成。爆破作业应由有爆破资质的企业承担。爆破作业应制定安全措施。

6.4.5 管道通过地震断裂带时,施工应符合 GB 50470 的要求。

6.4.6 管沟边坡坡度应按照土壤类别、力学性能和管沟开挖深度确定。深度在 5 m 以内(不加支撑)管沟最陡边坡的坡度可按表 48 确定。

表 48 深度在 5 m 以内管沟最陡边坡坡度

土壤类别	最陡边坡坡度 i		
	坡顶无载荷	坡顶有静载荷	坡顶有动载荷
中密的砂土	1∶1.00	1∶1.25	1∶1.50
中密的碎石类土(填充物为砂土)	1∶0.75	1∶1.00	1∶1.25
硬塑的粉土	1∶0.67	1∶0.75	1∶1.00
中密的碎石类土(填充物为黏性土)	1∶0.50	1∶0.67	1∶0.75
硬塑的粉质黏土、黏土	1∶0.33	1∶0.50	1∶0.67
老黄土	1∶0.10	1∶0.25	1∶0.33
软土(经井点降水)	1∶1.00	—	—
硬质岩	1∶0	1∶0	1∶0

6.4.7 深度超过 5 m 的管沟边坡可按照实际情况,采取边坡适当放缓,加支撑或采取阶梯式开挖措施。

6.4.8 管沟的深度应考虑到线路的位置、地表的使用情况、地形特征及冻土深度等因素,应满足设计要求。

6.4.9 管沟沟底宽度应按照管道外径、开挖方式、组装焊接工艺及工程地质等因素确定。深度在 5 m 以内管沟沟底宽度应按式(86)确定:

$$B = D_m + K \quad \cdots\cdots (86)$$

式中:

B ——沟底宽度,单位为米(m);

D_m ——钢管的结构外径(包括防腐、保温层的厚度),单位为米(m);

K ——沟底加宽余量,单位为米(m);按表 49 取值。

表 49 沟底加宽余量 *K* 值

单位为米

条件因素		沟上焊接				沟下焊条电弧焊接			沟下半自动焊接处管沟	沟下焊接弯头、弯管及连头处管沟
		土质管沟		岩石爆破管沟	弯头、冷弯管处管沟	土质管沟		岩石爆破管沟		
		沟中有水	沟中无水			沟中有水	沟中无水			
K 值	沟深 3 m 以内	0.7	0.5	0.9	1.5	1.0	0.8	0.9	1.6	2.0
	沟深 3 m～5 m	0.9	0.7	1.1	1.5	1.2	1.0	1.1	1.6	2.0
注:当采用机械开挖管沟时,计算的沟底宽度小于挖斗宽度时,沟底宽度按挖斗宽度计算。										

6.4.10 深度超过 5 m 的管沟,沟底宽度应按照工程地质情况酌情处理。

6.4.11 直线段管沟应顺直;曲线段管沟应圆滑过渡,并应保证设计要求的曲率半径。管沟沟底标高、沟底宽度、变坡点位移、管沟中心线偏移的允许偏差应符合表 50 的规定。管沟底部应有 200 mm 的细土垫层。

表50 管沟允许偏差

单位为毫米

项目	允许偏差
沟底标高	+50 −100
沟底宽度	−100
变坡点位移	<100
管沟中心线偏移	±100

6.5 管道组对、焊接及检验

6.5.1 基本要求

6.5.1.1 根据TSG Z6002的要求，焊工应取得特种设备作业人员证书，所从事工作范围应与资格证书相符。取得上岗资格的焊工，若中断特种设备焊接作业超过6个月，应复审考试。

6.5.1.2 在进行正式焊接施工前，应根据GB/T 31032对焊接预规程进行焊接工艺评定，应根据评定合格的焊接工艺编制焊接工艺规程。焊接工艺规程在管道焊接作业时应严格执行。

6.5.1.3 焊接所用设备应配有指示焊接工艺参数的电流表、电压表，气压表和流量表应能够满足焊接工艺要求，具有良好的工作状态和安全性，适合于野外工作条件。不符合要求的焊接设备应予以更换或维修。

6.5.2 组对前的检查

6.5.2.1 钢管组对前应进行检查，如管口的划伤、钢管的凹坑、变形或压扁等有害缺陷应修复或消除后使用。

6.5.2.2 划伤可以用砂轮磨去，但对划痕的打磨情况应进行渗透剂检验。输油管道可以选用焊接方式修复，但磨剩的厚度不应小于材料标准允许的最小厚度。否则，应将受损部分整段切除。

6.5.2.3 输气管道凹坑的深度不应超过公称管径2%，输油管道凹坑的深度不应超过公称管径6%。凹坑位于纵向焊缝或环向焊缝处影响钢管曲率者，应将凹坑处钢管受损部分整段切除。

6.5.2.4 变形或压扁的管段超过制管标准规定时，应废弃。

6.5.3 管口组对

6.5.3.1 管口组对前应对钢管内部进行清洁作业。

6.5.3.2 管道组对应使用内对口器，特殊地段或条件可选用外对口器。

6.5.3.3 不应使用锤击的方法对管口整形。

6.5.3.4 管道坡口设计及组对间隙应符合焊接工艺评定的要求。

6.5.3.5 管道组对应符合表51的规定

表 51　管道组对规定

序号	检查项目	规定要求
1	管内清扫	无污物
2	管口清理(10 mm 范围内)和修口	管口完好无损,无铁锈、油污、油漆、毛刺
3	管端螺旋焊缝或直缝余高打磨	端部 10 mm 范围内余高打磨掉,并平缓过渡
4	两管口螺旋焊缝或直缝间距	错开间距大于或等于 100 mm
5	错口和错口校正要求	当壁厚<14 mm 时,不大于 1.6 mm; 当壁厚 14 mm<t≤17 mm 时,不大于 2 mm; 当壁厚 17 mm<t≤21 mm 时,不大于 2.2 mm; 当壁厚 21 mm<t≤26 mm 时,不大于 2.5 mm; 当壁厚 t≥26 mm 时,不大于 3 mm。 局部错边均不应大于 3 mm,错边沿周长均匀分布
6	钢管短节长度	不应小于钢管外径值且不应小于 0.5 m
7	钢管对接偏差	不应大于 3°
8	管端斜口	不允许

6.5.4　焊接

6.5.4.1　焊接时不应在坡口以外的管壁上引弧。

6.5.4.2　预热和层间温度、焊后缓冷:

a)　预热和层间温度、焊后缓冷应符合焊接工艺规程要求;

b)　焊接具有不同预热要求的不同材料时,应以预热温度要求较高的材料为准;

c)　宜用中频加热的方式进行预热,层间温度宜用相应的电加热方式保持,预热应均匀,在实际施焊期间温度不应降至最低值以下;

d)　宜选用合适的测温工具,保证在焊接前和焊接过程中及时获得温度数据。

6.5.4.3　焊接作业应严格执行焊接工艺规程。

6.5.4.4　焊接作业过程中应进行焊接环境包括风速、湿度、温度、雨雪条件的监测。在下列任何一种环境中,如未采取有效防护措施不应进行焊接:

a)　雨雪天气;

b)　大气相对湿度大于 90%;

c)　低氢型焊条电弧焊,风速大于 5 m/s;

d)　酸性焊条电弧焊,风速大于 8 m/s;

e)　自保护药芯焊丝半自动焊,风速大于 8 m/s;

f)　气体保护焊,风速大于 2 m/s;

g)　环境温度低于焊接工艺规程中规定的温度。

6.5.5　焊接检验

6.5.5.1　焊接质量检验包括外观检查、无损检测和力学性能试验。

6.5.5.2　焊缝应先进行外观检查,外观检查合格后方可进行无损检测。焊缝外观检查应符合下列规定：

a) 焊缝外观成型均匀一致，焊缝及其热影响区表面上不应有裂纹、未熔合、气孔、夹渣、飞溅、夹具焊点等缺陷；

b) 焊缝表面不应低于母材表面，焊缝余高一般不应超过 2 mm，余高超过应进行打磨，打磨后应与母材圆滑过渡，但不应伤及母材；

c) 焊缝表面宽度每侧应比坡口表面宽 0.5 mm～2 mm；

d) 咬边的最大尺寸应符合表 52 中的规定。

表 52 咬边的最大尺寸

深 度	长 度
大于 0.8 mm 或大于 12.5%管壁厚，取二者中的较小值	任何长度均不合格
大于 6%～12.5%的管壁厚或大于 0.4 mm，取二者中的较小值	在焊缝任何 300 mm 连续长度上不超过 50 mm 或焊缝长度的 1/6，取二者中的较小值
小于或等于 0.4 mm 或小于或等于 6%的管壁厚，取二者中的较小值	任何长度均为合格

6.5.5.3 力学性能试验宜在工程开工初期抽取二道口进行，应由业主或监理在已完工的管道焊缝上选定或在模拟条件下制作，焊接过程中宜每 1 000 口抽一道口进行力学性能试验。

6.5.6 焊缝缺陷的清除和修补

6.5.6.1 焊缝缺陷的清除和修补应符合 GB/T 31032 的要求。

6.5.6.2 电弧烧痕应打磨掉，打磨后剩余壁厚应不小于材料标准允许的最小厚度。否则应将含有电弧烧痕的这部分钢管整段切除。

6.5.6.3 焊缝在同一部位的返修，不应超过 2 次。根部只允许返修一次，否则应将该焊缝切除。返修后，按原标准检测。裂纹性缺陷应切除。

6.5.7 管道死口焊接

6.5.7.1 死口留头位置地形宜选择在地势较高处。沟底比设计深度加深 500 mm～800 mm。连头处人行通道修成阶梯形。沟壁应坚实，对不良地质应加设防护装置。

6.5.7.2 死口连头前，两侧宜各留出 60 m 管线不回填，并且连头处两管头应对中。连头长度宜 2 根～3 根管。

6.5.7.3 死口连头应参与整体管道试压。

6.6 防腐和保温

6.6.1 钢管、弯管、弯头的防腐和保温，现场防腐补口、补伤施工应符合设计要求和现行有关标准的规定。

6.6.2 防腐质量应采用外观检查、厚度检查、电火花检漏、粘结力测试等方法进行。

6.6.3 管道锚固墩、穿越段管道、阴极保护测试线焊接处的防腐，检查合格后方可进行下一道工序。阴极保护测试线焊接处的防腐材料应与管道防腐层相匹配并与测试线外皮粘接良好。

6.7 管道下沟

6.7.1 管道下沟应符合 GB 50369 的要求。

6.7.2 管道下沟应采用吊管下沟法;有条件时可采用辊轮或托架连续下沟。

6.7.3 管道下沟应采用专用的吊管设备。其使用数量应经过计算确定,且不应少于 3 台。

6.7.4 管道下沟不应使钢管产生大的应力。

6.7.5 管道下沟时,端部可连接一个弯管,弯管后不应有连接的直管段或弯管。

6.7.6 管道下沟后,应在不用外力的条件下将管道妥贴地放置在管沟内,局部悬空段应以填实。

6.8 管沟回填

6.8.1 回填前应确认管道已全部紧贴沟底且管沟底部密实。

6.8.2 管道易水淹处,应先完成回填或采取压载措施,压载措施可采用压载袋、混凝土配重块、螺旋地锚、混凝土浇筑的方式,不应产生漂管。

6.8.3 锚固墩的位置应夯实处理。

6.8.4 管道下沟后,石方段管沟细土应回填至管顶上方 300 mm。细土的最大粒径不宜超过 10 mm。然后回填原土石方,石块的最大粒径不应超过 250 mm;戈壁段管沟,细土可回填至管顶上方 100 mm。细土的最大粒径不应超过 20 mm;黄土塬地段管沟回填应按设计要求做好垫层及夯实;陡坡地段管沟回填宜采取袋装土分段回填。回填土应平整密实。

6.8.5 下沟管道的端部,应依据管道直径确定暂不回填的长度,暂不回填的长度不宜小于 60 m。若在可能发生洪水的泥石流的地区,要注意管道的保护。

6.8.6 管沟回填土宜高出地面 0.3 m 以上,覆土应与管沟中心线一致,其宽度为管沟上开口宽度,并应做成梯形。管道最小覆土层厚度应符合设计要求。管沟回填后应进行地面音频检漏。合格的标准为每 10 km 不超过 5 个漏点。

6.9 管道穿跨越工程

6.9.1 一般规定

6.9.1.1 管道穿越工程的施工应符合 GB 50424 的要求。

6.9.1.2 管道跨越工程的施工应符合 GB 50460 的规定。

6.9.1.3 穿跨越工程开工前,应调查施工区域内建(构)筑物、水利设施、通讯及电力线路等设施的影响及拆迁数量;施工场地布置与相邻工程、农田水利、道路交通、征地等的关系;施工的自然气候条件,雨季和洪水对施工的影响;河流洪水水位及年洪水频率、最高洪水位及凌汛情况。

6.9.1.4 应确定埋地管线、地下光电缆及其他地下构筑物的位置。应事先将施工计划通知受影响的地下构筑物的使用者或所有者,便于需要时到现场监护。

6.9.1.5 管道穿跨越工程施工前,应编制专项施工方案,并获得穿跨越许可。

6.9.1.6 管道穿跨越工程施工前,应进行现场准备、设备准备并做好技术交底工作。

6.9.1.7 施工期间应妥善安排,安排好交通和临近居民的活动。应减少对周围的损坏,并应保护好公众的安全。

6.9.2 管道穿越

6.9.2.1 开挖穿越

6.9.2.1.1 不带水开挖施工方式应满足下列要求:

a) 开挖穿越河流 湖泊时,宜在非汛期并应连续进行施工。

b) 围堰和导流时，导流沟底应低于入口处河流水面，且沟底沿水流方向应有一定的坡度。导流沟宽度应根据河水流量的大小确定；河流上下游两截水坝之间的距离应能满足施工作业要求。坝顶应高出施工期水面 1 m～1.5 m，且不应超过河岸最低点；断面应为梯形，其边坡比宜为1∶1～1∶2，坝顶的宽度根据河水的深度而定，一般可为 2.5 m～5 m。截流方法可采用橡胶水坝、打桩护坝、水工布密封等措施。

c) 管沟开挖时应根据穿越地段的岩土性质、施工方法、施工机具情况确定降水方法，以保证管沟开挖和其他作业正常进行。当开挖地段为砂石、砂卵石、砂土、黏土时，可采用密封截水、明沟及大口井排水等方法；若为淤泥、流砂、粉砂和细砂，可采用井点降水等方法；堰内管沟开挖可采用机械、人工或爆破方法。

d) 河底管沟的沟底宽度和边坡尺寸应根据土石性质、水流速度、开挖深度和施工方法等因素确定或根据试挖资料确定。在无试验条件和资料的情况下，可按表 53 确定沟底宽度和边坡数据。

表 53 不带水开挖管沟尺寸

土石名称	沟底最小宽度 m	管沟边坡	
		沟深≤2.5 m	沟深＞2.5 m
淤泥、粉细砂	B1＋4(8)	1∶3.5	1∶5
中粗砂、卵砾	B1＋3(6)	1∶3	1∶4
砂土	B1＋2(5)	1∶2.5	1∶3
黏土	B1＋2(5)	1∶2	1∶2
岩石	B1＋2(5)	1∶0.5	1∶1

注 1：如遇流砂、沟底宽度和边坡数据，根据施工方案另行确定。
注 2：如用围堰方法挖沟，在沟下焊接时，沟底宽度应为 8 m～12 m。
注 3：B1 为钢管外径＋双管直径。
注 4：“()”内为采用沟下组焊规定值。

e) 河底管沟应平直，不应有土坎，中心线偏移不应超过 200 mm，管沟深度应符合设计要求，其允许偏差为±200 mm。

6.9.2.1.2 带水开挖穿越施工应满足下列要求：

a) 水下开挖管沟时，对河床土壤松软、水流速度小、回淤量小的河流，宜采用链斗式、绞吸式或吸扬式挖泥船开挖管沟；对河床土壤坚硬，如硬土层或卵石层，可采用抓斗挖泥船或轮斗挖泥船开挖管沟。河床地质为砂土、黏土或夹卵石土壤，可用拉铲配合其他方法开挖管沟。

b) 河底管沟的开挖的沟底宽度和边坡尺寸应根据土壤性质、水流速度、开挖深度和施工方法等因素确定或根据试挖资料确定。在无试验条件和资料的情况下，可参照表 54 确定沟底宽度和边坡数据。

表 54 带水开挖管沟尺寸

土石名称	沟底最小宽度 m	管沟边坡	
		沟深≤2.5 m	沟深>2.5 m
淤泥、粉细砂	$D^{a}+5$	1∶4	1∶6
中粗砂、卵砾石	$D+4$	1∶3.5	1∶5
砂土	$D+3$	1∶2.5	1∶4
黏土	$D+3$	1∶2	1∶3
岩石	$D+2$	1∶0.5	1∶1
注：如遇流砂、沟底宽度和边坡数据，根据施工方案另行确定。			
[a] D 为钢管外径(包括防腐层或保温层厚度)。			

c) 河底管沟应平直，不应有土坎，中心线偏移不应超过 500 mm，管沟深度应符合设计要求，其允许偏差为+300 mm。

6.9.2.1.3 开挖穿越管段应稳定在所要求的位置上，应按设计要求进行稳管；穿越管段在安放配重块、石笼、浇筑混凝土连续覆盖层时，不应损坏管道的防腐层。

6.9.2.1.4 不带水开挖穿越的管道安装可采用沟上、沟下安装的方式，但在回填前应进行强度和严密性试压；带水开挖穿越的管道可在岸上预制后安装配重块，经强度和严密性试压后，用浮筒增加浮力后漂浮牵引通过。下沟后采用压载或回淤的方式回填。

6.9.2.2 定向钻穿越

6.9.2.2.1 定向钻穿越施工时，应充分考虑地质条件、河流最大冲刷深度对导向孔成孔及回拖管段的影响。

6.9.2.2.2 定向钻回拖时的拉力宜按式(87)计算：

$$F_{拉}=f\cdot L_2\cdot\left|\pi\frac{D^2}{4}\gamma_{泥}-\pi\delta_1\cdot(D-\delta_1)\gamma_{钢}-W_{配}\right|+k_{粘}\cdot\pi\cdot D\cdot L_2 \qquad\cdots\cdots(87)$$

式中：

$F_{拉}$——计算的拉力，单位为千牛(kN)；

f ——摩擦系数，取 0.3；

L_2 ——穿越管段的长度，单位为米(m)；

D ——钢管的直径，单位为米(m)；

$\gamma_{泥}$ ——泥浆的重度，单位为千牛每立方米(kN/m^3)；

δ_1 ——钢管的壁厚，单位为米(m)；

$\gamma_{钢}$ ——钢材的重度，单位为千牛每立方米(kN/m^3)；取 78.5；

$W_{配}$——定向钻回拖过程中单位长度配重，单位为千牛每米(kN/m)；

$k_{粘}$ ——粘滞系数，单位为千牛每平方米(kN/m^2)，取 0.175。

6.9.2.2.3 水平定向钻机的回拖力宜根据式(41)计算值的 1.5 倍～3 倍来选择。

6.9.2.2.4 当地质条件不满足定向钻施工条件时，可采用夯套管、地质改良等方法。

6.9.2.2.5　导向孔实际曲线与设计穿越曲线的偏差应符合表55的规定。

表55　导向孔允许偏差　　单位为米

导向孔曲线		出土点	
横向偏差	上下偏差	横向偏差	纵向偏差
±3	+1～−2	±3	+9～−3

6.9.2.2.6　定向钻钻导向孔时，钻杆折角宜符合表56的要求。

表56　钻杆折角表

穿越管径 mm	每根钻杆最大折角 (°)	4根钻杆累加最大折角 (°)
≤ϕ610	1.2	3.6
ϕ711	1.1	3
ϕ813	1	2.6
ϕ914	0.9	2.4
≥ϕ1 016	0. 8	2.2
注：表中未包含的其他穿越管径的钻杆最大折角可用差值法计算。		

6.9.2.2.7　最终扩孔直径应根据不同的管径、穿越长度、地质条件和钻机能力确定。最小扩孔直径与穿越管径的关系可按表57的选取。

表57　最小扩孔直径与穿越管径关系　　单位为毫米

穿越管段的直径	最小扩孔直径
≤610	1.5倍管径
>610	管径+300

6.9.2.2.8　定向钻施工时，应根据地质条件，现场控制好泥浆的黏度、静切力、动切力、滤失量和pH值等指标。

6.9.2.2.9　穿越管段在岩石单轴饱和抗压强度大于15 MPa的岩石孔内回拖时，根据岩石破碎的状况、成孔效果，可采取短管试回拖或外加保护层措施。

6.9.2.2.10　穿越管道在穿越完成后，应进行馈电法检验。当防腐层绝缘电阻R小于5 000 $\Omega \cdot m^2$时，应对穿越段管道附加阴极保护措施。

6.9.2.3　盾构法穿越施工

6.9.2.3.1　盾构法穿越应首先做好竖井处地探工作，可选择沉井法、逆作法、连续墙等竖井施工方法。盾构施工时应严格控制轴线偏移，确保进出洞时的穿越精度，防止损伤止水环，必要时，在始发与接收井处采取地质改良等措施。始发井应满足盾构施工、推进顶力、设备安装的要求；接收井应满足盾构设备接收与拆除要求。

6.9.2.3.2 盾构掘进中应严格控制隧道中心线,发现偏离应逐步纠正,使偏离在允许值范围内。隧道中心线平面位置允许偏差为±150 mm;隧道中心线高程允许偏差为±150 mm;贯通允许偏差平面为±75 mm,高程为±25 mm。

6.9.2.3.3 盾构环片拼装允许偏差应符合表58的规定:

表58 环片拼装允许偏差

项目	允许偏差
环向相邻环片平整度	±8 mm
纵向相邻环片	±9 mm
衬砌圆环直径圆度	±0.8%圆环直径
环片拼装的纵缝	±2 mm

6.9.2.4 顶管法穿越施工

顶管法穿越施工时,水下隧道可采用泥水平衡式顶管作业。地下水压力小于0.03 MPa时可采用土压平衡式顶管,道路及水渠可采用螺旋钻及千斤顶顶管。顶管横向、高程和地面变形允许偏差应符合表59的要求。

表59 顶管横向、高程和地面变形允许偏差

单位为毫米

序号	项目	允许偏差
1	横向贯通偏差	±100
2	高程贯通偏差	±50
3	地面隆起最大极限	+30
4	地面沉降最大极限	−30

6.9.2.5 矿山法隧道穿越

6.9.2.5.1 矿山法隧道施工时应先进行超前地质预报(地质雷达、红外线探水、超前水平探孔),以探明开挖前方的岩性变化、地应力状况及地下水活动情况。

6.9.2.5.2 矿山法岩石隧道的爆破开挖,应采用光面爆破或预裂爆破。

6.9.2.5.3 矿山法隧道施工时,监控量测工作应紧接开挖、支护作业,按设计要求进行布点和监测,并根据现场情况及时进行调整或增加量测的项目和内容。量测数据应及时分析处理,并将结果反馈到施工过程中。

6.9.2.5.4 隧道结构交工后混凝土抗压强度和抗渗等级应符合设计要求,且无露筋、振漏、露石,其允许偏差应符合表60的规定。

表 60　隧道二次衬砌结构允许偏差值

项 目	允许偏差值				
	内墙	拱部	变形缝	预埋件	预留孔洞
平面位置/mm	±10	—	±20	±20	±20
垂直度/%	0.2	—	—	—	—
高 程/mm	—	+30 −10	—	—	—
直顺度/mm	—	—	5	—	—
平整度/mm	15	15	—	—	—

注 1：本表不包括特殊要求项目的偏差标准。

注 2：平面位置以隧道线路中线为准进行测量。

6.9.2.6　穿越水域的大中型工程、单出图的公路穿越工程、隧道的管段宜单独进行试压。试压应按GB 50369的规定执行。

6.9.2.7　管道穿越施工时应做好堤防沉降的测量与监测工作，并应及时采取预防和处理措施。

6.9.2.8　选用定向钻法、顶管法、盾构法施工时，应做好泥浆回收工作。进行矿山法隧道施工时，应按环保部门批准的方案弃渣。

6.9.2.9　隧道管道安装：

a)　隧道管道安装方式可采用支架(墩)式。管段与隧道壁净距宜为 0.5 m、双管敷设的管段之间净距不宜小于 0.6 m。

b)　管道支墩及支架结构现场制作应符合设计要求。

c)　应根据隧道直径、长度、坡度和穿越管段管径大小和数量，选择管道运输及安装方法。管道安装可采用隧道内安装或竖井内组焊、回拖的方法。

d)　隧道内的运输道路应平整、坚实，可采用龙门架、电动平车等运输钢管。如采用柴油内燃机械运输宜采用尾气净化装置并加强通风，汽油机车不应进洞。

e)　当隧道较长、自然通风不好或存在有害气体时，隧道施工应采取强制通风。

f)　隧道内施工照明应采用 36 V 电压等级的照明设备。

6.9.3　管道跨越工程

6.9.3.1　应编制并报批施工组织设计或施工方案、措施，并完成技术交底。大、中型管道跨越施工组织设计或施工专项方案应包括：测量控制、基础工程、塔架工程、索缆架设、桥面吊装(对结构在吊装过程中的强度计算、吊装工具的受力计算和强度校核、吊装设备的选用)、管道安装、管道试压方案及安全技术措施等。

6.9.3.2　测量的平面控制网应利用现有控制点建立，坐标系统应采用设计选用的坐标系。大型跨越的首级控制网精度不应低于一级，中型跨越及以下的首级控制网精度不应低于二级。测量的高程系统宜采用 1985 国家高程系，大型跨越的首级高程控制不应低于四等，中型跨越不应低于五等。

6.9.3.3　钢筋混凝土基础与塔架施工应按设计要求进行，并应符合 GB 50204 的规定。

6.9.3.4　钢筋混凝土塔架施工偏差应符合表 61 的要求。

表 61 塔架施工精度要求

单位为毫米

序号	项目	规定值或允许偏差
1	轴线偏移	±10
2	倾斜度	塔高的 1/3 000,且<30
3	断面尺寸	±20
4	塔顶标高	±10
5	索鞍底板面标高	+10,0
6	预埋螺栓位置	±2

6.9.3.5 桁架安装其弦杆不应下挠,安装尺寸允许偏差应符合表 62 规定。

表 62 桁架安装允许偏差

单位为毫米

序号	项目	允许偏差
1	轴线偏移	10
2	桁架管道支座轴线偏移	10
3	多跨桁架间距	±10
4	桁架及其受压弦杆的侧向弯曲矢高(f)	10

6.9.3.6 跨越管道的发送应根据跨越型式、桥面结构形式等选择发送方法。悬索桥宜选用配重荷载逐步转移的方式发送。可采用袋装土预先在跨越的桥面上按管道荷载布放,当跨越管道发送中,将袋装土逐步移除,以防止桥面结构变形。

6.9.3.7 大中型跨越工程在组装、焊接、检验合格后,应单独进行清管和试压。试压充水应缓慢进行,防止产生过大的冲击荷载引起跨越结构变形,在充水过程中应随时对桥面结构和跨越管道进行检查。悬索和斜拉索结构应对结构作不对称荷载进行校核。

6.9.3.8 跨越管段通球扫线时,应采取临时加固等措施,对柔性管桥进行保护。

6.9.3.9 施工过程中应加强测量与监测,保证施工安全。

6.9.3.10 管道跨越通过地震断裂带时,应严格按照设计及 GB 50470 的要求施工。

6.10 管道清管测径试压

6.10.1 油气长输管道在下沟回填后应清管、测径和试压。清管、测径和试压应先分段进行。管道连通后可进行站间严密性试验。分段试压前,应采用清管球(器)进行清管,清管次数不应少于两次,以开口端不再排出杂物为合格。管道测径应符合 GB 50369 的要求。

6.10.2 大中型穿、跨越河流、铁路、二级及以上公路、高速公路的管段应单独进行试压。穿越铁路、公路、高速公路的管段试验压力与方法可与两侧干线相同。大开挖、定向钻穿越管段应在预制后进行强度及严密性试验,定向钻穿越管段就位后再进行一次严密性试压。强度试验压力为设计压力的 1.5 倍。

6.10.3 试压中如有泄漏,应泄压后修补或更换。并应重新试压。

6.10.4 管道清管试压应编制施工方案,制定安全措施,充分考虑施工人员及附近公众安全。

6.10.5 输油管道试压:

输油管道水压试压,应符合 GB/T 16805 的要求,并应符合下列的要求:

a) 试压应用洁净水做介质。

b) 试压应分段进行,先强度试验后严密性试验。

c) 强度试验时,各个试压段的任何一点试验压力均不应小于该点 1.25 倍的设计压力,其值一般不应大于管材最低屈服强度的 0.9 倍(不包括设计系数为 0.8 的管道);对山区地段经设计允许,其高点位置的强度试验压力可以以最大操作压力为依据,最低点位置强度试验压力值最大不应大于管材最低屈服强度的 0.95 倍。强度试验稳压时间为 4 h,合格后做严密性试验。严密性试验压力为设计压力,稳压时间不少于 24 h。

d) 水压试验合格后,应排除管内存水。若在寒冷天气,应采取措施防止结冰损坏管道。

6.10.6 输气管道试压:

输气管道应符合下列的要求:

a) 输气管道位于一、二级地区的管段宜采用水作试压介质,当采用空气作试压介质时,应有设计文件做依据,并应采取严密的安全措施。输气管道位于三级、四级地区的管段应采用水作试压介质。

b) 输气管道分段水压试验时的压力值、稳压时间及合格标准应符合表 63 的规定。

表 63 输气管道水压试验压力值、稳压时间及合格标准

分类		强度试验	严密性试验
一级地区输气管道	压力值/MPa	1.1 倍设计压力	设计压力
	稳压时间/h	4	24
二级地区输气管道	压力值/MPa	1.25 倍设计压力	设计压力
	稳压时间/h	4	24
三级地区输气管道	压力值/MPa	1.4 倍设计压力	设计压力
	稳压时间/h	4	24
四级地区输气管道	压力值/MPa	1.5 倍设计压力	设计压力
	稳压时间/h	4	24
合格标准		无泄漏	压降不大于 1%试验压力值,且不大于 0.1 MPa

c) 输气管道分段空气试验时的压力值、稳压时间及合格标准应符合设计文件的要求。

6.11 管道连头及金口焊接

6.11.1 管道连头所用钢管、弯管应预先试压合格。

6.11.2 金口组对时应采用外对口器对口,不应强行组对。

6.11.3 金口焊接完毕,应进行焊缝外观检查并在 24 h 后进行 100%超声波检测和 100%射线检测。金口焊缝不允许出现未熔合缺陷。

6.11.4 无损检测按第8章的要求进行检测,无损检测结束后,应在回填前完成防腐补口并经检验合格。

6.12 输气管道干燥

6.12.1 输气管道试压、清管结束后应进行干燥。

6.12.2 干燥方法可采用吸水性泡沫清管塞反复吸附、干燥气体(压缩空气或氮气等)吹扫、真空蒸发等上述一种或几种方法的组合。

6.12.3 干燥验收应符合下列规定:

a) 当采用干燥气体吹扫时,应在管道末端放置水露点分析仪,干燥后排出气体水露点值连续4 h变化幅度不大于3 ℃为合格。

b) 当采用真空法时,选用的真空表精度为1级,真空干燥过程中定期检测管体的温度和内压,管体温度不应低于5 ℃。当管内压力降到0.1 kPa时,关闭真空泵,密闭4 h,管道内压力变化值小于0.6 kPa即为合格。

c) 管道干燥结束后,如果没有立即投入运行,宜充入干燥氮气,保持管内为微正压密封,防止外界湿气重新进入管道,否则应重新进行干燥。

6.13 附属工程

6.13.1 应在管道下沟后及时进行线路保护构筑物的施工,并宜在雨季(洪水)到来之前完成。对于影响施工安全的地方应预先施工。

6.13.2 管道试压结束后应进行地貌恢复及地表设施的复原,应取得其所有者或使用者的认可。

6.13.3 应在管道沿线装设里程桩、转角桩、标志桩、测试桩及警示牌,在穿越道路、公路、铁路、河流、湖泊、鱼塘等特殊区域应适当加密,做到通视良好、标示清晰。并应在交工前进行维护,不应损坏或丢失。里程桩、转角桩、标志桩及警示牌的安装位置应准确,并应保存相应记录。

7 站场安装

7.1 施工准备

7.1.1 施工前,应进行现场调查、参与设计文件交底、编制并报批施工组织设计、进行资源准备。

7.1.2 现场调查核实道路、桥梁、电力、通信、生活供应等是否满足站场施工需求。

7.1.3 参加设计现场交底。

7.1.4 人员、机具设备、材料等应满足施工要求。

7.1.5 施工准备工作应符合GB 50540中的相关规定。

7.2 钢管下料与加工

7.2.1 下料

7.2.1.1 在设计压力6.4 MPa及以上条件下使用的钢管,其切断与开孔宜采用机械切割;在设计压力小于6.4 MPa条件下使用的钢管可采用火焰切割。

7.2.1.2 合金钢管不宜采用火焰加工,不锈钢钢管应采用机械或等离子方法切割。

7.2.1.3 钢管切口质量应符合GB 50540中的相关规定。

7.2.1.4 管端的坡口型式及组对尺寸应符合焊接工艺规程要求，当焊接工艺规程无规定时应按附录 D中表 D.1 执行。对于焊接端带坡口且坡口满足焊接工艺规程要求的管件，可按照原有坡口焊接。

7.2.2 加工

7.2.2.1 Ⅱ形弯管的平面度允许偏差 Δ 应符合表 64 和图 3 的要求。

表 64 Ⅱ形弯管的平面度允许偏差

单位为毫米

长度 L	<500	500～1 000	>1 000～1 500	>1 500
平面度 Δ	≤3	≤4	≤6	≤10

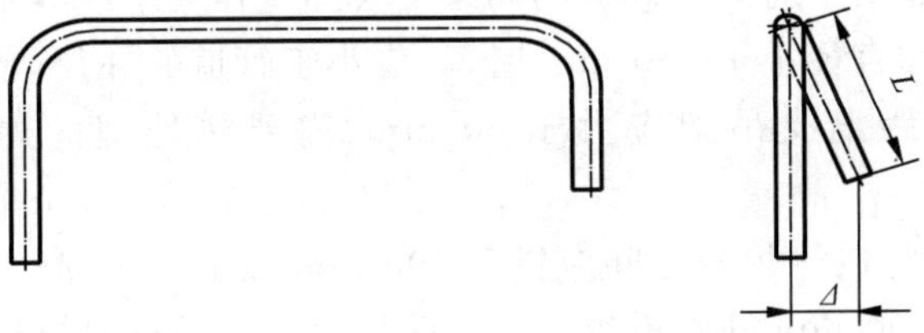

说明：

L ——Ⅱ形弯管最长直管段的长度；

Δ ——Ⅱ形平面度偏差。

图 3 Ⅱ形弯管平面度

7.2.2.2 制作管汇母管宜选择整根钢管，钢管应选用直缝钢管或无缝钢管，不应采用螺旋焊缝钢管。若采用焊接钢管对接时，纵缝应错开 100 mm 以上。管汇的制作及其质量应符合 GB 50540 中的相关规定。

7.2.3 管道单元预制

7.2.3.1 管道单元预制应按照设计单线图或依据管道系统平、剖面图、绘制的单线图进行。

7.2.3.2 管道单元预制应按单线图规定的数量、规格、材质选配管道附件，并应按单线图标明管道系统号和按预制顺序标明各组成件的顺序号。同时，应对切割的钢管进行不伤害管体的标识及其移植。

7.2.3.3 当采用单件、小单元及组合件预制时，应符合 GB 50540 中的相关规定。

7.3 管道及阀门安装

7.3.1 一般规定

7.3.1.1 管道安装前，应与站场施工的其他相关专业进行图纸会审，对埋地管道与埋地电缆、给排水管道、地下设施、建筑物预留孔洞位置进行核对。

7.3.1.2 与管道安装相关的土建工程应经验收合格，达到安装条件。

7.3.1.3 钢管、管道附件、阀门及所有安装件内部应清理干净，应封堵管口或阀门出入口。

7.3.1.4 不宜在管道焊缝位置及其边缘上开孔，应距焊缝 100 mm。当不可避免时，应对开孔处直径1.5 倍范围内进行补强，补强板覆盖的焊缝应磨平。

7.3.1.5 管道、阀门的安装及其附件制作安装还应符合 GB 50540 中的相关规定。

7.3.2 管道安装

7.3.2.1 对预制的管道应按管道系统编号和顺序号进行对号安装。

7.3.2.2 管道、管道附件、设备等连接时,不应强力组对。

7.3.2.3 钢管组对时,错边量应不大于壁厚的1/8且小于3 mm。异径管直径应与其相连接管段直径一致,错边量不应大于1.5 mm。

7.3.2.4 钢管端口圆度超标时应进行校圆。校圆时宜采用整形器调整,不应用锤击方法进行调整。

7.3.2.5 管道对口时应检查平直度。

7.3.2.6 管道对接焊缝位置应符合下列要求:

a) 同一管道上相邻两个对接环焊缝的间距当公称直径大于或等于150 mm时,不应小于150 mm,当公称直径小于150 mm时,不应小于管道的外径,且不应小于100 mm;

b) 管道对接焊缝距离支吊架应大于50 mm,需要热处理的焊缝距离支吊架应大于300 mm;

c) 焊接钢管对接时,制管焊缝之间应错开100 mm以上。

7.3.2.7 公称直径大于200 mm的管道组对时宜采用对口器进行对口组焊。使用外对口器时,根焊完成管道周长的50%以上且均匀分布时方可拆除对口器;使用内对口器时,根焊全部完成后方可拆除对口器。

7.3.2.8 钢管在穿越建(构)筑物时,应加设套管。套管中心线应与管道中心线一致,且建(构)筑物内隐蔽处不应有对接焊缝。

7.3.2.9 管道安装允许偏差值应符合表D.2的要求。

7.3.2.10 管道在同一地沟内有数根管道时,应自下而上依次分层进行。在同层中,宜先安装管径大的钢管后安装管径小的钢管。管道外壁(包括保温层或防腐层厚度)与地沟壁、沟底面的距离可参照表65的规定。

表65 管道外壁与地沟壁、沟底面的距离

单位为毫米

公称直径	≤100	125	150	200	250	300	350	400	≥500
与地沟壁距离	85	85	90	90	95	95	110	135	150
与沟底面距离	200	200	200	200	200	250	250	250	250

7.3.2.11 动设备进出口管道的安装应在动设备安装合格后进行。该管道与管网连接的固定对接焊口应在靠近进出口管道的支座之外,宜从动设备进出口侧开始安装,并先安装支、吊架或地下管道,管道和阀门等的重量及附加力矩不应作用在动设备上。气体压缩机进口如有分液缸,入口管道因水平偏差造成的坡度应斜向分液缸。对不允许承受附加外力的动设备,管道与动设备的连接应符合下列要求:

a) 管道在自由状态下,检查法兰的平行度和同心度,允许偏差应符合表67的规定。

b) 紧固螺栓时,应在设备主轴节上用百分表观察设备位移,应符合设备安装要求,当无要求时其值应符合表66的规定。

表 66 法兰平行度、同心度允许偏差和设备位移

机泵转速 r/min	平行度 mm	同心度 mm	设备位移 mm
3 000～6 000	≤0.10	≤0.50	≤0.05
>6 000	≤0.05	≤0.20	≤0.02

7.3.2.12 法兰密封面应与钢管中心垂直。当 $DN \leqslant 300$ mm 时，在法兰外径上的允许偏差为 ±1 mm；当 $DN > 300$ mm 时，在法兰外径上的允许偏差为 ±2 mm。检查示意图见图 4。

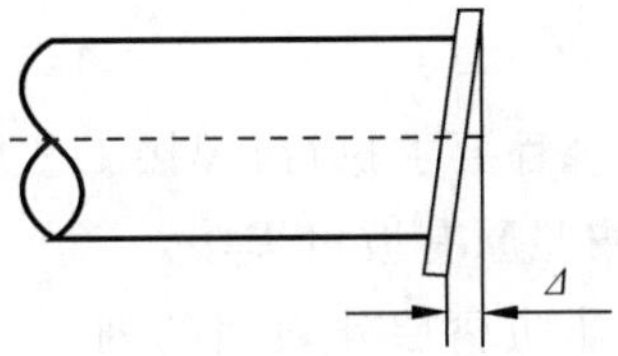

说明：

Δ——法兰与钢管垂直度偏差。

图 4 法兰密封面与钢管垂直度组对偏差示意图

7.3.2.13 法兰连接时应保持平行。垫片应放在法兰密封面中心。螺栓拧紧应按对称次序进行。

7.3.3 阀门安装

7.3.3.1 阀门安装前，应核对其型号、位号，复核产品合格证及试验记录。

7.3.3.2 当阀门与管道以焊接方式连接时，应按阀门的安装焊接要求处于开、闭状态。根焊宜采用气体保护焊。并应在焊接时对阀门密封面进行保护，防止焊接飞溅对阀腔的伤害。

7.3.3.3 阀门安装时，应按阀门标示的介质流向与管道介质的流向确定阀门的安装方向，避免强力安装。

7.3.3.4 安全阀应垂直安装，安装完毕的安全阀不允许受到严重的震动或撞击。

7.4 设备安装

7.4.1 设备安装主要包括一般静设备安装、输油泵机组安装及压缩机(组)安装等。

7.4.2 设备安装的内容一般包括设备基础验收处理、设备就位、设备调平、地脚螺栓安装及灌浆、联轴器对中、设备的拆检清洗、附属设备及管道安装、润滑油系统冲洗、试运转等。

7.4.3 设备安装应符合 GB 50461、SH/T 3542、SY/T 0460、SY/T 4111 和 SY/T 0403 及国家现行相关标准的规定。

加热炉主要有火筒式和管式加热炉等，加热炉的安装施工及验收等应符合 SY/T 0404、SY/T 0538、SY/T 5262 及国家现行相关标准的规定。

7.5 焊接与无损检测

7.5.1 一般规定

7.5.1.1 工艺管道焊接应按 GB/T 31032 中的有关规定执行，其余异种钢、不锈钢管道焊接与

焊接返修应按 GB 50236 的有关规定执行。

7.5.1.2 按 TSG Z6002 的要求，焊工应取得特种设备作业人员证书及上岗资格证，所从事工作范围应与资格证书相符。取得上岗资格的焊工，若中断特种设备焊接作业超过 6 个月，应复审考试。

7.5.1.3 在进行正式焊接施工前，应根据 GB/T 31032 对焊接预规程进行焊接工艺评定，应根据评定合格的焊接工艺编制焊接工艺规程。焊接工艺规程在站场工艺管道焊接作业时应严格执行。

7.5.1.4 焊接所用设备应配有指示焊接工艺参数的电流表、电压表，气压表和流量表应能够满足焊接工艺要求，具有良好的工作状态和安全性。不符合要求的焊接设备应予以更换或维修。

7.5.2 焊接

7.5.2.1 焊接坡口应按照焊接工艺规程要求执行，焊接工艺规程没有进行规定的应按表 D.1 执行。对于带焊接端坡口的管件，可按照原有坡口焊接。

7.5.2.2 可采用打磨方法去除钢管非防腐层外表面的划痕、刻痕和电弧烧伤等缺陷，磨剩的厚度不应小于材料标准允许的最小厚度。否则，应将受损部分整段切除。

7.5.2.3 管口组对应符合焊接工艺规程的规定。

7.5.2.4 预热、层间温度、焊后缓冷及焊后热处理应符合下列的要求：

a) 预热、层间温度、焊后缓冷和焊后热处理应按焊接工艺规程执行。焊前预热及焊后热处理编制预焊接工艺规程时应按表 D.3 的规定执行。

b) 热处理加热范围应为焊口两侧各大于焊缝宽度的 3 倍，且不小于 25 mm，加热区及其以外的 100 mm 范围应予以保温。

c) 当焊接两种具有不同预热要求的材料时，应以预热温度要求高的材料为准。管口应均匀加热，防止局部过热。

7.5.2.5 使用外对口器时，应保证根焊道均匀对称完成 50% 以上才能撤离。对口支撑和吊具则应在根焊道全部完成后方可撤除。

7.5.2.6 若采用定位焊缝对口，根焊焊至定位焊缝时，宜将定位焊缝去除。定位焊缝的长度、厚度和间距可按表 67 和表 68 的规定执行。

表 67 管道定位焊缝的位置与数量

公称直径 DN/mm	位置与数量
$DN \leqslant 50$	对称 2 点
$50 < DN \leqslant 150$	均布 2 点～3 点
$150 < DN \leqslant 200$	均布 3 点～4 点
$200 < DN \leqslant 500$	均布 4 点～6 点
$500 < DN \leqslant 120\ 0$	均布 6 点～10 点

表 68 管道定位焊缝尺寸

壁厚 δ/mm	δ<3	3≤δ<5	5≤δ<12	δ≥12
焊缝长度/mm	6～9	8～13	12～17	14～20
焊缝高度/mm	2	2.5	3～5	≤6

7.5.2.7 与线路钢管相同规格的焊接返修工艺应采用线路上评定合格的返修焊接工艺规程，工艺管网的管道焊接返修工艺可执行原焊接工艺规程。所有带裂纹的焊口应从管线上切除。

7.5.3 外观检查

7.5.3.1 管道对接焊缝与角焊缝应进行 100% 外观检查。焊缝焊渣及周围飞溅物应清除干净。

7.5.3.2 对接焊缝外观成形应均匀一致，错边量不大于钢管壁厚的 1/8，且小于 3 mm。对接焊缝表面不应低于母材表面，焊缝余高不应大于 2.0 mm，当焊缝余高超高时，应进行打磨并与母材圆滑过渡。

7.5.3.3 角焊缝的边缘应平缓过渡，焊缝的凹度和凸度不应大于 1.5 mm，两焊脚高度差不宜大于 3 mm。

7.5.3.4 盖面焊缝为多道焊时，相邻焊道间的沟槽底部应高于母材，焊道间的沟槽深度(焊道与相邻沟槽的高度差)不应超过 1.0 mm。

7.5.3.5 不应有裂纹、未熔合、气孔、夹渣、引弧痕迹、有害的焊瘤、凹坑等缺陷。咬边深度不应超过0.5 mm。咬边深度小于 0.3 mm 的任何长度均为合格。咬边深度在 0.3 mm～0.5 mm 之间，单个长度不应超过 30 mm，累计长度不应大于焊缝周长的 15%。

7.5.4 无损检测

无损检测应符合第 8 章的相关规定。

7.6 管沟开挖与回填

7.6.1 管沟开挖

7.6.1.1 管沟开挖前，应对地下构筑物、电缆、管道等障碍物进行定位，在开挖过程中采取保护措施。

7.6.1.2 管沟超挖部分，对其地基应做分层夯实处理或按设计要求进行处理。

7.6.1.3 开挖管沟的弃土距离管沟边不应小于 0.5 m，高度不宜超过 1.5 m。

7.6.2 管道下沟、回填

7.6.2.1 管道下沟应在不受外力的条件下，放置到沟底中心位置，悬空段应用细土或砂填塞。

7.6.2.2 相互交叉的管道进行管沟回填时，按照管道标高由低向高依次分层回填并夯实。

7.6.2.3 管沟回填时，应先回填直管段，后回填弯曲管段，并应分层夯实。

7.7 吹扫清洗、压力试验与干燥

7.7.1 一般规定

7.7.1.1 管道投产前应进行系统的吹扫清洗、试压和干燥。

7.7.1.2 不同压力等级的管道系统须分别按其压力等级进行压力试验。

7.7.1.3 试压过程中如有泄漏，禁止带压修补。缺陷修补合格后，应重新试压。当环境温度低于 5 ℃时,应采取防冻措施。

7.7.1.4 工艺管道系统的吹扫清洗、压力试验与干燥还应符合 GB 50540 中的相关规定。

7.7.2 吹扫与清洗

7.7.2.1 不参与系统吹扫清洗的设备及管道系统,应与清扫系统隔离。

7.7.2.2 吹扫、清洗工作介质宜采用空气和洁净水。吹扫压力应小于管道设计压力。

7.7.2.3 用水冲洗时,宜以最大流量进行清洗,且流速不应小于 1.5 m/s。

7.7.2.4 采用压缩空气爆破膜法吹扫管道,吹扫流程宜与工艺流程一致,泄压口前端 20 m 范围内禁止行人走动,爆破压力应控制在 0.3 MPa～0.5 MPa 之间,爆破吹扫次数可按表 69 的规定进行。爆破膜厚度可参照表 70 进行选用。

表 69 爆破膜法管道清扫次数

爆破压力 MPa	储气罐容积/管道容积				
	1/5	1/4	1/3	1/2	1
0.1	8	6	4	3	2
0.15	6	5	3	2	1
0.2	4	3	2	L	1
0.25	3	3	2	1	1

表 70 爆破膜厚度选择表

单位为毫米

管线规格	DN100～DN150	DN200～DN250	DN300～DN500	DN600～DN800
爆破膜厚度	3	4.5	6	7.5

7.7.2.5 最后一次清扫后,用白布靶放在工艺管线的排空处,检查 5 min,白布靶上无固体颗粒物为合格。

7.7.3 压力试验

7.7.3.1 工艺管道系统的压力试验包括强度试验和严密性试验。埋地管道应在下沟回填后进行强度和严密性试验。

7.7.3.2 压力试验应以洁净水或空气为试验介质,设计压力在 6.4 MPa 以下可用空气作为试验介质。对奥氏体不锈钢管道的压力试验宜采用空气或惰性气体。

7.7.3.3 用水作为介质进行强度试验时,升压应平稳缓慢,分阶段进行,压力试验升压次数应符合表 71 的规定。试验方法及合格标准应符合表 72 的规定。

表 71 水压强度试验升压次数

试验压力 MPa	升压次数	各阶段试验压力百分数 100%
$p \leqslant 1.6$	1	100
$1.6 < p \leqslant 2.5$	2	50,100
$2.5 < p$	3	30,60,100

表 72 水压试验方法及合格标准

检验项目	强度试验	严密性试验
试验压力	1.5 倍设计压力	设计压力
升压步骤	升压阶段间隔 30 min,升压速度不大于 0.1 MPa/min	—
稳压时间	4 h	24 h
合格标准	管道目测无变形、无渗漏且压降小于或等于试验压力的 1%	无渗漏且压降小于或等于试验压力的 1%

7.7.3.4 用空气作为介质做强度试验时,升压应平稳缓慢,分阶段进行,升压速度应小于 0.1 MPa/min。气压试验方法及合格标准应符合表 73 的规定。

表 73 气压试验方法及合格标准

检验项目	强度试验	严密性试验
试验压力	1.15 倍设计压力	设计压力
升压步骤	升压值依次为试验压力的 10%、50%,逐次增加 10%的试验压力直至 100%,间隔 5 min,升压速度不大于 0.1 MPa/min	—
稳压时间	4 h	24 h
合格标准	管道目测无变形、无泄漏	无泄漏

7.7.3.5 管道系统当采用洁净水作为试压介质时,应将不适宜参与试压的仪器、仪表等隔离,强度试压完成、用真空法或爆破法将水清扫干净后,可采用空气对管道系统及仪器、仪表等一并进行严密性试验。

7.7.4 干燥

7.7.4.1 天然气管道站场工艺管道系统压力试验合格后,应进行管道系统干燥。

7.7.4.2 站场管道干燥可采用干空气干燥、真空干燥和液氮干燥法,管道干燥可进行分区干燥也可整体干燥。

7.7.4.3 干燥作业前应固定干燥临时管道,设置警戒区。干燥作业应满足 GB 50540 中的相关要求。

7.8 防腐和保温

工艺管道系统应按照设计要求对其进行防腐和保温,防腐、保温的施工、检查及验收等应符合GB 50540及国家现行相关标准的规定。

7.9 钢结构安装

钢结构的安装应符合 GB 50205 及国家现行相关标准的规定。

7.10 暖通、消防、电气、自动化仪表等工程

7.10.1 暖通工程应符合 GB 50242 和 GB 50243 及国家现行相关标准的规定。

7.10.2 消防工程应符合 GB 50160 和 GB 50183 及国家现行相关标准的规定。

电气工程应符合电气装置安装工程施工及验收规范 GB 50254、GB 50255 、GB 50256、

GB 50257、GB 50147、GB 50148、GB 50149、GB 50168、GB 50169、GB 50170、GB 50171、GB 50172、GB 50173及国家现行相关标准的规定。

7.10.3 自动化仪表工程的施工及质量验收应符合GB 50093及国家现行相关标准的规定。

7.10.4 其他相关站场安装工程应符合国家现行相应标准的规定。

8 无损检测

8.1 一般规定

8.1.1 检测单位

8.1.1.1 从事长输管道无损检测的单位应取得国家质量监督检验检疫总局颁发的特种设备检验检测机构核准证。

8.1.1.2 进行长输管道检测前应按相关标准的规定编制符合要求的无损检测工艺规程。

8.1.1.3 检测程序及检测结果应正确、完整并应有相应责任人员签名认可。

8.1.1.4 检测用仪器和设备的性能应进行定期检定(校准),并有记录可查。

8.1.2 检测人员

8.1.2.1 从事无损检测的人员,应当按相应技术规范进行考核取得相应资格证书。

无损检测人员资格级别分为Ⅲ(高)级、Ⅱ(中)级和Ⅰ(初)级。取得不同无损检测方法各资格级别的人员只能从事与该方法级别相应的无损检测工作并负相应的技术责任。

8.1.2.2 从事全自动超声波检测以及其他新检测技术的人员还应接受设备调试、检测结果评定等培训,经考核合格方可从事检测工作。

8.1.2.3 检测人员未经矫正或经矫正的近(距)视力和远(距)视力不应低于5.0。从事全自动超声、磁粉和渗透检测的评判人员不应有色盲。

8.1.3 检测工艺规程

8.1.3.1 检测单位应编制无损检测工艺规程,并应严格按照工艺规程检测。检测结果应正确、完整并应有相应责任人员签名认可。

8.1.3.2 无损检测工艺规程应包括通用工艺规程和工艺卡,并应符合下列要求:

a) 无损检测通用工艺规程应根据相关法规、产品标准、有关的技术文件和本标准的要求,并结合本单位的特点和检测能力,由无损检测高级(Ⅱ级)及以上人员编制,无损检测责任工程师审核,所在单位技术负责人批准。无损检测通用工艺规程修订、更改时也应履行上述程序。

b) 无损检测工艺卡应根据无损检测通用工艺规程、产品标准、有关技术文件和本标准的要求,并结合本单位的特点和检测能力,由无损检测中级(Ⅱ级)及以上人员编制,无损检测责任工程师审核。无损检测工艺卡修订、更改时也应履行上述程序。

8.1.4 新技术应用

当采用未列入本标准规定的无损检测方法时,采用的新技术应当经相关部门审核并在相关行业有成功应用的经验,并制定了相关检测标准。

8.2 检测要求

8.2.1 检测时机

对有延迟裂纹倾向的材料以及返修、不参加试压的金口焊缝,应在焊接完成24 h后进行无损检测。

8.2.2 外观检查

所有管道的对接焊缝和角焊缝应先进行外观检查,合格后才能进行无损检测。外观检查的内容和要求应符合6.5.5的规定。

8.2.3 检测方法

8.2.3.1 当采用两种或两种以上的检测方法对同一部位进行检测时,应按各自的方法评定级别。如采用同种检测方法、不同检测工艺进行检测,当检测结果不一致时,应以危险度大的评定结果为准。

8.2.3.2 对无损检测发现的缺陷应进行返修,返修后宜按原规定的无损检测方法进行检测。对规定进行抽样或局部无损检测的焊接接头,当发现不合格焊口时,应当用原规定的无损检测方法,按照本标准的规定进行累进检查。

8.2.4 检测比例

8.2.4.1 输油管道:

a) 除设计文件另有规定外,现场焊接的管道及管道组成件的对接环焊缝、对接式支管连接焊缝应进行射线检测或超声检测;
b) 采用射线检测时,检测比例应不小于焊工当天所焊焊口的15%;
c) 采用超声检测时,检测比例为焊工当天所焊焊口的100%,并对其中5%的焊口进行射线检测复查;
d) 射线检测复验、抽查时,若发现不合格焊口,应对该焊工或流水作业焊工组在该日或该检查段中焊接的焊口加倍检查,如再有不合格的焊口,则对其余的焊口进行100%的射线检测;
e) 管道采用全自动超声波检测时,可不进行射线检测复查;
f) 抽查的无损检测焊接接头位置及检查点应由监理选择或批准。

8.2.4.2 输气管道:

a) 采用射线检测时,检测比例为100%;
b) 采用超声检测时,检测比例为100%,且应采用射线检测进行复验,复验比例为每个焊工或流水作业焊工组当天完成的全部焊口中任意选取不小于表74所列数目的焊口。

表74 抽查比例

序号	地区等级	检测比例	备注
1	一级地区	≥5%	
2	二级地区	≥10%	
3	三级地区	≥15%	
4	四级地区	≥20%	

8.2.4.3 特殊焊口检测比例:

穿、跨越水域、公路、铁路的管道焊缝,弯头与直管段焊缝以及未经试压的管道金口焊缝,均应进行 100%超声波检测和射线检测。

8.2.4.4 站内工艺管道的焊缝应进行 100%的无损检测,检测方法应首选用射线检测或超声波检测。如上述方法无法检测时,可选用磁粉或渗透方法检测。

8.2.4.5 不合格品的处理:

对无损检测发现不合格的管道元件、部位或焊缝,应进行返修或更换,宜采用原规定的无损检验方法重新进行检测。裂纹性缺陷应切除。

8.2.5 检测标准

射线检测、超声检测、磁粉检测和渗透检测应按照 SY/T 4109 的规定执行,超出 SY/T 4109 适用范围的其他钢种的焊缝应按照 NB/T 47013.1～47013.6 的规定执行。全自动超声波检测应按照GB/T 50818的规定执行。

8.2.6 合格级别

8.2.6.1 输油管道焊缝采用射线和超声检测时,设计压力小于或等于 6.4 MPa 的,合格级别为Ⅲ级;设计压力大于 6.4 MPa 的,合格级别为Ⅱ级。

8.2.6.2 输气管道焊缝进行射线和超声检测时,设计压力小于或等于 4 MPa 的,一级、二级地区管道合格级别为Ⅲ级,三级、四级地区管道合格级别为Ⅱ级;设计压力大于 4 MPa 的,合格级别为Ⅱ级。

8.2.6.3 站内工艺管道焊缝设计压力大于 4 MPa 时,射线检测和超声检测二级为合格;设计压力小于或等于 4 MPa 时,射线检测和超声检测三级为合格。

8.2.6.4 磁粉检测或渗透检测应按 SY/T 4109 的规定进行验收。

8.2.6.5 全自动超声波检测应按 GB/T 50818 的规定进行验收。

8.3 检测报告

实施无损检测的单位应认真做好无损检测原始记录,正确填写检测报告,妥善保管好无损检测记录、报告、底片,保存期限不应少于 7 年。

9 管道试运投产

9.1 一般规定

9.1.1 对新建(或停运后再启用)的石油天然气管道,在投入运行前应编制投产方案,经审查批准,并严格按投产方案组织投产。

9.1.2 长输管道全线已按 GB 50369 的相关规定完成了试压、清管和干燥,并按 SY 4208 验收合格。

9.1.3 长输管线站场已按 GB 50540 的相关规定完成了试压和干燥,并按 SY 4203 验收合格。

9.1.4 长输管道穿跨越工程已按 GB 50424、GB 50460 的相关规定完成试压和干燥,并按 SY 4207 验收合格。

9.1.5 管道站场的电气、仪表、自动化、通讯、消防及各项公用工程等,按有关施工及验收规范预验收合格。站场的单机试车和分系统试运完成。

9.1.6 对重新启用的管道已完成管道腐蚀状况调查和剩余强度评价。

9.1.7 沿线阴保测试桩、里程桩、转角桩等标志物埋设完毕。全线阴极保护系统验收合格并投入使用。

9.1.8 运营企业应协调供油、气,用油、气单位,保证有充足的油、气源满足投产需要,为试运投产做好充分准备。

9.2 原油管道投产

9.2.1 试运投产的技术参数

按以下计算:

a) 管道内沿程摩阻损失可按附录B的计算公式计算;

b) 管道加热输送埋地管线温降可按附录E的计算公式计算。

9.2.2 注水作业

9.2.2.1 站场(含阀室)的隔离:

a) 输油站、分输站、阀室内不具备投产条件的工艺设备、设施与投产的工艺设备、设施之间应按设计要求有效隔离;

b) 输油管道试运投产应利用水隔离管道中的原油与空气。

9.2.2.2 干线注水的基本要求:

a) 宜采用主泵注水,若主泵注水条件不具备时,可安装临时泵注水。

b) 根据油品凝点和投油方案,若采用加热方式投油,应启动加热炉。

c) 宜按照管线高程落差大于50 m的背压要求建立注水段。且不小于两个相邻阀室的间距。

d) 应根据注水段长度,计算注水量。

e) 投产试运用水应为过滤后的清洁淡水。

f) 应根据审批的方案建立排气点。

9.2.3 原油投油作业

9.2.3.1 确认油质:

投油前,上游交付的原油油质应符合设计的要求。

9.2.3.2 投油方式:

a) 原油管道试运投产可采用原油直接投油或加降凝剂改性投油、热水预热投油方式。

b) 原油凝点低于试运投产期间管道沿线最低地温,应直接投油。

c) 原油凝点高于试运投产期间管道沿线最低地温,若采用加降凝剂改性处理方式投油的,应加剂投油。

d) 原油凝点高于试运投产期间管道沿线最低地温,若采用加热原油方式投油的,应加热原油投油。

e) 原油凝点高于试运投产期间管道沿线最低地温,若采用水预热方式应按下列规定执行:

1) 可采取正、反向交替输送热水预热的方式。使进站温度高于原油凝点5 ℃。应水预热投油。

2) 采用正反向交替输水预热方式投产前,应核算管线末端的加热能力。预热前除管线中全部充满水外,首站应储备相当于最大加热站间管容积的1.5倍~2倍的水量,末站储罐容量应满足投产需要,管线每一单程的总输量取最大加热站间管线总容积的1.2倍~1.5倍。

3) 若采用加剂与水预热结合的方式投油,应按设计要求执行。

9.2.3.3 投油要求:

a) 应根据投油计划,对管道进行投油;

b) 应在油和水之间放置隔离球,并对隔离球进行跟踪,确定油水界面的位置;

c) 应根据水力热力计算结果,确定投产期间最低输油量和出站温度;

d) 应建立背压,控制沿线各点压力,防止出现不满管流动和液柱断流;

e) 应根据管道上下游流量及注入总量安排,合理控制注入点流量;

f) 加剂改性原油输送管道不应进行反输;

g) 允许停输时间应按设计要求执行;

h) 需要反输的热油管道反输总量应大于加热站最大站间距管容的1.5倍。其最低输量应高于热油管道最低输量。

9.2.3.4 投油作业:

a) 预热方式投产时,应按最大输量进行输送。

b) 水预热投油时,输油量不宜低于设计输量。

c) 水预热开始进油前,进站水温达到试运投产方案确定的预热条件。

d) 采用加降凝剂投油方式,应对原油加注降凝剂和改性效果进行室内试验评价,评价项目和评价方法应执行SY/T 5767的规定。

e) 加剂改性原油投产时,投运工况稳定前应每2 h在沿线各站检测原油的凝点和粘度,稳定后应每4 h在沿线各站检测原油的凝点和粘度。检测持续至交工前。

f) 按投产方案中按流量计算油头到达各站的时间,对各站进行预报,提前做好准备,及时调节运行参数。

g) 导通沿线各站工艺流程,具有收发球功能的站场应做好收发球的准备。

h) 工艺流程阀门操作应先导通主流程,再关断预切断的流程;高低压衔接流程导通时应先导通低压流程再导通高压流程,切断时应先关闭高压流程再关闭低压流程。

i) 应按照投产方案进行油头跟踪和排气、排水,并对管道穿跨越、阀室、高点、低点等进行重点巡查。

j) 应制定含油污水处理方案,避免对环境造成污染。

9.2.4 输油泵及减压站操作

输油泵及减压站操作如下:

a) 应根据设计运行工况控制的需要选择采用进站压力控制、出站压力控制或流量控制;

b) 应根据输送流量对输油泵机组进行组合,应优先选择调速机组;

c) 泵站采用调速电机和(或)压力调节阀保护输油泵满足最小允许气蚀余量的要求,保护输油泵出口不超压,保护泵机组不过载;

d) 应根据管道系统压力控制和线路高程的要求,制定减压站运行控制方案;

e) 应用减压站的主调节回路控制管道背压,上游高点处压力应高于油品的饱和蒸气压;

f) 应用减压站保护性调节回路控制管道下游压力；

g) 管道停运时，减压站应全部关闭，截断静压。

9.2.5 排气、排水

9.2.5.1 排气：

a) 应在站场的收发筒排空阀、过滤器排空阀、输油泵排空阀处排气。

b) 应与设计协调在管线的高点处设置排气点。排气完成后应封堵。

c) 排气应垂直向上排放，当排放出现背压水后立即停止排放，然后间断性排气。

d) 排气点应设专人值守，负责气体具体排放操作和记录。

e) 水头越过次高点排气后，可不定时进行试探性动态排气。

9.2.5.2 排水：

a) 在管道站场应设置临时排水管线进行排水；

b) 集中排水应设有排放池或污水蒸发池，当油水隔离球接近排放处 2 km 时立即停止排放；

c) 水排放时，应避免冲毁农田及造成其他危害；

d) 应设专人在现场对排水量、压力、水质等内容进行监护，并填写记录报告；

e) 排水临时设施拆除后，应作相应处理并检测合格。

9.2.6 运行参数

运行参数如下所示：

a) 管道系统中任意点的最大稳态运行压力及管道停运状态下的静压力不应超过该点的设计压力；

b) 运行中由于水击造成的压力上升，在系统中的任意点均不应超出设计压力的 10%。

9.2.7 混油的切割和处理

混油的切割和处理如下所示：

a) 在计算油头到达末站前 2 h，开始连续检测，油水混合物应进混油罐。当原油含水率低于 1%时，应切换流程进原油罐。

b) 对油水混合物应采取加温沉降或加破乳剂等措施分离油和水。分离出的污水应进行处理，达到 GB 8978 中规定的要求排放。

9.3 成品油管道投产

9.3.1 注水作业

9.3.1.1 站场(含阀室)的隔离：

a) 输油站、分输站、阀室内不具备投产条件的工艺设备、设施与投产的工艺设备、设施之间应按设计要求有效隔离；

b) 输油管道试运投产应利用水或氮气隔离管道中的成品油与空气。

9.3.1.2 干线注水的基本要求：

a) 宜采用主泵注水，若主泵注水条件不具备时，可安装临时泵注水。

b) 宜按照管线高程落差大于 50 m 的背压要求建立注水段。且不小于两个相邻阀室的间距。

c) 根据注水段长度,计算注水量。

d) 投产试运用水应为过滤后的清洁淡水。

e) 根据审批的方案建立排气点。

9.3.2 投油作业

9.3.2.1 确认油质:

投油前,上游交付的成品油油质应符合设计的要求。

9.3.2.2 投油方式:

a) 成品油管道可采用水联运后投油方式、水隔离段后投油方式和惰性气体隔离段后投油3种方式。

b) 水联运方式应在投油管道全部充满清洁的淡水,应在油水分离界面上放置隔离球后直接投油。

c) 水隔离段后投油方式,宜按照管线高程落差大于50 m的背压要求建立注水段。且不小于干线两个相邻阀室的间距,应在油水分离界面上放置隔离球后直接投油。

d) 惰性气体隔离段投油方式,宜不小于干线两个相邻阀室的间距,惰性气体应充填至油品进口处。压力宜为0.2 MPa,充填完成后直接投油。

9.3.2.3 投油要求:

a) 根据投油计划,对管道进行投油;

b) 投油宜采用单一油品,应根据输送介质及管道地形特点确定不同介质的隔离方案和排气、排水方案;

c) 应在油和水之间放置隔离球,应对隔离球进行跟踪,确定油水界面的位置;

d) 根据水力计算结果,确定投产期间最低输油量;

e) 如停输,宜将油水界面停在平坦地段或下坡段;

f) 应建立背压,控制沿线各点压力,防止出现不满管流动和液柱断流;

g) 应根据管道上下游流量及注入总量安排,合理控制注入点流量。

9.3.2.4 投油作业:

a) 投油时,输油量不宜低于最小设计输量;

b) 按投产方案中按流量计算油头到达各站的时间,对各站进行预报,提前做好准备,及时调节运行参数;

c) 导通沿线各站工艺流程,具有收发球功能的站场应做好收发球的准备;

d) 工艺流程阀门操作应先导通主流程,再关断预切断的流程;高低压衔接流程导通时应先导通低压流程再导通高压流程,切断时应先关闭高压流程再关闭低压流程;

e) 应按照投产方案进行油头跟踪和排气、排水,并对管道穿跨越、阀室、高点、低点等进行重点巡查;

f) 应制定含油污水处理方案,避免对环境造成污染。

9.3.3 输油泵及减压站操作

输油泵及减压站操作按9.2.4执行。

9.3.4 排气、排水

排气、排水作业按9.2.5执行。

9.3.5 运行参数

管道输送油品温度应在一定范围内并保持平稳，不宜超过35℃。其他按9.2.6执行。

9.3.6 混油的切割

在计算油头到达末站前2 h，开始连续检测，混油应进混油罐。

9.4 天然气管道投产

9.4.1 工艺计算

试运投产期间的工艺计算可参照附录F的计算公式计算。

9.4.2 注氮作业

9.4.2.1 站场(含阀室)的隔离：

输气站、阀室内不具备投产条件的工艺设备、设施与投产的工艺设备、设施之间应按设计要求有效隔离。

9.4.2.2 注氮置换的准备：

a) 注氮点的选择应选择在氮气隔离段站场或阀室进、出站的阀门旁通位置，注氮点位置应选择在方便作业安装的场地及液氮运输的道路；

b) 应提前制作好注氮需要的临时注氮接头，合理安排注氮车及其设施的停放位置；

c) 在注氮作业现场周围20 m范围处设警戒区，有明显警示标志，与注氮作业无关人员不应入内。

9.4.2.3 注氮置换的基本要求：

a) 注氮置换包括输气管道和站场。

b) 向管道内注氮时，液氮纯度应达到98%以上，主管道氮气注入速度应大于1 m/s。注入管道的氮气温度应不低于5℃。

c) 注氮置换空气时，氮气的隔离长度应保证到达置换管线末端空气与天然气不混合。

d) 站场的所有工艺管道应用氮气全部置换。

e) 注氮车加热装置氮气出口处应有温度、压力和流量显示仪表，检定合格并在有效检定周期内。

f) 注氮封存管段氮气的合格标准为在注氮封存终点检测含氧量小于2%。

g) 注氮置换期间应记录注氮压力、注氮温度、瞬时流量、累计流量、管道压力以及注氮的时间等。

h) 保持现场通风，防止液氮泄漏造成人员窒息。不应触摸液氮低温管线，防止冻伤。

i) 注氮作业完成后，应拆除临时注氮管线，恢复流程并做好现场清理工作。

9.4.2.4 注氮工艺：

a) 注氮设备可采取液氮注入或制氮机制氮注入，也可两种方式并用；

b) 制氮设备应正常工作，管道应无泄漏。

9.4.2.5 注氮量计算：

1 t液氮在5 ℃状态下的气体体积按700 m^3 计算，按注氮管道长度计算注氮量。

9.4.2.6 氮气置换的检测：

注氮段用含氧分析仪检测，当含氧量降至2%时氮气置换完成。

9.4.2.7 注氮段的封存：

当注氮结束后，如不立即进行天然气置换氮气的作业，应对注氮管段进行封存。封存管段应关闭站场和阀室的排污阀门、仪表连接阀门和放空阀门。封存段压力应保持0.1 MPa以上，并实时检测无泄漏。

9.4.3 天然气置换作业

9.4.3.1 确认气质：

投气前，确认上游交付的天然气气质应符合设计的要求。

9.4.3.2 置换方式：

a) 应采用天然气推动氮气，氮气推动空气的置换方式；

b) 置换过程应用氮气置换管道、阀室和站场的空气，再用天然气置换管道、阀室和站场氮气的操作方式。

9.4.3.3 置换要求：

a) 根据工艺要求，干线主阀处于全开启状态，站场阀门根据流程的要求确认开启的状态；

b) 天然气置换过程中，干线管道应保持氮气头速度3 m/s～5 m/s；

c) 在投气过程中，各站场、阀室值班人员负责流程操作和检测，记录氮气混气头、纯氮气头、天然气混气头和纯天然气头的行进位置和时间，并实时以电话形式上报调控中心；

d) 在各检测点用可燃气体检测仪检测，当天然气含量升至80%以上时，即检测点上游的管线天然气置换完成。

9.4.3.4 置换界面检测：

a) 氮气～空气混气头检测。使用含氧分析仪(0%～25%)检测含氧量。当分析仪显示含氧量降低了2%时，即氮气混气头已经到达。

b) 纯氮气气头检测。当含氧分析仪检测到的含氧量降至2%时，即纯氮气气头已经达到。

c) 天然气～氮气混气头检测。使用可燃气体报警仪(0%～5%)检测，当可燃气体报警仪显示值达到1%VOL时，即天然气混气头已经到达。

d) 纯天然气气头检测。使用可燃气体浓度检测仪(0%～100%)检测，当可燃气体浓度检测仪显示甲烷值达到80%，即纯天然气气头已经到达。

9.4.3.5 置换最低流速：

试运投产期间的置换最低流速计算可参照附录G的计算。

9.4.4 升压、检漏

9.4.4.1 升压、检漏要求：

a) 上游气源供气的各项参数应满足升压要求；

b) 置换完成后进行升压、检漏，升压应采用连续升压，升压速度控制在1 MPa/h；

c) 按设计压力分3个台阶升压，每个压力台阶宜为1/3设计压力，稳压时间24 h；

d) 投产试运人员应负责升压、检漏的各项操作,并记录;

e) 停输稳压期间,要对站场及沿线、阀室等地段进行检漏;

f) 升压过程中不应用坚硬器物敲击管道及设备。

9.4.4.2 检漏方法:

a) 用检漏胶带在站场所有法兰连接处缠绕一圈,在胶带上扎一个小孔,用可燃气体报警仪在小孔处检测,应无泄漏;

b) 宜用可燃气体报警仪对线路阀室巡检,应无泄漏。

9.4.4.3 漏点处理:

a) 应使用发泡检漏液在可能产生漏气处涂抹,观察应无气泡产生;

b) 如发现漏点,应通知施工单位处理。

9.5 测试与移交

9.5.1 性能测试:

投产试运期间应对油、气管道和站场设备进行连续 72 h 的性能测试,并记录运行参数。

9.5.2 移交:

a) 在事先约定的工况下进行 72 h 系统性能测试合格后,向使用单位进行移交;

b) 应在试运投产结束后 3 个月内向建设单位交付试运投产资料。

10 管道使用与维护

10.1 一般规定

10.1.1 运营企业应根据管道的运行条件,编制运行与维护规程,并得到相关部门认可。

10.1.2 应按照所编制的规程并在设计参数限制范围内进行管道运行和维护作业。

10.1.3 管道控制中心应制定详细的输油作业计划,并对全线进行集中控制。

10.1.4 输油计划应包括批次、顺序、批量、注入、分输、切换、混油切割及处理方案等内容。

10.1.5 进行维护和修理工作应考虑现场条件(如温度、压力、管道内油品物理性质、地形、环境)对作业可能产生的影响。

10.2 原油管道运行设计单位

10.2.1 输油工艺的运行参数应控制在规定的范围内。

10.2.2 运行中由于水击造成的压力上升,在系统中的任意点均不应超过设计压力的 110%。

10.2.3 遇到有着火、爆炸、油品泄漏等紧急情况,应有应急预案并按预案的要求采取措施。

10.2.4 输油管道的高、低压泄压阀、减压阀和泄压用的安全阀等各类安全保护设施应保持完好,并按规定检测。

10.2.5 实行正反交替输送的管道,进展温度、流量和总输量应符合安全要求,避免发生凝管事故。

10.2.6 站内停运的管道和阀门,应防止憋压、冻凝。

10.2.7 流程切换应执行操作票制度,在倒换流程时,控制显示仪表应灵敏准确。

10.2.8 切换流程时,应按照“先开后关”“缓开缓关”的要求开关阀门,确认流程导通,避免憋压和水击现象发生。

10.2.9 具有高压衔接部位的流程切换,应先导通低压部位;切断流程时,应先切断高压部位。

10.2.10 在输油站与上级调度通信中断时,站调度应主动与上下站进行联系,维持原运行流程生产,密切监视运行参数的变化,发现异常应采取应急措施。若上下站失去联系,应及时向上一级汇报,严密监视本站内进、出站压力和旁接储油罐的液位,并按照上级调度指令采取措施,防止憋压和溢罐事故。

10.2.11 对管道所输油品物理性质的检测每年不应少于2次,检测内容应包括所输原油凝点、密度及输油温度范围的粘温曲线。

10.2.12 沿线落差大的管道,应保证管道运行时大落差段动水压力和停输时的静水压力不超过此段管道的最大许用操作压力。

10.2.13 加降凝剂改性处理原油输送管道不应进行反输。

10.2.14 对输高含蜡原油的管道应定期分析管道的结蜡状况,按照输量、运行压力、运行温度、油品性质等制定管道合理的清管周期。

10.3 成品油管道运行

10.3.1 输油工艺的运行参数应控制在规定的范围内。

10.3.2 运行中由于水击造成的压力上升,在系统中的任意点均不应超过设计压力的110%。

10.3.3 管道进站压力应能满足输油泵入口压力要求,系统中各点的最小压力应大于输送油品在运行温度下的饱和蒸气压。

10.3.4 管道输送油品温度应在一定范围内保持平稳,不宜超过35 ℃。

10.3.5 流程操作应在仪表完好、报警和安全保护系统正常、通信畅通的条件下进行。

10.3.6 流程操作应按"先开后关"的要求操作;高压衔接流程导通时应按"先低后高"的要求操作,切断时应按"先高后低"的要求操作。

10.3.7 收发油和注入、分输操作应提前与管道上下游单位做好协调工作,防止管道超压和油品污染。

10.3.8 每个成品油系统应确定允许最小批次量,使输送混油量不宜大于一个批次量的3%。

10.3.9 批次量不应小于最小批次量,并在条件许可时加大一个批次输送量。

10.3.10 应采用密闭输送工艺。

10.3.11 确定输送次序时,宜选择密度以及其他理化性质相近的两种油品相邻输送。

10.3.12 管道计划停输宜使批次截面中密度较大的油品位于相对较低的位置:非计划停输时间较长且批次界面位置不合适、宜关断界面上下游线路截断阀室。

10.4 天然气管道运行

10.4.1 根据管道输送的气质组成、管道的输送效率和输送压差确定合理的清管周期。

10.4.2 应分析全线和压缩机组之间负载分配,优化运行,确保输送定量气体的动力消耗(总能耗费用)最小,实现在稳定输量下压缩机组的最优匹配。

10.4.3 应根据管道运行压力、温度、全线设备状况和季节特点,通过优化运行进行调峰。

10.4.4 当运行方案发生变化时应做好气量调配。

10.4.5 应定期对天然气管道水力及温度、气质参数进行分析,及时掌握管道泄漏和可能造成的堵塞等异常现象,并及时确定泄漏或堵塞位置。

10.4.6 定期对天然气气质进行检测，检测项目包含高位发热量、压缩因子、气质组分分析、总硫含量、硫化氧、二氧化碳、氧气、水露点、烃露点等。

10.4.7 天然气管道(站场)运行应满足下列要求：

a) 天然气置换完成后即可投产；

b) 开启用户阀门，调节供气压力，直至正常；

c) 投产后按规定进行巡检，测取各种参数，填写报表。

10.5 管道巡回检查

10.5.1 运营企业应根据本单位工艺流程和各装置单元分布情况，明确职责，做到每条管线，每个阀门，每个管架等都有专人负责，不应出现无人管辖的管段。

10.5.2 运营企业应制定严格的压力管道巡回检查制度，明确检查人员、检查时间、检查部位、应检查的项目。

10.5.3 操作人员和维护人员均按照各自的责任和要求定期按巡回检查路线完成每个部位、每个项目的检查，并做好巡回检查记录。

10.5.4 对新建装置或单元，在运行初期，应加强巡检，一旦发现异常情况，应立即处理。

10.6 管道维护

10.6.1 新建或检修后重新投用的设备应按规定进行验收后方可投入运行。

10.6.2 应及时对运行设备进行监控和检查，并记录主要运行数据。

10.6.3 设备不应超压、超温、超速、超负荷运行。

10.6.4 管道沿线的标志桩、测试桩、里程桩应齐全。

10.6.5 对外加电流法阴极保护达不到标准的管道，应采用牺牲阳极保护措施。

10.6.6 应定期检查管道的防腐绝缘层状况，对达不到要求的应及时进行修复，管道外防腐层修复执行 SY/T 5918。

10.6.7 定期对管道沿线进行巡查，对水土流失较多的管段和重点穿跨越管段在汛期应加强巡查。

10.6.8 对站内管网应采取有效的保护措施。

10.6.9 对热油和热力管线应进行有效的保温。

10.6.10 站内地上管网的外表面应按要求涂刷颜色和标记。

10.6.11 应定期维护管网上的阀件和管件，以防锈蚀或残缺。

10.7 清管

10.7.1 输油管道清管

10.7.1.1 清管前应制定清管方案，并报相关部门批准。

10.7.1.2 应选择合适的清管器，对结蜡严重的管线，分几次从末站端开始逐步清管，以防管线产生蜡堵。

10.7.1.3 对不定期清管的管线，宜在清管前 3 d～5 d 提高管线运行温度和输量。管线清管应采用机械式清管器。

10.7.1.4 首次通机械清管器时，应对管道变形情况进行确认，以保证清管器的通过，且清管器应携带跟踪系统。

10.7.1.5 清管期间应尽量保持运行参数稳定,及时分析清管器的运行情况,对异常情况应采取措施。

10.7.1.6 对首次采用机械清管器进行清管的管线,应做好封堵抢修的保证措施。

10.7.1.7 清管过程中清管器破损而滞留在管线内,且管道压力没有变化时,可根据情况发送第二个清管器,将破损的清管器顶出。

10.7.1.8 清管过程中发生清管器卡阻,出站压力升高,应及时判断卡阻位置,采用提高出站压力顶挤或采用短时间反输进行反推再正推的方法推动清管器。如清管器还不能运行,则应采取在清管器前开孔放蜡或不停输封堵的方法取出清管器。

10.7.1.9 在清管过程中,不宜进行流程及设备的切换和管线停输。

10.7.1.10 在有分支管线的干线清管时,宜在预计清管器通过分支接点的时间段内安排支线暂时停输,确认清管器通过后,再恢复支线的输油。

10.7.2 输气管道清管

10.7.2.1 根据管道输送的气质组成、管道的输送效率和输送压差确定合理的清管周期。

10.7.2.2 清管前应掌握管道历次清管记录,如管道输气流量、管道输送压差、输送效率等。

10.7.2.3 首次清管应进行管道状况调查,对于不符合清管要求的设施进行整改。

10.7.2.4 清管前和清管过程应进行水力学计算,预测和掌握清管器的位置。

10.7.2.5 清管器运行速度宜控制在 3.5 m/s～5 m/s。

10.7.2.6 应根据清管器运行速度、推球平均压力、管径估算清管所需的推球输气流量。

10.7.2.7 如果管道内污物、积液较多,高程差较大,应注意气量的储备。

10.7.2.8 应估算清管器所需总运行时间。

10.7.2.9 清管末站放空与排污应满足下列要求:

a) 放空、排污应符合安全、环保要求;

b) 应估算放空气量,做好处理准备;

c) 应估算排污量,做好污物、污液处理准备;

d) 对硫化物含量较高的天然气管道,在打开收球筒前,应对收球筒喷水湿式作业,防止硫化亚铁自燃。

10.7.3 清管过程控制

10.7.3.1 清管过程中,应随时掌握清管压差及变化情况。

10.7.3.2 清管器被卡后可根据运行情况采取发第二清管器或提高清管器后运行压力及降低清管器前压力的办法。以上方法均无法解卡时,采取割管取出清管器的办法处理。

10.7.3.3 制定清管方案时应避免出现堵塞、卡阻的现象。

10.7.3.4 清管作业宜安排在价值较低的油品批次中进行,并做好相应的清管器跟踪工作。

11 管道维抢修

11.1 一般规定

11.1.1 应根据管道分布合理配备专职维抢修队伍或委托相应的管道维抢修专业队伍负责管道的维抢修工作。

11.1.2 应合理储备管道维抢修物资。管材储备数量不应少于同规格管道中最大一个穿、跨越段长度;对管道的阀门、法兰、弯头、堵漏工(卡)具等物资应视具体情况进行相应的储备。

11.1.3 应合理配备管道抢修车辆、设备、机具等装备和消防设施并定期进行维护保养。

11.1.4 施焊人员应具有相应的资格。

11.1.5 管道维抢修方法选用参见附录 H 和附录 I。

11.1.6 维抢修作业应使用性能完好的设备、机具,测量和监测机具应在检定有效期内使用。

11.1.7 管道维抢修焊接时应执行焊接工艺规程,并执行附录 J 的规定。

11.1.8 在役管道带压焊接时,管道运行压力应维持在附录 J 公式计算的范围内。

11.1.9 当管道发生泄漏时应进行作业条件评估,条件具备时可直接进行抢修作业,不具备时,管道应实施降压或停输处理。

11.1.10 维抢修过程中使用的卡具、套袖、对开三通等物资承压等级应不低于管道设计压力,永久用维抢修材料宜进行监造。

11.2 资质要求

管道维抢修施工单位、人员及相关材料应有相关的许可或资质,应包括以下内容:

a) 施工单位应取得相应级别的《特种设备安装改造维修许可证》,以及管道运营方认可的其他许可证;
b) 施工单位应具备相应的质量及安全管理体系认证;
c) 维抢修作业人员应持证上岗;
d) 焊接作业人员应依照施工所使用的焊接工艺规程进行上岗考核;
e) 维抢修过程中使用的卡具、套袖、对开三通等物资,应由具有压力管道元件制造资质(或管道运营方认可的其他资质)的单位加工,并提供质量证明文件。

11.3 维修条件

维修条件包括以下内容:

a) 管道出现微量泄漏的;
b) 内腐蚀或外腐蚀点的剩余厚度小于设计最小壁厚的;
c) 凿口、凿痕和电焊烧痕的深度超过壁厚 12.5%的;
d) 管道上凹痕的深度超过公称管径的 6%的;
e) 管道出现裂纹的;
f) 管道有屈曲、波纹、皱褶等经评定的有害缺陷的;
g) 管道有凸起状况的;
h) 防腐层有破损的。

11.4 安全要求

11.4.1 维抢修作业过程中每道工序应设专人监督,得到确认后方可进行下一步操作。

11.4.2 应用可燃气体检测仪或含氧量分析仪对开挖现场及周围环境进行实时监控,以确定现场环境安全进行管道修复作业。

11.4.3 动火作业应防止油蒸气由管道向外蒸发,作业时应采用有效的通风或监测方法,并配备相应的消防设施。

11.4.4 现场动火开始后，若检测仪器检测到可燃气体释放，应立即终止动火作业，并去除现场的原油、成品油及油蒸气。在重新开始动火作业前，应重新进行现场环境测试。

11.4.5 维修工作完成后，在管道投入运行前，应对焊缝、留在管线上的短接做必要的检测、测试及运行核查。

11.4.6 若需开挖作业坑，应满足如下要求：

a) 开挖前，应在管道上方人工开挖，深度至管顶，确认管道上方无其他隐蔽工程，查明管道走向和埋深；

b) 土方应堆放在管沟作业相对较少的一侧，且距沟边不小于 1 m，堆积高度不超过 1.5 m；

c) 作业坑两端应设有安全通道，通道上不应有障碍物；

d) 作业坑周围应设置护栏、安全警示标志；

e) 夜间作业应设置照明灯及红色示警灯，并配备值班人员；

f) 开挖深度超过 1.2 m 时，应设置安全边坡或加固支撑；

g) 维抢修过程中若需排放气体，应在排放管段开排气口，通过排气口连接临时管道至临时燃放塔；

h) 管道进行切割或连头焊接前，应关闭管道的阴极保护系统；

i) 断管作业环境有可燃气体时，应采用机械冷切割作业；断管前氮气或惰性气体置换完成可进行火焰切割作业。

11.4.7 动火作业：

a) 动火前，应由施工承包企业填写动火申请书，经授权人批准；

b) 动火作业的焊接质量及检验部分按照第 8 章无损检测执行。

11.5 管道维修

11.5.1 打磨：

a) 打磨适用于外部机械损伤的管道，包括管壁的褶皱、凿痕、刮伤、挤出金属以及除腐蚀以外引起的金属损失。

b) 打磨区域的深度不超过 10%管道壁厚时，长度不受限制；打磨区域的深度超过 10%且不超过 30%管道壁厚时，长度应在式(88)确定的范围内。在打磨的深度和长度限制范围内不能完全清除的损伤，应采用其他方法进行维修。

$$L=1.12\left\{(D/t)\left[\left(\frac{a/t}{1.1a/t-0.11}\right)^{2}-1\right]\right\}^{\frac{1}{2}} \qquad \cdots\cdots(88)$$

式中：

L ——打磨区域纵向的最大允许长度，单位为毫米(mm)；

D ——钢管的公称外径，单位为毫米(mm)；

t ——钢管的公称厚度，单位为毫米(mm)；

a ——测量出的打磨区域最大允许深度，单位为毫米(mm)。

c) 打磨宜使用角向磨光机，打磨角度宜不大于 45°，打磨时应防止管体过热；

d) 打磨修复完成后，应使用 SY/T 4109 规定的方法用渗透检测或者磁粉对打磨的表面进行检测,表面应无裂纹。

11.5.2 补焊修复:

a) 补焊适用于管道外部金属损失缺陷修复。

b) 本方法可用于维修内腐蚀。维修时,外表面圈焊范围应超出腐蚀区域 1 mm～2 mm,补焊区域的最终厚度应达到原始壁厚或以上。

c) 有下列情形之一的不应采用本方法:

1) 剩余壁厚在 80%以下的;

2) 金属损失区域轴向或环向长度超过外径的一半以上的;

3) 操作环向应力大于最小屈服强度 20%的运行管线的。

d) 补焊的过程中应执行附录 J 回火焊道技术等技术手段,减少热影响区的范围、改善热影响区的性质。

e) 宜采用的补焊作业程序如下:

1) 清理缺陷应保证最小壁厚大于 80%管道壁厚;

2) 沿需修复缺陷的外沿以直焊道焊一圈,圈外不允许焊接;

3) 在圈内以直焊道熔敷第一层,使用焊接工艺规程规定的较小的热输入以防止熔穿;

4) 后续熔敷层可以使用较大的热输入,确保回火效果;

5) 持续堆焊到预定的维修厚度。为方便检测,补焊表面可打磨平整;

6) 打磨补焊区域最外沿焊道与管道本体保持平滑过渡,打磨深度不允许低于母材。

f) 焊接完成后,应使用 SY/T 4109 规定的方法用磁粉检测或超声检测方法对补焊处进行检测,表面应无裂纹、气孔、夹渣等焊接缺陷。

11.5.3 补丁修复:

a) 补丁焊接适用于表面金属损失缺陷的维修,焊缝缺陷不应采用补丁修复。

b) 补丁弧板应满足如下要求:

1) 弧板尺寸应覆盖金属损失区域外 50 mm,弧板的内弧长度与轴线长度不应超过管道外径的一半。

2) 弧板的设计强度应大于或等于钢管的强度。

3) 弧板宜采用与母材相类似的材质,厚度可按式(89)计算:

$$\delta=\frac{P_c D_o}{2[\sigma]^t\phi+P_c} \qquad \cdots\cdots(89)$$

式中:

δ ——弧板的厚度,单位为毫米(mm);

P_c ——计算压力,单位为兆帕(MPa);

D_o ——弧板外直径,单位为毫米(mm);

$[\sigma]^t$ ——设计温度下护板材料的许用应力,单位为兆帕(MPa);

ϕ ——焊接接头系数,单位为兆帕(MPa)。

4) 弧板形状应采用圆形或椭圆形。

c) 补丁修复焊接作业应满足如下要求:

1） 组对过程中应使用链卡等机具，补丁弧板与管壁应贴合紧密，组对间隙应不大于5 mm；

2） 角焊缝位置贴合间隙大于1.5 mm的，角焊缝尺寸应在设计尺寸的基础上增加一个实际间隙量；

3） 焊接区域应将油污、锈蚀、涂层等杂物清理干净；

4） 焊接区域不应与原有管道焊道交叉。

d） 焊接完成后，应使用SY/T 4109规定的方法用磁粉检测或渗透检测方法对角焊缝进行检测，表面应无裂纹、气孔、夹渣等焊接缺陷。

11.5.4 开孔修复：

a） 开孔修复适用于局部机械损伤、腐蚀、凹痕、焊缝缺陷、变形等的维修。

b） 开孔管件焊接完成后，应对所有焊道采用磁粉检测或渗透检测等进行无损检测，表面应无裂纹、气孔、夹渣等焊接缺陷。

c） 开孔作业应满足以下要求：

1） 中心钻不应落在焊缝上；

2） 管件焊接及开孔时，气体流速不应大于10 m/s；

3） 开孔孔径大于*DN*500，宜加防胀圈。

d） 缺陷范围不应超出开孔尺寸要求的鞍形板范围。

e） 应预制与开孔尺寸相匹配的鞍形板，并随塞堵装回管道。预制的鞍形板外径宜比开孔孔径小15 mm～30 mm。

11.5.5 套袖修复：

a） 套袖修复适用于外表面金属损失、焊缝缺陷的维修。

b） 套袖材料应满足如下要求：

1） 套袖长度应不小于100 mm，且套袖边缘距缺陷外侧边界不小于50 mm；

2） 套袖壁厚应具备不低于待维修管道的承压能力。为适应管道上的焊缝，可预先在套袖内壁对应位置开槽，且剩余壁厚应有足够的承压能力。

c） 套袖应满足如下的要求：

1） 安装前应对安装区域进行清理，对安装区域内影响安装的焊道可打磨至与母材平整；

2） 对安装位置椭圆度和壁厚进行测量，应满足安装和焊接工艺要求；

3） 套袖安装后环向角焊缝和原有环焊缝间隔宜不小于管道外径一倍的距离，且不小于150 mm；

4） 当套袖长度超出4倍管径时，修复时应对被修复管道采取临时支撑措施，并分层回填，避免冲击管道；

5） 套袖的纵向对接焊缝焊接时应全部焊透，纵向对接焊缝位置内侧应预加垫板，防止焊到管壁上；

6） 套袖使用角焊方式与管道连接。环向角焊缝焊脚尺寸为套袖壁厚与组对间隙之和；套袖壁厚大于1.4倍管道壁厚时，焊脚尺寸不小于1.4倍管道壁厚。

d） 焊接完成后，应对所有焊道采用磁粉检测或渗透检测等进行无损检测，表面应无裂纹、气孔、夹渣等焊接缺陷。

e） 套袖的其他使用方法：

1） 串联法，单个套袖长度不满足管道修复长度时，可在套袖串联部位安装一环形垫板，使用对焊的方法连接两个套袖；

2） 桥联法，单个套袖长度不满足管道修复长度时，可用一稍大的套袖连接两个管道上的套袖。本方法也适用于以前维修的套袖的角焊缝位置出现裂纹等缺陷的维修。

11.5.6 复合材料修复：

a） 复合材料修复适用于管道、异型管件外部非泄漏缺陷的补强，不适于裂纹、内腐蚀等缺陷。

b） 不适于易滑坡、洪水冲击等地质灾害频发区域。

c） 复合材料厂企业应提供强度试验数据报告和使用寿命证明文件。

d） 采用复合材料进行的维抢修，宜在其两端安装定位钢带，以便于以后内检测的定位。

e） 复合材料的安装过程应遵守材料厂企业的安装说明和管道运营方的要求，作业人员应经过充分培训。

f） 玻璃纤维复合材料修复应满足以下要求：

1） 管道缺陷表面除锈等级要达到 Sa2 的要求；

2） 修复时应尽量减少修复层的接头数量；

3） 应根据确定的修复层总轴向长度，以缺陷部位为中心进行缠绕，使纤维与管道轴向垂直；

4） 碳纤维复合材料修复采用湿缠绕法时，应满足以下要求：

——复合材料与缺陷处管道的剩余壁厚之和的承压能力应大于或等于原壁厚管道的承压能力。

——清除旧防腐层长度应超出待修复缺陷两侧各 500 mm，表面除锈等级达到 Sa2.5 级的长度应超出修复两端各 100 mm。

——施工过程中，碳纤维布层间不应留有气泡。

——每 20 处修复点至少抽查 1 个点按材料的要求进行修复层附着力测试，不足 20 处时至少抽查一个。若 1 处不合格，应另选取 2 处再抽查，如仍有不合格，该修复段全部返修。完成测试后，应对测试点进行修复。

——碳纤维修复时应采取绝缘措施，避免形成二次电化学金属腐蚀。

g） 其他复合材料的修复在有可靠的应用证明的条件下可使用。

11.5.7 换管修复：

a） 换管修复可采用停输换管和不停输换管。停输换管包括封堵、局部隔离、大放空等方法；不停输换管包括架设旁通、封堵、局部隔离等方法。

b） 换管应满足如下要求：

1） 断管作业环境有可燃气体时应采用冷切割作业，断管前氮气或惰性气体置换完成后，可进行火焰切割作业；

2） 断管后，应对管内和管口进行清理，并采取气囊、黄油墙等隔离措施，隔离处距管口一倍管径；

3) 为防止隔离管段内压力积聚，应在隔离管段上开排气孔，并在动火作业过程中持续检查；

4) 更换管段强度应不低于原管道的设计要求；

5) 管段长度应不小于管道外径，且不小于 500 mm，特殊情况不小于 150 mm；

c) 采用不停输封堵换管应执行 GB/T 28055 的规定。

d) 焊接时应执行焊接工艺规程，对于磁偏吹现象严重的管线，应采取消磁措施。

e) 对接焊道的焊接与检测应符合第 8 章的要求。

f) 换管作业可使用快速连接套袖，快速连接套袖的使用应符合下列规定：

1) 使用时应将安装区域的表面涂层清理干净，被修复管道连接区焊道应打磨至母材厚度；

2) 调整端部径向圆周螺栓至快速连接套袖与被修复管道圆周间隙均匀；

3) 端部圆周轴向螺栓应均匀紧固；

4) 对口管端内外尖角应倒钝，对口间隙应不大于 10 mm。

11.6 抢修作业

11.6.1 引流式补强套袖修复：

a) 引流式补强套袖适用于泄漏缺陷的抢修。

b) 引流式补强套袖修复应满足如下要求：

1) 利用链卡等机具将套袖上下护板固定在待修复腐蚀管线上，上下护板坡口对接间距宜为 3 mm～6 mm。

2) 检测引流式抢修套袖焊缝位置的可燃气体浓度，当可燃气体浓度低于其爆炸下限的 10%时，清除套袖纵向对接焊缝及环向角焊缝管线位置的油漆及防腐层；若可燃气体浓度大于爆炸下限的 10%时，应检查密封的严密性，并采取强制通风措施降低可燃气体浓度。

3) 测量套袖两端环向角焊缝处管线的壁厚值，应满足焊接要求。

4) 套袖的纵向对接焊缝焊接时应全部焊透，纵向对接焊缝位置内侧应预加垫板，防止焊到管壁上。

5) 套袖使用角焊方式与管道连接。环向角焊缝焊脚尺寸为套袖壁厚与组对间隙之和；套袖壁厚大于 1.4 倍管道壁厚，焊脚尺寸不小于 1.4 倍管道壁厚。

6) 焊接完成后，应将引流孔封堵。

c) 全部作业完成后，应使用 SY/T 4109 规定的方法对所有焊道采用磁粉检测或渗透检测等进行无损检测，表面应无裂纹、气孔、夹渣等焊接缺陷。

11.6.2 顶针式卡具修复：

a) 顶针式卡具修复适用于腐蚀穿孔泄漏缺陷的抢修。

b) 顶针式卡具修复应满足如下要求：

1) 圆锥顶针应插入管线内部，插入长度应不大于 10 mm；

2) 检测顶针式卡具焊接位置的可燃气体浓度，当可燃气体浓度大于爆炸下限的

10%时,应检查密封的严密性,并采取强制通风措施降低可燃气体浓度;

3) 测量焊接凸台与管线本体连接部位的壁厚值,满足焊接要求。

c) 全部作业完成后,应使用SY/T 4109规定的方法对所有焊道采用磁粉检测或渗透检测等进行无损检测,表面应无裂纹、气孔、夹渣等焊接缺陷。

11.6.3 补板式卡具修复:

a) 补板式卡具修复适用于腐蚀泄漏缺陷的抢修。

b) 补板式卡具修复应满足如下要求:

1) 补板的尺寸及形状满足11.5.3要求;

2) 卡具正对泄漏点,用链卡等机具均匀夹紧;

3) 检测补板式卡具焊接位置的可燃气体浓度,当可燃气体浓度大于爆炸下限的10%时,应检查密封的严密性,并采取强制通风措施降低可燃气体浓度;

4) 应测量焊接补板与管线本体连接部位的壁厚值,满足焊接要求;

5) 焊接完成后,应将引流孔封堵。

c) 全部作业完成后,应使用SY/T 4109规定的方法对所有焊道采用磁粉检测或渗透检测等进行无损检测,表面应无裂纹、气孔、夹渣等焊接缺陷。

11.6.4 封头式卡具修复:

a) 封头式卡具修复适用于管道上带有突出物(如压力表接头、非法开孔遗留的阀门等)的抢修。

b) 封头式卡具修复应满足如下要求:

1) 封头式卡具腔体尺寸应能够容纳被修复管道上的突起物;

2) 焊接完成后,应将引流孔封堵。

c) 全部作业完成后,应使用SY/T 4109规定的方法对所有焊道采用磁粉检测或渗透检测等进行无损检测,表面应无裂纹、气孔、夹渣等焊接缺陷。

11.6.5 带压密封修复:

a) 带压密封修复适用于穿孔、法兰密封泄漏等缺陷。

b) 带压密封修复可采用机械式对开卡具、法兰卡具、弯头卡具等方法。

c) 带压密封修复应满足如下要求:

1) 应使用专用设备及材料实施;

2) 带压密封安装后应持续监护,发现泄漏则应重新紧固、加压。

11.7 防腐施工

11.7.1 应对维抢修完成后的管道区域进行防腐,并满足管道运行的条件。

11.7.2 工程质量符合设计文件及本章的规定。

11.8 施工后的要求

11.8.1 应由专业人员对修复后的管道进行检验,合格后由管道运营方恢复正常运行。

11.8.2 应根据当地政府相关法律法规,对施工垃圾和污染的土壤进行处理。

11.8.3 修复完成后应恢复原始地貌。

11.9 标志

回填时应采取措施防止破坏防腐层,回填后应设置维抢修标识标志桩。

11.10 恢复运行

11.10.1 维修工作完成并进行了全面检查后,应由指定的人员通知调度运行单位,管道已处于可投入运行状态。

11.10.2 根据控制中心指令,操作相关的阀门和电路开关,并通知有关部门和人员。

11.10.3 管道修复后,对所修复管段进行现场监控以防泄漏,直至管道恢复正常运行。

11.10.4 拆封所有的恒电位仪封条并开始工作。

11.10.5 应仔细做好回填工作,确保不损坏任何原有或新换管道的涂层。

11.10.6 维抢修作业完成后,应恢复现场原貌。

11.10.7 根据国家有关规定,对被污染土壤及材料进行处理。

12 在役管道检验

12.1 一般规定

12.1.1 在役管道检验应依据 TSG D7003 有关规定进行,管道的检验应基于风险程度制定检验方案,风险评估方法应依据 GB/T 27512。

12.1.2 开展定期检验的单位和人员应在认可的资格范围内从事检验与评价工作。

12.1.3 检测中发现的管道本体缺陷应按 GB/T 30582 和 GB/T 19624 及其他相关标准进行评估。

12.1.4 定期检验使用的仪器设备应按国家相关规定进行鉴定或校验。内检测工作开始前应对检测器进行牵拉试验,直接检测工作开始前应对检测设备进行性能校验。

12.1.5 定期检验工作开展前,检验机构应制定检验方案。方案应符合相关安全技术规范的要求。

12.2 全面检验

12.2.1 应优先选择管道内检测方法,对不具备管道内检测条件的管道,应采用直接检测法。选用内检测方法时,仍应对外腐蚀防护系统进行检测评价。

12.2.2 检验报告可包含管道剩余强度评估、管道超标缺陷安全评定、管道剩余寿命预测等管道安全评价的内容及管道维修建议。

12.3 在役管道内检测

12.3.1 管道检测必备的条件:

a) 收发筒除满足管道工艺设计的要求外,还应满足 GB/T 27699 的要求。

b) 管道上三通的挡条或挡板设置、开孔要求应符合 GB/T 27699 的规定。

c) 管道弯头的曲率半径应满足检测器的通过性能指标。相邻弯头间的直管段长度应大于管道外径。

d) 管道沿线阀门指示器指示准确。全开状态的阀门内径应满足检测器的通过性能。

e) 管道直管段变形量不应超过检测器的通过性能。

12.3.2 管道内检测方法、设备及周期的选择:

a) 管道内检测方法、设备可符合附录K的要求。管道运营企业可根据管道运行条件和检测目的选择合适的检测方法及设备。

b) 检测周期的确定应符合下列要求：

1) 新建管道应在投产3年内进行首次管道内检测；

2) 管道内检测周期应不超过8年。

c) 属于下列情况之一的长输管道，应立即进行内检测：

1) 1年内多次发生泄漏、爆管等事故的管道以及受自然灾害、第三方破坏严重的管道；

2) 管道运行工况发生显著改变导致运行风险提高的管道；

3) 输送介质种类发生重大变化，改变为更危险介质的管道；

4) 停用超过1年后再启用的封存管道；

5) 有重大修理改造的管道；

6) 所在地发生地震、海啸、泥石流等重大地质灾害的管道。

d) 属于下列情况之一的长输管道，应适当缩短检测周期：

1) 位于后果严重区内的管道；

2) 发现应力腐蚀、严重局部腐蚀或全面腐蚀的管道；

3) 承受交变载荷，可能导致疲劳失效的管道；

4) 防腐保温层损坏严重或无有效阴保的管道；

5) 风险评估发现风险值较高的管道；

6) 日常维护检查中发现严重问题的管道；

7) 检验人员和管道使用单位认为应该缩短检验周期的管道。

12.3.3 检测前准备：

a) 检测机构应在管道运营企业的配合下对管道调查表中的内容进行现场勘察；

b) 检测器在投运前应进行标定；

c) 检测前检测机构应对管道沿线进行设标。设标间距应符合GB/T 27699的要求。

12.3.4 检测前的清管作业：

a) 检测前应进行常规清管、测径清管、特殊清管，清管要求应符合GB/T 27699的要求；

b) 清管期间清管器应装有跟踪仪器；

c) 清管次数及效果应以清出杂质少于5 kg且满足检测器运行要求为合格。

12.3.5 变形检测：

a) 投运几何变形检测器的条件应符合GB/T 27699的规定；

b) 几何变形检测器数据检查的要求应按符合GB/T 27699的规定执行。

12.3.6 金属损失检测：

a) 管道检测器投运接收要求、跟踪设标、数据检查应符合GB/T 27699的规定；

b) 若数据不完整，且影响检验报告的结论或检测机构对管道的安全评价，应及时进行复检。

12.3.7 检测数据的处理与报告：

a) 变形检测器运行完成后，应在现场完成检测数据预处理，报告变形量超过管道外径

5%的几何变形点的相关信息；

b） 金属损失检测完成后，应在现场完成检测数据预处理，报告金属损失大于管道公称壁厚的50%以上的金属损失点的相关信息；

c） 检测完成后，应出具管道的总体评价；

d） 检验报告的内容和信息要求见GB/T 27699的规定。

12.3.8 验证及验证报告：

a） 管道运营企业收到检验报告后应选择缺陷进行开挖验证、测绘。

b） 应将验证点的测量结果与检测结果进行比对，若事先没有具体约定，检测概率和可信度均不应低于80%。

c） 验证报告：

1） 验证报告中应以表格的形式详细描述开挖验证点的检测结果和实测结果；

2） 验证报告内容应符合GB/T 27699的要求。

12.4 在役管道外腐蚀直接检测

12.4.1 外腐蚀直接检测：

外腐蚀检测过程包括管线敷设环境调查、检测方法和设备的选择、管道阴极保护检测、管道外防腐层地面检测、开挖直接检测和评价、检验报告等。

12.4.2 管线敷设环境调查：

管道资料收集与调查应依据GB/T 30582—2014第5章规定进行。

12.4.3 检测方法和设备的选择：

a） 对同一被检管段应采用相同的检测方法，并考虑该方法对防腐层漏点及腐蚀活性点的检出能力。

b） 对一种检测方法检出和评价的“严重”点应采用另一种互补的检测方法进行再检，加以验证。

c） 检测方法的选择参见附录L。检测中也可使用其他的检测方法，但应确定评价的可靠性及可行性。

d） 现场检测应配置必要的专用仪表、设备，检测使用的仪表、设备性能应符合GB/T 21246及GB/T 19285—2014附录D、附录E的规定。

12.4.4 管道阴极保护检测：

阴极保护参数测量应符合GB/T 21246及GB/T 19285的规定。

12.4.5 管道外防腐层地面检测：

a） 防腐层检测方法包括交流电流衰减法(ACAS)、交流地电位梯度法(ACVG)、直流地电位梯度法(DCVG)等检测方法；

b） 在进行防腐层检测时，选用的检测方法和设备应考虑被检管道的适用性，应选择两种检测方法以相互补充和验证；

c） 管道外防腐层检测设备、基本要求和数据处理应符合GB/T 19285—2014附录D、附录E的规定；

d） 采用已确定的检测方法或其他经过确认的检测方法进行检测时，应选择足够小的测量间距以满足评价的要求；

e) 所选间距应保证检测方法能够测出并确定管段上可疑的腐蚀活性点位置；

f) 同一管段两种检测方法宜连续进行；

g) 分析对比不同测试方法的数据时，应防止位置误差造成的数据不吻合；

h) 对检测结果进行分级评价时，可按表 75 中提出的评价等级进行评价。

表 75 检测结果的评价等级

检测方法	轻	中	严重
直流电位梯度法(DCVG)	电位梯度 IR% 较小，CP 在通/断电时均处于阴极状态	电位梯度 IR% 中等，CP 在断电时处于中性状态	电位梯度 IR% 较大，CP 在通/断电状态均处于阳极状态
交流电位梯度法(ACVG)	低电压降	中等电压降	高电压降
密间隔电位法(CIPS)	通/断电电位轻微负于阴极保护电位准则	通/断电电位中等偏离并正于阴极保护电位准则	通/断电电位大幅度偏离并正于阴极保护电位准则
交流电流衰减法(ACAS)	单位长度衰减量小	单位长度衰减量中等	单位长度衰减量较大
注：该表提供的评价指标是相对而言的通用性指标，不是绝对指标。			

12.4.6 交直流干扰腐蚀评价：

a) 交流干扰程度依据 GB/T 50698 进行检测、评价；

b) 直流干扰程度应依据 GB 50991 的规定进行检测、评价。

12.4.7 管道直接开挖检测：

a) 直接开挖检测的一般要求应符合 SY/T 0087.1—2006 中 5.3 的规定。

b) 土壤腐蚀性检测应符合下列要求：

——土壤腐蚀性检测可采用土壤电阻率测试或原位极化法、试片失重法等方法测试，必要时对土壤取样进行实验室分析；

——土壤采样点、土壤腐蚀性埋片点及土壤腐蚀电流密度测试点应一致。需要时可采集水样进行分析；

——评价土壤腐蚀性等级应按 GB/T 21447 或 GB/T 19285 的规定进行划分；

——对需要进行土壤细菌腐蚀程度评价的管道，宜采用土壤电位分析仪和室内取样分析的方法，测定土壤的氧化还原电位，并按 GB/T 21447 的规定进行评价。

12.4.8 防腐层检测应符合下列要求：

管道外防腐层检测应符合 GB/T 30582—2014 中 6.3.3.2.4 的规定。

12.4.9 管体腐蚀状况检测应符合下列要求：

管体腐蚀状况检测的项目和方法应符合 GB/T 30582—2014 中 6.3.3.2.6 的规定。

12.4.10 管道安全评价：

管道腐蚀状况的安全评价应按 GB/T 30582—2014 中 7.3 的规定执行。

12.5 **检验报告：**

a) 检验单位在检测评价任务完成后，应及时出具检验报告。

b) 检验单位应保证出具的检验报告的科学性、公正性和准确性。

c) 检验报告应包括以下内容：

1) 检验项目和采用的方法；

2) 检验数据的收集、确认和分类；

3) 缺陷或异常评估结果；

4) 检验结论；

5) 修复和整改意见；

6) 监测和周期性再检测评价的建议。

附　录　A
(资料性附录)
水力摩阻系数 λ 计算

水力摩阻系数 λ 应按表 A.1 中的雷诺数 Re 划分流态范围,选择相应公式计算。

表 A.1　雷诺数 *Re* 划分范围及水力摩阻系数 λ 计算

<table>
<tr><th colspan="2">流态</th><th>划分范围</th><th>$\lambda=f\left(Re,\frac{2e}{d}\right)$</th></tr>
<tr><td colspan="2">层流</td><td>$Re<2\ 000$</td><td>$\lambda=\frac{64}{Re}$</td></tr>
<tr><td rowspan="4">紊流</td><td rowspan="2">水力光滑区</td><td rowspan="2">$3\ 000<Re\leqslant Re_1=\frac{59.7}{\left(\frac{2e}{d}\right)^{\frac{8}{7}}}$</td><td>$\frac{1}{\sqrt{\lambda}}=1.8\lg Re-1.53$</td></tr>
<tr><td>$Re<10^5$ 时
$\lambda=\frac{0.316\ 4}{Re^{0.25}}$</td></tr>
<tr><td>混合摩擦区</td><td>$Re_1<Re\leqslant Re_2=\frac{665-765\lg\left(\frac{2e}{d}\right)}{\frac{2e}{d}}$</td><td>$\frac{1}{\sqrt{\lambda}}=-2\lg\left(\frac{e}{3.7d}+\frac{2.51}{Re\sqrt{\lambda}}\right)$
$\lambda=0.11\left(\frac{e}{d}+\frac{68}{Re}\right)^{0.25}$</td></tr>
<tr><td>粗糙区</td><td>$Re>Re_2$</td><td>$\lambda=\frac{1}{\left(1.74-2\lg\frac{2e}{d}\right)^2}$</td></tr>
</table>

注 1:Re——输油平均温度下管内输送牛顿流体时的雷诺数:

$$Re=\frac{4q_v}{\pi d\nu}$$

式中:

q_v——输油平均温度下的体积流量,单位为立方米每秒(m^3/s);

d——输油管道的内直径,单位为米(m);

ν——输油平均温度下的运动黏度,单位为平方米每秒(m^2/s)。

注 2:当 $2\ 000<Re<3\ 000$ 时,可按水力光滑区计算。

注 3:Re_1——由水力光滑区向混合摩擦区过渡的临界雷诺数。

注 4:Re_2——由混合摩擦区向粗糙区过渡的临界雷诺数。

注 5:e——管内壁绝对(当量)粗糙度。

附 录 B
(资料性附录)
幂律流体管段沿程摩阻计算

幂律流体管段沿程摩阻应按表 B.1 中的雷诺数 Re 划分流态范围，选择相应公式计算。

表 B.1 幂律流体管段沿程摩阻 h_τ 计算

<table>
<tr><th>雷诺数</th><th>流态</th><th>划分范围</th><th>沿程摩阻 h_τ（m 液柱）</th><th>备注</th></tr>
<tr><td rowspan="2">$Re_{MR}=\dfrac{d^n V^{2-n}\rho}{\dfrac{K_m}{8}\left(\dfrac{6n+2}{n}\right)^n}$</td><td>层流</td><td>$Re\leqslant 2\ 000$</td><td>$h_\tau=\dfrac{4K_m L}{\rho d}\left(\dfrac{32q_v}{\pi d^3}\right)^n\left(\dfrac{3n+1}{4n}\right)^n$</td><td>—</td></tr>
<tr><td>紊流</td><td>$Re>2\ 000$</td><td>$h_\tau=0.082\ 6\lambda_\tau\dfrac{q_v^2}{d^5}L$
$\dfrac{1}{\sqrt{f}}=\dfrac{4.0}{n^{0.25}}\lg(Re_{MR}\cdot f^{1-\frac{n}{2}})-\dfrac{0.4}{n^{1.2}}$
$\lambda_\tau=4f$</td><td>Dodge—Metzner
半经验公式</td></tr>
</table>

注：h_τ ——幂律流体管段的沿程水力摩阻，油柱，单位为米(m)；

Re_{MR} ——幂律流体管段流动的雷诺数；

n ——幂律流体的流变指数；

K_m ——幂律流体的稠度系数，Pa·sn；

ρ ——输油平均温度下的幂律流体密度，单位为千克每立方米(kg/m^3)；

λ_τ ——幂律流体管段的水力摩阻系数；

V ——幂律流体管段管内的流速，单位为米每秒(m/s)；

f ——范宁(fonning)摩阻系数。

附　录　C
(规范性附录)
埋地输油管道开始失稳的临界轴向力和计算弯曲半径

C.1　临界轴向力

C.1.1　埋地直线管段开始失稳时的临界轴向力，可按式(C.1)、式(C.2)计算：

$$N_{cr}=2\sqrt{K_{e}DEI'} \quad \cdots\cdots(C.1)$$

$$K_{e}=\frac{0.12E'n_{e}}{(1-\mu_{0}^{2})\sqrt{jD}}\left(1-e\frac{-2h_{0}}{D}\right) \quad \cdots\cdots(C.2)$$

式中：

N_{cr}——管道开始失稳时的临界力，单位为兆牛(MN)；

K_{e}——土壤的法向阻力系数，单位为兆帕每米(MPa/m)；

D——管道外直径，单位为毫米(mm)；

E——钢材弹性模量，取值 2.05×10^{5}，单位为兆帕(MPa)；

I'——钢管横截面惯性矩，单位为四次立米(m^{4})；

E'——回填土的变形模量，单位为兆帕(MPa)；

n_{e}——回填土变形模量降低系数，根据土壤中含水量的多少和土壤结构破坏程度取0.3～1.0；

μ_{0}——土壤的泊桑系数，砂土取0.2～0.25，坚硬的和半坚硬的黏土、粉质黏土取0.25～0.30，塑性的取0.30～0.35，流性的取0.35～0.45；

j——管道的单位长度，单位为米(m)($j=1$ m)；

h_{0}——地面(或土堤顶)至管道中心距离，单位为米(m)。

C.1.2　对于埋地向上凸起的弯曲管段开始失稳时的临界轴向力，可按式(C.3)～式(C.5)计算：

$$N_{cr}=0.375Q_{u}R_{0} \quad \cdots\cdots(C.3)$$

$$Q_{u}=q_{0}+n_{0}q_{1} \quad \cdots\cdots(C.4)$$

$$q_{1}=\gamma D(h_{0}^{2}-0.39D)+\gamma h_{0}^{2}\tan0.7\phi+\frac{0.7ch_{0}}{\cos0.7\phi} \quad \cdots\cdots(C.5)$$

式中：

Q_{u}——管道向上位移时的极限阻力，单位为兆牛每米(MN/m)；当管道有压重物或锚栓锚固时，应计入压重物的重力或锚栓的拉脱力，在水淹地区应计入浮力作用；

R_{0}——管道的计算弯曲半径，单位为米(m)；

q_{0}——单位长度钢管重力和管内、油品重力，单位为兆牛每米(MN/m)；

n_{0}——土壤临界支承能力的折减系数，取0.8～1.0；

q_{1}——管道向上位移时土的临界支承能力，单位为兆牛每米(MN/m)；

ϕ——回填土的内摩擦角，单位为度(°)；

c——回填土的内聚力，单位为兆牛每平方米(MN/m^{2})。

C.1.3 对于敷设在土堤内水平弯曲的管段，失稳时的临界轴向力可按式(C.6)～式(C.10)计算：

$$N_{cr}=0.212Q_hR_0 \quad \cdots\cdots(C.6)$$

$$Q_h=q_f+n_0q_2 \quad \cdots\cdots(C.7)$$

$$q_f=q_0\tan\phi \quad \cdots\cdots(C.8)$$

$$q_2=\gamma\tan\phi\left[\frac{Dh_1}{2}+\frac{(b_1+b_2)h_1}{4}-D^2\right]+\frac{C(b_2-D)}{2} \quad \cdots\cdots(C.9)$$

$$q_2=\gamma h_0D\left[\tan^2\left(45^\circ+\frac{\phi}{2}\right)\right]+\frac{2c}{\gamma h_0}\tan\left(45^\circ+\frac{\phi}{2}\right) \quad \cdots\cdots(C.10)$$

式中：

Q_h ——管道横向位移时的极限阻力，单位为兆牛每米(MN/m)；

q_f ——单位长度上的管道摩擦力，单位为兆牛每米(MN/m)；

q_2 ——管道横向位移时土的临界支撑能力，单位为兆牛每米(MN/m)；

h_1 ——土堤顶至管底的距离，单位为米(m)；

b_1 ——土堤顶宽，单位为米(m)；

b_2 ——土堤底宽，单位为米(m)。

注：管道横向位移时的土的临界支承能力按式(C.9)和式(C.10)计算，取二者中的较小值。

C.2 管道弯曲轴线的诸弯曲半径

C.2.1 当埋地输油管道按弹性弯曲敷设时，弹性弯曲的弯曲半径大于钢管的外直径的1 000倍，且曲线的弦长大于或等于管道失稳波长时，管道的计算弯曲半径取管道弹性弯曲的实际弯曲半径。

C.2.2 当管道曲线的弦长小于失稳波长，且满足式(C.11)时，计算弯曲半径按式(C.12)计算。

$$L+\frac{L_0}{2}\geqslant\frac{L_{cr}}{2} \quad \cdots\cdots(C.11)$$

$$R_0=\frac{2L_{cr}^2\cos\frac{\theta}{2}}{\pi^2\left[L_{cr}\sin\frac{\theta}{2}-2R\left(1-\cos\frac{\theta}{2}\right)\right]} \quad \cdots\cdots(C.12)$$

$$L_{cr}^2=\frac{265EI}{Q_uR_0\left(1+\sqrt{1+\frac{80EIC_P}{Q_u^2R_0^2}}\right)} \quad \cdots\cdots(C.13)$$

$$L_{cr}^2=\frac{93.5EI}{Q_bR_0\left(1+\sqrt{1+\frac{80EIC_P}{Q_h^2R_0^2}}\right)} \quad \cdots\cdots(C.14)$$

$$C_P=\frac{q_1}{h_1} \quad \cdots\cdots(C.15)$$

式中：

L ——与弯曲两段管侧连接的每一直管段的长度，单位为米(m)；

L_0 ——弯曲管段的弦长,单位为米(m);

L_{cr} ——管道的失稳波长,单位为米(m);当管道向上凸起(拱起)时的弯曲管段按式(C.15)计算;在土堤内水平弯曲管段按式(C.14)计算;

R_0 ——管道的计算弯曲半径,单位为米(m);

R ——管道轴线的弯曲半径,单位为米(m);

q_1 ——单位长度上的管道摩擦力,单位为兆牛每米(MN/m);

θ ——管道的转角,单位为度(°);

C_P ——土的卸载系数;

h_1 ——地面(或土堤顶)至管底的距离,单位为米(m)。

C.2.3 当设计管段由两个冷弯管组成,且弯管之间的直线管段满足式(C.16)时,计算弯曲半径按式(C.17)计算。

$$R_1\sin\frac{\theta_1}{2}+R_2\sin\frac{\theta_2}{2}+L\leqslant L_{cr} \qquad \text{(C.16)}$$

$$R_0=\frac{2L_{cr}^2}{\pi^2\left[L_{cr}\tan\frac{\theta_1+\theta_2}{2}\left(L+R_1\tan\frac{\theta_1}{2}+R_2\tan\frac{\theta_2}{2}\right)\times\left(\sin\frac{\theta_2-\theta_1}{2}-\tan\frac{\theta_1+\theta_2}{2}\cos\frac{\theta_2-\theta_1}{2}\right)\right]} \qquad \text{(C.17)}$$

式中:

R_1、R_2——分别是两个弯管的弯曲半径,单位为米(m);

θ_1、θ_2 ——分别是两个弯管的转角,单位为度(°);

L ——两个弯管之间的直管段长度,单位为米(m)。

C.2.4 当设计管段内为一弯曲半径不大于钢管外直径5倍的弯头时,其弯曲半径按式(C.18)计算。

$$R_0=\frac{2L_{cr}}{\pi^2\tan\frac{\theta}{2}} \qquad \text{(C.18)}$$

附　录　D
(规范性附录)
站场施工常用技术参数

本附录提出了管端的坡口型式及组对尺寸、管道安装允许偏差、常用管材焊前预热及焊后热处理工艺条件见表D.1、表D.2和表D.3。

表 D.1　管端的坡口型式及组对尺寸

名称	坡口型式	壁厚δ mm	坡口尺寸 mm 角度α	坡口尺寸 mm 钝边P mm	间隙b mm
管道与管件对接	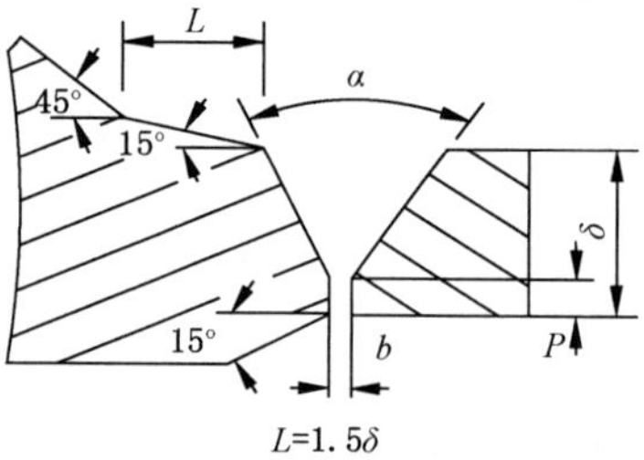	<9	70°±5°	上向焊 1～2	上向焊 1～2.5
				下向焊 1～1.5	下向焊 1～2.0
		≥9	60°±5°	上向焊 1～2	上向焊 1～3.5
				下向焊 1～1.5	下向焊 1～2.0
管道与管件对接	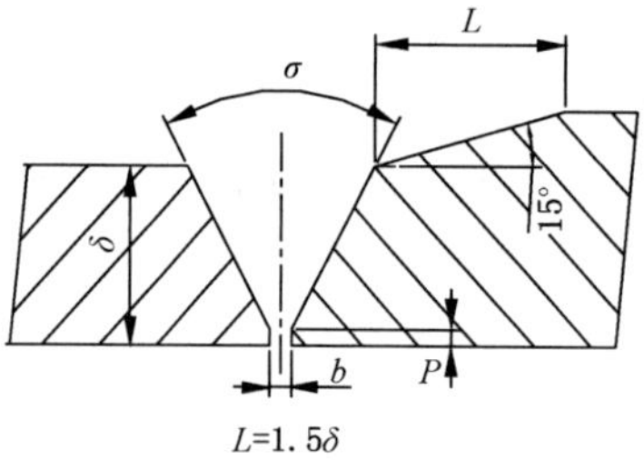	<9	70°±5°	上向焊 1～2	上向焊 1～2.5
				下向焊 1～1.5	下向焊 1～2.0
		≥9	60°±5°	上向焊 1～2	上向焊 1～3.5
				下向焊 1～1.5	下向焊 1～2.0
管道对接	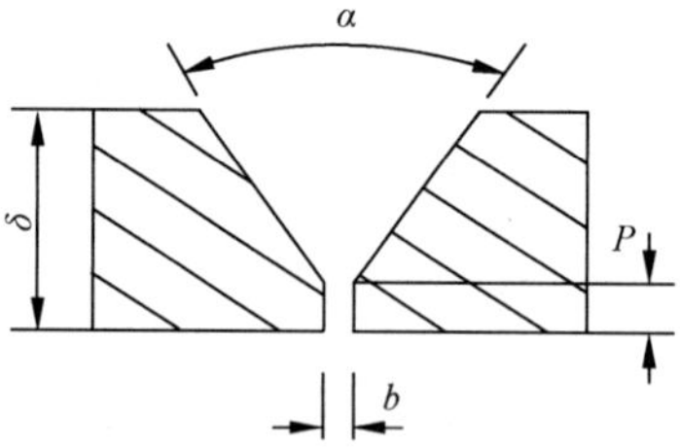	<9	70°±5°	上向焊 1～2	上向焊 1～2.5
				下向焊 1～1.5	下向焊 1～2.0
		≥9	60°±5°	上向焊 1～2	上向焊 1～3.5
				下向焊 1～1.5	下向焊 1～2.0
不等壁厚对接削薄处理	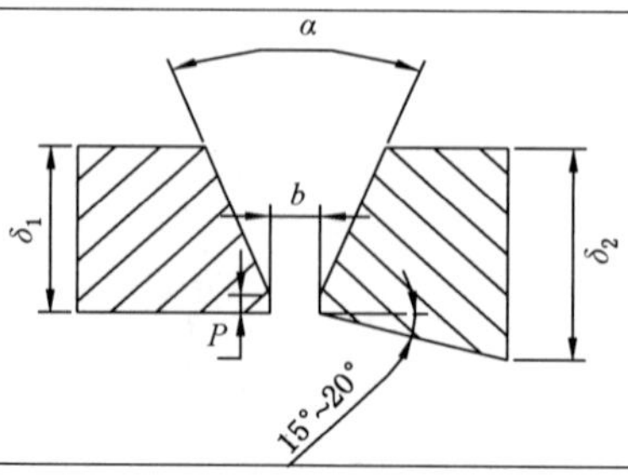	<9	70°±5°	上向焊 1～2	上向焊 1～2.5
				下向焊 1～1.5	下向焊 1～2.0
		≥9	60°±5°	上向焊 1～2	上向焊 1～3.5
				下向焊 1～1.5	下向焊 1～2.0

表 D.1（续）

名称	坡口型式	壁厚 δ mm	坡口尺寸 mm 角度 α	坡口尺寸 mm 钝边 P mm	间隙 b mm
不等壁厚对接封底焊接	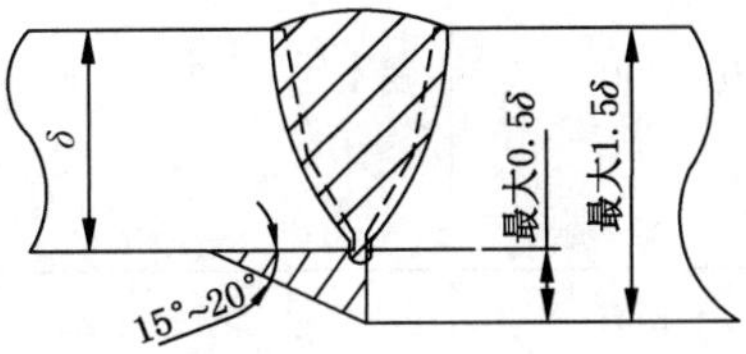	＜9	70°±5°	上向焊 1～2	上向焊 1～2.5
				下向焊 1～1.5	下向焊 1～2.0
		≥9	60°±5°	上向焊 1～2	上向焊 1～3.5
				下向焊 1～1.5	下向焊 1～2.0
支管与支管台坡口	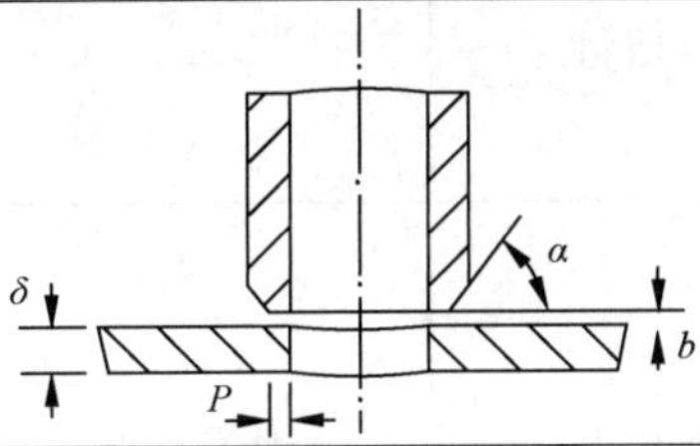	≥6	50°±5°	1.0～1.5	1.5～2.5
三通接头主管坡口	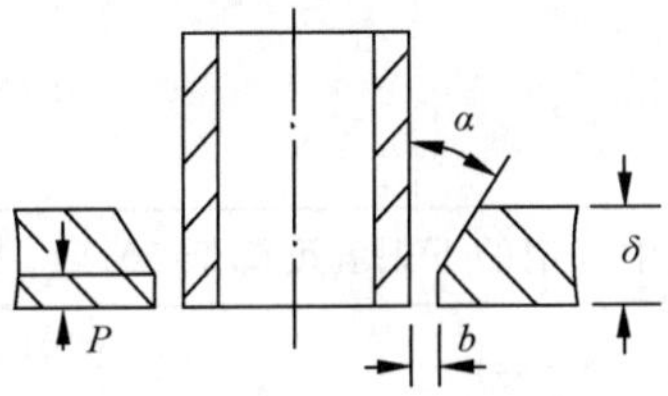	≥6	50°±5°	1.0～1.5	1.5～2.5

表 D.2　管道安装允许偏差

单位为毫米

项目		允许偏差	
坐标	架空	±10	
	地沟	±7	
	埋地	±20	
标高	架空	±10	
	地沟	±7	
	埋地	±20	
平直度	$DN \leqslant 100$	$\leqslant 2L/1\,000$	最大 40
	$DN > 100$	$\leqslant 3L/1\,000$	最大 70
铅垂度		$\leqslant 3H/1\,000$	最大 25
成排	在同一平面上的间距	±10	
交叉	管外壁或保温层的间距	±7	

注：L 为管道有效长度；DN 为管道公称直径；H 为管道有效高度。

表 D.3　常用管材焊前预热及焊后热处理工艺条件

<table>
<tr><th rowspan="2">钢 种</th><th colspan="2">焊前预热</th><th colspan="2">焊后热处理</th></tr>
<tr><th>壁厚 δ/mm</th><th>温度/ ℃</th><th>壁厚 δ/mm</th><th>温度/℃</th></tr>
<tr><td>C</td><td>≥26</td><td>100～200</td><td>>30</td><td rowspan="2">600～650</td></tr>
<tr><td>C-Mn</td><td rowspan="4">≥15</td><td rowspan="4">150～200</td><td rowspan="4">>20</td></tr>
<tr><td>Mn-V</td><td>560～590</td></tr>
<tr><td>C-0.5 Mo</td><td>600～650</td></tr>
<tr><td>0.5 Cr-0.5 Mo</td><td rowspan="2">650～700</td></tr>
<tr><td>1 Cr-0.5 Mo</td><td>≥10</td><td>150～250</td><td>>10</td></tr>
<tr><td>1 Cr-0.5 Mo-V</td><td rowspan="8">≥6</td><td rowspan="3">200～300</td><td rowspan="3">>6</td><td rowspan="4">700～750</td></tr>
<tr><td>1.5 Cr-1 Mo-V</td></tr>
<tr><td>2.25 Cr-1 Mo</td></tr>
<tr><td>5 Cr-1 Mo</td><td rowspan="5">250～350</td><td rowspan="5">任意壁厚</td></tr>
<tr><td>9 Cr-1 Mo</td><td rowspan="4">750～780</td></tr>
<tr><td>2 Cr-0.5 Mo-WV</td></tr>
<tr><td>3 Cr-1 Mo-VTi</td></tr>
<tr><td>12 Cr-1 Mo-V</td><td></td></tr>
<tr><td colspan="5">注：当采用钨极氩弧焊打底时，焊前预热温度按照表中规定的下限温度降低 50 ℃。</td></tr>
</table>

附　录　E
(资料性附录)
管道加热输送埋地管线温降计算

加热输送埋地管线温降由列宾宗温降式计算,见式(E.1)~式(E.3):

$$\frac{T_R - T_0 - b}{T_L - T_0 - b} = \exp(al) \qquad \cdots\cdots\cdots\cdots(E.1)$$

$$b = \frac{gi}{ca} \qquad \cdots\cdots\cdots\cdots(E.2)$$

$$a = \frac{K\pi D}{Gc} \qquad \cdots\cdots\cdots\cdots(E.3)$$

式中:

T_R ——管道起点油温,单位为摄氏度(℃);

T_0 ——环境温度,埋地管道取管中心埋深处自然地温,单位为摄氏度(℃);

T_L ——距起点 L 处油温,单位为摄氏度(℃);

l ——管道加热输送长度,单位为米(m);

a,b ——参数;

K ——管道总传热系数,单位为瓦每平方米摄氏度[W/(m²·℃)];

D ——管道外直径,单位为米(m);

g ——重力加速度,单位为米每平方秒(m/s²)。

i ——油流水力坡降,单位为米每米(m/m);

G ——油品的质量流量,单位为千克每秒(kg/s);

c ——输油平均温度下油品的比热容,单位为焦每千克摄氏度[J/(kg·℃)]。

附　录　F
（资料性附录）
试运投产期间工艺计算

F.1　输气量计算

F.1.1　当管段起点与终点的相对高差 $\Delta h \leqslant 200$ m 时，按式(F.1)计算。

$$Q = 11\ 522 E d^{2.53}\left[\frac{p_1^2 - p_2^2}{ZTLG^{0.961}}\right]^{0.51} \qquad \text{(F.1)}$$

式中：

Q ——气体流量($p_o=0.101\ 325$ MPa，$t_0=293.15$ K)，单位为立方米每天(m^3/d)；

E ——输气管的效率系数，当 DN 为 300～800 时，$E=0.8\sim0.9$；当 $DN>800$ 时，$E=0.91\sim0.94$；

d ——输气管内直径，单位为厘米(cm)；

p_1, p_2 ——输气管段内起点、终点气体压力(绝)，单位为兆帕(MPa)；

Z ——气体的压缩系数；

T ——输气的平均温度，单位为开(K)；

L ——输气管段计算长度，单位为千米(km)；

G ——气体的相对密度。

F.1.2　当管段起点与终点的相对高差 $\Delta h > 200$ m 时，按式(F.2)计算。

$$Q = 11\ 522 E d^{2.53}\left\{\frac{p_1^2 - p_2^2(1 + a\Delta h)}{ZTLG^{0.961}\left[1 + \frac{a}{2L}\sum_{i=1}^{n}(h_i + h_{i-1})L_i\right]}\right\}^{0.51} \qquad \text{(F.2)}$$

式中：

a ——系数，单位为每米(m^{-1})；

Δh ——输气管终点和起点的标高差，单位为米(m)；

n ——输气管沿线高差变化所划分的计算段数；

h_i, h_{i-1} ——各分管段终点和起点的标高，单位为米(m)；

L_i ——各分管段长度，单位为千米(km)。

F.2　管道运行压力计算

F.2.1　管道内平均压力按式(F.3)计算(不考虑节流效应)。

$$p_m = \frac{2}{3}\left(p_1 + \frac{p_2^2}{p_1 + p_2}\right) \qquad \text{(F.3)}$$

式中：

p_m ——管道内气体平均压力(绝)，单位为兆帕(MPa)；

p_1, p_2 ——管道计算段内起点、终点气体压力(绝)，单位为兆帕(MPa)。

F.2.2 管道沿线任意点气体压力按式(F.4)计算。

$$p_x = \sqrt{p_1^2 - (p_1^2 - p_2^2)\frac{X}{L}} \quad\cdots\cdots\cdots\cdots\cdots\cdots\cdots\cdots(\text{F.4})$$

式中:

p_x ——管道沿线任意点气体压力(绝),单位为兆帕(MPa);

X ——管道计算段起点至沿线任意点的长度,单位为千米(km)。

F.3 管道内气体温度计算(不考虑节流效应)

F.3.1 管道内气体平均温度按式(F.5)计算。

$$t_m = t_0 + \frac{t_1 - t_0}{QL}(1 - e^{-aL}) \quad\cdots\cdots\cdots\cdots\cdots\cdots\cdots\cdots(\text{F.5})$$

$$a = \frac{225.256 \times 10^6 KD}{QGC_p} \quad\cdots\cdots\cdots\cdots\cdots\cdots\cdots\cdots(\text{F.6})$$

式中:

t_m ——管道计算段内气体的平均温度,单位为摄氏度(℃);

t_0 ——管道埋设处的土壤温度,单位为摄氏度(℃);

t_1 ——管道计算段内起点气体温度,单位为摄氏度(℃);

e ——自然对数底数,e=2.718;

a ——计算常数;

K ——管道内气体到土壤的总传热系数,单位为瓦每平方米摄氏度[W/(m^2·℃)];

D ——管道外直径,单位为米(m);

C_p——气体的定压比热,单位为焦每千克摄氏度[J/(kg·℃)]。

F.3.2 管道沿线任意点气体温度按式(F.7)计算。

$$t_x = t_0 + (t_1 - t_0)e^{-ax} \quad\cdots\cdots\cdots\cdots\cdots\cdots\cdots\cdots(\text{F.7})$$

式中:

t_x ——管道沿线任意点气体温度,单位为摄氏度(℃)。

F.4 管道的储气量计算式

管道的储气量按式(F.8)计算。

$$Q_{储} = \frac{VT_0}{p_0 T}\left(\frac{p_{1m}}{Z_1} - \frac{p_{2m}}{Z_2}\right) \quad\cdots\cdots\cdots\cdots\cdots\cdots\cdots\cdots(\text{F.8})$$

式中:

$Q_{储}$ ——管道的储气量(p_0=0.101 325 MPa,T_0=293.15 K),单位为立方米(m^3);

V ——管道容积,单位为立方米(m^3);

T_0 ——293.15 K;

p_0 ——0.101 325 MPa;

T ——气体的平均温度,单位为开(K);

p_{1m} ——管道计算段内气体的最高平均压力(绝),单位为兆帕(MPa);

p_{2m} ——管道计算段内气体的最低平均压力(绝),单位为兆帕(MPa);

Z_1,Z_2 ——对应 p_{1m},p_{2m}时的气体压缩系数。

F.5 管道清管计算式

F.5.1 清管最大压差估算公式

清管最大压差估算公式见式(F.9)。

$$p=p_1^*+p_2^*+p_3^* \qquad \text{(F.9)}$$

式中:

p ——最大压差,单位为兆帕(MPa);

p_1^* ——清管器的启动压差,单位为兆帕(MPa);

p_2^* ——当前收、发站之间输气压差,单位为兆帕(MPa);

p_3^* ——估算管内最大的积液高程压力(绝),单位为兆帕(MPa)。

F.5.2 清管气量估算公式

F.5.2.1 清管推球输气量估算公式见式(F.10)。

$$Q_{估}=240\ 000F\cdot\overline{p}\cdot\overline{v} \qquad \text{(F.10)}$$

式中:

$Q_{估}$ ——输气流量(p_0=0.101 325 MPa,T_0=293.15 K),单位为立方米每天(m^3/d);

F ——管道内径横截面积,单位为平方米(m^2);

$\overline{p}$ ——清管器后平均压力,单位为兆帕(MPa);

$\overline{v}$ ——清管器运行平均速度,单位为千米每时(km/h)。

F.5.2.2 清管总进气量估算公式见式(F.11)。

$$Q_{\backslash 总}=10\ 000F\cdot L^*\cdot\overline{p} \qquad \text{(F.11)}$$

式中:

$Q_{\backslash 总}$——总进气量(p_0=0.101 325 MPa,T_0=293.15 K),单位为立方米(m^3);

L^* ——清管器运行距离,单位为千米(km)。

F.5.3 清管器运行时间估算公式

清管器运行时间估算公式见式(F.12)。

$$t=\frac{L^*}{v} \qquad \text{(F.12)}$$

式中:

t ——清管器运行时间,单位为时(h);

v——清管器运行平均速度,单位为千米每时(km/h)。

F.5.4 清管器运行距离估算公式

清管器运行距离估算公式见式(F.13)。

$$l_{估}=\frac{4p_0TZQ_{进}}{\pi d^2T_0\overline{p}} \qquad \text{(F.13)}$$

式中：

$l_{估}$ ——清管器运行距离，单位为米(m)；

p_0 ——0.101 325 MPa；

T ——清管器后管段内气体平均温度，单位为开(K)；

$Q_{进}$ ——发清管器后的累计进气量($p_0=0.101\ 325\text{MPa}$，$T_0=293.15\text{K}$)，单位为立方米(m^3)；

T_0 ——293.15 k；

π ——3.141 592 6……；

d ——输气管内直径，单位为米(m)。

F.5.5 清管器运行速度估算公式

F.5.5.1 输气流量可计算下的瞬间速度见式(F.14)。

$$v=\frac{Q}{240\ 000F\cdot p} \quad \cdots\cdots(\text{F.14})$$

式中：

v——清管器运行速度，单位为千米每时(km/h)。

F.5.5.2 输气流量不可计算下的速度见式(F.15)。

$$\bar{v}=\frac{l}{t} \quad \cdots\cdots(\text{F.15})$$

式中：

$\bar{v}$ ——清管器平均运行速度，单位为米每秒(m/s)；

t ——运行 L 距离的实际时间，单位为秒(s)。

F.5.6 放空气量计算公式

放空气量计算公式见式(F.16)。

$$Q_{放}=231.5\frac{d_{放}^2\cdot p_{放}}{\sqrt{G}} \quad \cdots\cdots(\text{F.16})$$

式中：

$Q_{放}$——天然气放空瞬时气量($p_0=0.101\ 325\ \text{MPa}$，$T_0=293.15\ \text{K}$)，单位为立方米每天($m^3/d$)；

$d_{放}$——放空管出口端内径，单位为毫米(mm)；

$p_{放}$——在距离放空管口 4 倍管内径处测得压力(绝)，单位为兆帕(MPa)。

附 录 G
(资料性附录)
置换最低流速计算

在置换过程中,为了保证较小的混气量,特别重要的是防止气体流态层流化。根据资料,无量纲理查德系数 R#[见式(G.1)]的计算是确定是否分层现象的一种方法。

$$R\# = \frac{2gD(\rho_a - \rho_b)}{(\rho_a + \rho_b)v^2} \quad \cdots\cdots(G.1)$$

式中:

g ——重力加速度,单位为米每平方秒(m/s^2),一般取值 9.81;

D ——管道内径,单位为米(m);

ρ_a,ρ_b ——分别为两种气体的密度,单位为千克每立方米(kg/m^3);

v ——平均速度,单位为米每秒(m/s)。

根据经验,理查德系数 R#在 1～5 之间,对应的混气量是可以接受的,R#越小,出现分层的可能性越小,为了保证混气量最小,取 R#=1 经计算对气体的置换速度要求为:

天然气-氮气:$v \geqslant 2.5$ m/s (9.00 km/h) ;

氮气-空气:$v \geqslant 0.6$ m/s (2.16 km/h)。

附 录 H
(资料性附录)
管道维抢修方法示意图

管道维抢修方法示意图见图 H.1～图 H.11。

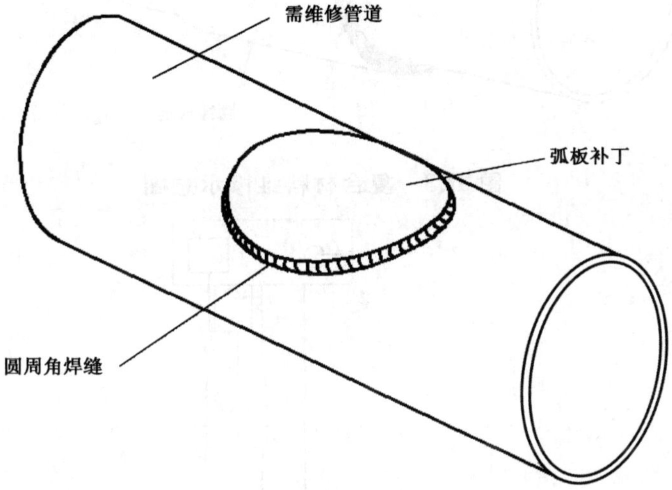

图 H.1 补丁修复示意图

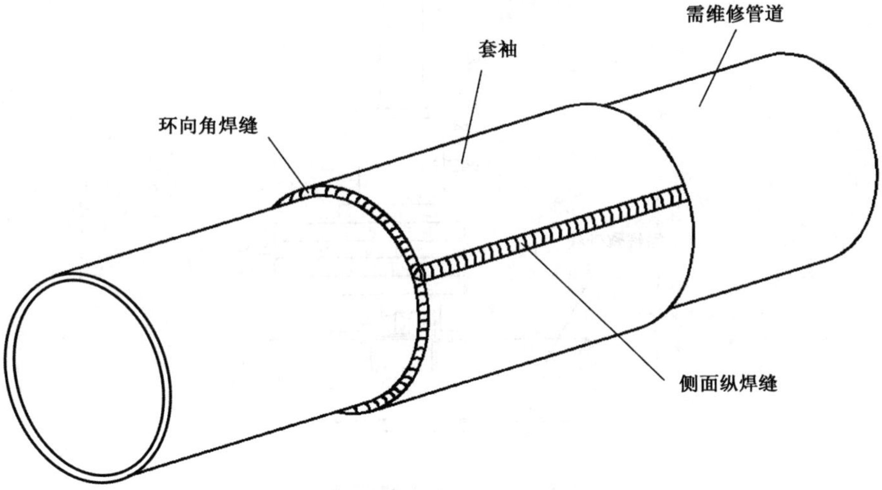

图 H.2 套袖维修示意图

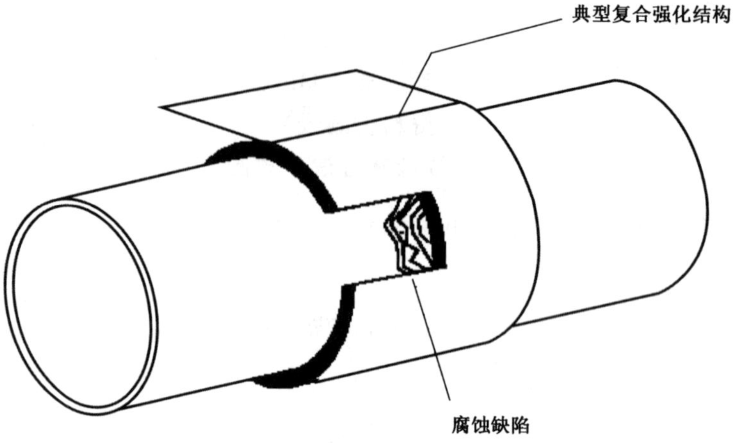

图 H.3　复合材料维修示意图

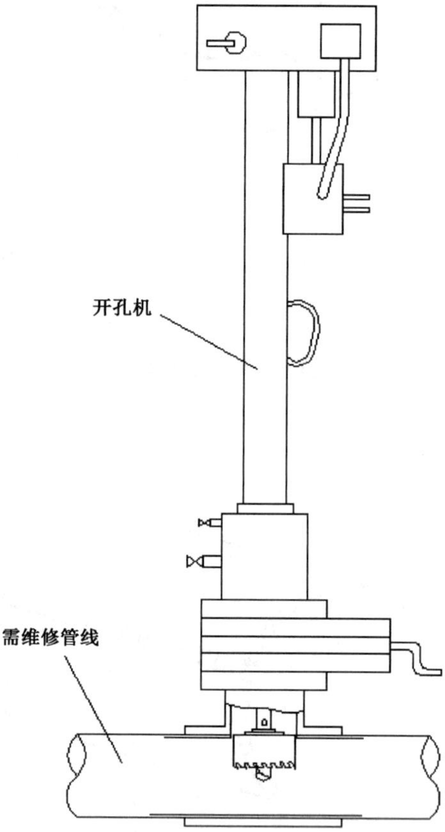

图 H.4　开孔维修示意图

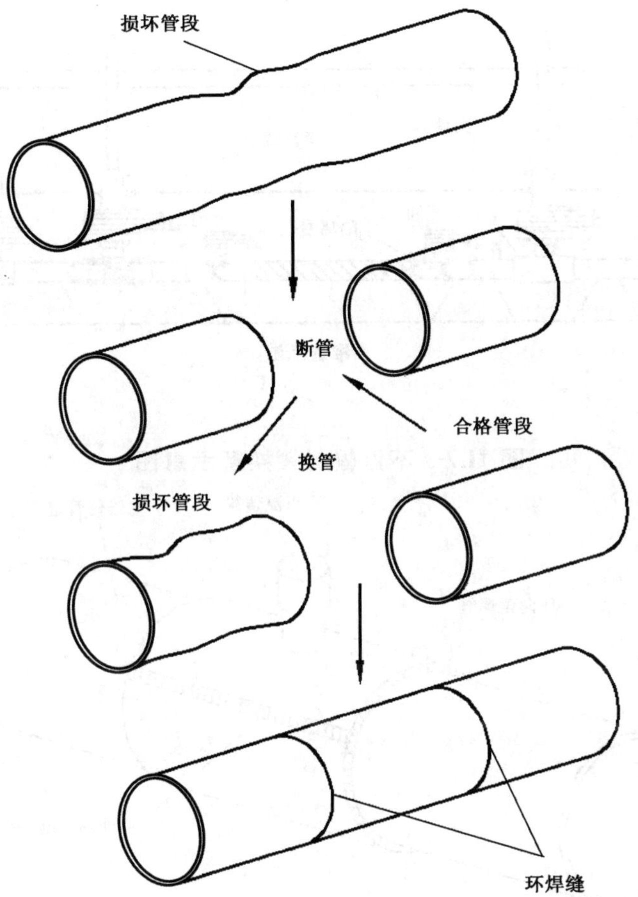

图 H.5 停输放空换管维修示意图

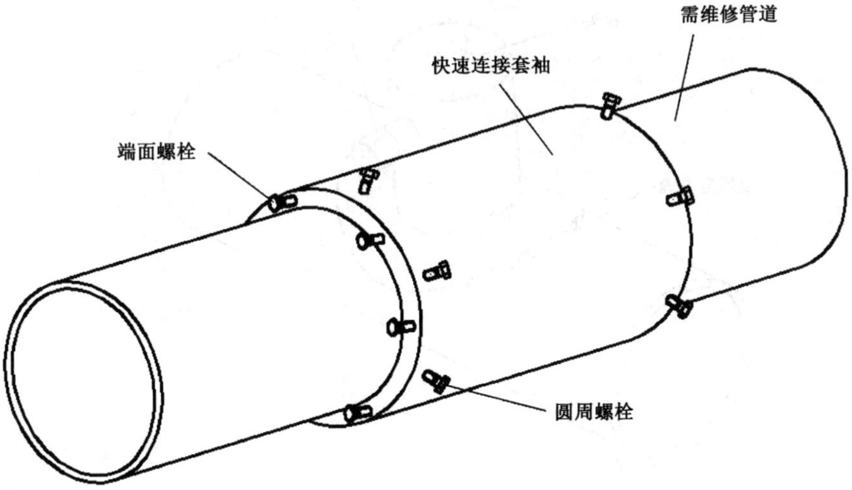

图 H.6 快速连接套袖连头示意图

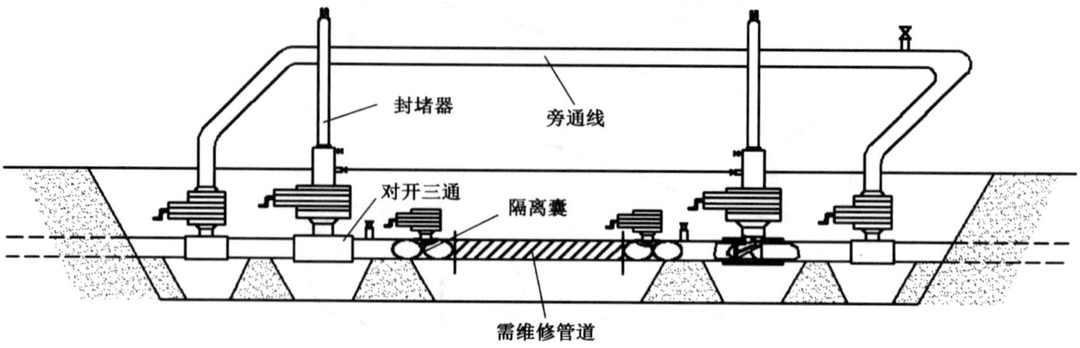

图 H.7 不停输封堵换管示意图

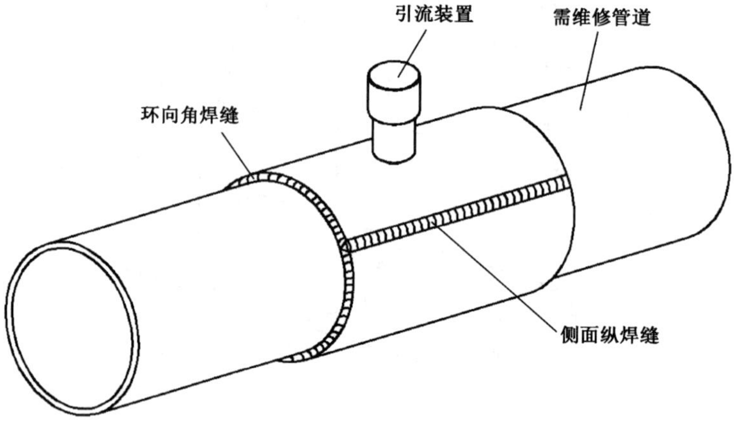

图 H.8 引流式补强套袖抢修示意图

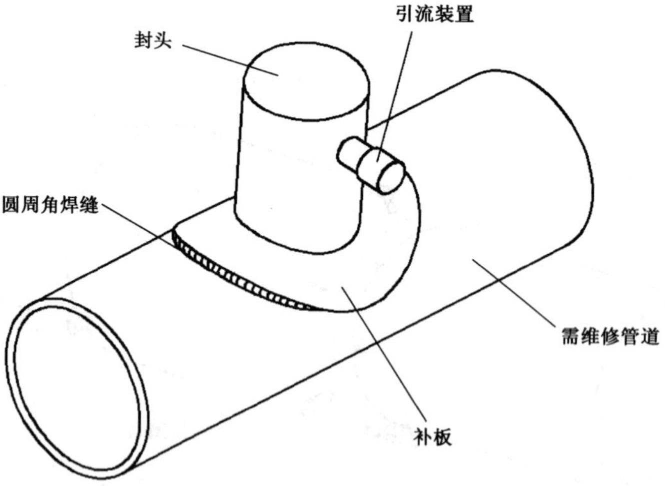

图 H.9 封头式卡具抢修示意图

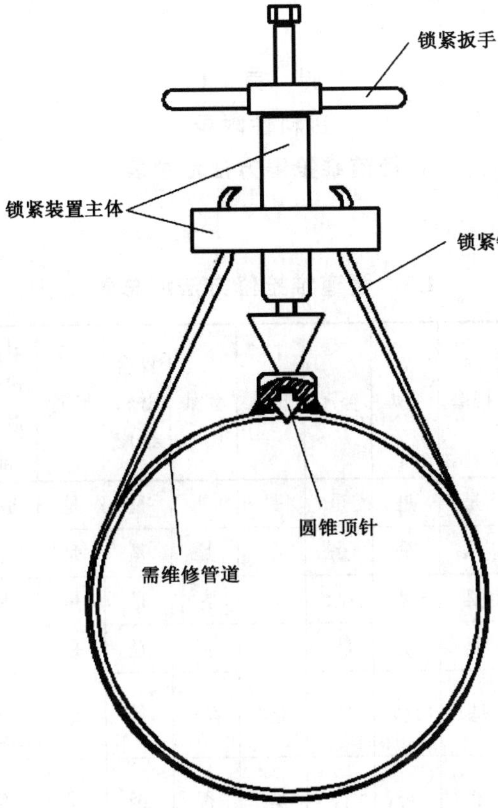

图 H.10　顶针式卡具抢修示意图

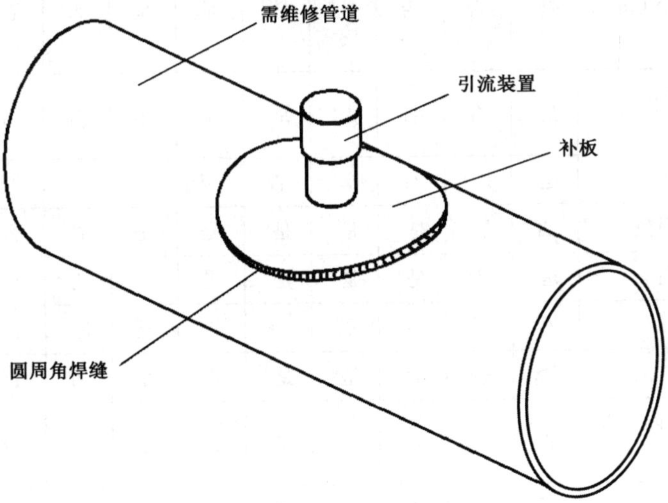

图 H.11　补板式卡具抢修示意图

附　录　I
（资料性附录）
管道维抢修方法汇总表

管道维抢修方法见表 I.1。

I.1　管道维抢修方法汇总表

因素和缺陷	打磨	补焊	补丁	开孔	套袖	复合材料维修	换管	引流式补强套袖	顶针式卡具	补板式卡具	封头式卡具	带压密封
陆上管道	是	是	是	是	是	是	是	是[b]	是[b]	是[b]	是[b]	是[b]
直管	是	是	是	是	是	是	是	是[b]	是[b]	是[b]	是[b]	是[b]
缓弯曲	是	是	是[a]	是	是[a]	是	是	是[b]	是[b]	是[b]	是[b]	是[b]
预制弯曲	是	是	是[a]	否	否	是	是	否	是[b]	否	否	是[b]
管道材料剥离、电弧闪击和划伤	是[d]	是[d]	是[d]	是[d]	是[d]	是	是	否	否	否	否	否
管道材料上未伴有应力集中点的凹痕	否	否	否	是[d]	否	否	是	否	否	否	否	否
埋弧焊接焊缝或环向角焊缝上的剥离、电弧闪击、划伤和凹痕	是[d]	否	否	是[d]	是[d]	是	是	否	否	否	否	否
电阻焊缝上的剥离、电弧闪击和凹痕	是[d]	否	否	是[d]	是[d]	是	是	否	否	否	否	否
管道材料上的裂纹	是[d]	是[d]	否	是[d]	否	否	是	否	否	否	否	否
内部腐蚀造成的金属损失	否	是[d]	是[d]	是[d]	是[d]	是	是	否	否	否	否	否
外部腐蚀造成的金属损失	是[d]	是[d]	是[d]	是[d]	是[d]	是	是	否	否	否	否	否
管道腐蚀泄漏	否	否	否	否	否	否	是	是[c]	是[d]	是[d]	是[d]	是[d]
管道外部变形	否	否	否	是[d]	是[d]	否	是	否	否	否	否	否
非法开孔遗留物、管线附属物泄漏	否	否	否	否	否	否	是	否	否	否	是	否
管道断裂	否	否	否	否	否	否	是	否	否	否	否	否

注：“否”表示不推荐也不禁止。

[a] 根据管线或管件曲率决定是否适用。

[b] 仅适用于泄漏缺陷的抢修。

[c] 根据现场孔洞大小确定是否使用。

[d] 根据现场缺陷大小确定是否使用。

附 录 J
(规范性附录)
在役管道焊接

J.1 范围

本附录规定了钢质天然气管道在役焊接的焊接工艺规程制定、焊工考试和焊接作业的相关要求。

本附录适用于采用手工电弧焊对管道管体缺陷、损伤或泄漏的维抢修焊接作业。

J.2 焊接工艺规程制定

J.2.1 焊接工艺评定

J.2.1.1 在役管道焊接前,应制定预焊接工艺规程,进行焊接工艺评定。

J.2.1.2 在役管道焊接工艺推荐采用以下的试验方法:

a) 评定试验中推荐用的试验管件见图 J.1。进行试验管件焊接时,应根据现场在役管道焊接施工条件模拟管道运行条件。

b) 焊接试验管件时,试验管内宜充满水,且水流过试验截面时的热条件与施工现场相同或更为恶劣。

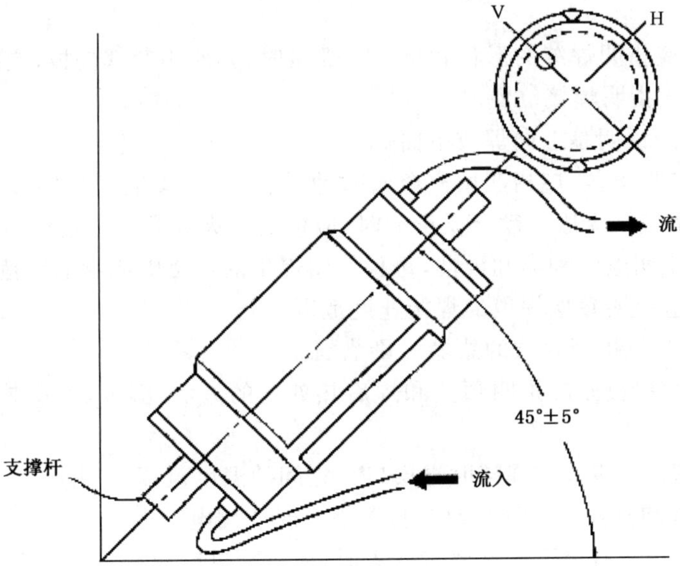

说明:

这种试验条件适合所有位置的工艺评定,也可以对另一种管位置进行试验,但这种试验仅评定该位置下的工艺。

图 J.1 工艺评定用试验管件

J.2.1.3 参与工艺评定试验的焊工应具有相应的焊接资质。

J.2.1.4　在役管道焊接工艺评定试验的试件取样及相关试验的方法与验收标准应符合 API Std 1104 相关规定。

J.2.1.5　应对评定的工艺进行详细记录，记录应包括焊接工艺评定试验的各项结果。在使用该焊接工艺规程期间，应将这些记录保存完好。

J.2.2　焊接工艺规程

J.2.2.1　应依据评定合格的焊接工艺编制焊接工艺规程。

J.2.2.2　除了管道运营方特别通知变更基本要素外，应按照这些焊接工艺规程进行焊接。

J.2.2.3　焊接工艺规程应包括以下部分：

a)　焊接方法：应指明为手工焊焊接方法。

b)　管道和管件材料：应指明工艺规程适用的管道和管件材料。材料分组见 J.2.2.4b)。若进行焊接工艺评定试验，应选择该组材料中具有最高规定屈服强度的材料。

c)　直径和壁厚：应确定焊接工艺规程适用的直径和壁厚范围，直径和壁厚分组如下：

1)　外径小于 60.3 mm；

2)　外径大于或等于 60.3 mm，小于或等于 323.9 mm；

3)　外径大于 323.9 mm；

4)　公称管壁厚小于 4.8 mm；

5)　公称管壁厚大于或等于 4.8 mm，小于或等于 19.1 mm；

6)　公称管壁厚大于 19.1 mm。

d)　管道运行条件：在役管道焊接中，应在工艺规程中指明管道运行条件(如管道输送介质、流速等)。

e)　接头设计：应指明焊缝的形状和尺寸。焊接时，如使用背部垫板，应指明垫板型式。

f)　焊缝位置：应指明焊接位置。

g)　焊接方向：应说明是上向焊或下向焊。

h)　填充金属和焊道数：应指明填充金属的种类和规格，焊缝最少层数及焊道顺序。采用回火焊道焊接来克服流动介质影响时，应标明回火焊道的位置和顺序。

i)　电特性：应指明电流种类和极性，每种使用焊条的焊接电流和电压范围。

j)　焊接速度：应指明每层焊道的焊接速度范围。

k)　热输入范围：应指明要求的热输入量范围。

l)　预热和焊后热处理：应指明预热和焊后热处理的方法、温度、温度控制方法，以及环境温度范围。

m)　层(道)间温度：应规定焊接时焊层(道)之间的温度范围。

n)　焊道的清理和打磨：应指明清理、打磨焊道时使用电动或手动工具。

J.2.2.4　焊接工艺规程中有以下基本要素变更时，应重新进行焊接工艺评定：

a)　焊接方法：焊接工艺规程中焊接方法的变更。

b)　管道和管件材料：焊接工艺规程中管材组别的变更。本部分将所有碳钢及低合金钢进行以下分组：

1)　规定最小屈服强度小于或等于 290 MPa；

2)　规定最小屈服强度大于 290 MPa，且小于 448 MPa；

3)　规定最小屈服强度大于或等于 448 MPa 的各级碳钢及低合金钢均应进行单独的

评定试验。

注:以上分组并不表示上述每组中所有的管材可任意代用已做过焊接工艺评定的管材或填充金属,要考虑管材和填充金属在冶金性能、力学性能以及对预热和焊后热处理的要求的不同。对于在役管道焊接中的角焊缝,规定最小屈服强度不是基本要素。

c) 接头设计:接头设计的变更分为以下两种情况:

1) 接头尺寸的重大变更,对于坡口焊缝,接头尺寸的重大变更包括:V 型坡口改为 U 型坡口,有坡口端部改为无坡口端部;

2) 从多层焊改为单道焊。

d) 焊接位置:焊接工艺评定时,管道或附近焊接位置发生变化,应重新进行工艺评定。若焊接工艺评定采用图 J.1 所示试验管件时,即使焊接位置发生变化,也不必重新进行工艺评定。

e) 壁厚:从一种材料壁厚组别到另一种壁厚组别见 5.2.3c)。

注:对于在役管道焊接中角焊缝的焊接,管道壁厚不是基本要素。

f) 填充金属:填充金属的变更分为以下两种情况:

1) 填充金属组别的变化(见表 J.1);

2) 对于最小屈服强度大于或等于 448 MPa 管材[见 J.2.2.4b)]的填充金属型号的变更。

表 J.1 填充金属分组

组 别	标准及规范	焊 条
1	GB/T 5117	E4310,E4311
	GB/T 5118	E5010,E5011
	AWS A5.1	E6010,E6011
	AWS A5.5	E7010,E7011
2	GB/T 5118	E5510,E5511
	AWS A5.5	E8010,E8011,E9010
3	GB/T 5117 或 GB/T 5118	E5015,E5016,E5018
	GB/T 5118	E5515,E5516,E5518
	AWS A5.1 或 AWS A5.5	E7015,E7016,E7018
	AWS A5.5	E8015,E8016,E8018,E9018

g) 焊接方向:从上向焊改为下向焊,或反之。

h) 焊缝熔敷顺序:从一种回火焊道熔敷顺序变为另一种焊道熔敷顺序。

i) 电特性:直流焊接时焊条接正变更为接负或反之;将直流电变为交流电或反之。焊接电流和电压范围的变更。

j) 焊接速度:焊接速度增大或减少。

k) 管道运行条件:对于在役管道焊接,从一种管道运行条件变为另一种更恶劣的管道运行条件(焊缝冷却速度方面)。

l) 预热:降低焊接工艺规程中的最低预热温度。

m) 焊后热处理:增加或取消焊后热处理工艺或改变焊接工艺规程中焊后热处理的范围和温度。

J.2.3 返修规程

返修时应使用评定合格的返修焊接规程。试验项目和数量应符合管道运营方要求。返修规程应包括以下内容:

a) 缺陷的检测方法;

b) 缺陷的清除方法;

c) 检查返修坡口,以证实缺陷完全清除;

d) 预热和层间温度;

e) 焊接方法和其他工艺规程参数;

f) 层间无损检测规定。

J.3 焊工考试

J.3.1 资格考试

J.3.1.1 从事管道焊接工作的焊工应持有相关部门颁发的作业资格证书。

J.3.1.2 资格考试机构应是相关部门认可的管道焊接操作人员考试机构。

J.3.1.3 考试机构应按相关部门要求的考试类别、考试项目等组织进行焊工资格考试。

J.3.2 上岗考试

J.3.2.1 焊工上岗考试前应具有相关部门颁发的作业资格证书,且焊工上岗考试项目应在其所持的作业资格证书合格项目范围内。

J.3.2.2 从事在役管道焊接的焊工上岗考试宜按 GB/T 31032 的规定执行,且还应满足以下要求:

a) 在上岗考试之前,应给焊工一定的时间熟悉和调整考试用焊接设备。

b) 在上岗考试时,焊工应使用和现场焊接时相同的焊接技术和焊接速度。

c) 焊工上岗考试工作应在管道运营方代表在场的情况下进行。

d) 焊接试验管件时,应模拟管道运行条件。焊接试验管件时,试验管内充满水,且水流过试验截面时的热条件与施工现场相同或更恶劣。对于不太恶劣的热环境,可采用其他介质来模拟。

e) 采用热输入控制工艺时,焊工应保持热输入量在焊接工艺范围内。采用回火焊道熔敷顺序方法时,焊工应使用合理的焊道熔敷顺序。

f) 焊工考核记录时,应明确记录焊工考核时的管道运行条件(如管道输送介质、流速等)。

J.4 在役管道焊接要求

J.4.1 焊前清理

在役管道焊接操作前,应检查并清理焊接区域,确保焊接表面应均匀光滑,无起鳞、裂纹、锈皮、夹渣、油脂、油漆和其他影响焊接质量的物质。

J.4.2 测量壁厚

施焊前,应使用超声波测厚仪或其他合适仪器确定焊接位置管道壁厚。在役管道焊接位置处推荐的最小管道壁厚为 4.8 mm。

J.4.3 管道施焊压力

在役管道焊接时,管道允许带压施焊的压力应满足式(J.1)的要求:

$$P=\frac{2\sigma_s(t-c)}{D}F \qquad \cdots\cdots(J.1)$$

式中:

P ——管道允许带压施焊的压力,单位为兆帕(MPa);

σ_s ——管材的最小屈服极限,单位为兆帕(MPa);

t ——焊接处管道实际壁厚,单位为毫米(mm);

c ——因焊接引起的壁厚修正量,单位为毫米(mm),按表J.2取值;

D ——管道外径,单位为毫米(mm);

F ——安全系数,按表J.3取值。

表J.2 修正量

单位为毫米

焊条直径	<2.0	2.5	3.2	4.0
c	1.4	1.6	2.0	2.8

表J.3 安全系数

t/mm	$t\geqslant12.7$	$8.7\leqslant t<12.7$	$6.4\leqslant t<8.7$	$t<6.4$
F	0.72	0.68	0.55	0.4

J.4.4 组对

J.4.4.1 装配要求:

a) 套袖或弧板装配时,套袖或弧板与输送管道之间的间隙不应太大,宜使用链条和液压千斤顶,也可使用其他合适的卡具;

b) 如有必要可在输送管道上焊接预堆层减小间隙;

c) 根据现场装配情况,对焊接套袖或弧板部位的管道螺旋焊缝和对接焊缝宜打磨至母材高度。

J.4.4.2 根部间隙要求:

a) 对开三通或套袖的纵向对接焊缝应100%焊透,根部间隙(对接面的间隙)宜为3 mm~6 mm;

b) 应在纵向对接焊缝下装配低碳钢垫板,以避免直接焊接到运行管道上。

J.4.4.3 坡口要求:

焊接对接坡口宜采用机械加工或氧气切割并打磨,坡口边缘应光滑、均匀,且尺寸规格应符合焊接工艺规程要求。

J.4.5 环境

J.4.5.1 气候条件

当恶劣气候条件影响焊接质量时,若没有采取相应措施,应停止焊接。

J.4.5.2 作业空间条件

可利用开挖、搭建平台等手段为焊接创造足够的空间。

J.4.5.3　可燃气体浓度条件

施焊前,对可能存在可燃气体的作业环境应进行可燃气体浓度检测。可燃气体浓度应低于其爆炸下限的10%。

J.4.6　回火焊道、退火焊道焊接

J.4.6.1　焊工在进行焊接前应熟悉回火焊道、退火焊道作业程序。

J.4.6.2　X70及以上材质等级的管道进行在役焊接时,宜使用回火焊道、退火焊道焊接。

J.4.6.3　使用回火焊道焊接时,回火焊道应位于套袖护板纵向对接焊缝盖面焊接处、环向角焊缝预堆层及盖面焊接处。

J.4.6.4　在纵向对接焊缝和环向角焊缝中回火焊道、退火焊道的焊接位置如图J.2和图J.3所示。

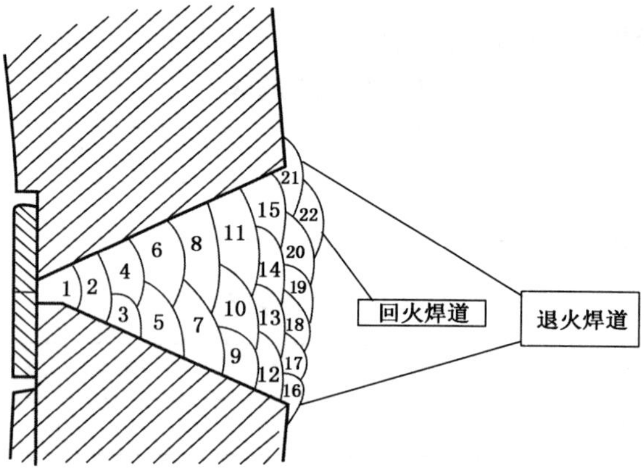

说明:
数字为焊接顺序。

图J.2　纵向对接焊缝回火焊道、退火焊道位置示意图

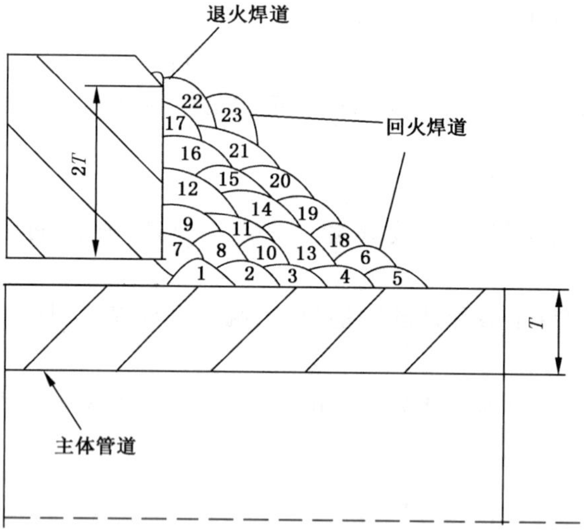

说明:
数字——焊接顺序;
T　——管壁厚度。

图J.3　环向角焊缝回火焊道、退火焊道位置示意图

J.4.7 预热及清理

J.4.7.1 预热方法：

a) 在役管道焊接预热方式可采用火焰加热和中频加热；

b) 对于X70及以上高强度材质的管道进行在役管道焊接时，宜采用中频加热或火焰加热和中频加热相结合的形式；

c) 管道内部介质温度偏低与介质流速过快时，环向角焊缝的预热应采用火焰加热和中频加热相结合的形式。

J.4.7.2 预热温度：

在役管道焊接时，应对焊接管件进行预热，预热温度应符合焊接工艺规程的要求。

J.4.7.3 层间温度保持：

a) 整个焊接过程层间温度的最小值应不低于预热温度的最小值；

b) 当焊接作业中断时，再次焊接前应重新预热到要求的温度。

J.4.7.4 层间清理：

坡口和每层焊道上的锈皮及焊渣，在下一步焊接前应清除干净。

J.4.8 对开三通或套袖的焊接

J.4.8.1 焊接顺序：

a) 对于对开三通或套袖进行焊接时，应先同时焊接两侧对接纵向对接焊缝，再焊接环向角焊缝。

b) 由两名焊工焊接纵向对接焊缝时，应按图J.4a)中所示焊接顺序同时焊接。由4名焊工焊接纵向对接焊缝时，应按图J.4b)中所示焊接顺序同时焊接。

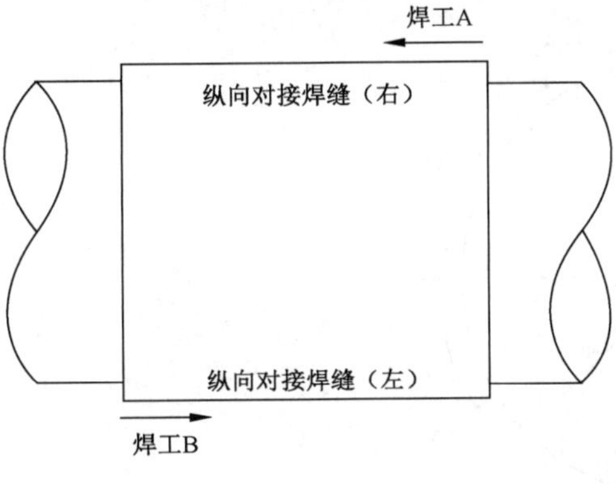

a) 两名焊工同时焊接

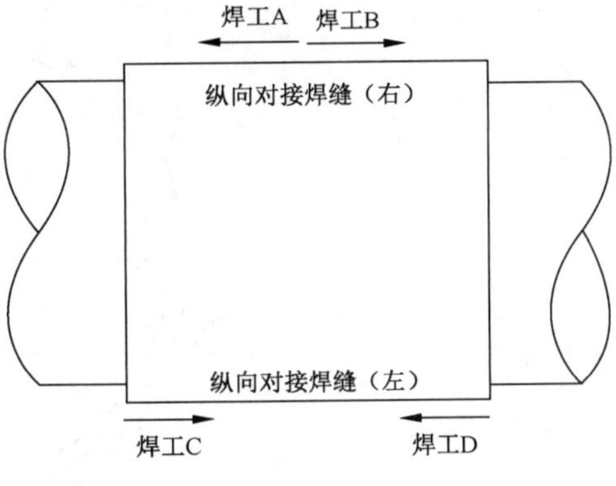

b) 四名焊工同时焊接

图J.4 纵向对接焊缝焊接顺序

c) 对开三通或套袖的两道环向角焊缝不应同时焊接。当2名焊工同时沿上向焊的方向焊接一道环向角焊缝时，应按图J.5所示焊接顺序同时焊接。当2名焊工同时沿下向焊方向焊接一道环向角焊缝时，应按图J.5所示箭头反方向同时焊接。对于大口径管道，宜采用4名焊工同时焊接一道环向角焊缝，4名焊工焊接环向角焊缝示意图见图J.6。

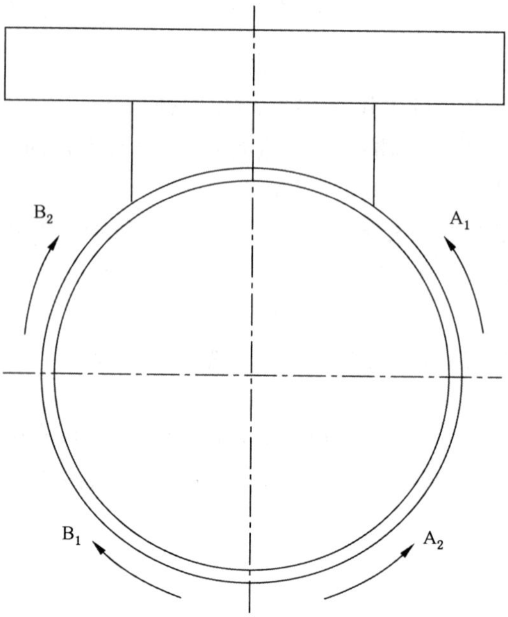

注 1：第一名焊工从 B_1 起始 6 点起焊，向 9 点方向焊接；第二名焊工从 A_1 起始 3 点起焊，向 12 点方向焊接；

注 2：上述焊接完成后，第一名焊工从 B_2 起始 9 点起焊，向 12 点方向焊接；第二名焊工从 A_2 起始 6 点起焊，向 3 点方向焊接。

图 J.5 环向角焊缝焊接顺序

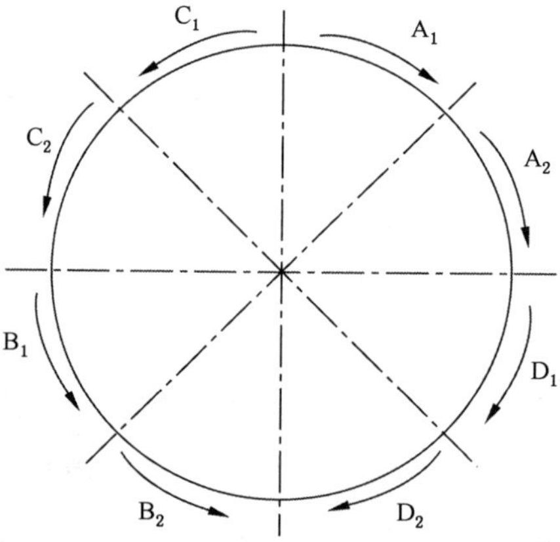

注 1：第一名焊工从 A_1 起始 12 点起焊，向 1 点半方向焊接；第二名焊工从 B_1 起始 9 点起焊，向 7 点半方向焊接；第三名焊工从 C_1 起始 12 点起焊，向 10 点半方向焊接；第四名焊工从 D_1 起始 3 点起焊，向 4 点半方向焊接；

注 2：上述焊接完成后，第一名焊工从 A_2 起始 1 点半起焊，向 3 点方向焊接；第二名焊工从 B_2 起始 7 点半起焊，向6 点方向焊接；第三名焊工从 C_2 起始 10 点半起焊，向 9 点方向焊接；第四名焊工从 D_2 起始 4 点半起焊，向6 点方向焊接。

图 J.6 四名焊工焊接环向角焊缝示意图

J.4.8.2 纵向对接焊缝的焊接：

对开三通或套袖纵向对接焊缝宜加垫板，垫板长度应与护板长度同长，宽度为对接焊缝宽度的2倍～3倍，垫板布置见图J.7。

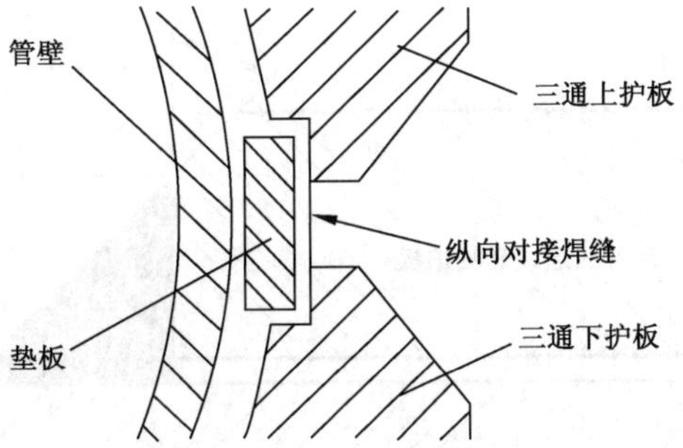

图 J.7 垫板布置示意图

J.4.8.3 环向角焊缝的焊接：

a) 对开三通或套袖与管道的环向角焊缝的焊接应采用多道堆焊，一般的堆焊形式见图J.8，若采用回火焊道见图J.3。

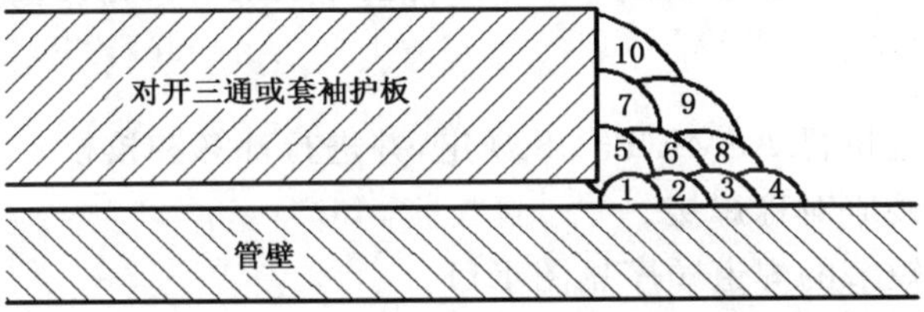

说明：
数字为焊接顺序。

图 J.8 环向角焊缝堆焊焊接形式示意图

b) 对开三通护板或套袖厚度小于或等于1.4倍管壁厚度时，焊角高度和宽度应与护板厚度一致，见图J.9。

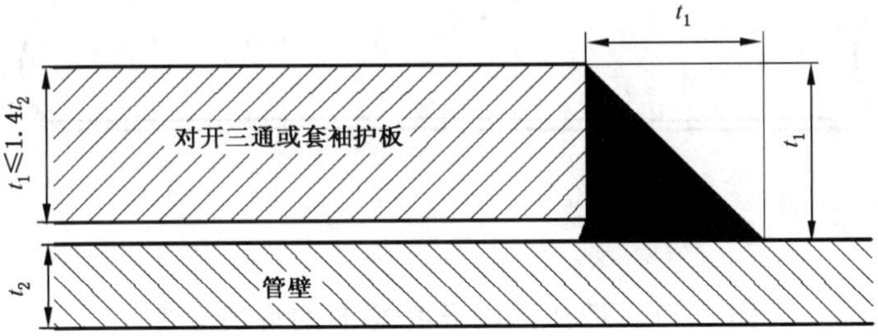

说明：
t_1——护板厚度；
t_2——为管壁厚度。

图 J.9 护板厚度小于或等于1.4倍管壁厚度的环向角焊缝尺寸

c) 对开三通护板或套袖厚度大于1.4倍管壁厚度时，焊角高度和宽度应大于或等于

1.4倍管壁厚度,见图J.10。

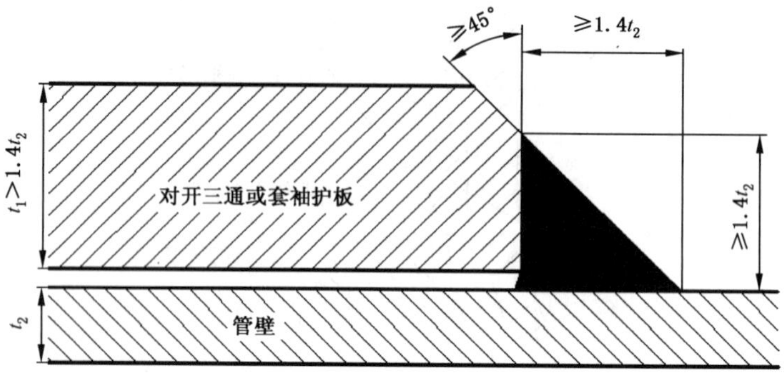

说明:

t_1——护板厚度;

t_2——管壁厚度。

图J.10 护板厚度大于1.4倍管壁厚度的环向角焊缝尺寸

J.4.9 开孔短节焊接

J.4.9.1 补强圈的尺寸应执行ASME B31.8规定,并进行计算和校核。

J.4.9.2 开孔短节的焊接应对称焊接。

J.4.9.3 带补强圈开孔短节的焊道顺序见图J.11。

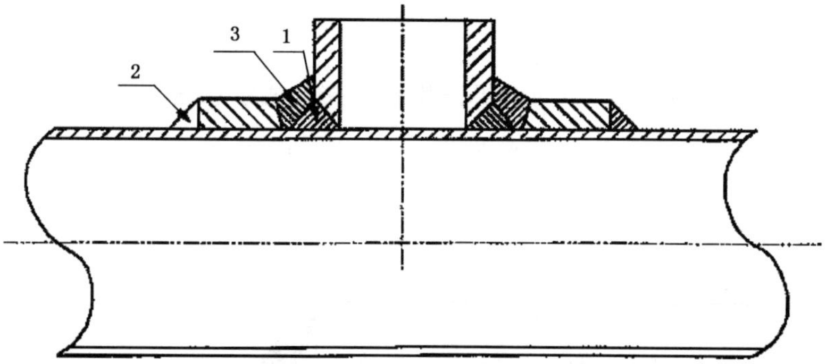

说明:

数字为焊接顺序。

图J.11 带补强圈开孔短节的焊道顺序

J.4.9.4 带补强圈垂直开孔短节的焊接方向见图J.12。

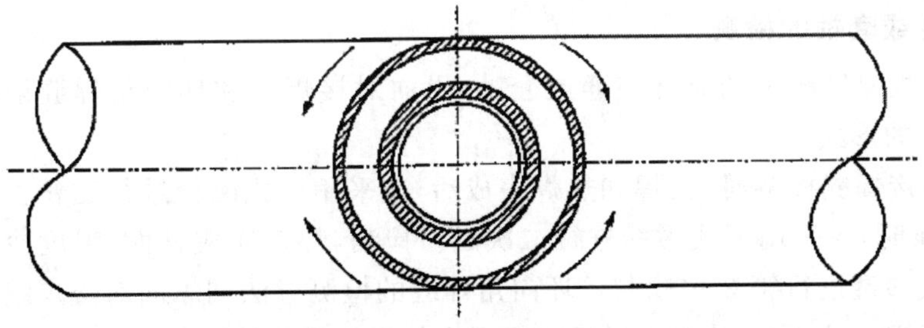

说明：
箭头表示焊接方向。

图 J.12　带补强圈开孔短节的焊接方向

J.4.9.5　不带补强圈的垂直开孔短节的焊接方向见图 J.13。

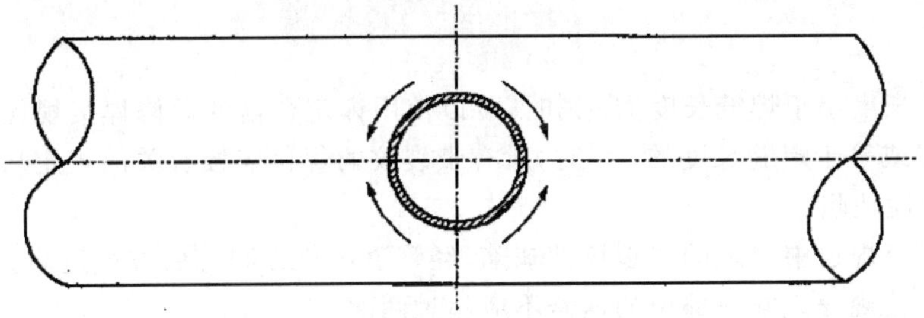

说明：
箭头表示焊接方向。

图 J.13　不带补强圈开孔短节的焊接方向

J.4.9.6　水平开孔短节焊接时，应采用全部上向或下向的工艺焊接。

J.5　在役管道焊接控制

J.5.1　烧穿控制：

a）管道实际壁厚小于 6.4 mm，应使用 2.5 mm 或更小直径的焊条进行第一层焊道焊接；

b）管道实际壁厚大于或等于 6.4 mm，应使用 3.2 mm 或更小直径的焊条进行第一层焊道焊接。

J.5.2　冷裂纹控制：

a）在役管道焊接应使用低氢焊条或低氢焊接工艺方法。

b）X70 及以上材质等级的管道进行在役焊接时，应采用 E8018-G 等低氢焊条下向焊焊接工艺。

c）在役管道焊接应采用足够的热输入量，克服流动介质冷却的影响。应按 J.4.6 回火焊道焊接的要求或 J.4.7 预热方法的要求对焊缝进行处理。

d）多组施焊时，焊接顺序应对称布置。

J.6　焊缝检查、试验与验收

J.6.1　焊缝的检查与试验

焊缝的检查与试验应符合 GB/T 31032 的规定。

J.6.2 对开三通或套袖的检测

J.6.2.1 对于护板厚度较大的对开三通或套袖，纵向对接焊缝和环向角焊缝采用磁粉检测时，宜采用分层检测的形式。

J.6.2.2 纵向对接焊缝检测时，根焊和热焊完成后，应采用干式磁粉进行磁粉检测，整条焊道完成 50%填充金属时，应采用干式磁粉进行二次磁粉检测，焊道完成盖面、温度冷却至常温后，应采用湿式磁粉或渗透进行第 3 次检测。环向角焊缝的检测方法同纵向对接焊缝一致。

J.6.2.3 焊道冷却 24 h 后宜对整道焊缝进行再次外观检查和检测。

J.6.3 验收标准

在役管道焊接焊缝的无损检测及外观检验，应按 GB/T 31032 的规定进行验收。

J.7 缺陷的清除和返修

J.7.1 返修权限

J.7.1.1 裂纹：

a） 当裂纹长度小于焊缝长度的 8%时，可以使用评定合格的返修焊接规程返修；

b） 当大于或等于焊缝长度的 8%时，所有带裂纹的焊口应按有关的规定从管道上切除。

J.7.1.2 非裂纹性缺陷：

根焊道及填充焊道中出现的非裂纹性缺陷，经管道运营方同意后方可返修。应使用评定合格的返修焊接工艺规程。同一部位的返修不应超过两次。

J.7.2 验收标准

返修区域应采用返修前使用的检测方法进行检测。管道运营方可要求采用同样的检测方法复查包括整个返修区域的整个焊口。返修焊缝应满足第 8 章的要求。

J.7.3 监督

焊缝返修应在对返修技术有经验的技术人员的监督下进行。

J.7.4 返修人员

应由评定合格的焊工进行返修。

附　录　K
（资料性附录）
内检测器的类型与检测用途

表 K.1　内检测器的类型与检测用途

<table>
<tr><th rowspan="3">缺陷种类</th><th rowspan="3">瑕疵/缺陷/特征</th><th colspan="3">金属损失检测器</th><th colspan="2">裂纹检测器</th><th rowspan="3">变形检测器</th></tr>
<tr><th colspan="2">漏磁(MFL)</th><th rowspan="2">超声纵波[m]</th><th rowspan="2">超声横波[m]</th><th rowspan="2">环向漏磁</th></tr>
<tr><th>标准分辨率(SR)</th><th>高分辨率(HR)</th></tr>
<tr><td rowspan="3">金属损失</td><td>外腐蚀</td><td rowspan="3">可检出[a]
可判定尺寸[b]
不能区分内部/外部</td><td rowspan="3">可检出[a]
可判定尺寸[b]</td><td rowspan="3">可检出[a]
可判定尺寸[b]</td><td rowspan="3">可检出[a]
可判定尺寸[b]</td><td rowspan="3">可检出[a]
可判定尺寸[b]</td><td rowspan="3">检不出</td></tr>
<tr><td>内腐蚀</td></tr>
<tr><td>划痕</td></tr>
<tr><td rowspan="6">类裂纹</td><td>狭窄轴向外腐蚀</td><td>可检出[a]</td><td>可检出[a]</td><td>可检出[a]
可判定尺寸[b]</td><td>可检出[a]
可判定尺寸[b]</td><td>可检出[a]
可判定尺寸[b]</td><td>检不出</td></tr>
<tr><td>应力腐蚀开裂</td><td>检不出</td><td>检不出</td><td>检不出</td><td>可检出[a]
可判定尺寸[b]</td><td>有限检出[a,c]
可判定尺寸[b]</td><td>检不出</td></tr>
<tr><td>疲劳裂纹</td><td>检不出</td><td>检不出</td><td>检不出</td><td>可检出[a]
可判定尺寸[b]</td><td>有限检出[a,c]
可判定尺寸[b]</td><td>检不出</td></tr>
<tr><td>长焊缝裂纹等（焊趾裂纹、钩形裂纹、未焊透、焊缝优先腐蚀）</td><td>检不出</td><td>检不出</td><td>检不出</td><td>可检出[a]
可判定尺寸[b]</td><td>有限检出[a,c]
可判定尺寸[b]</td><td>检不出</td></tr>
<tr><td>周向裂纹</td><td>检不出</td><td>可检出[c]
可判定尺寸[b]</td><td>检不出</td><td>可检出[a]
可判定尺寸[b,d]</td><td>检不出</td><td>检不出</td></tr>
<tr><td>氢致裂纹</td><td>检不出</td><td>检不出</td><td>可检出[a]</td><td>有限检出</td><td>检不出</td><td>检不出</td></tr>
<tr><td rowspan="5">变形</td><td>尖锐凹陷</td><td>可检出[e,g]</td><td>可检出[e,l]</td><td>可检出[e,g]</td><td>可检出[e,g]</td><td>可检出[e,g]</td><td>可检出[f]
可判定尺寸</td></tr>
<tr><td>平滑凹陷</td><td>可检出[e,g]</td><td>可检出[e,l]</td><td>可检出[e,g]</td><td>可检出[e,g]</td><td>可检出[e,g]</td><td>可检出[f]
可判定尺寸</td></tr>
<tr><td>鼓胀</td><td>可检出[e,g]</td><td>可检出[e,l]</td><td>可检出[e,g]</td><td>可检出[e,g]</td><td>可检出[e,g]</td><td>可检出[f]
可判定尺寸</td></tr>
<tr><td>皱纹、波纹</td><td>可检出[e,g]</td><td>可检出[e,l]</td><td>可检出[e,g]</td><td>可检出[e,g]</td><td>可检出[e,g]</td><td>可检出[f]
可判定尺寸</td></tr>
<tr><td>椭圆度</td><td>检不出</td><td>检不出</td><td>检不出</td><td>检不出</td><td>检不出</td><td>可检出
可判定尺寸[b]</td></tr>
</table>

表 K.1(续)

缺陷种类	瑕疵/缺陷/特征	金属损失检测器			裂纹检测器		变形检测器
		漏磁(MFL)		超声纵波[m]	超声横波[m]	环向漏磁	
		标准分辨率(SR)	高分辨率(HR)				
各种部件位置	管式阀和配件	可检出	可检出	可检出	可检出	可检出	可检出
	套管(同心)	可检出	可检出	检不出	检不出	可检出	检不出
	套管(偏心)	可检出	可检出	检不出	检不出	可检出	检不出
	弯头	有限检出	有限检出	有限检出	有限检出	有限检出	可检出[h] 可判定尺寸[h]
	支管附件/带压开孔	可检出	可检出	可检出	可检出	可检出	检不出
各种部件位置	临近金属物	可检出	可检出	检不出	检不出	可检出	检不出
	铝热焊接	检不出	检不出	检不出	检不出	检不出	检不出
	管道坐标	检不出	可检出[k]	可检出[k]	可检出[k]	可检出[k]	可检出[k]
	A 型套筒	可检出	可检出	检不出	检不出	可检出	检不出
	复合套筒	可检出[i]	可检出[i]	检不出	检不出	可检出[i]	检不出
	B 型套筒	可检出	可检出	可检出	可检出	可检出	检不出
	补丁/半圆补强板	可检出	可检出	可检出	可检出	可检出	检不出
	沉积焊	有限检出	有限检出	检不出	检不出	有限检出	检不出
各种损伤	分层	有限检出	有限检出	可检出 可判定尺寸[b]	有限检出	有限检出	检不出
	夹杂物(未熔合)	有限检出	有限检出	可检出 可判定尺寸[b]	有限检出	有限检出	检不出
	冷作	检不出	检不出	检不出	检不出	检不出	检不出
	硬点	检不出	可检出[j]	检不出	检不出	检不出	检不出
	磨痕	有限检出[a]	有限检出[a]	可检出[a,b]	可检出[a,b]	有限检出[a,b]	检不出
	应变	检不出	检不出	检不出	检不出	检不出	可检出[j]
	环焊缝异常(气孔等)	有限检出	可检出	可检出	可检出[d]	检不出	检不出
	疤/毛刺/鼓泡	有限检出[a]	有限检出	可检出[a,b]	可检出[a,b]	有限检出[a]	有限检出

a 受可检测的指示的深度、长度和宽度的限制。
b 由检测器的尺寸精度确定。
c 闭合裂纹减小了探测概率(POD)。
d 传感器旋转 90°。
e 探测概率(POD)的减小取决于尺寸与形状。
f 如装配设备,也可检测周向位置。
g 尺寸不可靠。
h 如装配弯头测量设备。
i 不可探测未做标记的复合套筒。
j 如装配设备,取决于参数。
k 如装配具有测绘能力的设备。
l 量化精度取决于设备。
m 仅在液体环境,即液体管道或液体耦合的气体管道中能使用的内检测技术。

附 录 L
(资料性附录)
埋地管道检测方法选择表

埋地管道检测方法选择表

环境	测试方法			
	密间距电位测量法(CIPS)	电流电位梯度法(ACVG,DCVG)	地面音频检漏法或皮尔逊法	交流电流衰减法(PCM)
带防腐层漏点的管段	2	1、2	1、2	1、2
裸管的阳极区管段	2	3	3	3
接近河流或水下穿越管段	2	3	3	2
无套管穿越的管段	2	1、2	2	1、2
带套管的管段	3	3	3	3
短套管	2	2	2	2
铺砌路面下的管段	3	3	3	1、2
冻土区的管段	3	3	3	1、2
相邻金属构筑物的管段	2	1、2	3	1、2
相邻平行管段	2	1、2	3	1、2
杂散电流区的管段	2	1、2	2	1、2
高压交流输电线下管段	2	1、2	2	3
管道深埋区的管段	2	2	2	2
湿地区(有限的)管段	2	1、2	2	1、2
岩石带/岩礁/岩石回填区的管段	3	3	3	2
检测方法的特点	评价阴极保护系统有效性、确定杂散电流影响范围、检测防腐层漏点的检测技术	DCVG、ACVG比其他测量方法能更精确确定防腐层漏点位置,区别是孤立或连续的防腐层破损。DCVG还可评估漏点尺寸、缺陷处金属腐蚀活性	确定埋地管线防腐层漏点位置的地面测量技术	评价防腐层管段的整体质量和确定防腐层漏点位置的检测技术
采用标准	GB/T 21246	GB/T 21246	GB/T 21246	GB/T 21246

注1:可适用于小的防腐层漏点(孤立的,一般面积小于600 mm^2)和在正常运行条件下不会引起阴极保护电位波动的环境。

注2:可适用于大面积的防腐层漏点(孤立或连续)和在正常运行条件下引起阴极保护电位波动的环境。

注3:不能应用此方法,或在无可行措施时不能实施此方法。

ICS 23.040.01
E 29

中华人民共和国国家标准

GB/T 34346—2017

基于风险的油气管道安全隐患分级导则

Guidelines for risk based safety hazard classification of oil and gas pipelines

2017-10-14 发布 2018-05-01 实施

720 中华人民共和国国家质量监督检验检疫总局
中国国家标准化管理委员会 发布

前　　言

本标准按照 GB/T 1.1—2009 给出的规则起草。

本标准由全国锅炉压力容器标准化技术委员会(SAC/TC 262)提出并归口。

本标准起草单位:中国特种设备检测研究院、中国石化管道储运有限公司、中国石化销售有限公司、中国石油化工股份有限公司天然气分公司、国家质检总局压力管道安全技术中心、中国安全生产科学研究院、中国石油化工股份有限公司青岛安全工程研究院、中国石化青岛石油化工有限责任公司、福建省锅炉压力容器检验研究院、深圳市燃气集团股份有限公司、中国石油天然气股份有限公司乌鲁木齐石化分公司。

本标准主要起草人:刘三江、王俊强、何仁洋、张惠民、卜文平、宗照峰、吉建立、黄贤滨、刘哲、蓝麒、吴海东、李因田、许学瑞、林武春、张维顺、韩非、孙伟。

基于风险的油气管道安全隐患分级导则

1 范围

本标准规定了油气管道基于风险的安全隐患(以下简称“隐患”)分级方法、流程和技术要求,包括管道隐患的排查、评级和处置等内容。

本标准中的“隐患”仅包括占压,间距不足,不满足规范要求的交叉、并行(含穿跨越),地质灾害和管道本体及附属设施缺陷。

本标准适用于满足GB 50251或GB 50253的陆上长输原油、成品油、天然气管道。油气田集输管道、城镇燃气管道可参照本标准的相关规定执行。

2 规范性引用文件

下列文件对于本文件的应用是必不可少的。凡是注日期的引用文件,仅注日期的版本适用于本文件。凡是不注日期的引用文件,其最新版本(包括所有的修改单)适用于本文件。

GB/T 19285 埋地钢质管道腐蚀防护工程检验

GB/T 27699 钢质管道内检测技术规范

GB/T 28704 无损检测 磁致伸缩超声导波检测方法

GB/T 30582 基于风险的埋地钢质管道外损伤检验与评价

GB/T 31211 无损检测 超声导波检测总则

GB 32167—2015 油气输送管道完整性管理规范

GB 50251 输气管道工程设计规范

GB 50253 输油管道工程设计规范

GB 50470 油气输送管道线路工程抗震技术规范

SY/T 6828 油气管道地质灾害风险管理技术规范

NB/T 47013 承压设备无损检测

3 术语和定义

下列术语和定义适用于本文件。

3.1

隐患 hazard

在油气管道建设施工或运行使用过程中,由于管道及附属设施的外部环境条件变化以及生产经营单位或相关方未执行法律法规、标准规范要求,导致存在的可能造成人身伤害、环境污染或经济损失的不安全状态,包括占压;间距不足;不满足规范要求的交叉、并行(含穿跨越);地质灾害和管道本体及附属设施缺陷。隐患按风险可接受程度可划分为一般隐患、较大隐患和重大隐患。

3.2

隐患排查　hazard identification

根据国家法律法规和油气管道标准规范的相关要求，识别管道安全隐患的过程。

3.3

隐患评级　hazard classification

对识别出的各类管道安全隐患，按照风险可接受程度划分等级的过程。

3.4

一级评估　level 1 assessment

采用筛选方式，依据风险可接受程度区分一般与较大及以上隐患的过程。

3.5

二级评估　level 2 assessment

采用定量风险评价方法，依据风险可接受程度区分重大与较大隐患的过程。

4　总则

4.1　应建立基于风险的油气管道隐患分类、分级治理模式，即在隐患排查的基础上，结合管道本体安全状况及介质、环境等因素，评价划分隐患等级，进行分类、分级管理。

4.2　按照本标准进行油气管道隐患分级时，除应遵循本标准的规定外，还应遵守相关法律法规和标准规范。

4.3　油气管道隐患分级工作可由管道使用单位组织实施，较大及以上隐患可委托第三方专业评估机构实施。隐患分级所涉及的检验、检测工作，其承担机构的资质要求应符合特种设备相关法律法规的规定。

4.4　油气管道隐患分级工作流程应包括隐患的排查、评级、处置 3 个步骤。隐患分级的流程如图 1 所示。

4.5　较大及以上隐患的处置应制定处置方案，并限期处置。一般隐患应加强管理，如果影响管道运行管理，应优先消除。

4.6　隐患排查和评级工作应定期实施，实施时间间隔应根据完整性管理规范和前次工作结论综合确定。

4.7　应定期检查更新管道周边环境变化情况，当管道属性和周边环境发生较大变化时，应再次进行隐患排查和评级。

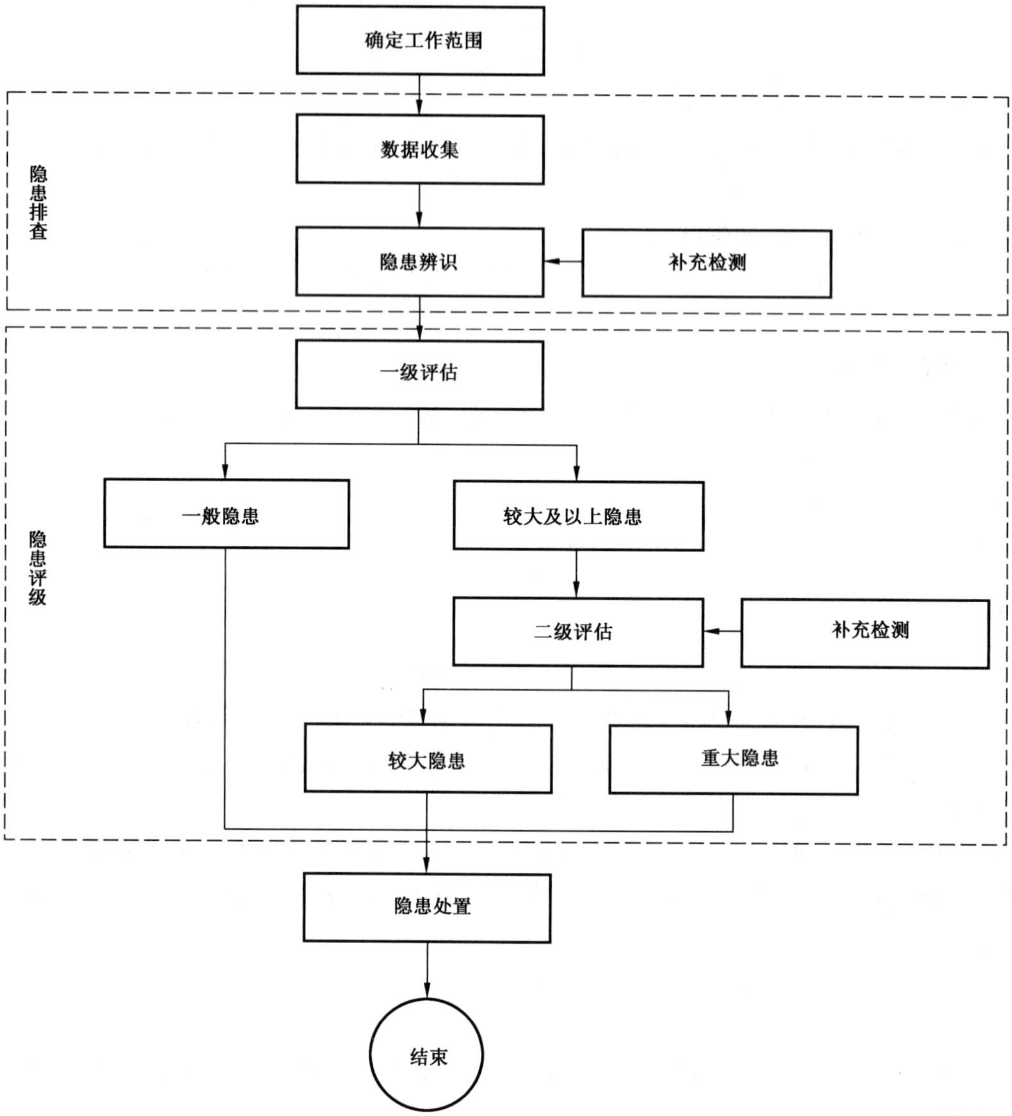

图 1 隐患分级流程

5 隐患分类

5.1 占压

占压指《中华人民共和国石油天然气管道保护法》、GB 50251 和 GB 50253 规定的管道中心线两侧各 5 m 地域范围内存在建(构)筑物及其附属设施、大型物料或设备堆场、根系深达管道埋设部位的深根植物等。

5.2 间距不足

间距不足指除 5.1 规定以外的，人口密集区，建(构)筑物，易燃易爆危险生产、经营、存储场所，特殊作业区与管道及其附属设施的距离不符合国家法律法规和技术规范的要求。

5.3 不满足标准规范要求的交叉、并行(含穿跨越)

不满足标准规范要求的交叉、并行(含穿跨越)指河流、水源地、公路、铁路、输电线缆及设施、埋地管线、市政管网等与管道及附属设施的距离不符合国家法律法规和技术规范的要求。

5.4 地质灾害

地质灾害指对管道输送系统的安全和运营环境造成危害的地质作用或与地质环境有关的灾害。

5.5 管道本体及附属设施缺陷

管道本体及附属设施缺陷指在设计、制造、建设施工中产生的制管缺陷、机械损伤或焊接缺陷等,及在运行使用中发生的由于外力作用、介质影响或腐蚀防护有效性不足造成的管体变形、腐蚀、开裂等。

6 隐患排查

6.1 数据收集

收集的数据应反映管道和隐患的实际状况,并应包含隐患辨识和评级所要求的必要数据。收集的数据应包括但不限于以下内容:

a) 管道基本属性信息:
   1) 管道的规格、材质、防腐/保温层类型、设计参数、设计/安装时间、焊接施工工艺、路由位置、埋地段覆土厚度、腐蚀防护措施;
   2) 介质的类型、腐蚀性成分分析结果。

b) 管道运行维护数据与记录:
   1) 管道的运行参数;
   2) 阴极保护系统运行记录;
   3) 安全管理与风险监控措施;
   4) 管道检测、维修及更换记录;
   5) 历史失效数据记录。

c) 管道外部环境信息:
   1) 土壤腐蚀性、杂散电流干扰情况;
   2) 周边自然气候与地质情况;
   3) 周边人口、建(构)筑物、水源及其他公共基础设施分布情况。

6.2 隐患辨识

6.2.1 管道隐患应按照第5章规定进行分类辨识,辨识方法见附录A。

6.2.2 隐患辨识应基于6.1所收集的基础数据,结合现场勘查测量进行。

7 隐患评级

7.1 一般要求

7.1.1 隐患评级应针对已辨识的隐患,在补充检测的基础上,评估风险可接受程度划分等级。

7.1.2 地质灾害类隐患的评级按照SY/T 6828执行。

7.1.3 对于管道本体及附属设施缺陷中的管道本体缺陷类隐患,应根据缺陷类型,按照相关标准规范进行安全评定。其中,按照标准规范评判超标的缺陷确定为重大隐患,应及时处置;标准规范允许范围内的缺陷不需要处置。

7.1.4 对于除7.1.2、7.1.3规定范围以外的隐患类型,评级流程如图2所示。

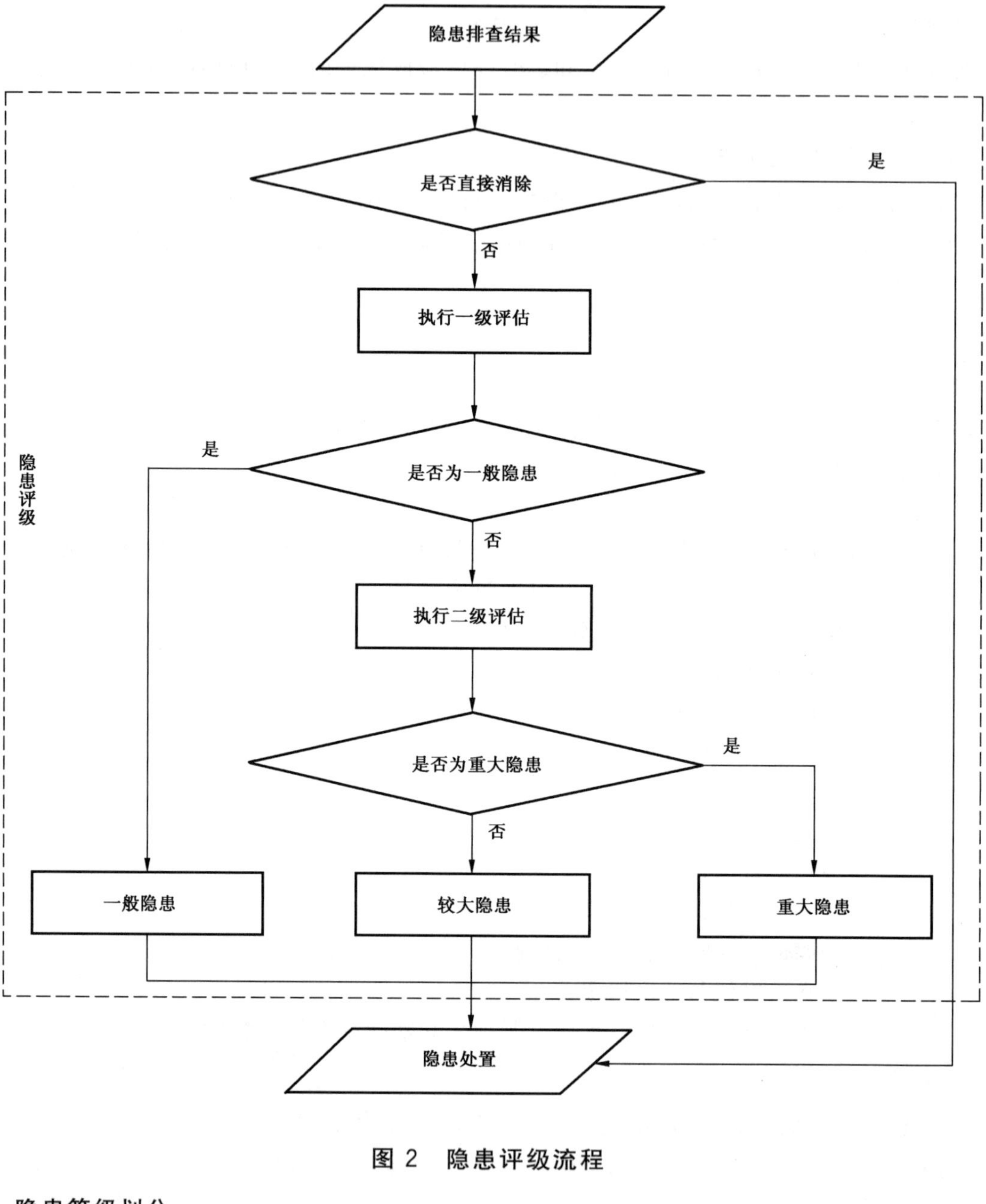

图2 隐患评级流程

7.2 隐患等级划分

7.2.1 隐患按风险可接受程度应划分为一般隐患、较大隐患和重大隐患。

7.2.2 隐患等级的划分应采用风险评估方法进行,较大及以上的隐患应进行详细的风险计算,风险计算可参照二级评估。

7.3 隐患评级原则

7.3.1 隐患评级应包括对隐患失效影响因素的分析与隐患风险的评估。

7.3.2 对隐患风险的评估应基于管道本体安全状况进行。

7.3.3 对隐患风险的评估按照工作复杂程度和评价结果保守度不同,分为一级评估和二级评估。隐患评级一般按照一级评估至二级评估顺序执行。

7.4 补充检测

7.4.1 当管道本体安全状况不明时,应开展必要的补充检测。

7.4.2 补充检测的项目、方法和推荐标准按照表1执行。

表1 检测项目的推荐标准

序号	管道本体缺陷类隐患		损伤模式	检测项目	检测方法	推荐标准
1	腐蚀	外腐蚀	减薄	外腐蚀防护系统、金属损失	外腐蚀检测 漏磁内检测 开挖检测	GB/T 30582 GB/T 19285 GB/T 27699
		内腐蚀	减薄	金属损失	内腐蚀直接检测 漏磁内检测 开挖检测	GB/T 31211 GB/T 28704 GB/T 27699
		应力腐蚀	开裂	应力腐蚀裂纹	应力腐蚀直接检测 超声内检测	NB/T 47013 GB/T 27699
2	外力破坏(非自然外力)	误开挖、故意破坏	机械损伤	路由环境、地面标识、埋深、机械损伤	埋深检测 漏磁和变形内检测 开挖检测	GB/T 30582 GB/T 27699
3	制造安装缺陷	焊接缺陷 管体缺陷 管体几何变形	减薄/开裂/机械损伤	缺陷性质、位置、尺寸	漏磁和变形内检测 开挖检测	GB/T 31211 GB/T 28704 GB/T 27699 GB/T 30582 NB/T 47013
4	地质灾害	管体几何变形 管道位移	机械损伤	管道位移、局部变形位置及尺寸	不良地质条件检测	GB/T 30582

7.5 一级评估

7.5.1 一级评估方法按附录B执行。

7.5.2 通过一级评估划分为较大及以上隐患的应执行以下措施之一:

a) 当消除隐患的成本可接受时,可直接消除;

b） 当消除隐患的成本不可接受时，执行二级评估。

7.6 二级评估

7.6.1 二级评估流程

二级评估方法的流程如图 3 所示。

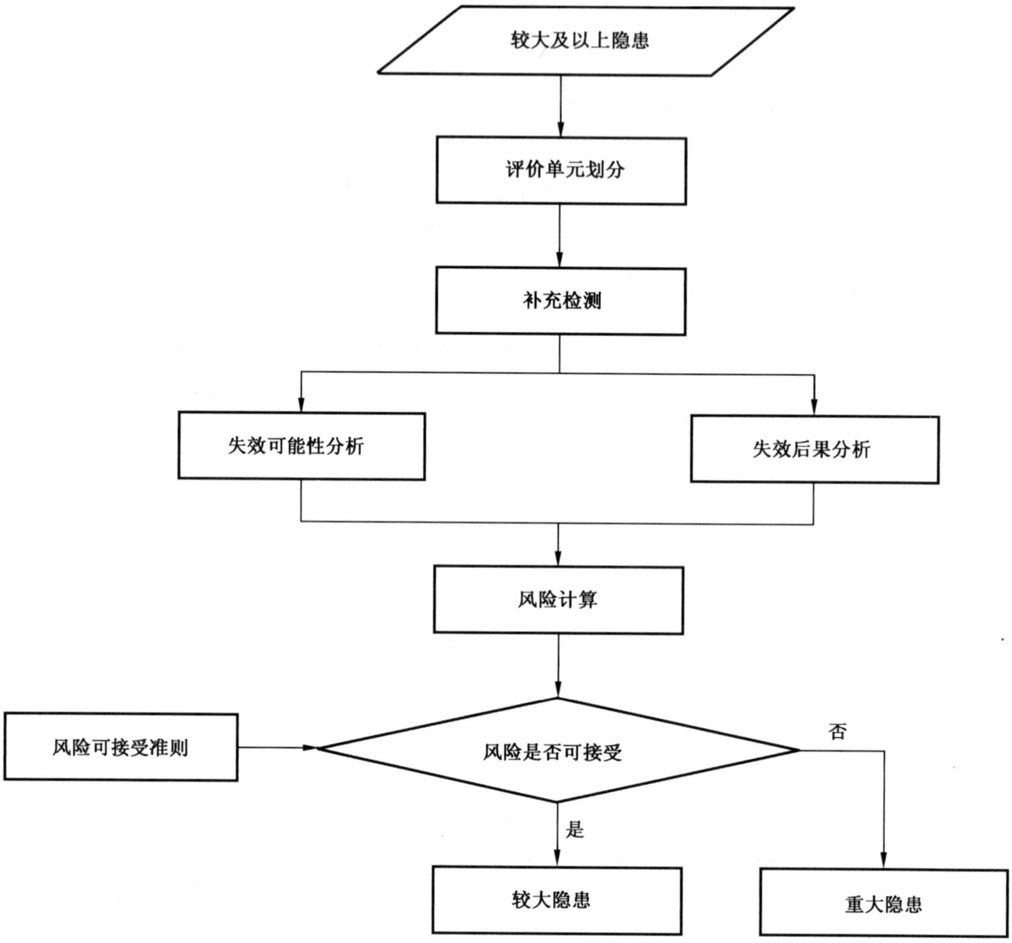

图 3 二级评估流程

7.6.2 评价单元划分

应根据管道的属性和周边环境对管道进行评价单元划分。以单元为单位作管道状况描述，包括但不限于：

a） 管材、管径、防腐层类型、管道附属设施及起止里程；

b） 管体、防腐层和附属设施状况的评价；

c） 管道运行参数，包括输送介质、运行压力和温度；

d） 管道沿线自然环境。

7.6.3 风险分析

7.6.3.1 失效可能性分析应结合失效的各类影响因素进行，分析过程中应考虑已采取的降低风险措施的效果。

7.6.3.2 如直接采用历史失效数据进行失效可能性分析，或对失效可能性分析结果进行验证，需对历史数据的适用性和与被评价管道的可比性进行评价。

7.6.3.3 失效后果分析用于确定管道失效对周边潜在影响的严重程度。潜在影响可能由可燃性油气介质从管道泄漏、扩散引起。

7.6.3.4 失效后果分析应基于管道失效对周边人员造成伤害等潜在影响的严重程度进行，必要时应考虑管道失效导致的经济损失、环境污染及对管道企业声誉的影响。

7.6.3.5 失效可能性和后果分析应根据7.6.2中划分的评价单元逐一进行，分析采用的方法应根据隐患类型而定。失效可能性和后果分析方法可按照附录C执行。

7.6.4 风险可接受准则

7.6.4.1 较大及以上隐患应依据风险可接受性划分为较大隐患与重大隐患。

7.6.4.2 确定风险可接受准则应考虑国家法律法规和标准的相关要求及降低风险的成本，同时参照国内外同行业或其他行业已确立的风险可接受准则。可通过以下途径确定风险的可接受准则：

a) 国内外同行业风险可接受准则，或据以往经验认为可接受的风险水平；

b) 管道平均安全水平，可按照GB 32167—2015附录G。

8 隐患处置

8.1 隐患处置的原则

8.1.1 不同类型、不同级别的隐患，根据失效可能性和失效后果应采取适合有效的处置措施。

8.1.2 隐患处置的本质是降低风险，既可采用降低失效可能性的方法，也可采用降低失效后果的方法，或者两者同时采用。

8.1.3 较大及以上隐患的处置应事先编制方案，必要时进行专家评审。

8.2 隐患处置的措施

8.2.1 隐患的处置措施分为加强管理、风险防控与专项整治类，对不同类型的隐患应选取合理、适用的处置方法。

8.2.2 对于各级隐患，推荐的处置措施参见附录D。

8.2.3 对于处置后的隐患可采用风险评估方法进行再评估，核实风险是否降低到可接受范围。

8.3 隐患处置的验收

8.3.1 隐患处置的验收应按照相关法规、标准和方案要求进行验收。

8.3.2 隐患处置的验收，必须确保风险降低到可接受范围之内。

8.3.3 隐患的处置、验收过程应留有文字或影像记录。

8.3.4 隐患处置验收完成后，应及时将处置的全过程信息数据整理归档。已建立数字化管道管理系统的使用单位应纳入管理系统中。

8.3.5 信息归档涉及信息描述规则、编码规则、分类及其维护管理等方面的内容，参照国家安全生产监督管理总局办公厅〔2014〕97号《安全生产监督管理信息隐患排查治理数据规范(修订)》执行。

8.3.6 对处置后的隐患应进行后期跟踪，形成闭环管理。

附 录 A
(规范性附录)
隐患分类辨识方法

油气管道隐患排查过程中的分类辨识方法如表 A.1 所示。

表 A.1 隐患分类辨识方法

一级序号	隐患类别	二级序号	隐患种类	隐患辨识判定原则
1	占压	1.1	建(构)筑物占压	埋地油气管道中心线两侧各 5 m 地域范围内与房屋、温室(有地基的)、存在施工活动的水塘、沟渠及其他建(构)筑物的主建筑结构或实体围墙等附属设施整体或部分交叠
		1.2	大型物料或设备堆压	埋地油气管道中心线两侧各 5 m 地域范围内堆放大型物料或放置设备,以及在地面管道线路、架空管道线路和管桥上放置重物
		1.3	深根植被占压	埋地油气管道中心线两侧各 5 m 地域范围内种植乔木、灌木、藤类、芦苇、竹子或其他根系深达管道埋设部位或损坏防腐层的植物
2	间距不足	2.1	与人口密集区间距不足	1) 输气管道及附属设施与周边人口经常性聚集滞留的区域场所之间的距离小于输气管道潜在影响半径或不满足其他相关技术规范的强制性要求[a]; 2) 埋地输油管道与周边等人口经常性聚集滞留的区域场所之间的距离小于 20 m
		2.2	与建(构)筑物间距不足	1) 输气管道及附属设施与周边民用、商用建构筑物之间的距离小于输气管道潜在影响半径或不满足其他相关技术规范的强制性要求[a]; 2) 埋地输油管道与民房建筑的距离小于 15 m,或与机场、码头、工厂等公共建筑的距离小于 20 m;地上输油管道与民房的距离小于 30 m,或与机场、码头、工厂等公共建筑的距离小于 40 m
		2.3	与易燃易爆场所间距不足	1) 输气管道与易燃易爆物品仓库、军工场所和设施的距离小于 200 m; 2) 输油管道与易燃易爆物品仓库、军工场所和设施的距离小于 50 m
		2.4	特殊作业间距不足	在油气管道中心线两侧各 50 m 地域范围内进行挖掘等建筑工程施工,或在油气管道中心线两侧各 200m 地域范围内进行爆破、工程钻探及采矿

表 A.1(续)

一级序号	隐患类别	二级序号	隐患种类	隐患辨识判定原则
3	不满足标准规范要求的交叉、并行(含穿跨越)	3.1	与管线交叉、并行	1) 输油管道与其他用途管道交叉或并行敷设时距离小于 0.5 m,与电力电缆、通信光(电)缆交叉或并行敷设时距离小于 0.3 m; 2) 输气管道与其他用途管道交叉或并行敷设时距离小于 0.3 m,与电力电缆、通信光(电)缆交叉或并行敷设时距离小于 0.5 m; 3) 油气管道与高压交流输电线路杆(塔)基脚的距离小于杆(塔)高,或与交流输电系统接地装置的距离不满足相关设计规范要求导致管道阴极保护有效性不足; 4) 油气管道直接与城镇雨(污)水、热力、电力、通信等管涵或密闭空间交叉,且未采取有效保护措施
		3.2	与铁路交叉、并行	1) 油气管道与铁路平行敷设时与铁路用地边界距离小于 3 m,或埋地管道距铁路轨道中心线距离小于 25 m,或地上管道与铁路轨道中心线距离小于 50 m; 2) 管道与铁路交叉角度小于 30°,或采用顶进套管、顶进防护涵穿越铁路时交叉角度小于 45°; 3) 管道采用顶进套管穿越铁路路基时,套管顶部外缘距自然地面垂直距离小于 2 m; 4) 管道采用定向钻穿越铁路路基时,出入土位置与铁路用地边界距离小于 5 m,或路肩处管顶距自然地面的距离小于 10 m;管道外缘距铁路桥梁基础外缘的距离小于 5 m,或最小埋深小于 5 m
		3.3	与公路交叉、并行	1) 输油管道与高速公路、一级公路、二级公路平行敷设时,与公路用地边界距离小于 10 m,或与三级及以下公路用地边界距离小于 5 m; 2) 输气管道与公路并行敷设时,与公路用地边界距离小于 3 m; 3) 管道与公路交叉夹角小于 45°; 4) 管道(或套管)顶面距公路路面小于 1 m,或距公路边沟底面小于 0.5 m; 5) 管道从公路桥梁自然地面以下空间穿越时,符合以下条件之一的: ● 管道与桥墩(台)水平净距小于 5 m,或交角小于 30°; ● 管顶与桥下自然地面间距小于 1 m; ● 管顶上方未铺设钢筋混凝土盖板,或铺设盖板宽度小于管径、长度小于公路用地范围宽度以外 3 m
		3.4	与河流、水源地交叉、并行	1) 管道穿越岸坡不稳定地段未做护岸、护坡等整治加固工程; 2) 管道开挖穿越河流埋设时交角小于 60°,或管道中心线与桥梁边缘间距小于 50 m; 3) 管道水平定向钻穿越河流时交角小于 30°,或管道中心线与桥梁墩台冲刷坑外边缘小于 10 m; 4) 管道通过易受水流冲刷的河岸时护岸宽度小于 5 m 或护岸顶高出设计洪水位不足 0.5 m

表 A.1(续)

一级序号	隐患类别	二级序号	隐患种类	隐患辨识判定原则
4	地质灾害	4.1	滑坡、泥石流、塌陷、冻土影响	管道中心线两侧各 200 m 地域范围内存在滑坡、泥石流、地面塌陷等影响范围较大的灾害地质体,且依据 SY/T 6828 的定性评价法或半定量评价法评为中级及以上风险等级的单体管道
		4.2	崩塌、水毁、黄土失陷影响	管道中心线两侧各 200 m 地域范围内存在崩塌、水毁、黄土失陷等影响范围较小的灾害地质体,且依据 SY/T 6828 的定性评价法或半定量评价法评为中级及以上风险等级的单体管道
		4.3	地震影响	管道位于地震带影响区域,且不满足 GB 50470 相关设计要求
5	管道本体及附属设施缺陷	5.1	管体缺陷超标	管道本体或附属设施存在缺陷经相关标准规范评定为不合格或应维修的
		5.2	埋深不足	1) 输油管道管顶覆土层厚度小于 0.8 m; 2) 输气管道符合以下条件之一的: ● 旱地土壤一级地区管顶覆土厚度小于 0.6 m,或二、三、四级地区管顶覆土厚度小于 0.8 m; ● 水田地土壤管顶覆土厚度小于 0.8 m; ● 岩石地带管顶覆土厚度小于 0.5 m
		5.3	腐蚀防护系统有效性不足	1) 依据 GB/T 19285 对管道外防腐层状况、阴极保护有效性、腐蚀环境、排流保护效果检测结果进行模糊综合评价腐蚀防护系统等级为 3、4 级; 2) 由相关专业机构认可的其他可行方法评价腐蚀防护系统存在缺陷且不能满足设计要求

[a] 天然气管道潜在影响半径 r 计算方法为:$r=0.099D\sqrt{P_{max}}$。其中,r 单位为米(m);D 为管道外径,单位为毫米(mm);P_{max} 为管道最大允许工作压力,单位为兆帕(MPa)。

附 录 B
(规范性附录)
隐患一级评估方法

油气管道隐患一级评估采用的判据见表 B.1。

表 B.1 隐患一级评估判据

一级编号	一级类型	二级编号	二级类型	一般隐患	较大及以上隐患
1	占压	1.1	建(构)筑物占压	同时满足以下条件的: 1) 无人员经常滞留的建(构)筑物占压管道; 2) 管道及其附属设施可实施检测,管道本体安全状况满足规范要求,且管道警示、防护设施有效	除一般隐患以外的
		1.2	大型物料或设备堆压	同时满足以下条件的: 1) 可移除且非易燃易爆物品; 2) 管道及其附属设施可实施检测,管道本体安全状况满足规范要求,且管道警示、防护设施有效	除一般隐患以外的
		1.3	深根植被占压	深根植物占压管道视为一般隐患	—
2	间距不足	2.1	与人口密集区间距不足	同时满足以下条件的: 1) 存在 10 人以下经常滞留的场所与管道间距不足; 2) 管道及其附属设施可实施检测,管道本体安全状况满足规范要求,且管道警示、防护设施有效	除一般隐患以外的
		2.2	与建(构)筑物间距不足		
		2.3	与易燃易爆场所间距不足	—	易燃易爆场所与管道安全距离不足均视为较大及以上隐患
		2.4	特殊作业间距不足	管道使用单位有效实施监管,并设有防护措施的	除一般隐患以外的

表 B.1（续）

一级编号	一级类型	二级编号	二级类型	一般隐患	较大及以上隐患
3	不满足标准规范要求的交叉、并行(含穿跨越)	3.1	与管线交叉、并行	同时满足以下条件的： 1） 与线缆交叉净距小于 0.5 m； 2） 管道及其附属设施可实施检测，管道本体安全状况满足规范要求，且管道警示、防护设施有效	除一般隐患以外的
		3.2	与铁路、公路交叉、并行	同时满足以下条件的： 1） 管道与二级及以下等级的公路并行且安全距离不足，或与国铁Ⅲ级及以下铁路并行且安全距离不足，或管道受交直流干扰且未采取排流措施及措施未达标的； 2） 管道及其附属设施可实施检测，管道本体安全状况满足规范要求，且管道警示、防护设施有效	除一般隐患以外的
		3.3	与河流、水源地交叉、并行	同时满足以下条件的： 1） 埋深不符合设计要求，各种支护、水工保护破损，架空段腐蚀严重的； 2） 管道及其附属设施可实施检测，管道本体安全状况满足规范要求，且管道警示、防护设施有效	除一般隐患以外的
4	地质灾害	4.1	滑坡、泥石流、塌陷、冻土影响	—	地质灾害均视为较大及以上隐患
		4.2	崩塌、水毁、黄土失陷影响		
		4.3	地震影响		
5	管道本体及附属设施缺陷	5.1	管体缺陷超标	—	管体缺陷均视为较大及以上隐患
		5.2	埋深不足	埋地油气管道管顶覆土厚度大于 0.5 m 的	除一般隐患以外的
		5.3	腐蚀防护系统有效性不足	依据 GB/T 19285 对管道外防腐层状况、阴极保护有效性、腐蚀环境、排流保护效果检测结果进行模糊综合评价腐蚀防护系统等级为 3 级的	除一般隐患以外的

附 录 C
(规范性附录)
隐患二级评估方法

C.1 失效可能性分析

C.1.1 油气管道失效可能性以失效概率表征,失效概率 F 计算方法如式(C.1)、式(C.2)所示。

$$PoF = aff \times F_M \times F_D \quad \cdots\cdots (C.1)$$

$$F_D = F_C \times V_C + F_L \times V_L + F_V \times V_V + F_P \times V_P + F_F \times V_F \quad \cdots\cdots (C.2)$$

式中:

PoF ——管道失效概率,单位为次每公里年[次/(km·a)];

aff ——油气管道平均失效概率,单位为次每公里年[次/(km·a)];

F_M ——管理措施修正因子;

F_D ——损伤修正因子;

F_C ——腐蚀环境修正因子;

V_C ——腐蚀环境修正因子的权重;

F_L ——管道本体缺陷修正因子;

V_L ——管道本体缺陷修正因子的权重;

F_V ——第三方破坏修正因子;

V_V ——第三方破坏修正因子的权重;

F_P ——制管与施工修正因子;

V_P ——制管与施工修正因子的权重;

F_F ——疲劳修正因子;

V_F ——疲劳修正因子的权重。

式(C.2)中各修正因子权重值 V_C、V_L、V_V、V_P、V_F 宜根据管道运营企业实际情况选取,但应满足$V_C+V_L+V_V+V_P+V_F=1$,情况未知时可均取 0.2。

C.1.2 油气输送管道平均失效概率优先选择运营单位统计的历史失效数据。无法依据相关历史数据确定时可参考表 C.1 选取,并应依据国内长输油气管道的实际失效统计情况作适当修正。

表 C.1 油气管道平均失效概率

管道类别	管道特征/mm	平均失效概率 aff/[次/(km·a)]
输油管道	管道公称直径≤200	1.0×10^{-3}
	200<管道公称直径≤350	8.0×10^{-4}
	350<管道公称直径≤550	1.2×10^{-4}
	550<管道公称直径≤700	2.5×10^{-4}
	管道公称直径>700	2.5×10^{-4}
输气管道	管道公称壁厚≤5	4.0×10^{-4}
	5<管道公称壁厚≤10	1.7×10^{-4}
	10<管道公称壁厚≤15	8.1×10^{-5}
	管道公称壁厚>15	4.1×10^{-5}
注:以上数据来源于国际油气生产企业联合会(OGP)。		

C.1.3 油气管道隐患失效概率的修正因子

C.1.3.1 修正因子分类

油气管道隐患失效概率的修正因子如表 C.2 所示。

表 C.2 管道隐患失效概率修正因子

<table>
<tr><th colspan="2">修正因子</th><th colspan="2">子因子</th></tr>
<tr><td colspan="2" rowspan="6">管理措施修正因子 F_{M}</td><td colspan="2">埋深因子 F_{MB}</td></tr>
<tr><td colspan="2">地区等级因子 F_{MC}</td></tr>
<tr><td colspan="2">公众教育因子 F_{ME}</td></tr>
<tr><td colspan="2">地面标识因子 F_{MS}</td></tr>
<tr><td colspan="2">巡线频率因子 F_{MP}</td></tr>
<tr><td colspan="2">监测预警因子 F_{MM}</td></tr>
<tr><td rowspan="17">损伤修正因子 F_{D}</td><td rowspan="9">腐蚀环境修正因子 F_{C}</td><td rowspan="4">外腐蚀因子 F_{E}</td><td>土壤腐蚀性因子 F_{ES}</td></tr>
<tr><td>外防腐层整体状况因子 F_{ER}</td></tr>
<tr><td>阴极保护有效性因子 F_{EC}</td></tr>
<tr><td>杂散电流干扰因子 F_{EI}</td></tr>
<tr><td rowspan="2">内腐蚀因子 F_{I}</td><td>介质腐蚀性因子 F_{IC}</td></tr>
<tr><td>内腐蚀防护有效性因子 F_{IP}</td></tr>
<tr><td rowspan="3">应力腐蚀因子 F_{S}</td><td>土壤腐蚀性因子 F_{ES}</td></tr>
<tr><td>介质腐蚀性因子 F_{IC}</td></tr>
<tr><td>应力水平因子 F_{SC}</td></tr>
<tr><td>本体缺陷修正因子 F_{L}</td><td colspan="2">—</td></tr>
<tr><td rowspan="4">第三方破坏修正因子 F_{V}</td><td colspan="2">打孔偷盗易发性因子 F_{VS}</td></tr>
<tr><td colspan="2">违章占压因子 F_{VO}</td></tr>
<tr><td colspan="2">恐怖活动因子 F_{VT}</td></tr>
<tr><td colspan="2">破坏防范措施有效性因子 F_{VP}</td></tr>
<tr><td rowspan="2">制管与施工修正因子 F_{P}</td><td colspan="2">制管质量因子 F_{PM}</td></tr>
<tr><td colspan="2">施工质量因子 F_{PW}</td></tr>
<tr><td>疲劳修正因子 F_{F}</td><td colspan="2">—</td></tr>
</table>

C.1.3.2 管理措施修正因子

管理措施影响因素包括管道埋深、地区等级、公众教育、地面标识、巡线频率、监测预警措施。管理措施修正因子计算见式(C.3),各因子取值见表 C.3～表 C.8。

$$F_{M}=10^{\left[1-\frac{(F_{MB}+F_{MC}+F_{ME}+F_{MS}+F_{MP}+F_{MM})}{300}\right]} \quad \cdots\cdots(C.3)$$

表 C.3　埋深因子取值

最小埋深/m	F_{MB}
＞1.6	100
(1.2～1.6]	75
(0.8～1.2]	50
(0.4～0.8]	25
≤0.4	0

表 C.4　地区等级因子取值

地区等级	F_{MC}
一级地区	100
二级地区	60
三级地区	40
四级地区	0

表 C.5　公众教育因子取值

公众教育	F_{ME}
无公众教育	0
工程第三方告知	50
居民社区管道保护宣传	50
政府部门沟通	50
完成 2～4 项中的 2 项	75
完成 2～4 项中的 3 项	100

表 C.6　地面标识因子取值

地面标识	F_{MS}
地面标识完好率＞90％	100
地面标识完好率(70％,90％]	60
地面标识完好率(50％,70％]	40
地面标识完好率≤50％	0

表 C.7　巡线频率因子取值

巡线频率	F_{MP}
每日巡线	100
每周 3 次～6 次	80
每周 2 次	60
每周 1 次	40
每月 1 次～3 次	20
少于每月 1 次	0

表 C.8　监测预警因子取值

监测预警系统	F_{MM}
全线配备监测预警系统	100
监测预警系统覆盖率不足 100%	50
未配备监测预警系统	0

C.1.3.3　腐蚀环境修正因子

腐蚀环境包括外腐蚀、内腐蚀与应力腐蚀 3 类。腐蚀环境修正因子计算见式(C.4)。

$$F_C = F_E + F_I + F_S \qquad \cdots\cdots(C.4)$$

a)　外腐蚀影响因素包括土壤腐蚀性、外防腐层整体状况、阴极保护有效性、杂散电流干扰。外腐蚀因子计算见式(C.5),各因子取值见表 C.9～表 C.12。

$$F_E = F_{ES} \cdot F_{ER} \cdot F_{EC} \cdot F_{EI} \qquad \cdots\cdots(C.5)$$

表 C.9　土壤腐蚀性因子取值

土壤腐蚀性	F_{ES}
弱(1)	1.0
较弱(2)	1.2
中(3)	1.6
强(4)	2.0

表 C.10　外防腐层整体状况因子取值

外防腐层整体状况评级	F_{ER}
优(1)	0.5
良(2)	0.8
中(3)	1.0
差(4)	2.0
注：外防腐层整体状况评级根据 GB/T 19285 确定。	

表 C.11　阴极保护有效性因子取值

阴极保护有效性	F_{EC}
全段正常保护	0.1
20%以上欠保护或过保护	0.2
40%以上欠保护或过保护	0.3
60%以上欠保护或过保护	0.5

表 C.12　杂散电流干扰因子取值

干扰程度	交流电流密度/(A/m²)	直流管地电位正向偏移/(mV)	F_{EI}
弱	≤30	≤20	1.0
中	(30，100]	(20，200]	1.5
强	>100	>200	2.0
注:杂散电流干扰程度根据交流干扰和直流干扰两者中程度较强者确定。			

b)　内腐蚀影响因素包括介质腐蚀性、内腐蚀防护有效性。内腐蚀因子计算见式(C.6),各因子取值见表 C.13～表 C.14。

$$F_{I}=F_{IC}\cdot F_{IP} \qquad \text{(C.6)}$$

表 C.13　介质腐蚀性因子取值

介质腐蚀性	腐蚀增长速率/(mm/年)	F_{IC}
低	≤0.1	0.5
中	(0.1，0.5]	1.0
高	>0.5	2.0

表 C.14　内腐蚀防护有效性因子取值

内涂层、定期清管、缓蚀剂	F_{IP}
三者均有	0.2
三者有其二	0.4
三者有其一	0.6
三者均无	1.0

c)　应力腐蚀影响因素包括土壤腐蚀性、介质腐蚀性和应力水平。应力腐蚀因子计算见式(C.7)。土壤腐蚀性因子、介质腐蚀性因子和应力水平因子取值分别见表 C.9、表 C.13 和表 C.15。

$$F_{S}=F_{ES}\cdot F_{IC}\cdot F_{SC} \qquad \text{(C.7)}$$

表 C.15　应力水平因子取值

应力比	F_{SC}
<0.5	0.1
[0.5～0.6]	0.5
>0.6	1.0

表 C.15 中,应力比计算见式(C.8)。

$$L_r = PD/2t\sigma_s \quad \cdots\cdots\cdots\cdots (C.8)$$

式中:

L_r ——应力比;

P ——管道运行压力,单位为兆帕(MPa);

D ——管道外径,单位为毫米(mm);

t ——名义壁厚,单位为毫米(mm);

σ_s ——管道最小屈服强度,单位为兆帕(MPa)。

C.1.3.4　本体缺陷修正因子

油气输送管道的本体缺陷修正因子主要考虑管道存在超标缺陷:

a)　管道本体不存在超标缺陷时,取 $F_L=0$;

b)　管道本体存在超标缺陷时,根据下述条件对超标缺陷修正系数取值:

——超标缺陷在定期检验规程允许范围内,或合于使用评价合格且安全系数大于 2 时,取 $F_L=0$;

——对超标缺陷进行合于使用评价合格且安全系数小于 2 时,取 $F_L=2$;

——对超标缺陷进行合于使用评价不合格时,取 $F_L=10$;

——当管道无法检验时,取 $F_L=10$。

C.1.3.5　第三方破坏修正因子

第三方破坏影响因素包括打孔偷盗易发性、违章占压、恐怖活动、破坏防范措施有效性。第三方破坏修正因子计算见式(C.9),各因子取值见表 C.16～表 C.19。

$$F_V=(F_{VS}+F_{VO}+F_{VT}+1)\cdot F_{VP} \quad \cdots\cdots\cdots\cdots (C.9)$$

表 C.16　打孔偷盗易发性因子取值

打孔盗油(气)可能性	F_{VS}
打孔偷盗高发区,存在打孔盗油(气)记录	3.0
具备打孔偷盗客观条件,但无打孔盗油(气)记录	1.0
不具备打孔盗油(气)的客观条件	0

表 C.17 违章占压因子取值

管道用地违章占压	F_{VO}
存在占压,并导致管道检测维护无法实施	3.0
存在占压,对管道检测维护造成一定影响	1.0
存在占压,但不影响管道检测维护	0.2
无违章占压	0

表 C.18 恐怖活动因子取值

恐 怖 活 动	F_{VT}
存在恐怖极端势力,且发生过恐怖活动	3.0
存在恐怖极端势力,但未发生过恐怖活动	1.0
不存在恐怖势力,未发生过恐怖活动	0

表 C.19 破坏防范措施有效性因子取值

防 范 措 施	F_{VP}
监测管道泄漏与压降,并可快速定位	0.1
监测、防范措施有效性不足	0.5
无监测、防范措施	1.0

C.1.3.6 制管与施工修正因子

制管与施工影响因素包括制管质量和施工质量。制管与施工修正因子计算见式(C.10),各因子取值见表 C.20～表 C.21。查无制管和施工记录时,也可根据管道安装年限对 F_P 取值,见表 C.22。

$$F_P = F_{PM} \cdot F_{PW} \qquad \cdots\cdots\cdots\cdots (C.10)$$

表 C.20 制管质量因子取值

制 管 质 量	F_{PM}
制管工艺先进(2000 年之后生产流水线和工艺),有详细制管记录	0.5
制管工艺粗糙(2000 年之前生产设施),制管记录不完善	1.0
制管工艺粗糙(2000 年之前生产设施),无制管记录	2.5

表 C.21 施工质量因子取值

施工质量	焊接质量评定	F_{PW}
优	Ⅰ、Ⅱ级占比 100%	0.4
中	80%≤Ⅰ、Ⅱ级占比<100%	1.0
差	Ⅰ、Ⅱ级占比<80%	4.0
注:焊接质量评定以超声检测、射线检测占比低者为准。		

表 C.22 制管与施工修正因子取值

制管与施工质量	生产安装年限	F_P
优	2000 年 1 月及以后安装	0.2
中	1990 年 1 月至 1999 年 12 月间安装	1.0
差	1989 年 12 月及以前安装	10.0

C.1.3.7 疲劳修正因子

疲劳影响因素包括启停输操作、道路车辆载荷、温差载荷及其他形式载荷作用。疲劳修正因子取值见表 C.23。

表 C.23 疲劳修正因子取值

疲劳因素	F_F
不存在任何可能对管道造成破坏的循环载荷	0.1
频繁启停输,存在较大载荷变化	2.5
穿越等级公路,且无套管或管涵保护	2.5
受温差引发的载荷作用,管体明显变形	2.5
存在其他形式的循环载荷作用,特定部位存在严重的疲劳隐患	2.5
以上情况存在 2 种	5.0
以上情况存在 3 种~4 种	10.0

C.2 失效后果分析

C.2.1 失效后果定量计算流程

管道失效后果的定量计算是根据失效情景建立数学模型,分析管道失效后发生的灾害类型和影响范围,估算其造成的损失情况。失效后果定量计算模型应考虑输送介质的物理化学特性、泄漏速率、点燃概率、灾害种类等因素。

管道失效后果定量计算包括介质泄漏后泄漏速率和泄漏量计算、泄漏后介质的扩散计算,扩散介质引发的火灾爆炸计算以及人员伤亡等,计算流程如图 C.1 所示。

C.2.2 泄漏速率和泄漏量的计算

C.2.2.1 泄漏孔径

根据泄漏孔径 d_n 可分为小孔、中孔、大孔和完全破裂四种情景,见表 C.24,不同孔径的泄漏概率按照表 C.24 中占比计算。

表 C.24 管道泄漏孔径与概率选取

序号	泄漏情景	泄漏孔直径范围/mm	采用泄漏孔直径 d_n/mm	泄漏概率占比 F_L/%	
				液体管道	气体管道
1	小孔	(0,20]	$d_1=5$	23	50
2	中孔	(20,80]	$d_2=25$	33	18
3	大孔	(80,150]	$d_3=150$	15	18
4	断裂	>150	$d_4=\min(D,400)$	29	14

C.2.2.2 泄漏速率

液相泄露速率和气相泄漏速率应分别按下列方法计算:

a) 液相泄漏速率计算方法如式(C.11)所示。

$$W_n = AC_o\sqrt{2\rho(P_s - P_o)} \quad\cdots\cdots(C.11)$$

式中:

W_n ——第 n 种泄漏情景对应的泄漏速率,单位为千克每秒(kg/s);

A ——泄漏孔面积,单位为平方米(m^2);

C_o ——液相泄漏系数,湍流介质通过锋利孔取值范围为[0.6,1.0],保守取值为 0.61;

ρ ——介质密度,单位为千克每立方米(kg/m^3);

P_s ——运行压力,单位为兆帕(MPa);

P_o ——环境压力,单位为兆帕(MPa)。

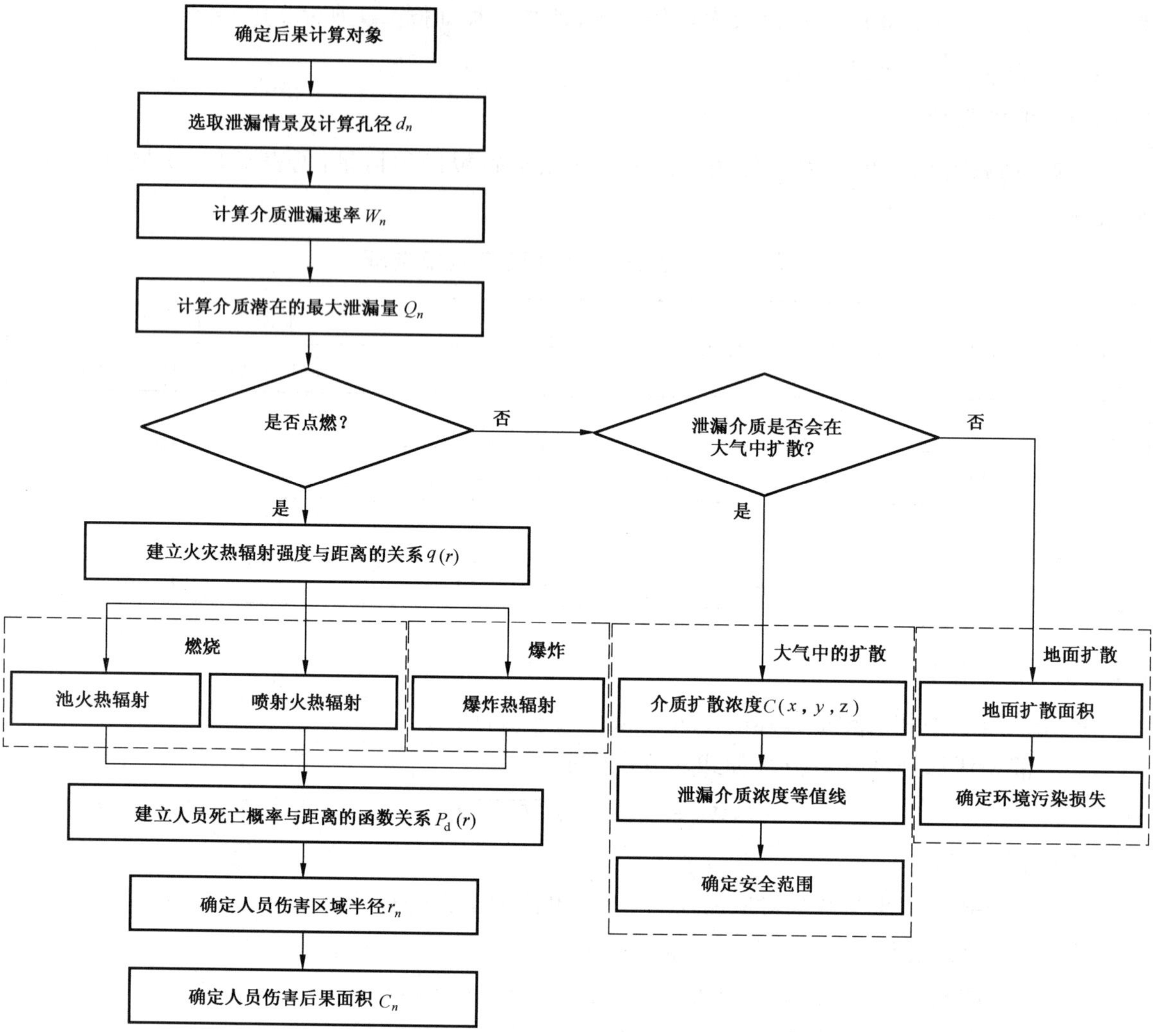

图 C.1 失效后果计算流程

b) 气相泄漏速率计算方法如式(C.13)、式(C.14)所示。

按式(C.12)计算转换压力 P_{trans}。

$$P_{\text{trans}} = P_{\text{atm}} \left(\frac{k+1}{2}\right)^{\frac{k}{k-1}} \quad \cdots\cdots\cdots\cdots (\text{C.12})$$

式中：

P_{atm}——标准大气压，单位为兆帕(MPa)；

k ——理想气体比热容。

当运行压力大于转换压力时，泄漏速率计算方法如式(C.13)所示。

$$W_n = AC_{\text{d}}P_{\text{s}}\sqrt{\frac{Mk}{RT} \cdot \left(\frac{2}{k+1}\right)^{\frac{k+1}{k-1}}} \quad \cdots\cdots\cdots\cdots (\text{C.13})$$

式中：

W_n ——第 n 种泄漏情景对应的泄漏速率，单位为千克每秒(kg/s)；

A ——泄漏孔面积，单位为平方米(m^2)；

C_d ——气相泄漏系数，湍流介质通过锋利孔取值范围为[0.85,1.0]，推荐取值为 0.9；

P_s ——运行压力，单位为兆帕(MPa)；

M ——摩尔质量，单位为克每摩尔(g/mol)；

k ——理想气体比热容；

R ——气体常数，8.314 J/(mol·K)；

T ——操作温度，单位为开尔文(K)。

当运行压力小于或等于转换压力时，泄漏速率计算方法如式(C.14)所示。

$$W_n = YAC_d P_s \sqrt{\frac{Mk}{RT} \cdot \left(\frac{2}{k+1}\right)^{\frac{k+1}{k-1}}} \quad \cdots\cdots(C.14)$$

式中：

W_n ——第 n 种泄漏情景对应的泄漏速率，单位为千克每秒(kg/s)；

A ——泄漏孔面积，单位为平方米(m^2)；

C_d ——气相泄漏系数，湍流介质通过锋利孔取值范围为[0.85,1.0]，推荐取值为 0.9；

P_s ——运行压力，单位为兆帕(MPa)；

M ——摩尔质量，单位为克每摩尔(g/mol)；

k ——理想气体比热容；

R ——气体常数，8.314 J/(mol·K)；

T ——操作温度，单位为开尔文(K)；

Y ——流出系数。

流出系数按式(C.15)计算：

$$Y = \left(\frac{P_0}{P_s}\right)^{\frac{1}{k}} \cdot \left[1 - \left(\frac{P_0}{P_s}\right)^{\frac{k-1}{k}}\right]^{\frac{1}{2}} \cdot \left[\left(\frac{2}{k-1}\right)\left(\frac{k+1}{2}\right)^{\frac{(k+1)}{(k-1)}}\right]^{\frac{1}{2}} \quad \cdots\cdots(C.15)$$

式中：

P_s ——运行压力，单位为兆帕(MPa)；

P_0 ——环境压力，单位为兆帕(MPa)；

k ——理想气体比热容。

C.2.2.3 潜在的最大介质泄漏量

管道潜在的最大介质泄漏量按式(C.16)计算。

$$Q_n = Q_s + Q_{add} \quad \cdots\cdots(C.16)$$

式中：

Q_n ——第 n 种泄漏情景对应的最大介质泄漏量，单位为千克(kg)；

Q_s ——泄漏位置所在管段(两截断阀间)的介质存量，单位为千克(kg)；

Q_{add} ——截断阀关断时间内的介质补充量，单位为千克(kg)。

管段内介质存量 Q_s 不能确定时可按管容计算，截断阀关断时间不能确定时推荐按 3 min 计算。

C.2.2.4 泄漏类型的确定

泄漏类型分为连续泄漏和瞬时泄漏。当泄漏孔直径 d_n 不大于 6 mm 的确定为连续泄漏；泄漏孔直径 d_n 大于 6 mm 时，须按式(C.17)计算介质泄漏量 Q_n 等于 4 500 kg 时消耗的时间 t_n。

$$t_n = Q_n / W_n \qquad \cdots\cdots\text{(C.17)}$$

若 $t_n > 180$ s，则确定为连续泄漏；若 $t_n \leqslant 180$ s，则确定为瞬时泄漏。

C.2.3 扩散计算

气体或易挥发性液体发生连续泄漏时，扩散浓度按式(C.18)计算。

$$C(x,y,z) = \frac{2W_n}{\pi\sigma_y\sigma_z u}\exp\left[-\frac{y^2}{2\sigma_y^2}-\frac{z^2}{2\sigma_z^2}\right] \qquad \cdots\cdots\text{(C.18)}$$

式中：

$C(x,y,z)$——连续排放时，形成稳定流场后，地面给定地点(x，y，z)的扩散浓度，单位为千克每立方米(kg/m³)；

W_n ——第 n 种泄漏情景对应的泄漏速率，单位为千克每秒(kg/s)；

u ——风速，单位为米每秒(m/s)；

σ_y，σ_z ——侧风向和垂直风向的扩散系数(见表 C.25)，单位为米(m)；

y ——侧风向距离，单位为米(m)；

z ——垂直风向距离，单位为米(m)。

表 C.25 烟羽模型扩散系数

稳定度等级	σ_y/m	σ_z/m
乡村条件 A	$0.22x(1+0.000\,1x)^{-1/2}$	$0.20x$
乡村条件 B	$0.16x(1+0.000\,1x)^{-1/2}$	$0.12x$
乡村条件 C	$0.11x(1+0.000\,1x)^{-1/2}$	$0.08x(1+0.000\,2x)^{-1/2}$
乡村条件 D	$0.08x(1+0.000\,1x)^{-1/2}$	$0.06x(1+0.001\,5x)^{-1/2}$
乡村条件 E	$0.06x(1+0.000\,1x)^{-1/2}$	$0.03x(1+0.000\,3x)^{-1}$
乡村条件 F	$0.04x(1+0.000\,1x)^{-1/2}$	$0.016x(1+0.000\,3x)^{-1}$
城镇条件 A～B	$0.32x(1+0.000\,4x)^{-1/2}$	$0.24x(1+0.000\,1x)^{-1/2}$
城镇条件 C	$0.22x(1+0.000\,4x)^{-1/2}$	$0.20x$
城镇条件 D	$0.16x(1+0.000\,4x)^{-1/2}$	$0.14x(1+0.000\,3x)^{-1/2}$
城镇条件 E～F	$0.11x(1+0.000\,4x)^{-1/2}$	$0.08x(1+0.001\,5x)^{-1/2}$

其中，大气稳定度采用 Pasquill 分类方法确定，见表 C.26。

表 C.26　Pasquill 大气稳定度确定

地面风速/(m/s)	白天日照			夜间条件	
	强	中	弱	云量 4/8	云量 3/8
<2	A	A~B	B	E	F
[2,3)	A~B	B	C	E	F
[3,4)	B	B~C	C	D	E
[4,6)	C	C~D	D	D	D
≥6	C	D	D	D	D

气体或易挥发性液体发生瞬时泄漏时，扩散浓度按式(C.19)计算。

$$C(x,y,z,t)=\frac{Q_n}{\sqrt{2}\pi^{3/2}\sigma_x\sigma_y\sigma_z u}\exp\left[-\frac{(x-ut)^2}{2\sigma_x^2}-\frac{y^2}{2\sigma_y^2}-\frac{z^2}{2\sigma_z^2}\right] \qquad \cdots\cdots(\text{C.19})$$

$C(x,y,z,t)$——瞬时排放时，给定地点和时间的扩散浓度，单位为千克每立方米(kg/m^3)；

Q_n——第 n 种泄漏情景对应的最大介质泄漏量，单位为千克(kg)；

u——风速，单位为米每秒(m/s)；

σ_x——下风向的扩散系数，见表 C.27，单位为米(m)；

σ_y——侧风向的扩散系数，见表 C.27，单位为米(m)；

σ_z——垂直风向的扩散系数，见表 C.27，单位为米(m)；

x——下风向距离，单位为米(m)；

y——侧风向距离，单位为米(m)；

z——垂直风向距离，单位为米(m)。

表 C.27　烟团模型扩散系数

稳定度等级	σ_x/m 或 σ_y/m	σ_z/m	稳定度等级	σ_x/m 或 σ_y/m	σ_z/m
A	$0.18x^{0.92}$	$0.60x^{0.75}$	D	$0.06x^{0.92}$	$0.15x^{0.70}$
B	$0.14x^{0.92}$	$0.53x^{0.73}$	E	$0.04x^{0.92}$	$0.10x^{0.65}$
C	$0.10x^{0.92}$	$0.34x^{0.71}$	F	$0.02x^{0.89}$	$0.05x^{0.61}$

C.2.4　火灾爆炸热辐射通量计算

管道火灾爆炸中需要计算热辐射通量的情况包括池火、火球和喷射火，并应按下列方法计算：

a)　池火

最大液池面积 S 应根据实际地形条件确定，地形不确定时则按式(C.20)计算。

$$S=Q/(H_{\min}\times\rho) \qquad \cdots\cdots(\text{C.20})$$

式中：

Q——介质泄漏量，对于管道，Q 可按式(C.16)中 Q_n 进行计算，单位为千克(kg)；

H_{min} ——最小物料层厚度,见表 C.28,单位为米(m);

ρ ——介质密度,单位为千克每立方米(kg/m³)。

表 C.28 不同性质地面物料层厚度

地面性质	最小物料层厚度 H_{min}/m
草地	0.020
粗糙地面	0.025
平整地面	0.010
混凝土地面	0.005
平静的水面	0.001 8

火焰高度 L 按式(C.21)计算。

$$L = 42D \times [m_f/(\rho_0 \sqrt{gD})]^{0.61} \quad \cdots\cdots (C.21)$$

式中:

L ——火焰高度,单位为米(m);

D ——液池直径(应根据实际地形确定,地形不确定则按圆形液池计算),单位为米(m);

m_f ——燃烧速率,单位为千克每平方米秒[kg/(m²·s)];

ρ_0 ——空气密度,单位为千克每立方米(kg/m³);

g ——重力加速度,单位为米每二次方秒(m/s²)。

目标接收到的热通量 $q(r)$ 按式(C.22)计算。

$$q(r) = \frac{S\Delta H_c m_f \eta}{S + \pi DL}(1 - 0.058\ln r)V \quad \cdots\cdots (C.22)$$

式中:

$q(r)$ ——目标接收到的热通量,单位为千瓦每平方米(kW/m²);

S ——最大液池面积,单位为平方米(m²);

ΔH_c ——介质燃烧热,单位为千焦每千克(kJ/kg);

m_f ——燃烧速率,单位为千克每平方米秒[kg/(m²·s)];

η ——热辐射系数,推荐取值为 1.5;

D ——液池直径,单位为米(m);

L ——火焰高度,单位为米(m);

r ——目标到泄漏中心的水平距离,单位为米(m);

V ——视角系数。

视角系数计算见式(C.23)至式(C.31)。

$$V = \sqrt{(V_V^2 + V_H^2)} \quad \cdots\cdots (C.23)$$

$$V_H = (A - B)/\pi \quad \cdots\cdots (C.24)$$

$$A = (b - 1/s)\left\{\tan^{-1}\left[\frac{(b+1)(s-1)}{(b-1)(s+1)}\right]^{0.5}\right\} / (b^2 - 1)^{0.5} \quad \cdots\cdots (C.25)$$

$$B=(a-1/s)\left\{\tan^{-1}\left[\frac{(a+1)(s-1)}{(a-1)(s+1)}\right]^{0.5}\right\}/(a^2-1)^{0.5} \quad \cdots\cdots\cdots\cdots(\text{C.26})$$

$$V_V=\{\tan^{-1}[h/(s^2-1)^{0.5}]/s+h(J-K)/s\}/\pi \quad \cdots\cdots\cdots\cdots(\text{C.27})$$

$$J=\left[\frac{a}{(a^2-1)^{0.5}}\right]\tan^{-1}\left[\frac{(a+1)(s-1)}{(a-1)(s+1)}\right]^{0.5} \quad \cdots\cdots\cdots\cdots(\text{C.28})$$

$$K=\tan^{-1}[(s-1)/(s+1)]^{0.5} \quad \cdots\cdots\cdots\cdots(\text{C.29})$$

$$a=(h^2+s^2+1)/(2s) \quad \cdots\cdots\cdots\cdots(\text{C.30})$$

$$b=(s^2+1)/(2s) \quad \cdots\cdots\cdots\cdots(\text{C.31})$$

式中：

s ——目标到火焰垂直轴的距离与火焰半径之比；

h ——火焰高度与直径之比。

b) 火球

蒸气云爆炸形成的火球直径 R 按式(C.32)计算。

$$R=2.9Q^{1/3} \quad \cdots\cdots\cdots\cdots(\text{C.32})$$

式中：

Q——火球中消耗的可燃物质量，对于管道可燃物质量未知时，可按 Q_n 进行计算，单位为千克(kg)。

目标接收到热辐射通量 $q(r)$ 按式(C.33)计算。

$$q(r)=q_0R^2r(1-0.058\ln r)/(R^2+r^2)^{3/2} \quad \cdots\cdots\cdots\cdots(\text{C.33})$$

式中：

q_0——火球表面的热辐射通量，单位为瓦每平方米(W/m^2)；

R ——火球直径，单位为米(m)；

r ——目标到火球中心的平均距离，单位为米(m)。

c) 喷射火

1) 垂直方向喷射火：

目标接收到的热辐射通量按式(C.34)计算。

$$q(r)=2.02(P_wr_0)^{-0.09}\eta W_n\Delta H_c/4\pi r^2 \quad \cdots\cdots\cdots\cdots(\text{C.34})$$

式中：

P_w ——大气中水蒸气的分压，单位为帕(Pa)；

r_0 ——目标到火焰表面的距离，单位为米(m)；

η ——热辐射系数；

W_n ——第 n 种泄漏情景对应的泄漏速率，单位为千克每秒(kg/s)；

ΔH_c ——介质燃烧热，单位为千焦每千克(kJ/kg)；

r ——目标到火焰中心的距离，单位为米(m)。

其中，大气中水蒸气分压 P_w 按式(C.35)计算。

$$P_w=101\,325\times RH\times e^{\left(14.411\,4-\frac{5\,328}{T_a}\right)} \quad \cdots\cdots\cdots\cdots(\text{C.35})$$

式中：

P_w ——大气中水蒸气的分压，单位为帕(Pa)；

RH——相对湿度,%;

T_a——环境温度,单位为开尔文(K)。

2) 水平方向喷射火:

距离火焰点源为 X 处接收到的热辐射通量 $q(r)$ 按式(C.36)计算。

$$q(r)=\eta W_n \Delta H_c \tau/(4\,000\pi r^2) \quad\cdots\cdots(C.36)$$

式中:

η ——热辐射系数;

W_n ——第 n 种泄漏情景对应的泄漏速率,单位为千克每秒(kg/s);

ΔH_c——介质燃烧热,单位为千焦每千克(kJ/kg);

τ ——大气传输率,$\tau=1-0.056\,5\ln r$;

r ——目标到火焰中心的距离,单位为米(m)。

C.2.5 热辐射危害

火球、池火及喷射火的死亡概率值按式(C.37)计算:

$$P_r=-36.38+2.56\ln(q^{4/3}\times t) \quad\cdots\cdots(C.37)$$

式中:

P_r——热辐射暴露下的死亡概率值;

q ——热辐射强度,单位为瓦每平方米(W/m²);

t ——暴露时间,单位为秒(s),参考值取20。

死亡概率 P_d 与相应的概率值 P_r 的关系见式(C.38)、式(C.39)。

$$P_d=0.5\times\left[1+\frac{2}{\sqrt{\pi}}\int_0^x e^{-t^2}\mathrm{d}t\right] \quad\cdots\cdots(C.38)$$

$$x=\frac{P_r-5}{\sqrt{2}} \quad\cdots\cdots(C.39)$$

式中:

t——暴露时间,单位为秒(s),参考值取20。

在计算热辐射暴露死亡概率时,处于火球、池火及喷射火火场中或热辐射强度不小于37.5 kW/m² 时,人员的死亡概率为100%。

C.2.6 人员伤害后果面积的计算

假设热辐射强度为37.5 kW/m² 时的目标到火焰中心距离 r_n 为人员伤害后果区域半径,则第 n 种泄漏情景的评价人员伤害后果面积 C_n 按式(C.40)计算。

$$C_n=4\pi r_n^{\ 2} \quad\cdots\cdots(C.40)$$

按式(C.41)计算总人员伤害后果面积 C。

$$C=\frac{\sum_{n=1}^{4}F_n\times C_n}{\sum_{n=1}^{4}F_n} \quad\cdots\cdots(C.41)$$

式中,F_n 为第 n 种泄漏情景对应的平均失效概率,$F_n=PoF\times F_L$,F_L 可依表C.24确定。

C.3 风险计算

C.3.1 管道的风险受管道规格、输送介质、操作压力、管道失效概率、失效模式和灾害类型等因素的影响。

C.3.2 特定位置的风险可通过管道失效概率与失效后果的乘积计算。基于燃烧爆炸导致人员伤害的油气管道风险按式(C.42)计算。

$$R = PoF \cdot F_{\mathrm{I}} \cdot C \cdot D_{\mathrm{p}} \qquad \cdots\cdots (C.42)$$

式中：

PoF ——管道失效概率，单位为次每公里年[次/(km·a)]；

F_{I} ——点燃概率(百分比)；

C ——人员伤害后果面积，单位为平方米(m^2)；

D_{p} ——人员伤害区域内的人口密度，单位为人每平方米(人/m^2)。

C.3.3 点燃概率主要与泄漏速率和泄漏点所处的位置环境有关。典型情景下油气管道泄漏后发生点火的概率见表C.29。

表C.29 4种典型情景下泄漏速率与点燃概率之间对应值

泄漏速率 kg/s	不同情景的点燃概率			
	输油管道在工业区或城区泄漏(1)	输油管道在乡村泄漏(2)	输气管道在工业区或城区泄漏(3)	输气管道在乡村泄漏(4)
0.1	0.001 0	0.001 0	0.001 0	0.001 0
0.2	0.001 6	0.002 2	0.001 7	0.001 1
0.5	0.002 8	0.003 7	0.003 3	0.001 3
1	0.004 5	0.004 1	0.005 6	0.001 4
2	0.007 0	0.004 5	0.009 5	0.001 6
5	0.012 6	0.005 0	0.001 8	0.001 8
10	0.019 8	0.005 5	0.031 6	0.002 0
20	0.031 1	0.006 0	0.053 2	0.003 5
50	0.056 3	0.006 7	0.105 7	0.007 3
100	0.070 0	0.007 0	0.177 8	0.012 6
200	0.070 0	0.007 0	0.299 1	0.002 0
500	0.070 0	0.007 0	0.594 6	0.045 9
1 000	0.070 0	0.007 0	1.000	0.080

其中，泄漏速率 W 按式(C.43)计算。

$$W = \frac{\sum_{n=1}^{4} F_n \times W_n}{\sum_{n=1}^{4} F_n} \qquad \cdots\cdots (C.43)$$

式中：

W ——泄漏速率，单位为千克每秒(kg/s)；

F_n ——第 n 种泄漏情景对应的平均失效概率，单位为次每公里年[次/(km·a)]；

W_n——第 n 种泄漏情景对应的泄漏速率,单位为千克每秒(kg/s)。

C.4 风险可接受准则

C.4.1 个体风险可接受准则

C.4.1.1 个体风险是指在评价区域未采取任何防护措施的人员遭受特定危害而死亡的概率,以个人年度死亡率表示。特定位置个体受到管道事故影响的风险可根据管道失效概率、点燃概率和对应灾害情景造成人员死亡概率等因素计算。

C.4.1.2 管道的个体风险等值线是沿管道轴线平行分布的,个体风险受管道规格、输送介质、操作压力、管道失效概率、失效模式和灾害类型等因素的影响。

C.4.1.3 个体风险可接受准则采取最低合理可行原则(ALARP),分为三个区域,即不可接受风险区、可容忍风险区和可接受风险区,如图 C.2 所示。其中,可容忍风险区需进行成本效益分析。

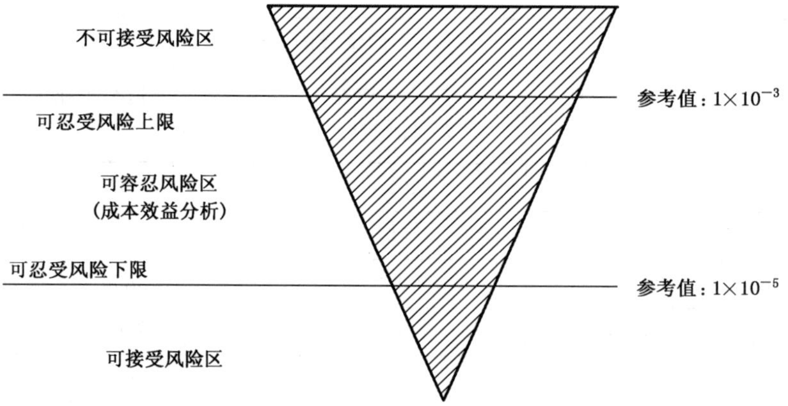

图 C.2 个体风险可接受准则

C.4.2 社会风险可接受准则

C.4.2.1 社会风险是指事故发生的可能性和灾害导致人员伤亡数量之间的关系,即导致 N 人以上死亡事故的发生概率 F,以社会风险曲线(F-N 曲线)表示。

C.4.2.2 特定管道隐患位置的社会风险受事故影响区域面积、事故影响区域中的人口分布及事故造成人员死亡概率等因素的影响。事故影响面积取决于隐患管段的长度、事故影响半径等因素。

C.4.2.3 特定管道隐患位置的社会风险可根据事故影响区域面积、事故影响区域中的人口分布及事故造成人员死亡的概率等因素计算。

附 录 D
(资料性附录)
隐患处置的方法

D.1 对于各级隐患,推荐的隐患处置方法见表 D.1。宜根据隐患类别和等级由表 D.1 中选取适用的处置措施用于降低风险,不必实施全部对应措施项。

D.2 以下项目为油气管道应满足的基本管理措施,不作为隐患处置措施:

a) 管道保护宣传和公众教育;

b) 管道警示标识的设置与维护;

c) 管道巡检看护管理制度的建立、执行与考核;

d) 管道的定期检验;

e) 安全预案的制定与演练。

表 D.1 隐患处置方法

一级序号	隐患类别	二级序号	隐患种类	一般隐患处置措施	较大隐患处置措施	重大隐患处置措施
1	占压	1.1	建(构)筑物占压	A1、A2、A3、A5、A6、A7、B3	A1、A2、A3、A5、A6、A7、B3、B9、C4	A1、A2、A3、A5、A6、A7、B3、C4 或 C5、C3*
		1.2	大型物料或设备堆压	A1、A2、A3、A5、A7、B3	A1、A2、A3、A5、A6、A7、B3、B9、C4	A1、A2、A3、A5、A6、A7、B3、C4
		1.3	深根植被占压	A2、A4、B3	—	—
2	间距不足	2.1	与人口密集区安全距离不足	A1、A2、A3、A5、A6、A7、B3	A1、A2、A3、A5、A6、A7、B2、B3、B9	A1、A2、A3、A5、A6、A7、B2、B3、C5 或 C6
		2.2	与建(构)筑物安全距离不足	A1、A2、A3、A5、A6、A7、B3	A1、A2、A3、A5、A6、A7、B2、B3、B9	A1、A2、A3、A5、A6、A7、B2、B3、C5 或 C6
		2.3	与易燃易爆场所间距不足	—	A1、A2、A3、A5、A6、A7、B2、B3、B9	A1、A2、A3、A5、A6、A7、B2、B3、C5
		2.4	特殊作业间距不足	A1、A2、A3、A5、A7、B3	A1、A2、A3、A5、A6、A7、B2、B3	A1、A2、A3、A5、A6、A7、B2、B3、C7
3	不满足标准规范要求的交叉、并行(含穿跨越)	3.1	与管线交叉并行	A1、A2、A3、A5、A7、B3	A1、A2、A3、A5、A7、B2、B3、B6、B9	A1、A2、A3、A5、A7、B2、B3、B6、B9、C3 或 C5
		3.2	与铁路交叉并行	A1、A2、A3、A5、A7、B3	A1、A2、A3、A5、A7、B2、B3、B6、B9	A1、A2、A3、A5、A7、B2、B3、B6、B9、C3 或 C5
		3.3	与公路交叉并行	A1、A2、A3、A5、A7、B3	A1、A2、A3、A5、A7、B2、B3、B9	A1、A2、A3、A5、A7、B2、B3、B9、C3 或 C5
		3.4	与河流、水源地交叉并行	A1、A2、A3、A5、A7、B3	A1、A2、A3、A5、A7、B2、B3、B7、B9	A1、A2、A3、A5、A7、B2、B3、B7、B9、C3 或 C5
4	地质灾害	4.1	滑坡、泥石流、采空区塌陷、冻土影响	—	A2、A3、A4、B3、B7、B8、B9	A2、A3、A4、B3、B7、B8、B9、C3 或 C5
		4.2	崩塌、水毁、黄土失陷影响	—	A2、A3、A4、B3、B7、B8、B9	A2、A3、A4、B3、B7、B8、B9、C3 或 C5
		4.3	地震影响	—	A2、A3、A4、B3、B7、B8、B9	A2、A3、A4、B3、B7、B8、B9、C3 或 C5

表 D.1(续)

一级序号	隐患类别	二级序号	隐患种类	一般隐患处置措施	较大隐患处置措施	重大隐患处置措施
5	管道本体及附属设施缺陷	5.1	管体缺陷	—	A2、A3、A4、B3、B9、B4*	A2、A3、A4、B3、B9、C1 或 C2、B4*
		5.2	埋深不足	A2、A3、A4、B1、B3	A2、A3、A4、B1、B3、B9	A2、A3、A4、B1、B3、B9、B2*
		5.3	腐蚀防护系统有效性不足	A2、A3、A4、B3、B4、B5	A2、A3、A4、B3、B4、B5、B9	A2、A3、A4、B3、B4、B5、B9

注 1:隐患处置措施代码如下:

A 加强管理:A1 签订管道保护协议;A2 制定隐患管段专项预案和定期演练;A3 缩短巡检时间间隔;A4 增设运行监控手段;A5 加密设置警示标识;A6 进行高后果区管理;A7 向地方政府有关部门报备。

B 风险防控:B1 增大管道埋深;B2 增设物理保护或排流设施;B3 缩短检验周期;B4 防腐层修复;B5 阴极保护系统整改;B6 交直流干扰治理;B7 改善水工保护;B8 灾害监测;B9 增设泄漏监测或安防监控系统。

C 专项整治:C1 管体修复或补强;C2 管道局部换管;C3 降压运行;C4 拆除或移除占压物;C5 管道局部改线;C6 人口密集场所或建筑物搬迁;C7 第三方施工叫停。

其中,加注"*"的为可根据情况选用的项目。

注 2:A 类、B 类、C 类措施均可用于各级隐患的处置。

注 3:措施等级由 A 级至 C 级依次增高,可采取适合有效的较高等级措施替代较低等级措施。

ICS 23.040.01
E 29

中华人民共和国国家标准

GB/T 34349—2017

输气管道内腐蚀外检测方法

External inspection methodology for internal corrosion of natural gas pipelines

2017-10-14 发布　　2018-05-01 实施

中华人民共和国国家质量监督检验检疫总局
中国国家标准化管理委员会　发布

前　言

本标准按照 GB/T 1.1—2009 给出的规则起草。

本标准由全国锅炉压力容器标准化技术委员会(SAC/TC 262)提出并归口。

本标准起草单位:中国特种设备检测研究院、北京交通大学、北京科技大学、大庆油田特种设备检验中心、广东大鹏液化天然气有限公司、深圳市燃气集团股份有限公司、中国石油天然气股份有限公司塔里木油田分公司、中国石油天然气股份有限公司长庆油田分公司第一采气厂、大庆油田有限责任公司天然气分公司、中国石油化工股份有限公司中原油田普光分公司、中国石油天然气管道科学研究院、重庆市特种设备检测研究院、上海市质量技术监督局。

本标准主要起草人:杨永、何仁洋、马红莲、兰惠清、李晓刚、吴亚滨、单洪翔、王良军、陈秋雄、王笑梅、周卫军、党晓峰、田一华、郭强、徐昌学、王力、王善江。

输气管道内腐蚀外检测方法

1 范围

本标准规定了埋地钢质输气管道内腐蚀外检测的内容、方法及程序,包括总则、数据收集、腐蚀位置预测、开挖检测、检测周期确定、记录和报告及附录等内容。

本标准适用于因短期异常而存在少量液态水(或其他电解质)的干气输送管道。地面敷设输气钢质管道内腐蚀外检测可参照本标准执行。

2 规范性引用文件

下列文件对于本文件的应用是必不可少的。凡是注日期的引用文件,仅注日期的版本适用于本文件。凡是不注日期的引用文件,其最新版本(包括所有的修改版)适用于本文件。

GB/T 17747(所有部分) 天然气压缩因子的计算

GB/T 19285 埋地钢质管道腐蚀防护工程检验

GB/T 19624 在用含缺陷压力容器安全评定

GB/T 30582 基于风险的埋地钢质管道外损伤检验与评价

TSG D7003 压力管道定期检验规则——长输(油气)管道

3 术语、定义和符号

3.1 术语和定义

下列术语和定义适用于本文件。

3.1.1

干气 dry gas

高于露点温度且不含凝析液体的气体。

3.1.2

管道内腐蚀外检测 internal corrosion external inspection for pipeline

从管道外部对管道内壁腐蚀情况进行检测的方法,包括数据收集、腐蚀位置预测、开挖检测及检测周期确定等步骤。

3.1.3

临界倾角 critical inclination angle

流动模型计算出的层流条件下气体不发生携液的最小倾角。

3.1.4

实际倾角 inclination angle

管道上两点间高程变化形成的角度。

3.1.5

检测区段 inspection region

开展内腐蚀外检测的管道上,有类似的物理特征和运行参数,流体特性没有显著变化的一段连续管道(包括焊缝)。

3.2 符号

下列符号适用于本文件。

d_{id}——管道内径,单位为毫米(mm);

g——重力加速度,取 9.81 m/s^2;

M——气体分子量,单位为克每摩尔(g/mol);

P——操作压力,单位为兆帕(MPa);

P_{STP}——标准大气压力,取 0.101 325 MPa;

Q——流量,单位为千标立方米每小时(kNm^3/h);

R——理想标准气体常数,取 8.314 Pa·m^3/(K·mol);

S——管道内截面积,单位为平方毫米(mm^2);

T——介质操作温度,单位为摄氏度(℃);

T_{STP}——气体标准状态温度,取 0 ℃;

V_g——表观气速,单位为米每秒(m/s);

Z——气体压缩因子,无量纲[不同条件下的天然气的 Z 值可依据 GB/T 17747(所有部分)计算或查询相关专业文献];

θ_a——实际倾角,单位为度(°);

θ_c——临界倾角,单位为度(°);

ρ_g——气体密度,单位为千克每立方米(kg/m^3);

ρ_l——液体密度,单位为千克每立方米(kg/m^3);

ΔH——测点间的高程差,单位为米(m);

ΔL——测点间的直线距离,单位为米(m)。

4 总则

4.1 输气管道内腐蚀外检测工作应满足 TSG D7003 等国家相关法规标准的规定。

4.2 本标准提供一套流程化的管道内腐蚀检测方法,从管道外部对无法开展内检测的管道进行检测(应用举例参见附录 A)。在检测过程中发现第三方破坏、外部腐蚀、机械损伤、应力腐蚀开裂等其他威胁管道安全的因素时,检测人员应依据 GB/T 30582、GB/T 19285、GB/T 19624 等相应标准开展其他的检测评价工作。

4.3 依据本标准开展检测工作前,应确定检测的管道满足以下条件:

a) 管道无内涂层。

b) 对于有清管作业史的管道,检测人员对本方法的适用性进行技术论证。

c) 内部没有积聚的固体、泥浆、生物膜/生物质或污垢等。当存在这些物质且使用本标准时,对上述物质的内腐蚀影响进行专门的评价。

4.4 实施检测前,检测单位应充分收集管道的内腐蚀数据,特别是与内腐蚀相关的事故情况,制定检测技术方案。在实施检测过程中,负责解决检测过程的技术问题。管道使用单位应负责协调检测过程涉及的相关单位或部门关系,并提供检测所需的相关数据。

4.5 检测单位及人员应在许可范围内从事检测工作,并对检测结论的真实性、准确性和有效性负责。

注：真实性表示报告、结论以客观事实为基础，不作假证；准确性表示报告、结论所涉及到的检测数据符合相关要求；有效性表示检验机构的资质、检验人员的资格符合要求，所使用的仪器设备在检定校准有效期内，检验依据合法，报告审批程序符合要求。

4.6 内腐蚀外检测方法的主要步骤及流程如图1所示。

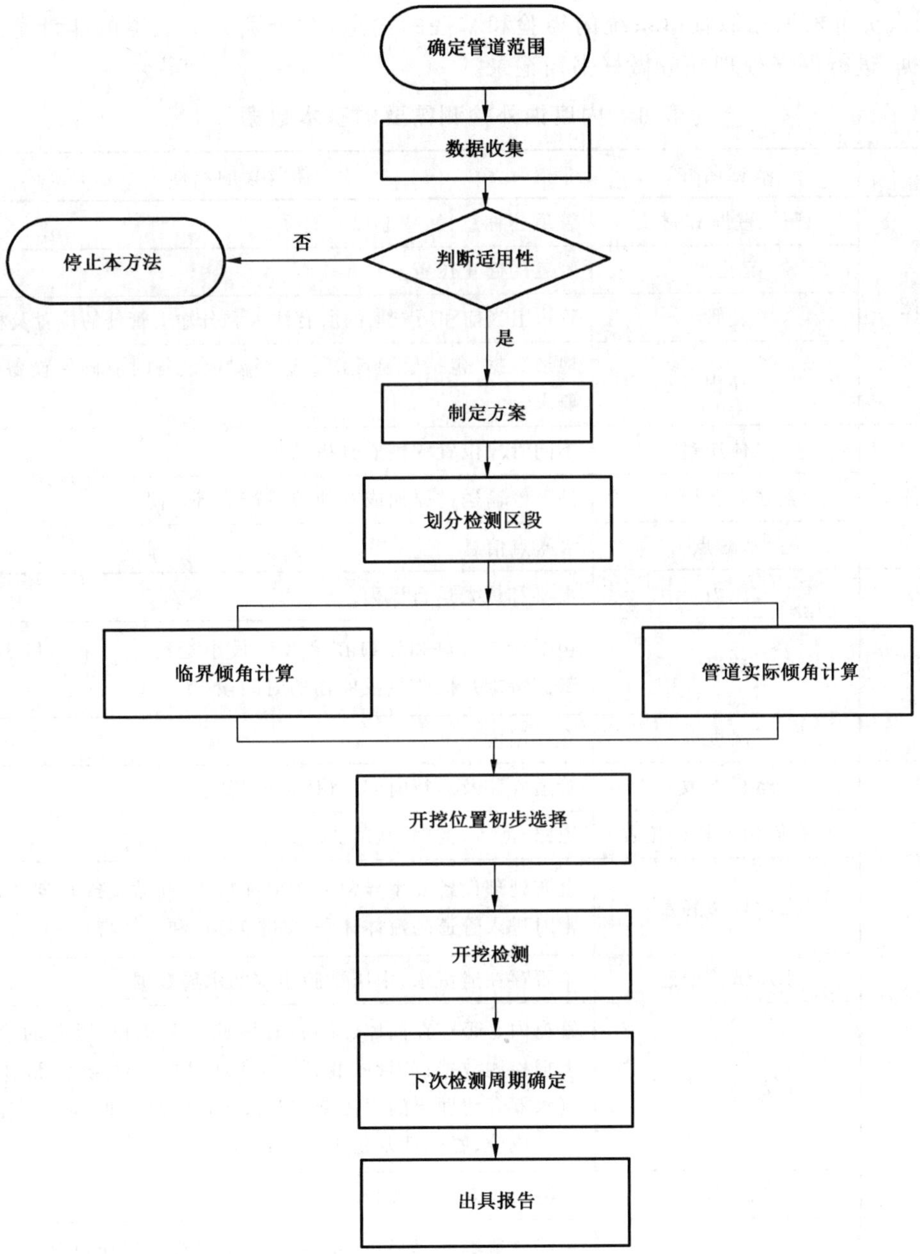

图1 内腐蚀外检测主要步骤及流程

5 数据收集

5.1 检测工作开始前应收集表1所列数据。

5.2 收集数据的来源可包括设计文件、安装资料、运行维护记录、计量台账和腐蚀检查记录、气质分析报告及前期完整性评估或维护活动的检测报告。

5.3 检测人员可根据相似管道系统的经验和掌握的信息，对个别无法获得的非计算过程直接使用的数据，进行保守处理并应做好书面记录。

表1 内腐蚀外检测需要的基本数据

类别	数据名称	需收集的数据
管道本体	管径、壁厚和材质	管道公称直径、壁厚以及材质
	起止点	管道的起止位置
	支管	管道上当前和历史上的所有注入和分输支管处的位置及相对距离
	高程	地形数据，包括管道埋深。选择测量设备时应确保设备精度满足要求
介质条件	气体质量	不同管段位置的气质分析结果
	输送介质历史	是否曾输送过原油或其他液体产品等情况
	水露点	水露点信息
操作工况	压力	最小和最大运行压力
	流量	包括所有入口和出口在最大和最小运行压力下的最小、最大流量。特别是低流量及停输的时间段
	温度	介质温度
其他数据	运行参数	管道安装及运行时间、气体流向变化
	具有倾角的特征位置	道路、河流、沟渠、阀门、集液包等
	上游设备异常	上游处理设备发生异常的频率和特点(间歇式或长期的)，发生异常时进入管道的流体体积(如果知道)和流体特性
	水压试验信息	是否存在遗留水，水压试验用水的水质数据
	修复/维护数据	管道内是否存在固体、异物；管段修复和更换；以前的检测情况；无损检测数据；清管的管段、频率和日期。清管器、液体分离器、凝水器等清理出的固体杂质和液体的分析数据，以确定清出物的化学成分、腐蚀性及是否存在细菌
	泄漏/失效	泄漏及失效的位置和性质
	腐蚀监测	包括监测类型[如检查片、电阻(ER)/线性极化(LPR)探针、场图法(FSM)]、时间、位置、壁厚变化，记录腐蚀速率
	内涂层	具有内涂层的位置
	需要的其他数据	由检测人员确定

6 腐蚀位置预测

6.1 概述

6.1.1 腐蚀位置预测是依据流动模型计算结果识别管道潜在积液位置，并以此预测检测区段可能发生内腐蚀的位置。

6.1.2 腐蚀位置预测工作包括检测区段划分、临界倾角计算、管道实际倾角计算及内腐蚀位置识别。

6.2 检测区段划分

6.2.1 现场检测工作开始前，依据第5章收集的数据划分检测区段。

6.2.2 可依据如下原则划分检测区段(检测区段定义举例参见附录B)：

a) 输送介质可能含水的注入支管应作为分界点；

b) 流量、温度、压力等工艺参数变化较大处应作为分界点；

c) 介质正反输送工况的每个输送方向上应分别划分检测区段。

6.3 临界倾角计算

6.3.1 应对每个检测区段采用流动模型计算可能产生积液的临界倾角。

6.3.2 公称直径在DN100～DN1200范围内、操作压力小于7.6 MPa的层流气体状态管道宜采用式(1)计算临界倾角。其他管道应选用适用的多相流模型计算临界倾角。

$$\theta_c=\frac{180}{\pi}\arcsin\left(675\times\frac{\rho_g}{\rho_l-\rho_g}\times\frac{V_g{}^2}{g\times d_{id}}\right)^{1.091} \quad\cdots\cdots(1)$$

式(1)中的气体密度ρ_g由式(2)确定，表观气速V_g由式(3)确定。

$$\rho_g=\frac{P\times M}{Z\times R\times(273+T)} \quad\cdots\cdots(2)$$

$$V_g=\frac{Q\times(273+T)\times Z\times P_{STP}}{3\,600\times(273+T_{STP})\times P\times S} \quad\cdots\cdots(3)$$

6.3.3 应使用依据历史工艺参数值(即压力、温度和表观气速)计算出的临界倾角最大值确定初步开挖位置。

6.3.4 同一个检测区段内的临界倾角可能存在多个数值(例如该区段内管径发生变化导致)，通常可将各数值逐一标注在倾角与高程图上。

6.4 管道实际倾角计算

6.4.1 应对管道高程数据进行验证，管道埋深检测误差应不大于实际埋深的10%(埋深小于1 m的以1 m计算)，高程测绘测量中误差不得大于±3 cm(相对于邻近控制点)；不满足精度要求时，应重新检测。依据管道高程计算管道的实际倾角，绘制成管道实际倾角剖面图。

6.4.2 根据管道走向、位置与地形等因素，确定管道高程测量点的水平间距，该间距应能反应管道所有实际倾角变化。

6.4.3 实际倾角可由式(4)计算：

$$\theta_a=\frac{180}{\pi}\arcsin\left(\frac{\Delta H}{\Delta L}\right) \quad\cdots\cdots(4)$$

6.5 内腐蚀位置识别

6.5.1 管道实际倾角大于临界倾角的顺气流开始上坡段易积液而产生内腐蚀。

6.5.2 应重点关注穿越公路、铁路,河流、沟渠等易出现较大实际倾角的管段。

6.5.3 应选择各检测区段内顺气流实际倾角大于最大临界倾角的第一个管段;当实际倾角均小于临界倾角时,则选择各检测区段内最大实际倾角的管段作为可能发生内腐蚀的位置。

6.5.4 位于较短上升斜坡段(如穿公路等),可能发生内腐蚀的管段较短。当管道经过较长上坡段(如穿山丘或山脉等),该段管道的积液位置难以判断,整段均可能存在积液。

6.5.5 宜将集液包或其他聚积液体的附件部位识别为内腐蚀位置。

6.5.6 当预测的内腐蚀可能发生位置与历史数据严重不符时,则应确认所收集数据的准确性及计算结果的正确性。

6.5.7 管道曾长时间停输时,应考虑实际倾角大于最大临界倾角管段上游最低处的腐蚀可能性。

7 开挖检测

7.1 概述

7.1.1 开挖检测的目的是通过对开挖段管道壁厚的检测判断开挖检测位置是否存在内腐蚀,并以检测结果评估管道的整体内腐蚀情况。

7.1.2 开挖检测位置包括腐蚀位置预测阶段及开挖检测过程中识别到的潜在腐蚀位置。开挖检测的一般流程如图 2 所示。图中的子区段是指存在腐蚀的两个倾角之间或检测区段起始点与第一个倾角之间的管段。

7.1.3 通过开挖出管道进行壁厚检测判断内腐蚀情况,并以检测结果评估管道的整体内腐蚀状况。

7.1.4 管道开挖、检测及回填过程中,应满足规范、标准的健康安全环保相关要求。

7.1.5 可选择其他开挖检测流程(包括概率统计法)代替图 2 所示流程,但应书面记录该流程的技术合理性及优点。

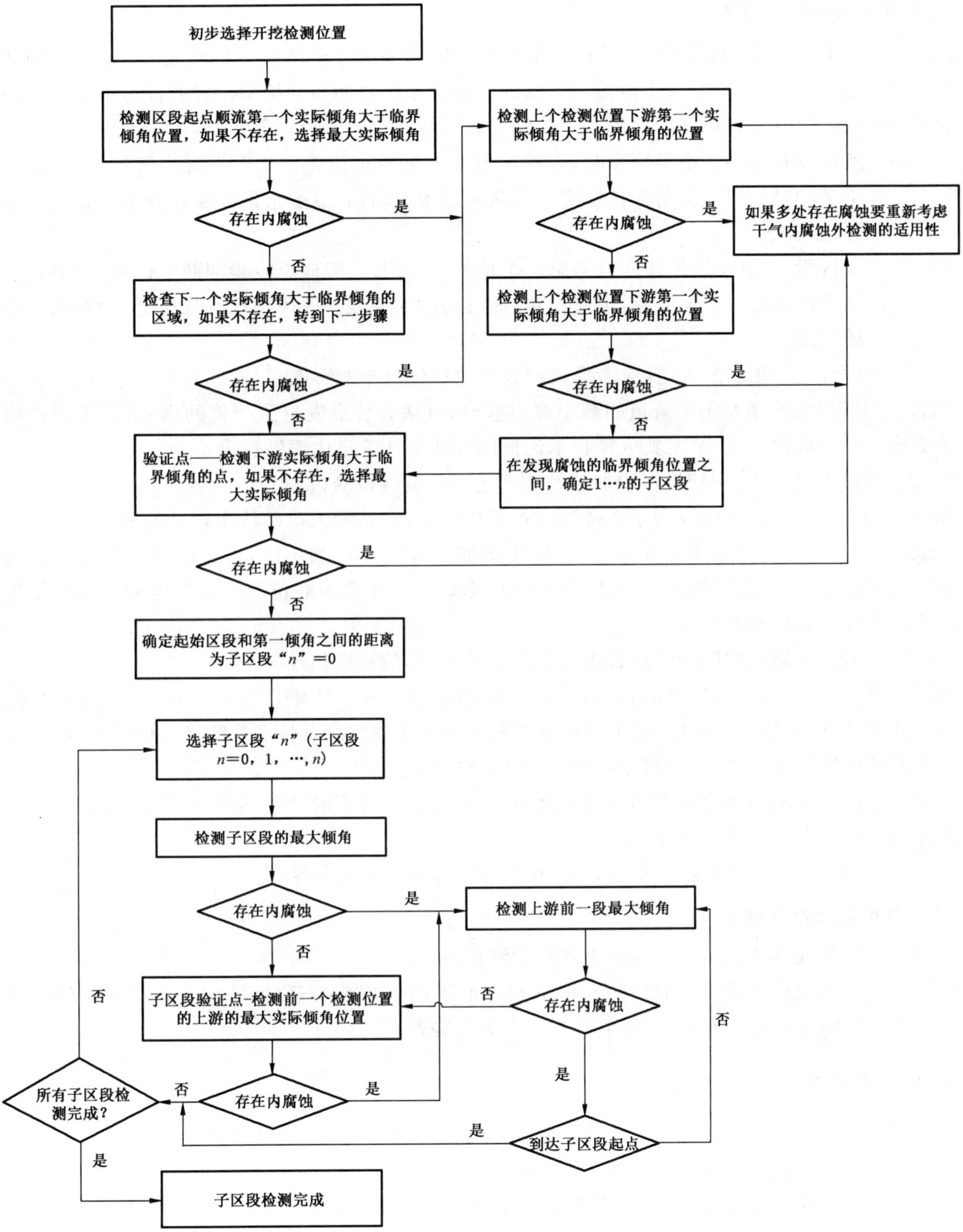
初步选择开挖检测位置
检测区段起点顺流第一个实际倾角大于临界倾角位置，如果不存在，选择最大实际倾角
存在内腐蚀
是
否
检查下一个实际倾角大于临界倾角的区域，如果不存在，转到下一步骤
存在内腐蚀
是
否
验证点——检测下游实际倾角大于临界倾角的点，如果不存在，选择最大实际倾角
存在内腐蚀
是
否
确定起始区段和第一倾角之间的距离为子区段“n”=0
检测上个检测位置下游第一个实际倾角大于临界倾角的位置
存在内腐蚀
是
否
如果多处存在腐蚀要重新考虑干气内腐蚀外检测的适用性
检测上个检测位置下游第一个实际倾角大于临界倾角的位置
存在内腐蚀
是
否
在发现腐蚀的临界倾角位置之间，确定1…n的子区段
选择子区段“n”(子区段n=0，1，…，n)
检测子区段的最大倾角
存在内腐蚀
是
否
检测上游前一段最大倾角
存在内腐蚀
否
是
子区段验证点-检测前一个检测位置的上游的最大实际倾角位置
存在内腐蚀
是
否
到达子区段起点
是
否
所有子区段检测完成？
否
是
子区段检测完成

图 2　开挖检测流程图

7.2 开挖检测实施过程

7.2.1 应从检测区段的起始处向下游顺序检测实际倾角大于临界倾角的管道位置；连续的两个检测位置未发现内腐蚀，且下游第三个实际倾角大于临界倾角的检测位置验证检测未发现内腐蚀，则开始子区段检测，如图2所示。检测位置选择还应遵守以下规定：

a) 实际倾角都小于临界倾角时，应检测最大实际倾角位置。检测发现内腐蚀，继续选择下游的最大实际倾角部位检测。检测未发现内腐蚀，以剩余最大实际倾角位置进行验证性检测；

b) 子区段0段(检测区段起点与第一个检测点之间)一般应至少检测两个位置；如果该子区段内只有一个上升段，则应检测一个位置；如果该子区段中没有任何上升段，则不需要检测；

c) 对曾返输操作的管道，应考虑流向改变对腐蚀分布的影响。

7.2.2 当管道实测壁厚小于管道的最小规定壁厚，可认为管道发生了严重的内腐蚀(考虑外腐蚀造成的壁厚减薄)。也可用其他经技术论证的方法确认管道内腐蚀程度。

7.2.3 检测人员认为必要时，可增加开挖位置进行验证性检测。

7.2.4 当开挖检测过程中发现了大范围的严重内腐蚀时，检测人员确认本标准的适用性。

7.2.5 开挖检测时，可采用外壁漏磁、外壁远场涡流等无损检测手段，结合超声波测厚仪对内腐蚀情况进行详细、准确的检测，应确定腐蚀减薄缺陷尺寸及相对位置。无损检测工作应依据相应标准或作业指导书进行。

7.2.6 当管道内腐蚀缺陷的轴向长度超出开挖范围时，应进行扩挖。

7.2.7 干气内腐蚀一般为局部腐蚀，随意安装的腐蚀试片一般难以反映管道实际腐蚀状况。管道开挖后，可安装失重挂片、电子探针或电阻阵列等腐蚀监测设备来帮助确定检测周期，并通过对最可能发生内腐蚀位置的监测获得内腐蚀有用信息。

7.2.8 上游管段的内检测结果用于评估无法进行内检测的下游管道内腐蚀状态时，应结合开挖检测结果对内检测结果进行验证。

7.2.9 应书面记录管道的检测过程、详细的壁厚数据和强度计算结果。

7.3 其他设施部件检测

7.3.1 集液包或其他设施部件可作为开挖检测点。

7.3.2 当集液包或其他设施部件的几何形状抑制了内部积液的蒸发时，应在管道实际倾角大于临界倾角的可积液的下游段，至少检测一个类似装置。

8 检测周期确定

8.1 应根据内腐蚀程度、腐蚀速率、维修情况及输送工况等情况确定下次检测周期。

8.2 可用以下方法之一确定内腐蚀速率：

a) 按一定周期连续监测同一位置的管道壁厚损失确定腐蚀速率(即监测管道的腐蚀量)；

b) 在基于流动模型预测出的积水管道位置或典型的管道位置，安装腐蚀监测装置；

c) 基于操作条件、气体质量、液体组分和其他关键因素，建立模型计算腐蚀速率；

d) 基于操作条件、气体质量、液体组分和其他关键因素，通过实验室试验确定流体的腐蚀性。

8.3 可通过剩余寿命预测或剩余强度计算确定下次检测周期。未发现内腐蚀缺陷时不需计算内腐蚀剩余寿命,即管道不存在内腐蚀危险;存在内腐蚀的管道可依据发现的最严重缺陷计算内腐蚀剩余寿命。剩余强度可依据 GB/T 19624、GB/T 30582 等相关标准计算。

8.4 下次检测周期应不大于剩余寿命的一半。

9 记录和报告

9.1 记录

9.1.1 检测过程应完整记录所需要的数据及相关附加信息。

9.1.2 数据收集阶段应记录所有表1要求的数据及数据来源。

9.1.3 腐蚀位置预测阶段应记录检测区段的特征、边界(地理参考位置)及管道实际倾角剖面图的测绘过程数据。

9.1.4 开挖检测阶段,应记录所有检测的活动和决策,包括但不只限于以下信息:

a) 开挖前、后收集的数据,包括金属腐蚀损失几何尺寸、用于识别其他可能腐蚀位置的数据,以及用于估算腐蚀速率的数据;

b) 腐蚀缺陷处理的计划;

c) 开挖检测点的增加及其排序的依据及相关描述。

9.1.5 检测周期确定阶段应记录评价方法、评价依据的内腐蚀缺陷尺寸、腐蚀速率的确定及下次检测周期。

9.2 报告

9.2.1 检测报告的内容应以记录为依据。

9.2.2 检测报告应包括不仅限于以下内容:

a) 管道基本情况;

b) 数据收集:应简要说明数据来源,并特别注明有怀疑或矛盾的数据;

c) 检测区段划分情况:包括划分依据,边界的地理位置参考;

d) 管道实际倾角计算:包括现场高程测量、管道埋深的检测数据及数据计算;

e) 临界倾角计算:包括计算使用的参数、计算过程及结果;

f) 开挖检测位置确定:包括开挖检测位置的选择依据及结果;

g) 开挖检测:包括检测过程、使用的仪器设备及检测数据;

h) 下次检测周期:包括剩余寿命或剩余强度的计算以及确定的下次检测周期;

i) 维护建议:需要时,对发现的严重腐蚀问题提出维护建议。

附 录 A
（资料性附录）
干气管道内腐蚀外检测应用举例

A.1 管道基本情况

所检测管道 DN660 mm×壁厚 14.3 mm，管道东西向敷设，气体只能单一方向输送。管道的工艺条件见表 A.1。

表 A.1 管道工艺条件

工艺参数	最高	平均	最低
流量 kNm^3/h	417	347	231
压力 MPa	6.4	5.2	4.0
温度 ℃	16	16	16

A.2 临界倾角计算

压力和流量可变化，但最大、最小值已知。计算中采用了最低操作压力 4.0 MPa，最大流量 417 kNm^3/h，选定这些值是因为它们代表了管道可能携液的极端条件，由此可推导出管道最大理论临界倾角。温度相对恒定在 16 ℃。因为管道上没有汇入和汇出点或调压装置，划分为一个检测区段。

例中计算临界倾角所需参数为：管道内径(d_{id})、操作压力(P)、介质操作温度(T)、最大标准流量(Q)、液体密度(ρ_1)(默认 1 g/cm^3，可变化)、及气体分子量(M)(或采用甲烷分子量 16 g/mol)。重力加速度 g 取 9.81 m/s^2；理想标准气体常数 R 取 8.314 $Pa \cdot m^3/(K \cdot mol)$；查相关资料，气体压缩因子取 0.83。

气体密度如式(A.1)所示：

$$\rho_g = \frac{P \times M}{Z \times R \times T} \quad \cdots\cdots (A.1)$$

代入相关参数得：

$$\rho_g = \frac{(4.0 + 0.101\ 325) \times 10^6\ Pa \times 16 \times 10^{-3}\ kg/mol}{0.83 \times 8.314\ Pa \cdot m^3/(K \cdot mol) \times 289\ K} = 33\ kg/m^3$$

气体在管道中流动的表观速度如式(A.2)所示

$$V_g = \frac{Q \times (273 + T) \times Z \times P_{STP}}{3\ 600 \times (273 + T_{STP}) \times P \times S} \quad \cdots\cdots (A.2)$$

代入相关参数得：

$$V_g=\frac{(417\times10^3\ m^3/h)\times(273+16)K\times0.83\times0.101\ 325\ MPa}{3\ 600\times(4.0+0.101\ 325)MPa\times(273+0)K\times(3.141\ 59\times0.631\ 4\ m^2)/4}$$
$$=8.03\ m/s$$

通过式(A.3)来得到临界倾角 θ_c：

$$\theta_c=\frac{180}{\pi}\arcsin\left(675\times\frac{\rho_g}{\rho_l-\rho_g}\times\frac{V_g^2}{g\times d_{id}}\right)^{1.091} \quad\cdots\cdots\cdots\cdots\cdots\cdots(\text{A.3})$$

代入相关参数得：

$$\theta_c=\frac{180}{\pi}\arcsin\left(675\times\frac{33\ kg/m^3}{1\ 000\ kg/m^3-33\ kg/m^3}\times\frac{(8.03\ m/s)^2}{9.81\ m/s^2\times0.631\ 4\ m}\right)^{1.091}=10.08°$$

A.3 实际倾角检测计算

计算实际倾角，通过与临界倾角比较以确定开挖检测的初步位置。海拔高度剖面可由全球卫星定位系统 GPS 和管道检测仪共同确定。GPS 可确定具体位置和地面海拔，管道检测仪可确定管道埋深。管道实际倾角大小可由这些数据计算得来。对于每一段，实际倾角可由式(4)计算得到，结果见表 A.2。

A.4 临界倾角与实际倾角比较

高程剖面和实际倾角剖面图见图 A.1，图中起始点是 0 m，图中上侧实曲线为高程，下侧实曲线为实际倾角，水平虚线为沿流动方向的临界倾角。图 A.1 标识出了检测区段中实际倾角值大于临界倾角值的位置点，表 A.2 给出了具体数值。

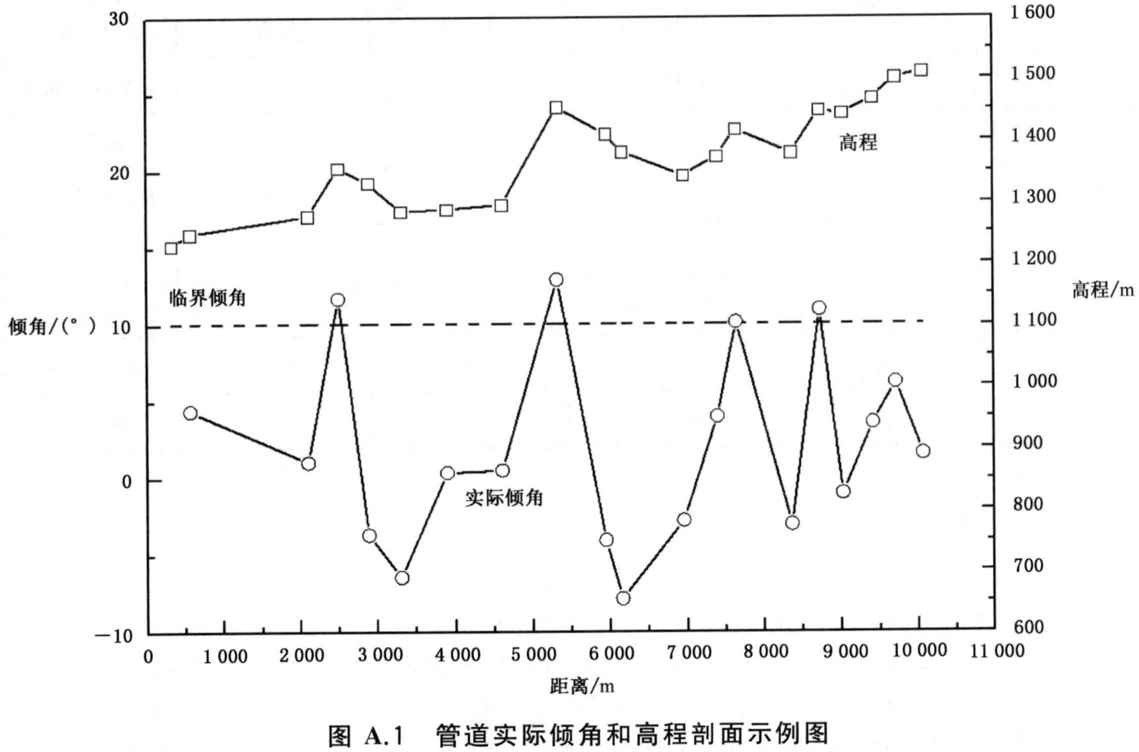

图 A.1 管道实际倾角和高程剖面示例图

表 A.2 示例-检测结果

高程检测点序号	检测子区段	距离/m	高程/m	倾角/(°)	开挖检测结果
1	0	313.7	1 229	—	未开挖
2	0	560.14	1 248	4.42	未发现内腐蚀
3	0	2 105.9	1 277	1.075	未发现内腐蚀
4	0	2 494.9	1 356	11.72	发现内腐蚀
5	1	2 887.57	1 331	−3.65	未开挖
6	1	3 308.6	1 284	−6.41	未开挖
7	1	3 895.31	1 288	0.39	未发现内腐蚀
8	1	4 605.03	1 295	0.57	未发现内腐蚀
9	1	5 315.29	1 454	12.94	发现内腐蚀
10	—	5 943	1 410	−4.02	未开挖
11	—	6 155.91	1 381	−7.83	未开挖
12	—	6 951.21	1 343	−2.74	未开挖
13	—	7 391.99	1 374	4.033	未开挖
14	—	7 635.32	1 417	10.18	未发现内腐蚀
15	—	8 361.21	1 379	−3.00	未开挖
16	—	8 723.22	1 448	10.90	未发现内腐蚀
17	—	9 013.72	1 443	−0.99	未开挖
18	—	9 407.58	1 468	3.64	未开挖
19	—	9 710.87	1 501	6.25	未发现内腐蚀
20	—	10 064.86	1 511	1.62	未开挖

A.5 开挖详细检测

开挖检测位置示例见图 A.2。本例中顺气流前两个超过临界倾角的部位(开挖点 1# 和 2#)检测中发现内腐蚀,下游之后的 2 个大于临界倾角的部位(开挖点 3# 和 4#)未发现内腐蚀,再以下流最大倾角(开挖点 5#)验证,未发现内腐蚀。由此确定两个检测子区段:子区段 0 从 0 m～2 494.9 m(从 0 m 至开挖点 1#)和子区段 1 从 2 494.9 m～5 315.29 m(从开挖点 1# 至 2#)。在子区段 0 内的两个上升段都进行检测(开挖点 6# 和 7#),未发现内腐蚀。子区段 1 内选择最大倾角位置(开挖点 8#)检测,未发现内腐蚀,以剩下的最大倾角部位(开挖点 9#)

进行验证,未发现内腐蚀。因此完成检测区段的详细检测过程。表 A.2 列出了具体的定性检测结果。

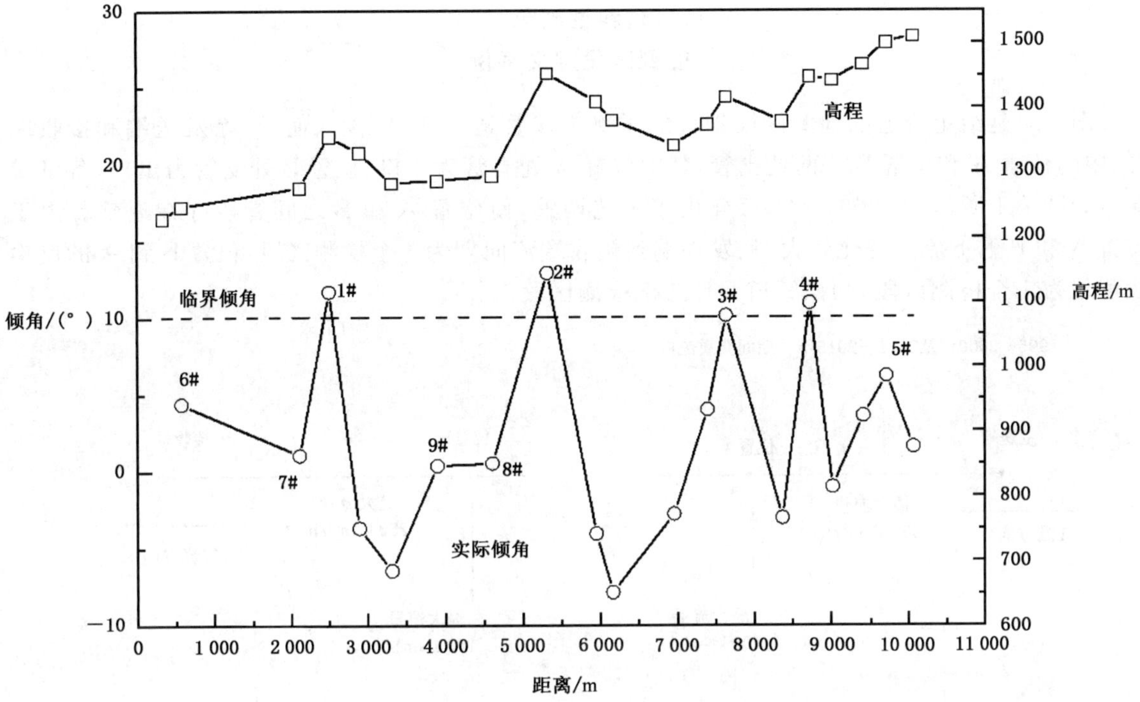

图 A.2 开挖检测位置示例图

A.6 检测周期确定

在管道材、输送压力、腐蚀速率确定情况下,按照 GB/T 30582 对检测得到的最严重腐蚀缺陷(同时考虑腐蚀深度及面积)进行腐蚀剩余寿命预测,计算剩余寿命为 10.6 年,则依据检测周期不大于剩余寿命一半原则,确定下次检测周期为 5 年。

附　录　B
（资料性附录）
检测区段定义举例

图 B.1 是给定管道的检测区段划分的举例。该管道 1995 年投入使用，除发送端和接收端外，中间位置 A 和位置 B 有两处支管，其中位置 A 处支管为入口、位置 B 处支管为出口，各管段流量如图 B.1 所示；在 2001—2002 年由于工艺调整，使位置 A 和 B 之间管段存在返输。由于位置 A 和 B 上下流量变化较大，从发送端到接收端流向划为 3 个检测区段，位置 B 到 A 的反输段可划为 1 个检测区段，则该管道共计 4 个检测区段。

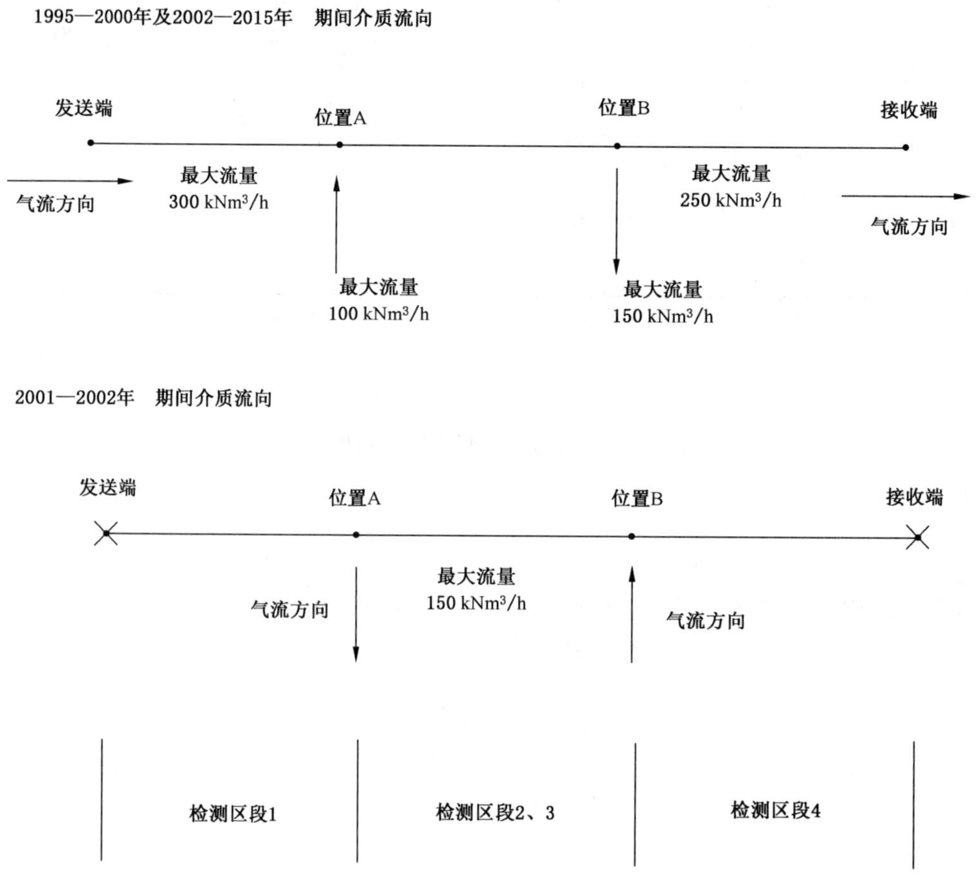

图 B.1　检测区段定义示意图

参　考　文　献

[1]　NACE SP0206—2006　Internal Corrosion Direct Assessment Methodology for Pipelines Carrying Normally Dry Natural Gas (DG-ICDA)

ICS 23.040.01
E 29

中华人民共和国国家标准

GB/T 34350—2017

输油管道内腐蚀外检测方法

External inspection methodology for internal corrosion of liquid petroleum pipelines

2017-10-14 发布 2018-05-01 实施

中华人民共和国国家质量监督检验检疫总局
中国国家标准化管理委员会 发布

前　言

本标准按照 GB/T 1.1—2009 给出的规则起草。

本标准由全国锅炉压力容器标准化技术委员会(SAC/TC 262)提出并归口。

本标准起草单位:中国特种设备检测研究院、西安交通大学、中国石油化工股份有限公司茂名分公司、中国石化销售有限公司、中国石化管道储运有限公司、中国石化上海石油化工股份有限公司、中国石油天然气股份有限公司长庆油田分公司第三输油处、中国石油天然气股份有限公司长庆油田分公司第一输油处、中国石油化工股份有限公司上海高桥分公司、中国石油化工股份有限公司巴陵分公司、上海石油化工股份有限公司公用事业公司、中国石油天然气股份有限公司塔里木油田分公司、中国石油天然气股份有限公司青海油田分公司、中国石油天然气股份有限公司长庆油田分公司油田开发处。

本标准主要起草人:孟涛、马红莲、何仁洋、王跃社、栗学勇、卜文平、张惠民、吴海东、金强、李保荣、张建昌、李佩、顾雪东、蔡建平、邵珊珊、何俊、杨辉、顾为敏、张中放、马晓斌、何毅。

输油管道内腐蚀外检测方法

1 范围

本标准规定了埋地钢质输油管道内腐蚀外检测的内容、方法及程序,包括总则、数据收集、腐蚀位置预测、开挖检测、检测周期确定、记录和报告及附录等内容。

本标准适用于满管流动的液态石油管道。地面敷设输油钢质管道内腐蚀外检测可参照本标准执行。

2 规范性引用文件

下列文件对于本文件的应用是必不可少的。凡是注日期的引用文件,仅注日期的版本适用于本文件。凡是不注日期的引用文件,其最新版本(包括所有的修改版)适用于本文件。

GB/T 19285 埋地钢质管道腐蚀防护工程检验

GB/T 19624 在用含缺陷压力容器安全评定

GB/T 30582 基于风险的埋地钢质管道外损伤检验与评价

TSG D7003 压力管道定期检验规则——长输(油气)管道

3 术语和定义

下列术语和定义适用于本文件。

3.1

管道内腐蚀外检测 external inspection for pipeline internal corrosion

从管道外部对输油管道内壁腐蚀情况进行检测的方法,包含数据收集、腐蚀位置预测、开挖检测及检测周期确定等步骤。

3.2

检测区段 inspection region

开展内腐蚀外检测的输油管道,其流体特性、缓蚀剂措施以及其他化学处理没有显著变化的一段连续管道(包括焊缝),同一区段有相似的物理特征和运行参数。

3.3

油水分散流 oil-water dispersed flow

油水多相流的一种流态,即油相和水相以均一稳定的油水乳状液流动。

3.4

油水分层流 oil-water stratified flow

油水多相流的一种流态,即流体可以按层分:轻流体(油相)浮在较重流体(水相)上面的流动。

3.5

真实水速 in situ water velocity

$\mathbf{V}_{wi}$

油水分层流中底层水的平均流速。

3.6

最大液滴直径　maximum droplet size

d_{max}

悬浮在油包水分散系中,不因湍流剪切力而破碎的水滴的最大直径。

3.7

临界液滴直径　critical droplet size

d_{crit}

在水平或近水平流的油包水型分散系中,不因重力而发生沉降的水滴的最大直径。

3.8

临界流速　critical velocity

V_{crit}

最大液滴直径 d_{max} 等于临界液滴直径 d_{crit} 时的流速;当实际流速大于临界流速时,管线不会形成积水。

3.9

实际倾角　inclination angle

α_a

管道上两点间高程变化形成的角度。

3.10

临界倾角　critical inclination angle

由输油管道内腐蚀外检测流体模型确定的积聚水或固体杂质的最小倾角。

3.11

接触角　contact angle

在气、液、固三相交点处所作的气-液界面的切线穿过液体与固-液交界线之间的夹角,是润湿程度的量度。

3.12

管段　segment

整根管道或管道的一段,可包括一个或多个检测区段。

3.13

润湿　wetting

液体在与固体接触时,沿固体表面扩展的现象,通常用接触角来反映润湿的程度。

4　总则

4.1　输油管道内腐蚀外检测工作应满足 TSG D7003 等国家相关法规标准的规定。

4.2　本标准提供一套流程化的管道内腐蚀检测方法,从管道外部对无法开展内检测的管道进行检测。在检测过程中如果发现第三方破坏、外部腐蚀、机械损伤、应力腐蚀开裂等其他威胁管道安全的因素,检测人员应依据 GB/T 30582、GB/T 19285、GB/T 19624 等相应标准开展其他的检测评价工作。

4.3　在应用本标准开展检测工作前,应评价本标准方法对计划检测管道的适用性。检测管道至少应满足以下条件:

a) 管道正常运行期间不存在连续水相；

b) 管道应无连续完好的内涂层；

c) 管道可以进行开挖检测；

d) 对于有清管作业史的管道，检测人员应对本方法的适用性进行技术论证。

4.4 实施检测前，检测单位应充分收集管道的内腐蚀数据，特别是与内腐蚀相关的事故情况，制定检测技术方案。在实施检测过程中，负责解决检测过程中的技术问题。管道使用单位应负责协调检测过程涉及的相关单位或部门关系，提供检测需要的相关数据。

4.5 检测单位及人员应在许可范围内从事检测工作，并对检测结论的真实性、准确性和有效性负责。

注：真实性表示报告、结论以客观事实为基础，不作假证；准确性表示报告、结论所涉及到的检测数据符合相关要求；有效性表示检验机构的资质、检验人员的资格符合要求，所使用的仪器设备在检定校准有效期内，检验依据合法，报告审批程序符合要求。

4.6 内腐蚀外检测方法实施的主要步骤及流程如图1所示。

4.7 内腐蚀外检测方法具有局限性，当使用过程中无法获取第5章需要的数据时，应选择其他方法进行内腐蚀评价。

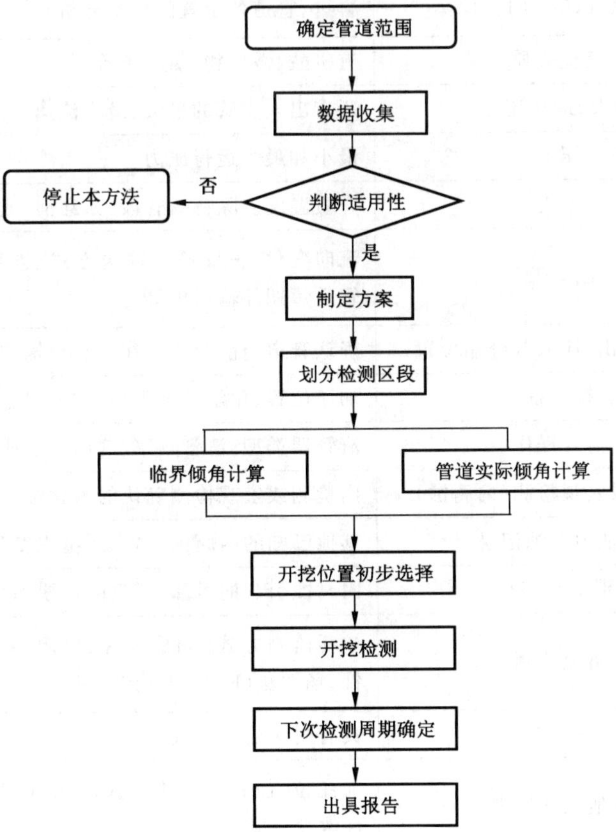

图1 内腐蚀外检测主要步骤及流程

5 数据收集

5.1 检测工作开始前至少应收集表1所列数据。

5.2 数据可从设计文件、安装资料、运行维护记录、计量台账和腐蚀检查记录、油品分析报告及前期完整性评估或维护活动的检测报告中获取。

5.3 开展内腐蚀外检测工作应保证检测过程中需要的数据可收集并满足要求。

5.4 检测人员可根据相似管道系统的经验和掌握的信息，对个别无法获得的非计算过程直接使用的数据，进行保守处理并应做好书面记录。

表1 内腐蚀外检测需要的基本数据

类别	数据名称	需收集的数据
管道本体	管径、壁厚和材质	管道公称直径、壁厚以及材质
	高程	地形数据，包括管道埋深。选择测量设备时应确保设备精确、准确度满足要求
介质条件	油品分析	油品的密度、黏度等物性
	液态石油中水、固体杂质的含量	液态石油中沉积物(油渣和水)的含量
	硫化氢(H_2S)、二氧化碳(CO_2)和氧气(O_2)的含量	液态石油中硫化氢(H_2S)、二氧化碳(CO_2)和氧气(O_2)的含量、管道各位置的化学分析
	其他介质	有机酸、微生物、氯离子等
操作工况	最大、最小流速	所有出入支管的最大、最小流速
	压力	最小和最大运行压力
	温度	介质温度。除特殊管段(如穿河、或架空)外的运行温度
	操作记录	流向变化(正反输)、输送方式(连续、断续等)、投用时间、管道短期停输历史等
其他数据	输入或输出(注入或分输位置)	确认管道当前及历史注入和分输位置
	缓蚀剂	加注位置、化学药剂类型、方式(批次/连续)、剂量
	清管操作	清管器类型、清管频率、清出的水或固体杂质的体积
	内检测或宏观检测(内腐蚀)	内检测或宏观检测确认的内腐蚀位置和严重程度
	其他内腐蚀记录	其他已知的内腐蚀位置、严重程度和机理(如 CO_2)
	泄漏/失效	内腐蚀引起的泄漏/失效的位置和性质
	腐蚀监测	包括监测方式[如检查片、电阻(ER)/线性极化(LPR)探针、场图法(FSM)]、位置、时间、壁厚变化，记录腐蚀速率
	内涂层	具有内涂层的位置
	其他化学处理	加注位置、化学剂类型及减阻、降凝或增凝等流体物理特性改变方式
	其他内腐蚀数据	由检测人员确定
当沉积物(油渣和水)、CO_2、H_2O、O_2含量等介质组分相关数据未知时，应通过采集样品测试分析得出。		

6 腐蚀位置预测

6.1 概述

6.1.1 腐蚀位置预测是通过流动模型计算结果识别管道中潜在积水或固体杂质的位置,并以此预测各检测区段最可能发生内腐蚀的位置。

6.1.2 腐蚀位置预测工作包括检测区段划分、内腐蚀影响因素分析、水或固体杂质积聚的临界倾角计算、管道实际倾角计算、内腐蚀位置识别。

6.2 检测区段划分

6.2.1 现场检测工作开始前,依据第5章所收集的数据划分检测区段。

6.2.2 应将以下位置作为划分检测区段的分界点:

a) 输送介质注入点、分输点;

b) 缓蚀剂或化学药剂加注点;

c) 经过加温或加压站后导致温度和压力等工艺参数发生变化的点;

d) 特殊地形地貌起止点;

e) 管道规格发生改变的点。

6.2.3 当存在介质正反输送工况时,应在正反输送工况的每个输送方向上分别划分检测区段。

6.3 内腐蚀影响因素

6.3.1 积水因素

6.3.1.1 积水因素是内腐蚀的主要影响因素之一,管道积水预测方法参见附录A。

6.3.1.2 积水对管道的腐蚀的影响取决于金属表面润湿状况,油湿表面的管道与腐蚀物隔离不发生腐蚀;水湿表面的管道与腐蚀物接触极易发生腐蚀;中性湿表面的管道与腐蚀物接触倾向取决于是否存在水等竞争相。通常假设所有位置的润湿性相同,润湿性的确定方法参见附录B。

6.3.1.3 管壁润湿由憎水(油湿)变为亲水(水湿)所需的时间取决于烃的性质、添加剂表面活性及流动运行条件。

6.3.1.4 通常假设水的化学性质在整个管道长度上保持相对稳定,但也应考虑以下情况:

a) 随距离增加,因内腐蚀等原因溶解的铁离子会影响水的pH值;

b) 管道中氧气含量较小时,由于上游管段的消耗,导致下游管段无氧气。

6.3.2 固体杂质积聚因素

6.3.2.1 固体杂质积聚是内腐蚀的主要影响因素之一,固体杂质积聚预测方法参见附录C。

6.3.2.2 积水处的腐蚀受有机或无机固体杂质的影响。固体杂质主要来源于液体中沉淀物或管道表面氧化产物。

6.3.2.3 腐蚀产物、沉积物及夹带物中的有机和无机物质均会对固体杂质积聚引起的内腐蚀产生影响。应考虑以下因素:

a) 长输管道清管的有效性;

b) 固体杂质各组分的潜在内腐蚀机理;

c) 腐蚀产物、黏附性沉积物或有机沉淀物等保护性沉积物可降低管壁内腐蚀速率及程度;

d) 管道内表面结蜡和稳定沥青层的形成可有效抑制腐蚀。

6.3.3 流动条件因素

6.3.3.1 水和固体杂质输送滞后

重新夹带沉积水和固体杂质所需的速度大于稳态下维持夹带物流动的速度。短期停输和降低输量均影响腐蚀风险程度。

6.3.3.2 紊流和流动扰动

紊流和流动扰动的影响取决于流速、流动方式、液态石油性质和沉积物(油渣和水)含量:

a) 弯头和焊缝结构引起的附加紊流可加强水相夹带作用,降低内腐蚀速率;

b) 紊流可促使水滴冲破薄油膜,润湿管壁导致局部腐蚀。

6.3.4 其他因素

6.3.4.1 破乳

两种不相溶液体(如油和水)充分混合时,其中一种液体会以液滴形态分散于另一种液体中。当混合等作用停止时混合液会随时间推移而分离成不同的相。

6.3.4.2 缓蚀剂

缓蚀剂对管道各段腐蚀的影响规律与加注点距离和加注方式有关。分批加注和连续加注的效果不同,且与清管频率有关,具体的影响规律如下:

a) 分批加注缓蚀处理管段的腐蚀更易发生于上游管段。下游管段可将上游管段析出的部分缓蚀剂再吸收,缓蚀作用时间更久。应于下游监测确定批次频率。

b) 连续加注缓蚀处理管段的腐蚀更易发生于下游管段。缓蚀剂残留浓度随距离而降低,保护效果减弱。加注点间距较长的管道应在上游管段作腐蚀监测。

6.3.4.3 微生物

对于存在微生物腐蚀的长距离管道,预测腐蚀严重程度时存在较大的不确定性。以微生物腐蚀为主要腐蚀机理的管道系统需进行附加检查。微生物腐蚀普遍发生在以下位置:

a) 可积水的位置;

b) 可积聚固体杂质的位置;

c) 长输管道的低点;

d) 介质流动性差或不流动的管段、管件(如盲管);

e) 焊缝和已发生点蚀的位置。

6.4 水和固体杂质积聚的临界倾角计算

6.4.1 应对每个检测区段采用流动模型计算可能产生水或固体杂质积聚的临界倾角。

6.4.2 积水处的腐蚀受有机或无机固体杂质的影响。固体杂质主要来源于液体中沉积物或管道表面氧化产物。针对每个确定的检测区段,检测人员应采用流动模型预测水、固体杂质积聚的临界倾角和速度。水积聚临界倾角的计算方法参见附录A,固体杂质积聚临界倾角的计算方法参见附录C。

6.4.3 已通过机械清管验证无沉积的管道不需进行固体杂质积聚分析。

6.4.4 同一个检测区段内的临界倾角不一定是常数值(应基于该位置的局部压力和温度等工艺参数计算),通常可将各临界倾角数值逐段标注于倾角与高程图上。

6.5 管道实际倾角计算

6.5.1 应对收集的管道高程图进行检测验证,管道埋深检测误差应不大于实际埋深的10%(埋深小于1 m的以1 m计算),高程测绘测量中误差不得大于±3 cm(相对于邻近控制点);不满足精度要求时,应重新检测。依据管道高程计算管道的实际倾角,绘制成管道实际倾角剖面图。

6.5.2 根据管道走向、位置与地形等因素,确定管道高程测量点的水平间距,该间距应能反应管道所有实际倾角变化。

6.5.3 检测人员应书面记录管道高程测量方法、高程数据及检测过程中所作的假设等。

6.5.4 实际倾角可由式(1)计算:

$$\alpha_a = \frac{180}{\pi}\arcsin\left(\frac{\Delta H}{\Delta L}\right) \quad \cdots\cdots\cdots\cdots(1)$$

式中:

α_a ——实际倾角,单位为度(°);

ΔH ——测点间的高程差,单位为米(m);

ΔL ——测点间的直线距离,单位为米(m)。

6.5.5 高程测量点的间距设定应能捕捉到所有倾角分布的变化。根据待评估管道及地形等确定最小间距。倾角纵面图的准确度主要取决于高程数据的精度。

6.5.6 高程数据的采集方法、所获取的高程数据、获取过程中所作的假设、倾角分布不确定性及其确定方法均应记录并归档。

6.6 内腐蚀位置识别

6.6.1 通过比较临界倾角与管道实际倾角大小,识别可能发生内腐蚀的位置,管道实际倾角大于临界倾角的沿流向上坡部位易发生水或固体杂质积聚导致内腐蚀(腐蚀位置预测应用举例参见附录D)。

6.6.2 管道走向、管件或管径改变易引发局部紊流变化、固体杂质积聚,导致依附录A方法确定的非腐蚀位置具备腐蚀条件。应对截断阀、管道变径处和液态石油注入点的下游接头以及地形或管道走向改变引起过度弯曲处下游等可能发生局部固体杂质沉积的位置,进行开挖检测。

6.6.3 若前期已识别出有内腐蚀存在,则与内腐蚀位置具有相似特性的位置可定为内腐蚀易发位置。

6.6.4 当预测的内腐蚀可能发生位置与历史数据严重不符时,则应确认所收集的数据的准确性以及所进行的计算结论的正确性。

7 开挖检测

7.1 概述

7.1.1 开挖检测的目的是通过对开挖段管道壁厚的检测判断开挖检测位置是否存在内腐蚀,

并以检测结果评估管道的整体内腐蚀情况。

7.1.2 需开挖检测的位置包括腐蚀位置预测阶段识别到的可能腐蚀位置和开挖检测过程中确定可能存在腐蚀的位置。开挖检测的一般流程如图 2 所示，与图 2 流程不符的变动或更优化的开挖检测流程(包括概率统计法)应先经技术论证合理、可行后实施，并做书面记录。

7.1.3 应至少选择一处内腐蚀可能性较小的位置进行开挖检测。

7.1.4 开挖检测过程中应依据相应标准或作业指导书开展管体壁厚无损检测工作。

7.1.5 对开挖检测过程发现的除内腐蚀之外的外腐蚀、机械损伤、应力腐蚀开裂等缺陷，应选择其他方法进行检测评估。

7.2 开挖检测实施过程

7.2.1 根据图 2 开挖检测流程，应从检测区段的起始处向下游顺序检测实际倾角大于临界倾角的管道位置。结束开挖检测的条件是连续两个检测位置未发现内腐蚀，并用下游第三个实际倾角大于临界倾角的检测位置进行验证。检测位置的选择还应遵守以下规定：

a) 当实际倾角都小于临界倾角时，应检测最大实际倾角位置。当存在内腐蚀时，选择下游的最大实际倾角部位进行检测；当没有内腐蚀时，检测下一个最大实际倾角位置作为验证。

b) 应在每个检测区段至少选取 2 处实际倾角最大的位置进行开挖检测。流体和固体杂质在长距离输送中可能分层，应将 5 km 以上的检测区段等分为三个子区段，并分别对每个子区段中实际倾角最大的 2 处位置进行开挖检测。子区段是指存在腐蚀的两个倾角之间或检测区段起始点与第一个倾角之间的连续管段。

c) 对每个检测区段，应对基于积水模型确定实际倾角最大的 2 处位置进行开挖检测。对存在2 处以上实际倾角最大位置的区段或子区段应增选检查点。

d) 对因流动扰动导致固体杂质积聚的管道，对每个检测区段或子区段选取实际倾角最大的 2 处位置进行开挖检测。管径或烃类密度增大均会加剧因流动扰动引起的固体杂质积聚。

e) 选取位置时应考虑现场检查的可实施性、维修维护历史及内部泄漏/失效历史；开挖检测位置应比对维修历史记录选取，以确定是否存在钢质或复合材料修复套管增加检查难度。由于内腐蚀与时间相关，应避免所选的位置位于曾换管的区段。

f) 有正反输送历史的管道，应对正反输送两个方向分别进行检测区段划分和开挖检测，考虑流向改变对所选择位置处腐蚀分布的影响。

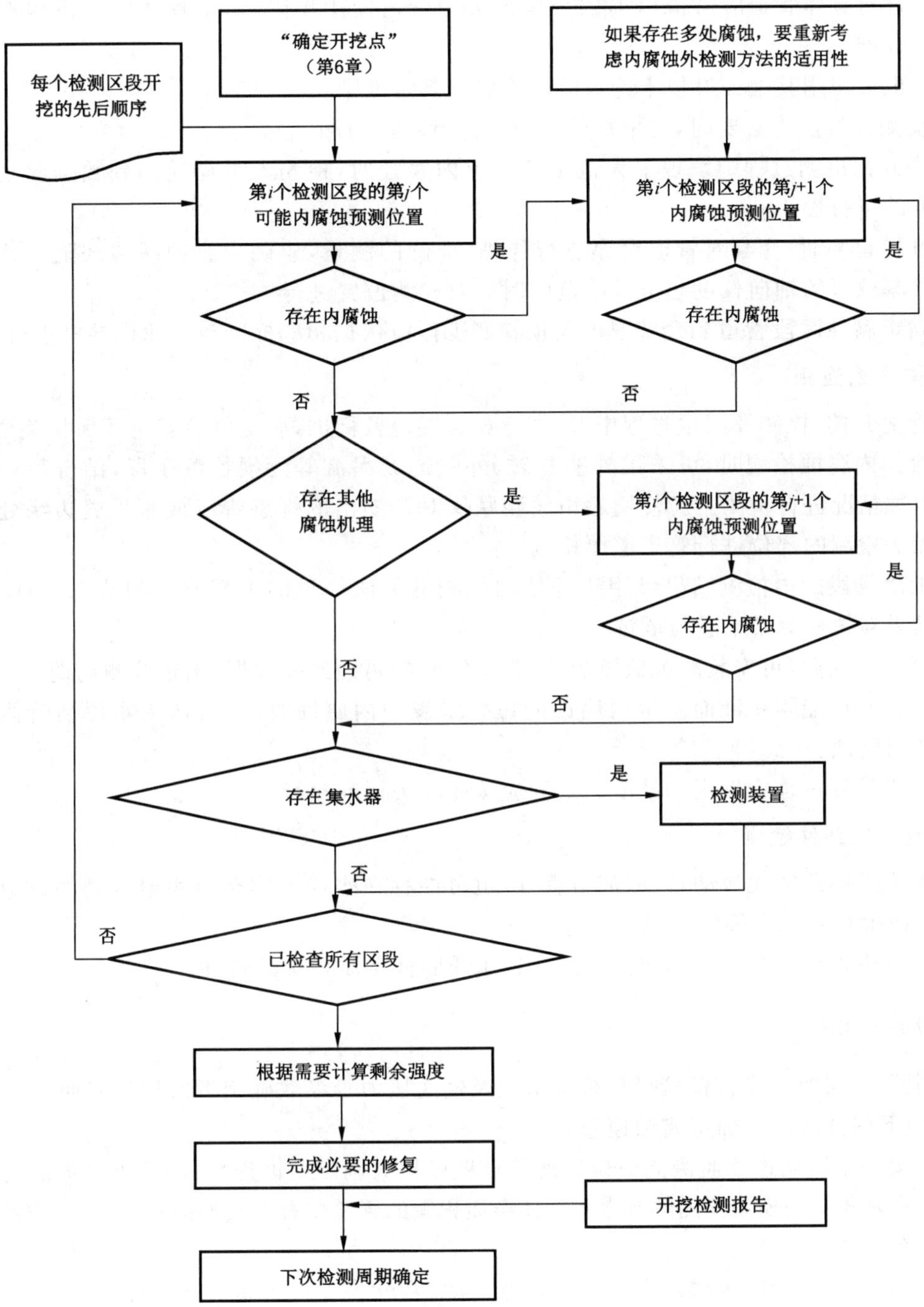

说明：图中 i，j 分别为从 1……n。

图 2　开挖检测流程图

7.2.2　应采用如下准则之一来判断是否存在严重的内腐蚀：

a)　当管道壁厚小于管道的最小安全壁厚时，认为管道存在内腐蚀金属损失并发生了严重的内腐蚀(考虑外腐蚀造成的壁厚减薄)；

b) 针对具体管道应考虑以前的金属损失和管道使用年限，制定具体的严重内腐蚀判别标准；

c) 也可使用其他经过技术论证的严重腐蚀判定准则。

7.2.3 检测人员认为必要时，可增加开挖位置进行验证检测。

7.2.4 当开挖检测过程中发现了大范围的严重内腐蚀时，检测人员应返回到数据收集阶段确认本标准的可行性。

7.2.5 开挖检测时，应当对管道壁厚进行详细、准确的测量，应确定腐蚀减薄缺陷尺寸及相对位置。壁厚减薄的轴向长度超出开挖范围时应对检测位置进行扩挖。

7.2.6 确定腐蚀区段管道剩余壁厚的无损检测工作应依据相应标准或作业指导书进行。

7.3 管体开挖检测

7.3.1 管道开挖、检测及回填过程中，应遵守相关规范及标准，满足健康安全环保相关要求。

7.3.2 管体内腐蚀检测时，可采用外壁漏磁、外壁远场涡流等无损检测手段，结合超声波测厚仪对内腐蚀情况进行检测。应使用超声波测厚仪对开挖出的螺旋焊缝或直焊缝边缘处其他检测手段无法检测的部位进行管道壁厚检测。

7.3.3 上游管段的内检测结果可用于评估内检测器无法通过的下游管道的状态，但应结合开挖检测结果对内检测结果进行验证。

7.3.4 管道开挖后，可安装腐蚀监测装置，根据监测的腐蚀速率数据，确定检测周期。

7.3.5 当最有可能因积液而发生内腐蚀的位置未发现内腐蚀时，则可认为本评估管段其他部位不存在内腐蚀。

7.3.6 对于检测过程中发现的缺陷的处理应按照相关标准执行。

7.4 其他设施部件检测

7.4.1 无临界倾角的无流动管件（如盲管等）也可能存在水或固体杂质积聚。例如三通位置因流向突然改变积聚水和固体杂质。

7.4.2 应至少检查一处因流动效应可能存在水或固体杂质积聚的管件。

8 检测周期确定

8.1 应根据内腐蚀程度、腐蚀速率、维修情况及输送压力等参数确定下次检测周期。

8.2 可用下列方法之一确定腐蚀速率：

a) 按一定周期连续监测同一位置的管道壁厚损失确定腐蚀速率（即监测管道的腐蚀量）；

b) 在基于流动模型预测的有水和固体杂质积聚的管道位置或典型的管道位置，安装腐蚀监测装置；

c) 基于操作条件、液体组分等关键因素，建立数学模型进行腐蚀速率计算；

d) 基于操作条件、液体组分等关键因素，通过实验室试验确定输送介质的腐蚀性。

8.3 可通过剩余寿命预测或剩余强度计算确定下次检测周期。未发现内腐蚀缺陷时不需计算内腐蚀剩余寿命，即管道不存在内腐蚀危险；存在内腐蚀的管道可依据发现的最严重缺陷计算内腐蚀剩余寿命。剩余强度可依据 GB/T 19624、GB/T 30582 等相关标准计算。

8.4 下次检测周期应不大于剩余寿命的一半。

9 记录和报告

9.1 记录

9.1.1 数据收集、腐蚀位置预测、开挖检测及检测周期确定各步骤相关的资料,包括所有决策和支持性的评价数据,都应清楚、简洁、可用的记录在案,在管道使用期内应妥善保存。

9.1.2 数据收集阶段应记录所有表1要求数据及数据来源。

9.1.3 腐蚀位置预测阶段应记录检测区段的特征、边界(地理参考位置)及管道实际倾角剖面图的测绘过程数据。

9.1.4 开挖检测阶段应记录所有检测的措施和决策,包括但不限于以下内容:

a) 开挖前、后收集的数据,包括金属腐蚀损失几何尺寸、用于识别其他可能腐蚀位置的数据,以及用于估算腐蚀速率的数据;

b) 内腐蚀减缓措施;

c) 开挖检测点的增加及其排序的依据和相关描述。

9.1.5 检测周期确定阶段应记录评价方法、评价依据、剩余寿命、剩余强度计算参数的确定及下次检测周期。

9.2 报告

9.2.1 检测报告的内容应以记录为依据。

9.2.2 检测报告应包括以下内容,但不仅限于这些:

a) 管道基本情况;

b) 数据收集:应简要说明数据来源,并特别注明有怀疑或矛盾的数据;

c) 检测区段划分情况:包括划分依据,边界的地理位置参考;

d) 管道实际倾角剖面图绘制:包括现场高程测量、管道埋深的检测数据及数据计算;

e) 临界倾角计算:包括计算使用的参数、计算过程及结果;

f) 开挖检测位置:包括开挖检测位置的选择依据及结果;

g) 开挖检测:包括检测过程、使用的仪器设备及检测数据;

h) 下次检测周期:包括剩余寿命或剩余强度的计算以及确定的下次检测周期;

i) 维护建议:需要时,对发现的严重腐蚀问题提出维护建议。

附　录　A
（资料性附录）
管道积水预测

A.1　概述

A.1.1　管道积水预测应考虑管道系统运行条件，如液体石油组分、压力、温度、流量、沉积物（油渣和水）等，选择适用的判定指标。

A.1.2　临界倾角和临界流速是管道积水预测的一个重要判定指标。计算临界倾角时应考虑稳定油包水分散溶液中最大液滴直径、重力以及流速等因素。在给定流动条件下，存在在紊流力作用下不会破裂的最大液滴直径，以及在重力作用下不会沉降、可以悬浮的临界液滴直径。这两个液滴直径数值相等时的流速/倾角，被定义为油包水分散系的临界速度/倾角。将管道的实际流速/倾角同该临界速度/倾角相比较，以确定稳定的油包水分散溶液是否会分离成为油层位于水层之上的分层流。

A.2　临界倾角计算过程

A.2.1　最大液滴直径

根据水相在油相中的分散特性，分别通过以下两种计算流程确定稀分散系与稠分散系的最大液滴直径，见式(A.1)～(A.20)：

a)　稀分散系

在稀分散系流动条件下，水滴悬浮于连续油相中独立运动，油水间作用力占主导地位，应满足式(A.1)：

$$(1-\varepsilon_w)\frac{\rho_m}{\rho_o}\approx 1 \qquad \cdots\cdots(A.1)$$

式中：

ε_w——含水率；

ρ_m——油水混合物密度，单位为千克每立方米(kg/m³)；

ρ_o——连续相(油)密度，单位为千克每立方米(kg/m³)。

最大液滴直径(d_{max})根据 Brauner 模型可以表示为式(A.2)：

$$\left(\frac{d_{max}}{D}\right)_{稀}=1.88\left[\frac{\rho_o(1-\varepsilon_w)}{\rho_m}\right]^{-0.4}We_m^{-0.6}Re_m^{0.08} \qquad \cdots\cdots(A.2)$$

式中：

D——管道内径，单位为米(m)；

We_m——混合相的韦伯数，见式(A.3)；

Re_m——混合相的雷诺数，见式(A.4)。

$$We_m=\frac{\rho_m DU_m^2}{\sigma_{ow}} \qquad \cdots\cdots(A.3)$$

$$Re_m=\frac{\rho_m DU_m}{\nu_m} \qquad \cdots\cdots(A.4)$$

式中：

U_m ——混合相入口速度，单位为米每秒(m/s)；

σ_{ow} ——油-水表面张力，单位为牛每米(N/m)；

ν_m ——混合相运动黏度，单位为平方米每秒(m^2/s)。

尽管管流中的紊流区段不均匀且呈各向异性，但经论证，当 $d_{max}<0.1D$ 时，可依式(A.2)计算两相流系统中稀分散相的 d_{max}。

对于液体系统，当连续相与分散相的密度近似相等时，$\varepsilon_w<1$。

d_{max}计算所需参数包括流体参数和几何参数。其中，流体参数有水相流量、油水混合物密度、烃相或油相流量；几何参数有管径和横截面积。

b) 稠分散系

当烃相内携带的水滴未完全悬浮，且存在相互作用力时，分散系应考虑采用稠分散系方法分析。稠分散系方法适用于任何原因导致含水率升高或油水混合物密度与油密度差别较大时。

在此情况下，油相流量 Q_o具有足以阻断水滴(流量为 Q_w)聚结的紊流能量。在聚结水相中，表面能量产生的速度与流动油相提供的紊流能量的生成速度成正比，见式(A.9)。

表面能量的变化主要分为以下四部分，见式(A.5)～(A.8)：

增加的油-水界面表面能(E_{s1})为：

$$E_{s1}=\frac{Q_w}{\varepsilon_w(\pi D^2/4)}L_1\sigma_{ow} \quad\cdots\cdots(A.5)$$

失去的油-水界面表面能(E_{s2})为：

$$E_{s2}=\frac{Q_w}{\pi d_{max}^3/6}\pi d_{max}^2\sigma_{ow} \quad\cdots\cdots(A.6)$$

增加的水-钢界面表面能(E_{s3})为：

$$E_{s3}=\frac{Q_w}{\varepsilon_w(\pi D^2/4)}L_2\sigma_{os} \quad\cdots\cdots(A.7)$$

失去的油-钢界面表面能(E_{s4})为：

$$E_{s4}=\frac{Q_w}{\varepsilon_w(\pi D^2/4)}L_2\sigma_{ws} \quad\cdots\cdots(A.8)$$

油相紊流能量等于四种表面能的变化，可得式(A.9)：

$$\frac{1}{2}\rho_o u'^2 Q_o=-E_{s1}+E_{s2}-E_{s3}+E_{s4} \quad\cdots\cdots(A.9)$$

其中 Q_w和 Q_o分别按照式(A.10)和(A.11)计算：

$$Q_w=U_{sw}A=U_m\varepsilon_w A \quad\cdots\cdots(A.10)$$

$$Q_o=U_{so}A=U_m(1-\varepsilon_w)A \quad\cdots\cdots(A.11)$$

以上各式中：

Q_w ——水相体积流量，单位为立方米每秒(m^3/s)；

Q_o ——油相体积流量，单位为立方米每秒(m^3/s)；

L_1 ——油-水界面的宽度，单位为米(m)；

L_2 ——水-钢界面的圆弧长度，单位为米(m)；

σ_{os} ——油-钢界面张力，单位为牛每米(N/m)；

σ_{ws} ——水-钢界面张力,单位为牛每米(N/m);

u' ——紊流脉动速度,单位为米每秒(m/s);

U_{so}——油层的折算速度,单位为米每秒(m/s);

U_{sw}——水层的折算速度,单位为米每秒(m/s);

A ——管道的横截面积,单位为平方米(m^2)。

根据 Young 方程,见式(A.12):

$$\sigma_{os}-\sigma_{ws}=\sigma_{ow}\cos\theta \qquad \cdots\cdots\text{(A.12)}$$

式中:

θ——油水接触角,单位为度(°)。

在各向同性均匀紊流中,紊流脉动速度与紊流能量耗散率 e 的关系为式(A.13):

$$u'^2=2(ed_{max})^{2/3} \qquad \cdots\cdots\text{(A.13)}$$

紊流耗散率与摩擦压降的关系为式(A.14):

$$e=\frac{\Delta P\ \frac{1}{4}\pi D^2 L}{\frac{1}{4}\pi D^2 L\rho_m \frac{L}{U_m}}=\frac{\Delta P U_m}{\rho_m L}=\frac{2fU_m{}^3}{D} \qquad \cdots\cdots\text{(A.14)}$$

式中:

ΔP ——摩擦压降,单位为帕(Pa);

f ——湍流摩阻系数;

L ——管道长度,单位为米(m)。

最大液滴直径$(d_{max})_{稠}$可以表示为式(A.15):

$$\left[\frac{(d_{max})_{稠}}{D}g2U_m^3 f\right]^{\frac{2}{3}}=\frac{Q_w}{\rho_o Q_o}\left[\frac{6\sigma_{ow}}{(d_{max})_{稠}}-\frac{4L_1}{\varepsilon_w \pi D^2}\sigma_{ow}\right]+\frac{Q_w}{\rho_o Q_o}\frac{4L_2}{\varepsilon_w \pi D^2}\sigma_{ow}\cos\theta \qquad \cdots\cdots\text{(A.15)}$$

在给定的流体系统和运行条件下,可存在的最大液滴直径为通过稀分散系或稠分散系方法(A.2.1.1 和 A.2.1.2)计算所得的两个值中的较大者,见式(A.16):

$$\frac{d_{max}}{D}=\max\left\{\left(\frac{d_{max}}{D}\right)_{稀},\left(\frac{d_{max}}{D}\right)_{稠}\right\} \qquad \cdots\cdots\text{(A.16)}$$

A.2.2 临界液滴直径

通过重力和紊流力平衡,可得出重力作用导致液滴发生沉降的临界液滴直径(d_{crit}),见式(A.17):

$$\frac{d_{crit}}{D}=\frac{3}{8}\frac{\rho_o}{|\Delta\rho|}\frac{fU_m{}^2}{Dg\cos\alpha}=\frac{3}{8}f\frac{\rho_o}{|\Delta\rho|}Fr_m \qquad \cdots\cdots\text{(A.17)}$$

公式中弗劳德数(Fr_m)可由式(A.18)得出:

$$Fr_m=\frac{U_m{}^2}{Dg\cos\alpha} \qquad \cdots\cdots\text{(A.18)}$$

油水密度差可由式(A.19)得出:

$$|\Delta\rho|=|\rho_o-\rho_w| \qquad \cdots\cdots\text{(A.19)}$$

以上各式中:

α ——管道的倾角,单位为度(°);

$\Delta\rho$ ——油水密度差,单位为千克每立方米(kg/m^3);

g ——重力加速度,取9.81,单位为米每平方秒(m/s^2);

ρ_w ——水的密度,单位为千克每立方米(kg/m^3);

f ——湍流摩阻系数,由式(A.20)可计算。

$$f = 0.046/Re_m^{0.2} \qquad \cdots\cdots (A.20)$$

当油相紊流强度足以维持水相最大液滴直径 d_{max}(该尺寸应小于临界液滴直径 d_{crit},即 $d_{max} < d_{crit}$)时,分层流会向稳定油包水分散溶液转变。

A.2.3 真实水速的估算

A.2.3.1 真实水速的估算目的

估计真实水速的目的是为了确定烃相不携带水而出现局部聚集现象(例如斜坡上游管段)的局部检查位置。此类位置的水速接近于零,易发生积聚而导致内腐蚀概率增大。

A.2.3.2 三相分层流模型

当液态石油输送管道完全充满液相(如没有明显的气相)时,建立三相分层流模型。当混合物流速较大时,油水分层流在管内的分布形态不再是平稳的两层流(油层-水层),油水界面区段由于强烈的黏性剪切力会形成一层较薄的混合层,此时,管内为三层流状态,从上到下依次为油层、混合层、水层,如图A.1所示。

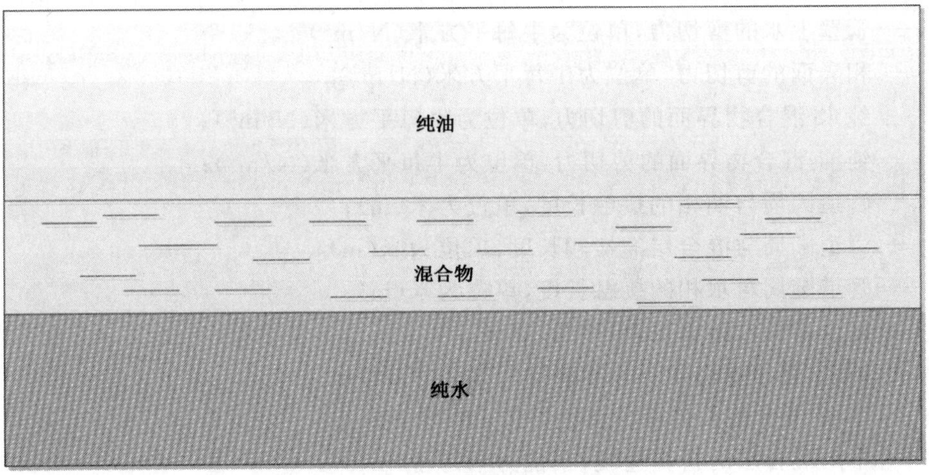

图A.1 油水分层流动示意图

对于每一层,取微元柱体,如图A.2所示,根据压力梯度、切应力、重力的平衡关系,可建立方程,见式(A.21)

$$\begin{cases} -A_o\left(\dfrac{dP}{dx}\right) - \tau_o S_o - \tau_{i2} S_{i2} - \rho_o A_o g \sin\alpha = 0 \\ -A_m\left(\dfrac{dP}{dx}\right) - \tau_m S_m - \tau_{i1} S_{i1} + \tau_{i2} S_{i2} - \rho_m A_m g \sin\alpha = 0 \\ -A_w\left(\dfrac{dP}{dx}\right) - \tau_w S_w + \tau_{i1} S_{i1} - \rho_w A_w g \sin\alpha = 0 \end{cases} \qquad \cdots\cdots (A.21)$$

消去压力梯度项后得到式(A.22):

$$\begin{cases}\tau_m \dfrac{S_m}{A_m}-\tau_w \dfrac{S_w}{A_w}-\tau_{i2} \dfrac{S_{i2}}{A_m}+\tau_{i1}\left(\dfrac{S_{i1}}{A_m}+\dfrac{S_{i1}}{A_w}\right)+(\rho_m-\rho_w) g \sin\alpha=0 \\ \tau_o \dfrac{S_o}{A_o}-\tau_m \dfrac{S_m}{A_m}-\tau_{i1} \dfrac{S_{i1}}{A_m}+\tau_{i2}\left(\dfrac{S_{i2}}{A_m}+\dfrac{S_{i2}}{A_w}\right)+(\rho_o-\rho_m) g \sin\alpha=0\end{cases} \quad \cdots\cdots(A.22)$$

根据实验测得结果，中间混合层的流速近似为入口流速，根据每一层流量守恒，可以得到式(A.23)：

$$\begin{cases}U_{oi} \cdot A_o=A \cdot U_{so}=A \cdot [U_{soi}-(1-\varepsilon_w) \cdot U_{sm}] \\ U_{mi} \cdot A_m=A \cdot U_{sm} \\ U_{wi} \cdot A_w=A \cdot U_{sw}=A \cdot (U_{swi}-\varepsilon_w \cdot U_{sm})\end{cases} \quad \cdots\cdots\cdots\cdots(A.23)$$

以上各式中：

U_{oi} ——油层的真实速度，单位为米每秒(m/s)；
U_{mi} ——中间混合层的真实速度，单位为米每秒(m/s)；
U_{wi} ——水层的真实速度，单位为米每秒(m/s)；
A_o ——油层所占的横截面积，单位为平方米(m^2)；
A_m ——混合层所占的横截面积，单位为平方米(m^2)；
A_w ——水层所占的横截面积，单位为平方米(m^2)；
τ_o ——管壁上油的剪切力，单位为牛每平方米(N/m^2)；
τ_m ——管壁上混合物的剪切力，单位为牛每平方米(N/m^2)；
τ_w ——管壁上水的剪切力，单位为牛每平方米(N/m^2)；
τ_i ——相界面的剪切力，单位为牛每平方米(N/m^2)；
τ_{i1} ——纯水-混合物界面的剪切力，单位为牛每平方米(N/m^2)；
τ_{i2} ——纯油-混合物界面的剪切力，单位为牛每平方米(N/m^2)；
S_o ——管道圆周与油相的接触长度，单位为米(m)；
S_m ——管道圆周与混合层的接触长度，单位为米(m)；
S_w ——管道圆周与水相的接触长度，单位为米(m)；
S_i ——相界面的接触周长，单位为米(m)；
S_{i1} ——纯水-混合物相界面的接触周长，单位为米(m)；
S_{i2} ——纯油-混合物相界面的接触周长，单位为米(m)；
U_{sm} ——中间混合层的折算速度，单位为米每秒(m/s)；
U_{soi} ——入口油相折算速度，单位为米每秒(m/s)；
U_{swi} ——入口水相折算速度，单位为米每秒(m/s)。

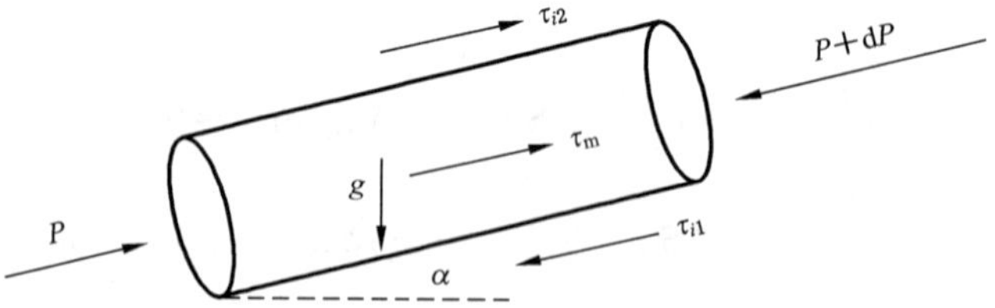

图 A.2 微元柱体力学模型示意图

依据 Taitel 和 Dukler 模型，剪切应力可由 Blasius-type 公式估算，见式(A.24)和

式(A.25)。

$$\tau_o = f_o \frac{\rho_o U_o^2}{2} \quad \cdots\cdots(A.24)$$

$$\tau_w = f_w \frac{\rho_w U_w^2}{2} \quad \cdots\cdots(A.25)$$

式中,f_o和 f_w分别为油相和水相与管壁之间的摩阻系数,由式(A.26)和式(A.27)确定。

$$f_o = C\left(\frac{D_o U_o}{\nu_o}\right)^{-n} \quad \cdots\cdots(A.26)$$

$$f_w = C\left(\frac{D_w U_w}{\nu_w}\right)^{-n} \quad \cdots\cdots(A.27)$$

式中:

ν_o ——油的运动黏度,单位为平方米每秒(m^2/s);

ν_w ——水的运动黏度,单位为平方米每秒(m^2/s);

D_o——油的水力直径,单位为米(m);

D_w——水的水力直径,单位为米(m);

U_o——油的真实速度,单位为米每秒(m/s);

U_w——水的真实速度,单位为米每秒(m/s)。

常数 C 和 n 取值为:层流时,$C=16$,$n=1$;紊流时,$C=0.046$,$n=0.2$。

层间界面剪切力(τ_i)可由式(A.28)得出。

$$\tau_i = f_i \frac{\rho(U_{wi} - U_{oi})\left|U_{wi} - U_{oi}\right|}{2} \quad \cdots\cdots(A.28)$$

式中:

ρ ——流速较快层的密度,单位为千克每立方米(kg/m^3);

f_i——流速较快层的摩阻系数。

动量平衡方程中的所有参数均可表示为界面高度的函数。因此,在油、水流速给定的条件下,对方程求解即可得出界面高度,并计算积水量和压降。

A.3 补充说明

本附录主要针对输油管道内腐蚀外检测区段,依据管道运行条件(如输送介质组分、压力、温度、流速等)选取适用的模型,计算积水临界倾角和携带水最小速度。模型主要包括四部分:

a) 最大液滴直径 d_{max}计算:

计算在油水体系中所能存在的最大液滴尺寸,将油水体系按照稀分散系和稠分散系区别对待:

1) 当水滴单独存在、悬浮于连续烃相中,视为稀分散液;

2) 当水滴非完全悬浮、存在明显相互作用力时,视为稠分散液。

b) 临界液滴直径 d_{crit}计算:

计算在油水体系中因重力影响导致水滴发生沉降分离的临界液滴直径。

c) 积液评判:

1) 最大液滴直径 d_{max}小于携带水临界值 d_{crit}时出现油包水分散流;

2) 最大液滴直径大于 d_{crit}时,水滴会在水平流动中因重力作用或在垂直流动中因变形、乳化而分层分离，进而形成积液。

d) 临界倾角与临界流速确定：

1) 对于临界倾角的计算，使最大液滴直径 d_{max} 等于携带水临界值 d_{crit}，将实际流速带入模型中，求得管道倾角 α，该数值即计算工况下的临界倾角。

2) 对于临界流速的计算，同样使最大液滴直径 d_{max} 等于携带水临界值 d_{crit}，而将实际管道倾角带入模型中，求得实际流速，该数值即计算工况下的临界流速。

e) 分层流模型主要用于计算最大液滴直径和临界液滴直径所需的流速参数。

附 录 B
(资料性附录)
润湿性测定

B.1 接触角法

一液滴(油)附着在浸泡于另一液体(水)中的平滑且无空隙的均质固体表面上,与固体表面形成一个接触角。通过考虑所涉及界面的相对表面能量,可以预测钢管表面水取代烃的趋势。如果系统能量因该作用而降低,则烃-钢界面会被水-钢界面取代。

当测得的水接触角介于 90°和 180°之间时,宜预测烃取代水发生,为油润湿;当水接触角介于 0°和 90°之间时,宜预测水取代烃发生,为水润湿。

测量接触角的方法有光学投影法、吊板法、圆筒法以及 Washburn 法。实验室测量主要步骤包括:

a) 试件打磨(600 目);

b) 将试件置于盛有蒸馏水的烧杯中;

c) 用注射器向水中注入油,使油黏附在试件表面;

d) 测量接触角并留取影像资料。

B.2 扩散法

利用以不同间距放置的两个探针测得乳化液的电导率。水湿润表面由于油与钢无亲和力,会在所有探针之间测得良好的电导率(通常 1 kΩ~2 kΩ);油湿润表面由于油与钢有亲和力,则探针之间测量不到电导率;混合湿润表面则会在部分探针之间测量到电导率。

附 录 C
(资料性附录)
固体杂质积聚预测

C.1 固体杂质积聚模型

C.1.1 概述

应考虑管道系统运行条件,如液体石油组分、压力、温度、流量、沉积物(油渣和水)等,选择适用的模型。

沉降出的固体颗粒通常所含杂质(如细菌和有机氯化物)浓度较高,且杂质会紧密黏附在管道底部。通常部分固体物质的亲水性表面会携带一定量的附着水,即使无连续水相也可能引发腐蚀。因此,需对固体材料沉积机理有所了解。

固体杂质积聚应考虑连续流动分析与流动扰动两类影响因素。连续流动分析用于评估理想管道流动条件及积聚沉淀物的敏感性;而部分管道则因流动扰动导致的内腐蚀破坏程度更高。

C.1.2 连续流动分析

基于混合物流速识别各类流动模式。如果流速足够快,固体颗粒会因为紊流而悬浮。当流速降低时,密度大于流体密度的固体颗粒会沉降并聚集在管道底部,形成移动的沉积层。当作用在固体颗粒上的总驱动力小于阻止固体颗粒运动的总阻力时,固体颗粒就会在管道底部聚集形成静止的沉积层。

为确定固体是否沉积于管道底部,应计算其在沉积层中的最小速度。沉积层颗粒最小速度可由作用在移动沉积层最底层固体颗粒上的驱动力矩和反力矩的平衡得出。通常以停留于静止沉积层上部相邻移动沉积层且处于临界运动状态的颗粒为典型颗粒,示意图见图 C.1。此时,由流体对颗粒的拖拽力产生的驱动转矩应与由颗粒和位于移动沉积层上颗粒的浮力产生的反抗转矩应相互平衡。

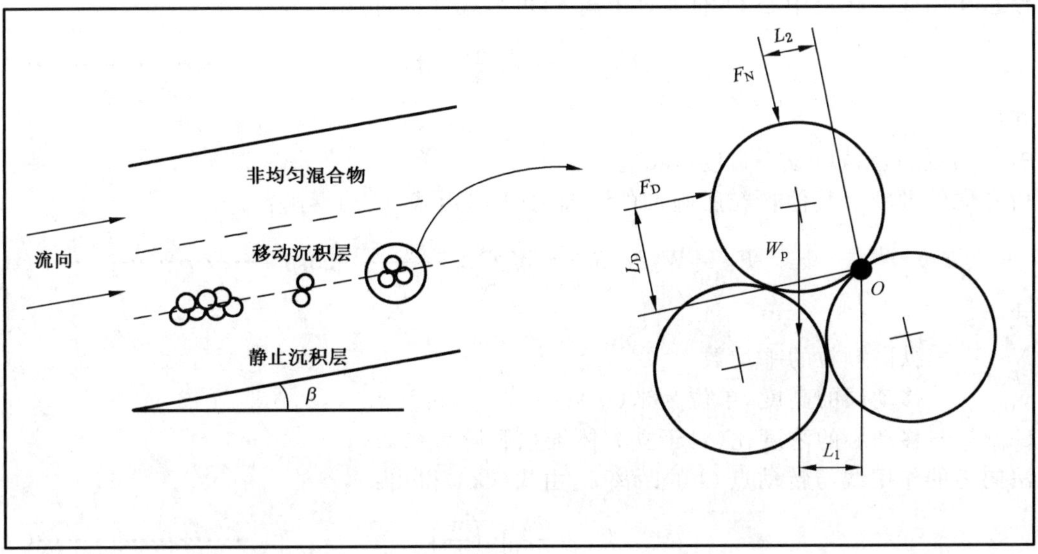

图 C.1 三层模型示意图及移动沉积与静止沉积层间界面颗粒上作用力的示意图

驱动力矩为 $F_D L_D$，其中 F_D为介质所施加的驱动力，L_D是驱动力作用线与转动中心(图 C.1 中的 O 点)的垂直距离。驱动力可由式(C.1)计算：

$$F_D = 0.5\rho_L U_L^2 C_D A_p \qquad \text{(C.1)}$$

式中：

ρ_L——液相密度，单位为千克每立方米(kg/m^3)；

U_L——液相速度，单位为米每秒(m/s)；

A_p——流动平面上颗粒的投影面积，单位为平方米(m^2)；

C_D——颗粒阻力系数，取决于颗粒的雷诺数 Re_p，见式(C.2)～(C.4)。

$$Re_p = \rho_L U_{PL} d_P / \mu_L \qquad \text{(C.2)}$$

$$C_D = 18.5\, Re_p^{-0.6} \quad 0.1 < Re_p < 500 \qquad \text{(C.3)}$$

$$C_D = 0.44 \quad 500 < Re_p < 2 \times 10^5 \qquad \text{(C.4)}$$

L_D穿过 A_p的质心，见式(C.5)：

$$L_D = \frac{d_p}{2}\left(\sin\frac{\pi}{3} + 0.013\ 7\right) \qquad \text{(C.5)}$$

式中：

U_{PL}——颗粒与流体的相对速度，单位为米每秒(m/s)；

μ_L——流体的黏度，单位为帕秒(Pa·s)；

d_p——固体颗粒的直径，单位为米(m)。

反作用力矩与颗粒浮重($W_p L_1$)及施加在移动沉积层上固体颗粒的作用力相反。

颗粒的浮重 W_p由式(C.6)得出：

$$W_p = \frac{1}{6}\pi(\rho_S - \rho_L) g d_p^3 \qquad \text{(C.6)}$$

式中：

W_p——颗粒的浮重，单位为牛(N)；

ρ_S——固体的密度，单位为千克每立方米(kg/m^3)。

浮重作用线与转动中心 O 的垂直距离 L_1 可由式(C.7)得出：

$$L_1=\frac{d_p}{2}\sin\left(\frac{\pi}{6}+\beta\right) \qquad \text{(C.7)}$$

式中：

β——管道倾角，单位为弧度(rad)。

所考虑的颗粒上其他颗粒所施加的法向力(F_N)由式(C.8)得出：

$$F_N=W_pN\cos\beta=W_pC_{mb}\frac{y_{mb}-d_p}{d_p}\cos\beta \qquad \text{(C.8)}$$

式中：

N ——纵向颗粒的平均数；

y_{mb} ——移动层的高度，单位为米(m)；

C_{mb} ——移动层的浓度比(对于立方体堆积假设为0.52)。

法向力的作用线与转动点 O 的距离 L_2 由式(C.9)得出：

$$L_2=\frac{d_p}{2}\sin\left(\frac{\pi}{6}\right) \qquad \text{(C.9)}$$

通过驱动力矩等与反作用力矩的平衡关系式，即可得出最小沉降速度(U_L)，见式(C.10)：

$$U_L=\sqrt{\frac{1.559(\rho_S-\rho_L)gd_p\left[\sin\left(\frac{\pi}{6}+\beta\right)+\frac{\cos\beta}{2}C_{mb}\left(\frac{y_{mb}}{d_p}-1\right)\right]}{\rho_LC_D}} \qquad \text{(C.10)}$$

C.1.3 流动扰动的影响

由管道管件、阀门、直径变化、流向变化及注入位置等引起的流动扰动会对运行管道产生紊流变化。

最易受影响的管段的此类扰动可能会影响流体输送沉积层的能力，引起固体物质沉淀，从而加速腐蚀。

最易受影响的管段特征如下：

——管径大(>400 mm)；

——高密度石油介质(>900 kg/m³)；

——中-低流速(<1.2 m/s)；

——可测量底部沉淀量(低于0.05%)。

上述管段应依据引起扰动的原因来选择直接检查位置：

——阀门(下游接头或最小5 m范围内)；

——管径增大(下游接头或最小5 m范围内)；

——过度弯曲(过度弯曲位置下游5 m范围内)；

——加注点(加注点下游5 m范围内)。

C.2 补充说明

由于本附录中移动沉积层高度和固体颗粒的直径变化很大，而且实际操作存在局限性，现场很难测得，其对腐蚀的影响程度没有积水对腐蚀的影响显著，因此，本附录仅作为参考，腐蚀位置预测主要依靠积水预测来完成。

附　录　D
(资料性附录)
输油管道内腐蚀外检测腐蚀位置预测应用举例

D.1　管道基本情况

所评价管道全长 302.2 km,外径 426 mm、壁厚 8 mm、内径 410 mm,管道为 X52 螺旋埋弧焊钢管,输送介质为含水原油。管道的相关参数见表 D.1,原油和水的物性参数见表 D.2。

表 D.1　管道相关参数

参数	设计压力 MPa	运行压力 MPa	设计温度 ℃	运行温度 ℃	混合相入口速度 m/s
数值	6.27	3	40	37	0.31

表 D.2　原油和水的物性参数

参数	油的密度 kg/m^3	油相运动黏度 m^2/s	水的密度 kg/m^3	水相运动黏度 m^2/s
数值	841.5	3.94×10^{-6}	988.1	5.47×10^{-6}

D.2　临界倾角计算

D.2.1　最大液滴直径

根据水相在油相中的分散特性,分别通过以下两种计算流程确定稀分散系与稠分散系的最大液滴直径。例中计算临界倾角所需的参数为管道内径(D)、油水混合物密度(ρ_m)、油相体积流量(Q_o),水相体积流量(Q_w)、重力加速度(g)和含水率(ε_w);其中重力加速度(g)取 9.81 m/s^2,含水率(ε_w)为 30%。

a)　稀分散系

在稀分散系流动条件下,水滴悬浮于连续油相中独立运动,油水间作用力占主导地位。需满足以下条件,见式(D.1)。

$$(1-\varepsilon_w)\frac{\rho_m}{\rho_o}\approx 1 \qquad \cdots\cdots(D.1)$$

油水混合物密度如式(D.2)所示:

$$\rho_m=\varepsilon_w\rho_w+(1-\varepsilon_w)\rho_o \qquad \cdots\cdots(D.2)$$

代入相关参数得:

$\rho_m=30\%\times988.1+(1-30\%)\times841.5=885.48\ kg/m^3$

$(1-\varepsilon_w)\frac{\rho_m}{\rho_o}=(1-30\%)\times\frac{885.48}{841.5}=0.737$

计算结果小于 95%,不能近似等于 1,所以采用稠分散系计算最大液滴直径。

b)　稠分散系

稠分散系方法适用于任何原因导致含水率升高或油水混合物密度与油密度差别较大时。在此情况下,油相体积流量Q_o具有足以阻断水滴(水相体积流量为Q_w)聚结的紊流能量。在聚结水相中,表面能量产生的速度与由流动油相提供的紊流能量的生成速度成正比。

表面能量的变化主要分为以下四部分,见式(D.3)~(D.6):

增加的油-水界面表面能(E_{s1})为:

$$E_{s1}=\frac{Q_w}{\varepsilon_w(\pi D^2/4)}L_1\sigma_{ow} \quad \cdots\cdots(D.3)$$

失去的油-水界面表面能(E_{s2})为:

$$E_{s2}=\frac{Q_w}{\pi d_{max}^3/6}\pi d_{max}^2\sigma_{ow} \quad \cdots\cdots(D.4)$$

增加的水-钢界面表面能(E_{s3})为:

$$E_{s3}=\frac{Q_w}{\varepsilon_w(\pi D^2/4)}L_2\sigma_{os} \quad \cdots\cdots(D.5)$$

失去的油-钢界面表面能(E_{s4})为:

$$E_{s4}=\frac{Q_w}{\varepsilon_w(\pi D^2/4)}L_2\sigma_{ws} \quad \cdots\cdots(D.6)$$

油相紊流能量等于四种表面能的变化,见式(D.7):

$$\frac{1}{2}\rho_o u'^2 Q_o=-E_{s1}+E_{s2}-E_{s3}+E_{s4} \quad \cdots\cdots(D.7)$$

以上各式中:

L_1 ——油-水界面的宽度,单位为米(m);

L_2 ——水-钢界面的圆弧长度,单位为米(m);

σ_{os} ——油-钢界面张力,单位为牛每米(N/m);

σ_{ws} ——水-钢界面张力,单位为牛每米(N/m);

u' ——紊流脉动速度,单位为米每秒(m/s)。

根据 Young 方程,见式(D.8):

$$\sigma_{os}-\sigma_{ws}=\sigma_{ow}\cos\theta \quad \cdots\cdots(D.8)$$

式中:

θ——油水接触角,单位为度(°)。

在各向同性均匀紊流中,紊流脉动速度与紊流能量耗散率 e 的关系见式(D.9):

$$u'^2=2(ed_{max})^{2/3} \quad \cdots\cdots(D.9)$$

紊流耗散率与摩擦压降的关系 e 见式(D.10):

$$e=\frac{\Delta P\ \frac{1}{4}\pi D^2 L}{\frac{1}{4}\pi D^2 L\rho_m\frac{L}{U_m}}=\frac{\Delta P U_m}{\rho_m L}=\frac{2fU_m^3}{D} \quad \cdots\cdots(D.10)$$

式中:

f——湍流摩阻系数,无量纲,由式(D.11)计算。

$$f=0.046/Re_m^{0.2} \quad \cdots\cdots(D.11)$$

最大液滴直径$(d_{max})_{稠}$见式(D.12)：

$$\left[\frac{(d_{max})_{稠}}{D}g2U_m^3f\right]^{\frac{2}{3}}=\frac{Q_w}{\rho_oQ_o}\left[\frac{6\sigma_{ow}}{(d_{max})_{稠}}-\frac{4L_1}{\varepsilon_w\pi D^2}\sigma_{ow}\right]+\frac{Q_w}{\rho_oQ_o}\frac{4L_2}{\varepsilon_w\pi D^2}\sigma_{ow}\cos\theta \quad \cdots\cdots(D.12)$$

式中：L_1和L_2由A.2.3.2三相分层流模型计算确定，L_1和L_2取值分别为0.203 38 m和0.22 m；σ_{ow}取值为2.036×10^{-6} N/m；θ取值为120°。

$$Q_w=U_{sw}A=\frac{3}{10}U_mA=0.3\times0.31\times\frac{\pi}{4}\times0.41^2\ m^3/s=0.012\ 28\ m^3/s$$

$$Q_o=U_{so}A=\frac{7}{10}U_mA=0.7\times0.31\times\frac{\pi}{4}\times0.41^2\ m^3/s=0.028\ 65\ m^3/s$$

$$\nu_m=\nu_w\varepsilon_w+\nu_o(1-\varepsilon_w)=5.47\times10^{-6}\times0.3+3.94\times10^{-6}\times(1-0.3)=4.399\times10^{-6}$$

$$Re_m=\frac{DU_m}{\nu_m}=\frac{0.41\times0.31}{4.399\times10^{-6}}=28\ 892.93>2\ 000$$，则处于紊流状态。

$$f=\frac{0.046}{(Re_m)^{0.2}}=\frac{0.046}{28\ 892.93^{0.2}}=5.897\times10^{-3}$$

$$\left[\frac{(d_{max})_{稠}}{0.41}\times2\times0.31^3\times5.897\times10^{-3}\right]^{\frac{2}{3}}$$

$$=\frac{0.012\ 28}{841.5\times0.028\ 65}\times2.036\times10^{-6}\left[\frac{6}{(d_{max})_{稠}}-\frac{4\times0.203\ 38}{0.3\pi\times0.41^2}+\frac{4\times0.22}{0.3\pi\times0.41^2}\cos120°\right]$$

使用Matlab计算上列方程，解得：$(d_{max})_{稠}=1.258\times10^{-4}$ m。

则$d_{max}=(d_{max})_{稠}=1.258\times10^{-4}$ m。

D.2.2 重力的影响

计算临界倾角时应考虑稳定油包水分散溶液中最大液滴直径、重力以及流速等因素。在给定流动条件下，存在在紊流力作用下不会破裂的最大液滴直径，及在重力作用下不会沉降、可以悬浮的最大液滴直径。这两个液滴直径数值相等时的流速，被定义为油包水分散体的临界速度，从而推算出临界倾角。

通过重力和紊流力平衡，可得出重力作用导致液滴发生沉降的临界液滴直径d_{crit}，见式(D.13)：

$$\frac{d_{crit}}{D}=\frac{3}{8}\frac{\rho_o}{|\Delta\rho|}\frac{fU_m^2}{Dg\cos\alpha}=\frac{3}{8}f\frac{\rho_o}{|\Delta\rho|}Fr_m \quad \cdots\cdots(D.13)$$

公式中弗劳德数(Fr_m)可由式(D.14)得出：

$$Fr_m=\frac{U_m^2}{Dg\cos\alpha} \quad \cdots\cdots(D.14)$$

油水密度差可由式(D.15)得出：

$$|\Delta\rho|=|\rho_o-\rho_w| \quad \cdots\cdots(D.15)$$

式中：

α ——管道的倾角，单位为度(°)；

$\Delta\rho$ ——油水密度差，单位为千克每立方米(kg/m³)。

$$Fr_m=\frac{U_m^2}{Dg\cos\alpha}=\frac{0.31^2}{0.41\times9.8\times\cos\alpha}=\frac{0.024}{\cos\alpha}$$

$d_{max}=d_{crit}$，则

$$\frac{d_{crit}}{D}=\frac{3}{8}f\ \frac{\rho_o}{|\Delta\rho|}Fr_m\text{，即}\left(\frac{1.258\times10^{-4}}{0.41}\right)=\frac{3}{8}\times5.897\times10^{-3}\times\frac{841.5}{146.6}\times\frac{0.024}{\cos\alpha}$$

解得 $\cos\alpha=0.992\ 8$，则 $\alpha=6.9°$。

则该管道在此输量下的管道临界倾角是 6.9°。

D.3 实际倾角检测计算

将管道实际倾角和临界倾角叠加在一张图中，以便确定直接检测/检查相关位置点。海拔高度剖面由全球卫星定位系统 GPS 和管道检测仪共同确定。GPS 可确定具体位置和地面海拔，管道检测仪可确定管道埋深。管道实际倾角大小可由这些数据计算得来。对于每一段，实际倾角可由式(D.16)得到：

$$\alpha_a=\frac{180}{\pi}\arcsin\left(\frac{\Delta H}{\Delta L}\right) \qquad \cdots\cdots\cdots\cdots\cdots\cdots(D.16)$$

式中：

α_a ——管道实际倾角，单位为度(°)；

ΔH——测点间的高程差，单位为米(m)；

ΔL ——测点间的直线距离，单位为米(m)。

根据现场所测高程数据绘制腐蚀管段和实际倾角剖面图。以起始点和终止点分别为 283 km 和 285 km 的实际检测管段为例，管段高程剖面和实际倾角示例图见图 D.1。

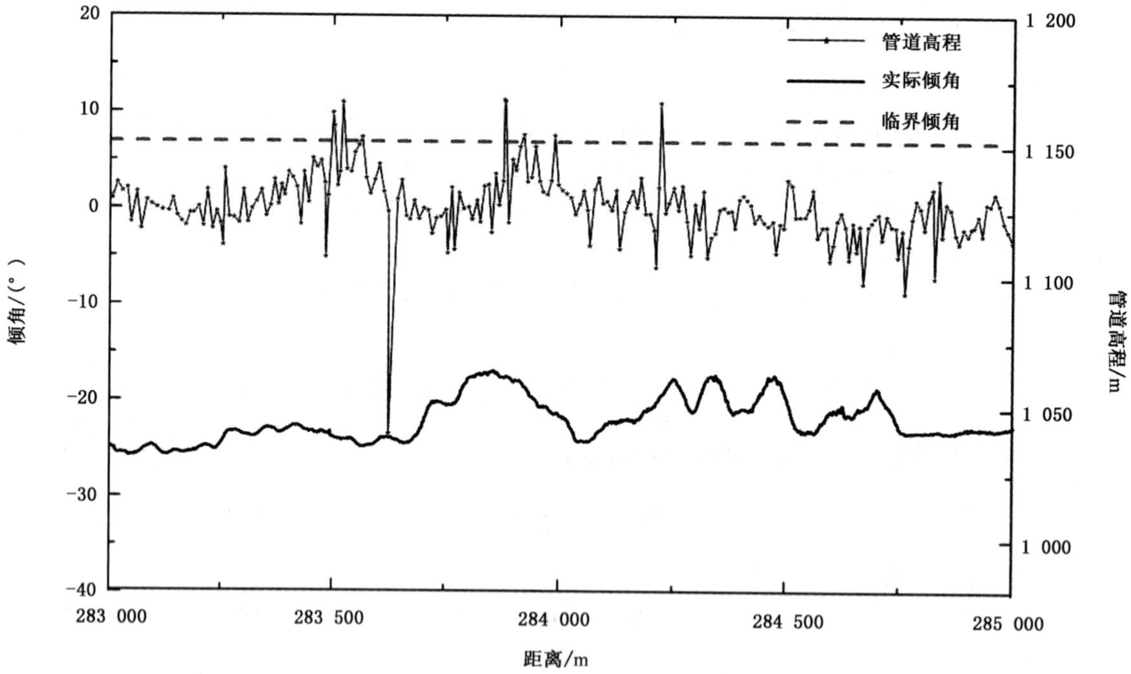

图 D.1 高程剖面和实际倾角示例图

D.4 临界倾角与实际倾角比较

根据实际现场检测结果以及腐蚀位置预测结果知,283 km～285 km 区段为严重腐蚀区段,图 D.1 详细标识出了严重腐蚀区段的实际倾角值大于临界倾角值的位置点。表 D.3 列出了该区段具体的定性检测结果。

表 D.3 示例-检测结果

检测序号	检测区段	位置/km	倾角/(°)	是否腐蚀
1	283 km～285 km	283.50	9.88	是
2	283 km～285 km	283.52	10.99	是
3	283 km～285 km	283.56	7.37	否
4	283 km～285 km	283.88	11.29	是
5	283 km～285 km	283.88	11.12	是
6	283 km～285 km	283.92	7.67	否
7	283 km～285 km	284.22	10.97	否

D.5 实测理论对比分析

在上述所测严重腐蚀区段,实际倾角数据如图 D.1 所示,临界倾角线是 6.9°的虚线。本例中,超过临界倾角的部位与实际检测的腐蚀部位做了对比如表 D.3 所示。管道沿线大于此角的位置是积液发生最有可能的位置,也是该管线运行的危险位置,应重点加大检测比例,而表中大于 6.9°的个别位置未发生严重腐蚀是由于为了保证尽可能地不遗漏易发生腐蚀的点,临界倾角计算模型中对临界倾角的取值较保守,因此个别预测位置未出现严重腐蚀,但是这样可保证发生腐蚀的点都在预测的位置范围内。

根据高程检测及流场分析结果,管线高程变化出现"V"字形变化的区段更容易出现腐蚀,应将高程相对低洼点和顺流向上坡部位作为重点部分进行开挖检测。

参 考 文 献

[1] NACE SP0208—2008 Internal Corrosion Direct Assessment Methodology for Liquid Petroleum Pipelines.

ICS 23.040.01
E 16

中华人民共和国国家标准

GB/T 36676—2018

埋地钢质管道应力腐蚀开裂(SCC)外检测方法

External inspection methodology of stress corrosion cracking(SCC) for buried steel pipelines

2018-09-17 发布　　2019-04-01 实施

800

国家市场监督管理总局
中国国家标准化管理委员会　发布

前　言

本标准按照 GB/T 1.1—2009 给出的规则起草。

本标准由全国锅炉压力容器标准化技术委员会(SAC/TC 262)提出并归口。

本标准起草单位:中国特种设备检测研究院、北京科技大学、中国石油大学(北京)、中国石化销售有限公司、中国石油天然气股份有限公司管道分公司、中国石油化工股份有限公司天然气分公司、中石化长输油气管道检测有限公司、重庆市特种设备检测研究院、中国石化销售有限公司华南分公司、中国石油工程建设有限公司西南分公司、中国石油天然气股份有限公司长庆油田分公司、中国石油天然气股份有限公司塔里木油田分公司、深圳市燃气集团股份有限公司、福建省特种设备检验研究院、广东大鹏液化天然气有限公司、上海金艺检测技术有限公司、中石油东部管道有限公司。

本标准主要起草人:修长征、王俊强、王海涛、李晓刚、刘智勇、帅健、邵珊珊、卜文平、冯庆善、宗照峰、薛正林、吴晓阳、王卫东、姜放、陈钒、卢宏伟、李先明、周德敏、安成名、吴林军、李曙华、梁强、万欣、刘晴、李岩。

埋地钢质管道应力腐蚀开裂(SCC)外检测方法

1 范围

本标准规定了埋地钢质管道应力腐蚀开裂(SCC)的外检测方法,包括数据收集、SCC 敏感因素分析、SCC 位置预测、开挖检测、评估与处置、记录和报告。

本标准适用于陆上长输管道、集输管道以及公用管道中的埋地钢质管道,其他埋地钢质管道可参照本标准的相关规定执行。

本标准仅适用于埋地钢质管道由外部环境引起的应力腐蚀开裂,不适用于输送介质引起的应力腐蚀开裂。

2 规范性引用文件

下列文件对于本文件的应用是必不可少的。凡是注日期的引用文件,仅注日期的版本适用于本文件。凡是不注日期的引用文件,其最新版本(包括所有的修改单)适用于本文件。

GB/T 19285 埋地管道腐蚀防护工程检验

GB/T 19624 在用含缺陷压力容器安全评定

GB/T 24196 金属和合金的腐蚀 电化学试验方法 恒电位和动电位极化测量导则

GB/T 27699 钢制管道内检测技术规范

GB/T 27921 风险管理 风险评估技术

GB/T 30582 基于风险的埋地钢质管道外损伤检验与评价

GB 32167 油气输送管道完整性管理规范

NB/T 47013 承压设备无损检测

TSG D7003 压力管道定期检验规则-长输管道

TSG D7004 压力管道定期检验规则-公用管道

3 术语和定义

下列术语和定义适用于本文件。

3.1

应力腐蚀开裂 stress corrosion cracking;SCC

金属材料在拉应力和腐蚀环境联合作用下引起的开裂现象。

3.2

高 pH SCC high pH stress corrosion cracking

埋地管道的一种由外部碱性电解质环境引起的应力腐蚀开裂形式。

注:裂纹表现为沿晶开裂,并有明显分叉。

3.3

近中性 pH SCC　near neutral pH stress corrosion cracking

埋地管道的一种由外部近中性 pH 电解质环境引起的应力腐蚀开裂形式。

注：裂纹一般表现为穿晶开裂,分叉较少,裂纹处或管道表面有腐蚀现象。

4　总则

4.1　应力腐蚀开裂外检测工作应满足 TSG D7003、TSG D7004 等国家相关法规标准的规定。

4.2　本方法用于评估陆上埋地钢质管道由外部环境引起的应力腐蚀开裂,包括近中性 pH SCC 和高 pH SCC 两种形式。

4.3　应力腐蚀开裂外检测工作包含六个步骤:数据收集、SCC 敏感因素分析、SCC 位置预测、开挖检测、评估与处置、记录和报告,流程如图 1 所示。

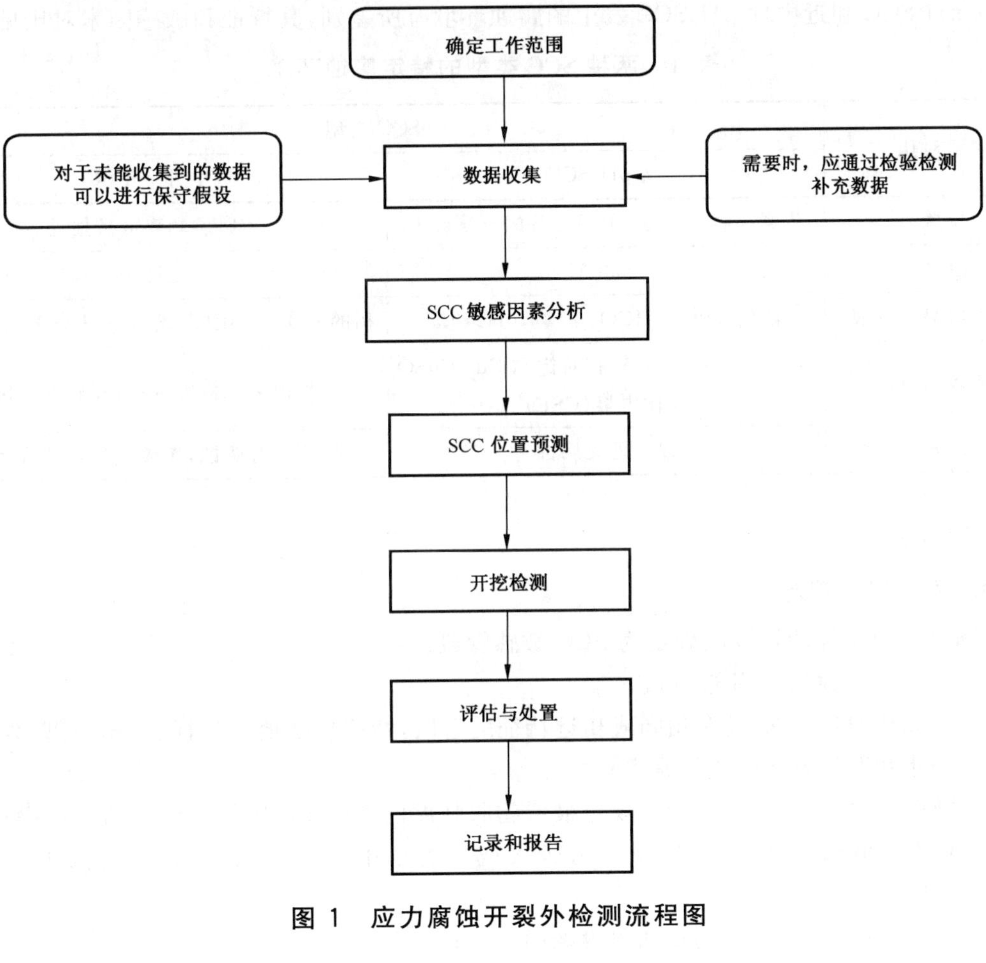

图 1　应力腐蚀开裂外检测流程图

5　数据收集

5.1　收集管道基本信息、历史和当前有效数据,至少应包括管道设计资料、安装资料、内外环境、腐蚀防护系统、运行维护资料等五类数据,参见附录 A 表 A.1。

5.2　当收集到的数据不足时,应通过检验检测补充表 A.1 所需数据,其中腐蚀防护系统检测按照GB/T 19285 执行,内检测按照 GB/T 27699 执行。

5.3 当数据未能收集到且又无法进行补充检验检测时,评估人员可以基于类似情况的经验和信息进行保守假设,假设数据以及相应的措施应予以记录。

6 SCC 敏感因素分析

6.1 SCC 敏感因素分析是在数据收集的基础上,确定 SCC 的发生条件、损伤类型和形成原因,用于准确确定 SCC 检测范围。

6.2 SCC 的发生需要同时满足三个条件,即敏感金属材料、足够大拉应力和特定腐蚀环境。埋地钢质管道 SCC 的具体发生条件见附录 B。

6.3 影响 SCC 裂纹萌生和扩展的因素众多,关系复杂且具有不确定性,可按照附录 B 对影响 SCC 的因素进行敏感性分析。

6.4 高 pH SCC 和近中性 pH SCC 发生的腐蚀环境有所差别,其特征和敏感因素对比见表 1。

表 1 两种 SCC 类型的特定腐蚀环境

因素对比	SCC 类型	
	高 pH SCC	近中性 pH SCC
位置	防腐层破损点处,干湿交替的土壤环境	防腐层剥离或破损处
温度	>32 ℃	无影响
特定土壤腐蚀溶液	浓的 CO_3^{2-}/HCO_3^- 溶液,pH>9.3	稀的 CO_3^{2-}/HCO_3^- 溶液,pH 介于 5.5~7.5
管道表面电位	−600 mV~750 mV 相对饱和 Cu/$CuSO_4$ 参比电极(CSE)	阴极保护被屏蔽,自然腐蚀电位
管道表面腐蚀情况	裂纹处无腐蚀	裂纹处有腐蚀,裂纹萌生与蚀坑相关

7 SCC 位置预测

7.1 SCC 敏感管段筛选

7.1.1 满足下列条件的管段应确定为 SCC 敏感管段:

a) 曾发生过 SCC 的邻近管段;

b) 与以往发生 SCC 具有相同或相近特征的管段,特征包括地形特征、土壤类型、含水率、排水状况以及防腐层异常等;

c) 操作条件下,应力超过管材规定最低屈服强度的 60%、在压气站或泵站下游操作压力较大且波动频繁、局部残余应力较大或应力集中等的管段,操作温度高于 38 ℃ 的管段;

d) 使用年限大于 10 年的长期服役老旧管段;

e) 检测发现防腐层存在剥离、破损、老化等异常,尤其防腐层为非熔结环氧粉末(FBE)的管段;

f) 检测发现管体存在腐蚀、凹陷、裂纹等缺陷的管段;

g) 阴极保护不达标或异常管段,或参考附录 C 确定的 SCC 敏感电位区间处于Ⅰ区的管段;

h) 检测人员认定的可能发生 SCC 的其他敏感管段,如穿越、跨越管段的出入土位置、地质灾害引起的变形管段、车辆碾压管段、投产后埋深发生变化且土壤具有腐蚀特性的管段等。

7.1.2 按照附录 B 对筛选出的管段进行 SCC 敏感性评估,依据评估结果对敏感管段进行开挖排序。

7.2 SCC 敏感管段开挖位置确定

7.2.1 开挖位置确定的原则如下:

a) 优先开挖已发生过 SCC 的位置,或按照 GB 32167 要求开挖由内检测发现的裂纹缺陷位置;

b) 如果已确认之前发生 SCC 的位置具有某些相同特征,应考虑在相同特征的其他地点进行开挖;

c) 如果没有发生过 SCC,应考虑开挖防腐层异常、管体缺陷的位置;

d) 除上述情况外,应考虑开挖应力、压力波动以及温度最高的位置。

7.2.2 对开挖位置进行现场勘察、预评估,确定是否具备开挖条件。

8 开挖检测

8.1 开挖原则

8.1.1 SCC 敏感管段的开挖可结合管道定期检验进行,开挖点数量和比例按照 TSG D7003 中开挖检测的相关要求执行。

8.1.2 优先开挖排序靠前的 SCC 敏感管段。当开挖过程中,发现存在 SCC 时,优先开挖具有同类特征的管段。

8.1.3 开挖前,应制定详细的开挖计划,做好开挖准备工作,包括土地赔偿、开挖范围、安全措施等,开挖作业遵守相关安全操作规程。

8.2 开挖检测和数据采集

8.2.1 管道开挖、检测及回填过程中,应遵守相关法规及标准,防止管道失稳。

8.2.2 开挖前,应明确数据采集的最低要求,包括历史数据的有效性、采集的数据类型及用途等,并准备好所有相关记录表格,参见表 A.2。

8.2.3 开挖后,应对管道及防腐层进行宏观检查,应采用磁粉、渗透等方法对管道外表面进行检测,应采用超声、电磁、射线等方法对管体和焊缝进行检测。无损检测工作应按照 NB/T 47013 等相关标准执行。SCC 缺陷尺寸的确定,可采用磁粉或渗透检测方法确定裂纹宏观形状和路径,结合超声检测、打磨或抛光方法确定裂纹的最大深度。打磨或抛光的深度和长度应遵守操作规程对最大允许打磨量的要求,可参照相关管道缺陷修复标准执行。

8.2.4 在开挖检测过程中应详细记录管道和防腐层的各类缺陷特征、尺寸、相对位置等,以图片和文字形式保存。

8.2.5 对开挖检测过程发现的除 SCC 之外的外腐蚀、内腐蚀、机械损伤等缺陷,应按照 GB/T 30582 选择相应的方法进行检测和评估。

8.2.6 发现的 SCC 裂纹分布范围超出开挖区域时,应对检测位置进行扩挖;检测人员认为必要时,可增加开挖位置进行验证性检测。

8.3 SCC 开裂分析

8.3.1 依据开挖检测发现的裂纹宏观形貌和尺寸，区分开裂类型，包括高 pH SCC、近中性 pH SCC 或其他类型缺陷；分析开裂形成原因，包括机械损伤、腐蚀、安装焊接缺陷等；针对裂纹群，分析裂纹之间的相互作用，确定损伤程度，包括最大长度和宽度，参见表 A.2。

8.3.2 如果宏观无法区分 SCC 类型，可采用原位金相分析方法，检验 SCC 微观形貌。

9 评估与处置

9.1 SCC 裂纹评估与处置流程

9.1.1 SCC 裂纹评估与处置包含四个方面：SCC 裂纹评估、处置与减缓控制措施、裂纹扩展速率预测和 SCC 检验周期确定，其中 SCC 裂纹评估包括 SCC 超标缺陷判定和 SCC 裂纹分级评估两个步骤。

9.1.2 SCC 裂纹评估按照图 2 所示的流程进行。

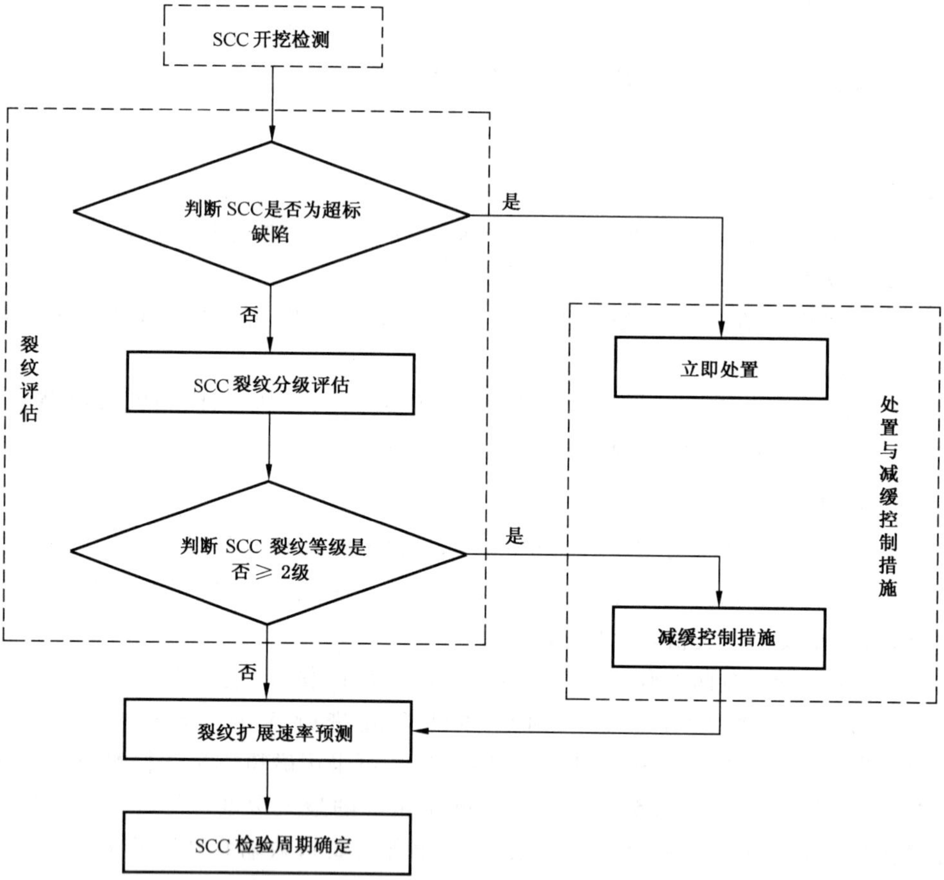

图 2 SCC 裂纹评估和处置流程图

9.2 SCC 裂纹评估

9.2.1 SCC 超标缺陷按如下准则进行判定：

如果 SCC 裂纹群中最深裂纹的深度超过了管道实测壁厚的 10%，且等效长度大于或等于临界裂纹尺寸的 75%，则认为该 SCC 为超标缺陷。其中，临界裂纹尺寸按照 GB/T 19624 进行计算(假设裂纹类型为穿透型裂纹,管道应力水平为1.1倍规定最低屈服强度)。

9.2.2　对未超标的SCC裂纹按照表2进行分级评估。

表2　SCC裂纹分级评估

SCC裂纹分级	SCC裂纹分级准则	剩余寿命预估
1级	失效压力＞管材规定最低屈服强度的1.1倍对应的压力	10年
2级	最大允许操作压力的1.25倍＜失效压力≤管材规定最低屈服强度的1.1倍对应的压力	5年
3级	最大允许操作压力的1.1倍＜失效压力≤最大允许操作压力的1.25倍	2年
4级	失效压力≤最大允许操作压力的1.1倍	少于2年
注:SCC裂纹的失效压力按照GB/T 30582和GB/T 19624中体积型缺陷(通过打磨消除的SCC可采用等效体积型缺陷进行计算)或平面型缺陷的安全评定方法推算得到,也可通过有限元模拟、水压试验等得到。		

9.3　处置与减缓控制措施

9.3.1　针对少量孤立分布的SCC超标缺陷,应打磨去除。当打磨后管段强度不足时,应参考相关规范标准进行补强修复;当缺陷深度超过打磨修复要求时,可采用换管或其他修复方法;针对大面积分布的SCC超标缺陷,应立即换管。

9.3.2　减缓控制措施可根据SCC发生历史、检测情况、损伤原因等因素综合确定。原则如下:

a)　本次检测未发现SCC,且无SCC历史记录,管道正常运行,无需减缓控制。

b)　本次检测未发现SCC,但有SCC历史记录,仍按原SCC处理结果执行,检验周期不变。

c)　本次检测发现SCC,且为首次发现,可根据SCC成因,选择针对性的减缓控制措施。对于管段内压或外部交变载荷波动频繁引起的应力腐蚀疲劳断裂,可控制载荷波动减小其发生的可能性。对于由管体防腐层破损或机械损伤后引起的管体腐蚀,进而形成SCC,可打磨消除SCC,并进行管体和防腐层补强修复,同时,检验人员根据SCC的损伤程度和裂纹扩展速率预测结果,缩短下一次检验周期。

d)　对于多次定期检测均发现SCC的情况,除降压运行、及时采取修复措施外,还应选用有效检测方法扩大该管段检测范围,如压力试验、内检测、100%磁粉检测等方法。

9.4　裂纹扩展速率预测

9.4.1　SCC裂纹的扩展速率预测可选用实验方法进行测定,参见附录D。当近中性pH土壤环境下含SCC管段存在较为频繁的压力波动或外部交变载荷时,易发生疲劳或腐蚀疲劳开裂,裂纹扩展速率预测可参照附录E执行。

9.4.2　SCC裂纹扩展速率用于计算该管段的剩余寿命,最终剩余寿命评估结果取裂纹扩展速率计算值和表2预估年限两者中的较小值。

9.4.3　当管段同时存在SCC与腐蚀等其他缺陷时,需根据缺陷类型、位置和相互作用情况综合确定剩余寿命。

9.5 SCC检测周期确定

9.5.1 应根据SCC分布范围和严重性、裂纹群的扩展速率、输送工艺和周围环境等综合确定下一次检测周期。

9.5.2 SCC检验周期的确定应满足TSG D7003的要求。

10 记录和报告

10.1 记录

10.1.1 数据收集记录

所有数据收集过程都应进行记录，记录文档包括但不限于以下内容：

a) 根据表A.1收集的数据；

b) 假设数据以及相应的措施；

c) 确定检验检测方法和补充数据的分析文档。

10.1.2 SCC发生条件和损伤机理分析记录

所有SCC发生条件和损伤机理分析过程都应进行记录，记录文档包括但不限于以下内容：

a) SCC敏感因素分析和评估结果；

b) 选择的其他分析方法和结果。

10.1.3 SCC位置预测记录

所有SCC位置预测过程都应进行记录，记录文档包括但不限于以下内容：

a) 确定应力腐蚀外检测敏感管段的分析文档；

b) 确定开挖位置的方法和步骤。

10.1.4 开挖检测记录

所有开挖检测过程都应进行记录，记录文档包括但不限于以下内容：

a) 开挖位置及周围环境信息；

b) 去除防腐层前后采集的数据；

c) SCC裂纹类型分析结果。

10.1.5 评估与处置记录

所有的评估与处置过程都应进行记录，记录文档包括但不限于以下内容：

a) SCC超标缺陷的判定与处置结果；

b) SCC裂纹分级评估结果；

c) 是否需要采取减缓控制措施，所选择的控制方法以及选择理由；

d) SCC扩展速率预测过程和下一检测周期确定结果；

e) 其他相关工作记录。

10.2 报告

10.2.1 检测报告的内容应以记录为依据，与记录保持一致。

10.2.2 检测报告应包括但不限于以下内容：

a) 管道基本情况；

b) 数据收集应简要说明数据来源，并特别注明有怀疑或矛盾的数据；

c) 确定应力腐蚀外检测敏感管段和开挖位置的选择依据及结果；

d) 开挖检测包括检测过程、使用的仪器设备及检测数据；

e) SCC 裂纹类型分析的过程和结果；

f) SCC 裂纹超标缺陷判定和分级评估结果，需要采取的处置减缓措施，所选择的方法及理由；

g) SCC 剩余寿命预测和检测周期确定的依据和结果；

h) 需要时，对发现的严重问题提出维护建议。

附 录 A
(资料性附录)
数 据 收 集

A.1 应力腐蚀开裂外检测应按照表 A.1 进行数据收集。

表 A.1 数据收集

类 别	数据名称	需收集的数据
管道设计资料	管径、壁厚和材质	管道公称直径、壁厚以及材质
	生产厂家和年份	管道元件生产厂家和生产年份
	焊缝类型	管道元件制造过程中焊接方式,如单或双面埋弧焊、闪光焊、搭接焊等焊接方式
	表面处理	管道表面热处理等方式
	防腐层类型	管道元件出厂的外防腐层,如环氧煤沥青布、聚乙烯包覆层、环氧粉末防腐层等
管道安装资料	安装单位和年限	管道现场安装单位和安装年限
	焊接类型、表面处理和防腐层类型	管道现场焊接方式、环焊缝表面处理方式、防腐层类型和安装方式
	焊缝质量检验情况	管道现场焊接过程的无损检测情况和监督检验情况
	套管、弯头、卡箍、阀门、接头、锚固等位置	管道安装套管、弯头、卡箍、阀门、各种接头、锚固等的具体位置
	回填土情况	管道安装后的回填土类型、埋深等
管道内外环境	路由情况	管道沿线的地形、周围建(构)筑物情况、穿越公路/铁路/河流情况、土地使用等情况、周围交叉并行管道等
	场站位置	管道上下游各泵站,升压站、阀室、终端等位置
	土壤特征	土壤类型、特征、含水率、腐蚀性
	输送介质	输送介质特性分析、腐蚀性介质含量等
	其他	地下排水系统、地表变迁、车辆碾压等
管道腐蚀防护系统	阴极保护系统	阴极保护系统的类型、运行情况、安装年限等
	管地电位测试信息	管地电位测试详细记录、部分位置无阴极保护或保护不达标的情况
	防腐层系统检漏记录	防腐层破损检测情况
	其他	其他阴极保护记录,包括改造和更换等
管道运行维护资料	管道运行参数	运行压力、温度、进/出站压力、压力波动、流速等详细监控记录数据
	定期检验情况	管道内/外检测、开挖检测、压力试验等定期检验资料,包括缺陷位置、特征、修复情况,尤其是 SCC 历史记录
	维修维护	管道在使用期间进行的修复、改造、异常处理等记录

A.2 在应力腐蚀外检测的开挖检测阶段,应按照表 A.2 的要求采集相关数据。

表 A.2 开挖检测采集数据

采集时间	数据名称	用途描述	重要性等级[a]
防腐层去除前	管道-土壤间电位	地面上管道到土壤间电位比较,用于评价管道阴极保护水平	C
	土壤电阻率	与土壤中可溶性离子浓度及土壤腐蚀性有关,用于评价土壤腐蚀性	B
	土壤样本	用于确认地域状况,土壤分析结果用于建立预测模型[b]	B
	地下水样本	化学分析结果,用于建立预测模型	B
	防腐层类型	必要条件,通过开挖现场确认,用于建立预测模型[c]	A
	防腐层状况	用于整体防腐层状况和防腐层剥离程度评价	B
	防腐层剥离检查	测量记录防腐层剥离区域尺寸形状、与环焊缝距离、与管道顶端距离或钟点位置,与 SCC 形成有关	B
	电解质	用于确定开裂类型,可能与地下水化学性质有关	B
	开挖点照片	用于确定地域状况、防腐层系统和防腐层状况	C
防腐层去除后	沉积物描述和照片	用于确定开裂类型	B
	腐蚀产物分析	用于确定开裂类型	B
	腐蚀缺陷的确认和测量	用于腐蚀缺陷评价,也用于确定开裂类型	A
	腐蚀缺陷照片	标明参考位置,用于腐蚀缺陷评价	C
	焊缝类型	必要内容,通过开挖现场确认	A
	磁粉检测	必要内容,确认 SCC 是否存在	A
	裂纹群的位置和尺寸	用于确定开裂位置和其他测量参数的相关性[d]	A
	裂纹长度和深度测量	用于确认开裂性质和裂纹严重程度,并决定是否需要立即处理[d]	A
	原位金相观察	用于分析 SCC 微观形貌(穿晶或沿晶开裂)	B
	裂纹群照片	用于确认裂纹尺寸	A
	管道壁厚测量	—	A
	管径测量	—	A
防腐层去除前、后	其他数据	—	B

[a] 数据采集的重要性等级:
A:应采集的数据;
B:可选择采集的数据;
C:有用的背景信息或用于其他分析的信息。

表 A.2(续)

[b] 土壤分析的常见参数包括 pH 值、电导率、阳离子及阴离子浓度、氧化还原电位、总碳酸盐量、有机碳等。

[c] 如果开挖现场不能确认防腐层类型,需采样分析,可提供其电学和物理性能(如电阻率、透气性等)。

[d] 如果存在裂纹群,需要评估邻近裂纹之间的相互作用,方法如图 A.1 所示,以确定最大裂纹长度和宽度,为计算裂纹缺陷处管段的失效压力提供依据。

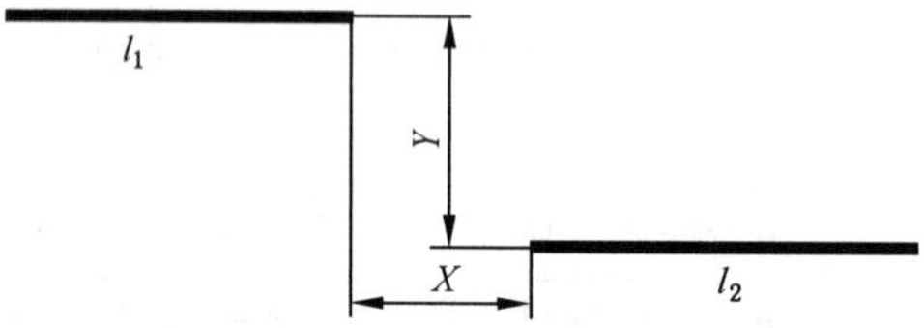

图 A.1 相邻的裂纹

如果两条裂纹轴向方向上的距离 X 满足式(A.1),或两条裂纹圆周方向上的距离 Y 满足式(A.2),则裂纹之间存在相互作用,可按一条裂纹计算,最大长度和宽度取相互作用裂纹所在区域的总长度和宽度;否则,两条裂纹视为单个裂纹,无相互作用,按单个裂纹分布进行评估。

$$X \leqslant 0.25\frac{(l_1+l_2)}{2} \quad \cdots\cdots\cdots\cdots(\text{A.1})$$

$$Y \leqslant 0.14\frac{(l_1+l_2)}{2} \quad \cdots\cdots\cdots\cdots(\text{A.2})$$

式中:

l_1 和 l_2——缺陷长度,单位为毫米(mm)。

附 录 B
（规范性附录）
SCC 敏感性分析和评估

B.1 埋地钢质管道 SCC 发生条件

B.1.1 SCC 的发生需要同时满足以下三个条件：

a） 敏感金属材料：钢质管道的所有位置均可能发生 SCC，其敏感性与服役管材自身屈服强度、表面硬度、粗糙度等因素有关。

b） 足够大拉应力：管道拉应力包括内压引起的环向应力、管道局部弯曲或轴向拉伸所产生的应力、残余应力和应力集中等。SCC 的发生要求拉应力超过某一临界值，一般为管材规定最低屈服强度的 60%。

c） 特定腐蚀环境：SCC 多发生在管道外防腐层剥离或破损处，腐蚀环境与防腐层类型、土壤、温度、阴极保护电流等因素有关。

B.1.2 高 pH SCC 和近中性 pH SCC 两种形式有其特定发生条件、相关性和差异性。由于影响 SCC 发生条件和程度的因素众多且相互作用，使 SCC 发生位置的预测存在一定的不确定性。

B.2 SCC 敏感因素分析

B.2.1 敏感金属材料

钢质管道的管体材料（母材和焊接接头）、钢管生产厂家和服役年限均是 SCC 敏感因素。

当管道存在焊材选用不当，焊接质量差等情况时易发生 SCC。

钢管生产厂家与 SCC 的发生存在如下间接关系：

a） 部分出厂管道存在较高的残余应力导致发生 SCC；

b） 特定项目或特定管道生产企业使用的防腐层工艺导致发生 SCC。

如果存在上述情况，则认为生产厂家与 SCC 的发生相关，为敏感因素。

SCC 与服役年限有关。对于长期服役的老旧管道更容易发生 SCC，投用未超过 10 年的新建管道可不考虑 SCC。

B.2.2 压力等级

压力等级反映了服役管道的应力状况，是 SCC 发生的主要敏感因素之一。当压力水平高于管材规定最低屈服强度的 60%时，SCC 更易形成并扩展。当管道位于地质灾害区，土体发生滑移或挤压会导致管道轴向承受较大拉应力，管道容易发生环向 SCC。

B.2.3 应力循环

应力循环对 SCC 的裂纹扩展速率有一定的影响，可产生疲劳裂纹扩展。

在高 R 比（R＝最小压力/最大压力）和低周载荷波动条件下，大量卸载事件可以促使 SCC 裂纹启裂或加速扩展。焊缝焊趾、沟槽和机械损伤等局部应力集中点也能加速 SCC 的裂纹扩展。

当埋地管道承受汽车碾压等外部交变载荷作用时，其轴向应力可能远大于由内压引起的环向应力,易产生环向 SCC。

B.2.4 外界环境

B.2.4.1 电化学条件

近中性 pH SCC 在自由腐蚀电化学势为−790 mV～−760 mV(CSE)之间时发生,该腐蚀环境与管道阴极保护不达标相关。SCC 容易发生在防腐层区域,且与防腐层类型相关,聚乙烯(PE)胶带防腐层易发生 SCC,煤焦油或沥青防腐层发生 SCC 相对较少。

高 pH SCC 在自由腐蚀电化学势为−750 mV～−600 mV(CSE)之间发生,该腐蚀环境与外界干扰管道阴极保护相关。这种情况多发生在煤焦油或沥青防腐层中,有时也发生在外部环境对管段阴极保护干扰的区域,如岩石与管道接触的表面等。

B.2.4.2 剥离防腐层内化学条件

近中性 pH SCC 的防腐层剥离区腐蚀液体是稀释碳酸盐溶液,其 pH 在 5.5～7.5 的范围内,为厌氧条件。

高 pH SCC 的防腐层剥离区腐蚀液体是高浓度的碳酸盐溶液,其 pH 值高于 9.3,可能存在氯化物,为防腐层剥离区提供有氧条件。

当管道防腐层剥离区的土壤含有较高浓度的硝酸盐、氯化物、硫酸盐或氟化物时,也可能引发 SCC,需进行记录和腐蚀特征描述。

B.2.4.3 温度条件

近中性 pH SCC 与操作温度或土壤环境温度之间无特殊关联。

高 pH SCC 与操作温度或土壤环境温度之间存在一定的关联,一般认为温度高于 32 ℃会加快裂纹扩展的速度。该情况一般发生在压气站下游 30 km 内无冷却设备或流量增加导致温度上升的输气管段,以及土壤环境温度较高的输油管段中。距离泵站或压气站最近的下游管段发生 SCC 的可能性较高。

B.2.4.4 防腐层及土壤条件

防腐层类型与土壤及排水条件的共同作用,对 SCC 的影响最大。

在高、低湿度周期性交替变化、低电阻率的土壤环境中,管道更易发生 SCC,尤其是近中性 pH SCC。

对于塑料、PE 胶带和 PE 热收缩套类型的管道外防腐层,在黏性土壤中随着水分含量的变化,土体收缩或膨胀,可引起管道表面压力变化,导致防腐层起皱或脱落,且黏性土壤中水分含量较高,易渗入防腐层内引起 SCC;在石质或砂质土壤中排水性较好,水渗入防腐层下引起 SCC 的可能性较小。对于沥青和煤焦油防腐层,在黏性土壤中排水性不好但可保证防腐层湿度,在防腐层出现裂纹或失效的情况下能够为阴极保护系统传输必要的离子,不易发生 SCC;在干燥的岩石土壤中更易发生 SCC。

B.2.5 SCC 发生历史

对于发生过 SCC 的管段,其邻近管段由于具有相同的环境特征,发生 SCC 的几率较高。对于其他区域管段,可通过分析运行情况、环境参数等因素的相似性确定是否为敏感管段,如土壤一致性、防腐层类型以及发生过的 SCC 的范围和严重性。

B.2.6 腐蚀现象

高 pH SCC 的发生与管道表面腐蚀凹坑无关。

近中性 pH SCC 的发生与管道表面腐蚀凹坑有关。当管道阴极保护电流不足时,无法到达管道表面,腐蚀凹坑处更易发生近中性 pH SCC;当阴极保护电流足够大时,可到达管道表面,近中性 pH SCC 可以得到一定程度的控制。

B.3 SCC 敏感性评估

B.3.1 数据可靠性

进行敏感性评估时,应考虑是否可以获取有效数据以及其可靠性。当数据不完整或准确性存在问题时,应制定数据优化方案,通过分析 SCC 敏感因素和数据的质量,综合确定 SCC 敏感性的评分或等级。

B.3.2 数据评估

对于筛选得到的 SCC 敏感管段,详细分析各敏感管段的 SCC 敏感因素及重要性等级,按照表 B.1 制定敏感因素评分细则,对各管段进行敏感性评分,结合 TSG D7003 开挖检测的要求确定开挖管段数量,根据各管段 SCC 的发生条件或运行环境发生重要变化的时间来确定开挖先后顺序。当一段管道曾受到一个或多个重要敏感因素的影响时,可通过改善设施工艺参数和运行环境,降低该管段发生 SCC 的可能性。如果评估人员发现以往分析得出的 SCC 敏感因素重要性发生了变化,部分因素 SCC 敏感等级降低,需要重新进行 SCC 敏感性评分和开挖排序。如果在预测会发生 SCC 的区域没有发现 SCC,重新评估 SCC 敏感性评估方法的有效性以及之前的评估结果,或按照 GB/T 27921 选用合适的风险评估方法,重新建立适用性更好的 SCC 敏感性评估方法。

表 B.1 SCC 敏感性评估汇总表

数据类型		与 SCC 关联性	重要性等级[a]
管道设计	管道等级	不确定与 SCC 的关联性	C
	管径	不确定与 SCC 的关联性	C
	壁厚	不确定与 SCC 的关联性	C
	设计使用年限	不确定与 SCC 的关联性	C
	管道生产厂家	生产厂家某种类型或某一批次的产品是否发生过严重的 SCC,是预测近中性 pH SCC 的重要因素	A
	焊缝类型	已发现近中性 pH SCC 易于在双面埋弧焊管的防腐层鼓泡区和电阻焊管的热影响区中发生。不确定与高 pH SCC 发生的关联性	B
	表面处理	喷丸或喷砂处理可以在表面产生残余压应力,抑制裂纹萌生;去除氧化皮也有利于抑制高 pH SCC 的发生	A
	防腐层类型	完好的聚乙烯防腐层管道中很少发生 SCC	A
	裸管	已发现 SCC 发生在高电阻率土壤中的裸管上	B
	硬点	已有实例显示,近中性 pH SCC 优先在硬点发生;硬点也是内腐蚀易于发生的位置	B

表 B.1(续)

数据类型		与 SCC 关联性	重要性等级[a]
管道安装	安装年限	影响防腐层老化以及裂纹生长	A
	路线更改/修改	不确定与 SCC 的关联性	C
	路线图/航拍图	不确定与 SCC 的关联性	C
	施工情况	在施工阶段,回填土会影响防腐层损坏的概率;管道填埋和安装阴极保护的时间间隔可能导致产生 SCC	B
	现场防腐层处理	如果钢管表面产生氧化皮,易于发生高 pH SCC	A
	现场防腐层类型	煤焦油、沥青和缠带防腐层都发现有高 pH SCC 发生;近中性 pH SCC 在缠带下最常见,但也发生在沥青防腐层下	A
	锚固位置	在锚固位置也发现有近中性 pH SCC 发生	B
	阀门、卡箍、各种接头等位置	不确定与 SCC 的关联性;仅仅应用于定位和表征位置	C
	套管的位置	在套管内更易发生阴极保护屏蔽和防腐层损坏,产生 SCC	B
	弯头位置,包括斜弯和抗皱弯	高的残余应力易于发生 SCC	B
	死口、筋口的位置	高的残余应力易于发生 SCC	B
内外环境	土壤特征/类型	不确定土壤类型和高 pH SCC 之间的关联性,高含量钠和钾在剥离防腐层下可能会促进碳酸盐/碳酸氢盐溶液的聚集;已经在一定程度上建立了近中性 pH SCC 和特定土壤类型的相关性	B
	土壤腐蚀相关参数	已经确定与高 pH SCC 和近中性 pH SCC 相关	A
	排水系统	已经确定与高 pH SCC 和近中性 pH SCC 相关	B
	地形	已经确定既与高 pH SCC 和近中性 pH SCC 相关(这可能与排水性有关),也与内介质引起的 SCC 相关	B
	土地使用情况	还未发现明显的相关性,但是化肥的使用可能会影响土壤的化学性质,因此关系到剥离防腐层下的积液	B
	输送介质腐蚀性	输送介质的腐蚀性离子含量是管道内腐蚀的决定性因素	A
	地下水	地下水的电导率影响阴极保护系统的电流分布	B
	跨河的位置	影响土壤水分/排水	B
腐蚀防护系统	阴极保护系统类型	有效的阴极保护可以防止防腐层剥离位置管道发生 SCC	B
	阴极保护评价标准	有效的阴极保护可以防止防腐层剥离位置管道发生 SCC	C
	阴极保护运行情况	有效的阴极保护可以防止防腐层剥离位置管道发生 SCC	C
	阴极保护年限	对于高 pH SCC,不施加阴极保护可能会在管道表面形成有害氧化物;对于在开路电位下或接近开路电位下发生的近中性 pH SCC,没有阴极保护情况下 SCC 会持续发展	B

表 B.1（续）

数据类型		与 SCC 关联性	重要性等级[a]
腐蚀防护系统	管地电位测试信息	高 pH SCC 通常发生在 −825 mV～−575 mV(CSE)电位范围内;由于剥离防腐层的屏蔽作用,该位置管道表面实际电位可能会比地面上测量到的电位偏正	B
	防腐层类型	防腐层破损是发生 SCC 的前提条件,防腐层对确定 SCC 敏感性和 SCC 类型很重要	A
	防腐层系统检漏记录	防腐层破损是发生 SCC 的前提条件,防腐层系统(防腐层类型,表面状况等)对确定 SCC 敏感性和 SCC 类型很重要	A
运行维护	管道工作温度	高温对高 pH SCC 有很强的促进作用;对近中性 pH SCC,温度对裂纹扩展速率的影响可能较小,但是温度升高会导致防腐层老化	A
	工作应力和波动应力情况	应力超过某一门槛值 SCC 才会发生;波动应力会明显降低门槛值	A
	SCC 导致泄漏/破裂历史	在以前发现 SCC 位置的附近可能发现更多的 SCC	A
	开挖检测和修复历史	在以前发现 SCC 位置的附近可能发现更多的 SCC	A
	压力试验历史	在以前发现 SCC 位置的附近可能发现更多的 SCC	A
	内检测裂纹检测数据	在以前发现 SCC 位置的附近可能发现更多的 SCC	A
	内检测金属损失检测数据	发生金属损失一般是因为防腐层剥离,且屏蔽了阴极保护电流,SCC(尤其是近中性 pH SCC)易于发生	B
	发现凹陷等管道变形的位置	高应力集中位置易于发生 SCC	A

[a] 数据信息的重要性等级:
A:重要影响;
B:有一定影响;
C:较小的影响。

附 录 C
(资料性附录)
土壤环境下 SCC 敏感电位区间确定方法

C.1 一般要求

C.1.1 通常情况下埋地管道的阴极保护电位范围是−1 200 mV～−850 mV(相对饱和 Cu/$CuSO_4$ 参比电极),可采用实验测定极化曲线的方法确定阴极保护的 SCC 敏感电位区间。
C.1.2 在实验过程中,应首先准确测定极化曲线。基于极化曲线,利用管道腐蚀过程存在的稳态和非稳态电化学信息差异进行敏感电位区间划分。

C.2 腐蚀环境溶液制备

针对土壤外腐蚀环境,首先将待测土壤在温度为 100 ℃±5 ℃烘干 2 h、研磨,用 20 目的筛子过筛后,水与土壤按照 1∶1 的比例配制成土壤溶液,作为腐蚀环境溶液备用。

C.3 极化曲线测定

C.3.1 将待测管道材料用环氧树脂镶嵌作为工作电极,工作面积为 10 mm×10 mm,工作电极用 200、600、800 号金相砂纸逐级打磨至光亮,用无水乙醇和丙酮进行脱脂,用蒸馏水冲洗、吹干。将工作电极浸入到上述制备得到的腐蚀环境溶液中 15 min～50 min,待电位稳定后,与辅助电极(铂片)和参比电极(饱和甘汞电极)一起装入三电极体系进行极化曲线的测量,按照 GB/T 24196 执行。
C.3.2 分别选取 0.5 mV/s、5 mV/s、10 mV/s、25 mV/s、50 mV/s、100 mV/s、150 mV/s 等 7 种不同扫描速率做出极化曲线,如图 C.1 所示。

C.4 SCC 敏感电位区间确定

C.4.1 从上述 7 条极化曲线中选取两条具有代表性的极化曲线:慢扫描速率和快速扫描速率的极化曲线各一条,如图 C.2 所示,选取了慢速扫描速率 0.5 mV/s 和快速扫描速率 100 mV/s 的两条极化曲线。根据慢速和快速扫描曲线的零电流电位将电位范围分成三个区间:慢速和快速扫描曲线的零电流电位之间的电位区间为Ⅰ区;快速扫描的零电流电位至−1 150 mV 为Ⅱ区;−1 150 mV 以下为Ⅲ区。
C.4.2 阴极保护电位位于Ⅰ区,应确定为 SCC 敏感电位区间;阴极保护电位位于Ⅱ区,可防止均匀腐蚀和局部腐蚀;阴极保护电位位于Ⅲ区,易于造成防腐层阴极剥离和管道材料氢脆。

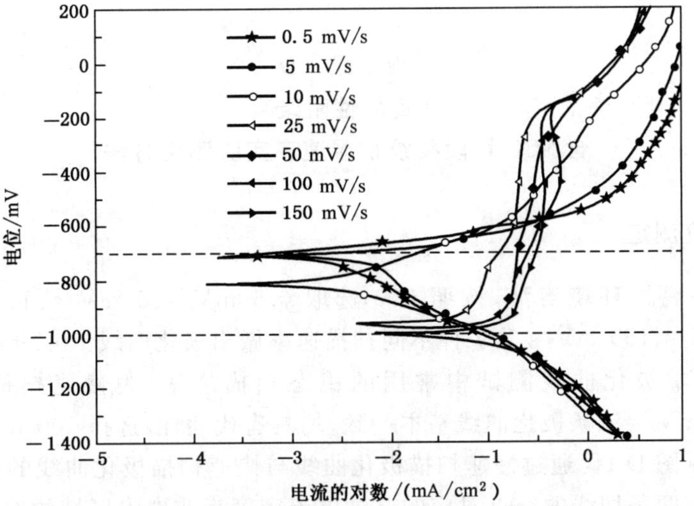

图 C.1 不同扫描速率的极化曲线示例

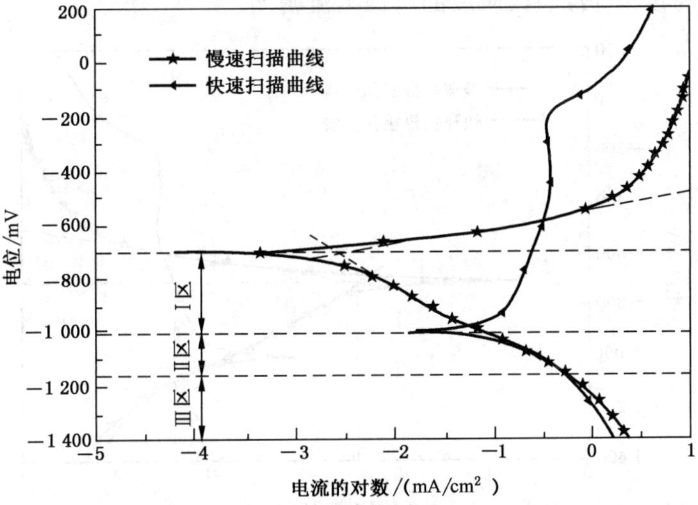

图 C.2 快、慢速扫描极化曲线所确定的特征电位区间示例

附 录 D
(资料性附录)
含 SCC 管段裂纹扩展速率实验测定方法

D.1 腐蚀电流密度测定

按照 C.2 制备腐蚀环境溶液,按照 C.3 选取 0.5 mV/s、5 mV/s、10 mV/s、25 mV/s、50 mV/s、100 mV/s、150 mV/s 等 7 种不同扫描速率做出极化曲线。0.5 mV/s 扫描速率属于准平衡态,是电化学极化曲线测试中常用的稳态扫描速率,为慢速扫描曲线;50 mV/s、100 mV/s 和 150 mV/s 三条极化曲线基本一致,均具有代表性,选择 100 mV/s 的曲线作为快速扫描极化曲线,见图 D.1。通过慢速扫描极化曲线与快速扫描极化曲线的两个交点作慢速扫描极化曲线的切线,两条切线的交点对应的腐蚀电流密度为非裂尖区域的腐蚀电流密度 i_{a1}(浅裂纹阶段的腐蚀电流密度),而与之同电位的快速扫描极化曲线上的点对应的腐蚀电流密度则为裂尖的腐蚀电流密度 i_{a2}(深裂纹阶段的腐蚀电流密度)。

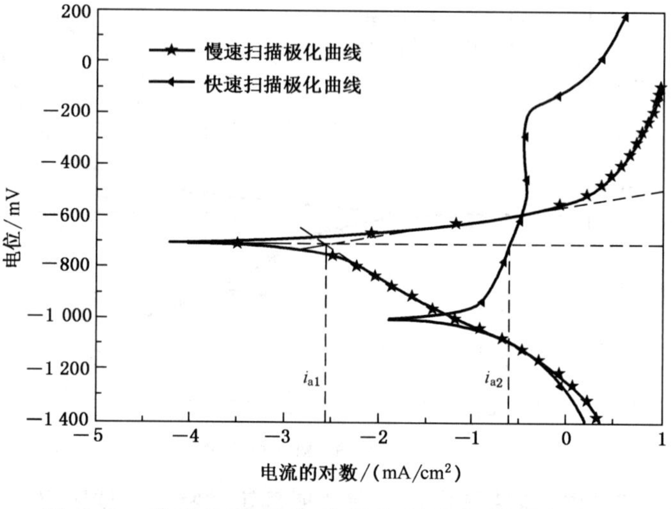

图 D.1 快速扫描极化曲线和慢速扫描极化曲线

D.2 裂纹扩展速率测定

根据 SCC 扩展模型,进行简化假设,获得 SCC 裂纹不同阶段的扩展速率与腐蚀电流密度之间的关系,其中:

浅裂纹阶段裂纹扩展速率 v_1,采用式(D.1)计算:

$$v_1=\left(\frac{\mathrm{d}a}{\mathrm{d}N}\right)_{\mathrm{SCC}}=k_1^{-1}i_{a1} \qquad \text{(D.1)}$$

$$k_1^{-1}=\frac{M}{nF\rho} \qquad \text{(D.2)}$$

式中:

k_1——腐蚀电流密度 i_{a1} 的系数项的倒数;

i_{a1}——浅裂纹阶段的腐蚀电流密度,单位为安培每平方米(A/m^2);
M——Fe 的摩尔质量,单位为千克每摩尔(kg/mol);
n——Fe 的价电子数,取 2;
F——法拉第常数,取 9.65×10^4 C/mol;
ρ——Fe 的密度,单位为千克每立方米(kg/m^3)。

深裂纹阶段裂纹扩展速率 v_2,采用式(D.3)计算:

$$v_2=\left(\frac{da}{dN}\right)_{SCC}=k_2^{-1}i_{a2} \qquad (D.3)$$

$$k_2^{-1}=\frac{k_{total}K_{I-max}(K_{I-max}+K_{I-min})}{f} \qquad (D.4)$$

式中:

k_2——腐蚀电流密度 i_{a2} 的系数项的倒数;
i_{a2}——深裂纹阶段的腐蚀电流密度,单位为安培每平方米(A/m^2);
K_{I-max}——最大应力强度因子,单位为 $MPa\cdot m^{\frac{1}{2}}$;
K_{I-min}——最小应力强度因子,单位为 $MPa\cdot m^{\frac{1}{2}}$;
k_{total}——总的系数项,单位为 $m^2/(A\cdot MPa^2\cdot s^2)$;
f——载荷变化的频率,单位为赫兹(Hz)。

D.3 含 SCC 管段剩余寿命预测

采用式(D.5)计算含 SCC 管段剩余寿命 T:

$$T=k_1D/i_{a1}+k_2(L-D)/i_{a2} \qquad (D.5)$$

式中:

k_1——腐蚀电流密度 i_{a1} 的系数项的倒数;
k_2——腐蚀电流密度 i_{a2} 的系数项的倒数;
i_{a1}——浅裂纹阶段的腐蚀电流密度,单位为安培每平方米(A/m^2);
i_{a2}——深裂纹阶段的腐蚀电流密度,单位为安培每平方米(A/m^2);
D——界定浅裂纹和深裂纹的临界尺寸,可以根据文献确定取值,单位为米(m);
L——材料安全服役的临界裂纹长度,按照 GB/T 19624 计算确定,单位为米(m)。

附 录 E
(资料性附录)
交变载荷作用下含SCC管段裂纹扩展速率预测方法

E.1 压力波动类型

在役管道运行压力波动分为三种类型：

a) 欠载压力波动(类型Ⅰ)；

b) 平均载荷压力波动(类型Ⅱ)；

c) 过载压力波动(类型Ⅲ)。

类型Ⅰ——欠载压力波动：图E.1为典型的油气管道类型Ⅰ压力波动图谱。该图谱是泵站或压气站下游管道常见的压力波动曲线，也是对裂纹扩展速率影响最大的波形。该类型的最大压力接近设计压力，波动范围仅允许低于设计压力，其特征是具有大量低 R 比(R＝最小压力/最大压力)的压力波动次数，和少量的高 R 比的压力波动次数，也称脉动载荷。与输气管道相比，输油管道中的欠载循环 R 比较低，频次高，压力变化更快。输气管道中波纹负载循环是其主要特征，也称为小波循环。

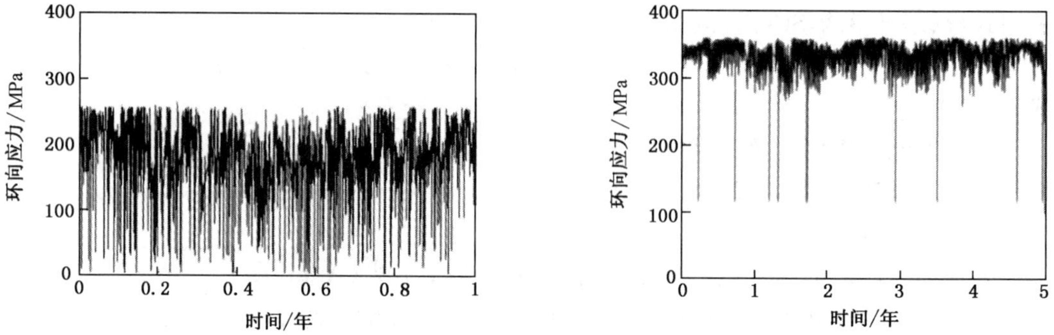

a) 输油管道　　b) 输气管道

图E.1 类型Ⅰ——欠载压力波动

类型Ⅱ——平均载荷压力波动：图E.2为油气管道类型Ⅱ压力波动图谱。该图谱通常出现在远离泵站或压气站的下游位置，平均压力要低于类型Ⅰ的平均值，压力波动峰值介于平均压力与设计压力之间，频次较高。压力波动范围较大，但未消除欠载波动。

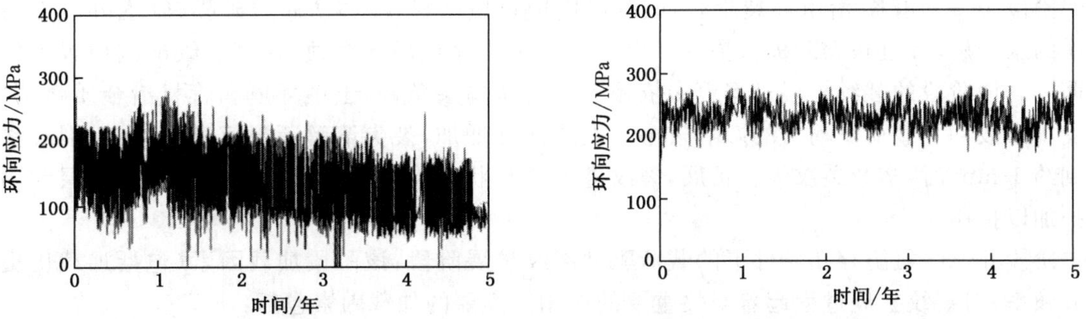

a) 输油管道 b) 输气管道

图 E.2 类型Ⅱ——平均载荷压力波动

类型Ⅲ——过载压力波动:图 E.3 为油气管道类型Ⅲ压力波动图谱。该图谱通常出现在泵口或压缩机口附近,压力波动中出现大量高于平均压力的峰值,也称为过载循环,而欠载循环达到最小。

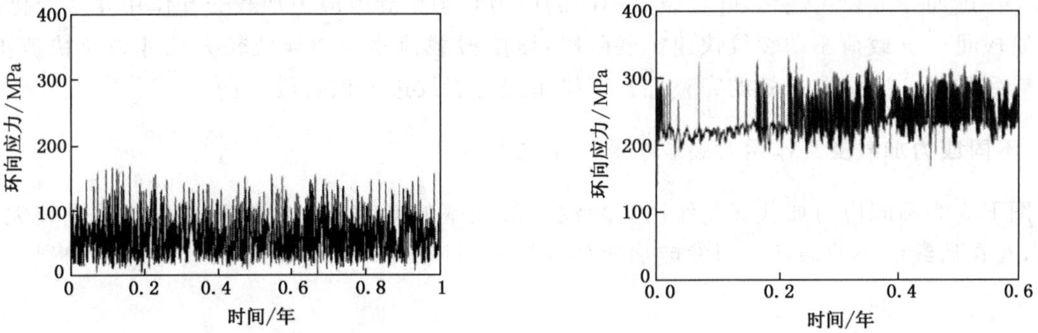

a) 输油管道 b) 输气管道

图 E.3 类型Ⅲ——过载压力波动

E.2 SCC 裂纹扩展机制

近中性 pH 环境下 SCC 裂纹不同阶段的扩展特征见图 E.4 的三阶段浴盆模型。

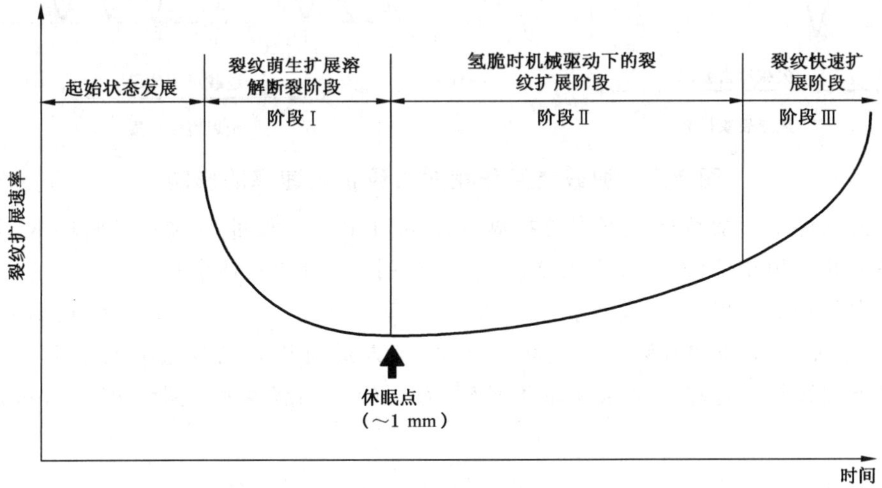

图 E.4 近中性 pH 环境下 SCC 裂纹扩展三阶段浴盆曲线

阶段Ⅰ——滑移-溶解断裂阶段：该阶段腐蚀环境已形成，如防腐层破损，管道外表面与土壤中的水接触，并且缺少阴极保护等。由于管道表面存在局部腐蚀，在类裂纹缺陷位置引发裂纹萌生。该阶段的裂纹扩展过程更多依赖于管道防腐层条件、土壤环境和管材冶金质量情况，而受压力波动等载荷驱动力的影响较小。裂纹深度增加，裂尖溶解断裂速度降低，当裂纹深度达到约 1 mm 时，多数裂纹停止扩展，裂纹进入休眠状态。阶段Ⅰ可通过有效的防腐层和阴极保护加以控制。

阶段Ⅱ——氢脆存在条件下的载荷驱动裂纹扩展阶段：该阶段加载因素（包括加载历史和加载频率）对裂纹扩展过程起着至关重要的作用。主要的加载因素包括：

a) 不同应力的加载交互作用：加载过程 R 比的变化将改变裂纹扩展速率，即可能加快裂纹扩展或减缓裂纹扩展；

b) 加载频率：压力波动频率变化将从时间上影响裂纹扩展程度，包括腐蚀速率、氢致开裂速率以及低温蠕变和氢致局部塑性引起的裂尖钝化等；

c) 上述两种情况的交互作用也可以改变裂纹扩展速率，如：低温蠕变影响裂尖应力状态，进而导致裂尖钝化，并且裂尖不同的应力状态也导致应力加载交互作用发生变化。

阶段Ⅲ——载荷驱动裂纹快速扩展阶段：该阶段载荷驱动力导致较大尺寸裂纹快速扩展，进而导致失效。应采取有效的完整性管理措施避免裂纹进入该阶段。

E.3 不同应力加载交互作用对裂纹扩展速率的影响

图 E.5 为不同应力加载交互作用对裂纹扩展速率的影响。欠载循环过程能造成裂尖机械损伤，并在后续的小波循环中引发或加速裂纹扩展，过载循环可以减缓后续循环内的裂纹扩展速率。

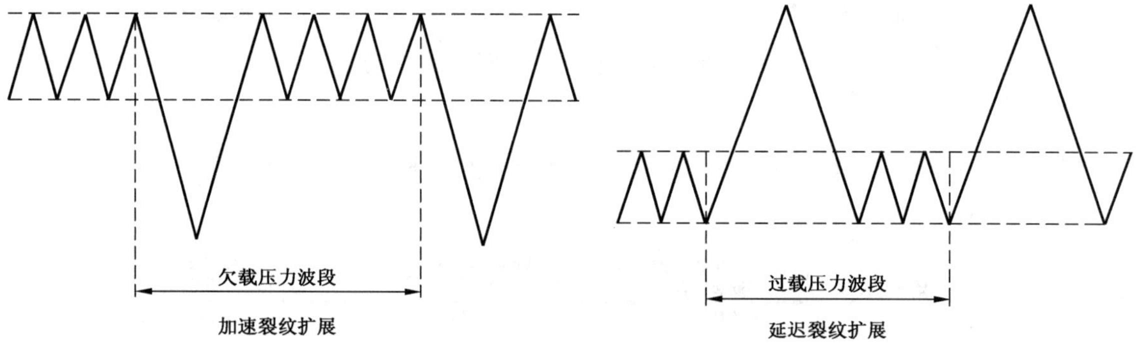

图 E.5 加载交互作用对裂纹扩展速率的影响

图 E.6 为三种不同加载情况下裂纹扩展速率的对比。Ⅰ和Ⅲ中的欠载循环 R 比为 0.5，Ⅰ中小波循环和Ⅱ中恒幅值波 R 比均为 0.9，三种加载情况的加载频率相同。

图 E.7 为两种加载情况下裂纹扩展与加载频率的关系。高频方式通常的加载频率高于 10^{-3} Hz，裂纹扩展速率随加载频率增大而下降；低频方式通常的加载频率低于 10^{-3} Hz，在变幅值加载条件下裂纹扩展速率对加载频率不敏感，在恒幅值加载条件下裂纹扩展速率随加载频率增大而升高。

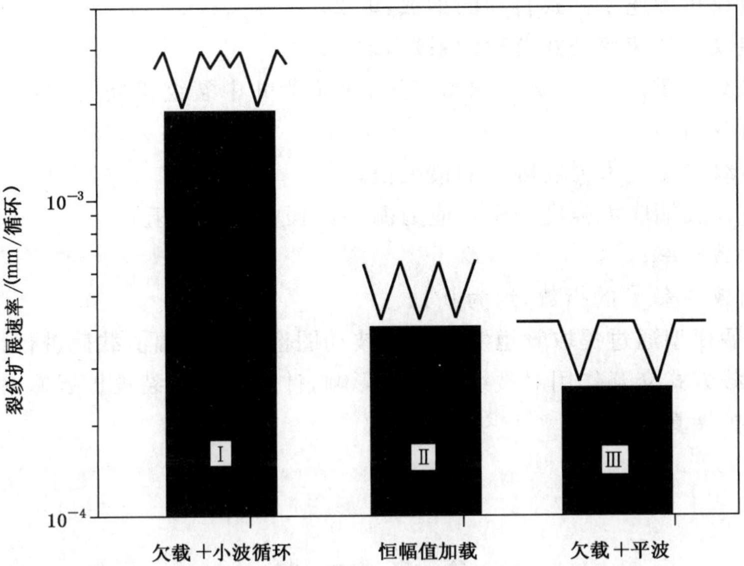

图 E.6 三种不同加载情况下管道裂纹扩展速率比较

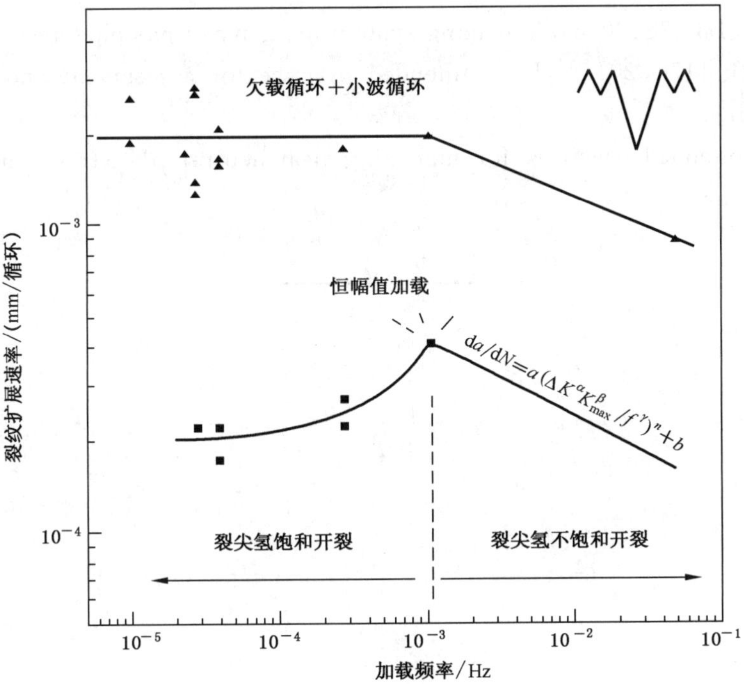

图 E.7 加载频率对裂纹扩展速率的影响

恒幅值加载条件下裂纹扩展速率可按式(E.1)计算：

$$\frac{\mathrm{d}a}{\mathrm{d}N}=a\left(\frac{\Delta K^{\alpha}K_{\max}^{\beta}}{f^{\gamma}}\right)^{n}+b \qquad \cdots\cdots\cdots\cdots(\text{E.1})$$

式中：

α,β ——ΔK 和 K 的指数，$\alpha+\beta=1$，$\alpha=0.33$，$\beta=0.67$；

n ——裂纹扩展速率公式首项的指数,取 2;

a ——裂纹扩展速率公式首项的系数,取 2;

b ——SCC 贡献因子,可通过试验确定,比阶段Ⅱ中裂纹扩展的首项低一个数量级,也可忽略不计;

K_{max} ——裂纹尖端应力强度因子的最大值;

ΔK ——裂纹尖端应力强度因子在应力循环过程中的波动值;

f ——加载频率;

γ ——加载频率 f 的指数,约为 0.1。

上述裂纹扩展模型通过提取管道实际压力波动图谱中的常幅值载荷进行计算,并未考虑小波循环与不同加载方式交互作用对裂纹扩展的影响,计算得到的裂纹扩展速率可能低估了油气输送管道的裂纹扩展真实情况。

参 考 文 献

[1] NACE SP0204:2015 Stress corrosion cracking(SCC)direct assessment methodology

[2] ASME B31.8S:2016 Managing system integrity of gas pipelines

[3] API RP 1176:2016 Recommended practice for assessment and management of cracking in pipelines

[4] Recommended practices for managing near-neutral pH stress corrosion cracking (CEPA 3rd edition).

ICS 23.040.10
E 98

中华人民共和国国家标准

GB/T 36701—2018

埋地钢质管道管体缺陷修复指南

Guideline for defect repair of buried steel pipelines

2018-09-17 发布　　　　2019-03-01 实施

国家市场监督管理总局
中国国家标准化管理委员会　发布

前　言

本标准按照 GB/T 1.1—2009 给出的规则起草。

本标准由全国锅炉压力容器标准化技术委员会(SAC/TC 262)提出并归口。

本标准起草单位:中国特种设备检测研究院、中国石油化工股份有限公司天然气分公司、中国石油天然气股份有限公司长庆油田分公司第一输油处、中国石化销售有限公司华南分公司、深圳市燃气集团股份有限公司、中石油管道有限责任公司西部分公司、中国石化销售有限公司华东分公司、中特检管道工程(北京)有限公司、中国石油天然气股份有限公司管道分公司管道科技研究中心、中国石油化工股份有限公司华北油气分公司、中国石油天然气股份有限公司长庆油田分公司第三输油处、惠州市大亚湾华德石化有限公司、广东省天然气管网有限公司、大庆油田有限责任公司天然气分公司、上海金艺检测技术有限公司、中国石化管道储运有限公司、陕西省天然气股份有限公司。

本标准主要起草人:刘长征、陈杉、吉建立、何仁洋、宗照峰、赵宏涛、杨大慎、杨光、张晓松、李荐乐、张华、蔡景明、王富祥、张登宇、邵珊珊、李旭光、王立涛、姜绪彪、谢成、谭春波、周吉祥、丁建成、何磊、孙伟、杨卫涛。

埋地钢质管道管体缺陷修复指南

1 范围

本标准规定了埋地钢质管道管体缺陷修复的方法和实施程序。

本标准适用于L485/X70及以下钢级的埋地钢质长输管道、集输管道管体缺陷的修复，L485/X70及以下钢级的其他埋地钢质管道可参照本标准执行。

2 规范性引用文件

下列文件对于本文件的应用是必不可少的。凡是注日期的引用文件，仅注日期的版本适用于本文件。凡是不注日期的引用文件，其最新版本(包括所有的修改单)适用于本文件。

GB/T 8923.1—2011 涂覆涂料前钢材表面处理 表面清洁度的目视评定 第1部分：未涂覆过的钢材表面和全面清除原有涂层后的钢材表面的锈蚀等级和处理等级

GB/T 23257 埋地钢质管道聚乙烯防腐层

GB/T 28055 钢质管道带压封堵技术规范

GB/T 30582 基于风险的埋地管道外损伤检验与评价

GB/T 31032—2014 钢质管道焊接及验收

GB 50251 输气管道工程设计规范

GB 50253 输油管道工程设计规范

GB 50369 油气长输管道工程施工及验收规范

NB/T 47013.2 承压设备无损检测 第2部分：射线检测

NB/T 47013.3 承压设备无损检测 第3部分：超声检测

NB/T 47013.4 承压设备无损检测 第4部分：磁粉检测

NB/T 47013.5 承压设备无损检测 第5部分：渗透检测

SY/T 4109 石油天然气钢质管道无损检测

SY/T 5918 埋地钢质管道外防腐层保温层修复技术规范

SY/T 6444 石油工程建设施工安全规程

3 术语和定义

下列术语和定义适用于本文件。

3.1

修复压力 repair pressure

实施修复时缺陷处管道的操作压力。

3.2

永久修复 permanent repair

保证管道在全寿命周期内可靠运行而进行的修复。

3.3

临时修复 temporary repair

保证管道在一定时间内可靠运行而进行的修复,适当时将被永久修复替换。

3.4

凹陷 dent

管壁受外部挤压或碰撞产生径向位移而形成的局部塌陷,是由于管壁永久塑性变形而使管道横截面发生的形状改变。

3.5

沟槽 gouge

因机械作用导致的金属损失,在管壁造成局部的细长沟渠或凹痕。

3.6

屈曲 buckle

因管道弯曲或轴向压缩荷载造成的管壁全部或部分失稳起皱。

3.7

褶皱 wrinkle

管道弯头内侧表面的横向不规则纹路。

3.8

补板修复 patch repair

通过在管体焊接钢质加强板的方式对缺陷或泄漏进行修复的方法。

3.9

A 型套筒 type A sleeve

由覆盖在管道缺陷处的一对半圆形钢质护板,经纵向对接焊缝焊接组合而成。

注:A 型套筒无需焊接在管道上,为非承压套筒,可以为缺陷区域提供补强性能,但对管道轴向应力无影响。

3.10

B 型套筒 type B sleeve

由覆盖在管道缺陷处的一对半圆形钢质护板,经纵向对接焊缝焊接组合而成,套筒末端以环向角焊的方式固定在管道上。

注:B 型套筒为承压套筒,可以承受管道内压,也能承受因管道受到侧向载荷而产生的轴向应力。

3.11

钢质环氧套筒 steel sleeve filled with epoxy resin

由覆盖在管道缺陷处的一对直径比管道略大的半圆形钢质护板,经焊接或螺栓连接在一起,套筒末端用密封胶密封,套筒与管道之间的环隙内注入环氧树脂而形成的复合套筒。

注:环氧树脂与套筒之间形成连续的负载过渡,可以将管道承受的载荷均匀地传递到钢质套筒上。

3.12

复合材料补强 composite material reinforcement

利用复合材料的高强度和高弹性模量,通过涂敷在缺陷处的高强度填料,以及管体和纤维补强层间的树脂,将管道承受的载荷均匀地传递到复合材料修复层上。

3.13

机械夹具 mechanical clamp

安装在缺陷或泄漏处外部形成密封空腔,提供强度和刚度保证的金属构件。

3.14

带压开孔 hot-tapping

在管道处于承压或在役状态下,以机械切削的方式去除管体缺陷,加工出圆形孔的作业方式。

4 一般规定

4.1 从事管道本体缺陷修复(以下简称"缺陷修复")的施工单位应具备相应的能力;从事缺陷修复的人员应具有工艺、材料、焊接、检验、工程等知识和实践经验。

4.2 缺陷修复所用材料应具有产品合格证等相关质量证明文件,有许可要求的材料,应由取得相应许可的生产单位制造。

4.3 管道使用单位应依据检测和适用性评价结果制定修复计划。按照风险高低安排修复顺序,高风险的缺陷应优先修复。采用临时修复方法修复后,应及时采用永久修复方法替换。

4.4 缺陷修复步骤一般包括数据收集、方案制定、实施修复、质量验收和后期工作等内容。

4.5 一种缺陷可能存在多种适用的修复方法,应结合缺陷数据、客观条件和企业运行需求,选择最合适的修复方法。

4.6 管道修复涉及焊接作业时,应执行焊接工艺规程,并满足附录A的相关要求。

5 数据收集

5.1 管道修复位置确定后,宜采取降压措施,并进行开挖,收集与缺陷及修复相关的数据。

5.2 需收集的数据宜包括以下几个方面:

a) 缺陷数据:缺陷类型、缺陷尺寸、缺陷位置、缺陷评价结果等;

b) 管道数据:规格(外径、壁厚)、钢管类别(无缝钢管、焊接钢管、复合管)、材料等级(钢级/材料牌号)、防腐层类型、安装时间等;

c) 运行数据:介质类型、介质成分、工艺参数(介质流速、操作温度、操作压力等)等;

d) 环境数据:天气状况、人口密度、环境敏感性、交通便利性等。

5.3 数据采集表参照附录B。

6 常见的修复方法

6.1 打磨

6.1.1 打磨修复适用于焊接缺陷(电阻焊除外)、浅裂纹、电弧烧伤、沟槽等非泄漏缺陷,不适用于修复凹陷、深裂纹和电阻焊焊缝上的缺陷。

6.1.2 打磨修复前,应对缺陷区域进行彻底清理,并测量缺陷的纵向长度和剩余壁厚。

6.1.3 如果打磨深度不超过管道公称壁厚的10%,则打磨长度不受限制;如果打磨深度超过管道公称壁厚的10%,若满足以下两个条件之一,则打磨深度的最大值可以达到管道公称壁厚的40%:

a) 打磨长度不超过按式(1)计算的纵向可接受长度:

$$L_a = 1.12\sqrt{Dt\left[\left(\frac{d/t}{1.1d/t - 0.11}\right)^2 - 1\right]} \quad\cdots\cdots(1)$$

式中：

L_a——打磨区域的纵向可接受长度，单位为毫米(mm)；

D——管道外径，单位为毫米(mm)；

d——打磨区域的最大测量深度，单位为毫米(mm)；

t——管道公称壁厚，单位为毫米(mm)。

b) 管道的最大操作压力(MOP)不大于按 GB/T 30582 计算的管道失效压力与设计系数的乘积，即

$$MOP \leqslant K \times p_F \quad\cdots\cdots(2)$$

式中：

p_F——含体积缺陷管道的失效压力，单位为兆帕(MPa)；

K——设计系数，应根据管道内的介质、缺陷所处地区级别等，按照 GB 50251 或 GB 50253 确定。

6.1.4 打磨宜使用角向磨光机和翼片砂轮，打磨角度宜不大于 45°，打磨时应防止管体过热。

6.1.5 对于电弧烧伤的打磨修复，应采用 10% 的过硫酸铵或 5% 的硝酸酒精对打磨表面进行蚀刻，以确认异常金相组织已完全消除；对于沟槽和裂纹的打磨修复，应按 NB/T 47013.4 或 NB/T 47013.5、SY/T 4109的要求对打磨后的表面进行渗透检测或磁粉检测，以确认缺陷已完全消除。

6.1.6 如果打磨修复后打磨区域的深度和长度在 6.1.3 限制的范围内不能完全消除缺陷，则应继续采用其他方法进行修复。

6.2 堆焊

6.2.1 堆焊适用于管道外表面金属损失的修复，尤其是弯头和三通上的腐蚀缺陷，不适用于修复凹陷、焊接缺陷和内部缺陷。

6.2.2 L415/X60 及以上钢级的管材，不宜采用堆焊的方法进行缺陷修复。

6.2.3 采用堆焊进行管体缺陷修复时，应同时满足以下要求：

a) 缺陷处的最小剩余壁厚不小于 3.2 mm，且输气管道缺陷处的最小剩余壁厚不小于 4.8 mm；

b) 缺陷长度不大于管道外径的 1/2；

c) 缺陷不位于凹陷或电阻焊焊缝上；

d) 堆焊修复的焊接长度不小于 50 mm(平行于焊接方向)；

e) 堆焊修复区域的最终厚度不小于待修复管道的公称壁厚。

6.2.4 在役管道的堆焊修复作业应满足附录 A 的相关要求，宜采用回火焊道焊接技术。

6.3 补板

6.3.1 补板适用于小面积腐蚀或直径小于 8 mm 的腐蚀穿孔、浅裂纹、盗油孔等缺陷的修复，不适用于修复焊接缺陷、高应力管线上的缺陷和高压管线上的泄漏。

6.3.2 L360/X52 及以上钢级的管材，不宜采用补板的方法进行缺陷修复；输气管道宜停气泄压后再进行补板修复。

6.3.3 采用补板进行管体缺陷修复时,应同时满足以下要求:

a) 补板的形状为圆形或椭圆形,补板末端距离缺陷外侧边界不小于 50 mm,补板与管壁之间的间隙不大于 5 mm;

b) 补板的厚度不小于待修复管道的公称壁厚,补板的材料等级一般与待修复管道的材料等级相同,具体材料可根据实际情况确定;

c) 补板安装的位置应保证缺陷位于补板中心,补板末端角焊缝和管道原有环焊缝的距离不小于管道外径,且不小于 150 mm;

d) 补板的在役焊接应满足附录 A 的相关要求。

6.3.4 补板修复的方法存在焊穿、氢致开裂和爆管等风险,且易产生应力集中,应谨慎采用。

6.4 套筒

6.4.1 一般要求

6.4.1.1 套筒主要分为 A 型套筒和 B 型套筒,套筒示意图见图 1。

6.4.1.2 采用套筒进行管体缺陷修复时,应同时满足以下要求:

a) 套筒长度不小于 150 mm,且套筒末端距离缺陷外侧边界不小于 50 mm;

b) 套筒安装的位置应保证缺陷位于套筒的中间部位;

c) 套筒的材料等级一般与待修复管道的材料等级相同,具体材料可根据实际情况确定;

d) 套筒的在役焊接应满足附录 A 的相关要求。

6.4.1.3 若套筒覆盖区域的管道上有焊缝,宜采取以下措施加强套筒安装的紧密度:

a) 通过打磨消除焊缝余高;

b) 采用预制了突起或凹槽的凸式套筒或凹槽式套筒。

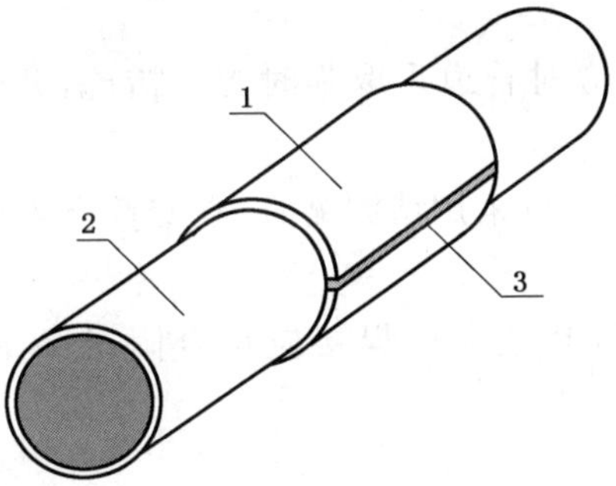

a) A 型套筒

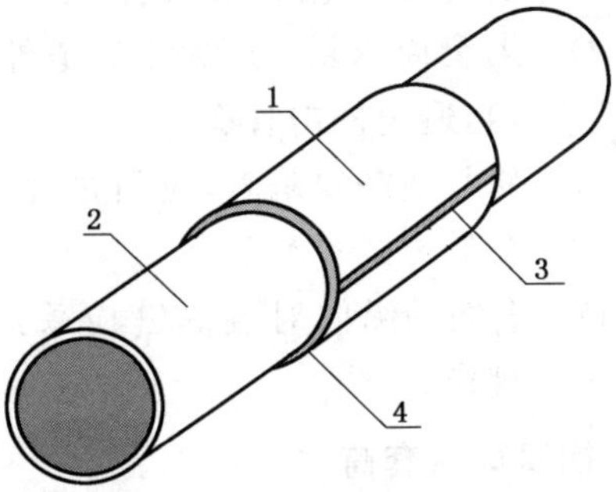

b) B 型套筒

说明:

1——套筒;

2——管道管体;

3——纵向对接焊缝;

4——环向角焊缝。

图 1 套筒示意图

6.4.2 A 型套筒

6.4.2.1 A 型套筒适用于管体金属损失、电弧烧伤、管体或直焊缝上的凹陷、裂纹等缺陷的修复,不适用于修复环向缺陷、泄漏和会继续发展的缺陷。

6.4.2.2 A型套筒与管壁之间可能存在间隙，有腐蚀和阴极保护失效的风险，宜采取适当的措施密封套筒两端并确保套筒与管道之间的电连续性。

6.4.2.3 若缺陷长度小于 L，则套筒厚度应不小于待修复管道公称壁厚的2/3；若缺陷长度大于或等于 L，则套筒厚度应不小于待修复管道的公称壁厚。L 按式(3)计算：

$$L = 20\sqrt{Dt} \quad \cdots\cdots (3)$$

式中：

D ——管道外径，单位为毫米(mm)；

t ——管道公称壁厚，单位为毫米(mm)。

6.4.2.4 宜采取以下措施提高A型套筒修复的有效性：

a) 修复时降低管道操作压力；

b) 通过预热套筒或对套筒施加机械外力的方法，使套筒紧贴管壁；

c) 在缺陷处和套筒与管道之间的环隙内填充环氧树脂、聚酯化合物等可硬化材料。

6.4.3 B型套筒

6.4.3.1 B型套筒适用于多种类型缺陷的修复，包括泄漏和环向缺陷。

6.4.3.2 套筒的厚度应不小于待修复管道的公称壁厚。

6.4.3.3 B型套筒的设计、安装应满足以下要求：

a) 套筒末端角焊缝和管道原有环焊缝的距离不小于管道外径，且不小于150 mm；

b) 相邻套筒的角焊缝距离不小于管道外径的1/2，若两个套筒的角焊缝距离小于管道外径的1/2，则不能将套筒相邻端与管体焊接，而应使用另一个稍大的套筒连接这两个套筒；

c) 套筒与管壁之间的间隙不超过2.5 mm；

d) 若套筒修复长度大于管道外径的4倍，修复时应对管道采取临时支撑措施，并分层回填，避免冲击管道；

e) 修复泄漏缺陷时，应预先封堵泄漏处再安装套筒，可采用堵漏夹具、在套筒上安装引流管等方式；

f) 套筒的纵向对接焊缝应采用全熔透焊接技术，其他在役焊接应符合附录A的相关规定。

6.5 钢质环氧套筒

6.5.1 钢质环氧套筒适用于腐蚀、沟槽、裂纹、凹陷、焊接缺陷(环焊缝除外)、褶皱、屈曲等非泄漏缺陷的修复。钢质环氧套筒示意图见图2。

6.5.2 钢质环氧套筒应具备以下功能结构：

a) 定位孔：在钢质环氧套筒两侧，通过调节定位螺栓的高度而使钢质护板与管道圆周方向的间隙保持一致的螺纹孔；

b) 排气孔：在钢质环氧套筒正上方，可排除钢质护板与管道之间的空气以及环氧填料中的气泡，并可以指示环氧填料是否灌注完成的孔洞。

6.5.3 钢质环氧套筒的设计、安装应满足以下要求：

a) 环氧填料在管道运行温度范围内不发生劣化；

b) 钢质护板的厚度和材料等级应使其具有不低于待修复管道设计压力的承压能力；

c) 钢质护板长度不小于 150 mm，且钢质护板末端距离缺陷外侧边界不小于 50 mm；

d) 安装时，管体温度高于露点 3 ℃且不高于 60 ℃，环境相对湿度不高于 85%；

e) 钢质护板与管道圆周方向的间隙保持一致；

f) 环氧填料和端面密封胶应按产品说明书提供的工艺条件进行配制，并在其有效工作时间内使用完毕。

6.5.4 环氧填料固化后，应采用肖氏硬度计测量填料的固化硬度，固化硬度应不小于 90 HS。

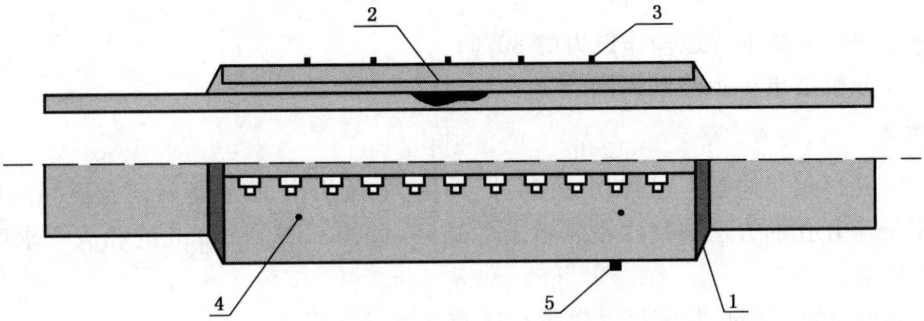

说明：

1——端面密封胶；

2——环氧填料；

3——排气孔；

4——定位孔；

5——填料注入孔。

图 2 钢质环氧套筒示意图

6.6 复合材料补强

6.6.1 复合材料补强适用于腐蚀、电弧烧伤、裂纹、沟槽、管体或直焊缝上的凹陷等非泄漏缺陷的修复，不适用于修复环向缺陷、深度大于 80%公称壁厚的缺陷和会继续发展的内腐蚀缺陷。

6.6.2 复合材料补强修复技术中的复合材料主要是指纤维增强复合材料，包括高强度填料、绝缘层和纤维补强层(碳纤维、玻璃纤维、凯夫拉纤维等)；无论纤维补强层是否导电，均宜在管道与纤维补强层之间设置绝缘层，以避免发生电偶腐蚀。

6.6.3 复合材料补强的设计、材料、施工、现场检验和防腐等要求见附录 C。

6.6.4 典型的纤维补强层分别具有以下特性：

a) 碳纤维的弹性模量与钢接近，有利于修复层与钢质管道之间的协同变形，使应力均匀分布，修复补强效果良好；但碳纤维具有导电性，修复时应采取绝缘措施；

b) 玻璃纤维价格低廉，但其弹性模量比钢小约一个数量级，修复时只有当钢质管道发生较大塑性变形后，才能将载荷传递到修复层，且抗老化性较差；

c) 凯夫拉纤维具有密度低、强度高、韧性好、耐高温、良好的电绝缘性等特点，适用于不规则管件的缺陷修复。

6.7 机械夹具

6.7.1 机械夹具主要包括螺栓紧固夹具和堵漏夹具两种。螺栓紧固夹具适用于除褶皱或屈曲外大多数缺陷的修复，堵漏夹具仅适用于泄漏的修复。

6.7.2 螺栓紧固夹具通常采用弹性密封，用来承受泄漏的压力；需要使用较大的螺栓来提供足够的夹紧力。采用螺栓紧固夹具修复时，应同时满足以下要求：

a) 螺栓紧固夹具末端距离缺陷外侧边界不小于 50 mm；

b) 螺栓紧固夹具的承压能力不低于待修复管道的设计压力；

c) 采用焊接固定时，螺栓紧固夹具的在役焊接应满足附录 A 的相关要求。

6.7.3 堵漏夹具主要用于临时修复腐蚀穿孔引起的泄漏。采用堵漏夹具修复时，应同时满足以下要求：

a) 修复压力不高于管道操作压力的 80%；

b) 工程分析结果显示泄漏周围的腐蚀不会出现裂纹。

6.8 带压开孔

6.8.1 带压开孔适用于局部机械损伤、外腐蚀、沟槽、电弧烧伤、裂纹等缺陷及泄漏的修复。

6.8.2 采用带压开孔的方法修复在役管道上的缺陷，应按 GB/T 28055 的相关要求实施，并同时满足以下要求：

a) 缺陷的位置、方向、几何尺寸等数据已准确测量并记录；

b) 开孔机的尺寸符合缺陷范围需求，即带压开孔切割下来的鞍形板包含整个缺陷；

c) 开孔管件的在役焊接应满足附录 A 的相关要求；

d) 带压开孔工艺应严格设计、规范施工，以确保管道能够承受开孔过程中产生的各种应力。

6.8.3 应预制外径比开孔孔径小 15 mm～30 mm 的鞍形板，并随塞堵安装回管道。

6.9 换管

6.9.1 换管适用于所有缺陷类型及泄漏的修复。

6.9.2 换管修复可选择采用停输换管或不停输换管。不停输换管一般是通过带压封堵的方式实现，带压封堵作业应按 GB/T 28055 的要求实施。

6.9.3 替换管段的承压能力应不低于待修复管道的设计压力，并预先进行水压试验，试验压力值、稳压时间及合格标准应符合 GB 50369 的相关要求。

6.9.4 替换管段的长度应不小于 L_r。L_r 按式(4)计算：

$$L_r = \begin{cases} 150, D < 168\ \text{mm} \\ 2D, 168\ \text{mm} \leqslant D < 610\ \text{mm} \\ 1\ 220, D \geqslant 610\ \text{mm} \end{cases} \quad \cdots\cdots(4)$$

式中：

D ——管道外径，单位为毫米(mm)；

L_r ——替换管段的最小长度，单位为毫米(mm)。

6.9.5 换管修复施工时应满足以下要求：

a) 不停输换管或作业环境有可燃气体时应采用机械方法断管；

b) 断管后，应对管内和管口进行清理，并采用气囊、黄油墙等隔离措施；

c) 为防止隔离管段内压力积聚，应在隔离管段上开排气孔，并在修复过程中持续检查。

6.9.6 替换管段与待修复管道应采用对接环焊缝焊接工艺，对于磁偏吹现象严重的管线，应采取消磁措施，且应按 NB/T 47013.2 或 NB/T 47013.3、SY/T 4109 的要求对焊缝进行射线检测或超声检测。

7 典型缺陷的修复

7.1 一般要求

7.1.1 管道使用单位应依据适用性评价和风险评估结果制定详细的修复计划。修复计划一般包括立即修复、限期修复和监控使用。

7.1.2 符合以下条件的缺陷,宜立即修复:

a) 金属损失的深度超过管道公称壁厚的80%;

b) 含应力集中的凹陷(凹陷处存在导致应力集中的其他缺陷);

c) 缺陷处管道失效压力小于或等于设计压力的1.1倍;

d) 应力腐蚀开裂或焊缝选择性腐蚀。

7.1.3 符合以下条件的缺陷,宜限期修复:

a) 凹陷位于管道顶部2/3区域,且深度超过管道外径的6%;

b) 凹陷位于焊缝上,且深度超过管道外径的2%;

c) 缺陷处管道失效压力小于或等于设计压力的1.25倍;

d) 金属损失的深度超过管道公称壁厚的50%;

e) 沟槽类缺陷的深度超过管道公称壁厚的12.5%;

f) 未立即修复的裂纹或潜在裂纹。

7.1.4 符合以下条件的缺陷,宜监控使用:

a) 凹陷深度超过管道外径的6%,但位于管道底部1/3区域;

b) 凹陷位于管道顶部2/3区域,但深度不超过管道外径的6%。

7.1.5 修复方法的选择取决于需要修复的缺陷类型,不同类型的缺陷对修复方法有相应的限制,典型缺陷的修复方法选择概况见表1。

7.1.6 缺陷修复前,宜采取降压措施,修复压力不应超过适用性评价确定的安全工作压力;涉及在役焊接作业时,修复压力不应超过按附录A计算的允许带压施焊压力。

7.1.7 换管适用于所有缺陷类型和泄漏的修复,本章所讨论的修复方法不包括换管。

表1 典型缺陷的修复方法选择概况

缺陷类型	打磨	堆焊	补板	A型套筒	B型套筒	钢质环氧套筒	复合材料补强	螺栓紧固夹具	堵漏夹具	带压开孔[a]
1 泄漏	否	否	永久	否	永久	否	否	永久[b]	临时[c]	永久
2 腐蚀										
2a)外腐蚀($d \leqslant 0.8t$)	永久[d]	永久	永久	永久	永久	永久	永久	永久	否	永久
2b)外腐蚀($d > 0.8t$)	否	否	永久	否	永久	否	否	永久	否	永久
2c)焊缝选择性腐蚀	否	否	否	否	永久	永久	否	永久	否	否
2d)内部腐蚀或缺陷	否	否	否	永久[e]	永久	永久[e]	永久[e]	永久[e]	否	否
3 沟槽或其他管体金属损失	永久[d]	永久[f]	永久[f]	永久[f]	永久[g]	永久[f]	永久[f]	永久[g]	否	永久

表 1(续)

缺陷类型	打磨	堆焊	补板	A 型套筒	B 型套筒	钢质环氧套筒	复合材料补强	螺栓紧固夹具	堵漏夹具	带压开孔[a]
4 焊接缺陷										
4a)直焊缝或螺旋焊缝缺陷	永久[d]	否	否	永久[f]	永久	永久[f]	永久[f]	永久	否	永久
4b)电阻焊焊缝上或附近的缺陷	否	否	否	否	永久	永久[f]	否	永久	否	否
4c)环焊缝缺陷	永久[d]	永久[h]	否	否	永久	否	否	永久[b]	否	否
4d)电弧烧伤	永久[d]	永久[f]	否	永久	永久	永久	永久[f]	永久	否	永久
5 硬点	否	否	否	永久	永久	永久	否	永久	否	永久
6 裂纹										
6a)浅裂纹($d \leqslant 0.4t$)	永久[d]	永久[f]	永久[f]	永久[f]	永久	永久[f]	永久[f]	永久	否	永久
6b)深裂纹($d > 0.4t$)	否	永久[f]	否	永久[f]	永久[i]	永久[f]	永久[f]	永久[i]	否	永久
7 凹陷										
7a)管体或直焊缝上的普通平滑凹陷	否	否	否	永久[j]	永久	永久[j]	永久[j]	永久	否	否
7b)环焊缝上的普通平滑凹陷	否	否	否	否	永久	永久[j]	否	永久[b]	否	否
7c)管体或直焊缝上含应力集中的凹陷	永久[k]	否	否	永久[f,j]	永久	永久[f,j]	永久[f,j]	永久	否	永久
7d)环焊缝上含应力集中的凹陷	永久[k]	否	否	否	永久	永久[f,j]	否	永久[b]	否	否
8 鼓泡和氢致开裂	否	否	否	永久	永久	永久	否	永久	否	否
9 褶皱、屈曲	否	否	否	否	永久[l]	永久[l]	否	否	否	否

注:d——缺陷深度,单位为毫米(mm);t——管道公称壁厚,单位为毫米(mm)。

[a] 带压开孔仅适用于可以通过开孔去除的局部小尺寸缺陷。

[b] 螺栓紧固夹具应能传递轴向载荷且保证结构完整性。

[c] 堵漏夹具仅适用于能被夹具封堵的小泄漏孔。

[d] 若缺陷在最大允许打磨量限制的范围内能完全消除,则可单独进行深度小于 $0.4t$ 的打磨。

[e] 确保内部缺陷或腐蚀不会继续发展,需要对缺陷进行监控或仅作为临时修复措施。

[f] 损伤材料已通过打磨去除并通过检验,可修复深度小于 $0.8t$ 的缺陷。

[g] 修复前,宜通过打磨去除损伤材料并通过检验。

[h] 损伤材料已通过打磨去除并通过检验且焊缝内部无缺陷,可修复深度小于 $0.1t$ 的缺陷。

[i] 应保证修复后的裂纹长度始终小于裂纹扩展临界值。

[j] 应使用合适的填充材料填补凹陷且凹陷深度不大于管道外径的 15%。

[k] 打磨区域的深度和长度满足限制要求且凹陷深度可接受。

[l] 套筒的设计应与管道缺陷形状、尺寸相符。

7.2 腐蚀修复

7.2.1 在修复腐蚀缺陷前,应对管道的外腐蚀区域进行彻底清理,以准确测定外腐蚀区域的尺寸,包括纵向长度和最大腐蚀深度(见图 3)。

7.2.2 若腐蚀不位于凹陷内,且腐蚀区域的尺寸(包括外腐蚀、内腐蚀)满足以下两个条件之一,则无需进行修复:

a) 最大腐蚀深度小于或等于管道公称壁厚的 10%或设计壁厚的腐蚀裕量;

b) 当最大腐蚀深度大于管道公称壁厚的 10%且小于或等于 40%时,纵向长度不超过按式(1)计算的纵向可接受长度或管道的最大操作压力满足式(2)。

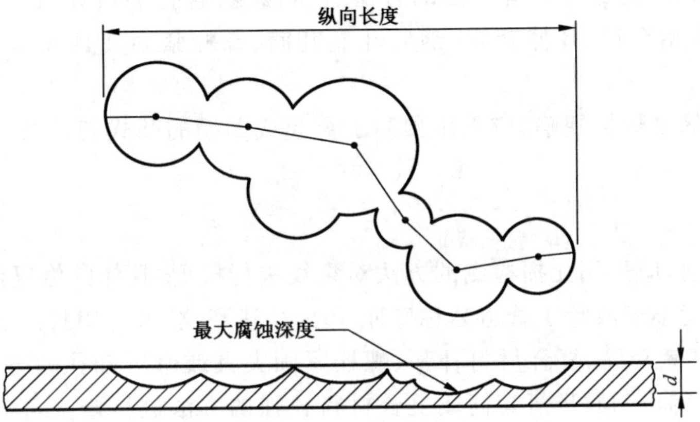

图 3 腐蚀区域测量示意图

7.2.3 对于焊缝选择性腐蚀,应采用 B 型套筒、钢质环氧套筒或螺栓紧固夹具的方法进行修复;对于环向的、环焊缝上的或焊缝热影响区内的腐蚀,应按照环焊缝缺陷(见 7.3.3)进行修复。

7.2.4 对于外腐蚀,若最大腐蚀深度 d 小于或等于管道公称壁厚 t 的 80%,可采用堆焊、补板、A 型套筒、B 型套筒、钢质环氧套筒、复合材料补强、螺栓紧固夹具或带压开孔的方法进行修复;若最大腐蚀深度大于管道公称壁厚的 80%,则应采用补板、B 型套筒、螺栓紧固夹具或带压开孔的方法进行修复。具体的修复流程参见附录 D 图 D.1。

7.2.5 对于内腐蚀,若腐蚀程度不会继续发展超出其临界值,可采用 A 型套筒、B 型套筒、钢质环氧套筒、复合材料补强或螺栓紧固夹具进行修复;若腐蚀可能继续发展,以上方法中的 A 型套筒和复合材料补强和螺栓紧固夹具则仅作为临时修复措施,应监控使用。具体的修复流程参见图 D.2。

7.2.6 对于点蚀,若点蚀深度大于管道公称壁厚的 80%,可采用补板、B 型套筒、螺栓紧固夹具的方法进行修复。采用补板和 B 型套筒修复时,应采取降压措施。

7.3 焊接缺陷修复

7.3.1 对于直焊缝或螺旋焊缝上的体积缺陷和平面缺陷,可采用打磨、A 型套筒、B 型套筒、钢质环氧套筒、复合材料补强、螺栓紧固夹具或带压开孔的方法进行修复。

7.3.2 对于电阻焊焊缝上或附近的缺陷,可采用 B 型套筒、钢质环氧套筒或螺栓紧固夹具的方法进行修复。

7.3.3 在修复环焊缝缺陷前,应采用无损检测的方法对缺陷进行检测。具体的修复流程参见图 D.3。要求如下:

a) 若缺陷为深度不超过公称壁厚 10%的表面金属损失且焊缝内部无缺陷,可采用打磨或打磨后堆焊的方法进行修复；

b) 若缺陷为深度超过公称壁厚10%的表面金属损失或内部缺陷(气孔、夹渣、未焊透等),则应采用B型套筒或螺栓紧固夹具进行修复；

c) 若环向缺陷长度大于管道周长的1/12或存在较高的纵向应力,应优先采用B型套筒进行修复。

7.3.4 对于电弧烧伤,宜先对缺陷进行打磨,若打磨后异常金相组织已完全消除,则可单独采用打磨或继续采用堆焊或复合材料补强的方法进行修复;若打磨后异常金相组织没有完全消除,则应继续采用A型套筒、B型套筒、钢质环氧套筒、螺栓紧固夹具或带压开孔的方法进行修复。

7.3.5 若采用套筒修复焊接缺陷,应采用预制了突起或凹槽的凸式套筒或凹槽式套筒,以加强套筒安装的紧密度。

7.4 裂纹修复

7.4.1 在修复裂纹前,应采用无损检测的方法对裂纹进行检测,具体的修复流程参见图D.4。

7.4.2 对于最大深度小于或等于管道公称壁厚40%的浅裂纹,可采用打磨、堆焊、补板、A型套筒、B型套筒、钢质环氧套筒、复合材料补强、螺栓紧固夹具或带压开孔的方法进行修复。若采用堆焊、补板、A型套筒、钢质环氧套筒或复合材料补强的方法进行修复,应保证修复前裂纹已通过打磨完全消除。

7.4.3 对于最大深度大于管道公称壁厚40%的深裂纹,可采用堆焊、A型套筒、B型套筒、钢质环氧套筒、螺栓紧固夹具、复合材料补强或带压开孔的方法进行修复。以上方法中,若采用除带压开孔以外的其他方法进行修复,应保证修复前裂纹已通过打磨完全消除或修复后的裂纹长度始终小于裂纹扩展临界值。

7.4.4 环向裂纹不宜采用A型套筒、钢质环氧套筒和复合材料修复技术进行修复。

7.5 凹陷修复

7.5.1 在修复凹陷前,应对凹陷尺寸进行测量,并采用无损检测的方法对凹陷处可能存在的其他缺陷进行检测。若同时满足以下条件,则无需进行修复:

a) 凹陷为普通平滑凹陷(凹陷处不存在导致应力集中的其他缺陷);

b) 管体上的凹陷深度小于管道外径(OD)的6%,焊缝上的凹陷深度小于管道外径的2%;

c) 凹陷长度与深度的比值(L/d)不小于20;

d) 凹陷处的腐蚀深度不大于管道公称壁厚的10%。

7.5.2 若凹陷影响到清管,则应采用换管的方法进行修复。

7.5.3 对于普通平滑凹陷,若凹陷位于管体或直焊缝上,可采用A型套筒、B型套筒、钢质环氧套筒、复合材料补强或螺栓紧固夹具的方法进行修复;若凹陷位于环焊缝上,以上方法中的A型套筒和复合材料补强则不适用。

7.5.4 对于含应力集中的凹陷,若凹陷位于管体或直焊缝上,可采用打磨、A型套筒、B型套筒、钢质环氧套筒、复合材料补强、螺栓紧固夹具或带压开孔的方法进行修复;若凹陷位于环焊缝上,以上方法中的A型套筒、复合材料补强和带压开孔则不适用。具体的修复流程参见图D.5。

7.5.5 采用A型套筒、钢质环氧套筒或复合材料补强修复凹陷时,应同时满足以下要求:

a) 凹陷深度不大于管道外径的15%；

b) 已通过打磨消除了凹陷处的其他应力集中缺陷；

c) 已使用合适的填充材料填补了凹陷。

7.6 鼓泡和氢致开裂修复

7.6.1 对于鼓泡和氢致开裂，若管道无泄漏，可采用A型套筒、B型套筒、钢质环氧套筒或螺栓紧固夹具的方法进行修复；若管道已发生泄漏，则只能用B型套筒的方法进行修复。

7.6.2 若使用B型套筒进行修复，应采用超声检测对鼓泡和裂纹进行定位，以避免在鼓泡和裂纹上进行焊接。

7.7 褶皱或屈曲修复

7.7.1 对于褶皱或屈曲，若通过无损检测的方法确认不存在导致应力集中的其他缺陷，且测量的褶皱高度满足式(5)，则无需进行修复。褶皱高度测量示意图见图4。

7.7.2 若褶皱或屈曲影响到清管，则应采用换管的方法进行修复。

7.7.3 褶皱或屈曲可采用B型套筒或钢质环氧套筒的方法进行修复，套筒的设计应与管道缺陷形状、尺寸相符。具体的修复流程参见图D.6。

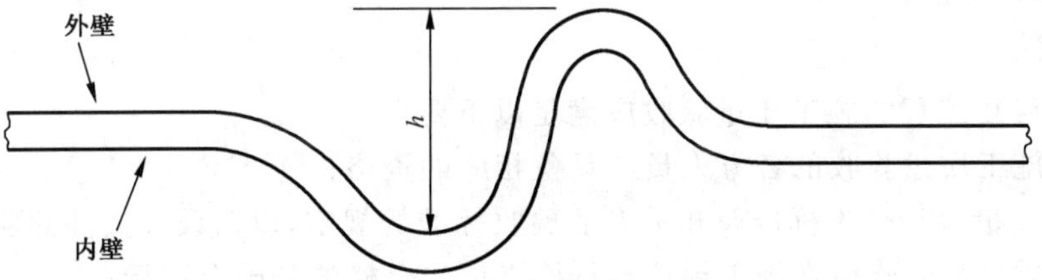

图4 褶皱高度测量示意图

$$h/D \times 100 \leqslant \begin{cases} 2, S \leqslant 138\ \text{MPa} \\ (207 - S)/69 + 1, 138\ \text{MPa} < S \leqslant 207\ \text{MPa} \\ 0.5 \times [(324 - S)/117 + 1], 207\ \text{MPa} < S \leqslant 324\ \text{MPa} \\ 0.5, S > 324\ \text{MPa} \end{cases} \quad \cdots\cdots(5)$$

式中：

h ——褶皱高度，单位为毫米(mm)；

D——管道外径，单位为毫米(mm)；

S ——最大环向应力，单位为兆帕(MPa)。

8 健康、安全、环境

8.1 一般要求

管体缺陷修复作业应遵循国家和行业有关健康、安全与环境的法律、法规及相关规定。作业前应进行风险识别、评价，制定风险削减措施和必要的应急预案。

8.2 安全防护

管体缺陷修复作业的全过程，应有可靠的安全防护措施：

a) 开工前，施工单位应组织施工人员进行安全教育，确保所有施工人员充分理解并严格遵守安全操作规程，严格按照经审批的施工方案进行施工组织；

b) 施工人员应按规定正确使用防护服、安全帽、防护眼镜、手套、工作鞋等劳动防护用品；

c) 施工现场应根据消防要求配置消防设施和消防器具，并保持消防通道畅通；

d) 开挖作业坑时，应根据土质情况决定边坡坡度，必要时，应采取防塌方措施；

e) 施工现场应设置明显的安全警示标志，作业坑边应设置临边防护；

f) 施工期间应避免管输介质出现剧烈的压力波动，严禁施工期间进行清管、内涂或内检测作业，有条件的应停输或降压运行；

g) 施工现场环境有影响施工人员健康的粉尘、噪声、有害气体时，应采取有效的防护措施；

h) 现场动火作业前应进行可燃气体检测，动火全过程应有专人监护；

i) 其他未提及内容按 SY/T 6444 的相关要求执行。

8.3 环境保护

应清理和妥善处理施工过程产生的废弃物，包括清除的旧防腐层、泄漏的管道介质等；对施工造成的土地、植被等原始地貌、地表破坏，应按设计要求予以恢复。

9 质量验收和后期工作

9.1 质量验收

管体缺陷修复工程的施工质量验收应满足以下要求：

a) 参与施工质量验收的各方人员应具备相应的资格；

b) 施工质量应符合本标准及相关专业验收标准的规定，以及设计文件的要求；

c) 施工质量的验收应在施工单位自行检查评定合格的基础上进行；

d) 隐蔽工程应在隐蔽前已由施工单位通知有关单位进行了验收，形成验收文件；

e) 验收检验项目的抽检结果应符合本标准的相关要求，其检验结果应得到验收组成员共同确认。

9.2 后期工作

修复作业完成并进行了现场检验后，应按以下要求开展后期工作：

a) 由方案中的指定人员告知管道调度运行单位，管道已处于可投入运行状态；

b) 管道重新启动或恢复压力后，应对修复管段进行现场监控以防泄漏，直至管道恢复正常运行；

c) 应仔细做好防腐、回填工作，确保不损坏原有或新换管道防腐层，且不产生应力集中；

d) 在永久修复完成后，应恢复现场地貌，并在地面上埋设标志桩；

e) 编制竣工资料，应包括但不局限于以下内容：缺陷类型、修复方法、所用材料、焊接记录、无损检测记录、防腐施工记录以及缺陷开挖验证材料等。

附 录 A
（规范性附录）
管道在役焊接作业

A.1 范围

本附录适用于采用手工电弧焊对在役埋地钢质管道的管体缺陷进行的维抢修焊接作业，包括堆焊修复、补板修复、套筒修复、换管修复和带压开孔修复。

A.2 焊接工艺及评定

管道在役焊接前，应根据管道材料、运行参数以及焊接材料等信息制定预焊接工艺规程，按照GB/T 31032—2014 附录D的相关要求进行焊接工艺评定，并依据评定合格的焊接工艺编制焊接工艺规程。

A.3 人员要求

A.3.1 从事管道在役焊接的焊工和无损检测人员应持有相关部门颁发的资格证书。

A.3.2 管道在役焊接前，焊工应通过焊工上岗考试，上岗考试应符合 GB/T 31032—2014 的相关要求。

A.4 焊条的保管和运输

A.4.1 焊条的保管和运输应符合生产厂家的规定，应避免损坏、受潮。包装开启后，应保护焊条不变质，有损坏或变质迹象的焊条不应使用。

A.4.2 低氢焊条应妥善保管和使用，以确保其低氢水平。低氢焊条应进行烘干处理，焊条从烘箱中取出后，应立即进行焊接，1 h 内未使用完的焊条要放回烘箱继续烘干。

A.5 在役焊接前的准备工作

A.5.1 管道在役焊接前，应对焊接区域进行彻底清理直至漏出金属光泽，必要时，还应通过打磨以满足焊接要求。

A.5.2 应使用超声波测厚仪测量焊接位置的管道剩余壁厚，管道在役焊接位置的最小剩余壁厚应不小于 3.2 mm，且输气管道在役焊接位置的最小剩余壁厚应不小于 4.8 mm。

A.5.3 管道在役焊接时，管道允许带压施焊的压力应满足式(A.1)的要求：

$$p=\frac{2\sigma_s(t-c)}{D}F \qquad \text{(A.1)}$$

式中：

p ——管道运行带压施焊的压力，单位为兆帕(MPa)；

σ_s ——管材的最小屈服极限，单位为兆帕(MPa)；

t ——焊接处管道实际壁厚，单位为毫米(mm)；

c ——因焊接引起的壁厚修正量，单位为毫米(mm)，按表 A.1 取值；

D ——管道外径,单位为毫米(mm);

F ——安全系数,按表 A.2 取值。

表 A.1 修正量

单位为毫米

焊条直径	<2.0	2.5	3.2	4.0
c	1.4	1.6	2.0	2.8

表 A.2 安全系数

t/mm	$t \geqslant 12.7$	$8.7 \leqslant t < 12.7$	$6.4 \leqslant t < 8.7$	$t < 6.4$
F	0.72	0.68	0.55	0.4

A.5.4 应调节介质流速,管道内液体流速应不大于 5 m/s,气体流速应不大于 10 m/s。

A.5.5 缺陷修复工件的装配与组对应满足以下要求:

a) 套筒、补板或对开三通与管道之间的间隙不应太大,宜使用机械外力,使其紧贴管壁,必要时可在管道上焊接预堆层以减小间隙;

b) 对焊接缺陷修复工件部位的管道螺旋焊缝和直焊缝宜打磨至母材高度;

c) 对开三通法兰沿管道轴线方向的两端到管顶的距离差应小于 1 mm,对开三通法兰轴线与其所在位置管道轴线间距应不大于 1.5 mm。

A.5.6 在役焊接的作业环境应满足以下要求:

a) 环境温度应不低于 5 ℃,相对湿度应不高于 90%,在雨雪、风沙等天气条件下,应采取有效的防护措施后再施焊;

b) 应利用开挖、搭建平台等手段为焊接创造足够的作业空间;

c) 应对可能存在的可燃气体进行浓度检测,可燃气体浓度应低于其爆炸下限的 10%。

A.5.7 管道在役焊接前,应采用火焰加热或中频加热的方式进行预热,预热不仅可以减缓焊接冷却速度,还能促进氢、水分及其他污染物的扩散挥发。预热应满足以下要求:

a) 预热温度应符合焊接工艺规程的要求,建议预热温度为 100 ℃~150 ℃;

b) 管道内部介质温度较低或流速过快时,预热应采用火焰加热和中频加热相结合的形式;

c) 在整个焊接过程中,层间温度的最小值应不低于预热温度的最小值;

d) 当焊接作业中断时,再次焊接前应重新加热到要求的预热温度。

A.6 在役焊接

A.6.1 管道在役焊接应执行焊接工艺规程,焊工应取得相应的焊接资质并通过上岗考试。

A.6.2 焊接套筒或对开三通时,应先同时焊接两侧纵向对接焊缝,再焊接环向角焊缝,且两道环向角焊缝不应同时焊接;对于其他类型的工件,应采用把残余应力减至最小的焊接顺序。

A.6.3 纵向对接焊缝的焊接应满足以下要求:

a) 焊接套筒或对开三通的纵向对接焊缝时,宜在对接焊缝下装配低碳钢垫板,以防止焊接到管道上,垫板长度应与套筒或对开三通的护板长度相同或略长,宽度为对接焊缝宽度的 2 倍~3 倍;

b) 套筒或对开三通的纵向对接焊缝应100%焊透,根部间隙(对接面的间隙)宜为3 mm~6 mm;

c) 焊道应主要位于套筒或对开三通的护板上,位于垫板上的焊道不应超过2 mm宽,否则易烧穿垫板;

d) 套筒或对开三通的护板长度大于750 mm时,每道纵向对接焊缝应由至少2名焊工同时施焊;

e) 由1名焊工焊接每道纵向对接焊缝时,应按图A.1a)所示焊接顺序同时施焊;由2名焊工焊接每道纵向对接焊缝时,应按图A.1b)所示焊接顺序同时施焊。

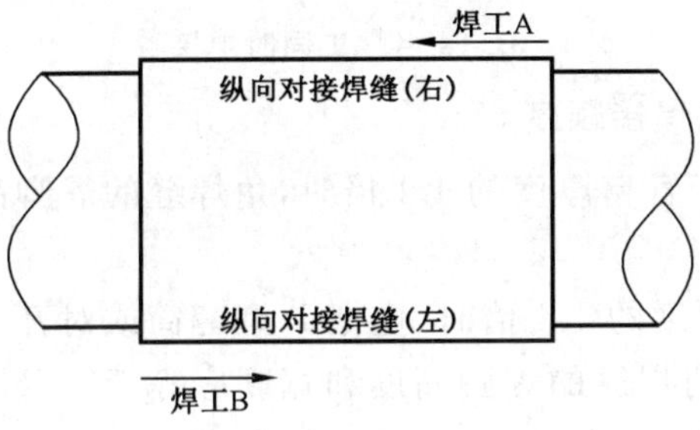

a) 2名焊工同时焊接

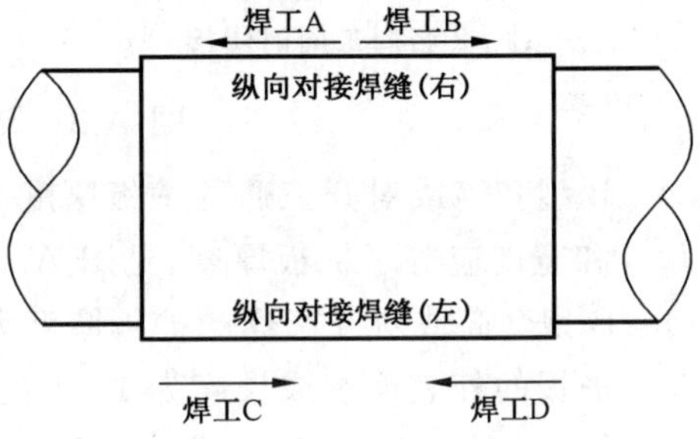

b) 4名焊工同时焊接

图A.1 纵向对接焊缝焊接顺序

A.6.4 环向角焊缝的焊接应满足以下要求:

a) B型套筒或对开三通的护板与管道的环向角焊缝宜采用多道堆焊,一般的堆焊形式见图A.2;

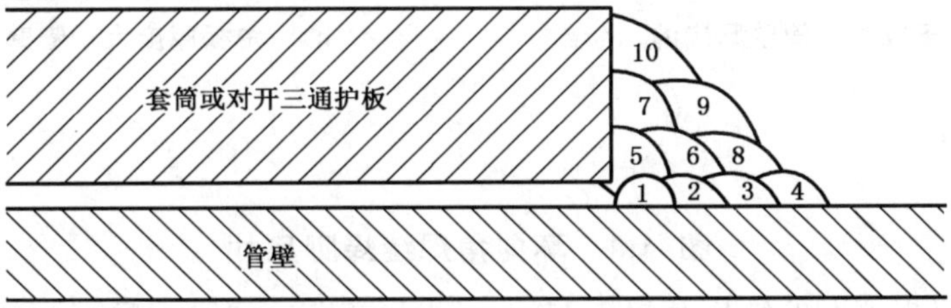

说明:数字代表焊接顺序。

图A.2 环向角焊缝堆焊焊接形式示意图

b) 第一条焊道与B型套筒或对开三通的护板距离应小于2 mm,但不应与护板连接;

c) 在管道外径大于或等于325 mm的管道上进行B型套筒或对开三通的环向角焊缝的焊接时,每道焊缝应由至少2名焊工同时施焊,且两电弧间应至少相距50 mm,焊接顺序见图A.3;

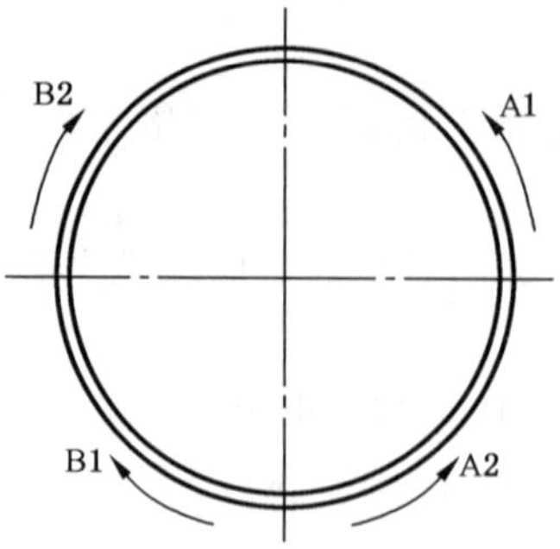

a) 2名焊工同时焊接

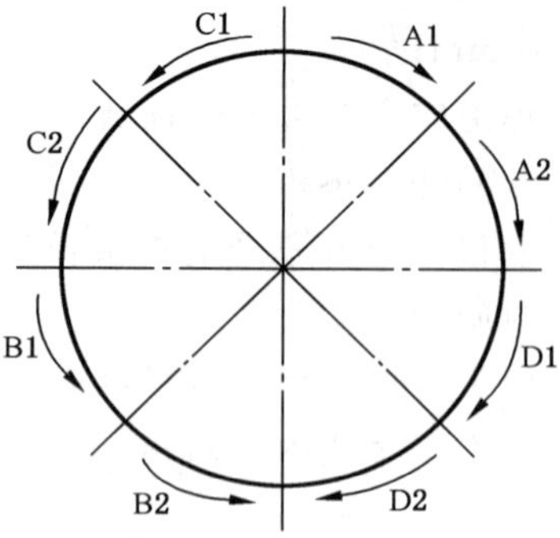

b) 4名焊工同时焊接

图 A.3 环向角焊缝焊接顺序

d) B型套筒或对开三通的护板厚度小于或等于管壁厚度的1.4倍时,角焊缝的焊脚高度和宽度应等于护板厚度,见图A.4a);

e) B型套筒或对开三通的护板厚度大于管壁厚度的1.4倍时,应把B型套筒或对开三通护板的外表面磨成坡度为1∶1的斜面,且角焊缝的焊脚高度和宽度应等于管壁厚度的1.4倍,以减少应力集中,见图A.4b)。

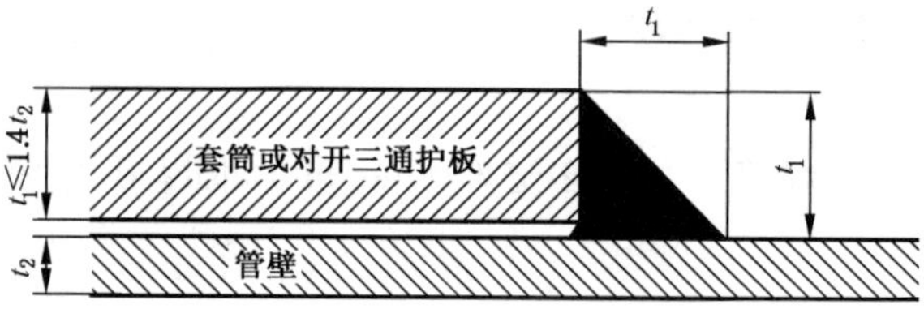

a) 护板厚度小于或等于管壁厚度的1.4倍

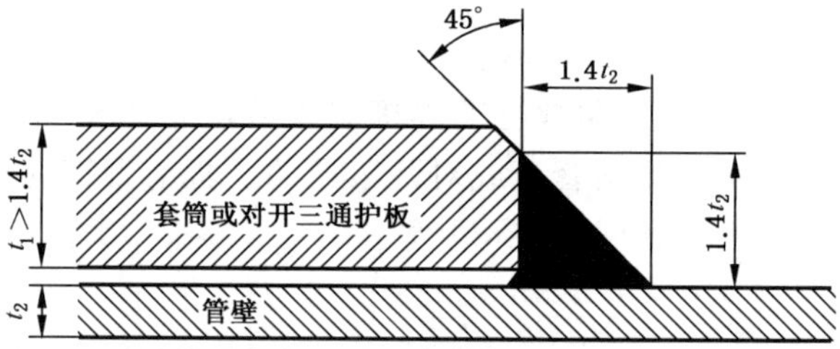

b) 护板厚度大于管壁厚度的1.4倍

说明:

t_1——护板厚度;

t_2——管壁厚度。

图 A.4 环向角焊缝焊脚尺寸

A.6.5 坡口和每层焊道上的锈皮及焊渣,在下一步焊接前应清除干净。

A.7 在役焊接控制

A.7.1 管道在役焊接主要存在烧穿和氢致开裂两个风险,应综合考虑管道操作压力、流动状态和焊接处剩余壁厚等影响焊接安全可靠性的因素,采取适当的控制措施。

A.7.2 为防止烧穿,在役焊接应采取以下控制措施:

a) 当管道剩余壁厚小于6.4 mm时,打底焊应使用直径不大于2.5 mm的焊条;

b) 当管道剩余壁厚大于或等于6.4 mm时,打底焊应使用直径不大于3.2 mm的焊条。

A.7.3 为防止氢致开裂,在役焊接应采取以下控制措施:

a) 使用低氢焊条或低氢焊接工艺方法;

b) 采用足够的热输入量,规定最小热输入量要求等级,但应防止烧穿;

c) 采用合理的焊接顺序,宜采用回火焊道焊接工艺,多组施焊时,焊接顺序应对称布置;

d) 合理装配缺陷修复工件,以减少焊缝根部的应力集中;

e) 按 A.5.7 的要求进行预热,并在焊接后维持加热 15 min,厚壁管宜适当延长加热时间。

A.8 焊接质量检验

A.8.1 焊接质量的检验、缺陷的清除和返修应按 GB/T 31032—2014 的相关规定执行。

A.8.2 与管道相连的焊缝易产生焊道下裂纹或延迟裂纹,应按 NB/T 47013.3、NB/T 47013.4 或NB/T 47013.5的要求对焊缝进行渗透检测、磁粉检测、超声检测或两种检测方法的组合。

A.8.3 若套筒或对开三通的护板较厚,其纵向对接焊缝和环向角焊缝采用磁粉检测时,宜采用分层检测的方式。

附　录　B
(资料性附录)
数据采集表

数据采集表见表B.1。

表B.1　数据采集表

管道名称：　　　　缺陷编号：

<table>
<tr><td rowspan="5">缺陷数据</td><td>缺陷定位</td><td>距上游标志桩(m)：　距下游标志桩(m)：
距上游环焊缝(m)：　距下游环焊缝(m)：
坐标点:经度：　纬度：
时钟方位：</td></tr>
<tr><td>缺陷类型</td><td>□内腐蚀　□外腐蚀　□焊缝选择性腐蚀　□裂纹　□电弧烧伤
□硬点　□沟槽　□管体焊缝缺陷　□环焊缝缺陷
□鼓泡　□氢致开裂　□普通平滑凹陷　□含应力集中的凹陷
□褶皱　□屈曲　□其他(________)</td></tr>
<tr><td>是否泄漏</td><td>□是　□否</td></tr>
<tr><td>缺陷尺寸</td><td>长(mm)：　宽(mm)：　深(mm)：　剩余壁厚(mm)：</td></tr>
<tr><td>所在部位</td><td>□钢管　□三通　□弯头/管　□其他(________)</td></tr>
<tr><td rowspan="5">管道数据</td><td>管道规格</td><td>管道外径(mm)：　公称壁厚(mm)：</td></tr>
<tr><td>材料等级</td><td>钢级：　材料牌号：</td></tr>
<tr><td>钢管类别</td><td>□无缝钢管　□直缝埋弧焊管　□螺旋缝埋弧焊管　□高频电阻焊管
□复合管　□其他(________)</td></tr>
<tr><td>防腐层类型</td><td>□单层熔结环氧粉末　□双层熔结环氧粉末　□环氧煤沥青
□液态环氧树脂　□煤焦油带沥青焦油　□石油沥青
□收缩带/套　□泡沫夹克防腐层　□三层PE
□聚乙烯胶粘带　□其他(________)</td></tr>
<tr><td>安装时间</td><td>管道安装时间：　年　月</td></tr>
<tr><td rowspan="3">运行数据</td><td>介质类型</td><td>□原油　□成品油　□天然气　□其他(________)</td></tr>
<tr><td>介质成分</td><td></td></tr>
<tr><td>工艺参数</td><td>操作温度(℃)：　操作压力(MPa)：　介质流速：
最大操作压力(MPa)：</td></tr>
<tr><td rowspan="3">环境数据</td><td>天气状况</td><td>天气：　温度(℃)：　湿度：　风力：</td></tr>
<tr><td>后果严重程度</td><td>是否属于高后果区　□是　□否
是否属于环境敏感区　□是　□否</td></tr>
<tr><td>交通便利</td><td>大型施工机械是否可达　□是　□否</td></tr>
<tr><td colspan="2">采集人：　年　月　日</td><td>审核人：　年　月　日</td></tr>
</table>

附 录 C
(规范性附录)
复合材料补强修复要求

C.1 设计要求

根据缺陷评估结果和管道运行情况,制定复合材料补强修复方案,修复层的设计应满足以下要求:

a) 修复层与缺陷处管道剩余壁厚之和的承压能力应不小于待修复管道的设计压力;

b) 复合材料的使用温度范围应包含待修复管道的运行温度范围;

c) 复合材料的性能应不受管道输送介质的影响;

d) 专用树脂的玻璃化转变温度应比待修复管道的运行温度高 15 ℃以上。

C.2 材料要求

C.2.1 复合材料应符合设计要求,使用前宜对关键技术指标进行性能抽检复验。

C.2.2 复合材料应具有产品说明书、合格证、性能检验报告、安全数据表等技术资料;复合材料的存储、运输和详细的设计、安装要求应符合制造商的相关规定。

C.2.3 复合材料应在保质期内使用,若纤维布放置时间超过 2 个月,使用前应在烘箱内用60 ℃干燥2 h后方可继续使用。

C.3 施工要求

C.3.1 补强修复的施工过程应遵守制造商和管道使用单位的相关规定,作业人员应经过充分培训。

C.3.2 现场开挖应以缺陷点位置为中心,开挖尺寸、放坡要求、土壤堆放等应按照 SY/T 5918 的相关规定执行。

C.3.3 补强修复前,应清除管道表面防腐层,管体表面处理应满足以下要求:

a) 清除原有防腐层的长度应至少超出缺陷外侧边界各 500 mm,清除后的管道表面应无明显的涂层残留,清除过程中应避免损伤管体金属;

b) 待修复区域管道表面的除锈等级应达到 GB/T 8923.1—2011 中规定的 Sa2.5 级或 St3 级,并应采用干燥的空气吹扫或清洁刷除去表面的粉尘和残留物;

c) 管道表面除锈后,补强修复应在 4 h 内进行,若超出规定时间,应重新进行表面除锈。

C.3.4 修复施工的环境条件应符合复合材料产品说明书的规定。若无明确规定,应满足以下要求:

a) 管体温度应高于露点 3 ℃且不高于 60 ℃,环境相对湿度应不高于 85%;

b) 施工环境应无粉尘,在雨雪、风沙等天气条件下,应采取有效的防护措施后再进行施工。

C.3.5 高强度填料和专用树脂应按产品说明书提供的工艺条件进行配制,并搅拌均匀;加入固化剂后,应在有效的工作时间内使用完毕。

C.3.6 采用湿缠绕法修复施工时，纤维布缠绕应满足以下要求：

a） 应根据设计确定的修复层轴向总长度，以缺陷处为中心进行缠绕，使纤维与管道轴向垂直；

b） 修复层末端距离缺陷外侧边界应不小于 100 mm，且修复焊接缺陷时应不小于 400 mm；

c） 若缺陷之间轴向距离小于 25 mm 或环向距离小于管道公称壁厚的 6 倍，则视为同一缺陷区域，可进行连续缠绕修复；

d） 纤维布轴向搭接长度应为纤维布幅宽的 20%～40%，周向搭接长度应不小于 200 mm；

e） 环向缠绕纤维布长度不足时，继续缠绕纤维布搭接长度应不小于 200 mm；

f） 修复螺旋焊管上的缺陷时，纤维布缠绕方向应与管道螺旋焊缝走向相反；

g） 复合材料层间应无气泡，纤维布应被树脂完全浸润；

h） 修复弯头时，应采用适当宽度的纤维布以避免褶皱，弯头内侧纤维布轴向搭接长度应为纤维布幅宽的 75%～80%，外侧搭接长度应不小于纤维布幅宽的 50%。

C.3.7 采用预成型法修复施工时，预成型复合材料的粘贴应满足以下要求：

a） 安装起始垫时，应确保管体缺陷位于预成型复合材料中间位置，距离缺陷外侧边界应不小于 100 mm；

b） 预成型复合材料的起始端应紧贴起始垫，并与管道轴向垂直；

c） 胶黏剂应涂抹均匀，预成型复合材料层间、预成型复合材料与管壁之间应无空隙。

C.3.8 修复层固化期间，应使用遮挡物防止沙尘、雨水等污染修复层表面。若环境温度低于 15 ℃，可采取加热措施加快固化，加热温度应不高于 60 ℃。

C.3.9 修复层固化后，宜对修复区域进行定位标记，便于以后内检测定位。

C.4 现场检验要求

修复层固化后，应对施工质量进行现场检验，修复层应满足以下要求：

a） 检查修复层的外观和几何尺寸，修复层实际的轴向长度应不小于设计要求，位置偏差应不大于 10 mm，纤维布褶皱高度应不大于 2.5 mm，树脂颜色应均匀一致；

b） 采用涂层测厚仪测量圆周方向均匀分布的 4 点的修复层厚度，结果应符合设计要求；

c） 用小锤轻敲修复层表面了解空鼓情况，缺陷位置附近 100 mm 内应没有空鼓，整体空鼓率应不超过 5%；

d） 采用巴氏硬度计测量修复层的固化硬度，固化硬度应不小于 40HBa；

e） 每 20 处修复点至少抽 1 处按照 GB/T 23257 规定的方法测定修复层的剥离强度，不足 20 处时至少抽 1 处，剥离强度应不低于 70 N/cm。

C.5 防腐要求

现场检验完成后，应对修复区域进行防腐处理，防腐层施工过程控制和质量验收应符合 SY/T 5918 的规定。新防腐层与原防腐层的搭接宽度应不小于 100 mm。

附　录　D

（资料性附录）

埋地钢质管道典型缺陷的修复流程

D.1　外腐蚀缺陷的修复流程见图 D.1。

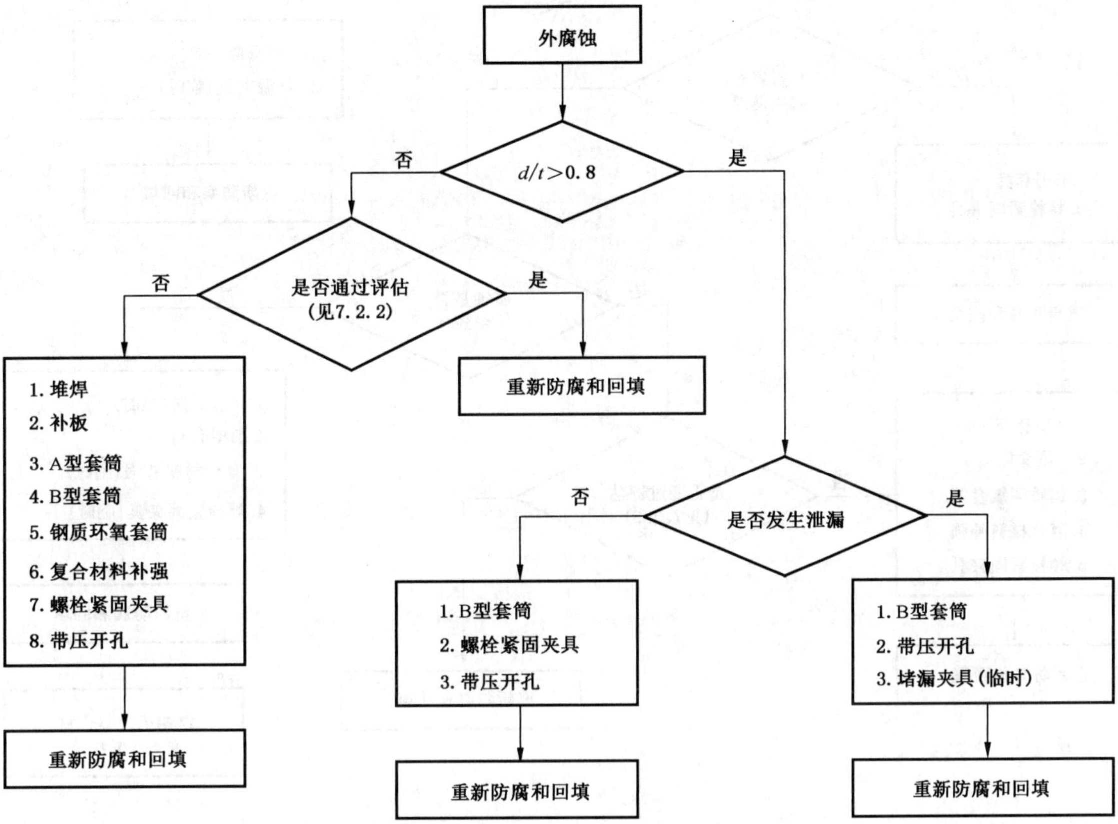

图 D.1　外腐蚀缺陷的修复流程图

D.2 内腐蚀缺陷的修复流程见图 D.2。

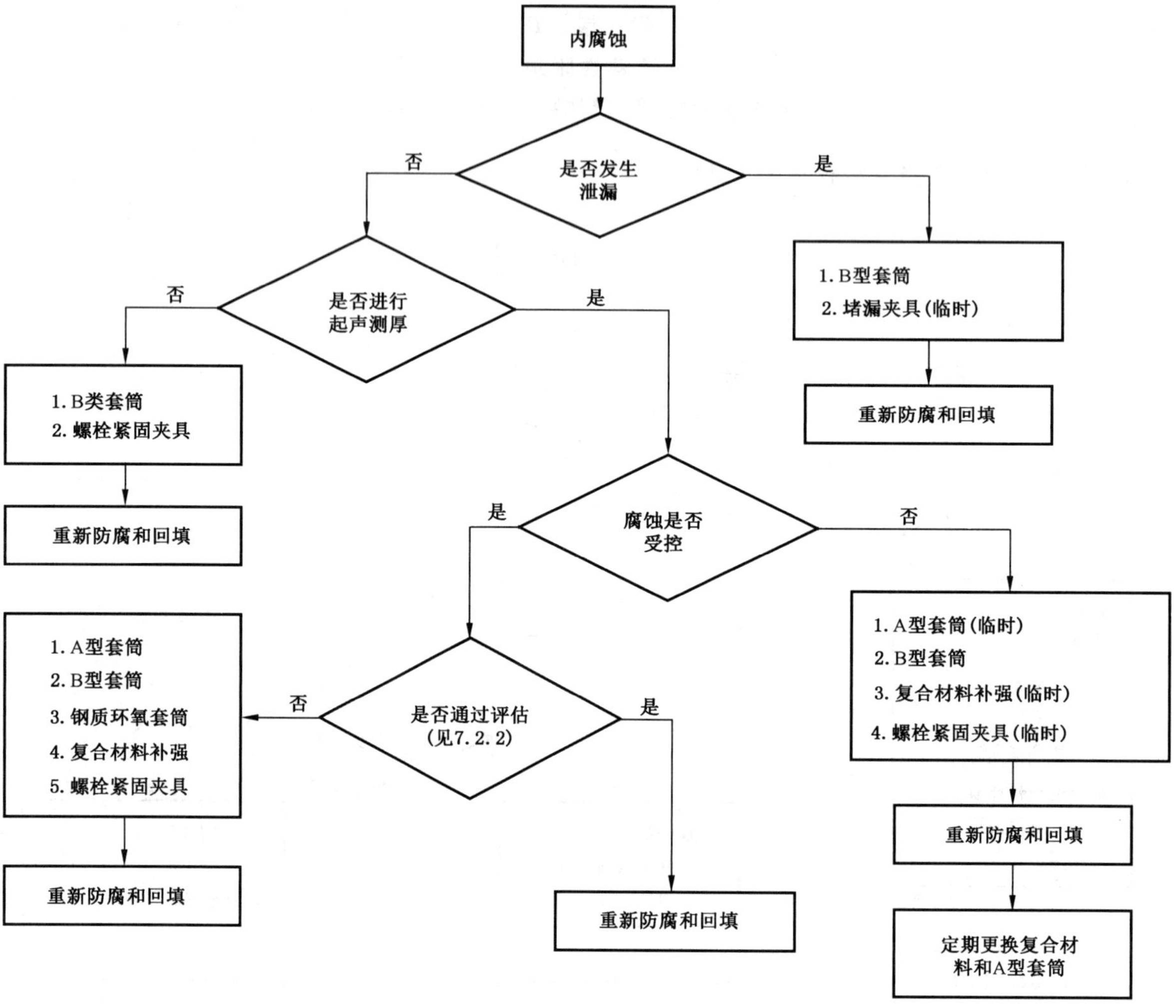

图 D.2 内腐蚀缺陷的修复流程图

D.3 环焊缝缺陷的修复流程见图 D.3。

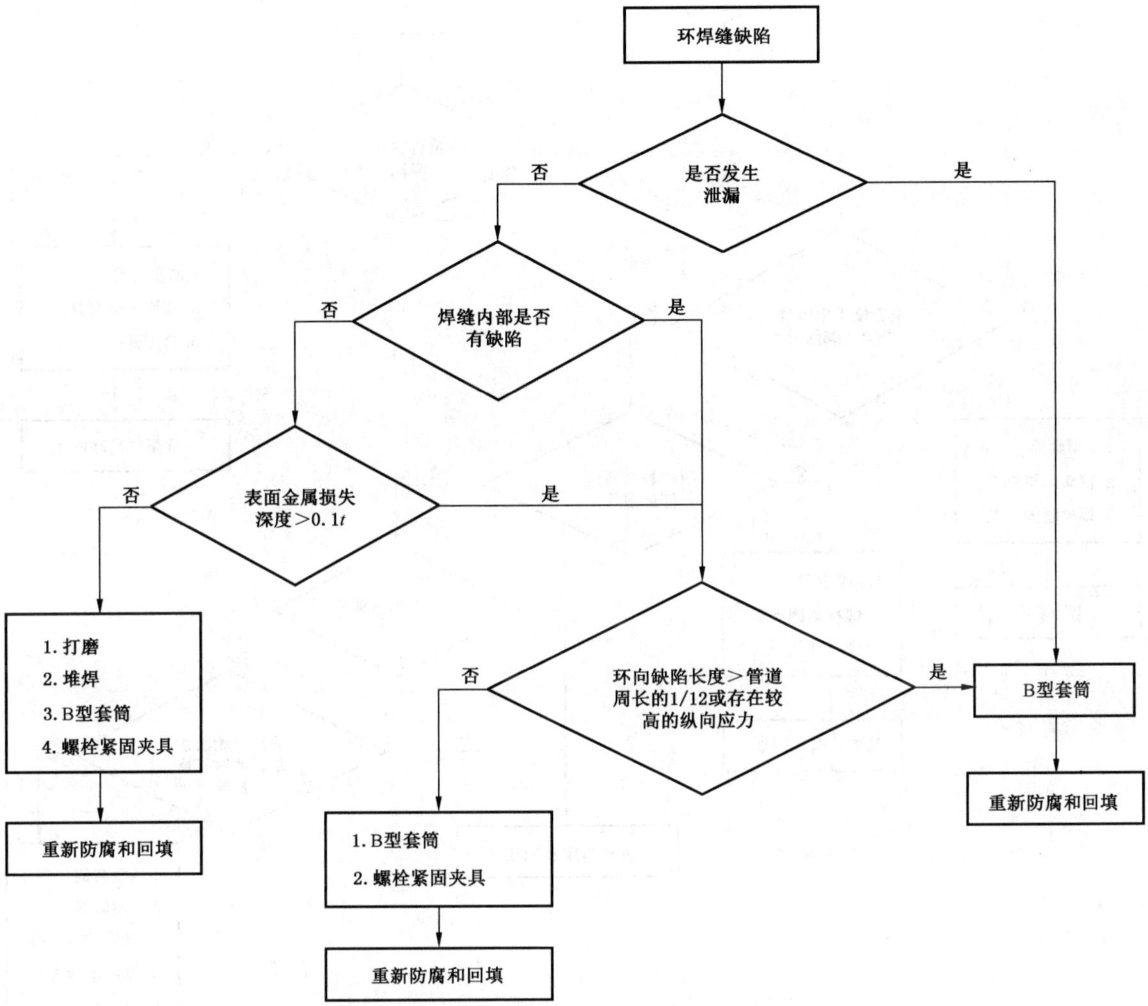

图 D.3 环焊缝缺陷的修复流程图

D.4 裂纹的修复流程见图 D.4。

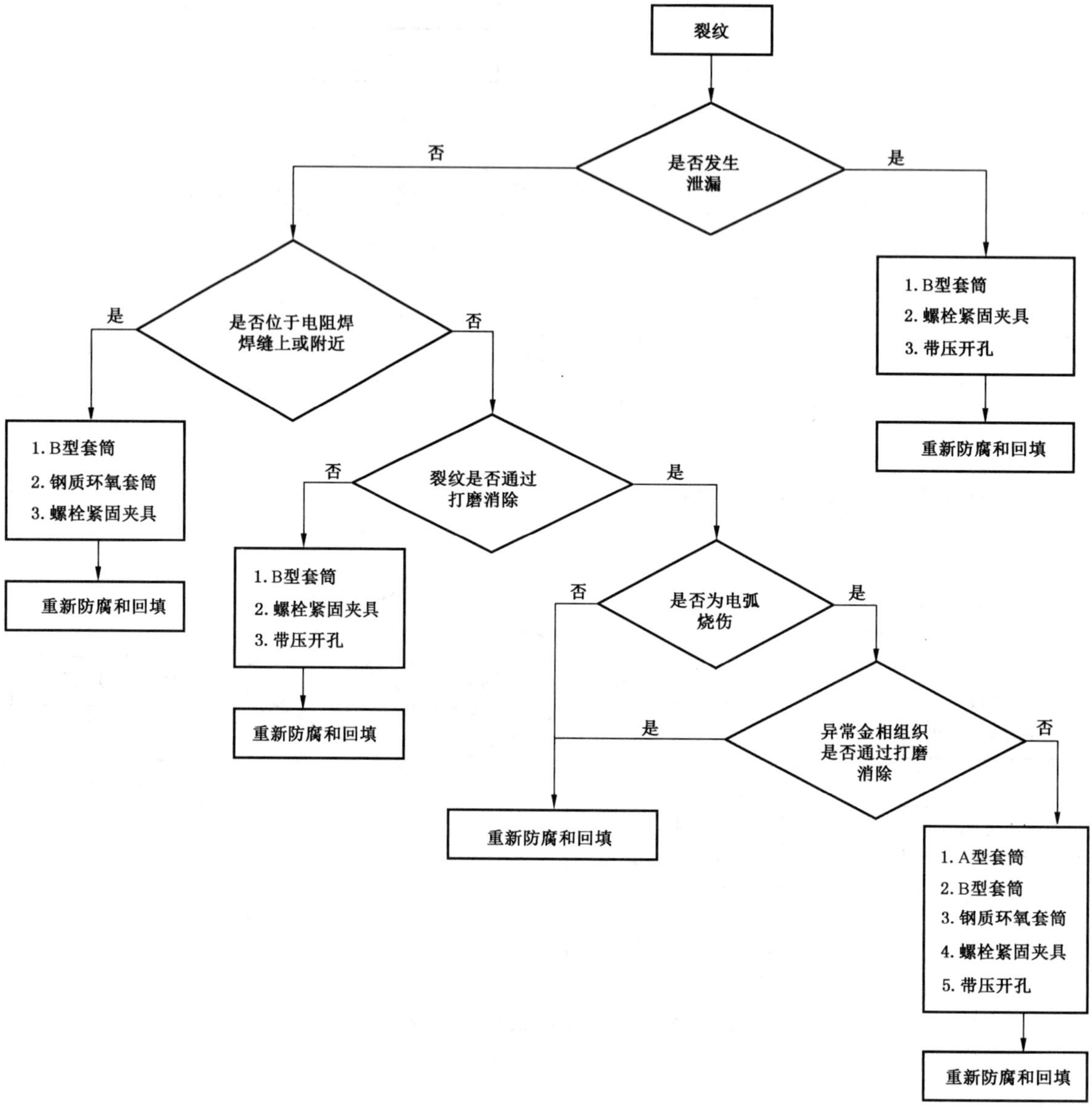

图 D.4 裂纹的修复流程图

D.5 凹陷的修复流程见图 D.5。

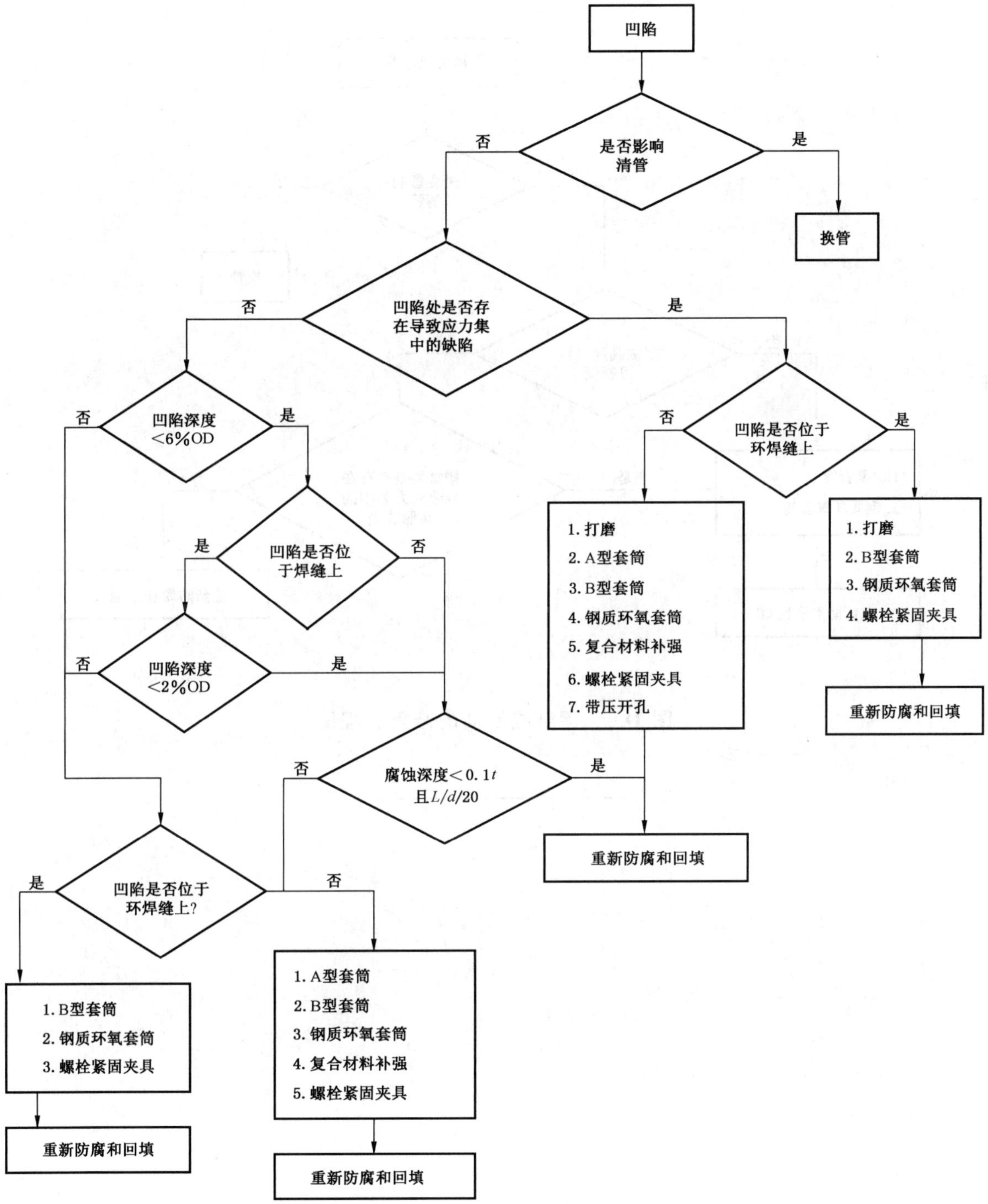

图 D.5 凹陷的修复流程图

D.6 褶皱或屈曲的修复流程见图 D.6。

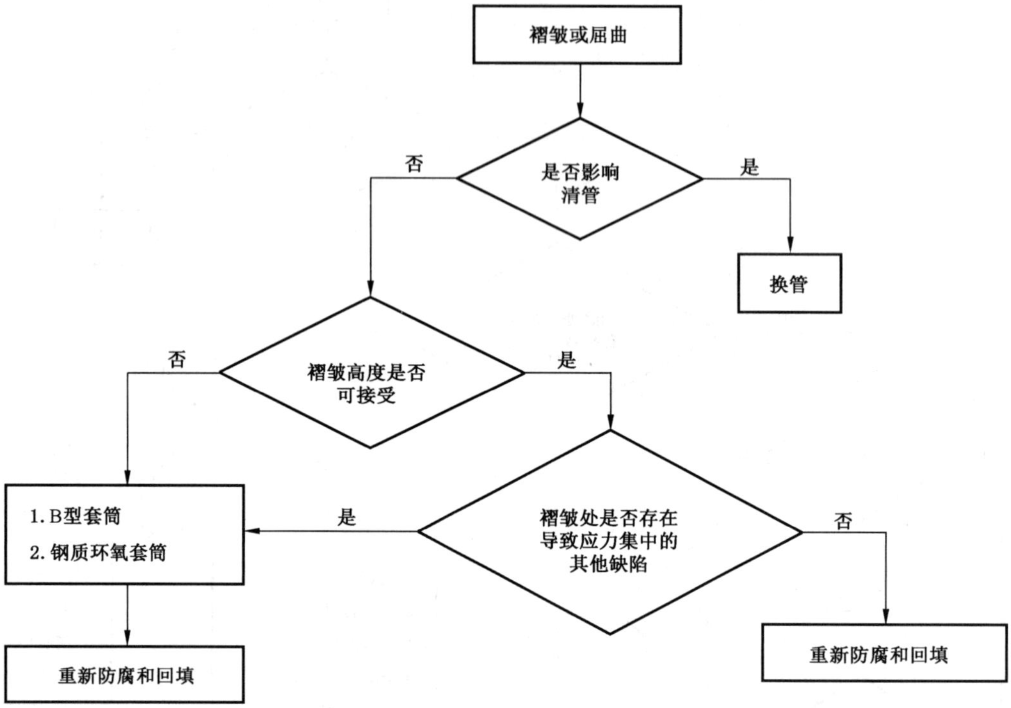

图 D.6 褶皱或屈曲的修复流程图

ICS 03.100.99
A 01

中华人民共和国国家标准

GB/T 37190—2018

管道腐蚀控制工程全生命周期 通用要求

Pipeline corrosion control engineering life cycle—General requirements

2018-12-28 发布　　2019-11-01 实施

国家市场监督管理总局
中国国家标准化管理委员会　发布

前　言

本标准按照 GB/T 1.1—2009 给出的规则起草。

本标准由中国石油和化学工业联合会提出。

本标准由全国防腐蚀标准化技术委员会(SAC/TC 381)归口。

本标准负责起草单位:北京碧海舟腐蚀防护工业股份有限公司、中蚀国际防腐技术研究院(北京)有限公司。

本标准参加起草单位:青岛迪玛尔海洋工程有限公司、浙江宣达特种合金流程装备股份有限公司、大庆庆鲁朗润科技有限公司、中广核工程有限公司、昊天节能装备有限责任公司、河北省盐山县电力管件有限公司、浙江永固为华涂料有限公司、北京永逸舒克防腐蚀技术有限公司、山东科技大学、宁波市宇华电器有限公司、新疆中重同兴防腐科技有限公司、浙江钰烯腐蚀控制股份有限公司、中国工业防腐蚀技术协会。

本标准主要起草人:任振铎、赖广森、邸建军、王贵明、张大刚、吴希革、王皖、曾荣昌、高扬、欧阳明辉、周美五、何军山、郑中胜、张国玉、赵星、孙兆儿、欧曙辉、金拥军、邢琳琳、许吉专、刘建辉、刘严强、陈建强。

管道腐蚀控制工程全生命周期 通用要求

1 范围

本标准规定了管道腐蚀控制工程全生命周期的总则、腐蚀源、材料、技术、开发、设计、制造、装卸、贮存、运输、施工与安装、调试、验收、运行、维护保养、调查与评估、维修、报废、文件和记录、资源等要求。

本标准适用于管道腐蚀控制工程全生命周期中有关活动的管理。

2 规范性引用文件

下列文件对于本文件的应用是必不可少的。凡是注日期的引用文件,仅注日期的版本适用于本文件。凡是不注日期的引用文件,其最新版本(包括所有的修改单)适用于本文件。

GB/T 33314—2016 腐蚀控制工程生命周期 通用要求

3 术语和定义

下列术语和定义适用于本文件。

3.1

管道腐蚀控制工程全生命周期 pipeline corrosion control engineering life cycle

管道从基于材料和保护措施的最初勘察设计和开发到制造、施工、调试、验收、使用、维护、评估、退役的整个腐蚀控制过程。

3.2

腐蚀源 corrosion source

造成或引起管道腐蚀的各种因素(如:大气、海水、土壤、工业介质、微生物、杂散电流、核辐射、日照、动植物的影响等)的总称。

4 总则

4.1 目的

4.1.1 管道腐蚀控制工程应确保整体工程全生命周期内各要素实现整体性、系统性、相互协调优化性,使腐蚀得到有效控制,符合安全、经济、长生命周期运行的目标。

4.1.2 管道腐蚀控制工程目标应分解落实到生命周期内各要素中,符合安全、质量和环境要求。同时,在生命周期的各个环节中得以沟通、实施和保持,并对其持续适宜性进行评审和改进。

4.1.3 相互协调和优化管道腐蚀控制工程全生命周期内的各要素,使管道腐蚀控制工程全生命周期与被保护管道的生命周期相适应。

4.2 原则

4.2.1 管道腐蚀控制工程全生命周期要求应贯穿于整个管道腐蚀控制工程全生命周期过程,

对管道腐蚀控制工程全生命周期内的目标、腐蚀源、工况条件、材料、技术、开发、设计、制造、装卸贮存和运输、施工与安装、调试、验收、运行、维护、评估、维修、报废与处置、文件和记录等要素做出规定，满足整体性、系统性、相互协调优化性的原则，实现安全、经济和长生命周期运行的目标。

4.2.2 管道腐蚀控制工程全生命周期要求的实施，应以各要素为对象，制定或选用相应的具体技术标准和规范，但各项标准和规范之间应贯彻低层次服从高层次的要求。

4.2.3 可维修或更换的材料和设备的使用寿命可短于主体管道的生命周期；不可维修和更换的材料和设备使用寿命应与主体管道生命周期一致。

4.2.4 在管道腐蚀控制工程全生命周期内，应按照 GB/T 33314—2016 中 4.3 的要求，针对计划、实施、检查、行动等过程，建立管理体系，并有效执行和持续改进，以实现对管道工程全生命周期内腐蚀过程的整体控制。

5 腐蚀源

5.1 管道腐蚀源包括内部因素和外部因素。内部因素应考虑材料成分、结构、应力、表面状态等因素；外部因素应考虑不同环境条件下与材料作用的腐蚀介质及工况条件。

5.2 在管道腐蚀控制工程全生命周期内，应根据腐蚀源对道管的不同影响，对腐蚀源进行调查分析，采取针对性的管道腐蚀控制工程技术和管理措施。

5.3 应识别管道腐蚀控制工程相对应的管道整体工况条件，包括但不限于管道的运行温度、压力、介质流速、微生物、电磁场、辐照、日照、风速、动物活动、植物生长等与腐蚀相关的工况条件。

6 材料

6.1 管道材料应包括主材及配套辅助材料和腐蚀防护材料。

6.2 在材料选择过程中，应对材料成分、结构、应力、表面状态等进行调查，确定材料在腐蚀环境中的耐腐蚀性能，满足安全、经济、长生命周期运行的目标。

6.3 选材应遵循以下原则：

a) 针对腐蚀源和管道腐蚀控制工程生命周期要求，制定恰当的选材方案；

b) 考虑材料的理化性能和材料在不同腐蚀环境中的耐腐蚀性能，同时考虑环境保护；

c) 在满足材料性能的基础上，考虑其加工性能及通用性和经济性。

6.4 选材应遵循以下步骤：

a) 对腐蚀环境进行实地勘察，确定腐蚀参数、腐蚀等级；

b) 查阅相关标准和手册，使选用的材料满足耐腐蚀性能和理化性能的要求；

c) 对材料进行耐蚀性评估，在没有相同工程或相似应用时，应通过实验室模拟试验或现场试验筛选材料；

d) 在保证使用年限的基础上，应优先考虑经济性，但在各种条件下优先考虑材料的通用性和耐用性。

6.5 选用新型耐蚀材料时，应通过有国家认可资质机构的测试检验，并通过论证能够满足使用要求且具有先进性，方可使用。

7 技术

7.1 在管道腐蚀控制工程全生命周期内会产生不同程度的腐蚀，可采用适宜的一种或多种技术或方法实施腐蚀控制。

7.2 可采用的管道腐蚀控制技术包括但不限于：

a) 正确选材：应符合第6章要求；

b) 合理结构设计：包括但不限于增加绝缘技术，电隔离点及隔离设备：应对套管、设施及其他电影响区进行仔细的规划，避免预料之外的腐蚀或阴极保护屏蔽；

c) 涂层保护：包括但不限于正确选择适应预期运行条件的涂层及可行的施工工艺，应采用环保性和技术经济性最佳的涂层保护方案；

d) 电化学保护：应评估用于将管道充分极化以抵抗腐蚀所需要的电流密度或阴极保护系统需要的电流量并考虑总成本。在进行阴极保护设计时，还需详细地了解系统和选定的隔离点；

e) 缓蚀剂：应充分了解内腐蚀的原因以及管道输送产品的化学性质，确保选择恰当的缓蚀剂类型、应用频率、应用剂量，并对成本进行分解评估；

f) 清洗：包括化学清洗和物理清洗，应对收集的污物类型及数量进行分析，以便于监测控制效果和确定执行清管作业的频率；

g) 环境保护：应优先考虑环境友好的管道腐蚀控制技术及施工技术；

h) 复合技术。

7.3 应对管道腐蚀控制技术进行综合评价，并遵循以下原则：

a) 首要考虑管道蚀控制工程运行的安全性，评价能否满足安全性能；

b) 在满足技术要求的基础上，应选用先进的技术、工艺、设备和材料，并同时考虑选用经济性高的腐蚀控制措施；

c) 选用的管道腐蚀控制技术应满足环境适应性，确保长生命周期运行；

d) 应考虑管道腐蚀控制技术失效的风险和危害，并对可能产生的风险和危害进行管理。

8 开发

8.1 当现有材料及技术不能满足腐蚀控制要求时，应进行材料和技术开发。

8.2 开发过程应包含以下要求：

a) 目标应符合第4章要求；

b) 内容包括材料和技术开发、工艺改进、设备和产品研制；

c) 开发程序包括提出需求、确定需求的技术指标、确定方案、实施开发、验证和评价；

d) 对开发的新材料和技术应在验证和评价合格后方可推广应用。

9 设计

9.1 一般规定

9.1.1 根据管道运营环境及输送介质情况，针对管道腐蚀控制工程全生命周期内的腐蚀问题，采取相应的腐蚀控制设计方案。

9.1.2 管道腐蚀控制工程设计选址应尽可能远离腐蚀性强、高压线等外部环境，保持管道与周围适当的间距，其物理空间不得随意被挤占和改变。

9.1.3 管道腐蚀控制工程设计应遵循的原则：

a) 应保护环境，节约能源；

b) 应根据不同的腐蚀环境，对关键材料、设备和工艺进行优化设计，确定最经济合理的设计方案；

c) 可采用新技术、新工艺、新设备、新材料；

d) 应根据不同的腐蚀环境，对关键材料、设备和工艺进行优化设计，确定最经济合理的设计方案；

e) 改扩建的管道腐蚀控制工程设计应合理利用原有设施和条件；

f) 应对使腐蚀最小化和提供一定的腐蚀裕量的设计因素进行评估，并考虑管道的建造成本。

9.1.4 制定设计控制措施，确保规定的技术要求和质量标准纳入设计方案中。

9.1.5 制定设计控制程序，控制对原设计要求和质量标准的变更和偏离。

9.2 接口

规定设计单位和人员间的内部和外部接口，明确文件的编制、审核、批准、发布、分发和修订责任，规定设计文件的传递和存档。

9.3 内容

包括腐蚀环境勘察、管道腐蚀控制方法、选材、产品设计、制造工艺、安装施工方案、保护措施、验收标准等。

9.4 设计控制程序

9.4.1 设计输入

包括腐蚀源、腐蚀参数及等级、设计寿命、运行工况、结构、材质、法规、标准及技术规范。

9.4.2 设计输出

根据设计输入的要求，确定腐蚀控制方法，形成腐蚀控制工程的设计方案。

9.4.3 设计验证

9.4.3.1 在相似的环境、工况等条件下进行满足管道腐蚀控制工程目标的验证。

9.4.3.2 通过设计审查、其他计算、执行试验大纲等措施进行验证。

9.4.3.3 采用试验大纲作为设计验证方法时，应包括适当的原型试验件的鉴定试验。该试验应在最苛刻的设计工况下进行验证。当最苛刻的设计工况无法模拟时，可在其他工况下验证设计特性，并将结果外推到最苛刻设计工况。

9.4.4 设计变更

9.4.4.1 制定设计变更程序，并形成文件。

9.4.4.2 考虑设计变更所产生的技术方面的影响，并采用与原设计相同的设计控制措施。

9.4.4.3 除特别指定外，设计变更文件应由原设计方审核和批准。

10 制造

10.1 制造依据

依据最新颁布的相关技术规范、产品标准、检验标准、设计文件及图纸等进行生产。

10.2 制造单位的条件

10.2.1 制造单位应当具有法定资格，并取得所在地政府部门合法注册，同时制造单位应具备证明其生产制造能力的资质。

10.2.2　应具有满足制造产品需要的专业技术人员、检验人员和技术工人。

10.2.3　应具备满足制造产品需要的生产条件。

10.2.4　应具备产品标准中规定项目的检验条件。

10.2.5　应具备健全有效的质量、安全、环保体系。

10.3　制造过程要求

10.3.1　应建立组织机构、加强人员培训、落实岗位责任。

10.3.2　根据相关技术规范、设计文件及图纸、产品标准、检验标准等确定质量目标，制定工艺文件、工艺评定文件、生产作业指导书、检验试验计划，在制造过程中严格实施并定期考核。

10.3.3　制定制造和检验试验设备的管理和控制程序文件，并严格按照程序管理与操作。

10.3.4　制造单位应制定相应的质量管理保证体系，并有效实施。

10.3.5　制造单位应对其所进行分包的工作质量、所采购原材料的质量向用户负责。

10.3.6　应制定环境、安全保证体系及环境安全生产责任制度，并严格监督实施；编制环境、安全措施预案。

10.4　质量控制

10.4.1　所用材料在使用前应根据相关技术规范、设计文件及图纸、产品标准、检验标准等进行复检。

10.4.2　制造单位应对所选定的材料在生产作业线上进行材料适用性试验，并对性能进行检测。当材料生产厂家或牌(型)号或管道规格改变时，应重新进行适用性试验。适用性试验合格后，应按照适用性试验确定的生产工艺参数进行生产。

10.4.3　应建立监督机制，并制定检验检测频次。

10.4.4　建立质量控制档案，包括但不限于原材料来源、适用性试验结果、制造工艺及参数、产品检验检测结果等，质量控制档案应随竣工验收资料归档。

10.5　产品标识

产品应标有产品标志，并随带产品合格证，其内容如下：

a)　产品标志应包括：管道的规格、编号、材质；腐蚀防护的结构、防护类型、等级、执行标准、制造厂名称、生产日期。

b)　产品合格证应包括：生产厂及厂址；产品名称及规格；腐蚀防护的结构、类型、等级、厚度及检验员编号等。

11　装卸、贮存和运输

11.1　应制定管道装卸、贮存和运输措施(含应急措施)，包括但不限于专用夹具、标记移植、防雨雪措施，并且形成文件，避免装卸、贮存和运输期间产生损伤、腐蚀和丢失。

11.2　对有特殊需要的管道材料、设备及零部件，应规定和提供专用覆盖物、专用装卸设备及特定的保护环境。

12　施工与安装

12.1　现场施工与安装管理应包括计划管理、技术管理、安全和质量管理、物资管理、生态环境、工程交接等，并针对以上内容制定施工与安装的控制管理程序。

12.2 应制定管道安装保护措施(含应急措施)，并且形成文件，避免安装期间产生损伤、腐蚀。

12.3 对有特殊需要的管道材料、设备及零部件，应规定专用的安装设备及特定的保护设施。

12.4 管道腐蚀控制工程的施工与安装应按照设计文件和相关标准制定安装流程。

12.5 管件腐蚀防护：管件腐蚀防护的等级及性能应与主体管道的腐蚀防护要求一致。

12.6 管道连接施工：应采用适当的工艺技术，所用材料应与主体管道相同或同类工程应用过的其他材料，并且其性能应达到设计指标要求。如采用异种金属材料连接，需要尽量采取降低电偶腐蚀的措施；焊接部位如容易发生应力腐蚀，则需要进行局部热处理消除应力。

12.7 测试及监控系统的安装：管道腐蚀测试及监控系统应与管道系统同步安装。

12.8 安全施工安装措施：施工安装前应落实动土、动火、用电许可，通风、消防和高空施工措施，确认施工装备完好及环保措施合理得当。

13 调试

13.1 管道腐蚀控制工程，投运前应制定调试程序进行调试。

13.2 调试前准备应包括：

a) 制定调试程序；
b) 培训调试人员；
c) 检查、检验工具和仪表；
d) 评估可能存在的风险，并制定相应的应急措施；
e) 准备调试记录文件。

13.3 调试过程控制应包括：

a) 调试过程应严格按照调试程序或相应的规范标准执行；
b) 调试过程应有人员监护；
c) 调试应避免触电、机械伤害等安全风险；
d) 调试过程应有详细的记录；
e) 调试结果形成的记录，应有编写、审核、批准三级会签。

13.4 管道腐蚀控制工程调试应包括：

a) 调试结果，调试前应对管道腐蚀控制工程系统进行详细检测，并做记录；
b) 调试时，应按设计或有关标准要求的保护准则逐步调整控制参数；
c) 调试完成，应在系统运行稳定后按设计或有关标准测量，评价管道腐蚀控制工程系统的有效性。

13.5 调试结果不满足设计要求的，应对工程进行改造、维修或重建。

14 验收

14.1 按照相应标准制定验收程序，未经完工验收，不得交付使用。

14.2 管道防腐工程质量不符合设计要求时，不得验收，达到要求后方可验收。

14.3 管道腐蚀控制工程完工验收应提交以下资料：

a) 管道出厂合格证、质量检验报告；对于压力管道，需要生产、施工单位的资质证明；
b) 勘察、设计及变更文件；

c） 管道腐蚀防护及质量控制过程文件；

d） 管道施工与安装过程文件；

e） 管道腐蚀控制工程系统及调试过程文件；

f） 施工监理文件；

g） 不符合项处理记录；

h） 完工验收文件；

i） 生态环境影响评估报告；

j） 安全监督文件。

15 运行

15.1 运行管道应实施系统化的腐蚀控制，确保安全、经济、长生命周期运行。

15.2 运行管道腐蚀控制应考虑下述因素：

a） 根据主体管道和腐蚀源状况实施系统化的腐蚀控制，包括但不限于涂层保护、电化学保护、缓蚀剂等；

b） 管道运行、维护人员应了解管道腐蚀控制的基本知识，并参与定期培训和考核；

c） 处理复杂的腐蚀问题应多专业、多部门参与；

d） 建立有效的内部交流及外部交流、经验反馈的机制；

e） 编制运行管道腐蚀控制管理手册；

f） 建立运行管道腐蚀控制工程系统管理数据库。

15.3 运行管道管理应包括以下内容：

a） 依据管道腐蚀控制管理手册、相关的法规、标准等进行制定；

b） 使用单位应确保和提供满足管道腐蚀控制的资源；

c） 工作内容包括现场巡检、问题处置、过程记录、过程分析、经验反馈等。

15.4 运行管道腐蚀控制应包括外腐蚀控制和内腐蚀控制：

a） 外腐蚀控制：

1） 应遵循有关标准及法规的要求，建立外腐蚀控制程序；

2） 应定期检查腐蚀监测系统，不满足腐蚀控制工程保护准则，应调查原因并采取措施；

3） 应识别、测试、调整控制措施，应清楚环境因素的变化对管道的影响；

4） 对发现的腐蚀控制缺陷应及时修复。

b） 内腐蚀控制：

1） 应对管道输送介质的腐蚀性进行分析，并依据分析结果选择合适的内腐蚀控制措施；

2） 可通过安装探针、电阻监测装置、直接测量壁厚、腐蚀电位等方法，可利用现代通讯技术进行在线监测关键位置的内腐蚀情况；

3） 内腐蚀减缓措施应按有关标准要求执行。

16 维护保养

16.1 一般性原则

16.1.1 根据管道工程项目和腐蚀源状况，制定日常、定期、全面维护保养周期及计划，并编制

相应维护保养程序,包括以下内容:

a) 日常维护保养包括巡视、检查和清洁等;

b) 定期维护保养包括性能状态检查和计划性能修理等;

c) 维护保养程序文件应与材料或设备维护手册、技术规范书及相关标准要求一致。

16.1.2 维护保养工作应安排专业人员实施,并符合下列要求:

a) 维护保养人员应具备相应的技能和经验;

b) 应使用专用的维护保养工具;

c) 维护保养前应充分评估可能存在的风险,并制定相应的应急措施,做好相关检查及维护记录。

16.1.3 维护保养工作后,应及时向相关负责人汇报腐蚀控制工程所出现的问题,并及时跟踪和处理。

16.1.4 维护保养工作不应对设备设施造成新的腐蚀或损坏风险。

16.2 重点维护保养

应定期对腐蚀防护及腐蚀控制系统进行检查和测试,以确认腐蚀防护及腐蚀控制系统运行是否正常,运行期间的参数是否符合相关标准的保护准则,并对检查与测试所得的数据和所发现的情况进行分析,进而完成以下工作:

a) 评价管道腐蚀控制管理是否适当;

b) 指出可能存在的差异及改进措施;

c) 说明对管道腐蚀控制状况进行详细调查评价的必要性。

16.3 缺陷修复

16.3.1 对评估结果为不可接受的腐蚀防护控制缺陷应依据有关标准进行修复。

16.3.2 对临时修复的缺陷应及时进行永久性修复。

17 调查与评估

17.1 原则

应制定管道投产后的腐蚀控制运行状况调查评估计划和调查评估周期,列入管道运营日常管理。

17.2 管道腐蚀控制调查

17.2.1 一般性调查:在管道运行一年内,应进行下列调查:

a) 管道腐蚀防护体系缺陷调查;

b) 腐蚀控制监测系统有效性检查。

17.2.2 专项调查:必要时,可针对某一目的或内容进行专项调查,专项调查应有专门培训的人员使用专用的仪器和设备进行,包括但不局限于以下内容:

a) 管道腐蚀防护体系及腐蚀控制系统缺陷调查;

b) 环境腐蚀性调查

c) 应力腐蚀裂纹调查;

d) 管道外腐蚀调查;

e) 管道内腐蚀调查。

17.3 管道腐蚀及控制评估

17.3.1 对管道腐蚀控制工程各要素以及要素间的整体性、系统性、相互协调和优化性进行评估,确保管道腐蚀控制工程的安全性、经济性、长生命周期运行。

17.3.2 对管道完整性进行评估。评估的主要目的是识别并修复管道上的活性腐蚀或可能发生腐蚀的区域,并确定是否需要额外的腐蚀控制措施。

17.3.3 应制定管道腐蚀定期调查专项计划,调查内容包括但不局限于17.2.2的调查内容。

17.3.4 根据管道腐蚀调查检测结果,对管道的腐蚀状况进行评价,并进行现场抽样实地验证。

17.3.5 对管道腐蚀控制工程生命周期的不同阶段进行全过程评估、使用部门评估和综合性评估。

17.3.6 按照以下程序进行评估:

a) 确定评估对象;

b) 组建评估团队;

c) 确定评估标准;

d) 评估输入为17.3.2、17.3.3、17.3.4以及其他管道腐蚀风险因素;

e) 评估,出具评估报告。

17.3.7 评估结果应作为:

a) 新建管道腐蚀控制工程设计、过程管理、验收及持续改进、完善的依据;

b) 在役运营旧管道维修、报废的依据。

17.3.8 应对管道腐蚀控制工程可持续的生命周期进行评估,评估结果应满足主体管道工程的生命周期要求。

17.3.9 对于已停用的管道,在重新启用前应按有关标准要求进行完整性评价,并根据完整性评价结果评估重启管道的安全性和经济性。

18 维修

18.1 管道腐蚀控制工程维修应不影响管道整体安全功能,并符合规范、标准及其他相关规定。

18.2 管道腐蚀控制工程维修质量应不低于原建造时的要求。

18.3 对生产系统产生影响的管道腐蚀控制工程维修,应由具有相应资质的单位承担。

18.4 管道腐蚀控制工程维修完成后应按照第14章的规定验收。

18.5 应急支持:

a) 按有关标准规定编制管道维修应急预案;

b) 应急措施准备;

c) 应急资源准备;

d) 应急数据准备;

e) 应急支持应由专业的管道抢维修人员执行。

18.6 缺陷修复要求如下:

a) 对评估结果为不可接受的腐蚀防护控制缺陷应依据有关标准进行修复;

b) 对临时修复的缺陷应及时进行永久性修复。

19 报废和处置

19.1 报废

19.1.1 对运行的管道及腐蚀控制系统经论证其安全性、功能性已不能满足设计要求，且无法修复或修复不经济时，应报废。

19.1.2 根据管道完整性评价及专业评估团队的评估结果不适应继续使用时，管道宜报废。

19.1.3 由使用部门提出报废申请、相关部门审核、单位负责人批准，办理报废手续。

19.2 废弃处置

19.2.1 对于报废的管道，应制定废弃处理方案。

19.2.2 应根据报废管道不同管段所处的地理环境情况选择原位废弃处置或回收处置。

19.2.3 制定报废管道废弃处置方案时，应考虑包括但不限于以下因素：

a) 土地使用管理；

b) 环境污染；

c) 管道清洁度；

d) 穿跨越河流；

e) 腐蚀环境；

f) 公路、铁路及公共设施穿跨越；

g) 管道水流渗入处理；

h) 附属设施；

i) 废弃成本。

19.2.4 对于原位废弃处置的管道，应建立废弃管道跟踪监测系统，确保不发生土地沉陷问题和环境污染问题。

20 文件和记录

20.1 文件

20.1.1 对文件的编制、审核、批准和发放进行控制；明确文件的发布和分发渠道；文件变更及废止应按照规定的程序进行审核和批准；外来文件应确保得到识别，有效管理。

20.1.2 在管道腐蚀控制工程设计、建造、运行等阶段建立腐蚀控制管理程序，编制工作大纲及其具有配套技术支持的文件。

20.1.3 应建立和管理涉及管道勘察、设计、采购、制造、施工、运行、维护和废弃等各阶段腐蚀控制管理活动的记录和文件。

20.2 记录

20.2.1 记录应包含对腐蚀控制工程质量的审查、检验、质量计划的执行、数据分析等内容，其内容应涵盖管道腐蚀控制工程全生命周期要求。

20.2.2 对腐蚀控制记录和报告进行管理和控制，应符合整体腐蚀控制工程质量保证、有关规范、标准和程序的要求。

20.2.3 按程序要求进行记录，记录表格由执行者和监督者共同签署，并对记录的收集、归档、保管和处置做出规定。

20.2.4 签署和记录的管道腐蚀控制工程生命周期的文件和记录，应由有关单位保存，并对记录保存时间做出规定。

20.3 定期评审

20.3.1 管道腐蚀控制工程文件和记录应进行定期评审，以获得最新腐蚀控制信息，满足下列要求：

a) 对材料、环境、腐蚀机理、危害因素、腐蚀部位等腐蚀信息进行定期评审，以确保未发生明显变化；

b) 在考虑相关经验反馈和研究成果的基础上对现有评估、监检测技术进行评审，以确保有效控制腐蚀；

c) 管道腐蚀控制工程定期评审应形成文件并通过审查。

20.3.2 管道腐蚀控制工程全生命周期内各个阶段的报告等应通过专业评审，并对报送备案的情况进行登记。

21 资源

21.1 一般规定

制定人力、设备、材料与技术、方法、环境、沟通和变更等资源管理计划，使其与管道腐蚀控制工程生命周期内的每个要素条件相适应。

21.2 人力

21.2.1 建立完善的管理组织，明确工作目标、职责分工、工作流程及与其他组织和管理机构的接口，以协调各项管道腐蚀控制工程要素，保障足以完成管道腐蚀控制工程目标的人员配备。

21.2.2 制订人力资源管理文件，包括管理目标、要求、计划、实施、评价。

21.2.3 人员资质应满足管道腐蚀控制工程生命周期要素需求和国家有关规定，特有工种、特种作业人员应持证上岗。

21.2.4 定期对人员进行国家有关法律法规、安全技术规范、标准培训考核。关键岗位操作人员应进行实操培训，并定期进行现场绩效评估，建立培训考核档案。

21.3 设备

21.3.1 配备管道腐蚀控制工程所需的设备。

21.3.2 制订设备管理程序，建立台账与档案。

21.3.3 对设备进行定期检定、校准、维护、保养和维修，确保设备满足管道腐蚀控制工程的需要。

21.4 材料与技术

21.4.1 对管道腐蚀控制工程物料进行严格的采购、质量、物流和仓储管理，制定管理程序及措施。

21.4.2 保证供应，满足工程进度要求。

21.4.3 对于新材料及新技术的使用，应明确其知识产权或专利，避免法律纠纷。

21.5 方法

应建立健全的作业指导程序和工作方法。

21.6 环境

具备满足管道腐蚀控制工程生命周期达到要求所需的工作环境。

21.7 沟通

21.7.1 应制定和实施沟通计划以保证内外部有关人员能够获知管道腐蚀控制工程生命周期管理相关信息。

21.7.2 管道企业与外部相关方的沟通应考虑以下内容：

a) 管道企业联系方式；

b) 管道位置及走向图；

c) 输送介质；

d) 应急预案。

21.7.3 管道企业内部相关部门沟通内容应包括：

a) 管道腐蚀控制工程管理的关键要素及相关情况；

b) 管道腐蚀控制管理实施的相关信息。

21.8 变更管理

21.8.1 应制定变更管理程序，以规范变更管理。

21.8.2 对于工艺调整、改线、修复等变更，应及时更新数据、变更管道腐蚀控制管理方案。

ICS 23.040.10
E 16

GB

中华人民共和国国家标准

GB/T 37368—2019

埋地钢质管道检验导则

Guideline for inspection of buried steel pipelines

2019-03-25 发布　　2019-10-01 实施

国家市场监督管理总局
中国国家标准化管理委员会　发布

前　言

本标准按照 GB/T 1.1—2009 给出的规则起草。

本标准由全国锅炉压力容器标准化技术委员会(SAC/TC 262)提出并归口。

本标准起草单位:中国特种设备检测研究院、中国石油化工股份有限公司天然气分公司、中国石化销售有限公司华南分公司、上海市特种设备监督检验技术研究院、江苏省特种设备安全监督检验研究院、广东省特种设备检测研究院、福建省特种设备检验研究院、安徽省特种设备检测院、中油管道检测技术有限责任公司、中石化长输油气管道检测技术有限公司、中国石油天然气股份有限公司管道分公司管道科技研究中心、中国石油勘探与生产分公司、深圳市燃气集团股份有限公司、中国石油天然气股份有限公司塔里木油田分公司油气运销部、中石油管道联合有限公司西部分公司、上海金艺检测技术有限公司、中国石油长庆油田分公司、中国石油大庆油田特种设备检验中心、沈阳市特种设备检测研究院、重庆市特种设备检测研究院、陕西省天然气股份有限公司。

本标准主要起草人:何仁洋、吉建立、杨绪运、杨永、王笑梅、马义来、宗照峰、田中山、汤晓英、缪春生、杨树斌、姚钦、李志宏、门建新、孙明、刘保余、王富祥、苗文成、王晨、周卫军、李安军、李杰、梁德平、单洪翔、徐勇、周军、宋益民、闵海鹏。

埋地钢质管道检验导则

1 范围

本标准规定了在用埋地钢质管道检验的工作流程、数据收集、检验方案制定、检验实施、适用性评价、基于风险的检验、记录和报告等方面的主要内容及基本要求。

本标准适用于陆上长输、集输、公用管道中埋地钢质管道的检验,其他埋地钢质管道可参照执行。

2 规范性引用文件

下列文件对于本文件的应用是必不可少的。凡是注日期的引用文件,仅注日期的版本适用于本文件。凡是不注日期的引用文件,其最新版本(包括所有的修改单)适用于本文件。

GB/T 16805 输送石油天然气及高挥发性液体钢质管道压力试验
GB/T 19285 埋地钢质管道腐蚀防护工程检验
GB/T 19293 对接焊缝X射线实时成像检测法
GB/T 19624 在用含缺陷压力容器安全评定
GB/T 21246 埋地钢质管道阴极保护参数测量方法
GB/T 26641 无损检测 磁记忆检测 总则
GB/T 27512 埋地钢质管道风险评估方法
GB/T 27699 钢质管道内检测技术规范
GB/T 28704 无损检测 磁致伸缩超声导波检测方法
GB/T 28705 无损检测 脉冲涡流检测方法
GB/T 30582 基于风险的埋地钢质管道外损伤检验与评价
GB/T 31211 无损检测 超声导波检测 总则
GB/T 31212 无损检测 漏磁检测 总则
GB 32167 油气输送管道完整性管理规范
GB/T 32563 无损检测 超声检测 相控阵超声检测方法
GB/T 34346 基于风险的油气管道安全隐患分级导则
GB/T 34349 输气管道内腐蚀外检测方法
GB/T 34350 输油管道内腐蚀外检测方法
GB/T 35013 承压设备合于使用评价
GB/T 36676 埋地钢质管道应力腐蚀开裂(SCC)外检测方法
GB/T 36701 埋地钢质管道管体缺陷修复指南
GB/T 37369 埋地钢质管道穿跨越段检验与评价
GB 50028 城镇燃气设计规范
GB 50057 建筑物防雷设计规范
GB 50251 输气管道工程设计规范

GB 50253　输油管道工程设计规范
GB 50350　油田油气集输设计规范
GB/T 50698　埋地钢质管道交流干扰防护技术标准
GB/T 50818　石油天然气管道工程全自动超声波检测技术规范
GB 50991　埋地钢质管道直流干扰防护技术标准
CJJ 34　城镇供热管网设计规范
CJJ 61　城市地下管线探测技术规程
NB/T 47013(所有部分)　承压设备无损检测
SY/T 4109　石油天然气钢质管道无损检测
SY/T 5918　埋地钢质管道外防腐层保温层修复技术规范
SY/T 6477　含缺陷油气管道剩余强度评价方法
TSG D7005　压力管道定期检验规则——工业管道

3　术语、定义和缩略语

3.1　术语和定义

下列术语和定义适用于本文件。

3.1.1

外检测　external inspection

通过仪器设备从外部对管道本体、腐蚀防护系统等进行的检测。包括内腐蚀外检测、外腐蚀外检测、应力腐蚀外检测等方法。

3.1.2

内检测　in-line inspection

通过内检测装置从内部对管道本体进行的检测。包括几何内检测、漏磁内检测、超声内检测、电磁超声内检测等方法。

3.1.3

适用性评价　fitness for service assessment

对含有缺陷或损伤的管道进行的一种评价,以确定在预期的工作条件下是否可以继续安全运行。

3.1.4

定期检验　periodic inspection

按照国家特种设备安全相关法律、法规和安全技术规范的要求,对在用管道开展的周期性检验活动。

3.1.5

自行检查　independent inspection

管道使用单位在定期检验的要求以外,自主开展的其他检验、检测活动。

3.1.6

检验有效性　inspection effectiveness

对检验效果的定性分级评价,从高度有效到无效分为5个等级。

3.2　缩略语

下列缩略语适用于本文件。

ACVG:交流电位梯度法(Alternating Current Voltage Gradient)
CIPS:密间隔电位法(Close Interval Potential Survey)
DCVG:直流电位梯度法(Direct Current Voltage Gradient)
IR 降:电压降(IR drop)
LNG:液化天然气(Liquefied Natural Gas)
PEARSON:音频检漏法(Pearson Survey)
SCADA:监控和数据采集系统(Supervisory Control and Data Acquisition Systems)
SCC:应力腐蚀开裂(Stress Corrosion Cracking)
SMYS:规定的最低屈服强度(Specified Minimum Yield Strength)
TOFD:衍射时差法超声波检测(Time Of Flight Diffraction)

4 总则

4.1 本标准规定的检验是指对在用埋地钢质管道安全状态进行的一种验证活动。按检验性质分为定期检验和自行检查两种类型,按检验方法分为传统检验和基于风险的检验两种模式。

4.2 自行检查和定期检验均可按照本标准规定的方法进行检验,定期检验过程除满足本标准的相关要求外,还应符合国家特种设备相关法律法规、安全技术规范和有关标准的要求。

4.3 一般采用传统检验的模式进行检验。满足 9.1.1 条件的管道使用单位,也可根据管道的损伤模式和危害因素,结合管道的实际使用情况,采用基于风险的检验模式。

4.4 本标准规定的检验的流程如图 1 所示。

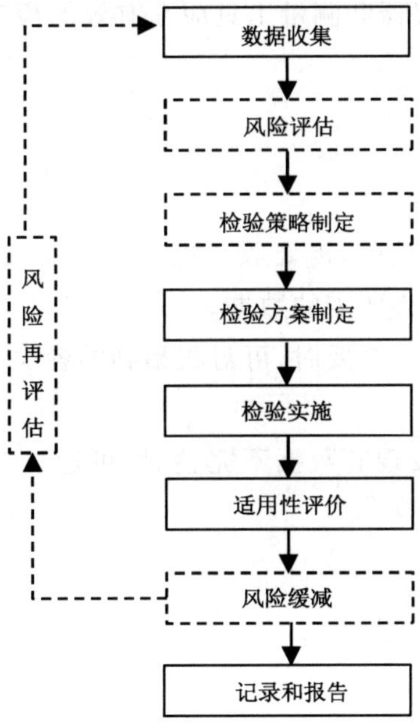

注:实线框中的内容为传统检验的内容,虚线框中的内容仅在基于风险的检验时执行。

图 1 检验的流程

4.5 管道使用单位应根据管道的实际情况,制定检验计划。首次检验应在管道投用后3年内完成。

4.6 检验一般由管道使用单位负责组织,由具有资质和能力的检验机构负责实施。管道使用单位应为检验顺利开展提供必要的条件,并协助完成检验工作。

4.7 从事管道定期检验的检测机构应取得国家特种设备安全监督管理部门核准的检验、检测资质,检验、检测机构及人员应在资质范围内从事检测与评价工作,并对检验结论的真实性、准确性和有效性负责。

注:真实性表示报告、结论以事实为基础,不作假证;准确性表示报告、结论所涉及的检测数据符合相关要求;有效性表示检验机构的资质、检验人员的资格符合要求,所使用的仪器设备在检定校准有效期内,检验依据合法,报告审批程序符合要求。

4.8 检验的全过程包括计划、准备、实施和后期处置等,并应全过程记录。

4.9 对于管道较长且具有多个站场的管道,定期检验宜分段进行。具体的分段办法,由检验机构和使用单位根据实际情况确定。

4.10 站场管道检验相关要求见附录A,埋地钢质管道穿跨越段的专项检验按照GB/T 37369执行。

4.11 鼓励采取本标准中未列出的检测新技术,但应对新技术的应用效果进行有效验证。定期检验中应用新技术时,应按照相关法律法规要求开展新技术评审。

4.12 检验过程中应遵守管道使用单位和检验机构关于健康、安全、环保的相关要求。

4.13 检验过程所使用的设备、仪器和测量工具应在有效的检定或校准期内。

5 数据收集的要求

5.1 数据基本要求

数据基本要求如下:

a) 采用各类检测方法在检验前,需要收集的基本数据要求见表1。检验过程中,应按照相关标准要求进一步收集所需的数据。

b) 收集的数据应真实有效。必要时,可对收集到的各类数据进行对比、分析及整合,保证数据质量。

c) 在数据收集过程中,当发现有数据不完整时,可通过现场检测或测试对重要数据进行补充。

表 1 各类检测方法要求收集的基本数据

序号	分类	数据	外检测			内检测	基于风险的检验
			外腐蚀	内腐蚀	应力腐蚀开裂		
1	管道基本属性	规格	Y	Y	Y	Y	Y
2		材质	Y	Y	Y	Y	Y
3		长度	Y	Y	Y	Y	Y
4		输送温度	Y	Y	Y	Y	Y
5		输送压力	Y	Y	Y	Y	Y
6		输送介质	Y	Y	Y	Y	Y
7		安装日期	Y	Y	Y	Y	Y
8		投用日期	Y	Y	Y	Y	Y
9		外防腐层类型	Y	Y	Y	Y	Y
10		内涂层类型		Y		Y	Y
11		阴极保护类型	Y	Y	Y	Y	Y
12		是否有 SACDA 系统	Y		Y		Y
13		是否有收发球筒				Y	Y
14	管道路由及地表情况	地理坐标	Y	Y		Y	Y
15		纵断面及高程	Y	Y		Y	Y
16		地表状况	Y	Y	Y	Y	Y
17		环境变化	Y	Y	Y	Y	Y
18	运行数据	介质成分		Y	Y	Y	Y
19		最小输量(流速)		Y		Y	Y
20		入口压力		Y		Y	Y
21		出口压力		Y		Y	Y
22		压力波动		Y	Y	Y	Y
23		清管历史		Y		Y	Y
24		内检测历史		Y		Y	Y
25		阴极保护有效性	Y		Y	Y	Y

表 1(续)

序号	分类	数据	外检测			内检测	基于风险的检验
			外腐蚀	内腐蚀	应力腐蚀开裂		
26	事故/事件数据	漏点地理坐标	Y	Y	Y	Y	Y
27		距压缩机、泵站的距离			Y		
28		时间	Y	Y	Y	Y	Y
29		漏点周向钟点位	Y	Y	Y	Y	Y
30		压力波动		Y			Y
31		流速		Y			Y
32		温度		Y			Y
33		倾角		Y			Y
34		元件类型[a]	Y	Y	Y		Y
35		应力状况			Y		Y
36		土壤腐蚀性	Y		Y		Y
37	管理信息	管理制度					Y
38		应急预案					Y
39		检维修记录	Y	Y	Y	Y	Y
注:Y 表示应收集的数据。							
[a] 元件类型是指管道具体泄漏部位的元件类型,如直管(高频电阻焊管、直缝埋弧焊管、螺旋缝埋弧焊管)、弯管、弯头、三通等。							

5.2 数据来源

5.2.1 设计、制造、安装资料,其中包括:

a) 设计文件(包括计算书、施工图、说明书、强度计算书等)、设计变更;

b) 管道元件制造质量证明文件、监督检验报告;

c) 管道安装验收资料、管道安装监督检验报告、工程质量检验和评定报告。

5.2.2 使用及运行管理资料,其中包括:

a) 运行日志及工艺记录(含介质成分分析和异常情况处理记录等);

b) 改造或修理资料,包括施工方案和竣工资料,以及改造、修理监督检验资料;

注:b)仅限于特种设备安全技术规范要求进行监督检验的改造和修理,才需要收集改造或修理监督检验资料。

c) 应急预案;

d) 管理变更记录;

e) 运行管理制度及程序文件。

5.2.3 检测与评价报告,其中包括:

a) 安全附件的校准、校验资料;

b) 定期检验周期内的年度检查报告;

c) 历次定期检验报告;

d) 企业自行检查、检测及评价报告和记录。

5.2.4 失效数据文件,其中包括:

a) 泄漏数据;

b) 腐蚀数据;

c) 外力破坏数据;

d) 地质灾害数据。

5.2.5 现有的完整性管理系统或地理信息系统。

5.2.6 相关法规和标准。

5.3 数据质量

5.3.1 应考虑下列影响数据有效性的主要因素:

a) 过期图纸及文件;

b) 检测错误;

c) 笔误;

d) 检测设备和工具的准确性不足。

5.3.2 应考虑管道设计时采用的规范标准是否依然是有效版本,并考虑版本变化对检验结果的影响。

5.4 数据更新

检验后,管道使用单位应对管道数据进行完善和更新,并补充到管道数据库中。

6 检验方案制定

6.1 现场工作开展前,检验机构应在数据收集的基础上,根据使用单位的检验计划以及相关安全技术规范和标准的要求,制定检验方案。

6.2 检验方案应至少包括以下内容要求:

a) 管道基本情况及检验范围;

b) 所依据的法规标准;

c) 参与人员及分工;

d) 检验流程;

e) 检验项目、检验内容、检测方法、检测比例或检测数量等;

f) 记录与报告要求。

6.3 检验方案应征询管道使用单位意见,并经过检验机构授权审批人批准后,方可实施。

6.4 检验方案现场实施不适用或存在其他特殊情况时,检验人员应根据实际情况,按照有关质量管理程序办理方案变更,并且按照变更后的方案开展检验。

7 检验实施

7.1 检验实施的总体要求

7.1.1 管道现场检验实施内容主要包括宏观检验、内检测、外检测、耐压试验和专项检测,其中，宏观检验为必检内容。内检测、外检测、耐压试验和专项检测按以下原则选择：

a) 具备内检测条件的管道，优先选择内检测。对不具备内检测的管道，可通过改造管道使其具备内检测条件，对不能改造或不能清管的管道，按照 b)、c)、d)执行。选用内检测时，还需要对外防腐(保温)层和阴极保护系统状况进行检测评价。

b) 不具备内检测条件时应选择外检测。

c) 内、外检测均不可实施的管道，应进行耐压试验。

d) 必要时，对管道穿跨越段、特殊部位和特殊工况管段开展专项检测，专项检测包括管道穿跨越段的检测，特殊工况下的管道材质理化检验，以及特殊部位环焊缝检测和特殊部位腐蚀检测等。

7.1.2 检验实施前，管道使用单位应配合做好检验前的准备工作，确保管道处于待检状态。

7.1.3 检验实施过程中应严格按照法规、标准和检验方案要求执行，并做好记录。

7.2 宏观检验

7.2.1 宏观检验的内容

宏观检验一般包括地面环境及设施检查、阴极保护系统测试、电性能测试、地质条件调查，以及安全附件、安全保护装置与仪表检验等。

7.2.2 地面环境及设施检查

地面环境及设施检查应包括以下内容：

a) 位置与走向：对管道位置、埋深和走向等进行检测。对浮管、露管、浅埋管段进行统计，并核对设计施工和竣工验收资料，确定管道埋深是否合格。

b) 管道沿线防护带：检查管道与其他建(构)筑物净距和占压状况；按照管道设计标准核对管道地区等级的变化情况；按照《石油天然气管道保护法》的相关要求对管道周边建(构)筑物进行调查统计，并记录相关情况。

c) 泄漏检查：目视检测地面是否存在泄漏情况，对疑似泄漏处采用泄漏检查仪进一步确认。对阀室、阀井、三通、开挖点、地质灾害影响段、施工造成的管道悬空段，以及管道经过水面处有油泄漏、有异常气味等处重点检查。

d) 地面装置：检查里程桩、标志桩、转角桩、交叉桩和警示牌等标识以及围栏等是否完好、是否存在丢失等情况。

e) 管道穿跨越段：检查跨越段管道防腐(保温)层、补偿器、锚固墩等是否完好，钢结构及基础、钢丝绳、索具及其连接件等是否存在腐蚀或其他损伤；检查穿越处的保护工程是否稳固，穿越处的埋深及穿越段两端的标识桩、锚固墩是否完好；调查是否存在河道变迁等情况。

f) 水工保护设施：查验挡土墙、护岸、护坡、截水墙、淤土坝、排水沟等管道水工保护设施是否完好。

g) 管道覆土：查验管道附近覆土是否存在塌陷、沉降、滑移等情况。

h) 检验人员认为有必要的其他检查。

注：e)和 f)中穿越处的保护工程、水工保护设施等的检查和河道变迁调查为企业自行检查的项目。

7.2.3 阴极保护系统测试

对于有阴极保护的管道，应进行以下检查和测试：

a) 阴极保护系统运行状况,检查管道阴极保护率和运行率、排流效果,阴极保护系统设备及其排流设施;

b) 辅助阳极床和牺牲阳极接地电阻(适用于管道采用牺牲阳极保护,且管道保护电位异常时)。

7.2.4 电性能测试

当发现管道阴极保护电流及电位异常时,应对以下部位的电绝缘性和电连续性进行测试:

a) 测试绝缘法兰、绝缘接头、绝缘短管、绝缘套、绝缘固定支墩和绝缘垫块等电绝缘装置的绝缘性能;

b) 采用法兰和螺纹等非焊接件连接的阀门等管道附件的跨接电缆或其他电连接设施,测试其电连续性。

7.2.5 地质条件调查

7.2.5.1 对有危险的矿产地下采空区、黄土湿陷区、潜在崩塌滑坡区、泥石流区、地质沉降区、风蚀沙埋区、膨胀土和盐渍土、活动断层、冻土区等,一般由管道使用单位委托专业机构定期开展地质条件变化的调查,管道检验机构应对地质条件发生变化部位的管道进行重点检查和检测。

7.2.5.2 地质条件调查为企业自行检查的项目。管道检验机构按照 7.2.2g)开展的管道覆土状况调查,不能替代地质条件调查。

7.2.6 安全附件、安全保护装置与仪表检验

7.2.6.1 安全附件检验主要包括以下内容:

a) 安全阀是否在校验有效期内;

b) 爆破片装置是否按期更换;

c) 紧急切断阀是否完好。

7.2.6.2 安全保护装置和仪表检验一般由管道使用单位委托专业机构,按照国家或行业相关标准要求进行检验或校核。

7.3 内检测

7.3.1 基本要求

7.3.1.1 内检测实施前应对检测过程可能产生的风险进行识别并制定控制措施。

7.3.1.2 开展内检测的管道应具备以下条件:

a) 收发球筒除满足管道工艺设计的要求外,还应满足 GB/T 27699 的要求;

b) 管道三通的挡条或挡板设置、开孔要求应符合 GB/T 27699 的要求;

c) 管道弯头的曲率半径应满足检测器的通过性能指标;相邻弯头间的直管段长度应大于管道外径;

d) 管道沿线阀门应满足检测器通过要求,阀门指示器指示准确;

e) 管道变形量满足检测器通过要求。

7.3.1.3 应根据管道实际情况选用适当的内检测技术,各种内检测技术有效性见附录 B。

7.3.1.4 由管道使用单位和检验机构共同商定选择适用的内检测技术,确定内检测数据可接受准则;内检测器的能力和性能应满足管道检测的要求。选择内检测器时应考虑的因素包括但不限于:

a) 检测概率;

b) 检测阈值；

c) 缺陷识别能力；

d) 量化精度；

e) 特征定位精度；

f) 置信度；

g) 数据采样频率；

h) 壁厚范围；

i) 速度范围；

j) 温度范围；

k) 压力范围；

l) 可通过的最小弯头半径；

m) 可通过的最小内径；

n) 检测器长度、重量和节数；

o) 单次运行检测器所能检测的管道长度。

7.3.1.5 首次应用的内检测技术、新设备，在检测前应至少对以下性能进行验证：

a) 整体承压能力；

b) 通过性能；

c) 缺陷识别能力。

7.3.1.6 内检测实施程序按照 GB/T 27699 相关规定执行。

7.3.2 内检测实施

7.3.2.1 检测前准备

检测前准备工作如下：

a) 调查包括管道物理属性及附属设施改造、维修记录；

b) 确认收发球筒、三通、弯头、阀门及收发球指示器等设置满足内检测检测要求；

c) 确定检测器包括检测概率、检测阈值、缺陷识别能力、量化精度、特征定位精度、置信度、数据采样频率满足检测的要求等。金属损失漏磁内检测器的最低要求见附录 C。

7.3.2.2 踏线选点

检测人员应在管道使用单位的配合下对管道沿线进行现场勘察，了解路况并选择设标点位置，确定管道穿跨越位置和管道走向变化。设标间距宜不大于 1 km。在高程落差比较大或穿跨越区域应加密设置。应记录定标点的地理信息。

7.3.2.3 清管作业

管道清管作业应符合以下规定：

a) 清管器的发收作业按 GB/T 27699 的要求执行；

b) 运行泡沫清管器时，宜设置必要的监听点(坑)，收球筒处宜设置收球笼；

c) 运行机械清管器，首次运行一种类型清管器，宜对清管器加装发射机(装置)，并对清管器的运行进行跟踪监视；

d) 首次运行机械清管器，清管器应加装测径板；

e) 清管次数及效果以清出杂质少于 5 kg 或满足检测器运行要求为合格。

7.3.2.4 变形检测

变形检测应符合以下规定：

a) 变形检测器发送前应对检测器进行标定；

b) 变形检测器的发收作业按 GB/T 27699 的要求执行；

c) 变形检测设标、跟踪应满足数据分析的要求；

d) 变形检测检测数据不满足质量(数据分析)要求，应分析原因，并及时进行复检。

7.3.2.5 缺陷检测

缺陷检测应符合以下规定：

a) 缺陷检测器发送前应对检测器的性能进行标定；

b) 缺陷检测器的发收作业应按 GB/T 27699 的要求执行；

c) 缺陷检测设标、跟踪应满足数据分析、评价的要求；

d) 若检测数据不完整，且不满足数据分析的要求或不满足管道适用性评价要求，应分析原因，并及时进行复检。

7.3.3 检测数据的预处理

内检测收球后应对检测数据进行预处理，并及时向管道使用单位报告发现的以下问题：

a) 变形量超过管道外径 5%以上的变形点的相关信息；

b) 金属损失大于管道公称壁厚的 50%以上的金属损失点的相关信息。

7.3.4 开挖验证

7.3.4.1 开挖验证的时机

应在内检测数据分析完成之后，正式检验报告出具之前，进行开挖验证。

7.3.4.2 开挖验证点选取原则

开挖验证点的选取原则应满足以下要求：

a) 每个检测管段，应选取不少于 5 个开挖验证点；

b) 宜选择量化精度较低的缺陷进行开挖验证；

c) 宜选择使用单位关注的缺陷类型或被检测管道的主要缺陷点进行开挖验证；

d) 宜选择最严重的缺陷点进行开挖，若因穿越等客观条件最严重的缺陷位置无法开挖时，应与使用单位协商处理；

e) 开挖数量、比例应考虑管道敷设地区等级、介质类型等因素。

7.3.4.3 开挖检测的项目及要求

开挖检测的项目包括：土壤腐蚀性检测、防腐(保温)层检查和探坑处管地电位检测、管道本体检测、管道焊缝无损检测等，具体要求如下：

a) 土壤腐蚀性检测，检查土壤剖面分层情况以及土壤干湿度，必要时可以对探坑处的土壤样品进行理化检验。

b) 防腐(保温)层检查和探坑处管地电位检测，检查防腐(保温)层的物理性能以及探坑处管地电位，必要时收集防腐(保温)层样本，按照相关标准进行防腐(保温)层性能分析。

c) 管道本体检测，包括金属腐蚀部位外观检查、管道壁厚测定、腐蚀区域的描述，以及凹陷、变形等损伤检查；必要时还应进行腐蚀产物分析。

d) 管道焊缝无损检测,采用目视、磁粉、渗透等方法对开挖出的环焊缝进行焊缝外观检查和表面缺陷检测,对外观检查和表面检测中发现存在错边、咬边严重,或存在表面裂纹的焊接接头,应按照7.6.2.2.2的要求,对内部缺陷做进一步检测。

7.3.4.4 开挖验证结果处理

将开挖验证点的现场测量结果与检验报告结果进行比对,确认实际检测精度是否满足方案规定的数据可接受准则,并按以下原则进行处理:

a) 若验证合格,应按方案要求出具验证报告和检验报告。

b) 若验证不合格,应及时分析原因,增加开挖验证数量或重新分析内检测数据;若仍不合格,应重新运行内检测器。

7.4 外检测

7.4.1 基本要求

外检测包括外腐蚀外检测、内腐蚀外检测及应力腐蚀开裂外检测三种,应根据管道的实际情况,结合以下原则选择适当的外检测方法:

a) 当管道不具备内检测条件时,应进行外腐蚀外检测;

b) 当管道发生过内腐蚀损伤、类似管道发生过内腐蚀损伤或管道使用单位认为需要时,应进行内腐蚀外检测;

c) 对发生过应力腐蚀开裂或具有应力腐蚀开裂倾向的管道应进行应力腐蚀开裂外检测。

7.4.2 外腐蚀外检测

7.4.2.1 一般规定

外腐蚀外检测的一般规定如下:

a) 外腐蚀外检测的一般程序、项目及内容等按照GB/T 30582的相关内容执行;

b) 外腐蚀外检测的内容主要包括数据收集、腐蚀防护系统检测和开挖检测,其检测流程如图2所示;

c) 在开展管道外腐蚀外检测时,一般还需结合宏观检验的结果,对存在机械破坏、地质条件不良位置的管道进行开挖检测,对管道几何变形和机械损伤进行检测;必要时还需对开挖出的环焊缝质量进行检测。

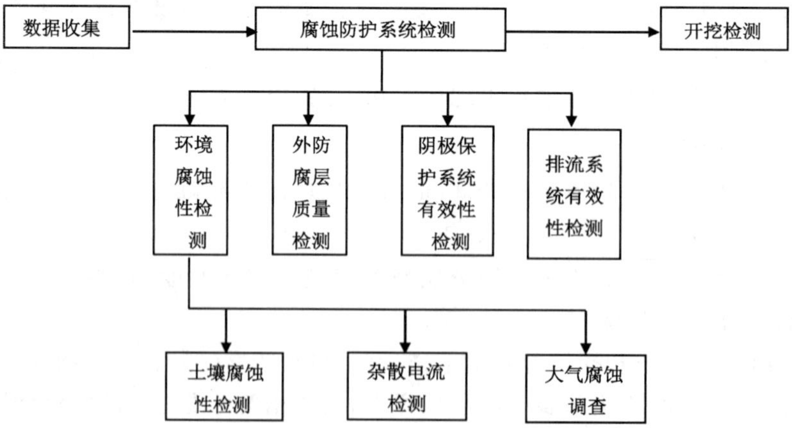

图2 外腐蚀外检测的流程

7.4.2.2 **仪器设备**

检测仪器设备应符合相关标准要求,并满足以下规定:

a) 管道埋深及水平位置检测仪器测量误差,不大于实际埋深的10%(埋深小于1 m的以1 m计算);

b) 外防腐层质量状况检测仪及阴极保护电位检测仪在非开挖状态下实施检测,外防腐层局部破损地面定位误差不大于0.5 m,密间隔电位检测仪应具有自动记录功能且测量误差不大于0.001 V;

c) 管体腐蚀缺陷尺寸测量仪器检测误差不大于±0.1 mm。

7.4.2.3 **数据收集的附加要求**

管道外腐蚀外检测需要收集的数据,除满足第5章的要求外,还需要满足检测仪器选择、检测信号接入点选取及开挖位置确定等工作的要求。

7.4.2.4 **腐蚀防护系统检测**

7.4.2.4.1 **环境腐蚀性检测**

环境腐蚀性检测一般包括土壤腐蚀性检测和杂散电流检测。对可能存在大气腐蚀环境的跨越段与裸露管段,还应进行大气腐蚀调查。具体如下:

a) 土壤腐蚀性检测

土壤腐蚀性主要考虑土壤电阻率检测。必要时可测试管道自然腐蚀电位、氧化还原电位、土壤pH值、土壤含盐量、土壤质地、土壤含水量、土壤氯离子含量等7个参数的测试。土壤腐蚀性检测项目、常用检测方法、检测参量及依据标准等见表2。

首次检验时应检测管道环境土壤腐蚀性。当地物地貌环境和土壤无较大变化时,土壤腐蚀性数据可采用工程勘察或上次定期检验报告的数据。

表2 土壤腐蚀性检测

序号	检测项目	常用检测方法	检测参量	依据标准	备注
1	土壤电阻率	四极法	平均电阻率,单位为欧米(Ω·m)	GB/T 19285 GB/T 21246	按电极间距,可分为等距法和不等距法
2	自然腐蚀电位	参比法	自然腐蚀电位,单位为伏(V)	GB/T 19285 GB/T 21246	一般使用地表参比法
3	氧化还原电位	去极化法	氧化还原电位,单位为毫伏(mV)	GB/T 19285	一般铂电极为工作电位,参考电极为甘汞电极
4	土壤pH值	电位法	pH值	GB/T 19285	—
5	土壤含盐量	干渣称重法	土壤含盐量,质量分数(%)	GB/T 19285	取样后实验室内测试
6	土壤质地	手测法(揉条法)	土壤质地	GB/T 19285	一般分为以下几类: a) 砂土; b) 壤土(轻、中、重壤土); c) 黏土(轻黏土、黏土)
7	土壤含水量	烘干法	土壤含水量,质量分数(%)	GB/T 19285	取样后实验室内测试
8	土壤氯离子含量	硝酸银滴定法	土壤氯离子含量,单位为毫克每千克(mg/kg)	GB/T 19285	取样后实验室内测试

b) 杂散电流检测

当管道附近存在杂散电流干扰源或管地电位异常时,应进行杂散电流检测。常见的杂散电流干扰源见表3。杂散电流检测的项目、方法、检测参量及依据标准等见表4。

表3 常见的杂散电流干扰源

序号	分类	常见干扰源
1	直流干扰源	直流电气化铁路、直流电车装置、直流电网、直流电话电缆网络、直流电解装置、电焊机及其他建(构)筑物阴极保护系统等
2	交流干扰源	高压交流电力线路设施和交流电气化铁路设施等

表4 杂散电流检测

序号	类别	检测项目	常用检测方法	检测参量	依据标准	备注
1	直流杂散电流	干扰管地电位	管地直流电位测量	直流电位,单位为伏(V)	GB/T 19285 GB 50991	自然电位可测量时,测量值用来计算电位偏移
		土壤表面电位梯度	十字交叉法	电位梯度,单位为伏每米(V/m)	GB/T 19285 GB 50991	可测量土壤电位梯度及土壤中电流方向
2	交流杂散电流	管道交流干扰电压	管地交流电位测量	交流电位,单位为伏(V)	GB/T 19285 GB/T 50698	可测量管道交流干扰电压值
		交流电流密度	检查片交流电流测量	交流电流密度,单位为安每平方米(A/m^2)	GB/T 19285 GB 50698	一般需埋预设腐蚀检查片
3	特殊情况下杂散电流	管中电流	感应法	感应电流,单位为安(A)	GB/T 19285	一般使用专业仪器进行
		管地电位	管地电位测量	管地电位波动值,单位为毫伏(mV)	GB/T 19285	一般使用专业仪器进行

c) 大气腐蚀调查

调查当地环境气体类型、相对湿度、大气环境、管道所处地区钢材大气腐蚀速率。

7.4.2.4.2 外防腐层质量检测

外防腐层质量检测包括外防腐层整体状况和局部破损点的不开挖检测。常用外防腐层质量检测项目、检测方法、检测参量及依据标准见表5。

表 5 外防腐层质量检测

序号	检测项目	检测方法	检测参量	依据标准	备注
1	局部破损	交流电位梯度法(ACVG)	地表电位梯度,单位为分贝(dB)	GB/T 19285 GB/T 21246	a) ACVG 操作简单; b) 难以检测硬质地面下及深水中的管段; c) 无法检测具有电屏蔽的防腐层剥离; d) 不适用金属套管内、冻土下的管段
2	局部破损	直流电位梯度法(DCVG)	地表电位差,单位毫伏(mV)	GB/T 19285 GB/T 21246	a) DCVG 一般与密间隔电位法配合使用; b) 适用于外加电流法阴极保护系统; c) 难以检测水泥、沥青硬化地面下的管段; d) 难以检测深水下管段; e) 无法检测具有电屏蔽的防腐层剥离; f) 不适用金属套管内、冻土下的管段
		密间隔电位法(CIPS)	管地极化电位,单位为毫伏(mV)		
3	局部破损	音频检漏法(PEARSON)	地表电位差,单位为毫伏(mV)	GB/T 19285 GB/T 21246	a) 难以检测水田、沼泽地、水泥和沥青硬化地面下及高压交流电力线附近管段; b) 无法检测具有电屏蔽的防腐层剥离; c) 不适用金属套管内、冻土下管段
4	整体质量	交流电流衰减法	电流衰减率,(%)	GB/T 19285 GB/T 21246	a) 不适用金属套管内及高压交流输电线路附近的管段; b) 管道附近金属物会造成干扰; c) 土壤电阻率较大时局部破损难以检出; d) 无法检测具有电屏蔽的防腐层剥离

7.4.2.4.3 阴极保护系统有效性检测

阴极保护系统有效性检测包括通/断电位、管地电位、密间隔电位、阳极地床接地电阻、电绝缘性、阴极保护电源运行情况调查等。通/断电位、管地电位、密间隔电位、阳极地床接地电阻和电绝缘性的检测方法、检测参量及依据标准见表 6。阴极保护电源运行情况调查内容包括阴极保护电源的基本情况调查、阴极保护电源运行数据分析。

应检测管道对地的阴极极化电位以判断管道阴极保护有效性。强制电流保护系统及可断电的牺牲阳极保护系统应检测断电电位,不可断电的牺牲阳极保护系统应使用极化探头等检测管地电位。保护电位接近该管道最低保护电位或存在过保护、杂散电流干扰的管段及首次开展定期检验的管道应实施密间隔电位检测。强制电流保护设备输出电位、电流异常时,应检查阴极保护设备的运行状况,必要时应检测阳极地床的接地电阻、管道连接电阻及绝缘装置的绝缘性能。牺牲阳极电位闭路电位明显升高或是输出电流过小时,应开挖确认消耗情况。

表 6　阴极保护系统有效性检测

序号	检测项目	常用检测方法	检测参量	依据标准	备注
1	通电电位	参比法	保护电位， 单位为伏(V)	GB/T 19285 GB/T 21246	含 IR 降
2	断电电位	参比法	保护电位， 单位为伏(V)	GB/T 19285 GB/T 21246	1. 消除了由保护电流所引起的 IR 降的影响。 2. 以下情况不可用： a) 采用多组牺牲阳极保护或牺牲阳极与管道直接连接时； b) 外接阴极保护电源无法中断时
3	管地电位	近参比法	电位差， 单位为伏(V)	GB/T 19285 GB/T 21246	—
4	密间隔电位	密间隔电位法(CIPS)	管地极化电位， 单位为毫伏(mV)	GB/T 19285 GB/T 21246	1. 以下情况不可用： a) 阴极保护电流不能同步中断； b) 套管内的管段。 2. 以下情况检测结果受外部条件影响： a) 覆盖层导电性很差的管段，如铺砌路面、冻土、钢筋混凝土、含有大量岩石回填物； b) 剥离防腐层下或绝缘物造成电屏蔽的位置，如破损点处外包覆或衬垫绝缘物的管道
5	阳极地床接地电阻	长接地电阻测试	接地电阻， 单位为兆欧(MΩ)	GB/T 19285 GB/T 21246	适用于强制电流辅助阳极地床(浅埋式或深井式阳极地床)、对角线长度大于 8 m 的棒状牺牲阳极组或长度大于 8 m 的锌带
		短接地电阻测试			适用于当对角线长度小于 8 m 的棒状牺牲阳极组或长度小于 8 m 的锌带
6	电绝缘性	电位法	电位， 单位为毫伏(mV)	GB/T 19285	适用于定性判别有阴极保护运行的绝缘法兰(接头)的绝缘性能
		漏电电阻测试法	电阻， 单位为兆欧(MΩ)		当采用电位法测试其绝缘性能可疑时，可漏电电阻测试法进行补充
		电流衰减法测试漏电率	管内电流， 单位为安(A)		—
		接地电阻仪测量法	接地电阻， 单位为欧(Ω)		—

7.4.2.4.4 排流系统有效性检测

具有杂散电流排流装置的,应依据 GB/T 19285 检测排流装置的有效性。

7.4.2.5 开挖检测

7.4.2.5.1 开挖位置选择原则

开挖位置选择原则如下:

a) 应综合考虑防腐层破损、腐蚀活性、阴极保护有效性、杂散电流及土壤腐蚀性等因素,对可能存在外腐蚀损伤的位置进行排序,优先选择外腐蚀概率较高的位置进行开挖;
b) 开挖数量比例应满足相关安全技术规范和 GB/T 30582 的要求;
c) 优先选择位于高后果区内的防腐层破损处进行开挖,高后果区的识别方法按照 GB 32167 执行;
d) 优先选择杂散电流的流出点,以及阴极保护失效或曾经发生过腐蚀泄漏的管段;
e) 开展内检测的管道,开挖位置与数量的选择宜与内检测结果相结合;
f) 当开挖检测发现管道存在严重外腐蚀时,应适当增加开挖检测点数量。

7.4.2.5.2 开挖检测的项目及方法

开挖检测的项目及方法如下:

a) 开挖检测的项目除应满足 7.3.4.3 的规定外,还应满足 GB/T 30582 的要求;定期检验的开挖项目还应满足相关安全技术规范的要求;
b) 对宏观检验中发现对存在机械破坏、地质条件不良位置的管道进行开挖检测,重点对管道几何变形和机械损伤进行检测;
c) 除目视检测、常规无损检测和超声波测厚外,常用的管道本体缺陷外检测技术的检测能力及依据标准见表 7。根据检测目标和现场客观条件,选择适当的外检测方法对开挖处管体的质量进行检测。

表 7 金属管道管体和焊接接头缺陷外检测技术

序号	检测技术	检测能力	依据标准	备注
1	外壁漏磁检测	可对检测处管体金属损失进行定性检测	GB/T 31212 NB/T 47013.12	a) 表面需光滑平整,无需去除防腐层; b) 难以检测针孔、焊缝边缘、弯头及大小头有形状改变位置的缺陷
2	低频电磁检测	a) 可对检测处管体金属损失进行快速定性检测; b) 适用于直管段和弯头	GB/T 31212	a) 表面需光滑平整; b) 磁场较弱,容易受到周围环境的干扰产生虚假信号
3	磁记忆检测	管体应力集中定性检测	GB/T 26641	a) 表面需光滑平整; b) 仅能定性检测
4	脉冲涡流检测	a) 适用于大面积的均匀腐蚀减薄; b) 不适用于点蚀、裂纹等局部缺陷检测	GB/T 28705 NB/T 47013.13	满足以下条件的覆盖层,可不用拆除: a) 金属保护层厚度不大于 1 mm; b) 对于不锈钢或铝保护层,覆盖层厚度不大于 200 mm;对于铁保护层,覆盖层厚度不大于 100 mm

表 7（续）

序号	检测技术	检测能力	依据标准	备注
5	远场涡流检测	可对防腐层厚度不大于 5 mm 的管道实现 100% 检测，检测灵敏度高	—	要求探头检测过程运行要平稳、被检测面光滑，抖动或震动都会产生虚假缺陷信号，检测效率低，标定要求较高
6	X 射线数字成像检测	a) 在线状态下仅适用于 DN200 以下公称直径的液相管道管体和焊接接头缺陷检测； b) 适用于气相管道管体和焊接接头缺陷检测	GB/T 19293 NB/T 47013.11	a) 无需胶片，迅速成像，检测效率高； b) 无需拆除保温层，无需清空管内介质
7	超声波 C 扫描成像检测	a) 可对检测处管体金属损失 100% 检测，形成直观的三维扫描图像； b) 适用于直管段和弯头	NB/T 47013.3	a) 效率较低； b) 检测处需打磨光滑
8	低频导波检测	a) 单点激励可实现管道的长距离检测； b) 适用于管体内外缺陷检测； c) 适用于穿越涵洞、铁路等带套管的管体检测	GB/T 31211 GB/T 28704	a) 较短或螺旋焊缝管道检测有效性差； b) 直埋及带防腐层管道检测距离较短
9	高频导波检测	a) 适用于测点附近约前后 1 m 范围内的体积型缺陷的精确检测； b) 适合于管道支、吊架下的腐蚀检测	—	a) 检测距离短； b) 检测精度高于低频导波
10	相控阵超声检测	适用于管体和焊接接头的内部缺陷检测	GB/T 32563 GB/T 50818	
11	TOFD 检测	适用于壁厚大于 12 mm 的管道对接接头的检测	NB/T 47013.10	a) 可实现缺陷成像显示； b) 检测处需打磨光滑
12	三维激光扫描技术	扫描管道外壁凹陷、腐蚀等外部缺陷轮廓尺寸	—	无法直接检测缺陷剩余壁厚，需通过基准点计算缺陷情况

7.4.3 内腐蚀外检测

7.4.3.1 一般规定

内腐蚀外检测应满足以下要求：

a) 内腐蚀外检测技术主要用于对不能进行内检测的管道的内腐蚀评价；

b) 净化天然气输送管道的内腐蚀外检测程序、项目及内容等按照 GB/T 34349 进行检测,含水天然气管道的内腐蚀外检测可参照国外相关标准进行检测;输油管道内腐蚀外检测程序、项目及内容等按照 GB/T 34350 进行检测;

c) 内腐蚀外检测的主要步骤包括数据收集、内腐蚀位置预测(管道高程图绘制、介质多相流计算、腐蚀位置判断)及开挖检测。

7.4.3.2 仪器设备

内腐蚀外检测仪器设备性能应能符合相关标准要求,并满足以下规定:

a) 管道埋深检测仪器测量误差不大于实际埋深的 10%(埋深小于 1 m 时,按 1 m 计算);

b) 高程测绘仪器测量误差不得大于±3 cm(相对于邻近控制点)。

7.4.3.3 数据收集的附加要求

管道内腐蚀外检测需要收集的数据,除满足第 5 章的要求外,还需要满足 GB/T 34349 和 GB/T 34350等有关标准的要求。

7.4.3.4 内腐蚀位置预测

内腐蚀位置预测应符合以下要求:

a) 腐蚀预测工作主要内容包括检测区段划分、积液或固体沉积的临界倾角计算、管道实际倾角计算及内腐蚀位置识别。

b) 内腐蚀外检测区段划分原则根据介质不同有所区别,初次应用外检测时应尽量细分。

c) 临界倾角可依据相应标准提供的计算模型或使用商业软件计算。依据不同输送介质中腐蚀性物质(凝析水、沉淀物)及其聚积特点,选择适用的多相流计算方法确定腐蚀性物质最可能聚集位置。应用腐蚀预测软件计算腐蚀速率时宜对计算结果进行实际验证。

d) 管道实际倾角计算依据的管道高程数据测绘及管道埋深精度应满足 CJJ 61 的规定;净化天然气管道内腐蚀位置预测应遵守 GB/T 34349 的有关规定,输油管道内腐蚀位置预测应遵守 GB/T 34350 的有关规定。

7.4.3.5 开挖检测

7.4.3.5.1 开挖位置选择

开挖检测的位置选择,可依据不同介质,分别按照 GB/T 34349 或 GB/T 34350 规定的流程执行,也可采用其他可行的开挖程序。

7.4.3.5.2 开挖检测的项目及方法

开挖检测的项目及方法如下:

a) 开挖后,一般采用超声波 C 扫描成像检测、外壁漏磁检测等方法对内腐蚀缺陷进行定性检测,然后使用超声波测厚方法对剩余壁厚进行量化检测;也可选用表 7 中适用的其他方法对管道内腐蚀缺陷进行检测;

b) 开挖后,如果发现管道存在外腐蚀、机械损伤及 SCC 等缺陷,应采用其他相应的方法对这些缺陷进行检测和评价;

c) 应使用超声波测厚仪对开挖出的螺旋焊缝或直焊缝附件母材壁厚进行检测;

d) 若管道安装有内腐蚀监测设备,应对监测数据与开挖实际检测数据进行对比;在内腐蚀严重处宜修建检测探坑定期检测壁厚或安装内腐蚀监测设备;

e） 当开挖检测发现管道存在大范围的严重内腐蚀时，检测人员应对该管道开展内腐蚀外检测的可行性进行重新评估。

7.4.4 应力腐蚀开裂(SCC)外检测

7.4.4.1 一般规定

7.4.4.1.1 管道可能出现的应力腐蚀开裂分为：内部输送介质诱导和外部环境诱导两种，外部环境诱导的外壁应力腐蚀开裂有高 pH SCC 和近中性 pH SCC 两种形式。

7.4.4.1.2 应结合管道实际情况，开展 SCC 敏感因素分析，根据分析结果，决定是否开展应力腐蚀开裂外检测。

7.4.4.2 内部输送介质诱导应力腐蚀开裂外检测

对曾发生过输送介质诱导的应力腐蚀开裂的管道，应定期进行排查，对可能发生应力腐蚀开裂的管段按照相关标准进行开挖检测。

7.4.4.3 外部环境诱导应力腐蚀开裂外检测

7.4.4.3.1 数据收集的附加要求

管道外部环境诱导应力腐蚀开裂外检测需要收集的数据，除满足第 5 章的要求外，还需要满足GB/T 36676等有关标准的要求。

7.4.4.3.2 位置预测

对存在外部环境诱导应力腐蚀开裂倾向的管道，按照 GB/T 36676 开展 SCC 敏感管段筛选，并确定开挖位置。

7.4.4.3.3 开挖检测的项目及方法

开挖检测的项目及方法如下：

a） 开挖原则和开挖检测要求按照 GB/T 36676 执行；

b） 开挖检测主要包括防腐层状况检测、管地电位检测及管体裂纹无损检测；应首先选择磁粉、渗透等方法进行表面裂纹检测，当发现存在表面裂纹时，应采用超声波检测法对裂纹尺寸进行测量；必要时应进行现场金相检测，确定应力腐蚀开裂的类型；

c） 开挖后，如果发现管道存在外腐蚀、机械损伤等缺陷，应采用其他相应的方法对这些缺陷进行检测和评价。

7.5 耐压试验

7.5.1 基本要求

耐压试验应满足以下基本要求：

a） 耐压试验分为峰值试验、强度试验和严密性试验三类，三类试验可以单独或组合使用，应根据试验目的确定合适的试验类型；

b） 耐压试验一般由使用单位负责准备和操作；检验单位负责对耐压试验的过程进行现场监督，并对试验结果签字确认；

c） 使用单位应结合管道的实际情况，制定专门的耐压试验方案；

d） 耐压试验实施前，应评估试验风险，包括试验过程中管道的载荷情况、试验过程失效可能引发后果；并制定预防措施；

e） 四类地区不得使用有毒、易燃易爆介质进行耐压试验。

注：e)中管道地区等级的划分参照 GB 50251 的相关规定执行。

7.5.2 仪器设备

试验用的压力表、压力天平和温度计等计量器具应在检定或校准有效期内。

7.5.3 试验要求

耐压试验的过程应符合以下规定：

a) 试验过程应遵守 GB/T 16805 及相关施工验收标准的规定。

b) 试验压力一般根据下一周期管道的拟运行压力确定。对于服役年限大于 30 年小于 40 年的长输管道宜按照运行压力的 1.25 倍进行试压，对于超过 40 年以上的管道宜按照拟运行压力的 1.1 倍进行试压。长输管道推荐的试验压力、稳压时间和合格标准见表 8。

c) 管道的最高试验压力不得超过 SMYS 的 90％。

d) 一般采用洁净水作为试验介质。采用空气或输送介质进行耐压试验时，应符合相关法规及标准要求，且应开展安全风险分析，相关安全措施应满足要求。

e) 试验过程中应对管道压力变化情况进行全程监控和记录，同时安排线路巡护人员重点观察沿线地面有无介质泄放，地面附着物有无异常，以确定是否有管材破裂、穿孔等泄漏情况发生。

f) 试验期间，试验压力超过管道系统上安全阀的整定压力时，应拆除安全阀、阀门或安装盲板。

g) 系统中的试验介质易产生热膨胀时，应在压力保持期间采取预防措施避免超压。

h) 试验完成后，管道系统应排空试压介质、进行吹扫或干燥处理。

表 8 长输管道的试验压力、稳压时间和合格标准

输送介质	分类		试验压力及稳压时间
输油管道	一般地段	压力，MPa	拟运行压力 1.1 倍
		稳压时间，h	24
	高后果区	压力，MPa	拟运行压力 1.25 倍
		稳压时间，h	24
	合格标准		压降≤1％试验压力，且≤0.1 MPa
输气管道	一般地区	压力，MPa	拟运行压力 1.1 倍
		稳压时间，h	24
	高后果区Ⅰ级	压力，MPa	拟运行压力 1.25 倍
		稳压时间，h	24
	高后果区Ⅱ级	压力，MPa	拟运行压力 1.4 倍
		稳压时间，h	24
	高后果区Ⅲ级	压力，MPa	拟运行压力 1.5 倍
		稳压时间，h	24
	合格标准		压降≤1％试验压力，且≤0.1 MPa

7.6 专项检测

7.6.1 管道穿跨越段的检测

管道穿跨越段应按照穿跨越的类型进行分类，并识别各类穿跨越段面临的风险因素和损伤模式，按照 GB/T 37369 等相关标准对管道本体和附属设施分别进行检测和评价。

7.6.2 特殊工况和特殊部位检测

7.6.2.1 特殊工况下材质理化检验

对以下管道宜按照 GB/T 30582 的有关要求进行管道材质理化检验：

a) 有可能发生硫化物应力腐蚀开裂的管道；

b) 材料状况不明的管道。

7.6.2.2 特殊部位环焊缝检测

7.6.2.2.1 抽检部位

对以下环向焊接接头应重点抽检：

a) 内检测发现管道存在危险性超标缺陷的焊接接头；

b) 外检测开挖坑检中发现错边、咬边超标或存在表面裂纹的焊接接头；

c) 阀门、膨胀器连接的第一道焊接接头；

d) 穿跨越部位、出土与入土端的焊接接头；

e) 支吊架损坏部位的焊接接头；

f) 管道制造、安装中返修过的或连头、碰死口的焊接接头；

g) 不同材质、不同壁厚对接的焊接接头；

h) 使用中发生泄漏部位附近的焊接接头。

7.6.2.2.2 无损检测要求

无损检测的方法选择、执行标准应符合以下规定：

a) 无损检测一般按照 SY/T 4109 或 NB/T 47013(所有部分)执行。

b) 管道的表面缺陷检测应优先采用磁粉检测，埋藏缺陷检测一般采用射线检测或超声检测等常用方法；当检验现场无法实施射线检测或超声检测等方法时，也可采用 TOFD、相控阵超声检测、X 射线数字成像检测等方法。

c) 首次检验时应进行埋藏缺陷检测，再次检验时，一般不再进行埋藏缺陷检测；当存在内部损伤机理并且发现损伤迹象，或上次检验发现危险性超标缺陷时，则应进行埋藏缺陷检测。

7.6.2.3 特殊部位腐蚀检测

7.6.2.3.1 抽检部位

腐蚀检测应重点抽检以下部位：

a) 滞流末端管道、滞流末端管道与相邻管道的连接处及盲管位置；

b) 防腐层补口处的局部腐蚀位置；

c) 土壤-空气界面处的外腐蚀位置；

d) 高程落差较大的液体管道相对高点位置；

e) 控制阀、孔板、泵出口的下游易产生冲刷腐蚀位置；

f） 仪表插孔和法兰等结构件下游产生湍流的部位。

7.6.2.3.2 检测要求

特殊部位腐蚀检测的要求如下：

a） 一般采用目视检测、超声检测、射线检测、涡流检测和外壁漏磁检测等方法对以上腐蚀位置进行检查或检测，也可采用表7中其他适用的方法进行检测；

b） 当检测发现存在严重腐蚀时，应加大抽检比例，对类似工况和部位进行重点检测。

8 适用性评价

8.1 基本要求

8.1.1 检测工作结束后，应对发现问题的管道进行适用性评价，以确定管道许用工作参数、维修计划与下次定期检验日期。

8.1.2 适用性评价分为应力分析、强度评估、剩余寿命预测和材料适用性评价。

8.1.3 开展适用性评价时，应综合考虑缺陷类型、载荷类型、失效模式、材料性能、缺陷扩展量、环境变化、管道建造及运行历史等因素和数据，选择合理的评价方法和可接受准则。

8.1.4 适用性评价应考虑获取缺陷数据的检测设备的检测精度误差。

8.1.5 管道常见的缺陷可分为体积型、平面型和几何变形等3类，具体分类如下：

a） 体积缺陷：局部减薄（含腐蚀）、划痕、气孔、夹渣，深度小于1 mm的咬边等；

b） 平面缺陷：裂纹、未熔合、未焊透、深度大于或等于1 mm的咬边等；

c） 几何变形：凹陷、皱褶、屈曲、鼓胀、椭圆变形等。

当无法区分体积缺陷或平面缺陷时，宜按照平面缺陷进行评价。

8.2 应力分析

有下列情况之一的管道，应进行应力分析计算：

a） 存在较大变形、挠曲、破坏，以及支撑件损坏等现象且无法复原的；

b） 整体减薄量超过管道公称壁厚30%的；

c） 需要设置而未设置补偿器或补偿器失效的；

d） 机械连接处（法兰或接头）经常性泄漏、破坏的；

e） 输送过程中发现管道存在振动、移位或敷设环境改变等异常情况的；

注：e)中敷设环境改变主要指管道敷设地区等级发生变化的。

f） 检验人员或使用单位认为有必要的。

应力分析计算应结合实际工况，采用数值模拟或应力测试方法，分析管道的应力状态。

8.3 强度评估

8.3.1 耐压强度校核

有下列情况之一的管道，应进行耐压强度校核：

a） 工作压力提高，或工作温度改变的；

b） 输送环境发生重大改变，管道地区等级升级的。

耐压强度校核一般按照表9中标准进行，穿跨越段的耐压强度校核应按照穿跨越管道设计规范对相关参数进行修正。也可采用行业认可的其他标准方法进行强度校核。

表 9 管道耐压强度校核依据标准

管道类型		依据标准
长输管道	输油	GB 50253
	输气	GB 50251
公用管道	燃气	GB 50028
	热力	CJJ 34
集输管道		GB 50350

8.3.2 含缺陷管道剩余强度评估

按照以下要求,对检测发现的含缺陷管道进行剩余强度评估,确定管道最大允许工作压力:

a) 直管上体积缺陷的剩余强度评估按照 GB/T 30582、GB/T 19624 和 GB/T 35013 等标准进行;弯头和弯管上体积缺陷按照 GB/T 30582 和 GB/T 35013 等标准进行;

b) 直管段上平面缺陷的剩余强度评估按照 GB/T 19624 进行;

c) 凹陷的剩余强度评估按照 GB/T 30582、GB/T 35013 进行,椭圆变形可按照 GB/T 35013 进行,其他管道几何变形可采用有限元分析方法进行仿真计算;

d) 对于含对接焊缝错边和斜接等缺陷管道的剩余强度评价,可按照 GB/T 35013 和 SY/T 6477 等标准进行;

e) 对于含弥散损失缺陷、分层缺陷等缺陷管道的剩余强度评价,可按照 SY/T 6477 进行。

8.4 剩余寿命预测

8.4.1 对检测发现的含腐蚀等与时间有关的缺陷管道,应考虑管道投用时间、缺陷致因等信息,建立管道缺陷增长预测模型,对管道进行剩余寿命预测,根据寿命预测结果,确定下次检验时间。腐蚀管道的剩余寿命预测按照 GB/T 30582 进行。

8.4.2 对裂纹类缺陷的剩余寿命预测按照 GB/T 19624 等相关标准执行。

8.5 材料适用性评价

8.5.1 有下列情形之一的,应进行材料适用性评价:

a) 输送介质种类发生重大变化,改变为更危险介质的;

b) 外部腐蚀环境发生显著改变的。

8.5.2 材料适用性评价可按照 GB/T 30582 进行。

8.6 问题处理与检验周期确定

8.6.1 问题处理

8.6.1.1 问题处理应符合以下规定:

a) 对检验中发现的管体缺陷、防腐层缺陷和附属设施损毁等问题均应及时进行修复或处理;

b) 一般由管道使用单位负责组织,由专业的施工单位负责实施;

c) 修复或处理前,应制定详细的修复计划;对重大问题的处理应编制专项方案。

8.6.1.2 管体缺陷修复的原则如下:

a) 管体缺陷的修复计划一般包括立即修复、限期修复和监控使用;应对可能发生立即失效的管体缺陷立即进行处理,其他缺陷应根据其严重程度限期修复或监控使用;

b) 管体缺陷修复应按照 GB/T 36701 等标准进行。

8.6.1.3 防腐层修复的原则如下:

a) 对检测发现的管道防腐层破损,应根据严重程度结合实际情况有计划地进行修复;

b) 管道防腐层修复应按照 SY/T 5918 等标准进行。

8.6.1.4 附属设施修复和处理原则如下:

a) 对发现的水工保护、地面标识和阴极保护设施等附属设施存在的问题,宜在检验后一年内完成处理;

b) 管道附属设施的修复应按照相关设计及施工验收标准进行。

8.6.2 检验周期确定

8.6.2.1 检验周期确定的原则

确定下次周期时,应考虑以下因素:

a) 法律法规的要求;

b) 管道企业的安全管理规定和安全运行策略;

c) 检验的性质、检验的方法;

d) 适用性评价结果,以及缺陷和问题的修复和处理情况。

8.6.2.2 内、外检测的周期确定

确定内、外检测的下次周期时,应符合以下规定:

a) 定期检验周期应符合特种设备安全技术规范相关规定;

b) 企业自行检查的周期不宜超过管道预测剩余寿命的一半;

c) 在确定管道下次检验周期时,可不考虑已修复缺陷和局部个别缺陷的影响;局部存在的个别缺陷可在整条管道的检验周期到期前单独进行检验。

8.6.2.3 耐压试验的周期

以耐压试验为主要检验方法的管道,其检验周期最长不超过 3 年。

9 基于风险的检验

9.1 基本要求

9.1.1 申请应用基于风险检验的管道应依据国家标准实施了完整性管理,且管道使用单位应满足以下条件:

a) 具有完善的管道完整性管理体系和较高的管理水平;

b) 建立健全应对各种突发情况的应急预案,并且定期进行演练;

c) 管道运行良好,能够按照有关规定进行检验和维护;

d) 管道资料完整、准确;

e) 工艺操作稳定;

f) 管道采用 SCADA 系统,并且有可靠的安全联锁保护系统。

9.1.2 从事基于风险检验的人员经过相应的培训,熟悉基于风险检验的有关国家标准和专用分析软件。

9.1.3 基于风险的检验包括数据收集、风险评估、检验策略制定、检验方案制定、检验实施、适用性评价、风险减缓、风险再评估及报告出具等工作内容。

9.2 数据收集

开展基于风险的检验时，数据收集除应满足表1规定的要求外，还应补充管道周边自然气候、地质状况、人口、建(构)筑物、水源及其他公共基础设施分布情况等数据，且应满足相关标准的要求。

9.3 风险评估

9.3.1 风险评估应给出管道的失效可能性、失效后果、风险等级，为检测方法、项目、比例和重点检测管段的选择以及为采取维修、维护等风险减缓措施提供依据，并能评价风险减缓措施产生的效果。

9.3.2 风险评估方法的选择应符合以下要求：

a) 管道风险评估方法包括但不限于专家评价法、安全检查表法、风险矩阵法、指标体系法、场景模型评价法和概率评价法等。

b) 所采用的风险评估方法应能识别出威胁管道安全的主要潜在危险或状态，能评价管道失效发生的可能性和后果，能给出达到评价目标的风险结果及风险精度，能对检验、维修等风险减缓措施效果进行评定。

c) 应根据风险评价目标，结合现有数据的完整程度以及经济投入等因素，选择适用的管道风险评估方法。

d) 可以采用一种或多种风险评价方法来实现管道风险评价目标。

9.3.3 埋地钢质管道风险评估一般包括如下步骤：

a) 数据收集和整合分析；

b) 管道区段划分；

c) 失效可能性评价；

d) 失效后果评价；

e) 风险值计算及级别划分；

f) 提出风险减缓措施建议。

9.3.4 风险评估过程中管道危害因素和损伤模式识别、管段划分、高后果区识别，按照GB 32167的相关规定执行。

9.3.5 依据收集的数据情况，可选择定量或半定量的风险评估方法。半定量风险评估按照GB/T 27512进行。采用GB/T 27512开展评估时，风险评估人员可在基本模型评估的基础上，使用修正模型开展风险评估。定量风险评估按照GB/T 34346执行。

9.4 检验策略制定

9.4.1 检验策略一般由承担基于风险检验的检验机构负责制定。

9.4.2 检验策略制定应综合考虑国家法规要求、使用单位管理制度、风险评估结果、安全管理或检验目标、待检管道特征、服役工况和环境条件、检验有效性及资源投入等因素，一般包括以下内容：

a) 潜在危险及损伤模式；

b) 检验的时间；

c) 检验的管道范围；

d) 检验的项目、方法及依据标准。

9.4.3　确定管道检验时间时，应遵守以下原则：

a）高风险管道、位于高后果区内的管道应优先检验。

b）检验时间确定时应考虑检验仪器工具与工况、季节、路由状况的匹配性。开展内检测时应考虑到管道不同时期的压力、温度及输量因素；开展外腐蚀防护系统检测时应考虑冻土、地面种植物生长周期的影响；开展杂散电流检测时应考虑干扰源的运行周期；采用地电场原理检测时应考虑土壤电阻率变化的影响。

c）下次检验前的风险应低于较高风险等级。

9.4.4　检验项目及检验方法的选择，应符合以下要求：

a）对高、较高风险等级的管段及风险超过风险可接受水平的管段应选择检验有效性为中高度及以上级别的检验方法；对于中、较低及低风险等级的管段，可选择中度有效的检验方法。检验有效性分级见附录B。

b）选择适当的检验方法，且应保证被选用的检验方法的检验有效性能够满足检验目标要求。

c）确定检验项目时，应选择检验管段对主要损伤模式及缺乏历史数据的重要项目开展检测，应重点关注可能造成管道立即失效的历史问题及与时间相关的风险因素。

d）采用外检测时，开挖检测位置应包含风险等级最高的管段。

e）应根据各种检测方法的局限性，对检测难点提出有效的质量控制措施。必要时，应组合多种检测技术进行综合检测。

f）埋地钢质管道常用检测方法、检测项目及推荐标准见表10，具体检测程序及内容依据相关标准执行。

表10　常用检测方法

<table>
<tr><th colspan="2">检测方法</th><th>潜在危险</th><th>损伤模式</th><th>检测项目</th><th>依据标准</th></tr>
<tr><td colspan="2" rowspan="5">内检测</td><td>内外腐蚀</td><td>腐蚀减薄</td><td>金属损失</td><td rowspan="5">GB/T 27699</td></tr>
<tr><td>应力腐蚀</td><td>环境开裂</td><td>裂纹</td></tr>
<tr><td>管材制造缺陷</td><td>制造缺陷</td><td>金属损失、裂纹</td></tr>
<tr><td>焊缝缺陷</td><td>制造缺陷</td><td>金属损失、裂纹</td></tr>
<tr><td>外力破坏</td><td>机械损伤</td><td>金属损失、裂纹、几何尺寸变形</td></tr>
<tr><td rowspan="4">外检测</td><td rowspan="2">外腐蚀外检测</td><td>外腐蚀</td><td>腐蚀减薄</td><td>腐蚀防护系统有效性、管体金属损失</td><td rowspan="2">GB/T 30582
GB/T 19285</td></tr>
<tr><td>外力破坏</td><td>机械损伤</td><td>路由环境、地面标识、埋地深、管体金属损失和几何尺寸变形</td></tr>
<tr><td>内腐蚀外检测</td><td>内腐蚀</td><td>腐蚀减薄</td><td>多相流计算、高程测绘、管体金属损失</td><td>GB/T 34349
GB/T 34350
GB/T 31211
GB/T 28704</td></tr>
<tr><td>应力腐蚀开裂外检测</td><td>应力腐蚀开裂</td><td>环境开裂</td><td>腐蚀防护系统有效性
管体金属损失和裂纹</td><td>GB/T 36676</td></tr>
</table>

表 10(续)

检测方法		潜在危险	损伤模式	检测项目	依据标准
其他检测[a]	埋深检测	极端低温	机械损伤(冰胀)	管道位置和埋深	GB/T 19285
	防雷检测[b]	雷击(电流过大)	—	接地电阻等	GB 50251 GB 50057
	不良地质条件检测	管道位移(暴雨、洪水及土体移动)	机械损伤	管道位置和几何尺寸变形	GB/T 30582

[a] 仅在风险评估认为具有相应的潜在危险时应用。
[b] 防雷检测一般由使用单位委托有防雷检测资质的专业机构负责。

9.4.5 检验策略中应明确适用性评价要求及检验周期的确定方法。

9.5 检验方案制定

9.5.1 基于风险的检验工作开展前,应依据检验策略制定检验方案。方案中应至少包括以下内容:

a) 管道基本情况;
b) 依据规范、标准;
c) 参与人员要求与分工;
d) 基于风险的检验流程;
e) 风险评估;
f) 检验策略制定;
g) 检验实施;
h) 适用性评价;
i) 风险减缓的要求;
j) 风险再评估的要求;
k) 记录与报告要求。

9.5.2 基于风险的检验方案应与管道使用单位进行充分沟通,取得使用单位的认可后方可实施。

9.6 检验实施

9.6.1 依据检验策略和检验方案规定范围、时间、方法、项目及比例开展现场检测工作。

9.6.2 现场检测过程应符合相关标准、操作指导书或仪器说明书等文件的要求,相关标准见表2、表4、表5、表6、表7和表10中给出的依据标准。

9.7 适用性评价

现场检测结束后,应按第8章开展管道适用性评价。

9.8 风险减缓

应采取相应的风险减缓措施,将管道风险控制在可接受水平以下,确保管道能够安全、可靠运行到下一检验周期。风险减缓措施一般包括:降低失效可能性和降低失效后果两类。风险减缓的措施按照 GB/T 34346 等标准执行。

9.9 风险再评估

9.9.1 基于风险的检验是个持续动态过程,应通过风险再评估,掌握管道最新的风险分布和水平。管道使用单位应根据最新的检测、运行维护和环境数据,对管道的风险评估结果进行更新。

9.9.2 风险再评估的时机包括:

a) 适用性评价及风险减缓措施实施后;

b) 在管道的运行工况发生重大改变前;

c) 当管道的外部环境发生重大改变后;

d) 当发生地震、洪水等自然灾害后;

e) 检验到期前。

9.9.3 基于风险的检验确定下次检验周期时,应遵循以下原则:

a) 采用基于风险的检验方法时,可依据管道的风险等级对 8.6.2 确定的检验周期进行调整,原则上低、较低风险的管道可适当延长检验周期,高、较高风险的管道应适当缩短检验周期;

b) 定期检验采用基于风险的检验方法时,其检验周期最长不得超过预测剩余寿命的一半,且不超过 9 年。

9.9.4 对于风险等级超过风险可接受水平的管道,应分析产生较高风险的原因,采用针对性的方法和措施来降低风险,使风险控制在使用单位可接受范围内。

10 记录和报告

10.1 记录

10.1.1 所有的检测都应有完整的现场记录,记录至少应包含以下内容:

a) 检测管段或部位;

b) 检测设备的唯一识别标识;

c) 对检测结果会造成影响的环境条件;

d) 对检测结果会造成影响的管道检测部位状况或运行状况;

e) 表征管道状况的检测数据;

f) 检测时间;

g) 检测人员。

10.1.2 当记录为电子文档时,应有纸质的检索记录,记录检测时间、检测人员及电子文档名称等。

10.2 报告

10.2.1 传统检验报告至少包括以下内容:

a) 项目概况;

b) 数据收集:应简要说明数据来源,并特别注明有怀疑或矛盾的数据;

c) 检验实施:包含检验检测的管道区段、时间、环境条件、技术方法与设备、数据等;

d) 适用性评价:包括评价参照的法规标准、参数选取、评价过程、评价结论及维修维护建议;

e) 结论建议:许用参数、下次检验日期,缺陷修复或其他安全措施建议,管道安全运行建议。

10.2.2 基于风险的检验报告至少包括以下内容:

a) 项目概况;

b) 数据收集:应简要说明数据来源,并特别注明有怀疑或矛盾的数据;

c) 风险评估:包括所依据的评价标准、主要的原始信息、失效可能性、失效后果、风险值、风险级别及风险消减措施建议等;

d) 检验策略:至少包括 9.3 要求的内容;

e) 检验实施:包含检验检测的管道区段、时间、检测时的环境条件、使用的技术方法与设备,相关单项检测的结论;

f) 适用性评价:包括评价参照的法规标准、参数选取、评价过程、评价结论及维修维护建议;

g) 风险减缓:风险减缓的措施方法和过程描述等;

h) 风险再评估:包括所依据的评价标准、主要的原始信息、失效可能性、失效后果、风险值、风险级别及风险消减措施建议等;

i) 结论建议:许用参数、下次检验日期,缺陷修复或其他安全措施建议,管道安全运行建议。

10.2.3 内检测的报告内容及格式应符合 GB/T 27699 的规定。

10.2.4 定期检验的检验报告内容及格式还应满足相关安全技术规范要求。

10.2.5 报告中所有的检测数据应能在记录中追溯。

附　录　A
(规范性附录)
站场内压力管道的检验

A.1　范围

本附录适用于陆上长输、集输、公用管道系统中站场内钢质管道(以下简称"站内管道")的检验,阀室内压力管道的检验按照本附录执行。

本附录不适用于 LNG 接收站内压力管道的检验。

A.2　基本要求

A.2.1　站内管道的企业自行检查按本附录执行;站内管道的定期检验除满足本附录相关要求外,还应满足相关特种设备安全技术规范的要求。

A.2.2　站内管道的检验机构应取得国家特种设备安全监督管理部门核准的资质。

A.2.3　站内管道包括架空和埋地两部分,其检验的一般流程如图 A.1 所示。

A.2.4　站内管道检验应遵守国家及管道使用单位的相关安全规定。

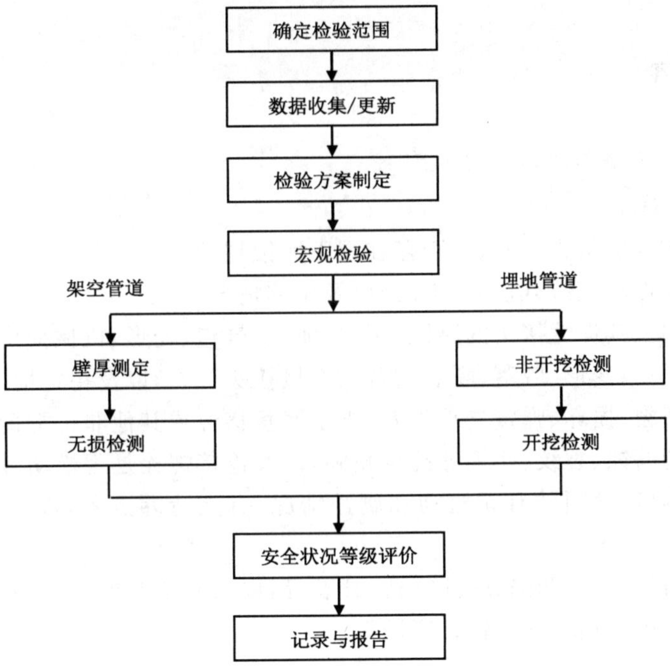

注:非开挖检测是指在地面对埋地管道腐蚀防护系统进行检测。

图 A.1　检验的流程

A.3　数据收集/更新

检验前,使用单位应提交以下资料:

a） 设计资料,包括设计单位资质证明,设计、安装说明书,设计图样,强度计算书等;

b） 安装资料,包括安装单位资质证明,竣工验收资料,以及管道安装监督检验报告等;

c） 改造或修理资料,包括施工方案和竣工资料,以及改造、修理监督检验资料;

d） 使用管理资料,包括运行记录,运行中的异常及处理的情况记录等;

e） 检验、检查资料,包括安全附件的校准、校验资料,定期检验周期内的年度检查报告和上次的定期检验报告;

f） 有关法规要求以及检验人员认为定期检验所需要的其他资料。

检验人员应根据检验的需要,对上述资料进行审查。a)项～ c)项所列资料,在管道投用后首次全面检验时应进行审查,以后的检验视需要(如发生改造及重大修理等)进行审查。

A.4 检验方案制定

A.4.1 在收集数据的基础上,根据待检管道的敷设特征、损伤模式,并结合现场实际情况,确定检验项目、方法和比例要求,并制定检验方案。

A.4.2 制定检验方案时,应按 7.6.2.2 和 7.6.2.3 的相关要求,加强对特殊部位环焊缝和特殊部位腐蚀的检测。

A.4.3 检验方案的内容应符合第 6 章的相关要求。

A.4.4 检验方案应充分征求使用单位的意见,尤其是站场管理人员的意见。

A.5 宏观检验

A.5.1 宏观检验内容

A.5.1.1 架空管道

架空管道的宏观检验一般包括以下内容:

a） 管道有无泄漏;

b） 绝热层和防腐层是否完好、是否存在层下腐蚀现象;

c） 管道的异常振动、变形(挠曲、下沉)以及位移情况;

d） 管道组成件及其焊缝接头的腐蚀、裂纹、泄漏、鼓包、变形、机械损伤;

e） 支吊架的松动、变形、脱落、断裂、腐蚀、焊接接头开裂,以及稳定情况;

f） 支承件的断裂、损坏、弹簧支承失效、支承底板移位或其他非正常情况;

g） 阀门表面的腐蚀、裂纹、严重缩孔等缺陷,以及连接螺栓是否松动、阀杆操作是否灵活;

h） 法兰是否偏口,紧固件有无松动和腐蚀情况,有无泄漏迹象,以及法兰面有无异常挠曲、变形;

i） 膨胀节表面的划痕、凹陷、腐蚀穿孔、开裂等,以及异常变形、偏心或位移等;

j） 排放(疏水、排污)装置的堵塞、腐蚀等。

A.5.1.2 埋地管道

埋地管道宏观检验一般包括以下内容:

a） 管道有无泄漏;

b） 埋深、走向位置信息;

c） 地面标识和标志是否完好;

d） 出土入土点防腐层状况;

e) 地表沉降。

A.5.1.3 补充规定

当宏观检验发现有地基沉降的,应补充测量管道变形、位移情况,必要时还应进行应力检测和应力分析。

A.5.2 重点检查部位

宏观检验应对以下部位进行重点检查:

a) 承受疲劳载荷的管段;

b) 曾经发生过事故或异常的管段;

c) 经过重大修理或改造的管段。

A.5.3 单线图(或路由图)测绘

宏观检验时应绘制管道单线图(或路由图),且应符合以下规定:

a) 单线图(或路由图)应至少包括:管道规格、走向或路由、标高或埋深、管段长度、介质流向、管道组成件、管道元件、支吊架位置及类型、安全保护装置、防腐(保温)层类型等信息;

b) 若管道使用单位能够提供清晰、准确的单线图(或路由图)时,则无需重新测绘;

c) 再次检验时,若管道未经过改造,一般不重新测绘。

A.6 架空管道检验

A.6.1 壁厚测定

A.6.1.1 壁厚测定,一般采用超声测厚方法。

A.6.1.2 测定位置应具有代表性,有足够的壁厚测定点数。测定点位置选择和抽查比例应符合以下要求:

a) 测定点的位置,重点选择易受腐蚀、冲蚀,制造成型时壁厚减薄和使用中易产生变形、积液、磨损部位,低频导波检测、外壁漏磁检测以及其他方法检查发现的可疑部位,支管连接部位等;

b) 弯头(弯管)、三通和异径管等的测定抽查比例不得低于20%;每个被抽查的管道组成件,测定位置一般不得少于3处;被抽查管道组成件与直管段相连的焊接接头直管段一侧的测定位置一般不得少于3处;检验人员认为有必要时,还可以对其余直管段进行壁厚测定抽查;

c) 管道支吊架处防腐层存在破损,或发生支吊架下腐蚀穿孔的,应采用高频导波等检测技术进行支架下管体内外腐蚀检测,检测比例不低于20%;

d) 在检验中,发现管道壁厚有异常情况时,应在壁厚异常部位附近增加测点,并且确定壁厚异常区域,必要时,可适当提高整条管线测定的抽查比例;

e) 采用低频导波、外壁漏磁等检测方法进行长距离检测时,可仅抽查信号异常处的管道壁厚。

A.6.1.3 壁厚测定应在单线图中标注测定点位置和测定值。

A.6.1.4 对于局部内腐蚀的管道,可采用表A.1中的组合方法进行检测,对腐蚀位置和腐蚀深度进行精确检测。

表 A.1 管道腐蚀检测的组合方法

序号	腐蚀部位	初步检测方法	精确检测方法
1	直管	外壁漏磁检测	超声测厚检测
3		相控阵超声检测	
4		X射线数字成像检测	
5		脉冲涡流/远场涡流检测	
6		超声波C扫描成像检测	
7		高频导波检测	
8	弯头	超声波C扫描成像检测	超声测厚检测
9		X射线数字成像检测	

A.6.2 无损检测

A.6.2.1 表面缺陷检测

表面缺陷检测应采用NB/T 47013中规定的检测方法。铁磁性材料管道的表面缺陷检测应优先采用磁粉检测。表面缺陷检测的要求如下：

a) 宏观检验中发现裂纹或有怀疑的管道,应在相应部位进行外表面无损检测；

b) 对于保温层破损或可能渗入雨水的奥氏体不锈钢的管道,应在相应部位进行外表面无损检测；

c) 检验人员认为有必要时,应对支管角焊缝等部位进行外表面无损检测抽查；

d) 碳钢、低合金钢低温管道,Cr-Mo钢管道,标准抗拉强度下限值大于或等于540 MPa的低合金钢管道,长期承受明显交变载荷的管道,应在焊接接头和应力集中部位进行外表面无损检测抽查,抽查比例不少于焊接接头数量的5%,并且不少于2个；

e) 检测中发现裂纹时,应扩大表面缺陷检测的比例。

A.6.2.2 埋藏缺陷检测

埋藏缺陷检测一般采用NB/T 47013中的射线检测或超声检测等规定的方法。首次检验时,应进行埋藏缺陷检测,检测比例为焊接接头数量的10%且不少于2个,再次检验时,一般不再进行埋藏缺陷检测。当存在内部损伤机理并且发现损伤迹象,或上次检验发现危险性超标缺陷时,仍应进行埋藏缺陷检测。埋藏缺陷检测的重点部位要求如下：

a) 安装和使用过程中返修或补焊部位；

b) 错边、咬边超标的焊接接头；

c) 表面缺陷检测发现裂纹的焊接接头；

d) 泵、压缩机进出口第一道或相邻的焊接接头；

e) 地基沉降、支吊架损坏部位附近的焊接接头；

f) 不同钢级的焊接接头；

g) 使用中发生泄漏的部位附近的焊接接头。

对于温度、压力循环变化和振动较大的管道应加倍抽检,并且对所抽查的焊接接头的焊缝进行100%无损检测。

A.7 埋地管道检验

A.7.1 检测方法选择

应根据管道实际情况,按照以下原则选择合适的检测方法。

a) 对于具备条件的管道,可按照7.4进行检测;

b) 对于管道周围干扰严重,无法严格按照7.4进行检测的管道或埋地敷设长度小于100 m的管段,可进行腐蚀防护系统非开挖检测或开挖检测。

A.7.2 非开挖检测

首先应按照GB/T 19285相关规定开展外防腐层质量与阴极保护系统有效性检测。防腐层质量检测应排除各种管道接地点的电干扰:

a) 采用牺牲阳极作为阴极保护时,应使用极化探头等仪器或技术消除IR降影响;

b) 采用强制电流阴极作为保护系统保护时,应检测断电位消除IR降影响,必要时还应检测阳极地床接地电阻;

c) 具有绝缘装置的管道,应参照GB/T 19285检测绝缘性能。

A.7.3 开挖检测

A.7.3.1 开挖位置选择

应综合考虑防腐层破损、腐蚀活性、阴极保护有效性、杂散电流及土壤腐蚀性等因素,对可能存在外腐蚀损伤的位置进行排序,开挖检测应优先选择以下位置:

a) 站内低点排水位置的管段;

b) 与汇管相连的排污管段、放空管段;

c) 出土入土端低频导波检测显示异常信号或存在破损的下弯头;

d) 地表存在明显沉降迹象的管段;

e) 环境腐蚀性强且防腐层存在破损的管段;

f) 类似结构位置发生过泄漏的管段。

A.7.3.2 开挖比例

站内埋地管道开挖检测时,开坑的数量和比例应满足以下原则:

a) 存在A.7.3.1情况的,每类开挖的数量应不少于1处;

b) 长度超过100 m且无分支的埋地管道应开挖1处进行低频导波检测;

c) 站内埋地管道总长度不足500 m的,开挖坑数量应不少于2处;

d) 站内埋地管道总长度超过500 m不足1 000 m的,开挖坑数量应不少于4处;

e) 站内埋地管道总长度超过1 000 m的,开挖坑数量应不少于6处;

f) 抽查时若发现危险性超标缺陷的,应增加抽查比例,增加量由检验人员与使用单位结合管道运行参数和实际情况协商确定。

A.7.3.3 开挖检测内容

开挖检测应按照7.3.4.3的要求,开展土壤腐蚀性检测、防腐(保温)层检查和探坑处管地电位检测、管道本体检测和焊缝的无损检测,并采用专项检测技术对以下特殊部位开展补充检测:

a) 具有局部内腐蚀的管道,可采用表A.1中的组合方法,对腐蚀位置和腐蚀深度进行精确检测;

b） 可能存在应力集中的部位,可采用 X 射线衍射检测等方法进行应力状态检测;

c） 套管内的无缝管,可用低频导波对管道本体状况进行整体检测。

A.8 安全状况等级评价

站内管道按照 TSG D7005 的相关要求开展安全状况等级评价,并确定检验周期。

A.9 记录与报告

记录及报告应满足第 10 章的相关要求。

附 录 B
(规范性附录)
埋地钢质管道检验有效性

B.1 检验有效性分级

B.1.1 检验有效性应考虑下列因素：

a) 检验类型；

b) 管道和元件的结构类型；

c) 损伤模式及失效模式；

d) 损伤扩展速率或敏感性；

e) 检测方法和频次；

f) 受检部位的可检程度。

B.1.2 检验有效性分为5个级别，见表B.1。

表 B.1 检验的有效性分级

检验有效性级别	描述
高度有效	某种检验方法准确识别某种损失实际状态的置信度在80%～100%之间
中高度有效	某种检验方法准确识别某种损失实际状态的置信度在60%～80%之间
中度有效	某种检验方法准确识别某种损失实际状态的置信度在40%～60%之间
低度有效	某种检验方法准确识别某种损失实际状态的置信度在20%～40%之间
无效	某种检验方法准确识别某种损失实际状态的置信度在0～20%之间

B.2 各类检测方法的检验有效性级别

各种内检测方法的检验有效性分级见表B.2，各种开挖无损检测方法的检验有效性分级见表B.3，各种防腐层漏点检测方法的检验有效性分级见表B.4。

表 B.2 各种内检测方法的有效性分级

检测方法	检测对象																						
	金属损失		裂纹类			几何尺寸变化				各种异常													
	内腐蚀	外腐蚀	划痕	应力腐蚀开裂	疲劳裂纹	纵向裂纹	周向裂纹	凹陷	鼓胀	皱褶	屈曲	椭圆度	中心线坐标	分层	夹杂物	冷作	硬点	磨痕	应变	环焊缝异常	螺旋焊缝异常	直焊缝异常	毛刺、鼓泡
几何检测	×	×	×	×	×	×	×	1,2	1,2	1,2	1,2	1,2	×	×	×	×	×	×	×	×	×	×	×
轴向漏磁	1,2	1,2	1,2	×	×	×	2,3	3[b]	3[b]	3[b]	3[b]	×	×	3	3	×	×	1,2	×	2,3	2,3	2,3	1,2
环向漏磁	1,2	1,2	1,2	2,3	2,3	2,3	×	3[b]	3[b]	3[b]	3[b]	×	×	3	3	×	×	1,2	×	2,3	2,3	2,3	1,2
螺旋漏磁	1,2	1,2	1,2	2,3	2,3	2,3	2,3	3[b]	3[b]	3[b]	3[b]	×	×	3	3	×	×	1,2	×	2,3	2,3	2,3	1,2
超声测厚[a]	1,2	1,2	1,2	×	×	×	×	3[b]	3[b]	3[b]	3[b]	×	×	1,2	1,2	×	×	1,2	×	2,3	2,3	2,3	3[b]
超声裂纹[a]	2,3	2,3	2,3	1,2	1,2	1,2	1,2	3[b]	3[b]	3[b]	3[b]	×	×	3	3	×	×	2,3	×	2,3	2,3	2,3	2,3
电磁超声	2,3	2,3	2,3	1,2	1,2	1,2	1,2	3[b]	3[b]	3[b]	3[b]	×	×	3	3	×	×	2,3	×	2,3	2,3	2,3	2,3

注：1 为高度有效；2 为中高度有效；3 为中度有效；×为低度有效或无效。

[a] 表示适用于有液体耦合的管道。

[b] 表示检出概率与待检对象的尺寸和形状有关，且无法准确判断待检对象的尺寸。

表 B.3 各种开挖检测方法的有效性分级

检测方法		检测对象																					
		金属损失			裂纹类				几何尺寸变化						各种异常								
		内腐蚀	外腐蚀	划痕	应力腐蚀开裂	疲劳裂纹	纵向裂纹	周向裂纹	凹陷	鼓胀	皱褶	屈曲	椭圆度	中心线坐标	分层	夹杂物	冷作	硬点	磨痕	应变	环焊缝异常	螺旋焊缝异常	直焊缝异常	毛刺、鼓泡
目视检测		×	1	1[a]	2[a]	2[a]	2[a]	2[a]	1	1	1	1	1	×	×	×	×	×	1[a]	×	1[a]	1[a]	1[a]	1[a]
渗透检测		×	×	×	1[b]	2[b]	2[b]	2[b]	×	×	×	×	×	×	×	×	×	×	×	×	2[b]	2[b]	2[b]	×
电磁检测	磁粉检测[c]	×	×	×	1	1,2	1,2	1,2	×	×	×	×	×	×	×	×	×	×	×	×	2	2	2	×
	外壁漏磁检测	1,2	1,2	1,2	3[c]	3[c]	3[c]	3[c]	×	×	×	×	×	×	×	×	×	×	1,2	×	×	×	×	×
	磁记忆检测	×	×	3,×	×	×	×	×	×	×	×	×	×	×	×	×	×	×	×	3	×	×	×	×
	低频电磁检测	×	3,×	3,×	×	×	×	×	×	×	×	×	×	×	×	×	×	×	3	×	×	×	×	×
涡流检测	传统涡流检测[c]	1,2	1,2	1,2	1,2	1,2	1,2	1,2	×	×	×	×	×	×	×	×	×	×	1,2	×	×	×	×	×
	脉冲涡流检测[d]	1,2,3	1,2,3	1,2,3	×	×	×	×	×	×	×	×	×	×	×	×	×	×	1,2,3	×	×	×	×	×
	远场涡流检测	1,2,3	1,2,3	1,2,3	×	×	×	×	×	×	×	×	×	×	×	×	×	×	1,2,3	×	×	×	×	×
射线检测	传统 X 射线检测	1,2	1,2	1,2	3	3	3	3	×	×	×	×	×	×	×	1,2	×	×	1,2	×	1,2	1,2	1,2	1,2
	X 射线数字成像检测[e]	1,2	1,2	1,2	3	3	3	3	×	×	×	×	×	×	×	1,2	×	×	1,2	×	1,2	1,2	1,2	1,2
超声检测	纵波	1,2,3	1,2,3	1,2,3	×	×	×	×	×	×	×	×	×	×	1,2	×	×	×	1,2,3	×	×	×	×	×
	横波[c]	×	×	×	1,2	1,2	1,2	1,2	×	×	×	×	×	×	×	×	×	×	×	×	2,3	2,3	2,3	×
	超声波 C 扫描成像检测	1,2	×	1,2	2,3	2,3	2,3	2,3	×	×	×	×	×	×	2,3	2,3	×	×	1,2	×	2,3	2,3	2,3	×
	低频导波检测[f]	3	3	3	×	×	×	×	×	×	×	×	×	×	×	×	×	×	3	×	×	×	×	×
	高频导波	1,2	1,2	1,2	×	×	×	×	×	×	×	×	×	×	×	×	×	×	1,2	×	×	×	×	×
	相控阵超声检测	1,2	1,2	1,2	1,2	1,2	1,2	1,2	×	×	×	×	×	×	1,2	1,2	×	×	1,2	×	1,2	1,2	1,2	1,2
	TOFD 检测	2,3	2,3	2,3	2,3	2,3	2,3	2,3	×	×	×	×	×	×	×	2,3	×	×	×	×	2,2	2,3	2,3	×

表 B.3(续)

检测方法		检测对象																						
		金属损失			裂纹类				几何尺寸变化						各种异常									
		内腐蚀	外腐蚀	划痕	应力腐蚀开裂	疲劳裂纹	纵向裂纹	周向裂纹	凹陷	鼓胀	皱褶	屈曲	椭圆度	中心线坐标	分层	夹杂物	冷作	硬点	磨痕	应变	环焊缝异常	螺旋焊缝异常	直焊缝异常	毛刺、鼓泡
尺寸检测	常规量具[g]	×	1	1[a]	×	×	×	×	1,2	1,2	1,2	1,2	1,2	×	×	×	×	×	×	×	×	×	×	×
	三维激光扫描技术	×	1	1[a]	×	×	×	×	1	1	1	1	1	×	×	×	×	×	×	×	×	×	×	1,2

注:1 为高度有效;2 为中高度有效;3 为中度有效;× 为低度有效或无效。

[a] 适用于外表面缺陷检测。

[b] 适用于表面开口缺陷的检测。

[c] 适用于外表面和近表面缺陷检测。

[d] 适用于有非铁磁性材料包覆层管道的在线检测。

[e] 在线状态下适用于 DN200 以下公称直径的液相管道,以及气相管道。

[f] 适用于横截面损失大于 10%的金属损失定位检测,无法检测缺陷精确尺寸。

[g] 需要根据检测需要选择合适的量具。

表 B.4 各种防腐层质量检测方法的有效性分级

检测对象	检测方法			
	电位梯度法(ACVG、DCVG)	音频检漏法(PEARSON)	密间隔电位法(CIPS)	交流电流衰减法
带防腐层漏点的管段	1,2	2	2	1,2
裸管的阳极区管段	×	×	2	×
近河流和水下穿越管段	×	×	2	2
无套管的穿越管段	1,2	×	×	1,2
带套管的管段	×	×	×	×
短套管	2	2	2	2
铺砌路面下的管段	×	×	×	1,2
冻土区的管段	×	×	×	1,2
相邻金属构筑物的管段	1,2	×	2	1,2
相邻平行管段	1,2	×	×	1,2
杂散电流区的管段	1,2	2	2	1,2
高压交流输电线下方管段	1,2	2	2	×
管道深埋区的管段	2	2	2	2
湿地区(有限的)管段	1,2	2	2	1,2
石方带、岩礁、回填区	×	×	×	2
注:1 为高度有效;2 为中高度有效;×为低度有效或无效。				

附　录　C
(规范性附录)
金属损失漏磁内检测器最低要求

金属损失漏磁内检测器的最低要求见表C.1。

表C.1　金属损失漏磁内检测器最低要求

<table>
<tr><th colspan="3">项目名称</th><th>技术指标</th></tr>
<tr><td colspan="3">轴向采样间隔</td><td>≤2 mm</td></tr>
<tr><td colspan="3">传感器周向间距</td><td>≤6 mm</td></tr>
<tr><td rowspan="2">检测能力</td><td colspan="2">最小检测深度</td><td>10% t</td></tr>
<tr><td colspan="2">深度检测精度</td><td>±10% t</td></tr>
<tr><td colspan="3">最大检测速度</td><td>5 m/s</td></tr>
<tr><td rowspan="19">缺陷长度(轴向)、深度精度</td><td rowspan="3">一般金属损失缺陷</td><td>最小检测深度</td><td>10% t</td></tr>
<tr><td>深度检测精度</td><td>±10% t</td></tr>
<tr><td>长度检测精度</td><td>±20 mm</td></tr>
<tr><td rowspan="3">坑状金属损失</td><td>最小检测深度</td><td>10% t</td></tr>
<tr><td>深度检测精度</td><td>±10% t</td></tr>
<tr><td>长度检测精度</td><td>±10 mm</td></tr>
<tr><td rowspan="3">轴向凹沟</td><td>最小检测深度</td><td>20% t</td></tr>
<tr><td>深度检测精度</td><td>±15% t</td></tr>
<tr><td>长度检测精度</td><td>±20 mm</td></tr>
<tr><td rowspan="3">周向凹沟</td><td>最小检测深度</td><td>10% t</td></tr>
<tr><td>深度检测精度</td><td>±15% t</td></tr>
<tr><td>长度检测精度</td><td>±10 mm</td></tr>
<tr><td>轴向凹槽</td><td>最小检测深度</td><td>可检测</td></tr>
<tr><td>周向凹槽</td><td>最小检测深度</td><td>10% t</td></tr>
<tr><td rowspan="2">周向凹槽</td><td>深度检测精度</td><td>±15% t</td></tr>
<tr><td>长度检测精度</td><td>±10 mm</td></tr>
<tr><td rowspan="2">环焊缝上的腐蚀</td><td>长度检测精度</td><td>±15 mm</td></tr>
<tr><td>深度检测精度</td><td>±15% t</td></tr>
<tr><td colspan="3">宽度精度(周向)</td><td>±10 mm</td></tr>
<tr><td rowspan="2">定位精度</td><td colspan="2">距离最近的参考点</td><td>±1‰定标距离</td></tr>
<tr><td colspan="2">距离最近的环焊缝</td><td>±0.1 m</td></tr>
</table>

表 C.1（续）

项目名称	技术指标
置信水平	80%

注 1：t——管道壁厚。

注 2：管道金属损失类型一般分为一般金属损伤、坑状金属损失、轴向凹沟金属损失、轴向凹槽金属损失、周向凹沟金属损失和周向凹槽金属损失，金属损失类型定义见 NB/T 47013.12。

ICS 23.040.10
E 16

中华人民共和国国家标准

GB/T 37369—2019

埋地钢质管道穿跨越段检验与评价

Inspection and assessment of crossing and aerial crossing of buried steel pipelines

2019-03-25 发布 2019-10-01 实施

国家市场监督管理总局
中国国家标准化管理委员会 发布

前　　言

本标准按照 GB/T 1.1—2009 给出的规则起草。

本标准由全国锅炉压力容器标准化技术委员会(SAC/TC 262)提出并归口。

本标准起草单位:中国特种设备检测研究院、沈阳特种设备检测研究院、北京交通大学、上海市特种设备监督检验技术研究院、中国石化销售有限公司华东分公司、大庆油田有限责任公司天然气分公司、中石化长输油气管道检测技术有限公司、深圳市燃气集团股份有限公司、上海金艺检测技术有限公司、陕西省天然气股份有限公司、中国石油天然气股份有限公司管道分公司、福建省特种设备检验研究院、中国石油天然气股份有限公司长庆油田分公司、沈阳龙昌管道检测中心、中国石化销售有限公司华南分公司、唐山市特种设备监督检验所。

本标准主要起草人:何仁洋、黄辉、杨绪运、丁春辉、兰惠清、左延田、沈建锋、王玉、辛素清、李秀峰、张智、曾维国、韩烨、孟伟、刘柯、顾素兰、董忠民、王富祥、吴林军、臧国军、王维斌、刘军、刘红星。

埋地钢质管道穿跨越段检验与评价

1 范围

本标准规定了埋地钢质管道穿跨越段检验与评价的基本要求、内容和评价方法。

本标准适用于埋地钢质长输管道、公用管道及集输管道的穿跨越段检验与评价工作。工业管道穿越段的检验与评价可参照本标准执行。

2 规范性引用文件

下列文件对于本文件的应用是必不可少的。凡是注日期的引用文件,仅注日期的版本适用于本文件。凡是不注日期的引用文件,其最新版本(包括所有的修改单)适用于本文件。

GB/T 9075 索道用钢丝绳检验和报废规范

GB/T 19285 埋地钢质管道腐蚀防护工程检验

GB/T 19624 在用含缺陷压力容器安全评定

GB/T 30582 基于风险的埋地钢质管道外损伤检验与评价

GB/T 34349 输气管道内腐蚀外检测方法

GB/T 34350 输油管道内腐蚀外检测方法

GB/T 36701 埋地钢质管道管体缺陷修复指南

GB/T 37368 埋地钢质管道检验导则

GB/T 50107 混凝土强度检验评定标准

GB 50205 钢结构工程施工质量验收规范

GB/T 50344 建筑结构检测技术标准

GB 50423 油气输送管道穿越工程设计规范

GB/T 50459 油气输送管道跨越工程设计标准

NB/T 47013(所有部分) 承压设备无损检测

TSG D7003 压力管道定期检验规则 长输管道

3 术语和定义

下列术语和定义适用于本文件。

3.1

钢丝绳电磁检测法 wire rope electromagnetic test

使用永磁体或导电线圈对钢丝绳进行励磁,通过检测主磁通和损伤附近的漏磁场从而检测出钢丝绳断丝和面积损失的方法。

3.2

水下管道检测装置 underwater pipeline inspection device

用来检测水下管道的路由、埋深、防腐层、管道铺设环境及阴极保护状况的一种有缆或无缆控制无人潜水器。

3.3

管道高程测量　pipeline height survey

沿着管道的路由,以一定的间距对管道中心线的海拔高度开展的测量过程。

注:水下管道在进行高程测量时,可使用GPS与惯性导航结合的系统,通过测量过程中的运动状态解算来获取水下管道的GPS位置及高程。

3.4

专项检测　special detection

在现场或附近发生了可能影响穿跨越段结构安全的爆炸、地震、滑坡及泥石流等灾害后,由管理部门组织专业人员采用专门技术手段,并辅以现场和实验室测试等特殊手段进行的详细检测和综合分析。

4　总则

4.1　本标准规定的检验是针对埋地钢质管道中穿跨越段的安全状态进行的一种验证活动。检验过程应符合TSG D7003和GB/T 37368等相关法律法规、安全技术规范和国家标准的要求。企业自行检查时可参照本标准选择检验项目。

4.2　穿跨越段定期检验一般程序包括数据收集、检验方案制定、检验实施、适用性评价、记录和报告,检验的主要内容及流程如图1所示。

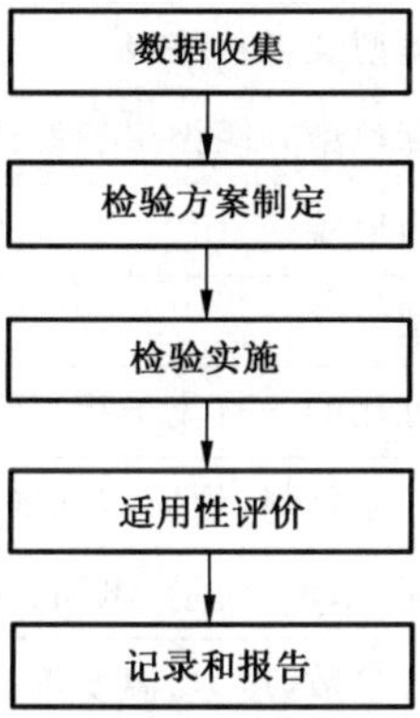

图1　埋地钢质管道穿跨越段定期检验流程图

4.3　检验一般由管道使用单位负责组织,由具有资质和能力的检验机构负责实施。管道使用单位应为检验顺利开展提供必要的条件,并协助完成检验工作。

4.4　检验、检测机构应取得相应的检验、检测资质,检验、检测机构及人员应在认可的资格范围内从事检测与评价工作,并对检验结论的真实性、准确性和有效性负责。

注:真实性指的是报告、结论以事实为基础,不作假证;准确性指的是报告、结论所涉及的检测数据符合相关要求;有效性指的是检验机构的资质、检验人员的资格符合要求,所使用的仪器设备在检定校准有效期内,检验依据合法,报告审批程序符合要求。

4.5　检验工作实施前,检验机构应在充分收集数据的基础上制定检验技术方案,并负责解决检验过程的技术问题。使用单位应负责协调检验过程涉及的相关单位或部门关系,提供检验需要的相关数据,为检验工作顺利开展提供必要的协助。

4.6　使用单位应做好检验配合工作以及安全监护工作,检验人员确认现场条件符合检验工作要求后方可进行检验，并且执行使用单位有关动火、用电、高空作业、安全防护、安全监护等的规定。

4.7　检验过程所使用的设备、仪器和测量工具应在有效的检定或校准期内。

4.8　可以采用本标准中未列出的检测新技术，但应对新技术的应用效果进行有效验证。定期检验中应用新技术时，应按照相关法律法规要求开展新技术评审。

4.9　使用单位每年需对穿跨越段开展年度检查，年度检查的基本要求参见附录A。年度检查工作完成后，使用单位应结合检验结论对年度检查中发现的隐患及时消除。

5　数据收集

5.1　在进行穿跨越段检验前应对各类相关数据进行全面收集、整合、对比及分析，收集的相关数据应符合表1的规定。

表1　穿跨越段定期检验需要收集的数据

数据类别	基本信息项
管道属性数据	管道材质
	管径、壁厚
	设计载荷、压力、温度
	穿跨越类型及工程等级
	管道防腐类型和阴极保护设计资料
管道环境数据	路由地物地貌
	土壤类型
	已知或可能的交直流干扰源情况
	地质与气象资料(地质与气候灾害，如地震、滑坡及泥石流等)
	水文特征(水位、流量、汛期、含沙量有无结冰期)
管道运行管理数据	管道运行参数(压力、温度等)
	输送介质
	管道运行中曾经发生的问题记录
	检测、维修和更换记录
	腐蚀调查记录
	其他的地面检测记录
	以往失效数据文件及修复记录
	历年检测报告
	阴极保护有效性测试记录
	安全与监测系统

5.2　收集的数据应真实有效，收集过程中发现数据不完整时，应根据缺少数据的重要程度，通过现场检测进行数据补充。

5.3 检验后,管道使用单位应对管道数据进行完善和更新,并补充到管道数据库中。

6 检验方案制定

6.1 现场工作开展前,检验机构应在数据收集的基础上,根据使用单位的检验计划以及相关安全技术规范的要求,并结合整条管道的检验情况,编写穿跨越段检验方案。

6.2 检验方案应至少包括以下内容:

a) 管道基本情况;

b) 所依据的法规标准;

c) 安全注意事项及检验准备;

d) 检验人员及分工;

e) 依据具体穿跨越类型及特点确定的详细检验项目、内容、方法等;

f) 检验记录与报告。

7 检验实施

7.1 基本规定

7.1.1 穿跨越段属于管道的一部分,检验实施时应根据管道检验所采用的检验类型、穿越或跨越结构形式、损伤模式和管道的使用情况,确定有针对性的穿跨越段检验方法和内容。

7.1.2 穿越段检验一般包括宏观检验、管段检验和专项检测(必要时)。跨越段检验一般包括宏观检验、支承结构检测、管段检验和专项检测(必要时),对可能存在大气腐蚀的跨越段,还应进行大气腐蚀调查。

7.1.3 当穿跨越段遭受爆炸、地震、滑坡及泥石流等灾害时,应根据影响程度,开展专项检测,评估管道安全状况。

7.2 穿越段

7.2.1 宏观检验

检验内容一般根据穿越类型开展以下检查:

a) 采用无套管方式穿越铁路、公路的管段,检查地基变形、路基稳定性、车辆通行情况等;

b) 采用涵洞、套管等保护方法穿越铁路、公路的管段,检查地基变形、涵洞积液、绝缘支架损伤、套管接触、管道碰撞情况等;

c) 采用隧道法穿越水域的管段,检查伴行道路、围栏/防护墙、标志桩/警示牌、洞口或井口、支墩等设施完好情况,注水隧道水面泄漏等情况;

d) 采用挖沟法、定向钻法穿越水域的管段,检查水面泄漏、河道冲淤变化及变迁、通航、挖沙采矿、洪水、锚固墩、截断阀室等完好情况;

e) 穿越山岭、冲沟的管段,检查滑坡、崩塌、泥石流、冲沟等情况;

f) 检验人员认为有必要的其他检查。

7.2.2 管段检验

7.2.2.1 应根据该条管道实施的检验类型,确定管段检验的内容与方法。管段检验类型分为已实施内检测的管道和未实施内检测的管道。

7.2.2.2 对于已实施内检测的管道,穿越段检验应在内检测数据分析的基础上,对管道埋深、防腐层质量、阴极保护状况等进行检测,管道埋深检测方法参见附录B中B.2。对于已实施内检测的管道,穿越段检验应根据穿越类型开展以下检测:

a) 无套管方式(如定向钻或直埋法)穿越铁路、公路:
   1) 检测内容、检测方法和评价要求与其他埋地段管道检验保持一致;
   2) 穿越处存在杂散电流干扰源时,应进行杂散电流检测评价,当干扰程度判定为"强"时,应采取干扰防护措施。

b) 涵洞或套管方式穿越铁路、公路:
   1) 检测内容应包括阴极保护状况、电绝缘性等检测及评价,检验方法与评价标准按照GB/T 19285;
   2) 阴极保护状况检测及评价的比例应不少于总穿越段数量的20%,且不少于1处;
   3) 出土或入土端安装电绝缘装置的,应进行电绝缘性检测评价,检测比例不少于总穿越段数量的20%,且不少于1处;
   4) 当检测发现阴极保护或电绝缘性失效时,应增加抽查比例,增加抽查比例由检验人员与使用单位协商确定。阴极保护未达到有效保护时,应进行阴极保护改造和再评价。

c) 隧道法有伴行道路穿越水域或山体:
   1) 检测内容包括支架下缝隙腐蚀检测、壁厚检测、无损检测等。
   2) 宏观检验中发现或怀疑有裂纹的管道,应采用NB/T 47013.4或NB/T 47013.5中规定的方法在相应部位进行外表面无损检测。
   3) 宏观检验中发现支架位置存在可疑缝隙腐蚀时,应采用超声导波或其他有效检测技术进行缺陷检测。
   4) 当内检测发现壁厚减薄20%及以上时,宜采用超声波测厚方法进行缺陷复测。
   5) 当管段存在弯头(弯管)时,应采用超声测厚方法进行弯头壁厚检测,检测比例不少于弯头(弯管)数量的10%,且不小于2个,并对异常测厚点做详细记录,必要时选用远场涡流、低频电磁、超声波C扫描等检测技术进行检测。当检测发现存在壁厚减薄超标缺陷时,应增加抽查比例,增加抽查比例由检验人员与使用单位协商确定。
   6) 焊缝埋藏缺陷检测一般采用NB/T 47013.2或NB/T 47013.3等规定的方法进行。焊缝埋藏缺陷检测比例不少于焊缝的10%,并且不小于2道,再次检验时,一般不再进行焊缝埋藏缺陷检测,但存在内部损伤机理并且发现损伤迹象或上次检验发现存在危险性超标缺陷时,应按不少于10%的抽查比例进行埋藏缺陷检测。当检测发现存在超标缺陷时,应增加抽查比例,增加抽查比例由检验人员与使用单位协商确定。

d) 隧道法注水穿越水域:
   1) 检测内容包括(不限于)采用水下管道检测装置、侧扫声呐等进行外观检验;
   2) 当内检测数据分析存在外损伤3级及以上缺陷,或外观检查防腐层存在严重破损时,应抽水并按照本条c)的要求进行检测;

3) 条件具备时,可抽水后进行检查。主要检查隧道内管卡锚固系统腐蚀情况、管道的补口质量、管道外涂层质量以及阴极保护情况等。

e) 定向钻法穿越水域:

1) 检测内容包括管道位置、埋深、防腐层、阴极保护等检测,防腐层及阴极保护状况按照GB/T 19285 进行评价;

2) 管道位置、埋深、防腐层、阴极保护检测可采用水下管道检测装置的检测方法;

3) 当内检测数据分析存在外损伤 3 级及以上缺陷,且阴极保护未达到有效保护时,应进行阴极保护改造和再评价。

f) 挖沟法穿越水域:

1) 检测内容包括管道位置、埋深(悬空、漂浮状况)、防腐层、阴极保护等检测,防腐层及阴极保护状况按照 GB/T 19285 进行评价;

2) 管道位置、埋深、防腐层、阴极保护检测可采用水下管道检测装置的检测方法;

3) 当发现管道悬空、漂浮造成管道严重变形、扭曲等时,宜进行详细力学分析管道受力情况或直接修复;

4) 当内检测数据分析存在外损伤 3 级及以上缺陷,且阴极保护未达到有效保护时,应进行阴极保护改造和再评价。

7.2.2.3 对于未实施内检测的管道,穿越段检验应根据穿越类型开展以下检测:

a) 无套管方式(如定向钻或直埋法)穿越铁路、公路:

1) 检测内容、检测方法和评价要求与埋地钢质管道检验要求保持一致,按照GB/T 19285 的要求执行;

2) 穿越段处存在杂散电流干扰源时,应进行杂散电流检测评价,当干扰程度判定为“强”时,应采取干扰防护措施;

3) 穿越段两端应以抽查的方式选用低频导波或其他检测技术进行管体金属损失的非直接接触式检测,抽查的比例不少于总穿越段数量的 20%;

4) 当防腐层存在破损、阴极保护未达到有效保护、杂散电流干扰程度中等以上,应采用局部开挖的方式进行管体腐蚀直接检测,检测比例不少于总穿越段数量的20%。当检测发现存在管体或焊缝超标缺陷时,应扩大抽查比例,抽查比例由检验人员与使用单位协商确定。

b) 涵洞或套管方式穿越铁路、公路:

1) 检测内容包括阴极保护状况、电绝缘性等检测及评价,按照 GB/T 19285 的要求执行;

2) 阴极保护状况检测及评价的比例应不少于总穿越段数量的 50%;

3) 出土或入土端安装电绝缘装置的,应进行电绝缘性检测评价,检测比例不少于总穿越段数量的 50%;

4) 当检测发现阴极保护或电绝缘性失效时,应扩大抽查比例,抽查比例由检验人员与使用单位协商确定;阴极保护未达到有效保护时,应进行阴极保护改造和再评价;

5) 穿越段两端应以抽查的方式,采用低频导波或其他检测技术进行管体金属损失的非直接接触式检测,抽查的比例不少于总穿越段数量的20%。

c) 隧道法有伴行道路穿越水域或山体:

1) 检测内容包括(不限于)支架下缝隙腐蚀检测、壁厚检测、无损检测等。

2) 宏观检验中发现支架位置存在疑似缝隙腐蚀时,应采用超声导波或其他有效检测技术进行缺陷检测。

3) 当管段存在弯头(弯管)时,应采用超声测厚方法进行弯头壁厚检测,检测比例不少于弯头(弯管)数量的10%,并且不小于2个,并对异常测厚点做详细记录,必要时选用远场涡流、低频电磁、超声波C扫描等检测技术进行检测。当检测发现存在壁厚减薄超标缺陷时,应扩大抽查比例,抽查比例由检验人员与使用单位协商确定。

4) 具备检测条件时,应选用低频导波、漏磁外检测、远场涡流、低频电磁、超声波C扫描等检测技术对直管段进行检测。

5) 宏观检验中发现管道上存在裂纹或疑似裂纹时,应采用NB/T 47013中规定的方法对焊缝进行外表面无损检测和埋藏缺陷检测,检测比例不少于焊缝的10%,并且不少于2个。再次检验时,一般不再进行焊缝埋藏缺陷检测,当存在内部损伤机理并且发现损伤迹象或上次检验发现存在危险性超标缺陷时,应以不少于10%的抽查比例进行埋藏缺陷检测。当检测发现存在焊缝超标缺陷时,应扩大抽查比例,抽查比例由检验人员与使用单位协商确定。

d) 隧道法注水穿越水域:

1) 检测内容包括(不限于)管体腐蚀检测、水下管道检测装置检测、外观检查等;

2) 具备检测条件时,应选用低频导波、超声波测厚等检测技术,对穿越段两端进行管体腐蚀检测;

3) 当宏观检验发现防腐层存在严重破损时,应抽水并按照本条c)的要求进行检测。

e) 定向钻法穿越水域:

1) 检测内容包括(不限于)管道位置、埋深、防腐层、阴极保护等检测,防腐层及阴极保护状况按照GB/T 19285进行评价。

2) 管道位置、埋深、防腐层、阴极保护检测可采用水下管道检测装置的检测方法。

3) 穿越段两端应以抽查的方式进行开挖直接检测,抽查的比例不少于总穿越段数量的20%。管体腐蚀检测宜选用低频导波、超声波测厚等检测技术。开挖处存在焊缝的,应进行焊缝外表面无损检测和埋藏缺陷检测。当检测发现存在管体或焊缝超标缺陷时,应扩大抽查比例,抽查比例由检验人员与使用单位协商确定。

4) 当阴极保护未达到有效保护时,应进行阴极保护改造和再评价。

f) 挖沟法穿越水域:

1) 检测内容包括(不限于)管道位置、埋深(悬空、漂浮状况)、防腐层、阴极保护等检测,防腐层及阴极保护状况按照GB/T 19285进行评价;

2) 管道位置、埋深、防腐层、阴极保护检测可采用水下管道检测装置的检测方法;

3) 当发现管道悬空、漂浮造成管道严重变形、扭曲等时,宜进行详细力学分析管道受力情况或直接修复;

4) 穿越段两端应以抽查的方式进行开挖直接检测，抽查的比例不少于总穿越段数量的20%。管体腐蚀检测应选用低频导波、超声波测厚等检测技术。开挖处存在焊缝的，应进行焊缝外表面无损检测和埋藏缺陷检测。当检测发现存在管体或焊缝超标缺陷时，应扩大抽查比例，抽查比例由检验人员与使用单位协商确定。

7.2.2.4 对于未实施内检测的管道，当输送腐蚀介质时还应开展内腐蚀外检测，要求如下：

a) 输气(干气)管道内腐蚀外检测程序、项目及内容等按照GB/T 34349进行检测；输气(湿气)管道内腐蚀外检测可参照国外相关标准进行检测；输油管道内腐蚀外检测程序、项目及内容等按照GB/T 34350进行检测。

b) 内腐蚀外检测的主要步骤包括数据收集、腐蚀位置预测(管道高程图绘制、介质多相流计算、腐蚀位置判断)及开挖检测。

c) 临界倾角可依据相应标准提供的计算模型或使用商业软件计算。根据输送介质中不同腐蚀性物质(凝析水、沉淀物)及其聚积特点，选用正确的多相流计算方法确定腐蚀性物质最可能聚集位置。应用腐蚀预测软件计算腐蚀速率时，宜对计算结果进行实际检测验证。

d) 当实际检测验证发现存在管体腐蚀超标缺陷，或腐蚀预测超出可接受范围但无法进行地面开挖验证时，应采用内检测方法进行检测。

7.2.3 专项检测

7.2.3.1 应由相应资质的专业单位承担，检测人员应具有相关专业从业经验。

7.2.3.2 应由专业人员采用相关技术手段，并辅以现场和实验室测试等特殊手段进行详细检测和综合分析，并提交书面报告。

7.2.3.3 穿越工程在下列情况下应进行专项检测：

a) 遭受地震、泥石流、雪崩、洪水、管涌或溃堤、沉船、第三方损坏等；

b) 常规检测中难以判明是否安全；

c) 超过设计年限，需延长使用时。

7.2.3.4 实施专项检测前，检测单位应搜集下列资料：

a) 竣工资料；

b) 识别和鉴定穿越结构的主要材料及其强度；

c) 专项检测的原因，影响穿越结构承载能力的因素；

d) 历次定期检验和专项检测报告；

e) 历次维修资料。

7.2.3.5 检测评价按照GB/T 30582不良条件下管道检验、不良条件下埋地钢质管道安全评定进行。

7.3 跨越段

7.3.1 检验内容

跨越段检验一般包括宏观检验、支承结构检测和管段检验，必要时，还应进行大气腐蚀调查和专项检测。检验的主要内容及流程如图2所示。

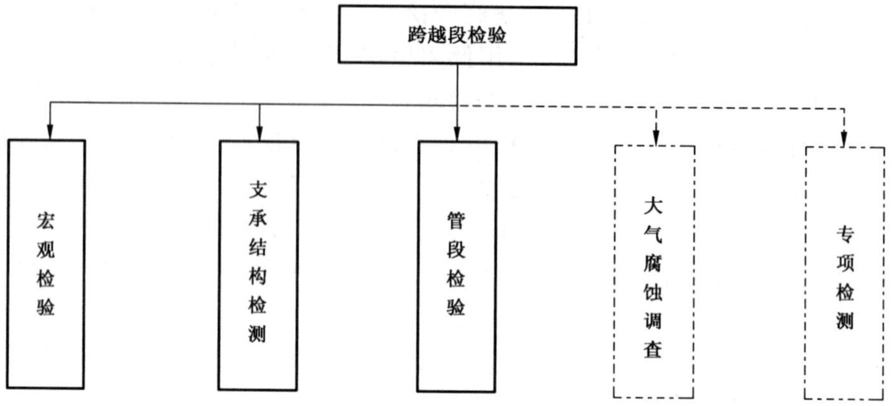

图 2 跨越段检验流程图

注：实线为必检的内容，虚线表示仅在必要时执行。

7.3.2 宏观检验

宏观检验以目视检查(条件允许时可利用内窥镜、放大镜或其他辅助检测仪器设备、测量工具)为主，包括地面环境与设施检查、管道结构、几何尺寸、外观检验以及支承结构表面检查等。宏观检验一般包括以下内容：

a) 地面环境与设施检查，包括入场道路、围栏/防护墙、墩台、标志桩、警示牌完好情况，跨越铁路、公路的管段，重点检查防撞设施。

b) 管道结构检验，包括管道布置，支吊架、绝缘装置设置、防雷设施的完好情况等。当宏观检验发现跨越段存在支承件损坏、较大变形、挠曲等现象时，应进行应力分析。出土或入土端安装电绝缘装置的跨越段，应按照相关标准规范进行电绝缘性检测，不满足标准规范要求的，应及时进行修复或更换。

c) 几何尺寸检验，包括管道焊缝对口错边量、咬边、焊缝余高等。

d) 外观检验，包括管道标志，管道组成件及其焊缝接头的腐蚀、裂纹、泄漏、鼓包、变形、机械接触损伤、过热、电弧灼伤，防腐层的破损、剥落，保温层破损、脱落、潮湿以及保温层下的腐蚀和裂纹等。

e) 支承结构表面检查，包括基础、锚固墩的完好情况检查，塔架、桁架和钢索(主索、吊索、风索)及其连接件等的表面开裂、腐蚀损伤、变形、位移情况检查。

f) 检查人员认为有必要的其他检查。

首次检验时应进行地面环境与设施检查、管道结构、几何尺寸、外观检验、支承结构表面检查，再次定期检验时，主要进行异常变化的支承结构变形与位移检验、地面环境与设施检查以及对经历过重大修理或改造的管道进行管道结构和几何尺寸异常部位有无新生缺陷的检验。

7.3.3 支承结构检测

7.3.3.1 基础、锚固墩检测

首次检验时一般应对基础、锚固墩进行钢筋锈蚀情况、混凝土电阻率和抗压强度检测，评价按照 GB/T 50344 和 GB/T 50107 执行。再次检验时，一般不再对上述指标检测，仅在基础、锚固墩遭受地震、泥石流、河床、水文异常变化等可能造成严重损伤或检验人员认为必要时进行

检测。

7.3.3.2 塔架(桁架)检测

塔架(桁架)应进行无损检测、垂直度分析和实际承载能力测试,应按照以下要求进行:

a) 钢塔架、钢桁架的对接焊缝应达到 GB 50205 的一级焊缝标准,角焊缝可不进行无损检测;

b) 可采用全站仪分析塔架垂直度,塔架垂直度偏差应小于塔架总体高度的 1/1 000,且小于 40 mm,超出时应采取修复措施;

c) 根据塔架(桁架)结构形式,采用相关检测仪器对结构实际承载应力水平进行测试,将检测应力值与材料的许用应力进行对比,从而对在恒载和风载等作用下塔架的工作能力进行评估;

d) 根据检测结果,视情形对塔架进行仿真分析,包括静态分析、模态分析和动态分析三个部分,将分析得到的应力值与材料的许用应力实际应力测试结果进行对比,进而对在恒载和风载等作用下塔架的工作能力进行评估。

7.3.3.3 钢索检测

钢索检测应按照以下要求进行:

a) 钢索无损检测可采用钢丝绳电磁检测方法定量检测钢丝绳的金属截面积损失,也可采用其他认可的技术方法;

b) 当需要控制索力精度测试时,应根据测试方法的特点和适用条件,采用多种方法;

c) 当采用荷载试验方法获取索力时,可采用人工强迫激励或自然激励,使其产生振动,采集振动信号,获取振动频率,并进行计算;

d) 定期检测钢丝的锈蚀、断丝情况,当钢丝断丝超过 2%、钢丝锈蚀面积超过 10%时,应予更换。

7.3.4 管段检验

7.3.4.1 对于已实施内检测的管道,跨越段检验应在内检测数据分析的基础上开展以下检测:

a) 壁厚检测、无损检测按照 7.2.2.2c)的要求进行;

b) 宏观检验发现外防腐(保温)层存在破损时,应结合内检测结果进行层下腐蚀检测。

7.3.4.2 对于未实施内检测的管道,跨越段检验应开展以下检测:

a) 壁厚检测、无损检测按照 7.2.2.3c)的要求进行;

b) 未安装绝缘法兰的,应采用低频导波或开挖的方式对出土入土端、下弯头进行腐蚀检测;

c) 大气腐蚀性较强且外防腐(保温)层存在破损的,可选用低频导波、漏磁外检测、远场涡流、低频电磁、超声波 C 扫描等检测技术进行补充检测。

7.3.5 大气腐蚀调查

大气腐蚀的主要影响因素有:大气成分、湿度、温度、结构和覆盖层质量。管道处在以下几种环境下时,应进行对管体腐蚀减薄进行检测,重点检测位置包括防腐层破损、保温层破损等。

a) 无保温层管道存在以下环境时:

1) 大气成分:含有氯离子的海洋大气、潮湿工业大气或含有强烈污染的环境大气;

2) 湿度:当空气中相对湿度超过 60%时;

3) 温度:管道表面温度高出环境露点温度 3 ℃以下时。

b) 有保温层管道存在以下环境时:

1) 大气成分:在海洋环境或水汽充沛、多雨、温暖和沿海地区、产生空气污染物较多工厂附近,如氯化物(海洋环境,附近工厂排放)或二氧化硫(工厂烟囱排放物)等;

2) 结构和覆盖层质量:结构设计和/或安装不良积水、覆盖层间隙处或破损处渗水;

3) 温度:环境露点温度高于管道表面温度。

7.3.6 专项检测

7.3.6.1 跨越段在下列情况下应进行专项检测:

a) 跨越段遭受超过设计频率的洪水冲刷、流冰、漂流物、船舶或车辆撞击、滑坡、泥石流冲击、地震、火灾、人为破坏等造成结构损伤;

b) 常规检测中难以判明是否安全的跨越工程;

c) 为提高或达到设计承载等级而需要进行修复加固、改建、扩建的跨越工程;

d) 超过设计年限,需延长使用的跨越工程;

e) 常规定期检测发现加速退化的构件需要补充检测的跨越工程。

7.3.6.2 实施专项检测前,检测单位应搜集下列资料:

a) 竣工资料;

b) 识别和鉴定跨越结构的主要材料及其强度;

c) 专项检测的原因,影响跨越结构承载能力的因素等;

d) 历次定期检验和专项检测报告;

e) 历次维修资料。

7.3.6.3 检测项目除支承结构检测外(7.3.3),还应包括支承结构变形检测、结构材料缺损状况诊断、结构整体性能与功能状况评估:

a) 支承结构变形检测:

1) 墩、台、桩、柱等基础变形、移位是否满足原设计和规范要求;

2) 塔架倾角、顺桥向及横向变形是否满足原设计和规范要求;

3) 索系空间位置是否满足原设计要求;

4) 桁架、复壁管跨越的结构竖向变形是否满足原设计和规范要求;

5) 管道轴线侧向、轴向形变是否满足原设计和规范要求。

b) 结构材料缺损状况的诊断:应根据材料缺损的类型、位置和检测的要求,选择表面测量、无损检测技术和局部取试样等方法。试样宜在有代表性构件的次要部位获取。检测与评估应依照相应的试验标准进行。

c) 结构整体性能与功能状况评估:应根据诊断的构件材料质量状况及其在结构中的实际功能,用计算分析评估结构承载能力。当计算分析评估不满足或难以确定时,用静力荷载方法鉴定结构承载能力,用动力荷载方法测定结构力学性能参数和振动参数。结构计算、荷载试验和评估应符合国家现行有关标准的规定。

d) 检验人员认为有必要的其他检测。

7.3.6.4 当发生超越设计洪水频率的洪水时,应重新收集河段水文参数,分析对比设计条件,确认设计洪水冲刷深度取值是否仍能保证跨越水中基础的安全;收集河道洪水水位资料,分析跨越净空取值是否安全。

8 适用性评价

8.1 一般规定

8.1.1 检测工作结束后,应对发现问题的管道进行适用性评价,以确定管道许用工作参数、维修计划与下次定期检验日期。

8.1.2 适用性评价,包括应力分析、强度评估、剩余寿命评估、材料适用性评价以及问题处理与检验周期确定。

8.1.3 开展适用性评价时,应综合考虑缺陷类型、载荷类型、失效模式、材料性能、缺陷扩展量、环境变化、管道建造及运行历史等因素和数据,选择合理的评价方法和可接受准则。

8.1.4 适用性评价应考虑获取缺陷数据的检测设备的检测精度误差。

8.1.5 当无法区分体积缺陷或平面缺陷时,宜按照平面缺陷进行评价。缺陷类型可分为:

a) 体积缺陷:局部减薄(含腐蚀)、划痕、气孔、夹渣、深度小于 1 mm 的咬边等;

b) 平面缺陷:裂纹、未熔合、未焊透、深度大于或等于 1 mm 的咬边等;

c) 几何变形:凹陷、皱褶、屈曲、鼓胀、椭圆变形等。

8.2 应力分析

有下列情况之一的管道,应进行应力分析计算:

a) 存在较大变形、挠曲、破坏,以及支承件损坏等现象且无法复原的;

b) 全面减薄量超过管道公称壁厚 30%的;

c) 需要设置而未设置补偿器或补偿器失效的;

d) 机械连接处(法兰或接头)经常性泄漏、破坏的;

e) 输送过程中发现管道存在振动、移位等异常情况的;

f) 检验人员或使用单位认为有必要的。

应力分析计算应结合实际工况,采用数值模拟或应力测试方法,分析管道的应力状态。

8.3 强度评估

8.3.1 耐压强度校核

有下列情况之一的管道,应进行耐压强度校核:

a) 工作压力提高,或工作温度改变的;

b) 输送环境发生重大改变,管道地区等级升级的。

穿越段和跨越段耐压强度校核分别按照 GB 50423 和 GB/T 50459 进行强度校核。

8.3.2 含缺陷管道剩余强度评估

按照以下要求,对检测发现的含缺陷管道进行剩余强度评估,确定管道最大允许工作压力:

a) 直管段上的腐蚀、体积型焊接缺陷的剩余强度评估按照 GB/T 30582 进行;

b) 弯头和弯管上的体积型缺陷的剩余强度评估按照 GB/T 30582 进行;

c) 直管段上平面型缺陷的剩余强度评估按照 GB/T 19624 进行;

d) 凹陷的剩余强度评估按照 GB/T 30582 进行,其他管道几何变形可采用有限元分析方法进行仿真计算。

8.4 剩余寿命预测

8.4.1 对检测发现的含腐蚀缺陷管道,应考虑管道投用时间、缺陷致因等信息,建立管道缺陷增长预测模型，对管道进行剩余寿命预测，根据寿命预测结果，确定下次检验时间。腐蚀管道的剩余寿命预测按照 GB/T 30582 进行。

8.4.2 对裂纹类缺陷的剩余寿命预测可参考国内外相关标准执行。

8.5 材料适用性评价

有下列情形之一的，应进行材料适用性评价：

a) 输送介质种类发生重大变化，改变为更危险介质的；

b) 外部腐蚀环境发生显著改变的。

材料适用性评价按照 GB/T 30582 进行。

8.6 问题处理与检验周期确定

8.6.1 问题处理

8.6.1.1 管道使用单位应根据适用性评价结果，并结合管道实际运行情况制定详细的修复、改造计划和方案消除缺陷，相关文件记录存档。

8.6.1.2 管体缺陷的修复计划一般包括立即修复、限期修复和监控使用，修复时按照 GB/T 36701 的要求进行。

8.6.1.3 地面附属设施修复应满足以下要求：

a) 对发现的水工保护、地面标识、支承结构、阴极保护设施等地面附属设施存在的问题，宜在检验后一年内完成修复；

b) 跨越段主索或多根吊索出现严重锈蚀、断丝，达到 GB/T 9075 报废条件的应立即修复或更换；

c) 基础、索塔、桁架出现严重沉降或位移，超出设计及施工验收标准时应立即进行修复；

d) 管道附属设施的修复应按照相关设计及施工验收标准进行。

8.6.2 检验周期确定

按照 GB/T 37368 确定检验周期。

9 记录和报告

9.1 记录

9.1.1 所有的检测都应有完整的现场记录，记录至少应包含以下内容：

a) 检测管段或部位；

b) 检测设备的唯一识别标识；

c) 对检测结果会造成影响的环境条件；

d) 对检测结果会造成影响的管道检测部位状况或运行状况；

e) 表征管道状况的检测数据；

f) 检测时间；

g) 检测人员。

9.1.2 检测应有现场记录，填写结构缺陷记录表、特殊构件信息表和照片记录表，并应符合下列规定：

a) 结构缺陷记录表应包含下列相关内容：

1) 构件编号；

2） 构件描述；

3） 构件在结构中的位置；

4） 缺陷描述：包含缺陷位置、程度、产生的原因和可能的退化、照片编号、所有材料试验的细节和材料在结构中的部位。

b） 特殊构件信息表应记录状态评定表和结构缺陷记录表中没有涵盖的信息，包含下列内容：

1） 没有在评分标准中定义的构件；

2） 无法检测的构件，并说明不能检测的原因；

3） 河道的淤积、冲刷、水位记录；

4） 记录材料测试和取样的位置并编号，以便试验结果的交叉参考。

c） 照片记录表中的照片应针对构件缺陷拍摄，并按顺序编号。

9.1.3 当记录为电子文档时，还应有纸质的检索记录，记录检测时间、检测人员及电子文档名称等。

9.2 报告

9.2.1 检验报告内容及格式应满足相关安全技术规范要求。报告中所有的检测数据应能在记录中追溯。

9.2.2 检验报告至少包括以下内容：

a） 项目概况；

b） 数据收集：应简要说明数据来源，并特别注明有怀疑或矛盾的数据；

c） 检验实施：包含检验检测的管道区段、时间、环境条件、技术方法与设备、数据等；

d） 适用性评价：包括评价参照的法规标准、评价使用的管道相关参数、检测数据的统计分析、不同类型缺陷的评价、评价结论及维修维护建议；

e） 结论建议：许用参数、下次检验日期，缺陷修复或其他安全措施建议，管道安全运行建议。

9.2.3 专项检测报告应包含下列主要内容：

a） 穿跨越工程基本情况、检测单位、检测时间和工作过程；

b） 描述目前穿跨越工程技术状况、试验与检测项目及方法、检测数据与分析结果、跨越技术状况评估；

c） 阐述检测部位的损坏原因及程度，评定穿跨越继续使用的安全性；

d） 提出结构及局部构件的维修、加固或改造的建议方案，提出维护管理措施。

附 录 A
(资料性附录)
穿跨越段年度检查

A.1 一般要求

A.1.1 年度检查至少每年进行1次,进行定期检验的年度可以不进行年度检查。
A.1.2 年度检查通常由管道使用单位的作业人员进行,也可委托具有相应资质的检验机构进行。

A.2 检查项目和要求

A.2.1 年度检查的项目包括资料审查、宏观检验、阴极保护系统测试、电性能测试、壁厚测定、地质条件调查等。
A.2.2 年度检查以资料审查、宏观检验为主,必要时进行穿越段和跨越段阴极保护系统测试、电性能测试、壁厚测定及地质条件调查,部分检查项目可结合日常巡线进行。
A.2.3 资料审查的内容与要求按照 TSG D7003。

A.3 宏观检验

A.3.1 穿越段检查内容

穿越段宏观检验一般应包括以下内容:

a) 采用无套管方式(如定向钻或直埋法等)穿越铁路、公路的管段,检查地基变形、路基稳定性、车辆通行情况等;
b) 采用涵洞、套管等保护方法穿越铁路、公路的管段,检查地基变形、涵洞积液、绝缘支架损伤、套管接触、管道碰撞情况等;
c) 采用隧道法穿越水域的管段,检查伴行道路、围栏/防护墙、标志桩/警示牌、洞口或井口、支墩等设施完好情况,注水隧道水面泄漏等情况;
d) 采用挖沟法、定向钻法穿越水域的管段,检查水面泄漏、河道冲淤变化及变迁、通航、挖沙采矿、洪水、锚固墩、截断阀室等完好情况;
e) 穿越山岭、冲沟的管段,检查滑坡、崩塌、泥石流、冲沟等情况;
f) 检查人员认为有必要的其他检查。

检验人员应根据穿越类型制定管段的宏观检验记录表。

A.3.2 跨越段检查内容

跨越段宏观检验一般应包括以下内容:

a) 检查跨越段管道防腐(保温)层、补偿器完好情况;
b) 检查入场道路、围栏、防护墙完好情况;
c) 跨越铁路或公路的管段,检查防撞设施、标志桩/警示牌完好情况;
d) 检查墩台基础的沉降、墩体移动、撞击、冲蚀、悬空、开裂或脱落情况;
e) 索系的松弛、断裂、锈蚀、保护层开裂,以及连接件的脱落、断裂和锈蚀情况;
f) 塔架的侧向倾斜、竖向失稳、焊缝开裂、构件断裂、锈蚀情况;
g) 桥面的焊缝开裂、连接件脱落及断裂、钢结构锈蚀、管箍脱落情况;

h) 管道锚固墩、阀室及阀门完好情况；

i) 自然环境变化、施工、自然灾害情况，以及防雷接地完好情况；

j) 检查人员认为有必要的其他检查。

管道跨越段年度检查的宏观检验记录表格见表A.1。

A.4 阴极保护系统测试

当管道实施阴极保护时，应进行以下阴极保护系统测试：

a) 穿越段沿线保护电位，测量时应考虑IR降的影响；

注：IR是指管道外防腐(保温)层破损部位的阴极保护电流在土壤介质中产生的电位梯度。

b) 套管内牺牲阳极输出电流、开路电位(适用于管道保护电位异常时)；

c) 管内电流(适用于管道保护电位异常时)；

d) 阴极保护系统运行状况，检查管道阴极保护率和运行率、排流效果，阴极保护系统设备及其排流设施。

A.5 电性能测试

电性能测试一般包括以下内容：

a) 测试绝缘法兰、绝缘接头、绝缘短管、绝缘套、绝缘固定支墩和绝缘垫块等电绝缘装置的绝缘性能；

b) 采用法兰和螺纹等非焊接件连接的阀门等管道附件的跨接电缆或其他电连接设施，测试其电连续性。

A.6 壁厚测定

对有明显腐蚀和冲刷减薄的管道，利用阀井或探坑等处进行壁厚测定。

A.7 地质条件调查

按照相关标准的要求，对有危险的矿产地下采空区、黄土湿陷区、潜在崩塌滑坡区、泥石流区、地质沉降区、风蚀沙埋区、膨胀土和盐渍土、活动断层、冻土区等地质灾害进行地质条件调查。

A.8 其他

穿跨越段年度检查还应满足以下要求：

a) 对历次检验发现的未及时处理的缺陷应重点检查；

b) 年度检查除满足本标准的要求外，还应满足TSG D7003、TSG D7004和GB/T 37368的相关要求。

A.9 结论与报告

A.9.1 年度检查结论

年度检查工作完成后，检查人员应根据实际情况作出以下检查结论：

a) 符合要求，指未发现或只有轻度不影响安全使用的问题，可以在允许的参数范围内继续使用；

b) 基本符合要求，指发现一般缺陷，经过使用单位采取措施后能够保证安全运行，可以有条件的监控使用，结论中应注明监控运行需要解决的问题及其完成期限；

c) 不符合要求,指发现严重缺陷,不能保证管道安全运行的情况,不准许继续使用,应停止运行或由检验机构进行进一步检验。

A.9.2 年度检查报告

年度检查由使用单位自行实施时,按照本规则的检查项目、要求进行记录,并且出具年度检查报告,年度检查报告应由使用单位安全管理负责人或授权的安全管理人员审批。

A.9.3 问题处理

年度检查报告有问题需要处理时,使用单位应及时采取措施对问题进行处理。

表 A.1 管道跨越段宏观检验记录表

跨越名称: 跨越形式:

天气状况: 日期:

检查项目		状况		情况描述
入场道路		良好		
围栏、防护墙		完整		
标志桩、警示牌		正常		
墩台基础	沉降	有,无		
	墩体移动	有,无		
	撞击	有,无		
	冲蚀	有,无		
	悬空	有,无		
	开裂或脱落	有,无		
索系	松弛	有,无		
	断裂	有,无		
	锈蚀	有,无		
	保护层开裂	有,无		
	连接件脱落	有,无		
	连接件断裂	有,无		
	连接件锈蚀	有,无		
塔架	侧向倾斜	有,无		
	竖向失稳	有,无		
	焊缝开裂、构件断裂	有,无		
	锈蚀	有,无		
桥面	焊缝开裂	有,无		
	连接件脱落	有,无		
	连接件断裂	有,无		

表 A.1（续）

跨越名称：　　　　　　　　　　　　　　　　　　跨越形式：

天气状况：　　　　　　　　　　　　　　　　　　日期：

检查项目		状况		情况描述
桥面	钢结构锈蚀	有,无		
	管箍脱落	有,无		
管道	防腐、保温、补偿	完好		
	锚固墩	完好		
	阀室及阀门	完好		
	防雷接地	完好		
自然环境变化		有,无		
跨越及场区施工		有,无		
其他危及跨越安全的人类活动或自然灾害				
检查：	日期：		审核：	日期：

附 录 B
(资料性附录)
穿越段管道埋深检测

B.1 一般规定

B.1.1 穿越河流、水库、湖泊、鱼塘、沼泽、公路、铁路等穿越段应定期进行埋深检测。

B.1.2 可与埋地钢质管道定期检验同时进行检测,或进行埋深专项检测。当管道穿越段附近存在动土、挖沙、泄洪、水土流失等情况时,应增加检测频次。

B.1.3 检测前应收集管道相关资料,包括但不限于:

a) 管道外径;

b) 穿越方式;

c) 穿越段管道长度;

d) 穿越段管道设计深度;

e) 穿越段管道上方可通过性;

f) 穿越段管道附近最近的测试桩位置;

g) 以往历次检测记录;

h) 附近动土、挖沙、泄洪、水土流失记录等。

B.1.4 使用单位应做好检验配合工作以及安全监护工作,辨识风险源并制定应急预案,保证检测人员和设备安全。

B.2 穿越段埋深检测方法

B.2.1 对于可步行通过的穿越段,可采用基于电磁原理的探测仪进行位置和埋深检测,检测设备应满足最大埋深检测要求。

B.2.2 对于穿越水域的管段,可采用水下管道检测装置进行检测,或采用电磁等其他被验证可靠的检测技术。当管道埋深小于 10 m 时,宜采用基于电磁原理的探测仪(固定公式)进行检测;当管道埋深10 m~30 m 时,宜采用基于电磁原理的探测仪(拟合计算)进行检测;当管道埋深大于 30 m 时,可采用水下管道检测装置或 IMU 方法进行检测。

注:IMU,即惯性测量单元,系测量物体三轴姿态角(或角速率)以及加速度的装置。一般一个 IMU 包含了三个单轴的加速度计和三个单轴的陀螺,加速度计检测物体在载体坐标系统独立三轴的加速度信号,而陀螺检测载体相对于导航坐标系的角速度信号,测量物体在三维空间中的角速度和加速度,并以此计算出物体的姿态。

B.2.3 基于电磁原理的检测方法按照 GB/T 19285 执行,选择合适的信号频率和强度。采用基于电磁原理的探测仪(拟合计算)进行检测时,现场应选择合适的校准点,校准提离高度应适合穿越段最大埋深。

B.2.4 检测数据包括但不限于:水平位置、管道埋深、信号频率和强度,绘制穿越段管道平面图和剖面图。

B.2.5 检测过程中应记录沿线人工动土、水土保持、沙丘移动等情况，分析对管道埋深检测可能产生的潜在影响。

B.2.6 当穿越段上方存在建(构)筑物时，应检测建(构)筑物两端管道位置和埋深。

B.2.7 不同穿越方式、环境类别的检测技术适用性和选择方法见表 B.1～表 B.4。

表 B.1 穿越段埋深测量技术适用性选择(穿越方式)

穿越方式	检测技术			
	电磁法+拟合计算	电磁法+固定公式	IMU 方法	水下管道检测装置
挖沟法	√	√	√	√
定向钻法	√	×	√	×
顶管法	√	√	√	√
夯管法	√	√	√	×
注：“√”表示此检测技术适用；“×”表示此检测技术不适用。				

表 B.2 穿越段埋深测量技术适用性选择(环境类别)

环境类别	检测技术			
	电磁法+拟合计算	电磁法+固定公式	IMU 方法	水下管道检测装置
小型河流	√	√	√	×
中型河流	√	√	√	√
大型河流	√	√	√	√
湖泊	√	√	√	√
水库	√	√	√	√
鱼塘	√	√	√	×
沼泽	√	√	√	×
公路	√	√	√	×
铁路	√	√	√	×
注：“√”表示此检测技术适用；“×”表示此检测技术不适用。				

表 B.3　穿越段埋深测量设备工具选择

穿越方式	设备工具			
	步行(水叉裤)	船桨类橡皮艇	动力类橡皮艇	大型船只
小型河流	√	√	×	×
中型河流	×	√	√	√
大型河流	×	×	√	√
湖泊	×	√	√	√
水库	×	√	√	√
鱼塘	√	√	×	×
沼泽	√	√	×	×
公路	√	×	×	×
铁路	√	×	×	×
注:"√"表示此检测技术适用;"×"表示此检测技术不适用。				

表 B.4　管道埋深与管段长度适用性选择

管道长度	管段埋深 H				
	$H\leqslant 5$ m	$5<H\leqslant 10$ m	$10<H\leqslant 15$ m	$15<H\leqslant 30$ m	>30 m
0～1 km	1,2,3,4	1,2,3,4	2,3,4	2,3,4	3,4
1 km～2 km	1,2,3,4	1,2,3,4	2,3,4	2,3,4	3,4
2 km 以上	1,3,4	1,3,4	3,4	3,4	3,4
注:1——电磁法+固定公式; 2——电磁法+拟合公式,适于埋深较大管道的检测; 3——水下管道检测装置,适于水下管道检测; 4——IMU 法。					

B.3　水下穿越段埋深间接检测方法

B.3.1　电磁法基本原理

在穿越水域两端的测试桩或露管处连接电缆线,形成闭合回路,并串联发射机,或发射机一端连接穿越水域的测试桩,另一端接地。选择发射机一定频率的电磁信号,接收机采用电磁峰值法,接收电磁信号值,借助合适的设备工具,或使用水下管道检测装置,沿管道方向"S"路径移动,记录接收的最强信号值,计算得到管道距测试仪器水底的埋深和位置,检测示意图如图 B.1～图 B.3 所示。配合水深传感器,按式(B.1)计算管道距水底面深度:

$$H = H_1 - H_2 - \frac{D}{2} \times \frac{1}{1\,000} \qquad \cdots\cdots (\text{B.1})$$

式中:

H ——管道顶部距水底面深度,单位为米(m);

H_1——管道中心距水顶面深度,单位为米(m);

H_2——管道正上方水顶面距水底面深度,单位为米(m);

D——管道公称直径,单位为毫米(mm)。

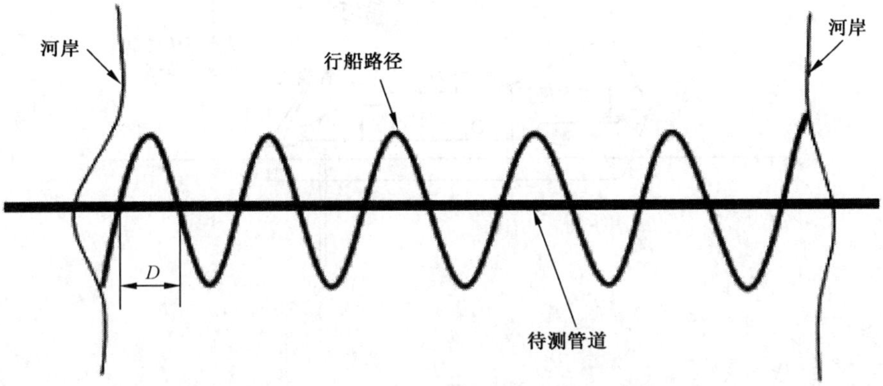

图 B.1 水上行船路径示意图

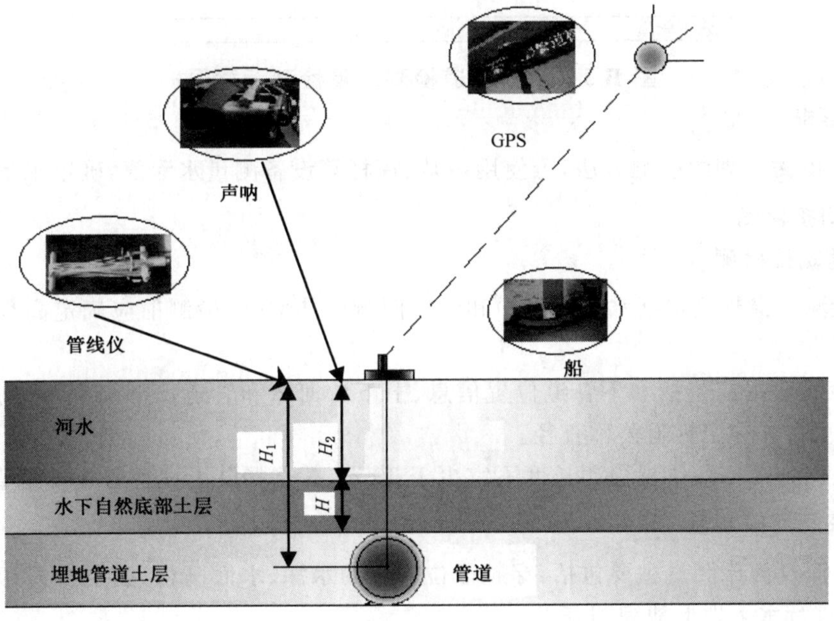

图 B.2 检测示意图

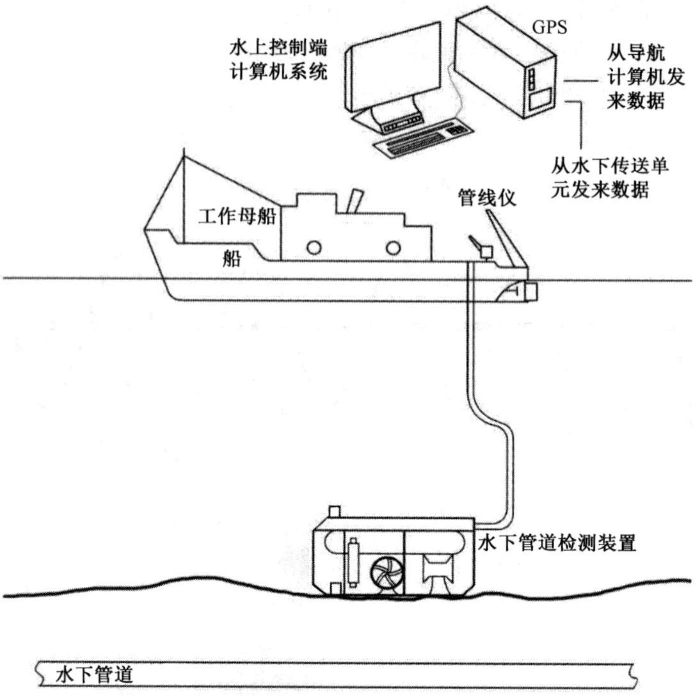

图 B.3　水下管道检测装置检测示意图

B.3.2　一般要求

采用基于电磁原理的检测方法,可使用声呐、探杆等设备测量水深值,确定水下管道坐标。

B.3.3　埋深间接检测

B.3.3.1　管道定位检测

B.3.3.1.1　检测的穿越段包括水下(河床)和河床两侧延伸部分,检测前应确定高程并进行现场勘查。

B.3.3.1.2　检测数据应包括水下管道位置信息、上下游河床和管道顶部高程,绘制穿越段管道平面图和剖面图,并标记管道公称直径。

B.3.3.1.3　上下游河床段位置检测长度不宜少于 50 m,并选择陆上埋地管道开挖直接验证。

B.3.3.2　水深及河床测量

B.3.3.2.1　水深及河床测量主要包括:穿越段位置处的水深、水面高程、上下游河床水深测量和高程,必要时进行水下地形地貌扫查。

B.3.3.2.2　可采用声呐法、探深杆、探深锤等方法进行水深测量。

B.3.3.2.3　当水面灰度达到 10 级,水深测量设备应安装扫查和成像装置,对水下露管、悬空等异常状况进行探测,并记录。

B.3.4　管道埋深及河床数据分析与评价

B.3.4.1　对于首次开展检测的穿越段,应与管道设计、竣工资料中的埋深数据进行对比分析。

B.3.4.2　对于已完成两次以上检测的穿越段,应根据历次检测结果计算覆土层改变速率,当覆盖层减小且年速率大于 5%时,应缩短检测周期。

B.3.4.3　定向钻穿越段管段管顶覆土层深度应大于 10 倍～15 倍管道公称直径,且不小于 6 m。

B.3.4.4 挖沟法穿越不同工程等级水域的埋深评价应符合表 B.5 的规定。

表 B.5 挖沟法穿越段管顶的最小埋深

单位为米

水域情况	大型	中型	小型
有冲刷或疏浚的水域，应在设计洪水冲刷线下或规划疏浚线下，并取其深者	≥1.5	≥1.2	≥1.0
无冲刷或疏浚的水域，应埋在水床底面以下	≥1.5	≥1.3	≥1.0
河床为基岩，并在设计洪水下不被冲刷时，管段应嵌入基岩深度	≥0.8	≥0.6	≥0.5

B.3.4.5 当穿越段埋深不满足要求，或根据历次检测数据确定管道存在沉降、侧移时，应进行修复或安全可靠性评价。

B.3.4.6 当对上下游等高线进行分析，存在低洼地带、侵蚀面或下切截面时，应进行说明，必要时，标明可能存在的面积；当存在采砂坑、凹坑、下切截面异常区域、露管或裸管等情况时，应确定位置并进行标记。

ICS 23.040
J 74

中华人民共和国国家标准

GB/T 38942—2020

压力管道规范 公用管道

Pressure piping code—Utility piping

2020-06-02 发布 2020-12-01 实施

国家市场监督管理总局
国家标准化管理委员会 发布

前　言

本标准按照 GB/T 1.1—2009 给出的规则起草。

本标准由全国锅炉压力容器标准化技术委员会(SAC/TC 262)提出并归口。

本标准起草单位:中国市政工程华北设计研究总院有限公司、北京市煤气热力工程设计院有限公司、全国化工设备设计技术中心站、天津市管道工程集团有限公司、北京市燃气集团研究院、北京市建设工程质量第四检测所、深圳市燃气集团股份有限公司、杭州燃气工程安装有限公司、港华投资有限公司、重庆燃气集团股份有限公司、浙江伟星新型建材股份有限公司、上海燃气工程设计研究有限公司、天津市迅尔自控设备制造有限公司、广西佳迅管道工程有限公司、中国特种设备检测研究院、天津昱丞高科工程设计有限公司、北京豪特耐管道设备有限公司、北京市热力集团有限责任公司、四川鑫中泰新材料有限公司、北京市热力工程设计有限责任公司、唐山兴邦管道工程设备有限公司、昊天节能装备有限责任公司、安阳益和热力有限责任公司、天津天地龙管业股份有限公司、中国城市建设研究院有限公司。

本标准主要起草人:李颜强、李建勋、王淮、王启、马鸿敬、赵惠中、阎海鹏、杜建梅、赵国强、吴洪松、高建文、金树奎、廖荣平、赵志楠、杨永慧、冯继蓓、黄正林、蔡暖姝、尤子涵、王景松、于燕平、白冬军、应援农、俞善东、陈秋雄、杨光、磨承礼、陈淑贤、李大治、周扬、刘军、于乘麟、吉建立、何仁洋、蒋建志、贾丽华、李萍、李想、王云琦、邱华伟、周曰从、郑中胜、杨永峰、刘秀清、王刚。

压力管道规范　公用管道

1　范围

1.1　本标准规定了公用管道(燃气管道和热力管道)的材料、设计与计算、制作与安装、检验与试验、安全运行与维护等与安全相关的基本要求。

1.2　本标准适用于以下城镇燃气管道和城镇热力管道:

a)　燃气管道:由门站、储配站、各类气源厂站等燃气厂站至用户之间或厂站之间公用性质的燃气管道及其附属设施。附属设施包括线路阀室、调压站(含调压箱)、凝水缸等,详见图1。

b)　热力管道:由热源出口分界点至热用户(民用或工业)进口分界点之间,敷设在城镇范围内的蒸汽管道和热水管道及其附属设施,详见图2。其中蒸汽介质设计压力小于或等于2.5 MPa,设计温度小于或等于350 ℃;热水介质设计压力小于或等于2.5 MPa,设计温度小于或等于200 ℃。

1.3　本标准不适用于以下燃气管道和热力管道:

a)　燃气系统中厂站内(调压站除外)的燃气管道和热力系统中厂站内(热力站和热分配站除外)的热力管道;

b)　工业用户内部燃气和热力管道(以厂界划分);

c)　商业和居民用户内部燃气管道(以用户引入管阀门为界)和热力管道(以热力入口为界);

d)　燃气和热力设备内部管道。

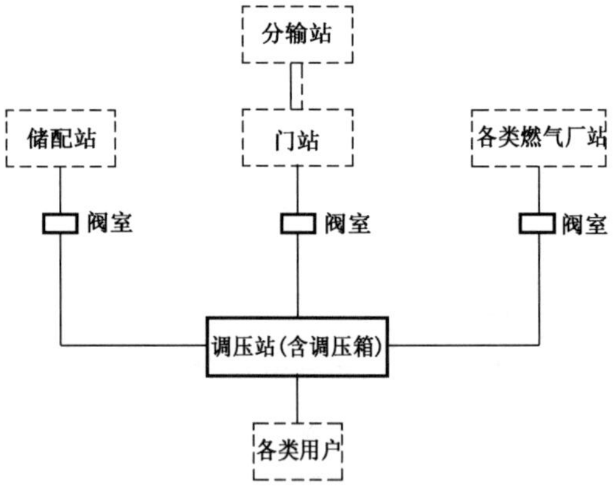

说明:

本标准适用的管道系统

本标准不适用的范围

本标准包括的阀室及调压站(含调压箱)

分输站至门站之间的燃气管道,应执行GB/T 34275,当敷设在城市建成区时,可参照本标准执行。

图1　本标准适用的燃气管道系统范围

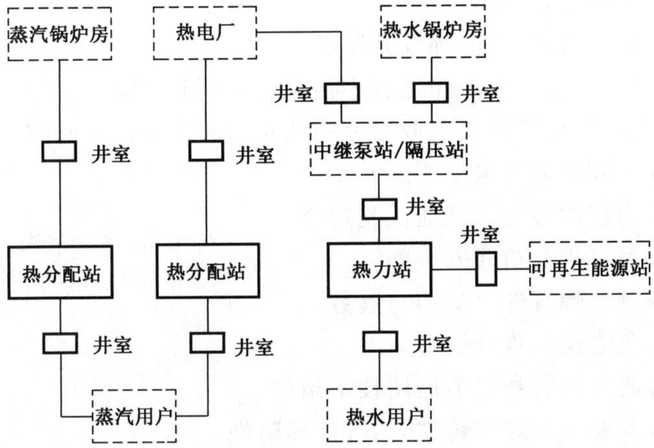

说明：

——— 本标准适用的管道系统

[- - -] 本标准不适用的范围

本标准包括的井室、热力站及热分配站

图2　本标准适用的热力管道系统范围

2　规范性引用文件

下列文件对于本文件的应用是必不可少的。凡是注日期的引用文件，仅注日期的版本适用于本文件。凡是不注日期的引用文件，其最新版本(包括所有的修改单)适用于本文件。

GB/T 150(所有部分)　压力容器

GB/T 229　金属材料　夏比摆锤冲击试验方法

GB/T 1048　管道元件　公称压力的定义和选用

GB/T 2518　连续热镀锌和锌合金镀层钢板及钢带

GB/T 3091　低压流体输送用焊接钢管

GB/T 3280　不锈钢冷轧钢板和钢带

GB/T 3880(所有部分)　一般工业用铝及铝合金板、带材

GB/T 4622.1　缠绕式垫片　分类

GB/T 4622.2　缠绕式垫片　管法兰用垫片尺寸

GB/T 4622.3　缠绕式垫片　技术条件

GB/T 8163　输送流体用无缝钢管

GB 8624　建筑材料及制品燃烧性能分级

GB/T 8923.1　涂覆涂料前钢材表面处理　表面清洁度的目视评定　第1部分：未涂覆过的钢材表面和全面清除原有涂层后的钢材表面的锈蚀等级和处理等级

GB/T 9124.1　钢制管法兰　第1部分：PN系列

GB/T 9124.2　钢制管法兰　第2部分：Class系列

GB/T 9125　管法兰连接用紧固件

GB/T 9711　石油天然气工业　管线输送系统用钢管

GB/T 10699　硅酸钙绝热制品
GB/T 11835　绝热用岩棉、矿渣棉及其制品
GB/T 12234　石油、天然气工业用螺柱连接阀盖的钢制闸阀
GB/T 12235　石油、石化及相关工业用钢制截止阀和升降式止回阀
GB/T 12241　安全阀一般要求
GB/T 12242　压力释放装置　性能试验规范
GB/T 12243　弹簧直接载荷式安全阀
GB/T 12459　钢制对焊管件　类型与参数
GB/T 12754　彩色涂层钢板及钢带
GB/T 12777　金属波纹管膨胀节通用技术条件
GB/T 13295　水及燃气用球墨铸铁管、管件和附件
GB/T 13350　绝热用玻璃棉及其制品
GB/T 13401　钢制对焊管件　技术规范
GB/T 13402　大直径钢制管法兰
GB/T 13403　大直径钢制管法兰用垫片
GB/T 15558.1　燃气用埋地聚乙烯(PE)管道系统　第1部分:管材
GB/T 15558.2　燃气用埋地聚乙烯(PE)管道系统　第2部分:管件
GB/T 15558.3　燃气用埋地聚乙烯(PE)管道系统　第3部分:阀门
GB/T 17116.1　管道支吊架　第1部分:技术规范
GB/T 17116.2　管道支吊架　第2部分:管道连接部件
GB/T 17116.3　管道支吊架　第3部分:中间连接件和建筑结构连接件
GB/T 17794　柔性泡沫橡塑绝热制品
GB/T 19285　埋地钢质管道腐蚀防护工程检验
GB/T 19292.1　金属和合金的腐蚀　大气腐蚀性　第1部分:分类、测定和评估
GB/T 19326　锻制承插焊、螺纹和对焊支管座
GB/T 19473.1　冷热水用聚丁烯(PB)管道系统　第1部分:总则
GB/T 19473.2　冷热水用聚丁烯(PB)管道系统　第2部分:管材
GB/T 19473.3　冷热水用聚丁烯(PB)管道系统　第3部分:管件
GB/T 20801(所有部分)　压力管道规范　工业管道
GB/T 21447　钢质管道外腐蚀控制规范
GB/T 21448　埋地钢质管道阴极保护技术规范
GB/T 23257　埋地钢质管道聚乙烯防腐层
GB/T 25775　焊接材料供货技术条件　产品类型、尺寸、公差和标志
GB/T 25778　焊接材料采购指南

GB 26255.1　燃气用聚乙烯管道系统的机械管件　第1部分:公称外径不大于63 mm的管材用钢塑转换管件

GB 26255.2　燃气用聚乙烯管道系统的机械管件　第2部分:公称外径大于63 mm的管材用钢塑转换管件

GB/T 28799.1　冷热水用耐热聚乙烯(PE-RT)管道系统　第1部分:总则

GB/T 28799.2　冷热水用耐热聚乙烯(PE-RT)管道系统　第2部分:管材

GB/T 28799.3　冷热水用耐热聚乙烯(PE-RT)管道系统　第3部分:管件

GB/T 29047　高密度聚乙烯外护管硬质聚氨酯泡沫塑料预制直埋保温管及管件

GB/T 29168.1　石油天然气工业　管道输送系统用感应加热弯管、管件和法兰　第1部分:感应加热弯管

GB/T 29168.2　石油天然气工业　管道输送系统用感应加热弯管、管件和法兰　第2部分:管件

GB/T 29461　聚乙烯管道电熔接头超声检测

GB/T 29639　生产经营单位生产安全事故应急预案编制导则

GB/T 32270—2015　压力管道规范　动力管道

GB/T 32563　无损检测　超声检测　相控阵超声检测方法

GB/T 34275　压力管道规范　长输管道

GB/T 34336　纳米孔气凝胶复合绝热制品

GB/T 34611　硬质聚氨酯喷涂聚乙烯缠绕预制直埋保温管

GB/T 35842　城镇供热预制直埋保温阀门技术要求

GB/T 35979　金属波纹管膨胀节选用、安装、使用维护技术规范

GB/T 35990　压力管道用金属波纹管膨胀节

GB/T 37190　管道腐蚀控制工程全生命周期　通用要求

GB/T 37228　公共安全　应急管理　突发事件响应要求

GB/T 37261　城镇供热管道用球型补偿器

GB/T 37263　高密度聚乙烯外护管聚氨酯发泡预制直埋保温钢塑复合管

GB/T 37369　埋地钢质管道穿跨越段检验与评价

GB/T 37827　城镇供热用焊接球阀

GB/T 37828　城镇供热用双向金属硬密封蝶阀

GB/T 38097　城镇供热　玻璃纤维增强塑料外护层聚氨酯泡沫塑料预制直埋保温管及管件

GB/T 38105　城镇供热　钢外护管真空复合保温预制直埋管及管件

GB/T 38343　法兰接头安装技术规定

GB 50016　建筑设计防火规范

GB 50028　城镇燃气设计规范

GB 50032　室外给水排水和燃气热力工程抗震设计规范

GB 50052　供配电系统设计规范

GB 50057　建筑物防雷设计规范

GB 50086　岩土锚杆与喷射混凝土支护工程技术规范

GB 50201—2012　土方与爆破工程施工及验收规范

GB 50235　工业金属管道工程施工规范

GB 50236　现场设备、工业管道焊接工程施工规范

GB 50251—2015　输气管道工程设计规范

GB 50264　工业设备及管道绝热工程设计规范

GB 50369　油气长输管道工程施工及验收规范
GB 50423　油气输送管道穿越工程设计规范
GB 50460　油气输送管道跨越工程施工规范
GB/T 50470　油气输送管道线路工程抗震技术规范
GB 50494　城镇燃气技术规范
GB 50683—2011　现场设备、工业管道焊接工程施工质量验收规范
GB/T 50698　埋地钢质管道交流干扰防护技术标准
GB 50764—2012　电厂动力管道设计规范
GB 50779　石油化工控制室抗爆设计规范
GB/T 50811　燃气系统运行安全评价标准
GB 50838　城市综合管廊工程技术规范
GB 50991　埋地钢质管道直流干扰防护技术标准
GB/T 51098　城镇燃气规划规范
GB/T 51241　管道外防腐补口技术规范
GBZ/T 205　密闭空间作业职业危害防护规范
CJ/T 246　城镇供热预制直埋蒸汽保温管及管路附件
CJ/T 402　城市供热管道用波纹管补偿器
CJ/T 480　高密度聚乙烯外护管聚氨酯发泡预制直埋保温复合塑料管
CJ/T 487　城镇供热管道用焊制套筒补偿器
CJJ 28—2014　城镇供热管网工程施工及验收规范
CJJ 34　城镇供热管网设计规范
CJJ 63　聚乙烯燃气管道工程技术标准
CJJ/T 81　城镇供热直埋热水管道技术规程
CJJ 88　城镇供热系统运行维护技术规程
CJJ 95　城镇燃气埋地钢质管道腐蚀控制技术规程
CJJ/T 104　城镇供热直埋蒸汽管道技术规程
CJJ/T 153　城镇燃气标志标准
CJJ 203　城镇供热系统抢修技术规程
CJJ/T 220　城镇供热系统标志标准
CJJ/T 250　城镇燃气管道穿跨越工程技术规程
CJJ/T 254　城镇供热直埋热水管道泄漏监测系统技术规程
DB 31/T 1058　燃气用聚乙烯(PE)管道焊接接头相控阵超声检测
DL/T 5072　发电厂保温油漆设计规程
HG/T 3707　工业用孔网钢骨架聚乙烯复合管件
HG/T 3831　喷涂聚脲防护材料
HG/T 20592　钢制管法兰(PN 系列)
HG/T 20606　钢制管法兰用非金属平垫片(PN 系列)
HG/T 20607　钢制管法兰用聚四氟乙烯包覆垫片(PN 系列)
HG/T 20609　钢制管法兰用金属包覆垫片(PN 系列)

HG/T 20610　钢制管法兰用缠绕式垫片(PN 系列)
HG/T 20611　钢制管法兰用具有覆盖层的齿形组合垫(PN 系列)
HG/T 20612　钢制管法兰用金属环形垫(PN 系列)
HG/T 20613　钢制管法兰用紧固件(PN 系列)
HG/T 20614　钢制管法兰、垫片、紧固件选配规定(PN 系列)
HG/T 20615　钢制管法兰(Class 系列)
HG/T 20623　大直径钢制管法兰(Class 系列)
HG/T 20627　钢制管法兰用非金属平垫片(Class 系列)
HG/T 20628　钢制管法兰用聚四氟乙烯包覆垫片(Class 系列)
HG/T 20630　钢制管法兰用金属包覆垫片(Class 系列)
HG/T 20631　钢制管法兰缠绕式垫片(Class 系列)
HG/T 20632　钢制管法兰用具有覆盖层的齿形组合垫(Class 系列)
HG/T 20633　钢制管法兰用金属环形垫(Class 系列)
HG/T 20634　钢制管法兰用紧固件(Class 系列)
HG/T 20635　钢制管法兰、垫片、紧固件选配规定(Class 系列)
JB/T 3223　焊接材料质量管理规程
JB/T 12936　旋转补偿器
JGJ 111　建筑与市政工程地下水控制技术规范
JGJ 120　建筑基坑支护技术规程
NB/T 47013.2—2015　承压设备无损检测　第 2 部分:射线检测
NB/T 47013.3—2015　承压设备无损检测　第 3 部分:超声检测
NB/T 47013.4—2015　承压设备无损检测　第 4 部分:磁粉检测
NB/T 47013.5—2015　承压设备无损检测　第 5 部分:渗透检测
NB/T 47013.7　承压设备无损检测　第 7 部分:目视检测
NB/T 47013.8　承压设备无损检测　第 8 部分:泄漏检测
NB/T 47014　承压设备焊接工艺评定
NB/T 47018(所有部分)　承压设备用焊接材料订货技术条件
NB/T 47054　整体式绝缘接头
SY/T 0087.1　钢制管道及储罐腐蚀评价标准　第 1 部分:埋地钢质管道外腐蚀直接评价
SY/T 0096　强制电流深阳极地床技术规范
SY/T 0315　钢质管道熔结环氧粉末外涂层技术规范
SY/T 0407　涂装前钢材表面处理规范
SY/T 0447　埋地钢质管道环氧煤沥青防腐层技术标准
SY/T 0516　绝缘接头与绝缘法兰技术规范
SY/T 5257　油气输送用钢制感应加热弯管
SY/T 6784　钢质储罐腐蚀控制标准
SY/T 6793　油气输送管道线路工程水工保护设计规范
SY/T 7368　穿越管道防腐层技术规范

3 术语和定义

下列术语和定义适用于本文件。

3.1

公用管道 utility piping

城市或乡镇范围内用于公用事业或民用的燃气管道和热力管道，燃气管道为GB1级，热力管道为GB2级。

3.2

设计压力 design pressure

在相应设计温度下用以确定管道壁厚的压力，其值不得小于管道的最大工作压力。

3.3

设计温度 design temperature

管道在正常情况下，设定元件的温度。

注：设计温度与设计压力一起作为设计条件。

3.4

设计使用年限 design working life

在规定的时期内，工程设施只需正常维护而不需大修就能按预期目的使用的年限。

3.5

应力分析 stress analysis

通过应力计算验证管道通过自身变形吸收热胀、冷缩和其他位移变形的能力。

3.6

弹性敷设 pipe laying with elastic bending

管道在外力或自重作用下产生弹性弯曲变形，利用这种变形进行管道敷设的一种方式。

3.7

综合管廊 utility tunnel

建于城市地下用于容纳两类及以上城市工程管线的构筑物及附属设施。

3.8

燃气 gas

气体燃料的总称。

注：城镇燃气一般包括天然气、液化石油气和人工煤气等。

3.9

燃气置换 gas displacement

燃气管道建设或维修完成后，将管道中的空气置换为燃气的过程。

3.10

气质转换 gas conversion

燃气管道由于某种原因，需要由一种燃气转换成另一种燃气的过程。

3.11

用户引入管 building service pipe

室外配气支管与用户室内燃气进口管总阀门(当无阀门时，指距离室内地面1.0 m高处)之间的管道。

3.12

管件 pipe fittings

弯头、弯管、三通、异径接头和管封头等管道上各种异形连接件的统称。

3.13

冷弯管 cold bends

在不加热条件下,用模具(或夹具)将直管弯制成需要角度的弯管。

3.14

热煨弯管 hot bends

在加热条件下,在夹具上将直管弯曲成需要角度的弯管。

3.15

绝缘接头 insulating joint

绝缘法兰 insulating flange

对同时具有埋地钢质管道要求的密封性能和电法腐蚀防护工程要求的电绝缘性能接头的统称。

3.16

钢塑转换接头 transition fitting for PE plastic pipe to steel pipe

燃气管网系统中用于钢管转换为PE塑料管或PE塑料管转换为钢管时的转换连接件。

3.17

无损检测 non-destructive inspection

在不损害或不影响被检测对象使用性能、不伤害被检测对象内部组织的前提下,利用材料内部结构异常或缺陷存在引起的热、声、光、电、磁等反应的变化,以物理或化学方法为手段,借助现代化的技术和设备器材,对试件内部及表面的结构、性质、状态及缺陷的类型、性质、数量、形状、位置、尺寸、分布及其变化进行检查和测试的方法。

3.18

防腐层补口 antiseptic layer patch cut

对管道连接处或者外防腐层损伤处进行的防腐措施。

3.19

聚乙烯燃气管道 polyethylene(PE)gas pipe

由燃气用聚乙烯管材、管件、阀门及附件组成的管道系统。

3.20

热熔对接 fusion-jointing

塑料管道经过加热升温至(液态)熔点后的一种连接方式。广泛应用于PP-R管、PB管、PE-RT管、金属复合管、曲弹矢量铝合金衬塑复合管道系统等新型管材与管件连接。

3.21

电熔连接 electrofusion-jointing

用专用的电熔管件和电熔焊机,使铜丝发热实现塑料管道的熔接。

3.22

管道支、吊架 pipe supports and hangers

将管道自重、输送介质重量、压力和温差造成的荷载以及振动、风力、雪载、冲击和位移应变引起的荷载等传递到管架结构上的元件。

3.23

安全泄放装置　safety relief device

在非正常运行工况下,为防止系统内压力超过预定安全值,利用进口静压力作用开启,泄放流体的装置。

3.24

长输供热热水管网　long distance heating hot water network

供热系统中包含中继泵站、中继能源站或隔压换热站,自热源至主要厂站长度超过 20 km 的热水管道及其沿线的管路附件和附属构筑物的总称。

3.25

热力塑料管　heating plastic pipes

由高分子材料复合制成的管道。

注:供热中主要使用耐热聚乙烯(PE-RTⅡ)和聚丁烯(PB)。

3.26

钢塑复合管　plastic-steel-plastic composite pipes

由耐热聚乙烯和增强钢带复合挤出成型的塑料管。

3.27

预制直埋热水保温管　prefabricated directly buried hot water insulating pipe

由工作钢管、硬质聚氨酯泡沫保温层、外护管三者紧密结合的保温结构,可以直接埋设于土壤中,用于输送热水的预制保温管。

3.28

预制直埋蒸汽保温管　prefabricated directly buried steam insulating pipe

由工作钢管、保温层、外护管形成的保温结构,可以直接埋设于土壤中,用于输送蒸汽的预制保温管。

3.29

预制保温塑料管　prefabricated plastic insulating pipe

工作管为热力塑料管的预制直埋保温管。

3.30

保温管补口　heat preservation pipe patch cut

热水或蒸汽管道连接处的保温层、外护管及防腐层的接口处理。

4　材料

4.1　一般规定

4.1.1　应根据设计工况、制作安装环境(包括焊接、冷热加工以及热处理等)、介质特性和试验要求等具体使用条件以及本章规定的材料使用要求和限制,选择适用和安全的管道及组成件材料。

4.1.2　受压元件用材料应有足够的强度、塑性和韧性,在最低使用温度下应具备足够的抗脆断能力。

4.1.3　在管道上直接焊接的管道附件宜采用与管道相同的材料,当几种不同的材料组合使用时,应考虑可能产生的不利影响。

4.1.4 管道组成件应具有规定的产品标记,采购时还应提供质量证明文件。

4.1.5 管道所用材料、管道附件和设备的材质、规格和型号应符合设计要求,合格证要求见7.5的规定。

4.2 焊接材料

4.2.1 焊接材料的品种和型号应符合焊接工艺规程的要求。

4.2.2 焊接材料的供货技术条件、产品类型、尺寸、公差和标志应符合GB/T 25775的规定。

4.2.3 焊接材料(焊条、焊丝及填充丝、焊剂及焊接用气体)在采购、验收、仓储及使用过程中的管理应符合JB/T 3223的规定。

4.2.4 焊接材料采购基本要求、批量标识、组批规则、质量证明、复验、保管和运输应符合GB/T 25778和NB/T 47018的规定。

4.2.5 焊接材料的技术要求、熔敷金属弯曲试验、试验方法和产品标识应符合NB/T 47018的规定。

4.2.6 保护气体的纯度和干燥度应满足焊接工艺规程的要求,二氧化碳气体纯度不宜低于99.5%,含水量和含氧量不超过0.1%,气路系统中应设置干燥器和预热装置。氩气纯度不宜低于99.96%。

4.3 燃气管道材料

4.3.1 材料的使用限制

4.3.1.1 管材选用球墨铸铁时,管道设计压力不应大于0.4 MPa,最低使用温度为0 ℃。管道接口应使用机械接口,密封圈应选用不受输送介质影响密封性能的材料。

4.3.1.2 管材不得选用灰口铸铁和可锻铸铁材料。敷设在综合管廊的燃气管道应选用钢管。

4.3.1.3 管材选用钢管及钢制对焊管件时,应符合表1的规定。

表1 钢管及钢制对焊管件

标准	材料牌号或等级	使用限制
GB/T 3091	A级钢	设计压力不大于0.2 MPa; 免除冲击试验的最低使用温度－10 ℃(壁厚不大于10 mm)
GB/T 3091	除A级钢外	设计压力不大于0.4 MPa; 免除冲击试验的最低使用温度－10 ℃(壁厚不大于10 mm)
GB/T 8163	20	设计压力不大于4.0 MPa; 免除冲击试验的最低使用温度大于－20 ℃(壁厚不大于16 mm)
GB/T 9711	PSL1	设计压力不大于4.0 MPa; 设计压力不大于1.6 MPa时,免除冲击试验的最低使用温度大于－20 ℃
GB/T 13401	CF370	设计压力不大于0.2 MPa; 免除冲击试验的最低使用温度－10 ℃
GB/T 13401	CF415、CF485	设计压力不大于1.6 MPa; 免除冲击试验的最低使用温度－20 ℃

4.3.1.4 管材选用聚乙烯燃气管道材料时,应符合下列规定:

a) 工作温度为-20 ℃~40 ℃,工作压力不大于0.8 MPa;

b) 在输送人工煤气和气态液化石油气时,应考虑燃气中存在的其他组分(如芳香烃、冷凝液)对管材性能的影响;

c) 聚乙烯管材焊制成型的管件不得用于聚乙烯燃气管道系统;

d) 聚乙烯燃气管道不应露明敷设。

4.3.2 球墨铸铁管道和钢管材料

4.3.2.1 机械接口球墨铸铁管道应符合GB/T 13295的规定。

4.3.2.2 焊接钢管或无缝钢管应符合GB/T 3091、GB/T 8163、GB/T 9711或不低于上述标准相应技术要求的其他钢管标准的规定。

4.3.2.3 对于设计压力大于1.6 MPa的钢制燃气管道,还应根据管道服役环境的最低设计温度提出夏比冲击试验要求。

4.3.2.4 对于设计压力大于4.0 MPa的钢制燃气管道,按GB/T 9711选用钢管时,钢管的产品规范水平不应低于PSL2级,并应根据管道的重要程度,由设计文件提出钢管的性能和检验要求。

4.3.2.5 用于生产螺旋缝埋弧焊钢管的钢带宽度不得小于钢管公称外径的0.8倍,也不得大于钢管公称外径的3.0倍。钢板或板卷不得含有任何补焊焊缝,制管过程中也不得进行补焊。

4.3.2.6 当对直缝埋弧焊管进行冷扩径时应采用全长冷扩径,冷扩径技术要求见表2。

表2 燃气管道用钢管冷扩径技术要求

钢管种类	技 术 要 求
埋弧焊(SAW)	a) 直缝埋弧焊钢管应全长扩径。扩径量范围为0.4%~1.4%。即 $0.4\% \leqslant \frac{\text{扩径后外径}-\text{扩径前外径}}{\text{扩径前外径}} \times 100\% \leqslant 1.4\%$ b) 管外径不小于711 mm螺旋缝埋弧焊管管端150 mm范围内应冷扩径;管端扩径量范围为0.3%~0.6%
高频焊(HFW)	可采用扩径或减径的方法将钢管定径至最终尺寸。定径比 S_r 不超过1.5%,即 $\frac{\lvert\text{定径后外径}-\text{定径前外径}\rvert}{\text{钢管规定外径}} \times 100\ \% \leqslant 1.5\%$

4.3.3 钢制弯管

4.3.3.1 冷弯管可采用直缝埋弧焊钢管(SAWL)、螺旋缝埋弧焊钢管(SAWH)和无缝钢管制作。设计压力大于4.0 MPa、L485及以上的燃气管道用冷弯管应采用直缝埋弧焊钢管(SAWL)或无缝钢管制作。

4.3.3.2 冷弯管宜选用同钢级、同规格、同批次的钢管制作。冷弯管的弯制角度、弯制工艺与质量检验应符合设计文件及现行相关技术规范的要求。

4.3.3.3 热煨弯管可采用具有相同或相近的钢级、化学成分、力学性能和尺寸偏差的钢管制作。用于制作热煨弯管的钢管应具有良好的再次热加工性能和不出现裂纹等缺陷的能力。

4.3.3.4 不得采用螺旋缝钢管制作热煨弯管,用于制作热煨弯管的钢管不得有对接的环焊缝,其壁厚应有足够的裕量以满足由于感应加热弯制带来的外弧侧壁厚减薄。

4.3.3.5 热煨弯管的制作与质量应符合设计文件及 GB/T 29168.1 或 SY/T 5257 的要求。

4.3.3.6 热煨弯管、冷弯管的外观和主要尺寸应按表 3 的要求执行。

表 3 热煨弯管、冷弯管的外观和主要尺寸要求

种类	曲率半径	外观和主要尺寸	其他规定
热煨弯管	≥5*D*	无褶皱、裂纹、重皮、机械损伤;两端椭圆度小于或等于 1.0%,其他部位的椭圆度不应大于 2%,外径偏差$^{+2}_{-1}$,壁厚减薄量≤9% 壁厚。弯曲半径小于或等于 1 000 mm 时,允许偏差为±5 mm;弯曲半径大于 1 000 mm 时,允许偏差为±0.5%,弯曲平面度≤7.0 mm	应满足清管器和探测仪器顺利通过,端部直管段≥1*D* 且不小于0.5 m
冷弯管	≥40DN	无裂纹、机械损伤,弯管椭圆度小于 2.0%,弯曲角度误差在±0.2°,其平面度不大于 8 mm,冷弯管褶皱深度≤3 mm	端部 2 m 的直管段
注:*D* 为管道外径,DN 为冷弯管的公称直径。			

4.3.4 钢质管道用管件

4.3.4.1 钢质管道用管件的原材料应具有要求的韧性和热处理状态,并适合与钢质管道用管材技术条件等相应标准要求的管件、法兰和钢管进行现场焊接。

4.3.4.2 制造管件的原材料应为各类锻件、板材、无缝管或有填充金属的焊接钢管。弯头本体不应有丁字或环形焊缝。

4.3.4.3 当管件与连接钢管焊接需要预热时,制造商应说明规定的预热条件,并在管件上做出永久性标记。

4.3.4.4 弯头、异径管、三通、管帽等管件的类型与参数应符合设计及 GB/T 12459 的规定;技术要求应符合 GB/T 13401 或 GB/T 29168.2 的规定,并应符合以下要求:

a) 管件表面不应有裂纹、过热、过烧等;

b) 管件内外表面应光滑、无有损强度及外观的缺陷,如结疤、划痕、起皮等;

c) 不得用焊接方式对管件焊缝错边超标部分进行修补。

4.3.4.5 支管座应符合 GB/T 19326 的规定。

4.3.4.6 波纹补偿器应符合 GB/T 12777、GB/T 35990 的规定。

4.3.4.7 管法兰应符合下列要求:

a) 管法兰的材料、压力-温度额定值、尺寸与公差、连接密封面、螺栓连接副、焊接段型式及尺寸、加工制造与试验、检验与验收应符合 GB/T 9124.1、GB/T 9124.2、HG/T 20592、HG/T 20606、HG/T 20607、HG/T 20609～HG/T 20615、HG/T 20623、HG/T 20627、HG/T 20628 和HG/T 20630～HG/T 20635 的要求;

b) 管法兰应根据工艺条件、管径、按 PN 系列或 Class 系列选择配合;

c) 管法兰工作温度下的最高无冲击工作压力和管法兰材质应满足上述标准的相关规定;

d) 燃气管道宜选用带颈对焊法兰;

e) 对焊法兰的端部坡口处不应有碰伤,螺纹法兰的螺纹应完好;

f) 法兰的螺栓连接副应满足装配要求,不应有影响装配的划痕、毛刺、翘边等,且应符合相应标准的规定;

g) 螺栓预紧扭矩值应与垫片、紧固件材料和尺寸、法兰压力等级相适配,并应符合 GB/T 38343 的规定。

4.3.4.8 绝缘接头(法兰)应符合 SY/T 0516 或 NB/T 47054 的相关要求,并应符合下列要求:

a) 绝缘接头(法兰)外观应平整、端部坡口内侧以及锻件本体内侧应与所接管道的内侧齐平,对焊坡口不应有严重的损伤;

b) 表面涂层用设计规定的绝缘电压值进行电火花检测应无漏点;

c) 绝缘接头压力等级应符合设计要求。绝缘接头的绝缘电阻值应大于 10 MΩ。

4.3.5 阀门

4.3.5.1 钢制阀门的设计、制造、测试和文件的要求应符合相关产品标准的要求。

4.3.5.2 聚乙烯燃气阀门应符合 GB/T 15558.3 规定的要求。

4.3.5.3 阀门应有产品合格证,带有伺服机械装置的阀门应有安装使用说明书。

4.3.6 聚乙烯燃气管材和管件

4.3.6.1 聚乙烯燃气管材的性能应符合 GB/T 15558.1 的规定。

4.3.6.2 聚乙烯燃气管件的性能应符合 GB/T 15558.2 的规定。

4.3.6.3 钢塑转换管件应符合 GB 26255.1 和 GB 26255.2 的规定。

4.3.7 外护防腐材料

4.3.7.1 聚乙烯防腐层应符合 GB/T 23257 的有关规定。

4.3.7.2 纤维缠绕增强玻璃钢防腐层应符合 GB/T 38097 的有关规定。

4.3.7.3 熔结环氧粉末防腐层应符合 SY/T 0315 的有关规定。

4.3.7.4 环氧煤沥青防腐层应符合 SY/T 0447 的有关规定。

4.3.7.5 聚脲防腐层应符合 HG/T 3831 的有关规定。

4.3.8 电化学防腐材料

4.3.8.1 锌合金阳极成分中锌的含量应不小于 99.314%,高纯锌合金阳极成分中锌的含量应不小于99.99%,锌合金阳极化学成分应符合表 4 的规定。

表 4 锌合金阳极化学成分

元素	锌合金主要化学成分的质量分数/%	高纯锌合金主要化学成分的质量分数/%
Al	0.1～0.5	≤0.005
Cd	0.025～0.07	≤0.003
Fe	≤0.005	≤0.001 4
Pb	≤0.006	≤0.003
Cu	≤0.005	≤0.002
其他杂质	总含量≤0.1	—

4.3.8.2 镁合金阳极化学成分应符合表 5 的规定。

表5 镁合金阳极化学成分

元素	标准型主要化学成分的质量分数/%	镁锰型主要化学成分的质量分数/%
Mn	≥0.25	0.50～1.50
Al	5.0～7.0	≤0.05
Zn	2.0～4.0	≤0.03
Fe	≤0.005	≤0.03
Ni	≤0.003	≤0.002
Cu	≤0.08	≤0.02
Si	≤0.30	≤0.05
其他杂质	≤0.30	≤0.30
Mg	余量	余量

4.3.8.3 外加电流辅助阳极材料可选用高硅铸铁阳极、石墨阳极、钢铁阳极、导电聚合物柔性阳极和金属氧化物阳极。各阳极材料应符合相关标准的要求。

4.4 热力管道材料

4.4.1 工作管材

4.4.1.1 常用工作钢管和热力塑料工作管的材质及适用范围应符合表6的规定。

表6 供热管道材料及适用范围

材 料	设计参数	管壁厚度
Q235B	P≤2.5 MPa,T≤300 ℃	≤20 mm
L290、L360	T≤200 ℃	不限
20、Q345B、低合金钢	可用于本标准使用范围的全部参数	不限
耐热聚乙烯(PE-RTⅡ)、聚丁烯(PB)、钢塑复合管	P≤1.0 MPa,T≤75 ℃	详见附录A

4.4.1.2 工作钢管可采用无缝钢管、直缝钢管和螺旋缝钢管。钢管性能及尺寸公差应满足GB/T 8163、GB/T 9711和GB/T 3091的规定。

4.4.1.3 常用钢管的性能参数可按附录B选取。工作钢管可选用性能高于4.4.1.1的钢质材料,相应工作钢管壁厚应根据材料性能及管道受力情况重新计算,且所选用材料性能应满足相应规范的要求。

4.4.1.4 热力塑料工作管的性能参数可按附录A选取。

4.4.2 钢制管件

4.4.2.1 钢制管件的壁厚应符合设计规定,最小壁厚不应低于工作钢管直管的壁厚。

4.4.2.2 钢制管件应符合GB/T 12459和GB/T 13401的规定,热煨弯管管件应符合SY/T 5257的规定。工作钢管弯头应符合下列规定:

a) 不得使用由直管段做成的斜接缝弯头;

b) 弯头弯曲半径不宜低于1.5D。

4.4.2.3 带焊缝管道的热煨弯管应符合下列规定：

a) 应对热煨前后整个弯管的焊缝进行磁粉或渗透检测，并且进行100%超声检测。磁粉或渗透检测按照 NB/T 47013.4—2015 或 NB/T 47013.5—2015 执行，超声检测按照 NB/T 47013.3—2015 执行，均要求Ⅰ级合格。

b) 制作弯管的母管不应有对接的环焊缝，不应对母管管体进行补焊。

4.4.2.4 钢管焊制三通应对支管开孔进行补强，承受干管轴向荷载较大的直埋敷设管道，还应对三通干管进行补强。

4.4.2.5 异径管应采用压制或钢板卷制，且圆锥角不应大于20°。

4.4.3 钢制阀门

4.4.3.1 蒸汽管道和热水管道的阀门均应采用钢制阀门。

4.4.3.2 直埋热水管道阀门应采用能承受轴向荷载的钢制全焊接式球阀或三偏心双向密封蝶阀，旁通阀门应采用球阀。球阀性能应符合 GB/T 37827 的规定，蝶阀性能应符合 GB/T 37828 的规定。保温阀门应符合 GB/T 35842 的规定。

4.4.3.3 蒸汽管道阀门宜为无盘根的截止阀、闸阀或蝶阀，截止阀性能应符合 GB/T 12235 的规定，闸阀性能应符合 GB/T 12234 的规定，蝶阀性能应符合 GB/T 37828 的规定。

4.4.3.4 管道的放气阀和泄水阀应采用球阀，球阀性能应符合 GB/T 37827 的规定。

4.4.4 补偿器

4.4.4.1 波纹补偿器应符合 GB/T 12777 和 CJ/T 402 的要求。

4.4.4.2 套筒补偿器应符合 CJ/T 487 的规定。

4.4.4.3 旋转补偿器应符合 JB/T 12936 的规定。

4.4.4.4 球型补偿器应符合 GB/T 37261 的规定。

4.4.5 支、吊架

管道支、吊架的材料和质量应符合 GB/T 17116.1、GB/T 17116.2、GB/T 17116.3 的规定。

4.4.6 热力塑料工作管及管件

4.4.6.1 用于热水二级供热管网的塑料工作管可选用耐热聚乙烯(PE-RTⅡ)管道、聚丁烯(PB)管道、钢塑复合管道等。

4.4.6.2 耐热聚乙烯(PE-RTⅡ)管道及管件的外观、规格尺寸、性能等应符合 GB/T 28799.1、GB/T 28799.2、GB/T 28799.3 的规定。

4.4.6.3 聚丁烯(PB)管道及管件的外观、规格尺寸、性能等应符合 GB/T 19473.1、GB/T 19473.2、GB/T 19473.3 的规定。

4.4.6.4 钢塑复合管道的外观、规格尺寸、性能等应符合 GB /T 37263 的规定，管件应符合 HG/T 3707 的规定。

4.4.7 保温材料

4.4.7.1 直埋热水管道中硬质聚氨酯泡沫的性能应符合 GB/T 29047、GB/T 34611 的规定。

4.4.7.2 架空(管沟)热水管道的保温材料可选用聚氨酯硬质泡沫，也可选用高温玻璃棉、纳米孔气凝胶绝热材料、岩棉、矿渣棉、柔性泡沫橡塑等无机保温材料，并应符合下列规定：

a) 硬质聚氨酯泡沫的性能应符合 GB/T 29047 的规定；

b） 高温玻璃棉的外观和性能应符合 GB/T 13350 的规定；

c） 纳米孔气凝胶绝热材料的外观和性能应符合 GB/T 34336 的规定；

d） 绝热用岩棉、矿渣棉及其制品的外观和性能应符合 GB/T 11835 的规定；

e） 柔性泡沫橡塑绝热制品的外观和性能应符合 GB/T 17794 的规定。

4.4.7.3 蒸汽管道的保温材料可选用硅酸钙绝热制品、高温玻璃棉、纳米孔气凝胶绝热材料、岩棉等无机保温材料或聚氨酯硬质泡沫与无机保温材料组成的复合保温层，并应符合下列规定：

a） 硅酸钙绝热制品的外观和性能应符合 GB/T 10699 的规定；

b） 其他保温材料的外观和性能详见 4.4.7.2 中的 a）、b）、c）、d）。

4.4.8 外护管材料

4.4.8.1 直埋热水管道的外护材料应选用高密度聚乙烯或玻璃钢，高密度聚乙烯应符合 GB/T 29047、GB/T 34611 的规定，玻璃钢应符合 GB/T 38097 的规定。

4.4.8.2 直埋蒸汽管道的外护管应选用钢管。钢管应符合 GB/T 8163、GB/T 9711 和 GB/T 3091 的规定。

4.4.8.3 架空（管沟、综合管廊）管道的外护应根据敷设条件、环境条件选用合适的材料，可选用彩钢板、热镀锌钢板、不锈钢板、铝板等材料，并应符合下列规定：

a） 彩钢板应符合 GB/T 12754 的规定；

b） 热镀锌钢板应符合 GB/T 2518 的规定；

c） 不锈钢板应符合 GB/T 3280 的规定；

d） 铝板应符合 GB/T 3880 的规定。

4.4.9 预制保温管道

4.4.9.1 直埋热水管道应选用工作管、保温层及外护管三位一体的结构，且为工厂预制的保温管道，其设计寿命不应低于 30 年。预制保温管道应符合 GB/T 29047、GB/T 34611 和 GB/T 38097 的规定。

4.4.9.2 直埋预制保温塑料管道应符合 GB/T 37263 或 CJ/T 480 的规定。

4.4.9.3 架空（管沟、综合管廊）热水管道保温材料应符合 4.4.7.2 的规定，外护材料应符合 4.4.8.3 的规定。

4.4.9.4 直埋蒸汽管道应选用钢套钢结构的预制保温管道，其设计寿命不应低于 25 年。直埋蒸汽管道应符合 CJ/T 246 的规定。钢外护管真空复合保温预制直埋管及管件应符合 GB/T 38105 的规定。

4.4.9.5 架空（管沟、综合管廊）蒸汽管道保温材料应符合 4.4.7.3 的规定，外护材料应符合 4.4.8.3 的规定。

4.4.10 泄漏监测系统

直埋热水管网泄漏监测系统的设备和材料应符合 CJJ/T 254 的规定。

4.5 材料标记和质量证明文件

4.5.1 材料标记

4.5.1.1 材料标记应符合相应标准的规定和合同约定。

4.5.1.2 标记内容至少应包括制造厂标识、产品规格、工作管材质、壁厚、生产日期等。

4.5.1.3 材料应逐件标记，标记应清晰、牢固。

4.5.2 质量证明文件

4.5.2.1 材料应具有相应的质量证明文件。

4.5.2.2 质量证明文件应包括标准以及合同规定的检验和试验结果，且具有可追溯性。进口材料还应提供原产地证明文件，并应获得中国制造许可或型式试验验证等证明文件。

5 设计与计算

5.1 燃气管道设计

5.1.1 一般规定

5.1.1.1 管道输送的燃气质量应符合 GB 50494 和 GB 50028 的规定。

5.1.1.2 燃气组分的波动应符合燃气互换的要求。

5.1.1.3 管道输送压力下的燃气水露点应比输送条件下最低环境温度低 5 ℃，烃露点应低于最低环境温度，气体中硫化氢含量不应大于 20 mg/m³。

5.1.2 设计条件

5.1.2.1 设计压力

燃气管道的设计压力应根据上游气源条件、用户需要、工艺要求，经水力计算后综合确定，应不小于运行中可能出现的最大工作压力。必要时，还应附加满足事故工况分析和动态水力分析要求的安全裕量。

5.1.2.2 设计温度

设计温度应综合管道内介质温度、管道运行条件和环境条件确定。不同管道组成件的设计温度可以不同。

5.1.2.3 设计荷载

管道、管道附件、支撑固定件和支撑结构件，应根据管道结构形式、所处环境和运行条件，按下列可能同时出现的永久荷载、可变荷载和偶然荷载的组合后进行设计：

a) 永久荷载包括：
   1) 管道内压；
   2) 管道内介质重量；
   3) 管道及其附件、绝缘层、保温层、结构附件的重量；
   4) 横向和竖向的土压力；
   5) 管道内介质静压力和水浮力；
   6) 温度作用荷载以及静止流体由于受热膨胀而增加的应力；
   7) 连接构件相对位移而产生的作用力。

b) 可变荷载包括：
   1) 试压时的水重量；
   2) 架空管道上的冰荷载、雪荷载；
   3) 内部高落差或外部风、浪、水流等因素产生的冲击力；
   4) 车辆及行人等地面荷载；
   5) 清管荷载；
   6) 检修荷载；

7） 施工过程中的各种作用力。

c） 偶然荷载包括：

1） 地震荷载；

2） 振动和共振所引起的应力；

3） 冻土或膨胀土中的膨胀压力；

4） 地基沉降附加在管道上的荷载。

5.1.2.4 环境影响

环境温度小于0 ℃时，应考虑因表面冷凝、冰冻而引起的阀门、调压装置或排放管道故障，以及低温对管道系统材料选用的影响。

5.1.3 燃气管道设计要求

5.1.3.1 一般规定

5.1.3.1.1 燃气管道设计除应满足使用功能外，还应遵循安全、环保、节能、经济合理的原则。

5.1.3.1.2 管道的管径、流量及敷设位置、埋设深度等设计应符合GB 50494、GB 50028和GB/T 51098的规定。

5.1.3.1.3 设计所选用的管材及管件应符合国家相关标准和第4章的规定。

5.1.3.1.4 燃气管道与管道附件应具有承受设计压力和设计温度下的强度及密封性。

5.1.3.1.5 供气压力应稳定，系统压力变化应保持在允许的范围内。

5.1.3.1.6 敷设于抗震设防要求地区的燃气管道选材和管道构造等，应符合GB 50032和GB/T 50470的规定。

5.1.3.2 管线敷设

5.1.3.2.1 燃气管道宜采用埋地敷设；当受到条件限制时，局部地段可采用地上敷设；规划有综合管廊的地段宜设置在综合管廊内。

5.1.3.2.2 埋地燃气管道的埋设深度应根据管道所经地段的冻土深度、地面荷载、地形和地质条件、地下水深度、管道稳定性要求综合确定。

5.1.3.2.3 埋地管道的基础宜为原土层。凡可能引起管道不均匀沉降的地段，其基础应进行处理。

5.1.3.2.4 当埋地管道通过的地面坡度较大时，视土壤情况和坡长以及管道在坡上敷设的方向，应采取防止地面径流、渗水侵蚀和土体滑动影响管道安全的措施。

5.1.3.2.5 管道穿越河道，或在沼泽、水网地区敷设时，应进行管道抗浮计算，当管道覆土层不足以克服钢管浮力时，应采取稳管措施。

5.1.3.2.6 当管道穿(跨)越冲沟，或管道的一侧临近发育中的冲沟或陡坎时，应对冲沟的边坡、沟底和陡坎采取加固措施。

5.1.3.2.7 管道平面走向适应地形变化时，可采取弹性弯曲、冷弯管、热煨弯管等措施，并执行GB 50028的相关规定。

5.1.3.2.8 当钢管采用弹性弯曲敷设时，应符合下列要求：

a） 采用弹性弯曲敷设的管道其曲率半径应满足钢管的强度要求，且不应小于钢管外径的1 000倍。对于垂直面上弹性敷设管道的曲率半径尚应大于管道在自重作用下产生的挠度曲线的曲率半径，其曲率半径应按式(1)计算：

$$R \geqslant 3\ 600\sqrt[3]{\frac{1-\cos\frac{\alpha}{2}}{\alpha^4}D^2} \cdots\cdots(1)$$

式中:

R ——管道弹性弯曲曲率半径,单位为米(m);

D ——管道的外径,单位为厘米(cm);

α ——管道的转角,单位为度(°)。

b) 在相邻的反向弯曲管段之间应采用直管段连接,直管段长度不应小于钢管的外径,且不应小于 500 mm。

c) 当管道平面和竖向同时发生转角时,不宜采用弹性敷设。

5.1.3.2.9 热煨弯管和冷弯管不应使用褶皱弯和虾米弯,管道对接偏差不应大于 3°。

5.1.3.2.10 埋地管道穿越铁路、公路时,除应符合国家现行标准的有关规定外,还应符合下列规定:

a) 管道宜垂直穿越铁路、公路;

b) 当穿越铁路、高速公路和Ⅱ级及以上公路时,管道应敷设在套管或涵洞内;当采用定向钻方式穿越,并征得铁路或高速公路及公路有关部门同意时,可不加套管;

c) 当穿越电车轨道或城镇主要干道时,管道宜敷设在套管或管沟内,且管沟内应填满中性砂。

5.1.3.2.11 埋地管道与重力流管道、沟、涵、暗渠等交叉时,交叉处应加套管,或采取其他有效的防护措施。

5.1.3.2.12 在燃气管道及附属设施的保护和控制范围内,从事可能危及燃气管道的活动应执行GB 50494 的相关要求。钢制埋地管道与建构筑物、电缆或相邻管道之间的净距应执行 GB 50028 的相关规定,聚乙烯燃气管道与热力管道之间的净距应执行 CJJ 63 的相关规定。

5.1.3.2.13 燃气管道与交流电力线接地体的水平净距应执行 GB 50028 的相关规定。

5.1.3.2.14 抗震设计应符合下列要求:

a) 管道的抗震设计应按 GB/T 50470 和 GB 50032 的要求执行;

b) 对于一般埋地管道,当位于设计地震动峰值加速度大于或等于 0.20g 地区的管道,应进行抗拉伸和抗压缩校核;

c) 重要区段内的管道,应按 1.3 倍基本地震动峰值加速度及速度计算地震作用,且应采用罕遇地震动参数进行抗震校核。

5.1.3.2.15 管道防护工程在保护管道安全运行的同时,还应具有水土保持功能。其防护工程设计应满足 SY/T 6793 的要求。

5.1.3.2.16 管道的锚固应符合下列要求:

a) 管道沿高差较大陡坡敷设或在起伏较大区段敷设,应作管道纵向失稳校验,不满足要求时,应增加管道埋深或增设锚定装置;

b) 当管道的设计温度与安装温度之差影响管道的稳定性时,宜在管道的出土段、弯头、管径改变处以及管道和清管器收发筒装置连接处,根据计算采取管道锚固措施;

c) 设有绝缘接头的埋地管道,应在绝缘接头受力侧设置锚固墩。

5.1.3.2.17 埋地管道沿线应设置里程桩、转角桩、交叉桩和警示牌等永久性标志,并应符合

CJJ/T 153 的有关规定。

5.1.3.3　**阀室设置**

5.1.3.3.1　燃气管道的阀室设置应按 GB 50028 和 GB 50838 的规定执行。

5.1.3.3.2　管道沿线的大型穿跨越处，应增设阀室，中型穿跨越处、地质灾害敏感地段，宜增设阀室。

5.1.3.3.3　阀室宜设在交通便利、检修方便、工程地质条件较好的地方。

5.1.3.3.4　燃气管道阀门与管道连接不应设置导致结构不连续效应的波纹管调长器。

5.1.4　**埋地管道设计计算**

5.1.4.1　钢管壁厚计算应按式(2)～式(4)进行计算。设计压力小于或等于 1.6 MPa 的钢制燃气管道，最小公称壁厚应按 GB 50028 的规定执行。设计压力大于 1.6 MPa 的钢制燃气管道，直管段壁厚应按式(2)计算：

$$\delta=\frac{PD}{2\sigma_s \Phi F} \qquad (2)$$

式中：

δ ——钢管计算壁厚，单位为毫米(mm)；

P ——设计压力，单位为兆帕(MPa)；

D ——钢管外径，单位为毫米(mm)；

σ_s ——钢管的最小屈服强度，单位为兆帕(MPa)；

F ——强度设计系数，根据地区等级选取，见表 7；

Φ ——焊缝系数，当采用符合 GB/T 9711 的 PSL2 和 GB/T 8163 的钢管时，取 1.0。

弯管壁厚应按式(3)和式(4)计算：

$$\delta_b=\delta\times m \qquad (3)$$

$$m=\frac{4R-D}{4R-2D} \qquad (4)$$

式中：

δ_b——弯管的壁厚，单位为毫米(mm)；

δ ——弯管所连接直管段的计算壁厚，单位为毫米(mm)；

m ——弯管壁厚的增大系数；

R ——弯管的曲率半径，单位为毫米(mm)；

D ——弯管的外径，单位为毫米(mm)。

5.1.4.2　钢管的选用壁厚应根据管道的计算壁厚，并考虑管道直径偏差引起的对口焊接要求，按钢管产品规格中公称壁厚系列选取。

5.1.4.3　计算热煨弯管壁厚时，钢管如果是经冷加工又经加热处理，且加热温度高于 320 ℃，其屈服强度应取该管材最低屈服强度(σ_s)的 75%。

5.1.4.4　设计压力大于 1.6 MPa 燃气管道通过的地区，按沿线建筑物的密集程度划分为 4 个管道地区等级，并依据管道地区等级作出相应的管道设计。

5.1.4.5　地区等级划分及相应管道强度设计系数应符合下列规定：

a)　沿管道中心线两侧各 200 m 范围内，任意划分为 1.6 km 长并能包括最多供人居住的独立建筑物数量的地段，作为地区分级单元。

注：在多单元住宅建筑物内，每个独立住宅单元按一个供人居住的独立建筑物计算。

b) 管道地区等级应根据地区分级单元内建筑物的密集程度划分，并应符合下列规定：

1) 一级地区：有 12 个或 12 个以下供人居住的独立建筑物；

2) 二级地区：有 12 个以上 80 个以下供人居住的独立建筑物；

3) 三级地区：介于二级和四级之间的中间地区，有 80 个和 80 个以上供人居住的独立建筑物但不够四级地区条件的地区、工业区或距人员聚集的室外场所 90 m 内铺设管线的区域；

4) 四级地区：4 层或 4 层以上建筑物(不计地下室层数)普遍且占多数、交通频繁、地下设施多的城市中心城区(或镇的中心区域等)。

c) 地区的长度应按下列规定调整：

1) 四级地区垂直于管道的轴线距最近 4 层或 4 层以上建筑物不应小于 200 m；

2) 二、三级地区垂直于管道的边界线距该级地区最近建筑物不应小于 200 m。

d) 确定城镇燃气管道地区等级时，宜考虑该地区的城市规划发展情况。

e) 燃气管道的强度设计系数(F)见表 7。

表 7 燃气管道的强度设计系数

地区等级	强度设计系数 F
一级	0.72
二级	0.60
三级	0.40
四级	0.30

f) 穿越铁路、公路和人员聚集场所的管道的强度设计系数 F 见表 8。

表 8 穿越铁路、公路和人员聚集场所的钢制管道强度设计系数

<table>
<tr><td rowspan="3">管道及管段</td><td colspan="4">地区等级</td></tr>
<tr><td>一级</td><td>二级</td><td>三级</td><td>四级</td></tr>
<tr><td colspan="4">强度设计系数 F</td></tr>
<tr><td>有套管穿越Ⅲ、Ⅳ级公路的管道</td><td>0.72</td><td>0.6</td><td rowspan="5">0.4</td><td rowspan="5">0.3</td></tr>
<tr><td>无套管穿越Ⅲ、Ⅳ级公路的管道</td><td>0.6</td><td>0.5</td></tr>
<tr><td>有套管穿越Ⅰ、Ⅱ级公路、高速公路、铁路的管道</td><td>0.6</td><td>0.6</td></tr>
<tr><td>门站、调压站(箱)内管道及其上、下游各 200m 管道、截断阀室管道及其上、下游各 50m 管道(其距离从站和阀室边界线起算)</td><td>0.5</td><td>0.5</td></tr>
<tr><td>人员聚集场所的管道</td><td>0.4</td><td>0.4</td></tr>
</table>

5.1.4.6 受约束的埋地直管段轴向应力计算和当量应力校核如下：

a) 由内压和温度引起的轴向应力应按式(5)和式(6)计算：

$$\sigma_L = \nu\sigma_h + E\alpha(t_1 - t_2) \quad \cdots\cdots(5)$$

$$\sigma_h = \frac{Pd}{2\delta} \quad \cdots\cdots(6)$$

式中：

σ_L——管道的轴向应力，拉应力为正，压应力为负，单位为兆帕(MPa)；

ν ——泊松比，取 0.3；

σ_h——由内压产生的管道环向应力，单位为兆帕(MPa)；

P ——管道设计压力，单位为兆帕(MPa)；

δ ——管道公称壁厚，单位为厘米(cm)；

d ——管道内径，单位为厘米(cm)；

E ——钢材弹性模量，单位为兆帕(MPa)；

α ——钢材线膨胀系数，单位为米每米开尔文[m/(m·K)]；

t_1 ——管道下沟回填时的温度，单位为摄氏度(℃)；

t_2 ——管道的工作温度，单位为摄氏度(℃)。

b) 受约束热胀直管段，按最大剪应力强度理论计算当量应力，并应满足式(7)的要求：

$$\sigma_e = \sigma_h - \sigma_L < 0.9\sigma_s \quad \cdots\cdots(7)$$

式中：

σ_e——当量应力，单位为兆帕(MPa)；

σ_s——钢管的最小屈服强度，单位为兆帕(MPa)。

5.1.4.7 管道径向稳定性校核应按式(8)～式(10)进行计算。对于无套管穿越公路、穿越用钢套管以及管道埋设较深或外荷载较大时，应按无内压状态校核稳定性：

$$\Delta x = \frac{ZKWD_m^3}{8EI + 0.061E_sD_m^3} \quad \cdots\cdots(8)$$

$$W = W_1 + W_2 \quad \cdots\cdots(9)$$

$$I = \frac{\delta_n^3}{12} \quad \cdots\cdots(10)$$

式中：

Δx ——钢管径向最大变形量，单位为米(m)，$\Delta x = 0.03D$；

D ——管道外径，单位为米(m)；

D_m ——钢管平均直径，单位为米(m)；

W ——作用在单位管长上的总竖向荷载，单位为牛每米(N/m)；

W_1 ——单位管长上的竖向永久荷载，单位为牛每米(N/m)；

W_2 ——地面可变荷载传递到管道上的荷载，单位为牛每米(N/m)；

Z ——钢管变形滞后系数，宜取 1.5；

K ——基床系数，对于公用管道工程，取 0.103；

E ——管材弹性模量，单位为帕(Pa)；

I ——单位管长截面惯性矩，单位为四次方米每米(m^4/m)；

δ_n ——钢管公称壁厚，单位为米(m)；

E_s ——土壤变形模量，单位为帕(Pa)，取 2.8×10^6。

5.1.4.8 受内压和温差共同作用下弯头的组合应力，按 GB 50251—2015 附录 C 进行计算。

5.1.4.9 与没有约束直管连接的管道附件，其承受热胀强度校核按 GB 50251—2015 附录 E 进行计算。

5.1.5 穿跨越管道设计计算

5.1.5.1 一般规定

5.1.5.1.1 燃气管道通过河流可采用河底穿越、管桥跨越和利用道路桥梁跨越的形式，并应符合CJJ/T 250的有关规定。

5.1.5.1.2 穿越铁路、公路和人员聚集场所的钢质管道强度设计系数，应符合表 8 的规定。

5.1.5.1.3 燃气管道穿越河底时，还应符合下列要求：

a) 设计压力大于 0.4 MPa 的燃气管道应采用钢管，穿越位置应结合工程条件确定，避免水流下切扰动区段穿越，宜垂直穿越河流；
b) 燃气管道至河床的覆土厚度，应根据水流冲刷条件及规划河床确定，对不通航的河流不应小于 0.5 m；对通航的河流不应小于 1.0 m，还应考虑疏浚和投锚深度；
c) 稳管措施应根据计算确定；
d) 在埋设燃气管道位置的河流两岸上、下游应设立标志。

5.1.5.1.4 当利用道路桥梁跨越河流时，应符合下列要求：

a) 随桥梁跨越河流的燃气管道输送压力不应大于 0.4 MPa；
b) 敷设于桥梁上的燃气管道应采用加厚的无缝钢管或焊接钢管，尽量减少焊缝；
c) 跨越通航河流的燃气管道的管底标高应符合通航净空的要求，管架外侧应设置护桩；
d) 燃气管道与随桥梁敷设的其他管道的间距应符合 CJJ/T 250 的有关规定；
e) 对燃气管道采取必要的热补偿和减震措施；
f) 随桥梁敷设的燃气管道应采用较高等级的防腐保护，当连接的埋地燃气管道为钢管并进行阴极保护时，应根据阴极保护需要设置绝缘装置；
g) 跨越河流的燃气管道的支座(架)材料的耐火极限不应低于 1.00 h；
h) 应采取有效技术措施避免桥梁不均匀沉降对燃气管道的影响和燃气管道热膨胀对桥梁的影响。

5.1.5.1.5 管道穿跨越位置应经规划、河道、铁路、公路等相关管理部门同意批复，按主管部门的要求进行相关评价后再进行穿跨越设计。

5.1.5.1.6 穿越高铁、电气化铁路、城市轨道交通时，应采取防止杂散电流腐蚀的措施，并确保有效。

5.1.5.2 开挖穿越设计计算

5.1.5.2.1 开挖穿越河渠段的燃气管道埋深，应经河道管理部门同意，根据水流冲刷条件及规划河床确定，并符合 5.1.5.1 的规定。

5.1.5.2.2 水下穿越管段敷设后，不应发生管段漂浮和位移，当管段抗漂浮或抗位移的稳定性核算不满足要求时，应采取稳管措施。抗漂浮或抗位移的稳定性宜按式(17)进行核算。

5.1.5.2.3 穿越管段钢管许用应力应按式(11)计算：

$$[\sigma]=\eta F\Phi K_{t}\sigma_{s} \qquad (11)$$

式中：

$[\sigma]$——钢管许用应力，单位为兆帕(MPa)；

η ——钢管许用应力提高系数,运营阶段工况取 1.0,施工阶段工况(包括试压工况)取 1.3;

F ——管道强度设计系数,应按表 8 采用;

Φ ——钢管焊缝系数,符合 5.1.4.1 规定的钢管,取 1.0;

K_t ——温度折减系数,当温度小于 120 ℃时,取 1.0;

σ_s ——钢管的最小屈服强度,单位为兆帕(MPa)。

5.1.5.2.4 穿越管段强度验算应根据作用效应组合分别计算轴向应力、环向应力和弯曲应力,对各工况的单项应力代数和、当量应力按下列规定分别进行核算:

a) 内压产生的环向应力按式(6)计算。

b) 内压与温度变化产生的轴向应力分别按式(12)和式(5)计算:

当管段轴向变形不受约束时:

$$\sigma_L = 0.5\sigma_h \qquad \cdots\cdots (12)$$

当管段轴向变形受约束时,按式(5)计算。

c) 弹性敷设产生的弯曲应力按式(13)计算:

$$\sigma_b = \pm \frac{ED}{2R} \qquad \cdots\cdots (13)$$

式中:

σ_b——管段钢管的弯曲应力,单位为兆帕(MPa)。

5.1.5.2.5 其他作用引起的环向应力、轴向应力和弯曲应力,应根据实际可能发生的情况进行计算。

5.1.5.2.6 穿越管段各单项应力、当量应力核算应满足式(14)~式(16)的要求:

$$\sum\sigma_L \leqslant [\sigma] \qquad \cdots\cdots (14)$$

$$\sum\sigma_h \leqslant [\sigma] \qquad \cdots\cdots (15)$$

$$\sigma_e = \sum\sigma_h - \sum\sigma_L \leqslant 0.9\sigma_s \qquad \cdots\cdots (16)$$

式中:

$\sum\sigma_L$ ——各作用产生的轴向应力代数和,单位为兆帕(MPa);

$\sum\sigma_h$ ——各作用产生的环向应力代数和,单位为兆帕(MPa);

σ_e ——穿越管段钢管的当量应力,单位为兆帕(MPa)。

开挖穿越管段应按式(17)进行抗漂浮稳定性核算:

$$W_1 \geqslant KF_s \qquad \cdots\cdots (17)$$

式中:

W_1——单位长度管段总重力(包括管身结构自重、加重层重、设计洪水冲刷线至管顶的土重,不含管内介质重),单位为牛每米(N/m);

K ——稳定安全系数,大中型穿越工程取 1.2,小型穿越工程取 1.1;

F_s ——单位长度管段静水浮力,单位为牛每米(N/m)。

对于下凹形竖向弹性敷设穿越管段,W_1 应减去按式(1)、式(18)~式(20)计算的管段向上的弹性抗力。

$$q = \frac{384EIf_e}{5L^4} - 0.024\ 661\ 5(D-\delta)\delta \qquad \cdots\cdots (18)$$

$$I=\frac{\pi}{64}(D^4-d^4) \qquad \cdots\cdots(19)$$

$$f_e=R-\sqrt{R^2-\frac{L^2}{4}} \qquad \cdots\cdots(20)$$

式中：

q ——弹性敷设管段单位长度抗力，单位为牛每米(N/m)；

E ——钢管弹性模量，单位为帕(Pa)；

I ——钢管截面惯性矩，单位为四次方米(m^4)；

f_e ——弹性敷设的矢高，单位为米(m)；

L ——弹性敷设起点与终点间的水平长度，单位为米(m)；

D ——钢管外径，单位为米(m)；

δ ——钢管壁厚，单位为米(m)；

d ——钢管内径，单位为米(m)；

R ——管段弹性敷设设计曲率半径，单位为米(m)，不应小于1 000D_s。

5.1.5.3 **定向钻穿越设计**

5.1.5.3.1 定向钻穿越铁路、河流、公路等的埋深，应符合相关管理部门的规定。

5.1.5.3.2 定向钻穿越入、出土角应根据穿越长度、穿越管段埋深、穿越管径、弹性敷设条件、地形条件，按GB 50423和CJJ/T 250的相关规定确定。

5.1.5.3.3 采用定向钻穿越河流防洪堤坝时，不应危及堤坝的安全。应根据穿越场地地质条件采取回灌固孔措施，防止管涌控制堤坝和地面沉降。

5.1.5.3.4 定向钻穿越段管道防腐层设计、施工及检验宜按照SY/T 7368执行。定向钻穿越段回拖前应对防腐层及补口进行质量检测，穿越完成后应对防腐层性能进行评价；对定向钻穿越段实施阴极保护，并纳入管线阴极保护系统中。

5.1.5.3.5 定向钻穿越管段在扩孔回拖时，应按式(21)～式(25)进行空管在泥浆压力作用下的径向屈曲稳定核算：

$$P_s \leqslant F_d \cdot P_{yp} \qquad \cdots\cdots(21)$$

$$P_{yp}^2-\left[\frac{\sigma_s}{m}+(1+6mn)P_{er}\right]P_{yp}+\frac{\sigma_s P_{er}}{m}=0 \qquad \cdots\cdots(22)$$

$$m=\frac{D}{2\delta} \qquad \cdots\cdots(23)$$

$$n=\frac{f_0}{2} \qquad \cdots\cdots(24)$$

$$P_{er}=\frac{2E\left(\frac{\delta}{D}\right)^3}{1-\nu^2} \qquad \cdots\cdots(25)$$

式中：

P_s ——泥浆压力，取1.5倍泥浆静压力或回拖施工时的实际动压力，单位为兆帕(MPa)；

F_d ——穿越管段径向屈曲稳定设计系数，按0.6选取；

P_{yp} ——穿越管段所能承受的极限外压力，单位为兆帕(MPa)；

P_{er} ——钢管弹性变形临界压力，单位为兆帕(MPa)；

σ_s ——钢管屈服强度,单位为兆帕(MPa);

D ——钢管外径,单位为米(m);

δ ——钢管壁厚,单位为米(m);

f_0 ——钢管椭圆度,以百分比(%)表示,取1%;

E ——钢管弹性模量,单位为兆帕(MPa)。

5.1.5.4 隧道穿越设计

5.1.5.4.1 顶管法、盾构法隧道埋深应根据地面环境、地下设施、工程地质和水文地质条件、设备特性等按 GB 50423 和 CJJ/T 250 的相关规定确定,并应满足隧道抗浮稳定性要求。

5.1.5.4.2 矿山法隧道穿越宜选择在稳定的地层中,不宜穿越工程地质和水文地质复杂以及溶洞、暗河、煤矿采空区等不良地层段。

5.1.5.4.3 隧道净空尺寸应满足管道建筑限界、隧道施工、管道安装及运营维护等要求。

5.1.5.4.4 顶管法隧道应进行顶进套管允许顶力验算、顶进套管强度、稳定性验算、钢套管变形验算、混凝土套管裂缝宽度验算及顶管总顶力和中继站数量估算。

5.1.5.4.5 盾构法隧道应进行管片主体承载力及接头连接计算、千斤顶推力验算、壁后注浆压力验算、管片裂缝宽度验算、管片环及接头变形验算。

5.1.5.4.6 矿山法隧道应设衬砌,衬砌结构型式、设计参数应按照围岩级别、水文地质条件、埋置深度、隧道断面、施工条件等,应按 GB 50423 和 GB 50086 通过工程类比和结构计算确定。

5.1.5.5 水工保护设计

5.1.5.5.1 河流护岸工程设计应符合下列要求:

a) 可能受水流淘刷或冲蚀威胁的穿越管段,应满足水流顺畅,不产生集中冲刷的要求。为保持岸坡稳定,应修筑护坡工程。

b) 防护工程的设计洪水位宜与穿越工程相同,护岸顶应高出设计洪水位(包括浪高和壅水)0.5 m。若堤岸顶低于设计洪水位,护岸宜至堤顶。

c) 防护工程和基础底埋深要求在水床面下 1 m~2 m,同时应满足设计冲刷线下 1.0 m 和冰冻线下 0.3 m 的要求。

d) 护坡(岸)顺水流方向长度,应根据实地水流形态、岸坡地质条件及管沟开挖宽度确定,且不应小于 5 m。

e) 管道穿越黄土冲沟时,应根据当地水土保持部门的要求进行防护设计。

5.1.5.5.2 隧道洞口防护设计应符合下列要求:

a) 隧道、明洞的洞口应设置截水沟和排水沟,水量可根据现场调查结论。排水沟应接至天然排水处。

b) 多雨地区,宜采取措施防止洞口仰坡范围内地表水下渗的冲刷。

c) 洞外路堑的水不宜流入隧道,当出洞方向路堑为上坡时,宜将洞外侧沟做成与隧道坡度相反,且不宜小于 0.2%的坡度。

5.1.5.6 跨越工程设计

5.1.5.6.1 随桥梁外挂敷设时,跨越结构型式应根据桥梁形式、桥梁跨度、管径、航运、水文地质及工程地质条件等确定。当采用自建管桥或自承式跨越时,应符合国家相关结构设计规范的要求。

5.1.5.6.2 跨越管两端需锚固设计时,应满足地基承载力、变形、稳定性要求。

5.1.5.6.3 跨越管段钢管许用应力应按式(11)计算。

5.1.5.6.4 跨越管段强度验算应根据作用效应组合分别计算环向应力、轴向应力、弯曲应力和剪应力,对各工况的当量应力按下列规定进行核算:

a) 管道输送介质内压引起的环向应力应按式(6)计算。

b) 管道输送介质内压引起的轴向应力应按式(5)计算。

c) 荷载效应引起的弯曲应力应按式(26)计算:

$$\sigma_{L2}=\frac{M}{W} \qquad \cdots\cdots(26)$$

式中:

σ_{L2}——桥面荷载效应组合引起的弯曲应力,单位为兆帕(MPa);

M——桥面荷载效应组合产生的弯矩,单位为牛毫米(N·mm);

W——管道净截面抗弯矩,单位为三次方毫米(mm^3)。

d) 管道弯曲变形引起的轴向应力应按式(27)计算:

$$\sigma_{L3}=\frac{4EDf}{L^2+4f^2} \qquad \cdots\cdots(27)$$

式中:

σ_{L3}——管道悬垂引起的轴向应力,单位为兆帕(MPa);

E——钢材弹性模量,单位为兆帕(MPa);

D——管道外径,单位为毫米(mm);

f——矢高,单位为毫米(mm);

L——跨度水平长度,单位为毫米(mm)。

e) 跨越结构应进行温度补偿,补偿后的温度应力应按式(28)计算:

$$\sigma_{Lt}=\frac{F_t}{A} \qquad \cdots\cdots(28)$$

式中:

σ_{Lt}——温度变化引起的轴向应力,单位为兆帕(MPa);

F_t——温度变化引起的弹性力,单位为牛(N);

A——管道截面面积,单位为平方毫米(mm^2)。

f) 两端固定管道的温度应力应按式(29)计算:

$$\sigma_{Lt}=\alpha E\Delta t \qquad \cdots\cdots(29)$$

式中:

σ_{Lt}——温度变化引起的轴向应力,单位为兆帕(MPa);

α——钢管线膨胀系数,单位为米每米开尔文[m/(m·K)];

E——钢材弹性模量,单位为兆帕(MPa);

Δt——温差,单位为摄氏度(℃)。

g) 管道最大剪应力应按式(30)计算:

$$\tau_{max}=\frac{2V}{A} \qquad \cdots\cdots(30)$$

式中：

τ_{max}——管道剪切引起的最大剪应力，单位为兆帕(MPa)；

V ——管道剪力，单位为牛(N)；

A ——管道截面面积，单位为平方毫米(mm^2)。

h) 当量应力应按式(31)计算：

$$\sigma_e = \sqrt{\sigma_x^2 + \sigma_y^2 - \sigma_x \sigma_y + 3\tau_{xy}^2} \quad \cdots\cdots (31)$$

式中：

σ_e ——跨越管段钢管的当量应力，单位为兆帕(MPa)；

σ_x、σ_y——X、Y 方向的应力，单位为兆帕(MPa)；

τ_{xy} ——XY 平面上的剪应力，单位为兆帕(MPa)。

i) 跨越管段当量应力应满足式(32)的要求：

$$\sigma_e \leqslant [\sigma] \quad \cdots\cdots (32)$$

式中：

$[\sigma]$——许用应力，单位为兆帕(MPa)。

5.1.6 管道补偿和应力分析

5.1.6.1 一般规定

5.1.6.1.1 管道补偿应根据压力、温度、管内介质特性、运行工况及敷设条件确定补偿方式。管道补偿应优先采用自然补偿，当自然补偿不能满足时，应优先采用无结构不连续效应的补偿器。

5.1.6.1.2 管道应力分析和计算宜根据运行中正常工况与其他工况的耦合和可能出现的极端工况等条件确定。

5.1.6.1.3 当进行管道应力分析和计算时，宜对整个管道系统按 GB/T 34275 给出的方法进行计算。

5.1.6.2 架空管道的热变形

架空管道的热变形计算按照 GB/T 32270—2015 中 6.4.2 的规定执行。

5.1.7 管道腐蚀控制

5.1.7.1 一般规定

5.1.7.1.1 钢质燃气管道应进行外涂层处理，采用挤压聚乙烯防腐层材料应符合 GB/T 23257 的规定。

5.1.7.1.2 新建钢质埋地管道应采用外涂层辅以阴极保护的腐蚀控制措施，仅有外涂层保护的在役管道宜追加阴极保护系统。

5.1.7.1.3 处于强干扰腐蚀地区的管道，应采取防干扰保护措施。

5.1.7.2 腐蚀控制设计

腐蚀控制设计应符合 CJJ 95、GB/T 21447、GB/T 21448、SY/T 6784 和 SY/T 7368 的有关规定。

5.1.7.3 管道阴极保护系统

5.1.7.3.1 管道阴极保护系统宜按下列设计原则进行：

a) 城镇燃气埋地钢质管道(以下简称管道)应依据敷设方式和敷设土壤环境因素采用适

宜的外涂层,保证阴极保护系统的有效性和经济性。

b) 管道运行期间阴极保护不应间断。

c) 处于杂散电流干扰腐蚀区域的管道,经确认需采取排流措施后,应根据干扰腐蚀的状况,及时采取适当的保护措施。

d) 实施阴极保护的管道应与其他金属构筑物电绝缘。除非阴极保护系统将其纳入,且有充分的保护电流提供给其他金属构筑物,经测试确认需保护的管道已符合阴极保护准则的要求。

e) 管道阴极保护系统设计应考虑高温、防腐层剥离、隔热保温层、屏蔽、细菌侵蚀及电解质的异常污染等特殊条件。

f) 阴极保护工程应与主体工程同时勘察、设计、施工和投运。当阴极保护系统在管道埋地三个月内不能投运时,应采取临时阴极保护措施保护管道;在强腐蚀性土壤环境中,应在管道埋地时施加临时阴极保护措施;临时阴极保护措施应维持至永久阴极保护系统投运;对于受到直流杂散电流干扰影响的管道,阴极保护系统及排流保护措施应在三个月之内投运。

5.1.7.3.2 阴极保护系统方式的确定应考虑下列因素:

a) 有无经济便利的电源;

b) 被保护管道所需保护电流密度;

c) 与周围地下金属构筑物的相互影响;

d) 土壤环境的腐蚀性;

e) 技术、经济、实施的可行性;

f) 管道敷设的地理位置、交通状况、建筑密度和人员密度;

g) 对生物安全和土壤环境的影响。

5.1.7.3.3 牺牲阳极材料应能持续提供管道所需的保护电流,总质量应满足阴极保护系统设计寿命要求,阳极利用系数一般取 0.8,牺牲阳极电缆应通过测试装置与管道实现电连接。

5.1.7.3.4 应分析阳极及填料对环境的不利影响。对于锌合金阳极,当土壤电阻率大于 50 Ω·m 时,应现场试验确认其有效性;对于镁合金阳极,当土壤电阻率大于 100 Ω·m 时,应现场试验确认其有效性。

5.1.7.3.5 外加电流阴极保护设计:

a) 电源设备应使用市电或所在站场稳定可靠的交流或直流电源。

b) 电源设备的输出电压不宜超过 50 V。

c) 深井阳极地床的设计、安装、运行与维护应符合 SY/T 0096 的规定。浅埋阳极地床可采用水平式或立式,在非永冻土地区,辅助阳极应安装在冻土层下,埋深不宜小于 1 m;在永冻土地区,辅助阳极应安装在岛状冻土之间的非永冻土层或冻融地层内。

d) 辅助阳极材料可选用高硅铸铁阳极、石墨阳极、钢铁阳极、导电聚合物阳极和金属氧化物阳极等。材料特性见第 4 章。

5.1.7.3.6 阴极保护准则应符合 GB/T 21448 的要求。

5.1.7.3.7 阴极保护管道应与非保护金属结构、公共或厂区接地系统、工艺站场内管道、非阴极保护的管道和钢质套管等金属结构电绝缘。在爆炸危险区,应采用防爆电绝缘装置。电绝缘装置安装位置和安装原则应符合 GB/T 21448 的要求。

5.1.7.3.8 阴极保护管道在杂散电流干扰区域可安装电绝缘装置分段隔离。电绝缘无法实现时,阴极保护设计应提供足够的阴极保护电流和有效的电流分布。

5.1.7.3.9 绝缘接头和绝缘法兰应设置防电涌保护器。防电涌保护器设置不应影响绝缘接头或绝缘法兰的性能。电涌保护器的选型与安装应符合 GB/T 21448 的要求。

5.1.7.3.10 阴极保护管道应具有良好的电连续性。电连续性跨接可设置在电绝缘装置两侧,对于非焊接钢制管道,电连续性跨接应设置在管道接头处。

5.1.7.3.11 所有接地设施不应对阴极保护系统造成不利影响。

5.1.7.3.12 阴极保护测试装置应与阴极保护系统同步安装。测试与监测装置的安装位置及安装原则应符合 GB/T 21448 的要求。

5.1.7.3.13 直流干扰电流的判断规则、防护措施、效果评定应符合 GB 50991 的规定。交流干扰电流的判断规则、防护措施、效果评定应符合 GB/T 50698 的规定。

5.2 热力管道设计

5.2.1 设计条件和设计准则

5.2.1.1 设计条件

5.2.1.1.1 管道设计应根据设计压力、设计温度及管内介质特性等工艺条件,并结合环境、荷载等综合条件进行。

5.2.1.1.2 管道组成件的设计压力,不应低于运行中可能出现的最大工作压力,且应不小于管内介质静止时的静态压力。必要时,还应附加事故工况分析和动态水力分析要求的安全裕量。

5.2.1.1.3 设计压力确定原则应符合下列规定:

a) 装有安全泄放装置的管道,其设计压力不应小于安全泄放装置的设定压力;

b) 热水管道的设计压力,不应小于循环水泵最大出口压力加上地形高差产生的静水压力;

c) 蒸汽管道的设计压力,不应小于锅炉、汽轮机抽(排)汽口、减温减压装置(排)汽口的最大工作压力;

d) 凝结水管道的设计压力,不应小于用户凝结水泵最高出水压力加上地形高差产生的静水压力;

e) 直埋蒸汽管道外护管计算压力取 0.2 MPa。

5.2.1.1.4 设计温度确定原则应符合下列规定:

a) 管道组成件的设计温度,不应小于运行中可能出现的最大工作温度;

b) 热水管道的设计温度,不应小于供热系统设计供水温度;

c) 蒸汽管道的设计温度,不应小于锅炉、汽轮机抽(排)汽口、减温减压装置(排)汽口的最高工作温度;

d) 凝结水管道的设计温度,不应小于用户凝结水箱最高温度;

e) 管道工作循环最低温度,对于全年运行的管道,地下敷设时应取 30 ℃,地上敷设时应取 15 ℃;对于只在供暖期运行的管道,地下敷设时应取 10 ℃,地上敷设时应取 5 ℃;

f) 非金属材料衬里的管道,设计温度宜按介质的最高温度确定;

g) 直埋蒸汽管道外护管计算最高温度取 95℃,计算安装温度取安装时当地的最低温度。

5.2.1.2 设计准则

5.2.1.2.1 管道组成件的压力-温度等级除用设计压力和设计温度表示外,还可用公称压力表示。

5.2.1.2.2 管道组成件公称压力的选用应符合 GB/T 1048 的有关规定。

5.2.1.2.3 热水管道和凝结水管道在设计温度下的最大允许工作压力,应不大于公称压力。

5.2.1.2.4 蒸汽管道在设计温度下的最大允许工作压力,应符合相关标准规定的压力-温度额定值。

5.2.1.2.5 对于只标明公称压力的管件,除另有规定外,在设计温度下的允许工作压力应按式(33)进行计算:

$$P_t = K_{PN} \times PN \frac{[\sigma]^t}{[\sigma]^s} \quad \cdots\cdots(33)$$

式中:

P_t ——在设计温度下的允许工作压力,单位为兆帕(MPa);

K_{PN} ——系数,$K_{PN}=0.1$ MPa;

PN ——公称压力;

$[\sigma]^t$ ——在设计温度下材料的许用应力,单位为兆帕(MPa);

$[\sigma]^s$ ——公称压力对应的基准应力,是指材料在指定某一温度下的许用应力,单位为兆帕(MPa)。

5.2.1.3 许用应力

5.2.1.3.1 管道及管件用钢材的许用应力,应根据钢材的有关强度特性取下列三项中的最小值:

$$\frac{R_m^{20}}{3}, \frac{R_{eL}^t}{1.5} \text{或} \frac{R_{p0.2}^t}{1.5}, \frac{\sigma_D^t}{1.5} \quad \cdots\cdots(34)$$

式中:

R_m^{20} ——钢材在 20 ℃时的抗拉强度最小值,单位为兆帕(MPa);

R_{eL}^t ——钢材在设计温度下的下屈服强度最小值,单位为兆帕(MPa);

$R_{p0.2}^t$ ——钢材在设计温度下 0.2%规定非比例延伸强度最小值,单位为兆帕(MPa);

σ_D^t ——钢材在设计温度下 10^5 h 持久强度平均值,单位为兆帕(MPa)。

5.2.1.3.2 许用应力应符合下列规定:

a) 材料的许用应力系指许用拉应力,焊接管道和焊接管件采用许用应力时,应另外按表 9 计入焊接接头系数;

b) 许用剪切应力为许用应力的 0.8 倍;

c) 压缩许用应力应符合结构稳定性的要求,且不大于拉伸许用应力。

表 9 纵向焊接接头系数

序号	接头型式	检测比例	系数
1	单面焊(无填充金属)	按产品标准检测	0.85
		100%射线或超声检测[a]	1.00
2	单面焊(有填充金属)	按产品标准检测	0.80
		100%射线或超声检测[a]	1.00

表9(续)

序号	接头型式	检测比例	系数
3	双面焊(无填充金属)	按产品标准检测	0.90
		100%射线或超声检测[a]	1.00
4	双面焊(有填充金属)	按产品标准检测	0.90
		100%射线或超声检测[a]	1.00
[a] 射线检测、超声检测应符合第7章或相应的材料标准的要求。			

5.2.2 管道组成件的选用

5.2.2.1 一般规定

5.2.2.1.1 管道组成件应根据管道系统内介质的性质、各种可能出现的运行工况、外部环境、材料的使用性能和工艺性能以及经济性等综合因素选用。

5.2.2.1.2 按照本标准中所列的有关标准制造的采用焊接连接、法兰连接的管道组成件均可用于管道系统。但其材料、压力和温度都应符合本标准的规定。弯头、弯管、支管连接、封头和异径管等材料的选用宜与所连接的管道材料一致。

5.2.2.1.3 对于本标准所列标准中未包括的管道组成件应同时符合5.2.3的规定,方可采用。

5.2.2.1.4 在管道系统中,管道组成件的连接形式宜采用对接焊接。

5.2.2.1.5 弯头、弯管、支管连接、异径管、封头、法兰盖的强度计算应符合5.2.3的规定。

5.2.2.1.6 管道及管件的最小壁厚或厚度应符合5.2.3的规定。

5.2.2.2 管道

管道材料的选用应符合4.4.1的规定。

5.2.2.3 弯头

弯头宜采用长半径弯头,弯头曲率半径根据应力计算确定,并应符合4.4.2的规定。

5.2.2.4 弯管

5.2.2.4.1 弯管曲率半径应根据应力计算确定,并应符合4.4.2的规定。

5.2.2.4.2 弯管制作应按照GB/T 32270—2015中7.3.4执行。

5.2.2.5 支管连接

5.2.2.5.1 支管连接宜优先采用预制三通。

5.2.2.5.2 支管连接在满足补强要求的前提下可采用直管开孔连接。

5.2.2.5.3 除直埋敷设热水管道外,支管连接的强度计算(补强)方法可采用等面积补偿法和压力面积法,并应考虑内压和温度变形的作用。

5.2.2.6 异径管

5.2.2.6.1 异径管宜采用钢管模压型式。

5.2.2.6.2 热水管道宜采用同心异径管。

5.2.2.6.3 蒸汽管道宜采用偏心异径管。

5.2.2.7 封头、法兰盖

5.2.2.7.1 适用于本标准的管道可采用平焊封头。

5.2.2.7.2 法兰盖的型式选用应符合 GB/T 9124.1 的规定，法兰盖的材料选用应符合 GB/T 32270—2015 表 A.1 中规定的温度范围，并应符合 5.2.2.9 的规定。

5.2.2.8 阀门

5.2.2.8.1 阀门应根据管道的设计温度、设计压力、介质性质和管道系统对阀门的功能要求选择，应考虑外部荷载对阀门操作性能和密封性能的影响。

5.2.2.8.2 阀门应按相应标准规定的压力-温度等级选用。

5.2.2.8.3 连接不同压力等级管道的阀门、法兰等管道组成件，应按压力等级高的选用。

5.2.2.8.4 热水管道应采用双向密封阀门，阀门的泄漏等级应符合 GB/T 37827 和 GB/T 37828 的规定。

5.2.2.8.5 当开启阀门前需预热主管线或用于平衡阀门两侧压力以便于阀门操作时，需设置旁通阀。

5.2.2.9 法兰

5.2.2.9.1 法兰应符合 GB/T 9124.1 中关于压力-温度等级的规定。

5.2.2.9.2 连接不同压力等级管道的法兰应按高等级选用。

5.2.2.9.3 管道法兰型式的选择除应符合 GB/T 9124.1、GB/T 13402 等相关标准的规定外，并应满足下列要求：

a) 设计温度大于 300℃的管道，宜选用对焊法兰；设计温度在 300℃及以下且公称压力小于或等于 PN25 的管道，宜选用带颈平焊法兰，也可选用板式平焊法兰；

b) 带颈平焊法兰应采用突面(RF)型式。

5.2.2.9.4 法兰的材料选用应采用符合 GB/T 32270—2015 表 A.1 中规定的温度范围。

5.2.2.9.5 当需要选配特殊法兰时，除应核对接口法兰的尺寸外，还应按本标准及相关标准进行计算，保证所选用的法兰厚度不小于连接管道公称压力下国家标准法兰的厚度。

5.2.2.10 垫片

5.2.2.10.1 垫片应根据流体性质、使用温度、压力以及法兰密封面等因素选用，垫片的密封荷载应与法兰的压力等级、密封面型式、表面粗糙度和紧固件相适应。

5.2.2.10.2 设计温度大于 300 ℃的管道，宜选用柔性石墨金属缠绕式垫片，并应符合 GB/T 4622.1、GB/T 4622.2、GB/T 4622.3 和 GB/T 13403 等相关标准的规定；设计温度小于 300 ℃时，可选用非金属垫片。

5.2.2.11 紧固件

5.2.2.11.1 六角头螺栓、等长双头螺柱、螺母和垫圈等紧固件的选用应符合 GB/T 150 和 GB/T 9125 等相关标准的规定。

5.2.2.11.2 法兰紧固件选用应符合下列规定：

a) 紧固件应符合预紧及设计参数下垫片的密封要求；

b) 高温条件下使用的紧固件应与法兰材料具有相近的热膨胀系数。

5.2.3 管道组成件的强度设计

5.2.3.1 一般规定

管道组成件强度计算方法是内压下的强度计算。

5.2.3.2 直管的壁厚计算

直管的壁厚计算按照 GB/T 32270—2015 中 6.3.2 执行。

5.2.3.3 弯管弯头的壁厚计算

弯管弯头的壁厚计算按照 GB/T 32270—2015 中 6.3.3 执行。

5.2.3.4 支管连接的补强

支管连接的补强按照 GB/T 32270—2015 中 6.3.4 执行。

5.2.3.5 异径管壁厚计算

异径管壁厚计算按照 GB/T 32270—2015 中 6.3.5 执行。

5.2.3.6 法兰及法兰附件计算

法兰及法兰附件计算按照 GB/T 32270—2015 中 6.3.6 执行。

5.2.3.7 封头的厚度计算

封头的厚度计算按照 GB/T 32270—2015 中 6.3.7 执行。

5.2.4 管道应力计算(验算)

5.2.4.1 一般规定

管道应力宜按管道系统进行计算,对各种可能工况进行应力校核。

5.2.4.2 架空(管沟、综合管廊)管道

架空(管沟、综合管廊)管道应力计算按照 GB/T 32270—2015 中 6.4.2 执行。

5.2.4.3 直埋热水管道

5.2.4.3.1 计算原则应符合下列要求:

a) 管道的应力验算应采用应力分类法,并应符合下列规定:
   1) 一次应力的当量应力不应大于钢材的许用应力;
   2) 一次应力和二次应力的当量应力变化范围不应大于 3 倍钢材的许用应力;
   3) 局部应力集中部位的一次应力、二次应力和峰值应力的当量应力变化幅度不应大于 3 倍钢材的许用应力。
b) 进行管道应力计算时,计算参数应按下列规定取值:
   1) 计算压力应取管道设计压力;
   2) 工作循环最高温度应取供热管网设计供水温度;
   3) 工作循环最低温度,对于全年运行的管道应取 30 ℃,对于只在采暖期运行的管道应取 10 ℃;
   4) 计算安装温度应取安装时的最低温度;
   5) 计算应力变化范围时,计算温差应采用工作循环最高温度与工作循环最低温度之差;
   6) 计算轴向力时,计算温差应采用工作循环最高温度与计算安装温度之差。

c) 保温管与土壤之间的单位长度摩擦力应按式(35)和式(36)计算：

$$F=\mu\left(\frac{1+K_0}{2}\pi\times D_c\times\sigma_v+G-\frac{\pi}{4}D_c^2\times\rho\times g\right) \qquad (35)$$

$$K_0=1-\sin\varphi \qquad (36)$$

式中：

F ——单位长度摩擦力，单位为牛每米(N/m)；

μ ——摩擦系数；

D_c——外护管外径，单位为米(m)；

σ_v ——管道中心线处土壤应力，单位为帕(Pa)；

G ——包括介质在内的保温管单位长度自重，单位为牛每米(N/m)；

ρ ——土壤密度，单位为千克每立方米(kg/m^3)，可取 1 800 kg/m^3；

g ——重力加速度，单位为米每二次方秒(m/s^2)；

K_0——土壤静压力系数；

φ ——回填土内摩擦角，单位为度(°)，砂土可取 30°。

d) 土壤应力应按式(37)和式(38)计算：

1) 当管道中心线位于地下水位以上时的土壤应力：

$$\sigma_v=\rho\times g\times H \qquad (37)$$

式中：

σ_v——管道中心线处土壤应力，单位为帕(Pa)；

ρ ——土壤密度，单位为千克每立方米(kg/m^3)，可取 1 800 kg/m^3；

g ——重力加速度，单位为米每二次方秒(m/s^2)；

H——管道中心线覆土深度，单位为米(m)。

2) 当管道中心线位于地下水位以下时的土壤应力：

$$\sigma_v=\rho\times g\times H_w+\rho_{sw}\times g(H-H_w) \qquad (38)$$

式中：

ρ_{sw} ——地下水位线以下的土壤有效密度，单位为千克每立方米(kg/m^3)，可取 1 000 kg/m^3；

H_w——地下水位线深度，单位为米(m)。

e) 保温管与土壤间的摩擦系数应根据回填条件确定，可按表10采用。

表10 保温管外壳与土壤间的摩擦系数

回填料	摩擦系数	
	最大摩擦系数 μ_{max}	最小摩擦系数 μ_{min}
中砂	0.40	0.20
粉质黏土或砂质粉土	0.40	0.15

f) 管道径向位移时，土壤横向压缩反力系数宜根据当地土壤情况实测数据确定，当无实测数据时，可按下列规定确定：

1) 管道水平位移时,可按 $1\times10^6\ N/m^3\sim10\times10^6\ N/m^3$ 取值;

2) 管道水平位移,对于粉质黏土、砂质粉土,回填密实度为 90%~95%时,可按 $3\times10^6\ N/m^3\sim4\times10^6\ N/m^3$ 取值;

3) 管道竖向向下位移时,可按 $5\times10^6\ N/m^3\sim100\times10^6\ N/m^3$ 取值。

5.2.4.3.2 直管段应力验算应符合下列规定:

a) 工作管的屈服温差应按式(39)和式(40)计算:

$$\Delta T_y = \frac{1}{\alpha \times E}[n \times \sigma_s - (1-\nu)\sigma_h] \qquad (39)$$

$$\sigma_h = \frac{P_d \times d}{2\delta} \qquad (40)$$

式中:

ΔT_y——工作管屈服温差,单位为摄氏度(℃);

α ——钢材的线膨胀系数,单位为米每米开尔文[m/(m·K)];

E ——钢材的弹性模量,单位为兆帕(MPa);

n ——屈服极限增强系数,取 1.3;

σ_s ——钢材的屈服极限最小值,单位为兆帕(MPa);

ν ——钢材的泊松系数,取 0.3;

σ_h ——管道内压引起的环向应力,单位为兆帕(MPa);

P_d ——管道计算压力,单位为兆帕(MPa);

d ——工作管内径,单位为米(m);

δ ——工作管公称壁厚,单位为米(m)。

b) 直管段的过渡段长度应按式(41)和式(42)计算:

1) 直管段过渡段最大长度:

$$L_{max} = \frac{[\alpha \times E(t_1 - t_0) - \nu \times \sigma_h]A \times 10^6}{F_{min}} \qquad (41)$$

当 $t_1 - t_0 > \Delta T_y$ 时,取 $t_1 - t_0 = \Delta T_y$。

2) 直管段过渡段最小长度:

$$L_{min} = \frac{[\alpha \times E(t_1 - t_0) - \nu \times \sigma_h]A \times 10^6}{F_{max}} \qquad (42)$$

当 $t_1 - t_0 > \Delta T_y$ 时,取 $t_1 - t_0 = \Delta T_y$。

式中:

L_{max}——直管段的过渡段最大长度,单位为米(m);

L_{min}——直管段的过渡段最小长度,单位为米(m);

F_{max}——单位长度最大摩擦力,单位为牛每米(N/m);

F_{min}——单位长度最小摩擦力,单位为牛每米(N/m);

t_1 ——管道工作循环最高温度,单位为摄氏度(℃);

t_0 ——管道计算安装温度,单位为摄氏度(℃);

A ——工作管管壁的横截面积,单位为平方米(m^2);

ΔT_y——工作管屈服温差,单位为摄氏度(℃)。

c) 在管道工作循环最高温度下,过渡段内工作管任一截面上的最大轴向力和最小轴向力应按式(43)和式(44)计算：

1) 最大轴向力：

$$N_{t\cdot max}=F_{max}\times L'+F_f \quad (43)$$

当 $L'\geqslant L_{min}$ 时，取 $L'=L_{min}$。

2) 最小轴向力：

$$N_{t\cdot min}=F_{min}\times L'+F_f \quad (44)$$

式中：

$N_{t\cdot max}$——过渡段内计算截面的最大轴向力，单位为牛(N)；

$N_{t\cdot min}$——过渡段内计算截面的最小轴向力，单位为牛(N)；

F_{max} ——单位长度最大摩擦力，单位为牛每米(N/m)；

F_{min} ——单位长度最小摩擦力，单位为牛每米(N/m)；

L' ——过渡段内计算截面距活动端的距离，单位为米(m)；

F_f ——活动端对管道伸缩的阻力，单位为牛(N)；

L_{min} ——直管段的过渡段最小长度，单位为米(m)。

d) 在管道工作循环最高温度下，锚固段内的轴向力应按式(45)计算：

$$N_a=[\alpha\times E(t_1-t_0)-\nu\sigma_h]A\times 10^6 \quad (45)$$

当 $t_1-t_0>\Delta T_y$ 时，取 $t_1-t_0=\Delta T_y$。

式中：

N_a——锚固段的轴向力，单位为牛(N)；

t_1 ——管道工作最高循环温度，单位为摄氏度(℃)；

t_0 ——管道计算安装温度，单位为摄氏度(℃)。

e) 对工作管直管段的当量应力变化范围应进行验算，并应符合下列规定：

1) 当量应力变化范围应按式(46)和式(47)验算：

$$\sigma_j=(1-\nu)\sigma_h+\alpha\times E(t_1-t_2)\leqslant 3[\sigma] \quad (46)$$

式中：

σ_j ——内压、热胀应力的当量应力变化范围，单位为兆帕(MPa)；

t_1 ——管道工作循环最高温度，单位为摄氏度(℃)；

t_2 ——管道工作循环最低温度，单位为摄氏度(℃)；

$[\sigma]$——钢材的许用应力，单位为兆帕(MPa)。

2) 当不能满足式(46)时，管系设计时不应布置锚固段，且过渡段长度应按式(47)计算：

$$L\leqslant\frac{(3[\sigma]-\sigma_h)A}{1.6F_{max}}\times 10^6 \quad (47)$$

式中：

L ——设计布置的过渡段长度，单位为米(m)；

$[\sigma]$——钢材的许用应力，单位为兆帕(MPa)；

F_{max}——单位长度最大摩擦力，单位为牛(N)。

5.2.4.3.3 直管段局部稳定性验算应符合下列规定：

a) 对由于土壤摩擦力约束热胀变形或局部沉降造成的高内力的直管段，不得出现局部屈曲、弯曲屈曲和皱折。

b) 公称尺寸大于 DN500 的管道应进行局部稳定性验算,并应符合式(48)的计算规定:

$$\frac{D}{\delta} \leqslant \frac{E}{4[\alpha \times E(t_1 - t_0) + \nu \times P_d] + 2 \times \sqrt{4[\alpha \times E(t_1 - t_0) + \nu \times P_d]^2 - \nu \times E \times P_d}} \quad \cdots\cdots(48)$$

式中:

D ——工作管外径,单位为米(m);

δ ——工作管公称壁厚,单位为米(m);

t_1 ——管道工作最高循环温度,单位为摄氏度(℃);

t_0 ——管道计算安装温度,单位为摄氏度(℃);

P_d——管道计算压力,单位为兆帕(MPa)。

c) 对于承受较大静土压和机动车动土压的管道不得出现径向失稳。

d) 公称尺寸大于 DN500 的管道应按式(49)和式(50)进行径向稳定性验算:

$$\Delta x = \frac{1.728W \times D_o}{E(\delta^3/r^3) + 2\ 562} \quad \cdots\cdots(49)$$

$$\Delta x \leqslant 0.03D_o \quad \cdots\cdots(50)$$

式中:

Δx ——工作管径向最大变形量,单位为米(m);

W ——管顶单位面积上总垂直荷载,单位为千帕(kPa),包括管顶垂直土荷载和地面车辆传递到钢管上的荷载,直埋管道管顶单位面积上总垂直荷载应符合表 11 的规定;

D_o ——工作管外径,单位为米(m);

r ——工作管平均半径,单位为米(m)。

表 11 直埋管道管顶单位面积上总垂直荷载

管顶覆土深度/m	管顶单位面积上总垂直荷载/kPa
1.3	62
1.4	60
1.5	58
1.6	56

5.2.4.3.4 管件应力验算应符合下列规定:

a) 弯头的升温弯矩及轴向力宜采用有限元法计算。

b) 弯头工作管在弯矩作用下的最大环向应力变化幅度应按式(51)~式(54)计算:

$$\sigma_{bt} = \frac{\beta_b \times M \times r_{bo}}{I_b} \times 10^{-6} \quad \cdots\cdots(51)$$

$$\beta_b = 0.9 \times \left(\frac{1}{\lambda}\right)^{\frac{2}{3}} \quad \cdots\cdots(52)$$

$$\lambda = \frac{R \times \delta_b}{r_{bm}^2} \quad \cdots\cdots(53)$$

$$r_{bm}=r_{bo}-\frac{\delta_b}{2} \qquad \cdots\cdots(54)$$

式中：

σ_{bt}——弯头在弯矩作用下最大环向应力变化幅度，单位为兆帕(MPa)；

β_b——弯头平面弯曲环向应力加强系数；

M——弯头的弯矩变化范围，单位为牛米(N·m)；

r_{bo}——弯头工作管横截面的外半径，单位为米(m)；

r_{bm}——弯头工作管横截面的平均半径，单位为米(m)；

I_b——弯头工作管横截面的惯性矩，单位为四次方米(m^4)；

λ——弯头工作管的尺寸系数；

R——弯头的曲率半径，单位为米(m)；

δ_b——弯头工作管的公称壁厚，单位为米(m)。

c) 弯头工作管的强度验算应符合式(55)和式(56)：

$$\sigma_{bt}+0.5\sigma_{pt}\leqslant 3[\sigma] \qquad \cdots\cdots(55)$$

$$\sigma_{pt}=\frac{P_d\times r_{bi}}{\delta_b} \qquad \cdots\cdots(56)$$

式中：

σ_{bt}——弯头在弯矩作用下最大环向应力变化幅度，单位为兆帕(MPa)；

σ_{pt}——弯头在内压作用下的最大环向应力，单位为兆帕(MPa)；

$[\sigma]$——钢材的许用应力，单位为兆帕(MPa)；

P_d——管道计算压力，单位为兆帕(MPa)；

r_{bi}——弯头工作管横截面的内半径，单位为米(m)；

δ_b——弯头工作管的公称壁厚，单位为米(m)。

d) 三通等管件工作管应根据内压和主管轴向荷载联合作用进行强度验算，应采用应力测定或有限元法进行疲劳分析，当不能满足应力验算条件时应进行加固。

e) 三通工作管加固应采取下列一项或几项措施：

1) 加大主管壁厚，提高三通总体强度(包括采用不等壁厚的锻钢三通)；

2) 在开孔区采取加固措施(包括增加支管壁厚)，抑制三通开孔区的变形；

3) 在开孔区周围加设传递轴向荷载的结构。

5.2.4.3.5 管道竖向稳定性验算应符合下列规定：

a) 直管段上的垂直荷载应符合式(57)：

$$Q\geqslant\frac{\gamma_s\times N_{p\cdot max}^2}{E\times I_p\times 10^6}f_o \qquad \cdots\cdots(57)$$

式中：

Q——作用在单位长度管道上的垂直分布荷载，单位为牛每米(N/m)；

γ_s——安全系数，取1.1；

$N_{p\cdot max}$——管道的最大轴向力，单位为牛(N)，按式(43)或式(45)计算；

f_o——初始挠度，单位为米(m)；

I_p——直管工作管横截面的惯性矩，单位为四次方米(m^4)。

b) 初始挠度应按式(58)计算：

$$f_o = \frac{\pi}{200}\sqrt{\frac{E \times I_p \times 10^6}{N_{p\cdot max}}} \quad \cdots\cdots (58)$$

当 $f_o < 0.01$ m 时，f_o 取 0.01 m。

式中：

f_o ——初始挠度，单位为米(m)；

I_p ——直管工作管横截面的惯性矩，单位为四次方米(m^4)；

$N_{p\cdot max}$ ——管道的最大轴向力，单位为牛(N)，按式(43)或式(45)计算。

c) 垂直荷载应按式(59)～式(62)计算：

$$Q = G_W + G + S_F \quad \cdots\cdots (59)$$

$$G_W = \left[H \times D_c - \frac{\pi \times D_c^2}{8}\right] \times \rho \times g \quad \cdots\cdots (60)$$

$$S_F = \rho \times g \times H^2 \times K_0 \times \tan\varphi \quad \cdots\cdots (61)$$

$$K_0 = 1 - \sin\varphi \quad \cdots\cdots (62)$$

式中：

Q ——作用在单位长度管道上的垂直分布荷载，单位为牛每米(N/m)；

G_W ——单位长度管道上方的土层重量，单位为牛每米(N/m)；

G ——包括介质在内的保温管单位长度自重，单位为牛每米(N/m)；

S_F ——单位长度管道上方土体的剪切力，单位为牛每米(N/m)；

H ——管道中心线覆土深度，单位为米(m)；

D_c ——外护管外径，单位为米(m)；

ρ ——土壤密度，单位为千克每立方米(kg/m^3)，可取 1 800 kg/m^3；

g ——重力加速度，单位为米每二次方秒(m/s^2)；

K_0 ——土壤静压力系数；

φ ——回填土内摩擦角，单位为度(°)，砂土可取 30°。

d) 当竖向稳定性不满足要求时，应采取下列措施：

1) 增加管道覆土深度或管道上方荷载；

2) 降低管道轴向力。

5.2.4.3.6 热伸长计算应符合下列规定：

a) 两过渡段间驻点位置 Z(图 3)应按式(63)计算：

$$l_a = \frac{1}{2}\left((l_a + l_b) - \frac{F_a - F_b}{F_{min}}\right) \quad \cdots\cdots (63)$$

式中：

l_a、l_b ——分别为驻点两侧过渡段长度，单位为米(m)；

F_a、F_b ——分别为驻点两侧活动端对管道伸缩的阻力，单位为牛(N)；当 F_a 或 F_b 的数值与过渡段长度有关，采用迭代计算时，F_a 或 F_b 的误差不应大于 10%；

F_{min} ——管道单位长度最小摩擦力，单位为牛每米(N/m)。

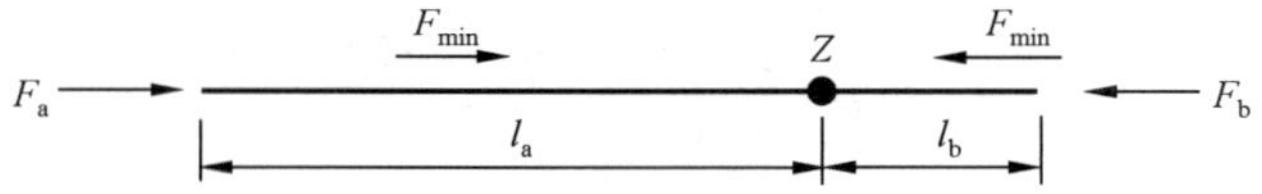

图3 计算驻点位置简图

b) 管段伸长量应根据该管段所处的应力状态按式(64)~式(67)计算:

1) 当 $t_1-t_0\leqslant\Delta T_y$ 或 $l\leqslant L_{min}$,整个过渡段处于弹性状态工作时:

$$\Delta l=\left[\alpha(t_1-t_0)-\frac{F_{min}\times l}{2E\times A\times 10^6}\right]\times l \qquad (64)$$

式中:

Δl ——管段的热伸长量,单位为米(m);

t_0 ——管道计算安装温度,单位为摄氏度(℃);

t_1 ——管道工作循环最高温度,单位为摄氏度(℃);

F_{min} ——管道单位长度最小摩擦力,单位为牛每米(N/m);

l ——设计布置的管段长度,单位为米(m);当 $l\geqslant L_{max}$ 时,取 $l=L_{max}$;

ΔT_y ——工作管屈服温差,单位为摄氏度(℃);

L_{min} ——直管段的过渡段最小长度,单位为米(m);

L_{max} ——直管段的过渡段最大长度,单位为米(m)。

2) 当 $t_1-t_0>\Delta T_y$,且 $l>L_{min}$,管段中部分进入塑性状态工作时:

$$\Delta l=\left[\alpha(t_1-t_0)-\frac{F_{min}\times l}{2E\times A\times 10^6}\right]\times l-\Delta l_p \qquad (65)$$

$$\Delta l_p=\alpha(t_1-t_0-\Delta T_y)\times(l-L_{min}) \qquad (66)$$

式中:

Δl_p——过渡段的塑性压缩变形量,单位为米(m)。

3) 当 $l\geqslant L_{max}$ 时,l 取 L_{max}。

c) 过渡段内任一计算点的热位移应按式(67)计算:

$$\Delta l_d=\Delta l-\Delta l_a \qquad (67)$$

式中:

Δl_d——计算截面的热位移量,单位为米(m);

Δl_a——假设过渡段的热伸长量,单位为米(m),按式(64)计算,式中 l 取计算点到活动端的距离。

d) 采用套筒、波纹管、球型等补偿器对过渡段的热伸长或分支三通热位移进行补偿时,选用补偿器的补偿能力应符合下列规定:

1) 当过渡段的一端为固定点或锚固点时,补偿器补偿能力不应小于计算热伸长量(或热位移量)的1.1倍;

2) 当过渡段的一端为驻点时,补偿器补偿能力不应小于计算热伸长量(或热位移量)的1.2倍,但不应大于按过渡段最大长度计算出的热伸长量的1.1倍。

5.2.4.4 **直埋蒸汽管道**

直埋蒸汽管道应力计算应按照 CJJ/T 104 的规定执行。

5.2.4.5 **直埋塑料管道**

直埋塑料管道应力计算应符合下列规定：

a) 沿管道长度方向的轴向应力按式(68)计算：

$$\sigma_L = \nu\sigma_h - \alpha E(t_1 - t_0) \qquad (68)$$

式中：

σ_L——轴向应力，单位为兆帕(MPa)；

t_1——管道工作循环最高温度，单位为摄氏度(℃)；

t_0——管道计算安装温度，单位为摄氏度(℃)。

b) 沿管道直径方向的径向应力按式(69)计算：

$$\sigma_j = p_n \qquad (69)$$

式中：

σ_j——径向应力，单位为兆帕(MPa)；

p_n——管道的工作压力，单位为兆帕(MPa)。

c) 环向应力按式(70)计算：

$$\sigma_h = \frac{p_n(D^2 + d^2)}{D^2 - d^2} \qquad (70)$$

式中：

σ_h——环向应力，单位为兆帕(MPa)；

d——工作管内径，单位为米(m)；

D——工作管外径，单位为米(m)。

d) 当量应力验算按式(71)计算：

$$\sigma_e = \sqrt{\frac{1}{2}[(\sigma_L - \sigma_j)^2 + (\sigma_j - \sigma_h)^2 + (\sigma_h - \sigma_L)^2]} \leqslant 1.2[\sigma] \qquad (71)$$

$$[\sigma] = \sigma_s / 1.5 \qquad (72)$$

式中：

σ_e——当量应力，单位为兆帕(MPa)；

$[\sigma]$——许用应力，单位为兆帕(MPa)；

σ_s——屈服强度，单位为兆帕(MPa)，按附录 A 中表 A.5 选取。

5.2.4.6 **管道支承反力的计算**

架空(管沟)管道支承反力的计算按照 GB/T 32270—2015 中 6.4.3 执行。

5.2.5 **管道布置和敷设**

5.2.5.1 城镇供热管网的布置应在城镇规划的指导下，根据热负荷分布、热源位置、其他管线及构筑物、园林绿地、水文、地质条件等因素确定。

5.2.5.2 当抗震设防烈度为 9 度时，管道敷设宜采取管沟敷设。

5.2.5.3 直埋热水管道的布置应按照 CJJ/T 81 的规定执行。

5.2.5.4 架空(管沟)热水管道布置应按照 CJJ 34 的规定执行,并应符合下列要求:

a) 保温外表面与地面的净空距离不宜小于 300 mm;

b) 对于平行敷设的两根管道,两管保温外表面的净空距离不宜小于 150 mm;

c) 当管道有热位移时,a)、b)规定的各项间距,在考虑管道热位移后不宜小于 50 mm;

d) 管道跨越各类通道的净空距离应考虑管道位移的影响,并应符合下列规定:

1) 当管道横跨人行通道上空时,管道保温外表面与通道地面的净空距离不宜小于 2.5 m;当通道需要通行车辆时,净空高度应满足车辆通行的需要;

2) 当管道跨越道路时,管道保温外表面与道路的净空距离不宜小于 5.0 m;

e) 连续弯头或弯管中间应有直管段,其长度不应小于管道外径,且不应小于 500 mm;

f) 当供热管道的埋设深度大于建(构)筑物基础深度时,最小水平净距应按土壤内摩擦角计算确定;

g) 在不同深度并列敷设各种管道时,各种管道间的水平净距不应小于其深度差;

h) 供热管道检查室、方形补偿器壁龛与燃气管道最小水平净距应符合表 12 中规定。

5.2.5.5 供热管道管沟的外表面、直埋敷设热水管道或地上敷设管道的保温结构表面与建筑物、构筑物、道路、铁路、电缆、架空电线和其他管线的最小水平净距、垂直净距应符合表 12 和表 13 的规定。

表 12 地下敷设供热管道与建筑物(构筑物)或其他管线的最小距离 单位为米

建筑物、构筑物或管线名称		供热管线形式	最小水平净距	最小垂直净距
建筑物基础		管沟	0.5	—
		直理管道	3.0	—
铁路钢轨(或坡脚)		管沟、直埋管道	5.0	轨底 1.2
有轨电车钢轨		管沟、直埋管道	2.0	轨底 1.0
道路侧石边缘		管沟、直埋管道	1.5	—
桥墩(高架桥、栈桥)边缘		管沟、直埋管道	2.0	—
架空管道支架基础边缘		管沟、直埋管道	1.5	—
通信、照明或 10 kV 以下电力线路的电杆		管沟、直埋管道	1.0	—
高压输电线铁塔基础边缘	电压≤330 kV	管沟、直埋管道	3.0	—
	电压>330 kV	管沟	3.0	—
		直埋管道	5.0	
通信管线		管沟、直埋管道	1.0	0.25
电力管线		管沟	1.0	电力直埋 0.5 保护管或隔板 0.25
		直埋管道	2.0	

表 12（续） 单位为米

建筑物、构筑物或管线名称		供热管线形式	最小水平净距	最小垂直净距
燃气管道	燃气压力＜0.01 MPa	供热管沟	1.0	燃气钢管 0.15 聚乙烯管在上 0.2 聚乙烯管在下 0.3
	燃气压力≤0.4 MPa		1.5	
	燃气压力≤0.8 MPa		2.0	
	燃气压力＞0.8 MPa		4.0	
	燃气压力≤0.4 MPa	直埋管道	1.0	燃气钢管 0.15 聚乙烯管在上 0.5 聚乙烯管在下 1.0
	燃气压力≤0.8 MPa		1.5	
	燃气压力＞0.8 MPa		2.0	
给水管道		管沟、直埋管道	1.5	0.15
雨、污排水管道		管沟、直埋管道	1.5	0.15
再生水管道		管沟	1.5	0.15
		直埋管道	1.0	
地铁隧道结构		管沟、直埋管道	5.0	0.8
电气铁路接触网电杆基础		管沟、直埋管道	3.0	—
乔木(中心)		管沟	1.5	—
		直埋热水管道	1.5	—
		直埋蒸汽管道	2.0	—
灌木(中心)		管沟	1.0	—
		直埋管道	1.5	—
机动车道路面		管沟	—	0.5
		直埋管道	—	1.0
非机动车道路面		直埋管道	—	0.7

注 1：供热管道与电力电缆平行敷设时，电缆处的土壤温度与月平均土壤自然温度比较，全年任何时候对于电压 10 kV 的电缆不高出 10 ℃，对于电压 35 kV～110 kV 的电缆不高出 5 ℃时，可减小表中所列距离。

注 2：在条件不允许时，可采取有效技术措施，可以减小表中规定的距离，或采用埋深较大的排开挖法施工。

表 13　地上敷设供热管道与建筑物(构筑物)或其他管线的最小距离　单位为米

建筑物、构筑物或管线名称		最小水平净距	最小垂直净距
铁路钢轨		轨外侧 3.0	轨顶一般 6.0;电气铁路 10.5
电车钢轨		轨外侧 2.0	路面 9.0
公路边缘		1.5	—
公路路面		—	4.5
架空输电线(水平净距:导线最大风偏时;垂直净距:热力网管道在下面交叉通过导线最大垂度时)	<3 kV	1.5	1.5
	3 kV～10 kV	2.0	2.0
	35 kV～110 kV	4.0	3.0
	220 kV	5.0	4.0
	330 kV	6.5	5.0
	500 kV	6.5	6.5
	750 kV	9.5	8.5
通信线		—	1.0
其他管线		—	0.25
树冠		0.5(到树中不小于 2.0)	—

5.2.5.6　直埋蒸汽管道布置应按照 CJJ/T 104 的规定执行。

5.2.5.7　架空(管沟)蒸汽管道布置应符合下列要求:

a)　架空(管沟)蒸汽管道布置应同时满足 5.2.5.4 的规定;

b)　当蒸汽管道采用多层布置时,可将管径小、压力高、有阀门或法兰连接的布置在上面。管道垂直间距应满足安装和检修要求。

5.2.5.8　直埋保温塑料管道应符合下列要求:

a)　直埋保温塑料管道应采用无补偿敷设方式;

b)　直埋保温塑料管道埋深不应小于表 14 的要求。

表 14　直埋保温塑料管道的最小覆土深度

工作管公称外径 d_n/mm	最小覆土深度/m	
	机动车道	非机动车道
≤125	0.8	0.7
140～315	1.0	0.7
355～450	1.2	0.9

5.2.5.9　长输供热热水管网应符合下列要求:

a) 长输供热热水管网除进行静态水力分析外,还应进行动态水力分析;

b) 长输供热热水管网宜对工作管道内壁进行减阻处理,减小内壁当量粗糙度;

c) 长输供热热水管网的比摩阻宜采用 20 Pa/m～50 Pa/m;

d) 长输供热热水管网的线路选择应符合下列规定:

1) 宜避开多年生经济作物区和重要的农田基本建设设施;

2) 应避开重要的军事设施、易燃易爆仓库、国家重点文物保护区和塌陷区;

3) 不应占用铁路或高速公路的隧道,可与桥梁合建;

e) 长输供热热水管网采用直埋敷设时,应采用预热安装或冷安装的无补偿敷设方式;

f) 长输供热热水管网应装设分段阀门,分段阀门的间距宜为 3 km～5 km;

g) 长输供热热水管网上宜设置管道检漏报警系统;

h) 长输供热热水管网在向下穿越河流、池塘或交通设施时,应在穿越前后两端介质方向的管道上设置除污装置;

i) 长输管线系统补水装置的小时补水总能力,不宜小于最长管道分段阀门之间单根管道水容积的 10%。

5.2.5.10 综合管廊内热力管道应符合 GB 50838 的要求。

5.2.5.11 热力管道穿跨越工程应符合下列要求:

a) 当热力管线穿(跨)越铁路、公路、桥梁、堤坝等设施时,应保证各种设施安全;

b) 当热力管线跨越水面或河底敷设时,不应妨碍河流通航、泄洪和河道整治;

c) 当采用顶管、暗挖、盾构的结构工艺时,管道应力计算按照 GB/T 32270—2015 中 6.4.2 执行;

d) 当采用定向钻的工艺时,管道应力计算按照 5.2.4.3 执行。

5.2.6 管道支、吊架

5.2.6.1 一般规定

5.2.6.1.1 管道支、吊架的设置和选型应根据管道布置和对支、吊架的功能要求确定。

5.2.6.1.2 支、吊架间距应根据管道荷载的合理分布,并满足管道强度、刚度和防止振动等要求。

5.2.6.1.3 支、吊架应支承在可靠的构筑物上,便于施工,且不影响设备检修及其他管道的安装和扩建。

5.2.6.1.4 支、吊架零部件应有足够的强度和刚度,结构简单,宜采用标准产品。

5.2.6.1.5 室外管道吊架的拉杆,在穿过保温层处应采取防雨措施。

5.2.6.2 支、吊架允许间距

5.2.6.2.1 水平直管道支、吊架间距应满足下列要求:

a) 强度条件确定的支、吊架间距按式(73)和式(74)计算:

$$L_{\max}=2.24\sqrt{\frac{W\varphi[\sigma]^{t}}{q}} \qquad \cdots\cdots(73)$$

$$W=\frac{\pi}{32}\frac{D^{4}-d^{4}}{D} \qquad \cdots\cdots(74)$$

式中:

$L_{\max}$——支、吊架最大允许间距,单位为米(m);

q ——管道单位长度自重,单位为牛每米(N/m);

W ——管道截面抗弯矩,单位为三次方厘米(cm^3);

D ——钢管外径,单位为厘米(cm);

d ——管道内径,单位为厘米(cm);

ϕ ——管道横向焊缝系数,一般 $\varphi=0.9$,也可参考表 15 选取;

$[\sigma]^t$——钢材在设计温度下的许用应力,单位为兆帕(MPa)。

表 15 管道横向焊缝系数 φ 值

管道横向焊缝	φ 值	管道横向焊缝	φ 值
手工电弧焊	0.7	手工双面加强焊	0.95
有垫环对焊	0.9	自动双面焊	1.0
无垫环对焊	0.7	自动单面焊	0.8

b) 刚度条件确定的支、吊架间距按式(75)和式(76)计算:

$$L_{max}=0.19\cdot\sqrt[3]{\frac{100E_t I i_0}{q}} \quad \cdots\cdots(75)$$

$$I=\frac{\pi}{4}\left[\left(\frac{D}{2}\right)^4-\left(\frac{d}{2}\right)^4\right] \quad \cdots\cdots(76)$$

式中:

i_0 ——最大弯曲挠度,单位为毫米(mm),一般管道排水坡度,$i_0\geqslant 0.002$;

E_t——管道材料在设计温度下的弹性模量,单位为兆帕(MPa);

I ——管道截面惯性矩,单位为四次方厘米(cm^4)。

c) 水平直管支、吊架的允许间距,应取强度和刚度确定的间距最小值;在水平管道方向改变处,两支、吊点间的管道展开长度不应超过水平直管支、吊架允许间距的 3/4。

5.2.6.2.2 垂直管道支、吊架的间距可大于水平直管支、吊架的允许间距,在最不利荷载作用下不应使管壁应力超过允许值。为防止管道侧向振动,垂直管道宜设置适当数量的管道侧向约束装置。

5.2.6.3 支、吊架荷载及荷载组合

5.2.6.3.1 支、吊架荷载及荷载组合应符合 GB/T 17116.1 的规定。支、吊架应能承受管道和相关设备在可能出现的各种工况下所施加的静荷载和规定的动力荷载。支、吊架零部件应按对其结构最不利的组合荷载进行选择和设计。在管道支、吊架设计时,应考虑的荷载包括(但不限于)下列各项:

a) 管道组成件及保温层的重力;

b) 支、吊架的重力;

c) 管道输送介质的重力;

d) 对于蒸汽管道,应根据具体情况考虑水压试验或管道清洗时的介质重力;

e) 管道中柔性管件由于内压力产生的作用力;

f) 支、吊架约束管道位移所产生的约束反力和力矩;

g) 管道位移时在活动支、吊架上引起的摩擦力,摩擦系数 μ 可按表 16 取值;

h) 室外管道受到的雪荷载;

i) 室外管道受到的风荷载;

j) 正常运行时,由于种种原因引起的管道振动力;

k) 管内流体动量瞬时突变(如汽锤、水锤、安全阀排汽反力)引起的瞬态作用力;

l) 流体排放产生的反力;

m) 地震引起的荷载,但不考虑地震荷载与风荷载同时出现的工况。

5.2.6.3.2 支、吊架结构荷载应符合 GB 50764—2012 中 10.3.2 的规定。支、吊架结构荷载计算应根据具体情况考虑下述工况:

a) 运行初期冷态工况;

b) 运行初期热态工况;

c) 管道应变自均衡后的冷态工况;

d) 管道应变自均衡后的热态工况;

e) 水压试验或管路清洗工况;

f) 各种瞬态工况。

5.2.6.3.3 管道位移在活动支、吊架上引起的摩擦力,其摩擦系数 μ 可按表 16 取值。

表 16 摩擦系数

序号	摩擦形式	摩擦系数
1	钢与钢滑动摩擦	0.3
2	钢与聚四氟乙烯板之间	0.2
3	聚四氟乙烯之间	0.1
4	不锈钢(镜面)薄板之间	≤0.1
5	不锈钢(镜面)与聚四氟乙烯板之间	0.05~0.07
6	钢表面的滚动摩擦	0.1

5.2.6.4 支、吊架材料

5.2.6.4.1 与管道直接接触的支、吊架零部件,其材料应按管道设计温度选用。与管道直接焊接的零部件,其材料应与管道材料相同或相容。

5.2.6.4.2 钢材的使用温度上限应符合 GB/T 32270—2015 附录 A 的规定。

5.2.6.4.3 用于承受拉伸荷载的支、吊架零部件应采用有冲击吸收能量保证值的钢材。当采用没有冲击吸收能量保证值的钢材时,应按 GB/T 229 的要求补做冲击韧性试验,其冲击吸收能量值符合有关国家标准的规定。

5.2.6.4.4 支、吊架零部件不应采用沸腾钢或铸铁材料。

5.2.6.5 支、吊架结构及强度

5.2.6.5.1 支、吊架管部结构不应使管道局部产生额外应力。

5.2.6.5.2 管部结构的设计应符合下列规定:

a) 管部结构应能承受功能所要求的力和力矩,保证管部与管道之间在预定约束方向不发生相对位移。管部结构的设计应控制管壁应力,防止管道局部塑性变形。

b) 管部结构尺寸应与管道外径相配,且应保证其与支、吊架其他连接部件相连接的部位裸露在管道保温层外。

c) 垂直管道的管部结构或限制管道轴向位移的双臂管部结构,管部的任一侧应能承受该支、吊架点的全部荷载。

5.2.6.5.3 支、吊架的连接件设计应符合以下规定:

a) 螺纹拉杆的最大承载力可根据其许用应力和螺纹根部截面计算,螺纹拉杆的许用应力按照 GB/T 32270—2015 附录 A 的 75%取用。用于不大于 DN50 管道上的吊杆直径不应小于10 mm,用于大于 DN50 管道上的吊杆直径不应小于 12 mm。

b) 任何状态下吊杆与垂线之间夹角应符合下列规定值:

1) 刚性吊架吊杆与垂线之间夹角不应大于 3°;

2) 弹性吊架吊杆与垂线之间夹角不应大于 4°;

3) 当不能满足 1)、2)的规定时,应采取偏装或加装滚动装置等措施。

c) 吊杆应有足够的螺纹长度,并配有调节垂直高度的部件,螺纹连接处应设锁紧螺母。

d) 垂直管道双拉杆刚性吊架的连接件应按单侧承受全部结构荷载选择。

5.2.6.5.4 支、吊架的焊接和根部钢结构设计应符合 GB/T 17116.3 的规定。

5.2.6.6 其他支座的要求

5.2.6.6.1 地下敷设管道固定支座的承力结构宜采用耐腐蚀材料,或采取可靠的防腐措施。

5.2.6.6.2 地沟、综合管廊及架空敷设供热管网中,导向支座、滑动支座和固定支座应采取相应的隔热措施。

5.2.7 管道防腐

5.2.7.1 腐蚀环境类型

5.2.7.1.1 大气腐蚀性等级应按 GB/T 19292.1 的规定划分。

5.2.7.1.2 土壤腐蚀性等级应按 GB/T 19285 的规定划分。

5.2.7.2 一般规定

管道在下列条件下应进行外部防腐:

a) 架空和管沟敷设的热水管道、凝结水管道;

b) 架空和管沟敷设季节运行的蒸汽管道;

c) 无防腐功能的保护层。

5.2.7.3 防腐设计

5.2.7.3.1 防腐涂料的性能应与腐蚀环境相适应。

5.2.7.3.2 防腐涂料的选择应符合下列规定:

a) 热水管道宜选择富锌涂料;

b) 蒸汽管道应按介质的最高温度选择涂料;

c) 直埋蒸汽管道外护管应按重腐蚀环境选择涂料,长期耐温不应低于 70 ℃。

5.2.7.3.3 防腐涂层体系的设计应符合下列规定:

a) 具有良好的附着力、耐蚀性、抗冲击、电绝缘性、低吸水性、低水蒸气穿透性和抗温度变化的能力;

b) 应符合 DL/T 5072 的有关规定。

5.2.7.3.4 直埋蒸汽管道的外护管应采取阴极保护措施。

5.2.8 管道保温

5.2.8.1 一般规定

5.2.8.1.1 热水管道和蒸汽管道均应保温。

5.2.8.1.2 保温层结构应保证在设计条件下运行时,其外表面温度不应高于 50 ℃。

5.2.8.1.3 管沟和综合管廊内管道保温应满足管沟和综合管廊内的环境温度要求。

5.2.8.2 保温材料及保护层材料性能

5.2.8.2.1 保温材料应符合下列规定:

a) 对环境无污染,对人体无伤害;

b) 无机保温材料在平均温度为 70 ℃时的导热系数不得大于 0.080W/(m·K),有机保温材料在平均温度为 50 ℃时的导热系数不应大于 0.043 W/(m·K);

c) 硬质保温材料的密度不应大于 250 kg/m^3,软质保温材料的密度不应大于 150 kg/m^3;

d) 硬质保温材料的抗压强度:无机保温材料不应小于 0.4 MPa,有机保温材料不应小于 0.3 MPa;

e) 最高使用温度、吸湿率、收缩率、抗折强度、腐蚀性及耐蚀性等性能应符合相关标准的规定;

f) 室内及综合管廊内管道和设备的保温材料,燃烧性能应不低于 GB 8624 难燃材料的要求,且氧指数不应小于 30%。

5.2.8.2.2 保护层材料应符合下列规定:

a) 对环境无污染,对人体无伤害;

b) 具有良好的防水性、防湿性、防潮性及抗大气腐蚀性;

c) 具有稳定的化学性能,不易老化变质,不应对保温层产生腐蚀或溶解;

d) 室内及综合管廊内的管道和设备保护层材料,燃烧性能应不低于 GB 8624 难燃材料的要求。

5.2.8.3 保温设计

5.2.8.3.1 保温材料应按介质的最高温度选择。

5.2.8.3.2 保温计算应符合下列规定:

a) 直埋热水管道保温计算应符合 CJJ/T 81 的规定;

b) 直埋蒸汽管道保温计算应符合 CJJ/T 104 的规定;

c) 架空管道保温计算应符合 GB 50264 的规定。

5.2.8.3.3 保温结构应符合下列规定:

a) 保温结构宜由保温层和保护层组成;

b) 保温结构应有足够的机械强度;

c) 保温结构宜为固定式,但需要维修的部位宜采用可拆卸式;

d) 直埋热水管道应采用整体保温结构。

6 制作与安装

6.1 一般规定

6.1.1 承担压力管道制作、施工与安装的单位应按照国家规定具有相关资质,应有与生产相适应的专业人员、生产场地和检测手段,有与生产相适应的设备、设施和工作场所。

6.1.2 承担压力管道制作、施工与安装单位应具有健全的压力管道安装安全、技术、质量管理、环境保护管理体系和施工现场管理制度。

6.1.3 承担公用管道、设备焊接的人员应取得国家相应部门颁发的特种作业人员资格证书,所从事的工作范围应与资格证书相符。承担其他材质公用管道安装的人员,应经过相关专业机构的专门培训。

6.1.4 施工前,应进行图纸会审、设计技术交底等,并应依据设计和规范编制施工组织设计及专项施工方案。应准备与工程项目相适应的焊接工艺评定、焊接作业指导书等文件。

6.1.5 管道施工前,施工单位应向工程所在地的特种设备监察机构送达施工告知文件。

6.1.6 管道工程施工所使用的管材、设备、管道组成件、压力容器及元件、防腐材料、阴极保护材料、管道标示材料等,应符合设计要求,其质量应符合国家现行有关产品标准的规定,并具有材质证明文件、质量证明书、出厂质量合格文件以及使用说明书。

6.1.7 施工前应依据设计文件进行地上、地下障碍物调查,调查情况、处置方案应纳入施工组织设计,实施情况留有影像资料并应纳入竣工档案。

6.1.8 在管道焊缝竣工单线图上应标明焊缝位置(里程)、焊缝编号、焊工代号、焊接位置、返修焊缝、无损检测方法及其抽查的焊缝、扩大检验的焊缝、热处理及硬度抽查的焊缝等。

6.1.9 防腐层补口现场施工前,应对选用的补口材料和施工方式进行工艺评定试验(PQT);补口施工环境应满足材料的施工要求。

6.2 材料、设备的进场检验

6.2.1 钢质管道、管件、设备的检查与验收

6.2.1.1 在入库和进入施工现场安装前,应对管道组成件进行检查,其材质、规格、型号应符合设计文件和合同的规定,并应按现行的国家产品标准进行外观、椭圆度、壁厚、尺寸等检查;对外观质量设计文件或本标准有要求时应进行有关质量检验,不合格者不得使用。

6.2.1.2 当有相关文件要求时,应对材料进行复验。复检的材料应按照相关规范的规定进行复检。牌号及质量性能不明的材料不应用于管道(承压)组成件,不合格的材料、管道附件、设备不应安装使用。

6.2.1.3 管道组成件应逐件进行核实并标记,标志内容一般包括制造单位代号或商标、许可标志、材料(牌号或强度等级、规格、炉批号)、产品编号等。产品规格较小,无法标记全部内容时,可采用标签或按照相关要求省略部分内容。产品标志应能够追溯到产品质量证明文件。

6.2.1.4 现场安装的阀门应逐个进行外观检查,其外观质量应符合下列要求:

a) 阀体、阀盖、阀外表面无气孔、砂眼、裂纹等;

b) 垫片、填料应满足介质要求,安装应正确;

c) 丝杆、手轮、手柄无毛刺、划痕,且传动机构操作灵活、指示正确;

d) 铭牌完好无缺,标识清晰完整;

e) 备品备件应数量齐全、完好无损。

6.2.1.5 阀门安装前应按照有关国家标准或行业标准进行性能和严密性检查。试验合格后立即将水渍清理干净。有特殊要求时,试验介质应符合设计文件的规定。经建设方或其监造代表认可的阀门生产商的出厂性能检验证明文件,阀门可免除现场检验。

6.2.1.6 法兰的公称压力应符合设计要求,法兰密封面应平整光洁,不得有毛刺及径向沟槽。

法兰螺纹部分应完整,无损伤。凹凸面法兰应能自然嵌合,凸面的高度不得低于凹槽的深度。

6.2.1.7 螺栓及螺母的螺纹应完整,不得有伤痕、毛刺等缺陷;螺栓与螺母应配合良好,不得有松动或卡涩现象。设计压力大于或等于1.6 MPa的管道使用的高强度螺栓、螺母设计文件有疑问时,应按照相关规范要求进行复验。

6.2.1.8 石棉橡胶垫、橡胶垫及软塑料等非金属垫片应质地柔韧,不得有老化变质或分层现象,表面不应有折损、皱纹等缺陷;金属垫片的加工尺寸、精度、光洁度及硬度应符合要求,表面不得有裂纹、毛刺、凹槽、径向划痕及锈斑等缺陷;包金属及缠绕式垫片不应有径向划痕、松散、翘曲等缺陷。

6.2.2 聚乙烯管材、管件、设备的检查与验收

6.2.2.1 管材、管件的验收,应按有关标准进行,检验合格后方可使用。

6.2.2.2 管材、管件的储存应符合CJJ 63的有关规定,管材存放时间超过4年,密封包装的管件存放时间超过6年,应对其抽样检验,性能符合要求方可使用。

6.2.2.3 钢塑转换接头应光滑整洁,不应有明显的划伤、凹陷、鼓包等表面缺陷,其质量应符合GB 26255.1、GB 26255.2的规定。

6.2.3 球墨铸铁管道检查与验收

6.2.3.1 管材及管件表面不得有裂纹及影响使用的凹凸不平等缺陷。

6.2.3.2 使用橡胶密封圈密封时,其性能应符合燃气输送介质的使用要求。橡胶圈应光滑、轮廓清晰,不得有影响接口密封的缺陷。

6.2.3.3 球墨铸铁管、管件和附件质量应符合设计要求和GB/T 13295的有关规定。产品应有出厂气密性试验合格文件,试验压力不应小于0.6 MPa。管材及管件承插口密封工作面铸造不应有连续的轴向沟纹,管材及管件承口密封工作面应喷涂防腐漆。

6.2.4 补偿器的检查与验收

6.2.4.1 补偿器的材质、规格型号、压力等级、技术要求、外型尺寸等应符合设计要求,其产品质量应符合GB/T 12777和GB/T 35990的相关规定。

6.2.4.2 补偿器的焊缝质量、压力试验应经检验符合设计要求。

6.2.5 凝水缸的检查与验收

6.2.5.1 凝水缸应按设计要求进行施工安装与制作。

6.2.5.2 凝水缸应逐个进行外观检查,并进行强度和严密性试验。

6.2.5.3 凝水缸抽水管及井内管件应涂刷两道油漆防腐,油漆可选用红丹防锈漆。

6.2.6 外防腐层检查

6.2.6.1 管道防腐层材料、补口补伤材料及防腐等级应符合设计要求,防腐补口材料应与管体防腐层材料相同或相容,且施工工艺应能适应具体工程的现场施工环境及施工条件。防腐层基本结构应符合CJJ 95的有关规定。

6.2.6.2 用电火花检漏仪进行针孔检查,单层环氧粉末或热收缩带(套)底漆时,检漏电压为5 V/μm;聚乙烯三层结构时,检漏电压为25 kV;热收缩带(套)防腐层时,检漏电压为15 kV;绝缘接头(法兰)表面涂层用设计规定的绝缘电压值进行电火花检测应无漏点。

6.2.6.3 防腐补口材料的检查验收除应符合本标准规定外,尚应满足GB/T 51241的要求。

6.2.7 焊接材料

6.2.7.1 焊接材料生产厂商应随货提供必要的质量证明文件,工程使用前采购方应对不同批号的焊接材料进行复检。

6.2.7.2 焊材的品种和型号应符合焊接工艺规程的要求,焊材包装应完好,标识应清晰。

6.2.7.3 焊条应无破损、霉变、油污、锈蚀,焊丝应无锈蚀和折弯,焊剂应无变质现象,保护气体的纯度和干燥度应满足焊接工艺规程的要求。

6.2.7.4 保护气体的纯度应满足4.2.6的要求。

6.2.8 支、吊架的验收

支、吊架应按照GB/T 32270—2015中7.2.5的规定进行验收。

6.3 材料运输与存放

6.3.1 钢制管材、管件的保管

6.3.1.1 管材、管件装卸时,不应抛摔、拖拽和剧烈撞击。存放时的堆放高度、环境条件(湿度、温度、光照等)应符合产品的要求,应避免暴晒和雨淋。

6.3.1.2 管材、管件入库前应查验产品质量合格文件或质量保证文件等,并应妥善保管。

6.3.1.3 管材、管件应按产品储存要求分类储存,堆放整齐、稳固,便于管理。

6.3.1.4 管材、管件应平放在地面上,存放和堆置高度应保证管道不会发生损伤和永久变形,并应采取防止滚落的措施。每层防腐管之间应垫放软垫,最下层的管道下宜铺垫两排枕木或砂袋,支撑物应牢固,直管道等长物件应做连续支撑;管道距地面的距离宜大于200 mm。

6.3.1.5 山地、丘陵、冲沟、水网地段堆管场地应选择在不易受洪水、滑坡、滚石侵害的地方。

6.3.1.6 在沿海、空气潮湿、盐雾腐蚀等地区存放钢管和管件应有防止潮湿空气、盐雾侵蚀的措施。

6.3.1.7 暂不安装的管材、管件和阀门等,应对端口进行妥善封闭。

6.3.2 阀门保管

6.3.2.1 阀门宜采用室内库房存放保管,阀门入库前要进行检验,核对合格证等技术资料与实物是否相符。入库后保管员应及时办理入库手续。

6.3.2.2 阀门应按阀门的规格、型号、材质分别存放。

6.3.2.3 壳体压力试验和密封试验后的阀门,闲置时间超过半年,使用前应重新进行检验。

6.3.2.4 外露阀杆的部位,应涂润滑脂进行保护。除塑料和橡胶密封面不准许涂防锈剂外,阀门的其他关闭件和阀座密封面应涂工业用防锈油脂。

6.3.2.5 阀门的内腔、法兰密封面和螺栓螺纹应涂防锈剂进行保护。阀门试验合格后,内部应清理干净,阀门两端应加防护盖,填写试验记录。

6.3.3 补偿器保管

6.3.3.1 补偿器运输过程中应采取有效措施防止相互碰撞。起吊时吊具不应吊在波纹管、拉杆或拉板上。

6.3.3.2 补偿器进场后应检查产品合格证,核对产品型号,并对外观质量和安装尺寸进行复检,安装前不得拆除运输紧固装置。

6.3.3.3 补偿器应按不同规格、型号分类储存并分别做好标识,并采取防锈、防变形措施。

6.3.3.4 补偿器露天存放时,场地应坚实、平整,不得有积水、石块等,并应采用篷布覆盖。

6.3.3.5 补偿器宜放置在方木上,平行支撑不少于2道,均匀对称配置,方木高度不小于200 mm。

6.3.4 聚乙烯燃气管道和热力塑料管道、管件的保管

6.3.4.1 管材、管件和阀门的运输应符合下列规定:

a) 搬运时,不得抛、摔、滚、拖,在冬季运输时应小心轻放。当采用机械设备吊装直管时,应用非金属绳(带)吊装。

b) 管材运输时,应放置在带挡板的平底车上或平坦的船舱内,堆放处不得有可能损伤管材的尖凸物,并应采用非金属绳(带)捆扎、固定,以及应有防晒措施。

c) 管件、阀门运输时,应按箱逐层叠放整齐、固定牢靠,并有相应的防雨淋措施。

6.3.4.2 管材、管件和阀门的储存过程中应符合下列规定:

a) 管材、管件和阀门应存放在通风良好的库房或棚内,远离热源,且应有防晒、防雨淋的措施;不应与油类或化学品混合存放,库区应有防火措施;管材、管件和阀门存放时,应按不同规格尺寸和不同类型分别存放,并应遵守“先进先出”的原则。

b) 管材应水平堆放在平整的支撑物或地面上。当直管采用三角形式堆放和两侧加支撑保护的矩形堆放时,堆放高度不宜超过1.5 m;当直管采用分层货架存放时,每层货架高度不宜超过1 m,堆放总高度不宜超过3 m;管件储存应成箱存放在货架上或叠放在平整地面上;当成箱叠放时,堆放高度不宜超过1.5 m。

c) 管材、管件在户外临时存放时,应有遮盖物遮盖。

6.3.5 球墨铸铁管材、管件的保管

6.3.5.1 管材、管件及设备运至施工现场,卸车时要使用软带吊装,轻吊轻放,避免管道互相碰撞,入槽前管道要放在适当的砂袋拖架上,防止损坏管道外防腐。

6.3.5.2 存放地面应平坦松软,场地附近不得有腐蚀性化学物品。

6.3.5.3 管材在运输、装卸过程中管身要设弧形支座,支座外包麻袋片,管身应用外套胶管的钢丝拉紧。

6.3.5.4 管材、管件运至现场后,可沿沟槽一侧摆放,在搬运和装卸过程中不得使管道摔落、相互撞击、自由滚动或沿地面拖拉。

6.3.6 焊材保管

6.3.6.1 焊材应在干燥通风的室内分类存放,室内温度应在5 ℃以上,相对湿度小于60%,防止受潮气、雨水、雪霜及油类等有害物质的侵蚀。

6.3.6.2 焊接材料应按有关的技术要求和安全规程妥善保管。因吸潮而可能导致失效的焊接材料在存放时应采取必要的防潮措施,如设置货架、采用防潮剂或去湿器等。品种、型号及牌号、批号、规格、入库时间不同的焊接材料应分类存放,并有明确的区别标志,以免混杂。

6.3.6.3 在保管和搬运时,应避免损害焊接材料及其包装,包装开启后,应保护其不致变质,凡有损害或变质迹象的焊材不应使用。

6.3.6.4 施工现场应建立焊接材料的保管、烘干、清洗、发放、使用和回收制度。

6.3.6.5 库存管理人员应具备有关焊接材料保存的基本知识,熟悉本岗位的各项管理程序和制度。定期对库存的焊接材料进行检查,并将检查结果作书面记录。发现由于保存不当而出现可

能影响焊接质量的缺陷时，不得使用。

6.3.7 **防腐补口材料保管**

6.3.7.1 防腐补口材料应有进货清单，抽检复核资料，入库时分类清点，分类存放。

6.3.7.2 防腐补口材料应存放在通风干燥的库房。存放地点应远离火源，阴凉通风，避免雨淋和阳光直射。

6.3.7.3 库房应有严禁动火警示标识，照明等器材应为防爆型。同时库房应配备足够的消防器材，留有消防通道。

6.3.7.4 搬运过程中应轻装轻放，不得撞击、翻滚、倾倒，防止包装容器损坏。

6.3.7.5 对可燃性和有毒性材料应有紧急防范措施。

6.3.7.6 喷砂用石英砂应在半露天库存放并做到防潮、防雨。

6.4 燃气管道制作与安装

6.4.1 管沟开挖

6.4.1.1 沟槽及基坑的开挖、支护应根据工程地质条件、施工方法、周围环境等要求进行，并应符合GB 50201—2012、JGJ 120 的规定。

6.4.1.2 开挖前应对地下土质情况、建构筑物分布情况、已建管道的衔接位置与高程进行调查，并与管理单位洽谈处理方案，同时制定土方开挖、调运方案及安全措施。

6.4.1.3 混凝土路面和沥青路面的开挖应使用机械切割。

6.4.1.4 在地下水位较高的地区或雨期施工时，应采取降水或排水措施，并应采取防止管道、构筑物漂浮的措施。施工降水、排水应符合 JGJ 111 的规定。

6.4.1.5 开挖管沟时，应保护地下文物，当发现文物时应保护现场，并向当地主管部门报告。

6.4.1.6 管道沟底宽度和工作坑尺寸应符合设计要求，当设计无要求时可按下列规定执行：

a) 当单管沟底组装时，沟底宽度可按表 17 确定；

表 17 单管沟底组装沟底宽度

管道公称尺寸 DN/mm	沟底宽度 A/m
50～80	0.6
100～200	0.7
250～350	0.8
400～450	1.0
500～600	1.3
700～800	1.6
900～1 000	1.8
1 100～1 200	2.0
1 300～1 400	2.2

b) 当单管沟边组装或双管同沟敷设时，沟底宽度可按式(77)确定：

$$A = D_1 + D_2 + s + c \qquad \cdots\cdots(77)$$

式中：

A ——沟底宽度，单位为米(m)；

D_1 ——第一条管道外径，单位为米(m)；

D_2 ——第二条管道外径，单位为米(m)；

s ——两管道之间的设计净距，单位为米(m)；

c ——工作宽度，单位为米(m)，在沟底组装 c 取 0.6，在沟边组装 c 取 0.3。

c) 梯形槽(图 4)上口宽度可按式(78)确定：

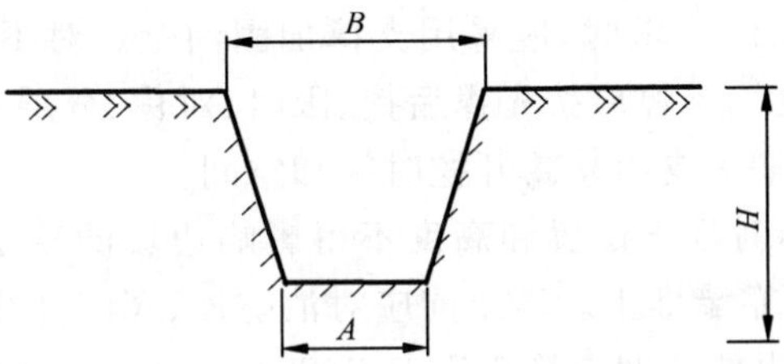

图 4 梯形槽横断面

$$B = A + 2n \times H \qquad \cdots\cdots(78)$$

式中：

B ——沟槽上口宽度，单位为米(m)；

A ——沟槽底宽度，单位为米(m)；

n ——沟槽边坡率(边坡的水平投影与垂直投影的比值)，按表 18 取值；

H ——沟槽深度，单位为米(m)。

表 18 深度在 5 m 以内的沟槽最大边坡率

土的类别	边坡坡度(高：宽)		
	坡顶无荷载	坡顶有静载	坡顶有动载
中密的砂土	1：1.00	1：1.25	1：1.50
中密的碎石类土(充填物为砂土)	1：0.75	1：1.00	1：1.25
硬塑的粉土	1：0.67	1：0.75	1：1.00
中密的碎石类土(充填物为黏性土)	1：0.50	1：0.67	1：0.75
硬塑的粉质黏土、黏土	1：0.33	1：0.50	1：0.67
老黄土	1：0.10	1：0.25	1：0.33
软土(经井点降水后)	1：1.25	—	—

6.4.1.7 当在无地下水的天然湿度土壤中开挖沟槽，且沟深不超过表 19 的规定时，沟壁可不设边坡。

表 19 不设边坡沟槽深度

土的类别	沟槽深度/m	土的类别	沟槽深度/m
密实的砂土或砾石土	≤1.00	黏土	≤1.50
亚砂土或亚黏土	≤1.25	坚土	≤2.00

6.4.1.8 当土壤具有天然湿度、构造均匀、无地下水、水文地质条件良好,且挖深小于 5 m,沟槽不设支撑时,沟槽的最大边坡率可按表 18 确定。

6.4.1.9 当无法达到 6.4.1.8 的要求时,应采用支撑加固沟壁。对不坚实的土体应及时做连续支撑,支撑物应有足够的强度。支撑应按先撑后挖、限时、对称、分层、分区等的开挖方法确定开挖顺序,不应超挖,应减小沟槽无支撑暴露开挖时间和空间。

6.4.1.10 沟槽一侧或两侧临时堆土位置和高度不得影响边坡的稳定性和管道安装,临时堆土高度不宜超过 1.5 m,且不得靠墙堆土。堆土前应对消防栓、阀门井、雨水口等设施进行保护。

6.4.1.11 沟槽的开挖断面、边坡坡度应符合施工组织设计(方案)的要求。沟槽、基坑开挖的允许偏差及检查应符合表 20 和表 21 的规定。

表 20 沟槽开挖的允许偏差及检查

检查项目	允许偏差/mm		检查数量		检查方法
			范围	点数	
槽底高程	土方	±20	100 m	3	用水准仪测量
	石方	+20、−200			
槽底中线每侧宽度	正偏差		100 m	6	挂中线用钢尺量测,每侧计 3 点
沟槽边坡率	正偏差		100 m	6	用坡度尺量测,每侧计 3 点

表 21 基坑开挖的允许偏差及检查

检查项目	允许偏差/mm		检查数量		检查方法
			范围	点数	
平面位置	≤50		每轴	4	经纬仪测量,纵横各 2 点
槽底高程	土方	±20	每 25 m^2	1	5 m×5 m 方格网挂线尺量
	石方	+20、−200			
平面尺寸	0、+50		每座	8	用钢尺量测,坑底、坑顶各 4 点
边坡坡度率	正偏差		每边	2/边	用坡度尺量
边坡平台宽度	+100、−50		每级	2/边	用钢尺量
基底表面平整度	20		每 25 m^2	1	用 2 m 靠尺、塞尺量测

6.4.1.12 不良地质处理应符合下列规定:

a) 沟槽开挖后,应对槽底原状土进行检查,若土质及地层情况与设计不符,应与设计人员洽商确定处理方法。

b) 管道沟槽应按设计规定的平面位置和标高开挖。当采用人工开挖且无地下水时，槽底预留值宜为0.05 m～0.10 m，当采用机械开挖或有地下水时，槽底预留值不应小于0.15 m，管道安装前应人工清底至设计标高。

c) 当沟底无地下水，且超挖在 0.15 m 以内时，可用原土回填；当超挖在 0.15 m 以上时，可用石灰土处理。超挖部分回填后应压实，其密度应接近原地基天然土的密实度。

d) 槽底地基槽基土浸泡或含水率较大时，应根据浸泡土及含水率较大土层的厚度采用不同的处理方法：

1) 浸泡土层厚在 200 mm 以内，将浸泡土铲除采用石灰土或中粗砂换填夯实；

2) 含水率较大土层厚度在 200 mm～500 mm 时，将该土层挖除采用中粗砂、天然级配砂砾或砂石换填分层夯实；

3) 含水率较大土层厚度在大于 500 mm 时，将该土层挖除采用卵石或块石回填，再用砂砾石填充空隙并找平表面；或按设计要求进行处理。

6.4.1.13 在土石方开挖施工过程中，当发现有毒有害液体、气体、固体或不明情况时，应立即停止作业，进行现场保护，并应报有关部门处理后方可继续施工。

6.4.1.14 采用其他方法进行管道地基处理时，应满足设计要求和国家有关规范的规定。

6.4.1.15 验槽应符合下列规定：

a) 沟槽和基坑边坡应稳定，边坡护坡应完整，支撑无明显变形，不得有滑坡、塌方现象；

b) 沟槽和基坑有地下水或雨季施工时，应排除积水，槽底无浸泡现象；

c) 管道下沟前，应按照表 20 和表 21 的规定复查沟槽和基坑，并清除沟槽和基坑内的石块、冰雪、冻土等有损防腐层的杂物。

6.4.2 钢管敷设

6.4.2.1 钢管下料切割及坡口加工应符合下列规定：

a) 管道及配件的制作应符合本标准及合同约定，管道及配件应在工厂内制作，钢管、管件制作和质量要求应符合 GB/T 9711、GB/T 12459、GB/T 13401、GB/T 29168.1、SY/T 5257 的要求。

b) 碳钢、碳锰钢可采用机械加工方法或火焰切割方法切割和制备坡口。合金钢宜采用机械加工方法切割和制备坡口。若采用火焰切割，切割后应采用机械加工或打磨方法去除热影响区。

c) 跨越管道管段加工前应对管段的长度、管径和壁厚进行选配，每根钢管最小长度不宜小于 8 m。

d) 管材、管件切口表面应平整，尺寸应正确，并应无裂纹、重皮、毛刺、凸凹、缩口、熔渣、气化物、铁屑等现象。

e) 除设计另有规定外，坡口端面偏斜度 Δf 应符合表 22 的规定。

表 22　坡口端面偏斜度偏差

图　例	Δf
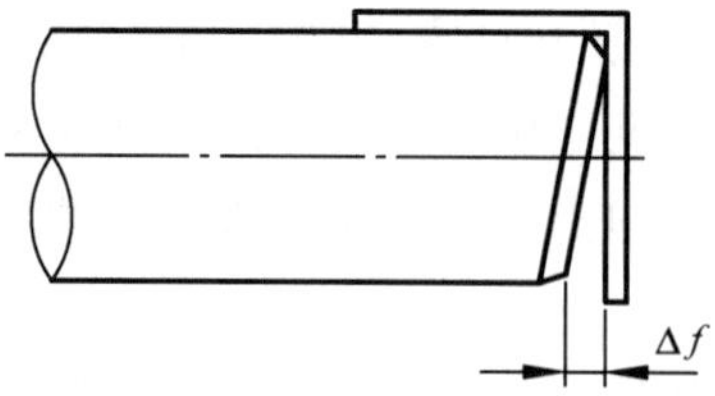	不应大于管道外径的1%且不大于3 mm

f)　坡口及边缘20 mm内母材应无裂纹、重皮、破损、弧坑、氧化铁、毛刺缺陷及污染物。管道坡口加工尺寸应符合设计要求，设计无要求时应按GB 50236的相关规定执行。

g)　钢管如有凿痕、槽痕、凹陷、变形等有害缺陷，应按下列方法修复或消除后使用：

1)　凿痕、槽痕可用砂轮磨去，但磨剩的厚度不得小于材料标准允许的最小厚度，否则，应将受损部分整段切除；

2)　凹陷的深度不得超过公称管径的2%，凹陷位于纵向焊缝或环向焊缝处，应将凹陷处管道受损部分整段切除；

3)　变形的管段超过钢管制造标准时，应废弃。

h)　标记移植：

1)　管道组成件应尽量保存材料的原始标记，当切割、加工不可避免地破坏原始标记时，应采用移植方法重新进行材料标识，也可采用管道组成件的工程统一编码；

2)　所采用的标记方法应对材料表面不构成损害或污染，避免降低材料的使用性能。

6.4.2.2　钢管安装应符合下列规定：

a)　三通、弯头(弯管)、异径管等管路附件应采用机制管件，当需要现场制作时，应符合GB/T 12459、GB/T 13401、GB 50235的相关规定。弯头(弯管)上不得带有环焊缝。

b)　管道安装前，管道、管件、阀门等内部已清理干净、无杂物。对管内有特殊要求的管道，其质量应符合设计文件的规定。

c)　接头设计及对口间隙应符合所采用的焊接工艺规程的要求。管道接口应按照焊接工艺规程的要求，对接焊应选用对口器。

d)　在城市综合管廊、阀室、深基坑等密闭空间进行管道安装作业应符合GBZ/T 205的相关规定。

e)　管道固定口连头：

1)　固定口连头前应及时将管道临时封堵装置、护口器、防尘盖等拆除方可进行连头工作；

2)　固定口留头位置地形宜选择在地势较高处，沟底比设计深度加深500 mm～800 mm，连头处人行通道修成阶梯形，沟壁应坚实，对不良地质应加设防护装置；

3)　固定口连头前，两侧宜各留出60 m管线不回填，并且连头处两管头应对中，连头宜有2根～3根管长度；

4)　固定口连头应参与整体管道试压，若“固定口”两侧管道已分段试压合格，该焊口应经双百无损检测。

f) 新、旧燃气管道连接使用不停气开孔连接工艺，应由有相关资质的单位单独编制施工组织设计及应急预案，经施工单位、监理单位和建设单位技术负责人审批后方可实施。

g) 燃气管道穿入套管前，应进行隐蔽工程检查，套管内的污物应清扫干净。

6.4.2.3 管口的组对应符合下列规定：

a) 管口组对的坡口型式应符合焊接工艺规程的规定。管道组对应符合表23的规定。

表23 管道组对规定

检查项目	规定要求
管内清扫	无污物
管口清理(10 mm范围内)和修口	管口完好无损，无铁锈、油污、油漆、毛刺
管端螺旋焊缝或直缝余高打磨	端部10 mm范围内余高打磨掉，并平缓过渡
两管口螺旋焊缝或直缝间距	错开间距大于或等于100 mm
错口和错口校正要求	当壁厚 t<14 mm时，不大于1.6 mm； 当14 mm<t≤17 mm时，不大于2 mm； 当17 mm<t≤21 mm时，不大于2.2 mm； 当21 mm<t≤26 mm时，不大于2.5 mm； 当 t≥26 mm时，不大于3 mm。 局部错边均不应大于3 mm，错边沿周长均匀分布
钢管短节长度	不应小于钢管外径值且不应小于0.5 m
钢管对接偏差	不应大于3°
管端斜口	不能

b) 不应使用锤击的方法对管口整形。

c) 不等壁厚对焊管端宜采用加过渡管或坡口过渡处理措施。壁厚差小于或等于2 mm时可直接焊接，大于2 mm时，应采用内削边处理，内坡角度宜为15°～30°，并应按图5进行加工修整。

d) 管道连接时，不得采用强力对口。端面的间隙、偏差、错口或不同心等缺陷不得采用加热管道、加偏垫等方法消除。

e) 当允许在根焊道完成前撤离对口器时，则在卸下对口器前，完成的根焊道应均匀分布于管口圆周，且每段焊道长度和间距近似相等；如使用内对口器，应在卸去内对口器张力前焊完全部根焊道；在外对口器撤离前，完成的根焊道应均匀分布于管口圆周，焊道累计长度应不少于管周长的50%。

f) 弯管吊装安装时，弯管上的吊点设置不应少于3个且绑扎牢固，安装过程中不得出现弯管突然翻转现象。

g) 钢制管道安装允许偏差应符合表24的规定。

h) 钢质燃气管道穿越化粪池、窨井、雨、污水井、电缆井、热力井、人防工事等地下设施且与各设施净距小于1 m时，应增设套管，套管管径宜大于穿越管二级管径以上，套管长度为套管两端与各地下设施最外侧垂直净距，宜大于2 m。

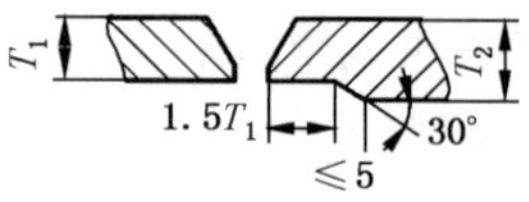

a) $T_2-T_1 \leqslant 5$ mm

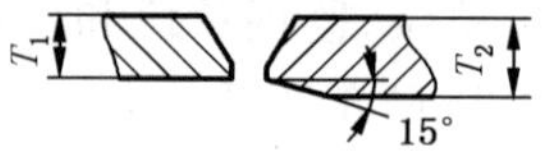

b) 5 mm$<T_2-T_1\leqslant 10$ mm

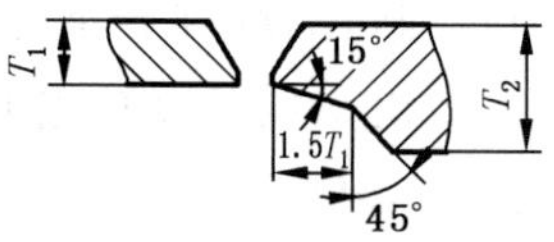

c) $T_2-T_1>10$ mm

外侧齐平

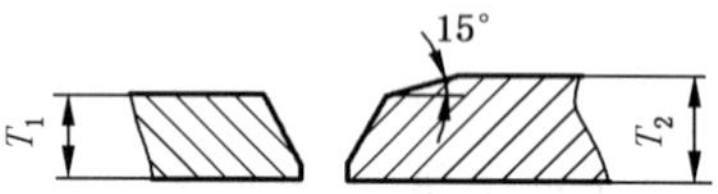

d) $T_2-T_1\leqslant 10$ mm

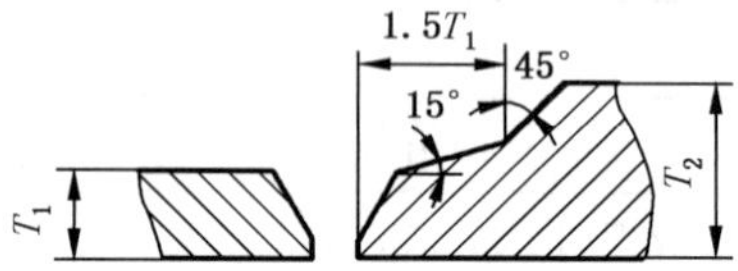

e) $T_2-T_1>10$ mm

内侧齐平

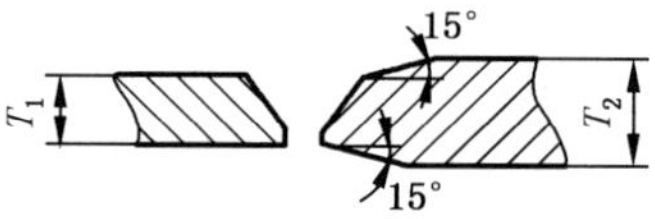

f) 内外侧均不齐平

图 5 不等厚对接焊件坡口加工

表 24 钢制管道安装的允许偏差

项目			允许偏差/mm
坐标	架空、套管、涵管、地沟	室外	25
		室内	15
	埋地		60
标高	架空、套管、涵管、地沟	室外	±20
		室内	±15
	埋地		±25
水平管道平直度		DN≤100	$2L\times10^{-3}$，最大 50
		DN>100	$3L\times10^{-3}$，最大 80
立管铅垂度			$5L\times10^{-3}$，最大 50
成排管道间距			15
交叉管的外壁间距			20
注：L——管道安装段的长度。			

6.4.2.4 钢制管道焊接应符合下列规定：

a) 一般规定：

1) 在进行正式焊接施工前，应根据评定合格的焊接工艺编制焊接工艺规程。焊接工艺规程在管道焊接作业时应严格执行。

2) 焊接所用设备应配有指示焊接工艺参数的电流表、电压表,气压表和流量表应读数准确并能够满足焊接工艺要求,具有良好的工作状态和安全性,适合于野外工作条件。不符合要求的焊接设备应予以更换或维修。

3) 新建管道与原有管道停气或带气接线前应调查原有管道的材质情况,根据材质情况确定符合的焊接工艺或进行焊接工艺评定。焊接工艺评定应符合 NB/T 47014 的相关规定。

4) 管道焊缝距离支管或管接头的开孔边缘不应小于 50 mm,且不应小于孔径。当无法避免在管道焊缝上开孔或开孔补强时,应对开孔直径 1.5 倍或开孔补强板直径范围内的焊缝进行射线或超声检测,补强板覆盖的焊缝应磨平,管孔边缘不应存在焊缝缺陷。

5) 管道环焊缝距支、吊架净距不得小于 50 mm。

6) 施焊时不应在坡口以外的管壁上引弧;焊机地线与管道连接应采用专用卡具,防止地线与管壁产生电弧而烧伤管材;对于防腐管,焊前应在焊缝两端的管口缠绕一周宽度为0.5 m 的保护层。

7) 施焊时焊接的环境温度应符合焊件焊接所需的温度,并不影响焊工的操作技能。同时焊条电弧焊、自保护药芯焊丝电弧焊、埋弧焊焊接时的风速不应大于 8 m/s;钨极惰性气体保护电弧焊、熔化极气体保护电弧焊和二氧化碳气体保护焊,风速不应大于 2 m/s;低氢型焊条电弧焊,风速不应大于 5 m/s;当超过规定时应有防风设施。焊接电弧 1 m 范围内的相对湿度不得大于 90%。

b) 焊接材料:

1) 低氢型焊条焊前应按产品说明书要求进行烘干、保存及使用,当天未用完的焊条应回收存放,重新烘干后首先使用,重新烘干的次数不得超过 2 次;

2) 自保护药芯焊丝不应烘干,纤维素焊条不宜烘干;

3) 焊丝应在焊接前打开包装,当日未用完的焊丝应妥善保管,防止污染。

c) 焊前预热:

1) 焊前预热及焊后热处理应符合 GB/T 20801 的相关规定;

2) 需要预热的焊件,其层间温度应不低于预热温度,碳钢和低合金钢的最高预热温度和道间温度不宜大于 250 ℃;

3) 当焊接两种具有不同预热要求的材料时,应以预热要求较高的材料为准;

4) 预热应均匀达到要求,层间温度宜用相同的加热方式保持,在实际施焊期间温度不应降至最低值以下。预热宜选用合适的测温工具,保证在焊接前和焊接过程中及时获得温度数据。温度测量仪表应经检定或校准合格。

d) 定位焊:

1) 定位焊的焊接材料、焊接工艺、焊工和预热温度等应与正式焊相同;

2) 定位焊的长度、厚度和间距应能保证焊缝在正式施焊过程中不致开裂;

3) 定位焊后应立即检查,如有残留疤痕、裂纹等缺陷应立即清除,重新定位焊。

e) 焊接过程控制:

1) 管道焊接应符合焊接工艺规程的要求;

2） 根焊完成后应立即进行填充焊；

3） 管道接头应进行打磨，相邻两层的接头不得重叠，应错开 30 mm 以上；各焊道宜连续焊接，焊接过程中，应控制道间温度；焊道上的焊渣，在下一道焊接前应清除干净；焊口完成后应清除表面焊渣和飞溅物；

4） 焊口宜当日焊完，当日不能完成的应至少完成管壁厚的 50%，且不应少于 3 层；

5） 在焊接作业中，焊工应对自己所焊的焊道进行自检和修补工作，每处修补长度不应小于 50 mm；

6） 对需要后热或热处理的焊缝，应按焊接工艺规程的规定进行处理；

7） 每日作业结束后应将管线端部管口临时封堵，遇水及沟下焊管线应采取防水措施；

8） 焊口应有标识，焊口标识可用记号笔写在距焊口 1 m 处防腐层表面，并应同时做好焊接记录；

9） 因地势受限，水平定向钻穿越管道采用二接一、三接一或多接一方式时，两条（或多条）管段的接口焊接工艺宜采用低氢型焊条氩电联焊，每层焊道层间温度及预热温度按照6.4.2.4c）焊前预热规定执行。

f） 焊缝缺陷的清除和修补：

1） 焊缝缺陷的清除和修补应符合 NB/T 47014 的要求；

2） 电弧烧痕应打磨掉，打磨后剩余壁厚应不小于材料标准允许的最小厚度，否则应将含有电弧烧痕的这部分钢管整段切除；

3） 焊缝在同一部位的返修，不应超过 2 次。根部只允许返修 1 次，非裂纹性缺陷修补长度不应小于 50 mm，否则应将该焊缝切除。返修后，按原标准检测。裂纹性缺陷应切除。

6.4.2.5 钢质管道防腐补口和补伤应符合下列规定：

a） 根据补口防腐层材料和设计要求的除锈等级可选择喷射处理工艺和工具除锈的表面处理方法，钢质管道表面处理应按 GB/T 8923.1、SY/T 0407 执行；

b） 防腐质量应采用外观检查、厚度检查、电火花检漏、黏结力测试等方法进行；

c） 管道锚固墩、穿越段管道、阴极保护测试线焊接处的防腐，检查合格后方可进行下一道工序，阴极保护测试线焊接处的防腐材料应与管道防腐层相匹配并与测试线外皮黏接良好；

d） 防腐补口补伤施工除应符合本标准规定外，尚应满足 GB/T 51241 的要求。

6.4.2.6 管道下管应符合下列规定：

a） 管道应采用起重设备进行下沟，不得使用推土机或撬杠等非起重工具；采用多台起重设备下沟时，起重设备不宜少于 3 台，起吊点距离管道环焊缝不应小于 2 m。起吊高度以 1 m 为宜，吊点间距应符合 GB 50369 的相关规定。

b） 管道下沟前应使用电火花检漏仪检查管道防腐层，检测电压应符合 6.2.6.2 的规定，如有破损或针孔应及时修补。

c） 管道下沟时，应注意避免与沟壁碰撞，以防止擦伤防腐层。管道应与沟底充分结合，局部悬空应用细土填塞密实。

d） 管道下沟时，应由专人统一指挥作业，应采取有效措施防止管道滚沟。

6.4.2.7 阴极保护应符合下列规定：

a) 管道牺牲阳极阴极保护的施工与调试应符合 GB/T 21448 的规定；

b) 强制电流阴极保护系统的施工与调试应符合 GB/T 21448 的规定。

6.4.3 聚乙烯燃气管道敷设

6.4.3.1 聚乙烯燃气管道安装与敷设应符合 CJJ 63 的有关规定。

6.4.3.2 聚乙烯燃气管道安装施工前，应根据评定合格的焊接工艺编制焊接工艺规程。

6.4.3.3 管道连接前应进行外观检查，管材表面划伤深度不应超过管材壁厚的 10%，穿跨越敷设时，管材表面划伤深度不应超过管材壁厚的 5%，管件及管道附属设备的外包装应完好。

6.4.3.4 聚乙烯管材、管件的热熔对接连接，应采用全自动焊机进行，焊机应定期进行校准和检定，周期不应超过 1 年。

6.4.3.5 管道连接时，聚乙烯管材的切割应采用专用割刀或切管工具，切割端面应垂直于管道轴线，并应平整、光滑、无毛刺。切割端口的不圆度应符合要求。

6.4.3.6 热熔对接连接的操作应符合下列规定：

a) 在固定连接件时，应将连接件的连接端伸出夹具，伸出的自由长度不应小于公称外径的 10%；

b) 连接件的端面接触后，应将其校直到同一轴线上，错边量不应大于壁厚的 10%；

c) 铣削连接件端面，使其与轴线垂直，连续切屑的平均厚度不宜大于 0.2 mm；

d) 接口端面对接面最大间隙应符合表 25 的规定。

表 25 接口端面对接面最大间隙 单位为毫米

管道元件公称外径 d_n	接口端面对接面最大间隙
$d_n \leqslant 250$	0.3
$250 < d_n \leqslant 400$	0.5
$400 < d_n \leqslant 630$	1.0

6.4.3.7 电熔连接的操作应符合下列规定：

a) 应刮除插入端表皮的氧化层，刮削表皮厚度宜为 0.1 mm～0.2 mm；

b) 通电加热焊接的电压或电流、加热时间等焊接参数的设定应符合电熔焊机和电熔管件产品说明书的要求。

6.4.3.8 法兰式钢塑转换管件的法兰盘、紧固件应经过喷塑或镀锌的防腐处理。

6.4.4 球墨铸铁管道安装

6.4.4.1 球墨铸铁管及其管件应采用机械型柔性接口输气球墨铸铁管(包括 NI 和 S 型)。

6.4.4.2 现场切割短管应符合下列规定：

a) 切割管道应采用砂轮切割机或其他有齿锯的切管工具，不得使用气割方法；

b) 切割后进行打磨处理，打磨插口的长度应与插入承口内的长度一致，管道断面不得有毛边，管道两端应按原材料管端的要求进行倒角处理；

c) 打磨后应进行磨光处理。

6.4.4.3 球墨铸铁管宜沿沟槽一侧连续布管。公称尺寸小于 DN300 的管道可采用人工下管方法，公称尺寸大于或等于 DN300 的管道宜采用机械下管法。

6.4.4.4 管道对口前,插口端向承口方向 240 mm 范围和承口端工作范围应将管道表面铸瘤、沥青、砂子铲除干净,表面应涂覆润滑剂。

6.4.4.5 接口支撑环、胶圈应无裂纹、龟裂等缺陷,支撑环、胶圈应进入正确位置,管道接口应严密。胶圈应采用尼龙棒、硬杂木等非金属棒敲击就位。橡胶圈安装位置正确,不得扭曲、外露;沿圆周各点应与承口端面等距,其允许误差应为±3 mm。

6.4.4.6 管道安装时,应保证插口压兰中心点与管道的轴径同心,压兰压头压在胶圈断面中心上,承口法兰螺孔与压兰螺孔应对准,圆周间隙均匀,所有螺栓均匀锁紧达到扭矩值。法兰接口的螺栓和螺母等连接件的规格型号应一致,防腐处理应符合产品说明书要求。

6.4.4.7 接口借转角应在管道按直线安装完成,螺栓拧到 80%紧固力后再摆至预定角度,最后逐个紧固螺栓。管道最大借转角应符合表 26 的规定。

表 26 球墨铸铁管允许最大借转角

管道公称尺寸 DN/mm	100～300	350～600	700
平面借转角/(°)	1.5	1.15	0.75
6 m 管道平面借转距离/mm	157	120	78
注:垂直借转距离为平面借转距离的 1/2。			

6.4.4.8 管道敷设时,弯头、三通和固定盲板处均应砌筑永久性支墩。

6.4.4.9 管道安装允许偏差应符合表 27 的规定。

表 27 管道安装允许偏差

项目	允许偏差/mm	检验频率		检查方法
		范围	点数	
高程	±10 mm	20 m	1	水准仪
中心线位移	5 mm/10 m	20 m	1	经纬仪、挂边线、量尺
	全长≤30 mm			

6.4.4.10 输送湿燃气的管道安装管底高程应符合设计要求,偏差±15 mm。

6.4.5 架空管道安装

6.4.5.1 管道支、吊架安装前应进行标高和坡降测量并放线,固定后的支、吊架位置应正确,安装应平整、牢固,与管道接触良好。

6.4.5.2 涂料的种类、涂敷次序、层数、各层的表面要求及施工的环境温度应按设计和所选涂料的产品要求进行。

6.4.5.3 管道安装前应涂底漆。涂漆前应清除被涂表面的铁锈、焊渣、毛刺、油、水等污物,涂漆完成后方可进行管道安装。

6.4.5.4 吹扫、压力试验完成后,应补刷底漆并完成管道设备的防腐。

6.4.6 管沟回填与管道标识

6.4.6.1 管道主体安装完成,焊接、防腐检验合格,井室及其他附属构筑物的现浇混凝土强度或砌体水泥砂浆强度达到设计要求后,应及时对沟槽或基坑进行回填。

6.4.6.2 回填时应采取防止管道发生位移或损伤的措施。井室周围回填应与沟槽回填同时进行。回填压实时应沿井室中心对称进行,且不得漏夯。

6.4.6.3 回填土或其他回填材料运入槽内时不得损伤管道及其防腐层。管道两侧和管顶以上500 mm范围内的回填材料,应由沟槽两侧对称运入槽内,不得直接回填在管道上。

6.4.6.4 沟槽应分层夯填密实。管道两侧及管顶以上500 mm内的回填土应采用人工压实,管顶500 mm以上的回填土可采用小型机械压实。每层虚铺厚度应符合表28的规定。

表28 回填土的每层虚铺厚度

单位为毫米

压实机具	虚铺厚度
木夯、铁夯	≤200
轻型压实设备	200～250
压路机	200～300
振动压路机	≤400

6.4.6.5 回填材料不得用有机物、冻土、垃圾、木材及软性物质。管道周围两侧及管顶以上500 mm范围内的回填土应采用细砂或细土,不得含有碎石、砖块等,且不得用灰土回填。距管顶500 mm以上的回填土中的石块不得大于10%,直径不得大于100 mm,且应均匀分布。

6.4.6.6 回填前应将槽底施工遗留的杂物清除干净,且不得积水。

6.4.6.7 沟槽回填土应分层压实,分层检查填土压实度,合格后方可进行上层填土施工。沟槽回填压实度应符合下列规定(图6):

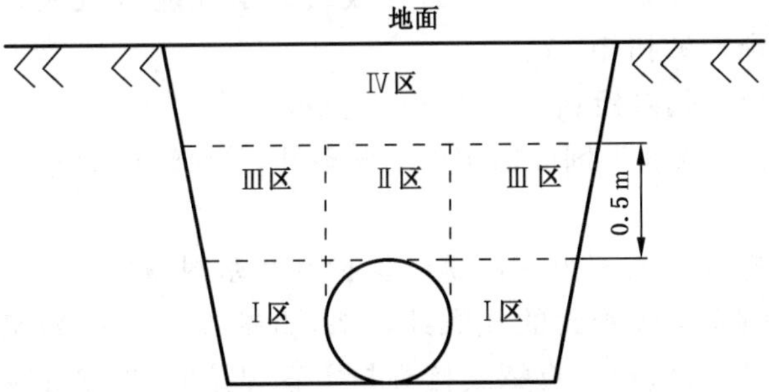

图6 回填土断面图

a) 对(Ⅰ)区部位,采用中、粗砂或细土分层回填,每层厚度为100 mm～200 mm,压实度不应小于90%;

b) 对(Ⅱ)区部位,采用符合要求的原土或中、粗砂回填,压实度不应小于85%;

c) 对(Ⅲ)区部位,采用符合要求的原土或中、粗砂回填,压实度不应小于90%;

d) 对(Ⅳ)区部位,采用原土分层回填,压实度应符合相应地面对压实度的要求。

6.4.6.8 基坑回填土的压实度应大于或等于95%。

6.4.6.9 燃气管道与其他地下管线或设施交叉安装完成后,其交叉位置2m范围内的沟槽回填应密实,以免对其他管线造成影响,可采用水撼砂或其他材料回填,湿陷性黄土地区应严格控制水撼砂含水量。水撼砂为采自河槽或料场的中-细砂,回填前应剔除砂子中的石子。

6.4.6.10 聚乙烯管道穿越道路不具备增设套管的情况下,管道上方500 mm及管道两侧

300 mm 范围内宜采用水撼砂回填。

6.4.6.11 埋设燃气管道的沿线应连续敷设警示带(板)。警示带(板)敷设前应将敷设面压实,并平整地敷设在管道的正上方,距管顶的距离宜为 300 mm～500 mm,不得敷设在路基和路面里。

6.4.6.12 公称尺寸小于或等于 DN400 的燃气管道上方可敷设一条警示带,公称尺寸大于 DN400 的燃气管道可敷设两条警示带,且间距宜为 150 mm。

6.4.7 管道附件安装

6.4.7.1 法兰连接应符合下列规定:

a) 应检查法兰密封面及密封垫片,不得有影响密封性能的划痕、斑点等缺陷,否则应予修理或更换。

b) 一对法兰密封面间只允许使用一个垫片。当大直径垫片需要拼接时,应采用斜口搭接或迷宫式拼接,不得平口对接。

c) 法兰接头装配应与管道同心,并应保证螺栓自由穿入。法兰螺栓孔应跨中安装。法兰间应保持平行,其偏差不得大于法兰外径的 0.15%,且不得大于 2 mm。法兰接头装配时,垫片应均匀地压缩到预定的设计载荷。不得用强紧螺栓的方法消除法兰接头的歪斜。

d) 法兰接头装配应使用同一规格螺栓,安装方向应一致。螺栓紧固后应与法兰紧贴,不得有楔缝。需加垫圈时,每个螺栓不应超过 1 个。所有螺母应全部拧入螺栓。任何情况下,螺母上未完全啮合的螺纹应不大于 1 个螺距。

e) 法兰接头装配时,如两个法兰的压力等级或力学性能有较大差别,应予特别注意。宜将螺栓拧紧至预定的扭矩。

6.4.7.2 螺纹连接应符合下列规定:

a) 用于螺纹的保护剂或润滑剂应适用于工况条件,并对输送的燃气和管道材料均不产生不良影响。

b) 进行密封焊的螺纹接头不得使用螺纹保护剂和密封材料。

c) 采用垫片密封而非螺纹密封的直螺纹接头,直螺纹上不应缠绕任何填料,在拧紧和安装后,不得产生任何扭矩。直螺纹接头与主管焊接时,应防止密封面变形。

d) 螺纹接头密封材料宜选用聚四氟乙烯带,外露螺纹 2 扣～3 扣为宜,拧紧螺纹时,不得将密封材料拧入管内。

e) 应采取措施防止螺纹接头因热膨胀导致的螺纹松动。

6.4.7.3 阀门安装应符合下列规定:

a) 阀门吊装应平稳,不得用阀门手轮作为吊装的承重点,不得损坏阀门,已安装就位的阀门应防止重物撞击。

b) 当焊接球阀水平安装时应将阀门完全开启,当垂直管道安装且焊接阀体下方焊缝时,应将阀门关闭。焊接过程中应对阀体进行降温,避免焊缝热影响区对阀体造成影响。当阀门与管道以法兰或螺纹方式连接时,阀门应在关闭状态下安装;当阀门与管道以焊接方式连接时,阀门不得关闭,且宜采用氩弧焊打底。

c) 阀门不得强行组对连接或承受外加重力负荷,以防止由于附加应力而损坏阀门。

d) 当焊接安装时,焊机地线应搭在同侧焊口的钢管上,不得搭在阀体上。

e) 阀门焊接完成降至环境温度后方可操作。

f) 阀门安装时,应按阀门标示的介质流向与管道介质的流向确定阀门的安装方向,避免强力安装。

6.4.7.4 管道补偿装置应符合下列规定:

a) 自然补偿器的安装应符合下列规定:

1) 应按设计文件规定进行预拉伸或预压缩,允许偏差为预伸缩量的10%,且不大于10 mm;

2) 水平安装时,平行臂应与管道坡度相同,两垂直臂应平行。

b) 波纹管膨胀节的安装应符合下列规定:

1) 应按设计文件规定进行预拉伸或预压缩,受力应均匀;尚应符合GB/T 35979的相关要求;

2) 波纹管膨胀节内套有焊缝的一端,在水平管道上应迎介质流向安装,在铅垂管道上应置于上部;

3) 波纹管膨胀节应与管道保持同轴,不得偏斜;

4) 安装波纹管膨胀节时,应设临时约束装置,待管道安装固定后再拆除临时约束装置;

5) 燃气管道跨越工程补偿器安装应按GB 50460的规定执行。

6.4.7.5 支、吊架安装应符合下列规定:

a) 管道安装时,应及时进行支、吊架的固定和调整工作。支、吊架位置应正确,管道和支承面接触应良好。

b) 固定支架应在补偿装置预拉伸或预压缩前固定。导向支架或滑动支架的滑动面应洁净平整,不得有歪斜和卡涩现象。

c) 支、吊架的焊接应由合格焊工施焊,并不得有漏焊、欠焊或焊接裂纹等缺陷。管道与支架焊接时,管道不得有咬边、烧穿等现象。

d) 不得在滑动支架底板处临时点焊定位。仪表及电气的支撑件不得焊在活动支架上。

6.4.8 管道吹扫与清管

6.4.8.1 管道吹扫与清管应符合下列规定:

a) 球墨铸铁管道、聚乙烯管道和公称尺寸小于DN100或长度小于100 m的钢质管道,可采用气体吹扫;公称尺寸大于或等于DN100的钢质管道,宜采用清管球(器)进行清管,管道直径应是同一规格,不同管径的管道应断开分别进行清管。

b) 管道吹扫、清管前,应仔细检查管道支、吊架的牢固程度,对有异议的部位应进行加固。对不准许吹扫、清管的设备及管道应进行隔离。

c) 管道吹扫、清管前,应编制施工方案,制定安全措施,考虑施工人员及附近公众与设施安全,管道吹扫、清管作业应统一指挥,并配备必要的交通工具、通信及医疗救护设备。

d) 管道吹扫、清管清理出的污物、残余水,应按照工程所在地环保部门指定的地点进行排放,排放标准应符合工程所在地环保部门的相关要求和按照国家相关法律规定执行。

e) 管道吹扫、清管宜与管道试压充分结合进行。已吹扫、清管干净的管道组成件、装配管段或整个管道系统应及时采取封闭管口或充氮保护等措施防止再污染。

f) 燃气管道压缩空气吹扫、等径管道清管球(器)清管时,压缩机出口端应安装油水分离器和过滤器;在对聚乙烯管道吹扫及试验时,进气口应采取冷却措施,确保管道进气口气体干燥,且其温度不应高于 40 ℃;聚乙烯管道吹扫出口应设置一段钢制管道,且应静电接地。

6.4.8.2 管道气体吹扫应符合下列规定:

a) 气体吹扫应符合下列要求:

1) 吹扫口应设在开阔地段并加固,吹扫时应设置安全区域,吹扫出口前不应站人;

2) 吹扫压力不得大于管道的设计压力;

3) 吹扫介质宜采用压缩空气,不应采用氧气和可燃性气体;

4) 吹扫合格设备复位后,不得再进行影响管内清洁的其他作业;

5) 吹扫出口宜设置快开盲板。

b) 吹扫气体流速不宜小于 20 m/s,吹扫口与地面的夹角应在 30°～45°,吹扫口管段与被吹扫管段应采取平缓过渡对焊,吹扫口直径应符合表 29 的规定。

表 29 吹扫口直径

单位为毫米

末端管道公称尺寸	DN<150	150≤DN≤300	DN≥350
吹扫口直径	与管道同径	150	250

c) 每次吹扫钢质管道的长度不宜超过 500 m,当管道长度超过 500 m 时,宜分段吹扫。聚乙烯管道每次吹扫长度不宜大于 1 000 m。

d) 当吹扫出口目测排气无烟尘时,应在排气口设置白布或涂白漆木靶板检验,5 min 内靶上无铁锈、尘土等其他杂物为合格。

6.4.8.3 管道清管球(器)清管应符合下列规定:

a) 燃气管道当采用清管球(器)清管时,分段试压前应进行清管球(器)清管,清管次数不应少于2 次,分段清管的长度应根据分段试压长度确定。

b) 清管应设临时清管球(器)收发装置,发射装置及接收装置应由发球筒、压力表、进气阀、放散阀、排污阀组成。临时清管球(器)收发装置首次使用前应进行压力试验,试验压力为管线设计压力的 1.5 倍,试压介质为洁净水,稳压 1 h,无压降、无泄漏为合格。

c) 清管球(器)接收装置应选择在地势较高,且 50 m 内没有建筑物和人口的区域内,并应设置警示装置。

d) 管线上有支管部分应在三通连接处设置挡栅,挡栅的规格以设计要求为准,宜采用与主管道内壁相同的弧度设置,且不得有毛刺、焊瘤等缺陷,以确保清管球(器)在管线中顺利通过。

e) 清管球(器)的选择:

1) 清管球(器)过盈量应结合管道与管件外径或内径对齐的具体情况,宜为管内径的 2.5%～5%(1%～2%);

2) 清管球(器)应适用于管线弯管的曲率半径。

f) 清管球(器)清管时,宜采用压缩空气推动清管球(器)运行,清管器运行时速度应控制在3 km/h～9 km/h,工作压力宜为 0.05 MPa～0.2 MPa,如遇阻力可提高其工作压力,但最大压力不应超过设计压力。在地形起伏较大的地区,应设置背压控制清管球(器)运行速度。

g） 清管球(器)清管时应及时检查清管效果，应将管道内的水、泥土、杂物清理干净。

6.5 热力管道制作与安装

6.5.1 钢制管道(件)制作

钢制管道的制作详见6.4.2.1。

6.5.2 热力塑料管道(件)制作

6.5.2.1 塑料工作管可选用耐热聚乙烯(PE-RT Ⅱ)、聚丁烯(PB)管材，并应符合下列规定：

a） 耐热聚乙烯(PE-RT Ⅱ)管材应符合GB/T 28799.2的规定；

b） 聚丁烯(PB)管材应符合GB/T 19473.2的规定；

c） 钢塑复合管应符合GB/T 37263的规定。

6.5.2.2 塑料管道管件应与管材相匹配，并应符合下列规定：

a） 与耐热聚乙烯(PE-RT Ⅱ)管材连接的管件应符合GB/T 28799.3的规定；

b） 与聚丁烯(PB)管材连接的管件应符合GB/T 19473.3的规定；

c） 与钢塑复合管管材连接的管件应符合HG/T 3707的规定；

d） 塑料工作管弯头不得使用由直管段做成的斜接缝弯头，弯头的最小壁厚不得小于直管段壁厚；

e） 塑料工作管三通主管和支管任意点的壁厚不应小于对应焊接的直管壁厚；

f） 塑料工作管异径管应采用同心异径管，异径管壁厚不应小于直管道的壁厚。

6.5.3 热水保温管及管件制作

6.5.3.1 预制热水保温管及管件应采用工厂预制。

6.5.3.2 预制直埋高密度聚乙烯外护管硬质聚氨酯泡沫塑料保温管及管件的制作应符合GB/T 29047和GB/T 34611的规定。

6.5.3.3 玻璃纤维增强塑料外护层聚氨酯泡沫塑料预制直埋保温管及管件制作应符合GB/T 38097的规定。

6.5.3.4 架空(管沟、综合管廊)热水保温管及管件的制作可参照GB/T 29047的规定执行。

6.5.4 蒸汽保温管及管件制作

6.5.4.1 预制蒸汽保温管及管件应采用工厂预制。

6.5.4.2 预制直埋蒸汽保温管及管件的制作应符合CJ/T 246的规定。

6.5.4.3 钢外护管真空复合保温预制直埋管及管件的制作应符合GB/T 38105的规定。

6.5.4.4 架空(管沟、综合管廊)蒸汽保温管及管件的制作可参照CJ/T 246的规定执行。

6.5.5 保温管接头补口

6.5.5.1 预制直埋热水保温管接头保温应符合GB/T 29047和GB/T 34611的规定。

6.5.5.2 预制直埋热水保温管接头发泡前，应做气密性检测，且在接头外护层冷却到40 ℃以下进行。气密性检验的压力应为0.02 MPa，保压时间不应小于2 min，不漏气为合格，并应符合CJJ 28—2014的规定。

6.5.5.3 钢外护管预制直埋蒸汽保温管接头保温应符合CJ/T 246的规定。钢外护管真空复合保温预制直埋管接头保温应符合GB/T 38105的规定。

6.5.5.4 架空(管沟、综合管廊)热水保温管接头保温可参照GB/T 29047的规定执行。

6.5.5.5 架空(管沟、综合管廊)蒸汽保温管接头保温可参照 CJ/T 246 的规定执行。

6.5.6 管道及附件的装配与安装

6.5.6.1 现场施工准备、工程测量、土建工程、防腐与保温施工应按照 CJJ 28—2014 的规定执行。

6.5.6.2 现场管道及管路附件的安装应按照 GB/T 23257、CJJ 28—2014、CJJ/T 81、CJJ/T 104、CJJ/T 254 等的规定执行。

6.5.6.3 热力塑料管道的焊接与安装可参照 CJJ 63 的规定执行。

6.5.7 热力管道清洗

6.5.7.1 供热管网的清洗应在试运行前进行,并应符合 CJJ 28—2014 的相关规定。

6.5.7.2 清洗前应编制清洗方案,并应报有关单位审批。方案中应包括清洗方法、技术要求、操作及安全措施等内容。清洗前应进行技术、安全交底。

6.5.7.3 清洗方法应根据设计及供热管网的运行要求、介质类别确定,可采用人工清洗、水力冲洗和气体吹洗。当采用人工清洗时,管道的公称直径应大于或等于 DN800;蒸汽管道应采用蒸汽吹洗。

6.5.7.4 清洗前应完成下列工作:

a) 减压器、疏水器、流量计和流量孔板(或喷嘴)、滤网、调节阀芯、止回阀芯及温度计的插入管等应已拆下并妥善存放,待清洗结束后方可复装;

b) 不与管道同时清洗的设备、容器及仪表管等应隔开或拆除;

c) 支架的强度应能承受清洗时的冲击力,必要时应经设计核算;

d) 水力冲洗进水管的截面积应不小于被冲洗管截面积的 50%,排水管截面积应不小于进水管截面积;

e) 蒸汽吹洗排气管的管径应按设计计算确定,吹洗口及冲洗箱应按设计要求加固;

f) 设备和容器应有单独的排水口。

6.5.7.5 人工清洗应符合下列规定:

a) 钢管安装前应进行人工清洗,管内不得有浮锈等杂物;

b) 钢管安装完成后、设备安装前应进行人工清洗,管内不得有焊渣等杂物,并应验收合格。

6.5.7.6 水力冲洗应符合下列规定:

a) 冲洗应按主干线、支干线、支线分别进行。二级管网应单独进行冲洗。冲洗前先应充满水并浸泡管道。冲洗水流方向应与设计的介质流向一致。

b) 清洗过程中管道中的脏物不得进入设备,已冲洗合格的管道不得被污染。

c) 冲洗应连续进行,冲洗时的管内平均流速不应小于 1 m/s;排水时,管内不得形成负压。

d) 冲洗水量不能满足要求时,宜采用密闭循环的水力冲洗方式。循环水冲洗时管道内流速应达到或接近管道正常运行时的流速。在循环冲洗后的水质不合格时,应更换循环水继续进行冲洗,并达到合格。

e) 水力冲洗应以排水水样中固形物的含量接近或等于冲洗用水中固形物的含量为合格。

f) 水力清洗结束后应打开排水阀门排污,合格后应对排污管、除污器等装置进行人工清洗。

g) 冲洗后的污水不得随意排放,不得污染环境。

6.5.7.7 蒸汽吹洗时应划定安全区,并设置标志。在整个吹洗作业过程中,应有专人值守。

6.5.7.8 蒸汽吹洗应符合下列规定:

a) 吹洗前应缓慢升温进行暖管,暖管速度不宜过快,并应及时疏水。检查管道热伸长、补偿器、管路附件及设备等工作情况,恒温 1 h 后再进行吹洗。

b) 吹洗使用的蒸汽压力和流量应按设计计算确定。吹洗压力不应大于管道工作压力的 75%。

c) 吹洗次数应为 2 次～3 次,每次的间隔时间宜为 20 min～30 min。

d) 蒸汽吹洗应以出口蒸汽无污物为合格。

6.5.7.9 空气吹洗适用于公称尺寸小于或等于 DN300 的热水管道。

6.5.7.10 供热管网清洗合格后应填写清洗检验记录,并应符合 CJJ 28—2014 中表 A.0.30 的规定。

7 检验与试验

7.1 检验范围

7.1.1 管道组成件制作和安装的检查及检验应符合本标准的规定。

7.1.2 管道、管件、法兰及阀门等制作,防腐保温层的质量以及安装前的验收应符合 6.2 的规定。

7.1.3 有热处理的管道应在全部热处理结束后进行检查及检验检测工作。

7.1.4 无损检测及强度试验合格后方能进行管道保温补口。

7.2 一般规定

7.2.1 检验检测机构

7.2.1.1 从事燃气、热力管道检验检测的单位应具备省(部)级以上市场监督管理部门对该检验检测机构核发的相关产品及参数,第三方检测的计量认证证书,其中,从事燃气管道和热力管道检验、无损检测的单位还应取得国家市场监督管理总局颁发的特种设备检验检测机构核准证书。

7.2.1.2 进行燃气、热力管道检测前应按相关标准的规定编制符合要求的检验检测工艺规程。

7.2.1.3 检测程序及检测结果应正确、完整并应有相应责任人员签名认可。

7.2.1.4 检测用仪器和设备应进行定期检定(校准),并提供仪器设备的溯源,且有记录可查。

7.2.2 检测人员资质

7.2.2.1 从事检验检测的人员,应按相应技术标准进行培训,通过考核取得相应资格证书,持证上岗。

7.2.2.2 从事全自动超声波检测以及其他新检测技术的人员还应接受设备调试、检测结果评定等培训,经考核合格方可从事检测工作。

7.2.2.3 检测人员视力和辨色力应符合 NB/T 47013.7 的要求。

7.2.3 检查方法

7.2.3.1 一般规定

7.2.3.1.1 本条规定了主要检查方法。如使用本条规定以外的方法,则应在设计文件中规定其验收标准。

7.2.3.1.2 检查的比例包括100%检查、抽样检查和局部检查,并应符合以下规定:

a) 100%检查应在指定的一批管道中,对某一具体项目进行全部检查;

b) 抽样检查应在指定的一批管道中,对某一百分数的管道做某一具体项目的全部检查;

c) 局部检查应在指定的一批管道中,对每一件管道规定的部分做某一具体项目的检查。

7.2.3.2 目视检查

目视检查的范围、内容、基本要求及结果评价应符合GB/T 20801和NB/T 47013.7的相关规定。

7.2.3.3 无损检测

7.2.3.3.1 无损检测应在目视检查合格后进行。

7.2.3.3.2 钢质管道无损检测应符合下列规定:

a) 无损检测应按NB/T 47013.2—2015、NB/T 47013.3—2015、NB/T 47013.4—2015、NB/T 47013.5—2015的规定进行;

b) 除设计文件另有规定外,现场焊接的管道及管道组成件的对接环焊缝、对接式支管连接焊缝应进行射线检测或超声检测;

c) 射线检测复验、抽查时,若发现不合格焊口,应对该焊工或流水作业焊工组在该日或该检查段中焊接的焊口加倍检查,如再有不合格的焊口,则对其余的焊口进行100%的射线检测;

d) 管道采用全自动超声检测时,可不进行射线检测复查;

e) 要抽查的无损检测焊接接头位置及检查点应由监理选择或批准。

7.2.3.3.3 塑料管道无损检测应符合下列规定:

a) 无损检测可按照GB/T 32563、GB/T 29461和DB 31/T 1058的规定进行;

b) 除设计文件另有规定外,现场电熔焊接和热熔焊接的管道及管路附件焊接处宜进行100%相控阵超声检测,当进行焊接前工艺评定或焊口检测结果出现争议时,参照TSG D2002规定的破坏性检验与试验方法进行试验验证;

c) 城镇燃气和供热中使用的聚乙烯塑料管道中,公称尺寸为DN40～DN400的电熔焊接接头和公称尺寸为DN75～DN400的热熔对接焊接接头可进行相控阵超声检测。其他规格聚乙烯管道和其他类型塑料管道焊接接头的相控阵超声无损检测技术可参照实施。

7.2.3.4 过程检查

7.2.3.4.1 钢质管道制作过程中的检查内容应包括下列内容:

a) 焊接坡口的制备和清洗;

b) 预热;

c) 连接前的预组装、连接间隙以及内侧对准;

d) 焊接工艺规定的技术参数,包括填充材料、焊接位置等;

e) 焊接清理后的根部焊道(包括外侧和可及内侧)状况,按焊接工艺指导书的规定进行磁粉检测或渗透检测;

f) 焊渣的清除和焊道间焊缝情况;

g) 完工后接头外观。

7.2.3.4.2 聚乙烯和聚丁烯管道热熔对接焊过程控制的检查内容应包括下列内容：

a) 焊接前准备工作要求：

1) 清洁油路接头，正确连接焊机各部件；

2) 测量电源电压，确认现场电压符合焊机施焊要求；

3) 检查加热板表面质量，清理聚乙烯残留物，油污、油脂等污物，当加热板表面涂层损坏时应及时予以更换；

4) 按照焊接工艺评定结果正确设置吸热、冷却时间及加热板温度等参数，并在焊接前适当预热，保证加热板温度均匀。

b) 焊接管道及附件的装夹：检查即将焊接的管道及附件是否垫平，调整同心度到同一轴线，并用夹具校正准备施焊管材的不圆度，焊接错边量不应大于管壁厚的10%。连接端伸出夹具预留足够焊接距离，自由端长度不应小于公称外径的10%。

c) 焊接面的清理和铣削：

1) 焊接前连接部位应进行擦拭，清理污物并保持干燥；

2) 需要焊接件的端面应进行铣削，使其与轴线垂直，连续切削时每次切削量不得大于0.2 mm，应确保焊接时对接端面的间隙小于 0.3 mm，错边量小于焊接处管壁厚的 10%。重新装夹需重新铣削。

d) 拖动压力的测量与检查：每次焊接时都应测量和记录拖动压力。

e) 加热：

1) 放置加热板，调整焊接压力等于拖动压力与焊接规定压力之和；

2) 当加热板两侧焊接处圆周卷边凸起高度达到规定值时，焊接压力降至拖动压力或在确保焊接端面与加热板紧密粘合的情况下开始吸热记录时间。

f) 切换对接：吸热时间达到规定要求后，抽出加热板，使待连接面完全接触，并调整压力匀速升至焊接压力并保持规定时间，不得发生高压碰撞。

g) 焊接接头采用自然冷却的方式，冷却期间，不得拆卸夹具。

7.2.3.4.3 聚乙烯和聚丁烯管道电熔焊接过程控制的检查内容应包括下列内容：

a) 焊接前准备工作要求：

1) 清洁电源输出接头，保证良好导电性；

2) 测量电源电压，确认焊机工作时电压符合施焊要求；

3) 检查焊机的输出端尺寸是否和管件接线部位匹配。

b) 管材截取过程：

1) 管材端面应垂直其轴线，垂直度偏差应小于 5 mm；

2) 当准备施焊管材的不圆度影响安装时，应使用夹具校正。

c) 焊接面的清理：

1) 焊接前连接部位应进行擦拭，清理污物并保持干燥，管件应在焊接时拆除封装袋；

2) 测量待焊接管件的长度或中心线，对待焊管材的端部标识处管件长度一半加 10 mm 的热熔焊区域的待焊接面刮削 0.1 mm～0.2 mm，去除氧化层。

d) 管材与管件承插：

1) 在管材上重新划线，检查位置距端面应为 1/2 的管件长度；

2） 将清洁的电熔管件与要焊接的管材承插，保持管件外缘与标线平齐；

3） 安装电熔焊夹具，不得使电熔管件承受外力，管材与管件不同轴度应小于2%。

e） 焊机输出端与管件接线端连接应牢固，不得虚接，必要时可使用专用的转换连接接头。

f） 焊接：按照要求设定电熔焊接的模式，并根据设备和管件的使用要求来确定电压、电流、加热时间等焊接参数，实施电熔接头的焊接作业。

g） 焊接接头冷却采用自然冷却的方式，时间按照管件产品说明书确定，冷却过程中不得向焊接件施加任何外力，冷却完成后才可拆卸夹具。

7.3 燃气管道检验

7.3.1 钢质管道无损检测

7.3.1.1 无损检测通用工艺规程和工艺卡应根据相关法规、产品标准、有关的技术文件和本标准的规定，并结合本单位的特点和检测能力编制。通用工艺规程由无损检测Ⅲ(高)级人员编制，工艺卡由无损检测Ⅱ(中)级及以上人员编制，无损检测责任工程师审核，所在单位技术负责人批准。修订、更改时也应履行上述程序。

7.3.1.2 当采用未经本标准规定的无损检测方法时，此检测方法应经相关部门审核并在相关行业有成功的应用经验，并制定了相关的检测标准。

7.3.1.3 焊缝检查、检测比例及合格标准应符合表30的规定，并应符合下列要求：

a） 管道焊缝外观检查的合格标准应符合GB 50683—2011的规定；

b） 管道焊缝无损检验的合格标准应符合NB/T 47013.2—2015和NB/T 47013.3—2015的规定；

c） 有延迟裂纹倾向的管道焊口应在24 h后进行无损检测。

表30 焊缝质量检验比例及合格标准

项目	焊缝外观		射线检测		超声检测	
	比例	合格标准	比例	合格标准	比例	合格标准
设计压力大于4.0 MPa在三类地区及以上管道焊口	100%	≥Ⅱ	100%	≥Ⅱ	100%	Ⅰ
设计压力小于或等于4.0 MPa且大于0.4 MPa管道焊口	100%	≥Ⅱ	100%	≥Ⅱ	100%	Ⅰ
设计压力小于或等于0.4 MPa管道焊口	100%	≥Ⅱ	≥30%	≥Ⅲ	—	
穿越或跨越铁路、公路、河流、桥梁、城市地铁等地的管道焊口	100%	≥Ⅱ	100%	≥Ⅱ	100%	Ⅰ
车行道下、套管和过街沟内全部管道	100%	≥Ⅱ	100%	≥Ⅱ	—	
固定焊口	100%	≥Ⅱ	100%	≥Ⅱ	100%	Ⅰ
设计压力小于或等于4.0 MPa液态液化石油气管道焊口	100%	≥Ⅱ	100%	≥Ⅱ	100%	Ⅰ
综合管廊内的管道	100%	≥Ⅱ	100%	≥Ⅱ	100%	Ⅰ
有延迟裂纹倾向的管道焊口	100%	≥Ⅱ	100%	≥Ⅱ	100%	Ⅰ

7.3.1.4 对焊缝进行抽查时，同一项目每位焊工不应少于一条焊缝，并应侧重抽查固定焊口。每出现一道不合格焊缝，应增加检测同一焊工两道焊缝，二次抽检仍出现不合格时，应对该焊工本项目同批施焊的全部焊缝进行检验，且应采用同样的检验方法。

7.3.1.5 对检验不合格的焊缝应进行现场返修，并应对全部返修的焊缝进行无损探伤检验。同一焊缝返修次数不应超过2次，根部缺陷只允许返修1次。

7.3.1.6 实施无损检测的单位应保存无损检测原始记录，正确填写检测报告，保管期限不应少于7年。

7.3.2 燃气管道压力试验

7.3.2.1 燃气管道工程完工后应按确定的施工方案依次进行管道吹扫、强度试验和严密性试验。

7.3.2.2 管道在吹扫和压力试验时应与无关系统采取隔离措施，与现已运行的燃气管道应加盲板断开，不应用阀门隔离。

7.3.2.3 压力试验环境温度不宜低于5 ℃，当环境温度低于5 ℃时，应采取防冻措施。

7.3.2.4 压力试验检查合格后，卸压时应缓慢。在压力试验过程中发现泄漏时，不应带压处理，应在试验压力降至大气压时进行修补，修补后应进行复试。

7.3.2.5 管道吹扫和清管球清扫应符合6.4.8的规定。

7.3.2.6 管道强度试验应符合下列规定：

a) 强度试验压力与试验介质应符合表31的规定；

表31 强度试验压力及试验介质

管道类型	设计压力 P/ MPa	试验介质	试验压力/ MPa
钢制管道	$P>0.8$	清洁水	$1.5P$
	$P\leqslant0.8$	清洁水	$1.5P$，且$\geqslant0.4$
		空气或惰性气体	$1.25P$，且$\geqslant0.4$
球墨铸铁管道	$P\leqslant0.4$	空气或惰性气体	$1.5P$，且$\geqslant0.4$
燃气聚乙烯管道	$P>0.4$	空气或惰性气体	$1.5P$
	$P\leqslant0.4$	空气或惰性气体	$1.5P$，且$\geqslant0.20$

b) 当 $P>0.8$ MPa时，现场条件不允许进行水压试验，并且具备GB 50251—2015中表10.2.3中全部各项条件时，经建设单位与设计单位书面同意，也可采用气压试验代替水压试验，并应采取安全保护措施，试验压力为1.15；

c) 若所有焊口经100%无损检测合格，可免除水压强度试验(一级地区0.8设计系数的管道除外)；

d) 进行强度试验时，压力应逐步缓升，首先升至试验压力的50%，应进行初检，无泄漏、异常，继续升压至试验压力，待稳压后，试验持续时间为1 h，每30 min记一次压力表读数，无压降为合格。

7.3.2.7 管道严密性试验应符合下列规定：

a) 严密性试验介质宜采用压缩空气，当强度试验以水为介质时，应将管内的水排除干净后再进行严密性试验；当强度试验以空气为介质时，应及时将管内压力降至严密性试验压力；

b) 设计压力小于2.5 MPa，且大于或等于0.1 MPa时，试验压力应为设计压力的1.15倍，且不应小于0.1 MPa；设计压力大于或等于2.5 MPa时，试验压力应为设计压力；

c) 试验待稳压后，持续时间应为24 h，每小时记录不应少于1次，当试验仪表采用电子压力记录仪时，试验开始与试验结束时相比压力无变化为合格。

7.4 热力管道检验

7.4.1 目视检测

7.4.1.1 管件和钢管的检验，应按制管标准检查钢管的外径、壁厚、圆度等钢管尺寸偏差，尺寸偏差应符合要求，设计或购方有特殊要求时，按照订货要求执行。钢管表面不应有裂纹、结疤、折叠以及其他深度超过公称壁厚偏差的缺陷。钢管如有凿痕、槽痕、凹坑、变形或压扁等有害缺陷，应按照6.4.2.1g)执行。

7.4.1.2 弯管端部应标注弯曲角度、钢管外径、壁厚、曲率半径及材质等参数。凡标注不明或不符合设计要求的不应使用。

7.4.1.3 焊缝应进行100%外观质量检验，并应符合下列规定：

a) 焊缝表面应清理干净，焊缝应完整并圆滑过渡，不得有裂纹、气孔、夹渣及熔合性飞溅物等缺陷；

b) 焊缝高度不应小于母材表面，并应与母材圆滑过渡；

c) 加强高度不得大于被焊件壁厚的30%，且应小于或等于5 mm，焊缝宽度应焊出坡口边缘1.5 mm～2.0 mm；

d) 咬边深度应小于0.5 mm，且每道焊缝的咬边长度不得大于该焊缝总长的10%；

e) 表面凹陷深度不得大于0.5 mm，且每道焊缝表面凹陷长度不得大于该焊缝总长的10%；

f) 焊缝表面检查完毕后应填写检验报告，并可按CJJ 28—2014中表A.0.16的规定填写。

7.4.2 无损检测

7.4.2.1 应由有资质的单位进行检测。

7.4.2.2 宜采用射线检测。当采用超声检测时，应采用射线检测复检，复检数量应为超声波检测数量的20%。角焊缝处的无损检测可采用磁粉或渗透检测。

7.4.2.3 无损检测数量应符合设计的要求，当设计未规定时应符合下列规定：

a) 干线管道与设备、管件连接处和折点处的焊缝应进行100%无损检测；

b) 穿越铁路、高速公路的管道在铁路路基两侧各10 m范围内，穿越城市主要道路的不通行管沟在道路两侧各5 m范围内，穿越江、河或湖等的管道在岸边各10 m范围内的焊缝应进行100%无损检测；

c) 不具备强度试验条件的管道焊缝，应进行100%无损检测；

d) 现场制作的各种承压设备和管件，应进行100%无损检测；

e) 其他无损检测数量应按表32和表33的规定执行，且每个焊工不应少于1个焊缝。

7.4.2.4 无损检测合格标准应符合设计要求。当设计未规定时，应符合下列规定：

a) 要求进行100%无损检测的焊缝，射线检测不得低于NB/T 47013.2—2015中规定的Ⅱ级质量要求，超声检测不得低于NB/T 47013.3—2015中规定的Ⅰ级质量要求；

b) 进行无损检测抽检的焊缝，射线检测不得低于 NB/T 47013.2—2015 中规定的Ⅲ级质量要求，超声检测不得低于 NB/T 47013.3—2015 中规定的Ⅱ级质量要求；

c) 直埋蒸汽保温管及管件的钢外护管无损检测要求：钢外护管的焊接应进行 100%超声检测，并应符合 NB/T 47013.3—2015 中规定的Ⅱ级质量要求；当管道保温层采用抽真空技术时，应符合 NB/T 47013.3—2015 中规定的Ⅰ级质量要求。当公称壁厚小于或等于 6.0 mm 的角焊缝无法进行超声检测时，可采用渗透检测进行替代，渗透检测不应低于 NB/T 47013.5—2015 中规定的Ⅰ级质量要求。

7.4.2.5 当无损检测抽样检出现不合格焊缝时，对不合格焊缝返修后，并应按下列规定扩大检验：

a) 每出现一道不合格焊缝，应再抽检两道该焊工所焊的同一批焊缝，按原检测方法进行检验；

b) 第二次抽检仍出现不合格焊缝，应对该焊工所焊全部同批的焊缝按原检测方法进行检验；

c) 同一焊缝的返修次数不应大于 2 次。

表 32 钢质管道无损检测数量(1)

介质名称	管道设计参数		焊缝无损检测检验数量/%							
			地上敷设				综合管廊、通行及半通行管沟敷设			
	温度/℃	压力/MPa	DN<500 mm		DN≥500 mm		DN<500 mm		DN≥500 mm	
			固定焊口	转动焊口	固定焊口	转动焊口	固定焊口	转动焊口	固定焊口	转动焊口
过热蒸汽	$200<T\leqslant 350$	$1.6<P\leqslant 2.5$	30	20	36	18	40	22	46	18
过热或饱和蒸汽	$200<T\leqslant 350$	$1.0<P\leqslant 1.6$	30	20	36	18	40	22	46	18
	$T\leqslant 200$	$P\leqslant 1.0$	30	20	36	18	40	22	46	18
高温热水	$150<T\leqslant 200$	$1.6<P\leqslant 2.5$	30	20	36	18	40	22	46	18
	$120<T\leqslant 150$	$1.0<P\leqslant 1.6$	20	20	36	18	40	22	46	18
热水	$100<T\leqslant 120$	$P\leqslant 1.6$	18	12	22	16	26	20	30	16
	$T\leqslant 100$	$P\leqslant 1.0$	12				20			
凝结水	$T\leqslant 100$	$P\leqslant 0.6$	10				16			

表 33　钢质管道无损检测数量(2)

介质名称	管道设计参数		焊缝无损检测检验数量/%						
			不通行管沟敷设(含套管敷设)				直埋敷设		
	温度/℃	压力/MPa	DN<500 mm		DN≥500 mm				
			固定焊口	转动焊口	固定焊口	转动焊口	主要道路	一般道路	其他
过热蒸汽	$200<T\leq350$	$1.6<P\leq2.5$	50	30	60	40	100	100	100
过热或饱和蒸汽	$200<T\leq350$	$1.0<P\leq1.6$	50	30	60	40	100	100	100
	$T\leq200$	$P\leq1.0$	50	30	60	40	100	100	100
高温热水	$150<T\leq200$	$1.6<P\leq2.5$	50	30	60	40	100	100	100
	$120<T\leq150$	$1.0<P\leq1.6$	50	30	60	40	100	100	100
热水	$100<T\leq120$	$P\leq1.6$	40	28	50	40	100	100	100
	$T\leq100$	$P\leq1.0$	30	20	50	30	60	40	30
凝结水	$T\leq100$	$P\leq0.6$	20				60	40	30

7.4.3　热力管道压力试验

7.4.3.1　钢质管道进行强度试验和严密性试验,并应符合下列规定:

a)　强度试验压力应为 1.5 倍设计压力,且不得小于 0.6 MPa;严密性试验压力应为1.25 倍设计压力,且不得小于 0.6 MPa;

b)　当设备有特殊要求时,试验压力应按产品说明书或根据设备性质确定。

7.4.3.2　塑料管道试验压力应符合下列规定:

a)　聚乙烯(PE-RT Ⅱ)和聚丁烯(PB)管道试验压力不应小于工作压力的 1.5 倍,且不应小于 0.8 MPa;

b)　钢塑复合管道试验压力应大于工作压力加 0.5 MPa,且不应小于 0.9 MPa。

7.4.3.3　试验过程应符合下列规定:

a)　钢质管道压力试验应按强度试验、严密性试验的顺序进行,试验介质应采用清洁水,对于奥氏体不锈钢工作管道,水压试验时,试验用水中氯离子含量应不超过 25 mg/L。

b) 压力试验前,供热管道焊缝外观检查及焊接质量无损检测应合格。

c) 安全阀的爆破片与仪表组件等应拆除或已加盲板隔离。加盲板处应有明显标识。

d) 压力试验应编制试验方案,并应报有关单位审批。试验前应进行技术、安全交底。

e) 压力试验前应划定试验区、设置安全标志。在整个试验过程应有专人值守,无关人员不得进入试验区。

f) 检查室和沟槽中应有可靠的排水系统。试验现场应进行清理,使具备检验的条件。

g) 强度试验前应完成下列工作:

1) 强度试验应在试验段内的管道接口防腐、保温及设备安装前进行;

2) 管道安装使用的材料、设备资料应齐全;

3) 管道自由端的临时加固装置应安装完成,并应经设计核算与检查确认安全可靠,试验管道与其他管线应用盲板或采取其他措施隔开,不得影响其他系统的安全;

4) 试验用的压力表应经校验,其精度不得小于1.0级,量程应为试验压力的1.5倍~2倍,数量不得少于2块,并应分别安装在试验泵出口和试验系统末端。

h) 严密性试验前应完成下列工作:

1) 严密性试验应在试验范围内的管道工程全部安装完成后进行,压力试验长度宜为一个完整的设计施工段;

2) 试验用的压力表应经校验,其精度不得小于1.5级,量程应为试验压力的1.5倍~2倍,数量不得少于2块,并应分别安装在试验泵出口和试验系统末端;

3) 管道各种支架已安装调整完毕,固定支架的混凝土已达到设计强度,回填土及填充物已满足设计要求;

4) 管道自由端的临时加固装置已安装完成,并经设计核算与检查确认安全可靠。试验管道与无关系统应采用盲板或采取其他措施隔开,不得影响其他系统设备正常使用。

i) 压力试验应符合下列规定:

1) 当管道充水时应将管道及设备中的空气排尽;

2) 试验时环境温度不宜小于5 ℃,当环境温度小于5 ℃时,应有防冻措施;

3) 当运行管道与压力试验管道之间的温度差大于100 ℃时,应根据传热导致的温度变化对压力试验的影响采取保证运行管道和试验管道安全的措施;

4) 地面高差较大的管道,试验介质的静压应计入试验压力中,热水管道的试验压力应以最高点的压力为准,最低点的压力不得大于管道及设备能承受的额定压力;

5) 压力试验方法和合格判定应符合表34的规定。

表 34 压力试验方法和合格判定

<table>
<tr><th>项　目</th><th colspan="2">试验方法和合格判定</th><th>检验范围</th></tr>
<tr><td colspan="4">钢　质　管　道</td></tr>
<tr><td>强度试验</td><td colspan="2">升压到试验压力，稳压 10 min 无渗漏、无压降后降至设计压力，稳压 30 min 无渗漏、无压降为合格</td><td>每个试验段</td></tr>
<tr><td rowspan="3">严密性试验</td><td colspan="2">升压至试验压力，当压力趋于稳定后，检查管道、焊缝、管路附件及设备等无渗漏，固定支架无明显的变形等</td><td rowspan="3">全段</td></tr>
<tr><td>长输热水管线和一级管网</td><td>稳压在 1 h，前后压降不大于 0.05 MPa 为合格</td></tr>
<tr><td>二级管网</td><td>稳压在 30 min，前后压降不大于 0.05 MPa 为合格</td></tr>
<tr><td colspan="4">塑　料　管　道</td></tr>
<tr><td>预试验阶段</td><td colspan="2">a) 将试验管段内水压应缓缓地升至试验压力并稳压 30 min。
b) 期间如有压力下降可注水补压，但不得高于试验压力。
c) 当管道接口、配件等处有漏水、损坏现象时，应及时停止试压，查明原因并应采取相应措施后重新试压</td><td>每个试验段</td></tr>
<tr><td>主试验阶段</td><td colspan="2">a) 聚乙烯(PE-RT Ⅱ)和聚丁烯(PB)管道：预试验阶段结束，停止注水补压并稳定 30 min 后，压力下降不应大于 60 kPa，再稳压 2 h 后压力下降不应大于 20 kPa，水压试验结果应判定为合格。
b) 钢塑复合管道：预试验阶段结束后，停止注水补压并稳定 15 min 后，压力下降不应大于 20 kPa，再将试验压力降至工作压力并保持恒压 30 min，压力不降、无渗漏，水压试验结果应判定为合格</td><td>每个试验段</td></tr>
</table>

j) 试验过程中发现渗漏时，不得带压处理，消除缺陷后，应重新进行试验。

k) 试验结束后应及时排净管内积水、拆除试验用临时加固装置。排水时不得形成负压，试验用水应排到指定地点，不得随意排放，不得污染环境。

l) 压力试验合格后应填写供热管道水压试验记录、设备强度和严密性试验记录，并应按 CJJ 28—2014 中表 A.0.28 和表 A.0.29 的规定进行记录。

7.5 合格证和记录

7.5.1 检查人员应通过审阅合格证、质量证明书、标记和其他证明文件，确信材料和组成件均为规定等级并经过要求的热处理、检查和试验。检查人员应向检验人员提交一份说明规范和工程设计规定的全部质量控制要求已经执行的证明文件。

7.5.2 管道所用材料、管道附件和设备的材质、规格和型号应符合设计要求，其质量性能应符合本标准所列标准最新版本的规定，并具备出厂合格证、盖有制造单位质量检验章的质量证明书，以及材质证明书或使用说明书，进口物资应有商检报告。实行监督检验的管道组成件，还应提供特种设备检验检测机构出具的监督检验证书。质量证明文件除包括产品合格证外，还应包括以下内容：

a) 材料化学成分；

b) 材料及焊接接头力学性能；

c) 热处理状态;

d) 无损检测结果;

e) 压力试验结果(适用于有关安全技术规范及其相应标准或者合同有规定的);

f) 型式试验结果(适用于有型式试验要求的);

g) 产品标准或用户规定的其他检验项目;

h) 阀门应有产品合格证,带有伺服机械装置的阀门应有安装使用说明书;

i) 防腐保温材料的品种、规格、性能应符合设计和环保要求,产品应具有出厂质量证明文件或检验证明;

j) 管道焊前、焊接过程中、焊后检查、焊接缺陷的清除和返修、焊接工程交工的检验记录。

7.6 定期检验

7.6.1 燃气管道和热力管道均应进行定期检验。

7.6.2 燃气管道定期检验应符合下列要求:

a) 设计压力大于 1.6 MPa 的燃气管道,定期检验参照 TSG D7003 的规定执行,其中地区级别划分按照 GB 50028 的规定执行;

b) 设计压力大于 0.1 MPa 且小于或等于 1.6 MPa 的燃气管道,定期检验参照TSG D7004 的规定执行;

c) 燃气输配系统中调压站(箱)、阀室及管道、安全保护装置、附属设施的定期检验参照 TSG D7005 和 TSG 21 的有关规定执行;

d) 重要穿跨越区段的燃气管道检验应符合 GB/T 37369 的有关规定。

7.6.3 热力管道定期检验应符合下列要求:

a) 当敷设方式为管沟敷设或者架空敷设时,管道本身、附属设施与安全保护装置定期检验参照 TSG D7005 的规定执行;

b) 当敷设方式为直埋敷设时,定期检验参照 TSG D7004 的规定执行;

c) 安全保护装置、附属设施的定期检验参照 TSG D7005 和 TSG 21 的有关规定执行。

8 安全运行与维护

8.1 燃气管道运行

8.1.1 一般规定

8.1.1.1 燃气管道运营单位应建立、健全安全生产管理制度,以及运行维护和抢修作业的操作规程。运行维护制度应明确燃气管道运行维护的周期。安全生产管理制度和操作规程应包括下列内容:

a) 事故统计分析制度;

b) 隐患排查和分级治理管理制度;

c) 运行维护制度和操作规程;

d) 日常运行中发现问题及事故处理的报告处置程序。

8.1.1.2 燃气管道运营单位应设立运行维护和应急抢修的管理部门,并应配备专职安全管理人员和抢修队伍;应设置并向社会公布 24 h 报修方式,抢修人员应 24 h 值班。从事燃气管道运行维护和应急抢修的人员应经过专业技术培训,培训合格后方可上岗。

8.1.1.3 燃气管道运营单位宜建立设施监控及数据采集系统,具备故障判断、作业指挥及事故统计分析的智能化管理功能。

8.1.1.4 燃气管道重要部位应设置明显的标志标识,并应定期进行检查和维护。燃气设施运行维护和抢修过程中,应设置安全警示标志和警戒范围。

8.1.1.5 燃气管道运营单位应按国家相关要求建立安全事故报告和统计分析制度。

8.1.1.6 燃气管道运营单位应编制燃气安全生产事故应急预案,应急预案的编制程序、内容和要素等应符合 GB/T 29639 和 GB/T 37228 的有关规定。应急预案应报有关部门备案,并定期演习,每年不得少于 1 次。

8.1.1.7 对于停止运行、报废的燃气管道,管道运营单位应及时进行处置,暂时没有处置的应采取安全措施,继续对其进行管理,并应与运行中的其他管道系统进行有效隔断。

8.1.1.8 已竣工但未投入运行的燃气管道应采取安全保护措施,并应符合下列规定:

a) 采用惰性气体或空气保压,压力不宜超过运行压力,并应按本标准有关规定进行检查和运行维护;

b) 未投入运行的管道与运行管道之间应采取有效隔断,不得使用阀门作为隔断措施;

c) 未进行保压的管道,应在通气前重新进行压力试验,试验合格后方可通气运行。

8.1.1.9 燃气管道运营单位应定期对燃气设施进行安全评价,并应符合 GB/T 50811 的有关规定。

8.1.1.10 燃气管道设施进行维修或抢修时应有专人监护。

8.1.2 管道及管道附件的运行维护

8.1.2.1 输送不同种类燃气的相连管段之间应进行有效隔断。输送不同压力燃气的相连管段之间应通过调压装置连接。

8.1.2.2 燃气管道运行维护应做好相关记录。运行维护中发现问题应及时上报,并应采取有效的处理措施。

8.1.2.3 当钢质管道服役年限达到管道的设计使用年限时,应对其进行安全专项评价。

8.1.2.4 埋地燃气管道的泄漏检查应符合下列规定:

a) 埋地燃气管道应进行周期性泄漏检测。管道泄漏检测周期应符合下列规定:

1) 聚乙烯管道和设有阴极保护的钢质管道,检测周期不应超过 1 年;

2) 球墨铸铁管道和未设阴极保护的钢质管道,检测周期不应超过半年;

3) 管道运行时间超过设计使用年限的 1/2 时,检测周期应缩短至原周期的 1/2;

4) 出现多次抢维修的或者检测评价结果证明剩余使用寿命较短的管道,应适当增加检测频次。

b) 埋地管道因腐蚀发生泄漏后,应对管道的腐蚀控制系统进行检查,并根据检查结果对该区域内腐蚀因素近似的管道增加检测频次。

c) 发生地震、塌方和塌陷等自然灾害后,应立即对所涉及的埋地管道及设备进行泄漏检测,并根据检测结果增加检测频次。

d) 泄漏检测方法应符合 NB/T 47013.8 的规定,并根据检测项目和检测程序进行选择,可按表 35 的规定执行。当同时采用两种以上方法时,应以仪器检测法为主。

表 35 泄漏检测方法

<table>
<tr><td colspan="2" rowspan="2">检测项目</td><td colspan="3">检测程序</td></tr>
<tr><td>泄漏初检</td><td>疑似泄漏判定</td><td>确定泄漏部位</td></tr>
<tr><td rowspan="2">管道</td><td>埋地</td><td>仪器检测环境观察</td><td>气相色谱分析</td><td>仪器检测钻孔或开挖</td></tr>
<tr><td>架空</td><td colspan="3">激光甲烷遥测</td></tr>
</table>

8.1.2.5 埋地燃气管道的泄漏检查过程应符合下列规定：

a) 泄漏检测速度不应超过仪器的检测响应速度限定值；

b) 检测宜在白天进行，且宜避开风、雨、雪等恶劣天气；

c) 检测时宜沿管道走向在管道附近的道路接缝、路面裂痕等处进行检测；

d) 检测仪器有浓度显示时应进行疑似泄漏判定，确定为燃气泄漏时应对周边的建构筑物空间进行检测；

e) 检测确认的燃气浓度数值应是连续稳定的。

8.1.2.6 运行中的钢质燃气管道，第一次发现腐蚀漏气点后，应查明腐蚀原因，并对该管道的防腐层及腐蚀情况进行选点检查，并应根据实际情况制定运行维护方案。

8.1.2.7 对在役燃气管道的防腐层及燃气管道的阴极保护系统应进行周期性检查。检测周期应符合下列规定：

a) 设计压力大于 0.4 MPa 的管道每 3 年不得少于 1 次；

b) 设计压力小于或等于 0.4 MPa 的管道每 5 年不得少于 1 次；

c) 再次检测的周期可依据上一次的检测结果和维护情况适当缩短。

8.1.2.8 管道防腐层的检测方法与内容应符合下列规定：

a) 管道防腐层检测评价应符合 SY/T 0087.1 和 GB/T 37190 的有关规定；

b) 管道防腐层的绝缘性能可用电流-电位法定量检测或交流电流衰减法定性检测；

c) 管道防腐层的缺陷可采用直流电位梯度法、交流电位梯度法、交流电流衰减法、密间隔电位法等进行检测，对一种检测方法检出的评价为“重”的点应采用另一种检测方法进行再检，加以校验；

d) 可采用开挖探坑或在检测孔处通过外观检测、黏结力检测及电火花检测评价管道防腐层状况；

e) 已实施阴极保护的管道，可采用检测阴极保护的保护电流、保护电位、保护电位分布评价管道防腐层状况。出现下列情况应检查管道防腐层：

1) 运行保护电流大于正常保护电流范围；

2) 运行保护电位超出正常保护电位范围；

3) 保护电位分布出现异常。

8.1.2.9 电流干扰防护系统的检测周期和检测内容应符合下列规定：

a) 直流干扰防护系统应每月检测 1 次，检测内容应包括管地电位、排流电流(最大、最小、平均值)；

b) 交流干扰防护系统应每月检测 1 次，检测内容应包括管道交流干扰电压、管道交流电流密度、防护系统交流排流量；

c) 当干扰环境发生较大改变时,应及时对干扰源和被干扰管道进行调查测试,对干扰防护系统进行调整或改进防护措施;

d) 保护电位测试的正常周期为半年,对电位变化较快的测试异常点,测试周期为1个月,直至保护电位恢复正常。

8.1.2.10 架空敷设的燃气管道应设置安全警示标志,在可能被车辆碰撞的位置应设置防撞保护设施,并应定期对管道的外防腐层进行检查和维护。

8.1.2.11 燃气管道阀门的运行维护应符合下列规定:

a) 应定期检查阀门,不得有燃气泄漏、损坏等现象;

b) 阀门井内不得有积水、塌陷,不得有妨碍阀门操作的堆积物;

c) 应根据管网运行情况,对阀门定期进行启闭操作和维护保养;

d) 无法启闭或关闭不严的阀门,应及时维修或更换;

e) 带有系统联动执行机构的阀门应定期检查执行机构的运行状态。

8.1.2.12 燃气管道的凝水装置运行维护应符合下列规定:

a) 护罩、排水装置应定期进行检查,不得有泄漏、腐蚀和堵塞的现象及妨碍排水作业的堆积物;

b) 应定期排放积水,排放时不得空放燃气;

c) 排出的污水应收集处理,不得随地排放。

8.1.3 停气、降压和动火作业

8.1.3.1 燃气管道停气与降压作业应符合下列规定:

a) 停气作业时应可靠地切断气源,并应将作业管段和设备内的燃气安全地排放或进行燃气置换;

b) 降压作业应有专人监控管道内的燃气压力,降压作业时应控制降压速度,管道内部不得产生负压;

c) 密度大于空气的燃气输送管道进行停气或降压作业时,应采取防爆风机驱散在作业坑内积聚的燃气。

8.1.3.2 燃气管道设施进行动火作业时,应有燃气运营单位的安全或技术管理等部门进行配合和监护。

8.1.3.3 燃气管道设施动火作业时应保持空气流通,动火作业区内可燃气体浓度应小于其爆炸下限的20%。在通风不良的有限空间内作业时应采用防爆风机进行强制通风。

8.1.3.4 燃气管道设施动火作业过程中,操作人员不得正对管道开口处。

8.1.3.5 旧管道接驳新管道的动火作业时,应采取措施使管道电位达到平衡。

8.1.3.6 燃气管道设施停气动火作业时,应检测管段和设备内可燃气体浓度的变化情况,并应符合下列规定:

a) 当有燃气泄漏等异常情况时应立即停止作业,待消除异常情况并再次置换合格后方可继续进行;

b) 当作业中断或连续作业时间较长时,应再次取样检测并确认合格后方可继续作业;

c) 燃气管道内积有燃气杂质时,应采取有效措施进行处置。

8.1.3.7 燃气管道设施带气动火作业应符合下列规定:

a) 带气动火作业时燃气设施内应保持微正压,且压力不宜高于800 Pa,并应设专人监控

压力;

b) 动火作业引燃的火焰,应采取可靠有效的方法进行扑灭。

8.1.4 通气与置换转换作业

8.1.4.1 燃气管道设施通气前应按规定程序组织验收并合格。

8.1.4.2 新建燃气管道设施通气作业应编制作业方案,并经过安全技术部门批准后方可实施。

8.1.4.3 设计压力大于 0.4 MPa 的燃气管道升压过程应分阶段实施,应实施分级保压,期间应对各阀室静密封点进行检漏,无异常后继续升压。达到规定压力后保压 24 h,再对所有静密封点进行查漏,检查过程中无异常、无泄漏为合格。

8.1.4.4 燃气管道设施置换合格或停气后恢复通气前,应进行全面检查并符合运行要求,且应提前有效地通知相关联的燃气用户。

8.1.4.5 置换放散时,作业现场应有专人负责监控压力及进行浓度检测。并应符合下列要求:

a) 间接置换:采用惰性气体置换空气时,氧浓度的测定值应小于 2%体积浓度;采用燃气置换惰性气体时,燃气浓度测定值应大于 85%体积浓度。采用液氮气化工作工艺置换时,应控制氮气温度不应小于 5 ℃。

b) 直接置换:采用燃气置换空气时,燃气浓度测定值应大于 90%体积浓度。

8.1.4.6 置换作业时,应根据管道情况和现场条件确定放散点数量与位置,管道末端应设置临时放散管,在放散管上应设置控制阀门和检测取样阀门。

8.1.4.7 临时放散管的安装应符合下列规定:

a) 放散管应远离居民住宅、明火、高压架空电线等场所,当无法远离居民住宅等场所时,应采取有效的防护措施;

b) 放散管应高出地面 2 m 以上;

c) 放散管应采用金属管道、安装牢固并应可靠接地。

8.1.4.8 临时放散火炬的设置应符合下列规定:

a) 放散火炬应设置在带气作业点的下风向,并应避开居民住宅、明火、高压架空电线等场所;

b) 放散火炬的管道上应设置控制阀门、防风和防回火装置、压力测试接口;

c) 放散火炬应高出地面 2 m 以上;

d) 放散燃烧时应有专人现场监护,控制火势,监护人员与放散火炬的水平距离宜大于 25 m;放散火炬现场应备有有效的消防器材。

8.1.4.9 天然气转换前应对在役埋地燃气管道进行升压试验,检验管道的承压能力,以适应将来天然气运行压力的要求,并符合下列要求:

a) 升压试验前应制定《埋地燃气管道升压试验方案及应急预案》,预案中应对试验管段发生泄漏、阀门内漏等不同情况采取相应的应急措施,预防事故的发生或扩大;

b) 升压试验作业点应设置合理的警戒区域,现场配备足够的消防器材,不应有明火,无关人员不应入内;

c) 在升压和稳压期间,若发现试验管道存在泄漏,应使用燃气泄漏检漏仪对试验管段及周边污水井、电缆沟、地下井进行检漏,并进行连续监控检查,待查清压力下降原因并对泄漏点妥善处理后方可继续进行试验;

d) 在升压和稳压期间,若发现管道控制阀门存在内漏,应查清内漏原因并采取可靠措施消除阀门内漏，必要时可将内漏阀门予以更换，待确认隐患消除后方可继续进行试验；

e) 升压试验完成后，将试验管段列入重点管网巡查范围，试验后1天内巡查周期为半天1次，3天内巡查周期为每天1次。

8.1.4.10 气质转换前应制定片区转换计划和地下燃气管网转换作业方案，作业过程中对转换片区及周边地下燃气管网压力进行监控。转换作业结束，对地下管网不同气质处分界阀门设置“禁止开启”标志牌，并加强对分界阀门的检查管理。当压力出现异常时，应立即停止转换作业，关闭气源控制阀门，查明原因并妥善处理后，方可继续实施转换作业。

8.1.4.11 管网巡查保护应符合下列规定：

a) 下列情况巡视周期每天应至少1次：

1) 重点区域的燃气管网在重大节假日期间及前5天内；

2) 大型社会活动场所的燃气管网在活动期间及前5天内；

3) 特殊地段(穿越跨越处、斜坡)燃气管网在暴雨大风等恶劣天气后。

b) 对地下管道及设施的完好性以及标志桩的完整性和准确性进行检查。管道及设施的巡察周期每半年至少开展1次。

8.1.5 安全防护

8.1.5.1 埋地管道安全防护应符合下列规定：

a) 燃气管道与建构筑物或相邻管道之间的水平和垂直净距，应满足GB 50028的规定；

b) 埋地燃气管道敷设过程中宜避开土壤酸碱度比较高的地段；

c) 宜建立埋地管线安全运行评价体系，并宜符合下列要求：

1) 定期检查埋地钢管牺牲阳极保护系统阳极腐蚀损耗情况，将检查情况建立数据库以评估管线的腐蚀情况；

2) 定期检查埋地钢管管体的腐蚀情况，将检查情况建立数据库以评估管线的腐蚀情况；

3) 定期检查埋地聚乙烯管道的管体环境蠕变及老化情况，将检查情况建立数据库以评估管线的腐蚀情况；

d) 燃气管道应装设能提示埋地管线的走向及相对位置的标志，标志的设置应符合CJJ/T 153的要求。

8.1.5.2 架空管道安全防护应符合下列规定：

a) 架空管线与其他建筑墙壁的最小净距不宜小于0.1 m；

b) 配电箱、线缆与架空管线的最小净距不宜小于0.3 m，且不得交叉；

c) 架空燃气管道与铁路、道路、其他管线交叉时的垂直净距应符合GB 50028的规定；

d) 架空管线应在支架、支墩或管线转弯处，管线首末端及直线段处设置永久标志牌；

e) 架空敷设的金属燃气管道应设防直击雷措施，并符合GB 50057的相关要求；

f) 架空敷设的金属燃气管道应设防感应雷措施，并应符合如下规定：

1) 管道及放散管均应接到防闪电感应的接地装置上；

2) 距离建筑物100 m的架空管道，应每隔25 m左右接地一次，其冲击电阻不应大于30 Ω；并应利用金属支架或钢筋混凝土支架的焊接、绑扎钢筋网作为引下线，其钢筋混凝土基础宜作为接地装置；

3) 防雷防静电共用接地装置，接地电阻不大于10 Ω。

8.1.5.3 超压保护和放空应符合下列规定：

a) 设计压力不大于0.4 MPa的燃气管道上不应直接安装加压设备；

b) 燃气管道系统中应设防止燃气压力过高的安全保护装置；

c) 调压器宜加装压力远程监测系统，并宜设置进出口压力上限、下限报警功能。

8.1.5.4 管廊管道安全防护应符合下列规定：

a) 综合管廊燃气舱的燃气管道应设置远程控制的电液联动紧急切断阀，事故时紧急切断阀应处于关闭状态；

b) 燃气舱内应设置燃气浓度检测报警器，并由管理室集中监视和控制，燃气浓度报警值不得大于其爆炸下限值的20%，并联动燃气舱内事故分段及相邻分段事故通风风机；

c) 人口聚集区等重要区段的燃气舱主要本体结构应按抗爆设计，抗爆结构的爆轰荷载和结构形式应按GB 50779的要求执行；

d) 管廊设置的排风系统风机、燃气泄漏紧急切断系统和应急照明系统应按GB 50052规定的二级负荷供电；

e) 进出综合管廊的燃气管道和廊内跨越变形缝处的管道应采取防止管廊沉降的自适应措施，并确保有效；

f) 天然气管道进出综合管廊附近的埋地管线、放散管、天然气设备等均应满足防雷、防静电接地的要求。具有阴极保护系统的燃气管道进出综合管廊时应配置绝缘接头，同时在绝缘接头受力侧设锚固墩。

8.1.6 应急抢修

8.1.6.1 燃气管道运营单位应根据供应规模设立抢险机构，应配备必要的抢修车辆、抢修设备、抢修器材、通信设备、防护用具、消防器材、检测仪器等装备，并保证设备处于良好状态。

8.1.6.2 应根据燃气泄漏程度确定警戒区并设立警示标志，应随时监测周围环境的燃气浓度。在警戒区内应管制交通，不应有明火，无关人员不应入内。

8.1.6.3 操作人员进入抢修作业区前应按规定穿戴好防静电服、鞋及防护用具，并不应在作业区内穿脱和摘戴。作业现场应有专人监护，不应单独操作。

8.1.6.4 在警戒区内燃气浓度未降至安全范围时，不应使用非防爆型的机电设备及仪器、仪表等。

8.1.6.5 抢修人员进入事故现场，应立即控制气源、消灭火种，切断电源，驱散积聚的燃气。燃气管道泄漏的抢修宜在降低燃气压力或切断气源置换安全后进行。

8.1.6.6 当抢修中暂时无法消除漏气现象或不能切断气源时，应及时通知有关部门，并做好事故现场的安全防护工作。

8.1.6.7 燃气管道恢复供气后，应进行复查，确认安全后抢修人员方可撤离事故现场。

8.2 热力管道安全与运行

8.2.1 热力管道试运行

8.2.1.1 试运行应在单位工程验收合格、热源具备供热条件后进行。

8.2.1.2 试运行前应编制试运行方案。在环境温度小于5 ℃时，应制定防冻措施。试运行方案应经管理部门审查同意，并应进行技术交底。

8.2.1.3 试运行应符合下列规定：

a) 供热管线工程应与热力站工程联合进行试运行。

b) 试运行应有完善可靠的通信系统及安全保障措施。

c) 试运行应在设计的参数下运行,试运行的时间应在达到试运行的参数条件下连续运行72 h,试运行应缓慢升温,升温速度不得大于10 ℃/h,在低温试运行期间,应对管道、设备进行全面检查,支架的工作状况应做重点检查。在低温试运行正常以后,方可缓慢升温至试运行温度下运行。

d) 在试运行期间管道法兰、阀门、补偿器及仪表等处的螺栓应进行热拧紧,热拧紧时的运行压力应降低至0.3 MPa以下。

e) 试运行期间应观察管道、设备的工作状态,并应运行正常。试运行应完成各项检查,并应做好试运行记录。

f) 试运行期间出现不影响整体试运行安全的问题,可待试运行结束后处理;当出现需要立即解决的问题时,应先停止试运行,然后进行处理。问题处理完后,应重新进行72 h试运行。

8.2.1.4 蒸汽管网工程的试运行应带热负荷进行,试运行合格后可直接转入正常的供热运行。蒸汽管网试运行应符合下列规定:

a) 试运行前应进行暖管,暖管合格后方可略开启阀门,缓慢提高蒸汽管的压力,待管道内蒸汽压力和温度达到设计规定的参数后,保持恒温时间不宜少于1 h。试运行期间应对管道、设备、支架及凝结水疏水系统进行全面检查。

b) 确认管网各部位符合要求后,应对用户用汽系统进行暖管和各部位的检查,确认合格后,再缓慢提高供汽压力,供汽参数达到运行参数,即可转入正常运行。

8.2.1.5 热水管网试运行应符合下列规定:

a) 试运行前应确认关闭全部泄水阀门;

b) 排气充水,水满后应关闭放气阀门;

c) 全线水满后应再次逐个进行放气并确认管内无气体后,关闭放气阀门;

d) 试运行开始后,每隔1 h应对补偿器及其他设备和管路附件等进行检查,并应按CJJ 28—2014中表A.0.32的规定进行记录。

8.2.1.6 试运行合格后应填写试运行记录,并应符合CJJ 28—2014中表A.0.33的规定。

8.2.1.7 试运行完成后应进行工程移交,并应签署工程移交文件。

8.2.2 运行与应急抢修

8.2.2.1 城镇供热系统运行维护应符合CJJ 88的规定。

8.2.2.2 热力管道运行维护应满足日常运行和应急抢修的需求。管道运营单位应根据管网规模设立专业的运行和抢险组织机构,应制定相应的管理制度,配备必要的运输车辆、设备材料、通信设备、防护用具、安全器材、检测仪器等装备,并保证装备处于良好状态。

8.2.2.3 应根据热介质泄漏程度确定警戒区并设立警示标志。在警戒区内应管制交通,无关人员不应入内。

8.2.2.4 作业现场应有专人监护,不应单独操作。作业时应采取保证作业人员安全和健康的措施。

8.2.2.5 热力管道恢复供热后,应进行复查,确认安全后抢修人员方可撤离事故现场。

8.2.2.6 城镇供热系统抢修应符合CJJ 203的规定。

8.2.3 安全泄放装置

8.2.3.1 一般规定

8.2.3.1.1 有超压危险的管道系统应设置安全泄放装置。

8.2.3.1.2 自动控制仪表和事故联锁装置不应代替安全泄放装置。

8.2.3.1.3 符合下列情况之一者,应设置安全泄放装置:

a) 设计压力小于外部压力源的压力,出口可能被关断或堵塞的设备和管道系统;

b) 减压装置出口设计压力小于进口压力,排放出口可能被关断或堵塞的设备和管道系统;

c) 因两端关断阀关闭,受外界影响而产生热膨胀或汽化的管道系统;

d) 可能产生超压的其他部位。

8.2.3.1.4 安全泄放装置相关压力的确定应符合下列规定:

a) 当安装一个安全泄放装置时,其整定压力不应大于系统设计压力,且最大泄放压力不宜大于系统设计压力的106%;

b) 当安装多个安全泄放装置时,至少有一个安全阀整定压力不应大于系统设计压力,其余安全阀整定压力不宜大于系统设计压力的103%,且安全阀最大泄放压力不宜大于系统设计压力的106%。

8.2.3.1.5 安全泄放量应符合下列规定:

a) 安全泄放量的计算应符合GB/T 32270—2015附录F的规定;

b) 取各种超压工况安全泄放量的最大值。

8.2.3.1.6 最小泄放面积应符合下列规定:

a) 最小泄放面积应根据安全泄放量、最大泄放压力、泄放流体温度、额定泄放系数以及流体的物理性质等计算,计算方法应符合GB/T 32270—2015附录F的规定;

b) 安全泄放装置的泄放面积不应小于最小泄放面积。

8.2.3.1.7 安全泄放装置的进、出口侧不应安装关断阀。

8.2.3.1.8 安全泄放装置的入口管道管径不应小于安全泄放装置的进口尺寸,入口管道应短捷,压力降应小于安全阀设定压力的3%。

8.2.3.1.9 安全泄放装置的出口排放管道应符合下列规定:

a) 排放管道及其支承应有足够的强度承受泄放反力,当直接向大气排放时,应避开其他管道、设备及平台或人员可能到达的场所,排放管出口应高出屋面(平台)2 200 mm;

b) 安全泄放装置宜设置单独排放管道,当两个及以上排放装置组合排放时,排放管的流通截面不应小于所有安全泄放装置泄放面积的总和;

c) 排放管道的设计应有可靠的疏水;

d) 装设消音器时,消音器应有足够的通流面积。

8.2.3.2 安全泄放装置的选用

汽水介质管道安全泄放装置宜选用安全阀,安全阀的选用应符合GB/T 12241、GB/T 12242及GB/T 12243的规定。

8.2.4 安全防护设施和措施

8.2.4.1 一般规定

8.2.4.1.1 下列条件下应采取安全防护措施:

a) 由工作压力、工作温度和介质特性决定的流体危险性;

b) 管道发生损坏或泄漏时,流体的泄漏量及其对周围人员和设备造成的危害程度。

8.2.4.1.2 流体泄漏应采用自动关闭压力源等方法限制。

8.2.4.2 布置中的安全防护

8.2.4.2.1 穿越道路、铁路及人行道等架空管道的净空高度,以及管架边缘至建筑物或其他设施的水平距离应符合 GB 50016 的规定,管道与电力线路间交叉净距应符合相关标准的规定。

8.2.4.2.2 位于道路和铁路上方的管道不应装设阀门、法兰等可能发生泄漏的管道组成件。

8.2.4.2.3 紧急放空、事故隔离、消防蒸汽等事故用的阀门,应布置在安全、明显、便于操作的位置。

8.2.4.2.4 地下敷设热力管道应装设能提示埋地管线的走向及相对位置的标志,标志的设置应符合 CJJ/T 220 的要求。

8.3 图档资料

8.3.1 公用管道运营单位的档案管理部门应收集燃气、热力设施运行维护、安全防护和抢修资料,并应建立档案,实施动态管理,宜采用电子文档管理,并建立燃气管网、热力管网地理信息系统。

8.3.2 公用管道运营单位的档案管理部门应根据运行、维护和抢修工程的要求,及时提供图档资料。

8.3.3 公用管道设施运行维护和抢修管理部门应向档案管理部门提交运行、维护记录和抢修作业的相关资料。

附　录　A
(规范性附录)
热力用塑料管道性能参数

A.1　塑料工作管道最大允许工作压力见表A.1。

表A.1　塑料工作管最大允许工作压力　　单位为兆帕

塑料工作管		最大允许工作压力			
管材	规格	70 ℃生活热水	45 ℃供暖	60 ℃供暖	75 ℃供暖
PE-RT Ⅱ管	S4/SDR9	0.88	1.23	1.05	1.01
	S5/SDR11	0.70	0.98	0.84	0.80
	S6.3/SDR13.6	0.56	0.78	0.66	0.63
	S8/SDR17	0.44	0.62	0.53	0.50
PB管	S4/SDR9	1.26	1.84	1.59	1.56
	S5/SDR11	1.00	1.46	1.26	1.24
	S6.3/SDR13.6	0.80	1.16	1.00	0.98
	S8/SDR17	0.63	0.92	0.80	0.78

A.2　塑料工作管道的规格尺寸见表A.2。

表A.2　塑料工作管的规格尺寸　　单位为毫米

公称外径	公称壁厚			
	S8/SDR17	S6.3/SDR13.6	S5/SDR11	S4/SDR9
50	—	—	4.6	5.6
63	—	—	5.8	7.1
75	—	—	6.8	8.4
90	5.4	6.7	8.2	10.1
110	6.6	8.1	10.0	12.3
125	7.4	9.2	11.4	14.0
140	8.3	10.3	12.7	15.7
160	9.5	11.8	14.6	17.9
180	10.7	13.3	16.4	20.1
200	11.9	14.7	18.2	22.4
225	13.4	16.6	20.5	25.2
250	14.8	18.4	22.7	27.9

表 A.2(续)

单位为毫米

公称外径	公称壁厚			
	S8/SDR17	S6.3/SDR13.6	S5/SDR11	S4/SDR9
280	16.6	20.6	25.4	31.3
315	18.7	23.2	28.6	35.2
355	21.1	26.1	32.2	39.7
400	22.7	29.4	36.4	44.7
450	25.6	33.1	40.9	50.3

A.3 热力用塑料管道的弹性模量、线膨胀系数和导热系数、拉伸屈服强度等可按表 A.3～表 A.5 选取。

表 A.3 塑料管道弹性模量

单位为兆帕

物理特性		弹性模量	
管材材料		耐热聚乙烯(PE-RTⅡ)	聚丁烯(PB)
计算温度/℃	−10	1 850	512
	0	1 400	420
	20	910	420
	40	510	290
	60	330	235
	75	220	131

表 A.4 塑料管道线性膨胀系数和导热系数

塑料管材	线性膨胀系数/[m/(m·K)]	导热系数/[W/(m·K)]
耐热聚乙烯(PE-RTⅡ)	1.20×10^{-4}	0.42
聚丁烯(PB)	1.30×10^{-4}	0.22

表 A.5 塑料管道的拉伸屈服强度

单位为兆帕

管材材料	拉伸屈服强度					
	−10 ℃	0 ℃	20 ℃	40 ℃	60 ℃	75 ℃
耐热聚乙烯(PE-RTⅡ)	33	31	23	19	13	10
聚丁烯(PB)	21.5	8.9	18.2	16.8	14.9	11.5

附 录 B
（规范性附录）
常用钢管的性能参数

B.1 常用钢管的许用应力见表B.1。

表 B.1 常用钢管材料的许用应力

牌号	常温强度指标		许用应力/MPa						
	σ_b	σ_s	<20 ℃	100 ℃	150 ℃	200 ℃	250 ℃	300 ℃	350 ℃
20	390	235	137	137	137	137	129	119	114
Q235B	375	225	125	125	122	119	113	105	—
L290	415	290	138	138	138	138	—	—	—
L360	460	360	153	153	153	153	—	—	—
Q345B	490	335	163	163	163	158	144	139	135

B.2 常用钢管的弹性模量见表B.2。

表 B.2 常用钢管材料的弹性模量

钢材物理特性		弹性模量/(10^4 MPa)			
钢 号		20	Q235B	L290/L360	Q345B
计算温度/℃	20	19.8	20.6	20.6	20.6
	100	18.2	20.0	20.0	20.0
	150	18.0	19.6	19.6	19.5
	200	17.5	19.2	19.2	18.9
	250	17.1	18.8	—	18.5
	300	16.6	18.4	—	18.1
	350	16.2	—	—	17.6

B.3 常用钢管的线膨胀系数见表B.3。

表 B.3 常用钢管的线膨胀系数

钢材物理特性		线膨胀系数/[10^{-6} m/(m·K)]			
钢 号		20	Q235B	L290/L360	Q345B
计算温度/℃	100	11.16	12.20	12.2	8.31
	150	11.64	12.60	12.6	9.65
	200	12.12	13.00	12.7	10.99
	250	12.45	13.23	—	11.60
	300	12.78	13.45	—	12.31
	350	13.31	—	—	12.77

参 考 文 献

[1] TSG 21 固定式压力容器安全技术监察规程
[2] TSG D2002 燃气用聚乙烯管道焊接技术规则
[3] TSG D7003 压力管道定期检验规则 长输(油气)管道
[4] TSG D7004 压力管道定期检验规则 公用管道
[5] TSG D7005 压力管道定期检验规则 工业管道

UDC

中华人民共和国国家标准

P

GB 50013—2018

室外给水设计标准

Standard for design of outdoor water supply engineering

2018-12-26 发布

2019-08-01 实施

中华人民共和国住房和城乡建设部
国家市场监督管理总局 联合发布

中华人民共和国住房和城乡建设部公告

2018 年　第 347 号

住房和城乡建设部关于发布国家标准《室外给水设计标准》的公告

现批准《室外给水设计标准》为国家标准，编号为 GB 50013—2018，自 2019 年 8 月 1 日起实施。其中，第 3.0.9、4.0.5、5.3.7、6.1.8、7.1.7、7.6.9、7.6.12、8.0.9、8.0.11、9.1.2、9.1.7、9.9.14、9.9.15、9.9.16、9.9.17、9.9.18、9.9.25、9.9.26、9.9.27、9.9.37、9.10.4、9.10.19、9.13.5、10.2.6 条为强制性条文，必须严格执行。原国家标准《室外给水设计规范》GB 50013－2006 同时废止。

本标准在住房和城乡建设部门户网站(www.mohurd.gov.cn)公开，并由住房和城乡建设部标准定额研究所组织中国计划出版社出版发行。

中华人民共和国住房和城乡建设部

2018 年 12 月 26 日

前　言

根据住房和城乡建设部《关于印发〈2015年工程建设标准规范制订、修订计划〉的通知》(建标〔2014〕189号)的要求,标准编制组经广泛调查研究,认真总结实践经验,参考有关国际标准和国外先进标准,并在广泛征求意见的基础上,修订了本标准。

本标准共分12章和1个附录,主要内容包括:总则、术语、给水系统、设计水量、取水、泵房、输配水、水厂总体设计、水处理、净水厂排泥水处理、应急供水、检测与控制等。

本标准修订的主要技术内容是:

1.与现行国家标准《给水排水工程基本术语标准》GB/T 50125重复的术语内容不再纳入本标准,并补充了部分术语、调整了部分术语。

2.增加了高速澄清池、除砷、中空纤维微滤与超滤膜过滤、次氯酸钠氯消毒、次氯酸钠与硫酸铵氯胺消毒、紫外线消毒以及应急供水等。

3.调整了用水定额、部分水处理构筑物的设计参数等。

本标准中用黑体字表示的条文为强制性条文,必须严格执行。

本标准由住房和城乡建设部负责管理和对强制性条文的解释,由上海市政工程设计研究总院(集团)有限公司负责具体技术内容的解释。执行过程中如有意见或建议,请寄送至上海市政工程设计研究总院(集团)有限公司(地址:上海市中山北二路901号;邮政编码:200092)。

本标准主编单位、参编单位、主要起草人和主要审查人:

主 编 单 位:上海市政工程设计研究总院(集团)有限公司

参 编 单 位:北京市市政工程设计研究总院有限公司
中国市政工程华北设计研究总院有限公司
中国市政工程东北设计研究总院有限公司
中国市政工程西北设计研究院有限公司
中国市政工程中南设计研究总院有限公司
中国市政工程西南设计研究总院有限公司
杭州市城市规划设计研究院
清华大学
同济大学
哈尔滨工业大学

主要起草人:王如华　于水利　马林伟　王南威　王胜军　王　洋　王　晏　王海梅
王　雄　邓志光　邓慧萍　史春海　冯一军　冯嘉琳　朱　昱　邬亦俊
刘文君　许嘉炯　李　冬　李　伟　李国洪　李春鞠　李祖鹏　杨　力
杨　红　杨孟进　杨宪力　杨　雪　时文歆　何纯提　沈小红　张　杰
张晓健　张　硕　张德跃　张德新　陈永成　陈　超　郑国兴　单晓峻
赵忠富　饶　磊　姚左钢　聂福胜　徐承华　曹伟新　崔福义　董　红
舒玉芬　谢仁杰　熊水应　魏俊杰

主要审查人:李圭白　王占生　洪觉民　郄燕秋　吴济华　王阿华　周鑫根　王　健
王全勇

1 总则

1.0.1 为规范室外给水工程设计,保障工程设计质量,满足水量、水质、水压的要求,做到安全可靠、技术先进、经济合理、管理方便,制定本标准。
1.0.2 本标准适用于新建、扩建和改建的城镇及工业区永久性给水工程设计。
1.0.3 给水工程设计应以批准的城镇总体规划和给水专业规划为主要依据。水源选择、厂站位置、输配水管线路等的确定应符合相关专项规划的要求。
1.0.4 给水工程设计应综合考虑水资源节约、水生态环境保护和水资源的可持续利用,正确处理各种用水的关系,提高用水效率。
1.0.5 给水工程设计应贯彻节约用地和土地资源合理利用的原则。
1.0.6 给水工程设计应按远期规划、近远期结合、以近期为主的原则。近期设计年限宜采用5年~10年,远期设计年限宜采用10年~20年。
1.0.7 给水工程构筑物主体结构和地下输配水干管的结构设计使用年限应符合现行国家标准《城镇给水排水技术规范》GB 50788的有关规定。主要设备、器材和其他管道的设计使用年限宜按材质、产品更新周期和更换的便捷性,经技术经济比较确定。
1.0.8 给水工程设计应在不断总结生产实践经验和科学研究的基础上,积极采用行之有效的新技术、新工艺、新材料和新设备。
1.0.9 在保证供水安全的前提下,给水工程设计应合理降低工程造价及运行成本、减少环境影响和便于运行优化及管理。
1.0.10 给水工程设计除应符合本标准的规定外,尚应符合国家现行有关标准的规定。

2 术语

2.0.1

复合井 mixed well

由非完整式大口井和井底以下设置一根至数根管井过滤器所组成的地下水取水构筑物。

2.0.2

反滤层 inverted layer

在大口井或渗渠进水处铺设的粒径沿水流方向由细到粗的级配砂砾层。

2.0.3

前池 suction intank canal

连接进水管渠和吸水池(井),使进水水流均匀进入吸水池(井)的构筑物。

2.0.4

进水流道 inflow runner

为改善大型水泵吸水条件而设置的连接吸水池与水泵吸入口的水流通道。

2.0.5

生物预处理 biological pre-treatment

主要利用生物作用,去除原水中氨氮、异臭、有机微污染物等的净水过程。

2.0.6

翻板滤池 shutter filter

在滤格一侧进水和另一侧采用翻板阀排水,冲洗时不排水、冲洗停止时以翻板阀排水,可设置单层或多层滤料的气水反冲洗滤池。

2.0.7

翻板阀 flap valve

阀板以长边为转动轴,可在0°～90°范围内翻转形成不同开度的阀门。

2.0.8

铁盐混凝沉淀法除氟 ferrosoferriccoagulation sedi-mentation for defluorinate

采用在水中投加具有凝聚能力或与氟化物产生沉淀的物质,形成大量脱稳胶体物质或沉淀,氟化物也随之凝聚或沉淀,后续再通过过滤将氟离子从水中除去的过程。

2.0.9

活性氧化铝吸附法除氟 activated aluminum process for defluorinate

采用活性氧化铝滤料吸附、交换氟离子,将氟化物从水中除去的过程。

2.0.10

再生 regeneration

离子交换剂或滤料失效后,用再生剂使其恢复到原形态交换能力的工艺过程。

2.0.11

吸附容量 adsorption capacity

滤料或离子交换剂吸附某种物质或离子的能力。

2.0.12

污染指数 fouling index

综合表示进料中悬浮物和胶体物质的浓度和过滤特性,表征进料对微孔滤膜堵塞程度的指标。

2.0.13

氯消毒 chlorine disinfection

将液氯或次氯酸钠、漂白粉、漂白精投入水中接触完成氧化和消毒的工艺。

2.0.14

紫外线水消毒设备 ultraviolet (UV) reactor

通过紫外灯管照射水体而进行消毒的设备,由紫外灯、石英套管、镇流器、紫外线强度传感器和清洗系统等组成。

2.0.15

管式紫外线消毒设备(管式消毒设备) closed vessel reactor

紫外灯管布置在闭合式的管路中的紫外线消毒设备。

2.0.16

臭氧氧化 ozonation

利用臭氧在水中的直接氧化和所生成的羟基自由基的氧化能力对水进行净化的方法。

2.0.17

颗粒活性炭吸附池 activated carbon adsorption tank

由单一颗粒活性炭作为吸附填料而兼有生物降解作用的处理构筑物。

2.0.18

炭砂滤池 granular activated carbon-sand filter

在下向流颗粒活性炭吸附池炭层下增设较厚的砂滤层,可同时除浊、除有机物的滤池。

2.0.19

内压力式中空纤维膜 inside-out hollow fiber mem brane

在压力驱动下待滤水自膜丝内过滤至膜丝外的中空纤维膜。

2.0.20

外压力式中空纤维膜 outside-in hollow fiber mem brane

在压力驱动下待滤水自膜丝外过滤至膜丝内的中空纤维膜。

2.0.21

压力式膜处理工艺 pressurized membrane process

由正压驱动待滤水进入装填中空纤维膜的柱状压力容器进行过滤的膜处理工艺。

2.0.22

浸没式膜处理工艺 submerged membrane process

中空纤维膜置于待滤水水池内并由负压驱动膜产水进行过滤的膜处理工艺。

2.0.23

死端过滤 dead-end filtration

待滤水全部透过膜滤的过滤方式。

2.0.24

错流过滤 cross-flow filtration

待滤水部分透过膜滤、其他仅流经膜表面的过滤方式。

2.0.25

膜完整性检测 integrity test

膜系统污染物去除能力及膜破损程度的定期检测。

2.0.26

膜组 module set

压力式膜处理工艺系统中由膜组件、支架、集水配水管、布气管以及各种阀门构成的可独立运行的过滤单元。

2.0.27

膜池 membrane tank

浸没式膜处理工艺系统中可独立运行的过滤单元。

2.0.28

膜箱 membrane cassette

膜池中带有膜组件、支架、集水管和布气管的基本过滤模块。

2.0.29

压力衰减测试 pressure decay test

基于泡点原理,通过监测膜系统气压衰减速率检测膜系统完整性的方法。

2.0.30

泄漏测试 leak test

基于泡点原理,通过气泡定位膜破损点的方法。

2.0.31

设计通量 normal flux

设计水温和设计流量条件下,系统内所有膜组(膜池)均处于过滤状态时的膜通量。

2.0.32

最大设计通量　maximum flux

设计水温和设计流量条件下,系统内最少数量的膜组(膜池)处于过滤状态时的膜通量。

2.0.33

设计跨膜压差　normal transmembrane pressure

设计水温和设计通量条件下,系统内所有膜组(膜池)均处于过滤状态时的跨膜压差。

2.0.34

最大设计跨膜压差　maximum transmembrane pressure

设计水温和设计通量条件下,系统内最大允许数量的膜组(膜池)处于未过滤状态时的跨膜压差。

2.0.35

化学稳定性　chemical stability

水中发生的各种化学反应对水质与管道的影响程度,包括水对管道的腐蚀、难溶性物质的沉淀析出、管壁腐蚀产物的溶解释放以及水中消毒副产物的生成积累等。

2.0.36

生物稳定性　biostability

出厂水中可生物降解有机物支持异养细菌生长的潜力。

2.0.37

拉森指数　Larson Ratio(LR)

用以相对定量地预测水中氯离子、硫酸根离子对金属管道腐蚀及对管壁腐蚀产物溶解释放倾向性的指数。

2.0.38

调节池　adjusting tank

用以调节进、出水流量的构筑物。

2.0.39

排水池　drain tank

用以接纳和调节滤池反冲洗废水为主的调节池,当反冲洗废水回用时,也称回用水池。

2.0.40

排泥池　sludge discharge tank

用以接纳和调节沉淀池排泥水为主的调节池。

2.0.41

浮动槽排泥池　sludge tank with floating trough

设有浮动槽收集上清液的排泥池。

2.0.42

综合排泥池　combined sludge tank

既接纳和调节沉淀池排泥水,又接纳和调节滤池反冲洗废水的调节池。

2.0.43

原水浊度设计取值　design turbidity value of raw water

用以确定排泥水处理系统设计规模即处理能力的原水浊度取值。

2.0.44

超量泥渣　supernumerary sludge

原水浊度高于设计取值时，其差值所引起的泥渣量(包括药剂所引起的泥渣量)。

2.0.45

干化场　sludge drying bed

通过土壤渗滤或自然蒸发，从泥渣中去除大部分含水量的处置设施。

2.0.46

应急供水　emergency water supply

当城市发生突发性事件，原有给水系统无法满足城市正常用水需求，需要采取适当减量、减压、间歇供水或使用应急水源和备用水源的供水方式。

2.0.47

备用水源　alternate waterresource

为应对极端干旱气候或周期性咸潮、季节性排涝等水源水量或水质问题导致的常用水源可取水量不足或无法取用而建设，能与常用水源互为备用、切换运行的水源，通常以满足规划期城市供水保证率为目标。

2.0.48

应急水源　emergency water resource

为应对突发性水源污染而建设，水源水质基本符合要求，且具备与常用水源快速切换运行能力的水源，通常以最大限度地满足城市居民生存、生活用水为目标。

2.0.49

应急净水　emergency water treatment

在水源水质受到突发污染影响或采用水质相对较差的应急水源时，为实现水质达标所采取的应急净化处理措施。

3　给水系统

3.0.1　给水系统的选择应根据当地地形、水源条件、城镇规划、城乡统筹、供水规模、水质、水压及安全供水等要求，结合原有给水工程设施，从全局出发，通过技术经济比较后综合考虑确定。

3.0.2　地形高差大的城镇给水系统宜采用分压供水。对于远离水厂或局部地形较高的供水区域，可设置加压泵站，采用分区供水。

3.0.3　当用水量较大的工业企业相对集中，且有合适水源可利用时，经技术经济比较可独立设置工业用水给水系统，采用分质供水。

3.0.4　当水源地与供水区域有地形高差可利用时，应对重力输配水与加压输配水系统进行技术经济比较，择优选用。

3.0.5　当给水系统采用区域供水，向范围较广的多个城镇供水时，应对采用原水输送或清水输送以及输水管路的布置和调节水池、增压泵站等的设置，做多方案技术经济比较后确定。

3.0.6　采用多水源供水的给水系统应具有原水或管网水相互调度的能力。

3.0.7　城市给水系统的备用水源或应急水源应符合现行国家标准《城镇给水排水技术规范》GB 50788和《城市给水工程规划规范》GB 50282 的有关规定。

3.0.8　城镇给水系统中水量调节构筑物的设置，宜对集中设于净水厂内(清水池)或部分设于配水管网内(高位水池、水池泵站)做多方案技术经济比较后确定。

3.0.9 生活用水的给水系统供水水质必须符合现行国家标准《生活饮用水卫生标准》GB 5749的有关规定,专用的工业用水给水系统水质应根据用户的要求确定。

3.0.10 给水管网水压按直接供水的建筑层数确定时,用户接管处的最小服务水头,一层应为10 m,二层应为12 m,二层以上每增加一层应增加4 m。当二次供水设施较多采用叠压供水模式时,给水管网水压直接供水用户接管处的最小服务水头宜适当增加。

3.0.11 城镇给水系统的扩建或改建工程设计应充分利用原有给水设施。

4 设计水量

4.0.1 设计供水量应由下列各项组成:

1 综合生活用水,包括居民生活用水和公共设施用水;

2 工业企业用水;

3 浇洒市政道路、广场和绿地用水;

4 管网漏损水量;

5 未预见用水;

6 消防用水。

4.0.2 水厂设计规模应按设计年限,规划供水范围内综合生活用水、工业企业用水、浇洒市政道路、广场和绿地用水,管网漏损水量,未预见用水的最高日用水量之和确定。当城市供水部分采用再生水直接供水时,水厂设计规模应扣除这部分再生水水量。

4.0.3 居民生活用水定额和综合生活用水定额应根据当地国民经济和社会发展、水资源充沛程度、用水习惯,在现有用水定额基础上,结合城市总体规划和给水专业规划,本着节约用水的原则,综合分析确定。当缺乏实际用水资料情况下,可参照类似地区确定,或按表4.0.3-1～表4.0.3-4选用。

表4.0.3-1 最高日居民生活用水定额[L/(人·d)]

城市类型	超大城市	特大城市	Ⅰ型大城市	Ⅱ型大城市	中等城市	Ⅰ型小城市	Ⅱ型小城市
一区	180～320	160～300	140～280	130～260	120～240	110～220	100～200
二区	110～190	100～180	90～170	80～160	70～150	60～140	50～130
三区	—	—	—	80～150	70～140	60～130	50～120

表4.0.3-2 平均日居民生活用水定额[L/(人·d)]

城市类型	超大城市	特大城市	Ⅰ型大城市	Ⅱ型大城市	中等城市	Ⅰ型小城市	Ⅱ型小城市
一区	140～280	130～250	120～220	110～200	100～180	90～170	80～160
二区	100～150	90～140	80～130	70～120	60～110	50～100	40～90
三区	—	—	—	70～110	60～100	50～90	40～80

表 4.0.3-3 最高日综合生活用水定额[L/(人·d)]

城市类型	超大城市	特大城市	Ⅰ型大城市	Ⅱ型大城市	中等城市	Ⅰ型小城市	Ⅱ型小城市
一区	250～480	240～450	230～420	220～400	200～380	190～350	180～320
二区	200～300	170～280	160～270	150～260	130～240	120～230	110～220
三区	—	—	—	150～250	130～230	120～220	110～210

表 4.0.3-4 平均日综合生活用水定额[L/(人·d)]

城市类型	超大城市	特大城市	Ⅰ型大城市	Ⅱ型大城市	中等城市	Ⅰ型小城市	Ⅱ型小城市
一区	210～400	180～360	150～330	140～300	130～280	120～260	110～240
二区	150～230	130～210	110～190	90～170	80～160	70～150	60～140
三区	—	—	—	90～160	80～150	70～140	60～130

注:1 超大城市指城区常住人口 1000 万及以上的城市,特大城市指城区常住人口 500 万以上 1000 万以下的城市,Ⅰ型大城市指城区常住人口 300 万以上 500 万以下的城市,Ⅱ型大城市指城区常住人口 100 万以上 300 万以下的城市,中等城市指城区常住人口 50 万以上 100 万以下的城市,Ⅰ型小城市指城区常住人口 20 万以上 50 万以下的城市,Ⅱ型小城市指城区常住人口 20 万以下的城市。以上包括本数,以下不包括本数。

2 一区包括:湖北、湖南、江西、浙江、福建、广东、广西、海南、上海、江苏、安徽,二区包括:重庆、四川、贵州、云南、黑龙江、吉林、辽宁、北京、天津、河北、山西、河南、山东、宁夏、陕西、内蒙古河套以东和甘肃黄河以东的地区,三区包括:新疆、青海、西藏、内蒙古河套以西和甘肃黄河以西的地区。

3 经济开发区和特区城市,根据用水实际情况,用水定额可酌情增加。

4 当采用海水或污水再生水等作为冲厕用水时,用水定额相应减少。

4.0.4 工业企业生产过程用水量应根据生产工艺要求确定。大工业用水户或经济开发区的生产过程用水量宜单独计算;一般工业企业的用水量可根据国民经济发展规划,结合现有工业企业用水资料分析确定。

4.0.5 消防用水量、水压及延续时间应符合现行国家标准《建筑设计防火规范》GB 50016 和《消防给水及消火栓系统技术规范》GB 50974 的有关规定。

4.0.6 浇洒市政道路、广场和绿地用水量应根据路面、绿化、气候和土壤等条件确定。浇洒道路和广场用水可根据浇洒面积按 2.0 L/(m^2·d)～3.0 L/(m^2·d)计算,浇洒绿地用水可根据浇洒面积按 1·0 L/(m^2·d)～3.0 L/(m^2·d)计算。

4.0.7 城镇配水管网的基本漏损水量宜按综合生活用水、工业企业用水、浇洒市政道路、广场和绿地用水量之和的 10%计算,当单位供水量管长值大或供水压力高时,可按现行行业标准《城镇供水管网漏损控制及评定标准》CJJ 92 的有关规定适当增加。

4.0.8 未预见水量应根据水量预测时难以预见因素的程度确定,宜采用综合生活用水、工业企业用水、浇洒市政道路、广场和绿地用水、管网漏损水量之和的 8%～12%。

4.0.9 城镇供水的时变化系数、日变化系数应根据城镇性质和规模、国民经济和社会发展、供水系统布局,结合现状供水曲线和日用水变化分析确定。当缺乏实际用水资料时,最高日城市综合用水的时变化系数宜采用 1.2～1.6,日变化系数宜采用 1.1～1.5。当二次供水设施较多采用叠压供水模式时,时变化系数宜取大值。

5 取水

5.1 水源选择

5.1.1 水源选择前的水资源勘察和论证应符合现行国家标准《城镇给水排水技术规范》GB 50788的有关规定。

5.1.2 水源的选用应通过技术经济比较后综合确定,并应满足下列条件:

1 位于水体功能区划所规定的取水地段;

2 不易受污染,便于建立水源保护区;

3 选择次序宜先当地水、后过境水,先自然河道、后需调节径流的河道;

4 可取水量充沛可靠;

5 水质符合国家有关现行标准;

6 与农业、水利综合利用;

7 取水、输水、净水设施安全经济和维护方便;

8 具有交通、运输和施工条件。

5.1.3 供水水源采用地下水时,应有与设计阶段相对应的水文地质勘测报告,取水量应符合现行国家标准《城镇给水排水技术规范》GB 50788 的有关规定。

5.1.4 供水水源采用地表水时的设计枯水流量年保证率和设计枯水位的保证率应符合现行国家标准《城镇给水排水技术规范》GB 50788 的有关规定。

5.1.5 备用水源或应急水源的选择与构建应结合当地水资源状况、常用水源特点以及备用或应急水源的用途,经技术经济比较后确定。

5.2 地下水取水构筑物

Ⅰ 一般规定

5.2.1 地下水取水构筑物的位置应根据水文地质条件综合选择确定,并应满足下列条件:

1 位于水质好、不易受污染且可设立水源保护区的富水地段;

2 尽量靠近主要用水地区城市或居民区的上游地段;

3 施工、运行和维护方便;

4 尽量避开地震区、地质灾害区、矿产采空区和建筑物密集区。

5.2.2 地下水取水构筑物形式的选择应根据水文地质条件,通过技术经济比较确定,并应满足下列条件:

1 管井适用于含水层厚度大于 4 m,底板埋藏深度大于 8 m;

2 大口井适用于含水层厚度在 5 m 左右,底板埋藏深度小于 15 m;

3 渗渠仅适用于含水层厚度小于 5 m,渠底埋藏深度小于 6 m;

4 泉室适用于有泉水露头,流量稳定,且覆盖层厚度小于 5 m;

5 复合井适用于地下水位较高、含水层厚度较大或含水层透水性较差的场合。

5.2.3 地下水取水构筑物的设计应符合下列规定:

1 应有防止地面污水和非取水层水渗入的措施;

2 取水构筑物周围的水源保护区范围内应设置警示标志;

3 过滤器应有良好的进水条件,结构坚固,抗腐蚀性强,不易堵塞;

4　大口井、渗渠和泉室应有通风设施。

Ⅱ　管井

5.2.4　从补给水源充足、透水性良好，且厚度在40 m以上的中、粗砂及砾石含水层中取水。经分段或分层抽水试验并通过技术经济比较，可采用分段取水。

5.2.5　管井结构和过滤器设计应符合现行国家标准《管井技术规范》GB 50296的有关规定。

5.2.6　管井井口应加设套管，并填入优质黏土或水泥浆等不透水材料封闭。封闭厚度应根据当地水文地质条件确定，并应自地面算起向下不小于5 m。当井上直接有建筑物时，应自基础底起算。

5.2.7　采用管井取水时应设至少1口备用井，备用井的数量宜按10%～20%的设计水量所需井数确定。

Ⅲ　大口井

5.2.8　大口井的深度不宜大于15 m。大口井的直径应根据设计水量、抽水设备布置和便于施工等因素确定，但不宜大于10 m。

5.2.9　大口井应根据当地水文地质条件，确定采用井底进水、井底井壁同时进水或井壁加辐射管等进水方式。

5.2.10　大口井井底反滤层宜成凹弧形。反滤层可设3层～4层，每层厚度宜为200 mm～300 mm。与含水层相邻一层的反滤层滤料粒径可按下式计算：

$$d/d_i = 6 \sim 8 \quad (5.2.10)$$

式中：d　——反滤层滤料的粒径；

d_i　——含水层颗粒的计算粒径；当含水层为细砂或粉砂时，$d_i=d_{40}$；为中砂时，$d_i=d_{30}$；为粗砂时，$d_i=d_{20}$；为砾石或卵石时，$d_i=d_{10}\sim d_{15}$（d_{40}、d_{30}、d_{20}、d_{15}、d_{10}分别为含水层颗粒过筛重量累计百分比为40%、30%、20%、15%、10%时的颗粒粒径）。两相邻反滤层的粒径比宜为2～4。

5.2.11　大口井井壁进水孔的反滤层可分两层填充，滤料粒径的计算应符合本标准第5.2.10条的规定。

5.2.12　无砂混凝土大口井适用于中、粗砂及砾石含水层时，井壁的透水性能、阻砂能力和制作要求等，应通过试验或参照相似条件下的经验确定。

5.2.13　大口井应采取下列防止污染水质的措施：

1　人孔应采用密封的盖板，盖板顶高出地面不得小于0.5 m；

2　井口周围应设不透水的散水坡，宽度宜为1.5 m；在渗透土壤中散水坡下应填厚度不小于1.5 m的黏土层，或采用其他等效的防渗措施。

Ⅳ　渗渠

5.2.14　渗渠的规模和布置应保证在检修时仍能满足取水要求。

5.2.15　渗渠中管渠的断面尺寸应按下列规定计算确定：

1　水流速度宜为0.5 m/s～0.8 m/s；

2　充满度宜为0.4～0.8；

3　内径或短边长度不应小于600 mm；

4　管底最小坡度不应小于0.2%。

5.2.16　水流通过渗渠孔眼的流速不应大于0.01 m/s。

5.2.17 渗渠外侧应做反滤层,层数、厚度和滤料粒径的计算应符合本标准第 5.2.10 条的规定,但最内层滤料的粒径应略大于进水孔孔径。

5.2.18 集取河道表流渗透水的渗渠阻塞系数应根据进水水质并结合使用年限等因素选用。

5.2.19 位于河床及河漫滩的渗渠,反滤层上部应根据河道冲刷情况设置防护措施。

5.2.20 渗渠的端部、转角和断面变换处应设置检查井。直线部分的检查井间距,应视渗渠的长度和断面尺寸确定,宜采用 50 m。

5.2.21 检查井宜采用钢筋混凝土结构,宽度宜为 1 m～2 m,井底宜设 0.5 m～1.0 m 深的沉沙坑。

5.2.22 地面式检查井应安装封闭式井盖,井顶应高出地面 0.5 m,并应有防冲设施。

5.2.23 渗渠出水量较大时,集水井宜分成两格,进水管入口处应设闸门。

5.2.24 集水井宜采用钢筋混凝土结构,容积可按不小于渗渠 30 min 出水量计算,并可按最大一台水泵 5 min 抽水量校核。

V 复合井

5.2.25 复合井底部过滤器直径宜为 200 mm～300 mm。

5.2.26 当含水层较厚时,宜采用非完整过滤器,且过滤器有效长度应比管井稍长,过滤器长度与含水层厚度的比值应小于 0.75。

5.2.27 复合井上部大口井部分可按本标准第 5.2.8 条～第 5.2.13 条确定,下部管井部分的结构、过滤器的设计应符合现行国家标准《管井技术规范》GB 50296 的有关规定。

5.3 地表水取水构筑物

5.3.1 地表水取水构筑物位置的选择应通过技术经济比较综合确定,并应满足下列条件:

1 位于水质较好的地带;

2 靠近主流,有足够的水深,有稳定的河床及边岸,有良好的工程地质条件;

3 尽可能不受泥沙、漂浮物、冰凌、冰絮等影响;

4 不妨碍航运和排洪,并应符合河道、湖泊、水库整治规划的要求;

5 尽量不受河流上的桥梁、码头、丁坝、拦河坝等人工构筑物或天然障碍的影响;

6 靠近主要用水地区;

7 供生活饮用水的地表水取水构筑物的位置,位于城镇和工业企业上游的清洁河段,且大于工程环评报告规定的与上下游排污口的最小距离。

5.3.2 在沿海地区的内河水系取水,应避免咸潮影响。当在咸潮河段取水时,应根据咸潮特点对采用避咸蓄淡水库取水或在咸潮影响范围以外的上游河段取水,经技术经济比较确定,并应符合下列规定:

1 避咸蓄淡水库的有效调节容积,可根据历年咸潮入侵数据的统计分析所得出的原水氯化物平均浓度超过 250 mg/L 时的连续不可取水天数,并应考虑连续不可取水期间必需的原水供应量,计算得出;

2 避咸蓄淡水库可利用现有河道容积蓄淡,也可利用沿河滩地筑堤修库蓄淡等,并应根据当地具体条件确定;

3 可能发生富营养问题的避咸蓄淡水库,应采取增加水库水流动性和控藻、除藻措施。

5.3.3 在含藻的湖泊、水库或河流取水时,取水口位置的选择应符合现行行业标准《含藻水给水处理设计规范》CJJ 32 的有关规定;在高浊度水源取水时,取水口位置的选择及避沙、避凌调蓄水池的设计应符合现行行业标准《高浊度水给水设计规范》CJJ 40 的有关规定。

5.3.4 寒冷地区取水口应设在水内冰较少和不易受冰块撞击的地方，不宜设在流冰容易堆积的浅滩、砂洲和桥孔的上游附近；严寒地区的取水口不应设在陡坡、流急、水深小的河段。

5.3.5 从江河取水的大型取水构筑物，当河道及水文条件复杂，或取水量占河道的最枯流量比例较大时，应采用计算机仿真模拟、水工模型试验或两者相结合的方法，对取水构筑物的设计做环境影响与设施安全可靠性的验证与优化。

5.3.6 取水构筑物的形式应根据取水量和水质要求，结合河床地形及地质、河床冲淤、水深及水位变幅、泥沙及漂浮物、冰情和航运等因素以及施工条件，在保证安全可靠的前提下，通过技术经济比较确定。

5.3.7 江河、湖泊取水构筑物的防洪标准不应低于城市防洪标准。水库取水构筑物的防洪标准应与水库大坝等主要建筑物的防洪标准相同，并应采用设计和校核两级标准。

5.3.8 固定式取水构筑物设计时，应考虑发展的需要与衔接。

5.3.9 取水构筑物应根据水源情况，采取相应保护措施防止下列情况发生：

1 漂浮物、泥沙、冰凌、冰絮和水生物的阻塞；

2 洪水冲刷、淤积、冰盖层挤压和雷击的破坏；

3 冰凌、木筏和船只的撞击；

4 通航河道上水面浮油的进入。

5.3.10 在通航水域中，取水构筑物应根据现行国家标准《内河交通安全标志》GB 13851 的规定并结合航运管理部门的要求设置警示标志。

5.3.11 岸边式取水泵房进口地坪的设计标高应符合下列规定：

1 当泵房在渠道边时，应为设计最高水位加 0.5 m；

2 当泵房在江河边时，应为设计最高水位加浪高再加 0.5 m，必要时尚应采取防止浪爬高的措施；

3 泵房在湖泊、水库或海边时，应为设计最高水位加浪高再加 0.5 m，并应采取防止浪爬高的措施。

5.3.12 位于江河上的取水构筑物最底层进水孔下缘距河床的高度，应根据河流的水文和泥沙特性以及河床稳定程度等因素确定，并应符合下列规定：

1 侧面进水孔不得小于 0.5 m；当水深较浅、水质较清、河床稳定、取水量不大时，其高度可减至 0.3 m；

2 顶面进水孔不得小于 1.0 m；

3 在高浊度江河取水时，应在最底层进水孔以上不同水深处设置多个可交替使用的进水孔。

5.3.13 当湖泊或水库的取水构筑物所处位置水深大于 10 m 时，宜采取分层取水方式。

5.3.14 位于湖泊或水库的取水构筑物最底层进水孔下缘距水体底部的高度，应根据水体底部泥沙沉积和变迁情况等因素确定，不宜小于 1.0 m；当水深较浅、水质较清，且取水量不大时，可减至 0.5 m。

5.3.15 取水构筑物淹没进水孔上缘在设计最低水位下的深度，应根据水域的水文、冰情、气象和漂浮物等因素通过水力计算确定，并应符合下列规定：

1 顶面进水时，不得小于 0.5 m；

2 侧面进水时,不得小于 0.3 m;

3 湖泊、水库取水或虹吸进水时,不宜小于 1.0 m;当水体封冻时,可减至 0.5 m;

4 水体封冻情况下,应从冰层下缘起算;

5 湖泊、水库、海边或大江河边的取水构筑物,应考虑风浪的影响。

5.3.16 取水构筑物的取水头部宜分设两个或分成两格。漂浮物多的河道,相邻头部在沿水流方向宜有较大间距。

5.3.17 取水构筑物进水孔应设置格栅,栅条间净距应根据取水量、冰絮和漂浮物等确定。小型取水构筑物宜为 30 mm～50 mm,大、中型取水构筑物宜为 80 mm～120 mm。当江河中冰絮或漂浮物较多时,栅条间净距宜取大值。

5.3.18 进水孔的过栅流速,应根据水中漂浮物数量、有无冰絮、取水地点的水流速度、取水量、水环境生态保护要求以及检查和清理格栅的方便等因素确定。计算进水孔的过栅流速时,格栅的阻塞面积应按 25%确定,并应符合下列规定:

1 岸边式取水构筑物,有冰絮时宜为 0.2 m/s～0.6 m/s,无冰絮时宜为 0.4 m/s～1.0 m/s;

2 河床式取水构筑物,有冰絮时宜为 0.1 m/s～0.3 m/s,无冰絮时宜为 0.2 m/s～0.6 m/s;

3 邻近鱼类产卵区域时,不应大于 0.1 m/s。

5.3.19 当需要清除通过格栅后水中的漂浮物时,在进水间内可设置平板式格网、旋转式格网或自动清污机。平板式格网的阻塞面积应按 50%确定,通过流速不应大于 0.5 m/s;旋转式格网或自动清污机的阻塞面积应按 25%确定,通过流速不应大于 1.0 m/s。

5.3.20 进水自流管或虹吸管的数量及其管径应根据最低水位,通过水力计算确定,其数量不宜少于两条。当一条管道停止工作时,其余管道的通过流量应满足事故用水要求。

5.3.21 进水自流管和虹吸管的设计流速,不宜小于 0.6 m/s。必要时,应有清除淤积物的措施。虹吸管宜采用钢管。

5.3.22 取水构筑物进水间平台上应设便于操作的闸阀启闭设备和格网起吊设备。必要时,应设清除泥沙的设施。

5.3.23 当水位变幅大,水位涨落速度小于 2.0 m/h,且水流不急、要求施工周期短和建造固定式取水构筑物有困难时,可采用缆车或浮船等活动式取水构筑物。

5.3.24 活动式取水构筑物的个数应根据供水规模、联络管的接头形式及有无安全贮水池等因素,综合考虑确定。

5.3.25 活动式取水构筑物的缆车或浮船应有足够的稳定性和刚度,机组、管道等的布置应考虑缆车或船体的平衡。机组基座的设计应考虑减少机组对缆车或船体的振动,每台机组均宜设在同一基座上。

5.3.26 缆车式和浮船式取水构筑物的设计应符合现行国家标准《泵站设计规范》GB 50265 的有关规定。

5.3.27 山区浅水河流的取水构筑物可采用低坝式(活动坝或固定坝)或底栏栅式。低坝式取水构筑物宜用于推移质不多的山区浅水河流;底栏栅式取水构筑物宜用于大颗粒推移质较多的山区浅水河流。

5.3.28 低坝位置应选择在稳定河段上。坝的设置不应影响原河床的稳定性。取水口宜布置在坝前河床凹岸处。

5.3.29 低坝的坝高应满足取水深度的要求。坝的泄水宽度,应根据河道比降、洪水流量、河床地质以及河道平面形态等因素,综合考虑确定。冲沙闸的位置及过水能力应按将主槽稳定在取水口前,并能冲走淤积泥沙的要求确定。

5.3.30 底栏栅的位置应选择在河床稳定、纵坡大、水流集中和山洪影响较小的河段。

5.3.31 底栏栅式取水构筑物的栏栅宜采用活动分块形式,间隙宽度应根据河流泥沙粒径和数量、廊道排沙能力、取水水质要求等因素确定。栏栅长度应按进水要求确定。底栏栅式取水构筑物应有沉沙、冲沙以及必要的防冰絮堵塞设施。

6 泵房

6.1 一般规定

6.1.1 泵房应根据规模、功能、位置、机组数量和选型、水力条件、工程场地状况、结构布置、施工技术以及安装与运行维护要求等因素进行整体考虑布置。平面布置上应采用矩形或圆形,高程布置上可采用地面式、半地下式和全地下式。

6.1.2 水泵的选型及台数应满足泵房设计流量、设计扬程的要求,并应根据供水水量和水压变化、运行水位、水质情况、泵型及水泵特性、场地条件、工程投资和运行维护等,综合考虑确定。同一泵房内的泵型宜一致,规格不宜过多,机组供电电压宜一致。

6.1.3 水泵泵型的选择应根据水泵性能、布置条件、安装、维护和工程投资等因素择优确定。

6.1.4 水泵性能的选择应遵循高效、安全和稳定运行的原则。当供水水量和水压变化较大时,经过技术经济比较,可采用大小规格搭配、机组调速、更换叶轮、调节叶片角度等措施。

6.1.5 并联运行水泵的设计扬程宜相近,并联台数应通过各种运行工况下水泵特性的适应性分析确定。

6.1.6 泵房应设置备用水泵 1 台～2 台,且应与所备用的所有工作泵能互为备用。当泵房设有不同规格水泵且规格差异不大时,备用水泵的规格宜与大泵一致;当水泵规格差异较大时,宜分别设置备用水泵。

6.1.7 泵房用电负荷分级应符合下列规定:

1 一、二类城市的主要泵房应采用一级负荷;

2 一、二类城市的非主要泵房及三类城市的配水泵房可采用二级负荷;

3 当不能满足要求时,应设置备用动力设施。

6.1.8 泵房的防洪标准应符合下列规定:

1 位于江河、湖泊、水库的江心式或岸边式取水泵房以及岸上取水泵房的开放式前池和吸水池(井)的防洪标准应符合本标准第 5.3.7 条的规定;

2 岸上取水泵房其他建筑的防洪标准不应低于城市防洪标准;

3 水厂和输配管道系统中的泵房防洪标准不应低于所处区域的城市防洪标准。

6.1.9 泵房应根据气候和环境条件采取相应的供暖、通风和降噪措施。泵房的供暖和通风设计应按现行国家标准《工业建筑供暖通风与空气调节设计规范》GB 50019 和《泵站设计规范》GB 50265 的有关规定执行。泵房的噪声控制应符合现行国家标准《声环境质量标准》GB 3096 的规定,并应按现行国家标准《工业企业噪声控制设计规范》GB/T 50087 的规定设计。

6.1.10 可能产生水锤危害的泵房,设计中应进行事故停泵水锤计算。当事故停泵瞬态特性不符合现行国家标准《泵站设计规范》GB 50265 的规定时,应采取防护措施。

6.1.11 泵房前池和吸水池(井)周围应控制和防范可能污染水质的污染源,并应符合本标准第

7.6.11 条的规定。

6.1.12 泵房的消防设计应符合现行国家标准《建筑设计防火规范》GB 50016 及《消防给水及消火栓系统技术规范》GB 50974 的有关规定。

6.2 泵房前池、吸水池(井)与水泵吸水条件

6.2.1 泵房前池与吸水池(井)的布置应根据泵房用途、泵型、机组台数、拦污与清污设备、输水水质、启动方式和安装维护要求等因素综合确定。当泵房仅设一个吸水池(井)时,应分格布置。

6.2.2 与取水构筑物合建的取水泵房,进水口应设置拦污格栅,前池或吸水池(井)内应设拦污格网或格栅清污机,并应符合本标准第 5.3.18 条和第 5.3.19 条的规定。

6.2.3 前池布置应满足池内水流顺畅、流速均匀和不产生涡流的要求。吸水池(井)布置应使井内流态良好,满足水泵进水要求,且便于维护。

6.2.4 经管(渠)自流进水且采用大型混流泵、轴流泵的原水泵房,前池宜采用正向进水,前池扩散角不应大于 40°。侧向进水时,宜设分水导流设施,并宜通过计算机仿真模拟或水工模型进行效果验证。

6.2.5 吸水池(井)的尺寸应满足水泵进水管喇叭口的布置要求。离心泵进水管喇叭口的直径以及离心泵或小口径混流泵、轴流泵进水管喇叭口在吸水池(井)的布置应符合现行国家标准《泵站设计规范》GB 50265 的有关规定。

大口径混流泵、轴流泵的布置应满足水泵制造商的规定要求,或经计算机仿真模拟或水工模型验证确定。

6.2.6 吸水池(井)最低运行水位下的容积,应在符合最小尺寸布置要求的前提下,满足共用吸水池(井)的水泵 30 倍～50 倍的设计秒流量要求。

6.2.7 当进水自流管长度大于 1 000 m 时,宜根据自流管流速、前池与吸水池(井)面积以及水泵机组的配置情况,验算泵房事故失电或最大水泵机组启停时前池与吸水池(井)壅水或超降状况,并根据验算结果采取应对措施。

6.3 水泵进出水管道

6.3.1 水泵进水管及出水管的设计流速宜符合表 6.3.1 的规定。

表 6.3.1 水泵进水管及出水管设计流速

管径(mm)	进水管流速(m/s)	出水管流速(m/s)
$D<250$	1.0～1.2	1.5～2.0
$250\leqslant D<1000$	1.2～1.6	2.0～2.5
$D\geqslant1000$	1.5～2.0	2.0～3.0

6.3.2 离心泵进水管在平面布置上靠近水泵入口段应顺直,在高程布置上应避免局部隆起。

6.3.3 最高进水液位高于离心泵进水管时,应设置手动检修阀门。

6.3.4 离心泵进水管道应符合下列规定:

1 非自灌充水的每台离心泵应分别设置进水管;

2 自灌充水启动或采用叠压增压方式的离心泵时,可采用合并吸水总管,分段数不应少于 2 个;

3 吸水总管的设计流速宜采用与其相连的最大水泵吸水管设计流速的 50%;

4 每条吸水总管应分别从可独立工作的不同吸水井(池)吸水或与上游管道连接;当一条吸水总管发生事故时,其余吸水总管应能通过设计水量;

5 每条吸水总管及相互间的联络管上应设隔离阀。

6.3.5 离心泵出水管应设置工作阀和检修阀。工作阀门的额定工作压力及操作力矩应满足水泵启停的要求。出水管不应采用无缓闭功能的普通逆止阀。

6.3.6 混流泵、轴流泵出水管道隔离设施的设计应符合下列规定:

1 当采用虹吸出水方式时,虹吸出水管驼峰顶部应设置真空破坏阀;

2 当采用自由跌水出水方式时,可不设隔离设施;

3 当采用压力管道出水、管道很短且就近连接开口水池(井)时,应设置拍门或普通逆止阀;

4 当混流泵的设计扬程较高,且直接与压力输水管道系统连接时,出水管道的阀门设置应符合本标准第6.3.5条的规定。

6.3.7 水泵进、出水管及阀门应安装伸缩节,安装位置应便于水泵、阀门和管路的安装和拆卸,伸缩接头应采用传力式带限位的形式。

6.3.8 水泵进、出水管道上的阀门、伸缩节、三通、弯头、堵板等处应根据受力条件设置支撑设施。

6.3.9 泵房出水管不宜少于2条,每条出水管应能独立工作。

6.3.10 驱动水泵进出水管路阀门的液压或压缩空气系统应满足泵房各种运行工况下阀门启闭的要求。

6.4 起重设备

6.4.1 泵房内的起重设备额定起重量应根据最重吊运部件和吊具的总重量确定,提升高度应从最低起吊部件所处位置的地坪起算。

6.4.2 起重设备吊钩在平面上应覆盖所有拟起吊的部件及整个吊运路径,吊运部件在吊运过程中与周边相邻固定物的水平方向净距不应小于0.4 m。

6.4.3 起重机型式宜按下列规定选用:

1 起重量小于0.5 t时,宜采用固定吊钩或移动吊架;

2 起重量在0.5 t~3 t时,宜采用手动或电动起重设备;

3 起重量在3 t以上时,宜采用电动起重设备;

4 起吊高度大、吊运距离长或起吊次数多的泵房,宜采用电动起重设备。

6.4.4 电动起重机及其制动器与电气设备的工作制、跨度级差以及轨道阻进器(车挡)的设置应符合现行国家标准《泵站设计规范》GB 50265的有关规定。

6.5 水泵机组布置

6.5.1 水泵机组的布置应满足设备的运行、维护、安装和检修要求。

6.5.2 卧式水泵及小型立式离心泵机组的平面布置应符合下列规定:

1 单排布置时,相邻两个机组及机组至墙壁间的净距:电动机容量不大于55 kW时,不应小于1.0 m;电动机容量大于55 kW时,不应小于1.2 m;当机组进出水管道不在同一平面轴线上时,相邻机组进、出水管道间净距不应小于0.6 m;

2 双排布置时,进、出水管道与相邻机组间的净距宜为0.6 m~1.2 m;

3 当考虑就地检修时，应保证泵轴和电动机转子在检修时能拆卸；

4 地下式泵房或活动式取水泵房以及电动机容量小于20 kW时，水泵机组间距可适当减小。

6.5.3 混流泵、轴流泵及大型立式离心泵机组的水平净距不应小于1.5 m，并应满足水泵吸水进水流道的布置要求。当水泵电机采用风道抽风降温时，相邻两台电动机风道盖板间的水平净距不应小于1.5 m。

6.5.4 靠近泵房设备入口端的机组与墙壁之间的水平距离应满足设备运输、吊装以及楼梯、交通通道布置的要求。

6.5.5 水泵高程布置应符合下列规定：

1 较小汽蚀余量的水泵采用自灌或非自灌充水布置方式应经技术经济比较后确定，气蚀余量大、高原低气压地区或要求起动快的大型水泵，应采用自灌充水布置方式；

2 各种运行工况下水泵的可用气蚀余量应大于必须气蚀余量；

3 湿式安装的潜水泵最低水位应满足电机干运转的要求。

6.6 泵房布置

6.6.1 泵房的主要通道宽度不应小于1.2 m。当一侧布置有操作柜时，其净宽不宜小于2.0 m。

6.6.2 泵房内的架空管道，不得阻碍通道和跨越电气设备。

6.6.3 泵房地面层的净高，除应考虑通风、采光等条件外，尚应符合下列规定：

1 当采用固定吊钩或移动吊架时，净高不应小于3.0 m；

2 吊起设备的底部与其吊运所跨越物体顶部之间的净距不应小于0.5 m；

3 桁架式起重机最高点与屋面大梁底部距离不应小于0.3 m；

4 地下式泵房，吊运时设备底部与地面层地坪间净距不应小于0.3 m；

5 当采用立式水泵时，应满足水泵轴或电动机转子联轴的吊运要求；当叶轮调节机构为机械操作时，尚应满足调节杆吊装的要求；

6 管井泵房的设备吊装可采用屋盖上设吊装孔的方式，净高应满足设备安装和人员巡检的要求。

6.6.4 立式水泵与电机分层布置的泵房除应符合本标准第6.6.1条～第6.6.3条的规定，尚应符合下列规定：

1 水泵层的楼盖上应设吊装孔。吊装孔的位置应在起重机的工作范围之内。吊装孔的尺寸应按吊运的最大部件或设备外形尺寸各边加0.2 m的安全距离确定。

2 必要时应设置通向中间轴承的平台和爬梯。

6.6.5 采用非自灌充水启动或抽真空虹吸出水的泵房，应设置真空泵引水装置。真空泵应有备用，真空泵引水装置的能力应符合下列规定：

1 离心泵单泵进水管抽气充水时间不宜大于5 min；

2 轴流泵和混流泵抽除进水流道或虹吸出水管道内空气的时间宜为10 min～20 min；

3 水泵启闭频繁的泵房，离心泵抽气充水的真空泵引水装置宜采用常吊真空形式。

6.6.6 水泵需预润滑启动或常润滑运行的泵房，应设置水质、水量和水压满足水泵启动或运行要求的润滑水供水系统。水泵常润滑运行时，润滑水供水系统宜采用双母管或多母管分段供水方式。

6.6.7 水泵电机或变频器采用水冷却的泵房，应设置水质、水量、水温和水压满足设备冷却要求的冷却水供水系统。大型重要泵房的冷却水供应系统应采用双母管或多母管分段供水方式，并应为具有冷却、净化、补水功能以及双回路供电模式的闭式循环系统。

6.6.8 当泵房同时需要润滑和冷却水时，经技术经济比较后，可采用一套供水系统，但其水质、水量、水温和水压应同时满足设备润滑和冷却的要求。

6.6.9 泵房内应设排除积水的设施。当积水不能自流排除时，应设集水坑和排水泵，排水泵不得少于2台，并应根据集水坑水位自动启停。

6.6.10 泵房应至少设一个可搬运最大设备的门。

7 输配水

7.1 一般规定

7.1.1 输配水管(渠)线路的选择应通过技术经济比较综合确定，并应满足下列条件：

1 沿现有或规划道路敷设、缩短管线的长度，避开毒害物污染区以及地质断层、滑坡、泥石流等不良地质构造处；

2 减少拆迁、少占良田、少毁植被、保护环境；

3 施工、维护方便，节省造价，运行安全可靠；

4 在规划和建有城市综合管廊的区域，优先将输配水管道纳入管廊。

7.1.2 从水源至净水厂的原水输水管(渠)的设计流量，应按最高日平均时供水量确定，并计入输水管(渠)的漏损水量和净水厂自用水量。从净水厂至管网的清水输水管道的设计流量，应按最高日最高时用水条件下，由净水厂负担的供水量计算确定。

7.1.3 城镇供水的事故水量应为设计水量的70%。原水输水管道应采用2条以上，并应按事故用水量设置连通管。多水源或设置了调蓄设施并能保证事故用水量的条件下，可采用单管输水。

7.1.4 在各种设计工况下运行时，管道不应出现负压。

7.1.5 原水输送宜选用管道或暗渠(隧洞)；当采用明渠输送原水时，应有可靠的防止水质污染和水量流失的安全措施。清水输送应采用有压管道(隧洞)。

7.1.6 原水输水管道系统的输水方式可采用重力式、加压式或两种并用方式，并应通过技术经济比较后选定。

7.1.7 城镇公共供水管网严禁与非生活饮用水管网连接，严禁擅自与自建供水设施连接。

7.1.8 配水管网宜采用环状布置。当允许间断供水时，可采用枝状布置，但应考虑将来连成环状管网的可能。

7.1.9 规模较大的供水管网系统的布置宜考虑供水分区计量管理的可能。

7.1.10 配水管网应按最高日最高时供水量及设计水压进行水力计算，并应按下列3种设计工况校核：

1 消防时的流量和水压要求；

2 最大转输时的流量和水压要求；

3 最不利管段发生故障时的事故用水量和水压要求。

7.1.11 配水管网应进行优化设计，在保证水质安全和设计水量、水压满足用户要求的条件下，应进行不同方案的技术、经济比选优化。

7.1.12 压力输水管应防止水流速度剧烈变化产生的水锤危害，并应采取有效的水锤防护措施。

7.1.13 负有消防给水任务管道的最小直径和室外消火栓的间距应符合现行国家标准《消防给水及消火栓系统技术规范》GB 50974 的有关规定。

7.2 水力计算

7.2.1 管(渠)道总水头损失宜按下式计算：

$$h_z = h_y + h_j \qquad (7.2.1)$$

式中：h_z——管(渠)道总水头损失(m)；

h_y——管(渠)道沿程水头损失(m)；

h_j——管(渠)道局部水头损失(m)。

7.2.2 管(渠)道沿程水头损失宜按下列公式计算：

1 塑料管及采用塑料内衬的管道：

$$h_y = \lambda \cdot \frac{l}{d_j} \cdot \frac{v^2}{2g} \qquad (7.2.2-1)$$

$$\frac{1}{\sqrt{\lambda}} = -2\lg\left(\frac{\Delta}{3.7d_j} + \frac{2.51}{Re\sqrt{\lambda}}\right) \qquad (7.2.2-2)$$

式中：λ ——沿程阻力系数；

l ——管段长度(m)；

d_j ——管道计算内径(m)；

v ——过水断面平均流速(m/s)；

g ——重力加速度(m/s^2)；

Δ ——当量粗糙度；

Re——雷诺数。

2 混凝土管(渠)及采用水泥沙浆内衬管道：

$$h_y = \frac{v^2}{C^2 R} l \qquad (7.2.2-3)$$

$$C = \frac{1}{n} R^y \qquad (7.2.2-4)$$

当 $0.1 \leqslant R \leqslant 3.0$，$0.011 \leqslant n \leqslant 0.040$ 时，y 可按下式计算，管道水力计算时，y 也可取 $\frac{1}{6}$，即 C 按公式 $C = \frac{1}{n} R^{1/6}$ 计算。

$$y = 2.5\sqrt{n} - 0.13 - 0.75\sqrt{R}(\sqrt{n} - 0.1) \qquad (7.2.2-5)$$

式中：C ——流速系数；

R ——水力半径(m)；

n ——粗糙系数；

y ——指数。

3 输配水管道：

$$h_y = \frac{10.67 q^{1.852}}{C_h^{1.852} d_j^{4.87}} l \qquad (7.2.2-6)$$

式中：q ——设计流量(m^3/s)；

C_h——海曾-威廉系数。

Δ(当量粗糙度)、n(粗糙系数)、C_h(海曾-威廉系数)3个摩阻系数,可采用水力物理模型试验检测相关参数值,再进行推算获得;没有试验值时,可根据管道的管材种类,按本标准附录A表A.0.1选用。

7.2.3 管(渠)道局部水头损失宜按下式计算:

$$h_j = \sum \zeta \frac{v^2}{2g} \qquad (7.2.3)$$

式中:ζ——管(渠)道局部水头阻力系数,可根据水流边界形状、大小、方向的变化等选用。

7.2.4 配水管网水力平差计算宜按本标准式(7.2.2-6)计算。

7.3 长距离输水

7.3.1 管(渠)线线路应在深入进行实地踏勘和线路方案比选优化后确定。

7.3.2 输水系统应在保证水质安全、安全可靠和各种运行工况设计水量、水压均满足用水要求的前提下,进行重力流、加压、调压、调蓄等输水方式的技术、经济比选优化。

7.3.3 经济管径应根据投资、运行成本等采用折算成现值的动态年计算费用方法,计算比选确定。

7.3.4 管道各种设计工况应进行水力计算,确定水力坡降线和工作压力。

7.3.5 输水管道系统中管道阀门的位置,除应满足正常调度、切换、维修和维护保养外,尚应满足管道事故时非事故管道通过设计事故流量的需要。

7.3.6 输水管道系统水锤程度和水锤防护后的控制效果应采用瞬态水力过渡过程计算方法进行分析。采取水锤综合防护设计后的输水管道系统不应出现水柱分离,瞬时最高压力不应大于工作压力的1.3倍~1.5倍。

7.3.7 输水管道系统的水锤防护设计宜综合采用防止负压和减轻升压的措施。

7.3.8 输水管道系统中用于水锤控制的管道空气阀的位置、型式和口径,应根据瞬态水力过渡过程分析计算和本标准第7.5.7条的规定,综合考虑确定。

7.4 管道布置和敷设

7.4.1 输配水管道线路位置的选择应近远期结合,分期建设时预留位置应确保远期实施过程中不影响已建管道的正常运行。

7.4.2 输配水管道走向与布置应与城市现状及规划的地下铁道、地下通道、人防工程等地下隐蔽工程协调和配合。

7.4.3 地下管道的埋设深度,应根据冰冻情况、外部荷载、管材性能、抗浮要求及与其他管道交叉等因素确定。

7.4.4 架空或露天管道应设置空气阀、调节管道伸缩设施、保证管道整体稳定的措施和防止攀爬(包括警示标识)等安全措施,并应根据需要采取防冻保温措施。

7.4.5 城镇给水管道的平面布置和竖向位置,应保证供水安全,并符合现行国家标准《城市工程管线综合规划规范》GB 50289的有关规定,且应符合城市综合管廊规划的要求。

7.4.6 城镇给水管道与建(构)筑物、铁路以及和其他工程管道的水平净距应根据建(构)筑物基础、路面种类、卫生安全、管道埋深、管径、管材、施工方法、管道设计压力、管道附属构筑物的大小等确定,最小水平净距应符合国家现行标准《城市工程管线综合规划规范》GB 50289的有关规定。

7.4.7 给水管道与其他管线交叉时的最小垂直净距，应符合国家现行标准《城市工程管线综合规划规范》GB 50289 的有关规定。

7.4.8 给水管道遇到有毒污染区和腐蚀地段时，应符合现行国家标准《城镇给水排水技术规范》GB 50788 的有关规定。

7.4.9 给水管道与污水管道或输送有毒液体管道交叉时，给水管道应敷设在上面，且不应有接口重叠；当给水管道敷设在下面时，应采用钢管或钢套管，钢套管伸出交叉管的长度，每端不得小于 3 m，钢套管的两端应采用防水材料封闭。

7.4.10 给水管道穿越铁路，重要公路和城市重要道路等重要公共设施时，应采取措施保障重要公共设施安全。

7.4.11 管道穿过河道时，可采用管桥或河底穿越等方式，并应符合下列规定：

1 管道采用管桥穿越河道时，管桥高度应符合现行国家标准《内河通航标准》GB 50139 的有关规定，并应按现行国家标准《内河交通安全标志》GB 13851 的规定在河两岸设立标志；

2 穿越河底的给水管道应避开锚地，管内流速应大于不淤流速。管道应有检修和防止冲刷破坏的保护设施。管道的埋设深度应同时满足相应防洪标准（根据管道等级确定）洪水冲刷深度和规划疏浚深度，并应预留不小于 1 m 的安全埋深；河道为通航河道时，管道埋深尚应符合现行国家标准《内河通航标准》GB 50139 的有关规定。

7.4.12 管道的地基、基础、垫层、回填土压实度等的要求，应根据管材的性质（刚性管或柔性管）、结合管道埋设处的具体地质情况，按现行国家标准《给水排水工程管道结构设计规范》GB 50332的有关规定确定。

7.4.13 管道功能性试验要求应符合现行国家标准《给水排水管道工程施工及验收规范》GB 50268的有关规定。

7.4.14 敷设在城市综合管廊中的给水管道应符合现行国家标准《城市综合管廊工程技术规范》GB 50838 的规定，并应符合下列规定：

1 输配水管道在管廊中占用的空间，应便于管道工程的施工和维护管理，与其他管道的距离净距不应小于 0.5 m；

2 管廊内管线应进行抗震设计；

3 管廊内金属管道应进行防腐设计；

4 管线引出管廊沟壁处应增加适应不均匀沉降的措施；

5 非整体连接型给水管道的三通、弯头等部位，应与管廊主体设计结合，并应增加保护管道稳定的措施；

6 输配水给水管道宜与热力管道分舱设置。

7.4.15 原有管道设施的改造与更新应对现状情况进行评估，经综合技术经济分析确定。

7.4.16 管网中设置增压泵站或配水池时，应符合下列规定：

1 增压泵站的增压方式应结合市政供水管网压力、实际可利用的供水压力，经综合技术经济分析确定；

2 应采取稳压限流措施，保证上游市政供水管网压力不低于当地供水服务水头；

3 必要时应设置补充消毒措施。

7.5 管渠材料及附属设施

7.5.1 输配水管道材质的选择应根据管径、内压、外部荷载和管道敷设区的地形、地质、管材供应，按运行安全、耐久、减少漏损、施工和维护方便、经济合理以及清水管道防止二次污染的原则，对钢管(SP)、球墨铸铁管(DIP)、预应力钢筒混凝土管(PCCP)、化学建材管等经技术、经济、安全等综合分析确定。

7.5.2 金属管道应考虑防腐措施。金属管道内防腐宜采用水泥砂浆衬里。金属管道外防腐宜采用环氧煤沥青、胶粘带等涂料。

金属管道敷设在腐蚀性土中以及电气化铁路附近或其他有杂散电流存在的地区时，应采取防止发生电化学腐蚀的外加电流阴极保护或牺牲阳极的阴极保护措施。

7.5.3 输配水管道的管材及金属管道内防腐材料和承插管接口处填充料应符合现行国家标准《生活饮用水输配水设备及防护材料的安全性评价标准》GB/T 17219 的有关规定。

7.5.4 非整体连接管道在垂直和水平方向转弯处、分叉处、管道端部堵头处，以及管径截面变化处支墩的设置，应根据管径、转弯角度、管道设计内水压力和接口摩擦力，以及管道埋设处的地基和周围土质的物理力学指标等因素计算确定。

7.5.5 输水管(渠)道的始点、终点、分叉处以及穿越河道、铁路、公路段，应根据工程的具体情况和有关部门的规定设置阀(闸)门。输水管道尚应按事故检修的需要设置阀门。配水管网上两个阀门之间独立管段内消火栓的数量不宜超过 5 个。

7.5.6 需要进行较大的压力和流量调节的输配水管道系统宜设有调压(流)装置。

7.5.7 输水管(渠)道隆起点上应设通气设施，管线竖向布置平缓时，宜间隔 1000 m 左右设一处通气设施。配水管道可根据工程需要设置空气阀。

7.5.8 输水管(渠)道、配水管网低洼处、阀门间管段低处、环状管网阀门之间，可根据工程的需要设置泄(排)水阀。枝状管网的末端应设置泄(排)水阀。泄(排)水阀的直径，可根据放空管道中泄(排)水所需要的时间计算确定。

7.5.9 输水管(渠)需要进人检修处，宜在必要的位置设置人孔。

7.5.10 非满流的重力输水管(渠)道，必要时应设置跌水井或控制水位的措施。

7.5.11 消火栓、空气阀和阀门井等设备及设施应有防止水质二次污染的措施，严寒和寒冷地区应采取防冻措施。

7.5.12 管道沿线应设置管道标志，城区外的地下管道应在地面上设置标志桩，城区内管道应在顶部上方 300 mm 处设警示带。

7.6 调蓄构筑物

7.6.1 单管(渠)输水系统应设置事故调蓄水池，调蓄容积应根据其他水源补充能力、管道检修或事故抢修时间、输水水质以及水质保持等因素综合考虑确定。调蓄池的个数或分格数不宜小于 2 个，并应能单独工作和分别泄空。

输送原水时，调蓄容积不宜大于 7 d 的输水量，并应采取防止富营养、软体动物、甲壳浮游动物滋生堵塞管道和减缓积泥的措施。输送清水时，调蓄容积不应大于 1 d 的输水量，并应满足本标准第 7.6.6 条、第 7.6.7 条的规定和设置补充消毒的设施。

7.6.2 兼有水质改善或应急处理功能的原水调蓄构筑物，其容积除应满足调蓄需求外，尚应满足水质改善或应急处理所需的水力停留时间要求。

7.6.3 用于水源地避咸、避沙、避凌的原水调蓄构筑物的设置及容积的确定应符合本标准第 5.3.2条和第 5.3.3 条的规定。

7.6.4 水厂清水池的有效容积，应根据产水曲线、送水曲线、自用水量及消防储备水量等确定。

当管网无调节构筑物时，在缺乏资料情况下，可按水厂最高日设计水量的10%～20%确定。

7.6.5 当水厂未设置专用消毒接触池时，清水池的有效容积宜增加满足消毒接触所需的容积。游离氯消毒时应按接触时间不小于30 min的增加容积考虑，氯胺消毒时应按接触时间不小于120 min的增加容积考虑。

7.6.6 管网供水区域较大，距离净水厂较远，且供水区域有合适的位置和适宜的地形，可考虑在水厂外建高位水池、水塔或调节水池泵站。调节容积应根据用水区域供需情况及消防储备水量等确定。

7.6.7 清水池的个数或分格数不得小于2个，并应能单独工作和分别泄空；有特殊措施能保证供水要求时，可修建1个。

7.6.8 清水池内壁宜采用防水、防腐蚀措施，防水、防腐材料应符合现行国家标准《生活饮用水输配水设备及防护材料的安全性评价标准》GB/T 17219的有关规定。

7.6.9 生活饮用水的清水池排空、溢流等管道严禁直接与下水道连通。生活饮用水的清水池四周应排水畅通，严禁污水倒灌和渗漏。

7.6.10 生活饮用水的清水池、调节水池、水塔，应有保证流动，避免死角，防止污染，便于清洗和通气等措施。

7.6.11 调蓄构筑物周围10 m以内不得有化粪池、污水处理构筑物、渗水井、垃圾堆放场等污染源；周围2 m以内不得有污水管道和污染物。当达不到上述要求时，应采取防止污染的措施。

7.6.12 水塔应根据防雷要求设置防雷装置。

8 水厂总体设计

8.0.1 水厂厂址的选择应符合城镇总体规划和相关专项规划，通过技术经济比较综合确定，并应满足下列条件：

1 合理布局给水系统；

2 不受洪涝灾害威胁；

3 有较好的排水和污泥处置条件；

4 有良好的工程地质条件；

5 有便于远期发展控制用地的条件；

6 有良好的卫生环境，并便于设立防护地带；

7 少拆迁，不占或少占农田；

8 有方便的交通、运输和供电条件；

9 尽量靠近主要用水区域；

10 有沉沙特殊处理要求的水厂，有条件时设在水源附近。

8.0.2 水厂应按实现终期规划目标的用地需求进行用地规划控制，并应在总体规划布局和分期建设安排的基础上，合理确定近期用地面积。

8.0.3 水厂总体布置应符合下列规定：

1 应结合工程目标和建设条件，在确定的工艺组成和处理构筑物形式的基础上，兼顾水厂附属建筑和设施的实际设置需求；

2 在满足水厂工艺流程顺畅的前提下，平面布置应力求功能分区明确、交通联络便捷和建筑朝向合理；

3 在满足水厂生产构筑物水力高程布置要求的前提下,竖向布置应综合生产排水、土方平衡和建筑景观等因素统筹确定;

4 对已有水厂总体规划的扩建水厂,应在维持总体规划布局基本框架不变的基础上,结合现实需求进行布置;对没有水厂总体规划的改建、扩建水厂,应在满足现实需求的前提下,结合原有设施的合理利用、水厂生产维持和安全运行、水平衡等因素,统筹考虑布置。

8.0.4 水厂生产构筑物的布置应符合下列规定:

1 高程布置应满足水力流程通畅的要求并留有合理的余量,减少无谓的水头和能耗;应结合地质条件并合理利用地形条件,力求土方平衡;

2 在满足各构筑物和管线施工要求以及方便生产管理的前提下,生产构筑物平面上应紧凑布置,且相互之间通行方便,有条件时宜合建;

3 生产构筑物间连接管道的布置,宜流向顺直、避免迂回。构筑物之间宜根据工艺要求设置连通管、超越管;

4 并联运行的净水构筑物间应配水和集水均匀;

5 排泥水处理系统中的水收集构筑物宜设置在排泥水生产构筑物附近,处理构筑物宜集中布置。

8.0.5 水厂附属建筑和设施的设置应根据水厂规模、工艺、监控水平和管理体制,结合当地实际情况确定。

8.0.6 机修间、电修间、仓库等附属生产建筑物应结合生产要求布置,并宜集中布置和适当合建。

8.0.7 生产管理建筑物和生活设施宜集中布置,力求位置和朝向合理,并与生产构筑物保持一定距离。采暖地区锅炉房宜布置在水厂最小频率风向的上风向。

8.0.8 水厂内各种管线应综合安排,避免互相干扰,满足施工要求,有适当的维护条件;管线密集区或有分期建设要求可采用综合管廊,综合管廊的设计可按现行国家标准《城市综合管廊工程技术规范》GB 50838 的规定执行。

8.0.9 **水厂的防洪标准不应低于城市防洪标准,并应留有安全裕度。**

8.0.10 一、二类城市主要水厂的供电应采用一级负荷。一、二类城市非主要水厂及三类城市的水厂可采用二级负荷。当不能满足时,应设置备用动力设施。

8.0.11 **生产构筑物必须设置栏杆、防滑梯、检修爬梯、安全护栏等安全设施。**

8.0.12 水厂内可设置滤料、管配件等露天堆放场地。

8.0.13 水厂建筑物造型宜简洁美观,材料选择适当,并应考虑建筑的群体效果及与周围环境的协调。

8.0.14 严寒地区的净水构筑物应建在室内;寒冷地区的净水构筑物是否建在室内或采取加盖措施应根据当地的实际气候条件确定。

8.0.15 水厂生产和附属生产及生活等建筑物的防火设计应符合现行国家标准《建筑设计防火规范》GB 50016 的有关规定。

8.0.16 水厂内应设置通向各构筑物和建筑物的通道,并应符合下列规定:

1 水厂的主要交通车辆道路应环行设置;

2 建设规模Ⅰ类水厂可设双车道,建设规模Ⅱ类和Ⅲ类水厂可设单车道;

3 主要车行道的宽度:单车道应为 3.5 m~4.0 m,双车道应为 6 m~7 m,支道和车间引道不应小于 3 m；

4 车行道尽头处和材料装卸处应根据需要设置回车道；

5 车行道转弯半径应为 6 m～10 m，其中主要物料运输道路转弯半径不应小于 9 m；

6 人行道路的宽度应为 1.5 m～2.0 m；

7 通向构筑物的室外扶梯倾角不宜大于 45°；

8 人行天桥宽度不宜小于 1.2 m。

8.0.17 水厂雨水管道应单独设置，水厂雨水管道设计降雨重现期宜选用 2 年～5 年，雨水排除应根据周边城市雨水管道的排水标准确定采用自排或强排水方式。有条件时，雨水宜收集利用。

8.0.18 水厂生产废水与排泥水、脱水污泥、生产与生活污水的处置与排放应符合项目环评报告及其批复的要求。

8.0.19 水厂应设置大门和围墙。围墙高度不宜小于 2.5 m。有排泥水处理的水厂，宜设置脱水泥渣专用通道及出入口。

8.0.20 水厂宜设置电视监控系统等安全保护设施，并应符合当地有关部门和水厂管理的要求。

8.0.21 水厂应进行绿化。

9 水处理

9.1 一般规定

9.1.1 水处理工艺流程的选用及主要构筑物的组成，应根据原水水质、设计生产能力、处理后水质要求，经过调查研究以及必要的试验验证或参照相似条件下已有水厂的运行经验，结合当地操作管理条件，通过技术经济比较综合研究确定。

9.1.2 **生活饮用水处理工艺流程中，必须设置消毒工艺。**

9.1.3 水处理构筑物的设计水量，应按最高日供水量加水厂自用水量确定。水厂自用水量应根据原水水质、处理工艺和构筑物类型等因素通过计算确定，自用水率可采用设计规模的 5%～10%。

9.1.4 水处理构筑物的设计参数必要时应按原水水质最不利情况（如沙峰、低温、低浊等）下所需最大供水量进行校核。

9.1.5 水厂设计时，应考虑任一构筑物或设备检修、清洗而停运时仍能满足生产需求。

9.1.6 净水构筑物应根据需要设置排泥管、排空管、溢流管或压力冲洗设施等。

9.1.7 **用于生活饮用水处理的氧化剂、混凝剂、助凝剂、消毒剂、稳定剂和清洗剂等化学药剂产品必须符合卫生要求。**

9.1.8 当原水的含沙量、浊度、色度、藻类和有机污染物等较高或 pH 值异常，导致水厂运行困难或出水水质下降甚至超标时，可在常规处理前增设预处理。

9.2 预处理

Ⅰ 预沉处理

9.2.1 当原水含沙量和浊度较高时，宜采取预沉处理。

9.2.2 预沉方式的选择，应根据原水含沙量及其粒径组成、沙峰持续时间、排泥要求、处理水量和水质要求等因素，结合地形条件采用沉沙、自然沉淀或凝聚沉淀。

9.2.3 预沉处理的设计含沙量应通过对设计典型年沙峰曲线的分析，结合避沙蓄水设施的设置条件,合理选取。

9.2.4 预沉处理工艺、设计参数可按现行行业标准《高浊度水给水设计规范》CJJ 40 的有关规定选取,也可通过试验或参照类似水厂的运行经验确定。

Ⅱ 生物预处理

9.2.5 当原水氨氮含量较高,或同时存在可生物降解有机污染物或藻含量较高时,可采用生物预处理。

9.2.6 生物预处理设施应设置生物接触填料和曝气装置,进水水温宜高于 5 ℃;生物预处理设施前不宜投加除臭氧之外的其他氧化剂;生物预处理设施的设计参数宜通过试验或参照相似条件下的经验确定,当无试验数据或经验可参照时,可按本标准第 9.2.9 条的规定选取。

9.2.7 生物预处理的工艺形式可采用生物接触氧化池或颗粒填料生物滤池。

9.2.8 生物接触氧化池的设计应符合下列规定:

1 水力停留时间宜为 1 h～2 h,曝气气水比宜为 0.8∶1～2∶1,曝气系统可采用穿孔曝气系统和微孔曝气系统;

2 进出水可采用池底进水、上部出水或一侧进水、另一侧出水等方式,进水配水方式宜采用穿孔花墙,出水方式宜采用堰式;

3 可布置成单段式或多段式,有效水深宜为 3 m～5 m,多段式宜采用分段曝气;

4 填料可采用硬性填料、弹性填料和悬浮填料等;硬性填料宜采用分层布置;弹性填料宜利用池体空间紧凑布置,可采用梅花形布置方式,单层填料高度宜为 2 m～4 m;悬浮填料可按池有效体积的 30%～50%投配,并应采取防止填料堆积及流失的措施;

5 应设置冲洗、排泥和放空设施。

9.2.9 颗粒填料生物滤池的设计应符合下列规定:

1 可为下向流或上向流,下向流滤池可参照普通快滤池布置,上向流滤池可参照上向流颗粒活性炭吸附池布置;当采用上向流时,应采取防止进水配水系统堵塞和出水系统填料流失的措施;

2 填料粒径宜为 3 mm～5 mm,填料厚度宜为 2.0 m～2.5 m;空床停留时间宜为 15 min～45 min,曝气的气水比宜为 0.5∶1～1.5∶1;滤层终期过滤水头下向流宜为 1.0 m～1.5 m,上向流宜为 0.5 m～1.0 m;

3 下向流滤池布置方式可参照砂滤池,冲洗方式应采用气水反冲洗,并应依次进行气冲、气水联合冲、水漂洗;气冲强度宜为 10 L/(m^2·s)～15 L/(m^2·s),气水联合冲时水冲强度宜为 4 L/(m^2·s)～8 L/(m^2·s),单水冲洗方式时水冲强度宜为 12 L/(m^2·s)～17 L/(m^2·s);

4 填料宜选用轻质多孔球形陶粒或轻质塑料球形颗粒填料;

5 宜采用穿孔管曝气,穿孔管位于配水配气系统的上部。

Ⅲ 化学预处理

9.2.10 采用氯预氧化处理工艺时,加氯点和加氯量应合理确定,并应减少消毒副产物的产生。

9.2.11 采用臭氧氧化时,应符合本标准第 9.10 节的有关规定。

9.2.12 采用高锰酸钾预氧化时,应符合下列规定:

1 高锰酸钾宜在水厂取水口加入;当在水处理流程中投加时,先于其他水处理药剂投加的时间不宜少于 3 min;

2 经过高锰酸钾预氧化的水应通过砂滤池过滤;

3 高锰酸钾预氧化的药剂用量应通过试验确定并应精确控制；

4 用于去除有机微污染物、藻和控制臭味的高锰酸钾投加量可为0.5 mg/L～2.5 mg/L；

5 高锰酸钾宜采用湿式投加，投加溶液浓度宜为1%～4%；

6 高锰酸钾投加量控制宜采用出水色度或氧化还原电位的检测反馈结合人工观察的方法；

7 高锰酸钾的储存、输送和投加车间应按防爆建筑设计，并应有防尘和集尘设施。

Ⅳ 粉末活性炭吸附预处理

9.2.13 原水在短时间内含较高浓度溶解性有机物、具有异臭异味时，可采用粉末活性炭吸附。采用粉末活性炭吸附应符合下列规定：

1 粉末活性炭投加点宜根据水处理工艺流程综合考虑确定，并宜加于原水中，经过与水充分混合、接触后，再投加混凝剂或氯；

2 粉末活性炭的用量宜根据试验确定，可为5 mg/L～30 mg/L；

3 湿投的粉末活性炭炭浆浓度可采用5%～10%(按重量计)；

4 粉末活性炭粒径应按现行行业标准《生活饮用水净水厂用煤质活性炭》CJ/T 345的规定选择或通过选炭试验确定，一般可采用200目；

5 粉末活性炭的储存、输送和投加车间应按防爆建筑设计，并应有防尘和集尘设施。

9.3 混凝剂和助凝剂的投配

9.3.1 混凝剂和助凝剂品种的选择及其用量应根据原水混凝沉淀试验结果或参照相似条件下的水厂运行经验等，经综合比较确定。聚丙烯酰胺加注量应控制出厂水中的聚丙烯酰胺单体含量不超过现行国家标准《生活饮用水卫生标准》GB 5749规定的限值。

9.3.2 混凝剂和助凝剂的储备量应按当地供应、运输等条件确定，宜按最大投加量的7d～15d计算。

9.3.3 混凝剂和助凝剂的投配应采用溶液投加方式。有条件的水厂应采用液体原料经稀释配置后或直接投加。

9.3.4 混凝剂和助凝剂的原料储存和溶液配置设计应符合下列规定：

1 计算固体混凝剂和助凝剂仓库面积时，其堆放高度可为1.5 m～2.0 m，有运输设备时堆放高度可适当增加；

2 液体原料混凝剂宜储存在地下储液池中，储液池不应少于2个；

3 混凝剂和助凝剂溶液配置应包括稀释配置投加溶液的溶液池和与投加设备相连的投加池，当混凝剂和助凝剂为固体时应配置溶解池；当设置2个及以上溶液池时，溶液池可兼作投加池，并互为备用和交替使用；

4 混凝剂和助凝剂的溶解和稀释配置应按投加量、混凝剂性质，选用水力、机械或压缩空气等搅拌、稀释方式；

5 混凝剂和助凝剂溶解和稀释配置次数应根据混凝剂投加量和配制条件等因素确定，每日不宜大于3次；

6 混凝剂和助凝剂溶解池不宜少于2个，溶液池和投加池的总数不应少于2个；溶解池宜设在地下，溶液池和投加池宜设在地上；

7 采用聚丙烯酰胺为助凝剂时，聚丙烯酰胺的原料储存和溶液配置应符合现行行业标准《高浊度水给水设计规范》CJJ 40的有关规定；

8 混凝剂和助凝剂的溶解池、溶液池、投加池和原料储存池应采用耐腐蚀的化学储罐或混凝土池；采用酸、碱为助凝剂时，原料储存和溶液配置应采用耐腐蚀的化学储罐；化学储罐宜设在地上，储罐下方周边应设药剂泄漏的收集槽；

9 采用氯为助凝剂时，应符合本标准第9.9节的有关规定；

10 采用石灰、高锰酸钾、聚丙烯酰胺为助凝剂时，宜采用成套配置与投加设备。

9.3.5 混凝剂和助凝剂投配的溶液浓度可采用5%～20%；固体原料按固体重量或有效成分计算，液体原料按有效成分计算。酸、碱可采用原液投加。聚丙烯酰胺投配的溶液浓度应符合现行行业标准《高浊度水给水设计规范》CJJ 40的有关规定。

9.3.6 混凝剂和助凝剂的投加应符合下列规定：

1 应采用计量泵加注或流量调节阀加注，且应设置计量设备并采取稳定加注量的措施；

2 加注设备宜按一对一加注配置，且每一种规格的加注设备应至少配置1套备用设备；当1台加注设备同时服务1个以上加注点时，加注点的设计加注量应一致，加注管道宜同程布置，同时服务的加注点不宜超过2个；

3 应采用自动控制投加，有反馈控制要求的加注设备应具备相应的功能；

4 聚丙烯酰胺的加注应符合现行行业标准《高浊度水给水设计规范》CJJ 40的有关规定。

9.3.7 与混凝剂和助凝剂接触的池内壁、设备、管道和地坪，应根据混凝剂或助凝剂性质采取相应的防腐措施。

9.3.8 加药间宜靠近投药点并应尽量设置在通风良好的地段。室内应设置每小时换气8次～12次的机械通风设备，入口处的室外应设置应急水冲淋设施。

9.3.9 药剂仓库及加药间应根据具体情况，设置计量工具和搬运设备。

9.4 混凝、沉淀和澄清

Ⅰ 一般规定

9.4.1 沉淀池或澄清池类型应根据原水水质、设计生产能力、处理后水质要求，并考虑原水水温变化、制水均匀程度以及是否连续运转等因素，结合当地条件通过技术经济比较确定。

9.4.2 沉淀池和澄清池的个数或能够单独排空的分格数不应小于2个。

9.4.3 设计沉淀池和澄清池时，应考虑均匀配水和集水。

9.4.4 沉淀池积泥区和澄清池沉泥浓缩室(斗)的容积，应根据进出水的悬浮物含量、处理水量、加药量、排泥周期和浓度等因素通过计算确定。

9.4.5 沉淀池和澄清池应采用机械化排泥装置。有条件时，可对机械化排泥装置实施自动化控制。

9.4.6 澄清池絮凝区应设取样装置。

9.4.7 沉淀池宜采用穿孔墙配水，穿孔墙孔口流速不宜大于0.1 m/s。

9.4.8 沉淀池和澄清池宜采用集水槽集水，集水槽溢流率不宜大于250 $m^3/(m \cdot d)$。

Ⅱ 混合

9.4.9 混合设备应根据所采用的混凝剂品种，使药剂与水进行恰当的急剧、充分混合。

9.4.10 混合方式的选择应考虑处理水量、水质变化，可采用机械混合或水力混合。

Ⅲ 絮凝

9.4.11 絮凝池应与沉淀池合建。

9.4.12 絮凝池形式和絮凝时间应根据原水水质情况和相似条件下的运行经验或通过试验

确定。

9.4.13 隔板絮凝池宜符合下列规定：

1 絮凝时间宜为 20 min～30 min；

2 絮凝池廊道的流速应由大到小渐变，起端流速宜为 0.5 m/s～0.6 m/s，末端流速宜为 0.2 m/s～0.3 m/s；

3 隔板间净距宜大于 0.5 m；

4 絮凝池内宜有排泥设施。

9.4.14 机械絮凝池应符合下列规定：

1 絮凝时间宜为 15 min～20 min，低温低浊水处理絮凝时间宜为 20 min～30 min；

2 池内宜设 3 级～4 级搅拌机；

3 搅拌机的转速应根据桨板边缘处的线速度通过计算确定，线速度宜自第一级的 0.5 m/s 逐渐变小至末级的 0.2 m/s；

4 池内宜设防止水体短流的设施；

5 絮凝池内应有放空设施。

9.4.15 折板絮凝池应符合下列规定：

1 絮凝时间宜为 15 min～20 min，第一段和第二段絮凝时间宜大于 5 min；低温低浊水处理絮凝时间宜为 20 min～30 min；

2 絮凝过程中的速度应逐段降低，分段数不宜小于三段，第一段流速宜为 0.25 m/s～0.35 m/s，第二段流速宜为 0.15 m/s～0.25 m/s，第三段流速宜为 0.10 m/s～0.15 m/s；

3 折板夹角宜采用 90°～120°；

4 第三段宜采用直板；

5 絮凝池内应有排泥设施。

9.4.16 栅条(网格)絮凝池应符合下列规定：

1 絮凝池宜采用多格竖流式。

2 絮凝时间宜为 12 min～20 min；处理低温低浊水时，絮凝时间可延长至 20 min～30 min；处理高浊水时，絮凝时间可采用 10 min～15 min。

3 絮凝池竖井流速、过栅(过网)和过孔流速应逐段递减，分段数宜分三段，流速宜符合下列规定：

1） 竖井平均流速：前段和中段宜为 0.14 m/s～0.12 m/s，末段宜为 0.14 m/s～0.10 m/s；

2） 过栅(过网)流速：前段宜为 0.30 m/s～0.25 m/s，中段宜为 0.25 m/s～0.22 m/s，末端不宜安放栅条(网格)；

3） 竖井之间孔洞流速：前段宜为 0.30 m/s～0.20 m/s，中段宜为 0.20 m/s～0.15 m/s，末段宜为 0.14 m/s～0.10 m/s；

4） 用于处理高浊水时，过网眼流速宜控制在 0.6 m/s～0.2 m/s，并宜自前到末递减。

4 絮凝池宜布置成 2 组或多组并联形式。

5 絮凝池内应有排泥设施。

Ⅳ 平流沉淀池

9.4.17 平流沉淀池的沉淀时间和水平流速宜通过试验或参照相似条件下的水厂运行经验确定，沉淀时间可为 1.5 h～3.0 h，低温低浊水处理沉淀时间宜为 2.5 h～3.5 h，水平流速可采用

10 mm/s～25 mm/s。

9.4.18 平流沉淀池水流应避免过多转折。

9.4.19 平流沉淀池的有效水深可采用 3.0 m～3.5 m。沉淀池的每格宽度(数值等同于导流墙间距)宜为 3 m～8 m,不应大于 15 m;长度与宽度之比不应小于 4,长度与深度之比不应小于 10。

Ⅴ 上向流斜管沉淀池

9.4.20 斜管沉淀池清水区液面负荷宜通过试验或参照相似条件下的水厂确定,可采用 5.0 $m^3/(m^2 \cdot h)$～9.0 $m^3/(m^2 \cdot h)$,低温低浊水处理液面负荷可采用 3.6 $m^3/(m^2 \cdot h)$～7.2 $m^3/(m^2 \cdot h)$。

9.4.21 斜管管径宜为 25 mm～40 mm,斜长宜为 1.0 m,倾角宜为 60°。

9.4.22 斜管沉淀池的清水区保护高度不宜小于 1.2 m,底部配水区高度不宜小于 2.0 m。

Ⅵ 侧向流斜板沉淀池

9.4.23 侧向流斜板沉淀池的设计宜符合下列规定:

1 斜板沉淀区的设计颗粒沉降速度、液面负荷宜通过试验或参照相似条件下的水厂运行经验确定,无数据时,设计颗粒沉降速度可采用 0.16 mm/s～0.30 mm/s,清水区液面负荷可采用 6.0 $m^3/(m^2 \cdot h)$～12.0 $m^3/(m^2 \cdot h)$,低温低浊水宜采用下限值;

2 斜板板距宜采用 80 mm～100 mm;

3 斜板倾斜角度宜采用 60°;

4 单层斜板板长不宜大于 1.0 m。

Ⅶ 高速澄清池

9.4.24 高速澄清池的设计应符合下列规定:

1 高速澄清池应同时投加混凝剂和高分子助凝剂。沉淀区宜设置斜管,清水区液面负荷应根据原水水质和出水要求,按类似条件下的运行经验确定,有条件时应试验验证,可采用 12 $m^3/(m^2 \cdot h)$～25 $m^3/(m^2 \cdot h)$;用于高浊度水处理时可采用 7.2 $m^3/(m^2 \cdot h)$～15.0 $m^3/(m^2 \cdot h)$;

2 斜管管径宜为 30 mm～60 mm,斜长宜为 0.6 m～1.0 m,倾角为 60°;

3 斜管区上部清水区保护高度不宜小于 1.0 m,底部配水区高度不宜小于 1.5 m,污泥浓缩区高度不宜小于 2.0 m;

4 斜管下部的分离区宜每隔 30 cm～50 cm 设取样管;

5 絮凝区提升循环的水量应可调节,宜为设计流量的 5 倍～10 倍;

6 污泥回流量应可调节,宜为高速澄清池设计水量的 3%～5%。

Ⅷ 机械搅拌澄清池

9.4.25 机械搅拌澄清池清水区的液面负荷应按相似条件下的运行经验确定,可采用 2.9 $m^3/(m^2 \cdot h)$～3.6 $m^3/(m^2 \cdot h)$。低温低浊时,液面负荷宜采用较低值,且宜加设斜管。

9.4.26 水在机械搅拌澄清池中的总停留时间可采用 1.2 h～1.5 h。

9.4.27 搅拌叶轮提升流量可为进水流量的 3 倍～5 倍,叶轮直径可为第二絮凝室内径的 70%～80%,并应设调整叶轮转速和开启度的装置。

9.4.28 机械搅拌澄清池是否设置机械刮泥装置,应根据水池直径、底坡、进水悬浮物含量及其颗粒组成等因素确定。

Ⅸ 脉冲澄清池

9.4.29 脉冲澄清池清水区的液面负荷,应按相似条件下的运行经验确定,可采用 2.5 $m^3/$

$(m^2 \cdot h)$～3.2 $m^3/(m^2 \cdot h)$。

9.4.30　脉冲周期可采用 30 s～40 s，充放时间比应为 3∶1～4∶1。

9.4.31　脉冲澄清池的悬浮层高度和清水区高度，可分别采用 1.5 m 和 2.0 m。

9.4.32　脉冲澄清池应采用穿孔管配水，上设人字形稳流板。

9.4.33　虹吸式脉冲澄清池的配水总管，应设排气装置。

Ⅹ　气浮池

9.4.34　气浮池宜用于浑浊度小于 100 NTU 及含有藻类等密度小的悬浮物质的原水。

9.4.35　接触室的上升流速可采用 10 mm/s～20 mm/s，分离室的向下流速可采用 1.5 mm/s～2.0 mm/s，分离室液面负荷可为 5.4 $m^3/(m^2 \cdot h)$～7.2 $m^3/(m^2 \cdot h)$。

9.4.36　气浮池的单格宽度不宜大于 10 m；池长不宜大于 15 m；有效水深可采用 2.0 m～3.0 m。

9.4.37　溶气罐的压力及回流比应根据原水气浮试验情况或参照相似条件下的运行经验确定，溶气压力可采用 0.2 MPa～0.4 MPa；回流比可采用 5%～10%。溶气释放器的型号及个数应根据单个释放器在选定压力下的出流量及作用范围确定。

9.4.38　压力溶气罐的总高度可采用 3.0 m，罐内填料高度宜为 1.0 m～1.5 m，罐的截面水力负荷可采用 100 $m^3/(m^2 \cdot h)$～150 $m^3/(m^2 \cdot h)$。

9.4.39　气浮池宜采用刮渣机排渣。刮渣机的行车速度不宜大于 5 m/min。

9.4.40　多雨、多风地区的气浮池宜设棚。

9.4.41　气浮池出水宜采用穿孔管集水，穿孔管孔口流速不宜大于 0.5 m/s。

9.5　过滤

Ⅰ　一般规定

9.5.1　滤料应具有足够的机械强度和抗蚀性能，可采用石英砂、无烟煤和重质矿石等。

9.5.2　滤池型式应根据设生产能力、运行管理要求、进出水水质和净水构筑物高程布置等因素，结合厂址地形条件，通过技术经济比较确定。

9.5.3　滤池的分格数应根据滤池形式、生产规模、操作运行和维护检修等条件通过技术经济比较确定。除无阀滤池和虹吸滤池外，不得少于 4 格。

9.5.4　滤池的单格面积应根据滤池形式、生产规模、操作运行、滤后水收集及冲洗水分配的均匀性，通过技术经济比较确定。

9.5.5　滤料层厚度与有效粒径之比（L/d_{10}值）：细砂及双层滤料过滤应大于 1000，粗砂滤料过滤应大于 1250。

9.5.6　除滤池构造和运行时无法设置初滤水排放设施的滤池外，滤池宜设有初滤水排放设施。

9.5.7　光照充沛、气温较高的地区，砂滤池宜设棚。

Ⅱ　滤速及滤料组成

9.5.8　滤池应按正常情况下的滤速设计，并应以检修情况下的强制滤速校核。

9.5.9　滤池滤速及滤料组成应根据进水水质、滤后水水质要求、滤池构造等因素，通过试验或参照相似条件下已有滤池的运行经验确定，并宜按表 9.5.9 采用。

表 9.5.9 滤池滤速及滤料组成

滤料种类	滤料组成			正常滤速(m/h)	强制滤速(m/h)
	有效粒径(mm)	均匀系数	厚度(mm)		
单层细砂滤料	石英砂 $d_{10}=0.55$	$K_{80}<2.0$	700	6～9	9～12
双层滤料	无烟煤 $d_{10}=0.85$	$K_{80}<2.0$	300～400	8～12	12～16
	石英砂 $d_{10}=0.55$	$K_{80}<2.0$	400		
均匀级配粗砂滤料	石英砂 $d_{10}=0.9\sim1.2$	$K_{60}<1.6$	1200～1500	6～10	10～13

注:滤料的相对密度(g/cm^3)为:石英砂 2.50～2.70,无烟煤 1.40～1.60,实际采购的滤料粒径与设计粒径的允许偏差为±0.05 mm。

9.5.10 当滤池采用大阻力配水系统时,其承托层材料、粒径与厚度宜按表 9.5.10 采用。

表 9.5.10 大阻力配水系统承托层材料、粒径与厚度

层次(自上而下)	材料	粒径(mm)	厚度(mm)
1	砾石	2～4	100
2	砾石	4～8	100
3	砾石	8～16	100
4	砾石	16～32	本层顶面应高出配水系统孔眼 100

9.5.11 采用滤头配水(气)系统时,承托层可采用粒径 2 mm～4 mm 粗砂,厚度不宜小于 100 mm。

Ⅲ 配水、配气系统

9.5.12 滤池配水、配气系统,应根据滤池形式、冲洗方式、单格面积、配气配水的均匀性等因素考虑选用。当采用单水冲洗时,可选用穿孔管、滤砖、滤头等配水系统;当采用气水冲洗时,可选用长柄滤头、塑料滤砖、穿孔管等配水、配气系统;配水、配气干管(渠)顶应设排气管,排出口应在滤池运行水位以上。

9.5.13 大阻力穿孔管配水系统孔眼总面积与滤池面积之比宜为 0.20%～0.28%;中阻力滤砖配水系统孔眼总面积与滤池面积之比宜为 0.6%～0.8%;小阻力滤头配水系统缝隙总面积与滤池面积之比宜为 1.25%～2.00%。

9.5.14 大阻力配水系统应按冲洗流量,根据下列要求通过计算确定:

1 配水干管(渠)进口处的流速宜为 1.0 m/s～1.5 m/s;

2 配水支管进口处的流速宜为 1.5 m/s～2.0 m/s;

3 配水支管孔眼出口流速宜为 5.0 m/s～6.0 m/s。

9.5.15 长柄滤头配气配水系统应按冲洗气量、水量,根据下列要求通过计算确定:

1 配气干管进口端流速宜为 10 m/s～20 m/s;

2 配水(气)渠配气孔出口流速宜为 10 m/s 左右;

3 配水干管进口端流速宜为 1.5 m/s 左右;

4 配水(气)渠配水孔出口流速宜为 1 m/s～1.5 m/s。

Ⅳ 冲洗

9.5.16 滤池冲洗方式的选择应根据滤料层组成、配水配气系统形式，通过试验或参照相似条件下已有滤池的经验确定，并宜按表9.5.16采用。

表9.5.16 滤池冲洗方式和程序

滤料组成	冲洗方式、程序
单层细砂级配滤料	(1)水冲 (2)气冲—水冲
单层粗砂均匀级配滤料	气冲—气水同时冲—水冲
双层煤、砂级配滤料	(1)水冲 (2)气冲—水冲

9.5.17 单水冲洗滤池的冲洗强度滤料膨胀率及冲洗时间宜按表9.5.17采用。

表9.5.17 单水冲洗滤池的冲洗强度滤料膨胀率及冲洗时间(水温20℃时)

滤料组成	冲洗强度[L/(m²·s)]	膨胀率(%)	冲洗时间(min)
单层细砂级配滤料	12～15	45	7～5
双层煤、砂级配滤料	13～16	50	8～6

注：1 当采用表面冲洗设备时，冲洗强度可取低值；
2 应考虑由于全年水温、水质变化因素，有适当调整冲洗强度和历时的可能；
3 选择冲洗强度应考虑所用混凝剂品种的因素；
4 膨胀率数值仅作设计计算用；
5 当增设表面冲洗设备时，表面冲洗设备宜采用2 L/(m²·s)～3 L/(m²·s)(固定式)或0.50 L/(m²·s)～0.75 L/(m²·s)(旋转式)，冲洗时间均为4 min～6 min。

9.5.18 气水冲洗滤池的冲洗强度及冲洗时间宜按表9.5.18采用。

表9.5.18 气水冲洗滤池的冲洗强度及冲洗时间

滤料种类	先气冲洗		气水同时冲洗			后水冲洗		表面扫洗	
	强度[L/(m²·s)]	时间(min)	气强度[L/(m²·s)]	水强度[L/(m²·s)]	时间(min)	强度[L/(m²·s)]	时间(min)	强度[L/(m²·s)]	时间(min)
单层细砂级配滤料	15～20	3～1	—	—	—	8～10	7～5	—	—
双层煤、砂级配滤料	15～20	3～1	—	—	—	6.5～10	6～5	—	—
单层粗砂均匀级配滤料	13～17 (13～17)	2～1 (2～1)	13～17 (13～17)	3～4 (1.5～2)	4～3 (5～4)	4～8 (3.5～4.5)	8～5 (8～5)	1.4～2.3	全程

注：1 表中单层粗砂均匀级配滤料中，无括号的数值适用于无表面扫洗的滤池；括号内的数值适用于有表面扫洗的滤池；
2 不适用于翻板滤池。

9.5.19 单水冲洗滤池的冲洗周期，当为单层细砂级配滤料时，宜采用 12 h～24 h；气水冲洗滤池的冲洗周期，当为粗砂均匀级配滤料时，宜采用 24 h～36 h。

Ⅴ 滤池配管(渠)

9.5.20 滤池应设下列管(渠)，其管径(断面)宜根据表 9.5.20 要求通过计算确定。

表 9.5.20 各种管(渠)和流速(m/s)

管(渠)名称	流速
进水	0.8～1.2
出水	1.0～1.5
冲洗水	2.0～2.5
排水	1.0～1.5
初滤水排放	3.0～4.5
输气	10～20

Ⅵ 普通快滤池

9.5.21 单层、双层滤料滤池冲洗前水头损失宜采用 2.0 m～2.5 m。

9.5.22 滤层表面以上的水深宜采用 1.5 m～2.0 m。

9.5.23 单层滤料快滤池宜采用大阻力或中阻力配水系统，双层滤料滤池宜采用中阻力配水系统。

9.5.24 冲洗排水槽的总平面面积不应大于滤池面积的 25%，滤料表面到洗砂排水槽底的距离应等于冲洗时滤层的膨胀高度。

9.5.25 滤池冲洗水的供给可采用水泵或高位水箱(塔)。

当采用高位水箱(塔)冲洗时，高位水箱(塔)有效容积应按单格滤池冲洗水量的 1.5 倍计算，水箱(塔)及出水管路上应设置调节冲洗水量的设施。

当采用水泵冲洗时，宜设 1.5 倍～2.0 倍单格滤池冲洗水量的冲洗水调节池；水泵的能力应按单格滤池冲洗水量设计；水泵的配置应适应冲洗强度变化的需求，并应设置备用机组。

Ⅶ V 型滤池

9.5.26 V 型滤池冲洗前的水头损失可采用 2.0 m～2.5 m。

9.5.27 滤层表面以上的水深不应小于 1.2 m。

9.5.28 V 型滤池宜采用长柄滤头配气、配水系统。

9.5.29 V 型滤池冲洗水的供应应采用水泵，并应设置备用机组；水泵的配置应适应冲洗强度变化的需求。

9.5.30 V 型滤池冲洗气源的供应应采用鼓风机，并应设置备用机组。

9.5.31 V 型滤池两侧进水槽的槽底配水孔口至中央排水槽边缘的水平距离宜在 3.5 m 以内，不得大于 5 m。表面扫洗配水孔的纵向轴线应保持水平。

9.5.32 V 型进水槽断面应按非均匀流满足配水均匀性要求计算确定，其斜面与池壁的倾斜度宜采用 45°～50°。

9.5.33 V 型滤池的进水系统应设置进水总渠，每格滤池进水应设可调整堰板高度的进水堰；每格滤池出水应设调节阀并宜设可调整堰板高度的出水堰，滤池的出水系统宜设置出水总渠。

9.5.34 反冲洗空气总管的管底应高于滤池的最高水位。

9.5.35 V型滤池长柄滤头配气配水系统的设计应采取有效措施，控制同格滤池所有滤头滤帽或滤柄顶表面在同一水平高程，其误差允许范围应为±5 mm。

9.5.36 V型滤池的冲洗排水槽顶面宜高出滤料层表面500 mm。

Ⅷ 虹吸滤池

9.5.37 虹吸滤池的最少分格数，应按滤池在低负荷运行时，仍能满足一格滤池冲洗水量的要求确定。

9.5.38 虹吸滤池冲洗前的水头损失，可采用1.5 m。

9.5.39 虹吸滤池冲洗水头应通过计算确定，宜采用1.0 m～1.2 m，并应有调整冲洗水头的措施。

9.5.40 虹吸进水管和虹吸排水管的断面积宜根据下列流速通过计算确定：

1 进水管：0.6 m/s～1.0 m/s；

2 排水管：1.4 m/s～1.6 m/s。

Ⅸ 重力式无阀滤池

9.5.41 无阀滤池的分格数宜采用2格～3格。

9.5.42 每格无阀滤池应设单独的进水系统，进水系统应有防止空气进入滤池的措施。

9.5.43 无阀滤池冲洗前的水头损失可采用1.5 m。

9.5.44 过滤室内滤料表面以上的直壁高度应等于冲洗时滤料的最大膨胀高度再加保护高度。

9.5.45 无阀滤池的反冲洗应设有辅助虹吸设施，并应设置调节冲洗强度和强制冲洗的装置。

Ⅹ 翻板滤池

9.5.46 翻板滤池冲洗前的水头损失可采用2.0 m～2.5 m。

9.5.47 滤层表面以上的水深宜采用1.5 m～2.0 m。

9.5.48 翻板滤池可采用适合气水联合反冲的专用穿孔管或滤头配水、配气系统；采用专用穿孔管配水、配气时，承托层的顶面应高出横向布水布气管顶部配气孔50 mm以上，承托层的级配可按本标准表9.5.10或通过试验确定；采用滤头配水、配气时，承托层可按本标准第9.5.11条确定。

9.5.49 翻板滤池冲洗方式的选择应根据滤料种类及分层组成，通过试验或参照相似条件下已有滤池的经验确定，气冲强度宜为15 L/(m^2·s)～17 L/(m^2·s)，气水同时冲洗下的水冲强度宜为2.5 L/(m^2·s)～3 L/(m^2·s)，单水冲下的水冲强度宜为15 L/(m^2·s)～17 L/(m^2·s)。

9.5.50 翻板滤池冲洗水的供应可采用水泵，也可采用高位水箱。当采用水泵冲洗时，宜设有1.5倍～2.0倍单格滤池冲洗水量的冲洗水调节池；水泵的能力应按单格滤池冲洗水量设计；水泵的配置应适应冲洗强度变化的需求，并应设置备用机组。当采用高位水箱(塔)冲洗时，水箱(塔)有效容积应按单格滤池冲洗水量的1.5倍计算，水箱(塔)及出水管路上应设置调节冲洗水量的设施。

9.5.51 翻板滤池冲洗气源的供应应采用鼓风机，并应设置备用机组。

9.5.52 翻板滤池的池宽不宜大于6 m，不应大于8 m；翻板滤池的长度不应大于15 m。

9.5.53 翻板滤池的进水系统应设置进水总渠；每格滤池进水应设可调整堰板高度的进水堰；每格滤池出水应设调节阀并宜设可调整堰板高度的出水堰；滤池的出水系统宜设置出水总渠；翻板滤池的排水系统应设置分阶段开启的翻板阀及排水总渠。

9.5.54 滤层表面以上水临时储存冲洗废水区域高度不应小于1.5 m。

9.5.55 翻板阀底距滤层顶垂直距离不应小于 0.30 m。

9.5.56 反冲气空气总管的管底应符合本标准第 9.5.34 条的规定。

9.5.57 采用穿孔管配水、配气系统时，宜采用竖向配水、配气总渠(管)结合横向布水、布气支管的基本构架，横向布水、布气支管应在不同高度分别设置气孔和水孔，气孔和水孔的孔径与数量应确保布水布气均匀。配水、配气系统宜按下列数据通过计算确定：

1 竖向配水管流速：1.5 m/s～2.5 m/s；

2 竖向配气管流速：15 m/s～25 m/s；

3 横向布水、布气管水孔流速：1.0 m/s～1.5 m/s，气孔流速：10 m/s～20 m/s。

9.5.58 穿孔管配水、配气系统的材料的选用应符合涉水卫生标准的要求，宜采用 PE 管或不低于 S304 材质的不锈钢管。

9.5.59 穿孔管配水、配气系统，横向布水、布气管单根管，水平误差允许范围应为±3 mm，同格滤池相互水平误差允许范围应为±10 mm；竖向配水管、配气管应保证垂直，下端管口的水平误差允许范围应为±2 mm。

9.6 地下水除铁和除锰

Ⅰ 工艺流程选择

9.6.1 生活饮用水的地下水源中铁、锰含量超过生活饮用水卫生标准规定时，或生产用水中铁、锰含量超过工业用水标准时，应进行除铁、除锰处理。

9.6.2 地下水除铁、除锰工艺流程的选择及构筑物的组成应根据原水水质、处理后水质要求、除铁、除锰试验或参照水质相似水厂运行经验，通过技术经济比较确定。

9.6.3 当原水中二价铁小于 5 mg/L，二价锰小于 0.5 mg/L 时，工艺流程应为：原水→曝气溶氧装置→除铁、除锰滤池→出水。

9.6.4 当原水中二价铁大于 5 mg/L，二价锰大于 0.5 mg/L 时，可采用本标准第 9.6.3 条中的工艺流程，除铁、除锰滤池滤层应适当加厚，也可采用两级过滤流程。采用一级过滤或是两级过滤，设计时应根据具体情况对工程的经济性和水质风险进行全面评估来决定。两级过滤工艺流程应为：原水→曝气溶氧装置→除铁滤池→除锰滤池→出水。

9.6.5 当含铁锰水中伴生氨氮，且氨氮大于 1 mg/L 时，宜采用两级曝气两级过滤工艺：原水→曝气溶氧装置→除铁滤池→曝气溶氧装置→除锰滤池→出水。

Ⅱ 曝气装置

9.6.6 曝气装置应根据原水水质和工艺对溶解氧的需求来选定，可采用跌水、淋水、喷水、射流曝气、压缩空气、板条式曝气塔、接触式曝气塔或叶轮式表面曝气装置。

9.6.7 采用跌水装置时，跌水级数可采用 1 级～3 级，每级跌水高度宜为 0.5 m～1.0 m，单宽流量宜为 20 $m^3/(m·h)$～50 $m^3/(m·h)$。

9.6.8 采用淋水装置(穿孔管或莲蓬头)时，孔眼直径可采用 4 mm～8 mm，孔眼流速宜为 1.5 m/s～2.5 m/s，安装高度宜为 1.5 m～2.5 m。当采用莲蓬头时，每个莲蓬头的服务面积宜为 1.0 m^2～1.5 m^2。

9.6.9 采用喷水装置时，每 10 m^2 集水池面积上宜装设 4 个～6 个向上喷出的喷嘴，喷嘴处的工作水头宜采用 7 m。

9.6.10 采用射流曝气装置时，其构造应根据工作水的压力、需气量和出口压力等通过计算确定。工作水可采用全部、部分原水或其他压力水。

9.6.11 采用压缩空气曝气时，每立方米水的需气量(以 L 计)宜为原水二价铁含量(以 mg/L 计)的 2 倍～5 倍。

9.6.12 采用板条式曝气塔时，板条层数可为 4 层～6 层，层间净距宜为 400 mm～600 mm。

9.6.13 采用接触式曝气塔时，填料层层数可为 1 层～3 层，填料宜采用 30 mm～50 mm 粒径的焦炭块或矿渣，每层填料厚度宜为 300 mm～400 mm，层间净距不宜小于 600 mm。

9.6.14 淋水装置、喷水装置、板条式曝气塔和接触式曝气塔的淋水密度，可采用 5 $m^3/(m^2 \cdot h)$～10 $m^3/(m^2 \cdot h)$。淋水装置接触水池容积，宜按 30 min～40 min 处理水量计算。接触式曝气塔底部集水池容积，宜按 15 min～20 min 处理水量计算。

9.6.15 采用叶轮表面曝气装置时，曝气池容积可按 20 min～40 min 处理水量计算，叶轮直径与池长边或直径之比可为 1∶6～1∶8，叶轮外缘线速度可为 4 m/s～6 m/s。

9.6.16 当跌水、淋水、喷水、板条式曝气塔、接触式曝气塔或叶轮表面曝气装置设在室内时，应考虑通风设施。

Ⅲ 除铁、除锰滤池

9.6.17 除铁、除锰滤池的滤料可选择天然锰砂、石英砂和无烟煤等。

9.6.18 除铁、除锰滤池滤料的粒径：石英砂宜为 d_{min}=0.5 mm，d_{max}=1.2 mm；锰砂宜为 d_{min}=0.6 mm，d_{max}=1.2 mm～2.0 mm。厚度宜为 800 mm～1200 mm。滤速宜为 5 m/h～7 m/h。

9.6.19 除铁、除锰滤池宜采用大阻力配水系统，其承托层可按本标准表 9.5.10 选用。当采用锰砂滤料时，承托层的顶面两层应改为锰矿石。

9.6.20 除铁、除锰滤池的冲洗强度、膨胀率和冲洗时间可按表 9.6.20 采用。

表 9.6.20 除铁、除锰滤池的冲洗强度、膨胀率和冲洗时间

序号	滤料种类	滤料粒径(mm)	冲洗方式	冲洗强度[$L/(m^2 \cdot s)$]	膨胀率(%)	冲洗时间(min)
1	石英砂	0.5～1.2	水冲洗	10～15	30～40	>7
2	锰砂	0.6～1.2	水冲洗	12～18	30	10～15
3	锰砂	0.6～1.5	水冲洗	15～18	25	10～15
4	锰砂	0.6～2.0	水冲洗	15～18	22	10～15
注：表中所列锰砂滤料冲洗强度为按滤料相对密度(g/cm^3)在 3.4～3.6 之间，且冲洗水温为 8 ℃时的数据。						

9.7 除氟

Ⅰ 一般规定

9.7.1 当原水氟化物含量超过现行国家标准《生活饮用水卫生标准》GB 5749 的规定时，应进行除氟。

9.7.2 饮用水除氟可采用混凝沉淀法、活性氧化铝吸附法、反渗透法等。本标准除氟工艺适用于原水含氟量 1 mg/L～10 mg/L、含盐量小于 10000 mg/L、悬浮物小于 5 mg/L、水温5 ℃～30 ℃。

9.7.3 除氟过程中产生的废水及泥渣排放应符合国家现行标准的有关规定。

Ⅱ 混凝沉淀法

9.7.4 混凝沉淀法宜用于含氟量小于 4 mg/L 的原水，投加的药剂宜选用铝盐。

9.7.5 药剂投加量(以 Al^{3+} 计)应通过试验确定,宜为原水含氟量的 10 倍～15 倍。

9.7.6 工艺流程宜选用:原水—混合—絮凝—沉淀—过滤。

9.7.7 混合、絮凝和过滤的设计参数应符合本标准第 9.3 节～第 9.5 节的规定,投加药剂后水的 pH 值应控制在 6.5～7.5。

9.7.8 沉淀时间应通过试验确定,宜为 4 h。

Ⅲ 活性氧化铝吸附法

9.7.9 活性氧化铝的粒径应小于 2.5 mm,宜为 0.5 mm～1.5 mm。

9.7.10 在原水接触滤料之前,宜采用投加硫酸、盐酸、醋酸等酸性溶液或投加二氧化碳气体等调整 pH 值在 6.0～7.0。

9.7.11 吸附滤池的滤速和运行方式应按下列规定采用:

1 当滤池进水 pH 值大于 7.0 时,应采用间断运行方式,滤速宜为 2 m/h～3 m/h,连续运行时间 4 h～6 h,间断 4 h～6 h;

2 当滤池进水 pH 值小于 7.0 时,宜采用连续运行方式,其滤速宜为 6 m/h～8 m/h。

9.7.12 滤池滤料厚度宜按下列规定选用:

1 当原水含氟量小于 4 mg/L 时,滤料厚度宜大于 1.5 m;

2 当原水含氟量大于或等于 4 mg/L 时,滤料厚度宜大于 1.8 m。

9.7.13 滤池滤料再生处理的再生液宜采用氢氧化钠溶液,也可采用硫酸铝溶液。

9.7.14 采用氢氧化钠再生时,再生过程可采用“反冲→再生→二次反冲→中和”四个阶段;采用硫酸铝再生时,可省去中和阶段。

Ⅳ 反渗透法

9.7.15 反渗透装置宜由保安过滤器、高压泵、反渗透膜组件、清洗系统、控制系统等组成。

9.7.16 进入反渗透装置原水的污染指数(FI)应小于 4。若原水不能满足膜组件的进水水质要求时,应采取相应的预处理措施。

9.7.17 反渗透预处理水量可按下式计算:

$$Q=(Q_d+Q_n)a \qquad (9.7.17)$$

式中:Q ——预处理水量(m^3/h);

Q_d——淡水流量(m^3/h);

Q_n——浓水流量(m^3/h);

a ——预处理设备的自用水系数,可取 1.05～1.10。

9.7.18 反渗透装置设计时,设备之间应留有足够的操作和维修空间,设备不能设置在多尘、高温、震动的地方,装置宜放置室内且避免阳光直射;当环境温度低于 4 ℃时,应采取防冻措施。

9.8 除砷

Ⅰ 一般规定

9.8.1 当生活饮用水的原水中砷含量超过现行国家标准《生活饮用水卫生标准》GB 5749 的规定时,应采取除砷处理。

9.8.2 饮用水除砷方法应根据出水水质要求、处理水量、当地经济条件等,通过技术经济比较后确定。可采用铁盐混凝沉淀法,也可采用离子交换法、吸附法、反渗透或低压反渗透(纳滤)法等。

9.8.3 含砷水处理应先采用氯、臭氧、过氧化氢、高锰酸钾或其他锰化合物将水中的三价砷氧化成五价砷，然后再采用本标准第9.8.2条的方法加以去除。

9.8.4 除砷过程中产生的浓水或泥渣等排放应符合国家现行标准的有关规定。

Ⅱ 铁盐混凝沉淀法

9.8.5 铁盐混凝沉淀法除砷宜用于含砷量小于1 mg/L、pH值6.5～7.8的原水。对含有三价砷的原水，应先预氧化后，再处理。

9.8.6 铁盐混凝沉淀法除砷可采用下列工艺流程(图9.8.6)。

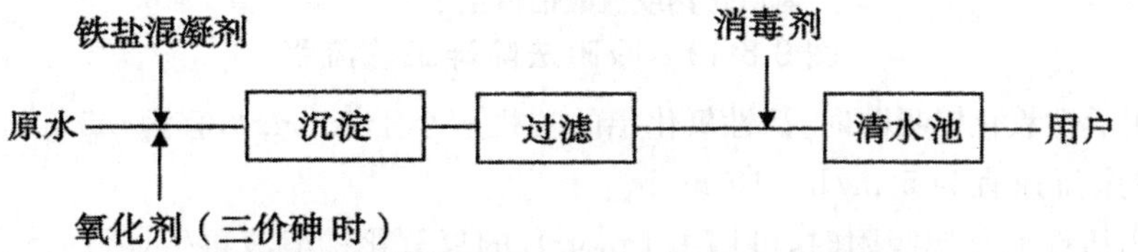

图9.8.6 铁盐混凝沉淀法除砷工艺流程

9.8.7 投加的药剂宜选用聚合硫酸铁、三氯化铁或硫酸亚铁。药剂投加量宜为20 mg/L～30 mg/L，可通过试验确定。

9.8.8 沉淀宜选用机械搅拌澄清池，混合时间宜为1 min，混合搅拌转速宜为100 r/min～400 r/min；絮凝区水力停留时间宜为20 min。

9.8.9 过滤可采用多介质过滤器过滤或微滤。选用多介质过滤器过滤时，滤速宜为4 m/h～6 m/h，空床接触时间宜为2 min～5 min。选用微滤过滤时，微滤膜孔径宜选用0.2 μm。

9.8.10 当地下水砷超标不多、悬浮物浓度较低时，可采用预氧化、铁盐微絮凝直接过滤的工艺。

Ⅲ 离子交换法

9.8.11 离子交换法除砷宜用于含砷量小于0.5 mg/L、pH值为6.5～7.5的原水。对pH值不在此范围内的原水，应先调节pH值后，再处理。

9.8.12 离子交换法除砷可采用下列工艺流程(图9.8.12)。

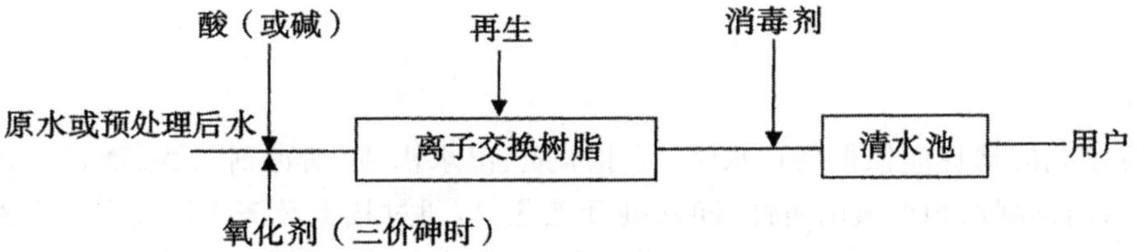

图9.8.12 离子交换法除砷工艺流程

9.8.13 离子交换树脂宜选用聚苯乙烯阴离子树脂。接触时间宜为1.5 min～3.0 min，层高宜为1 m。

9.8.14 离子交换树脂的再生宜采用氯化钠再生法。聚苯乙烯树脂宜采用最低浓度不小于3%的氯化钠溶液再生。

9.8.15 用氯化钠溶液再生时，用盐量宜为87 kg/(m^3树脂)，树脂再生可使用10次。

9.8.16 含砷的废盐溶液可投加三氯化铁除砷，投加量宜为39 kg $FeCl_3$/kgAs。

Ⅳ 吸附法

9.8.17 吸附法除砷宜用于含砷量小于0.5 mg/L、pH值为5.5～6.0的原水。对pH值不在此范围内的原水，应先调节pH值后，再处理。

9.8.18 吸附剂宜选用活性氧化铝。再生时可采用氢氧化钠或硫酸铝溶液。

9.8.19 吸附法除砷可采用下列工艺流程(图 9.8.19)。

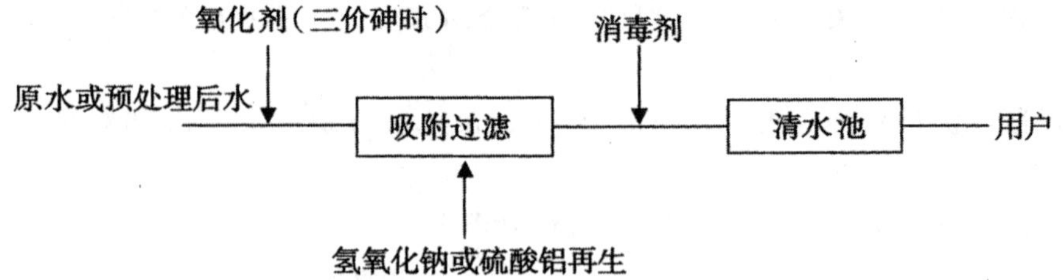

图 9.8.19 吸附法除砷工艺流程

9.8.20 当选用活性氧化铝吸附时,活性氧化铝的粒径应小于 2.5 mm,宜为 0.5 mm～1.5 mm,层高宜为 1.5 m,空床流速宜为 5 m/h～10 m/h。

9.8.21 当选用活性氧化铝吸附时,可用 1.0 mol/L 的氢氧化钠溶液再生,所用体积应为 4 倍床体积;用 0.2 mol/L 的硫酸淋洗,所用体积应为 4 倍床体积;每次再生会损耗 2%的三氧化二铝。

Ⅴ 反渗透或低压反渗透(纳滤)法

9.8.22 反渗透或低压反渗透(纳滤)法除砷工艺宜用于处理砷含量较高的地下水或地表水。可根据不同水质,采用反渗透或低压反渗透(纳滤)。

9.8.23 反渗透或低压反渗透(纳滤)法除砷可采用下列工艺流程(图 9.8.23)。

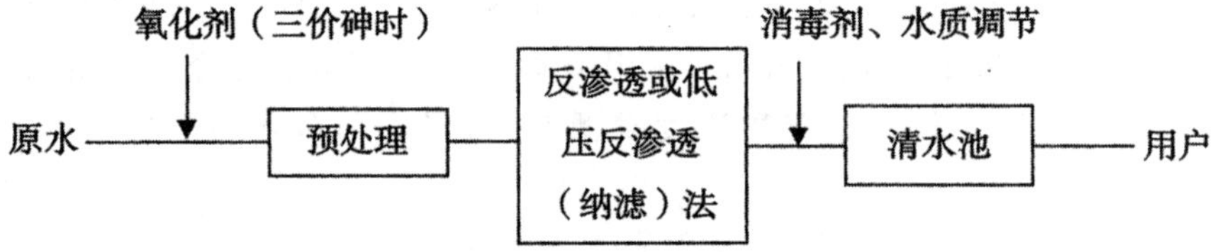

图 9.8.23 反渗透或低压反渗透(纳滤)法除砷工艺流程

9.8.24 反渗透或低压反渗透(纳滤)法装置的进水水质要求、技术工艺等宜按本标准第 9.7.15 条～第 9.7.18 条执行。

9.9 消毒

Ⅰ 一般规定

9.9.1 消毒工艺的选择应依据处理水量、原水水质、出水水质、消毒剂来源、消毒剂运输与储存的安全要求、消毒副产物形成的可能、净水处理工艺等,通过技术经济比较确定。消毒工艺可选择化学消毒、物理消毒以及化学与物理组合消毒,并应符合下列规定:

1 常用的化学消毒工艺应包括氯消毒、氯胺消毒、二氧化氯消毒、臭氧消毒等,物理消毒工艺应为紫外线消毒;

2 当使用液氯和液氨在运输和贮存方面受到较多限制时,经技术经济比较和安全评估后,可采用次氯酸钠和硫酸铵;

3 液氯或次氯酸钠供应不便、消毒剂量需求不大的偏远地区小型水厂或集中式供水装置可采用漂白粉、漂白精等稳定型消毒剂,或是采用现场制备二氧化氯、次氯酸钠消毒剂的设备;

4 采用紫外线消毒作为主消毒工艺时,后续应设置化学消毒设施。

9.9.2 消毒工艺位置设置应根据原水水质、工艺流程和消毒方法等,并适当考虑水质的变化确定。采用化学消毒工艺时,消毒剂可在过滤后单点投加,也可在工艺流程中多点投加。采用紫外消毒工艺时,应设在滤后。

9.9.3 化学消毒剂的设计投加量和紫外线设计剂量，宜通过试验并根据相似条件水厂运行经验按最大用量确定，出厂水消毒剂剩余浓度和消毒副产物应符合现行国家标准《生活饮用水卫生标准》GB 5749 的有关规定。

9.9.4 采用化学消毒时，消毒剂与水应充分混合接触，接触时间应根据消毒剂种类和消毒目标以满足 CT 值的要求确定；水厂有条件时，宜单独设立消毒接触池。兼用于消毒接触的清水池，内部廊道总长与单宽之比宜大于 50。

紫外线消毒应保证充分照射的条件，并选用使用寿命内稳定达到设计剂量的紫外线水消毒设备。

9.9.5 消毒设备应适应水质、水量变化对消毒剂量变化的需要，并能在设计变化范围内精确控制剂量。消毒设备应有备用。

9.9.6 消毒系统中所有与化学物接触的设备与器材均应有良好的密封性和耐腐蚀性，所有可能接触到化学物的建筑结构、构件和墙地面均应做防腐处理。

Ⅱ 液氯消毒、液氯和液氨氯胺消毒

9.9.7 液氯消毒或液氯与液氨的氯胺消毒系统设计应包括液氯(液氨)瓶储存、气化、投加和安全等方面。

9.9.8 当采用液氯与液氨的氯胺消毒时，氯与氨的投加比例应通过试验确定，可采用重量比 3∶1～6∶1。

9.9.9 水与氯、氨应充分混合，氯消毒有效接触时间不应小于 30 min，氯胺消毒有效接触时间不应小于 120 min。

9.9.10 水厂宜采用全自动真空加氯系统，并应符合下列规定：

1 系统宜包括氯瓶岐管(气相或液相)、工作和待命氯瓶岐管切换装置、蒸发器(必要时)、真空调节器、真空加氯机、氯气输送管道、投加水射器和水射器动力水系统。

2 氯库内在线工作氯瓶和在线待命氯瓶的连接数量均不宜大于 4 个，岐管切换装置与真空调节器宜设置在氯库内。

3 当加氯量大于 40 kg/h 时，系统中应设置蒸发器或采取其他安全可靠的增加气化量的措施；设置蒸发器时，氯瓶岐管应采用液相岐管，蒸发器与真空调节器应设在专设的蒸发器间内。

4 投加水射器应安装在氯投加点处；加氯机与水射器之间的氯气输送管道长度不宜大于 200 m；水射器动力水宜经专用泵自厂用水管网或出厂总管上抽取加压供给，供水压力应满足水射器加注的需求，管道布置上应满足不间断供水要求。

5 加氯机宜采用一对一加注的方式配置；当 1 台加氯机同时服务 1 个以上加注点时，每个加注点的设计加注量应一致，水射器后的管道宜同程布置，同时服务的加注点不宜超过 2 个。

6 加氯机及其管道应有备用；当配有不同规格加氯机时，至少应配置 1 套最大规格的公共备用加氯机。

7 加氯机应能显示瞬间投加量。

9.9.11 采用漂白粉或漂粉精消毒时，应先配制成浓度为 1%～2% 的澄清溶液，再通过计量泵加注。原料储存、溶液配制及加注系统可按本标准第 9.3 节的有关规定执行。

9.9.12 水厂宜采用全自动真空加氨系统。除可不设蒸发器外，系统的基本组成、配置与布置要求与全自动真空加氯系统相同。当水射器动力水硬度大于 50 mg/L 时，应采取防止和消除投加口结垢堵塞的措施。

采用直接压力投加氨气时,投加设备的出口压力应小于0.1 MPa;当原水硬度大于50 mg/L时,应采取消除投加口结垢堵塞的措施。

9.9.13 加氯间和氯库、加氨间和氨库应设置在水厂最小频率风向的上风向,宜与其他建筑的通风口保持一定的距离,并应远离居住区、公共建筑、集会和游乐场所。

9.9.14 所有连接在加氯岐管上的氯瓶均应设置电子秤或磅秤;采用温水加温氯瓶气化时,设计水温应低于40 ℃;氯瓶、氨瓶与加注设备之间应设置防止水或液氯倒灌的截止阀、逆止阀和压力缓冲罐。

9.9.15 氯库的室内温度应控制在40 ℃以内。氯(氨)库和加氯(氨)间室内采暖应采用散热器等无明火方式,散热器不应邻近氯(氨)瓶和投加设备布置。

9.9.16 加氯(氨)间、氯(氨)库和氯蒸发器间应采取下列安全措施:

1 氯库不应设置阳光直射氯(氨)瓶的窗户。氯库应设置单独外开的门,不应设置与加氯间和氯蒸发器间相通的门。氯库大门上应设置人行安全门,其安全门应向外开启,并能自行关闭。

2 加氯(氨)间、氯(氨)库和氯蒸发器间必须与其他工作间隔开,并应设置直接通向外部并向外开启的门和固定观察窗。

3 加氯(氨)间、氯(氨)库和氯蒸发器间应设置低、高检测极限的泄漏检测仪和报警设施。

4 氯库、加氯间和氯蒸发器间应设事故漏氯吸收处理装置,处理能力按1 h处理1个满瓶漏氯量计,处理后的尾气应符合现行国家标准《大气污染物综合排放标准》GB 16297的有关规定。漏氯吸收装置应设在临近氯库的单独房间内,氯库、加氯间和氯蒸发器间的地面应设置通向事故漏氯吸收处理装置的吸气地沟。

5 氯库应设置专用的空瓶存放区。

6 加氨间和氨库的建筑均应按防爆建筑要求进行设计,房间内的电气设备应采用防爆型设备。

9.9.17 加氯(氨)间、氯(氨)库和氯蒸发器间的通风系统的设置应符合下列规定:

1 加氯(氨)间、氯(氨)库和氯蒸发器间应设每小时换气8次～12次的通风系统;

2 加氯间、氯库和氯蒸发器间的通风系统应设置高位新鲜空气进口和低位室内空气排至室外高处的排放口;

3 加氨间及氨库的通风系统应设置低位进口和高位排出口;

4 氯(氨)库应设根据氯(氨)气泄漏量启闭通风系统或漏氯吸收处理装置的自动切换控制系统。

9.9.18 加氯(氨)间、氯(氨)库和氯蒸发器间外部应设有室内照明和通风设备的室外开关以及防毒护具、抢救设施和抢修工具箱等。

9.9.19 加氯、加氨管道及配件应采用耐腐蚀材料。输送氯和氨的有压部分管道应采用特殊厚壁无缝钢管,加氯(氨)间真空管道及氯(氨)水溶液管道及取样管等应采用塑料等耐腐蚀管材。

9.9.20 氯瓶和氨瓶应分别存放在单独的仓库内,且应与加氯间(或氯蒸发器间)和加氨间毗连。

液氯(氨)瓶库应设置起吊机械设备,起重量应大于满瓶重量的一倍以上。库房的出入口要便于瓶的装卸进出。

液氯(氨)库的储备量应按当地供应、运输等条件确定,城镇水厂可按最大用量的7 d～15 d计算。

Ⅲ 二氧化氯消毒

9.9.21 二氧化氯应采用化学法现场制备后投加。二氧化氯制备宜采用盐酸还原法和氯气氧化法。

9.9.22 二氧化氯设计投加量的确定应保证出厂水的亚氯酸盐或氯酸盐浓度不超过现行国家标准《生活饮用水卫生标准》GB 5749规定的限值。

9.9.23 二氧化氯消毒系统应采用包括原料调制供应、二氧化氯发生、投加的成套设备,发生设备与投加设备应有备用,并应有相应有效的各种安全设施。二氧化氯消毒系统中的储罐、发生设备和管材均应有良好的密封性和耐腐蚀性。在设置二氧化氯消毒系统设备的建筑内,所有可能与原料或反应生成物接触的建筑构件和墙地面应做防腐处理。

9.9.24 二氧化氯与水应充分混合,消毒接触时间不应少于30 min。

9.9.25 制备二氧化氯的原材料氯酸钠、亚氯酸钠和盐酸、氯气等严禁相互接触,必须分别贮存在分类的库房内,贮放槽应设置隔离墙。

9.9.26 二氧化氯发生与投加设备应设在独立的设备间内,并应与原料库房毗邻且设置观察原料库房的固定观察窗。

9.9.27 二氧化氯消毒系统的各原料库房与设备间应符合下列规定:

1 各个房间应相互隔开,室内应互不连通;

2 各个房间均应设置直接通向外部并向外开启的门,外部均应设室内照明和通风设备的室外开关以及放置防毒护具、抢救设施和抢修工具箱等;

3 氯酸钠、亚氯酸钠库房建筑均应按防爆建筑要求进行设计;

4 原料库房与设备间均应有保持良好通风的设备,每小时换气应为8次～12次,室内应备有快速淋浴、洗眼器;氯酸钠、亚氯酸钠库房应有保持良好干燥状态的设备,盐酸库房内应设置酸泄漏的收集槽,氯瓶库房设计应符合本标准第9.9.14条～第9.9.18条的有关规定;

5 二氧化氯发生与投加设备间应配备二氧化氯泄漏的低、高检测极限检测仪和报警设施,并室内应设喷淋装置。

9.9.28 二氧化氯制备的原料库房储存量可按不大于最大用量10 d计算。

Ⅳ 次氯酸钠氯消毒、次氯酸钠与硫酸铵氯胺消毒

9.9.29 采用次氯酸钠氯消毒时,经技术经济比较后,可采用商品次氯酸钠溶液或采用次氯酸钠发生器通过电解食用盐现场制取;采用硫酸铵溶液加氨进行氯胺消毒时,宜采用商品硫酸铵溶液,氯和氨的投加比例及消毒接触时间应按本标准第9.9.8条和第9.9.9条执行。

9.9.30 商品次氯酸钠溶液原液浓度约10%(有效氯)时,储存浓度宜按5%(有效氯)考虑,储备量宜按储存浓度和最大用量的7 d左右计算。商品硫酸铵溶液可采用7%～8%(有效氨)原液储存和直接投加;当投加量较小时,可进行1∶1～1∶3稀释后储存并投加,储备量可按储存浓度和最大用量的7 d～15 d计算。

9.9.31 次氯酸钠和硫酸铵溶液的溶液池可兼做投加池,不宜少于2个;次氯酸钠和硫酸铵溶液池均应做防腐处理,有条件时,可按本标准第9.3.4条的规定采用化学储罐作为溶液池。次氯酸钠和硫酸铵溶液可在室内或室外储存,应单独储存;当次氯酸钠和硫酸铵溶液储存在同一建筑内时,应分别设在不同的房间内,且储液池(罐)放空系统不应相通,并应各自接至室外独立的废

液处理井；当在室外储存时，两种溶液的储液池不应共用公共池壁，应单独设储液池(罐)且不应相邻布置，放空系统不应相通，并应各自接至独立的废液处理井；气温较高地区宜设置在室内或室外地下。

9.9.32 次氯酸钠、硫酸铵溶液投加系统的设计可按本标准第9.3.6条的第1款～第3款执行。当投加设备处在同一建筑内时，应分别设在不同的房间内，且室内加注管道不应在同一管槽或空间内敷设。

9.9.33 次氯酸钠和硫酸铵溶液的投加间、储存间应设置每小时换气8次～12次的机械通风设备，室内可能与次氯酸钠和硫酸铵溶液接触的建筑构件和墙地面应做防腐处理，在房间出入口附近应至少设置一套快速淋浴、洗眼器。

9.9.34 次氯酸钠发生投加系统的设计应采用包括盐水调配、盐水储存、次氯酸钠发生、投加、储存、风机等的成套设备，并应有相应有效的各种安全设施。

9.9.35 对于大型或重要性较高的水厂，在采用制用次氯酸钠时，原盐溶解和次氯酸钠发生系统宜设置2组以上的，宜有20%～30%的富裕能力。次氯酸钠制成溶液储存容量宜按12 h～48 h最大用量设置。

9.9.36 次氯酸钠发生系统的原料储备量可按平均投加量的5 d～10 d计算；贮藏面积计算时，堆放高度可按1.5 m～2.0 m计；次氯酸钠发生系统的盐水每日配置次数不宜大于2次，并宜采用自动化程度配置较高的装置。

9.9.37 **次氯酸钠发生器上部应设密封罩收集电解产生的氢气，罩顶应设专用高位通风管直接伸至户外，且出风管口应远离火种、不受雷击。次氯酸钠发生器所在建筑的屋顶不得有吊顶、梁顶无通气孔的下翻梁。**

9.9.38 次氯酸钠发生器及制成液储存设施的所在房间应设置每小时换气8次～12次的高位通风的机械通风设备，在房间出入口附近应至少设置一套快速淋浴、洗眼器。

9.9.39 食用盐储存间内的起重设备、电气设备、门窗等均应采取耐高盐度的防腐措施。

V 紫外线消毒

9.9.40 紫外线消毒工艺的采用应根据原水水质特征、水处理工艺特点及出水水质的要求，经技术经济比较后确定。

9.9.41 当紫外线消毒作为主要消毒工艺时，紫外线有效剂量不应小于40 mJ/cm^2。

9.9.42 紫外线水消毒设备应采用管式消毒设备。

9.9.43 紫外线消毒工艺应设置于过滤后，且应设置超越系统。

9.9.44 应根据待消毒水的处理规模、用地条件、原水水质特征、进入紫外线水消毒设备的进水水质、经济性、合理性、管理便利性等情况，合理确定紫外灯类型、紫外线水消毒设备的数量和备用方式。

9.9.45 管式消毒设备的选型应根据适用的流速与消毒效果，结合水头损失综合考虑确定。管式消毒设备本身水头损失宜小于0.5 m，管路系统的设计流速宜采用1.2 m/s～1.6 m/s。

9.9.46 管式消毒设备间的设计应符合下列规定：

1 平面布置可平行布置，也可交错布置，水平间距应满足紫外灯管抽检的要求；

2 高程布置宜避免局部隆起积气；

3 消毒设备前后宜保持一定长度的直管段，前部直管段长度不应小于消毒设备管径的3倍，后部直管段长度宜大于消毒设备管径的3倍；

4 每台消毒设备前后直管段上应设置隔离阀门，前部管段的高点应设置排气阀；

5 每台消毒设备前宜设置流量计；

6 设备间宜设置起重机。

9.9.47 紫外线灯套管的清洗方式应根据水质情况、使用寿命、维护管理等选择化学、机械或两者结合的方式。

9.10 臭氧氧化

Ⅰ 一般规定

9.10.1 臭氧氧化工艺的设置应根据其净水工艺不同的目的确定，并宜符合下列规定：

1 以去除溶解性铁、锰、色度、藻类，改善臭味以及混凝条件，替代前加氯以减少氯消毒副产物为目的的预臭氧，宜设置在混凝沉淀(澄清)之前；

2 以降解大分子有机物、灭活病毒和消毒或为其后续生物氧化处理设施提高溶解氧为目的的后臭氧，宜设置在沉淀、澄清后或砂滤池后。

9.10.2 臭氧氧化工艺设施的设计应包括气源装置、臭氧发生装置、臭氧气体输送管道、臭氧接触池，以及臭氧尾气消除装置。

9.10.3 臭氧设计投加量宜根据待处理水的水质状况并结合试验结果确定，也可参照相似水质条件下的经验选用，预臭氧宜为0.5 mg/L～1.0 mg/L，后臭氧宜为1.0 mg/L～2.0 mg/L。

当原水溴离子含量较高时，臭氧投加量的确定应考虑防止出厂水溴酸盐超标，必要时，尚应采取阻断溴酸盐生成途径或降低溴酸盐生成量的工艺措施。

9.10.4 臭氧氧化系统中必须设置臭氧尾气消除装置。

9.10.5 所有与臭氧气体或溶解有臭氧的水体接触的材料应耐臭氧腐蚀。

Ⅱ 气源装置

9.10.6 臭氧发生装置的气源品种及气源装置的形式应根据气源成本、臭氧的发生量、场地条件以及臭氧发生的综合单位成本等因素，经技术经济比较后确定。

9.10.7 臭氧发生装置的气源可采用空气或氧气，氧气的气源装置可采用液氧储罐或制氧机。所供气体的露点应低于－60 ℃，其中的碳氧化合物、颗粒物、氮以及氩等物质的含量不能超过臭氧发生装置的要求。

9.10.8 气源装置的供气量及供气压力应满足臭氧发生装置最大发生量时的要求，且气源装置应邻近臭氧发生装置设置。

9.10.9 供应空气的气源装置中的主要设备应有备用。

9.10.10 液氧储罐供氧装置的液氧储存量应根据场地条件和当地的液氧供应条件综合考虑确定，不宜少于最大日需氧量的3 d用量，液氧气化装置宜有备用。

9.10.11 制氧机供氧装置应设有备用液氧储罐，其备用液氧的储存量应满足制氧设备停运维护或故障检修时的氧气供应量，不宜少于2 d的用量。

9.10.12 以空气或制氧机为气源的气源装置应设在室内，并应采取隔音降噪措施；以液氧储罐为气源的气源装置宜设置在露天。

除臭氧发生车间外，液氧储罐、制氧站与其他各类建筑的防火距离应符合现行国家标准《氧气站设计规范》GB 50030的有关规定；液氧储罐四周宜设栅栏或围墙，不应设产生可燃物的设施，四周地面和路面应按现行国家标准《氧气站设计规范》GB 50030规定的范围设置非沥青路面层的不燃面层。

采用液氧储罐或制氧机气源装置时，厂区应有满足液氧槽车通行、转弯和回车要求的道路和场地。

Ⅲ 臭氧发生装置

9.10.13 臭氧发生装置应包括臭氧发生器、供电及控制设备、冷却设备以及臭氧和氧气泄漏探测及报警设备。

9.10.14 臭氧发生装置的产量应满足最大臭氧加注量的要求。

9.10.15 采用空气源时，臭氧发生器应采用硬备用配置；采用氧气源时，经技术经济比较后，可选择采用软备用或硬备用配置；采用软备用配置时，臭氧发生器的配置台数不宜少于3台。

9.10.16 臭氧发生器内循环水冷却系统宜包括冷却水泵、热交换器、压力平衡水箱和连接管路。与内循环水冷却系统中热交换器换热的外部冷却水水温不宜高于30 ℃；外部冷却水源应接自厂自用水管道；当外部冷却水水温不能满足要求时，应采取降温措施。

9.10.17 臭氧发生装置应尽可能设置在离臭氧用量较大的臭氧接触池较近的位置。

9.10.18 臭氧发生装置应设置在室内。室内空间应满足设备安装维护的要求；室内环境温度宜控制在30 ℃以内，必要时，可设空调设备。

9.10.19 臭氧发生间的设置应符合下列规定：

1 臭氧发生间内应设置每小时换气8次～12次的机械通风设备，通风系统应设置高位新鲜空气进口和低位室内空气排至室外高处的排放口；

2 应设置臭氧泄漏低、高检测极限的检测仪和报警设施；

3 车间入口处的室外应放置防护器具、抢救设施和工具箱，并应设置室内照明和通风设备的室外开关。

Ⅳ 臭氧气体输送管道

9.10.20 输送臭氧气体的管道直径应满足最大输气量的要求，管道设计流速不宜大于15 m/s。管材应采用316 L不锈钢。

9.10.21 臭氧气体输送管道敷设可采用架空、埋地或管沟。在气候炎热地区，设置在室外的臭氧气体管道宜外包绝热材料。

以氧气为气源发生的臭氧气体输送管道的敷设设计可按现行国家标准《氧气站设计规范》GB 50030中的有关氧气管道的敷设规定执行。

Ⅴ 臭氧接触池

9.10.22 臭氧接触池的个数或能够单独排空的分格数不宜少于2个。

9.10.23 臭氧接触池的接触时间应根据工艺目的和待处理水的水质情况，通过试验或参照相似条件下的运行经验确定。当无试验条件或可参照经验时，可按本标准第9.10.26条、第9.10.27条的规定选取。

9.10.24 臭氧接触池应全密闭。池顶应设置臭氧尾气排放管和自动双向压力平衡阀，池内水面与池内顶宜保持0.5 m～0.7 m距离，接触池入口和出口处应采取防止接触池顶部空间内臭氧尾气进入上下游构筑物的措施。

9.10.25 臭氧接触池水流应采用竖向流，并应设置竖向导流隔板将接触池分成若干区格。导流隔板间净距不宜小于0.8 m，隔板顶部和底部应设置通气孔和流水孔。接触池出水宜采用薄壁堰跌水出流。

9.10.26 预臭氧接触池应符合下列规定：

1 接触时间宜为 2 min～5 min；

2 臭氧气体应通过水射器抽吸后注入设于接触池进水管上的静态混合器，或经设在接触池的射流扩散器直接注入接触池内；

3 抽吸臭氧气体水射器的动力水，可采用沉淀(澄清)后、过滤后或厂用水，不宜采用原水；动力水应设置专用动力水增压泵供水；

4 接触池设计水深宜采用 4 m～6 m；

5 采用射流扩散器投加时，设置扩散器区格的平面形状宜为弧角矩形或圆形，扩散器应设于该反应区格的平面中心；

6 接触池顶部应设尾气收集管；

7 接触池出水端水面处宜设置浮渣排除管。

9.10.27 后臭氧接触池应符合下列规定：

1 接触池宜由二段到三段接触室串联而成，由竖向隔板分开；

2 每段接触室应由布气区格和后续反应区格组成，并应由竖向导流隔板分开；

3 总接触时间应根据工艺目的确定，宜为 6 min～15 min，其中第一段接触室的接触时间宜为 2 min～3 min；

4 臭氧气体应通过设在布气区格底部的微孔曝气盘直接向水中扩散；微孔曝气盘的布置应满足该区格臭氧气体在±25%的变化范围内仍能均匀布气，其中第一段布气区格的布气量宜占总布气量的 50%左右；

5 接触池的设计水深宜采用 5.5 m～6 m，布气区格的水深与水平长度之比宜大于 4；

6 每段接触室顶部均应设尾气收集管。

9.10.28 臭氧接触池内壁应强化防裂、防渗措施。

Ⅵ 臭氧尾气消除装置

9.10.29 臭氧尾气消除装置应包括尾气输送管、尾气中臭氧浓度监测仪、尾气除湿器、抽气风机、剩余臭氧消除器，以及排放气体臭氧浓度监测仪及报警设备等。

9.10.30 臭氧尾气消除可采用电加热分解消除、催化剂接触分解消除或活性炭吸附分解消除等方式，以氧气为气源的臭氧处理设施中的尾气不应采用活性炭消除方式。

9.10.31 臭氧尾气消除装置的最大设计气量应与臭氧发生装置的最大设计气量一致。抽气风机应可根据臭氧发生装置的实际供气量适时调节抽气量。

9.10.32 臭氧尾气消除装置应有备用。

9.10.33 臭氧尾气消除装置设置应符合下列规定：

1 可设在臭氧接触池池顶，也可另设他处；另设他处时，臭氧尾气抽送管道的最低处应设凝结水排除装置；

2 电加热分解装置应设在室内；催化剂接触或活性炭吸附分解装置可设在室内，也可设置在室外，室外设置时应设防雨篷；

3 室内设尾气消除装置时，室内应有强排风设施，必要时可加设空调设备。

9.11 颗粒活性炭吸附

Ⅰ 一般规定

9.11.1 颗粒活性炭吸附或臭氧-生物活性炭处理工艺可适用于降低水中有机、有毒物质含量或改善色、臭、味等感官指标。

9.11.2　颗粒活性炭吸附池的设计参数应通过试验或参照相似条件下的运行经验确定。

9.11.3　颗粒活性炭吸附或臭氧-生物活性炭处理工艺在水厂工艺流程中的位置，应经过技术经济比较后确定；颗粒活性炭吸附工艺宜设在砂滤之后，臭氧-生物活性炭处理工艺可设在砂滤之后或砂滤之前；当颗粒活性炭吸附或臭氧-生物活性炭处理工艺设在砂滤之后时，其进水浊度宜小于 0.5NTU；当臭氧-生物活性炭处理工艺设在砂滤之前，且前置工艺投加聚丙烯酰胺时，应慎重控制投加量；当水厂因用地紧张而难以同时建设砂滤池和炭吸附池，且原水浊度不高和有机污染较轻时，可采用在下向流颗粒活性炭吸附池炭层下增设较厚的砂滤层的方法，形成同时除浊除有机物的炭砂滤池。

9.11.4　颗粒活性炭吸附池的过流方式应根据其在工艺流程中的位置、水头损失和运行经验等因素确定，可采用下向流(降流式)或上向流(升流式)。当颗粒活性炭吸附池设在砂滤之后且其后续无进一步除浊工艺时，应采用下向流；当颗粒活性炭吸附池设在砂滤之前时，宜采用上向流。

9.11.5　颗粒活性炭吸附池分格数及单池面积应根据处理规模和运行管理条件比较确定。分格数不宜少于 4 个。

9.11.6　颗粒活性炭吸附池的池型应根据处理规模确定。除设计规模较小时可采用压力滤罐外，宜采用单水冲洗的普通快滤池、虹吸滤池或气水联合冲洗的普通快滤池、翻板滤池等形式。

9.11.7　活性炭应采用吸附性能好、机械强度高、化学稳定性高、粒径适宜和再生后性能恢复好的煤质颗粒活性炭。

活性炭粒径及粒度组成应根据颗粒活性炭吸附池的作用、过流方式和位置，按现行行业标准《生活饮用水净水厂用煤质活性炭》CJ/T 345 的规定选择或通过选炭试验确定。下向流、砂滤后的可选用 ϕ1.5 mm、8 目×30 目、12 目×40 目或试验确定的规格，上向流的宜选用 30 目×60 目或试验确定的规格。

9.11.8　颗粒活性炭吸附池高程设计时，应根据设计选定的活性炭膨胀度曲线，校核排(出)水槽底和出水堰顶的高程是否满足不同设计水温时，设计水量和冲洗强度下的炭床膨胀高度的要求。

9.11.9　室外设置的颗粒活性炭吸附池面应采取隔离或防护措施，管廊池壁宜设有观察窗；采用臭氧-生物活性炭工艺时，室内设置的炭吸附池池面上部建筑空间应采取防止臭氧泄漏和强化通风措施，上部建筑空间应具备便于观察、技术测定、更换炭需要的高度。

9.11.10　颗粒活性炭吸附池内壁与颗粒活性炭接触部位应强化防裂防渗措施。

9.11.11　颗粒活性炭吸附池装卸炭宜采用水力输送，整池出炭、进炭总时间宜小于 24 h。水力输炭管内流速应为 0.75 m/s～1.5 m/s，输炭管内炭水体积比宜为 1∶4。输炭管的管材应采用不锈钢或硬聚氯乙烯(UPVC)管。输炭管道转弯半径应大于 5 倍管道直径。

Ⅱ　下向流颗粒活性炭吸附池

9.11.12　处理水与活性炭层的空床接触时间宜采用 6 min～20 min，炭床厚度宜为 1.0 m～2.5 m，空床流速宜为 8 m/h～20 m/h。炭床最终水头损失应根据活性炭粒径、炭层厚度和空床流速确定。

9.11.13　经常性的冲洗周期宜采用 3 d～6 d。

采用单水冲洗时，常温下经常性冲洗强度宜采用 11 L/(m^2·s)～13 L/(m^2·s)，历时宜为 8 min～12 min，膨胀率宜为 15%～20%；定期大流量冲洗强度宜采用 15 L/(m^2·s)～18 L/

$(m^2 \cdot s)$,历时宜为 8 min～12 min,膨胀率宜为 25%～35%。

采用气水联合冲洗时,应采用先气冲后水冲的模式;气冲强度宜采用 15 L/$(m^2 \cdot s)$～17 L/$(m^2 \cdot s)$,历时宜为 3 min～5 min,常温下水冲洗强度宜采用 7 L/$(m^2 \cdot s)$～12 L/$(m^2 \cdot s)$,历时宜为 8 min～12 min,膨胀率宜为 15%～20%。

冲洗水应采用颗粒活性炭吸附池出水或滤池出水,采用滤池出水时,滤池进水不宜投加氯;水冲洗宜采用水泵供水,水泵配置应适应不同水温时冲洗强度调整的需要;气冲洗应采用鼓风机供气。

9.11.14 采用单水冲洗时,宜采用中阻力滤砖配水系统;采用气水联合冲洗时,宜采用适合与气水冲洗的专用穿孔管或小阻力滤头配水配气系统;滤砖配水系统承托层宜采用砾石分层级配,粒径宜为 2 mm～16 mm,厚度不宜小于 250 mm;专用穿孔管配水配气系统承托层可按本标准表 9.5.9 采用;滤头配水配气系统承托层可按本标准第 9.5.11 条执行。

9.11.15 设在滤后的颗粒活性炭吸附池宜设置初滤水排放设施。

9.11.16 炭砂滤池砂滤料的厚度与级配可通过试验确定或参照本标准第 9.5 节的有关规定,冲洗强度应经过试验确定或参照相似工程经验,并应满足两种滤料冲洗效果良好和冲洗不流失的要求。

Ⅲ 上向流颗粒活性炭吸附池

9.11.17 处理水与活性炭层的空床接触时间宜采用 6 min～10 min,空床流速宜为 10 m/h～12 m/h,炭层厚度宜为 1.0 m～2.0 m。炭层最终水头损失应根据活性炭粒径、炭层厚度和空床流速确定。

9.11.18 最高设计水温时,活性炭层膨胀率应大于 25%;最低设计水温低时,正常运行和冲洗时炭层膨胀面应低于出水槽底或出水堰顶。

9.11.19 出水可采用出水槽和出水堰集水,溢流率不宜大于 250 $m^3/(m \cdot d)$。

9.11.20 经常性的冲洗周期宜采用 7 d～15 d。冲洗可采用先气冲后水冲,冲洗强度应满足不同水温时炭层膨胀度限制要求,冲洗水可采用滤池进水或产水。

9.11.21 配水配气系统宜采用适合于气水冲洗的专用穿孔管或小阻力滤头。专用穿孔管配水配气系统承托层可按本标准表 9.5.10 采用或通过试验确定,滤头配水配气系统承托层可按本标准第 9.5.11 条执行。

9.12 中空纤维微滤、超滤膜过滤

Ⅰ 一般规定

9.12.1 中空纤维微滤、超滤膜过滤处理工艺应采用压力式膜处理工艺或浸没式膜处理工艺。膜处理工艺系统应包括过滤、物理清洗、化学清洗、完整性检测及膜清洗废液处置等基本子系统,系统主要设计参数应通过试验或根据相似工程的运行经验确定。

9.12.2 中空纤维膜应选用化学性能好、无毒、耐腐蚀、抗氧化、耐污染、酸碱度适用范围宽的成膜材料,并应符合现行国家标准《生活饮用水输配水设备及防护材料的安全性评价标准》GB/T 17219的有关规定。中空纤维膜的平均孔径不宜大于 0.1 μm。

9.12.3 膜过滤的正常设计水温与最低设计水温应根据年度水质、水温和供水量的变化特点,经技术经济比较后选定。正常设计水温不宜低于 15 ℃,最低设计水温不宜低于 2 ℃。

9.12.4 在正常设计水温条件下,膜过滤系统的设计产水量应达到工程设计规模;在最低设计水温条件下,膜处理系统的产水量可低于工程设计规模,但应满足实际供水量要求。

9.12.5　膜过滤系统的水回收率不应小于90%。

9.12.6　当膜过滤前处理工艺投加聚丙烯酰胺时，膜进水中聚丙烯酰胺残余量不得超过膜产品的允许值。

9.12.7　过滤系统应由多个膜组或膜池及其进水、出水和排水系统组成，并应符合下列规定：

1　应满足各种设计工况条件下膜系统的通量和跨膜压差不大于最大设计通量和最大跨膜压差；

2　膜组或膜池数量不宜小于4个。

9.12.8　物理清洗系统应包括冲洗水泵、鼓风机（或空压机）、管道与阀门等，并应符合下列规定：

1　气冲洗和水冲洗强度宜按不同产品的建议值并结合水质条件确定；

2　冲洗水泵与鼓风机宜采用变频调速；

3　冲洗水泵与鼓风机（或空压机）应设备用；

4　反向水冲洗应采用膜过滤后水。

9.12.9　化学清洗系统应包括药剂的储存、配制、加热、投加、循环设施及配套的药剂泵、搅拌器和管道与阀门等，并应符合下列规定：

1　化学清洗应包括低浓度化学清洗和高浓度化学清洗；

2　低浓度化学清洗药剂宜采用次氯酸钠、柠檬酸，高浓度化学清洗药剂宜采用次氯酸钠、盐酸、柠檬酸和氢氧化钠等；

3　清洗周期应通过试验或根据相似工程的运行经验确定；

4　加药泵应设备用；

5　化学药剂的储存量不应小于1次化学清洗用药量，次氯酸钠的储存天数不宜大于1周；

6　清洗药剂应满足饮用水涉水产品的卫生要求。

9.12.10　化学药剂间布置应符合下列规定：

1　应单独设置，并宜靠近膜组或膜池；

2　药剂间各类药剂应分开储存、配制和投加；

3　应设防护设备及冲洗与洗眼设施；

4　酸、碱和氧化剂等药剂储罐下部应设泄漏药剂收集槽；

5　应设置通风设备。

9.12.11　膜完整性检测系统应包括空压机、进气管路、压力传感器或带气泡观察窗等，并应符合下列规定：

1　应采用压力衰减测试或与泄漏测试相结合的检测方法；

2　检测最小用气压力应能测出不小于3 μm的膜破损，最大用气压力不应导致膜破损；

3　空压机应采用无油螺杆式空压机或带除油装置的空压机。

9.12.12　物理清洗废水应收集于废水池或水厂排泥水系统。

Ⅱ　压力式膜处理工艺

9.12.13　设计通量宜为30 L/(m²·h)～80 L/(m²·h)，最大设计通量不宜大于100 L/(m²·h)；设计跨膜压差宜小于0.10 MPa，最大设计跨膜压差不宜大于0.20 MPa；物理清洗周期宜大于30 min，清洗历时宜为1 min～3 min。

9.12.14　膜组件可采用内压力式或外压力式中空纤维膜，内压力式中空纤维膜的过滤方式可采用死端过滤或错流过滤,外压力式中空纤维膜应采用死端过滤。

9.12.15 进水系统宜包括吸水井、供水泵、预过滤器、进水母管及阀门等。

9.12.16 供水泵应采用变频调速,供水泵及其变频器的配置应满足任何设计条件下进水流量和系统压力的要求,且应设备用。

9.12.17 吸水井的有效容积不宜小于最大一台供水泵 30 min 的设计水量。

9.12.18 预过滤器应具有自清洗功能,过滤精度宜为 100 μm～500 μm,并应设备用。

9.12.19 出水系统应由出水母管、阀门及出水总堰或其他控制出水压力稳定的设施组成。

9.12.20 排水系统应包括排水支管(渠)和总管(渠),且宜采用重力排水方式。

9.12.21 膜组应设在室内,可单排布置,也可多排布置;各个膜组间应配水均匀;每个膜组连接的膜组件数量不得影响各个膜组件间配水均匀性;相邻膜组件的间距应满足膜组件维护拆装的要求。

9.12.22 膜组设置区域的布置应符合下列规定:

1 应设置至少一个通向室外、可搬运最大尺寸设备的大门;

2 室内高度应满足设备安装、维修和更换的要求;

3 膜组上部可设起吊设备,起吊能力应按最大起吊设备的重量要求配置;

4 未设起吊设备时,每排膜组一侧宜设置适合轻型运输车通向大门的通道;

5 每个膜组周围应设检修通道。

9.12.23 化学清洗系统应设置防止化学药剂进入产水侧的自动安全措施。

Ⅲ 浸没式膜处理工艺

9.12.24 设计通量宜为 20 L/(m^2·h)～45 L/(m^2·h),最大设计通量不宜大于 60 L/(m^2·h);设计跨膜压差宜小于 0.03 MPa,最大设计跨膜压差不宜大于 0.06 MPa;物理清洗周期宜大于 60 min,清洗历时宜为 1 min～3 min;气冲洗强度应按膜池内膜箱或膜组件投影面积计算。

9.12.25 膜组件应采用外压力式中空纤维膜,过滤方式应采用死端过滤。

9.12.26 进水系统应包括进水总渠(管)、每个膜池的进水闸(阀)和堰等。

9.12.27 出水系统应包括每个膜池中连接膜箱或膜组件的集水支管、集水总管、阀门、出水泵和汇集膜池集水总管的出水总渠(管)等。出水方式可采用泵吸出水或虹吸自流出水。

9.12.28 采用泵吸出水时,应符合下列规定:

1 出水泵应有较小的必需汽蚀余量;

2 出水泵应采用变频调速;

3 水泵启动的真空形成与控制装置应设在水泵管路最高点。

9.12.29 采用虹吸自流出水时,应符合下列规定:

1 膜池集水总管上应设调节阀门,宜设水封堰;

2 真空控制装置应设在集水总管最高点。

9.12.30 排水系统应包括每个膜池的排水管和闸(阀)及汇集膜池排水管的排水总渠(管)等。

9.12.31 膜池可采用单排或双排布置,并宜布置在室内;膜池室外布置应加盖或加棚,室内布置时应设置通风设施;每个膜池的产水侧应至少设一处人工取样口;膜池一侧应设置室内管廊,出水总渠(管)、出水泵和真空形成与维持装置应布置在管廊内,冲洗泵及化学清洗加药循环泵宜布置在管廊内。

9.12.32 膜池深度应根据膜箱或膜组件高度及其底部排水区高度、顶部浸没水深、膜池超高确定。膜箱或膜组件底部排水区高度和顶部浸没水深不宜小于 300 mm,膜池超高不宜小于 500 mm。

9.12.33 膜池内膜箱或膜组件的数量及布置应满足集水及清洗系统均匀布气、布水的要求。膜箱或膜组件宜紧凑布置,并应有防止进水冲击膜丝的措施。膜池应设有排水管和防止底部积泥的措施,膜池排水总渠(管)应设可排至废水收集池或化学处理池的切换装置。

9.12.34 采用异地高浓度化学清洗方式时,独立化学清洗池不宜少于 2 个,并宜设置在每排膜池的一端。采用异地高浓度化学清洗方式的化学清洗池内壁和采用就地高浓度化学清洗方式的膜池内壁应做防腐处理,池顶四周应设置围栏和警示标志,并宜设防护设备及冲洗与洗眼设施。

9.12.35 膜池顶部四周应设走道和检修平台。检修平台应满足临时堆放不小于一个膜箱的空间要求,并应设置完整性检测气源接口和冲洗与排水设施。

9.12.36 膜池上部应设置起吊设备,起吊设备的吊装范围应包括膜池、化学清洗池、走道和检修平台。

Ⅳ 废水池

9.12.37 收集膜物理清洗废水的废水池可单独设置,并宜靠近膜处理设施。

9.12.38 废水池有效容积不应小于膜处理系统物理清洗时最大一次排水量的 1.5 倍,且宜分为独立的 2 格。

9.12.39 废水池出水提升设备应满足后续回用或排放处理设施连续均匀进水的要求,并应设备用。

Ⅴ 化学处理池

9.12.40 化学清洗废水及化学清洗结束后的物理清洗废液应收集于化学处理池。化学处理池应靠近膜处理设施,也可与膜处理设施合并布置。

9.12.41 化学处理池的有效容积不宜小于膜处理系统一次化学清洗最大废液量的 2 倍,且宜分为独立的 2 格。

9.12.42 化学处理池应有混合设施,可采用池内搅拌器混合,也可采用泵循环混合;当化学处理池采用水泵排水时,排水泵可兼作循环混合泵,水泵数量不宜小于 2 台,并应设备用泵。

9.12.43 化学处理池内壁应做防腐处理,池内与清洗废液接触的设备应采用耐腐材料;化学处理池边宜设防护设备及冲洗与洗眼设施。

9.13 水质稳定处理

9.13.1 城镇给水系统的水质稳定处理应包括原水的化学稳定性处理和出厂水的化学稳定性与生物稳定性处理。

9.13.2 原水、出厂水与管网水的化学稳定性中水—碳酸盐钙系统的稳定处理,宜按其水质饱和指数 I_L 和稳定指数 I_R 综合考虑确定:

1 当 $I_L > 0.4$ 和 $I_R < 6$ 时,酸化处理工艺应通过试验和技术经济比较确定;

2 当 $I_L < -1.0$ 和 $I_R > 9$ 时,宜加碱处理;

3 碱剂的品种及用量,应根据试验资料或相似水质条件的水厂运行经验确定;可采用石灰、氢氧化钠或碳酸钠;

4 侵蚀性二氧化碳浓度高于 15 mg/L 时,可采用曝气法去除。

9.13.3 出厂水与管网水的化学稳定性中铁的稳定处理,宜按其水质拉森指数 LR 考虑确定。

对于内壁裸露的铁制管材，当 LR 值较高时，铁腐蚀和管垢铁释放控制处理工艺应通过试验和技术经济比较确定。

9.13.4 出厂水与管网水的生物稳定处理，宜根据出厂水中可同化有机碳(AOC)和余氯综合考虑确定。应根据原水水质条件，选择合适的水处理工艺，使出厂水 AOC 小于 150μg/L，余氯量大于 0.3 mg/L。

9.13.5 水质稳定处理所使用的药剂含量不得对环境或工业生产造成不良影响。

10 净水厂排泥水处理

10.1 一般规定

10.1.1 水厂排泥水处理对象应包括沉淀池(澄清池)排泥水、气浮池浮渣、滤池反冲洗废水及初滤水、膜过滤物理清洗废水等。

10.1.2 水厂排泥水排入河道、沟渠等天然水体的水质应符合现行国家标准《污水综合排放标准》GB 8978 的有关规定。排入城镇排水系统时，应在该排水系统排入流量的承受能力之内。

10.1.3 水厂排泥水处理系统的污泥处理系统设计规模应按设计处理干泥量确定，水力系统设计应按设计处理流量确定。设计处理干泥量应满足多年 75%～95%日数的全量完全处理要求。

10.1.4 设计处理干泥量可按下式计算：

$$S_0=(k_1C_0+k_2D)\times k_0Q_0\times 10^{-6} \qquad (10.1.4)$$

式中：S_0——设计处理干泥量(t/d)；

C_0——原水设计浊度取值(NTU)；

k_1——原水浊度单位 NTU 与悬浮固体单位 mg/L 的换算系数，应经过实测确定；

D——药剂投加量(mg/L)，当投加几种药剂时，应分别计算后叠加；

k_2——药剂转化成干泥量的系数，当投加几种药剂时，应分别取不同的转化系数计算后迭加；

Q_0——水厂设计规模(m^3/d)；

k_0——水厂自用水量系数。

10.1.5 原水浊度设计取值应按全量完全处理保证率达到 75%～95%，采用数理统计方法确定。当原水浊度系列资料不足时，可按下式计算：

$$C_0=K_p\overline{C} \qquad (10.1.5)$$

式中：$\overline{C}$——原水多年平均浊度(NTU)；

K_p——取值倍数，可按表 10.1.5 采用。

表 10.1.5 不同保证率的取值倍数

保证率	95%	90%	85%	80%	75%
K_p	4.00	2.77	2.20	1.63	1.39

10.1.6 水厂排泥水处理系统的设计应分别计算分析水量的平衡和干泥量的平衡。

10.1.7 除脱水机分离水外，排泥水处理系统产生的其他分离水，经技术经济比较可回用或部分回用，并应符合下列规定：

1 水质应符合回用要求，且不应影响水厂出水水质；

2 回流水量应均匀；

3 应回流到混合设备前，与原水及药剂充分混合；

4 当分离水水质不符合回用要求时，经技术经济比较，可经处理后回用。

10.1.8 排泥水处理系统应具有一定的安全余量，并应设置应急超越系统和排放口。

10.1.9 排泥水处理各类构筑物的个数或分格数不宜少于2个，应按同时工作设计，并能单独运行，分别泄空。

10.1.10 排泥水处理系统的平面位置宜靠近沉淀池。当水厂有地形高差可利用时，宜尽可能位于净水厂地势较低处。

10.1.11 当净水厂面积受限制而排泥水处理构筑物需在厂外择地建造时，应将排泥池和排水池建在水厂内。

10.1.12 排泥水处理系统回用水中的丙烯酰胺含量应符合现行国家标准《生活饮用水卫生标准》GB 5749 的有关规定。

10.2 工艺流程

10.2.1 水厂排泥水处理工艺流程应根据水厂所处环境、自然条件及净水工艺确定，并应由调节、浓缩、平衡、脱水及泥饼处置的工序或其中部分工序组成。

10.2.2 调节、浓缩、平衡、脱水及泥饼处置各工序的工艺选择(包括前处理方式)应根据总体工艺流程及各水厂的具体条件确定。

10.2.3 当沉淀池排泥水平均含固率大于或等于3%时，经调节后可直接进入平衡工序而不设浓缩工序。

10.2.4 当水厂排泥水送往厂外处理时，水厂内应设调节工序，将排泥水匀质、匀量送出。

10.2.5 当水厂排泥水送往厂外处理时，其排泥水输送可设专用管渠或用罐车输送。

10.2.6 当浓缩池上清液回用至净水系统且脱水分离液进入排泥水处理系统进行循环处理时，浓缩和脱水工序使用的各类药剂必须满足涉水卫生要求。

10.2.7 气浮池浮渣宜采取消泡措施后再处理或直接以浓缩脱水一体机处理。

10.3 调节

Ⅰ 一般规定

10.3.1 排泥水处理系统的排水池和排泥池宜分建；当排泥水送往厂外处理，且不考虑废水回用，或排泥水处理系统规模较小时，可合建。

10.3.2 调节池(排水池、排泥池)出流流量应均匀、连续。

10.3.3 当调节池对入流流量进行匀质、匀量时，池内应设匀质防淤设施；当只进行量的调节时，池内应分别设沉泥和上清液取出设施。

10.3.4 调节池位置宜靠近沉淀池和滤池。有条件时，宜采用重力流入调节池的收集方式。

10.3.5 调节池应设置溢流口，并宜设置放空设施。

Ⅱ 排水池

10.3.6 排水池调节容积应在水厂净水和排泥水处理系统设计或生产运行工况的条件下，通过24 h为周期的各时段入流和出流的流量平衡分析，考虑一定的安全余量后确定，且不应小于接受的最大一次排水量。

10.3.7 当排水池废水用排水泵排出时，排水泵的设置应符合下列规定：

1 排水泵的流量、扬程应按受纳对象的要求经计算确定;

2 当排水池废水回流至水厂生产系统时,排水泵的流量应连续、均匀,流量、扬程应满足后续净水处理设施的进水流量和压力的要求;

3 应具有超量排水的能力;

4 应设置备用泵。

Ⅲ 排泥池

10.3.8 排泥池调节容积应在水厂净水和排泥水处理系统设计或运行工况的条件下,通过 24 h 为周期的各时段入流和出流的流量平衡分析,考虑一定的安全余量后确定,且不应小于接受的最大一次排泥量。

10.3.9 当排泥池出流不具备重力流条件时,排泥泵设置应符合下列规定:

1 排泥泵的流量、扬程应按受纳对象的要求经计算确定;

2 应具有高浊期超量排泥的能力;

3 应设置备用泵。

Ⅳ 浮动槽排泥池

10.3.10 当调节池采用分建时,排泥池可采用浮动槽排泥池进行调节和初步浓缩。

10.3.11 浮动槽排泥池设计应符合下列规定:

1 池底污泥应连续、均匀排入浓缩池;上清液应由浮动槽连续、均匀收集;

2 池体容积应按满足调节功能和重力浓缩要求中容积大者确定;

3 调节容积应符合本标准第 10.3.8 条的规定,池面积、有效水深、刮泥设备及构造应按本标准第 10.4 节有关重力浓缩池的规定执行;

4 浮动槽浮动幅度宜为 1.5 m;

5 宜设置固定溢流设施。

10.3.12 上清液排放应设置上清液集水井和提升泵。

Ⅴ 综合排泥池

10.3.13 排水池和排泥池合建的综合排泥池调节容积应按本标准第 10.3.6 条、第 10.3.8 条计算所得排水池和排泥池调节容积之和确定。

10.3.14 池中应设匀质防淤设施。

10.4 浓缩

10.4.1 排泥水浓缩宜采用重力浓缩,经过技术经济比较后,也可采用离心浓缩或气浮浓缩。

10.4.2 浓缩后污泥的含固率应满足选用脱水机械的进机浓度要求,且不应小于 2%。

10.4.3 重力浓缩池宜采用圆形或方形辐流式浓缩池,当占地面积受限制时,通过技术经济比较,可采用斜板(管)浓缩池。

10.4.4 重力浓缩池面积可按固体通量计算,并应按液面负荷校核。

10.4.5 固体通量、液面负荷宜通过沉降浓缩试验,或按相似排泥水浓缩数据确定。当无试验数据和资料时,辐流式浓缩池的固体通量可取 0.5 kg 干固体/(m^2·h)～1.0 kg 干固体/(m^2·h),液面负荷不宜大于 1.0 m^3/(m^2·h)。

10.4.6 辐流式浓缩池设计应符合下列规定:

1 池边水深宜为 3.5 m～4.5 m;

2 宜采用机械排泥,当池子直径或正方形边长较小时,也可采用多斗排泥;

3 刮泥机上宜设置浓缩栅条,外缘线速度不宜大于 2 m/min;

4 池底坡度宜为 8%～10%,超高宜大于 0.3 m;

5 浓缩泥水排出管管径不应小于 150 mm。

10.4.7 当重力浓缩池为间歇进水和间歇出泥时,可采用浮动槽收集上清液提高浓缩效果。

10.5 平衡

10.5.1 脱水工序之前应设置平衡池,平衡池不宜少于 2 个(格)。

10.5.2 平衡池的容积应在排泥水处理系统设计运行工况的条件下,通过 24 h 为周期的各时段入流和出流的流量平衡分析,考虑一定的超过设计保证率的超量泥量和安全余量后确定。

10.5.3 平衡池宜采用圆形或方形,池内应设置匀质防淤设施。

10.5.4 平衡池的进、出泥管管径不应小于 150 mm。当无法满足时,应设管道冲洗设施。

10.6 脱水

Ⅰ 一般规定

10.6.1 污泥脱水宜采用机械脱水,有条件的地方也可采用干化场。

10.6.2 脱水机械的选型应根据浓缩后泥水的性质、最终处置对脱水泥饼的要求,经技术经济比较后选用。可采用板框压滤机、离心脱水机,对于一些易于脱水的泥水,也可采用带式压滤机。

10.6.3 脱水机的产率及对进机含固率的要求宜通过试验或按相同机型、相似排泥水性质的运行经验确定,并应考虑低温对脱水机产率的不利影响。

10.6.4 脱水机的台数应根据所处理的干泥量、脱水机的产率及设定的运行时间确定,但不宜少于 2 台。

10.6.5 脱水前化学调质时,药剂种类及投加量宜由试验或按相同机型、相似排泥水性质的运行经验确定。

10.6.6 机械脱水间的布置除应考虑脱水机械及附属设备外,尚应考虑泥饼运输设施和通道。

10.6.7 脱水间内泥饼的运输方式及泥饼堆置场的容积应根据所处理的泥量、泥饼出路及运输条件确定,泥饼堆积容积可按 3 d～7 d 泥饼量确定。

10.6.8 脱水机间和泥饼堆置间地面应设能完全排除脱水机冲洗和地面清洗时的地面积水的排水系统。排水管应能方便清通管内沉积泥沙。

10.6.9 机械脱水间应考虑通风和噪声消除设施。

10.6.10 脱水机间宜设置分离水回收井,分离水应经调节后均匀排出。

10.6.11 输送浓缩泥水的管道应适当设置管道冲洗注水口和排水口,其弯头宜易于拆卸和更换。

10.6.12 脱水机房应尽可能靠近浓缩池。

Ⅱ 板框压滤机

10.6.13 污泥进入板框压滤机前的含固率不宜小于 2%,脱水后的泥饼含固率不应小于 30%,固体回收率不应小于 95%。

10.6.14 板框压滤机宜配置高压滤布清洗系统。

10.6.15 板框压滤机宜解体后吊装,起重量可按板框压滤机解体后部件的最大重量确定。脱水机不吊装时,宜结合更换滤布需要设置单轨吊车。

10.6.16 滤布的选型宜通过试验确定。

10.6.17 板框压滤机投料泵宜选用容积式泵，宜采用自灌式启动。

Ⅲ 离心脱水机

10.6.18 离心脱水机选型应根据浓缩泥水性状、泥量、运行方式确定，宜选用卧式离心沉降脱水机。

10.6.19 离心脱水机进泥含固率不宜小于3%，脱水后泥饼含固率不应小于20%，固体回收率不应小于90%。

10.6.20 离心脱水机的产率、分离因数与转速、转差率及堰板高度的关系宜通过拟选用机型和拟脱水的排泥水的试验或按相似机型、相近泥水运行数据确定。在缺乏上述试验和数据时，离心机的分离因数不宜小于3000。

10.6.21 离心脱水机房应采取降噪措施，离心脱水机房内外的噪声应符合现行国家标准《工业企业噪声控制设计规范》GB/T 50087的有关规定。

10.6.22 离心脱水机前宜设置污泥切割机，脱水机应设冲洗装置，分离液排出管宜设空气排除装置。

Ⅳ 干化场

10.6.23 污泥干化场面积可按下式计算：

$$A=\frac{S\times T}{G} \qquad (10.6.23)$$

式中：A ——污泥干化场面积(m^2)；

S ——日平均的干泥量(kg干固体/d)；

G ——干泥负荷(kg干固体/m^2)；

T ——干化周期(d)。

10.6.24 干化场的干化周期、干泥负荷宜根据小型试验或根据泥渣性质、年平均气温、年平均降雨量、年平均蒸发量等因素，参照相似地区经验确定。

10.6.25 干化场的单床面积宜为500 m^2～1000 m^2，床数不宜少于2个。

10.6.26 进泥口的个数及分布应根据单床面积、布泥均匀性综合确定。

10.6.27 干化场排泥深度宜采用0.5 m～0.8 m，超高宜为0.3 m。

10.6.28 干化场宜设人工排水层，人工排水层下设不透水层。不透水层应坡向排水设施，坡度宜为1%～2%。

10.6.29 干化场应在四周设上清液排出装置。当上清液直接排放时，悬浮物含量应符合现行国家标准《污水综合排放标准》GB 8978的有关规定。

10.7 排泥水回收利用

Ⅰ 一般规定

10.7.1 水厂排泥水中初滤水可直接回用至混合设施前。滤池、炭吸附池反冲洗废水及浓缩池上清液根据排泥水水质，经技术经济比较后可直接回用、弃用或经过处理后回用，并应符合下列规定：

1 不应影响水厂出水水质；

2 当采用直接回用时，应回流到水厂最前端处理设施前；当采用处理后回用时，根据处理后的水质可回流至混凝沉淀(澄清)、滤池、颗粒活性炭吸附池或经消毒后直接进入清水池；

3 回流水量应在时空上均匀分布,不应对净水构筑物产生冲击负荷。最大回流量不宜超过水厂设计流量的5%。

10.7.2 排水池可同时接纳和调节滤池反冲洗废水和初滤水,当滤池反冲洗废水需处理后回用时,应单设排水池接纳和调节反冲洗废水,另设排水池接纳和调节初滤水。

10.7.3 回流管路上应安装流量计。

10.7.4 用于回流的水泵台数不宜少于2台,并应设置备用泵。水泵宜设置调速装置。

Ⅱ 膜处理滤池反冲洗废水

10.7.5 原水有机物和氨氮含量低且藻类较少的滤池反冲洗废水可经膜处理后回用。

10.7.6 膜处理工艺前应采取混凝或混凝沉淀等预处理措施,预处理后的出水浊度指标应通过试验或参照相似工程的运行经验确定。

10.7.7 滤池反冲洗废水在进入膜处理系统前应在排水池设提升水泵。提升水泵的配置除应满足膜处理工艺流程所需的流量和压力外,尚应满足膜处理系统连续均衡进水的要求。

10.7.8 滤池反冲洗废水宜采用浸没式膜处理工艺,膜处理系统的工艺设计参数选择和布置、基本组成与形式应符合本标准第9.12节的有关规定,膜通量宜选用低值。

10.7.9 膜系统出水经消毒后可进入清水池;当水厂净水工艺中有颗粒活性炭吸附或臭氧生物活性炭设施时,膜系统出水宜进入这些设施再处理。

Ⅲ 气浮处理滤池反冲洗废水

10.7.10 当滤池反冲洗废水、浓缩池上清液中有机物、铁、锰及藻类、隐孢子虫、贾第鞭毛虫等有害生物指标较高时,可采用气浮处理后回用。

10.7.11 气浮工艺前应有混凝沉淀预处理措施,沉淀设备可采用同向流斜板、上向流斜管等高效处理设备。

10.7.12 排水池出水可根据地形采用排水泵提升或重力流连续均匀流入气浮工艺系统。

10.7.13 气浮池出水应均匀回流到净水工艺混合设备前,与原水及药剂充分混合。

10.8 泥饼处置和利用

10.8.1 脱水后的泥饼处置可采用地面填埋和有效利用等方式。有条件时,应有效利用。

10.8.2 当采用填埋方式处置时,渗滤液不得对地下水和地表水体造成污染。

10.8.3 当填埋场规划在远期有其他用途时,填埋泥饼的性状不得影响远期规划用途。

10.8.4 有条件时,泥饼可送往城市垃圾卫生填埋场与垃圾混合填埋。采用单独填埋时,泥饼填埋深度宜为3 m～4 m。

11 应急供水

11.1 一般规定

11.1.1 城镇给水系统应对水源突发污染的应急处置应包括应急水源和应急净水等设施。

11.1.2 应急供水可采用原水调度、清水调度和应急净水的供水模式,也可根据具体条件,采用三者相结合的应急供水模式。

当采用原水调度应急供水时,应急水源应有与常用水源或给水系统快速切换的工程设施。当采用清水调度应急供水时,城镇配水管网系统应有满足应急供水期间的应急水量调入的能力。当采用应急净水应急供水时,给水系统应具有应急净水的相应设施。

11.1.3 水源存在较高突发污染风险、原水输送设施存在外界污染隐患、供水安全性要求高的集中水源工程和重要水厂,应设有应对水源突发污染的应急净化设施。当具备条件时,应充分利用自水源到水厂的管(渠)、调蓄池以及水厂常用净化设施的应急净化能力。

11.1.4 应急供水期间的供水量除应满足城市居民基本生活用水需求,尚应根据城市特性及特点确定其他必要的供水量需求。

11.2 应急水源

11.2.1 应急水源的建设应考虑城市近、远期应急供水需求,为远期城市发展留有余地,并应协调与城市常用供水水源的关系。

11.2.2 应急水源宜本地建设,也可异地应急调水。

11.2.3 应急水源可选用地下水或地表水。可取水量应满足应急供水量的需求。

11.2.4 水源水质不宜低于常用水源水质,或采取应急处理后水厂处理工艺可适应的水质。

11.3 应急净水

11.3.1 应急净水设施应根据水源突发污染和给水系统的特点,经过技术经济比较后,采取充分利用或适度改造现有设施以及新建工程等方法。

11.3.2 应急净水技术根据特征污染物的种类,可按下列条件选用:

1 应对可吸附有机污染物时,可采用粉末活性炭吸附技术;

2 应对金属、非金属污染物时,可采用化学沉淀技术;

3 应对还原性污染物时,可采用化学氧化技术;

4 应对挥发性污染物时,可采用曝气吹脱技术;

5 应对微生物污染时,可采用强化消毒技术;

6 应对藻类爆发引起水质恶化时,可采用综合应急处理技术。

11.3.3 采用粉末活性炭吸附时,应符合下列规定:

1 当取水口距水厂有较长输水管道或渠道时,粉末活性炭的投加设施宜设在取水口处;

2 不具备上述条件时,粉末活性炭的投加点应设置在水厂混凝剂投药点处;

3 粉末活性炭的设计投加量可按 20 mg/L～40 mg/L 计,并应留有一定的安全余量。

11.3.4 采用化学沉淀技术时,根据污染物的具体种类,可按下列条件选择:

1 弱碱性化学沉淀法,适用于镉、铅、锌、铜、镍等金属污染物;

2 弱酸性铁盐沉淀法,适用于锑、钼等污染物;

3 硫化物化学沉淀法,适用于镉、汞、铅、锌等污染物;

4 预氧化化学沉淀法,适用于铊、锰、砷等污染物;

5 预还原化学沉淀法,适用于六价铬污染物。

11.3.5 存在氰化物、硫化物等还原性污染物风险的水源,可采用化学氧化技术。氧化剂可采用氯(液氯或次氯酸钠)、高锰酸钾、过氧化氢等。设有臭氧氧化工艺或水厂二氧化氯消毒工艺的水厂也可采用臭氧或二氧化氯作氧化剂。

11.3.6 存在难于吸附或氧化去除的卤代烃类等挥发性污染物等的水源,可采用曝气吹脱技术。曝气吹脱技术可通过在取水口至水厂的取水、输水管(渠道)或调蓄设施设置应急曝气装置实施。曝气装置宜由鼓风机、输气管道和布气装置组成。

11.3.7 存在微生物污染风险的水源,可采用加大消毒剂量和多点消毒(预氯化、过滤前、过滤后、出厂水)的强化消毒技术,但应控制消毒副产物含量。

11.3.8 存在藻类暴发风险的水源，藻类暴发综合应急处理技术根据污染物的具体种类，可按下列条件选择：

1 除藻时，可采用预氧化(高锰酸钾、臭氧、氯、二氧化氯等)、强化混凝、气浮、加强过滤等；

2 除藻毒素时，可采用预氯化、粉末活性炭吸附等；

3 除藻类代谢产物类致嗅物质时，可采用臭氧、粉末活性炭吸附。当水厂有臭氧氧化工艺时，也可采用臭氧预氧化；

4 除藻类腐败致嗅物质时，宜采用预氧化技术；

5 同时存在多种特征污染物的情况，应综合采用上述技术。

11.3.9 水源存在油污染风险的水厂，应在取水口处储备拦阻浮油的围栏、吸油装置，并应在取水口或水厂内设置粉末活性炭投加装置。

11.3.10 水厂应急处置的加药设施宜结合常用加药设施统筹布置，并应符合本标准第9章的有关规定。

11.3.11 设有应急净水设施的水厂，当排泥水处理系统设有回用系统时，回用系统应设置应急排放设施。

12 检测与控制

12.1 一般规定

12.1.1 给水工程检测与控制设计应根据工程规模、工艺流程特点、取水及输配水方式、净水构筑物组成、生产管理运行要求等确定。

12.1.2 自动化仪表及控制系统应保证给水系统安全可靠，提高和保障供水水质，且应便于运行，节约成本，改善劳动条件。

12.1.3 计算机控制管理系统应满足企业生产经营的现代化科学管理要求，宜兼顾现有、新建及规划发展的要求。

12.2 在线检测

12.2.1 水源在线检测设置应符合下列规定：

1 河流型水源应检测 pH 值、浊度、水温、溶解氧、电导率等水质参数。水源易遭受污染时应增加氨氮、耗氧量或其他可实现在线检测的特征污染物等项目。

2 湖库型水源应检测 pH 值、电导率、浑浊度、溶解氧、水温、总磷、总氮等水质参数。水体存在富营养化可能时，应增加叶绿素 a 等项目；水源易遭受污染时，应增加氨氮、耗氧量或其他可实现在线检测的特征污染物等项目。

3 地下水水源应检测 pH 值、电导率、浊度等水质参数，当铁、锰、砷、氟化物、硝酸盐或其他指标存在超标现象时，应增加色度、溶解氧等项目。

4 水源存在咸潮影响风险时，应增加氯化物检测。

5 对规模较大、污染风险较高的水源可增加在线生物毒性检测。

6 水源存在重金属污染的风险时，应对可能出现的重金属进行在线检测。

7 应对水源水位、取水泵站出水流量和压力在线检测。当水泵电动机组功率较大时，应检测轴温、电动机绕组温度、工作电流、电压与功率。

12.2.2 水厂在线检测设置应符合下列规定：

1 应检测进水水压(水位)、流量、浊度、pH 值、水温、电导率、耗氧量、氨氮等。

2 每组沉淀池(澄清池)应检测出水浊度,并可根据需要检测池内泥位。

3 每组滤池应检测出水浊度,并应根据滤池型式及冲洗方式检测水位、水头损失、冲洗流量等相关参数。除铁除锰滤池应检测进水溶解氧、pH值。

4 臭氧制备车间应检测氧气压力、氧气质量和臭氧发生器产出的臭氧浓度、压力与流量,臭氧接触池应检测尾气臭氧浓度和处理后的尾气臭氧浓度。

5 药剂投加系统检测项目及检测点位置应根据投加药剂性质和控制方式确定。

6 回用水系统应检测水池液位及进水流量。

7 清水池应检测水位。

8 排泥水处理系统的检测装置应根据系统设计及构筑物布置和操作控制的要求设置。

9 中空纤维微滤、超滤膜过滤的在线检测仪表配置应符合下列规定:

1) 进水总管(渠)应配置浊度仪、水温仪及可能需要的其他水质仪;

2) 出水总管(渠)应配置浊度仪,且宜配置颗粒计数仪;

3) 排水总管宜配置流量仪;

4) 冲洗用气或用水总管应配置流量仪及压力仪;

5) 每个膜组应配置进水流量仪、跨膜压差检测仪、完整性检测压力仪、出水浊度仪、进水压力仪;

6) 每个膜池应配置膜池运行水位液位仪、跨膜压差的液位—压力组合检测仪、完整性检测压力仪、出水浊度仪。

10 出水应检测流量、压力、浊度、pH值、余氯等水质参数。

12.2.3 输水系统在线检测内容应根据输水方式、距离等条件确定,并应符合下列规定:

1 长距离输水时,除应检测输水起端、分流点、末端流量、压力外,尚应增加管线中间段检测点;

2 泵站应检测吸水井水位及水泵进、出水压力和电机工况,并应有检测水泵出水流量的措施;真空启动时应检测真空装置的真空度。

12.2.4 配水管网在线检测的设置应符合下列规定:

1 配水管网在线检测应包括水力和水质状态的检测;

2 水力检测应根据配水管网的运行和管理要求,选择流量、压力和水位的部分或全部进行在线检测;

3 水质检测应满足配水管网在线监测点设置的要求,在线监测点的数量应符合现行行业标准《城镇供水水质在线监测技术标准》CJJ/T 271的有关规定;检测项目至少应包括余氯、浊度,并可根据需要检测pH值、电导率等;

4 配水管网检测应纳入城市供水调度与水质监测系统。

12.2.5 机电设备应检测工作与事故状态下的运行参数。

12.3 控制

12.3.1 数据采集和监控(SCADA)系统应根据规模、控制和节能要求配置,并应能实现取水、输水、水处理过程及配水的自动化控制和现代化管理。

12.3.2 应有自控系统故障时手动紧急切换装置。应能保证自控系统故障时,在电动情况下工艺设备正常运行。

12.3.3 地下水取水井群及水源地取水泵应根据用水量、出水压力、水质指标控制水泵运行数量。宜采用遥测、遥控系统。应根据当地的各类信号状况、通信距离、带宽要求和运营成本，确定选用移动通信网络或无线电台及光纤通信技术。

12.3.4 净水厂自动控制宜采用可编程序控制器。模拟量及调节控制量较多的大、中型规模水厂可采用集散型微机控制系统。水厂进水，重力流宜根据流量、压力调节阀门开度进行控制；压力流除应调节进水阀门外，也可调节控制上一级泵站水泵运行台数和转速。加药量应根据处理水量、水质与处理后的水质进行控制。对于沉淀池，宜根据原水浊度和温度控制排泥时间。滤池宜根据滤层压差或出水浊度控制反冲洗周期、反冲洗时间和强度。对于臭氧接触池，宜根据出水余臭氧含量控制臭氧投加量。水厂出水，重力流送水时应根据出水流量调节阀门开度控制水量，压力流时应根据出水压力、流量控制送水泵运行台数或调节送水泵转速。

12.3.5 净水厂中空纤维膜微滤或超滤系统应符合下列规定：

1 膜处理系统的监控系统应包括独立的工艺检测与自动控制子系统；

2 膜处理系统的自动控制系统应设有向水厂总体监控系统传送运行参数和接收其操作指令；

3 膜处理系统自动控制系统宜采用可编程控制器(PLC)和集散控制系统(DCS)；

4 膜系统的进水、出水、物理清洗、化学清洗系统应自动控制。配置预过滤器、真空系统时，也应自动控制。

12.3.6 配水管网中二次泵站应根据末端用户或泵站出口管网的压力调节水泵运行台数和转速。

12.4 计算机控制管理系统

12.4.1 计算机控制管理系统应有信息收集、处理、控制、管理及安全保护功能，宜采用信息层、控制层和设备层的三层结构。

12.4.2 计算机控制管理系统设计应符合下列规定：

1 应合理配置监控系统的设备层、控制层、管理层；

2 网络结构及通信速率应根据工程具体情况，经技术经济比较确定；

3 操作系统及开发工具应稳定运行、易于开发、操作界面方便；

4 应根据企业需求及相关基础设施，对企业信息化系统作出功能设计。

12.4.3 厂级中控室应就近设置电源箱，供电电源应为双回路；直流电源设备应安全、可靠。

12.4.4 厂、站控制室的面积应视其使用功能设定，并应考虑今后的发展。

12.5 监控系统

12.5.1 水厂和大型泵站的周界宜设电子围栏和视频监控系统。

12.5.2 水厂和大型泵站的重要出入口通道应设置门禁系统。

12.6 供水信息系统

12.6.1 供水信息系统应满足对整个给水系统的数据实时采集整理、监控整个城市供水、合理和快速调度城市供水以及供水企业管理的要求。

12.6.2 供水信息系统可为城镇信息中心的一个子集，并应与水利、电力、气象、环保、安全、城市建设、规划等管理部门信息互通。

附　录　A
管道沿程水头损失水力计算参数(n、C_h、Δ)值

管道沿程水头损失水力计算参数值应符合表 A.0.1 的规定。

表 A.0.1　管道沿程水头损失水力计算参数(n、C_h、Δ)值

管道种类		粗糙系数 n	海曾—威廉系数 C_h	当量粗糙度 Δ (mm)
钢管、铸铁管	水泥砂浆内衬	0.011～0.012	120～130	—
	涂料内衬	0.0105～0.0115	130～140	—
	旧钢管、旧铸铁管(未做内衬)	0.014～0.018	90～100	—
混凝土管	预应力混凝土管(PCP)	0.012～0.013	110～130	—
	预应力钢筒混凝土管(PCCP)	0.011～0.0125	120～140	—
矩形混凝土管道	—	0.012～0.014	—	—
塑料管材(聚乙烯管、聚氯乙烯管、玻璃纤维增强树脂夹砂管等),内衬塑料的管道	—	—	140～150	0.010～0.030

本标准用词说明

1 为便于在执行本标准条文时区别对待,对要求严格程度不同的用词说明如下:

1) 表示很严格,非这样做不可的:
正面词采用“必须”,反面词采用“严禁”;

2) 表示严格,在正常情况下均应这样做的:
正面词采用“应”,反面词采用“不应”或“不得”;

3) 表示允许稍有选择,在条件许可时首先应这样做的:
正面词采用“宜”,反面词采用“不宜”;

4) 表示有选择,在一定条件下可以这样做的,采用“可”。

2 条文中指明应按其他有关标准执行的写法为:“应符合……的规定”或“应按……执行”。

引用标准名录

《建筑设计防火规范》GB 50016
《工业建筑供暖通风与空气调节设计规范》GB 50019
《氧气站设计规范》GB 50030
《工业企业噪声控制设计规范》GB/T 50087
《内河通航标准》GB 50139
《泵站设计规范》GB 50265
《给水排水管道工程施工及验收规范》GB 50268
《城市给水工程规划规范》GB 50282
《城市工程管线综合规划规范》GB 50289
《管井技术规范》GB 50296
《给水排水工程管道结构设计规范》GB 50332
《城镇给水排水技术规范》GB 50788
《城市综合管廊工程技术规范》GB 50838
《消防给水及消火栓系统技术规范》GB 50974
《声环境质量标准》GB 3096
《生活饮用水卫生标准》GB 5749
《污水综合排放标准》GB 8978
《内河交通安全标志》GB 13851
《大气污染物综合排放标准》GB 16297
《生活饮用水输配水设备及防护材料的安全性评价标准》GB/T 17219
《含藻水给水处理设计规范》CJJ 32
《高浊度水给水设计规范》CJJ 40
《城镇供水管网漏损控制及评定标准》CJJ 92
《城镇供水水质在线监测技术标准》CJJ/T 271
《生活饮用水净水厂用煤质活性炭》CJ/T 345

UDC

中华人民共和国国家标准

P

GB 50014—2021

室外排水设计标准

Standard for design of outdoor wastewater engineering

2021-04-09 发布

2021-10-01 实施

1106

中华人民共和国住房和城乡建设部
国家市场监督管理总局
联合发布

中华人民共和国住房和城乡建设部公告

2021年　第58号

住房和城乡建设部关于发布国家标准《室外排水设计标准》的公告

现批准《室外排水设计标准》为国家标准，编号为GB 50014—2021，自2021年10月1日起实施。其中，第3.3.3、4.1.6、5.6.1、5.15.3、6.1.12、7.1.11、7.1.13、7.3.8、7.11.3、7.12.4、8.3.15、8.3.16、8.3.18、8.3.20条为强制性条文，必须严格执行。原国家标准《室外排水设计规范》GB 50014—2006同时废止。

本标准在住房和城乡建设部门户网站(www.mohurd.gov.cn)公开，并由住房和城乡建设部标准定额研究所组织中国计划出版社有限公司出版发行。

中华人民共和国住房和城乡建设部

2021年4月9日

前　　言

按照住房和城乡建设部《关于印发〈2017年工程建设标准规范制修订及相关工作计划〉的通知》(建标〔2016〕248号)的要求,标准编制组经广泛调查研究,认真总结我国实践经验,参考国外发达国家有关标准,并在广泛征求意见的基础上,修订本标准。

本标准的主要技术内容是:总则,术语,排水工程,设计流量和设计水质,排水管渠和附属构筑物,泵站,污水和再生水处理,污泥处理和处置,检测和控制等。

本标准修订的主要技术内容是:

1.补充和修改了部分术语;

2.新增第3章排水工程,系统规定室外排水工程的组成和相互关系;

3.补充了管道进入综合管廊、绿色雨水调蓄设施、倒虹管基础、高架道路和下穿立交道路排水等内容;

4.补充了下穿立交道路泵站集水池内容;

5.删除了塔式生物滤池和土地处理等工艺,补充了膜生物反应器(MBR)、移动床生物膜反应器(MBBR)和人工湿地等应用广泛且运行可靠的工艺;

6.补充了高含固厌氧消化、好氧发酵、石灰稳定、深度脱水、污泥干化焚烧、除臭等内容;

7.补充和提高了污水处理和污泥处理处置设计标准;

8.新增了信息化、智能化等智慧排水系统的内容。

本标准中以黑体字标志的条文为强制性条文,必须严格执行。

本标准由住房和城乡建设部负责管理和对强制性条文的解释,由上海市政工程设计研究总院(集团)有限公司负责具体技术内容的解释。执行过程中如有意见或建议,请寄送上海市政工程设计研究总院(集团)有限公司(地址:上海市中山北二路901号;邮编:200092)。

本标准主编单位:上海市政工程设计研究总院(集团)有限公司

本标准参编单位:北京市市政工程设计研究总院有限公司
中国市政工程东北设计研究总院有限公司
中国市政工程华北设计研究总院有限公司
中国市政工程西北设计研究院有限公司
中国市政工程中南设计研究总院有限公司
天津市市政工程设计研究总院
中国市政工程西南设计研究总院有限公司

本标准主要起草人员:张　辰　李　艺　陈　嫣　厉彦松　李成江　马小蕾　李树苑
王秀朵　罗万申　王锡清　胡维杰　李　滨　赵　明　任玉辉
吕永鹏　谭学军　李春鞠　冯　凯　杨　红　张德跃　史春海
刘向荣　付忠志　张　欣　俞士静　陆继诚　周质炎　杨　雪
邹伟国　李　伦　朱文美　姚玉健　杨　雪　李金龙　雷培树

本标准主要审查人员:侯立安　张　杰　任南琪　徐祖信　杭世珺　章林伟　戴晓虎
唐建国　席劲瑛　邹惠君　王卫君

1 总则

1.0.1 为保障城市安全,科学设计室外排水工程,落实海绵城市建设理念,防治城市内涝灾害和水污染,改善和保护环境,促进资源利用,提高人民健康水平,制定本标准。

1.0.2 本标准适用于新建、扩建和改建的城镇、工业区和居住区的永久性室外排水工程设计。

1.0.3 排水工程设计应以经批准的城镇总体规划、海绵城市专项规划、城镇排水与污水处理规划和城镇内涝防治专项规划为主要依据,从全局出发,综合考虑规划年限、工程规模、经济效益、社会效益和环境效益,正确处理近期与远期、集中与分散、排放与利用的关系,通过全面论证,做到安全可靠、保护环境、节约土地、经济合理、技术先进且适合当地实际情况。

1.0.4 排水工程设计应与水资源、城镇给水、水污染防治、生态环境保护、环境卫生、城市防洪、交通、绿地系统、河湖水系等专项规划和设计相协调。根据城镇规划蓝线和水面率的要求,应充分利用自然蓄水排水设施,并应根据用地性质规定不同地区的高程布置,满足不同地区的排水要求。

1.0.5 排水工程的设计应符合下列规定:

1 包括雨水的安全排放、资源利用和污染控制,污水和再生水的处理,污泥的处理和处置;

2 与邻近区域内的雨水系统和污水系统相协调;

3 可适当改造原有排水工程设施,充分发挥其工程效能。

1.0.6 排水工程的设计应在不断总结科研和生产实践经验的基础上,积极采用新技术、新工艺、新材料、新设备。

1.0.7 排水工程的设备应实现机械化、自动化,逐步实现智能化。

1.0.8 排水工程的设计除应按本标准执行外,尚应符合国家现行相关标准的规定。

2 术语

2.0.1

排水工程 wastewater engineering

收集、输送、处理、再生污水和雨水的工程。

2.0.2

雨水系统 stormwater system

下渗、蓄滞、收集、输送、处理和利用雨水的设施以一定方式组合成的总体,涵盖从雨水径流的产生到末端排放的全过程管理及预警和应急措施等。

2.0.3

污水系统 wastewater system

收集、输送、处理、再生和处置城镇污水的设施以一定方式组合成的总体。

2.0.4

排水设施 wastewater facilities

排水工程中的管道、构筑物和设备等的统称。

2.0.5

合流制溢流 combined sewer overflow(CSO)

合流制排水系统降雨时,超过截流能力而排入水体的合流污水。

2.0.6

径流污染 runoff pollution

通过降雨和地表径流冲刷,将大气和地表中的污染物带入受纳水体,使受纳水体遭受污染的现象,是城市面源污染的主要来源。

2.0.7

年径流总量控制率 volume capture ratio of annual rainfall

通过自然与人工强化的渗透、滞蓄、净化等方式控制城市建设下垫面的降雨径流,得到控制的年均降雨量与年均降雨总量的比值。

2.0.8

低影响开发 low impact development(LID)

强调城镇开发应减少对环境的影响,其核心是基于源头控制和降低冲击负荷的理念,构建与自然相适应的排水系统,合理利用空间和采取相应措施削减暴雨径流产生的峰值和总量,延缓峰值流量出现时间,减少城镇面源污染。

2.0.9

旱流污水 dry weather flow(DWF)

晴天时的城镇污水,包括综合生活污水量、工业废水量和入渗地下水量。

2.0.10

旱季设计流量 maximum dry weather flowrate

晴天时最高日最高时的城镇污水量。

2.0.11

雨季设计流量 wet weather flowrate

分流制的雨季设计流量是旱季设计流量和截流雨水量的总和。合流制的雨季设计流量就是截流后的合流污水量。

2.0.12

截流雨水量 intercepted stormwater

排水系统中截流的雨水,这部分雨水通过污水管道送至城镇污水处理厂,以控制城镇地表径流污染。

2.0.13

综合生活污水量变化系数 overall peaking factor

最高日最高时污水量与平均日平均时污水量的比值。

2.0.14

径流量 runoff

降落到地面的雨水超出一定区域内地面渗透、滞蓄能力后多余水量,由地面汇流至管渠到受纳水体的流量的统称。

2.0.15

雨水管渠设计重现期 recurrence interval for storm sewer design

用于进行雨水管渠设计的暴雨重现期。

2.0.16

内涝防治设计重现期 recurrence interval for urban flooding design

用于进行城镇内涝防治系统设计的暴雨重现期,使地面、道路等区域的积水深度和退水时间不超过一定的标准。

2.0.17

内涝 urban flooding, local flooding

强降雨或连续性降雨超过城镇排水能力,导致城镇地面产生积水灾害的现象。

2.0.18

内涝防治系统 urban flooding prevention and control system

用于防止和应对城镇内涝的工程性设施和非工程性措施以一定方式组合成的总体,包括雨水收集、输送、调蓄、行泄、处理、利用的天然和人工设施及管理措施等。

2.0.19

渗透管渠 percolation underdrain

用于雨水下渗、转输或临时储存的管渠。

2.0.20

格栅除污机 bar screen machine

用机械的方法,将格栅截留的栅渣清捞出的机械。

2.0.21

辐流沉淀池 radial flow settling tank

污水沿径向减速流动,使污水中的固体物沉降的水池。

2.0.22

斜管(板)沉淀池 inclined tube(plate)settling tank

水池中加斜管(板),使污水中的固体物高效沉降的水池。

2.0.23

高效沉淀池 high efficiency settling tank

通过污水与回流污泥混合、絮凝增大悬浮物尺寸或添加砂、磁粉等重介质提高絮凝体密度,以加速沉降的水池。

2.0.24

厌氧/缺氧/好氧脱氮除磷工艺 anaerobic/anoxic/oxic process

污水经过厌氧、缺氧、好氧交替状态处理,提高总氮和总磷去除率的生物处理,也称AAO或A^2O工艺。

2.0.25

充水比 fill ratio

序批式活性污泥法工艺一个周期中,进入反应池的污水量与反应池有效容积之比。

2.0.26

膜生物反应器 membrane bioreactor(MBR)

将生物反应与膜过滤相结合,利用膜作为分离介质替代常规重力沉淀进行固液分离获得出水的污水处理系统。

2.0.27

表面硝化负荷 surface nitrification loading rate

生物反应池单位面积单位时间承担的氨氮千克数。其计量单位通常以$NH_3-N/(m^2 \cdot d)$表示。

2.0.28

移动床生物膜反应器 moving bed biofilm reactor(MBBR)

依靠在水流和气流作用下处于流化态的载体表面的生物膜对污染物吸附、氧化和分解，使污水得以净化的污水处理构筑物。

2.0.29

填充率 filling ratio

生物膜反应器内，填料的体积和填料所在反应区池容的比例。

2.0.30

有效比表面积 effective specific surface area

在移动床生物膜反应器内单位体积悬浮载体填料上可供生物膜附着生长，且保证良好传质和保护生物膜不被冲刷的表面积。

2.0.31

转盘滤池 disc filter

由水平轴串起若干彼此平行、包裹着滤布、中空的过滤转盘进行污水过滤的装置。

2.0.32

表面流人工湿地 free surface flow constructed wetland

污水以水平流方式从湿地的首段流至末端，且内部不设置填料的人工湿地。

2.0.33

水平潜流人工湿地 horizontal subsurface flow constructed wetland

污水以水平流方式从湿地的首端流至末端，且内部设置填料的人工湿地。

2.0.34

垂直潜流人工湿地 vertical subsurface flow constructed wetland

污水以垂直流方式从湿地的顶部流至底部或者从底部流至顶部，且内部设置填料的人工湿地。

2.0.35

紫外线有效剂量 effective ultraviolet dose

经生物验定测试得到的照射到生物体上的紫外线量(即紫外线生物验定剂量)。

2.0.36

污泥干化 sludge drying

通过渗滤或蒸发等作用，从脱水污泥中去除水分的过程。

2.0.37

污泥好氧发酵 sludge compost

在充分供氧的条件下，污泥在好氧微生物的作用下产生较高温度使有机物生物降解及无害化，最终生成性质稳定腐殖化产物的过程。

2.0.38

污泥综合利用 sludge integrated application

将处理后的污泥作为有用的原材料在各种用途上加以利用的方法。

2.0.39

除臭系统 odor control system

将臭气从源头收集、处理到末端排放的设施，包括臭气源加盖、臭气收集、臭气处理和处理后排放等。

3 排水工程

3.1 一般规定

3.1.1 排水工程包括雨水系统和污水系统，应遵循从源头到末端的全过程管理和控制。雨水系统和污水系统应相互配合、有效衔接。

3.1.2 排水体制(分流制或合流制)的选择应根据城镇的总体规划，结合当地的气候特征、地形特点、水文条件、水体状况、原有排水设施、污水处理程度和处理后再生利用等因地制宜地确定，并应符合下列规定：

1 同一城镇的不同地区可采用不同的排水体制。

2 除降雨量少的干旱地区外，新建地区的排水系统应采用分流制。

3 分流制排水系统禁止污水接入雨水管网，并应采取截流、调蓄和处理等措施控制径流污染。

4 现有合流制排水系统应通过截流、调蓄和处理等措施，控制溢流污染，还应按城镇排水规划的要求，经方案比较后实施雨污分流改造。

3.2 雨水系统

3.2.1 雨水系统应包括源头减排、排水管渠、排涝除险等工程性措施和应急管理的非工程性措施，并应与防洪设施相衔接。

3.2.2 源头减排设施应有利于雨水就近入渗、调蓄或收集利用，降低雨水径流总量和峰值流量，控制径流污染。

3.2.3 排水管渠设施应确保雨水管渠设计重现期下雨水的转输、调蓄和排放，并应考虑受纳水体水位的影响。

3.2.4 源头减排设施、排水管渠设施和排涝除险设施应作为整体系统校核，满足内涝防治设计重现期的设计要求。

3.2.5 雨水系统设计应采取工程性和非工程性措施加强城镇应对超过内涝防治设计重现期降雨的韧性，并应采取应急措施避免人员伤亡。灾后应迅速恢复城镇正常秩序。

3.2.6 受有害物质污染场地的雨水径流应单独收集处理，并应达到国家现行相关标准后方可排入排水管渠。

3.2.7 雨水系统设计应采取措施防止洪水对城镇排水工程的影响。

3.3 污水系统

3.3.1 污水系统应包括收集管网、污水处理、深度和再生处理与污泥处理处置设施。

3.3.2 城镇所有用水过程产生的污水和受污染的雨水径流应纳入污水系统。配套管网应同步建设和同步投运，实现厂网一体化建设和运行。

3.3.3 排入城镇污水管网的污水水质必须符合国家现行标准的规定，不应影响城镇排水管渠和污水厂等的正常运行；不应对养护管理人员造成危害；不应影响处理后出水的再生利用和安全排放；不应影响污泥的处理和处置。

3.3.4 工业园区的污、废水应优先考虑单独收集、处理，并应达标后排放。

3.3.5 污水系统设计应有防止外来水进入的措施。

3.3.6 城镇已建有污水收集和集中处理设施时，分流制排水系统不应设置化粪池。

3.3.7 污水处理应根据国家现行相关排放标准、污水水质特征、处理后出水用途等科学确定污水处理程度,合理选择处理工艺。

3.3.8 污水处理中排放的污水、污泥、臭气和噪声应符合国家现行标准的规定。

3.3.9 再生水处理目标应根据国家现行标准和再生水规划确定。

3.3.10 城镇污水厂应同步建设污泥处理处置设施,并应进行减量化、稳定化和无害化处理,在保证安全、环保和经济的前提下,实现污泥的能源和资源利用。

3.3.11 排水工程设计应妥善处理污水与再生水处理及污泥处理过程中产生的固体废弃物,应防止对环境的二次污染。

4 设计流量和设计水质

4.1 设计流量

Ⅰ 雨水量

4.1.1 源头减排设施的设计水量应根据年径流总量控制率确定,并应明确相应的设计降雨量,可按本标准附录A的规定进行计算。

4.1.2 当降雨量小于规划确定的年径流总量控制率所对应的降雨量时,源头减排设施应能保证不直接向市政雨水管渠排放未经控制的雨水。

4.1.3 雨水管渠的设计流量应根据雨水管渠设计重现期确定。雨水管渠设计重现期应根据汇水地区性质、城镇类型、地形特点和气候特征等因素,经技术经济比较后按表4.1.3的规定取值,并明确相应的设计降雨强度,且应符合下列规定:

表4.1.3 雨水管渠设计重现期(年)

城镇类型	城区类型			
	中心城区	非中心城区	中心城区的重要地区	中心城区地下通道和下沉式广场等
超大城市和特大城市	3~5	2~3	5~10	30~50
大城市	2~5	2~3	5~10	20~30
中等城市和小城市	2~3	2~3	3~5	10~20

注:1 表中所列设计重现期适用于采用年最大值法确定的暴雨强度公式。
2 雨水管渠按重力流、满管流计算。
3 超大城市指城区常住人口在1000万人以上的城市;特大城市指城区常住人口在500万人以上1000万人以下的城市;大城市指城区常住人口在100万人以上500万人以下的城市;中等城市指城区常住人口在50万人以上100万人以下的城市;小城市指城区常住人口在50万人以下的城市(以上包括本数,以下不包括本数)。

1 人口密集、内涝易发且经济条件较好的城镇,应采用规定的设计重现期上限;

2 新建地区应按规定的设计重现期执行,既有地区应结合海绵城市建设、地区改建、道路建设等校核、更新雨水系统,并按规定设计重现期执行;

3 同一雨水系统可采用不同的设计重现期;

4 中心城区下穿立交道路的雨水管渠设计重现期应按表4.1.3中"中心城区地下通道和下沉式广场等"的规定执行,非中心城区下穿立交道路的雨水管渠设计重现期不应小于10年,高架道路雨水管渠设计重现期不应小于 5 年。

4.1.4 排涝除险设施的设计水量应根据内涝防治设计重现期及对应的最大允许退水时间确定。内涝防治设计重现期应根据城镇类型、积水影响程度和内河水位变化等因素，经技术经济比较后按表 4.1.4 的规定取值，并明确相应的设计降雨量，且应符合下列规定：

1 人口密集、内涝易发且经济条件较好的城市，应采用规定的设计重现期上限；

2 目前不具备条件的地区可分期达到标准；

3 当地面积水不满足表 4.1.4 的要求时，应采取渗透、调蓄、设置行泄通道和内河整治等措施；

4 超过内涝设计重现期的暴雨应采取应急措施。

表 4.1.4 内涝防治设计重现期(年)

城镇类型	重现期	地面积水设计标准
超大城市	100	1 居民住宅和工商业建筑物的底层不进水； 2 道路中一条车道的积水深度不超过 15 cm
特大城市	50～100	
大城市	30～50	
中等城市和小城市	20～30	
注：详见表 4.1.3 的注 3。		

4.1.5 内涝防治设计重现期下的最大允许退水时间应符合表 4.1.5 的规定。人口密集、内涝易发、特别重要且经济条件较好的城区，最大允许退水时间应采用规定的下限。交通枢纽的最大允许退水时间应为 0.5 h。

表 4.1.5 内涝防治设计重现期下的最大允许退水时间(h)

城区类型	中心城区	非中心城区	中心城区的重要地区
最大允许退水时间	1.0～3.0	1.5～4.0	0.5～2.0
注：本标准规定的最大允许退水时间为雨停后的地面积水的最大允许排干时间。			

4.1.6 当地区改建时，改建后相同设计重现期的径流量不得超过原径流量。

4.1.7 当采用推理公式法时，排水管渠的雨水设计流量应按下式计算。当汇水面积大于 2 km^2 时，应考虑区域降雨和地面渗透性能的时空分布不均匀性和管网汇流过程等因素，采用数学模型法确定雨水设计流量。

$$Q_s = q\Psi F \qquad (4.1.7)$$

式中：Q_s ——雨水设计流量(L/s)；

q ——设计暴雨强度[L/(hm^2·s)]；

Ψ ——综合径流系数；

F ——汇水面积(hm^2)。

4.1.8 综合径流系数应严格按规划确定的控制，并应符合下列规定：

1 综合径流系数高于 0.7 的地区应采用渗透、调蓄等措施。

2 综合径流系数可根据表 4.1.8－1 规定的径流系数，通过地面种类加权平均计算得到，也可按表 4.1.8－2 的规定取值，并应核实地面种类的组成和比例。

3 采用推理公式法进行内涝防治设计校核时，宜提高表 4.1.8－1 中规定的径流系数。当设计重现期为 20 年～30 年时，宜将径流系数提高 10%～15%；当设计重现期为 30 年～50 年时，宜将径流系数提高 20%～25%；当设计重现期为 50 年～100 年时，宜将径流系数提高 30%～50%；当计算的径流系数大于 1 时，应按 1 取值。

表 4.1.8-1 径流系数

地面种类	径流系数
各种屋面、混凝土或沥青路面	0.85～0.95
大块石铺砌路面或沥青表面各种的碎石路面	0.55～0.65
级配碎石路面	0.40～0.50
干砌砖石或碎石路面	0.35～0.40
非铺砌土路面	0.25～0.35
公园或绿地	0.10～0.20

表 4.1.8-2 综合径流系数

区域情况	综合径流系数
城镇建筑密集区	0.60～0.70
城镇建筑较密集区	0.45～0.60
城镇建筑稀疏区	0.20～0.45

4.1.9 设计暴雨强度应按下式计算：

$$q=\frac{167A_1(1+C\lg P)}{(t+b)^n} \qquad (4.1.9)$$

式中：q ——设计暴雨强度[L/(hm²·s)]；

P ——设计重现期(年)；

t ——降雨历时(min)；

A_1,C,b,n ——参数，根据统计方法进行计算确定。

具有 20 年以上自记雨量记录的地区，排水系统设计暴雨强度公式应采用年最大值法，并应按本标准附录 B 的规定编制。

4.1.10 暴雨强度公式应根据气候变化进行修订。

4.1.11 雨水管渠的降雨历时应按下式计算：

$$t=t_1+t_2 \qquad (4.1.11)$$

式中：t ——降雨历时(min)；

t_1 ——地面集水时间(min)，应根据汇水距离、地形坡度和地面种类通过计算确定，宜采用 5 min～15 min；

t_2 ——管渠内雨水流行时间(min)。

Ⅱ 污水量

4.1.12 污水系统设计中应确定旱季设计流量和雨季设计流量。

4.1.13 分流制污水系统的旱季设计流量应按下式计算：

$$Q_{dr}=KQ_d+K'Q_m+Q_u \qquad (4.1.13)$$

式中：Q_{dr}——旱季设计流量(L/s)；

K——综合生活污水量变化系数；

Q_d——设计综合生活污水量(L/s)；

K'——工业废水量变化系数；

Q_m——设计工业废水量(L/s)；

Q_u——入渗地下水量(L/s)，在地下水位较高地区，应予以考虑。

4.1.14 综合生活污水定额应根据当地采用的用水定额，结合建筑内部给排水设施水平确定，可按当地相关用水定额的90%采用。

4.1.15 综合生活污水量变化系数可根据当地实际综合生活污水量变化资料确定。无测定资料时，新建项目可按表4.1.15的规定取值；改、扩建项目可根据实际条件，经实际流量分析后确定，也可按表4.1.15的规定，分期扩建。

表4.1.15 综合生活污水量变化系数

平均日流量(L/s)	5	15	40	70	100	200	500	≥1000
变化系数	2.7	2.4	2.1	2.0	1.9	1.8	1.6	1.5
注：当污水平均日流量为中间数值时，变化系数可用内插法求得。								

4.1.16 设计工业废水量应根据工业企业工艺特点确定，工业企业的生活污水量应符合现行国家标准《建筑给水排水设计标准》GB 50015的有关规定。

4.1.17 工业废水量变化系数应根据工艺特点和工作班次确定。

4.1.18 入渗地下水量应根据地下水位情况和管渠性质经测算后研究确定。

4.1.19 分流制污水系统的雨季设计流量应在旱季设计流量基础上，根据调查资料增加截流雨水量。

4.1.20 分流制截流雨水量应根据受纳水体的环境容量、雨水受污染情况、源头减排设施规模和排水区域大小等因素确定。

4.1.21 分流制污水管道应按旱季设计流量设计，并在雨季设计流量下校核。

4.1.22 截流井前合流管道的设计流量应按下式计算：

$$Q=Q_d+Q_m+Q_s \qquad (4.1.22)$$

式中：Q——设计流量(L/s)；

Q_d——设计综合生活污水量(L/s)；

Q_m——设计工业废水量(L/s)；

Q_s——雨水设计流量(L/s)。

4.1.23 合流污水的截流量应根据受纳水体的环境容量，由溢流污染控制目标确定。截流的合流污水可输送至污水厂或调蓄设施。输送至污水厂时，设计流量应按下式计算：

$$Q'=(n_0+1)\times(Q_d+Q_m) \qquad (4.1.23)$$

式中：Q'——截流后污水管道的设计流量(L/s)；

n_0——截流倍数。

4.1.24 截流倍数应根据旱流污水的水质、水量、受纳水体的环境容量和排水区域大小等因素经计算确定，宜采用2～5，并宜采取调蓄等措施，提高截流标准，减少合流制溢流污染对河道的影响。同一排水系统中可采用不同截流倍数。

4.2 设计水质

4.2.1 城镇污水的设计水质应根据调查资料确定，或参照邻近城镇、类似工业区和居住区的水质确定。当无调查资料时，可按下列规定采用：

1 生活污水的五日生化需氧量可按40 g/(人·d)～60 g/(人·d)计算；

2 生活污水的悬浮固体量可按40 g/(人·d)～70 g/(人·d)计算；

3 生活污水的总氮量可按8 g/(人·d)～12 g/(人·d)计算；

4 生活污水的总磷量可按0.9 g/(人·d)～2.5 g(人·d)计算。

4.2.2 污水厂内生物处理构筑物进水的水温宜为10 ℃～37 ℃，pH值宜为6.5～9.5，营养组合比(五日生化需氧量：氮：磷)可为100：5：1。有工业废水进入时，应考虑有害物质的影响。

5 排水管渠和附属构筑物

5.1 一般规定

5.1.1 排水管渠系统应根据城镇总体规划和建设情况统一布置，分期建设。排水管渠断面尺寸应按远期规划设计流量设计，按现状水量复核，并考虑城镇远景发展的需要。

5.1.2 管渠平面位置和高程应根据地形、土质、地下水位、道路情况、原有的和规划的地下设施、施工条件及养护管理方便等因素综合考虑确定，并应与源头减排设施和排涝除险设施的平面和竖向设计相协调，且应符合下列规定：

1 排水干管应布置在排水区域内地势较低或便于雨污水汇集的地带；

2 排水管宜沿城镇道路敷设，并与道路中心线平行，宜设在快车道以外；

3 截流干管宜沿受纳水体岸边布置；

4 管渠高程设计除应考虑地形坡度外，尚应考虑与其他地下设施的关系及接户管的连接方便。

5.1.3 污水和合流污水收集输送时，不应采用明渠。

5.1.4 管渠材质、管渠断面、管道基础、管道接口应根据排水水质、水温、冰冻情况、断面尺寸、管内外所受压力、土质、地下水位、地下水侵蚀性、施工条件和对养护工具的适应性等因素进行选择和设计。

5.1.5 输送污水、合流污水的管道应采用耐腐蚀材料，其接口和附属构筑物应采取相应的防腐蚀措施。

5.1.6 排水管渠的断面形状应符合下列规定：

1 排水管渠的断面形状应根据设计流量、埋设深度、工程环境条件，并结合当地施工、制管技术水平和经济条件、养护管理要求综合确定，宜优先选用成品管；

2 大型和特大型管渠的断面应方便维修、养护和管理。

5.1.7 当输送易造成管道内沉析的污水时，管道断面形式应考虑维护检修的方便。

5.1.8 雨水管渠和合流管道除应满足雨水管渠设计重现期标准外，尚应与城镇内涝防治系统中的其他设施相协调，并应满足内涝防治的要求。

5.1.9 合流管道的雨水设计重现期可高于同一情况下的雨水管渠设计重现期。

5.1.10 排水管渠系统的设计应以重力流为主，不设或少设提升泵站。当无法采用重力流或重力流不经济时，可采用压力流。

5.1.11 雨水管渠系统的设计宜结合城镇总体规划，利用水体调蓄雨水，并宜根据控制径流污染、削减径流峰值流量、提高雨水利用程度的需求，设置雨水调蓄和处理设施。

5.1.12 污水、合流管道及湿陷土、膨胀土、流沙地区的雨水管道和附属构筑物应保证其严密性，并应进行严密性试验。

5.1.13 当排水管渠出水口受水体水位顶托时，应根据地区重要性和积水所造成的后果，设置防潮门、闸门或泵站等设施。

5.1.14 排水管渠系统之间可设置连通管，并应符合下列规定：

1 雨水管渠系统和合流管道系统之间不得设置连通管。

2 雨水管渠系统之间或合流管道系统之间可根据需要设置连通管，在连通管处应设闸槽或闸门。连通管和附近闸门井应考虑维护管理的方便。

3 同一圩区内排入不同受纳水体的自排雨水系统之间，根据受纳水体和管道标高情况，在安全前提下可设置连通管。

5.1.15 有条件地区，污水输送干管之间应设置连通管。

5.2 水力计算

5.2.1 排水管渠的流量应按下式计算：

$$Q=Av \qquad (5.2.1)$$

式中：Q ——设计流量(m^3/s)；

A ——水流有效断面面积(m^2)；

v ——流速(m/s)。

5.2.2 恒定流条件下排水管渠的流速应按下式计算：

$$v=\frac{1}{n}R^{\frac{2}{3}}I^{\frac{1}{2}} \qquad (5.2.2)$$

式中：v ——流速(m/s)；

R——水力半径(m)；

I ——水力坡降；

n ——粗糙系数。

5.2.3 排水管渠粗糙系数宜按表5.2.3的规定取值。

表5.2.3 排水管渠粗糙系数

管渠类别	粗糙系数 n	管渠类别	粗糙系数 n
混凝土管、钢筋混凝土管、水泥砂浆抹面渠道	0.013～0.014	土明渠(包括带草皮)	0.025～0.030
水泥砂浆内衬球墨铸铁管	0.011～0.012	干砌块石渠道	0.020～0.025
石棉水泥管、钢管	0.012	浆砌块石渠道	0.017
UPVC管、PE管、玻璃钢管	0.009～0.010	浆砌砖渠道	0.015

5.2.4 排水管渠的最大设计充满度和超高应符合下列规定：

1　重力流污水管道应按非满流计算，其最大设计充满度应按表5.2.4的规定取值。

表5.2.4　排水管渠的最大设计充满度

管径或渠高(mm)	最大设计充满度
200～300	0.55
350～450	0.65
500～900	0.70
≥1000	0.75
注：在计算污水管道充满度时，不包括短时突然增加的污水量，但当管径小于或等于300 mm时，应按满流复核。	

2　雨水管道和合流管道应按满流计算。

3　明渠超高不得小于0.2 m。

5.2.5　排水管道的最大设计流速宜符合下列规定：

1　金属管道宜为10.0 m/s；

2　非金属管道宜为5.0 m/s，经试验验证可适当提高。

5.2.6　雨水明渠的最大设计流速应符合下列规定：

1　当水流深度为0.4 m～1.0 m时，宜按表5.2.6的规定取值。

表5.2.6　雨水明渠的最大设计流速(m/s)

明渠类别	最大设计流速
粗砂或低塑性粉质黏土	0.8
粉质黏土	1.0
黏土	1.2
草皮护面	1.6
干砌块石	2.0
浆砌块石或浆砌砖	3.0
石灰岩和中砂岩	4.0
混凝土	4.0

2　当水流深度小于0.4 m时，宜按表5.2.6所列最大设计流速乘以0.85计算；当水流深度大于1.0 m且小于2.0 m时，宜按表5.2.6所列最大设计流速乘以1.25计算；当水流深度不小于2.0 m时，宜按表5.2.6所列最大设计流速乘以1.40计算。

5.2.7　排水管渠的最小设计流速应符合下列规定：

1　污水管道在设计充满度下应为0.6 m/s；

2　雨水管道和合流管道在满流时应为0.75 m/s；

3　明渠应为0.4 m/s；

4　设计流速不满足最小设计流速时，应增设防淤积或清淤措施。

5.2.8　压力输泥管的最小设计流速可按表5.2.8的规定取值。

表5.2.8　压力输泥管的最小设计流速(m/s)

污泥含水率(%)	最小设计流速	
	管径(mm)	
	150～250	300～400
90	1.5	1.6
91	1.4	1.5
92	1.3	1.4
93	1.2	1.3
94	1.1	1.2
95	1.0	1.1
96	0.9	1.0
97	0.8	0.9
98	0.7	0.8

5.2.9　排水管道采用压力流时,压力管道的设计流速宜采用0.7 m/s～2.0 m/s。

5.2.10　排水管道的最小管径和相应最小设计坡度,宜按表5.2.10的规定取值。

表5.2.10　最小管径和相应最小设计坡度

管道类别	最小管径(mm)	相应最小设计坡度
污水管、合流管	300	0.003
雨水管	300	塑料管0.002,其他管0.003
雨水口连接管	200	0.010
压力输泥管	150	—
重力输泥管	200	0.010

5.2.11　管道在坡度变陡处,其管径可根据水力计算确定,由大变小,但不得超过2级,且不得小于相应条件下的最小管径。

5.3　管道

5.3.1　不同直径的管道在检查井内的连接应采用管顶平接或水面平接。

5.3.2　管道转弯和交接处,其水流转角不应小于90°。当管径小于或等于300 mm且跌水水头大于0.3 m时,可不受此限制。

5.3.3　管道地基处理、基础形式和沟槽回填土压实度应根据管道材质、管道接口和地质条件确定,并应符合国家现行标准的规定。

5.3.4　管道接口应根据管道材质和地质条件确定,并应符合现行国家标准《室外给水排水和燃气热力工程抗震设计规范》GB 50032的有关规定。当管道穿过粉砂、细砂层并在最高地下水位以下,或在地震设防烈度为7度及以上设防区时,应采用柔性接口。

5.3.5 当矩形钢筋混凝土箱涵敷设在软土地基或不均匀地基上时,宜采用钢带橡胶止水圈结合上下企口式接口形式。

5.3.6 排水管道设计时,应防止在压力流情况下使接户管发生倒灌。

5.3.7 管顶最小覆土深度应根据管材强度、外部荷载、土壤冰冻深度和土壤性质等条件,结合当地埋管经验确定:人行道下宜为 0.6 m,车行道下宜为 0.7 m。管顶最大覆土深度超过相应管材承受规定值或最小覆土深度小于规定值时,应采用结构加强管材或采用结构加强措施。

5.3.8 冰冻地区的排水管道宜埋设在冰冻线以下。当该地区或条件相似地区有浅埋经验或采取相应措施时,也可埋设在冰冻线以上,其浅埋数值应根据该地区经验确定,但应保证排水管道安全运行。

5.3.9 道路红线宽度超过 40 m 的城镇干道宜在道路两侧布置排水管道。

5.3.10 污水管道和合流管道应根据需要设置通风设施。

5.3.11 管道的排气、排空装置应符合下列规定:

1 重力流管道系统可设排气装置,在倒虹管、长距离直线输送后变化段宜设排气装置;

2 压力管道应考虑水锤的影响,在管道的高点及每隔一定距离处,应设排气装置;

3 排气装置可采用排气井、排气阀等,排气井的建筑应与周边环境相协调;

4 在管道的低点及每隔一定距离处,应设排空装置。

5.3.12 承插式压力管道应根据管径、流速、转弯角度、试压标准和接口摩擦力等因素,通过计算确定是否在垂直或水平方向转弯处设置支墩。

5.3.13 压力管道接入自流管渠时,应设置消能设施。

5.3.14 管道的施工方法,应根据管道所处土层性质、埋深、管径、地下水位、附近地下和地上建筑物等因素,经技术经济比较,确定是否采用开槽、顶管或盾构施工等。

5.4 检查井

5.4.1 检查井的位置应设在管道交汇处、转弯处、管径或坡度改变处、跌水处及直线管段上每隔一定距离处。

5.4.2 污水管道、雨水管道和合流管道的检查井井盖应有标识。

5.4.3 检查井宜采用成品井,其位置应充分考虑成品管节的长度,避免现场切割。检查井不得使用实心黏土砖砌检查井。砖砌和钢筋混凝土检查井应采用钢筋混凝土底板。

5.4.4 检查井在直线管段的最大间距应根据疏通方法等的具体情况确定,在不影响街坊接户管的前提下,宜按表 5.4.4 的规定取值。无法实施机械养护的区域,检查井的间距不宜大于 40 m。

表 5.4.4 检查井在直线段的最大间距

管径(mm)	300~600	700~1000	1100~1500	1600~2000
最大间距(m)	75	100	150	200

5.4.5 检查井各部尺寸应符合下列规定:

1 井口、井筒和井室的尺寸应便于养护和检修,爬梯和脚窝的尺寸、位置应便于检修和上下安全;

2 检修室高度在管道埋深许可时宜为 1.8 m,污水检查井由流槽顶起算,雨水(合流)检查井由管底起算。

5.4.6 检查井井底应设流槽。污水检查井流槽顶可与大管管径的85%处相平,雨水(合流)检查井流槽顶可与大管管径的50%处相平。流槽顶部宽度宜满足检修要求。

5.4.7 在管道转弯处,检查井内流槽中心线的弯曲半径应按转角大小和管径大小确定,但不宜小于大管管径。

5.4.8 位于车行道的检查井应采用具有足够承载力和稳定性良好的井盖与井座。

5.4.9 设置在主干道上检查井的井盖基座和井体应避免不均匀沉降。

5.4.10 检查井应采用具有防盗功能的井盖。位于路面上的井盖,宜与路面持平;位于绿化带内井盖,不应低于地面。

5.4.11 检查井应安装防坠落装置。

5.4.12 在污水干管每隔适当距离的检查井内,可根据需要设置闸槽。

5.4.13 接入检查井的支管(接户管或连接管)管径大于300 mm时,支管数不宜超过3条。

5.4.14 检查井和管道接口处应采取防止不均匀沉降的措施。

5.4.15 检查井和塑料管道的连接应符合现行国家标准《室外给水排水和燃气热力工程抗震设计规范》GB 50032的有关规定。

5.4.16 在排水管道每隔适当距离的检查井内、泵站前一检查井内和每一个街坊接户井内,宜设置沉泥槽并考虑沉积淤泥的处理处置。沉泥槽深度宜为0.5 m～0.7 m。设沉泥槽的检查井内可不做流槽。

5.4.17 在压力管道上应设置压力检查井。

5.4.18 高流速排水管道坡度突然变化的第一座检查井宜采用高流槽排水检查井,并采取增强井筒抗冲击和冲刷能力的措施,井盖宜采用排气井盖。

5.5 跌水井

5.5.1 管道跌水水头为1.0 m～2.0 m时,宜设跌水井;跌水水头大于2.0 m时,应设跌水井。管道转弯处不宜设跌水井。

5.5.2 跌水井的进水管管径不大于200 mm时,一次跌水水头高度不得大于6 m;管径为300 mm～600 mm时,一次跌水水头高度不宜大于4 m,跌水方式可采用竖管或矩形竖槽;管径大于600 mm时,其一次跌水水头高度和跌水方式应按水力计算确定。

5.5.3 污水和合流管道上的跌水井,宜设排气通风措施,并应在该跌水井和上下游各一个检查井的井室内部及这三个检查井之间的管道内壁采取防腐蚀措施。

5.6 水封井

5.6.1 当工业废水能产生引起爆炸或火灾的气体时,其管道系统中必须设置水封井。水封井位置应设在产生上述废水的排出口处及其干管上适当间隔距离处。

5.6.2 水封深度不应小于0.25 m,井上宜设通风设施,井底应设沉泥槽。

5.6.3 水封井及同一管道系统中的其他检查井,均不应设在车行道和行人众多的地段,并应适当远离产生明火的场地。

5.7 雨水口

5.7.1 雨水口的形式、数量和布置,应按汇水面积所产生的流量、雨水口的泄水能力和道路形式确定。立箅式雨水口的宽度和平箅式雨水口的开孔长度、开孔方向应根据设计流量、道路纵坡和横坡等参数确定。合流制系统中的雨水口应采取防止臭气外逸的措施。

5.7.2 雨水口和雨水连接管流量应为雨水管渠设计重现期计算流量的1.5倍~3.0倍。

5.7.3 雨水口间距宜为25 m~50 m。连接管串联雨水口不宜超过3个。雨水口连接管长度不宜超过25 m。

5.7.4 道路横坡坡度不应小于1.5%,平箅式雨水口的箅面标高应比周围路面标高低3 cm~5 cm,立箅式雨水口进水处路面标高应比周围路面标高低5 cm。

5.7.5 当考虑道路排水的径流污染控制时,雨水口应设置在源头减排设施中。其箅面标高应根据雨水调蓄设计要求确定,且应高于周围绿地平面标高。

5.7.6 当道路纵坡大于2%时,雨水口的间距可大于50 m,其形式、数量和布置应根据具体情况和计算确定。坡段较短时可在最低点处集中收水,其雨水口的数量或面积应适当增加。

5.7.7 雨水口深度不宜大于1 m,并根据需要设置沉泥槽。遇特殊情况需要浅埋时,应采取加固措施。有冻胀影响地区的雨水口深度,可根据当地经验确定。

5.7.8 雨水口宜采用成品雨水口。

5.7.9 雨水口宜设置防止垃圾进入雨水管渠的装置。

5.8 截流设施

5.8.1 合流污水的截流可采用重力截流和水泵截流。

5.8.2 截流设施的位置应根据溢流污染控制要求、污水截流干管位置、合流管道位置、调蓄池布局、溢流管下游水位高程和周围环境等因素确定。

5.8.3 截流井宜采用槽式,也可采用堰式或槽堰结合式。管渠高程允许时,应选用槽式,当选用堰式或槽堰结合式时,堰高和堰长应进行水力计算。

5.8.4 截流井溢流水位应在设计洪水位或受纳管道设计水位以上,当不能满足要求时,应设置闸门等防倒灌设施,并应保证上游管渠在雨水设计流量下的排水安全。

5.8.5 截流井内宜设流量控制设施。

5.9 出水口

5.9.1 排水管渠出水口位置、形式和出口流速应根据受纳水体的水质要求、水体流量、水位变化幅度、水流方向、波浪状况、稀释自净能力、地形变迁和气候特征等因素确定。

5.9.2 出水口应采取防冲刷、消能、加固等措施,并设置警示标识。

5.9.3 受冻胀影响地区的出水口应考虑采用耐冻胀材料砌筑,出水口的基础应设在冰冻线以下。

5.10 立体交叉道路排水

5.10.1 立体交叉道路排水应排除汇水区域的地面径流水和影响道路功能的地下水,其形式应根据当地规划、现场水文地质条件、立交形式等工程特点确定。

5.10.2 立体交叉道路排水系统的设计应符合下列规定:

1 同一立体交叉道路的不同部位可采用不同的重现期;高架道路雨水管渠设计重现期不应小于地面道路雨水管渠设计重现期。

2 地面集水时间应根据道路坡长、坡度和路面粗糙度等计算确定,宜为2 min~10 min。

3 综合径流系数宜为0.9~1.0。

4 下穿立交道路的地面径流,具备自流条件的,可采用自流排除,不具备自流条件的,应设泵站排除。

5 当采用泵站排除地面径流时，应校核泵站和配电设备的安全高度，采取措施防止变配电设施受淹。

6 立体交叉道路宜采用高水高排、低水低排且互不连通的系统，并应采取措施，封闭汇水范围，避免客水汇入。

7 下穿立交道路宜设置横截沟和边沟。横截沟设置应考虑清淤和沉泥。横截沟盖和边沟盖的设置，应保证车辆和行人的安全。

8 宜采取设置调蓄池等综合措施达到规定的设计重现期。

5.10.3 下穿立交道路排水应设置独立的排水系统，并防止倒灌。当没有条件设置独立排水系统时，受纳排水系统应能满足地区和立交排水设计流量要求。

5.10.4 高架道路雨水管道宜设置单独的收集管和出水口。

5.10.5 立体交叉道路排水系统宜控制径流污染。

5.10.6 高架道路雨水口的间距宜为 20 m～30 m。每个雨水口应单独用立管引至地面排水系统。雨水口的人口应设置格网。

5.10.7 当下穿立交道路的最低点位于地下水位以下时，应采取排水或控制地下水的措施。

5.10.8 下穿立交道路应设置地面积水深度标尺、标识线和提醒标语等警示标识。

5.10.9 下穿立交道路宜设置积水自动监测和报警装置。

5.11 倒虹管

5.11.1 通过河道的倒虹管不宜少于两条；通过谷地、旱沟或小河的倒虹管可采用一条。通过障碍物的倒虹管，尚应符合与该障碍物相交的有关规定。

5.11.2 倒虹管的设计应符合下列规定：

1 最小管径宜为 200 mm。

2 管内设计流速应大于 0.9 m/s，并应大于进水管内的流速；当管内设计流速不能满足上述要求时，应增加定期冲洗措施，冲洗时流速不应小于 1.2 m/s。

3 倒虹管的管顶距规划河底距离不宜小于 1.0 m，通过航运河道时，其位置和管顶距规划河底距离应与当地航运管理部门协商确定，并设置标识，遇冲刷河床应考虑防冲措施。

4 倒虹管宜设置事故排出口。

5.11.3 倒虹管采用开槽埋管施工时，应根据管道材质、接口形式和地质条件，对管道基础进行加固或保护。刚性管道宜采用钢筋混凝土基础，柔性管道应采用包封措施。

5.11.4 合流管道设置倒虹管时，应按旱流污水量校核流速。

5.11.5 倒虹管进出水井的检修室净高宜高于 2 m。进出水井较深时，井内应设置检修台，其宽度应满足检修要求。当倒虹管为复线时，井盖的中心宜设在各条管道的中心线上。

5.11.6 倒虹管进出水井内应设置闸槽或闸门。

5.11.7 倒虹管进水井的前一检查井应设置沉泥槽。

5.12 渗透管渠

5.12.1 当采用渗透管渠进行雨水转输和临时储存时，应符合下列规定：

1 渗透管渠宜采用穿孔塑料、无砂混凝土等透水材料；

2 渗透管渠开孔率宜为 1%～3%，无砂混凝土管的孔隙率应大于 20%；

3 渗透管渠应设置预处理设施；

4 地面雨水进入渗透管渠处、渗透管渠交汇处、转弯处和直线管段每隔一定距离处应设置渗透检查井；

5 渗透管渠四周应填充砾石或其他多孔材料，砾石层外应包透水土工布，土工布搭接宽度不应小于 200 mm。

5.12.2 当渗透管渠用于雨水转输时，其敷设坡度应符合本标准中排水管渠的设计要求。渗透检查井的设置应符合本标准第 5.4 节的有关规定。

5.13 渠道

5.13.1 在地形平坦地区、埋设深度或出水口深度受限制的地区，可采用渠道（明渠或盖板渠）排除雨水。盖板渠宜就地取材，构造宜方便维护，渠壁可与道路侧石联合砌筑。

5.13.2 明渠和盖板渠的底宽不宜小于 0.3 m。无铺砌的明渠边坡，应根据不同的地质按表 5.13.2的规定取值；用砖石或混凝土块铺砌的明渠可采用 1：0.75～1：1 的边坡。

表 5.13.2 无铺砌的明渠边坡值

地质	边坡值
粉砂	1：3～1：3.5
松散的细砂、中砂和粗砂	1：2～1：2.5
密实的细砂、中砂、粗砂或黏质粉土	1：1.5～1：2
粉质黏土或黏土砾石或卵石	1：1.25～1：1.5
半岩性土	1：0.5～1：1
风化岩石	1：0.25～1：0.5
岩石	1：0.1～1：0.25

5.13.3 渠道和涵洞连接时，应符合下列规定：

1 渠道接入涵洞时，应考虑断面收缩、流速变化等因素造成明渠水面壅高的影响；

2 涵洞断面应按渠道水面达到设计超高时的泄水量计算；

3 涵洞两端应设置挡土墙，并护坡和护底；

4 涵洞宜采用矩形，当为圆管时，管底可适当低于渠底，其降低部分不计入过水断面。

5.13.4 渠道和管道连接处应设置挡土墙等衔接设施。渠道接入管道处应设置格栅。

5.13.5 明渠转弯处，其中心线的弯曲半径不宜小于设计水面宽度的 5 倍；盖板渠和铺砌明渠的弯曲半径可采用不小于设计水面宽度的 2.5 倍。

5.13.6 植草沟的设计参数应符合下列规定：

1 浅沟断面形式宜采用倒抛物线形、三角形或梯形。

2 植草沟的边坡坡度不宜大于 1：3。

3 植草沟的纵坡不宜大于 4%；当植草沟的纵向坡度大于 4%时，沿植草沟的横断面应设置节制堰。

4 植草沟最大流速应小于 0.8 m/s，粗糙系数宜为 0.2～0.3。

5 植草沟内植被高度宜为 100 mm～200 mm。

5.14 雨水调蓄设施

5.14.1 雨水调蓄设施可用于径流污染控制、径流峰值削减和雨水回用。

5.14.2 雨水调蓄设施的位置应根据调蓄目的、排水体制、管网布置、溢流管下游水位高程和周围环境等综合考虑后确定，有条件的地区应采用数学模型法进行方案优化。

5.14.3 用于合流制排水系统溢流污染控制的雨水调蓄设施的设计应符合下列规定：

1 应根据当地降雨特征、受纳水体环境容量、下游污水系统负荷和服务范围内源头减排设施规模等因素，合理确定年均溢流频次或年均溢流污染控制率，计算设计调蓄量，并应采用数学模型法进行复核。

2 应采用封闭结构的调蓄设施。

5.14.4 用于分流制排水系统径流污染控制的雨水调蓄设施的设计应按当地相关规划确定的年径流总量控制率、年径流污染控制率等目标计算调蓄量，并应以源头减排设施为主。

5.14.5 用于削减峰值流量的雨水调蓄设施的设计应符合下列规定：

1 应根据设计标准，分析设施上下游的流量过程线，经计算确定调蓄量。

2 应优先设置于地上，当地上空间紧张时，可设置在地下；当地上建筑密集且地下浅层空间无利用条件时，可采用深层调蓄设施。

3 当作为排涝除险设施时，应优先利用地上绿地、运动场、广场和滨河空间等开放空间设置为多功能调蓄设施，并应优化竖向设计，确保设计条件下径流的排入和降雨停止后的有序排出。

5.14.6 用于雨水利用的雨水调蓄设施的设计应根据降雨特征、用水需求和经济效益等确定有效容积。

5.14.7 敞开式调蓄设施的设计应符合下列规定：

1 调蓄水体近岸 2.0 m 范围内的常水位水深大于 0.7 m 时，应设置防止人员跌落的安全防护设施，并应有警示标识；

2 敞开式雨水调蓄设施的超高应大于 0.3 m，并应设置溢流设施。

5.14.8 调蓄设施的放空方式应根据调蓄设施的类型和下游排水系统的能力综合确定，可采用渗透排空、重力放空、水泵排空或多种放空方式相结合的方式，并应符合下列规定：

1 具有渗透功能的调蓄设施，其排空时间应根据土壤稳定入渗率和当地蒸发条件，经计算确定；采用绿地调蓄的设施，排空时间不应大于绿地中植被的耐淹时间。

2 采用重力放空的调蓄设施，出水管管径应根据放空时间确定，且出水管排水能力不应超过下游管渠排水能力。

5.14.9 封闭结构的雨水调蓄池应设置清洗、排气和除臭等附属设施和检修通道。

5.14.10 雨水调蓄池的清淤冲洗水和用于控制径流污染但不具备净化功能的雨水调蓄设施的出水应接入污水系统；当下游污水系统无接纳容量时，应对下游污水系统进行改造或设置就地处理设施。

5.15 管道综合

5.15.1 排水管道和其他地下管渠、建筑物、构筑物等相互间的位置应符合下列规定：

1 敷设和检修管道时，不应互相影响；

2 排水管道损坏时，不应影响附近建筑物、构筑物的基础，不应污染生活饮用水。

5.15.2 排水管道和其他地下管线(构筑物)的水平和垂直的最小净距,应根据其类型、高程、施工先后和管线损坏后果等因素,按当地城市管道综合规划确定,也可按本标准附录C的规定采用。

5.15.3 **污水管道、合流管道和生活给水管道相交时,应敷设在生活给水管道的下面或采取防护措施。**

5.15.4 再生水管道与生活给水管道、合流管道和污水管道相交时,应敷设在生活给水管道下面,宜敷设在合流管道和污水管道的上面。

5.15.5 排水管道进入综合管廊应根据综合管廊工程规划确定,应因地制宜,充分考虑排水系统规划、道路地势等因素,合理布局,保证排水安全和综合管廊技术经济的合理。

5.15.6 综合管廊内的排水管道应按管线管理单位的要求做标识区分,其设计尚应符合现行国家标准《城市综合管廊工程技术规范》GB 50838 中的有关规定。

5.15.7 综合管廊内的排水管道应优先选用内壁粗糙度小的管道,管道之间、管道和检查井之间的连接必须可靠,宜采用整体性连接;采用柔性连接时,应有抗拉脱稳定设施。廊内排水管道应设置避免温度应力对管道稳定性影响的设施。

5.15.8 利用综合管廊结构本体排除雨水时,雨水舱室不应和其他舱室连通。

5.15.9 排水管道和支户线入廊前、出廊后应就近设置检修闸门或闸槽。压力流管道进出管廊时,应在管廊外设置阀门。廊内排水管道检查井(口)设置可结合各地排水管道检修、疏通设施水平,适当增大检查井(口)最小间距。

6 泵站

6.1 一般规定

6.1.1 泵站布置应在满足城镇总体规划和城镇排水专业规划要求的前提下,合理布局,提高运行效率。

6.1.2 排水泵站可根据水环境和水安全的要求,与径流污染控制、径流峰值削减或雨水利用等调蓄设施合建,并应满足国家现行有关标准的规定。

6.1.3 排水泵站宜按远期规模设计,水泵机组可按近期规模配置。

6.1.4 排水泵站宜为单独的建筑物。

6.1.5 会产生易燃易爆和有毒有害气体的污水泵站应为单独的建筑物,并应配置相应的检测设备、报警设备和防护措施。

6.1.6 排水泵站的建筑物和附属设施宜采取防腐蚀措施。抽送腐蚀性污水的泵站,必须采用耐腐蚀的水泵、管配件和有关设备。

6.1.7 单独设置的泵站与居住房屋和公共建筑物的距离应满足规划、消防和环保部门的要求。泵站的地面建筑物应与周围环境协调,做到适用、经济、美观,泵站内应绿化。

6.1.8 泵站室外地坪标高应满足防洪要求,并应符合规划部门规定;泵房室内地坪应比室外地坪高 0.2 m~0.3 m;易受洪水淹没地区的泵站和地下式泵站,其入口处地面标高应比设计洪水位高 0.5 m 以上;当不能满足上述要求时,应设置防洪措施。

6.1.9 泵站场地雨水排放应充分体现海绵城市建设理念,利用绿色屋顶、透水铺装、生物滞留设施等进行源头减排,并应结合道路和建筑物布置雨水口和雨水管道,接入附近城镇雨水系统或雨水泵站的格栅前端。地形允许散水排水时,可采用植草沟和道路边沟排水。

6.1.10 雨水泵站应采用自灌式泵站。污水泵站和合流污水泵站宜采用自灌式泵站。

6.1.11 泵房宜设两个出入口,其中一个应能满足最大设备或部件的进出。

6.1.12 排水泵站供电应按二级负荷设计。特别重要地区的泵站应按一级负荷设计。

6.1.13 位于居民区和重要地段的污水泵站、合流污水泵站和地下式泵站,应设置除臭装置,除臭效果应符合国家现行标准的有关规定。

6.1.14 自然通风条件差的地下式水泵间应设置机械送排风系统。

6.1.15 有人值守的泵站内,应设隔声值班室并设有通信设施。远离居民点的泵站,应根据需要适当设置工作人员的生活设施。

6.1.16 排水泵站内部和四围道路应满足设备装卸、垃圾清运、操作人员进出方便和消防通道的要求。

6.1.17 规模较小、用地紧张、不允许存在地面建筑的情况下,可采用一体化预制泵站。

6.2 设计流量和设计扬程

6.2.1 污水泵站的设计流量应按泵站进水总管的旱季设计流量确定;污水泵站的总装机流量应按泵站进水总管的雨季设计流量确定。

6.2.2 雨水泵站的设计流量应按泵站进水总管的设计流量确定。雨污分流不彻底、短时间难以改建或考虑径流污染控制的地区,雨水泵站中宜设置污水截流设施,输送至污水系统进行处理达标后排放。当立交道路设有盲沟时,其渗流水量应单独计算。

6.2.3 合流污水泵站的设计流量,应按下列公式计算:

1 泵站后设污水截流装置时应按本标准公式(4.1.23)计算。

2 泵站前设污水截流装置时,雨水部分和污水部分应分别按下列公式计算。

1) 雨水部分:

$$Q_p = Q_s - n_0(Q_d + Q_m) \quad \cdots\cdots (6.2.3-1)$$

2) 污水部分:

$$Q_p = (n_0 + 1)(Q_d + Q_m) \quad \cdots\cdots (6.2.3-2)$$

式中:Q_p ——泵站设计流量(m^3/s);

Q_s ——雨水设计流量(m^3/s);

n_0 ——截流倍数;

Q_d ——设计综合生活污水量(m^3/s);

Q_m ——设计工业废水量(m^3/s)。

6.2.4 污水泵和合流污水泵的设计扬程应根据设计流量时的集水池水位与出水管渠水位差、水泵管路系统的水头损失及安全水头确定。

6.2.5 雨水泵的设计扬程应根据设计流量时的集水池水位与受纳水体平均水位差和水泵管路系统的水头损失确定。

6.3 集水池

6.3.1 集水池的容积应根据设计流量、水泵能力和水泵工作情况等因素确定,并应符合下列规定:

1 污水泵站集水池的容积不应小于最大一台水泵 5 min 的出水量,水泵机组为自动控制时,每小时开动水泵不宜超过 6 次。

2　雨水泵站集水池的容积不应小于最大一台水泵 30 s 的出水量，地道雨水泵站集水池容积不应小于最大一台泵 60 s 的出水量。

3　合流污水泵站集水池的容积不应小于最大一台水泵 30 s 的出水量。

4　污泥泵房集水池的容积应按一次排入的污泥量和污泥泵抽送能力计算确定。活性污泥泵房集水池的容积，应按排入的回流污泥量、剩余污泥量和污泥泵抽送能力计算确定。

5　一体化预制泵站的集水池容积应按最大一台水泵的设计流量和每小时最大启停次数确定。

6.3.2　大型合流污水输送泵站集水池的面积应按管网系统中调压塔原理复核。

6.3.3　流入集水池的污水和雨水均应通过格栅。

6.3.4　雨水泵站和合流污水泵站集水池的设计最高水位宜与进水管管顶相平。当设计进水管道为压力管时，集水池的设计最高水位可高于进水管管顶，但不得使管道上游地面冒水。

6.3.5　污水泵站集水池的设计最高水位应按进水管充满度计算。

6.3.6　集水池的设计最低水位应满足所选水泵吸水水头的要求。自灌式泵房尚应满足水泵叶轮浸没深度的要求。

6.3.7　泵房宜采用正向进水，应考虑改善水泵吸水管的水力条件，减少滞流或涡流，规模较大的泵房宜通过数学模型或水力模型试验确定进水布置方式。

6.3.8　泵站集水池前，应设置闸门或闸槽；泵站宜设置事故排出口，污水泵站和合流污水泵站设置事故排出口应报有关部门批准。

6.3.9　雨水进水管沉砂量较多地区宜在雨水泵站集水池前设置沉砂设施和清砂设备。

6.3.10　集水池池底应设置集水坑，坑深宜为 500 mm～700 mm。

6.3.11　集水池应设置冲洗装置，宜设置清泥设施。

6.4　泵房设计

Ⅰ　水泵配置

6.4.1　水泵的选择应根据设计流量和所需扬程等因素确定，并应符合下列规定：

1　水泵台数不应少于 2 台，且不宜大于 8 台。当水量变化很大时，可配置不同规格的水泵，但不宜超过两种，也可采用变频调速装置或采用叶片可调式水泵。

2　污水泵房和合流污水泵房应设备用泵，当工作泵台数小于或等于 4 台时，应设 1 台备用泵。工作泵台数大于或等于 5 台时，应设 2 台备用泵；潜水泵房备用泵为 2 台时，可现场备用 1 台，库存备用 1 台。雨水泵房可不设备用泵。下穿立交道路的雨水泵房可视泵房重要性设置备用泵。

6.4.2　选用的水泵在设计扬程时宜在高效区运行。在最高工作扬程和最低工作扬程的整个工作范围内应能安全稳定运行。2 台以上水泵并联运行合用一根出水管时，应根据水泵特性曲线和管路工作特性曲线验算单台水泵工况。

6.4.3　多级串联的污水泵站和合流污水泵站，应考虑级间调整的影响。

6.4.4　水泵吸水管设计流速宜为 0.7 m/s～1.5 m/s，出水管流速宜为 0.8 m/s～2.5 m/s。

6.4.5　非自灌式水泵应设置引水设备，并均宜设置备用。小型水泵可设置底阀或真空引水设备。

Ⅱ　泵房

6.4.6　水泵布置宜采用单行排列。

6.4.7 主要机组的布置和通道宽度，应满足机电设备安装、运行和操作的要求，并应符合下列规定：

1 水泵机组基础间的净距不宜小于 1.0 m。

2 机组突出部分和墙壁的净距不宜小于 1.2 m。

3 主要通道宽度不宜小于 1.5 m。

4 配电箱前面通道宽度，低压配电时不宜小于 1.5 m，高压配电时不宜小于 2.0 m。当采用在配电箱后面检修时，后面距墙的净距不宜小于 1.0 m。

5 有电动起重机的泵房内，应有吊运设备的通道。

6.4.8 泵房各层层高，应根据水泵机组、电气设备、起吊装置尺寸及安装、运行和检修等因素确定。

6.4.9 泵房起重设备应根据需吊运的最重部件确定。起重量不大于 3 t 时宜选用手动或电动葫芦；起重量大于 3 t 时应选用电动单梁或双梁起重机。

6.4.10 水泵机组基座应按水泵要求配置，并应高出地坪 0.1 m 以上。

6.4.11 水泵间和电动机间的层高差超过水泵技术性能中规定的轴长时，应设置中间轴承和轴承支架，水泵油箱和填料函处应设置操作平台等设施。操作平台工作宽度不应小于 0.6 m，并应设置栏杆。平台的设置应满足管理人员通行和不妨碍水泵装拆。

6.4.12 泵房内应有排除积水的设施。

6.4.13 泵房内地面敷设管道时，应根据需要设置跨越设施。若架空敷设时，不得跨越电气设备和阻碍通道，通行处的管底距地面不宜小于 2.0 m。

6.4.14 当泵房为多层时，楼板应设吊物孔，其位置应在起吊设备的工作范围内。吊物孔尺寸应按需起吊最大部件外形尺寸每边放大 0.2 m 以上。

6.4.15 潜水泵上方吊装孔盖板可视环境需要采取密封措施。

6.4.16 水泵因冷却、润滑和密封等需要的冷却用水可接自泵站供水系统，其水量、水压、管路等应按设备要求设置。当冷却水量较大时，应考虑循环利用。

6.5 出水设施

6.5.1 当 2 台或 2 台以上水泵合用一根出水管时，每台水泵的出水管上均应设置闸阀，并在闸阀和水泵之间设置止回阀。当污水泵出水管和压力管或压力井相连时，出水管上必须安装止回阀和闸阀等防倒流装置。雨水泵的出水管末端宜设置防倒流装置，其上方宜考虑设置起吊设施。

6.5.2 出水压力井的盖板必须密封，所受压力由计算确定。水泵出水压力井必须设透气筒，筒高和断面应根据计算确定。

6.5.3 敞开式出水井的井口高度，应满足水体最高水位时开泵形成的高水位，或水泵骤停时水位上升的高度。敞开部分应有安全防护措施。

6.5.4 合流污水泵站和雨水泵站应设置试车水回流管，出水井通向河道一侧应安装出水闸门，防止试车时污水和受污染雨水排入河道。

6.5.5 雨水泵站出水口位址选择，应避让桥梁等水中构筑物，出水口和护坡结构不得影响航道，水流不得冲刷河道和影响航运安全，出口流速宜小于 0.5 m/s，并应取得航运、水利等部门的同意。泵站出水口处应设置警示标识。

7 污水和再生水处理

7.1 一般规定

7.1.1 城镇污水和再生水处理程度、方法应根据国家现行有关排放标准、污染物的来源及性质和处理目标确定。

7.1.2 污水厂的处理效率可按表7.1.2的规定取值。

表7.1.2 污水厂的处理效率

处理级别	处理方法	主要工艺	处理效率(%)			
			SS	BOD_5	TN	TP
一级	沉淀法	沉淀(自然沉淀)	40～55	20～30	—	5～10
二级	生物膜法	初次沉淀、生物膜反应、二次沉淀	60～90	65～90	60～85	—
	活性污泥法	初次沉淀、活性污泥反应、二次沉淀	70～90	65～95	60～85	75～85
深度处理	混凝沉淀过滤	—	90～99	80～96	65～90	80～95

注:1 SS表示悬浮固体量,BOD_5表示五日生化需氧量,TN表示总氮量,TP表示总磷量。
2 活性污泥法根据水质、工艺流程等情况,可不设置初次沉淀池。

7.1.3 污水厂的规模应按平均日流量确定。

7.1.4 污水厂应通过扩容或增加调蓄设施,保证雨季设计流量下的达标排放。当采用雨水调蓄时,污水厂的雨季设计流量可根据调蓄规模相应降低。

7.1.5 污水处理构筑物的设计应符合下列规定:

1 旱季设计流量应按分期建设的情况分别计算。

2 当污水为自流进入时,应满足雨季设计流量下运行要求;当污水为提升进入时,应按每期工作水泵的最大组合流量校核管渠配水能力。

3 提升泵站、格栅和沉砂池应按雨季设计流量计算。

4 初次沉淀池应按旱季设计流量设计,雨季设计流量校核,校核的沉淀时间不宜小于30 min。

5 二级处理构筑物应按旱季设计流量设计,雨季设计流量校核。

6 管渠应按雨季设计流量计算。

7.1.6 水质和(或)水量变化大的污水厂宜设置调节水质和(或)水量的设施。

7.1.7 处理构筑物的个(格)数不应少于2个(格),并应按并联设计。

7.1.8 并联运行的处理构筑物间应设置均匀配水装置,各处理构筑物系统间应设置可切换的连通管渠。

7.1.9 处理构筑物中污水的出入口处应采取整流措施。

7.1.10 污水厂和再生水厂应设置出水消毒设施。

7.1.11 污水厂的供电系统应按二级负荷设计。重要的污水厂内的重要部位应按一级负荷设计。

7.1.12 位于寒冷地区的污水和污泥处理构筑物,应有保温防冻措施。

7.1.13 厂区的给水管道和再生水管道严禁与处理装置直接连接。

7.2 厂址选择和总体布置

7.2.1 污水厂、污泥处理厂位置的选择应符合城镇总体规划和排水工程专业规划的要求，并应根据下列因素综合确定：

1 便于污水收集和处理再生后回用和安全排放；

2 便于污泥集中处理和处置；

3 在城镇夏季主导风向的下风侧；

4 有良好的工程地质条件；

5 少拆迁、少占地，根据环境影响评价要求，有一定的卫生防护距离；

6 有扩建的可能；

7 厂区地形不应受洪涝灾害影响，防洪标准不应低于城镇防洪标准，有良好的排水条件；

8 有方便的交通、运输和水电条件；

9 独立设置的污泥处理厂，还应有满足生产需要的燃气、热力、污水处理及其排放系统等设施条件。

7.2.2 污水厂的建设用地应按项目总规模控制；近期和远期用地布置应按规划内容和本期建设规模，统一规划，分期建设；公用设施宜一次建设，并尽量集中预留用地。

7.2.3 污水厂的总体布置应根据厂内各建筑物和构筑物的功能和流程要求，结合厂址地形、气候和地质条件，综合考虑运行成本和施工、维护、管理的便利性等因素，经技术经济比较后确定。

7.2.4 污水和污泥处理构筑物宜根据情况分别集中布置。处理构筑物的间距应紧凑、合理，符合国家现行防火标准的有关规定，并应满足各构筑物的施工、设备安装和埋设各种管道及养护、维修和管理的要求。

7.2.5 生产管理建筑物和生活设施宜集中布置，其位置和朝向应力求合理，并应和处理构筑物保持一定距离。

7.2.6 污水厂厂区内各建筑物造型应简洁美观、节省材料、选材适当，并应使建筑物和构筑物群体的美观效果与周围环境协调。

7.2.7 厂区布置应尽量节约用地。当污水厂位于用地非常紧张、环境要求高的地区，可采用地下或半地下污水厂的建设方式，但应进行充分的必要性和可行性论证。

7.2.8 地下或半地下污水厂设计应综合考虑规模、用地、环境、投资等各方面因素，确定处理工艺、建筑结构、通风、除臭、交通、消防、供配电及自动控制、照明、给排水、监控等系统的配置。各系统之间应相互协调。

7.2.9 地下或半地下污水厂应充分利用污水厂的上部空间，有效利用土地资源，提高土地利用率。

7.2.10 污水厂的工艺流程、竖向设计宜充分利用地形，符合排水通畅、降低能耗、平衡土方的要求。

7.2.11 厂区的消防设计和消化池、储气罐、污泥气压缩机房、污泥气发电机房、污泥气燃烧装置、污泥气管道、污泥好氧发酵工程辅料存储区、污泥干化装置、污泥焚烧装置及其他危险品仓库等的设计，应符合国家现行防火标准的有关规定。

7.2.12 污水厂内可根据需要，在适当地点设置堆放材料、备件、燃料和废渣等物料及停车的场地。

7.2.13 污水厂应设置通向各构筑物和附属建筑物的必要通道，并应符合下列规定：

1 主要车行道的宽度:单车道宜为4.0 m,双车道宜为6.0 m～7.0 m;

2 车行道的转弯半径宜为6.0 m～10.0 m;

3 人行道的宽度宜为1.5 m～2.0 m;

4 通向高架构筑物的扶梯倾角宜采用30°,不宜大于45°;

5 天桥宽度不宜小于1.0 m;

6 车道、通道的布置应符合国家现行防火标准的有关规定,并应符合当地有关部门的规定;

7 地下或半地下污水厂箱体宜设置车行道进出通道,通道坡度不宜大于8%,通道敞开部分宜采用透光材料进行封闭;

8 进入地下污水厂箱体的通道前应设置驼峰,驼峰高度不应小于0.5 m,驼峰后在通道的中部和末端均应设置横截沟,并应配套设置雨水泵房。

7.2.14 污水厂周围根据现场条件应设置围墙,其高度不宜小于2.0 m。

7.2.15 污水厂的大门尺寸应能允许运输最大设备或部件的车辆出入,并应另设运输废渣的侧门。

7.2.16 污水厂内各种管渠应全面安排,避免相互干扰。处理构筑物间输水、输泥和输气管线的布置应使管渠长度短、损失小、流行通畅、不易堵塞和便于清通。各污水处理构筑物间的管渠连通,在条件适宜时,宜采用明渠。

7.2.17 管道复杂时宜设置管廊,并应符合下列规定:

1 管廊内宜敷设仪表电缆、电信电缆、电力电缆、给水管、污水管、污泥管、再生水管、压缩空气管等,并设置色标;

2 管廊内应设通风、照明、广播、电话、火警及可燃气体报警系统、独立的排水系统、吊物孔、人行通道出入口和维护需要的设施等,并应符合国家现行防火标准的有关规定。

7.2.18 污水厂内应充分体现海绵城市建设理念,利用绿色屋顶、透水铺装、生物滞留设施等进行源头减排,并结合道路和建筑物布置雨水口和雨水管道,地形允许散水排水时,可采用植草沟和道路边沟排水。

7.2.19 污水厂应合理布置处理构筑物的超越管渠。

7.2.20 处理构筑物应设排空设施,排出水应回流处理。

7.2.21 污水厂附属建筑物的组成和面积,应根据污水厂的规模、工艺流程、计算机监控系统水平和管理体制等,结合当地实际情况确定,并应符合国家现行标准的有关规定。

7.2.22 根据维护管理的需要,宜在厂区适当地点设置配电箱、照明、联络电话、冲洗水栓、浴室、厕所等设施。

7.2.23 处理构筑物应设置栏杆、防滑梯等安全措施,高架处理构筑物还应设置避雷设施。

7.2.24 地下或半地下污水厂的综合办公楼、总变电室、中心控制室等运行和管理人员集中的建筑物宜设置于地面上;有爆炸危险或火灾危险性大的设施或处理单元应设置于地面上。

7.2.25 地下或半地下污水厂污水进口应至少设置一道速闭闸门。

7.2.26 地下或半地下污水厂产生臭气的主要构筑物应封闭除臭,箱体内应设置强制通风设施。

7.2.27 地下或半地下污水厂箱体顶部覆土厚度应根据上部种植绿化形式选择确定,并宜为0.5 m～2.0 m。

7.2.28 地下或半地下污水厂箱体内人员操作层的净空不应小于 4.0 m,并宜选用便于拆卸、重量较轻和便于运输的设备。

7.3 格栅

7.3.1 污水处理系统或水泵前应设置格栅。

7.3.2 格栅栅条间隙宽度应符合下列规定:

1 粗格栅:机械清除时宜为 16 mm～25 mm,人工清除时宜为 25 mm～40 mm。特殊情况下,最大间隙可为 100 mm。

2 细格栅:宜为 1.5 mm～10 mm。

3 超细格栅:不宜大于 1 mm。

4 水泵前,应根据水泵要求确定。

7.3.3 污水过栅流速宜采用 0.6 m/s～1.0 m/s。除转鼓式格栅除污机外,机械清除格栅的安装角度宜为 60°～90°。人工清除格栅的安装角度宜为 30°～60°。

7.3.4 格栅除污机底部前端距井壁尺寸,钢丝绳牵引除污机或移动悬吊葫芦抓斗式除污机应大于 1.5 m;链动刮板除污机或回转式固液分离机应大于 1.0 m。

7.3.5 格栅上部必须设置工作平台,其高度应高出格栅前最高设计水位 0.5 m,工作平台上应有安全和冲洗设施。

7.3.6 格栅工作平台两侧边道宽度宜采用 0.7 m～1.0 m。工作平台正面过道宽度,采用机械清除时不应小于 1.5 m,采用人工清除时不应小于 1.2 m。

7.3.7 粗格栅栅渣宜采用带式输送机输送;细格栅栅渣宜采用螺旋输送机输送,输送过程宜进行密封处理。

7.3.8 格栅间应设置通风设施和硫化氢等有毒有害气体的检测与报警装置。

7.4 沉砂池

7.4.1 污水厂应设置沉砂池。沉砂池应按去除相对密度 2.65、粒径 0.2 mm 以上的砂粒进行设计。

7.4.2 平流沉砂池的设计应符合下列规定:

1 最大流速应为 0.30 m/s,最小流速应为 0.15 m/s;

2 停留时间不应小于 45 s;

3 有效水深不应大于 1.5 m,每格宽度不宜小于 0.6 m。

7.4.3 曝气沉砂池的设计应符合下列规定:

1 水平流速不宜大于 0.1 m/s;

2 停留时间宜大于 5 min;

3 有效水深宜为 2.0 m～3.0 m,宽深比宜为 1.0～1.5;

4 曝气量宜为 5.0 L/(m·s)～12.0 L/(m·s)空气;

5 进水方向应和池中旋流方向一致,出水方向应和进水方向垂直,并宜设置挡板;

6 宜设置除砂和撇油除渣两个功能区,并配套设置除渣和撇油设备。

7.4.4 旋流沉砂池的设计应符合下列规定:

1 停留时间不应小于 30 s;

2 表面水力负荷宜为 150 $m^3/(m^2·h)$～200 $m^3/(m^2·h)$;

3 有效水深宜为 1.0 m～2.0 m，池径和池深比宜为 2.0～2.5；

4 池中应设立式桨叶分离机。

7.4.5 污水的沉砂量可按 0.03 L/m^3 计算，合流制污水的沉砂量应根据实际情况确定。

7.4.6 砂斗容积不应大于 2d 的沉砂量；当采用重力排砂时，砂斗斗壁和水平面的倾角不应小于 55°。

7.4.7 沉砂池除砂宜采用机械方法，并经砂水分离后储存或外运。当采用人工排砂时，排砂管直径不应小于 200 mm。排砂管应考虑防堵塞措施。

7.5 沉淀池

Ⅰ 一般规定

7.5.1 沉淀池的设计数据宜按表 7.5.1 的规定取值。合建式完全混合生物反应池沉淀区的表面水力负荷宜按本标准第 7.6.15 条的规定取值。

表 7.5.1 沉淀池的设计数据

沉淀池类型		沉淀时间(h)	表面水力负荷[m^3(m^2·h)]	每人每日污泥量[g/(人·d)]	污泥含水率(%)	固体负荷[kg/(m^2·d)]
初次沉淀池		0.5～2.0	1.5～4.5	16～36	95.0～97.0	—
二次沉淀池	生物膜法后	1.5～4.0	1.0～2.0	10～26	96.0～98.0	≤150
	活性污泥法后	1.5～4.0	0.6～1.5	12～32	99.2～99.6	≤150

注：当二次沉淀池采用周边进水周边出水辐流沉淀池时，固体负荷不宜超过 200 kg/(m^2·d)。

7.5.2 沉淀池的超高不应小于 0.3 m。

7.5.3 沉淀池的有效水深宜采用 2.0 m～4.0 m。

7.5.4 当采用污泥斗排泥时，每个污泥斗均应设单独的阀门(或闸门)和排泥管。污泥斗斜壁和水平面的倾角，方斗宜为 60°，圆斗宜为 55°。

7.5.5 初次沉淀池的污泥区容积，除设机械排泥的宜按 4 h 的污泥量计算外，其余宜按不大于 2 d 污泥量计算。活性污泥法处理后的二次沉淀池污泥区容积，宜按不大于 2 h 污泥量计算，并应有连续排泥措施；生物膜法处理后的二次沉淀池污泥区容积，宜按 4 h 污泥量计算。

7.5.6 排泥管的直径不应小于 200 mm。

7.5.7 当采用静水压力排泥时，初次沉淀池的静水头不应小于 1.5 m；二次沉淀池的静水头，生物膜法处理后不应小于 1.2 m，活性污泥法处理池后不应小于 0.9 m。

7.5.8 初次沉淀池的出口堰最大负荷不宜大于 2.92 L/(m·s)；二次沉淀池的出水堰最大负荷不宜大于 1.7 L/(m·s)，当二次沉淀池采用周边进水周边出水辐流沉淀池时，出水堰最大负荷可适当放大。

7.5.9 沉淀池应设置浮渣的撇除、输送和处置设施。

Ⅱ 沉淀池

7.5.10 平流沉淀池的设计应符合下列规定：

1 每格长度和宽度之比不宜小于 4，长度和有效水深之比不宜小于 8，池长不宜大于 60 m。

2 宜采用机械排泥，排泥机械的行进速度宜为 0.3 m/min～1.2 m/min。

3 非机械排泥时,缓冲层高度宜为 0.5 m;机械排泥时,缓冲层高度应根据刮泥板高度确定,且缓冲层上缘宜高出刮泥板 0.3 m。

4 池底纵坡不宜小于 0.01。

7.5.11 竖流沉淀池的设计应符合下列规定:

1 水池直径(或正方形的一边)和有效水深之比不宜大于 3;

2 中心管内流速不宜大于 30 mm/s;

3 中心管下口应设有喇叭口和反射板,板底面距泥面不宜小于 0.3 m。

7.5.12 辐流沉淀池的设计应符合下列规定:

1 水池直径(或正方形的一边)和有效水深之比宜为 6~12,水池直径不宜大于 50 m。

2 宜采用机械排泥,排泥机械旋转速度宜为 1 r/h~3 r/h,刮泥板的外缘线速度不宜大于 3 m/min。当水池直径(或正方形的一边)较小时也可采用多斗排泥。

3 缓冲层高度,非机械排泥时宜为 0.5 m;机械排泥时,应根据刮泥板高度确定,且缓冲层上缘宜高出刮泥板 0.3 m。

4 坡向泥斗的底坡不宜小于 0.05。

5 周边进水周边出水辐流沉淀池应保证进水渠的均匀配水。

Ⅲ 斜管(板)沉淀池

7.5.13 当需要挖掘原有沉淀池潜力或建造沉淀池面积受限制时,通过技术经济比较,可采用斜管(板)沉淀池。

7.5.14 升流式异向流斜管(板)沉淀池的表面水力负荷,可按普通沉淀池表面水力负荷的 2 倍计;但对于斜管(板)二次沉淀池,尚应以固体负荷核算。

7.5.15 升流式异向流斜管(板)沉淀池的设计应符合下列规定:

1 斜管孔径(或斜板净距)宜为 80 mm~100 mm;

2 斜管(板)斜长宜为 1.0 m~1.2 m;

3 斜管(板)水平倾角宜为 60°;

4 斜管(板)区上部水深宜为 0.7 m~1.0 m;

5 斜管(板)区底部缓冲层高度宜为 1.0 m。

7.5.16 斜管(板)沉淀池应设置冲洗设施。

Ⅳ 高效沉淀池

7.5.17 高效沉淀池表面水力负荷宜为 6 $m^3/(m^2 \cdot h)$~13 $m^3/(m^2 \cdot h)$。混合时间宜为 0.5 min~2.0 min,絮凝时间宜为 8 min~15 min。污泥回流量宜占进水量的 3%~6%。

7.6 活性污泥法

Ⅰ 一般规定

7.6.1 应根据去除碳源污染物、脱氮、除磷、污泥减量、好氧污泥稳定等不同要求和外部环境条件,选择适宜的活性污泥处理工艺。

7.6.2 当采用鼓风曝气时,生物反应池的设备操作平台宜高出设计水面 0.5 m~1.0 m;当采用机械曝气时,生物反应池的设备操作平台宜高出设计水面 0.8 m~1.2 m。

7.6.3 污水中含有大量产生泡沫的表面活性剂时,应有除泡沫措施。

7.6.4 在生物反应池有效水深一半处宜设置放水管。

7.6.5 廊道式生物反应池的池宽和有效水深之比宜采用 1∶1~2∶1。有效水深应结合流程设计、地质条件、供氧设施类型和选用风机压力等因素确定，可采用 4.0 m～6.0 m。当条件许可时，水深尚可加大。

7.6.6 生物反应池中的好氧区(池)，采用鼓风曝气器时，处理立方米污水的供气量不宜小于 3 m^3。当好氧区采用机械曝气器时，混合全池污水所需功率不宜小于 25 W/m^3；氧化沟所需功率不宜小于 15 W/m^3。缺氧区(池)、厌氧区(池)应采用机械搅拌，混合功率宜采用 2 W/m^3～8 W/m^3。机械搅拌器布置的间距、位置，应根据试验资料确定。

7.6.7 生物反应池的设计应充分考虑冬季低水温对去除碳源污染物、脱氮和除磷的影响，必要时可采取降低负荷、增长泥龄、调整厌氧区(池)、缺氧区(池)、好氧区(池)水力停留时间和保温或增温等措施。

7.6.8 污水、回流污泥进入生物反应池的厌氧区(池)、缺氧区(池)时，宜采用淹没入流方式。

Ⅱ 传统活性污泥法

7.6.9 去除碳源污染物的生物反应池的主要设计参数可按表 7.6.9 的规定取值。

表 7.6.9 去除碳源污染物的生物反应池的主要设计参数

类别	BOD_5 污泥负荷 L_S[kg BOD_5/(kgMLSS·d)]	亏泥浓度(MLSS) X(g/L)	容积负荷 L_V[kg BOD_5/(m^3·d)]	污泥回流比 R(%)	总处理效率 η(%)
普通曝气	0.2～0.4	1.5～2.5	0.4～0.9	25～75	90～95
阶段曝气	0.2～0.4	1.5～3.0	0.4～1.2	25～75	85～95
吸附再生曝气	0.2～0.4	2.5～6.0	0.9～1.8	50～100	80～90
合建式完全混合曝气	0.25～0.50	2.0～4.0	0.5～1.8	100～400	80～90

7.6.10 当以去除碳源污染物为主时，生物反应池的容积可按下列公式计算：

1 按污泥负荷计算：

$$V=\frac{Q(S_o-S_e)}{1000L_sX} \qquad (7.6.10-1)$$

2 按污泥龄计算：

$$V=\frac{QY\theta_C(S_o-S_e)}{1000X_V(1+K_d\theta_C)} \qquad (7.6.10-2)$$

式中：V ——生物反应池的容积(m^3)；

Q ——生物反应池的设计流量(m^3/d)；

S_o ——生物反应池进水五日生化需氧量浓度(mg/L)；

S_e ——生物反应池出水五日生化需氧量浓度(mg/L)(当去除率大于 90%时可不计入)；

L_s ——生物反应池的五日生化需氧量污泥负荷[kg BOD_5/(kgMLSS·d)]；

X ——生物反应池内混合液悬浮固体平均浓度(gMLSS/L)；

Y ——污泥产率系数(kgVSS/kgBOD_5)，宜根据试验资料确定，无试验资料时，可取0.4～0.8；

θ_C ——设计污泥龄(d)，其数值为 3～15；

X_V ——生物反应池内混合液挥发性悬浮固体平均浓度(gM－LVSS/L)；

K_d——衰减系数(d^{-1}),20 ℃的数值为0.040～0.075。

7.6.11 衰减系数K_d值应以当地冬季和夏季的污水温度进行修正,并应按下式计算:

$$K_{dT}=K_{d20}\cdot(\theta_T)^{T-20} \quad \cdots\cdots (7.6.11)$$

式中:K_{dT}——T ℃时的衰减系数(d^{-1});

K_{d20}——20 ℃时的衰减系数(d^{-1});

θ_T——温度系数,采用1.02～1.06;

T——设计温度(℃)。

7.6.12 生物反应池的始端可设缺氧或厌氧选择区(池),水力停留时间宜采用0.5 h～1.0 h。

7.6.13 阶段曝气生物反应池宜采取在生物反应池始端1/2～3/4的总长度内设置多个进水口。

7.6.14 吸附再生生物反应池的吸附区和再生区可在一个反应池内,也可分别由两个反应池组成,并应符合下列规定:

1 吸附区的容积,不应小于生物反应池总容积的1/4,吸附区的停留时间不应小于0.5 h;

2 当吸附区和再生区在一个反应池内时,沿生物反应池长度方向应设置多个进水口;进水口的位置应适应吸附区和再生区不同容积比例的需要;进水口的尺寸应按通过全部流量计算。

7.6.15 完全混合生物反应池可分为合建式和分建式。合建式生物反应池的设计,应符合下列规定:

1 生物反应池宜采用圆形,曝气区的有效容积应包括导流区部分;

2 沉淀区的表面水力负荷宜为0.5 $m^3(m^2\cdot h)$～1.0 $m^3(m^2\cdot h)$。

Ⅲ 厌氧/缺氧/好氧法(AAO或A^2O法)

7.6.16 当以脱氮除磷为主时,应采用厌氧/缺氧/好氧法(AAO或A^2O法)的水处理工艺,并应符合下列规定:

1 脱氮时,污水中的五日生化需氧量和总凯氏氮之比宜大于4;

2 除磷时,污水中的五日生化需氧量和总磷之比宜大于17;

3 同时脱氮、除磷时,宜同时满足前两款的要求;

4 好氧区(池)剩余总碱度宜大于70 mg/L(以$CaCO_3$计),当进水碱度不能满足上述要求时,应采取增加碱度的措施。

7.6.17 当仅需脱氮时,宜采用缺氧/好氧法(A_NO法),并应符合下列规定:

1 生物反应池中好氧区(池)的容积,采用污泥负荷或污泥龄计算时,可按本标准第7.6.10条所列公式计算,其中反应池中缺氧区(池)的水力停留时间宜为2 h～10 h;

2 生物反应池的容积,采用硝化、反硝化动力学计算时,可按下列公式计算:

1) 缺氧区(池)容积可按下列公式计算:

$$V_n=\frac{0.001Q(N_k-N_{te})-0.12\Delta X_V}{K_{de}X} \quad \cdots\cdots (7.6.17-1)$$

$$K_{de(T)}=K_{de(20)}1.08^{(T-20)} \quad \cdots\cdots (7.6.17-2)$$

$$\Delta X_v=Y\frac{Q(S_o-S_e)}{1000} \quad \cdots\cdots (7.6.17-3)$$

式中:V_n——缺氧区(池)容积(m^3);

Q——生物反应池的设计流量(m^3/d);

N_k——生物反应池进水总凯氏氮浓度(mg/L);

N_{te} ——生物反应池出水总氮浓度(mg/L);

ΔX_v ——排出生物反应池系统的微生物量(kgMLVSS/d);

K_{de} ——脱氮速率[$kgNO_3$-N/(kgMLSS·d)],宜根据试验资料确定;当无试验资料时,20 ℃的 K_{de} 值可采用(0.03～0.06)[$kgNO_3$-N/(kgMLSS·d)],并按本标准公式(7.6.17-2)进行温度修正;

$K_{de(T)}$、$K_{de(20)}$ ——分别为 T ℃和 20 ℃时的脱氮速率;

X ——生物反应池内混合液悬浮固体平均浓度(gMLSS/L);

T ——设计温度(℃);

Y ——污泥产率系数($kgVSS/kgBOD_5$),宜根据试验资料确定。无试验资料时,可取 0.3～0.6;

S_o ——生物反应池进水五日生化需氧量浓度(mg/L);

S_e ——生物反应池出水五日生化需氧量浓度(mg/L)。

2) 好氧区(池)容积可按下列公式计算:

$$V_o=\frac{Q(S_o-S_e)\theta_{co}Y_t}{1000X} \quad \cdots\cdots (7.6.17-4)$$

$$\theta_{co}=F\frac{1}{\mu} \quad \cdots\cdots (7.6.17-5)$$

$$\mu=0.47\frac{N_a}{K_n+N_a}e^{0.098(T-15)} \quad \cdots\cdots (7.6.17-6)$$

式中:V_o ——好氧区(池)容积(m^3);

Q ——生物反应池的设计流量(m^3/d);

S_o ——生物反应池进水五日生化需氧量浓度(mg/L);

S_e ——生物反应池出水五日生化需氧量浓度(mg/L);

θ_{co} ——好氧区(池)设计污泥龄(d);

Y_t ——污泥总产率系数($kgMLSS/kgBOD_5$),宜根据试验资料确定;无试验资料时,系统有初次沉淀池时宜取 0.3～0.6,无初次沉淀池时宜取 0.8～1.2;

X ——生物反应池内混合液悬浮固体平均浓度(gMLSS/L);

F ——安全系数,宜为 1.5～3.0;

μ ——硝化细菌比生长速率(d^{-1});

N_a ——生物反应池中氨氮浓度(mg/L);

K_n ——硝化作用中氮的半速率常数(mg/L);

T ——设计温度(℃);

0.47 ——15 ℃时,硝化细菌最大比生长速率(d^{-1})。

3) 混合液回流量可按下式计算:

$$Q_{Ri}=\frac{1000V_nK_{de}X}{N_t-N_{ke}}-Q_R \quad \cdots\cdots (7.6.17-7)$$

式中:Q_{Ri}——混合液回流量(m^3/d),混合液回流比不宜大于 400%

V_n ——缺氧区(池)容积(m^3);

K_{de}——脱氮速率[$kgNO_3$-N/(kgMLSS·d)],宜根据试验资料确定;无试验资料时,20 ℃的 K_{de} 值可采用(0.03～0.06)[$kgNO_3$-N/(kgMLSS·d)],并按本标准公

式(7.6.17-2)进行温度修正;

X ——生物反应池内混合液悬浮固体平均浓度(gMLSS/L);

N_t ——生物反应池进水总氮浓度(mg/L);

N_{ke}——生物反应池出水总凯氏氮浓度(mg/L);

Q_R ——回流污泥量(m^3/d)。

3 缺氧/好氧法(A_NO 法)生物脱氮的主要设计参数,宜根据试验资料确定;当无试验资料时,可采用经验数据或按表 7.6.17 的规定取值。

表 7.6.17 缺氧/好氧法(A_NO 法)生物脱氮的主要设计参数

项目		单位	参数值
BOD 污泥负荷 L_s		$kgBOD_5$/(kgMLSS·d)	0.05~0.10
总氮负荷率		kgTN/(kgMLSS·d)	≤0.05
污泥浓度(MLSS)X		g/L	2.5~4.5
污泥龄 θ_C		d	11~23
污泥产率 Y		$kgVSS/kgBOD_5$	0.3~0.6
需氧量 O_2		$kgO_2/kgBOD_5$	1.1~2.0
水力停留时间(HRT)		h	9~22 其中缺氧段 2~10
污泥回流比 R		%	50~100
混合液回流比 R_i		%	100~400
总处理效率 η	BOD_5	%	90~95
	TN	%	60~85

7.6.18 当仅需除磷时,宜采用厌氧/好氧法(A_pO 法),并应符合下列规定:

1 生物反应池中好氧区(池)的容积,采用污泥负荷或污泥龄计算时,可按本标准第 7.6.10 条所列公式计算。

2 生物反应池中厌氧区(池)的容积,可按下式计算:

$$V_P=\frac{t_P Q}{24} \quad \cdots\cdots (7.6.18)$$

式中:V_P ——厌氧区(池)容积(m^3);

t_P ——厌氧区(池)停留时间(h),宜为 1~2;

Q ——生物反应池的设计流量(m^3/d)。

3 厌氧/好氧法(A_pO 法)生物除磷的主要设计参数,宜根据试验资料确定;无试验资料时,可采用经验数据或按表 7.6.18 的规定取值。

表 7.6.18 厌氧/好氧法(A_pO 法)生物除磷的主要设计参数

<table>
<tr><td colspan="2">项目</td><td>单位</td><td>参数值</td></tr>
<tr><td colspan="2">BOD 污泥负荷 L_s</td><td>$kgBOD_5/(kgMLSS \cdot d)$</td><td>0.4～0.7</td></tr>
<tr><td colspan="2">污泥浓度(MLSS)X</td><td>g/L</td><td>2.0～4.0</td></tr>
<tr><td colspan="2">污泥龄 θ_C</td><td>d</td><td>3.5～7.0</td></tr>
<tr><td colspan="2">污泥产率 Y</td><td>$kgVSS/kgBOD_5$</td><td>0.4～0.8</td></tr>
<tr><td colspan="2">污泥含磷率</td><td>kgTP/kgVSS</td><td>0.03～0.07</td></tr>
<tr><td colspan="2">需氧量 O_2</td><td>$kgO_2/kgBOD_5$</td><td>0.7～1.1</td></tr>
<tr><td colspan="2" rowspan="2">水力停留时间(HRT)</td><td rowspan="2">h</td><td>5～8</td></tr>
<tr><td>其中厌氧段 1～2</td></tr>
<tr><td colspan="2">污泥回流比 R</td><td>%</td><td>40～100</td></tr>
<tr><td rowspan="2">总处理效率 η</td><td>BOD_5</td><td>%</td><td>80～90</td></tr>
<tr><td>TP</td><td>%</td><td>75～85</td></tr>
</table>

4 采用生物除磷处理污水时,剩余污泥宜采用机械浓缩。

5 生物除磷的剩余污泥,采用厌氧消化处理时,输送厌氧消化污泥或污泥脱水滤液的管道,应有除垢措施。含磷高的液体,宜先回收磷或除磷后再返回污水处理系统。

7.6.19 当需要同时脱氮除磷时,宜采用厌氧/缺氧/好氧法(AAO 或 A^2O 法),并应符合下列规定:

1 生物反应池的容积,宜按本标准第 7.6.10 条、第 7.6.17 条和第 7.6.18 条的规定计算;

2 厌氧/缺氧/好氧法(AAO 或 A^2O 法)生物脱氮除磷的主要设计参数,宜根据试验资料确定;无试验资料时,可采用经验数据或按表 7.6.19 的规定取值;

表 7.6.19 厌氧/缺氧/好氧法(AAO 或 A^2O 法)生物脱氮除磷的主要设计参数

<table>
<tr><td>项目</td><td>单位</td><td>参数值</td></tr>
<tr><td>BOD 污泥负荷 L_s</td><td>$kgBOD_5/(kgMLSS \cdot d)$</td><td>0.05～0.10</td></tr>
<tr><td>污泥浓度(MLSS)X</td><td>g/L</td><td>2.5～4.5</td></tr>
<tr><td>污泥龄 θ_C</td><td>d</td><td>10～22</td></tr>
<tr><td>污泥产率 Y</td><td>$kgVSS/kgBOD_5$</td><td>0.3～0.6</td></tr>
<tr><td>需氧量 O_2</td><td>$kgO_2/kgBOD_5$</td><td>1.1～1.8</td></tr>
<tr><td rowspan="3">水力停留时间(HRT)</td><td rowspan="3">h</td><td>10～23</td></tr>
<tr><td>其中厌氧段 1～2</td></tr>
<tr><td>缺氧段 2～10</td></tr>
<tr><td>污泥回流比 R</td><td>%</td><td>20～100</td></tr>
<tr><td>混合液回流比 R_i</td><td>%</td><td>≥200</td></tr>
</table>

表 7.6.19(续)

项目		单位	参数值
总处理效率 η	BOD_5	%	85～95
	TP	%	60～85
	TN	%	60～85

3 根据需要,厌氧/缺氧/好氧法(AAO 或 A^2O 法)的工艺流程中,可改变进水和回流污泥的布置形式,调整为前置缺氧区(池)或串联增加缺氧区(池)和好氧区(池)等变形工艺。

Ⅳ 氧化沟

7.6.20 氧化沟前可不设初次沉淀池。

7.6.21 氧化沟前可设置厌氧池。

7.6.22 氧化沟可按两组或多组系列布置,并设置进水配水井。

7.6.23 氧化沟可与二次沉淀池分建或合建。

7.6.24 延时曝气氧化沟的主要设计参数,宜根据试验资料确定;当无试验资料时,可采用经验数据或按表 7.6.24 的规定取值。

表 7.6.24 延时曝气氧化沟的主要设计参数

项目		单位	参数值
污泥浓度(MLSS)X		g/L	2.5～4.5
污泥负荷 L_s		$kgBOD_5/(kgMLSS \cdot d)$	0.03～0.08
污泥龄 θ_C		d	>15
污泥产率 Y		$kgVSS/kgBOD_5$	0.3～0.6
需氧量 O_2		$kgO_2/kgBOD_5$	1.5～2.0
水力停留时间(HRT)		h	≥16
污泥回流比 R		%	75～150
总处理效率 η	BOD_5	%	>95

7.6.25 当采用氧化沟进行脱氮除磷时,宜符合本标准第 7.6.16 条～第 7.6.19 条的有关规定。

7.6.26 氧化沟的进水和回流污泥点宜设在缺氧区首端,出水点宜设在充氧器后的好氧区。当采用转刷、转碟时,氧化沟的设备平台高出设计水面宜为 0.5 m;当采用竖轴表曝机时,宜为 0.6 m～0.8 m,氧化沟的设备平台宜高出设计水面 0.8 m～1.2 m。

7.6.27 氧化沟有效水深的确定应考虑曝气、混合、推流的设备性能,宜采用 3.5 m～4.5 m。

7.6.28 根据氧化沟渠宽度,弯道处可设置一道或多道导流墙;导流墙宜高出设计水位0.2 m～0.3 m。

7.6.29 曝气转刷、转碟宜安装在沟渠直线段的适当位置,曝气转碟也可安装在沟渠的弯道上,竖轴表曝机应安装在沟渠的端部。

7.6.30 氧化沟的走道和工作平台,应安全、防溅和便于设备维修。

7.6.31 氧化沟内的平均流速宜大于 0.25 m/s。

7.6.32 氧化沟系统宜采用自动控制。

V 序批式活性污泥法(SBR)

7.6.33 SBR 反应池的数量不宜少于 2 个。

7.6.34 SBR 反应池容积可按下式计算：

$$V=\frac{24QS_{o}}{1000XL_{s}t_{R}} \quad \cdots\cdots (7.6.34)$$

式中：V ——生物反应池容积；

Q ——每个周期进水量(m^3)；

S_o——生物反应池进水五日生化需氧量浓度(mg/L)；

X ——生物反应池内混合液悬浮固体平均浓度(gMLSS/L)；

L_s——生物反应池的五日生化需氧量污泥负荷[$kgBOD_5$/(kgMLSS·d)]；

t_R ——每个周期反应时间(h)。

7.6.35 污泥负荷的取值，以脱氮为主要目标时，宜按本标准表 7.6.17 的规定取值；以除磷为主要目标时，宜按本标准表 7.6.18 的规定取值；同时脱氮除磷时，宜按本标准表 7.6.19 的规定取值。

7.6.36 SBR 工艺各工序的时间宜按下列公式计算：

1 进水时间可按下式计算：

$$t_F=\frac{t}{n} \quad \cdots\cdots (7.6.36-1)$$

式中：t_F ——每池每个周期所需要的进水时间(h)；

t ——一个运行周期所需要的时间(h)；

n ——每个系列反应池个数。

2 反应时间可按下式计算：

$$t_R=\frac{24S_{o}m}{1000L_{s}X} \quad \cdots\cdots (7.6.36-2)$$

式中：S_o ——生物反应池进水五日生化需氧量浓度(mg/L)；

m ——充水比，仅需除磷时宜为 0.25～0.50，需脱氮时宜为 0.15～0.30；

L_s ——生物反应池的五日生化需氧量污泥负荷[$kgBOD_5$/(kgMLSS·d)]；

X ——生物反应池内混合液悬浮固体平均浓度(gMLSS/L)。

3 沉淀时间 t_s 宜为 1.0 h；

4 排水时间 t_D 宜为 1.0 h～1.5 h；

5 一个周期所需时间可按下式计算：

$$t=t_R+t_s+t_D+t_b \quad \cdots\cdots (7.6.36-3)$$

式中：t_R ——每个周期反应时间(h)；

t_s ——沉淀时间(h)；

t_D ——排水时间(h)；

t_b ——闲置时间(h)。

7.6.37 每天的周期数宜为正整数。

7.6.38 连续进水时，反应池的进水处应设置导流装置。

7.6.39 反应池宜采用矩形池，水深宜为 4.0 m～6.0 m；反应池长度和宽度之比：间隙进水时宜为1∶1～2∶1,连续进水时宜为2.5∶1～4∶1。

7.6.40 反应池应设置固定式事故排水装置,可设在滗水结束时的水位处。

7.6.41 反应池应采用有防止浮渣流出设施的滗水器;同时,宜有清除浮渣的装置。

Ⅵ 膜生物反应器(MBR)

7.6.42 膜生物反应器工艺的主要设计参数宜根据试验资料确定。当无试验资料时,可采用经验数据或按表7.6.42的规定取值。

表7.6.42 膜生物反应器工艺的主要设计参数

名称	单位	典型值或范围
膜池内污泥浓度(MLSS*)X	g/L	6～15(中空纤维膜) 10～20(平板膜)
生物反应池的五日生化需氧量污泥负荷 L_s	$kgBOD_5/(kgMLSS \cdot d)$	0.03～0.10
总污泥龄 θ_C	d	15～30
缺氧区(池)至厌氧区(池)混合液回流比 R_1	%	100～200
好氧区(池)至缺氧区(池)混合液回流比 R_2	%	300～500
膜池至好氧区(池)混合液回流比 R_3	%	400～600
注:*其他反应区(池)的设计MLSS可根据回流比计算得到。		

7.6.43 膜生物反应器工程中膜系统运行通量的取值应小于临界通量。临界通量的选取应考虑膜材料类型、膜组件和膜组器型式、污泥混合液性质、水温等因素,可实测或采用经验数据。同时,应根据生物反应池设计流量校核膜的峰值通量和强制通量。

7.6.44 浸没式膜生物反应器平均通量的取值范围宜为15 $L/(m^2 \cdot h)$～25 $L/(m^2 \cdot h)$,外置式膜生物反应器平均通量的取值范围宜为30 $L/(m^2 \cdot h)$～45 $L/(m^2 \cdot h)$。

7.6.45 布设膜组器时,应留10%～20%的富余膜组器空位作为备用。

7.6.46 膜生物反应器工艺应设置化学清洗设施。

7.6.47 膜离线清洗的废液宜采用中和等措施处理,处理后的废液应返回污水处理构筑物进行处理。

7.7 回流污泥和剩余污泥

7.7.1 回流污泥设施宜采用离心泵、混流泵、潜水泵、螺旋泵或空气提升器。当生物处理系统中带有厌氧区(池)、缺氧区(池)时,应选用不易复氧的回流污泥设施。

7.7.2 回流污泥设施宜分别按生物处理系统中的最大污泥回流比和最大混合液回流比计算确定。回流污泥设备台数不应少于2台,并应有备用设备,空气提升器可不设备用。回流污泥设备,宜有调节流量的措施。

7.7.3 剩余污泥量可按下列公式计算:

1 按污泥龄计算:

$$\Delta X=\frac{V \cdot X}{\theta_C} \quad \cdots\cdots (7.7.3-1)$$

式中:ΔX ——剩余污泥量(kgSS/d);

V ——生物反应池的容积(m^3);

X ——生物反应池内混合液悬浮固体平均浓度(gMLSS/L);

θ_C ——污泥龄(d)。

2 按污泥产率系数、衰减系数及不可生物降解和惰性悬浮物计算:

$$\Delta X = YQ(S_o - S_e) - K_d V X_v + fQ(SS_o - SS_e) \quad \cdots\cdots\cdots\cdots (7.7.3-2)$$

式中:Y ——污泥产率系数($kgVSS/kgBOD_5$),20 ℃时宜为0.3~0.8;

Q ——设计平均日污水量(m^3/d);

S_o ——生物反应池进水五日生化需氧量(kg/m^3);

S_e ——生物反应池出水五日生化需氧量(kg/m^3);

K_d ——衰减系数(d^{-1});

X_V ——生物反应池内混合液挥发性悬浮固体平均浓度(gM-LVSS/L);

f ——SS的污泥转换率,宜根据试验资料确定,无试验资料时可取(0.5~0.7)(gMLSS/gSS);

SS_o——生物反应池进水悬浮物浓度(kg/m^3);

SS_e——生物反应池出水悬浮物浓度(kg/m^3)。

7.8 生物膜法

Ⅰ 一般规定

7.8.1 生物膜法处理污水可单独应用,也可和其他污水处理工艺组合应用。

7.8.2 污水进行生物膜法处理前,宜进行预处理。当进水水质或水量波动大时,应设置调节池。

7.8.3 生物膜法的处理构筑物应根据当地气温和环境等条件,采取防冻、防臭和灭蝇等措施。

Ⅱ 生物接触氧化池

7.8.4 生物接触氧化池应根据进水水质和处理程度确定采用一段式或二段式。生物接触氧化池平面形状宜为矩形,有效水深宜为3 m~6 m。生物接触氧化池不宜少于2个,每池可分为两室。

7.8.5 生物接触氧化池中的填料可采用全池布置(底部进水、进气)、两侧布置(中心进气、底部进水)或单侧布置(侧部进气、上部进水),填料应分层安装。

7.8.6 生物接触氧化池应采用对微生物无毒害、易挂膜、质轻、高强度、抗老化、比表面积大和空隙率高的填料。

7.8.7 曝气装置应根据生物接触氧化池填料的布置形式布置。采用池底均布曝气方式时,气水比宜为6∶1~9∶1。

7.8.8 生物接触氧化池进水应防止短流,出水宜采用堰式出水。

7.8.9 生物接触氧化池底部应设置排泥和放空设施。

7.8.10 生物接触氧化池的五日生化需氧量容积负荷,宜根据试验资料确定,无试验资料时,碳氧化宜为2.0 $kgBOD_5/(m^3 \cdot d)$~5.0 $kgBOD_5/(m^3 \cdot d)$,碳氧化/硝化宜为0.2 $kgBOD_5/(m^3 \cdot d)$~2.0 $kgBOD_5/(m^3 \cdot d)$。

Ⅲ 曝气生物滤池

7.8.11 曝气生物滤池的池型可采用上向流或下向流进水方式。

7.8.12 曝气生物滤池前应设沉砂池、初次沉淀池或混凝沉淀池、除油池、超细格栅等预处理设施,也可设水解调节池,进水悬浮固体浓度不宜大于60 mg/L。

7.8.13 曝气生物滤池根据处理程度不同可分为碳氧化、硝化、后置反硝化或前置反硝化等。碳氧化、硝化和反硝化可在单级曝气生物滤池内完成,也可在多级曝气生物滤池内完成。

7.8.14 曝气生物滤池的池体高度宜为 5 m～9 m。

7.8.15 曝气生物滤池宜采用滤头布水布气系统。

7.8.16 曝气生物滤池宜分别设置曝气充氧和反冲洗供气系统。曝气装置可采用单孔膜空气扩散器和穿孔管等曝气器。曝气器可设在承托层或滤料层中。

7.8.17 曝气生物滤池宜选用机械强度和化学稳定性好的卵石作承托层,并按一定级配布置。

7.8.18 曝气生物滤池的滤料应具有强度大、不易磨损、孔隙率高、比表面积大、化学物理稳定性好、易挂膜、生物附着性强、比重小、耐冲洗和不易堵塞的性质。

7.8.19 曝气生物滤池宜采用气水联合反冲洗。反冲洗空气强度宜为 10 L/(m^2·s)～15 L(m^2·s),反冲洗水强度不应超过 8 L(m^2·s)。

7.8.20 曝气生物滤池用于二级处理时,污泥产率系数可为 0.3 kgVSS/kgBOD_5～0.5 kgVSS/kgBOD_5。

7.8.21 曝气生物滤池设计参数宜根据试验资料确定;当无试验资料时,可采用经验数据或按表 7.8.21 取值。

表 7.8.21 曝气生物滤池设计参数

类型	功能	参数	单位	取值
碳氧化曝气生物滤池	降解污水中含碳有机物	滤池表面水力负荷(滤速)	m^3/[m^2·h(m/h)]	3.0～6.0
		BOD_5负荷	kgBOD_5/(m^3·d)	2.5～6.0
碳氧化/硝化曝气生物滤池	降解污水中含碳有机物并对氨氮进行部分硝化	滤池表面水力负荷(滤速)	m^3/[m^2·h(m/h)]	2.5～4.0
		BOD_5负荷	kgBOD_5/(m^3·d)	1.2～2.0
		硝化负荷	kgNH_3-N/(m^3·d)	0.4～0.6
硝化曝气生物滤池	对污水中氨氮进行硝化	滤池表面水力负荷(滤速)	m^3/[m^2·h(m/h)]	3.0～12.0
		硝化负荷	kgNH_3-N/(m^3·d)	0.6～1.0
前置反硝化生物滤池	利用污水中的碳源对硝态氮进行反硝化	滤池表面水力负荷(滤速)	m^3/[m^2·h(m/h)]	8.0～10.0(含回流)
		反硝化负荷	kgNO_3-N/(m^3·d)	0.8～1.2
后置反硝化生物滤池	利用外加碳源对硝态氮进行反硝化	滤池表面水力负荷(滤速)	m^3/[m^2·h(m/h)]	8.0～12.0
		反硝化负荷	kgNO_3-N/(m^3·d)	1.5～3.0

Ⅳ 生物转盘

7.8.22 生物转盘处理工艺流程宜为初次沉淀池,生物转盘,二次沉淀池。根据污水水量、水质和处理程度等,生物转盘可采用单轴单级式、单轴多级式或多轴多级式布置形式。

7.8.23 生物转盘的盘体材料应质轻、强度高、耐腐蚀、抗老化、易挂膜、比表面积大及方便安装、养护和运输。

7.8.24 生物转盘反应槽的设计应符合下列规定:

1 反应槽断面形状应呈半圆形。

2 盘片外缘和槽壁的净距不宜小于 150 mm;进水端盘片净距宜为 25 mm～35 mm,出水端盘片净距宜为 10 mm～20 mm。

3 盘片在槽内的浸没深度不应小于盘片直径的 35%,转轴中心应高出水位 150 mm 以上。

7.8.25 生物转盘转速宜为 2.0 r/mim～4.0 r/mim,盘体外缘线速度宜为 15 m/min～19 m/min。

7.8.26 生物转盘的转轴强度和挠度必须满足盘体自重和运行过程中附加荷重的要求。

7.8.27 生物转盘的设计负荷宜根据试验资料确定;当无试验资料时,五日生化需氧量表面有机负荷,以盘片面积计,宜为 0.005 $gBOD_5/(m^2 \cdot d)$～0.020 $kgBOD_5/(m^2 \cdot d)$,首级转盘不宜超过 0.030 $gBOD_5/(m^2 \cdot d)$;表面水力负荷以盘片面积计,宜为 0.04 $m^3/(m^2 \cdot d)$～0.20 $m^3/(m^2 \cdot d)$。

Ⅴ 移动床生物膜反应器

7.8.28 移动床生物膜反应器应采用悬浮填料的表面负荷进行设计。表面负荷宜根据试验资料确定;当无试验资料时,在 20 ℃的水温条件下,五日生化需氧量表面有机负荷宜为 5 $gBOD_5/(m^2 \cdot d)$～15 $gBOD_5/(m^2 \cdot d)$,表面硝化负荷宜为 0.5 $gNH_3-N/(m^2 \cdot d)$～2.0 $gNH_3-N/(m^2 \cdot d)$。

7.8.29 悬浮填料应满足易于流化、微生物附着性好、有效比表面积大、耐腐蚀、抗机械磨损的要求。悬浮填料的填充率不应超过反应池容积的 2/3。

7.8.30 悬浮填料投加区域应设拦截筛网。

7.8.31 移动床生物膜反应器池内水平流速不应大于 35 m/h,长宽比宜为 2∶1～4∶1;当不满足此条件时,应增设导流隔墙和弧形导流隔墙,强化悬浮填料的循环流动。

7.9 供氧设施

7.9.1 生物反应池中好氧区的供氧应满足污水需氧量、混合和处理效率等要求,宜采用鼓风曝气或表面曝气等方式。

7.9.2 生物反应池中好氧区的污水需氧量,根据去除的五日生化需氧量、氨氮的硝化和除氮等要求,宜按下式计算:

$$O_2=0.001aQ(S_o-S_e)-c\Delta X_V+b[0.001Q(N_k-N_{ke})-0.12\Delta X_V]-0.62b[0.001Q(N_t-N_{ke}-N_{oe})-0.12\Delta X_V] \quad \cdots\cdots (7.9.2)$$

式中:O_2 ——污水需氧量(kgO_2/d);

a ——碳的氧当量,当含碳物质以 BOD_5 计时,应取 1.47;

Q ——生物反应池的进水流量(m^3/d);

S_o ——生物反应池进水五日生化需氧量浓度(mg/L);

S_e ——生物反应池出水五日生化需氧量浓度(mg/L);

c ——常数,细菌细胞的氧当量,应取 1.42;

ΔX_V ——排出生物反应池系统的微生物量(kg/d);

b ——常数,氧化每公斤氨氮所需氧量(kgO_2/kgN),应取 4.57;

N_k ——生物反应池进水总凯氏氮浓度(mg/L);

N_{ke} ——生物反应池出水总凯氏氮浓度(mg/L);

N_t ——生物反应池进水总氮浓度(mg/L);

N_{oe} ——生物反应池出水硝态氮浓度(mg/L);

$0.12\Delta X_V$ ——排出生物反应池系统的微生物中含氮量(kg/d)。

7.9.3 选用曝气装置和设备时,应根据设备的特性、位于水面下的深度、水温、污水的氧总转移特性、当地的海拔高度和预期生物反应池中溶解氧浓度等因素,将计算的污水需氧量换算为标准状态下清水需氧量。

7.9.4 鼓风曝气时,可将标准状态下污水需氧量,换算为标准状态下的供气量,并应按下式计算:

$$G_s=\frac{O_s}{0.28E_A} \quad \cdots\cdots (7.9.4)$$

式中:G_s ——标准状态(0.1 MPa、20 ℃)下供气量(m^3/h);

O_s ——标准状态下生物反应池污水需氧量(kgO_2/h);

0.28 ——标准状态下的每立方米空气中含氧量(kgO_2/m^3);

E_A ——曝气器氧的利用率(%)。

7.9.5 鼓风曝气系统中的曝气器应选用有较高充氧性能、布气均匀、阻力小、不易堵塞、耐腐蚀、操作管理和维修方便的产品,并应明确不同服务面积、不同空气量、不同曝气水深,在标准状态下的充氧性能及底部流速等技术参数。

7.9.6 曝气器的数量应根据供气量和服务面积计算确定。

7.9.7 廊道式生物反应池中的曝气器,可满池布置或沿池侧布置,或沿池长分段渐减布置。

7.9.8 采用表面曝气器供氧时,宜符合下列规定:

1 叶轮直径和生物反应池(区)直径(或正方形的一边)之比:倒伞或混流型可为1∶3~1∶5,泵型可为1∶3.5~1∶7;

2 叶轮线速度可为3.5 m/s~5.0 m/s;

3 生物反应池宜有调节叶轮(转刷、转碟)速度或淹没水深的控制设施。

7.9.9 各种类型的机械曝气设备的充氧能力应根据测定资料或相关技术资料采用。

7.9.10 选用供氧设施时,应考虑冬季溅水、结冰、风沙等气候因素及噪声、臭气等环境因素。

7.9.11 污水厂采用鼓风曝气时,宜设置单独的鼓风机房。鼓风机房可设有值班室、控制室、配电室和工具室,必要时还应设鼓风机冷却系统和隔声的维修场所。

7.9.12 鼓风机的选型应根据使用的风压、单机风量、控制方式、噪声和维修管理等条件确定。选用离心鼓风机时,应详细核算各种工况条件下鼓风机的工作点,不得接近鼓风机的湍振区,并宜设有调节风量的装置。在同一供气系统中,宜选用同一类型的鼓风机。应根据当地海拔高度,最高、最低空气温度,相对湿度对鼓风机的风量、风压及配置的电动机功率进行校核。

7.9.13 采用污泥气燃气发动机作为鼓风机的动力时,可和电动鼓风机共同布置,其间应有隔离措施,并应符合国家现行有关防火防爆标准的规定。

7.9.14 计算鼓风机的工作压力时,应考虑进出风管路系统压力损失和使用时阻力增加等因素。输气管道中空气流速宜采用:干支管为10 m/s~15 m/s;竖管、小支管为4 m/s~5 m/s。

7.9.15 鼓风机的台数应根据供气量确定;供气量应根据污水量、污染物负荷变化、水温、气温、风压等确定。可采用不同风量的鼓风机,但不应超过两种。工作鼓风机台数,按平均风量供气量配置时,应设置备用鼓风机。工作鼓风机台数小于或等于4台时,应设置1台备用鼓风机;工作鼓风机台数大于或等于5台时,应设置2台备用鼓风机。备用鼓风机应按设计配置的最大机组考虑。

7.9.16 鼓风机应根据产品本身和空气曝气器的要求,设不同的空气除尘设施。鼓风机进风管口的位置应根据环境条件而设,并宜高于地面。大型鼓风机房宜采用风道进风,风道转折点宜设整流板。风道应进行防尘处理。进风塔进口宜设耐腐蚀的百叶窗,并应根据气候条件加设防止雪、雾或水蒸气在过滤器上冻结冰霜的设施。

7.9.17 选择输气管道的管材时,应考虑强度、耐腐蚀性和膨胀系数。当采用钢管时,管道内外应有不同的耐热、耐腐蚀处理,敷设管道时应考虑温度补偿。当管道置于管廊或室内时,在管外应敷设隔热材料或加做隔热层。

7.9.18 鼓风机和输气管道连接处宜设柔性连接管。输气管道的低点应设排除水分(或油分)的放泄口和清扫管道的排出口;必要时可设排入大气的放泄口,并应采取消声措施。

7.9.19 生物反应池的输气干管宜采用环状布置。进入生物反应池的输气立管管顶宜高出水面 0.5 m。在生物反应池水面上的输气管,宜根据需要布置控制阀,在其最高点宜适当设置真空破坏阀。

7.9.20 鼓风机房内的机组布置和起重设备设置宜符合本标准第 6.4.7 条和第 6.4.9 条的规定。

7.9.21 大中型鼓风机应设单独基础,机组基础间通道宽度不应小于 1.5 m。

7.9.22 鼓风机房内外的噪声应分别符合现行国家标准《工业企业噪声控制设计规范》GB/T 50087和《工业企业厂界环境噪声排放标准》GB 12348 的规定。

7.10 化学除磷

7.10.1 污水经生物除磷工艺处理后,其出水总磷不能达到要求时,应采用化学除磷工艺处理;污泥处理过程中产生的污水含磷较高影响出厂水总磷不能达标时,也应采用化学除磷工艺。

7.10.2 化学除磷药剂可采用生物反应池的前置投加、后置投加或同步投加,也可采用多点投加。在生物滤池中不宜采用同步投加方式除磷。

7.10.3 化学除磷设计中,药剂的种类、剂量和投加点宜根据试验资料确定。

7.10.4 化学除磷药剂可采用铝盐、铁盐或其他有效的药剂。后置投加除磷药剂采用铝盐或铁盐作混凝剂时,宜投加离子型聚合电解质作为助凝剂。

7.10.5 采用铝盐或铁盐作混凝剂时,其投加混凝剂和污水中总磷的摩尔比宜为 1.5～3.0,当出水中总磷的浓度低于 0.5 mg/L 时,可适当增加摩尔比。

7.10.6 化学除磷时应考虑产生的污泥量。

7.10.7 化学除磷时,接触腐蚀性物质的设备和管道应采取防腐蚀措施。

7.11 深度和再生处理

Ⅰ 一般规定

7.11.1 污水深度和再生处理的工艺应根据水质目标选择,工艺单元的组合形式应进行多方案比较,满足实用、经济、运行稳定的要求。再生水的水质应符合国家现行水质标准的规定。

7.11.2 污水深度处理和再生水处理主要工艺宜采用混凝、沉淀(澄清、气浮)、过滤、消毒,必要时可采用活性炭吸附、膜过滤、臭氧氧化和自然处理等工艺。

7.11.3 再生水输配到用户的管道严禁和其他管网连接。

Ⅱ 处理工艺

7.11.4 深度和再生水处理工艺的设计参数宜根据试验资料确定,也可参照类似运行经验确定。

7.11.5 采用混合、絮凝、沉淀工艺时，投药混合设施中平均速度梯度值(G 值)宜为 300 s^{-1}，混合时间宜为 30 s～120 s。

7.11.6 絮凝、沉淀、澄清、气浮工艺的设计宜符合下列规定：

1 絮凝时间宜为 10 min～30 min。

2 平流沉淀池的沉淀时间宜为 2.0 h～4.0 h，水平流速宜为 4.0 mm/s～12.0 mm/s。

3 上向流斜管沉淀表面水力负荷宜为 4.0 $m^3/(m^2 \cdot h)$～7.0 $m^3/(m^2 \cdot h)$，侧向流斜板沉淀池面水力负荷可采用 5.0 $m^3/(m^2 \cdot h)$～9.0 $m^3/(m^2 \cdot h)$。

4 澄清池表面水力负荷宜为 2.5 $m^3/(m^2 \cdot h)$～3.0 $m^3/(m^2 \cdot h)$。

5 溶气气浮池的接触室的上升流速可采用 10.0 mm/s～20.0 mm/s，分离室的向下流速可采用 1.5 mm/s～2.0 mm/s。溶气水回流比宜为 5%～10%。

6 高效浅层气浮池表面水力负荷宜为 5.0 $m^3(m^2 \cdot h)$～6.0 $m^3(m^2 \cdot h)$，溶气水回流比可采用 15%～30%。

7.11.7 滤池的设计宜符合下列规定：

1 滤池的进水 SS 宜小于 20 mg/L；

2 滤池宜设有冲洗滤池表面污垢和泡沫的冲洗水管；

3 滤池宜采取预加氯等措施。

7.11.8 石英砂滤料滤池、无烟煤和石英砂双层滤料滤池的设计应符合下列规定：

1 采用均匀级配石英砂滤料的 V 形滤池，滤料厚度宜采用 1200 mm～1500 mm，滤速宜为 5 m/h～8 m/h，应设气水联合反冲洗和表面扫洗辅助系统，表面扫洗强度宜为 2 $L/(m^2 \cdot s)$～3 $L/(m^2 \cdot s)$。单独气冲强度宜为 13 $L/(m^2 \cdot s)$～17 $L/(m^2 \cdot s)$，历时 2 min～4 min；气水联合冲洗时气冲强度宜为 13 $L/(m^2 \cdot s)$～17 $L/(m^2 \cdot s)$，水冲强度宜为 3 $L/(m^2 \cdot s)$～4 $L/(m^2 \cdot s)$，历时 3 min～4 min，单独水冲强度宜为 4 $L/(m^2 \cdot s)$～8 $L/(m^2 \cdot s)$，历时 5 min～8 min。滤池的过滤周期应为 12 h～24 h。

2 无烟煤和石英砂双层滤料滤池，滤速宜为 5 m/h～10 m/h，宜采用先气冲洗后水冲洗方式，气冲强度宜为 15 $L/(m^2 \cdot s)$～20 $L/(m^2 \cdot s)$，历时 1 min～3 min；水冲强度宜为 6.5 $L/(m^2 \cdot s)$～10.0 $L/(m^2 \cdot s)$，历时 5 min～6 min。

3 单层细砂滤料滤池，滤速宜为 4 m/h～6 m/h，宜采用先气冲洗后水冲洗方式，气冲强度宜为 15 $L/(m^2 \cdot s)$～20 $L/(m^2 \cdot s)$，历时 1 min～3 min；水冲强度宜为 8 $L/(m^2 \cdot s)$～10 $L/(m^2 \cdot s)$，历时 5 min～7 min。

4 滤池的构造、滤料组成等宜符合现行国家标准《室外给水设计标准》GB 50013 的有关规定。

7.11.9 转盘滤池的设计宜符合下列规定：

1 滤速宜为 8 m/h～10 m/h。

2 当过滤介质采用不锈钢丝网时，反冲洗水压力宜为 60 m～100 m；当过滤介质采用滤布时，反冲洗水压力宜为 7 m～15 m。

3 冲洗前水头损失宜为 0.2 m～0.4 m。

4 滤池前宜设可靠的沉淀措施。

7.11.10 当污水厂二级处理出水经混凝、沉淀、过滤后，仍不能达到再生水水质要求时，可采用活性炭吸附处理。

7.11.11 活性炭吸附处理的设计宜符合下列规定：

1 采用活性炭吸附工艺时，宜进行静态或动态试验，合理确定活性炭的用量、接触时间、表面水力负荷和再生周期。

2 采用活性炭吸附池的设计参数宜根据试验资料确定；当无试验资料时，宜按下列规定采用：

1） 空床接触时间宜为 20 min～30 min。

2） 炭层厚度宜为 3 m～4 m。

3） 下向流的空床滤速宜为 7 m/h～12 m/h。

4） 炭层最终水头损失宜为 0.4 m～1.0 m。

5） 常温下经常性冲洗时，水冲洗强度宜为 39.6 $m^3/(m^2 \cdot h)$～46.8 $m^3/(m^2 \cdot h)$，历时 10 min～15 min，膨胀率 15%～20%，定期大流量冲洗时，水冲洗强度宜为 54.0 $m^3/(m^2 \cdot h)$～64.8 $m^3/(m^2 \cdot h)$，历时 8 min～12 min，膨胀率宜为 25%～35%。活性炭再生周期由处理后出水水质是否超过水质目标值确定，经常性冲洗周期宜为 3 d～5 d。冲洗水可用砂滤水或炭滤水，冲洗水浊度宜小于 5NTU。

3 活性炭吸附罐的设计参数宜根据试验资料确定；当无试验资料时，宜按下列规定采用：

1） 接触时间宜为 20 min～35 min；

2） 吸附罐的最小高度和直径比可为 2：1，罐径为 1 m～4 m，最小炭层厚度宜为 3 m，可为 4.5 m～6m；

3） 升流式表面水力负荷宜为 9.0 $m^3/(m^2 \cdot h)$～24.5 $m^3/(m^2 \cdot h)$，降流式表面水力负荷宜为 7.2 $m^3/(m^2 \cdot h)$～11.9 $m^3/(m^2 \cdot h)$；

4） 操作压力宜每 0.3 m 炭层 7 kPa。

7.11.12 去除水中色度、嗅味和有毒有害及难降解有机物，可采用臭氧氧化技术，设计参数宜通过试验确定；当无试验资料时，应符合下列规定：

1 臭氧投量宜大于 3 mg/L，接触时间宜为 5 min～60 min，接触池应加盖密封，并应设呼吸阀和安全阀。

2 臭氧氧化系统中应设臭氧尾气消除装置。

3 所有和臭氧气体或溶解臭氧的水接触的材料应耐臭氧腐蚀。

4 可根据当地情况采用不同氧源的发生器。氧源、臭氧发生装置系统和臭氧接触池的设计应符合现行国家标准《室外给水设计标准》GB 50013 的规定。

5 臭氧氧化工艺中臭氧投加量较大或再生水规模较大时，臭氧尾气的利用应通过技术经济分析确定。

Ⅲ 输配水

7.11.13 再生水管道敷设及其附属设施的设计应符合现行国家标准《室外给水设计标准》GB 50013的规定。

7.11.14 再生水输配水管道平面和竖向布置，应按城镇相关专项规划确定，并应符合现行国家标准《城市工程管线综合规划规范》GB 50289 的规定。

7.11.15 污水再生处理厂宜靠近污水厂或再生水用户。有条件时再生水处理设施应和污水厂集中建设。

7.11.16 输配水干管应根据再生水用户的用水特点和安全性要求，合理确定其数量，不能断水用户的配水干管不宜少于2条。再生水管道应具有安全和监控水质的措施。

7.11.17 输配水管道材料的选择应根据水压、外部荷载、土壤性质、施工维护和材料供应等条件，经技术经济比较确定。可采用塑料管、承插式预应力钢筋混凝土管和承插式自应力钢筋混凝土管等非金属管道或金属管道。采用金属管道时，应对管道进行防腐处理。

7.11.18 管道的埋设深度应根据竖向布置、管材性能、冻土深度、外部荷载、抗浮要求及和其他管道交叉等因素确定。露天管道应有调节伸缩的设施和保证管道整体稳定的措施，严寒和寒冷地区应采取防冻措施。

7.12 自然处理

Ⅰ 一般规定

7.12.1 污水量较小的城镇，在环境影响评价和技术经济比较合理时，可采用污水自然处理。

7.12.2 污水的自然处理可包括人工湿地和稳定塘。

7.12.3 污水自然处理必须考虑对周围环境及水体的影响，不得降低周围环境的质量，应根据地区特点选择适宜的污水自然处理方式。

7.12.4 **采用自然处理时，应采取防渗措施，严禁污染地下水。**

7.12.5 有条件的地区可将自然处理净化城镇污水厂尾水用作河道基流补水。

Ⅱ 人工湿地

7.12.6 采用人工湿地处理污水时，应进行预处理。预处理设施出水SS不宜超过80 mg/L。

7.12.7 人工湿地面积应按五日生化需氧量表面有机负荷确定，同时应满足表面水力负荷和停留时间的要求。人工湿地的主要设计参数宜根据试验资料确定；当无试验资料时，可采用经验数据或按表7.12.7的规定取值。

表7.12.7 人工湿地的主要设计参数

人工湿地类型	表面有机负荷[g/(m²·d)]	表面水力负荷[m³/(m²·d)]	水力停留时间(d)
表面流人工湿地	1.5～5	≤0.1	4～8
水平潜流人工湿地	4～8	≤0.3	1～3
垂直潜流人工湿地	5～8	<0.5	1～3

7.12.8 表面流人工湿地的设计宜符合下列规定：

1 单池长度宜为20 m～50 m，单池长宽比宜为3∶1～5∶1；

2 表面流人工湿地的水深宜为0.3 m～0.6 m；

3 表面流人工湿地的底坡宜为0.1%～0.5%。

7.12.9 潜流人工湿地的设计应符合下列规定：

1 水平潜流人工湿地单元的长宽比宜为3∶1～4∶1；垂直潜流人工湿地单元的长宽比宜控制在3∶1以下。

2 规则的潜流人工湿地单元的长度宜为20 m～50 m；不规则潜流人工湿地单元，应考虑均匀布水和集水的问题。

3 潜流人工湿地水深宜为0.4 m～1.6 m。

4 潜流人工湿地的水力坡度宜为0.5%～1.0%。

7.12.10 人工湿地的集配水应均匀,宜采用穿孔管、配(集)水管、配(集)水堰等方式。

7.12.11 人工湿地宜选用比表面积大、机械强度高、稳定性好、取材方便的填料。

7.12.12 人工湿地应以本土植物为首选,宜选用耐污能力强、根系发达、去污效果好、具有抗冻及抗病虫害能力、有一定经济价值和美化景观效果、容易管理的植物。

7.12.13 人工湿地应在池体底部和侧面进行防渗处理,防渗层的渗透系数不应大于 10^{-8} m/s。

7.12.14 在寒冷地区,集配水及进出水管的设计应考虑防冻措施。

7.12.15 人工湿地系统应定期清淤排泥。

7.12.16 人工湿地应综合考虑污水的悬浮物浓度、有机负荷、投配方式、填料粒径、植物、微生物和运行周期等因素进行防堵塞设计。

Ⅲ 稳定塘

7.12.17 在有可利用的荒地或闲地等条件下,技术经济比较合理时,可采用稳定塘处理污水。用作二级处理的稳定塘系统,处理规模不宜大于 5000 m^3/d。

7.12.18 处理污水时,稳定塘的设计数据应根据试验资料确定;当无试验资料时,根据污水水质、处理程度、当地气候和日照等条件,稳定塘的五日生化需氧量总平均表面有机负荷可采用 1.5 $gBOD_5/(m^2 \cdot d)$～10.0 $gBOD_5/(m^2 \cdot d)$,总停留时间可采用 20 d～120 d。

7.12.19 稳定塘的设计应符合下列规定:

1 稳定塘前宜设格栅;当污水含砂量高时,宜设沉砂池。

2 稳定塘串联的级数不宜少于 3 级,第一级塘有效深度不宜小于 3 m。

3 推流式稳定塘的进水宜采用多点进水。

4 稳定塘污泥的蓄积量宜为 40 L/(人·年)～100 L/(人·年),一级塘应分格并联运行,轮换清除污泥。

7.12.20 在多级稳定塘系统的后面可设养鱼塘,进入养鱼塘的水质应符合国家现行有关渔业水质标准的规定。

7.13 消毒

Ⅰ 一般规定

7.13.1 污水厂出水的消毒程度应根据污水性质、排放标准或再生利用要求确定。

7.13.2 污水厂出水可采用紫外线、二氧化氯、次氯酸钠和液氯消毒,也可采用上述方法的联合消毒方式。

7.13.3 污水厂消毒后的出水不应影响生态安全。

7.13.4 消毒设施和有关建筑物的设计,应符合现行国家标准《室外给水设计标准》GB 50013 的规定。

Ⅱ 紫外线

7.13.5 污水厂出水采用紫外线消毒时,宜采用明渠式紫外线消毒系统,清洗方式宜采用在线机械加化学清洗的方式。

7.13.6 紫外线消毒有效剂量宜根据试验资料或类似运行经验,并宜按下列规定确定:

1 二级处理的出水宜为 15 mJ/cm^2～25 mJ/cm^2;

2 再生水宜为 24 mJ/cm^2～30 mJ/cm^2。

7.13.7 紫外线照射渠的设计,应符合下列规定:

1 照射渠水流均匀,灯管前后的渠长度不宜小于 1 m。

2 渠道设水位探测和水位控制装置,设计水深应满足全部灯管的淹没要求;当同时应满足最大流量要求时,最上层紫外灯管顶以上水深在灯管有效杀菌范围内。

7.13.8 紫外线消毒模块组应具备不停机维护检修的条件,应能维持消毒系统的持续运行。

Ⅲ 二氧化氯、次氯酸钠和氯

7.13.9 污水厂出水的加氯量应根据试验资料或类似运行经验确定;当无试验资料时,可采用5 mg/L~15 mg/L,再生水的加氯量应按卫生学指标和余氯量确定。

7.13.10 二氧化氯、次氯酸钠或氯消毒后应进行混合和接触,接触时间不应小于30 min。

7.13.11 次氯酸钠溶液宜低温、避光储存,储存时间不宜大于7 d。

8 污泥处理和处置

8.1 一般规定

8.1.1 污泥处理工艺应根据污泥性质、处理后的泥质标准、当地经济条件、污泥处置出路、占地面积等因素合理选择,包括浓缩、厌氧消化、好氧消化、好氧发酵、脱水、石灰稳定、干化和焚烧等。

8.1.2 污泥的处置方式应根据污泥特性、当地自然环境条件、最终出路等因素综合考虑,包括土地利用、建筑材料利用和填埋等。

8.1.3 污泥处理处置应从工艺全流程角度确定各工艺段的处理工艺。

8.1.4 污水厂污泥产量可按下式计算:

$$Q_{sl}=Q_{ps}+Q_{es}+Q_{cs} \quad (8.1.4)$$

式中:Q_{sl}——污泥产生量(kg/d);

Q_{ps}——初沉污泥量(kg/d);

Q_{es}——剩余污泥量(kg/d);

Q_{cs}——化学污泥量(kg/d)。

8.1.5 污泥处理处置设施的规模应以污泥产量为依据,并应综合考虑排水体制、污水处理水量、水质和工艺、季节变化对污泥产量的影响后合理确定。处理截流雨水的污水系统,其污泥处理处置设施的规模应统筹考虑相应的污泥增量,可在旱流污水量对应的污泥量上增加20%。

8.1.6 污泥处理处置设施的设计能力应满足设施检修维护时的污泥处理处置要求,当设施检修时,应仍能全量处理处置产生的污泥。

8.1.7 污泥处理宜根据污水处理除砂和除渣情况设置相应的预处理工艺。

8.1.8 污泥处理构筑物和主要设备的数量不应少于2个。

8.1.9 污泥处理处置过程中产生的臭气应收集后进行处理。

8.1.10 污泥处理处置过程中产生的污泥水应单独处理或返回污水处理构筑物进行处理。

8.1.11 污泥产物资源利用时应符合国家现行有关标准的规定。

8.1.12 污泥产生、运输、贮存、处理处置的全过程应符合国家现行有关污染控制标准的规定。

8.2 污泥浓缩

8.2.1 浓缩剩余污泥时,重力式污泥浓缩池的设计宜符合下列规定:

1 污泥固体负荷宜采用30 kg/(m^2·d)~60 kg/(m^2·d);

2 浓缩时间不宜小于12 h;

3 由生物反应池后二次沉淀池进入污泥浓缩池的污泥含水率为99.2%~99.6%时,浓缩后污泥含水率可为97.0%～98.0%；

4 有效水深宜为4 m；

5 采用栅条浓缩机时，其外缘线速度宜为1 m/min～2 m/min，池底坡向泥斗的坡度不宜小于0.05。

8.2.2 污泥浓缩池宜设置去除浮渣的装置。

8.2.3 当采用生物除磷工艺进行污水处理时，不宜采用重力浓缩。当采用重力浓缩池时，宜对污泥水进行除磷处理。

8.2.4 当采用机械浓缩设备进行污泥浓缩时，宜根据试验资料或类似运行经验确定设计参数。

8.2.5 污泥浓缩脱水可采用一体化机械。

8.2.6 间歇式污泥浓缩池应设置可排出深度不同的污泥水的设施。

8.3 污泥消化

Ⅰ 一般规定

8.3.1 应根据污泥性质、环境要求、工程条件和污泥处置方式，选择经济适用、管理方便的污泥消化工艺。

8.3.2 污泥经消化处理后，其挥发性固体去除率宜大于40%。

Ⅱ 污泥厌氧消化

8.3.3 有初次沉淀池系统的污水厂，剩余污泥宜和初沉污泥合并进行厌氧消化处理。当有条件时，污泥可和餐厨垃圾等进行协同处理。

8.3.4 污泥厌氧消化工艺，按消化级数可分为单级和多级消化；按消化温度可分为中温和高温消化；按消化相数可分为单相和两相消化；按消化固体浓度可分为常规浓度和高含固浓度消化。

8.3.5 单级厌氧消化池(或多级厌氧消化池中的第一级)污泥应加热并搅拌，宜有防止浮渣结壳和排出上清液的措施。采用多级厌氧消化时，各级厌氧消化池的容积比应根据其运行操作方式，通过技术经济比较确定；二级及以上厌氧消化池可不加热、不搅拌，但应有防止浮渣结壳和排出上清液的措施。

8.3.6 厌氧消化池的总有效容积应根据厌氧消化时间或挥发性固体容积负荷计算互相校核，并应按下列公式计算：

$$V=Q_o \cdot t_d \qquad (8.3.6-1)$$

$$V=\frac{W_s}{L_v} \qquad (8.3.6-2)$$

式中：V ——消化池总有效容积(m^3)；

Q_o ——每日投入消化池的原污泥量(m^3/d)；

t_d ——消化时间(d)；

W_S ——每日投入消化池的原污泥中挥发性干固体质量(kgVSS/d)；

L_V ——消化池挥发性固体容积负荷[kgVSS/(m^3·d)]。

8.3.7 常规浓度中温厌氧消化池的设计应符合下列规定：

1 多级消化池的第一级或单级消化池的消化温度宜为33 ℃～38 ℃；

2 消化时间宜为20 d～30 d；

3 挥发性固体容积负荷取值：重力浓缩后的污泥宜为0.6 kgVSS/(m^3·d)～1.5 kgVSS/(m^3·d)，机械浓缩后的污泥不应大于2.3 kgVSS/(m^3·d)。

8.3.8 高含固浓度厌氧消化池的设计宜符合下列规定：

1 消化池温度宜为 33 ℃～38 ℃；

2 污泥含水率宜为 90%～92%；

3 消化时间宜为 20 d～30 d；

4 挥发性固体容积负荷取值宜为 1.6 kgVSS/(m^3·d)～3.5 kgVSS/(m^3·d)。

8.3.9 以热水解(水热)作为消化预处理时，宜符合下列规定：

1 热水解反应罐反应时间宜为 20 min～30 min；

2 厌氧消化池温度宜为 37 ℃～42 ℃；

3 污泥含水率宜为 88%～92%；

4 消化时间宜为 15 d～20 d；

5 挥发性固体容积负荷宜为 2.8 kgVSS/(m^3·d)～5.0 kgVSS/(m^3·d)。

8.3.10 厌氧消化池污泥温度应保持稳定，并宜保持在设计温度±2 ℃。

8.3.11 污泥厌氧消化池池形可根据工艺条件、投资成本和景观要求等因素进行选择。

8.3.12 厌氧消化池污泥的加热可采用池外热交换，并应符合下列规定：

1 厌氧消化池总耗热量应按全年最冷月平均日气温通过热工计算确定；

2 加热设备应考虑 10%～20%的富余能力；

3 厌氧消化池及污泥投配和循环管道应进行保温。

8.3.13 厌氧消化池内壁应采取防腐措施。

8.3.14 厌氧消化池的污泥搅拌宜采用池内机械搅拌、污泥气搅拌或池外泵循环搅拌等。每日将全池污泥完全搅拌(循环)的次数不宜少于 3 次。间歇搅拌时，每次搅拌的时间不宜大于循环周期的一半。

8.3.15 厌氧消化池和污泥气贮罐应密封，并应能承受污泥气的工作压力，其气密性试验压力不应小于污泥气工作压力的 1.5 倍。厌氧消化池和污泥气贮罐应采取防止池(罐)内产生超压和负压的措施。

8.3.16 厌氧消化池溢流和表面排渣管出口不得放在室内，且必须设置水封装置。厌氧消化池的出气管上必须设置回火防止器。

8.3.17 用于污泥投配、循环、加热、切换控制的设备和阀门设施宜集中布置，室内应设通风设施。厌氧消化系统的电气集中控制室不应和存在污泥气泄漏可能的设施合建。

8.3.18 **污泥气贮罐、污泥气压缩机房、污泥气阀门控制间、污泥气管道层等可能泄漏污泥气的场所，电机、仪表和照明等电器设备均应符合防爆要求，室内应设置通风设施和污泥气泄漏报警装置。**

8.3.19 污泥气贮罐的容积宜根据产气量和用气量计算确定。当无相关资料时，可按 6h～10h 的平均产气量设计。污泥气贮罐应采取防腐措施。

8.3.20 **污泥气贮罐超压时，不得直接向大气排放污泥气，应采用污泥气燃烧器燃烧消耗，燃烧器应采用内燃式。污泥气贮罐的出气管上必须设置回火防止器。**

8.3.21 污泥气净化应进行除湿、过滤和脱硫等处理。污泥气纯化应进行除湿，去除二氧化碳、氨和氮氧化物等处理。

8.3.22 污泥气应综合利用，可用于锅炉、发电或驱动鼓风机等。

8.3.23 污泥气系统的设计应符合现行国家标准《大中型沼气工程技术规范》GB/T 51063 的

规定。

Ⅲ 污泥好氧消化

8.3.24 好氧消化池的总有效容积可按本标准式(8.3.6－1)或式(8.3.6－2)计算。设计参数宜根据试验资料确定。当无试验资料时，好氧消化时间宜为10 d～20 d；重力浓缩后的原污泥，其挥发性固体容积负荷宜为0.7 kgVSS/(m^3·d)～2.8 kgVSS/(m^3·d)；机械浓缩后的高浓度原污泥，其挥发性固体容积负荷不宜大于4.2 kgVSS/(m^3·d)。

8.3.25 好氧消化池宜根据气候条件采取保温、加热措施或适当延长消化时间。

8.3.26 好氧消化池中溶解氧浓度不应小于2 mg/L。

8.3.27 好氧消化池采用鼓风曝气时，宜采用中气泡空气扩散装置，鼓风曝气应同时满足细胞自身氧化和搅拌混合的需气量，宜根据试验资料或类似运行经验确定。

8.3.28 当好氧消化池采用鼓风曝气时，其有效深度应根据鼓风机的输出风压、管路及曝气器的阻力损失确定，宜为5.0 m～6.0 m。好氧消化池的超高不宜小于1.0 m。

8.3.29 间歇运行的好氧消化池应设有排出上清液的装置，连续运行的好氧消化池宜设有排出上清液的装置。

8.4 污泥好氧发酵

Ⅰ 一般规定

8.4.1 采用好氧发酵的污泥应符合下列规定：

1 含水率不宜高于80%；

2 有机物含量不宜低于40%；

3 有害物质含量应符合现行国家标准《城镇污水处理厂污泥泥质》GB 24188的规定。

8.4.2 污泥好氧发酵系统应包括混料、发酵、供氧、除臭等设施。

8.4.3 污泥好氧发酵工艺可根据物料发酵分段、翻堆方式、供氧方式和反应器类型进行分类，工艺分类和类型宜符合表8.4.3的规定。

表8.4.3 污泥好氧发酵工艺分类和类型

分类方式	工艺类型
发酵分段	一次发酵、二次发酵
翻堆方式	静态、间歇动态(半动态)、动态
供氧方式	自然通风、强制通风

8.4.4 污泥接收区、混料区、发酵处理区、发酵产物储存区的地面和周边车行道应进行防渗处理。

8.4.5 北方寒冷地区的污泥好氧发酵工程应采取措施保证好氧发酵车间环境温度不低于5 ℃，并应采取措施防止冷凝水回滴至发酵堆体。

Ⅱ 混料系统

8.4.6 污泥、辅料和返混料的配比应根据三者的含水率、有机物含量和碳氮比等经计算确定，冬季可适当提高辅料投加比例。

8.4.7 进入发酵系统的混合物料应符合下列规定：

1 含水率应为55%～65%，有机物含量不应低于40%，碳氮比应为20～30，pH值应为

6～9；

2 混合物料应结构松散、颗粒均匀、无大团块，颗粒直径不应大于 2 cm。

8.4.8 给料设备应能按比例配备进入混料设备的污泥、辅料和返混料。当采用料斗方式给料时，应采取防止污泥架桥的措施。

8.4.9 混料设备的额定处理能力可按每天 8 h～16 h 工作时间计算，设备选择时应根据物料堆积密度进行处理能力校核。

8.4.10 辅料储存量应根据辅料来源并结合实际情况确定，并应满足消防的相关要求。

Ⅲ 发酵系统

8.4.11 一次发酵仓的数量和容积应根据进料量和发酵时间确定，堆体高度的确定应综合考虑供氧方式、物料含水率、有机物含量等因素，并宜符合下列规定：

1 当采用自然通风供氧时，堆体高度宜为 1.2 m～1.5 m；

2 当采用机械强制通风供氧时，堆体高度不宜超过 2.0 m。

8.4.12 一次发酵阶段堆体氧气浓度不应低于 5%(按体积计)，温度达到 55 ℃～65 ℃时持续时间应大于 3 d，总发酵时间不应小于 7 d。

8.4.13 二次发酵宜采用静态或间歇动态发酵，堆体供氧方式应根据场地条件和经济成本等因素确定。

8.4.14 二次发酵阶段堆体氧气浓度不宜低于 3%，堆体温度不宜高于 45 ℃，发酵时间宜为 30 d～50 d。

8.4.15 翻堆机选型应根据翻堆物料量、翻堆频次、堆体宽度和堆体高度等因素确定。

8.4.16 发酵系统中和物料、水汽直接接触的设备、仪表和金属构件应采取防腐蚀措施。

Ⅳ 供氧系统

8.4.17 污泥好氧发酵的供氧可采用自然通风、强制通风和翻堆等方式。

8.4.18 强制通风的风量和风压宜符合下列规定：

1 风量宜按下式计算：

$$Q=R\cdot V \qquad \cdots\cdots\cdots\cdots (8.4.18-1)$$

式中：Q ——强制通风量(m^3/min)；

R ——单位时间内每立方米物料通风量[$m^3/(min\cdot m^3)$]，宜取 0.05～0.20；

V ——污泥好氧发酵容积(m^3)。

2 风压宜按下式计算：

$$P=(P_1+P_2+P_3)\cdot\lambda \qquad \cdots\cdots\cdots\cdots (8.4.18-2)$$

式中：P ——鼓风风压(kPa)；

P_1 ——鼓风机出口阀门压力损失(kPa)；

P_2 ——管道及气室压力损失(kPa)；

P_3 ——气流穿透物料层的压力损失(kPa)，取值不宜低于 3 kPa/m 堆体高度；

λ ——供氧系统风压余量系数，宜取 1.05～1.10。

8.4.19 鼓风机或抽风机和堆体之间的空气通道可采用管道或气室的形式，应尽量减少管道或气室的弯曲、变径和分叉。

8.5 污泥机械脱水

Ⅰ 一般规定

8.5.1 污泥机械脱水的设计应符合下列规定：

1 污泥脱水机械的类型应按污泥的脱水性质和脱水泥饼含水率要求，经技术经济比较后选用。

2 机械脱水间的布置应按本标准第6章的有关规定执行，并应考虑泥饼运输设施和通道。

3 脱水后的污泥应卸入污泥外运设备，或设污泥料仓贮存；当污泥输送至外运设备时，应避免污泥洒落地面，污泥料仓的容量应根据污泥出路和运输条件等确定。

4 污泥机械脱水间应设通风设施，换气次数可为8次/h～12次/h。

8.5.2 污泥在脱水前应加药调理，并应符合下列规定：

1 药剂种类应根据污泥的性质和出路等选用，投加量宜根据试验资料或类似运行经验确定；

2 污泥加药后，应立即混合反应，并进入脱水机。

Ⅱ 压滤机

8.5.3 压滤机宜采用带式压滤机、板框压滤机、厢式压滤机或微孔挤压脱水机，其泥饼产率和泥饼含水率，应根据试验资料或类似运行经验确定。

8.5.4 带式压滤机的设计应符合下列规定：

1 污泥脱水负荷应根据试验资料或类似运行经验确定，并可按表8.5.4的规定取值；

表8.5.4 污泥脱水负荷

污泥类别	初沉原污泥	初沉消化污泥	混合原污泥	混合消化污泥
污泥脱水负荷[kg/(m·h)]	250	300	150	200

2 应按带式压滤机的要求配置空气压缩机，并至少应有1台备用；

3 应配置冲洗泵，其压力宜采用0.4 MPa～0.6 MPa，其流量可按5.5 m^3/[m(带宽)·h]～11.0 m^3/[m(带宽)·h]计算，至少应有1台备用。

8.5.5 板框压滤机和厢式压滤机的设计应符合下列规定：

1 过滤压力不应小于0.4 MPa；

2 过滤周期不应大于4 h；

3 每台压滤机可设1台污泥压入泵；

4 压缩空气量为每立方米滤室不应小于2 m^3/min(按标准工况计)。

8.5.6 深度脱水压滤机的设计应符合下列规定：

1 进料压力宜为0.6 MPa～1.6 MPa；

2 压榨压力宜为2.0 MPa～3.0 MPa，压榨泵至隔膜腔室之间的连接管路配件和控制阀，其承压能力应满足相关安全标准和使用要求；

3 压缩空气系统应包括空压机、储气罐、过滤器、干燥器和配套仪表阀门等部件，控制用压缩空气、压榨用压缩空气和工艺用压缩空气三部分不应相互干扰。

Ⅲ 离心机

8.5.7 采用卧螺离心脱水机脱水时，其分离因数宜小于3000g(g为重力加速度)。

8.5.8 离心脱水机前应设污泥切割机，切割后的污泥粒径不宜大于8 mm。

8.5.9 离心脱水机房应采取降噪措施，离心脱水机房内外的噪声应符合现行国家标准《工业企业噪声控制设计规范》GB/T 50087的规定。

8.6 污泥石灰稳定

8.6.1 石灰稳定工艺由脱水污泥给料单元、石灰计量投加单元、混合反应单元、污泥出料输送单元和气体净化单元等组成。进入石灰稳定系统的污泥含水率宜为60%～80%,且不应含有粒径大于50 mm的杂质。

8.6.2 石灰稳定工艺的设计应符合下列规定:

1 石灰稳定设施应密闭,配套除尘、除臭设施设备;

2 石灰储料筒仓顶端应设有粉尘收集过滤装置和物位测量装置,且应安装过压保护;

3 石灰混合装置应设在收集泥饼的传送装置末端,并宜采用适用于污泥和石灰混合反应的专用混合器设备;

4 石灰进料装置应位于储料筒仓的锥斗部分,宜采用定容螺旋式进料装置;

5 石灰的投加量应由最终的含固率和石灰稳定控制指标计算确定。

8.7 污泥干化

8.7.1 污泥干化宜采用热干化,在特定的地区,污泥干化可采用干化场。

8.7.2 污泥热干化的设计应符合下列规定:

1 应充分考虑热源和进泥性质波动等因素;

2 应充分利用污泥处理过程中产生的热源;

3 热干化出泥应避开污泥的黏滞区;

4 热干化系统内的氧含量小于3%时,必须采用纯度较高的惰性气体。

8.7.3 污泥热干化设备的选型应根据热干化的实际需要确定。污泥热干化可采用直接干化和间接干化,宜采用间接干化。

8.7.4 污泥干化设备可采用流化床式、圆盘式、桨叶式和薄层式等,设计年运行时间不宜小于8000 h。

8.7.5 流化床式干化的设计应符合下列规定:

1 床内氧含量应小于5%;

2 加热介质温度宜控制在180 ℃～250 ℃;

3 床内干化气体温度应为85 ℃±3 ℃。

8.7.6 圆盘式、桨叶式和薄层式干化的设计应符合下列规定:

1 热交换介质可为导热油或饱和蒸汽;

2 饱和蒸汽的压力应在0.2 MPa～1.3 MPa(表压)。

8.7.7 当污泥干化热交换介质为导热油时,导热油的闪点温度必须大于运行温度。

8.7.8 污泥热干化蒸发单位水量所需的热能应小于3300 kJ/kgH_2O。

8.7.9 污泥干化设备应设有安全保护措施。

8.7.10 热干化系统必须设置尾气净化处理设施,并应达标排放。

8.7.11 干化装置必须全封闭,污泥干化设备内部和污泥干化车间应保持微负压,干化后污泥应密封贮存。

8.7.12 污泥热干化工艺应和余热利用相结合,可考虑利用垃圾焚烧余热、发电厂余热或其他余热作为污泥干化处理的热源,不宜采用优质一次能源作为主要干化热源。

8.7.13 干化尾气载气冷凝处理后冷凝水中的热量宜进行回收利用。

8.7.14 污泥自然干化场的设计宜符合下列规定：

1 污泥固体负荷宜根据污泥性质、年平均气温、降雨量和蒸发量等因素，参照相似地区经验确定。

2 污泥自然干化场划分块数不宜少于3块；围堤高度宜为0.5 m～1.0 m，顶宽宜为0.5 m～0.7 m。

3 污泥自然干化场宜设人工排水层。除特殊情况外，人工排水层下应设不透水层，不透水层应坡向排水设施，坡度宜为0.01～0.02。

4 污泥自然干化场宜设排除上层污泥水的设施。

8.7.15 污泥自然干化场及其附近应设长期监测地下水质量的设施。

8.7.16 污泥焚烧应和热干化设施同步建设。

8.8 污泥焚烧

8.8.1 污泥焚烧系统的设计应对污泥进行特性分析。

8.8.2 污泥焚烧宜采用流化床工艺。

8.8.3 污泥焚烧区域空间应满足污泥焚烧产生烟气在850 ℃以上高温区域停留时间不小于2 s。

8.8.4 污泥焚烧设施的设计年运行时间不应小于7200 h。

8.8.5 污泥焚烧必须设置烟气净化处理设施，且烟气处理后的排放值应符合现行国家标准的规定。烟气净化系统必须设置袋式除尘器。

8.8.6 污泥焚烧的炉渣和除尘设备收集的飞灰应分别收集、贮存和运输。符合要求的炉渣应进行综合利用，飞灰应经鉴别后妥善处置。

8.8.7 采用垃圾焚烧等设施协同焚烧污水厂污泥时，在焚烧前应对污泥进行干化预处理，并应控制掺烧比。

8.9 污泥处置和综合利用

8.9.1 污泥的最终处置应考虑综合利用。

8.9.2 污泥的处置和综合利用应因地制宜。污泥的土地利用应严格控制污泥中和土壤中积累的重金属和其他有毒有害物质含量，园林绿化利用和农用污泥应符合国家现行标准的规定，处理不达标的污泥不得进入耕地。

8.9.3 用于建材的污泥应根据实际产品要求、工艺情况和污泥掺入量，对污泥中的硫、氯、磷和重金属等的含量设置最高限值。

8.9.4 污泥和生活垃圾混合填埋，污泥应进行稳定化、无害化处理，并应满足垃圾填埋场填埋土力学要求。

8.10 污泥输送和贮存

8.10.1 污泥输送方式应根据污泥特性选择，应能满足耐用、防尘和防臭气外逸的要求，并应根据输送位置、距离、输送量和输送污泥含水率等合理选择输送设备。

8.10.2 脱水污泥的输送宜采用螺旋输送机、管道输送和皮带输送机三种形式。干化污泥输送宜采用螺旋输送机、刮板输送机、斗式提升机和皮带输送机等形式。

8.10.3 螺旋输送机输送脱水污泥，其倾角宜小于30°，且宜采用无轴螺旋输送机。黏稠度高的脱水污泥宜采用双螺旋输送机。

8.10.4 管道输送脱水污泥，弯头的转弯半径不应小于5倍管径，并应选择适用于输送大颗粒、高黏稠度的污泥输送泵，污泥泵应具有较强的抗腐蚀性和耐磨性。

8.10.5 皮带输送机输送污泥的倾角应小于20°。

8.10.6 干化污泥输送应密闭，干化污泥的输送设施应处于负压状态，防止气体外逸污染环境。干化污泥输送设备应具有耐磨、耐腐蚀、检修方便的特点。

8.10.7 污水厂应设置污泥贮存设施，便于污泥处理、外运处置，避免造成环境污染。

8.10.8 污泥料仓的设计应符合下列规定：

1 污泥料仓的容积应根据污泥出路、运输条件和后续处理工艺等因素综合确定；

2 脱水污泥料仓应设有防止污泥架桥装置；

3 污泥料仓应具有密闭性、耐腐蚀、防渗漏等性能；

4 应设除臭设施；

5 干化污泥料仓应设有温度检测和一氧化碳气体检测装置，并应设有温度过高和气体浓度过高的应急措施。

8.11 除臭

Ⅰ 一般规定

8.11.1 排水工程设计时，宜采用臭气散发量少的污水、污泥处理工艺和设备，并应通过臭气源隔断、防止腐败和设备清洗等措施，对臭气源头进行控制。

8.11.2 污水厂除臭系统宜由臭气源封闭加罩或加盖、臭气收集、臭气处理和处理后排放等部分组成。

8.11.3 污水除臭系统应进行源强和组分分析，根据臭气发散量、浓度和臭气成分选用合适的处理工艺。周边环境要求高的场合宜采用多种处理工艺组合。

8.11.4 污水除臭系统应根据当地的气温和气候条件采取防冻和保温措施。

8.11.5 臭气风量设计应采取量少、质浓的原则。在满足密闭空间内抽吸气均匀和浓度控制的条件下，应尽量采取小空间密闭、负压抽吸的收集方式。污水、污泥处理构筑物的臭气风量宜根据构筑物的种类、散发臭气的水面面积和臭气空间体积等因素确定；设备臭气风量宜根据设备的种类、封闭程度和封闭空间体积等因素确定；臭气风量应根据监测和试验确定，当无数据和试验资料时，可按下列规定计算：

1 进水泵房集水井或沉砂池臭气风量可按单位水面积臭气风量指标10 $m^3/(m^2 \cdot h)$计算，并可增加1次/h～2次/h的空间换气量；

2 初次沉淀池、浓缩池等构筑物臭气风量可按单位水面积臭气风量指标3 $m^3/(m^2 \cdot h)$计算，并可增加1次/h～2次/h的空间换气量；

3 曝气处理构筑物臭气风量可按曝气量的110％计算；

4 半封口设备臭气风量可按机盖内换气次数8次/h或机盖开口处抽气流速为0.6 m/s计算，按两种计算结果的较大者取值。

8.11.6 臭气处理装置应靠近臭气风量大的臭气源。当臭气源分散布置时，可采用分区处理。

Ⅱ 臭气源加盖

8.11.7 臭气源加盖时，应符合下列规定：

1 正常运行时，加盖不应影响构筑物内部和相关设备的观察和采光要求；

2 应设检修通道，加盖不应妨碍设备的操作和维护检修；

3 盖和支撑的材质应具有良好的物理性能,耐腐蚀、抗紫外老化,并在不同温度条件下有足够的抗拉、抗剪和抗压强度,承受台风和雪荷载,定期进行检测,且不应有和臭气源直接接触的金属构件;

4 盖上宜设置透明观察窗、观察孔、取样孔和人孔,并应设置防起雾措施,窗和孔应开启方便且密封性良好;

5 禁止踩踏的盖应设置栏杆或醒目的警示标识;

6 臭气源加盖设施应和构筑物(设备)匹配,提高密封性,减少臭气逸出。

Ⅲ 臭气收集

8.11.8 收集风管宜采用玻璃钢、UPVC和不锈钢等耐腐蚀材料。风管管径和截面尺寸应根据风量和风速确定,风管内的风速可按表8.11.8的规定确定。

表8.11.8 风管内的风速(m/s)

风管类别	钢板和非金属风管内	砖和混凝土风道内
干管	6～14	4～12
支管	2～8	2～6

8.11.9 各并联收集风管的阻力宜保持平衡,各吸风口宜设置带开闭指示的阀门。

8.11.10 臭气收集通风机的风压计算时,应考虑除臭空间负压、臭气收集风管沿程和局部损失、除臭设备自身阻力、臭气排放管风压损失,并应预留安全余量。

8.11.11 臭气收集通风机壳体和叶轮材质应选用玻璃钢等耐腐蚀材料。风机宜配备隔声罩,且面板应采用防腐材质,隔声罩内应设散热装置。

Ⅳ 臭气处理

8.11.12 采用洗涤处理时,可符合下列规定:

1 洗涤塔(器)的空塔流速可取0.6 m/s～1.5 m/s;

2 臭气在填料层停留时间可取1 s～3 s。

8.11.13 采用生物处理时,宜符合下列规定:

1 填料区停留时间不宜小于15 s,寒冷地区宜根据进气温度情况延长空塔停留时间;

2 空塔气速不宜大于300 m/h;

3 单位填料负荷宜根据臭气浓度和去除要求确定,硫化氢负荷不宜高于5 g/(m^3·h)。

8.11.14 采用活性炭处理时,活性炭吸附单元的空塔停留时间应根据臭气浓度、处理要求和吸附容量确定,且宜为2 s～5 s。

Ⅴ 臭气排放

8.11.15 臭气排放应进行环境影响评估。当厂区周边存在环境敏感区域时,应进行臭气防护距离计算。

8.11.16 采用高空排放时,应设避雷设施,室外采用金属外壳的排放装置还应有可靠的接地措施。

9 检测和控制

9.1 一般规定

9.1.1 排水工程运行应设置检测系统、自动化系统，宜设置信息化系统和智能化系统。城镇或地区排水网络宜建立智慧排水系统。

9.1.2 排水工程设计应根据工程规模、工艺流程、运行管理、安全保障和环保监督要求确定检测和控制的内容。

9.1.3 检测和控制系统应保证排水工程的安全可靠、便于运行和改善劳动条件，提高科学管理和智慧化水平。

9.1.4 检测和控制系统宜兼顾现有、新建和规划的要求。

9.2 检测

9.2.1 污水厂进出水应按国家现行排放标准和环境保护部门的要求设置相关检测仪表。

9.2.2 下列位置应设相关监测仪表和报警装置：

1 排水泵站：硫化氢(H_2S)浓度；

2 厌氧消化区域：甲烷(CH_4)、硫化氢(H_2S)浓度；

3 加氯间：氯气(Cl_2)浓度；

4 地下式泵房、地下式雨水调蓄池和地下式污水厂箱体：硫化氢(H_2S)、甲烷(CH_4)浓度；

5 其他易产生有毒有害气体的密闭房间或空间：硫化氢(H_2S)浓度。

9.2.3 排水泵站和污水厂各处理单元应设生产控制和运行管理所需的检测仪表。

9.2.4 排水管网关键节点宜设液位、流速和流量监测装置，并应根据需要增加水质监测装置。

9.3 自动化

9.3.1 自动化系统应能监视和控制全部工艺流程和设备的运行，并应具有信息收集、处理、控制、管理和安全保护功能。

9.3.2 排水泵站和排水管网宜采用“少人(无人)值守，远程监控”的控制模式，建立自动化系统，设置区域监控中心进行远程的运行监视、控制和管理。

9.3.3 污水厂应采用“集中管理、分散控制”的控制模式设立自动化控制系统，应设中央控制室进行集中运行监视、控制和管理。

9.3.4 自动化系统的设计应符合下列规定：

1 系统宜采用信息层、控制层和设备层三层结构形式；

2 设备应设基本、就地和远控三种控制方式；

3 应根据工程具体情况，经技术经济比较后选择网络结构和通信速率；

4 操作系统和开发工具应运行稳定、易于开发，操作界面方便；

5 电源应做到安全可靠，留有扩展裕量，采用在线式不间断电源(UPS)作为备用电源，并应采取过电压保护等措施。

9.3.5 排水工程宜设置能耗管理系统。

9.4 信息化

9.4.1 信息化系统应根据生产管理、运营维护等要求确定，分为信息设施系统和生产管理信息平台。

9.4.2 排水工程应进行信息设施系统建设,并应符合下列规定:

1 应设置固定电话系统和网络布线系统;

2 宜结合智能化需求设置无线网络通信系统;

3 可根据运行管理需求设置无线对讲系统、广播系统;

4 地下式排水工程可设置移动通信室内信号覆盖系统。

9.4.3 排水工程宜设置生产管理信息平台,并应具有移动终端访问功能。

9.4.4 信息化系统应采取工业控制网络信息安全防护措施。

9.5 智能化

9.5.1 智能化系统应根据工程规模、运营保护和管理要求等确定。

9.5.2 智能化系统宜分为安全防范系统、智能化应用系统和智能化集成平台。

9.5.3 排水工程应设安全防范系统,并应符合下列规定:

1 应设视频监控系统,包含安防视频监控和生产管理视频监控;

2 厂区周界、主要出入口应设入侵报警系统;

3 重要区域宜设门禁系统;

4 根据运行管理需要可设电子巡更系统和人员定位系统;

5 地下式排水工程应设火灾报警系统,并应根据消防控制要求设计消防联动控制。

9.5.4 排水工程应设智能化应用系统,并宜符合下列规定:

1 鼓风曝气宜设智能曝气控制系统;

2 加药工艺宜设智能加药控制系统;

3 地下式排水工程宜设智能照明系统;

4 可根据运行管理需求设置智能检测、巡检设备。

9.5.5 排水工程宜设置智能化集成平台,对智能化各组成系统进行集成,并具有信息采集、数据通信、综合分析处理和可视化展现等功能。

9.6 智慧排水系统

9.6.1 智慧排水系统应和城镇排水管理机制和管理体系相匹配,并应建成从生产到运行管理和决策的完整系统。

9.6.2 智慧排水系统应能实现整个城镇或区域排水工程大数据管理、互联网应用、移动终端应用、地理信息查询、决策咨询、设备监控、应急预警和信息发布等功能。

9.6.3 智慧排水系统应设置智慧排水信息中心,建立信息综合管理平台,并应具有对接智慧水务的技术条件,并与其他管理部门信息互通。

9.6.4 智慧排水信息中心应设置显示系统,可展示整个城镇或区域排水系统的总体布局、主要节点的监测数据和设施设备的运行情况。

9.6.5 智慧排水信息中心和下属排水工程之间的数据通信网络应安全可靠。

附 录 A
年径流总量控制率对应的设计降雨量计算方法

A.0.1 年径流总量控制率对应的设计降雨量值应按下列步骤计算：

1 选取至少30年的日降水资料，剔除小于或等于2 mm的降雨事件数据和全部降雪数据；

2 将剩余的日降雨量由小到大进行排序；

3 根据下式依次计算日降雨量对应的年径流总量控制率：

$$P_i=\frac{(X_1+X_2+\cdots+X_i)+X_i\times(N-i)}{X_1+X_2+\cdots+X_N} \quad \text{(A.0.1)}$$

式中：P_i ——第 i 个日降雨量数值对应的年径流总量控制率；

X_1,X_2,X_i,X_N ——第1个、第2个、第 i 个、第 N 个日降雨量数值；

N ——日降雨量序列的累计数。

4 某年径流总量控制率对应的日降雨量即为设计降雨量。

附 录 B
暴雨强度公式的编制方法

Ⅰ 年最大值法取样

B.0.1 本方法适用于具有20年以上自记雨量记录的地区，有条件的地区可用30年以上的雨量系列，暴雨样本选样方法可采用年最大值法。若在时段内任一时段超过历史最大值，宜进行复核修正。

B.0.2 计算降雨历时宜采用5 min、10 min、15 min、20 min、30 min、45 min、60 min、90 min、120 min、150 min、180 min共11个历时。计算降雨重现期宜按2年、3年、5年、10年、20年、30年、50年、100年统计。

B.0.3 选取的各历时降雨资料，应采用经验频率曲线或理论频率曲线进行趋势性拟合调整，可采用理论频率曲线，包括皮尔逊Ⅲ型分布曲线、耿贝尔分布曲线和指数分布曲线。根据确定的频率曲线，得出重现期、降雨强度和降雨历时三者的关系，即P、i、t关系值。

B.0.4 应根据P、i、t关系值求得A_1、b、C、n各个参数，可采用图解法、解析法、图解与计算结合法等方法进行。为提高暴雨强度公式的精度，可采用高斯一牛顿法。将求得的各个参数按本标准公式(4.1.9)计算暴雨强度。

B.0.5 计算抽样误差和暴雨公式均方差，宜按绝对均方差计算，也可辅以相对均方差计算。计算重现期在2年～20年时，在一般强度的地方，平均绝对方差不宜大于0.05 mm/min；在强度较大的地方，平均相对方差不宜大于5%。

Ⅱ 年多个样法取样

B.0.6 本方法适用于具有10年以上自记雨量记录的地区。

B.0.7 计算降雨历时宜采用5 min、10 min、15 min、20 min、30 min、45 min、60 min、90 min、120 min共9个历时。计算降雨重现期宜按0.25年、0.33年、0.5年、1年、2年、3年、5年、10年统计。资料条件较好时(资料年数≥20年、子样点的排列比较规律)，也可统计高于10年的重现期。

B.0.8 取样方法宜采用年多个样法，每年每个历时选择6个～8个最大值，然后不论年次，将每个历时子样按大小次序排列，再从中选择资料年数的3倍～4倍的最大值，作为统计的基础资料。

B.0.9 选取的各历时降雨资料，可采用频率曲线加以调整。当精度要求不太高时，可采用经验频率曲线；当精度要求较高时，可采用皮尔逊Ⅲ型分布曲线或指数分布曲线等理论频率曲线。根据确定的频率曲线，得出重现期、降雨强度和降雨历时三者的关系，即P、i、t关系值。

B.0.10 根据P、i、t关系值求得b、n、A_1、C各个参数，可用解析法、图解与计算结合法或图解法等方法进行。将求得的各参数代入本标准公式(4.1.9)计算暴雨强度。

B.0.11 计算抽样误差和暴雨公式均方差，可按绝对均方差计算，也可辅以相对均方差计算。计算重现期在0.25年～10年时，在一般强度的地方，平均绝对方差不宜大于0.05 mm/min；在强度较大的地方，平均相对方差不宜大于5%。

附 录 C
排水管道和其他地下管线(构筑物)的最小净距

表 C 排水管道和其他地下管线(构筑物)的最小净距(m)

名称			水平净距	垂直净距
建筑物		管道埋深浅于建筑物基础	2.50	—
		管道埋深深于建筑物基础	3.00	—
给水管		$d \leqslant 200$ mm	1.00	0.40
		$d > 200$ mm	1.50	
排水管			—	0.15
再生水管			0.50	0.40
燃气管	低压	$P \leqslant 0.05$ MPa	1.00	0.15
	中压	0.05 MPa $< P \leqslant$ 0.4 MPa	1.20	0.15
	高压	0.4 MPa $< P \leqslant$ 0.8 MPa	1.50	0.15
		0.8 MPa $< P \leqslant$ 1.6 MPa	2.00	0.15
热力管线			1.50	0.15
电力管线			0.50	0.50
电信管线			1.00	直埋 0.50
				管块 0.15
乔木			1.50	—
地上柱杆		通信照明及<10 kV	0.50	—
		高压铁塔基础边	1.50	—
道路侧石边缘			1.50	—
铁路钢轨(或坡脚)			5.00	轨底 1.20
电车(轨底)			2.00	1.00
架空管架基础			2.00	—
油管			1.50	0.25
压缩空气管			1.50	0.15
氧气管			1.50	0.25
乙炔管			1.50	0.25
电车电缆			—	0.50
明渠渠底			—	0.50
涵洞基础底			—	0.15

注:1 表中数字除注明者外,水平净距均指外壁净距,垂直净距系指下面管道的外顶和上面管道基础底间的净距。

2 采取充分措施(如结构措施)后,表中数字可减小。

本标准用词说明

1 为便于在执行本标准条文时区别对待,对要求严格程度不同的用词说明如下:

1) 表示很严格,非这样做不可的:
正面词采用“必须”,反面词采用“严禁”;

2) 表示严格,在正常情况下均应这样做的:
正面词采用“应”,反面词采用“不应”或“不得”;

3) 表示允许稍有选择,在条件许可时首先应这样做的:
正面词采用“宜”,反面词采用“不宜”;

4) 表示有选择,在一定条件下可以这样做的,采用“可”。

2 条文中指明应按其他有关标准执行的写法为:“应符合……的规定”或“应按……执行”。

引用标准名录

《室外给水设计标准》GB 50013

《建筑给水排水设计标准》GB 50015

《室外给水排水和燃气热力工程抗震设计规范》GB 50032

《工业企业噪声控制设计规范》GB/T 50087

《城市工程管线综合规划规范》GB 50289

《城市综合管廊工程技术规范》GB 50838

《大中型沼气工程技术规范》GB/T 51063

《工业企业厂界环境噪声排放标准》GB 12348

《城镇污水处理厂污泥泥质》GB 24188

UDC

中华人民共和国国家标准

P　　GB 50029—2014

压缩空气站设计规范

Code for design of compressed air station

2014-01-09 发布　　2014-08-01 实施

1172 中华人民共和国住房和城乡建设部
中华人民共和国国家质量监督检验检疫总局 联合发布

中华人民共和国住房和城乡建设部公告

第 296 号

住房城乡建设部关于发布国家标准《压缩空气站设计规范》的公告

现批准《压缩空气站设计规范》为国家标准，编号为 GB 50029—2014，自 2014 年 8 月 1 日起实施。其中，第 3.0.7、3.0.9、3.0.14、3.0.15、3.0.16、3.0.18、4.0.3、4.0.14、5.0.2、5.0.3、5.0.5、6.0.3、6.0.7、6.0.9 条为强制性条文，必须严格执行。原《压缩空气站设计规范》GB 50029—2003 同时废止。

本规范由我部标准定额研究所组织中国计划出版社出版发行。

中华人民共和国住房和城乡建设部

2014 年 1 月 9 日

前　言

本规范是根据住房城乡建设部《关于印发〈2008年工程建设标准规范制订、修订计划(第二批)〉的通知》(建标〔2008〕105号)的要求，由中机国际工程设计研究院有限责任公司、红五环集团股份有限公司会同有关单位在原国家标准《压缩空气站设计规范》GB 50029—2003的基础上修订完成的。

在本规范的修订过程中，规范编制组进行了广泛的调查研究，认真总结了原规范执行以来在设计和使用方面的经验，参考了国内外现行的有关标准并广泛征求了意见，经反复讨论、修改，完成报批稿，最后报住房城乡建设部审查定稿。

本规范共分9章和8个附录，主要内容包括：总则，压缩空气站的布置，工艺系统，压缩空气站的组成和设备布置，土建，电气、控制和仪表，给水和排水，采暖和通风，压缩空气管道等。

本次修订的主要内容是：扩大了原规范的适用压力及流量范围，新增了隔膜空气压缩机的条文，并对压缩空气站工艺设备选型及有关环保、节能、安全生产、劳动保护等方面的内容进行了修改和补充。

本规范中以黑体字标志的条文为强制性条文，必须严格执行。

本规范由住房城乡建设部负责管理和对强制性条文的解释，由中国机械工业联合会负责日常管理，由中机国际工程设计研究院有限责任公司负责具体技术内容的解释。执行过程中如有意见或建议，请寄送中机国际工程设计研究院有限责任公司(地址：湖南省长沙市韶山中路18号，邮政编码：410007，传真：0731-85383450，E-mail：penghengl@126.com)，以供修订时参考。

本规范组织单位、主编单位、参编单位、参加单位、主要起草人和主要审查人：

组 织 单 位：中国机械工业勘察设计协会

主 编 单 位：中机国际工程设计研究院有限责任公司(原机械工业部第八设计研究院)
红五环集团股份有限公司

参 编 单 位：中国航天建设集团有限公司
合肥通用机械研究院(国家压缩机制冷设备质量监督检测中心)
湖南省冶金规划设计院
中国电力工程顾问集团中南电力设计院
机械工业第四设计研究院有限公司
中国新时代国际工程公司
中国航空规划建设发展有限公司
中机中联工程有限公司

参 加 单 位：无锡压缩机股份有限公司
西安联合超滤净化设备有限公司
宁波欣达螺杆压缩机有限公司
上海斯可络压缩机有限公司
复盛实业(上海)有限公司

杭州日盛净化设备有限公司

主要起草人：彭　恒　徐　辉　张洪雁　孙晓明　李红梅　田鸿斌　郭孝亮　夏　文
杨丽莉　万里鹏　王　胜　陈进发

主要审查人：李　见　吴庭惠　张　艳　王　军　陈　放　钱家祥　张　炜　王利康
贺卫宁　王选和　蒋建江

1 总则

1.0.1 为了使压缩空气站设计能够保证安全生产、保护环境、节约能源、改善劳动条件,做到技术先进和经济合理,制定本规范。

1.0.2 本规范适用于装有电力驱动、工作压力小于或等于42 MPa的活塞空气压缩机、隔膜空气压缩机、螺杆空气压缩机、离心空气压缩机的新建、改建、扩建的压缩空气站及其压缩空气管道的设计。

本规范不适用于井下、洞内等特殊场所的压缩空气站及其压缩空气管道的设计。

1.0.3 压缩空气站的生产火灾危险性类别,除全部由气缸无油润滑活塞空气压缩机、隔膜空气压缩机或不喷油的螺杆空气压缩机组成的压缩空气站应为戊类外,其他均应为丁类。

1.0.4 改建、扩建的压缩空气站和压缩空气管道的设计应充分利用原有的建筑物、构筑物、设备和管道。

1.0.5 压缩空气站及其压缩空气管道的设计,除应符合本规范外,尚应符合国家现行有关标准的规定。

2 压缩空气站的布置

2.0.1 压缩空气站在厂(矿)内的布置,应根据下列因素,经技术经济方案比较后确定:

1 靠近用气负荷中心;

2 供电、供水合理;

3 有扩建的可能性;

4 避免靠近散发爆炸性、腐蚀性和有毒气体以及粉尘等有害物质的场所,并宜位于上述场所全年最小频率风向的下风侧;

5 压缩空气站与有噪声、振动防护要求场所的间距,应符合国家现行的有关标准规范的规定。

2.0.2 压缩空气站的朝向宜使机器间有良好的自然通风,并宜减少西晒。

2.0.3 装有活塞空气压缩机、隔膜空气压缩机或离心空气压缩机的压缩空气站,当单机额定功率大于或等于75 kW或总台数大于3台时,宜为独立建筑物。压缩空气站与其他建筑物毗连或设在其内时,宜用墙隔开,空气压缩机宜靠外墙布置。设在多层建筑内的空气压缩机,宜布置在底层。

2.0.4 工作压力大于或等于3.2 MPa的压缩空气站不得布置在地下室、半地下室以及楼层内,机器间和储气罐间应为单层,屋面不得设置与压缩空气站无关的设备与设施。

3 工艺系统

3.0.1 空气压缩机的型号、台数和不同空气净化等级、压力的供气系统,应根据供气净化等级要求、压缩空气负荷及投资、能耗、建设用地等管理要求,经技术经济比较后确定,并应符合下列要求:

1 活塞空气压缩机、隔膜空气压缩机或螺杆空气压缩机的台数宜为3台(套)~6台(套);当单机额定功率大于300 kW时,不宜选用单级喷油螺杆压缩机;工作压力小于或等于1.6 MPa的空气压缩机组,在正常负荷下的供气压力波动幅度不宜超过0.05 MPa;当负荷变化较频繁时,宜选用1台~2台具有变容或变频等节能型气量调节功能的空气压缩机;对同一空气净化等级、

压力的供气系统,空气压缩机的型号不宜超过三种;

2 离心空气压缩机的台数宜为2台～5台,并宜采用同一型号;各单机运行时的容积流量不宜低于额定容积流量的70%;

3 工作压力大于或等于10 MPa的空气压缩机宜采用同一型号。

3.0.2 压缩空气站备用容量的确定应符合下列要求:

1 当最大机组检修时,除通过调配措施可允许减少供气外,其余机组应保证生产的需气量;

2 经调配仍不能保证生产所需气量时,可增设备用机组;

3 具有联通管网的分散压缩空气站,其备用容量应统一设置。

3.0.3 空气压缩机的吸气系统应设置吸气过滤器或吸气过滤装置。离心空气压缩机驱动电机的风冷系统进风口处,宜设置吸气过滤器或吸气过滤装置。离心空气压缩机与吸气过滤器或吸气过滤装置之间应设置可调节进气量的装置。

3.0.4 活塞空气压缩机、隔膜空气压缩机和螺杆空气压缩机的吸气过滤器或吸气过滤装置,对于粒径大于或等于15 μm微粒的滤除效率不应低于99.5%,且洁净时的压力降不应大于800 Pa;离心空气压缩机的吸气过滤器或吸气过滤装置对于粒径大于或等于2 μm微粒的滤除效率不应低于99.5%,且洁净时的压力降不应大于500 Pa。

3.0.5 空气压缩机吸气系统的吸气口宜装设在室外,并应有防雨措施。在夏热冬暖地区,螺杆空气压缩机和额定功率小于或等于55 kW的活塞空气压缩机、隔膜空气压缩机的吸气口可装设在室内。

3.0.6 除排风热量回收利用的情况外,风冷空气压缩机组的空气冷却排风宜排至室外。

3.0.7 活塞空气压缩机、隔膜空气压缩机后应设置储气罐,其排气口与储气罐之间应设置后冷却器;各活塞空气压缩机或隔膜空气压缩机不应共用后冷却器和储气罐。除用户对压缩空气温度有特殊要求外,离心空气压缩机排气口应设置后冷却器。

3.0.8 储气罐宜布置在空气压缩机与干燥净化装置之间,当负荷要求储气罐瞬间释放超过干燥净化装置处理量的压缩空气时,应在干燥净化装置后另行设置储气罐。

3.0.9 不同压力的空气压缩机串联运行时,应在两台空气压缩机之间设置缓冲罐,并应在后置空气压缩机后设置储气罐。缓冲罐的容积应根据高、低压压缩机之间进、排气流量的平衡需要进行匹配。

3.0.10 装在干燥净化装置后,湿度等级高于或等于2级或固体颗粒等级高于或等于2级的干燥和净化压缩空气系统的储气罐,内壁材质宜采用不锈钢。

3.0.11 压缩空气干燥装置的选择应符合下列规定:

1 应满足用户对空气湿度等级及空气处理量和压力的要求;

2 当用户要求干燥压缩空气不能中断时,应设置备用压缩空气干燥装置;

3 压缩空气干燥装置的总处理容量,应能根据站房实际运行负荷进行调节;

4 工作压力小于10 MPa、单台处理气量大于20 m^3/min或工作压力大于或等于10 MPa、单台处理气量大于3 m^3/min的吸附式干燥装置,宜采用加热再生吸附式干燥装置或压缩热再生吸附式干燥装置;

5 当压缩空气湿度等级要求不高于5级时,应选用冷冻式干燥装置或压缩热再生吸附式干燥装置。

3.0.12 压缩空气干燥装置的设置应符合下列规定：

1 装有活塞空气压缩机或隔膜空气压缩机的压缩空气站，吸附式压缩空气干燥装置应设置在储气罐后；

2 采用不同压力的空气压缩机串联运行系统时，压缩空气干燥装置应设置在缓冲罐与后置空气压缩机之间；

3 进入压缩空气干燥装置的压缩空气的温度及含油等级，应符合压缩空气干燥装置的要求。

3.0.13 压缩空气过滤器的设置，除应满足工艺对压缩空气净化等级的要求外，尚应符合下列规定：

1 应在空气干燥装置前、后和洁净气用气设备处，设置压缩空气过滤器；

2 应在湿度等级或固体颗粒等级高于或等于2级的干燥和净化压缩空气系统的配气台前、后处，设置压缩空气过滤器；

3 对要求不能中断供气的用户，应设置备用压缩空气过滤器。

3.0.14 **活塞空气压缩机、隔膜空气压缩机与储气罐之间，应装设止回阀；空气压缩机与止回阀之间，应设置放空管，放空管上应设置消声器。活塞空气压缩机、隔膜空气压缩机与储气罐之间，不应装设切断阀，当需要装设切断阀时，在空气压缩机与切断阀之间，必须装设安全阀。**

3.0.15 **离心空气压缩机的排气管上应装设止回阀和切断阀，空气压缩机与止回阀之间，必须设置放空管，放空管上应装设防喘振调节阀和消声器。**

3.0.16 **离心空气压缩机应设置高位油箱或其他能够保证机器惰转时供油的设施。**

3.0.17 离心空气压缩机宜对应设置润滑油站，油站出口的供油总管上应设置止回阀。

3.0.18 **储气罐上必须装设安全阀。储气罐与供气总管之间，应装设切断阀。**

3.0.19 装有压缩空气干燥装置和过滤装置的系统，应装设气体分析取样阀。

3.0.20 空气压缩机的吸气、排气管道及放空管道的布置，应采取减少管道振动对建筑物影响的措施。活塞空气压缩机与后冷却器之间的管道应方便拆卸。离心空气压缩机的进、排气管道应设置补偿器。

3.0.21 压缩空气站宜设置隔声值班室。在空气压缩机组、管道及其建筑物上，应采取隔声、消声和吸声等降低噪声的措施。压缩空气站的噪声控制值应符合现行国家标准《工业企业噪声控制设计规范》GB/T 50087和《声环境质量标准》GB 3096的有关规定。

3.0.22 压缩空气站应设置废油收集装置，并应符合下列规定：

1 工作压力大于或等于10 MPa的压缩空气站内的废油收集装置宜为积油坑；小于10 MPa的压缩空气站内的废油收集装置宜为废油水分离器；

2 废油水分离器、积油坑宜设置在室内；当在室外设置时，应贴近机器间外墙处；

3 积油坑应设置混凝土盖板或钢盖板，盖板上应留有人孔，并应设置排气管引向室外；

4 寒冷地区，室外地面上的排油水管道应采取防冻措施。

3.0.23 压缩空气站宜对压缩热能回收利用。

4 压缩空气站的组成和设备布置

4.0.1 压缩空气站除机器间外，宜设置辅助间。辅助间的组成和面积应根据压缩空气站的规模、空气压缩机的型式、机修体制、操作管理模式及企业内部协作条件确定。

4.0.2　机器间内设备的布置和辅助间的布置，以及与机器间毗连的其他建筑物的布置，不宜影响机器间的自然通风和采光。

4.0.3　工作压力大于或等于 10 MPa 压缩空气站的配气台、储气罐、充瓶装置，应分别布置在单独的房间内，且房间内不应布置其他无关的设备。

4.0.4　离心空气压缩机的吸气过滤装置宜独立布置，与压缩机的连接管道宜短、直。严寒地区，当油浸式吸气过滤器布置在室外或单独房间内时，应有防冻防寒措施。

4.0.5　压缩空气储气罐的布置应符合下列规定：

1　应布置在室外或独立建筑内；

2　储气罐布置在室外时，宜布置在建筑物的阴面，当设置在阳面时，宜加设遮阳棚；立式储气罐与机器间外墙的净距不应小于 1 m，并不宜影响采光和通风；布置在室外的罐组宜设置通透的围栏；

3　在室外布置有困难时，工作压力小于 10 MPa、含油等级不低于 3 级的压缩空气储气罐，可布置在室内；当工作压力大于或等于 10 MPa、单个容积不大于 10 m^3、含油等级不低于 3 级的压缩空气储气罐，总数量不超过 3 个时，可布置在与机器间毗邻的独立房间内。

4.0.6　不同压力的空气压缩机串联运行时，含油等级不低于 3 级的压缩空气缓冲罐宜布置在机器间内。

4.0.7　夏热冬冷和夏热冬暖地区压缩空气站的机器间内，宜对发热设备和管道采取隔热措施。

4.0.8　活塞空气压缩机组、隔膜空气压缩机组及螺杆空气压缩机组宜单排布置，机器间通道的宽度应根据设备操作、拆装和运输的需要确定，净距不宜小于表 4.0.8-1、表 4.0.8-2 的规定。

表 4.0.8-1　压力小于 10 MPa 的空气压缩机组机器间通道的净距(m)

名称		空气压缩机额定容积流量 Q(m^3/min)		
		$Q<10$	$10\leqslant Q<40$	$Q\geqslant 40$
机器间的主要通道	单排布置	1.5		2.0
	双排布置	1.5	2.0	
空气压缩机组之间或空气压缩机与辅助设备之间的通道		1.0	1.5	2.0
空气压缩机组与墙之间的通道		0.8	1.2	1.5

注：1　当必须在空气压缩机组与墙之间的通道上拆装空气压缩机的活塞杆与十字头连接的螺母零部件时，表中 1.5 的数值应适当放大；

2　设备布置时，除保证检修时能抽出气缸中的活塞部件、冷却器中的芯子和电动机转子或定子外，宜有不小于 0.5 m 的余量，如表中所列的净距值不能满足要求时，应加大；

3　干燥装置的操作维护用通道不宜小于 1.5 m。

表 4.0.8-2　压力大于或等于 10 MPa 的空气压缩机组机器间通道的净距(m)

名称		空气压缩机额定容积流量 Q(m^3/min)		
		$Q\leqslant 3$	$3<Q\leqslant 6$	$Q>6$
机器间的主要通道	单排布置	1.5		2.0
	双排布置	1.5	2.0	

表 4.0.8-2(续)

名称		空气压缩机额定容积流量 $Q(m^3/min)$		
		$Q\leqslant3$	$3<Q\leqslant6$	$Q>6$
机器间的主要通道	单排布置	1.5		2.0
	双排布置	1.5	2.0	
空气压缩机组之间或空气压缩机与辅助设备之间的通道		1.0	1.5	2.0
空气压缩机组与墙之间的通道		1.0	1.2	1.5
储气罐之间或储气罐与墙之间		1.0		
配气台与墙之间		1.0		

4.0.9 离心空气压缩机组的设备布置型式，应根据结构和安装现场条件等因素确定。当采用双层布置时，应符合下列规定：

1 宜采用满铺运行层型式，底层宜布置辅助设备，运行层机组旁可作检修场；

2 润滑油供油装置应布置在底层，底盘与主油泵入口高差应符合主油泵吸油高度要求；

3 机器间底层和运行层应有贯穿整个机器间的纵向通道，净宽不应小于 1.2 m，机组旁通道净距应符合压缩机、电动机、冷却器等主要设备的拆装、起重设备的起吊范围、设备基础与建筑物基础的间距等要求；

4 在机器间的扩建端，运行层应留出安装检修吊装孔，当底层设备需要采用行车吊装时，设备上方的运行层也应留有相应的吊装孔。

4.0.10 离心空气压缩机组的高位油箱底部距机组水平中心线的高度不应小于 5 m。

4.0.11 当空气干燥净化装置设置在压缩空气站内时，宜布置在靠辅助间的一端。当用户要求压缩空气湿度等级高于或等于 2 级或固体颗粒等级高于或等于 2 级时，空气干燥净化装置宜设置在用户处。

4.0.12 当压缩空气站内需要设置专门的检修场地时，检修场地的面积不宜大于一台最大空气压缩机组占地和运行所需的面积。

4.0.13 单台压缩机额定容积流量大于或等于 20 m^3/min 且总安装容量大于或等于 60 m^3/min 的压缩空气站，宜设置检修用起重设备，起重能力应按空气压缩机组检修时最重的起吊部件确定。

4.0.14 空气压缩机组的联轴器和皮带传动部分必须装设安全防护设施。

4.0.15 当活塞空气压缩机的立式气缸盖高出地面 3 m 时，应设置可拆卸的维修平台和扶梯。

4.0.16 空气压缩机的吸气过滤器应安装在便于维修之处，平台和扶梯的设置应根据日常操作和维护的需要确定。

4.0.17 压缩空气站内的平台、扶梯、地坑及吊装孔周围均应设置防护栏杆，栏杆的下部应设防护网或板。

4.0.18 压缩空气站内的地沟应能排除积水，并应铺设盖板。

5 土建

5.0.1 压缩空气站机器间屋架下弦或梁底的高度，应符合设备拆装起吊和通风的要求，且净高不宜小于 4 m。在夏热冬冷和夏热冬暖地区，当机器间跨度大于 9 m 时，宜设天窗。

5.0.2 当工作压力大于或等于10 MPa的压缩空气站与其他建筑物毗连时,隔墙应采用无门、窗、洞的钢筋混凝土防护墙;防护墙的厚度不应小于200 mm。

5.0.3 压缩空气站机器间通向室外的门应保证安全疏散、便于设备的出入和操作管理。离心空气压缩机站的安全出口不应少于2个,且必须有1个直通室外;当双层布置时,运行层应有通向室外地面的安全梯。

5.0.4 机器间宜采用耐磨防油地面,墙的内表面应抹灰刷白。储气罐间的外窗宜采取减少日晒的措施。

5.0.5 工作压力大于或等于10 MPa的压缩空气站,其机器间、配气台间、储气罐间、充瓶间与其他房间的隔墙,应采用钢筋混凝土防护墙;防护墙的厚度不应小于200 mm。

5.0.6 隔声值班室或控制室、配气台间宜设置观察窗。

5.0.7 空气压缩机的基础应根据环境要求采取隔振或减振措施。双层布置的离心空气压缩机的基础应与运行层脱开。

5.0.8 有发展可能的压缩空气站,机器间的扩建端应便于接建。

5.0.9 压缩空气站地面、楼面和屋面的活荷载,应根据工艺设备安装和检修的荷载要求确定。

6 电气、控制和仪表

6.0.1 压缩空气站的用电负荷等级,应根据压缩空气用户的用气重要程度,按现行国家标准《供配电系统设计规范》GB 50052的负荷分级规定执行。除中断压缩空气会造成较大损失者外,宜为三级负荷。

6.0.2 空气压缩机电动机的控制和保护应符合现行国家标准《通用用电设备配电设计规范》GB 50055的有关规定。

6.0.3 压缩空气站内使用的手提灯,电压不应超过36 V;在储气罐内或在空气压缩机的金属平台上使用的手提灯,电压不得超过12 V。

6.0.4 压缩空气站的机器间内应设置380 V和220 V的专用检修电源。

6.0.5 压缩空气站宜设置集中控制室。控制室应符合下列规定:

1 宜位于压缩空气站固定端或适中位置;

2 室内设备布置应整齐、协调、统一。盘前运行区应满足运行人员工作需要。盘后应满足设备的维护、检修、调试及通行要求;

3 应有良好的通风和照明,并应采取隔声、防火、防尘、防水、防振等措施。

6.0.6 压缩空气站的热工测量仪表应按附录A、附录B、附录C、附录D的规定装设。当设有集中控制室时,附录中"应"装设的测量仪表应接入计算机控制系统。

6.0.7 压缩空气站的热工报警信号和自动保护控制装置应按附录E、附录F、附录G、附录H的规定装设。当设有集中控制室时,附录中应装设的热工报警信号应接入集中控制室。在控制室和机器旁均应设置空气压缩机紧急停车按钮。

6.0.8 设有备用空气压缩机的压缩空气站,宜根据工艺要求设置自投备用的联锁。

6.0.9 离心空气压缩机应设置下列控制系统:

1 进气调节控制系统;

2 机组防喘振控制系统;

3 排气稳压控制系统或稳流控制系统。

6.0.10 压缩空气站宜采用计算机控制系统。当企业设置有工业电视监视系统时,压缩空气站应设有监视点。

6.0.11 当空气压缩机采用计算机控制时,应配置互为冗余的电源装置。

6.0.12 压缩空气站对供气的湿度等级有严格要求时,应配备露点仪。

6.0.13 室外布置的热工测量仪表、控制设备和测量管路应采取防水、防冻等措施。

7 给水和排水

7.0.1 压缩空气站的生产用水,除中断压缩空气供气会造成较大损失外,宜采用一路供水。

7.0.2 压缩空气站的冷却水应循环使用。

7.0.3 空气压缩机入口处冷却水的压力应符合下列规定:

1 活塞空气压缩机、隔膜空气压缩机不宜大于 0.4 MPa,并不宜小于 0.1 MPa;

2 螺杆空气压缩机不宜大于 0.4 MPa,并不宜小于 0.15 MPa;

3 离心空气压缩机不宜大于 0.52 MPa,并不宜小于 0.15 MPa。

7.0.4 空气压缩机及其冷却器冷却水的水质标准,应符合现行国家标准《工业循环冷却水处理设计规范》GB 50050 的有关规定。当企业内部有软化水可以利用,且系统又经济合理时,系统内的循环水可采用软化水。

7.0.5 空气压缩机及其冷却器的冷却水采用直流系统供水时,排水温度应根据冷却水的碳酸盐硬度控制,且不宜超过表 7.0.5 的规定。超过表 7.0.5 的规定值时,应对冷却水进行软化处理。

表 7.0.5 排水温度

碳酸盐硬度(以 CaO 计,mg/L)	排水温度(℃)
≤140	45
168	40
196	35
280	30

7.0.6 空气压缩机的排水管上,应装设水流观察装置或流量控制器。

7.0.7 压缩空气站的给水和排水管道应设置能放尽存水的设施。

8 采暖和通风

8.0.1 压缩空气站机器间的采暖温度不宜低于 16 ℃;非工作时间机器间的温度不得低于 5 ℃。

8.0.2 压缩空气站工作时,机器间内最高环境温度不应高于 40 ℃;隔声值班室或集中控制室、配气台间及充瓶间的温度不应高于 28 ℃,且应设置通风或降温装置。

8.0.3 空气压缩机在室内吸气时,压缩空气站机器间的外墙应设置进风口,其流通面积应满足空气压缩机吸气和设备冷却的要求。

8.0.4 压缩空气站内设备通风管道的阻力损失超过设备自带风扇压头时,应设置通风机。当通风管道内不采用通风机时,风速宜为 3 m/s~5 m/s;当采用通风机时,风速宜为 6 m/s~10 m/s。

9 压缩空气管道

9.0.1 压缩空气管道应满足用户对压缩空气流量、压力及净化等级的要求,并应考虑近期发展的需要。

9.0.2 室外压缩空气管道的敷设方式应根据气象、水文、地质、地形等条件和施工、运行、维修等因素确定。

9.0.3 输送饱和压缩空气的管道应设置能排放管道系统内积存冷凝液的装置。设有坡度的管道,坡度不宜小于0.002。

9.0.4 压缩空气管道及附件材料的选用,应符合下列规定:

1 压缩空气固体颗粒等级或湿度等级不高于5级的管道,可采用碳钢管;

2 压缩空气固体颗粒等级或湿度等级高于5级、不高于3级的干燥和净化压缩空气管道,可采用热镀锌钢管或不锈钢管;

3 压缩空气固体颗粒等级或湿度等级高于3级的干燥和净化压缩空气管道,应采用不锈钢管或铜管;

4 管道附件的强度、密封、耐磨、抗腐蚀性能应与管材相匹配。

9.0.5 工作压力小于1.6 MPa的压缩空气管道系统,从空气压缩机出口到最不利点的压力损失不宜超过空气压缩机排气压力的10%。

9.0.6 压缩空气管道上设置的阀门,应方便操作和维修。

9.0.7 工作压力大于6.4 MPa、小于或等于15 MPa且公称直径大于或等于100 mm,或工作压力大于15 MPa且公称直径大于或等于80 mm的压缩空气管道上安装手动阀门时,宜设置旁通阀。

9.0.8 压缩空气管道的连接,除设备、阀门等处用法兰或螺纹连接外,宜采用焊接。干燥和净化压缩空气管道的连接应符合现行国家标准《洁净厂房设计规范》GB 50073的有关规定。

9.0.9 干燥和净化压缩空气管道的内壁、阀门和附件,在安装前应进行清洗、脱脂或钝化等处理。

9.0.10 工作温度大于100 ℃的架空压缩空气管道,应有热补偿措施。当用户需要利用压缩空气的压缩热时,管道应进行保温。寒冷地区室外架空敷设的压缩空气管道,应采取防冻措施。

9.0.11 压缩空气管道在用气建筑物入口处,应设置切断阀门、压力表和流量计。输送饱和压缩空气的管道应设置油水分离器。

9.0.12 对压缩空气负荷波动或要求供气压力稳定的用户,宜就近设置储气罐或其他稳压装置。

9.0.13 埋地敷设的压缩空气管道应根据土壤的腐蚀性作相应的防腐处理。室外输送饱和压缩空气的埋地管道应敷设在冰冻线以下。

9.0.14 埋地压缩空气管道穿越铁路、道路时,应符合下列规定:

1 管顶至铁路轨底的净距不应小于1.2 m;

2 管顶至道路路面结构底层的垂直净距不应小于0.5 m;

3 当不能满足第1款、第2款的要求时,应采用防护套管或管沟,其两端应伸出铁路路肩或路堤坡脚外,且不得小于1.0 m,当铁路路基或路边有排水沟时,套管应伸出排水沟沟边1.0 m。

9.0.15 厂(矿)区敷设的压缩空气管道与其他管线及建筑物、构筑物之间的最小水平间距,应符合现行国家标准《工业企业总平面设计规范》GB 50187 的有关规定。

9.0.16　车间架空压缩空气管道与其他架空管线的净距不宜小于表 9.0.16 的规定。

表 9.0.16　车间架空压缩空气管道与其他架空管线的净距(m)

名　称	水平净距	交叉净距
给水与排水管	0.15	0.10
非燃气体管	0.15	0.10
热力管	0.15	0.10
燃气管	0.25	0.10
氧气管	0.25	0.10
乙炔管	0.25	0.25
穿有导线的电线管	0.10	0.10
电缆	0.50	0.50
裸导线或滑触线	1.00	0.50

注:1　电缆在交叉处有防止机械损伤的保护措施时,交叉净距可缩小到 0.10 m;

2　当与裸导线或滑触线交叉的压缩空气管道需要经常维修时,交叉净距应为 1.00 m。

附 录 A
活塞空气压缩机站热工测量仪表的装设

表A 活塞空气压缩机站热工测量仪表的装设

参数名称	测量仪表	装设
温度	空气压缩机各级气缸排气温度表	应
	空气压缩机中间冷却器及后冷却器排气温度表	应
	冷却水进水总管水温表	应
	空气压缩机组冷却水排水温度表	应
	空气压缩机传动机构润滑油温度表	应
	空气压缩机驱动电机定子线圈温度表	应
	空气干燥装置进气温度表	应
	空气干燥装置排气温度表	应
	加热再生吸附式空气干燥装置加热器出口温度表	应
	加热再生吸附式空气干燥装置再生气进气温度表	应
	加热再生吸附式空气干燥装置再生气排气温度表	应
	冷冻空气干燥器装置蒸发温度表	应
压力	压缩空气站供气母管压力表	应
	空气压缩机各级气缸排气压力表	应
	储气罐气压表	应
	空气压缩机组冷却水进水(阀后)压力表	应
	空气压缩机组传动机构润滑油压力表	应
	空气干燥装置压差表	应
	空气过滤器压差表	应
流量	空气压缩机组出口流量表	宜
	压缩空气站供气母管流量表	应
电气	空气压缩机组电度表	可
	空气压缩机组电流表	可
	空气压缩机组电压表	可
	压缩空气站总电度表	可

附 录 B
隔膜空气压缩机站热工测量仪表的装设

表 B 隔膜空气压缩机站热工测量仪表的装设

参数名称	测量仪表	装设
温度	空气压缩机各级气缸排气温度表	应
	空气压缩机中间冷却器及后冷却器排气温度表	应
	冷却水进水总管水温表	应
	空气压缩机组冷却水排水温度表	应
	空气压缩机传动机构润滑油温度表	应
	空气压缩机驱动电机定子线圈温度表	应
压力	压缩空气站供气母管压力表	应
	空气压缩机各级气缸排气压力表	应
	储气罐气压表	应
	空气压缩机组冷却水进水(阀后)压力表	应
	空气压缩机组传动机构润滑油压力表	应
流量	空气压缩机组出口流量表	宜
	压缩空气站供气母管流量表	应
注:空气干燥净化装置测量仪表及电气仪表的装设同表 A。		

附　录　C
螺杆空气压缩机站热工测量仪表的装设

表C　螺杆空气压缩机站热工测量仪表的装设

参数名称	测量仪表	装设
温度	空气压缩机各级排气温度表	应
	空气压缩机各级进气温度表	宜
	空气压缩机润滑油冷却器出油温度表	宜
	空气压缩机轴承温度表	宜
	冷却水进水总管水温表	应
	空气压缩机组出水温度表	应
	后冷却器出水温度表	应
	空气压缩机驱动电机定子线圈温度表	宜
	机器间环境温度表	宜
压力	压缩空气站供气母管压力表	应
	空气压缩机各级排气压力表	应
	空气压缩机组冷却水进水(阀后)压力表	应
	润滑油压力(近润滑点)或油过滤器压差表	应
流量	空气压缩机组出口流量表	宜
	压缩空气站供气母管流量表	应
注:空气干燥净化装置测量仪表及电气仪表的装设同表A。		

附 录 D
离心空气压缩机站热工测量仪表的装设

表 D 离心空气压缩机站热工测量仪表的装设

参数名称	测量仪表	装设
温度	空气压缩机各级进气温度表	应
	空气压缩机各级排气温度表	应
	空气压缩机组各级冷却器排气温度表	应
	冷却水进水总管水温表	应
	空气压缩机组各级冷却器排水温度表	应
	空气压缩机组润滑油冷却器排水温度表	应
	空气压缩机组润滑油冷却器出油温度表	应
	空气压缩机及驱动电机轴承润滑油油温表	应
	空气压缩机及驱动电机轴承温度表	应
	空气压缩机增速箱轴承温度表	应
	空气压缩机驱动电机定子线圈温度表	应
压力	压缩空气站供气母管压力表	应
	空气压缩机各级进气压力表	宜
	空气压缩机各级排气压力表	应
	空气压缩机组后冷却器出口气压表	可
	空气压缩机组冷却水进水(阀后)压力表	应
	空气压缩机组润滑油泵出口母管油压表	应
	空气压缩机组轴承节流孔前润滑油压力表	应
	空气压缩机组控制油压力表	应
	空气压缩机组润滑油过滤器压差表	应
流量	空气压缩机组出口流量表	应
	压缩空气站供气母管流量表	应
液位	空气压缩机组润滑油箱油位表	应
机械量	空气压缩机轴振动测量表	应
	空气压缩机轴位移测量表	应
注:空气干燥净化装置测量仪表及电气仪表的装设同表 A。		

附 录 E
活塞空气压缩机站热工报警信号、自动保护控制装置的装设

表E 活塞空气压缩机站热工报警信号、自动保护控制装置的装设

参数名称	测点异常情况	热工报警	自动保护
温度	空气压缩机各级气缸排气温度高	应	自动停机
	加热再生吸附式空气干燥装置加热器超温	应	自动停机
	加热再生吸附式空气干燥装置再生气进气超温	应	自动停机
	冷冻空气干燥器装置蒸发温度低	应	自动停机
压力	空气压缩机末级气缸排气压力高	应	—
	空气压缩机传动机构润滑油压低	应	自动停机
	空气压缩机组冷却水进水流量(阀后)低或压力低	应	自动停机
	压缩空气站给水总管压力高	应	—
	压缩空气站供气总管压力低	应	—
	过滤器压差大	应	—
液位	空气压缩机组润滑油箱油位低	应	—
其他	空气干燥器装置程序控制器故障	宜	—
	空气压缩机组控制电源故障	应	—
	空气压缩机组转速高(采用可变速电机时)	应	自动停机
注:报警装置参数异常时应报警,报警参数值仍继续越限时应自动停机。			

附　录　F
隔膜空气压缩机站热工报警信号、自动保护控制装置的装设

表F　隔膜空气压缩机站热工报警信号、自动保护控制装置的装设

参数名称	测点异常情况	热工报警	自动保护
温度	空气压缩机各级气缸排气温度高	应	自动停机
压力	空气压缩机末级气缸排气压力高	应	—
	空气压缩机传动机构润滑油压低	应	自动停机
	空气压缩机组冷却水进水流量(阀后)低或压力低	应	自动停机
	压缩空气站给水总管压力高	应	—
	压缩空气站供气总管压力低	应	—
	过滤器压差大	应	—
液位	空气压缩机组润滑油箱油位低	应	—
其他	空气压缩机膜片破裂	应	自动停机
	空气压缩机组控制电源故障	应	—
	空气压缩机组转速高(采用可变速电机时)	应	自动停机
注:1　报警装置参数异常时应报警,报警参数值仍继续越限时应自动停机; 2　空气干燥净化装置热工报警信号、自动停机装置的装设同表E。			

附 录 G
螺杆空气压缩机站热工报警信号、自动保护控制装置的装设

表G 螺杆空气压缩机站热工报警信号、自动保护控制装置的装设

参数名称	测点异常情况	无油螺杆		喷油螺杆	
		热工报警	自动保护	热工报警	自动保护
温度	空气压缩机排气温度高	应	自动停机	应	自动停机
	空气压缩机排气温度低	—	—	宜	—
	空气压缩机组润滑油温度高	宜	—	宜	—
	冷却水回水温度高	宜	—	宜	—
压力	压缩空气站供气总管压力低	应	—	应	—
	空气压缩机各级排气压力高	应	—	应	—
	空气压缩机组冷却水进水流量(阀后)流量低或压力低	应	自动停机	应	自动停机
	空气压缩机吸气压力低	宜	—	—	—
	空气压缩机组油气分离器压差大	—	—	应	—
	空气压缩机组油过滤器压差大	应	—	应	—
	空气压缩机组润滑油压力低	应	自动停机	应	自动停机
液位	空气压缩机组润滑油箱油位低	宜	—	宜	—
	空气压缩机组润滑油箱油位高	—	—	宜	—
其他	空气压缩机组控制电源故障	应	—	应	—
	空气压缩机组电流高	应	自动停机	应	自动停机
	空气压缩机组转速高(采用可变速电机时)	应	自动停机	应	自动停机

注:1 报警装置参数异常时应报警,报警参数值仍继续越限时应自动停机;
2 空气干燥净化装置热工报警信号、自动停机装置的装设同表E。

附 录 H
离心空气压缩机站热工报警信号、自动保护控制装置的装设

表 H 离心空气压缩机站热工报警信号、自动保护控制装置的装设

参数名称	测点异常情况	热工报警	自动保护
温度	空气压缩机各段排气温度高	应	—
	空气压缩机轴承温度高	应	—
	润滑油冷却器出油温度高	应	自动停机
	压缩机电动机定子温度高	宜	—
压力	空气压缩机各段排气压力高	应	—
	空气压缩机组润滑油压力低	应	自动停机
	空气压缩机组油过滤器压差大	应	—
	空气压缩机组冷却水进口(阀后)压力高或压力低	应	—
	压缩空气站供气母管压力低	应	—
流量	空气压缩机组冷却水进口(阀后)流量低	应	—
液位	润滑油箱油位低	应	—
机械量	空气压缩机轴振动大	应	自动停机
	空气压缩机轴位移大	应	自动停机
	空气压缩机喘振	应	紧急放空
其他	空气压缩机组控制电源故障	应	—
	空气压缩机组转速高(采用可变速电机时)	应	自动停机

注:1 报警装置参数异常时应报警,报警参数值仍继续越限时应自动紧急放空或停机;
2 空气干燥净化装置热工报警信号、自动停机装置的装设同表 E。

本规范用词说明

1 为便于在执行本规范条文时区别对待,对要求严格程度不同的用词说明如下:

1) 表示很严格,非这样做不可的:
正面词采用"必须",反面词采用"严禁";

2) 表示严格,在正常情况下均应这样做的:
正面词采用"应",反面词采用"不应"或"不得";

3) 表示允许稍有选择,在条件许可时首先应这样做的:
正面词采用"宜",反面词采用"不宜";

4) 表示有选择,在一定条件下可以这样做的,采用"可"。

2 条文中指明应按其他有关标准执行的写法为:"应符合……的规定"或"应按……执行"。

引用标准名录

《工业循环冷却水处理设计规范》GB 50050
《供配电系统设计规范》GB 50052
《通用用电设备配电设计规范》GB 50055
《洁净厂房设计规范》GB 50073
《工业企业噪声控制设计规范》GB/T 50087
《工业企业总平面设计规范》GB 50187
《声环境质量标准》GB 3096

UDC

中华人民共和国国家标准

P

GB 50030—2013

氧气站设计规范

Code for design of oxygen station

2013-12-19 发布

2014-07-01 实施

中华人民共和国住房和城乡建设部
中华人民共和国国家质量监督检验检疫总局 联合发布

中华人民共和国住房和城乡建设部公告

第 262 号

住房和城乡建设部关于发布国家标准《氧气站设计规范》的公告

现批准《氧气站设计规范》为国家标准，编号为 GB 50030—2013，自 2014 年 7 月 1 日起实施。其中第 1.0.3、3.0.2(2)、3.0.4、3.0.5、3.0.6、3.0.9、3.0.10、4.0.8、4.0.16、4.0.23(1、2)、6.0.12、6.0.13、7.0.3、7.0.4、7.0.5、7.0.8、7.0.11、8.0.2、8.0.7、8.0.8、10.0.1、10.0.4、11.0.2(1、2)、11.0.3(1、2、3、4)、11.0.4(1)、11.0.5、11.0.7、11.0.12(1)、11.0.17 条(款)为强制性条文，必须严格执行。原国家标准《氧气站设计规范》GB 50030—91 同时废止。

本规范由我部标准定额研究所组织中国计划出版社出版发行。

中华人民共和国住房和城乡建设部

2013 年 12 月 19 日

前　言

本规范是根据原建设部《关于印发〈2005年工程建设标准规范制订、修订计划(第二批)〉的通知》(建标〔2005〕124号)的要求,由中国中元国际工程有限公司和中国电子工程设计院会同有关单位共同修订而成。

本规范修订过程中进行了深入调查研究,认真总结了实践经验,(参考了有关国际标准和国外先进标准,)并广泛征求有关方面的意见,经审查定稿。

本规范共分11章和4个附录,主要内容包括总则,术语,氧气站的布置,工艺系统,工艺设备,工艺布置,建筑和结构,电气和仪表,给水、排水和消防,采暖和通风,氧气管道等。

本规范的修订,将适用范围从单机产氧量不大于300 m^3/h、采用低温法生产氧、氮等空气分离产品的氧气站设计,扩大为采用低温法和常温法生产氧、氮等空气分离产品的各种规模的氧气站。据此对各章节的内容进行了相应的调整、修改。

本规范中以黑体字标志的条文为强制性条文,必须严格执行。

本规范由住房和城乡建设部负责管理和对强制性条文的解释,由中国机械工业联合会负责日常管理,由中国中元国际工程公司负责具体技术内容的解释。在执行过程中,请各单位结合工程实践,认真总结经验,并将意见和建议寄至中国中元国际工程有限公司(地址:北京市西三环北路5号,邮政编码:100089,传真:010—68732907),以供今后修订时参考。

本规范组织单位、主编单位、参编单位、参加单位、主要起草人和主要审查人:

组 织 单 位:中国机械工业勘察设计协会

主 编 单 位:中国中元国际工程有限公司
　　　　　　中国电子工程设计院

参 编 单 位:中冶南方工程公司
　　　　　　中国船舶第九设计研究院工程有限公司
　　　　　　世源科技工程有限公司

参 加 单 位:杭州制氧机集团有限公司
　　　　　　四川空分设备集团有限责任公司
　　　　　　开封空分集团有限公司
　　　　　　上海华西化工科技有限公司
　　　　　　启东海鹰机电集团公司

主要起草人:舒世安　陈霖新　杨涌源　王天龙　丁伟同　邓　文　徐　辉　江绍辉
　　　　　　刘建虎　董益波　邵浔峰　廖国期　王　娟

主要审查人:付鑫泉　田国庆　张洪雁　朱朔元　王宗存　曹培忠　弓国志　曹　本
　　　　　　张志义　濮春干　张　磊　杨　斌

1 总则

1.0.1 为使氧气站的工程设计做到技术先进，经济合理，综合利用，节约能源，保护环境，确保安全生产，制定本规范。

1.0.2 本规范适用于下列新建、改建、扩建的氧气站及其管道工程设计：

1 采用低温空气分离法生产氧、氮、氩等气态、液态产品的氧气站设计；

2 采用常温空气分离法生产氧、氮、氩等气态产品的氧气站的设计；

3 氧、氮、氩等空气分离液态产品气化站房的设计；

4 氧、氮、氩等空气分离气态产品的汇流排间设计。

1.0.3 氧气站内各类房间的火灾危险性类别及最低耐火等级，应符合本规范附录 A 的规定。

1.0.4 氧气站设计除应符合本规范外，尚应符合国家现行有关标准的规定。

2 术语

2.0.1

氧气站 oxygen station

采用低温法或常温法制取和供应氧、氮、氩等空气分离产品，按工艺要求设置的制氧站房、灌氧站房或压氧站房、室外工艺设备以及其他有关建筑物和构筑物的统称。

2.0.2

制氧站房 oxygen produce station

布置制取氧气和其他空气分离产品工艺设备的主要及辅助生产间的建筑物。

2.0.3

灌氧站房 oxygen pouring station

布置压缩、充灌并贮存输送氧气、氮气、氩气和其他空气分离产品工艺设备的主要及辅助生产间的建筑物。

2.0.4

氧气压缩机间 oxygen compression station

布置压缩、输送氧气和其他空气分离产品工艺设备的主要及辅助生产间的建筑物。

2.0.5

稀有气体间 rare gas room

布置稀有气体净化、提纯工艺设备的主要及辅助生产间的建筑物。

2.0.6

气化站房 gasification station

布置空气分离液态产品的储罐、气化设备为主的建筑物。

2.0.7

汇流排间 manifold room

布置输送氧、氮、氩等气体，供给用户的汇流排或气瓶集装格，并可存放一定气瓶的建筑物。

2.0.8

实瓶 full cylinder

在一定充灌压力下的气瓶，一般指水容积为 40 L、工作压力为 12 MPa～15 MPa 的气体钢瓶。

2.0.9

空瓶　empty cylinder

无内压或有一定残余压力的气体钢瓶。

2.0.10

钢瓶集装格　the bundle of gas cylinders

以专用框架固定,采用集气管将多只气体钢瓶接口并联组合的气体钢瓶组单元。

2.0.11

厂区管道　production area pipeline

氧气站各主要生产建筑物之间以及氧气站接至各用户之间的管道。

2.0.12

车间管道　workshop pipeline

氧气站主要生产间建筑物内部以及气体用户车间建筑物内部的管道。

2.0.13

含湿气体　wet gas

在管路输送压力、温度下,水含量达饱和或未达饱和状态的气体。

2.0.14

压力调节阀组　valve group for pressure regulating

根据工艺或使用要求,用于调节输送气体压力的调节阀及其前后、旁通切断阀、过滤器、仪表和控制系统的组合。

2.0.15

低温法空气分离装置(低温法空气分离系统)　cryogenic air separation unit

采用深冷技术进行空气分离,制取氧、氮、氩等空气分离产品的装置,集精馏塔、换热器、吸附器、低温液体泵等设备,并包括系统中的各类阀门、仪表等的总称。

2.0.16

常温法空气分离装置(常温法空气分离系统)　normal temperature air separation unit

在常温状态,采用变压吸附法或膜法进行空气分离制取氧气或氮气的装置,一般由吸附器组或膜组件、控制阀、仪表等组成。

2.0.17

空气净化装置　air purification equipment

去除空气中的机械杂质、水分、二氧化碳、乙炔等碳氢化合物的过滤器、吸附器、洗涤器、可逆换热器等的总称。

3　氧气站的布置

3.0.1　氧气站的布置,应按下列要求经技术经济综合比较后择优确定:

1　宜远离易产生空气污染的生产车间,布置在空气洁净的地区,并在有害气体和固体尘粒散发源的全年最小频率风向的下风侧,空气质量应符合本规范第3.0.2条的规定;

2　宜靠近最大用户处;

3　宜有扩建的可能性;

4　宜有较好的自然通风和采光;

5　有噪声和振动机组的氧气站的有关建筑，与对有噪声和振动防护要求的其他建筑之间的防护间距应符合现行国家标准《工业企业总平面设计规范》GB 50187 的有关规定。

3.0.2　低温法空气分离设备的原料空气吸风口与散发乙炔、碳氢化合物等有害气体发生源之间的距离应符合下列规定：

1　空气分离设备吸风口与乙炔、碳氢化合物等发生源之间的最小水平间距应符合表 3.0.2-1 的规定；

表 3.0.2-1　吸风口与乙炔、碳氢化合物等发生源之间的最小水平间距

乙炔、碳氢化合物等发生源		水平间距(m)	
乙炔发生器型式	乙炔站（厂）安装容量(m^3/h)	空气分离塔内设有液空吸附器	空气分离塔前设有分子筛吸附净化装置
水入电石式	≤10	100	50
	10～30	200	
	≥30	300	
电石入水式	≤30	100	50
	30～90	200	
	≥90	300	
电石、炼焦、炼油、聚乙烯及其衍生物、液化石油气生产		500	100
乙烯、合成氨、硝酸、煤气、硫化物生产		300	300
炼钢(高炉、平炉、电炉、转炉)、轧钢、型钢浇铸生产		200	50
大批量金属切割、焊接生产(如金属结构车间)		200	50
注：水平间距应按吸风口与乙炔、碳氢化合物等发生源相邻面外壁或边缘的最近距离计算。			

2　当空气分离设备吸风口的原料空气吸风口与乙炔、碳氢化合物等发生源之间的最小水平间距不能满足表 3.0.2-1 的规定时，吸风口处空气中乙炔、碳氢化合物等杂质的允许含量不得大于表 3.0.2-2 的规定。

表 3.0.2-2　吸风口处空气中乙炔、碳氢化合物等杂质的允许含量

序号	烃类名称	允许极限含量(mg/m^3)	
		空气分离塔内设有液空吸附器	空气分离塔前设置分子筛吸附净化装置
1	乙炔	0.25	2.5
2	炔衍生物	0.01	0.5
3	C_5、C_6 饱和和不饱和烃类杂质总计	0.05	2
4	C_3、C_4 饱和和不饱和烃类杂质总计	0.3	2

表 3.0.2-2(续)

序号	烃类名称	允许极限含量(mg/m³)	
		空气分离塔内设有液空吸附器	空气分离塔前设置分子筛吸附净化装置
5	C_2 饱和和不饱和烃类杂质及丙烷总计	10	10
6	硫化碳 CS_2	0.03	
7	氧化亚氮 N_2O	0.7	
8	二氧化碳	700	
9	甲烷	8	
10	粉尘	30	
注:序号 1～5 的"允许极限含量(mg/m³)"指的是"允许极限碳含量(mg/m³)"。			

3.0.3 低温法空气分离设备吸风口的高度,宜高出制氧站房或其毗连的较高建筑的屋檐,且不宜小于 1 m。

3.0.4 氧气站火灾危险性为乙类的建筑物及氧气贮罐与其他各类建筑物、构筑物之间的防火间距不应小于表 3.0.4 的规定。

表 3.0.4 氧气站火灾危险性为乙类的建筑物及氧气贮罐与其他各类建筑物、构筑物之间的防火间距

建筑物、构筑物		氧气站的火灾危险性为乙类的建筑物	氧气贮罐总容积(m³)		
			≤1000	1000～50000	>50000
其他各类建筑物耐火等级	一、二级	10	10	12	14
	三级	12	12	14	16
	四级	14	14	16	18
民用建筑		25	18	20	25
明火或散发火花地点		25	25	30	35
重要公共建筑		50	50		
室外变、配电站(35 kV～500 kV 且每台变压器为 10000 kV·A 以上)以及总油量超过 5 t 的总降压站		25	20	25	30
厂外铁路线中心线		25	25		
厂内铁路线中心线(氧气站专用线除外)		20	20		
厂外道路(路边)		15	15		
厂内道路(路边)	主要	10	10		
	次要	5	5		

表 3.0.4(续)

建筑物、构筑物	氧气站的火灾危险性为乙类的建筑物	氧气贮罐总容积(m^3)		
		≤1000	1000～50000	>50000
电力架空线	1.5 倍电杆高度	1.5 倍电杆高度		
注:固定容积氧气贮罐的总容积按几何容量(m^3)和设计压力(绝对压力为 10^5 Pa)的乘积计算。液氧贮罐以 1 m^3 液氧折合 800 m^3 标准状态气氧计算,按本表氧气贮罐相应贮量的规定确定防火间距。				

3.0.5 氧气站的火灾危险性为乙类的建筑物,与火灾危险性为甲类的建筑物之间的最小防火间距,应按本规范表 3.0.4 对其他各类建筑物之间规定的间距增加 2 m。

3.0.6 湿式氧气贮罐与可燃液体贮罐(液化石油气储罐除外)、可燃材料堆场之间的最小防火间距,应符合表 3.0.4 对室外变、配电站之间规定的间距。氧气站和氧气贮罐与液化石油气储罐之间的防火间距,应符合现行国家标准《城镇燃气设计规范》GB 50028 的有关规定。

3.0.7 氧气站火灾危险性为乙类的建筑物与相邻建筑物或构筑物的防火间距,应按其与相邻建筑物或构筑物的外墙、外壁、外缘的最近距离计算。两座生产建筑物相邻较高一面的外墙为无门、窗、洞的防火墙时,其防火间距不限。

3.0.8 氧气贮罐、氮气、惰性气体贮罐、室外布置的工艺设备与其制氧站房等火灾危险性为乙类的建筑物的间距,可按工艺布置要求确定。容积小于或等于 50 m^3 的氧气贮罐与其使用厂房的防火间距不限。

3.0.9 氧气贮罐之间的防火间距不应小于相邻较大罐的半径。氧气贮罐与可燃气体贮罐之间的防火间距不应小于相邻较大罐的直径。

3.0.10 制氧站房、灌氧站房、氧气压缩机间宜布置成独立建筑物,但可与不低于其耐火等级的除火灾危险性属甲、乙类的生产车间,以及无明火或散发火花作业的其他生产车间毗连建造,其毗连的墙应为无门、窗、洞的防火墙,并应设不少于一个直通室外的安全出口。

3.0.11 输氧量不超过 60 m^3/h 的氧气汇流排间、氧气压力调节阀组的阀门室可设在不低于三级耐火等级的用户厂房内靠外墙处,并应采用耐火极限不低于 2.0 h 的不燃烧体隔墙和丙级防火门,与厂房的其他部分隔开。

3.0.12 输氧量超过 60 m^3/h 的氧气汇流排间、氧气压力调节阀组的阀门室宜布置成独立建筑物,当与用户厂房毗连时,其毗连的厂房的耐火等级不应低于二级,并应采用耐火极限不低于 2.0 h的不燃烧体无门、窗、洞的隔墙与该厂房隔开。

3.0.13 氧气汇流排间可与同一使用目的的可燃气体供气装置或供气站毗连建造在耐火等级不低于二级的同一建筑物中,但应以无门、窗、洞的防火墙相互隔开。

3.0.14 液氧贮罐和输送设备的液体接口下方周围 5 m 范围内不应有可燃物,不应铺设沥青路面,在机动输送液氧设备下方的不燃材料地面不应小于车辆的全长。

3.0.15 氧气站的乙类生产场所不得设置在地下室或半地下室。

3.0.16 液氧贮罐、低温液体贮槽宜室外布置,它与各类建筑物、构筑物的防火间距应符合表 3.0.4 的规定,当液氧贮罐的容积不超过 3 m^3 时,与所有使用建筑的防火间距可减为 10 m。当液氧贮罐、低温液体贮槽确需室内布置时,宜设置在单独的房间内,且液氧贮罐的总几何容积不得超过 10 m^3,并应符合下列规定:

1 当设置在独立的一、二级耐火等级的专用建筑物内,且与使用建筑一侧为无门、窗、洞的

防火墙时,其防火间距不应小于 6 m;

2 当设置在一、二级耐火等级的贮罐间内,且一面贴邻使用建筑物外墙时,应采用无门、窗、洞的耐火极限不低于 2.0 h 的不燃烧体墙分隔,并应设直通室外的出口。

3.0.17 液氧贮罐和汽化器的周围宜设围墙或栅栏,并应设明显的禁火标志。

3.0.18 低温液体的贮运及使用安全应符合现行行业标准《低温液体贮运设备 使用安全规则》JB 6898 的有关规定。

4 工艺系统

4.0.1 氧气站设计时,应充分调查研究所在地区的气体供应状况,经综合分析比较后,宜采用能量消耗低和经济适用的区域集中供气方式和气体供应系统。应按下列因素进行综合分析比较:

1 供应系统的设备与建造费用;

2 气体制造及输送过程的能量消耗;

3 气体生产成本;

4 运输及其他费用。

4.0.2 氧气站工艺系统选择时,应经技术经济比较后,择优采用空气分离系统和配置节能型设备。

4.0.3 氧气站工艺系统的类型应根据下列因素选择:

1 氧气站的规模;

2 用户对气体产品纯度、压力、杂质含量的要求;

3 用户对气体、液体产品品种的要求;

4 电力和其他能源供应条件;

5 用户对投资、能耗控制的要求;

6 用户对建设进度、占地、操作、维护、管理的要求。

4.0.4 低温法空气分离系统的设备配置应符合下列规定:

1 原料空气过滤器的过滤精度应按空气压缩机类型确定。当采用离心式压缩机时,其原料空气过滤器的过滤精度当悬浮粒子的粒径小于 0.5 μm 时,应大于或等于 99%;粒径小于 2 μm 时,应大于或等于 99.8%。

2 根据工艺流程和冷箱出口氧、氮产品的压力要求,全低压空气分离设备的原料空气压力不宜大于 1.0 MPa。

3 除空气压缩机设有后冷却器或纯化器采用变压吸附工艺可不设空气预冷装置外,宜设置空气预冷装置。

4 空气纯化装置应采用分子筛吸附器,其纯化后的原料空气中的二氧化碳含量宜小于 1.0×10^{-6},水分含量宜小于 2.6×10^{-6},氧化亚氮脱除率宜大于 80%。

5 空气分离装置内采用膜式主冷凝蒸发器时,宜设置液空或液氧吸附器。

4.0.5 低温法空气分离系统采用内压缩流程时,宜设置空气增压机或循环氮气压缩机。

4.0.6 利用大、中型低温法空气分离设备制取氩气宜采用全精馏制氩方法。

4.0.7 大型低温法空气分离设备氖、氦、氪、氙等稀有气体提取装置的设置应符合下列规定:

1 应根据用户需求;

2 稀有气体提取及其提纯宜集中进行;

3 提取的品种、纯度应依据技术经济比较确定。

4.0.8 离心式空气压缩机应设下列保护系统：

1 防喘振保护系统；

2 安全放散系统；

3 轴承温度、轴振动和轴位移测量、报警与停车系统；

4 入口导叶可调系统。

4.0.9 单一氧或氮气的制取，其氧气纯度低于95%或氮气纯度低于99.99%时，宜采用常温变压吸附空气分离系统；吸附剂的再生解吸宜采用常压解吸或真空解吸。

4.0.10 单一富氧或氮气的制取，其氮气产量不超过3000 m^3/h 且低于99.0%时，宜采用常温空气膜法制取氧、氮系统；膜法空气分离系统应由原料空气压缩机、缓冲罐、膜分离组件和产品增压设备等组成。

4.0.11 低温法空气分离系统的流程，用氧压力大于4 MPa或液体产品需求大的用户应采用内压缩流程；用氧压力小于或等于4 MPa或液体产品需求量小的用户宜采用外压缩流程。

4.0.12 氧气和氮气压缩机应按气体流量和排气压力选用活塞式或离心式压缩机。单台压缩机能力大于6000 m^3/h 时，宜采用离心式压缩机。

4.0.13 活塞式氧气压缩机应采用气缸无油润滑压缩机；当采用气缸水润滑压缩机时，应设置软水供给系统，并应设置断水报警、停车装置。

4.0.14 活塞式氧气和氮气压缩机前应设缓冲罐。活塞式氧气、氮气压缩机后，应根据用户气体用量变化情况设置压力贮罐。

4.0.15 离心式氮气压缩机的保护系统的设置应符合本规范第4.0.8条的规定。

4.0.16 离心式氧气压缩机的设置应符合下列规定：

1 应设置符合本规范第4.0.8条规定的保护系统；

2 应设置氮气或干燥空气试车系统、氮气轴封系统；

3 应设置自动快速充氮灭火系统。

4.0.17 氧气站内各类压缩机进出口管道应采取隔声、消声措施；若压缩机的噪声超标时，应设隔声罩。低温法空气分离设备的纯化装置和常温空气分离设备的吸附器的放散管均应设置消声器。

4.0.18 低温液体加压用的低温液体泵应设置入口过滤器、轴封气和加温气体入口，以及低温液体泵出口设压力报警装置、轴承温度过高报警装置。

4.0.19 低温液体产品采用水浴式汽化器时，应设置水温调节装置和出口气体温度过低报警装置。

4.0.20 常温法空气分离设备和小型低温法空气分离设备生产的空气分离产品宜采用压力气体贮罐贮存；大、中型低温法空气分离设备生产的空气分离产品，以及贮存量较大的空气分离产品宜采用低温液体贮罐贮存，亦可根据用户自身的需求，采用压力气体贮罐贮存。

4.0.21 氧气、氮气、氩气钢瓶的灌装应符合下列规定：

1 气态气体的灌装宜采用高压气体压缩机和充装台或钢瓶集装格灌装；

2 液态气体的灌装宜采用低温液体泵—汽化器—充装台灌装；

3 充装台前的气体管道上应设有紧急切断阀、安全阀、放空阀。

4.0.22 氧气站内的气体充装台和钢瓶集装格除可灌装气体外，亦可在增设气体压力调节装置后作为气体汇流排输送氧气、氮气到用户点使用。

4.0.23 氧气、氮气、氩气充装台的设置应符合下列规定：

1 **氧气、氮气、氩气充装台应设有超压泄放用安全阀；**

2 **氧气、氮气、氩气充装台应设有吹扫放空阀，放空管应接至室外安全处；**

3 应设有分组切断阀、防错装接头等；

4 应设有灌装气体压力和钢瓶内余气压力的测试仪表。

4.0.24 氧气站中氧气、氮气设备和管道中有冷凝水时，应经各自的专用疏水装置排至室外。

4.0.25 医院医用氧供应应符合下列规定：

1 医用氧气品质应符合现行国家标准《医用及航空呼吸用氧》GB 8982 的有关规定；

2 应根据医用氧气数量和所在地的氧气供应状况，经综合比较选择氧气汇流排、液态氧或自设常温变压吸附制氧装置生产氧气；当采用常温变压吸附制氧装置制取氧气时，应符合现行行业标准《医用分子筛制氧设备通用技术规范》YY/T 0298 的有关规定；

3 医用氧供应系统的总管应设可遥控的紧急切断阀。

5 工艺设备

5.0.1 氧气站的设计容量应根据用户的用气特点以及气体用量平衡表的昼夜小时平均用量，或工作班的小时平均用量之和，经技术经济比较后确定。氧气站空气分离设备的设计容量应计入当地海拔高度的影响。

5.0.2 氧气站空气分离设备的型号、台数、备用机组的选用应根据用户对空气分离气体产品的要求，经技术经济比较后确定，并应符合下列规定：

1 空气分离设备台数宜按大容量、少机组、统一型号的原则确定。

2 产品气体压缩机的设计压力应满足用户气体产品的使用压力，并应与产品气体压力贮罐的设计压力一致。

3 氧气站可不设置备用空气分离设备，当供气中断会造成用户较大损失时，宜设置备用空气压缩机、氧气压缩机，亦可采用其他方法调节供气。

5.0.3 氧气站气态产品贮罐容量的选择应符合下列规定：

1 调节产气量和用气量之间的不平衡宜采用气体压力贮罐。压力贮罐的设计贮气量应按空气分离设备小时产气量和用户的气体用量曲线以及设计压力和释放压力确定。

2 小型氧气站常压气态产品量和用气量之间的不平衡宜采用贮气囊，其贮气量应按产气量与用气量之间的不平衡性确定。

5.0.4 氧气站低温液体贮罐容量的选择应根据下列要求经技术经济比较后确定：

1 液体产品的用途及需求量；

2 液体产品槽车运输费用、运输距离和液体贮罐性能；

3 当液体产品仅用于空气分离设备检修时的备用气源时，其容量应按空气分离设备检修所需时间内的用气量确定。

5.0.5 氧气站的原料空气压缩机的排气压力应按空气分离设备要求确定。当所在企业压缩空气站的空气压缩机的排气压力与空气分离设备的原料空气压缩机排气压力一致时，空气压缩机可互为备用。

5.0.6 各类气体输送用压缩机的设置应符合下列规定：

1 压缩机型号、台数应按进气、排气参数和平均小时用气量选择；

2 压缩机后的气体压力贮罐容量应根据用气量变化情况确定；

3 同一品种气体、同一排气压力的压缩机宜采用同一型号，并能调节压缩机能力；

4 当采用的活塞式压缩机需要连续运行时应设备用。

5.0.7 灌装用气体压缩机的型号、排气量、台数应根据灌装介质，瓶装气体用量，充装容器的规格、数量、充装时间等条件确定，可不设备用。

5.0.8 高纯氧气、氮气、氩气的灌瓶压缩机宜采用膜式压缩机或无润滑压缩机。高纯气体灌装站房宜设有钢瓶气体置换、加热干燥和抽真空等钢瓶处理装置。

5.0.9 灌装用充装台不应少于两组，其中一组充装时，另一组倒换钢瓶。每组钢瓶的数量应按充装用气体压缩机的排气量和充装时间确定。

5.0.10 供气用汇流排的设置不应少于两组，其中一组供气时，另一组为倒换钢瓶用。每组钢瓶的数量应按用户最大小时用气量和供气时间确定。

5.0.11 各种气体钢瓶的数量应按钢瓶周转情况确定，当确定有困难时，宜按用户一昼夜用气瓶数的3倍确定。

5.0.12 制氧站房应设检修起重设备，其起吊能力应按检修设备最重部件确定。手动或电动方式按起吊重量大小和检修频率确定。

钢瓶集装格的气体灌装厂房宜采用起重设备或电瓶车运输。

5.0.13 氧气站应按安全生产以及对空气分离产品质量的要求，设置在线分析和离线分析仪器。

5.0.14 氧气站宜设置废液收集装置。

6 工艺布置

6.0.1 常温法空气分离系统和氧产量大于1500 m^3/h的低温法空气分离系统，除压缩机外宜采用室外布置。室外布置的装置、控制阀组等应采取防雨、防冻措施。

6.0.2 设有低温法空气分离装置的氧气站宜将原料空气压缩机和离心式氧气压缩机等集中布置在主厂房内。主厂房宜采用独立建筑，其层数、层高应按压缩机及其辅助设备特点、起重设施等确定。

6.0.3 氧气站内原料空气压缩机的布置应符合下列规定：

1 应按站房规模、压缩机及其辅助设备特点进行布置，宜采用单层布置；

2 离心式空气压缩机吸气过滤器的布置应方便定期清扫、更换；

3 当氧气站的原料空气压缩机与压缩空气站的空气压缩机互为备用时，宜布置在同一压缩机间内。

6.0.4 氧气压缩机的布置应符合下列规定：

1 活塞式氧气压缩机超过2台时，宜布置在单独的氧气压缩机间内；

2 当采用离心式氧气压缩机时，宜设防护墙或罩；宜与其他压缩机布置在同一压缩机间内；

3 氧气压缩机间应设有直接通向室外的安全出口。

6.0.5 灌氧站房的布置应符合下列规定：

1 氧气实瓶的贮量，每个防火分区不得超过1700瓶，防火分区的设置应符合现行国家标准《建筑设计防火规范》GB 50016 的有关规定。

2 当氧气实瓶的贮量超过 3400 瓶时，宜将制氧站房或液氧气化站与灌氧站房分别设置在独立的建筑物内。

3 每个灌瓶间、实瓶间、空瓶间均应设有直接通向室外的安全出口。

6.0.6 独立氧气瓶库的气瓶贮量应根据氧气灌装量、气瓶周转量和运输条件等因素确定。独立氧气瓶库的最大贮量不应超过表 6.0.6 的规定。

表 6.0.6 独立氧气瓶库的最大贮量(个)

建筑物的耐火等级	每座库房	每个防火分区
一、二级	13600	3400
三级	4500	1500

6.0.7 在使用氧气的建筑或厂房内，氧气汇流排间的氧气实瓶贮量不宜超过 24 h 的用氧量。

6.0.8 氧气站生产的多种空气分离产品需灌瓶和贮存时，应分别设置每种产品的灌瓶间、实瓶间和空瓶间。

6.0.9 氧气贮气囊宜布置在单独的房间内。当贮气囊总容量小于或等于 100 m^3 时，可布置在制氧间内，但贮气囊不得设置在氧气压缩机的顶部。贮气囊与设备的水平距离不应小于 3 m，并应设有安全和防火围护措施。

6.0.10 氧气站内的设备布置应紧凑合理、便于安装维修和操作，并应符合下列规定：

1 设备之间的净距不宜小于 1.5 m；设备与墙之间的净距不宜小于 1 m，且净距满足设备的零部件抽出检修的要求；其净距不宜小于抽出零部件的最大尺寸加 0.5 m；

2 设备与其附属设备之间的净距以及水泵等小型设备的布置间距可根据工艺需要适当减小；

3 设备双排布置时，两排之间的净距不宜小于 2 m。

6.0.11 气体灌装设施的布置应符合下列规定：

1 灌瓶间、空瓶间和实瓶间的通道净宽度应根据气瓶运输方式确定，但不宜小于 1.5 m；采用集装格钢瓶组时，不宜小于 2.0 m；

2 空瓶间、实瓶间应设置钢瓶装卸平台。平台宽度宜为 2 m，高度应按气瓶运输工具确定，宜高出室外地坪 0.4 m～1.1 m；

3 灌瓶间、空瓶间和实瓶间均应设有防止瓶倒的措施。

6.0.12 采用氢气进行空气分离产品纯化时，应符合下列规定：

1 加氢催化反应炉应布置在靠外墙的单独房间内，并不得与其他房间直接相通；

2 氢气实瓶应存放在靠外墙的单独房间内，不得与其他房间直接相通。并应符合现行国家标准《氢气站设计规范》GB 50177 的有关规定；

3 氢气瓶的贮放量不得超过 60 瓶。

6.0.13 氧气站的氧气、氮气等放散管和液氧、液氮等排放管均应引至室外安全处，放散管口距地面不得低于 4.5 m。

6.0.14 氧气压力调节阀组宜单独设置在专用调压阀室内。

6.0.15 氧气站内同时设有氮气压缩机和氧气压缩机时，可共同设置在同一房间内。

6.0.16 压缩机和电动机之间当采用联轴器或皮带传动时，应采取安全防护措施。

6.0.17 输送液氧的多级离心液氧泵宜单独设置在专用液氧泵间内，亦可设置防护墙或罩进行隔离。

6.0.18 氧气站内的各种气体压缩机应根据其振动特性、允许振幅等要求，除合理进行设备及管道布置外，应采取防振、隔振措施。

6.0.19 氧气站内设有各种气体压缩机的房间或作业场所应根据压缩机类型、规格或制造厂家提供的噪声声压等级，并应符合现行国家标准《工业企业噪声控制设计规范》GB 50087 的有关规定确定采取相应的噪声控制措施。

7 建筑和结构

7.0.1 氧气站的生产性站房宜为单层建筑物。

7.0.2 氧气站的主要生产间的屋架下弦高度，应按设备的高度和设备检修时的起吊高度以及起重吊钩的极限高度确定，但不宜小于 4.0 m，灌瓶间、汇流排间等的屋架下弦高度不宜小于 3.5 m。

7.0.3 当制氧站房或液氧系统设施和灌氧站房布置在同一建筑物内时，应采用耐火极限不低于 2.0 h 的不燃烧体隔墙和乙级防火门进行分隔，并应通过走廊相通。

7.0.4 氧气贮气囊间、氧气压缩机间、氧气灌瓶间、氧气实瓶间、氧气贮罐间、液氧贮罐间、氧气汇流排间、氧气调压阀间等房间相互之间应采用耐火极限不低于 2.0 h 的不燃烧体隔墙和乙级防火门窗进行分隔。

7.0.5 氧气压缩机间、氧气灌瓶间、氧气贮气囊间、氧气实瓶间、氧气贮罐间、液氧贮罐间、氧气汇流排间、氧气调压阀间等与其他毗连房间之间应采用耐火极限不低于 2.0 h 的不燃烧体隔墙和乙级防火门窗进行分隔。

7.0.6 氧气站的主要生产间，其围护结构上的门窗应向外开启，并不得采用木质等可燃材料制作。

7.0.7 灌瓶间、实瓶间、汇流排间和贮气囊间的窗玻璃宜采用磨砂玻璃或涂白漆等措施，防止阳光直接照射。

7.0.8 灌瓶间的充灌台应设置高度不小于 2 m、厚度大于或等于 200 mm 的钢筋混凝土防护墙。气瓶装卸平台应设置大于平台宽度的雨篷，雨篷和支撑应采用不燃烧体。

7.0.9 灌瓶间、汇流排间、空瓶间、实瓶间的地坪应平整、耐磨和防滑。

7.0.10 低温法空气分离设备的冷箱基础应采取防冻措施。

大型平底圆柱形液态气体贮槽采用珠光砂绝热时，应采用高架式基础，其基础顶部应采用泡沫玻璃隔热，厚度宜为 1000 mm。

7.0.11 氧气站内的氢气瓶间应设置在靠外墙，且有直接通向室外的安全出口的专用房间内，氢气瓶间与相邻的房间应采用不低于 2.0 h 耐火极限的无门、窗、洞的不燃烧体墙体分隔；氢气瓶间设计应符合现行国家标准《氢气站设计规范》GB 50177 的有关规定。

8 电气和仪表

8.0.1 氧气站的供电负荷分级应符合现行国家标准《供配电系统设计规范》GB 50052 的有关规定，除中断供气将造成较大损失者外，宜为三级负荷。

8.0.2 有爆炸危险、火灾危险的房间或区域内的电气设施应符合现行国家标准《爆炸和火灾危险环境电力装置设计规范》GB 50058 的有关规定。催化反应炉部分和氢气瓶间应为 1 区爆炸危险区，离心式氧气压缩机间、液氧系统设施、氧气调压阀组间应为 21 区火灾危险区，氧气灌瓶

间、氧气贮罐间、氧气贮气囊间等应为22区火灾危险区。

8.0.3 氧气站的照明除中断供气将造成较大损失者外，可不设继续工作用的事故照明，仪表集中处宜设局部照明。

8.0.4 设有高压油开关的房间内，其贮油量不应大于25 kg。

8.0.5 空气分离产品压缩机间与灌瓶间、贮气囊或气体贮罐间之间宜设置联系信号。灌瓶间应设置压缩机紧急停车按钮。

8.0.6 氧气站应设置成本核算所需的用电、用水等计量仪表，以及输出空气分离产品的计量、遥测、记录仪表。

8.0.7 **与氧气接触的仪表必须无油脂。**

8.0.8 **积聚液氧、液体空气的各类设备、氧气压缩机、氧气灌充台和氧气管道应设导除静电的接地装置，接地电阻不应大于10 Ω。**

8.0.9 氧气站和露天布置的氧气贮罐、液氧贮罐等的防雷设计应符合现行国家标准《建筑物防雷设计规范》GB 50057的有关规定。

8.0.10 氧气站应根据气体生产、储存、输送和灌装的需要设置下列分析仪器：

1 原料空气纯化装置出口二氧化碳含量连续在线分析；

2 空气分离装置主冷凝蒸发器液氧中乙炔、碳氢化合物含量连续在线分析；

3 空气分离装置出口空气分离产品的纯度分析；

4 高纯空气分离产品中杂质含量分析；

5 制氧间、氧气压缩机间、氧气贮罐间、氧气灌瓶间等的空气中氧含量定期检测；

6 制氮间、氮气压缩机间、氮气贮罐间、氮气灌瓶间等的空气中氧含量定期检测。

8.0.11 氧气站内，除各类设备配备的各种测量和控制装置外，尚应装设下列参数测量和控制装置：

1 站房出口各种空气分离产品的压力测试和调节；

2 输送用气体压缩机的进气、排气压力测量和纯度检测、流量调节装置；

3 气体贮罐压力遥测、记录；

4 制气设备出口压力、温度遥测、记录；

5 各单体设备运行状态显示、记录。

8.0.12 氧气站内宜设置下列报警连锁控制装置：

1 原料空气纯化装置出口二氧化碳超标报警；

2 空气分离装置主冷凝蒸发器液氧中乙炔、碳氢化合物超标报警；

3 空气分离装置出口产品纯度不合格报警；

4 压缩机润滑油系统，设置油压过高、过低与油温过高的报警和连锁控制；

5 灌瓶压缩机间与灌瓶间应设置联系信号报警和连锁控制装置。

9 给水、排水和消防

9.0.1 氧气站的生产用水，除不能中断生产用气外，宜采用一路供水。

9.0.2 压缩机等设备用冷却水应循环使用，其水压宜为0.15 MPa～0.50 MPa；循环冷却水水质应符合现行国家标准《工业循环冷却水处理设计规范》GB 50050的有关规定。

9.0.3 氧气站设备的给水和排水系统应能放尽存水。

压缩机的循环冷却水的管道上应装设水流观察装置或排水漏斗，并宜装设断水报警装置。

9.0.4 氧气站的消防用水设施应符合现行国家标准《建筑设计防火规范》GB 50016 的有关规定。

9.0.5 制氧间、氧气贮罐间、液氧储罐间、氢气瓶间等有火灾危险、爆炸危险的房间，其灭火器的配置类型、规格、数量及其位置应符合现行国家标准《建筑灭火器配置设计规范》GB 50140 的有关规定。

10 采暖和通风

10.0.1 制氧站房、灌氧站房、氧气压缩机间、氧气储罐间、液氧储罐间、氢气瓶间、液氧系统和氧气汇流排间等严禁采用明火或电加热散热器采暖。

10.0.2 采用集中采暖时，室内采暖计算温度应符合下列规定：

1 气体贮罐间、低温液体贮罐间等不宜低于 5 ℃；

2 空瓶间、实瓶间不宜低于 10 ℃；

3 办公室、生活间等生产辅助房间应符合现行国家标准《采暖通风与空气调节设计规范》GB 50019 的有关规定；

4 除上述各房间外的生产房间不宜低于 15 ℃。

10.0.3 气体贮罐间、贮气囊间、低温液体贮罐间、实瓶间、空瓶间、灌瓶间的散热器应采取局部隔热措施。

10.0.4 催化反应炉部分、氢气瓶间、氮气压缩机间、氮气压力调节阀间、惰性气体贮气罐间和液体贮罐间等的自然通风换气次数，每小时不应少于 3 次；事故换气应采用机械通风，其换气次数不应少于 12 次。排风中有氢气的氢气瓶间等的事故排风机的选型应符合现行国家标准《氢气站设计规范》GB 50177 的有关规定。

10.0.5 氧气站的集中控制室宜采用分体式空调机组降温。

11 氧气管道

11.0.1 氧气管道宜采用架空敷设。当架空敷设有困难时，可采用不通行地沟敷设或直接埋地敷设。

11.0.2 厂区管道架空敷设时，应符合下列规定：

1 氧气管道应敷设在不燃烧体的支架上；

2 除氧气管道专用的导电线路外，其他导电线路不得与氧气管道敷设在同一支架上；

3 当沿建筑物的外墙或屋顶上敷设时，该建筑物应为一、二级耐火等级，并应是与氧气生产或使用有关的车间建筑物；

4 氧气管道、管架与建筑物、构筑物、铁路、道路等之间的最小净距应符合本规范附录 B 的规定；

5 氧气管道与其他气体、液体管道共架敷设时，宜布置在其他管道外侧，并宜布置在燃油管道的上面。各种管线之间的最小净距应符合本规范附录 C 的规定；

6 氧气管道上设有阀门时，应设置操作平台；

7 寒冷地区的含湿气体管道应采取防护措施。

11.0.3 厂区管道直接埋地敷设或采用不通行地沟敷设时，应符合下列规定：

1 氧气管道严禁埋设在不使用氧气的建筑物、构筑物或露天堆场下面或穿过烟道；

2　**氧气管道采用不通行地沟敷设时，沟上应设防止可燃物料、火花和雨水侵入的不燃烧体盖板；严禁氧气管道与油品管道、腐蚀性介质管道和各种导电线路敷设在同一地沟内，并不得与该类管线地沟相通；**

3　**直接埋地或不通行地沟敷设的氧气管道上不应装设阀门或法兰连接点，当必须设阀门时，应设独立阀门井；**

4　**氧气管道不应与燃气管道同沟敷设，当氧气管道与同一使用目的燃气管道同沟敷设时，沟内应填满沙子，并严禁与其他地沟直接相通；**

5　埋地深度应根据地面上的荷载决定。管顶距地面不宜小于0.7 m；含湿气体管道应敷设在冻土层以下，并应在最低点设排水装置。管道穿过铁路和道路时应设套管，其交叉角不宜小于45°；

6　氧气管道与建筑物、构筑物及其他埋地管线之间的最小净距应符合本规范附录D的规定；

7　直接埋地管道应根据埋设地带土壤的腐蚀等级采取相应的防腐蚀措施；

8　当氧气管道与其他不燃气体或水管同沟敷设时，氧气管道应布置在上面，地沟应能排除积水。

11.0.4　车间内氧气管道的敷设应符合下列规定：

1　**氧气管道不得穿过生活间、办公室；**

2　车间内氧气管道宜沿墙、柱或专设的支架架空敷设，其高度应不妨碍交通和便于检修；

3　氧气管道与其他管线共架敷设时，应符合本规范第11.0.2条第5款的规定；

4　当不能架空敷设时，可采用不通行地沟敷设，但应符合本规范第11.0.3条第2款～第4款和第8款的规定；

5　进入用户车间的氧气主管应在车间入口处装设切断阀、压力表，并宜在适当位置设放散管；

6　氧气管道的放散管应引至室外，并应高出附近操作面4 m以上的无明火场所；

7　氧气管道不得穿过高温作业及火焰区域。当必须穿过时，应在该管段增设隔热措施，其管壁温度不应超过70 ℃；

8　穿过墙壁、楼板的氧气管道应敷设在套管内；套管内不得有焊缝，管子与套管间的间隙应采用不燃烧的软质材料填实；

9　氧气管道不应穿过不使用氧气的房间。当必须通过不使用氧气的房间时，其在房间内的管段上不得设有阀门、法兰和螺纹连接，并应采取防止氧气泄漏的措施；

10　供切割、焊接用氧的管道与切割、焊接工具或设备用软管连接时，供氧嘴头及切断阀应设置在用不燃烧材料制作的保护箱内。

11.0.5　通往氧气压缩机的氧气管道以及装有压力、流量调节阀的氧气管道上，应在靠近机器入口处或压力、流量调节阀的上游侧装设过滤器，过滤器的材料应为不锈钢、镍铜合金、铜、铜基合金。

11.0.6　氮气和氩气与各类其他管道、建筑物、构筑物等之间的间距宜符合现行国家标准《压缩空气站设计规范》GB 50029的有关规定。

11.0.7　氧气、氮气、氩气管道敷设在通行地沟或半通行地沟时，必须设有可靠的通风安全措施。

11.0.8 氧气管道的管径应按下列条件计算确定：

1 计算流量应采用该管系最低工作压力、最高工作温度时的实际流量；

2 流速应为工作压力下的管内氧气实际流速，氧气管道内的最高流速不得超过表11.0.8的规定。

表 11.0.8 氧气管道内的最高流速

设计压力(MPa)	管材	最高允许流速(m/s)
≤0.1	—	按管道系统允许压力降确定
>0.1，且≤1.0	碳钢	20
	不锈钢	30
>1.0，且≤3.0	碳钢	15
	不锈钢	25
>3.0，且≤10.0	不锈钢	4.5
>10.0，且≤20.0	不锈钢	4.5
	铜基合金	6

11.0.9 氧气管道材质选用应符合表11.0.9的规定。

表 11.0.9 氧气管道材质选用

管材	设计压力(MPa)								液态氧气管道	执行标准
	≤0.6		0.6～3.0		3.0～10.0		>10.0			
	使用场所									
	一般场所	分配主管上阀门频繁操作区域后,放散阀后	一般场所	阀后 5 倍外径(并不小于 1.5 m)范围,压力调节阀组前、后各 5 倍外径(各不小于 1.5 m)范围内,氧压车间内部,放散阀后,湿氧输送	一般场所	阀后 5 倍外径(并不小于 1.5 m)范围,压力调节阀组前、后各 5 倍外径(各不小于 1.5 m)范围内,氧压车间内部,放散阀后,湿氧输送	一般场所	氧气充装台、汇流排		
焊接钢管	√	×	×	×	×	×	×	×	奥氏体不锈钢无缝钢管	现行国家标准《低压流体输送用焊接钢管》GB 3091
不锈钢焊接钢管	√	√	√	√	×	×	×	×		现行国家标准《输送流体用不锈钢焊接钢管》GB 12771
钢板卷焊管	√	×	×	×	×	×	×	×		
无缝钢管	√	×	√	×	×	×	×	×		现行国家标准《输送流体用无缝钢管》GB/T 8163,现行国家标准《高压锅炉用无缝钢管》GB 5310,现行国家标准《低中压锅炉用无缝钢管》GB 3087

表 11.0.9(续)

管材	设计压力(MPa)								液态氧气管道	执行标准
	≤0.6		0.6～3.0		3.0～10.0		>10.0			
	使用场所									
	一般场所	分配主管上阀门频繁操作区域后,放散阀后	一般场所	阀后5倍外径(并不小于1.5 m)范围,压力调节阀组前、后各5倍外径(各不小于1.5 m)范围内,氧压车间内部,放散阀后,湿氧输送	一般场所	阀后5倍外径(并不小于1.5 m)范围,压力调节阀组前、后各5倍外径(各不小于1.5 m)范围内,氧压车间内部,放散阀后,湿氧输送	一般场所	氧气充装台、汇流排		
不锈钢板卷焊管	√	√	√	√	×	×	×	×	奥氏体不锈钢无缝钢管	现行行业标准《石油化工钢管尺寸系列》SH 3405
不锈钢无缝钢管	√	√	√	√	√	√	√	×		现行国家标准《输送流体用不锈钢无缝钢管》GB/T 14976
铜及铜合金拉制管	√	√	√	√	√	√	√	√	√	现行国家标准《铜及铜合金拉制管》GB/T 1527
铜及铜合金挤制管	√	√	√	√	√	√	√	√	√	现行行业标准《铜及铜合金挤制管》YS/T 662
镍及镍基合金	√	√	√	√	√	√	√	√	√	—

表 11.0.9(续)

管材	设计压力(MPa)								液态氧气管道	执行标准
	≤0.6		0.6～3.0		3.0～10.0		>10.0			
	使用场所									
	一般场所	分配主管上阀门频繁操作区域后，放散阀后	一般场所	阀后5倍外径(并不小于1.5 m)范围，压力调节阀组前、后各5倍外径(各不小于1.5 m)范围内，氧压车间内部，放散阀后，湿氧输送	一般场所	阀后5倍外径(并不小于1.5 m)范围，压力调节阀组前、后各5倍外径(各不小于1.5 m)范围内，氧压车间内部，放散阀后，湿氧输送	一般场所	氧气充装台、汇流排		

注：1 “√”表示允许采用，“×”表示不允许采用。

2 碳钢钢板卷焊管只宜用于工作压力小于0.1 MPa，且管径超过现有焊接钢管、无缝钢管产品管径的情况下。

3 表中阀指干管阀门、供一个系统的支管阀门、车间入口阀门。

4 不锈钢板卷焊管，内壁焊缝磨光条件下，允许使用在压力不高于5 MPa的一般场所。

5 工作压力大于3.0 MPa的铜合金管不包括铝铜合金。

6 铜基合金：铜的含量超过55%(重量)的紫铜、黄铜(含锌铜合金)、青铜(含铝、硅、镁、锡、铅等的铜合金)、白铜(含镍铜合金)的总称。青铜类合金中铝含量不超过2.5%(重量)。

7 镍基合金：通常镍的含量不少于50%(重量)的镍200、镍铜(蒙乃尔-400和蒙乃尔-500)、镍铬(因科镍合金600和因科镍合金X-750)、镍铬铜(哈司特镍合金C-275和因科镍合金625)等的总称。

11.0.10 氧气管道的阀门应符合下列规定：

1 设计压力大于 0.1 MPa 的氧气管道上，不得采用闸阀；

2 设计压力大于或等于 1.0 MPa 且公称直径大于或等于 150 mm 的氧气管道上的手动阀门，宜设旁通阀；

3 设计压力大于 1.0 MPa，公称直径大于或等于 150 mm 的氧气管道上经常操作的阀门，宜采用气动阀门；

4 阀门材料选用应符合表 11.0.10 的规定。

表 11.0.10 阀门材料选用

设计压力 *P*(MPa)	材料
＜0.6	阀体、阀盖采用可锻铸铁、球墨铸铁或铸钢，阀杆采用碳钢或不锈钢，阀瓣采用不锈钢
0.6～10	采用全不锈钢、铜基合金或不锈钢与铜基合金组合、镍及镍基合金
＞10	采用铜基合金、镍及镍基合金

注：1 设计压力大于或等于 0.1 MPa 管道上的压力或流量调节阀的材料，应采用不锈钢或铜基合金或以上两种材料的组合。

2 阀门的密封填料宜采用聚四氟乙烯或柔性石墨材料。

11.0.11 氧气管道上的法兰、紧固件应按国家现行标准选用，氧气管道法兰用垫片应符合表 11.0.11的规定。

表 11.0.11 氧气管道法兰用垫片

设计压力 *P*(MPa)	垫片
＜0.6	聚四氟乙烯垫片、柔性石墨复合垫片
0.6～3.0	缠绕式垫片、聚四氟乙烯垫片、柔性石墨复合垫片
3.0～10	缠绕式垫片、退火软化铜垫片、镍及镍基合金片
＞10.0	退火软化铜垫片、镍及镍基合金片

11.0.12 氧气管道上的弯头应符合下列规定：

1 **氧气管道严禁采用折皱弯头；**

2 采用冷弯或热弯弯制碳钢弯头时，弯曲半径不应小于公称直径的 5 倍；

3 采用标准的对焊无缝碳钢弯头时，应采用长半径弯头；

4 采用铜镍合金、铜或铜基合金无缝弯头时，可采用短半径弯头；

5 设计压力小于或等于 0.1 MPa 的卷焊钢管可采用斜接弯头，斜接弯头制作和使用应符合现行国家标准《工业金属管道设计规范》GB 50316 的有关规定。

11.0.13 氧气管道的异径接头、分岔头应符合下列规定：

1 异径接头宜采用标准的钢制对焊无缝异径接头。当焊接制作时，变径部分长度不应小于两端管外径差值的 3 倍，其内壁应平滑，无锐边、毛刺及焊瘤；

2 分岔头宜采用标准的钢制对焊无缝三通。当焊接制作时，应按设计图纸预制，并加工到无锐边、突出部及焊瘤。不得在安装时开孔插接。

11.0.14 输送含湿气体或需做水压试验的管道应设不小于0.003的坡度,并在管道最低点设排水装置。

11.0.15 氧气管道因温度变化产生的应力宜采用自然补偿。

11.0.16 氧气管道的连接应采用焊接,但与设备、阀门连接处可采用法兰或螺纹连接。螺纹连接处应采用聚四氟乙烯带作为填料,不得采用涂铅红的麻或棉丝,或其他含油脂的材料。

11.0.17 氧气管道应设置导除静电的接地装置,并应符合下列规定:

1 厂区架空或地沟敷设管道,在分岔处或无分支管道每隔80 m～100 m处,以及与架空电力电缆交叉处应设接地装置;

2 进、出车间或用户建筑物处应设接地装置;

3 直接埋地敷设管道应在埋地之前及出地后各接地一次;

4 车间或用户建筑物内部管道应与建筑物的静电接地干线相连接;

5 每对法兰或螺纹接头间应设跨接导线,电阻值应小于0.03 Ω。

11.0.18 氧气管道的弯头、分岔头不得紧接安装在阀门的出口侧,其间宜设长度不小于5倍管道公称直径且不应小于1.5 m的直管段。

11.0.19 氧气管道施工验收应符合下列规定:

1 氧气管道、阀门及管件应无裂缝、鳞皮、夹渣等。接触氧气的表面必须彻底去除毛刺、焊瘤、焊渣、粘砂、铁锈和其他可燃物等,保持内壁光滑清洁。管道内、外表面除锈应进行到出现本色为止;

2 管道、阀门、管件、仪表、垫片及与氧气直接接触的其他附件的脱脂应符合现行行业标准《脱脂工程施工及验收规范》HG 20202或施工设计文件的规定。脱脂合格后的氧气管道应封闭管口,并宜充入干燥氮气;

3 碳钢材质的氧气管道的焊接应采用氩弧焊打底。不锈钢管道的焊接应采用氩弧焊;

4 氧气管道焊缝质量应采用射线照相检验。对液氧管道及氧气管道设计压力大于4.0 MPa时,应进行100%的射线照相检验,其质量等级不得低于Ⅱ级;氧气管道设计压力1.0 MPa～4.0 MPa时,可抽样检验。抽检比例固定焊口宜为40%,转动焊口宜为15%,其质量等级不得低于Ⅱ级;氧气管道设计压力小于1.0 MPa时,抽检比例不得低于5%,其质量等级不得低于Ⅲ级;

5 氧气管道的试验介质及试验压力应符合表11.0.19的规定;

表11.0.19 氧气管道的试验介质及试验压力

管道设计压力 P	强度试验		严密性试验	
	试验介质	试验压力(MPa)	试验介质	试验压力(MPa)
<0.1	空气或氮气	0.1	空气或氮气	1.0 P
0.1～4.0		1.15 P		1.0 P
>4.0	水	1.5 P		1.0 P

注:1 空气或氮气必须是无油脂和干燥的。
2 水应为无油和干净的。对于奥氏体不锈钢管,试验水中的氯离子含量不得超过25×10^{-6}。
3 以气体介质做强度试验时,应制订有效的安全措施,并经有关安全部门批准后进行。
4 P为管道设计压力。

6 强度及严密性试验的检验应符合下列规定：

1） 用空气或氮气做强度试验时，当达到试验压力且稳压 5 min 后，应无变形，无泄漏。用水做强度试验时，当达到试验压力且稳压 10 min 后，应无变形，无泄漏。

2） 严密性试验达到试验压力后持续 24 h，室内及地沟管道的平均小时泄漏率不应超过 0.25%；室外管道的平均小时泄漏率不应超过 0.5%。平均小时泄漏率应按下列公式计算：

当管道公称直径小于 300 mm 时：

$$A=\left[1-\frac{(273+t_1)P_2}{(273+t_2)P_1}\right]\times\frac{100}{24} \quad \cdots\cdots\cdots\cdots (11.0.19\text{-}1)$$

当管道公称直径大于或等于 300 mm 时：

$$A=\left[1-\frac{(273+t_1)P_2}{(273+t_2)P_1}\right]\times\frac{100}{24}\times\frac{D_N}{300} \quad \cdots\cdots\cdots (11.0.19\text{-}2)$$

式中：A ——平均小时泄漏率；

P_1、P_2——试验开始、终了时的绝对压力(MPa)；

t_1、t_2 ——试验开始、终了时的温度(℃)；

D_N ——管道公称直径(mm)。

11.0.20 严密性试验合格的管道应采用无油、干燥的空气或氮气以不小于 20 m/s，且不低于氧气设计流速的速度吹扫，直至出口无铁锈、焊渣及其他杂物为止。

11.0.21 输送高纯氧气的管道，其管材、阀门、附件等的选择应按现行国家标准《洁净厂房设计规范》GB 50073 的有关规定执行。

附　录　A
氧气站内各类房间的火灾危险性类别及最低耐火等级

表A　氧气站内各类房间的火灾危险性类别及最低耐火等级

站房/房间名称	火灾危险性类别	最低耐火等级
制氧站房、制氧间、气化站房	乙类	二级
液氧系统设施	乙类	二级
液氮、液氩系统设施	戊类	四级
氧气调节阀组的调压阀室	乙类	二级
氧气灌瓶站房	乙类	二级
氧气压缩机间	乙类	二级
氮气、氩气灌瓶间	戊类	四级
氮气、氩气压缩机间	戊类	四级
氩气净化间等(加氢催化)	甲类	二级
氧气汇流排间、氧气贮罐间	乙类	二级
氮气、氩气汇流排间、氮气贮罐间	戊类	三、四级
水泵间、水处理间、维修间	戊类	三、四级
润滑油间	丙类	二级
氧气站专用变配电站	丙类	二级
油浸变压器室	丙类	二级

注:1　液氧系统设施包括液氧贮罐、液氧泵、汽化器和阀门室;

2　氧气灌瓶站房包括氧气灌瓶间,氧气空、实瓶间以及相应辅助生产间;

3　氮气、氩气灌瓶间包括氮气和氩气空、实瓶间以及相应辅助生产间;

4　氧气贮罐间包括气态氧压力贮罐或液氧贮罐;

5　氮气贮罐间包括气态氮压力贮罐或液氮贮罐。

附 录 B
厂区架空氧气管道、管架与建筑物、构筑物、铁路、道路等之间的最小净距

表 B 厂区架空氧气管道、管架与建筑物、构筑物、铁路、道路等之间的最小净距(m)

名称	水平净距	垂直净距
建筑物有门窗的墙壁外边或突出部分外边	3.0	—
建筑物无门窗的墙壁外边或突出部分外边	1.5	—
非电气化铁路钢轨	3.0	5.5
电气化铁路钢轨	3.0	6.6
道路	1.0	5.0
人行道	0.5	2.5
厂区围墙(中心线)	1.0	—
照明、电信杆柱中心	1.0	—
熔化金属地点和明火地点	10.0	—

注:1 表中水平距离:管架从最外边线算起;道路为城市型时,自路面边缘算起;道路为公路型时,自路肩边缘算起;铁路自轨外侧或按建筑界限算起;人行道自外沿算起。

2 表中垂直距离:管线自防护设施的外缘算起,管架自最低部分算起,铁路自轨面算起,道路自路拱算起,人行道自路面算起。

3 当有大件运输要求或在检修期间有大型起吊设施通过的道路,其最小垂直净距应根据需要确定。

4 表中与建筑物的最小水平净距的规定,不适用于沿氧气生产车间或氧气用户车间建筑物外墙敷设的管道。

5 与架空电力线路的距离应符合现行国家标准《66 kV 及以下架空电力线路设计规范》GB 50061 的有关规定。

附 录 C
厂区及车间架空氧气管道与其他架空管线之间的最小净距

表 C 厂区及车间架空氧气管道与其他架空管线之间的最小净距(m)

名称	平行净距	交叉净距
给水管、排水管	0.25	0.10
热力管	0.25	0.10
不燃气体管	0.25	0.10
燃气管、燃油管	0.50	0.25
滑触线	1.50	0.50
裸导线	1.00	0.50
绝缘导线或电缆	0.50	0.30
穿有导线的电缆管	0.50	0.10
插接式母线、悬挂式干线	1.50	0.50
非防爆开关、插座、配电箱	1.50	1.50

注:1 氧气管道与同一使用目的的燃气管道平行敷设时,最小平行净距可减小到 0.25 m。
2 氧气管道的阀门及管件接头与燃气、燃油管道上的阀门及管件接头,应沿管道轴线方向错开一定距离;当必须设置在一处时,则应适当扩大管道之间的净距。
3 电气设备与氧气的引出口不能满足上述距离要求时,可将两者安装在同一柱子的相对侧面;当为空腹柱子时,应在柱子上装设不燃烧体隔板局部隔开。
4 公称直径小于或等于 80 mm 的氧气管道,与不燃介质管道的最小平行净距可小于 0.25 m,但不得小于 0.15 m。
5 与滑触线的净距系指氧气管在其下方时的要求,此时在氧气管及滑触线之间宜设隔离网。

附　录　D
厂区地下氧气管道与建筑物、构筑物及其他地下管线之间的最小净距

表D　厂区地下氧气管道与建筑物、构筑物等及其他地下管线之间的最小净距(m)

名称			水平净距	垂直净距
有地下室的建筑物基础或通行沟道的外沿	氧气压力(MPa)	≤1.6	3.00	—
		>1.6	5.00	—
无地下室的建筑物基础外沿		≤1.6	2.50	—
		>1.6	3.00	—
铁路钢轨			2.50	1.20
排水沟外沿(开口型号)			0.80	—
道路			0.80	0.50
照明电线、电力、电信杆柱	照明电线		0.80	—
	电力(220V、380V)、电信		1.50	—
	高压电力、电信		2.00	—
管架基础外沿			0.80	—
围墙基础外沿			1.00	—
乔木中心			1.50	—
灌木中心			1.00	—
给水管	公称直径(mm)	<75	0.8	0.15
		75～150	1.00	0.15
		200～400	1.20	0.15
		>400	1.50	0.15
排水管		≤800	0.80	0.15
		>800,且≤1500	1.00	0.15
		>1500	1.20	0.15
热力管或不通行地沟外沿			1.50	0.25
燃气管(乙炔等)			1.50	0.25
煤气管	煤气压力(MPa)	≤0.005	1.00	0.25
		0.005～0.15	1.20	0.25
		0.15～0.3	1.50	0.25
		0.3～0.8	2.00	0.25
不燃气体管(压缩空气等)			1.50	0.15

表 D(续)

名称			水平净距	垂直净距
电力电缆	电压(kV)	＜1	0.80	0.50
		1～10	0.80	0.50
		＞10,且≤35	1.00	0.50
电信电缆	直埋电缆		0.8	0.50
	电缆管道		1.00	0.15
	电缆沟		1.50	0.25

注:1 氧气管道与同一使用目的的燃气管道在同一水平敷设时,管道间水平净距可减少到 0.25 m,但在从沟底起直至管顶以上 300 mm 高的范围内,应用松散的土或砂填实后再回填土。

2 氧气管道与穿管的电缆交叉时,交叉净距可减少到 0.25 m。

3 本表建筑物基础的最小水平净距是指埋地管道与同一标高或其上的基础最外侧的最小水平净距。

4 敷设在铁路及不便开挖的道路下面的管段,其加设的套管两端伸出铁路路基或道路路边不应小于 1 m;路基或路边有排水沟时,应延伸出水沟沟边 1 m。套管内的管道应无焊缝。

5 表中水平净距:管线均自管壁、沟壁或防护设施的外沿或最外一根电缆算起;道路为城市型时,自路面边缘算起;道路为公路型时,自路肩边缘算起;铁路自轨外侧算起。

6 表中管道、电缆和电缆沟最小垂直净距的规定,均指下面管道或管沟外顶与上面管道管底或管沟基础底之间的净距。铁路钢轨和道路垂直净距的规定,铁路自轨底算至管顶,道路自路面结构层底算至管顶。

本规范用词说明

1 为便于在执行本规范条文时区别对待,对要求严格程度不同的用词说明如下:

1) 表示很严格,非这样做不可的:
正面词采用"必须",反面词采用"严禁";

2) 表示严格,在正常情况下均应这样做的:
正面词采用"应",反面词采用"不应"或"不得";

3) 表示允许稍有选择,在条件许可时首先应这样做的:
正面词采用"宜",反面词采用"不宜";

4) 表示有选择,在一定条件下可以这样做的,采用"可"。

2 条文中指明应按其他有关标准执行的写法为:"应符合……的规定"或"应按……执行"。

引用标准名录

《建筑设计防火规范》GB 50016
《采暖通风与空气调节设计规范》GB 50019
《城镇燃气设计规范》GB 50028
《压缩空气站设计规范》GB 50029
《工业循环冷却水处理设计规范》GB 50050
《供配电系统设计规范》GB 50052
《建筑物防雷设计规范》GB 50057
《爆炸和火灾危险环境电力装置设计规范》GB 50058
《66 kV 及以下架空电力线路设计规范》GB 50061
《洁净厂房设计规范》GB 50073
《工业企业噪声控制设计规范》GB 50087
《建筑灭火器配置设计规范》GB 50140
《氢气站设计规范》GB 50177
《工业企业总平面设计规范》GB 50187
《工业金属管道设计规范》GB 50316
《低中压锅炉用无缝钢管》GB 3087
《低压流体输送用焊接钢管》GB 3091
《高压锅炉用无缝钢管》GB 5310
《医用及航空呼吸用氧》GB 8982
《输送流体用不锈钢焊接钢管》GB 12771
《铜及铜合金拉制管》GB/T 1527
《输送流体用无缝钢管》GB/T 8163
《输送流体用不锈钢无缝钢管》GB/T 14976
《低温液体贮运设备　使用安全规则》JB 6898
《脱脂工程施工及验收规范》HG 20202
《石油化工钢管尺寸系列》SH 3405
《铜及铜合金挤制管》YS/T 662
《医用分子筛制氧设备通用技术规范》YY/T 0298

UDC

中华人民共和国国家标准

P

GB 50031—91

乙炔站设计规范

Norm of acetylene plant design

1991-11-15 发布

1992-07-01 实施

1226

国家技术监督局
中华人民共和国建设部 联合发布

关于发布国家标准《氧气站设计规范》、《乙炔站设计规范》的通知

建标〔1991〕816号

根据国家计委计综〔1986〕250号文的通知要求，由机械电子工业部会同有关部门共同修订的《氧气站设计规范》、《乙炔站设计规范》，已经有关部门会审。现批准《氧气站设计规范》GB 50030—91和《乙炔站设计规范》GB 50031—91为国家标准，自1992年7月1日起施行。原《氧气站设计规范》TJ 30—78和《乙炔站设计规范》TJ 31—78同时废止。

本规范由机械电子工业部负责管理，具体解释等工作由机械电子工业部设计研究总院负责。出版发行由建设部标准定额研究所负责组织。

中华人民共和国建设部

1991年11月15日

修订说明

本规范是根据国家计委计综〔1986〕250号通知的要求，由机械电子工业部负责主编，具体由机械电子工业部设计研究院会同有关单位共同对《乙炔站设计规范》TJ 31—78(试行)修订而成。

在修订过程中，规范组进行了广泛的调查研究，认真总结了原规范执行以来的经验，吸取了部分科研成果，广泛征求了全国有关单位的意见，最后由我部会同有关部门审查定稿。

本规范共分九章和五个附录，这次修订的主要内容有：总则，乙炔站的布置，工艺设备的选择，工艺布置，建筑和结构，电气和热工测量仪表，给水、排水和环境保护，采暖和通风，管道等。

本规范执行过程中，如发现需要修改或补充之处，请将意见和有关资料寄送机械电子工业部设计研究院(北京王府井大街277号)，并抄送机械电子工业部，以便今后修订时参考。

机械电子工业部

1990年10月

第一章　总则

第1.0.1条　为使乙炔站(含乙炔汇流排间)的设计,遵循国家基本建设的方针政策,坚持综合利用,节约能源,保护环境,做到安全第一,技术先进,经济合理,特制定本规范。

第1.0.2条　本规范适用于下列新建、改建、扩建的工程:

一、利用电石生产乙炔的乙炔站的设计;

二、乙炔汇流排间的设计;

三、厂区和车间乙炔管道的设计。

本规范不适用于生产化工原料气的乙炔站和乙炔管道的设计。

第1.0.3条　扩建或改建的乙炔站、乙炔汇流排间和乙炔管道的设计,必须充分利用原有的建筑物、构筑物、设备和管道。

第1.0.4条　乙炔站的制气站房、灌瓶站房、电石渣处理站房、电石库和电石破碎、电石渣坑,以及乙炔瓶库、丙酮库、乙炔汇流排间的生产火灾危险性类别,应为"甲"类。

第1.0.5条　乙炔站、乙炔汇流排间、乙炔管道的设计,除应符合本规范的规定外,并应符合现行的有关国家标准、规范的规定。

第二章　乙炔站的布置

第2.0.1条　乙炔站、乙炔汇流排间的布置,应根据下列要求,经技术经济方案比较后确定:

一、乙炔站严禁布置在易被水淹没的地点;

二、不应布置在人员密集区和主要交通要道处;

三、气态乙炔站、乙炔汇流排间宜靠近乙炔主要用户处;

四、应有良好的自然通风;

五、应有近期扩建的可能性。

第2.0.2条　乙炔站应布置在氧气站空分设备吸风口处全年最小频率风向的上风侧。

乙炔站与氧气站的间距,应按现行的国家标准《氧气站设计规范》的规定执行。

第2.0.3条　电石库与其他建、构筑物之间的防火间距,应按现行的国家标准《建筑设计防火规范》的规定执行。

电石库与制气站房相邻较高一面的外墙为防火墙时,其防火间距可适当缩小,但不应小于6 m。

第2.0.4条　总容积不超过5 m^3 的固定容积式贮罐,或总容积不超过20 m^3 的湿式贮罐的外壁,与制气站房或灌瓶站房之间的间距,不宜小于5 m。

第2.0.5条　总安装容量或总输气量不超过10 m^3/h 的气态乙炔站或乙炔汇流排间,可与耐火等级不低于二级的其他生产厂房毗连建造,但应符合下列要求:

一、毗连的墙应为无门、窗、洞的防火墙;在靠近气态乙炔站或乙炔汇流排间的生产厂房外墙上的门、窗、洞边缘,与气态乙炔站或乙炔汇流排间外墙上的门、窗、洞边缘、电石渣坑边缘和室外乙炔设备外壁之间的距离,不应小于4 m。

二、气态乙炔站或乙炔汇流排间与生产厂房相毗连的防火墙上,严禁穿过任何管线。

第2.0.6条　独立的乙炔瓶库与其他建筑物和屋外变、配电站之间的防火间距,不应小于表2.0.6的规定。

表 2.0.6 独立的乙炔瓶库与其他建筑物之间的防火间距

独立的乙炔瓶库乙炔实瓶贮量(个)	防火间距(m)			
	各类耐火等级的其他建筑物			民用建筑,屋外变、配电站
	一、二级	三级	四级	
≤1500	12	15	20	25
>1500	15	20	25	30

第 2.0.7 条 气态乙炔站或乙炔汇流排间可与氧气汇流排间布置在耐火等级不低于二级的同一座建筑物内,但应以无门、窗、洞的防火墙隔开。

第 2.0.8 条 电石库、乙炔瓶库可以与氧气瓶库、可燃或易燃物品仓库布置在同一座建筑物内,但应以无门、窗、洞的防火墙隔开。

第 2.0.9 条 乙炔站应设置围墙或栅栏。围墙或栅栏至乙炔站有爆炸危险的建筑物、电石渣坑的边缘和室外乙炔设备的净距,不应小于下列规定:

一、实体围墙(高度不应低于 2.5 m)为 3.5 m;

二、空花围墙或栅栏为 5 m。

注:气态乙炔站与其他生产厂房毗连时,如布置有困难,以上的净距可适当缩小。

第三章 工艺设备的选择

第 3.0.1 条 乙炔站的设计容量,应按下列原则确定:

一、气态乙炔站的设计容量,应根据用户的最大小时消耗量,并乘以同时使用系数确定。

二、溶解乙炔站的设计容量,应根据用户的昼夜消耗量和溶解乙炔站的昼夜生产时间确定。溶解乙炔站宜为两班生产。

第 3.0.2 条 乙炔发生器及其主要工艺附属设备,严禁使用非专业生产设计单位的产品。

在一个乙炔站内宜选用同一型号的乙炔发生器,并不宜超过 4 台。

第 3.0.3 条 乙炔压缩机的型号和台数,应根据乙炔的输送方式和乙炔站的设计容量确定,但不宜少于 2 台。

第 3.0.4 条 低压乙炔发生器和乙炔压缩机之间,应设置湿式贮罐,其有效容积不应小于压缩机 10 min 的排气量。

在无压缩机的情况下,低压乙炔发生器与乙炔用户之间,也应设置湿式贮罐,其有效容积应根据用户的乙炔负荷情况确定。

第 3.0.5 条 乙炔瓶的数量,不宜少于用户一昼夜用气瓶数的 5 倍计算。

第 3.0.6 条 乙炔净化或干燥设备的设置,应根据乙炔质量的要求确定。

乙炔压缩机与乙炔充灌台之间,必须设置干燥装置。

第 3.0.7 条 除采用强制冷却工艺的充灌台外,乙炔充灌台和乙炔汇流排的设计,应符合下列要求:

一、充灌台可由三组充灌排组成,每组充灌排连接的气瓶数,应按下式计算:

$$N=\frac{Q}{v} \quad \cdots\cdots\cdots\cdots\cdots\cdots\cdots\cdots \quad (3.0.7)$$

式中:N——连接气瓶数(个);

Q——压缩机排气量(m^3/h)；

v——充灌容积流速(m^3/h·瓶)。间断充灌不宜超过 0.8 m^3/h·瓶；一次充灌不宜超过 0.6 m^3/h·瓶。

二、乙炔汇流排气瓶的输气容积流速，不应超过 2 m^3/h·瓶。

第 3.0.8 条　乙炔站或乙炔汇流排间工艺流程内的下列部位，应设置安全装置：

一、多台乙炔发生器的汇气总管与每台乙炔发生器之间，必须设置安全水封；

二、接至厂区或用户的乙炔输气总管上，必须设置安全水封或阻火器；

三、电石入水式低压乙炔发生器，应有防真空措施；

四、高压干燥装置出口管路处，应设置阻火器；

五、高压乙炔放回低压贮罐或低压设备的管路上，应设置阻火器；

六、乙炔充灌台或乙炔汇流排各部位的阻火器和阀件等的设置，应按现行的标准《溶解乙炔设备技术条件》中的有关规定执行；

七、乙炔汇流排通向用户的输气总管上，应设置安全水封或阻火器。

第 3.0.9 条　乙炔的放散或排放应引至室外，引出管管口应高出屋脊，且不得小于 1 m。

第 3.0.10 条　乙炔设备的排污管，应接至室外。

第 3.0.11 条　电石入水式乙炔发生器，必须设有含氧量不超过 3% 的氮气或二氧化碳吹扫装置。

第四章　工艺布置

第 4.0.1 条　乙炔发生器、乙炔压缩机等设备，必须采用适用于乙炔 dⅡcT_2(B4b)级的防爆型电气设备或仪表。当受条件限制，需采用不适用于乙炔的或非防爆型电气设备或仪表时，应将其布置在单独的电气设备间内或室外。

电气设备间与发生器间或乙炔压缩机间之间，应以无门、窗、洞的非燃烧体墙隔开；当工艺需要时，可设窥视窗，但应符合本规范第 5.0.9 条的要求。

电动机传动轴的穿墙部分，应设置非燃烧材料的密封装置或用气体正压密封装置。

布置在室外的电气设备，应有防雨雪的措施。

第 4.0.2 条　乙炔贮罐应布置在室外。当总容积不超过 5 m^3 的固定容积式贮罐或总容积不超过 20 m^3 的湿式贮罐，可布置在室内单独的房间内。

在寒冷地区，贮罐的水槽和排水管，应采取防冻措施。

第 4.0.3 条　乙炔站的乙炔实瓶贮量，不宜超过三昼夜的灌瓶量。

乙炔汇流排间的乙炔实瓶贮量，不应超过一昼夜的生产需用量。

第 4.0.4 条　乙炔实瓶贮量不超过 500 个时，灌瓶站房和制气站房可设在同一座建筑物内，但应以防火墙隔开。

灌瓶站房的空瓶间和实瓶间的总面积，不应超过 200 m^2。

灌瓶站房的乙炔实瓶贮量超过 500 个时，灌瓶站房和制气站房应为两座独立的建筑物。

灌瓶站房中实瓶的最大贮量，不应超过 1000 个，并且空瓶间和实瓶间的总面积，不应超过 400 m^2。

第 4.0.5 条　独立的乙炔瓶库的气瓶贮量，应根据生产需要量、气瓶周转和运输等条件确定，但实瓶库或空瓶、实瓶库的气瓶贮量不应超过 3000 个，且其中应以防火墙分隔；每个隔间的气瓶贮量不应超过 1000 个。

第 4.0.6 条 空瓶间和实瓶间应分别设置，灌瓶间或汇流排间可通过门洞与空瓶间的实瓶间相通，各自应设独立的出入口。

当实瓶数量不超过 60 个时，空瓶、实瓶和汇流排可布置在同一房间内，但空、实瓶应分别存放；空瓶、实瓶与汇流排之间的净距不宜小于 2 m。

第 4.0.7 条 灌瓶间、汇流排间、空瓶间和实瓶间，应有防止倒瓶的措施。

第 4.0.8 条 乙炔站的设备或乙炔汇流排的布置，应紧凑合理，便于安装、维修和操作，并应符合下列要求：

一、设备与设备之间的净距不宜小于 1.5 m；设备与墙之间的净距不宜小于 1 m，但水环式乙炔压缩机、水泵、水封等小型设备的布置间距可适当缩小。

二、灌瓶乙炔压缩机双排布置时，两排之间的通道净宽度和发生器间的主要通道净宽度不宜小于 2 m。

三、乙炔汇流排应直线布置，不得拐角布置；双排布置时，其净距不宜小于 2 m。

注：电动机隔墙传动灌瓶乙炔压缩机时，其与墙之间的净距，按工艺需要确定。

第 4.0.9 条 灌瓶间、空瓶间和实瓶间的通道净宽度，应根据气瓶的运输方式确定，但不宜小于 1.5 m。

第 4.0.10 条 制气站房内的中间电石库的电石贮量，不应超过三昼夜的设计消耗量，且不应超过 5 t。

第 4.0.11 条 在乙炔瓶充灌丙酮处，丙酮的存放量，不应超过一个包装桶的量。

第 4.0.12 条 气瓶修理间应为单独的房间，除与空瓶间直接相通外，不应与其他房间直接相通。

第 4.0.13 条 溶解乙炔站应设化验室，化验室应为单独的房间。

第 4.0.14 条 空瓶间、实瓶间、电石库和乙炔汇流排间应设置气瓶或电石桶的装卸平台。平台的高度应根据气瓶或电石桶的运输工具确定，宜高出室外地坪 0.4 m～1.1 m；平台的宽度不宜超过 3 m。

灌瓶间、空瓶间、实瓶间、汇流排间和装卸平台的地坪，应采取相同的标高。

中间电石库的地坪，应比发生器间的地坪高出 0.1 m。

电石库的室内地坪，应比装卸平台的台面高出 0.05 m。

电石库如不设装卸平台时，室内地坪应比室外地坪高出 0.25 m。

第 4.0.15 条 有爆炸危险的房间和乙炔发生器的操作平台，应有安全出口。

第 4.0.16 条 电石库、中间电石库，严禁敷设蒸汽、凝结水和给水、排水等管道。

第 4.0.17 条 灌瓶乙炔压缩机间应有检修用的起重措施。

第五章 建筑和结构

第 5.0.1 条 乙炔站有爆炸危险的生产间，应为单层建筑物；当工艺需要时，其发生器间可设计成多层建筑物。

第 5.0.2 条 固定式乙炔发生器及其辅助设备或灌瓶乙炔压缩机及其辅助设备，应布置在单独的房间内。

第 5.0.3 条 电石破碎与电石库毗连建造时，其毗连处的墙应为无门、窗、洞的防火墙；当工艺要求设门时,可设能自动关闭的甲级防火门。

第5.0.4条 乙炔站、乙炔汇流排间的主要生产间的屋架下弦高度,不宜小于4 m。

第5.0.5条 除电石等库房外,有爆炸危险的生产间应设置泄压面积,泄压面积与厂房容积的比值,应符合现行的国家标准《建筑设计防火规范》的要求,且宜为0.22。泄压设施宜采用轻质屋盖或屋盖上开口作为泄压面积。

第5.0.6条 有爆炸危险的生产间,宜采用钢筋混凝土柱、有防火保护层的钢柱承重的框架或排架结构,并宜采用敞开式的建筑。围护结构的门、窗,应向外开启。顶棚应尽量平整,避免死角。

第5.0.7条 有电石粉尘房间的内表面,应平整、光滑。

第5.0.8条 有爆炸危险生产间之间的隔墙,其耐火极限不应低于1.5 h。门为丙级防火门。

第5.0.9条 无爆炸危险的生产间或房间、办公室、休息室等,宜独立设置。当贴邻站房布置时,应采用一、二级耐火等级建筑,且与有爆炸危险生产间之间,应采用耐火极限不低于3 h的无门、窗、洞的非燃烧体墙隔开,并设有独立的出入口。当需连通时,应设乙级防火门的双门斗,通过走道相通。

有爆炸危险的生产间与值班室之间的窥视窗,应采用耐火极限不低于0.9 h的密闭玻璃窗。

第5.0.10条 有爆炸危险的生产间与无爆炸危险的生产间或房间的隔墙上,有管道穿过时,应在穿墙处用非燃烧材料填塞。

第5.0.11条 灌瓶间、汇流排间和实瓶间的窗玻璃,宜采取涂白漆等措施。

第5.0.12条 装卸平台应设置大于平台宽度的雨篷。雨篷和支撑应为非燃烧体。

第六章 电气和热工测量仪表

第6.0.1条 乙炔站的供电,按现行的国家标准《工业与民用供电系统设计规范》规定的负荷分级,除不能中断生产用气者外,可为三级负荷。

第6.0.2条 有爆炸危险的生产间的爆炸危险性的分区,应符合现行的国家标准《爆炸和火灾危险环境电力装置设计规范》的要求,并应符合下列规定:

一、发生器间、乙炔压缩机间、灌瓶间、电石渣坑、丙酮库、乙炔汇流排间、空瓶间、实瓶间、贮罐间、电石库、中间电石库、电石渣泵间、乙炔瓶库、露天设置的贮罐、电石渣处理间、净化器间,应为1区。

二、气瓶修理间、干渣堆场,应为2区。

三、机修间、电气设备间、化验室、澄清水泵间、生活间,应为非爆炸危险区。

第6.0.3条 乙炔压缩机、电石破碎机、爆炸危险场所通风机等设备,当采用皮带传动时,皮带应有导除静电的措施。

乙炔设备、乙炔管、乙炔汇流排应有导除静电的接地装置,接地电阻不应大于10 Ω。

第6.0.4条 凡与乙炔接触的计器、测温筒、自动控制设备等,严禁选用含铜量70%以上的铜合金,以及银、汞、锌、镉及其合金材料制造的产品。

第6.0.5条 湿式贮罐的钟罩,应设置上、下限位的控制信号和压缩机的连锁装置。信号的位置,应便于操作人员观察。

第6.0.6条 乙炔站、乙炔汇流排间的照明,除不能中断生产用气者外,可不设置继续工作用的事故照明。

第6.0.7条 乙炔站、乙炔汇流排间和露天设置的贮罐的防雷,应按现行的国家标准《建筑物防雷设计规范》的规定执行。

第6.0.8条 乙炔站的1区爆炸危险区,应设乙炔可燃气体测爆仪,并与通风机连锁。

第6.0.9条 乙炔站应设集中式或分散式气体流量计。

第七章 给水、排水和环境保护

第7.0.1条 乙炔站给水的水压,应经常保持高出设备最高用水水压。乙炔压缩机冷却水的水质,应符合现行的国家标准《压缩空气站设计规范》的要求。

第7.0.2条 发生器间、乙炔压缩机间的给水总管上,应装设压力表。当每台发生器、水环式乙炔压缩机直接由自来水供水时,在给水管上应装设止回阀。在充灌台上应设置喷淋气瓶的冷却水管,并应设置紧急喷淋水管装置。

第7.0.3条 电石渣澄清水、冷却水应循环使用。电石渣应综合利用,严禁排入江、河、湖、海、农田、工厂区和城市排水管(沟)。

第7.0.4条 发生器间内发生器的排渣,宜采用排渣管或有盖板的排渣沟。

第7.0.5条 电石渣坑宜为开敞式,并严禁做成渗坑。

第7.0.6条 电石入水式乙炔发生器的加料口,应设有防止扬尘的措施,电石破碎处及放料口应设有除尘设备。室内有害物质的浓度,应符合现行的国家标准《工业企业设计卫生标准》规定的要求。除尘器排放口的排放量以及乙炔净化剂废料的处理,应符合现行的国家标准《工业“三废”排放试行标准》规定的要求。

第7.0.7条 对有噪声的生产厂房及作业场所,应按现行的国家标准《工业企业噪声控制设计规范》的规定采取噪声控制措施,并应符合该设计规范的要求。

第八章 采暖和通风

第8.0.1条 有爆炸危险的生产间,严禁明火采暖。电石库、中间电石库不应采暖。

第8.0.2条 集中采暖时,室内的采暖计算温度应符合下列规定:

一、发生器间、乙炔压缩机间、灌瓶间、电石渣处理间、汇流排间等生产间为+15 ℃;

二、空瓶间、实瓶间为+10 ℃;

三、贮罐间、电气设备间、通风机间为+5 ℃;

四、值班室、办公室、生活间、化验室,应按现行的国家标准《工业企业设计卫生标准》的规定执行。

第8.0.3条 发生器间、电石渣处理间应选用易于清除灰尘的散热器。

第8.0.4条 灌瓶间、空瓶间、实瓶间、汇流排间的散热器,应采取隔热措施。

第8.0.5条 有爆炸危险生产间的自然通风换气次数,每小时不应小于3次;事故通风换气次数每小时不应小于7次。

第8.0.6条 通风帽应设有防止雨、雪侵入的措施。电石库、中间电石库的通风帽,还应有防止凝结水滴落的措施。

第九章　乙炔管道

第 9.0.1 条　乙炔在管子中的最大流速，宜符合下列规定：

一、厂区和车间乙炔管道，乙炔的工作压力为 0.02～0.15 MPa 时，其最大流速为 8 m/s；

二、乙炔站内的乙炔管道，乙炔的工作压力为 2.5 MPa 及以下时，其最大流速为 4 m/s。

第 9.0.2 条　乙炔管道的管材、管径和管壁厚度，应符合下列要求：

一、低压乙炔管道，工作压力不超过 0.02 MPa，宜采用无缝钢管(YB 231)A_3 材质或焊接钢管(GB 3091;GB 3092)。

二、中压乙炔管道，工作压力为 0.02～0.15 MPa，应采用无缝钢管(YB 231)A_3 材质；管内径不应超过 80 mm；管壁厚度不应小于表 9.0.2-1 的规定。

三、乙炔工作压力为 0.15～2.5 MPa 的高压乙炔管道，应采用无缝钢管(YB 231；YB 529，20 号钢以正火状态供货)，管内径不应超过 20 mm；管壁厚度不应小于表 9.0.2-2 的规定。

注：本条引用的标准，当进行全面修订时，应按修订后的现行标准执行。

表 9.0.2-1　中压乙炔管道无缝钢管管壁的最小厚度

管外径(mm)	≤ϕ22	ϕ28～32	ϕ38～45	ϕ>57	ϕ73～76	ϕ89
最小壁厚(mm)	2	2.5	3	3.5	4	4.5
注：乙炔管道直接埋地敷设时，应考虑土壤对管壁的腐蚀影响，其管壁厚度应增加不小于 0.5 mm 的腐蚀裕度。						

表 9.0.2-2　高压乙炔管道无缝钢管管壁的最小厚度

管外径(mm)	≤ϕ10	ϕ12～16	ϕ18～20	ϕ22	ϕ25～28	ϕ32
最小壁厚(mm)	2	3	4	4.5	5	6

第 9.0.3 条　在管内径大于 50 mm 的中压乙炔管道上，不应有盲板或死端头，并不应选用闸阀。

第 9.0.4 条　乙炔管道的阀门、附件的选用和管道的连接，应符合下列要求：

一、阀门和附件应采用钢、可锻铸铁或球墨铸铁材料制造的，或采用含铜量不超过 70% 的铜合金材料的产品。

二、阀门和附件的公称压力，应符合下列规定：

1.乙炔的工作压力为 0.02 MPa 及以下时，宜采用 0.6 MPa；

2.乙炔的工作压力为 0.02 MPa 以上至 0.15 MPa，管内径不大于 50 mm 时，宜采用 1.6 MPa，管内径为 65～80 mm 时，宜采用 2.5 MPa；

3.乙炔的工作压力为 0.15 MPa 以上至 2.5 MPa 时，不应小于 25 MPa。

三、管道的连接，宜采用焊接和高压卡套接头，但与设备、阀门和附件的连接处，可采用法兰或螺纹连接。

第 9.0.5 条　乙炔管道应有导除静电的接地装置；厂区管道可在管道分岔处、无分支管道每 80～100 m 处以及进出车间建筑物处应设接地装置；直接埋地管道，可在埋地之前及出地后各接地一次；车间内部管道，可与本车间的静电干线相连接。接地电阻值应符合本规范第 6.0.3 条的规定。

当每对法兰或螺纹接头间电阻值超过 0.03 Ω 时，应有跨接导线。

对有阴极保护的管道，不应作接地。

第 9.0.6 条 含湿乙炔管道的坡度，不宜小于 0.003；在管道最低处应有排水装置。在干式回火防正器之前，宜有过滤和排水装置。

第 9.0.7 条 乙炔管道，应设热补偿。架空乙炔管道靠近热源敷设时，宜采取隔热措施；管壁温度严禁超过 70 ℃。

第 9.0.8 条 乙炔管道严禁穿过生活间、办公室。厂区和车间的乙炔管道，不应穿过不使用乙炔的建筑物和房间。

第 9.0.9 条 架空乙炔管道可与不燃气体管道(不包括氯气管道)、压力不超过 1.3 MPa 的蒸汽管道、热水管道、给水管道和同一使用目的的氧气管道共架敷设。

乙炔管道与其他管道之间的净距，应按本规范附录二的规定执行；分层布置时，乙炔管道应布置在最上层，其固定支架不应固定在其他管道上。

第 9.0.10 条 乙炔站和车间的乙炔管道敷设时，应符合下列要求：

一、乙炔管道应沿墙或柱子架空敷设，其高度应不妨碍交通和便于检修；与其他管道之间的最小净距，应按本规范附录二的规定执行。当不能架空时，可单独或与同一使用目的的氧气管道共同敷设在非燃烧体盖板的不通行地沟内，但地沟内必须全部填满砂子，并严禁与其他沟道相通。

二、每个焊炬、割炬或淬火炬，应设单独的岗位回火防止器。回火防止器设保护箱时，必须采用通风良好的保护箱。

三、压力为 0.02 MPa 以上至 0.15 MPa 的车间乙炔管道进口处，应设中央回火防止器。

四、乙炔管道穿过墙壁或楼板处，应敷设在套管内，套管内的管段不应有焊缝。管道与套管之间，应用石棉绳和防水材料填塞。

第 9.0.11 条 厂区的乙炔管道架空敷设时，应符合下列要求：

一、应敷设在非燃烧体的支架上；当与乙炔生产或使用有关的车间建筑物，其耐火等级为一、二级时，可沿建筑物的外墙或屋顶上敷设。

二、含湿乙炔管道，在寒冷地区可能造成管道冻塞时，应采取防冻措施。

三、不应与导电线路(不包括乙炔管道专用的导电线路)敷设在同一支架上。

四、乙炔管道、管架与建筑物、构筑物、铁路、道路之间的最小净距，应按本规范附录一的规定执行。

第 9.0.12 条 厂区乙炔管道地下敷设时，应直接埋地敷设，并应符合下列要求：

一、埋地敷设深度应根据地面荷载决定；管顶距地面不宜小于 0.7 m；穿过铁路和道路时，其交叉角不宜小于 45°。

二、含湿乙炔管道应敷设在冰冻线以下。

三、在从沟底起直至管顶以上 300 mm 范围内，用松散的土填平捣实或用砂填满，然后再回填土。

四、阀门和附件宜直接埋地，当设检查井时，应单独设置，并严禁其他管道直接通过。

五、管道、阀门和附件的外表面，应有防腐措施。

六、严禁通过下列地点：

1.烟道、通风地沟和直接靠近高于50 ℃的热表面；

2.建筑物、构筑物和露天堆场的下面。

七、与建筑物、构筑物、其他管线之间的最小净距应按本规范附录三的规定执行。

第9.0.13条 管道设计对施工及验收的规定，应按现行的国家标准《工业管道工程施工及验收规范——金属管道篇》及《现场设备、工业管道焊接工程施工及验收规范》的有关规定执行，但乙炔管道强度试验和气密性试验应符合现行的标准《溶解乙炔设备技术条件》的规定。

附 录 一
厂区架空乙炔管道、管架与建筑物、构筑物、铁路、道路等之间的最小净距

附表 1.1 厂区架空乙炔管道、管架与建筑物、构筑物、铁路、道路等之间的最小净距

名称	最小水平净距(m)	最小垂直净距(m)
建筑物有门窗的墙壁外边或突出部分外边	3.0	—
建筑物无门窗的墙壁外边或突出部分外边	1.5	—
非电气化铁路	3.0	6.0
电气化铁路	3.0	
道路	1.0	4.5
人行道	0.5	2.5
厂区围墙(中心线)	1.0	
照明、电信杆柱中心	1.0	
熔化金属地点和明火地点	10.0	

注:①表中水平距离:管架从最外边线算起;道路为城市型时,自路面边缘算起;为公路型时,自路肩边缘算起;铁路自轨外侧或按建筑界限算起;人行道自外沿算起。

②表中垂直距离:管线自防护设施的外缘算起;管架自最低部分算起;铁路自轨面算起;道路自路拱算起;人行道自路面算起。

③与架空电力线路的距离应符合现行的国家标准《工业与民用 35 kV 及以下架空电力线路设计规范》的规定。

④当有大件运输要求或在检修期间有大型起吊设施通过的道路时,最小垂直净距,应根据需要确定。

⑤表中建筑物水平净距的规定,不适用于沿与乙炔生产或使用有关的车间建筑物外墙敷设的管道。

⑥架空管线、管架跨越电气化铁路的最小垂直净距,应符合现行的有关标准规范规定。

附 录 二
厂区及车间架空乙炔管道与其他架空管线之间最小净距

附表 2.1 厂区及车间架空乙炔管道与其他架空管线之间最小净距

管线名称	最小并行净距(m)	最小交叉净距(m)
给水管、排水管	0.25	0.25
热力管(蒸汽压力不超过 1.3 MPa)	0.25	0.25
不燃气体管	0.25	0.25
燃气管、燃油管和氧气管	0.50	0.25
滑触线	3.00	0.50
裸导线	2.00	0.50
绝缘导线和电路	1.00	0.50
穿有导线的电线管	1.00	0.25
插接式母线、悬挂式干线	3.00	1.00
非防爆型开关、插座、配电箱等	3.00	3.00

注:①乙炔管道与同一使用目的的氧气管道并行敷设时,其最小并行净距,可减少到 0.25 m。
②电气设备与乙炔的岗位回火防止器引出口不能保持上述距离时,允许两者安装在同一柱子的相对侧面,如为空腹柱子时,应在柱子上装设非燃烧体隔板,局部隔开。
③乙炔管道在电气设备上面通过时,本表非防爆型开关、插座、配电箱等的最小净距可减少到1.5 m。
④在滑触线下面采取防火花措施时,本表滑触线的最小并行净距可减少到 1.5 m。

附　录　三
厂区地下乙炔管道与建筑物、构筑物等及其他地下管线之间最小净距

附表 3.1　厂区地下乙炔管道与建筑物、构筑物等及其他地下管线之间最小净距

名称	最小水平净距(m)	最小垂直净距(m)
有地下室及生产火灾危险性为甲类的		
建筑物基础或通行沟道的外沿	2.5	
无地下室的建筑物基础外沿	1.5	
铁路钢轨	2.5	1.2
排水沟外沿	0.8	
道路	0.8	0.5
照明电线、电力电信杆柱：		
照明电线	0.8	
电力(220 V;380 V)电信	1.5	
高压电力电信	1.9	
管架基础外沿	0.8	
围墙基础外沿	1.0	
乔木中心	1.5	
灌木中心	1.0	
给水管：		
直径＜75 mm	0.8	0.25
直径 75～150 mm	1.0	0.25
直径 200～400 mm	1.2	0.25
直径＞400 mm	1.5	0.25
排水管：		
直径＜800 mm	0.8	0.25
直径 800～1500 mm	1.0	0.25
直径＞1500 mm	1.2	0.25
热力管	1.5	0.25
氧气管	1.5	0.25
煤气管：		
煤气压力≤0.005 MPa	1.0	0.25
＞0.005～0.15 MPa	1.0	0.25

附表 3.1(续)

名称	最小水平净距(m)	最小垂直净距(m)
>0.15～0.3 MPa	1.2	0.25
>0.3～0.8 MPa	1.5	0.25
压缩空气等不燃气体管	1.5	0.15
电力电缆:		
电压<1 kV	0.8	0.50
1～10 kV	0.8	0.50
>10～35 kV	1.0	0.50
电信电缆:		
直埋电缆	0.8	0.50
电缆管道	1.0	0.15
电缆沟	1.5	0.25

注:①乙炔管道与同一使用目的的氧气管道或其他不燃气体管道(不包括氯气管道)同一水平敷设时,管道之间不平净距可减少到 0.25 m,但应在从沟底起直至管顶以上 300 mm 范围内,用松散的土或砂填实后再回填土。

②本表第 1、2 项水平净距是指埋地管道与同标高或其以上的基础最外侧的最小水平净距。

③敷设在铁路和不便开挖的道路下面的管段应加设套管,套管的两端伸出铁路路基或道路路边不应小于 1 m;铁路路基或道路路边有排水沟时,应延伸出排水沟沟边 1 m。套管内的管段应尽量减少焊缝。

④表列水平净距:管线均自管壁、沟壁或防护设施的外沿或最外一根电缆算起;道路为城市型时,自路面边缘算起;为公路型时,自路肩边缘算起;铁路自轨外侧算起。

⑤本表管道、电信电缆、电缆沟的垂直净距,是指下面管道或管沟的外顶与上面管道的管底或管沟基础底之间的净距;本表铁路钢轨和道路的垂直净距,铁路自轨底算至管顶;道路自路面结构层底算至管顶。

附 录 四
名词解释

附表 4.1 名词解释

本规范用词	解释
乙炔站	在站区范围内根据不同情况组合有制气站房、灌瓶站房、电石库和其他有关辅助建筑物和构筑物等的统称,并是乙炔厂的同义词
气态乙炔站	用管道输送气态乙炔的乙炔站
溶解乙炔站	生产瓶装乙炔的乙炔站
制气站房	以制取乙炔为主的,包括有发生器间、中间电石库、水环式乙炔压缩机间、电气设备间等的建筑物
灌瓶站房	以压缩、充灌乙炔、贮存乙炔瓶为主的建筑物
乙炔汇流排间	以布置输送乙炔给用户的乙炔汇流排或乙炔集装瓶或集装车为主的建筑物,其中可存放适当数量的乙炔瓶
电石渣处理站房	以布置电石渣浆脱水工艺设备(压滤机)为主,包括有关辅助生产间的建筑物
爆炸危险区域	爆炸性混合物出现的或预期可能出现的数量达到足以要求对电气设备的结构、安装和使用采取预防措施的区域
有爆炸危险的生产间	即主要生产间。属于这类生产间的有:发生器间、乙炔压缩机间、贮罐间、灌瓶间、空瓶间、实瓶间、中间电石库、电石库及电石破碎、乙炔瓶库、气瓶修理间、电石渣处理间、丙酮库、乙炔汇流排间等
无爆炸危险的生产间	指机修间、电气设备间、化验室、澄清水泵间等
低压乙炔	压力等于或小于 0.02 MPa 的乙炔
中压乙炔	压力大于 0.02 MPa,小于或等于 0.15 MPa 的乙炔
高压乙炔	压力大于 0.15 MPa,小于或等于 2.5 MPa 的乙炔
含湿乙炔	具有一定相对湿度,且在输送过程中能达到饱和并析出水分的乙炔
检查井(附件室、窨井)	为检查、操作阀门、附件等用的井
气瓶	为空瓶和实瓶的统称。用于贮存运送乙炔气的容器,其水容积一般按 40 L 计
空瓶	充填有多孔性材料和丙酮,但无压力或有残余乙炔压力的气瓶
实瓶	充填有多孔性材料和丙酮,并充灌有一定压力的气瓶,一般为 1.5 MPa(15 ℃)
厂区管道	位于乙炔站各主要生产间建筑物之间以及乙炔站、乙炔汇流排间通到各用户车间之间的管道
车间管道	位于乙炔站、乙炔汇流排间主要生产间建筑物内部以及用户车间建筑物内部管道的泛称,当指明为用户车间内部管道时,则不包括前者

附录五　本规范用词说明

一、为便于在执行本规范条文时区别对待，对要求严格程度不同的用词，说明如下：

1.表示很严格，非这样做不可的用词：

正面词采用“必须”；

反面词采用“严禁”。

2.表示严格，在正常情况下，均应这样做的用词：

正面词采用“应”；

反面词采用“不应”或“不得”。

3.表示允许稍有选择，在条件许可时首先应这样做的用词：

正面词采用“宜”或“可”；

反面词采用“不宜”。

二、条文中指定应按其他有关标准、规范执行时，写法为“应符合……的规定”或“应按……要求(或规定)执行”。

附加说明

本规范主编单位、参编单位和主要起草人名单

主 编 单 位:机械电子工业部设计研究院

参 编 单 位:冶金工业部北京钢铁设计研究总院

中国船舶工业总公司第九设计研究院

机械电子工业部第十设计研究院

主要起草人:薛君玉　罗　让　谭易和　谢伏初　杨子馨

国家质量技术基础应用系列丛书

特种设备法规标准手册

承压类标准卷

压力管道(3)

国家市场监督管理总局特种设备安全监察局　编

中国标准出版社

北　京

图书在版编目（CIP）数据

特种设备法规标准手册. 承压类标准卷. 压力管道. 3/国家市场监督管理总局特种设备安全监察局编. —北京：中国标准出版社，2024. 3
ISBN 978-7-5066-9042-3

Ⅰ. ①特… Ⅱ. ①国… Ⅲ. ①设备管理—法规—中国
Ⅳ. ①D922. 292

中国国家版本馆 CIP 数据核字（2023）第 062361 号

中国标准出版社出版发行
北京市朝阳区和平里西街甲 2 号（100029）
北京市西城区三里河北街 16 号（100045）
网址 www. spc. net. cn
总编室：(010) 68533533 发行中心：(010) 51780238
读者服务部：(010) 68523946
北京联兴盛业印刷股份有限公司印刷
各地新华书店经销
*
开本 787×1092 1/16 印张 80. 75 字数 1 950 千字
2024 年 3 月第一版 2024 年 3 月第一次印刷
*
定价(全三册):880.00 元

《特种设备法规标准手册》

编委会

前　言

特种设备是经济社会发展的重要基础设施，关系国计民生，关系人民群众生命财产安全。守住特种设备安全底线，提高特种设备安全监管和节能环保水平，促进行业高质量发展，是切实增强人民群众安全感和幸福感的重要体现。

近年来，随着我国经济水平快速提高，人民群众对安全的需求越来越高，而在用特种设备数量快速增长，尤其是高参数、高危险性及高龄老旧设备日益增多，使特种设备安全风险和监管压力持续增大。要切实提高特种设备安全监管效能，不断释放特种设备促进节能环保潜能，充分发挥特种设备安全与节能对促进高质量发展的作用，其根本是要保证特种设备领域各项法规标准得到有效贯彻实施。为此，国家市场监督管理总局特种设备安全监察局组织编写了《特种设备法规标准手册》（以下简称《手册》），旨在对特种设备安全与节能法治体系进行全面、系统梳理，从而推动形成以科学监管、多元共治为特征的特种设备治理体系，推进特种设备治理标准化、现代化、国际化，为特种设备行业高质量发展提供重要保障。

《手册》收录了特种设备行业现行有效的法规标准，根据特种设备行业特点分为4卷13分册。其中，法律法规卷收录特种设备相关法律、行政法规、部门规章、地方性法规、规范性文件等；安全技术规范卷收录特种设备安全技术规范共43项；承压类标准卷收录现行有效的承压类特种设备标准，分为综合、锅炉与节能、压力容器、压力管道、气瓶、安全附件共6个分册；机电类标准卷收录现行有效的机电类特种设备标准，分为起重机械、电梯、游乐设施、客运索道、场（厂）内专用机动车辆共5个分册。限于成书篇幅、资料收集难度等原因，承压类标准和机电类标准两卷仅收录特种设备常用标准，其中国家标准及能源行业标准以全文形式收录，其余未收录的相关国家标准及行业标准以附件形式仅列出标准目录。

国家市场监督管理总局特种设备安全监察局高度重视《手册》的出版工作，对《手册》框架结构、分卷（册）等顶层设计给予了极大指导。同时，在《手册》编写过程中，中国特种设备检测研究院技术法规研究所、全国锅炉压力容器标准化技

术委员会（SAC/TC 262）、全国气瓶标准化技术委员会（SAC/TC 31）、全国电梯标准化技术委员会（SAC/TC 196）、全国起重机械标准化技术委员会（SAC/TC 227）、全国升降工作平台标准化技术委员会（SAC/TC 335）、全国索道与游乐设施标准化技术委员会（SAC/TC 250）、全国工业车辆标准化技术委员会（SAC/TC 332）等给予了大力支持，相关编写人员收集、查阅了大量资料，在此对他们的辛勤付出一并表示感谢！

期望通过《手册》的出版，为特种设备各类从业人员学习研究、依法监管提供详尽指导，从而进一步提升特种设备安全监管人员、作业人员、检验检测人员的素质能力，为特种设备行业高质量发展保驾护航。同时，希望在全社会的共同努力下，特种设备安全与节能状况能够不断改善，人民群众生命财产安全得到更多保障！

《特种设备法规标准手册》编委会

2023 年 6 月

目 录

UDC

中华人民共和国国家标准

P

GB 50074—2014

石油库设计规范

Code for design of oil depot

2014-07-13 发布

2015-05-01 实施

中华人民共和国住房和城乡建设部
中华人民共和国国家质量监督检验检疫总局
联合发布

中华人民共和国住房和城乡建设部公告

第 492 号

住房城乡建设部关于发布国家标准《石油库设计规范》的公告

现批准《石油库设计规范》为国家标准，编号为 GB 50074—2014，自 2015 年 5 月 1 日起实施。其中，第 4.0.3、4.0.4、4.0.10、4.0.11、4.0.12、4.0.15、5.1.3、5.1.7、5.1.8、6.1.1、6.1.15、6.2.2、6.4.7、6.4.9、8.1.2、8.1.9、8.2.8、8.3.3、8.3.4、8.3.5、8.3.6、12.1.5(1)、12.2.6、12.2.8、12.2.15、12.4.1、14.2.1、14.3.14 条(款)为强制性条文，必须严格执行。原国家标准《石油库设计规范》GB 50074—2002 同时废止。

本规范由我部标准定额研究所组织中国计划出版社出版发行。

中华人民共和国住房和城乡建设部

2014 年 7 月 13 日

前　言

本规范是根据原建设部《关于印发〈2007年工程建设标准制订、修订计划(第二批)〉的通知》(建标〔2007〕126号)的要求,对原国家标准《石油库设计规范》GB 50074—2002进行修订而成。

本规范在修订过程中,规范编制组进行了广泛的调查研究,总结了我国石油库几十年来的设计、建设、管理经验,借鉴了发达工业国家的相关标准,广泛征求了有关设计、施工、科研、管理等方面的意见,对其中主要问题进行了多次讨论、反复修改,最后经审查定稿。

本规范修订后共有16章和2个附录,主要内容包括:总则、术语、基本规定、库址选择、库区布置、储罐区、易燃和可燃液体泵站、易燃和可燃液体装卸设施、工艺及热力管道、易燃和可燃液体灌桶设施、车间供油站、消防设施、给水排水及污水处理、电气、自动控制和电信、采暖通风等。

与原国家标准《石油库设计规范》GB 50074—2002相比,本次修订主要内容是:

1.扩大了适用范围,将液体化工品纳入到本规范适用范围之中,解决了以往液体化工品库没有适用规范的问题。

2.在石油库的等级划分上,对石油库的储罐总容量,按储存不同火灾危险性的液体给出了相应的计算系数。

3.限制一级石油库储罐计算总容量,增加了特级石油库的内容。

4.增加了有关库外管道的规定。

5.增加了有关自动控制和电信系统的规定。

6.取消了有关人工洞库的内容。

7.提高了石油库安全防护标准。

本规范以黑体字标志的条文为强制性条文,必须严格执行。

本规范由住房城乡建设部负责管理和对强制性条文的解释,由中国石油化工集团公司负责日常管理,由中国石化工程建设有限公司负责具体技术内容的解释。请各单位在本规范实施过程中,结合工程实践,认真总结经验,注意积累资料,如发现需要修改或补充之处,请将意见寄交中国石化工程建设有限公司(地址:北京市朝阳区安慧北里安园21号;邮政编码:100101),以供今后修订时参考。

本规范主编单位、参编单位、参加单位、主要起草人和主要审查人:

主 编 单 位:中国石化工程建设有限公司

参 编 单 位:解放军总后勤部建筑工程规划设计研究院

铁道第三勘察设计院

解放军总装备部工程设计研究总院

中国石油天然气管道工程有限公司

参 加 单 位:中国航空油料集团公司

主要起草人:韩　钧　周家祥　马庚宇　吴文革　张建民　武铜柱　许文忠　杨进峰

江　建　陈世清　张东明　于晓颖　王道庆　周东兴　余晓花

主要审查人:何龙辉　路世昌　张　唐　潘海涛　葛春玉　张晓鹏　王铭坤　赵广明
叶向东　段　瑞　张晋武　徐斌华　何跃生　张付卿　张海山　周红儿
杨莉娜　王军防　许淳涛

1 总则

1.0.1 为在石油库设计中贯彻执行国家有关方针政策，统一技术要求，做到安全适用、技术先进、经济合理，制定本规范。

1.0.2 本规范适用于新建、扩建和改建石油库的设计。

本规范不适用于下列易燃和可燃液体储运设施：

1 石油化工企业厂区内的易燃和可燃液体储运设施；

2 油气田的油品站场(库)；

3 附属于输油管道的输油站场；

4 地下水封石洞油库、地下盐穴石油库、自然洞石油库、人工开挖的储油洞库；

5 独立的液化烃储存库(包括常温液化石油气储存库、低温液化烃储存库)；

6 液化天然气储存库；

7 储罐总容量大于或等于 1200000 m^3，仅储存原油的石油储备库。

1.0.3 石油库设计除应执行本规范外，尚应符合国家现行有关标准的规定。

2 术语

2.0.1

石油库 oil depot

收发、储存原油、成品油及其他易燃和可燃液体化学品的独立设施。

2.0.2

特级石油库 super oil depot

既储存原油，也储存非原油类易燃和可燃液体，且储罐计算总容量大于或等于 1200000 m^3 的石油库。

2.0.3

企业附属石油库 oil depot attached to an enterprise

设置在非石油化工企业界区内并为本企业生产或运行服务的石油库。

2.0.4

储罐 tank

储存易燃和可燃液体的设备。

2.0.5

固定顶储罐 fixed roof tank

罐顶周边与罐壁顶部固定连接的储罐。

2.0.6

外浮顶储罐 external floating roof tank

顶盖漂浮在液面上的储罐。

2.0.7

内浮顶储罐 internal floating roof tank

在固定顶储罐内装有浮盘的储罐。

2.0.8

立式储罐 vertical tank

固定顶储罐、外浮顶储罐和内浮顶储罐的统称。

2.0.9

地上储罐 above ground tank

在地面以上,露天建设的立式储罐和卧式储罐的统称。

2.0.10

埋地卧式储罐 underground storage oil tank

采用直接覆土或罐池充沙(细土)方式埋设在地下,且罐内最高液面低于罐外4 m范围内地面的最低标高0.2 m的卧式储罐。

2.0.11

覆土立式油罐 buried vertical oil tank

独立设置在用土掩埋的罐室或护体内的立式油品储罐。

2.0.12

覆土卧式油罐 buried horizontal oil tank

采用直接覆土或埋地方式设置的卧式油罐,包括埋地卧式油罐。

2.0.13

覆土油罐 buried oil tank

覆土立式油罐和覆土卧式油罐的统称。

2.0.14

浅盘式内浮顶储罐 pan internal floating roof tank

浮顶无隔舱、浮筒或其他浮子,仅靠盆形浮顶直接与液体接触的内浮顶储罐。

2.0.15

敞口隔舱式内浮顶 open-top bulk-headed internal floating roof

浮顶周圈设置环形敞口隔舱,中间仅为单层盘板的内浮顶。

2.0.16

压力储罐 pressurized tank

设计压力大于或等于0.1 MPa(罐顶表压)的储罐。

2.0.17

低压储罐 low-pressure tank

设计压力大于6.0 kPa且小于0.1 MPa(罐顶表压)的储罐。

2.0.18

单盘式浮顶 single-deck floating roof

浮顶周圈设环形密封舱,中间仅为单层盘板的浮顶。

2.0.19

双盘式浮顶 double-deck floating roof

整个浮顶均由隔舱构成的浮顶。

2.0.20

罐组 a group of tanks

布置在同一个防火堤内的一组地上储罐。

2.0.21

储罐区　tank farm

由一个或多个罐组或覆土储罐构成的区域。

2.0.22

防火堤　dike

用于储罐发生泄漏时，防止易燃、可燃液体漫流和火灾蔓延的构筑物。

2.0.23

隔堤　dividing dike

用于防火堤内储罐发生少量泄漏事故时，为了减少易燃、可燃液体漫流的影响范围，而将一个储罐组分隔成多个区域的构筑物。

2.0.24

储罐容量　nominal volume of tank

经计算并圆整后的储罐公称容量。

2.0.25

储罐计算总容量　calculate nominal volume of tank

按照储存液体火灾危险性的不同，将储罐容量乘以一定系数折算后的储罐总容量。

2.0.26

储罐操作间　operating room for tank

覆土油罐进出口阀门经常操作的地点。

2.0.27

易燃液体　flammable liquid

闪点低于45℃的液体。

2.0.28

可燃液体　combustible liquid

闪点高于或等于45℃的液体。

2.0.29

液化烃　liquefied hydrocarbon

在15℃时，蒸气压大于0.1 MPa的烃类液体及其他类似的液体，包括液化石油气。

2.0.30

沸溢性液体　boil-over liquid

因具有热波特性，在燃烧时会发生沸溢现象的含水黏性油品(如原油、重油、渣油等)。

2.0.31

工艺管道　process pipeline

输送易燃液体、可燃液体、可燃气体和液化烃的管道。

2.0.32

操作温度　operating temperature

易燃和可燃液体在正常储存或输送时的温度。

2.0.33

铁路罐车装卸线　railway for oil loading and unloading

用于易燃和可燃液体装卸作业的铁路线段。

2.0.34

油气回收装置 vapor recovery device

通过吸附、吸收、冷凝、膜分离、焚烧等方法，将收集来的可燃气体进行回收处理至达标浓度排放的装置。

2.0.35

明火地点 open flame site

室内外有外露火焰或赤热表面的固定地点(民用建筑内的灶具、电磁炉等除外)。

2.0.36

散发火花地点 sparking site

有飞火的烟囱或室外的砂轮、电焊、气焊(割)等的固定地点。

2.0.37

库外管道 external pipeline

敷设在石油库围墙外，在同一个石油库的不同区域的储罐区之间、储罐区与易燃和可燃液体装卸区之间的管道，以及两个毗邻石油库之间的管道。

2.0.38

有毒液体 toxic liquid

按现行国家标准《职业性接触毒物危害程度分级》GBZ 230 的规定，毒性程度划分为极度危害(Ⅰ级)、高度危害(Ⅱ级)、中度危害(Ⅲ级)和轻度危害(Ⅳ级)的液体。

3 基本规定

3.0.1 石油库的等级划分应符合表 3.0.1 的规定。

表 3.0.1 石油库的等级划分

等级	石油库储罐计算总容量 TV(m^3)
特级	$1200000 \leqslant TV \leqslant 3600000$
一级	$100000 \leqslant TV < 1200000$
二级	$30000 \leqslant TV < 100000$
三级	$10000 \leqslant TV < 30000$
四级	$1000 \leqslant TV < 10000$
五级	$TV < 1000$

注：1 表中 TV 不包括零位罐、中继罐和放空罐的容量。

2 甲 A 类液体储罐容量、Ⅰ级和Ⅱ级毒性液体储罐容量应乘以系数 2 计入储罐计算总容量，丙 A 类液体储罐容量可乘以系数 0.5 计入储罐计算总容量，丙 B 类液体储罐容量可乘以系数 0.25 计入储罐计算总容量。

3.0.2 特级石油库的设计应符合下列规定：

1 非原油类易燃和可燃液体的储罐计算总容量应小于 1200000 m^3，其设施的设计应符合本规范一级石油库的有关规定。非原油类易燃和可燃液体设施与库外居住区、公共建筑物、工矿企业、交通线的安全距离，应符合本规范第 4.0.10 条注 5 的规定。

2 原油设施的设计应符合现行国家标准《石油储备库设计规范》GB 50737 的有关规定。

3 原油与非原油类易燃和可燃液体共用设施或其他共用部分的设计，应执行本规范与现行国家标准《石油储备库设计规范》GB 50737 要求较高者的规定。

4 特级石油库的储罐计算总容量大于或等于 2400000 m^3 时，应按消防设置要求最高的一个原油储罐和消防设置要求最高的一个非原油储罐同时发生火灾的情况进行消防系统设计。

3.0.3 石油库储存液化烃、易燃和可燃液体的火灾危险性分类，应符合表 3.0.3 的规定。

表 3.0.3 石油库储存液化烃、易燃和可燃液体的火灾危险性分类

类别		特征或液体闪点 F_t(℃)
甲	A	15 ℃时的蒸气压力大于 0.1 MPa 的烃类液体及其他类似的液体
	B	甲 A 类以外，$F_t<28$
乙	A	$28\leqslant F_t<45$
	B	$45\leqslant F_t<60$
丙	A	$60\leqslant F_t\leqslant 120$
	B	$F_t>120$

3.0.4 石油库储存易燃和可燃液体的火灾危险性分类除应符合本规范表 3.0.3 的规定外，尚应符合下列规定：

1 操作温度超过其闪点的乙类液体应视为甲 B 类液体；

2 操作温度超过其闪点的丙 A 类液体应视为乙 A 类液体；

3 操作温度超过其沸点的丙 B 类液体应视为乙 A 类液体；

4 操作温度超过其闪点的丙 B 类液体应视为乙 B 类液体；

5 闪点低于 60 ℃但不低于 55 ℃的轻柴油，其储运设施的操作温度低于或等于 40 ℃时，可视为丙 A 类液体。

3.0.5 石油库内生产性建(构)筑物的最低耐火等级应符合表 3.0.5 的规定。建(构)筑物构件的燃烧性能和耐火极限应符合现行国家标准《建筑设计防火规范》GB 50016 的有关规定；三级耐火等级建(构)筑物的构件不得采用可燃材料；敞棚顶承重构件及顶面的耐火极限可不限，但不得采用可燃材料。

表 3.0.5 石油库内生产性建(构)筑物的最低耐火等级

序号	建(构)筑物	液体类别	耐火等级
1	易燃和可燃液体泵房、阀门室、灌油间(亭)、铁路液体装卸暖库、消防泵房	—	二级
2	桶装液体库房及敞棚	甲、乙	二级
		丙	三级
3	化验室、计量间、控制室、机柜间、锅炉房、变配电间、修洗桶间、润滑油再生间、柴油发电机间、空气压缩机间、储罐支座(架)	—	二级
4	机修间、器材库、水泵房、铁路罐车装卸栈桥及罩棚、汽车罐车装卸站台及罩棚、液体码头栈桥、泵棚、阀门棚	—	三级

3.0.6 石油库内液化烃等甲A类易燃液体设施的防火设计，应按现行国家标准《石油化工企业设计防火规范》GB 50160的有关规定执行。

3.0.7 除本规范条文中另有规定外，建(构)筑物、设备、设施计算间距的起讫点，应符合本规范附录A的规定。

3.0.8 石油库易燃液体设备、设施的爆炸危险区域划分，应符合本规范附录B的规定。

4 库址选择

4.0.1 石油库的库址选择应根据建设规模、地域环境、油库各区的功能及作业性质、重要程度，以及可能与邻近建(构)筑物、设施之间的相互影响等，综合考虑库址的具体位置，并应符合城镇规划、环境保护、防火安全和职业卫生的要求，且交通运输应方便。

4.0.2 企业附属石油库的库址，应结合该企业主体建(构)筑物及设备、设施统一考虑，并应符合城镇或工业区规划、环境保护和防火安全的要求。

4.0.3 石油库的库址应具备良好的地质条件，不得选择在有土崩、断层、滑坡、沼泽、流沙及泥石流的地区和地下矿藏开采后有可能塌陷的地区。

4.0.4 一、二、三级石油库的库址，不得选在抗震设防烈度为9度及以上的地区。

4.0.5 一级石油库不宜建在抗震设防烈度为8度的Ⅳ类场地地区。

4.0.6 覆土立式油罐区宜在山区或建成后能与周围地形环境相协调的地带选址。

4.0.7 石油库应选在不受洪水、潮水或内涝威胁的地带；当不可避免时，应采取可靠的防洪、排涝措施。

4.0.8 一级石油库防洪标准应按重现期不小于100年设计；二、三级石油库防洪标准应按重现期不小于50年设计；四、五级石油库防洪标准应按重现期不小于25年设计。

4.0.9 石油库的库址应具备满足生产、消防、生活所需的水源和电源的条件，还应具备污水排放的条件。

4.0.10 石油库与库外居住区、公共建筑物、工矿企业、交通线的安全距离，不得小于表4.0.10的规定。

表4.0.10 石油库与库外居住区、公共建筑物、工矿企业、交通线的安全距离(m)

序号	石油库设施名称	石油库等级	库外建(构)筑物和设施名称				
			居住区和公共建筑物	工矿企业	国家铁路线	工业企业铁路线	道路
1	甲B、乙类液体地上罐组；甲B、乙类覆土立式油罐；无油气回收设施的甲B、乙A类液体装卸码头	一	100(75)	60	60	35	25
		二	90(45)	50	55	30	20
		三	80(40)	40	50	25	15
		四	70(35)	35	50	25	15
		五	50(35)	30	50	25	15

表 4.0.10(续)

序号	石油库设施名称	石油库等级	库外建(构)筑物和设施名称				
			居住区和公共建筑物	工矿企业	国家铁路线	工业企业铁路线	道路
2	丙类液体地上罐组;丙类覆土立式油罐;乙B、丙类和采用油气回收设施的甲B、乙A类液体装卸码头;无油气回收设施的甲B、乙A类液体铁路或公路罐车装车设施;其他甲B、乙类液体设施	一	75(50)	45	45	26	20
		二	68(45)	38	40	23	15
		三	60(40)	30	38	20	15
		四	53(35)	26	38	20	15
		五	38(35)	23	38	20	15
3	覆土卧式油罐;乙B、丙类和采用油气回收设施的甲B、乙A类液体铁路或公路罐车装车设施;仅有卸车作业的铁路或公路罐车卸车设施;其他丙类液体设施	一	50(50)	30	30	18	18
		二	45(45)	25	28	15	15
		三	40(40)	20	25	15	15
		四	35(35)	18	25	15	15
		五	25(25)	15	25	15	15

注:1 表中的工矿企业指除石油化工企业、石油库、油气田的油品站场和长距离输油管道的站场以外的企业。其他设施指油气回收设施、泵站、灌桶设施等设置有易燃和可燃液体、气体设备的设施。
2 表中的安全距离,库内设施有防火堤的储罐区应从防火堤中心线算起,无防火堤的覆土立式油罐应从罐室出入口等孔口算起,无防火堤的覆土卧式油罐应从储罐外壁算起;装卸设施应从装卸车(船)时鹤管口的位置算起;其他设备布置在房间内的,应从房间外墙轴线算起;设备露天布置的(包括设在棚内),应从设备外缘算起。
3 表中括号内数字为石油库与少于100人或30户居住区的安全距离。居住区包括石油库的生活区。
4 Ⅰ、Ⅱ级毒性液体的储罐等设施与库外居住区、公共建筑物、工矿企业、交通线的最小安全距离,应按相应火灾危险性类别和所在石油库的等级在本表规定的基础上增加30%。
5 特级石油库中,非原油类易燃和可燃液体的储罐等设施与库外居住区、公共建筑物、工矿企业、交通线的最小安全距离,应在本表规定的基础上增加20%。
6 铁路附属石油库与国家铁路线及工业企业铁路线的距离,应按本规范表5.1.3铁路机车走行线的规定执行。

4.0.11 石油库的储罐区、水运装卸码头与架空通信线路(或通信发射塔)、架空电力线路的安全距离,不应小于1.5倍杆(塔)高;石油库的铁路罐车和汽车罐车装卸设施、其他易燃可燃液体设施与架空通信线路(或通信发射塔)、架空电力线路的安全距离,不应小于1.0倍杆(塔)高;以上各设施与电压不小于35 kV的架空电力线路的安全距离不应小于30 m。

注:以上石油库各设施的起算点与本规范表4.0.10注2相同。

4.0.12 石油库的围墙与爆破作业场地(如采石场)的安全距离,不应小于300 m。

4.0.13 非石油库用的库外埋地电缆与石油库围墙的距离不应小于3 m。

4.0.14 石油库与石油化工企业之间的距离,应符合现行国家标准《石油化工企业设计防火规范》GB 50160 的有关规定;石油库与石油储备库之间的距离,应符合现行国家标准《石油储备库设计规范》GB 50737 的有关规定;石油库与石油天然气站场、长距离输油管道站场之间的距离,应符合现行国家标准《石油天然气工程设计防火规范》GB 50183 的有关规定。

4.0.15 相邻两个石油库之间的安全距离应符合下列规定:

1 当两个石油库的相邻储罐中较大罐直径大于 53 m 时,两个石油库的相邻储罐之间的安全距离不应小于相邻储罐中较大罐直径,且不应小于 80 m。

2 当两个石油库的相邻储罐直径小于或等于 53 m 时,两个石油库的任意两个储罐之间的安全距离不应小于其中较大罐直径的 1.5 倍,对覆土罐且不应小于 60 m,对储存Ⅰ、Ⅱ级毒性液体的储罐且不应小于 50 m,对储存其他易燃和可燃液体的储罐且不应小于 30 m。

3 两个石油库除储罐之外的建(构)筑物、设施之间的安全距离应按本规范表 5.1.3 的规定增加 50%。

4.0.16 企业附属石油库与本企业建(构)筑物、交通线等的安全距离,不得小于表 4.0.16 的规定。

表 4.0.16 企业附属石油库与本企业建(构)筑物、交通线等的安全距离(m)

库内建(构)筑物和设施		液体类别	企业建(构)筑物等								
			甲类生产厂房	甲类物品库房	乙、丙、丁、戊类生产厂房及物品库房耐火等级			明火或散发火花的地点	厂内铁路	厂内道路	
					一、二	三	四			主要	次要
储罐(TV为罐区总容量,m^3)	$TV \leqslant 50$	甲B、乙	25	25	12	15	20	25	25	15	10
	$50 < TV \leqslant 200$		25	25	15	20	25	30	25	15	10
	$200 < TV \leqslant 1000$		25	25	20	25	30	35	25	15	10
	$1000 < TV \leqslant 5000$		30	30	25	30	40	40	25	15	10
	$TV \leqslant 250$	丙	15	15	12	15	20	20	20	10	5
	$250 < TV \leqslant 1000$		20	20	15	20	25	25	20	10	5
	$1000 < TV \leqslant 5000$		25	25	20	25	30	30	20	15	10
	$5000 < TV \leqslant 25000$		30	30	25	30	40	40	25	15	10

表 4.0.16(续)

库内建(构)筑物和设施	液体类别	企业建(构)筑物等								
		甲类生产厂房	甲类物品库房	乙、丙、丁、戊类生产厂房及物品库房耐火等级			明火或散发火花的地点	厂内铁路	厂内道路	
				一、二	三	四			主要	次要
油泵房、灌油间	甲 B、乙	12	15	12	14	16	30	20	10	5
	丙	12	12	10	12	14	15	12	8	5
桶装液体库房	甲 B、乙	15	20	15	20	25	30	30	10	5
	丙	12	15	10	12	14	20	15	8	5
汽车罐车装卸设施	甲 B、乙	14	14	15	16	18	30	20	15	15
	丙	10	10	10	12	14	20	10	8	5
其他生产性建筑物	甲 B、乙	12	12	10	12	14	25	10	3	3
	丙	9	9	8	9	10	15	8	3	3

注:1 当甲 B、乙类易燃和可燃液体与丙类可燃液体混存时,丙 A 类可燃液体可按其容量的 50%折算计入储罐区总容量,丙 B 类可燃液体可按其容量的 25%折算计入储罐区总容量。
2 对于埋地卧式储罐和储存丙 B 类可燃液体的储罐,本表距离(与厂内次要道路的距离除外)可减少 50%,但不得小于 10 m。
3 表中未注明的企业建(构)筑物与库内建(构)筑物的安全距离,应按现行国家标准《建筑设计防火规范》GB 50016 规定的防火距离执行。
4 企业附属石油库的甲 B、乙类易燃和可燃液体储罐总容量大于 5000 m^3,丙 A 类可燃液体储罐总容量大于 25000 m^3 时,企业附属石油库与本企业建(构)筑物、交通线等的安全距离,应符合本规范第 4.0.10 条的规定。
5 企业附属石油库仅储存丙 B 类可燃液体时,可不受本表限制。

4.0.17 当重要物品仓库(或堆场)、军事设施、飞机场等,对与石油库的安全距离有特殊要求时,应按有关规定执行或协商解决。

5 库区布置

5.1 总平面布置

5.1.1 石油库的总平面布置,宜按储罐区、易燃和可燃液体装卸区、辅助作业区和行政管理区分区布置。石油库各区内的主要建(构)筑物或设施,宜按表 5.1.1 的规定布置。

表 5.1.1 石油库各区内的主要建(构)筑物或设施

序号	分区	区内主要建(构)筑物或设施
1	储罐区	储罐组、易燃和可燃液体泵站、变配电间、现场机柜间等

表 5.1.1(续)

序号	分区		区内主要建(构)筑物或设施
2	易燃和可燃液体装卸区	铁路装卸区	铁路罐车装卸栈桥、易燃和可燃液体泵站、桶装易燃和可燃液体库房、零位罐、变配电间、油气回收处理装置等
		水运装卸区	易燃和可燃液体装卸码头、易燃和可燃液体泵站、灌桶间、桶装液体库房、变配电间、油气回收处理装置等
		公路装卸区	灌桶间、易燃和可燃液体泵站、变配电间、汽车罐车装卸设施、桶装液体库房、控制室、油气回收处理装置等
3	辅助作业区		修洗桶间、消防泵房、消防车库、变配电间、机修间、器材库、锅炉房、化验室、污水处理设施、计量室、柴油发电机间、空气压缩机间、车库等
4	行政管理区		办公用房、控制室、传达室、汽车库、警卫及消防人员宿舍、倒班宿舍、浴室、食堂等
注:企业附属石油库的分区,尚宜结合该企业的总体布置统一考虑。			

5.1.2 行政管理区和辅助作业区内,使用性质相近的建(构)筑物,在符合生产使用和安全防火要求的前提下,可合并建设。

5.1.3 石油库内建(构)筑物、设施之间的防火距离(储罐与储罐之间的距离除外),不应小于表 5.1.3 的规定。

表 5.1.3 石油库内建(构)筑物、设施之间的防火距离(m)

序号	建(构)筑物和设施名称		易燃和可燃液体泵房		灌桶间		汽车罐车装卸设施		铁路罐车装卸设施		液体装卸码头		桶装液体库房		隔油池		消防车库、消防泵房	露天变配电所变压器、柴油发电机间		独立变配电间	办公用房、中心控制室、宿舍、食堂等人员集中场所	铁路机车走行线	有明火及散发火花的建(构)筑物及地点	油罐车库	库区围墙	其他建(构)筑物	河(海)岸边
			甲B、乙类液体	丙类液体	甲B、乙类液体	丙类液体	甲B、乙类液体	丙类液体	甲B、乙类液体	丙类液体	甲B、乙类液体	丙类液体	甲B、乙类液体	丙类液体	150 m^3及以下	150 m^3以上		10 kV及以下	10 kV以上								
			10	11	12	13	14	15	16	17	18	19	20	21	22	23	24	25	26	27	28	29	30	31	32	33	34
1	外浮顶储罐、内浮顶储罐、覆土立式油罐、储存丙类液体的立式固定顶储罐	V≥50000	20	15	30	25	30/23	23	30/23	23	50	35	30	25	25	30	40	40	50	40	60	35	35	28	25	25	30
2		5000<V<50000	15	11	19	15	20/15	15	20/15	15	35	25	20	15	19	23	26	25	30	25	38	19	26	23	11	19	30
3		1000<V≤5000	11	9	15	11	15/11	11	15/11	11	30	23	15	11	15	19	23	19	23	19	30	19	26	19	7.5	15	30
4		V≤1000	9	7.5	11	9	11/9	9	11	11	26	23	11	9	11	15	19	15	23	11	23	19	26	15	6	11	20
5	储存甲B、乙类液体的立式固定顶储罐	V>5000	20	15	25	20	25/20	20	25/20	20	50	35	25	20	25	30	35	32	39	32	50	25	35	30	15	25	30
6		1000<V≤5000	15	11	20	15	20/15	15	20/15	15	40	30	20	15	20	25	30	25	30	25	40	25	35	25	10	20	30
7		V≤1000	12	10	15	11	15/11	11	15/11	11	35	30	15	11	15	20	25	20	30	15	30	25	35	20	8	15	20
8	甲B、乙类液体地上卧式储罐		9	7.5	11	8	11/8	8	11/8	8	25	20	11	8	11	15	19	15	23	11	23	19	25	15	6	11	20
9	覆土卧式油罐、丙类液体地上卧式储罐		7	6	8	6	8/6	6	8/6	6	20	15	8	6	8	11	15	11	15	8	18	15	20	11	4.5	8	20
10	易燃和可燃液体泵房	甲B、乙类液体	12	12	12	12	15/15	11	8/8	6	15	15	12	12	15/7.5	20/10	30	15	20	15	30	15	20	15	10	12	10
11		丙类液体	12	9	12	9	15/11	8	8/6	6	15	11	12	9	10/5	15/7.5	15	10	15	10	20	12	15	12	5	10	10

表 5.1.3(续)

序号	建(构)筑物和设施名称		易燃和可燃液体泵房		灌桶间		汽车罐车装卸设施		铁路罐车装卸设施		液体装卸码头		桶装液体库房		隔油池		消防车库、消防泵房	露天变配电所变压器、柴油发电机间		独立变配电间	办公用房、中心控制室、宿舍、食堂等人员集中场所	铁路机车走行线	有明火及散发火花的建(构)筑物及地点	油罐车库	库区围墙	其他建(构)筑物	河(海)岸边
			甲B、乙类液体	丙类液体	甲B、乙类液体	丙类液体	甲B、乙类液体	丙类液体	甲B、乙类液体	丙类液体	甲B、乙类液体	丙类液体	甲B、乙类液体	丙类液体	150 m³及以下	150 m³以上		10 kV及以下	10 kV以上								
			10	11	12	13	14	15	16	17	18	19	20	21	22	23	24	25	26	27	28	29	30	31	32	33	34
12	灌桶间	甲B、乙类液体	12	12	12	12	15/11	11	15/11	11	15	15	12	12	20/10	25/12.5	12	20	30	15	40	20	30	15	10	12	10
13		丙类液体	12	9	12	9	15/11	8	15/11	11	15	11	12	9	15/7.5	20/10	10	10	20	10	25	15	20	12	5	10	10
14	汽车罐车装卸设施	甲B、乙类液体	15/15	15/11	15/11	15/11	—	—	15/11	15/11	15	15	15/11	15/11	20/15	25/19	15/15	20/15	30/23	15/11	30/23	20/15	30/23	20	15/11	15/11	10
15		丙类液体	11	8	11	8	—	—	15/11	11	15	11	11	8	15/7.5	20/10	12	10	20	10	20	15	20	15	5	11	10
16	铁路罐车装卸设施	甲B、乙类液体	8/8	8/6	15/11	15/11	15/11	15/11	见本规范第8.1节		20/20	20/15	8/8	8/8	25/19	30/23	15/15	20/15	30/23	15/11	30/23	20/15	30/23	20	15/11	15/11	10
17		丙类液体	6	6	11	11	15/11	11			20	15	8	8	20/10	25/12.5	12	10	20	10	20	15	20	15	5	10	10
18	液体装卸码头	甲B、乙类液体	15	15	15	15	15	15	20/20	20	见本规范第8.3节		15	15	25/19	30/23	25	20	30	15	45	20	40	20	—	15	—
19		丙类液体	15	11	15	11	15	11	20/15	15			15	11	20/10	25/12.5	20	10	20	10	30	15	30	15	—	12	—
20	桶装液体库房	甲B、乙类液体	12	12	12	12	15/11	11	8/8	8	15	15	12	12	15/7.5	20/10	20	15	20	12	40	15	30	15	5	12	10
21		丙类液体	12	9	12	10	15/11	8	8/8	8	15	11	12	10	10/5	15/7.5	15	10	10	10	25	10	20	10	5	10	10
22	隔油池	150 m³及以下	15/7.5	10/5	20/10	15/7.5	20/15	15/7.5	25/19	20/10	25/19	20/10	15/7.5	10/5	—	—	20/15	15/11	20/15	15/11	30/23	15/7.5	30/23	15/11	10/5	15/7.5	10
23		150 m³以上	20/10	15/7.5	25/12.5	20/10	25/19	20/10	30/23	25/12.5	30/23	25/12.5	20/10	15/7.5	—	—	25/19	20/15	30/23	20/15	40/30	20/10	40/30	20/15	10/5	15/7.5	10

表 5.1.3(续)

序号	建(构)筑物和设施名称	易燃和可燃液体泵房		灌桶间		汽车罐车装卸设施		铁路罐车装卸设施		液体装卸码头		桶装液体库房		隔油池		消防车库、消防泵房	露天变配电所变压器、柴油发电机间		独立变配电间	办公用房、中心控制室、宿舍、食堂等人员集中场所	铁路机车走行线	有明火及散发火花的建(构)筑物及地点	油罐车库	库区围墙	其他建(构)筑物	河(海)岸边
		甲B、乙类液体	丙类液体	甲B、乙类液体	丙类液体	甲B、乙类液体	丙类液体	甲B、乙类液体	丙类液体	甲B、乙类液体	丙类液体	甲B、乙类液体	丙类液体	150 m^3及以下	150 m^3以上		10 kV及以下	10 kV以上								
		10	11	12	13	14	15	16	17	18	19	20	21	22	23	24	25	26	27	28	29	30	31	32	33	34

注:1 表中V指储罐单罐容量,单位为 m^3。
2 序号14中,分子数字为未采用油气回收设施的汽车罐车装卸设施与建(构)筑物或设施的防火距离,分母数字为采用油气回收设施的汽车罐车装卸设施与建(构)筑物或设施的防火距离。
3 序号16中,分子数字为用于装车作业的铁路线与建(构)筑物或设施的防火距离,分母数字为采用油气回收设施的铁路罐车装卸设施或仅用于卸车作业的铁路线与建(构)筑物的防火距离。
4 序号14与序号16相交数字的分母,仅适用于相邻装车设施均采用油气回收设施的情况。
5 序号22、23中的隔油池,系指设置在罐组防火堤外的隔油池。其中分母数字为有盖板的密闭式隔油池与建(构)筑物或设施的防火距离,分子数字为无盖板的隔油池与建(构)筑物或设施的防火距离。
6 罐组专用变配电间和机柜间与石油库内各建(构)筑物或设施的防火距离,应与易燃和可燃液体泵房相同,但变配电间和机柜间的门窗应位于易燃液体设备的爆炸危险区域之外。
7 焚烧式可燃气体回收装置应按有明火及散发火花的建(构)筑物及地点执行,其他形式的可燃气体回收处理装置应按甲、乙类液体泵房执行。
8 Ⅰ、Ⅱ级毒性液体的储罐、设备和设施与石油库内其他建(构)筑物、设施之间的防火距离,应按相应火灾危险性类别在本表规定的基础上增加30%。
9 "—"表示没有防火距离要求。

5.1.4 储罐应集中布置。当储罐区地面高于邻近居民点、工业企业或铁路线时,应加强防止事故状态下库内易燃和可燃液体外流的安全防护措施。

5.1.5 石油库的储罐应地上露天设置。山区和丘陵地区或有特殊要求的可采用覆土等非露天方式设置,但储存甲B类和乙类液体的卧式储罐不得采用罐室方式设置。地上储罐、覆土储罐应分别设置储罐区。

5.1.6 储存Ⅰ、Ⅱ级毒性液体的储罐应单独设置储罐区。储罐计算总容量大于600000 m^3 的石油库,应设置两个或多个储罐区,每个储罐区的储罐计算总容量不应大于600000 m^3。特级石油库中,原油储罐与非原油储罐应分别集中设在不同的储罐区内。

5.1.7 相邻储罐区储罐之间的防火距离,应符合下列规定:

1 地上储罐区与覆土立式油罐相邻储罐之间的防火距离不应小于60 m;

2 储存Ⅰ、Ⅱ级毒性液体的储罐与其他储罐区相邻储罐之间的防火距离,不应小于相邻储罐中较大罐直径的1.5倍,且不应小于50 m;

3 其他易燃、可燃液体储罐区相邻储罐之间的防火距离,不应小于相邻储罐中较大罐直径的1.0倍,且不应小于30 m。

5.1.8 同一个地上储罐区内,相邻罐组储罐之间的防火距离,应符合下列规定:

1 储存甲B、乙类液体的固定顶储罐和浮顶采用易熔材料制作的内浮顶储罐与其他罐组相邻储罐之间的防火距离,不应小于相邻储罐中较大罐直径的1.0倍;

2 外浮顶储罐、采用钢制浮顶的内浮顶储罐、储存丙类液体的固定顶储罐与其他罐组储罐之间的防火距离,不应小于相邻储罐中较大罐直径的0.8倍。

注:储存不同液体的储罐、不同型式的储罐之间的防火距离,应采用上述计算值的较大值。

5.1.9 同一储罐区内,火灾危险性类别相同或相近的储罐宜相对集中布置。储存Ⅰ、Ⅱ级毒性液体的储罐罐组宜远离人员集中的场所布置。

5.1.10 铁路装卸区宜布置在石油库的边缘地带,铁路线不宜与石油库出入口的道路相交叉。

5.1.11 公路装卸区应布置在石油库临近库外道路的一侧,并宜设围墙与其他各区隔开。

5.1.12 消防车库、办公室、控制室等场所,宜布置在储罐区全年最小频率风向的下风侧。

5.1.13 储罐区泡沫站应布置在罐组防火堤外的非防爆区,与储罐的防火间距不应小于20 m。

5.1.14 储罐区易燃和可燃液体泵站的布置,应符合下列规定:

1 甲、乙、丙A类液体泵站应布置在地上立式储罐的防火堤外;

2 丙B类液体泵、抽底油泵、卧式储罐输送泵和储罐油品检测用泵,可与储罐露天布置在同一防火堤内;

3 当易燃和可燃液体泵站采用棚式或露天式时,其与储罐的间距可不受限制,与其他建(构)筑物或设施的间距,应以泵外缘按本规范表5.1.3中易燃和可燃液体泵房与其他建(构)筑物、设施的间距确定。

5.1.15 与储罐区无关的管道、埋地输电线不得穿越防火堤。

5.2 库区道路

5.2.1 石油库储罐区应设环行消防车道。位于山区或丘陵地带设置环形消防车道有困难的下列罐区或罐组,可设尽头式消防车道:

1 覆土油罐区;

2 储罐单排布置,且储罐单罐容量不大于5000 m^3 的地上罐组;

3 四、五级石油库储罐区。

5.2.2 地上储罐组消防车道的设置,应符合下列规定:

1 储罐总容量大于或等于 120000 m^3 的单个罐组应设环行消防车道。

2 多个罐组共用 1 个环行消防车道时,环行消防车道内的罐组储罐总容量不应大于 120000 m^3。

3 同一个环行消防车道内相邻罐组防火堤外堤脚线之间应留有宽度不小于 7 m 的消防空地。

4 总容量大于或等于 120000 m^3 的罐组,至少应有 2 个路口能使消防车辆进入环形消防车道,并宜设在不同的方位上。

5.2.3 除丙 B 类液体储罐和单罐容量小于或等于 100 m^3 的储罐外,储罐至少应与 1 条消防车道相邻。储罐中心至少与 2 条消防车道的距离均不应大于 120 m;条件受限时,储罐中心与最近一条消防车道之间的距离不应大于 80 m。

5.2.4 铁路装卸区应设消防车道,并应平行于铁路装卸线,且宜与库内道路构成环行道路。消防车道与铁路罐车装卸线的距离不应大于 80 m。

5.2.5 汽车罐车装卸设施和灌桶设施,应设置能保证消防车辆顺利接近火灾场地的消防车道。

5.2.6 储罐组周边的消防车道路面标高,宜高于防火堤外侧地面的设计标高 0.5 m 及以上。位于地势较高处的消防车道的路堤高度可适当降低,但不宜小于 0.3 m。

5.2.7 消防车道与防火堤外堤脚线之间的距离,不应小于 3 m。

5.2.8 一级石油库的储罐区和装卸区消防车道的宽度不应小于 9 m,其中路面宽度不应小于 7 m;覆土立式油罐和其他级别石油库的储罐区、装卸区消防车道的宽度不应小于 6 m,其中路面宽度不应小于 4 m;单罐容积大于或等于 100000 m^3 的储罐区消防车道的宽度应按现行国家标准《石油储备库设计规范》GB 50737 的有关规定执行。

5.2.9 消防车道的净空高度不应小于 5.0 m,转弯半径不宜小于 12 m。

5.2.10 尽头式消防车道应设置回车场。两个路口间的消防车道长度大于 300 m 时,应在该消防车道的中段设置回车场。

5.2.11 石油库通向公路的库外道路和车辆出入口的设计,应符合下列规定:

1 石油库应设与公路连接的库外道路,其路面宽度不应小于相应级别石油库储罐区的消防车道。

2 石油库通向库外道路的车辆出入口不应少于 2 处,且宜位于不同的方位。受地域、地形等条件限制时,覆土油罐区和四、五级石油库可只设 1 处车辆出入口。

3 储罐区的车辆出入口不应少于 2 处,且应位于不同的方位。受地域、地形等条件限制时,覆土油罐区和四、五级石油库的储罐区可只设 1 处车辆出入口。储罐区的车辆出入口宜直接通向库外道路,也可通向行政管理区或公路装卸区。

4 行政管理区、公路装卸区应设直接通往库外道路的车辆出入口。

5.2.12 运输易燃、可燃液体等危险品的道路,其纵坡不应大于 6%。其他道路纵坡设计应符合现行国家标准《厂矿道路设计规范》GBJ 22 的有关规定。

5.3 竖向布置及其他

5.3.1 石油库场地设计标高,应符合下列规定:

1 库区场地应避免洪水、潮水及内涝水的淹没。

2 对于受洪水、潮水及内涝水威胁的场地,当靠近江河、湖泊等地段时,库区场地的最低设计标高,应比设计频率计算水位高 0.5 m 及以上;当在海岛、沿海地段或潮汐作用明显的河口段时,库区场地的最低设计标高,应比设计频率计算水位高 1 m 及以上。当有波浪侵袭或壅水现象时,尚应加上最大波浪或壅水高度。

3 当有可靠的防洪排涝措施,且技术经济合理时,库区场地也可低于计算水位。

5.3.2 行政管理区、消防泵房、专用消防站、总变电所宜位于地势相对较高的场地处,或有防止事故状况下流淌火流向该场地的措施。

5.3.3 石油库的围墙设置,应符合下列规定:

1 石油库四周应设高度不低于 2.5 m 的实体围墙。企业附属石油库与本企业毗邻一侧的围墙高度可不低于 1.8 m。

2 山区或丘陵地带的石油库,当四周均设实体围墙有困难时,可只在漏油可能流经的低洼处设实体围墙,在地势较高处可设置镀锌铁丝网等非实体围墙。

3 石油库临海、邻水侧的围墙,其 1 m 高度以上可为铁栅栏围墙。

4 行政管理区与储罐区、易燃和可燃液体装卸区之间应设围墙。当采用非实体围墙时,围墙下部 0.5 m 高度以下范围内应为实体墙。

5 围墙不得采用燃烧材料建造。围墙实体部分的下部不应留有孔洞(集中排水口除外)。

5.3.4 石油库的绿化应符合下列规定:

1 防火堤内不应植树;

2 消防车道与防火堤之间不宜植树;

3 绿化不应妨碍消防作业。

6 储罐区

6.1 地上储罐

6.1.1 地上储罐应采用钢制储罐。

6.1.2 储存沸点低于 45 ℃或 37.8 ℃的饱和蒸气压大于 88 kPa 的甲 B 类液体,应采用压力储罐、低压储罐或低温常压储罐,并应符合下列规定:

1 选用压力储罐或低压储罐时,应采取防止空气进入罐内的措施,并应密闭回收处理罐内排出的气体。

2 选用低温常压储罐时,应采取下列措施之一:

1) 选用内浮顶储罐,应设置氮气密封保护系统,并应控制储存温度使液体蒸气压不大于 88 kPa;

2) 选用固定顶储罐,应设置氮气密封保护系统,并应控制储存温度低于液体闪点 5 ℃及以下。

6.1.3 储存沸点不低于 45 ℃或在 37.8 ℃时的饱和蒸气压不大于 88 kPa 的甲 B、乙 A 类液体化工品和轻石脑油,应采用外浮顶储罐或内浮顶储罐。有特殊储存需要时,可采用容量小于或等于 10000 m^3 的固定顶储罐、低压储罐或容量不大于 100 m^3 的卧式储罐,但应采取下列措施之一:

1 应设置氮气密封保护系统,并应密闭回收处理罐内排出的气体;

2 应设置氮气密封保护系统,并应控制储存温度低于液体闪点 5 ℃及以下。

6.1.4 储存甲 B、乙 A 类原油和成品油,应采用外浮顶储罐、内浮顶储罐和卧式储罐。3 号喷气燃料的最高储存温度低于油品闪点 5 ℃及以下时,可采用容量小于或等于 10000 m^3 的固定顶储罐。

当采用卧式储罐储存甲B、乙A类油品时，储存甲B类油品卧式储罐的单罐容量不应大于100 m³，储存乙A类油品卧式储罐的单罐容量不应大于200 m³。

6.1.5 储存乙B类和丙类液体，可采用固定顶储罐和卧式储罐。

6.1.6 外浮顶储罐应采用钢制单盘式或钢制双盘式浮顶。

6.1.7 内浮顶储罐的内浮顶选用，应符合下列规定：

1 内浮顶应采用金属内浮顶，且不得采用浅盘式或敞口隔舱式内浮顶。

2 储存Ⅰ、Ⅱ级毒性液体的内浮顶储罐和直径大于40 m的储存甲B、乙A类液体的内浮顶储罐，不得采用用易熔材料制作的内浮顶。

3 直径大于48 m的内浮顶储罐，应选用钢制单盘式或双盘式内浮顶。

4 新结构内浮顶的采用应通过安全性评估。

6.1.8 储存Ⅰ、Ⅱ级毒性的甲B、乙A类液体储罐的单罐容量不应大于5000 m³，且应设置氮封保护系统。

6.1.9 固定顶储罐的直径不应大于48 m。

6.1.10 地上储罐应按下列规定成组布置：

1 甲B、乙和丙A类液体储罐可布置在同一罐组内；丙B类液体储罐宜独立设置罐组。

2 沸溢性液体储罐不应与非沸溢性液体储罐同组布置。

3 立式储罐不宜与卧式储罐布置在同一个储罐组内。

4 储存Ⅰ、Ⅱ级毒性液体的储罐不应与其他易燃和可燃液体储罐布置在同一个罐组内。

6.1.11 同一个罐组内储罐的总容量应符合下列规定：

1 固定顶储罐组及固定顶储罐和外浮顶、内浮顶储罐的混合罐组的容量不应大于120000 m³，其中浮顶用钢质材料制作的外浮顶储罐、内浮顶储罐的容量可按50%计入混合罐组的总容量。

2 浮顶用钢质材料制作的内浮顶储罐组的容量不应大于360000 m³；浮顶用易熔材料制作的内浮顶储罐组的容量不应大于240000 m³。

3 外浮顶储罐组的容量不应大于600000 m³。

6.1.12 同一个罐组内的储罐数量应符合下列规定：

1 当最大单罐容量大于或等于10000 m³时，储罐数量不应多于12座。

2 当最大单罐容量大于或等于1000 m³时，储罐数量不应多于16座。

3 单罐容量小于1000 m³或仅储存丙B类液体的罐组，可不限储罐数量。

6.1.13 地上储罐组内，单罐容量小于1000 m³的储存丙B类液体的储罐不应超过4排；其他储罐不应超过2排。

6.1.14 地上立式储罐的基础面标高，应高于储罐周围设计地坪0.5 m及以上。

6.1.15 **地上储罐组内相邻储罐之间的防火距离不应小于表6.1.15的规定。**

表6.1.15 地上储罐组内相邻储罐之间的防火距离

储存液体类别	单罐容量不大于300 m³，且总容量不大于1500 m³的立式储罐组	固定顶储罐(单罐容量)			外浮顶、内浮顶储罐	卧式储罐
		≤1000 m³	>1000 m³	≥5000 m³		
甲B、乙类	2 m	0.75*D*	0.6*D*		0.4*D*	0.8 m

表 6.1.15(续)

储存液体类别	单罐容量不大于 300 m^3,且总容量不大于 1500 m^3 的立式储罐组	固定顶储罐(单罐容量)			外浮顶、内浮顶储罐	卧式储罐
		≤1000 m^3	>1000 m^3	≥5000 m^3		
丙 A 类	2 m	0.4D			0.4D	0.8 m
丙 B 类	2 m	2 m	5 m	0.4D	0.4D 与 15 m 的较小值	0.8 m

注:1 表中 D 为相邻储罐中较大储罐的直径。
2 储存不同类别液体的储罐、不同型式的储罐之间的防火距离,应采用较大值。

6.2 覆土立式油罐

6.2.1 覆土立式油罐应采用固定顶储罐,其设计应根据储罐的容量及地形条件等合理地确定其直径和高度,使覆土立式油罐建成后与周围地形和环境相协调。

6.2.2 覆土立式油罐应采用独立的罐室及出入通道。与管沟连接处必须设置防火、防渗密闭隔离墙。

6.2.3 覆土立式油罐之间的防火距离,应符合下列规定:

1 甲 B、乙、丙 A 类油品覆土立式油罐之间的防火距离,不应小于相邻两罐罐室直径之和的 1/2。当按相邻两罐罐室直径之和的 1/2 计算超过 30 m 时,可取 30 m。

2 丙 B 类油品覆土立式油罐之间的防火距离,不应小于相邻较大罐室直径的 0.4 倍。

3 当丙 B 类油品覆土立式油罐与甲 B、乙、丙 A 类油品覆土立式油罐相邻时,两者之间的防火距离应按本条第 1 款执行。

6.2.4 覆土立式油罐的基础应设在稳定的岩石层或满足地基承载力的均匀土层上。

6.2.5 覆土立式油罐的罐室设计应符合下列规定:

1 罐室应采用圆筒形直墙与钢筋混凝土球壳顶的结构形式。罐室及出入通道的墙体,应采用密实性材料构筑,并应保证在油罐出现泄漏事故时不泄漏。

2 罐室球壳顶内表面与金属油罐顶的距离不应小于 1.2 m,罐室壁与金属罐壁之间的环形走道宽度不应小于 0.8 m。

3 罐室顶部周边应均布设置采光通风孔。直径小于或等于 12 m 的罐室,采光通风孔不应少于 2 个;直径大于 12 m 的罐室,至少应设 4 个采光通风孔。采光通风孔的直径或任意边长不应小于 0.6 m,其口部高出覆土面层不宜小于 0.3 m,并应装设带锁的孔盖。

4 罐室出入通道宽度不宜小于 1.5 m,高度不宜小于 2.2 m。

5 储存甲 B、乙、丙 A 类油品的覆土立式油罐,其罐室通道出入口高于罐室地坪不应小于 2.0 m。

6 罐室的出入通道口,应设向外开启的并满足口部紧急时刻封堵强度要求的防火密闭门,其耐火极限不得低于 1.5 h。通道口部的设计,应有利于在紧急时刻采取封堵措施。

7 罐室及出入通道应有防水措施。阀门操作间应设积水坑。

6.2.6 覆土立式油罐应按下列要求设置事故外输管道:

1 事故外输管道的公称直径,宜与油罐进出油管道一致,且不得小于 100 mm。

2　事故外输管道应由罐室阀门操作间处的积水坑处引出罐室外，并宜满足在事故时能与输油干管相连通。

3　事故外输管道应设控制阀门和隔离装置。控制阀门和隔离装置不应设在罐室内和事故时容易危及的部位。

6.2.7　覆土立式油罐的基本附件和通气管的设置，应符合本规范第6.4节的有关规定。

6.2.8　罐室顶部的覆土厚度不应小于0.5 m，周围覆土坡度应满足回填土的稳固要求。

6.2.9　储存甲B类、乙类和丙A类液体的覆土立式油罐区，应按不小于区内储罐可能发生油品泄漏事故时，油品漫出罐室部分最多一个油罐的泄漏油品设置区域导流沟及事故存油坑(池)。

6.2.10　覆土立式油罐与罐区主管道连接的支管道敷设深度大于2.5 m时，可采用非充沙封闭管沟方式敷设。

6.3　覆土卧式油罐

6.3.1　覆土卧式油罐的设计应满足其设置条件下的强度要求，当采用钢制油罐时，其罐壁所用钢板的公称厚度应满足下列要求：

1　直径小于或等于2500 mm的油罐，其壁厚不得小于6 mm。

2　直径为2501 mm～3000 mm的油罐，其壁厚不得小于7 mm。

3　直径大于3000 mm的油罐，其壁厚不得小于8 mm。

6.3.2　储存对水和土壤有污染的液体的覆土卧式油罐，应按国家有关环境保护标准或政府有关环境保护法令、法规要求采取防渗漏措施，并应具备检漏功能。

6.3.3　有防渗漏要求的覆土卧式油罐，油罐应采用双层油罐或单层钢油罐设置防渗罐池的方式；单罐容量大于100 m^3 的覆土卧式油罐和既有单层覆土卧式油罐的防渗，可采用油罐内衬防渗层的方式。

6.3.4　采用双层油罐时，双层油罐的结构及检漏要求，应符合现行国家标准《汽车加油加气站设计与施工规范》GB 50156的有关规定。

6.3.5　采用单层油罐设置防渗罐池时，应符合下列规定：

1　防渗罐池应采用防渗钢筋混凝土整体浇注，池底表面及低于储罐直径2/3以下的内墙面应做防渗处理。

2　埋地油罐的防渗罐池设计，应符合现行国家标准《汽车加油加气站设计与施工规范》GB 50156有关规定。

3　罐顶高于周围地坪的油罐，防渗罐池的池顶应高于周围地坪0.2 m以上。

4　罐底低于周围地坪的油罐，应按现行国家标准《汽车加油加气站设计与施工规范》GB 50156的有关规定设置检漏立管。检漏立管宜沿油罐纵向合理布置，每罐至少应设2根检漏立管。相邻油罐可共用检漏立管。

5　罐底高于周围地坪的油罐可设检漏横管。检漏横管的直径不得小于50 mm，每罐至少应设1根检漏横管，且防渗罐池的池底或油罐基础应有不小于5‰的坡度坡向检漏横管。

6　油罐基础和罐体周围的回填料，应保证储罐任何部位的渗漏均能在检漏管处被发现。

7　防渗罐池以上的覆土，应有防止雨水、地表水渗入池内的措施。

6.3.6　采用单层钢罐内衬防渗层时，内衬层应采用短纤维喷射技术做玻璃纤维增强塑料防渗层，其厚度不应小于0.8 mm，并应通过相应电压等级的电火花检测合格。

6.3.7　卧式油罐应设带有高液位报警功能的液位监测系统。单层油罐的液位检测系统尚应具备渗漏检测功能。

6.3.8 覆土卧式油罐的间距不应小于 0.5 m,覆土厚度不应小于 0.5 m。

6.3.9 当埋地油罐受地下水或雨水作用有上浮的可能时,应对油罐采取抗浮措施。

6.3.10 与土壤接触的钢制油罐外表面,其防腐设计应符合现行行业标准《石油化工设备和管道涂料防腐蚀设计规范》SH/T 3022 的有关规定,且防腐等级不应低于加强级。覆土不应损坏防腐层。

6.4 储罐附件

6.4.1 立式储罐应设上罐的梯子、平台和栏杆。高度大于 5 m 的立式储罐,应采用盘梯。覆土立式油罐高于罐室环形通道地面 2.2 m 以下的高度应采用活动斜梯,并应有防止磕碰发生火花的措施。

6.4.2 储罐罐顶上经常走人的地方,应设防滑踏步和护栏;测量孔处应设测量平台。

6.4.3 立式储罐的量油孔、罐壁人孔、排污孔(或清扫孔)及放水管等的设置,宜按现行行业标准《石油化工储运系统罐区设计规范》SH/T 3007 的有关规定执行。覆土立式油罐应有一个罐壁人孔朝向阀门操作间。

6.4.4 下列储罐通向大气的通气管管口应装设呼吸阀:

1 储存甲 B、乙类液体的固定顶储罐和地上卧式储罐;

2 储存甲 B 类液体的覆土卧式油罐;

3 采用氮气密封保护系统的储罐。

6.4.5 呼吸阀的排气压力应小于储罐的设计正压力,呼吸阀的进气压力应大于储罐的设计负压力。当呼吸阀所处的环境温度可能小于或等于 0 ℃时,应选用全天候式呼吸阀。

6.4.6 采用氮气密封保护系统的储罐应设事故泄压设备,并应符合下列规定:

1 事故泄压设备的开启压力应大于呼吸阀的排气压力,并应小于或等于储罐的设计正压力。

2 事故泄压设备的吸气压力应小于呼吸阀的进气压力,并应大于或等于储罐的设计负压力。

3 事故泄压设备应满足氮气管道系统和呼吸阀出现故障时保障储罐安全通气的需要。

4 事故泄压设备可直接通向大气。

5 事故泄压设备宜选用公称直径不小于 500 mm 的呼吸人孔。如储罐设置有备用呼吸阀,事故泄压设备也可选用公称直径不小于 500 mm 的紧急放空人孔盖。

6.4.7 下列储罐的通气管上必须装设阻火器:

1 储存甲 B 类、乙类、丙 A 类液体的固定顶储罐和地上卧式储罐;

2 储存甲 B 类和乙类液体的覆土卧式油罐;

3 储存甲 B 类、乙类、丙 A 类液体并采用氮气密封保护系统的内浮顶储罐。

6.4.8 覆土立式油罐的通气管管口应引出罐室外,管口宜高出覆土面 1.0 m～1.5 m。

6.4.9 储罐进液不得采用喷溅方式。甲 B、乙、丙 A 类液体储罐的进液管从储罐上部接入时,进液管应延伸到储罐的底部。

6.4.10 有脱水操作要求的储罐宜装设自动脱水器。

6.4.11 储存Ⅰ、Ⅱ级毒性液体的储罐,应采用密闭采样器。储罐的凝液或残液应密闭排入专用收集系统或设备。

6.4.12 常压卧式储罐的基本附件设置,应符合下列规定:

1 卧式储罐的人孔公称直径不应小于 600 mm。筒体长度大于 6 m 的卧式储罐,至少应设 2 个人孔。

2 卧式储罐的接合管及人孔盖应采用钢质材料。

3 液位测量装置和测量孔的检尺槽,应位于储罐正顶部的纵向轴线上,并宜设在人孔盖上。

4 储罐排水管的公称直径不应小于 40 mm。排水管上的阀门应采用钢制闸阀或球阀。

6.4.13 常压卧式储罐的通气管设置,应符合下列规定:

1 卧式储罐通气管的公称直径应按储罐的最大进出流量确定,但不应小于 50 mm;当同种液体的多个储罐共用一根通气干管时,其通气干管的公称直径不应小于 80 mm。

2 通气管横管应坡向储罐,坡度应大于或等于 5‰。

3 通气管管口的最小设置高度,应符合表 6.4.13 的规定。

表 6.4.13 卧式储罐通气管管口的最小设置高度

储罐设置形式	通气管管口最小设置高度	
	甲、乙类液体	丙类液体
地上露天式	高于储罐周围地面 4 m,且高于罐顶 1.5 m	高于罐顶 0.5 m
覆土式	高于储罐周围地面 4 m,且高于覆土面层 1.5 m	高于覆土面层 1.5 m

6.5 防火堤

6.5.1 地上储罐组应设防火堤。防火堤内的有效容量,不应小于罐组内一个最大储罐的容量。

6.5.2 地上立式储罐的罐壁至防火堤内堤脚线的距离,不应小于罐壁高度的一半。卧式储罐的罐壁至防火堤内堤脚线的距离,不应小于 3 m。依山建设的储罐,可利用山体兼作防火堤,储罐的罐壁至山体的距离最小可为 1.5 m。

6.5.3 地上储罐组的防火堤实高应高于计算高度 0.2 m,防火堤高于堤内设计地坪不应小于 1.0 m,高于堤外设计地坪或消防车道路面(按较低者计)不应大于 3.2 m。地上卧式储罐的防火堤应高于堤内设计地坪不小于 0.5 m。

6.5.4 防火堤宜采用土筑防火堤,其堤顶宽度不应小于 0.5 m。不具备采用土筑防火堤条件的地区,可选用其他结构形式的防火堤。

6.5.5 防火堤应能承受在计算高度范围内所容纳液体的静压力且不应泄漏;防火堤的耐火极限不应低于 5.5 h。

6.5.6 管道穿越防火堤处应采用不燃烧材料严密填实。在雨水沟(管)穿越防火堤处,应采取排水控制措施。

6.5.7 防火堤每一个隔堤区域内均应设置对外人行台阶或坡道,相邻台阶或坡道之间的距离不宜大于 60 m。

6.5.8 立式储罐罐组内应按下列规定设置隔堤:

1 多品种的罐组内下列储罐之间应设置隔堤:

1) 甲 B、乙 A 类液体储罐与其他类可燃液体储罐之间;

2) 水溶性可燃液体储罐与非水溶性可燃液体储罐之间;

3） 相互接触能引起化学反应的可燃液体储罐之间；

4） 助燃剂、强氧化剂及具有腐蚀性液体储罐与可燃液体储罐之间。

2 非沸溢性甲 B、乙、丙 A 类储罐组隔堤内的储罐数量，不应超过表 6.5.8 的规定。

表 6.5.8 非沸溢性甲 B、乙、丙 A 类储罐组隔堤内的储罐数量

单罐公称容量 $V(m^3)$	一个隔堤内的储罐数量(座)
$V<5000$	6
$5000\leqslant V<20000$	4
$20000\leqslant V<50000$	2
$V\geqslant 50000$	1
注：当隔堤内的储罐公称容量不等时，隔堤内的储罐数量按其中一个较大储罐公称容量计。	

3 隔堤内沸溢性液体储罐的数量不应多于 2 座。

4 非沸溢性的丙 B 类液体储罐之间，可不设置隔堤。

5 隔堤应是采用不燃烧材料建造的实体墙，隔堤高度宜为 0.5 m～0.8 m。

7 易燃和可燃液体泵站

7.0.1 易燃和可燃液体泵站宜采用地上式。其建筑形式应根据输送介质的特点、运行工况及当地气象条件等综合考虑确定，可采用房间式(泵房)、棚式(泵棚)或露天式。

7.0.2 易燃和可燃液体泵站的建筑设计，应符合下列规定：

1 泵房或泵棚的净空应满足设备安装、检修和操作的要求，且不应低于 3.5 m。

2 泵房的门应向外开，且不应少于 2 个，其中一个应能满足泵房内最大设备的进出需要。建筑面积小于 100 m^2 时可只设 1 个外开门。

3 泵房(间)的门、窗采光面积，不宜小于其建筑面积的 15%。

4 泵棚或露天泵站的设备平台，应高于其周围地坪不少于 0.15 m。

5 与甲 B、乙类液体泵房(间)相毗邻建设的变配电间的设置，应符合本规范第 14.1.4 条的规定。

6 腐蚀性介质泵站的地面、泵基础等其他可能接触到腐蚀性液体的部位，应采取防腐措施。

7 输送液化石油气等甲 A 类液体的泵站，应采用不发生火花的地面。

7.0.3 输送Ⅰ、Ⅱ级毒性液体的泵，宜独立设置泵站。

7.0.4 输送加热液体的泵，不应与输送闪点低于 45 ℃液体的泵设在同一个房间内。

7.0.5 输送液化烃等甲 A 类液体的泵，不应与输送其他易燃和可燃液体的泵设在同一个房间内。

7.0.6 Ⅰ、Ⅱ级毒性液体的输送泵应采用屏蔽泵或磁力泵。

7.0.7 易燃和可燃液体输送泵的设置，应符合下列规定：

1 输送有特殊要求的液体，应设专用泵和备用泵。

2 连续输送同一种液体的泵，当同时操作的泵不多于 3 台时，宜设 1 台备用泵；当同时操作的泵多于 3 台时，备用泵不宜多于 2 台。

3 经常操作但不连续运转的泵不宜单独设置备用泵,可与输送性质相近液体的泵互为备用或共设一台备用泵。

4 不经常操作的泵,不宜设置备用油泵。

7.0.8 泵的布置应满足操作、安装及检修的要求,并应排列有序。

7.0.9 离心泵水平进口管需要变径时,应采用异径偏心接头。异径偏心接头应靠近泵入口安装,当泵的进口管道内的液体从下向上或水平进泵时,应采用顶平安装;当泵的进口管道内的液体从上向下进泵时,应采用底平安装。

7.0.10 输送在操作温度下容易处于泡点(或平衡)状态下的液体,泵的进口管道宜步步低的坡向机泵。

7.0.11 泵的进口管道上应设过滤器。磁力泵进口管道应设磁性复合过滤器。过滤器的选用应符合现行行业标准《石油化工泵用过滤器选用、检验及验收》SH/T 3411 的规定。过滤器应安装在泵进口管道的阀门与泵入口法兰之间的管段上。

7.0.12 泵的出口管道宜设止回阀,止回阀应安装在泵出口管道的阀门与泵出口法兰之间的管段上。

7.0.13 液化石油气进泵管道宜采用隔热措施。

7.0.14 在泵进出口之间的管道上宜设高点排气阀。当输送液化烃、液氨、有毒液体时,排气阀出口应接至密闭放空系统。

7.0.15 易燃和可燃气体排放管口的设置,应符合下列规定:

1 排放管口应设在泵房(棚)外,并应高出周围地坪 4 m 及以上。

2 排放管口设在泵房(棚)顶面上方时,应高出泵房(棚)顶面 1.5 m 及以上。

3 排放管口与泵房门、窗等孔洞的水平路径不应小于 3.5 m;与配电间门、窗及非防爆电气设备的水平路径不应小于 5 m。

4 排放管口应装设阻火器。

7.0.16 当选用容积泵作为离心泵灌泵和抽吸油罐车底油的泵时,该泵的排出口应就近接至相应的管道放空设施。

7.0.17 无内置安全阀的容积泵的出口管道上应设安全阀。

7.0.18 易燃和可燃液体装卸区不设集中泵站时,泵可设置于铁路罐车装卸栈桥或汽车罐车装卸站台之下,但应满足自然通风条件,且泵基础顶面应高于周围地坪和可能出现的最大积水高度。

8 易燃和可燃液体装卸设施

8.1 铁路罐车装卸设施

8.1.1 铁路罐车装卸线设置,应符合下列规定:

1 铁路罐车装卸线的车位数,应按液体运输量确定。

2 铁路罐车装卸线应为尽头式。

3 铁路罐车装卸线应为平直线,股道直线段的始端至装卸栈桥第一鹤管的距离,不应小于进库罐车长度的 1/2。装卸线设在平直线上确有困难时,可设在半径不小于 600 m 的曲线上。

4 装卸线上罐车车列的始端车位车钩中心线至前方铁路道岔警冲标的安全距离,不应小于 31 m;终端车位车钩中心线至装卸线车挡的安全距离不应小于 20 m。

8.1.2 罐车装卸线中心线至石油库内非罐车铁路装卸线中心线的安全距离,应符合下列规定:

1 装甲B、乙类液体的不应小于20 m。

2 卸甲B、乙类液体的不应小于15 m。

3 装卸丙类液体的不应小于10 m。

8.1.3 下列易燃和可燃液体宜单独设置铁路罐车装卸线：

1 甲A类液体；

2 甲B类液体、乙类液体、丙A类液体；

3 丙B类液体。

当以上液体合用一条装卸线，且同时作业时，两类液体鹤管之间的距离，不应小于24 m；不同时作业时，鹤管间距可不限制。

8.1.4 桶装液体装卸车与罐车装卸车合用一条装卸线时，桶装液体车位至相邻罐车车位的净距，不应小于10 m。不同时作业时可不限制。

8.1.5 罐车装卸线中心线与无装卸栈桥一侧其他建(构)筑物的距离，在露天场所不应小于3.5 m，在非露天场所不应小于2.44 m。

8.1.6 铁路中心线至石油库铁路大门边缘的距离，有附挂调车作业时，不应小于3.2 m；无附挂调车作业时不应小于2.44 m。

8.1.7 铁路中心线至装卸暖库大门边缘的距离，不应小于2 m。暖库大门的净空高度(自轨面算起)不应小于5 m。

8.1.8 桶装液体装卸站台的顶面应高于轨面，其高差不应小于1.1 m。站台边缘至装卸线中心线的距离应符合下列规定：

1 当装卸站台的顶面距轨面高差等于1.1 m时，不应小于1.75 m；

2 当装卸站台的顶面距轨面高差大于1.1 m时，不应小于1.85 m。

8.1.9 从下部接卸铁路罐车的卸油系统，应采用密闭管道系统。从上部向铁路罐车灌装甲B、乙、丙A类液体时，应采用插到罐车底部的鹤管。鹤管内的液体流速，在鹤管浸没于液体之前不应大于1 m/s，浸没于液体之后不应大于4.5 m/s。

8.1.10 不应在同一装卸线的两侧同时设置罐车装卸栈桥。铁路装卸线为单股道时，装卸栈桥宜与装卸泵站同侧布置。

8.1.11 罐车装卸栈桥的桥面，宜高于轨面3.5 m。栈桥上应设安全栏杆。在栈桥的两端和沿栈桥每60 m～80 m处，应设上下栈桥的梯子。

8.1.12 罐车装卸栈桥边缘与罐车装卸线中心线的距离，应符合下列规定：

1 自轨面算起3 m及以下，其距离不应小于2 m；

2 自轨面算起3 m以上，其距离不应小于1.85 m。

8.1.13 罐车装卸鹤管至石油库围墙的铁路大门的距离，不应小于20 m。

8.1.14 相邻两座罐车装卸栈桥的相邻两条罐车装卸线中心线的距离，应符合下列规定：

1 当二者或其中之一用于装卸甲B、乙类液体时，其距离不应小于10 m。

2 当二者都用于装卸丙类液体时，其距离不应小于6 m。

8.1.15 在保证装卸液体质量的情况下，性质相近的液体可共享鹤管，但航空油料的鹤管应专管专用。

8.1.16 向铁路罐车灌装甲B、乙A类液体和Ⅰ、Ⅱ级毒性液体应采用密闭装车方式，并应按现行国家标准《油品装卸系统油气回收设施设计规范》GB 50759的有关规定设置油气回收设施。

8.2 汽车罐车装卸设施

8.2.1 向汽车罐车灌装甲B、乙、丙A类液体宜在装车棚(亭)内进行。甲B、乙、丙A类液体可共用一个装车棚(亭)。

8.2.2 汽车灌装棚的建筑设计,应符合下列规定:

1 灌装棚应为单层建筑,并宜采用通过式。

2 灌装棚的耐火等级,应符合本规范第3.0.5条的规定。

3 灌装棚罩棚至地面的净空高度,应满足罐车灌装作业要求,且不得低于5.0 m。

4 灌装棚内的灌装通道宽度,应满足灌装作业要求,其地面应高于周围地面。

5 当灌装设备设置在灌装台下时,台下的空间不得封闭。

8.2.3 汽车罐车的液体灌装宜采用泵送装车方式。有地形高差可供利用时,宜采用储罐直接自流装车方式。采用泵送灌装时,灌装泵可设置在灌装台下,并宜按一泵供一鹤位设置。

8.2.4 汽车罐车的液体装卸应有计量措施,计量精度应符合国家有关规定。

8.2.5 汽车罐车的液体灌装宜采用定量装车控制方式。

8.2.6 汽车罐车向卧式储罐卸甲B、乙、丙A类液体时,应采用密闭管道系统。

8.2.7 灌装汽车罐车宜采用底部装车方式。

8.2.8 当采用上装鹤管向汽车罐车灌装甲B、乙、丙A类液体时,应采用能插到罐车底部的装车鹤管。鹤管内的液体流速,在鹤管口浸没于液体之前不应大于1 m/s,浸没于液体之后不应大于4.5 m/s。

8.2.9 向汽车罐车灌装甲B、乙A类液体和Ⅰ、Ⅱ级毒性液体应采用密闭装车方式,并应按现行国家标准《油品装卸系统油气回收设施设计规范》GB 50759的有关规定设置油气回收设施。

8.3 易燃和可燃液体装卸码头

8.3.1 易燃和可燃液体装卸码头宜布置在港口的边缘地区和下游。

8.3.2 易燃和可燃液体装卸码头宜独立设置。

8.3.3 易燃和可燃液体装卸码头与公路桥梁、铁路桥梁等的安全距离,不应小于表8.3.3的规定。

表8.3.3 易燃和可燃液体装卸码头与公路桥梁、铁路桥梁等的安全距离

易燃和可燃液体装卸码头位置	液体类别	安全距离(m)
公路桥梁、铁路桥梁的下游	甲B、乙	150(75)
	丙	100(50)
公路桥梁、铁路桥梁的上游	甲B、乙	300(150)
	丙	200(100)
内河大型船队锚地、固定停泊所、城市水源取水口的上游	甲B、乙、丙	1000(500)

注:表中括号内数字为停靠小于500 t船舶码头的安全距离。

8.3.4 易燃和可燃液体装卸码头之间或易燃和可燃液体码头相邻两泊位的船舶安全距离,不应小于表8.3.4的规定。

表 8.3.4　易燃和可燃液体装卸码头之间或易燃和可燃液体码头相邻两泊位的船舶安全距离

停靠船舶吨级	船长 L(m)	安全距离(m)
>1000 t 级	$L \leqslant 110$	25
	$110 < L \leqslant 150$	35
	$150 < L \leqslant 182$	40
	$182 < L \leqslant 235$	50
	$L > 235$	55
≤1000 t 级	L	0.3 L

注:1　船舶安全距离系指相邻液体泊位设计船型首尾间的净距。
2　当相邻泊位设计船型不同时,其间距应按吨级较大者计算。
3　当突堤或栈桥码头两侧靠船时,对于装卸甲类液体泊位,船舷之间的安全距离不应小于 25 m。

8.3.5　易燃和可燃液体装卸码头与相邻货运码头的安全距离,不应小于表 8.3.5 的规定。

表 8.3.5　易燃和可燃液体装卸码头与相邻货运码头的安全距离

液体装卸码头位置	液体类别	安全距离(m)
内河货运码头下游	甲 B、乙	75
	丙	50
沿海、河口内河货运码头上游	甲 B、乙	150
	丙	100

注:表中安全距离系指相邻两码头所停靠设计船型首尾间的净距。

8.3.6　易燃和可燃液体装卸码头与相邻港口客运站码头的安全距离不应小于表 8.3.6 的规定。

表 8.3.6　易燃和可燃液体装卸码头与相邻港口客运站码头的安全距离

液体装卸码头位置	客运站级别	液体类别	安全距离(m)
沿海	一、二、三、四	甲 B、乙	300(150)
		丙	200(100)
内河客运站码头的下游	一、二	甲 B、乙	300(150)
		丙	200(100)
	三、四	甲 B、乙	150(75)
		丙	100(50)

表 8.3.6(续)

液体装卸码头位置	客运站级别	液体类别	安全距离(m)
内河客运站码头的上游	一	甲B、乙	3000(1500)
		丙	2000(1000)
	二	甲B、乙	2000(1000)
		丙	1500(750)
	三、四	甲B、乙	1000(500)
		丙	700(350)

注:1 易燃和可燃液体装卸码头与相邻客运站码头的安全距离,系指相邻两码头所停靠设计船型首尾间的净距。
2 括号内数据为停靠小于 500 t 级船舶码头的安全距离。
3 客运站级别划分见现行国家标准《河港工程设计规范》GB 50192。

8.3.7 装卸甲B、乙、丙A类液体和Ⅰ、Ⅱ级毒性液体的船舶应采用密闭接口形式。

8.3.8 停靠需要排放压舱水或洗舱水船舶的码头,应设置接受压舱水或洗舱水的设施。

8.3.9 易燃和可燃液体装卸码头的建造材料,应采用不燃材料(护舷设施除外)。

8.3.10 在易燃和可燃液体管道位于岸边的适当位置,应设用于紧急状况下的切断阀。

8.3.11 易燃液体码头敷设管道的引桥宜独立设置。

8.3.12 向船舶灌装甲B、乙A类液体和Ⅰ、Ⅱ级毒性液体,宜按现行国家标准《油品装卸系统油气回收设施设计规范》GB 50759 的有关规定设置油气回收设施。

9 工艺及热力管道

9.1 库内管道

9.1.1 石油库内工艺及热力管道宜地上敷设或采用敞口管沟敷设;根据需要局部地段可埋地敷设或采用充沙封闭管沟敷设。

9.1.2 地上管道不应环绕罐组布置,且不应妨碍消防车的通行。设置在防火堤与消防车道之间的管道不应妨碍消防人员通行及作业。

9.1.3 Ⅰ、Ⅱ级毒性液体管道不应埋地敷设,并应有明显区别于其他管道的标志;必须埋地敷设时应设防护套管,并应具备检漏条件。

9.1.4 地上工艺管道不宜靠近消防泵房、专用消防站、变电所和独立变配电间、办公室、控制室以及宿舍、食堂等人员集中场所敷设。当地上工艺管道与这些建筑物之间的距离小于 15 m 时,朝向工艺管道一侧的外墙应采用无门窗的不燃烧体实体墙。

9.1.5 管道穿越铁路和道路时,应符合下列规定:

1 管道穿越铁路和道路的交角不宜小于 60°,穿越管段应敷设在涵洞或套管内,或采取其他防护措施。管道桥涵应充沙(土)填实。

2 套管端部应超出坡脚或路基至少 0.6 m;穿越排水沟的,应超出排水沟边缘至少0.9 m。

3 液化烃管道套管顶低于铁路轨面不应小于 1.4 m,低于道路路面不应小于 1.0 m;其他管道套管顶低于铁路轨面不应小于 0.8 m,低于道路路面不应小于 0.6 m。套管应满足承压强度要求。

9.1.6 管道跨越道路和铁路时，应符合下列规定：

1 管道跨越电气化铁路时，轨面以上的净空高度不应小 6.6 m；

2 管道跨越非电气化铁路时，轨面以上的净空高度不应小于 5.5 m；

3 管道跨越消防车道时，路面以上的净空高度不应小于 5 m；

4 管道跨越其他车行道路时，路面以上的净空高度不应小于 4.5 m；

5 管架立柱边缘距铁路不应小于 3.5 m，距道路不应小于 1 m；

6 管道在跨越铁路、道路上方的管段上不得装设阀门、法兰、螺纹接头、波纹管及带有填料的补偿器等可能出现渗漏的组成件。

9.1.7 地上管道与铁路平行布置时，其与铁路的距离不应小于 3.8 m(铁路罐车装卸栈桥下面的管道除外)。

9.1.8 地上管道沿道路平行布置时，与路边的距离不应小于 1 m。埋地管道沿道路平行布置时，不得敷设在路面之下。

9.1.9 金属工艺管道连接应符合下列规定：

1 管道之间及管道与管件之间应采用焊接连接。

2 管道与设备、阀门、仪表之间宜采用法兰连接，采用螺纹连接时应确保连接强度和严密性。

9.1.10 与储罐等设备连接的管道，应使其管系具有足够的柔性，并应满足设备管口的允许受力要求。

9.1.11 在输送腐蚀性液体和Ⅰ、Ⅱ级毒性液体管道上，不宜设放空和排空装置。如必须设放空和排空装置时，应有密闭收集凝液的措施。

9.1.12 工艺管道上的阀门，应选用钢制阀门。选用的电动阀门或气动阀门应具有手动操作功能。公称直径小于或等于 600 mm 的阀门，手动关闭阀门的时间不宜超过 15 min；公称直径大于 600 mm 的阀门，手动关闭阀门的时间不宜超过 20 min。

9.1.13 管道的防护应符合下列规定：

1 钢管及其附件的外表面，应涂刷防腐涂层，埋地钢管尚应采取防腐绝缘或其他防护措施。

2 管道内液体压力有超过管道设计压力可能的工艺管道，应在适当位置设置泄压装置。

3 输送易凝液体或易自聚液体的管道，应分别采取防凝或防自聚措施。

9.1.14 输送有特殊要求的液体，应设专用管道。

9.1.15 热力管道不得与甲、乙、丙A类液体管道敷设在同一条管沟内。

9.1.16 埋地敷设的热力管道与埋地敷设的甲、乙类工艺管道平行敷设时，两者之间的净距不应小于 1 m；与埋地敷设的甲、乙类工艺管道交叉敷设时，两者之间的净距不应小于 0.25 m，且工艺管道宜在其他管道和沟渠的下方。

9.1.17 管道宜沿库区道路布置。工艺管道不得穿越或跨越与其无关的易燃和可燃液体的储罐组、装卸设施及泵站等建(构)筑物。

9.1.18 自采样及管道低点排出的有毒液体应密闭排入专用收集系统或其他收集设施，不得就地排放或直接排入排水系统。

9.1.19 有毒液体管道上的阀门，其阀杆方向不应朝下或向下倾斜。

9.1.20　酚或其他少量与皮肤接触即会产生严重生理反应或致命危险的液体，其管道和设备的法兰垫片周围宜设置安全防护罩。

9.1.21　对储存和输送酚等腐蚀性液体和有毒液体的设备和阀门，在人工操作区域内，应在人员容易接近的地方设置淋浴喷头和洗眼器等急救设施。

9.1.22　当管道采用管沟方式敷设时，管沟与泵房、灌桶间、罐组防火堤、覆土油罐室的结合处，应设置密闭隔离墙。

9.1.23　当管道采用充沙封闭管沟或非充沙封闭管沟方式敷设时，除应符合本规范第9.1.22条规定外，尚应符合下列规定：

1　热力管道、加温输送的工艺管道，不得与输送甲、乙类液体的工艺管道敷设在同一条管沟内。

2　管沟内的管道布置应方便检修及更换管道组成件。

3　非充沙封闭管沟的净空高度不宜小于1.8 m。沟内检修通道净宽不宜小于0.7 m。

4　非充沙封闭管沟应设安全出入口，每隔100 m宜设满足人员进出的人孔或通风口。

9.1.24　当管道采用埋地方式敷设时，应符合下列规定：

1　管道的埋设深度宜位于最大冻土深度以下。埋设在冻土层时，应有防冻胀措施。

2　管顶距地面不应小于0.5 m；在室内或室外有混凝土地面的区域，管顶埋深应低于混凝土结构层不小于0.3 m；穿越铁路和道路时，应符合本规范第9.1.5条的规定。

3　输送易燃和可燃介质的埋地管道不宜穿越电缆沟，如不可避免时应设防护套管；当管道液体温度超过60 ℃时，在套管内应充填隔热材料，使套管外壁温度不超过60 ℃。

4　埋地管道不得平行重叠敷设。

5　埋地管道不应布置在邻近建(构)筑物的基础压力影响范围内，并应避免其施工和检修开挖影响邻近设备及建(构)筑物基础的稳固性。

9.2　库外管道

9.2.1　库外管道宜沿库外道路敷设。库外工艺管道不应穿过村庄、居民区、公共设施，并宜远离人员集中的建筑物和明火设施。

9.2.2　库外管道应避开滑坡、崩塌、沉陷、泥石流等不良的工程地质区。当受条件限制必须通过时，应选择合适的位置，缩小通过距离，并应加强防护措施。

9.2.3　库外管道与相邻建(构)筑物或设施之间的距离不应小于表9.2.3的规定。

表9.2.3　库外管道与相邻建(构)筑物或设施之间的距离(m)

序号	相邻建(构)筑物		液化烃等甲A类液体管道		其他易燃和可燃液体管道	
			埋地敷设	地上架空	埋地敷设	地上架空
1	城镇居民点或独立的人群密集的房屋、工矿企业人员集中场所		30	40	15	25
2	工矿企业厂内生产设施		20	30	10	15
3	库外铁路线	国家铁路线	15	25	10	15
		企业铁路线	10	15	10	10

表 9.2.3(续)

<table>
<tr><td rowspan="2">序号</td><td rowspan="2" colspan="2">相邻建(构)筑物</td><td colspan="2">液化烃等甲 A 类液体管道</td><td colspan="2">其他易燃和可燃液体管道</td></tr>
<tr><td>埋地敷设</td><td>地上架空</td><td>埋地敷设</td><td>地上架空</td></tr>
<tr><td rowspan="2">4</td><td rowspan="2">库外公路</td><td>高速公路、一级公路</td><td>7.5</td><td>12</td><td>5</td><td>7.5</td></tr>
<tr><td>其他公路</td><td>5</td><td>7.5</td><td>5</td><td>7.5</td></tr>
<tr><td rowspan="2">5</td><td rowspan="2">工业园区内道路</td><td>主要道路</td><td>5</td><td>5</td><td>5</td><td>5</td></tr>
<tr><td>一般道路</td><td>3</td><td>3</td><td>3</td><td>3</td></tr>
<tr><td>6</td><td colspan="2">架空电力、通信线路</td><td>5</td><td>1 倍杆高,且不小于 5 m</td><td>5</td><td>1 倍杆高,且不小于 5m</td></tr>
<tr><td colspan="7">注:1 对于城镇居民点或独立的人群密集的房屋、工矿企业人员集中场所,由边缘建(构)筑物的外墙算起;对于学校、医院、工矿企业厂内生产设施等,由区域边界线算起。
2 表中库外管道与库外铁路线、库外公路、工业园区内道路之间的距离系指两者平行敷设时的间距。
3 当情况特殊或受地形及其他条件限制时,在采取加强安全保护措施后,序号 1 和 2 的距离可减少 50%。对处于地形特殊困难地段与公路平行的局部管段,在采取加强安全保护措施后,可埋设在公路路肩边线以外的公路用地范围以内。
4 库外管道尚应位于铁路用地范围边线和公路用地范围边线外。
5 库外管道尚不应穿越与其无关的工矿企业,确有困难需要穿越时,应进行安全评估。</td></tr>
</table>

9.2.4 库外管道采用埋地敷设方式时,在地面上应设置明显的永久标志,管道的敷设设计应符合现行国家标准《输油管道工程设计规范》GB 50253 的有关规定。

9.2.5 易燃、可燃、有毒液体库外管道沿江、河、湖、海敷设时,应有预防管道泄漏污染水域的措施。

9.2.6 架空敷设的库外管道经过人员密集区域时,宜设防止人员进入的防护栏。

9.2.7 沿库外公路架空敷设的厂际管道距库外公路路边的距离小于 10 m 时,宜沿库外公路边设防撞设施。

9.2.8 埋地敷设的库外工艺管道不宜与市政管道、暗沟(渠)交叉或相邻布置,如确需交叉或相邻布置,应符合下列规定:

1 与市政管道、暗沟(渠)交叉时,库外工艺管道应位于市政管道、暗沟(渠)的下方,库外工艺管道的管顶与市政管道的管底、暗沟(渠)的沟底的垂直净距不应小于 0.5 m。

2 沿道路布置时,不宜与市政管道、暗沟(渠)相邻布置在道路的相同侧。

3 工艺管道与市政管道、暗沟(渠)平行敷设时,两者之间的净距不应小于 1 m,且工艺管道应位于市政热力管道热力影响范围外。

4 应进行安全风险分析,根据具体情况,采取有效可行措施,防止泄漏的易燃和可燃液体、气体进入市政管道、暗沟(渠)。

9.2.9 库外管道穿越工程的设计,应符合现行国家标准《油气输送管道穿越工程设计规范》GB 50423的有关规定。

9.2.10 库外管道跨越工程的设计,应符合现行国家标准《油气输送管道跨越工程设计规范》

GB 50459 的有关规定。

9.2.11 库外管道应在进出储罐区和库外装卸区的便于操作处设置截断阀门。

9.2.12 库外埋地管道与电气化铁路平行敷设时,应采取防止交流电干扰的措施。

9.2.13 当重要物品仓库(或堆场)、军事设施、飞机场等,对与库外管道的安全距离有特殊要求时,应按有关规定执行或协商解决。

9.2.14 库外管道的设计除应符合本节上述规定外,尚应符合本规范第 9.1.3 条、第 9.1.9 条和第 9.1.11 条~第 9.1.13 条的规定。

10 易燃和可燃液体灌桶设施

10.1 灌桶设施组成和平面布置

10.1.1 灌桶设施可由灌装储罐、灌装泵房、灌桶间、计量室、空桶堆放场、重桶库房(棚)、装卸车站台以及必要的辅助生产设施和行政、生活设施组成,设计可根据需要设置。

10.1.2 灌桶设施的平面布置,应符合下列规定:

1 空桶堆放场、重桶库房(棚)的布置,应避免运桶作业交叉进行和往返运输。

2 灌装储罐、灌桶场地、收发桶场地等应分区布置,且应方便操作、互不干扰。

10.1.3 灌装泵房、灌桶间、重桶库房可合并设在同一建筑物内。

10.1.4 甲 B、乙类液体的灌桶泵与灌桶栓之间应设防火墙。甲 B、乙类液体的灌桶间与重桶库房合建时,两者之间应设无门、窗、孔洞的防火墙。

10.1.5 灌桶设施的辅助生产和行政、生活设施,可与邻近车间联合设置。

10.2 灌桶场所

10.2.1 灌桶宜采用泵送灌装方式。有地形高差可供利用时,宜采用储罐直接自流灌装方式。

10.2.2 灌桶场所的设计,应符合下列规定:

1 甲 B、乙、丙 A 类液体宜在棚(亭)内灌装,并可在同一座棚(亭)内灌装。

2 润滑油等丙 B 类液体宜在室内灌装,其灌桶间宜单独设置。

10.2.3 灌油枪出口流速不得大于 4.5 m/s。

10.2.4 有毒液体灌桶应采用密闭灌装方式。

10.3 桶装液体库房

10.3.1 空、重桶的堆放,应满足灌装作业及空、重桶收发作业的要求。空桶的堆放量宜为 1 d 的灌装量,重桶的堆放量宜为 3 d 的灌装量。

10.3.2 空桶可露天堆放。

10.3.3 重桶应堆放在库房(棚)内。桶装液体库房(棚)的设计,应符合下列规定:

1 甲 B、乙类液体重桶与丙类液体重桶储存在同一栋库房内时,两者之间宜设防火墙。

2 Ⅰ、Ⅱ级毒性液体重桶与其他液体重桶储存在同一栋库房内时,两者之间应设防火墙。

3 甲 B、乙类液体的桶装液体库房,不得建地下或半地下式。

4 桶装液体库房应为单层建筑。当丙类液体的桶装液体库房采用一、二级耐火等级时,可为两层建筑。

5 桶装液体库房应设外开门。丙类液体桶装液体库房,可在墙外侧设推拉门。建筑面积大于或等于 100 m^2 的重桶堆放间,门的数量不应少于 2 个,门宽不应小于 2 m。桶装液体库房应设置斜坡式门槛,门槛应选用非燃烧材料,且应高出室内地坪 0.15 m。

6 桶装液体库房的单栋建筑面积不应大于表 10.3.3 的规定。

表 10.3.3 桶装液体库房的单栋建筑面积

液体类别	耐火等级	建筑面积(m^2)	防火墙隔间面积(m^2)
甲 B	一、二级	750	250
乙	一、二级	2000	500
丙	一、二级	4000	1000
	三级	1200	400

10.3.4 桶的堆码应符合下列规定:

1 空桶宜卧式堆码。堆码层数宜为 3 层,但不得超过 6 层。

2 重桶应立式堆码。机械堆码时,甲 B 类液体和有毒液体不得超过 2 层,乙类和丙 A 类液体不得超过 3 层,丙 B 类液体不得超过 4 层。人工堆码时,各类液体的重桶均不得超过 2 层。

3 运输桶的主要通道宽度,不应小于 1.8 m。桶垛之间的辅助通道宽度,不应小于1.0 m。桶垛与墙柱之间的距离不宜小于 0.25 m。

4 单层的桶装液体库房净空高度不得小于 3.5 m。桶多层堆码时,最上层桶与屋顶构件的净距不得小于 1 m。

11 车间供油站

11.0.1 设置在企业厂房内的车间供油站,应符合下列规定:

1 甲 B、乙类油品的储存量,不应大于车间两昼夜的需用量,且不应大于 2 m^3。

2 丙类油品的储存量不宜大于 10 m^3。

3 车间供油站应靠厂房外墙布置,并应设耐火极限不低于 3 h 的非燃烧体墙和耐火极限不低于 1.5 h 的非燃烧体屋顶。

4 储存甲 B、乙类油品的车间供油站,应为单层建筑,并应设有直接向外的出入口和防止液体流散的设施。

5 存油量不大于 5 m^3 的丙类油品储罐(箱),可直接设置在丁、戊类生产厂房内。

6 储罐(箱)的通气管管口应设在室外,甲 B、乙类油品储罐(箱)的通气管管口,应高出屋面 1.5 m,与厂房门、窗之间的距离不应小于 4 m。

7 储罐(箱)与油泵的距离可不受限制。

11.0.2 设置在企业厂房外的车间供油站,应符合下列规定:

1 车间供油站与本企业建(构)筑物、交通线等的安全距离,应符合本规范第 4.0.16 条的规定;站内布置应符合本规范第 5.1.3 条的规定。

2 甲 B、乙类油品储罐的总容量不大于 20 m^3 且储罐为埋地卧式储罐或丙类油品储罐的总容量不大于 100 m^3 时,站内储罐、油泵站与本车间厂房、厂内道路等的防火距离以及站内储罐、油泵站之间的防火距离可适当减小,但应符合下列规定:

1) 站内储罐、油泵站与本车间厂房、厂内道路等的防火距离,不应小于表 11.0.2 的规定;

表 11.0.2 站内储罐、油泵站与本车间厂房、厂内道路等的防火距离(m)

名称		液体类别	一、二级耐火等级的厂房	厂房内明火或散发火花地点	站区围墙	厂内道路
储罐	埋地卧式	甲 B、乙	3	18.5	3	5
		丙	3	8		
	地上式	丙	6	17.5		
油泵站		甲 B、乙	3	15		
		丙	3	8		

2) 油泵房与地上储罐的防火距离不应小于 5 m;

3) 油泵房与埋地卧式储罐的防火距离不应小于 3 m;

4) 布置在露天或棚内的油泵与储罐的距离可不受限制。

3 车间供油站应设高度不低于 1.6 m 的站区围墙。当厂房外墙兼作站区围墙时,厂房外墙地坪以上 6 m 高度范围内,不应有门、窗、孔洞。工厂围墙兼作站区围墙时,储罐、油泵站与工厂围墙的距离应符合本规范第 5.1.3 条的规定。

4 当油泵房与厂房毗邻建设时,油泵房应采用耐火极限不低于 3 h 的非燃烧体墙和不低于 1.5 h 非燃烧体屋顶。对于甲 B、乙类油品的泵房,尚应设有直接向外的出入口。

5 埋地卧式储罐的设置,应符合本规范第 6.3 节和第 6.4 节的有关规定。

12 消防设施

12.1 一般规定

12.1.1 石油库应设消防设施。石油库的消防设施设置,应根据石油库等级、储罐型式、液体火灾危险性及与邻近单位的消防协作条件等因素综合考虑确定。

12.1.2 石油库的易燃和可燃液体储罐灭火设施的设置,应符合下列规定:

1 覆土卧式油罐和储存丙 B 类油品的覆土立式油罐,可不设泡沫灭火系统,但应按本规范第 12.4.2 条的规定配置灭火器材。

2 设置泡沫灭火系统有困难,且无消防协作条件的四、五级石油库,当立式储罐不多于 5 座,甲 B 类和乙 A 类液体储罐单罐容量不大于 700 m^3,乙 B 和丙类液体储罐单罐容量不大于 2000 m^3 时,可采用烟雾灭火方式;当甲 B 类和乙 A 类液体储罐单罐容量不大于 500 m^3,乙 B 类和丙类液体储罐单罐容量不大于 1000 m^3 时,也可采用超细干粉等灭火方式。

3 其他易燃和可燃液体储罐应设置泡沫灭火系统。

12.1.3 储罐泡沫灭火系统的设置类型,应符合下列规定:

1 地上固定顶储罐、内浮顶储罐和地上卧式储罐应设低倍数泡沫灭火系统或中倍数泡沫灭火系统。

2 外浮顶储罐、储存甲 B、乙和丙 A 类油品的覆土立式油罐,应设低倍数泡沫灭火系统。

12.1.4 储罐的泡沫灭火系统设置方式,应符合下列规定:

1 容量大于 500 m^3 的水溶性液体地上立式储罐和容量大于 1000 m^3 的其他甲 B、乙、丙 A 类易燃、可燃液体地上立式储罐,应采用固定式泡沫灭火系统。

2 容量小于或等于 500 m^3 的水溶性液体地上立式储罐和容量小于或等于 1000 m^3 的其他易燃、可燃液体地上立式储罐，可采用半固定式泡沫灭火系统。

3 地上卧式储罐、覆土立式油罐、丙 B 类液体立式储罐和容量不大于 200 m^3 的地上储罐，可采用移动式泡沫灭火系统。

12.1.5 储罐应设消防冷却水系统。消防冷却水系统的设置应符合下列规定：

1 容量大于或等于 3000 m^3 或罐壁高度大于或等于 15 m 的地上立式储罐，应设固定式消防冷却水系统。

2 容量小于 3000 m^3 且罐壁高度小于 15 m 的地上立式储罐以及其他储罐，可设移动式消防冷却水系统。

3 五级石油库的立式储罐采用烟雾灭火或超细干粉等灭火设施时，可不设消防给水系统。

12.1.6 火灾时需要操作的消防阀门不应设在防火堤内。消防阀门与对应的着火储罐罐壁的距离不应小于 15 m，如果有可靠的接近消防阀门的保护措施，可不受此限制。

12.2 消防给水

12.2.1 一、二、三、四级石油库应设独立消防给水系统。

12.2.2 五级石油库的消防给水可与生产、生活给水系统合并设置。

12.2.3 当石油库采用高压消防给水系统时，给水压力不应小于在达到设计消防水量时最不利点灭火所需要的压力；当石油库采用低压消防给水系统时，应保证每个消火栓出口处在达到设计消防水量时，给水压力不应小于 0.15 MPa。

12.2.4 消防给水系统应保持充水状态。严寒地区的消防给水管道，冬季可不充水。

12.2.5 一、二、三级石油库地上储罐区的消防给水管道应环状敷设；覆土油罐区和四、五级石油库储罐区的消防给水管道可枝状敷设；山区石油库的单罐容量小于或等于 5000 m^3 且储罐单排布置的储罐区，其消防给水管道可枝状敷设。一、二、三级石油库地上储罐区的消防水环形管道的进水管道不应少于 2 条，每条管道应能通过全部消防用水量。

12.2.6 特级石油库的储罐计算总容量大于或等于 2400000 m^3 时，其消防用水量应为同时扑救消防设置要求最高的一个原油储罐和扑救消防设置要求最高的一个非原油储罐火灾所需配置泡沫用水量和冷却储罐最大用水量的总和。其他级别石油库储罐区的消防用水量，应为扑救消防设置要求最高的一个储罐火灾配置泡沫用水量和冷却储罐所需最大用水量的总和。

12.2.7 储罐的消防冷却水供应范围，应符合下列规定：

1 着火的地上固定顶储罐以及距该储罐罐壁不大于 1.5D(D 为着火储罐直径)范围内相邻的地上储罐，均应冷却。当相邻的地上储罐超过 3 座时，可按其中较大的 3 座相邻储罐计算冷却水量。

2 着火的外浮顶、内浮顶储罐应冷却，其相邻储罐可不冷却。当着火的内浮顶储罐浮盘用易熔材料制作时，其相邻储罐也应冷却。

3 着火的地上卧式储罐应冷却，距着火罐直径与长度之和 1/2 范围内的相邻罐也应冷却。

4 着火的覆土储罐及其相邻的覆土储罐可不冷却，但应考虑灭火时的保护用水量(指人身掩护和冷却地面及储罐附件的水量)。

12.2.8 储罐的消防冷却水供水范围和供给强度应符合下列规定：

1 地上立式储罐消防冷却水供水范围和供给强度，不应小于表 12.2.8 的规定。

表 12.2.8　地上立式储罐消防冷却水供水范围和供给强度

储罐及消防冷却型式			供水范围	供给强度	附注
移动式水枪冷却	着火罐	固定顶罐	罐周全长	0.6(0.8)L/(s·m)	—
		外浮顶罐 内浮顶罐	罐周全长	0.45(0.6)L/(s·m)	浮顶用易熔材料制作的内浮顶罐按固定顶罐计算
	相邻罐	不保温	罐周半长	0.35(0.5)L/(s·m)	—
		保温		0.2 L/(s·m)	
固定式冷却	着火罐	固定顶罐	罐壁外表面积	2.5 L/(min·m²)	—
		外浮顶罐 内浮顶罐	罐壁外表面积	2.0 L/(min·m²)	浮顶用易熔材料制作的内浮顶罐按固定顶罐计算
	相邻罐		罐壁外表面积的1/2	2.0 L/(min·m²)	按实际冷却面积计算,但不得小于罐壁表面积的1/2

注:1　移动式水枪冷却栏中,供给强度是按使用 ϕ16 mm 口径水枪确定的,括号内数据为使用 ϕ19 mm 口径水枪时的数据。

2　着火罐单支水枪保护范围:ϕ16 mm 口径为 8 m～10 m,ϕ19 mm 口径为 9 m～11 m;邻近罐单支水枪保护范围 ϕ16 mm 口径为 14 m～20 m,ϕ19 mm 口径为 15 m ～25 m。

2　覆土立式油罐的保护用水供给强度不应小于 0.3 L/(s·m²),用水量计算长度应为最大储罐的周长。当计算用水量小于 15 L/s 时,应按不小于 15 L/s 计。

3　着火的地上卧式储罐的消防冷却水供给强度不应小于 6 L/(min·m²),其相邻储罐的消防冷却水供给强度不应小于 3 L/(min·m²)。冷却面积应按储罐投影面积计算。

4　覆土卧式油罐的保护用水供给强度,应按同时使用不少于 2 支移动水枪计,且不应小于 15 L/s。

5　储罐的消防冷却水供给强度应根据设计所选用的设备进行校核。

12.2.9　单股道铁路罐车装卸设施的消防水量不应小于 30 L/s;双股道铁路罐车装卸设施的消防水量不应小于 60 L/s。汽车罐车装卸设施的消防水量不应小于 30 L/s;当汽车装卸车位不超过 2 个时,消防水量可按 15 L/s 设计。

12.2.10　地上立式储罐采用固定消防冷却方式时,其冷却水管的安装应符合下列规定:

1　储罐抗风圈或加强圈不具备冷却水导流功能时,其下面应设冷却喷水环管。

2　冷却喷水环管上应设置水幕式喷头,喷头布置间距不宜大于 2 m,喷头的出水压力不应小于 0.1 MPa。

3　储罐冷却水的进水立管下端应设清扫口。清扫口下端应高于储罐基础顶面不小于 0.3 m。

4　消防冷却水管道上应设控制阀和放空阀。消防冷却水以地面水为水源时,消防冷却水管道上宜设置过滤器。

12.2.11　消防冷却水最小供给时间应符合下列规定:

1　直径大于20 m的地上固定顶储罐和直径大于20 m的浮盘用易熔材料制作的内浮顶储罐不应少于9 h,其他地上立式储罐不应少于6 h。

2　覆土立式油罐不应少于4 h。

3　卧式储罐、铁路罐车和汽车罐车装卸设施不应少于2 h。

12.2.12　石油库消防水泵的设置,应符合下列规定:

1　一级石油库的消防冷却水泵和泡沫消防水泵应至少各设置1台备用泵。二、三级石油库的消防冷却水泵和泡沫消防水泵应设置备用泵,当两者的压力、流量接近时,可共用1台备用泵。四、五级石油库的消防冷却水泵和泡沫消防水泵可不设备用泵。备用泵的流量、扬程不应小于最大主泵的工作能力。

2　当一、二、三级石油库的消防水泵有2个独立电源供电时,主泵应采用电动泵,备用泵可采用电动泵,也可采用柴油机泵;只有1个电源供电时,消防水泵应采用下列方式之一:

1)　主泵和备用泵全部采用柴油机泵;

2)　主泵采用电动泵,配备规格(流量、扬程)和数量不小于主泵的柴油机泵作备用泵;

3)　主泵采用柴油机泵,备用泵采用电动泵。

3　消防水泵应采用正压启动或自吸启动。当采用自吸启动时,自吸时间不宜大于45 s。

12.2.13　当多台消防水泵的吸水管共用1根泵前主管道时,该管道应有2条支管道接入消防水池(罐),且每条支管道应能通过全部用水量。

12.2.14　石油库设有消防水池(罐)时,其补水时间不应超过96 h。需要储存的消防总水量大于1000 m^3 时,应设2个消防水池(罐),2个消防水池(罐)应用带阀门的连通管连通。消防水池(罐)应设供消防车取水用的取水口。

12.2.15　消防冷却水系统应设置消火栓,消火栓的设置应符合下列规定:

1　移动式消防冷却水系统的消火栓设置数量,应按储罐冷却灭火所需消防水量及消火栓保护半径确定。消火栓的保护半径不应大于120 m,且距着火罐罐壁15 m内的消火栓不应计算在内。

2　储罐固定式消防冷却水系统所设置的消火栓间距不应大于60 m。

3　寒冷地区消防水管道上设置的消火栓应有防冻、放空措施。

12.2.16　石油库的消防给水主管道宜与临近同类企业的消防给水主管道连通。

12.3　储罐泡沫灭火系统

12.3.1　储罐的泡沫灭火系统设计,除应执行本规范规定外,尚应符合现行国家标准《泡沫灭火系统设计规范》GB 50151的有关规定。

12.3.2　泡沫混合装置宜采用平衡比例泡沫混合或压力比例泡沫混合等流程。

12.3.3　容量大于或等于50000 m^3 的外浮顶储罐的泡沫灭火系统,应采用自动控制方式。

12.3.4　储存甲B、乙和丙A类油品的覆土立式油罐,应配备带泡沫枪的泡沫灭火系统,并应符合下列规定:

1　油罐直径小于或等于20 m的覆土立式油罐,同时使用的泡沫枪数不应少于3支。

2　油罐直径大于20 m的覆土立式油罐,同时使用的泡沫枪数不应少于4支。

3　每支泡沫枪的泡沫混合液流量不应小于240 L/min,连续供给时间不应小于1 h。

12.3.5　固定式泡沫灭火系统泡沫液的选择、泡沫混合液流量、压力应满足泡沫站服务范围内所有储罐的灭火要求。

12.3.6 当储罐采用固定式泡沫灭火系统时,尚应配置泡沫钩管、泡沫枪和消防水带等移动泡沫灭火用具。

12.3.7 泡沫液储备量应在计算的基础上增加不少于100%的富余量。

12.4 灭火器材配置

12.4.1 石油库应配置灭火器材。

12.4.2 灭火器材配置应符合现行国家标准《建筑灭火器配置设计规范》GB 50140 的有关规定,并应符合下列规定:

1 储罐组按防火堤内面积每 400 m^2 应配置 1 具 8 kg 手提式干粉灭火器,当计算数量超过 6 具时,可按 6 具配置。

2 铁路装车台每间隔 12 m 应配置 2 具 8 kg 干粉灭火器;每个公路装车台应配置 2 具 8 kg干粉灭火器。

3 石油库主要场所灭火毯、灭火沙配置数量不应少于表 12.4.2 的规定。

表 12.4.2 石油库主要场所灭火毯、灭火沙配置数量

场所	灭火毯(块)		灭火沙(m^3)
	四级及以上石油库	五级石油库	
罐组	4~6	2	2
覆土储罐出入口	2~4	2~4	1
桶装液体库房	4~6	2	1
易燃和可燃液体泵站	—	—	2
灌油间	4~6	3	1
铁路罐车易燃和可燃液体装卸栈桥	4~6	2	—
汽车罐车易燃和可燃液体装卸场地	4~6	2	1
易燃和可燃液体装卸码头	4~6	—	2
消防泵房	—	—	2
变配电间	—	—	2
管道桥涵	—	—	2
雨水支沟接主沟处	—	—	2
注:埋地卧式储罐可不配置灭火沙。			

12.5 消防车配备

12.5.1 当采用水罐消防车对储罐进行冷却时,水罐消防车的台数应按储罐最大需要水量进行配备。

12.5.2 当采用泡沫消防车对储罐进行灭火时,泡沫消防车的台数应按一个最大着火储罐所需的泡沫液量进行配备。

12.5.3 设有固定式消防系统的石油库,其消防车配备应符合下列规定:

1 特级石油库应配备 3 辆泡沫消防车;当特级石油库中储罐单罐容量大于或等于 100000 m^3

时，还应配备1辆举高喷射消防车。

2 一级石油库中，当固定顶罐、浮盘用易熔材料制作的内浮顶储罐单罐容量不小于10000 m^3或外浮顶储罐、浮盘用钢质材料制作的内浮顶储罐单罐容量不小于20000 m^3时，应配备2辆泡沫消防车；当一级石油库中储罐单罐容量大于或等于100000 m^3时，还应配备1辆举高喷射消防车。

3 储罐总容量大于或等于50000 m^3的二级石油库，当固定顶罐、浮盘用易熔材料制作的内浮顶储罐单罐容量不小于10000 m^3或外浮顶储罐、浮盘用钢质材料制作的内浮顶储罐单罐容量不小于20000 m^3时，应配备1辆泡沫消防车。

12.5.4 石油库应与邻近企业或城镇消防站协商组成联防。联防企业或城镇消防站的消防车辆符合下列要求时，可作为油库的消防车辆：

1 在接到火灾报警后5 min内能对着火罐进行冷却的消防车辆；

2 在接到火灾报警后10 min内能对相邻储罐进行冷却的消防车辆；

3 在接到火灾报警后20 min内能对着火储罐提供泡沫的消防车辆。

12.5.5 消防车库的位置，应满足接到火灾报警后，消防车到达最远着火的地上储罐的时间不超过5 min；到达最远着火覆土油罐的时间不宜超过10 min。

12.6 其他

12.6.1 石油库内应设消防值班室。消防值班室内应设专用受警录音电话。

12.6.2 一、二、三级石油库的消防值班室应与消防泵房控制室或消防车库合并设置，四、五级石油库的消防值班室可与油库值班室合并设置。消防值班室与油库值班调度室、城镇消防站之间应设直通电话。储罐总容量大于或等于50000 m^3的石油库的报警信号应在消防值班室显示。

12.6.3 储罐区、装卸区和辅助作业区的值班室内，应设火灾报警电话。

12.6.4 储罐区和装卸区内，宜在四周道路设置户外手动报警设施，其间距不宜大于100 m。容量大于或等于50000 m^3的外浮顶储罐应设置火灾自动报警系统。

12.6.5 储存甲B类和乙A类液体且容量大于或等于50000 m^3的外浮顶罐，应在储罐上设置火灾自动探测装置，并应根据消防灭火系统联动控制要求划分火灾探测器的探测区域。当采用光纤型感温探测器时，探测器应设置在储罐浮盘二次密封圈的上面。当采用光纤光栅感温探测器时，光栅探测器的间距不应大于3 m。

12.6.6 石油库火灾自动报警系统设计，应符合现行国家标准《火灾自动报警系统设计规范》GB 50116的规定。

12.6.7 采用烟雾或超细干粉灭火设施的四、五级石油库，其烟雾或超细干粉灭火设施的设置应符合下列规定：

1 当1座储罐安装多个发烟器或超细干粉喷射口时，发烟器、超细干粉喷射口应联动，且宜对称布置。

2 烟雾灭火的药剂强度及安装方式，应符合有关产品的使用要求和规定。

3 药剂及超细干粉的损失系数宜为1.1～1.2。

12.6.8 石油库内的集中控制室、变配电间、电缆夹层等场所采用气溶胶灭火装置时，气溶胶喷放出口温度不得大于80 ℃。

13 给排水及污水处理

13.1 给水

13.1.1 石油库的水源应就近选用地下水、地表水或城镇自来水。水源的水质应分别符合生活用水、生产用水和消防用水的水质标准。企业附属石油库的给水,应由该企业统一考虑。石油库选用城镇自来水做水源时,水管进入石油库处的压力不应低于 0.12 MPa。

13.1.2 石油库的生产和生活用水水源,宜合并建设。合并建设在技术经济上不合理时,亦可分别设置。

13.1.3 石油库水源工程供水量的确定,应符合下列规定:

1 石油库的生产用水量和生活用水量应按最大小时用水量计算。

2 石油库的生产用水量应根据生产过程和用水设备确定。

3 石油库的生活用水宜按 25 L/人·班~35 L/人·班、用水时间为 8 h、时间变化系数为 2.5~3.0 计算。洗浴用水宜按 40 L/人·班~60 L/人·班、用水时间为 1 h 计算。由石油库供水的附属居民区的生活用水量,宜按当地用水定额计算。

4 消防、生产及生活用水采用同一水源时,水源工程的供水量应按最大消防用水量的 1.2 倍计算确定。当采用消防水池(罐)时,应按消防水池(罐)的补充水量、生产用水量及生活用水量总和的 1.2 倍计算确定。

5 当消防与生产采用同一水源,生活用水采用另一水源时,消防与生产用水的水源工程的供水量应按最大消防用水量的 1.2 倍计算确定。采用消防水池(罐)时,应按消防水池(罐)的补充水量与生产用水量总和的 1.2 倍计算确定。生活用水水源工程的供水量应按生活用水量的 1.2 倍计算确定。

6 当消防用水采用单独水源、生产与生活用水合用另一水源时,消防用水水源工程的供水量,应按最大消防用水量的 1.2 倍计算确定。设消防水池(罐)时,应按消防水池补充水量的1.2倍计算确定。生产与生活用水水源工程的供水量,应按生产用水量与生活用水量之和的1.2倍计算确定。

13.1.4 石油库附近有江、河、湖、海等合适的地面水源时,地面水源宜设置为石油库的应急消防水源。

13.2 排水

13.2.1 石油库的含油与不含油污水,应采用分流制排放。含油污水应采用管道排放。未被易燃和可燃液体污染的地面雨水和生产废水可采用明沟排放,并宜在石油库围墙处集中设置排放口。

13.2.2 储罐区防火堤内的含油污水管道引出防火堤时,应在堤外采取防止泄漏的易燃和可燃液体流出罐区的切断措施。

13.2.3 含油污水管道应在储罐组防火堤处、其他建(构)筑物的排水管出口处、支管与干管连接处、干管每隔 300 m 处设置水封井。

13.2.4 石油库通向库外的排水管道和明沟,应在石油库围墙里侧设置水封井和截断装置。水封井与围墙之间的排水通道应采用暗沟或暗管。

13.2.5 水封井的水封高度不应小于 0.25 m。水封井应设沉泥段,沉泥段自最低的管底算起,其深度不应小于 0.25 m。

13.3 污水处理

13.3.1 石油库的含油污水和化工污水(包括接受油船上的压舱水和洗舱水),应经过处理,达到现行的国家排放标准后才能排放。

13.3.2 处理含油污水和化工污水的构筑物或设备,宜采用密闭式或加设盖板。

13.3.3 含油污水和化工污水处理,应根据污水的水质和水量,选用相应的调节、隔油过滤等设施。对于间断排放的含油污水和化工污水,宜设调节池。调节、隔油等设施宜结合总平面及地形条件集中布置。

13.3.4 有毒液体设备和管道排放的有毒化工污水,应设置专用收集设施。

13.3.5 含Ⅰ、Ⅱ级毒性液体的污水处理宜依托有相应处理能力的污水处理厂进行处理。

13.3.6 石油库需自建有毒污水处理设施时,应符合现行国家标准《石油化工污水处理设计规范》GB 50747 的有关规定。

13.3.7 在石油库污水排放处,应设置取样点或检测水质和测量水量的设施。

13.3.8 某个罐组的专用隔油池需要布置在该罐组防火堤内,其容量不应大于 150 m^3,与储罐的距离可不受限制。

13.4 漏油及事故污水收集

13.4.1 库区内应设置漏油及事故污水收集系统。收集系统可由罐组防火堤、罐组周围路堤式消防车道与防火堤之间的低洼地带、雨水收集系统、漏油及事故污水收集池组成。

13.4.2 一、二、三、四级石油库的漏油及事故污水收集池容量,分别不应小于 1000 m^3、750 m^3、500 m^3、300 m^3;五级石油库可不设漏油及事故污水收集池。漏油及事故污水收集池宜布置在库区地势较低处。漏油及事故污水收集池应采取隔油措施。

13.4.3 在防火堤外有易燃和可燃液体管道的地方,地面应就近坡向雨水收集系统。当雨水收集系统干道采用暗管时,暗管宜采用金属管道。

13.4.4 雨水暗管或雨水沟支线进入雨水主管或主沟处,应设水封井。

14 电气

14.1 供配电

14.1.1 石油库生产作业的供电负荷等级宜为三级,不能中断生产作业的石油库供电负荷等级应为二级。一、二、三级石油库应设置供信息系统使用的应急电源。设置有电动阀门(易燃和可燃液体定量装车控制阀除外)的一、二级石油库宜配置可移动式应急动力电源装置。应急动力电源装置的专用切换电源装置宜设置在配电间处或罐组防火堤外。

14.1.2 石油库的供电宜采用外接电源。当采用外接电源有困难或不经济时,可采用自备电源。

14.1.3 一、二、三级石油库的消防泵站和泡沫站应设应急照明,应急照明可采用蓄电池作为备用电源,其连续供电时间不应少于 6 h。

14.1.4 10 kV 以上的变配电装置应独立设置。10 kV 及以下的变配电装置的变配电间与易燃液体泵房(棚)相毗邻时,应符合下列规定:

1 隔墙应为不燃材料建造的实体墙。与变配电间无关的管道,不得穿过隔墙。所有穿墙的孔洞,应用不燃材料严密填实。

2 变配电间的门窗应向外开,其门应设在泵房的爆炸危险区域以外。变配电间的窗宜设在泵房的爆炸危险区域以外;如窗设在爆炸危险区以内,应设密闭固定窗和警示标志。

3 变配电间的地坪应高于油泵房室外地坪至少0.6 m。

14.1.5 石油库主要生产作业场所的配电电缆应采用铜芯电缆,并应采用直埋或电缆沟充砂敷设,局部地段确需在地面敷设的电缆应采用阻燃电缆。

14.1.6 电缆不得与易燃和可燃液体管道、热力管道同沟敷设。

14.1.7 石油库内易燃液体设备、设施爆炸危险区域的等级及电气设备选型,应按现行国家标准《爆炸和火灾危险环境电力装置设计规范》GB 50058 执行,其爆炸危险区域划分应符合本规范附录B的规定。

14.1.8 石油库的低压配电系统接地型式应采用TN—S系统,道路照明可采用TT系统。

14.2 防雷

14.2.1 钢储罐必须做防雷接地,接地点不应少于2处。

14.2.2 钢储罐接地点沿储罐周长的间距,不宜大于30 m,接地电阻不宜大于10 Ω。

14.2.3 储存易燃液体的储罐防雷设计,应符合下列规定:

1 装有阻火器的地上卧式储罐的壁厚和地上固定顶钢储罐的顶板厚度大于或等于4 mm时,不应装设接闪杆(网)。铝顶储罐和顶板厚度小于4 mm的钢储罐,应装设接闪杆(网),接闪杆(网)应保护整个储罐。

2 外浮顶储罐或内浮顶储罐不应装设接闪杆(网),但应采用两根导线将浮顶与罐体做电气连接。外浮顶储罐的连接导线应选用截面积不小于50 mm^2 的扁平镀锡软铜复绞线或绝缘阻燃护套软铜复绞线;内浮顶储罐的连接导线应选用直径不小于5 mm的不锈钢钢丝绳。

3 外浮顶储罐应利用浮顶排水管将罐体与浮顶做电气连接,每条排水管的跨接导线应采用一根横截面不小于50 mm^2 扁平镀锡软铜复绞线。

4 外浮顶储罐的转动浮梯两侧,应分别与罐体和浮顶各做两处电气连接。

5 覆土储罐的呼吸阀、量油孔等法兰连接处,应做电气连接并接地,接地电阻不宜大于10 Ω。

14.2.4 储存可燃液体的钢储罐,不应装设接闪杆(网),但应做防雷接地。

14.2.5 装于地上钢储罐上的仪表及控制系统的配线电缆应采用屏蔽电缆,并应穿镀锌钢管保护管,保护管两端应与罐体做电气连接。

14.2.6 石油库内的信号电缆宜埋地敷设,并宜采用屏蔽电缆。当采用铠装电缆时,电缆的首末端铠装金属应接地。当电缆采用穿钢管敷设时,钢管在进入建筑物处应接地。

14.2.7 储罐上安装的信号远传仪表,其金属外壳应与储罐体做电气连接。

14.2.8 电气和信息系统的防雷击电磁脉冲应符合现行国家标准《建筑物防雷设计规范》GB 50057 的相关规定。

14.2.9 易燃液体泵房(棚)的防雷应按第二类防雷建筑物设防。

14.2.10 在平均雷暴日大于40 d/a的地区,可燃液体泵房(棚)的防雷应按第三类防雷建筑物设防。

14.2.11 装卸易燃液体的鹤管和液体装卸栈桥(站台)的防雷,应符合下列规定:

1 露天进行装卸易燃液体作业的,可不装设接闪杆(网)。

2 在棚内进行装卸易燃液体作业的,应采用接闪网保护。棚顶的接闪网不能有效保护爆炸危险1区时,应加装接闪杆。当罩棚采用双层金属屋面,且其顶面金属层厚度大于0.5 mm、搭接长度大于100 mm时，宜利用金属屋面作为接闪器，可不采用接闪网保护。

3 进入液体装卸区的易燃液体输送管道在进入点应接地，接地电阻不应大于20 Ω。

14.2.12 在爆炸危险区域内的工艺管道，应采取下列防雷措施：

1 工艺管道的金属法兰连接处应跨接。当不少于5根螺栓连接时，在非腐蚀环境下可不跨接。

2 平行敷设于地上或非充沙管沟内的金属管道，其净距小于100 mm时，应用金属线跨接，跨接点的间距不应大于30 m。管道交叉点净距小于100 mm时，其交叉点应用金属线跨接。

14.2.13 接闪杆(网、带)的接地电阻，不宜大于10 Ω。

14.3 防静电

14.3.1 储存甲、乙和丙A类液体的钢储罐，应采取防静电措施。

14.3.2 钢储罐的防雷接地装置可兼作防静电接地装置。

14.3.3 外浮顶储罐应按下列规定采取防静电措施：

1 外浮顶储罐的自动通气阀、呼吸阀、阻火器和浮顶量油口应与浮顶做电气连接。

2 外浮顶储罐采用钢滑板式机械密封时，钢滑板与浮顶之间应做电气连接，沿圆周的间距不宜大于3 m。

3 二次密封采用Ⅰ型橡胶刮板时，每个导电片均应与浮顶做电气连接。

4 电气连接的导线应选用横截面不小于10 mm^2 镀锡软铜复绞线。

5 外浮顶储罐浮顶上取样口的两侧1.5 m之外应各设一组消除人体静电的装置，并应与罐体做电气连接。该消除人体静电的装置可兼作人工检尺时取样绳索、检测尺等工具的电气连接体。

14.3.4 铁路罐车装卸栈桥的首、末端及中间处，应与钢轨、工艺管道、鹤管等相互做电气连接并接地。

14.3.5 石油库专用铁路线与电气化铁路接轨时，电气化铁路高压电接触网不宜进入石油库装卸区。

14.3.6 当石油库专用铁路线与电气化铁路接轨，铁路高压接触网不进入石油库专用铁路线时，应符合下列规定：

1 在石油库专用铁路线上，应设置2组绝缘轨缝。第一组应设在专用铁路线起始点15 m以内，第二组应设在进入装卸区前。2组绝缘轨缝的距离，应大于取送车列的总长度。

2 在每组绝缘轨缝的电气化铁路侧，应设1组向电气化铁路所在方向延伸的接地装置，接地电阻不应大于10 Ω。

3 铁路罐车装卸设施的钢轨、工艺管道、鹤管、钢栈桥等应做等电位跨接并接地，两组跨接点间距不应大于20 m，每组接地电阻不应大于10 Ω。

14.3.7 当石油库专用铁路与电气化铁路接轨，且铁路高压接触网进入石油库专用铁路线时，应符合下列规定：

1 进入石油库的专用电气化铁路线高压电接触网应设2组隔离开关。第一组应设在与专用铁路线起始点15 m以内，第二组应设在专用铁路线进入铁路罐车装卸线前，且与第一个鹤管的距离不应小于30 m。隔离开关的入库端应装设避雷器保护。专用线的高压接触网终端距第一个装卸油鹤管，不应小于15 m。

2 在石油库专用铁路线上，应设置 2 组绝缘轨缝及相应的回流开关装置。第一组应设在专用铁路线起始点 15 m 以内，第二组应设在进入铁路罐车装卸线前。

3 在每组绝缘轨缝的电气化铁路侧，应设 1 组向电气化铁路所在方向延伸的接地装置，接地电阻不应大于 10 Ω。

4 专用电气化铁路线第二组隔离开关后的高压接触网，应设置供搭接的接地装置。

5 铁路罐车装卸设施的钢轨、工艺管道、鹤管、钢栈桥等应做等电位跨接并接地，两组跨接点的间距不应大于 20 m，每组接地电阻不应大于 10 Ω。

14.3.8 甲、乙和丙 A 类液体的汽车罐车或灌桶设施，应设置与罐车或桶跨接的防静电接地装置。

14.3.9 易燃和可燃液体装卸码头，应设与船舶跨接的防静电接地装置。此接地装置应与码头上的液体装卸设备的静电接地装置合用。

14.3.10 地上或非充沙管沟敷设的工艺管道的始端、末端、分支处以及直线段每隔 200 m～300 m 处，应设置防静电和防雷击电磁脉冲的接地装置。

14.3.11 地上或非充沙管沟敷设的工艺管道的防静电接地装置可与防雷击电磁脉冲接地装置合用，接地电阻不宜大于 30 Ω，接地点宜设在固定管墩(架)处。

14.3.12 用于易燃和可燃液体装卸场所跨接的防静电接地装置，宜采用能检测接地状况的防静电接地仪器。

14.3.13 移动式的接地连接线，宜采用带绝缘护套的软导线，通过防爆开关，将接地装置与液体装卸设施相连。

14.3.14 下列甲、乙和丙 A 类液体作业场所应设消除人体静电装置：

1 泵房的门外；

2 储罐的上罐扶梯入口处；

3 装卸作业区内操作平台的扶梯入口处；

4 码头上下船的出入口处。

14.3.15 当输送甲、乙类液体的管道上装有精密过滤器时，液体自过滤器出口流至装料容器入口应有 30 s 的缓和时间。

14.3.16 防静电接地装置的接地电阻，不宜大于 100 Ω。

14.3.17 石油库内防雷接地、防静电接地、电气设备的工作接地、保护接地及信息系统的接地等，宜共用接地装置，其接地电阻应按其中要求最小的接地电阻值确定。当石油库设有阴极保护时，共用接地装置的接地材料不应使用腐蚀电位比钢材正的材料。

14.3.18 防雷防静电接地电阻检测断接接头、消除人体静电装置，以及汽车罐车装卸场地的固定接地装置，不得设在爆炸危险 1 区。

15 自动控制和电信

15.1 自动控制系统及仪表

15.1.1 容量大于 100 m^3 的储罐应设液位测量远传仪表，并应符合下列规定：

1 液位连续测量信号应采用模拟信号或通信方式接入自动控制系统。

2 应在自动控制系统中设高、低液位报警。

3 储罐高液位报警的设定高度应符合现行行业标准《石油化工储运系统罐区设计规范》SH/T 3007 的有关规定。

4 储罐低液位报警的设定高度应满足泵不发生汽蚀的要求，外浮顶储罐和内浮顶储罐的低液位报警设定高度(距罐底板)宜高于浮顶落底高度0.2 m及以上。

15.1.2 下列储罐应设高高液位报警及联锁，高高液位报警应能同时联锁关闭储罐进口管道控制阀：

1 年周转次数大于6次，且容量大于或等于10000 m^3 的甲B、乙类液体储罐；

2 年周转次数小于或等于6次，且容量大于20000 m^3 的甲B、乙类液体储罐；

3 储存Ⅰ、Ⅱ级毒性液体的储罐。

15.1.3 容量大于或等于50000 m^3 的外浮顶储罐和内浮顶储罐应设低低液位报警。低低液位报警设定高度(距罐底板)不应低于浮顶落底高度，低低液位报警应能同时联锁停泵。

15.1.4 用于储罐高高、低低液位报警信号的液位测量仪表应采用单独的液位连续测量仪表或液位开关，并应在自动控制系统中设置报警及联锁。

15.1.5 需要控制和监测储存温度的储罐应设温度测量仪表，并应将温度测量信号远传到控制室。

14.1.6 容量大于或等于50000 m^3 的外浮顶储罐，其泡沫灭火系统应采用由人工确认的自动控制方式。

15.1.7 一级石油库的重要工艺机泵、消防泵、储罐搅拌器等电动设备和控制阀门除应能在现场操作外，尚应能在控制室进行控制和显示状态。二级石油库的重要工艺机泵、消防泵、储罐搅拌器等电动设备和控制阀门除应能在现场操作外，尚宜能在控制室进行控制和显示状态。

15.1.8 易燃和可燃液体输送泵出口管道应设压力测量仪表，压力测量仪表应能就地显示，一级石油库尚应将压力测量信号远传至控制室。

15.1.9 有毒气体和可燃气体检测器设置，应符合下列规定：

1 有毒液体的泵站、装卸车站、计量站、储罐的阀门集中处和排水井处等可能发生有毒气体泄漏和积聚的区域，应设置有毒气体检测器。

2 设有甲、乙A类易燃液体设备的房间内，应设置可燃气体浓度自动检测报警装置。

3 一级石油库的甲、乙A类液体的泵站、装卸车站、计量站、地上储罐的阀门集中处和排水井处等可能发生可燃气体泄漏、积聚的露天场所，应设置可燃气体检测器；覆土罐组和其他级别石油库的露天场所可配置便携式可燃气体检测器。

4 一级石油库的可燃气体和有毒气体检测报警系统设计，应符合现行国家标准《石油化工可燃气体和有毒气体检测报警设计规范》GB 50493的有关规定。

15.1.10 一级石油库消防部分的监测、顺序控制等操作应采用以下两种方式之一：

1 采用专用监控系统，并经通信接口与石油库的自动控制系统通信；

2 在石油库的自动控制系统中设置单独的I/O卡件和单独的显示操作站。

15.1.11 一级石油库消防泵的启停、消防水管道及泡沫液管道上控制阀的开关均应在消防控制室实现远程启停控制，总控制台应显示泵运行状态和控制阀的阀位信号。

15.1.12 仪表及计算机监控管理系统应采用UPS不间断电源供电，UPS的后备电池组应在外部电源中断后提供不少于30 min的交流供电时间。

15.1.13 自动控制系统的室外仪表电缆敷设，应符合下列规定：

1 在生产区敷设的仪表电缆宜采用电缆沟、电缆保护管、直埋等地下敷设方式。采用电缆沟时，电缆沟应充沙填实。

2 生产区局部地段确需在地面敷设的电缆，应采用镀锌钢保护管或带盖板的全封闭金属电缆槽等方式敷设。

3 非生产区的仪表电缆可采用带盖板的全封闭金属电缆槽在地面以上敷设。

15.2 电信

15.2.1 石油库应设置火灾报警电话、行政电话系统、无线电通信系统、电视监视系统。一级石油库尚应设置计算机局域网络、入侵报警系统和出入口控制系统。根据需要可设置调度电话系统、巡更系统。

15.2.2 电信设备供电应采用220 VAC/380 VAC作为主电源，当采用直流供电方式时，应配备直流备用电源；当采用交流供电方式时，应采用UPS电源。小容量交流用电设备，也可采用直流逆变器作为保障供电的措施。

15.2.3 室内电信线路，非防爆场所宜暗敷设，防爆场所应明敷设。

15.2.4 室外电信线路敷设应符合下列规定：

1 在生产区敷设的电信线路宜采用电缆沟、电缆管道埋地、直埋等地下敷设方式。采用电缆沟时，电缆沟应充沙填实。

2 生产区局部地段确需在地面以上敷设的电缆，应采用保护管或带盖板的电缆桥架等方式敷设。

15.2.5 石油库流动作业的岗位，应配置无线电通信设备，并宜采用无线对讲系统或集群通信系统。无线通信手持机应采用防爆型。

15.2.6 电视监视系统的监视范围应覆盖储罐区、易燃和可燃液体泵站、易燃和可燃液体装卸设施、易燃和可燃液体灌桶设施和主要设施出入口等处。电视监控操作站宜分别设在生产控制室、消防控制室、消防站值班室和保卫值班室等地点。当设置火灾自动报警系统时，宜与电视监视系统联动控制。

15.2.7 入侵报警系统宜沿石油库围墙布设，报警主机宜设在门卫值班室或保卫办公室内。入侵报警系统宜与电视监视系统联动形成安防报警平台。

15.2.8 计算机局域网络应满足石油库数据通信和信息管理系统建设的要求。信息插座宜设在石油库办公楼、控制室、化验室等场所。

16 采暖通风

16.1 采暖

16.1.1 集中采暖的热媒，宜采用热水。采用热水不便时，可采用低压蒸汽。

16.1.2 石油库设计集中采暖时，房间的采暖室内计算温度，宜符合表16.1.2的规定。

表16.1.2 房间的采暖室内计算温度

序号	房间名称	采暖室内计算温度(℃)
1	易燃和可燃液体泵房、水泵房、消防泵房、柴油发电机间、汽车库、空气压缩机间	5
2	铁路罐车装卸暖库	12
3	灌桶间、修洗桶间、机修间	14
4	计量室、仪表间、化验室、办公室、值班室、休息室	18

表 16.1.2(续)

序号	房间名称	采暖室内计算温度(℃)
5	盥洗室	14
5	厕所	12
6	浴室、更衣间	25
7	更衣室	23
注:易凝、易燃和可燃液体泵房,可根据实际需要确定采暖室内计算温度。		

16.2 通风

16.2.1 易燃和有毒液体泵房、灌桶间及其他有易燃和有毒液体设备的房间,应设置机械通风系统和事故排风装置。机械通风系统换气次数宜为5次/h～6次/h,事故排风换气次数不应小于12次/h。

16.2.2 在集中散发有害物质的操作地点(如修洗桶间、化验室通风柜等),宜采取局部机械通风措施。

16.2.3 通风口的设置应避免在通风区域内产生空气流动死角。

16.2.4 在爆炸危险区域内,风机、电机等所有活动部件应选择防爆型,其构造应能防止产生电火花。机械通风系统应采用不燃烧材料制作。风机应采用直接传动或联轴器传动。风管、风机及其安装方式均应采取防静电措施。

16.2.5 在布置有甲、乙A类易燃液体设备的房间内,所设置的机械通风设备应与可燃气体浓度自动检测报警系统联动,并应设有就地和远程手动开启装置。

16.2.6 石油库生产性建筑物的通风设计除应执行本节的规定外,尚应符合现行行业标准《石油化工采暖通风与空气调节设计规范》SH/T 3004的有关规定。

附 录 A
计算间距的起讫点

表A 计算间距的起讫点

序号	建(构)筑物、设施和设备	计算间距的起讫点
1	道路	路边
2	铁路	铁路中心线
3	管道	管子中心(指明者除外)
4	地上立式储罐、地上和覆土卧式油罐	罐外壁
5	覆土立式油罐	罐室内墙壁及其出入口
6	设在露天(包括棚下)的各种设备	最突出的外缘
7	架空电力和通信线路	线路中心
8	埋地电力和通信电缆	电缆中心
9	建筑物或构筑物	外墙轴线
10	铁路罐车装卸设施	铁路罐车装卸线中心线,端部罐车的装卸口中心
11	汽车罐车装卸设施	汽车罐车装卸作业时鹤管或软管管口中心
12	液体装卸码头	前沿线(靠船的边缘)
13	工矿企业、居住区	建筑物或构筑物外墙轴线
14	医院、学校、养老院等公共设施	围墙轴线;无围墙者为建(构)筑物外墙轴线
15	架空电力线杆(塔)高、通信线杆(塔)高	电线杆(塔)和通信线杆(塔)所在地面至杆(塔)顶的高度
注:本规范中的安全距离和防火距离未特殊说明的,均指平面投影距离。		

附 录 B
石油库内易燃液体设备、设施的爆炸危险区域划分

B.0.1 爆炸危险区域的等级定义应符合现行国家标准《爆炸和火灾危险环境电力装置设计规范》GB 50058 的规定。

B.0.2 易燃液体设施的爆炸危险区域内地坪以下的坑和沟应划为 1 区。

B.0.3 储存易燃液体的地上固定顶储罐爆炸危险区域划分(图 B.0.3),应符合下列规定:

1 罐内未充惰性气体的液体表面以上空间应划为 0 区。

2 以通气口为中心、半径为 1.5 m 的球形空间应划为 1 区。

3 距储罐外壁和顶部 3 m 范围内及防火堤至罐外壁,其高度为堤顶高的范围应划为 2 区。

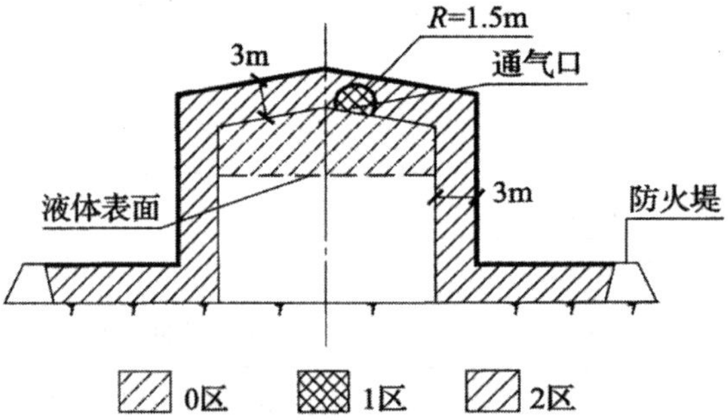

图 B.0.3 储存易燃液体的地上固定顶储罐爆炸危险区域划分

B.0.4 储存易燃液体的内浮顶储罐爆炸危险区域划分(图 B.0.4),应符合下列规定:

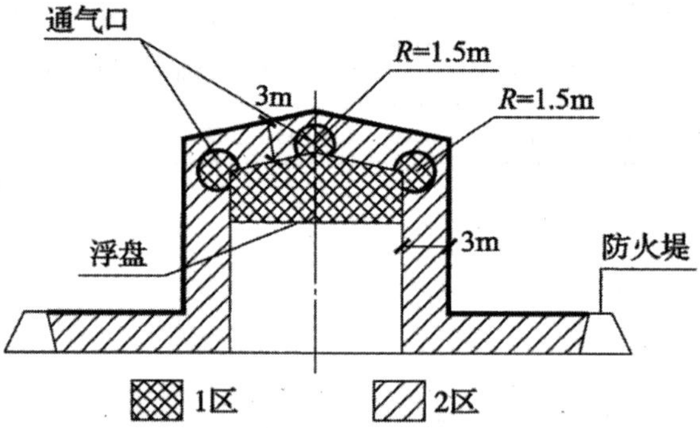

图 B.0.4 储存易燃液体的内浮顶储罐爆炸危险区域划分

1 浮盘上部空间及以通气口为中心、半径为 1.5 m 范围内的球形空间应划为 1 区。

2 距储罐外壁和顶部 3 m 范围内及防火堤至储罐外壁,其高度为堤顶高的范围应划为 2 区。

B.0.5 储存易燃液体的外浮顶储罐爆炸危险区域划分(图 B.0.5),应符合下列规定:

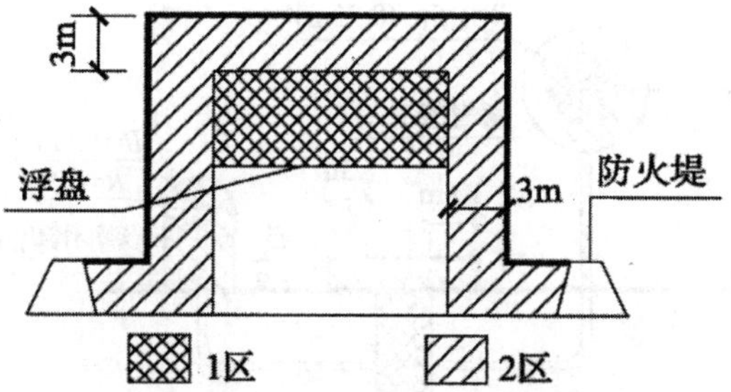

图 B.0.5 储存易燃液体的外浮顶储罐爆炸危险区域划分

1 浮盘上部至罐壁顶部空间应划为 1 区。

2 距储罐外壁和顶部 3 m 范围内及防火堤至罐外壁,其高度为堤顶高的范围内划为 2 区。

B.0.6 储存易燃液体的地上卧式储罐爆炸危险区域划分(图 B.0.6),应符合下列规定:

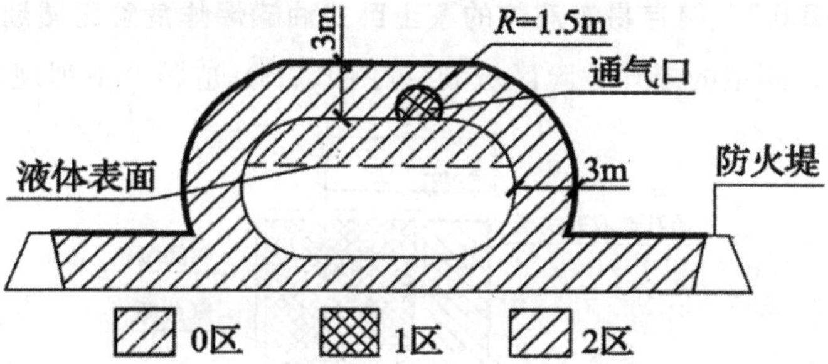

图 B.0.6 储存易燃液体的地上卧式储罐爆炸危险区域划分

1 罐内未充惰性气体的液体表面以上的空间应划为 0 区。

2 以通气口为中心、半径为 1.5 m 的球形空间应划为 1 区。

3 距罐外壁和顶部 3 m 范围内及罐外壁至防火堤,其高度为堤顶高的范围应划为 2 区。

B.0.7 储存易燃液体的覆土卧式油罐爆炸危险区域划分(图 B.0.7),应符合下列规定:

1 罐内部液体表面以上的空间应划分为 0 区。

2 人孔(阀)井内部空间,以通气管管口为中心、半径为 1.5 m(0.75 m)的球形空间和以密闭卸油口为中心、半径为 0.5 m 的球形空间,应划分为 1 区。

3 距人孔(阀)井外边缘 1.5 m 以内、自地面算起 1 m 高的圆柱形空间,以通气管管口为中心、半径为 3 m(2 m)的球形空间和以密闭卸油口为中心、半径为 1.5 m 的球形并延至地面的空间,应划分为 2 区。

注:采用油气回收系统的储罐通气管管口爆炸危险区域用括号内数字。

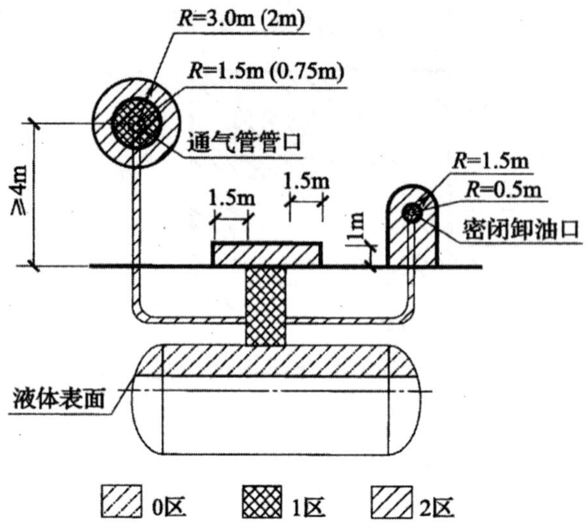

图 B.0.7 储存易燃液体的覆土卧式油罐爆炸危险区域划分

B.0.8 易燃液体泵房、阀室的爆炸危险区域划分(图 B.0.8),应符合下列规定:

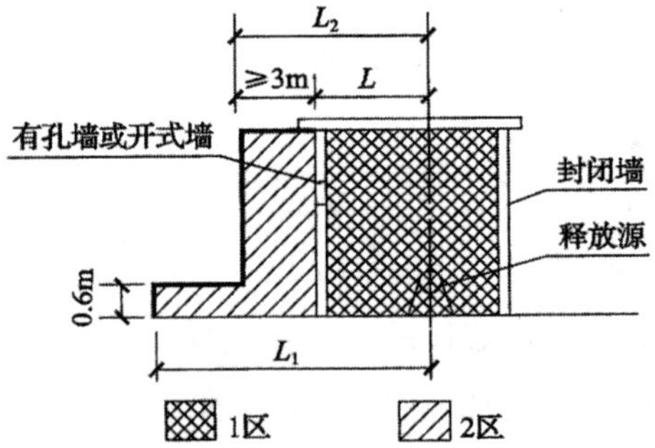

图 B.0.8 易燃液体泵房、阀室爆炸危险区域划分

1 易燃液体泵房和阀室内部空间应划为 1 区。

2 有孔墙或开式墙外与墙等高、L_2 范围以内且不小于 3 m 的空间及距地坪 0.6 m 高、L_1 范围以内的空间应划为 2 区。

3 危险区边界与释放源的距离应符合表 B.0.8 的规定。

表 B.0.8 危险区边界与释放源的距离

释放源名称		距离(m)	
		L_1	L_2
易燃液体输送泵	工作压力≤1.6 MPa	$L+3$	$L+3$
	工作压力>1.6 MPa	15	$L+3$,且不小于 7.5
易燃液体法兰、阀门		$L+3$	$L+3$
注:L 表示释放源至泵房外墙的距离。			

B.0.9 易燃液体泵棚、露天泵站的泵和配管的阀门、法兰等为释放源的爆炸危险区域划分(图 B.0.9),应符合下列规定:

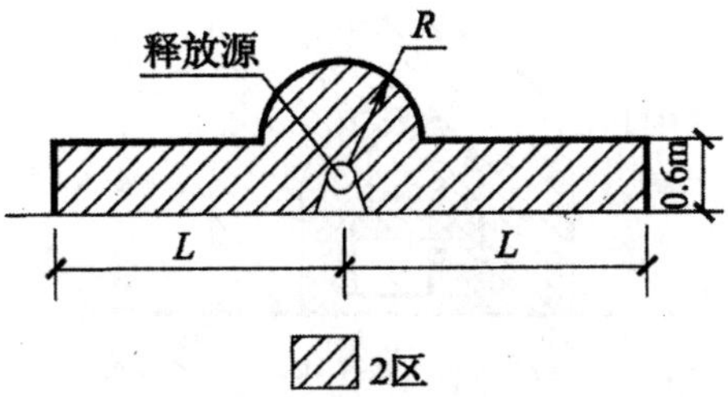

图 B.0.9 易燃液体泵棚、露天泵站的泵及配管的阀门、法兰等为释放源的爆炸危险区域划分

1 以释放源为中心、半径为 R 的球形空间和自地面算起高为 0.6 m、半径为 L 的圆柱体的范围应划为 2 区。

2 危险区边界与释放源的距离应符合表 B.0.9 的规定。

表 B.0.9 危险区边界与释放源的距离

释放源名称		距 离(m)	
		L	R
易燃液体输送泵	工作压力≤1.6 MPa	3	1
	工作压力>1.6 MPa	15	7.5
易燃液体法兰、阀门		3	1

B.0.10 易燃液体灌桶间爆炸危险区域划分(图 B.0.10),应符合下列规定:

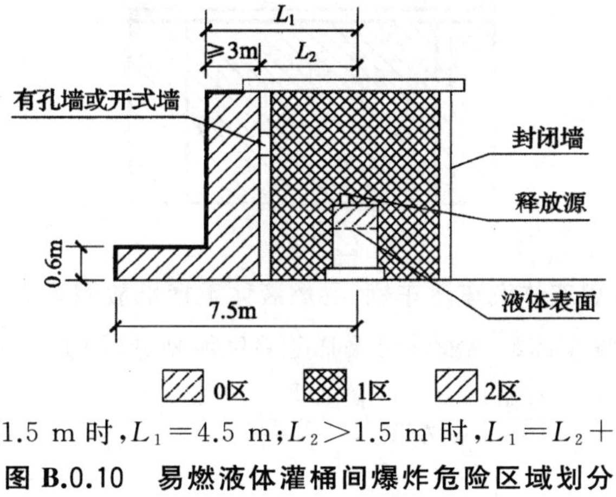

$L_2 \leqslant 1.5$ m 时,$L_1 = 4.5$ m;$L_2 > 1.5$ m 时,$L_1 = L_2 + 3$ m。

图 B.0.10 易燃液体灌桶间爆炸危险区域划分

1 桶内液体表面以上的空间应划为 0 区。

2 灌桶间内空间应划为 1 区。

3 有孔墙或开式墙外距释放源 L_1 距离以内、与墙等高的室外空间和自地面算起 0.6 m 高、距释放源 7.5 m 以内的室外空间应划为 2 区。

B.0.11 易燃液体灌桶棚或露天灌桶场所的爆炸危险区域划分(图 B.0.11),应符合下列规定:

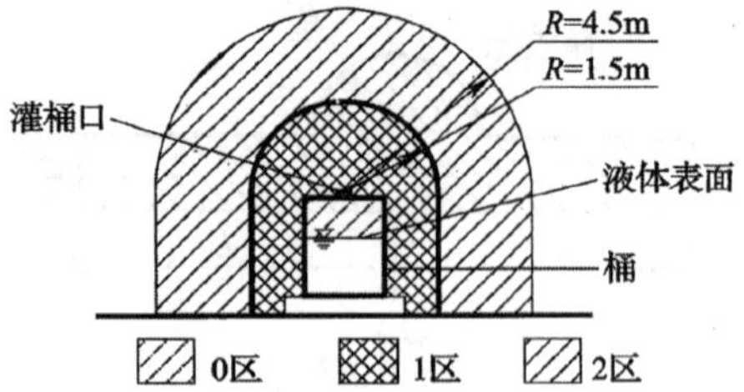

图 B.0.11　易燃液体灌桶棚或露天灌桶场所爆炸危险区域划分

1　桶内液体表面以上空间应划为 0 区。

2　以灌桶口为中心、半径为 1.5 m 的球形并延至地面的空间应划为 1 区。

3　以灌桶口为中心、半径为 4.5 m 的球形并延至地面的空间应划为 2 区。

B.0.12　易燃液体重桶库房的爆炸危险区域划分(图 B.0.12),其建筑物内空间及有孔或开式墙外 1 m 与建筑物等高的范围内的空间,应划为 2 区。

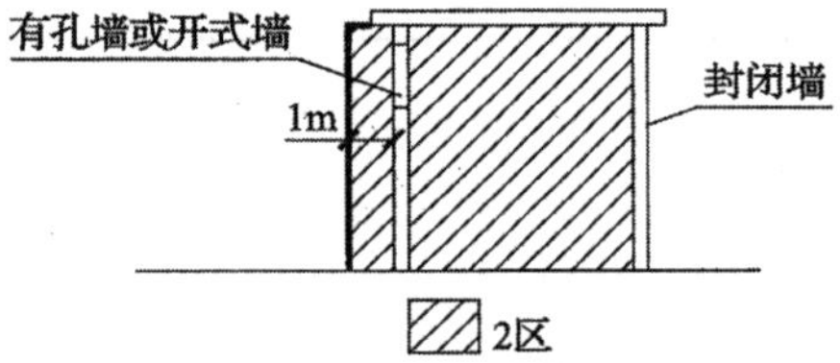

图 B.0.12　易燃液体重桶库房爆炸危险区域划分

B.0.13　易燃液体汽车罐车棚、易燃液体重桶堆放棚的爆炸危险区域划分(图 B.0.13),其棚的内部空间应划为 2 区。

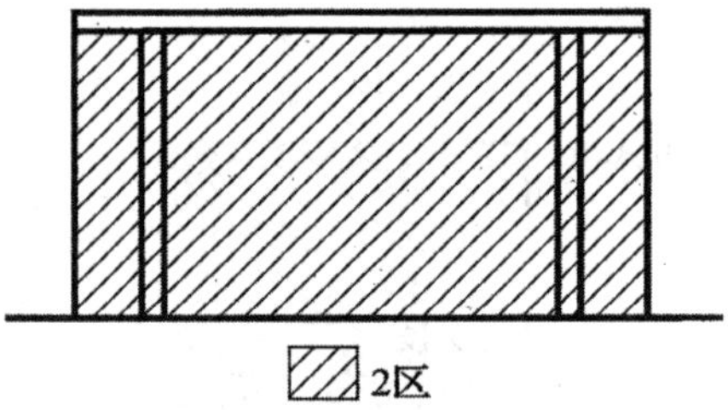

图 B.0.13　易燃液体汽车罐车棚、易燃液体重桶堆放棚爆炸危险区域划分

B.0.14　铁路罐车、汽车罐车卸易燃液体时爆炸危险区域划分(图 B.0.14),应符合下列规定:

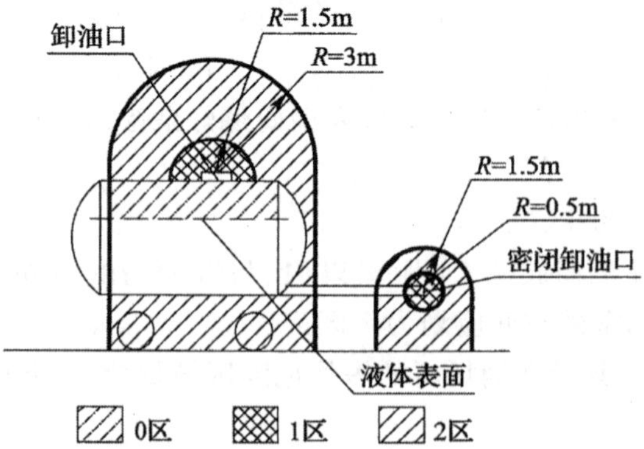

图 B.0.14　铁路罐车、汽车罐车卸易燃液体时爆炸危险区域划分

1 罐车内的液体表面以上空间应划为 0 区。

2 以卸油口为中心、半径为 1.5 m 的球形空间和以密闭卸油口为中心、半径为 0.5 m 的球形空间,应划为 1 区。

3 以卸油口为中心、半径为 3 m 的球形并延至地面的空间,以密闭卸油口为中心、半径为 1.5 m 的球形并延至地面的空间,应划为 2 区。

B.0.15 铁路罐车、汽车罐车敞口灌装易燃液体时爆炸危险区域划分(图 B.0.15),应符合下列规定:

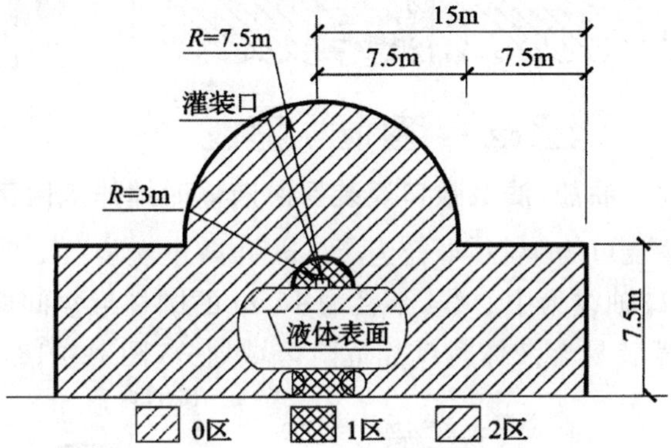

图 B.0.15 铁路罐车、汽车罐车敞口灌装易燃液体时爆炸危险区域划分

1 罐车内部的液体表面以上空间应划为 0 区。

2 以罐车灌装口为中心、半径为 3 m 的球形并延至地面的空间应划为 1 区。

3 以灌装口为中心、半径为 7.5 m 的球形空间和以灌装口轴线为中心线、自地面算起高为 7.5 m、半径为 15 m 的圆柱形空间,应划为 2 区。

B.0.16 铁路罐车、汽车罐车密闭灌装易燃液体时爆炸危险区域划分(图 B.0.16),应符合下列规定:

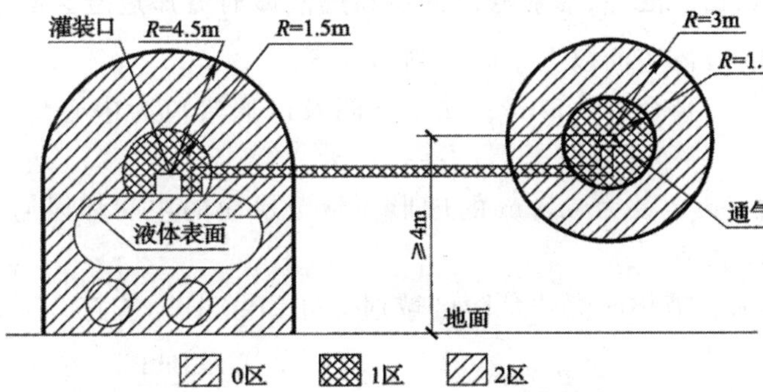

图 B.0.16 铁路罐车、汽车罐车密闭灌装易燃液体时爆炸危险区域划分

1 罐车内部的液体表面以上空间应划为 0 区。

2 以罐车灌装口为中心、半径为 1.5 m 的球形空间和以通气口为中心、半径为 1.5 m 的球形空间,应划为 1 区。

3 以罐车灌装口为中心、半径为 4.5 m 的球形并延至地面的空间和以通气口为中心、半径为 3 m 的球形空间,应划为 2 区。

B.0.17 油船、油驳敞口灌装易燃液体时爆炸危险区域划分(图 B.0.17),应符合下列规定:

1 油船、油驳内的液体表面以上空间应划为 0 区。

2　以油船、油驳的灌装口为中心、半径为 3 m 的球形并延至水面的空间应划为 1 区。

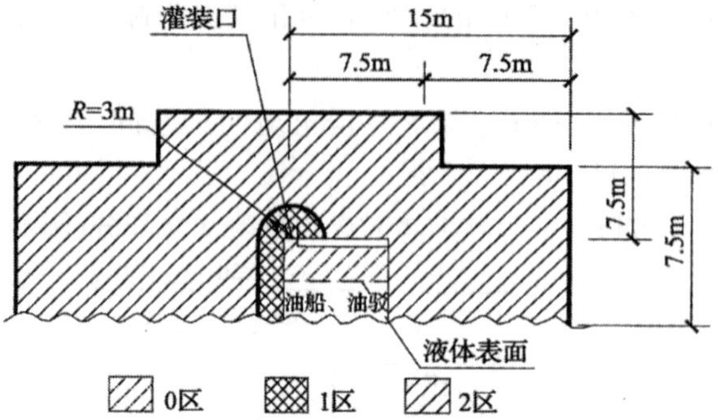

图 B.0.17　油船、油驳敞口灌装易燃液体时爆炸危险区域划分

3　以油船、油驳的灌装口为中心，半径为 7.5 m 并高于灌装口 7.5 m 的圆柱形空间和自水面算起 7.5 m 高，以灌装口轴线为中心线，半径为 15 m 的圆柱形空间应划为 2 区。

B.0.18　油船、油驳密闭灌装易燃液体时爆炸危险区域划分(图 B.0.18)，应符合下列规定：

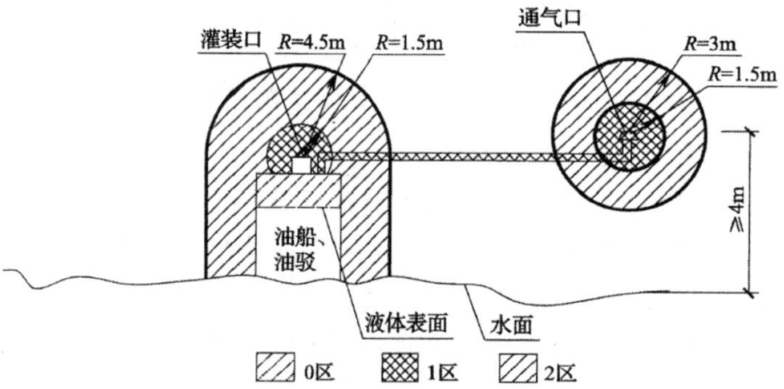

图 B.0.18　油船、油驳密闭灌装易燃液体时爆炸危险区域划分

1　油船、油驳内的液体表面以上空间应划为 0 区。

2　以灌装口为中心、半径为 1.5 m 的球形空间及以通气口为中心半径为 1.5 m 球形空间应划为 1 区。

3　以灌装口为中心、半径为 4.5 m 的球形并延至水面的空间和以通气口为中心、半径为 3 m的球形空间，应划为 2 区。

B.0.19　油船、油驳卸易燃液体时爆炸危险区域划分(图 B.0.19)，应符合下列规定：

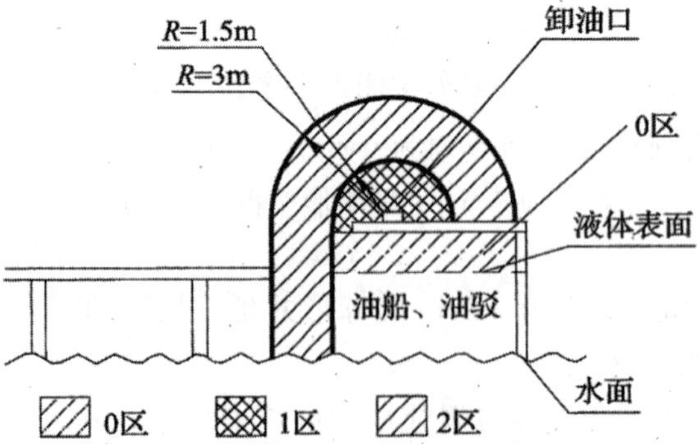

图 B.0.19　油船、油驳卸易燃液体时爆炸危险区域划分

1 油船、油驳内部的液体表面以上空间应划为0区。

2 以卸油口为中心、半径为1.5 m的球形空间应划为1区。

3 以卸油口为中心、半径为3 m的球形并延至水面的空间应划为2区。

B.0.20 易燃液体的隔油池、漏油及事故污水收集池爆炸危险区域划分(图B.0.20),应符合下列规定:

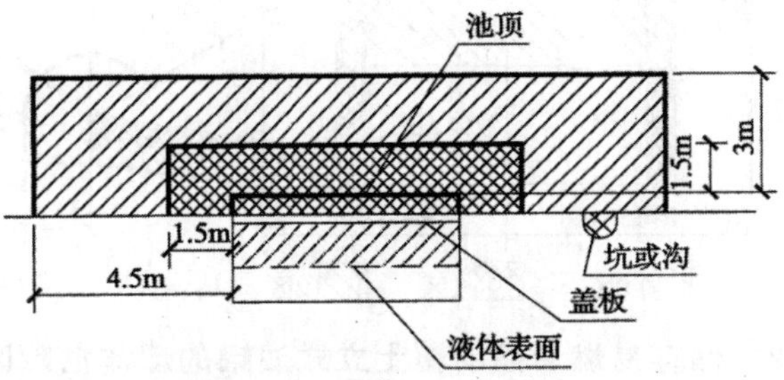

图 B.0.20 易燃液体的隔油池、漏油及事故污水收集池爆炸危险区域划分

1 有盖板的,池内液体表面以上的空间应划为0区。

2 无盖板的,池内液体表面以上空间和距隔油池内壁1.5 m、高出池顶1.5 m至地坪范围内的空间应划为1区。

3 距池内壁4.5 m、高出池顶3 m至地坪范围内的空间应划为2区。

B.0.21 含易燃液体的污水浮选罐爆炸危险区域划分(图B.0.21),应符合下列规定:

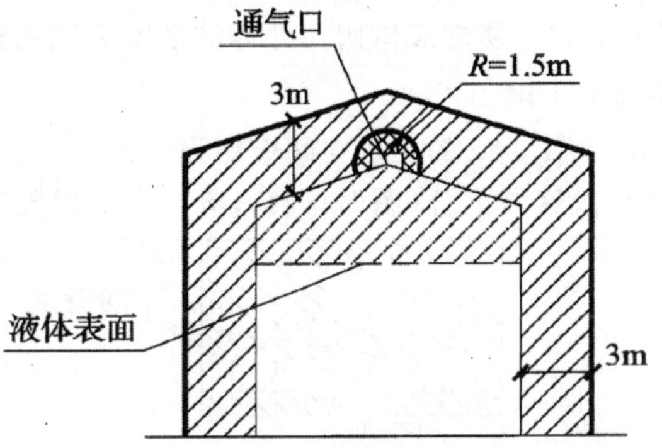

图 B.0.21 含易燃液体的污水浮选罐爆炸危险区域划分

1 罐内液体表面以上空间应划为0区。

2 以通气口为中心、半径为1.5 m的球形空间应划为1区。

3 距罐外壁和顶部3 m以内范围应划为2区。

B.0.22 储存易燃油品的覆土立式油罐的爆炸危险区域划分(图B.0.22),应符合下列规定:

1 油罐内液体表面以上空间应划为0区。

2 以通气管口为中心、半径为1.5 m的球形空间,油罐外壁与罐室护体之间的空间,通道口门以内的空间,应划为1区。

3 以通气管口为中心、半径为4.5 m的球形空间,以采光通风口为中心、半径为3 m的球形空间,通道口周围3 m范围以内的空间及以通气管口为中心、半径为15 m、高0.6 m的圆柱形空间,应划为 2 区。

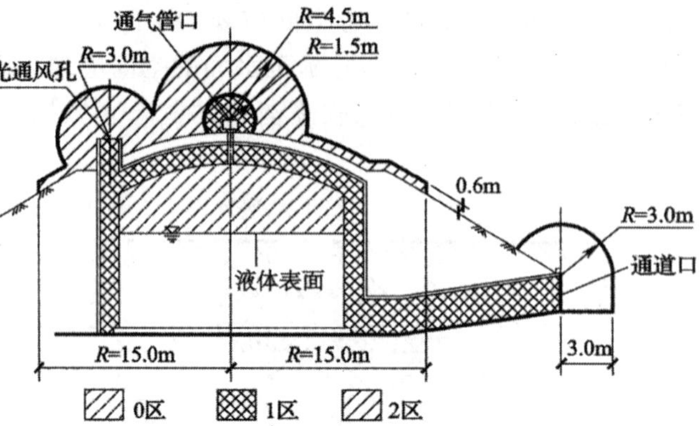

图 B.0.22 储存易燃油品的覆土立式油罐的爆炸危险区域划分

B.0.23 易燃液体阀门井的爆炸危险区域划分(图 B.0.23),应符合下列规定:

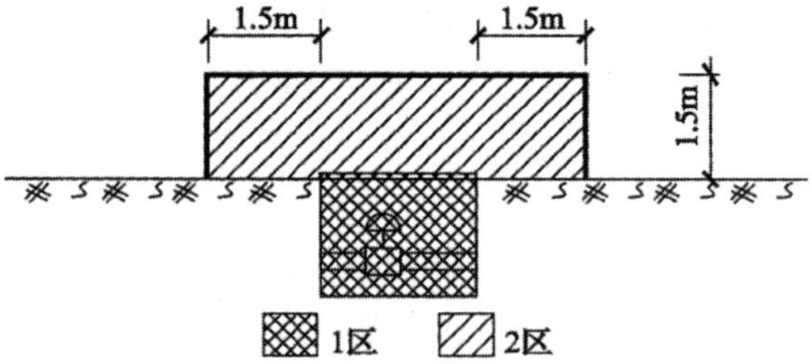

图 B.0.23 易燃液体阀门井爆炸危险区域划分

1 阀门井内部空间应划为 1 区。

2 距阀门井内壁 1.5 m、高 1.5 m 的柱形空间应划为 2 区。

B.0.24 易燃液体管沟爆炸危险区域划分(图 B.0.24),应符合下列规定:

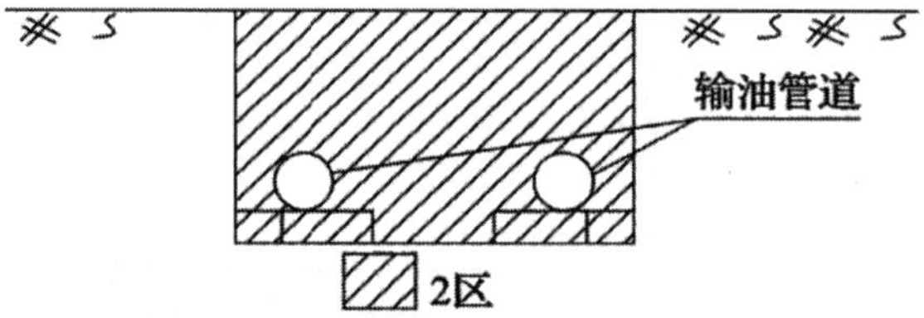

图 B.0.24 易燃液体管沟爆炸危险区域划分

1 有盖板的管沟内部空间应划为 1 区。

2 无盖板的管沟内部空间应划为 2 区。

本规范用词说明

1 为便于在执行本规范条文时区别对待,对要求严格程度不同的用词说明如下:

1) 表示很严格,非这样做不可的:
正面词采用"必须",反面词采用"严禁";

2) 表示严格,在正常情况下均应这样做的:
正面词采用"应",反面词采用"不应"或"不得";

3) 表示允许稍有选择,在条件许可时首先应这样做的:
正面词采用"宜",反面词采用"不宜";

4) 表示有选择,在一定条件下可以这样做的,采用"可"。

2 条文中指明应按其他有关标准执行的写法为:"应符合……的规定"或"应按……执行"。

引用标准名录

《建筑设计防火规范》GB 50016
《建筑物防雷设计规范》GB 50057
《爆炸和火灾危险环境电力装置设计规范》GB 50058
《火灾自动报警系统设计规范》GB 50116
《建筑灭火器配置设计规范》GB 50140
《泡沫灭火系统设计规范》GB 50151
《汽车加油加气站设计与施工规范》GB 50156
《石油化工企业设计防火规范》GB 50160
《石油天然气工程设计防火规范》GB 50183
《河港工程设计规范》GB 50192
《输油管道工程设计规范》GB 50253
《油气输送管道穿越工程设计规范》GB 50423
《油气输送管道跨越工程设计规范》GB 50459
《石油化工可燃气体和有毒气体检测报警设计规范》GB 50493
《石油储备库设计规范》GB 50737
《石油化工污水处理设计规范》GB 50747
《油品装卸系统油气回收设施设计规范》GB 50759
《厂矿道路设计规范》GBJ 22
《职业性接触毒物危害程度分级》GBZ 230
《石油化工采暖通风与空气调节设计规范》SH/T 3004
《石油化工储运系统罐区设计规范》SH/T 3007
《石油化工设备和管道涂料防腐蚀设计规范》SH/T 3022
《石油化工泵用过滤器选用、检验及验收》SH/T 3411

UDC

中华人民共和国国家标准

P　　GB 50160—2008

石油化工企业设计防火标准

Standard for fire prevention design of petrochemical enterprises

（2018 年版）

2008-12-30 发布　　2009-07-01 实施

中华人民共和国住房和城乡建设部
国家市场监督管理总局　联合发布

中华人民共和国住房和城乡建设部公告

2018年　第325号

住房城乡建设部关于发布国家标准《石油化工企业设计防火标准》局部修订的公告

现批准《石油化工企业设计防火标准》(GB 50160—2008)局部修订的条文,自2019年4月1日起实施。其中,第4.1.9、4.2.12、5.3.4、5.6.1、6.2.6(1、2、3、4)、6.3.2(1、2、4)、6.4.1(2、3)、6.4.2(6)、8.3.8、8.7.2(1、2)条(款)为强制性条文,必须严格执行。经此次修改的原条文同时废止。

本标准在住房城乡建设部门户网站(www.mohurd.gov.cn)公开,并由住房城乡建设部标准定额研究所组织中国计划出版社出版发行。

中华人民共和国住房和城乡建设部

2018年12月18日

局部修订说明

本标准是根据住房和城乡建设部《关于印发2011年工程建设标准制订、修订计划的通知》(建标〔2011〕17号)的要求，由中石化洛阳工程有限公司和中国石化工程建设有限公司负责对《石油化工企业设计防火规范》GB 50160—2008的局部修订。

局部修订的主要内容包括：

1.厂际管道规划、敷设的相关内容；

2.石油化工企业与石油化工园区的公用设施的防火间距；

3.高架火炬不同辐射热强度范围内设施的布置要求；

4.一套联合装置的占地大于80000 m^2 时的布置要求；

5.每座尿素仓库占地面积及防火分区建筑面积的规定；

6.厂区面积超过2000000 m^2 时消防供水系统的设置规定；

7.取消第6.3.2条第5款的强制要求。

局部修订的主要依据：

中国石油化工集团有限公司工程部组织有关专家对局部修订的内容、局部修订的原则的审查意见；

石油化工行业的生产企业、设计单位及安全主管部门对局部修订征求意见稿的反馈意见；

中国石油化工集团有限公司工程部组织有关专家对局部修订送审稿、报批稿的审查意见；

石油化工企业、厂际管道及石油化工园区的调研报告；

相关的现行国家标准、行业标准；

《石油石化行业国家标准协调会会议纪要》建标标函〔2016〕237号；

《石油石化行业国家标准技术协调会会议纪要》建标标函〔2018〕149号；

国外先进标准的借鉴。

本标准条文下划线部分为修订的内容，用黑体字标志的条文为强制性条文，必须严格执行。

本次局部修订的主编单位、参编单位、主要起草人和主要审查人：

主编单位：中石化洛阳工程有限公司
中国石化工程建设有限公司

参编单位：中国成达工程公司
公安部天津消防研究所
公安部沈阳消防研究所
海湾安全技术有限公司

主要起草人：董继军 李苏秦 何龙辉 张晋武 张晋峰 胡晨 周家祥 张晓鹏
王惠勤 韩艳萍 张建 王延宗 文科武 杜霞 王宗存 葛春玉
张发有 陈永亮 邹喜权 袁强

主要审查人：蔡炜 刘建 韩钧 蒙晓非 邱正华 张广智 朱红 汪建羽
马庚宇 张淑玲 王松生 金知微 花春林 施军明 郁健 杨莉娜

司利旋　王金良　杨晓红　唐　洁　顾　铭　张守峰　高斌海　陈　京
叶忠辉　方忠清　刘劲涛　张　力　韩宇丽　李法海　张　俊　苗志伟
余齐杰　李出和

中华人民共和国住房和城乡建设部公告

第214号

关于发布国家标准《石油化工企业设计防火规范》的公告

现批准《石油化工企业设计防火规范》为国家标准，编号为GB 50160—2008，自2009年7月1日起实施。其中，第4.1.6、4.1.8、4.1.9、4.2.12、4.4.6、5.1.3、5.2.1、5.2.7、5.2.16、5.2.18(2、3、5)、5.3.3(1、2)、5.3.4、5.5.1、5.5.2、5.5.12、5.5.13、5.5.14、5.5.17、5.5.21(1、2)、5.6.1、6.2.6、6.2.8、6.3.2 (1、2、4、5)、6.3.3、6.4.1(2.3)、6.4.2(6)、6.4.3(1、2)、6.4.4(1)、6.5.1(2)、6.6.3、6.6.5、7.1.4、7.2.2、7.2.16、7.3.3、8.3.1、8.3.8、8.4.5(1)、8.7.2(1、2)、8.10.1、8.10.4(1、2、3)、8.12.1、8.12.2(1)、9.1.4、9.2.3(1)、9.3.1条(款)为强制性条文，必须严格执行。原《石油化工企业设计防火规范》GB 50160—92(1999年版)同时废止。

本规范由我部标准定额研究所组织中国计划出版社出版发行。

中华人民共和国住房和城乡建设部

二〇〇八年十二月三十日

前　言

本规范是根据原建设部《关于印发"二〇〇二年至二〇〇三年度工程建设国家标准制订、修订计划"的通知》(建标〔2003〕102 号)的要求,由中国石化集团洛阳石油化工工程公司、中国石化工程建设公司会同有关单位在对《石油化工企业设计防火规范》GB 50160—92(1999 年版)进行全面修订的基础上编制而成。

在编制过程中,规范编制组对国内部分石油化工厂进行了调研,总结了我国石油化工工程建设的防火设计经验,并在此基础上进行了国外调研,积极吸收国内外有关规范的成果,开展了必要的专题研究和技术研讨,广泛征求有关设计、生产、安全消防监督等部门和单位的意见,对主要问题进行反复修改,最后经审查定稿。

本规范共分 9 章和 1 个附录,其主要内容有:总则、术语、火灾危险性分类、区域规划与工厂总平面布置、工艺装置和系统单元、储运设施、管道布置、消防、电气等。

与原国家标准《石油化工企业设计防火规范》GB 50160—92(1999 年版)相比,本规范主要有下列变化:

1.增加了"术语"一章,并对其他章节进行调整,取消了"含可燃液体的生产污水管道、污水处理场与循环水场"一章,将其主要内容分散至相关章节,将各章节中有关管道设计的内容集中,新增一章"管道布置"。

2.增加了石油化工企业与同类企业的防火间距,"火灾报警系统"增加了相关内容。

3.章节更合理,内容更全面,减少不必要的重复。

本规范以黑体字标志的条文为强制性条文,必须严格执行。

本规范由住房和城乡建设部负责管理和对强制性条文的解释,由中国石油化工集团公司负责日常管理,由中国石化集团洛阳石油化工工程公司负责具体技术内容的解释。

鉴于本规范是石油化工工程综合性的防火技术规范,政策性和技术性强,涉及面广,希望各单位在本规范执行过程中,结合工程实践,认真总结经验,注意积累资料,如发现需要修改和补充之处,请将意见和资料寄往中国石化集团洛阳石油化工工程公司(地址:河南省洛阳市中州西路 27 号,邮政编码:471003)。

本规范主编单位、参编单位和主要起草人:

主 编 单 位:中国石化集团洛阳石油化工工程公司

中国石化工程建设公司

参 编 单 位:中国成达工程公司

公安部天津消防研究所

公安部沈阳消防研究所

海湾安全技术有限公司

主要起草人:李苏秦　胡　晨　董继军　秦新才　周家祥　吴绍平　张晓鹏　葛春玉

范慰颉　王秀云　张晋峰　文科武　王延宗　张发有　陈永亮　何龙辉
王惠勤　张晋武　李　生　汤晓林　林　融　吴如璧　郭昊豫　朱晓明
何跃华　钱徐根　李　佳　邹喜权　秘义行　杜　霞　王宗存　王文清
曹　榆

1 总则

1.0.1 为了防止和减少石油化工企业火灾危害,保护人身和财产的安全,制定本标准。

1.0.2 本标准适用于石油化工企业新建、扩建或改建工程的防火设计。

1.0.3 石油化工企业的防火设计除应执行本标准外,尚应符合国家现行有关标准的规定。

2 术语

2.0.1

石油化工企业 petrochemical enterprise

以石油、天然气及其产品为原料,生产、储运各种石油化工产品的炼油厂、石油化工厂、石油化纤厂或其联合组成的工厂。

2.0.2

厂区 plant area

工厂围墙或边界内由生产区、公用和辅助生产设施区及生产管理区组成的区域。

2.0.3

生产区 production area

由使用、产生可燃物质和可能散发可燃气体的工艺装置或设施组成的区域。

2.0.4

公用和辅助生产设施 utility and auxiliary facility

不直接参加石油化工生产过程,在石油化工生产过程中对生产起辅助作用的必要设施。

2.0.5

全厂性重要设施 overall major facility

发生火灾时,影响全厂生产或可能造成重大人身伤亡的设施。全厂性重要设施可分为以下两类:

第一类:发生火灾时可能造成重大人身伤亡的设施。

第二类:发生火灾时影响全厂生产的设施。

2.0.6

区域性重要设施 regional major facility

发生火灾时影响部分装置生产或可能造成局部区域人身伤亡的设施。

2.0.7

明火地点 fired site

室内外有外露火焰、赤热表面的固定地点。

2.0.8

明火设备 fired equipment

燃烧室与大气连通,非正常情况下有火焰外露的加热设备和废气焚烧设备。

2.0.9

散发火花地点 sparking site

有飞火的烟囱、室外的砂轮、电焊、气焊(割)、室外非防爆的电气开关等固定地点。

2.0.10

装置区 process plant area

由一个或一个以上的独立石油化工装置或联合装置组成的区域。

2.0.11

联合装置 multiple process plants

由两个或两个以上独立装置集中紧凑布置,且装置间直接进料,无供大修设置的中间原料储罐,其开工或停工检修等均同步进行,视为一套装置。

2.0.12

装置 process plant

一个或一个以上相互关联的工艺单元的组合。

2.0.13

装置内单元 process unit

按生产流程完成一个工艺操作过程的设备、管道及仪表等的组合体。

2.0.14

工艺设备 process equipment

为实现工艺过程所需的反应器、塔、换热器、容器、加热炉、机泵等。

2.0.15

封闭式厂房(仓库) enclosed industrial building(warehouse)

设有屋顶,建筑外围护结构全部采用封闭式墙体(含门、窗)构造的生产性(储存性)建筑物。

2.0.16

半敞开式厂房 semi-enclosed industrial building

设有屋顶,建筑外围护结构局部采用封闭式墙体,所占面积不超过该建筑外围护体表面面积的1/2(不含屋顶的面积)的生产性建筑物。

2.0.17

敞开式厂房 opened industrial building

设有屋顶,不设建筑外围护结构的生产性建筑物。

2.0.18

装置储罐(组) storage tanks within process plant

在装置正常生产过程中,不直接参加工艺过程,但工艺要求,为了平衡生产、产品质量检测或一次投入等需要在装置内布置的储罐(组)。

2.0.19

液化烃 liquefied hydrocarbon

在15 ℃时,蒸气压大于0.1 MPa的烃类液体及其他类似的液体。

2.0.20

液化石油气 liquefied petroleum gas(LPG)

在常温常压下为气态,经压缩或冷却后为液态的C_3、C_4及其混合物。

2.0.21

沸溢性液体 boil-over liquid

当罐内储存介质温度升高时,由于热传递作用,使罐底水层急速汽化,而会发生沸溢现象的黏性烃类混合物。

2.0.22

防火堤　dike

可燃液态物料储罐发生泄漏事故时,防止液体外流和火灾蔓延的构筑物。

2.0.23

隔堤　intermediate dike

用于减少防火堤内储罐发生少量泄漏事故时的影响范围,而将一个储罐组分隔成多个分区的构筑物。

2.0.24

罐组　a group of storage tanks

布置在一个防火堤内的一个或多个储罐。

2.0.25

罐区　tank farm

一个或多个罐组构成的区域。

2.0.26

浮顶罐　floating roof tank(external floating roof tank)

在敞开的储罐内安装浮舱顶的储罐,又称为外浮顶罐。

2.0.27

常压储罐　atmospheric storage tank

设计压力小于或等于 6.9 kPa(罐顶表压)的储罐。

2.0.28

低压储罐　low-pressure storage tank

设计压力大于 6.9 kPa 且小于 0.1 MPa(罐顶表压)的储罐。

2.0.29

压力储罐　pressurized storage tank

设计压力大于或等于 0.1 MPa(罐顶表压)的储罐。

2.0.30

单防罐　single containment storage tank

带隔热层的单壁储罐或由内罐和外罐组成的储罐。其内罐能适应储存低温冷冻液体的要求,外罐主要是支撑和保护隔热层,并能承受气体吹扫的压力,但不能储存内罐泄漏出的低温冷冻液体。

2.0.31

双防罐　double containment storage tank

由内罐和外罐组成的储罐。其内罐和外罐都能适应储存低温冷冻液体,在正常操作条件下,内罐储存低温冷冻液体,外罐能够储存内罐泄漏出来的冷冻液体,但不能限制内罐泄漏的冷冻液体所产生的气体排放。

2.0.32

全防罐　full containment storage tank

由内罐和外罐组成的储罐。其内罐和外罐都能适应储存低温冷冻液体,内外罐之间的距离为1 m～2 m，罐顶由外罐支撑，在正常操作条件下内罐储存低温冷冻液体，外罐既能储存冷冻液体，又能限制内罐泄漏液体所产生的气体排放。

2.0.33

火炬系统　flare system

通过燃烧方式处理排放可燃气体的一种设施，分高架火炬、地面火炬等。由排放管道、分液设备、阻火设备、火炬燃烧器、点火系统、火炬筒及其他部件等组成。

2.0.34

稳高压消防水系统　stabilized high pressure fire water system

采用稳压泵维持管网的消防水压力大于或等于0.7 MPa的消防水系统。

2.0.35

厂际管道　pipelines between the site boundary and off-site

石油化工企业、油库、油气码头等相互之间输送可燃气体、液化烃和可燃液体物料的管道(石油化工园区除外)。其特征是管道敷设在石油化工企业、油库、油气码头等围墙或用地边界线之间且通过公共区域、长度小于或等于30 km。

3　火灾危险性分类

3.0.1　可燃气体的火灾危险性分类应按表3.0.1分类。

表3.0.1　可燃气体的火灾危险性分类

类　别	可燃气体与空气混合物的爆炸下限
甲	<10%(体积)
乙	≥10%(体积)

3.0.2　液化烃、可燃液体的火灾危险性分类应按表3.0.2分类，并应符合下列规定：

1　操作温度超过其闪点的乙类液体应视为甲$_B$类液体；

2　操作温度超过其闪点的丙$_A$类液体应视为乙$_A$类液体；

3　操作温度超过其闪点的丙$_B$类液体应视为乙$_B$类液体；操作温度超过其沸点的丙$_B$类液体应视为乙$_A$类液体。

表3.0.2　液化烃、可燃液体的火灾危险性分类

名称	类别		特征
液化烃	甲	A	15 ℃时的蒸汽压力>0.1 MPa的烃类液体及其他类似的液体
可燃液体	甲	B	甲$_A$类以外，闪点<28 ℃
可燃液体	乙	A	28 ℃≤闪点≤45 ℃
可燃液体	乙	B	45 ℃<闪点<60 ℃
可燃液体	丙	A	60 ℃≤闪点≤120 ℃
可燃液体	丙	B	闪点>120 ℃

3.0.3　固体的火灾危险性分类应按现行国家标准《建筑设计防火规范》GB 50016的有关规定执行。

3.0.4 设备的火灾危险类别应按其处理、储存或输送介质的火灾危险性类别确定。

3.0.5 房间的火灾危险性类别应按房间内设备的火灾危险性类别确定。当同一房间内布置有不同火灾危险性类别设备时，房间的火灾危险性类别应按其中火灾危险性类别最高的设备确定。但当火灾危险类别最高的设备所占面积比例小于5%，且发生事故时，不足以蔓延到其他部位或采取防火措施能防止火灾蔓延时，可按火灾危险性类别较低的设备确定。

4 区域规划与工厂总平面布置

4.1 区域规划

4.1.1 在进行区域规划时，应根据石油化工企业及其相邻工厂或设施的特点和火灾危险性，结合地形、风向等条件，合理布置。

4.1.2 石油化工企业应远离人口密集区、饮用水源地、重要交通枢纽等区域，并宜位于邻近城镇或居民区全年最小频率风向的上风侧。

4.1.3 在山区或丘陵地区，石油化工企业的生产区应避免布置在窝风地带。

4.1.4 石油化工企业的生产区沿江河岸布置时，宜位于邻近江河的城镇、重要桥梁、大型锚地、船厂等重要建筑物或构筑物的下游。

4.1.5 石油化工企业应采取防止泄漏的可燃液体和受污染的消防水排出厂外的措施。

4.1.6 公路和地区架空电力线路严禁穿越生产区。

4.1.7 当区域排洪沟通过厂区时：

1 不宜通过生产区；

2 应采取防止泄漏的可燃液体和受污染的消防水流入区域排洪沟的措施。

4.1.8 地区输油(输气)管道不应穿越厂区。

4.1.9 石油化工企业与相邻工厂或设施的防火间距不应小于表4.1.9的规定。

高架火炬的防火间距应根据人或设备允许的辐射热强度计算确定，对可能携带可燃液体的高架火炬的防火间距不应小于表4.1.9的规定。

表4.1.9 石油化工企业与相邻工厂或设施的防火间距

相邻工厂或设施	防火间距(m)				
	液化烃罐组(罐外壁)	甲、乙类液体罐组(罐外壁)	可能携带可燃液体的高架火炬(火炬筒中心)	甲、乙类工艺装置或设施(最外侧设备外缘或建筑物的最外侧轴线)	全厂性或区域性重要设施(最外侧设备外缘或建筑物的最外侧轴线)
居民区、公共福利设施、村庄	300	100	120	100	25
相邻工厂(围墙或用地边界线)	120	70	120	50	70

表 4.1.9（续）

相邻工厂或设施		防火间距(m)				
		液化烃罐组（罐外壁）	甲、乙类液体罐组（罐外壁）	可能携带可燃液体的高架火炬（火炬筒中心）	甲、乙类工艺装置或设施(最外侧设备外缘或建筑物的最外侧轴线)	全厂性或区域性重要设施(最外侧设备外缘或建筑物的最外侧轴线)
厂外铁路	国家铁路线（中心线）	55	45	80	35	—
厂外铁路	厂外企业铁路线（中心线）	45	35	80	30	—
国家或工业区铁路编组站(铁路中心线或建筑物)		55	45	80	35	25
厂外公路	高速公路、一级公路(路边)	35	30	80	30	—
厂外公路	其他公路（路边）	25	20	60	20	—
变配电站(围墙)		80	50	120	40	25
架空电力线路(中心线)		1.5 倍塔杆高度且不小于 40 m	1.5 倍塔杆高度	80	1.5 倍塔杆高度	—
Ⅰ、Ⅱ级国家架空通信线路(中心线)		50	40	80	40	—
通航江、河、海岸边		25	25	80	20	—
地区埋地输油管道	原油及成品油（管道中心）	30	30	60	30	30
地区埋地输油管道	液化烃（管道中心）	60	60	80	60	60
地区埋地输气管道（管道中心）		30	30	60	30	30
装卸油品码头(码头前沿)		70	60	120	60	60

表 4.1.9(续)

相邻工厂或设施	防火间距(m)				
	液化烃罐组(罐外壁)	甲、乙类液体罐组(罐外壁)	可能携带可燃液体的高架火炬(火炬筒中心)	甲、乙类工艺装置或设施(最外侧设备外缘或建筑物的最外侧轴线)	全厂性或区域性重要设施(最外侧设备外缘或建筑物的最外侧轴线)

注:1 本表中相邻工厂指除石油化工企业和油库以外的工厂;
2 括号内指防火间距起止点;
3 当相邻设施为港区陆域、重要物品仓库和堆场、军事设施、机场等,对石油化工企业的安全距离有特殊要求时,应按有关规定执行;
3A 液化烃罐组与电压等级 330 kV~1000 kV 的架空电力线路的防火间距不应小于 100 m;
3B 单罐容积大于等于 50000 m^3 的甲、乙类液体储罐与居民区、公共福利设施、村庄的防火间距不应小于 120 m;
4 丙类可燃液体罐组的防火间距,可按甲、乙类可燃液体罐组的规定减少 25%;
5 丙类工艺装置或设施的防火间距,可按甲、乙类工艺装置或设施的规定减少 25%;
6 地面敷设的地区输油(输气)管道的防火间距,可按地区埋地输油(输气)管道的规定增加 50%;
7 当相邻工厂围墙内为非火灾危险性设施时,其与全厂性或区域性重要设施防火间距最小可为 25 m;
8 表中"—"表示无防火间距要求或执行相关规范。

4.1.9A 高架火炬不同辐射热强度范围内允许布置的设施或区域宜符合表 4.1.9A-1 和表 4.1.9A-2的规定。

表 4.1.9A-1 工厂界区内设施或区域允许的辐射热强度(不包括太阳辐射热)

工厂界区内设施或区域	辐射热强度允许的最大值(kW/m^2)	
	正常情况下	事故情况下
一类重要设施	1.58	3.20
生产区、公用和辅助生产设施区	1.58	4.73

表 4.1.9A-2 工厂界区外设施或区域允许的辐射热强度(不包括太阳辐射热)

工厂界区外设施或区域	辐射热强度允许的最大值(kW/m^2)	
	正常情况下	事故情况下
居民区、公共福利设施、村庄	1.58	1.58
工厂、公路、铁路等其他区域	1.58	3.20
人员稀少的区域(荒野、农田等)	3.20	4.73

4.1.10 石油化工企业与同类企业及油库的防火间距不应小于表 4.1.10 的规定。

高架火炬的防火间距应根据人或设备允许的辐射热强度计算确定，对可能携带可燃液体的高架火炬的防火间距不应小于表4.1.10的规定。

表4.1.10 石油化工企业与同类企业及油库的防火间距

项目	防火间距(m)				
	液化烃罐组(罐外壁)	可燃液体罐组(罐外壁)	可能携带可燃液体的高架火炬(火炬筒中心)	甲、乙类工艺装置或设施(最外侧设备外缘或建筑物的最外侧轴线)	全厂性或第一类区域性重要设施(最外侧设备外缘或建筑物的最外侧轴线)
液化烃罐组(罐外壁)	60	60	90	70	90
可燃液体罐组(罐外壁)	60	1.5D(见注2)	90	50	60
可能携带可燃液体的高架火炬(火炬筒中心)	90	90	(见注4)	90	90
甲、乙类工艺装置或设施(最外侧设备外缘或建筑物的最外侧轴线)	70	50	90	40	40
全厂性或第一类区域性重要设施(最外侧设备外缘或建筑物的最外侧轴线)	90	60	90	40	20
明火地点	70	40	60	40	20

注：1 括号内指防火间距起止点；
2 表中D为较大罐的直径。当1.5 D小于30 m时，取30 m；当1.5 D大于60 m时，可取60 m；当丙类可燃液体罐相邻布置时，防火间距可取30 m；
3 与散发火花地点的防火间距，可按与明火地点的防火间距减少50%，但不应小于20 m；散发火花地点应布置在火灾爆炸危险区域之外；
4 辐射热不应影响相邻火炬的检修和运行；
5 丙类工艺装置或设施的防火间距，可按甲、乙类工艺装置或设施的规定减少10 m(火炬除外)，但不应小于30 m；
6 第二类区域性重要设施的防火间距，可按全厂性或第一类区域性重要设施的规定减少25%(火炬除外)，但不应小于20 m。

4.1.11 石油化工企业与石油化工园区的公用设施、铁路走行线的防火间距不应小于表4.1.11的规定。

高架火炬的防火间距应根据人或设备允许的辐射热强度计算确定，对可能携带可燃液体的高架火炬的防火间距不应小于表4.1.11的规定。

表 4.1.11 石油化工企业与石油化工园区的公用设施、铁路走行线的防火间距

项目	防火间距(m)				
	液化烃罐组(罐外壁)	可燃液体罐组(罐外壁)	可能携带可燃液体的高架火炬(火炬筒中心)	甲、乙类工艺装置或设施(最外侧设备外缘或建筑物的最外侧轴线)	全厂性或区域性重要设施(最外侧设备外缘或建筑物的最外侧轴线)
园区管理中心、消防站等人员集中的公用设施(最外侧设备外缘或建筑物的最外侧轴线)	110	80	90	80	25
变电所、热电厂、空分站、空压站等重要的公用设施(最外侧设备外缘或建筑物的最外侧轴线)	100	70	90	60	25
净水厂(最外侧设备外缘或建筑物的最外侧轴线)	60	40	90	35	25
铁路走行线(中心线)	30	25	60	20	10

注:1 括号内指防火间距起止点;
2 单罐容积大于等于 50000 m^3 的可燃液体储罐与人员集中的公用设施的防火间距不应小于 100 m;
3 丙类工艺装置或设施的防火间距,可按甲、乙类工艺装置或设施的规定减少 10 m,但不应小于 20 m;
4 铁路走行线应布置在火灾爆炸危险区域之外。

4.1.12 石油化工园区内的公用管道应布置在石油化工企业的围墙或用地边界线外,且输送可燃气体、液化烃和可燃液体的公用管道(中心)与石油化工企业内的生产区及重要设施的防火间距不应小于 10 m。

4.2 工厂总平面布置

4.2.1 工厂总平面应根据工厂的生产流程及各组成部分的生产特点和火灾危险性,结合地形、风向等条件,按功能分区集中布置。

4.2.2 可能散发可燃气体的工艺装置、罐组、装卸区或全厂性污水处理场等设施宜布置在人员集中场所及明火或散发火花地点的全年最小频率风向的上风侧。

4.2.3 全厂性办公楼、中央控制室、中央化验室、总变电所等重要设施应布置在相对高处。液化烃罐组或可燃液体罐组不应毗邻布置在高于工艺装置、全厂性重要设施或人员集中场所的阶梯上。但受条件限制或有工艺要求时,可燃液体原料储罐可毗邻布置在高于工艺装置的阶梯上,但应采取防止泄漏的可燃液体流入工艺装置、全厂性重要设施或人员集中场所的措施。

4.2.4 液化烃罐组或可燃液体罐组不宜紧靠排洪沟布置。

4.2.5 空分站应布置在空气清洁地段,并宜位于散发乙炔及其他可燃气体、粉尘等场所的全年最小频率风向的下风侧。

4.2.5A 中央控制室宜布置在行政管理区。

4.2.6 全厂性的高架火炬宜位于生产区全年最小频率风向的上风侧。

4.2.6A 2座及2座以上的高架火炬宜集中布置在同一个区域。火炬高度和火炬之间的防火间距应确保事故放空时辐射热不影响相邻火炬的检修和运行。

4.2.7 汽车装卸设施、液化烃灌装站及各类物品仓库等机动车辆频繁进出的设施应布置在厂区边缘或厂区外,并宜设围墙独立成区。

4.2.8 罐区泡沫站应布置在罐组防火堤外的非防爆区,与可燃液体罐的防火间距不宜小于20 m。

4.2.8A 事故水池和雨水监测池宜布置在厂区边缘的较低处,可与污水处理场集中布置。事故水池距明火地点的防火间距不应小于25 m,距可能携带可燃液体的高架火炬的防火间距不应小于60 m。

4.2.8B 区域性含油污水提升设施应布置在装置及单元外,距离明火地点、重要设施及工艺装置内的变配电、机柜间等的防火间距不应小于15 m,距可能携带可燃液体的高架火炬的防火间距不应小于60 m。

4.2.9 采用架空电力线路进出厂区的总变电所应布置在厂区边缘。

4.2.10 消防站的位置应符合下列规定:

1 消防站的服务范围应按行车路程计,行车路程不宜大于2.5 km,并且接火警后消防车到达火场的时间不宜超过5 min;对丁、戊类的局部场所,消防站的服务范围可加大到4 km;

2 应便于消防车迅速通往工艺装置区和罐区;

3 宜避开工厂主要人流道路;

4 宜远离噪声场所;

5 宜位于生产区全年最小频率风向的下风侧。

4.2.11 厂区的绿化应符合下列规定:

1 生产区不应种植含油脂较多的树木,宜选择含水分较多的树种;

2 工艺装置或可燃气体、液化烃、可燃液体的罐组与周围消防车道之间不宜种植绿篱或茂密的灌木丛;

3 在可燃液体罐组防火堤内可种植生长高度不超过15 cm、含水分多的四季常青的草皮;

4 液化烃罐组防火堤内严禁绿化;

5 厂区的绿化不应妨碍消防操作。

4.2.12 石油化工企业总平面布置的防火间距除本标准另有规定外,不应小于表4.2.12的规定。工艺装置或设施(罐组除外)之间的防火间距应按相邻最近的设备、建筑物确定,其防火间距起止点应符合本标准附录A的规定。高架火炬的防火间距应根据人或设备允许的安全辐射热强度计算确定,对可能携带可燃液体的高架火炬的防火间距不应小于表4.2.12的规定。

表 4.2.12　石油化工厂总平面布置的防火间距（m）

项目			工艺装置（单元）			全厂重要设施		明火地点	地上可燃液体储罐								
									甲$_B$、乙类固定顶				浮顶、内浮顶或丙$_A$类固定顶				
			甲	乙	丙	一类	二类		>5000 m^3	>1000 m^3~5000 m^3	>500 m^3~1000 m^3	≤500 m^{3}或卧式	>20000 m^3	>5000 m^3~20000 m^3	>1000 m^3~5000 m^3	>500 m^3~1000 m^3	≤500 m^{3}或卧式
工艺装置(单元)		甲	30/25	25/20	20/15	40	35	30	50	40	30	25	40	35	30	25	20
		乙	25/20	20/15	15/10	35	30	25	40	35	25	20	35	30	25	20	15
		丙	20/15	15/10	10	30	25	20	35	30	20	15	30	25	20	15	10
全厂重要设施		一类	40	35	30	—	—	—	60	50	45	40	50	45	40	35	30
		二类	35	30	25	—	—	—	50	40	35	30	40	35	30	25	20
明火地点			30	25	20	—	—	—	40	35	30	25	35	30	25	20	15
地上可燃液体储罐	甲$_B$、乙类固定顶	>5000 m^3	50	40	35	60	50	40	见表6.2.8								
		>1000 m^3~5000 m^3	40	35	30	50	40	35									
		>500 m^3~1000 m^3	30	25	20	45	35	30									
		≤500 m^{3}或卧式罐	25	20	15	40	30	25									
	浮顶、内浮顶或丙$_A$类固定项	>20000 m^3	40	35	30	50	40	35									
		>5000 m^3~20000 m^3	35	30	25	45	35	30									
		>1000 m^3~5000 m^3	30	25	20	40	30	25									
		>500 m^3~1000 m^3	25	20	15	35	25	20									
		≤500 m^{3}或卧式罐	20	15	10	30	20	15									
沸点低于45 ℃的甲$_B$类液体全压力储罐			40	35	30	50	40	35	40	30	25	20	35	30	25	20	15
液化烃储罐	全压力和半冷冻式储存	>1000 m^3	60	55	50	80	70	60	50	40	35	30	45	40	35	30	25
		>100 m^3~1000 m^3	50	45	40	70	60	50	45	35	30	25	40	35	25	20	15
		≤100 m^3	40	35	30	55	45	40	40	30	25	20	35	30	20	15	10
	全冷冻式储存	>10000 m^3	70	65	60	90	80	70	40	40	40	40	40	40	40	40	40
		≤10000 m^3	60	55	50	80	70	60	30	30	30	30	30	30	30	30	30
可燃气体储罐		>1000 m^3~50000 m^3	25	20	15	40	30	30	30	25	20	15	25	20	15	10	8
液化烃及甲$_B$、乙类液体		码头装卸区	35	30	25	50	40	35	50	40	35	30	45	40	35	30	25
		汽车装卸站	25	20	15	40	30	25	25	20	15	10	25	20	15	12	10
		铁路装卸设施、槽车洗罐站	30	25	20	45	35	30	25	20	15	10	25	20	15	12	10
灌装站		液化烃	30	25	20	45	35	30	35	30	25	20	30	25	20	17	15
		甲$_B$、乙类液体及可燃与助燃气体	25	20	15	40	30	25	30	25	20	15	25	20	15	12	10
甲类物品仓库（库棚）或堆场			30	25	20	45	35	30	35	30	25	20	30	25	20	15	10
罐区甲、乙类泵(房)、全冷冻式液化烃储存的压缩机(包括添加剂设施及其专用变配电室、控制室)			20	15	10	30	20	15	20	15	12	10	20	15	12	10	8
污水处理场(隔油池、污油罐)			25	20	15	35	25	25	25	20	15	15	25	20	15	15	15
铁路走行线(中心线)、原料及产品运输道路(路面边)			15	10	10	—	—	—	20	15	12	10	20	15	12	10	10
可能携带可燃液体的高架火炬			90	90	90	90	90	60	90	90	90	90	90	90	90	90	90
厂区围墙(中心线)或用地边界线			25	25	20	—	—	—	35	35	25	25	35	30	25	20	20

表 4.2.12（续）

项目			沸点低于45 ℃的甲$_B$类液体全压力储罐	液化烃储罐 全压力式和半冷冻式储存 >1000 m³	液化烃储罐 全压力式和半冷冻式储存 >100 m³~1000 m³	液化烃储罐 全压力式和半冷冻式储存 ≤100 m³	液化烃储罐 全冷冻式储存 >10000 m³	液化烃储罐 全冷冻式储存 ≤10000 m³	可燃气体储罐 >1000 m³~50000 m³	液化烃及甲$_B$、乙类液体 码头装卸区	液化烃及甲$_B$、乙类液体 汽车装卸站	液化烃及甲$_B$、乙类液体 铁路装卸设施、槽车洗罐站	灌装站 液化烃	灌装站 甲$_B$、乙类液体及可燃与助燃气体	甲类物品仓库(库棚)或堆场	罐区甲、乙类泵(房)、全冷冻式液化烃储存的压缩机(包括添加剂设施及其专用变配电室、控制室)	污水处理场(隔油池、污油罐)	铁路走行线(中心线)、原料及产品运输道路(路面边)	备注
工艺装置(单元)		甲	40	60	50	40	70	60	25	35	25	30	30	25	30	20	25	15	注1、2
		乙	35	55	45	35	65	55	20	30	20	25	25	20	25	15	20	10	
		丙	30	50	40	30	60	50	15	25	15	20	20	15	20	10	15	10	
全厂重要设施		一类	50	80	70	55	90	80	40	50	40	45	45	40	45	30	35	—	注3
		二类	40	70	60	45	80	70	30	40	30	35	35	30	35	20	25	—	
明火地点			35	60	50	40	70	60	30	35	25	30	30	25	30	15	25	—	注4
地上可燃液体储罐	甲$_B$、乙类固定顶	>5000 m³	40	50	45	40	40	30	30	50	25	25	35	30	35	20	25	20	注5、2
		>1000 m³~5000 m³	30	40	35	30	40	30	25	40	20	20	30	25	30	15	20	15	
		>500 m³~1000 m³	25	35	30	25	40	30	20	35	15	15	25	20	25	12	15	12	
		≤500 m³或卧式罐	20	30	25	20	40	30	15	30	10	10	20	15	20	10	15	10	
	浮顶、内浮顶或丙$_A$类固定项	>20000 m³	35	45	40	35	40	30	25	45	25	25	30	25	30	20	25	20	
		>5000 m³~20000 m³	30	40	35	30	40	30	20	40	20	20	25	20	25	15	20	15	
		>1000 m³~5000 m³	25	35	25	20	40	30	15	35	15	15	20	15	20	12	15	12	
		>500 m³~1000 m³	20	30	20	15	40	30	10	30	12	12	17	12	15	10	15	10	
		≤500 m³或卧式罐	15	25	15	10	40	30	8	25	10	10	15	10	10	8	15	10	
沸点低于45 ℃的甲$_B$类液体全压力储罐			见表6.3.3				40	30	25	40	20	20	30	25	30	20	20	20	
液化烃储罐	全压力和半冷冻式储存	>1000 m³					40	30	40	55	45	50	45	40	60	35	30	25	
		>100 m³~1000 m³					40	30	30	45	35	40	40	35	50	30	25	20	
		≤100 m³					40	30	25	40	30	35	35	30	40	25	25	15	
	全冷冻式储存	>10000 m³	40	40	40	40	见表6.3.3		50	65	55	60	55	50	70	45	40	25	
		≤10000 m³	30	30	30	30			40	55	45	50	45	40	60	35	30	25	
可燃气体储罐		>1000 m³~50000 m³	25	40	30	25	50	40	见表6.3.3	25	15	20	20	15	20	15	20	10	注6、2
液化烃及甲$_B$、乙类液体		码头装卸区	40	55	45	40	65	55	25	—	20	25	30	25	35	15	30	10	注7、2
		汽车装卸站	20	45	35	30	55	45	15	20	—	15	20	15	25	10	20	10	
		铁路装卸设施、槽车洗罐站	20	50	40	35	60	50	20	25	15	10	25	20	30	12	25	15(10)	
灌装站		液化烃	30	45	40	35	55	45	20	30	20	25	—	—	30	25	25	10	
		甲$_B$、乙类液体及可燃与助燃气体	25	40	35	30	50	40	15	25	15	20	—	—	25	20	20	10	
甲类物品仓库（库棚）或堆场			30	60	50	40	70	60	20	35	25	30	30	25	—	20	25	10	注8、2
罐区甲、乙类泵(房)、全冷冻式液化烃储存的压缩机(包括添加剂设施及其专用变配电室、控制室)			20	35	30	25	45	35	15	15	10	12	25	20	20	—	15	10	注9、2
污水处理场(隔油池、污油罐)			20	30	25	25	40	30	20	30	20	25	25	20	25	15	—	10	注10、2
铁路走行线(中心线)、原料及产品运输道路(路面边)			20	25	20	15	25	25	10	10	10	15(10)	10	10	10	10	10	—	注11
可能携带可燃液体的高架火炬			90	90	90	90	90	90	90	90	90	90	90	90	90	60	90	50	—
厂区围墙(中心线)或用地边界线			30	30	30	30	40	40	30	—	25	30	30	25	15	15	15	—	—

注：1 分子适用于石油化工装置，分母适用于炼油装置；

2 工艺装置或可能散发可燃气体的设施与工艺装置明火加热炉的防火间距应按明火地点的防火间距确定；

3 全厂性消防站、全厂性消防水泵房与甲类工艺装置的防火间距不应小于50 m。区域性重要设施与相邻设施的防火间距,可减少25% (火炬除外);

4 与散发火花地点的防火间距，可按与明火地点的防火间距减少50% (火炬除外)，但散发火花地点应布置在火灾爆炸危险区域之外;

5 罐组与其他设施的防火间距按相邻最大罐容积确定;埋地储罐与其他设施的防火间距可减少50%(火炬除外)。当固定顶可燃液体罐采用氮气密封时,其与相邻设施的防火间距可按浮顶、内浮顶罐处理;丙$_B$类固定顶罐与其他设施的防火间距可按丙$_A$类固定顶罐减少25% (火炬除外);

6 单罐容积等于或小于1000 m³，防火间距可减少25%(火炬除外);大于50000 m³，应增加25% (火炬除外);

7 丙类液体，防火间距可减少25% (火炬除外)。当甲$_B$、乙类液体铁路装卸采用全密闭装卸时，装卸设施的防火间距可减少25%,但不应小于10 m (火炬除外);

8 本项包括可燃气体、助燃气体的实瓶库。乙、丙类物品库(棚)和堆场防火间距可减少25% (火炬除外);丙类可燃固体堆场可减少50% (火炬除外);

9 丙类泵(房)，防火间距可减少25% (火炬除外),但当地上可燃液体储罐单罐容积大于500 m³时，不应小于10 m;地上可燃液体储罐单罐容积小于或等于500 m³时,不应小于8 m;

10 污油泵的防火间距可按隔油池的防火间距减少25% (火炬除外);其他设备或构筑物防火间距不限;

11 铁路走行线和原料产品运输道路应布置在火灾爆炸危险区域之外。括号内的数字用于原料及产品运输道路;

12 表中“—”表示无防火间距要求或执行相关规范。

4.3 厂内道路

4.3.1 工厂主要出入口不应少于2个,并宜位于不同方位。

4.3.2 2条或2条以上的工厂主要出入口的道路应避免与同一条铁路线平交;确需平交时,其中至少有2条道路的间距不应小于所通过的最长列车的长度;若小于所通过的最长列车的长度,应另设消防车道。

4.3.3 厂内主干道宜避免与调车频繁的厂内铁路线平交。

4.3.4 装置或联合装置、液化烃罐组、总容积大于或等于120000 m^3 的可燃液体罐组、总容积大于或等于120000 m^3 的2个或2个以上可燃液体罐组应设环形消防车道。可燃液体的储罐区、可燃气体储罐区、装卸区及化学危险品仓库区应设环形消防车道,当受地形条件限制时,也可设有回车场的尽头式消防车道。消防车道的路面宽度不应小于6 m,路面内缘转弯半径不宜小于12 m,路面上净空高度不应低于5 m;占地大于80000 m^2 的装置或联合装置及含有单罐容积大于50000 m^3 的可燃液体罐组,其周边消防车道的路面宽度不应小于9 m,路面内缘转弯半径不宜小于15 m。

4.3.4A 装置区及储罐区的消防道路,两个路口间长度大于300 m时,该消防道路中段应设置供火灾施救时用的回车场地,回车场不宜小于18 m×18 m(含道路)。

4.3.5 液化烃、可燃液体、可燃气体的罐区内,任何储罐的中心距至少2条消防车道的距离均不应大于120 m;当不能满足此要求时,任何储罐中心与最近的消防车道之间的距离不应大于80 m,且最近消防车道的路面宽度不应小于9 m。

4.3.6 在液化烃、可燃液体的铁路装卸区应设与铁路线平行的消防车道,并符合下列规定:

1 若一侧设消防车道,车道至最远的铁路线的距离不应大于80 m;

2 若两侧设消防车道,车道之间的距离不应大于200 m,超过200 m时,其间尚应增设消防车道。

4.3.7 当道路路面高出附近地面2.5 m以上、且在距道路边缘15 m范围内,有工艺装置或可燃气体、液化烃、可燃液体的储罐及管道时,应在该段道路的边缘设护墩、矮墙等防护设施。

4.3.8 管架支柱(边缘)、照明电杆、行道树或标志杆等距道路路面边缘不应小于0.5 m。

4.4 厂内铁路

4.4.1 厂内铁路宜集中布置在厂区边缘。

4.4.2 工艺装置的固体产品铁路装卸线可布置在该装置的仓库或储存场(池)的边缘。建筑限界应按现行国家标准《标准轨距铁路建筑限界》GB 146.2的有关规定执行。

4.4.3 当液化烃装卸栈台与可燃液体装卸栈台布置在同一装卸区时,液化烃栈台宜布置在装卸区的一侧。

4.4.4 在液化烃、可燃液体的铁路装卸区内,内燃机车至另一栈台鹤管的距离应符合下列规定:

1 甲、乙类液体鹤管不应小于12 m;甲$_B$、乙类液体采用密闭装卸时,其防火间距可减少25%;

2 丙类液体鹤管不应小于8 m。

4.4.5 当液化烃、可燃液体或甲、乙类固体的铁路装卸线为尽头线时,其车档至最后车位的距离不应小于20 m。

4.4.6 液化烃、可燃液体的铁路装卸线不得兼作走行线。

4.4.7 液化烃、可燃液体或甲、乙类固体的铁路装卸线停放车辆的线段应为平直段。当受地形条件限制时,可设在半径不小于 500 m 的平坡曲线上。

4.4.8 在液化烃、可燃液体的铁路装卸区内,两相邻栈台鹤管之间的距离应符合下列规定:

1 甲、乙类液体的栈台鹤管与相邻栈台鹤管之间的距离不应小于 10 m;$甲_B$、乙类液体采用密闭装卸时,其防火间距可减少 25%;

2 丙类液体的两相邻栈台鹤管之间的距离不应小于 7 m。

4.4.9 当固体铁路装卸线与液化烃、可燃液体装卸栈台布置在同一装卸区时,固体铁路装卸线宜布置在装卸区的一侧,并应符合下列规定:

1 甲类固体铁路装卸线与相邻的甲、乙类液体的栈台鹤管之间的距离不应小于 20 m,与相邻的丙类液体的栈台鹤管之间的距离不应小于 15 m;$甲_B$、乙类液体采用密闭装卸时,其防火间距可减少 25%;

2 其他固体铁路装卸线与相邻的甲、乙类液体的栈台鹤管之间的距离不应小于 15 m,与相邻的丙类液体的栈台鹤管之间的距离不应小于 10 m;$甲_B$、乙类液体采用密闭装卸时,其防火间距可减少 25%。

4.5 厂际管道规划

4.5.1 厂际管道应根据项目的总体规划,结合沿线的居民区、村庄、公共福利设施、工厂、交通、电力、水利等建设的现状与规划,以及沿线地区的地形、地貌、地质、地震等自然条件,通过综合分析和技术经济比较,确定线路走向。

4.5.2 厂际管道不应穿越村庄、居民区、公共福利设施,并应远离人员集中的建筑物和明火设施。

4.5.3 厂际管道不宜穿越与其无关的工厂。

4.5.4 厂际管道与公路、铁路、市政重力流管道和暗沟(渠)交叉或相邻布置时应符合下列规定:

1 厂际管道应减少与公路、铁路、市政重力流管道和暗沟(渠)的交叉;

2 埋地厂际管道与市政重力流管道、暗沟(渠)交叉敷设时,厂际管道应布置在市政重力流管道、暗沟(渠)的下方,厂际管道与市政重力流管道、暗沟(渠)的垂直净距不应小于 0.5 m;埋地厂际管道与市政重力流管道、暗沟(渠)平行敷设时,厂际管道与市政重力流管道、暗沟(渠)的净距不应小于 5 m;

3 架空厂际管道与市政重力流管道、暗沟(渠)平行敷设时,厂际管道与市政重力流管道、暗沟(渠)的净距不应小于 8 m;

4 厂际管道与市政重力流管道、暗沟(渠)沿道路敷设时,宜分别布置在道路两侧;

5 应采取防止泄漏的可燃介质流入市政重力流管道、暗沟(渠)的措施。

4.5.5 厂际管道沿江、河、湖、海岸边敷设时,应采取防止泄漏的可燃液体流入水域的措施。

4.5.6 厂际管道应避开滑坡、崩塌、沉陷、泥石流等不良的工程地质区。当受条件限制必需通过时,应采取防护措施并选择合适的位置,缩短通过距离。

4.5.7 厂际管道宜沿厂外公路敷设,可依托厂外公路进行巡检,不能依托时,宜沿架空敷设的厂际管道设置巡检道路。

4.5.8 厂际管道与相邻工厂或设施的防火间距不应小于表 4.5.8 的规定。

表 4.5.8 厂际管道与相邻工厂或设施的防火间距

相邻设施		防火间距(m)			
		可燃气体、可燃液体管道(管道中心)		液化烃管道(管道中心)	
		埋地敷设	地上架空	埋地敷设	地上架空
居民区、村庄、公共福利设施		15	25	30	40
相邻工厂(围墙或用地边界)		10	20	20	30
厂外铁路线	国家铁路线	25	50	25	50
	企业铁路线	15	25	15	25
厂外公路	高速公路、一级公路	10	20	10	20
	其他公路	7	10	7	10
架空电力、通信线路(中心线)		5	1倍杆高	5	1倍杆高
通航江、河、海岸边		10	15	10	15

注:1 厂际管道与桥梁的安全距离应按现行国家标准《油气输送管道穿越工程设计规范》GB 50423、《油气输送管道跨越工程设计标准》GB 50459 的有关规定执行;
2 厂际管道与机场、军事设施、重点文物等的安全距离应按国家现行相关标准执行。

5 工艺装置和系统单元

5.1 一般规定

5.1.1 工艺设备(以下简称设备)、管道和构件的材料应符合下列规定:

1 设备本体(不含衬里)及其基础,管道(不含衬里)及其支、吊架和基础应采用不燃烧材料,但储罐底板垫层可采用沥青砂;

2 设备和管道的保温层应采用不燃烧材料,当设备和管道的保冷层采用阻燃型泡沫塑料制品时,其氧指数不应小于 30;

3 建筑物的构件耐火极限应符合现行国家标准《建筑设计防火规范》GB 50016 的有关规定。

5.1.2 设备和管道应根据其内部物料的火灾危险性和操作条件,设置相应的仪表、自动联锁保护系统或紧急停车措施。

5.1.3 在使用或产生甲类气体或甲、乙$_A$类液体的工艺装置、系统单元和储运设施区内,应按区域控制和重点控制相结合的原则,设置可燃气体报警系统。

5.2 装置内布置

5.2.1 设备、建筑物平面布置的防火间距,除本标准另有规定外,不应小于表 5.2.1 的规定。

5.2.2 为防止结焦、堵塞,控制温降、压降,避免发生副反应等有工艺要求的相关设备,可靠近布置。

5.2.3 分馏塔顶冷凝器、塔底重沸器与分馏塔,压缩机的分液罐、缓冲罐、中间冷却器等与压缩机,以及其他与主体设备密切相关的设备,可直接连接或靠近布置。

5.2.4 明火加热炉附属的燃料气分液罐、燃料气加热器等与炉体的防火间距不应小于 6 m。

表5.2.1 设备、建筑物平面布置的防火间距(m)

项目	控制室、机柜间、变配电所、化验室、办公室	明火设备	操作温度低于自燃点的工艺设备 可燃气体压缩机或压缩机房 甲	乙	装置储罐(总容积) 可燃气体 200 m³~1000 m³ 甲	乙	液化烃 50 m³~100 m³ 甲$_A$	可燃液体 100 m³~1000 m³ 甲$_B$、乙$_A$	乙$_B$、丙$_A$	其他工艺设备或房间 可燃气体 甲	乙	液化烃 甲$_A$	可燃液体 甲$_B$、乙$_A$	乙$_B$、丙$_A$	操作温度等于或高于自燃点的工艺设备	含可燃液体的污水池、隔油池、酸性污水罐、含油污水罐	丙类物品仓库、乙类物品储存间	备注
控制室、机柜间、变配电所、化验室、办公室	—	15	15	9	15	9	22.5	15	9	15	9	15	15	9	15	15	15	—
明火设备	15	—	22.5	9	15	9	22.5	15	9	15	9	22.5	15	9	4.5	15	15	—
操作温度低于自燃点的工艺设备 可燃气体压缩机或压缩机房 甲	15	22.5	—	—	9	7.5	15	9	7.5	9	7.5	9	9	7.5	9	9	15	注1
可燃气体压缩机或压缩机房 乙	9	9	—	—	7.5	7.5	9	7.5	7.5	—	—	7.5	—	—	4.5	—	9	
装置储罐(总容积) 可燃气体 200 m³~1000 m³ 甲	15	15	9	7.5	—	—	—	—	—	9	7.5	9	9	7.5	9	9	15	注2
装置储罐 可燃气体 200 m³~1000 m³ 乙	9	9	7.5	7.5	—	—	—	—	—	7.5	—	7.5	7.5	—	9	7.5	9	
装置储罐 液化烃 50 m³~100 m³ 甲$_A$	22.5	22.5	15	9	—	—	—	—	—	9	7.5	9	9	7.5	15	9	15	
装置储罐 可燃液体 100 m³~1000 m³ 甲$_B$、乙$_A$	15	15	9	7.5	—	—	—	—	—	9	7.5	9	9	7.5	9	9	15	
装置储罐 可燃液体 100 m³~1000 m³ 乙$_B$、丙$_A$	9	9	7.5	7.5	—	—	—	—	—	7.5	—	7.5	7.5	—	9	7.5	9	
其他工艺设备或房间 可燃气体 甲	15	15	9	—	9	7.5	9	9	7.5	—	—	—	—	—	4.5	—	9	—
其他工艺设备或房间 可燃气体 乙	9	9	7.5	—	7.5	—	7.5	7.5	—	—	—	—	—	—	—	—	9	
其他工艺设备或房间 液化烃 甲$_A$	15	22.5	9	7.5	9	7.5	9	9	7.5	—	—	—	—	—	7.5	—	15	
其他工艺设备或房间 可燃液体 甲$_B$、乙$_A$	15	15	9	—	9	7.5	9	9	7.5	—	—	—	—	—	4.5	—	9	
其他工艺设备或房间 可燃液体 乙$_B$、丙$_A$	9	9	7.5	—	7.5	—	7.5	7.5	—	—	—	—	—	—	—	—	9	
操作温度等于或高于自燃点的工艺设备	15	4.5	9	4.5	9	9	15	9	9	4.5	—	7.5	4.5	—	—	4.5	15	注3
含可燃液体的污水池、隔油池、酸性污水罐、含油污水罐	15	15	9	—	9	7.5	9	9	7.5	—	—	—	—	—	4.5	—	9	—
丙类物品仓库、乙类物品储存间	15	15	15	9	15	9	15	15	9	9	9	15	9	9	15	9	—	—
装置储罐组(总容积) 可燃气体 >1000 m³~5000 m³ 甲、乙	20	20	15	15	*	*	20	15	15	15	15	20	15	15	15	15	15	注4
装置储罐组 液化烃 >100 m³~500 m³ 甲$_A$	30	30	30	25	25	20	*	25	20	25	20	30	25	20	30	25	25	
装置储罐组 可燃液体 >1000 m³~5000 m³ 甲$_B$、乙$_A$	25	25	25	20	20	15	25	*	*	20	15	25	20	15	25	20	20	
装置储罐组 可燃液体 >1000 m³~5000 m³ 乙$_B$、丙$_A$	20	20	20	15	15	15	20	*	*	15	15	20	15	15	20	15	15	

注：1 单机驱动功率小于150 kW的可燃气体压缩机，可按操作温度低于自燃点的“其他工艺设备”确定其防火间距；
2 装置储罐(组)的总容积应符合本标准第5.2.22条的规定。当装置储罐的总容积：液化烃储罐小于50 m³、可燃液体储罐小于100 m³、可燃气体储罐小于200 m³时，可按操作温度低于自燃点的“其他工艺设备”确定其防火间距；
3 查不到自燃点时，可取250 ℃；
4 装置储罐组的防火设计应符合本标准第6章的有关规定；
5 丙$_B$类液体设备的防火间距不限；
6 散发火花地点与其他设备防火间距同明火设备；
7 表中“—”表示无防火间距要求或执行相关规范，“*”表示装置储罐集中成组布置。

5.2.5 以甲$_B$、乙$_A$类液体为溶剂的溶液法聚合液所用的总容积大于 800 m^3 的掺和储罐与相邻的设备、建筑物的防火间距不宜小于 7.5 m；总容积小于或等于 800 m^3 时，其防火间距不限。

5.2.6 可燃气体、液化烃和可燃液体的在线分析仪表间与工艺设备的防火间距不限。

5.2.7 布置在爆炸危险区的在线分析仪表间内设备为非防爆型时，在线分析仪表间应正压通风。

5.2.8 设备宜露天或半露天布置，并宜缩小爆炸危险区域的范围。爆炸危险区域的范围应按现行国家标准《爆炸危险环境电力装置设计规范》GB 50058 的规定执行。受工艺特点或自然条件限制的设备可布置在建筑物内。

5.2.9 联合装置视同一个装置，其设备、建筑物的防火间距应按相邻设备、建筑物的防火间距确定，其防火间距应符合表 5.2.1 的规定。

5.2.10 装置内消防道路的设置应符合下列规定：

1 装置内应设贯通式道路，道路应有不少于 2 个出入口，且 2 个出入口宜位于不同方位。当装置外两侧消防道路间距不大于 120 m 时，装置内可不设贯通式道路；

2 道路的路面宽度不应小于 6 m，路面上的净空高度不应小于 4.5 m；路面内缘转弯半径不宜小于 6 m。

5.2.10A 应在乙烯裂解炉及高度超过 24 m 且长度超过 50 m 的可燃气体、液化烃和可燃液体设备的构架附近适当位置设置不小于 15 m×10 m(含道路)的消防扑救场地。

5.2.11 在甲、乙类装置内部的设备、建筑物区的设置应符合下列规定：

1 应用道路将装置分割成为占地面积不大于 10000 m^2 的设备、建筑物区；

2 当大型石油化工装置的设备、建筑物区占地面积大于 10000 m^2 小于 20000 m^2 时，在设备、建筑物区四周应设环形道路，道路路面宽度不应小于 6 m，设备、建筑物区的宽度不应大于 120 m，相邻两设备、建筑物区的防火间距不应小于 15 m，并应加强安全措施。

5.2.11A 当一套联合装置的占地大于 80000 m^2 时，应用装置内道路分隔，分隔的每一区块面积不应大于 80000 m^2，相邻两区块的设备、建筑物之间的防火间距不应小于 25 m。分隔道路应与周边道路连通形成环形道路，分隔道路路面宽度不应小于 7 m。

5.2.12 设备、建筑物、构筑物宜布置在同一地平面上；当受地形限制采取阶梯式布置时，应将控制室、机柜间、变配电所、化验室等布置在较高的阶梯上；工艺设备、装置储罐等宜布置在较低的阶梯上。

5.2.13 明火加热炉宜集中布置在装置的边缘，且宜位于可燃气体、液化烃和甲$_B$、乙$_A$类设备的全年最小频率风向的下风侧。

5.2.14 当在明火加热炉与露天布置的液化烃设备或甲类气体压缩机之间设置不燃烧材料实体墙时，其防火间距可小于表 5.2.1 的规定，但不得小于 15 m。实体墙的高度不宜小于 3 m，距加热炉不宜大于 5 m，实体墙的长度应满足由露天布置的液化烃设备或甲类气体压缩机经实体墙至加热炉的折线距离不小于 22.5 m。

当封闭式液化烃设备的厂房或甲类气体压缩机房面向明火加热炉一面为无门窗洞口的不燃烧材料实体墙时，加热炉与厂房的防火间距可小于表 5.2.1 的规定，但不得小于 15 m。

5.2.15 当同一建筑物内分隔为不同火灾危险性类别的房间时，中间隔墙应为防火墙。人员集中的房间应布置在火灾危险性较小的建筑物一端。

5.2.16 装置的控制室、机柜间、变配电所、化验室、办公室等不得与设有甲、乙$_A$类设备的房间

布置在同一建筑物内。装置的控制室与其他建筑物合建时,应设置独立的防火分区。

5.2.17 装置的控制室、化验室、办公室等宜布置在装置外,并宜全厂性或区域性统一设置。当装置的控制室、机柜间、变配电所、化验室、办公室等布置在装置内时,应布置在装置的一侧,位于爆炸危险区范围以外,并宜位于可燃气体、液化烃和甲$_B$、乙$_A$类设备全年最小频率风向的下风侧。

5.2.18 布置在装置内的控制室、机柜间、变配电所、化验室、办公室等的布置应符合下列规定:

1 控制室宜设在建筑物的底层;

2 平面布置位于附加2区的办公室、化验室室内地面及控制室、机柜间、变配电所的设备层地面应高于室外地面,且高差不应小于0.6 m;

3 控制室、机柜间面向有火灾危险性设备侧的外墙应为无门窗洞口、耐火极限不低于3 h的不燃烧材料实体墙;

4 化验室、办公室等面向有火灾危险性设备侧的外墙宜为无门窗洞口不燃烧材料实体墙。当确需设置门窗时,应采用防火门窗;

5 控制室或化验室的室内不得安装可燃气体、液化烃和可燃液体的在线分析仪器。

5.2.19 高压和超高压的压力设备宜布置在装置的一端或一侧;有爆炸危险的超高压反应设备宜布置在防爆构筑物内。

5.2.20 装置的可燃气体、液化烃和可燃液体设备采用多层构架布置时,除工艺要求外,其构架不宜超过四层。

介质操作温度等于或高于自燃点的设备上方,不宜布置操作温度低于自燃点的甲、乙、丙类可燃液体设备;若在其上方布置,应用不燃烧材料的封闭式楼板隔离保护,且封闭式楼板应为无泄漏楼板。

5.2.21 空气冷却器不宜布置在操作温度等于或高于自燃点的可燃液体设备上方;若布置在其上方,应用不燃烧材料的封闭式楼板隔离保护。

5.2.22 装置储罐(组)的布置应符合下列规定:

1 当装置储罐总容积:液化烃罐小于或等于100 m^3、可燃气体或可燃液体罐小于或等于1000 m^{3}时,可布置在装置内,装置储罐与设备、建筑物的防火间距不应小于表5.2.1的规定;

2 当装置储罐组总容积:液化烃罐大于100 m^{3}小于或等于500 m^3、可燃液体罐或可燃气体罐大于1000 m^{3}小于或等于5000 m^{3}时,应成组集中布置在装置边缘;但液化烃单罐容积不应大于300 m^3,可燃液体单罐容积不应大于3000 m^3。装置储罐组的防火设计应符合本标准第6章的有关规定,与储罐相关的机泵应布置在防火堤外。装置储罐组与装置内其他设备、建筑物的防火间距不应小于表5.2.1的规定。

5.2.23 甲、乙类物品仓库不应布置在装置内。若工艺需要,储量不大于5 t的乙类物品储存间和丙类物品仓库可布置在装置内,并位于装置边缘。丙类物品仓库的总储量应符合本标准第6章的有关规定。

5.2.24 可燃气体和助燃气体的钢瓶(含实瓶和空瓶),应分别存放在位于装置边缘的敞棚内。可燃气体的钢瓶距明火或操作温度等于或高于自燃点的设备防火间距不应小于15 m。分析专用的钢瓶储存间可靠近分析室布置,钢瓶储存间的建筑设计应满足泄压要求。

5.2.25 建筑物的安全疏散门应向外开启。甲、乙、丙类房间的安全疏散门,不应少于2个;面积小于等于100 m^{2}的房间可只设1个。

5.2.26 设备的构架或平台的安全疏散通道应符合下列规定：

1 可燃气体、液化烃和可燃液体设备的联合平台或其他设备的构架平台应设置不少于2个通往地面的梯子，作为安全疏散通道。下列情况可设1个通往地面的梯子：

1) 甲类气体和甲、$乙_A$类液体设备构架平台的长度小于或等于8 m；

2) 乙类气体和$乙_B$、丙类液体设备构架平台的长度小于或等于15 m；

3) 甲类气体和甲、$乙_A$类液体设备联合平台的长度小于或等于15 m；

4) 乙类气体和$乙_B$、丙类液体设备联合平台的长度小于或等于25 m。

2 相邻的构架、平台宜用走桥连通，与相邻平台连通的走桥可作为一个安全疏散通道。

3 相邻安全疏散通道之间的距离不应大于50 m。

5.2.27 装置内地坪竖向和排污系统的设计应减少可能泄漏的可燃液体在工艺设备附近的滞留时间和扩散范围。火灾事故状态下，受污染的消防水应有效收集和排放。

5.2.28 凡在开停工、检修过程中，可能有可燃液体泄漏、漫流的设备区周围应设置不低于150 mm的围堰和导液设施。

5.3 泵和压缩机

5.3.1 可燃气体压缩机的布置及其厂房的设计应符合下列规定：

1 可燃气体压缩机宜露天或半露天布置；

2 单机驱动功率等于或大于150 kW的甲类气体压缩机厂房不宜与其他甲、乙和丙类房间共用一座建筑物；

3 压缩机的上方不得布置甲、乙和丙类工艺设备，但自用的高位润滑油箱不受此限；

4 比空气轻的可燃气体压缩机半敞开式或封闭式厂房的顶部应采取通风措施；

5 除检修承重区外，可燃气体压缩机厂房的楼板宜采用透空钢格板，该透空钢格板的面积可不计入所在防火分区的建筑面积内；

6 比空气重的可燃气体压缩机厂房的地面不宜设地坑或地沟；厂房内应有防止可燃气体积聚的措施。

5.3.2 液化烃泵、可燃液体泵宜露天或半露天布置。液化烃、操作温度等于或高于自燃点的可燃液体的泵上方，不宜布置甲、乙、丙类工艺设备；若在其上方布置甲、乙、丙类工艺设备，应用不燃烧材料的封闭式楼板隔离保护。

若操作温度等于或高于自燃点的可燃液体泵上方，布置操作温度低于自燃点的甲、乙、丙类可燃液体设备时，封闭式楼板应为不燃烧材料的无泄漏楼板。

液化烃、操作温度等于或高于自燃点的可燃液体的泵不宜布置在管架下方。

5.3.3 液化烃泵、可燃液体泵在泵房内布置时，应符合下列规定：

1 液化烃泵、操作温度等于或高于自燃点的可燃液体泵、操作温度低于自燃点的可燃液体泵应分别布置在不同房间内，各房间之间的隔墙应为防火墙；

2 操作温度等于或高于自燃点的可燃液体泵房的门窗与操作温度低于自燃点的$甲_B$、$乙_A$类液体泵房的门窗或液化烃泵房的门窗的距离不应小于4.5 m；

3 甲、$乙_A$类液体泵房的地面不宜设地坑或地沟，泵房内应有防止可燃气体积聚的措施；

4 在液化烃、操作温度等于或高于自燃点的可燃液体泵房的上方，不宜布置甲、乙、丙类工艺设备；

5 液化烃泵不超过2台时，可与操作温度低于自燃点的可燃液体泵同房间布置。

5.3.4 **气柜、半冷冻或全冷冻式液化烃储存设施的工艺设备之间的防火间距应按本标准表5.2.1执行;机泵区与储罐的防火间距不应小于15 m;半冷冻或全冷冻式液化烃储存设施的附属工艺设备应布置在防火堤外。**

5.3.5 罐组的专用泵区应布置在防火堤外,与储罐的防火间距应符合下列规定:

1 距甲$_A$类储罐不应小于15 m;

2 距甲$_B$、乙类固定顶储罐不应小于12 m,距小于或等于500 m^{3}的甲$_B$、乙类固定顶储罐不应小于10 m;

3 距浮顶及内浮顶储罐、丙$_A$类固定顶储罐不应小于10 m,距小于或等于500 m^{3}的内浮顶储罐、丙$_A$类固定顶储罐不应小于8 m。

5.3.6 除甲$_A$类以外的可燃液体储罐的专用泵单独布置时,应布置在防火堤外,与可燃液体储罐的防火间距不限。

5.3.7 压缩机或泵等的专用控制室或不大于10 kV的专用变配电所,可与该压缩机房或泵房等共用一座建筑物,但专用控制室或变配电所的门窗应位于爆炸危险区范围之外,且专用控制室或变配电所与压缩机房或泵房等的中间隔墙应为无门窗洞口的防火墙。

5.4 污水处理场和循环水场

5.4.1 隔油池的保护高度不应小于400 mm。隔油池应设难燃烧材料的盖板。

5.4.2 隔油池的进出水管道应设水封。距隔油池池壁5 m以内的水封井、检查井的井盖与盖座接缝处应密封,且井盖不得有孔洞。

5.4.3 污水处理场内的设备、建(构)筑物平面布置的防火间距不应小于表5.4.3的规定。

表5.4.3 污水处理场内的设备、建(构)筑物平面布置的防火间距(m)

类别	变配电所、化验室、办公室等	含可燃液体的隔油池、污水池等	集中布置的水泵(房)	污油罐、含油污水调节罐	焚烧炉	污油泵(房)、含油污水泵(房)、污泥脱水间
变配电所、化验室、办公室等	—	15	—	15	15	15
含可燃液体的隔油池、污水池等	15	—	15	—	15	—
集中布置的水泵(房)	—	15	—	15	—	—
污油罐、含油污水调节罐	15	—	15	—	15	—
焚烧炉	15	15	—	15	—	15
污油泵(房)、含油污水泵(房)、污泥脱水间	15	—	—	—	15	—

注:表中"—"表示无防火间距要求或执行相关规范。

5.4.4 循环水场冷却塔应采用阻燃型的填料、收水器和风筒,其氧指数不应小于30。

5.5 泄压排放和火炬系统

5.5.1 在非正常条件下,可能超压的下列设备应设安全阀:

1 顶部最高操作压力大于等于 0.1 MPa 的压力容器;

2 顶部最高操作压力大于 0.03 MPa 的蒸馏塔、蒸发塔和汽提塔(汽提塔顶蒸汽通入另一蒸馏塔者除外);

3 往复式压缩机各段出口或电动往复泵、齿轮泵、螺杆泵等容积式泵的出口(设备本身已有安全阀者除外);

4 凡与鼓风机、离心式压缩机、离心泵或蒸汽往复泵出口连接的设备不能承受其最高压力时,鼓风机、离心式压缩机、离心泵或蒸汽往复泵的出口;

5 可燃气体或液体受热膨胀,可能超过设计压力的设备;

6 顶部最高操作压力为 0.03 MPa～0.1 MPa 的设备应根据工艺要求设置。

5.5.2 单个安全阀的开启压力(定压),不应大于设备的设计压力。当一台设备安装多个安全阀时,其中一个安全阀的开启压力(定压)不应大于设备的设计压力;其他安全阀的开启压力可以提高,但不应大于设备设计压力的 1.05 倍。

5.5.3 下列工艺设备不宜设安全阀:

1 加热炉炉管;

2 在同一压力系统中,压力来源处已有安全阀,则其余设备可不设安全阀;

3 对扫线蒸汽不宜作为压力来源。

5.5.4 可燃气体、可燃液体设备的安全阀出口连接应符合下列规定:

1 可燃液体设备的安全阀出口泄放管应接入储罐或其他容器,泵的安全阀出口泄放管宜接至泵的入口管道、塔或其他容器;

2 可燃气体设备的安全阀出口泄放管应接至火炬系统或其他安全泄放设施;

3 泄放后可能立即燃烧的可燃气体或可燃液体应经冷却后接至放空设施;

4 泄放可能携带液滴的可燃气体应经分液罐后接至火炬系统。

5.5.5 有可能被物料堵塞或腐蚀的安全阀,在安全阀前应设爆破片或在其出入口管道上采取吹扫、加热或保温等防堵措施。

5.5.6 两端阀门关闭且因外界影响可能造成介质压力升高的液化烃、甲$_B$、乙$_A$类液体管道应采取泄压安全措施。

5.5.7 甲、乙、丙类的设备应有事故紧急排放设施,并应符合下列规定:

1 对液化烃或可燃液体设备,应能将设备内的液化烃或可燃液体排放至安全地点,剩余的液化烃应排入火炬;

2 对可燃气体设备,应能将设备内的可燃气体排入火炬或安全放空系统。

5.5.8 常减压蒸馏装置的初馏塔顶、常压塔顶、减压塔顶的不凝气不应直接排入大气。

5.5.9 较高浓度环氧乙烷设备的安全阀前应设爆破片。爆破片入口管道应设氮封,且安全阀的出口管道应充氮。

5.5.10 氨的安全阀排放气应经处理后放空。

5.5.11 受工艺条件或介质特性所限,无法排入火炬或装置处理排放系统的可燃气体,当通过排气筒、放空管直接向大气排放时,排气筒、放空管的高度应符合下列规定:

1 连续排放的排气筒顶或放空管口应高出 20 m 范围内的平台或建筑物顶 3.5 m 以上,位

于排放口水平 20 m 以外斜上 45°的范围内不宜布置平台或建筑物(图 5.5.11);

2 间歇排放的排气筒顶或放空管口应高出 10 m 范围内的平台或建筑物顶 3.5 m 以上,位于排放口水平 10 m 以外斜上 45°的范围内不宜布置平台或建筑物(图 5.5.11);

3 安全阀排放管口不得朝向邻近设备或有人通过的地方,排放管口应高出 8 m 范围内的平台或建筑物顶 3 m 以上。

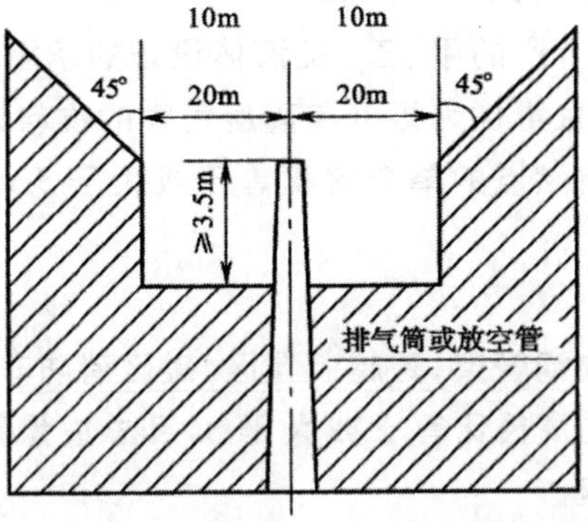

图 5.5.11 可燃气体排气筒、放空管高度示意图

注:阴影部分为平台或建筑物的设置范围。

5.5.12 有突然超压或发生瞬时分解爆炸危险物料的反应设备,如设安全阀不能满足要求时,应装爆破片或爆破片和导爆管,导爆管口必须朝向无火源的安全方向;必要时应采取防止二次爆炸、火灾的措施。

5.5.13 因物料爆聚、分解造成超温、超压,可能引起火灾、爆炸的反应设备应设报警信号和泄压排放设施,以及自动或手动遥控的紧急切断进料设施。

5.5.14 严禁将混合后可能发生化学反应并形成爆炸性混合气体的几种气体混合排放。

5.5.15 液体、低热值可燃气体、含氧气或卤元素及其化合物的可燃气体、毒性为极度和高度危害的可燃气体、惰性气体、酸性气体及其他腐蚀性气体不得排入全厂性火炬系统,应设独立的排放系统或处理排放系统。

5.5.16 可燃气体放空管道在接入火炬前,应设置分液和阻火等设备。

5.5.17 可燃气体放空管道内的凝结液应密闭回收,不得随地排放。

5.5.17A 可燃气体排放系统中的分液罐或凝缩液罐距离明火地点、重要设施及工艺装置内的变配电、机柜间等的防火间距不应小于 15 m。

5.5.18 携带可燃液体的低温可燃气体排放系统应设置气化器,低温火炬管道选材应考虑事故排放时可能出现的最低温度。

5.5.19 装置的主要泄压排放设备宜采用适当的措施,以降低事故工况下可燃气体瞬间排放负荷。

5.5.20 火炬应设长明灯和可靠的点火系统。

5.5.21 装置内高架火炬的设置应符合下列规定:

1 严禁排入火炬的可燃气体携带可燃液体;

2 火炬的辐射热不应影响人身及设备的安全;

3 距火炬筒 30 m 范围内,不应设置可燃气体放空。

5.5.22 封闭式地面火炬的设置除按明火设备考虑外,还应符合下列规定:

1 排入火炬的可燃气体不应携带可燃液体;

2 火炬的辐射热不应影响人身及设备的安全；

3 火炬应采取有效的消烟措施。

5.5.23 火炬设施的附属设备可靠近火炬布置。

5.6 钢结构耐火保护

5.6.1 下列承重钢结构，应采取耐火保护措施：

1 单个容积等于或大于 5 m^3 的甲、$乙_A$ 类液体设备的承重钢构架、支架、裙座；

2 在爆炸危险区范围内，且毒性为极度和高度危害的物料设备的承重钢构架、支架、裙座；

3 操作温度等于或高于自燃点的单个容积等于或大于 5 m^3 的$乙_B$、丙类液体设备承重钢构架、支架、裙座；

4 加热炉炉底钢支架；

5 在爆炸危险区范围内的钢管架；跨越装置区、罐区消防车道的钢管架；

6 在爆炸危险区范围内的高径比等于或大于 8，且总重量等于或大于 25 t 的非可燃介质设备的承重钢构架、支架和裙座。

5.6.2 本标准第 5.6.1 条所述的承重钢结构的下列部位应覆盖耐火层，覆盖耐火层的钢构件，其耐火极限不应低于 2 h：

1 支承设备钢构架：

1） 单层构架的梁、柱；

2） 多层构架的楼板为透空的钢格板时，地面以上 10 m 范围的梁、柱；

3） 多层构架的楼板为封闭式楼板时，地面至该层楼板面及其以上 10 m 范围的梁、柱；

4） 上部设有空气冷却器的构架的全部梁、柱及承重斜撑。

2 支承设备钢支架。

3 钢裙座外侧未保温部分及直径大于 1.2 m 的裙座内侧。

4 钢管架：

1） 底层支承管道的梁、柱；当底层低于 4.5 m 时，地面以上 4.5 m 内的支承管道的梁、柱；

2） 上部设有空气冷却器的管架，其全部梁、柱及承重斜撑；

3） 下部设有液化烃或可燃液体泵的管架，地面以上 10 m 范围的梁、柱；

5 加热炉从钢柱柱脚板到炉底板下表面 50 mm 范围内的主要支承构件应覆盖耐火层，与炉底板连续接触的横梁不覆盖耐火层。

6 液化烃球罐支腿从地面到支腿与球体交叉处以下 0.2 m 的部位。

5.7 其他要求

5.7.1 甲、乙、丙类设备或有爆炸危险性粉尘、可燃纤维的封闭式厂房和控制室等其他建筑物的耐火等级、内部装修及空调系统等设计均应按现行国家标准《建筑设计防火规范》GB 50016、《建筑内部装修设计防火规范》GB 50222 和《采暖通风与空气调节设计规范》GB 50019 的有关规定执行。

5.7.1A 中央控制室应根据爆炸风险评估确定是否需要抗爆设计。布置在装置区的控制室、有人值守的机柜间宜进行抗爆设计，抗爆设计应按现行国家标准《石油化工控制室抗爆设计规范》GB 50779 的规定执行。

5.7.2 散发爆炸危险性粉尘或可燃纤维的场所，其火灾危险性类别和爆炸危险区范围的划分应按现行国家标准《建筑设计防火规范》GB 50016 和《爆炸危险环境电力装置设计规范》GB 50058 的规定执行。

5.7.3 散发爆炸危险性粉尘或可燃纤维的场所应采取防止粉尘、纤维扩散、飞扬和积聚的措施。

5.7.4 散发比空气重的甲类气体、有爆炸危险性粉尘或可燃纤维的封闭厂房应采用不发生火花的地面。

5.7.5 有可燃液体设备的多层建筑物的楼板应采取措施防止可燃液体泄漏至下层，且应有效收集和排放泄漏的可燃液体。

5.7.6 生产或储存不稳定的烯烃、二烯烃等物质时应采取防止生成过氧化物、自聚物的措施。

5.7.7 可燃气体压缩机、液化烃、可燃液体泵不得使用皮带传动；在爆炸危险区范围内的其他转动设备若必须使用皮带传动时，应采用防静电皮带。

5.7.8 烧燃料气的加热炉应设长明灯，并宜设置火焰监测器。

5.7.9 除加热炉以外的有隔热衬里设备，其外壁应涂刷超温显示剂或设置测温点。

5.7.10 可燃气体的电除尘、电除雾等电滤器系统，应有防止产生负压和控制含氧量超过规定指标的设施。

5.7.11 正压通风设施的取风口宜位于可燃气体、液化烃和甲$_B$、乙$_A$类设备的全年最小频率风向的下风侧，且取风口高度应高出地面 9 m 以上或爆炸危险区 1.5 m 以上，两者中取较大值。取风质量应按现行国家标准《采暖通风与空气调节设计规范》GB 50019 的有关规定执行。

6 储运设施

6.1 一般规定

6.1.1 可燃气体、助燃气体、液化烃和可燃液体的储罐基础、防火堤、隔堤及管架(墩)等，均应采用不燃烧材料。防火堤的耐火极限不得小于 3 h。

6.1.2 液化烃、可燃液体储罐的保温层应采用不燃烧材料。当保冷层采用阻燃型泡沫塑料制品时，其氧指数不应小于 30。

6.1.3 储运设施内储罐与其他设备及建构筑物之间的防火间距应按本标准第 5 章的有关规定执行。

6.2 可燃液体的地上储罐

6.2.1 储罐应采用钢罐，并应符合下列规定：

1 浮顶储罐单罐容积不应大于 150000 m^3；

2 固定顶和储存甲$_B$、乙$_A$类可燃液体内浮顶储罐直径不应大于 48 m；

3 储罐罐壁高度不应超过 24 m；

4 容积大于或等于 50000 m^3 的浮顶储罐应设置两个盘梯，并应在罐顶设置两个平台。

6.2.2 储存甲$_B$、乙$_A$类的液体应选用金属浮舱式的浮顶或内浮顶罐。对于有特殊要求的物料或储罐容积小于或等于 200 m^3 的储罐，在采取相应安全措施后可选用其他型式的储罐。浮盘应根据可燃液体物性和材质强度进行选用，并应符合下列规定：

1 当单罐容积小于或等于 5000 m^3 的内浮顶储罐采用易熔材料制作的浮盘时，应设置氮气保护等安全措施；

2 单罐容积大于 5000 m^3 的内浮顶储罐应采用钢制单盘或双盘式浮顶；

3 单罐容积大于或等于 50000 m³ 的浮顶储罐应采用钢制双盘式浮顶。

6.2.3 储存沸点低于 45 ℃的甲$_B$类液体宜选用压力或低压储罐。

6.2.4 甲$_B$类液体固定顶罐或低压储罐应采取减少日晒升温的措施。

6.2.4A 储存温度超过 12 ℃的重油固定顶罐应设置氮气保护，多雷区单罐容积大于或等于 50000 m³ 的浮顶储罐应采取减少一、二次密封之间空间的措施。

6.2.5 储罐应成组布置，并应符合下列规定：

1 在同一罐组内，宜布置火灾危险性类别相同或相近的储罐；当单罐容积小于或等于 1000 m³ 时，火灾危险性类别不同的储罐也可同组布置；

2 沸溢性液体的储罐不应与非沸溢性液体储罐同组布置；

3 可燃液体的压力储罐可与液化烃的全压力储罐同组布置；

4 可燃液体的低压储罐可与常压储罐同组布置；

5 轻、重污油储罐宜同组独立布置。

6.2.6 罐组的总容积应符合下列规定：

1 浮顶罐组的总容积不应大于 600000 m³；

2 内浮顶罐组的总容积：采用钢制单盘或双盘时不应大于 360000 m³；采用易熔材料制作的内浮顶及其与采用钢制单盘或双盘内浮顶的混合罐组不应大于 240000 m³；

3 固定顶罐组的总容积不应大于 120000 m³；

4 固定顶罐和浮顶、内浮顶罐的混合罐组的总容积不应大于 120000 m³；

5 固定顶罐和浮顶、内浮顶罐的混合罐组中浮顶、内浮顶罐的容积可折半计算。

6.2.7 罐组内储罐的个数应符合下列规定：

1 当含有单罐容积大于 50000 m³ 的储罐时，储罐的个数不应多于 4 个；

2 当含有单罐容积大于或等于 10000 m³ 且小于或等于 50000 m³ 的储罐时，储罐的个数不应多于 12 个；

3 当含有单罐容积大于或等于 1000 m³ 且小于 10000 m³ 的储罐时，储罐的个数不应多于 16 个；

4 单罐容积小于 1000 m³ 储罐的个数不受限制。

6.2.8 罐组内相邻可燃液体地上储罐的防火间距不应小于表 6.2.8 的规定。

表 6.2.8 罐组内相邻可燃液体地上储罐的防火间距

液体类别	储罐型式			
	固定顶罐		浮顶、内浮顶罐	卧罐
	≤1000 m³	>1000 m³		
甲$_B$、乙类	0.75 D	0.6 D	0.4 D	0.8 m
丙$_A$类	0.4 D			
丙$_B$类	2 m	5 m		

注：1 表中 D 为相邻较大罐的直径，单罐容积大于 1000 m³ 的储罐取直径或高度的较大值；
2 储存不同类别液体的或不同型式的相邻储罐的防火间距应采用本表规定的较大值；
3 现有浅盘式内浮顶罐的防火间距同固定顶罐；
4 可燃液体的低压储罐，其防火间距按固定顶罐考虑；
5 储存丙$_B$类可燃液体的浮顶、内浮顶罐，其防火间距大于 15 m 时，可取 15 m。

6.2.9 罐组内的储罐不应超过 2 排；但单罐容积小于或等于 1000 m^3 的丙$_B$ 类的储罐不应超过 4 排，其中润滑油罐的单罐容积和排数不限。

6.2.10 两排立式储罐的间距应符合表 6.2.8 的规定，且不应小于 5 m；两排直径小于 5 m 的立式储罐及卧式储罐的间距不应小于 3 m。

6.2.11 罐组应设防火堤。

6.2.12 防火堤及隔堤内的有效容积应符合下列规定：

1 防火堤内的有效容积不应小于罐组内 1 个最大储罐的容积，当浮顶、内浮顶罐组不能满足此要求时，应设置事故存液池储存剩余部分，但罐组防火堤内的有效容积不应小于罐组内 1 个最大储罐容积的一半；

2 隔堤内有效容积不应小于隔堤内 1 个最大储罐容积的 10%。

6.2.13 立式储罐至防火堤内堤脚线的距离不应小于罐壁高度的一半，卧式储罐至防火堤内堤脚线的距离不应小于 3 m。

6.2.14 相邻罐组防火堤的外堤脚线之间应留有宽度不小于 7 m 的消防空地。

6.2.15 设有防火堤的罐组内应按下列要求设置隔堤：

1 单罐容积大于 20000 m^3 时，应每个储罐一隔；

2 单罐容积大于 5000 m^3 且小于或等于 20000 m^3 时，隔堤内的储罐不应超过 4 个；对于甲$_B$、乙$_A$ 类可燃液体储罐，储罐之间还应设置高度不低于 300 mm 的围堰；

3 单罐容积小于或等于 5000 m^3 时，隔堤所分隔的储罐容积之和不应大于 20000 m^3；

4 隔堤所分隔的沸溢性液体储罐不应超过 2 个。

6.2.16 多品种的液体罐组内应按下列要求设置隔堤：

1 甲$_B$、乙$_A$ 类液体与其他类可燃液体储罐之间；

2 水溶性与非水溶性可燃液体储罐之间；

3 相互接触能引起化学反应的可燃液体储罐之间；

4 助燃剂、强氧化剂及具有腐蚀性液体储罐与可燃液体储罐之间。

6.2.17 防火堤及隔堤应符合下列规定：

1 防火堤及隔堤应能承受所容纳液体的静压，且不应渗漏；

2 立式储罐防火堤的高度应为计算高度加 0.2 m，但不应低于 1.0 m(以堤内设计地坪标高为准)，且不宜高于 2.2 m(以堤外 3 m 范围内设计地坪标高为准)；卧式储罐防火堤的高度不应低于 0.5 m(以堤内设计地坪标高为准)；

3 立式储罐组内隔堤的高度不应低于 0.5 m；卧式储罐组内隔堤的高度不应低于 0.3 m；

4 管道穿堤处应采用不燃烧材料严密封闭；

5 在防火堤内雨水沟穿堤处应采取防止可燃液体流出堤外的措施；

6 在防火堤的不同方位上应设置人行台阶或坡道，同一方位上两相邻人行台阶或坡道之间距离不宜大于 60 m；隔堤应设置人行台阶。

6.2.18 事故存液池的设置应符合下列规定：

1 设有事故存液池的罐组应设导液管(沟)，使溢漏液体能顺利地流出罐组并自流入存液池内；

2 事故存液池距防火堤的距离不应小于 7 m；

3 事故存液池和导液沟距明火地点不应小于 30 m；

4 事故存液池应有排水设施。

6.2.19 甲$_B$、乙类液体的固定顶罐应设阻火器和呼吸阀;对于采用氮气或其他气体气封的甲$_B$、乙类液体的储罐还应设置事故泄压设备。

6.2.20 常压固定顶罐的罐顶应采用弱顶结构或采取其他泄压措施。

6.2.21 储存温度高于 100 ℃的丙$_B$类液体储罐应设专用扫线罐。

6.2.22 设有蒸汽加热器的储罐应采取防止液体超温的措施。

6.2.23 可燃液体的储罐应设液位计和高液位报警器,必要时可设自动联锁切断进料设施;并宜设自动脱水器。

6.2.24 储罐的进料管应从罐体下部接入;若必须从上部接入,宜延伸至距罐底200 mm处。

6.2.25 储罐的进出口管道应采用柔性连接。

6.3 液化烃、可燃气体、助燃气体的地上储罐

6.3.1 液化烃储罐、可燃气体储罐和助燃气体储罐应分别成组布置。

6.3.1A 全压力式或半冷冻式液化烃储罐的单罐容积不应大于 4000 m^3。

6.3.2 液化烃储罐成组布置时应符合下列规定:

1 **液化烃罐组内的储罐不应超过 2 排;**

2 **每组全压力式或半冷冻式储罐的个数不应多于 12 个;**

3 全冷冻式储罐的个数不宜多于 2 个;

4 **全冷冻式储罐应单独成组布置;**

5 储罐不能适应罐组内任一介质泄漏所产生的最低温度时,不应布置在同一罐组内。

6.3.3 **液化烃、可燃气体、助燃气体的罐组内,储罐的防火间距不应小于表 6.3.3 的规定。**

表 6.3.3 液化烃、可燃气体、助燃气体的罐组内储罐的防火间距

介质	储存方式或储罐型式		球罐	卧(立)罐	全冷冻式储罐		水槽式气柜	干式气柜
					≤100m^3	>100m^3		
液化烃	全压力式或半冷冻式储罐	有事故排放至火炬的措施	0.5 D	1.0 D	*	*	*	*
		无事故排放至火炬的措施	1.0 D		*	*	*	*
	全冷冻式储罐	≤100 m^3	*	*	1.5 m	0.5 D	*	*
		>100 m^3	*	*	0.5 D	0.5 D	*	*
助燃气体	球罐		0.5 D	0.65 D	*	*	*	*
	卧(立)罐		0.65 D	0.65 D	*	*	*	*
可燃气体	水槽式气柜		*	*	*	*	0.5 D	0.65 D
	干式气柜		*	*	*	*	0.65 D	0.65 D
	球罐		0.5 D	*	*	*	0.65 D	0.65 D

表 6.3.3(续)

介质	储存方式或储罐型式	球罐	卧(立)罐	全冷冻式储罐		水槽式气柜	干式气柜
				≤100m³	>100m³		

注:1 D 为相邻较大储罐的直径;
2 液氨储罐间的防火间距要求应与液化烃储罐相同;液氧储罐间的防火间距应按现行国家标准《建筑设计防火规范》GB 50016 的要求执行;
3 沸点低于 45 ℃的甲$_B$类液体压力储罐,按全压力式液化烃储罐的防火间距执行;
4 液化烃单罐容积≤200 m³ 的卧(立)罐之间的防火间距超过 1.5 m 时,可取 1.5 m;
5 助燃气体卧(立)罐之间的防火间距超过 1.5 m 时,可取 1.5 m;
6 "*"表示不应同组布置。

6.3.4 两排卧罐的间距不应小于 3 m。

6.3.5 防火堤及隔堤的设置应符合下列规定:

1 液化烃全压力式或半冷冻式储罐组宜设高度为 0.6 m 的防火堤,防火堤内堤脚线距储罐不应小于 3 m,堤内应采用现浇混凝土地面,并应坡向外侧,防火堤内的隔堤不宜高于0.3 m。

2 全压力式或半冷冻式储罐组的总容积不应大于 40000 m³,隔堤内各储罐容积之和不宜大于 8000 m³。

3 全冷冻式储罐组的总容积不应大于 200000 m³,单防罐应每 1 个罐一隔,隔堤应低于防火堤 0.2 m。

4 沸点低于 45 ℃甲$_B$类液体压力储罐组的总容积不宜大于 60000 m³;隔堤内各储罐容积之和不宜大于 8000 m³。

5 沸点低于 45 ℃的甲$_B$类液体的压力储罐,防火堤内有效容积不应小于 1 个最大储罐的容积。当其与液化烃压力储罐同组布置时,防火堤及隔堤的高度尚应满足液化烃压力储罐组的要求,且二者之间应设隔堤;当其独立成组时,防火堤距储罐不应小于 3 m,防火堤及隔堤的高度设置尚应符合本标准第 6.2.17 条的要求。

6 全压力式、半冷冻式液氨储罐的防火堤和隔堤的设置同液化烃储罐的要求。

6.3.6 液化烃全冷冻式单防罐罐组应设防火堤,并应符合下列规定:

1 防火堤内的有效容积不应小于 1 个最大储罐的容积;

2 单防罐至防火堤内顶角线的距离 X 不应小于最高液位与防火堤堤顶的高度之差 Y 加上液面上气相当量压头的和(图 6.3.6);当防火堤的高度等于或大于最高液位时,单防罐至防火堤内顶角线的距离不限;

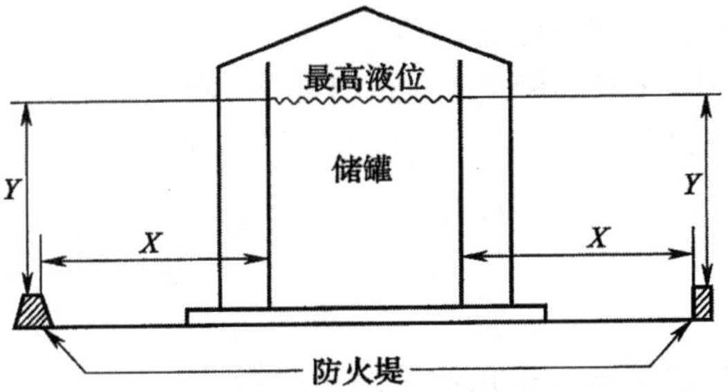

图 6.3.6 单防罐至防火堤内顶角线的距离

3 应在防火堤的不同方位上设置不少于 2 个人行台阶或梯子;

4 防火堤及隔堤应为不燃烧实体防护结构，能承受所容纳液体的静压及温度变化的影响，且不渗漏。

6.3.7 液化烃和液氨的全冷冻式双防或全防罐罐组可不设防火堤。

6.3.8 全冷冻式液氨单防储罐应设防火堤，堤内有效容积不应小于1个最大储罐容积的60%。

6.3.9 液化烃、液氨等储罐的储存系数不应大于0.9。

6.3.10 液氨储罐应设液位计、压力表和安全阀；低温液氨储罐尚应设温度指示仪。

6.3.11 液化烃储罐应设液位计、温度计、压力表、安全阀，以及高液位报警和高高液位自动联锁切断进料措施。对于全冷冻式液化烃储罐还应设真空泄放设施和高、低温度检测，并应与自动控制系统相联。

6.3.12 气柜应设上、下限位报警装置，并宜设进出管道自动联锁切断装置。

6.3.13 液化烃储罐的安全阀出口管应接至火炬系统。确有困难时，可就地放空，但其排气管口应高出8 m范围内储罐罐顶平台3 m以上。

6.3.14 全压力式液化烃储罐宜采用有防冻措施的二次脱水系统，储罐根部宜设紧急切断阀。

6.3.15 液化烃蒸发器的气相部分应设压力表和安全阀。

6.3.16 全压力式储罐应采取防止液化烃泄漏的注水措施。

6.3.17 全冷冻卧式液化烃储罐不应多层布置。

6.4 可燃液体、液化烃的装卸设施

6.4.1 可燃液体的铁路装卸设施应符合下列规定：

1 装卸栈台两端和沿栈台每隔60 m左右应设梯子；

2 甲$_B$、乙、丙$_A$类的液体严禁采用沟槽卸车系统；

3 顶部敞口装车的甲$_B$、乙、丙$_A$类的液体应采用液下装车鹤管；

4 在距装车栈台边缘10 m以外的可燃液体(润滑油除外)输入管道上应设便于操作的紧急切断阀；

5 丙$_B$类液体装卸栈台宜单独设置；

6 零位罐至罐车装卸线不应小于6 m；

7 甲$_B$、乙$_A$类液体装卸鹤管与集中布置的泵的防火间距不应小于8 m；甲$_B$、乙$_A$类液体装卸鹤管及集中布置的泵与油气回收设备的防火间距不应小于4.5 m；

8 同一铁路装卸线一侧的两个装卸栈台相邻鹤位之间的距离不应小于24 m。

6.4.2 可燃液体的汽车装卸站应符合下列规定：

1 装卸站的进、出口宜分开设置；当进、出口合用时，站内应设回车场；

2 装卸车场应采用现浇混凝土地面；

3 装卸车鹤位与缓冲罐之间的距离不应小于5 m，高架罐之间的距离不应小于0.6 m；

4 甲$_B$、乙$_A$类液体装卸鹤位与集中布置的泵的防火间距不应小于8 m；甲$_B$、乙$_A$类液体装卸鹤位及集中布置的泵与油气回收设备的防火间距不应小于4.5 m；

5 站内无缓冲罐时，在距装卸车鹤位10 m以外的装卸管道上应设便于操作的紧急切断阀；

6 甲$_B$、乙、丙$_A$类液体的装车应采用液下装车鹤管；

7 甲$_B$、乙、丙$_A$类液体与其他类液体的两个装卸车栈台相邻鹤位之间的距离不应小于8 m；

8 装卸车鹤位之间的距离不应小于4 m；双侧装卸车栈台相邻鹤位之间或同一鹤位相邻

鹤管之间的距离应满足鹤管正常操作和检修的要求。

6.4.3 液化烃铁路和汽车的装卸设施应符合下列规定：

1 **液化烃严禁就地排放；**

2 **低温液化烃装卸鹤位应单独设置；**

3 铁路装卸栈台宜单独设置，当不同时作业时，可与可燃液体铁路装卸同台设置；

4 同一铁路装卸线一侧的两个装卸栈台相邻鹤位之间的距离不应小于24 m；

5 铁路装卸栈台两端和沿栈台每隔60 m左右应设梯子；

6 汽车装卸车鹤位之间的距离不应小于4 m；双侧装卸车栈台相邻鹤位之间或同一鹤位相邻鹤管之间的距离应满足鹤管正常操作和检修的要求，液化烃汽车装卸栈台与可燃液体汽车装卸栈台相邻鹤位之间的距离不应小于8 m；

7 在距装卸车鹤位10 m以外的装卸管道上应设便于操作的紧急切断阀；

8 汽车装卸车场应采用现浇混凝土地面；

9 装卸车鹤位与集中布置的泵的距离不应小于10 m。

6.4.4 可燃液体码头、液化烃码头应符合下列规定：

1 **除船舶在码头泊位内外档停靠外，码头相邻泊位船舶间的防火间距不应小于表6.4.4的规定：**

表6.4.4 码头相邻泊位船舶间的防火间距(m)

船长(m)	279～236	235～183	182～151	150～110	<110
防火间距	55	50	40	35	25

2 液化烃泊位宜单独设置，当不同时作业时，可与其他可燃液体共用一个泊位；

3 可燃液体和液化烃的码头与其他码头或建筑物、构筑物的安全距离应按有关规定执行；

4 在距泊位20 m以外或岸边处的装卸船管道上应设便于操作的紧急切断阀；

5 液化烃的装卸应采用装卸臂或金属软管，并应采取安全放空措施。

6.5 灌装站

6.5.1 液化石油气的灌装站应符合下列规定：

1 液化石油气的灌瓶间和储瓶库宜为敞开式或半敞开式建筑物，半敞开式建筑物下部应采取防止油气积聚的措施；

2 **液化石油气的残液应密闭回收，严禁就地排放；**

3 灌装站应设不燃烧材料隔离墙。如采用实体围墙，其下部应设通风口；

4 灌瓶间和储瓶库的室内应采用不发生火花的地面，室内地面应高于室外地坪，其高差不应小于0.6 m；

5 液化石油气缓冲罐与灌瓶间的距离不应小于10 m；

6 灌装站内应设有宽度不小于4 m的环形消防车道，车道内缘转弯半径不宜小于6 m。

6.5.2 氢气灌瓶间的顶部应采取通风措施。

6.5.3 液氨和液氯等的灌装间宜为敞开式建筑物。

6.5.4 实瓶(桶)库与灌装间可设在同一建筑物内，但宜用实体墙隔开，并各设出入口。

6.5.5 液化石油气、液氨或液氯等的实瓶不应露天堆放。

6.6 厂内仓库

6.6.1 石油化工企业应设置独立的化学品和危险品库区。甲、乙、丙类物品仓库,距其他设施的防火间距见表 4.2.12,并应符合下列规定:

1 甲类物品仓库宜单独设置;当其储量小于 5 t 时,可与乙、丙类物品仓库共用一座建筑物,但应设独立的防火分区;

2 乙、丙类产品的储量宜按装置 2 d～15 d 的产量计算确定;

3 化学品应按其化学物理特性分类储存,当物料性质不允许相互接触时,应用实体墙隔开,并各设出入口;

4 仓库应通风良好;

5 可能产生爆炸性混合气体或在空气中能形成粉尘、纤维等爆炸性混合物的仓库,应采用不发生火花的地面,需要时应设防水层。

6.6.2 单层丙类仓库跨度不应大于 150 m。每座尿素单层仓库的占地面积不应大于 12000 m^2;每座合成纤维、合成橡胶、合成树脂及塑料单层仓库的占地面积不应大于 24000 m^2。当企业设有消防站和专职消防队且仓库设有工业电视监视系统时,每座尿素单层仓库的占地面积可扩大至 24000 m^2;每座合成树脂及塑料单层仓库的占地面积可扩大至 48000 m^2。单层仓库的每个防火分区的建筑面积应符合下列规定:

1 合成纤维、合成橡胶、合成树脂及塑料仓库不应大于 6000 m^2;

2 尿素散装仓库不应大于 12000 m^2,尿素袋装仓库不应大于 6000 m^2。

6.6.3 合成纤维、合成树脂及塑料等产品的高架仓库应符合下列规定:

1 仓库的耐火等级不应低于二级;

2 货架应采用不燃烧材料。

6.6.4 占地面积大于 1000 m^2 的丙类仓库应设置排烟设施,占地面积大于 6000 m^2 的丙类仓库宜采用自然排烟,排烟口净面积宜为仓库建筑面积的 5%。

6.6.5 袋装硝酸铵仓库的耐火等级不应低于二级。仓库内严禁存放其他物品。

6.6.6 盛装甲、乙类液体的容器存放在室外时应设防晒降温设施。

6.6.7 二硫化碳的存放应符合下列规定:

1 库房温度宜保持在 5 ℃～20 ℃之间;

2 空桶及实桶均不得露天堆放;

3 实桶应单层立放;

4 桶装库房下部应通风良好;

5 当库房采暖介质的设计温度高于 100 ℃时,应对采暖管道、暖气片采取隔离措施;

6 二硫化碳的储罐不应露天布置,罐内应设水封,并应采取防冻措施。

7 管道布置

7.1 厂内管线综合

7.1.1 全厂性工艺及热力管道宜地上敷设;沿地面或低支架敷设的管道不应环绕工艺装置或罐组布置,并不应妨碍消防车的通行。

7.1.2 管道及其桁架跨越厂内铁路线的净空高度不应小于 5.5 m;跨越厂内道路的净空高度不应小于 5 m。在跨越铁路或道路的可燃气体、液化烃和可燃液体管道上不应设置阀门及易发生泄漏的管道附件。

7.1.3 可燃气体、液化烃、可燃液体的管道穿越铁路线或道路时应敷设在管涵或套管内,并采取防止可燃气体窜入和积聚在管涵或套管内的措施。

7.1.4 永久性的地上、地下管道不得穿越或跨越与其无关的工艺装置、系统单元或储罐组;在跨越罐区泵房的可燃气体、液化烃和可燃液体的管道上不应设置阀门及易发生泄漏的管道附件。

7.1.5 距散发比空气重的可燃气体设备 30 m 以内的管沟应采取防止可燃气体窜入和积聚的措施。

7.1.6 各种工艺管道及含可燃液体的污水管道不应沿道路敷设在路面下或路肩上下。

7.2 工艺及公用物料管道

7.2.1 可燃气体、液化烃和可燃液体的金属管道除需要采用法兰连接外,均应采用焊接连接。公称直径等于或小于 25 mm 的可燃气体、液化烃和可燃液体的金属管道和阀门采用锥管螺纹连接时,除能产生缝隙腐蚀的介质管道外,应在螺纹处采用密封焊。

7.2.2 可燃气体、液化烃和可燃液体的管道不得穿过与其无关的建筑物。

7.2.3 可燃气体、液化烃和可燃液体的采样管道不应引入化验室。

7.2.4 可燃气体、液化烃和可燃液体的管道应架空或沿地敷设。必须采用管沟敷设时,应采取防止可燃气体、液化烃和可燃液体在管沟内积聚的措施,并在进、出装置及厂房处密封隔断;管沟内的污水应经水封井排入生产污水管道。

7.2.5 工艺和公用工程管道共架多层敷设时宜将介质操作温度等于或高于 250 ℃的管道布置在上层,液化烃及腐蚀性介质管道布置在下层;必须布置在下层的介质操作温度等于或高于 250 ℃的管道可布置在外侧,但不应与液化烃管道相邻。

7.2.6 氧气管道与可燃气体、液化烃和可燃液体的管道共架敷设时应布置在一侧,且平行布置时净距不应小于 500 mm,交叉布置时净距不应小于 250 mm。氧气管道与可燃气体、液化烃和可燃液体管道之间宜用公用工程管道隔开。

7.2.7 公用工程管道与可燃气体、液化烃和可燃液体的管道或设备连接时应符合下列规定:

1 连续使用的公用工程管道上应设止回阀,并在其根部设切断阀;

2 间歇使用的公用工程管道上应设止回阀和一道切断阀或设两道切断阀,并在两切断阀间设检查阀;

3 仅在设备停用时使用的公用工程管道应设盲板或断开。

7.2.8 连续操作的可燃气体管道的低点应设两道排液阀,排出的液体应排放至密闭系统;仅在开停工时使用的排液阀,可设一道阀门,并加丝堵、管帽、盲板或法兰盖。

7.2.9 甲、$乙_A$ 类设备和管道应有惰性气体置换设施。

7.2.10 可燃气体压缩机的吸入管道应有防止产生负压的措施。

7.2.11 离心式可燃气体压缩机和可燃液体泵应在其出口管道上安装止回阀。

7.2.12 加热炉燃料气调节阀前的管道压力等于或小于 0.4 MPa(表),且无低压自动保护仪表时,应在每个燃料气调节阀与加热炉之间设置阻火器。

7.2.13 加热炉燃料气管道上的分液罐的凝液不应敞开排放。

7.2.14 当可燃液体容器内可能存在空气时,其入口管应从容器下部接入;若必须从上部接入,宜延伸至距容器底 200 mm 处。

7.2.15 液化烃及操作温度等于或高于自燃点的可燃液体设备至泵的入口管道应在靠近设备根部设置切断阀，当设备容积超过 40 m^3 且与泵的间距小于 15 m 时，该切断阀应为带手动功能的遥控阀，遥控阀就地操作按钮距泵的间距不应小于 15 m。

7.2.16 进、出装置的可燃气体、液化烃和可燃液体的管道，在装置的边界处应设隔断阀和 8 字盲板，在隔断阀处应设平台，长度等于或大于 8 m 的平台应在两个方向设梯子。

7.2.17 输送可燃气体、液化烃和可燃液体的管道在进、出石油化工企业时，应在围墙内设紧急切断阀。紧急切断阀应具有自动和手动切断功能。

7.2.18 液化烃、液氯、液氨管道不得采用软管连接，可燃液体管道不得采用非金属软管连接。

7.3 含可燃液体的生产污水管道

7.3.1 含可燃液体的污水及被严重污染的雨水应排入生产污水管道，但可燃气体的凝结液和下列水不得直接排入生产污水管道：

1 与排水点管道中的污水混合后，温度超过 40 ℃的水；

2 混合时产生化学反应能引起火灾或爆炸的污水。

7.3.2 生产污水排放应采用暗管或覆土厚度不小于 200 mm 的暗沟。设施内部若必须采用明沟排水时，应分段设置，每段长度不宜超过 30 m，相邻两段之间的距离不宜小于 2 m。

7.3.3 生产污水管道的下列部位应设水封，水封高度不得小于 250 mm：

1 工艺装置内的塔、加热炉、泵、冷换设备等区围堰的排水出口；

2 工艺装置、罐组或其他设施及建筑物、构筑物、管沟等的排水出口；

3 全厂性的支干管与干管交汇处的支干管上；

4 全厂性支干管、干管的管段长度超过 300 m 时，应用水封井隔开。

7.3.4 重力流循环回水管道在工艺装置总出口处应设水封。

7.3.5 当建筑物用防火墙分隔成多个防火分区时，每个防火分区的生产污水管道应有独立的排出口并设水封。

7.3.6 罐组内的生产污水管道应有独立的排出口，且应在防火堤外设置水封；在防火堤与水封之间的管道上应设置易开关的隔断阀。

7.3.7 甲、乙类工艺装置内生产污水管道的支干管、干管的最高处检查井宜设排气管。排气管的设置应符合下列规定：

1 管径不宜小于 100 mm；

2 排气管的出口应高出地面 2.5 m 以上，并应高出距排气管 3 m 范围内的操作平台、空气冷却器 2.5 m 以上；

3 距明火、散发火花地点 15 m 半径范围内不应设排气管。

7.3.8 甲、乙类工艺装置内，生产污水管道的检查井井盖与盖座接缝处应密封，且井盖不得有孔洞。

7.3.9 工艺装置内生产污水系统的隔油池应符合本标准第 5.4.1 条、5.4.2 条的规定。

7.3.10 接纳消防废水的排水系统应按最大消防水量校核排水系统能力，并应设有防止受污染的消防水排出厂外的措施。

7.4 厂际管道敷设

7.4.1 厂际管道不宜采用管墩或管沟敷设。当采用管沟敷设时,管沟内应充砂填实。

7.4.2 毒性为极度、高度危害的介质管道不应埋地敷设;氢气管道不宜埋地敷设。

7.4.3 可燃液体厂际管道的壁厚计算,应按现行国家标准《输油管道工程设计规范》GB 50253的有关规定执行;天然气和氢气厂际管道的壁厚计算,应按现行国家标准《输气管道工程设计规范》GB 50251的有关规定执行。当厂际管道经过本标准表4.5.8中的相邻设施时,管道的设计壁厚不应小于计算厚度的1.2倍。

7.4.4 架空敷设的厂际管道经过人员集中的区域时,应设防止人员侵入的防护栏。

7.4.5 沿厂外公路架空敷设的和跨越厂外公路的厂际管道的管廊柱子,距厂外公路路边的距离小于10 m时,宜设防撞设施。

7.4.6 厂际管道穿越工程的设计应符合现行国家标准《油气输送管道穿越工程设计规范》GB 50423的有关规定;厂际管道跨越工程的设计应符合现行国家标准《油气输送管道跨越工程设计标准》GB 50459的有关规定。

7.4.7 当厂际管道长度大于5 km时,其上、下游企业围墙或用地边界线内的管道上均应设置紧急切断阀、流量和压力监测设施。

7.4.8 厂际管道除需要采用法兰连接外,均应采用焊接连接;管道补偿应采用自然补偿。

7.4.9 厂际管道在其分支管道靠近主管道根部宜设切断阀;除特殊要求外,厂际管道其他位置不应设置切断阀。

7.4.10 架空敷设的厂际管道不宜设置永久性排凝或排气措施。

8 消防

8.1 一般规定

8.1.1 石油化工企业应设置与生产、储存、运输的物料和操作条件相适应的消防设施,供专职消防人员和岗位操作人员使用。

8.1.2 当大型石油化工装置的设备、建筑物区占地面积大于10000 m^2 小于20000 m^2 时,应加强消防设施的设置。

8.2 消防站

8.2.1 大中型石油化工企业应设消防站。消防站的规模应根据石油化工企业的规模、火灾危险性、固定消防设施的设置情况,以及邻近单位消防协作条件等因素确定。

8.2.2 石油化工企业消防车辆的车型应根据被保护对象选择,以大型泡沫消防车为主,且应配备干粉或干粉-泡沫联用车;大型石油化工企业尚宜配备高喷车和通信指挥车。

8.2.3 消防站宜设置向消防车快速灌装泡沫液的设施,并宜设置泡沫液运输车,车上应配备向消防车输送泡沫液的设施。

8.2.3A 消防站应配置不少于2门遥控移动消防炮,遥控移动消防炮的流量不应小于30 L/s。

8.2.4 消防站应由车库、通信室、办公室、值勤宿舍、药剂库、器材库、干燥室(寒冷或多雨地区)、培训学习室及训练场、训练塔及其他必要的生活设施等组成。

8.2.5 消防车库的耐火等级不应低于二级;车库室内温度不宜低于12 ℃,并宜设机械排风设施。

8.2.6 车库、值勤宿舍必须设置警铃,并应在车库前场地一侧安装车辆出动的警灯和警铃。通信室、车库、值勤宿舍及公共通道等处应设事故照明。

8.2.7 车库大门应面向道路，距道路边不应小于 15 m。车库前场地应采用混凝土或沥青地面，并应有不小于 2%的坡度坡向道路。

8.3 消防水源及泵房

8.3.1 当消防用水由工厂水源直接供给时，工厂给水管网的进水管不应少于 2 条。当其中 1 条发生事故时，另 1 条应能满足 100%的消防用水和 70%的生产、生活用水总量的要求。消防用水由消防水池(罐)供给时，工厂给水管网的进水管，应能满足消防水池(罐)的补充水和 100%的生产、生活用水总量的要求。

8.3.1A 当厂区面积超过 2000000 m^2 时，消防供水系统的设置应符合下列规定：

1 宜按面积分区设置独立的消防供水系统，每套供水系统保护面积不宜超过 2000000 m^2；

2 每套消防供水系统的最大保护半径不宜超过 1200 m；

3 每套消防供水系统应根据其保护范围，按本标准第 8.4 节的规定确定消防用水量；

4 分区独立设置的相邻消防供水系统管网之间应设不少于 2 根带切断阀的连通管，并应满足当其中一个分区发生故障时，相邻分区能够提供 100%消防供水量。

8.3.2 当工厂水源直接供给不能满足消防用水量、水压和火灾延续时间内消防用水总量要求时，应建消防水池(罐)，并应符合下列规定：

1 水池(罐)的容量，应满足火灾延续时间内消防用水总量的要求。当发生火灾能保证向水池(罐)连续补水时，其容量可减去火灾延续时间内的补充水量；

2 水池(罐)的总容量大于 1000 m^3 时，应分隔成 2 个，并设带切断阀的连通管；

3 水池(罐)的补水时间，不宜超过 48 h；

4 当消防水池(罐)与生活或生产水池(罐)合建时，应有消防用水不作他用的措施；

5 寒冷地区应设防冻措施；

6 消防水池(罐)应设液位检测、高低液位报警及自动补水设施。

8.3.3 消防水泵房宜与生活或生产水泵房合建，其耐火等级不应低于二级。

8.3.4 消防水泵应采用自灌式引水系统。当消防水池处于低液位不能保证消防水泵再次自灌启动时，应设辅助引水系统。

8.3.5 消防水泵的吸水管、出水管应符合下列规定：

1 每台消防水泵宜有独立的吸水管；2 台以上成组布置时，其吸水管不应少于 2 条，当其中 1 条检修时，其余吸水管应能确保吸取全部消防用水量；

2 成组布置的水泵，至少应有 2 条出水管与环状消防水管道连接，两连接点间应设阀门。当 1 条出水管检修时，其余出水管应能输送全部消防用水量；

3 泵的出水管道应设防止超压的安全设施；

4 直径大于 300 mm 的出水管道上阀门不应选用手动阀门，阀门的启闭应有明显标志。

8.3.6 消防水泵、稳压泵应分别设置备用泵。

8.3.7 消防水泵应在接到报警后 2 min 以内投入运行。稳高压消防给水系统的消防水泵应能依靠管网压降信号自动启动。

8.3.8 消防水泵的主泵应采用电动泵，备用泵应采用柴油机泵，且应按 100%备用能力设置，柴油机的油料储备量应能满足机组连续运转 6 h 的要求；柴油机的安装、布置、通风、散热等条件

应满足柴油机组的要求。

8.4 消防用水量

8.4.1 厂区的消防用水量应按同一时间内的火灾处数和相应处的一次灭火用水量确定。

8.4.2 厂区同一时间内的火灾处数应按表 8.4.2 确定。

表 8.4.2 厂区同一时间内的火灾处数

厂区占地面积(m^2)	同一时间内火灾处数
≤1000000	1处:厂区消防用水量最大处
>1000000	2处:一处为厂区消防用水量最大处,另一处为厂区辅助生产设施

8.4.3 工艺装置、辅助生产设施及建筑物的消防用水量计算应符合下列规定:

1 工艺装置的消防用水量应根据其规模、火灾危险类别及消防设施的设置情况等综合考虑确定。当确定有困难时,可按表 8.4.3 选定;火灾延续供水时间不应小于 3 h;

2 辅助生产设施的消防用水量可按 50 L/s 计算;火灾延续供水时间不宜小于 2 h;

3 建筑物的消防用水量应根据相关国家标准规范的要求进行计算;

4 可燃液体、液化烃的装卸栈台应设置消防给水系统,消防用水量不应小于 60 L/s;空分站的消防用水量宜为 90 L/s~120 L/s,火灾延续供水时间不宜小于 3 h。

表 8.4.3 工艺装置消防用水量表(L/s)

装置类型	装置规模	
	中型	大型
石油化工	150~300	300~600
炼油	150~230	230~450
合成氨及氨加工	90~120	120~200

8.4.4 可燃液体罐区的消防用水量计算应符合下列规定:

1 应按火灾时消防用水量最大的罐组计算,其水量应为配置泡沫混合液用水及着火罐和邻近罐的冷却用水量之和;

2 当着火罐为立式储罐时,距着火罐罐壁 1.5 倍着火罐直径范围内的邻近罐应进行冷却;当着火罐为卧式储罐时,着火罐直径与长度之和的一半范围内的邻近地上罐应进行冷却;

3 当邻近立式储罐超过 3 个时,冷却水量可按 3 个罐的消防用水量计算;当着火罐为浮顶、内浮顶罐(浮盘用易熔材料制作的储罐除外)时,其邻近罐可不考虑冷却。

8.4.5 可燃液体地上立式储罐应设固定或移动式消防冷却水系统,其供水范围、供水强度和设置方式应符合下列规定:

1 供水范围、供水强度不应小于表 8.4.5 的规定;

表 8.4.5　消防冷却水的供水范围和供水强度

<table>
<tr><th>项目</th><th colspan="2">储罐型式</th><th>供水范围</th><th>供水强度</th><th>附注</th></tr>
<tr><td rowspan="3">移动式
水枪冷却</td><td rowspan="2">着火罐</td><td>固定顶罐</td><td>罐周全长</td><td>0.8 L/s·m</td><td>—</td></tr>
<tr><td>浮顶罐、内浮顶罐</td><td>罐周全长</td><td>0.6 L/s·m</td><td>注 1、2</td></tr>
<tr><td colspan="2">邻近罐</td><td>罐周半长</td><td>0.7 L/s·m</td><td>—</td></tr>
<tr><td rowspan="3">固定式
冷却</td><td rowspan="2">着火罐</td><td>固定顶罐</td><td>罐壁表面积</td><td>2.5 L/min·m²</td><td>—</td></tr>
<tr><td>浮顶罐、内浮顶罐</td><td>罐壁表面积</td><td>2.0 L/min·m²</td><td>注 1、2</td></tr>
<tr><td colspan="2">邻近罐</td><td>罐壁表面积的 1/2</td><td>2.5 L/min·m²</td><td>注 3</td></tr>
<tr><td colspan="6">注：1　浮盘用易熔材料制作的内浮顶罐按固定顶罐计算；
2　浅盘式内浮顶罐按固定顶罐计算；
3　按实际冷却面积计算，但不得小于罐壁表面积的 1/2。</td></tr>
</table>

2　罐壁高于 17 m 储罐、容积等于或大于 10000 m^3 储罐、容积等于或大于 2000 m^3 低压储罐应设置固定式消防冷却水系统；

3　润滑油罐可采用移动式消防冷却水系统；

4　储罐固定式冷却水系统应有确保达到冷却水强度的调节设施；

5　控制阀应设在防火堤外，并距被保护罐壁不宜小于 15 m。控制阀后及储罐上设置的消防冷却水管道应采用镀锌钢管。

8.4.6　可燃液体地上卧式罐宜采用移动式水枪冷却。冷却面积应按罐表面积计算。供水强度：着火罐不应小于 6 L/min·m^2；邻近罐不应小于 3 L/min·m^2。

8.4.7　可燃液体储罐消防冷却用水的延续时间：直径大于 20 m 的固定顶罐和直径大于 20 m 浮盘用易熔材料制作的内浮顶罐应为 6 h；其他储罐可为 4 h。

8.4.8　大中型石化企业的消防用水量，应在本标准规定的基础上另外增加不小于 10000 m^3 的储存量，当企业临近天然水源或与相邻企业具有互通的消防管网时，可减去相应的有效供水量。

8.5　消防给水管道及消火栓

8.5.1　大型石油化工企业的工艺装置区、罐区等，应设独立的稳高压消防给水系统，其压力宜为 0.7 MPa～1.2 MPa。其他场所采用低压消防给水系统时，其压力应确保灭火时最不利点消火栓的水压不低于 0.15 MPa(自地面算起)。消防给水系统不应与循环冷却水系统合并，且不应用于其他用途。

8.5.2　消防给水管道应环状布置，并应符合下列规定：

1　环状管道的进水管不应少于 2 条；

2　环状管道应用阀门分成若干独立管段，每段消火栓的数量不宜超过 5 个；

3　当某个环段发生事故时，独立的消防给水管道的其余环段应能满足 100%的消防用水量的要求；与生产、生活合用的消防给水管道应能满足 100%的消防用水和 70%的生产、生活用水的总量要求；

4　生产、生活用水量应按 70%最大小时用水量计算；消防用水量应按最大秒流量计算。

8.5.3　消防给水管道应保持充水状态。地下独立的消防给水管道应埋设在冰冻线以下，管顶距冰冻线不应小于150 mm。

8.5.4 工艺装置区或罐区的消防给水干管的管径应经计算确定。独立的消防给水管道的流速不宜大于3.5 m/s。

8.5.5 消火栓的设置应符合下列规定：

1 宜选用地上式消火栓；

2 消火栓宜沿道路敷设；

3 消火栓距路面边不宜大于5 m；距建筑物外墙不宜小于5 m；

4 地上式消火栓距城市型道路路边不宜小于1 m；距公路型双车道路肩边不宜小于1 m；

5 地上式消火栓的大口径出水口应面向道路。当其设置场所有可能受到车辆冲撞时，应在其周围设置防护设施；

6 地下式消火栓应有明显标志。

8.5.6 消火栓的数量及位置，应按其保护半径及被保护对象的消防用水量等综合计算确定，并应符合下列规定：

1 消火栓的保护半径不应超过120 m；

2 高压消防给水管道上消火栓的出水量应根据管道内的水压及消火栓出口要求的水压计算确定，低压消防给水管道上公称直径为100 mm、150 mm消火栓的出水量可分别取15 L/s、30 L/s；

3 大型石化企业的主要装置区、罐区，宜增设大流量消火栓。

8.5.7 罐区及工艺装置区的消火栓应在其四周道路边设置，消火栓的间距不宜超过60 m。当装置内设有消防道路时，应在道路边设置消火栓。距被保护对象15 m以内的消火栓不应计算在该保护对象可使用的数量之内。

8.5.8 与生产或生活合用的消防给水管道上的消火栓应设切断阀。

8.6 消防水炮、水喷淋和水喷雾

8.6.1 甲、乙类可燃气体、可燃液体设备的高大构架和设备群应设置水炮保护。

8.6.2 固定式水炮的布置应根据水炮的设计流量和有效射程确定其保护范围。消防水炮距被保护对象不宜小于15 m。消防水炮的出水量宜为30 L/s～50 L/s，水炮应具有直流和水雾两种喷射方式。

8.6.3 工艺装置内固定水炮不能有效保护的特殊危险设备及场所宜设水喷淋或水喷雾系统，其设计应符合下列规定：

1 系统供水的持续时间、响应时间及控制方式等应根据被保护对象的性质、操作需要确定；

2 系统的控制阀可露天设置，距被保护对象不宜小于15 m；

3 系统的报警信号及工作状态应在控制室控制盘上显示；

4 本标准未做规定者，应按现行国家标准《水喷雾灭火系统设计规范》GB 50219的有关规定执行。

8.6.4 工艺装置内加热炉、甲类气体压缩机、介质温度超过自燃点的泵及换热设备、长度小于30 m的油泵房附近等宜设消防软管卷盘，其保护半径宜为20 m。

8.6.5 工艺装置内的甲、乙类设备的构架平台高出其所处地面15 m时，宜沿梯子敷设半固定式消防给水竖管，并应符合下列规定：

1 按各层需要设置带阀门的管牙接口；

2 平台面积小于或等于 50 m^2 时,管径不宜小于 80 mm;大于 50 m^2 时,管径不宜小于 100 mm;

3 构架平台长度大于 25 m 时,宜在另一侧梯子处增设消防给水竖管,且消防给水竖管的间距不宜大于 50 m;

4 若构架平台采用不燃烧材料封闭楼板时,该层应设置带消防软管卷盘的消火栓箱。

8.6.6 液化烃及操作温度等于或高于自燃点的可燃液体泵,应设置水喷雾(水喷淋)系统或固定消防水炮进行雾状冷却保护,喷淋强度不宜低于 9 L/m^2 · min。

8.6.7 在寒冷地区设置的消防软管卷盘、消防水炮、水喷淋或水喷雾等消防设施应采取防冻措施。

8.7 低倍数泡沫灭火系统

8.7.1 可能发生可燃液体火灾的场所宜采用低倍数泡沫灭火系统。

8.7.2 下列场所应采用固定式泡沫灭火系统:

1 甲、乙类和闪点等于或小于 90 ℃ 的丙类可燃液体的固定顶罐及浮盘为易熔材料的内浮顶罐:

1) 单罐容积等于或大于 10000 m^3 的非水溶性可燃液体储罐;

2) 单罐容积等于或大于 500 m^3 的水溶性可燃液体储罐。

2 甲、乙类和闪点等于或小于 90 ℃ 的丙类可燃液体的浮顶罐及浮盘为非易熔材料的内浮顶罐:

1) 单罐容积等于或大于 50000 m^3 的非水溶性可燃液体储罐;

2) 单罐容积等于或大于 1000 m^3 的水溶性可燃液体储罐。

3 移动消防设施不能进行有效保护的可燃液体储罐。

8.7.3 下列场所可采用移动式泡沫灭火系统:

1 罐壁高度小于 7 m 或容积等于或小于 200 m^3 的非水溶性可燃液体储罐;

2 润滑油储罐;

3 可燃液体地面流淌火灾、油池火灾。

8.7.4 除本标准第 8.7.2 条及第 8.7.3 条规定外的可燃液体罐宜采用半固定式泡沫灭火系统。

8.7.5 泡沫灭火系统控制方式应符合下列规定:

1 单罐容积等于或大于 20000 m^3 的固定顶罐及浮盘为易熔材料的内浮顶罐应采用远程手动启动的程序控制;

2 单罐容积等于或大于 100000 m^3 的浮顶罐及内浮顶罐应采用远程手动启动的程序控制;

3 单罐容积等于或大于 50000 m^3 并小于 100000 m^3 的浮顶罐及内浮顶罐宜采用远程手动启动的程序控制。

8.7.6 大中型石化企业泡沫液储存量应经计算确定,且不应少于 100 m^3。当该区域有依托条件时,企业内的泡沫液储存量与可依托的泡沫液量之和不应小于 100 m^3。

8.8 蒸汽灭火系统

8.8.1 工艺装置有蒸汽供给系统时,宜设固定式或半固定式蒸汽灭火系统,但在使用蒸汽可能造成事故的部位不得采用蒸汽灭火。

8.8.2 灭火蒸汽管应从主管上方引出,蒸汽压力不宜大于 1 MPa。

8.8.3 半固定式灭火蒸汽快速接头(简称半固定式接头)的公称直径应为 20 mm;与其连接的耐热胶管长度宜为 15 m～20 m。

8.8.4 灭火蒸汽管道的布置应符合下列规定:

1 炼油装置加热炉的炉膛及输送腐蚀性可燃介质的回弯头箱内应设灭火蒸汽管道接口。灭火蒸汽管道应从蒸汽分配管引出,蒸汽分配管距加热炉不宜小于 7.5 m,并至少应预留 2 个半固定式接头;

2 室内空间小于 500 m^3 的封闭式甲、乙、丙类泵房或甲类气体压缩机房内应沿一侧墙高出地面 150 mm～200 mm 处设固定式筛孔管,固定式筛孔管蒸汽供给强度不宜小于 0.003 kg/s·m^3,并应沿另一侧墙壁适当设置半固定式接头,在其他甲、乙、丙类泵房或可燃气体压缩机房内应设半固定式接头;

3 在甲、乙、丙类设备区附近宜设半固定式接头,在操作温度等于或高于自燃点的气体或液体设备附近宜设固定式蒸汽筛孔管,固定式筛孔管蒸汽供给强度不宜小于 0.003 kg/s·m^3,其阀门距被保护设备不宜小于 7.5 m;

4 在甲、乙、丙类设备的多层构架或塔类联合平台的每层或隔一层宜设半固定式接头;

5 甲、乙、丙类设备附近设置软管站时,可不另设半固定式灭火蒸汽快速接头;

6 固定式筛孔管或半固定式接头的阀门应安装在明显、安全和开启方便的地点。

8.9 灭火器设置

8.9.1 生产区内应设置灭火器。生产区内配置的灭火器宜选用干粉或泡沫灭火器,控制室、机柜间、计算机室、电信站、化验室等宜设置气体型灭火器。

8.9.2 生产区内设置的单个灭火器的规格宜按表 8.9.2 选用。

表 8.9.2 灭火器的规格

灭火器类型		干粉型(碳酸氢钠)		泡沫型		二氧化碳	
		手提式	推车式	手提式	推车式	手提式	推车式
灭火剂充装量	容量(L)	—	—	9	60	—	—
	重量(kg)	6 或 8	20 或 50	—	—	5 或 7	30

8.9.3 工艺装置内手提式干粉型灭火器的选型及配置应符合下列规定:

1 扑救可燃气体、可燃液体火灾宜选用钠盐干粉灭火剂,扑救可燃固体表面火灾应采用磷酸铵盐干粉灭火剂,扑救烷基铝类火灾宜采用 D 类干粉灭火剂;

2 甲类装置灭火器的最大保护距离不宜超过 9 m,乙、丙类装置不宜超过 12 m;

3 每一配置点的灭火器数量不应少于 2 个,多层构架应分层配置;

4 危险的重要场所宜增设推车式灭火器。

8.9.4 可燃气体、液化烃和可燃液体的铁路装卸栈台应沿栈台每 12 m 处上下各分别设置 2 个手提式干粉型灭火器。

8.9.5 可燃气体、液化烃和可燃液体的地上罐组宜按防火堤内面积每 400 m^2 配置 1 个手提式灭火器,但每个储罐配置的数量不宜超过 3 个。

8.9.6 灭火器的配置,本标准未做规定者,应按现行国家标准《建筑灭火器配置设计规范》

GB 50140 的有关规定执行。

8.10 液化烃罐区消防

8.10.1 液化烃罐区应设置消防冷却水系统,并应配置移动式干粉等灭火设施。

8.10.2 全压力式及半冷冻式液化烃储罐采用的消防设施应符合下列规定:

1 当单罐容积等于或大于 1000 m^3 时,应采用固定式水喷雾(水喷淋)系统及移动消防冷却水系统;

2 当单罐容积大于 100 m^3,且小于 1000 m^3 时,应采用固定式水喷雾(水喷淋)系统和移动式消防冷却系统或固定式水炮和移动式消防冷却系统;当采用固定式水炮作为固定消防冷却设施时,其冷却用水量不宜小于水量计算值的 1.3 倍,消防水炮保护范围应覆盖每个液化烃罐;

3 当单罐容积小于或等于 100 m^3 时,可采用移动式消防冷却水系统,其罐区消防冷却用水量不得低于 100 L/s。

8.10.3 液化烃罐区的消防冷却总用水量应按储罐固定式消防冷却用水量与移动消防冷却用水量之和计算。

8.10.4 全压力式及半冷冻式液化烃储罐固定式消防冷却水系统的用水量计算应符合下列规定:

1 着火罐冷却水供给强度不应小于 9 L/min·m^2;

2 距着火罐罐壁 1.5 倍着火罐直径范围内的邻近罐冷却水供给强度不应小于 9 L/min·m^2;

3 着火罐冷却面积应按其罐体表面积计算;邻近罐冷却面积应按其半个罐体表面积计算;

4 距着火罐罐壁 1.5 倍着火罐直径范围内的邻近罐超过 3 个时,冷却水量可按 3 个罐的用水量计算。

8.10.5 移动消防冷却用水量应按罐组内最大一个储罐用水量确定,并应符合下列规定:

1 储罐容积小于 400 m^3 时,不应小于 30 L/s;大于或等于 400 m^3 小于 1000 m^3 时,不应小于 45 L/s;大于或等于 1000 m^3 时,不应小于 80 L/s;

2 当罐组只有一个储罐时,计算用水量可减半。

8.10.6 全冷冻式液化烃储罐的固定消防冷却供水系统的设置应符合下列规定:

1 当单防罐外壁为钢制时,其消防用水量按着火罐和距着火罐 1.5 倍直径范围内邻近罐的固定消防冷却用水量及移动消防用水量之和计算。罐壁冷却水供给强度不小于 2.5 L/min·m^2,邻近罐冷却面积按半个罐壁考虑,罐顶冷却水强度不小于 4 L/min·m^2;

2 当双防罐、全防罐外壁为钢筋混凝土结构时,管道进出口等局部危险处应设置水喷雾系统,冷却水供给强度为 20 L/min·m^2,罐顶和罐壁可不考虑冷却;

3 储罐四周应设固定水炮及消火栓。

8.10.7 液化烃罐区的消防用水延续时间按 6 h 计算。

8.10.8 全压力式、半冷冻式液化烃储罐固定式消防冷却水系统可采用水喷雾或水喷淋系统等型式;但当储罐储存的物料燃烧,在罐壁可能生成碳沉积时,应设水喷雾系统。

8.10.9 当储罐采用固定式消防冷却水系统时,对储罐的阀门、液位计、安全阀等宜设水喷雾或水喷淋喷头保护。

8.10.10 全压力式、半冷冻式液化烃储罐固定式消防冷却水管道的设置应符合下列规定:

1 储罐容积大于 400 m^3 时,供水竖管应采用 2 条,并对称布置;采用固定水喷雾系统时,罐体管道设置宜分为上半球和下半球 2 个独立供水系统;

2 消防冷却水系统可采用手动或遥控控制阀，当储罐容积等于或大于 1000 m^3 时，应采用遥控控制阀；

3 控制阀应设在防火堤外，距被保护罐壁不宜小于 15 m；

4 控制阀前应设置带旁通阀的过滤器，控制阀后及储罐上设置的管道，应采用镀锌管。

8.10.11 移动式消防冷却水系统可采用水枪或移动式消防水炮。

8.10.12 沸点低于 45 ℃甲$_B$类液体压力球罐的消防冷却应按液化烃全压力式储罐要求设置，并应有灭火措施。

8.10.13 全压力式及半冷冻式液氨储罐宜采用固定式水喷雾系统和移动式消防冷却水系统，冷却水供给强度不宜小于 6 L/min·m^2，其他消防要求与全压力式及半冷冻式液化烃储罐相同。

全冷冻式液氨储罐的消防冷却水系统按照全冷冻式液化烃储罐外壁为钢制单防罐的要求设置。

8.11 建筑物内消防

8.11.1 建筑物内消防系统的设置应根据其火灾危险性、操作条件、建筑物特点和外部消防设施等情况，综合考虑确定。

8.11.2 室内消火栓的设置应符合下列要求：

1 甲、乙、丙类厂房(仓库)、高层厂房及高架仓库应在各层设置室内消火栓，当单层厂房长度小于 30 m 时可不设；

2 甲、乙类厂房(仓库)、高层厂房及高架仓库的室内消火栓间距不应超过 30 m，其他建筑物的室内消火栓间距不应超过 50 m；

3 多层甲、乙类厂房和高层厂房应在楼梯间设置半固定式消防竖管，各层设置消防水带接口；消防竖管的管径不小于 100 mm，其接口应设在室外便于操作的地点；

4 室内消火栓给水管网与自动喷水灭火系统的管网可引自同一消防给水系统，但应在报警阀前分开设置；

5 消火栓配置的水枪应为直流-水雾两用枪，当室内消火栓栓口处的出水压力大于 0.50 MPa 时，应设置减压设施。

8.11.3 控制室、机柜间、变配电所的消防设施应符合下列规定：

1 建筑物的耐火等级、防火分区、内部装修及空调系统设计等应符合国家相关规范的有关规定；

2 应设置火灾自动报警系统，且报警信号盘应设在 24 h 有人值班场所；

3 当电缆沟进口处有可能形成可燃气体积聚时，应设可燃气体报警器；

4 应按现行国家标准《建筑灭火器配置设计规范》GB 50140 的要求设置手提式和推车式气体灭火器。

8.11.4 单层丙类仓库的消防设计应符合下列规定：

1 下列单层仓库应设自动喷水灭火系统，自动喷水灭火系统应由厂区稳高压消防给水系统供水：

1) 占地面积超过 6000 m^2 的合成橡胶、合成树脂及塑料的产品仓库；

2) 合成橡胶、合成树脂及塑料的产品仓库内，建筑面积超过 3000 m^2 的防火分区；

3) 占地面积超过 1000 m^2 的合成纤维仓库。

2 高架仓库的货架间运输通道宜设置遥控式高架水炮。

3 应设置火灾自动报警系统，当每座仓库占地面积超过 12000 m^2 时尚应设置工业电视监控系统。

4 设有自动喷水灭火系统的仓库宜设置消防排水设施。

5 应按现行国家标准《建筑灭火器配置设计规范》GB 50140 的要求设置手提式和推车式灭火器。

8.11.5 挤压造粒厂房的消防设计应满足下列要求：

1 各层应设置室内消火栓，并应配置消防软管卷盘或轻便消防水龙；

2 在楼梯间应设置室内消火栓系统，并在室外设置水泵结合器；

3 应设置火灾自动报警系统；

4 应按现行国家标准《建筑灭火器配置设计规范》GB 50140 的要求设置手提式和推车式干粉灭火器。

8.11.6 烷基铝类催化剂配制区的消防设计应符合下列规定：

1 储罐应设置在有钢筋混凝土隔墙的独立半敞开式建筑物内，并宜设有烷基铝泄漏的收集设施；

2 应设置火灾自动报警系统；

3 配制区宜设置局部喷射式 D 类干粉灭火系统，其控制方式应采用手动遥控启动；

4 应配置干砂等灭火设施。

8.11.7 烷基铝类储存仓库应设置火灾自动报警系统，并配置干砂、蛭石、D 类干粉灭火器等灭火设施。

8.11.8 建筑物内消防设计，本标准未做规定者，应按现行国家标准《建筑设计防火规范》GB 50016 的有关规定执行。

8.11.9 当控制室和有人值守的机柜间两个相邻安全出口的间距大于 40 m 或疏散走道最远点距最近安全出口的距离大于 20 m 时，疏散走道应设置排烟设施。

8.12 火灾报警系统

8.12.1 石油化工企业的生产区、公用及辅助生产设施、全厂性重要设施和区域性重要设施的火灾危险场所应设置火灾自动报警系统和火灾电话报警。

8.12.2 火灾电话报警的设计应符合下列规定：

1 消防站应设置可受理不少于 2 处同时报警的火灾受警录音电话，且应设置无线通信设备；

2 在生产调度中心、消防水泵站、中央控制室、总变配电所等重要场所应设置与消防站直通的专用电话。

8.12.3 火灾自动报警系统的设计应符合下列规定：

1 生产区、公用及辅助生产设施、全厂性重要设施和区域性重要设施等火灾危险性场所应设置区域性火灾自动报警系统；

2 2 套及 2 套以上的区域性火灾自动报警系统宜通过网络集成为全厂性火灾自动报警系统；

3 火灾自动报警系统应设置警报装置。当生产区有扩音对讲系统时，可兼作为警报装置；当生产区无扩音对讲系统时，应设置声光警报器；

4 区域性火灾报警控制器应设置在该区域的控制室内；当该区域无控制室时，应设置在

24 h有人值班的场所,其全部信息应通过网络传输到中央控制室;

5 火灾自动报警系统可接收电视监视系统(CCTV)的报警信息,重要的火灾报警点应同时设置电视监视系统;

6 重要的火灾危险场所应设置消防应急广播。当使用扩音对讲系统作为消防应急广播时,应能切换至消防应急广播状态;

7 全厂性消防控制中心宜设置在中央控制室或生产调度中心,宜配置可显示全厂消防报警平面图的终端。

8.12.4 甲、乙类装置区周围和罐组四周道路边应设置手动火灾报警按钮,其间距不宜大于100 m。

8.12.5 单罐容积大于或等于30000 m^3 的浮顶罐密封圈处应设置火灾自动报警系统;单罐容积大于或等于10000 m^3 并小于30000 m^3 的浮顶罐密封圈处宜设置火灾自动报警系统。

8.12.6 火灾自动报警系统的220 V AC主电源应优先选择不间断电源(UPS)供电。直流备用电源应采用火灾报警控制器的专用蓄电池,应保证在主电源事故时持续供电时间不少于8 h。

8.12.7 火灾报警系统的设计,本标准未做规定者,应按现行国家标准《火灾自动报警系统设计规范》GB 50116的有关规定执行。

9 电气

9.1 消防电源、配电及一般要求

9.1.1 大中型石油化工企业消防水泵房用电负荷应为一级负荷。

9.1.2 消防水泵房及其配电室应设消防应急照明,照明可采用蓄电池做备用电源,其连续供电时间不应少于3 h。

9.1.3 重要消防低压用电设备的供电应在最末一级配电装置或配电箱处实现自动切换。

9.1.3A 消防配电线路应满足火灾事故时连续供电的需要,其敷设应符合下列规定:

1 不应穿越与其无关的工艺装置、系统单元和储罐组;

2 宜直埋或充砂电缆沟敷设;确需地上敷设时,应采用耐火电缆敷设在专用的电缆桥架内,且不应与可燃液体、气体管道同架敷设。

9.1.4 装置内的电缆沟应有防止可燃气体积聚或含有可燃液体的污水进入沟内的措施。电缆沟通入变配电所、控制室的墙洞处应填实、密封。

9.1.5 距散发比空气重的可燃气体设备30 m以内的电缆沟、电缆隧道应采取防止可燃气体窜入和积聚的措施。

9.1.6 在可能散发比空气重的甲类气体装置内的电缆应采用阻燃型,并宜架空敷设。

9.2 防雷

9.2.1 工艺装置内建筑物、构筑物的防雷分类及防雷措施应按现行国家标准《建筑物防雷设计规范》GB 50057的有关规定执行。

9.2.2 工艺装置内露天布置的塔、容器等,当顶板厚度等于或大于4 mm时,可不设避雷针、线保护,但必须设防雷接地。

9.2.3 可燃气体、液化烃、可燃液体的钢罐必须设防雷接地,并应符合下列规定:

1 甲$_B$、乙类可燃液体地上固定顶罐,当顶板厚度小于4 mm时,应装设避雷针、线,其保护范围应包括整个储罐;

2 丙类液体储罐可不设避雷针、线，但应设防感应雷接地；

3 浮顶罐及内浮顶罐可不设避雷针、线，但应将浮顶与罐体用两根截面不小于 25 mm^2 的软铜线做电气连接；

4 压力储罐不设避雷针、线，但应做接地。

9.2.4 可燃液体储罐的温度、液位等测量装置应采用铠装电缆或钢管配线，电缆外皮或配线钢管与罐体应做电气连接。

9.2.5 防雷接地装置的电阻要求应按现行国家标准《石油库设计规范》GB 50074、《建筑物防雷设计规范》GB 50057 的有关规定执行。

9.3 静电接地

9.3.1 对爆炸、火灾危险场所内可能产生静电危险的设备和管道，均应采取静电接地措施。

9.3.2 在聚烯烃树脂处理系统、输送系统和料仓区应设置静电接地系统，不得出现不接地的孤立导体。

9.3.3 可燃气体、液化烃、可燃液体、可燃固体的管道在下列部位应设静电接地设施：

1 进出装置或设施处；

2 爆炸危险场所的边界；

3 管道泵及泵入口永久过滤器、缓冲器等。

9.3.4 可燃液体、液化烃的装卸栈台和码头的管道、设备、建筑物、构筑物的金属构件和铁路钢轨等(作阴极保护者除外)，均应做电气连接并接地。

9.3.5 汽车罐车、铁路罐车和装卸栈台应设静电专用接地线。

9.3.6 每组专设的静电接地体的接地电阻值宜小于 100 Ω。

9.3.7 除第一类防雷系统的独立避雷针装置的接地体外，其他用途的接地体，均可用于静电接地。

9.3.8 静电接地的设计，本标准未做规定者，尚应符合现行有关标准、规范的规定。

附　录　A
防火间距起止点

A.0.1　区域规划、工厂总平面布置以及工艺装置或设施内平面布置的防火间距起止点为：

设备——设备外缘；

建筑物(敞开或半敞开式厂房除外)——最外侧轴线；

敞开式厂房——设备外缘；

半敞开式厂房——根据物料特性和厂房结构型式确定；

铁路——中心线；

道路——路边；

码头——输油臂中心及泊位；

铁路装卸鹤管——铁路中心线；

汽车装卸鹤位——鹤管立管中心线；

储罐或罐组——罐外壁；

高架火炬——火炬筒中心；

架空通信、电力线——线路中心线；

工艺装置——最外侧的设备外缘或建筑物的最外侧轴线。

本标准用词说明

1 为便于在执行本标准条文时区别对待，对要求严格程度不同的用词说明如下：

1) 表示很严格，非这样做不可的：
正面词采用"必须"，反面词采用"严禁"；

2) 表示严格，在正常情况下均应这样做的：
正面词采用"应"，反面词采用"不应"或"不得"；

3) 表示允许稍有选择，在条件许可时首先应这样做的：
正面词采用"宜"，反面词采用"不宜"；

4) 表示有选择，在一定条件下可以这样做的，采用"可"。

2 本标准中指明应按其他有关标准执行的写法为："应符合……的规定"或"应按……执行"。

引用标准名录

《建筑设计防火规范》GB 50016
《采暖通风与空气调节设计规范》GB 50019
《建筑物防雷设计规范》GB 50057
《爆炸危险环境电力装置设计规范》GB 50058
《石油库设计规范》GB 50074
《火灾自动报警系统设计规范》GB 50116
《建筑灭火器配置设计规范》GB 50140
《水喷雾灭火系统设计规范》GB 50219
《建筑内部装修设计防火规范》GB 50222
《输气管道工程设计规范》GB 50251
《输油管道工程设计规范》GB 50253
《油气输送管道穿越工程设计规范》GB 50423
《油气输送管道跨越工程设计标准》GB 50459
《石油化工控制室抗爆设计规范》GB 50779
《标准轨距铁路建筑限界》GB 146.2

UDC

中华人民共和国国家标准

P GB 50183—2004

石油天然气工程设计防火规范

Code for fire protection design of petroleum and natural gas engineering

2004-11-04 发布 2005-03-01 实施

118 中华人民共和国建设部
中华人民共和国国家质量监督检验检疫总局 联合发布

中华人民共和国建设部公告

第281号

建设部关于发布国家标准《石油天然气工程设计防火规范》的公告

现批准《石油天然气工程设计防火规范》为国家标准，编号为GB 50183—2004，自2005年3月1日起实施。其中，第3.1.1(1)(2)(3)、3.2.2、3.2.3、4.0.4、5.1.8(4)、5.2.1、5.2.2、5.2.3、5.2.4、5.3.1、6.1.1、6.4.1、6.4.8、6.5.7、6.5.8、6.7.1、6.8.7、7.3.2、7.3.3、8.3.1、8.4.2、8.4.3、8.4.5、8.4.6、8.4.7、6.4.8、8.5.4、8.5.6、8.6.1、9.1.1、9.2.2、9.2.3、10.2.2条(款)为强制性条文，必须严格执行。原《原油和天然气工程设计防火规范》GB 50183—93及其强制性条文同时废止。

本规范由建设部标准定额研究所组织中国计划出版社出版发行。

中华人民共和国建设部

二〇〇四年十一月四日

前　言

本规范是根据建设部建标〔2001〕87 号《关于印发“二〇〇〇至二〇〇一年度工程建设国家标准制订、修订计划”的通知》要求，在对《原油和天然气工程设计防火规范》GB 50183—93 进行修订基础上编制而成。

在编制过程中，规范编制组对全国的油气田、油气管道和海上油气田陆上终端开展了调研，总结了我国石油天然气工程建设的防火设计经验，并积极吸收了国内外有关规范的成果，开展了必要的专题研究和技术研讨，广泛征求有关设计、生产、消防监督等部门和单位的意见，对主要问题进行了反复修改，最后经审查定稿。

本规范共分 10 章和 3 个附录，其主要内容有：总则、术语、基本规定、区域布置、石油天然气站场总平面布置、石油天然气站场生产设施、油气田内部集输管道、消防设施、电气、液化天然气站场等。

与原国家标准《原油和天然气工程设计防火规范》GB 50183—93 相比，本规范主要有下列变化：

1.增加了成品油和液化石油气管道工程、液化天然气和液化石油气低温储存工程、油田采出水处理设施以及电气方面的规定。

2.提高了油气站场消防设计标准。

3.内容更为全面、合理。

本规范以黑体字标志的条文为强制性条文，必须严格执行。

本规范由建设部负责管理和对强制性条文的解释，由油气田及管道建设设计专业标准化委员会负责日常管理工作，由中国石油天然气股份有限公司规划总院负责具体技术内容的解释。在本规范执行过程中，希望各单位结合工程实践认真总结经验，注意积累资料，如发现需要修改和补充之处，请将意见和资料寄往中国石油天然气股份有限公司规划总院节能与标准研究中心(地址：北京市海淀区志新西路 3 号；邮政编码：100083)，以便今后修订时参考。

本规范主编单位、参编单位和主要起草人：

主 编 单 位：中国石油天然气股份有限公司规划总院

参 编 单 位：大庆油田工程设计技术开发有限公司

中国石油集团工程设计有限责任公司西南分公司

中油辽河工程有限公司

公安部天津消防研究所

胜利油田胜利工程设计咨询有限责任公司

中国石油天然气管道工程有限公司

大庆石油管理局消防支队

中国石油集团工程设计有限责任公司北京分公司

西安长庆科技工程有限责任公司

主要起草人:云成生 韩景宽 章申远 陈辉璧 朱 铃 秘义行 裴 红 董增强 刘玉身 鞠士武 余德广 段 伟 严 明 杨春明 张建杰 黄素兰 李正才 曾亮泉 刘兴国 卜祥军 邢立新 刘利群 郭桂芬

1 总则

1.0.1 为了在石油天然气工程设计中贯彻“预防为主,防消结合”的方针,规范设计要求,防止和减少火灾损失,保障人身和财产安全,制定本规范。

1.0.2 本规范适用于新建、扩建、改建的陆上油气田工程、管道站场工程和海洋油气田陆上终端工程的防火设计。

1.0.3 石油天然气工程防火设计,必须遵守国家有关方针政策,结合实际,正确处理生产和安全的关系,积极采用先进的防火和灭火技术,做到保障安全生产,经济实用。

1.0.4 石油天然气工程防火设计除执行本规范外,尚应符合国家现行的有关强制性标准的规定。

2 术语

2.1 石油天然气及火灾危险性术语

2.1.1

油品 oil

系指原油、石油产品(汽油、煤油、柴油、石脑油等)、稳定轻烃和稳定凝析油。

2.1.2

原油 crude oil

油井采出的以烃类为主的液态混合物。

2.1.3

天然气凝液 natural gas liquids(NGL)

从天然气中回收的且未经稳定处理的液体烃类混合物的总称,一般包括乙烷、液化石油气和稳定轻烃成分。也称混合轻烃。

2.1.4

液化石油气 liquefied petroleum gas(LPG)

常温常压下为气态,经压缩或冷却后为液态的丙烷、丁烷及其混合物。

2.1.5

稳定轻烃 natural gasoline

从天然气凝液中提取的,以戊烷及更重的烃类为主要成分的油品,其终沸点不高于 190 ℃,在规定的蒸气压下,允许含有少量丁烷。也称天然汽油。

2.1.6

未稳定凝析油 gas condensate

从凝析气中分离出的未经稳定的烃类液体。

2.1.7

稳定凝析油 stabilized gas condensate

从未稳定凝析油中提取的,以戊烷及更重的烃类为主要成分的油品。

2.1.8

液化天然气 liquefied natural gas(LNG)

主要由甲烷组成的液态流体,并且包含少量的乙烷、丙烷、氮和其他成分。

2.1.9

沸溢性油品 boil over

含水并在燃烧时具有热波特性的油品,如原油、渣油、重油等。

2.2 消防冷却水和灭火系统术语

2.2.1

固定式消防冷却水系统 fixed water cooling fire systems

由固定消防水池(罐)、消防水泵、消防给水管网及储罐上设置的固定冷却水喷淋装置组成的消防冷却水系统。

2.2.2

半固定式消防冷却水系统 semi-fixed water cooling fire systems

站场设置固定消防给水管网和消火栓,火灾时由消防车或消防泵加压,通过水带和水枪喷水冷却的消防冷却水系统。

2.2.3

移动式消防冷却水系统 mobile water cooling fire systems

站场不设消防水源,火灾时消防车由其他水源取水,通过车载水龙带和水枪喷水冷却的消防冷却水系统。

2.2.4

低倍数泡沫灭火系统 low-expansion foam fire extinguishing systems

发泡倍数不大于20的泡沫灭火系统。

2.2.5

固定式低倍数泡沫灭火系统 fixed low-expansion foam fire extinguishing systems

由固定泡沫消防泵、泡沫比例混合器、泡沫混合液管道以及储罐上设置的固定空气泡沫产生器组成的低倍数泡沫灭火系统。

2.2.6

半固定式低倍数泡沫灭火系统 semi-fixed low-expansion foam fire extinguishing systems

储罐上设置固定的空气泡沫产生器,灭火时由泡沫消防车或机动泵通过水龙带供给泡沫混合液的低倍数泡沫灭火系统。

2.2.7

移动式低倍数泡沫灭火系统 mobile low-expansion foam fire extinguishing systems

灭火时由泡沫消防车通过车载水龙带和泡沫产生装置供应泡沫的低倍数泡沫灭火系统。

2.2.8

烟雾灭火系统 smoke fire extinguishing systems

由烟雾产生器、探测引燃装置、喷射装置等组成,在发生火灾后,能自动向储罐内喷射灭火烟雾的灭火系统。

2.2.9

干粉灭火系统 dry-powder fire extinguishing systems

由干粉储存装置、驱动装置、管道、喷射装置、火灾报警及联动控制装置等组成,能自动或手动向被保护对象喷射干粉灭火剂的灭火系统。

2.3 油气生产设施术语

2.3.1

石油天然气站场 petroleum and gas station

具有石油天然气收集、净化处理、储运功能的站、库、厂、场、油气井的统称，简称油气站场或站场。

2.3.2

油品站场 oil station

具有原油收集、净化处理和储运功能的站场或天然汽油、稳定凝析油储运功能的站场以及具有成品油管输功能的站场。

2.3.3

天然气站场 natural gas station

具有天然气收集、输送、净化处理功能的站场。

2.3.4

液化石油气和天然气凝液站场 LPG and NGL station

具有液化石油气、天然气凝液和凝析油生产与储运功能的站场。

2.3.5

液化天然气站场 liquefied natural gas(LNG)station

用于储存液化天然气，并能处理、液化或气化天然气的站场。

2.3.6

油罐组 a group of tanks

由一条闭合防火堤围成的一个或几个油罐组成的储罐单元。

2.3.7

油罐区 tank farm

由一个或若干个油罐组组成的储油罐区域。

2.3.8

浅盘式内浮顶油罐 internal floating roof tank with shallow plate

钢制浮盘不设浮舱且边缘板高度不大于 0.5 m 的内浮顶油罐。

2.3.9

常压储罐 atmospheric tank

设计压力从大气压力到 6.9 kPa(表压，在罐顶计)的储罐。

2.3.10

低压储罐 low-pressure tank

设计承受内压力大于 6.9 kPa 到 103.4 kPa(表压，在罐顶计)的储罐。

2.3.11

压力储罐 pressure tank

设计承受内压力大于等于 0.1 MPa(表压，在罐顶计)的储罐。

2.3.12

防火堤 dike

油罐组在油罐发生泄漏事故时防止油品外流的构筑物。

2.3.13

隔堤 dividing dike

为减少油罐发生少量泄漏(如冒顶)事故时的污染范围,而将一个油罐组的多个油罐分成若干分区的构筑物。

2.3.14

集中控制室 control centre

站场中集中安装显示、打印、测控设备的房间。

2.3.15

仪表控制间 instrument control room

站场中各单元装置安装测控设备的房间。

2.3.16

油罐容量 nominal volume of tank

经计算并圆整后的油罐公称容量。

2.3.17

天然气处理厂 natural gas treating plant

对天然气进行脱水、凝液回收和产品分馏的工厂。

2.3.18

天然气净化厂 natural gas conditioning plant

对天然气进行脱硫、脱水、硫磺回收、尾气处理的工厂。

2.3.19

天然气脱硫站 natural gas sulphur removal station

在油气田分散设置对天然气进行脱硫的站场。

2.3.20

天然气脱水站 natural gas dehydration station

在油气田分散设置对天然气进行脱水的站场。

3 基本规定

3.1 石油天然气火灾危险性分类

3.1.1 石油天然气火灾危险性分类应符合下列规定:

1 石油天然气火灾危险性应按表 3.1.1 分类。

表 3.1.1 石油天然气火灾危险性分类

类别		特征
甲	A	37.8 ℃时蒸气压力>200 kPa 的液态烃
	B	1.闪点<28 ℃的液体(甲 A 类和液化天然气除外) 2.爆炸下限<10%(体积百分比)的气体
乙	A	1.闪点≥28 ℃至<45 ℃的液体 2.爆炸下限≥10%的气体
	B	闪点≥45 ℃至<60 ℃的液体

表 3.1.1(续)

类别		特征
丙	A	闪点≥60 ℃至≤120 ℃的液体
	B	闪点>120 ℃的液体

2 操作温度超过其闪点的乙类液体应视为甲$_B$类液体。

3 操作温度超过其闪点的丙类液体应视为乙$_A$类液体。

4 在原油储运系统中,闪点等于或大于60 ℃、且初馏点等于或大于180 ℃的原油,宜划为丙类。

注:石油天然气火灾危险性分类举例见附录A。

3.2 石油天然气站场等级划分

3.2.1 石油天然气站场内同时储存或生产油品、液化石油气和天然气凝液、天然气等两类以上石油天然气产品时,应按其中等级较高者确定。

3.2.2 油品、液化石油气、天然气凝液站场按储罐总容量划分等级时,应符合表3.2.2的规定。

表 3.2.2 油品、液化石油气、天然气凝液站场分级

等级	油品储存总容量 V_p(m^3)	液化石油气、天然气凝液储存总容量 V_1(m^3)
一级	$V_p \geqslant 100000$	$V_1 > 5000$
二级	$30000 \leqslant V_p < 100000$	$2500 < V_1 \leqslant 5000$
三级	$4000 < V_p < 30000$	$1000 < V_1 \leqslant 2500$
四级	$500 < V_p \leqslant 4000$	$200 < V_1 \leqslant 1000$
五级	$V_p \leqslant 500$	$V_1 \leqslant 200$
注:油品储存总容量包括油品储罐、不稳定原油作业罐和原油事故罐的容量,不包括零位罐、污油罐、自用油罐以及污水沉降罐的容量。		

3.2.3 天然气站场按生产规模划分等级时,应符合下列规定:

1 生产规模大于或等于100×10^4 m^3/d的天然气净化厂、天然气处理厂和生产规模大于或等于400×10^4 m^3/d的天然气脱硫站、脱水站定为三级站场。

2 生产规模小于100×10^4 m^3/d,大于或等于50×10^4 m^3/d的天然气净化厂、天然气处理厂和生产规模小于400×10^4 m^3/d,大于或等于200×10^4 m^3/d的天然气脱硫站、脱水站及生产规模大于50×10^4 m^3/d的天然气压气站、注气站定为四级站场。

3 生产规模小于50×10^4 m^3/d的天然气净化厂、天然气处理厂和生产规模小于200×10^4 m^3/d的天然气脱硫站、脱水站及生产规模小于或等于50×10^4 m^3/d的天然气压气站、注气站定为五级站场。

集气、输气工程中任何生产规模的集气站、计量站、输气站(压气站除外)、清管站、配气站等定为五级站场。

4 区域布置

4.0.1 区域布置应根据石油天然气站场、相邻企业和设施的特点及火灾危险性,结合地形与风

向等因素,合理布置。

4.0.2　石油天然气站场宜布置在城镇和居住区的全年最小频率风向的上风侧。在山区、丘陵地区建设站场,宜避开窝风地段。

4.0.3　油品、液化石油气、天然气凝液站场的生产区沿江河岸布置时,宜位于邻近江河的城镇、重要桥梁、大型锚地、船厂等重要建筑物或构筑物的下游。

4.0.4　石油天然气站场与周围居住区、相邻厂矿企业、交通线等的防火间距,不应小于表 4.0.4 的规定。

火炬的防火间距应经辐射热计算确定,对可能携带可燃液体的火炬的防火间距,尚不应小于表 4.0.4 的规定。

4.0.5　石油天然气站场与相邻厂矿企业的石油天然气站场毗邻建设时,其防火间距可按本规范表 5.2.1、表 5.2.3 的规定执行。

4.0.6　为钻井和采输服务的机修厂、管子站、供应站、运输站、仓库等辅助生产厂、站应按相邻厂矿企业确定防火间距。

4.0.7　油气井与周围建(构)筑物、设施的防火间距应按表 4.0.7 的规定执行,自喷油井应在一、二、三、四级石油天然气站场围墙以外。

4.0.8　火炬和放空管宜位于石油天然气站场生产区最小频率风向的上风侧,且宜布置在站场外地势较高处。火炬和放空管与石油天然气站场的间距:火炬由本规范第 5.2.1 条确定;放空管放空量等于或小于 $1.2\times10^4\ m^3/h$ 时,不应小于 10 m;放空量大于 $1.2\times10^4\ m^3/h$ 且等于或小于 $4\times10^4\ m^3/h$ 时,不应小于 40 m。

表4.0.4　石油天然气站场区域布置防火间距（m）

<table>
<tr><td colspan="2">序　号</td><td>1</td><td>2</td><td>3</td><td>4</td><td>5</td><td>6</td><td>7</td><td>8</td><td>9</td><td>10</td><td>11</td><td>12</td><td>13</td></tr>
<tr><td colspan="2" rowspan="2">名　称</td><td rowspan="2">100人以上的居住区、村镇、公共福利设施</td><td rowspan="2">100人以下的散居房屋</td><td rowspan="2">相邻厂矿企业</td><td colspan="2">铁路</td><td colspan="2">公路</td><td rowspan="2">35 kV及以上独立变电所</td><td colspan="2">架空电力线路</td><td colspan="2">架空通信线路</td><td rowspan="2">爆炸作业场地(如采石场)</td></tr>
<tr><td>国家铁路线</td><td>工业企业铁路线</td><td>高速公路</td><td>其他公路</td><td>35 kV及以上</td><td>35 kV以下</td><td>国家Ⅰ、Ⅱ级</td><td>其他通信线路</td></tr>
<tr><td rowspan="5">油品站场、天然气站场</td><td>一级</td><td>100</td><td>75</td><td>70</td><td>50</td><td>40</td><td>35</td><td>25</td><td>60</td><td rowspan="4">1.5倍杆高且不小于30 m</td><td rowspan="5">1.5倍杆高</td><td rowspan="3">40</td><td rowspan="5">1.5倍杆高</td><td rowspan="5">300</td></tr>
<tr><td>二级</td><td>80</td><td>60</td><td>60</td><td>45</td><td>35</td><td>30</td><td>20</td><td>50</td></tr>
<tr><td>三级</td><td>60</td><td>45</td><td>50</td><td>40</td><td>30</td><td>25</td><td>15</td><td>40</td></tr>
<tr><td>四级</td><td>40</td><td>35</td><td>40</td><td>35</td><td>25</td><td>20</td><td>15</td><td>40</td><td rowspan="2">1.5倍杆高</td></tr>
<tr><td>五级</td><td>30</td><td>30</td><td>30</td><td>30</td><td>20</td><td>20</td><td>10</td><td>30</td><td>1.5倍杆高</td></tr>
<tr><td rowspan="5">液化石油气和天然气凝液站场</td><td>一级</td><td>120</td><td>90</td><td>120</td><td>60</td><td>55</td><td>40</td><td>30</td><td>80</td><td rowspan="3">40</td><td rowspan="5">1.5倍杆高</td><td rowspan="5">40</td><td rowspan="5">1.5倍杆高</td><td rowspan="5">300</td></tr>
<tr><td>二级</td><td>100</td><td>75</td><td>100</td><td>60</td><td>50</td><td>40</td><td>30</td><td>80</td></tr>
<tr><td>三级</td><td>80</td><td>60</td><td>80</td><td>50</td><td>45</td><td>35</td><td>25</td><td>70</td></tr>
<tr><td>四级</td><td>60</td><td>50</td><td>60</td><td>50</td><td>40</td><td>35</td><td>25</td><td>60</td><td>1.5倍杆高且不小于30 m</td></tr>
<tr><td>五级</td><td>50</td><td>45</td><td>50</td><td>40</td><td>35</td><td>30</td><td>20</td><td>50</td><td>1.5倍杆高</td></tr>
<tr><td colspan="2">可能携带可燃液体的火炬</td><td>120</td><td>120</td><td>120</td><td>80</td><td>80</td><td>80</td><td>60</td><td>120</td><td>80</td><td>80</td><td>80</td><td>60</td><td>300</td></tr>
</table>

注：1　表中数值系指石油天然气站场内甲、乙类储罐外壁与周围居住区、相邻厂矿企业、交通线等的防火间距，油气处理设备、装卸区、容器、厂房与序号1～8的防火间距可按本表减少25%。单罐容量小于或等于50 m³的直埋卧式油罐与序号1～12的防火间距可减少50%，但不得小于15 m(五级油品站场与其他公路的距离除外)。

2　油品站场当仅储存丙$_A$或丙$_A$和丙$_B$类油品时，序号1、2、3的距离可减少25%，当仅储存丙$_B$类油品时，可不受本表限制。

3　表中35 kV及以上独立变电所系指变电所内单台变压器容量在10000 kV・A及以上的变电所，小于10000 kV・A的35 kV变电所防火间距可按本表减少25%。

4　注1～注3所述折减不得迭加。

5　放空管可按本表中可能携带可燃液体的火炬间距减少50%。

6　当油罐区按本规范8.4.10规定采用烟雾灭火时，四级油品站场的油罐区与100人以上的居住区、村镇、公共福利设施的防火间距不应小于50 m。

7　防火间距的起算点应按本规范附录B执行。

表 4.0.7　油气井与周围建(构)筑物、设施的防火间距(m)

<table>
<tr><th colspan="2">名　称</th><th>自喷油井、气井、注气井</th><th>机械采油井</th></tr>
<tr><td colspan="2">一、二、三、四级石油天然气站场储罐及甲、乙类容器</td><td>40</td><td>20</td></tr>
<tr><td colspan="2">100 人以上的居住区、村镇、公共福利设施</td><td>45</td><td>25</td></tr>
<tr><td colspan="2">相邻厂矿企业</td><td>40</td><td>20</td></tr>
<tr><td rowspan="2">铁路</td><td>国家铁路线</td><td>40</td><td>20</td></tr>
<tr><td>工业企业铁路线</td><td>30</td><td>15</td></tr>
<tr><td rowspan="2">公路</td><td>高速公路</td><td>30</td><td>20</td></tr>
<tr><td>其他公路</td><td>15</td><td>10</td></tr>
<tr><td rowspan="2">架空通信线</td><td>国家一、二级</td><td>40</td><td>20</td></tr>
<tr><td>其他通信线</td><td>15</td><td>10</td></tr>
<tr><td colspan="2">35 kV 及以上独立变电所</td><td>40</td><td>20</td></tr>
<tr><td rowspan="2">架空电力线</td><td>35 kV 以下</td><td colspan="2" rowspan="2">1.5 倍杆高</td></tr>
<tr><td>35 kV 及以上</td></tr>
<tr><td colspan="4">注:1　当气井关井压力或注气井注气压力超过 25 MPa 时,与 100 人以上的居住区、村镇、公共福利设施及相邻厂矿企业的防火间距,应按本表规定增加 50%。
2　无自喷能力且井场没有储罐和工艺容器的油井按本表执行有困难时,防火间距可适当缩小,但应满足修井作业要求。</td></tr>
</table>

5　石油天然气站场总平面布置

5.1　一般规定

5.1.1　石油天然气站场总平面布置,应根据其生产工艺特点、火灾危险性等级、功能要求,结合地形、风向等条件,经技术经济比较确定。

5.1.2　石油天然气站场总平面布置应符合下列规定:

1　可能散发可燃气体的场所和设施,宜布置在人员集中场所及明火或散发火花地点的全年最小频率风向的上风侧。

2　甲、乙类液体储罐,宜布置在站场地势较低处。当受条件限制或有特殊工艺要求时,可布置在地势较高处,但应采取有效的防止液体流散的措施。

3　当站场采用阶梯式竖向设计时,阶梯间应有防止泄漏可燃液体漫流的措施。

4　天然气凝液,甲、乙类油品储罐组,不宜紧靠排洪沟布置。

5.1.3　石油天然气站场内的锅炉房、35 kV 及以上的变(配)电所、加热炉、水套炉等有明火或散发火花的地点,宜布置在站场或油气生产区边缘。

5.1.4　空气分离装置,应布置在空气清洁地段并位于散发油气、粉尘等场所全年最小频率风向的下风侧。

5.1.5　汽车运输油品、天然气凝液、液化石油气和硫磺的装卸车场及硫磺仓库等,应布置在站场的边缘,独立成区,并宜设单独的出入口。

5.1.6 石油天然气站场内的油气管道,宜地上敷设。

5.1.7 一、二、三、四级石油天然气站场四周宜设不低于2.2 m的非燃烧材料围墙或围栏。站场内变配电站(大于或等于35 kV)应设不低于1.5 m的围栏。

道路与围墙(栏)的间距不应小于1.5 m;一、二、三级油气站场内甲、乙类设备、容器及生产建(构)筑物至围墙(栏)的间距不应小于5 m。

5.1.8 石油天然气站场内的绿化,应符合下列规定:

1 生产区不应种植含油脂多的树木,宜选择含水分较多的树种。

2 工艺装置区或甲、乙类油品储罐组与其周围的消防车道之间,不应种植树木。

3 在油品储罐组内地面及土筑防火堤坡面可植生长高度不超过0.15 m、四季常绿的草皮。

4 **液化石油气罐组防火堤或防护墙内严禁绿化。**

5 站场内的绿化不应妨碍消防操作。

5.2 站场内部防火间距

5.2.1 一、二、三、四级石油天然气站场内总平面布置的防火间距除另有规定外,应不小于表5.2.1的规定。火炬的防火间距应经辐射热计算确定,对可能携带可燃液体的高架火炬还应满足表5.2.1的规定。

5.2.2 石油天然气站场内的甲、乙类工艺装置、联合工艺装置的防火间距,应符合下列规定:

1 **装置与其外部的防火间距应按本规范表5.2.1中甲、乙类厂房和密闭工艺设备的规定执行。**

2 **装置间的防火间距应符合表5.2.2-1的规定。**

3 **装置内部的设备、建(构)筑物间的防火间距,应符合表5.2.2-2的规定。**

表5.2.1　一、二、三、四级油气站场总平面布置防火间距(m)

名称		地上油罐　单罐容量(m³)									全压力式天然气凝液、液化石油气储罐单罐容量(m³)				
		甲$_{B}$、乙类固定顶				浮顶或丙类固定顶									
		>10000	≤10000	≤1000	≤500或卧式罐	≥50000	<50000	≤10000	≤1000	≤500或卧式罐	>1000	≤1000	≤400	≤100	≤50
全压力式天然气凝液、液化石油气储罐单罐容量(m³)	>1000	60	50	40	30	*	45	37	30	22	见6.6节				
	≤1000	55	45	35	25		41	34	26	19					
	≤400	50	40	30	25		37	30	22	19					
	≤100	40	30	25	20		30	22	19	15					
	≤50	35	25	20	20		26	19	15	15					
全冷冻式液化石油气储罐		30	30	30	30	*	30	30	30	30	30	30	30	30	30
天然气储罐总容量(m³)	≤10000	30	25	20	15	35	30	25	20	15	55	50	45	40	35
	≤50000	35	30	25	20	40	35	30	25	20	65	60	55	50	45
甲、乙类厂房和密闭工艺装置(设备)		25	20	15	15/12	25	20	15	15/12		60	50	45	40	35
有明火的密闭工艺设备及加热炉		40	35	30	25	35	30	26	22	19	85	75	65	55	45
有明火或散发火花地点(含锅炉房)		45	40	35	30	40	35	30	26	22	100	80	70	60	50
敞口容器和除油池(m³)	≤30	28	24	20	16	24	20	18	16	12	44	40	36	32	30
	>30	35	30	25	20	30	26	22	20	15	55	50	45	40	35
全厂性重要设施		40	35	30	25	35	30	26	22	20	85	75	65	55	45
液化石油气灌装站		35	30	25	20	30	26	22	20	15	50	40	30	25	20
火车装卸鹤管		30	25	20	15	30	25	20	15	15	45	40	35	30	25
汽车装卸鹤管		25	20	15	15	25	22	20	15	12	40	35	30	25	20
码头装卸油臂及泊位		50	40	35	30	45	40	35	30	25	55	50	45	40	35
辅助生产厂房及辅助生产设施		30	25	20	15	30	26	22	18	15	60	50	40	30	25
10 kV及以下户外变压器		30	25	20	15	30	26	22	18	15	65	60	50	40	40
仓库	硫磺及其他甲、乙类物品	35	30	25	20	40	35	30	25	20	60	50	40	30	30
	丙类物品	30	25	20	15	35	30	25	20	15	50	40	30	25	25
可能携带可燃液体的高架火炬		90	90	90	90	90	90	90	90	90	90	90	90	90	90

表 5.2.1(续)

名称		全冷冻式液化石油气储罐	天然气储罐总容量(m³) ≤10000	天然气储罐总容量(m³) ≤50000	甲、乙类厂房和密闭工艺装置(设置)	有明火的密闭工艺设备及加热炉	有明火或散发火花地点(含锅炉房)	敞口容器和除油池(m³) ≤30	敞口容器和除油池(m³) >30	全厂性重要设施	液化石油气灌装站	火车装卸鹤管	汽车装卸鹤管	码头装卸油臂及泊位	辅助生产厂房及辅助生产设施	10 kV及以下户外变压器
全压力式天然气凝液、液化石油气储罐单罐容量(m³)	>1000															
	≤1000															
	≤400															
	≤100															
	≤50															
全冷冻式液化石油气储罐																
天然气储罐总容量(m³)	≤10000	40														
	≤50000	50														
甲、乙类厂房和密闭工艺装置(设备)		60	25	30												
有明火的密闭工艺设备及加热炉		60	30	35	20											
有明火或散发火花地点(含锅炉房)		60	30	35	25/20	20										
敞口容器和除油池(m³)	≤30	40	25	30	—	25	25									
	>30	40	25	30	20	30	35									
全厂性重要设施		70	30	35	25	25	—	25	30							
液化石油气灌装站		45	20	25	25	30	30	25	30	50						
火车装卸鹤管		50	20	25	20	30	30	20	25	30	30					
汽车装卸鹤管		45	15	20	25/15	20	20	20	20	25	25	20				
码头装卸油臂及泊位		55	25	30	35	35	35	30	40	40	30	25	20			
辅助生产厂房及辅助生产设施		60	30	30	15	15	—	20	20	—	30	25	15	30		
10 kV及以下户外变压器		60	30	35	15	15	—	25	25	—	35	30	20	30	—	
仓库	硫磺及其他甲、乙类物品	60	20	25	20	25	30	25	25	25	35	30	20	30	20	25
	丙类物品	50	20	25	15	20	25	15	20	20	30	20	15	20	15	20
可能携带可燃液体的高架火炬		90	90	90	90	60	60	90	90	90	90	90	90	90	90	90

注:1 两个丙类液体生产设施之间的防火间距,可按甲、乙类生产设施的防火间距减少25%。
2 油田采出水处理设施内除油罐(沉降罐)、污油罐可按小于或等于500 m³的甲$_B$、乙类固定顶地上油罐的防火间距减少25%,污油泵(或泵房)的防火间距可按甲、乙类厂房和密闭工艺装置(设备)减少25%。
3 缓冲罐与泵,零位罐与泵,除油池与污油提升泵,塔与塔底泵、回流泵,压缩机与其直接相关的附属设备,泵与密封漏油回收容器的防火间距不限。
4 全厂性重要设施系指集中控制室、马达控制中心、消防泵房和消防器材间、35 kV及以上的变电所、自备电站、化验室、总机房和厂部办公室,空压站和空分装置。
5 辅助生产厂房及辅助生产设施系指维修间、车间办公室、工具间、换热站、供注水泵房、深井泵房、排涝泵房、仪表控制间、应急发电设施、阴极保护间、循环水泵房、给水处理与污水处理等使用非防爆电气设备的厂房和设施。
6 天然气储罐总容量按标准体积计算。大于50000 m³时,防火间距应按本表增加25%。
7 可能携带可燃液体的高架火炬与相关设施的防火间距不得折减。
8 表中数字分子表示甲$_A$类,分母表示甲$_B$、乙类厂房和密闭工艺装置(设备)防火间距。
9 液化石油气灌装站系指进行液化石油气灌瓶、加压及其有关的附属生产设施;灌装站内部防火间距应按本规范6.7节执行;灌装站防火间距起算点,按灌装站内相邻面的设备、容器、建(构)筑物外缘算起。
10 事故存液池的防火间距,可按敞口容器和除油池的规定执行。
11 表中"—"表示设施之间的防火间距应符合现行国家标准《建筑设计防火规范》的规定或设施间距只需满足安装、操作及维修要求;表中"*"表示本规范未涉及的内容。

表 5.2.2-1　装置间的防火间距(m)

火灾危险类别	甲$_A$类	甲$_B$、乙$_A$类	乙$_B$、丙类
甲$_A$类	25		
甲$_B$、乙$_A$类	20	20	
乙$_B$、丙类	15	15	10

注:表中数字为装置相邻面工艺设备或建(构)筑物的净距,工艺装置与工艺装置的明火加热炉相邻布置时,其防火间距应按与明火的防火间距确定。

表 5.2.2-2　装置内部的防火间距(m)

名称		明火或散发火花的设备或场所	仪表控制间、10 kV及以下的变配电室、化验室、办公室	可燃气体压缩机或其厂房	中间储罐		
					甲$_A$类	甲$_B$、乙$_A$类	乙$_B$、丙类
仪表控制间、10 kV及以下的变配电室、化验室、办公室		15					
可燃气体压缩机或其厂房		15	15				
其他工艺设备及厂房	甲$_A$类	22.5	15	9	9	9	7.5
	甲$_B$、乙$_A$类	15	15	9	9	9	7.5
	乙$_B$、丙类	9	9	7.5	7.5	7.5	
中间储罐	甲$_A$类	22.5	22.5	15			
	甲$_B$、乙$_A$类	15	15	9			
	乙$_B$、丙类	9	9	7.5			

注:1　由燃气轮机或天然气发动机直接拖动的天然气压缩机对明火或散发火花的设备或场所、仪表控制间等的防火间距按本表可燃气体压缩机或其厂房确定;对其他工艺设备及厂房、中间储罐的防火间距按本表明火或散发火花的设备或场所确定。

2　加热炉与分离器组成的合一设备、三甘醇火焰加热再生釜、溶液脱硫的直接火焰加热重沸器等带有直接火焰加热的设备,应按明火或散发火花的设备或场所确定防火间距。

3　克劳斯硫磺回收工艺的燃烧炉、再热炉、在线燃烧器等正压燃烧炉,其防火间距按其他工艺设备和厂房确定。

4　表中的中间储罐的总容量:全压力式天然气凝液、液化石油气储罐应小于或等于100 m^3;甲$_B$、乙类液体储罐应小于或等于1000 m^3。当单个全压力式天然气凝液、液化石油气储罐小于50 m^3、甲$_B$、乙类液体储罐小于100 m^3 时,可按其他工艺设备对待。

5　含可燃液体的水池、隔油池等,可按本表其他工艺设备对待。

6　缓冲罐与泵,零位罐与泵,除油池与污油提升泵,塔与塔底泵、回流泵,压缩机与其直接相关的附属设备,泵与密封漏油回收容器的防火间距可不受本表限制。

5.2.3　五级石油天然气站场总平面布置的防火间距,不应小于表 5.2.3 的规定。

表5.2.3　五级油气站场防火间距（m）

名称		油气井	露天油气密闭设备及阀组	可燃气体压缩机及压缩机房	天然气凝液泵、油泵及其泵房、阀组间	水套炉	加热炉、锅炉房	10 kV及以下户外变压器、配电间	隔油池、事故污油池(罐)、卸油池(m^3)		≤500 m^3油罐(除甲$_A$类外)及装卸车鹤管	天然气凝液、液化石油气储罐(m^3)			计量仪表间、值班室或配水间	辅助生产厂房及辅助生产设施	硫磺仓库
									≤30	>30		单罐且罐容量<50时	总容量≤100	100<总容量≤200，单罐容量≤100			
油气井																	
露天油气密闭设备及阀组		5															
可燃气体压缩机及压缩机房		20															
天然气凝液泵、油泵及其泵房、阀组间		20															
水套炉		9	5	15	15/10												
加热炉、锅炉房		20	10	15	22.5/15												
10 kV及以下户外变压器、配电间		15	10	12	22.5/15	—	—										
隔油池、事故污油池(罐)、卸油池(m^3)	≤30	20	—	9	—	15	15	15									
	>30		12	15	15	22.5	22.5	15									
≤500 m^3油罐(除甲$_A$类外)及装卸车鹤管		15	10	15	10	15	20	15	15	15							
天然气凝液、液化石油气储罐(m^3)	单罐且罐容量<50时	*	—	9	—	22.5	22.5	15	15	30	25						
	总容量≤100		10	15	10	30	30	22.5	15	30	25						
	100<总容量≤200，单罐容量≤100		30	30	30	40	40	40	30	30	30						
计量仪表间、值班室或配水间		9	5	10	10	10	10	—	10	15	15	22.5	22.5	40			
辅助生产厂房及辅助生产设施		20	12	15	15/10	—	—	—	15	22.5	15	22.5	30	40	—		
硫磺仓库		15	10	15	15	15	15	10	15	15	15	*			10	15	
污水池		5	5	5	5	5	5	5	5	5	5				10	10	5

注：1　油罐与装车鹤管之间的防火间距，当采用自流装车时不受本表的限制，当采用压力装车时不应小于15 m。

2　加热炉与分离器组成的合一设备、三甘醇火焰加热再生釜、溶液脱硫的直接火焰加热重沸器等带有直接火焰加热的设备，应按水套炉确定防火间距。

3　克劳斯硫磺回收工艺的燃烧炉、再热炉、在线燃烧器等正压燃烧炉，其防火间距可按露天油气密闭设备确定。

4　35 kV及以上的变配电所应按本规范表5.2.1的规定执行。

5　辅助生产厂房系指发电机房及使用非防爆电气的厂房和设施，如：站内的维修间、化验间、工具间、供注水泵房、办公室、会议室、仪表控制间、药剂泵房、掺水泵房及掺水计量间、注汽设备、库房、空压机房、循环水泵房、空冷装置、污水泵房、卸药台等。

6　计量仪表间系指油气井分井计量用计量仪表间。

7　缓冲罐与泵、零位罐与泵、除油池与污油提升泵、压缩机与直接相关的附属设备、泵与密封漏油回收容器的防火间距不限。

8　表中数字分子表示甲$_A$类，分母表示甲$_B$、乙类设施的防火间距。

9　油田采出水处理设施内除油罐(沉降罐)、污油罐的防火间距(油气井除外)可按≤500 m^3油罐及装卸车鹤管的间距减少25%，污油泵(或泵房)的防火间距可按油泵及油泵房间距减少25%，但不应小于9 m。

10　表中“—”表示设施之间的防火间距应符合现行国家标准《建筑设计防火规范》的规定或者设施间距仅需满足安装、操作及维修要求；表中“*”表示本规范未涉及的内容。

5.2.4 五级油品站场和天然气站场值班休息室(宿舍、厨房、餐厅)距甲、乙类油品储罐不应小于30 m,距甲、乙类工艺设备、容器、厂房、汽车装卸设施不应小于22.5 m;当值班休息室朝向甲、乙类工艺设备、容器、厂房、汽车装卸设施的墙壁为耐火等级不低于二级的防火墙时,防火间距可减小(储罐除外),但不应小于15 m,并应方便人员在紧急情况下安全疏散。

5.2.5 天然气密闭隔氧水罐和天然气放空管排放口与明火或散发火花地点的防火间距不应小于25 m,与非防爆厂房之间的防火间距不应小于12 m。

5.2.6 加热炉附属的燃料气分液包、燃料气加热器等与加热炉的防火距离不限;燃料气分液包采用开式排放时,排放口距加热炉的防火间距应不小于15 m。

5.3 站场内部道路

5.3.1 一、二、三级油气站场,至少应有两个通向外部道路的出入口。

5.3.2 油气站场内消防车道布置应符合下列要求:

1 油气站场储罐组宜设环形消防车道。四、五级油气站场或受地形等条件限制的一、二、三级油气站场内的油罐组,可设有回车场的尽头式消防车道,回车场的面积应按当地所配消防车辆车型确定,但不宜小于15 m×15 m。

2 储罐组消防车道与防火堤的外坡脚线之间的距离不应小于3 m。储罐中心与最近的消防车道之间的距离不应大于80 m。

3 铁路装卸设施应设消防车道,消防车道应与站场内道路构成环形,受条件限制的,可设有回车场的尽头车道,消防车道与装卸栈桥的距离不应大于80 m且不应小于15 m。

4 甲、乙类液体厂房及油气密闭工艺设备距消防车道的间距不宜小于5 m。

5 消防车道的净空高度不应小于5 m;一、二、三级油气站场消防车道转弯半径不应小于12 m,纵向坡度不宜大于8%。

6 消防车道与站场内铁路平面相交时,交叉点应在铁路机车停车限界之外;平交的角度宜为90°,困难时,不应小于45°。

5.3.3 一级站场内消防车道的路面宽度不宜小于6 m,若为单车道时,应有往返车辆错车通行的措施。

5.3.4 当道路高出附近地面2.5 m以上,且在距道路边缘15 m范围内有工艺装置或可燃气体、可燃液体储罐及管道时,应在该段道路的边缘设护墩、矮墙等防护设施。

6 石油天然气站场生产设施

6.1 一般规定

6.1.1 进出天然气站场的天然气管道应设截断阀,并应能在事故状况下易于接近且便于操作。三、四级站场的截断阀应有自动切断功能。当站场内有两套及两套以上天然气处理装置时,每套装置的天然气进出口管道均应设置截断阀。进站场天然气管道上的截断阀前应设泄压放空阀。

6.1.2 集中控制室设置非防爆仪表及电气设备时,应符合下列要求:

1 应位于爆炸危险范围以外。

2 含有甲、乙类油品、可燃气体的仪表引线不得直接引入室内。

6.1.3 仪表控制间设置非防爆仪表及电气设备时,应符合下列要求:

1 在使用或生产天然气凝液和液化石油气的场所,仪表控制间室内地坪宜比室外地坪高

0.6 m。

2 含有甲、乙类油品和可燃气体的仪表引线不宜直接引入室内。

3 当与甲、乙类生产厂房毗邻时，应采用无门窗洞口的防火墙隔开。当必须在防火墙上开窗时，应设固定甲级防火窗。

6.1.4 石油天然气的人工采样管道不得引入中心化验室。

6.1.5 石油天然气管道不得穿过与其无关的建筑物。

6.1.6 天然气凝液和液化石油气厂房、可燃气体压缩机厂房和其他建筑面积大于或等于150 m^2的甲类火灾危险性厂房内，应设可燃气体检测报警装置。天然气凝液和液化石油气罐区、天然气凝液和凝析油回收装置的工艺设备区应设可燃气体检测报警装置。其他露天或棚式布置的甲类生产设施可不设可燃气体检测报警装置。

6.1.7 甲、乙类油品储罐、容器、工艺设备和甲、乙类地面管道当需要保温时，应采用非燃烧保温材料；低温保冷可采用泡沫塑料，但其保护层外壳应采用不燃烧材料。

6.1.8 甲、乙类油品储罐、容器、工艺设备的基础；甲、乙类地面管道的支、吊架和基础应采用非燃烧材料，但储罐底板垫层可采用沥青砂。

6.1.9 站场生产设备宜露天或棚式布置，受生产工艺或自然条件限制的设备可布置在建筑物内。

6.1.10 油品储罐应设液位计和高液位报警装置，必要时可设自动联锁切断进液装置。油品储罐宜设自动截油排水器。

6.1.11 含油污水应排入含油污水管道或工业下水道，其连接处应设水封井，并应采取防冻措施。含油污水管道在通过油气站场围墙处应设置水封井，水封井与围墙之间的排水管道应采用暗渠或暗管。

6.1.12 油品储罐进液管宜从罐体下部接入，若必须从上部接入，应延伸至距罐底200 mm处。

6.1.13 总变(配)电所，变(配)电间的室内地坪应比室外地坪高0.6 m。

6.1.14 站场内的电缆沟，应有防止可燃气体积聚及防止含可燃液体的污水进入沟内的措施。电缆沟通入变(配)电室、控制室的墙洞处，应填实、密封。

6.1.15 加热炉以天然气为燃料时，供气系统应符合下列要求：

1 宜烧干气，配气管网的设计压力不宜大于0.5 MPa(表压)。

2 当使用有凝液析出的天然气作燃料时，管道上宜设置分液包。

3 加热炉炉膛内宜设常明灯，其气源可从燃料气调节阀前的管道上引向炉膛。

6.2 油气处理及增压设施

6.2.1 加热炉或锅炉燃料油的供油系统应符合下列要求：

1 燃料油泵和被加热的油气进、出口阀不应布置在烧火间内；当燃料油泵与烧火间毗邻布置时，应设防火墙。

2 当燃料油储罐总容积不大于20 m^3时，与加热炉的防火间距不应小于8 m；当大于20 m^3至30 m^3时，不应小于15 m。燃料油储罐与燃料油泵的间距不限。

加热炉烧火口或防爆门不应直接朝向燃料油储罐。

6.2.2 输送甲、乙类液体的泵，可燃气体压缩机不得与空气压缩机同室布置。空气管道不得与可燃气体，甲、乙类液体管道固定相联。

6.2.3 甲、乙类液体泵房与变配电室或控制室相毗邻时，变配电室或控制室的门、窗应位于爆炸危险区范围之外。

6.2.4 甲、乙类油品泵宜露天或棚式布置。若在室内布置时,应符合下列要求:

1 液化石油气泵和天然气凝液泵超过 2 台时,与甲、乙类油品泵应分别布置在不同的房间内,各房间之间的隔墙应为防火墙。

2 甲、乙类油品泵房的地面不宜设地坑或地沟。泵房内应有防止可燃气体积聚的措施。

6.2.5 电动往复泵、齿轮泵或螺杆泵的出口管道上应设安全阀;安全阀放空管应接至泵入口管道上,并宜设事故停车联锁装置。

6.2.6 甲、乙类油品离心泵,天然气压缩机在停电、停气或操作不正常工作情况下,介质倒流有可能造成事故时,应在出口管道上安装止回阀。

6.2.7 负压原油稳定装置的负压系统应有防止空气进入系统的措施。

6.3 天然气处理及增压设施

6.3.1 可燃气体压缩机的布置及其厂房设计应符合下列规定:

1 可燃气体压缩机宜露天或棚式布置。

2 单机驱动功率等于或大于 150 kW 的甲类气体压缩机厂房,不宜与其他甲、乙、丙类房间共用一幢建筑物;该压缩机的上方不得布置含甲、乙、丙类介质的设备,但自用的高位润滑油箱不受此限。

3 比空气轻的可燃气体压缩机棚或封闭式厂房的顶部应采取通风措施。

4 比空气轻的可燃气体压缩机厂房的楼板,宜部分采用箅子板。

5 比空气重的可燃气体压缩机厂房内,不宜设地坑或地沟,厂房内应有防止气体积聚的措施。

6.3.2 油气站场内,当使用内燃机驱动泵和天然气压缩机时,应符合下列要求:

1 内燃机排气管应有隔热层,出口处应设防火罩。当排气管穿过屋顶时,其管口应高出屋顶 2 m;当穿过侧墙时,排气方向应避开散发油气或有爆炸危险的场所。

2 内燃机的燃料油储罐宜露天设置。内燃机供油管道不应架空引至内燃机油箱。在靠近燃料油储罐出口和内燃机油箱进口处应分别设切断阀。

6.3.3 明火设备(不包括硫磺回收装置的主燃烧炉、再热炉等正压燃烧设备)应尽量靠近装置边缘集中布置,并应位于散发可燃气体的容器、机泵和其他设备的年最小频率风向的下风侧。

6.3.4 石油天然气在线分析一次仪表间与工艺设备的防火间距不限。

6.3.5 布置在爆炸危险区内的非防爆型在线分析一次仪表间(箱),应正压通风。

6.3.6 与反应炉等高温燃烧设备连接的非工艺用燃料气管道,应在进炉前设两个截断阀,两阀间应设检查阀。

6.3.7 进出装置的可燃气体、液化石油气、可燃液体的管道,在装置边界处应设截断阀和 8 字盲板或其他截断设施,确保装置检修安全。

6.3.8 可燃气体压缩机的吸入管道,应有防止产生负压的措施。多级压缩的可燃气体压缩机各段间,应设冷却和气液分离设备,防止气体带液进入气缸。

6.3.9 正压通风设施的取风口,宜位于含甲、乙类介质设备的全年最小频率风向的下风侧。取风口应高出爆炸危险区 1.5 m 以上,并应高出地面 9 m。

6.3.10 硫磺成型装置的除尘设施严禁使用电除尘器,宜采用袋滤器。

6.3.11 液体硫磺储罐四周应设闭合的不燃烧材料防护墙,墙高应为 1 m。墙内容积不应小于一个最大液体硫磺储罐的容量;墙内侧至罐的净距不宜小于 2 m。

6.3.12 液体硫磺储罐与硫磺成型厂房之间应设有消防通道。

6.3.13 固体硫磺仓库的设计应符合下列要求:

1 宜为单层建筑。

2 每座仓库的总面积不应超过 2000 m^2,且仓库内应设防火墙隔开,防火墙间的面积不应超过 500 m^2。

3 仓库可与硫磺成型厂房毗邻布置,但必须设置防火隔墙。

6.4 油田采出水处理设施

6.4.1 沉降罐顶部积油厚度不应超过 0.8 m。

6.4.2 采用天然气密封工艺的采出水处理设施,区域布置应按四级站场确定防火间距。其他采出水处理设施区域布置应按五级站场确定防火间距。

6.4.3 采用天然气密封工艺的采出水处理设施,平面布置应符合本规范第 5.2.1 条的规定。其他采出水处理设施平面布置应符合本规范第 5.2.3 条的规定。

6.4.4 污油罐及污水沉降罐顶部应设呼吸阀、阻火器及液压安全阀。

6.4.5 采用收油槽自动回收污油,顶部积油厚度不超过 0.8 m 的沉降罐可不设防火堤。

6.4.6 容积小于或等于 200 m^3,并且单独布置的污油罐,可不设防火堤。

6.4.7 半地下式污油污水泵房应配置机械通风设施。

6.4.8 采用天然气密封的罐应满足下列规定:

1 罐顶必须设置液压安全阀,同时配备阻火器。

2 罐顶部透光孔不得采用活动盖板,气体置换孔必须加设阀门。

3 储罐应设高、低液位报警和液位显示装置,并将报警及液位显示信号传至值班室。

4 罐上经常与大气相通的管道应设阻火器及水封装置,水封高度应根据密闭系统工作压力确定,不得小于 250 mm。水封装置应有补水设施。

5 多座水罐共用一条干管调压时,每座罐的支管上应设截断阀和阻火器。

6.5 油罐区

6.5.1 油品储罐应为地上式钢罐。

6.5.2 油品储罐应分组布置并符合下列规定:

1 在同一罐组内,宜布置火灾危险性类别相同或相近的储罐。

2 常压油品储罐不应与液化石油气、天然气凝液储罐同组布置。

3 沸溢性的油品储罐,不应与非沸溢性油品储罐同组布置。

4 地上立式油罐同高位罐、卧式罐不宜布置在同一罐组内。

6.5.3 稳定原油、甲$_B$ 乙$_A$ 类油品储罐宜采用浮顶油罐。不稳定原油用的作业罐应采用固定顶油罐。稳定轻烃可根据相关标准的要求,选用内浮顶罐或压力储罐。钢油罐建造应符合国家现行油罐设计规范的要求。

6.5.4 油罐组内的油罐总容量应符合下列规定:

1 固定顶油罐组不应大于 120000 m^3。

2 浮顶油罐组不应大于 600000 m^3。

6.5.5 油罐组内的油罐数量应符合下列要求:

1 当单罐容量不小于 1000 m^3 时，不应多于 12 座。

2 当单罐容量小于 1000 m^3 或者仅储存丙$_B$ 类油品时，数量不限。

6.5.6 地上油罐组内的布置应符合下列规定：

1 油罐不应超过两排，但单罐容量小于 1000 m^3 的储存丙$_B$ 类油品的储罐不应超过 4 排。

2 立式油罐排与排之间的防火距离，不应小于 5 m，卧式油罐的排与排之间的防火距离，不应小于 3 m。

6.5.7 油罐之间的防火距离不应小于表 6.5.7 的规定。

表 6.5.7 油罐之间的防火距离

<table>
<tr><th colspan="2">油品类别</th><th>固定顶油罐</th><th>浮顶油罐</th><th>卧式油罐</th></tr>
<tr><td colspan="2" rowspan="2">甲、乙类</td><td>1000 m^3 以上的罐：0.6D</td><td rowspan="2">0.4D</td><td rowspan="2">0.8 m</td></tr>
<tr><td>1000 m^3 及以下的罐，当采用固定式消防冷却时：0.6D，采用移动式消防冷却时：0.75D</td></tr>
<tr><td rowspan="2">丙类</td><td>A</td><td>0.4D</td><td>—</td><td rowspan="2">0.8 m</td></tr>
<tr><td>B</td><td>＞1000 m^3 的罐：5 m
≤1000 m^3 的罐：2 m</td><td>—</td></tr>
</table>

注：1 浅盘式和浮舱用易熔材料制作的内浮顶油罐按固定顶油罐确定罐间距。
2 表中 D 为相邻较大罐的直径，单罐容积大于 1000 m^3 的油罐取直径或高度的较大值。
3 储存不同油品的油罐、不同型式的油罐之间的防火间距，应采用较大值。
4 高架(位)罐的防火间距，不应小于 0.6 m。
5 单罐容量不大于 300 m^3，罐组总容量不大于 1500 m^3 的立式油罐间距，可按施工和操作要求确定。
6 丙$_A$ 类油品固定顶油罐之间的防火距离按 0.4D 计算大于 15 m 时，最小可取 15 m。

6.5.8 地上立式油罐组应设防火堤，位于丘陵地区的油罐组，当有可利用地形条件设置导油沟和事故存油池时可不设防火堤。卧式油罐组应设防护墙。

6.5.9 油罐组防火堤应符合下列规定：

1 防火堤应是闭合的，能够承受所容纳油品的静压力和地震引起的破坏力，保证其坚固和稳定。

2 防火堤应使用不燃烧材料建造，首选土堤，当土源有困难时，可用砖石、钢筋混凝土等不燃烧材料砌筑，但内侧应培土或涂抹有效的防火涂料。土筑防火堤的堤顶宽度不小于 0.5 m。

3 立式油罐组防火堤的计算高度应保证堤内的有效容积需要。防火堤实际高度应比计算高度高出 0.2 m。防火堤实际高度不应低于 1.0 m，且不应高于 2.2 m(均以防火堤外侧路面或地坪算起)。卧式油罐组围堰高度不应低于 0.5 m。

4 管道穿越防火堤处，应采用非燃烧材料封实。严禁在防火堤上开孔留洞。

5 防火堤内场地可不做铺砌，但湿陷性黄土、盐渍土、膨胀土等地区的罐组内场地应有防止雨水和喷淋水浸害罐基础的措施。

6 油罐组内场地应有不小于 0.5%的地面设计坡度，排雨水管应从防火堤内设计地面以下通向堤外，并应采取排水阻油措施。年降雨量不大于 200 mm 或降雨在 24 h 内可以渗完时，油罐组内可不设雨水排除系统。

7 油罐组防火堤上的人行踏步不应少于两处,且应处于不同方位。隔堤均应设置人行踏步。

6.5.10 地上立式油罐的罐壁至防火堤内坡脚线的距离,不应小于罐壁高度的一半。卧式油罐的罐壁至围堰内坡脚线的距离,不应小于 3 m。建在山边的油罐,靠山的一面,罐壁至挖坡坡脚线距离不得小于 3 m。

6.5.11 防火堤内有效容量,应符合下列规定:

1 对固定顶油罐组,不应小于储罐组内最大一个储罐有效容量。

2 对浮顶油罐组,不应小于储罐组内一个最大罐有效容量的一半。

3 当固定顶和浮顶油罐布置在同一油罐组内,防火堤内有效容量应取上两款规定的较大者。

6.5.12 立式油罐罐组内隔堤的设置,应符合国家现行防火堤设计规范的规定。

6.5.13 事故存液池的设置,应符合下列规定:

1 设有事故存液池的油罐或罐组四周应设导油沟,使溢漏油品能顺利地流出罐组并自流入事故存液池内。

2 事故存液池距离储罐不应小于 30 m。

3 事故存液池和导油沟距离明火地点不应小于 30 m。

4 事故存液池应有排水设施。

5 事故存液池的容量应符合 6.5.11 条的规定。

6.5.14 五级站内,小于等于 500 m^3 的丙类油罐,可不设防火堤,但应设高度不低于 1.0 m 的防护墙。

6.5.15 油罐组之间应设置宽度不小于 4 m 的消防车道。受地形条件限制时,两个罐组防火堤外侧坡脚线之间应留有不小于 7 m 的空地。

6.6 天然气凝液及液化石油气罐区

6.6.1 天然气凝液和液化石油气罐区宜布置在站场常年最小频率风向的上风侧,并应避开不良通风或窝风地段。天然气凝液储罐和全压力式液化石油气储罐周围宜设置高度不低于0.6 m的不燃烧体防护墙。在地广人稀地区,当条件允许时,可不设防护墙,但应有必要的导流设施,将泄漏的液化石油气集中引导到站外安全处。全冷冻式液化石油气储罐周围应设置防火堤。

6.6.2 天然气凝液和液化石油气储罐成组布置时,天然气凝液和全压力式液化石油气储罐或全冷冻式液化石油气储罐组内的储罐不应超过两排,罐组周围应设环行消防车道。

6.6.3 天然气凝液和全压力式液化石油气储罐组内的储罐个数不应超过 12 个,总容积不应超过 20000 m^3;全冷冻式液化石油气储罐组内的储罐个数不应超过 2 个。

6.6.4 天然气凝液和全压力式液化石油气储罐组内的储罐总容量大于 6000 m^3 时,罐组内应设隔墙,单罐容量等于或大于 5000 m^3 时应每个罐一隔,隔墙高度应低于防护墙 0.2 m。全冷冻式液化石油气储罐组内储罐应设隔堤,且每个罐一隔,隔堤高度应低于防火堤 0.2 m。

6.6.5 不同储存方式的液化石油气储罐不得布置在同一个储罐组内。

6.6.6 成组布置的天然气凝液和液化石油气储罐到防火堤(或防护墙)的距离应满足如下要求:

1 全压力式球罐到防护墙的距离应为储罐直径的一半,卧式储罐到防护墙的距离不应小于 3 m。

2 全冷冻式液化石油气储罐至防火堤内堤脚线的距离，应为储罐高度与防火堤高度之差，防火堤内有效容积应为一个最大储罐的容量。

6.6.7 防护墙、防火堤及隔堤应采用不燃烧实体结构，并应能承受所容纳液体的静压及温度的影响。在防火堤或防护墙的不同方位上应设置不少于两处的人行踏步或台阶。

6.6.8 成组布置的天然气凝液和液化石油气罐区，相邻组与组之间的防火距离(罐壁至罐壁)不应小于 20 m。

6.6.9 天然气凝液和液化石油气储罐组内储罐之间的防火距离应不小于表 6.6.9 的规定。

表 6.6.9 储罐组内储罐之间的防火间距

防火间距 储罐型式 / 介质类别	全压力式储罐		全冷冻式储罐
	球罐	卧罐	
天然气凝液或液化石油气	1.0D	1.0D 且不宜大于 1.5 m。两排卧罐的间距，不应小于 3 m	
液化石油气			0.5D

注：1 D 为相邻较大罐直径。
2 不同型式储罐之间的防火距离，应采用较大值。

6.6.10 防火堤或防护墙内地面应有由储罐基脚线向防火堤或防护墙方向的不小于 1% 的排水坡度，排水出口应设有可控制开启的设施。

6.6.11 天然气凝液及液化石油气罐区内应设可燃气体检测报警装置，并在四周设置手动报警按钮，探测和报警信号引入值班室。

6.6.12 天然气凝液储罐及液化石油气储罐的进料管管口宜从储罐底部接入，当从顶部接入时，应将管口接至罐底处。全压力式储罐罐底应安装为储罐注水用的管道、阀门及管道接头。天然气凝液储罐及液化石油气储罐宜采用有防冻措施的二次脱水系统。

6.6.13 天然气凝液储罐及液化石油气储罐应设液位计、温度计、压力表、安全阀，以及高液位报警装置或高液位自动联锁切断进料装置。对于全冷冻式液化石油气储罐还应设真空泄放设施。天然气凝液储罐及液化石油气储罐容积大于或等于 50 m^3 时，其液相出口管线上宜设远程操纵阀和自动关闭阀，液相进口应设单向阀。

6.6.14 全压力式天然气凝液储罐及液化石油气储罐进、出口阀门及管件的压力等级不应低于 2.5 MPa，且不应选用铸铁阀门。

6.6.15 全冷冻式储罐的地基应考虑温差影响，并采取必要措施。

6.6.16 天然气凝液储罐及液化石油气储罐的安全阀出口管应接至火炬系统。确有困难时，单罐容积等于或小于 100 m^3 的天然气凝液储罐及液化石油气储罐安全阀可接入放散管，其安装高度应高出储罐操作平台 2 m 以上，且应高出所在地面 5 m 以上。

6.6.17 天然气凝液储罐及液化石油气罐区内的管道宜地上布置，不应地沟敷设。

6.6.18 露天布置的泵或泵棚与天然气凝液储罐和全压力式液化石油气储罐之间的距离不限，但宜布置在防护墙外。

6.6.19 压力储存的稳定轻烃储罐与全压力式液化石油气储罐同组布置时，其防火间距不应小于本规范第6.6.9条的规定。

6.7 装卸设施

6.7.1 油品的铁路装卸设施应符合下列要求：

1 装卸栈桥两端和沿栈桥每隔60～80 m，应设安全斜梯。

2 顶部敞口装车的甲$_B$、乙类油品，应采用液下装车鹤管。

3 装卸泵房至铁路装卸线的距离，不应小于8 m。

4 在距装车栈桥边缘10 m以外的油品输入管道上，应设便于操作的紧急切断阀。

5 零位油罐不应采用敞口容器，零位罐至铁路装卸线距离，不应小于6 m。

6.7.2 油品铁路装卸栈桥至站场内其他铁路、道路间距应符合下列要求：

1 至其他铁路线不应小于20 m。

2 至主要道路不应小于15 m。

6.7.3 油品的汽车装卸站，应符合下列要求：

1 装卸站的进出口，宜分开设置；当进、出口合用时，站内应设回车场。

2 装卸车场宜采用现浇混凝土地面。

3 装卸车鹤管之间的距离，不应小于4 m；装卸车鹤管与缓冲罐之间的距离，不应小于5 m。

4 甲$_B$、乙类液体的装卸车，严禁采用明沟(槽)卸车系统。

5 在距装卸鹤管10 m以外的装卸管道上，应设便于操作的紧急切断阀。

6 甲$_B$、乙类油品装卸鹤管(受油口)与相邻生产设施的防火间距，应符合表6.7.3的规定。

表6.7.3 鹤管与相邻生产设施之间的防火距离(m)

生产设施	装卸油泵房	生产厂房及密闭工艺设备		
		液化石油气	甲$_B$、乙类	丙类
甲$_B$、乙类油品装卸鹤管	8	25	15	10

6.7.4 液化石油气铁路和汽车的装卸设施，应符合下列要求：

1 铁路装卸栈台宜单独设置；若不同时作业，也可与油品装卸鹤管共台设置。

2 罐车装车过程中，排气管宜采用气相平衡式，也可接至低压燃料气或火炬放空系统，不得就地排放。

3 汽车装卸鹤管之间的距离不应小于4 m。

4 汽车装卸车场应采用现浇混凝土地面。

5 铁路装卸设施尚应符合本规范第6.7.1条第1、4款和第6.7.2条的规定。

6.7.5 液化石油气灌装站的灌瓶间和瓶库，应符合下列要求：

1 液化石油气的灌瓶间和瓶库，宜为敞开式或半敞开式建筑物；当为封闭式或半敞开式建筑物时，应采取通风措施。

2 灌瓶间、倒瓶间、泵房的地沟不应与其他房间连通；其通风管道应单独设置。

3 灌瓶间和储瓶库的地面，应采用不发生火花的表层。

4 实瓶不得露天存放。

5 液化石油气缓冲罐与灌瓶间的距离，不应小于10 m。

6 残液必须密闭回收，严禁就地排放。

7 气瓶库的液化石油气瓶装总容量不宜超过 10 m^3。

8 灌瓶间与储瓶库的室内地面，应比室外地坪高 0.6 m。

9 灌装站应设非燃烧材料建造的，高度不低于 2.5 m 的实体围墙。

6.7.6 灌瓶间与储瓶库可设在同一建筑物内，但宜用实体墙隔开，并各设出入口。

6.7.7 液化石油气灌装站的厂房与其所属的配电间、仪表控制间的防火间距不宜小于 15 m。若毗邻布置时，应采用无门窗洞口防火墙隔开；当必须在防火墙上开窗时，应设甲级耐火材料的密封固定窗。

6.7.8 液化石油气、天然气凝液储罐和汽车装卸台，宜布置在油气站场的边缘部位。

6.7.9 液化石油气灌装站内储罐与有关设施的防火间距，不应小于表 6.7.9 的规定。

表 6.7.9 灌装站内储罐与有关设施的防火间距(m)

单罐容量(m^3) 间距 设施名称	≤50	≤100	≤400	≤1000	>1000
压缩机房、灌瓶间、倒残液间	20	25	30	40	50
汽车槽车装卸接头	20	25	30	30	40
仪表控制间、10 kV 及以下变配电间	20	25	30	40	50
注：液化石油气储罐与其泵房的防火间距不应小于 15 m，露天及棚式布置的泵不受此限制；但宜布置在防护墙外。					

6.8 泄压和放空设施

6.8.1 可能超压的下列设备及管道应设安全阀：

1 顶部操作压力大于 0.07 MPa 的压力容器；

2 顶部操作压力大于 0.03 MPa 的蒸馏塔、蒸发塔和汽提塔(汽提塔顶蒸汽直接通入另一蒸馏塔者除外)；

3 与鼓风机、离心式压缩机、离心泵或蒸汽往复泵出口连接的设备不能承受其最高压力时，上述机泵的出口；

4 可燃气体或液体受热膨胀时，可能超过设计压力的设备及管道。

6.8.2 在同一压力系统中，压力来源处已有安全阀，则其余设备可不设安全阀。扫线蒸汽不宜作为压力来源。

6.8.3 安全阀、爆破片的选择和安装，应符合国家现行标准《压力容器安全监察规程》的规定。

6.8.4 单罐容量等于或大于 100 m^3 的液化石油气和天然气凝液储罐应设置 2 个或 2 个以上安全阀，每个安全阀担负经计算确定的全部放空量。

6.8.5 克劳斯硫回收装置反应炉、再热炉等，宜采用提高设备设计压力的方法防止超压破坏。

6.8.6 放空管道必须保持畅通，并应符合下列要求：

1 高压、低压放空管宜分别设置，并应直接与火炬或放空总管连接；

2 不同排放压力的可燃气体放空管接入同一排放系统时，应确保不同压力的放空点能同时安全排放。

6.8.7 **火炬设置应符合下列要求:**

1 火炬的高度,应经辐射热计算确定,确保火炬下部及周围人员和设备的安全。

2 进入火炬的可燃气体应经凝液分离罐分离出气体中直径大于 300 μm 的液滴;分离出的凝液应密闭回收或送至焚烧坑焚烧。

3 应有防止回火的措施。

4 火炬应有可靠的点火设施。

5 距火炬筒 30 m 范围内,严禁可燃气体放空。

6 液体、低热值可燃气体、空气和惰性气体,不得排入火炬系统。

6.8.8 可燃气体放空应符合下列要求:

1 可能存在点火源的区域内不应形成爆炸性气体混合物。

2 有害物质的浓度及排放量应符合有关污染物排放标准的规定。

3 放空时形成的噪声应符合有关卫生标准。

4 连续排放的可燃气体排气筒顶或放空管口,应高出 20 m 范围内的平台或建筑物顶 2.0 m以上。对位于 20 m 以外的平台或建筑物顶,应满足图 6.8.8 的要求,并应高出所在地面 5 m。

5 间歇排放的可燃气体排气筒顶或放空管口,应高出 10 m 范围内的平台或建筑物顶 2.0 m 以上。对位于 10 m 以外的平台或建筑物顶,应满足图 6.8.8 的要求,并应高出所在地面 5 m。

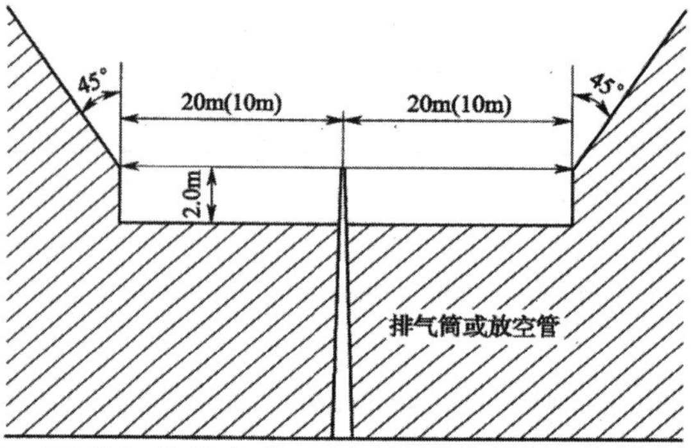

图 6.8.8 可燃气体排气筒顶或放空管允许最低高度示意图

注:阴影部分为平台或建筑物的设置范围

6.8.9 甲、乙类液体排放应符合下列要求:

1 排放时可能释放出大量气体或蒸汽的液体,不得直接排入大气,应引入分离设备,分出的气体引入可燃气体放空系统,液体引入有关储罐或污油系统。

2 设备或容器内残存的甲、乙类液体,不得排入边沟或下水道,可集中排入有关储罐或污油系统。

6.8.10 对存在硫化铁的设备、管道,排污口应设喷水冷却设施。

6.8.11 原油管道清管器收发筒的污油排放,应符合下列要求:

1 清管器收发筒应设清扫系统和污油接收系统;

2 污油池中的污油应引入污油系统。

6.8.12 天然气管道清管作业排出的液态污物若不含甲、乙类可燃液体,可排入就近设置的排污池;若含有甲、乙类可燃液体,应密闭回收可燃液体或在安全位置设置凝液焚烧坑。

6.9 建(构)筑物

6.9.1 生产和储存甲、乙类物品的建(构)筑物耐火等级不宜低于二级,生产和储存丙类物品的建(构)筑物耐火等级不宜低于三级。当甲、乙类火灾危险性的厂房采用轻质钢结构时,应符合下列要求:

1 所有的建筑构件必须采用非燃烧材料。

2 除天然气压缩机厂房外,宜为单层建筑。

3 与其他厂房的防火间距应按现行国家标准《建筑设计防火规范》GBJ 16 中的三级耐火等级的建筑物确定。

6.9.2 散发油气的生产设备,宜为露天布置或棚式建筑内布置。甲、乙类火灾危险性生产厂房泄压面积、泄压措施应按现行国家标准《建筑设计防火规范》GBJ 16 的有关规定执行。

6.9.3 当不同火灾危险性类别的房间布置在同一栋建筑物内时,其隔墙应采用非燃烧材料的实体墙。天然气压缩机房或油泵房宜布置在建筑物的一端,将人员集中的房间布置在火灾危险性较小的一端。

6.9.4 甲、乙类火灾危险性生产厂房应设向外开启的门,且不宜少于两个,其中一个应能满足最大设备(或拆开最大部件)的进出要求,建筑面积小于或等于 100 m^2 时,可设一个向外开启的门。

6.9.5 变、配电所不应与有爆炸危险的甲、乙类厂房毗邻布置。但供上述甲、乙类生产厂房专用的 10 kV 及以下的变、配电间,当采用无门窗洞口防火墙隔开时,可毗邻布置。当必须在防火墙上开窗时,应设非燃烧材料的固定甲级防火窗。变压器与配电间之间应设防火墙。

6.9.6 甲、乙类工艺设备平台、操作平台,宜设 2 个通向地面的梯子。长度小于 8 m 的甲类设备平台和长度小于 15 m 的乙类设备平台,可设 1 个梯子。

相邻的平台和框架可根据疏散要求设走桥连通。

6.9.7 火车、汽车装卸油栈台、操作平台均应采用非燃烧材料建造。

6.9.8 立式圆筒油品加热炉、液化石油气和天然气凝液储罐的钢柱、梁、支撑,塔的框架钢支柱,罐组砖、石、钢筋混凝土防火堤无培土的内侧和顶部,均应涂抹保护层,其耐火极限不应小于 2 h。

7 油气田内部集输管道

7.1 一般规定

7.1.1 油气田内部集输管道宜埋地敷设。

7.1.2 管线穿跨越铁路、公路、河流时,其设计应符合《原油和天然气输送管道穿跨越工程设计规范 穿越工程》SY/T 0015.1、《原油和天然气输送管道穿跨越工程设计规范 跨越工程》SY/T 0015.2 及油气集输设计等国家现行标准的有关规定。

7.1.3 当管道沿线有重要水工建筑、重要物资仓库、军事设施、易燃易爆仓库、机场、海(河)港码头、国家重点文物保护单位时,管道设计除应遵守本规定外,尚应服从相关设施的设计要求。

7.1.4 埋地集输管道与其他地下管道、通信电缆、电力系统的各种接地装置等平行或交叉敷设时,其间距应符合国家现行标准《钢质管道及储罐腐蚀控制工程设计规范》SY 0007 的有关规定。

7.1.5 集输管道与架空输电线路平行敷设时,安全距离应符合下列要求:

1 管道埋地敷设时,安全距离不应小于表 7.1.5 的规定。

表 7.1.5 埋地集输管道与架空输电线路安全距离

名 称	3 kV 以下	3～10 kV	35～66 kV	110 kV	220 kV
开阔地区	最高杆(塔)高				
路径受限制地区(m)	1.5	2.0	4.0	4.0	5.0

注:1 表中距离为边导线至管道任何部分的水平距离。
2 对路径受限制地区的最小水平距离的要求,应计及架空电力线路导线的最大风偏。

2 当管道地面敷设时,其间距不应小于本段最高杆(塔)高度。

7.1.6 原油和天然气埋地集输管道同铁路平行敷设时,应距铁路用地范围边界 3 m 以外。当必须通过铁路用地范围内时,应征得相关铁路部门的同意,并采取加强措施。对相邻电气化铁路的管道还应增加交流电干扰防护措施。

管道同公路平行敷设时,宜敷设在公路用地范围外。对于油田公路,集输管道可敷设在其路肩下。

7.2 原油、天然气凝液集输管道

7.2.1 油田内部埋地敷设的原油、稳定轻烃、20 ℃时饱和蒸气压力小于 0.1 MPa 的天然气凝液、压力小于或等于 0.6 MPa 的油田气集输管道与居民区、村镇、公共福利设施、工矿企业等的距离不宜小于 10 m。当管道局部管段不能满足上述距离要求时,可降低设计系数,提高局部管道的设计强度,将距离缩短到 5 m;地面敷设的上述管道与相应建(构)筑物的距离应增加 50%。

7.2.2 20 ℃时饱和蒸气压力大于或等于 0.1 MPa、管径小于或等于 *DN* 200 的埋地天然气凝液管道,应按现行国家标准《输油管道工程设计规范》GB 50253 中的液态液化石油气管道确定强度设计系数。管道同地面建(构)筑物的最小间距应符合下列规定:

1 与居民区、村镇、重要公共建筑物不应小于 30 m;一般建(构)筑物不应小于 10 m。

2 与高速公路和一、二级公路平行敷设时,其管道中心线距公路用地范围边界不应小于 10 m,三级及以下公路不宜小于 5 m。

3 与铁路平行敷设时,管道中心线距铁路中心线的距离不应小于 10 m,并应满足本规范第 7.1.6 条的要求。

7.3 天然气集输管道

7.3.1 埋地天然气集输管道的线路设计应根据管道沿线居民户数及建(构)筑物密集程度采用相应的强度设计系数进行设计。管道地区等级划分及强度设计系数取值应按现行国家标准《输气管道工程设计规范》GB 50251 中有关规定执行。当输送含硫化氢天然气时,应采取安全防护措施。

7.3.2 天然气集输管道输送湿天然气,天然气中的硫化氢分压等于或大于 0.0003 MPa(绝压)或输送其他酸性天然气时,集输管道及相应的系统设施必须采取防腐蚀措施。

7.3.3 天然气集输管道输送酸性干天然气时,集输管道建成投产前的干燥及管输气质的脱水深度必须达到现行国家标准《输气管道工程设计规范》GB 50251 中的相关规定。

7.3.4 天然气集输管道应根据输送介质的腐蚀程度,增加管道计算壁厚的腐蚀余量。腐蚀余量取值应按油气集输设计国家现行标准的有关规定执行。

7.3.5 集气管道应设线路截断阀,线路截断阀的设置应按现行国家标准《输气管道工程设计规范》GB 50251 的有关规定执行。当输送含硫化氢天然气时,截断阀设置宜适当加密,符合油气集输设计国家现行标准的规定，截断阀应配置自动关闭装置。

7.3.6 集输管道宜设清管设施。清管设施设计应按现行国家标准《输气管道工程设计规范》GB 50251 的有关规定执行。

8 消防设施

8.1 一般规定

8.1.1 石油天然气站场消防设施的设置，应根据其规模、油品性质、存储方式、储存容量、储存温度、火灾危险性及所在区域消防站布局、消防站装备情况及外部协作条件等综合因素确定。

8.1.2 集输油工程中的井场、计量站等五级站，集输气工程中的集气站、配气站、输气站、清管站、计量站及五级压气站、注气站，采出水处理站可不设消防给水设施。

8.1.3 火灾自动报警系统的设计，应按现行国家标准《火灾自动报警系统设计规范》GB 50116 执行。当选用带闭式喷头的传动管传递火灾信号时，传动管的长度不应大于 300 m，公称直径宜为 15～25 mm，传动管上闭式喷头的布置间距不宜大于 2.5 m。

8.1.4 单罐容量大于或等于 500 m^3 的油田采出水立式沉降罐宜采用移动式灭火设备。

8.1.5 固定和半固定消防系统中的设备及材料应符合下列规定：

1 应选用消防专用设备。

2 油罐防火堤内冷却水和泡沫混合液管道宜采用热镀锌钢管。油罐上泡沫混合液管道设计应采取防爆炸破坏的措施。

8.1.6 钢制单盘式和双盘式内浮顶油罐的消防设施应按浮顶油罐确定，浅盘式内浮顶和浮盘用易熔材料制作的内浮顶油罐消防设施应按固定顶油罐确定。

8.2 消防站

8.2.1 消防站及消防车的设置应符合下列规定：

1 油气田消防站应根据区域规划设置，并应结合油气站场火灾危险性大小、邻近的消防协作条件和所处地理环境划分责任区。一、二、三级油气站场集中地区应设置等级不低于二级的消防站。

2 油气田三级及以上油气站场内设置固定消防系统时，可不设消防站，如果邻近消防协作力量不能在 30 min 内到达(在人烟稀少、条件困难地区，邻近消防协作力量的到达时间可酌情延长，但不得超过消防冷却水连续供给时间)，可按下列要求设置消防车：

1) 油田三级及以上的油气站场应配 2 台单车泡沫罐容量不小于 3000 L 的消防车。

2) 气田三级天然气净化厂配 2 台重型消防车。

3 输油管道及油田储运工程的站场设置固定消防系统时，可不设消防站，如果邻近消防协作力量不能在 30 min 内到达，可按下列要求设置消防车或消防站：

1) 油品储罐总容量等于或大于 50000 m^3 的二级站场中，固定顶罐单罐容量不小于 5000 m^3 或浮顶罐单罐容量不小于 20000 m^3 时，应配备 1 辆泡沫消防车。

2) 油品储罐总容量大于或等于 100000 m^3 的一级站场中，固定顶罐单罐容量不小于 5000 m^3 或浮顶油罐单罐容量不小于 20000 m^3 时，应配备 2 台泡沫消防车。

3) 油品储罐总容量大于 600000 m^3 的站场应设消防站。

4 输气管道的四级压气站设置固定消防系统时，可不设消防站和消防车。

5 油田三级油气站场未设置固定消防系统时，如果邻近消防协作力量不能在 30 min 内到达，应设三级消防站或配备 1 台单车泡沫罐容量不小于 3000 L 的消防车及 2 台重型水罐消防车。

6 消防站的设计应符合本规范第 8.2.2 条～第 8.2.6 条的要求。站内消防车可由生产岗位人员兼管，并参照消防泵房确定站内消防车库与油气生产设施的距离。

8.2.2 消防站的选址应符合下列要求：

1 消防站的选址应位于重点保护对象全年最小频率风向的下风侧，交通方便、靠近公路。与油气站场甲、乙类储罐区的距离不应小于 200 m。与甲、乙类生产厂房、库房的距离不应小于 100 m。

2 主体建筑距医院、学校、幼儿园、托儿所、影剧院、商场、娱乐活动中心等容纳人员较多的公共建筑的主要疏散口应大于 50 m，且便于车辆迅速出动的地段。

3 消防车库大门应朝向道路。从车库大门墙基至城镇道路规划红线的距离：二、三级消防站不应小于 15 m；一级消防站不应小于 25 m；加强消防站、特勤消防站不应小于 30 m。

8.2.3 消防站建筑设计应符合下列要求：

1 消防站的建筑面积，应根据所设站的类别、级别、使用功能和有利于执勤战备、方便生活、安全使用等原则合理确定。消防站建筑物的耐火等级应不小于 2 级。

2 消防车库应设置备用车位及修理间、检车地沟。修理间与其他房间应用防火墙隔开，且不应与火警调度室毗邻。

3 消防车库应有排除发动机废气的设施。滑杆室通向车库的出口处应有废气阻隔装置。

4 消防车库应设有供消防车补水用的室内消火栓或室外水鹤。

5 消防车库大门开启后，应有自动锁定装置。

6 消防站的供电负荷等级不宜低于二级，并应设配电室。有人员活动的场所应设紧急事故照明。

7 消防站车库门前公共道路两侧 50 m，应安装提醒过往车辆注意，避让消防车辆出动的警灯和警铃。

8.2.4 消防站的装备应符合下列要求：

1 消防车辆的配备，应根据被保护对象的实际需要计算确定，并按表 8.2.4 选配。

表 8.2.4 消防站的消防车辆配置

<table>
<tr><th colspan="2" rowspan="2">消防站类别
种　类</th><th colspan="3">普通消防站</th><th rowspan="2">加强消防站</th><th rowspan="2">特勤消防站</th></tr>
<tr><th>一级站</th><th>二级站</th><th>三级站</th></tr>
<tr><td colspan="2">车辆配备数(台)</td><td>6～8</td><td>4～6</td><td>3～6</td><td>8～10</td><td>10～12</td></tr>
<tr><td rowspan="10">消防车种类</td><td>通讯指挥车</td><td>√</td><td>√</td><td></td><td>√</td><td>√</td></tr>
<tr><td>中型泡沫消防车</td><td>√</td><td>√</td><td>√</td><td>√</td><td></td></tr>
<tr><td>重型水罐消防车</td><td>√</td><td>√</td><td>√</td><td>√</td><td>√</td></tr>
<tr><td>重型泡沫消防车</td><td>√</td><td>√</td><td></td><td>√</td><td>√</td></tr>
<tr><td>泡沫运输罐车</td><td></td><td></td><td></td><td>√</td><td>√</td></tr>
<tr><td>干粉消防车</td><td>√</td><td>√</td><td>√</td><td>√</td><td>√</td></tr>
<tr><td>举高云梯消防车</td><td></td><td></td><td></td><td>√</td><td>√</td></tr>
<tr><td>高喷消防车</td><td>√</td><td></td><td></td><td>√</td><td>√</td></tr>
<tr><td>抢险救援工具车</td><td>√</td><td></td><td></td><td>√</td><td>√</td></tr>
<tr><td>照明车</td><td>√</td><td></td><td></td><td>√</td><td>√</td></tr>
</table>

表 8.2.4(续)

种类 \ 消防站类别	普通消防站			加强消防站	特勤消防站
	一级站	二级站	三级站		
注:1 表中"√"表示可选配的设备。 2 北方高寒地区,可根据实际需要配备解冻锅炉消防车。 3 为气田服务的消防站必须配备干粉消防车。					

2 消防站主要消防车的技术性能应符合下列要求:

1) 重型消防车应为大功率、远射程炮车。

2) 消防车应采用双动式取力器,重型消防车应带自保系统。

3) 泡沫比例混合器应为3%、6%两档,或无级可调。

4) 泡沫罐应有防止泡沫液沉降装置。

5) 根据东、西部和南、北方油气田自然条件的不同及消防保卫的特殊需要,可在现行标准基础上增减功能。

3 支队、大队级消防指挥中心的装备配备,可根据实际需要选配。

4 油气田地形复杂,地面交通工具难以跨越或难以作出快速反应时,可配备消防专用直升飞机及与之配套的地面指挥设施。

5 消防站兼有水上责任区的,应加配消防艇或轻便实用的小型消防船、卸载式消防舟,并有供其停泊、装卸的专用码头。

6 消防站灭火器材、抢险救援器材、人员防护器材等的配备应符合国家现行有关标准的规定。

8.2.5 灭火剂配备应符合下列要求:

1 消防站一次车载灭火剂最低总量应符合表 8.2.5 的规定。

表 8.2.5 消防站一次车载灭火剂最低总量(t)

灭火剂 \ 消防站类别	普通消防站			加强消防站	特勤消防站
	一级站	二级站	三级站		
水	32	30	26	32	36
泡沫灭火剂	7	5	2	12	18
干粉灭火剂	2	2	2	4	6

2 应按照一次车载灭火剂总量 1∶1 的比例保持储备量,若邻近消防协作力量不能在 30 min内到达,储备量应增加 1 倍。

8.2.6 消防站通信装备的配置,应符合现行国家标准《消防通信指挥系统设计规范》GB 50313 的规定。支队级消防指挥中心,可按Ⅰ类标准配置;大队级消防指挥中心,可按Ⅱ类标准配置;其他消防站,可参照Ⅲ类标准,根据实际需要增、减配置。

8.3 消防给水

8.3.1 消防用水可由给水管道、消防水池或天然水源供给,应满足水质、水量、水压、水温要求。

当利用天然水源时，应确保枯水期最低水位时消防用水量的要求，并设置可靠的取水设施。处理达标的油田采出水能满足消防水质、水温的要求时，可用于消防给水。

8.3.2 消防用水可与生产、生活给水合用一个给水系统，系统供水量应为100%消防用水量与70%生产、生活用水量之和。

8.3.3 储罐区和天然气处理厂装置区的消防给水管网应布置成环状，并应采用易识别启闭状态的阀将管网分成若干独立段，每段内消火栓的数量不宜超过5个。从消防泵房至环状管网的供水干管不应少于两条。其他部位可设支状管道。寒冷地区的消火栓井、阀井和管道等应有可靠的防冻措施。采用半固定低压制消防供水的站场，如条件允许宜设2条站外消防供水管道。

8.3.4 消防水池(罐)的设置应符合下列规定：

1 水池(罐)的容量应同时满足最大一次火灾灭火和冷却用水要求。在火灾情况下能保证连续补水时，消防水池(罐)的容量可减去火灾延续时间内补充的水量。

2 当消防水池(罐)和生产、生活用水水池(罐)合并设置时，应采取确保消防用水不作它用的技术措施，在寒冷地区专用的消防水池(罐)应采取防冻措施。

3 当水池(罐)的容量超过1000 m^3 时应分设成两座，水池(罐)的补水时间，不应超过96 h。

4 供消防车取水的消防水池(罐)的保护半径不应大于150 m。

8.3.5 消火栓的设置应符合下列规定：

1 采用高压消防供水时，消火栓的出口水压应满足最不利点消防供水要求；采用低压消防供水时，消火栓的出口压力不应小于0.1 MPa。

2 消火栓应沿道路布置，油罐区的消火栓应设在防火堤与消防道路之间，距路边宜为1～5 m，并应有明显标志。

3 消火栓的设置数量应根据消防方式和消防用水量计算确定。每个消火栓的出水量按10～15 L/s计算。当油罐采用固定式冷却系统时，在罐区四周应设置备用消火栓，其数量不应少于4个，间距不应大于60 m。当采用半固定冷却系统时，消火栓的使用数量应由计算确定，但距罐壁15 m以内的消火栓不应计算在该储罐可使用的数量内，2个消火栓的间距不宜小于10 m。

4 消火栓的栓口应符合下列要求：

1) 给水枪供水时，室外地上式消火栓应有3个出口，其中1个直径为150 mm或100 mm，其他2个直径为65 mm；室外地下式消火栓应有2个直径为65 mm的栓口。

2) 给消防车供水时，室外地上式消火栓的栓口与给水枪供水时相同；室外地下式消火栓应有直径为100 mm和65 mm的栓口各1个。

5 给水枪供水时，消火栓旁应设水带箱，箱内应配备2～6盘直径65 mm、每盘长度20 m的带快速接口的水带和2支入口直径65 mm、喷嘴直径19 mm水枪及一把消火栓钥匙。水带箱距消火栓不宜大于5 m。

6 采用固定式灭火时，泡沫栓旁应设水带箱，箱内应配备2～5盘直径65 mm、每盘长度20 m的带快速接口的水带和PQ8或PQ4型泡沫管枪1支及泡沫栓钥匙。水带箱距泡沫栓不宜大于5 m。

8.4 油罐区消防设施

8.4.1 除本规范另有规定外，油罐区应设置灭火系统和消防冷却水系统，且灭火系统宜为低倍数泡沫灭火系统。

8.4.2 油罐区低倍数泡沫灭火系统的设置,应符合下列规定:

1 单罐容量不小于 10000 m^3 的固定顶罐、单罐容量不小于 50000 m^3 的浮顶罐、机动消防设施不能进行保护或地形复杂消防车扑救困难的储罐区,应设置固定式低倍数泡沫灭火系统。

2 罐壁高度小于 7 m 或容积不大于 200 m^3 的立式油罐、卧式油罐可采用移动式泡沫灭火系统。

3 除 1 与 2 款规定外的油罐区宜采用半固定式泡沫灭火系统。

8.4.3 单罐容量不小于 20000 m^3 的固定顶油罐,其泡沫灭火系统与消防冷却水系统应具备连锁程序操纵功能。单罐容量不小于 50000 m^3 的浮顶油罐应设置火灾自动报警系统。单罐容量不小于 100000 m^3 的浮顶油罐,其泡沫灭火系统与消防冷却水系统应具备自动操纵功能。

8.4.4 储罐区低倍数泡沫灭火系统的设计,应按现行国家标准《低倍数泡沫灭火系统设计规范》GB 50151 的规定执行。

8.4.5 油罐区消防冷却水系统设置形式应符合下列规定:

1 单罐容量不小于 10000 m^3 的固定顶油罐、单罐容量不小于 50000 m^3 的浮顶油罐,应设置固定式消防冷却水系统。

2 单罐容量小于 10000 m^3、大于 500m^3 的固定顶油罐与单罐容量小于 50000 m^3 的浮顶油罐,可设置半固定式消防冷却水系统。

3 单罐容量不大于 500 m^3 的固定顶油罐、卧式油罐,可设置移动式消防冷却水系统。

8.4.6 油罐区消防水冷却范围应符合下列规定:

1 着火的地上固定顶油罐及距着火油罐罐壁 1.5 倍直径范围内的相邻地上油罐,应同时冷却;当相邻地上油罐超过 3 座时,可按 3 座较大的相邻油罐计算消防冷却水用量。

2 着火的浮顶罐应冷却,其相邻油罐可不冷却。

3 着火的地上卧式油罐及距着火油罐直径与长度之和的一半范围内的相邻油罐应冷却。

8.4.7 油罐的消防冷却水供给范围和供给强度应符合下列规定:

1 地上立式油罐消防冷却水供给范围和供给强度不应小于表 8.4.7 的规定。

2 着火的地上卧式油罐冷却水供给强度不应小于 6.0 L/min·m^2,相邻油罐冷却水供给强度不应小于 3.0 L/min·m^2。冷却面积应按油罐投影面积计算。总消防水量不应小于 50 m^3/h。

3 设置固定式消防冷却水系统时,相邻罐的冷却面积可按实际需要冷却部位的面积计算,但不得小于罐壁表面积的 1/2。油罐消防冷却水供给强度应根据设计所选的设备进行校核。

表 8.4.7 消防冷却水供给范围和供给强度

油罐形式			供给范围	供给强度	
				ϕ16 mm 水枪	ϕ19 mm 水枪
移动、半固定式冷却	着火罐	固定顶罐	罐周全长	0.6 L/s·m	0.8 L/s·m
		浮顶罐	罐周全长	0.45 L/s·m	0.6 L/s·m
	相邻罐	不保温罐	罐周半长	0.35 L/s·m	0.5 L/s·m
		保温罐	罐周半长	0.2 L/s·m	

表 8.4.7(续)

油罐形式			供给范围	供给强度	
				ϕ16 mm 水枪	ϕ19 mm 水枪
固定式冷却	着火罐	固定顶罐	罐壁表面	2.5 L/min · m^2	
		浮顶罐	罐壁表面	2.0 L/min · m^2	
	相邻罐		罐壁表面积的 1/2	2.0 L/min · m^2	
注:ϕ16 mm 水枪保护范围为 8～10 m,ϕ19 mm 水枪保护范围为 9～11 m。					

8.4.8 直径大于 20 m 的地上固定顶油罐的消防冷却水连续供给时间,不应小于 6 h;其他立式油罐的消防冷却水连续供给时间,不应小于 4 h;地上卧式油罐的消防冷却水连续供给时间不应小于 1 h。

8.4.9 油罐固定式消防冷却水系统的设置,应符合下列规定:

1 应设置冷却喷头,喷头的喷水方向与罐壁的夹角应在 30°～60°。

2 油罐抗风圈或加强圈无导流设施时,其下面应设冷却喷水圈管。

3 当储罐上的环形冷却水管分割成两个或两个以上弧形管段时,各弧形管段间不应连通,并应分别从防火堤外连接水管;且应分别在防火堤外的进水管道上设置能识别启闭状态的控制阀。

4 冷却水立管应用管卡固定在罐壁上,其间距不宜大于 3 m。立管下端应设锈渣清扫口,锈渣清扫口距罐基础顶面应大于 300 mm,且集锈渣的管段长度不宜小于 300 mm。

5 在防火堤外消防冷却水管道的最低处应设置放空阀。

6 当消防冷却水水源为地面水时,宜设置过滤器。

8.4.10 偏远缺水处总容量不大于 4000 m^3、且储罐直径不大于 12 m 的原油罐区(凝析油罐区除外),可设置烟雾灭火系统,且可不设消防冷却水系统。

8.4.11 总容量不大于 200 m^3、且单罐容量不大于 100 m^3 的立式油罐区或总容量不大于 500 m^3、且单罐容量不大于 100 m^3 的井场卧式油罐区,可不设灭火系统和消防冷却水系统。

8.5 天然气凝液、液化石油气罐区消防设施

8.5.1 天然气凝液、液化石油气罐区应设置消防冷却水系统,并应配置移动式干粉等灭火设施。

8.5.2 天然气凝液、液化石油气罐区总容量大于 50 m^3 或单罐容量大于 20 m^3 时,应设置固定式水喷雾或水喷淋系统和辅助水枪(水炮);总容量不大于 50 m^3 或单罐容量不大于 20 m^3 时,可设置半固定式消防冷却水系统。

8.5.3 天然气凝液、液化石油气罐区设置固定式消防冷却水系统时,其消防用水量应按储罐固定式消防冷却用水量与移动式水枪用水量之和计算;设置半固定式消防冷却水系统时,消防用水量不应小于 20 L/s。

8.5.4 固定式消防冷却水系统的用水量计算,应符合下列规定:

1 着火罐冷却水供给强度不应小于 0.15 L/s · m^2,保护面积按其表面积计算。

2 距着火罐直径(卧式罐按罐直径和长度之和的一半)1.5 倍范围内的邻近罐冷却水供给强度不应小于 0.15 L/s · m^2,保护面积按其表面积的一半计算。

8.5.5 全冷冻式液化石油气储罐固定式消防冷却水系统的冷却水供给强度与冷却面积，应满足下列规定：

1 着火罐及邻罐罐顶的冷却水供给强度不宜小于 4 L/min·m^2，冷却面积按罐顶全表面积计算。

2 着火罐及邻罐罐壁的冷却水供给强度不宜小于 2 L/min·m^2，着火罐冷却面积按罐全表面积计算，邻罐冷却面积按罐表面积的一半计算。

8.5.6 辅助水枪或水炮用水量应按罐区内最大一个储罐用水量确定，且不应小于表 8.5.6 的规定。

表 8.5.6 水枪用水量

罐区总容量(m^3)	<500	500～2500	>2500
单罐容量(m^3)	≤100	<400	≥400
水量(L/s)	20	30	45
注：水枪用水量应按本表罐区总容量和单罐容量较大者确定。			

8.5.7 总容量小于 220 m^3 或单罐容量不大于 50 m^3 的储罐或储罐区，连续供水时间可为 3 h；其他储罐或储罐区应为 6 h。

8.5.8 储罐采用水喷雾固定式消防冷却水系统时，喷头应按储罐的全表面积布置，储罐的支撑、阀门、液位计等，均宜设喷头保护。

8.5.9 固定式消防冷却水管道的设置，应符合下列规定：

1 储罐容量大于 400 m^3 时，供水竖管不宜少于两条，均匀布置。

2 消防冷却水系统的控制阀应设于防火堤外且距罐壁不小于 15 m 的地点。

3 控制阀至储罐间的冷却水管道应设过滤器。

8.6 装置区及厂房消防设施

8.6.1 石油天然气生产装置区的消防用水量应根据油气、站场设计规模、火灾危险类别及固定消防设施的设置情况等综合考虑确定，但不应小于表 8.6.1 的规定。火灾延续供水时间按 3 h 计算。

表 8.6.1 装置区的消防用水量

场站等级	消防用水量(L/s)
三级	45
四级	30
五级	20
注：五级站场专指生产规模小于 $50\times10^4 m^3/d$ 的天然气净化厂和五级天然气处理厂。	

8.6.2 三级天然气净化厂生产装置区的高大塔架及其设备群宜设置固定水炮；三级天然气凝液装置区，有条件时可设固定泡沫炮保护；其设置位置距离保护对象不宜小于 15 m，水炮的水量不宜小于 30 L/s。

8.6.3 液体硫磺储罐应设置固定式蒸汽灭火系统；灭火蒸汽应从饱和蒸汽主管顶部引出，蒸汽压力宜为 0.4～1.0 MPa,灭火蒸汽用量按储罐容量和灭火蒸汽供给强度计算确定,供给强度为 0.0015 $kg/m^3 \cdot s$,灭火蒸汽控制阀应设在围堰外。

8.6.4 油气站场建筑物消防给水应符合下列规定：

1 本规范第 8.1.2 条规定范围之外的站场宜设置消防给水设施。

2 建筑物室内消防给水设施应符合本规范第 8.6.5 条的规定。

3 建筑物室内外消防用水量应符合现行国家标准《建筑设计防火规范》GBJ 16 的规定。

8.6.5 石油天然气生产厂房、库房内消防设施的设置应根据物料性质、操作条件、火灾危险性、建筑物体积及外部消防设施的设置情况等综合考虑确定。室外设有消防给水系统且建筑物体积不超过 5000 m^3 的建筑物,可不设室内消防给水。

8.6.6 天然气四级压气站和注气站的压缩机厂房内宜设置气体、干粉等灭火设施,其设置数量应符合现行国家标准规范的有关规定;站内宜设置消防给水系统,其水量按本规范第 8.6.1 条确定。

8.6.7 石油天然气生产装置采用计算机控制的集中控制室和仪表控制间,应设置火灾报警系统和手提式、推车式气体灭火器。

8.6.8 天然气、液化石油气和天然气凝液生产装置区及厂房内宜设置火灾自动报警设施,并宜在装置区和巡检通道及厂房出入口设置手动报警按钮。

8.7 装卸栈台消防设施

8.7.1 火车和一、二、三、四级站场的汽车油品装卸栈台,附近有消防车的,宜设置半固定消防给水系统,供水压力不应小于 0.15 MPa,消火栓间距不应大于 60 m。

8.7.2 火车和一、二、三、四级站场的汽车油品装卸栈台,附近有固定消防设施可利用的,宜设置消防给水及泡沫灭火设施,并应符合下列规定：

1 有顶盖的火车装卸油品栈台消防冷却水量不应小于 45 L/s。

2 无顶盖的火车装卸油品栈台消防冷却水量不应小于 30 L/s。

3 火车装卸油品栈台的泡沫混合液量不应小于 30 L/s。

4 有顶盖的汽车装卸油品栈台消防冷却水量不应小于 20 L/s。

5 无顶盖的汽车装卸油品栈台消防冷却水量不应小于 16 L/s。

6 汽车装卸油品栈台泡沫混合液量不应小于 8 L/s。

7 消防栓及泡沫栓间距不应大于 60 m,消防冷却水连续供给时间不应小于 1 h,泡沫混合液连续供给时间不应小于 30 min。

8.7.3 火车、汽车装卸液化石油气栈台宜设置消防给水系统和干粉灭火设施,并应符合下列规定：

1 火车装卸液化石油气栈台消防冷却水量不应小于 45 L/s,冷却水连续供水时间不应小于 3 h。

2 汽车装卸液化石油气栈台冷却水量不应小于 15 L/s,冷却水连续供水时间不应小于 3 h。

8.8 消防泵房

8.8.1 消防冷却供水泵房和泡沫供水泵房宜合建,其规模应满足所在站场一次最大火灾的需要。一、二、三级站场消防冷却供水泵和泡沫供水泵均应设备用泵,消防冷却供水泵和泡沫供水泵的备用泵性能应与各自最大一台操作泵相同。

8.8.2 消防泵房的位置应保证启泵后 5 min 内,将泡沫混合液和冷却水送到任何一个着火点。

8.8.3 消防泵房的位置宜设在油罐区全年最小频率风向的下风侧,其地坪宜高于油罐区地坪标高,并应避开油罐破裂可能波及到的部位。

8.8.4 消防泵房应采用耐火等级不低于二级的建筑,并应设直通室外的出口。

8.8.5 消防泵组的安装应符合下列要求:

1 一组水泵的吸水管不宜少于 2 条,当其中一条发生故障时,其余的应能通过全部水量。

2 一组水泵宜采用自灌式引水,当采用负压上水时,每台消防泵应有单独的吸水管。

3 消防泵应设置自动回流管。

4 公称直径大于 300 mm 经常启闭的阀门,宜采用电动阀或气动阀,并能手动操作。

8.8.6 消防泵房值班室应设置对外联络的通信设施。

8.9 灭火器配置

8.9.1 油气站场内建(构)筑物应配置灭火器,其配置类型和数量按现行国家标准《建筑灭火器配置设计规范》GBJ 140 的规定确定。

8.9.2 甲、乙、丙类液体储罐区及露天生产装置区灭火器配置,应符合下列规定:

1 油气站场的甲、乙、丙类液体储罐区当设有固定式或半固定式消防系统时,固定顶罐配置灭火器可按应配置数量的 10%设置,浮顶罐按应配置数量的 5%设置。当储罐组内储罐数量超过 2 座时,灭火器配置数量应按其中 2 个较大储罐计算确定;但每个储罐配置的数量不宜多于 3 个,少于 1 个手提式灭火器,所配灭火器应分组布置;

2 露天生产装置当设有固定式或半固定式消防系统时,按应配置数量的 30%设置。手提灭火器的保护距离不宜大于 9 m。

8.9.3 同一场所应选用灭火剂相容的灭火器,选用灭火器时还应考虑灭火剂与当地消防车采用的灭火剂相容。

8.9.4 天然气压缩机厂房应配置推车式灭火器。

9 电气

9.1 消防电源及配电

9.1.1 石油天然气工程一、二、三级站场消防泵房用电设备的电源,宜满足现行国家标准《供配电系统设计规范》GB 50052 所规定的一级负荷供电要求。当只能采用二级负荷供电时,应设柴油机或其他内燃机直接驱动的备用消防泵,并应设蓄电池满足自控通讯要求。当条件受限制或技术、经济合理时,也可全部采用柴油机或其他内燃机直接驱动消防泵。

9.1.2 消防泵房及其配电室应设应急照明,其连续供电时间不应少于 20 min。

9.1.3 重要消防用电设备当采用一级负荷或二级负荷双回路供电时,应在最末一级配电装置或配电箱处实现自动切换。其配电线路宜采用耐火电缆。

9.2 防雷

9.2.1 站场内建筑物、构筑物的防雷分类及防雷措施,应按现行国家标准《建筑物防雷设计规范》GB 50057 的有关规定执行。

9.2.2 工艺装置内露天布置的塔、容器等,当顶板厚度等于或大于 4 mm 时,可不设避雷针保护,但必须设防雷接地。

9.2.3 可燃气体、油品、液化石油气、天然气凝液的钢罐,必须设防雷接地,并应符合下列规定:

1　避雷针(线)的保护范围,应包括整个储罐。

2　装有阻火器的甲$_B$乙类油品地上固定顶罐,当顶板厚度等于或大于4 mm时,不应装设避雷针(线),但必须设防雷接地。

3　压力储罐、丙类油品钢制储罐不应装设避雷针(线),但必须设防感应雷接地。

4　浮顶罐、内浮顶罐不应装设避雷针(线),但应将浮顶与罐体用2根导线作电气连接。浮顶罐连接导线应选用截面积不小于25 mm^2的软铜复绞线。对于内浮顶罐,钢质浮盘的连接导线应选用截面积不小于16 mm^2的软铜复绞线;铝质浮盘的连接导线应选用直径不小于1.8 mm的不锈钢钢丝绳。

9.2.4　钢储罐防雷接地引下线不应少于2根,并应沿罐周均匀或对称布置,其间距不宜大于30 m。

9.2.5　防雷接地装置冲击接地电阻不应大于10 Ω,当钢罐仅做防感应雷接地时,冲击接地电阻不应大于30 Ω。

9.2.6　装于钢储罐上的信息系统装置,其金属外壳应与罐体做电气连接,配线电缆宜采用铠装屏蔽电缆,电缆外皮及所穿钢管应与罐体做电气连接。

9.2.7　甲、乙类厂房(棚)的防雷,应符合下列规定:

1　厂房(棚)应采用避雷带(网)。其引下线不应少于2根,并应沿建筑物四周均匀对称布置,间距不应大于18 m。网格不应大于10 m×10 m或12 m×8 m。

2　进出厂房(棚)的金属管道、电缆的金属外皮、所穿钢管或架空电缆金属槽,在厂房(棚)外侧应做一处接地,接地装置应与保护接地装置及避雷带(网)接地装置合用。

9.2.8　丙类厂房(棚)的防雷,应符合下列规定:

1　在平均雷暴日大于40 d/a的地区,厂房(棚)宜装设避雷带(网)。其引下线不应少于2根,间距不应大于18 m。

2　进出厂房(棚)的金属管道、电缆的金属外皮、所穿钢管或架空电缆金属槽,在厂房(棚)外侧应做一处接地,接地装置应与保护接地装置及避雷带(网)接地装置合用。

9.2.9　装卸甲$_B$、乙类油品、液化石油气、天然气凝液的鹤管和装卸栈桥的防雷,应符合下列规定:

1　露天装卸作业的,可不装设避雷针(带)。

2　在棚内进行装卸作业的,应装设避雷针(带)。避雷针(带)的保护范围应为爆炸危险1区。

3　进入装卸区的油品、液化石油气、天然气凝液输送管道在进入点应接地,冲击接地电阻不应大于10 Ω。

9.3　防静电

9.3.1　对爆炸、火灾危险场所内可能产生静电危险的设备和管道,均应采取防静电措施。

9.3.2　地上或管沟内敷设的石油天然气管道,在下列部位应设防静电接地装置:

1　进出装置或设施处。

2　爆炸危险场所的边界。

3　管道泵及其过滤器、缓冲器等。

4　管道分支处以及直线段每隔200 m～300 m处。

9.3.3　油品、液化石油气、天然气凝液的装卸栈台和码头的管道、设备、建筑物与构筑物的金属构件和铁路钢轨等(做阴极保护者除外),均应做电气连接并接地。

9.3.4 汽车罐车、铁路罐车和装卸场所,应设防静电专用接地线。

9.3.5 油品装卸码头,应设置与油船跨接的防静电接地装置。此接地装置应与码头上油品装卸设备的防静电接地装置合用。

9.3.6 下列甲、乙、丙$_A$类油品(原油除外)、液化石油气、天然气凝液作业场所,应设消除人体静电装置:

1 泵房的门外。

2 储罐的上罐扶梯入口处。

3 装卸作业区内操作平台的扶梯入口处。

4 码头上下船的出入口处。

9.3.7 每组专设的防静电接地装置的接地电阻不宜大于 100 Ω。

9.3.8 当金属导体与防雷接地(不包括独立避雷针防雷接地系统)、电气保护接地(零)、信息系统接地等接地系统相连接时,可不设专用的防静电接地装置。

10 液化天然气站场

10.1 一般规定

10.1.1 本章适用于下列液化天然气站场的工程设计:

1 液化天然气供气站;

2 小型天然气液化站。

10.1.2 液化天然气站场内的液化天然气、制冷剂的火灾危险性应划为甲$_A$类。

10.1.3 液化天然气站场爆炸危险区域等级范围,应根据释放物质的相态、温度、密度变化、释放量和障碍等条件按国家现行标准的有关规定确定。

10.1.4 所有组件应按现行相关标准设计和建造,物理、化学、热力学性能应满足在相应设计温度下最高允许工作压力的要求,其结构应在事故极端温度条件下保持安全、可靠。

10.2 区域布置

10.2.1 站址应选在人口密度较低且受自然灾害影响小的地区。

10.2.2 站址应远离下列设施:

1 大型危险设施(例如,化学品、炸药生产厂及仓库等);

2 大型机场(包括军用机场、空中实弹靶场等);

3 与本工程无关的输送易燃气体或其他危险流体的管线;

4 运载危险物品的运输线路(水路、陆路和空路)。

10.2.3 液化天然气罐区邻近江河、海岸布置时,应采取措施防止泄漏液体流入水域。

10.2.4 建站地区及与站场间应有全天候的陆上通道,以确保消防车辆和人员随时进入和站内人员在必要时安全撤离。

10.2.5 液化天然气站场的区域布置应按以下原则确定:

1 液化天然气储存总容量不大于 3000 m^3 时,可按本规范表 3.2.2 和表 4.0.4 中的液化石油气站场确定。

2 液化天然气储存总容量大于或等于 30000 m^3 时,与居住区、公共福利设施的距离应大于 0.5 km。

3　液化天然气储存总容量介于第1款和第2款之间时，应根据对现场条件、设施安全防护程度的评价确定，且不应小于本条第1款确定的距离。

4　本条1～3款确定的防火间距，尚应按本规范第10.3.4条和第10.3.5条规定进行校核。

10.3　站场内部布置

10.3.1　站场总平面，应根据站的生产流程及各组成部分的生产特点和火灾危险性，结合地形、风向等条件，按功能分区集中布置。

10.3.2　单罐容量等于或小于265 m^3 的液化天然气罐成组布置时，罐组内的储罐不应超过两排，每组个数不宜多于12个，罐组总容量不应超过3000 m^3。易燃液体储罐不得布置在液化天然气罐组内。

10.3.3　液化天然气设施应设围堰，并应符合下列规定：

1　操作压力小于或等于100 kPa的储罐，当围堰与储罐分开设置时，储罐至围堰最近边沿的距离，应为储罐最高液位高度加上储罐气相空间压力的当量压头之和与围堰高度之差；当罐组内的储罐已采取了防低温或火灾的影响措施时，围堰区内的有效容积应不小于罐组内一个最大储罐的容积；当储罐未采取防低温和火灾的影响措施时，围堰区内的有效容积应为罐组内储罐的总容积。

2　操作压力小于或等于100 kPa的储罐，当混凝土外罐围堰与储罐布置在一起，组成带预应力混凝土外罐的双层罐时，从储罐罐壁至混凝土外罐围堰的距离由设计确定。

3　在低温设备和易泄漏部位应设置液化天然气液体收集系统；其容积对于装车设施不应小于最大罐车的罐容量，其他为某单一事故泄漏源在10 min内最大可能的泄漏量。

4　除第2款之外，围堰区均应配有集液池。

5　围堰必须能够承受所包容液化天然气的全部静压头，所圈闭液体引起的快速冷却、火灾的影响、自然力(如地震、风雨等)的影响，且不渗漏。

6　储罐与工艺设备的支架必须耐火和耐低温。

10.3.4　围堰和集液池至室外活动场所、建(构)筑物的隔热距离(作业者的设施除外)，应按下列要求确定：

1　围堰区至室外活动场所、建(构)筑物的距离，可按国际公认的液化天然气燃烧的热辐射计算模型确定，也可使用管理部门认可的其他方法计算确定。

2　室外活动场所、建(构)筑物允许接受的热辐射量，在风速为0级、温度21 ℃及相对湿度为50%条件下，不应大于下述规定值：

1)　热辐射量达4000 W/m^2 界线以内，不得有50人以上的室外活动场所；

2)　热辐射量达9000 W/m^2 界线以内，不得有活动场所、学校、医院、监狱、拘留所和居民区等在用建筑物；

3)　热辐射量达30000 W/m^2 界线以内，不得有即使是能耐火且提供热辐射保护的在用构筑物。

3　燃烧面积应分别按下列要求确定：

1)　储罐围堰内全部容积(不包括储罐)的表面着火；

2)　集液池内全部容积(不包括设备)的表面着火。

10.3.5　本规范第10.3.4条2款1)、2)项中的室外活动场所、建筑物，以及站内重要设施不得设置在天然气蒸气云扩散隔离区内。扩散隔离区的边界应按下列要求确定：

1 扩散隔离区的边界应按国际公认的高浓度气体扩散模型进行计算,也可使用管理部门认可的其他方法计算确定。

2 扩散隔离区边界的空气中甲烷气体平均浓度不应超过 2.5%;

3 设计泄漏量应按下列要求确定:

1) 液化天然气储罐围堰区内,储罐液位以下有未装内置关闭阀的接管情况,其设计泄漏量应按照假设敞开流动及流通面积等于液位以下接管管口面积,产生以储罐充满时流出的最大流量,并连续流动到 0 压差时为止。储罐成组布置时,按可能产生最大流量的储罐计算;

2) 管道从罐顶进出的储罐围堰区,设计泄漏量按一条管道连续输送 10 min 的最大流量考虑;

3) 储罐液位以下配有内置关闭阀的围堰区,设计泄漏量应按照假设敞开流动及流通面积等于液位以下接管管口面积,储罐充满时持续流出 1 h 的最大量考虑。

10.3.6 地上液化天然气储罐间距应符合下列要求:

1 储存总容量小于或等于 265 m^3 时,储罐间距可按表 10.3.6 确定。储存总容量大于 265 m^3 时,储罐间距可按表 10.3.6 确定,并应满足本规范第 10.3.4 条和第 10.3.5 条的规定。

表 10.3.6 储罐间距

<table>
<tr><th>储罐单罐容量
(m^3)</th><th>围堰区边沿或储罐排放系统至建筑物或
建筑界线的最小距离(m)</th><th>储罐之间的最小距离
(m)</th></tr>
<tr><td>0.5</td><td>0</td><td>0</td></tr>
<tr><td>0.5~1.9</td><td>3</td><td>1</td></tr>
<tr><td>1.9~7.6</td><td>4.6</td><td>1.5</td></tr>
<tr><td>7.6~56.8</td><td>7.6</td><td>1.5</td></tr>
<tr><td>56.8~114</td><td>15</td><td>1.5</td></tr>
<tr><td>114~265</td><td>23</td><td rowspan="2">相邻储罐直径之和的
1/4(最小为 1.5)</td></tr>
<tr><td>大于 265</td><td>容器直径的 0.7 倍,但不小于 30</td></tr>
</table>

2 多台储罐并联安装时,为便于接近所有隔断阀,必须留有至少 0.9 m 的净距。

3 容量超过 0.5 m^3 的储罐不应设置在建筑物内。

10.3.7 气化器距建筑界线应大于 30 m,整体式加热气化器距围堰区、导液沟、工艺设备应大于 15 m;间接加热气化器和环境式气化器可设在按规定容量设计的围堰区内。其他设备间距可参照本规范表 5.2.1 的有关规定。

10.3.8 液化天然气放空系统的汇集总管,应经过带电热器的气液分离罐,将排放物加热成比空气轻的气体后方可排入放空系统。

禁止将液化天然气排入封闭的排水沟内。

10.4 消防及安全

10.4.1 液化天然气设施应配置防火设施。其防护程度应根据防火工程原理、现场条件、设施内的危险性,结合站界内外相邻设施综合考虑确定。

10.4.2 液化天然气储罐，应设双套带高液位报警和记录的液位计、显示和记录罐内不同液相高度的温度计、带高低压力报警和记录的压力计、安全阀和真空泄放设施。储罐必须配备一套与高液位报警联锁的进罐流体切断装置。液位计应能在储罐运行情况下进行维修或更换，选型时必须考虑密度变化因素，必要时增加密度计，监视罐内液体分层，避免罐内“翻混”现象发生。

10.4.3 火灾和气体泄漏检测装置，应按以下原则配置：

1 装置区、罐区以及其他存在潜在危险需要经常观测处，应设火焰探测报警装置。相应配置适量的现场手动报警按钮。

2 装置区、罐区以及其他存在潜在危险需要经常观测处，应设连续检测可燃气体浓度的探测报警装置。

3 装置区、罐区、集液池以及其他存在潜在危险需要经常观测处，应设连续检测液化天然气泄漏的低温检测报警装置。

4 探测器和报警器的信号盘应设置在其保护区的控制室或操作室内。

10.4.4 容量大于或等于 30000 m^3 的站场应配有遥控摄像、录像系统，并将关键部位的图像传送给控制室的监控器上。

10.4.5 液化天然气站场的消防水系统，应按如下原则配置：

1 储存总容量大于或等于 265 m^3 的液化天然气罐组应设固定供水系统。

2 采用混凝土外罐的双层壳罐，当管道进出口在罐顶时，应在罐顶泵平台处设置固定水喷雾系统，供水强度不小于 20.4 $L/min \cdot m^2$。

3 固定消防水系统的消防水量应以最大可能出现单一事故设计水量，并考虑 200 m^3/h 余量后确定。移动式消防冷却水系统应能满足消防冷却水总用水量的要求。

4 罐区以外的其他设施的消防水和消火栓设置见本规范消防部分。

10.4.6 液化天然气站场应配有移动式高倍数泡沫灭火系统。液化天然气储罐总容量大于或等于 3000 m^3 的站场，集液池应配固定式全淹没高倍数泡沫灭火系统，并应与低温探测报警装置联锁。系统的设计应符合现行国家标准《高倍数、中倍数泡沫灭火系统设计规范》GB 50196 的有关规定。

10.4.7 扑救液化天然气储罐区和工艺装置内可燃气体、可燃液体的泄漏火灾，宜采用干粉灭火。需要重点保护的液化天然气储罐通向大气的安全阀出口管应设置固定干粉灭火系统。

10.4.8 液化天然气设施应配有紧急停机系统。通过该系统可切断液化天然气、可燃液体、可燃冷却剂或可燃气体源，能停止导致事故扩大的运行设备。该系统应能手动或自动操作，当设自动操作系统时应同时具有手动操作功能。

10.4.9 站内必须有书面的应急程序，明确在不同事故情况下操作人员应采取的措施和如何应对，而且必须备有一定数量的防护服和至少 2 个手持可燃气体探测器。

附　录　A
石油天然气火灾危险性分类举例

表 A　石油天然气火灾危险性分类举例

火灾危险性类别		石油天然气举例
甲	A	液化石油气、天然气凝液、未稳定凝析油、液化天然气
	B	原油、稳定轻烃、汽油、天然气、稳定凝析油、甲醇、硫化氢
乙	A	原油、氨气、煤油
	B	原油、轻柴油、硫磺
丙	A	原油、重柴油、乙醇胺、乙二醇
	B	原油、二甘醇、三甘醇
注：石油产品的火灾危险性分类应以产品标准中确定的闪点指标为依据。经过技术经济论证，有些炼厂生产的轻柴油闪点若大于或等于 60 ℃，这种轻柴油在储运过程中的火灾危险性可视为丙类。闪点小于 60 ℃并且大于或等于 55 ℃的轻柴油，如果储运设施的操作温度不超过 40 ℃，其火灾危险性可视为丙类。		

附 录 B
防火间距起算点的规定

1 公路从路边算起。

2 铁路从中心算起。

3 建(构)筑物从外墙壁算起。

4 油罐及各种容器从外壁算起。

5 管道从管壁外缘算起。

6 各种机泵、变压器等设备从外缘算起。

7 火车、汽车装卸油鹤管从中心线算起。

8 火炬、放空管从中心算起。

9 架空电力线、架空通信线从杆、塔的中心线算起。

10 加热炉、水套炉、锅炉从烧火口或烟囱算起。

11 油气井从井口中心算起。

12 居住区、村镇、公共福利设施和散居房屋从邻近建筑物的外壁算起。

13 相邻厂矿企业从围墙算起。

本规范用词说明

1 为便于在执行本规范条文时区别对待,对要求严格程度不同的用词说明如下:

1) 表示很严格,非这样做不可的用词:
正面词采用“必须”,反面词采用“严禁”。

2) 表示严格,在正常情况下均应这样做的用词:
正面词采用“应”,反面词采用“不应”或“不得”。

3) 表示允许稍有选择,在条件许可时首先应这样做的用词:
正面词采用“宜”,反面词采用“不宜”;
表示有选择,在一定条件下可以这样做的用词,采用“可”。

2 本规范中指明应按其他有关标准、规范执行的写法为“应符合……的规定”或“应按……执行”。

UDC

中华人民共和国国家标准

P

GB 50184—2011

工业金属管道工程施工质量验收规范

Code for acceptance of construction quality of industrial metallic piping

2010-12-24 发布

2011-12-01 实施

中华人民共和国住房和城乡建设部
中华人民共和国国家质量监督检验检疫总局
联合发布

中华人民共和国住房和城乡建设部公告

第879号

关于发布国家标准《工业金属管道工程施工质量验收规范》的公告

现批准《工业金属管道工程施工质量验收规范》为国家标准，编号为GB 50184—2011，自2011年12月1日起实施。其中，第3.2.5(4)、8.5.2(2)、8.5.4(2)、8.5.7(1)条(款)为强制性条文，必须严格执行。原《工业金属管道工程质量检验评定标准》GB 50184—93同时废止。

本规范由我部标准定额研究所组织中国计划出版社出版发行。

中华人民共和国住房和城乡建设部

二〇一〇年十二月二十四日

前　言

本规范是根据原建设部《关于印发〈一九九九年工程建设国家标准制订、修订计划〉的通知》(建标〔1999〕308 号)的要求，由中国石油和化工勘察设计协会和中国化学工程第三建设有限公司会同有关单位，在《工业金属管道工程质量检验评定标准》GB 50184—93 的基础上修订完成的。

本规范在修订过程中，编制组经广泛的调查研究，认真总结实践经验，参考有关国际标准和国外先进标准，并在广泛征求意见的基础上，最后经审查定稿。

本规范共分 9 章和 4 个附录。主要内容包括：总则，术语，基本规定，管道元件和材料的检验、管道加工，焊接和焊后热处理，管道安装，管道检查、检验和试验，管道吹扫与清洗等。

本规范本次修订的主要技术内容是：

1.删除了不适用范围。

2.增加了术语一章。

3.删除了对工程“优良”等级的评定规定，将检验项目修改为主控项目和一般项目。

4.删除了分项工程中对允许偏差抽检点实测值的量值规定。

5.增加了斜接弯头、焊制翻边接头、支吊架制作的通用质量验收规定。

6.增加了支管与主管的焊接连接、法兰角焊缝的有关质量验收的规定。

7.增加了锆材有色金属管道、加套管和阀门安装通用的质量验收规定。

8.增加了管道焊缝的检查等级划分的规定及焊缝表面无损检测、焊缝射线和超声波检测技术等级的质量验收规定。

9.补充了液压试验和气压试验的相关质量验收要求。

本规范中以黑体字标志的条文为强制性条文，必须严格执行。

本规范由住房和城乡建设部负责管理和对强制性条文的解释，由中国工程建设标准化协会化工分会负责日常管理，由全国化工施工标准化管理中心站负责具体技术内容的解释。本规范在执行过程中如有意见或建议，请寄送全国化工施工标准化管理中心站(地址：河北省石家庄市桥东区槐安东路 28 号仁和商务 1-1-1107 室，邮政编码：050020)，以供今后修订时参考。

本规范主编单位、参编单位、主要起草人和主要审查人：

主 编 单 位：中国石油和化工勘察设计协会
　　　　　　中国化学工程第三建设有限公司

参 编 单 位：全国化工施工标准化管理中心站
　　　　　　中国石化集团第五建设公司
　　　　　　中油吉林化建工程股份有限公司
　　　　　　中国机械工业建设工程总公司
　　　　　　中国二冶集团有限公司管道铁路工程公司
　　　　　　吉林化工学院
　　　　　　山东电力建设第一工程公司

中国核工业二三建设有限公司
惠生工程(中国)有限公司
阿美科工程咨询(上海)有限公司

主要起草人:夏节文　张永明　杨　惠　胡忆沩　朱　宇　李功福　张永光　孔　会　单承家　赵红梅　芦　天　颜祖清

主要审查人:李柏年　戈兆文　徐明才　谭梦君　李天光　李信浩　王新建　吉章红　王建生　李洪波　武振平　孙　韵　张西民　汤志强　蒋桂英　余月英　陈鸿章

1 总则

1.0.1 为统一工业金属管道工程施工质量的验收方法,加强技术管理,确保工程质量,制定本规范。

1.0.2 本规范适用于设计压力不大于 42 MPa、设计温度不超过材料允许使用温度的工业金属管道工程施工质量的验收。

1.0.3 本规范应与现行国家标准《工业安装工程施工质量验收统一标准》GB 50252 和《工业金属管道工程施工规范》GB 50235 配合使用。

1.0.4 工业金属管道工程施工质量的验收,除应符合本规范外,尚应符合国家现行有关标准的规定。

2 术语

2.0.1

检验批 inspection lot

按同一的生产条件或按规定的方式汇总起来供检验用的,由一定数量样本组成的检验体。

2.0.2

观察检查 visual inspection

以目测结合实践经验,判断被检查物体是否符合规范规定的检查。

2.0.3

100%检验 100% examination

在指定的一个检验批中,对某一具体项目进行全部检查。

2.0.4

抽样检验 random sampling examination

在指定的一个检验批中,对某一具体项目的某一百分数进行检查。

2.0.5

局部检验 local sampling examination

在指定的一个检验批中,对某一具体项目的每一件进行规定的部分检查。

3 基本规定

3.1 施工质量验收的划分

3.1.1 工业金属管道工程的质量验收,可按分项工程、分部(子分部)工程、单位(子单位)工程进行划分。

3.1.2 分项工程应按管道级别和材质进行划分。

3.1.3 同一单位工程中的工业金属管道工程可划分为一个或几个分部(子分部)工程。

3.1.4 当工业金属管道工程具有独立施工条件或使用功能时,一个或几个管道分部(子分部)工程亦可构成一个单位(子单位)工程。

3.2 施工质量验收

3.2.1 分项工程质量验收应符合下列规定:

1 主控项目应符合本规范的规定。

2 一般项目每项抽检点数的实测值应在本规范规定的允许偏差范围内。

3　除本规范第8章规定以外的主控项目和一般项目中,当抽样检验(或局部检验)发现有不合格时,该抽样检验(或局部检验)所代表的这一检验批应视为不合格。可对该检验批进行全部检查,其中的合格者仍可验收。

3.2.2　分部(子分部)工程质量验收应符合下列规定:

1　分部(子分部)工程所含分项工程的质量均应验收合格。

2　分部(子分部)工程所含分项工程的质量应保证资料齐全。

3.2.3　单位(子单位)工程质量验收应符合下列规定:

1　单位(子单位)工程所含分部工程的质量均应验收合格。

2　单位(子单位)工程所含分部工程的质量应保证资料齐全。

3.2.4　工业金属管道工程质量验收文件和记录应包括下列内容:

1　管道工程施工技术文件、施工记录和报告,应符合现行国家标准《工业金属管道工程施工规范》GB 50235的有关规定。

2　分项工程质量验收记录应采用本规范附录A的格式。

3　分部(子分部)工程质量验收记录应采用本规范附录B的格式。

4　单位(子单位)工程质量验收记录应采用本规范附录C的格式。

5　质量保证资料核查记录应采用本规范附录D的格式。

3.2.5　当工业金属管道工程质量不符合本规范时,应按下列规定进行处理:

1　经返工或返修的分项工程,应重新验收。

2　经有资质的检测单位检测鉴定能够达到设计要求的分项工程,应予以验收。

3　经有资质的检测单位检测鉴定达不到设计要求,但经原设计单位核算认可,能够满足结构安全和使用功能的分项工程,可予以验收。

4　经过返修仍不能满足安全使用要求的工程,严禁验收。

3.2.6　压力管道安装工程应经监督检验单位监督检验,并应提供"压力管道安装安全质量监督检验报告"后,再进行竣工验收。

3.2.7　工业金属管道工程施工应在质量验收合格后再投入使用。

3.3　施工质量验收的程序及组织

3.3.1　工业金属管道工程的质量验收,应在施工单位自检合格的基础上,按分项工程、分部(子分部)工程、单位(子单位)工程依次进行,并应做好验收记录。

3.3.2　分项工程的质量验收应由专业监理工程师(或建设单位项目专业技术负责人)组织施工单位项目专业技术负责人和质量检查人员进行。

3.3.3　分部(子分部)工程的质量验收应由建设单位项目专业负责人(或总监理工程师)组织施工单位、监理、设计等有关单位项目负责人及技术负责人进行。

3.3.4　单位(子单位)工程完工后,施工单位应向建设单位提交单位(子单位)工程验收报告。建设单位收到工程验收报告后,应由建设单位项目负责人组织施工(含分包单位)、设计、监理等单位的项目负责人和相关专业人员进行验收。

3.3.5　当工业金属管道工程由分包单位施工时,总包单位应对工程质量全面负责。分包单位应对所承包的工程按本规范规定的程序进行检查验收。分包工程完成后,应将工程文件和记录提交总包单位。

4 管道元件和材料的检验

Ⅰ 主控项目

4.0.1 管道元件和材料应具有制造厂的质量证明文件，其特性数据应符合国家现行有关标准和设计文件的规定。

检验数量：全部检查。

检验方法：检查质量证明文件。

4.0.2 对于铬钼合金钢、含镍低温钢、不锈钢、镍及镍合金、钛及钛合金材料的管道组成件，应对材质进行抽样检验，并应做好标识。检验结果应符合国家现行有关标准和设计文件的规定。

检验数量：每个检验批(同炉批号、同型号规格、同时到货)抽查5%，且不少于1件。

检验方法：采用光谱分析或其他材质复验方法，检查光谱分析或材质复验报告。

4.0.3 阀门应进行壳体压力试验和密封试验，具有上密封结构的阀门还应进行上密封试验，并应符合下列规定：

1 阀门试验应以洁净水为介质。不锈钢阀门试验时，水中的氯离子含量不得超过25×10^{-6}(25 ppm)。试验合格后应立即将水渍清除干净。当有特殊要求时，试验介质应符合设计文件的规定。

2 阀门的壳体试验压力应为阀门在20 ℃时最大允许工作压力的1.5倍；密封试验压力应为阀门在20 ℃时最大允许工作压力的1.1倍；当阀门铭牌标示对最大工作压差或阀门配带的操作机构不适宜进行高压密封试验时，试验压力应为阀门铭牌标示的最大工作压差的1.1倍；阀门的上密封试验压力应为阀门在20 ℃时最大允许工作压力的1.1倍；夹套阀门的夹套部分试验压力应为设计压力的1.5倍。

3 在试验压力下的持续时间不得少于5 min。

4 阀门壳体压力试验应以壳体填料无渗漏为合格。阀门密封试验和上密封试验应以密封面不漏为合格。

5 检验数量应符合下列规定：

1） 于GC1级管道和设计压力大于或等于10 MPa的C类流体管道的阀门，应进行100%检验。

2） 用于GC2级管道和设计压力小于10 MPa的所有C类流体管道的阀门，应每个检验批抽查10%，且不得少于1个。

3） 用于GC3级管道和D类流体管道的阀门，应每个检验批抽查5%，且不得少于1个。

6 检验方法：观察检查，检查阀门试验记录，检查水质分析报告。

4.0.4 安全阀在安装前应进行整定压力调整和密封试验，有特殊要求时还应进行其他性能试验。试验结果应符合现行行业标准《安全阀安全技术监察规程》TSG ZF001和设计文件的规定。

检验数量：全部检查。

检验方法：检查安全阀校验报告。

4.0.5 GC1级管道和C类流体管道中，输送毒性程度为极度危害介质或设计压力大于或等于10 MPa的管子、管件，应进行外表面磁粉检测或渗透检测，检测结果不应低于现行行业标准《承压设备无损检测 第4部分 磁粉检测》JB/T 4730.4和《承压设备无损检测 第5部分 渗透检测》JB/T 4730.5 规定的Ⅰ级。对检测发现的表面缺陷经修磨清除后的实际壁厚不得小于管子公称壁厚的90%,且不得小于设计壁厚。

检验数量:每个检验批抽查5%,且不少于1个。

检验方法:检查磁粉或渗透检测报告,检查测厚报告。

4.0.6 当规定对管道元件和材料进行低温冲击韧性、晶间腐蚀等其他特性数据检验时,检验结果应符合国家现行有关标准和设计文件的规定。

检验数量:每个检验批抽查1件。

检验方法:按规定的检验方法进行,并检查检验报告。

4.0.7 合金钢螺栓、螺母应进行材质抽样检验。GC1级管道和C类流体管道中,设计压力大于或等于10 MPa的管道用螺栓、螺母,应进行硬度抽样检验。检验结果应符合国家现行有关产品标准和设计文件的规定。

检验数量:每个检验批(同制造厂、同型号规格、同时到货)抽取2套。

检验方法:检查光谱分析或材质复验报告,检查硬度检验报告。

Ⅱ 一般项目

4.0.8 管道元件和材料的材质、规格、型号、数量和标识应符合国家现行有关标准和设计文件的规定。其外观质量和几何尺寸应符合国家现行有关产品标准和设计文件的规定。材料标识应清晰完整,并应追溯到产品质量证明文件。

检验数量:全部检查。

检验方法:检查质量证明文件、管道元件检查记录;外观和几何尺寸检查。

5 管道加工

5.1 弯管制作

Ⅰ 主控项目

5.1.1 弯管制作后的最小厚度不得小于直管的设计壁厚。

检验数量:全部检查。每个弯管的减薄部位测厚不应少于3处。

检验方法:检查测厚报告。

5.1.2 GC1级管道和C类流体管道中,输送毒性程度为极度危害介质或设计压力大于或等于10 MPa的弯管制作后,应进行表面无损检测,合格标准不应低于现行行业标准《承压设备无损检测 第4部分 磁粉检测》JB/T 4730.4和《承压设备无损检测 第5部分 渗透检测》JB/T 4730.5规定的Ⅰ级。缺陷修磨后的弯管壁厚不得小于管子名义厚度的90%,且不得小于设计壁厚。

检验数量:100%检验。

检验方法:检查磁粉或渗透检测报告;检查测厚报告。

Ⅱ 一般项目

5.1.3 制作的弯管质量应符合下列规定:

1 不得有裂纹、过烧、分层等缺陷。

2 弯管内侧褶皱高度不应大于管子外径的3%,且波浪间距不应小于褶皱高度的12倍。

3 对于承受内压的弯管,其圆度不应大于8%;对于承受外压的弯管,其圆度不应大于3%。

4 弯管的管端中心偏差值应符合下列规定：

1) GC1 级管道和 C 类流体管道中，输送毒性程度为极度危害介质或设计压力大于或等于 10 MPa 的弯管，每米管端中心偏差值不得超过 1.5 mm。当直管段长度大于 3 m 时，最大偏差不得超过 5 mm。

2) 其他管道的弯管，每米管端中心偏差值不得超过 3 mm。当直管段长度大于 3 m 时，最大偏差不得超过 10 mm。

检验数量：全部检查。

检验方法：观察检查，几何尺寸检查，检查弯管加工记录。

5.1.4 Ⅱ形弯管平面度的允许偏差应符合表 5.1.4 的规定。

检验数量：全部检查。

检验方法：几何尺寸检查，检查弯管加工记录。

表 5.1.4 Ⅱ形弯管平面度的允许偏差(mm)

直管段长度	≤500	>500～1000	>1000～1500	>1500
平面度	≤3	≤4	≤6	≤10

5.2 卷管制作

一般项目

5.2.1 卷管焊缝的位置应符合下列规定：

1 卷管的同一筒节上的两纵焊缝间距不应小于 200 mm。

2 卷管组对时，相邻筒节两纵缝间距应大于 100 mm。支管外壁距焊缝不宜小于 50 mm。

3 有加固环、板的卷管，加固环、板的对接焊缝应与管子纵向焊缝错开，其间距不应小于 100 mm。加固环、板距卷管的环焊缝不应小于 50 mm。

检验数量：全部检查。

检验方法：采用卷尺和直尺检查。

5.2.2 卷管的周长允许偏差及圆度允许偏差应符合表 5.2.2 的规定。

检验数量：每 5 m 卷管段检查 2 处。

检验方法：采用卷尺、直尺或样板检查。

表 5.2.2 周长允许偏差及圆度允许偏差(mm)

公称尺寸	周长允许偏差	圆度允许偏差
<800	±5	外径的 1%且不应大于 4
800～1200	±7	4
1300～1600	±9	6
1700～2400	±11	8
2600～3000	±13	9
>3000	±15	10

5.2.3 卷管的校圆样板与卷管内壁的不贴合间隙，应符合下列规定：

1 对接纵缝处不得大于壁厚的10%加2 mm，且不得大于3 mm。

2 离管端200 mm的对接纵缝处不得大于2 mm。

3 其他部位不得大于1 mm。

检验数量：每5 m卷管段检查2处。

检验方法：采用样板和直尺检查。校圆样板的弧长应为管子周长的1/6～1/4。

5.2.4 卷管端面与中心线的垂直允许偏差不得大于管子外径的1%，且不得大于3 mm。每米直管的平直度偏差不得大于1 mm。

检验数量：全部检查。

检验方法：采用直尺和样板检查。

5.3 管口翻边

一般项目

5.3.1 扩口翻边应符合设计文件的规定，并应符合下列规定：

1 与垫片配合的翻边接头的表面质量应符合管法兰密封面的标准要求，且应符合相配套法兰标准的规定。

2 扩口翻边后的外径及转角半径应能保证螺栓及法兰自由装卸，法兰与翻边平面的接触应均匀、良好。

3 翻边端面与管子中心线应垂直，垂直度允许偏差为1 mm。

4 翻边接头的最小厚度不应小于管子最小壁厚的95%。

5 翻边接头不得有裂纹、豁口及褶皱等缺陷。

检验数量：全部检查。

检验方法：观察检查、采用直尺和卡尺测量。

5.3.2 焊制翻边应符合设计文件的规定，并应符合下列规定：

1 焊制翻边的厚度不应小于与其连接管子的名义壁厚。

2 与垫片配合的翻边接头的表面质量应符合相配套法兰标准的规定。

3 外侧焊缝应进行修磨。

检验数量：全部检查。

检验方法：观察检查和采用直尺检查。

5.4 夹套管制作

Ⅰ 主控项目

5.4.1 夹套管的内管有焊缝时，该焊缝应进行射线检测，并应经试压合格后，再封入外管。焊缝质量合格标准不应低于现行行业标准《承压设备无损检测　第2部分　射线检测》JB/T 4730.2规定的Ⅱ级。

检验数量：100%检验。

检验方法：检查射线检测报告。

5.4.2 夹套管的内管和外管应分别进行压力试验，试验介质、试验压力、试验过程及结果，应符合本规范第8.5节的有关规定。

检验数量：全部检查。

检验方法：观察检查，检查压力试验记录。

Ⅱ 一般项目

5.4.3 夹套管的加工尺寸和外观质量应符合设计文件的规定,并应符合下列规定:

1 外管与内管间隙应均匀,支承块不得妨碍内管与外管的热胀冷缩,支承块的材质应与内管相同。

2 夹套弯管的外管和内管,其同轴度偏差不得大于 3 mm。

3 输送熔融介质管道的内表面焊缝应平整、光滑。

检验数量:全部检查。

检验方法:观察检查,采用直尺检查,检查材质证明书。

5.5 斜接弯头制作

一般项目

5.5.1 斜接弯头的焊接接头应采用全焊透焊缝,其型式和尺寸应符合国家现行有关标准和设计文件的规定。

检验数量:全部检查。

检验方法:观察检查和采用检测尺检查。

5.5.2 斜接弯头的周长允许偏差应符合下列规定:

1 当公称尺寸大于 1000 mm 时,允许偏差为±6 mm。

2 当公称尺寸小于或等于 1000 mm 时,允许偏差为±4 mm。

检验数量:全部检查,每个不少于 3 处。

检验方法:观察检查和采用直尺检查。

5.6 支、吊架制作

Ⅰ 主控项目

5.6.1 管道支、吊架组件中主要承载构件的焊缝,应按国家现行有关标准和设计文件的规定进行无损检测。焊缝质量应符合国家现行有关标准和设计文件的规定。

检验数量:应符合国家现行有关标准和设计文件的规定。

检验方法:检查无损检测报告。

Ⅱ 一般项目

5.6.2 管道支、吊架的型式、材质、加工尺寸及精度应符合国家现行有关标准和设计文件的规定。

检验数量:全部检查。

检验方法:观察检查,采用直尺、卡尺检查。

5.6.3 管道支、吊架焊接完毕应进行外观检查。焊缝外观质量应符合国家现行有关标准和设计文件的规定。

检验数量:全部检查。

检验方法:观察检查,采用检查尺检查。

6 焊接和焊后热处理

Ⅰ 主控项目

6.0.1 管道及管道组成件的焊接和焊后热处理的质量应符合国家现行标准《现场设备、工业管道焊接工程施工质量验收规范》GB 50683—2011 的规定。

检验数量:应符合国家现行有关标准和设计文件的规定。

检验方法:观察检查、检查焊接检查记录或无损检测报告。

6.0.2 当在焊缝上开孔或开孔补强时,应对开孔直径 1.5 倍或开孔补强板直径范围内的焊缝进行射线或超声波检测。射线检测的焊缝质量合格标准不应低于现行行业标准《承压设备无损检测 第 2 部分 射线检测》JB/T4730.2 规定的Ⅱ级,超声检测的焊缝质量合格标准不应低于现行行业标准《承压设备无损检测第 3 部分 超声检测》JB/T4730.3 规定的Ⅰ级。被补强板覆盖的焊缝应磨平。管孔边缘不应存在焊缝缺陷。

检验数量:100%检验。

检验方法:观察检查,检查射线或超声检测报告。

6.0.3 平焊法兰、承插焊法兰或承插焊管件与管子角焊缝的焊脚尺寸,应符合设计文件的规定,并应符合下列规定:

1 平焊法兰与管子焊接时,其法兰内侧角焊缝的焊脚尺寸应为直管名义厚度与 6 mm 两者中的较小值;法兰外侧角焊缝的最小焊脚尺寸应为直管名义厚度的 1.4 倍与法兰颈部厚度两者中的较小值。

2 承插焊法兰与管子焊接时,角焊缝的最小焊脚尺寸应为直管名义厚度的 1.4 倍与法兰颈部厚度两者中的较小值。

3 承插焊管件与管子焊接时,角焊缝的最小焊脚尺寸应为直管名义厚度的 1.25 倍,且不应小于 3 mm。

检验数量:全部检查,每个法兰(管件)不少于 3 处。

检验方法:采用检查尺检查。

6.0.4 支管连接角焊缝的形式和厚度应符合下列规定:

1 安放式焊接支管或插入式焊接支管的接头、整体补强的支管座,应全焊透,角焊缝厚度不应小于填角焊缝有效厚度。

2 补强圈或鞍形补强件的焊接质量应符合下列规定:

1) 补强圈与支管应全焊透,角焊缝厚度不应小于填角焊缝有效厚度。

2) 鞍形补强件与支管连接的角焊缝厚度,不应小于支管名义厚度与鞍形补强件名义厚度两者中较小值的 0.7 倍。

3) 补强圈或鞍形补强件外缘与主管连接的角焊缝厚度应大于等于补强圈或鞍形补强件名义厚度的 0.5 倍。

4) 补强圈和鞍形补强件应与主管和支管贴合良好。

检验数量:全部检查。

检验方法:观察检查,采用检查尺检查,检查管道焊接检查记录。

Ⅱ 一般项目

6.0.5 管道焊缝的位置应符合下列规定:

1 直管段上两对接焊口中心面间的距离,当公称尺寸大于或等于 150 mm 时,不应小于 150 mm;当公称尺寸小于 150 mm 时,不应小于管子外径,且不应小于 100 mm。

2 除采用定型弯头外,管道焊缝的中心与弯管起弯点的距离不应小于管子外径,且不应小于 100 mm。

3　管道焊缝距离支管或管接头的开孔边缘不应小于 50 mm，且不应小于孔径。

4　管道环焊缝距支、吊架净距不得小于 50 mm。需热处理的焊缝距支、吊架不得小于焊缝宽度的 5 倍，且不得小于 100 mm。

检验数量：全部检查。

检验方法：观察检查，采用直尺检查。

7　管道安装

7.1　一般规定

Ⅰ　主控项目

7.1.1　要求清洗、脱脂或内部防腐的管道组成件，应在清洗、脱脂或内部防腐工作完成后进行检查，其质量应符合国家现行有关标准和设计文件的规定。

检验数量：全部检查。

检验方法：观察检查，检查清洗、脱脂施工记录，或内部防腐施工及检测记录。

7.1.2　埋地管道的外防腐层质量应符合国家现行有关标准和设计文件的规定。

检验数量：全部检查。

检验方法：观察检查，测厚仪测量，电火花检漏，检查施工记录和防腐层检测记录。

7.1.3　埋地管道安装前，应对支承地基或基础进行检查验收，支承地基和基础的施工质量应符合国家现行有关标准和设计文件的规定。

检验数量：全部检查。

检验方法：观察检查，检查地基和基础施工记录，检查地基处理或承载力检验报告。

7.1.4　埋地管道试压、防腐合格后，应进行隐蔽工程检查验收，质量应符合国家现行有关标准、设计文件和本规范的规定。

检验数量：全部检查。

检验方法：观察检查，检查施工记录、压力试验报告、防腐层检测记录和隐蔽工程记录。

Ⅱ　一般项目

7.1.5　管道法兰、焊缝及其他连接件的设置应便于检修，并不得紧贴墙壁、楼板或管架。当管道穿越道路、墙体、楼板或构筑物时，应加设套管或砌筑涵洞进行保护，并应符合国家现行有关标准和设计文件的规定。

检验数量：全部检查。

检验方法：观察检查，尺量检查，检查施工记录。

7.1.6　管道的坡度、坡向及管道组成件的安装方向应符合设计文件的规定。

检验数量：全部检查。

检验方法：检查安装记录，采用水准仪或水平尺检查。

7.2　管道预制

一般项目

7.2.1　预制完毕的管段，应按轴测图标注管线号和焊缝编号。内部应清理干净，并应封闭管口。

检验数量：全部检查。

检验方法：按轴测图检查。

7.2.2 自由管段和封闭管段的加工尺寸允许偏差应符合表7.2.2的规定。

检验数量:全部检查。

检验方法:采用直尺检查。

表7.2.2 自由管段和封闭管段的加工尺寸允许偏差(mm)

项目		允许偏差	
		自由管段	封闭管段
长度		±10	±1.5
法兰密封面与管子中心线垂直度	DN<100	0.5	0.5
	100≤DN≤300	1.0	1.0
	DN>300	2.0	2.0
法兰螺栓孔对称水平度		±1.6	±1.6

7.3 钢制管道安装

Ⅰ 主控项目

7.3.1 高温或低温管道法兰的螺栓,在试运行时应按下列规定进行热态紧固或冷态紧固:

1 管道热态紧固、冷态紧固温度应符合表7.3.1的规定。

表7.3.1 管道热态紧固、冷态紧固温度(℃)

管道工作温度	一次热、冷态紧固温度	二次热、冷态紧固温度
250~350	工作温度	—
>350	350	工作温度
−20~−70	工作温度	—
<−70	−70	工作温度

2 热态紧固或冷态紧固应在达到工作温度2 h后进行。

3 紧固螺栓时,管道最大内压应根据设计压力确定。当设计压力小于或等于6 MPa时,热态紧固最大内压应为0.3 MPa;当设计压力大于6 MPa时,热态紧固最大内压应为0.5 MPa。冷态紧固应卸压后进行。

检验数量:全部检查。

检验方法:检查施工记录。

7.3.2 管道预拉伸或压缩应检查下列内容,预拉伸或压缩量应符合设计文件的规定:

1 预拉伸区域内固定支架间所有焊缝(预拉口除外)已焊接完毕,需热处理的焊缝已做热处理,并经检验合格。

2 预拉伸区域支、吊架已安装完毕,管子与固定支架已牢固。预拉口附近的支、吊架应预留足够的调整裕量,支、吊架弹簧已按设计值进行调整,并临时固定,不使弹簧承受管道载荷。

3 预拉伸区域内的所有连接螺栓已拧紧。

检验数量:全部检查。

检验方法:观察检查,检查焊接记录、热处理记录和预拉伸或预压缩施工记录。

7.3.3 管道膨胀指示器的安装应符合设计文件的规定,并应指示正确。

检验数量:全部检查。

检验方法:观察检查,检查施工记录。

7.3.4 蠕胀测点和监察管段的安装应符合国家现行有关标准和设计文件的规定。

检验数量:全部检查。

检验方法:观察检查,尺量检查,检查施工记录。

7.3.5 合金钢管道系统安装完毕后,应检查材质标记。

检验数量:全部检查。

检验方法:观察检查,必要时采用光谱分析或其他材质复查方法。

Ⅱ 一般项目

7.3.6 当管道安装时,应检查法兰密封面及密封垫片,不得有影响密封性能的划痕、斑点等缺陷。

检验数量:全部检查。

检验方法:观察检查。

7.3.7 法兰连接应与管道同心,螺栓应自由穿入。法兰螺栓孔应跨中布置。法兰间应保持平行,其偏差不得大于法兰外径的0.15%,且不得大于2 mm。

检验数量:全部检查。

检验方法:观察检查和卡尺检查。

7.3.8 法兰连接应使用同一规格螺栓,安装方向应一致。螺栓紧固后应与法兰紧贴,不得有楔缝。当需加垫圈时,每个螺栓不应超过1个。所有螺母应全部拧入螺栓。

检验数量:全部检查。

检验方法:观察检查。

7.3.9 当管道安装遇到下列情况之一时,螺栓、螺母应涂刷二硫化钼油脂、石墨机油或石墨粉等:

1 不锈钢、合金钢螺栓和螺母。

2 管道设计温度高于100 ℃或低于0 ℃。

3 露天装置。

4 处于大气腐蚀环境或输送腐蚀介质。

检验数量:全部检查。

检验方法:观察检查。

7.3.10 其他型式的管道接头连接和安装质量应符合国家现行有关标准、设计文件和产品技术文件的规定。

检验数量:全部检查。

检验方法:观察检查。

7.3.11 管道安装的允许偏差应符合表7.3.11的规定。

检验数量:按每条管线号抽查不少于3处。

检验方法:采用水平仪、经纬仪、直尺、水平尺、拉线或吊线检查。

表 7.3.11 管道安装的允许偏差(mm)

项目			允许偏差
坐标	架空及地沟	室外	25
		室内	15
	埋地		60
标高	架空及地沟	室外	±20
		室内	±15
	埋地		±25
水平管道平直度		DN≤100	2l‰,最大 50
		DN>100	3l‰,最大 80
立管铅垂度			5l‰,最大 30
成排管道间距			15
交叉管的外壁或绝热层间距			20

7.4 连接设备的管道安装

主控项目

7.4.1 管道与设备的连接应在设备安装定位并紧固地脚螺栓后进行,管道安装前应将内部清理干净。

检验数量:全部检查。

检验方法:观察检查,检查设备安装记录或中间交接记录。

7.4.2 对不得承受附加外荷载的动设备,管道与动设备连接质量应符合下列规定:

1 管道与动设备连接前,应在自由状态下,检验法兰的平行度和同心度,当设计文件或产品技术文件无规定时,法兰平行度和同心度允许偏差应符合表 7.4.2 的规定。

检验数量:全部检查。

检验方法:采用塞尺、卡尺、直尺等检查。

表 7.4.2 法兰平行度和同心度允许偏差

机器转速(r/min)	平行度(mm)	同心度(mm)
<3000	≤0.40	≤0.80
3000~6000	≤0.15	≤0.50
>6000	≤0.10	≤0.20

2 管道系统与动设备最终连接时,动设备额定转速大于 6000 r/min 时的位移值应小于 0.02 mm;额定转速小于或等于 6000 r/min 时的位移值应小于 0.05 mm。

检验数量:全部检查。

检验方法:在联轴器上架设百分表监视动设备位移。

7.4.3 管道试压、吹扫与清洗合格后,应对管道与动设备的接口进行复位检查,其偏差值应符合本规范表 7.4.2 的规定。

检验数量:全部检查。

检验方法:采用塞尺、卡尺、直尺等检查。

7.5 铸铁管道安装

一般项目

7.5.1 铸铁管道安装的坐标、标高允许偏差应符合表 7.5.1 的规定。管道安装后各管节间应平顺,接口应无突起、突弯、轴向位移现象。

检验数量:全部检查。

检验方法:采用经纬仪和尺量检查。

表 7.5.1 铸铁管道安装轴线位置、标高的允许偏差(mm)

项目	允许偏差(mm)	
	无压力的管道	有压力的管道
轴线位置	15	30
标高	±10	±20

7.5.2 管道沿直线安装时,承插接口的环向间隙应均匀,承插口间的轴向间隙应不小于 3 mm。

检验数量:全部检查。

检验方法:尺量检查。

7.5.3 管道沿曲线安装时,接口的允许借转角应符合表 7.5.3 的规定。

表 7.5.3 管道沿曲线安装时接口的允许借转角

接口种类	公称尺寸(mm)	允许转角(°)
刚性接口	75～450	2
	500～1200	1
滑入式 T 型、梯唇型橡胶圈接口及柔性机械式接口	75～600	3
	700～800	2
	≥900	1

检验数量:全部检查。

检验方法:尺量检查。

7.5.4 管道柔性接口连接应符合下列规定:

1 承插接口连接时,承口的内工作面、插口的外工作面应修整光滑,不得有影响接口密封性的缺陷,插口推入深度应符合设计或产品技术文件要求。

2 法兰接口连接时,插口与承口法兰压盖的纵向轴线应重合。连接螺栓终拧扭矩应符合设计或产品技术文件要求。接口连接后,连接部位及连接件应无变形、破损现象。螺栓安装方向应一致。采用钢制螺栓和螺母时,防腐处理应符合设计要求。

3 橡胶圈安装位置应准确,不得扭曲、外露;沿圆周各点应与承口端面等距,其允许偏差为±3 m。

检验数量:全部检查。

检验方法：观察检查，扭矩扳手检查，尺量检查，检查施工记录。

7.5.5 管道刚性接口连接应符合下列规定：

1 油麻填料的打入深度应为承口总深度的1/3，且不应超过承口三角凹槽的内边；橡胶圈装填应平展、压实，不得有松动、扭曲、断裂等缺陷。

2 接口水泥应密实饱满，其接口水泥面凹入承口边缘的深度不得大于2 mm，水泥强度应符合设计文件的规定。

检验数量：全部检查。

检验方法：观察检查，尺量检查。

7.6 不锈钢和有色金属管道安装

7.6.1 不锈钢和有色金属管道的安装质量除应符合本节的规定外，尚应符合本规范第7.3节的有关规定。

Ⅰ 主控项目

7.6.2 有色金属管道组成件与黑色金属管道支承件之间不得直接接触，应采用同材质或对管道组成件无害的非金属隔离垫进行隔离。对于不锈钢、镍及镍合金管道组成件，非金属隔离垫的氯离子含量不得超过50×10^{-6}(50 ppm)。

检验数量：全部检查。

检验方法：观察检查，检查隔离垫的材质证明书。

7.6.3 不锈钢、镍及镍合金管道法兰用非金属垫片的氯离子含量不得超过50×10^{-6}(50 ppm)。

检验数量：全部检查。

检验方法：观察检查，检查垫片的材质证明书。

7.6.4 用钢管保护的铅、铝及铝合金管，在装入钢管前应经试压合格。

检验数量：全部检查。

检验方法：观察检查，检查试压记录。

Ⅱ 一般项目

7.6.5 不锈钢和有色金属管道安装完毕后，应检查其表面质量，其表面应平整、光洁，不得有超过壁厚允许偏差的机械划伤、凹瘪、异物嵌入以及飞溅物造成的污染等伤害。

检验数量：全部检查。

检验方法：观察检查和测厚检查。

7.6.6 铜及铜合金管道连接时，应符合下列规定：

1 翻边连接的管子，应保持同轴，当公称尺寸小于或等于50 mm时，其偏差不应大于1 mm；当公称尺寸大于50 mm时，其偏差不应大于2 mm。

2 螺纹连接的管子，其螺纹部分应涂以石墨甘油。

3 安装铜波纹膨胀节时，其直管长度不得小于100 mm。

检验数量：全部检查。

检验方法：观察检查和尺量检查。

7.7 伴热管安装

Ⅰ 主控项目

7.7.1 当不允许伴热管与主管直接接触时，应在伴热管与主管之间加装隔离垫。当主管为不锈钢、伴热管为碳钢管时,隔离垫的氯离子含量不得超过 50×10^{-6}(50 ppm),绑扎应采用不锈钢丝或不引起渗碳的绑扎带。

检验数量:全部检查。

检验方法:观察检查,检查隔离垫的材质证明书。

Ⅱ 一般项目

7.7.2 伴热管应与主管平行,位置、间距应正确,并应自行排液。不得将伴热管直接点焊在主管上。弯头部位的伴热管绑扎带不得少于 3 道,直管段伴热管绑扎点间距应符合表 7.7.2 的规定。

检验数量:全部检查。

检验方法:观察检查和尺量检查。

表 7.7.2 直管段伴热管绑扎点间距(mm)

伴热管公称尺寸	绑扎点间距
10	800
15	1000
20	1500
>20	2000

7.8 夹套管安装

7.8.1 夹套管的安装质量除应符合本节的规定外,尚应符合本规范第 5.4 节和第 7 章的有关规定。

一般项目

7.8.2 夹套管的连通管安装,应符合设计文件的规定。当设计无规定时,连通管不得存液。

检验数量:全部检查。

检验方法:观察检查。

7.8.3 夹套管的支承块在同一位置处应设置 3 块,管道水平安装时,其中 2 块支承块应对地面跨中布置,夹角应为 110°～120°;管道垂直安装时,3 块支承块应按 120°夹角均匀布置。

检验数量:全部检查。

检验方法:观察检查。

7.9 防腐蚀衬里管道安装

7.9.1 防腐蚀衬里管道的安装质量除应符合本节的规定外,尚应符合本规范第 7.3 节的有关规定。

一般项目

7.9.2 衬里管道安装前,应检查衬里层的质量,衬里层结构应完好和保持内部清洁。

检验数量:全部检查。

检验方法:观察检查,电火花检测或其他检测方法。

7.10 阀门安装

Ⅰ 主控项目

7.10.1 安全阀的安装应符合下列规定:

1 安全阀应垂直安装。

2 安全阀的出口管道应接向安全地点。

3　当进出口管道上设置截止阀时，截止阀应加铅封，且应锁定在全开启状态。

检验数量：全部检查。

检验方法：观察检查。

7.10.2　在管道投入试运行时，应按现行行业标准《安全阀安全技术监察规程》TSG ZF001 和设计文件的规定对安全阀进行最终整定压力调整，并应铅封。

检验数量：全部检查。

检验方法：观察检查，检查安全阀调整记录。

Ⅱ　一般项目

7.10.3　阀门的型号、安装位置和方向应符合设计文件的规定。安装位置、进出口方向应正确，连接应牢固、紧密，启闭应灵活，阀杆、手轮等朝向应合理。

检验数量：全部检查。

检验方法：观察检查和启闭检查。

7.11　补偿装置安装

主控项目

7.11.1　补偿装置的规格、安装位置和方向应符合国家现行有关标准和设计文件的规定。

检验数量：全部检查。

检验方法：对照设计文件、产品技术文件检查。

7.11.2　"Ⅱ"形或"Ω"形膨胀弯管安装质量应符合设计文件的规定，并应符合下列规定：

1　安装前应按设计文件的规定进行预拉伸或预压缩，允许偏差为 10 mm。

2　预拉伸或预压缩的焊口位置与膨胀弯管起弯点的距离应大于 2 m。

3　水平安装时，其平行臂应与管线坡度相同，两垂直臂应相互平行。

4　铅垂安装时，应有排气及疏水装置。

检验数量：全部检查。

检验方法：观察检查和尺量检查，检查管道补偿器安装记录。

7.11.3　波纹管膨胀节的安装质量应符合设计文件的规定，并应符合下列规定：

1　波纹膨胀节安装前应按设计文件的规定进行预拉伸或预压缩，受力应均匀。

2　波纹管膨胀节内套有焊缝的一端，在水平管道上应位于介质的流入端，在铅垂管道上应置于上部。

3　波纹管膨胀节应与管道保持同心，不得偏斜和周向扭转。

检验数量：全部检查。

检验方法：观察检查，检查管道补偿器安装记录。

7.11.4　填料式补偿器的安装质量应符合设计文件的规定，并应符合下列规定：

1　填料式补偿器应与管道保持同心，不得歪斜。

2　两侧的导向支座应保证运行时自由伸缩，不得偏离中心。

3　应按设计文件规定的安装长度及温度变化，留有剩余的收缩量。剩余收缩量的允许偏差为 5 mm。

检验数量：全部检查。

检验方法：观察检查和尺量检查，检查管道补偿器安装记录。

7.11.5　球型补偿器的安装质量应符合设计文件的规定。

检验数量:全部检查。

检验方法:观察检查,检查管道补偿器安装记录。

7.12 支、吊架安装

Ⅰ 主控项目

7.12.1 管道固定支架的形式、安装位置和质量应符合国家现行有关标准和设计文件的规定。不得在没有补偿装置的热管道直管段上同时安置 2 个及 2 个以上的固定支架。

检验数量:全部检查。

检验方法:观察检查和测量检查,检查管道支、吊架安装记录。

7.12.2 弹簧支、吊架的形式应符合设计文件的规定,安装位置应正确,弹簧的调整值应符合设计文件的规定。

检验数量:全部检查。

检验方法:观察检查和测量检查,检查管道支、吊架安装记录。

Ⅱ 一般项目

7.12.3 无热位移的管道,吊杆应垂直安装。有热位移的管道,其吊杆应偏置安装,当设计文件无规定时,吊点应设置在位移的相反方向,并应按位移值的 1/2 偏位安装。两根有热位移的管道不得使用同一吊杆。

检验数量:全部检查。

检验方法:观察检查和测量检查,检查管道支、吊架安装记录。

7.12.4 导向支架或滑动支架的滑动面应洁净、平整,不得有歪斜和卡涩现象。有热位移的管道,当设计文件无规定时,支架安装位置应从支承面中心向位移反方向偏移,偏移量应为位移值的 1/2,绝热层不得妨碍其位移。

检验数量:全部检查。

检验方法:观察检查和测量检查,检查管道支、吊架安装记录。

7.12.5 管道安装完毕后,应逐个核对支、吊架的形式和位置。

检验数量:全部检查。

检验方法:观察检查和测量检查,检查设计图纸和管道支、吊架安装记录。

7.13 静电接地安装

主控项目

7.13.1 有静电接地要求的管道,每对法兰或其他接头间的电阻值应小于或等于 0.03 Ω。

检验数量:全部检查。

检验方法:电阻值测量,检查管道静电接地测试记录。

7.13.2 有静电接地要求的管道系统,其对地电阻值及接地位置应符合设计文件的规定。

检验数量:全部检查。

检验方法:电阻值测量,检查管道静电接地测试记录。

7.13.3 有静电接地要求的不锈钢和有色金属管道,其跨接线或接地引线不得与管道直接连接,应采用同材质连接板过渡。

检验数量:全部检查。

检验方法:观察检查,检查管道静电接地测试记录。

8 管道检查、检验和试验

8.1 焊缝外观检查

Ⅰ 主控项目

8.1.1 管道焊缝的检查等级划分应符合表 8.1.1 的规定。

检验数量:全部检查。

检验方法:观察检查和检查尺检查,检查焊接检查记录。

表 8.1.1 管道焊缝的检查等级划分

焊缝检查等级	管道类别
Ⅰ	(1)毒性程度为极度危害的流体管道; (2)设计压力大于或等于 10 MPa 的可燃流体、有毒流体的管道; (3)设计压力大于或等于 4 MPa、小于 10 MPa,且设计温度大于等于 400 ℃的可燃流体、有毒流体的管道; (4)设计压力大于或等于 10 MPa,且设计温度大于或等于 400 ℃的非可燃流体、无毒流体的管道; (5)设计文件注明为剧烈循环工况的管道; (6)设计温度低于－20 ℃的所有流体管道; (7)夹套管的内管; (8)按本规范第 8.5.6 条的规定做替代性试验的管道; (9)设计文件要求进行焊缝 100%无损检测的其他管道
Ⅱ	(1)设计压力大于或等于 4 MPa、小于 10 MPa,设计温度低于 400 ℃,毒性程度为高度危害的流体管道; (2)设计压力小于 4 MPa,毒性程度为高度危害的流体管道; (3)设计压力大于或等于 4 MPa、小于 10 MPa,设计温度低于 400 ℃的甲、乙类可燃气体和甲类可燃液体的管道; (4)设计压力大于或等于 10 MPa,且设计温度小于 400 ℃的非可燃流体、无毒流体的管道; (5)设计压力大于或等于 4 MPa、小于 10 MPa,且设计温度大于等于 400 ℃的非可燃流体、无毒流体的管道; (6)设计文件要求进行焊缝 20%无损检测的其他管道
Ⅲ	(1)设计压力大于或等于 4 MPa、小于 10 MPa,设计温度低于 400 ℃,毒性程度为中毒和轻度危害的流体管道; (2)设计压力小于 4 MPa 的甲、乙类可燃气体和甲类可燃液体管道; (3)设计压力大于或等于 4 MPa、小于 10 MPa,设计温度低于 400 ℃的乙、丙类可燃液体管道; (4)设计压力大于或等于 4 MPa、小于 10 MPa,设计温度低于 400 ℃的非可燃流体、无毒流体的管道; (5)设计压力大于 1 MPa 小于 4 MPa,设计温度高于或等于 400 ℃的非可燃流体、无毒流体的管道; (6)设计文件要求进行焊缝 10%无损检测的其他管道

表 8.1.1(续)

焊缝检查等级	管道类别
Ⅳ	(1)设计压力小于 4 MPa,毒性程度为中毒和轻度危害的流体管道; (2)设计压力小于 4 MPa 的乙、丙类可燃液体管道; (3)设计压力大于 1 MPa 小于 4 MPa,设计温度低于 400 ℃的非可燃流体、无毒流体的管道; (4)设计压力小于或等于 1 MPa,且设计温度大于 185 ℃的非可燃流体、无毒流体的管道; (5)设计文件要求进行焊缝 5%无损检测的其他管道
Ⅴ	设计压力小于或等于 1.0 MPa,且设计温度高于−20 ℃但不高于 185 ℃的非可燃流体、无毒流体的管道

8.1.2 钛及钛合金、锆及锆合金的焊缝表面除应进行外观质量检查外,还应在焊后清理前进行色泽检查。钛及钛合金焊缝的色泽检查结果应符合表 8.1.2 的规定。锆及锆合金的焊缝表面应为银白色,可有淡黄色存在,但应清除。

检验数量:全部检查。

检验方法:观察检查和检查焊接检查记录。

表 8.1.2 钛及钛合金焊缝的色泽检查

焊缝表面颜色	保护效果	质量
银白色(金属光泽)	优	合格
金黄色(金属光泽)	良	合格
紫色(金属光泽) 蓝色(金属光泽)	低温氧化,焊缝表面有污染	合格
	高温氧化,焊缝表面污染严重,性能下降	不合格
灰色(金属光泽)	保护不好,污染严重	不合格
暗灰色	保护不好,污染严重	不合格
灰白色	保护不好,污染严重	不合格
黄白色	保护不好,污染严重	不合格

Ⅱ 一般项目

8.1.3 所有焊缝的观感质量应外形均匀,成型应较好,焊道与焊道、焊道与母材之间应平滑过渡,焊渣和飞溅物应清除干净。

检验数量:全部检查。

检验方法:观察检查。

8.2 焊缝射线检测和超声波检测

主控项目

8.2.1 除设计文件另有规定外,现场焊接的管道及管道组成件的对接纵缝和环缝、对接式支管连接焊缝应进行射线检测或超声检测。对射线检测或超声检测发现有不合格的焊缝,经返修后,应采用原规定的检验方法重新进行检验。焊缝质量应符合下列规定:

1 100%射线检测的焊缝质量合格标准不应低于现行行业标准《承压设备无损检测 第2部分 射线检测》JB/T 4730.2规定的Ⅱ级;抽样或局部射线检测的焊缝质量合格标准不应低于现行行业标准《承压设备无损检测 第2部分 射线检测》JB/T 4730.2规定的Ⅲ级。

2 100%超声检测的焊缝质量合格标准不应低于现行行业标准《承压设备无损检测 第3部分 超声检测》JB/T 4730.3规定的Ⅰ级;抽样或局部超声检测的焊缝质量合格标准不应低于现行行业标准《承压设备无损检测 第3部分 超声检测》JB/T 4730.3规定的Ⅱ级。

3 检验数量应符合设计文件和下列规定:

1) 管道焊缝无损检测的检验比例应符合表8.2.1的规定。

表8.2.1 管道焊缝无损检测的检验比例

焊缝检查等级	Ⅰ	Ⅱ	Ⅲ	Ⅳ	Ⅴ
无损检测比例(%)	100	≥20	≥10	≥5	—

2) 管道公称尺寸小于500 mm时,应根据环缝数量按规定的检验比例进行抽样检验,且不得少于1个环缝。环缝检验应包括整个圆周长度。固定焊的环缝抽样检验比例不应少于40%。

3) 管道公称尺寸大于或等于500 mm时,应对每条环缝按规定的检验数量进行局部检验,并不得少于150 mm的焊缝长度。

4) 纵缝应按规定的检验数量进行局部检验,且不得少于150 mm的焊缝长度。

5) 抽样或局部检验时,应对每一焊工所焊的焊缝按规定的比例进行抽查。当环缝与纵缝相交时,应在最大范围内包括与纵缝的交叉点,其中纵缝的检查长度不应少于38 mm。

6) 抽样或局部检验应按检验批进行。检验批和抽样或局部检验的位置应由质量检查人员确定。

4 检验方法:检查射线或超声检测报告和管道轴测图。

8.2.2 当焊缝局部检验或抽样检验发现有不合格时,应在该焊工所焊的同一检验批中采用原规定的检验方法做扩大检验,焊缝质量合格标准应符合本规范第8.2.1条的规定。

检验数量应符合下列规定:

1 当出现1个不合格焊缝时,应再检验该焊工所焊的同一检验批的2个焊缝;

2 当2个焊缝中任何1个又出现不合格时,每个不合格焊缝应再检验该焊工所焊的同一检验批的2个焊缝。

3 当再次检验又出现不合格时,应对该焊工所焊的同一检验批的焊缝进行100%检验。

检验方法:检查射线或超声检测报告和管道轴测图。

8.3 焊缝表面无损检测

主控项目

8.3.1 除设计文件另有规定外,现场焊接的管道和管道组成件的承插焊焊缝、支管连接焊缝(对接式支管连接除外)和补强圈焊缝、密封焊缝、支吊架与管道的连接焊缝,以及管道上的其他角焊缝,其表面应进行磁粉检测或渗透检测。磁粉检测或渗透检测发现的不合格焊缝,经返修后,返修部位应采用原规定的检验方法重新进行检验。焊缝质量合格标准不应低于现行行业标准《承压设备无损检测 第4部分 磁粉检测》JB/T 4730.4和《承压设备无损检测 第5部分渗透检测》JB/T 4730.5 规定的Ⅰ级。

检验数量:应符合设计文件和本规范第 8.2.1 条的规定。

检验方法:检查磁粉或渗透检测报告和管道轴测图。

8.3.2 当焊缝局部检验或抽样检验发现有不合格时,应在该焊工所焊的同一检验批中采用原规定的检验方法做扩大检验,焊缝质量合格标准应符合本规范第 8.3.1 条的规定。

检验数量:应符合本规范第 8.2.2 条的规定。

检验方法:检查磁粉或渗透检测报告和管道轴测图。

8.4 硬度检验及其他检验

主控项目

8.4.1 要求热处理的焊缝和管道组成件,热处理后应进行硬度检验。当管道组成件和焊缝重新进行热处理时,应重新进行硬度检验。除设计文件另有规定外,热处理后的硬度值应符合表 8.4.1 的规定。表 8.4.1 中未列入的材料,其焊接接头的焊缝和热影响区硬度值,碳素钢不应大于母材硬度值的 120%;合金钢不应大于母材硬度值的 125%。

检验数量应符合设计文件和下列规定的检查范围:

1 炉内热处理的每一热处理炉次应抽查 10%;局部热处理时应进行 100%检验。

2 焊缝的硬度检验区域应包括焊缝和热影响区。对于异种金属的焊缝,两侧母材热影响区均应进行硬度检验。

检验方法:检查硬度检验报告和管道轴测图。

表 8.4.1 热处理焊缝和管道组成件的硬度合格标准

母材类别	布氏硬度 HB
碳钼钢(C-Mo)、锰钼钢(Mn-Mo)、铬钼钢(Cr-Mo):Cr≤0.5%	225
铬钼钢(Cr-Mo):0.5<Cr≤2%	225
铬钼钢(Cr-Mo):2<Cr≤10%	241
马氏体不锈钢	241

8.4.2 对于硬度抽样检验的管道组成件和焊接接头,当发现硬度值有不合格时,应做扩大检验。硬度值应符合本规范第 8.4.1 条的规定。

检验数量:应符合本规范第 8.2.2 条的规定。

检验方法:检查硬度检验报告和管道轴侧图

8.4.3 当规定进行管道焊缝金属的化学成分分析、焊缝铁素体含量测定、焊接接头金相检验、产品试件力学性能等检验时,检验结果应符合国家现行有关标准和设计文件的规定。

检验数量:应符合国家现行有关标准和设计文件的规定。

检验方法:按规定的检验方法进行,并检查检验报告。

8.5 压力试验

主控项目

8.5.1 管道安装完毕、热处理和无损检测合格后,应进行压力试验。压力试验前,应检查压力试验范围内的管道系统,除涂漆、绝热外应已按设计图纸全部完成,安装质量应符合设计文件和本规范的有关规定,且试压前的各项准备工作应已完成。

检验数量:压力试验范围内的全部管道和全部安装资料。

检验方法:观察检查,检查相关资料。

8.5.2 液压试验应符合下列规定:

1 液压试验应使用洁净水。当水对管道或工艺有不良影响并有可能损坏管道时,可使用其他合适的无毒液体。当采用可燃液体介质进行试验时,其闪点不得低于 50 ℃。

2 液压试验温度严禁接近金属材料的脆性转变温度。

3 试验压力应符合下列规定:

1) 承受内压的地上钢管道及有色金属管道试验压力应为设计压力的 1.5 倍。埋地钢管道的试验压力应为设计压力的 1.5 倍,且不得低于 0.4 MPa。

2) 当管道的设计温度高于试验温度时,试验压力应按下式计算,并应校核管道在试验压力(P_T)条件下的应力。当试验压力在试验温度下产生超过屈服强度的应力时,应将试验压力降至不超过屈服强度时的最大压力。

$$P_T = 1.5P[\sigma]_T/[\sigma]^t \qquad (8.5.2)$$

式中:P_T ——试验压力(表压)(MPa);

P ——设计压力(表压)(MPa);

$[\sigma]_T$——试验温度下,管材的许用应力(MPa);

$[\sigma]^t$ ——设计温度下,管材的许用应力(MPa)。

当$[\sigma]_T/[\sigma]^t$ 大于 6.5 时,取 6.5。

3) 当管道与设备作为一个系统进行试验,且管道的试验压力等于或小于设备的试验压力时,应按管道的试验压力进行试验。当管道试验压力大于设备的试验压力,且无法将管道与设备隔开,以及设备的试验压力不小于按本规范公式(8.5.2)计算的管道试验压力的 77%时,经设计或建设单位同意,可按设备的试验压力进行试验。

4) 承受内压的埋地铸铁管道的试验压力,当设计压力小于或等于 0.5 MPa 时,应为设计压力的 2 倍;当设计压力大于 0.5 MPa 时,应为设计压力加 0.5 MPa。

5) 对位差较大的管道,应将试验介质的静压计入试验压力中。液体管道的试验压力应以最高点的压力为准,其最低点的压力不得超过管道组成件的承受力。

6) 对承受外压的管道,其试验压力应为设计内、外压力之差的 1.5 倍,且不得低于 0.2 MPa。

7) 夹套管内管的试验压力应按内部或外部设计压力的较大者确定。夹套管外管的试验压力除设计文件另有规定外,应按本规范第 8.5.2 条第 1 款的规定进行。

4 液压试验时,应缓慢升压,待达到试验压力后,稳压 10 min,再将试验压力降至设计压力,稳压 30 min,以压力表压力不降、管道所有部位无渗漏为合格。

检验数量:全部检查。

检验方法:观察检查,检查压力试验记录。

8.5.3 不锈钢、镍及镍合金管道,或连有不锈钢、镍及镍合金管道组成件或设备的管道,在进行水压试验时,水中氯离子含量不得超过 25×10^{-6}(25 ppm)。

检验数量:全部检查。

检验方法:检查水质分析报告。

8.5.4 气压试验应符合下列规定:

1 试验介质应采用干燥洁净的空气、氮气或其他不易燃和无毒的气体。

2 **气压试验温度严禁接近金属材料的脆性转变温度。**

3 承受内压钢管及有色金属管的试验压力应为设计压力的1.15倍。真空管道的试验压力应为0.2 MPa。

4 气压试验时应装有压力泄放装置,其设定压力不得高于试验压力的1.1倍。

5 气压试验前,应用空气进行预试验,试验压力宜为0.2 MPa。

6 气压试验时,应逐步缓慢增加压力,当压力升至试验压力的50%时,如未发现异状或泄漏,应继续按试验压力的10%逐级升压,每级稳压3 min,直至试验压力。应在试验压力下保持10 min,再将压力降至设计压力,应以发泡剂检验无泄漏为合格。

检验数量:全部检查。

检验方法:观察检查,检查压力试验记录。

8.5.5 液压-气压试验应符合本规范第8.5.4条的规定,且被液体充填部分管道的压力不应大于本规范第8.5.2条第3款第1)项、第2)项的规定。

检验数量:全部检查。

检验方法:观察检查和检查压力试验记录。

8.5.6 现场条件不允许进行管道液压和气压试验时,经建设单位和设计单位同意,可采用无损检测、管道系统柔性分析和泄漏试验代替压力试验,并应符合下列规定:

1 所有环向、纵向对接焊缝和螺旋焊焊缝应进行100%射线检测或100%超声检测;其他未包括的焊缝(支吊架与管道的连接焊缝)应进行100%的渗透检测或100%的磁粉检测。焊缝无损检测合格标准应符合本规范第8.2.1和8.3.1条的规定。

2 管道系统的柔性分析方法和结果应符合国家现行有关标准的规定。

3 管道系统应采用敏感气体或浸入液体的方法进行泄漏试验,当设计文件无规定时,泄漏试验应符合下列规定:

1) 试验压力不应小于105 kPa或25%设计压力两者中的较小值。

2) 应将试验压力逐渐增加至0.5倍试验压力或170 kPa两者中的较小值,然后进行初检,再分级逐渐增加至试验压力,每级应有足够的时间以平衡管道的应变。

3) 试验结果应符合本规范第8.5.7条的规定。

检验数量:全部检查。

检验方法:观察检查,检查柔性分析结果、无损检测报告和泄漏性试验记录。

8.5.7 泄漏性试验应按设计文件的规定进行,并应符合下列规定:

1 **输送极度和高度危害介质以及可燃介质的管道,必须进行泄漏性试验。**

2 泄漏性试验应在压力试验合格后进行。试验介质宜采用空气。

3 泄漏性试验压力应为设计压力。

4 泄漏性试验应逐级缓慢升压,当达到试验压力,并停压10 min后,应巡回检查阀门填料函、法兰或螺纹连接处、放空阀、排气阀、排净阀等所有密封点,应以无泄漏为合格。

检验数量:全部检查。

检验方法:采用发泡剂观察检查,检查泄漏性试验记录。

8.5.8 真空系统在压力试验合格后,应按设计文件规定进行24 h的真空度试验,增压率不应大于5%。

检验数量:全部检查。

检验方法:观察检查,检查真空度试验记录。

8.5.9 当设计文件规定以卤素、氦气、氨气或其他方法进行泄漏性试验时,应符合国家现行有关标准和设计文件的规定。

检验数量:全部检查。

检验方法:观察检查,检查泄漏性试验记录。

9 管道吹扫与清洗

9.1 水冲洗

主控项目

9.1.1 冲洗管道应使用洁净水。冲洗不锈钢、镍及镍合金管道时,水中氯离子含量不得超过 25×10^{-6}(25 ppm)。

检验数量:全部检查。

检验方法:检查水质分析报告。

9.1.2 管道水冲洗的技术要求和质量应符合国家现行有关标准和设计文件的规定。当设计文件无规定时,应以冲洗排出口的水色和透明度与入口处的水色和透明度目测一致为合格。

检验数量:全部检查。

检验方法:观察检查,检查系统吹洗记录。

9.1.3 管道冲洗合格后,应及时将管内积水排净,并应及时吹干。

检验数量:全部检查。

检验方法:观察检查,检查系统封闭记录。

9.2 空气吹扫

主控项目

9.2.1 空气吹扫的技术要求和质量应符合国家现行有关标准和设计文件的规定。应在排气口设置贴有白布或涂刷白色涂料的木制靶板进行检验,吹扫 5 min 后靶板上应无铁锈、尘土、水分及其他杂物。

检验数量:全部检查。

检验方法:检查靶板,检查系统吹洗记录。

9.2.2 空气吹扫合格的管道在投入使用前,应按设计文件的规定进行封闭。

检验数量:全部检查。

检验方法:观察检查,检查系统封闭记录。

9.3 蒸汽吹扫

主控项目

9.3.1 蒸汽吹扫的技术要求应符合国家现行有关标准和设计文件的规定。通往汽轮机或设计文件有规定的蒸汽管道,蒸汽吹扫后应检查靶板,吹扫质量应符合设计文件的规定,最终验收的靶板应做好标识,并应妥善保管。当设计文件无规定时,蒸汽吹扫质量应符合表 9.3.1 的规定。

检验数量:全部检查。

检验方法:检查靶板,检查系统吹洗记录。

表 9.3.1 蒸汽吹扫质量验收标准

序号	检验项目	质量标准
1	打靶次数	不少于 3 次
2	打靶持续时间	每次吹扫 15 min(两次吹扫均应合格)
3	靶板上痕迹大小	ϕ0.6 mm 以下
4	靶板上痕迹深度	小于 0.5 mm
5	痕迹点数	1 个/cm^2

9.3.2 除本规范第 9.3.1 条规定以外的蒸汽管道吹扫时，可用刨光涂刷白色涂料的木制靶板置于排汽口进行检验。吹扫 15 min 后靶板上应无铁锈、污物等杂质。

检验数量：全部检查。

检验方法：检查靶板，检查系统吹洗记录。

9.3.3 蒸汽吹扫合格的管道在投入运行前，应按设计文件的规定进行系统封闭。

检验数量：全部检查。

检验方法：观察检查，检查系统封闭记录。

9.4 管道脱脂

主控项目

9.4.1 管道脱脂的技术要求和质量标准应符合国家现行有关标准、设计文件和下列规定：

1 采用有机溶剂脱脂的脱脂件，脱脂后应将残存的溶剂用无油压缩空气吹除干净，直至无溶剂气味为止。

2 采用碱液脱脂的脱脂件，应用无油清水冲洗干净直至中性，然后用无油压缩空气吹干。用于冲洗不锈钢管的清洁水，水中氯离子含量不得超过 25×10^{-6}(25 ppm)。

3 采用 65%以上浓硝酸作脱脂溶剂时，酸中所含有机物总量不应大于 0.03%。

4 直接与氧、富氧、浓硝酸等强氧化性介质接触的管子、管件及阀门，可采用下列任意一种方法进行检验：

1) 采用清洁干燥的白色滤纸擦拭脱脂件表面，纸上无油脂痕迹为合格。

2) 采用无油蒸汽吹洗脱脂件，取少量蒸汽冷凝液盛于器皿中，放入一小粒直径不大于 1 mm的纯樟脑丸，以樟脑丸不停旋转为合格。

3) 使用波长为 3200～3800 的紫外光源照射脱脂件表面，无紫蓝荧光为合格。

4) 取样检查合格后的脱脂液，以其油脂含量不大于 350 mg/L 为合格。

检验数量：全部检查。

检验方法：观察检查，检查脱脂记录、水质报告等。

9.4.2 脱脂合格的管道在投入使用前，应按国家现行有关标准和设计文件的规定进行系统封闭。

检验数量：全部检查。

检验方法：观察检查，检查系统封闭记录。

9.5 化学清洗

主控项目

9.5.1 管道化学清洗的技术要求和质量应符合国家现行有关标准和设计文件的规定。

检验数量:全部检查。

检验方法:检查化学清洗记录。

9.5.2 化学清洗合格的管道在投入使用前,应按设计文件的规定进行封闭或充氮保护。

检验数量:全部检查。

检验方法:观察检查,检查系统封闭记录。

9.6 油清洗

主控项目

9.6.1 润滑、密封及控制系统的油管道,应在机械设备和管道酸洗合格后、系统试运行前进行油清洗。油清洗的技术要求和合格标准应符合国家现行有关标准、设计文件或产品技术文件的规定。当设计文件或产品技术文件无规定时,管道油清洗后应采用滤网进行检验,合格标准应符合表9.6.1的规定。

检验数量:全部检查。

检验方法:观察检查,检查油清洗合格后的油质报告。

表 9.6.1 油清洗合格标准

机械转速(r/min)	滤网规格(目)	合格标准
≥6000	200	1)目视滤网上无硬的颗粒及黏稠物; 2)软杂物不多于3个/cm^2
<6000	100	

9.6.2 经油清洗合格的管道,应按设计文件的规定进行封闭或充氮保护。

检验数量:全部检查。

检验方法:观察检查,检查系统封闭记录或充氮保护记录。

附　录　A
分项工程质量验收记录

表A　分项工程质量验收记录

<table>
<tr><td>分项工程名称</td><td colspan="5"></td></tr>
<tr><td>施工单位</td><td></td><td>项目经理</td><td></td><td>项目技术负责人</td><td></td></tr>
<tr><td>分包单位</td><td></td><td>分包单位负责人</td><td></td><td>分包单位技术负责人</td><td></td></tr>
<tr><td>序号</td><td>检验项目</td><td colspan="2">施工单位检验结果</td><td colspan="2">建设(监理)单位验收结论</td></tr>
<tr><td>1</td><td></td><td colspan="2"></td><td colspan="2">□合格　□不合格</td></tr>
<tr><td>2</td><td></td><td colspan="2"></td><td colspan="2">□合格　□不合格</td></tr>
<tr><td>3</td><td></td><td colspan="2"></td><td colspan="2">□合格　□不合格</td></tr>
<tr><td>4</td><td></td><td colspan="2"></td><td colspan="2">□合格　□不合格</td></tr>
<tr><td>5</td><td></td><td colspan="2"></td><td colspan="2">□合格　□不合格</td></tr>
<tr><td>6</td><td></td><td colspan="2"></td><td colspan="2">□合格　□不合格</td></tr>
<tr><td>7</td><td></td><td colspan="2"></td><td colspan="2">□合格　□不合格</td></tr>
<tr><td>8</td><td></td><td colspan="2"></td><td colspan="2">□合格　□不合格</td></tr>
<tr><td>9</td><td></td><td colspan="2"></td><td colspan="2">□合格　□不合格</td></tr>
<tr><td>10</td><td></td><td colspan="2"></td><td colspan="2">□合格　□不合格</td></tr>
<tr><td colspan="2">质量控制资料</td><td colspan="2"></td><td colspan="2">□符合　□不符合</td></tr>
<tr><td colspan="2">施工单位质量检查员：

施工单位专业技术负责人：

年　月　日</td><td colspan="4">建设(监理)单位验收结论：

建设单位专业技术负责人：
(监理工程师)

年　月　日</td></tr>
</table>

附　录　B
分部(子分部)工程质量验收记录

表B　分部(子分部)工程质量验收记录

<table>
<tr><td>工程名称</td><td colspan="4"></td><td>分项工程数量</td><td></td></tr>
<tr><td>施工单位</td><td colspan="2"></td><td>项目经理</td><td></td><td>项目技术负责人</td><td></td></tr>
<tr><td>分包单位</td><td colspan="2"></td><td>分包单位负责人</td><td></td><td>分包单位技术负责人</td><td></td></tr>
<tr><td>序号</td><td>分项工程名称</td><td>检验项目数</td><td colspan="2">施工单位检查评定结论</td><td colspan="2">建设(监理)单位验收结论</td></tr>
<tr><td>1</td><td></td><td></td><td colspan="2">□合格　□不合格</td><td colspan="2">□合格　□不合格</td></tr>
<tr><td>2</td><td></td><td></td><td colspan="2">□合格　□不合格</td><td colspan="2">□合格　□不合格</td></tr>
<tr><td>3</td><td></td><td></td><td colspan="2">□合格　□不合格</td><td colspan="2">□合格　□不合格</td></tr>
<tr><td>4</td><td></td><td></td><td colspan="2">□合格　□不合格</td><td colspan="2">□合格　□不合格</td></tr>
<tr><td>5</td><td></td><td></td><td colspan="2">□合格　□不合格</td><td colspan="2">□合格　□不合格</td></tr>
<tr><td>6</td><td></td><td></td><td colspan="2">□合格　□不合格</td><td colspan="2">□合格　□不合格</td></tr>
<tr><td>7</td><td></td><td></td><td colspan="2">□合格　□不合格</td><td colspan="2">□合格　□不合格</td></tr>
<tr><td>8</td><td></td><td></td><td colspan="2">□合格　□不合格</td><td colspan="2">□合格　□不合格</td></tr>
<tr><td>9</td><td></td><td></td><td colspan="2">□合格　□不合格</td><td colspan="2">□合格　□不合格</td></tr>
<tr><td>10</td><td></td><td></td><td colspan="2">□合格　□不合格</td><td colspan="2">□合格　□不合格</td></tr>
<tr><td colspan="3">质量控制资料</td><td colspan="2">□符合　□不符合</td><td colspan="2">□符合　□不符合</td></tr>
</table>

<table>
<tr><td rowspan="2">参加验收单位</td><td>建设单位</td><td>监理单位</td><td>施工单位</td><td>设计单位</td></tr>
<tr><td>(公章)

项目负责人:

项目技术负责人:

年　月　日</td><td>(公章)

总监理工程师:

年　月　日</td><td>(公章)

项目负责人:

项目技术负责人:

年　月　日</td><td>(公章)

项目负责人:

年　月　日</td></tr>
</table>

附　录　C
单位(子单位)工程质量验收记录

表 C　单位工程质量验收记录

<table>
<tr><td colspan="2">工程名称</td><td colspan="8"></td></tr>
<tr><td colspan="2">施工单位</td><td colspan="5"></td><td colspan="2">开工日期</td><td></td></tr>
<tr><td colspan="2">项目经理</td><td colspan="2"></td><td colspan="2">项目技术负责人</td><td></td><td colspan="2">竣工日期</td><td></td></tr>
<tr><td colspan="2">序号</td><td colspan="2">项目</td><td colspan="3">验收记录</td><td colspan="3">结论</td></tr>
<tr><td colspan="2">1</td><td colspan="2">分部工程</td><td colspan="3">共　　分部，经检查　　分部，符合标准及设计要求　　分部</td><td colspan="3"></td></tr>
<tr><td colspan="2">2</td><td colspan="2">质量控制资料</td><td colspan="3">共　　项，经检查符合要求　　项</td><td colspan="3"></td></tr>
<tr><td colspan="2">3</td><td colspan="2">综合验收结论</td><td colspan="3"></td><td colspan="3"></td></tr>
<tr><td rowspan="2">参加验收单位</td><td colspan="2">建设单位</td><td colspan="2">监理单位</td><td colspan="3">施工单位</td><td colspan="2">设计单位</td></tr>
<tr><td colspan="2">(公章)

项目负责人：

年　月　日</td><td colspan="2">(公章)

总监理工程师：

年　月　日</td><td colspan="3">(公章)

项目负责人：

年　月　日</td><td colspan="2">(公章)

项目负责人：

年　月　日</td></tr>
<tr><td colspan="10">注：表中分部工程和质量控制资料的检查记录应由施工单位填写，验收结论应由建设(监理)单位填写。综合验收结论由参加验收各方共同商定，建设单位填写，应对工程质量是否符合设计和规范要求及总体质量水平作出评价。</td></tr>
</table>

附　录　D
工程质量保证资料检查记录

表 D　工程质量保证资料检查记录

工程名称			施工单位		
分类	序号	资料名称	份数	检查意见	检查人
质量管理	1	现场质量管理制度及质量责任制		□符合□不符合	
	2	施工单位、检验单位资质审查		□符合□不符合	
	3	施工图审查		□符合□不符合	
	4	施工技术标准		□符合□不符合	
	5	施工组织设计、施工方案及审批		□符合□不符合	
	6	技术和安全交底		□符合□不符合	
	7	主要专业操作上岗证		□符合□不符合	
	8	监视及测量设备检定		□符合□不符合	
	9	现场材料、设备存放与管理		□符合□不符合	
质量控制	1	图纸会审、设计变更、材料代用单、协商记录		□符合□不符合	
	2	工程开工文件		□符合□不符合	
	3	材料质量证明文件及检验试验报告		□符合□不符合	
	4	施工记录		□符合□不符合	
	5	施工检测、检验试验报告		□符合□不符合	
	6	隐蔽工程(封闭)验收记录		□符合□不符合	
	7	中间交接记录		□符合□不符合	
	8	单位、分部、分项工程质量验收记录		□符合□不符合	
	9	压力管道安装监督检验报告		□符合□不符合	
	10	质量事故处理记录		□符合□不符合	
	11	竣工图		□符合□不符合	

表 D（续）

<table>
<tr><td colspan="2">工程名称</td><td></td><td>施工单位</td><td colspan="2"></td></tr>
<tr><td>分类</td><td>序号</td><td>资料名称</td><td>份数</td><td>检查意见</td><td>检查人</td></tr>
<tr><td colspan="6">结论：</td></tr>
<tr><td colspan="3">施工单位项目负责人：

年　月　日</td><td colspan="3">建设单位项目负责人：
（总监理工程师）

年　月　日</td></tr>
<tr><td colspan="6">注：表中资料名称和份数应由施工单位填写，检查意见和检查人应由建设（监理）单位填写。结论应由参加双方共同商定，建设单位填写。</td></tr>
</table>

本规范用词说明

1　为便于在执行本规范条文时区别对待，对要求严格程度不同的用词说明如下：

1）　表示很严格，非这样做不可的：
正面词采用“必须”，反面词采用“严禁”；

2）　表示严格，在正常情况下均应这样做的：
正面词采用“应”，反面词采用“不应”或“不得”；

3）　表示允许稍有选择，在条件许可时首先应这样做的：
正面词采用“宜”，反面词采用“不宜”；

4）　表示有选择，在一定条件下可以这样做的，采用“可”。

2　条文中指明应按其他有关标准执行的写法为：“应符合……的规定”或“应按……执行”。

引用标准名录

《工业金属管道工程施工规范》GB 50235

《工业安装工程施工质量验收统一标准》GB 50252

《现场设备、工业管道焊接工程施工质量验收规范》GB 50683—2011

《安全阀安全技术监察规程》TSG ZF001

《承压设备无损检测　第2部分　射线检测》JB/T 4730.2

《承压设备无损检测　第3部分　超声检测》JB/T 4730.3

《承压设备无损检测　第4部分　磁粉检测》JB/T 4730.4

《承压设备无损检测　第5部分　渗透检测》JB/T 4730.5

UDC

中华人民共和国国家标准

P

GB/T 50185—2019

工业设备及管道绝热工程施工质量验收标准

Code for acceptance of construction quality of industrial equipment and pipeline insulation engineering

2019-11-22 发布 2020-03-01 实施

中华人民共和国住房和城乡建设部
国家市场监督管理总局
联合发布

201

中华人民共和国住房和城乡建设部公告

2019 年　第 325 号

住房和城乡建设部关于发布国家标准《工业设备及管道绝热工程施工质量验收标准》的公告

现批准《工业设备及管道绝热工程施工质量验收标准》为国家标准，编号为 GB/T 50185—2019，自 2020 年 3 月 1 日起实施。原国家标准《工业设备及管道绝热工程施工质量验收规范》(GB 50185—2010)同时废止。

本标准在住房和城乡建设部门户网站(www.mohurd.gov.cn)公开，并由住房和城乡建设部标准定额研究所组织中国计划出版社出版发行。

中华人民共和国住房和城乡建设部

2019 年 11 月 22 日

前　言

本标准是根据住房和城乡建设部《关于印发2016年工程建设标准规范制订、修订计划的通知》(建标函〔2015〕274号)的要求,由中国石油和化工勘察设计协会、浙江振申绝热科技股份有限公司会同有关单位在原国家标准《工业设备及管道绝热工程施工质量验收规范》GB 50185—2010的基础上修订完成的。

本标准在修订过程中,标准编制组进行了广泛的调查研究,认真总结了实践经验,参考有关国际标准和国外先进标准,并在广泛征求意见的基础上,最后经审查定稿。

本标准的主要技术内容是:总则、术语、基本规定、材料质量验收、固定件和支承件施工质量验收、绝热层施工质量验收、防潮层施工质量验收、保护层施工质量验收、绝热工程验收等。

本标准修订的主要技术内容是:1.对绝热层厚度的分层要求进行修订。2.增加弯头、三通等特殊部位的质量验收要求。3.增加纳米阻燃隔热材料、高中低温带箔类反辐射层等新型集绝热、防潮、保护功能于一体的毡、箔等卷材类多功能绝热材料的施工质量验收要求。4.增加有机绝热材料、有机非金属保护层材料燃烧性能及其制品氧指数指标的检测要求。5.增加主要辅助材料的质量验收要求。6.增加设备和管道系统中特殊部位绝热部件和异型件整体预制绝热层安装的质量验收要求。7.增加防潮层的施工质量验收中常用胶泥类防潮层的厚度允许偏差。8.增加复合绝热材料的施工质量验收要求。9.修订保护层金属抱箍带固定的质量验收要求。10.增加保冷层施工中密封处理的质量验收要求。11.在质量验收记录中增加总包单位验收一栏。

本标准由住房和城乡建设部负责管理,由中国工程建设标准化协会化工分会负责日常管理,由浙江振申绝热科技股份有限公司负责具体技术内容的解释。执行过程中如有意见或建议,请寄送浙江振申绝热科技股份有限公司(地址:浙江省嘉兴市秀洲区王店工业功能区,邮编:314011)。

本标准主编单位:中国石油和化工勘察设计协会
浙江振申绝热科技股份有限公司

本标准参编单位:中国化学工程第三建设有限公司
西北电力建设第一工程有限公司
上海化坚隔热防腐工程有限公司
中油吉林化建工程股份有限公司
中国石化集团第四建设公司
中国二十冶集团有限公司
石油和化学工业节能产品质量监督检验中心
河南沁阳市华美有限公司
无锡恒宇管业有限公司
江苏兴安建设集团有限公司
江苏杰润绝热材料科技有限公司

安徽申达建设工程有限公司
上海宥纳新材料科技有限公司
江苏电建一公司防腐保温公司
苏州市君悦新材料科技股份有限公司
上海事必特防腐保温工程有限公司
上海能源研究会绝热工程应用专业委员会
中石化上海工程有限公司
长沙华星建设监理有限公司
中石化洛阳工程有限公司
全国化工施工标准管理中心站

本标准主要起草人员:李相仁 赵远洋 唐文勇 张春华 沈悦峰 王宝龙 胡伟 魏尚起 金建兴 高玉宝 陈鸿章 李向才 包建平 徐志侃 戴惠君 杜开颜 李卫东 徐文亮 陈元喜 马汝军 张然汀 陈懿洲 金广义 刘全好 张雪雷 姜万军 芦天 高尚文 李秋丽

本标准主要审查人员:侯锐钢 唐向明 向超 李庆东 郑永恒 刘明军 李丽红 肖鹏 王瑞军 胡国锋

1 总则

1.0.1 为统一工业设备及管道绝热工程施工质量验收要求,加强质量控制,确保工程质量,制定本标准。

1.0.2 本标准适用于新建、改建和扩建工程的工业设备及管道外表面温度为－196 ℃～＋850 ℃的绝热工程的施工质量验收。

1.0.3 本标准应与现行国家标准《工业安装工程施工质量验收统一标准》GB 50252 及《工业设备及管道绝热工程施工规范》GB 50126 配套使用。

1.0.4 工业设备及管道绝热工程施工质量验收除应符合本标准外,尚应符合国家现行有关标准的规定。

2 术语

2.0.1

针刺检查 acupuncture inspection

用长度大于绝热层厚度的直形针,垂直插入绝热层中对厚度进行的检查。

2.0.2

隔汽层 vapour stop

阻止水汽侵入的结构层。

2.0.3

剥离检查 peel inspection

将绝热结构从基面上揭掉,以观察判断被检查物体是否符合规定的检查。

3 基本规定

3.1 施工质量验收的划分

3.1.1 绝热工程施工质量验收可划分为检验批、分项工程和分部工程。

3.1.2 检验批应根据工程特点、施工及质量控制和专业验收的需要,按设备的台(套)、管道的介质、压力等级和工程量进行划分。设备可按单台划分为一个检验批,管道可按介质、压力等级并视工程量大小划分为一个或若干个检验批。

3.1.3 分项工程可由一个或若干个检验批组成。分项工程的划分,设备应以相同工作介质按台(套)进行划分,管道应按相同的工作介质进行划分。

3.1.4 分部工程可由一个或若干个分项工程组成。同一单位工程中的绝热工程可划分为一个分部工程。

3.2 质量验收

3.2.1 检验批质量验收合格应符合下列规定:

1 主控项目应符合本标准的规定;

2 一般项目每项抽检的处(点)均应符合本标准的规定;允许偏差项目每项抽检的点数中,应有不小于80%的实测值在本标准规定的允许偏差范围内;

3 质量控制资料应齐全。

3.2.2 分项工程质量验收合格应符合下列规定:

1 分项工程所含检验批均应符合质量合格的规定；

2 分项工程所含检验批的质量控制资料应齐全。

3.2.3 分部工程质量验收合格应符合下列规定：

1 分部工程所含分项工程的质量均应验收合格；

2 分部工程所含分项工程的质量控制资料应齐全。

3.2.4 绝热工程质量验收记录应符合下列规定：

1 检验批质量验收记录应符合本标准附录 A 的规定；

2 分项工程质量验收记录应符合本标准附录 B 的规定；

3 分部工程质量验收记录应符合本标准附录 C 的规定；

4 质量控制资料核查记录应符合本标准附录 D 的规定。

3.2.5 当绝热工程质量不符合本标准时，应按下列规定进行处理：

1 经返工或返修的检验批应重新进行验收；

2 经有资质的检测单位检测鉴定能够达到设计要求的检验批，应予以验收；

3 经有资质的检测单位检测鉴定达不到设计要求，但经原设计单位核算认可，能够满足结构安全和使用功能的检验批，可予以验收；

4 经返修或加固处理的分项、分部工程，虽然改变外形尺寸但仍能满足安全使用要求，可按技术处理方案和协商文件进行验收；

5 经返修或加固处理仍不能满足安全使用要求的分部工程，严禁验收。

3.2.6 现场抽样的性能检验及复验报告应由具有资质的质量检测部门出具。

3.3 施工质量验收的程序

3.3.1 绝热工程施工质量验收应按检验批、分项工程、分部工程依次进行。

3.3.2 检验批的质量验收应在施工单位自检合格的基础上，由施工单位填写检验批质量验收记录，向监理(建设)单位提出报验申请，由监理工程师(建设单位项目专业技术负责人)组织施工单位项目专业质量检查员及专业技术负责人进行验收。

3.3.3 分项工程的质量验收应在检验批质量验收合格的基础上，由施工单位填写分项工程质量验收记录，向监理(建设)单位提出报验申请，由监理工程师(建设单位项目专业技术负责人)组织施工单位项目专业质量检查员及专业技术负责人进行验收。

3.3.4 分部工程的质量验收应在分项工程质量验收合格的基础上，由施工单位填写分部工程质量验收记录，向监理(建设)单位提出报验申请，由总监理工程师(建设单位项目技术负责人)组织施工、设计等单位项目负责人及技术负责人进行验收。

3.3.5 当绝热工程由分包单位施工时，总包单位应对工程质量全面负责，由总包单位向监理(建设)单位提出报验申请，并按本标准规定的程序进行验收。

3.4 检查数量

3.4.1 绝热工程施工质量检查应按检验批进行，每一个检验批均应进行检查，观察检查数量应为 100%。

3.4.2 绝热层、防潮层、保护层的安装尺寸检查数量应符合下列规定：

1 当设备面积为每 50 m^2 或不足 50 m^2，管道长度为每 50 m 或不足 50 m 时，均应抽查 3 处，每处检查布点不应少于 3 个；对允许偏差项目的检查，每检查处应取检查布点的平均值；当同一设备的面积超过 500 m^2，或同一管道的长度超过 500 m 时，取样检查处的间距可增大 50%～100%；

2 可拆卸式绝热结构的检查数量为每 50 个或不足 50 个时，均应抽查 3 个；

3 当质量检查中有 1 处不合格时，应在不合格处附近加倍取点复查，仍有 1 处不合格时，应认定该处为不合格。

4 材料质量验收

4.1 一般规定

4.1.1 本章应用于绝热层、防潮层和保护层等材料的质量验收。

4.1.2 材料质量验收应根据工程规模和进料实际情况划分检验批。

4.1.3 绝热材料及其制品、粘结剂、耐磨剂、密封剂等材质、规格和性能的检查应符合下列规定：

1 应从送达现场的材料中，对产品的外观状态、几何尺寸进行随机抽样检查，抽样的数量应按技术文件及国家现行有关标准的规定执行；当对产品的内在质量有疑义时，应抽样送具有国家认证的第三方检测机构检验；

2 当抽样检测结果有 1 项为不合格时，应加倍抽样进行再复检；当仍有 1 项指标不合格时，应判定该批产品质量为不合格。

4.2 材料质量

Ⅰ 主控项目

4.2.1 绝热材料及其制品的材质、规格和性能应符合设计要求或国家现行有关产品标准的规定。

检验方法：检查材料的质量证明书或现场抽样的性能检测报告。

4.2.2 绝热工程所使用有机材料的燃烧性能应符合设计要求，阻燃型绝热材料及其制品的氧指数不应小于 30%。

检验方法：检查材料的质量证明书或现场抽样的性能检测报告。

4.2.3 用于与奥氏体不锈钢表面接触的绝热材料应符合现行国家标准《覆盖奥氏体不锈钢用绝热材料规范》GB/T 17393 的有关规定。

检验方法：检查材料的质量证明书或现场抽样的性能检测报告。

4.2.4 用于覆盖铝、铜等有色金属的绝热材料，其腐蚀性应符合国家现行有关标准的规定。

检验方法：检查材料的质量证明书。

4.2.5 粘结剂、耐磨剂和密封剂应符合设计要求。

检验方法：检查产品的质量证明书或现场抽样的性能检测报告。

4.2.6 防潮层材料的材质、规格和性能应符合设计要求或国家现行有关产品标准的规定。

检验方法：检查材料的质量证明书或现场抽样的性能检测报告。

4.2.7 当胶泥类防潮层的加强布采用纤维布或塑料网格布等时，胶泥材料和加强布的质量应符合下列规定：

1 胶泥材料应均匀细腻、无杂质。

检验方法：观察检查和检查产品的质量证明书。

2 防潮层的增强材料的质量、厚度应符合设计要求。

检验方法：观察和尺量检查，检查产品的质量证明书。

4.2.8 保护层材料的材质、规格和性能应符合设计要求或国家现行有关产品标准的规定。

检验方法：观察和尺量检查，检查材料的质量证明书或现场抽样的性能检测报告。

Ⅱ 一般项目

4.2.9 绝热层、防潮层及保护层材料的包装、保管和运输存放应符合国家现行有关产品标准及下列规定：

1 绝热材料及其制品不得挤压和抛掷；

2 应按材质分类存放在仓库或棚库内；

3 根据材料品种应分别设置防潮、防水、防冻、防变形和防火等设施；

4 软质及半硬质绝热材料的堆放高度不应超过 2 m。

检验方法：观察检查。

4.2.10 钢带和螺钉等辅助材料应符合设计要求。

检验方法：观察和尺量检查。

5 固定件和支承件施工质量验收

5.0.1 本章应用于绝热结构固定件和支承件的施工质量验收。

Ⅰ 主控项目

5.0.2 固定件及支承件的材质、品种和规格应符合设计要求。

检验方法：检查材料的质量证明书或现场抽样的性能检测报告，核对材料的品种和规格。

5.0.3 固定件不得穿透保冷层。

检验方法：观察检查。

5.0.4 设备及管道经热处理后的部位不应焊接固定件和支承件。

检验方法：观察检查。

5.0.5 固定件和支承件的位置应避开设备及管道的焊缝、法兰和阀门。

检验方法：观察检查。

5.0.6 当采用碳钢制作的固定件或支承件在不锈钢设备及管道上焊接时，应加焊不锈钢垫板。

检验方法：观察检查。

5.0.7 当绝热层使用抱箍式支承件时，宜设置隔垫。

检验方法：观察检查和检查施工自检记录。

Ⅱ 一般项目

5.0.8 固定件的安装应牢固、垂直，间距应均匀，长短应一致，自锁紧板不得向外滑动，固定件安装应符合设计要求，当设计无要求时，应符合表 5.0.8 的规定。

表 5.0.8 固定件安装要求

检查项目	绝热层材料	安装要求
钩钉、销钉	保温层硬质、半硬质及软质制品	每平方米：侧部不宜少于 6 个，底部不宜少于 9 个；间距：硬质宜为 300 mm～600 mm，软质不宜大于 350 mm，且每块保温材料不宜少于 2 个固定件
	保冷层硬质、半硬质制品	每块保冷材料固定件宜为 4 个，长度应小于保冷层厚度 10 mm，且不得小于 20 mm

检验方法：观察和尺量检查。

5.0.9 支承件的安装应牢固,位置设置应正确,间距和宽度应符合设计要求,当设计无要求时,应符合表5.0.9的规定。

表5.0.9 支承件安装要求

检查项目	绝热层材料	安装要求
托架支承板支承环	保温层硬质、半硬质及软质制品	立式设备及立管,平壁间距宜为1.5 m~2.0 m;圆筒在介质温度大于或等于350 ℃时,间距宜为2.0 m~3.0 m,在介质温度小于350 ℃时,间距宜为3.0 m~5.0 m; 支承件的宽度与结构应符合设计规定
	保冷层硬质、半硬质制品	立式设备及立管,平壁和圆筒间距均不得大于5.0 m; 支承件的宽度与结构应符合设计规定
支撑环	软质(毯、毡)绝热制品	水平位置,保护层支撑环安装间距宜为0.5 m~1.0 m; 结构应符合设计规定

检验方法:观察和尺量检查。

6 绝热层施工质量验收

6.1 绝热层厚度分层和拼缝等施工质量

6.1.1 本节应用于绝热层厚度分层和绝热层拼缝等的施工质量验收。

Ⅰ 主控项目

6.1.2 当采用一种绝热制品,绝热层厚度大于80 mm时,绝热层施工应分层错缝进行,各层的厚度应接近。

检验方法:观察和尺量检查。

6.1.3 当采用两种及以上绝热材料复合结构时,每种材料的厚度及安装顺序应符合设计要求;当绝热层采用复合材料时,安装方向应符合设计要求。

检验方法:观察和尺量检查。

6.1.4 当采用软质或半硬质可压缩性的绝热制品时,安装厚度应符合设计要求。

检验方法:观察和尺量检查。

6.1.5 硬质或半硬质制品绝热层拼缝的质量验收应符合下列规定:

1 保温层拼缝宽度不得大于5 mm,保冷层拼缝宽度不得大于2 mm;

2 同层应错缝,上、下层应压缝,搭接长度宜大于100 mm。

检验方法:观察和尺量检查。

6.1.6 设备及管道附件的保冷应符合设计要求,并应结构合理、安装牢固、拼缝严密、平整美观,且厚度应符合设计要求。

检验方法:观察和尺量检查。

Ⅱ 一般项目

6.1.7 绝热层拼缝的质量验收应符合下列规定:

1 当使用硬质或半硬质材料时,角缝应为封盖式搭缝;当使用软质材料时,角部应进行覆盖;

2 各层表面应做严缝处理;

3 拼缝应规则,错缝应整齐,表面应平整。

检验方法:观察检查。

6.1.8 设备及管道的附件和管道端部或有盲板部位的保温应符合设计要求,并应结构合理、安装牢固、拼缝严密和平整完好。

检验方法:观察检查。

6.1.9 施工后的绝热层不得覆盖设备铭牌。

检验方法:观察检查。

6.1.10 施工后的绝热层不得影响管道膨胀和管道膨胀指示装置的安装。

检验方法:观察检查。

6.1.11 有防潮层结构的绝热层应接缝严密,表面应干净、干燥和平整,并应无突角、凹坑等现象。

检验方法:观察检查。

6.2 硬质、半硬质及软质制品等绝热层施工质量

6.2.1 本节应用于对硬质、半硬质和软质制品等绝热层的施工质量验收。

Ⅰ 主控项目

6.2.2 绝热层采用硬质、半硬质或软质制品进行捆扎法施工的质量验收应符合下列规定:

1 伴热管与主管的加热空间应无堵塞;

2 当采用泡沫玻璃制品进行绝热施工时,耐磨剂的涂抹应符合设计要求;

3 深冷绝热结构中的隔汽层应符合设计要求。

检验方法:观察检查。

6.2.3 当绝热层采用硬质或半硬质制品进行拼砌法施工时,干砌填缝材料应填塞严实,湿砌粘结材料应涂抹均匀、粘贴牢固。

检验方法:观察检查。

6.2.4 绝热层采用填充法施工时,填充结构应均匀密实,不得有填料架桥和漏填现象。

检验方法:观察检查。

6.2.5 设备及管道上的观察孔、检测点、维修处等可拆卸式绝热层的质量验收应符合下列规定:

1 可拆卸式结构绝热层的厚度应与设备或管道绝热层的厚度相同。

检验方法:观察和尺量检查。

2 绝热层可拆卸式结构与固定结构之间接缝应严密。

检验方法:观察检查。

6.2.6 设备及管道表面与金属反射绝热结构内板之间的空气层间隙应符合设计要求。

检验方法:观察和尺量检查。

6.2.7 设备及管道硬质绝热制品绝热层伸缩缝和膨胀间隙的质量验收应符合设计要求和下列规定:

1 两固定管架间的水平管道绝热层至少应留设一道;

2 在立式设备或垂直管道的支承件和法兰下面应留设;

3 根据两弯头之间间距在两端直管段上可各留设一道;

4 保冷层伸缩缝外面应再进行保冷补偿;

5 各层伸缩缝应错开,错开距离宜大于 100 mm。

检验方法:观察和尺量检查。

6.2.8 绝热层有下列情况之一时,应在膨胀位移的一侧设置膨胀间隙,间隙的留设尺寸应符合设计和实际膨胀的要求:

1 填料式补偿器和波形补偿器;

2 当滑动支座高度小于绝热层厚度时;

3 相邻管道的绝热结构之间;

4 绝热结构与墙、梁、栏杆、平台、支撑等固定构件和管道所通过的孔洞之间。

检验方法:观察和尺量检查。

6.2.9 设备及管道系统中的特殊部位绝热结构和异型件整体预制绝热层安装的质量验收应符合下列规定:

1 特殊部位的绝热厚度不应小于本体部位绝热层厚度;

2 特殊部位处的绝热结构应结合严密、固定牢固和外形美观;

3 当异型件的绝热结构为整体预制绝热层安装时,预制绝热结构应与异型件结合紧密、固定牢固和外形美观。

检验方法:观察和尺量检查。

Ⅱ 一般项目

6.2.10 大平面和平壁设备采用软质或半硬质绝热制品进行嵌装层铺法施工的质量验收应符合下列规定:

1 绝热层应固定牢固,销钉固定件露出部分应做折弯处理。检验方法:观察检查。

2 绝热层在缝隙处应挤缝,下料后材料的尺寸应大于施工部位尺寸 10 mm～20 mm。

检验方法:观察和尺量检查。

6.2.11 绝热层采用硬质、半硬质或软质制品进行捆扎法施工的质量验收应符合下列规定:

1 绝热层应捆扎牢固,铁丝头应扳平嵌入绝热层内;硬质绝热制品捆扎间距不应大于 400 mm,半硬质绝热制品捆扎间距不应大于 300 mm;软质绝热制品捆扎间距宜为 200 mm,捆扎件距绝热制品端部宜为 50 mm;间距应均匀,外观应平整;每块绝热制品上的捆扎件不得少于 2 道,不得螺旋式缠绕捆扎。

检验方法:观察和尺量检查。

2 当设备封头、管道弯头部位的绝热层采用硬质、半硬质绝热制品时,加工尺寸应准确、紧贴工件,表面应平整、密实,拼缝应均匀、严密,并应无碎块填砌。

检验方法:观察检查。

6.2.12 当绝热层采用毡、箔等卷材类多功能绝热材料进行包缠捆扎法施工时,其搭接长度应大于 50 mm,并应顺水搭接、绑扎牢固。

检验方法:观察和尺量检查。

6.2.13 采用绝热绳、绝热带或绝热毡箔缠绕法施工的质量验收应符合下列规定:

1 绝热绳的缠绕应互相紧靠,并应拉紧无松动;多层应压缝,反向缠绕;表面应平整、美观,厚度应一致;

2 绝热带应缠绕紧密、牢固,表面应平整、无翻边,多层应压缝,搭接宽度应均匀美观。

检验方法:观察检查。

6.2.14 绝热层采用纤维状或粒状材料进行填充法施工的质量验收应符合下列规定:

1　固形层设置应正确,散状材料应无外露,填充材料应紧贴工件和平整美观。

检验方法:观察检查。

2　填料的填充密度应密实、平整、均匀,不得出现空洞。当分层进行填充时,层间应均匀,每层高度宜为 400 mm～600 mm。

检验方法:观察和尺量检查。

6.2.15　绝热层采用粘贴法施工的质量验收应符合下列规定:

1　当设备封头、异型件和管道弯头等部位进行绝热层粘贴时,绝热制品加工面应平整、尺寸正确、拼缝规整,应与工件粘贴牢固、平顺美观。

检验方法:观察和尺量检查。

2　设备及管道的绝热层采用软质、半硬质制品粘贴时应粘贴牢固,并应拼缝规整严密,缝内粘结剂饱满,表面平整美观。

检验方法:观察检查。

3　绝热层应粘贴牢固,无断裂现象;粘结剂涂抹部位应准确均匀,无漏涂。

检验方法:观察和剥离检查。

6.2.16　当绝热层采用涂抹法施工时,应分层涂敷,每层涂敷的厚度应符合产品使用说明的要求。涂抹的绝热层厚度应均匀、表面平整,并应无开裂和脱落等现象。

检验方法:观察和剥离检查。

6.2.17　设备及管道上观察孔、检测点和维修处等可拆卸式绝热层的质量验收应符合下列规定:

1　设备或管道在法兰绝热断开处的绝热结构应留出螺栓的拆卸距离。设备法兰的两侧应留出 3 倍螺母厚度的距离;管道法兰螺母一侧留出 3 倍螺母厚度的距离,另一侧应留出螺栓长度加 25 mm 的距离。

检验方法:观察和尺量检查。

2　可拆卸式保温层采用软质制品敷设时,装设应平整、严密、牢固,应紧贴工件和护壳,并应外形平顺美观,工件操作方便,便于安装拆卸。

3　可拆卸式保冷层内衬应平整、合缝严密、尺寸准确和紧贴工件,密封处理应良好,外形应平顺美观,工件应操作方便,便于安装拆卸。

检验方法:观察检查。

6.2.18　当设备及管道金属反射绝热结构的绝热层外采用外板延伸时,其搭接长度应大于 50 mm,外板应顺水流方向搭接,并应符合设计要求。

检验方法:观察和尺量检查。

6.2.19　设备及管道硬质绝热制品绝热层伸缩缝和膨胀间隙的质量验收应符合下列规定:

1　伸缩缝和膨胀间隙的位置应正确,缝内应无杂质和硬块,并应填塞严密、捆扎牢固、表面平整。

检验方法:观察和尺量检查。

2　当设计温度大于或等于 400 ℃时,设备及管道保温层的伸缩缝外应再进行保温,结构应符合设计要求,并应敷设牢固。

检验方法:观察检查。

6.2.20　绝热层安装厚度、安装密度和伸缩缝宽度的质量验收应符合下列规定:

1　绝热层安装厚度的质量验收应符合表6.2.20的规定。

表6.2.20　绝热层安装厚度的质量验收

项目				允许偏差	检验方法
厚度	嵌装层铺法、捆扎法、拼砌法及粘贴法	保温层	硬质制品	+10 mm −5 mm	尺量检查
			半硬质及软质制品	+10%,但不得＞+10 mm;−5%,但不得＜−8 mm	针刺、尺量检查
		保冷层		+5 mm 0	针刺、尺量检查
	填充法、浇注法及喷涂法	绝热层厚度＞50 mm		+10% 0	填充法用尺测量固形层与工件间距检查;浇注及喷涂法用针刺、尺量检查
		绝热层厚度≤50 mm		+5 mm 0	

2　绝热层安装密度的允许偏差和检验方法应符合下列规定:

1)　填充法绝热层的安装密度允许偏差应为+10%。

检验方法:按施工部位容积用料计算或取样称量检验。

2)　浇注法及喷涂法绝热层的安装密度允许偏差应为+10%。

检验方法:按实地切取试样称量检验。

3)　嵌装层铺法、捆扎法、拼砌法和粘贴法绝热层的安装密度允许偏差:硬质、半硬质制品应为+5%,软质制品应为+10%。

检验方法:取样称量检验。

3　伸缩缝宽度允许偏差应为+5 mm。

检验方法:尺量检查。

6.3　浇注、喷涂类绝热层施工质量

6.3.1　本节应用于对浇注、喷涂类绝热层的施工质量验收。

Ⅰ　主控项目

6.3.2　绝热层采用高分子发泡材料、轻质粒状材料或纤维状材料进行浇注、喷涂法施工的质量验收应符合下列规定:

1　浇注、喷涂绝热层施工材料的配合比和配制应符合设计要求和产品使用说明书的规定。

检验方法:观察检查和检查试样性能检测报告与施工记录。

2　预制成型管中管结构施工完毕后,补口处的绝热层应整体严密。

3　大面积喷涂宜分层、分段、分片进行;接茬处应结合良好,喷涂层应均匀。

检验方法:观察检查。

Ⅱ 一般项目

6.3.3 绝热层采用高分子发泡材料、轻质粒状材料或纤维状材料进行浇注、喷涂法施工的质量验收应符合下列规定：

1 高分子发泡材料进行浇注、喷涂的基面应干净，绝热层与工件应粘贴牢固，并应无脱落、发脆、收缩、发软和泡沫中心发红等现象，表面宜平整。

2 轻质粒料浇注、喷涂的绝热层厚度应符合设计要求，表面应无蜂窝、空洞、明显收缩、开裂和脱落等现象，接茬处应良好，粘贴应牢固，棱角部位应完整美观。

检验方法：观察和剥离检查。

7 防潮层施工质量验收

7.0.1 本章应用于绝热结构防潮层的施工质量验收。

Ⅰ 主控项目

7.0.2 防潮层结构应符合设计要求。

检验方法：观察检查。

7.0.3 防潮层应完整，并应无开裂、破损。厚度应符合设计要求，并应均匀一致。

检验方法：观察和尺量检查。

Ⅱ 一般项目

7.0.4 防潮层表面应平整，接缝应紧密，并应无翘口、脱层、空鼓和褶皱等缺陷。

检验方法：观察检查。

7.0.5 防潮层的厚度允许偏差应符合下列规定：

1 胶泥类防潮层的厚度允许偏差应为设计厚度的±20%；

2 成型卷材类防潮层的厚度允许偏差应符合防潮层材料偏差的要求。

检验方法：观察和尺量检查。

7.0.6 胶泥类防潮层中胶泥的施工质量应符合下列规定：

1 胶泥与绝热层外表面应结合紧密，无虚粘；涂抹应均匀一致，无漏涂；

2 胶泥与纤维布、塑料网格布等加强布应粘贴密实、无漏涂；

3 涂抹后的胶泥表层应平整，并应无脱层、流挂、空鼓和褶皱等缺陷。

检验方法：观察检查。

7.0.7 胶泥类防潮层中纤维布或塑料网格布等加强布的施工质量应符合下列规定：

1 加强布缠绕应紧密、无皱折和起鼓，搭接应均匀。

检验方法：观察检查。

2 加强布的环向和纵向搭接尺寸不应小于50 mm，接口搭接尺寸不应小于100 mm，接头应牢固。

检验方法：观察和尺量检查。

3 加强布与胶泥之间应粘贴紧密，网格内应布满复合胶泥涂料，并应无漏涂。

检验方法：观察检查。

7.0.8 成型卷材类防潮层的施工质量应符合下列规定：

1 防潮层搭接和压接应均匀，松紧应适度，并应无皱折、起鼓和翻边现象。

检验方法：观察检查。

2　防潮层环向和纵向接缝搭接尺寸不应小于 50 mm，接口搭接尺寸不应小于 100 mm。

3　成型卷材类防潮层采用缠绕法施工时，宜反向缠绕；当同向缠绕时，上、下层应压缝，压缝尺寸不应小于 50 mm，且应压接均匀。

4　成型卷材类防潮层采用搭接法施工时，搭接缝应顺水压缝；多层施工时上、下层应盖缝，盖缝尺寸不应小于 50 mm，且应压接均匀。

检验方法：观察和尺量检查。

5　防潮层的端部、接头及尾部应固定牢固、稳定；自粘型防潮层的环纵缝及搭接缝处应无虚粘、翘口、脱层和开裂等缺陷。

检验方法：观察检查。

7.0.9　管托、支吊架和设备接管、支座等开口部位的防潮层应粘贴紧密，无虚粘、翘口、脱层和开裂等缺陷，封口处应严密。

检验方法：观察检查。

8　保护层施工质量验收

8.1　金属保护层

8.1.1　本节应用于金属保护层的施工质量验收。

Ⅰ　主控项目

8.1.2　下列部位保护层均不得固定：

1　管道弯头与直管段上金属护壳的搭接部位；

2　直管段金属护壳膨胀的环向接缝部位；

3　静置设备、转动机械的金属护壳膨胀缝的部位。

检验方法：观察检查。

8.1.3　设备及管道金属保护层的接缝应顺水搭接。

检验方法：观察检查。

8.1.4　金属保护层施工结束后，防潮层必须完整。

检验方法：观察检查，可疑处可打开保护层检查。

8.1.5　保冷结构、潮湿环境和保温保护层易进水或水汽部位的搭接处应密封严密。

检验方法：观察检查。

Ⅱ　一般项目

8.1.6　金属保护层的外观应无翻边、豁口、翘缝或凹坑。

检验方法：观察检查。

8.1.7　金属保护层的搭接应均匀严密、整齐美观，并应符合表 8.1.7 的规定。

表 8.1.7　金属保护层搭接尺寸质量要求

项　目		搭接尺寸质量要求(mm)
设备及管道	纵缝部位	≥30
	环缝部位	≥50
	膨胀缝部位	≥100

表 8.1.7(续)

项　目		搭接尺寸质量要求(mm)
弯头与直管段接缝部位	高温	75～150
	中、低温	50～70
	保冷	30～50
设备、平壁面插接尺寸		≥20

检验方法:观察和尺量检查。

8.1.8　金属保护层的固定应牢固、无松动,间距应均匀一致,并应符合表 8.1.8 的规定。

表 8.1.8　金属保护层固定间距质量要求

项　目		间距要求(mm)
金属抱箍带固定	直管段	250～300
	弯头部位	每节不少于 1 道
自攻螺丝或抽芯铆钉固定	直管段	150～200
	弯头部位	每节不少于 1 处
设备、平壁		250～350

检验方法:观察和尺量检验。

8.1.9　管道金属保护层的纵向接缝应与管道轴线保持平行,应整齐美观,位置宜在水平中心线下方的 15°～45°处,当侧面或底部有障碍物时,可移至管道水平中心线上方 60°以内。

检验方法:观察检查。

8.1.10　管道金属保护层的环向接缝应与管道轴线保持垂直;设备及大型贮罐金属保护层的环向接缝应与纵向接缝相互垂直,并应整齐美观。

检验方法:观察检验。

8.1.11　管道在法兰断开处及三通部位金属保护层的施工质量验收应符合下列规定:

1　管道保温在法兰断开处的端面应用金属保护层做成防水结构进行封堵,且不得与奥氏体不锈钢管材或高温管道相接触;

2　管道保冷在法兰断开处的端面应做成封闭的防潮防水结构或用防水胶泥抹成 10°～20°的圆锥形状抹面保护层;

3　管道三通部位金属保护层支管与主管在相交部位宜翻边固定,并应顺水搭接。

检验方法:观察检查。

8.1.12　大型贮罐及设备金属保护层的施工质量验收应符合下列规定:

1　当采用平壁非压型板金属保护层时,保护层的接缝应呈棋盘形错列布置,纵向接缝应上、下错缝 1/2,环缝应与水平一致,搭接缝应上口压下口。

2　当采用大截面平壁压型板金属保护层时,保护层的结构形式应满足强度和防水要求,并应接缝严密、平整美观。

检验方法:观察检查。

3　风力较大地区的大型贮罐及设备应设置加固金属箍带，加固金属箍带之间的间距应小于450 mm。

检验方法：观察和尺量检查。

8.1.13　圆形封头设备及球形容器金属保护层的施工质量验收应符合下列规定：

1　金属保护层的接缝应呈棋盘形错列布置，纵向接缝应上、下错缝1/2，环缝应与水平一致，搭接缝应上口压下口。

检验方法：观察检查。

2　当圆形设备绝热层外径小于600 mm时，封头可做成平盖式；当绝热层外径大于或等于600 mm时，封头应做成橘瓣式。

检验方法：观察和尺量检查。

8.1.14　半硬质和软质保温金属保护层的环向活动缝间距应符合表8.1.14的规定。

表8.1.14　环向活动缝间距

介质温度(℃)	间距(m)
≤150	6～8
151～350	4～6
＞350	3～4

检验方法：观察和尺量检查。

8.1.15　金属保护层膨胀缝的留设位置应符合设计要求或本标准第6.2.7条、第6.2.8条的规定，接缝应严密，搭接尺寸应正确，间距应均匀。

检验方法：观察和尺量检查。

8.1.16　金属保护层椭圆度和平整度的质量验收应符合下列规定：

1　管道金属保护层椭圆度公差不得大于8 mm。

检验方法：用外卡尺和钢尺配合检查。

2　金属保护层表面平整度的质量要求应符合表8.1.16的规定。

表8.1.16　保护层表面平整度的质量要求

项目		表面平整度允许偏差(mm)
金属保护层		±3
非金属保护层	毡、箔、布、防水卷材、玻璃钢、复合型材料等包缠型保护层	±4
	涂膜弹性体及抹面等涂抹型保护层	±5

检验方法：用1 m直尺和楔形塞尺检查。

8.2　非金属保护层

8.2.1　本节应用于非金属保护层的施工质量验收。

Ⅰ　主控项目

8.2.2　当采用毡、箔、布、防水卷材和玻璃钢制品等包缠型保护层时，搭接方向应上搭下，顺水搭接。

检验方法：观察检查。

8.2.3 当采用现场成型玻璃钢时，铺衬的基布应贴合紧密，胶料涂刷应饱满，层数和厚度应符合设计要求。

检验方法：观察和尺量检查。

Ⅱ 一般项目

8.2.4 采用毡、箔、布、防水卷材和玻璃钢制品等包缠型保护层的施工质量验收应符合下列规定：

1 外观应无松脱、翻边、豁口、翘缝、气泡等缺陷，表面应整洁美观。

2 接缝粘贴应严密、牢固。

检验方法：观察和剥离检查。

3 管道环向与纵向接缝搭接尺寸不应小于 50 mm，设备平壁或大型贮罐接缝的搭接尺寸不应小于 30 mm；接缝搭接尺寸应均匀，并应整齐美观。

检验方法：观察和尺量检查。

8.2.5 采用涂膜弹性体和复合型材料保护层的施工质量验收应符合设计要求和下列规定：

1 涂膜弹性体材料的配制应符合产品说明书要求。

检验方法：检查材料的配制记录。

2 涂膜弹性体保护层应形成一个整体，涂膜厚度应均匀一致。

检验方法：观察和尺量检查。

3 复合型材料保护层的缝隙宜采用密封胶带进行密封，环向和纵向接缝应符合本标准第 8.1.3 条、第 8.1.9 条、第 8.1.10 条的规定。

检验方法：观察检查。

8.2.6 抹面保护层表面应无疏松层，使用前应无明显的干缩裂缝，不得露出铁丝头和铁丝网，表面应平整光洁，室外抹面层表面应做防水处理。

检验方法：观察检查。

8.2.7 抹面保护层伸缩缝的留设应符合设计要求或下列规定：

1 高温管道抹面层的断缝应与保温层的伸缩缝留在同一部位。

2 大型设备抹面层留出的方格形或环形凹槽伸缩缝的宽度应为 8 mm～12 mm，深度应为 5 mm～8 mm，伸缩缝外观应整齐美观。

检验方法：观察和尺量检查。

8.2.8 非金属保护层表面平整度的施工质量验收应符合表 8.1.16 的规定。

检验方法：用 1 m 直尺和楔形塞尺检查。

9 绝热工程验收

9.0.1 工业设备及管道绝热工程施工质量验收，应在施工单位自检合格的基础上进行。

9.0.2 绝热工程验收时，应提交下列资料：

1 绝热工程的材料质量证明文件，绝热材料性能检测报告应由第三方有资质的检测单位提供；

2 现场抽样的检测报告；

3 设计变更通知单、材料代用技术文件及施工过程中对重大技术问题的处理记录；

4 隐蔽工程记录；

5 质量验收记录。

9.0.3 分包工程完成后,应将工程有关资料交付总包单位。

9.0.4 未经验收合格的绝热工程不得投入使用。

附　录　A
检验批质量验收记录

表 A　检验批质量验收记录

单位工程名称					
分部工程名称					
分项工程名称				验收部位	
总包单位		项目技术负责人		项目负责人	
施工单位		项目技术负责人		项目负责人	
分包单位		项目技术负责人		项目负责人	
施工执行标准 名称及编号					
验收执行标准 名称及编号					

施工质量验收标准规定			施工单位检查记录	总包单位 检查记录	监理(建设)单位 验收记录
主控项目	1				
	2				
	3				
	4				
一般项目	1				
	2				
	3				
	4				
	5				
	6				
	7				
	8				
施工单位检查结果			项目专业质量检查员： 项目专业技术负责人： 年　月　日		

表 A（续）

总包单位检查结果	项目专业技术负责人： 年　月　日
监理(建设)单位验收结论	监理工程师： （建设单位项目专业技术负责人） 年　月　日

附　录　B
分项工程质量验收记录

表 B　分项工程质量验收记录

<table>
<tr><td colspan="2">单位工程名称</td><td colspan="5"></td></tr>
<tr><td colspan="2">分部工程名称</td><td colspan="5"></td></tr>
<tr><td colspan="2">分项工程名称</td><td colspan="3"></td><td>检验批数</td><td></td></tr>
<tr><td colspan="2">总包单位</td><td></td><td>项目技术负责人</td><td></td><td>项目负责人</td><td></td></tr>
<tr><td colspan="2">施工单位</td><td></td><td>项目技术负责人</td><td></td><td>项目负责人</td><td></td></tr>
<tr><td colspan="2">分包单位</td><td></td><td>项目技术负责人</td><td></td><td>项目负责人</td><td></td></tr>
<tr><td>序号</td><td colspan="2">检验批</td><td>施工单位
检查结果</td><td>总包单位
检查结果</td><td colspan="2">监理(建设)单位
验收结论</td></tr>
<tr><td>1</td><td colspan="2"></td><td></td><td></td><td colspan="2"></td></tr>
<tr><td>2</td><td colspan="2"></td><td></td><td></td><td colspan="2"></td></tr>
<tr><td>3</td><td colspan="2"></td><td></td><td></td><td colspan="2"></td></tr>
<tr><td>4</td><td colspan="2"></td><td></td><td></td><td colspan="2"></td></tr>
<tr><td>5</td><td colspan="2"></td><td></td><td></td><td colspan="2"></td></tr>
<tr><td>6</td><td colspan="2"></td><td></td><td></td><td colspan="2"></td></tr>
<tr><td>7</td><td colspan="2"></td><td></td><td></td><td colspan="2"></td></tr>
<tr><td>8</td><td colspan="2"></td><td></td><td></td><td colspan="2"></td></tr>
<tr><td>9</td><td colspan="2"></td><td></td><td></td><td colspan="2"></td></tr>
<tr><td>10</td><td colspan="2"></td><td></td><td></td><td colspan="2"></td></tr>
<tr><td colspan="3">质量控制资料</td><td></td><td></td><td colspan="2"></td></tr>
<tr><td colspan="2">施工单位检查结论</td><td colspan="5">项目专业质量检查员：
项目专业技术负责人：
年　月　日</td></tr>
<tr><td colspan="2">总包单位检查结论</td><td colspan="5">项目专业技术负责人：
年　月　日</td></tr>
<tr><td colspan="2">监理(建设)单位
验收结论</td><td colspan="5">监理工程师：
(建设单位项目专业技术负责人)
年　月　日</td></tr>
</table>

附　录　C
分部工程质量验收记录

表C　分部工程质量验收记录

<table>
<tr><td colspan="2">单位工程名称</td><td colspan="6"></td></tr>
<tr><td colspan="2">分部工程名称</td><td colspan="4"></td><td>分项工程数量</td><td></td></tr>
<tr><td colspan="2">总包单位</td><td colspan="2"></td><td>项目技术负责人</td><td></td><td>项目负责人</td><td></td></tr>
<tr><td colspan="2">施工单位</td><td colspan="2"></td><td>项目技术负责人</td><td></td><td>项目负责人</td><td></td></tr>
<tr><td colspan="2">分包单位</td><td colspan="2"></td><td>项目技术负责人</td><td></td><td>项目负责人</td><td></td></tr>
<tr><td>序号</td><td colspan="2">分项工程名称</td><td>检验批数</td><td>施工单位检查结论</td><td>总包单位检查结论</td><td colspan="2">监理(建设)单位验收结论</td></tr>
<tr><td>1</td><td colspan="2"></td><td></td><td></td><td></td><td colspan="2"></td></tr>
<tr><td>2</td><td colspan="2"></td><td></td><td></td><td></td><td colspan="2"></td></tr>
<tr><td>3</td><td colspan="2"></td><td></td><td></td><td></td><td colspan="2"></td></tr>
<tr><td>4</td><td colspan="2"></td><td></td><td></td><td></td><td colspan="2"></td></tr>
<tr><td>5</td><td colspan="2"></td><td></td><td></td><td></td><td colspan="2"></td></tr>
<tr><td>6</td><td colspan="2"></td><td></td><td></td><td></td><td colspan="2"></td></tr>
<tr><td>7</td><td colspan="2"></td><td></td><td></td><td></td><td colspan="2"></td></tr>
<tr><td>8</td><td colspan="2"></td><td></td><td></td><td></td><td colspan="2"></td></tr>
<tr><td colspan="4">质量控制资料</td><td></td><td></td><td colspan="2"></td></tr>
<tr><td rowspan="4">参加验收单位</td><td colspan="3">施工单位　　　（盖章）</td><td colspan="4">项目负责人：
项目技术负责人：
年　月　日</td></tr>
<tr><td colspan="3">总包单位　　　（盖章）</td><td colspan="4">项目负责人：
项目技术负责人：
年　月　日</td></tr>
<tr><td colspan="3">设计单位　　　（盖章）</td><td colspan="4">项目负责人：
项目技术负责人：
年　月　日</td></tr>
<tr><td colspan="3">监理(建设)单位　　　（盖章）</td><td colspan="4">总监理工程师：
（建设单位项目技术负责人）
年　月　日</td></tr>
</table>

附　录　D
质量控制资料核查记录

表 D　质量控制资料核查记录

<table>
<tr><td colspan="2">单位工程名称</td><td colspan="7"></td></tr>
<tr><td colspan="2">总包单位</td><td colspan="3"></td><td colspan="2">施工单位</td><td colspan="2"></td></tr>
<tr><td rowspan="2">序号</td><td rowspan="2">资料名称</td><td rowspan="2">份数</td><td colspan="2">施工单位</td><td colspan="2">总包单位</td><td colspan="2">监理(建设)单位</td></tr>
<tr><td>核查意见</td><td>核查人</td><td>核查意见</td><td>核查人</td><td>核查意见</td><td>核查人</td></tr>
<tr><td>1</td><td>绝热材料及其制品的质量证明书、现场抽样的性能检测报告</td><td></td><td></td><td></td><td></td><td></td><td></td><td></td></tr>
<tr><td>2</td><td>粘结剂、耐磨剂、密封剂的质量证明书、现场抽样的性能检测报告</td><td></td><td></td><td></td><td></td><td></td><td></td><td></td></tr>
<tr><td>3</td><td>防潮层材料的质量证明书、现场抽样的性能检测报告</td><td></td><td></td><td></td><td></td><td></td><td></td><td></td></tr>
<tr><td>4</td><td>保护层材料的质量证明书、现场抽样的性能检测报告</td><td></td><td></td><td></td><td></td><td></td><td></td><td></td></tr>
<tr><td>5</td><td>设计变更单、材料代用单</td><td></td><td></td><td></td><td></td><td></td><td></td><td></td></tr>
<tr><td>6</td><td>隐蔽工程记录</td><td></td><td></td><td></td><td></td><td></td><td></td><td></td></tr>
<tr><td>7</td><td>质量验收记录</td><td></td><td></td><td></td><td></td><td></td><td></td><td></td></tr>
<tr><td></td><td></td><td></td><td></td><td></td><td></td><td></td><td></td><td></td></tr>
<tr><td></td><td></td><td></td><td></td><td></td><td></td><td></td><td></td><td></td></tr>
<tr><td></td><td></td><td></td><td></td><td></td><td></td><td></td><td></td><td></td></tr>
<tr><td></td><td></td><td></td><td></td><td></td><td></td><td></td><td></td><td></td></tr>
<tr><td></td><td></td><td></td><td></td><td></td><td></td><td></td><td></td><td></td></tr>
<tr><td></td><td></td><td></td><td></td><td></td><td></td><td></td><td></td><td></td></tr>
<tr><td></td><td></td><td></td><td></td><td></td><td></td><td></td><td></td><td></td></tr>
<tr><td colspan="9">结论:
施工单位项目负责人:
年　月　日　　总监理工程师:
总包单位项目负责人:　　(建设单位项目技术负责人)
年　月　日　　年　月　日</td></tr>
<tr><td colspan="9">注:1　有特殊要求的可据实增加核查项目。
2　质量证明书、性能检测报告和记录内容应齐全、准确、真实;复印件应注明原件存放单位,并有复印件单位的签字和盖章。</td></tr>
</table>

本标准用词说明

1 为便于在执行本标准条文时区别对待,对要求严格程度不同的用词说明如下:

1) 表示很严格,非这样做不可的:
正面词采用“必须”,反面词采用“严禁”;

2) 表示严格,在正常情况下均应这样做的:
正面词采用“应”,反面词采用“不应”或“不得”;

3) 表示允许稍有选择,在条件许可时首先应这样做的:
正面词采用“宜”,反面词采用“不宜”;

4) 表示有选择,在一定条件下可以这样做的,采用“可”。

2 条文中指明应按其他有关标准执行的写法为“应符合……的规定”或“应按……执行”。

引用标准名录

《工业设备及管道绝热工程施工规范》GB 50126
《工业安装工程施工质量验收统一标准》GB 50252
《覆盖奥氏体不锈钢用绝热材料规范》GB/T 17393

UDC

中华人民共和国国家标准

P

GB 50187—2012

工业企业总平面设计规范

Code for design of general layout of industrial enterprises

2012-03-30 发布

2012-08-01 实施

中华人民共和国住房和城乡建设部
中华人民共和国国家质量监督检验检疫总局 联合发布

中华人民共和国住房和城乡建设部公告

第1356号

关于发布国家标准《工业企业总平面设计规范》的公告

现批准《工业企业总平面设计规范》为国家标准，编号为GB 50187—2012，自2012年8月1日起实施。其中，第3.0.12(1)、3.0.13、3.0.14(1、2、3、4、5、6、7、8、11)、4.6.2(3、4)、4.6.4、5.6.5(3)、8.1.7条(款)为强制性条文，必须严格执行。原《工业企业总平面设计规范》GB 50187—93同时废止。

本规范由我部标准定额研究所组织中国计划出版社出版发行。

中华人民共和国住房和城乡建设部

二〇一二年三月三十日

前　言

本规范是根据原建设部《关于印发〈2006年工程建设标准规范制订、修订计划(第二批)〉的通知》(建标〔2006〕136号)的要求,由中冶南方工程技术有限公司会同有关单位,对原国家标准《工业企业总平面设计规范》GB 50187—93进行修订而成。

本规范在修订过程中,规范编制组进行了广泛的调查研究,认真总结了几十年来我国工业企业总平面设计的实践经验及有关研究成果,根据我国现行的法规和制度,参照了国内、国外相关标准,力求修订的规范具有严谨性与较强的适用性。在广泛征求了有关设计、生产及高等院校等部门和单位意见的基础上,经反复讨论研究、屡次修改,最终经审查定稿。

本规范共分10章和2个附录,主要技术内容包括:总则,术语,厂址选择,总体规划,总平面布置,运输线路及码头布置,竖向设计,管线综合布置,绿化布置,主要技术经济指标等。

本规范修订的主要内容是:

1.修订了总则。

2.增加了术语。

3.修订了厂址选择,增加新条文1条,新条款2款。

4.修订了总体规划的部分内容,增加了居住区规划设计要求、排土场最终坡底线的安全防护距离;增加新条文2条,新条款4款。

5.修订了总平面布置:补充了产生高噪声的车间布置的一般方法和要求,增加了液化气配气站布置要求,修订了冷却塔与相邻设施的最小水平间距;增加了新条文6条,新条款14款。

6.修订了运输线路及码头布置:一般规定增加了新条文3条,企业准轨铁路增加了新条文8条,企业窄轨铁路增加了新条文13条,道路增加了新条文10条、新条款3款,企业码头增加了新条文2条、新条款3款。

7.修订了竖向设计,增加了新条款6款。

8.修订了管线综合布置:内容包括一般规定、管线敷设方式、地下管线敷设的原则;地下管线与建筑物、构筑物之间的最小水平间距及地下管线之间的最小水平间距在总结设计、实践经验的基础上,结合有关现行国家标准进行了修订;增加了地下管线之间最小垂直净距、地上管线与铁路、道路平行敷设的要求等。修订了27条,其中增加新条文4条、新条款3款。

9.修订了绿化布置:增加了绿化布置的原则和绿地率控制要求;绿化布置增加了新条文5条、新条款2款。

10.修订了主要技术经济指标:新增了容积率、投资强度、行政办公及生活服务设施用地及其所占比重的技术经济指标。

本规范中以黑体字标志的条文为强制性条文,必须严格执行。

本规范由住房和城乡建设部负责管理和对强制性条文的解释,中国冶金建设协会负责日常管理,中冶南方工程技术有限公司负责具体技术内容的解释。请各单位在执行本规范过程中,不断总结经验,积累资料,及时将意见及有关资料寄往中冶南方工程技术有限公司(地址:湖北省武汉市东湖新技术开发区大学园路33号,邮政编码:430223,传真:027-86865025),以供今后修订时参考。

本规范主编单位、参编单位、主要起草人及主要审查人:

主 编 单 位:中冶南方工程技术有限公司

参 编 单 位:西安建筑科技大学

全国化工总图运输设计技术中心站
中国石化南京工程有限公司
机械工业第四设计研究院
中煤集团沈阳煤矿设计研究院
中国寰球工程公司
中国电力工程顾问集团西北电力设计院
中国中元国际工程公司
中煤西安设计工程有限责任公司

主要起草人:周启国　李前明　陈　凡　刘加祥　章　良　邵小东　王秋平　肖炎斌
王均鹤　马利欣　刘启明　陈　晖　马团生　蒋　清　林斯平　刘俊义
杨欣蓓　何岳生　陈　晶　王耀峰

主要审查人:车　群　雷　明　董士奎　张天民　向春涛　冯景涛　周志丹　李荣光
彭义军

1 总则

1.0.1 为贯彻国家有关法律、法规和方针、政策,统一工业企业总平面设计原则和技术要求,做到技术先进、生产安全、节约资源、保护环境、布置合理,制定本规范。

1.0.2 本规范适用于新建、改建及扩建工业企业的总平面设计。

1.0.3 工业企业总平面设计必须贯彻十分珍惜和合理利用土地,切实保护耕地的基本国策,因地制宜,合理布置,节约集约用地,提高土地利用率。

1.0.4 改建、扩建的工业企业总平面设计必须合理利用、改造现有设施,并应减少改建、扩建工程施工对生产的影响。

1.0.5 工业企业总平面设计除应符合本规范外,尚应符合国家现行有关标准的规定。

2 术语

2.0.1

工业企业 industrial enterprise

从事工业生产经营活动的经济组织。

2.0.2

工业企业总平面设计 general layout design of industrial enterprises

根据国家产业政策和工程建设标准,工艺要求及物料流程,以及建厂地区地理、环境、交通等条件,合理选定厂址,统筹处理场地和安排各设施的空间位置,系统处理物流、人流、能源流和信息流的设计工作。

2.0.3

厂址选择 selection of plant site

为拟建的工业企业选择既能满足生产需要,又能获得最佳经济效益、社会效益和环境效益场所的工作。

2.0.4

总平面布置 general layout

在选定的场地内,合理确定建筑物、构筑物、交通运输线路和设施的最佳空间位置。

2.0.5

功能分区 functional zoning

将工业企业各设施按不同功能和系统分区布置,构成一个相互联系的有机整体。

2.0.6

厂区通道 plant passage

厂区内用以集中通行道路、铁路及各种管线和进行绿化的地带。

2.0.7

竖向设计 vertical design

为适应生产工艺、交通运输及建筑物、构筑物布置的要求,对场地自然标高进行改造。

2.0.8

计算水位 calculated water level

计算水位为设计水位加上壅水高度和浪高。

2.0.9

生产设施 production facilities

为完成生产过程(生产产品)所需要的工艺装置,包括生产设备、厂房、辅助设备及各种配套设施。

2.0.10

运输线路 transport route

为完成特定物流而设置的专用铁路、道路、带式输送机、管道等线路。

2.0.11

工业站 industrial railway station

主要为工业区或有大量装卸作业的工业企业外部铁路运输服务的准轨铁路车站。

2.0.12

企业站 enterprise railway station

主要为工业企业内部铁路运输服务的准轨铁路车站。

2.0.13

码头陆域 land area of wharf

用于布置码头装卸机械、仓库、堆场、运输线路、运输装备停放场,以及修建相应的各种配套设施所需要的场地。

2.0.14

泊位 berth

港区内供船舶停靠的位置。

2.0.15

管线综合布置 integrated arrangement of pipeline

根据管线的种类及技术要求,结合总平面布置合理地确定各种管线的走向及空间位置,协调各管线之间、管线与其他设施之间的相互关系,布置合理的管网系统。

2.0.16

排土场 dumping site

集中堆放剥离物的场所,指矿山采矿按一定排岩(土)程序循环排弃的场所。

2.0.17

施工用地 land for construction

指建设期间,临时施工和堆放材料的用地。

2.0.18

绿化布置 green layout

为防止企业污染扩散,改善和保护自然环境,在不影响安全的前提下,选择不同种类植物合理布置,种植绿化。

2.0.19

绿地率 ratio of green space

厂区用地范围内各类绿地面积的总和与厂区总用地面积的比率(%)。

2.0.20

安全距离 safety distance

各设施之间为确保安全需设置的最小距离,如防火、防爆、防撞、防滑坡距离等。

3 厂址选择

3.0.1 厂址选择应符合国家的工业布局、城乡总体规划及土地利用总体规划的要求，并应按照国家规定的程序进行。

3.0.2 配套和服务工业企业的居住区、交通运输、动力公用设施、废料场及环境保护工程、施工基地等用地，应与厂区用地同时选择。

3.0.3 厂址选择应对原料、燃料及辅助材料的来源、产品流向、建设条件、经济、社会、人文、城镇土地利用现状与规划、环境保护、文物古迹、占地拆迁、对外协作、施工条件等各种因素进行深入的调查研究，并应进行多方案技术经济比较后确定。

3.0.4 原料、燃料或产品运输量大的工业企业，厂址宜靠近原料、燃料基地或产品主要销售地及协作条件好的地区。

3.0.5 厂址应有便利和经济的交通运输条件，与厂外铁路、公路的连接应便捷、工程量小。临近江、河、湖、海的厂址，通航条件满足企业运输要求时，应利用水运，且厂址宜靠近适合建设码头的地段。

3.0.6 厂址应具有满足生产、生活及发展所必需的水源和电源。水源和电源与厂址之间的管线连接应短捷，且用水、用电量大的工业企业宜靠近水源及电源地。

3.0.7 散发有害物质的工业企业厂址应位于城镇、相邻工业企业和居住区全年最小频率风向的上风侧，不应位于窝风地段，并应满足有关防护距离的要求。

3.0.8 厂址应具有满足建设工程需要的工程地质条件和水文地质条件。

3.0.9 厂址应满足近期建设所必需的场地面积和适宜的建厂地形，并应根据工业企业远期发展规划的需要，留有适当的发展余地。

3.0.10 厂址应满足适宜的地形坡度，宜避开自然地形复杂、自然坡度大的地段，应避免将盆地、积水洼地作为厂址。

3.0.11 厂址应有利于同邻近工业企业和依托城镇在生产、交通运输、动力公用、机修和器材供应、综合利用、发展循环经济和生活设施等方面的协作。

3.0.12 厂址应位于不受洪水、潮水或内涝威胁的地带，并应符合下列规定：

1 **当厂址不可避免地位于受洪水、潮水或内涝威胁的地带时，必须采取防洪、排涝的防护措施。**

2 凡受江、河、潮、海洪水、潮水或山洪威胁的工业企业，防洪标准应符合现行国家标准《防洪标准》GB 50201 的有关规定。

3.0.13 山区建厂，当厂址位于山坡或山脚处时，应采取防止山洪、泥石流等自然灾害危害的加固措施，应对山坡的稳定性等作出地质灾害的危险性评估报告。

3.0.14 下列地段和地区不应选为厂址：

1 **发震断层和抗震设防烈度为9度及高于9度的地震区。**

2 **有泥石流、流沙、严重滑坡、溶洞等直接危害的地段。**

3 **采矿塌落(错动)区地表界限内。**

4 **爆破危险区界限内。**

5 **坝或堤决溃后可能淹没的地区。**

6 **有严重放射性物质污染的影响区。**

7 生活居住区、文教区、水源保护区、名胜古迹、风景游览区、温泉、疗养区、自然保护区和其他需要特别保护的区域。

8 对飞机起落、机场通信、电视转播、雷达导航和重要的天文、气象、地震观察，以及军事设施等规定有影响的范围内。

9 很严重的自重湿陷性黄土地段，厚度大的新近堆积黄土地段和高压缩性的饱和黄土地段等地质条件恶劣地段。

10 具有开采价值的矿藏区。

11 受海啸或湖涌危害的地区。

4 总体规划

4.1 一般规定

4.1.1 工业企业总体规划应结合工业企业所在区域的技术经济、自然条件等进行编制，并应满足生产、运输、防震、防洪、防火、安全、卫生、环境保护、发展循环经济和职工生活的需要，应经多方案技术经济比较后择优确定。

4.1.2 工业企业总体规划应符合城乡总体规划和土地利用总体规划的要求。有条件时，规划应与城乡和邻近工业企业在生产、交通运输、动力公用、机修和器材供应、综合利用及生活设施等方面进行协作。

4.1.3 厂区、居住区、交通运输、动力公用设施、防洪排涝、废料场、尾矿场、排土场、环境保护工程和综合利用场地等均应同时规划。当有的大型工业企业必须设置施工基地时，亦应同时规划。

4.1.4 工业企业总体规划应贯彻节约集约用地的原则，并应严格执行国家规定的土地使用审批程序，应利用荒地、劣地及非耕地，不应占用基本农田。分期建设时，总体规划应正确处理近期和远期的关系，近期应集中布置，远期应预留发展，应分期征地，并应合理、有效地利用土地。

4.1.5 联合企业中不同类型的工厂应按生产性质、相互关系、协作条件等因素分区集中布置。对产生有害气体、烟、雾、粉尘等有害物质的工厂，应采取防止危害的治理措施。

4.2 防护距离

4.2.1 产生有害气体、烟、雾、粉尘等有害物质的工业企业与居住区之间应按现行国家标准《制定地方大气污染物排放标准的技术方法》GB/T 3840 和有关工业企业设计卫生标准的规定，设置卫生防护距离，并应符合下列规定：

1 卫生防护距离用地应利用原有绿地、水塘、河流、耕地、山岗和不利于建筑房屋的地带。

2 在卫生防护距离内不应设置永久居住的房屋，有条件时应绿化。

4.2.2 产生开放型放射性有害物质的工业企业的防护要求应符合现行国家标准《电离辐射防护与辐射源安全基本标准》GB 18871 的有关规定。

4.2.3 民用爆破器材生产企业的危险建筑物与保护对象的外部距离应符合现行国家标准《民用爆破器材工程设计安全规范》GB 50089 的有关规定。

4.2.4 产生高噪声的工业企业，总体规划应符合现行国家标准《声环境质量标准》GB 3096、《工业企业噪声控制设计规范》GBJ 87 和《工业企业厂界环境噪声排放标准》GB 12348的有关规定。

4.3 交通运输

4.3.1 交通运输规划应与企业所在地国家或地方交通运输规划相协调，并应符合工业企业总体规划要求,还应根据生产需要、当地交通运输现状和发展规划,结合自然条件与总平面布置要求,统筹安排,且应便于经营管理、兼顾地方客货运输、方便职工通勤,并应为与相邻企业的协作创造条件。

4.3.2 外部运输方式应根据国家有关的技术经济政策、外部交通运输条件、物料性质、运量、流向、运距等因素,结合厂内运输要求,经多方案技术经济比较后择优确定。

4.3.3 铁路接轨点的位置应根据运量、货流和车流方向、工业企业位置及其总体规划和当地条件等进行全面的技术经济比较后择优确定,并应符合下列规定:

1 工业企业铁路与路网铁路接轨,应符合现行国家标准《工业企业标准轨距铁路设计规范》GBJ 12 的有关规定。

2 工业企业铁路不得与路网铁路或另一工业企业铁路的区间内正线接轨,在特殊情况下,有充分的技术经济依据,必须在该区间接轨时,应经该管铁路局或铁路局和工业企业铁路主管单位的同意,并应在接轨点开设车站或设辅助所。

3 不得改变主要货流和车流的列车运行方向。

4 应有利于路、厂和协作企业的运营管理。

5 应靠近工业企业,并应有利于接轨站、交接站、企业站(工业编组站)的合理布置,并应留有发展的余地。

4.3.4 工业企业铁路与路网铁路交接站(场)、企业站的设置应根据运量大小、作业要求、管理方式等经全面技术经济比较后择优确定,并应充分利用路网铁路站场的能力。有条件时,应采用货物交接方式。

4.3.5 工业企业厂外道路的规划应与城乡规划或当地交通运输规划相协调,并应合理利用现有的国家公路及城镇道路。厂外道路与国家公路或城镇道路连接时,路线应短捷,工程量应小。

4.3.6 工业企业厂区的外部交通应方便,与居住区、企业站、码头、废料场以及邻近协作企业等之间应有方便的交通联系。

4.3.7 厂外汽车运输和水路运输在有条件的地区,宜采取专业化、社会化协作。

4.3.8 邻近江、河、湖、海的工业企业,具备通航条件,且能满足工业企业运输要求时,应采用水路运输,并应合理确定码头位置。

4.3.9 采用管道、带式输送机、索道等运输方式时,应充分利用地形布置,并应与其他运输方式合理衔接。

4.4 公用设施

4.4.1 沿江、河、海取水的水源地,应位于排放污水及其他污染源的上游、河床及河、海岸稳定且不妨碍航运的地段,并应符合下列规定:

1 应符合江、河道和海岸整治规划的要求。

2 水源地的位置应符合水源卫生防护的有关要求。

3 应符合当地给水工程规划的要求。

4 生活饮用水水源应符合现行国家标准《生活饮用水卫生标准》GB 5749 和《地表水环境质量标准》GB 3838 的有关规定。

4.4.2 高位水池应布置在地质良好、不因渗漏溢流引起坍塌的地段。

4.4.3 厂外的污水处理设施宜位于厂区和居住区全年最小频率风向的上风侧,并应与厂区和居住区保持必要的卫生防护距离,应符合下列规定:

1 沿江、河布置的污水处理设施，尚应位于厂区和居住区的下游。

2 宜靠近企业的污水排出口或城镇污水处理厂。

3 排出口位置应位于地势较低的地段，并应符合环境保护要求。

4.4.4 热电站或集中供热锅炉房宜靠近负荷中心或主要用户，应具有方便的供煤和排灰渣条件，并应采取必要的治理措施，排放的烟尘、灰渣应符合国家或地方现行的有关排放标准的规定。

4.4.5 总变电站宜靠近负荷中心或主要用户，其位置的选择应符合下列规定：

1 应靠近厂区边缘，且输电线路进出方便的地段。

2 不得受粉尘、水雾、腐蚀性气体等污染源的影响，并应位于散发粉尘、腐蚀性气体污染源全年最小频率风向的下风侧和散发水雾场所冬季盛行风向的上风侧。

3 不得布置在有强烈振动设施的场地附近。

4 应有运输变压器的道路。

5 宜布置在地势较高地段。

4.5 居住区

4.5.1 企业职工居住和生活问题应利用社会资源解决。当需要设置居住区时，宜集中布置，也可与临近工业企业协作组成集中的居住区，并应符合当地城乡总体规划的要求。

4.5.2 在符合安全和卫生防护距离的要求下，居住区宜靠近工业企业布置。当工业企业位于城镇郊区时，居住区宜靠近城镇，并宜与城镇统一规划。

4.5.3 居住区应位于向大气排放有害气体、烟、雾、粉尘等有害物质的工业企业全年最小频率风向的下风侧，其卫生防护距离应符合国家现行有关工业企业设计卫生标准的规定。

4.5.4 居住区应充分利用荒地、劣地及非耕地。在山坡地段布置居住区时，应选择在不窝风的阳坡地段。

4.5.5 居住区与厂区之间不宜有铁路穿越。当必须穿越时，应根据人流、车流的频繁程度等因素，设置立交或看守道口。

4.5.6 居住区内不应有国家铁路或过境公路穿越。当居住区一侧有铁路通过时，居住区至铁路的最小距离应符合当地城镇规划的管理规定。

4.5.7 居住区的规划设计应符合现行国家标准《城市居住区规划设计规范》GB 50180 的有关规定。

4.6 废料场及尾矿场

4.6.1 工业企业排弃的废料应结合当地条件综合利用，需综合利用的废料应按其性质分别堆存，并应符合现行国家标准《一般工业固体废物贮存、处置场污染控制标准》GB 18599 的有关规定。

4.6.2 废料场及尾矿场的规划应符合下列规定：

1 应位于居住区和厂区全年最小频率风向的上风侧。

2 与居住区的卫生防护距离应符合国家现行有关工业企业设计卫生标准的规定。

3 含有害、有毒物质的废料场，应选在地下水位较低和不受地面水穿流的地段，必须采取防扬散、防流失和其他防止污染的措施。

4 含放射性物质的废料场，还应符合下列规定：

1） 应选在远离城镇及居住区的偏僻地段。

2） 应确保其地面及地下水不被污染。

3) **应符合现行国家标准《电离辐射防护与辐射源安全基本标准》GB 18871 的有关规定。**

4.6.3 废料场应充分利用沟谷、荒地、劣地。废料年排出量不大的中小型工业企业,有条件时,应与邻近企业协作或利用城镇现有的废料场。

4.6.4 江、河、湖、海等水域严禁作为废料场。

4.6.5 当利用江、河、湖、海岸旁滩洼地堆存废料时,不得污染水体、阻塞航道或影响河流泄洪,并应取得当地环保部门的同意。

4.6.6 废料场堆存年限应根据废料数量、性质、综合利用程度,以及当地具体条件等因素确定。废料场地宜一次规划、分期实施。

4.6.7 尾矿场宜靠近选矿厂,宜选择在建坝条件好的荒山、沟谷,并应充分利用地形。当条件许可时,应结合表土排弃进行复垦。

4.7 排土场

4.7.1 排土场位置的选择应符合下列规定:

1 排土场宜靠近露天采掘场地表境界以外设置。对分期开采的矿山,经技术经济比较合理时,可设在远期开采境界以内;在条件允许的矿山,应利用露天采空区作为内部排土场。

2 应选择在地质条件较好的地段,不宜设在工程地质或水文地质条件不良地段。

3 应保证排土场不致因滚石、滑坡、塌方等威胁采矿场、工业场地、厂区、居民点、铁路、道路、输电线路、通信光缆、耕种区、水域、隧道涵洞、旅游景区、固定标志及永久性建筑等安全。

4 应避免排土场成为矿山泥石流重大危险源,必要时,应采取保障安全的措施。

5 应符合相应的环保要求,并应设在居住区和工业企业常年最小频率风向的上风侧和生活水源的下游。含有污染源废石的堆放和处置应符合现行国家标准《一般工业固体废物贮存、处置场污染控制标准》GB 18599 的有关规定。

6 应利用沟谷、荒地、劣地,不占良田、少占耕地,宜避免迁移村庄。

7 有回收利用价值的岩土应分别堆存,并应为其创造有利的装运条件。

4.7.2 排土场最终坡底线与相邻的铁路、道路、工业场地、村镇等之间的安全防护距离应符合现行国家标准《有色金属矿山排土场设计规范》GB 50421 等的有关规定。

4.7.3 排土场的总容量应能容纳矿山所排弃的全部岩土。排土场宜一次规划、分期实施。

4.7.4 排土场应根据所在地区的具体条件进行复垦。复垦计划应全面规划、分期实施。

4.8 施工基地及施工用地

4.8.1 需要独立设置施工基地时,应符合工业企业总体布置的要求,宜布置在生产基地的扩建方向或规划预留位置,并宜靠近主要施工场地。施工生活基地宜靠近工业企业居住区布置,有关生活设施应与工业企业居住区统一布置。

4.8.2 施工生产基地应具备大宗材料到达和产品外运条件,并宜利用工业企业永久性铁路、道路、水运等运输设施。

4.8.3 施工用地应充分利用厂区空隙地、堆场用地、预留发展用地或卫生防护地带。当厂区空隙地、堆场用地、预留发展用地或卫生防护地带不能满足要求时,可另行规划必要的施工用地。施工用地内,不应设置永久性和半永久性的施工设施。

5 总平面布置

5.1 一般规定

5.1.1 总平面布置应在总体规划的基础上，根据工业企业的性质、规模、生产流程、交通运输、环境保护，以及防火、安全、卫生、节能、施工、检修、厂区发展等要求，结合场地自然条件，经技术经济比较后择优确定。

5.1.2 总平面布置应节约集约用地，提高土地利用率。布置时，应符合下列规定：

1 在符合生产流程、操作要求和使用功能的前提下，建筑物、构筑物等设施应采用集中、联合、多层布置。

2 应按企业规模和功能分区合理地确定通道宽度。

3 厂区功能分区及建筑物、构筑物的外形宜规整。

4 功能分区内各项设施的布置应紧凑、合理。

5.1.3 总平面布置的预留发展用地应符合下列规定：

1 分期建设的工业企业，近远期工程应统一规划。近期工程应集中、紧凑、合理布置，并应与远期工程合理衔接。

2 远期工程用地宜预留在厂区外，当近、远期工程建设施工期间隔很短，或远期工程和近期工程在生产工艺、运输要求等方面密切联系不宜分开时，可预留在厂区内。其预留发展用地内不得修建永久性建筑物、构筑物等设施。

3 预留发展用地除应满足生产设施的发展用地外，还应预留辅助生产、动力公用、交通运输、仓储及管线等设施的发展用地。

5.1.4 厂区的通道宽度应符合下列规定：

1 应符合通道两侧建筑物、构筑物及露天设施对防火、安全与卫生间距的要求。

2 应符合铁路、道路与带式输送机通廊等工业运输线路的布置要求。

3 应符合各种工程管线的布置要求。

4 应符合绿化布置的要求。

5 应符合施工、安装与检修的要求。

6 应符合竖向设计的要求。

7 应符合预留发展用地的要求。

5.1.5 总平面布置应充分利用地形、地势、工程地质及水文地质条件，布置建筑物、构筑物和有关设施，应减少土(石)方工程量和基础工程费用，并应符合下列规定：

1 当厂区地形坡度较大时，建筑物、构筑物的长轴宜顺等高线布置。

2 应结合地形及竖向设计，为物料采用自流管道及高站台、低货位等设施创造条件。

5.1.6 总平面布置应结合当地气象条件，使建筑物具有良好的朝向、采光和自然通风条件。高温、热加工、有特殊要求和人员较多的建筑物，应避免西晒。

5.1.7 总平面布置应防止高温、有害气体、烟、雾、粉尘、强烈振动和高噪声对周围环境和人身安全的危害，并应符合国家现行有关工业企业卫生设计标准的规定。

5.1.8 总平面布置应合理地组织货流和人流，并应符合下列规定：

1 运输线路的布置应保证物流顺畅、径路短捷、不折返。

2 应避免运输繁忙的铁路与道路平面交叉。

3 应使人、货分流，应避免运输繁忙的货流与人流交叉。

4 应避免进出厂的主要货流与企业外部交通干线的平面交叉。

5.1.9 总平面布置应使建筑群体的平面布置与空间景观相协调,并应结合城镇规划及厂区绿化,提高环境质量,创造良好的生产条件和整洁友好的工作环境。

5.1.10 工业企业的建筑物、构筑物之间及其与铁路、道路之间的防火间距,以及消防通道的设置,除应符合现行国家标准《建筑设计防火规范》GB 50016 的规定外,尚应符合国家现行有关标准的规定。

5.2 生产设施

5.2.1 大型建筑物、构筑物,重型设备和生产装置等,应布置在土质均匀、地基承载力较大的地段;对较大、较深的地下建筑物、构筑物,宜布置在地下水位较低的填方地段。

5.2.2 要求洁净的生产设施应布置在大气含尘浓度较低、环境清洁、人流、货流不穿越或少穿越的地段,并应位于散发有害气体、烟、雾、粉尘的污染源全年最小频率风向的下风侧。洁净厂房的布置,尚应符合现行国家标准《洁净厂房设计规范》GB 50073 的有关规定。

5.2.3 产生高温、有害气体、烟、雾、粉尘的生产设施,应布置在厂区全年最小频率风向的上风侧,且地势开阔、通风条件良好的地段,并不应采用封闭式或半封闭式的布置形式。产生高温的生产设施的长轴宜与夏季盛行风向垂直或呈不小于 45°交角布置。

5.2.4 产生强烈振动的生产设施,应避开对防振要求较高的建筑物、构筑物布置,其与防振要求较高的仪器、设备的防振间距应符合表 5.2.4-1 的规定。精密仪器、设备的允许振动速度与频率及允许振幅的关系应符合表 5.2.4-2 的规定。

表 5.2.4-1 防振间距(m)

振源	量级		允许振动速度(mm/s)								
	单位	量值	0.05	0.10	0.20	0.50	1.00	1.50	2.00	2.50	3.00
锻锤	t	≤1	145	120	100	75	55	45	35	30	30
		2	215	195	175	150	135	125	115	110	105
		3	230	205	185	160	140	130	120	115	110
落锤	t·m	60	140	120	105	85	70	60	55	50	45
		120	145	130	115	90	80	70	60	60	55
		180	150	135	115	95	80	70	65	60	55
活塞式空气压缩机	m^3/min	≤10	40	30	25	20	15	10	10	5	5
		20～40	60	40	35	30	20	15	10	5	5
		60～100	100	80	60	50	40	30	20	10	5
透平式空气压缩机 10000 m^3/h 制氧机	m^3/h	55 000	90	75	60	40	30	20	15	15	10
透平式空气压缩机 26000 m^3/h 制氧机		155 000	145	125	105	80	60	50	45	35	35
火车 标准轨距铁路	km/h	≤10	90	75	60	40	25	20	15	10	10
		20～30	95	80	60	45	30	20	15	15	10
		50 左右	140	120	95	70	50	35	30	25	20

表 5.2.4-1 (续)

振源		量级			允许振动速度(mm/s)								
		单位	量值		0.05	0.10	0.20	0.50	1.00	1.50	2.00	2.50	3.00
汽车	沥青路面	15 t 载重汽车	km/h	≤10	55	40	30	15	10	5	5	5	5
				20～30	80	60	45	25	15	10	5	5	5
		25 t 载重汽车	km/h	35	155	135	115	95	75	65	60	55	50
		35 t 载重汽车	km/h	30	135	115	100	75	60	50	40	35	35
		80 t 牵引车	km/h	12	145	125	105	80	60	50	45	40	35
	混凝土路面	15 t 载重汽车	km/h	≤10	65	50	35	20	10	5	5	5	5
				20～30	90	70	55	40	25	20	15	15	10
水爆清砂			t/件	2～5	130	110	85	60	45	35	30	25	20
				20	210	185	160	130	105	95	85	80	75

注:1 表列间距,锻锤、落锤及空气压缩机均自振源基座中心算起;铁路自中心线算起;道路为城市型时,自路面边缘算起,为公路型时,自路肩边缘算起;水爆清砂自水池边缘算起;有防振要求的仪器、设备自其中心算起;

2 表列数值系波能量吸收系数为 0.04/m 湿的砂类土、粉质土和可塑的黏质土的防振间距。当湿的砂类土、粉质土和可塑的黏质土的波能量吸收系数小于或大于 0.04/m 时,其防振间距应适当增加或减少;

3 地质条件复杂或为表列振源外的其他大型振动设备时,其防振间距应按现行国家标准《动力机器基础设计规范》GB 50040 的有关规定或按实测资料确定;

4 当采取防振措施后,其防振间距可不受本表限制。

表 5.2.4-2 精密仪器、设备的允许振动速度与频率及允许振幅的关系

频率(Hz) / 允许振幅(μm) / 仪器设备允许的振动速度(mm/s)	5	10	15	20	25	30	35	40
0.05	1.60	0.80	0.53	0.40	0.32	0.27	0.23	0.20
0.10	3.18	1.59	1.06	0.80	0.64	0.54	0.46	0.40
0.20	6.37	3.18	2.16	1.60	1.28	1.08	0.92	0.80
0.50	16.00	8.00	5.30	4.00	3.20	2.70	2.30	2.00
1.00	32.00	16.00	10.60	8.00	6.40	5.40	4.60	3.98
1.50	47.75	23.87	15.90	11.90	9.60	7.96	6.82	5.97

表 5.2.4-2（续）

允许振幅(μm) 频率(Hz) 仪器设备允许的振动速度(mm/s)	5	10	15	20	25	30	35	40
2.00	63.66	31.83	21.20	16.00	12.70	10.60	9.10	7.96
2.50	79.58	39.79	26.53	19.90	15.90	13.30	11.40	9.95
3.00	95.50	47.75	31.83	23.90	19.10	15.90	13.60	11.94

5.2.5　产生高噪声的生产设施，总平面布置应符合下列规定：

1　宜相对集中布置并远离人员集中和有安静要求的场所。

2　产生高噪声的车间应与低噪声的车间分开布置。

3　产生高噪声生产设施的周围宜布置对噪声较不敏感、高大、朝向有利于隔声的建筑物、构筑物和堆场等。

4　产生高噪声的生产设施与相邻设施的防噪声间距，应符合国家现行有关噪声卫生防护距离的规定。

5　厂区内各类地点及厂界处的噪声限制值和总平面布置中的噪声控制，尚应符合现行国家标准《工业企业噪声控制设计规范》GBJ 87 的有关规定。

5.2.6　需要大宗原料、燃料的生产设施，宜与其原料、燃料的贮存及加工辅助设施靠近布置，并应位于原料、燃料的贮存及加工辅助设施全年最小频率风向的下风侧。生产大宗产品的设施宜靠近其产品储存和运输设施布置。

5.2.7　易燃、易爆危险品生产设施的布置应保证生产人员的安全操作及疏散方便，并应符合国家现行有关设计标准的规定。

5.2.8　有防潮、防水雾要求的生产设施，应布置在地势较高、地下水位较低的地段，其与循环水冷却塔之间的最小间距应符合本规范第 5.3.9 条的规定。

5.3　公用设施

5.3.1　公用设施的布置宜位于其负荷中心或靠近主要用户。

5.3.2　总降压变电所的布置应符合下列规定：

1　宜位于靠近厂区边缘且地势较高地段。

2　应便于高压线的进线和出线。

3　应避免设在有强烈振动的设施附近。

4　应避免布置在多尘、有腐蚀性气体和有水雾的场所，并应位于多尘、有腐蚀性气体场所全年最小频率风向的下风侧和有水雾场所冬季盛行风向的上风侧。

5.3.3　氧(氮)气站宜布置在位于空气洁净的地段。氧(氮)气站空分设备的吸风口应位于乙炔站和电石渣场及散发其他碳氢化合物设施的全年最小频率风向的下风侧，吸风口与乙炔站及电石渣场之间的最小水平间距应符合现行国家标准《氧气站设计规范》GB 50030 的有关规定。

5.3.4 压缩空气站的布置应符合下列规定：

1 应位于空气洁净的地段，避免靠近散发爆炸性、腐蚀性和有害气体及粉尘等的场所，并应位于散发爆炸性、腐蚀性和有害气体及粉尘等场所的全年最小频率风向的下风侧。

2 压缩空气站的朝向应结合地形、气象条件，使站内有良好的通风和采光。贮气罐宜布置在站房的北侧。

3 压缩空气站的布置尚应符合本规范第5.2.4条和第5.2.5条的规定。

5.3.5 乙炔站的布置应符合下列规定：

1 应位于排水及自然通风良好的地段。

2 应避开人员密集区和主要交通地段。

3 乙炔站与氧(氮)气站空分设备吸风口的最小水平间距应符合现行国家标准《氧气站设计规范》GB 50030的有关规定。

5.3.6 煤气站和天然气配气站、液化气配气站的布置应符合下列规定：

1 宜布置在厂区的边缘地段和位于主要用户的全年最小频率风向的上风侧。

2 煤气站的布置应符合现行国家标准《工业企业煤气安全规程》GB 6222的有关规定，发生炉煤气站的布置应符合现行国家标准《发生炉煤气站设计规范》GB 50195的有关规定，天然气配气站、液化气配气站的布置应符合现行国家标准《城镇燃气设计规范》GB 50028的有关规定。

3 煤气站应避免其灰尘、烟尘和有害气体对周围环境的影响，其贮煤场和灰渣场宜布置在煤气站全年最小频率风向的上风侧，水处理设施和焦油池宜布置在站区地势较低处。

4 天然气配气站宜布置在靠近天然气总管进厂方向和至各用户支管较短的地点，并应位于有明火或散发火花地点的全年最小频率风向的上风侧。

5 液化气配气站的布置应符合下列规定：

1） 应布置在运输条件方便的地段；

2） 宜靠近主要用户布置；

3） 应布置在明火或散发火花地点的全年最小频率风向的上风侧；

4） 应避免布置在窝风地段。

5.3.7 锅炉房的布置应符合下列规定：

1 宜布置在厂区全年最小频率风向的上风侧，应避免灰尘和有害气体对周围环境的影响。

2 当采取自流回收冷凝水时，宜布置在地势较低，且不窝风的地段。

3 燃煤锅炉房应有贮煤与灰渣场地和方便的运输条件。贮煤场和灰渣场宜布置在锅炉房全年最小频率风向的上风侧。

5.3.8 给水净化站的布置宜靠近水源地或水源汇集处；当布置在厂区内时，应位于厂区边缘、环境洁净、给水总管短捷，且与主要用户支管距离短的地段。

5.3.9 循环水设施的布置应位于所服务的生产设施附近，并应使回水具有自流条件，或能减少扬程的地段。沉淀池附近应有相应的淤泥堆积、排水设施和运输线路的场地。循环水冷却设施的布置应符合下列规定：

1 冷却塔宜布置在通风良好、避免粉尘和可溶于水的化学物质影响水质的地段。

2 不宜布置在屋外变、配电装置和铁路、道路冬季盛行风向的上风侧。冷却塔与相邻设施的最小水平间距应符合表5.3.9的规定。

表 5.3.9 冷却塔与相邻设施的最小水平间距(m)

设施名称		自然通风冷却塔	机械通风冷却塔
生产及辅助生产建筑物		20	25
中央试(化)验室、生产控制室		30	35
露天生产装置		25	30
屋外变、配电装置	当在冷却塔冬季盛行风向上风侧时	25	40
	当在冷却塔冬季盛行风向下风侧时	40	60
电石库	当在冷却塔全年盛行风向上风侧时	30	50
	当在冷却塔全年盛行风向下风侧时	60	100
散发粉尘的原料、燃料及材料堆场		25	40
铁路	厂外铁路(中心线)	25	35
	厂内铁路(中心线)	15	20
道路	厂外道路	25	35
	厂内道路	10	15
厂区围墙(中心线)		10	15

注:1 表列间距除注明者外,冷却塔自塔外壁算起;建筑物自最外边轴线算起;露天生产装置自最外设备的外壁算起;屋外变、配电装置自最外构架边缘算起;堆场自场地边缘算起;道路为城市型时,自路面边缘算起,为公路型时,自路肩边缘算起;

2 冬季采暖室外计算温度在 0 ℃以上的地区,冷却塔与屋外变、配电装置的间距应按表列数值减少 25%;冬季采暖室外计算温度在 −20 ℃以下的地区,冷却塔与相邻设施(不包括屋外变、配电装置和散发粉尘的原料、燃料及材料堆场)的间距应按表列数值增加 25%;当设计中规定在寒冷季节冷却塔不使用风机时,其间距不得增加;

3 附属于车间或生产装置的屋外变、配电装置与冷却塔的间距应按表列数值减少 25%;

4 单个小型机械冷却塔与相邻设施的间距可适当减少,玻璃钢冷却塔与相邻设施的间距可不受本表规定的限制;

5 在改、扩建工程中,当受条件限制时,表列间距可适当减少,但不得超过 25%。

5.3.10 污水处理站的布置应符合下列规定:

1 应布置在厂区和居住区全年最小频率风向的上风侧。

2 宜位于厂区地下水流向的下游,且地势较低的地段。

3 宜靠近工厂污水排出口或城乡污水处理厂。

5.3.11 中央试(化)验室的布置应符合下列规定:

1 应布置在散发有害气体、粉尘,以及循环水冷却塔等产生大量水雾设施全年最小频率风向的下风侧。

2 宜有良好的朝向和通风采光条件。

3 与振源的最小间距应符合本规范第 5.2.4 条的规定。

5.3.12 当需设置排水泵站时,其布置应符合下列规定:

1 生活污水泵站应布置在生活污水总排水管的附近。

2 雨水排水泵站应布置在雨水总排水方沟(管)出口的附近。

5.3.13 当建设自备热电站时,应布置在靠近热电负荷的中心,且燃料供应便捷的地段。

5.4 修理设施

5.4.1 全厂性修理设施宜集中布置;车间维修设施应在确保生产安全前提下,靠近主要用户布置。

5.4.2 机械修理和电气修理设施应根据其生产性质对环境的要求合理布置,并应有较方便的交通运输条件。

5.4.3 仪表修理设施的布置宜位于环境洁净、干燥的地段,与振源的最小间距应符合本规范第5.2.4条的规定。

5.4.4 机车、车辆修理设施的布置应位于机车作业较集中、机车出入较方便的地段,并应避开作业繁忙的咽喉区。

5.4.5 汽车修理设施应根据其修理任务和能力布置,可独立布置在厂区外,也可与汽车库联合布置,并应有相应的车辆停放和破损车斗、轮胎等堆放场地。

5.4.6 建筑维修设施的布置宜位于厂区边缘或厂外独立的地段,并应有必要的露天操作场、堆场和方便的交通运输条件。

5.4.7 矿山用电铲、钎凿设备等检修设施宜靠近露天采矿场或井(硐)口布置,并应有必要的露天检修和备件堆放场地。

5.5 运输设施

5.5.1 机车整备设施宜布置在工业企业的主要车站或机车、车辆修理库附近。

5.5.2 电力牵引接触线检修车停放库的布置宜位于企业主要车站的一侧,其附近应有一定的材料堆放场地。

5.5.3 汽车库、停车场的布置应符合现行国家标准《汽车库、修车库、停车场设计防火规范》GB 50067的有关规定,并宜符合下列规定:

1 宜靠近主要货流出入口或仓库区布置,并应减少空车行程。

2 应避开主要人流出入口和运输繁忙的铁路。

3 加油装置宜布置在汽车主要出入口附近。

4 洗车装置宜布置在汽车库入口附近便于排水除泥处,应避免对周围环境的影响。

5 汽车停车场的面积应根据车型、停放形式及数量确定。

5.5.4 轨道衡的布置应根据车辆称重流水作业的要求和线路及站场布置条件布置,可布置在装卸地点出入口或车场牵出线的道岔区附近、交接场或调车场的外侧,也可布置在进厂联络线的一侧。

5.5.5 汽车衡应布置在有较多称量车辆行驶方向道路的右侧,并应设置一定面积的停车等待场地,且不应影响道路的正常行车。

5.5.6 叉车库和电瓶车库宜靠近用车的库房布置,并宜与库房的建筑物合并设置。

5.5.7 铁路车站站房应布置在站场中部到发线的一侧。由几个车场组成的车站应布置在位置适中、作业繁忙的地点。

5.5.8 信号楼应布置在便于瞭望、调度作业方便、通信及电力线路引入短捷的地点,并应符合下列规定:

1 信号楼应布置在车站中部或作业繁忙的道岔区一侧。

2 信号楼凸出部分的外墙边缘至最近铁路中心线的间距不宜小于 5 m。

3 距正线、高温车通过线的铁路中心线不宜小于 7 m。

5.6 仓储设施

5.6.1 仓库与堆场应根据贮存物料的性质、货流出入方向、供应对象、贮存面积、运输方式等因素,按不同类别相对集中布置,并应为运输、装卸、管理创造有利条件,且应符合国家现行有关防火、防爆、安全、卫生等标准的规定。

5.6.2 大宗原料、燃料仓库或堆场应按贮用合一的原则布置,并应符合下列规定:

1 应靠近主要用户,运输应方便。

2 应适应机械化装卸作业。

3 易散发粉尘的仓库或堆场应布置在厂区边缘地带,且应位于厂区全年最小频率风向的上风侧。

4 场地应有良好的排水条件。

5.6.3 金属材料库区的布置应远离散发有腐蚀性气体和粉尘的设施,并宜位于散发有腐蚀性气体和粉尘设施的全年最小频率风向的下风侧。

5.6.4 易燃及可燃材料堆场的布置宜位于厂区边缘,并应远离明火及散发火花的地点。

5.6.5 火灾危险性属于甲、乙、丙类液体罐区的布置,应符合下列规定:

1 宜位于企业边缘的安全地带,且地势较低而不窝风的独立地段。

2 应远离明火或散发火花的地点。

3 **架空供电线严禁跨越罐区。**

4 当靠近江、河、海岸边时,应布置在临江、河、海的城镇、企业、居住区、码头、桥梁的下游和有防泄漏堤的地段,并应采取防止液体流入江、河、海的措施。

5 不应布置在高于相邻装置、车间、全厂性重要设施及人员集中场所的场地,无法避免时,应采取防止液体漫流的安全措施。

6 液化烃罐组或可燃液体罐组不宜紧靠排洪沟布置。

5.6.6 电石库的布置宜位于场地干燥和地下水位较低的地段,不应与循环水冷却塔毗邻布置。电石库与冷却塔之间的最小水平间距应符合本规范第 5.3.9 条的规定。

5.6.7 酸类库区及其装卸设施应布置在易受腐蚀的生产设施或仓储设施的全年最小频率风向的上风侧,宜位于厂区边缘且地势较低处,并应位于厂区地下水流向的下游地段。

5.6.8 爆破器材库区的布置应符合现行国家标准《民用爆破器材工程设计安全规范》GB 50089 的有关规定。

5.7 行政办公及其他设施

5.7.1 行政办公及生活服务设施的布置应位于厂区全年最小频率风向的下风侧,并应符合下列规定:

1 应布置在便于行政办公、环境洁净、靠近主要人流出入口、与城镇和居住区联系方便的位置。

2 行政办公及生活服务设施的用地面积,不得超过工业项目总用地面积的 7%。

5.7.2 全厂性的生活设施可集中或分区布置。为车间服务的生活设施应靠近人员较多的作业地点，或职工上、下班经由的主要道路附近。

5.7.3 消防站的设置应根据企业的性质、生产规模、火灾危险程度及其所在地区的消防能力等因素确定。凡有条件与城镇或邻近工业企业消防设施协作时，应统一布设，并应符合下列规定：

1 消防站应布置在责任区的适中位置，应保证消防车能方便、迅速地到达火灾现场。

2 消防站的服务半径应以接警起5分钟内消防车能到达责任区最远点确定。

3 消防站布置宜避开厂区主要人流道路，并应远离噪声源。其主体建筑距人员集中的公共建筑的主要疏散口不应小于50 m。

4 消防站车库正门应朝向城市道路(厂区道路)，至城镇规划道路红线(或厂区道路边缘)的距离不宜小于15 m。门应避开管廊、栈桥或其他障碍物，其地面应用混凝土或沥青等材料铺筑，并应向道路方向设1%～2%的坡度。

5.7.4 厂区出入口的位置和数量应根据企业的生产规模、总体规划、厂区用地面积及总平面布置等因素综合确定，并应符合下列规定：

1 出入口的数量不宜少于2个。

2 主要人流出入口宜与主要货流出入口分开设置，并应位于厂区主干道通往居住区或城镇的一侧；主要货流出入口应位于主要货流方向，应靠近运输繁忙的仓库、堆场，并应与外部运输线路连接方便。

3 铁路出入口应具备良好的瞭望条件。

5.7.5 厂区围墙的结构形式和高度应根据企业性质、规模以及周边环境确定。围墙至建筑物、道路、铁路和排水明沟的最小间距应符合表5.7.5的规定。

表5.7.5 围墙至建筑物、道路、铁路和排水明沟的最小间距(m)

名称	至围墙最小间距
建筑物	5.0
道路	1.0
准轨铁路(中心线)	5.0
窄轨铁路(中心线)	3.5
排水明沟边缘	1.5

注：1 表中间距除注明者外，围墙自中心线算起；建筑物自最外墙突出边缘算起；道路为城市型时，自路面边缘算起；为公路型时，自路肩边缘算起；

2 围墙至建筑物的间距，当条件困难时，可适当减少；当设有消防通道时，其间距不应小于6 m；

3 传达室、警卫室与围墙的间距不限；

4 条件困难时，准轨铁路至围墙的间距，当有调车作业时，可为3.5 m；当无调车作业时，可为3.0 m。窄轨铁路至围墙的间距，可分别为3.0 m和2.5 m。

6 运输线路及码头布置

6.1 一般规定

6.1.1 工业企业的运输线路设计应根据生产工艺要求、货物性质、流向、年运输量、到发作业条件和当地运输系统的现状与规划，以及当地自然条件和协作条件等因素，进行运输方案的比较确定,应选择能满足生产要求、经济合理、安全可靠的运输方式。

6.1.2 改、扩建的工业企业内外部运输应合理利用和改造既有运输线路。

6.1.3 运输线路的布置应符合下列规定:

1 应满足生产要求,物流应顺畅,线路应短捷,人流、货流组织应合理。

2 应有利于提高运输效率,改善劳动条件,运行应安全可靠,并应使厂区内、外部运输、装卸、贮存形成完整的、连续的运输系统。

3 应合理利用地形。

4 应便于采用先进适用的技术和设备。

5 经营管理及维修应方便。

6 运输繁忙的线路应避免平面交叉。

6.1.4 运输及维修设施应社会化。对于运输量大、作业复杂或有特殊要求的货物,需配置专用设备或设施时,应依据充分、数量适当、量能匹配、选型合理、方便维修、定员精减。

6.1.5 工业企业分期建设时,运输线路布置的近期和远期应统一规划、分期实施,并应留有适当的发展余地。

6.2 企业准轨铁路

6.2.1 当工业企业具备下列条件之一时,可修建铁路,但应与其他运输方式进行技术经济比较后确定:

1 企业近期的年到、发货运量达到 30 万 t 及以上,并可能采用铁路运输,且采用铁路运输能满足生产要求时。

2 虽年货运量达不到本条第 1 款的要求,但到、发货运量达到 30 万 t 的 50%及以上,且接轨条件好、工程量小、取送作业方便时。

3 以铁路运输最为安全可靠,或发货、卸车地点已确定采用铁路运输时。

4 有特殊需要,必须采用铁路运输时。

6.2.2 工业企业铁路线路的布置应符合下列规定:

1 应满足生产、运输和装卸作业的要求。

2 厂区内铁路宜集中布置,应满足货流方向和近、远期运量的要求。

3 对运量大、机车多、作业复杂的工业企业,铁路线路布置宜适应机车分区作业的需要。

4 道岔宜集中布置。

5 车间、仓库、堆场的线路宜合并集中与联络线或连接线连接,应力求扇形面积最小。

6 固体物料装卸线宜布置在该储存设施的边缘。

7 可燃液体、剧毒的货物或散发粉尘的大宗物料装卸线宜分类集中布置在全厂最小频率风向的上风侧,且应靠近厂区边缘地带。

8 铁路线路的布置应结合地形、工程地质、水文地质等自然条件,在满足生产和技术要求的条件下,选取线路短、工程量小、干扰少的路线。

6.2.3 有大量装卸作业的工业区、工业企业可根据需要设置主要为其服务的铁路工业站。工业站的布置要求应符合现行国家标准《铁路车站及枢纽设计规范》GB 50091 的有关规定。

6.2.4 工业企业交接站(场)的布置应符合下列规定:

1 应与车流的汇集方向顺流,避免机车车辆出现迂回干扰和折角走行。

2 应简化交接作业程序,避免重复作业。

3　进入工业企业的线路路径应顺直，对路网主要车流干扰应最小，取送作业时，单机走行应最少。

6.2.5　采用车辆交接、取送车组较多或取送距离较远的企业可设置企业站。企业站的布置应符合下列规定：

1　企业站的位置应便于与工业站(或接轨站)联系，应有利于厂区铁路进线，并应减少折角运行。

2　应根据引入线的数量、方向、作业性质、作业量以及工程条件等，选择合理的车站位置和站型，并应留有发展的余地。

3　近期站场及与其有关设施的布置应便于运营和节省投资，并应为将来扩建创造良好的条件。

4　站内各组成部分之间应相互协调，并应减少线路交叉和作业干扰。

5　应缩短机车车辆、列车的走行距离和在站内的停留时间。

6.2.6　工业企业铁路与路网铁路部门之间的交接作业方式应根据经济比选由路、厂双方协商确定。交接作业的地点应符合下列规定：

1　当实行货物交接时，可在企业的装卸线上办理。

2　当实行车辆交接，且工业站与企业站分设时，宜在工业站设交接场办理交接。当双方车站间铁路专用线运输由铁路部门管理时，在工业站可不设交接场，可在企业站到发场办理交接。

3　当实行车辆交接，且工业站与企业站联设时，可根据车站布置形式在工业站的交接场或双方的到发场办理交接。

6.2.7　工业企业内部可根据生产需要设置其他车站，其他车站的布置应符合下列规定：

1　应根据工业企业总体规划的要求，结合各类生产车间、仓库的布置和作业要求确定车站的分布。

2　应满足铁路技术作业和运输能力的需要。

3　应有适宜地形、工程地质和水文地质等条件。

4　车站应按运量的增长、通过能力和作业的需要分期建设。

6.2.8　露天矿山铁路线路的布置宜有列车换向的条件。沿露天矿采掘场或排土场境界布置时，应确保路基边坡稳定及行车安全的要求。

6.2.9　厂内货物装卸线应与其配套的生产车间、仓库、堆场、装卸站(栈)台相匹配，装卸线的有效长度应按货物运输量、货物品种、作业性质、取送车方式以及一次装卸车数量等因素确定。

6.2.10　货物装卸线应设在直线上，并应符合下列规定：

1　在特别困难条件下，曲线半径不应小于 500 m。

2　不靠站台的装卸线(可燃、易燃、危险品的装卸线除外)可设在半径不小于 300 m 的曲线上。

3　货物装卸线宜设在平道上，在困难条件下，可设在不大于 1.5‰的坡道上。

4　货物装卸线起讫点距离竖曲线始、终点不应小于 15 m。

6.2.11　可燃液体、液化烃、剧毒品和各种危险货物的铁路装卸线布置应符合下列规定：

1　宜按品种集中布置在厂区全年最小频率风向的上风侧，并应位于厂区边缘地带。

2　宜按品种设计为专用的尽头式平直线路。当物料性质相近，且每种物料的年运量小于 5 万 t 时，可合用一条装卸线，但一条装卸线上不宜超过 3 个品种；液化烃、丙 B 类可燃液体的装卸线宜单独布置。

3　装卸线宜设在平直线路上。困难情况下，可设在半径不小于 500 m 的平坡曲线上。

4 装卸线不宜与仓库入口交叉,且不应兼作走行线。

6.2.12 装卸作业区咽喉道岔前方的一段线路的坡度应满足列车启动要求,咽喉道岔前方的一段线路坡度的长度不应小于该作业区最大车组长度、机车长度及列车停车附加距离之和。列车停车的附加距离不应小于 20 m。

6.2.13 厂内线不宜设置缓和曲线;当有条件时,正线和联络线宜设置长度为 30 m 和 20 m 的缓和曲线。

6.2.14 洗罐站所辖的各种线路应根据洗罐工艺配置。线路布置应满足洗罐作业要求,其中待洗线、停放线和取送线宜与企业车站及存车线结合布置。

6.2.15 火灾危险性属于甲、乙类的液体和液化烃,以及腐蚀、剧毒物品的装卸线和库内线等防护装置的设置应符合现行国家标准《化工企业总图运输设计规范》GB 50489 的有关规定。

6.2.16 民用爆破器材装卸线的布置应符合现行国家标准《民用爆破器材工程设计安全规范》GB 50089 的有关规定。

6.2.17 尽头式铁路线的末端应设置车挡和车挡表示器。车挡前的附加距离与车挡后的安全距离应符合下列规定:

1 普通货物装卸站台(或栈桥)的末端至车挡的附加距离不应小于 10 m,困难条件下,可小于 10 m;可燃液体、液化烃和危险品的装卸线的末端至车挡的附加距离不应小于 20 m。

2 厂房与仓库内采用弹簧式车挡或金属车挡的线路,附加距离不宜小于 5 m。

3 车挡后面的安全距离,厂房(库房)内不应小于 6 m;露天不应小于 15 m;车挡后面的安全距离内不应修建建筑物、构筑物或安装设备;车挡外延 30 m 的范围内,不宜布置生产、使用、贮存液化烃、可燃液体、危险品和剧毒品的设施,以及全厂性的架空管廊的支柱。

6.2.18 轨道衡线的布置应符合下列规定:

1 轨道衡线应采用通过式布置,轨道衡线的长度应根据线路配置和轨道衡的类型、称重方式、一次称重最多车辆数等条件确定。

2 轨道衡两端应设为平坡直线段,并应加强其中紧靠衡器两端线路的轨道。平坡直线段和加强轨道的长度应符合轨道衡的技术要求,加强轨道的长度不应小于 25 m。

6.3 企业窄轨铁路

6.3.1 窄轨铁路设计应采用 600 mm、762 mm、900 mm 三种轨距,同一企业铁路,轨距宜统一,同类设备型号宜一致。

6.3.2 窄轨铁路等级应按表 6.3.2 的规定划分。

表 6.3.2 窄轨铁路等级

线路类别	铁路等级	单线重车方向年运量(万 t/a)		
		铁路轨距(mm)		
		900	762	600
厂(场)外运输	Ⅰ	>250	200~150	—
	Ⅱ	250~150	<150~50	50~30
	Ⅲ	<150	<50	<30
厂(场)内运输或移动线路		不分等级		

6.3.3 运输线路布置除应符合本规范第6.1.3条和第6.2.2条的规定外,尚应符合下列规定:

1 宜避开有开采价值的矿藏地段,当线路必须设置在采空区或井田上时,应按各行业矿山开采规程规定的保护等级,留设安全保护矿柱。

2 线路走向宜结合井田境界和开发部署,宜集中布置。

6.3.4 线路平面和纵断面设计应在保证行车安全、迅速的前提下,采用较高的技术指标,不应轻易采用最小指标或低限指标,并应符合下列规定:

1 区间线路及厂(场)内或移动线路的最小平曲线半径应符合表6.3.4-1的规定;圆曲线的长度和相邻曲线间的夹直线长度,600 mm轨距铁路不宜小于10 m,762 mm(900 mm)轨距铁路不宜小于20 m;困难条件下,均不得小于一台机车或一辆车辆的长度。

2 车站正线、到发线和装(卸)车线应设在直线上,在困难条件下,除装(卸)车线在装卸点范围内的地段外,可设在半径不小于表6.3.4-1规定的同向曲线上。

表6.3.4-1 窄轨铁路最小平曲线半径(m)

<table>
<tr><td colspan="2" rowspan="3">线路名称或等级</td><td colspan="2">固定轴距≤2.0 m</td><td>固定轴距2.1 m～3.2 m</td></tr>
<tr><td colspan="3">铁路轨距(mm)</td></tr>
<tr><td>600</td><td>762、900</td><td>762、900</td></tr>
<tr><td rowspan="3">区间线路</td><td>Ⅰ</td><td>—</td><td>100</td><td>120</td></tr>
<tr><td>Ⅱ</td><td>50</td><td>80</td><td>100</td></tr>
<tr><td>Ⅲ</td><td>30</td><td>60</td><td>80</td></tr>
<tr><td rowspan="2">车站</td><td>有调车作业</td><td>100</td><td>200</td><td>250</td></tr>
<tr><td>无调车作业</td><td>80</td><td>150</td><td>200</td></tr>
<tr><td colspan="2">厂(场)内或移动线路</td><td>不小于固定轴距的10倍</td><td colspan="2">不小于固定轴距的20倍</td></tr>
<tr><td colspan="5">注:区间线路及车站在特别困难条件下的地段可按表中规定降低一级。</td></tr>
</table>

3 道岔区应设在直线上,道岔后连接曲线的半径不应小于该道岔的导曲线半径。

4 窄轨铁路最大纵坡应符合表6.3.4-2的规定;线路纵断面的坡段长度不宜小于设计采用的最大列车长度,在困难条件下,不得小于最大列车长度的1/2。

表6.3.4-2 窄轨铁路最大纵坡(‰)

<table>
<tr><td colspan="2" rowspan="2">线路名称</td><td colspan="2">铁路轨距(mm)</td></tr>
<tr><td>600</td><td>762、900</td></tr>
<tr><td rowspan="3">区间线路</td><td>Ⅰ</td><td>—</td><td>12</td></tr>
<tr><td>Ⅱ</td><td>12</td><td>15</td></tr>
<tr><td>Ⅲ</td><td>15</td><td>18</td></tr>
<tr><td rowspan="2">车站</td><td>有摘挂钩作业</td><td>5</td><td>4</td></tr>
<tr><td>无摘挂钩作业</td><td>8</td><td>6</td></tr>
<tr><td colspan="2">厂(场)内或移动线路</td><td colspan="2">空车线10、重车线7</td></tr>
</table>

6.3.5 运输爆炸材料列车的行驶速度不得超过 7 km/h,并不得同时运送其他物品和工具。

6.3.6 厂内线不宜设置缓和曲线,行车速度大于 30 km/h 的正线、联络线应设置长度不小于 10 m的缓和曲线。

6.3.7 窄轨铁路与道路平面交叉道口的设置应符合下列规定:

1 道口应设置在瞭望条件良好的直线地段,并应按级别设置安全标志和设施。

2 道口不宜设在道岔区或站场范围内以及调车作业繁忙的线路上,并不得设在道岔尖轨处。

3 道口两侧道路,当为厂内主干道和次干道时,从最外股钢轨外侧算起,两侧各应有长度不小于10 m(不包括竖曲线长度)的平道。当受地形等条件限制时,可采用纵坡不大于2%的平缓路段。连接平道或平缓路段的道路纵坡不宜大于3%,困难地段不应大于5%。

6.3.8 装、卸车站站型应根据运量、产品种类、车流组织、取送车作业方式、地形、地质和厂(场)区总平面布置等因素进行设计,并应根据具体情况留有发展的条件。

6.3.9 窄轨铁路设计应符合国家现行有关设计标准的规定;有路网机车进入厂(场)区的铁路,应符合现行国家标准《工业企业标准轨距铁路设计规范》GBJ 12 的有关规定。

6.3.10 站场平、纵断面应满足装车、卸车及计量等设施对线路的要求,并应符合下列规定:

1 轨道衡线应布置在平坡直线段上,平坡直线段不应小于 10 m。

2 列车停车的附加距离不应小于 10 m,困难条件下,厂(场)内线不应小于 5 m。

6.3.11 承担井工开采矿山及选矿后精矿运输的车辆,宜选用固定式矿车。

6.3.12 场外窄轨铁路的牵引种类宜采用架线电力机车或内燃机车。

6.3.13 铁路机车、车辆的日常检修和维护可独立设置,也可由企业修理车间承担。

6.4 道路

6.4.1 企业内道路的布置应符合下列规定:

1 应满足生产、运输、安装、检修、消防安全和施工的要求。

2 应有利于功能分区和街区的划分,并应与总平面布置相协调。

3 道路的走向宜与区内主要建筑物、构筑物轴线平行或垂直,并应呈环形布置。

4 应与竖向设计相协调,应有利于场地及道路的雨水排除。

5 与厂外道路应连接方便、短捷。

6 洁净厂房周围宜设置环形消防车道,环形消防车道可利用交通道路设置,有困难时,可沿厂房的两个长边设置消防车道。

7 液化烃、可燃液体、可燃气体的罐区内,任何储罐中心与消防车道的距离应符合现行国家标准《石油化工企业设计防火规范》GB 50160 的有关规定。

8 施工道路应与永久性道路相结合。

6.4.2 露天矿山道路的布置应符合下列规定:

1 应满足开采工艺和顺序的要求,线路运输距离应短。

2 沿采场或排土场边缘布置时,应满足路基边坡稳定、装卸作业、生产安全的要求,并应采取防止大块石滚落的措施。

3 深挖露天矿应结合开拓运输方案,合理选择出入口的位置,并应减少扩帮量。

6.4.3 厂内道路的形式可分为城市型、公路型和混合型。其类型选择宜符合下列规定:

1 全厂宜采用同一种类型,也可分区采用不同类型。

2 行政办公区及对环境有较高要求的生活设施和生产车间附近的道路、厂区中心地带人流活动较多的地段,宜采用城市型。

3 厂区边缘及傍山地带的道路、储罐区、人流较少或场地高差较大的地段,以及与铁路连续平交的道路,宜采用公路型。

4 其他不适合采用城市型、公路型的道路,可采用混合型。

5 厂区道路的类型还应与城乡现有道路的类型相协调。

6.4.4 厂内道路路面等级应与道路类型相适应,应根据生产特点、使用要求和当地的气候、路基状况、材料供应和施工条件等因素确定,并应符合下列规定:

1 厂内主干道和次干道可采用高级或次高级路面,路面的面层宜采用同一种类型,车间引道可与其相连的道路采用相同面层类型。

2 防尘、防振、防噪声要求较高的路段宜选用沥青路面。

3 防腐要求较高的路段应选用耐腐蚀的路面。

4 对沥青产生侵蚀、溶解作用或有防火要求的路段,不宜采用沥青路面。

5 地下管线穿埋较多的路段宜采用混凝土预制块或块石路面。

6 所选路面类型不宜过多。

6.4.5 厂内道路路面宽度应根据车辆、行人通行和消防需要确定,并宜按现行国家标准《厂矿道路设计规范》GBJ 22 的有关规定执行。

6.4.6 厂内道路最小圆曲线半径不得小于 15 m。厂内道路交叉口路面内边缘转弯半径应按现行国家标准《厂矿道路设计规范》GBJ 22 的有关规定执行,并应符合下列规定:

1 当车流量不大时,除陡坡处外的车间引道及场地条件困难的主、次干道和支道,交叉口路面内边缘最小转弯半径可减少 3 m。

2 行驶超长的特种载重汽车时,交叉口路面内边缘最小转弯半径应根据车型计算确定。

6.4.7 厂内道路应设置交通标志,交通标志的形状、尺寸、颜色、图形以及位置应符合现行国家标准《道路交通标志和标线》GB 5768 的有关规定。

6.4.8 车间、生产装置、仓库、堆场、装卸站(栈)台及货位的主要出入口,应设置宽度相适应的通道满足汽车通行要求。

6.4.9 尽头式道路应设置回车场,回车场的大小应根据汽车最小转弯半径和道路路面宽度确定。

6.4.10 汽车衡应布置在道路的平坡直线段,其进车端道路平坡直线段的长度不宜小于 2 辆车长,困难条件下,不应小于 1 辆车长;出车端的道路应有不小于 1 辆车长的平坡直线段。

6.4.11 消防车道的布置应符合下列规定:

1 道路宜呈环形布置。

2 车道宽度不应小于 4.0 m。

3 应避免与铁路平交。必须平交时,应设备用车道,且两车道之间的距离不应小于进入厂内最长列车的长度。

6.4.12 人行道的布置应符合下列规定:

1 人行道的宽度不宜小于 1.0 m;沿主干道布置时,不宜小于 1.5 m。人行道的宽度超过 1.5 m 时,宜按 0.5 m 倍数递增。

2 人行道边缘至建筑物外墙的净距,当屋面有组织排水时,不宜小于 1.0 m;当屋面无组织排水时,不宜小于 1.5 m。

3 当人行道的边缘至准轨铁路中心线的距离小于 3.75 m 时,其靠近铁路线路侧应设置防护栏杆。

6.4.13 厂区内道路的互相交叉宜采用平面交叉。平面交叉应设置在直线路段,并宜正交。当需要斜交时,交叉角不宜小于 45°,并应符合下列规定:

1 露天矿山道路受地形等条件限制时,交叉角可适当减少。

2 道路交叉处对道路纵坡的要求可按现行国家标准《厂矿道路设计规范》GBJ 22 的有关规定执行。

6.4.14 厂内道路与铁路线路交叉时,应设置道口。道口的设置应符合现行国家标准《工业企业厂内铁路、道路运输安全规程》GB 4387 的有关规定。

6.4.15 厂区道路与铁路线路交叉,具有下列条件之一时,应设置立体交叉:

1 当地形条件适宜铁路与道路设置立体交叉,且采用平面交叉危及行车安全时。

2 经常运输特种货物及其他危险货物或有特殊要求时。

3 当昼间 12 h 道路双向换算标准载重汽车超过 1 400 辆,昼间 12 h 铁路列车通过道口的封闭时间超过 1 h,且经技术经济比较合理时。

6.4.16 当人流干道与货流干道或作业繁忙的铁路线路必须交叉时,应设置人行天桥跨越或地道穿行通过。

6.4.17 厂内道路边缘至建筑物、构筑物的最小距离应符合表 6.4.17 的规定。

表 6.4.17 厂内道路边缘至建筑物、构筑物的最小距离(m)

序号	建筑物、构筑物名称	最小距离
1	建筑物、构筑物外面: 面向道路一侧无出入口 面向道路一侧有出入口,但不通行汽车 面向道路一侧有出入口,且通行汽车	 1.50 3.00 6.00～9.00(根据车型)
2	标准轨距铁路(中心线)	3.75
3	各种管架及构筑物支架(外边缘)	1.00
4	照明电杆(中心线)	0.50
5	围墙(内边缘)	1.00

注:表中距离,城市型道路自路面边缘算起,公路型道路自路肩边缘算起,照明电杆自路面边缘算起。

6.5 企业码头

6.5.1 企业码头的总平面布置应根据工业企业的总体规划、当地水路运输发展规划和码头工艺要求,结合自然条件,合理安排水域和陆域各项设施,并应使各组成部分相协调。

6.5.2 企业码头的总平面布置应合理利用岸线资源,应保护环境和减少污染,并应符合下列规定:

1 对环境影响较大的专业码头,宜布置在生产装置、公用工程设施和居住区全年最小频率风向的上风侧。

2 应节约集约用地，有条件时，应结合码头建设工程需要，填海造地。

6.5.3 可燃液体、液化烃和其他危险品码头应位于临江、河、湖、海的城镇、居民区、工厂、船厂及重要桥梁、大型锚地等的下游。码头与其他建筑物、构筑物的安全距离应符合现行国家有关港口工程设计标准的规定。

6.5.4 剧毒品或其他对水体有可能造成污染的码头应位于水源地的下游，并应满足水源地的卫生防护(火)要求。

6.5.5 码头的水域布置应符合下列规定：

1 码头前沿的高程应根据泊位性质、船型、装卸工艺、船舶系统、水文、气象条件、防汛要求和掩护程度等因素确定，并应与码头的设防标准一致，应保证在设计高水位的情况下，码头仍能正常作业和前后方高程的合理衔接。

2 码头前沿的设计水深应保证在设计低水位时，设计船型能在满载情况下安全靠离码头。

3 码头水域的布置应满足船舶安全靠离、系缆和装卸作业的要求。

4 装卸可燃液体和液化烃的专用码头与其他货种码头的安全距离不应小于表 6.5.5 的规定。

表 6.5.5 可燃液体和液化烃的专用码头与其他货种码头的安全距离

类别	安全距离(m)
甲(闪点＜28 ℃)	150
乙(28 ℃≤闪点＜60 ℃)	
丙(60 ℃≤闪点≤120 ℃)	50

注：1 可燃液体和液化烃的专用码头相邻泊位的船舶间的最小安全距离应按现行国家标准《石油化工企业设计防火规范》GB 50160 的有关规定执行；

2 可燃液体和液化烃的专用码头与其他码头或建筑物、构筑物的最小安全距离应按现行行业标准《装卸油品码头防火设计规范》JTJ 237 的有关规定执行；

3 液化天然气和液化石油气的专用码头相邻泊位的船舶间的最小安全距离应按现行行业标准《液化天然气码头设计规范》JTS 165－5 的有关规定执行。

6.5.6 码头的陆域布置应符合下列规定：

1 码头陆域应按生产区、辅助区和生活区等使用功能分区布置。

2 生产性建筑物和主要辅助生产建筑物宜布置在陆域前方的生产区，其他辅助生产建筑物及辅助生活建筑物宜布置在陆域后方的辅助区，使用功能相近的辅助生产和辅助生活建筑物宜集中组合布置。

3 码头陆域布置应结合装卸工艺和自然条件合理布置各种运输系统，并应合理组织货流和人流。

4 物料运输应顺畅，路径应短捷。当装卸船舶和货物采用无轨车辆直接转运时，进出码头平台或趸船的通道不宜少于 2 条，且场地道路宜采用环形布置。

5 陆域场地的设计标高应与码头前沿高程相适应，其场地坡度宜采用 5‰～10‰，地面排水坡度不应小于 5‰。

6.6 其他运输

6.6.1 输送管道、带式输送机及架空索道等线路的布置应符合下列规定：

1 应充分利用地形，线路应短捷，并减少中间转角。

2 沿线宜布置供维修和检查所必需的道路。

3 厂内敷设的输送管道和带式输送机等的布置应有利于厂容，并宜沿道路或平行于主要建筑物、构筑物轴线布置；架空敷设时，不应妨碍建筑物自然采光及通风；沿地面敷设时，不应影响交通。

6.6.2 输送管道的起点泵站、中间加压、加热站及终点接收站均应有道路相通。

6.6.3 输送管道、带式输送机跨越铁路、道路布置时，宜采用正交，当必须斜交时，其交叉角不宜小于45°，并应符合现行国家标准《标准轨距铁路建筑限界》GB 146.2 和《厂矿道路设计规范》GBJ 22 对建筑限界的有关规定。

6.6.4 架空索道线路的布置应符合下列规定：

1 架空索道线路应避开滑坡、雪崩、沼泽、泥石流、喀斯特等不良工程地质区和采矿崩落影响区；当受条件限制不能避开时，站房及支架应采取可靠的工程措施。

2 架空索道线路不宜跨越厂区和居住区，也不宜多次跨越铁路、公路、航道和架空电力线路。当索道必须跨越厂区和居住区时，应设安全保护设施。

3 在大风地区，宜减少索道线路与盛行风向之间的夹角。

4 架空索道线路与有关设施的最小间距应符合现行国家标准《架空索道工程技术规范》GB 50127 的有关规定。

7 竖向设计

7.1 一般规定

7.1.1 竖向设计应与总平面布置同时进行，并应与厂区外现有和规划的运输线路、排水系统、周围场地标高等相协调。竖向设计方案应根据生产、运输、防洪、排水、管线敷设及土(石)方工程等要求，结合地形和地质条件进行综合比较后确定。

7.1.2 竖向设计应符合下列规定：

1 应满足生产、运输要求。

2 应有利于节约集约用地。

3 应使厂区不被洪水、潮水及内涝水威胁。

4 应合理利用自然地形，应减少土(石)方，建筑物、构筑物基础、护坡和挡土墙等工程量。

5 填、挖方工程应防止产生滑坡、塌方。山区建厂尚应注意保护山坡植被，应避免水土流失、泥石流等自然灾害。

6 应充分利用和保护现有排水系统。当必须改变现有排水系统时，应保证新的排水系统水流顺畅。

7 应与城镇景观及厂区景观相协调。

8 分期建设的工程，在场地标高、运输线路坡度、排水系统等方面，应使近期与远期工程相协调。

9 改、扩建工程应与现有场地竖向相协调。

7.1.3 竖向设计形式应根据场地的地形和地质条件、厂区面积、建筑物大小、生产工艺、运输方式、建筑密度、管线敷设、施工方法等因素合理确定,可采用平坡式或阶梯式。

7.1.4 场地平整可采用连续式或重点式,并应根据地形和地质条件、建筑物及管线和运输线路密度等因素合理确定。

7.2 设计标高的确定

7.2.1 场地设计标高的确定应符合下列规定:

1 应满足防洪水、防潮水和排除内涝水的要求。

2 应与所在城镇、相邻企业和居住区的标高相适应。

3 应方便生产联系、运输及满足排水要求。

4 在满足本条第1款~第3款要求的前提下,应使土(石)方工程量小,填方、挖方量应接近平衡,运输距离应短。

7.2.2 布置在受江、河、湖、海的洪水、潮水或内涝水威胁的工业企业的场地设计标高应符合下列规定:

1 工业企业的防洪标准应根据工业企业的等级和现行国家标准《防洪标准》GB 50201 的有关规定确定。

2 场地设计标高应按防洪标准确定洪水重现期的计算水位加不小于0.50m安全超高值。

3 当按第2款确定的场地设计标高,填方量大,经技术经济比较合理时,可采用设防洪(潮)堤、坝的方案。场地设计标高应高于厂区周围汇水区域内的设计频率内涝水位;当采用可靠的防、排内涝水措施,消除内涝水威胁后,对场地设计标高不作规定。

7.2.3 场地的平整坡度应有利排水,最大坡度应根据土质、植被、铺砌、运输等条件确定。

7.2.4 建筑物的室内地坪标高应高出室外场地地面设计标高,且不应小于0.15 m。建筑物位于排水条件不良地段和有特殊防潮要求、有贵重设备或受淹后损失大的车间和仓库,高填方或软土地基的地段应根据需要加大建筑物的室内、外高差。有运输要求的建筑物室内地坪标高应与运输线路标高相协调。在满足生产和运输条件下,建筑物的室内地坪可做成台阶。

7.2.5 厂内外铁路、道路、排水设施等连接点标高的确定应统筹兼顾运输线路平面、纵断面的合理性。厂区出入口的路面标高宜高出厂外路面标高。

7.3 阶梯式竖向设计

7.3.1 台阶的划分应符合下列规定:

1 应与地形及总平面布置相适应。

2 生产联系密切的建筑物、构筑物应布置在同一台阶或相邻台阶上。

3 台阶的长边宜平行等高线布置。

4 台阶的宽度应满足建筑物和构筑物、运输线路、管线和绿化等布置要求,以及操作、检修、消防和施工等需要。

5 台阶的高度应按生产要求及地形和工程地质、水文地质条件,结合台阶间的运输联系和基础埋深等综合因素确定,并不宜高于4 m。

7.3.2 相邻的台阶之间应采用自然放坡、护坡或挡土墙等连接方式,并应根据场地条件、地质条件、台阶高度、景观、荷载和卫生要求等因素,进行综合技术经济比较后合理确定。

7.3.3 台阶距建筑物、构筑物的距离除应符合本规范第7.3.1条第4款的要求外,还应符合下列规定:

1　台阶坡脚至建筑物、构筑物的距离尚应满足采光、通风、排水及开挖基槽对边坡或挡土墙的稳定性要求，且不应小于 2.0 m。

2　台阶坡顶至建筑物、构筑物的距离尚应防止建筑物、构筑物基础侧压力对边坡或挡土墙的影响。位于稳定土坡顶上的建筑物、构筑物，当垂直于坡顶边缘的基础底面边长小于或等于 3.0 m 时，其基础底面外边缘线至坡顶的水平距离(图 7.3.3)应按下列公式计算，且不得小于2.5 m：

$$\text{条形基础：}a \geqslant 3.5b - \frac{d}{\tan\beta} \quad \cdots\cdots\cdots\cdots (7.3.3-1)$$

$$\text{矩形基础 }a \geqslant 2.5b - \frac{d}{\tan\beta} \quad \cdots\cdots\cdots\cdots (7.3.3-2)$$

式中：a——基础底面外边缘线至坡顶的水平距离(m)；

b——垂直于坡顶边缘线的基础底面边长(m)；

d——基础埋置深度(m)；

β——边坡坡角(°)。

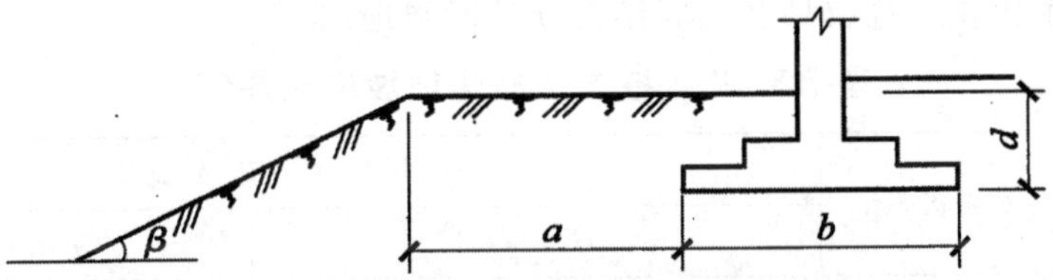

图 7.3.3　基础底面外边缘线至坡顶的水平距离示意

3　当基础底面外边缘线至坡顶的水平距离不能满足本条第 1 款和第 2 款的要求时，可根据基底平均压力按现行国家标准《建筑地基基础设计规范》GB 50007 的有关规定确定基础至坡顶边缘的距离和基础埋深。

4　当边坡坡角大于 45°、坡高大于 8 m 时，尚应按现行国家标准《建筑地基基础设计规范》GB 50007 的有关规定进行坡体稳定性验算。

7.3.4　场地挖方、填方边坡的坡度允许值应根据地质条件、边坡高度和拟采用的施工方法，结合当地的实际经验确定，并应符合下列规定：

1　在岩石边坡整体稳定的条件下，岩石边坡的开挖坡度允许值应根据当地经验按工程类比的原则，并结合本地区已有稳定边坡的坡度值加以确定。对无外倾软弱结构面的边坡可按表 7.3.4-1 确定。

表 7.3.4-1　岩石边坡坡度允许值

边坡岩体类型	风化程度	坡度允许值(高宽比)		
		H<8m	8 m≤H<15 m	15 m≤H<25 m
Ⅰ类	微风化	1∶0.00～1∶0.10	1∶0.10～1∶0.15	1∶0.15～1∶0.25
	中等风化	1∶0.10～1∶0.15	1∶0.15～1∶0.25	1∶0.25～1∶0.35
Ⅱ类	微风化	1∶0.10～1∶0.15	1∶0.15～1∶0.25	1∶0.25～1∶0.35
	中等风化	1∶0.15～1∶0.25	1∶0.25～1∶0.35	1∶0.35～1∶0.50

表 7.3.4-1（续）

边坡岩体类型	风化程度	坡度允许值(高宽比)		
		$H<8$m	8 m≤H<15 m	15 m≤H<25 m
Ⅲ类	微风化	1∶0.25～1∶0.35	1∶0.35～1∶0.50	—
	中等风化	1∶0.35～1∶0.50	1∶0.50～1∶0.75	—
Ⅳ类	中等风化	1∶0.50～1∶0.75	1∶0.75～1∶1.00	—
	强风化	1∶0.75～1∶1.00	—	—

注：1 Ⅳ类强风化包括各类风化程度的极软岩；
2 表中 H 为边坡高度。

2 挖方边坡在山坡稳定、地质条件良好、土(岩)质比较均匀时，其坡度可按表 7.3.4-2 确定。下列情况之一时，挖方边坡的坡度允许值应另行计算：

1) 边坡的高度大于表 7.3.4-2 的规定；

2) 地下水比较发育或具有软弱结构面的倾斜地层。

表 7.3.4-2 挖方土质边坡坡度允许值

土的类别	密实度或状态	坡度允许值(高宽比)	
		H<5 m	5 m≤H<10 m
碎石土	密实	1∶0.35～1∶0.50	1∶0.50～1∶0.75
	中密	1∶0.50～1∶0.75	1∶0.75～1∶1.00
	稍密	1∶0.75～1∶1.00	1∶1.00～1∶1.25
黏性土	坚硬	1∶0.75～1:1.00	1∶1.00～1∶1.25
	硬塑	1∶1.00～1∶1.25	1∶1.25～1∶1.50

注：1 表中碎石土的充填物为坚硬或硬塑状态的黏性土；
2 对砂土或充填物为砂土的碎石土，其边坡坡度允许值均按自然休止角确定。

3 填方边坡，基底地质良好时，其边坡坡度可按表 7.3.4-3 确定。

表 7.3.4-3 填方边坡坡度允许值

填料类别	边坡最大高度(m)			边坡坡度		
	全部高度	上部高度	下部高度	全部坡度	上部坡度	下部坡度
黏性土	20	8	12	—	1∶1.5	1∶1.75
砾石土、粗砂、中砂	12	—	—	1∶1.5	—	—
碎石土、卵石土	20	12	8	—	1∶1.5	1∶1.75
不易风化的石块	8	—	—	1∶1.3	—	—
	20	—	—	1∶1.5	—	—

注：1 用大于 25 cm 的石块填筑路堤，且边坡采用干砌时，其边坡坡度应根据具体情况确定；
2 在地面横坡陡于 1∶1.5 的山坡上填方时，应将原地面挖成台阶，台阶宽度不宜小于 1 m。

4 边坡坡度还应符合现行国家标准《建筑边坡工程技术规范》GB 50330 的有关规定。

7.3.5 铁路、道路的路堤和路堑边坡应分别符合现行国家标准《工业企业标准轨距铁路设计规范》GBJ 12 和《厂矿道路设计规范》GBJ 22 的有关规定;建筑地段的挖方和填方边坡的坡度允许值应符合现行国家标准《建筑地基基础设计规范》GB 50007 的有关规定。

7.4 场地排水

7.4.1 场地应有完整、有效的雨水排水系统。场地雨水的排除方式应结合工业企业所在地区的雨水排除方式、建筑密度、环境卫生要求、地质和气候条件等因素,合理选择暗管、明沟或地面自然排渗等方式,并应符合下列规定:

1 厂区雨水排水管、沟应与厂外排雨水系统相衔接,场地雨水不得任意排至厂外。

2 有条件的工业企业应建立雨水收集系统,应对收集的雨水充分利用。

3 厂区雨水宜采用暗管排水。

7.4.2 场地雨水排水设计流量计算应符合现行国家标准《室外排水设计规范》GB 50014 的有关规定。

7.4.3 当采用明沟排水时,排水沟宜沿铁路、道路布置,并宜避免与其交叉。排出厂外的雨水不得对其他工程设施或农田造成危害。

7.4.4 排水明沟的铺砌方式应根据所处地段的土质和流速等情况确定,并应符合下列规定:

1 厂区明沟宜加铺砌。

2 对厂容、卫生和安全要求较高的地段,尚应铺设盖板。

3 矿山及厂区的边缘地段可采用土明沟。

7.4.5 场地的排水明沟宜采用矩形或梯形断面,并应符合下列规定:

1 明沟起点的深度不宜小于 0.2 m,矩形明沟的沟底宽度不宜小于 0.4 m,梯形明沟的沟底宽度不宜小于 0.3 m。

2 明沟的纵坡不宜小于 3‰;在地形平坦的困难地段,不宜小于 2‰。

3 按流量计算的明沟,沟顶应高于计算水位 0.2 m 以上。

7.4.6 当采用暗管排水时,雨水口的设置应符合下列规定:

1 雨水口应位于集水方便、与雨水管道有良好连接条件的地段。

2 雨水口的间距宜为 25 m～50 m。当道路纵坡大于 2%时,雨水口的间距可大于 50 m。

3 雨水口的形式、数量和布置应根据具体情况和汇水面积计算确定。当道路的坡段较短时,可在最低点处集中收水,其雨水口的数量应适当增加。

4 当道路交叉口为最低标高时,应合理布置和增设雨水口。

7.4.7 在山坡地带建厂时,应在厂区上方设置山坡截水沟,并应在坡脚设置排水沟,同时应符合下列规定:

1 截水沟至厂区挖方坡顶的距离不宜小于 5 m。

2 当挖方边坡不高或截水沟铺砌加固时,截水沟至厂区挖方坡顶的距离不应小于 2.5 m。

3 截水沟不应穿过厂区。当确有困难,必须穿过时,应从建筑密度较小的地段穿过。穿过地段的截水沟应加铺砌,并应确保厂区不受水害。

7.5 土(石)方工程

7.5.1 场地平整中,表土处理应符合下列规定:

1 填方地段基底较好的表土应碾压密实后,再进行填土。

2 建筑物、构筑物、铁路、道路和管线的填方地段,当表层为有机质含量大于8%的耕土或表土、淤泥或腐殖土等时,应先挖除或处理后再填土。

3 场地平整时,宜先将表层耕土挖出,集中堆放,可用于绿化及覆土造田,并应将其计入土(石)方工程量中。

7.5.2 场地平整时,填方地段应分层压实。黏性土的填方压实度,建筑地段不应小于0.9,近期预留地段不应小于0.85。

7.5.3 土(石)方量的平衡除应包括场地平整的土(石)方外,尚应包括建筑物、构筑物基础及室内回填土、地下构筑物、管线沟槽、排水沟、铁路、道路等工程的土方量、表土(腐殖土、淤泥等)的清除和回填量,以及土(石)方松散量。土壤松散系数应符合本规范附录A的规定,并宜符合下列规定:

1 在厂区边缘和暂不使用的填方地段,可利用投产后适于填筑场地的生产废料逐步填筑。

2 矿山场地和运输线路路基的填方,有条件时,宜利用废石(土)填筑。

3 余土堆存或弃置应妥善处置,不得危害环境及农田水利设施。

7.5.4 场地平整土(石)方的施工及质量应符合现行国家标准《岩土工程勘察规范》GB 50021和《建筑地基基础工程施工质量验收规范》GB 50202的有关规定。

8 管线综合布置

8.1 一般规定

8.1.1 管线综合布置应与工业企业总平面布置、竖向设计和绿化布置相结合,统一规划。管线之间、管线与建筑物、构筑物、道路、铁路等之间在平面及竖向上应相互协调、紧凑合理、节约集约用地、整洁有序。

8.1.2 管线敷设方式应根据管线内介质的性质、工艺和材质要求、生产安全、交通运输、施工检修和厂区条件等因素,结合工程的具体情况,经技术经济比较后综合确定,并应符合下列规定:

1 有可燃性、爆炸危险性、毒性及腐蚀性介质的管道,宜采用地上敷设。

2 在散发比空气重的可燃、有毒性气体的场所,不应采用管沟敷设;必须采用管沟敷设时,应采取防止可燃气体在管沟内积聚的措施。

8.1.3 管线综合布置应在满足生产、安全、检修的条件下节约集约用地。当条件允许、经技术经济比较合理时,应采用共架、共沟布置。

8.1.4 管线综合布置时,宜将管线布置在规划的管线通道内,管线通道应与道路、建筑红线平行布置。

8.1.5 管线综合布置应减少管线与铁路、道路交叉。当管线与铁路、道路交叉时,应力求正交,在困难条件下,其交叉角不宜小于45°。

8.1.6 山区建厂,管线敷设应充分利用地形,并应避免山洪、泥石流及其他不良地质的危害。

8.1.7 具有可燃性、爆炸危险性及有毒性介质的管道不应穿越与其无关的建筑物、构筑物、生产装置、辅助生产及仓储设施、贮罐区等。

8.1.8 分期建设的工业企业,管线布置应全面规划、近期集中、远近结合。近期管线穿越远期用地时,不得影响远期用地的使用。

8.1.9 管线综合布置时,干管应布置在用户较多或支管较多的一侧,也可将管线分类布置在管

线通道内。管线综合布置宜按下列顺序,自建筑红线向道路方向布置:

1 电信电缆。

2 电力电缆。

3 热力管道。

4 各种工艺管道及压缩空气、氧气、氮气、乙炔气、煤气等管道、管廊或管架。

5 生产及生活给水管道。

6 工业废水(生产废水及生产污水)管道。

7 生活污水管道。

8 消防水管道。

9 雨水排水管道。

10 照明及电信杆柱。

8.1.10 改、扩建工程中的管线综合布置不应妨碍现有管线的正常使用。当管线间距不能满足本规范表 8.2.10～表 8.2.12 的规定时,可在采取有效措施后适当缩小,但应保证生产安全,并应满足施工及检修要求。

8.1.11 矿区管线的布置,应在开采塌落(错动)界限以外,并应留有必要的安全距离;直接进入采矿场的管线应避开正面爆破方向。

8.2 地下管线

8.2.1 类别相同和埋深相近的地下管线、管沟应集中平行布置,但不应平行重叠敷设。

8.2.2 地下管线和管沟不应布置在建筑物、构筑物的基础压力影响范围内,并应避免管线、管沟在施工和检修开挖时影响建筑物、构筑物基础。

8.2.3 地下管线和管沟不应平行敷设在铁路下面,并不宜平行敷设在道路下面,在确有困难必须敷设时,可将检修少或检修时对路面损坏小的管线敷设在路面下,并应符合国家现行有关设计标准的规定。

8.2.4 地下管线综合布置时,应符合下列规定:

1 压力管应让自流管。

2 管径小的应让管径大的。

3 易弯曲的应让不易弯曲的。

4 临时性的应让永久性的。

5 工程量小的应让工程量大的。

6 新建的应让现有的。

7 施工、检修方便的或次数少的应让施工、检修不方便的或次数多的。

8.2.5 地下管线交叉布置时,应符合下列规定:

1 给水管道应在排水管道上面。

2 可燃气体管道应在除热力管道外的其他管道上面。

3 电力电缆应在热力管道下面、其他管道上面。

4 氧气管道应在可燃气体管道下面、其他管道上面。

5 有腐蚀性介质的管道及碱性、酸性介质的排水管道应在其他管道下面。

6 热力管道应在可燃气体管道及给水管道上面。

8.2.6 地下管线(沟)穿越铁路、道路时,管顶或沟盖板顶覆土厚度应根据其上面荷载的大小及分布、管材强度及土壤冻结深度等条件确定，并应符合下列规定：

1 管顶或沟盖板顶至铁路轨底的垂直净距不应小于 1.2 m。

2 管顶至道路路面结构层底的垂直净距不应小于 0.5 m。

3 当不能满足本条第 1 款和第 2 款的要求时，应加防护套管或设管沟。在保证路基稳定的条件下，套管或管沟两端应伸出下列界线以外至少 1.0 m：

1） 铁路路肩或路堤坡脚线。

2） 城市型道路路面、公路型道路路肩或路堤坡脚线。

3） 铁路或道路的路边排水沟沟边。

8.2.7 地下管线不应敷设在有腐蚀性物料的包装或灌装、堆存及装卸场地的下面，并应符合下列规定：

1 地下管线距有腐蚀性物料的包装或灌装、堆存及装卸场地的边界水平距离不应小于 2 m。

2 应避免布置在有腐蚀性物料的包装或灌装、堆存及装卸场地地下水的下游，当不可避免时，其距离不应小于 4 m。

8.2.8 管线共沟敷设应符合下列规定：

1 热力管道不应与电力、电信电缆和物料压力管道共沟。

2 排水管道应布置在沟底。当沟内有腐蚀性介质管道时，排水管道应位于腐蚀性介质管道上面。

3 腐蚀性介质管道的标高应低于沟内其他管线。

4 液化烃、可燃液体、可燃气体、毒性气体和液体以及腐蚀性介质管道不应共沟敷设，并严禁与消防水管共沟敷设。

5 电力电缆、控制与电信电缆或光缆不应与液化烃、可燃液体、可燃气体管道共沟敷设。

6 凡有可能产生相互有害影响的管线，不应共沟敷设。

8.2.9 地下管沟沟外壁距地下建筑物、构筑物基础的水平距离应满足施工要求，距树木的距离应避免树木的根系损坏沟壁。其最小间距，大乔木不宜小于 5 m，小乔木不宜小于 3 m，灌木不宜小于 2 m。

8.2.10 地下管线与建筑物、构筑物之间的最小水平间距宜符合表 8.2.10 的规定，并应满足管线和相邻设施的安全生产、施工和检修的要求。其中位于湿陷性黄土地区、膨胀土地区的管线，尚应符合现行国家有关设计标准的规定。

8.2.11 地下管线之间的最小水平间距宜符合表 8.2.11 的规定，其中地下燃气管线、电力电缆、乙炔和氧气管与其他管线之间的最小水平间距应符合表 8.2.11 的规定。

8.2.12 地下管线之间的最小垂直净距宜符合表 8.2.12 的规定，其中地下燃气管线、电力电缆、乙炔和氧气管与其他管线之间的最小垂直净距应符合表 8.2.12 的规定。

8.2.13 埋地的输油、输气管道与埋地的通信电缆及其他用途的埋地管道平行铺设的最小距离应符合现行行业标准《钢质管道及储罐腐蚀控制工程设计规范》SY 0007 的有关规定。

表 8.2.10　地下管线与建筑物、构筑物之间的最小水平间距(m)

名称 / 规格 / 间距 / 名称	给水管(mm)				排水管(mm)						热力沟(管)	燃气管压力 P(MPa)					压缩空气管	氢气管、乙炔管、氧气管	电力电缆(kV)	电缆沟	通信电缆
					清净雨水管			生产与生活污水管				低压	中压		次高压						
	<75	75~150	200~400	>400	<800	800~1 500	>1 500	<300	400~600	>600		<0.01	B ≤0.2	A ≤0.4	B 0.8	A 1.6					
建筑物、构筑物基础外缘	1.0	1.0	2.5	3.0	1.5	2.0	2.5	1.5	2.0	2.5	1.5	0.7[2]	1.0[2]	1.5[2]	5.0[1][2]	13.5[2]	1.5	—[4][5][6]	0.6[9]	1.5	0.5[10]
铁路(中心线)	3.3	3.3	3.8	3.8	3.8	4.3	4.8	3.8	4.3	4.8	3.8	4.0	5.0[3]	5.0[3]	5.0[3]	5.0[3]	2.5	2.5	3.0 (10.00)[11]	2.5	2.5
道路	0.8	0.8	1.0	1.0	0.8	1.0	1.0	0.8	0.8	1.0	0.8	0.6	0.6	0.6	1.0	1.0	0.8	0.8	0.8[9]	0.8	0.8
管架基础外缘	0.8	0.8	1.0	1.0	0.8	0.8	1.2	0.8	1.0	1.2	0.8	0.8	0.8	1.0	1.0	1.0	0.8	0.8	0.5	0.8	0.5
照明、通信杆柱(中心)	0.5	0.5	1.0	1.0	0.8	1.0	1.2	0.8	1.0	1.2	0.8	1.0	1.0	1.0	1.0	1.0	0.8	0.8	0.5	0.8	0.5
围墙基础外缘	1.0	1.0	1.0	1.0	1.0	1.0	1.0	1.0	1.0	1.0	1.0	0.6	0.6	0.6	1.0	1.0	1.0	1.0	0.5	1.0	0.5
排水沟外缘	0.8	0.8	0.8	1.0	0.8	0.8	1.0	0.8	0.8	1.0	0.8	0.6	0.6	0.6	1.0	1.0	0.8	0.8	1.0[9]	1.0	0.8

表 8.2.10(续)

名称 \ 规格 \ 间距 \ 名称	给水管(mm)				排水管(mm)						热力沟(管)	燃气管压力 P(MPa)					压缩空气管	氢气管、乙炔管、氧气管	电力电缆(kV)	电缆沟	通信电缆
					清净雨水管			生产与生活污水管				低压	中压		次高压						
	<75	75~150	200~400	>400	<800	800~1 500	>1 500	<300	400~600	>600		<0.01	B ≤0.2	A ≤0.4	B 0.8	A 1.6					
高压电力杆柱或铁塔基础外缘	0.8	0.8	1.5	1.5	1.2	1.5	1.8	1.2	1.5	1.8	1.2	1.0 (2.0)[⑦]	1.0 (2.0)[⑦]	1.0 (2.0)[⑦]	1.0 (5.0)[⑦]	1.0 (5.0)[⑦]	1.2	1.9 (2.0)[⑧]	1.0 (4.0)[⑨]	1.2	0.8

注:1 表列间距除注明者外,管线均自管壁、沟壁或防护设施的外缘或最外一根电缆算起;道路为城市型时,自路面边缘算起,为公路型时,自路肩边缘算起;

2 表列埋地管道与建筑物、构筑物基础外缘的间距,均指埋地管道与建筑物、构筑物的基础在同一标高或其以上时,当埋地管道深度大于建筑物、构筑物的基础深度时,应按土壤性质计算确定,但不得小于表列数值;

3 当为双柱式管架分别设基础且满足本表要求时,可在管架基础之间敷设管线;

4 压力大于 1.6 MPa 的燃气管道与建筑物、构筑物间的距离尚应符合现行国家标准《城镇燃气设计规范》GB 50028 的有关规定;

①为距建筑物外墙面(出地面处)的距离;

②受地形限制不能满足要求时,采取有效的安全防护措施后,净距可适当缩小,但低压管道不应影响建筑物、构筑物基础的稳定性,中压管道距建筑物基础不应小于 0.5 m,且距建筑物外墙面不应小于 1.0 m,次高压燃气管道距建筑物外墙不应小于 3.0 m。其中当次高压 A 管道采取有效安全防护措施或当管道壁厚不小于 9.5 mm 时,距建筑物外墙面不应小于 6.5 m,当管壁厚度不小于 11.9 mm 时,距建筑物外墙面不应小于 3.0 m;

③为距铁路路堤坡脚的距离;

④氢气管道,距有地下室的建筑物的基础外缘和通行沟道外缘的水平间距为 3.0 m,距无地下室的建筑物的基础外缘的水平距离为 2.0 m;

⑤乙炔管道,距有地下室及生产火灾危险性为甲类的建筑物、构筑物的基础外缘和通行沟道外缘的间距为 2.5 m;距无地下室的建筑物、构筑物的基础外缘的间距为1.5 m;

⑥氧气管道,距有地下室的建筑物的基础外缘和通行沟道外缘的水平间距为:氧气压力≤1.6 MPa 时,采用 2.0 m;氧气压力>1.6 MPa 时,采用 3.0m;距无地下室的建筑物基础外缘净距为:氧气压力≤1.6 MPa 时,采用 1.2 m;氧气压力>1.6 MPa时,采用 2.0 m;

⑦括号内为距大于 35 kV 电杆(塔)的距离。与电杆(塔)基础之间的水平距离尚应符合现行国家标准《城镇燃气设计规范》GB 50028 的有关规定;

⑧距离由电杆(塔)中心起算,括号内为氢气管线距电杆(塔)的距离;

⑨表中所列数值特殊情况下可酌减,且最多减少 1/2;

⑩通信电缆管道距建筑物、构筑物基础外缘的间距应为 1.2 m;电力电缆排管距建筑物、构筑物的距离要求和电缆沟距建筑物、构筑物的距离要求相同;

⑪指距铁路轨缘的距离,括号内距离为直流电气化铁路路轨的距离。

表 8.2.11 地下管线之间的最小水平间距(m)

名称 / 规格 / 间距 / 规格 / 名称		给水管(mm)				排水管(mm)						热力管(沟)	燃气管压力 P(MPa)					压缩空气管	乙炔管	氢气管、氧气管	电力电缆(kV)			电缆沟(管)	通信电缆	
						清净雨水管			生产与生活污水管																	
		<75	75~150	200~400	>400	<800	800~1 500	>1 500	<300	400~600	>600		<0.01	≤0.2	≤0.4	0.8	1.6				<1	1~10	≤35		直埋电缆	电缆管道
给水管(mm)	<75	—	—	—	—	0.7	0.8	1.0	0.7	0.8	1.0	0.8	0.5	0.5	0.5	1.0	1.5	0.8	0.8	0.8	0.6	0.8	1.0	0.8	0.5	0.5
	75~150	—	—	—	—	0.8	1.0	1.2	0.8	1.0	1.2	1.0	0.5	0.5	0.5	1.0	1.5	1.0	1.0	1.0	0.6	0.8	1.0	1.0	0.5	0.5
	200~400	—	—	—	—	1.0	1.2	1.5	1.0	1.2	1.5	1.2	0.5	0.5	0.5	1.0	1.5	1.2	1.2	1.2	0.8	1.0	1.0	1.2	1.0	1.0
	>400	—	—	—	—	1.0	1.2	1.5	1.2	1.5	2.0	1.5	0.5	0.5	0.5	1.0	1.5	1.5	1.5	1.5	0.8	1.0	1.0	1.5	1.2	1.2
排水管(mm) 清净雨水管	<800	0.7	0.8	1.0	1.0	—	—	—	—	—	—	1.0	1.0	1.2	1.2	1.5	2.0	0.8	0.8	0.8	0.6	0.8	1.0	1.0	0.8	0.8
	800~1500	0.8	1.0	1.2	1.2	—	—	—	—	—	—	1.2	1.0	1.2	1.2	1.5	2.0	1.0	1.0	1.0	0.8	1.0	1.0	1.2	1.0	1.0
	>1500	1.0	1.2	1.5	1.5	—	—	—	—	—	—	1.5	1.0	1.2	1.2	1.5	2.0	1.2	1.2	1.2	1.0	1.0	1.0	1.5	1.0	1.0
排水管(mm) 生产与生活污水管	<300	0.7	0.8	1.0	1.2	—	—	—	—	—	—	1.0	1.0	1.2	1.2	1.5	2.0	0.8	0.8	0.8	0.6	0.8	1.0	1.0	0.8	0.8
	400~600	0.8	1.0	1.2	1.5	—	—	—	—	—	—	1.2	1.0	1.2	1.2	1.5	2.0	1.0	1.0	1.0	0.8	1.0	1.0	1.2	1.0	1.0
	>600	1.0	1.2	1.5	2.0	—	—	—	—	—	—	1.5	1.0	1.2	1.2	1.5	2.0	1.2	1.2	1.2	1.0	1.0	1.0	1.5	1.0	1.0
热力管(沟)		0.8	1.0	1.2	1.5	1.0	1.2	1.5	1.0	1.2	1.5	—	1.0 (1.0)	1.0 (1.5)	1.0 (1.5)	1.5 (2.0)	2.0 (4.0)	1.0	1.5	1.5	1.0	1.0	1.0	2.0	0.8	0.6
燃气管压力 P(MPa)	<0.01	0.5	0.5	0.5	0.5	1.0	1.0	1.0	1.0	1.0	1.0	1.0 (1.0)	—	—	—	—	—	1.0	1.0	1.0	0.8	1.0	1.0	1.0	0.5	1.0
	≤0.2	0.5	0.5	0.5	0.5	1.2	1.2	1.2	1.2	1.2	1.2	1.0 (1.5)	—	—	—	—	—	1.0	1.0	1.2	0.8	1.0	1.0	1.0	0.5	1.0
	≤0.4	0.5	0.5	0.5	0.5	1.2	1.2	1.2	1.2	1.2	1.2	1.0 (1.5)	—	—	—	—	—	1.0	1.0	1.5	0.8	1.0	1.0	1.0	0.5	1.0
	0.8	1.0	1.0	1.0	1.0	1.5	1.5	1.5	1.5	1.5	1.5	1.5 (2.0)	—	—	—	—	—	1.2	1.2	2.0	1.0	1.0	1.0	1.0	1.2	1.0
	1.6	1.5	1.5	1.5	1.5	2.0	2.0	2.0	2.0	2.0	2.0	2.0 (4.0)	—	—	—	—	—	1.5	2.0	2.5	1.5	1.5	1.5	1.5	1.5	1.5
压缩空气管		0.8	1.0	1.2	1.5	0.8	1.0	1.2	0.8	1.0	1.2	1.0	1.0	1.0	1.0	1.2	1.5	—	1.5	1.5	0.8	0.8	1.0	1.0	0.8	1.0
乙炔管		0.8	1.0	1.2	1.5	0.8	1.0	1.2	0.8	1.0	1.2	1.5	1.0	1.2	1.5	2.0	2.5	1.5	—	1.5	0.8	0.8	1.0	1.5	0.8	1.0

表 8.2.11(续)

名称 \ 间距 \ 规格		给水管(mm)				排水管(mm)						热力管(沟)	燃气管压力 P(MPa)					压缩空气管	乙炔管	氢气管、氧气管	电力电缆(kV)			电缆沟(管)	通信电缆	
						清净雨水管			生产与生活污水管																	
名称	规格	<75	75~150	200~400	>400	<800	800~1 500	>1 500	<300	400~600	>600		<0.01	≤0.2	≤0.4	0.8	1.6				<1	1~10	≤35		直埋电缆	电缆管道
氢气管、氧气管		0.8	1.0	1.2	1.5	0.8	1.0	1.2	0.8	1.0	1.2	1.5	1.0	1.2	1.5	2.0	2.5	1.5	1.5	—	0.8	0.8	1.0	1.5	0.8	1.0
电力电缆(kV)	<1	0.6	0.6	0.8	0.8	0.6	0.8	1.0	0.6	0.8	1.0	1.0	1.0	1.0	1.0	1.0	1.5	0.8	0.8	0.8	—	—	—	0.5	0.5	0.5
	1~10	0.8	0.8	1.0	1.0	0.8	1.0	1.0	0.8	1.0	1.0	1.0	1.0	1.0	1.0	1.0	1.5	0.8	0.8	0.8	—	—	—	0.5	0.5	0.5
	≤35	1.0	1.0	1.0	1.0	1.0	1.0	1.0	1.0	1.0	1.0	1.0	1.0	1.0	1.0	1.0	1.5	1.0	1.0	1.0	—	—	—	0.5	0.5	0.5
电缆沟(管)		0.8	1.0	1.2	1.5	1.0	1.2	1.5	1.0	1.2	1.5	2.0	1.0	1.0	1.0	1.0	1.5	1.0	1.5	1.5	0.5	0.5	0.5	—	0.5	0.5
通信电缆	直埋电缆	0.5	0.5	1.0	1.2	0.8	1.0	1.0	0.8	1.0	1.0	0.8	0.5	0.5	0.5	1.0	1.5	0.8	0.8	0.8	0.5	0.5	0.5	0.5	—	—
	电缆管道	0.5	0.5	1.0	1.2	0.8	1.0	1.0	0.8	1.0	1.0	0.6	1.0	1.0	1.0	1.0	1.5	1.0	1.0	1.0	0.5	0.5	0.5	0.5	—	—

注:1 表列间距均自管壁、沟壁或防护设施的外缘或最外一根电缆算起;

2 当热力管(沟)与电力电缆间距不能满足本表规定时,应采取隔热措施,特殊情况下,可酌减且最多减少 1/2;

3 局部地段电力电缆穿管保护或加隔板后与给水管道、排水管道、压缩空气管道的间距可减少到0.5 m,与穿管通信电缆的间距可减少到 0.1 m;

4 表列数据系按给水管在污水管上方制定的。生活饮用水给水管与污水管之间的间距应按本表数据增加 50%;生产废水管与雨水沟(渠)和给水管之间的间距可减少 20%,与通信电缆、电力电缆之间的间距可减少 20%,但不得小于 0.5 m;

5 当给水管与排水管共同埋设的土壤为砂土类,且给水管的材质为非金属或非合成塑料时,给水管与排水管间距不应小于 1.5 m;

6 仅供采暖用的热力沟与电力电缆、通信电缆及电缆沟之间的间距可减少 20%,但不得小于 0.5 m;

7 110 kV 级的电力电缆与本表中各类管线的间距可按 35 kV 数据增加 50%。电力电缆排管距建筑物、构筑物的距离要求和电缆沟距建筑物、构筑物的距离要求相同;

8 氧气管与同一使用目的的乙炔管道同一水平敷设时,其间距可减至 0.25 m,但管道上部 0.3 m 高度范围内,应用砂类土、松散土填实后再回填;

9 括号内为距管沟外壁的距离;

10 管径系指公称直径;

11 表中"—"表示间距未作规定,可根据具体情况确定;

12 压力大于 1.6 MPa 的燃气管道与其他管线之间的距离尚应符合现行国家标准《城镇燃气设计规范》GB 50028 的有关规定。

表 8.2.12 地下管线之间的最小垂直净距(m)

名称 \ 间距 \ 名称		给水管	排水管	热力管（沟）	地下燃气管线	乙炔管	氧气管	氢气管	电力电缆	电缆沟（管）	通信电缆	
											直埋电缆	电缆管道
给水管		0.15	0.40	0.15	0.15	0.25	0.15	0.25	0.50	0.15	0.50	0.15
排水管		0.40	0.15	0.15	0.15	0.25	0.15	0.25	0.50	0.25	0.50	0.15
热力管(沟)		0.15	0.15	—	0.15	0.25	0.25	0.25	0.50	0.25	0.50	0.25
地下燃气管线		0.15	0，15	0.15	—	0.25	0.25	0.25	0.50	0.25	0.50	0.15
乙炔管		0.25	0.25	0.25	0.25	—	0.25	0.25	0.50	0.25	0.50	0.15
氧气管		0.15	0.15	0.25	0.25	0.25	—	0.25	0.50	0.25	0.50	0.15
氢气管		0.25	0.25	0.25	0.25	0.25	0.25	—	0.50	0.25	0.50	0.25
电力电缆		0.50	0.50	0.50	0.50	0.50	0.50	0.50	0.50	0.25	0.50	0.50
电缆沟(管)		0.15	0.25	0.25	0.25	0.25	0.25	0.50	0.25	0.25	0.25	0.25
通信电缆	直埋电缆	0.50	0.50	0.50	0.50	0.50	0.50	0.50	0.50	0.25	0.25	0.25
	电缆管道	0.15	0.15	0.25	0.15	0.15	0.15	0.25	0，50	0.25	0.25	0.25

注:1 表中管道、电缆和电缆沟最小垂直净距指下面管道或管沟的外顶与上面管道的管底或管沟基础底之间的净距；

2 当电力电缆采用隔板分隔时，电力电缆之间及其到其他管线(沟)的距离可为 0.25 m。

8.3 地上管线

8.3.1 地上管线的敷设可采用管架、低架、管墩及建筑物、构筑物支撑方式。敷设方式应根据生产安全、介质性质、生产操作、维修管理、交通运输和厂容等因素,经综合技术经济比较后确定。

8.3.2 管架的布置应符合下列规定:

1 管架的净空高度及基础位置不得影响交通运输、消防及检修。

2 不应妨碍建筑物的自然采光与通风。

3 应有利厂容。

8.3.3 有甲、乙、丙类火灾危险性、腐蚀性及毒性介质的管道,除使用该管线的建筑物、构筑物外,均不得采用建筑物、构筑物支撑式敷设。

8.3.4 架空电力线路的敷设不应跨越用可燃材料建造的屋顶和火灾危险性属于甲、乙类的建筑物、构筑物以及液化烃、可燃液体、可燃气体贮罐区。其布置尚应符合现行国家标准《66 kV及以下架空电力线路设计规范》GB 50061 和《110 kV～750 kV 架空输电线路设计规范》GB 50545的有关规定。

8.3.5 通信架空线的布置应符合现行国家标准《工业企业通信设计规范》GBJ 42 的有关规定。

8.3.6 引入厂区的 35 kV 及以上的架空高压输电线路应减少在厂区内的长度,并应沿厂区边缘布置。

8.3.7 地上管线与铁路平行敷设时,其突出部分与铁路的水平净距应符合现行国家标准《标准轨距铁路建筑限界》GB 146.2 的有关规定。

8.3.8 地上管线与道路平行敷设时,不应敷设在公路型道路路肩范围内;照明电杆、消火栓、跨越道路的地上管线的支架可敷设在公路型道路路肩上,但应满足交通运输和安全的需要,并应符合下列规定:

1 距双车道路面边缘不应小于 0.5 m。

2 距单车道中心线不应小于 3.0 m。

8.3.9 管架与建筑物、构筑物之间的最小水平间距应符合表 8.3.9 的规定。

表 8.3.9 管架与建筑物、构筑物之间的最小水平间距

建筑物、构筑物名称	最小水平间距(m)
建筑物有门窗的墙壁外缘或突出部分外缘	3.0
建筑物无门窗的墙壁外缘或突出部分外缘	1.5
铁路(中心线)	3.75
道路	1.0
人行道外缘	0.5
厂区围墙(中心线)	1.0
照明及通信杆柱(中心)	1.0

注:1 表中间距除注明者外,管架从最外边线算起;道路为城市型时,自路面边缘算起,为公路型时,自路肩边缘算起;

2 本表不适用于低架、管墩及建筑物支撑方式;

3 液化烃、可燃液体、可燃气体介质的管线、管架与建筑物、构筑物之间的最小水平间距应符合国家现行有关设计标准的规定。

8.3.10 架空管线、管架跨越铁路、道路的最小净空高度应符合表8.3.10的规定。

表8.3.10 架空管线、管架跨越铁路、道路的最小净空高度(m)

名　称	最小净空高度
铁路(从轨顶算起)	5.5,并不小于铁路建筑限界
道路(从路拱算起)	5.0
人行道(从路面算起)	2.5

注:1 表中净空高度除注明者外,管线从防护设施的外缘算起;管架自最低部分算起;

2 表中铁路一栏的最小净空高度,不适用于电力牵引机车的线路及有特殊运输要求的线路;

3 有大件运输要求或在检修时有大型起吊设备,以及有大型消防车通过的道路,应根据需要确定其净空高度。

9 绿化布置

9.1 一般规定

9.1.1 工业企业的绿化布置应符合工业企业总体规划的要求,应与总平面布置、竖向设计及管线布置统一进行,应合理安排绿化用地,并应符合下列规定:

1 绿化布置应根据企业性质、环境保护及厂容、景观的要求,结合当地自然条件、植物生态习性、抗污性能和苗木来源,因地制宜进行布置。

2 工业企业居住区的绿化布置应符合现行国家标准《城市居住区规划设计规范》GB 50180的有关规定。

9.1.2 工业企业绿地率宜控制在20%以内,改建、扩建的工业企业绿化绿地率宜控制在15%范围内。因生产安全等有特殊要求的工业企业可除外,也可根据建设项目的具体情况按当地规划控制要求执行。绿化布置应符合下列规定:

1 应充分利用厂区内非建筑地段及零星空地进行绿化。

2 应利用管架、栈桥、架空线路等设施下面及地下管线带上面的场地布置绿化。

3 应满足生产、检修、运输、安全、卫生、防火、采光、通风的要求,应避免与建筑物、构筑物及地下设施的布置相互影响。

4 不应妨碍水冷却设施的冷却效果。

9.1.3 工业企业的绿化布置应根据不同类型的企业及其生产特点、污染性质和程度,结合当地的自然条件和周围的环境条件,以及所要达到的绿化效果,合理地确定各类植物的比例及配置方式。

9.2 绿化布置

9.2.1 下列地段应重点进行绿化布置:

1 进厂主干道两侧及主要出入口。

2 企业行政办公区。

3 洁净度要求高的生产车间、装置及建筑物区域。

4 散发有害气体、粉尘及产生高噪声的生产车间、装置及堆场。

5 受西晒的生产车间及建筑物。

6 受雨水冲刷的地段。

7 厂区生活服务设施周围。

8 厂区内临城镇主要道路的围墙内侧地带。

9.2.2 受风沙侵袭的工业企业应在厂区受风沙侵袭季节盛行风向的上风侧设置半通透结构的防风林带。对环境构成污染的工厂、灰渣场、尾矿坝、排土场和大型原、燃料堆场，应根据全年盛行风向和对环境的污染情况设置紧密结构的防护林带。

9.2.3 具有易燃、易爆的生产、贮存及装卸设施附近宜种植能减弱爆炸气浪和阻挡火势向外蔓延、枝叶茂密、含水分大、防爆及防火效果好的大乔木及灌木，不得种植含油脂较多的树种。绿化布置应保证消防通道的宽度和净空高度，并应有利于消防扑救。

9.2.4 散发液化石油气及比重大于0.7的可燃气体和可燃蒸气的生产、贮存及装卸设施附近，绿化布置应注意通风，不应布置不利于重气体扩散的绿篱及茂密的灌木丛，可种植含水分多的四季常青的草皮。

9.2.5 高噪声源车间周围的绿化宜采用减噪力强的乔、灌木，并应形成复层混交林地。

9.2.6 粉尘大的车间周围的绿化应选择滞尘效果好的乔、灌木，并应形成绿化带。在区域盛行风向的上风侧应布置透风绿化带，在区域盛行风向的下风侧应布置不透风绿化带。

9.2.7 制酸车间及酸库周围的绿化应选用对二氧化硫气体及其酸雾耐性及抗性强的树种，乔、灌木和草本应结合种植。

9.2.8 热加工车间附近的绿化宜具有遮阳效果。

9.2.9 对空气洁净度要求高的生产车间、装置及建筑物附近的绿化，不应种植散发花絮、纤维质及带绒毛果实的树种。

9.2.10 行政办公区和主要出入口的绿化布置应具有较好的观赏及美化效果。

9.2.11 地上管架、地下管线带、输电线路、室外高压配电装置附近的绿化布置应满足安全生产及检修的要求。

9.2.12 道路两侧应布置行道树。主干道两侧可由各类树木、花卉组成多层次的行道绿化带。

9.2.13 道路弯道及交叉口、铁路及道路平交道口附近的绿化布置应符合行车视距的有关规定。

9.2.14 在有条件的生产车间或建筑物墙面、挡土墙顶及护坡等地段宜布置垂直绿化。

9.2.15 树木与建筑物、构筑物及地下管线的最小间距应符合表9.2.15的规定。

表9.2.15 树木与建筑物、构筑物及地下管线的最小间距

建筑物、构筑物及地下管线名称		最小间距(m)	
		至乔木中心	至灌木中心
建筑物外墙	有窗	3.0～5.0	1.5
	无窗	2.0	1.5
挡土墙顶或墙脚		2.0	0.5
高2 m及2 m以上的围墙		2.0	1.0
标准轨距铁路中心线		5.0	3.5
窄轨铁路中心线		3.0	2.0
道路路面边缘		1.0	0.5

表 9.2.15(续)

建筑物、构筑物及地下管线名称	最小间距(m)	
	至乔木中心	至灌木中心
人行道边缘	0.5	0.5
排水明沟边缘	1.0	0.5
给水管	1.5	不限
排水管	1.5	不限
热力管	2.0	2.0
煤气管	1.5	1.5
氧气管、乙炔管、压缩空气管	1.5	1.0
石油管、天然气管、液化石油气管	2.0	1.5
电缆	2.0	0.5

注:1 表中间距除注明者外,建筑物、构筑物自最外边轴线算起;城市型道路自路面边缘算起,公路型道路自路肩边缘算起;管线自管壁或防护设施外缘算起;电缆按最外一根算起;
2 树木至建筑物外墙(有窗时)的距离,当树冠直径小于 5 m 时采用 3 m,大于 5 m 时采用 5 m;
3 树木至铁路、道路弯道内侧的间距应满足视距要求;
4 建筑物、构筑物至灌木中心系指至灌木丛最外边一株的灌木中心。

9.2.16 露天停车场的绿化布置宜结合停车间隔带种植高大庇荫乔木,以利于车辆的遮阳,乔木株距与行距的确定应符合当地绿化用地计算标准。

9.2.17 企业铁路沿线的绿化布置不得妨碍铁路的行车安全。沿铁路栽种的树木不应侵入限界和行车视距范围。

10 主要技术经济指标

10.0.1 工业企业总平面设计的主要技术经济指标,其计算方法应符合本规范附录 B 的规定,宜列出下列主要技术经济指标:

1 厂区用地面积(hm^2)。

2 建筑物、构筑物用地面积(m^2)。

3 建筑系数(%)。

4 容积率。

5 铁路长度(km)。

6 道路及广场用地面积(m^2)。

7 绿化用地面积(m^2)。

8 绿地率(%)。

9 土(石)方工程量(m^2)。

10 投资强度(万元/hm^2)。

11 行政办公及生活服务设施用地面积(hm^2)。

12 行政办公及生活服务设施用地所占比重(%)。

10.0.2 不同类型性质的工业企业总平面设计的技术经济指标可根据其特点和需要,列出本行业有特殊要求的技术经济指标。

10.0.3 分期建设的工业企业在总平面设计中除应列出本期工程的主要技术经济指标外,有条件时,还应列出下列指标:

1 近期或远期工程的主要技术经济指标。

2 与厂区分开的单独场地的主要技术经济指标,应分别计算。

10.0.4 改、扩建的工业企业总平面设计,除应列出本规范第10.0.1条规定的指标外,还宜列出企业原有有关的技术经济指标。局部或单项改、扩建工程的总平面设计的技术经济指标可根据具体情况确定。

附 录 A
土壤松散系数

表 A 土壤松散系数

<table>
<tr><th>土的分类</th><th>土的级别</th><th>土壤的名称</th><th>最初松散系数</th><th>最终松散系数</th></tr>
<tr><td rowspan="2">一类土
(松散土)</td><td rowspan="2">Ⅰ</td><td>略有黏性的砂土，粉末腐殖土及疏松的种植土；泥炭(淤泥)(种植土、泥炭除外)</td><td>1.08～1.17</td><td>1.01～1.03</td></tr>
<tr><td>植物性土、泥炭</td><td>1.20～1.30</td><td>1.03～1.04</td></tr>
<tr><td>二类土
(普通土)</td><td>Ⅱ</td><td>潮湿的黏性土和黄土；软的盐土和碱土；含有建筑材料碎屑，碎石、卵石的堆积土和种植土</td><td>1.14～1.28</td><td>1.02～1.05</td></tr>
<tr><td>三类土
(坚土)</td><td>Ⅲ</td><td>中等密实的黏性土或黄土；含有碎石、卵石或建筑材料碎屑的潮湿的黏性土或黄土</td><td>1.24～1.30</td><td>1.04～1.07</td></tr>
<tr><td rowspan="2">四类土
(砂砾坚土)</td><td rowspan="2">Ⅳ</td><td>坚硬密实的黏性土或黄土；含有碎石、砾石(体积在 10%～30%，重量在 25 kg 以下的石块)的中等密实黏性土或黄土；硬化的重盐土；软泥灰岩(泥灰岩、蛋白石除外)</td><td>1.26～1.32</td><td>1.06～1.09</td></tr>
<tr><td>泥灰石、蛋白石</td><td>1.33～1.37</td><td>1.11～1.15</td></tr>
<tr><td>五类土
(软土)</td><td>Ⅴ～Ⅵ</td><td>硬的石炭纪黏土；胶结不紧的砾岩；软的、节理多的石灰岩及贝壳石灰岩；坚实的白垩；中等坚实的页岩、泥灰岩</td><td rowspan="3">1.30～1.45</td><td rowspan="3">1.10～1.20</td></tr>
<tr><td>六类土
(次坚土)</td><td>Ⅶ～Ⅸ</td><td>坚硬的泥质页岩；坚实的泥灰岩；角砾状花岗岩；泥灰质石灰岩；黏土质砂岩；云母页岩及砂质页岩；风化的花岗岩、片麻岩及正常岩；滑石质的蛇纹岩；密实的石灰岩；硅质胶结的砾岩；砂岩；砂质石灰质页岩</td></tr>
<tr><td>七类土
(坚岩)</td><td>Ⅹ～ⅩⅢ</td><td>白云岩；大理石；坚实的石灰岩、石灰质及石英质的砂岩；坚硬的砂质页岩；蛇纹岩；粗粒正长岩；有风化痕迹的安山岩及玄武岩；片麻岩；粗面岩；中粗花岗岩；坚实的片麻岩，粗面岩；辉绿岩；玢岩；中粗正常岩</td></tr>
<tr><td>八类土
(特坚石)</td><td>ⅩⅣ～ⅩⅥ</td><td>坚实的细粒花岗岩；花岗片麻岩；闪长岩；坚实的玢岩、角闪岩、辉长岩、石英岩；安山岩；玄武岩；最坚实的辉绿岩、石灰岩及闪长岩；橄榄石质玄武岩；特别坚实的辉长岩；石英岩及玢岩</td><td>1.45～1.50</td><td>1.20～1.30</td></tr>
</table>

注：1 土的级别相当于一般 16 级土石分类级别；

2 一至八类土壤，挖方转化为虚方时，乘以最初松散系数；挖方转化为填方时，乘以最终松散系数。

附 录 B
工业企业总平面设计的主要技术经济指标的计算规定

B.0.1 厂区用地面积:应为厂区围墙内用地面积,应按围墙中心线计算。

B.0.2 建筑物、构筑物用地面积应按下列规定计算:

1 新设计时,应按建筑物、构筑物外墙建筑轴线计算。

2 现有时,应按建筑物、构筑物外墙面尺寸计算。

3 圆形构筑物及挡土墙应按实际投影面积计算。

4 设防火堤的贮罐区应按防火堤轴线计算,未设防火堤的贮罐区应按成组设备的最外边缘计算。

5 球罐周围有铺砌场地时,应按铺砌面积计算。

6 栈桥应按其投影长宽乘积计算。

B.0.3 露天设备用地面积,独立设备应按其实际用地面积计算;成组设备应按设备场地铺砌范围计算,但当铺砌场地超出设备基础外缘 1.2 m 时,应只计算至设备基础外缘 1.2 m 处。

B.0.4 露天堆场用地面积应按存放场场地边缘线计算。

B.0.5 露天操作场用地面积应按操作场场地边缘计算。

B.0.6 建筑系数应按下式计算:

$$\text{建筑物系数}=\frac{\text{建筑物构筑物用地面积}+\text{露天设备用地面积}+\text{露天堆场及露天操作场用地面积}}{\text{厂区用地面积}}\times 100\% \quad \cdots\cdots \text{(B.0.6)}$$

B.0.7 容积率应按下式计算,当建筑物层高超过 8 m,在计算容积率时该层建筑面积应加倍计算:

$$\text{容积率}=\frac{\text{总建筑面积}}{\text{厂区用地面积}} \quad \cdots\cdots \text{(B.0.7)}$$

B.0.8 铁路长度应为工业企业铁路总延长长度。计算时,应以厂区围墙为界,并应分厂外铁路长度和厂内铁路长度。

B.0.9 铁路用地面积应按线路长度乘以路基宽度(路基宽度取 5 m)计算。

B.0.10 道路及广场用地面积应按下列规定计算:

1 包括车间引道及人行道的道路用地面积,道路长度应乘以道路用地宽度。城市型道路用地宽度应按路面宽度计算,公路型道路用地宽度应计算至道路路肩边缘。

2 包括停车场、回车场的广场用地面积应按设计用地面积计算。

B.0.11 绿化用地面积应按下列规定计算:

1 乔木、花卉、草坪混植的大块绿地及单独的草坪绿地应按绿地周边界限所包围的面积计算。

2 花坛应按花坛用地面积计算。

3 乔木、灌木绿地用地面积应按表 B.0.11 的规定计算。

表 B.0.11　乔木、灌木绿地用地面积(m^2)

植物类别	用地计算面积
单株乔木	2.25
单行乔木	$1.5L$
多行乔木	$(B+1.5)L$
单株大灌木	1.0
单株小灌木	0.25
单行绿篱	$0.5L$
多行绿篱	$(B+0.5)L$
注:L 为绿化带长度(m),B 为总行距(m)。	

B.0.12　绿地率应按下式计算:

$$绿地率=\frac{绿化用地面积}{厂区用地面积}\times100\% \qquad \text{(B.0.12)}$$

B.0.13　投资强度应按下式计算:

$$\frac{投资强度}{(万元/hm^2)}=\frac{项目固定资产总投资(万元)}{项目总用地面积(hm^2)}\times100\% \qquad \text{(B.0.13)}$$

注:项目固定资产总投资包括厂房、设备和地价款(万元)。

B.0.14　行政办公及生活服务设施用地面积应包括项目用地范围内行政办公、生活服务设施占用土地面积或分摊土地面积。当无法单独计算行政办公和生活服务设施占用土地面积时,可采用行政办公和生活服务设施建筑面积占总建筑面积的比重计算得出的分摊土地面积代替。

B.0.15　行政办公及生活服务设施用地所占比重应按下式计算:

$$\frac{行政办公及生活}{服务设施用地比重}=\frac{行政办公、生活服务设施用地面积}{项目总用地面积}\times100\% \qquad \text{(B.0.15)}$$

本规范用词说明

1 为便于在执行本规范条文时区别对待,对要求严格程度不同的用词说明如下:

1) 表示很严格,非这样做不可的:
正面词采用"必须",反面词采用"严禁";

2) 表示严格,在正常情况下均应这样做的:
正面词采用"应",反面词采用"不应"或"不得";

3) 表示允许稍有选择,在条件许可时首先应这样做的:
正面词采用"宜",反面词采用"不宜";

4) 表示有选择,在一定条件下可以这样做的,采用"可"。

2 条文中指明应按其他有关标准执行的写法为:"应符合……的规定"或"应按……执行"。

引用标准名录

《建筑地基基础设计规范》GB 50007
《工业企业标准轨距铁路设计规范》GBJ 12
《室外排水设计规范》GB 50014
《建筑设计防火规范》GB 50016
《岩土工程勘察规范》GB 50021
《厂矿道路设计规范》GBJ 22
《城镇燃气设计规范》GB 50028
《氧气站设计规范》GB 50030
《动力机器基础设计规范》GB 50040
《工业企业通信设计规范》GBJ 42
《66kV及以下架空电力线路设计规范》GB 50061
《汽车库、修车库、停车场设计防火规范》GB 50067
《洁净厂房设计规范》GB 50073
《工业企业噪声控制设计规范》GBJ 87
《民用爆破器材工程设计安全规范》GB 50089
《铁路车站及枢纽设计规范》GB 50091
《架空索道工程技术规范》GB 50127
《石油化工企业设计防火规范》GB 50160
《城市居住区规划设计规范》GB 50180
《发生炉煤气站设计规范》GB 50195
《防洪标准》GB 50201
《建筑地基基础工程施工质量验收规范》GB 50202
《建筑边坡工程技术规范》GB 50330
《有色金属矿山排土场设计规范》GB 50421
《化工企业总图运输设计规范》GB 50489
《110kV～750kV架空输电线路设计规范》GB 50545
《标准轨距铁路建筑限界》GB 146.2
《声环境质量标准》GB 3096
《地表水环境质量标准》GB 3838
《制定地方大气污染物排放标准的技术方法》GB/T 3840
《工业企业厂内铁路、道路运输安全规程》GB 4387
《生活饮用水卫生标准》GB 5749
《道路交通标志和标线》GB 5768
《工业企业煤气安全规程》GB 6222

《工业企业厂界环境噪声排放标准》GB 12348

《一般工业固体废物贮存、处置场污染控制标准》GB 18599

《电离辐射防护与辐射源安全基本标准》GB 18871

《装卸油品码头防火设计规范》JTJ 237

《液化天然气码头设计规范》JTS 165-5

《钢质管道及储罐腐蚀控制工程设计规范》SY 0007

U DC

中华人民共和国国家标准

P

GB 50235—2010

工业金属管道工程施工规范

Code for construction of industrial metallic piping engineering

2010-08-18 发布　　　　2011-06-01 实施

中华人民共和国住房和城乡建设部
中华人民共和国国家质量监督检验检疫总局　联合发布

中华人民共和国住房和城乡建设部公告

第736号

关于发布国家标准《工业金属管道工程施工规范》的公告

现批准《工业金属管道工程施工规范》为国家标准，编号为GB 50235—2010，自2011年6月1日起实施。其中，第1.0.5、8.6.1(2)、8.6.6(1)条(款)为强制性条文，必须严格执行。原《工业金属管道工程施工及验收规范》GB 50235—1997同时废止。

本规范由我部标准定额研究所组织中国计划出版社出版发行。

中华人民共和国住房和城乡建设部

二〇一〇年八月十八日

前　言

本规范是根据原建设部《关于印发〈二〇〇六年工程建设标准规范制订、修订计划(第二批)〉的通知》(建标〔2006〕136 号)的要求,由中国石油和化工勘察设计协会和中国化学工程第三建设有限公司会同有关单位在《工业金属管道工程施工及验收规范》GB 50235—1997 的基础上修订完成的。

本规范在修订过程中,规范编制组经广泛的调查研究,认真总结实践经验,参考有关国际标准和国外先进标准,并在广泛征求意见的基础上,修订本规范,最后经审查定稿。

本规范共分 10 章和 1 个附录,主要技术内容是:总则,术语和符号,管道安装的基本规定,管道元件和材料的检验,管道加工,管道焊接和焊后热处理,管道安装,管道检查、检验和试验,管道吹扫与清洗,工程交接验收等。

本规范修订的主要技术内容是:

1.在不适用范围中增加了石油、天然气、地热等勘探和采掘装置的管道,采暖通风与空气调节的管道及非圆形截面的管道等。

2.增加了"符号"一节。

3.增加了管道分级的规定。

4.增加了管道组成件光谱分析的材质范围。

5.增加了安全阀应进行整定压力调整和密封试验的规定。

6.增补了斜接弯头、焊制翻边接头、支吊架制作的通用技术要求。

7.删除了部分"焊接"的通用技术要求。增补了法兰连接、支管连接的焊接要求。

8.增加了锆材有色金属管道、加套管和阀门安装的通用技术要求。

9.增加了焊缝射线和超声波检测的技术等级要求。

10.增加了"脱脂"一节。

本规范中以黑体字标志的条文为强制性条文,必须严格执行。

本规范由住房和城乡建设部负责管理和对强制性条文的解释,由中国工程建设标准化协会化工分会负责日常管理,由全国化工施工标准化管理中心站负责具体技术内容的解释。本规范执行过程中如有意见或建议,请寄送全国化工施工标准化管理中心站(地址:河北省石家庄市桥东区槐安东路 28 号仁和商务 1-1-1107 室,邮编:050020),以便今后修订时参考。

本规范主编单位、参编单位、主要起草人和主要审查人:

主 编 单 位:中国石油和化工勘察设计协会
　　　　　　中国化学工程第三建设有限公司

参 编 单 位:全国化工施工标准化管理中心站
　　　　　　中国石化集团第五建设公司
　　　　　　中油吉林化建工程股份有限公司
　　　　　　中国机械工业建设总公司
　　　　　　中国二冶集团有限公司管道铁路工程公司

吉林化工学院
山东电力建设第一工程公司
中国核工业二三建设有限公司
惠生工程(中国)有限公司
阿美科工程咨询(上海)有限公司

主要起草人:夏节文 张永明 杨 惠 胡忆沩 朱 宇 李功福 张永光 于大江 单承家 赵红梅 芦 天 颜祖清

主要审查人:李柏年 戈兆文 徐明才 谭梦君 李天光 李信浩 王新建 吉章红 王建生 李洪波 武振平 孙 韵 汤志强 张西民 蒋桂英 余月英 陈鸿章

1 总则

1.0.1 为提高工业金属管道工程的施工水平,加强工业金属管道工程施工过程的质量控制,保证施工质量,制定本规范。

1.0.2 本规范适用于设计压力不大于 42 MPa,设计温度不超过材料允许使用温度的工业金属管道工程的施工。

1.0.3 本规范不适用于下列工业金属管道的施工:

1 石油、天然气、地热等勘探和采掘装置的管道;

2 长输管道;

3 核能装置的专用管道;

4 海上设施和矿井的管道;

5 采暖通风与空气调节的管道及非圆形截面的管道。

1.0.4 工业金属管道的施工,应按设计文件及本规范的规定进行。

1.0.5 当需要修改设计文件及材料代用时,必须经原设计单位同意,并应出具书面文件。

1.0.6 现场组装的设备所属管道的施工,应按制造厂的产品技术文件进行,且不得低于本规范的规定。

1.0.7 本规范应与现行国家标准《工业金属管道工程施工质量验收规范》GB 50184 配合使用。

1.0.8 工业金属管道防腐蚀工程的施工,应符合国家现行有关标准和设计文件的规定。

1.0.9 工业金属管道绝热工程的施工,应符合现行国家标准《工业设备及管道绝热工程施工规范》GB 50126 和设计文件的规定。

1.0.10 工业金属管道的施工,除应符合本规范外,尚应符合国家现行有关标准的规定。

2 术语和符号

2.1 术语

2.1.1

管道元件公称压力(PN) nominal pressure for pipe work components

由字母 PN 和无因次数字组合而成,表示管道元件名义压力等级的一种标记方法。

2.1.2

管道元件公称尺寸(DN) nominal size for pipework components

由字母 DN 和无因次整数数字组合而成,表示管道元件规格名义尺寸的一种标记方法。

2.1.3

工业金属管道 industrial metallic piping

由金属管道元件连接或装配而成,在生产装置中用于输送工艺介质的工艺管道、公用工程管道及其他辅助管道。

2.1.4

压力管道 pressure piping

指最高工作压力大于或等于 0.1 MPa(表压),且公称尺寸大于 25 mm,用于输送气体、液化气体、蒸汽介质或可燃、易爆、有毒、有腐蚀性、最高工作温度高于或等于标准沸点的液体介质的管道。

2.1.5

D类流体管道　D-type fluid piping

指不可燃、无毒或毒性为轻度危害程度、设计压力小于或等于1.0 MPa和设计温度高于−20 ℃但不高于185 ℃的流体管道。

2.1.6

C类流体管道　C-type fluid piping

不包括D类流体的不可燃、无毒或毒性为轻度危害程度的流体管道。

2.1.7

管道元件　pipework components

指连接或装配成管道系统的各种零部件的总称。包括管道组成件和管道支承件。

2.1.8

管道组成件　piping components

用于连接或装配管道的管道元件。包括管子、管件、法兰、密封件、紧固件、阀门、安全保护装置以及诸如膨胀节、挠性接头、耐压软管、疏水器、过滤器、管路中的节流装置和分离器等。

2.1.9

管道支承件　pipe-supporting elements

将管道的自重、输送流体的重量、由于操作压力和温差所造成的荷载以及振动、风力、地震、雪载、冲击和位移应变引起的荷载等传递到管架结构上去的管道元件。包括吊杆、弹簧支吊架、恒力支吊架、斜拉杆、平衡锤、松紧螺栓、支撑杆、链条、导轨、锚固件、鞍座、垫板、滚柱、托座、滑动支座、管吊、吊耳、卡环、管夹、U形夹和夹板等。

2.1.10

管件　fittings

与管子一起构成管道系统本身的零部件的总称。包括弯头、弯管、三通、异径管、活接头、翻边短节、支管座、堵头、封头等。

2.1.11

斜接弯头　mitre bends

由梯形管段或钢板制成的焊接弯头，具有与管子纵轴线不相垂直的斜接焊缝的管段拼接而成。

2.1.12

热弯　hot bending

温度高于金属临界点AC_1时的弯管操作。

2.1.13

冷弯　cold bending

温度低于金属临界点AC_1时的弯管操作。

2.1.14

热态紧固　tightening in hot condition

防止管道在工作温度下，因受热膨胀导致可拆连接处泄漏而进行的紧固操作。

2.1.15

冷态紧固　tightening in cold condition

防止管道在工作温度下，因冷缩导致可拆连接处泄漏而进行的紧固操作。

2.1.16

压力试验　pressure test

以液体或气体为介质,对管道逐步进行加压,达到规定的压力,以检验管道强度和严密性的试验。

2.1.17

泄漏性试验　leak test

以气体为介质,在设计压力下,采用发泡剂、显色剂、气体分子感测仪或其他手段等检查管道系统中泄漏点的试验。

2.1.18

复位　recovering the original state

已安装合格的管道,拆开后重新恢复原有状态的过程。

2.1.19

轴测图　isometric diagram

将每条管道按照轴测投影的方法,绘制成以单线表示的管道空视图。

2.1.20

自由管段　pipe-segments to be prefabricated

在管道预制过程中,按照轴测图选择确定的可以先行加工的管段。

2.1.21

封闭管段　pipe-segments for dimension adjustment

在管道预制过程中,按照轴测图选择确定的、经实测安装尺寸后再行加工的管段。

2.2　符号

a ——弯管的波浪间距;

c ——承口与插口的轴向间隙;

e ——管子对口时的平直度;

DN ——管子或管道元件的公称尺寸;

D_o ——管子外径;

D_{o1} ——弯管褶皱凸出处外径;

D_{o2} ——弯管褶皱凹进处外径;

D_{o3} ——弯管相邻褶皱凸出处外径;

D_{max} ——弯管截面最大实测外径;

D_{min} ——弯管截面最小实测外径;

h_m ——弯管褶皱高度;

L ——弯管的直管段长度;

l ——球形补偿器的球心距;

l_0 ——管道的有效长度;

P ——设计压力;

ΔP ——24 h 的增压率;

P_1 ——试验初始压力;

P_2 ——试验最终压力;

PN ——公称压力；
P_T ——试验压力；
S ——插管与外壳挡圈间的安装剩余收缩量；
S_0 ——补偿器的最大行程；
t ——管道组成件的名义壁厚；
t_0 ——室外最低设计温度；
t_1 ——补偿器安装时的环境温度；
t_2 ——管道内介质的最高设计温度；
t_c ——角焊缝有效厚度；
t_d ——直管设计壁厚；
t_{min} ——支管名义厚度或鞍形补强件名义厚度两者中的较小值；
t_r ——补强圈或鞍形补强件的名义厚度；
t_{sn} ——直管名义厚度；
t_{tn} ——支管名义厚度；
T ——设计温度；
T_{tn} ——主管名义厚度；
u ——弯管的圆度；
X ——角焊缝焊脚尺寸；
X_{min} ——角焊缝最小焊脚尺寸；
Δ ——管子切口端面倾斜偏差；
Δ_1 ——弯管的管端中心偏差；
Δ_2 ——Π 形弯管的平面度；
$[\sigma]_T$ ——试验温度下管材的许用应力；
$[\sigma]^t$ ——设计温度下管材的许用应力。

3 基本规定

3.1 一般规定

3.1.1 承担工业金属管道工程的施工单位应取得相应的施工资质，并应在资质许可范围内从事相应的管道施工。检验单位应取得相应的检验资质，且应在资质许可范围内从事相应的管道工程检验工作。

3.1.2 施工单位应建立管道施工现场的质量管理体系，并应具有健全的质量管理制度和相应的施工技术标准。

3.1.3 参加工业金属管道施工的人员和施工质量检查、检验的人员应具备相应的资格。

3.1.4 工业金属管道施工前应具备下列条件：

1 工程设计图纸和相关技术文件应齐全，并已按规定程序进行设计交底和图纸会审。

2 施工组织设计或施工方案已经批准，并已进行技术和安全交底。

3 施工人员已按有关规定考核合格。

4 已办理工程开工文件。

5 用于管道施工的机械、工器具应安全可靠；计量器具应检定合格并在有效期内。

6 已制定相应的职业健康安全与环境保护应急预案。

3.1.5 压力管道施工前，施工单位应向管道安装工程所在地的质量技术监督部门办理书面告知，并应接受监督检验单位的监督检验。

3.1.6 工业金属管道施工应符合国家现行有关环境保护、安全技术和劳动保护等标准的规定。

3.2 分级

3.2.1 工业金属压力管道应按国家现行标准《压力管道安全技术监察规程——工业管道》TSG D0001 的有关规定划分为 GC1、GC2 和 GC3。

3.2.2 除压力管道以外的其他管道，应按 C 类流体管道和 D 类流体管道分类。

3.2.3 当输送毒性危害程度或火灾危险性不同的混合介质时，应按其危害程度及其含量，并应由设计文件确定管道级别。

4 管道元件和材料的检验

4.1 一般规定

4.1.1 管道元件和材料应具有制造厂的产品质量证明文件，并应符合国家现行有关标准和设计文件的规定。

4.1.2 管道元件和材料在使用前应按国家现行有关标准和设计文件的规定核对其材质、规格、型号、数量和标识，并应进行外观质量和几何尺寸的检查验收，其结果应符合设计文件和相应产品标准的规定。管道元件和材料标识应清晰完整，并应能够追溯到产品质量证明文件。

4.1.3 当对管道元件或材料的性能数据或检验结果有异议时，在异议未解决前，该批管道元件或材料不得使用。

4.1.4 铬钼合金钢、含镍低温钢、不锈钢、镍及镍合金、钛及钛合金材料的管道组成件，应采用光谱分析或其他方法对材质进行复查，并应做好标识。

4.1.5 设计文件规定进行低温冲击韧性试验的管道元件或材料，供货方应提供低温冲击韧性试验结果的文件，且试验结果不得低于设计文件的规定。

4.1.6 设计文件规定进行晶间腐蚀试验的不锈钢、镍及镍合金管道元件或材料，供货方应提供晶间腐蚀试验结果的文件，且试验结果不得低于设计文件的规定。

4.1.7 防腐蚀衬里管道的衬里质量应按国家现行有关标准的规定进行检查验收。

4.1.8 检查不合格的管道元件或材料不得使用，并应做好标识和隔离。

4.1.9 管道元件和材料在施工过程中应妥善保管，不得混淆或损坏，其标记应明显清晰。材质为不锈钢、有色金属的管道元件和材料，在运输和储存期间不得与碳素钢、低合金钢接触。

4.1.10 对管道元件的外观质量和几何尺寸检查验收结果，应填写“管道元件检查记录”，其格式宜符合本规范表 A.0.1 的规定。

4.2 阀门检验

4.2.1 阀门安装前应进行外观质量检查，阀体应完好，开启机构应灵活，阀杆应无歪斜、变形、卡涩现象，标牌应齐全。

4.2.2 阀门应进行壳体压力试验和密封试验，具有上密封结构的阀门还应进行上密封试验，不合格者不得使用。

4.2.3 阀门的壳体压力试验和密封试验应以洁净水为介质。不锈钢阀门试验时，水中的氯离子含量不得超过 25×10^{-6}(25 ppm)。试验合格后应立即将水渍清除干净。当有特殊要求时，试验介质应符合设计文件的规定。

4.2.4 阀门的壳体试验压力应为阀门在 20 ℃时最大允许工作压力的 1.5 倍,密封试验压力应为阀门在 20 ℃时最大允许工作压力的 1.1 倍。当阀门铭牌标示对最大工作压差或阀门配带的操作机构不适宜进行高压密封试验时,试验压力应为阀门铭牌标示的最大工作压差的 1.1 倍。

4.2.5 阀门的上密封试验压力应为阀门在 20 ℃时最大允许工作压力的 1.1 倍。试验时应关闭上密封面,并应松开填料压盖。

4.2.6 阀门在试验压力下的持续时间不得少于 5 min。无特殊规定时,试验介质温度应为 5 ℃～40 ℃,当低于 5 ℃时,应采取升温措施。

4.2.7 公称压力小于 1.0 MPa,且公称尺寸大于或等于 600 mm 的闸阀,可不单独进行壳体压力试验和闸板密封试验。壳体压力试验宜在系统试压时按管道系统的试验压力进行试验。闸板密封试验可用色印等方法对闸板密封面进行检查,接合面上的色印应连续。

4.2.8 夹套阀门的夹套部分应采用设计压力的 1.5 倍进行压力试验。

4.2.9 试验合格的阀门,应及时排尽内部积水,并应吹干。除需要脱脂的阀门外,密封面与阀杆上应涂防锈油,阀门应关闭,出入口应封闭,并应作出明显的标记。

4.2.10 阀门试验合格后,应填写“阀门试验记录”,其格式宜符合本规范表 A.0.2 的规定。

4.2.11 安全阀的校验,应按国家现行标准《安全阀安全技术监察规程》TSG ZF001 和设计文件的规定进行整定压力调整和密封试验,当有特殊要求时,还应进行其他性能试验。安全阀校验应做好记录、铅封,并应出具校验报告。

4.3 其他管道元件检验

4.3.1 GC1 级管道和 C 类流体管道中,输送毒性程度为极度危害介质或设计压力大于或等于 10 MPa 的管子、管件,应进行外表面磁粉或渗透检测,检测方法和缺陷评定应符合国家现行标准《承压设备无损检测》JB/T 4730 的有关规定。经磁粉或渗透检测发现的表面缺陷应进行修磨,修磨后的实际壁厚不得小于管子名义壁厚的 90%,且不得小于设计壁厚。

4.3.2 合金钢螺栓、螺母应采用光谱分析或其他方法对材质进行复验,并应作好标识。设计压力大于或等于 10 MPa 的 GC1 级管道和 C 类流体管道用螺栓、螺母,应进行硬度检验。

5 管道加工

5.1 一般规定

5.1.1 管道元件的加工制作除应符合本规范的有关规定外,尚应符合设计文件和有关产品标准的规定。

5.1.2 管道元件在加工过程中,应及时进行标记移植。低温用钢、不锈钢及有色金属不得使用硬印标记。当不锈钢和有色金属材料采用色码标记时,印色不应含有对材料产生损害的物质。

5.1.3 管道组成件在加工制作过程中的焊接和焊后热处理应符合本规范第 6 章的有关规定,检验和试验应符合本规范第 8 章的有关规定。

5.2 下料切割

5.2.1 碳素钢、合金钢宜采用机械方法切割,也可采用火焰或等离子弧方法切割。

5.2.2 不锈钢、有色金属应采用机械或等离子弧方法切割。当采用砂轮切割或修磨不锈钢、镍及镍合金、钛及钛合金、锆及锆合金时,应使用专用砂轮片。

5.2.3 镀锌钢管宜采用钢锯或机械方法切割。

5.2.4 切割质量应符合下列规定：

1 切口表面应平整，尺寸应正确，并应无裂纹、重皮、毛刺、凸凹、缩口、熔渣、氧化物、铁屑等现象。

2 管子切口端面倾斜偏差(图 5.2.4)不应大于管子外径的 1%，且不得大于 3 mm。

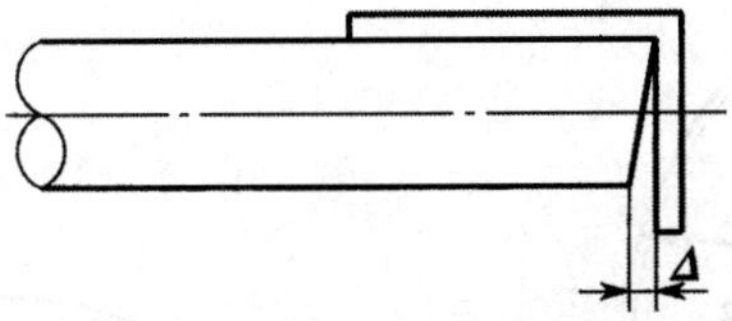

图 5.2.4 管子切口端面倾斜偏差

Δ—管子切口端面倾斜偏差

5.3 弯管制作

5.3.1 弯管宜采用壁厚为正公差的管子制作。弯曲半径与直管壁厚的关系宜符合表 5.3.1 的规定。

表 5.3.1 弯曲半径与直管壁厚的关系

弯曲半径 R	制作弯管用管子的壁厚
$R \geqslant 6D_o$	$1.06t_d$
$6D_o > R \geqslant 5D_o$	$1.08t_d$
$5D_o > R \geqslant 4D_o$	$1.14t_d$
$4D_o > R \geqslant 3D_o$	$1.25t_d$

5.3.2 弯管弯曲半径应符合设计文件和国家现行有关标准的规定。当无规定时，高压钢管的弯曲半径宜大于管子外径的 5 倍，其他管子的弯曲半径宜大于管子外径的 3.5 倍。

5.3.3 有缝管制作弯管时，焊缝应避开受拉(压)区。

5.3.4 金属管应在其材料特性允许范围内进行冷弯或热弯。

5.3.5 采用高合金钢管或有色金属管制作弯管时，宜采用机械方法；当充砂制作弯管时，不得用铁锤敲击。铅管加热制作弯管时，不得充砂。

5.3.6 金属管热弯或冷弯后，应按设计文件的规定进行热处理。当设计文件无规定时，应符合下列规定：

1 除制作弯管温度自始至终保持在 900 ℃以上的情况外，名义厚度大于 19 mm 的碳素钢管制作弯管后，应按本规范表 6.0.10-1 和第 6.0.11 条的规定进行热处理。

2 公称尺寸大于或等于 100 mm，或名义厚度大于或等于 13 mm 的碳钢、碳锰钢、铬钼合金钢、低温镍钢管制作弯管后，应按下列规定进行热处理：

1) 热弯时，应按设计文件的规定进行完全退火、正火加回火或回火处理。

2) 冷弯时，应按本规范表 6.0.10-1 和第 6.0.11 条的规定进行热处理。

5.3.7 管子弯制后，应将内外表面清理干净。弯管质量应符合下列规定：

1 不得有裂纹、过烧、分层等缺陷。

2 弯管内侧褶皱高度不应大于管子外径的 3%，波浪间距(图 5.3.7-1)不应小于褶皱高度的 12 倍。褶皱高度应按下式计算：

$$h_m = \frac{D_{o1} + D_{o3}}{2} - D_{o2} \quad \cdots\cdots (5.3.7\text{-}1)$$

式中：h_m ——褶皱高度(mm)；

D_{o1}——褶皱凸出处外径(mm)；

D_{o2}——褶皱凹进处外径(mm)；

D_{o3}——相邻褶皱凸出处外径(mm)。

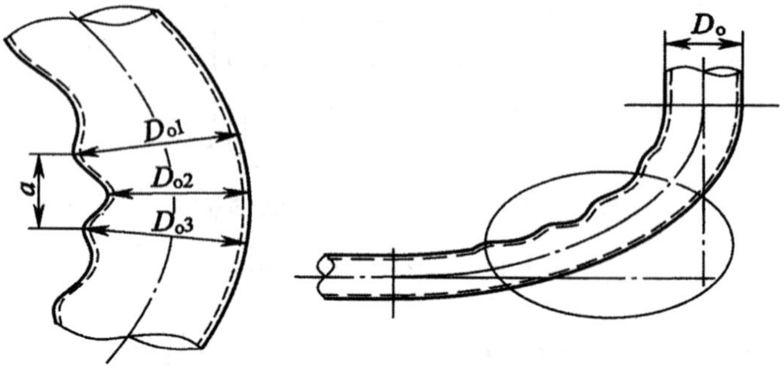

图 5.3.7-1 弯管的褶皱和波浪间距

3 弯管的圆度应符合下列规定：

1) 弯管的圆度应按下式计算。

$$u=\frac{2(D_{max}-D_{min})}{D_{max}+D_{min}}\times 100 \quad \cdots\cdots (5.3.7\text{-}2)$$

式中：u ——弯管的圆度(%)；

D_{max}——同一截面的最大实测外径(mm)；

D_{min}——同一截面的最小实测外径(mm)。

2) 对于承受内压的弯管，其圆度不应大于 8%；对于承受外压的弯管，其圆度不应大于 3%。

4 弯管制作后的最小厚度不得小于直管的设计壁厚。

5 弯管的管端中心偏差值应符合下列规定：

1) GC1 级管道和 C 类流体管道中，输送毒性程度为极度危害介质或设计压力大于或等于 10 MPa 的弯管，每米管端中心偏差值(图 5.3.7-2)不得超过 1.5 mm。当直管段长度大于3 m时，其偏差不得超过 5 mm。

2) 其他管道的弯管，每米管端中心偏差值(图 5.3.7-2)不得超过 3 mm。当直管段长度大于 3 m 时，其偏差不得超过 10 mm。

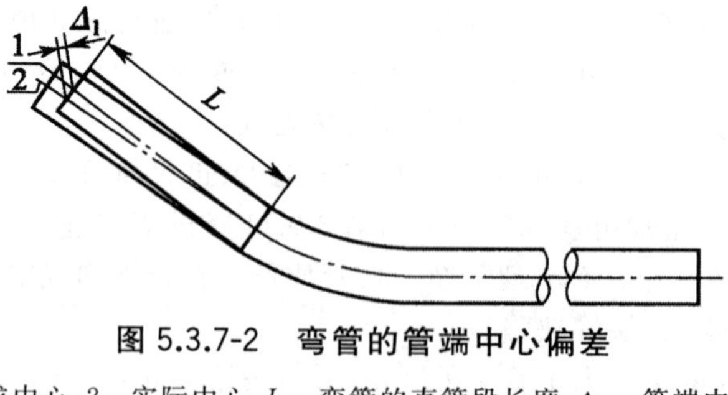

图 5.3.7-2 弯管的管端中心偏差

1—要求中心；2—实际中心；L—弯管的直管段长度；Δ_1—管端中心偏差

5.3.8 Π 形弯管的平面度允许偏差(图 5.3.8)应符合表 5.3.8 的规定。

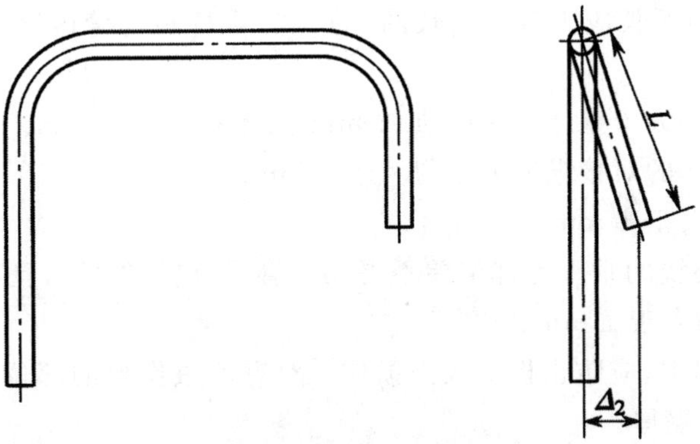

图 5.3.8 Ⅱ形弯管平面度

L—弯管的直管段长度；Δ_2—平面度

表 5.3.8 Ⅱ形弯管的平面度允许偏差(mm)

直管段长度 L	≤500	>500～1000	>1000～1500	>1500
平面度 Δ_2	≤3	≤4	≤6	≤10

5.3.9 GC1 级管道和 C 类流体管道中，输送毒性程度为极度危害介质或设计压力大于或等于 10 MPa 的弯管制作后，应按国家现行标准《承压设备无损检测》JB/T 4730 的有关规定进行表面无损探伤，需要热处理的应在热处理后进行；当有缺陷时，可进行修磨。修磨后的弯管壁厚不得小于管子名义壁厚的 90%，且不得小于设计壁厚。

5.3.10 弯管加工合格后，应分别填写“管道弯管加工记录”和“管道热处理报告”，其格式宜符合本规范表 A.0.3 和表 A.0.4 的规定。

5.4 卷管制作

5.4.1 卷管的同一筒节上的两纵焊缝间距不应小于 200 mm。

5.4.2 卷管组对时，相邻筒节两纵缝间距应大于 100 mm。支管外壁距焊缝不宜小于 50 mm。

5.4.3 有加固环、板的卷管，加固环、板的对接焊缝应与管子纵向焊缝错开，其间距不应小于 100 mm。加固环、板距卷管的环焊缝不应小于 50 mm。

5.4.4 卷管对接环焊缝和纵焊缝的错边量应符合现行国家标准《现场设备、工业管道焊接工程施工规范》GB 50236 的有关规定。

5.4.5 卷管的周长允许偏差及圆度允许偏差应符合表 5.4.5 的规定。

表 5.4.5 周长允许偏差及圆度允许偏差(mm)

公称尺寸	周长允许偏差	圆度允许偏差
≤800	±5	外径的 1%，且不应大于 4
800～1200	±7	4
1200～1600	±9	6
1600～2400	±11	8
2400～3000	±13	9
3000	±15	10

5.4.6 卷管校圆样板的弧长应为管子周长的1/6～1/4;样板与管内壁的不贴合间隙应符合下列规定:

1 对接纵缝处不得大于壁厚的10%加2 mm,且不得大于3 mm。

2 离管端200 mm的对接纵缝处不得大于2 mm。

3 其他部位不得大于1 mm。

5.4.7 卷管端面与中心线的垂直允许偏差不得大于管子外径的1%,且不得大于3 mm。每米直管的平直度偏差不得大于1 mm。

5.4.8 在卷管制作过程中,应防止板材表面损伤。对有严重伤痕的部位应进行补焊修磨,修磨处的壁厚不得小于设计壁厚。

5.5 管口翻边

5.5.1 扩口翻边应符合下列规定:

1 扩口翻边用的管子应符合相应材料标准以及相应的扩口翻边加工工艺的要求。

2 管子在翻边前应进行翻边试验。

3 铝管管口翻边使用胎具时可不加热,当需要加热时,温度应为150 ℃～200 ℃;铜管管口翻边加热温度应为300 ℃～350 ℃。

4 与垫片配合的翻边接头的表面应按管法兰密封面的要求加工,并应符合法兰标准的规定。

5 扩口翻边后的外径及转角半径应能保证螺栓及法兰自由装卸。法兰与翻边平面的接触应均匀、良好。

6 翻边端面与管子中心线应垂直,允许偏差为1 mm。

7 翻边接头的最小厚度不应小于管子最小壁厚的95%。

8 翻边接头不得有裂纹、豁口及褶皱等缺陷。

5.5.2 焊制翻边应符合下列规定:

1 焊制翻边的厚度不应小于与其连接管子的名义壁厚。

2 与垫片配合的翻边接头的表面应按管法兰密封面的要求加工,并应符合法兰标准的规定。

3 焊后应对翻边部位进行机械加工或整形。外侧焊缝应进行修磨。

5.6 夹套管制作

5.6.1 夹套管预制时,应预留调整管段,其调节裕量宜为50 mm～100 mm。

5.6.2 夹套管的加工,应符合国家现行有关标准和设计文件的规定。当内管有焊缝时,该焊缝应进行100%射线检测,并应经试压合格后再封入外管。

5.6.3 外管与内管间隙应均匀,并应按设计文件规定焊接支承块。支承块的材质应与内管相同。支承块不得妨碍内管与外管的热胀冷缩。

5.6.4 内管加工完毕后,焊接部位应裸露进行压力试验,其压力试验应符合本规范第8章的有关规定。

5.6.5 夹套管加工完毕后,外管部分应进行压力试验,其压力试验应符合本规范第8章的有关规定。

5.6.6 夹套弯管的外管组焊,应在内管制作完毕并经无损检测合格后进行。夹套弯管的外管和内管的同轴度偏差不得大于3 mm。

5.6.7 输送熔融介质管道的内表面焊缝,应平整光滑,质量应符合设计文件的规定。

5.6.8 当夹套管组装有困难时，外管可采用剖分组焊的形式进行。

5.7 斜接弯头制作

5.7.1 斜接弯头的组成形式应符合图5.7.1的规定。公称尺寸大于400 mm的斜接弯头可增加中节数量，其内侧的最小宽度不得小于50 mm。

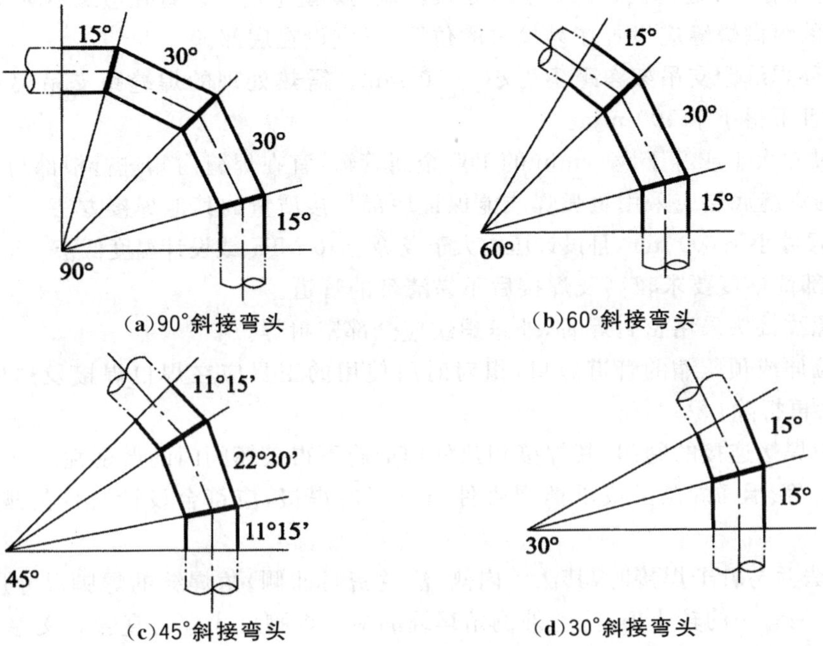

图5.7.1 斜接弯头的组成形式

5.7.2 斜接弯头的焊接接头应采用全焊透焊缝。当公称尺寸大于或等于600 mm时，宜在管内进行封底焊。

5.7.3 斜接弯头的周长允许偏差应符合下列规定：

1 当公称尺寸大于1000 mm时，允许偏差为±6 mm。

2 当公称尺寸小于或等于1000 mm时，允许偏差为±4 mm。

5.8 支、吊架制作

5.8.1 支、吊架的型式、材质、加工尺寸及精度应符合设计文件和国家现行有关标准的规定。

5.8.2 支、吊架的组装、焊接和检验应符合设计文件和国家现行有关标准的规定。支吊架的焊接应由合格焊工进行，焊接完毕应进行外观检查，焊接变形应予矫正。所有螺纹连接均应按设计规定予以锁紧。

5.8.3 制作合格的支、吊架应进行防锈处理，并应妥善分类保管。合金钢支、吊架应有材质标记。

6 管道焊接和焊后热处理

6.0.1 工业金属管道及管道组成件的焊接与焊后热处理除应符合本章的规定外，尚应符合现行国家标准《现场设备、工业管道焊接工程施工规范》GB 50236的有关规定。

6.0.2 工业金属管道焊缝位置应符合下列规定：

1 直管段上两对接焊口中心面间的距离，当公称尺寸大于或等于150 mm时，不应小于

150 mm；当公称尺寸小于 150 mm 时，不应小于管子外径，且不小于 100 mm。

2 除采用定型弯头外，管道焊缝与弯管起弯点的距离不应小于管子外径，且不得小于 100 mm。

3 管道焊缝距离支管或管接头的开孔边缘不应小于 50 mm，且不应小于孔径。

4 当无法避免在管道焊缝上开孔或开孔补强时，应对开孔直径 1.5 倍或开孔补强板直径范围内的焊缝进行射线或超声波检测。被补强板覆盖的焊缝应磨平。管孔边缘不应存在焊接缺陷。

5 卷管的纵向焊缝应设置在易检修的位置，不宜设在底部。

6 管道环焊缝距支吊架净距不得小于 50 mm。需热处理的焊缝距支吊架不得小于焊缝宽度的 5 倍，且不得小于 100 mm。

6.0.3 公称尺寸大于或等于 600 mm 的工业金属管道，宜在焊缝内侧进行根部封底焊。下列工业金属管道的焊缝底层应采用氩弧焊或能保证底部焊接质量的其他焊接方法：

1 公称尺寸小于 600 mm，且设计压力大于或等于 10 MPa、或设计温度低于－20 ℃的管道。

2 对内部清洁度要求较高及焊接后不易清理的管道。

6.0.4 当对螺纹接头采用密封焊时，外露螺纹应全部密封焊。

6.0.5 需预拉伸或预压缩的管道焊口，组对时所使用的工具应在焊口焊接及热处理完毕并应经检验合格后再拆除。

6.0.6 端部为焊接连接的阀门，其焊接和热处理措施不得破坏阀门的严密性。

6.0.7 平焊法兰、承插焊法兰或承插焊管件与管子的焊接，应符合设计文件的规定，并应符合下列规定：

1 平焊法兰与管子焊接时，其法兰内侧（法兰密封面侧）角焊缝的焊脚尺寸应为直管名义厚度与 6 mm 两者中的较小值；法兰外侧角焊缝的最小焊脚尺寸应为直管名义厚度的 1.4 倍与法兰颈部厚度两者中的较小值（图 6.0.7-1）。

2 承插焊法兰与管子焊接时，角焊缝的最小焊脚尺寸应为直管名义厚度的 1.4 倍与法兰颈部厚度两者中的较小值，焊前承口与插口的轴向间隙宜为 1.5 mm（图 6.0.7-2）。

3 承插焊管件与管子焊接时，角焊缝的最小焊脚尺寸应为直管名义厚度的 1.25 倍，且不应小于 3 mm。焊前承口与插口的轴向间隙宜为 1.5 mm（图 6.0.7-3）。

4 机组的循环油、控制油、密封油管道，当采用承插焊接头时，承口与插口的轴向不宜留有间隙。

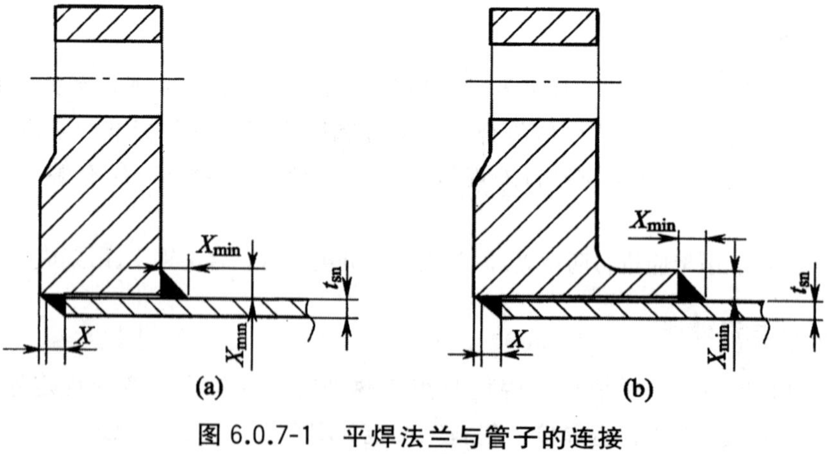

图 6.0.7-1 平焊法兰与管子的连接

t_{sn}—直管名义厚度；X—角焊缝焊脚尺寸；X_{min}—角焊缝最小焊脚尺寸

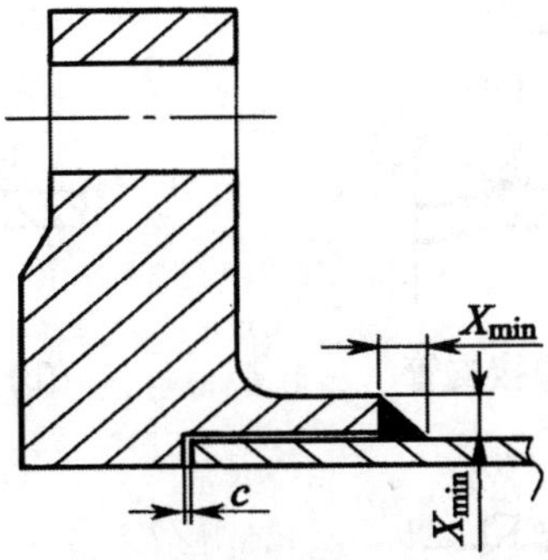

图 6.0.7-2　承插焊法兰与管子的连接

t_{sn}—直管名义厚度；X_{min}—角焊缝最小焊脚尺寸；c—承口与插口的轴向间隙

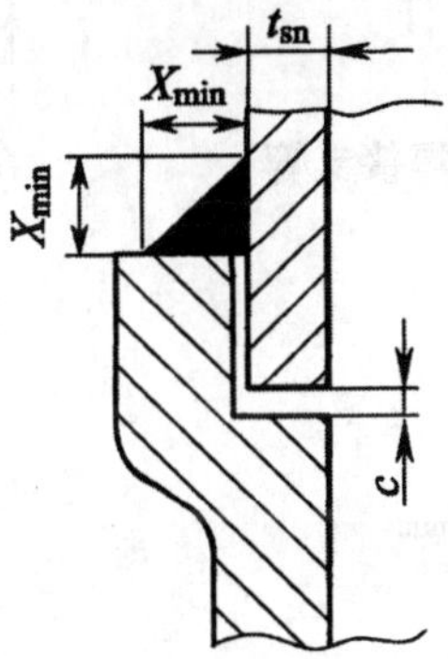

图 6.0.7-3　承插焊管件与管子的连接

t_{sn}—直管名义厚度；X_{min}—角焊缝最小焊脚尺寸；c—承口与插口的轴向间隙

6.0.8　支管连接的焊缝形式(图 6.0.8)应符合下列规定：

1　安放式焊接支管或插入式焊接支管的接头、整体补强的支管座应全焊透，角焊缝厚度不应小于填角焊缝有效厚度[图 6.0.8(a)和(b)]。

2　补强圈或鞍形补强件的焊接应符合下列规定：

1)　补强圈与支管应全焊透，角焊缝厚度不应小于填角焊缝有效厚度[图 6.0.8(c)和(d)]。

2)　鞍形补强件与支管连接的角焊缝厚度不应小于支管名义厚度与鞍形补强件名义厚度中较小值的 0.7 倍[图 6.0.8(e)]。

3)　补强圈或鞍形补强件外缘与主管连接的角焊缝厚度应大于或等于鞍形补强件名义厚度的 0.5 倍[图 6.0.8(c)、(d)和(e)]。

4)　补强圈和鞍形补强件应与主管和支管贴合良好。应在补强圈或鞍形补强件的边缘(不在主管轴线处)开设一个焊缝焊接和检漏时使用的通气孔，通气孔的孔径宜为 8 mm～10 mm。补强圈或鞍形补强件可采用多块拼接组成，拼接接头应与母材的强度相同，每块拼板均应开设通气孔。

3　应在支管与主管连接焊缝的检查和修补合格后，再进行补强圈或鞍形补强件的焊接。

4　角焊缝有效厚度可取支管名义厚度的 0.7 倍与 6.5 mm 中的较小值。

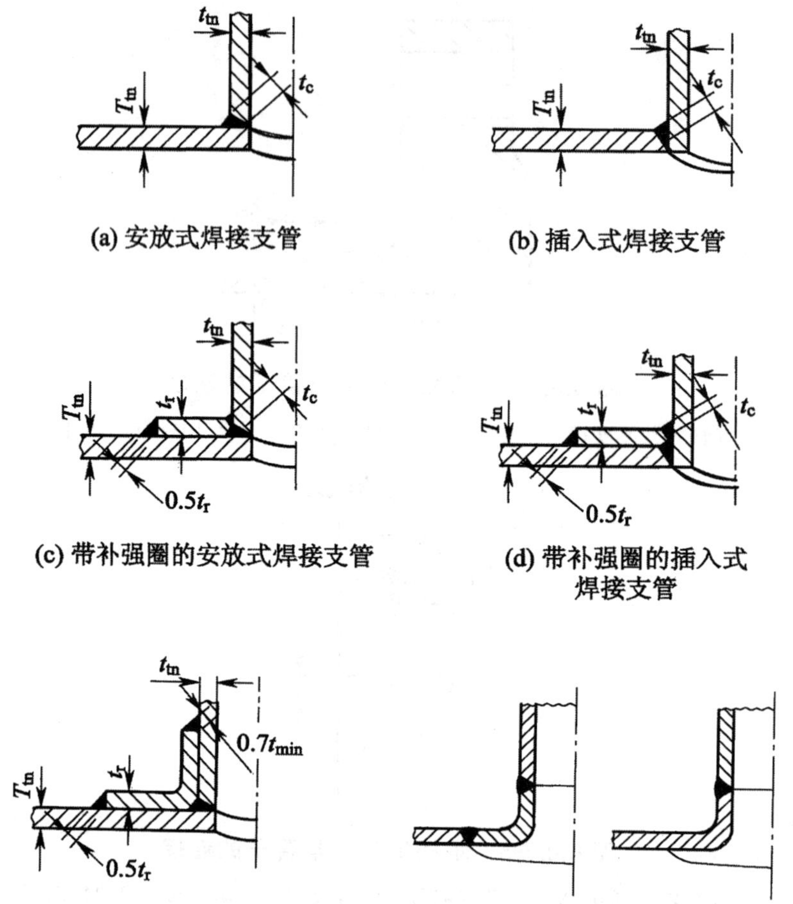

(a) 安放式焊接支管　(b) 插入式焊接支管

(c) 带补强圈的安放式焊接支管　(d) 带补强圈的插入式焊接支管

(e) 带鞍形补强件的焊接支管　(f) 对接式焊接支管

图 6.0.8　支管连接的焊缝形式

t_{tn}—支管名义厚度(mm)；T_{tn}—主管名义厚度(mm)；t_r—补强圈或鞍形补强件的名义厚度；t_c—角焊缝有效厚度；t_{min}—支管名义厚度与鞍形补强件名义厚度两者中的较小值

6.0.9　工业金属管道及管道组成件焊接完毕应进行外观检查和检验。有无损检测要求的管道应填写“管道焊接检查记录”，其格式宜符合本规范表 A.0.5 的规定。

6.0.10　工业金属管道及管道组成件的焊后热处理应符合设计文件的规定。当设计文件无规定时，应按表 6.0.10-1 的规定执行。焊后热处理的厚度应为焊接接头处较厚组成件的壁厚，且应符合下列规定：

1　支管连接时，热处理厚度应为主管或支管的厚度，不应计入支管连接件(包括整体补强或非整体补强件)的厚度。当任一截面上支管连接的焊缝厚度大于表 6.0.10-1 所列厚度的 2 倍或焊接接头处各组成件的厚度小于表 6.0.10-1 规定的最小厚度时，仍应进行热处理。支管连接的焊缝厚度应按表 6.0.10-2 的规定计算。

表 6.0.10-1 管道热处理基本要求

母材类别	名义厚度 t (mm)	母材最小规定抗拉强度 (MPa)	热处理温度 (℃)	恒温时间 (min/mm)	最短恒温时间 (h)
碳钢(C)、碳锰钢(C-Mn)	≤19	全部	不要求	—	—
	>19	全部	600～650	2.4	1
铬钼合金钢 (C-Mo、Mn-Mo、Cr-Mo) Cr≤0.5%	≤19	≤490	不要求	—	—
	>19	全部	600～720	2.4	1
	全部	>490	600～720	2.4	1
铬钼合金钢(Cr-Mo) 0.5%<Cr≤2%	≤13	≤490	不要求	—	—
	>13	全部	700～750	2.4	2
	全部	>490	700～750	2.4	2
铬钼合金钢(Cr-Mo) 2.25%≤Cr≤3%	≤13	全部	不要求	—	—
	>13	全部	700～760	2.4	2
铬钼合金钢(Cr-Mo) 3%<Cr≤10%	全部	全部	700～760	2.4	2
马氏体不锈钢	全部	全部	730～790	2.4	2
铁素体不锈钢	全部	全部	不要求	—	—
奥氏体不锈钢	全部	全部	不要求	—	—
低温镍钢 (Ni≤4%)	≤19	全部	不要求	—	—
	>19	全部	600～640	1.2	1

表 6.0.10-2 支管连接的焊缝厚度

支管连接结构形式	焊缝厚度
安放式焊接支管[图 6.0.8(a)]	$t_{tn}+t_c$
插入式焊接支管[图 6.0.8(b)]	$T_{tn}+t_c$
带补强圈的安放式焊接支管[图 6.0.8(c)]	$t_{tn}+t_c$ 或 $t_{tn}+t_c$,取较大值
带补强圈的插入式焊接支管[图 6.0.8(d)]	$T_{tn}+t_r+t_c$
带鞍形补强件的焊接支管[图 6.0.8(e)]	$t_{tn}+t_c$

2 对用于平焊法兰、承插焊法兰、公称直径小于或等于 50 mm 的管子连接角焊缝、螺纹接头的密封焊缝和管道支吊架与管道的连接焊缝,当任一截面的焊缝厚度大于表 6.0.10-1 所列厚度的 2 倍,即使焊接接头处各组成件的厚度小于表 6.0.10-1 规定的最小厚度时,仍应进行热处理。但下列情况可不进行热处理:

1) 对于碳钢材料,当角焊缝厚度不大于 16 mm 时。

2) 对于铬钼合金钢材料,当角焊缝厚度不大于 13 mm,并采用了不低于推荐的最低预热温度,且母材规定的最小抗拉强度小于 490 MPa 时。

3) 对于铁素体材料,当其焊缝采用奥氏体或镍基填充金属时。

6.0.11 热处理的加热速率和冷却速率应符合下列规定:

1 当加热温度升至 400 ℃时,加热速率不应超过(205×25/t)℃/h,且不得大于205 ℃/h。

2 恒温后的冷却速率不应超过(260×25/t)℃/h,且不得大于 260 ℃/h,400 ℃以下可自然冷却。

6.0.12 焊后热处理应填写"管道热处理报告",其格式宜符合本规范表 A.0.4 的规定。

7 管道安装

7.1 一般规定

7.1.1 工业金属管道安装前应具备下列条件:

1 与管道有关的土建工程已检验合格,满足安装要求,并已办理交接手续。

2 与管道连接的设备已找正合格,固定完毕。

3 管道组成件及管道支承件等已检验合格。

4 管子、管件、阀门等内部已清理干净、无杂物。对管内有特殊要求的管道,其质量已符合设计文件的规定。

5 在管道安装前应进行的脱脂、内部防腐或衬里等有关工序已进行完毕。

7.1.2 工业金属管道的坡度、坡向及管道组成件的安装方向应符合设计规定。

7.1.3 法兰、焊缝及其他连接件的设置应便于检修,并不得紧贴墙壁、楼板或管架。

7.1.4 脱脂后的管道组成件,安装前应进行检查,不得有油迹污染。

7.1.5 当工业金属管道穿越道路、墙体、楼板或构筑物时,应加设套管或砌筑涵洞进行保护,应符合设计文件和国家现行有关标准的规定,并应符合下列规定:

1 管道焊缝不应设置在套管内。

2 穿过墙体的套管长度不得小于墙体厚度。

3 穿过楼板的套管应高出楼面 50 mm。

4 穿过屋面的管道应设置防水肩和防雨帽。

5 管道与套管之间应填塞对管道无害的不燃材料。

7.1.6 当工业金属管道安装工作有间断时,应及时封闭敞开的管口。

7.1.7 工业金属管道连接时,不得采用强力对口。端面的间隙、偏差、错口或不同心等缺陷不得采用加热管子、加偏垫等方法消除。

7.1.8 工业金属管道安装完毕应进行检查,并应填写"管道安装记录",其格式宜符合本规范表 A.0.6 的规定。

7.1.9 埋地工业金属管道防腐层的施工应在管道安装前进行,焊缝部位未经试压合格不得防腐,在运输和安装时,不得损坏防腐层。

7.1.10 埋地工业金属管道安装,应在支承地基或基础检验合格后进行。支承地基和基础的施工应符合设计文件和国家现行有关标准的规定。当有地下水或积水时,应采取排水措施。

7.1.11 埋地工业金属管道试压、防腐检验合格后,应及时回填,并应分层夯实,同时应填写"管道隐蔽工程(封闭)记录",其格式宜符合本规范表 A.0.7 的规定。

7.2 管段预制

7.2.1 管段预制应按管道轴测图规定的数量、规格、材质选配管道组成件，并应在管段上按轴测图标明管线号和焊缝编号。

7.2.2 自由管段和封闭管段的选择应合理，封闭管段应按现场实测的安装长度加工。

7.2.3 自由管段和封闭管段的加工尺寸允许偏差应符合表7.2.3的规定。

表7.2.3 自由管段和封闭管段的加工尺寸允许偏差(mm)

项目		允许偏差	
		自由管段	封闭管段
长度		±10	±1.5
法兰密封面与管子中心线垂直度	DN＜100	0.5	0.5
	100≤DN≤300	1.0	1.0
	DN＞300	2.0	2.0
法兰螺栓孔对称水平度		±1.6	±1.6

7.2.4 预制完毕的管段，应将内部清理干净，并应及时封闭管口。管段在存放和运输过程中不得出现变形现象。

7.3 钢制管道安装

7.3.1 法兰安装时，法兰密封面及密封垫片不得有划痕、斑点等缺陷。

7.3.2 当大直径密封垫片需要拼接时，应采用斜口搭接或迷宫式拼接，不得采用平口对接。

7.3.3 法兰连接应与钢制管道同心，螺栓应能自由穿入。法兰螺栓孔应跨中布置。法兰平面之间应保持平行，其偏差不得大于法兰外径的0.15%，且不得大于2 mm。法兰接头的歪斜不得用强紧螺栓的方法消除。

7.3.4 法兰连接应使用同一规格螺栓，安装方向应一致。螺栓应对称紧固。螺栓紧固后应与法兰紧贴，不得有楔缝。当需要添加垫圈时，每个螺栓不应超过一个。所有螺母应全部拧入螺栓，且紧固后的螺栓与螺母宜齐平。

7.3.5 有拧紧力矩要求的螺栓，应按紧固程序完成拧紧工作，其拧紧力矩应符合设计文件的规定。带有测力螺帽的螺栓，应拧紧到螺帽脱落。

7.3.6 当钢制管道安装遇到下列情况之一时，螺栓、螺母应涂刷二硫化钼油脂、石墨机油或石墨粉等：

1 不锈钢、合金钢螺栓和螺母。

2 设计温度高于100 ℃或低于0 ℃。

3 露天装置。

4 处于大气腐蚀环境或输送腐蚀介质。

7.3.7 当高温或低温管道法兰连接螺栓在试运行时，热态紧固或冷态紧固应符合下列规定：

1 钢制管道热态紧固、冷态紧固温度应符合表7.3.7的规定。

表 7.3.7 钢制管道热态紧固、冷态紧固温度(℃)

工作温度	一次热态、冷态紧固温度	二次热态、冷态紧固温度
250～350	工作温度	—
>350	350	工作温度
－20～－70	工作温度	—
<－70	－70	工作温度

2 热态紧固或冷态紧固应在达到工作温度 2 h 后进行。

3 紧固螺栓时,钢制管道最大内压应根据设计压力确定。当设计压力小于或等于 6 MPa 时,热态紧固最大内压应为 0.3 MPa;当设计压力大于 6 MPa 时,热态紧固最大内压应为 0.5 MPa。冷态紧固应在卸压后进行。

4 紧固时,应设有保护操作人员安全的技术措施。

7.3.8 螺纹连接应符合下列规定:

1 用于螺纹的保护剂或润滑剂应适用于工况条件,并不得对输送的流体或钢制管道材料产生影响。

2 进行密封焊的螺纹接头不得使用螺纹保护剂和密封材料。

3 采用垫片密封而非螺纹密封的直螺纹接头,直螺纹上不应缠绕任何填料,在拧紧和安装后,不得产生任何扭矩。直螺纹接头与主管焊接时,不得出现密封面变形现象。

4 工作温度低于 200 ℃的钢制管道,其螺纹接头密封材料宜选用聚四氟乙烯带。拧紧螺纹时,不得将密封材料挤入管内。

7.3.9 其他型式的接头连接和安装应按国家现行有关标准、设计文件和产品技术文件的规定进行。

7.3.10 管子对口时应在距接口中心 200 mm 处测量平直度(图 7.3.10),当管子公称尺寸小于 100 mm 时,允许偏差为 1 mm;当管子公称尺寸大于或等于 100 mm 时,允许偏差为 2 mm,且全长允许偏差均为 10 mm。

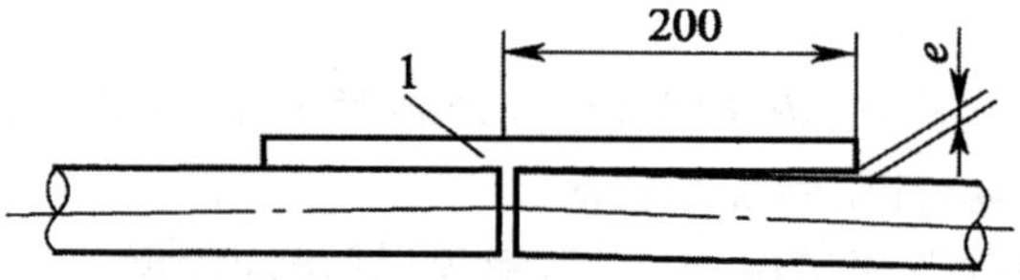

图 7.3.10 管道对口平直度

1—钢板尺;e—管子对口时的平直度

7.3.11 合金钢管进行局部弯度矫正时,加热温度应为临界温度以下。

7.3.12 在合金钢管道上不应焊接临时支撑物。

7.3.13 钢制管道预拉伸或压缩前应具备下列条件:

1 预拉伸或压缩区域内固定支架间所有焊缝(预拉口除外)已焊接完毕,需热处理的焊缝已做热处理,并应经检验合格。

2 预拉伸或压缩区域支、吊架已安装完毕,管子与固定支架已安装牢固。预拉口附近的支、吊架应预留足够的调整裕量,支、吊架弹簧已按设计值进行调整,并应临时固定,弹簧不得承受管道载荷。

3 预拉伸或压缩区域内的所有连接螺栓已拧紧。

7.3.14 排水管的支管与主管连接时,宜按介质流向稍有倾斜。

7.3.15 管道上仪表取源部件的开孔和焊接应在管道安装前进行。当必须在管道上开孔时,管内因切割产生的杂物应清除干净。

7.3.16 钢制管道膨胀指示器应按设计文件规定装设,并应将指针调至零位。

7.3.17 蠕胀测点和监察管段应按设计文件和国家现行有关标准的规定安装。

7.3.18 合金钢管道系统安装完毕后,应检查材质标记,当发现无标记时,应采用光谱分析或其他方法对材质进行复查。

7.3.19 钢制管道安装的允许偏差应符合表7.3.19的规定。

表 7.3.19 钢制管道安装的允许偏差(mm)

项目			允许偏差
坐标	架空及地沟	室外	25
		室内	15
	埋地		60
标高	架空及地沟	室外	±20
		室内	±15
	埋地		±25
水平管道平直度		DN≤100	2 l_0‰,最大50
		DN>100	3 l_0‰,最大80
立管铅垂度			5 l_0‰,最大30
成排管道间距			15
交叉管的外壁或绝热层间距			20

7.4 连接设备的管道安装

7.4.1 管道与设备的连接应在设备安装定位并紧固地脚螺栓后进行。安装前应将其内部清理干净。

7.4.2 对不得承受附加外荷载的动设备,管道与动设备的连接应符合下列规定:

1 与动设备连接前,应在自由状态下检验法兰的平行度和同心度,当设计文件或产品技术文件无规定时,法兰平行度和同心度允许偏差应符合表7.4.2的规定。

表 7.4.2 法兰平行度和同心度允许偏差

机器转速(r/min)	平行度(mm)	同心度(mm)
<3000	≤0.40	≤0.80
3000~6000	≤0.15	≤0.50
>6000	≤0.10	≤0.20

2 管道系统与动设备最终连接时,应在联轴器上架设百分表监视动设备的位移。当动设

备额定转速大于 6000 r/min 时,其位移值应小于 0.02 mm;当额定转速小于或等于 6000 r/min 时,其位移值应小于 0.05 mm。

7.4.3 大型储罐的管道与泵或其他有独立基础的设备连接,或储罐底部管道沿地面敷设在支架上时,应在储罐液压(充水)试验合格后安装;也可在液压(充水)试验及基础初阶段沉降后,再进行储罐接口处法兰的连接。

7.4.4 工业金属管道安装合格后,不得承受设计以外的附加荷载。

7.4.5 工业金属管道试压、吹扫与清洗合格后,应对管道与动设备的接口进行复位检查,其偏差值应符合本规范表 7.4.2 的规定。

7.5 铸铁管道安装

7.5.1 铸铁管及管件安装前,应清除承口内部和插口端部的油污、飞刺、铸砂及铸瘤,并应烤去承插部位的沥青涂层。柔性接口铸铁管及管件承口的内工作面、插口的外工作面应修整光滑,不得有影响接口密封性的缺陷;有裂纹的铸铁管及管件不得使用。

7.5.2 铸铁管道安装轴线位置、标高的允许偏差应符合表 7.5.2 的规定。

表 7.5.2 铸铁管道安装轴线位置、标高的允许偏差(mm)

项目	允许偏差(mm)	
	无压力的管道	有压力的管道
轴线位置	15	30
标高	±10	±20

7.5.3 铸铁管道沿直线安装时,宜选用管径公差组合最小的管节组对连接,承插接口的环向间隙应均匀,承插口间的轴向间隙不应小于 3 mm。

7.5.4 铸铁管道沿曲线安装时接口的允许转角应符合表 7.5.4 的规定。

表 7.5.4 铸铁管道沿曲线安装时接口的允许转角

接口种类	公称尺寸(mm)	允许转角(1°)
刚性接口	75～450	2
	≥500	1
滑入式 T 型接口	75～600	3
梯唇型橡胶圈接口	700～800	2
柔性机械式接口	≥900	1

7.5.5 在昼夜温差较大或负温下施工时,管子中部两侧应填土夯实,顶部应填土覆盖。

7.5.6 采用滑入式或机械式柔性接口时,橡胶圈的材质、质量、性能、尺寸等应符合设计文件和国家现行有关铸铁管及管件标准的规定,每个橡胶圈的接头不得超过 2 个。

7.5.7 安装滑入式橡胶圈接口时,推入深度应达到标记环,并应复查与其相邻已安装好的第一至第二个接口推入深度。

7.5.8 安装机械式柔性接口时,应使插口与承口法兰压盖的轴线相重合。紧固法兰螺栓时,螺栓安装方向应一致,并应均匀、对称紧固。

7.5.9 采用刚性接口时,应符合下列规定:

1　油麻填料应清洁，填塞后应捻实，其深度应为承口总深度的1/3，且不应超过承口三角凹槽的内边。

2　橡胶圈装填应平展、压实，不得有松动、扭曲、断裂等现象，橡胶圈应填打到插口小台或距插口端10 mm。

3　接口水泥应密实饱满，其接口水泥面凹入承口边缘的深度不得大于2 mm，并应及时进行湿养护。水泥强度应符合设计文件的规定。

7.5.10　工作介质为酸、碱的铸铁管道，在泄漏性试验合格后，应及时安装法兰处的安全保护设施。

7.6　不锈钢和有色金属管道安装

7.6.1　不锈钢和有色金属管道安装除应符合本节的要求外，尚应符合本规范第7.3节的有关规定。

7.6.2　不锈钢和有色金属管道安装时，表面不得出现机械损伤。使用钢丝绳、卡扣搬运或吊装时，钢丝绳、卡扣等不得与管道直接接触，应采用对管道无害的橡胶或木板等软材料进行隔离。

7.6.3　安装不锈钢和有色金属管道时，应采取防止管道污染的措施。安装工具应保持清洁，不得使用造成铁污染的黑色金属工具。不锈钢、镍及镍合金、钛及钛合金、锆及锆合金等管道安装后，应防止其他管道切割、焊接时的飞溅物对其造成污染。

7.6.4　有色金属管道组成件与黑色金属管道支承件之间不得直接接触，应采用同材质或对管道组成件无害的非金属隔离垫等材料进行隔离。

7.6.5　铜及铜合金、铝及铝合金、钛及钛合金管的调直，宜在管内充砂，不得用铁锤敲打。调直后，管内应清理干净。

7.6.6　用钢管保护的铅、铝及铝合金管，在装入钢管前应经试压合格。

7.6.7　不锈钢、镍及镍合金管道的安装，应符合下列规定：

1　用于不锈钢、镍及镍合金管道法兰的非金属垫片，其氯离子含量不得超过50×10^{-6}(50 ppm)。

2　不锈钢、镍及镍合金管道组成件与碳钢管道支承件之间，应垫入不锈钢或氯离子含量不超过50×10^{-6}(50 ppm)的非金属垫片。

3　要求进行酸洗、钝化处理的焊缝或管道组成件，酸洗后的表面不得有残留酸洗液和颜色不均匀的斑痕。钝化后应用洁净水冲洗，呈中性后应擦干水迹。

7.6.8　铜及铜合金管道连接时，应符合下列规定：

1　翻边连接的管子，应保持同轴，当公称尺寸小于或等于50 mm时，允许偏差不应大于1 mm；当公称尺寸大于50 mm时，允许偏差不应大于2 mm。

2　螺纹连接的管子，螺纹部分应涂刷石墨甘油。

3　安装铜波纹膨胀节时，其直管长度不得小于100 mm。

7.7　伴热管安装

7.7.1　伴热管应与主管平行安装，并应能自行排液。当一根主管需多根伴热管伴热时，伴热管之间的相对位置应固定。

7.7.2　水平伴热管宜安装在主管的下方一侧或两侧，或靠近支架的侧面。铅垂伴热管应均匀分布在主管周围。

7.7.3　伴热管不得直接点焊在主管上。弯头部位的伴热管绑扎带不得少于3道，直管段伴热管绑扎点间距应符合表7.7.3的规定。

表 7.7.3 直管段伴热管绑扎点间距(mm)

伴热管公称尺寸	绑扎点间距
10	800
15	1000
20	1500
>20	2000

7.7.4 对不允许与主管直接接触的伴热管,伴热管与主管之间应设置隔离垫。当主管为不锈钢管,伴热管为碳钢管时,隔离垫的氯离子含量不得超过 50×10^{-6}(50 ppm),并应采用不锈钢丝或不应引起渗碳的材料进行绑扎。

7.7.5 伴热管经过主管法兰、阀门时,伴热管应设置可拆卸的连接件。

7.7.6 从分配站到各被伴热管主管和离开主管到收集站之间的伴热管安装,应排列整齐,不宜相互跨越和就近斜穿。

7.8 夹套管安装

7.8.1 夹套管的安装除应符合本节要求外,尚应符合本规范第 5.6 节和第 7 章的有关规定。

7.8.2 夹套管安装前,应对预制的管段按照图纸核对编号,应检查各管段质量及施工记录,再对内管进行清理检查,并应在合格后再进行封闭连接及安装就位。

7.8.3 夹套管安装使用的阀门、夹套法兰、仪表件等,安装前应按国家现行有关标准进行检查、清洗和检验。

7.8.4 当夹套管外管经剖切后安装时,其纵向焊缝应设置在易检修的部位。

7.8.5 夹套管的连通管安装,应符合设计文件的规定。当设计无规定时,连通管不得存液。

7.8.6 夹套管的支承块不得妨碍管内介质的流动。支承块在同一位置处应设置 3 块,管道水平安装时,其中 2 块支承块应对地面跨中布置,夹角应为 110°～120°;管道垂直安装时,3 块支承块应按 120°夹角均匀布置。

7.9 防腐蚀衬里管道安装

7.9.1 防腐蚀衬里管道安装除应符合本节要求外,尚应符合本规范第 7.3 节的有关规定。

7.9.2 搬运和堆放衬里管段及管件时,应轻搬轻放,不得强烈振动或碰撞。

7.9.3 衬里管道安装前,应全面检查衬里层的完好情况,当有损坏时,应进行修补或更换,并应保持管内清洁。

7.9.4 采用橡胶、塑料、纤维增强塑料、涂料等衬里的管道组成件,应存放在温度为 5 ℃～40 ℃的室内,并应避免阳光和热源的辐射。

7.9.5 衬里管道的安装应采用软质或半硬质垫片。当需要调整安装长度误差时,宜采用更换同材质垫片厚度的方法进行。

7.9.6 衬里管道安装时,不应进行施焊、加热、碰撞或敲打。

7.10 阀门安装

7.10.1 阀门安装前,应按设计文件核对其型号,并应按介质流向确定其安装方向。

7.10.2 当阀门与管道以法兰或螺纹方式连接时,阀门应在关闭状态下安装。

7.10.3 当阀门与管道以焊接方式连接时,阀门应在开启状态下安装。对接焊缝的底层应采用氩弧焊,且应对阀门采取防变形措施。

7.10.4 阀门安装位置应易于操作、检查和维修。水平管道上的阀门,其阀杆及传动装置应按设计规定进行安装,动作应灵活。

7.10.5 所有阀门应连接自然,不得强力对接或承受外加重力负荷。法兰连接螺栓紧固力应均匀。

7.10.6 安全阀的安装应符合下列规定:

1 安全阀应垂直安装。

2 安全阀的出口管道应接向安全地点。

3 当进出管道上设置截止阀时,应加铅封,且应锁定在全开启状态。

7.10.7 在工业金属管道投入试运行时,应按国家现行标准《安全阀安全技术监察规程》TSG ZF001的有关规定和设计文件的规定对安全阀进行最终整定压力调整,并应做好调整记录和铅封。

7.11 补偿装置安装

7.11.1 补偿装置的安装除应符合本节规定外,尚应符合设计文件、产品技术文件和国家现行有关标准的规定。

7.11.2 "Π"形或"Ω"形膨胀弯管的安装,应符合下列规定:

1 安装前应按设计文件规定进行预拉伸或压缩,允许偏差为 10 mm。

2 预拉伸或压缩应在两个固定支架之间的管道安装完毕,并应与固定支架连接牢固后进行。

3 预拉伸或压缩的焊口位置与膨胀弯管的起弯点距离应大于 2 m。

4 水平安装时,平行臂应与管线坡度相同,两垂直臂应相互平行。

5 铅垂安装时,应设置排气及疏水装置。

7.11.3 波纹管膨胀节的安装,应符合下列规定:

1 波纹管膨胀节安装前应按设计文件规定进行预拉伸或预压缩,受力应均匀。

2 安装波纹管膨胀节时,应设临时约束装置,并应待管道安装固定后再拆除临时约束装置。

3 波纹管膨胀节内套有焊缝的一端,在水平管道上应位于介质的流入端[图 7.11.3(a)],在铅垂管道上宜置于上部[图 7.11.3(b)]。

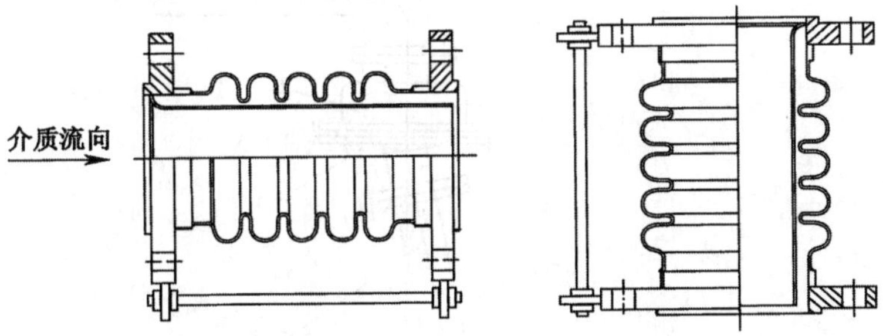

(a) 水平管道上安装 (b) 垂直管道上安装

图 7.11.3 波纹管膨胀节在管道上的安装位置

4 安装时,波纹管膨胀节应与管道保持同心,不得偏斜,应避免安装引起膨胀节的周向扭转。在波纹管膨胀节的两端应合理设置导向及固定支座,管道的安装误差不得采用使管道变形或膨胀节补偿的方法调整。

5 安装时,应避免焊渣飞溅到波节上,不得在波节上焊接临时支撑件,不得将钢丝绳等吊装索具直接绑扎在波节上,应避免波节受到机械伤害。

7.11.4 填料式补偿器的安装,应符合下列规定:

1 填料式补偿器应与管道保持同心,不得歪斜。

2　两侧的导向支座应保证运行时自由伸缩，不得偏离中心。

3　应按设计文件规定的安装长度及温度变化，留有剩余的收缩量(图 7.11.4)。剩余收缩量可按下式计算，允许偏差为 5 mm。

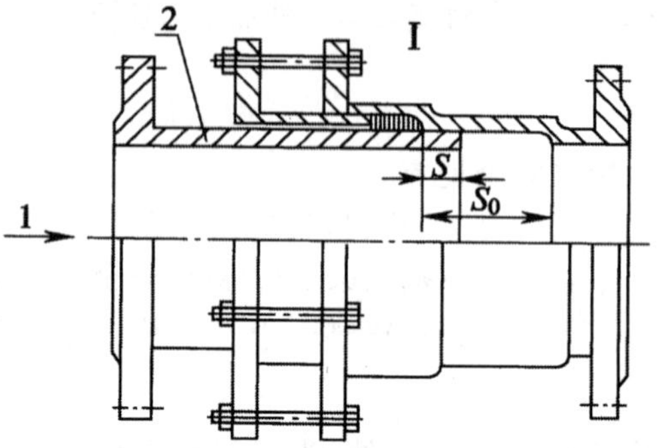

图 7.11.4　填料式补偿器安装剩余收缩量

1—介质流向；2—插管

$$S=S_0\left(\frac{t_1-t_0}{t_2-t_0}\right) \qquad (7.11.4)$$

式中：S ——插管与外壳挡圈间的安装剩余收缩量(mm)；

S_0——补偿器的最大行程(mm)；

t_0——室外最低设计温度(℃)；

t_1——补偿器安装时的环境温度(℃)；

t_2——管道内介质的最高设计温度(℃)。

4　单向填料式补偿器的安装方向，其插管端应安装在介质流入端。

7.11.5　球形补偿器的安装，应符合下列规定：

1　球形补偿器安装前，应将球体调整到所需角度，并应与球心距管段组成一体(图 7.11.5-1)。

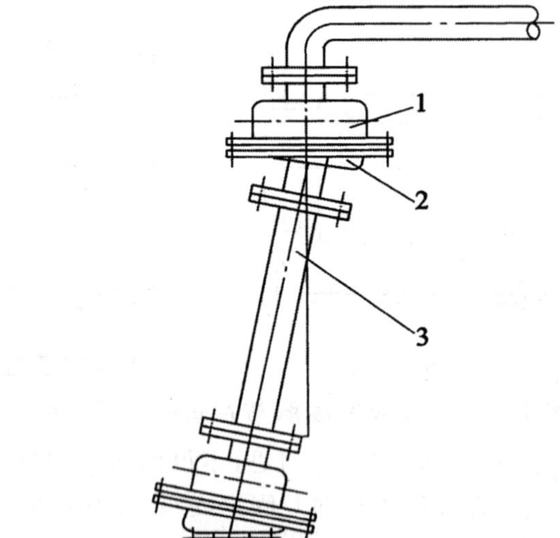

图 7.11.5-1　球形补偿器与球心距管段的组合

1—壳体端；2—球体端；3—球心距管段

2 球形补偿器的安装应紧靠弯头,球心距长度应大于计算长度(图 7.11.5-2)。

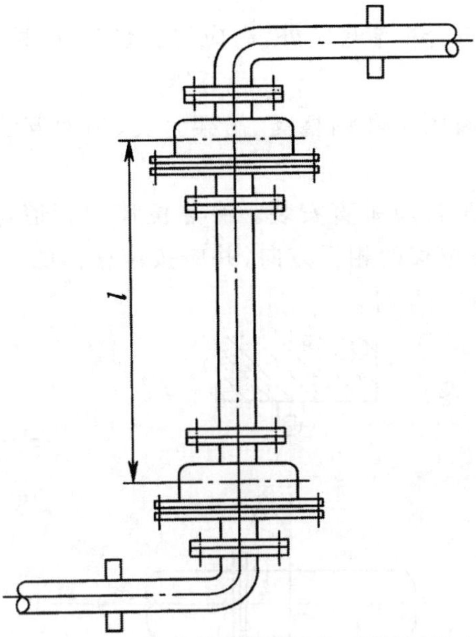

图 7.11.5-2 球形补偿器球心距的安装长度

l—球心距

3 球形补偿器的安装方向,宜按介质由球体端流入、从壳体端流出方向安装(图 7.11.5-3)。

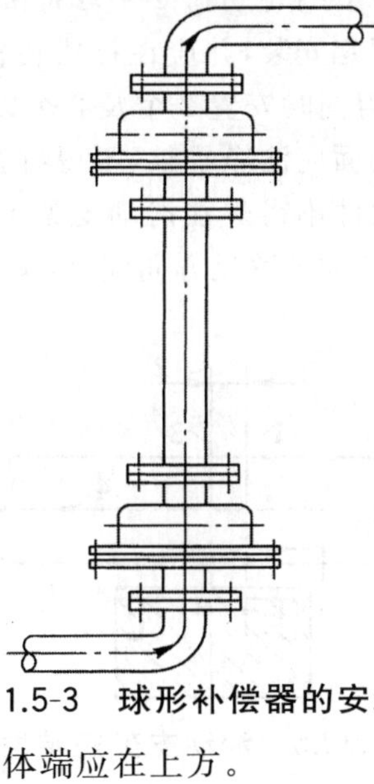

图 7.11.5-3 球形补偿器的安装方向

4 垂直安装球形补偿器时,壳体端应在上方。

5 球形补偿器的固定支架或滑动支架的安装,应符合设计文件的规定。

6 运输、装卸球形补偿器时,不得碰撞,并应保持球面清洁。

7.11.6 与设备相连的补偿器应在设备最终固定后再连接。

7.11.7 管道补偿装置安装完毕后,应填写“管道补偿装置安装记录”,其格式宜符合本规范表 A.0.8 的规定。

7.12 支、吊架安装

7.12.1 支、吊架的安装除应符合本节规定外，尚应符合设计文件、产品技术文件和国家现行有关标准的规定。

7.12.2 当安装管道时，应及时固定和调整支、吊架。支、吊架安装位置应准确，安装应平整牢固，与管子接触应紧密。

7.12.3 无热位移的管道，其吊杆应垂直安装。有热位移的管道，其吊杆应偏置安装。当设计文件无规定时，吊点应设置在位移的相反方向，并应按位移值的 1/2 偏位安装（图 7.12.3）。两根有热位移的管道不得使用同一吊杆。

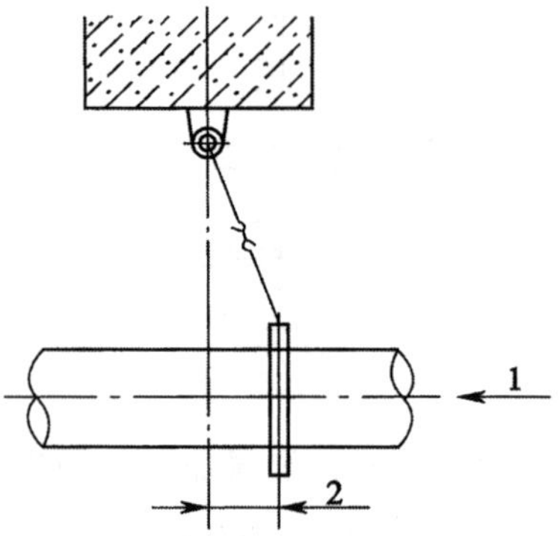

图 7.12.3 有热位移管道吊架安装

1—管子膨胀方向；2—1/2 位移值

7.12.4 固定支架应按设计文件的规定安装，并应在补偿装置预拉伸或预压缩之前固定。没有补偿装置的冷、热管道直管段上，不得同时安置 2 个及 2 个以上的固定支架。

7.12.5 导向支架或滑动支架的滑动面应洁净平整，不得有歪斜和卡涩现象。不得在滑动支架底板处临时点焊定位，仪表及电气构件不得焊在滑动支架上。有热位移的管道，当设计文件无规定时，支架安装位置应从支承面中心向位移反方向偏移，偏移量应为位移值的 1/2（图 7.12.5），绝热层不得妨碍其位移。

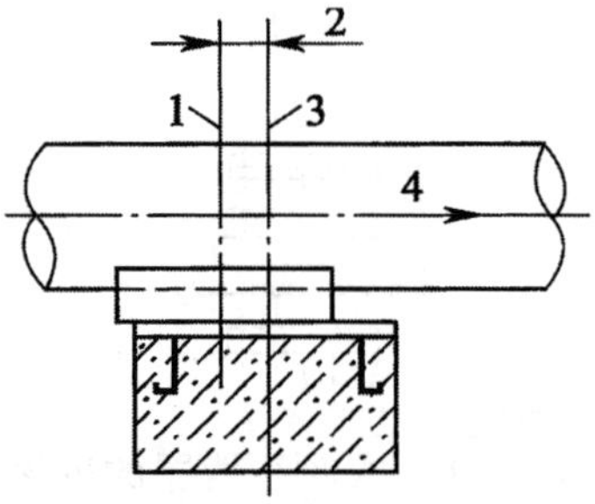

图 7.12.5 滑动支架安装位置

1—管托中心；2—1/2 位移值；3—管架中心；4—管子膨胀方向

7.12.6 弹簧支、吊架的弹簧高度，应按设计文件规定安装，弹簧应调整至冷态值，并应做记录。弹簧的临时固定件，应待系统安装、试压、绝热完毕后再拆除。

7.12.7 铸铁、铅、铝及大口径管道上的阀门，应设置专用支架，不得以管道承重。

7.12.8 管架紧固在槽钢或工字钢翼板斜面上时，其螺栓应有相应的斜垫片。

7.12.9 管道安装时不宜使用临时支、吊架。当使用临时支、吊架时，不得与正式支、吊架位置冲突,不得直接焊在管子上,并应有明显标记。在管道安装完毕后应予拆除。

7.12.10 管道安装完毕后,应按设计文件规定逐个核对支、吊架的形式和位置,并应填写"管道支、吊架安装记录",其格式宜符合本规范表 A.0.9 的规定。

7.12.11 有热位移的管道,在热负荷运行时,应及时对支、吊架进行下列检查与调整:

1 活动支架的位移方向、位移值及导向性能应符合设计文件的规定。

2 管托不得脱落。

3 固定支架应牢固可靠。

4 弹簧支、吊架的安装标高与弹簧工作荷载应符合设计文件的规定。

5 可调支架的位置应调整合适。

7.13 静电接地安装

7.13.1 设计有静电接地要求的管道,当每对法兰或其他接头间电阻值超过 0.03 Ω 时,应设导线跨接。

7.13.2 管道系统的接地电阻值、接地位置及连接方式应符合设计文件的规定。静电接地引线宜采用焊接形式。

7.13.3 有静电接地要求的不锈钢和有色金属管道,导线跨接或接地引线不得与管道直接连接,应采用同材质连接板过渡。

7.13.4 用作静电接地的材料或元件,安装前不得涂刷涂料。导电接触面应除锈并应紧密连接。

7.13.5 静电接地安装完毕后,应进行测试,电阻值超过规定时,应进行检查与调整。并应填写"管道静电接地测试记录",其格式宜符合本规范表 A.0.10 的规定。

8 管道检查、检验和试验

8.1 一般规定

8.1.1 除设计文件和焊接工艺规程另有规定外,焊缝无损检测应安排在该焊缝焊接完成并经外观检查合格后进行。

8.1.2 对有延迟裂纹倾向的材料,无损检测应至少在焊接完成 24 h 后进行。

8.1.3 对有再热裂纹倾向的焊缝,无损检测应在热处理后进行。

8.1.4 抽样检验发现不合格时,应按原规定的检验方法进行扩大检验。对检验发现不合格的管道元件、部位或焊缝,应进行返修或更换,并应采用原规定的检验方法重新进行检验。

8.2 外观检查

8.2.1 外观检查应包括对各种管道元件及管道在加工制作、焊接、安装过程中的检查。

8.2.2 除设计文件或焊接工艺规程有特殊要求的焊缝外,应在焊接完成后立即除去熔渣、飞溅,并应将焊缝表面清理干净,同时应进行外观检查。钛及钛合金、锆及锆合金的焊缝表面除应进行外观检查外,还应在焊后清理前进行色泽检查。

8.3 焊缝表面无损检测

8.3.1 除设计文件另有规定外,现场焊接的管道和管道组成件的承插焊焊缝、支管连接焊缝(对接式支管连接焊缝除外)和补强圈焊缝、密封焊缝、支吊架与管道直接焊接的焊缝,以及管道上的其他角焊缝应按现行国家标准《工业金属管道工程施工质量验收规范》GB 50184 的有关规定,对其表面进行磁粉检测或渗透检测。

8.3.2 磁粉检测和渗透检测应按国家现行标准《承压设备无损检测》JB/T 4730 的有关规定执行。

8.3.3 磁粉检测或渗透检测报告的格式宜符合本规范表 A.0.11 或表 A.0.12 的规定。

8.4 焊缝射线检测和超声检测

8.4.1 除设计文件另有规定外，现场焊接的管道及管道组成件的对接纵缝和环缝、对接式支管连接焊缝应按现行国家标准《工业金属管道工程施工质量验收规范》GB 50184 的有关规定进行射线检测或超声检测。

8.4.2 管道名义厚度小于或等于 30 mm 的对接焊缝应采用射线检测。管道名义厚度大于 30 mm的对接焊缝可采用超声检测代替射线检测。当规定采用射线检测但受条件限制需改用超声检测时，应征得设计和建设单位的同意。

8.4.3 焊缝的射线检测和超声检测应符合下列规定：

1 管道焊缝的射线检测和超声检测应符合国家现行标准《承压设备无损检测》JB/T 4730 的有关规定。

2 射线检测和超声检测的技术等级应符合设计文件和国家现行有关标准的规定，且射线检测不得低于 AB 级，超声检测不得低于 B 级。

3 现场进行射线检测时，应按有关规定划定控制区和监督区，并应设置警告标志。操作人员应按规定进行安全操作防护。

4 应填写射线检测或超声检测报告，并应注明检测的时间。报告的格式宜符合本规范表 A.0.13 或表 A.0.14 的规定。

8.5 硬度检验及其他检验

8.5.1 要求热处理的焊缝和管道组成件，热处理后应进行硬度检验。焊缝的硬度检验区域应包括焊缝和热影响区。对于异种金属的焊缝，两侧母材热影响区均应进行硬度检验。并应填写“管道热处理硬度检验报告”，其格式宜符合本规范表 A.0.15 的规定。

8.5.2 当检查发现热处理后的硬度值超标或热处理工艺存在问题时，可采用其他检测手段进行复查与评估。

8.5.3 当规定进行管道焊缝金属化学成分分析、焊缝铁素体含量测定、焊接接头金相检验、产品试件力学性能等检验时，应符合设计文件和国家现行有关标准的规定。

8.6 压力试验

8.6.1 管道安装完毕、热处理和无损检测合格后，应进行压力试验。压力试验应符合下列规定：

1 压力试验应以液体为试验介质。当管道的设计压力小于或等于 0.6 MPa 时，也可采用气体为试验介质，但应采取有效的安全措施。

2 脆性材料严禁使用气体进行压力试验。压力试验温度严禁接近金属材料的脆性转变温度。

3 当进行压力试验时，应划定禁区，无关人员不得进入。

4 试验过程中发现泄漏时，不得带压处理。消除缺陷后应重新进行试验。

5 试验结束后，应及时拆除盲板、膨胀节临时约束装置。试验介质的排放应符合安全、环保要求。

6 压力试验完毕，不得在管道上进行修补或增添物件。当在管道上进行修补或增添物件时,应重新进行压力试验。经设计或建设单位同意,对采取预防措施并能保证结构完好的小修补或增添物件,可不重新进行压力试验。

7 压力试验合格后,应填写"管道系统压力试验和泄漏性试验记录",其格式宜符合本规范表 A.0.16 的规定。

8.6.2 压力试验的替代应符合下列规定:

1 对 GC3 级管道,经设计和建设单位同意,可在试车时用管道输送的流体进行压力试验。输送的流体是气体或蒸汽时,压力试验前应按本规范第 8.6.5 条第 5 款的规定进行预试验。

2 当管道的设计压力大于 0.6 MPa,设计和建设单位认为液压试验不切实际时,可采用本规范第 8.6.5 条规定的气压试验来代替液压试验。

3 经设计和建设单位同意,也可用液压-气压试验代替气压试验。液压-气压试验应符合本规范第 8.6.5 条的规定,被液体充填部分管道的压力不应大于本规范第 8.6.4 条第 4、5 款的规定。

4 现场条件不允许进行管道液压和气压试验时,可同时采用下列方法代替压力试验,但应经建设单位和设计单位同意:

1) 所有环向、纵向对接焊缝和螺旋焊焊缝应进行 100%射线检测或 100%超声检测。

2) 除本规范第 8.6.2 条第 4 款第 1 项规定以外的所有焊缝(包括管道支承件与管道组成件连接的焊缝),应进行 100%的渗透检测或 100%的磁粉检测。

3) 应由设计单位进行管道系统的柔性分析。

4) 管道系统应采用敏感气体或浸入液体的方法进行泄漏试验,试验要求应在设计文件中明确规定。

5 未经液压和气压试验的管道焊缝及法兰密封部位,生产车间可配备相应的预保带压密封夹具。

8.6.3 压力试验前应具备下列条件:

1 试验范围内的管道安装工程除防腐、绝热外,已按设计图纸全部完成,安装质量符合有关规定。

2 焊缝及其他待检部位尚未防腐和绝热。

3 管道上的膨胀节已设置临时约束装置。

4 试验用压力表已校验,并在有效期内,其精度不得低于 1.6 级,表的满刻度值应为被测最大压力的 1.5 倍～2 倍,压力表不得少于 2 块。

5 符合压力试验要求的液体或气体已备足。

6 管道已按试验的要求进行加固。

7 下列资料已经建设单位和有关部门复查:

1) 管道元件的质量证明文件。

2) 管道元件的检验或试验记录。

3) 管道加工和安装记录。

4) 焊接检查记录、检验报告及热处理记录。

5) 管道轴测图、设计变更及材料代用文件。

8 待试管道与无关系统已采用盲板或其他措施隔离。

9 待试管道上的安全阀、爆破片及仪表元件等已经拆下或已隔离。

10 试验方案已批准，并已进行技术和安全交底。

8.6.4 液压试验应符合下列规定：

1 液压试验应使用洁净水。当对不锈钢、镍及镍合金管道，或对连有不锈钢、镍及镍合金管道或设备的管道进行试验时，水中氯离子含量不得超过 25×10^{-6}(25ppm)。也可采用其他无毒液体进行液压试验。当采用可燃液体介质进行试验时，其闪点不得低于 50 ℃，并应采取安全防护措施。

2 试验前，注入液体时应排尽空气。

3 试验时，环境温度不宜低于 5 ℃当环境温度低于 5 ℃时，应采取防冻措施。

4 承受内压的地上钢管道及有色金属管道试验压力应为设计压力的 1.5 倍。埋地钢管道的试验压力应为设计压力的 1.5 倍，并不得低于 0.4 MPa。

5 当管道的设计温度高于试验温度时，试验压力应符合下列规定：

1) 试验压力应按下式计算：

$$P_T = 1.5P[\sigma]_T/[\sigma]^t \qquad (8.6.4)$$

式中：P_T ——试验压力(表压)(MPa)；

P ——设计压力(表压)(MPa)；

$[\sigma]_T$——试验温度下，管材的许用应力(MPa)；

$[\sigma]^t$——设计温度下，管材的许用应力(MPa)。

2) 当试验温度下管材的许用应力与设计温度下管材的许用应力的比值大于 6.5 时，应取 6.5。

3) 应校核管道在试验压力条件下的应力。当试验压力在试验温度下产生超过屈服强度的应力时，应将试验压力降至不超过屈服强度时的最大压力。

6 当管道与设备作为一个系统进行试验，管道的试验压力等于或小于设备的试验压力时，应按管道的试验压力进行试验；当管道试验压力大于设备的试验压力，并无法将管道与设备隔开，以及设备的试验压力大于按本规范式(8.6.4)计算的管道试验压力的 77%时，经设计或建设单位同意，可按设备的试验压力进行试验。

7 承受内压的埋地铸铁管道的试验压力，当设计压力小于或等于 0.5 MPa 时，应为设计压力的 2 倍；当设计压力大于 0.5 MPa 时，应为设计压力加 0.5 MPa。

8 对位差较大的管道，应将试验介质的静压计入试验压力中。液体管道的试验压力应以最高点的压力为准，最低点的压力不得超过管道组成件的承受力。

9 对承受外压的管道，试验压力应为设计内、外压力之差的 1.5 倍，并不得低于 0.2 MPa。

10 夹套管内管的试验压力应按内部或外部设计压力的最高值确定。夹套管外管的试验压力除设计文件另有规定外，应按本规范第 8.6.4 条第 5 款的规定执行。

11 液压试验应缓慢升压，待达到试验压力后，稳压 10 min，再将试验压力降至设计压力，稳压 30 min，应检查压力表无压降、管道所有部位无渗漏。

8.6.5 气压试验应符合下列规定：

1 承受内压钢管及有色金属管的试验压力应为设计压力的 1.15 倍。真空管道的试验压力应为 0.2 MPa。

2 试验介质应采用干燥洁净的空气、氮气或其他不易燃和无毒的气体。

3 试验时应装有压力泄放装置，其设定压力不得高于试验压力的 1.1 倍。

4　试验前,应用空气进行预试验,试验压力宜为 0.2 MPa。

5　试验时,应缓慢升压,当压力升至试验压力的 50%时,如未发现异状或泄漏,应继续按试验压力的 10%逐级升压,每级稳压 3 min,直至试验压力。应在试验压力下稳压 10 min,再将压力降至设计压力,采用发泡剂检验应无泄漏,停压时间应根据查漏工作需要确定。

8.6.6　泄漏性试验应按设计文件的规定进行,并应符合下列规定:

1　**输送极度和高度危害介质以及可燃介质的管道,必须进行泄漏性试验。**

2　泄漏性试验应在压力试验合格后进行。试验介质宜采用空气。

3　泄漏性试验压力应为设计压力。

4　泄漏性试验可结合试车工作一并进行。

5　泄漏性试验应逐级缓慢升压,当达到试验压力,并停压 10 min 后,应采用涂刷中性发泡剂等方法,巡回检查阀门填料函、法兰或螺纹连接处、放空阀、排气阀、排净阀等所有密封点应无泄漏。

6　经气压试验合格,且在试验后未经拆卸过的管道可不进行泄漏性试验。

7　泄漏性试验合格后,应及时缓慢泄压,并应按本规范第 8.6.1 条第 7 款的规定填写试验记录。

8.6.7　真空系统在压力试验合格后,还应按设计文件规定进行 24 h 的真空度试验,增压率不应大于 5%。增压率应按下式计算:

$$\Delta P=\left(\frac{P_2-P_1}{P_1}\right)\times 100 \qquad \cdots\cdots\cdots\cdots (8.6.7)$$

式中:ΔP ——24 h 的增压率(%);

P_1 ——试验初始压力(表压)(MPa);

P_2 ——试验最终压力(表压)(MPa)。

8.6.8　当设计文件和国家现行有关标准规定以卤素、氦气、氨气或其他方法进行泄漏性试验时,应按相应的技术规定进行。

9　管道吹扫与清洗

9.1　一般规定

9.1.1　管道在压力试验合格后,应进行吹扫与清洗。并应编制管道吹扫与清洗方案。

9.1.2　管道吹扫与清洗方法,应根据管道的使用要求、工作介质、系统回路、现场条件及管道内表面脏污程度确定,并应符合下列规定:

1　公称尺寸大于或等于 600 mm 的液体或气体管道,宜采用人工清理。

2　公称尺寸小于 600 mm 的液体管道宜采用水冲洗。

3　公称尺寸小于 600 mm 的气体管道宜采用压缩空气吹扫。

4　蒸汽管道应采用蒸汽吹扫,非热力管道不得采用蒸汽吹扫。

5　对有特殊要求的管道,应按设计文件规定采用相应的吹扫与清洗方法。

6　需要时可采取高压水冲洗、空气爆破吹扫或其他吹扫与清洗方法。

9.1.3　管道吹扫与清洗前,应仔细检查管道支吊架的牢固程度,对有异议的部位应进行加固。

9.1.4　对不允许吹扫与清洗的设备及管道,应进行隔离。

9.1.5　管道吹扫与清洗前,应将系统内的仪表、孔板、喷嘴、滤网、节流阀、调节阀、电磁阀、安全阀、止回阀(或止回阀阀芯)等管道组成件暂时拆除,并应以模拟体或临时短管替代,待管道吹洗合格后应重新复位。对以焊接形式连接的上述阀门、仪表等部件,应采取流经旁路或卸掉阀头及阀座加保护套等保护措施后再进行吹扫与清洗。

9.1.6 吹扫与清洗的顺序应按主管、支管、疏排管依次进行。吹洗出的脏物不得进入已吹扫与清洗合格的管道。

9.1.7 为管道吹扫与清洗安装的临时供水、供气管道及排放管道,应预先吹扫与清洗干净后再使用。

9.1.8 管道吹扫与清洗时应设置禁区和警戒线,并应挂警示牌。

9.1.9 空气爆破吹扫和蒸汽吹扫时,应采取在排放口安装消音器等措施。

9.1.10 化学清洗废液、脱脂残液及其他废液、污水的处理和排放,应符合国家现行有关标准的规定,不得随地排放。

9.1.11 管道吹扫与清洗合格后,除规定的检查和恢复工作外,不得再进行其他影响管内清洁的作业。

9.1.12 化学清洗和脱脂作业时,操作人员应按规定穿戴专用防护服装,并应根据不同清洗液对人体的危害程度佩戴防护眼镜、防毒面具等防护用具。

9.1.13 管道吹扫与清洗合格后,施工单位应会同建设单位或监理单位共同检查确认,并应填写"管道系统吹扫与清洗检查记录"及"管道隐蔽工程(封闭)记录",其格式宜符合本规范表A.0.17和表A.0.7的规定。

9.2 水冲洗

9.2.1 管道冲洗应使用洁净水。冲洗不锈钢、镍及镍合金管道时,水中氯离子含量不得超过25×10^{-6}(25 ppm)。

9.2.2 管道水冲洗的流速不应低于1.5 m/s,冲洗压力不得超过管道的设计压力。

9.2.3 冲洗排放管的截面积不应小于被冲洗管截面积的60%。排水时,不得形成负压。

9.2.4 管道水冲洗应连续进行,当设计无规定时,排出口的水色和透明度应与入口处的水色和透明度目测一致。

9.2.5 对有严重锈蚀和污染的管道,当使用一般清洗方法未能达到要求时,可采取将管道分段进行高压水冲洗。

9.2.6 管道冲洗合格后,应及时将管内积水排净,并应及时吹干。

9.3 空气吹扫

9.3.1 空气吹扫宜利用工厂生产装置的大型空压机或大型储气罐进行间断性吹扫。吹扫压力不得大于系统容器和管道的设计压力,吹扫流速不宜小于20 m/s。

9.3.2 吹扫忌油管道时,应使用无油压缩空气或其他不含油的气体进行吹扫。

9.3.3 空气吹扫时,应在排气口设置贴有白布或涂刷白色涂料的木制靶板进行检验,吹扫5 min后靶板上应无铁锈、尘土、水分及其他杂物。

9.3.4 当吹扫的系统容积大、管线长、口径大,并不宜用水冲洗时,可采取"空气爆破法"进行吹扫。爆破吹扫时,向系统充注的气体压力不得超过0.5 MPa,并应采取相应的安全措施。

9.4 蒸汽吹扫

9.4.1 蒸汽管道吹扫前,管道系统的绝热工程应已完成。

9.4.2 为蒸汽吹扫安装的临时管道,应按正式蒸汽管道安装技术要求进行施工,安装质量应符合本规范的有关规定。应在临时管道吹扫干净后,再用于正式蒸汽管道的吹扫。

9.4.3 蒸汽管道应以大流量蒸汽进行吹扫,流速不应小于 30 m/s。

9.4.4 蒸汽吹扫前,应先进行暖管,并应及时疏水。暖管时,应检查管道的热位移,当有异常时,应及时进行处理。

9.4.5 蒸汽吹扫时,管道上及其附近不得放置易燃、易爆物品及其他杂物。

9.4.6 蒸汽吹扫应按加热、冷却、再加热的顺序循环进行。吹扫时宜采取每次吹扫一根和轮流吹扫的方法。

9.4.7 排放管应固定在室外,管口应倾斜朝上。排放管直径不应小于被吹扫管的直径。

9.4.8 通往汽轮机或设计文件有规定的蒸汽管道,经蒸汽吹扫后应对吹扫靶板进行检验。最终验收的靶板应做好标识,并应妥善保管。

9.5 脱脂

9.5.1 忌油管道系统应按设计文件规定进行脱脂处理。

9.5.2 脱脂液的配方应经试验鉴定后再采用。

9.5.3 对有明显油渍或锈蚀严重的管子进行脱脂时,应先采用蒸汽吹扫、喷砂或其他方法清除油渍和锈蚀后,再进行脱脂。

9.5.4 脱脂剂应按设计规定选用。当设计无规定时,应根据脱脂件的材质、结构、工作介质、脏污程度及现场条件选择相应的脱脂剂和脱脂方法。

9.5.5 脱脂剂或用于配制脱脂液的化学制品应具有产品质量证明文件。脱脂剂在使用前应按产品技术条件对其外观、不挥发物、水分、反应介质及油脂含量进行复验。脱脂剂应按规定进行妥善保管。

9.5.6 脱脂、检验及安装使用的工器具、量具、仪表等,应按脱脂件的要求预先进行脱脂后再使用。

9.5.7 脱脂后应及时将脱脂件内部的残液排净,并应用清洁、无油压缩空气或氮气吹干,不得采用自然蒸发的方法清除残液。当脱脂件允许时,可采用清洁无油的蒸汽将脱脂残液吹除干净。

9.5.8 有防锈要求的脱脂件经脱脂处理后,宜采取充氮封存或采用气相防锈纸、气相防锈塑料薄膜等措施进行密封保护。

9.6 化学清洗

9.6.1 需要化学清洗的管道,其清洗范围和质量要求应符合设计文件的规定。

9.6.2 当进行管道化学清洗时,应与无关设备及管道进行隔离。

9.6.3 化学清洗液的配方应经试验鉴定后再采用。

9.6.4 管道酸洗钝化应按脱脂去油、酸洗、水洗、钝化、水洗、无油压缩空气吹干的顺序进行。当采用循环方式进行酸洗时,管道系统应预先进行空气试漏或液压试漏检验合格。

9.6.5 对不能及时投入运行的化学清洗合格的管道,应采取封闭或充氮保护措施。

9.7 油清洗

9.7.1 润滑、密封及控制系统的油管道,应在机械设备和管道酸洗合格后、系统试运行前进行油清洗。不锈钢油系统管道宜采用蒸汽吹净后再进行油清洗。

9.7.2 经酸洗钝化或蒸汽吹扫合格的油管道,宜在两周内进行油清洗。

9.7.3 当在冬季或环境温度较低的条件下进行油清洗时,应采取在线预热装置或临时加热器等升温措施。

9.7.4 油清洗应采用循环方式进行。油循环过程中,每 8 h 应在 40 ℃～70 ℃内反复升降油温

2 次～3 次,并应及时清洗或更换滤芯。

9.7.5 当设计文件或产品技术文件无规定时,管道油清洗后应采用滤网检验。

9.7.6 油清洗合格的管道,应采取封闭或充氮保护措施。

9.7.7 油系统试运行时,应采用符合设计文件或产品技术文件的合格油品。

10 工程交接

10.0.1 施工单位按合同规定的范围完成全部工程项目后,应及时与建设单位办理交接验收手续。

10.0.2 工程交接验收前,建设单位应对工业金属管道工程进行检查,并应确认下列内容:

1 施工范围和内容符合合同、设计文件规定。

2 工程质量符合设计文件及本规范的规定。

10.0.3 工程交接验收前,应核查工业金属管道工程施工的下列技术文件、施工记录和报告:

1 管道元件的产品合格证、质量证明文件或复验、试验报告。

2 施工检查记录和试验报告,应包括下列内容:

1) 管道元件检查记录。

2) 阀门试验记录。

3) 安全阀校验报告。

4) 管道弯管加工记录。

5) 管道焊接检查记录。

6) 焊缝返修检查记录。

7) 管道安装记录。

8) 管道隐蔽工程(封闭)记录。

9) 管道补偿装置安装记录。

10) 管道支吊架安装记录。

11) 管道静电接地测试记录。

12) 磁粉检测报告。

13) 渗透检测报告。

14) 射线检测报告。

15) 超声检测报告。

16) 管道热处理报告。

17) 硬度检测、光谱分析及其他理化试验报告。

18) 安全保护装置安装检查记录。

19) 管道系统压力试验和泄漏性试验记录。

20) 管道系统吹扫与清洗记录。

21) 管道防腐、绝热施工检查记录。

3 管道安装竣工图、设计修改文件及材料代用单。

4 无损检测和焊后热处理的管道,应在管道轴测图上准确标明焊缝位置、焊缝编号、焊工代号、无损检测方法、无损检测焊缝位置、焊缝补焊位置、热处理和硬度检验的焊缝位置等。

10.0.4 工程交接时确因客观条件限制未能全部完成的工程量,在不影响安全试车的条件下,经建设单位同意,可办理工程交接手续,但遗留工程量应限期完成。

附 录 A

施工质量检查记录的内容及格式

A.0.1 管道元件检查记录的格式宜符合表 A.0.1 的规定。

表 A.0.1 管道元件检查记录

<table>
<tr><td colspan="3">工程编号：</td><td colspan="3">工程名称：</td><td colspan="3">分项工程名称/编号：</td></tr>
<tr><td>管道元件名称</td><td>材质</td><td>规格/型号</td><td>质量证明文件编号</td><td>单位</td><td>检查数量</td><td>几何尺寸检查</td><td>外观质量检查</td><td>结果</td></tr>
<tr><td></td><td></td><td></td><td></td><td></td><td></td><td></td><td></td><td></td></tr>
<tr><td></td><td></td><td></td><td></td><td></td><td></td><td></td><td></td><td></td></tr>
<tr><td></td><td></td><td></td><td></td><td></td><td></td><td></td><td></td><td></td></tr>
<tr><td></td><td></td><td></td><td></td><td></td><td></td><td></td><td></td><td></td></tr>
<tr><td></td><td></td><td></td><td></td><td></td><td></td><td></td><td></td><td></td></tr>
<tr><td></td><td></td><td></td><td></td><td></td><td></td><td></td><td></td><td></td></tr>
<tr><td></td><td></td><td></td><td></td><td></td><td></td><td></td><td></td><td></td></tr>
<tr><td colspan="3">专业工程师：</td><td colspan="3">质量检查员：</td><td colspan="3">检查人：</td></tr>
</table>

A.0.2 阀门试验记录的格式宜符合表A.0.2的规定。

表A.0.2 阀门试验记录

工程编号：				工程名称：					分项工程名称/编号：				
名称	型号/规格	数量	公称压力	压力试验			密封试验			上密封试验			试验结果
				介质	压力	时间	介质	压力	时间	介质	压力	时间	
专业工程师：			质量检查员：				试验人员：			年 月 日			

A.0.3 管道弯管加工记录的格式宜符合表A.0.3的规定。

表A.0.3 管道弯管加工记录

工程编号：				工程名称：				分项工程名称/编号：			
管线号	弯管编号	材质	规格	弯曲半径	角度或尺寸偏差	圆度	褶皱高度	弯管厚度	热处理温度	硬度值HB	无损检测结果
简图及说明：											
专业工程师：				质量检查员：				施工人员： 年 月 日			

A.0.4 管道热处理报告的格式宜符合表 A.0.4 的规定。

表 A.0.4 管道热处理报告

工程编号：		工程名称：		分项工程名称/编号：	
管线号			材质		
规格			焊材牌号		
焊缝号（管件号）	升温速率（℃/h）	热处理温度（℃）	恒温时间（h）	降温速率（℃/h）	备注
热电偶布置方式：					
热处理曲线示意图： （附：热处理自动记录曲线）					
专业工程师：		质量检查员：		操作人： 年 月 日	

A.0.5 管道焊接检查记录的格式宜符合表 A.0.5 的规定。

A.0.5 管道焊接检查记录

工程编号：					工程名称：				分项工程名称/编号：			
管线号				无损检测方法					无损检测比例			
焊缝编号	接头类型	管道材质	管道规格	固定或转动焊口	焊接方法	焊接材料牌号/规格	预热温度	层间温度	后热温度/时间	焊工姓名/代号	施焊日期	外观质量检查结果	无损检测结果
专业工程师：				质量检查员：				记录人：			年 月 日		

A.0.6 管道安装记录的格式宜符合表 A.0.6 的规定。

表 A.0.6 管道安装记录

工程编号：						工程名称：					分项工程名称/编号：				
序号	管线编号	管道材质	管道规格	焊接连接		法兰连接		其他连接形式		最大安装偏差(mm)					
				转动口数	固定口数	压力等级	垫片材质	机械接口		坐标	标高	平直度	铅垂度	坡度	
备注															
专业工程师：				质量检查员：				施工人员：				年 月 日			

A.0.7 管道隐蔽工程(封闭)记录的格式宜符合表 A.0.7 的规定。

表 A.0.7 管道隐蔽工程(封闭)记录

<table>
<tr><td colspan="2">工程编号：</td><td colspan="2">工程名称：</td><td colspan="2">分项工程名称/编号：</td></tr>
<tr><td>隐蔽(封闭)
管线/附件名称</td><td>管线号</td><td>材质</td><td>规格</td><td>管线长度</td><td>防腐等级/
检测结果</td></tr>
<tr><td></td><td></td><td></td><td></td><td></td><td></td></tr>
<tr><td></td><td></td><td></td><td></td><td></td><td></td></tr>
<tr><td></td><td></td><td></td><td></td><td></td><td></td></tr>
<tr><td></td><td></td><td></td><td></td><td></td><td></td></tr>
<tr><td></td><td></td><td></td><td></td><td></td><td></td></tr>
<tr><td></td><td></td><td></td><td></td><td></td><td></td></tr>
<tr><td></td><td></td><td></td><td></td><td></td><td></td></tr>
<tr><td></td><td></td><td></td><td></td><td></td><td></td></tr>
<tr><td></td><td></td><td></td><td></td><td></td><td></td></tr>
<tr><td></td><td></td><td></td><td></td><td></td><td></td></tr>
<tr><td></td><td></td><td></td><td></td><td></td><td></td></tr>
<tr><td></td><td></td><td></td><td></td><td></td><td></td></tr>
<tr><td></td><td></td><td></td><td></td><td></td><td></td></tr>
<tr><td colspan="6">简图(管线布置、隐蔽的方位、标高尺寸等)：</td></tr>
<tr><td colspan="6">隐蔽(封闭)检查结果：</td></tr>
<tr><td>建设单位</td><td colspan="2">监理单位</td><td colspan="2">总承包单位</td><td>施工单位</td></tr>
<tr><td>专业工程师：

年　月　日</td><td colspan="2">监理工程师：

年　月　日</td><td colspan="2">专业工程师：

年　月　日</td><td>技术负责人：
质量检查员：
试验人员：

年　月　日</td></tr>
</table>

A.0.8 管道补偿装置安装记录的格式宜符合表 A.0.8 的规定。

表 A.0.8 管道补偿装置安装记录

工程编号：				工程名称：				分项工程名称/编号：			
管线号	补偿器编号	型式	规格	材质	固定支架间距	设计压力	设计温度	环境温度	预拉(预压)量		备注
									设计值	实测值	
简图：											

建设单位	监理单位	总承包单位	施工单位
专业工程师： 年 月 日	监理工程师： 年 月 日	专业工程师： 年 月 日	责任工程师： 质量检查员： 施工人员： 年 月 日

A.0.9 管道支、吊架安装记录的格式宜符合表 A.0.9 的规定。

表 A.0.9 管道支、吊架安装记录

工程编号：		工程名称：			分项工程名称/编号：			
管线编号	管架编号	结构型式、型号、规格	坐标位置偏差（mm）		管道标高偏差（mm）		弹簧调整值	备注
			允许值	实测值	允许值	实测值		
专业工程师：			质量检查员：			施工人员： 年 月 日		

A.0.10 管道静电接地测试记录的格式宜符合表 A.0.10 的规定。

表 A.0.10 管道静电接地测试记录

工程编号：			工程名称：		分项工程名称/编号：		
管线号	法兰或螺纹接头				系统接地		
	接头型式	跨接导线		电阻值	接地线		对地电阻值
		规格	材质		规格	材质	

建设单位	监理单位	总承包单位	施工单位
专业工程师： 年 月 日	监理工程师： 年 月 日	专业工程师： 年 月 日	技术负责人： 质量检查员： 试验人员： 年 月 日

A.0.11 磁粉检测报告的格式宜符合表 A.0.11 的规定。

表 A.0.11 磁粉检测报告

工程编号：		工程名称：		分项工程名称：	
委托单位		报告编号			
管线号/设备号		工件名称		材质	
规格		焊接方法		坡口型式	
表面状态		热处理状态		仪器型号	
仪器编号		灵敏度试片		灵敏度评价	
磁粉种类		磁悬液种类		磁悬液浓度	
磁化通电时间		磁轭/触头间距		磁场强度	
检测方法	□连续法 □干法 □磁轭法 □荧光磁粉法 □剩磁法 □湿法 □交叉磁轭法			磁化电流类型	□交流 □直流
磁化方向		磁粉施加方法		观察照度	
检测比例		检测标准		合格级别	
工件号/焊缝号	探伤部位	缺陷位置	缺陷性质	缺陷长度(mm)	评定等级
专业工程师： 年 月 日		审核： 级别： 年 月 日		检测： 级别： 年 月 日	

A.0.12 渗透检测报告的格式宜符合表 A.0.12 的规定。

表 A.0.12 渗透检测报告

工程编号：		工程名称：		分项工程名称：	
委托单位		报告编号			
管线号/设备号		工件名称		材质	
规格		焊接方法		热处理状态	
检测方法		检测部位		对比试块	
渗透剂型号		清洗剂型号		显像剂型号	
环境温度		渗透剂施加方法		渗透时间	
清洗方法		干燥方法		干燥温度及时间	
显像剂施加方法		显像时间		观察照度	
观察方法		灵敏度评价		后处理	
检验比例		检测标准		合格级别	
工件号/焊缝号	部位编号	缺陷位置	缺陷性质	缺陷长度(mm)	评定等级
专业工程师： 年 月 日		审核： 级别： 年 月 日		检测： 级别： 年 月 日	

A.0.13 射线检测报告的格式宜符合表 A.0.13 的规定。

表 A.0.13 射线检测报告

工程编号：			工程名称：		分项工程名称：	
委托单位			报告编号			
工件名称			管线/设备号		材质	
规格			焊接方法		热处理状态	
设备型号			设备编号		焦点尺寸	mm
胶片型号			增感方式		像质计型号	
检测技术等级			透照方式		检测比例	
暗室处理方式			检测标准		合格级别	
显影温度	℃		显影时间	min	水洗时间	min
透照条件	透照焦距	mm	管电压	kV	管电流	mA
	源种类		源强度	Ci	曝光时间	min
焊缝号	探伤部位	像质计丝号	缺陷性质及尺寸		评定等级	焊工号

专业工程师： 年 月 日	审核： 级别： 年 月 日	评片： 级别： 年 月 日	检测： 级别： 年 月 日

A.0.14 超声检测报告的格式宜符合表 A.0.14 的规定。

表 A.0.14 超声检测报告

工程编号：		工程名称：		分项工程名称：	
委托单位		报告编号			
工件名称		工件编号		材质	
规格		焊接方法		坡口型式	
热处理状态		设备型号		设备编号	
探头型号		探头实测 K 值		试块型号	
检测方法		耦合剂		扫查方式	
检测灵敏度		表面补偿	dB	扫查速度	
检测比例		检测标准		合格级别	

焊缝号	探伤部位	缺陷位置	波幅	缺陷指示长度	缺陷深度	评定结果

专业工程师： 年 月 日	审核： 级别： 年 月 日	检测： 级别： 年 月 日

A.0.15 管道热处理硬度检测报告的格式宜符合表 A.0.15 的规定。

表 A.0.15 管道热处理硬度检测报告

工程编号：	工程名称：		分项工程名称/编号：	
委托单位			检件名称	
检件材质			检件规格	
检测比例				
检件(焊缝)编号	检测部位	测点编号	硬度合格标准(HB)	硬度检测结果(HB)
附注：				
审核： 年 月 日		操作： 年 月 日		

A.0.16 管道系统压力试验和泄漏性试验记录的格式宜符合表 A.0.16 的规定。

表 A.0.16 管道系统压力试验和泄漏性试验记录

工程编号：	工程名称：	分项工程名称/编号：

试压前检查内容	检查结果
管道组成件安装完毕、正确	
阀门、法兰、螺栓、垫片安装正确	
支、吊架安装正确	
焊缝焊接工作记录齐全	
焊缝外观检验合格	
无损检测合格	
热处理合格	
安全阀、爆破片及仪表元件等已拆下或加以隔离	
有盲板标识	

管线号	设计参数			压力试验			泄漏性/真空试验		
	压力	温度	介质	压力	介质	结论	压力	介质	结论

建设单位	监理单位	总承包单位	施工单位
专业工程师： 年 月 日	监理工程师： 年 月 日	专业工程师： 年 月 日	技术负责人： 质量检查员： 试验人员： 年 月 日

A.0.17 管道系统吹扫与清洗检查记录的格式宜符合表 A.0.17 的规定。

表 A.0.17 管道系统吹扫与清洗检查记录

<table>
<tr><td colspan="3">工程编号：</td><td colspan="4">工程名称：</td><td colspan="3">分项工程名称：</td></tr>
<tr><td rowspan="2">管线号</td><td rowspan="2">材质</td><td rowspan="2">工作介质</td><td colspan="4">吹洗</td><td colspan="3">化学清洗(脱脂)</td></tr>
<tr><td>压力
(MPa)</td><td>介质</td><td>流速
(m/s)</td><td>鉴定</td><td>介质</td><td>方法</td><td>鉴定</td></tr>
<tr><td></td><td></td><td></td><td></td><td></td><td></td><td></td><td></td><td></td><td></td></tr>
<tr><td></td><td></td><td></td><td></td><td></td><td></td><td></td><td></td><td></td><td></td></tr>
<tr><td></td><td></td><td></td><td></td><td></td><td></td><td></td><td></td><td></td><td></td></tr>
<tr><td></td><td></td><td></td><td></td><td></td><td></td><td></td><td></td><td></td><td></td></tr>
<tr><td></td><td></td><td></td><td></td><td></td><td></td><td></td><td></td><td></td><td></td></tr>
<tr><td></td><td></td><td></td><td></td><td></td><td></td><td></td><td></td><td></td><td></td></tr>
<tr><td></td><td></td><td></td><td></td><td></td><td></td><td></td><td></td><td></td><td></td></tr>
<tr><td></td><td></td><td></td><td></td><td></td><td></td><td></td><td></td><td></td><td></td></tr>
<tr><td></td><td></td><td></td><td></td><td></td><td></td><td></td><td></td><td></td><td></td></tr>
<tr><td></td><td></td><td></td><td></td><td></td><td></td><td></td><td></td><td></td><td></td></tr>
<tr><td></td><td></td><td></td><td></td><td></td><td></td><td></td><td></td><td></td><td></td></tr>
<tr><td></td><td></td><td></td><td></td><td></td><td></td><td></td><td></td><td></td><td></td></tr>
<tr><td></td><td></td><td></td><td></td><td></td><td></td><td></td><td></td><td></td><td></td></tr>
<tr><td></td><td></td><td></td><td></td><td></td><td></td><td></td><td></td><td></td><td></td></tr>
<tr><td></td><td></td><td></td><td></td><td></td><td></td><td></td><td></td><td></td><td></td></tr>
<tr><td></td><td></td><td></td><td></td><td></td><td></td><td></td><td></td><td></td><td></td></tr>
<tr><td></td><td></td><td></td><td></td><td></td><td></td><td></td><td></td><td></td><td></td></tr>
<tr><td colspan="10">管线复位(含垫片、盲板等)检查：</td></tr>
</table>

<table>
<tr><td>建设单位</td><td>监理单位</td><td>总承包单位</td><td>施工单位</td></tr>
<tr><td>专业工程师：

年 月 日</td><td>监理工程师：

年 月 日</td><td>专业工程师：

年 月 日</td><td>技术负责人：
质量检查员：
试验人员：

年 月 日</td></tr>
</table>

本规范用词说明

1 为便于在执行本规范条文时区别对待，对要求严格程度不同的用词说明如下：

1) 表示很严格，非这样做不可的：

正面词采用“必须”，反面词采用“严禁”；

2) 表示严格，在正常情况下均应这样做的：

正面词采用“应”，反面词采用，不应”或“不得”；

3) 表示允许稍有选择，在条件许可时首先应这样做的：

正面词采用“宜”，反面词采用“不宜”；

4) 表示有选择，在一定条件下可以这样做的，采用“可”。

2 条文中指明应按其他有关标准执行的写法为：“应符合……的规定”或“应按……执行”。

引用标准名录

《工业设备及管道绝热工程施工规范》GB 50126

《工业金属管道工程施工质量验收规范》GB 50184

《现场设备、工业管道焊接工程施工规范》GB 50236

《压力管道安全技术监察规程——工业管道》TSG D0001

《安全阀安全技术监察规程》TSG ZF001

《承压设备无损检测》JB/T 4730

UDC

中华人民共和国国家标准

P　　　　　　　　　　　　　　　　　　　　　　　　　　　　　　　　　　　　　GB 50236—2011

现场设备、工业管道焊接工程施工规范

Code for construction of field equipment, industrial pipe welding engineering

2011-02-18 发布　　　　　　　　　　　　　　　　　　　　　　　　　　2011-10-01 实施

中华人民共和国住房和城乡建设部
中华人民共和国国家质量监督检验检疫总局　联合发布

中华人民共和国住房和城乡建设部公告

第942号

关于发布国家标准《现场设备、工业管道焊接工程施工规范》的公告

现批准《现场设备、工业管道焊接工程施工规范》为国家标准,编号为GB 50236—2011,自2011年10月1日起实施。其中,第5.0.1条为强制性条文,必须严格执行。原《现场设备、工业管道焊接工程施工及验收规范》GB 50236—98同时废止。

本规范由我部标准定额研究所组织中国计划出版社出版发行。

中华人民共和国住房和城乡建设部

二〇一一年二月十八日

前　言

本规范是根据原建设部《关于印发〈2007年工程建设标准规范制订、修订计划(第二批)〉的通知》(建标〔2007〕126号)的要求,由中国石油和化工勘察设计协会、中油吉林化建工程股份有限公司为主编单位,会同有关单位在《现场设备、工业管道焊接工程施工及验收规范》GB 50236—98的基础上进行修编,修订后名称更改为《现场设备、工业管道焊接工程施工规范》。

本规范在修订过程中,规范编制组经广泛的调查研究,认真总结实践经验,参考有关国际标准和国外先进标准,并在广泛征求意见的基础上,修订本规范,最后经审查定稿。

本规范共分13章和4个附录。主要技术内容是:总则、术语、基本规定、材料、焊接工艺评定、焊接技能评定、碳素钢及合金钢的焊接、铝及铝合金的焊接、铜及铜合金的焊接、钛及钛合金的焊接、镍及镍合金的焊接、锆及锆合金的焊接、焊接检验及焊接工程交接等。

本规范修订的主要技术内容是:

1.修改了适用范围,增加了钛合金(低合金钛)、锆及锆合金等金属材料和气电立焊、螺柱焊等焊接方法。

2.删除了不适用范围。

3.增加了术语一章。

4.补充了焊接材料的检验、保管和使用等相关规定。

5.依据现行相关标准,修改和调整了焊接工艺评定和焊接技能评定的内容。

6.增补了碳素钢及合金钢的气电立焊、螺柱焊、双相钢焊接等焊接新技术、新工艺及质量要求。修改了焊前预热及焊后热处理工艺条件的规定。

7.增补了黄铜钨极惰性气体保护电弧焊的工艺要求。

8.增加了钛及钛合金设备的焊接工艺及质量要求。

9.增加了镍及镍合金熔化极气体保护焊及埋弧焊、镍及镍合金设备的焊接工艺和质量要求。

10.增加了锆及锆合金管道的钨极惰性气体保护电弧焊的焊接工艺和质量要求。

本规范中以黑体字标志的条文为强制性条文,必须严格执行。

本规范由住房和城乡建设部负责管理和对强制性条文的解释,由中国工程建设标准化协会化工分会负责日常管理,由全国化工施工标准化管理中心站负责具体技术内容的解释。本规范执行过程中如有意见或建议,请寄送全国化工施工标准化管理中心站(地址:河北省石家庄市桥东区槐安东路28号仁和商务1-1-1107室,邮政编码:050020),以便今后修订时参考。

本规范主编单位、参编单位、主要起草人和主要审查人:

主编单位:中国石油和化工勘察设计协会

　　　　　中油吉林化建工程股份有限公司

参编单位:中国化学工程第三建设有限公司

　　　　　中国石化集团第十建设公司

上海宝冶集团有限公司
北京电力建设公司
中国机械工业建设总公司
哈尔滨焊接研究所
中国核工业二三建设有限公司
十一冶建设集团有限责任公司
惠生工程(中国)有限公司
阿美科工程咨询(上海)有限公司
中冶集团建筑研究总院
北京燕华建筑安装工程有限责任公司
全国化工施工标准化管理中心站

主要起草人:夏节文 关一卓 赵喜平 卢立香 任永宁 王丽鹃 朴东光 邵 刚 张 勇 孙忠亮 杨 惠 段 斌 杨 雷 芦 天 颜祖清
主要审查人:吉章红 戈兆文 纪方奇 王明涛 李晓松 袁转东 李志远 郭 军 乔亚霞 石学军 张西民 周武强 蒋桂英 李晓琼

1 总则

1.0.1 为提高工程建设施工现场设备和工业金属管道焊接工程的施工水平，加强焊接工程施工过程的质量控制，保证工程质量和安全，制定本规范。

1.0.2 本规范适用于碳素钢、合金钢、铝及铝合金、铜及铜合金、钛及钛合金(低合金钛)、镍及镍合金、锆及锆合金材料的焊接工程的施工。

1.0.3 本规范适用的焊接方法包括气焊、焊条电弧焊、埋弧焊、钨极惰性气体保护电弧焊、熔化极气体保护电弧焊、自保护药芯焊丝电弧焊、气电立焊和螺柱焊。

1.0.4 焊接工程的施工，应按设计文件及本规范的规定执行。

1.0.5 当需要修改设计文件及材料代用时，必须经原设计单位同意，并出具书面文件。

1.0.6 本规范应与现行国家标准《现场设备、工业管道焊接工程施工质量验收规范》GB 50683配合使用。

1.0.7 焊接工程的施工应符合国家现行的节能减排、环境保护、安全技术和劳动保护等有关规定。

1.0.8 现场设备、工业管道焊接工程的施工除应符合本规范外，尚应符合国家现行有关标准的规定。

2 术语

2.0.1

现场设备 field equipment

在工程建设施工现场制造或安装的设备。

2.0.2

焊接责任人员 welding responsible personnel

通过培训、教育或实践获得一定焊接专业知识，其能力得到认可并被指定对焊接及相关制造活动负有责任的人员。

2.0.3

焊接工艺规程 welding procedure specification

根据焊接工艺评定报告，并结合实践经验而制定的直接指导焊接生产的技术细则文件，它包括对焊接接头、母材、焊接材料、焊接位置、预热、电特性、操作技术等内容进行详细的规定，以保证焊接质量的再现性。

2.0.4

焊接工艺预规程 welding procedure pre-specification

待评定的焊接工艺规程。

2.0.5

焊接工艺评定 welding procedure qualification

按照焊接工艺预规程的规定，制备试件和试样，并进行试验及结果评价的过程。

2.0.6

焊接工艺评定报告 welding procedure qualification report

记录焊接工艺评定过程中有关试验数据及结果的文件。

2.0.7

焊接技能评定 welding skill qualification

对焊接作业人员的操作技能进行评估考核的过程。

2.0.8

道间温度 interpass temperature

多道焊缝及相邻母材在施焊下一焊道之前的瞬时温度。

3 基本规定

3.0.1 设计文件应对焊接技术条件提出要求。

3.0.2 焊接责任人员和作业人员的资格及其职责应符合下列规定：

1 焊接技术人员应由中专及以上专业学历，并有一年以上焊接生产实践的人员担任。焊接技术人员应负责焊接工艺评定，编制焊接工艺规程和焊接技术措施，进行焊接技术和安全交底，指导焊接作业，参与焊接质量管理，处理焊接技术问题，整理焊接技术资料。

2 焊接检查人员应由相当于中专及以上焊接理论知识水平，并有一定的焊接经验的人员担任。焊接检查人员应对现场焊接作业进行全面检查和控制，负责确定焊缝检测部位、评定焊接质量、签发检查文件、参与焊接技术措施的审定。

3 焊接材料管理人员应具备相关焊接材料的基本知识，并应负责焊接材料的入库验收、保管、烘干、发放、回收等工作。

4 无损检测人员应由国家授权的专业考核机构考核合格的人员担任，并应按考核合格项目及权限从事检测和审核工作。无损检测人员应根据焊接质检人员确定的受检部位进行检验、评定焊缝质量、签发检测报告，当焊缝外观不符合检验要求时应拒绝检测。

5 焊工应持有符合本规范第6章规定的相应项目焊接技能评定合格证，且具备相应的能力。焊工应按规定的焊接工艺规程及焊接技术措施进行施焊，当工况条件不符合焊接工艺规程和焊接技术措施的要求时，应拒绝施焊。

6 焊接热处理人员应经专业培训。焊接热处理人员应按标准规范、热处理作业指导书及设计文件中的有关规定进行焊缝热处理工作。

3.0.3 监理单位和总承包单位应配备有焊接责任人员。

3.0.4 施工单位应具备下列条件：

1 施工单位应建立焊接质量管理体系，对焊接活动进行控制，并应有符合本规范第3.0.2条规定的相关人员。

2 施工单位的焊接工装设备、焊接热处理设备和检验试验手段，应满足相应焊接工程项目的技术要求。

3 在焊接技能评定和工程施焊前，施工单位应具有相应项目的焊接工艺评定。

3.0.5 施焊环境应符合下列规定：

1 焊接的环境温度应符合焊件焊接所需的温度，并不得影响焊工的操作技能。

2 焊接时的风速应符合下列规定：

1） 焊条电弧焊、自保护药芯焊丝电弧焊和气焊不应大于8 m/s。

2） 钨极惰性气体保护电弧焊和熔化极气体保护电弧焊不应大于2 m/s。

3 焊接电弧1 m范围内的相对湿度应符合下列规定：

1) 铝及铝合金的焊接不得大于80%。

2) 其他材料的焊接不得大于90%。

4 在雨、雪天气施焊时,应采取防护措施。

3.0.6 不合格焊缝的返修应符合下列规定:

1 对需要焊接返修的焊缝,应分析缺陷产生原因,编制焊接返修工艺文件。

2 返修前应将缺陷清除干净,必要时可采用无损检测方法确认。

3 补焊部位的坡口形状和尺寸应防止产生焊接缺陷和便于焊接操作。

4 当需预热时,预热温度应比原焊缝适当提高。

5 焊缝同一部位的返修次数不宜超过两次。

3.0.7 工程施焊前,应对焊接和热处理工装设备进行检查、校准,并确认其工作性能稳定可靠。计量器具和检测试验设备应在检定或校准的有效期内。

3.0.8 不锈钢和有色金属的焊接,应设置专用的场地和专用组焊工装,不得与黑色金属等其他产品混杂。不锈钢和有色金属焊接工作场所应保持洁净、干燥、无污染。

4 材料

4.0.1 焊接工程所采用的母材,应具有制造厂的质量证明文件,并应符合国家现行标准和设计文件的规定。

4.0.2 母材使用前,应按国家现行有关标准和设计文件的规定进行检查和验收,材料标识应清晰完整,并应能够追溯到产品质量证明文件。

4.0.3 焊接材料应符合设计文件和下列规定:

1 焊接材料应具有制造厂的质量证明文件。

2 碳素钢及合金钢焊条、焊丝和焊剂,应分别符合国家现行标准《碳钢焊条》GB/T 5117、《低合金钢焊条》GB/T 5118、《不锈钢焊条》GB/T 983、《焊接用钢盘条》GB/T 3429、《焊接用不锈钢盘条》GB/T 4241、《熔化焊用钢丝》GB/T 14957、《气体保护电弧焊用碳钢、低合金钢焊丝》GB/T 8110、《惰性气体保护焊接用不锈钢棒及钢丝》YB/T 5091、《埋弧焊用碳钢焊丝和焊剂》GB/T 5293、《埋弧焊用低合金钢焊丝和焊剂》GB/T 12470、《埋弧焊用不锈钢焊丝和焊剂》GB/T 17854、《碳钢药芯焊丝》GB/T 10045、《低合金钢药芯焊丝》GB/T 17493、《不锈钢药芯焊丝》GB/T 17853等的规定。

3 铝及铝合金焊丝应符合现行国家标准《铝及铝合金焊丝》GB/T 10858的规定。

4 铜及铜合金焊丝应符合现行国家标准《铜及铜合金焊丝》GB/T 9460的规定。

5 钛及钛合金焊丝应符合国家现行标准《钛及钛合金丝》GB/T 3623和《承压设备用焊接材料订货技术条件　第7部分:钛及钛合金焊丝和填充丝》NB/T 47018.7的规定。

6 镍及镍合金焊条、焊丝应分别符合现行国家标准《镍及镍合金焊条》GB/T 13814、《镍及镍合金焊丝》GB/T 15620的规定。

7 栓钉和瓷环应符合现行国家标准《电弧螺柱焊用圆柱头焊钉》GB/T 10433的规定。

8 焊接用气体的使用应符合下列规定:

1) 焊接用氩气应符合现行国家标准《氩》GB/T 4842的规定,锆及锆合金焊接时的氩气纯度不应低于99.998%,其他材料焊接时的氩气纯度不应低于99.99%。当瓶装氩气的压力低于0.5 MPa时,应停止使用。焊接铝、铜、钛、镍、锆及其合金时,氩的露点不应高于－50 ℃。

2) 焊接用二氧化碳气体应符合现行行业标准《焊接用二氧化碳》HG/T 2537 的规定,二氧化碳气体纯度不应低于 99.9%,含水量不应大于 0.005%,使用前应预热和干燥。当瓶内气体压力低于 0.98 MPa 时,应停止使用。

3) 焊接用氧气纯度不应低于 99.5%;乙炔气应符合现行国家标准《溶解乙炔》GB/T 6819的规定,乙炔气的纯度不应低于 98%。气瓶中的剩余压力低于 0.05 MPa 时,应停止使用。

4) 焊接用氮气应符合现行国家标准《纯氮、高纯氮和超纯氮》GB/T 8979 的规定,氮气纯度应大于 99.99%,含氧量不应大于 50×10^{-6}。

5) 焊接用氦气应符合现行国家标准《纯氦》GB/T 4844.2 的规定,氦气纯度不应低于 99.99%。当瓶装氦气的压力低于 0.5 MPa 时,应停止使用。

9 钨极惰性气体保护电弧焊宜采用铈钨极。

4.0.4 焊接材料使用前应按设计文件和国家现行有关标准的规定进行检查和验收,并应符合下列规定:

1 应检查焊接材料的包装和包装标记。包装应完好,无破损、受潮现象。包装标记应完整、清晰。

2 应核对焊接材料质量证明文件所提供的数据是否齐全并符合要求。

3 应检查焊接材料的外观质量,焊丝使用前应按规定进行除油、除锈及清洗处理。焊接材料表面不应受潮(必要时按说明书的要求进行烘干)、污染、存在药皮破损以及储存过程中产生影响焊接质量的缺陷,焊丝表面应光滑、整洁。焊接材料的识别标志应清晰、牢固,并应与产品实物相符。

4 应根据有关标准或供货协议的要求进行相应的焊接材料试验或复验。

4.0.5 施工现场应建立焊接材料的保管、烘干、清洗、发放、使用和回收制度。焊接材料的储存场所和烘干、去污设施以及焊接材料的库存保管和使用过程中的管理,应符合现行行业标准《焊接材料质量管理规程》JB/T 3223 的规定。

5 焊接工艺评定

5.0.1 在掌握材料的焊接性能后,必须在工程焊接前进行焊接工艺评定。

5.0.2 焊接工艺评定应按现行行业标准《承压设备焊接工艺评定》NB/T 47014 的规定进行。

5.0.3 焊接工艺评定前,应根据金属材料的焊接性能,按照设计文件和制造安装工艺拟定焊接工艺预规程。

5.0.4 焊接工艺评定使用的材料应符合本规范第 4 章的规定。

5.0.5 焊接工艺评定试件的坡口加工、组对及清理等工艺措施应符合本规范有关章节的规定。

5.0.6 焊接工艺评定所用设备、仪表的性能应处于正常工作状态,且符合本规范第 3.0.7 条的规定。

5.0.7 焊接工艺评定应在本单位进行。焊接工艺评定试件应由本单位技能熟练的焊接人员施焊。检测试验工作可委托有相应资质的检测试验单位进行。

5.0.8 焊接工艺评定过程中应做好记录,评定完成后应提出焊接工艺评定报告,焊接工艺评定报告应由焊接技术负责人审核。

5.0.9 焊接工艺预规程、焊接工艺评定报告、检测试验报告、评定试样等应进行归档保存。

5.0.10 工程产品施焊前,应根据焊接工艺评定报告编制焊接工艺规程,用于指导焊工施焊和焊后热处理工作。一个焊接工艺规程可依据一个或多个焊接工艺评定报告编制,一个焊接工艺评定报告可用于编制多个焊接工艺规程。焊接工艺规程宜采用本规范附录A中表A规定的格式。

6 焊接技能评定

6.0.1 焊接技能评定应由企业焊接技能评定委员会组织和实施。不具备成立焊接技能评定委员会的企业,应委托已具备条件的企业焊接技能评定委员会组织考试。

6.0.2 企业焊接技能评定委员会应具备下列条件:

1 焊接技能评定委员会的组成人员中应有焊接工程师、射线检测人员和焊接技师。

2 企业应具有管理不少于50名焊工的能力。

3 应具有相应的焊接设备、场地、试件及试样加工设备、试验及检测手段。

4 应具有适用于不同焊接方法、不同材料种类的理论知识考试题库,有满足焊接技能评定要求的焊接工艺评定。

5 应具有健全的考场纪律、监考考评人员守则、保密制度、考试管理、档案管理、应急预案等各项规章制度。

6.0.3 企业焊接技能评定委员会应负责审查焊工的技能评定资格,编制焊工的技能评定计划,提供焊接工艺规程,监督技能评定,评定考试结果,签发合格证,建立焊工档案,审批焊工免试资格。

6.0.4 申请参加焊接技能评定的焊工应有初中及以上学历,身体状况能够适应所申请考核作业项目的需要,经安全教育和专业培训,能独立担任焊接工作,并经焊接技能评定委员会批准后参加考试。

6.0.5 焊接技能评定应包括基本知识考试和操作技能评定两部分,考试内容应与焊工所从事的焊接工作范围相适应。基本知识考试合格后,方可参加操作技能评定。

6.0.6 基本知识考试应包括下列内容:

1 焊接设备和工具的使用及维护。

2 金属材料、焊接材料的一般知识与使用规则。

3 焊接操作工艺,包括焊接方法及其特点、工艺参数、焊接线能量、熔渣流动性、保护气体的影响、操作方法、焊接顺序、预热、后热等知识。

4 焊接缺陷的种类、避免与消除、焊接变形的预防与处理的一般知识。

5 现场焊接的准备工作,工作范围内的焊接符号及其识别。

6 安全防护技术和安全操作知识。

6.0.7 持证的焊工增考同一焊接方法的项目时,可不再进行基本知识考试。当增考项目的材料类别、焊接方法改变时,应增考相应材料类别、焊接方法的基本知识。参加工艺评定试件焊接的焊工,焊接工艺评定合格后可免予参加相应项目的基本知识考试及操作技能评定。

6.0.8 焊接操作技能评定的焊接工艺应符合焊接工艺规程的要求。

6.0.9 焊接操作技能评定的范围、内容、方法和结果评定应符合国家质检总局特种设备安全技术规范《特种设备焊接操作人员考核细则》TSG Z6002的有关规定,并应符合下列要求:

1　锆及锆合金的焊接操作技能评定应按每个母材牌号分别进行，焊缝表面应为银白色，弯曲检验参数应与国家质检总局特种设备安全技术规范《特种设备焊接操作人员考核细则》TSG Z6002 中母材类别代号 TiⅡ相同。

2　一名焊工可以在同一个公称尺寸大于或等于 200 mm 管状试件上考核水平固定及垂直固定两个位置的焊接，并应符合图 6.0.9 的规定，两位置的接头部位应列入技能评定范围。当接头部位检验不合格时，应判定两个位置均不合格。

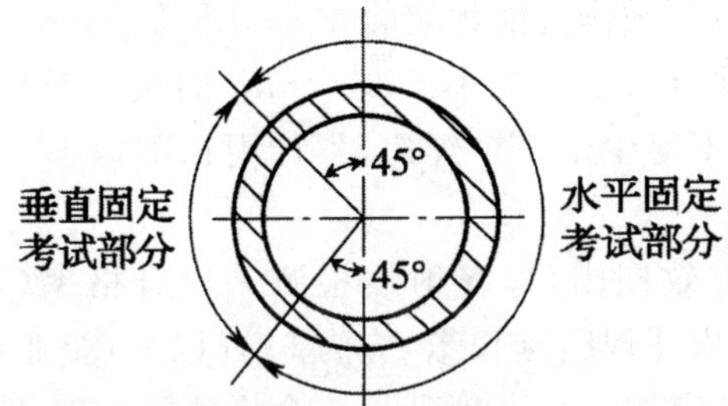

图 6.0.9　同一管状试件上考核垂直固定和水平固定两个位置

3　当有下列情况之一时，可不进行国家质检总局特种设备安全技术规范《特种设备焊接操作人员考核细则》TSG Z6002 规定的弯曲性能检验：

1）　采用焊条电弧焊、钨极惰性气体保护电弧焊、非短路过渡的熔化极气体保护电弧焊、埋弧焊方法或这些方法的组合，焊接除铝及铝合金、钛及钛合金、锆及锆合金以外的母材；

2）　采用钨极惰性气体保护电弧焊方法焊接铝及铝合金、钛及钛合金。

4　不进行国家质检总局特种设备安全技术规范《特种设备焊接操作人员考核细则》TSG Z6002 规定的弯曲性能检验时，技能评定试件母材的代用可按表 6.0.9 的规定执行，但其焊接材料应与原规定的技能评定试件母材相匹配。

表 6.0.9　考试试件母材的代用

原规定的试件母材	试件代用母材
低合金结构钢	碳素钢
Cr-Mo 系列耐热钢	碳素钢、低合金结构钢
奥氏体不锈钢	碳素钢、低合金钢
镍及镍基合金	奥氏体不锈钢

5　当对焊接操作技能评定提出其他力学性能、耐腐蚀性能以及金相组织等试验要求时，应对技能评定试件进行相应项目的试验，其合格指标应符合设计文件的规定。

6　国家质检总局特种设备安全技术规范《特种设备焊接操作人员考核细则》TSG Z6002 规定以外的焊接方法、母材、填充材料、特殊焊缝（耐磨层堆焊、端接焊缝和塞焊缝等）和特殊条件的焊接操作技能评定，其内容、方法和评定标准，由企业焊接技能评定委员会按照有关设计文件和焊接技术条件，参照国家现行有关标准制订，并应经建设单位（监理）审查认可。

6.0.10　基本知识考试或操作技能评定结果不合格的焊工，允许在 3 个月内补考一次。其中弯曲试验，若有一个试样不合格，则不允许复做，本次补考评为不合格。补考仍然不合格者，应经再次培训后方可重新考试。

6.0.11 焊工考试合格项目的有效期限为3年,并应符合下列规定:

1 企业应建立焊工焊接档案,内容应包括焊工焊绩、焊缝质量检验结果、焊接质量事故等,作为对焊工考核的证明资料。

2 连续6个月以上中断焊接作业的焊工,当能满足下列规定之一时,可重新担任原合格项目的焊接作业。

1) 重新进行该项目的操作技能评定合格;

2) 现场焊接相应项目长度不应小于300 mm的板状对接焊缝;或焊接相应项目的管状对接焊缝,且不得少于1个焊口,累计周长不得小于360 mm。经射线检测应全部合格。

3 焊工在合格项目的有效期内,焊缝射线检测一次合格率(累计底片张数)应为90%以上;或超声检测一次合格率(累计焊缝延长米)应为99%以上,企业质检部门应提供该焊工的焊绩证明资料,可由焊接技能评定委员会办理延长该合格项目有效期3年。

4 现场焊接质量低劣的焊工,由企业质检部门提出,经企业焊接技能评定委员会核准后,可注销其合格签证。该焊工应经培训后方可重新进行考试。

6.0.12 按其他相关标准进行焊接技能评定合格的焊工,应经建设单位(或监理)的焊接责任工程师认可后,方可从事本规范适用范围的焊接工作,认可项目应符合本章规定。

6.0.13 焊接技能评定记录、焊接技能评定结果登记表及合格证书宜采用本规范附录B规定的格式。焊接操作技能评定项目应采用代号表示,代号的表示方法应符合国家质检总局特种设备安全技术规范《特种设备焊接操作人员考核细则》TSG Z6002的规定。

7 碳素钢及合金钢的焊接

7.1 一般规定

7.1.1 本章适用于含碳量小于或等于0.30%的碳素钢及合金钢现场设备和管道的焊接施工。

7.1.2 本章适用于焊条电弧焊、钨极惰性气体保护电弧焊、熔化极气体保护电弧焊、自保护药芯焊丝电弧焊、埋弧焊、气电立焊、螺柱焊和气焊方法。

7.2 焊前准备

7.2.1 焊件的切割和坡口加工应符合下列规定:

1 碳钢及碳锰钢坡口加工可采用机械方法或火焰切割方法。

2 低温镍钢和合金钢坡口加工宜采用机械加工方法。

3 不锈钢坡口加工应采用机械加工或等离子切割方法。

4 采用等离子弧、氧乙炔焰等热加工方法加工坡口后,应除去坡口表面的氧化皮、熔渣及影响接头质量的表面层,并应将凹凸不平处打磨平整。

5 不锈钢复合钢的切割和坡口加工宜采用机械加工法。若用热加工方法时,宜采用等离子切割方法。热加工切割和加工坡口时的熔渣不得溅落在复层表面上。

7.2.2 焊件组对前及焊接前,应将坡口及内外侧表面不小于20 mm范围内的杂质、污物、毛刺和镀锌层等清理干净,并不得有裂纹、夹层等缺陷。

7.2.3 除设计规定需进行冷拉伸或冷压缩的管道外,焊件不得进行强行组对。

7.2.4 管子或管件对接焊缝组对时,内壁错边量不应超过母材厚度的10%,且不应大于2 mm。

7.2.5 设备、卷管对接焊缝组对时，错边量应符合表7.2.5及下列规定：

1 只能从单面焊接的纵向和环向焊缝，其内壁错边量不应大于壁厚的25%，且不应超过2 mm。

2 当采用气电立焊时，错边量不应大于母材厚度的10%，且不大于3 mm。

3 复合钢板组对时，应以复层表面为基准，错边量不应大于钢板复层厚度的50%，且不大于1 mm。

表7.2.5 设备、卷管对接焊缝组对时的错边量(mm)

焊件接头的母材厚度 T	错边量	
	纵向焊缝	环向焊缝
$T \leqslant 12$	$\leqslant T/4$	$\leqslant T/4$
$12 < T \leqslant 20$	$\leqslant 3$	$\leqslant T/4$
$20 < T \leqslant 40$	$\leqslant 3$	$\leqslant 5$
$40 < T \leqslant 50$	$\leqslant 3$	$\leqslant T/8$
$T > 50$	$\leqslant T/16$，且$\leqslant 10$	$\leqslant T/8$，且$\leqslant 20$

7.2.6 焊缝不得设置在应力集中区，应便于焊接和热处理，并应符合下列规定：

1 钢板卷管或设备的筒节与筒节、筒节与封头组对时，相邻两节间纵向焊缝间距应大于壁厚的3倍，且不应小于100 mm；同一筒节上两相邻纵缝间的距离不应小于200 mm。

2 管道同一直管段上两对接焊缝中心间的距离应符合下列规定：

1) 当公称尺寸大于或等于150 mm时，不应小于150 mm；

2) 当公称尺寸小于150 mm时，不应小于管子外径，且不应小于100 mm。

3 卷管的纵向焊缝应置于易检修的位置，且不宜在底部。

4 有加固环、板的卷管，加固环、板的对接焊缝应与管子纵向焊缝错开，其间距不应小于100 mm。加固环、板距卷管的环焊缝不应小于50 mm。

5 加热炉受热面管子的焊缝与管子起弯点、联箱外壁及支、吊架边缘的距离不应小于70 mm；同一直管段上两对接焊缝中心间的距离不应小于150 mm。

6 除采用定型弯头外，管道对接环焊缝中心与弯管起弯点的距离不应小于管子外径，且不应小于100 mm。管道对接环焊缝距支、吊架边缘之间的距离不应小于50 mm；需进行热处理的焊缝距支、吊架边缘之间的距离不应小于焊缝宽度的5倍，且不应小于100 mm。

7 不宜在焊缝及其边缘上开孔。当必须在焊缝上开孔或开孔补强时，应符合本规范第13.3.6条的规定。

7.2.7 坡口形式和尺寸宜符合本规范附录C表C.0.1-1、表C.0.1-2和现行国家标准《气焊、焊条电弧焊、气体保护焊和高能束焊的推荐坡口》GB/T 985.1、《埋弧焊的推荐坡口》GB/T 985.2、《复合钢的推荐坡口》GB/T 985.4的规定。

7.2.8 不等厚对接焊件组对时，薄件端面应位于厚件端面之内。当内壁错边量大于本规范第7.2.4条、第7.2.5条规定或外壁错边量大于3 mm时，应按图7.2.8进行加工修整。

7.2.9 当焊件组对的局部间隙过大时，应修整到规定尺寸，并不得在间隙内添加填塞物。

7.2.10 焊件组对时应垫置牢固，并应采取措施防止焊接和热处理过程中产生附加应力和变形。

7.2.11 背面带钢垫板的对接坡口焊缝，垫板与母材之间应贴紧。

7.2.12　纵向对接焊缝两端部宜设置引弧板和引出板，其材质宜与母材相同或为同一类别。

7.2.13　不锈钢焊件坡口两侧各 100 mm 范围内，在施焊前应采取防止焊接飞溅物沾污焊件表面的措施。

7.2.14　螺柱焊的电源应单独设置，工作区应远离磁场或采取措施防止磁场对焊接的影响；施焊构件宜水平放置。

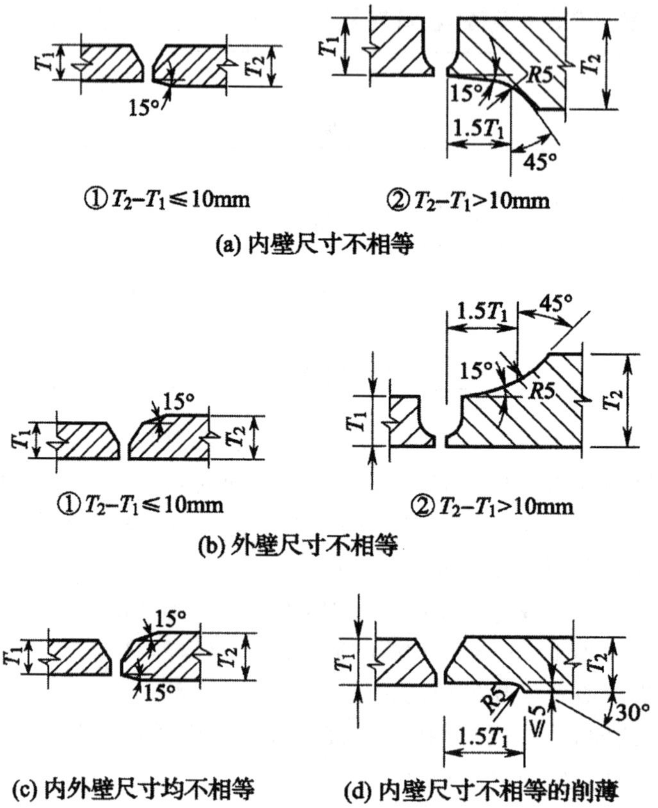

图 7.2.8　不等厚对接焊件坡口加工

T_1—不等厚焊件接头的薄件母材厚度；T_2—不等厚焊件接头的厚件母材厚度

注：用于管件时，如受长度条件限制，图(a)①、图(b)①和图(c)中的 15°角可改用 30°角。

7.3　焊接工艺要求

7.3.1　焊接材料的选用应按照母材的化学成分、力学性能、焊接性能、焊前预热、焊后热处理、使用条件及施工条件等因素综合确定，并应符合下列规定：

1　焊接材料的焊接工艺性能应良好。

2　焊缝的使用性能应符合国家现行有关标准和设计文件的规定。

3　同种钢焊接时，应符合下列规定：

1）　焊缝金属的力学性能应高于或等于相应母材标准规定的下限值。

2）　铬、钼耐热钢应选用与母材化学成分相当的焊接材料。焊缝金属的铬、钼含量不应低于相应母材标准规定的下限值。

3）　低温钢应选用与母材的使用温度相适应的焊接材料。含镍低温钢焊缝金属的含镍量应与母材相近或稍高。

4） 高合金钢宜选用与母材合金系统相同的焊接材料。耐热耐蚀高合金钢可选用镍基焊接材料。

5） 用生成奥氏体焊缝金属的焊接材料焊接非奥氏体母材时，应考虑母材与焊缝金属膨胀系数不同而产生的应力作用。

4 异种钢焊接时，应符合下列规定：

1） 当两侧母材均为非奥氏体钢或均为奥氏体钢时，可根据强度级别较低或合金含量较低一侧母材或介于两者之间选用焊接材料。

2） 当两侧母材之一为奥氏体钢时，应选用 25Cr-13Ni 型或含镍量更高的焊接材料。当设计温度高于 425 ℃时，宜选用镍基焊接材料。

5 复合钢焊接时，基层和复层应分别按照基层和复层母材选用相应的焊接材料，过渡层应选用 25Cr-13Ni 型或含镍量更高的焊接材料。

6 常用碳素钢及合金钢焊接材料和异种钢焊接材料可按本规范附录 D 表 D.0.1-1 和表 D.0.1-2选用。

7 埋弧焊时，选用的焊剂应与母材和焊丝相匹配。

7.3.2 定位焊缝应符合下列规定：

1 定位焊缝应由持相应合格项目的焊工施焊。

2 定位焊缝焊接时，应采用与工程正式焊接相同的焊接工艺。

3 定位焊缝的长度、厚度和间距的确定，应能保证焊缝在正式焊接过程中不开裂。

4 在根部焊道焊接前，应对定位焊缝进行检查，当发现缺陷时，应处理后方可施焊。

5 与母材焊接的工卡具其材质宜与母材相同或为同一类别号，其焊接材料宜采用与母材相同或为同一类别号。拆除工卡具时不应损伤母材。拆除后应确认无裂纹并将残留焊疤打磨修整至与母材表面齐平。

6 复合钢定位焊时，定位焊缝宜焊在基层母材坡口内，且采用与焊接基层金属相同的焊接材料。

7.3.3 不得在坡口之外的母材表面引弧和试验电流，并应防止电弧擦伤母材。

7.3.4 对含铬量大于或等于 3%或合金元素总含量大于 5%的焊件，采用钨极惰性气体保护电弧焊或熔化极气体保护电弧焊进行根部焊接时，焊缝背面应充氩气或其他保护气体，或应采取其他防止背面焊缝金属被氧化的措施。

7.3.5 焊接时应采取合理的施焊方法和施焊顺序。

7.3.6 焊接过程中应保证起弧和收弧处的质量，收弧时应将弧坑填满。多层多道焊接头应错开。

7.3.7 管子焊接时，管内应防止穿堂风。

7.3.8 除工艺或检验要求需分次焊接外，每条焊缝宜一次连续焊完。当因故中断焊接时，应根据工艺要求采取保温缓冷或后热等防止产生裂纹的措施。再次焊接前应检查焊道表面，确认无裂纹后，方可按原工艺要求继续施焊。

7.3.9 需预拉伸或预压缩的管道焊缝，组对时所使用的工卡具应在整个焊缝焊接及热处理完毕并经检验合格后方可卸载。

7.3.10 第一层焊缝和盖面层焊缝不宜采用锤击消除残余应力。

7.3.11 对进行双面焊的焊件，应清理焊根，并应显露出正面打底的焊缝金属。清根后的坡口形状，应宽窄一致。

7.3.12 低温钢、奥氏体不锈钢、双相不锈钢、耐热耐蚀高合金钢以及奥氏体与非奥氏体异种钢接头焊接时应符合下列规定：

1 应在焊接工艺文件规定的范围内，在保证焊透和熔合良好的条件下，采用小电流、短电弧、快焊速和多层多道焊工艺，并应控制道间温度。

2 对抗腐蚀性能要求高的双面焊焊缝，除双相不锈钢焊缝外，与腐蚀介质接触的焊层应最后施焊。

3 22Cr-5Ni-3Mo、25Cr-7Ni-4Mo 型双相不锈钢采用钨极惰性气体保护电弧焊时，宜采用 98%Ar+2%N_2 的混合保护气体。

7.3.13 奥氏体钢与非奥氏体钢的焊接，当焊件厚度较大时，可采用堆焊隔离层的方法，隔离层的厚度应不小于 4 mm。

7.3.14 复合钢焊接应符合下列规定：

1 复合钢的焊接宜按基层焊缝、过渡层焊缝、复层焊缝的焊接顺序进行。

2 不得采用碳钢和低合金钢焊接材料在复层母材、过渡层焊缝和复层焊缝上施焊。

3 焊接过渡层时，宜选用小的焊接线能量。

4 在焊接复层前，应将落在复层坡口表面上的飞溅物清理干净。

7.3.15 对奥氏体不锈钢、双相不锈钢焊缝及其附近表面应按设计规定进行酸洗、钝化处理。

7.3.16 螺柱焊的焊接应符合下列规定：

1 焊接工艺参数应根据焊接工艺评定确定，不得任意调节。

2 每个工作日(班)施工作业前，应在厚度和性能与构件相近的试件上先试焊 2 个焊钉，并应进行外观检验和弯曲试验，合格后再进行正式焊接。

3 螺柱焊施焊完毕，应将焊钉焊缝上的焊渣或剩余瓷环全部清除。

7.3.17 公称尺寸大于或等于 600 mm 的管道和设备，宜在内侧进行根部封底焊。

7.3.18 当有下列情况之一时，管道或设备的焊缝底层应采用钨极惰性气体保护电弧焊或能保证底部焊接质量的其他焊接方法或工艺：

1 公称尺寸小于 600 mm，且设计压力大于或等于 10 MPa、或设计温度低于−20 ℃的管道。

2 对内部清洁度要求较高及焊接后不易清理的管道或设备。

7.4 焊前预热及焊后热处理

7.4.1 焊前预热及焊后热处理应根据钢材的淬硬性、焊件厚度、结构刚性、焊接方法、焊接环境及使用条件等因素综合确定。焊前预热及焊后热处理要求应在焊接工艺文件中规定，并应经焊接工艺评定验证。

7.4.2 焊前预热应符合设计文件的规定。常用钢种的最低预热温度应符合表 7.4.2 的规定。

表 7.4.2 常用钢种的最低预热温度

母材类别 (公称成分)	焊件接头母材厚度 T(mm)	母材最小规定抗拉 强度(MPa)	最低预热温度 (℃)
碳钢(C)、 碳锰钢(C-Mn)	≥25	全部	80
	<25	>490	80

表 7.4.2(续)

母材类别 (公称成分)	焊件接头母材厚度 T(mm)	母材最小规定抗拉 强度(MPa)	最低预热温度 (℃)
合金钢(C-Mo、Mn-Mo、Cr-Mo) Cr≤0.5%	≥13	全部	80
	<13	>490	80
合金钢(Cr-Mo) 0.5%<Cr≤2%	全部	全部	150
合金钢(Cr-Mo) 2.25%≤Cr≤10%	全部	全部	175
马氏体不锈钢	全部	全部	150
低温镍钢(Ni≤4%)	全部	全部	95

7.4.3 当焊件温度低于 0 ℃时,所有钢材的焊缝应在始焊处 100 mm 范围内预热至 15 ℃以上。

7.4.4 焊前预热的加热范围应以焊缝中心为基准,每侧不应小于焊件厚度的 3 倍,且不应小于 100 mm。

7.4.5 要求焊前预热的焊件,其道间温度应在规定的预热温度范围内。碳钢和低合金钢的最高预热温度和道间温度不宜大于 250 ℃,奥氏体不锈钢的道间温度不宜大于 150 ℃。

7.4.6 焊后热处理应符合设计文件的规定。当无规定时,管道的焊后热处理应符合现行国家标准《工业金属管道工程施工规范》GB 50235 中的有关规定;设备的焊后热处理应符合现行行业标准《压力容器焊接规程》NB/T 47015 的有关规定。

7.4.7 对有抗应力腐蚀要求的焊缝,应进行焊后热处理。

7.4.8 非奥氏体异种钢焊接时,应按焊接性较差的一侧钢材选定焊前预热和焊后热处理温度,但焊后热处理温度不应超过另一侧钢材的下临界点。调质钢焊缝的焊后热处理温度应低于其回火温度。

7.4.9 焊后热处理的方式应符合下列规定:

1 现场设备的焊后整体热处理宜采用炉内整体加热、炉内分段加热、炉外整体和分段加热等方法;现场设备分段组焊的环缝、管道焊缝以及焊接返修后的热处理,宜采用局部加热方法。

2 炉内分段加热时,加热各段重叠部分长度不应少于 1500 mm。炉外部分的设备应采取防止产生有害温度梯度的保温措施。

3 采用局部加热热处理时,加热带应包括焊缝、热影响区及其相邻母材。焊缝每侧加热范围不应小于焊缝宽度的 3 倍,加热带以外 100 mm 的范围应进行保温。

7.4.10 炉外整体热处理和局部加热热处理的保温材料和保温层厚度应符合设计文件、相关标准和热处理工艺文件的规定。保温层应紧贴焊件表面,接缝应严密。多层保温时,各层接缝应错开。在热处理过程中,保温层不得松动、脱落。

7.4.11 焊前预热及焊后热处理过程中,焊件内外壁温度应均匀。管道后热及焊后热处理宜采用电加热法。

7.4.12 焊前预热及焊后热处理时,应测量和记录其温度,测温点的部位和数量应合理,测温仪表应经检定合格。

7.4.13 热处理温度在整个热处理过程中应连续自动记录,记录图表上应能区分每个测温点的数值。热处理过程中应防止热电偶与焊件接触松动。

7.4.14 对易产生焊接延迟裂纹的钢材,焊后应立即进行焊后热处理。当不能立即进行焊后热处理时,应在焊后立即均匀加热至 200 ℃～350 ℃,并进行保温缓冷。保温时间应根据后热温度和焊缝金属的厚度确定,不应小于 30 min。其加热范围不应小于焊前预热的范围。

7.4.15 焊后热处理的加热速度及冷却速度应符合下列规定:

1 当加热温度升至 400 ℃时,加热速度不应大于$(205\times25/t)$℃/h(t 为焊件焊后热处理的厚度,下同),且不得大于 205 ℃/h。

2 恒温期间最高与最低温差应小于 65 ℃。

3 恒温后的冷却速度不应超过$(260\times25/t)$℃/h,且不得大于 260 ℃/h,400 ℃以下可自然冷却。

7.4.16 奥氏体不锈钢复合钢不宜进行焊后热处理。对耐晶间腐蚀要求较高的设备,当基层需要热处理时,宜在热处理后再焊接复层焊缝。

8 铝及铝合金的焊接

8.1 一般规定

8.1.1 本章适用于工业纯铝及铝合金现场设备和管道的焊接施工。

8.1.2 本章适用于钨极惰性气体保护电弧焊和熔化极惰性气体保护电弧焊。

8.2 焊前准备

8.2.1 焊丝的选用应综合考虑母材的化学成分、力学性能和使用条件等因素,并应符合下列规定:

1 焊接工艺性能应良好。

2 焊缝金属的力学性能不应低于相应母材标准规定的下限值,焊缝的使用性能应符合国家现行有关标准和设计文件的规定。

3 纯铝焊接时,应选用纯度不低于母材的焊丝。

4 铝镁合金焊接时,应选用含镁量不低于母材的焊丝。

5 铝锰合金焊接时,应选用与母材成分相近的焊丝或铝硅合金焊丝。

6 异种铝合金焊接时,应按耐蚀较高、强度高的母材选择焊丝。

7 常用铝及铝合金焊丝可按本规范附录 D 表 D.0.2-1 和表 D.0.2-2 选用。

8 保护气体应选用氩气、氦气或氩和氦的混合气。

8.2.2 焊件坡口制备应符合下列规定:

1 坡口形式和尺寸宜符合本规范附录 C 表 C.0.2 或现行国家标准《铝及铝合金气体保护焊的推荐坡口》GB/T 985.3 的规定。

2 坡口加工应采用机械方法或等离子弧切割。切割后的坡口表面应进行清理,表面应平整光滑并应无毛刺和飞边。

8.2.3 焊前清理应符合下列规定:

1 焊件组对和施焊前应对焊件坡口、垫板及焊丝进行清理。两侧坡口的清理范围不应小于 50 mm。应先用丙酮等有机溶剂去除表面的油污,再用机械法或化学法清除表面氧化膜。

1) 机械法清理:坡口及两侧表面应采用刮削、锉削或铣削,也可采用不锈钢丝刷(轮)

清理,并应露出金属光泽。焊丝表面应用不锈钢丝刷或干净的油砂纸擦洗。钢丝刷应定期进行脱脂处理。

2) 化学法清理:应采用5%～10%的氢氧化钠溶液,在温度为70 ℃下浸泡30 s～60 s,然后水洗,再用15%左右的硝酸在常温下浸泡2 min,然后用温水洗净,并使其干燥。

2 清理好的焊件和焊丝应保持干燥和加以保护,并及时施焊,不得有水迹、碱迹或被沾污。

3 当焊件和焊丝清理后超过8 h未焊时,且无有效的保护措施,则焊接前应重新清理。

8.2.4 焊件组对应符合下列规定:

1 焊接定位焊缝时,应采用与正式焊接相同的焊丝和评定合格的焊接工艺,并应由合格焊工施焊。

2 设备定位焊缝的长度、间距和高度宜符合表8.2.4-1的规定,管道定位焊缝尺寸应符合表8.2.4-2的规定。

表8.2.4-1 设备定位焊缝尺寸(mm)

板厚	间距	焊缝高度	长度	
			纵缝	环缝
1～3	20～60	1～3	5～15	10～20
3～8	60～180	3～4	15～25	20～30
8～14	180～250	3～6	20～30	30～40
>14	250～350	4～6	30～50	40～70

表8.2.4-2 管道定位焊缝尺寸(mm)

公称尺寸	位置与数量	焊缝高度	长度
≤50	对称2点	根据焊件厚度确定	5～10
>50,≤150	均布2点～3点		5～10
>150,≤200	均布3点～4点		10～20

3 正式焊接前应对定位焊缝进行检查,当发现缺陷时,应及时处理。定位焊缝表面的氧化膜应清理干净,并应将其两端修整成缓坡形。

4 拆除定位板时不应损伤母材,拆除后残留的焊疤应打磨至与母材表面齐平。

5 焊件不得强行组对,组对后的接头应经检验合格方可施焊。

8.2.5 当焊缝背面需加设永久性垫板时,垫板材质应符合设计规定;当设计无规定时,垫板材质应与母材相同,垫板上应开有容纳焊缝根部的沟槽。当焊缝背面需加设临时垫板时,垫板应采用对焊缝质量无不良影响的材质。

8.2.6 管道对接焊缝组对时,内壁错边量应符合下列规定:

1 当母材厚度小于或等于5 mm时,内壁错边量不应大于0.5 mm。

2 当母材厚度大于5 mm时,内壁错边量不应大于母材厚度的10%,且不应大于2 mm。

8.2.7 设备对接焊缝的错边量应符合下列规定:

1 当母材厚度小于或等于12 mm时,纵缝、环缝错边量均不应大于1/5母材厚度。

2 当母材厚度大于 12 mm 时,纵缝错边量不应大于 2.5 mm,环缝错边量不应大于 1/5 母材厚度且不应大于 5 mm。

8.2.8 不等厚对接焊件组对时,薄件端面应位于厚件端面之内。当外壁错边量大于 3 mm 或内壁错边量大于本规范第 8.2.6 条、第 8.2.7 条规定时,应按本规范第 7.2.8 条的规定对焊件进行加工。

8.3 焊接工艺要求

8.3.1 钨极惰性气体保护电弧焊应采用交流电源,熔化极惰性气体保护电弧焊应采用直流电源,焊丝接正极。

8.3.2 焊接前应在试板上试焊,调整好工艺参数并确认无气孔后再进行正式焊接。

8.3.3 当采用钨极惰性气体保护电弧焊方法焊接厚度大于 10 mm 的焊件,以及采用熔化极惰性气体保护电弧焊方法焊接厚度大于 15 mm 的焊件时,焊前宜对焊件进行预热,预热温度宜为 100 ℃~150 ℃。

8.3.4 当焊件温度低于 5 ℃时,应在施焊处 100 mm 范围内预热至 15 ℃以上。

8.3.5 焊接过程中应清除焊层焊道间的氧化物夹杂等缺陷。双面焊应清理焊根,显露出正面打底的焊缝金属。

8.3.6 宜采用大电流快速施焊法,焊丝的横向摆动不宜超过其直径的 3 倍。弧坑应填满,接弧处应熔合焊透。

8.3.7 引弧板和熄弧板的材质应与母材相同。

8.3.8 钨极惰性气体保护电弧焊的焊丝端部不应离开氩气保护区,焊丝与焊缝表面的夹角宜为 15°,焊枪与焊缝表面的夹角宜为 80°~90°。

8.3.9 多层焊时宜减少焊接层数,道间温度不应高于 150 ℃。

8.3.10 对于公称尺寸大于或等于 600 mm 的管道和设备,宜采用两人双面同步氩弧焊工艺。

8.3.11 当钨极惰性气体保护电弧焊的钨极前端出现污染或形状不规则时,应进行修正或更换钨极。当焊缝出现触钨现象时,应将钨极、焊丝、熔池处理干净后再继续施焊。

8.3.12 当熔化极惰性气体保护电弧焊发生导电嘴、喷嘴熔入焊缝时,应将该部位焊缝全部铲除,更换导电嘴和喷嘴后方可继续施焊。

8.3.13 焊件应采用下列防止变形措施:

1 焊接顺序应对称进行,当从中心向外进行焊接时,具有大收缩量的焊缝宜先施焊,整条焊道应连续焊完。

2 不等厚对接焊件焊接时,应采取加强拘束措施,防止对应于焊缝中心线的应力不均匀。

3 焊件宜进行刚性固定或采取反变形方法,并应留有收缩余量。

9 铜及铜合金的焊接

9.1 一般规定

9.1.1 本章适用于纯铜及黄铜设备和管道的焊接施工。

9.1.2 本章适用于纯铜和黄铜的钨极惰性气体保护电弧焊,以及黄铜的氧乙炔焊方法。

9.2 焊前准备

9.2.1 焊接材料的选用应符合下列规定:

1 焊缝金属的力学性能不应低于相应母材退火状态标准规定的下限值,焊接工艺性能应良好,焊缝的使用性能应符合国家现行有关标准和设计文件的规定。

2 纯铜焊接应选用含有脱氧元素、抗裂性好的焊丝。

3 黄铜焊接应选用含锌量少、抗裂性好的焊丝。

4 铜及铜合金焊丝及焊剂可按本规范附录D表D.0.3选用。

5 钨极惰性气体保护电弧焊所采用的保护气体应选用氩气、氦气或氩和氦的混合气。

9.2.2 焊件坡口制备应符合下列规定:

1 坡口形式和尺寸可根据不同焊接方法和焊接工艺参数确定,应采用坡口角度大、根部间隙宽的形式。

2 焊件的坡口形式和尺寸宜符合本规范附录C表C.0.3-1和表C.0.3-2的规定。

3 纯铜及黄铜的切割和坡口加工应采用机械或等离子弧切割方法。

9.2.3 焊件组对和施焊前,坡口及两侧不小于20 mm范围内的表面及焊丝,应采用丙酮等有机溶剂除去油污,并应采用机械方法或化学方法清除氧化膜等污物,使之露出金属光泽;当采用化学方法时,可用30%硝酸溶液浸蚀2 min~3 min,用水洗净并干燥。

9.2.4 管道对接焊缝组对时,内壁错边量不应超过母材厚度的10%,且不大于1 mm。不宜在焊缝及其边缘开孔,如必须开孔时,应符合本规范第13.3.6条的规定。

9.2.5 设备对接焊缝错边量应符合本规范第8.2.7条规定。

9.2.6 不等厚对接焊件的组对,当内壁错边量超过本规范第9.2.4条和第9.2.5条规定或外壁错边量大于3 mm时,应按本规范第7.2.8条的规定对焊件进行加工。

9.2.7 设备、容器相邻筒体或封头与筒体组对时,纵缝之间的距离不应小于100 mm。

9.3 焊接工艺要求

9.3.1 焊接定位焊缝时,应采用与正式焊接要求相同的焊接材料及焊接工艺,并应由合格焊工施焊。当发现定位焊缝有裂纹、气孔等缺陷时应清除重焊。

9.3.2 采用单面焊接接头时,应采取在背面加垫板等措施。

9.3.3 铜管焊接位置宜采用转动焊,铜板焊接位置宜采用平焊。

9.3.4 每条焊缝宜一次连续焊完。

9.3.5 纯铜及黄铜的钨极惰性气体保护电弧焊应符合下列规定:

1 焊接时应采用直流电源,母材接正极。

2 焊接前应检查坡口的质量,不应有裂纹、分层、夹渣等缺陷。当发现缺陷时,应修磨或重新加工。

3 当焊件壁厚大于或等于4 mm时,焊前应对坡口两侧150 mm范围内进行均匀预热,纯铜预热温度应为300 ℃~500 ℃,黄铜预热温度应为100 ℃~300 ℃。焊缝道间温度不应低于预热温度。

4 焊接过程中发生触钨时,应将钨极、焊丝和熔池处理干净方可继续施焊。

5 进行预热或多层多道焊时,应及时去除焊件表面及焊道间的氧化层。

9.3.6 黄铜氧乙炔焊应符合下列规定:

1 宜采用微氧化焰和左焊法施焊。

2 施焊前应对坡口两侧150 mm范围内进行均匀预热。当板厚为5 mm~15 mm时,预热温度应为400 ℃~500 ℃;当板厚大于15 mm时,预热温度应为500 ℃~550 ℃。

3 焊前应将焊剂用无水酒精调成糊状涂敷在坡口或焊丝表面;也可在施焊前将焊丝加热

后蘸上焊剂。

4 宜采用单层单道焊。当采用多层多道焊时，底层焊道应采用细焊丝，其他各层宜采用较粗焊丝。各层焊道表面熔渣应清除干净，接头应错开。

5 异种黄铜焊接时，火焰应偏向熔点较高的母材侧。

9.3.7 应采取防止焊接变形、降低焊接残余应力的措施。焊后可对焊缝和热影响区进行热态或冷态锤击。

9.3.8 黄铜焊后热处理应符合下列规定：

1 黄铜焊后应进行热处理，热处理前应对焊件采取防变形的措施。热处理加热范围以焊缝中心为基准，每侧不应小于焊缝宽度的3倍。

2 热处理温度应符合设计文件的规定。当设计无规定时，可按下列热处理温度进行：

1） 消除焊接应力热处理温度应为400 ℃～450 ℃；

2） 退火热处理温度应为500 ℃～600 ℃。

3 对热处理后进行返修的焊缝，返修后应重新进行热处理。

10 钛及钛合金的焊接

10.1 一般规定

10.1.1 本章适用于钛及钛合金(低合金钛，下同)设备和管道的焊接施工。

10.1.2 本章适用于钨极惰性气体保护电弧焊方法。

10.2 焊前准备

10.2.1 焊接材料的选用应符合下列规定：

1 焊缝金属的力学性能不应低于相应母材退火状态标准规定的下限值，焊接工艺性能应良好，焊缝的使用性能应符合国家现行有关标准和设计文件的规定。

2 焊丝的化学成分应与母材相当。

3 当对焊缝有较高塑性要求时，应采用纯度比母材高的焊丝。

4 不同牌号的钛材焊接时，应按耐蚀性能较好或强度级别较低的母材选择焊丝。

5 不得从所焊母材上裁条充当焊丝。

6 保护气体应选用氩气、氦气或氩和氦的混合气。

10.2.2 钨极直流氩弧焊时，钨极直径应按所使用的焊接电流大小进行选择，其端部应修磨成圆锥形(图10.2.2)。在焊接过程中，钨极的端部应始终保持圆锥状。

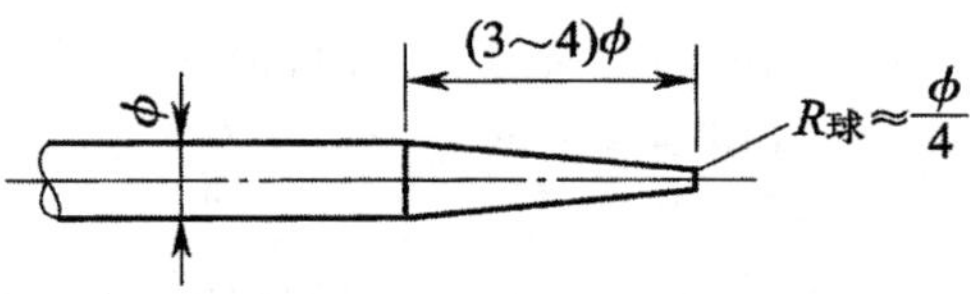

图 10.2.2 钨极端部形状和尺寸

10.2.3 坡口形式和尺寸宜符合本规范附录C表C.0.4规定。

10.2.4 坡口加工应采用机械加工的方法。加工后的坡口表面应平整、光滑，不得有裂纹、分层、夹杂、毛刺、飞边和氧化色。坡口表面应呈银白色金属光泽。

10.2.5 焊件组对和施焊前，坡口及焊丝的清洗应符合下列规定：

1 可根据表面污染程度选用脱脂、机械清理或化学清洗法。

2　当进行机械清理时，应清除坡口及其两侧 20 mm 范围内的内外表面及焊丝表面的油污，并应用奥氏体不锈钢细锉、丝刷、硬质合金铰刀等机械方法清除氧化膜、毛刺或表面缺陷。清理工具应专用，并应保持清洁。

经机械清理后的表面，焊接前应使用不含硫的丙酮或乙醇进行脱脂处理，不得使用三氯乙烯、四氯化碳等氯化物溶剂。不得将棉质纤维附于坡口表面。

3　当采用酸洗溶液清除焊接坡口表面的氧化膜时，酸洗后，应用清水冲洗并用丝布擦干；酸洗后的焊接坡口表面应呈现银白色。

4　焊丝应保持清洁、干燥，施焊前应切除端部已被氧化的部分。当焊丝表面出现氧化现象时，应进行化学清洗。

5　清理干净的焊丝和焊件应保持干燥并加以保护，焊前不得沾污，不得用手触摸焊接部位，否则应重新进行清理。

6　坡口及焊丝清理后应及时焊接。当清理后 4 h 仍未焊接时，焊前应重新进行清理。

10.2.6　管道对接焊缝组对时，内壁错边量不应超过母材厚度的 10%，且不应大于 1 mm。

10.2.7　设备对接焊缝的错边量应符合本规范第 8.2.7 条规定。

10.2.8　不等厚对接焊件组对时，薄件端面应位于厚件端面之内。当内壁错边量大于本规范第 10.2.6 条、第 10.2.7 条的规定或外壁错边量大于 3 mm 时，应按本规范第 7.2.8 条的规定进行加工。

10.2.9　当采用钢质工装器具组对时，应采取防止铁离子对钛材污染的措施。

10.2.10　定位焊缝应采用评定合格的焊接工艺，应由合格焊工施焊，焊缝长度宜为 10 mm～15 mm，高度不应超过壁厚的 2/3，定位焊间距应根据焊件尺寸和壁厚确定。定位焊缝不得有裂纹、气孔、夹渣及氧化变色等缺陷，当发现缺陷时应及时消除。

10.3　焊接工艺要求

10.3.1　钛及钛合金钨极惰性气体保护电弧焊应采用直流电源、正接法。

10.3.2　管道焊接位置宜采用水平转动平焊。

10.3.3　钛及钛合金的焊接不宜进行焊前预热。多层焊缝道间温度应低于 100 ℃。必要时可采用铜垫板冷却。

10.3.4　在保证熔透及成形良好的条件下，应选用小线能量焊接。

10.3.5　焊接熔池及焊接接头的内外表面焊接区域，应采取下列保护措施：

1　应采用焊炬喷嘴保护熔池，喷出的氩气应保持稳定的层流状态。

2　应采用焊炬拖罩或全罩保护热态焊缝及其热影响区，焊炬拖罩的形式应根据焊件形状和尺寸确定。公称尺寸小于或等于 50 mm 的管道，宜采用全罩保护。

3　应采用保护气体或铜垫板保护焊缝及近缝区的背面。当采用气体保护时，保护区域应提前充气，排净空气，并应保持微弱的正压和呈流动状态。

10.3.6　焊接时应采用高频引弧，焊炬应提前送气；熄弧时应采用电流衰减装置和气体延时保护装置。弧坑应填满，并应防止大气污染。

10.3.7　焊接过程中，焊丝的加热端应处于保护气体的保护之中，熄弧后焊丝不应立即暴露在大气中，应在焊缝脱离保护时同时取出；当焊丝被污染或氧化变色时，其污染或氧化变色的部分应予切除。

10.3.8　一条焊缝应一次焊完，当中途停焊后重新焊接时，应重叠 10 mm～20 mm。弧坑应填满，接弧处应熔合焊透。

10.3.9 焊接过程中电弧应保持稳定。当多层焊过程中产生的夹钨或超标氧化、裂纹等缺陷时,应按本规范第10.2.5条的要求清理干净后,再继续施焊。

10.3.10 焊接时不得采用对已污染的焊缝重新熔化焊接来改善焊缝外观的方法消除氧化色。

10.3.11 钛及钛合金不宜进行焊后热处理。当设计文件有热处理要求时,应在焊缝检验合格后进行。

10.3.12 焊接时应采用合理的焊接顺序、施焊方法或刚性固定,并应减少焊接变形和应力。

11 镍及镍合金的焊接

11.1 一般规定

11.1.1 本章适用于镍及镍合金现场设备和管道的焊接施工。

11.1.2 本章适用于焊条电弧焊、钨极惰性气体保护电弧焊、熔化极惰性气体保护电弧焊和埋弧焊方法。

11.2 焊前准备

11.2.1 镍及镍合金焊接材料的选用应符合下列规定:

1 焊缝金属的力学性能不应低于相应母材退火状态或固溶状态标准规定的下限值,焊接工艺性能应良好,焊缝的使用性能应符合国家现行有关标准和设计文件的规定。

2 同种镍材的焊接,应选用和母材合金系列相同的焊接材料。

3 异种镍材及镍材与奥氏体钢之间的焊接,应按耐蚀性能较好的母材以及线膨胀系数与母材相近的原则选用焊接材料。

4 镍及镍合金焊接材料宜按本规范附录D表D.0.4-1和表D.0.4-2选用。

5 惰性气体保护电弧焊时,保护气体应选用氩气、氦气或氩和氦的混合气。

11.2.2 坡口加工应符合下列规定:

1 坡口应选用大角度和小钝边的形式,坡口形式和尺寸宜符合本规范附录C表C.0.5的规定。

2 焊件切割及坡口加工宜采用机械方法,当采用等离子切割时,应清理其加工表面。

11.2.3 焊件组对和施焊前,应对坡口两侧各20 mm范围内进行清理。油污可用蒸汽脱脂;对不溶于脱脂剂的油漆和其他杂物,可用氯甲烷、碱等清洗剂清洗;标记墨水可用甲醇清除;被压入焊件表面的杂物可用磨削、喷丸或10%盐酸溶液清洗。清理完后,应用水冲净,干燥后方能焊接。

11.2.4 管道对接焊缝组对时,内壁错边量不应大于0.5 mm。

11.2.5 设备对接焊缝的错边量应符合本规范第8.2.7条规定。

11.2.6 不等厚对接焊件组对时,薄件端面应位于厚件端面之内。当内壁错边量大于本规范第11.2.4条和第11.2.5条的规定或外壁错边量大于3 mm时,应按本规范第7.2.8条的规定进行加工。

11.2.7 定位焊缝应符合下列规定:

1 定位焊应采用经评定合格的焊接工艺,并应由合格焊工施焊。

2 采用钨极惰性气体保护电弧焊进行定位焊时,焊缝背面应进行充氩气或其他气体保护。

3 管道对接定位焊缝的长度宜为10 mm~15 mm,厚度不应超过壁厚的2/3;设备定位焊缝尺寸应符合表11.2.7的规定。

表 11.2.7 设备定位焊缝尺寸(mm)

焊件厚度 T	焊缝厚度	焊缝长度	间距
≤20	≤0.70T,且不小于 6	>20	≤500
>20	≥8	>30	

4 定位焊缝应焊透及熔合良好,并应无气孔、夹渣等缺陷。

5 定位焊缝应平滑过渡到母材,并应将焊缝两端磨削成斜坡。

6 定位焊缝应均匀分布。正式焊接时,起焊点应在两定位焊缝之间。

11.3 焊接工艺要求

11.3.1 镍及镍合金管的底层焊道焊接时,宜采用钨极惰性气体保护电弧焊方法。当含铬或含钼的镍合金焊接接头要求有良好的耐晶间腐蚀性能时,应采用钨极惰性气体保护电弧焊、熔化极惰性气体保护电弧焊或焊条电弧焊方法。

11.3.2 焊接应采用小线能量、窄焊道和保持电弧电压的稳定,并应采用短弧不摆动或小摆动的操作方法。

11.3.3 焊缝多层焊时,宜采用多道焊。底层焊道完成后,应采用放大镜检查焊道表面。每一焊道完成后均应彻底清除焊道表面的熔渣,并应消除各种表面缺陷。各层焊道的接头应错开。

11.3.4 当焊件温度低于 15 ℃时,应对焊缝两侧各 300 mm 范围内加热至 15 ℃~20 ℃,并应热透。对拘束度大的厚壁焊件,宜采取预热措施。道间温度应小于 100 ℃。

11.3.5 当采用钨极惰性气体保护电弧焊方法焊接底层焊道时,焊缝背面应采取充氩气或其他气体保护措施。焊接过程中,焊丝的加热端应置于保护气体中。

11.3.6 焊件表面不得有电弧擦伤,并不得在焊件表面引弧和熄弧。当焊接熄弧时应填满弧坑,并应磨去弧坑缺陷。

11.3.7 当焊接小直径管子时,宜采取在焊缝两侧加装冷却铜块或用湿布擦拭焊缝两侧等冷却措施。

11.3.8 双面焊时,背面清根应采用机械方法。

11.3.9 焊接完毕后,应及时将焊缝表面的熔渣及表面飞溅物清理干净。

11.3.10 镍及镍合金不宜进行焊后热处理。当设计文件要求进行焊后热处理时,应在焊缝检验合格后进行。

12 锆及锆合金的焊接

12.1 一般规定

12.1.1 本章适用于锆及锆合金管道的焊接施工。

12.1.2 本章适用于钨极惰性气体保护电弧焊方法。

12.2 焊前准备

12.2.1 焊接材料的选用应符合下列要求:

1 焊缝金属的力学性能不应小于相应母材退火状态标准规定的下限值,焊接工艺性能应良好,焊缝的使用性能应符合国家现行有关标准和设计文件的规定。

2 选用的焊丝其化学成分应与母材相同。常用锆及锆合金的焊丝可按本规范附录 D 表 D.0.5 选用。

3 保护气体应选用氩气、氦气或氩和氦的混合气。

12.2.2 焊件坡口制备应符合下列规定：

1 管子和管件的坡口形式和尺寸宜符合本规范附录C表C.0.6的规定。

2 焊件切割及坡口加工应采用机械方法，加工速度应适当，应防止过热氧化。当采用等离子切割管子时，应采取防止管子内外表面被污染的措施，并应采用机械方法去除污染层。

3 对坡口及其边缘20 mm范围内的金属表面应进行机械清理，并应使其露出金属光泽。

4 坡口表面及两侧20 mm范围内外表面及焊丝表面应采用无水酒精或丙酮等溶剂清除油脂、水分、灰尘等杂物，不得采用含氯的溶剂清洗焊件。

5 清理好的焊件应立即施焊。当清理超过4 h未焊时，且无有效的保护措施，则焊接前应重新清理。

12.2.3 管道对接焊缝组对时，内壁错边量不应大于母材厚度的10%，且不应大于1 mm。

12.2.4 不等厚对接焊件组对时，薄件端面应位于厚件端面之内。当内壁错边量大于本规范第12.2.3条规定或外壁错边量大于3 mm时，应按本规范第7.2.8条的规定进行加工。

12.2.5 定位焊缝应符合下列规定：

1 定位焊缝的焊接工艺应与正式焊接相同，并应由合格焊工施焊。

2 定位焊缝应均匀分布，焊缝高度不得超过管壁厚的2/3。

3 定位焊缝不得有裂纹、气孔或不允许存在的氧化变色等缺陷。

12.3 焊接工艺要求

12.3.1 锆及锆合金焊接应采用直流电源、正接法。焊接位置宜采用转动平焊。

12.3.2 锆及锆合金焊接宜选用偏大的焊接电流和较快的焊接速度，焊接过程中应采取冷却措施，道间温度应低于100 ℃。

12.3.3 锆及锆合金内外表面的焊接区域均应采取有效的气体保护措施，且应符合下列规定：

1 应采用大直径的焊炬喷嘴保护熔池，焊炬喷嘴直径宜为12 mm～20 mm，喷出的氩气应保持稳定的层流状态。

2 应采用焊炬拖罩或全罩保护热态焊缝和热影响区的外表面，焊炬拖罩的形状和尺寸应根据焊件尺寸和接头型式确定，应采用导热性能较好的材料制作。

3 应采用管内充氩气或其他保护气体保护焊缝及热影响区的内表面，并保持微弱的正压和呈流动状态。

4 应用独立的气路提供各区域的保护气体，输送时应保持均匀，且互不干扰。气路中不允许残留水分和任何泄漏，气路应采用塑料软管，不允许采用橡胶管或其他吸潮材料。

5 喷嘴及正、反面气体保护装置均应提前送气，应排除气路及保护装置内的空气和吸附的潮气。焊接熄弧后应继续送气，直到焊缝和热影响区冷却至300 ℃为止。

12.3.4 焊接过程中，焊丝应始终处于保护气体的保护区内，当接触到空气时，应立即停止焊接，并应切除焊丝端部25 mm，再继续施焊。

12.3.5 当焊接过程中发生钨极碰触焊丝或熔池时，应停止焊接，去除被污染的焊缝，并应进行修磨或更换电极。

12.3.6 当焊道表面出现变色时，应立即停止焊接，查明原因并应采取措施，经检验合格后再进行焊接。

13 焊接检验及焊接工程交接

13.1 焊接前检查

13.1.1 工程使用的母材及焊接材料,使用前应按本规范第4章的规定进行检查和验收。

13.1.2 焊接前应对焊接、热处理和工装设备进行检查、校准,并应符合本规范第3.0.7条的规定。

13.1.3 焊接前应检查焊接工艺文件,并应符合本规范第5章的有关规定。

13.1.4 焊接前应检查焊工资格,并应符合本规范第6章的有关规定。

13.1.5 焊接前应对焊接环境进行监控,并应符合本规范第3.0.5和第3.0.8条的有关规定。

13.1.6 组对前应对焊件的主要结构尺寸与形状、坡口形式和尺寸、坡口表面进行检查,其质量应符合设计文件、焊接工艺文件及本规范的有关规定。当设计文件、相关规定对坡口表面要求进行无损检测时,检测及对缺陷的处理应在施焊前完成。

13.1.7 组对后应检查组对构件焊缝的形状、位置、错边量、角变形、组对间隙、搭接接头的搭接量和贴合、带垫板对接接头的贴合等,其质量应符合设计文件、焊接工艺文件及本规范的有关规定。

13.1.8 焊接前应检查坡口及坡口两侧的清理质量。清理宽度及清理后的表面质量应符合本规范及焊接工艺文件的规定。

13.1.9 焊接前应检查焊接材料的干燥及清洗质量,其质量应符合本规范第4章及焊接工艺文件的规定。

13.1.10 对有焊前预热规定的焊件,焊接前应检查预热温度并记录,预热温度及预热区域宽度应符合设计文件、焊接工艺文件及本规范的有关规定。

13.1.11 当本规范第13.1节规定的检查结果不符合要求时,不得施焊。

13.2 焊接中间检查

13.2.1 定位焊缝焊完后,应清除渣皮进行检查,其质量应符合本规范及焊接工艺文件的规定。对发现的缺陷清除后,再进行焊接。

13.2.2 对有冲击韧性要求的焊缝,施焊时应测量焊接线能量并记录,焊接线能量应符合设计文件和焊接工艺文件的规定。

13.2.3 多层焊每层焊完后,应立即对层间进行清理,并应进行外观检查,清除缺陷后,再进行下一层的焊接。

13.2.4 对规定进行层间无损检测的焊缝,无损检测应在外观检查合格后进行。表面无损检测应在射线检测及超声检测前进行。经检验的焊缝在评定合格后,再继续进行焊接。

13.2.5 对道间温度有明确规定的焊缝,应检查记录道间温度,道间温度应符合焊接工艺文件的规定。

13.2.6 对中断焊接的焊缝,继续焊接前应进行清理、检查,对发现的缺陷应进行清除,并应符合规定的预热温度后方可施焊。

13.2.7 焊接双面焊件时应清理并检查焊缝根部的背面,清除缺陷后方可施焊背面焊缝。规定清根的焊缝,应在清根后进行外观检查及规定的无损检测,清除缺陷后方可施焊。

13.2.8 对规定进行后热的焊缝,应检查后热温度和后热时间。后热温度、后热时间和加热区域范围应符合本规范有关规定和焊接工艺文件的规定。

13.2.9 设计文件或相关标准规定制作产品焊接检查试件时,产品焊接检查试件的准备、焊接、试样制备和检查方法应符合设计文件和国家现行有关标准的规定。

13.3 焊接后检查

13.3.1 除设计文件和焊接工艺文件有特殊要求的焊缝外,焊缝应在焊完后立即去除渣皮、飞溅物,清理干净焊缝表面,并应进行焊缝外观检查。

13.3.2 除设计文件和焊接工艺文件另有规定外,焊缝无损检测应在该焊缝焊接完成并经外观检查合格后进行。对有延迟裂纹倾向的材料,无损检测应在焊接完成 24 h 后进行。对有再热裂纹倾向的接头,无损检测应在热处理后进行。

13.3.3 应按设计文件和国家现行有关标准的规定对焊缝进行表面无损检测。磁粉检测和渗透检测应按现行行业标准《承压设备无损检测》JB/T 4730 的规定进行。

13.3.4 焊缝的内部质量应按设计文件和国家现行有关标准的规定进行射线检测或超声检测,并应符合下列规定:

1 焊缝的射线检测和超声检测应符合现行行业标准《承压设备无损检测》JB/T 4730 的规定。

2 射线检测和超声检测的技术等级应符合工程设计文件和国家现行有关标准的规定。射线检测不得低于 AB 级,超声检测不得低于 B 级。

3 当现场进行射线检测时,应按有关规定划定控制区和监督区,设置警告标志。操作人员应按规定进行安全操作防护。

4 射线检测或超声检测应在被检验的焊缝覆盖前或影响检验作业的工序前进行。

13.3.5 对焊缝无损检测时发现的不允许缺陷,应消除后进行补焊,并应对补焊处采用原规定的方法进行检验,直至合格。对规定进行抽样或局部无损检验的焊缝,当发现不允许缺陷时,应采用原规定的方法进行扩大检验。

13.3.6 当必须在焊缝上开孔或开孔补强时,应对开孔直径 1.5 倍或开孔补强板直径范围内的焊缝进行射线或超声检测,确认焊缝合格后,方可进行开孔。被补强板覆盖的焊缝应磨平,管孔边缘不应存在焊接缺陷。

13.3.7 设计文件没有规定进行射线照相检测或超声检测的焊缝,焊接检查人员应对全部焊缝的可见部分进行外观检查,当焊接检查人员对焊缝不可见部分的外观质量有怀疑时,应做进一步检验。

13.3.8 焊缝焊后热处理检查应符合下列规定:

1 对炉内进行整体热处理的焊缝以及炉内分段局部热处理的焊缝,应检查并记录进出炉温度、升温速度、降温速度、恒温温度和恒温时间、有效加热区内最大温差、任意两测温点间的温差等参数。热处理相关参数应符合设计文件、热处理工艺文件和本规范的规定。

2 对炉外进行整体热处理的焊缝,应检查并记录升温速度、降温速度、恒温温度和恒温时间、任意两测温点间的温差等参数、测温点数量和位置。热处理相关参数应符合设计文件、热处理工艺文件和本规范的规定。

3 对进行局部加热热处理的焊缝,应检查和记录升温速度、降温速度、恒温温度和恒温时间、任意两测温点间的温差等参数和加热区域宽度。热处理参数及加热区域宽度应符合设计文件、热处理工艺文件和本规范的有关规定。

4 焊缝热处理效果应根据设计文件或国家现行有关标准规定的检查方法进行检查。炉内整体热处理的焊缝、炉内分段局部热处理的焊缝、炉外整体热处理的焊缝,应通过在相同环境条件下加热的产品焊接检查试件进行检查。局部加热热处理的焊缝应进行硬度检验。

5 当热处理效果检查不合格或热处理记录曲线存在异常时,宜通过其他检测方法进行复查与评估。

13.3.9 当焊缝及附近表面进行酸洗、钝化处理时,其质量应符合设计文件和国家现行有关标准的规定。

13.3.10 当对焊缝进行化学成分分析、焊缝铁素体含量测定、焊接接头金相检验、产品试件力学性能等检验时,其检验结果应符合设计文件和国家现行有关标准的规定。

13.3.11 焊缝的强度试验及严密度试验应在射线检测或超声检测以及焊缝热处理后进行。焊缝的强度试验及严密度试验方法及要求应符合设计文件和国家现行有关标准的规定。

13.3.12 焊缝焊完后应在焊缝附近做焊工标记及其他规定的标记。标记方法不得对材料表面构成损害或污染。低温用钢、不锈钢及有色金属不得使用硬印标记。当不锈钢和有色金属材料采用色码标记时,印色不应含有对材料产生损害的物质。

13.4 焊接工程交接

13.4.1 施工单位按合同规定的范围完成全部焊接工程项目后,应及时与建设单位或总承包单位办理交接手续。

13.4.2 焊接工程交接前,建设单位或总承包单位应对其进行检查和验收,并应确认下列内容:

1 施工范围和内容符合合同规定。

2 工程质量符合设计文件及本规范的规定。

13.4.3 焊接工程交接时,施工单位应向建设单位或总承包单位提交下列文件:

1 母材和焊接材料的质量证明文件或复验、试验报告。

2 焊接施工检查记录和试验报告应包括下列内容,且应符合国家现行有关标准的规定:

1) 焊工资格认可记录;

2) 焊接检查记录;

3) 焊缝返修检查记录;

4) 焊缝热处理报告(含热处理记录曲线);

5) 无损检测报告(射线检测、超声波检测、磁粉检测、渗透检测等);

6) 硬度检验、光谱分析或其他试验报告。

3 设备排版图或管道轴测图、设计变更和材料代用单。

13.4.4 要求无损检测和焊后热处理的焊缝,应在设备排版图或管道轴测图上标明焊缝位置、焊缝编号、焊工代号、无损检测方法、无损检测焊缝位置、焊缝补焊位置、热处理和硬度检验的焊缝位置。不要求无损检测的焊缝,可采用焊缝标识图对焊缝进行标识。

附　录　A
焊接工艺规程的格式

表 A　焊接工艺规程的格式

焊接工艺规程编号		页数	

工程名称＿＿＿＿＿＿＿＿＿＿　工程编号＿＿＿＿＿＿＿＿＿＿
产品名称(施焊部位)＿＿＿＿＿＿＿＿＿＿
产品编号(设备编号、管线号或焊缝编号)＿＿＿＿＿＿＿＿＿＿
＿＿＿＿＿＿＿＿＿＿
焊接工艺评定报告(PQR)编号＿＿＿＿＿＿＿＿＿＿焊接施工执行标准＿＿＿＿＿＿＿＿＿＿
焊接方法＿＿＿＿＿＿＿＿＿＿操作类型(手工,自动,半自动)
＿＿＿＿＿＿＿＿＿＿

焊接接头:
坡口形式＿＿＿＿＿＿＿＿＿＿衬垫(材料及规格)＿＿＿＿＿＿＿＿＿＿
简图(接头型式、坡口形式和尺寸、焊层/焊道布置及顺序示意图):

接头制备要求:

母材:
材料标准号＿＿＿＿＿＿＿＿＿＿型号或牌号与
材料标准号＿＿＿＿＿＿＿＿＿＿型号或牌号相焊
厚度范围:坡口焊＿＿＿＿＿＿＿＿＿＿角焊＿＿＿＿＿＿＿＿＿＿
管道直径范围:坡口焊＿＿＿＿＿＿＿＿＿＿角焊＿＿＿＿＿＿＿＿＿＿
其他＿＿＿＿＿＿＿＿＿＿

填充金属			
焊接材料标准号			
型号			
牌号			
尺寸			
烘干温度(℃)/时间(h)			
焊缝熔敷金属厚度			
其他			

焊接位置:	预热:
坡口对接焊缝位置＿＿＿＿＿＿	预热温度(℃)＿＿＿＿＿＿
角焊缝位置＿＿＿＿＿＿	层间温度(℃)＿＿＿＿＿＿
焊接方向(向上、向下)＿＿＿＿＿＿	后热温度(℃)和时间(h)＿＿＿＿＿＿
其他＿＿＿＿＿＿	加热方式及其他＿＿＿＿＿＿

表 A(续)

焊接工艺规程编号		页数	

焊后热处理: 温度(℃)________ 时间(h)________ 升温速度________ 降温速度________ 其他________	气体: 种类(成分)混合配比(纯度)流量(L/min) 保护气体____ ____ ____ 尾部气____ ____ ____ 背部气____ ____ ____ 其他________

电特性:
电流种类________极性________电流范围(A)________电弧电压(V)________
送丝速度________熔滴过渡形式________
钨极类型及尺寸________
其他________

焊层/焊道	焊接方法	填充金属		焊接电流		电弧电压(V)	焊接速度(cm/min)	线能量(kJ/cm)
		牌号	直径(mm)	类型/极性	安培(A)			

技术措施:
摆动焊或不摆动焊道________摆动参数________
焊前清理或层间清理________
背面清根________
导电嘴至工件距离________钨极伸出长度________
焊炬、电极(焊丝、焊条)角度________
喷嘴尺寸________单道焊或多道焊(每侧)________单丝焊或多丝焊________
锤击________
其他:

编制		审核		批准	
日期		日期		日期	

附 录 B
焊接技能评定记录、焊接技能评定结果登记表及焊接技能评定合格证的格式

B.0.1 焊接技能评定记录的格式宜符合表 B.0.1 的规定。

表 B.0.1 焊接技能评定记录

<table>
<tr><td colspan="2">试件编号</td><td colspan="2"></td><td colspan="2">姓名</td><td colspan="2"></td><td colspan="2">试件位置</td><td colspan="2"></td></tr>
<tr><td colspan="3">母材牌号</td><td colspan="3"></td><td colspan="3">焊条牌号及直径</td><td colspan="3"></td></tr>
<tr><td colspan="3">板材厚度</td><td colspan="3"></td><td colspan="3">焊丝牌号及直径</td><td colspan="3"></td></tr>
<tr><td colspan="3">管材外径和壁厚</td><td colspan="3"></td><td colspan="3">焊剂牌号</td><td colspan="3"></td></tr>
<tr><td colspan="3">焊接方法</td><td colspan="3"></td><td colspan="3">钨极牌号及直径</td><td colspan="3"></td></tr>
<tr><td colspan="3">试件形式</td><td colspan="3"></td><td colspan="3">保护气体</td><td colspan="3"></td></tr>
<tr><td colspan="2" rowspan="3">外观检查</td><td colspan="10">检查结果：</td></tr>
<tr><td colspan="5">外观检查质量评定</td><td colspan="5"></td></tr>
<tr><td colspan="2">检查人</td><td colspan="3"></td><td colspan="2">检查日期</td><td colspan="3"></td></tr>
<tr><td colspan="2" rowspan="2">射线检验</td><td colspan="3">照相质量等级</td><td colspan="3">焊缝质量等级</td><td colspan="2">检验报告编号</td><td colspan="2">检验日期</td></tr>
<tr><td colspan="3"></td><td colspan="3"></td><td colspan="2"></td><td colspan="2"></td></tr>
<tr><td colspan="2">断口检验</td><td colspan="6">检验结果</td><td colspan="2">检验报告编号</td><td colspan="2">检验日期</td></tr>
<tr><td colspan="2" rowspan="2">弯曲性能检验</td><td colspan="2">面弯</td><td colspan="2">背弯</td><td colspan="2">侧弯</td><td colspan="2">检验报告编号</td><td colspan="2">检验日期</td></tr>
<tr><td colspan="2"></td><td colspan="2"></td><td colspan="2"></td><td colspan="2"></td><td colspan="2"></td></tr>
<tr><td colspan="2" rowspan="2">宏观金相检验</td><td colspan="6">检验结果</td><td colspan="2">检验报告编号</td><td colspan="2">检验日期</td></tr>
<tr><td colspan="6"></td><td colspan="2"></td><td colspan="2"></td></tr>
<tr><td colspan="2" rowspan="2"></td><td colspan="6">检验结果</td><td colspan="2">检验报告编号</td><td colspan="2">检验日期</td></tr>
<tr><td colspan="6"></td><td colspan="2"></td><td colspan="2"></td></tr>
<tr><td colspan="2" rowspan="2"></td><td colspan="6">检验结果</td><td colspan="2">检验报告编号</td><td colspan="2">检验日期</td></tr>
<tr><td colspan="6"></td><td colspan="2"></td><td colspan="2"></td></tr>
<tr><td colspan="12">审核：　　　　记录：　　　　年　月　日</td></tr>
</table>

B.0.2 焊接技能评定结果登记表的格式宜符合表 B.0.2 的规定。

表 B.0.2 焊接技能评定结果登记表

考试编号：

<table>
<tr><td colspan="2">姓名</td><td></td><td>性别</td><td></td><td>焊工钢印</td><td></td></tr>
<tr><td colspan="2">出生年月</td><td></td><td>文化程度</td><td></td><td>焊接工龄</td><td></td></tr>
<tr><td colspan="2" rowspan="2">基本知识
考试</td><td>考试日期</td><td>试卷编号</td><td>考试成绩</td><td colspan="2">主考人签章</td></tr>
<tr><td></td><td></td><td></td><td colspan="2"></td></tr>
<tr><td rowspan="17">焊接操作技能评定</td><td>考试
日期</td><td>试件编号</td><td colspan="2">操作技能评定项目(代号)</td><td>考试
结果</td><td>主考人
签章</td></tr>
<tr><td></td><td></td><td colspan="2"></td><td></td><td></td></tr>
<tr><td></td><td></td><td colspan="2"></td><td></td><td></td></tr>
<tr><td></td><td></td><td colspan="2"></td><td></td><td></td></tr>
<tr><td></td><td></td><td colspan="2"></td><td></td><td></td></tr>
<tr><td></td><td></td><td colspan="2"></td><td></td><td></td></tr>
<tr><td></td><td></td><td colspan="2"></td><td></td><td></td></tr>
<tr><td></td><td></td><td colspan="2"></td><td></td><td></td></tr>
<tr><td></td><td></td><td colspan="2"></td><td></td><td></td></tr>
<tr><td></td><td></td><td colspan="2"></td><td></td><td></td></tr>
<tr><td></td><td></td><td colspan="2"></td><td></td><td></td></tr>
<tr><td></td><td></td><td colspan="2"></td><td></td><td></td></tr>
<tr><td></td><td></td><td colspan="2"></td><td></td><td></td></tr>
<tr><td></td><td></td><td colspan="2"></td><td></td><td></td></tr>
<tr><td></td><td></td><td colspan="2"></td><td></td><td></td></tr>
<tr><td></td><td></td><td colspan="2"></td><td></td><td></td></tr>
<tr><td></td><td></td><td colspan="2"></td><td></td><td></td></tr>
<tr><td>结论</td><td colspan="6">允许担任的焊接项目：

焊接技能评定委员会主任委员　　　　　　　　　　年　月　日</td></tr>
</table>

B.0.3 焊接技能评定合格证的格式宜符合表 B.0.3 的规定。

表 B.0.3 焊接技能评定合格证

（塑料封面）

现场设备、工业管道焊接工程

焊接技能评定合格证

________焊接技能评定委员会

（封面里）

姓　　名________

性　　别________

焊工钢印________

照

片

（焊接技能评定委员会公章压照片）

合格证编号________

（第 1～5 页）

技能评定合格项目(代号)	主任委员签章	签证日期

（第 6～10 页）

免试项目(代号)	主任委员签章	签证日期

（第 11～12 页）

焊接质量事故记录			
日期	质量事故内容	记录单位	质检负责人签字

（封底里）

注意事项

1.此证应妥善保存，不得转借他人。

2.此证记载各项，不得私自涂改。

3.合格项目，自签证之日起有效期三年。

附　录　C
常用焊接坡口形式和尺寸

C.0.1　碳素钢和合金钢的焊接坡口形式和尺寸宜符合表 C.0.1-1 和表 C.0.1-2 的规定。

表 C.0.1-1　碳素钢和合金钢焊条电弧焊、气体保护电弧焊、自保护药芯焊丝电弧焊和气焊的坡口形式与尺寸

<table>
<tr><th rowspan="2">序号</th><th rowspan="2">厚度 δ (mm)</th><th rowspan="2">坡口名称</th><th rowspan="2">坡口形式</th><th colspan="3">坡口尺寸</th><th rowspan="2">备注</th></tr>
<tr><th>间隙 c(mm)</th><th>钝边 p (mm)</th><th>坡口角度 α(β)(°)</th></tr>
<tr><td rowspan="2">1</td><td>1～3</td><td rowspan="2">I 形坡口</td><td rowspan="2">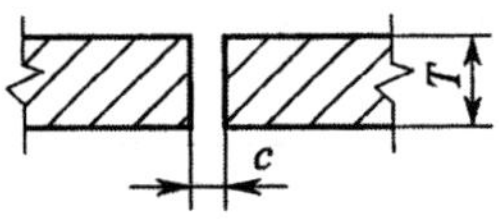
</td><td>0～1.5</td><td rowspan="2">—</td><td rowspan="2">—</td><td>单面焊</td></tr>
<tr><td>3～6</td><td>0～2.5</td><td>双面焊</td></tr>
<tr><td rowspan="2">2</td><td>3～9</td><td rowspan="2">V 形坡口</td><td rowspan="2">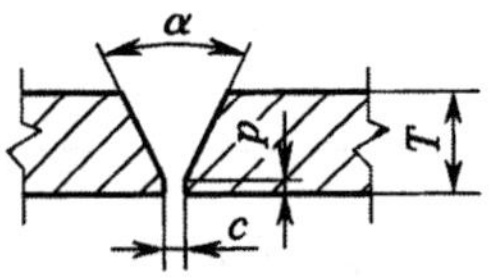
</td><td>0～2</td><td>0～2</td><td>60～65</td><td rowspan="2">—</td></tr>
<tr><td>9～26</td><td>0～3</td><td>0～3</td><td>55～60</td></tr>
<tr><td rowspan="2">3</td><td>6～9</td><td rowspan="2">带垫板 V 形坡口</td><td rowspan="2">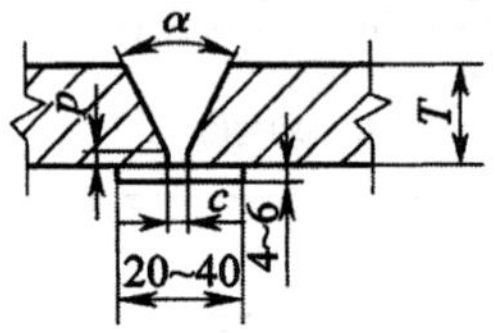
</td><td>3～5</td><td>0～2</td><td rowspan="2">40～50</td><td rowspan="2">—</td></tr>
<tr><td>9～26</td><td>4～6</td><td>0～2</td></tr>
<tr><td>4</td><td>12～60</td><td>X 形坡口</td><td>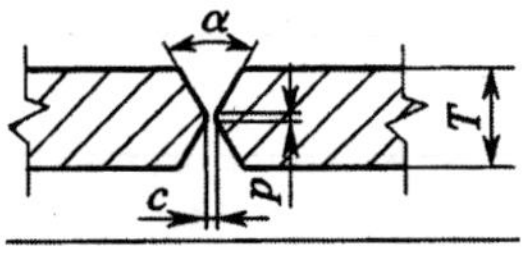
</td><td>0～3</td><td>0～2</td><td>55～56</td><td>—</td></tr>
<tr><td>5</td><td>20～60</td><td>双 V 形坡口</td><td>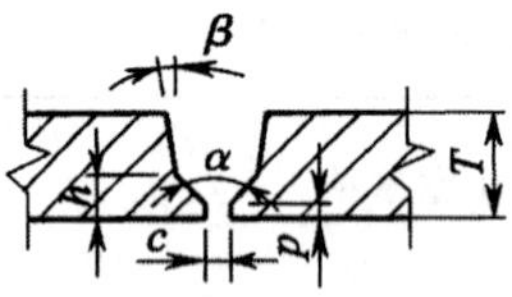
</td><td>0～3</td><td>1～3</td><td>65～75 (10～15)</td><td>$h=8\sim12$</td></tr>
<tr><td>6</td><td>20～60</td><td>U 形坡口</td><td>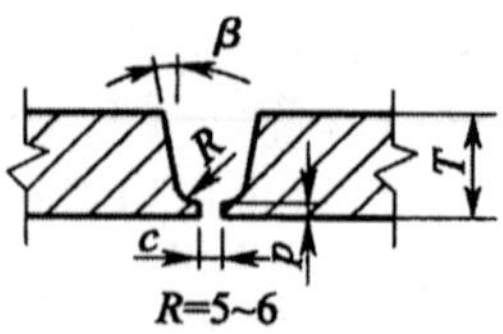
</td><td>0～3</td><td>1～3</td><td>(8～12)</td><td>$R=5\sim6$</td></tr>
</table>

表 C.0.1-1（续）

序号	厚度 δ (mm)	坡口名称	坡口形式	坡口尺寸			备注
				间隙 c(mm)	钝边 p (mm)	坡口角度 $\alpha(\beta)$(°)	
7	2～30	T形接头I形坡口	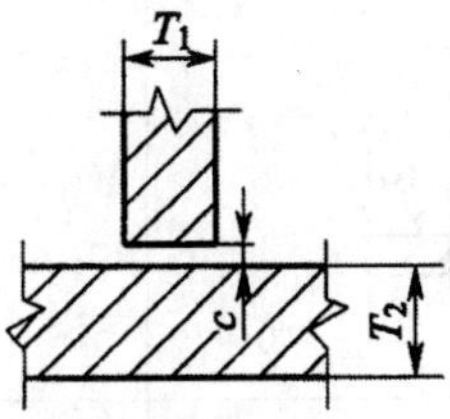	0～2	—	—	—
8	6～10	T形接头单边V形坡口	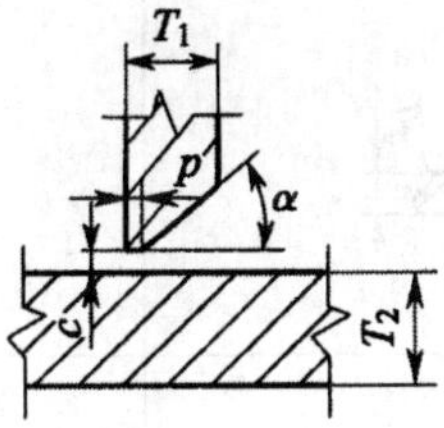	0～2	0～2	40～50	—
	10～17			0～3	0～3		
	17～30			0～4	0～4		
9	20～40	T形接头K形坡口	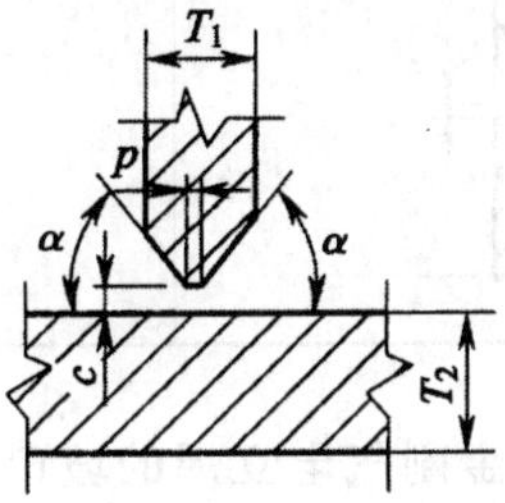	0～3	2～3	40～50	—
10		安放式焊接支管坡口	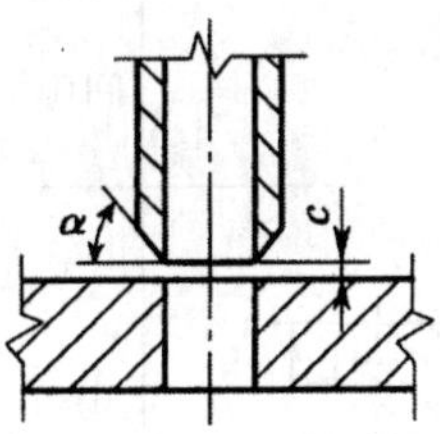	2～3	0～2	45～60	—
11	3～26	插入式焊接支管坡口	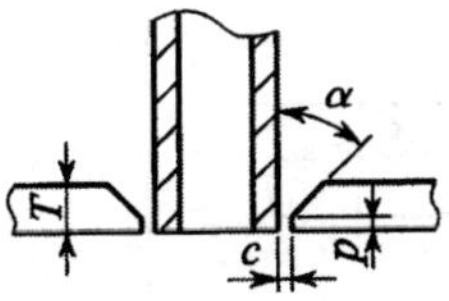	1～3	0～2	45～60	—

表 C.0.1-1（续）

序号	厚度 δ (mm)	坡口名称	坡口形式	坡口尺寸			备注
				间隙 c(mm)	钝边 p (mm)	坡口角度 α(β)(°)	
12		平焊法兰与管子接头	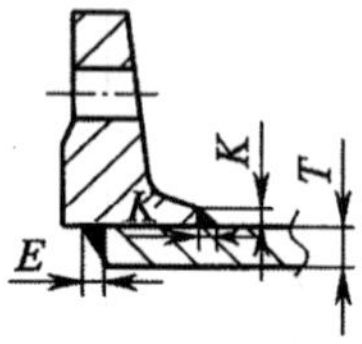	—	—	—	E=T，且不大于 6
13		承插焊法兰与管子接头	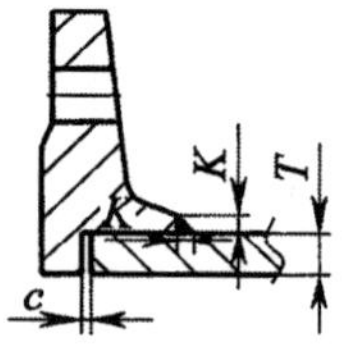	1.5	—	—	—
14		承插焊管件与管子接头	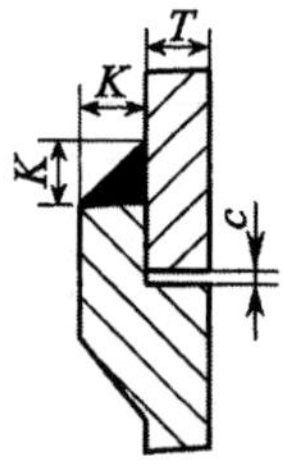	1.5	—	—	—

表 C.0.1-2　碳素钢和合金刚气电立焊的坡口形式和尺寸

序号	厚度 T (mm)	坡口名称	坡口形式	坡口尺寸			备注
				间隙 c(mm)	钝边 p (mm)	坡口角度 α(β)(°)	
1	12～36	V 形坡口	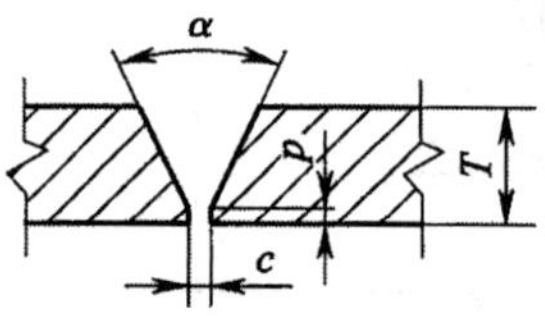	6～8	0～2	20～35	—
2	25～70	X 形坡口	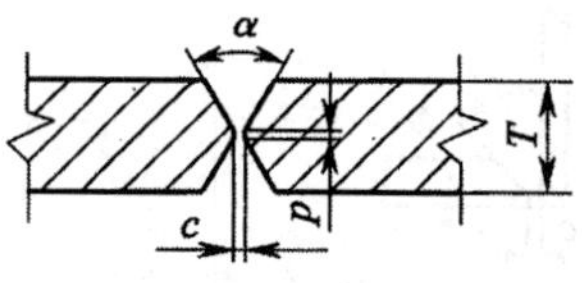	6～8	0～2	20～35	—

C.0.2　铝及铝合金的焊接坡口形式和尺寸宜符合表 C.0.2 的规定。

表 C.0.2　铝和铝合金焊缝的坡口形式和尺寸

焊接方法	项次	厚度 T(mm)	坡口名称	坡口形式	坡口尺寸 间隙 c(mm)	坡口尺寸 钝边 p(mm)	坡口尺寸 坡口角度 $\alpha(\beta)$(°)	备注
钨极惰性气体保护电弧焊	1	1～2	卷边	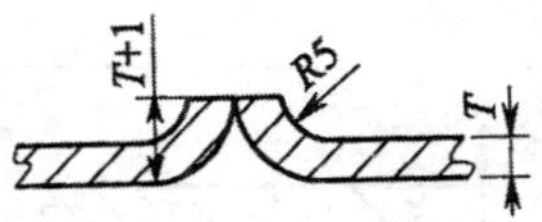	—	—	—	卷边高度 $T+1$ 不填加焊丝
	2	<3	I 形坡口	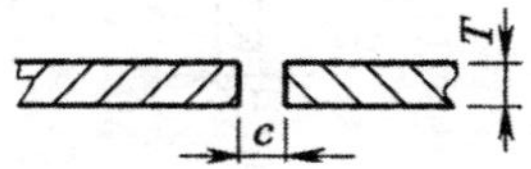	0～1.5	—	—	单面焊
		3～5			0.5～2.5			双面焊
	3	3～5	V 形坡口	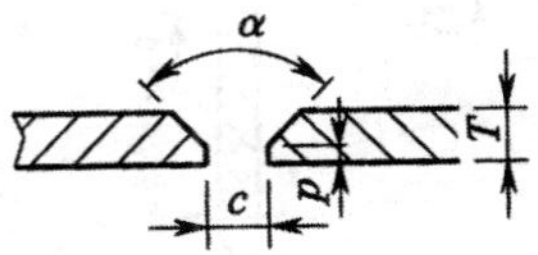	0～0.25	1～1.5	70～80	①横焊位置坡口角度上半边 40°～50°，下半边 20°～30°；②单面焊坡口根部内侧最好倒棱；③U 形坡口根部圆角半径为 6 mm～8 mm
		5～12			2～4	1～2	60～70	
	4	4～12	带垫板 V 形坡口	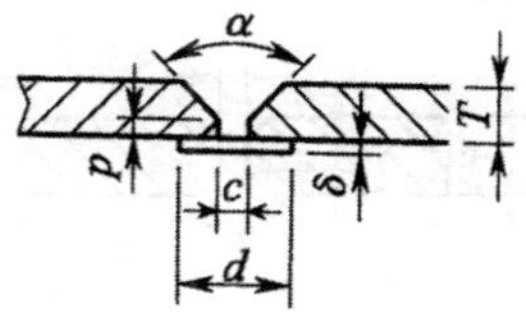	3～6	—	50～60	
	5	>8	U 形坡口	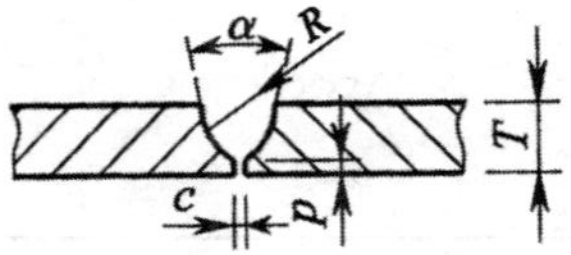	0～2.5	1.5～2.5	55～65	—

表 C.0.2（续）

焊接方法	项次	厚度 T(mm)	坡口名称	坡口形式	坡口尺寸 间隙 c(mm)	坡口尺寸 钝边 p(mm)	坡口尺寸 坡口角度 $\alpha(\beta)$(°)	备注
钨极惰性气体保护电弧焊	6	＞12	X 形坡口	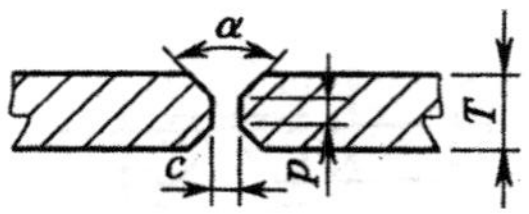	0～2.5	2～3	60～80	—
	7	≤6	不开坡口 T 形接头	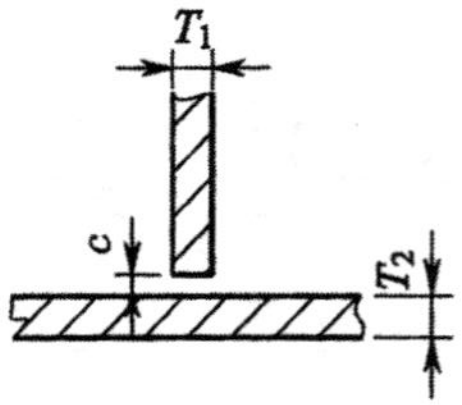	0.5～1.5	—	—	—
	8	6～10	T 形接头单边 V 形坡口	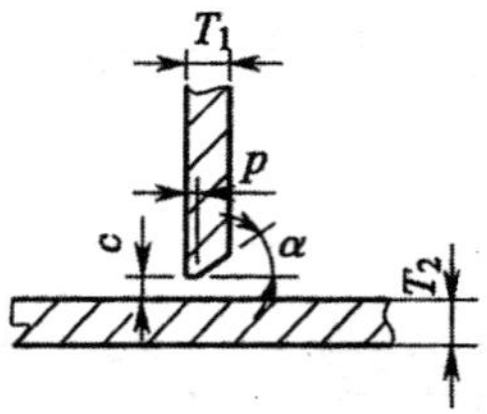	0.5～2	≤2	50～55	—
	9	＞8	T 形接头 K 形坡口	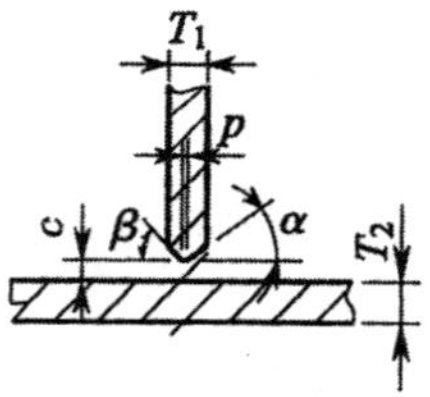	0～2	≤2	50～55	—

表 C.0.2（续）

焊接方法	项次	厚度 T(mm)	坡口名称	坡口形式	坡口尺寸			备注
					间隙 c(mm)	钝边 p(mm)	坡口角度 $\alpha(\beta)$(°)	
熔化极惰性气体保护电弧焊	10	≤6	I 形坡口	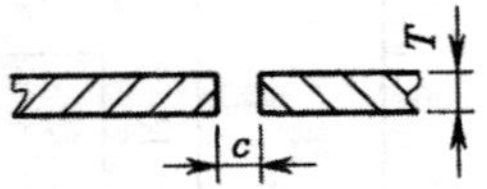	0～3	—	—	—
	11	6～20	V 形坡口	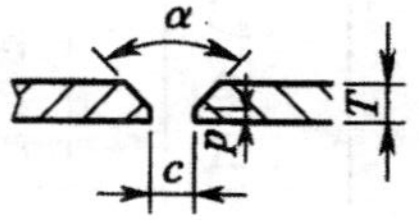	0～3	3～4	60～70	—
	12	6～25	带垫板 V 形坡口	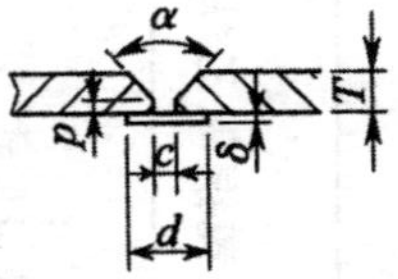	3～6	—	50～60	—
	13	＞20	U 形坡口	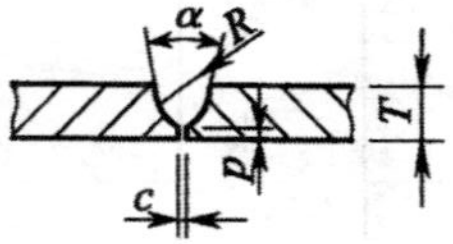	0～3	3～5	40～50	—
	14	＞8	X 形坡口	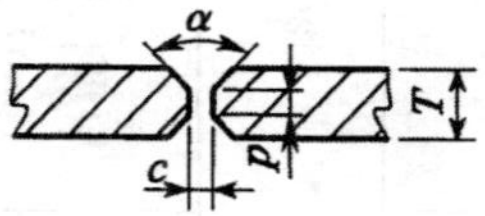	0～3	3～6	70～80	—
		＞26				5～8	60～70	—

C.0.3 铜及铜合金的焊接坡口形式及尺寸应分别符合表 C.0.3-1 及表 C.0.3-2 的规定。

表 C.0.3-1 纯铜和黄铜钨极惰性气体保护电弧焊的坡口形式及尺寸

项次	厚度 T(mm)	坡口名称	坡口形式	坡口尺寸			备注
				间隙 c(mm)	钝边 p(mm)	坡口角度 $\alpha(\beta)$(°)	
1	≤2	I形坡口	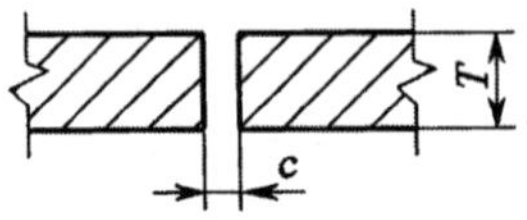	0	—	—	—
2	3～4	V形坡口	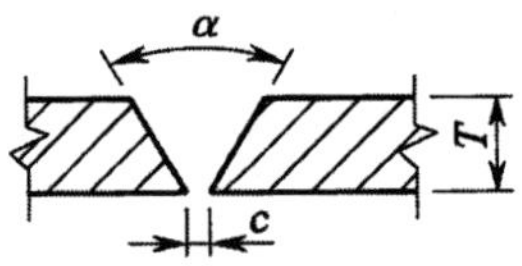	0	—	60～70	—
3	5～8	V形坡口	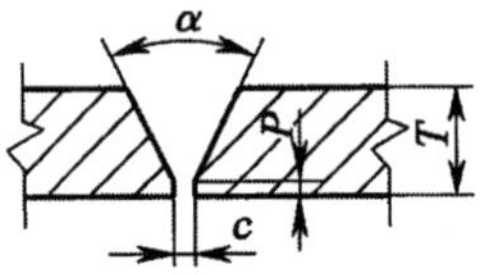	0	1～2	60～70	—
4	10～14	X形坡口	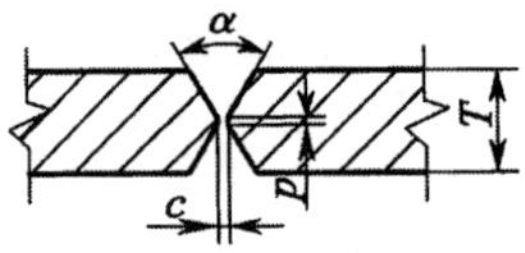	0	—	60～70	—

表 C.0.3-2 黄铜氧乙炔焊的坡口形式及尺寸

项次	厚度 T(mm)	坡口名称	坡口形式	坡口尺寸			备注
				间隙 c(mm)	钝边 p(mm)	坡口角度 $\alpha(\beta)$(°)	
1	≤2	卷边		—	—	—	不加填充金属
2	≤3	I形坡口	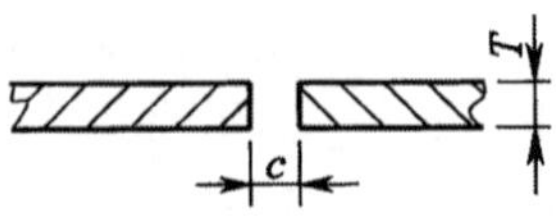	0～4	—	—	单面焊
	3～6			3～5	—	—	双面焊，但不能两侧同时焊

表 C.0.3-2（续）

项次	厚度 T(mm)	坡口名称	坡口形式	坡口尺寸			备注
				间隙 c(mm)	钝边 p(mm)	坡口角度 α(β)(°)	
3	3～12	V形坡口	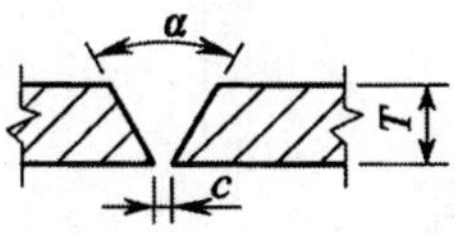	3～6	0	60～70	—
4	>6	V形坡口	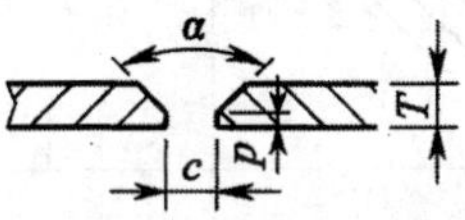	3～6	0～3	60～70	—
5	>8	X形坡口	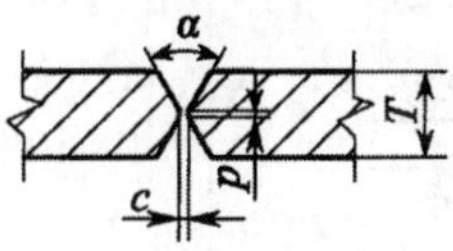	3～6	0～4	60～70	—

C.0.4 钛及钛合金的焊接坡口形式及尺寸宜符合表 C.0.4 的规定。

表 C.0.4 钛及钛合金的焊接坡口形式及尺寸

项次	厚度 T(mm)	坡口名称	坡口形式	坡口尺寸			备注
				间隙 c(mm)	钝边 p(mm)	坡口角度 α(°)	
1	1～2	I形坡口	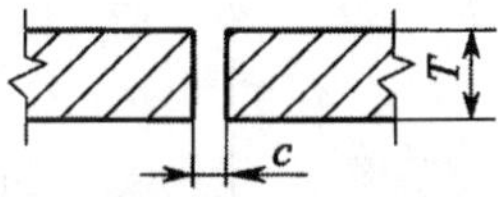	0～1	—	—	—
2	2～16	V形坡口	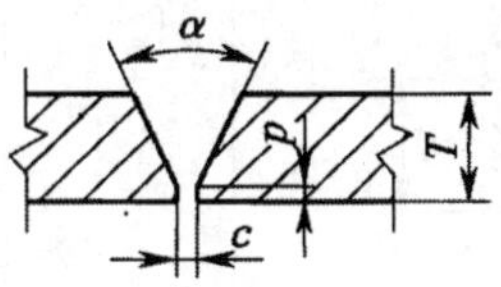	0.5～2	0.5～1.5	55～65	—
3	12～38	X形坡口	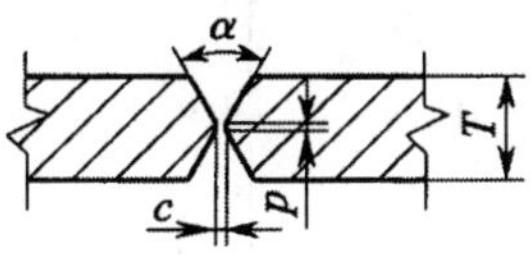	0～2	1～1.5	55～65	—
4	12～38	U形坡口	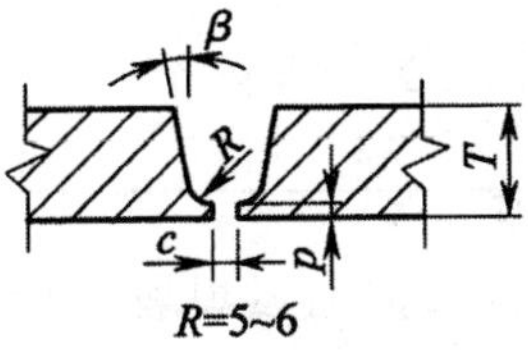	0～2 r＝6～10	1～1.5	15～30	—

表 C.0.4（续）

项次	厚度 T(mm)	坡口名称	坡口形式	坡口尺寸			备注
				间隙 c(mm)	钝边 p(mm)	坡口角度 α(°)	
5		安放式焊接支管坡口	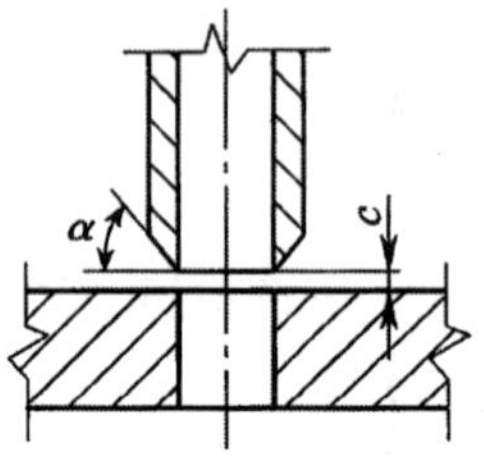	1～2.5	1～1.5	40～50	—
7	2～16	插入式焊接支管坡口	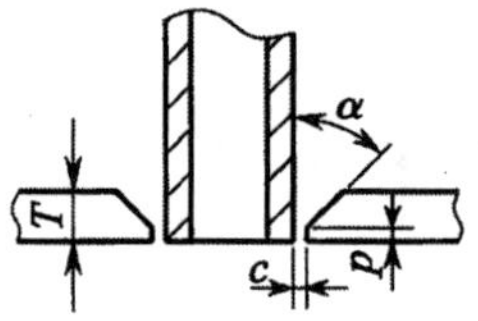	1～2.5	1～1.5	40～50	—
8	1～6	T形接头	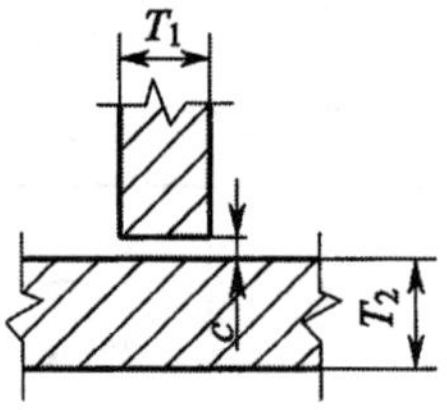	0～2	—	—	—
9	4～12	单边V形坡口	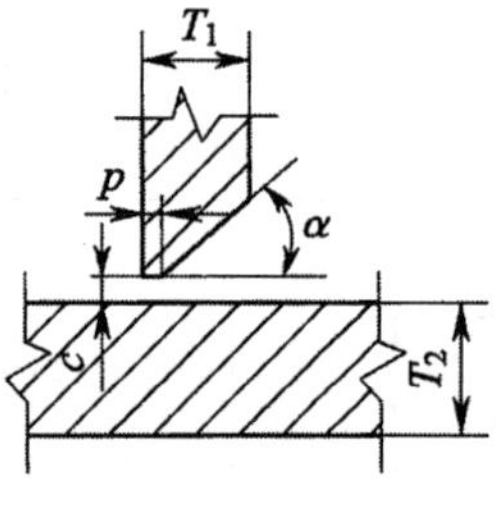	0～2	1～1.5	40～50	—
10	10～38	K形坡口	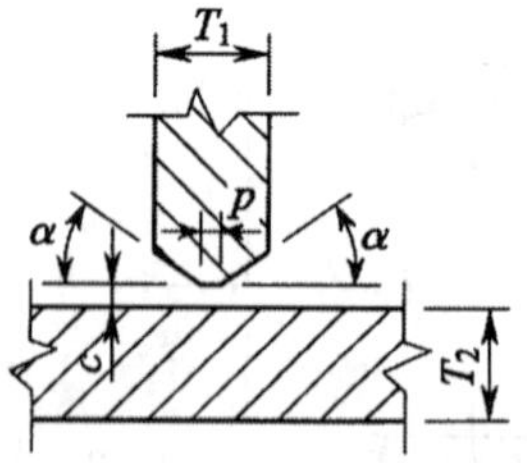	0～2	1～1.5	40～50	—

C.0.5 镍及镍合金的焊条电弧焊和惰性气体保护电弧焊坡口形式及尺寸宜符合表 C.0.5 的规定。

表 C.0.5　镍及镍合金的焊条电弧焊和惰性气体保护电弧焊坡口形式及尺寸

序号	厚度 δ(mm)	坡口名称	坡口形式	坡口尺寸			备注
				间隙 c(mm)	钝边 p(mm)	坡口角度 $\alpha(\beta)$(°)	
1	1～3	I形坡口	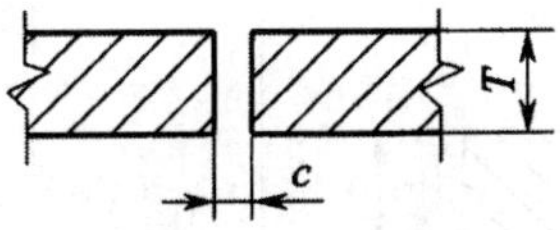	1.0～2.0	—	—	单面焊
	3～6			1.0～2.5			双面焊
2	≤8	V形坡口	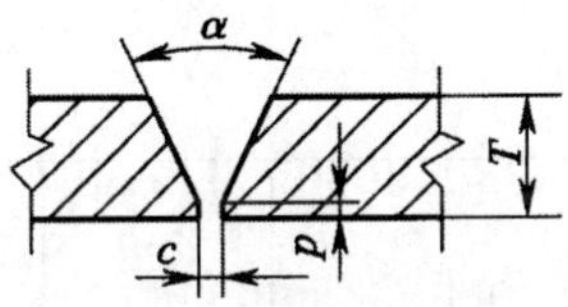	2～3	0.5～1.5	70～80	—
	>8			2～3	0.5～1.5	65～75	
3	12～32	X形坡口	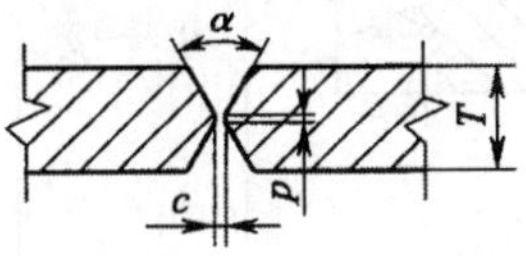	0～3	0～2.5	65～80	—
4	≥17	双V形坡口	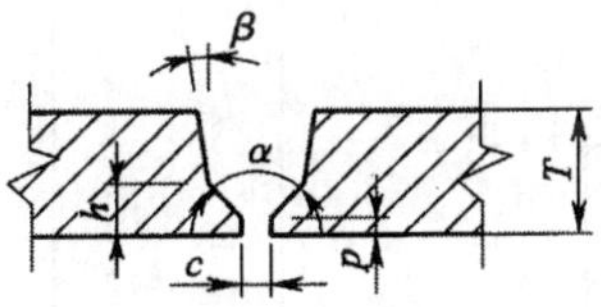	2～3	1～2	70～80 (25～27.5)	$h=T/3$
5	≥17	U形坡口	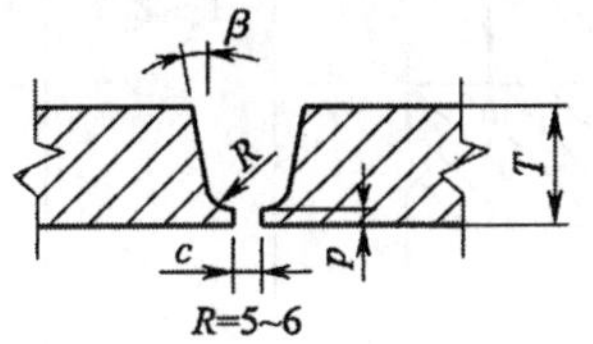	2.5～3.5	1～2	(15～20)	$R=5$～6
6		安放式焊接支管坡口	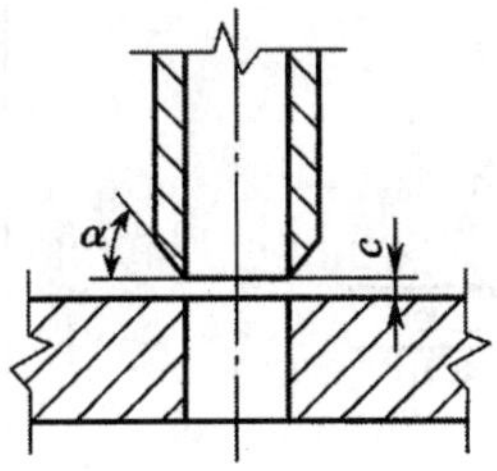	2～3	0～2	55～65	—
7	2～10	插入式焊接支管坡口	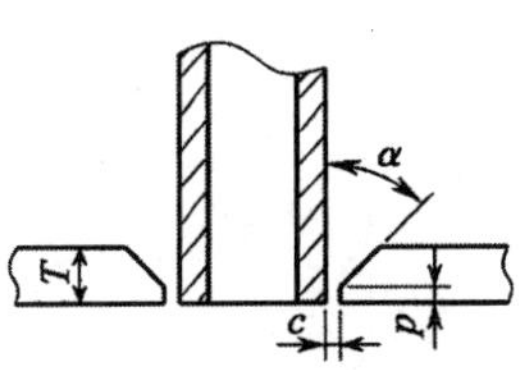	2～3	0～2	50～60	—

C.0.6　锆及锆合金的焊接坡口形式及尺寸宜符合表 C.0.6 的规定。

表 C.0.6 锆及锆合金的焊接坡口形式及尺寸

项次	厚度 T(mm)	坡口名称	坡口形式	坡口尺寸			备注
				间隙 c(mm)	钝边 p(mm)	坡口角度 α(°)	
1	1~2	I形坡口	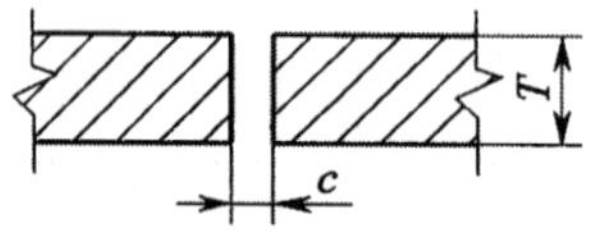	0~1	—	—	—
2	2~10	V形坡口	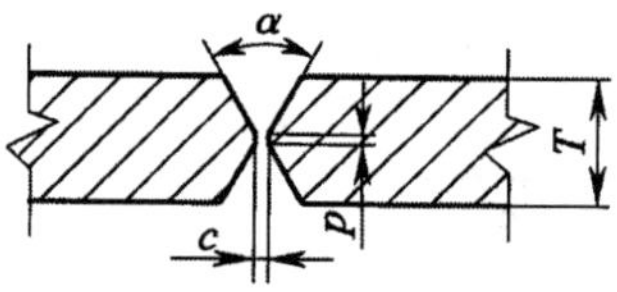	0.5~2	0.5~1.5	55~65	—
3		安放式焊接支管坡口	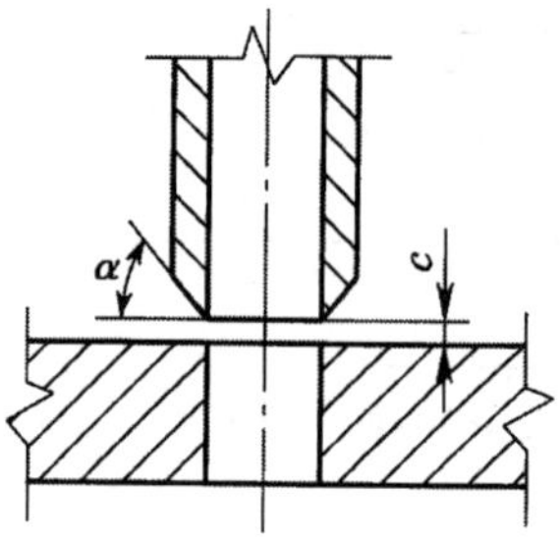	1~2.5	1~1.5	40~50	—
4	2~10	插入式焊接支管坡口	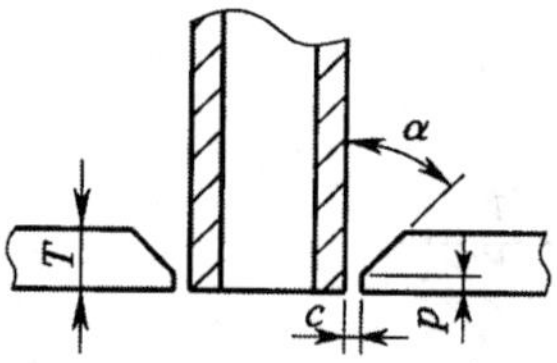	1~2.5	1~1.5	40~50	—

附 录 D
焊接材料的选用

D.0.1 常用碳素钢及合金钢焊接材料可按表 D.0.1-1 和表 D.0.1-2 选用。

表 D.0.1-1 常用碳素钢及合金钢焊接材料的选用

母材牌号		焊条电弧焊		埋弧焊		熔化极气体保护电弧焊(实芯)	惰性气体保护电弧焊(Ar、实芯)
新牌号	旧牌号	焊条		焊丝型号	焊剂型号	焊丝型号	焊丝型号
		型号	牌号示例				
Q235A、10、20	—	E4303 E4315	J422 J427	H08A H08MnA	F4A0-H08A F4A2-H08MnA	ER49-1 ER50-6 H08Mn2SiA	ER49-1 ER50-6 H08Mn2SiA
Q235B、Q235C、Q235D、Q245R	—	E4315 E4316	J427 J426	H08A H08MnA	F4A0-H08A F4A2-H08MnA	ER50-6 H08Mn2SiA	ER50-6 H08Mn2SiA
Q345A	—	E5003 E5015 E5016	J502 J507 J506	H08MnA H10Mn2	F5A0-H08MnA F5A0-H10Mn2	ER49-1 ER50-6 H08Mn2Si	ER49-1 H08Mn2Si
Q345B、Q345C、Q345D、Q345R、16Mn	—	E5015 E5016	J507 J506	H08MnA H10Mn2	F5A2-H08MnA F5A2-H10Mn2	ER50-2 ER50-3 ER50-6 H08Mn2SiA	ER50-2 ER50-3 ER50-6 H08Mn2SiA
16MnDR、Q345E、16MnD	—	E5015-G E5016-G	J507RH J506RH	—	—	—	ER55-Ni1

表 D.0.1-1（续）

母材牌号		焊条电弧焊		埋弧焊		熔化极气体保护电弧焊（实芯）	惰性气体保护电弧焊（Ar、实芯）
新牌号	旧牌号	焊条		焊丝型号	焊剂型号	焊丝型号	焊丝型号
		型号	牌号示例				
09MnNiDR、09MnNiD	—	E5515-C1L	—	—	—	—	ER55-Ni3
18MnMoNbR	—	E6015-D1	J607	H08Mn2MoA	F62A2-H08Mn2MoA	—	—
12CrMo、12CrMoG	—	E5515-B1	R207	H13CrMoA	F48A0-H13CrMoA	—	ER55-B2 H13CrMoA
15CrMo、15CrMoG、15CrMoR	—	E5515-B2	R307	H13CrMoA	F48A0-H13CrMoA	—	ER55-B2 H13CrMoA
12Cr1MoV、12Cr1MoVG、12Cr1MoVR	—	E5515-B2-V	R317	H08CrMoVA	F48A0-H08CrMoVA	—	ER55-B2-MnV H08CrMoVA
12Cr2Mo、12Cr2MoG、12Cr2MoR	—	E6015-B3	R407	H05SiCr2MoA	F48A0-H05SiCr2MoA	—	ER62-B3
1Cr5Mo	—	E5MoV-15	R507	—	—	—	H1Cr5Mo
12Cr18Ni9、06Cr19Ni10	1Cr18Ni9 0Cr18Ni9	E308-16 E308-15	A102 A107	H0Cr21Ni10	F308-H0Cr21Ni10	—	H0Cr21Ni10

表 D.0.1-1（续）

母材牌号		焊条电弧焊		埋弧焊		熔化极气体保护电弧焊（CO_2、实芯）	惰性气体保护电弧焊（Ar、实芯）
新牌号	旧牌号	焊条		焊丝型号	焊剂型号	焊丝型号	焊丝型号
		型号	牌号示例				
06Cr18Ni11Ti 07Cr19Ni11Ti	0Cr18Ni10Ti 1Cr18Ni11Ti	E347-16 E347-15	A132 A137	H0Cr20Ni10Nb	F347-H0Cr20Ni10Nb	—	H0Cr20Ni10Nb
022Cr19Ni10	00Cr19Ni10	E308L-16	A002	H00Cr21Ni10	F308L-H00Cr21Ni10	—	H00Cr21Ni10
06Cr17Ni12Mo2	0Cr17Ni12Mo2	E316-16 E316-15	A202 A207	H0Cr19Ni12Mo2	F316-H0Cr19Ni12Mo2	—	H0Cr19Ni12Mo2
06Cr17Ni12Mo2Ti	0Cr18Ni12Mo2Ti	E316L-16 E318-16	A022 A212	H0Cr19Ni12Mo2	F316-H0Cr19Ni12Mo2	—	H0Cr19Ni12Mo2
06Cr19Ni13Mo3	0Cr19Ni13Mo3	E317-16	A242	H0Cr19Ni14Mo3	F317-H0Cr19Ni14Mo3	—	H0Cr19Ni14Mo3
022Cr17Ni14Mo2	00Cr17Ni14Mo2	E316L-16	A022	H0Cr19Ni14Mo3	F316L-H00Cr19Ni12Mo2	—	H00Cr19Ni12Mo2
022Cr19Ni13Mo3	00Cr19Ni13Mo3	E317L-16	A022Mo	—	—	—	—
06Cr23Ni13	0Cr23Ni13	E309-16 E309-15	A302 A307	H1Cr24Ni13	F309-H1Cr24Ni13	—	H1Cr24Ni13
06Cr25Ni20	0Cr25Ni20	E310-16 E310-15	A402 A407	H1Cr26Ni21	F310-H1Cr26Ni21	—	H1Cr26Ni21

表 D.0.1-2 常用异种碳素钢及合金钢焊接材料的选用

被焊钢材种类	母材牌号举例	焊条电弧焊		埋弧焊		熔化极气体保护电弧焊(CO_2、实芯)	惰性气体保护电弧焊(Ar、实芯)
		焊条					
		型号	牌号示例	焊丝型号	焊剂型号	焊丝型号	焊丝型号
碳素钢与强度型低合金钢焊接	20、Q235、Q245R+Q345、Q345R	E4303 E4315 E4316 E5015 E5016	J422 J427 J426 J507 J506	H08A H08MnA H10Mn2	F4A0-H08A F4A2-H08MnA F5A2-H10Mn2	ER49-1 ER50-6 H08Mn2SiA	ER49-1 ER50-6 H08Mn2SiA
碳素钢与耐热型低合金钢焊接	Q235、20+12CrMo、15CrMo、12Cr1MoV、12Cr2Mo、1Cr5Mo	E4315 E4316	J427 J426	H08A H08MnA	F4A0-H08A F4A0-H08MnA	ER49-1 ER50-6 H08Mn2SiA	ER49-1 ER50-6 H08Mn2SiA
强度型低合金钢与耐热型低合金钢焊接	Q345R+12CrMo、15CrMo、12Cr1MoV、12Cr2Mo、1Cr5Mo	E5015 E5016	J507 J506	H08MnA H10Mn2	F5A0-H08MnA F5A0-H10Mn2	ER49-1 ER50-6 H08Mn2SiA	ER49-1 ER50-6 H08Mn2SiA

表 D.0.1-2（续）

被焊钢材种类	母材牌号举例	焊条电弧焊		埋弧焊		熔化极气体保护电弧焊(CO_2、实芯)	惰性气体保护电弧焊(Ar、实芯)
		焊条					
		型号	牌号示例	焊丝型号	焊剂型号	焊丝型号	焊丝型号
耐热型低合金钢之间焊接	12CrMo+15CrMo、12Cr1MoV、12Cr2Mo、1Cr5Mo	E5515-B1	R207	H13CrMoA	F48A0-H13CrMoA	—	H13CrMoA
	15CrMo+12Cr1MoV、12Cr2Mo、1Cr5Mo	E5515-B2	R307	H13CrMoA	F48A0-H13CrMoA	—	ER55-B2 H13CrMoA
	12Cr1MoV+12Cr2Mo、1Cr5Mo	E5515-B2-V	R317	H08CrMoVA	F48A0-H08CrMoVA	—	ER55-B2-MnV H08CrMoVA
	12Cr2Mo+1Cr5Mo	E6015-B3	R407	H05SiCr2MoA	F48A0-H05SiCr2MoA	—	ER62-B3
非奥氏体钢与奥氏体钢焊接	20、Q345R、15CrMo 等+06Cr19Ni10、06Cr17Ni12Mo2 等	E309-15 E309-16 E310-16 E310-15	A307 A302 A402 A407	H1Cr24Ni13 H1Cr26Ni21	F309-H1Cr24Ni13 F310-H1Cr26Ni21	—	H1Cr24Ni13 H1Cr26Ni21

D.0.2 铝及铝合金焊接材料的选用宜符合表 D.0.2-1 和表 D.0.2-2 的规定。

表 D.0.2-1 同牌号铝及铝合金焊接用焊丝的选用

母材种类	母材牌号	焊丝型号
纯铝	1060、1050A	SAl 1450
	1200	SAl 1200
铝锰合金	3003、3004	SAl 3103
铝镁合金	5052、5A02	SAl 5554
	5A03	SAl 5654
	5083	SAl 5183
	5A05	SAl 5556

表 D.0.2-2 异种铝及铝合金焊接用焊丝的选用

异种母材	焊丝型号
纯铝+铝锰合金	SAl 3103
纯铝、铝锰合金+5052、5A02	SAl 5554、SAl 5556
纯铝、铝锰合金+5A03	SAl 5654
纯铝、铝锰合金+5083、5086	SAl 5183
纯铝、铝锰合金+5A06、5A05	SAl 5556

D.0.3 铜及铜合金焊接材料的选用宜符合表 D.0.3 的规定。

表 D.0.3 铜及铜合金焊接材料的选用

母 材		焊丝型号	焊剂	备注
类别	牌号			
纯铜	T2、T3、TU2	SCu1898	—	—
黄铜	H 62、H 68	SCu 6560	—	钨极惰性气体保护电弧焊
		SCu 6810 A	CJ 301	氧乙炔焊

D.0.4 镍及镍合金焊条和焊丝的选用宜符合表 D.0.4-1 和表 D.0.4-2 的规定。

表 D.0.4-1　常用镍及镍合金焊接材料的选用

母材类别	焊条型号	焊丝型号
Nickel 200	ENi 2061(ENi-1)	SNi 2061(ERNi-1)
Monel 400	ENi 4060(ENiCu-7)	SNi 4060(ERNiCu-7)
Inconel 600	ENi 6062(ENiCrFe-1) ENi 6182(ENiCrFe-3)	SNi 6062(ERNiCrFe-5) SNi 6082(ERNiCr-3)
Inconel 625	ENi 6625(ENiCrMo-3)	SNi 6625(ERNiCrMo-3)
Incoloy 800	ENi 6133(ENiCrFe-2) ENi 6182(ENiCrFe-3)	SNi 6082(ERNiCr-3)
Incoloy 825		SNi 8065(ERNiFeCr-1)
Hastelloy B	ENi 1001(ENiMo-1)	SNi 1001(ERNiMo-1)
Hastelloy B2	ENi 1066(ENiMo-7)	SNi 1066(ERNiMo-7)
Hastelloy C276	ENi 6276(ENiCrMo-4)	SNi 6276(ERNiCrMo-4)
Hastelloy C4	ENi 6455(ENiCrMo-7)	SNi 6455(ERNiCrMo-7)

注：括号内型号为被替代标准《镍及镍合金焊条》GB/T 13814—1992 的焊条型号和《镍及镍合金焊丝》GB/T 15620—1995 中的焊丝型号。

表 D.0.4-2　常用异种镍及镍合金焊接材料的选用

<table>
<tr><th colspan="2">母材类别</th><th>焊条型号</th><th>焊丝型号</th></tr>
<tr><td rowspan="3">Nickel 200</td><td>Monel 400</td><td>ENi 2061(ENi-1)
ENi 4060(ENiCu-7)</td><td>SNi 2061(ERNi-1)
SNi 4060(ERNiCu-7)</td></tr>
<tr><td>Inconel 600
Incoloy 800</td><td>ENi 2061(ENi-1)
ENi 6062(ENiCrFe-3)
ENi 6133(ENiCrFe-2)</td><td>SNi 2061(ERNi-1)
SNi 6082(ERNiCr-3)</td></tr>
<tr><td>Hastelloy B
Hastelloy B2
Hastelloy C</td><td>ENi 6062(ENiCrFe-3)
ENi 6133(ENiCrFe-2)</td><td>SNi 6082(ERNiCr-3)
SNi 7092(ERNiCrFe-6)</td></tr>
</table>

表 D.0.4-2 (续)

母材类别		焊条型号	焊丝型号
Monel 400	Inconel 600 Incoloy 800	ENi 6062(ENiCrFe-3) ENi 6133(ENiCrFe-2)	SNi 6082(ERNiCr-3) SNi 7092(ERNiCrFe-6)
	Hastelloy B Hastelloy B2	ENi 4060(ENiCu-7)	SNi 4060(ERNiCu-7)
	Hastelloy C	ENi 6133(ENiCrFe-2) ENi 6062(ENiCrFe-3)	SNi 6082(ERNiCr-3) SNi 7092(ERNiCrFe-6)
Inconel 600 Incoloy 800	Hastelloy B Hastelloy B2 Hastelloy C	ENi 6062(ENiCrFe-3) ENi 6133(ENiCrFe-2)	SNi 6082(ERNiCr-3) SNi 7092(ERNiCrFe-6)
	Hastelloy C276 Hastelloy C4	ENi 1004(ENiMo-3)	SNi 1004(ERNiMo-3)
Hastelloy B	Hastelloy C	ENi 1004(ENiMo-3)	SNi 1004(ERNiMo-3)
注:括号内型号为被替代标准《镍及镍合金焊条》GB/T 13814—1992 的焊条型号 和《镍及镍合金焊丝》GB/T 15620—1995 中的焊丝型号。			

D.0.5 锆及锆合金焊丝的选用宜符合表 D.0.5 的规定。

表 D.0.5 锆及锆合金焊丝选用表

母材种类	母材牌号举例	焊丝型号(AWS A5. 24)
工业纯锆	ASME SB 523、SB 658 R 60702	ERZr2
Zr-1. 5Sn 合金	ASME SB 523、SB 658 R 60704	ERZr3
Zr-2. 5 Nb 合金	ASME SB 523、SB 658 R 60705	ERZr4

本规范用词说明

1 为便于在执行本规范条文时区别对待,对要求严格程度不同的用词说明如下:

1) 表示很严格,非这样做不可的:
正面词采用“必须”,反面词采用“严禁”;

2) 表示严格,在正常情况下均应这样做的:
正面词采用“应”,反面词采用“不应”或“不得”;

3) 表示允许稍有选择,在条件许可时首先应这样做的:
正面词采用“宜”,反面词采用“不宜”;

4) 表示有选择,在一定条件下可以这样做的,采用“可”。

2 条文中指明应按其他有关标准执行的写法为:“应符合……的规定”或“应按……执行”。

引用标准名录

《工业金属管道工程施工规范》GB 50235
《现场设备、工业管道焊接工程施工质量验收规范》GB 50683
《不锈钢焊条》GB/T 983
《气焊、焊条电弧焊、气体保护焊和高能束焊的推荐坡口》GB/T 985.1
《埋弧焊的推荐坡口》GB/T 985.2
《铝及铝合金气体保护焊的推荐坡口》GB/T 985.3
《复合钢的推荐坡口》GB/T 985.4
《焊接用钢盘条》GB/T 3429
《钛及钛合金丝》GB/T 3623
《焊接用不锈钢盘条》GB/T 4241
《氩》GB/T 4842
《纯氦》GB 4844. 2
《碳钢焊条》GB/T 5117
《低合金钢焊条》GB/T 5118
《埋弧焊用碳钢焊丝和焊剂》GB/T 5293
《溶解乙炔》GB 6819
《气体保护电弧焊用碳钢、低合金钢焊丝》GB/T 8110
《纯氮、高纯氮和超纯氮》GB/T 8979
《铜及铜合金焊丝》GB/T 9460
《碳钢药芯焊丝》GB/T 10045
《电弧螺柱焊用圆柱头焊钉》GB/T 10433
《铝及铝合金焊丝》GB/T 10858
《埋弧焊用低合金钢焊丝和焊剂》GB/T 12470
《镍及镍合金焊条》GB/T 13814
《熔化焊用钢丝》GB/T 14957
《镍及镍合金焊丝》GB/T 15620
《低合金钢药芯焊丝》GB/T 17493
《不锈钢药芯焊丝》GB/T 17853
《埋弧焊用不锈钢焊丝和焊剂》GB/T 17854
《特种设备焊接操作人员考核细则》TGS Z6002
《焊接用二氧化碳》HG/T 2537
《焊接材料质量管理规程》JB/T 3223
《承压设备无损检测》JB/T 4730
《承压设备焊接工艺评定》NB/T 47014
《压力容器焊接规程》NB/T 47015
《承压设备用焊接材料订货技术条件　第 7 部分:钛及钛合金焊丝和填充丝》NB/T 47018. 7
《惰性气体保护焊接用不锈钢棒及钢丝》YB/T 5091

UDC

中华人民共和国国家标准

P

GB 50251—2015

输气管道工程设计规范

Code for design of gas transmission pipeline engineering

2015-02-02 发布

2015-10-01 实施

中华人民共和国住房和城乡建设部
中华人民共和国国家质量监督检验检疫总局
联合发布

中华人民共和国住房和城乡建设部公告

第734号

住房城乡建设部关于发布国家标准《输气管道工程设计规范》的公告

现批准《输气管道工程设计规范》为国家标准，编号为GB 50251—2015，自2015年10月1日起实施。其中，第3.2.9、3.4.3、3.4.4、4.2.4、6.3.4、7.2.1(4)、7.2.2(6)条(款)为强制性条文，必须严格执行。原国家标准《输气管道工程设计规范》GB 50251—2003同时废止。

本规范由我部标准定额研究所组织中国计划出版社出版发行。

中华人民共和国住房和城乡建设部

2015年2月2日

前　　言

根据住房城乡建设部《关于印发〈2011年工程建设标准规范制订、修订计划〉的通知》(建标〔2011〕17号)的要求,规范编制组经广泛调查研究,认真总结近年输气管道工程建设实践经验,参考有关国际标准和国外先进标准,并在广泛征求意见,开展多项专题研究的基础上,修订本规范。

本规范共分11章和10个附录,内容包括:总则、术语、输气工艺、线路、管道和管道附件的结构设计、输气站、地下储气库地面设施、仪表与自动控制、通信、辅助生产设施以及焊接与检验、清管与试压、干燥与置换等。

本次修订的主要内容如下:

1.将原规范"监控与系统调度"拆分为"仪表与自动控制"和"通信"两章编写。

2.取消原规范中"节能、环保、劳动安全卫生"一章,将其内容补充到相关章节中。

3.在"线路"章和"输气站"章中分别增加防腐与保温节,在"辅助生产设施"章中增加"供热"节。

4.增加了一级一类地区采用0.8强度设计系数的相关规定和并行管道设计规定。

5.补充修订了输气站及阀室放空设计规定、线路截断阀(室)间距调增规定及阀室选址规定,试压、焊接检验与置换要求。

6.增加了附录J"输气站及阀室爆炸危险区域划分推荐做法"、附录K"埋地管道水压强度试验推荐做法"。

本规范中以黑体字标志的条文为强制性条文,必须严格执行。

本规范由住房城乡建设部负责管理和对强制性条文的解释,由石油工程建设专业标准化委员会负责日常管理,由中国石油集团工程设计有限责任公司西南分公司负责具体技术内容的解释。执行过程中如有意见和建议,请寄送中国石油集团工程设计有限责任公司西南分公司(地址:四川省成都市高新区升华路6号CPE大厦,邮政编码:610041)。

本规范主编单位、参编单位、主要起草人和主要审查人:

主编单位:中国石油集团工程设计有限责任公司西南分公司

参编单位:中国石油天然气管道局天津设计院

主要起草人:谌贵宇　汤晓勇　郭佳春　孙在蓉　李　强　郭成华　孟凡彬　向　波
钟小木　唐胜安　何丽梅　张永红　赵淑珍　吴克信　雒定明　张　平
李　巧　陈　凤　牟　建　陈　杰　陈　静　刘科慧　卫　晓　刘玉峰
卿太钢　傅贺平

主要审查人:叶学礼　苗承武　章申远　任启瑞　梅三强　刘海春　胡　颖　张文伟
史　航　李　爽　吴　勇　张邕生　孙立刚　吴洪松　王冰怀　董　旭
刘嵬辉　卜祥军　李国海　隋永莉　宋　飞　李献军　吴昌汉　马　珂
朱　峰　刘志田　王庆红　张箭啸　李延金　王小林

1 总则

1.0.1 为在输气管道工程设计中贯彻国家的有关法规和方针政策,统一技术要求,做到技术先进、经济合理、安全适用、确保质量,制定本规范。

1.0.2 本规范适用于陆上新建、扩建和改建输气管道工程设计。

1.0.3 输气管道工程设计应符合下列规定:

1 应保护环境、节约能源、节约用地,并应处理好与铁路、公路、输电线路、河流、城乡规划等的相互关系;

2 应积极采用新技术、新工艺、新设备及新材料;

3 应优化设计方案,确定经济合理的输气工艺及最佳的工艺参数;

4 扩建项目应合理地利用原有设施和条件;

5 分期建设项目应进行总体设计,并制定分期实施计划。

1.0.4 输气管道工程设计除应符合本规范外,尚应符合国家现行有关标准的规定。

2 术语

2.0.1

管道气体 pipeline gas

通过管道输送的天然气、煤层气和煤制天然气。

2.0.2

输气管道工程 gas transmission pipeline project

用管道输送天然气、煤层气和煤制天然气的工程。一般包括输气管道、输气站、管道穿(跨)越及辅助生产设施等工程内容。

2.0.3

输气站 gas transmission station

输气管道工程中各类工艺站场的总称。一般包括输气首站、输气末站、压气站、气体接收站、气体分输站、清管站等。

2.0.4

输气首站 gas transmission initial station

输气管道的起点站。一般具有分离、调压、计量、清管等功能。

2.0.5

输气末站 gas transmission terminal station

输气管道的终点站。一般具有分离、调压、计量、清管、配气等功能。

2.0.6

气体接收站 gas receiving station

在输气管道沿线,为接收输气支线来气而设置的站,一般具有分离、调压、计量、清管等功能。

2.0.7

气体分输站 gas distributing station

在输气管道沿线,为分输气体至用户而设置的站,一般具有分离、调压、计量、清管等功能。

2.0.8

压气站 compressor station

在输气管道沿线,用压缩机对管道气体增压而设置的站。

2.0.9

地下储气库 underground gas storage

利用地下的某种密闭空间储存天然气的地质构造、气井及地面设施。地质构造类型包括盐穴型、枯竭油气藏型、含水层型等。

2.0.10

注气站 gas injection station

将天然气注入地下储气库而设置的站。

2.0.11

采气站 gas withdraw station

将天然气从地下储气库采出而设置的站。

2.0.12

管道附件 pipe auxiliaries

管件、法兰、阀门、清管器收发筒、汇管、组合件、绝缘法兰或绝缘接头等管道专用承压部件。

2.0.13

管件 pipe fitting

弯头、弯管、三通、异径接头和管封头。

2.0.14

弹性敷设 pipe laying with elastic bending

利用管道在外力或自重作用下产生弹性弯曲变形,改变管道走向或适应高程变化的管道敷设方式。

2.0.15

清管系统 pigging system

为清除管线内凝聚物和沉积物,隔离、置换或进行管道在线检测的全套设备。其中包括清管器、清管器收发筒、清管器指示器及清管器示踪仪等。

2.0.16

设计压力 design pressure(DP)

在相应的设计温度下,用以确定管道计算壁厚及其他元件尺寸的压力值,该压力为管道的内部压力时称为设计内压力,为外部压力时称为设计外压力。

2.0.17

设计温度 design temperature

管道在正常工作过程中,在相应设计压力下,管壁或元件金属可能达到的最高或最低温度。

2.0.18

管输气体温度 pipeline gas temperature

气体在管道内输送时的流动温度。

2.0.19

操作压力 operating pressure(OP)

在稳定操作条件下,一个系统内介质的压力。

2.0.20

最大操作压力 maximum operating pressure(MOP)

在正常操作条件下,管线系统中的最大实际操作压力。

2.0.21

最大允许操作压力 maximum allowable operating pressure(MAOP)

管线系统遵循本规范的规定,所能连续操作的最大压力,等于或小于设计压力。

2.0.22

泄压放空系统 relief and blow—down system

对超压泄放、紧急放空及开工、停工或检修时排放出的可燃气体进行收集和处理的设施。泄压放空系统由泄压设备、收集管线、放空管和处理设备或其中一部分设备组成。

2.0.23

水露点 water dew point

气体在一定压力下析出第一滴水时的温度。

2.0.24

烃露点 hydrocarbon dew point

气体在一定压力下析出第一滴液态烃时的温度。

2.0.25

冷弯弯管 cold bends

用模具将管子在不加热状态下弯制成需要角度的弯管。

2.0.26

热煨弯管 hot bends

管子加热后,在弯制机具上弯曲成需要角度的弯管。

2.0.27

并行管道 parallel pipelines

以一定间距(小于或等于 50m)相邻敷设的两条或多条管道。

2.0.28

线路截断阀(室) block valve station

油气输送管道线路截断阀及其配套设施的总称,也称为阀室。

3 输气工艺

3.1 一般规定

3.1.1 输气管道的设计输送能力应按设计委托书或合同规定的年或日最大输气量计算。当采用年输气量时,设计年工作天数应按 350 d 计算。

3.1.2 进入输气管道的气体应符合现行国家标准《天然气》GB 17820 中二类气的指标,并应符合下列规定:

1 应清除机械杂质;

2 水露点应比输送条件下最低环境温度低 5 ℃;

3 烃露点应低于最低环境温度;

4 气体中硫化氢含量不应大于 20 mg/m^3;

5 二氧化碳含量不应大于3%。

3.1.3 输气管道的设计压力应根据气源条件、用户需要、管材质量及管道附近的安全因素,经技术经济比较后确定。

3.1.4 当输气管道及其附件已按现行国家标准《钢质管道外腐蚀控制规范》GB/T 21447和《埋地钢质管道阴极保护技术规范》GB/T 21448的要求采取了防腐措施时,不应再增加管壁的腐蚀裕量。

3.1.5 输气管道应设清管设施,清管设施宜与输气站合并建设。

3.1.6 当管道采用内壁减阻涂层时,应经技术经济比较确定。

3.2 工艺设计

3.2.1 工艺设计应根据气源条件、输送距离、输送量、用户的特点和要求以及与已建管网和地下储气库容量和分布的关系,对管道进行系统优化设计,经综合分析和技术经济对比后确定。

3.2.2 工艺设计应确定下列内容:

1 输气总工艺流程;

2 输气站的工艺参数和流程;

3 输气站的数量和站间距;

4 输气管道的直径、设计压力及压气站的站压比。

3.2.3 工艺设计中应合理利用气源压力。当采用增压输送时,应结合输量、管径、输送压力、供电及运行管理因素,进行多方案技术经济比选,按经济和节能的原则合理选择压气站的站压比和确定站间距。

3.2.4 压气站特性和管道特性应匹配,并应满足工艺设计参数和运行工况变化的要求。在正常输气条件下,压缩机组应在高效区内工作。

3.2.5 具有分输或配气功能的输气站宜设置气体限量、限压设施。

3.2.6 当输气管道气源来自油气田天然气处理厂、地下储气库、煤制天然气工厂或煤层气处理厂时,输气管道接收站的进气管线上应设置气质监测设施。

3.2.7 输气管道的强度设计应满足运行工况变化的要求。

3.2.8 输气站宜设置越站旁通。

3.2.9 进、出输气站的输气管道必须设置截断阀,并应符合现行国家标准《石油天然气工程设计防火规范》GB 50183的有关规定。

3.3 工艺计算与分析

3.3.1 输气管道工艺设计至少应具备下列资料:

1 管道气体的组成;

2 气源的数量、位置、供气量及其可变化范围;

3 气源的压力、温度及其变化范围;

4 沿线用户对供气压力、供气量及其变化的要求。当要求利用管道储气调峰时,应具备用户的用气特性曲线和数据;

5 沿线自然环境条件和管道埋设处地温。

3.3.2 输气管道水力计算应符合下列规定:

1 当输气管道纵断面的相对高差$\Delta h \leqslant 200$ m且不考虑高差影响时,应按下式计算:

$$q_v = 1051\left[\frac{(P_1^2 - P_2^2)d^5}{\lambda Z\Delta\, TL}\right]^{0.5} \qquad (3.3.2-1)$$

式中：q_v ——气体($P_0=0.101325$ MPa，$T=293$K)的流量(m^3/d)；

P_1——输气管道计算段的起点压力(绝)(MPa)；

P_2——输气管道计算段的终点压力(绝)(MPa)；

d ——输气管道内径(cm)；

λ ——水力摩阻系数；

Z ——气体的压缩因子；

Δ ——气体的相对密度；

T ——输气管道内气体的平均温度(K)；

L ——输气管道计算段的长度(km)。

2 当考虑输气管道纵断面的相对高差影响时，应按下列公式计算：

$$q_v = 1051\left\{\frac{[P_1^2 - P_2^2(1+\alpha\Delta h)]d^5}{\lambda Z\Delta\, TL\left[1+\frac{\alpha}{2L}\sum_{i=1}^{n}(h_i+h_{i-1})L_i\right]}\right\}^{0.5} \qquad (3.3.2-2)$$

$$\alpha = \frac{2g\Delta}{ZR_a T} \qquad (3.3.2-3)$$

式中：α ——系数(m^{-1})；

Δh ——输气管道计算段的终点对计算段起点的标高差(m)；

n ——输气管道沿线计算的分管段数。计算分管段的划分是沿输气管道走向，从起点开始，当其中相对高差≤200 m时划作一个计算分管段；

h_i ——各计算分管段终点的标高(m)；

h_{i-1}——各计算分管段起点的标高(m)；

L_i ——各计算分管道的长度(km)；

g ——重力加速度，$g=9.81m/s^2$；

R_a ——空气的气体常数，在标准状况下($P_0=0.101325$ MPa，$T=293$K)，$R_a=287.1m^3/(s^2\cdot K)$。

3 水力摩阻系数宜按下式计算，当输气管道工艺计算采用手算时，宜采用附录A中的公式。

$$\frac{1}{\sqrt{\lambda}} = -2.01\lg\left(\frac{K}{3.71d}+\frac{2.51}{Re\sqrt{\lambda}}\right) \qquad (3.3.2-4)$$

式中：K ——钢管内壁绝对粗糙度(m)；

d ——管道内径(m)；

Re——雷诺数。

3.3.3 输气管道沿线任意点的温度计算应符合下列规定：

1 当不考虑节流效应时，应按下列公式计算：

$$t_x = t_0 + (t_1 - t_0)e^{-\alpha x} \qquad (3.3.3-1)$$

$$\alpha = \frac{225.256\times 10^6 KD}{q_v \Delta c_p} \qquad (3.3.3-2)$$

式中：t_x ——输气管道沿线任意点的气体温度(℃)；

t_0 ——输气管道埋设处的土壤温度(℃);

t_1 ——输气管道计算段起点的气体温度(℃);

e ——自然对数底数,宜按 2.718 取值;

x ——输气管道计算段起点至沿线任意点的长度(km);

K ——输气管道中气体到土壤的总传热系数[W/(m² · K)];

D ——输气管道外直径(m);

q_v ——输气管道中气体(P_0=0.101325 MPa,T=293K)的流量(m³/d);

c_p ——气体的定压比热[J/(kg · K)]。

2 当考虑节流效应时,应按下式计算:

$$t_x = t_0 + (t_1 - t_0)e^{-\alpha x} - \frac{j\Delta P_x}{\alpha x}(1 - e^{-\alpha x}) \quad \cdots\cdots (3.3.3-3)$$

式中:j ——焦耳-汤姆逊效应系数(℃/MPa);

ΔP_x——x 长度管段的压降(MPa)。

3.3.4 根据工程的实际需求,宜对输气管道系统进行稳态和动态模拟计算,确定在不同工况条件下压气站的数量、增压比、压缩机计算功率和动力燃料消耗,管道系统各节点流量、压力、温度和管道的储气量等。根据系统分析需要,可按小时或天确定计算时间段。

3.3.5 稳态和动态模拟的计算软件应经工程实践验证。

3.4 输气管道的安全泄放

3.4.1 输气站宜在进站截断阀上游和出站截断阀下游设置泄压放空设施。

3.4.2 输气管道相邻线路截断阀(室)之间的管段上应设置放空阀,并应结合建设环境可设置放空立管或预留引接放空管线的法兰接口。放空阀直径与放空管直径应相等。

3.4.3 存在超压的管道、设备和容器,必须设置安全阀或压力控制设施。

3.4.4 安全阀的定压应经系统分析后确定,并应符合下列规定:

1 压力容器的安全阀定压应小于或等于受压容器的设计压力。

2 管道的安全阀定压(P_0)应根据工艺管道最大允许操作压力(P)确定,并应符合下列规定:

1) 当 $P \leqslant 1.8$ MPa 时,管道的安全阀定压(P_0)应按下式计算:

$$P_0 = P + 0.18\ \text{MPa} \quad \cdots\cdots (3.4.4-1)$$

2) 当 1.8 MPa $< P \leqslant$ 7.5 MPa 时,管道的安全阀定压(P_0)应按下式计算:

$$P_0 = 1.1P \quad \cdots\cdots (3.4.4-2)$$

3) 当 $P >$ 7.5 MPa 时,管道的安全阀定压(P_0)应按下式计算:

$$P_0 = 1.05P \quad \cdots\cdots (3.4.4-3)$$

4) 采用 0.8 强度设计系数的管道设置的安全阀,定压不应大于 1.04P。

3.4.5 安全阀泄放管直径计算应符合下列规定:

1 单个安全阀的泄放管直径,应按背压不大于该阀泄放压力的 10%确定,且不应小于安全阀的出口管径;

2 连接多个安全阀的泄放管直径,应按所有安全阀同时泄放时产生的背压不大于其中任何一个安全阀的泄放压力的 10%确定,且泄放管截面积不应小于安全阀泄放支管截面积之和。

3.4.6 放空的气体应安全排入大气。

3.4.7 输气站放空设计应符合下列规定：

1 输气站应设放空立管,需要时还可设放散管；

2 输气站天然气宜经放空立管集中排放,也可分区排放,高、低压放空管线应分别设置,不同排放压力的天然气放空管线汇入同一排放系统时,应确保不同压力的放空点能同时畅通排放；

3 当输气站设置紧急放空系统时,设计应满足在15min内将站内设备及管道内压力从最初的压力降到设计压力的50%；

4 从放空阀门排气口至放空设施的接入点之间的放空管线,用管的规格不应缩径。

3.4.8 阀室放空设计应符合下列规定：

1 阀室宜设置放空立管,室内安装的截断阀的放散管应引至室外；

2 不设放空立管的阀室应设放空阀或预留引接放空管线的法兰接口；

3 阀室周围环境不具备天然气放空条件时,可不设放空立管,该阀室上下游管段内的天然气应由相邻的阀室或相邻输气站放空。

3.4.9 放空立管和放散管的设计应符合下列规定：

1 放空立管直径应满足设计最大放空量的要求；

2 放空立管和放散管的顶端不应装设弯管；

3 放空立管和放散管应有稳管加固措施；

4 放空立管底部宜有排除积水的措施；

5 放空立管和放散管设置的位置应能方便运行操作和维护；

6 放空立管和放散管防火设计应符合现行国家标准《石油天然气工程设计防火规范》GB 50183 的有关规定。

4 线路

4.1 线路选择

4.1.1 线路的选择应符合下列要求：

1 线路走向应根据工程建设目的和气源、市场分布,结合沿线城镇、交通、水利、矿产资源和环境敏感区的现状与规划,以及沿途地区的地形、地质、水文、气象、地震等自然条件,通过综合分析和多方案技术经济比较,确定线路总体走向；

2 线路宜避开环境敏感区,当路由受限需要通过环境敏感区时,应征得其主管部门同意并采取保护措施；

3 大中型穿(跨)越工程和压气站位置的选择,应符合线路总体走向。局部线路走向应根据大中型穿(跨)越工程和压气站的位置进行调整；

4 线路应避开军事禁区、飞机场、铁路及汽车客运站、海(河)港码头等区域；

5 除为管道工程专门修建的隧道、桥梁外,不应在铁路或公路的隧道内及桥梁上敷设输气管道。输气管道从铁路或公路桥下交叉通过时,不应改变桥梁下的水文条件；

6 与公路并行的管道路由宜在公路用地界 3 m 以外,与铁路并行的管道路由宜在铁路用地界 3 m 以外,如地形受限或其他条件限制的局部地段不满足要求时,应征得道路管理部门的同意；

7 线路宜避开城乡规划区，当受条件限制，需要在城乡规划区通过时，应征得城乡规划主管部门的同意，并采取安全保护措施；

8 石方地段的管线路由爆破挖沟时，应避免对公众及周围设施的安全造成影响；

9 线路宜避开高压直流换流站接地极、变电站等强干扰区域；

10 埋地管道与建(构)筑物的间距应满足施工和运行管理需求，且管道中心线与建(构)筑物的最小距离不应小于5m。

4.1.2 输气管道应避开滑坡、崩塌、塌陷、泥石流、洪水严重侵蚀等地质灾害地段，宜避开矿山采空区及全新世活动断层。当受到条件限制必须通过上述区域时，应选择危害程度较小的位置通过，并采取相应的防护措施。

4.2 地区等级划分及设计系数确定

4.2.1 输气管线通过的地区，应按沿线居民户数和(或)建筑物的密集程度，划分为四个地区等级，并应依据地区等级做出相应的管道设计。

4.2.2 地区等级划分应符合下列规定：

1 沿管线中心线两侧各200 m范围内，任意划分成长度为2 km并能包括最大聚居户数的若干地段，按划定地段内的户数应划分为四个等级。在乡村人口聚集的村庄、大院及住宅楼，应以每一独立户作为一个供人居住的建筑物计算。地区等级应按下列原则划分：

1) 一级一类地区：不经常有人活动及无永久性人员居住的区段；

2) 一级二类地区：户数在15户或以下的区段；

3) 二级地区：户数在15户以上100户以下的区段；

4) 三级地区：户数在100户或以上的区段，包括市郊居住区、商业区、工业区、规划发展区以及不够四级地区条件的人口稠密区；

5) 四级地区：四层及四层以上楼房(不计地下室层数)普遍集中、交通频繁、地下设施多的区段。

2 当划分地区等级边界线时，边界线距最近一幢建筑物外边缘不应小于200m。

3 在一、二级地区内的学校、医院以及其他公共场所等人群聚集的地方，应按三级地区选取设计系数。

4 当一个地区的发展规划足以改变该地区的现有等级时，应按发展规划划分地区等级。

4.2.3 输气管道的强度设计系数应符合表4.2.3的规定。

表4.2.3 强度设计系数

地区等级	强度设计系数 F
一级一类地区	0.8
一级二类地区	0.72
二级地区	0.6
三级地区	0.5
四级地区	0.4
注：一级一类地区的线路管道可采用0.8或0.72强度设计系数。	

4.2.4 穿越道路的管段以及输气站和阀室内管道的强度设计系数,应符合表 4.2.4 的规定。

表 4.2.4 穿越道路的管段以及输气站和阀室内管道的强度设计系数

管段或管道	地区等级				
	一		二	三	四
	一类	二类			
	强度设计系数				
有套管穿越三、四级公路的管道	0.72	0.72	0.6	0.5	0.4
无套管穿越三、四级公路的管道	0.6	0.6	0.5	0.5	0.4
穿越一、二级公路,高速公路,铁路的管道	0.6	0.6	0.6	0.5	0.4
输气站内管道及截断阀室内管道	0.5	0.5	0.5	0.5	0.4

4.3 管道敷设

4.3.1 输气管道应采用埋地方式敷设,特殊地段可采用土堤或地面形式敷设。

4.3.2 埋地管道覆土层最小厚度应符合表 4.3.2 的规定。在不能满足要求的覆土厚度或外荷载过大、外部作业可能危及管道之处,应采取保护措施。

表 4.3.2 最小覆土厚度(m)

地区等级	土壤类		岩石类
	旱地	水田	
一级	0.6	0.8	0.5
二级	0.8	0.8	0.5
三级	0.8	0.8	0.5
四级	0.8	0.8	0.5

注:1 对需平整的地段应按平整后的标高计算。
2 覆土层厚度应从管顶算起。
3 季节性冻土区宜埋设在最大冰冻线以下。
4 旱地和水田轮种的地区或现有旱地规划需要改为水田的地区应按水田确定埋深。
5 穿越鱼塘或沟渠的管线,应埋设在清淤层以下不小于 1.0 m。

4.3.3 管沟边坡坡度应根据土壤类别、物理力学性质(如黏聚力、内摩擦角、湿度、容重等)、边坡顶部附近载荷情况和管沟开挖深度综合确定。当无上述土壤的物理性质资料时,对土壤构造均匀、无地下水、水文地质条件良好、深度不大于 5 m 且不加支撑的管沟,其边坡坡度值可按表 4.3.3 确定。深度超过 5 m 的管沟,应根据实际情况可采取将边坡放缓、加筑平台或加设支撑。

表 4.3.3　深度在 5 m 以内管沟最陡边坡坡度值

土壤类别	最陡边坡坡度值(高宽比)		
	坡顶无载荷	坡顶有静载荷	坡顶有动载荷
中密的砂土	1∶1.00	1∶1.25	1∶1.50
中密的碎石类土(充填物为砂土)	1∶0.75	1∶1.00	1∶1.25
硬塑的粉土	1∶0.67	1∶0.75	1∶1.00
中密的碎石类土(充填物为黏性土)	1∶0.50	1∶0.67	1∶0.75
硬塑的粉质黏土、黏土	1∶0.33	1∶0.50	1∶0.67
老黄土	1∶0.10	1∶0.25	1∶0.33
软土(经井点降水)	1∶1.00	—	—
硬质岩	1∶0	1∶0	1∶0

注：1　静载荷系指堆土或料堆等，动载荷系指有机械挖土、吊管机和推土机等动力机械作业。
2　对软土地区，开挖深度不应超过 4 m。
3　冻土地区，应根据冻土可能的变化趋势及土壤特性经现场试挖确定边坡坡度值。

4.3.4　管沟宽度应符合下列规定：

1　管沟深度小于或等于 5 m 时，沟底宽度应按下式计算：

$$B=D_o+K \qquad (4.3.4)$$

式中：B ——沟底宽度(m)；

D_o——钢管的结构外径(m)，包括防腐及保温层的厚度，两条或两条以上的管道同沟敷设时，D_o 应取各管道结构外径之和加上相邻管道之间的净距之和；

K ——沟底加宽裕量(m)，宜按表 4.3.4 取值。

表 4.3.4　沟底加宽裕量(m)

条件因素	沟上焊接				沟下焊条电弧焊接			沟下半自动焊接处管沟	沟下焊接弯头、弯管及连头处管沟
	土质管沟		岩石爆破管沟	弯头、冷弯管处管沟	土质管沟		岩石爆破管沟		
	沟中有水	沟中无水			沟中有水	沟中无水			
沟深 3 m 以内	0.7	0.5	0.9	1.5	1.0	0.8	0.9	1.6	2.0
沟深 3 m～5 m	0.9	0.7	1.1	1.5	1.2	1.0	1.1	1.6	2.0

注：1　当采用机械开挖管沟，计算的沟底宽度小于挖斗宽度时，沟底宽度应按挖斗宽度计算。
2　沟下焊接弯头、弯管、碰口及半自动焊接处的管沟加宽范围宜为工作点两边各 1 m。

2　当管沟需要加支撑，在决定底宽时，应计入支撑结构的厚度。

3　当管沟深度大于 5 m 时，应根据土壤类别及物理力学性质确定沟底宽度。

4.3.5　岩石及砾石区的管沟，沟底比土壤区管沟超挖不应小于 0.2 m，并用细土或砂将超挖部分压实垫平后方可下管。管沟回填时，应先用细土回填至管顶以上 0.3 m，方可用原开挖土回填并压实。管沟回填土在不影响土地复耕或水土保持的情况下宜高出地面0.3 m。

4.3.6 农耕区及其他植被区的管沟开挖,应将表层耕(腐)质土和下层土分别堆放,管沟回填时应将耕(腐)质土回填到表层。

4.3.7 当管沟纵坡较大时,应根据土壤性质,采取防止回填土下滑或回填细土流失的措施。

4.3.8 在沼泽、水网(含水田)地区的管道,当覆土层不足以克服管浮力时,应采取稳管措施。有积水的管沟,宜排净水后回填,否则应采取防止回填作业造成管道位移的措施。

4.3.9 当输气管道采用土堤埋设时,土堤高度和顶部宽度应根据地形、工程地质、水文地质、土壤类别及性质确定,并应符合下列规定:

1 管道在土堤中的覆土厚度不应小于0.8 m,土堤顶部宽度不应小于管道直径的两倍且不得小于1.0 m;

2 土堤的边坡坡度值应根据土壤类别和土堤的高度确定,管底以下黏性土土堤,压实系数宜为0.94～0.97,堤高小于2 m时,边坡坡度值宜为1∶1～1∶1.25,堤高为2 m～5 m时,边坡坡度值宜为1∶1.25～1∶1.5,土堤受水浸淹没部分的边坡宜采用1∶2的边坡坡度值;

3 位于斜坡上的土堤应进行稳定性计算。当自然地面坡度大于20%时,应采取防止填土沿坡面滑动的措施;

4 当土堤阻碍地表水或地下水泄流时,应设置泄水设施。泄水能力应根据地形和汇水量按防洪标准重现期为25年一遇的洪水量设计,并应采取防止水流对土堤冲刷的措施;

5 土堤的回填土,其透水性能宜相近;

6 沿土堤基底表面的植被应清除干净;

7 软弱地基上的土堤应采取防止填土后基础沉陷的措施。

4.3.10 输气管道通过人工或天然障碍物时,应符合现行国家标准《油气输送管道穿越工程设计规范》GB 50423和《油气输送管道跨越工程设计规范》GB 50459的有关规定。

4.3.11 埋地输气管道与其他埋地管道、电力电缆、通信光(电)缆交叉的间距应符合下列规定:

1 输气管道与其他管道交叉时,垂直净距不应小于0.3 m,当小于0.3 m时,两管间交叉处应设置坚固的绝缘隔离物,交叉点两侧各延伸10 m以上的管段,应确保管道防腐层无缺陷;

2 输气管道与电力电缆、通信光(电)缆交叉时,垂直净距不应小于0.5 m,交叉点两侧各延伸10 m以上的管段,应确保管道防腐层无缺陷。

4.3.12 埋地输气管道与高压交流输电线路杆(塔)和接地体之间的距离宜符合下列规定:

1 在开阔地区,埋地管道与高压交流输电线路杆(塔)基脚间的最小距离不宜小于杆(塔)高;

2 在路由受限地区,埋地管道与交流输电系统的各种接地装置之间的最小水平距离不宜小于表4.3.12的规定。在采取故障,屏蔽、接地、隔离等防护措施后,表4.3.12规定的距离可适当减小。

表4.3.12 埋地管道与交流接地体的最小距离(m)

电压等级(kV)	≤220	330	500
铁塔或电杆接地	5.0	6.0	7.5

4.3.13 地面敷设的输气管道与架空交流输电线路的距离应符合表4.3.13的规定。

表 4.3.13 地面管道与架空输电线路最小距离(m)

<table>
<tr><td rowspan="3" colspan="2">项目</td><td colspan="9">电压等级(kV)</td></tr>
<tr><td rowspan="2">3～10</td><td rowspan="2">35～66</td><td rowspan="2">110</td><td rowspan="2">220</td><td rowspan="2">330</td><td rowspan="2">500</td><td rowspan="2">750</td><td colspan="2">1000</td></tr>
<tr><td>单回路</td><td>双回路(逆相序)</td></tr>
<tr><td colspan="2">最小垂直距离</td><td>3.0</td><td>4.0</td><td>4.0</td><td>5.0</td><td>6.0</td><td>7.5</td><td>9.5</td><td>18</td><td>16</td></tr>
<tr><td rowspan="2">最小水平距离</td><td>开阔地区</td><td>最高杆(塔)高</td><td>最高杆(塔)高</td><td>最高杆(塔)高</td><td>最高杆(塔)高</td><td>最高杆(塔)高</td><td>最高杆(塔)高</td><td>最高杆(塔)高</td><td colspan="2">最高杆(塔)高</td></tr>
<tr><td>路径受限地区</td><td>2.0</td><td>4.0</td><td>4.0</td><td>5.0</td><td>6.0</td><td>7.5</td><td>9.5</td><td colspan="2">13</td></tr>
<tr><td colspan="11">注:表中最小水平距离为边导线至管道任何部分的水平距离。</td></tr>
</table>

4.3.14 弯管应符合下列规定:

1 线路用热煨弯管的曲率半径不应小于管子外径的 5 倍,并应满足清管器或检测仪器能顺利通过的要求;

2 热煨弯管的任何部位不得有裂纹和其他机械损伤,其两端部 100 mm 长直管段范围内的圆度不应大于连接管圆度的规定值,其他部位的圆度不应大于 2.5%;

3 不应采用有环向焊缝的钢管制作热煨弯管;

4 冷弯弯管的最小曲率半径应符合表 4.3.14 的规定。

表 4.3.14 冷弯弯管最小曲率半径

公称直径 DN(mm)	最小曲率半径 R(mm)
≤300	18D
350	21D
400	24D
450	27D
500	30D
550≤DN≤1000	40D
≥1050	50D
注:表中的 D 为钢管外径(mm)。	

4.3.15 输气管道采用弹性敷设时应符合下列规定:

1 弹性敷设管道与相邻的反向弹性弯管之间及弹性弯管和人工弯管之间,应采用直管段连接,直管段长度不应小于管子外径值,且不应小于 500 mm;

2 弹性敷设管道的曲率半径应满足管子强度要求,且不应小于钢管外径的 1000 倍,垂直面上弹性敷设管道的曲率半径还应大于管在自重作用下产生的挠度曲线的曲率半径,曲率半径应按下式计算:

$$R \geqslant 3600\sqrt[3]{\frac{1-\cos\frac{\alpha}{2}}{\alpha^4}D^2} \quad \cdots\cdots\cdots\cdots\cdots\cdots\cdots\cdots \quad (4.3.15)$$

式中：R ——管道弹性弯曲曲率半径(m)；

α ——管道的转角(°)；

D ——钢管外径(cm)。

4.3.16 弯管不得使用褶皱弯或虾米弯弯管代替。管子对接偏差不应大于3°。

4.3.17 管道通过较大的陡坡地段以及受温度变化影响，应校核管道的稳定性，并宜根据计算结果确定设置锚固或采取其他管道稳定的措施。当采用锚固墩时，管道与锚固墩之间应有良好的电绝缘。

4.3.18 埋地输气管道与民用炸药储存仓库的最小水平距离应符合下列规定：

1 埋地输气管道与民用炸药储存仓库的最小水平距离应按下式计算：

$$R=-267e^{-Q/8240}+342 \quad \cdots\cdots\cdots\cdots\cdots\cdots\cdots\cdots \quad (4.3.18)$$

式中：R ——管道与民用炸药储存仓库的最小水平距离(m)；

e ——常数，取2.718；

Q ——炸药库容量(kg)，1000 kg≤Q≤10000 kg。

2 当炸药库与管道之间存在下列情况之一时，按本规范式(4.3.1 8)计算的水平距离值可折减15%～20%：

1） 炸药库地面标高大于管道的管顶标高；

2） 炸药库与管道间存在深度大于管沟深度的沟渠；

3） 炸药库与管道间存在宽度大于50 m且高度大于10 m的山体。

3 无论现状炸药库的库存药量有多少，本规范式(4.3.18)中的炸药库容量Q应按政府部门批准的建库规模取值。库存药量不足1000 kg应按1000 kg取值计算。

4.4 并行管道敷设

4.4.1 并行敷设的管道，应统筹规划、合理布局及共用公用设施，先建管道应为后建管道的建设和运行管理创造条件。

4.4.2 不受地形、地物或规划限制地段的并行管道，最小净距不应小于6 m。

4.4.3 受地形、地物或规划限制地段的并行管道，采取安全措施后净距可小于6 m，同期建设时可同沟敷设，同沟敷设的并行管道，间距应满足施工及维护需求且最小净距不应小于0.5 m。

4.4.4 穿越段的并行管道，应根据建设时机和影响因素综合分析确定间距。共用隧道、跨越管桥及涵洞设施的并行管道；净距不应小于0.5 m。

4.4.5 石方地段不同期建设的并行管道，后建管道采用爆破开挖管沟时，并行净距宜大于20 m且应控制爆破参数。

4.4.6 穿越全新世活动断层的并行管道不宜同沟敷设。

4.5 线路截断阀(室)的设置

4.5.1 输气管道应设置线路截断阀(室)，管道沿线相邻截断阀之间的间距应符合下列规定：

1 以一级地区为主的管段不宜大于32 km；

2 以二级地区为主的管段不宜大于24 km；

3 以三级地区为主的管段不宜大于16 km；

4 以四级地区为主的管段不宜大于 8 km;

5 本条第 1 款至第 4 款规定的线路截断阀间距,如因地物、土地征用、工程地质或水文地质造成选址受限的可作调增,一、二、三、四级地区调增分别不应超过 4 km、3 km、2 km、1 km。

4.5.2 线路截断阀(室)应选择在交通方便、地形开阔、地势相对较高的地方,防洪设防标准不应低于重现期 25 年一遇。线路截断阀(室)选址受限时,应符合下列规定:

1 与电力、通信线路杆(塔)的间距不应小于杆(塔)的高度再加 3 m;

2 距铁路用地界外不应小于 3 m;

3 距公路用地界外不应小于 3 m;

4 与建筑物的水平距离不应小于 12 m。

4.5.3 线路截断阀及与输气管线连通的第一个其他阀门应采用焊接连接阀门。截断阀可采用自动或手动阀门,并应能通过清管器或检测仪器,采用自动阀时,应同时具有手动操作功能。

4.5.4 截断阀可安装在地面上或埋地。截断阀及其辅助工艺管道应采取稳固措施。截断阀及其配套设施宜采用围栏或围墙进行保护。

4.6 线路管道防腐与保温

4.6.1 输气管道应采取外防腐层加阴极保护的联合防护措施,管道的防腐蚀设计应符合现行国家标准《钢质管道外腐蚀控制规范》GB/T 21447 的有关规定。

4.6.2 管道外防腐层类型、等级的选择应根据地形与地质条件、管道所处环境的腐蚀性、地理位置、输送介质温度、杂散电流、经济性等综合因素确定。管道外防腐层的性能及施工技术要求应符合国家现行相关标准的规定。

4.6.3 管道阴极保护设计应根据工程规模、土壤环境、管道防腐层质量等因素,经济合理地选用保护方式,并应符合现行国家标准《埋地钢质管道阴极保护技术规范》GB/T 21448 的有关规定。

4.6.4 阴极保护管道应与非保护构筑物电绝缘。在绝缘接头或绝缘法兰的连接设施上应设置防高压电涌冲击的保护设施。

4.6.5 在交、直流干扰源影响区域内的管道,应按现行国家标准《埋地钢质管道交流干扰防护技术标准》GB/T 50698 和《埋地钢质管道直流干扰防护技术标准》GB 50991 的规定,采取有效的减缓干扰的防护措施。

4.6.6 阴极保护管道应设置阴极保护参数测试设施,宜设置阴极保护参数监测装置。

4.6.7 非同沟敷设的并行管道宜分别实施阴极保护,阳极地床方式和位置的选择应能避免相互之间的干扰。同沟敷设且阴极保护站合建的管段可采用联合保护。

4.6.8 地面以上敷设的管道如需保温时,应采用防腐层进行防腐,保温层材料和保护层材料的性能应符合现行国家标准《工业设备及管道绝热工程设计规范》GB 50264 的有关规定。

4.7 线路水工保护

4.7.1 管道水工保护设计应依据当地气象、水文、地形及地质等条件,结合当地施工材料及经验做法,采取植物措施和工程措施相结合的综合防治措施。

4.7.2 管道通过土(石)坎、田坎、陡坡、河流、冲沟、嵝岘、沟渠、不稳定边坡地段时,应因地制宜地采取保护管道和防止水土流失的水工保护措施。

4.7.3 管道通过易受水流冲刷的河(沟)岸时,应采取护岸措施。护岸设计应符合下列规定:

1 应符合防洪及河道、水利管理的有关法规；

2 应保证水流顺畅，不得冲、淘穿越管段及河床岸坡；

3 应因地制宜、就地取材，根据水流及冲刷程度，采用抛石护岸、石笼护岸、浆砌石或干砌块石护岸、混凝土或钢筋混凝土护岸措施；

4 护岸宽度应根据实际水文地质条件确定，且不应小于施工扰动岸坡的宽度。护岸顶高出设计洪水位(含浪高和壅水高)不应小于 0.5 m。护岸不应减少或改变河道的过水断面。

4.7.4 河流、沟渠穿越地段的水工保护设计应符合现行国家标准《油气输送管道穿越工程设计规范》GB 50423 的有关规定。

4.7.5 山地敷设埋地管道的水工保护设计应符合下列规定：

1 管道顺坡埋地敷设时，应依据管道纵坡坡度、回填土特性和管沟地质条件，在管沟内设置截水墙，截水墙的间距宜为 10 m～20 m；

2 管道横坡向埋地敷设时，管沟附近坡面应保持稳定，水工保护设计应根据地形、地质条件综合布置坡面截、排水系统和支挡防护措施；

3 应依据边坡坡度在坡脚处设置护坡或挡土墙防护措施；

4 宜根据边坡雨水汇流流量在坡面设置截、排水沟。排水沟应充分利用原始坡面沟道，出水口设置位置不应对管道、耕地或邻近建(构)筑物形成冲刷。

4.7.6 管道通过土(石)坎、田坎段时，可采取浆砌石堡坎、干砌石堡坎、加筋土堡坎或袋装土堡坎结构形式进行防护，堡坎宽度不应小于施工作业带扰动宽度。

4.8 管道标识

4.8.1 管道沿线应设置里程桩、转角桩、标志桩、交叉桩和警示牌等永久性标识。

4.8.2 管径相同且并行净距小于 6 m 的埋地管道，以及管径相同共用隧道、涵洞或共用管桥跨越的管道，应有可明显区分识别的标识。

4.8.3 通过人口密集区、易受第三方损坏地段的埋地管道应加密设置标识桩和警示牌，并应在管顶上方连续埋设警示带。

4.8.4 平面改变方向一次转角大于 5°时，应设置转角桩。平面上弹性敷设的管道，应在弹性敷设段设置加密标识桩。

4.8.5 地面敷设的管段应设警示牌并采取保护措施。

5 管道和管道附件的结构设计

5.1 管道强度和稳定性计算

5.1.1 管道强度计算应符合下列规定：

1 埋地管道强度设计应根据管段所处地区等级以及所承受永久荷载、可变荷载和偶然荷载而定，通过地震动峰值加速度大于或等于 $0.05g$ 至小于或等于 $0.4g$ 地区内的管道，应按现行国家标准《油气输送管道线路工程抗震技术规范》GB 50470 的有关规定进行强度设计和校核；

2 埋地直管段的轴向应力与环向应力组合的当量应力，应小于钢管标准规定的最小屈服强度的 90%，管道附件的设计强度不应小于相连管道直管段的设计强度；

3 输气管道采用的钢管符合本规范第 5.2.2 条规定时，焊缝系数值应取 1.0。

5.1.2 输气管道强度计算应符合下列规定：

1 直管段管壁厚度应按下式计算：

$$\delta=\frac{PD}{2\sigma_s\varphi Ft} \quad (5.1.2)$$

式中：δ——钢管计算壁厚(mm)；

P——设计压力(MPa)；

D——钢管外径(mm)；

σ_s——钢管标准规定的最小屈服强度(MPa)；

φ——焊缝系数；

F——强度设计系数，应按本规范表 4.2.3 和表 4.2.4 选取；

t——温度折减系数，当温度小于 120 ℃时，t 值应取 1.0。

2 受约束的埋地直管段轴向应力计算和当量应力校核，应按本规范附录 B 进行计算。

3 当温度变化较大时，应进行热胀应力计算。必要时应采取限制热胀位移的措施；

4 受内压和温差共同作用下弯头的组合应力，应按本规范附录 C 进行计算。

5 常用钢管的屈服强度应符合表 5.1.2 的规定。

表 5.1.2 常用钢管屈服强度要求(MPa)

钢管钢级	无缝和焊接钢管管体 屈服强度 $R_{t0.5}$		钢管钢级	无缝和焊接钢管管体 屈服强度 $R_{t0.5}$	
	最小	最大		最小	最大
$L245$	245	450	$L450$	450	600
$L290$	290	495	$L485$	485	635
$L320$	320	525	$L555$	555	705
$L360$	360	530	$L625$	625	775
$L390$	390	545	$L690$	690	840
$L415$	415	565	$L830$	830	1050

注：1 $R_{t0.5}$ 表示屈服强度(0.5%总伸长率)。

2 $L690$、$L830$ 适用于 $R_{P0.2}$(0.2%非比例伸长)。

5.1.3 输气管道的最小管壁厚度不应小于 4.5 mm，钢管外径与壁厚之比不应大于 100。

5.1.4 输气管道径向稳定校核应按下列公式进行计算。当管道埋设较深或外荷载较大时，应按无内压状态校核稳定性。

$$\Delta_x \leqslant 0.03D \quad (5.1.4-1)$$

$$\Delta_x=\frac{ZKWD_m^3}{8EI+0.061E_sD_m^3} \quad (5.1.4-2)$$

$$W=W_1+W_2 \quad (5.1.4-3)$$

$$I=\delta_n^3/12 \quad (5.1.4-4)$$

式中：Δ_x——钢管水平方向最大变形量(m)；

D——钢管外径(m)；

Z——钢管变形滞后系数，宜取 1.5；

K——基床系数，宜按本规范附录 D 的规定选取；

W ——作用在单位管长上的总竖向荷载(N/m)；

D_m——钢管平均直径(m)；

E ——钢材弹性模量(N/m^2)；

I ——单位管长截面惯性矩(m^4/m)；

E_s ——土壤变形模量(N/m^2)，E_s 值应采用现场实测数，当无实测资料时，可按本规范附录D的规定选取；

W_1——单位管长上的竖向永久荷载(N/m)；

W_2——地面可变荷载传递到管道上的荷载(N/m)；

δ_n ——钢管公称壁厚(m)。

5.1.5 曾采用冷加工使其符合规定的最小屈服强度的钢管，以后又将其不限时间加热到高于480 ℃或高于320 ℃超过1 h(焊接除外)，该钢管允许承受的最高压力，不应超过按本规范式(5.1.2) 计算值的75%。

5.2 材料

5.2.1 输气管道所用钢管及管道附件的选材，应根据操作压力、温度、介质特性、使用地区等因素，经技术经济比较后确定。采用的钢管和钢材，应具有良好的韧性和焊接性能。

5.2.2 输气管道选用的钢管应符合现行国家标准《石油天然气工业　管线输送系统用钢管》GB/T 9711 中的 PSL2 级、《高压锅炉用无缝钢管》GB 5310、《高压化肥设备用无缝钢管》GB 6479及《输送流体用无缝钢管》GB/T 8163 的有关规定。

5.2.3 输气管道所采用的钢管和管道附件，应根据强度等级、管径、壁厚、焊接方式及使用环境温度等因素对材料提出韧性要求。

5.2.4 钢级不明的材料不应用于管道及其管道附件制作。铸铁和铸钢不应用于制造管件。

5.2.5 钢管应在工厂逐根进行静水压试验，管体或焊缝不得渗漏，管壁应无明显的鼓胀。一级一类地区采用0.8设计系数的钢管，工厂静水压试验压力产生的环向应力不应小于管材标准规定的最小屈服强度的95%。其他设计系数使用的钢管，工厂静水压试验压力产生的环向应力不宜小于管材标准规定的最小屈服强度的90%。

5.2.6 处于寒冷地区地面安装的承压元件、法兰及紧固件等材料的力学性能应满足设计最低温度的使用要求。

5.2.7 钢管表面的凿痕、槽痕、刻痕和凹痕等有害缺陷处理应符合下列规定：

1 钢管在运输、安装或修理中造成壁厚减薄时，管壁上任一点的厚度不应小于按本规范式(5.1.2)计算确定的钢管壁厚的90%；

2 凿痕、槽痕应打磨光滑，对被电弧烧痕所造成的“冶金学上的刻痕”应打磨掉，并圆滑过渡，打磨后的管壁厚度小于本规范第5.2.7条第1款的规定时，应将管子受损部分整段切除，不得嵌补；

3 在纵向或环向焊缝处影响钢管曲率的凹痕均应去除，其他部位的凹痕深度，当钢管公称直径小于或等于300 mm时，不应大于6 mm，当钢管公称直径大于300 mm时，不应大于钢管公称直径的2%，当凹痕深度不符合要求时，应将管受损部分整段切除，不得嵌补或将凹痕敲臌。

5.2.8 放空管线、管件和放空立管的材料宜按低温低应力工况校核。

5.3 管道附件

5.3.1 管道附件应符合下列规定：

1 管件的制作应符合国家现行标准《钢板制对焊管件》GB/T 13401、《钢制对焊无缝管件》GB/T 12459、《钢制对焊管件规范》SY/T 0510 及《油气输送用钢制感应加热弯管》SY/T 5257 的有关规定，钢制管法兰、法兰盖、法兰紧固件及法兰用垫片应符合现行国家标准 GB 9112～GB 9131 系列标准的有关规定；

2 快开盲板的设计制作应符合现行行业标准《快速开关盲板技术规范》SY/T 0556 的有关规定。

5.3.2 管道附件与没有轴向约束的直管连接时，应按本规范附录 E 规定的方法进行承受热膨胀的强度校核。

5.3.3 弯管的管壁厚度应按下列公式计算：

$$\delta_b = \delta \cdot m \quad \cdots\cdots (5.3.3-1)$$

$$m = \frac{4R - D}{4R - 2D} \quad \cdots\cdots (5.3.3-2)$$

式中：δ_b ——弯管的管壁计算厚度(mm)；

δ ——与弯管所连接的同材质直管段管壁计算厚度(mm)；

m ——弯管的管壁厚度增大系数；

R ——弯管的曲率半径(mm)；

D ——弯管的外直径(mm)。

5.3.4 主管上不宜直接开孔焊接支管。当直接在主管上开孔与支管连接或自制三通时，开孔削弱部分可按等面积补强，结构和计算方法应符合本规范附录 F 的规定。当支管外径大于或等于 1/2 主管内径时，应采用标准三通件。

5.3.5 异径接头可采用带折边或不带折边的两种结构形式，强度设计应符合现行国家标准《压力容器》GB 150.1～GB 150.4 的有关规定。

5.3.6 管封头应采用长短轴比值为 2 的标准型椭圆形封头，结构、尺寸和强度应符合现行国家标准《压力容器》GB 150.1～GB 150.4 的有关规定。

5.3.7 管法兰的选用应符合国家现行相关标准的规定。法兰的密封垫片和紧固件应与法兰配套选用。绝缘接头和绝缘法兰的设计、制造及检验应符合现行行业标准《绝缘接头与绝缘法兰技术规范》SY/T 0516 的有关规定。

5.3.8 在防爆区内使用的阀门，应具有耐火性能。防爆区采用的设备应具有相应的防爆等级，输气站及阀室的爆炸危险区域划分应符合本规范第 10.1.7 条和附录 J 的规定。

5.3.9 需要通过清管器和检测仪器的阀门，应选用全通径阀门。

5.3.10 与工艺管道连接的设备、管道附件和压力容器应满足管道系统 1.5 倍设计压力的强度试验要求。

6 输气站

6.1 输气站设置

6.1.1 输气站的设置应符合目标市场、线路走向和输气工艺设计的要求，各类输气站宜联合建设。

6.1.2 输气站位置选择应符合下列规定：

1 应满足地形平缓、地势相对较高及近远期扩建需求；

2 应满足供电、给水、排水、生活及交通方便的需求；

3 应避开山洪、滑坡、地面沉降、风蚀沙埋等不良工程地质地段及其他不宜设站的地方；

4 压气站的位置选择宜远离噪声敏感区；

5 区域布置的防火距离应符合现行国家标准《石油天然气工程设计防火规范》GB 50183的有关规定。

6.1.3 输气站内平面布置、防火安全、场内道路交通与外界公路的连接应符合国家现行标准《石油天然气工程设计防火规范》GB 50183和《石油天然气工程总图设计规范》SY/T 0048的有关规定。

6.2 站场工艺

6.2.1 输气站设计输气能力应与管道系统设计输气能力匹配。

6.2.2 输气站应根据设备运行对气体中固液含量的要求，分析确定分离过滤设备的设置。

6.2.3 调压及计量设计应符合下列规定：

1 应满足输气工艺、生产运行及检修需要；

2 在需控制压力及需要对气体流量进行控制和调节的管段上应设置调压设施，调压应注意节流温降的影响；

3 具有贸易交接、设备运行流量分配和自耗气的工艺管路上应设置计量设施；

4 计量流程的设计及设备的选择应满足流量变化的要求。

6.2.4 清管设施设计应符合下列规定：

1 清管设施宜与输气站合并建设，当输气站站间距超过清管器可靠运行距离时，应单独设置清管站；

2 清管工艺应采用不停气密闭清管工艺流程，进出站的管段上宜设置清管器通过指示器；

3 清管器收、发筒的结构尺寸应能满足通过清管器或智能检测器的要求；

4 清管作业清除的污物应进行收集处理，不得随意排放。

6.2.5 输气站放空设计应符合本规范第3.4.7条的要求。

6.2.6 输气站生产的污液宜集中收集，应根据污物源的点位、数量、物性参数等设计排污管道系统，排污管道的终端应设排污池或排污罐。

6.3 压缩机组的布置及厂房设计

6.3.1 压缩机组应根据工作环境及对机组的要求，布置在露天或厂房内。在严寒地区、噪声控制地区或风沙地区宜采用全封闭式厂房，其他地区宜采用敞开式或半敞开式厂房。

6.3.2 厂房内压缩机及其辅助设备的布置，应根据机型、机组功率、外型尺寸、检修方式、运输等因素按单层或双层布置，并应符合下列规定：

1 两台压缩机组的突出部分间距及压缩机组与墙的间距，应能满足操作、检修的场地和通道要求；

2 压缩机组的布置应便于管线和设备安装；

3 压缩机基础的布置和设计应符合现行国家标准《动力机器基础设计规范》GB 50040的有关规定，并应采取相应的减振、隔振措施。

6.3.3 压气站内建(构)筑物的防火、防爆和噪声控制应按国家现行相关标准的有关规定进行设计。

6.3.4 压缩机房的每一操作层及其高出地面 3 m 以上的操作平台(不包括单独的发动机平台),应至少设置两个安全出口及通向地面的梯子。操作平台上的任意点沿通道中心线与安全出口之间的最大距离不得大于 25 m。安全出口和通往安全地带的通道,必须畅通无阻。压缩机房设置的平开门应朝外开。

6.3.5 压缩机房的建筑平面、空间布置应满足工艺流程、设备布置、设备安装和维修的要求。

6.3.6 压缩机厂房的防火设计应符合现行国家标准《石油天然气工程设计防火规范》GB 50183 的有关规定。

6.3.7 压缩机房内,应根据压缩机检修的需要配置供检修用的固定起重设备。当压缩机组布置在露天、敞开式厂房内或机组自带起吊设备时,可不设固定起重设备,但应设置移动式起重设备的吊装场地和行驶通道。

6.4 压气站工艺及辅助系统

6.4.1 压气站工艺流程设计应根据输气系统工艺要求,满足气体的除尘、分液、增压、冷却、越站、试运作业和机组的启动、停机、正常操作及安全保护等要求。

6.4.2 压气站宜设置分离过滤设备,处理后的天然气应符合压缩机组对固液含量的要求。

6.4.3 压气站内的总压降不宜大于 0.25 MPa。

6.4.4 当压缩机出口气体温度高于下游设施、管道以及管道敷设环境允许的最高操作温度或为提高气体输送效率时,应设置冷却器。

6.4.5 每一台离心式压缩机组宜设天然气流量计量设施。

6.4.6 压缩机组能耗宜采用单机计量。

6.4.7 压缩机组进、出口管线上应设截断阀,截断阀宜布置在压缩机厂房外,其控制应纳入机组控制系统。

6.4.8 压缩机采用燃机驱动时,燃机的燃料气供给系统设计应符合下列规定:

1 燃料气的气质、压力、流量应满足燃机的运行要求;

2 燃料气管线应从压缩机进口截断阀上游的总管上接出,应设置调压设施和对单台机组的计量设施;

3 燃料气管线在进入压缩机厂房前及每台燃机前应装设截断阀;

4 燃料气安全放空宜在核算放空背压后接入站场相同压力等级的放空系统;

5 燃料气中可能出现凝液时,宜在燃料气系统加装气-液聚结器或其他能去除凝液的设施。

6.4.9 离心式压缩机的润滑油系统的动力应由主润滑油泵、辅助润滑油泵和紧急润滑油泵或高位油箱构成。辅助油泵的出油管应设单向阀。

6.4.10 采用注油润滑的往复式压缩机各级出口均应设气-液分离设备。

6.4.11 冷却系统设计应符合下列规定:

1 气体冷却应根据压气站所处地理位置、气象、水源、排水、供配电等情况比较确定,可采用空冷、水冷或其他冷却方式,气体通过冷却器的压力损失不宜大于 0.07 MPa;

2 往复式压缩机和燃气发动机气缸壁冷却水宜采用密闭循环冷却;

3 冷却系统的布置应注意与相邻散热设施的关系,应避免相互干扰。

6.4.12 压缩空气系统设计应符合下列规定：

1 压缩空气系统的设计应符合现行国家标准《压缩空气站设计规范》GB 50029 的有关规定；

2 压缩空气系统所提供的压缩空气应满足离心式压缩机、电机正压通风，站内仪表用风及其他设施对气量、气质、压力的要求；

3 空气储罐容量应满足 15 min 干气密封、仪表用风等的气量要求；

4 空气罐或罐组出口处宜设置止回阀。

6.4.13 燃气轮机的启动宜采用电液马达启动、交流电机启动或气马达启动。当采用气马达启动时，驱动气马达的气体气质及气体参数应符合设备制造厂的要求，应在每台发动机附近的启动用空气管线上设置止回阀。

6.4.14 以燃气为动力的压缩机组应设置空气进气过滤系统，过滤后的气质应符合设备制造厂的要求。

6.4.15 以燃气为动力的压缩机组的废气排放口应高于新鲜空气进气系统的进气口，宜位于进气口当地最小风频上风向，废气排放口与新鲜空气进气口应保持足够的距离，避免废气重新吸入进气口。

6.5 压缩机组的选型及配置

6.5.1 压缩机组的选型和台数，应根据压气站的总流量、总压比、出站压力、气质等参数，结合机组备用方式，进行技术经济比较后确定。

6.5.2 压气站宜选用离心式压缩机。在站压比较高、输量较小时，可选用往复式压缩机。

6.5.3 同一压气站内的压缩机组宜采用同一机型。

6.5.4 压缩机的原动机选型应结合当地能源供给情况及环境条件，进行技术经济比较后确定。离心式压缩机宜采用燃气轮机、变频调速电机或机械调速电机，往复式压缩机宜采用燃气发动机或电机。

6.5.5 驱动设备所需的功率应与压缩机相匹配。驱动设备的现场功率应有适当裕量，应能满足不同季节环境温度、不同海拔高度条件下的工况需求，且应能克服由于运行年限增长等原因可能引起的功率下降。压缩机的轴功率可按本规范附录 G 进行计算。

6.6 压缩机组的安全保护

6.6.1 往复式压缩机出口与第一个截断阀之间应装设安全阀和放空阀，安全阀的泄放能力不应小于压缩机的最大排量。

6.6.2 每台压缩机组应设置安全保护装置，并应符合下列规定：

1 压缩机气体进口应设置压力高限、低限报警和低限越限停机装置。

2 压缩机气体出口应设置压力高限报警和高限越限停机装置。

3 压缩机的原动机(除电动机外)应设置转速高限报警和超限停机装置。

4 启动气和燃料气管线应设置限流及超压保护设施。燃料气管线应设置停机或故障时的自动切断气源及排空设施。

5 压缩机组润滑油系统应有报警和停机装置。

6 压缩机组应设置振动监控装置及振动高限报警、超限自动停机装置。

7 压缩机组应设置轴承温度及燃气轮机透平进口气体温度监控装置，温度高限报警、超限自动停机装置。

8 离心式压缩机应设置喘振检测及控制设施。

9 压缩机组的冷却系统应设置振动检测及超限自动停车装置。

10 压缩机组应设轴位移检测、报警及超限自动停机装置。

11 压缩机的干气密封系统应有泄放超限报警装置。

6.6.3 事故紧急停机时,压缩机进、出口阀应自动关闭,防喘振阀应自动开启,压缩机及其配管应自动泄压。

6.7 站内管线

6.7.1 站内所有工艺管道均应采用钢管及钢质管件。钢管材料应符合本规范第5.2节的有关规定。

6.7.2 机组的仪表、控制、取样、润滑油,离心式压缩机用密封气、燃料气、压缩空气等系统的阀门、管道及管件等宜采用不锈钢材质。

6.7.3 钢管强度计算应符合本规范第5.1.2条的规定,设计系数的选择应符合本规范表4.2.4的规定。

6.7.4 站内管线安装设计应采取减小振动和热应力的措施。压缩机进、出口配管对压缩机连接法兰所产生的应力应小于压缩机技术条件的允许值。

6.7.5 管线的连接方式除因安装需要采用螺纹、卡套或法兰连接外,均应采用焊接。

6.7.6 输气站内管线应采用地上或埋地敷设,不宜采用管沟敷设。当采用管沟敷设时,应采取防止天然气泄漏积聚的措施。

6.7.7 管道穿越车行道路和围墙基础时,宜采取保护措施。

6.7.8 从站内分离设备至压缩机入口的管段宜进行内壁清洗。

6.7.9 与分离器、清管收发筒、压缩机组等设备相连的地面和埋地管道应采取防止管道沉降或位移的措施。

6.8 站内管道及设备的防腐与保温

6.8.1 站场地面以上的钢质管道和金属设施应采用防腐层进行防腐蚀防护。

6.8.2 站场埋地钢质管道的防腐层宜采用加强级或特加强级,可采取外防腐层加阴极保护的联合防护措施。

6.8.3 因工艺或材料低温性能原因需要保温的管道和设备,应进行保温。

6.8.4 保温管道及设备应采用防腐层进行防腐。埋地管道的保温设计应符合现行国家标准《埋地钢质管道防腐保温层技术标准》GB/T 50538的有关规定。地上钢质管道及设备的保温设计应符合现行国家标准《工业设备及管道绝热工程设计规范》GB 50264的有关规定。

7 地下储气库地面设施

7.1 一般规定

7.1.1 地下储气库地面设施设计范围应包括采、注气井井口至输气干线之间的工艺及相关辅助设施。

7.1.2 地下储气库地面设施的设计处理能力应根据地质结构的储、供气能力,按设计委托书或合同规定的季节调峰气量、日调峰气量或应急调峰气量确定。

7.1.3 地下储气库宜靠近负荷中心。

7.1.4 注气站、采气站宜合一建设，注气站、采气站宜靠近注采井场。

7.1.5 注入气应满足地下储气库地面设备及地质构造对气质的要求。采出的外输气应满足本规范第3.1.2条对气质的要求。

7.1.6 集注站宜远离噪声敏感区，注气压缩机宜采取噪声控制措施。

7.1.7 地下储气库地面站场防火间距应符合现行国家标准《石油天然气工程设计防火规范》GB 50183的有关规定。

7.1.8 其他要求应符合现行行业标准《地下储气库设计规范》SY/T 6848的有关规定。

7.2 地面工艺

7.2.1 注气工艺应符合下列规定：

1 压缩机的进气管线上应设置过滤分离设备，处理后天然气应符合压缩机组对固液含量的要求；

2 根据储气库地质条件要求，对注入的天然气应采取除油措施；

3 每口单井的注气量应进行计量；

4 **注气管线应设置安全截断阀**。

7.2.2 采气工艺应符合下列规定：

1 采气系统应有可靠的气液分离设备，采出气应有计量和气质分析设施；

2 采出气应采取防止水合物形成的措施；

3 应根据地下储气库的不同类型，经过技术经济比较，确定采出天然气的脱水、脱烃、脱酸工艺流程；

4 采用节流方式控制水、烃露点的工艺装置，宜配置双套调压节流装置，调压装置宜采用降噪措施；

5 采气工艺应充分利用地层压力能，采、注气管线宜合一使用，采气、注气系统间应采取可靠的截断措施；

6 **采气管线应设置安全截断阀**。

7.2.3 地下储气库辅助系统应适应注采井、观察井的操作及监测要求。

7.3 设备选择

7.3.1 压缩机的选择应符合下列规定：

1 注气压缩机的选型、配置及工艺应符合本规范第6章的要求，注气压缩机不宜设置备用；

2 地下储气库注气压缩机宜选择往复式压缩机，压缩机各级出口宜在冷却器前设置润滑油分离器，当注气量较大时，可选用离心式压缩机；

3 注气压缩机的选型宜兼顾注气和采气；

4 当地供电系统可靠，供电量充裕时，注气压缩机宜选择电驱。

7.3.2 冷却器宜符合下列规定：

1 宜选择空冷器；

2 空冷器宜设置振动报警、关机装置。

8 仪表与自动控制

8.1 一般规定

8.1.1 输气管道应设置测量、控制、监视仪表及控制系统。

8.1.2 输气管道应根据规模、环境条件及管理需求确定自动控制水平,宜设置监控与数据采集(SCADA)系统。

8.1.3 监控与数据采集(SCADA)系统宜包括调度控制中心的计算机系统、管道各站场的控制系统、远程终端装置(RTU)以及数据通信系统。系统应为开放型网络结构,具有通用性、兼容性和可扩展性。

8.1.4 仪表及控制系统的选型,应根据输气管道特点、规模、发展规划、安全生产要求,经方案对比论证确定,选型宜全线统一。

8.2 调度控制中心

8.2.1 输气管道调度控制中心应设置在调度管理、通信联络、系统维修、交通方便的地方。

8.2.2 调度控制中心计算机系统应配备操作系统软件、监控与数据采集(SCADA)系统软件。调度控制中心宜具备下列功能:

1 采集和监控输气管道各站场的主要工艺变量和设备运行状况;

2 工艺流程的动态显示、工艺变量和设备运行状态报警显示、管理及事件的查询;

3 数据的采集、归档、管理以及趋势图显示,生产统计报表的生成和打印;

4 数据通信信道监视及管理、主备信道的自动切换。

8.2.3 调度控制中心的计算机系统应配置服务器、操作员工作站、工程师工作站、外部存储设备、网络设备和打印机。服务器、网络设备等宜冗余配置。

8.2.4 调度控制中心的计算机系统应采取相应的措施确保数据安全。

8.3 站场控制系统及远程终端装置

8.3.1 输气站宜设置站场控制系统。站场控制系统宜具备下列功能:

1 采集和监控主要工艺变量和设备运行状态;

2 站场安全联锁保护;

3 工艺流程的动态显示、工艺变量和设备运行状态报警显示、管理及事件的查询;

4 数据的采集、归档、管理以及趋势图显示,生产统计报表的生成和打印;

5 向调度控制中心发送实时数据,执行调度控制中心发送的指令。

8.3.2 输气站安全仪表系统的安全完整性等级宜根据站场安全仪表功能回路的辨识分析确定。

8.3.3 输气站紧急联锁应具备下列功能:

1 紧急截断阀关闭;

2 紧急放空阀打开;

3 压气站压缩机机组停机并放空;

4 切断除消防系统和应急电源以外的供电电源。

8.3.4 设置远程终端装置(RTU)的清管站、阀室宜具备下列功能:

1 采集温度、压力和线路截断阀状态参数;

2 向调度控制中心发送实时数据;

3 执行调度控制中心发送的指令。

8.4 输气管道监控

8.4.1 流量计量应符合下列规定：

1 计量系统的设计应符合现行国家标准《天然气计量系统技术要求》GB/T 18603 的有关规定；

2 输气管道贸易交接计量系统应设置备用计量管路；

3 输气管道贸易交接计量系统配置宜根据天然气能量计量的需求确定。

8.4.2 压力控制应符合下列规定：

1 输气站压力控制系统的设计应保证输气管道安全、平稳、连续地向下游用户供气，维持管道下游压力在工艺所需的范围之内，确保管道下游不超过允许的压力；

2 供气量超限可能导致管输系统失调的部位，压力控制系统应具有限流功能；

3 压力控制系统可设置备用管路。

8.4.3 当压力控制系统出现故障会危及下游供气设施安全时，应设置可靠的压力安全装置。压力安全装置的设计应符合下列规定：

1 当上游最大操作压力大于下游最大操作压力时，气体调压系统应设置单个的(第一级)压力安全设备。

2 当上游最大操作压力大于下游最大操作压力 1.6 MPa 以上，以及上游最大操作压力大于下游管道和设备强度试验压力时，单个的(第一级)压力安全设备还应同时加上第二个安全设备。此时可选择下列措施之一：

1) 每一回路串联安装 2 台安全截断设备，安全截断设备应具备快速关闭能力并提供可靠截断密封；

2) 每一回路安装 1 台安全截断设备和 1 台附加的压力调节控制设备；

3) 每一回路安装 1 台安全截断设备和 1 台最大流量安全泄放设备。

8.4.4 压缩机组控制应符合下列规定：

1 压缩机组控制系统宜独立设置，应由以微处理机为基础的工业控制器、仪表系统及附属设备组成，应完成对所属压缩机组及其辅助系统的监视、控制和保护任务；

2 压缩机组控制系统应通过标准数据接口与站场控制系统进行数据通信。

8.4.5 火灾及可燃气体报警系统设计应符合下列规定：

1 易积聚可燃气体的封闭区域内应对可燃气体泄漏进行检测；

2 压缩机厂房宜设置火焰探测报警系统；

3 输气站内的建筑物火灾自动报警系统的设计应符合现行国家标准《火灾自动报警系统设计规范》GB 50116 的有关规定。

9 通信

9.0.1 输气管道通信方式，应根据输气管道管理营运对通信的要求以及行业的通信网络规划确定。

9.0.2 光缆与输气管道同沟敷设时，应符合现行行业标准《输油(气)管道同沟敷设光缆(硅芯管)设计及施工规范》SY/T 4108 的有关规定。光纤容量应预留适当的富裕量以备今后业务发展的需要。

9.0.3 通信站的位置应根据生产要求，宜设置在管道各级生产管理部门、沿线工艺站场及其他沿管道的站点。

9.0.4 线路阀室应依据输气工艺、监控和数据采集(SCADA)系统的控制要求选择适当的通信方式。

9.0.5 管道通信系统的通信业务应根据输气工艺、监控和数据采集(SCADA)系统数据传输和生产管理运行等需要设置。

9.0.6 输气管道通信宜在调度控中心设自动电话交换系统，电话交换系统应具有调度功能。站场电话业务宜接入当地公共电话网。

9.0.7 监控和数据采集(SCADA)系统数据传输当设置备用传输通道时，宜采用与主用传输通道不同的通信路由。

9.0.8 输气管道巡回检查、管道事故抢修和维修的部门，可配备满足使用条件的移动通信设备。

9.0.9 站场值班室应设火警电话，火警电话宜为公网直拨电话或消防部门专用火警系统电话。

10 辅助生产设施

10.1 供配电

10.1.1 输气站及阀室的供电电源应从所在供电营业区的电力系统取得。当无法取得外部电源，或经技术经济分析后取得电源不合理时，宜设置自备电源。

10.1.2 供电电压应根据输气站及阀室所在地区供电条件、用电负荷电压及负荷等级、送电距离等因素，经技术经济对比后确定。

10.1.3 输气站及阀室应根据输气管道的重要性、运行需求和供电可靠性，确定主要设备的用电负荷等级，并应符合下列规定：

1 输气站的用电负荷等级不宜低于重要电力用户的二级负荷，当中断供电将影响输气管道运行或造成重大经济损失时，应为重要电力用户的一级负荷；

2 调度控制中心用电负荷等级宜为一级负荷，阀室用电负荷等级不宜低于三级负荷；

3 输气站及阀室用电单元的负荷等级宜符合表10.1.3的规定。

表10.1.3 输气站及阀室用电单元的负荷等级

单元名称	用电负荷名称	负荷等级
压缩机厂房	应急润滑油系统、电动阀(紧急截断及放空使用)、配套控制系统	重要负荷
	电动机驱动系统、机组配套设施、通风系统	二级
消防系统	消防水泵、稳压设备、配套控制系统	重要负荷
锅炉房	燃烧器、给水泵、补水泵、风机、水处理设备	二级
控制室	计算机控制系统、变电所综合自动化系统、通信系统、应急照明	重要负荷
	工作照明、空调设备、安防及通风设施	二级
给排水设施	供水设备(电驱机组)	二级
	污水处理设备、通风系统、供水设备(生活设施)	三级

表 10.1.3（续）

单元名称	用电负荷名称	负荷等级
工艺设备	进出站及放空用电动阀、计量设备、调压设备、事故照明、安防系统、压缩机区电动阀	重要负荷
	正常照明、电伴热、空气压缩系统	二级
阴极保护	恒电位仪、电位传送器	三级
变电所及发电房	控制保护系统、发电机启动设备、应急照明	重要负荷
	变配电及发电设施的正常照明、通风系统	二级
生产辅助设施	生产用房正常照明、通风、空调、防冻、安防系统	二级
	维修设备、库房、化验、车库等	三级
生活设施	值班宿舍、厨房、采暖及通风	三级
阀室	紧急截断阀、自动控制系统、通信系统	重要负荷
	变配电及发电设施的正常照明、通风系统	三级

注：1 表中各单元负荷等级定义应符合现行国家标准《供配电系统设计规范》GB 50052 的有关规定，重要负荷是指输气站内直接与安全、输气作业及计量有关的用电负荷，中断供电时会对人身、设备和运行造成损害的用电设施需要保证一定时间的供电连续性。

2 当输气站定义为重要电力用户的一级负荷时，表中设备的负荷等级应提高一级，重要负荷即为特别重要负荷。

3 输气站内其他没有明确规定用电负荷等级的设备，可根据实际情况确定。

10.1.4 供电要求应符合下列规定：

1 重要电力用户的供电电源配置应按现行国家标准《重要电力用户供电电源及自备应急电源配置技术规范》GB/Z 29328 的有关规定执行；

2 消防设备的供电应按现行国家标准《石油天然气工程设计防火规范》GB 50183 的有关规定执行；

3 输气站因突然停电会造成设备损坏或作业中断时，站内重要负荷应配置应急电源，其中控制、仪表、通信等重要负荷，应采用不间断电源供电，蓄电池后备时间不宜小于 1.5 h。

10.1.5 输气站内的变电站功率因数应符合下列规定：

1 35 kV 及以上电压等级的变电站，在变压器最大负荷时，其一次侧功率因数不宜小于 0.95；

2 变压器容量为 100 kV·A 及以上的 10 kV 变电站功率因数不宜小于 0.95；

3 变电站配置的无功补偿设备应根据负荷变化自动控制功率因数，任何情况下不应向电网倒送无功。

10.1.6 输气站及阀室照明应符合下列规定：

1 室内照明应符合现行国家标准《建筑照明设计标准》GB 50034 的有关规定，室外照明应符合现行国家标准《室外作业场地照明设计标准》GB 50582 的有关规定；

2 控制室、值班室、发电房及消防等重要场所应设应急照明；

3　人员活动场所应设置安全疏散照明,人员疏散的出口和通道应设置疏散照明。

10.1.7　输气站及阀室的爆炸危险区域划分应符合本规范附录J的规定,电气设计应符合现行国家标准《爆炸危险环境电力装置设计规范》GB 50058的有关规定,电气设备应符合现行国家标准《爆炸性环境》GB 3836系列标准的有关规定。

10.1.8　爆炸危险环境的建(构)筑物不宜以风险作为防雷分类依据,输气站及阀室的雷电防护应符合下列规定:

1　雷电防护应符合国家现行标准《建筑物防雷设计规范》GB 50057和《油气田及管道工程雷电防护设计规范》SY/T 6885的有关规定;

2　金属结构的放空立管及放散管上不应安装接闪杆;

3　雷电防护接地宜与站场的保护接地、工作接地共用接地系统,接地电阻应按照电气设备的工作接地要求确定,当共用接地系统的接地电阻无法满足要求时,应有完善的均压及隔离措施。

10.2　给水排水及消防

10.2.1　输气站的给水水源应根据生产、生活、消防用水量和水质要求,结合当地水源条件及水文地质资料等因素综合比较确定。

10.2.2　输气站总用水量应包括生产用水量、生活用水量、消防用水量(当设有安全水池或罐时,可不计入)、绿化和浇洒道路用水量以及未预见用水量。未预见用水量宜按最高日用水量的15%～25%计算。

10.2.3　安全水池(罐)的设置宜根据输气站的用水量、供水系统的可靠程度确定。当需要设安全水池(罐)时,应符合下列规定:

1　宜利用地形设置安全水池(罐);

2　安全水池(罐)的容积宜根据生产所需的储备水量和消防用水量确定,生产、生活储备水量宜按8 h～24 h最高日平均时用水量计算;

3　当安全水池(罐)兼有储存消防用水功能时,应有确保消防储水不作它用的技术措施;

4　寒冷地区的安全水池(罐)宜采取防冻措施。

10.2.4　输气站的给水水质应符合下列规定:

1　生产用水应符合输气生产工艺要求,生活用水应符合现行国家标准《生活饮用水卫生标准》GB 5749的有关规定;

2　循环冷却水系统的水质和处理应符合现行国家标准《工业循环冷却水处理设计规范》GB 50050和《工业循环水冷却设计规范》GB/T 50102的有关规定;

3　当压缩机组等设备自带循环冷却水系统时,冷却水水质应符合设备规定的给水水质要求。

10.2.5　循环冷却水系统根据具体情况可采用敞开式或密闭式循环系统;当采用密闭式循环系统时,闭式循环管路内宜充装软化水或除盐水。

10.2.6　输气站污水处置方案宜按现行国家标准《污水综合排放标准》GB 8978和污水水质污染情况,结合工程实际情况、环境影响评价报告和当地污水处置条件综合确定,污水可采用回用、外运、接入城镇排水管道和外排等多种形式处理。

10.2.7　污水处理设施宜小型化、橇装化。

10.2.8　输气站消防设施的设计应符合现行国家标准《石油天然气工程设计防火规范》

GB 50183、《建筑设计防火规范》GB 50016 和《建筑灭火器配置设计规范》GB 50140 的有关规定。

10.3 采暖通风和空气调节

10.3.1 输气站的采暖通风和空气调节设计应符合现行国家标准《采暖通风与空气调节设计规范》GB 50019 的有关规定。

10.3.2 各类建筑物的冬季室内采暖计算温度应符合下列规定：

1 生产和辅助生产建筑物应按表 10.3.2 的规定执行；

2 有特殊要求的建筑物应按需要或国家现行相关标准的规定执行；

3 其他建筑物的冬季室内温度应符合国家现行标准《工业企业设计卫生标准》的有关规定。

表 10.3.2 输气站生产和辅助生产建筑物冬季采暖室内计算温度(℃)

名称	温度
计量仪表室、控制室、值班室、化验室	18～20
各类泵房、通风机房	5～10
机、电、仪表修理间	16～18
车库(不带检修坑)	5
车库(带检修坑)	14～16

10.3.3 输气站内生产和辅助生产建筑物的通风设计应符合下列规定：

1 对散发有害物质或有爆炸危险气体的部位，宜采取局部通风措施，建筑物内的有害物质浓度应符合国家现行标准《工业企业设计卫生标准》GBZ 1 的有关规定，并应使气体浓度不高于爆炸下限浓度的 20%。

2 对同时散发有害物质、有爆炸危险气体和热量的建筑物，全面通风量应按消除有害物质、气体或余热所需的最大空气量计算。当建筑物内散发的有害物质、气体和热量不能确定时，全面通风的换气次数应符合下列规定：

1) 厂房的换气次数宜为 8 次/h，当房间高度不大于 6 m 时，通风量应按房间实际高度计算，房间高度大于 6 m 时，通风量应按 6 m 高度计算；

2) 分析化验室的换气次数宜为 6 次/h。

10.3.4 散发有爆炸危险气体的压缩机厂房除应按本规范第 10.3.3 条设计正常换气外，还应另外设置保证每小时不小于房内容积 8 次换气量的事故排风设施。

10.3.5 输气站内其他可能突然散发大量有害或有爆炸危险气体的建筑物也应设事故通风系统。事故通风量应根据工艺条件和可能发生的事故状态计算确定。事故通风宜由正常使用的通风系统和事故通风系统共同承担，当事故状态难以确定时，通风总量应按每小时不小于房内容积的 12 次换气量确定。

10.3.6 阀室应采用自然通风。

10.3.7 设有机械排风的房间应设置有效的补风措施。

10.3.8 对于可能有气体积聚的地下、半地下建(构)筑物内，应设置固定的或移动的机械排风设施。

10.3.9 当采用常规采暖通风设施不能满足生产过程、工艺设备或仪表对室内温度、湿度的要求时,可按实际需要设置空气调节、加湿(除湿)装置。

10.4 供热

10.4.1 输气站场天然气的加热应满足热负荷及工艺要求。加热方式应通过技术经济对比确定。

10.4.2 输气站场采用集中供暖时,供热介质宜选用热水,供暖热源宜使用工艺生产过程中产生的余热。

10.4.3 输气站场锅炉的最大负荷应按下式计算:

$$Q_{max}=K(K_1Q_1+K_2Q_2+K_3Q_3+K_4Q_4) \quad (10.4.3)$$

式中:Q_{max} ——最大计算热负荷(kW);

K ——锅炉房自耗及供热管网热损失系数,取1.05~1.2;

K_1 ——采暖热负荷同时使用系数,取1.0;

K_2 ——通风热负荷同时使用系数,取0.9~1.0;

K_3 ——生产热负荷同时使用系数,取0.5~1.0;

K_4 ——生活热负荷同时使用系数,取0.5~0.7;

Q_1、Q_2、Q_3、Q_4 ——依次为采暖、通风、生产及生活最大热负荷(kW)。

10.4.4 锅炉房设计应符合现行国家标准《锅炉房设计规范》GB 50041的有关规定。

11 焊接与检验、清管与试压、干燥与置换

11.1 焊接与检验

11.1.1 设计文件应明确输气管道和管道附件的焊接接头形式及焊接检验要求。

11.1.2 在开工前应根据设计文件提出的钢种等级、管道规格、焊接接头形式进行焊接工艺评定,并应根据焊接工艺评定结果编制焊接工艺规程。焊接工艺评定和焊接工艺规程,线路应符合现行行业标准《钢质管道焊接及验收》SY/T 4103的有关规定,站场应符合现行行业标准《石油天然气金属管道焊接工艺评定》SY/T 0452的有关规定。

11.1.3 焊接材料的选用应根据被焊材料的力学性能、化学成分、焊前预热、焊后热处理以及使用条件等因素确定。

11.1.4 焊接材料应符合现行国家标准《非合金钢及细晶粒钢焊条》GB/T 5117、《热强钢焊条》GB/T 5118、《气体保护电弧焊用碳钢、低合金钢焊丝》GB/T 8110、《埋弧焊用碳钢焊丝和焊剂》GB/T 5293、《熔化焊用钢丝》GB/T 14957、《低合金钢药芯焊丝》GB/T 17493以及《碳钢药芯焊丝》GB/T 10045的有关规定。

11.1.5 焊缝的坡口形式和尺寸的设计应能保证焊接质量和满足清管器通过的要求。对接焊缝坡口应根据焊接工艺确定。管端焊接接头形式应符合本规范附录H的规定。

11.1.6 焊管之间对接焊时,制管焊缝应错开且间距不宜小于100 mm。输气站内地面安装的有缝管,制管焊缝布置应避开现场开孔的位置。

11.1.7 管线连头口的焊缝宜预留在地形较好的直管段上,不应强力组对。

11.1.8 焊件的预热和焊后热处理应符合下列规定:

1 焊前预热和焊后热处理应根据管道材料的性能、焊件厚度、焊接条件、施工现场气候条件,通过焊接工艺评定确定;

2 当焊接两种具有不同预热要求的材料时,应以预热温度要求较高的材料为准;

3 当焊接接头所连接的两端材质相同而厚度不同时，应力消除应以相接两部分中的较厚者确定；

4 材质不同的焊件之间的焊缝，当其中一种材料要求应力消除时，应进行应力消除，当两种材质均需要应力消除时，应按两者要求较高的应力消除温度为准；

5 焊件预热和焊后热处理应受热均匀，并在施焊和应力消除过程中保持规定的温度，加热带以外的部分应予保温。

11.1.9 焊接质量的检测与试验应符合下列规定：

1 当管道操作环向应力大于或等于标准规定的最小屈服强度的20%时，焊接接头应进行无损检测，或将完工的焊接接头割下后做破坏性试验。

2 焊接接头应在形状尺寸及外观目视检查合格后进行无损检测。焊接接头的无损检测应符合下列规定：

1） 所有焊接接头应进行全周长100%无损检测，宜选择射线或超声波无损检测方法，当射线或超声波方法不可行时，可采用磁粉或渗透方法对焊缝表面缺陷进行检测；

2） 返修焊缝和未经试压的管道连头口焊缝，应进行100%超声波和100%射线检测；

3） 输气站和阀室内工艺管道焊缝、弯头或弯管与直管段焊缝，均应进行100%射线照相检验，放空及排污管道的焊缝应进行100%手工超声波检验，并应进行10%射线照相复查检验；

4） 线路管道采用全自动焊接时，宜采用全自动超声波检测仪对全部环焊缝进行检测，射线复查应符合现行国家标准《油气长输管道工程施工及验收规范》GB 50369的有关规定。

3 线路管道当采用手工超声波对焊缝进行无损检测时，应采用射线照相对所选取的焊缝全周长进行复验，复验数量应为每个焊工或流水作业焊工组当天完成的全部焊缝中任意选取不小于下列数目的焊缝进行：

1） 一级地区中焊缝的5%；

2） 二级地区中焊缝的10%；

3） 三级地区中焊缝的1.5%；

4） 四级地区中焊缝的20%；

5） 当每天的焊口数量达不到本款第1项、第2项、第3项、第4项复验比例要求时，可以以每千米为一个检验段按本款规定的比例进行复验。

4 射线、手工超声波、磁粉和渗透检测，应按现行行业标准《石油天然气钢质管道无损检测》SY/T 4109的有关要求进行检测和等级评定，射线和手工超声波焊缝检测应达到Ⅱ级及以上。

5 全自动超声波检测应符合现行国家标准《石油天然气管道工程全自动超声波检测技术规范》GB/T 50818的有关规定。

6 用破坏性试验检验的焊接接头，取样、试验项目和方法、焊接质量要求应按现行行业标准《钢质管道焊接及验收》SY/T 4103和《石油天然气金属管道焊接工艺评定》SY/T 0452的有关规定执行。

7 焊工资格、管道焊前、焊接过程中间、焊后检查、焊接缺陷的清除和返修、焊接工程交工检验记录、竣工验收要求，应按现行国家标准《油气长输管道工程施工及验收规范》GB 50369和

《石油天然气站内工艺管道工程施工规范》GB 50540 的有关规定执行。

8 输气管道穿(跨)越的焊接质量检验应符合现行国家标准《油气输送管道穿越工程设计规范》GB 50423 和《油气输送管道跨越工程设计规范》GB 50459 的有关规定。

11.2 清管、测径与试压

11.2.1 清管扫线与测径应符合下列规定：

1 输气管道试压前应采用清管器进行清管，且清管次数不应少于两次；

2 清管扫线应设临时清管器收发设施和放空口，不应使用站内设施；

3 管道试压前宜用测径板进行测径。

11.2.2 输气管道试压应符合下列规定：

1 输气管道应进行强度试验和严密性试验，试压管段应按本规范第 4.2.2 条规定的地区等级并结合地形分段；一级一类地区采用 0.8 强度设计系数的管道，强度试验应采用压力-体积图法进行监测；埋地管道水压强度试验可按本规范附录 K 的推荐方法进行；

2 经试压合格的管段间相互连接的焊缝经超声波和射线照相检验合格，可不再进行试压；

3 输气站和阀室应单独进行强度试验，穿(跨)越管段的试压应符合现行国家标准《油气输送管道穿越工程设计规范》GB 50423 和《油气输送管道跨越工程设计规范》GB 50459 的有关规定；

4 参与管道试压的试压头、连接管道、阀门及其组合件等的耐压能力，应能承受管道的最大试验压力，试压头与管道连接的环焊缝应进行 100% 射线检测，检测应符合本规范第 11.1.9 条第 4 款的规定；

5 试压过程中，应采取安全措施，试压介质应安全排放并应符合环境保护要求。

11.2.3 输气管道强度试验应符合下列规定：

1 输气管线强度试验应在回填后进行，试验介质应符合下列规定：

1) 位于一级一类地区采用 0.8 强度设计系数的管段应采用水作试验介质；

2) 位于一级二类、二级地区的管段可采用气体或水作试验介质；

3) 位于三、四级地区的管段应采用水作试验介质。

2 输气站及阀室的强度试验应采用水作试验介质。

3 当具备表 11.2.3 全部各项条件时，三、四级地区的线路管段以及输气站和阀室内的工艺管道可采用空气作为强度试验介质。

表 11.2.3 三、四级地区的管段及输气站和阀室内的工艺管道空气试压条件

<table>
<tr><td colspan="2">现场最大试验压力产生的环向应力</td><td rowspan="3">最大操作压力不超过现场最大试验压力的 80%</td><td rowspan="3">所试验的是新管子，并且焊缝系数为 1.0</td></tr>
<tr><td>三级地区</td><td>四级地区</td></tr>
<tr><td><50%σ_s</td><td><40%σ_s</td></tr>
<tr><td colspan="4">注：表中 σ_s 为钢管标准规定的最小屈服强度(MPa)。</td></tr>
</table>

4 输气管线强度试验压力应符合下列规定：

1) 一、二级地区内的线路管段水压试验压力不应小于设计压力的 1.25 倍；

2) 一级二类地区和二级地区内的线路管段采用空气进行强度试验时，试验压力应为设计压力的 1.25 倍；

3)三级和四级地区内的管段试验压力不应小于设计压力的 1.5 倍。

5 输气站和阀室内的工艺管道强度试验压力不应小于设计压力的1.5倍。

6 输气管线用水作为试压介质时,试验段高点的试验压力应符合本条第4款的规定。一级一类地区采用0.8强度设计系数管道的每个试验段,试验压力在低点处产生的环向应力不应大于管材标准规定的最小屈服强度的1.05倍;其他地区等级管线的每个试压段,试验压力在低点处产生的环向应力不应大于管材标准规定的最小屈服强度的95%。水质应为无腐蚀性洁净水。试压宜在环境温度为5 ℃以上进行,低于5 ℃时应采取防冻措施。注水宜连续,并应采取措施排除管线内的气体。水试压合格后,应将管段内积水清扫干净。

7 一级一类地区采用0.8强度设计系数的管道,强度试验结束后宜进行管道膨胀变形检测。对膨胀变形量超过1%管道外径的应进行开挖检查;对超过1.5%管道外径的应进行换管,换管长度不应小于1.5倍的管道外径。

8 强度试验的稳压时间不应少于4 h。

11.2.4 输气管道严密性试验应符合下列规定:

1 严密性试验应在强度试验合格后进行;

2 线路管道和阀室严密性试验可用水或气体作试验介质,宜与强度试验介质相同;

3 输气站的严密性试验应采用空气或其他不易燃和无毒的气体作试验介质;

4 严密性试验压力应为设计压力,并应以稳压24 h不泄漏为合格。

11.3 干燥与置换

11.3.1 管道干燥及验收应符合下列规定:

1 管道的干燥应在试压、清管扫水结束后进行,宜采用站间干燥,可采用吸水性泡沫清管塞多次吸附后,再用干燥气体(压缩空气或氮气等)吹扫、真空蒸发、注入甘醇类吸湿剂清洗等方法或以上方法的组合进行管内干燥,管道末端应用水露点检测仪进行检测;

2 管道干燥方法应减少对环境的不利影响;

3 当采用干燥气体吹扫时,可在管道末端配置水露点分析仪,干燥后排出气体水露点应连续4 h比管道输送条件下最低环境温度至少低5 ℃、变化幅度不大于3 ℃,注入管道的干燥气体温度不宜低于5 ℃,且不应大于防腐层的耐受温度;

4 当采用真空法时,选用的真空表精度不应小于1级,干燥后管道内气体水露点应连续4 h低于−20 ℃(相当于绝对压力100 Pa);

5 当采用甘醇类吸湿剂时,干燥后管道末端排出甘醇含水量的质量百分比应小于20%。

11.3.2 管道气体置换应符合下列规定:

1 管道内的气体置换应在干燥结束后或投产前进行,置换过程中的混合气体应集中放空,置换管道末端应用检测仪对气体进行检测;

2 用天然气推动惰性气体作隔离段置换空气时,隔离气段的长度应保证到达置换管线末端天然气与空气不混合,置换管道末端测得的含氧量不应大于2%;

3 用天然气置换管道内惰性气体时,置换管道末端天然气含量不应小于80%;

4 置换过程中管内气体流速度不宜大于5 m/s;

5 输气站可结合线路管道一并置换,当输气站单独置换时,应先用惰性气体置换工艺管道及设备内空气,再用天然气置换惰性气体,置换管道末端天然气含量不应小于80%;

6 管道干燥结束后,如果不能立即投入运行,宜用干燥氮气置换管内气体,并应保持内压0.12 MPa～0.15 MPa(绝)的干燥状态下的密闭封存。

附 录 A
输气管道工艺计算

A.0.1 当输气管道沿线的相对高差 $\Delta h \leqslant 200$ m 且不考虑高差影响时,气体的流量应按下式计算:

$$q_{\mathrm{v}} = 11522Ed^{2.53}\left(\frac{P_1^2 - P_2^2}{ZTL\Delta^{0.961}}\right)^{0.51} \quad \cdots\cdots\cdots \text{(A.0.1)}$$

式中:q_{v} ——气体($P_0 = 0.101325$ MPa,$T = 293$K)的流量(m^3/d);

E ——输气管道的效率系数(当管道公称直径为 300 mm～800 mm 时,E 为 0.8～0.9;当管道公称直径大于 800 mm 时,E 为 0.91～0.94);

d ——输气管内直径(cm);

P_1、P_2 ——输气管道计算管段起点和终点的压力(绝)(MPa);

Z ——气体的压缩因子;

T ——气体的平均温度(K);

L ——输气管道计算段的长度(km);

Δ ——气体的相对密度。

A.0.2 当考虑输气管道沿线的相对高差影响时,气体的流量应按下式计算:

$$q_{\mathrm{v}} = 11522Ed^{2.53}\left\{\frac{P_1^2 - P_2^2(1 + \alpha\Delta h)}{ZTL\Delta^{0.961}\left[1 + \frac{\alpha}{2L}\sum_{i=1}^{n}(h_i + h_{i-1})L_i\right]}\right\}^{0.51} \quad \cdots\cdots\cdots \text{(A.0.2)}$$

式中:α ——系数(m^{-1}),$\alpha = \dfrac{2g\Delta}{R_{\mathrm{a}}ZT}$,$R_{\mathrm{a}}$ 为空气和气体常数,在标准状况下,$R_{\mathrm{a}} = 287.1$ $\mathrm{m}^2/(\mathrm{s}^2 \cdot \mathrm{K})$;

Δh ——输气管道计算管段的终点对计算段的起点的标高差(m);

n ——输气管道沿线计算管段数,计算管段是沿输气管道走向从起点开始,当相对高差≤200 m 时划作一个计算管段;

h_i、h_{i-1} ——各计算管段终点和对该段起点的标高差(m);

L_i ——各计算管段长度(km)。

附 录 B
受约束的埋地直管段轴向应力计算和当量应力校核

B.0.1 由内压和温度引起的轴向应力应按下列公式计算：

$$\sigma_L=\mu\sigma_h+E\alpha(t_1-t_2) \quad \cdots\cdots (B.0.1-1)$$

$$\sigma_h=\frac{Pd}{2\delta_n} \quad \cdots\cdots (B.0.1-2)$$

式中：σ_L ——管道的轴向应力，拉应力为正，压应力为负(MPa)；

μ ——泊桑比，取 0.3；

σ_h ——由内压产生的管道环向应力(MPa)；

E ——钢材的弹性模量(MPa)；

α ——钢材的线膨胀系数($℃^{-1}$)；

t_1 ——管道下沟回填时的温度(℃)；

t_2 ——管道的工作温度(℃)；

P ——管道设计内压力(MPa)；

d ——管子内径(mm)；

δ_n ——管子公称壁厚(mm)。

B.0.2 受约束热胀直管段，应按最大剪应力强度理论计算当量应力，并应满足下式要求：

$$\sigma_e=\sigma_h-\sigma_L<0.9\sigma_s \quad \cdots\cdots (B.0.2)$$

式中：σ_e ——当量应力(MPa)；

σ_s ——管材标准规定的最小屈服强度(MPa)。

附 录 C
受内压和温差共同作用下的弯头组合应力计算

C.0.1 当弯头所受的环向应力 σ_h 小于许用应力$[\sigma]$时，组合应力 σ_e 应按下列公式计算：

$$\sigma_e=\sigma_h+\sigma_{hmax}<\sigma_b \quad \text{(C.0.1-1)}$$

$$\sigma_h=\frac{Pd}{2\delta_b} \quad \text{(C.0.1-2)}$$

$$[\sigma]=F\varphi t\sigma_s \quad \text{(C.0.1-3)}$$

$$\sigma_{hmax}=\beta_q\sigma_o \quad \text{(C.0.1-4)}$$

$$\beta_q=1.8\left[1-\left(\frac{r}{R}\right)^2\right]\left(\frac{1}{\lambda}\right)^{2/3} \quad \text{(C.0.1-5)}$$

$$\lambda=\frac{R\delta_b}{r^2} \quad \text{(C.0.1-6)}$$

$$\sigma_o=\frac{Mr}{I_b} \quad \text{(C.0.1-7)}$$

式中：σ_e ——由内压和温差共同作用下的弯头组合应力(MPa)；

σ_h ——由内压产生的环向应力(MPa)；

σ_{hmax}——由热胀弯矩产生的最大环向应力(MPa)；

σ_b ——材料的强度极限(MPa)；

P ——设计内压力(MPa)；

d ——弯头内径(m)；

δ_b ——弯头的壁厚(m)；

$[\sigma]$ ——材料的许用应力(MPa)；

F ——设计系数，应按本规范表4.2.3和表4.2.4选取；

φ ——焊缝系数，当选用符合本规范第5.2.2条规定的钢管时，φ 值取1.0；

t ——温度折减系数，温度低于120 ℃时，t 取1.0；

σ_s ——材料标准规定的最小屈服强度(MPa)；

β_q ——环向应力增强系数；

σ_o ——热胀弯矩产生的环向应力(MPa)；

r ——弯头截面平均半径(m)；

R ——弯头曲率半径(m)；

λ ——弯头参数；

M ——弯头的热胀弯矩(MN·m)；

I_b ——弯头截面的惯性矩(m^4)。

附　录　D
敷管条件的设计参数

表 D　敷管条件的设计参数

敷管类型	敷管条件	E_s(MN/m^2)	基床包角(°)	基床系数 K
1 型	管道敷设在未扰动的土上,回填土松散	1.0	30	0.108
2 型	管道敷设在未扰动的土上,管中线以下的土轻轻压实	2.0	45	0.105
3 型	管道放设在厚度至少有 100 mm 的松土垫层内,管顶以下的回填土轻轻压实	2.8	60	0.103
4 型	管道放在砂卵石或碎石垫层内,垫层顶面应在管底以上 1/8 管径处,但不得小于 100 mm,管顶以下回填土夯实密度约为 80%	3.8	90	0.096
5 型	管中线以下放在压实的黏土内,管顶以下回填土夯实,夯实密度约为 90%	4.8	150	0.085

注:1　管径大于或等于 750 mm 的管道不宜采用 1 型。
　　2　基床包角指管基土壤反作用的圆弧角。
　　3　表中的 E_s 为土壤变形模量。

附　录　E
管道附件由膨胀引起的综合应力计算

E.0.1　当输气管道系统中的直管段没有轴向约束(如固定支墩或其他锚固件)时，由于热胀作用使管道附件产生弯曲和扭转，其产生的组合应力(不考虑流体内压作用)应按下列公式计算：

$$\sigma_e \leqslant 0.72\sigma_s \quad\quad (E.0.1-1)$$

$$\sigma_e = \sqrt{\sigma_{mp}^2 + 4\sigma_{ts}^2} \quad\quad (E.0.1-2)$$

$$\sigma_{mp} = \frac{IM_b}{W} \quad\quad (E.0.1-3)$$

$$\sigma_{ts} = \frac{M_t}{2W} \quad\quad (E.0.1-4)$$

式中：σ_e ——组合应力(MPa)；

σ_s ——钢管标准规定的最小屈服强度(MPa)；

σ_{mp} ——弯曲合应力(MPa)；

σ_{ts} ——扭应力(MPa)；

I ——管件弯曲应力增强系数，应按表 E.0.1 选取或计算；

M_b ——总弯曲力矩(N·m)；

W ——钢管截面系数(cm^3)；

M_t ——扭矩(N·m)。

表 E.0.1　管件弯曲应力增强系数表

名称	应力增强系数 I		挠性特性 h	简图
	平面内 I_i	平面外 I_o		
弯头或弯管(见注)	$\frac{0.9}{h^{2/3}}$	$\frac{0.75}{h^{2/3}}$	$\frac{\delta R}{r^2}$	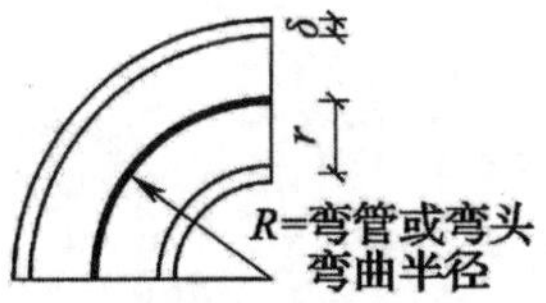
拔制三通(见注)	$0.75I_o+0.25$	$\frac{0.9}{h^{2/3}}$	$4.4\frac{\delta}{r}$	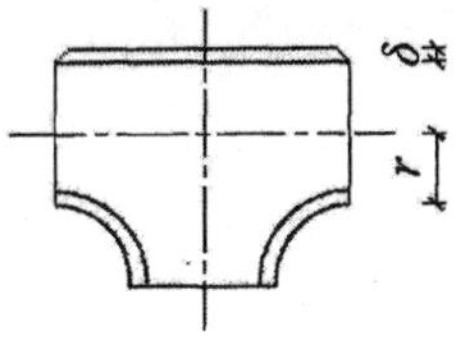
带加强圈的三通(见注)	$0.75I_o+0.25$	$\frac{0.9}{h^{2/3}}$	$\frac{(\delta+\frac{1}{2}M)^{5/2}}{\delta^{3/2}\cdot r}$	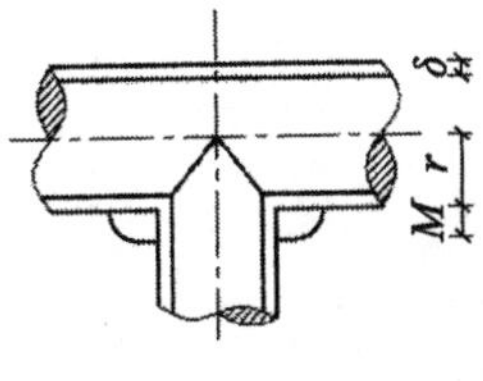

表 E.0.1(续)

名称	应力增强系数 I		挠性特性 h	简图
	平面内 I_i	平面外 I_o		
整体加强三通(见注)	$0.75I_o+0.25$	$\frac{0.9}{h^{2/3}}$	$\frac{\delta}{r}$	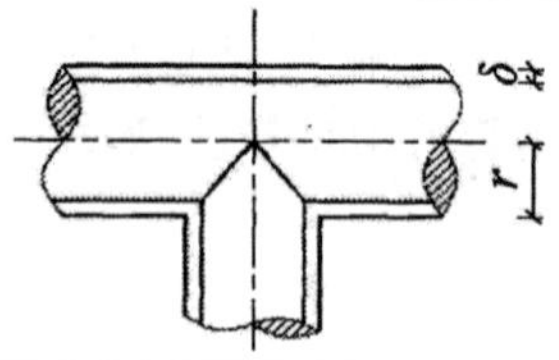
对焊接头,对焊异径接头及对焊法兰	1.0	1.0		
双面焊平焊法兰	1.2	1.2		
角焊接头或单面焊平焊法兰	1.3	1.3		

注:对管道附件,应力增强系数 I 适用于任何平面上的弯曲,其值不应小于 1,这两个系数适用于弧形弯头整个弧长及三通交接口处。

E.0.2 对于大口径薄壁弯头或弯管,应力增强系数应除以修正系数,修正系数应按下式计算:

$$\alpha = 1 + 3.25\frac{P}{E}\left(\frac{r}{\delta}\right)^{5/2}\left(\frac{R}{r}\right)^{2/3} \qquad \text{(E.0.2)}$$

式中:α ——应力增强系数的修正系数;

P——管道附件承受的内压(MPa);

E——室温下材料的弹性模量。

E.0.3 当管件计算的组合应力不满足本规范式(E.0.1-1)时,应加大壁厚再校核。

附　录　F
三通和开孔补强的结构与计算

F.0.1　三通或直接在管道上开孔与支管连接时，其开孔削弱部分可按等面积补强原理进行补强，其补强应按下列公式计算：

$$A_1+A_2+A_3\geqslant A_R \quad \cdots\cdots (F.0.1-1)$$

$$A_1=d_i(\delta'_n-\delta_n) \quad \cdots\cdots (F.0.1-2)$$

$$A_2=2H(\delta'_b-\delta_b) \quad \cdots\cdots (F.0.1-3)$$

$$A_R=\delta_n d_i \quad \cdots\cdots (F.0.1-4)$$

式中：A_1——在有效补强区内，主管承受内压所需设计壁厚外的多余厚度形成的面积(mm^2)；

A_2——在有效补强区内，支管承受内压所需最小壁厚外的多余厚度形成的截面积(mm^2)；

A_3——在有效补强区内，另加的补强元件的面积，包括这个区内的焊缝截面积(mm^2)；

A_4——主管开孔削弱所需要补强的面积(mm^2)。

F.0.2　拔制三通补强(图F.0.2)补强结构的补强计算应满足本规范式(F.0.1-1)的要求，其中的A_3应按下式计算：

$$A_3=2r_0(\delta_0-\delta'_b) \quad \cdots\cdots (F.0.2)$$

F.0.3　整体加厚三通(图F.0.3)补强结构可采用主管或支管的壁厚或主、支管壁厚同时加厚补强，补强计算应满足本规范式(F.0.1-1)的要求，其中的A_3应是补强区内的焊缝面积。

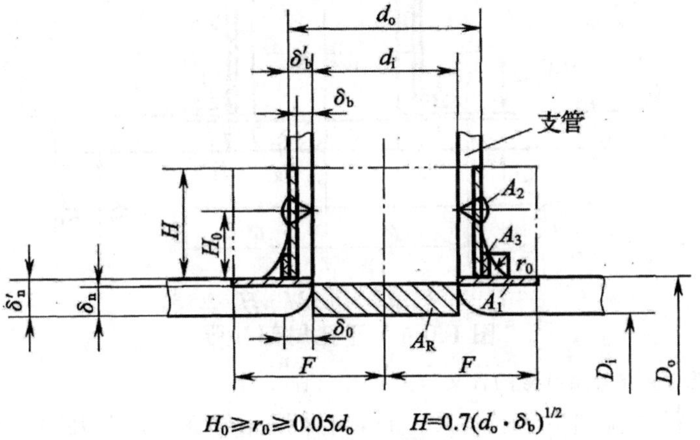

$H_0\geqslant r_0\geqslant 0.05d_o$　　$H=0.7(d_o\cdot\delta_b)^{1/2}$

图 F.0.2　拔制三通补强

d_o——支管外径(mm)；d_i——支管内径(mm)；D_o——主管外径(mm)；

D_i——主管内径(mm)；H——补强区的高度(mm)；

δ_0——翻边处的直管管壁厚度(mm)；δ_b——与支管连接的直管管壁厚度(mm)；

δ'_b——支管实际厚度(mm)；δ_n——与主管连接的直管管壁厚度(mm)；

δ'_n——主管的实际厚度(mm)；F——补强区宽度的1/2，等于d_i(mm)；

H_0——拔制三通支管接口扳边的高度(mm)；

r_0——拔制三通扳边接口外形轮廓线部分的曲率半径(mm)。

注：图中双点划线范围内为有效补强区。

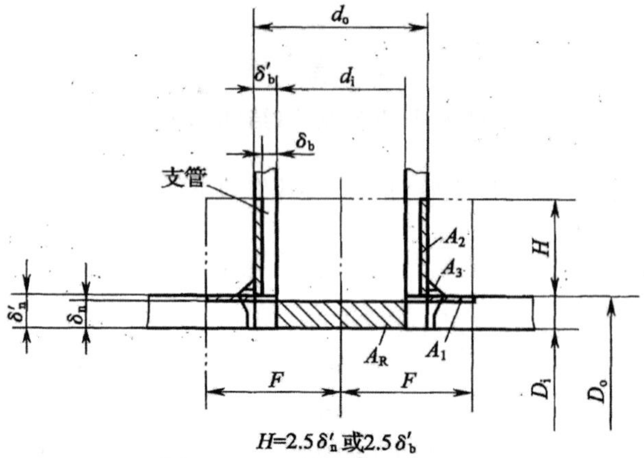

图 F.0.3 整体加厚三通

注：图 F.0.3 中，除 A_3 外其余符号的含义与图 F.0.2 相同。

F.0.4 在管道上直接开孔与支管连接的开孔局部补强(图 F.0.4)结构，开孔削弱部分的补强计算应满足本规范式(F.0.1－1)的要求，其中的 A_3 应是补强元件提供的补强面积与补强区内的焊缝面积之和，补强的材质和结构还应符合下列规定：

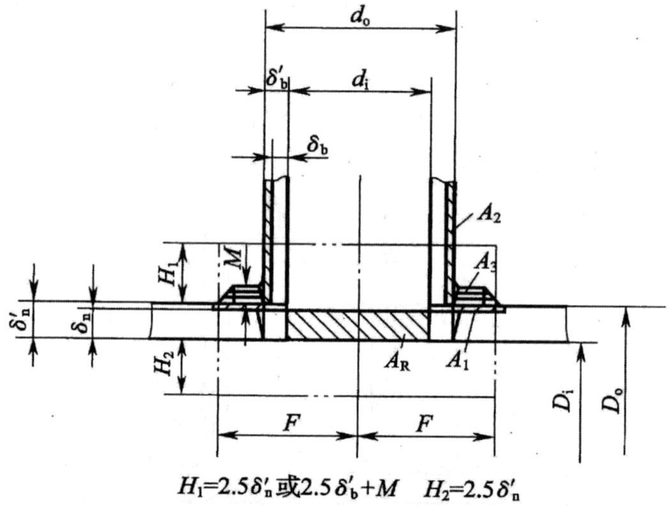

图 F.0.4 开孔局部补强

注：图 F.0.4 中，除 A_3 外其余符号的含义与图 F.0.2 相同。

1 补强元件的材质应和主管道材质一致，当补强元件钢材的许用应力低于主管道材料的许用应力时，补强元件面积应按二者许用应力的比值成比例增加；

2 主管上邻近开孔连接支管时，其两相邻支管中心线的距离不得小于两支管直径之和的1.5倍，当相邻两支管中心线的距离小于2倍大于1.5倍两支管直径之和时，应采用联合补强件，且两支管外壁到外壁间的补强面积不得小于主管上开孔所需总补强面积的1/2；

3 开孔应避开主管道的制管焊缝和环焊缝。

附 录 G
压缩机轴功率计算

G.0.1 离心式压缩机轴功率应按下式计算：

$$N=\frac{\omega}{3600\eta}\cdot\frac{8.3145}{M}\cdot\frac{ZT_1}{(K-1)/K}\cdot(\varepsilon^{\frac{K-1}{K}}-1) \quad \text{(G.0.1)}$$

式中：N ——压缩机轴功率(kW)；

ω ——天然气流量(kg/h)；

η ——压缩机效率；

M ——气体的质量(kg/kmol)，其值等于气体的相对分子量；

Z ——气体平均压缩因子；

T_1 ——压缩机进口气体温度(K)；

K ——气体绝热指数，以甲烷为主的天然气 K 可取1.27～1.31；

ε ——压缩比。

G.0.2 往复式压缩机轴功率应按下式计算：

$$N=16.745P_1q_v\frac{K}{K-1}(\varepsilon^{\frac{K-1}{K}}-1)\frac{Z_1+Z_2}{2Z_1}\cdot\frac{1}{\eta} \quad \text{(G.0.2)}$$

式中：N ——压缩机轴功率(kW)；

P_1 ——压缩机进气压力(MPa)；

q_v ——进气条件下压缩机排量(m^3/min)；

Z_1、Z_2 ——压缩机进、排气条件下的气体压缩系数。

附　录　H
管端焊接接头坡口型式

H.0.1　管端壁厚相同的对焊接头坡口型式宜符合图 H.0.1 的规定。

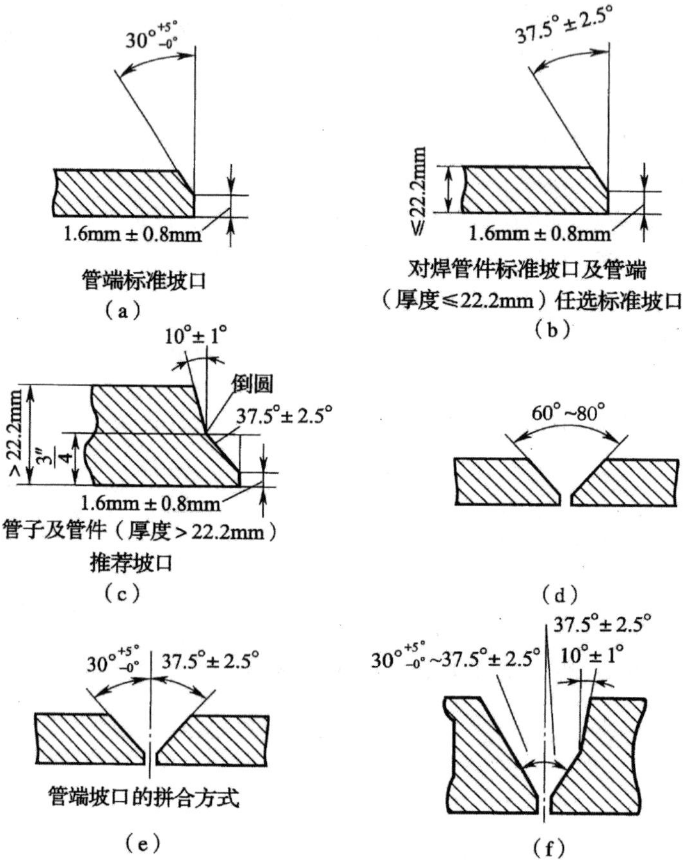

图 H.0.1　管端壁厚相同的对焊接头坡口型式

H.0.2　管端壁厚不同和(或)材料屈服强度不同的对焊接头坡口型式应满足图 H.0.2 的要求，并应符合下列规定：

1　材料、过渡处理及焊后热处理应符合下列规定：

1）　对接管段的最小屈服强度不同时，焊缝金属的力学性能不应小于强度较高的管段；

2）　壁厚不等管段的管端之间的过渡，可按图 H.0.2 所示方法或可采用预制的过渡短节管过渡；

3）　采用加工斜坡口时，焊趾部位应圆滑过渡，不应出现咬边或凹槽；

4）　最小屈服强度相同的不等壁厚管段对接焊时，对加工斜坡口的最小角度可不作限制；

5）　焊后热处理应按有效焊缝高度值确定。

2　对接管段内径不同时，坡口应符合下列规定：

1）　当壁厚差不大于 2.5 mm 时应焊透，坡口可按图 H.0.2(a)加工且不作特殊加工处理；

2） 当壁厚差大于 2.5 mm 且不能进入管内焊接时，应按图 H.0.2(b)将较厚侧管端内部加工成斜坡口，斜坡口的加工角度最大不应大于 30°，最小不应小于 14°；

3） 当壁厚差超过 2.5 mm，但不超过较薄管段壁厚的 1/2，且能进入管内施焊时，可按图 H.0.2(c)采用内焊填充完成过渡，较厚管段上的坡口钝边高度应等于管壁厚度的内偏差加上对接管上的坡口的钝边高度；

4） 当壁厚差大于较薄管段壁厚的 1/2，且能进入管内施焊时，可按图 H.0.2(b)将较厚管端的内侧加工成斜坡口，或可按图 H.0.2(d)加工成组合型式的斜坡口，即以较薄管钢壁厚的 1/2 采用锥形焊缝，并从该点起将剩余部分加工成锥面。

3 当相焊接钢管外径不等时，坡口应符合下列规定：

1） 当壁厚差不超过较薄钢管壁厚的 1/2 时，可按图 H.0.2(e)加工坡口，焊缝过渡面角度不应大于 30°，且焊趾部位应圆滑过渡；

2） 当壁厚差超过较薄钢管壁厚的 1/2 时，应按图 H.0.2(f)将超出部分加工成斜坡口。

4 当相接管段内径及外径均不同时，应综合采用图 H.0.2(a)～H.0.2(f)或图 H.0.2(g)的方式进行坡口设计。

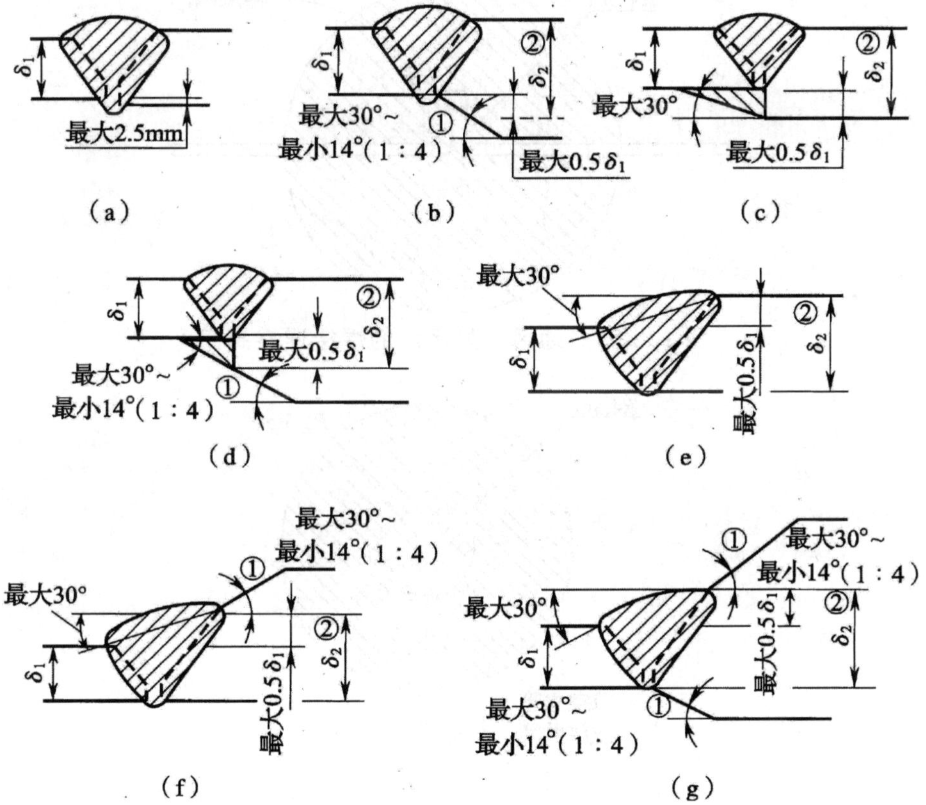

图 H.0.2 管端壁厚不同和(或)材料屈服强度不同的对焊接头坡口型式

注：1 当相接材料等强度不等厚度时，图中①不限定最小值。

2 图中②设计用最大厚度 δ_2 不应大于 $1.5\delta_1$。

附　录　J
输气站及阀室爆炸危险区域划分推荐做法

J.0.1　爆炸危险区域划分的表示方法宜符合下列图示的规定：

图 J.0.1-1　1 区

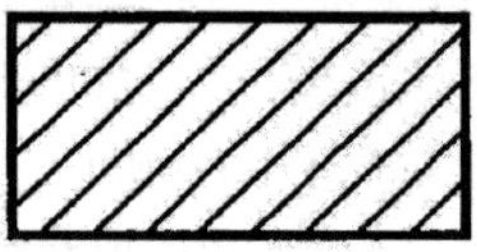

图 J.0.1-2　2 区

J.0.2　工艺阀门及设备爆炸危险区域划分应符合下列图示的规定：

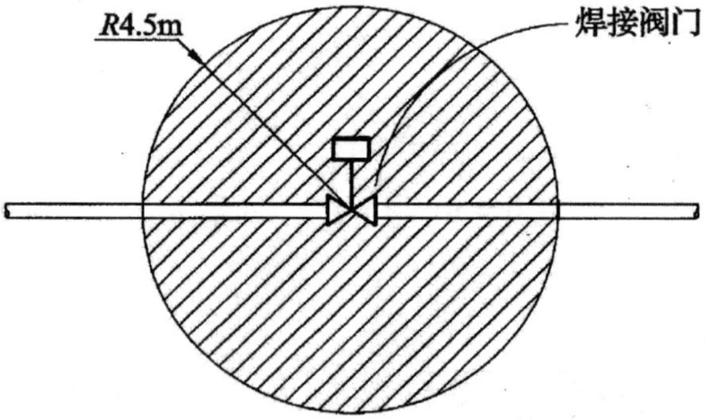

图 J.0.2-1　通风良好区域的焊接连接阀门

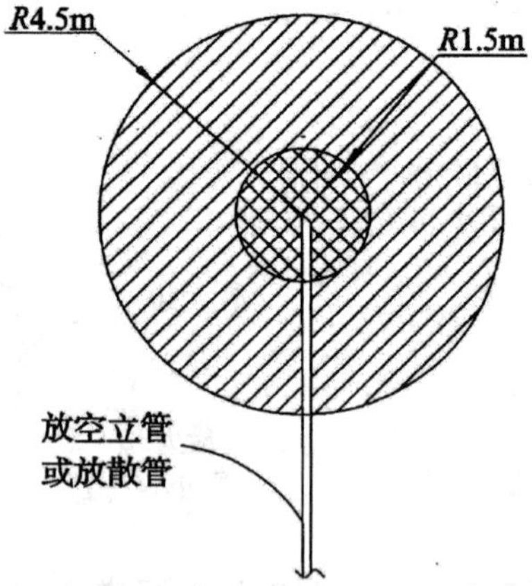

图 J.0.2-2　通风良好区域的放空立管或放散管

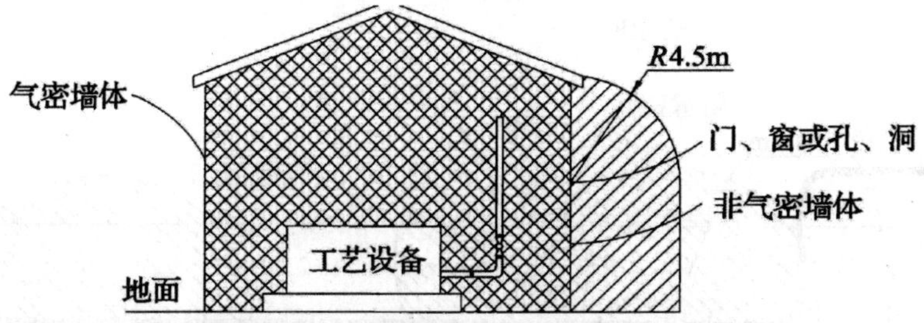

图 J.0.2-3　通风不良区域的放空设备

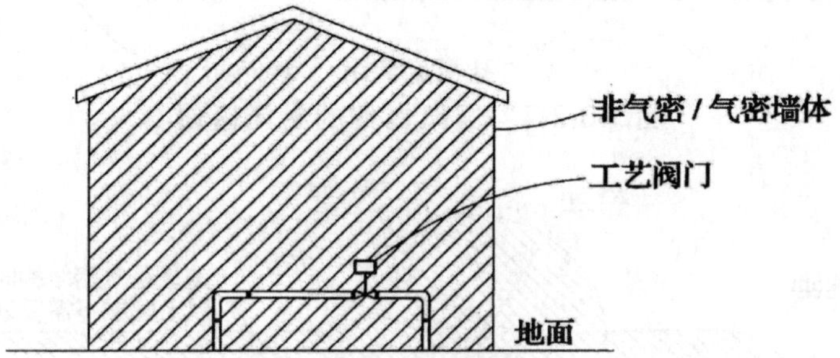

图 J.0.2-4　通风良好区域的工艺阀门

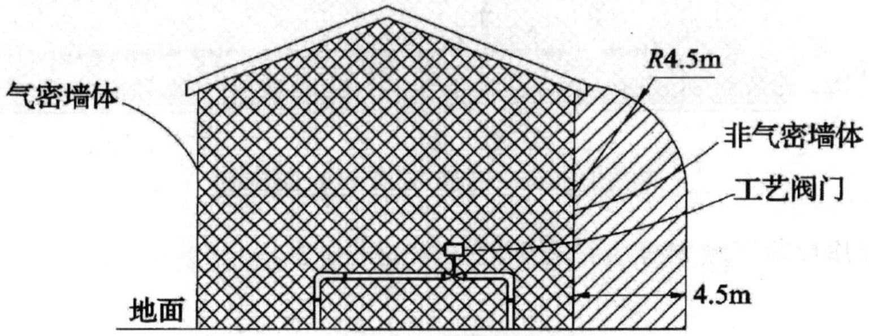

图 J.0.2-5　通风不良区域的工艺阀门

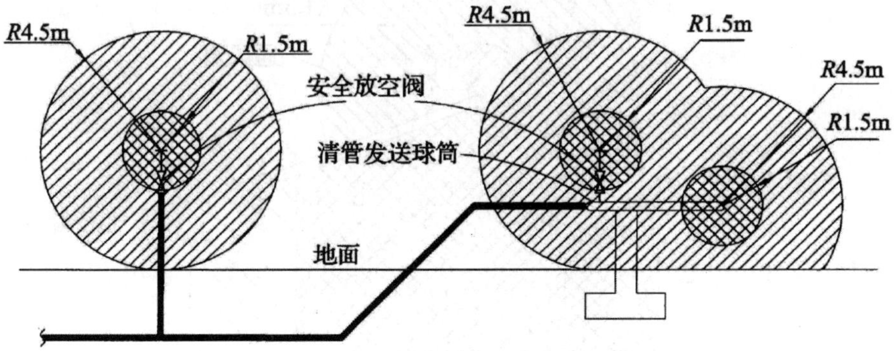

图 J.0.2-6　通风良好的户外设备

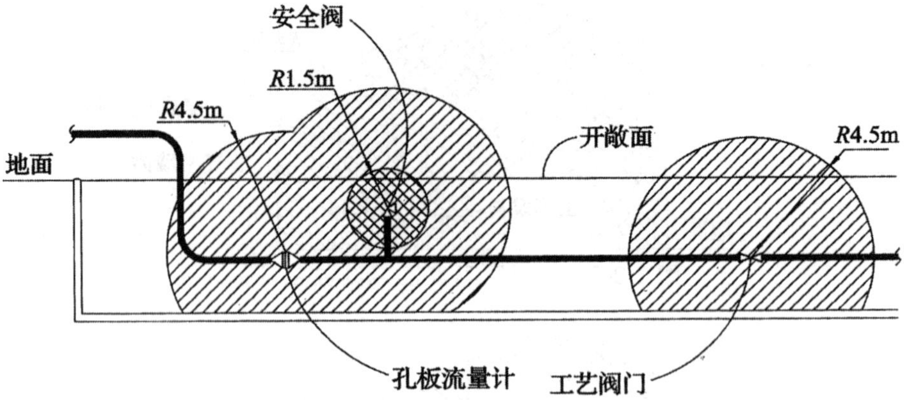

图 J.0.2-7　通风良好的封闭区域

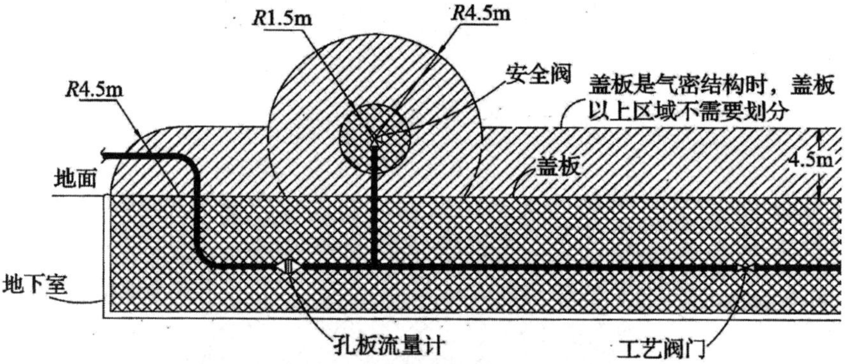

图 J.0.2-8　通风不良的封闭区域

J.0.3　通风口爆炸危险区域划分应符合下列图示的规定：

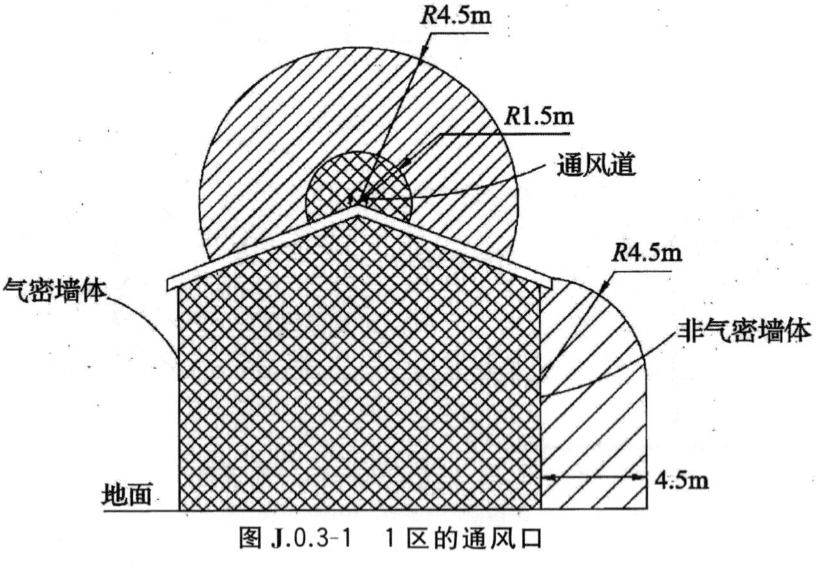

图 J.0.3-1　1 区的通风口

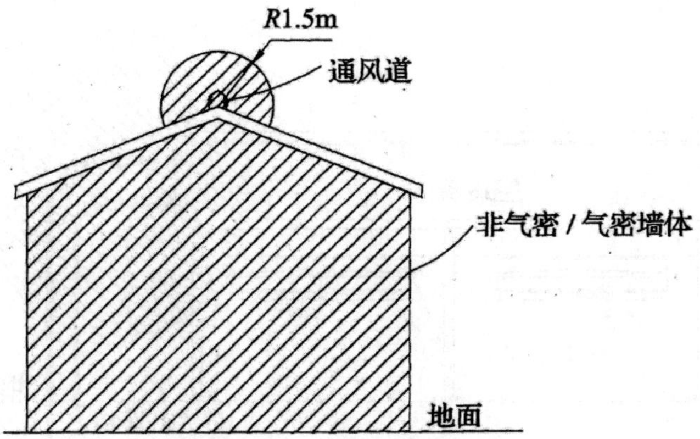

图 J.0.3-2　2 区的通风口

J.0.4　压力容器、空冷器及水套炉爆炸危险区域划分应符合下列图示的规定：

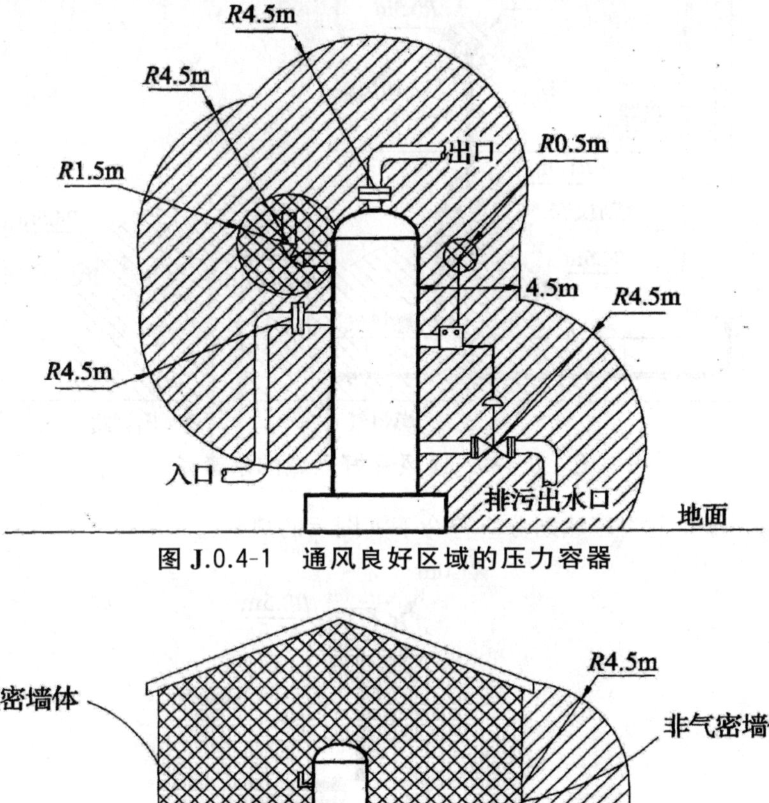

图 J.0.4-1　通风良好区域的压力容器

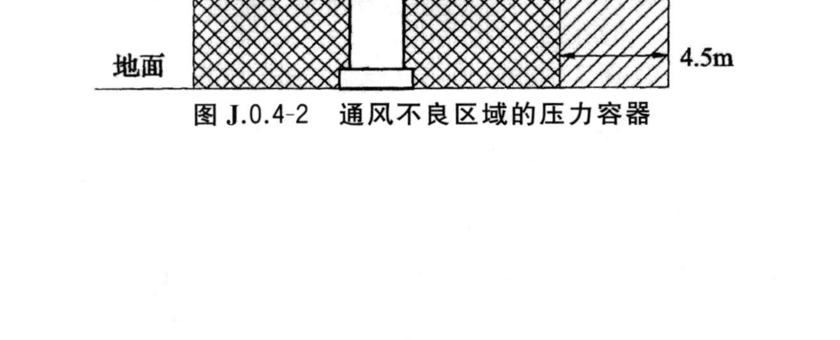

图 J.0.4-2　通风不良区域的压力容器

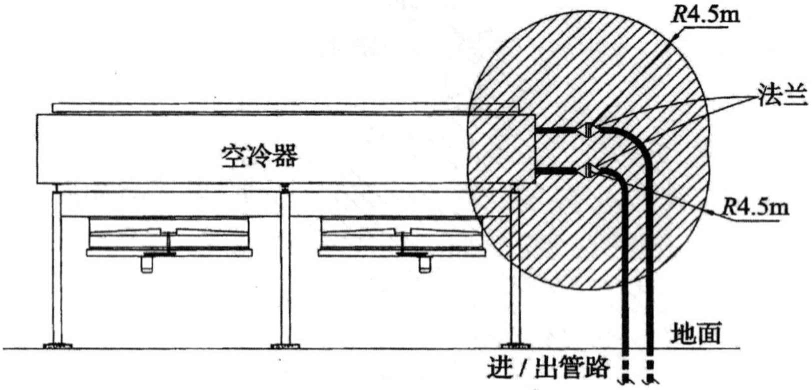

图 J.0.4-3 通风良好区域的后空冷器

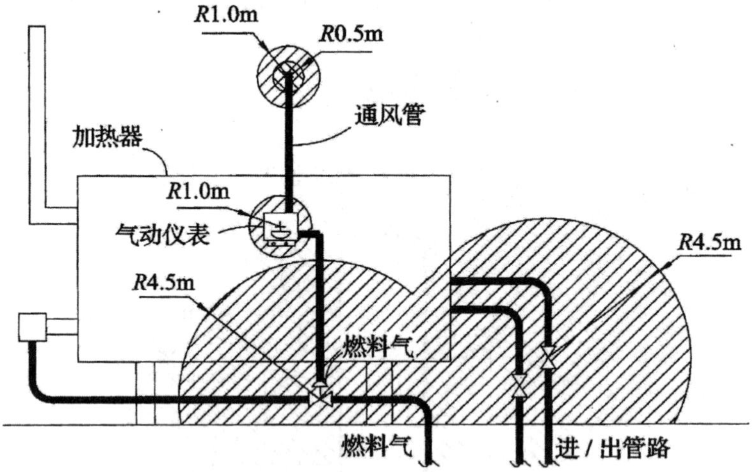

图 J.0.4-4 通风良好区域的水套炉

J.0.5 气液联动阀爆炸危险区域划分应符合下列图示的规定：

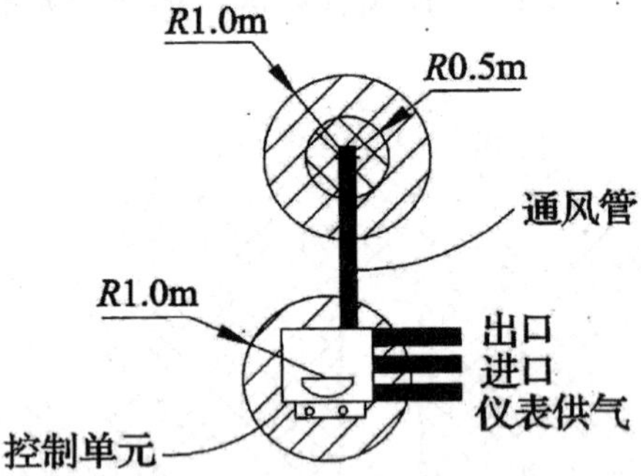

图 J.0.5-1 通风良好非封闭区域

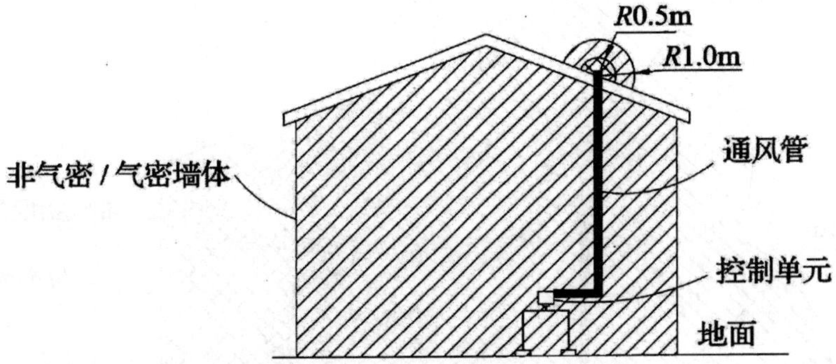

图 J.0.5-2　通风良好封闭区域

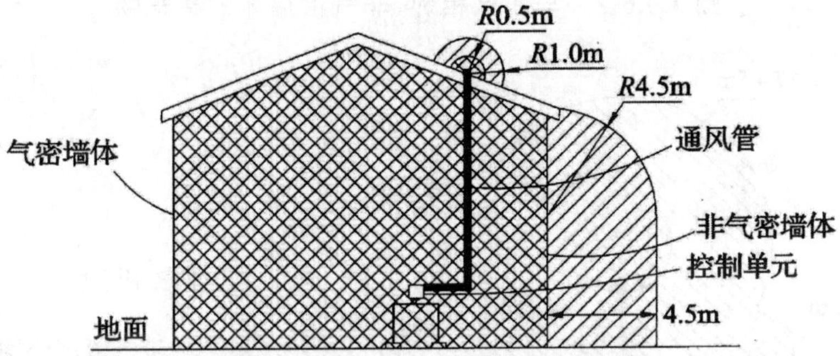

图 J.0.5-3　通风不良封闭区域

J.0.6　与爆炸危险区域相邻的建筑物，爆炸危险区域划分应符合下列图示的规定：

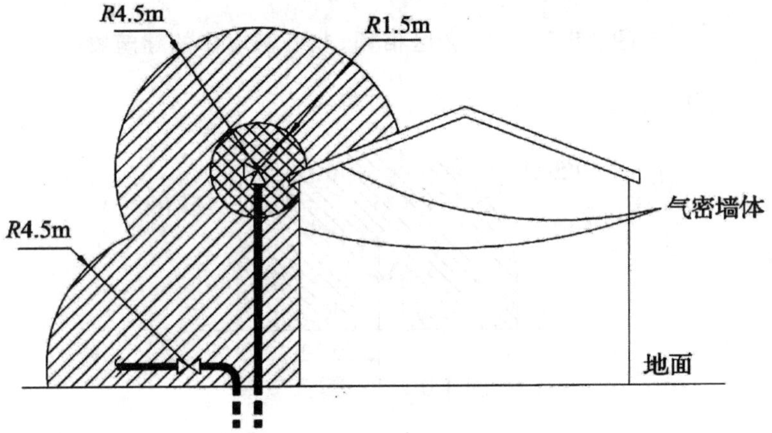

图 J.0.6-1　封闭墙体的建筑物

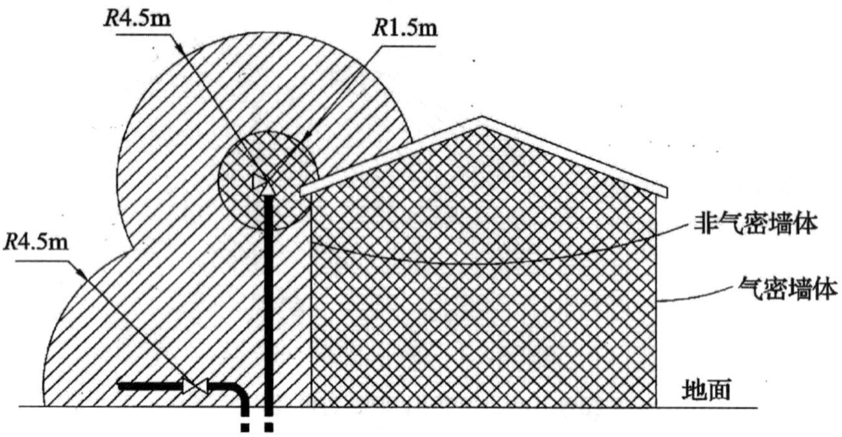

图 J.0.6-2　与 1 区相邻、非气密墙体的建筑物

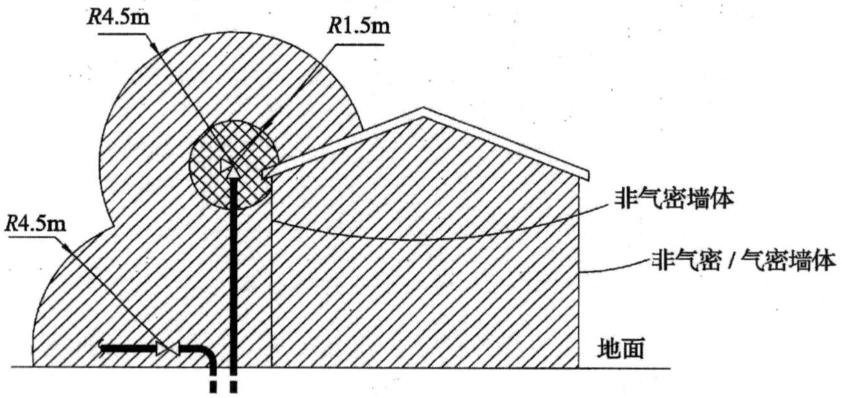

图 J.0.6-3　与 2 区相邻、非气密墙体的建筑物

J.0.7　压缩机组爆炸危险区域划分应符合下列图示的规定：

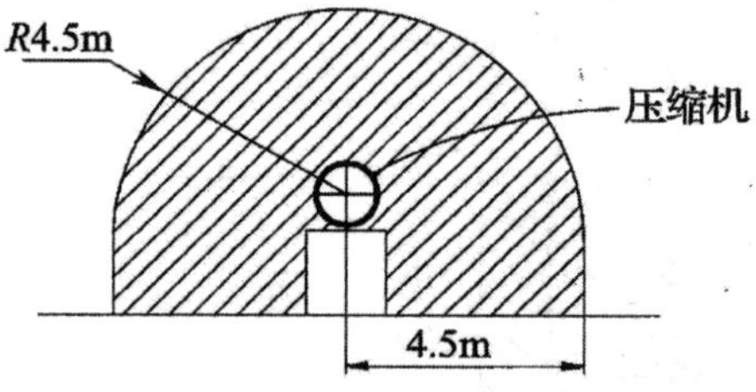

图 J.0.7-1　露天安装

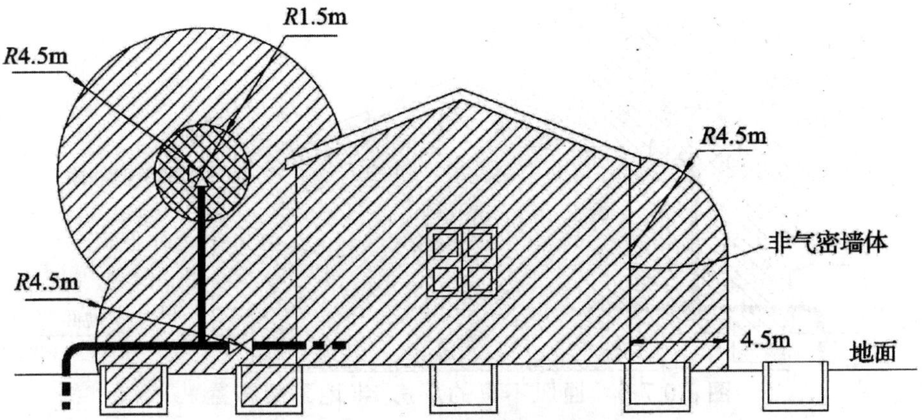

图 J.0.7-2 通风良好的厂房

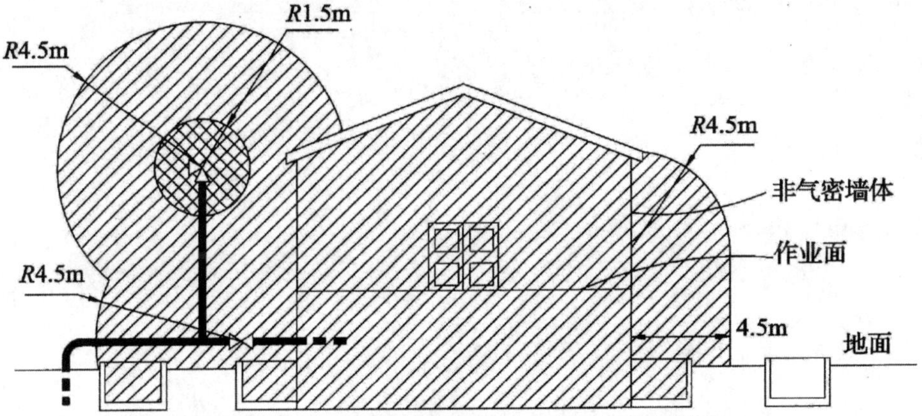

图 J.0.7-3 通风良好的厂房(半地下层布置)

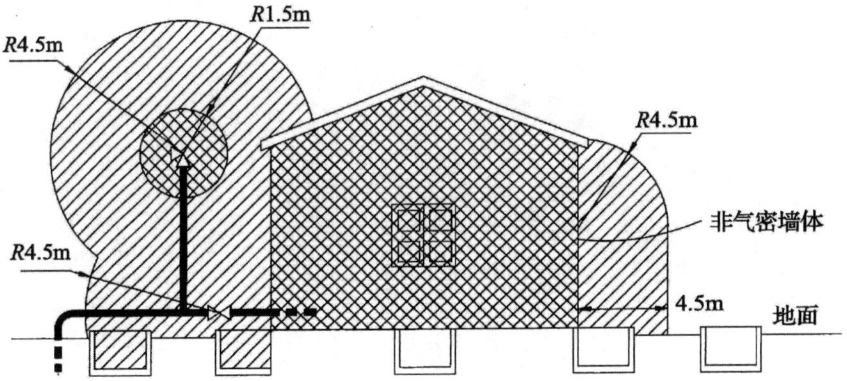

图 J.0.7-4 通风不良的厂房

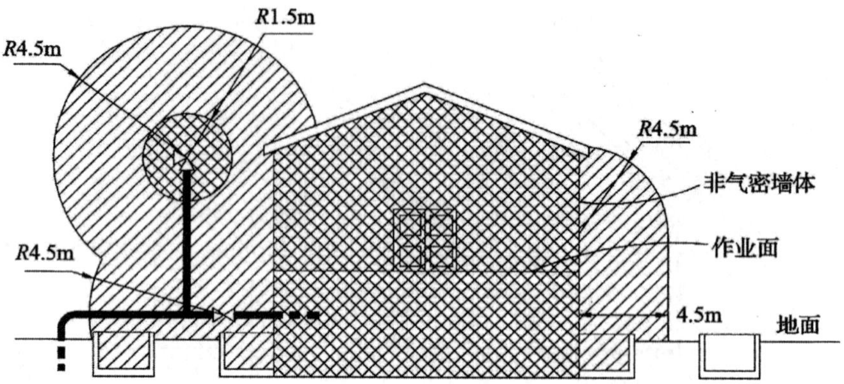

图 J.0.7-5　通风不良的厂房(半地下层布置)

注：本条的图示中，地面以下的沟槽内存在释放源时，应按图 J.0.2-7、图 J.0.2-8 划分爆炸危险区域。

附　录　K
埋地管道水压强度试验推荐做法

K.0.1　一级一类地区采用0.8强度设计系数的管道强度试验，应绘制压力-体积关系图（$P-V$图）监测试验过程。

K.0.2　试压使用的设备及材料应符合下列规定：

1　试验管段的充水设备宜采用离心泵；

2　试验管段的升压注水设备应采用往复泵，泵的流量选择应适当，以便提供合适的升压速度，泵的工作压力应大于管段的最大试验压力；

3　试验使用的试压头、管汇、阀门及管线的承压能力应大于管段的最大试验压力，试压前应对试压系统进行全面检查，确保参与试压的设施处于良好状态。

K.0.3　试验管段的充水应符合下列规定：

1　应在试验管段内的充水起点置入一个或多个隔离球之后充水，以尽可能地排出管线内的空气，隔离球可在试压完成之后取出；

2　充水宜连续进行，并应对充水的体积进行计量，以便判断管内空气排出程度；

3　充水完成后，应进行一段时间的热稳定，使充入水的温度与地层温度相平衡，方可进入试压阶段。

K.0.4　试压应符合下列规定：

1　可将试压段的试验压力升高到不超过最大试验压力的80%，并应稳压一段时间；

2　在稳压时间内，应监视并检查试验管段是否有泄漏，如发现泄漏应泄压并修复；

3　稳压时间完成后，应以均匀的速度升压到试验压力；

4　升压达到试验压力，应稳压一定时间并观察，在此期间，可根据需要向管内适量添加试压介质，以便保持试验压力，之后进入试验压力的稳压阶段并应记录稳压时间。

K.0.5　管道产生屈服所需压力的测定应符合下列规定：

1　试验管段升压期间应绘制$P-V$图，$P-V$图的绘制应符合下列规定：

1）宜以升压注入水的体积（V）为横坐标，以压力（P）为纵坐标，用升压注入管线内水的体积与管段压力变化绘制关系图；

2）应在足以准确建立$P-V$图直线部分的最低压力点开始绘制；

3）数据采集点应足够密集，以便能及时测出$P-V$图中偏离直线部分的非线性（曲线）的开始位置。

2　试验期间，应密切监视$P-V$图图形的变化趋势，$P-V$图中偏离直线后出现非线性（曲线）部分的开始，预示该管段快要接近屈服点，此时应停止升压并检查。

3　试压管段环向应力超过100%管材标准要求的最小屈服强度时，可采用以下方法之一控制最大试验压力：

1）当需要两倍于出现任何偏差前$P-V$图的直线部分，单位压力增值所需的泵冲程次数才能达到相同的单位压力增值时的压力；

2）压力不超过$P-V$图直线部分发生偏差后，所需的冲程次数乘以单位冲程容积等于在大气压下测量的管段充满水体积的0.002倍时的压力，该数值为试验段的平均值。

本规范用词说明

1 为便于在执行本规范条文时区别对待，对要求严格程度不同的用词说明如下：
  1) 表示很严格，非这样做不可的：
  正面词采用“必须”，反面词采用“严禁”；
  2) 表示严格，在正常情况下均应这样做的：
  正面词采用“应”，反面词采用“不应”或“不得”；
  3) 表示允许稍有选择，在条件许可时首先应这样做的：
  正面词采用“宜”，反面词采用“不宜”；
  4) 表示有选择，在一定条件下可以这样做的，采用“可”。
2 条文中指明应按其他有关标准执行的写法为：“应符合……的规定”或“应按……执行”。

引用标准名录

《建筑设计防火规范》GB 50016
《采暖通风与空气调节设计规范》GB 50019
《压缩空气站设计规范》GB 50029
《建筑照明设计标准》GB 50034
《动力机器基础设计规范》GB 50040
《锅炉房设计规范》GB 50041
《工业循环冷却水处理设计规范》GB 50050
《供配电系统设计规范》GB 50052
《建筑物防雷设计规范》GB 50057
《爆炸危险环境电力装置设计规范》GB 50058
《工业循环水冷却设计规范》GB/T 50102
《火灾自动报警系统设计规范》GB 50116
《建筑灭火器配置设计规范》GB 50140
《石油天然气工程设计防火规范》GB 50183
《工业设备及管道绝热工程设计规范》GB 50264
《油气长输管道工程施工及验收规范》GB 50369
《油气输送管道穿越工程设计规范》GB 50423
《油气输送管道跨越工程设计规范》GB 50459
《油气输送管道线路工程抗震技术规范》GB 50470
《埋地钢质管道防腐保温层技术标准》GB/T 50538
《石油天然气站内工艺管道工程施工规范》GB 50540
《室外作业场地照明设计标准》GB 50582
《埋地钢质管道交流干扰防护技术标准》GB/T 50698
《石油天然气管道工程全自动超声波检测技术规范》GB/T 50818
《埋地钢质管道直流干扰防护技术标准》GB 50991
《工业企业设计卫生标准》GBZ 1
《压力容器》GB 150.1～GB 150.4
《非合金钢及细晶粒钢焊条》GB/T 5117
《热强钢焊条》GB/T 5118
《埋弧焊用碳钢焊丝和焊剂》GB/T 5293
《高压锅炉用无缝钢管》GB 5310
《生活饮用水卫生标准》GB 5749
《高压化肥设备用无缝钢管》GB 6479
《气体保护电弧焊用碳钢、低合金钢焊丝》GB/T 8110

《输送流体用无缝钢管》GB/T 8163
《污水综合排放标准》GB 8978
《石油天然气工业　管线输送系统用钢管》GB/T 9711
《碳钢药芯焊丝》GB/T 10045
《钢制对焊无缝管件》GB/T 12459
《钢板制对焊管件》GB/T 13401
《熔化焊用钢丝》GB/T 14957
《低合金钢药芯焊丝》GB/T 17493
《天然气》GB 17820
《天然气计量系统技术要求》GB/T 18603
《钢质管道外腐蚀控制规范》GB/T 21447
《埋地钢质管道阴极保护技术规范》GB/T 21448
《重要电力用户供电电源及自备应急电源配置技术规范》GB/Z 29328
《石油天然气工程总图设计规范》SY/T 0048
《石油天然气金属管道焊接工艺评定》SY/T 0452
《钢制对焊管件规范》SY/T 0510
《绝缘接头与绝缘法兰技术规范》SY/T 0516
《快速开关盲板技术规范》SY/T 0556
《钢质管道焊接及验收》SY/T 4103
《输油(气)管道同沟敷设光缆(硅芯管)设计及施工规范》SY/T 4108
《石油天然气钢质管道无损检测》SY/T 4109
《油气输送用钢制感应加热弯管》SY/T 5257
《地下储气库设计规范》SY/T 6848
《油气田及管道工程雷电防护设计规范》SY/T 6885

UDC

中华人民共和国国家标准

P

GB 50253—2014

输油管道工程设计规范

Code for design of oil transportation pipeline engineering

2014-06-23 发布

2015-04-01 实施

中华人民共和国住房和城乡建设部
中华人民共和国国家质量监督检验检疫总局
联合发布

中华人民共和国住房和城乡建设部公告

第461号

住房城乡建设部关于发布国家标准《输油管道工程设计规范》的公告

现批准《输油管道工程设计规范》为国家标准,编号为GB 50253—2014,自2015年4月1日起实施。其中,第4.1.3、4.1.6(1)、7.3.5(5)、9.2.1条(款)为强制性条文,必须严格执行。原国家标准《输油管道工程设计规范》GB 50253—2003同时废止。

本规范由我部标准定额研究所组织中国计划出版社出版发行。

中华人民共和国住房和城乡建设部
2014年6月23日

前　言

根据住房城乡建设部《关于印发〈2011年工程建设标准规范制订、修订计划(第二批)〉的通知》(建标〔2011〕17号)的要求,规范编制组经广泛调查研究,认真总结经验,参考有关国际标准和国外先进标准,并在广泛征求意见的基础上,对《输油管道工程设计规范(2006年版)》GB 50253—2003进行修订。

本规范共分9章和10个附录,主要内容包括:总则,术语,输油工艺,线路,管道、管道附件和支承件设计,输油站,管道监控系统,通信,管道的焊接、焊接检验与试压等。

本规范修订的主要技术内容是:

1.根据国家现行法律、法规的要求修订所涉及的条文;

2.更新本规范中所涉及的其他标准规范;

3.规定了输油管道工程与上下游相关企业及设施的界面划分范围;

4.补充、修订有关管道并行敷设的相关规定,增加了管道水工保护的相关规定;

5.补充、修订有关原油管道加热、顺序输送的相关规定,补充、修订有关成品油管道顺序输送工艺设计的相关规定;

6.修订了输油站内管道的许用应力计算相关内容;

7.修订了输油站场的电力负荷分级的相关规定;

8.将原规范中"健康、安全与环境(HSE)"和"节能"章节内容补充到相关章节中。

本规范中以黑体字标志的条文为强制性条文,必须严格执行。

本规范由住房城乡建设部负责管理和对强制性条文的解释,由石油工程建设专业标准化委员会负责日常管理工作,由中国石油天然气管道工程有限公司负责具体技术内容的解释。在本规范执行过程中,希望各单位结合工程实践,认真总结经验,注意积累资料,如发现本规范需要修改和补充之处,请将意见和有关资料寄送到中国石油天然气管道工程有限公司(地址:河北省廊坊市和平路146号,邮政编码:065000),以供今后修订时参考。

本规范主编单位、参编单位、主要起草人和主要审查人:

主编单位:中国石油天然气管道工程有限公司

参编单位:中石化洛阳工程有限公司

中国石油规划总院

主要起草人:朱坤锋　张文伟　王　彦　张振永　徐兴文　谢伟峰　许　莉　梅　斌
王　鸿　俞彦英　龚云峰　杜庆山　刘桂志　王　成　周长才　陈丽贤
翟建习　高　红　王小林　董　旭　史　航　程　晖　王怀义　邬俊华
郭宝申　李　津　李　维　陈　枫

主要审查人:宫　敬　李志勇　李　强　王小强　张伟旭　戚　麟　李艳华　眭　峰
张怀法　连洪江　崔　欣　谌贵宇　张义贵　方大钧　李永军　薛　斌
于景龙　晏　伟　吴　勇　刘晓红　杨　拓　王秀丽

1 总则

1.0.1 为在输油管道工程设计中贯彻国家的有关法律、法规，统一技术要求，做到安全可靠、环保节能、技术先进、经济合理，制定本规范。

1.0.2 本规范适用于陆上新建、扩建和改建的输送原油、成品油、液化石油气管道工程的设计。

1.0.3 输油管道工程与上下游相关企业及设施的界面划分应符合本规范附录A的规定。

1.0.4 输油管道工程设计应在管道建设、运营经验和吸收国内外先进科技成果的基础上合理选择设计参数，优化设计。

1.0.5 输油管道工程设计除应符合本规范外，尚应符合国家现行有关标准的规定。

2 术语

2.0.1

输油管道工程 oil transportation pipeline engineering

用管道输送原油、成品油和液化石油气的建设工程。一般包括输油管线、输油站及辅助设施等工程内容。

2.0.2

管道系统 oil pipeline system

各类型输油站、管线及有关设施的统称。

2.0.3

输油站 oil transportation station

输油管道工程中各类工艺站场的统称。

2.0.4

首站 initial station

输油管道的起点站。

2.0.5

末站 terminal

输油管道的终点站。

2.0.6

中间站 intermediate station

在输油首站和末站之间设有的各类站场的统称。

2.0.7

中间热泵站 intermediate heating and pumping station

在输油首站和末站之间以加热、加压设施为主的输油站。

2.0.8

中间泵站 intermediate pumping station

在输油首站和末站之间以加压设施为主的输油站。

2.0.9

中间加热站 intermediate heating station

在输油首站和末站之间以加热设施为主的输油站。

2.0.10

注入站 injection station

在管道中间某位置向管道中注入其他来源油品的站场。

2.0.11

分输站 distributing station

在输油管道沿线,为分输油品至用户而设置的站场。

2.0.12

减压站 pressure-reducing station

为降低管道由于位差过大形成过高的管道内压力而设置减压设施的输油站。

2.0.13

线路截断阀 pipeline block valve

在管道沿线设置的用于将管道分段的阀门。

2.0.14

原油 crude oil

石油采出后的液相部分。

2.0.15

成品油 products

原油经加工生产的 C_5 及 C_5 以上轻质油至重质油的商品油。

2.0.16

液化石油气 liquefied petroleum gas(LPG)

以丙烷、丁烷为主要成分的液态石油产品,一般有商品丙烷、丁烷和商品丙烷、丁烷混合物。

2.0.17

顺序输送 batch transportation

多种原油或石油产品用同一条管道依次输送的方式。

2.0.18

操作压力 operating pressure

在稳态操作条件下,一个系统内介质的压力。

2.0.19

操作温度 operating temperature

在稳态操作条件下,一个系统内介质的温度。

2.0.20

最高稳态操作压力 maximum steady state operating pressure(MSOP)

管道内液体在稳态操作条件下,介质的最大压力。

2.0.21

管道设计内压力 pipeline internal design pressure

在设计温度范围内,管道系统设计计算或分析所用的内压力。

2.0.22

水击压力 surge pressure

在管道中,由于液流速度突然改变而引起管道内的压力变化现象称水击,该压力的幅值称水击压力。

2.0.23

静压力　hydrostatic pressure

管道内流体处于静止状态下,因重力而垂直作用在管道及管道附件内壁上的压力。

2.0.24

弹性弯曲　elastic bending

管道在外力或自重作用下产生的弹性限度范围内的弯曲变形。

2.0.25

管件　pipe fittings

弯头、弯管、三通、异径接头和管封头等各种管道异形连接件的统称。

2.0.26

管道附件　pipe accessories

管件、阀门及其组合件、法兰、绝缘法兰、绝缘接头、清管器收发筒等管道专用部件的统称。

2.0.27

冷弯管　cold bends

用模具将管子在不加热状态下弯制成需要角度的弯管。

2.0.28

热煨弯管　hot bends

管子加热后,在弯制机具上弯曲成需要角度的弯管。

2.0.29

公称管壁厚度　pipe nominal wall thickness

钢管标准中所列出的管壁厚度。

2.0.30

并行管道　parallel pipelines

以一定间距相邻敷设的管道。

3　输油工艺

3.1　一般规定

3.1.1　输油管道工程设计计算输油量时,年工作天数应按350天计算。

3.1.2　管道设计输量应根据设计委托书或设计合同规定的输量确定,设计最小输量应符合安全经济及输送条件。

3.1.3　输油管道宜采用密闭输送工艺。采用其他输送工艺时,应进行技术经济论证,并说明其可行性及必要性。

3.1.4　管输多种油品时宜采用顺序输送工艺。采用专管专用输送工艺时,应进行技术经济论证。

3.1.5　输送工艺方案应根据管道的设计内压力、管径、输送方式、输油站数量、顺序输送油品批次等,以多个组合方案进行比选确定。

3.1.6　输送工艺设计计算应包括水力和热力计算,并进行稳态和瞬态水力分析,提出输送中瞬变流动过程的控制方法。

3.2 原油管道输送工艺

3.2.1 原油一般物理性质测定项目应符合本规范附录B的规定;原油流变性测定项目应符合本规范附录C的规定。

3.2.2 输送方式应根据输送原油的物理性质及其流变性,通过优化确定。原油输送方式应符合下列规定:

1 输送原油的凝点高于管道管顶埋深处地温时,宜采用加热或对原油进行改性处理后输送,并应符合下列规定:

1) 采用加热输送时,管道沿线各点原油的输送温度宜高于原油凝点3℃~5℃;

2) 采用改性处理输送时,应对改性后原油进行管道输送剪切失效和时效性模拟实验分析。

2 输送高黏低凝原油时,可采取加热降黏或加剂降黏措施,并应进行加剂剪切失效实验分析。

3.2.3 加热输送的原油管道应符合下列规定:

1 加热温度应从安全输送和节约能源的角度优选确定。

2 采用不保温或保温输送方案时,应进行技术经济论证。宜选择加保温层方案,并确定保温层结构和厚度。

3 加热站和泵站的设置应综合管道的热力条件和水力条件优化确定。

3.2.4 管道顺序输送多种原油时,应符合本规范第3.3节、第6.4节中有关成品油顺序输送工艺的相关规定,并应根据不同原油的物理性质及其流变性确定输送方案。

3.2.5 原油管道根据输送原油的物性及输送要求,可设反输工艺。

3.2.6 管道内输送原油为牛顿流体时,其沿程摩阻损失应按下列公式计算:

$$h=\lambda \frac{l}{d}\cdot\frac{V^2}{2g} \qquad (3.2.6-1)$$

$$V=\frac{4q_V}{\pi d^2} \qquad (3.2.6-2)$$

式中:h ——计算管段的沿程摩阻损失(m);

λ ——水力摩阻系数,应按本规范附录D计算;

l ——计算管段的长度(m);

d ——管道内直径(m);

V ——流体在管道内的平均流速(m/s);

g ——重力加速度(9.81 m/s²);

q'_V——流体平均温度下的体积流量(m³/s)。

3.2.7 输油平均温度应按下式计算:

$$t_{av}=\frac{1}{3}t_1+\frac{2}{3}t_2 \qquad (3.2.7)$$

式中:t_{av}——计算管段的输油平均温度(℃),常温输送的输油管道,计算管段的输油平均温度取管中心埋深处的地温;

t_1 ——计算管段的起点油温(℃);

t_2 ——计算管段的终点油温(℃)。

3.2.8 当管道内输送原油为幂律流体时，其沿程摩阻损失应按本规范附录 E 的规定计算。

3.2.9 加热输送的输油管道的沿线温降应按下列公式计算：

$$\frac{t_1-t_0-b}{t_2-t_0-b}=e^{al} \quad \cdots\cdots (3.2.9-1)$$

$$b=\frac{ig}{Ca} \quad \cdots\cdots (3.2.9-2)$$

$$a=\frac{K\pi D}{q_m C} \quad \cdots\cdots (3.2.9-3)$$

式中：t_1 ——计算管段的起点油温(℃)；

t_2 ——计算管段的终点油温(℃)；

t_0 ——埋地管道中心处最冷月份平均地温(℃)；

l ——计算管段长度(m)；

i ——流量为 q_m 时的水力坡降(m/m)，可近似取计算管段的平均水力坡降；

g ——重力加速度(9.81m/s^2)；

C ——输油平均温度下原油的比热容[J/(kg·℃)]；

K ——总传热系数[W/(m^2·℃)]；

D ——管道外直径(m)；

q_m——油品质量流量(kg/s)。

3.3 成品油管道输送工艺

3.3.1 成品油管道输送工艺应根据成品油输量、品种及各品种比例、沿线注入量及分输量确定。

3.3.2 成品油管道最大输送流量应根据输送方式、年输送批次、沿线库容综合确定。

3.3.3 成品油顺序输送管道的设计年循环批次数应经技术经济比较后确定，设计年循环批次数不宜大于 30 次。

3.3.4 在管道系统分析的基础上，可选择在管道系统适当的中间站场设置一定规模的调节储罐及相关工艺设施。

3.3.5 输送多品种成品油时，宜采用连续顺序输送方式；当采用间歇顺序输送方式时，应采取减少混油量的措施。

3.3.6 当顺序输送多品种成品油管道采用旁接油罐输送工艺时，混油界面通过泵站时应切换成密闭输送方式。

3.3.7 成品油顺序输送管道沿程摩阻损失应按本规范公式(3.2.6-1、3.2.6-2)计算，其雷诺数宜大于本规范公式(3.3.11-3)计算的临界雷诺数。

3.3.8 油品批量输送的排列顺序，宜将油品性质相近的邻近排列。顺序输送的油品中含有较高黏度的油品时，可在该油品的首末段采取适当的隔离措施。

3.3.9 成品油顺序输送管道的输油站间不应设置副管。

3.3.10 站间线路起伏较大的成品油顺序输送管道，宜采取措施使管道在满流状态下运行。

3.3.11 成品油顺序输送管道混油段长度可按下列公式计算：

$$\lg\lg(\nu\times10^6+0.89)=0.5\lg\lg(\nu_A\times10^6+0.89)+0.5\lg\lg(\nu_B\times10^6+0.89) \quad \cdots\cdots (3.3.11-1)$$

$$Re=\frac{4q_V}{\pi d\nu} \quad \cdots\cdots\cdots\cdots\cdots\cdots\cdots (3.3.11-2)$$

$$Re_{lj}=10000e^{2.72d^{0.5}} \quad \cdots\cdots\cdots\cdots\cdots\cdots\cdots (3.3.11-3)$$

$Re>Re_{lj}$时：

$$C=11.75(dL)^{0.5}Re^{-0.1} \quad \cdots\cdots\cdots\cdots\cdots\cdots\cdots (3.3.11-4)$$

$Re\leqslant Re_{lj}$时：

$$C=18385(dL)^{0.5}Re^{-0.9}e^{2.18d^{0.5}} \quad \cdots\cdots\cdots\cdots\cdots\cdots\cdots (3.3.11-5)$$

式中：C ——混油段长度(m)；

d ——管道内径(m)；

L ——计算管段长度(m)；

q_V ——输油平均温度下的体积流量(m^3/s)；

Re ——雷诺数；

Re_{lj} ——临界雷诺数；

e ——自然对数的底，$e=2.718$；

ν_A ——前行油品在输送温度下的运动黏度(m^2/s)；

ν_B ——后行油品在输送温度下的运动黏度(m^2/s)；

ν ——各50%的混油在输送温度下的运动黏度(m^2/s)。

3.3.12 成品油顺序输送管道应设混油下载及处理设施。

3.4 液化石油气(LPG)管道输送工艺

3.4.1 液化石油气管道输送工艺应按液化石油气输量、组分及各组分比例进行设计。

3.4.2 液化石油气管道应进行水力计算和热力计算。

3.4.3 液化石油气管道的沿程摩阻损失应按本规范公式(3.2.6-1、3.2.6-2)计算，并应取1.1～1.2的流态阻力增加系数。

3.4.4 液化石油气在管道中输送时，沿线任何一点的压力应高于输送温度下液化石油气的饱和蒸气压。沿线各中间泵站的进站压力宜比进站温度下液化石油气的饱和蒸气压力高1 MPa，末站进储罐前的压力宜比进站温度下液化石油气的饱和蒸气压力高0.5 MPa。

3.4.5 液化石油气在管道内的平均流速，应经技术经济比较后确定，可取0.8 m/s～1.4 m/s，但最大不应超过3 m/s。

4 线路

4.1 线路选择

4.1.1 管道线路的选择，应根据工程建设的目的和资源、市场分布，结合沿线城镇、交通、水利、矿产资源和环境敏感区的现状与规划，以及沿途地区的地形、地貌、地质、水文、气象、地震自然条件，通过综合分析和多方案技术经济比较确定线路总体走向。

4.1.2 中间站场和大、中型穿跨越工程位置选择应符合线路总体走向；局部线路走向应根据中间站场和大、中型穿跨越位置进行调整。

4.1.3 管道不应通过饮用水水源一级保护区、飞机场、火车站、海(河)港码头、军事禁区、国家重点文物保护范围、自然保护区的核心区。

4.1.4 输油管道应避开滑坡、崩塌、塌陷、泥石流、洪水严重侵蚀等地质灾害地段，宜避开矿山采空区、全新世活动断层。当受到条件限制必须通过上述区域时,应选择其危害程度较小的位置通过,并采取相应的防护措施。

4.1.5 管道线路与已建管道路由走向大致相同时,宜利用已建管道走廊并行敷设。

4.1.6 埋地输油管道同地面建(构)筑物的最小间距应符合下列规定:

1 **原油、成品油管道与城镇居民点或重要公共建筑的距离不应小于 5 m。**

2 原油、成品油管道临近飞机场、海(河)港码头、大中型水库和水工建(构)筑物敷设时,间距不宜小于 20 m。

3 输油管道与铁路并行敷设时,管道应敷设在铁路用地范围边线 3 m 以外,且原油、成品油管道距铁路线不应小于 25 m、液化石油气管道距铁路线不应小于 50 m。如受制于地形或其他条件限制不满足本条要求时,应征得铁路管理部门的同意。

4 输油管道与公路并行敷设时,管道应敷设在公路用地范围边线以外,距用地边线不应小于 3 m。如受制于地形或其他条件限制不满足本条要求时,应征得公路管理部门的同意。

5 原油、成品油管道与军工厂、军事设施、炸药库、国家重点文物保护设施的最小距离应同有关部门协商确定。液化石油气管道与军工厂、军事设施、炸药库、国家重点文物保护设施的距离不应小于 100 m。

6 液化石油气管道与城镇居民点、重要公共建筑和一般建(构)筑物的最小距离应符合现行国家标准《城镇燃气设计规范》GB 50028 的有关规定。

注:本条规定的距离,对于城镇居民点,由边缘建筑物的外墙算起;对于单独的学校、医院、军工厂、机场、码头、港口、仓库等,应由划定的区域边界线算起。

4.1.7 管道与架空输电线路平行敷设时,其距离应符合现行国家标准《66 kV 及以下架空电力线路设计规范》GB 50061 及《110 kV~750 kV 架空输电线路设计规范》GB 50545 的有关规定。管道与干扰源接地体的距离应符合现行国家标准《埋地钢质管道交流干扰防护技术标准》GB/T 50698的有关规定。埋地输油管道与埋地电力电缆平行敷设的最小距离,应符合现行国家标准《钢质管道外腐蚀控制规范》GB/T 21447 的有关规定。

4.1.8 输油管道与已建管道并行敷设时,土方地区管道间距不宜小于 6 m,如受制于地形或其他条件限制不能保持 6 m 间距时,应对已建管道采取保护措施。石方地区与已建管道并行间距小于 20 m 时不宜进行爆破施工。

4.1.9 同期建设的输油管道,宜采用同沟方式敷设;同期建设的油、气管道,受地形限制时局部地段可采用同沟敷设,管道同沟敷设时其最小净间距不应小于 0.5 m。

4.1.10 管道与通信光缆同沟敷设时,其最小净距(指两断面垂直投影的净距)不应小于0.3 m。

4.2 管道敷设

4.2.1 输油管道应采用地下埋设方式。当受自然条件限制时,局部地段可采用土堤埋设或地上敷设。

4.2.2 当输油管道需改变平面走向或为适应地形变化改变纵向坡度时,可采用弹性弯曲、冷弯管和热煨弯管,不得采用虾米腰弯头或褶皱弯头,并应符合下列规定:

1 在平面转角较小或地形起伏不大的情况下,应优先采用弹性弯曲敷设,并应符合下列规定:

1) 弹性敷设管道的曲率半径应满足钢管强度要求,且不宜小于钢管外直径的 1000 倍。竖向下凹的弹性弯曲管段,其曲率半径尚应大于管道在自重条件下产生的挠

度曲线的曲率半径,其曲率半径应按下式计算:

$$R \geqslant 3600\sqrt[3]{\frac{1-\cos\frac{\alpha}{2}}{\alpha^4}D^2} \quad \cdots\cdots (4.2.2)$$

式中:R ——管道弹性弯曲曲率半径(m);

D ——管道的外径(cm);

α ——管道的转角(°)。

2) 弹性敷设管道与相邻的反向弹性弯曲管段之间及弹性弯曲管段与弯管之间,应采用直管段连接,直管段长度不应小于钢管的外径,且不应小于 0.5 m。

2 当采用热煨弯管时,其曲率半径不宜小于钢管外直径的 5 倍,且应满足清管器或检测器顺利通过的要求。

3 当采用冷弯管改变平面走向或纵向坡度时,冷弯管应符合本规范第 5.4 节的规定,其最小弯管半径应符合表 4.2.2 的要求。

表 4.2.2 冷弯管的最小弯管半径(mm)

公称管径 DN	最小弯管半径 R
≤300	18D
350	21D
400	24D
450	27D
500	30D
550≤DN≤1000	40D
≥1050	50D
注:D 为管外径,弯管两端宜有 2 m 左右的直管段。	

4.2.3 埋地管道的埋设深度,应根据管道所经地段的农田耕作深度、冻土深度、地形和地质条件、地下水深度、地面车辆所施加的载荷及管道稳定性的要求等因素,经综合分析后确定。管顶的覆土层厚度不宜小于 0.8 m。

4.2.4 管沟沟底宽度应根据管道外径、同沟管道数量、开挖方式、组装焊接工艺及工程地质等因素确定,并应符合下列规定:

1 当深度在 5 m 以内时,沟底宽度应按下式确定:

$$B = D_0 + b \quad \cdots\cdots (4.2.4)$$

式中:B ——沟底宽度(m);

D_0——钢管的结构外径(m),多管同沟敷设时 D_0 取各管道结构外径之和加上管道净间距之和;

b ——沟底加宽裕量(m),应按表 4.2.4 的规定取值。

2 当管沟深度大于或等于 5 m 时,应根据土壤类别及物理力学性质确定管沟沟底宽度。

3 当管沟开挖需要加强支撑时,管沟沟底宽度应考虑支撑结构所占用的宽度。

4 用机械开挖管沟时,管沟沟底宽度应根据挖土机械切削尺寸确定,但不应小于按本规范公式(4.2.4)计算的宽度。

5 管沟沟底应平整,管子应紧贴沟底。

表 4.2.4 沟底加宽裕量 b(m)

条件因素		沟上焊接				沟下手工电弧焊接			沟下半自动焊接处管沟	沟下焊接弯管及碰口处管沟
		土质管沟		岩石爆破管沟	热煨弯管、冷弯管处管沟	土质管沟		岩石爆破管沟		
		沟中有水	沟中无水			沟中有水	沟中无水			
b 值	沟深 3 m 以内	0.7	0.5	0.9	1.5	1.0	0.8	0.9	1.6	2.0
	沟深 3 m～5 m	0.9	0.7	1.1	1.5	1.2	1.0	1.1	1.6	2.0

4.2.5 管沟边坡坡度应根据试挖或土壤的内摩擦角、黏聚力、湿度、密度等物理力学性质确定。

当缺少土壤物理力学性质资料、地质条件良好、土壤质地均匀、地下水位低于管沟底面标高且不加支撑时,沟深小于 5 m 的管沟边坡最陡坡度不宜大于表 4.2.5 的规定;沟深大于或等于 5 m 的管沟应分台阶开挖,台阶宽度不宜小于 2 m。

表 4.2.5 沟深小于 5 m 时的管沟边坡最陡坡度

土壤类别	边坡坡度(高∶宽)		
	坡顶无荷载	坡顶有静荷载	坡顶有动荷载
中密的砂土	1∶1.00	1∶1.25	1∶1.50
中密的碎石类土(充填物为砂土)	1∶0.75	1∶1.00	1∶1.25
硬塑性的粉土	1∶0.67	1∶0.75	1∶1.00
中密的碎石类土(充填物为黏性土)	1∶0.50	1∶0.67	1∶0.75
硬塑性的粉质黏土、黏土	1∶0.33	1∶0.50	1∶0.67
老黄土	1∶0.10	1∶0.25	1∶0.33
软土(经井点降水后)	1∶1.00	—	—
硬质岩	1∶0	1∶0.1	1∶0.2
注:静荷载系指堆土或料堆等;动荷载系指有机械挖土、吊管机和推土机作业。			

4.2.6 管沟回填土作业应符合下列规定:

1 岩石、卵砾石、冻土段管沟,应在沟底先铺设细土或砂垫层,压实后的厚度不宜小于 0.2 m。

2 回填岩石、砾石、冻土段的管沟时,应先用细土或砂回填至管顶以上 0.3 m 后,方可用原状土回填,回填土中的岩石和碎石块最大粒径不应超过 250 mm。

3 管顶和管底用的细土或砂的最大粒径应根据外防腐涂层的类型确定;对于三层结构聚乙烯、三层结构聚丙烯和双层环氧粉末外防腐涂层,最大粒径不宜超过 20 mm,且应保证良好的颗粒级配;对于其他涂层,最大粒径不宜超过 10 mm。

4 一般地段的管沟回填,应留有沉降余量,回填土宜高出地面 0.3 m 以上。对于回填后可能遭受地表汇水冲刷或浸泡的管沟，回填土应压实，压实系数不宜小于0.85，并应满足水土保持的要求。

5 输油管道出土端、进出站(阀室)和固定墩前后段，回填土时应分层夯实，分层厚度不应大于0.3 m，夯实系数不宜小于0.9。单侧夯实段长度应根据计算确定。

4.2.7 管沟回填后，应恢复原地貌，并保护耕植层，防止水土流失和积水。

4.2.8 当输油管道一侧邻近冲沟或陡坎时，应对冲沟的边坡、沟底和陡坎采取加固措施。

4.2.9 当输油管道采取土堤埋设时，土堤设计应符合下列规定：

1 输油管道在土堤中的径向覆土厚度不应小于1.0 m；土堤顶宽应大于管道直径两倍且不得小于1.0 m。

2 土堤边坡坡度应根据当地自然条件、填土类别和土堤高度确定。对黏性土土堤，堤高小于2.0 m时，土堤边坡坡度可采用1∶0.75～1∶1；堤高为2 m～5 m时，可采用1∶1.25～1∶1.5。

3 土堤受水浸淹部分的边坡应采用1∶2的坡度，并应根据水流情况采取保护措施。

4 在沼泽和低洼地区，土堤的堤肩高度应根据常水位、波浪高度和地基强度确定。

5 当土堤阻挡水流排泄时，应设置泄水孔或涵洞等构筑物；泄水能力应满足重现期为25年一遇的洪水流量。

6 软弱地基上的土堤，应防止填土后基础的沉陷。

7 土堤用土的透水性能宜接近原状土，且应满足填方的强度和稳定性的要求。

4.2.10 地上敷设的输油管道应采取措施补偿管道轴向变形。

4.2.11 当埋地输油管道同其他埋地管道或金属构筑物交叉时，其垂直净距不应小于0.3 m，两条管道的交叉角不宜小于30°；管道与电力、通信电缆交叉时，其垂直净距不应小于0.5 m。

4.2.12 输油管道通过人工或天然障碍物(水域、冲沟、铁路、公路等)时，应符合现行国家标准《油气输送管道穿越工程设计规范》GB 50423和《油气输送管道跨越工程设计规范》GB 50459的有关规定。液化石油气管道穿越铁路、公路管段的设计系数应按本规范附录F的规定选取。

4.3 管道的外腐蚀控制和保温

4.3.1 输油管道应采取防腐层与阴极保护联合腐蚀控制措施。输油管道的防腐蚀设计应符合现行国家标准《钢质管道外腐蚀控制规范》GB/T 21447和《埋地钢质管道阴极保护技术规范》GB/T 21448的有关规定。

4.3.2 埋地管道外防腐层的性能、等级及外防护层的选用，应根据地质、环境条件需求确定。

4.3.3 地上管道防腐层的技术性能应能满足现场环境要求。

4.3.4 采用强制电流保护方式时，应避免或抑制对邻近金属构筑物的干扰影响。

4.3.5 采用牺牲阳极方式保护时，应考虑地质条件的限定影响。

4.3.6 在交、直流干扰源影响区域内的管道，应按照国家现行标准《埋地钢质管道交流干扰防护技术标准》GB/T 50698和《埋地钢质管道直流排流保护技术标准》SY/T 0017的相关规定，采取有效的排流保护或防护措施。

4.3.7 相临并行的任一管道受到干扰影响时，不宜采取联合阴极保护措施。需要进行联合保护的，应在并行段两端受干扰的管道上采取绝缘隔离措施。

4.3.8 埋地输油管道的保温层应符合现行国家标准《埋地钢质管道防腐保温层技术标准》GB/T 50538的有关规定。

4.3.9 保温层应采用导热系数小的闭孔材料，保温材料应具有一定机械强度，耐热性能好，不易燃烧和具有自熄性，且对管道无腐蚀作用。

4.3.10 保温层外部宜有保护层，保护层材料应具有足够的机械强度和韧性，化学性能稳定，且具有耐老化、防水和电绝缘的性能。

4.4 线路截断阀

4.4.1 输油管道沿线应设置线路截断阀。

4.4.2 原油、成品油管道线路截断阀的间距不宜超过 32 km，人烟稀少地区可适当加大间距。

4.4.3 输送液化石油气管道线路截断阀的最大间距应符合表 4.4.3 的规定。

表 4.4.3 液化石油气管道线路截断阀的最大间距

地区等级	线路截断阀最大间距(km)
一	32
二	24
三	16
四	8
注：地区等级的划分见附录 F。	

4.4.4 埋地输油管道沿线在河流大型穿跨越及饮用水水源保护区两端应设置线路截断阀。在人口密集区管段或根据地形条件认为需要截断处，宜设置线路截断阀。需防止油品倒流的部位应安装能通过清管器的止回阀。

4.4.5 截断阀应设置在交通便利、地形开阔、地势较高、检修方便，且不易受地质灾害及洪水影响的地方。

4.4.6 线路截断阀应能通过清管器和管道内检测仪。

4.5 管道的锚固

4.5.1 当管道的设计温度同安装温度存在温差时，在管道出入土端、热煨弯管、管径改变处以及管道同清管器收发设施连接处，宜根据计算设置锚固设施或采取其他能够保证管道稳定的措施。

4.5.2 当管道翻越高差较大的长陡坡时，应校核管道的稳定性。

4.5.3 当管道采取锚固墩(件)锚固时，管道同锚固墩(件)之间应有良好的电绝缘。

4.6 管道标志

4.6.1 管道沿线应设置里程桩、标志桩、转角桩、阴极保护测试桩和警示牌等永久性标志，管道标志的标识、制作和安装应符合现行行业标准《管道干线标记设置技术规范》SY/T 6064 的有关规定。

4.6.2 里程桩应沿管道从起点至终点，每隔 1 km 至少设置 1 个。阴极保护测试桩可同里程桩合并设置。

4.6.3 在管道平面改变方向时应设置水平转角桩。转角桩宜设置在折转管道中心线上方。

4.6.4 管道穿跨越人工或天然障碍物时，应在穿跨越处两侧及地下建(构)筑物附近设置标志桩。通航河流上的穿跨越工程，应在最高通航水位和常水位两岸岸边明显位置设置警示牌。

4.6.5 当管道采用地上敷设时,应在行人较多和易遭车辆碰撞的地方,设置标志并采取保护措施。标志应采用具有反光功能的涂料涂刷。

4.6.6 埋地管道通过人口密集区、有工程建设活动可能和易遭受挖掘等第三方破坏的地段应设置警示牌,并宜在埋地管道上方埋设管道警示带。

4.7 管道水工保护

4.7.1 管道通过以下地段时应设置水工保护设施:

1 采用开挖方式穿越河流、沟渠段;

2 顺坡敷设和沿横坡敷设段;

3 通过田坎、地坎段;

4 通过不稳定边坡和危岩段。

4.7.2 管道的水工保护设计应依据当地气候、水文、地形、地质条件及施工材料分布情况,采取工程措施和植物措施相结合的综合防治措施。

4.7.3 河流、沟渠穿越地段的水工保护设计应符合现行国家标准《油气输送管道穿越工程设计规范》GB 50423 的有关规定。

4.7.4 顺坡敷设地段水工保护设计应符合下列规定:

1 应依据管道纵坡坡度和管沟地质条件,设置管沟沟内截水墙,截水墙的间距宜为 10 m～20 m;

2 应依据边坡坡度,在坡角处设置护坡或挡土墙防护措施;

3 宜依据边坡坡顶汇流流量,在坡顶设置地表截、排水沟。截水沟距坡顶边缘不宜小于5 m,排水沟应利用原始坡面沟道,出水口设置位置不应对管道、耕地或临近建(构)筑物形成冲刷。

4.7.5 横坡敷设地段管沟和作业带切坡面应保持稳定,水工保护设计应根据地形、地质条件,综合布置坡面截、排水系统和支挡防护措施。

4.7.6 管道通过田坎、地坎段时,可采取浆砌石堡坎、干砌石堡坎、加筋土堡坎或袋装土堡坎结构形式进行防护,堡坎宽度不应小于施工作业带宽度。

4.7.7 管道通过不稳定边坡或危岩地段时,应根据不稳定边坡的下滑力和危岩坠落的冲击力,采取边坡支挡、加大管道埋深或采取覆盖物等措施对管道进行防护。

5 管道、管道附件和支承件设计

5.1 载荷和作用力

5.1.1 输油管道、管道附件和支承件,应根据管道敷设形式、所处环境和运行条件,按下列可能同时出现的永久载荷、可变载荷和偶然载荷的组合后进行设计:

1 永久载荷:

1) 输送油品的内压力;

2) 钢管及其附件、防腐层、保温层、结构附件的自重;

3) 输送油品的重量;

4) 横向和竖向的土压力;

5) 管道介质静压力和水浮力;

6) 温度作用载荷以及静止流体由于受热膨胀而增加的压力;

7) 连接构件相对位移而产生的作用力。

2 可变载荷：

1） 试压或试运行时的水重量；

2） 附在管道上的冰雪载荷；

3） 内部高落差或风、波浪、水流等外部因素产生的冲击力；

4） 车辆及行人载荷；

5） 清管载荷；

6） 检修载荷；

7） 施工过程中的各种作用力。

3 偶然载荷：

1） 位于地震动峰值加速度大于或等于 $0.1g$ 地区的管道，由于地震引起的断层位移、砂土液化、山体滑坡等施加在管道上的作用力；

2） 振动和共振所引起的应力；

3） 冻土或膨胀土中的膨胀压力；

4） 沙漠中沙丘移动的影响；

5） 地基沉降附加在管道上的载荷。

5.1.2 输油管道设计压力应符合下列规定：

1 管道系统任何一处的设计内压力不应小于该处的最高稳态操作压力，且不应小于管内流体处于静止状态下该处的静压力。当设置反输流程时，管道任何一处的设计内压力不应小于该处正、反输送条件下最高稳态操作压力的较高值，且不应小于该处正、反输送条件下静压力的较高值。

2 管道及管道附件应能承受作用在其上的外压、内压、外压与内压之间最大压差。

5.1.3 输油管道的设计温度，当加热输送时应为被输送流体的最高温度；当不加热输送时，应根据环境条件确定最高或最低设计温度。

5.1.4 管道水击和其他因素造成的瞬间最大压力值，在管道系统中的任何一点都不应超过管道设计内压力的1.1倍。

5.2 许用应力

5.2.1 输油管道直管段的许用应力应符合下列规定：

1 线路段管道的许用应力应按下式计算：

$$[\sigma]=K\cdot\phi\cdot\sigma_S \quad\cdots\cdots\cdots\cdots (5.2.1-1)$$

式中：$[\sigma]$——许用应力(MPa)；

K ——设计系数，输送原油、成品油管道除穿跨越管段应按现行国家标准《油气输送管道穿越工程设计规范》GB 50423、《油气输送管道跨越工程设计规范》GB 50459的规定取值外，输油站外一般地段应取0.72，城镇中心区、市郊居住区、商业区、工业区、规划区等人口稠密地区应取0.6；输油站内与清管器收发筒相连接的干线管道应取0.6；输送液化石油气(LPG)管道设计系数应按本规范附录F的规定取值；

σ_S ——钢管的最低屈服强度(MPa)，应按表5.2.1的规定取值；

ϕ ——焊缝系数。

表 5.2.1 输油管道常用钢管钢级的最低屈服强度、最低抗拉强度和焊缝系数

钢管标准	钢号或钢级	最低屈服强度 σ_s(MPa)	最低抗拉强度 σ_b(MPa)	焊缝系数 ϕ	备注
《输送流体用无缝钢管》GB/T 8163	Q295	295($S\leqslant$16 mm) 275(16 mm$<S\leqslant$30 mm) 255($S>$30 mm)	390	1.0	S 为钢管的公称壁厚
	Q345	345($S\leqslant$16 mm) 325(16 mm$<S\leqslant$30 mm) 295($S>$30 mm)	470		
	20	245($S\leqslant$16 mm) 235(16 mm$<S\leqslant$30 mm) 225($S>$30 mm)	410		
《石油天然气工业 管线输送系统用钢管》GB/T 9711 PSL1 钢管	L175 L175P	175	310	1.0	—
	L210	210	335		
	L245	245	415		
	L290	290	415		
	L320	320	435		
	L360	360	460		
	L390	390	490		
	L415	415	520		
	L450	450	535		
	L485	485	570		
《石油天然气工业 管线输送系统用钢管》GB/T 9711 PSL2 钢管	L245R L245N L245Q L245M	245	415	1.0	—
	L290R L290N L290Q L290M	290	415		
	L320N L320Q L320M	320	435		
	L360N L360Q L360M	360	460		
	L390N L390Q L390M	390	490		
	L415N L415Q L415M	415	520		

表 5.2.1(续)

钢管标准	钢号或钢级	最低屈服强度 σ_S(MPa)	最低抗拉强度 σ_b(MPa)	焊缝系数 ϕ	备注
《石油天然气工业 管线输送系统用钢管》GB/T 9711 PSL2 钢管	L450Q　L450M	450	535	1.0	—
	L485Q　L485M	485	570		
	L555Q　L555M	555	625		
	L625M	625	695		
	L690M	690	760		
	L830M	830	915		

注：1　PSL1 钢管的钢管等级中后缀字母 P 表明该钢中含有规定含量的磷。
　　2　PSL2 钢管的钢管等级中后缀字母 R、N、Q、M 表示钢管的交货状态：R 为轧制；N 为正火轧制、正火成型、正火或正火加回火；Q 为淬火加回火；M 为热机械轧制。

2　输油站内管道的许用应力应取公式(5.2.1－2)和公式(5.2.1－3)中计算的较小值。

$$[\sigma]_t=\frac{\sigma_b^t}{3.0} \quad \cdots\cdots (5.2.1-2)$$

$$[\sigma]_t=0.6\sigma_S^t \quad \cdots\cdots (5.2.1-3)$$

式中：$[\sigma]_t$ ——设计温度下的许用应力(MPa)；
σ_b^t ——材料设计温度下的最低抗拉强度(MPa)；
σ_S^t ——材料设计温度下的最低屈服强度(MPa)。

3　旧钢管，如有出厂证明及制造标准资料，经鉴定及试压合格后，可按公式(5.2.1－1、5.2.1－2、5.2.1－3)计算许用应力；

4　对于为了达到规定的最低屈服强度要求而进行过冷加工(控轧、冷扩)，并在其后曾经加热至大于或等于 300 ℃(焊接除外)的钢管，其许用应力应按公式(5.2.1－1、5.2.1－2、5.2.1－3)计算值的 75％取值；

5　钢管的许用剪应力不应超过其最低屈服强度的 45％；支承外载荷作用下的许用应力(端面承压)不应超过其最低屈服强度的 90％。

5.2.2　管道结构支承件和约束件所用钢材的许用拉应力和压应力不应超过其最低屈服强度的 60％；许用剪应力不应超过其最低屈服强度的 45％；支承应力(端面承压)不应超过其最低屈服强度的 90％。

5.2.3　管道及管件强度验算的应力限用值应符合下列规定：

1　根据设计内压力计算出的应力值不应超过钢管的许用应力；

2　对于输送加热油品的管道，当管道轴向受约束时，其当量应力不得超过钢管最低屈服强度的 90％；当管道轴向不受约束时，热胀当量应力不得超过钢管的许用应力；

3　架空结构构件的强度验算应符合现行国家标准《油气输送管道跨越工程设计规范》GB 50459 的有关规定。

5.2.4　管道及管件由于永久载荷、可变载荷所产生的轴向应力之和，不应超过钢管的最低屈服强度的 80%,但不应将地震作用和风载荷同时计入。

5.3 材料

5.3.1 输油管道所采用的钢管、管道附件的材质选择应根据设计压力、温度和所输介质的物理性质,经技术经济比较后确定。采用的钢管和钢材应具有良好的韧性和可焊性。

5.3.2 输油管道线路用钢管应采用管线钢,钢管应符合现行国家标准《石油天然气工业 管线输送系统用钢管》GB/T 9711 的有关规定;输油站内的工艺管道应优先采用管线钢,也可采用符合现行国家标准《输送流体用无缝钢管》GB/T 8163 规定的钢管。

5.3.3 管道附件和其他钢管材料应采用镇静钢。

5.3.4 当钢管储存、运输、施工的环境温度或运行温度低于 0 ℃时,应对钢管和管道附件材料提出韧性要求。

5.3.5 液化石油气管道及管道附件,应考虑低温下的脆性断裂和运行温度下的塑性止裂性能。

5.3.6 钢制锻造法兰及其他锻件,应符合国家现行标准《承压设备用碳素钢和合金钢锻件》NB/T 47008、《低温承压设备用碳素钢和合金钢锻件》NB/T 47009 和《承压设备用不锈钢和耐热钢锻件》NB/T 47010 的有关规定。

5.4 输油管道管壁厚度计算及管道附件的结构设计

5.4.1 输油管道直管段的钢管管壁厚度应按下式计算:

$$\delta=\frac{PD}{2[\sigma]} \quad \cdots\cdots (5.4.1)$$

式中:δ ——直管段钢管计算壁厚(mm);

P ——设计内压力(MPa);

D ——钢管外直径(mm);

$[\sigma]$——钢管许用应力(MPa),应按本规范第 5.2.1 条的规定选用。

5.4.2 弯管的壁厚应按下列公式计算:

$$\delta_H \geqslant \delta \quad \cdots\cdots (5.4.2-1)$$

$$\delta_i \geqslant \delta \cdot m \quad \cdots\cdots (5.4.2-2)$$

$$m=\frac{4R-D}{4R-2D} \quad \cdots\cdots (5.4.2-3)$$

式中:δ_H ——弯管的外弧侧壁厚最小值(mm);

δ_i ——弯管的内弧侧壁厚最小值(mm);

δ ——弯管所连接直管段的计算壁厚(mm);

m ——弯管的壁厚增大系数;

R ——弯管的曲率半径(mm);

D ——弯管的外径(mm)。

5.4.3 弯管的母管壁厚应按下式计算:

$$\delta_b=\frac{1}{1-c}\delta \quad \cdots\cdots (5.4.3)$$

式中:δ_b ——弯管母管计算壁厚(mm);

δ ——弯管所连接直管段的计算壁厚(mm);

c ——弯管弯制允许最大壁厚削薄率。

5.4.4 输油站间的管道可按设计内压力分段设计管道的管壁厚度。

5.4.5 钢制管件应符合下列规定：

1 冷弯管、热煨弯管宜采用与直管段相同的钢级材料制作；

2 制作冷弯管的钢管管型宜与两侧连接的直管段相同，热煨弯管不宜采用螺旋焊缝钢管制作；

3 用为了达到规定的最低屈服强度而进行过冷加工(控轧、冷扩)的母管制作的热煨弯管，其许用应力应按本规范第 5.2.1 条第 4 款的规定取值。

4 钢制管件的制造、检验、试验、标志和验收应符合国家现行标准《钢制对焊无缝管件》GB 12459、《优质钢制对焊管件规范》SY/T 0609、《钢制对焊管件规范》SY/T 0510 和《油气输送用钢制感应加热弯管》SY/T 5257 的有关规定。管件与直管段不等壁厚的焊接应符合本规范附录 G 的规定。

5.4.6 当管道及管件的壁厚极限偏差符合现行国家标准的规定时，在无其他特殊要求情况下，可不再增加管壁的裕量。

5.4.7 管道附件设计应符合下列规定：

1 管道附件应按设计内压力、设计温度和最低环境温度选择和设计，并应按本规范第 5.1.2条第 2 款规定进行核算；

2 管道附件的非金属镶装件、填料、密封件，应选择耐油、耐温的材料。

5.4.8 钢制异径接头的设计应符合现行国家标准《压力容器》GB 150 的有关规定。无折边异径接头的半锥角应小于或等于 15°，异径接头的材质宜与所连接钢管的材质相同或相近。

5.4.9 钢制平封头或凸封头的设计应符合现行国家标准《压力容器》GB 150 的有关规定。

5.4.10 绝缘接头、绝缘法兰的设计应符合现行行业标准《绝缘接头与绝缘法兰技术规范》SY/T 0516 的有关规定。公称压力大于 5 MPa，直径大于 300 mm 的输油管道宜采用绝缘接头。

5.4.11 管道和管道附件的开孔补强应符合下列规定：

1 在主管上直接开孔焊接支管，当支管外径小于 0.5 倍主管外径时，可采用补强圈进行局部补强，也可增加主管和支管管壁厚度进行整体补强。支管和补强圈的材料，宜与主管材料相同或相近。

2 当相邻两支管中心线的间距小于两支管开孔直径之和，但大于或等于两支管开孔直径之和的 2/3 时，应进行联合补强或加大主管管壁厚度。当进行联合补强时，支管两中心线之间的补强面积不得小于两开孔所需总补强面积的 1/2。当相邻两支管中心线的间距小于两支管开孔直径之和的 2/3 时，不得开孔。

3 当开孔直径小于或等于 50 mm 时，可不补强。

4 当支管外径大于或等于 0.5 倍主管外径时，应采用三通或采用全包型补强。

5 三通和主管开孔宜采用等面积补强，等面积补强的有效范围见图 5.4.11，等面积补强按照下列公式校核计算：

$$A_1+A_2+A_3 \geqslant A_R \quad \cdots\cdots (5.4.11-1)$$

$$A_1=(\delta_H-\delta_h)d \quad \cdots\cdots (5.4.11-2)$$

$$A_2=2(\delta_B-\delta_b)L \quad \cdots\cdots (5.4.11-3)$$

$$A_R=d\delta_h \quad \cdots\cdots (5.4.11-4)$$

式中：A_R ——需要的补强面积(mm^2)；

A_1 ——主管补强面积(mm^2);

A_2 ——支管补强面积(mm^2);

A_3 ——补强圈、焊缝等所占补强面积(mm^2),对于拔制三通 $A_3=0$;

d ——支管内径(mm);

δ_h ——按公式(5.4.1)计算的主管管壁厚度(mm);

δ_H ——主管的公称管壁厚度(mm);

δ_b ——按公式(5.4.1)计算的支管管壁厚度(mm);

δ_B ——支管的公称管壁厚度(mm);

L ——取 $2.5\delta_H$ 或 $2.5\delta_B+M$ 之较小值(mm),对于拔制三通 $L=0.7\sqrt{d\cdot\delta_R}$;

M ——补强圈厚度(mm)。

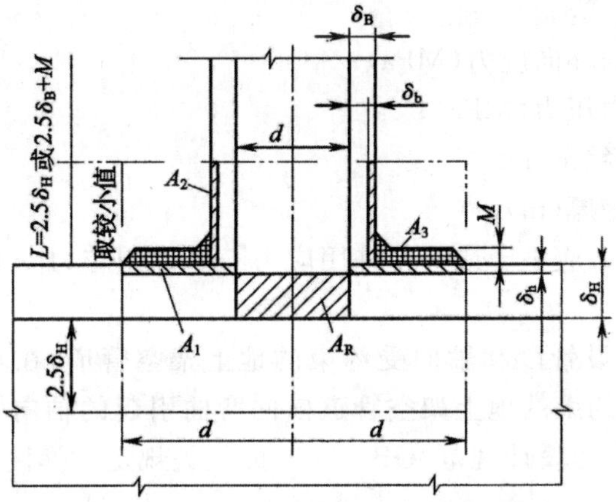

图 5.4.11 等面积补强的有效范围

注:图中双点划线框内为可提供补强的范围。

6 开孔边缘距主管焊缝宜大于主管管壁厚的 5 倍。

5.4.12 当输油管道采用弯头或弯管时,其所能承受的温度和内压力,应不低于相邻直管段所承受的温度和内压力。

5.4.13 冷弯管的任何部位不得出现明显褶皱、裂纹及其他机械损伤,弯管两端的圆度不得大于 2%,其他部位不得大于 2.5%。

5.4.14 地面管道的管架、支承件和锚固件的设计应符合下列规定:

1 被支承的钢管不应产生过大的局部应力、轴向和侧向摩擦力;

2 管道运行时可能发生振动处,可采用支柱或防振装置,但不应改变设计的管道约束形式;

3 钢管上的支承件,可采用不与钢管焊接成一体的部件的管夹或"U"形管卡;

4 当设计的管道是在其许用应力或接近其许用应力的情况下运行时,焊接在钢管上的连接件应是一个环抱整个钢管的单独的圆筒形加强件。加强件与钢管的焊接应采用连续焊。

5.5 管道的强度校核

5.5.1 输油管道应计算由设计内压力、外部载荷和温度变化所产生的应力,并应使其小于管道、管道附件及所连接设备的安全承受能力。

5.5.2 穿越管段的强度验算应符合现行国家标准《油气输送管道穿越工程设计规范》GB 50423 的有关规定。

5.5.3 埋地输油管道的直管段和轴向变形受限制的地上管段的轴向应力应按下列公式计算：

$$\sigma_a = \alpha E(t_1 - t_2) + \mu\sigma_h \quad \cdots\cdots (5.5.3-1)$$

$$\sigma_h = \frac{Pd}{2\delta} \quad \cdots\cdots (5.5.3-2)$$

式中：σ_a ——由于内压和温度变化产生的轴向应力(MPa)，负值为轴向压应力，正值为轴向拉应力；

E ——钢材的弹性模量，可取 2.05×10^5 MPa；

α ——钢材的线膨胀系数，可取 1.2×10^{-5}℃$^{-1}$；

t_1 ——管道安装闭合时的环境温度(℃)；

t_2 ——管道内被输送介质的温度(℃)；

μ ——泊桑比，宜取 0.3；

σ_h ——由内压产生的环向应力(MPa)；

p ——管道的设计内压力(MPa)；

d ——管道的内直径(m)；

δ ——管道的公称壁厚(m)。

按内压计算的环向应力应小于或等于许用应力[σ]，许用应力[σ]应符合本规范第 5.2.1 条的规定。

5.5.4 埋地管道的弹性敷设管段和轴向受约束的地上架空管道，在轴向应力中均应计入横向弯曲产生的应力。轴向受约束的地上架空管道横向弯曲引起的轴向应力计算应符合现行国家标准《油气输送管道跨越工程设计规范》GB 50459 的相关规定。弹性敷设管段的弯曲应力应按下式计算：

$$\sigma_d = \pm\frac{ED}{2R} \quad \cdots\cdots (5.5.4)$$

式中：σ_d ——弹性敷设产生的弯曲应力，负值为轴向压应力，正值为轴向拉应力(MPa)；

D ——钢管外直径(m)；

R ——弹性敷设曲率半径(m)。

5.5.5 对于受约束管道应按最大剪应力破坏理论计算当量应力，当 σ_a 为压应力(负值)时，应满足下式要求：

$$\sigma_e = \sigma_h - \sigma_a \leqslant 0.9\sigma_S \quad \cdots\cdots (5.5.5)$$

式中：σ_e ——当量应力(MPa)；

σ_S ——钢管的最低屈服强度(MPa)。

5.5.6 对于轴向不受约束的架空敷设管段、埋地管道出土端未设固定墩的管段，热膨胀当量应力应按下列公式计算，且计算值不应大于钢管的许用应力[σ]。

$$\sigma_t = \sqrt{\sigma_b^2 + 4\tau^2} \leqslant [\sigma] \quad \cdots\cdots (5.5.6-1)$$

$$\sigma_b = \frac{\sqrt{(i_i M_i)^2 + (i_o M_o)^2}}{Z} \quad \cdots\cdots (5.5.6-2)$$

$$\tau = \frac{M_t}{2Z} \quad \cdots\cdots (5.5.6-3)$$

式中：σ_t ——最大运行温差下热膨胀当量应力(MPa)；

σ_b ——最大运行温差下热膨胀合成弯曲应力(MPa)；

M_i ——构件平面内的弯矩，对于三通，总管和支管部分的力矩应分别考虑(MN·m)；

i_i ——构件平面内的应力增强系数，其取值应符合本规范附录H的规定；

M_o ——构件平面外的弯矩(MN·m)；

i_o ——构件平面外的应力增强系数，其取值应符合本规范附录H的规定；

τ ——扭应力(MPa)；

M_t ——扭矩(MN·m)；

Z ——钢管截面系数(m^3)。

5.5.7 计算地面管道的热应力时，管道的全补偿值应包括热伸长值、管道端点的附加位移及有效预拉伸。预拉伸的有效系数宜取0.5。

5.6 管道的刚度和稳定

5.6.1 管道的刚度应满足钢管运输、管道施工和运行时的要求。钢管的外直径与壁厚的比值不宜大于100。

5.6.2 穿越公路的无套管管段、穿越用的套管，以及埋深较大的管段，均应按无内压状态验算在外力作用下的变形，其水平方向直径的变形量不应大于钢管外径的3%。变形量应按本规范附录J的规定计算确定。

5.6.3 加热输送的埋地管道应验算其轴向稳定性，并应符合下列规定：

1 加热输送的埋地管道轴向力应按下式计算：

$$N=[\alpha E(t_2-t_1)+(0.5-\mu)\sigma_h]A \qquad (5.6.3-1)$$

式中：N ——由温差和内压力产生的轴向力(MN)；

A ——钢管横截面积(m^2)；

E ——钢材的弹性模量，可取2.05×10^5 MPa；

σ ——钢材的线膨胀系数，可取1.2×10^{-5}℃$^{-1}$；

t_1 ——管道安装闭合时的环境温度(℃)；

t_2 ——管道内被输送介质的温度(℃)；

μ ——泊桑比，宜取0.3；

σ_h ——由内压产生的环向应力(MPa)。

2 当N为正值时，表示N为轴向压缩力，应按下式验算轴向稳定性：

$$N\leqslant\frac{N_{cr}}{n} \qquad (5.6.3-2)$$

式中：N_{cr}——管道开始失稳时的临界轴向力(MN)，应按本规范附录K的规定计算确定；

n ——安全系数，公称直径大于500 mm的钢管宜取1.33；公称直径小于或等于500mm的钢管宜取1.11。

3 当N为负值时，表示N为轴向拉力，可不验算轴向稳定性。

5.6.4 地上管道的轴向稳定应符合现行国家标准《油气输送管道跨越工程设计规范》GB 50459的有关规定。

6 输油站

6.1 站场选址和总平面布置

6.1.1 站场选址应符合下列规定：

1 站场选址应合理利用土地,并应结合当地城乡建设规划。

2 站址宜选定在地势平缓、开阔、具有较好的工程、气象、水文、地质条件,且交通、供电、供水、排水及职工生活社会依托均较方便的地方;应保持与附近城镇居民点、工矿企业、铁路、公路等的安全间距要求。

3 站场位置选定应结合管道线路走向,满足工艺设计的要求;站场内应有足够的生产及施工操作场地;并行敷设管道的站场宜合建。

4 站址宜远离海、江、河、湖泊。当确需邻近建设时,应采取防止事故状态下事故液对周边水体污染的相应防护措施。

5 站场位置选定应避开下列场所:

1) 存在崩塌、活动断层、滑坡、沼泽、流沙、泥石流、矿山采空区等不良地质的地段。

2) 蓄(滞)洪区及有内涝威胁的地段;

3) 易受洪水及泥石流影响的地段,窝风地段;

4) 在山地、丘陵地区采用开山填沟营造人工场地时,应避开山洪流经过的沟谷;

5) 水源保护区、自然保护区、风景名胜区和地下文物遗址。

6 首、末站站址的选定宜与上下游企业联合选址,并应使管道的进出线方便。

7 各类站场的站址选择应符合现行行业标准《石油天然气工程总图设计规范》SY/T 0048中的相关规定。独立建设或与炼厂、油库、油品码头等石油化工企业毗邻建设的输油站场,与相邻的居民点、企业的安全间距应符合现行国家标准《石油天然气工程设计防火规范》GB 50183的相关规定。

8 站场与油田的集中处理站、炼厂、油库等石油化工企业合并建设时,各设施与相邻石油化工企业相关设施的安全间距,应按照现行国家标准《石油天然气工程设计防火规范》GB 50183和相关规范中企业内部各设施之间安全间距要求的较大者确定。

6.1.2 各类站场的总平面布置应符合下列规定:

1 防火间距及防火措施应符合现行国家标准《石油天然气工程设计防火规范》GB 50183的相关规定;

2 总平面布置的防爆要求应符合现行行业标准《石油设施电气设备安装区域一级、0 区、1区和 2 区区域划分推荐作法》SY/T 6671 的相关规定;

3 站场总平面和竖向布置应符合现行行业标准《石油天然气工程总图设计规范》SY/T 0048 的相关规定;

4 各类站场内部设施的总平面布置应根据各类设施的火灾危险性,并结合地形、风向等条件,按功能进行分区布置;

5 各类站场内使用性质相近的建(构)筑物,在符合生产使用和安全防火的要求下,宜合并布置;

6 各类站场应结合当地情况,选取合理的雨水排放和收集方案,避免由于雨水排放造成的水土流失、环境污染等情况的发生;

7 输油站场生产区周围宜设置防止事故状态下事故液漫流的导流和收集设施。

6.2 站场工艺流程

6.2.1 输油首站工艺流程宜具有收油、储存、增压正输(加热)、发送清管器、站内循环、计量的功能。

6.2.2 中间(热)泵站工艺流程应符合下列规定：

1 中间泵站工艺流程宜具有增压正输、压力越站、全越站、接收和发送清管器或清管器越站的功能；

2 中间热泵站工艺流程宜具有增压正输、加热正输、压力越站、热力越站、全越站、接收和发送清管器或清管器越站的功能；

3 中间热站工艺流程宜具有加热正输、热力越站、全越站、接收和发送清管器或清管器越站的功能；

4 设有分输功能的中间(热)泵站工艺流程尚应具有油品分输、调节及计量功能；

5 设有注入功能的中间(热)泵站工艺流程尚应具有收油、调节、计量、注入的功能。

6.2.3 清管站工艺流程应具有接收和发送清管器的功能。

6.2.4 减压站工艺流程应具有减压、接收和发送清管器的功能。设有分输或加热功能的减压站尚应分别具有分输站、热站的功能。

6.2.5 分输站工艺流程宜具有油品分输、调节及计量功能。与清管站合建的分输站尚应具有接收和发送清管器的功能。

6.2.6 注入站工艺流程宜具有收油、调节、计量、注入的功能。与清管站合建的分输站尚应具有接收和发送清管器的功能。

6.2.7 末站工艺流程宜具有收油、储存或不进罐直接计量后去用户、站内循环、接收清管器的功能。

6.2.8 采用反输工艺的输油管道各站场还应具有反输功能。

6.2.9 设有压力泄放系统的各类站场，应具有油品泄压进罐及油品回注或处理功能。

6.3 原油管道站场工艺及设备

6.3.1 原油储罐宜选用浮顶油罐。

6.3.2 输油站储罐设置应满足管道安全运行的需求，储罐设置应符合下列规定：

1 输油首站、注入站及末站设置的储油罐数量每站不宜少于3座，储油罐总容量不应小于按下式计算的储罐总容量：

$$V=\frac{G}{350\rho\varepsilon}k \quad \cdots\cdots\cdots\cdots (6.3.2-1)$$

式中：V ——输油站原油储罐总容量(m^3)；

G ——输油站原油年总运转量(t)；

ρ ——储存温度下原油密度(t/m^3)；

ε ——油罐装量系数，宜取0.9；

k ——原油储备天数，应按本规范第6.3.4条相关规定选取。

2 具有储存、转运功能的分输站宜设置储油罐，罐容应按本规范公式(6.3.2-1)计算。直接向用户供油的分输站可不设置储油罐。

3 设有反输功能的输油站罐容除应满足正常输送需要外，尚应满足反输工艺对储罐容量的需求。反输罐容应按下式计算：

$$V=\frac{24v}{\varepsilon}k \quad \cdots\cdots\cdots\cdots (6.3.2-2)$$

式中：V ——管道反输运行时，输油站需要的原油储罐总容量(m^3)；

v ——管道反输运行的输油量(m^3/h);

ε ——油罐装量系数,宜取 0.9;

k ——原油反输运行天数。

6.3.3 站场泄压罐设置及容量应根据瞬态水力分析确定,泄压罐宜采用固定顶储罐。

6.3.4 输油站油品储备天数宜符合下列规定:

1 首站、注入站:

1) 油源来自油田、管道时,其储备天数宜为 3 天～5 天;

2) 油源来自铁路卸油时,其储备天数宜为 4 天～5 天;

3) 油源来自内河运输时,其储备天数宜为 3 天～4 天;

4) 油源来自近海运输时,其储备天数宜为 5 天～7 天;

5) 油源来自远洋运输时,其储备天数按委托设计合同确定;油罐总容量应大于油轮一次卸油量。

2 具有储存、转运功能的分输站、末站:

1) 通过铁路发送油品给用户时,油品储备天数宜为 4 天～5 天;

2) 通过内河发送给用户时,油品储备天数宜为 3 天～4 天;

3) 通过近海发送给用户时,油品的储备天数宜为 5 天～7 天;

4) 通过远洋油轮运送给用户时,油品储备天数按委托设计合同确定;油罐总容量应大于油轮一次装油量;

5) 末站为向用户供油的管道转输站时,油品储备天数宜为 3 天。

3 中间(热)泵站采用旁接油罐输油工艺时,其旁接油罐容量宜按 2 h 的最大管输量计算。

6.3.5 油罐的加热和保温方式应根据储存原油的物理性质和环境条件,通过技术经济比较后确定。原油储存温度宜高于原油凝点 3 ℃～5 ℃。

6.3.6 铁路装卸设施应符合现行行业标准《石油化工液体物料铁路装卸车设施设计规范》SH/T 3107的相关规定。

6.3.7 码头装卸设施应符合现行行业标准《海港总体设计规范》JTS 165 的相关规定。

6.3.8 输油泵的选择应符合下列规定:

1 输油泵泵型应根据所输油品性质合理选择。当在输送温度下油品的动力黏度在 100 mPa·s以下时,宜选用离心泵。

2 泵机组不应少于 2 台,但不宜多于 5 台,并应至少备用 1 台。

3 输油泵轴功率应按下式计算:

$$P=\frac{q_V\rho H}{102\eta} \quad \cdots\cdots (6.3.8)$$

式中:P ——输油泵轴功率(kW);

q_V——设计温度下泵的排量(m^3/s);

ρ ——设计温度下介质的密度(kg/m^3);

H——输油泵排量为 q_V 时的扬程(m);

η ——设计温度下泵排量为 q_V 时的输油效率。

注:泵样本上给出的 η、q_V、H 是以输水为基础的数据。泵用于输油时,应根据输油温度下的油品黏度,对泵的 η、q_V、H 进行修正。

6.3.9　输油主泵驱动装置的选择应符合下列规定：

1　电力充足地区应采用电动机，无电或缺电地区宜采用内燃机；

2　经技术经济比较后，可选择调速装置或可调速的驱动装置；

3　驱动泵的电动机功率应按下式计算：

$$N=K\frac{P}{\eta_e} \quad\cdots\cdots(6.3.9)$$

式中：N ——输油泵配电机额定功率(kW)；

P ——输油泵轴功率(kW)；

η_e ——传动系数，取值如下：直接传动，$\eta_e=1.0$；齿轮传动，$\eta_e=0.9\sim0.97$；液力耦合器 $\eta_e=0.97\sim0.98$；

K ——电动机额定功率安全系数，取值如下：$3<P\leqslant55$kW，$k=1.15$；$55<P\leqslant75$kW，$k=1.14$；$P>75$kW，$k=1.1$。

6.3.10　加热设备的选择应符合下列规定：

1　加热设备不宜少于2台，可不设备用；

2　热负荷应按下式计算：

$$Q=q_mC(t_1-t_2) \quad\cdots\cdots(6.3.10)$$

式中：Q ——加热设备热负荷(W)；

q_m ——进入加热设备油品流量(kg/s)；

C ——加热设备进、出口平均温度下油品的比热容[J/(kg·℃)]；

t_1 ——加热设备出口油品温度(℃)；

t_2 ——加热设备进口油品温度(℃)。

6.3.11　减压站内减压系统的设置应符合下列规定：

1　减压系统应能保证油品通过上游高点时不出现汽化现象，并应控制下游管道压力不超压；

2　减压系统应设置备用减压阀，减压阀应选择故障关闭型；

3　减压站不应设置越站管线；

4　减压阀上、下游应设置远控截断阀，阀门的压力等级应和减压阀压力等级保持一致，应能保证在管道停输时完全隔断静压力；

5　减压阀组上游应设置过滤器，过滤网孔径尺寸应根据减压阀结构形式确定；

6　设置伴热保温的减压阀组，每路减压阀组应设置单独的伴热回路；

7　减压站内的进、出站管线上应设超压保护泄放阀。

6.3.12　清管设施的设置应符合下列规定：

1　输油管道应设置清管设施；

2　清管器出站端及进站端管线上应设置清管器通过指示器；设置清管器转发设施的站场，应在清管器转发设施的上游和下游管线上设置清管器通过指示器；

3　清管器接收、发送筒的结构、筒径及长度应能满足通过清管器或检测器的要求；

4　当输油管道直径大于DN500，且清管器总重超过45 kg时，宜配备清管器提升设施；

5　清管器接收、发送操作场地应根据一次清管作业中使用的清管器(包括检测器)数量及长度确定；

6 清管作业清出的污物应进行集中收集处理。

6.3.13 输油管道用阀门的选择应符合下列规定：

1 安装于通过清管器管道上的阀门应选择全通径型(阀门通道直径与相连接管道的内径相同)；不通清管器的阀门可选用普通型或缩径型；

2 埋地安装的阀门宜采用全焊接阀体结构，并采用焊接连接；

3 当阀门与管道焊接连接时，阀体材料的焊接性能应与所连接的钢管的焊接性能相适应；

4 输油管道不得使用铸铁阀门。

6.3.14 油品交接计量的设置应符合下列规定：

1 输油管道应在油品交接处设置交接计量系统；

2 流量计宜选用容积式、速度式或质量式流量计，准确度不应低于0.2级；

3 计量系统应设置备用计量管路，不应设置旁通管路；计量管路多于4路时，应设置2路备用；

4 流量计下游应设置具有截止和检漏双功能阀门或严密性好的无泄漏阀门；

5 流量计出口应保持足够的背压；

6 计量系统宜设置在线检定装置及配套设施，检定装置应设置清洗流程；

7 流量计前后的排污设施应分别设置，宜设置密闭流程；

8 流量计、体积管可露天安装，水标系统宜室内安装；

9 计量处宜设置取样系统和油品物性化验设施；

10 计量系统及辅助设备的设置，应满足国家现行标准《原油动态计量 一般原则》GB/T 9109.1、《液态烃动态测量 体积计量流量计检定系统》GB/T 17286、《液态烃动态测量 体积计量系统的统计控制》GB/T 17287、《液态烃体积测量 容积式流量计计量系统》GB/T 17288、《液态烃体积测量 涡轮流量计计量系统》GB/T 17289及《科里奥利质量流量计检定规程》JJG 1038的有关规定。

6.4 成品油管道站场工艺及设备

6.4.1 储存汽油、石脑油、煤油、溶剂油、航空煤油、喷气燃料油应选用内浮顶罐；闪点低于45 ℃的柴油宜选用内浮顶罐，闪点高于45 ℃的柴油、重油等可选用固定顶油罐。

6.4.2 顺序输送管道首站、注入站的储罐容量应满足批次输送的罐容要求，储罐设置应符合下列规定：

1 输油首站、注入站满足批次组织要求的储罐容量宜按下列公式计算：

$$V=\frac{K_{m}m}{\rho\varepsilon N} \qquad (6.4.2-1)$$

$$K_{m}=\frac{Q_{m}}{Q_{e}} \qquad (6.4.2-2)$$

式中：V——每批次、每种油品或每种牌号油品所需的储罐容量(m^3)；

m——每种油品或每种牌号油品的年输送量(t)；

ρ——储存温度下每种油品或每种牌号油品的密度(t/m^3)；

ε——油罐的装量系数，容量小于1000 m^3的固定顶罐(含内浮顶)宜取0.85，容量等于或大于1000 m^3的固定顶罐(含内浮顶)、浮顶罐宜取0.9；

N——循环次数(次)；

K_m ——月最大不均匀系数；

Q_m ——最大月下载或输出量(t)；

Q_e ——年平均月下载或输出量(t)。

注：设有水运卸船码头的站场，还应满足一次装船或卸船量要求，取较大值。

2 直接向销售油库供油的分输站或末站可不设置储油罐；具有储存、转运功能的分输站或末站的罐容宜按本规范公式(6.4.2-1)计算，且应满足转运方式的要求。

3 每种油品或每种牌号油品储油罐数量不应少于2座。

6.4.3 成品油管道的首站、注入站和末站宜与沿线炼厂或油库合并设置或相邻设置，分输计量设施宜与沿线分输油库合并设置。

6.4.4 顺序输送成品油管道站场泄压罐设置及容量应根据瞬态水力分析确定，泄压罐宜采用固定顶罐。

6.4.5 有混油切割的站场应在进站管道上设置混油界面检测设施。

6.4.6 需下载混油的站场宜设置混油罐，顺序输送成品油管道站场混油罐数量应按照混油切割和处理工艺确定，混油罐总容量不宜小于2个输送批次混油切割量要求。

6.4.7 成品油管道铁路装卸设施应符合现行行业标准《石油化工液体物料铁路装卸车设施设计规范》SH/T 3107的相关规定。

6.4.8 成品油管道码头装卸设施应符合现行行业标准《海港总体设计规范》JTS 165的相关规定。

6.4.9 汽油、石脑油等轻质油品装车总量大于20万吨/年时，宜设置油气回收设施。

6.4.10 输油泵流量选择宜兼顾管道近、远期输量变化要求，扬程选择应满足所输各种油品的需要，并应按本规范第6.3.8条的规定选择泵送设备。

6.4.11 输油泵驱动装置应按本规范第6.3.9条的规定选择。

6.4.12 减压站的设置应符合本规范第6.3.11条的规定。

6.4.13 清管设施设置应符合本规范第6.3.12条的规定。

6.4.14 成品油管道阀门的选择应符合下列规定：

1 成品油管道阀门的选择应符合本规范第6.3.13条的规定；

2 顺序输送成品油管道用于油品切换作业的阀门应为快速开启、关闭、密封性能好的阀门，其开启、关闭的时间不宜超过10 s，并应采取防止管道内漏、串油的措施。

6.4.15 油品交接计量应符合本规范第6.3.14条的规定。

6.5 液化石油气管道站场工艺及设备

6.5.1 液化石油气储罐设计应符合下列规定：

1 在常温下，应选用卧式金属储罐或球形储罐；

2 管道首站、注入站、分输站、末站液化石油气储罐总容量应按下式计算：

$$V=\frac{m}{350\rho\varepsilon}k \quad \cdots\cdots (6.5.1-1)$$

式中：V ——管道首站、注入站、分输站、末站液化石油气储罐总容量(m^3)；

m ——管道首站、注入站、分输站、末站液化石油气年总运转量(t)；

ρ ——储罐内最高工作温度时液化石油气的密度(t/m^3)；

ε ——最高操作温度下储罐装量系数，宜取0.85；

k ——液化石油气的储备天数。

3 储罐座数应按下式确定：

$$n=\frac{V}{V_1} \quad \cdots\cdots\cdots\cdots \quad (6.5.1-2)$$

式中：n ——储罐座数，首站、注入站、分输站、末站储罐，每站不宜少于3座；

V ——液化石油气总储存量(m^3)；

V_1——球罐或卧罐单座的容量(m^3)。

4 液化石油气储罐的设计应符合国家现行标准《固定式压力容器安全技术监察规程》TSG R0004的相关规定。

5 液化石油气储罐上的附件应按工艺要求设置。储罐上的附件选用、安装、使用要求，应符合国家现行标准《固定式压力容器安全技术监察规程》TSG R0004的相关规定。

6 液化石油气储罐下部应设置排污双阀，在寒冷地区应设防冻设施。

7 液化石油气储罐上应设置安全阀。安全阀入口管道和出口管道上不宜设置切断阀，当工艺有特殊要求必须设置时，应使切断阀在正常工作时保持开启状态并加铅封。与储罐相接的管线上不得安装铸铁阀。

8 容量大于或等于100 m^3的储罐应设置2个或2个以上安全阀。

6.5.2 首站、注入站、分输站、末站液化石油气的储备天数应符合本规范第6.3.4条的规定。

6.5.3 储罐的冷却与绝热方式应根据所储液化石油气组分和环境条件，经技术经济比较后确定。

6.5.4 液化石油气铁路装卸设施应符合现行行业标准《石油化工液体物料铁路装卸车设施设计规范》SH/T 3107的相关规定。

6.5.5 码头装卸设施应符合现行行业标准《海港总体设计规范》JTS 165的相关规定。

6.5.6 泵送设备除应按本规范第6.3.8条选用外，还应符合下列规定：

1 宜选用液化石油气专用泵。泵的安装高度应保证不使其发生气蚀，并应采取防振动措施。

2 选用泵的外壳应为铸钢，应选用无泄漏型机械密封。

3 入口管段上应设置操作阀、过滤器、放散阀及放散管，放散管应引至安全放空地点。

4 泵出口管段上应设置止回阀、操作阀和液相安全回流阀。

6.5.7 主泵驱动装置的选择除应符合本规范第6.3.9条的规定外，还应满足水联运工况的要求。

6.5.8 压缩机组及附件的设置应符合下列规定：

1 站场内宜设置压缩机，对储罐及装卸设备中的气相液化石油气增压；

2 压缩机进、出口管线上应设置阀门；

3 压缩机进、出口管之间应设置旁通管及旁通阀；

4 压缩机进口管线上应设置过滤器；

5 压缩机出口管线上应设置止回阀和安全阀；

6 当站内无压缩机系统时，罐区内各储罐的气相空间之间，槽车与储罐气体空间应用平衡管连通。

6.5.9 减压站的设置应符合本规范第6.3.11条的规定。

6.5.10 清管设施的设置应符合本规范第 6.3.12 条的规定。

6.5.11 液化石油气管道用阀门应符合下列规定：

1 阀门及附件的配置应按系统设计压力提高一级；

2 地上管道分段阀之间的管段上应设置安全阀；

3 管道上应设置液化气专用阀门；

4 阀门应按本规范第 6.3.13 条的规定选择。

6.5.12 液化石油气的交接计量应符合本规范第 6.3.14 条的规定。

6.6 站内管道及设备的防腐与保温

6.6.1 站内地面钢质管道和金属设施应采用防腐层进行腐蚀防护。

6.6.2 站内地下钢质管道的防腐层应为加强级或特加强级，也可采取外防腐层和阴极保护联合防护方式。

6.6.3 地面储罐的防腐设计应符合现行国家标准《钢质石油储罐防腐蚀工程技术规范》GB/T 50393的有关规定。

6.6.4 保温管道的钢管外壁及钢制设备外壁均应进行防腐，保温层外应设防护层。埋地管道及钢制设备的保温设计应符合现行国家标准《埋地钢质管道防腐保温层技术标准》GB/T 50538 的有关规定。地面钢质管道和设备的保温设计应符合现行国家标准《工业设备及管道绝热工程设计规范》GB 50264 的有关规定。

6.7 站场供配电

6.7.1 输油站的电力负荷分级应根据输油管道工艺系统的运行要求来确定，并应符合下列规定：

1 加热输送原油管道的首站、设有反输功能的末站、压力或热力不可越站的中间站应为一级负荷；

2 常温输送管道的首站、压力不可越站的泵站宜为一级负荷；

3 减压站宜为一级负荷；

4 其他各类输油站场应为二级负荷；

5 线路监控阀室、独立阴极保护站可为三级负荷。

6.7.2 一级负荷输油站场应有双重电源供电；当条件受限制时，可由当地公共电网同一变电站电气联系相对较弱的两个不同母线段分别引出一个回路供电，供电电源变电站应具备至少两路电源进线和至少两台主变压器。输油站场每一个电源(回路)的容量应满足输油站的全部计算负荷，非受限制区域两路架空供电线路不应同杆架设。

6.7.3 二级负荷输油站场宜有两回线路供电，两回线路可同杆架设；在负荷较小或地区供电条件困难时，可由一回线路供电，但应设应急电源。

6.7.4 输油站场中站控制系统、通信系统、紧急截断阀应采用不间断电源(UPS)供电，蓄电池组的后备时间应满足站控制系统、通信系统及紧急截断阀的后备时间要求，且不宜少于 2 h。

6.7.5 在无电或缺电地区，站内低压负荷可采用燃油发电机组供电，发电机组的选择应符合下列规定：

1 发电机组运行总容量应按全站低压计算负荷的 1.25 倍～1.3 倍选择，并应满足低压电动机的启动条件；备用机组容量可按运行机组容量的 50%～100%选择；

2 发电机组的台数应为2台及以上,同一输油站宜选择同型号、同容量的机组;应根据机组的检修周期、是否设值班人员及机组运行台数,合理确定备用机组台数;

3 发电机组应满足并联运行、具有自动一手动并车功能。

6.7.6 在无电或电源不可靠地区,输油管道线路监控阀室、通信站、阴极保护站宜选择太阳能发电、风能发电或小型燃油发电装置供电,应根据负荷容量、气象、地理环境、燃料供应条件合理选择。

6.7.7 变(配)电所的供电电压应符合下列规定:

1 变(配)电所的供电电压应根据用电容量、供电距离、当地公共电网现状合理确定,宜为10(6)kV~110 kV;

2 输油泵、消防泵电动机额定电压应与一级配电电压相匹配。低压配电电压应采用380 V/220 V。

6.7.8 变(配)电所的主接线和变压器选择应符合下列规定:

1 具有一路电源进线和1台变压器的变电所,可采用线路—变压器组接线;其主变压器的容量宜按全站计算负荷的1.25倍~1.33倍选择,且应满足输油主泵电动机的启动条件。

2 当有两路电源进线时,主变压器应为2台。变电所主接线宜采用单母线分段或桥形接线、二次侧宜采用单母线分段接线。每台主变压器容量应满足全站计算负荷,并应满足输油主泵电动机的启动条件。

3 配电变压器的台数及容量选择宜按主变压器选择原则进行。

6.7.9 变(配)电所的无功补偿应符合下列规定:

1 输油泵配10(6)kV异步电动机台数在5台以下时,宜采用单机无功补偿方式;台数在5台及以上时宜采用集中补偿方式;

2 低压配电侧宜采用集中无功自动补偿方式;

3 当工艺条件适当时,可采用高压同步电动机驱动输油泵。

6.7.10 6 kV~110 kV变电所应采用变电站综合自动化系统,实现对变配电系统的保护、数据采集与监控,并应同时备有手动操作功能。

6.7.11 变电所的电力调度通信应符合下列规定:

1 应设置输油管道内部通信电话;

2 应设置与地方供电部门电力调度中心的外部电力调度通信,主、备电力调度通信方式应符合当地电网的要求;

3 无人值班变电所,除在变电所装设电力调度电话外,还应在站控制室装设并机电力调度电话。

6.7.12 输油管道输油站场和阀室危险区域的划分应符合现行行业标准《石油设施电气设备安装区域一级、0区、1区和2区区域划分推荐作法》SY/T 6671的相关规定;危险区域内电气装置的选择应符合现行国家标准《爆炸危险环境电力装置设计规范》GB 50058的相关规定。

6.7.13 输油站场和阀室的防雷、防雷击电磁脉冲、防静电设计应符合下列规定:

1 输油站场内的建(构)筑物的防雷设计应符合现行国家标准《建筑物防雷设计规范》GB 50057的相关规定;信息系统设备所在建筑物,应按不低于第三类防雷建筑物进行防直击雷设计;

2 阀室应按照第二类防雷建筑物进行防直击雷设计;

3 输油管道的防雷、防静电设计应符合现行国家标准《石油天然气工程设计防火规范》GB 50183的相关规定;

4 供配电系统和电子信息系统的防雷、防雷击电磁脉冲设计应符合国家现行标准《交流电气装置的过电压保护和绝缘配合》GB/T 50064、《建筑物防雷设计规范》GB 50057 和《建筑物电子信息系统防雷技术规范》GB 50343 的相关规定。

6.7.14 输油站场的接地设计应符合下列规定：

1 站场内的建(构)筑物的接地系统设计应符合现行国家标准《建筑物防雷设计规范》GB 50057 的相关规定；

2 站场中的电气装置或设备，除另有规定外应使用一个总的接地网；

3 同一建筑物或区域内，防雷接地、电气设备接地和信息系统设备接地宜采用共用接地系统，其接地电阻取最小值。

6.7.15 输油站场内用电设备负荷等级的划分应符合表 6.7.15 的规定。

表 6.7.15 输油站场内用电设备的负荷等级

建(构)筑物、装置名称	用电设备	负荷等级
泵房(棚)	主泵、给油泵	一
	装车(装船)泵	二
加热炉区	直接加热炉或间接加热炉及其配套用电设施	一
消防泵房	冷却水泵、泡沫混合液泵或消防水泵	*
锅炉房	给水泵、补水泵、风机、火嘴、水处理设备	二
阀室	电动阀	三
管道控制中心	SCADA 系统、数据信号传输设备	一
站控制室	工业控制计算机系统、网络设备	一
设备间	通信设备	一
供水设施(深水井、加压泵房、净化设施)	整个设施	二
污水处理场	整个设施	三
计量间	整个设施	二
油罐区	整个设施	二
阴保间	恒电位仪	三
管道电伴热	整个设施	二
生产辅助设施(维修车库、材料和设备仓库、化验室等)	整个设施	三
生活辅助设施(值班宿舍、食堂等)	整个设施	三

注：1 可压力越站的中间泵站，主泵的用电负荷等级降为二级。
2 可热力越站的中间热站，加热炉区用电设备的负荷等级降为二级。
3 计量间内流量计算机系统的负荷等级为一级。
* 消防泵房内用电设备的负荷等级应符合现行国家标准《石油天然气工程设计防火规范》GB 50183 的相关规定。

6.8 站场供、排水及消防

6.8.1 站场水源的选择应符合下列规定：

1 水源应根据站场规模、用水要求、水源条件和水文地质条件等因素综合分析确定，并宜就近选择。

2 生产、生活及消防用水宜采用同一水源。当油罐区、液化石油气罐区、生产区和生活区分散布置，或有其他特殊情况时，经技术经济比较后可分别设置水源。

3 生活用水的水质应符合现行国家标准《生活饮用水卫生标准》GB 5749 的相关规定；生产和消防用水的水质标准，应满足生产和消防工艺要求。

6.8.2 站场及油码头的污水排放应符合下列规定：

1 含油污水应与生活污水和雨水分流排放；

2 生活污水应经处理达标后排放；

3 含油污水应进行处理，宜采用小型装置化处理设备，处理深度应符合现行国家标准《污水综合排放标准》GB 8978 的相关规定和当地环保部门的要求；

4 雨水宜采用地面有组织排水的方式排放；油罐区的雨水排水管道穿越防火堤处，在堤内宜设置截油装置，在堤外应设置截流装置。

6.8.3 站场及油码头的消防设计应符合下列规定：

1 原油、成品油储罐区的消防设计，应符合现行国家标准《石油天然气工程设计防火规范》GB 50183 和《泡沫灭火系统设计规范》GB 50151 的相关规定；

2 液化石油气储罐区的消防设计，应符合现行国家标准《石油天然气工程设计防火规范》GB 50183 和《建筑设计防火规范》GB 50016 的相关规定；

3 装卸原油、成品油码头的消防设计，应符合国家现行标准《固定消防炮灭火系统设计规范》GB 50338 和《装卸油品码头防火设计规范》JTJ 237 的相关规定；

4 站场及油码头的建筑消防设计，应符合现行国家标准《建筑设计防火规范》GB 50016 和《建筑灭火器配置设计规范》GB 50140 的相关规定。

6.9 供热、通风及空气调节

6.9.1 输油站的采暖宜优先利用城镇或临近单位的热源。当无依托热源时，可自建锅炉房。

6.9.2 输油站内各建筑物的采暖通风和空气调节设计应符合国家现行标准《采暖通风与空气调节设计规范》GB 50019 和《石油化工采暖通风与空气调节设计规范》SH/T 3004 的相关规定。

6.9.3 输油站各类房间的冬季采暖室内计算温度，应符合表 6.9.3 的规定。

表 6.9.3 输油站各类房间冬季采暖室内计算温度

序号	房间名称	室内温度(℃)
1	输油泵房的电机间、深井泵房、污水提升泵房、汽车库(不设检修坑)、低压配电间(无人值班)	5
2	消防车库(不设检修坑)、消防泵房	8
3	汽车库(内设检修坑)、消防车库(内设检修坑)	14
4	输油泵房、阀组间、蓄电池室、柴油发电机间	10

表 6.9.3(续)

序号	房间名称	室内温度(℃)
5	计量间、维修间、低压配电间(有人值班)、盥洗室、厕所	16
6	站控制室、办公室、化验室、值班室、休息室、食堂、控制室	18
7	淋浴室、更衣室	25
注:加热炉烧火间、高压开关室、电容器室等不采暖。		

6.9.4 化验室的通风宜采用局部排风;当采用全面换气时,其通风换气次数不宜小于 5 次/h。排风设备应采用防爆型。

6.9.5 驱动输油泵的电动机,其通风方式应按电动机安装使用要求决定。

6.9.6 输油泵房、计量间、阀组间等放散可燃气体的工作场所,应设置事故通风装置,其通风换气次数不宜小于 12 次/h。

6.9.7 积聚容重大于空气、并具有爆炸危险气体的建(构)筑物,应设置机械排风设施。其排风口的位置应能有效排除室内地坪最低处积聚的可燃或有害气体,其排风量应根据各类建筑物要求的换气次数或根据产生气体的性质和数量经计算确定。

6.9.8 采用热风采暖、空气调节和机械通风装置的场所,其进风口应设置在室外空气清洁区,对有防火防爆要求的通风系统,其进风口应设在不可能有火花溅落的安全地点,排风口应设在室外安全处。

6.9.9 采用全面排风消除余热、余湿或其他有害物质时,应分别从建筑物内温度最高、含湿量或有害物质浓度最大的区域排风。

6.9.10 输油站内控制室、机柜间、化验室、变频间可设置空气调节装置。

6.9.11 当设置较大型集中式空调系统时,应考虑选用风冷式冷却系统。当采用水冷式冷却系统时,应采用循环水式水冷却系统。

6.9.12 输油站内的锅炉房及热力管网设计,应符合现行国家标准《锅炉房设计规范》GB 50041 的相关规定。

6.9.13 通信机房的采暖通风及空气调节设计,应符合现行行业标准《电信专用房屋设计规范》YD/T 5003 的相关规定。

6.9.14 建筑物的采暖通风与空气调节设计的节能措施应符合下列规定:

1 输油站内产生的余热,宜回收利用;

2 晴天日数多、日照时间长的地区,宜优先采用太阳能作热源。

6.10 仪表及控制系统

6.10.1 工艺设备、动力设备及其他辅助设备应满足自动控制系统的功能要求。

6.10.2 输油工艺过程平稳运行及确保安全生产的重要参数,应进行连续监测或记录。

6.10.3 仪表选型应符合下列规定:

1 应选用安全、可靠、技术先进的标准系列产品;

2 检测和控制仪表宜采用电动仪表;

3 仪表输入、输出信号应采用标准信号;

4 直接与介质接触的仪表,应满足管道及设备的设计压力、温度及介质的物性要求;

5　现场应安装供运行人员巡回检查和就地操作的就地显示仪表。

6.10.4　爆炸危险区域内安装的电动仪表、设备，其防爆结构应按表 6.10.4 确定。

表 6.10.4　电动仪表、设备防爆结构选择

分区	0 区	1 区	2 区
防爆型式	本质安全型 ia	本质安全型 ia、ib 隔爆型 d	本质安全型 ia、ib 隔爆型 d、增安型 e
注：分区应符合现行行业标准《石油设施电气设备安装区域一级、0 区、1 区和 2 区区域划分推荐作法》SY/T 6671 的相关规定。			

6.10.5　输油站内宜设站控制室。

6.10.6　进出站控制回路设计应符合下列规定：

1　控制方式宜采用节流调节或泵转速调节；

2　调节阀流量特性应选择等百分比或近似等百分比。

6.10.7　站控制系统的监控内容应符合下列规定：

1　应监视、调节正常运行工况下的输油温度、压力；

2　宜对管道输油量进行监控；

3　可对站场能耗进行计量；

4　应能完成报警事件和应急工况的处理；

5　应对混油段进行监视；

6　对需要远程控制的工艺设备、动力设备及其他辅助设备进行远程控制。

6.10.8　仪表及站控制系统的供电设计除应符合本规范第 6.7 节的规定外，还应符合下列规定：

1　仪表及站控制系统的交流电源应与动力、照明用电分开设置；

2　站控制系统应采用不间断电源供电。

6.10.9　仪表系统的接地宜采用共用接地装置，接地连接电阻不应大于 1 Ω。

6.10.10　电缆选型及敷设应符合下列规定：

1　仪表信号电缆宜选用屏蔽电缆，电缆直埋敷设时应选用铠装电缆；

2　电缆宜采用电缆沟、直埋、电缆桥架方式敷设。

7　管道监控系统

7.1　一般规定

7.1.1　管道系统的控制水平与控制方式应满足输油工艺过程的安全、操作和运行要求。

7.1.2　输油管道应设置监视、控制和调度管理系统，宜采用监控与数据采集(SCADA)系统。

7.1.3　输油管道的监控与数据采集(SCADA)系统应包括控制中心的计算机系统、输油站站控制系统、远控截断阀的控制系统及数据传输系统。

7.1.4　输油管道的控制方式宜采用控制中心控制、站控制系统控制和设备就地控制。

7.2　控制中心及计算机系统

7.2.1　控制中心宜具有下列功能：

1　监视各站及工艺设备的运行状态；

2 对监控阀室的监视、控制；

3 实时采集和处理主要工艺变量数据；

4 通过站控制系统进行远程控制；

5 水击控制；

6 管道的泄漏检测与定位；

7 全线紧急停运；

8 通信信道监测及自动切换；

9 数据分析及运行管理决策指导；

10 向管理系统和其他应用系统提供数据。

7.2.2 顺序输送多种油品时，控制中心配置的软件可具备状态预测、批次计划、工艺运行优化、界面跟踪、管道存量计算、模拟培训等功能。

7.2.3 控制中心控制室的设计应满足运行操作条件的要求，除应符合现行国家标准《电子信息系统机房设计规定》GB 50174 的规定外，尚应满足计算机设备的安装要求。

7.2.4 计算机系统应采用双机热备配置，系统应具备故障自动切换功能。

7.2.5 当设置备用控制中心时，主、备控制中心之间应具备控制权限切换功能。

7.3 站控制系统

7.3.1 站控制系统宜具有下列功能：

1 接受和执行控制中心的控制命令，进行控制和调整设定值，并能独立工作；

2 过程变量的检测和数据处理；

3 向控制中心传送必要的工艺过程数据和报警信息；

4 显示输油站的工艺流程、动态数据的画面；

5 采集并显示设备的运行状态、工艺参数；

6 主要工艺过程参数的控制；

7 故障自诊断，并把信息传送至控制中心；

8 通信信道监测及自动切换；

9 顺序输送多种油品管道的油品切割及混油量控制。

7.3.2 站控制系统配置宜符合下列要求：

1 站控制系统宜由基本过程控制系统、安全仪表系统和消防控制系统组成；

2 站控制系统应选用开放式结构；

3 基本过程控制系统应由过程控制单元、操作员工作站、网络设备和辅助设备组成；

4 基本过程控制单元和消防控制系统的处理器、I/O 网络、局域网、通信接口、电源等应按冗余配置；

5 安全仪表系统应由处理器、I/O 卡件、网络设备和辅助设备组成，各部分应符合安全完整性等级要求；

6 第三方智能仪表或设备与站控制系统之间宜采用通信接口连接；

7 安全仪表系统的控制信号应采用硬线连接；

8 监控阀室的控制设备应满足所处环境条件。

7.3.3 信号类型及模拟量输入、输出精确度应符合下列规定：

1 信号类型宜采用下列类型：

1） 4 mADC～20 mADC或1 VDC～5 VDC；

2） 热电阻(RTD)；

3） 无源接点(24 VDC)；

4） 脉冲；

5） 标准数据通信接口。

2 模件转换精确度应符合下列规定：

1） 模/数(A/D)转换器宜大于16位；

2） 数/模(D/A)转换器宜大于12位。

7.3.4 安全仪表系统设计应符合下列规定：

1 输油站的安全仪表系统可独立配置，其控制应分为紧急停车和安全保护两个部分，并应进行分级设计。输油站紧急停车系统应设计为故障安全型。

2 输油站紧急停车系统应符合下列规定：

1） 应具有就地、站控制室操作的功能；

2） 输油站发生火灾时，应能够切断除消防系统和应急电源以外的供电电源或动力；

3） 应具有使设备或全站安全停运并与管道隔离的功能；

4） 系统应根据故障的性质和输油工艺要求进行分级，高级别的关断应自动触发低级别的关断；

5） 应具有触发全线联锁动作的输出信号。

3 输油站的安全保护应根据管道全线及输油站的工艺过程的安全、操作和运行要求设计，在联锁动作前应设置预报警信号。其安全保护应符合下列规定：

1） 输油泵站进、出泵应设置超压保护调节功能；

2） 出现水击工况，应设置与出站压力控制回路联锁调节功能及输油泵机组顺序停运联锁功能。

7.3.5 消防控制系统设计应符合下列规定：

1 消防控制系统宜由控制单元、可燃(有毒)气体检测系统、火灾自动报警系统和消防泵及相关阀门组成；

2 在有储油罐的站场宜设置独立的消防控制系统；其他的站场宜设置可燃(有毒)气体检测系统和火灾自动报警系统，其报警信号应引入安全仪表系统；

3 在进出站阀组区、泵区、计量区和储罐区宜设置可燃气体检测仪表，泵区和储罐区宜设置火焰检测仪表；

4 在站场的控制室、配电间区域内，宜设置火灾自动报警系统；

5 储罐区消防控制系统启动报警信号应传送至站控制系统。

7.3.6 站控制系统的电涌防护应符合本规范第6.7.13条的规定。

8 通信

8.0.1 输油管道通信传输方式，可根据通信网现状、通信网规划、管道管理运营对通信的业务需求量、对数据传输质量、可靠性、时延等因素的要求，以及所经地区通信公网的条件，经技术经济比较后确定，可选用光纤通信、卫星通信、租用公网等手段。

8.0.2 输油管道通信传输方式选用光纤通信时，其光缆宜与输油管道同沟敷设。光纤容量除应满足实际工程需求外,还应考虑同路由其他油气管道工程的需求以及今后业务发展的需要,应预留适当的容量。光缆的安装敷设应符合现行行业标准《输油(气)管道同沟敷设光缆(硅芯管)设计及施工规范》SY/T 4108 的相关规定。

8.0.3 根据生产需求,通信站点的位置宜设在管道各级生产部门、输油站及其他沿管道的站点。

8.0.4 输油管道管理部门宜设具有自交换功能的电话交换设备。输油站可采用电话接入网关或远端用户电话方式。监控阀室宜设置电话单机。

8.0.5 管道通信业务可根据输油工艺、站控制系统与 SCADA 系统数据传输和生产管理运行需要,设置会议电视、行政电话、工业电视、周界防范、巡线和应急通信、企业办公网络通信等。

8.0.6 输油管道应设调度电话系统。调度电话系统可与行政电话系统、会议电话系统共用一套电话交换系统,也可独立设置。

8.0.7 输油管道管理部门和输油站宜引入当地公网电话。

8.0.8 输油站消防值班室应设火警电话,火警电话宜为公网直拨电话或消防部门专用火警系统电话。

8.0.9 输油站变电所应设置可与上级电力部门联系的电力调度电话,无专用变电所值班室时,应将该调度电话并接到站控制室。

8.0.10 管道巡线、维修和事故抢修部门宜设无线通信设施。

8.0.11 SCADA 数据传输信道应符合下列规定:

1 数据信号速率不宜小于 9600 bps;

2 传输误码率不应大于 10^{-6};

3 时延率应满足 SCADA 数据传输要求。

8.0.12 输油站与调控中心之间的数据通信宜设置备用通信信道。

8.0.13 通信机房可与自动化、阴极保护设备共用机房,机房内可采用防静电活动地板。

9 管道的焊接、焊接检验与试压

9.1 焊接与检验

9.1.1 设计文件应标明输油管道及管道附件母材及焊接材料的规格、型号和焊缝及接头形式。应对焊接方法、焊接检验和验收合格标准提出明确要求。

9.1.2 施工单位在开工前,应根据设计文件提出的钢管和管件材料等级、焊接方法和材料等进行焊接工艺评定,并应根据焊接工艺评定结果编制焊接工艺规程。焊接工艺规程和焊接工艺评定内容应符合现行行业标准《钢质管道焊接及验收》SY/T 4103 的相关规定。

9.1.3 焊接材料应根据被焊件的工作条件、机械性能、化学成分、接头型式等因素综合考虑确定。

9.1.4 焊接材料应符合现行国家标准《非合金钢及细晶粒钢焊条》GB/T 5117、《热强钢焊条》GB/T 5118、《熔化焊用钢丝》GB/T 14957、《气体保护电弧焊用碳钢、低合金钢焊丝》GB/T 8110、《碳钢药芯焊丝》GB/T 10045、《低合金钢药芯焊丝》GB/T 17493 的有关规定。

当选用未列入标准的焊接材料时,应经焊接工艺试验并经评定合格后方可使用。

9.1.5 焊接接头设计应符合下列规定:

1 对接焊缝坡口型式和尺寸的设计,应按焊接工艺规程执行;

2　对接焊缝接头的外观检查、验收应符合现行行业标准《钢质管道焊接及验收》SY/T 4103的有关规定；

3　两个壁厚不等的管端接头型式，宜符合本规范附录G的规定，或采用长度不小于管子半径的预制过渡短管；过渡短管接头设计宜符合本规范附录G的规定。

9.1.6　焊件的预热应根据材料性能、焊件厚度、焊接条件、气候和使用条件确定。当需要预热时，应符合下列规定：

1　当焊接两种具有不同预热要求的材料时，应以预热温度要求较高的材料为准；

2　预热时应使材料受热均匀，在施焊过程中其温降应符合焊接工艺的规定，并应防止预热温度和层间温度过高。

9.1.7　焊缝残余应力的消除应根据结构尺寸、用途、工作条件、材料性能确定。当需要消除焊缝残余应力时，应符合下列规定：

1　壁厚大于32 mm的焊缝应消除应力。当焊件为壁厚32 mm～38 mm碳钢时，且焊缝所用最低预热温度不低于95 ℃时，可不消除应力；

2　当焊接接头所连接的两个部分厚度不同而材质相同时，其焊缝残余应力的消除应依据较厚者确定；对于支管与汇管的连接或平焊法兰与钢管的连接，其应力的消除应分别根据汇管或钢管的壁厚确定；

3　不同材质之间的焊缝，当其中的一种材料要求消除应力时，该焊缝应进行应力消除。

9.1.8　焊接质量的检验应符合下列规定：

1　所有现场环焊缝应采用射线或超声波等方式进行无损检测。在检测之前，应清除渣皮和飞溅物，并达到外观检验合格。

2　采用手工超声波检测时，应对焊工当天所焊焊缝全部进行检查，并应对其中不少于5%的环焊缝进行全周长射线检测复查，设计可根据工程需要提高射线检测的比例。

3　采用射线检测时，应对焊工当天所焊焊口不少于15%数量的焊缝全周长进行射线检测，如每天的焊口数量达不到上述抽检比例时，可将不大于500 m长度内的管道焊口数作为一个检验段进行抽检。

4　输油站场内以及通过居民区、工矿企业段管道和连头焊缝应进行100%射线和手工100%超声波检测。穿跨越段管道无损检测应符合现行国家标准《油气输送管道穿越工程设计规范》GB 50423和《油气输送管道跨越工程设计规范》GB 50459的有关规定。

5　射线检测和手工超声波检测应符合现行行业标准《石油天然气钢质管道无损检测》SY/T 4109的有关规定，合格等级应为Ⅱ级或以上等级。

9.1.9　管道采用全自动焊时，宜采用全自动超声波检测仪对全部焊缝进行检测。全自动超声波检测应符合现行国家标准《石油天然气管道工程全自动超声波检测技术规范》GB/T 50818的有关规定。

9.1.10　液化石油气管道的焊接与检验应符合现行国家标准《输气管道工程设计规范》GB 50251的有关规定。

9.2　试压

9.2.1　输油管道必须进行强度试压和严密性试压。

9.2.2　线路段管道在试压前应设临时清管设施进行清管，不得使用站内清管设施。

9.2.3　穿跨越管段试压应符合现行国家标准《油气输送管道穿越工程设计规范》GB 50423和

《油气输送管道跨越工程设计规范》GB 50459 的有关规定,应合格后再同相邻管段连接。

9.2.4 壁厚不同的管段宜分别试压;在不同壁厚相连的管段中,当薄管壁管段上的任意点在试压中的环向应力均不超过 0.9 倍最小屈服强度时,可与厚壁段管道一同试压。

9.2.5 用于更换现有管道或改线的管段,在同原有管道连接前应单独试压,试验压力不应小于原管道的试验压力。同原管道连接的焊缝,应按本规范第 9.1.8 条的规定进行 100%射线探伤检验和 100%超声波探伤检验。

9.2.6 输油站内的工艺设备和管线应单独进行试压,不同压力等级的管道系统应分别试压。

9.2.7 试压介质应采用无腐蚀性的清洁水。

9.2.8 原油、成品油管道和输油站强度试压和严密性试压应符合下列规定:

1 输油管道一般地段的强度试验压力不应小于管道设计内压力的 1.25 倍,通过人口稠密区的管道强度试验压力不应小于管道设计内压力的 1.5 倍;管道严密性试验压力不应小于管道设计内压力。强度试验持续稳压时间不应小于 4 h;当无泄漏时,可降低压力进行严密性试验,持续稳压时间不应小于 24 h。

2 输油站内管道及设备的强度试验压力不应小于管道设计内压力的 1.5 倍,严密性试验压力不应小于管道设计内压力。强度试验持续稳压时间不应小于 4 h;当无泄漏时,可降低压力进行严密性试验,持续稳压时间不应小于 24 h。

3 强度试压时,管线任一点的试验压力与静水压力之和所产生的环向应力不应大于钢管的最低屈服强度的 90%。

9.2.9 分段试压合格的管段相互连接的碰死口焊缝,应按本规范第 9.1.8 条的规定进行100%射线探伤检验和 100%超声波探伤检验。全线接通后可不再进行试压。

9.2.10 液化石油气管道的试压应符合现行国家标准《输气管道工程设计规范》GB 50251 的相关规定。

附　录　A
输油管道工程与上下游相关企业及设施的界面划分

A.0.1　输油管道工程与上下游相关企业及设施的界面划分如下图所示。

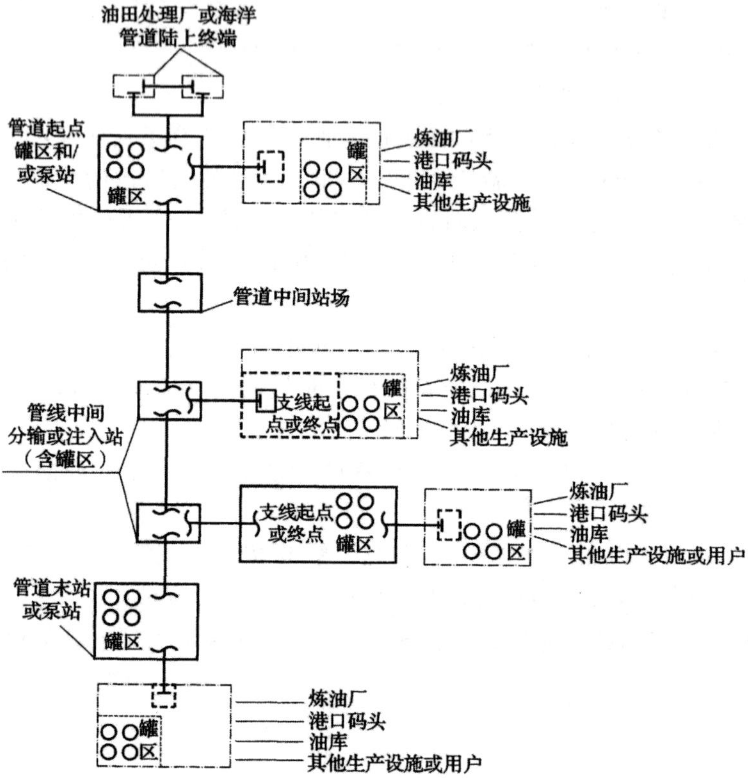

图 A.0.1　输油管道工程与上下游相关企业及设施的界面划分

本规范范围内的管道；

本规范范围内的管道连续区或延长区；

本规范范围内的管道起点或终点；

油田处理厂、海洋管道陆上终端、炼油厂、油库、港口码头、其他生产设施或用户与管道工程相关联的设施场地范围；

管道工程建设在依托的炼油厂、油库、港口码头、其他生产设施或用户场区内的设施场地边界；

油田处理厂、海洋管道陆上终端、炼油厂、油库、港口码头、其他生产设施或用户的场区边界。

注：线路与站场边界为围墙外 2 m。

附 录 B
原油一般物理性质测定项目

B.0.1 原油一般物理性质测定项目如下表所示。

表 B.0.1 原油一般物理性质测定项目

序号	测定项目	序号	测定项目
1	相对密度 d_4^{20}	8	胶质(%)
2	倾点、凝点(℃)	9	含硫量(%)
3	初馏点(℃)	10	含盐量(mg/L)
4	闪点(闭口)(℃)	11	动力黏度(mPa·s)
5	蒸汽压(kPa)	12	含水率(%)
6	含蜡量(%)	13	比热容[J/(kg·℃)] (温度间隔为 2 ℃)
7	沥青质(%)		

注:1 原油作为内燃机燃料时,应化验残炭和微量金属钠、钾、钙、铅、钒的含量。
2 石蜡基原油黏度、倾点及凝点按本表测定,其他原油应在倾点、凝点和初馏点之间,每间隔 5 ℃测定不同温度点的黏度。

附 录 C
原油流变性测定项目

C.0.1 原油流变性测定项目如下表所示。

表 C.0.1 原油流变性测定项目

序号	测定项目	要求
1	析蜡点(℃)	—
2	反常点(℃)	—
3	动力黏度(mPa·s)	在反常点和初馏点之间测定,温度间隔为 5 ℃
4	流变指数	在反常点和倾点、凝点之间测定,温度间隔为 2 ℃,对含蜡原油应按不同热处理温度测定倾点、凝点;对于输送加剂原油还应检验剪切影响
5	稠度系数(Pa·s^n)	
6	表观黏度(mPa·s)	
7	屈服值(Pa)	

附　录　D
水力摩阻系数 λ 计算

D.0.1　水力摩阻系数 λ 应按表 D.0.1 中的雷诺数 Re 划分流态范围，选择相应公式计算。

表 D.0.1　雷诺数 Re 划分范围及水力摩阻系数 λ 计算

流态		划分范围	$\lambda=f\left(Re\ ,\frac{2e}{d}\right)$
层流		$Re<2000$	$\lambda=\frac{64}{Re}$
紊流	水力光滑区	$3000<Re\leqslant Re_1=\frac{59.7}{\left(\frac{2e}{d}\right)^{8/7}}$	$\frac{1}{\sqrt{\lambda}}=1.8\lg Re-1.53$
			$Re<10^5$ 时　$\lambda=\frac{0.3164}{Re^{0.25}}$
	混合摩擦区	$Re_1<Re\leqslant Re_2=\frac{665-765\lg\left(\frac{2e}{d}\right)}{\frac{2e}{d}}$	$\frac{1}{\sqrt{\lambda}}=-2\lg\left(\frac{e}{3.7d}+\frac{2.51}{Re\sqrt{\lambda}}\right)$ $\lambda=0.11\left(\frac{e}{d}+\frac{68}{Re}\right)^{0.25}$
	粗糙区	$Re>Re_2$	$\lambda=\frac{1}{\left(1.74-2\lg\frac{2e}{d}\right)^2}$

注：1　当 $2000<Re<3000$ 时，可按水力光滑区计算。

2　Re_1——由水力光滑区向混合摩擦区过渡的临界雷诺数。

3　Re_2——由混合摩擦区向粗糙区过渡的临界雷诺数。

4　e——管内壁绝对(当量)粗糙度，直缝钢管，e 取 0.054 mm；无缝钢管；e 取 0.06 mm；螺旋缝钢管，DN250～DN350，e 取 0.125 mm，DN400 以上，e 取 0.10 mm。

D.0.2　输油平均温度下管内输送牛顿流体时的雷诺数 Re 应按下式计算：

$$Re=\frac{4q_{\mathrm{V}}}{\pi d\nu} \qquad \text{(D.0.2)}$$

式中：q_{V}——输油平均温度下的体积流量(m^3/s)；

ν——输油平均温度下的运动黏度(m^2/s)；

d——输油管道的内直径(m)。

附　录　E
幂律流体管段沿程摩阻计算

E.0.1　幂律流体的雷诺数应按下式计算：

$$Re_{MR}=\frac{d^{n}V^{2-n}\rho}{\frac{K_{m}}{8}\left(\frac{6n+2}{n}\right)^{n}} \quad \cdots\cdots (E.0.1)$$

式中：Re_{MR}——幂律流体管段流动的雷诺数；

n　——幂律流体的流变指数；

K_m　——幂律流体的稠度系数(Pa·s^n)；

ρ　——输油平均温度下的幂律流体密度(kg/m^3)；

V　——幂律流体管段管内的流速(m/s)。

E.0.2　当幂律流体的雷诺数 $Re_{MR}\leqslant 2000$ 时，幂律流体处于层流状态，管段的沿程摩阻 h_τ 应按下式计算：

$$h_{\tau}=\frac{4K_{m}L}{\rho d}\left(\frac{32q_{V}}{\pi d^{3}}\right)^{n}\left(\frac{3n+1}{4n}\right)n \quad \cdots\cdots (E.0.2)$$

式中：h_τ——幂律流体管段的沿程水力摩阻，油柱(m)；

d——输油管道的内直径(m)；

L——计算管段长度(m)。

E.0.3　当幂律流体的雷诺数 $Re_{MR}>2000$ 时，幂律流体处于紊流状态，管段的沿程摩阻 h_τ 应按下列公式计算：

$$h_{\tau}=0.0826\lambda_{\tau}\frac{q_{V}^{2}}{d^{5}}L \quad \cdots\cdots (E.0.3-1)$$

$$\lambda_{\tau}=4f \quad \cdots\cdots (E.0.3-2)$$

$$\frac{1}{\sqrt{f}}=\frac{4.0}{n^{0.25}}\lg\left(Re_{MR}\cdot f^{1-\frac{n}{2}}\right)-\frac{0.4}{n^{1.2}} \quad \cdots\cdots (E.0.3-3)$$

式中：q_V——流体平均温度下的体积流量(m^3/s)；

λ_τ——幂律流体管段的水力摩阻系数；

f——范宁(fanning)摩阻系数。

附 录 F
液化石油气(LPG)管道强度设计系数

F.0.1 液化石油气(LPG)管道通过地区等级划分及强度设计系数应符合表F.0.1的规定。

地区等级划分为沿管道中心线两侧各200 m范围内,任意划分成长度为2 km并能包括最大聚居户数的若干地段,按划定地段内的户数划分为四个等级。在农村人口聚集的村庄、大院、住宅楼,应以每一独立户作为一个供人居住的建筑物计算。

表F.0.1 地区等级及强度设计系数 *K*

地区等级	说明	强度设计系数 K
一级地区	户数在15户或以下的区段	0.72
二级地区	户数在15户以上、100户以下的区段	0.6
三级地区	户数在100户或以上的区段,包括市郊、商业区、工业区、不够四级的人口稠密区	0.5
四级地区	地面四层及四层以上楼房普遍集中、交通频繁、地下设施多的区段	0.4

F.0.2 液化石油气(LPG)穿越铁路、公路和人群聚集场所的管段以及管道站内管段的强度设计系数应符合表F.0.2的规定。

表F.0.2 穿越铁路、公路、人群聚集场所及LPG站内的管段强度设计系数

管道及管段	设计系数 K			
	一级地区	二级地区	三级地区	四级地区
有套管穿越Ⅲ、Ⅳ级公路的管段	0.72	0.6	0.5	0.4
无套管穿越Ⅲ、Ⅳ级公路的管段	0.6	0.5	0.5	0.4
有套管或涵洞穿越Ⅰ、Ⅱ级公路、高速公路、铁路的管段	0.6	0.6	0.5	0.4
LPG站内管道及其上下游各200 m管段、人群聚集场所的管段	0.4	0.4	0.4	0.4

附 录 G
两个壁厚不等管端的对焊接头

G.1 一般规定

G.1.1 当对焊的两个管端壁厚不等和(或)材料的最低屈服强度不等时,坡口应按图 G.1.1 的形式设计。

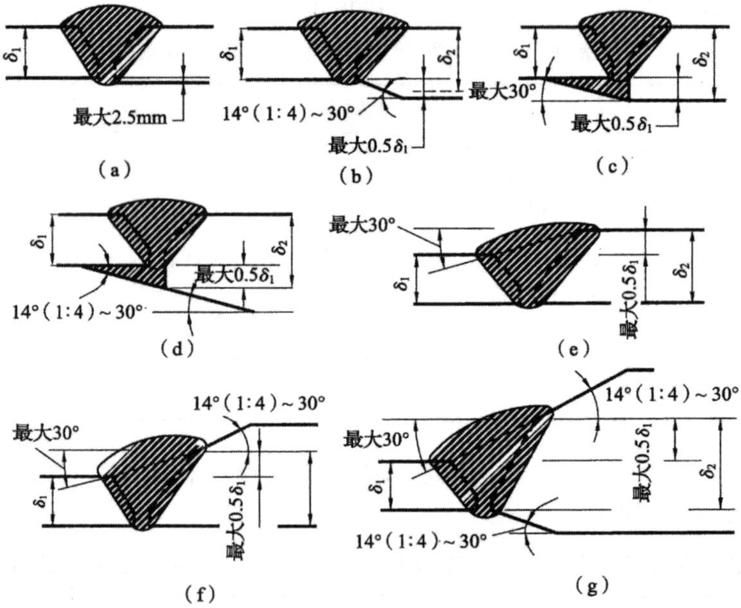

图 G.1.1 两个壁厚不等和(或)材料的最低屈服强度不等时管端的对焊接头形式

G.1.2 当相接钢管的最低屈服强度不等时,设计用最大壁厚 δ_2 不应大于 $1.5\delta_1$,且应使 $\delta_2\sigma_{S2}\geqslant\delta_1\sigma_{S1}$($\sigma_{S1}$为薄壁端材料屈服强度,$\sigma_{S2}$为厚壁端材料屈服强度)。焊缝金属所具有的机械性能,至少应与强度较高的钢管的机械性能相同。

G.1.3 两个壁厚不等的管端之间的过渡,可采用锥面或本规范图 G.1.1 所示的焊接方法,或采用长度不小于钢管半径的预制过渡短管连接。

G.1.4 斜表面的焊缝边缘应避免出现尖锐的切口或刻槽。

G.1.5 连接两个壁厚不等而最低屈服强度相等的钢管,均应按照以上规定,但对锥面的最小角度可不作限制。

G.1.6 对焊后热处理的要求,应采用有效焊缝高度 δ_2 值确定。

G.2 内径不等的两根钢管的对焊接头

G.2.1 当两根相接钢管的公称壁厚相差不大于 2.5 mm 时,如本规范图 G.1.1(a)所示,可不做特殊处理,但应焊透焊牢。

G.2.2 当内壁偏差大于 2.5 mm 且不能进入管内施焊时,应按照本规范图 G.1.1(b)的形式将较厚管端的内侧切成锥面,锥面角度不应大于 30°,也不应小于 14°。

G.2.3 对于环向应力大于最低屈服强度 20%以上的钢管,当内壁偏差大于 2.5 mm,但不超过较薄钢管壁厚的 1/2,且能进入管内进行焊接时,可采用本规范图 G.1.1(c)的锥形焊缝形式。

较厚钢管上的坡口钝边高度,应等于管壁厚的内偏差加上对接钢管上的坡口钝边高度。

G.2.4 当内壁偏差大于较薄钢管壁厚的1/2,且能进入管内焊接时,可采用本规范图G.1.1(b)的形式将较厚管端的内侧切成锥面;也可采用本规范图G.1.1(d)的组合式锥形焊缝过渡,将相当于较薄钢管壁厚的1/2采用锥形焊缝,并从该点起,将剩余部分切成的锥面。

G.3 外径不等的两根钢管的对焊接头

G.3.1 当外壁偏差不超过较薄钢管壁厚的1/2时,可采用本规范图G.1.1(e)的焊接形式完成过渡,但焊缝表面的上升角不应大于30°,且两个对接的坡口边也应焊透焊牢。

G.3.2 当外壁偏差超过较薄钢管壁厚的1/2时,应将该超出部分切成本规范图G.1.1(f)的锥面形式。

G.4 内径及外径均不等的两根钢管的对焊接头

G.4.1 当内外径均有偏差时,应采用本规范图G.1.1(g)的焊接方式进行接头设计,并应使坡口准确就位。

附 录 H
挠性系数和应力增强系数

H.0.1 构件平面内、平面外的挠性系数和应力增强系数可按表 H.0.1 计算得出,也可根据表 H.0.1 计算出特征系数 h 后,直接从图 H.0.1 查出。

表 H.0.1 挠性系数和应力增强系数

名称	特征系数 h	挠性系数 k	应力增强系数		示意图
			平面外 i_o	平面内 i_i	
弯头或弯管	$\frac{\delta R}{r^2}$	$\frac{1.65}{h}$	$\frac{0.75}{h^{2/3}}$	$\frac{0.9}{h^{2/3}}$	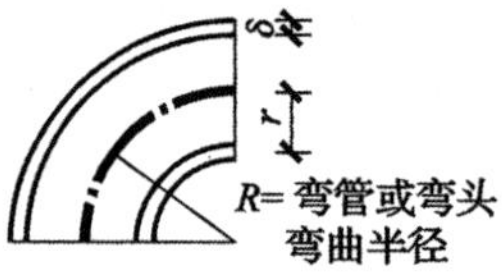
拔制三通	$4.4\frac{\delta}{r}$	1	$\frac{0.9}{h^{2/3}}$	$0.75i_o+0.25$	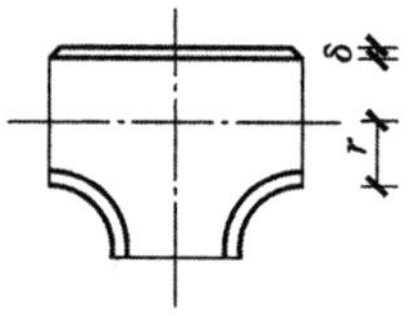
带补强圈的焊接支管	$\frac{\left(\delta+\frac{1}{2}M\right)^{5/2}}{\delta^{3/2}\cdot r}$	1	$\frac{0.9}{h^{2/3}}$	$0.75i_o+0.25$	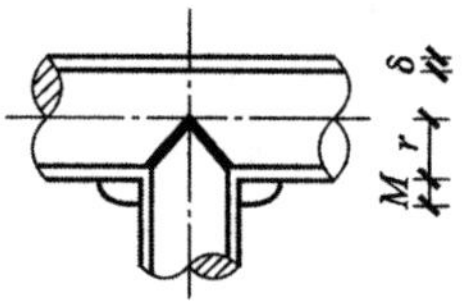
无补强圈的焊制三通	$\frac{\delta}{r}$	1	$\frac{0.9}{h^{2/3}}$	$0.75i_o+0.25$	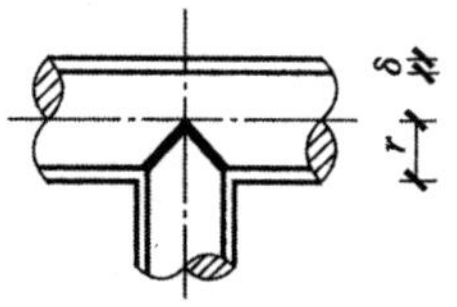

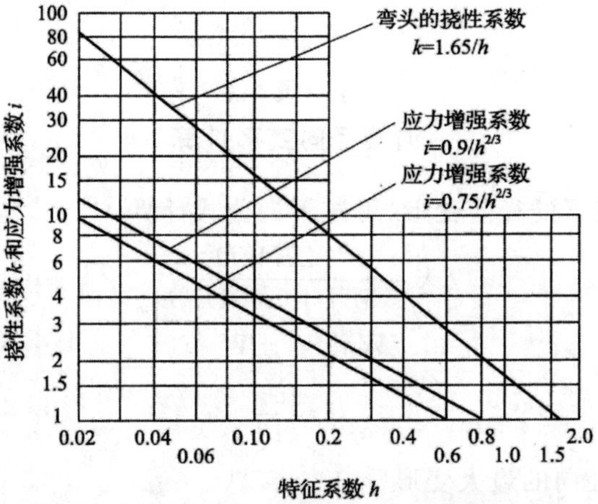

图 H.0.1 特征系数和挠性系数、应力增强系数的关系曲线

注:1 对于管件,表中的挠性系数 k 和应力增强系数 i 适用于任意平面内的弯曲,但其值均不应小于 1.0;对于扭转,则挠性系数 k 和应力增强系数 i 为 1.0 这两个系数适用于弯头、弯管的整个有效弧长(图中以粗黑中心线表示)和三通的交接口上。

2 R——焊接管头和弯管的弯曲半径(mm)。

r——所接钢管的平均半径(mm)。

δ——公称壁厚(mm)。对于弯头、弯管,为其本身的壁厚;对于拔制三通、焊制三通或焊接支管,为所接钢管的壁厚。但当焊制三通主管壁厚大于所接钢管的壁厚,且加厚部分伸出支管外壁的长度大于支管外径 1 倍时,指主管壁厚(mm)。

M——补强圈的厚度(mm)。

H.0.2 当补强圈的厚度 M 大于 1.5δ 时,特征系数 h 应按下式计算:

$$h=4.05\frac{\delta}{r} \qquad \text{(H.0.2)}$$

H.0.3 对于大口径薄壁弯头和弯管,挠性系数 k 和应力增强系数 i 应分别除以修正系数 a、b,修正系数 a、b 应按下列公式计算:

$$a=1+6\frac{P}{E}\left(\frac{r}{\delta}\right)^{\frac{7}{3}}\left(\frac{R}{r}\right)^{\frac{1}{3}} \qquad \text{(H.0.3-1)}$$

$$b=1+3.25\frac{P}{E}\left(\frac{r}{\delta}\right)^{\frac{5}{2}}\left(\frac{R}{r}\right)^{\frac{2}{3}} \qquad \text{(H.0.3-1)}$$

式中:E ——钢材的弹性模量(MPa);

P ——管道附件承受的内压力(MPa)。

附　录　J
钢管径向变形计算

J.0.1　钢管在外载荷作用下的径向变形,可按下列公式计算:

$$\Delta X=\frac{ZKWD_{m}^{3}}{8EI+0.061E_{S}D_{m}^{3}} \quad \cdots\cdots (J.0.1-1)$$

$$W=W_{1}+W_{2} \quad \cdots\cdots (J.0.1-2)$$

$$I=\frac{\delta_{n}^{3}}{12} \quad \cdots\cdots (J.0.1-3)$$

式中:ΔX ——钢管水平径向的最大变形(m);

D_{m} ——钢管平均直径(m);

W ——作用在单位管长上的总竖向荷载(N/m);

W_{1} ——单位管长上的竖向永久荷载(N/m);

W_{2} ——地面可变荷载传递到管道上的荷载(N/m);

Z ——钢管变形滞后系数,取1.5;

K ——基床系数,可按表J.0.1选取;

E ——钢材的弹性模量(N/m^{2});

I ——单位管长截面惯性矩(m^{4}/m);

δ_{n} ——钢管公称壁厚(m);

E_{S} ——土壤变形模量(N/m^{2}),E_{S} 值应采用现场实测数。当无实测资料时,可按表J.0.1选取。

表J.0.1　土壤变形模量

铺管条件	E_{S}(MPa)	基床包角	基床系数 K
管道敷设在未扰动的土上,回填土松散	1.0	30°	0.108
管道敷设在未扰动的土上,管道中线以下的土轻轻压实	2.0	45°	0.105
管道敷设在厚度最少为10cm的松土垫层内,管顶以下回填土轻轻压实	2.8	60°	0.103
管道敷设在砂卵石或碎石垫层内,垫层顶面应在管底以上1/8管径处,但至少为10cm,管顶以下回填土夯实,夯实密度约为80%(标准葡氏密度)	3.5	90°	0.096
管道中线以下安放在压实的团粒材料内,夯实管顶以下回填的团粒材料,夯实密度约为90%(标准葡氏密度)	4.8	150°	0.085

J.0.2　埋设在管沟内的管道单位长度上的竖向土荷载应按下式计算:

$$W_{e}=\gamma DH \quad \cdots\cdots (J.0.2)$$

式中:W_{e} ——单位管长上的竖向土荷载(MN/m);

γ ——土壤容重(MN/m^{3});

D ——钢管外直径(m);

H ——管顶回填土高度(m)。

J.0.3 埋设在土堤内的管道单位管长的竖向土荷载应为管顶上土壤单位棱柱体的重量。

J.0.4 隧道内管道覆土埋设并在上方通车时,管道应进行径向变形校核,其地面可变荷载宜按小型越野车的参数考虑。

附　录　K
埋地输油管道开始失稳时的临界轴向力和弯曲半径计算

K.1　临界轴向力

K.1.1　埋地直管段开始失稳时的临界轴向力可按下列公式计算：

$$N_{cr}=2\sqrt{K_e DEI} \quad \cdots\cdots\cdots\cdots \text{(K.1.1-1)}$$

$$K_e=\frac{0.12E' n_e}{(1-\mu_0^2)\sqrt{jD}}(1-e^{-2h_0/D}) \quad \cdots\cdots\cdots\cdots \text{(K.1.1-2)}$$

式中：N_{cr}——管道开始失稳时的临界轴向力(MN)；

K_e——土壤的法向阻力系数(MPa/m)；

I——钢管横截面惯性矩(m^4)；

E——钢材的弹性模量(N/m^2)；

D——钢管外直径(m)；

E'——回填土的变形模量(MPa)；

n_e——回填土变形模量降低系数，根据土壤中含水量的多少和土壤结构破坏程度取0.3～1.0；

μ_0——土壤的泊桑系数，砂土取0.2～0.25；坚硬的和半坚硬的黏土、亚黏土取0.25～0.30，塑性的取0.30～0.35、流性的取0.35～0.45；

j——管道的单位长度($j=1$m)；

h_0——地面(或土堤顶)至管道中心的距离(m)。

K.1.2　埋地向上凸起的弯曲管段开始失稳时的临界轴向力可按下列公式计算：

$$N_{cr}=0.375Q_u R_0 \quad \cdots\cdots\cdots\cdots \text{(K.1.2-1)}$$

$$Q_u=q_0+n_0 q_1 \quad \cdots\cdots\cdots\cdots \text{(K.1.2-2)}$$

$$q_1=\gamma D(h_0-0.39D)+\gamma h_0^2\tan(0.7\phi)+\frac{0.7c\ h_0}{\cos(0.7\phi)} \quad \cdots\cdots\cdots\cdots \text{(K.1.2-3)}$$

式中：N_{cr}——管道开始失稳时的临界轴向力(MN)；

Q_u——管道向上位移时的极限阻力(MN/m)；当管道有压重物或锚栓锚固时，应计入压重物的重力或锚栓的拉脱力，在水淹地区应计入浮力作用；

R_0——管道的计算弯曲半径(m)；

q_0——单位长度钢管重力和管内、油品重力(MN/m)；

n_0——土壤临界支承能力的折减系数取0.8～1.0；

q_1——管道向上位移时土的临界支承能力(MN/m)；

ϕ——回填土的内摩擦角(°)；

c——回填土的黏聚力(MN/m^2)。

K.1.3　铺设在土堤内的水平弯曲管段开始失稳时的临界轴向力可按下列公式计算：

$$N_{cr}=0.212Q_h R_0 \quad \cdots\cdots\cdots\cdots \text{(K.1.3-1)}$$

$$Q_h=Q_f+n_0 q_2 \quad \cdots\cdots\cdots\cdots \text{(K.1.3-2)}$$

$$q_f=q_0\tan\phi \quad \cdots\cdots\cdots\cdots \text{(K.1.3-3)}$$

$$q_2=\gamma\tan\phi\left[\frac{D h_1}{2}+\frac{(b_1+b_2)h_1}{4}-D^2\right]+\frac{c(b_2-D)}{2} \qquad (K.1.3-4)$$

$$q_2=\gamma h_0 D\tan^2\left(45°+\frac{\phi}{2}\right)+\frac{2c}{\gamma h_0}\tan\left(45°+\frac{\phi}{2}\right) \qquad (K.1.3-5)$$

式中:Q_h ——管道横向位移时的极限阻力(MN/m);

q_f ——单位长度上的管道摩擦力(MN/m);

q_2 ——管道横向位移时土的临界支承能力(MN/m),取按公式(K.1.3-4)和公式(K.1.3-5)计算值中的较小者;

h_1 ——土堤顶至管底的距离(m);

b_1 ——土堤顶宽(m);

b_2 ——土堤底宽(m)。

K.2 管道弯曲轴线的计算弯曲半径

K.2.1 当埋地输油管道按弹性弯曲铺设时,弹性弯曲的弯曲半径大于钢管的外直径的1000倍,且曲线的弦长大于或等于管道失稳波长时,管道的计算弯曲半径应取管道弹性弯曲的实际弯曲半径。

K.2.2 当管道曲线的弦长小于失稳波长,且满足公式(K.2.2-1)时,其弯曲半径应按公式(K.2.2-2)计算:

$$L+\frac{L_0}{2}\geqslant\frac{L_{cr}}{2} \qquad (K.2.2-1)$$

$$R_0=\frac{2L_{cr}^2\cos\frac{\theta}{2}}{\pi^2\left[L_{cr}\sin\frac{\theta}{2}-2R\left(1-\cos\frac{\theta}{2}\right)\right]} \qquad (K.2.2-2)$$

当管道向上凸起(拱起)时,管道的失稳波长 L_{cr} 为:

$$L_{cr}=\sqrt{\frac{265EI}{Q_u R_0\left(1+\sqrt{1+\frac{80EIC_p}{Q_u^2R_0^2}}\right)}} \qquad (K.2.2-3)$$

当管道在土堤内水平弯曲时,管道的失稳波长 L_{cr} 为:

$$L_{cr}=\sqrt{\frac{93.5EI}{Q_h R_0\left(1+\sqrt{1+\frac{80EIC_p}{Q_h^2R_0^2}}\right)}} \qquad (K.2.2-4)$$

$$C_p=q_1/h_1 \qquad (K.2.2-5)$$

式中:L ——与弯曲管段两侧连接的每一直管段的长度(m);

L_0——弯曲管段的弦长(m);

L_{cr}——管道的失稳波长(m);

R_0——管道的计算弯曲半径(m);

R ——管道轴线的弯曲半径(m);

θ ——管道的转角(°);

C_p——土的卸载系数;

q_1——管道向上位移时土的临界支承能力(MN/m)；

h_1——地面(或土堤顶)至管底的距离(m)。

K.2.3 当设计管段由两个冷弯管组成，且弯管之间的直线管段满足公式(K.2.3-1)时，其弯曲半径应按公式(K.2.3-2)计算：

$$R_1 \sin\frac{\theta_1}{2} + R_2 \sin\frac{\theta_2}{2} + L \leqslant L_{cr} \quad \text{(K.2.3-1)}$$

$$R_0 = 2L_{cr}/\pi^2 \left[L_{cr} \tan\frac{\theta_1+\theta_2}{2} + \left(L + R_1 \tan\frac{\theta_1}{2} + R_2 \tan\frac{\theta_2}{2}\right) \times \left(\sin\frac{\theta_1-\theta_2}{2} - \tan\frac{\theta_1+\theta_2}{2}\cos\frac{\theta_2-\theta_1}{2}\right)\right] \quad \text{(K.2.3-2)}$$

式中：R_1、R_2——分别为两个弯管的弯曲半径(m)；

θ_1、θ_2 ——分别为两个弯管的转角(°)；

L ——两个弯管之间的直管段长度(m)。

K.2.4 当设计管段内为一弯曲半径不大于钢管外直径5倍的弯头时，其弯曲半径应按下式计算：

$$R_0 = \frac{2L_{cr}}{\pi^2 \tan\frac{\theta}{2}} \quad \text{(K.2.4)}$$

本规范用词说明

1 为便于在执行本规范条文时区别对待，对要求严格程度不同的用词说明如下：

1） 表示很严格，非这样做不可的：

正面词采用“必须”，反面词采用“严禁”；

2） 表示严格，在正常情况下均应这样做的：

正面词采用“应”，反面词采用“不应”或“不得”；

3） 表示允许稍有选择，在条件许可时首先应这样做的：

正面词采用“宜”，反面词采用“不宜”；

4） 表示有选择，在一定条件下可以这样做的，采用“可”。

2 条文中指明应按其他有关标准执行的写法为：“应符合……的规定”或“应按……执行”。

引用标准名录

《建筑设计防火规范》GB 50016
《采暖通风与空气调节设计规范》GB 50019
《城镇燃气设计规范》GB 50028
《锅炉房设计规范》GB 50041
《建筑物防雷设计规范》GB 50057
《爆炸危险环境电力装置设计规范》GB 50058
《66 kV 及以下架空电力线路设计规范》GB 50061
《交流电气装置的过电压保护和绝缘配合》GB/T 50064
《建筑灭火器配置设计规范》GB 50140
《泡沫灭火系统设计规范》GB 50151
《电子信息系统机房设计规定》GB 50174
《石油天然气工程设计防火规范》GB 50183
《输气管道工程设计规范》GB 50251
《工业设备及管道绝热工程设计规范》GB 50264
《固定消防炮灭火系统设计规范》GB 50338
《建筑物电子信息系统防雷技术规范》GB 50343
《钢质石油储罐防腐蚀工程技术规范》GB/T 50393
《油气输送管道穿越工程设计规范》GB 50423
《油气输送管道跨越工程设计规范》GB 50459
《埋地钢质管道防腐保温层技术标准》GB/T 50538
《110 kV～750 kV 架空输电线路设计规范》GB 50545
《埋地钢质管道交流干扰防护技术标准》GB/T 50698
《石油天然气管道工程全自动超声波检测技术规范》GB/T 50818
《压力容器》GB 150
《非合金钢及细晶粒钢焊条》GB/T 5117
《热强钢焊条》GB/T 5118
《生活饮用水卫生标准》GB 5749
《气体保护电弧焊用碳钢、低合金钢焊丝》GB/T 8110
《输送流体用无缝钢管》GB/T 8163
《污水综合排放标准》GB 8978
《原油动态计量　一般原则》GB 9109.1
《石油天然气工业　管线输送系统用钢管》GB/T 9711
《碳钢药芯焊丝》GB7T 10045
《液化气体铁道罐车》GB/T 10478

《钢制对焊无缝管件》GB 12459
《熔化焊用钢丝》GB/T 14957
《液态烃动态测量　体积计量流量计检定系统》GB/T 17286
《液态烃动态测量　体积计量系统的统计控制》GB/T 17287
《液态烃体积测量　容积式流量计计量系统》GB/T 17288
《液态烃体积测量　涡轮流量计计量系统》GB/T 17289
《低合金钢药芯焊丝》GB/T 17493
《钢质管道外腐蚀控制规范》GB/T 21447
《埋地钢质管道阴极保护技术规范》GB/T 21448
《科里奥利质量流量计检定规程》JJG 1038
《装卸油品码头防火设计规范》JTJ 237
《海港总体设计规范》JTS 165
《承压设备用碳素钢和合金钢锻件》NB/T 47008
《低温承压设备用碳素钢和合金钢锻件》NB/T 47009
《承压设备用不锈钢和耐热钢锻件》NB/T 47010
《石油化工采暖通风与空气调节设计规范》SH/T 3004
《石油化工液体物料铁路装卸车设施设计规范》SH/T 3107
《埋地钢质管道直流排流保护技术标准》SY/T 0017
《石油天然气工程总图设计规范》SY/T 0048
《钢制对焊管件规范》SY/T 0510
《绝缘接头与绝缘法兰技术规范》SY/T 0516
《优质钢制对焊管件规范》SY/T 0609
《钢质管道焊接及验收》SY/T 4103
《输油(气)管道同沟敷设光缆(硅芯管)设计及施工规范》SY/T 4108
《石油天然气钢质管道无损检测》SY/T 4109
《油气输送用钢制感应加热弯管》SY/T 5257
《管道干线标记设置技术规范》SY/T 6064
《石油设施电气设备安装区域一级、0 区、1 区和 2 区区域划分推荐作法》SY/T 6671
《固定式压力容器安全技术监察规程》TSG R0004
《移动式压力容器安全技术监察规程》TSG R0005
《电信专用房屋设计规范》YD/T 5003

UDC

中华人民共和国国家标准

P

GB 50264—2013

工业设备及管道绝热工程设计规范

Code for design of industrial equipment and pipeline insulation engineering

2013-03-14 发布 　　2013-10-01 实施

510 中华人民共和国住房和城乡建设部
中华人民共和国国家质量监督检验检疫总局 联合发布

中华人民共和国住房和城乡建设部公告

第4号

住房城乡建设部关于发布国家标准《工业设备及管道绝热工程设计规范》的公告

现批准《工业设备及管道绝热工程设计规范》为国家标准,编号为GB 50264—2013,自2013年10月1日起实施。其中,第3.0.1(3)、4.1.6.4.2.2.4.3.3.4.3.4条(款)为强制性条文,必须严格执行。原国家标准《工业设备及管道绝热工程设计规范》GB 50264—97同时废止。

本规范由我部标准定额研究所组织中国计划出版社出版发行。

中华人民共和国住房和城乡建设部

2013年3月14日

前　言

本规范是根据住房和城乡建设部《关于印发〈2009年工程建设标准规范制订、修订计划〉的通知》(建标〔2009〕88号)的要求，由中国石油和化工勘察设计协会和中国成达工程有限公司会同有关单位共同对原国家标准《工业设备及管道绝热工程设计规范》GB 50264—97进行修订而成。

本规范在修订过程中，修编组经广泛调查研究，认真总结近年来我国工业设备及管道绝热工程设计的实践经验，收集了新型绝热材料资料，并与国内和国际相关标准进行了协调、比较和借鉴，在此基础上以多种方式广泛征求了全国有关单位的意见，经反复讨论、修改，最后经审查定稿。

本规范共分6章5个附录，主要内容包括：总则，术语和符号，基本规定，绝热材料的选择，绝热计算，绝热结构设计等。

本次修订的主要内容如下：

1.增加了基本规定一章；

2.修改了绝热材料导热系数、密度和抗压强度等技术参数值的要求；

3.修改了绝热计算的部分公式和参数；

4.增加了球罐的保冷计算及保冷结构；

5.修改了绝热结构单位造价参数；

6.修改了最大允许热损失量；

7.附录A常用绝热材料作了部分修改和增减；

8.增加了附录E保冷用粘结剂、密封胶、耐磨剂、玛𤧛脂和聚氨酯防水卷材性能。

本规范中以黑体字标志的条文为强制性条文，必须严格执行。

本规范由住房和城乡建设部负责管理和对强制性条文的解释，由中国工程建设标准化协会化工分会负责日常管理，由中国成达工程有限公司负责具体技术内容的解释。本规范在执行过程中，请各单位结合工程实践，认真总结经验，注意积累资料，如发现本规范有需要修改和补充、建议之处，请将意见和建议寄至中国成达工程有限公司安全技术质量管理部国家标准《工业设备及管道绝热工程设计规范》管理组（地址：四川省成都市天府大道中段279号，邮政编码：610041，E-mail：cdjsb@chengda.com)，以供以后修订时参考。

本规范主编单位、参编单位、参加单位、主要起草人和主要审查人：

主编单位：中国石油和化工勘察设计协会
　　　　　中国成达工程有限公司

参编单位：中国石化工程建设公司
　　　　　中国石化集团上海工程有限公司
　　　　　中国五环工程有限公司
　　　　　中国化学工程第七建设有限公司
　　　　　中国电力工程顾问集团西南电力设计院

南京玻璃纤维研究设计院
欧文斯科宁(中国)投资有限公司
山东鲁阳股份有限公司
浙江振申绝热科技有限公司

参加单位:洛科威防火保温材料(广州)有限公司
无锡市明江保温材料有限公司
上海汇达硅酸钙材料有限公司

主要起草人:胡先林　吴寿勇　范勇刚　张剑红　余月英　张宝江　宋明昭　陈兴安
蔡晓峰　王聪慧　鹿自忠　张春华

主要审查人:单永江　胡小媛　赵远洋　何振声　崔之开　郭卫疆　金福锦　宦　旻
李相仁　郭晓明　赵成刚

1 总则

1.0.1 为了满足生产工艺及节能减排的要求，改善劳动条件，提高经济效益，保证绝热工程设计质量，制定本规范。

1.0.2 本规范适用于工业设备及管道外表面温度为－196 ℃～850 ℃的绝热工程的设计。

本规范不适用于核能、航空、航天系统有特殊要求的设备及管道，以及建筑、冷库和埋地管道的绝热工程的设计。

1.0.3 绝热设计应符合下列要求：

1 绝热工程设计应按使用环境、被绝热设备及管道的材质和表面温度正确选择符合国家现行有关标准的材料；对于新材料，应通过国家法定的检测部门检测合格后再选用。

2 绝热设计应根据工艺、节能、防结露和经济性等要求进行绝热计算，并应确定绝热结构。

1.0.4 工业设备及管道绝热工程的设计，除应符合本规范外，尚应符合国家现行有关标准的规定。

2 术语和符号

2.1 术语

2.1.1

绝热 thermal insulation

保温与保冷的统称。

2.1.2

保温 heat insulation

为减少设备、管道及其附件向周围环境散热或降低表面温度，在其外表面采取的包覆措施。

2.1.3

保冷 cold insulation

为减少周围环境中的热量传入低温设备及管道内部，防止低温设备及管道外壁表面凝露，在其外表面采取的包覆措施。

2.1.4

绝热层 thermal insulation layer

对维护介质温度稳定起主要作用的绝热材料及其制品。

2.1.5

硬质绝热制品 rigid insulation

制品使用时能基本保持其原状，在 2×10^{-3} MPa 荷重下，其可压缩性小于 6%，制品不能弯曲。

2.1.6

半硬质绝热制品 semi-rigid insulation

制品在 2×10^{-3} MPa 荷重下，可压缩性为 6%～30%，弯曲 90°以下尚能恢复其形状。

2.1.7

软质绝热制品 soft insulation

制品在 2×10^{-3} MPa 荷重下，可压缩性为 30%以上，可弯曲至 90°以上而不损坏。

2.1.8

绝热结构　thermal insulation construction

由绝热层、防潮层、保护层等组成的结构综合体。

2.1.9

经济厚度　economic thickness

绝热后年散热损失所花费的费用和绝热工程投资的年摊销费用之和为最小值时的计算厚度。

2.1.10

设计使用年限　design service life

在计算经济厚度时所选取的计算年数或绝热工程正常使用年数。

2.1.11

最高使用温度　maximum service temperature

在保证正常使用的条件下,绝热制品所能承受的最高温度。

2.1.12

冷桥　cold bridge

埋在保冷层中,热流密度很大,以致引起冷量大量流失的部件。

2.2　符号

C ——介质热容;

C_p ——管壁热容;

D ——管道内径;

D_0 ——管道或设备外径;

D_1 ——内层绝热层外径;

D_2 ——外层绝热层外径;

F_i ——绝热层材料损耗及税费系数;

i ——年(复)利率;

K ——保冷厚度修正系数;

K_r ——管道通过吊架处的热损失附加系数;

n ——计息年数或折旧年限;

P_E ——能量价格,热价与冷价的统称;

P_H ——热价;

P_c ——冷价;

P_{c1} ——(T_a～−39 ℃)时的冷价;

P_{c2} ——(−40 ℃～−196 ℃)时的冷价;

P_i ——绝热层材料到厂单价;

P_9 ——保护层材料单价;

P_T ——绝热结构单位造价;

q ——以每米管道长度表示的热损失量;

$[q]$——以每米管道长度为单位的最大允许热损失量;

Q ——以每平方米绝热层外表面积表示的热损失量;

[Q] ——以每平方米绝热层外表面积为单位的最大允许热、冷散热损失量；
Q_1 ——球型容器保冷层外表面冷量总损失量；
S ——绝热工程投资年摊销率；
T_0 ——管道或设备的外表面温度；
T_1 ——内层绝热层外表面温度；
T_2 ——外层绝热层外表面温度；
[T_2] ——外层绝热材料的推荐使用温度；
T_a ——环境温度；
T_d ——露点温度；
T_m ——平均温度(绝热材料内外表面温度的算术平均值)；
T_s ——绝热层外表面温度；
t ——年运行时间；
t_{fr} ——介质在管道内不出现冻结停留时间；
V ——介质单位长度体积；
V_p ——管壁单位长度体积；
α_c ——对流换热系数；
α_r ——辐射换热系数；
α_s ——绝热层外表面与周围空气的换热系数；
α_{L0} ——线胀系数；
δ ——绝热层厚度(双层时为总厚)；
δ_1 ——内层绝热层厚度；
δ_2 ——外层绝热层厚度；
λ ——绝热材料在平均温度下的导热系数；
λ_0 ——常用导热系数；
λ_1 ——内层绝热材料导热系数；
λ_2 ——外层绝热材料导热系数；
ρ ——介质密度；
ρ_p ——管壁密度；
ψ ——相对湿度；
β ——冷冻系数；
ε ——黑度。

3 基本规定

3.0.1 具有下列情况之一的设备、管道及其附件，应进行保温：

1 外表面温度高于 50 ℃(环境温度为 25 ℃时)且工艺需要减少散热损失者。

2 外表面温度低于或等于 50 ℃且工艺需要减少介质的温度降低或延迟介质凝结者。

3 工艺不要求保温的设备及管道，当其表面温度超过 60 ℃，对需要操作维护，又无法采取其他措施防止人身烫伤的部位，在距地面或工作台面 2.1 m 高度以下及工作台面边缘与热表面间的距离小于 0.75 m 的范围内，必须设置防烫伤保温设施。

3.0.2 具有下列情况之一的设备、管道及其附件,应进行保冷:

1 外表面温度低于环境温度且需减少冷介质在生产和输送过程中冷损失量者。

2 需减少冷介质在生产和输送过程中温度升高或气化者。

3 为防止常温以下、0 ℃以上设备及管道外壁表面凝露者。

4 与保冷设备或管道相连的仪表及其附件。

3.0.3 除人身防护要求绝热的部位外,具有下列情况之一的设备、管道及其附件不应绝热:

1 工艺上无特殊要求的放空和排气管道。

2 要求及时发现泄漏的设备和管道的法兰连接处。

3 工艺过程要求裸露的设备及管道。

4 要求经常监测,防止发生损坏的部位。

4 绝热材料的选择

4.1 绝热层材料性能要求

4.1.1 绝热层材料应选择能提供具有随温度变化的导热系数方程式或图表的产品。对于软质绝热材料,应选择能提供在使用密度下的导热系数方程式或图表的产品。绝热设计计算时可采用本规范附录A中的数据。

4.1.2 绝热材料及其制品的主要物理性能和化学性能应符合国家现行有关产品标准的规定,常用绝热材料的主要性能应符合本规范附录A的规定。绝热材料及其制品的导热系数应符合下列要求:

1 保温材料在平均温度为70 ℃时,其导热系数不得大于0.080 W/(m·K)。

2 用于保冷的泡沫塑料及其制品在平均温度为25 ℃时的导热系数不应大于0.044 W/(m·K)。

3 泡沫橡塑制品在平均温度为0 ℃时的导热系数不应大于0.036 W/(m·K)。

4 Ⅰ类泡沫玻璃制品在平均温度为25 ℃时的导热系数不应大于0.045 W/(m·K),Ⅱ类泡沫玻璃制品在平均温度为25 ℃时的导热系数不应大于0.064 W/(m·K)。

4.1.3 硬质保温制品的密度不应大于220 kg/m^3,半硬质保温制品的密度不应大于200 kg/m^3,软质保温制品的密度不应大于150 kg/m^3。用于保冷的泡沫塑料制品的密度不应大于60 kg/m^3,泡沫橡塑制品的密度不应大于95 kg/m^3,泡沫玻璃制品的密度不应大于180 kg/m^3。

4.1.4 常用绝热材料及其制品的主要物理性能和化学性能,应符合下列要求:

1 岩棉制品的纤维平均直径不得大于5.5 μm,粒径大于0.25 mm的渣球含量不得大于6.0%,有机物含量不得大于4.0%,管壳有机物含量不得大于5.0%,宜采用憎水型制品。当有防水要求时,其制品质量吸湿率不应大于1.0%,憎水率不应小于98%。岩棉制品的酸度系数不应低于1.6。

2 矿渣棉制品的纤维平均直径不得大于6.5μm,粒径大于0.25 mm的渣球含量不得大于8.0%,有机物含量不得大于4.0%,管壳有机物含量不得大于5.0%,宜采用憎水型制品。当有防水要求时,其制品质量吸湿率不应大于4.0%,憎水率不应小于98%。

3 玻璃棉制品纤维平均直径不得大于7.0 μm,粒径大于0.25 mm的渣球含量不得大于0.2%,有机物含量不得大于4.0%,管壳有机物含量不得大于5.0%。当有防水要求时,其制品的质量吸湿率不应大于3.0%,憎水率不应小于98%。

4 硅酸铝棉制品中,粒径大于0.21 mm的渣球含量不得大于18%。当选用含粘结剂的硅酸铝棉制品时，宜采用憎水型制品，其抗拉强度应大于 0.05 MPa。当有防水要求时，其制品质量吸湿率不应大于 4.0%，憎水率不应小于 98%，硅酸铝针刺毯的抗拉强度应大于 0.035 MPa。

5 硅酸镁纤维毯中，粒径大于 0.21 mm 的渣球含量不得大于 16%，抗拉强度应大于0.04 MPa。

6 硅酸钙制品应采用无石棉含耐高温纤维的制品，质量含湿率不得大于 7.5%，抗压强度不得小于 0.6 MPa，抗折强度不得小于 0.3 MPa，线收缩率不得大于 2.0%。

7 复合硅酸盐制品宜采用憎水型，质量含湿率不应大于 2.0%，憎水率不应小于 98%，毡的压缩回弹率不得小于 70%。

8 泡沫玻璃制品的抗压强度不得小于 0.8 MPa，抗折强度不得小于 0.4 MPa，体积吸水率不得大于 0.5%，水蒸气透湿系数不得大于 5×10^{-11}g/(Pa·m·s)。

9 聚异氰脲酸酯(PIR)泡沫制品的抗压强度不得小于 0.22 MPa，闭孔率不得小于 90%，体积吸水率不得大于 4.0%。水蒸气透湿系数不得大于 5.8×10^{-9}g/(Pa·m·s)。

10 聚氨酯(PUR)泡沫制品的抗压强度不得小于 0.2 MPa，闭孔率不得小于 90%，体积吸水率不得大于 5.0%。水蒸气透湿系数不得大于 6.5×10^{-9}g/(Pa·m·s)。

11 柔性泡沫橡塑制品的体积吸水率不得大于 0.2%，水蒸气透湿系数不得大于 1.3×10^{-10}g/(Pa·m·s)，轴向弯曲应无裂缝。

4.1.5 高密度聚异氰脲酸酯(HDPIR)硬质保冷垫块材料的闭孔率不得小于 90%，体积吸水率不得大于 4.0%，水蒸气透湿系数不得大于 5.8×10^{-9}g/(Pa·m·s)。不同品种高密度聚异氰脲酸酯垫块的主要性能要求应符合本规范附录 A 的规定。

4.1.6 绝热材料及制品的燃烧性能等级应符合下列要求：

1 被绝热设备或管道表面温度大于 100 ℃时，应选择不低于国家标准《建筑材料及制品燃烧性能分级》GB 8624 中规定的 A2 级材料。

2 被绝热设备或管道表面温度小于或等于 100 ℃时，应选择不低于国家标准《建筑材料及制品燃烧性能分级》GB 8624 中规定的 C 级材料，当选择国家标准《建筑材料及制品燃烧性能分级》GB 8624 中规定的 B 级和 C 级材料时，氧指数不应小于 30%。

4.1.7 用于与奥氏体不锈钢表面接触的绝热材料，其氯化物、氟化物、硅酸根、钠离子的含量，应符合现行国家标准《覆盖奥氏体不锈钢用绝热材料规范》GB/T 17393 的有关规定，其浸出液的 pH 值在 25 ℃应为 7.0～11.0。

4.1.8 用于覆盖铝、铜、钢材的矿物纤维类绝热材料，应按国家标准《绝热用岩棉、矿渣棉及其制品》GB/T 11835 的有关规定试验并判定，对照样的秩和不应小于 21。

4.1.9 岩棉、矿渣棉、玻璃棉和含粘结剂的硅酸铝棉制品应提供高于工况使用温度至少 100℃的最高使用温度评估报告，试验方法应按现行国家标准《绝热材料最高使用温度的评估方法》GB/T 17430 的有关规定进行，判定依据应按现行国家标准《绝热用岩棉、矿渣棉及其制品》GB/T 11835 和《绝热用玻璃棉及其制品》GB/T 13350 的有关规定判定，不合格者不得使用。

4.1.10 绝热层材料应选择能提供具有最高或最低使用温度、燃烧性能、腐蚀性及耐蚀性、防潮性能、抗压强度、抗折强度、化学稳定性、热稳定性指标的产品。对硬质绝热材料尚应提供材料的线膨胀系数或线收缩率数据。

4.2 防潮层材料性能要求

4.2.1 防潮层材料应选择具有良好抗蒸气渗透性、防水性和防潮性，且其吸水率不大于 1.0%

的材料。

4.2.2 **防潮层材料必须阻燃,其氧指数不应小于30%。**

4.2.3 防潮层材料应选用化学性能稳定、无毒且耐腐蚀的材料,并不得对绝热层材料和保护层材料产生腐蚀或溶解作用。

4.2.4 防潮层材料应选择安全使用温度范围大,夏季不软化、不起泡和不流淌的材料,且在冬季用不脆化、不开裂和不脱落的材料。

4.2.5 涂抹型防潮层材料,20 ℃粘结强度不应小于0.15 MPa,其软化温度不应低于65 ℃,挥发物不得大于30%。

4.2.6 包捆型防潮层材料的拉伸强度不应低于10.0 MPa,断裂伸长率不应低于10%。

4.3 保护层材料性能要求

4.3.1 保护层材料应具有防水、防潮、抗大气腐蚀、化学稳定性好等性能,并不得对防潮层材料或绝热层材料产生腐蚀或溶解作用。

4.3.2 保护层应选择机械强度高,且在使用环境下不软化、不脆裂和抗老化的材料。

4.3.3 **保护层材料应采用不低于国家标准《建筑材料及制品燃烧性能分级》GB 8624中规定的C级材料。**

4.3.4 **对贮存或输送易燃、易爆物料的设备及管道,以及与其邻近的管道,其保护层必须采用不低于国家标准《建筑材料及制品燃烧性能分级》GB 8624中规定的A2级材料。**

4.4 粘结剂、密封胶和耐磨剂的性能要求

4.4.1 粘结剂应根据保冷材料的性能以及使用温度选择,保冷采用的粘结剂应在使用的低温范围内保持粘结性能,粘结强度在常温时应大于0.15 MPa,软化温度应大于65 ℃。泡沫玻璃宜采用弹性粘结剂或密封胶,在−196 ℃时的粘结强度应大于0.05 MPa。

4.4.2 采用的粘结剂、密封胶和耐磨剂不应对金属壁产生腐蚀及引起保冷材料溶解。在由于温度变化引起伸缩或振动情况下,耐磨剂应能防止泡沫玻璃因自身或与金属相互摩擦而受损。

4.4.3 粘结剂、密封胶应选择固化时间短、具有密封性能、在设计使用年限内不开裂的产品。

5 绝热计算

5.1 保温计算

5.1.1 保温计算应根据工艺要求和技术经济分析选择保温计算公式,并应按本规范第5.8节规定确定计算参数。当无特殊工艺要求时,保温的厚度应采用“经济厚度”法计算,经济厚度偏小以致散热损失量超过本规范附录B中最大允许热损失量时,应采用最大允许热损失量下的保温厚度,且保温结构外表面温度应符合下列要求:

1 环境温度低于或等于25 ℃时,设备及管道保温结构外表面温度不应超过50 ℃。

2 环境温度高于25 ℃时,设备及管道保温结构外表面温度不应高于环境温度25 ℃。

5.1.2 防止人身遭受烫伤的部位,其保温层厚度应按表面温度法计算,且保温层外表面的温度不得大于60 ℃。

5.1.3 当需要延迟冻结、凝固和结晶的时间及控制物料温降时,其保温厚度应按热平衡方法计算。

5.2 保冷计算

5.2.1 保冷计算应根据工艺要求确定保冷计算参数。当无特殊工艺要求时,保冷厚度应采用

本规范公式(5.3.3-1)计算,双层时应采用本规范公式(5.3.4-1)计算,并应用经济厚度调整。

5.2.2 用经济厚度计算的保冷厚度应用防结露厚度校核。

5.3 绝热层厚度计算

5.3.1 圆筒型绝热层厚度应按下列公式计算:

单层保温时厚度:

$$\delta=\frac{1}{2}(D_1-D_0) \quad \cdots\cdots\cdots (5.3.1-1)$$

双层保温时总厚度:

$$\delta=\frac{1}{2}(D_2-D_0) \quad \cdots\cdots\cdots (5.3.1-2)$$

双层保温时内层厚度:

$$\delta_1=\frac{1}{2}(D_1-D_0) \quad \cdots\cdots\cdots (5.3.1-3)$$

双层保温时外层厚度:

$$\delta_2=\frac{1}{2}(D_2-D_1) \quad \cdots\cdots\cdots (5.3.1-4)$$

单层保冷时厚度:

$$\delta=\frac{K}{2}(D_1-D_0) \quad \cdots\cdots\cdots (5.3.1-5)$$

双层保冷时总厚度:

$$\delta=\frac{K}{2}(D_2-D_0) \quad \cdots\cdots\cdots (5.3.1-6)$$

双层保冷时内层厚度:

$$\delta_1=\frac{K}{2}(D_1-D_0) \quad \cdots\cdots\cdots (5.3.1-7)$$

双层保冷时外层厚度:

$$\delta_2=\frac{K}{2}(D_2-D_1) \quad \cdots\cdots\cdots (5.3.1-8)$$

式中:D_0——管道或设备外径(m);

D_1——内层绝热层外径(m),当为单层时,D_1 即绝热层外径;

D_2——外层绝热层外径(m);

δ ——绝热层厚度(m),当绝热层为两种不同绝热材料组合的双层绝热结构时,为双层总厚度;

δ_1 ——内层绝热层厚度(m);

δ_2 ——外层绝热层厚度(m);

K ——保冷厚度修正系数,除经济厚度计算中 K 值为 1 以外,其他计算中,K 应按本规范第 5.9.8 条规定取值。

5.3.2 绝热层的经济厚度应符合下列要求:

1 圆筒型绝热层经济厚度计算中,应使绝热层外径 D_1 满足下式要求:

$$D_1\ln\frac{D_1}{D_0}=3.795\times10^{-3}\sqrt{\frac{P_E\cdot\lambda\cdot t\cdot|T_0-T_a|}{P_T\cdot S}}-\frac{2\lambda}{\alpha_s} \quad \cdots\cdots\cdots (5.3.2-1)$$

式中：P_E ——能量价格(元/GJ)，P_E 的取值应符合本规范第5.7.1条和第5.7.2条的规定；

P_T ——绝热结构单位造价(元/m^3)，P_T 的取值应按实际价格或按本规范第5.7.3条的规定计算确定；

λ ——绝热材料在平均温度下的导热系数[W/(m·K)]，λ 的取值应符合本规范第5.8.5条的规定；

α_s ——绝热层外表面与周围空气的换热系数[W/(m^2·K)]，α_s 的取值应符合本规范第5.8.4条及第5.9.4条的规定；

t ——年运行时间(h)，t 的取值应符合本规范第5.8.8条及第5.9.7条的规定；

T_0 ——管道或设备的外表面温度(℃)，T_0 的取值应符合本规范第5.8.1条及第5.9.1条第1款的规定；

T_a ——环境温度(℃)，T_a 的取值应符合本规范第5.8.2条及第5.9.1条第2款的规定；

$|T_0-T_a|$ ——(T_0-T_a)的绝对值；

S ——绝热工程投资年摊销率(%)，宜在设计使用年限内按复利率计算。

2 平面型绝热层经济厚度应按下式计算：

$$\delta=1.8975\times10^{-3}\sqrt{\frac{P_E\cdot\lambda\cdot t\cdot|T_0-T_a|}{P_T\cdot S}}-\frac{\lambda}{\alpha_s} \quad\cdots\cdots\cdots\cdots\cdots (5.3.2-2)$$

5.3.3 圆筒型单层最大允许热、冷损失下绝热层厚度，应符合下列要求：

1 最大允许热损失量应按本规范附录B取值，最大允许冷损失量应按本规范第5.4.2条的规定取值，此时，绝热层厚度计算中，应使其外径 D_1 满足下式要求：

$$D_1\ln\frac{D_1}{D_0}=2\lambda\left(\frac{T_0-T_a}{[Q]}-\frac{1}{\alpha_s}\right) \quad\cdots\cdots\cdots\cdots\cdots (5.3.3-1)$$

式中：$[Q]$——以每平方米绝热层外表面积为单位的最大允许热、冷损失量(W/m^2)。保温时，$[Q]$应按附录B取值；保冷时，$[Q]$为负值，应按本规范公式(5.4.2-1)和公式(5.4.2-2)计算。

2 当工艺要求允许热、冷损失量以每米管道长度的热、冷损失量为准计算时，绝热层厚度计算中，应使其外径 D_1 满足下式要求：

$$\ln\frac{D_1}{D_0}=\frac{2\pi\lambda(T_0-T_a)}{[q]}-\frac{2\lambda}{D_1\alpha_s} \quad\cdots\cdots\cdots\cdots\cdots (5.3.3-2)$$

式中：$[q]$——以每米管道长度为单位的最大允许热损失量(W/m)，其值以工艺计算为准。保温时，$[q]$为正值；保冷时，$[q]$为负值。

5.3.4 圆筒型不同材料双层热、冷损失下的绝热层厚度，应符合下列要求：

1 当最大允许热损失量按本规范附录B取值或最大允许冷损失量按本规范第5.4.2条规定取值时，应符合下列要求：

1) 不同材料双层绝热层总厚度 δ 计算中，应使外层绝热层外径 D_2 满足下式的要求：

$$D_2\ln\frac{D_2}{D_0}=2\left[\frac{\lambda_1(T_0-T_1)+\lambda_2(T_1-T_a)}{[Q]}-\frac{\lambda_2}{\alpha_s}\right] \cdots\cdots\cdots\cdots\cdots (5.3.4-1)$$

2) 内层厚度 δ_1 计算中，应使内层绝热层外径 D_1 满足下式的要求：

$$\ln\frac{D_1}{D_0}=\frac{2\lambda_1}{D_2}\cdot\frac{T_0-T_1}{[Q]} \qquad (5.3.4-2)$$

式中：T_1——内层绝热层外表面温度(℃)，式中 T_1 的绝对值应小于以℃计的外层绝热材料的推荐使用温度$[T_2]$的0.9倍；对保冷设计取保冷材料推荐使用温度$[T_2]$下限值的0.9倍；

λ_1——内层绝热材料导热系数[W/(m·K)]；

λ_2——外层绝热材料导热系数[W/(m·K)]。

3) 外层厚度 δ_2 应按本规范公式(5.3.1-4)或公式(5.3.1-8)计算。

2 当工艺要求最大允许热、冷损失量按每米管道长度的热、冷损失量为基准计算时，应符合下列要求：

1) 不同材料双层总厚 δ 计算中，应使外层绝热层外径 D_2 满足下式的要求：

$$\ln\frac{D_2}{D_0}=\frac{2\pi[\lambda_1(T_0-T_1)+\lambda_2(T_1-T_a)]}{[q]}-\frac{2\lambda_2}{D_2\alpha_s} \qquad (5.3.4-3)$$

式中：$[q]$——以每米管道长度为单位的最大允许热损失量(W/m)，可按本规范第5.3.3条第2款的规定取值。

2) 内层厚度 δ_1 计算中，应使内层绝热层的外径 D_1 满足下式的要求：

$$\ln\frac{D_1}{D_0}=2\pi\lambda_1\frac{T_0-T_1}{[q]} \qquad (5.3.4-4)$$

3) 外层厚度 δ_2 应按本规范公式(5.3.1-4)或公式(5.3.1-8)计算。

5.3.5 平面型单层最大允许热、冷损失下绝热层厚度应按下式计算：

$$\delta=\lambda\left(\frac{T_0-T_a}{[Q]}-\frac{1}{\alpha_s}\right) \qquad (5.3.5)$$

5.3.6 平面型不同材料双层最大允许热、冷损失下绝热层厚度应按下列公式计算：

1 内层厚度 δ_1 应按下式计算：

$$\delta_1=\frac{\lambda_1(T_0-T_1)}{[Q]} \qquad (5.3.6-1)$$

2 外层厚度 δ_2 应按下式计算：

$$\delta_2=\lambda_2\left(\frac{T_1-T_a}{[Q]}-\frac{1}{\alpha_s}\right) \qquad (5.3.6-2)$$

5.3.7 圆筒型单层防止绝热层外表面结露的绝热层厚度计算中，应使绝热层外径 D_1 满足下式的要求：

$$D_1\ln\frac{D_1}{D_0}=\frac{2\lambda}{\alpha_s}\cdot\frac{T_s-T_0}{T_a-T_s} \qquad (5.3.7)$$

式中：T_s——保冷层外表面温度(℃)，按本规范第5.9.1条第4款规定取值。

5.3.8 圆筒型不同材料双层防结露绝热层厚度计算中，应使绝热外径 D_2 满足下列公式的要求：

1 不同材料双层绝热层总厚度 δ 的计算中，应使外层绝热层外径 D_2 满足下式的要求：

$$D_2\ln\frac{D_2}{D_0}=\frac{2}{\alpha_s}\cdot\frac{\lambda_1(T_1-T_0)+\lambda_2(T_s-T_1)}{T_a-T_s} \qquad (5.3.8-1)$$

2 内层厚度 δ_1 的计算中，应使内层绝热层外径 D_1 满足下式的要求：

$$\ln\frac{D_1}{D_0}=\frac{2\lambda_1}{D_2\alpha_s}\cdot\frac{T_1-T_0}{T_a-T_s} \qquad (5.3.8-2)$$

3 外层厚度 δ_2 的计算中,应使内层绝热层外径 D_1 满足下式的要求:

$$\ln\frac{D_2}{D_1}=\frac{2\lambda_2}{D_2\alpha_s}\cdot\frac{T_s-T_1}{T_a-T_s} \qquad (5.3.8-3)$$

5.3.9 平面型单层防结露保冷层厚度应按下式计算:

$$\delta=\frac{K\lambda}{\alpha_s}\cdot\frac{T_s-T_0}{T_a-T_s} \qquad (5.3.9)$$

5.3.10 平面型不同材料双层防结露绝热层厚度应按下列公式计算:

1 内层厚度 δ_1 应按下式计算:

$$\delta_1=\frac{K\lambda_1}{\alpha_s}\cdot\frac{T_1-T_0}{T_a-T_s} \qquad (5.3.10-1)$$

2 外层厚度 δ_2 应按下式计算:

$$\delta_2=\frac{K\lambda_2}{\alpha_s}\cdot\frac{T_s-T_1}{T_a-T_s} \qquad (5.3.10-2)$$

5.3.11 用表面温度方法计算的圆筒型绝热层厚度,其绝热层外径 D_1 应满足下式要求:

$$D_1\ln\frac{D_1}{D_0}=\frac{2\lambda}{\alpha_s}\cdot\frac{T_0-T_s}{T_s-T_a} \qquad (5.3.11)$$

式中:T_s——绝热层外表面温度(℃),对防烫伤保温,可取为 60 ℃。

5.3.12 用表面温度方法计算的平面型绝热层厚度应按下式计算:

$$\delta=\frac{\lambda}{\alpha_s}\cdot\frac{T_0-T_s}{T_s-T_a} \qquad (5.3.12)$$

5.3.13 延迟管道内介质冻结、凝固、结晶的保温厚度计算,应使绝热层外径 D_1 符合下式的要求:

$$\ln\frac{D_1}{D_0}=\frac{7200\cdot K_r\cdot\pi\cdot\lambda\cdot t_{fr}}{(V\cdot\rho\cdot C+V_p\cdot\rho_p\cdot C_p)\cdot\ln\dfrac{T_0-T_a}{T_{fr}-T_a}}-\frac{2\lambda}{D_1\alpha_s} \qquad (5.3.13)$$

式中:K_r ——管道通过吊架处的热损失附加系数,$K_r=1.1\sim1.2$,大管取值应靠下限,小管取值应靠上限;

T_{fr} ——介质凝固点(℃);

T_a ——环境温度(℃),室外管道应取冬季极端平均最低温度,可向当地气象局索取或按本规范附录 C 规定取值;

t_{fr} ——介质在管道内不出现冻结的停留时间(h);

α_s ——冬季最多风向平均风速下绝热层外表面与周围空气的换热系数,按本规范公式(5.8.4-1)计算;

V,V_p——分别为介质单位长度体积和管壁单位长度体积(m^3/m);

ρ,ρ_p ——分别为介质密度和管壁密度(kg/m^3);

C,C_p——分别为介质热容和管壁热容[J/(kg·K)]。

5.3.14 给定液体管道允许温度降时保温厚度计算,应符合下列要求:

1 对于无分支(无结点)液体管道在给定允许温度降条件下的保温厚度计算中,应使绝热

层外径 D_1 满足下式的要求：

$$\ln\frac{D_1}{D_0}=\frac{8\cdot\lambda\cdot L_{AB}\cdot K_r}{D^2\cdot W\cdot\rho\cdot C\cdot\ln\frac{T_A-T_a}{T_B-T_a}}-\frac{2\lambda}{D_1\alpha_s} \quad\cdots\cdots\cdots\cdots\cdots (5.3.14-1)$$

式中：D ——管道内径(m)；

W ——介质流速(m/s)；

T_A ——介质在(上游)A 点处的温度(℃)；

T_B ——介质在(下游)B 点处的温度(℃)；

L_{AB} ——A、B 之间管道实际长度(m)；

T_a、α_s、K_r ——可按本规范第 5.3.13 条规定取值。

2 对于有分支(有结点)管道，在干管管径及干管首末绝热层厚度相等情况下，应先按下列公式计算出干管各结点处的介质温度，再将各结点处的介质温度作为各分支管道介质起点 T_A，并应按本规范公式(5.3.14－1)计算各支管保温层外径：

$$T_C=T_{(C-1)}-(T_i-T_n)\frac{\frac{L_{(C-1)\to C}}{q_{m(C-1)\to C}}}{\sum_{i=2}^{n}\frac{L_{(i-1)\to i}}{q_{m(i-1)\to i}}} \quad\cdots\cdots\cdots\cdots\cdots\cdots (5.3.14-2)$$

$$q_{mi}=2827.4D_i^2\omega_i\rho \quad\cdots\cdots\cdots\cdots\cdots\cdots (5.3.14-3)$$

式中：T_C，$T_{(C-1)}$ ——分别为结点 C 与前一结点(C－1)处的温度(℃)；

T_i ——管道起点的温度(℃)；

T_n ——管道终点的温度(℃)；

$L_{(C-1)\to C}$ ——结点 C 与前一结点(C－1)之间的管段长度(m)；

$L_{(i-1)\to i}$ ——任意点 i 与前一结点(i－1)之间的管段长度(m)；

q_{mi} ——任意点 i 处管内介质质量流量(kg/h)，q_{mi} 按本规范公式(5.3.14－3)计算；

$q_{m(C-1)\to C}$ ——C 与(C－1)两点之间管道介质质量流量(kg/h)；

$q_{m(i-1)\to i}$ ——任意点 i 与前一结点(i－1)之间介质质量流量(kg/h)；

D_i ——任意点 i 处的管道内径(m)；

ω_i ——任意点 i 处的管内介质流速(m/s)；

ρ ——介质密度(kg/m³)。

5.3.15 球形容器保冷层厚度应按下列公式计算：

$$\frac{D_1}{D_0}\delta=\frac{\lambda}{\alpha_s}\frac{(T_0-T_s)}{(T_s-T_a)} \quad\cdots\cdots\cdots\cdots\cdots\cdots (5.3.15-1)$$

$$\delta=\frac{1}{2}(D_1-D_0) \quad\cdots\cdots\cdots\cdots\cdots\cdots (5.3.15-2)$$

式中：T_s——保冷层外表面温度(℃)。

5.4 热、冷损失量计算

5.4.1 最大允许热损失量应符合本规范附录 B 的规定。

5.4.2 最大允许冷损失量，应按下列公式进行计算：

当 $T_a-T_d\leqslant 4.5$ 时：

$$[Q]=-(T_a-T_d)\alpha_s \quad\cdots\cdots\cdots\cdots\cdots\cdots (5.4.2-1)$$

当 $T_a - T_d > 4.5$ 时：

$$[Q] = -4.5\alpha_s \qquad \text{(5.4.2-2)}$$

式中：T_d——当地气象条件下最热月的露点温度(℃)。T_d 的取值可按本规范附录C确定。

5.4.3 求取绝热层的热、冷损失量应按下列公式计算：

1 圆筒型单层绝热结构热、冷损失量应按下式计算：

$$Q = \frac{T_0 - T_a}{\frac{D_1}{2\lambda}\ln\frac{D_1}{D_0} + \frac{1}{\alpha_s}} \qquad \text{(5.4.3-1)}$$

2 两种不同热损失单位之间的数值转换，应采用下式计算：

$$q = \pi D_1 Q \qquad \text{(5.4.3-2)}$$

式中：Q——以每平方米绝热层外表面积表示的热损失量(W/m^2)，Q 为负值时，为冷损失量；

q——以每米管道长度表示的热损失量(W/m)，q 为负值时，为冷损失量。

3 圆筒型不同材料双层绝热结构热、冷损失量应按下式计算：

$$Q = \frac{T_0 - T_a}{\frac{D_2}{2\lambda_1}\ln\frac{D_1}{D_0} + \frac{D_2}{2\lambda_2}\ln\frac{D_2}{D_1} + \frac{1}{\alpha_s}} \qquad \text{(5.4.3-3)}$$

4 两种不同热损失单位之间的数值转换，应采用下式计算：

$$q = \pi D_2 Q \qquad \text{(5.4.3-4)}$$

5 平面型单层绝热结构热、冷损失量应按下式计算：

$$Q = \frac{T_0 - T_a}{\frac{\delta}{\lambda} + \frac{1}{\alpha_s}} \qquad \text{(5.4.3-5)}$$

6 平面型不同材料双层绝热结构热、冷损失量应按下式计算：

$$Q = \frac{T_0 - T_a}{\frac{\delta_1}{\lambda_1} + \frac{\delta_2}{\lambda_2} + \frac{1}{\alpha_s}} \qquad \text{(5.4.3-6)}$$

7 球形容器冷损失量应按下式计算：(单层保冷层)

$$Q_1 = \pi \cdot D_1^2 \cdot \alpha_s (T_s - T_a) \qquad \text{(5.4.3-7)}$$

式中：Q_1——球形容器保冷层表面冷量总损失量(W)。

5.5 绝热层外表面温度计算

5.5.1 对 Q 以 W/m^2 计的圆筒、平面，其单、双层绝热结构的外表面温度应按下式计算：

$$T_s = \frac{Q}{\alpha_s} + T_a \qquad \text{(5.5.1)}$$

5.5.2 对 q 以 W/m 计的圆筒，其单、双层绝热结构的外表面温度应按下式计算：

$$T_s = \frac{q}{\pi D_2 \alpha_s} + T_a \qquad \text{(5.5.2)}$$

式中：D_2——外层绝热层的外径(m)。对单层绝热，$D_2 = D_1$。

5.5.3 对 Q_1 以 W 计的球形容器，其单层保冷结构的外表面温度应按下式计算：

$$T_s = \frac{Q_1}{\pi D_1^2 \alpha_s} + T_a \qquad \text{(5.5.3)}$$

式中：Q_1——球形容器保冷层表面冷量总损失量(W)。

5.6 双层绝热时内外层界面处温度计算

5.6.1 圆筒型不同材料双层绝热结构层间界面处温度 T_1 应按下式计算：

$$T_1=\frac{\lambda_1 T_0 \ln\dfrac{D_2}{D_1}+\lambda_2 T_s \ln\dfrac{D_1}{D_0}}{\lambda_1 \ln\dfrac{D_2}{D_1}+\lambda_2 \ln\dfrac{D_1}{D_0}} \quad\cdots\cdots (5.6.1)$$

5.6.2 平面型不同材料双层绝热结构层间界面处温度 T_1 应按下式计算：

$$T_1=\frac{\lambda_1 T_0 \delta_2+\lambda_2 T_s \delta_1}{\lambda_1 \delta_2+\lambda_2 \delta_1} \quad\cdots\cdots (5.6.2)$$

式中：T_s——可按本规范公式(5.5.1)或公式(5.5.2)求取。

5.6.3 对不同材料双层绝热结构内外层界面处的温度 T_1，应校核其外层绝热材料对温度的承受能力。当 T_1 超出外层绝热材料的推荐使用温度$[T_2]$的 0.9 倍或保冷设计取保冷材料推荐使用温度$[T_2]$下限值的 0.9 倍时，应重新调整内外层厚度比。

5.7 能量价格、绝热结构单位造价计算

5.7.1 能量价格 P_E 在保温计算中应取热价 P_H 的值，在保冷计算中应取冷价 P_c 的值。热价的取值应符合下列规定：

1 热价 P_H 应按实际购价或生产成本取值，也可按下式计算：

$$P_H=1000\frac{C_1 \cdot C_2 \cdot P_F}{q_F \cdot \eta_B} \quad\cdots\cdots (5.7.1)$$

式中：P_H——热价(元/GJ)；

P_F——燃料到厂价(元/t)；

q_F——燃料收到基低位发热量(kJ/kg)；

η_B——锅炉热效率(η_B=0.76～0.92)，对大容量、高参数锅炉 η_B 取值应靠上限，对小容量、低参数锅炉 η_B 取值应靠下限；

C_1——工况系数，C_1=1.2～1.4；

C_2——㶲值系数。

2 㶲值系数 C_2 应按表 5.7.1 取值：

表 5.7.1 㶲值系数 C_2

设备及管道种类	㶲值系数
利用锅炉出口新蒸汽的设备及管道	1.00
抽汽管道，辅助蒸汽管道	0.75
疏水管道，连续排污及扩容器	0.50
通大气的放空管道	0

5.7.2 冷价 P_c 应按实际购价或生产成本取值，当无数据时，可用下列公式计算：

1 T_a～−39 ℃时冷价 P_{c1} 应按下列公式计算：

1)冷冻系数 β 应按下式计算：

$$\beta=\frac{273+T_0}{T_a-T_0} \quad\cdots\cdots\cdots\cdots\cdots\cdots\cdots\cdots (5.7.2-1)$$

式中:β ——冷冻系数;

T_0——介质温度(℃),0 ℃以下为负值;

T_a——环境温度(℃),0 ℃以下为负值。

2) 当制冷机选型已确定时,$\beta\cdot\eta_m$ 乘积的值应直接从制冷机产品样本中查得制冷量 Q_R 及轴功率 W 后按下式计算:

$$\beta\cdot\eta_m=\frac{Q_R}{W} \quad\cdots\cdots\cdots\cdots\cdots\cdots\cdots\cdots (5.7.2-2)$$

式中:η_m ——制冷机机械效率,T_a～－39 ℃时,η_m＝0.23～0.5;－40 ℃～－196 ℃时,η_m＝0.5～0.8;

Q_R——制冷机每小时制冷量(GJ/h)或(kW);

W ——制冷机轴功率(GJ/h)或(kW);运算中 W 的单位应与 Q_R 的单位对应一致。

3) 普冷时冷价 P_{c1} 应按下式计算:

$$P_{c1}=\frac{P_H}{\eta_{SE}}\cdot\frac{1}{\beta\cdot\eta_m}\cdot\frac{1}{\eta_A}+62P_w \quad\cdots\cdots\cdots\cdots\cdots\cdots\cdots\cdots (5.7.2-3)$$

式中:P_{c1}——普冷、中冷冷价(元/GJ);

P_H——热价(元/GJ);P_H 取值应符合本规范第 5.7.1 条规定;

η_{SE}——汽电转换效率,η_{SE}＝0.39～0.47;

η_A ——辅机综合效率,η_A＝0.87～0.92;

P_w——冷却用水价(元/m^3)。

2 －40 ℃～－196 ℃时冷价 P_{c2} 应按下列公式计算:

$$P_{c2}=P_{c1}+\frac{F}{n\cdot t\cdot Q_R} \quad\cdots\cdots\cdots\cdots\cdots\cdots\cdots\cdots (5.7.2-4)$$

$$Q_R=(\beta\cdot\eta_m)\cdot W \quad\cdots\cdots\cdots\cdots\cdots\cdots\cdots\cdots (5.7.2-5)$$

式中:P_{c2}——－40 ℃～－196 ℃时冷价(元/GJ);

P_{c1}——T_a～－39 ℃时的冷价,可采用公式(5.7.2－3)计算;

F ——制冷车间总投资(元);当全套流程为碳钢设备时,F 可不计;

n ——折旧年限(a);

t ——年运行时间(h);

Q_R——制冷机每小时制冷量(GJ/h)。当制造厂提不出此数据时,按公式(5.7.2－5)近似计算;

W ——制冷机轴功率(GJ/h);

β ——冷冻系数,应采用公式(5.7.2－1)计算;

η_m ——制冷机机械效率,η_m＝0.8。

5.7.3 绝热结构单位造价 P_T 可按下列公式计算:

1 管道绝热结构单位造价 P_T 可按下式计算:

$$P_T=F_iP_i+F_{ia}+\frac{4\times F_1D_1}{D_1^2-D_0^2}\times(F_9\times P_9+F_{91}+F_{93}) \quad\cdots\cdots\cdots\cdots (5.7.3-1)$$

2 设备绝热结构单位造价 P_T 应按下式计算:

$$P_T = F_i P_i + F_{ia} + \frac{F_1}{\delta} \times (F_9 \times P_9 + F_{92} + F_{93}) \quad \cdots\cdots\cdots (5.7.3-2)$$

式中：P_T ——绝热结构单位造价(元/m^3)；

P_i ——绝热层材料到厂单价(元/m^3)；

P_9 ——保护层材料单价(元/m^2)；

F_i ——绝热层材料损耗及税费系数，$F_i=1.10\sim1.13$；

F_{ia} ——绝热层每立方米施工费，F_{ia}应按本规范表 F.0.1 取值；

F_1 ——税费系数，$F_1=1.0324$；

F_9 ——保护层材料损耗、重叠系数，$F_9=1.20\sim1.30$；

F_{91} ——管道保护层每平方米施工费，F_{91}应按本规范表 F.0.2 取值；

F_{92} ——设备保护层每平方米施工费，F_{92}应按本规范表 F.0.2 取值；

F_{93} ——防潮层及其他保护层每平方米施工费，F_{93}应按本规范表 F.0.3 取值。

5.8 保温计算的参数

5.8.1 设备及管道外表面温度 T_0 的取值，应符合下列要求：

1 金属设备及管道的外表面温度 T_0，当无衬里时，应取介质的长期正常运行温度。

2 当有内衬时，金属设备及管道的外表面温度 T_0，应按有外保温层存在的条件下进行传热计算确定。

5.8.2 环境温度 T_a 的取值应符合下列要求：

1 室外保温结构在经济厚度 δ 和热损失 Q 的计算中，当常年运行时，环境温度 T_a 应取历年的年平均温度的平均值；当采暖季节运行时，应取历年运行期日平均温度的平均值。

2 室内保温经济厚度计算和热损失计算中，环境温度 T_a 可取为 20 ℃。

3 在地沟内保温经济厚度计算和热损失计算中，环境温度 T_a 取值应符合下列规定：

1) 当外表面温度 T_0 为 80 ℃时，T_a 取为 20 ℃。

2) 当 T_0 在 81 ℃～110 ℃之间时，T_a 取为 30 ℃。

3) 当 T_0 大于或等于 110 ℃时，T_a 取为 40 ℃。

4 在防止人身烫伤的厚度计算中，环境温度 T_a 应取历年最热月平均温度值。

5 在防止设备管道内介质冻结的计算中，T_a 应取冬季历年极端平均最低温度。

5.8.3 对于不同材料复合保温结构在内外两种材料界面处以摄氏度(℃)计的温度，应控制在低于或等于外层保温材料推荐使用温度的 0.9 倍以内。

5.8.4 保温结构表面换热系数 α_s 的取值应符合下列要求：

1 外表面换热系数 α_s 应为表面材料的辐射换热系数 α_r 与对流换热系数 α_c 之和，α_r 和 α_c 可按下列公式计算：

1) 辐射换热系数 α_r 应按下式计算：

$$\alpha_r = \frac{5.669\varepsilon}{T_s - T_a}\left[\left(\frac{273+T_s}{100}\right)^4 - \left(\frac{273+T_a}{100}\right)^4\right] \quad \cdots\cdots\cdots\cdots (5.8.4-1)$$

式中：α_r ——绝热结构外表面材料辐射换热系数[W/(m^2·K)]；

ε ——绝热结构外表面材料的黑度，ε 的取值应符合本规范第 5.8.9 条规定。

2) 无风时，对流换热系数 α_c 应按下式计算：

$$\alpha_c=\frac{26.4}{\sqrt{297+0.5(T_s+T_a)}}\left(\frac{T_s-T_a}{D_1}\right)^{0.25} \quad\cdots\cdots\cdots\cdots\cdots\cdots (5.8.4-2)$$

式中：α_c——对流换热系数[W/(m^2·K)]；

D_1——绝热层外径，当为双层时，应代入外层绝热层外径 D_2 的值。

3) 有风时，对流换热系数 α_c 应按下列公式计算：

当 WD_1 小于或等于 0.8 m^2/s 时：

$$\alpha_c=\frac{0.08}{D_1}+4.2\frac{W^{0.618}}{D_1^{0.382}} \quad\cdots\cdots\cdots\cdots\cdots\cdots (5.8.4-3)$$

当 WD_1 大于 0.8 m^2/s 时：

$$\alpha_c=4.53\frac{W^{0.805}}{D_1^{0.195}} \quad\cdots\cdots\cdots\cdots\cdots\cdots (5.8.4-4)$$

式中：W——年平均风速(m/s)。

2 防烫伤计算中，α_s 可取为 8.141[W/(m^2·K)]。

3 防冻计算中，α_s 为辐射换热系数 α_r 与对流换热系数 α_c 之和，α_c 的计算中风速 W 取冬季最多风向平均风速。

5.8.5 导热系数 λ 应取绝热材料在平均温度 T_m 下的导热系数，对软质材料应取使用密度下的导热系数。

5.8.6 热价 P_H 应按建设单位所在地实际价格取值，在无实际热价时，可按本规范公式(5.7.1－1)计算。

5.8.7 绝热结构的单位造价 P_T 应为包括主材费、防潮层费、保护层费、包装费、运输费、损耗费和安装(包括辅助材料)费在一起的综合实际价格。当无综合实际价格时，可按本规范第 5.7.3 条的规定进行计算。

5.8.8 年运行时间 t，对常年运行的应按 8000 h 计，对非常年运行时应按实际运行时间计。

5.8.9 常用材料的黑度应按表 5.8.9 取值。

表 5.8.9 黑度

材料	黑度 ε	材料	黑度 ε
铝合金薄板	0.15～0.30	水泥砂浆	0.69
不锈钢薄板	0.20～0.40	铝粉漆	0.41
有光泽的镀锌薄钢板	0.23～0.27	黑漆(有光泽)	0.88
已氧化的镀锌薄钢板	0.28～0.32	黑漆(无光泽)	0.96
纤维织物	0.70～0.80	油漆	0.80～0.90

5.9 保冷计算的参数

5.9.1 温度选取应符合下列规定：

1 保冷层计算时设备及管道外表面温度 T_0 应取为介质的最低操作温度。

2 环境温度 T_a 的取值应符合下列规定：

1) 防结露厚度计算和最大允许冷损失下的厚度计算时，环境温度 T_a 应取夏季空气调节室外计算干球温度。

2) 经济厚度计算时,T_a 取值应符合本规范第 5.8.2 条第 1 款的规定。

3) 表面温度和热量损失的计算中,T_a 取厚度计算时的对应值。

3 露点温度 T_d 应根据夏季空气调节室外计算干球温度 T_a 和最热月月平均相对湿度 ψ 的数值查本规范表 C.0.2 确定。

4 在只防结露保冷厚度计算中,保冷层外表面温度 T_s 应为露点温度 T_d 加 0.3 ℃。

5 界面温度 T_1 值应符合下列规定:

1) 复合保冷结构的不同材料界面处以摄氏度计的温度 T_1 的绝对值应小于或等于外层保冷材料的推荐使用温度下限值绝对值的 0.9 倍。

2) 有热介质扫线要求的保冷结构,其界面温度尚不得超过保冷材料的推荐使用温度上限值的 0.9 倍。

5.9.2 相对湿度 ψ 应取为最热月室外计算相对湿度的月平均值。

5.9.3 导热系数 λ 取值原则应符合本规范第 5.8.5 条的规定。

5.9.4 保冷结构表面换热系数 α_s 取值应符合下列规定:

1 防结露保冷厚度计算和允许冷损失量的厚度计算中,α_s 应取为 8.141 W/(m²·K)。

2 经济厚度计算中,α_s 应符合下列公式取值:

并排敷设:

$$\alpha_s = 7 + 3.5\sqrt{W} \qquad (5.9.4-1)$$

单根敷设:

$$\alpha_s = 11.63 + 7\sqrt{W} \qquad (5.9.4-2)$$

式中:W——历年年平均风速(m/s)。

3 表面温度、冷量损失计算中,α_s 应取厚度计算时的对应值。

5.9.5 在保冷厚度经济性核算中,冷价 P_c 应按建设单位所在地实际价格取值。当无法索取实际价格时,宜按本规范第 5.7.2 条的规定计算。

5.9.6 绝热结构单位造价 P_T 的取值应符合第 5.8.7 条的规定。

5.9.7 年运行时间常年运行者应按 8000 h 取值,其余应按实际运行时间取值。

5.9.8 保冷厚度修正系数 K 应按表 5.9.8 取值:

表 5.9.8 保冷厚度修正系数 K

材料	修正系数 K
聚苯乙烯	1.2～1.4
聚氨酯	1.2～1.4
聚异氰脲酸酯	1.2～1.35
泡沫玻璃	1.1～1.2
泡沫橡塑	1.2～1.4
酚醛	1.2～1.4

6 绝热结构设计

6.1 绝热结构组成

6.1.1 保温结构应由保温层和保护层组成。

6.1.2 保冷结构应由保冷层、防潮层和保护层组成。

6.2 绝热层设计要求

6.2.1 绝热结构应有一定的机械强度,不应因受自重或偶然外力作用而破坏。对有振动的设备与管道的绝热结构,应采取加固措施。

6.2.2 绝热结构可不考虑可拆卸性,但需要经常维修的部位宜采用可拆卸式绝热结构。

6.2.3 绝热层厚度应以 10 mm 为单位进行分档。硬质泡沫塑料最小厚度可为 20 mm,其他硬质绝热材料制品最小厚度可为 30 mm。

6.2.4 除浇注型和填充型绝热结构外,在无其他说明的情况下,绝热层应按下列规定分层:

1 绝热层厚度大于 80 mm 时,应分两层或多层施工。

2 当内外层采用同种绝热材料时,内外层厚度宜近似相等。

3 当内外层为不同绝热材料时,内外层厚度的比例应保证内外层界面处温度绝对值不超过外层材料推荐使用温度绝对值的 0.9 倍;对于保冷设计,应取保冷材料推荐使用温度[T_2]下限值的 0.9 倍。

4 操作温度冷热交替的设备及管道的保冷层,其材料应在高温区及低温区内均能安全使用。当其不能承受高温介质温度时,应在内层增设保温层。增设的保温层与保冷层的厚度比例,在冷态与热态,均应符合本条第 3 款的规定。

5 在经济合理前提下,超高温和深冷介质设备及管道的绝热,可选用不同绝热材料的复合结构,不同绝热材料复合绝热层应同时符合本条第 3 款的规定。

6.2.5 绝热层铺设应采用同层错缝、内外层压缝方式敷设。内外层接缝应错开 100 mm～150 mm,对尺寸偏小的绝热层,其错缝距离可适当减少,水平安装的设备及管道最外层的纵向接缝位置,不得布置在设备管道垂直中心线两侧 45°范围内。对大直径设备及管道,当采用多块硬质成型绝热制品时,绝热层的纵向接缝位置可超出垂直中心线两侧 45°范围,但应偏离管道垂直中心线位置。

6.2.6 方形设备或矩形烟风道的绝热层,其四角角缝应做成封盖式搭缝,不得形成垂直通缝。

6.2.7 保温的硬质或半硬质制品的拼缝宽度不应大于 5 mm;保冷的硬质或半硬质制品的拼缝宽度不应大于 2 mm。

6.2.8 保冷设备及管道上的裙座、支吊架、仪表管座等附件,应进行保冷,其保冷层长度不得小于保冷层厚度的 4 倍或至垫块处,保冷层厚度宜为相连管道或设备的保冷层厚度的 1/2。

6.2.9 立式设备、水平夹角大于 45°的管道、平壁面和立卧式设备底面上的绝热结构,宜设支承件。其支承件的设计,应符合下列规定:

1 支承件的承面宽度应小于绝热厚度 10 mm～20 mm,支承件的厚度宜为 3 mm～6 mm。

2 支承件的间距应符合下列规定:

1) 立式设备及立管,保温时,平壁支承件的间距宜为 1.5 m～2 m;圆筒在介质温度大于或等于 350 ℃时，支承件的间距宜为 2 m～3 m；在介质温度小于 350 ℃时，支承件的间距宜为 3 m～5 m；保冷时，平壁和圆筒支承件的间距均不得大于 5 m。

2） 卧式设备当其外径 D_0 大于 2 m，且使用硬质绝热制品时，应在水平中心线处设支承架。

3 立式圆筒绝热层可用环形钢板、管卡顶焊半环钢板和角铁顶面焊钢筋等做成的支承件支承。

4 设备底部封头可用封头与圆柱体相切处附近设置的固定环或设备裙座周边线处焊上的螺母来支承绝热层。对有振动或大直径底部封头，可用在封头底部点阵式布置螺母或带环销钉来兜贴(挂)绝热层。

5 保冷层支承件应选冷桥断面小的结构形式。管卡式支承环的螺孔端头伸出保冷层外时，应将外露处的保冷层加厚至封住外露端头。

6 支承件的位置应避开法兰、配件或阀门。对立式设备及管道，支承件应设在阀门、法兰等的上方，其位置不应影响螺栓的拆卸。

7 不锈钢和合金钢设备及管道上的支承件，宜采用抱箍型结构。直接焊于不锈钢设备及管道上的支承件，应采用不锈钢制作。当支承件采用碳钢制作时，应加焊不锈钢垫板。合金钢设备及管道上的支承件，材质应与设备及管道的材质相匹配。

8 绝热支承件的焊接应在设备或管道的内部防腐、衬里和强度试验前进行。凡施焊后需进行热处理的设备上的焊接型支承件应在设备制造厂预焊。

6.2.10 钩钉和销钉设置应符合下列规定：

1 保温层用钩钉、销钉，宜采用 ϕ3 mm～ϕ6 mm 的圆钢制作，使用软质保温材料时应采用 ϕ3 mm，其材质应与设备及管道的材质相匹配。保温钉的间距和数量应符合下列要求：

1） 硬质材料保温钉间距宜为 300 mm～600 mm，且保温钉宜设在制品拼缝处。

2） 软质材料保温钉间距不宜大于 350 mm。

3） 每平方米面积上保温钉的个数，侧面不宜少于 6 个，底部不宜少于 9 个。

2 保冷层不宜使用钩钉结构。

3 对有振动的情况，钩钉应适当加密。

4 支承件已满足承重及固定绝热层要求时，可不再设钩钉。

6.2.11 捆扎件结构应符合下列规定：

1 保温层捆扎结构应符合下列规定：

1） 保温结构的捆扎材料宜采用镀锌铁丝或镀锌钢带。当保护层材料为不锈钢薄板时，捆扎材料应采用不锈钢丝或不锈钢带。保温捆扎材料规格宜按表 6.2.11 取值。

表 6.2.11 保温捆扎材料规格

序号	材料	标准	规格(mm)	使用范围
1	镀锌铁丝	现行行业标准《一般用途低碳钢丝》YB/T 5294	ϕ1.2 双股	D_1≤300 的管道
			ϕ1.6 双股	300<D_1≤600 的设备及管道
2	镀锌钢带	现行国家标准《连续热镀锌钢板及钢带》GB/T 2518	12×0.5(宽×厚)	600<D_1≤1000 的设备及管道
			20×0.5(宽×厚)	D_1>1000 的设备及管道
3	不锈钢丝	现行国家标准《不锈钢丝》GB/T 4240	ϕ1.2 双股	D_1≤300 的管道
			ϕ1.6 双股	300<D_1≤600 的设备及管道
4	不锈钢带	现行国家标准《不锈钢冷轧板和钢带》GB/T 3280	12×0.5(宽×厚)	600<D_1≤1000 的设备及管道
			20×0.5(宽×厚)	D_1>1000 的设备及管道
注:表中 D_1 表示保温层外径(mm),对平壁或矩形管道 D_1 为当量直径。				

2) 硬质保温制品捆扎间距不应大于 400 mm,半硬质保温制品捆扎间距不应大于 300 mm,软质保温制品捆扎间距不应大于 200 mm,每块绝热制品上的捆扎不得少于两道。半硬质制品长度大于 800 mm 时,应至少捆扎三道,软质制品两端 50 mm长度内应各捆扎一道。

3) 管道双层、多层保温时应逐层捆扎,内层可采用镀锌钢带或镀锌铁丝捆扎,大管道外层宜用镀锌钢带捆扎。设备双层保温时,内外层宜采用镀锌钢带捆扎。当保护层材料为不锈钢薄板时,外层捆扎材料应采用不锈钢带。

2 保冷层捆扎应符合下列规定:

1) 保冷层捆扎应以不损伤保冷层为原则,捆扎材料不宜采用铁丝,宜采用带状材料。

2) 多层保冷时的内层应逐层捆扎,捆扎材料宜采用不锈钢带或胶带。

3) 当捆扎材料采用不锈钢带时,其规格可按表 6.2.11 确定。

3 设备封头的各层捆扎,可利用活动环和固定环呈辐射形固定或"十"字形固定。

4 球形容器的捆扎应符合下列规定:

1) 球形容器的捆扎应从赤道放射向两极,在赤道带处捆扎间距应小于 300 mm。

2) 球形容器单层保冷应采用不锈钢带捆扎,多层保冷内层应采用不锈钢带捆扎。

5 严禁用螺旋缠绕法捆扎。

6 对有振动的部位,应加强捆扎。

6.2.12 绝热层的伸缩缝设置应符合下列规定:

1 绝热层为硬质制品时,应留设伸缩缝。伸缩缝的扩展或压缩量宜按本条第 8 款规定计算,介质温度大于或等于 350 ℃时,伸缩缝宽度宜为 25 mm;介质温度小于 350 ℃时,伸缩缝宽度宜为 20 mm。伸缩缝可采用软质绝热材料将缝隙填平,填充材料的性能应满足介质温度要求。

2 直管或设备直段长每隔 3.5 m~5 m 应设一伸缩缝,中低温宜靠上限,高温和深冷宜靠下限。

3 伸缩缝应设置在支吊架处及下列部位：

1) 立管、立式设备的支承件(环)下或法兰下。

2) 水平管道、卧式设备的法兰、支吊架、加强筋板和固定环处或距封头 100 mm～150 mm处。

3) 弯头两端的直管段上应各留一道伸缩缝。当两弯头之间的间距较小时，其直管段上的伸缩缝可根据介质温度确定仅留一道或不留设。

4) 管束分支部位。

4 当绝热层为双层或多层时，其各层均应留设伸缩缝，并应错开，错开间距不宜小于 100 mm。

5 保温层的伸缩缝应选用推荐使用温度大于或等于介质设计温度的软质材料填充严密。

6 保冷层的伸缩缝可采用软质材料填充严密，其外应采用丁基胶带密封。

7 设计温度大于或等于 400 ℃的设备及管道保温和低温设备及管道保冷时，应在其伸缩缝外增设一层绝热层，其厚度应与设备或管道本体的绝热层厚度相同，且与伸缩缝的搭接宽度不得小于 50 mm。

8 绝热层伸缩量宜按下列步骤进行计算：

1) 管道或设备的伸长或收缩量应采用下式计算：

$$\Delta L_0 = 1000 \cdot \alpha_{L0} \cdot L \cdot (T_0 - T_a) \quad \cdots\cdots (6.2.12-1)$$

式中：ΔL_0——管道或设备的伸长或收缩(为负值时)量(mm)；

α_{L0} ——管道或设备的线胀系数(1/ ℃)；

L ——伸缩缝间距(m)。

2) 绝热材料的伸长或收缩量应采用下列公式计算：

单层：

$$\Delta L_1 = 1000 \cdot \alpha_{L1} \cdot L \cdot \left(\frac{T_0 + T_s}{2} - T_a\right) \quad \cdots\cdots (6.2.12-2)$$

双层：

$$\Delta L_2 = 1000 \cdot \alpha_{L2} \cdot L \cdot \left(\frac{T_1 + T_2}{2} - T_a\right) \quad \cdots\cdots (6.2.12-3)$$

式中：ΔL_1——绝热材料的伸长或收缩量(mm)；

ΔL_2——外层绝热材料的伸长或收缩量(mm)；

α_{L1} ——内层绝热材料的线胀系数(1/℃)；

α_{L2} ——外层绝热材料的线胀系数(1/℃)。

3) 绝热层在使用中伸缩缝的扩展或压缩量应按下列公式计算。

绝热层相对于管道：

$$\Delta L = \Delta L_0 - \Delta L_1 \quad \cdots\cdots (6.2.12-4)$$

外绝热层相对于内绝热层：

$$\Delta L = \Delta L_1 - \Delta L_2 \quad \cdots\cdots (6.2.12-5)$$

式中：ΔL——当 ΔL 为负值时，绝热层伸缩缝的扩展或压缩量(mm)。

6.2.13 保冷层中的支架、吊架、托架等承载部位处，应设置硬质保冷垫块。

6.2.14 当被绝热设备或管道材质为不锈钢时，绝热结构中的镀锌辅材不得与被绝热设备或管道接触。

6.3 防潮层设计要求

6.3.1 设备与管道的保冷层外表面应设置防潮层。地沟内敷设管道的保温层外表面,宜设置防潮层。

6.3.2 在环境变化与振动情况下,防潮层应能保持其结构的完整性和密封性。

6.3.3 胶泥涂抹结构的防潮层的组成,应符合现行国家标准《工业设备及管道绝热工程施工规范》GB 50126 的有关规定。

6.3.4 防潮层外如需使用捆扎件时,不得损坏防潮层。

6.4 保护层设计要求

6.4.1 绝热结构外层应设置保护层。保护层应严密、防水;应抗大气腐蚀和光照老化;安装应方便,外表应整齐美观;应有足够的机械强度,使用寿命应长。在环境变化与振动情况下,应不渗水、不开裂、不散缝、不坠落。

6.4.2 保护层宜选用金属材料。腐蚀性环境下宜采用耐腐蚀材料作保护层,有防火要求的设备及管道宜选用不锈钢薄板作保护层。

6.4.3 常用金属保护层应符合表 6.4.3 的规定。

表 6.4.3 常用金属保护层

类别	绝热层外径 D_1	外保护层			
		材料	标准	形式	厚度(mm)
管道	<760	铝合金薄板	现行国家标准《一般工业用铝及铝合金板、带材》GB/T 3880.1~3	平板	0.40~0.60
		不锈钢薄板	现行国家标准《不锈钢冷轧板和钢带》GB/T 3280	平板	0.30~0.35
		镀锌薄钢板	现行国家标准《连续热镀锌钢板及钢带》GB/T 2518、《连续电镀锌、锌镍合金镀层钢板及钢带》GB/T 15675	平板	0.30~0.50
	≥760	铝合金薄板	现行国家标准《一般工业用铝及铝合金板、带材》GB/T 3880.1~3	平板	0.80
		不锈钢薄板	现行国家标准《不锈钢冷轧板和钢带》GB/T 3280	平板	0.40~0.50
		镀锌薄钢板	现行国家标准《连续热镀锌钢板及钢带》GB/T 2518、《连续电镀锌、锌镍合金镀层钢板及钢带》GB/T 15675	平板	0.50~0.70

表 6.4.3(续)

类别	绝热层外径 D_1	外保护层			
		材料	标准	形式	厚度(mm)
设备	<760	铝合金薄板	现行国家标准《一般工业用铝及铝合金板、带材》GB/T 3880.1~3	平板	0.60~0.80
		不锈钢薄板	现行国家标准《不锈钢冷轧板和钢带》GB/T 3280	平板	0.30~0.35
		镀锌薄钢板	现行国家标准《连续热镀锌钢板及钢带》GB/T 2518、《连续电镀锌、锌镍合金镀层钢板及钢带》GB/T 15675	平板	0.40~0.50
	≥760	铝合金薄板	现行国家标准《一般工业用铝及铝合金板、带材》GB/T 3880.1~3	平板	0.80~1.00
		不锈钢薄板	现行国家标准《不锈钢冷轧板和钢带》GB/T 3280	平板	0.40~0.60
		镀锌薄钢板	现行国家标准《连续热镀锌钢板及钢带》GB/T 2518、《连续电镀锌、锌镍合金镀层钢板及钢带》GB/T 15675	平板	0.50~0.70
立式贮罐	≥3000	铝合金薄板	现行国家标准《一般工业用铝及铝合金板、带材》GB/T 3880.1~3	压型板	0.60~1.00
		不锈钢薄板	现行国家标准《不锈钢冷轧板和钢带》GB/T 3280	压型板	0.40~0.60
		镀锌薄钢板	现行国家标准《连续热镀锌钢板及钢带》GB/T 2518、《连续电镀锌、锌镍合金镀层钢板及钢带》GB/T 15675	压型板	0.50~0.70
平壁及方形设备	—	铝合金薄板	现行国家标准《一般工业用铝及铝合金板、带材》GB/T 3880.1~3	压型板	0.60~1.00
		不锈钢薄板	现行国家标准《不锈钢冷轧板和钢带》GB/T 3280	压型板	0.40~0.60
		镀锌薄钢板	现行国家标准《连续热镀锌钢板及钢带》GB/T 2518、《连续电镀锌、锌镍合金镀层钢板及钢带》GB/T 15675	压型板	0.50~0.70
泵、阀门和法兰等不规则表面	所有	铝合金薄板	现行国家标准《一般工业用铝及铝合金板、带材》GB/T 3880.1~3	平板	0.80~1.00
		不锈钢薄板	现行国家标准《不锈钢冷轧板和钢带》GB/T 3280	平板	0.40~0.60

表 6.4.3(续)

类别	绝热层外径 D_1	外保护层			
		材料	标准	形式	厚度(mm)
泵、阀门和法兰等不规则表面	所有	镀锌薄钢板	现行国家标准《连续热镀锌钢板及钢带》GB/T 2518、《连续电镀锌、锌镍合金镀层钢板及钢带》GB/T 15675	平板	0.50～0.70

6.4.4 金属保护层接缝形式可根据具体情况,选用搭接、插接、咬接及嵌接形式,并应符合下列规定:

1 硬质绝热制品金属保护层纵缝,在不损坏里面制品及防潮层前提下可采用咬接。半硬质和软质绝热制品的金属保护层的纵缝可用插接或搭接,搭接尺寸不得少于 30 mm。插接缝可用自攻螺钉或抽芯铆钉连接,搭接缝宜用抽芯铆钉连接。钉的间距宜为 150 mm～200 mm。

2 金属保护层的环缝,可采用搭接或插接。搭接时一端应压出凸筋,搭接尺寸不得小于 50 mm。水平设备及管道上的纵向搭接应在水平中心线下方 15°至 45°的范围内顺水搭接。除有防坠落要求的垂直安装的保护层外,在保护层搭接或插接的环缝上,不宜使用自攻螺钉或抽芯铆钉固定。

3 直管段上为热膨胀而设置的金属保护层环向接缝,应采用活动搭接形式。活动搭接余量应能满足热膨胀的要求,且不应小于 100 mm,其间距应符合下列规定:

1) 硬质保温制品,活动环向接缝应与保温层的伸缩缝设置相一致。

2) 软质及半硬质保温制品,介质温度小于或等于 350 ℃时的活动环向接缝间距为 4 m～6 m,介质温度大于 350 ℃时的活动环向接缝间距为 3 m～4 m。

4 管道弯头起弧处的金属保护层宜布置一道活动搭接形式的环向接缝。

5 保冷结构的金属保护层接缝宜用咬接或钢带捆扎结构,不宜使用螺钉或铆钉连接,使用螺钉或铆钉连接时,应采取保护措施。

6.4.5 保护层应有整体防水功能,应能防止水和水汽进入绝热层。对水和水汽易渗进绝热层的部位应用玛𤧛脂或密封胶严缝。

6.4.6 大型立式设备、贮罐及振动设备的金属保护层,宜设置固定支承结构。

附 录 A
常用绝热材料性能

A.0.1 常用保温材料性能应符合表 A.0.1 的规定。

表 A.0.1 常用保温材料性能

序号	材料名称		使用密度 (kg/m^3)	最高使用温度(℃)	推荐使用温度[T_2](℃)	常用导热系数 λ_0(平均温度 T_m=70 ℃时)[W/(m·K)]	导热系数参考方程 T_m为平均温度(℃) [W/(m·K)]	抗压强度(MPa)	要求
1	硅酸钙制品		170	650(Ⅰ型)	≤550	0.055	$\lambda=0.0479+0.00010185T_m+9.65015\times10^{-11}T_m^3$ ($T_m<800$ ℃)	≥0.5	应提供满足国家标准《硅酸钙绝热制品》GB/T 10699—1998第5.2条中最高使用温度要求的检测报告
				1000(Ⅱ型)	≤900				
			220	650(Ⅰ型)	≤550	0.062	$\lambda=0.0564+0.00007786T_m+7.8571\times10^{-8}T_m^2$ ($T_m<500$ ℃) $\lambda=0.0937+1.67397\times10^{-10}T_m^3$ (T_m=500 ℃～800 ℃)	≥0.6	
				1000(Ⅱ型)	≤900				
2	复合硅酸盐制品	涂料	180～200(干态)	600	≤500	≤0.065	$\lambda=\lambda_0+0.00017(T_m-70)$	—	应提供不含石棉的检测报告
		毡	60～80	550	≤450	≤0.043	$\lambda=\lambda_0+0.00015(T_m-70)$	—	
			81～130	600	≤500	≤0.044		—	
		管壳	80～180	600	≤500	≤0.048	—	≥0.3	

表 A.0.1(续)

序号	材料名称		使用密度(kg/m^3)	最高使用温度(℃)	推荐使用温度[T_2](℃)	常用导热系数λ_0(平均温度 T_m=70 ℃时)[W/(m·K)]	导热系数参考方程 T_m为平均温度(℃)[W/(m·K)]	抗压强度(MPa)	要求
3	岩棉制品	毡	60～100	500	≤400	≤0.044	$\lambda=0.0337+0.000151T_m$ $(-20\ ℃\leqslant T_m\leqslant 100\ ℃)$ $\lambda=0.0395+4.71\times10^{-5}T_m+5.03\times10^{-7}T_m^2$$(100\ ℃<T_m\leqslant 600\ ℃)$	—	1.岩棉制品的酸度系数不应低于1.6; 2.岩棉制品的加热绒收缩率(试验温度为最高使用温度,保温24h),不应超过4%; 3.应提供高于工况使用温度至少100 ℃的最高使用温度评估报告,且满足现行国家标准《绝热用岩棉、矿渣棉及其制品》GB/T 11835—2007 中第5.7.3条要求; 4.缝毡、贴面制品的最高使用温度均指基材
		缝毡	80～130	650	≤550	≤0.043 ≤0.09 (T_m=350 ℃)	$\lambda=0.0337+0.000128T_m$ $(-20\ ℃\leqslant T_m\leqslant 100\ ℃)$ $\lambda=0.0407+2.52\times10^{-5}T_m+3.34\times10^{-7}T_m^2$$(100\ ℃<T_m\leqslant 600\ ℃)$		
		板	60～100	500	≤400	≤0.044	$\lambda=0.0337+0.000151T_m(-20\ ℃\leqslant T_m\leqslant 100\ ℃)$ $\lambda=0.0395+4.71\times10^{-5}T_m+5.03\times10^{-7}T_m^2$$(100\ ℃<T_m\leqslant 600\ ℃)$		
			101～160	550	≤450	≤0.043 ≤0.09 (T_m=350 ℃)	$\lambda=0.0337+0.000128T_m(-20\ ℃\leqslant T_m\leqslant 100\ ℃)$ $\lambda=0.0407+2.52\times10^{-5}T_m+3.34\times10^{-7}T_m^2$$(100\ ℃<T_m\leqslant 600\ ℃)$		
		管壳	100～150	450	≤350	≤0.044 ≤0.10 (T_m=350 ℃)	$\lambda=0.0314+0.000174T_m(-20\ ℃\leqslant T_m\leqslant 100\ ℃)$ $\lambda=0.0384+7.13\times10^{-5}T_m+3.51\times10^{-7}T_m^2$$(100\ ℃<T_m\leqslant 600\ ℃)$		

表 A.0.1(续)

序号	材料名称		使用密度 (kg/m^3)	最高使用温度(℃)	推荐使用温度[T_2](℃)	常用导热系数 λ_0(平均温度 T_m=70 ℃时)[W/(m·K)]	导热系数参考方程 T_m为平均温度(℃) [W/(m·K)]	抗压强度(MPa)	要求
4	矿渣棉制品	毡	80～100	400	≤300	≤0.044	$\lambda=0.0337+0.000151T_m$(−20 ℃≤$T_m$≤100 ℃) $\lambda=0.0395+4.71\times10^{-5}T_m+5.03\times10^{-7}T_m^2$(100 ℃<$T_m$≤400 ℃)	—	1.矿渣棉制品的加热线收缩率(试验温度为最高使用温度,保温 24h),不应超过 4%; 2.应提供高于工况使用温度至少100 ℃的最高使用温度评估报告,且满足国家标准《绝热用岩棉、矿渣棉及其制品》GB/T 11835—2007 中 5.7.3 的要求; 3.缝毡、贴面制品的最高使用温度均指基材
			101～130	500	≤350	≤0.043	$\lambda=0.0337+0.000128T_m$(−20 ℃≤$T_m$≤100 ℃) $\lambda=0.0407+2.52\times10^{-5}T_m+3.34\times10^{-7}T_m^2$(100 ℃<$T_m$≤500 ℃)		
		板	80～100	400	≤300	≤0.044	$\lambda=0.0337+0.000151T_m$(−20 ℃≤$T_m$≤100 ℃) $\lambda=0.0395+4.71\times10^{-5}T_m+5.03\times10^{-7}T_m^2$(100 ℃<$T_m$≤400 ℃)		
			101～130	450	≤350	≤0.043	$\lambda=0.0337+0.000128T_m$(−20 ℃≤$T_m$≤100 ℃) $\lambda=0.0407+2.52\times10^{-5}T_m+3.34\times10^{-7}T_m^2$(100 ℃<$T_m$≤500 ℃)		
		管壳	≥100	400	≤300	≤0.044	$\lambda=0.0314+0.000174T_m$(−20 ℃≤$T_m$≤100 ℃) $\lambda=0.0384+7.13\times10^{-5}T_m+3.51\times10^{-7}T_m^2$(100 ℃<$T_m$≤500 ℃)		

表 A.0.1（续）

序号	材料名称		使用密度 (kg/m³)	最高使用温度(℃)	推荐使用温度[T_2] (℃)	常用导热系数 λ_0(平均温度 T_m=70 ℃时)[W/(m·K)]	导热系数参考方程 T_m为平均温度(℃) [W/(m·K)]	抗压强度 (MPa)	要求
5	玻璃棉制品	毯	24～40	400	≤300	≤0.046	$\lambda=\lambda_0+0.00017(T_m-70)$ $(-20\ ℃\leqslant T_m\leqslant 220\ ℃)$	—	1.应提供比工况使用温度至少高 100 ℃的最高使用温度评估报告，且满足国家标准《绝热用玻璃棉制品》GB/T 13350—2008 中第 5.8.5 条的要求； 2.贴面制品的最高使用温度均指基材
			41～120	450	≤350	≤0.041			
		板	24	400	≤300	≤0.047			
			32	400	≤300	≤0.044			
			40	450	≤350	≤0.042			
			48	450	≤350	≤0.041			
			64	450	≤350	≤0.040			
		毡	24	400	≤300	≤0.046			
			32	400	≤300	≤0.046			
			40	450	≤350	≤0.046			
			48	450	≤350	≤0.041			
		管壳	≥48	400	≤300	≤0.041			
6	硅酸铝棉及其制品	1#毯	96	1000	≤800	≤0.044	$\lambda_L=\lambda_0+0.0002(T_m-70)(T_m\leqslant 400\ ℃)$ $\lambda_H=\lambda_L+0.00036(T_m-400)(T_m>400\ ℃)$ (式中 λ_L 取上式 T_m=400 ℃时计算结果)	—	应提供产品 500 ℃时的导热系数和加热永久线变化，且应满足现行国家标准《绝热用硅酸铝及其制品》GB/T 16400 的有关规定
			128	1000	≤800				
		2#毯	96	1200	≤1000				
			128	1200	≤1000				
		1#毡	≤200	1000	≤800				
		2#毡	≤200	1200	≤1000				
		板、管壳	≤220	1100	≤1000				
		树脂结合毡	128	—	350	≤0.044	$\lambda_L=\lambda_0+0.0002(T_m-70)$	—	含粘结剂的硅酸铝制品应提供高于工况使用温度至少 100 ℃的最高使用温度评估报告

表 A.0.1(续)

序号	材料名称	使用密度 (kg/m^3)	最高使用温度(℃)	推荐使用温度[T_2](℃)	常用导热系数 λ_0(平均温度 T_m=70 ℃时)[W/(m·K)]	导热系数参考方程 T_m为平均温度(℃) [W/(m·K)]	抗压强度 (MPa)	要求
7	硅酸镁纤维毯	100±10，130±10	900	≤700	≤0.040	$\lambda=0.0397-2.741\times10^{-6}T_m+4.526\times10^{-7}T_m^2$(70 ℃≤$T_m$≤500 ℃)	—	应提供产品 500 ℃时的导热系数和加热永久线变化，加热永久线变化(试验温度为最高使用温度，保温 24 h)不大于 4%

注：1 设计采用的各种绝热材料的物理化学性能及数据应符合各自的产品标准规定。
2 导热系数参考方程中(T_m−70)、(T_m−400)等表示该方程的数据项。
3 当选用高出本表推荐使用温度的玻璃棉、岩棉、矿渣棉和含粘结剂的硅酸铝制品时，需由厂家提供国家法定检测机构出具的合格的最高使用温度评估报告，起最高使用温度应高于工况使用温度至少 100 ℃。

A.0.2 常用保冷材料性能应符合表 A.0.2 的规定。

表 A.0.2 常用保冷材料性能

序号	材料名称	使用密度 (kg/m^3)	使用温度范围(℃)	推荐使用温度范围 [T_2](℃)	常用导热系数 λ_0[W/(m·K)]	导热系数参考方程 T_m 为平均温度(℃)[W/(m·K)]	抗压强度 (MPa)	要求
1	柔性泡沫橡塑制品	40～60	−40～105	−35～85	≤0.036 (0 ℃)	$\lambda=\lambda_0+0.0001T_m$	—	—
2	硬质聚氨酯泡沫塑料(PUR)制品	45～55	−80～100	−65～80	≤0.023 (25 ℃)	$\lambda=\lambda_0+0.000122(T_m-25)+3.51\times10^{-7}(T_m-25)^2$	≥0.2	—
3	泡沫玻璃制品	Ⅰ类 120±8	−196～450	−196～400	≤0.045 (25 ℃)	$\lambda=\lambda_0+0.000150(T_m-25)+3.21\times10^{-7}(T_m-25)^2$	≥0.8	—
		Ⅱ类 160±10	−196～450	−196～400	<0.064 (25 ℃)	$\lambda=\lambda_0+0.000155(T_m-25)+1.60\times10^{-7}(T_m-25)^2$	≥0.8	—
4	聚异氰脲酸酯(PIR)	40～50	−196～120	−170～100	0.029 (25 ℃)	$\lambda=\lambda_0+0.000118(T_m-25)+3.39\times10^{-7}(T_m-25)^2$	≥0.22	—
5	高密度聚异氰脲酸酯(HDPIR)	160±16	−196～120	−196～100	≤0.038 (25 ℃)	$\lambda=\lambda_0+0.000219(T_m-25)+0.43\times10^{-7}(T_m-25)^2$	≥1.6(常温) ≥2.0(−196 ℃)	—
		240±24	−196～110	−196～100	≤0.045 (25 ℃)	$\lambda=\lambda_0+0.000235(T_m-25)+1.41\times10^{-7}(T_m-25)^2$	≥2.5(常温) ≥3.5(−196 ℃)	—
		320±32	−196～110	−196～100	≤0.050 (25 ℃)	$\lambda=\lambda_0+0.000341(T_m-25)+8.1\times10^{-7}(T_m-25)^2$	≥5(常温) ≥7.0(−196 ℃)	—
		450±45	−196～110	−196～100	≤0.080 (25 ℃)	$\lambda=\lambda_0+0.000309(T_m-25)+1.51\times10^{-7}(T_m-25)^2$	≥10(常温) ≥14(−196 ℃)	—
		550±55	−196～110	−196～100	≤0.090 (25 ℃)	$\lambda=\lambda_0+0.000338(T_m-25)+5.21\times10^{-7}(T_m-25)^2$	≥15(常温) ≥20(−196 ℃)	—

注：1 设计采用的各种绝热材料的物理化学性能及数据应符合各自的产品标准规定。
2 导热系数参考方程中(T_m-25)表示该方程的数据项，λ_0 对应带入 T_m 为 25 ℃时的值。

附　录　B
最大允许热损失量

表 B　最大允许热损失量

设备管道外表面温度 T_0(℃)	绝热层外表面最大允许热损失量[Q](W/m²)	
	常年运行	季节运行
50	52	104
100	84	147
150	104	183
200	126	220
250	147	251
300	167	272
350	188	—
400	204	—
450	220	—
500	236	—
550	251	—
600	266	—
650	283	—
700	297	—
750	311	—
800	324	—
850	338	—

附　录　C
各地环境温度、相对湿度和露点对照

C.0.1　各地环境温度、相对湿度应符合表 C.0.1 的规定。

表 C.0.1　各地环境温度、相对湿度

序号	地名	保温			保冷			室外风速			保温	极端最高温度(℃)	统计年份
		常年运行	采暖运行季		防烫伤	防结露	相对湿度	W			防冻		
		T_a	T_a		T_a	T_a	ψ				T_a		
		年平均温度(℃)	日平均温度 ≤5(℃)	日平均温度 ≤8(℃)	最热月平均	夏季空调室外计算干球温度(℃)	最热月平均(%)	冬季最多风向平均值(m/s)	冬季平均(m/s)	夏季平均(m/s)	冬季历年极端最低温度平均值(℃)		
01	北京市	12.3	−0.7	0.3	26.3	33.5	73	4.7	2.6	2.1	−14.0	41.9	1971～2000
02	天津市	12.7	−0.6	0.4	26.6	33.9	76	4.8	2.4	2.2	−13.9	40.5	1971～2000
03	河北省												
03.1	承德	9.1	−4.1	−2.9	24.6	32.7	69	3.3	1.0	0.9	−20.6	43.3	1971～2000
03.2	唐山	11.5	−1.6	−0.7	25.8	32.9	77	2.9	2.2	2.3	−17.1	39.6	1971～2000
03.3	石家庄	13.4	0.1	1.5	26.9	35.1	71	2.0	1.8	1.7	−13.1	41.5	1971～2000
04	山西省												
04.1	大同	7.0	−4.8	−3.5	22.1	30.9	63	3.3	2.8	2.5	−24.3	37.2	1971～2000
04.2	太原	10.0	−1.7	−0.7	23.5	31.5	72	2.6	2.0	1.8	−19.0	37.4	1971～2000
04.3	运城	14.0	0.9	2.0	27.6	35.8	63	2.8	2.4	3.1	−12.6	41.2	1971～2000

表 C.0.1（续）

序号	地名	保温			保冷			室外风速			保温	极端最高温度（℃）	统计年份
		常年运行	采暖运行季		防烫伤	防结露	相对湿度	W			防冻		
		T_a	T_a		T_a	T_a	ψ				T_a		
		年平均温度（℃）	日平均温度 ≤5（℃）	日平均温度 ≤8（℃）	最热月平均	夏季空调室外计算干球温度（℃）	最热月平均（%）	冬季最多风向平均值（m/s）	冬季平均（m/s）	夏季平均（m/s）	冬季历年极端最低温度平均值（℃）		
05	内蒙古自治区												
05.1	海拉尔	−1.0	−12.7	−11.0	20.0	29.0	70	2.5	2.3	3.0	−38.1	36.6	1971～2000
05.2	二连浩特	4.0	−9.3	−8.1	23.4	33.2	47	5.3	3.6	4.0	−31.9	41.1	1971～2000
05.3	呼和浩特	6.7	−5.3	−4.1	22.6	30.6	60	4.2	1.5	1.8	−23.7	38.5	1971～2000
06	辽宁省												
06.1	开原	7.0	−6.4	−4.9	23.9	31.1	79	3.8	2.7	2.7	−29.1	36.6	1971～2000
06.2	沈阳	8.4	−5.1	−3.6	24.7	31.5	77	3.6	2.6	2.6	−25.0	36.1	1971～2000
06.3	锦州	9.5	−3.4	−2.2	24.6	31.4	77	5.1	3.2	3.3	−19.1	41.8	1971～2000
06.4	鞍山	9.6	−3.8	−2.5	25.1	31.6	73	3.5	2.9	2.7	−21.4	36.5	1971～2000
06.5	大连	10.9	−0.7	0.3	24.2	29.0	81	7.0	5.2	4.1	−14.4	35.3	1971～2000
07	吉林省												
07.1	吉林	4.8	−8.5	−7.1	22.9	30.4	78	4.0	2.6	2.6	−33.8	35.7	1971～1995
07.2	长春	4.8	−8.5	−7.1	23.2	30.5	78	4.0	2.6	2.6	−27.8	35.7	1971～2000
07.3	通化	5.6	−6.6	−5.3	22.4	29.9	79	3.6	1.3	1.6	−29.2	35.6	1971～2000
08	黑龙江省												

表 C.0.1（续）

序号	地名	保温			保冷			室外风速			保温	极端最高温度(℃)	统计年份
		常年运行	采暖运行季		防烫伤	防结露	相对湿度	W			防冻		
		T_a	T_a		T_a	T_a	ψ				T_a		
		年平均温度(℃)	日平均温度		最热月平均	夏季空调室外计算干球温度(℃)	最热月平均(%)	冬季最多风向平均值(m/s)	冬季平均(m/s)	夏季平均(m/s)	冬季历年极端最低温度平均值(℃)		
			≤5(℃)	≤8(℃)									
08.1	齐齐哈尔	3.9	−9.5	−8.1	23.3	31.1	72	3.1	2.6	3.0	−30.6	40.1	1971～2000
08.2	哈尔滨	4.2	−9.4	−7.8	23.1	30.7	76	3.7	3.2	3.2	−32.2	36.7	1971～2000
08.3	牡丹江	4.3	−8.6	−7.3	22.5	31.0	74	2.3	2.2	2.1	−29.8	38.4	1971～2000
09	上海市	16.1	4.1	5.2	28.3	34.4	80	3.0	2.6	3.1	−5.6	39.4	1971～1998
10	江苏省												
10.1	连云港	13.6	1.4	2.6	26.6	32.7	83	2.9	2.6	2.9	−10.6	38.7	1971～2000
10.2	南通	15.3	3.6	4.7	27.6	33.5	83	3.5	3.0	3.0	−6.1	38.5	1971～2000
10.3	南京	15.5	3.2	4.2	28.1	34.8	80	3.5	2.4	2.6	−8.5	39.7	1971～2000
11	浙江省												
11.1	杭州	16.5	4.2	5.4	28.6	35.6	77	3.3	2.3	2.4	−5.2	39.9	1971～2000
11.2	衢州	17.3	4.8	6.2	29.0	35.8	75	3.9	2.5	2.3	−4.7	40.0	1971～2000
11.3	温州	18.1	—	7.5	28.3	33.8	82	2.9	1.8	2.0	−1.9	39.6	1971～2000
12	安徽省												
12.1	合肥	15.8	3.4	4.3	28.4	35.0	78	3.0	2.7	2.9	−7.7	39.1	1971～2000
12.2	芜湖	16.0	3.4	4.5	28.7	35.3	78	2.8	2.2	2.3	−6.8	39.5	1971～1985

表 C.0.1(续)

序号	地名	保温			保冷			室外风速			保温	极端最高温度(℃)	统计年份
		常年运行	采暖运行季		防烫伤	防结露	相对湿度	W			防冻		
		T_a	T_a		T_a	T_a	ψ				T_a		
		年平均温度(℃)	日平均温度		最热月平均	夏季空调室外计算干球温度(℃)	最热月平均(%)	冬季最多风向平均值(m/s)	冬季平均(m/s)	夏季平均(m/s)	冬季历年极端最低温度平均值(℃)		
			≤5(℃)	≤8(℃)									
13	福建省												
13.1	福州	19.8	—	—	29.0	35.9	76	3.1	2.4	3.0	1.5	39.9	1971~2000
13.2	厦门	20.6	—	—	28.2	33.5	81	4.0	3.3	3.1	4.0	38.5	1971~2000
14	江西省												
14.1	九江	17.0	4.6	5.5	29.7	35.8	73	4.1	2.7	2.3	−4.0	40.3	1971~1991
14.2	南昌	17.6	4.7	6.2	29.5	35.5	75	3.6	2.6	2.2	−3.8	40.1	1971~2000
14.3	赣州	19.4	—	7.7	29.5	35.4	70	2.4	1.6	1.8	−1.5	40.0	1971~2000
15	山东省												
15.1	烟台	12.7	0.7	0.9	25.1	31.1	79	5.9	4.4	3.1	−10.0	38.0	1971~1991
15.2	济南	14.7	1.4	2.1	27.7	34.7	66	3.7	2.9	2.8	−11.2	40.5	1971~2000
15.3	青岛	12.7	1.3	2.6	25.4	29.4	82	6.6	5.4	4.6	−9.5	37.4	1971~2000
16	河南省												
16.1	新乡	14.2	1.5	2.6	27.0	34.4	78	3.6	2.1	1.9	−10.5	42.0	1971~2000
16.2	郑州	14.3	1.7	3.0	27.1	34.9	73	4.9	2.7	2.2	−11.0	42.3	1971~2000
16.3	南阳	14.9	2.6	3.8	27.1	34.3	79	3.4	2.1	2.0	−9.3	41.4	1971~2000

表 C.0.1（续）

序号	地名	保温			保冷			室外风速			保温	极端最高温度（℃）	统计年份
		常年运行	采暖运行季		防烫伤	防结露	相对湿度	W			防冻		
		T_a	T_a		T_a	T_a	ψ				T_a		
		年平均温度（℃）	日平均温度		最热月平均	夏季空调室外计算干球温度（℃）	最热月平均（%）	冬季最多风向平均值（m/s）	冬季平均（m/s）	夏季平均（m/s）	冬季历年极端最低温度平均值（℃）		
			≤5(℃)	≤8(℃)									
17	湖北省												
17.1	宜昌	16.8	4.7	5.9	28.0	35.6	77	2.2	1.3	1.5	−3.0	40.4	1971～2000
17.2	武汉	16.6	3.9	5.2	28.9	35.2	77	3.0	1.8	2.0	−6.9	39.3	1971～2000
17.3	黄石	17.1	4.5	5.7	29.3	35.8	76	3.1	2.0	2.2	−4.2	40.2	1971～2000
18	湖南省												
18.1	岳阳	17.2	4.5	5.9	29.1	34.1	75	3.3	2.6	2.8	−3.7	39.3	1971～2000
18.2	长沙	17.0	4.3	5.5	28.8	35.8	76	3.0	2.3	2.6	−3.9	39.0	1972～1986
18.3	衡阳	18.0	—	6.4	29.8	36.0	70	2.7	1.6	2.1	−2.4	40.0	1971～2000
19	广东省												
19.1	韶关	20.4	—	—	29.2	35.4	74	2.9	1.5	1.6	−0.3	40.3	1971～2000
19.2	广州	22.0	—	—	28.8	34.2	80	2.7	1.7	1.7	2.8	38.1	1971～2000
20	海南省												
20.1	海口	24.1	—	—	28.8	35.1	81	3.1	2.5	2.3	8.1	38.7	1971～2000
21	广西壮族自治区												
21.1	桂林	18.9	—	7.5	28.4	34.2	77	4.4	3.2	1.6	−0.8	38.5	1971～2000

表 C.0.1（续）

序号	地名	保温			保冷			室外风速			保温	极端最高温度（℃）	统计年份
		常年运行	采暖运行季		防烫伤	防结露	相对湿度	W			防冻		
		T_a	T_a		T_a	T_a	ψ				T_a		
		年平均温度（℃）	日平均温度		最热月平均	夏季空调室外计算干球温度（℃）	最热月平均（%）	冬季最多风向平均值（m/s）	冬季平均（m/s）	夏季平均（m/s）	冬季历年极端最低温度平均值（℃）		
			≤5(℃)	≤8(℃)									
21.2	梧州	21.1	—	—	28.4	34.8	79	2.1	1.4	1.2	1.0	39.7	1971～2000
21.3	北海	22.8	—	—	29.0	33.1	82	5.0	3.8	3.0	4.6	37.1	1971～2000
22	四川省												
22.1	广元	16.1	4.9	6.1	26.1	33.3	74	2.8	1.3	1.2	−4.0	37.9	1971～2000
22.2	成都	16.1	—	6.2	25.5	31.8	84	1.9	0.9	1.2	−2.5	36.7	1971～2000
22.3	西昌	16.9	—	—	22.9	30.7	69	2.5	1.7	1.2	−1.1	36.6	1971～2000
23	重庆市	17.7	—	7.2	29.0	35.5	71	1.6	1.1	1.5	0.7	40.8	1971～1986
24	贵州省												
24.1	遵义	15.3	4.4	5.6	25.4	31.8	75	1.9	1.0	1.1	−3.3	37.4	1971～2000
24.2	贵阳	15.3	4.6	6.0	24.2	30.1	74	2.5	2.1	2.1	−3.7	35.1	1971～2000
24.3	兴仁	15.3	—	6.7	22.2	28.7	81	2.3	2.2	1.8	−2.8	35.5	1971～2000
25	云南省												
25.1	昆明	14.9	—	7.7	20.2	26.2	77	3.7	2.2	1.8	−2.5	30.4	1971～2000
26	西藏												
26.1	拉萨	8.0	0.61	2.17	16.4	24.1	54	2.3	2.0	1.8	−13.8	29.9	1971～2000

表 C.0.1(续)

序号	地名	保温			保冷			室外风速			保温	极端最高温度(℃)	统计年份
		常年运行	采暖运行季		防烫伤	防结露	相对湿度	W			防冻		
		T_a	T_a		T_a	T_a	ψ				T_a		
		年平均温度(℃)	日平均温度 ≤5(℃)	日平均温度 ≤8(℃)	最热月平均	夏季空调室外计算干球温度(℃)	最热月平均(%)	冬季最多风向平均值(m/s)	冬季平均(m/s)	夏季平均(m/s)	冬季历年极端最低温度平均值(℃)		
26.2	日喀则	6.5	−0.3	1.0	14.9	22.6	57	4.5	1.8	1.3	−18.3	28.5	1971～2000
27	陕西省												
27.1	榆林	8.3	−3.9	−2.8	23.4	32.2	61	2.9	1.7	2.3	−24.2	38.6	1971～2000
27.2	西安	13.7	1.5	2.6	26.8	35.0	67	2.5	1.4	1.9	−9.9	41.8	1971～2000
27.3	汉中	14.4	3.0	4.3	25.6	32.3	79	2.4	0.9	1.1	−5.5	38.3	1971～2000
28	甘肃省												
28.1	兰州	9.8	−1.9	−0.3	22.5	31.2	57	1.7	0.5	1.2	−15.4	39.8	1971～2000
28.2	天水	11.0	0.3	1.4	22.9	30.8	67	2.2	1.0	1.2	−12.4	38.2	1971～2000
29	青海省												
29.1	西宁	6.1	−2.6	−1.4	17.4	26.5	64	3.2	1.3	1.5	−19.7	36.5	1971～2000
29.2	格尔木	5.3	−3.8	−2.4	18.1	26.9	34	2.3	2.2	3.3	−22.0	35.5	1971～2000
29.3	玉树	3.2	−2.7	−0.8	12.9	21.8	67	3.5	1.1	0.8	−22.8	28.5	1971～2000
30	宁夏回族自治区												
30.1	银川	9.0	−3.2	−1.8	23.5	31.2	63	2.2	1.8	2.1	−20.7	38.7	1971～2000
30.2	固原	6.4	−3.1	−1.9	19.0	27.7	68	3.8	2.7	2.7	−22.9	34.6	1971～2000

表 C.0.1（续）

序号	地名	保温			保冷			室外风速			保温	极端最高温度(℃)	统计年份
		常年运行	采暖运行季		防烫伤	防结露	相对湿度	W			防冻		
		T_a	T_a		T_a	T_a	ψ				T_a		
		年平均温度(℃)	日平均温度 ≤5(℃)	日平均温度 ≤8(℃)	最热月平均	夏季空调室外计算干球温度(℃)	最热月平均(%)	冬季最多风向平均值(m/s)	冬季平均(m/s)	夏季平均(m/s)	冬季历年极端最低温度平均值(℃)		
31	新疆维吾尔自治区												
31.1	克拉玛依	8.6	−8.6	−7.0	28.2	36.4	28	2.1	1.1	4.4	−27.1	42.7	1971～2000
31.2	乌鲁木齐	7.0	−7.1	−5.4	24.2	33.5	41	2.0	1.6	3.0	−25.3	42.1	1971～2000
31.3	吐鲁番	14.4	−3.4	−2.0	32.3	40.3	32	1.3	0.5	1.5	−16.7	47.7	1971～2000
31.4	哈密	10.0	−4.7	−3.2	26.5	35.8	40	2.1	1.5	1.8	−22.2	43.2	1971～2000
31.5	和田	12.5	−1.4	−0.3	25.8	34.5	40	1.8	1.4	2.0	−14.1	41.1	1971～2000
32	台湾省												
32.1	台北	—	—	—	—	—	—	—	—	—	—	—	
33	香港特别行政区	—	—	—	—	—	—	—	—	—	—	—	
34	澳门特别行政区	—	—	—	—	—	—	—	—	—	—	—	

注：表中港澳台地区的气象数据缺失，如有需要可向当地气象部门查询。

C.0.2 环境温度、相对湿度、露点对照应符合表C.0.2的规定。

表C.0.2 环境温度、相对湿度、露点对照

相对湿度 φ(%)	95	90	85	80	75	70	65	60	55	50	45	40	35	30
环境温度 T_a(℃)	露点 T_d(℃)													
10	9.2	8.4	7.6	6.7	5.8	4.8	3.6	2.5	1.5	0	−1.3	−0.3	−5.0	−7.0
11	10.2	9.4	8.6	7.7	6.7	5.8	4.8	3.5	2.5	1.0	−0.5	−2.0	−4.0	−6.5
12	11.2	10.9	9.5	8.7	7.7	6.7	5.5	4.4	3.3	2.0	0.5	−1.0	−3.0	−5.0
13	12.2	11.4	10.5	9.6	8.7	7.7	6.6	5.3	4.1	2.8	1.4	−0.2	−2.0	−4.5
14	13.2	12.4	11.5	10.6	9.6	8.6	7.5	6.4	5.1	3.5	2.2	0.7	−1.0	−3.2
15	14.2	13.4	12.5	11.6	10.6	9.6	8.4	7.3	6.0	4.6	3.1	1.5	−0.3	−2.3
16	15.2	14.3	13.4	12.6	11.6	10.6	9.5	8.3	7.0	5.6	4.0	2.4	0.5	−1.3
17	16.2	15.3	14.5	13.5	12.5	11.5	10.2	9.2	8.0	6.5	5.0	3.2	1.5	−0.5
18	17.2	16.4	15.4	14.5	13.5	12.5	11.3	10.2	9.0	7.4	5.8	4.0	2.3	0.2
19	18.2	17.3	16.5	15.4	14.5	13.4	12.2	11.0	9.8	8.4	6.8	5.0	3.2	1.0
20	19.2	18.3	17.4	16.5	15.4	14.4	13.2	12.0	10.7	9.4	7.8	6.0	4.0	2.0
21	20.2	19.3	18.4	17.4	16.4	15.3	14.2	12.9	11.7	10.2	8.6	7.0	5.0	2.8
22	21.2	20.3	19.4	18.4	17.3	16.3	15.2	13.8	12.5	11.0	9.5	7.8	5.8	3.5
23	22.2	21.3	20.4	19.4	18.4	17.3	16.2	14.8	13.5	12.0	10.4	8.7	6.8	4.4
24	23.1	22.3	21.4	20.4	19.3	18.2	17.0	15.8	14.5	13.0	11.4	9.7	7.7	5.3
25	23.9	23.2	22.3	21.3	20.3	19.1	18.0	16.8	15.4	14.0	12.3	10.5	8.6	6.2
26	25.1	24.2	23.3	22.3	21.2	20.1	19.0	17.7	16.3	14.8	13.2	11.4	9.4	7.0
27	26.1	25.2	24.3	23.2	22.2	21.1	19.9	18.7	17.3	15.8	14.0	12.2	10.3	8.0
28	27.1	26.2	25.2	24.2	23.1	22.0	20.9	19.6	18.1	16.7	15.0	13.2	11.2	8.8
29	28.1	27.2	26.2	25.2	24.1	23.0	21.3	20.5	19.2	17.6	15.9	14.0	12.0	9.7
30	29.1	28.2	27.2	26.2	25.1	23.9	22.8	21.4	20.0	18.5	16.8	15.0	12.9	10.5
31	30.1	29.2	28.2	26.9	26.0	24.8	23.7	22.4	20.9	19.4	17.8	15.9	13.7	11.4
32	31.1	30.1	29.2	28.1	27.0	25.8	24.6	23.3	21.9	20.3	18.6	16.8	14.7	12.2
33	32.1	31.1	30.1	29.0	28.0	26.8	25.6	24.2	22.9	21.3	19.6	17.6	15.6	13.0
34	33.1	32.1	31.1	29.5	29.0	27.7	26.5	25.2	23.8	21.2	20.5	18.6	16.5	13.9
35	34.1	33.1	32.1	31.0	29.9	28.7	27.5	26.2	24.6	23.1	21.4	19.5	17.4	14.9
36	35.18	34.05	33.1	32.0	30.9	29.7	28.4	27.0	25.7	24.0	22.2	20.3	18.1	15.7

表 C.0.2（续）

相对湿度 ψ(%)	95	90	85	80	75	70	65	60	55	50	45	40	35	30
环境温度 T_a(℃)	露点 T_d(℃)													
37	36.20	35.2	34.05	33.0	31.8	30.7	29.5	27.9	26.5	24.9	23.2	21.2	19.2	16.6
38	36.95	36.0	35.06	33.9	32.7	31.5	30.3	28.9	27.4	25.8	23.9	22.0	19.9	17.5
39	—	36.8	36.2	34.9	33.8	32.5	31.2	29.8	28.3	26.6	24.9	23.0	20.8	18.1
40	—	—	36.8	35.8	34.7	33.5	32.1	30.7	29.2	27.6	25.8	23.8	21.6	19.2

注：表中保冷防结露环境温度(T_a)取夏季空调室外计算干球温度，相对湿度 ψ 取最热月平均相对湿度。

附　录　D

绝热厚度计算中 $D_1\ln\frac{D_1}{D_0}\sim\delta$ 关系图表

D.0.1　绝热厚度计算中 $D_1\ln\frac{D_1}{D_0}\sim\delta$ 关系(图 D.0.1)应按表 D.0.1 确定。

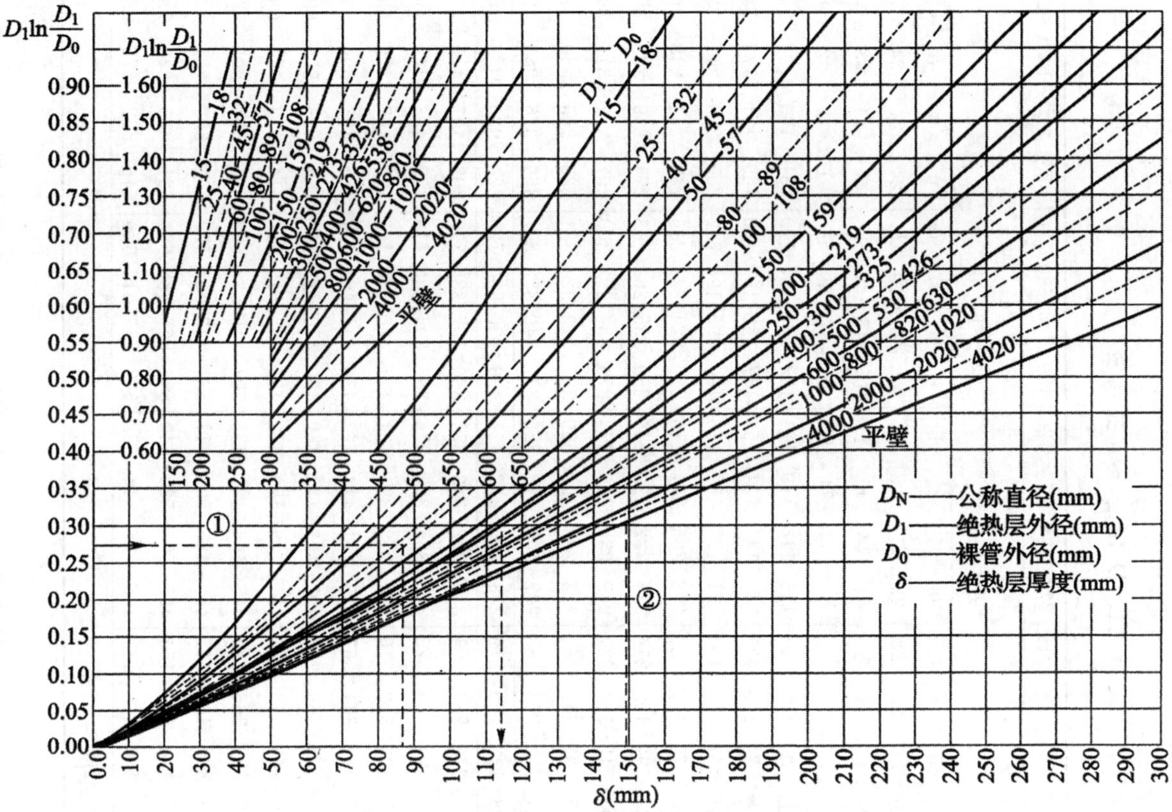

图 D.0.1　$D_1\ln\frac{D_1}{D_0}\sim\delta$ 关系图

表 D.0.1 $D_1\ln\frac{D_1}{D_0}\sim\delta$ 关系表

D_0(mm)	18	25	32	38	45	57	76	89	108	133	159	219	273	325	377	426	480	530	630	720	820	920	1020	2020	4020	8020	平壁
$D_1\ln\frac{D_1}{D_0}$	厚度 δ(mm)																										
0	0	0	0	0	0	0	0	0	0	0	0	0	0	0	0	0	0	0	0	0	0	0	0	0	0	0	0
0.05	16	17	18	18	19	19	20	21	21	22	22	23	23	23	24	24	24	24	24	24	24	24	24	25	25	25	25
0.1	27	29	31	32	33	35	36	37	39	40	41	43	44	44	45	45	46	46	47	47	47	48	48	49	49	50	50
0.2	46	50	53	55	57	60	64	66	68	71	73	77	80	82	84	85	86	87	89	90	91	91	92	96	98	99	100
0.3	63	68	72	75	78	82	88	91	94	99	102	108	113	116	119	121	123	124	127	129	131	133	134	141	145	147	150
0.4	79	85	90	93	97	103	109	113	118	124	128	137	143	147	151	154	157	159	163	166	169	171	173	184	191	195	200
0.5	94	101	107	111	115	122	130	135	141	147	153	164	171	177	182	186	190	193	198	202	205	209	211	226	237	243	250
0.6	108	116	123	126	133	140	150	155	162	170	177	189	198	205	211	216	220	224	231	236	240	244	248	267	281	290	300
0.7	122	131	138	144	150	158	169	175	183	192	199	214	224	232	239	245	250	255	262	268	274	279	283	307	325	336	350
0.8	135	145	153	160	166	175	187	194	203	212	221	237	249	258	266	273	279	284	293	300	307	312	317	346	368	382	400
0.9	148	159	168	175	182	192	205	212	222	233	242	260	273	283	292	300	307	313	323	331	338	345	350	385	411	428	450
1.0	161	173	183	190	197	208	222	230	241	252	263	283	297	308	318	326	334	340	352	361	369	376	383	422	453	473	500
D_0(mm)	18	25	32	38	45	57	76	89	108	133	159	219	273	325	377	426	480	530	630	720	820	920	1020	2020	4020	8020	平壁
1.1	174	186	197	204	212	224	239	248	259	272	283	304	319	332	343	351	360	367	380	390	399	407	415	459	494	518	550
1.2	186	199	210	219	227	239	256	265	277	291	303	325	342	355	367	376	386	394	408	418	429	438	446	495	535	562	600
1.3	198	212	224	233	241	255	272	282	295	309	322	346	364	378	391	401	411	420	435	446	457	467	476	530	575	606	650
1.4	210	225	237	246	256	270	289	298	312	327	341	367	385	401	414	425	436	445	461	474	486	496	506	565	614	650	700
1.5	222	238	251	260	270	284	304	315	329	345	359	387	407	423	437	449	460	470	487	501	514	525	535	600	654	693	750
1.6	234	250	264	274	284	299	319	331	346	363	378	407	427	445	459	472	484	495	513	527	514	553	564	633	692	736	800
1.7	245	262	277	287	298	314	334	347	362	380	396	426	448	466	482	495	508	519	538	553	568	581	593	667	731	779	850
1.8	257	275	289	300	311	328	350	362	379	397	414	445	468	487	504	517	531	543	563	579	594	608	621	700	769	821	900
1.9	268	287	302	313	325	342	365	378	395	414	431	464	488	508	525	540	554	566	588	604	621	635	648	732	806	863	950
2.0	279	299	314	326	338	356	379	393	411	431	449	483	508	528	546	562	577	599	612	629	646	662	676	764	844	905	1000

注:D_0—裸管外径;D_1—绝热层外径;δ—绝热层厚度。

附 录 E
保冷用粘结剂、密封胶、耐磨剂、玛琋脂和聚氨酯防水卷材性能

E.0.1 粘结剂性能应符合表 E.0.1 的规定。

表 E.0.1 粘结剂性能

项目	沥青类低温粘结剂	聚氨酯类低温粘结剂
使用温度范围(℃)	-196～60	-196～100
低温粘结强度	>0.05(-196 ℃)	≥2(放在液氮中 5min)
软化点(℃)	>80(环球法)	—
延伸性(cm)	>3(25 ℃时)	—
闪点(℃)	>245(开口杯)	—
针入度(1/10 mm)	52.5	—
成型时加热温度(℃)	180～200	—
密度(kg/m³)	950～1050	—
颜色	黑色	淡黄色或褐色黏稠液
黏度(厘泊)	—	5000～8000
pH 值	—	6.0～8.0
密度(kg/m³)	—	1100～1200

E.0.2 密封胶和耐磨剂性能应符合表 E.0.2 的规定。

表 E.0.2 密封胶和耐磨剂性能

项目	密封胶	耐磨剂
主要成分	橡胶	—
使用温度范围(℃)	-196～65	-196～80
固含量	≥70%	—
粘结强度(MPa)	0.06(室温)	常温下涂在泡沫玻璃上 60 min 即干燥,6 h后用手指刮剥,基本无脱落现象(低温)
耐低温性	在-196 ℃液氮中浸泡 2 h,外观无异常	在-196 ℃液氮中放 2 h,无剥落及变色现象
耐热性	在 60 ℃环境中放置 168 h,外观无异常	100 ℃恒温 5 h,无流淌及无起泡现象
密度(kg/m³)	1100±100	1300～1500
颜色	高黏度黑色胶状物	灰白色

E.0.3 阻燃性玛琋脂性能应符合表 E.0.3 的规定。

表 E.0.3 阻燃性玛𤧛脂性能

主要性能	指标(要求)
使用温度范围(℃)	−60～65
粘结强度(MPa)(20 ℃时)	≥0.25
耐热性	在 95 ℃温度下 45°斜搁 4 h,温度上升至 120 ℃时 45°斜搁 1 h,无流淌及无起泡现象
耐低温性	在−60 ℃下放置 2 h,外观无异常
吸水率	室温浸泡 24 h,吸水量不大于试料重量的 0.5%
阻燃性	氧指数不低于 30%,施工时无引火性,干燥后离开火源 1 s 自熄
干燥时间	指干 5 h,全干 7 d
伸长率	3%
密度(kg/m³)	1300±100
颜色	黑色

E.0.4 聚氨酯防水卷材性能应符合表 E.0.4 的规定。

表 E.0.4 聚氨酯防水卷材性能

主要性能	指标(要求)
材料组成	胎基:中碱人纹玻纤布 面层:聚氨酯阻燃防水涂料
厚度	0.3 mm 0.6 mm
适用温度(℃)	−45～110
氧指数	≥30%
拉伸强度(MPa)	≥10.0
不透水性	0.3 MPa,2 h,不透水
剪切状态下的黏合性(N/ mm)	≥20.0
颜色	铁红色

附　录　F
保温施工费

F.0.1　每立方米绝热层施工费应按表 F.0.1 的规定执行。

表 F.0.1　每立方米绝热层施工费 F_{ia}(元/m^3)

项目	F_{ia}	
	管道	设备
硬质瓦块	359	640
泡沫玻璃瓦块	591	575
纤维类制品(管壳)	248	583(板)
泡沫塑料瓦块	451	444
毡类制品	264	212
纤维类散装材料	326	339

F.0.2　每平方米保护层施工费应按表 F.0.2 的规定执行。

表 F.0.2　每平方米保护层施工费 F_{91}/F_{92}(元/m^2)

项目	F_{91}/F_{92}	
	金属薄板钉口	金属薄板挂口
管道	40	82
一般设备	39	72
球形设备	78	84

F.0.3　每平方米防潮层及其他保护层施工费应按表 F.0.3 的规定执行。

表 F.0.3　每平方米防潮层及其他保护层施工费 F_{93}(元/m^2)

项目	F_{93}
沥青玛琋脂	25
玻璃纤维布	6
聚氨酯卷材	8
铁丝网	15
钢带安装	19

本规范用词说明

1 为便于在执行本规范条文时区别对待,对要求严格程度不同的用词说明如下:

1) 表示很严格,非这样做不可的:
正面词采用“必须”,反面词采用“严禁”;

2) 表示严格,在正常情况下均应这样做的:
正面词采用“应”,反面词采用“不应”或“不得”;

3) 表示允许稍有选择,在条件许可时首先应这样做的:
正面词采用“宜”,反面词采用“不宜”;

4) 表示有选择,在一定条件下可以这样做的,采用“可”。

2 条文中指明应按其他有关标准执行的写法为:“应符合……的规定”或“应按……执行”。

引用标准名录

《工业设备及管道绝热工程施工规范》GB 50126
《建筑材料及制品燃烧性能分级》GB 8624
《连续热镀锌钢板及钢带》GB/T 2518
《不锈钢冷轧板和钢带》GB/T 3280
《一般工业用铝及铝合金板、带材》GB/T 3880.1～3
《不锈钢丝》GB/T 4240
《硅酸钙绝热制品》GB/T 10699
《绝热用岩棉、矿渣棉及制品》GB/T 11835
《绝热用玻璃棉制品》GB/T 13350
《连续电镀锌、锌镍合金镀层钢板及钢带》GB/T 15675
《绝热用硅酸铝棉及其制品》GB/T 16400
《覆盖奥氏体不锈钢用绝热材料规范》GB/T 17393
《绝热材料最高使用温度的评估方法》GB/T 17430
《一般用途低碳钢丝》YB/T 5294

UDC

中华人民共和国国家标准

P

GB 50316—2000

工业金属管道设计规范

Design code for industrial metallic piping

（2008 年版）

2000-09-26 发布　　　　2001-01-01 实施

国家质量技术监督局
中华人民共和国建设部　联合发布

中华人民共和国建设部公告

第 796 号

建设部关于发布国家标准《工业金属管道设计规范》局部修订的公告

现批准《工业金属管道设计规范》GB 50316—2000 局部修订的条文,自 2008 年 7 月 1 日起实施。其中,第 13.1.3.6 款为强制性条文,必须严格执行。经此次修改的原条文同时废止。

局部修订的条文及具体内容,将在近期出版的《工程建设标准化》刊物上登载。

中华人民共和国建设部

二〇〇八年一月三十一日

关于发布国家标准《工业金属管道设计规范》的通知

建标〔2000〕199 号

根据国家计委《一九九一年工程建设国家标准制订、修订计划》(计综合〔1991〕290 号)的要求,由原化学工业部会同有关部门共同制定的《工业金属管道设计规范》,经有关部门会审,批准为强制性国家标准,编号为 GB 50316—2000,自 2001 年 1 月 1 日起施行。

本规范由国家石油和化学工业局负责管理,中国寰球化学工程公司负责具体解释工作,建设部标准定额研究所组织中国计划出版社出版发行。

中华人民共和国建设部

二〇〇〇年九月二十六日

1 总则

1.0.1 为了提高工业金属管道工程的设计水平,保证设计质量,制定本规范。
1.0.2 本规范适用于公称压力小于或等于 42 MPa 的工业金属管道及非金属衬里的工业金属管道的设计。
1.0.3 本规范不适用于下列管道的设计:
1.0.3.1 制造厂成套设计的设备或机器所属的管道;
1.0.3.2 电力行业的管道;
1.0.3.3 长输管道;
1.0.3.4 矿井的管道;
1.0.3.5 采暖通风与空气调节的管道及非圆形截面的管道;
1.0.3.6 地下或室内给排水及消防给水管道;
1.0.3.7 泡沫、二氧化碳及其他灭火系统的管道;
1.0.3.8 城镇公用管道。
1.0.4 除另有注明外,本规范所述的压力均应为表压。
1.0.5 工业金属管道设计,除应执行本规范外,尚应符合国家现行有关标准的规定。

2 术语和符号

2.1 术语

2.1.1

A1 类流体 category A1 fluid

在本规范内系指剧毒流体,在输送过程中如有极少量的流体泄漏到环境中,被人吸入或与人体接触时,能造成严重中毒,脱离接触后,不能治愈。相当于现行国家标准《职业性接触毒物危害程度分级》GB 5044 中Ⅰ级(极度危害)的毒物。

2.1.2

A2 类流体 category A2 fluid

在本规范内系指有毒流体,接触此类流体后,会有不同程度的中毒,脱离接触后可治愈。相当于《职业性接触毒物危害程度分级》GB 5044 中Ⅱ级及以下(高度、中度、轻度危害)的毒物。

2.1.3

B 类流体 category B fluid

在本规范内系指这些流体在环境或操作条件下是一种气体或可闪蒸产生气体的液体,这些流体能点燃并在空气中连续燃烧。

2.1.4

D 类流体 category D fluid

指不可燃、无毒、设计压力小于或等于 1.0 MPa 和设计温度高于－20 ℃～186 ℃之间的流体。

2.1.5

C 类流体 category C fluid

系指不包括 D 类流体的不可燃、无毒的流体。

2.1.6

管道　piping

由管道组成件、管道支吊架等组成，用以输送、分配、混合、分离、排放、计量或控制流体流动。

2.1.7

管道系统　piping system

简称管系，按流体与设计条件划分的多根管道连接成的一组管道。

2.1.8

管道组成件　piping components

用于连接或装配成管道的元件，包括管子、管件、法兰、垫片、紧固件、阀门以及管道特殊件等。

2.1.9

管道特殊件　piping specialties

指非普通标准组成件，系按工程设计条件特殊制造的管道组成件，包括：膨胀节、补偿器、特殊阀门、爆破片、阻火器、过滤器、挠性接头及软管等。

2.1.10

斜接弯管(弯头)　miter bends

采用管子或钢板制成的焊接弯管(弯头)，具有与管子纵轴线不相垂直的斜接焊缝的管段拼接而成。

2.1.11

支管连接　branch connections

从主管引出支管的结构，包括整体加强的管件及带加强或不带加强的焊接结构的支管连接。

2.1.12

突面　raised face

为法兰密封面的一种形式，突起的平密封面在螺栓孔的内侧，代号为RF。

2.1.13

满平面　full face

也称全平面，为法兰密封面的一种形式，在法兰外径以内均为平密封面，代号为FF。

2.1.14

集液包　liquid collecting pocket(drip leg)

在气体或蒸汽管道的低点设置收集冷凝液的袋形装置。

2.1.15

管道支吊架　pipe supports and hangers

用于支承管道或约束管道位移的各种结构的总称，但不包括土建的结构。

2.1.16

固定支架　anchors

可使管系在支承点处不产生任何线位移和角位移，并可承受管道各方向的各种荷载的支架。

2.1.17

滑动支架 sliding supports

有滑动支承面的支架,可约束管道垂直向下方向的位移,不限制管道热胀或冷缩时的水平位移,承受包括自重在内的垂直方向的荷载。

2.1.18

刚性吊架 rigid hangers

带有铰接吊杆的管架结构,可约束管道垂直向下方向的位移,不限制管道热胀或冷缩时的水平位移,承受包括自重在内的垂直方向的荷载。

2.1.19

导向架 guides

可阻止因力矩和扭矩所产生旋转的支架,可对一个或一个以上方向进行导向,但管道可沿给定轴向位移。当用在水平管道时,支架还承受包括自重力在内的垂直方向荷载。通常导向架的结构兼有对某轴向或二个轴向限位的作用。

2.1.20

限位架 restraints

可限制管道在某点处指定方向的位移(可以是一个或一个以上方向线位移或角位移)的支架。规定位移值的限位架,称为定值限位架。

2.1.21

减振装置 vibrating eliminators

可控制管系高频低幅振动或低频高幅晃动的装置,不限制管系热胀冷缩。

2.1.22

阻尼装置 snubbers(dampers)

可控制管道瞬时冲击荷载或管系高速振动位移的装置,不限制管系热胀冷缩。

2.1.23

剧烈循环条件 severe cyclic condition

指管道计算的最大位移应力范围 σ_E 超过 0.8 倍许用的位移应力范围(即 $0.8[\sigma]_A$)和当量循环数 N 大于 7000 或由设计确定的产生相等效果的条件。

2.1.24

应力增大系数 stress intensification factor

受弯矩的作用,在非直管的组成件中,产生疲劳损坏的最大弯曲应力与承受相同弯矩、相同直径及厚度的直管产生疲劳损坏的最大弯曲应力的比值,称为应力增大系数。因弯矩与管道组成件所在平面不同,有平面内及平面外的应力增大系数。

2.1.25

位移应力范围 displacement stress range

由管道热膨胀产生的位移所计算的应力称为位移应力范围。从最低温度到最高温度的全补偿值进行计算的应力,称为计算的最大位移应力范围。

2.1.26

附加位移 externally imposed displacements

指所计算管系的端点处因设备或其他连接管的热膨胀或其他位移附加给计算管系的位移量。

2.1.27

冷拉 cold spring

在安装管道时预先施加于管道的弹性变形,以产生预期的初始位移和应力,达到降低初始热态下管端的作用力和力矩。

2.1.28

柔性系数 flexibility factor

表示管道元件在承受力矩时,相对于直管而言其柔性增加的程度。即:在管道元件中由给定的力矩产生的每单位长度元件的角变形与相同直径及厚度的直管受同样力矩产生的角变形的比值。

2.1.29

公用工程管道 utility piping

相对于工艺管道而言,公用工程管道系指工厂(装置)的各工序中公用流体的管道。

2.1.30

管道和仪表流程图 piping and instrument diagram

简称 P&ID(或 PID)。此图上除表示设备外,主要表示连接的管道系统、仪表的符号及管道识别代号等。

2.2 符号

A ——主管开孔削弱所需的补强面积;

A_1——补强范围内主管承受内、外压所需计算厚度和厚度附加量两者之外的多余金属面积;

A_2——补强范围内支管承受内、外压所需计算厚度和厚度附加量两者之外的多余金属面积;

A_3——补强范围内的角焊缝面积;

A_4——补强范围内另加补强件的面积;

A_5——补强范围内,挤压引出支管上承受内、外压所需厚度和厚度附加量两者之外的多余金属面积;

A_k——材料的冲击功;

B ——补强区有效宽度;

C_{1t}——支管厚度减薄(负偏差)的附加量;

C_{1m}——主管厚度减薄(负偏差)的附加量;

C_{1r}——补强板厚度减薄(负偏差)的附加量;

C ——厚度附加量之和;

C_1 ——厚度减薄附加量,包括加工、开槽和螺纹深度及材料厚度负偏差;

C_2 ——腐蚀或磨蚀附加量;

C_f ——修正系数;

C_h ——管道压力损失的裕度系数;

C_p ——定压热容;

C_s ——冷拉比,即冷拉值与全补偿值之比;

C_v ——定容热容；
C.S.C.(L.C.) ——关闭状态下锁住(未经批准不得开启)；
C.S.O.(L.O.) ——开启状态下锁住(未经批准不得关闭)；
d ——扣除厚度附加量后支管内径；
d_o ——支管名义外径；
d_1 ——扣除厚度附加量后主管上斜开孔的长径；
d_G ——凹面或平面法兰垫片的内径或环槽式垫片平均直径；
d_X ——除去厚度附加量后挤压引出支管的内径；
DN ——管子或管件的公称直径；
D_i ——管子或管件内径；
D_{iL} ——异径管大端内径；
D_{iS} ——异径管小端内径；
D_o ——管子或管件外径；
D_{OL} ——异径管大端外径；
D_{OS} ——异径管小端外径；
D_r ——补强板的外径；
E_c ——铸件的质量系数；
E_j ——焊接接头系数；
E_h ——在最高或最低温度下管道材料的弹性模量；
E_{20} ——在安装温度下的管道材料的弹性模量；
F_H ——工作荷载；
f_r ——补强板材料与主管材料许用应力比；
f_s ——荷载变化系数；
f ——管道位移应力范围减小系数；
g ——重力加速度；
h ——尺寸系数；
h_1 ——主管外侧法向补强的有效高度；
h_2 ——支管有效补强高度；
h_3 ——平盖内凹的深度；
h_x ——挤压引出支管的高度；
i ——应力增大系数；
i_i ——平面内应力增大系数；
i_o ——平面外应力增大系数；
i_s ——管道坡度；
k ——气体的绝热指数；
K ——柔性系数；
K_1 ——与平盖结构有关的系数；
K_2 ——用于斜接弯管的经验值；

K_3——挤压引出支管补强系数；
K_R——阻力系数；
K_s——弹簧刚度；
K_T——许用应力系数；
L——管道长度；
L_e——阀门和管件的当量长度；
L_f——斜接弯管端节短边的长度；
L_s——支吊架间距；
L_{SL}——与异径管大端连接的直管加强段长度；
L_{SS}——与异径管小端连接的直管加强段长度；
M——气体分子量；
M_A——由于自重和其他持续外载作用在管道横截面上的合成力矩；
M_B——安全阀或释放阀的反座推力、管道内流量和压力的瞬时变化、风力或地震等产生的偶然荷载作用于管道横截面上的合成力矩；
M_E——热胀当量合成力矩；
M'_E——未计入应力增大系数的合成力矩；
M_i——平面内热胀弯曲力矩；
M_O——平面外热胀弯曲力矩；
M_t——热胀扭转力矩；
M_X——沿坐标轴 X 方向的力矩；
M_Y——沿坐标轴 Y 方向的力矩；
M_Z——沿坐标轴 Z 方向的力矩；
n——序数；
N——管系预计使用寿命下全位移循环当量数；
N_E——与计算的最大位移应力范围 σ_E 相关的循环数；
N_j——与按小于全位移计算的位移应力范围 σ_j 相关的循环数；
P——设计压力；
P_A——在设计温度下的许用压力；
P_m——斜接弯管的最大许用内压力；
PN——公称压力；
P_T——试验压力；
Q_L——异径管大端与直管连接的应力增值系数；
Q_S——异径管小端与直管连接的应力增值系数；
R——圆弧弯管的弯曲半径；
R_1——斜接弯管的弯曲半径；
R_c——管道运行初期在安装温度下对设备或端点的作用力和力矩；
R_{c1}——管道应变自均衡后在安装温度下对设备或端点的作用力和力矩；
R_E——以 E_{20} 和全补偿值计算的管道对端点的作用力和力矩；

R_h ——管道运行初期在最高或最低温度下对设备或端点的作用力和力矩；
R_m ——主管平均半径；
r ——平盖内圆角半径；
r_o ——管子或管件的平均半径；
r_1、r_2、r_3——支管补强部位过渡半径；
r_j ——按小于全位移计算的位移应力范围 σ_j 与计算的最大位移应力范围 σ_E 之比；
r_m ——支管平均半径；
r_p ——支管补强部分外半径；
r_x ——在主管和支管轴线的平面内，外轮廓转角处的曲率半径；
S ——斜接弯管斜接段中心线处的间距；
T ——气体温度；
T_1 ——对焊件较薄一侧的厚度；
T_2 ——对焊件较厚一侧的厚度；
T_c ——三通圆角部(主支管相交处)厚度；
T_t ——主管计算厚度；
$T_{\underline{tn}}$ ——主管名义厚度；
t ——半管接头的端部厚度；
t_b ——支管补强部位有效厚度；
t_c ——角焊缝计算的有效厚度；
t_{eb} ——三通支管的有效厚度；
t_{Fn} ——管件的名义厚度；
t_L ——异径管名义厚度；
t_{L1} ——异径管大端名义厚度；
t_{L2} ——异径管小端名义厚度；
t_{LC} ——异径管锥部计算厚度；
t_{LL} ——异径管大端计算厚度；
t_{LS} ——异径管小端计算厚度；
t_m ——盲板计算厚度；
t_p ——平盖计算厚度；
t_{pd} ——平盖或盲板的设计厚度；
t_r ——补强板名义厚度；
t_s ——直管计算厚度；
t_{sd} ——直管设计厚度；
t_{se} ——直管有效厚度；
t_{sn} ——直管名义厚度；
t_t ——支管计算厚度；
t_{tn} ——支管名义厚度；
t_X ——除去厚度附加量后在主管外表面处挤压引出支管的有效厚度；

t_w ——插入式支管台的尺寸；
v ——平均流速；
v_c ——气体的声速或临界流速；
W ——截面系数；
W_B ——异径三通支管的有效截面系数；
W_o ——质量流量；
X ——法兰内侧角焊缝焊脚尺寸；
X_{min} ——角焊缝最小焊脚尺寸；
Y ——系数；
Y_s ——管道自重弯曲挠度；
α ——斜接弯管一条焊缝方向改变的角度(相邻斜接线夹角)；
α_1 ——支管轴线与主管轴线的夹角；
α_0 ——金属材料的平均线膨胀系数；
β ——异径管斜边与轴线的夹角；
θ ——斜接弯管一条焊缝方向改变的角度的1/2(相邻斜接线夹角的一半)；
θ_n ——支管补强部位过渡角度；
δ ——最大计算纤维伸长率；
δ_{ave} ——对接焊口错边量的平均值；
δ_{max} ——对接焊口错边量的最大值；
δ_1 ——基层金属的名义厚度；
δ_2 ——复层金属扣除附加量后的有效厚度；
Δ ——管道垂直热位移；
ΔP_f ——直管的摩擦压力损失；
ΔP_k ——局部的摩擦压力损失；
ΔP_t ——管道总压力损失；
η ——与平盖结构有关的系数；
ρ ——流体密度；
λ ——流体摩擦系数；
σ_b ——材料标准抗拉强度下限值；
σ_b^t ——材料在设计温度下的抗拉强度；
σ_D^t ——材料在设计温度下经10万h断裂的持久强度的平均值；
σ_E ——计算的最大位移应力范围；
σ_j ——按小于全位移计算的位移应力范围；
σ_L ——管道中由于压力、重力和其他持续荷载所产生的纵向应力之和；
σ_n^t ——材料在设计温度下经10万h蠕变率为1%的蠕变极限；
$\sigma_s(\sigma_{0.2})$——材料标准常温屈服点(或0.2%屈服强度)；
$\sigma_s^t(\sigma_{0.2}^t)$——材料在设计温度下的屈服点(或0.2%屈服强度)；
σ_T ——在试验条件下组成件的周向应力；

$[\sigma]_T$ ——在试验温度下材料的许用应力；

$[\sigma]^t$ ——在设计温度下材料的许用应力；

$[\sigma]_o$ ——在设计温度下整体复合金属材料的许用应力；

$[\sigma]_1$ ——在设计温度下基层金属的许用应力；

$[\sigma]_2$ ——在设计温度下复层金属的许用应力；

$[\sigma]_A$ ——许用的位移应力范围；

$[\sigma]_c$ ——在分析中的位移循环内，金属材料在冷态(预计最低温度)下的许用应力；

$[\sigma]_h$ ——在分析中的位移循环内，金属材料在热态(预计最高温度)下的许用应力；

$[\sigma]_x$ ——决定组成件厚度时采用的计算温度下材料的许用应力；

$[\sigma]^t_{RP}$——在设计温度下补强板材料的许用应力；

$[\sigma]^t_M$ ——在设计温度下主管材料的许用应力。

3 设计条件和设计基准

3.1 设计条件

3.1.1 管道设计应根据压力、温度、流体特性等工艺条件，并结合环境和各种荷载等条件进行。

3.1.2 设计压力的确定应符合下列规定：

3.1.2.1 一条管道及其每个组成件的设计压力，不应小于运行中遇到的内压或外压与温度相偶合时最严重条件下的压力。最严重条件应为强度计算中管道组成件需要最大厚度及最高公称压力时的参数。但上述设计压力不应包括本章中允许的非经常性压力变动值。

3.1.2.2 下列特殊条件的管道，其设计压力应与第3.1.2.1款比较，并应取两者的较大值。

(1) 输送制冷剂、液化烃类等气化温度低的流体的管道，设计压力不应小于阀被关闭或流体不流动时在最高环境温度下气化所能达到的最高压力；

(2) 离心泵出口管道的设计压力不应小于吸入压力与扬程相应压力之和；

(3) 没有压力泄放装置保护或与压力泄放装置隔离的管道，设计压力不应低于流体可达到的最大压力。

3.1.2.3 真空管道应接受外压设计，当装有安全控制装置时，设计压力应取1.25倍最大内外压力差或0.1 MPa两者中的低值；无安全控制装置时，设计压力应取0.1 MPa。

3.1.2.4 装有泄压装置的管道的设计压力不应小于泄压装置开启的压力。

3.1.3 设计温度的确定应符合下列规定：

3.1.3.1 管道中每个组成件的设计温度，应不低于本规范第3.1.2.1款规定的需要最大厚度或最高公称压力相对应的温度。设计温度的确定，还应包括流体温度、环境温度、阳光辐射、加热或冷却的流体温度等因素的影响。

设计的最低温度应为管道组成件的最低工作温度，此温度不应低于材料的使用温度下限。常用材料的使用温度下限，应符合本规范附录A的规定。

3.1.3.2 管道采用伴管或夹套加热时，应以外加热和管内流体温度中较高的温度为设计温度。

3.1.3.3 无隔热层的管道中，不同的管道组成件可具有不同的设计温度，管道组成件的设计温度应符合以下规定：

(1) 流体温度低于65 ℃时，管道组成件的设计温度可与流体温度相同；

(2) 流体温度等于或大于 65 ℃时，除非按传热计算或试验确定有较低的平均壁温，管道组成件的设计温度不应低于以下的值：

阀门、管子、突缘短节、焊接管件和厚度与管子相似的其他管道组成件：为流体温度的 95%；

法兰(除松套法兰外)，包括在管件和阀门上的法兰：为流体温度的 90%；

松套法兰：为流体温度的 85%；

法兰的紧固件：为流体温度的 80%。

3.1.3.4 外保温管道的设计温度应按第 3.1.3.1 款和第 3.1.3.2 款确定。当另有计算、试验或测定的结果时，可取其他温度。

3.1.3.5 内保温管道的设计温度，应根据传热计算或试验确定。

3.1.3.6 对于非金属材料衬里的管道，设计温度应取流体的最高工作温度。当无外隔热层时，外层金属的设计温度可通过传热计算、试验决定，或按第 3.1.3.3 款确定。

3.1.4 设计中应对以下环境影响采取有效措施：

3.1.4.1 管道中的气体或蒸气被冷却时，应确定压力降低值。当管内产生真空时，管道应能承受在低温下的外部压力，或采取破坏真空的预防措施。

3.1.4.2 管道组成件应能承受或消除因静态流体受热膨胀而增加的压力，或采取预防措施。

3.1.4.3 当管道温度低于 0 ℃时，应防止切断阀、控制阀、泄压装置和其他管道组成件的活动部件外表面结冰。

3.1.5 管道应能承受以下的动力荷载：

3.1.5.1 管道应能承受外部或内部条件引起的水力冲击、液体或固体的撞击等的冲击荷载。

3.1.5.2 位于室外的地上管道应能承受风荷载。

3.1.5.3 在地震区的管道应能承受地震引起的水平力，并应符合有关国家现行抗震标准的规定。

3.1.5.4 管道的布置和支承设计应消除由于冲击、压力脉动、机器共振、风荷载等引起有害的管道振动的影响。

3.1.5.5 在管道布置和支架设计时，应能承受由于流体的减压或排放时所产生的反作用力。

3.1.6 管道承受的静荷载应包括固定荷载及活荷载。活荷载应包括输送流体重力或试验用的流体重力、寒冷地区的冰、雪重力及其他活动的临时荷载等。固定荷载应包括管道组成件、隔热材料以及由管道支承的其他永久性荷载。

3.1.7 设计中应分析以下热膨胀或收缩的影响：

3.1.7.1 管道被约束或固定，因热膨胀或收缩而产生的作用力和力矩。

3.1.7.2 管壁上温度发生急剧的变化，或由于温度分布不均匀而产生的管壁应力及荷载。

3.1.7.3 两种不同材料所组成的复合或衬里管道，因基层或复层热膨胀性能不同而产生的荷载及夹套管因内外管温度差而产生的荷载。

3.1.8 设计中应避免管道受压力循环荷载、温度循环荷载以及其他循环交变荷载所引起的疲劳破坏。

3.1.9 管道支架和连接设备的位移应作为计算的条件，包括设备或支架的热膨胀、地基下沉、潮水流动、风荷载等产生的位移。

3.1.10 对于焊接、热处理、加工成形、弯曲、低温操作以及易挥发性流体突然减压而产生的急冷作用等情况应保证材料韧性降低在允许的范围内。

3.1.11 当流体工作温度低于−191 ℃时，在选择管道材料包括隔热材料时应按环境空气会出现冷凝和氧气浓缩的因素，确定管外覆盖层，或采取相应的措施。

3.2 设计基准

3.2.1 管道组成件的压力-温度额定值应符合下列规定：

3.2.1.1 除本规范另有规定外，管道组成件的公称压力及对应的工作压力-温度额定值应符合国家现行标准。选用管道组成件时，该组成件标准中所规定的额定值，不应低于管道的设计压力和设计温度。

对于只标明公称压力的组成件，除另有规定外，在设计温度下的许用压力可按下式计算：

$$P_A = PN\frac{[\sigma]^t}{[\sigma]_x} \quad \cdots\cdots (3.2.1)$$

式中：P_A ——在设计温度下的许用压力(MPa)；

PN ——公称压力(MPa)；

$[\sigma]^t$ ——在设计温度下材料的许用应力(MPa)；

$[\sigma]_x$ ——决定组成件厚度时采用的计算温度下材料的许用应力(MPa)。

3.2.1.2 在国家现行标准中没有规定压力-温度额定值及公称压力的管道组成件，可用设计温度下材料的许用应力及组成件的有效厚度(名义厚度减去所有厚度附加量)通过计算来确定组成件的压力-温度额定值。

3.2.1.3 两种不同压力-温度参数的流体管道连结一起时，分隔两种流体的阀门参数应按较严重的条件决定。位于阀门任一侧的管道，应按其输送条件设计。

3.2.1.4 多条设计压力和设计温度不同的管道，用相同的管道组成件时，应按压力和温度相耦合时最严重条件下的某一条管道的压力和温度条件进行设计。

3.2.2 管道运行中的压力和温度的允许变动范围应符合下列规定：

3.2.2.1 金属管道在运行中其压力、温度或两者同时发生非经常性的变动，且下列所有规定都能满足时，应认为在允许的范围内。否则，必须按照压力-温度变动过程中耦合时最严重工况下的设计条件确定。

(1) 没有铸铁或其他非塑性金属的受压组成件。

(2) 公称压力产生的应力不应超过在设计温度下的屈服点。

(3) 纵向应力不应超过本规范规定的极限。

(4) 在管道寿命内，超过设计条件的压力-温度变动的总次数不应超过1000次。

(5) 在任何情况下，最高变动压力不应超过管道的试验压力。

(6) 超过设计条件的非经常性变动应符合下列限制之一。

允许超过压力值或提高温度的程度相当于允许提高许用应力值，其规定如下：

一次变动持续时间不超过10 h，且每年累计不超过100 h时，许用应力提高不得超过33%。

一次变动持续时间不超过50 h，且每年累计不超过500 h时，许用应力提高不得超过20%。

(7) 持续的和周期性的变动对系统中所有组成件的工作性能无影响。如压力变动对阀座等部件的密封无影响。

(8) 变动后的温度不应低于本规范附录A中规定的最低使用温度。

3.2.2.2 对于非金属衬里管道,压力和温度允许的变动值,应在取得成功的使用经验或经过试验证实可靠时,方可使用。

3.2.3 许用应力应符合下列规定:

3.2.3.1 本规范附录A中金属管道材料的许用应力系指许用拉应力,使用时应符合下列规定:

(1) 对于焊接的管道组成件用材料,采用本规范附录A的许用应力时,应另外计入焊接接头系数 E_j。

(2) 对于铸件,在本规范附录A表A.0.5～表A.0.7中的许用应力已计入铸件的质量系数 E_c 值0.80。

3.2.3.2 许用剪切应力为本规范附录A许用应力的0.8倍;支承面的许用压应力为许用应力的1.6倍;许用压应力为本规范附录A表中的许用应力。

3.2.3.3 确定许用应力的基准:

(1) 螺栓材料的许用应力应按表3.2.3-1确定。

(2) 除螺栓及铸铁材料外,对本规范所用的其他材料的许用应力,应按表3.2.3-2确定。

(3) 灰铸铁在设计温度下的许用应力值不应超过下列中的较低者:

标准抗拉强度下限值的1/10;

设计温度下抗拉强度的1/10。

(4) 可锻铸铁在设计温度下的许用应力值不应超过下列中的较低者:

标准抗拉强度下限值的1/5;

设计温度下抗拉强度的1/5。

表3.2.3-1 螺栓材料的许用应力

<table>
<tr><th>材料</th><th>螺栓直径 d(mm)</th><th>热处理状态</th><th colspan="2">许用应力(MPa)
取下列各值中的最小值</th></tr>
<tr><td>碳素钢</td><td>$d \leqslant$ M22
M24 $\leqslant d \leqslant$ M48</td><td>热轧、正火</td><td>$\sigma_s^t/2.7$
$\sigma_s^t/2.5$</td><td>$\sigma_b^t/1.5$</td></tr>
<tr><td>低合金钢、
马氏体高
合金钢</td><td>$d \leqslant$ M22
M24 $\leqslant d \leqslant$ M48
$d \geqslant$ M52</td><td>调质</td><td>$\sigma_s^t(\sigma_{0.2}^t)/3.5$
$\sigma_s^t(\sigma_{0.2}^t)/3.0$
$\sigma_s^t(\sigma_{0.2}^t)/2.7$</td><td rowspan="2">$\sigma_b^t/1.5$</td></tr>
<tr><td>奥氏体高合金钢</td><td>$d \leqslant$ M22
M24 $\leqslant d \leqslant$ M48</td><td>固溶</td><td>$\sigma_s^t(\sigma_{0.2}^t)/1.6$
$\sigma_s^t(\sigma_{0.2}^t)/1.5$</td></tr>
</table>

表 3.2.3-2 其他材料的许用应力

材 料	许用应力(MPa) 取下列各值中的最小值				
碳素钢及低合金钢	$\frac{\sigma_b}{3.0}$	$\frac{\sigma_s}{1.6}$	$\frac{\sigma_s^t}{1.6}$	$\frac{\sigma_D^t}{1.5}$	$\frac{\sigma_n^t}{1.0}$
高合金钢	$\frac{\sigma_b}{3.0}$	$\frac{\sigma_s(\sigma_{0.2})}{1.5}$	$\frac{\sigma_s^t(\sigma_{0.2}^t)}{1.5}$	$\frac{\sigma_D^t}{1.5}$	$\frac{\sigma_n^t}{1.0}$
有色金属	$\frac{\sigma_b}{4.0}$	$\frac{\sigma_s(\sigma_{0.2})}{1.5}$	$\frac{\sigma_s^t(\sigma_{0.2}^t)}{1.5}$	—	—

注:对于奥氏体高合金钢管道组成件,当设计温度低于蠕变温度范围,且允许有微量的永久变形时,可适当提高许用应力值至 $\sigma_s^t(\sigma_{0.2}^t)$ 的 0.9 倍,但不应超过 $\sigma_s(\sigma_{0.2})$ 的 0.667 倍。此规定不适用于法兰或其他有微量永久变形会产生泄漏或故障的场合。

表中符号:

σ_b ——材料标准抗拉强度下限值(MPa);

$\sigma_s(\sigma_{0.2})$ ——材料标准常温屈服点(或 0.2%屈服强度)(MPa);

$\sigma_s^t(\sigma_{0.2}^t)$ ——材料在设计温度下的屈服点(或 0.2%屈服强度)(MPa);

σ_D^t ——材料在设计温度下经 10 万 h 断裂的持久强度的平均值(MPa);

σ_n^t ——材料在设计温度下经 10 万 h 蠕变率为 1%的蠕变极限(MPa)。

3.2.4 铸件质量系数 E_c 应符合下列规定:

3.2.4.1 质量系数 E_c 可用于国家现行标准中未规定压力-温度参数值的铸造组成件。

3.2.4.2 符合材料标准的灰铸铁件和可锻铸铁件质量系数 E_c 取 0.80。

3.2.4.3 其他金属的静态浇铸件,符合材料标准并经肉眼检验的阀门、法兰、管件和其他组成件的钢铸件,质量系数 E_c 取 0.80。

3.2.4.4 离心浇铸件,对只符合规定要求中的化学分析、抗拉试验、液压试验、压扁试验和肉眼检验的铸件,质量系数 E_c 取 0.80。

3.2.4.5 如对铸件进行补充检测,质量系数 E_c 可提高至表 3.2.4 的数值,但在任何情况下,质量系数不应超过 1.00。

表 3.2.4 铸件增加检测后的质量系数 E_c

铸件检测方法	E_c
(1)表面机加工后检查	0.85
(2)磁粉或液渗检测	0.85
(3)超声波或射线检测	0.95
上述(1)+(2)项检测	0.90
上述(1)+(3)项或(2)+(3)项检测	1.00

3.2.5 焊接接头系数 E_j 应根据表 3.2.5 中焊接接头的型式、焊接方法和焊接接头的检验要求确定。对有色金属管道熔化极氩弧焊 100%无损检测时,单面对接接头系数为 0.85,双面对接接头系数为 0.90;局部无损检测时,对接接头系数同表 3.2.5。

表 3.2.5 焊接接头系数 E_j

焊接方法及检测要求		单面对接焊	双面对接焊
电熔焊	100%无损检测	0.90	1.00
	局部无损检测	0.80	0.85
	不作无损检测	0.60	0.70
电阻焊		0.65(不作无损检测);0.85(100%涡流检测)	
加热炉焊		0.60	
螺旋缝自动焊		0.80~0.85(无损检测)	
注:无损检测指采用射线或超声波检测。			

3.2.6 持续荷载的计算应力应符合下列规定:

3.2.6.1 管道组成件的厚度及补强计算满足本规范的要求,则由于内压所产生的应力应认为是安全的。

3.2.6.2 管道组成件的厚度及稳定性计算满足本规范的要求,则由于外压所产生的应力应认为是安全的。

3.2.6.3 管道中由于压力、重力和其他持续荷载所产生的纵向应力之和 σ_L,不应超过材料在预计最高温度下的许用应力$[\sigma]_h$。

3.2.7 计算的最大位移应力范围 σ_E 应符合下列规定:

3.2.7.1 计算的最大位移应力范围 σ_E 不应超过按下式确定的许用的位移应力范围$[\sigma]_A$:

$$[\sigma]_A = f(1.25[\sigma]_c + 0.25[\sigma]_h) \quad \cdots\cdots (3.2.7\text{-}1)$$

若$[\sigma]_h$ 大于 σ_L,其差值可以加到上式中的 $0.25[\sigma]_h$ 项上,则许用位移应力范围为:

$$[\sigma]_A = f[1.25([\sigma]_c + [\sigma]_h) - \sigma_L] \quad \cdots\cdots (3.2.7\text{-}2)$$

式中:$[\sigma]_c$ ——在分析中的位移循环内,金属材料在冷态(预计最低温度)下的许用应力(MPa);

$[\sigma]_h$ ——在分析中的位移循环内,金属材料在热态(预计最高温度)下的许用应力(MPa);

σ_L ——管道中由于压力、重力和其他持续荷载所产生的纵向应力之和(MPa);

$[\sigma]_A$ ——许用的位移应力范围(MPa);

f ——管道位移应力范围减小系数。

(1) f 可由表 3.2.7 确定。

表 3.2.7 管道位移应力范围减小系数 f

循环当量数 N	系数 f
$N \leqslant 7000$	1.0
$7000 < N \leqslant 14000$	0.9
$14000 < N \leqslant 22000$	0.8
$22000 < N \leqslant 45000$	0.7
$45000 < N \leqslant 100000$	0.6

表 3.2.7(续)

循环当量数 N	系数 f
$100000<N\leqslant 200000$	0.5
$200000<N\leqslant 700000$	0.4
$700000<N\leqslant 2000000$	0.3

(2) 循环当量数 N 应按式(3.2.7-3)计算:

$$N=N_E+\sum[r_j^5 N_j],j=1,2,\cdots,n \quad\cdots\cdots\cdots\cdots\cdots (3.2.7\text{-}3)$$

式中:N ——管系预计使用寿命下全位移循环当量数;

N_E——与计算的最大位移应力范围 σ_E 相关的循环数;

σ_j ——按小于全位移计算的位移应力范围;

r_j ——按小于全位移计算的位移应力范围 σ_j 与计算的最大位移应力范围 σ_E 之比;

N_j ——与按小于全位移计算的位移应力范围 σ_j 相关的循环数。

3.2.7.2 许用位移应力范围计算应符合下列补充规定:

(1) 对于铸件,热态及冷态下的许用应力应计入铸件质量系数 E_c。对纵向焊接接头,热态及冷态下的许用应力($[\sigma]_c$ 及$[\sigma]_h$)不需乘焊接接头系数 E_j;

(2) 管道位移应力范围减小系数 f 主要用于耐蚀性良好的管道,在主应力循环数高的地方,应采用抗腐蚀的材料。

3.2.8 偶然荷载与持续荷载产生的应力应按下列规定:

3.2.8.1 管道在工作状态下,受到内压、自重、其他持续荷载和偶然荷载所产生的纵向应力之和,应符合下式规定,且式中应力增大系数 i 的 0.75 倍的值不得小于 1。

$$\frac{PD_i^2}{D_o^2-D_i^2}+0.75i\frac{M_A}{W}+0.75i\frac{M_B}{W}\leqslant K_T[\sigma]_h \quad\cdots\cdots\cdots\cdots\cdots (3.2.8)$$

式中:K_T ——许用应力系数,当偶然荷载作用时间每次不超过 10 h,每年累计不超过 100 h 时,$K_T=1.33$;当偶然荷载作用时间每次不超过 50 h,每年累计不超过 500 h 时,$K_T=1.2$;

M_A ——由于自重和其他持续外载作用在管道横截面上的合成力矩(N·mm);

M_B ——安全阀或释放阀的反座推力、管道内流量和压力的瞬时变化、风力或地震等产生的偶然荷载作用于管道横截面上的合成力矩(N·mm);

W ——截面系数(mm^3);

i ——应力增大系数,按附录 E 计算;

P ——设计压力(MPa);

D_i ——管子或管件内径(mm);

D_o ——管子或管件外径(mm)。

3.2.8.2 在试验条件下所产生的应力可不受本规范第 3.2.6 及 3.2.7 条的限制,可不计入其他临时性荷载。

3.2.8.3 地震烈度在 9 度及以上时,应进行地震验算。

3.2.8.4 不需要考虑风和地震荷载同时发生。

4 材料

4.1 一般规定

4.1.1 管道材料的选用必须依据管道的使用条件(设计压力、设计温度、流体类别)、经济性、耐蚀性、材料的焊接及加工等性能,同时应符合本规范所提出的材料韧性要求及其他规定。

4.1.2 用于管道的材料,其规格与性能应符合国家现行标准的规定。

4.1.3 使用本规范未列出的材料,应符合国家现行的相应材料标准,包括化学成分、物理和力学特性、制造工艺方法、热处理、检验以及本规范其他方面的规定。

4.2 金属材料的使用温度

4.2.1 材料使用温度,除了应符合本规范附录A的规定外,还需依据流体腐蚀的影响及对材料性能的影响等确定。

4.2.2 材料的使用温度上下限应符合下列规定:

4.2.2.1 除了低温低应力工况外,材料的使用温度,不应超出本规范附录A所规定的温度上限和温度下限。

4.2.2.2 未列入本规范附录A中的材料,决定其使用温度时应符合以下规定:

(1) 在使用温度条件下应保证材料的适用性和可靠性;

(2) 在使用温度下,材料应具有对流体及外界环境影响的抵抗力;

(3) 应按本规范第3.2.3条的规定确定材料的许用应力。

4.3 金属材料的低温韧性试验要求

4.3.1 管道设计温度低于或等于−20 ℃,而高于本规范附录A中使用温度下限的碳素钢、低合金钢、中合金钢和高合金铁素体钢,出厂材料及采用焊接堆积的焊缝金属和热影响区应进行低温冲击试验。

4.3.2 奥氏体不锈钢,含碳量大于0.1%,设计温度低于−20 ℃而高于本规范附录A中使用温度下限时,出厂的材料及采用焊接堆积的焊缝金属和热影响区应进行低温冲击试验。

4.3.3 奥氏体高合金钢的使用温度等于或高于−196 ℃时,可免做低温冲击试验。

4.3.4 符合下列条件之一时,管道材料可免做低温冲击试验:

4.3.4.1 使用温度等于或高于−45 ℃,且不低于本规范附录A中材料使用温度下限,同时,材料的厚度无法制备5 mm厚试样时。

4.3.4.2 除了抗拉强度下限值大于540 MPa的钢材及螺栓材料外,使用的材料在低温低应力工况下,若设计温度加50 ℃后,高于−20 ℃时。

注:低温低应力工况为设计温度低于或等于−20 ℃的受压的管道组成件,其环向应力小于或等于钢材标准中屈服点的1/6,且不大于50 MPa的工况。

4.3.5 需热处理的材料,应在热处理后进行冲击试验。

4.3.6 下列条件的材料用于管道时,母材、焊缝及热影响区应增加冲击试验:

(1) Q235-A、Q235-B及Q235-C材料,使用温度在图4.3.6曲线*A*以下至附录A表中使用温度下限(−10 ℃)范围内时。

(2) 钢号为10、20、20g、16Mn、20R、16MnR及15MnVR的材料,使用温度在图4.3.6曲线*B*以下至附录A表中使用温度下限范围内时。

(3) 使用温度低于0 ℃至附录A表中使用温度下限范围内的18MnMoNbR、

13MnNiMoNbR 及 Cr-Mo 低合金钢(不包括低温钢)的任意厚度的钢板。

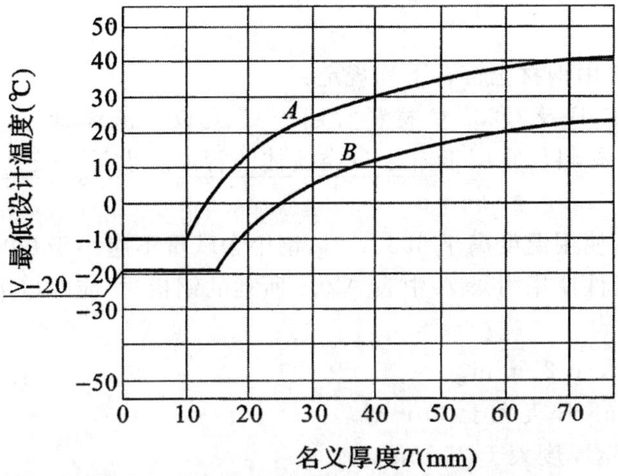

图 4.3.6　碳钢、锰钢材料冲击试验的温度

4.3.7　在温度下限以上使用有色金属和它的合金材料时,如填充金属成分与母材成分不同,焊接接头应进行低温拉伸试验,延伸率应符合设计规定。

4.3.8　制造厂已作过冲击试验的材料,但加工后经过热处理时,应进行低温冲击试验。

4.3.9　焊接结构中,对热影响区的低温冲击试验可满足对基体材料的冲击试验。

4.3.10　材料冲击试验的方法应按现行国家标准《金属夏比缺口冲击试验方法》GB/T 229 的规定。在低温下的冲击功值应符合低温用材料标准或表 4.3.10 的规定。当冲击功不相同的基体材料焊接一起时,其冲击试验能量应符合较小抗拉强度的基体材料的要求。

表 4.3.10　夏比低温冲击试验的冲击功

材料	材料标准抗拉强度下限值 σ_b(MPa)	试样数	冲击功 A_k(J)
碳钢和低合金钢	$\sigma_b \leqslant 450$	三个试样平均值 其中最小值	≥18 12.6
碳钢和低合金钢	$450 < \sigma_b \leqslant 515$	三个试样平均值 其中最小值	≥20 14
	$515 < \sigma_b \leqslant 650$	三个试样平均值 其中最小值	≥27 18.9
奥氏体高合金钢		三个试样平均值 其中最小值	≥31 21.7

注:① 表中冲击功数值适用于标准试样,如用小型试样时,冲击功 A_k 应乘以试样的实际宽度与标准宽度(10 mm)之比。

② 本表碳钢和低合金钢的冲击试验数据适用于镇静钢。

③ 抗拉强度大于 650 MPa 的钢材,冲击功与 650 MPa 材料相同。

4.3.11 试样应从同批、同规格、同样加工、焊接和热处理条件的材料中制取。

4.4 材料的使用要求

4.4.1 制造管道组成件用钢材应符合下列规定：

4.4.1.1 Q235-A、Q235-B 及 Q235-C 材料宜用于 C 及 D 类流体管道，且设计压力不宜大于 1.6 MPa。Q235-A·F 材料仅宜用于输送 D 类流体的管道及设计温度小于或等于 250 ℃的管道支吊架。

4.4.1.2 奥氏体不锈钢使用温度高于 525 ℃时，钢中含碳量不应小于 0.04%。

4.4.1.3 受压管道组成件使用附录 A 中表 A.0.2 所列的钢板时，应对以下钢板逐张进行超声波检测：

(1) 低温钢厚度大于 20 mm。

(2) 20R 及 16MnR 厚度大于 30 mm。

(3) 其他低合金钢厚度大于 25 mm。

以上质量不应低于Ⅲ级。

(4) 对于调质钢板不论厚度多少，均须检测，质量不应低于Ⅱ级。

4.4.1.4 调质状态供货的钢材，应按设计条件进行常温或低温冲击试验。

4.4.1.5 钢材的使用状态应按本规范附录 A 的规定。设计指定供货状态与国家现行材料标准的规定不同时，应在设计文件中注明。

4.4.1.6 低温管道用钢应采用镇静钢。

4.4.2 铸铁类材料使用范围应符合下列规定：

4.4.2.1 球墨铸铁用作受压部件时，其设计温度不应超过 350 ℃，设计压力不应超过2.5 MPa。在常温下，设计压力不宜超过 4.0 MPa。

4.4.2.2 (本款删除)

4.4.2.3 下述铸铁不宜在剧烈循环条件下使用。对过热、机械振动及误操作等采取防护措施时，可限制在下列范围内使用：

(1) 灰铸铁件不宜使用于输送 B 类流体的管道上，在特殊情况下必须使用时，其设计温度不应高于 150 ℃，设计压力不应超过 1.0 MPa；C 类流体管道使用灰铸铁件的设计压力不宜超过 1.6 MPa，设计温度不宜超过 230 ℃；

(2) 可锻铸铁用于 C 类流体管道，设计温度不应高于 230 ℃，设计压力不应大于2.5 MPa；或用于设计温度为 300 ℃时，设计压力不应大于 2.0 MPa；用于 B 类流体管道，设计温度不应高于 150 ℃，设计压力不应大于 2.5 MPa；

(3) 高硅铸铁不得用于 B 类流体。

4.4.3 使用其他金属材料应符合下列规定：

4.4.3.1 在火灾危险区内，不宜使用铜、铝材料。

4.4.3.2 铅、锡及其合金管道不得用于 B 类流体。

4.4.3.3 铜、铝与其他金属连接时，有电解液存在情况下，应考虑产生电化腐蚀的可能性。

4.4.4 使用复合金属和衬里材料应符合下列规定：

4.4.4.1 管道组成件由符合有关材料标准要求的整体复合钢板制成时，其基层(外层)金属和复层金属应符合本规范第 4.1 节的规定。

(1) 整体复合材料的管道耐压强度计算，可根据扣除所有厚度附加量后的基层和复层金属的总厚度来计算。

(2) 基层和复层金属的许用应力可按本规范附录 A 的规定。但复层金属的许用应力取值不应大于基层金属的许用应力值。

整体复合材料的许用应力可按式(4.4.4)计算:

$$[\sigma]_c = \frac{[\sigma]_1\delta_1 + [\sigma]_2\delta_2}{\delta_1 + \delta_2} \quad \cdots\cdots (4.4.4)$$

式中:$[\sigma]_c$ ——在设计温度下整体复合金属材料的许用应力(MPa);

$[\sigma]_1$ ——在设计温度下基层金属的许用应力(MPa);

$[\sigma]_2$ ——在设计温度下复层金属的许用应力(MPa);

δ_1 ——基层金属的名义厚度(mm);

δ_2 ——复层金属扣除附加量后的有效厚度(mm)。

4.4.4.2 对于非整体结构的金属复层或衬里的管道组成件,其基层金属材料的厚度应符合耐压强度计算的厚度,计算厚度不应包括复层或衬里的厚度。

4.4.4.3 除本条的要求外,在本规范中对输送不同流体的管道材料所作的各种限制,不适用于管道组成件的复层材料或衬里材料。复层或衬里材料和基层材料以及粘结剂应根据设计条件及流体性质选用。

4.4.4.4 复层为奥氏体不锈钢时,使用温度不宜超过 400 ℃。

4.4.4.5 非金属衬里材料的使用温度范围可按本规范附录 C 的规定。

4.4.5 选择连接接头和辅助材料诸如胶泥、溶剂、钎焊材料、填料、衬垫及"O"形环、螺纹的润滑剂与密封剂等用以制作或用作密封接头时,对上述材料与所输送流体应有相容性。

5 管道组成件的选用

5.1 一般规定

5.1.1 管道组成件应符合本规范耐压设计规定,并应符合国家现行标准的规定。

5.1.2 管道组成件成型及焊后热处理的要求应符合本规范附录 G 的规定。

5.1.3 管道组成件的检验应符合本规范附录 J 的规定。

5.1.4 管道组成件用材料应符合本规范第 4 章及附录 A 中材料标准的规定。

5.2 管子

5.2.1 采用直缝焊接钢管时,应符合本规范附录 J 及本规范表 3.2.5 的规定。

5.2.2 剧烈循环操作条件下的管道,宜采用国家现行标准中所列的无缝钢管和铜、铝、钛、镍无缝管,采用直缝电焊钢管时应符合本章第 5.2.1 条的规定。

5.2.3 (本条删除)

5.2.4 当无缝钢管用于设计压力大于或等于 10 MPa 时,碳钢、合金钢管的出厂检验项目不应低于现行国家标准《高压化肥设备用无缝钢管》GB 6479 的规定,不锈钢管的出厂检验项目不应低于现行国家标准《流体输送用不锈钢无缝钢管》GB/T 14976 的规定。

5.2.5 钢管厚度应符合本规范附录 D 的规定。

5.2.6 夹套管的内管宜采用无缝管。

5.2.7 输送氧气用管子应符合本规范有关安全的规定。

5.3 弯管及斜接弯管

5.3.1 采用圆弧弯管应符合下列规定：

5.3.1.1 按照国家现行标准制造、弯曲后的弯管，其外侧减薄处厚度不应小于直管的计算厚度加上腐蚀附加量之和。

5.3.1.2 管道中不应使用折皱弯管。

5.3.1.3 钢管弯曲后截面不圆度应符合下列规定：

(1) 受内压时，任一横截面上最大外径与最小外径之差不应超过名义外径的8%；

(2) 受外压时，任一横截面上最大外径与最小外径之差不应超过名义外径的3%。

5.3.2 采用斜接弯管应符合下列规定：

5.3.2.1 按本规范规定进行耐压计算、制造、焊接的斜接弯管，可与制造弯管的直管一样用于相同的工作条件。但斜接弯管的设计压力不宜超过2.5 MPa。

5.3.2.2 斜接弯管，其一条焊缝方向改变的角度 α 大于45°者，仅可用于输送D类流体，不得用于输送其他类流体。

5.3.2.3 剧烈循环条件下的管道中采用斜接弯管时，其一条焊缝方向改变的角度不应大于22.5°。

5.3.2.4 夹套管道的内管应采用圆弧弯头或弯管，不应采用斜接弯管。

5.4 管件及支管连接

5.4.1 剧烈循环操作条件下采用的管件应符合下列规定：

5.4.1.1 采用锻造件及轧制无缝管件；

5.4.1.2 轧制焊接件，焊接接头系数应大于或等于0.9；

5.4.1.3 铸钢件，铸件质量系数 E_c 不应小于0.90，并应符合本规范第3.2.4条的规定。

5.4.1.4 不锈钢对焊管件的厚度应符合附录D第D.0.1条的规定。

5.4.2 普通管件及非标准异径管的选用应符合下列规定：

5.4.2.1 普通管件包括弯头、三通、四通、异径管及管帽等工厂制造的标准管件。

5.4.2.2 选用对焊端的圆弧弯头时应采用长半径(弯曲半径为公称直径的1.5倍)的弯头。短半径弯头仅可在布置特殊需要时使用。

5.4.2.3 采用钢板热压成型及组焊(两半焊接合成)的管件时，应符合本规范附录J第J.1.1条的规定。

5.4.2.4 无特殊要求时，宜优先选用钢制管件。螺纹连接的可锻铸铁定型管件，宜用于D类流体的地上管道中。

5.4.2.5 对焊端的标准管件的外径系列及端部名义厚度应在工程设计中指定。管件内部厚度应根据设计压力、设计温度及腐蚀附加量条件由制造厂决定。管件内部可局部加厚，但各部位均不应小于其端部厚度。

5.4.2.6 钢板卷焊的非标准异径管设计压力不宜超过2.5 MPa。并应按本规范进行计算。

5.4.3 预制的突缘短节的选用应符合下列规定：

5.4.3.1 在本条中的要求仅用于单独制造的突缘短节，不适用于特殊管件，也不适用于管端整体锻制的突缘。

5.4.3.2 焊接加工的突缘短节，符合下列条件时，则可与其相接的管子一样，适用于相同的工作条件。

(1) 突缘的外径必须符合法兰标准或设计指定法兰标准的突缘短节的尺寸要求。

(2) 突缘的厚度不应小于与其相连管子的名义厚度。

(3) 突缘短节的材料宜与管子材料相同。

(4) 应按焊接加工的突缘短节(图 5.4.3)的要求加工。

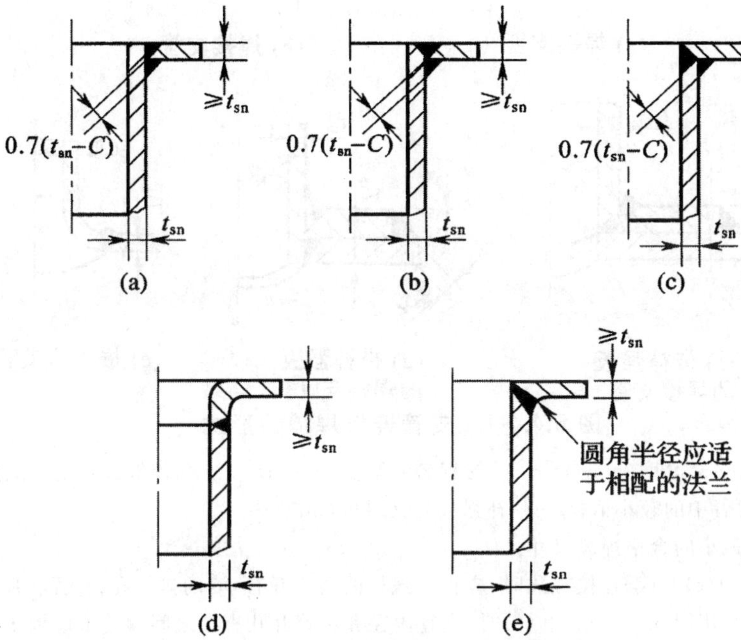

图 5.4.3 焊接加工的突缘短节

注:焊接后应对突缘部进行机械加工,密封面的粗糙度应符合法兰标准要求。焊缝的检测应符合附录 J 第 J.1 节的规定。

5.4.3.3 整体扩口翻边的突缘短节,当符合下列条件时,则可与其相接的管子一样,适用于相同的工作条件。

(1) 突缘的外径必须符合法兰标准或设计指定法兰标准的突缘短节的尺寸要求。

(2) 翻边的圆角半径应与相应的法兰相配。

(3) 在任意一点上所测得的突缘厚度,不应小于最小管壁厚度的 95%乘以管子的外半径与翻边厚度测量点处半径之比。

5.4.3.4 剧烈循环操作条件下的突缘短节。

(1) 焊接加工的突缘短节(图 5.4.3),用于剧烈循环操作条件时,应选用该图中(d)或(e)的形式加工,还应满足本条第 5.4.3.2 款的要求。

(2) 整体扩口翻边的突缘短节,不得用于剧烈循环条件下。

5.4.4 焊接支管及预制的支管连接件的选用应符合下列规定:

5.4.4.1 除采用本章第 5.4.2 条的三通及四通外,可根据本节要求选用下列的支管连接结构:

(1) 焊接支管,见图 5.4.4-1(a)、(b)、(c)、(d);

(2) 半管接头,见图 5.4.4-2;

(3) 支管台,见图 5.4.4-3;

(4) 嵌入式支管,见图 5.4.4-1(e)。

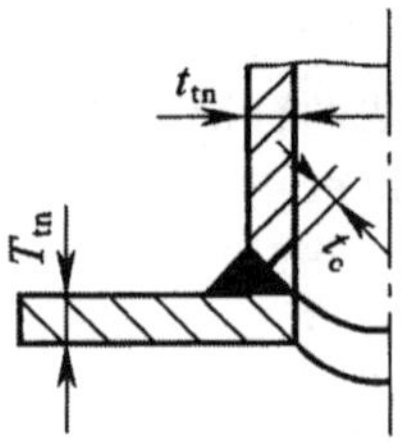

(a) 焊接支管

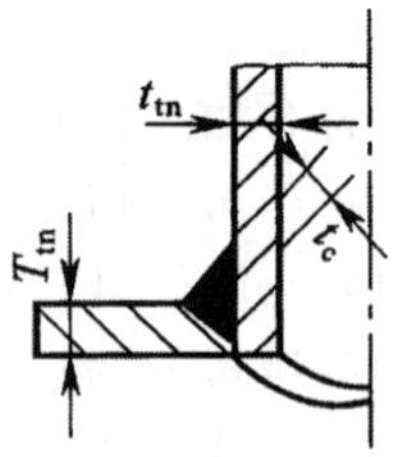

(b) 焊接支管

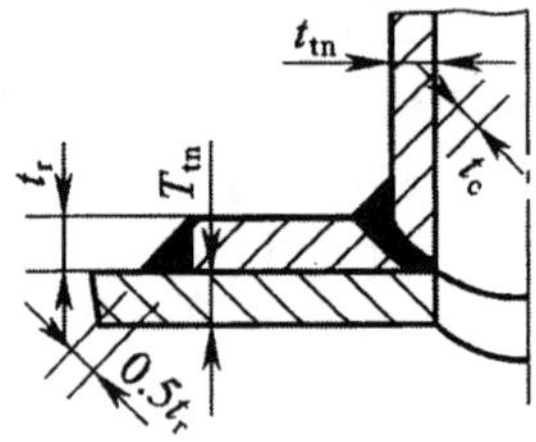

(c) 带补强板的焊接支管

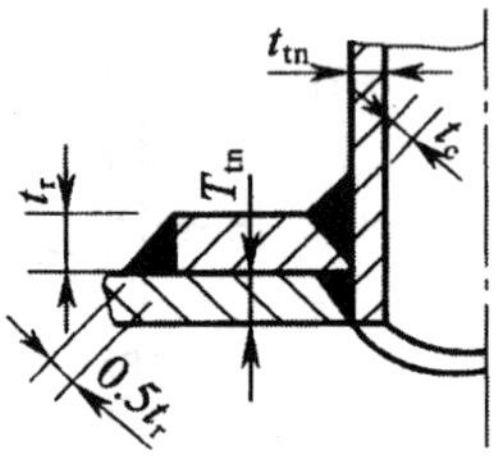

(d) 带补强板的焊接支管

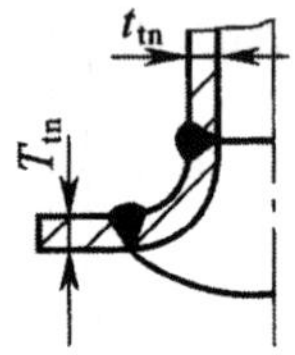

(e) 嵌入式支管

图 5.4.4-1 支管连接焊缝的形式

注：① T_{tn}——主管名义厚度(mm)；t_{tn}——支管名义厚度(mm)；t_c——角焊缝计算的有效厚度，可取 $0.7t_{tn}$ 或 6.5mm 两者中的较小值；t_r——补强板名义厚度(mm)。

②所示尺寸为最小的合格焊缝尺寸。

③采用图 5.4.4-1(c)及(d)连接方式时，应在补强板的高位开有 $\phi5$ 的排气孔；补强板应与主管和支管很好地贴合。采用图 5.4.4-1(a)和(c)时，支管内径和主管开孔直径之间偏差不应大于 3 mm。

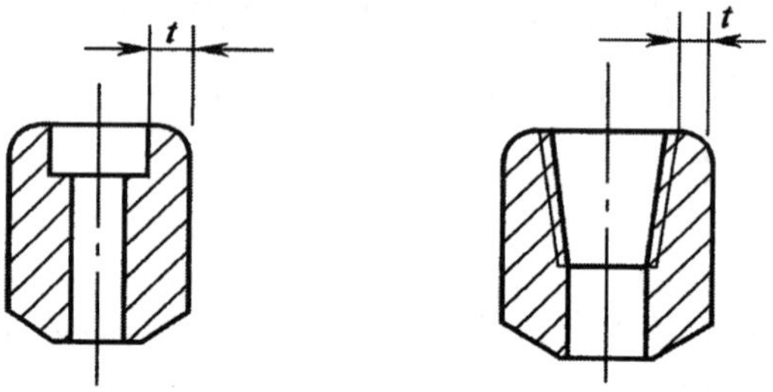

图 5.4.4-2 半管接头

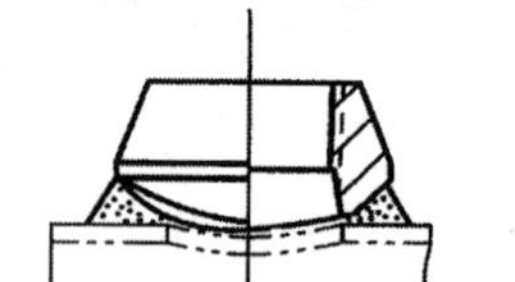

(a) 螺纹支管台

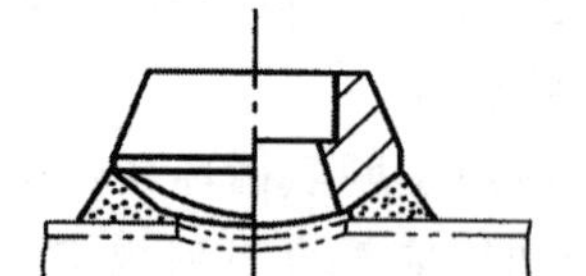

(b) 承插焊支管台

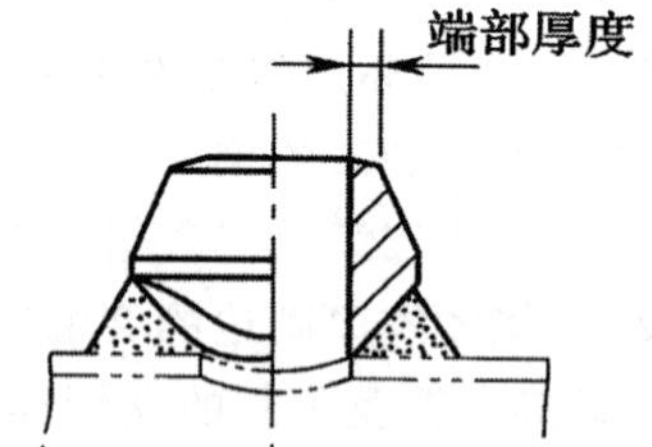

(c) 对焊支管台

图 5.4.4-3 支管台

5.4.4.2 支管连接应符合支管连接焊缝的形式(图 5.4.4-1)的结构要求。补强应符合本规范的规定。当用于剧烈循环操作条件时,不应采用图 5.4.4-1 中(a)(c)的结构。

5.4.4.3 公称压力大于或等于 10 MPa 的管道,主支管为异径时,不宜采用焊接支管,宜采用三通,或在主管上开孔并焊接支管台。当主支管为等径时宜采用三通。

5.4.4.4 选用半管接头作为支管连接时,其公称直径不宜大于 50 mm。

5.4.4.5 有振动的管道可采用三通或支管台或嵌入式支管。不应采用焊接支管。

5.4.4.6 主管外径与厚度之比 $\left(\frac{D_o}{T_{tn}-C_{1m}}\right)$ 大于或等于 100 时,支管外径应小于主管外径的 1/2。

5.5 阀门

5.5.1 用于各类流体的阀门类型、结构及其各部件材料,应根据流体的特性、设计温度、设计压力及本规范第 3.2.1 条的规定选用。

5.5.2 选用手动阀门,当开启力大于 400 N 时,宜采用齿轮操纵结构。

5.5.3 阀盖与阀体连接的螺栓少于 4 个的阀门,应仅用于输送 D 类流体的管道。公称压力超过 1.6 MPa 的蒸汽管道不应使用螺纹连接的阀盖。

5.5.4 用于高温或低温流体的阀门,宜采用改善填料使用条件的阀盖伸长的结构形式。

5.5.5 输送 B 类流体的管道上使用软密封球阀时,应选用防(耐)火型结构的球阀。

5.5.6 阀门的材料应符合本规范第 4 章的规定。对于磨蚀性大的流体,阀座及阀芯应选用耐磨损的材料。对于有磨蚀的流体,选用闸阀时,宜为明杆结构形式。

5.5.7 除耐腐蚀的要求外,输送 B 类流体的管道上宜用钢制阀体的阀门。

5.5.8 端部焊接的小阀,当焊接及热处理过程中阀座会变形时,应选用长阀体型或端部带短管的阀门。

5.5.9 对于氧气管道不应使用快开、快闭型的阀门。阀内垫片及填料不应采用易脱落碎屑、纤维的材料或可燃的材料制成。

5.6 法兰

5.6.1 标准法兰的公称压力的确定,应符合本规范第 3.2.1 条第 3.2.1.1 款的规定。

5.6.2 当采用非标准法兰时,必须按本规范的规定进行耐压强度计算。

5.6.3 下列任一种情况的管道,应采用对焊法兰。不应采用平焊(滑套)法兰。

5.6.3.1 预计有频繁的大幅度温度循环条件下的管道;

5.6.3.2 剧烈循环条件下的管道。

5.6.4 在刚性大,不便于拆装或公称直径大于或等于 400 mm 的管道上设盲板时,宜在法兰上设顶开螺栓(顶丝)。

5.6.5 配用非金属垫片的法兰,法兰密封面的粗糙度宜为 3.2 μm~6.4 μm。对于配用缠绕式垫片的法兰,应为光滑的密封面,粗糙度宜为 1.6 μm~3.2 μm,并应采用公称压力大于或等于 2.0 MPa 的法兰。

5.6.6 当金属法兰与非金属法兰连接或采用脆性材料的法兰时,两者宜为全平面(FF)型法兰。当必须采用突面(RF)型法兰时,应有防止螺栓过载而损坏法兰的措施。

5.6.7 有频繁大幅度温度循环的情况下,承插焊法兰和螺纹法兰不宜用于高于 260 ℃及低于 −45 ℃。

5.7 垫片

5.7.1 选用的垫片应使所需的密封负荷与法兰的设计压力、密封面、法兰强度及其螺栓连接相适应,垫片的材料应适应流体性质及工作条件。

5.7.2 缠绕式垫片用在凸凹面法兰上时宜带内环,用在突面(RF)型法兰上时宜带外定位环。

5.7.3 用于全平面(FF)型法兰的垫片,应为全平面非金属垫片。

5.7.4 非金属垫片的外径可超过突面(RF)型法兰密封面的外径,制成"自对中"式的垫片。

5.7.5 用于不锈钢法兰的非金属垫片,其氯离子的含量不得超过 50×10^{-6}。

5.8 紧固件

5.8.1 管道用紧固件,包括六角头螺栓、双头螺柱、螺母和垫圈等零件。

5.8.2 应选用国家现行标准中的标准紧固件,并在本规范附录 A 所规定材料的范围内选用。

5.8.3 用于法兰连接的紧固件材料,应符合国家现行的法兰标准的规定,并与垫片类型相适应。

5.8.4 法兰连接用紧固件螺纹的螺距不宜大于 3 mm。直径 M30 以上的紧固件可采用细牙螺纹。

5.8.5 碳钢紧固件应符合国家现行法兰标准中规定的使用温度。

5.8.6 用于各种不同法兰的紧固件应符合下列规定:

5.8.6.1 在一对法兰中有一个是铸铁、青铜或其他铸造法兰,则紧固件要使用较低强度的法兰所配的紧固件材料。但符合下列条件时,可按所述任一个法兰配选紧固件材料。

(1) 两个法兰均为全平面,并采用全平面的垫片;

(2) 考虑到持续载荷、位移应变、临时荷载以及法兰强度各方面的因素,对拧紧螺栓的顺序和扭矩已作了规定。

5.8.6.2 当不同等级的法兰以螺栓紧固在一起时,拧紧螺栓的扭矩应符合低等级法兰的要求。

5.8.7 在剧烈循环条件下,法兰连接用的螺栓或双头螺柱,应采用合金钢的材料。

5.8.8 金属管道组成件上采用直接拧入螺柱的螺纹孔时,应有足够的螺孔深度,对于钢制件其深度至少应等于公称螺纹直径,对于铸铁件不应小于 1.5 倍的公称螺纹直径。

5.9 管道组成件连接结构选用要求

5.9.1 焊接接头的选用,应符合下列规定:

5.9.1.1 焊缝坡口应符合现行国家标准《气焊、手工电弧焊及气体保护焊焊缝坡口的基本形式与尺寸》GB/T 985 及《埋弧焊焊缝坡口的基本形式与尺寸》GB/T 986 的规定。

5.9.1.2 承插焊连接接头的选用:

(1) 公称直径不宜大于 50 mm,连接结构应符合本规范附录 H 第 H.1 节的规定。

(2) 不得用于有缝隙腐蚀的流体工况中。

(3) 大于 DN40 的管径不应用于剧烈循环条件下。

5.9.1.3 对焊接头的选用:

(1) 在钢管道中除有维修拆卸要求外,应采用对焊接头。

(2) 当材料强度相同而不同厚度的管道组成件组对对接,而厚度较厚一端内壁或外壁形成错边量大于 2 mm 或超过设计规定的数值时,应符合本规范附录 H 第 H.2 节的规定。

5.9.1.4 平焊(滑套)法兰的焊接应符合本规范附录 H 第 H.1.4 条的规定。

5.9.2 螺纹连接(螺纹密封)接头的选用,应符合下列规定:

5.9.2.1　不得用于有缝隙腐蚀的流体工况中。

5.9.2.2　需密封焊的螺纹连接的接头,不得使用密封材料。

5.9.2.3　不应使用于扭矩大的或有振动的管道上。在热膨胀可能使螺纹松开时,应采取预防措施。

5.9.2.4　在剧烈循环条件下,螺纹连接仅限用于温度计套管上(与测温元件的连接)。

5.9.2.5　直螺纹管接头与锥管螺纹相接的结构仅用于D类流体管道。

5.9.2.6　除了《低压流体输送用焊接钢管》GB/T 3091 标准中按普通和加厚两种厚度的钢管可用于外螺纹连接外,其他外螺纹的钢管及管件的厚度(最小值)应符合本规范附录D表D.0.2的规定。

5.9.2.7　B类流体的管道用锥管螺纹连接时,公称直径不宜大于20 mm,当有严格防泄漏的要求时,应采用密封焊。

5.9.2.8　锥管螺纹密封的接头,设计温度不宜大于200 ℃,对于C类流体管道,当公称直径为32 mm～50 mm时,设计压力不应大于4 MPa;公称直径为25 mm时,设计压力不应大于8 MPa;公称直径小于或等于20 mm时,设计压力不应大于10 MPa。高于上述压力应采用密封焊。

5.9.3　其他型式连接接头的使用,应符合下列规定:

5.9.3.1　用水泥填充的铸铁管承插接头仅限用于D类流体。这种管道应有防止接头松开的合理支承的措施。

5.9.3.2　在剧烈循环条件下及B类流体管道中不应使用钎焊接头。

5.9.3.3　粘接接头不应使用于金属的压力管道中。

5.9.3.4　除管端用透镜垫密封外,管端作为密封面伸出螺纹法兰面以压紧垫片的结构(图5.9.3-1)仅限用于D类流体的管道。

5.9.3.5　用端面的垫片密封而不是用螺纹密封的直螺纹接头(图5.9.3-2)与主管焊接时,应防止密封面发生变形。图5.9.3-2(a)的结构不得用于B类流体。

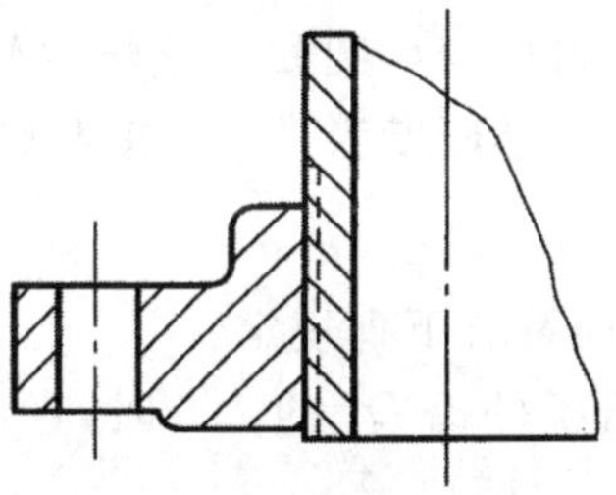

图5.9.3-1　管端作为密封面伸出螺纹法兰面的结构

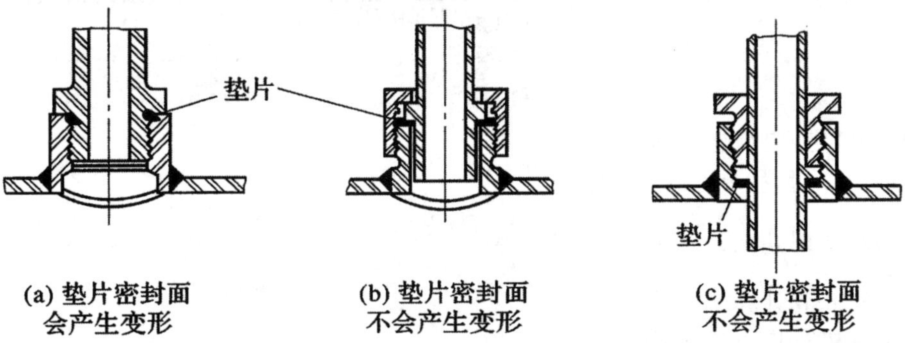

图5.9.3-2　典型的直螺纹接头

5.10 管道特殊件

5.10.1 在输送B类流体的管道中,不应使用带填料密封的补偿器。

5.10.2 波纹膨胀节和金属软管不得用于受扭转的场合。

5.10.3 使用波纹膨胀节时,应按其各种形式的性能合理选用。设计中应计算其使用寿命及反力。有冷拉时,应在设计文件中指明。还应考虑环境温度降低时流体可能冷凝及结冰的影响。

5.10.4 仅在开车期间对转动设备进行安全防护时,可在其入口管道内设置临时过滤器。

5.10.5 疏水阀入口、喷头或喷射器入口及制备溶液系统有关的泵入口等管道上应设置永久过滤器。

5.10.6 应根据工艺要求决定过滤器筛网的网目。

5.11 非金属衬里的管道组成件

5.11.1 非金属衬里的管道组成件的材料选用,应符合本规范第4.4.4条的规定。

5.11.2 非金属衬里的管道组成件的端部连接结构,宜采用金属法兰连接,除耐火材料衬里以外,应使衬里延伸覆盖整个法兰密封面上,且应牢固结合、平整。

5.11.3 所有组成件的基层金属部分的选用要求,应符合本章第5.2节至第5.6节及第5.9节的规定。

5.11.4 非耐火材料衬里的管道用于火灾危险区时,应有防护措施。

5.11.5 特制的垫环,可用于非金属衬里管道作为安装长度的调整。

6 金属管道组成件耐压强度计算

6.1 一般规定

6.1.1 本章所列的计算方法适用于工程设计中所需的管道组成件的设计计算。对于已标明公称压力的管道组成件不必再按本章进行计算。

6.1.2 标准的对焊管件的耐压强度要求,应符合本规范第5.4.2条第5.4.2.5款的规定。

6.1.3 本章中组成件耐压强度计算厚度(简称计算厚度)。设计厚度为计算厚度与厚度附加量之和。名义厚度为计算厚度加厚度附加量后圆整至该组成件的材料标准规格的厚度。有效厚度为名义厚度减去附加量的差值。最小厚度为计算厚度与腐蚀或磨蚀附加量之和。

6.2 直管

6.2.1 承受内压直管的厚度计算,应符合下列规定:

6.2.1.1 当直管计算厚度 t_s 小于管子外径 D_o 的1/6时,直管的计算厚度不应小于式(6.2.1-1)计算的值。设计厚度应按式(6.2.1-2)计算。

$$t_s=\frac{PD_o}{2([\sigma]^t E_j+PY)} \qquad (6.2.1\text{-}1)$$

$$t_{sd}=t_s+C \qquad (6.2.1\text{-}2)$$

$$C=C_1+C_2 \qquad (6.2.1\text{-}3)$$

Y 系数的确定,应符合下列规定:

当 $t_s<D_o/6$ 时,按表6.2.1选取;

当 $t_s\geqslant D_o/6$ 时,

$$Y=\frac{D_i+2C}{D_i+D_o+2C} \qquad (6.2.1\text{-}4)$$

式中:t_s ——直管计算厚度(mm);

P ——设计压力(MPa);

D_o ——管子外径(mm);

D_i ——管子内径(mm)；

$[\sigma]^t$ ——在设计温度下材料的许用应力(MPa)；

E_j ——焊接接头系数；

t_{sd} ——直管设计厚度(mm)；

C ——厚度附加量之和(mm)；

C_1 ——厚度减薄附加量，包括加工、开槽和螺纹深度及材料厚度负偏差(mm)；

C_2 ——腐蚀或磨蚀附加量(mm)；

Y ——系数。

表 6.2.1 系数 Y 值

材料	温度(℃)					
	≤482	510	538	566	593	≥621
铁素体钢	0.4	0.5	0.7	0.7	0.7	0.7
奥氏体钢	0.4	0.4	0.4	0.4	0.5	0.7
其他韧性金属	0.4	0.4	0.4	0.4	0.4	0.4

注：① 介于表列的中间温度的 Y 值可用内插法计算。

② 对于铸铁材料 $Y=0$。

6.2.1.2 当直管计算厚度 t_s 大于或等于管子外径 D_o 的 1/6 时，或设计压力 P 与在设计温度下材料的许用应力 $[\sigma]^t$ 和焊接接头系数 E_j 乘积之比 $\left(\dfrac{P}{[\sigma]^t E_j}\right)$ 大于 0.385 时，直管厚度的计算，需按断裂理论、疲劳和热应力的因素予以特别考虑。

6.2.2 承受外压的直管厚度和加强要求，应符合现行国家标准《钢制压力容器》GB 150 的规定。

6.3 斜接弯管

6.3.1 承受内压的斜接弯管(图 6.3.1)的耐压强度计算，应符合下列规定：

6.3.1.1 本节适用于由一条焊缝方向改变的角度 α 大于 3°的管段构成的斜接弯管的强度计算。当斜接弯管 α 角小于或等于 3°时，可免做强度计算。

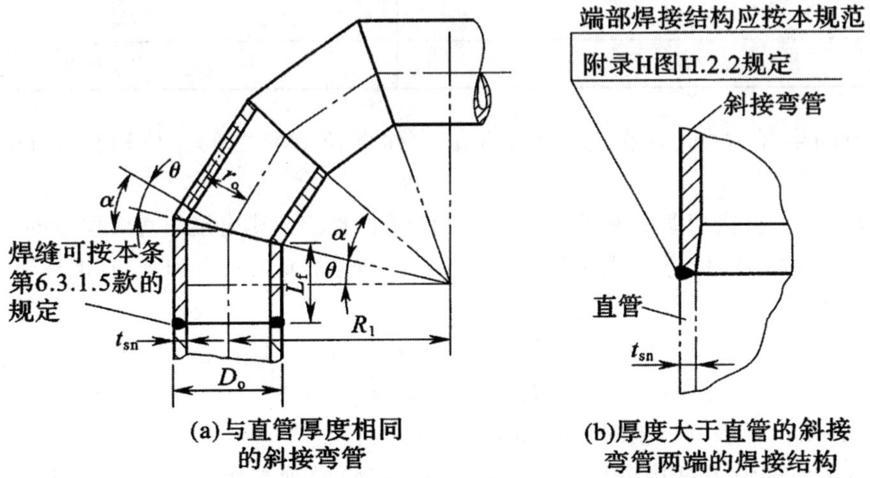

图 6.3.1 斜接弯管

6.3.1.2　多接缝斜接弯管的最大许用内压力 P_m，应取式(6.3.1-1)和式(6.3.1-2)中计算的较小值。

$$P_m=\frac{[\sigma]^t E_j t_{se}}{r_o}\left[\frac{t_{se}}{t_{se}+0.643\mathrm{tg}\theta(r_o t_{se})^{0.5}}\right] \qquad \cdots\cdots\cdots\cdots\cdots (6.3.1\text{-}1)$$

$$P_m=\frac{[\sigma]^t E_j t_{se}}{r_o}\left(\frac{R_1-r_o}{R_1-0.5r_o}\right) \qquad \cdots\cdots\cdots\cdots\cdots (6.3.1\text{-}2)$$

$$t_{se}=t_{sn}-C \qquad \cdots\cdots\cdots\cdots\cdots (6.3.1\text{-}3)$$

式中：θ ——斜接弯管一条焊缝方向改变的角度 α 的 1/2(°)；

r_o ——管子的平均半径(mm)；

R_1 ——斜接弯管的弯曲半径(mm)；

P_m ——斜接弯管的最大许用内压力(MPa)；

t_{se} ——直管有效厚度(mm)；

t_{sn} ——直管名义厚度(mm)。

6.3.1.3　单接缝斜接弯管的最大许用内压力的计算，应符合下列规定：

(1)　角度 θ 小于或等于 22.5°的单接缝斜接弯管的最大许用内压力 P_m，应按式(6.3.1-1)计算。

(2)　角度 θ 大于 22.5°的单接缝斜接弯管的最大许用内压力 P_m，应按式(6.3.1-4)计算。

$$P_m=\frac{[\sigma]^t E_j t_{se}}{r_o}\left[\frac{t_{se}}{t_{se}+1.25\mathrm{tg}\theta(r_o t_{se})^{0.5}}\right] \qquad \cdots\cdots\cdots\cdots\cdots (6.3.1\text{-}4)$$

6.3.1.4　斜接弯管的弯曲半径 R_1 值应符合式(6.3.1-5)的规定。

$$R_1 \geqslant \frac{K_2}{\mathrm{tg}\theta}+\frac{D_o}{2} \qquad \cdots\cdots\cdots\cdots\cdots (6.3.1\text{-}5)$$

式中经验值 K_2 根据直管有效厚度确定，并应符合表 6.3.1 的规定。

表 6.3.1　用于斜接弯管的经验值 K_2(mm)

t_{se}	K_2
$t_{se} \leqslant 12.5$	25
$12.5 < t_{se} < 22$	$2t_{se}$
$t_{se} \geqslant 22$	$[2t_{se}/3]+30$

常用的弯曲半径 R_1 值宜在 1.0 至 1.5 倍公称直径 DN 之间。公称直径 DN 不宜小于 300 mm。

6.3.1.5　图 6.3.1 中斜接弯管的端部焊缝，仅在其厚度大于与其连接的直管厚度时，或采用制造厂的预制件时需要。斜接弯管端节短边的长度 L_f 取式(6.3.1-6)和式(6.3.1-7)中计算的较大值。

$$L_f=2.5(r_o t_{se})^{0.5} \qquad \cdots\cdots\cdots\cdots\cdots (6.3.1\text{-}6)$$

$$L_f=\mathrm{tg}\theta(R_1-r_o) \qquad \cdots\cdots\cdots\cdots\cdots (6.3.1\text{-}7)$$

式中：L_f——斜接弯管端节短边的长度(mm)。

6.3.1.6　斜接弯管的最大许用内压力 P_m 的计算结果，必须大于或等于设计压力 P。如不符时，应增加焊缝数，重新计算。当有特殊要求时，可按增加斜接弯管厚度处理。

6.3.2　承受外压的斜接弯管，其厚度可按本规范第 6.2.2 条中对直管所规定的方法确定。

6.4　支管连接的补强

6.4.1　焊接支管的补强计算应符合下列规定：

6.4.1.1　支管轴线与主管轴线斜交的结构型式(图 6.4.1)，图中支管轴线与主管轴线的夹角 α_1 用于 45°～90°。主管为焊接管时，焊缝应位于主管的斜下方。

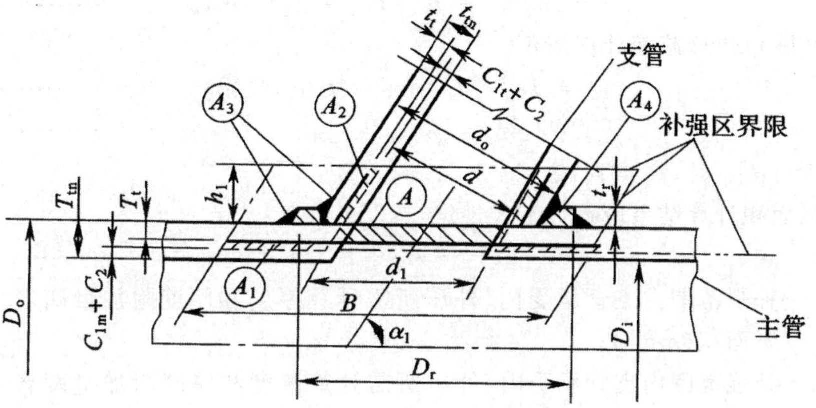

图 6.4.1　支管连接的补强

6.4.1.2　主管开孔的补强计算。

(1)　主管开孔需补强的面积 A，应按式(6.4.1-1)确定：

$$A = T_t d_1 (2 - \sin\alpha_1) \quad \cdots\cdots\cdots\cdots\cdots (6.4.1\text{-}1)$$

$$d_1 = d/\sin\alpha_1 \quad \cdots\cdots\cdots\cdots\cdots (6.4.1\text{-}2)$$

$$d = d_o - 2t_{tn} + 2(C_{1t} + C_2) \quad \cdots\cdots\cdots\cdots\cdots (6.4.1\text{-}3)$$

(2)　开孔补强有效范围的计算：

$$B = \begin{cases} 2d_1 \\ d_1 + 2(T_{tn} + t_{tn}) - 2(C_{1m} + C_{1t} + 2C_2) \end{cases} \quad \cdots\cdots\cdots\cdots\cdots (6.4.1\text{-}4)$$

取以上两者中之大者

$$h_1 = \begin{cases} 2.5(T_{tn} - C_{1m} - C_2) \\ 2.5(t_{tn} - C_{1t} - C_2) + t_r \end{cases} \quad \cdots\cdots\cdots\cdots\cdots (6.4.1\text{-}5)$$

取以上两者中之小者

式中：T_t ——主管计算厚度(mm)；

A ——主管开孔削弱所需的补强面积(mm²)；

α_1 ——支管轴线与主管轴线的夹角(°)；

d_o ——支管名义外径(mm)；

d_1 ——扣除厚度附加量后主管上斜开孔的长径(mm)；

d ——扣除厚度附加量后支管内径(mm)；

C_{1t} ——支管厚度减薄(负偏差)的附加量(mm)；

C_{1m} ——主管厚度减薄(负偏差)的附加量(mm)；

C_2 ——腐蚀或磨蚀附加量(mm)；

t_r ——补强板名义厚度(mm)；

B ——补强区有效宽度(mm)；

T_{tn} ——主管名义厚度(mm);

t_{tn} ——支管名义厚度(mm);

h_1 ——主管外侧法向补强的有效高度(mm)。

(3) 各补强面积按下列公式计算,如有加筋板时,不应计入补强面积内。

$$A_1=(B-d_1)(T_{tn}-T_t-C_{1m}-C_2) \qquad (6.4.1\text{-}6)$$

$$A_2=2h_1(t_{tn}-t_t-C_{1t}-C_2)/\sin\alpha_1 \qquad (6.4.1\text{-}7)$$

A_3 应按实际角焊缝截面计算面积。

$$A_4=(D_r-d_o/\sin\alpha_1)(t_r-C_{1r})f_r \qquad (6.4.1\text{-}8)$$

$$f_r=[\sigma]^t_{RP}/[\sigma]^t_M \qquad (6.4.1\text{-}9)$$

当 $[\sigma]^t_{RP}\geqslant[\sigma]^t_M$ 时,$f_r=1$。

(4) 补强面积计算结果应符合下式规定:

$$A_1+A_2+A_3+A_4\geqslant A \qquad (6.4.1\text{-}10)$$

式中:A_1 ——补强范围内主管承受内、外压所需计算厚度和厚度附加量两者之外的多余金属面积(mm^2);

A_2 ——补强范围内支管承受内、外压所需计算厚度和厚度附加量两者之外的多余金属面积(mm^2);

A_3 ——补强范围内的角焊缝面积(mm^2);

A_4 ——补强范围内另加补强件的面积(mm^2);

t_t ——支管计算厚度(mm);

C_{1r} ——补强板厚度减薄(负偏差)的附加量(mm);

D_r ——补强板的外径(mm);

f_r ——补强板材料与主管材料的许用应力比;

$[\sigma]^t_{RP}$ ——在设计温度下补强板材料的许用应力(MPa);

$[\sigma]^t_M$ ——在设计温度下主管材料的许用应力(MPa)。

6.4.2 主管上多支管的补强应符合下列规定:

6.4.2.1 当主管上任意两个或两个以上相邻开孔的中心距小于相邻两孔平均直径的 2 倍,其补强范围重叠时(图 6.4.2),此两个或两个以上的开孔必须按本规范第 6.4.1 条规定进行补强计算,并采用联合补强方式进行补强。

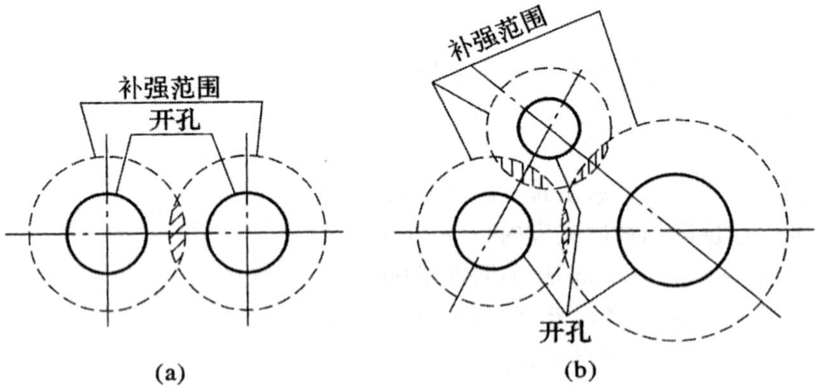

图 6.4.2 多个开孔的补强

6.4.2.2 采用联合补强时，总补强面积不应小于各孔单独补强所需补强面积之和。置于两相邻孔之间的补强面积至少应等于各孔所需补强面积之和的 50%，且此两相邻孔中心距至少应等于两开孔平均直径的 1.5 倍。

6.4.2.3 在计算补强面积时，任何部分截面不得重复计入。

6.4.3 挤压引出支管的补强应符合下列规定：

6.4.3.1 挤压引出支管包括曲率半径在内应采用一个或多个压模直接在主管上挤压形成。

6.4.3.2 支管的轴线必须与主管轴线正交，且在主管表面以上的挤压引出支管高度 h_x 应等于或大于在主管和支管轴线的平面内，外轮廓转角处的曲率半径 r_x。

6.4.3.3 在主管和支管轴线的平面内，外轮廓转角处曲率半径 r_x 与支管名义外径 d_o 有关，并应符合下列规定：

(1) r_x 最小值：r_x 取 $0.05d_o$ 或 38mm 的较小值。

(2) r_x 最大值：当 $d_o < DN200$ 时，r_x 不应大于 32mm；

当 $d_o \geqslant DN200$ 时，r_x 不应大于 $0.1d_o + 13$mm。

(3) 当外轮廓由多个半径组成时，上述(1)和(2)的要求适用以一个与 45°圆弧过渡连接的最佳配合半径为最大半径。

6.4.3.4 本条不适用于用补强圈、垫板或鞍形板等各种另加补强零件的管口。

6.4.3.5 补强计算应符合图 6.4.3 及以下规定：

(1) 补强有效范围。

$$B = 2d_X$$

$$h_2 = 0.7\sqrt{d_o t_X} \qquad \cdots\cdots (6.4.3\text{-}1)$$

式中：B ——补强区有效宽度(mm)；

h_2 ——支管有效补强高度(mm)；

d_o ——支管名义外径(mm)；

t_X ——除去厚度附加量后，在主管外表面处挤压引出支管的有效厚度(mm)；

d_X ——除去厚度附加量后挤压引出支管的内径(mm)。

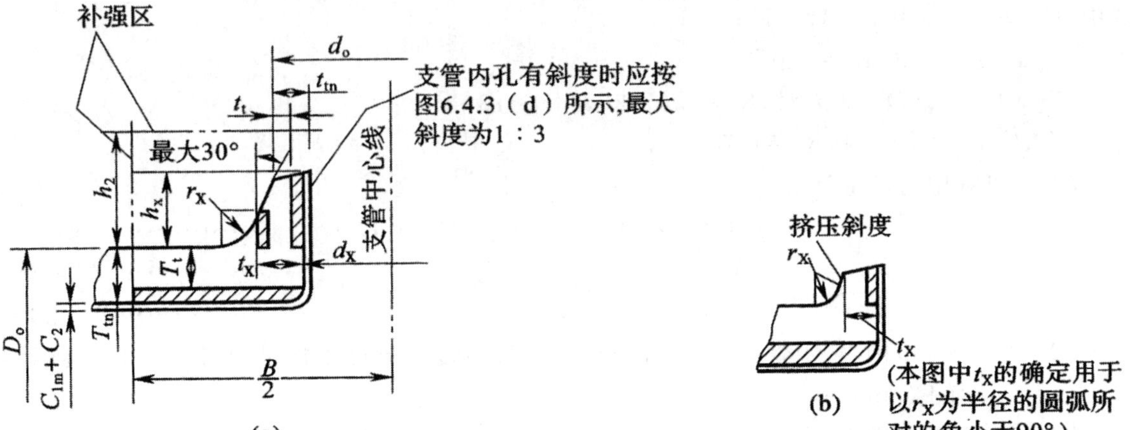

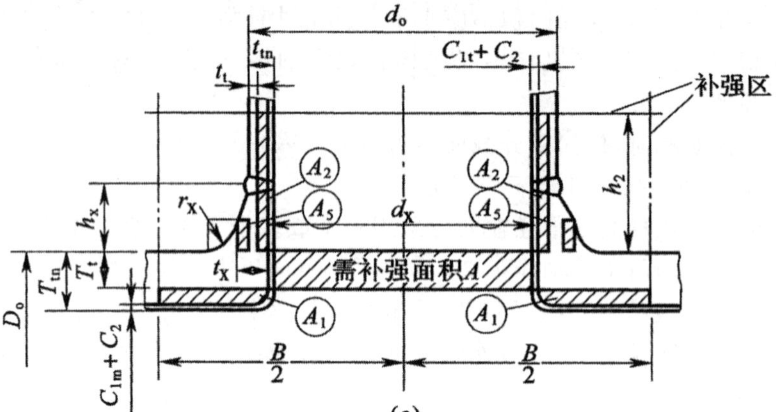

(c)

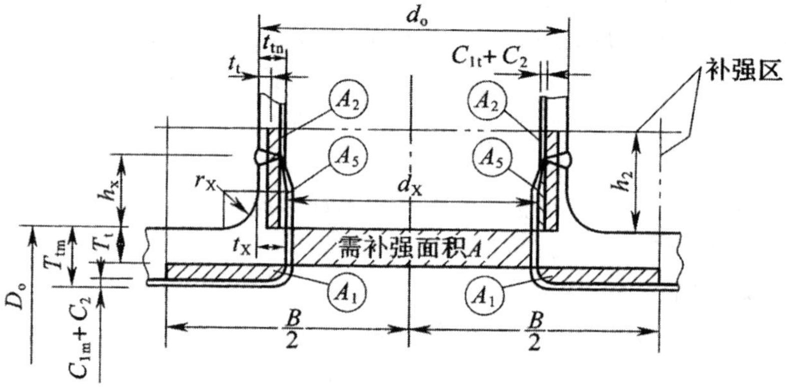

(d)

图 6.4.3　挤压引出支管型式

注:本图对第 6.4.3 条中采用的符号作了图示,但不表示完整的详图或可取的结构方案。

(2)　需要的补强面积 A。

$$A = K_3(T_t)(d_X) \quad \cdots\cdots\cdots\cdots\cdots \quad (6.4.3\text{-}2)$$

式中:K_3——挤压引出支管补强系数;

当 $d_o/D_o > 0.6$,$K_3 = 1.0$

当 $0.15 < d_o/D_o \leqslant 0.6$ 时,$K_3 = 0.6 + 2(d_o/D_o)/3$

当 $d_o/D_o \leqslant 0.15$ 时,$K_3 = 0.7$。

(3)　可利用的补强面积。

$$A_1 = (B - d_X)(T_{tn} - T_t - C_{1m} - C_2) \quad \cdots\cdots\cdots\cdots\cdots \quad (6.4.3\text{-}3)$$

$$A_2 = 2h_2(t_{tn} - t_t - C_{1t} - C_2) \quad \cdots\cdots\cdots\cdots\cdots \quad (6.4.3\text{-}4)$$

$$A_5 = 2r_x(t_X + C_{1t} + C_2 - t_{tn}) \quad \cdots\cdots\cdots\cdots\cdots \quad (6.4.3\text{-}5)$$

式中:A_1——补强范围内,主管承受内、外压所需计算厚度和厚度附加量两者之外的多余金属面积(mm^2);

A_2——补强范围内,支管承受内、外压所需计算厚度和厚度附加量两者之外的多余金属面积(mm^2);

A_5——补强范围内,挤压引出支管上承受内、外压所需的厚度和厚度附加量两者之外的多余金属面积(mm^2);

r_x ——在主管和支管轴线的平面内,外轮廓转角处的曲率半径(mm)。

(4) 补强面积计算结果应符合下式的规定:

$$A_1 + A_2 + A_5 \geqslant A \quad\quad \cdots\cdots (6.4.3\text{-}6)$$

6.4.4 当多个挤压引出支管中任意两相邻孔的中心距小于该相邻两孔平均直径的2倍时,其补强规定与本规范第6.4.2条规定相同。但补强计算应符合本规范第6.4.3条的规定。

6.4.5 其他支管连接件补强的要求应符合下列规定:

6.4.5.1 半管接头的公称直径小于或等于50 mm和主管公称直径的1/4,且设计压力小于或等于10 MPa时,在接头端部处厚度大于或等于表6.4.5-1的厚度 t,并符合图5.4.4-2的形式时,可免做补强计算。

表6.4.5-1 半管接头端部厚度(mm)

DN	厚度 t,最小值
15	4.1
20	4.3
25	5.0
32	5.3
40	5.5
50	6.0

6.4.5.2 选用对焊支管台、螺纹支管台及承插焊支管台(图5.4.4-3),应按设计压力-温度参数条件整体补强。对焊支管台的端部厚度,应等于支管的厚度。

6.4.5.3 设计温度低于或等于400 ℃及设计压力小于或等于7.1 MPa的工况下,可以使用插入式支管台(图6.4.5),当其公称直径小于或等于50 mm及尺寸 t_w 符合表6.4.5-2时,可免做补强计算。

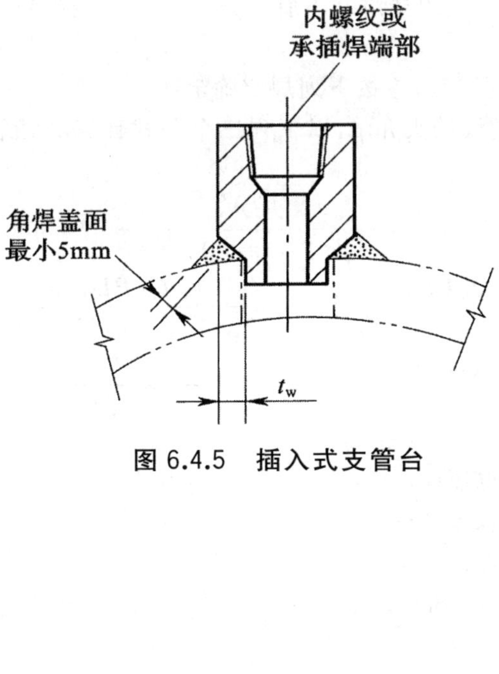

图6.4.5 插入式支管台

表 6.4.5-2 插入式支管台的尺寸 t_w(mm)

公称直径 DN	尺寸 t_w 最小值
15	4.8
20	5.6
25	6.4
40	7.1
50	8.7

6.5 非标准异径管

6.5.1 无折边的非标准异径管(图 6.5.1)的设计,应符合下列规定:

6.5.1.1 无折边的异径管可采用钢板卷焊,对偏心异径管的焊缝宜位于图 6.5.1(b)所示的位置。

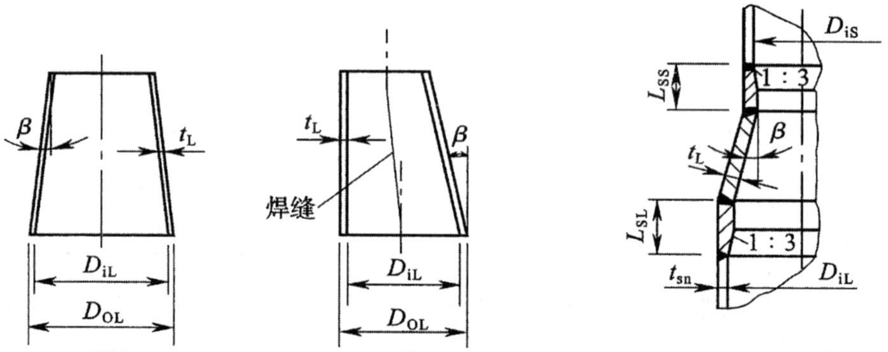

图 6.5.1 无折边的异径管

6.5.1.2 无折边异径管的设计压力,应符合本规范第 5.4.2 条第 5.4.2.6 款的规定。

6.5.1.3 同心异径管,斜边与轴线的夹角 β 不宜大于 15°。偏心异径管斜边与端部轴线的夹角 β 不宜大于 30°。

6.5.2 受内压无折边异径管的厚度,应按下列规定确定:

6.5.2.1 应按设定的斜边与轴线的夹角 β,以下列三个公式计算异径管各部的厚度,选其厚度最大值。

$$t_{LC}=\frac{PD_{OL}}{2([\sigma]^tE_j+PY)\cos\beta} \quad \cdots\cdots\cdots (6.5.2\text{-}1)$$

$$t_{LL}=\frac{Q_LPD_{iL}}{2[\sigma]^tE_j-P} \text{ 或 } t_{LL}=\frac{Q_LPD_{OL}}{2[\sigma]^tE_j+(2Q_L-1)P} \quad \cdots\cdots\cdots (6.5.2\text{-}2)$$

$$t_{LS}=\frac{Q_SPD_{iS}}{2[\sigma]^tE_j-P} \text{ 或 } t_{LS}=\frac{Q_SPD_{OS}}{2[\sigma]^tE_j+(2Q_S-1)P} \quad \cdots\cdots\cdots (6.5.2\text{-}3)$$

式中:t_{LC} ——异径管锥部计算厚度(mm);

t_{LL} ——异径管大端计算厚度(mm);

t_{LS} ——异径管小端计算厚度(mm);

P ——设计压力(MPa);

D_{OL} ——异径管大端外径(mm);

D_{OS} ——异径管小端外径(mm);

β ——异径管斜边与轴线的夹角(°);

D_{iL} ——异径管大端内径(mm);

D_{iS} ——异径管小端内径(mm);

Q_L ——异径管大端与直管连接的应力增值系数,(图 6.5.2-1);

Q_S ——异径管小端与直管连接的应力增值系数,(图 6.5.2-2)。

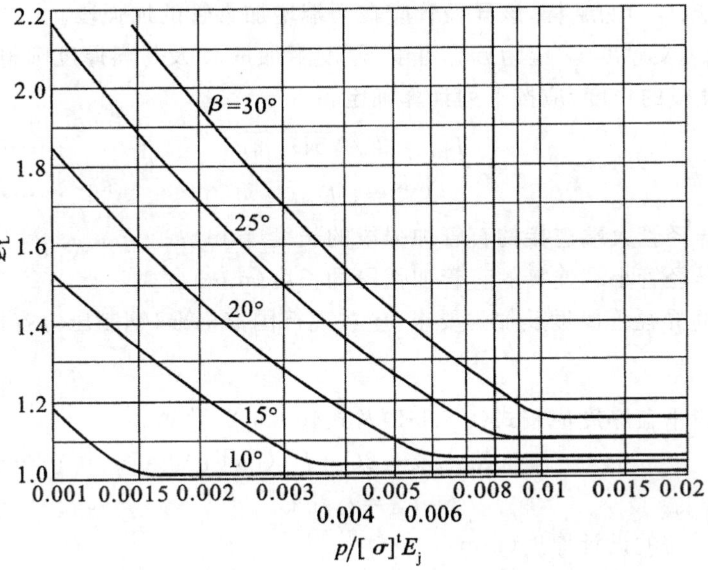

图 6.5.2-1 异径管大端与圆筒连接处 Q_L 值图

注:曲线系按最大应力强度(主要为轴向弯曲应力)绘制,控制值为 $3[\sigma]^t$。

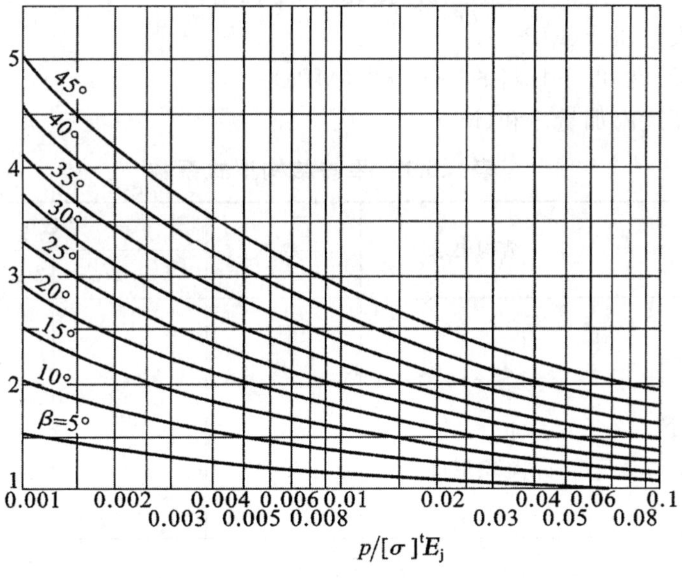

图 6.5.2-2 异径管小端与圆筒连接处的 Q_S 值图

注:曲线系按连接处每侧 $0.25\sqrt{0.5D_{iS}t_{LS}}$ 范围内的薄膜应力强度(由平均环向拉应力和平均径向压应力计算所得)绘制,控制值为 $1.1[\sigma]^t$。

6.5.2.2　异径管厚度的选取：

（1）　当计算的厚度最大值小于或等于大端连接的直管有效厚度 t_{se} 时，异径管的名义厚度可取与直管相同的名义厚度。

（2）　当计算的厚度最大值大于大端连接的直管有效厚度 t_{se} 时，应按下述要求处理：

管道布置允许减小斜边与轴线的夹角 β 时，可重新计算；

不能改小斜边与轴线的夹角 β 时，可采用本条第 6.5.2.1 款计算的厚度最大值，并采用本规范第 6.5.1 条图 6.5.1(c)的结构，该异径管应在两端增加直管的加强段。

（3）　异径管名义厚度 t_L 应为计算厚度、厚度附加量 C 及材料厚度圆整值之和。

6.5.2.3　直管加强段的长度，应按下列计算确定：

$$L_{SL}=2\sqrt{0.5D_{iL}t_{LL}} \quad \cdots\cdots\cdots\cdots\cdots\cdots (6.5.2\text{-}4)$$

$$L_{SS}=\sqrt{D_{iS}t_{LS}} \quad \cdots\cdots\cdots\cdots\cdots\cdots (6.5.2\text{-}5)$$

式中：L_{SL}——与异径管大端连接的直管加强段的长度(mm)；

L_{SS}——与异径管小端连接的直管加强段的长度(mm)。

6.5.3　承受外压的异径管厚度及加强要求，应按现行国家标准《钢制压力容器》GB 150 的规定。

6.6　平盖

6.6.1　无拼接焊缝平盖厚度应按式(6.6.1-1)及式(6.6.1-2)计算。

$$t_p=K_1(D_i+2C)[P/([\sigma]^t\eta)]^{0.5} \quad \cdots\cdots\cdots\cdots\cdots\cdots (6.6.1\text{-}1)$$

$$t_{pd}=t_p+C \quad \cdots\cdots\cdots\cdots\cdots\cdots (6.6.1\text{-}2)$$

式中：t_{pd}　——平盖的设计厚度(mm)；

t_p　——平盖计算厚度(mm)；

D_i　——管子内径(mm)；

K_1，η——与平盖结构有关的系数，按表 6.6.1 选用；

P　——设计压力(MPa)；

$[\sigma]^t$　——设计温度下材料的许用应力(MPa)；

C　——厚度附加量之和(mm)。

表 6.6.1　平盖结构型式系数

平盖型式	结构要求	系数 K_1	系数 η		注
			$h_3>2t_{sn}$	$2t_{sn}>h_3>t_{sn}$	
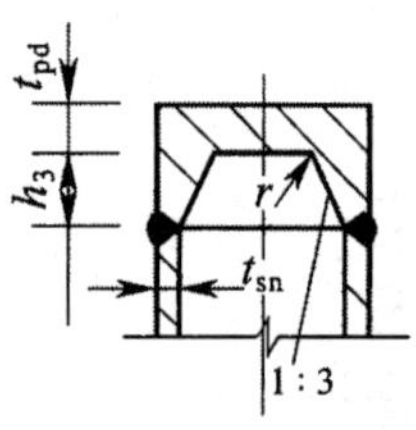	$r\geqslant 2\times\frac{t_{sn}}{t_{pd}}$ $h_3\geqslant t_{sn}$ V 型焊口	0.4	1.05	1.00	①

表 6.6.1(续)

平盖型式	结构要求	系数 K_1	系数 η		注
			$h_3 > 2t_{sn}$	$2t_{sn} > h_3 > t_{sn}$	
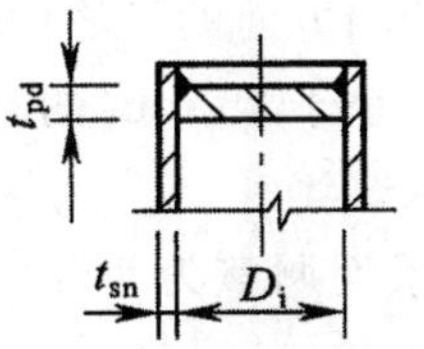	V 型焊口 加角焊	0.6	0.85		①②
		0.4	1.05		①③
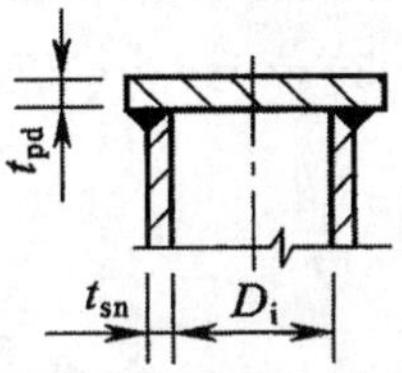	V 型焊口 加角焊	0.6	0.85		①④

注:① 坡口尺寸应符合本规范第 5.9.1 条第 5.9.1.1 款的规定。
② 用于公称压力小于或等于 2.5 MPa 和公称直径小于或等于 400 mm 的管道。
③ 只用于水压试验。公称直径小于或等于 400 mm 的管道。
④ 用于公称压力小于 2.5 MPa 和公称直径小于 40 mm 的管道。

6.6.2 在平盖中心开孔时,应按现行国家标准《钢制压力容器》GB 150 规定进行补强计算。

6.7 特殊法兰和盲板

6.7.1 特殊要求的非标准法兰可按现行国家标准《钢制压力容器》GB 150 进行设计。

6.7.2 夹在两法兰之间的盲板(图 6.7.2),其计算厚度可按式(6.7.2-1)确定。用整体钢板制造时,式中焊接接头系数 E_j 等于 1。对于永久性盲板应按式(6.7.2-2)增加厚度附加量。

$$t_m = 0.433 d_G [P/([\sigma]^t \cdot E_j)]^{0.5} \quad \cdots\cdots (6.7.2\text{-}1)$$

$$t_{pd} = t_m + 2C_2 + C_1 \quad \cdots\cdots (6.7.2\text{-}2)$$

式中:t_m ——盲板计算厚度(mm);
d_G ——凹面或平面法兰垫片的内径或环槽式垫片平均直径(mm);
P ——设计压力(MPa);
$[\sigma]^t$——在设计温度下材料的许用应力(MPa);
E_j ——焊接接头系数;
t_{pd} ——盲板的设计厚度(mm);
C_2 ——腐蚀或磨蚀附加量(mm);
C_1 ——厚度减薄附加量(mm)。

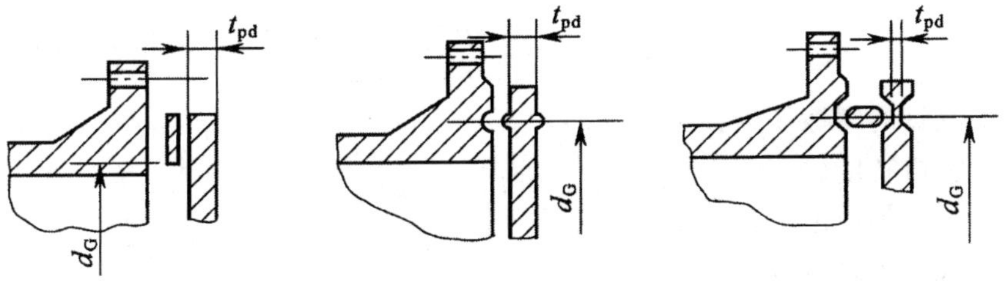

图 6.7.2 夹在法兰间的盲板

7 管径确定及压力损失计算

7.1 管径的确定

7.1.1 管径应根据流体的流量、性质、流速及管道允许的压力损失等确定。

7.1.2 对大直径厚壁合金钢等管道管径的确定,应进行建设费用和运行费用方面的经济比较。

7.1.3 除另有规定或采取有效措施外,容易堵塞的液体不宜采用公称直径小于 25 mm 的管道。

7.1.4 除有特殊要求外,可按下述方法确定管径:

7.1.4.1 设定平均流速并按下式初算内径,再根据工程设计规定的管子系列调整为实际内径。最后复核实际平均流速。

$$D_i = 0.0188[W_o/v\rho]^{0.5} \quad \cdots\cdots\cdots\cdots\cdots\cdots\cdots\cdots \quad (7.1.4)$$

式中:D_i ——管子内径(m);

W_o——质量流量(kg/h);

v ——平均流速(m/s);

ρ ——流体密度(kg/m^3)。

7.1.4.2 以实际的管子内径 D_i 与平均流速 v 核算管道压力损失,确认选用管径为可行。如压力损失不满足要求时,应重新计算。

7.1.5 管道平均流速的选择,应符合下列规定:

7.1.5.1 平均流速应根据流体的性质、状态和管道允许的压力损失选用。

7.1.5.2 放空管道的阀后管道流速,不应大于下式计算的气体声速。

$$v_c = 91.20\ (KT/M)^{0.5} \quad \cdots\cdots\cdots\cdots\cdots\cdots\cdots\cdots \quad (7.1.5\text{-}1)$$

$$k = \frac{C_p}{C_v} \quad \cdots\cdots\cdots\cdots\cdots\cdots\cdots\cdots \quad (7.1.5\text{-}2)$$

式中:v_c ——气体的声速或临界流速(m/s);

k ——气体的绝热指数;

C_p、C_v——定压热容,定容热容[J/(g·K)];

T ——气体温度(K);

M ——气体分子量。

7.2 单相流管道压力损失

7.2.1 本节内容仅适用于输送牛顿型流体的管道压力损失的计算,包括直管的摩擦压力损失和局部(阀门和管件)的摩擦压力损失计算,不包括加速度损失及静压差等的计算。

7.2.2 液体管道摩擦压力损失的计算,应符合下列规定:

7.2.2.1 圆形直管的摩擦压力损失,应按式(7.2.2-1)计算。

$$\Delta P_f = 10^{-5}\frac{\lambda\rho v^2}{2g}\cdot\frac{L}{D_i} \quad \cdots\cdots\cdots\cdots\cdots\cdots\cdots\cdots \quad (7.2.2\text{-}1)$$

式中:ΔP_f ——直管的摩擦压力损失(MPa);

L ——管道长度(m);

g ——重力加速度(m/s^2);

D_i ——管子内径(m);

v ——平均流速(m/s);

ρ ——流体密度(kg/m^3);

λ ——流体摩擦系数。

7.2.2.2 局部的摩擦压力损失的计算,可采用当量长度法或阻力系数法。

(1) 当量长度法:

$$\Delta P_k = 10^{-5}\frac{\lambda\rho v^2}{2g}\cdot\frac{L_e}{D_i} \quad \cdots\cdots\cdots\cdots (7.2.2\text{-}2)$$

(2) 阻力系数法:

$$\Delta P_k = 10^{-5}\cdot K_R\frac{\rho v^2}{2g} \quad \cdots\cdots\cdots\cdots (7.2.2\text{-}3)$$

式中:ΔP_k ——局部的摩擦压力损失(MPa);

L_e ——阀门和管件的当量长度(m);

K_R ——阻力系数。

7.2.2.3 液体管道总压力损失为直管的摩擦压力损失与局部的摩擦压力损失之和,并应计入适当的裕度。其裕度系数,宜取1.05～1.15。

$$\Delta P_t = C_h(\Delta P_f + \Delta P_k) \quad \cdots\cdots\cdots\cdots (7.2.2\text{-}4)$$

式中:ΔP_t ——管道总压力损失(MPa);

C_h ——管道压力损失的裕度系数。

7.2.3 气体管道摩擦压力损失的计算,应符合下列规定:

7.2.3.1 当总压力损失小于起点压力的10%时,可采用本规范第7.2.2条的公式,计算摩擦压力损失。

7.2.3.2 当总压力损失为起点压力的10%～20%时,仍采用本规范第7.2.2条的公式,但应以平均密度计算摩擦压力损失。

7.2.3.3 对于某些系统总压力损失大于起点压力的20%时,应把管道分成足够多的段数,逐段进行计算,最后得到各段压力损失之和。各段管道仍应采用本规范第7.2.2条的公式计算。

7.3 气液两相流管道压力损失

7.3.1 气液混合物中,气相体积(体积含气率)在6%～98%范围内时,宜采用两相流方法计算管道压力损失。

7.3.2 计算气液两相流管道压力损失时,首先应设定管径进行流型的判断;如流型为柱状流或活塞流时,应缩小管径,使流型成为环状流或分散流。

7.3.3 气液两相流管道压力损失的计算,应采用经过验证认为实用的计算方法。总压力损失宜按计算值乘以1.3～3.0的裕度系数。

7.3.4 气液两相流为闪蒸型时,应分析沿管道流动时质量含气率变化对压力损失计算的误差,当管道进出口质量含气率的变化大于5%时,可分段进行计算,计算方法与非闪蒸型两相流管道的压力损失计算方法相同。

8 管道的布置

8.1 地上管道

Ⅰ 一般规定

8.1.1 管道布置应满足工艺及管道和仪表流程图的要求。

8.1.2 管道布置应满足便于生产操作、安装及维修的要求。宜采用架空敷设,规划布局应整齐有序。在车间内或装置内不便维修的区域,不宜将输送强腐蚀性及B类流体的管道敷设在地下。

8.1.3 具有热胀和冷缩的管道,布置中配合进行柔性计算的范围不应小于本规范和工程设计的规定。

8.1.4 管道布置中应按本规范第3.1.5条的要求控制管道的振动。

Ⅱ 管道的净空高度及净距

8.1.5 架空管道穿过道路、铁路及人行道等的净空高度系指管道隔热层或支承构件最低点的高度,净空高度应符合下列规定:

(1) 电力机车的铁路,轨顶以上 ≥6.6 m;

(2) 铁路轨顶以上 ≥5.5 m;

(3) 道路 推荐值≥5.0 m;最小值4.5 m;

(4) 装置内管廊横梁的底面 ≥4.0 m;

(5) 装置内管廊下面的管道,在通道上方 ≥3.2 m;

(6) 人行过道,在道路旁 ≥2.2 m;

(7) 人行过道,在装置小区内 ≥2.0 m。

(8) 管道与高压电力线路间交叉净距应符合架空电力线路现行国家标准的规定。

8.1.6 在外管架(廊)上敷设管道时,管架边缘至建筑物或其他设施的水平距离除按以下要求外,还应符合现行国家标准《石油化工企业设计防火规范》GB 50160、《工业企业总平面设计规范》GB 50187及《建筑设计防火规范》GBJ 16的规定。

管架边缘与以下设施的水平距离:

(1) 至铁路轨外侧 ≥3.0 m;

(2) 至道路边缘 ≥1.0 m;

(3) 至人行道边缘 ≥0.5 m;

(4) 至厂区围墙中心 ≥1.0 m;

(5) 至有门窗的建筑物外墙 ≥3.0 m;

(6) 至无门窗的建筑物外墙 ≥1.5 m。

8.1.7 布置管道时应合理规划操作人行通道及维修通道。操作人行通道的宽度不宜小于0.8 m。

8.1.8 两根平行布置的管道,任何突出部位至另一管子或突出部位或隔热层外壁的净距,不宜小于25 mm。裸管的管壁与管壁间净距不宜小于50 mm,在热(冷)位移后隔热层外壁不应相碰。

Ⅲ 一般布置要求

8.1.9 多层管廊的层间距离应满足管道安装要求。腐蚀性的液体管道应布置在管廊下层。高温管道不应布置在对电缆有热影响的下方位置。

8.1.10 沿地面敷设的管道,不可避免穿越人行通道时,应备有跨越桥。

8.1.11 在道路、铁路上方的管道不应安装阀门、法兰、螺纹接头及带有填料的补偿器等可能泄漏的组成件。

8.1.12 沿墙布置的管道,不应影响门窗的开闭。

8.1.13　腐蚀性液体的管道,不宜布置在转动设备的上方。

8.1.14　泵的管道应符合下列要求:

8.1.14.1　泵的入口管布置应满足净正吸入压头(气蚀余量)的要求;

8.1.14.2　双吸离心泵的入口管应避免配管不当造成偏流;

8.1.14.3　离心泵入口处水平的偏心异径管一般采用顶平布置,但在异径管与向上弯的弯头直接连接的情况下,可采用底平布置。异径管应靠近泵入口。

8.1.15　与容器连接的管道布置应符合下列规定:

8.1.15.1　对非定型设备的管口方位,应结合设备内部结构及工艺要求进行布置;

8.1.15.2　对大型贮罐至泵的管道,确定罐的管口标高及第一个支架位置时,该管道应能适应贮罐基础的沉降。

8.1.15.3　卧式容器及换热器的固定侧支座及活动侧支座,应按管道布置要求明确规定,固定支座位置应有利于主要管道的柔性计算。

8.1.16　布置管道应留有转动设备维修、操作和设备内填充物装卸及消防车道等所需空间。

8.1.17　吊装孔范围内不应布置管道。在设备内件抽出区域及设备法兰拆卸区内不应布置管道。

8.1.18　仪表接口的设置应符合下列规定:

8.1.18.1　就地指示仪表接口的位置应设在操作人员看得清的高度;

8.1.18.2　管道上的仪表接口应按仪表专业的要求设置,并应满足元件装卸所需的空间。

8.1.18.3　设计压力不大于 6.3 MPa 或设计温度不大于 425 ℃的蒸汽管道,仪表接口公称直径不应小于 15 mm。大于上述条件及有振动的管道,仪表接口公称直径不应小于 20 mm,当主管公称直径小于 20 mm 时,仪表接口不应小于主管径。

8.1.19　管道的结构应符合下列规定:

8.1.19.1　两条对接焊缝间的距离,不应小于 3 倍焊件的厚度,需焊后热处理时,不宜小于 6 倍焊件的厚度。且应符合下列要求:

公称直径小于 50 mm 的管道,焊缝间距不宜小于 50 mm;

公称直径大于或等于 50 mm 的管道,焊缝间距不宜小于 100 mm。

8.1.19.2　管道的环焊缝不宜在管托的范围内。需热处理的焊缝从外侧距支架边缘的净距宜大于焊缝宽度的 5 倍,且不应小于 100 mm。

8.1.19.3　不宜在管道焊缝及边缘上开孔与接管。当不可避免时,应经强度校核。

8.1.19.4　管道在现场弯管的弯曲半径不宜小于 3.5 倍管外径;焊缝距弯管的起弯点不宜小于 100 mm,且不应小于管外径。

8.1.19.5　螺纹连接的管道,每个分支应在阀门等维修件附近设置一个活接头。但阀门采用法兰连接时,可不设活接头。

8.1.19.6　除端部带直管的对焊管件外,不应将标准的对焊管件与滑套法兰直连。

8.1.20　蒸汽管道或可凝性气体管道的支管宜从主管的上方相接。蒸汽冷凝液支管应从收回总管的上方接入。

8.1.21　管道布置时应留出试生产、施工、吹扫等所需的临时接口。

8.1.22　管道穿过安全隔离墙时应加套管。在套管内的管段不应有焊缝,管子与套管间的间隙应以不燃烧的软质材料填满。

Ⅳ　B类流体管道布置要求

8.1.23　B类流体的管道，不得安装在通风不良的厂房内、室内的吊顶内及建(构)筑物封闭的夹层内。

8.1.24　密度比环境空气大的室外B类气体管道，当有法兰、螺纹连接或有填料结构的管道组成件时，不应紧靠有门窗的建筑物敷设，可按本规范第8.1.6条处理。

8.1.25　B类流体的管道不得穿过与其无关的建筑物。

8.1.26　B类流体的管道不应在高温管道两侧相邻布置，也不应布置在高温管道上方有热影响的位置。

8.1.27　B类流体管道与仪表及电气的电缆相邻敷设时，平行净距不宜小于1 m。电缆在下方敷设时，交叉净距不应小于0.5 m。当管道采用焊接连接结构并无阀门时，其平行净距可取上述净距的50%。

8.1.28　B类液体排放应符合本规范有关章节的规定。含油的水应先排入油水分离装置。

8.1.29　B类流体管道与氧气管道的平行净距不应小于500 mm。交叉净距不应小于250 mm。当管道采用焊接连接结构并无阀门时，其平行净距可取上述净距的50%。

Ⅴ　阀门的布置

8.1.30　应按照阀门的结构、工作原理、正确流向及制造厂的要求采用水平或直立或阀杆向上方倾斜等安装方式。

8.1.31　所有安全阀、减压阀及控制阀的位置，应便于调整及维修，并留有抽出阀芯的空间，当位置过高时，应设置平台。所有手动阀门应布置在便于操作的高度范围内。

8.1.32　阀门宜布置在热位移小的位置。

8.1.33　换热器等设备的可拆端盖上，设有管口并需接阀门时，应备有可拆管段，并将切断阀布置在端盖拆卸区的外侧。

8.1.34　除管道和仪表流程图上指定的要求外，对于紧急处理及防火需要开或关的阀门，应位于安全和方便操作的地方。

8.1.35　安全阀的管道布置应考虑开启时反力及其方向，其位置应便于出口管的支架设计。阀的接管承受弯矩时，应有足够的强度。

Ⅵ　高点排气及低点排液的设置

8.1.36　管道的高点与低点均应分别备有排气口与排液口，并位于容易接近的地方。如该处(相同高度)有其他接口可利用时，可不另设排气口或排液口。除管廊上的管道外，对于公称直径小于或等于25 mm的管道可省去排气口。对于蒸汽伴热管迂回时出现的低点处，可不设排液口。

8.1.37　高点排气管的公称直径最小应为15 mm；低点排液管的公称直径最小应为20 mm。当主管公称直径为15 mm时，可采用等径的排液口。

8.1.38　气体管道的高点排气口可不设阀门，接管口应采用法兰盖或管帽等加以封闭。

8.1.39　所有排液口最低点与地面或平台的距离不宜小于150 mm。

8.1.40　饱和蒸汽管道的低点应设集液包及蒸汽疏水阀组。

Ⅶ　放空口的位置

8.1.41　B类气体的放空管管口及安全阀排放口与平台或建筑物的相对距离应符合现行国家标准《石油化工企业设计防火规范》GB 50160第4.4.9条的规定。

8.1.42 放空口位置除上述要求外,还应符合现行国家标准《制定地方大气污染物排放标准的技术方法》GB/T 13201 的规定。

8.2 沟内管道

8.2.1 沟内管道布置应符合以下规定:

8.2.1.1 管道的布置应方便检修及更换管道组成件。为保证安全运行,沟内应有排水措施。对于地下水位高且沟内易积水的地区,地沟及管道又无可靠的防水措施时,不宜将管道布置在管沟内。

8.2.1.2 沟与铁路、道路、建筑物的距离应根据建筑物基础的结构、路基、管道敷设的深度、管径、流体压力及管道井的结构等条件来决定,并应符合附录 F 的规定。

8.2.1.3 避免将管沟平行布置在主通道的下面。

8.2.1.4 本规范第 8.1 节中有关管道排列、结构、排气、排液等条款也适用于沟内管道。

8.2.2 可通行管沟的管道布置应符合以下规定:

8.2.2.1 在无可靠的通风条件及无安全措施时,不得在通行管沟内布置窒息性及 B 类流体的管道。

8.2.2.2 沟内过道净宽不宜小于 0.7 m,净高不宜小于 1.8 m。

8.2.2.3 对于长的管沟应设安全出入口,每隔 100 m 应设有人孔及直梯,必要时设安装孔。

8.2.3 不可通行管沟的管道布置应符合下列规定:

8.2.3.1 当沟内布置经常操作的阀门时,阀门应布置在不影响通行的地方,必要时可增设阀门伸长杆,将手轮引伸至靠近活动沟盖背面的高度处。

8.2.3.2 B 类流体的管道不宜设在密闭的沟内。在明沟中不宜敷设密度比环境空气大的 B 类气体管道。当不可避免时,应在沟内填满细砂,并应定期检查管道使用情况。

8.3 埋地管道

8.3.1 埋地管道与铁路、道路及建筑物的最小水平距离应符合本规范附录 F 表 F 的规定。

8.3.2 管道与管道及电缆间的最小水平间距应符合现行国家标准《工业企业总平面设计规范》GB 50187 的规定。

8.3.3 大直径薄壁管道深埋时,应满足在土壤压力下的稳定性及刚度要求。

8.3.4 从道路下面穿越的管道,其顶部至路面不宜小于 0.7 m。

8.3.5 从铁路下面穿越的管道应设套管,套管顶至铁轨底的距离不应小于 1.2 m。

8.3.6 管道与电缆间交叉净距不应小于 0.5 m。电缆宜敷设在热管道下面,腐蚀性流体管道上面。

8.3.7 B 类流体、氧气和热力管道与其他管道的交叉净距不应小于 0.25 m;C 类及 D 类流体管道间的交叉净距不宜小于 0.15 m。

8.3.8 管道埋深应在冰冻线以下。当无法实现时,应有可靠的防冻保护措施。

8.3.9 设有补偿器、阀门及其他需维修的管道组成件时,应将其布置在符合安全要求的井室中,井内应有宽度大于或等于 0.5 m 的维修空间。

8.3.10 有加热保护的(如伴热)管道不应直接埋地,可设在管沟内。

8.3.11 挖土共沟敷设管道的要求应符合现行国家标准《工业企业总平面设计规范》GB 50187 的规定。

8.3.12 带有隔热层及外护套的埋地管道,布置时应有足够柔性,并在外套内有内管热胀的余地。无补偿直埋方法,可用于温度小于或等于 120 ℃的 D 类流体的管道,并应按国家现行直埋供热管道标准的规定进行设计与施工。

9 金属管道的膨胀和柔性

9.1 一般规定

9.1.1 管道对所连接机器设备的作用力和力矩应符合设备制造厂提出的允许的作用力和力矩的规定。当超过规定值,同时可能协商解决时,应取得制造厂的书面认可。管道对压力容器管口上的作用力和力矩应作为校核容器强度的依据条件。

9.1.2 经柔性计算确认为剧烈循环条件的管道时,应按本规范核对管道组成件选用的规定;当不能满足要求时,应修改设计,降低计算的位移应力范围,使剧烈循环条件变为非剧烈循环条件。

9.2 管道柔性计算的范围及方法

9.2.1 柔性计算的范围应符合下列规定:

9.2.1.1 管道的设计温度小于或等于－50 ℃或大于或等于 100 ℃,均应为柔性计算的范围。

9.2.1.2 对柔性计算的公称直径范围应按设计温度和管道布置的具体情况在工程设计时确定。

9.2.1.3 第 9.2.1.1 款所述条件以外的,且符合下列条件之一的管道,应列入柔性计算的范围:

(1) 受室外环境温度影响的无隔热层长距离的管道;

(2) 管道端点附加位移量大,不能用经验判断其柔性的管道;

(3) 小支管与大管连接,且大管有位移并会影响柔性的判断时,小管应与大管同时计算。

9.2.1.4 具备下列条件之一的管道,可不做柔性分析:

(1) 该管道与某一运行情况良好的管道完全相同;

(2) 该管道与已经过柔性分析合格的管道相比较,几乎没有变化。

9.2.2 柔性计算方法应符合下列规定:

9.2.2.1 对于与敏感机器、设备相连的或高温、高压或循环当量数大于 7000 等重要的以及工程设计有严格要求的管道,应采用计算机程序进行柔性计算。

9.2.2.2 对简单的 L 型、Π 型、Z 型等管道,可采用表格法、图解法等验算,但所采用的表和图必须是经计算验证的。

9.2.2.3 无分支管道或管系的局部作为计算机柔性计算前的初步判断时,可采用简化的分析方法。

9.3 管道柔性计算的基本要求

9.3.1 计算管系的划分应符合下列规定:

9.3.1.1 管系可按设备连接点或固定点划分为若干计算分管系,每一计算分管系中应包括其所有管道组成件和各种支吊架。

9.3.1.2 分叉管道不宜从分叉点处进行分段计算,只有当分叉支管的刚度与主管刚度相差悬殊时(小管对大管的牵制作用很小,可略去不计时)才可分段,但计算支管时应计入主管在分叉点处附加给支管口准确的线位移和角位移。

9.3.2 柔性计算应符合下列规定:

9.3.2.1 管道与设备相连接时,应计入管道端点处的附加位移,包括线位移和角位移;

9.3.2.2 进行分析和计算的管件,应按本规范附录 E 计入柔性系数和应力增大系数;

9.3.2.3 应计入不同类型的支吊架的作用;

9.3.2.4 管道运行中可能出现各种工况时,应按各工况的条件分别计算;

9.3.2.5 计算中的任何假设与简化,不应对计算结果的作用力、应力等产生不利或不安全的影响;

9.3.2.6　支吊架生根在有位移的设备上时,计算时应计入此项热位移值。

9.4　管道的位移应力

9.4.1　计算管道上各点的力矩时,应采用从安装温度到最高温度或最低温度的全补偿值,并可用本规范附录 B 表 B.0.2 中的线膨胀系数和本规范附录 B 表 B.0.1 中在安装温度下管道材料的弹性模量。

9.4.2　各点当量合成力矩的计算,应符合下列规定:

9.4.2.1　计算点在弯管和各类弯头上时:

(1)　平面内、平面外弯曲,取不同的应力增大系数时,应根据弯管或弯头的力矩(图 9.4.2-1),并按式(9.4.2-1)计算其当量合成力矩。

$$M_E=[(i_iM_i)^2+(i_oM_O)^2+M_t^2]^{0.5} \qquad (9.4.2\text{-}1)$$

式中:M_E ——热胀当量合成力矩(N·mm);

M_i ——平面内热胀弯曲力矩(N·mm);

M_O ——平面外热胀弯曲力矩(N·mm);

M_t ——热胀扭转力矩(N·mm);

i_i ——平面内应力增大系数,见附录 E;

i_o ——平面外应力增大系数,见附录 E。

(2)　当平面内、平面外弯曲均取相同的应力增大系数 i,即取平面内、平面外应力增大系数两者中的大值时,应按弯管或弯头的力矩(图 9.4.2-2),并按式(9.4.2-2)计算其合成力矩。

$$M_E'=(M_X^2+M_Y^2+M_Z^2)^{0.5} \qquad (9.4.2\text{-}2)$$

式中:M_E'——未计入应力增大系数的合成力矩(N·mm);

M_X——沿坐标轴 X 方向的力矩(N·mm);

M_Y——沿坐标轴 Y 方向的力矩(N·mm);

M_Z——沿坐标轴 Z 方向的力矩(N·mm)。

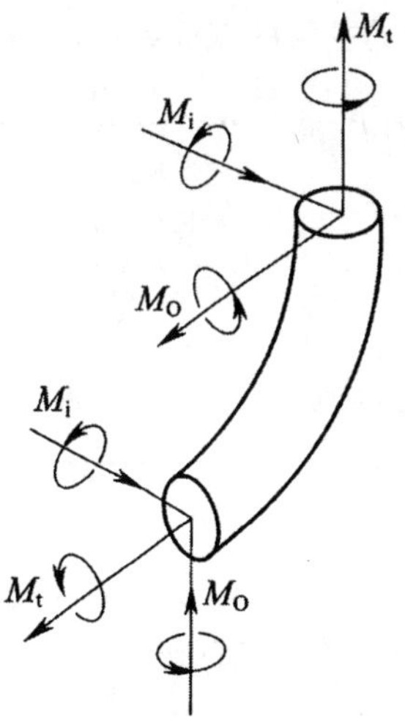

图 9.4.2-1　平面内、平面外应力增大系数取不同值时弯管或弯头的力矩

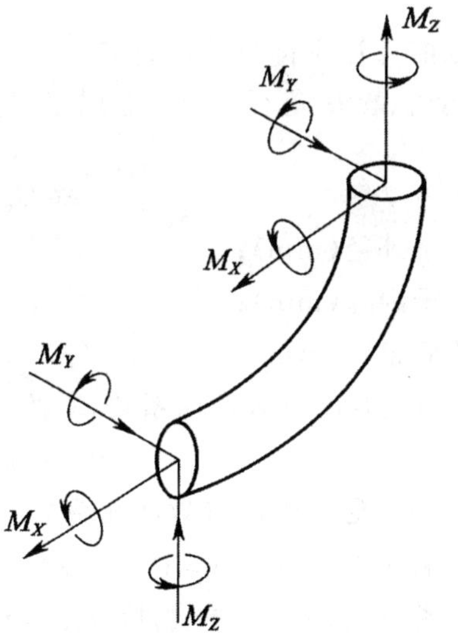

图 9.4.2-2　平面内、平面外应力增大系数取两者中大值时弯管或弯头的力矩

9.4.2.2 当计算点在三通的交叉点处时：

（1） 平面内、平面外弯曲取不同的应力增大系数时，应按三通的力矩(图 9.4.2-3)，并按式(9.4.2-1)计算各连接分支作用在三通交叉点的合成力矩。

（2） 平面内、平面外弯曲均取相同的应力增大系数 i，即取平面内、平面外应力增大系数两者中的大值时，应按三通的力矩(图 9.4.2-4)，并按式(9.4.2-2)计算各连接分支作用在三通交叉点的合成力矩。

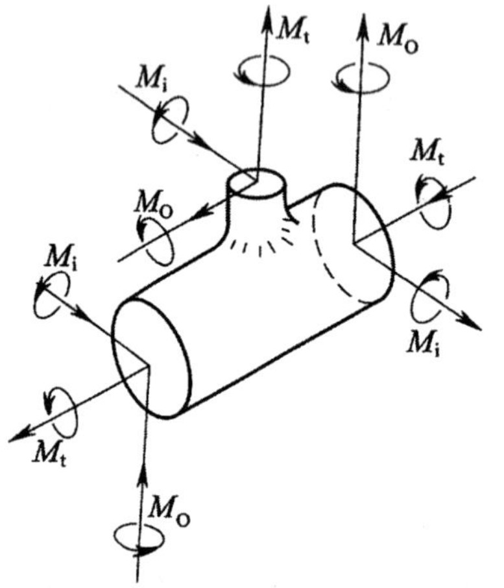

图 9.4.2-3 平面内、平面外应力增大系数取不同值时三通的力矩

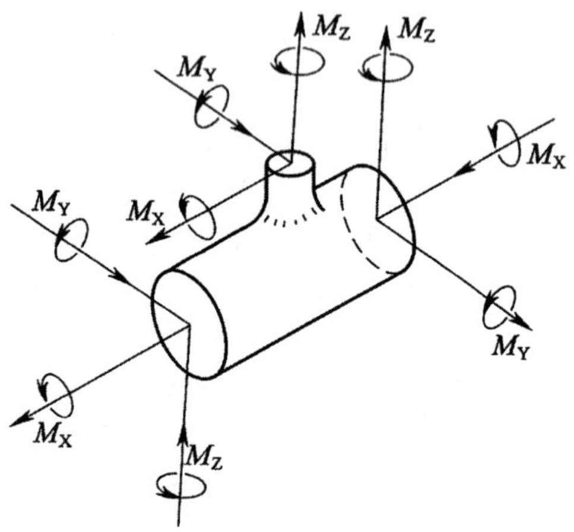

图 9.4.2-4 平面内、平面外应力增大系数取两者中大值时三通的力矩

注：① 上图中力矩位置仅为示意的，应取作用于三通各分支交叉点的力矩。

② 每个三通交叉点处的 3 个合成力矩，分别用于计算应力。

③ 上述计算也适用于其他型式的支管连接。

9.4.2.3 当计算点在直管上时，计算当量合成力矩中的应力增大系数应取 1，并应按第 9.4.2.1 款的公式计算。

9.4.3 截面系数的计算应符合下列规定：

9.4.3.1 直管、弯管、弯头、等径三通的主、支管及异径三通的主管的截面系数，应按式(9.4.3-1)计算。

$$W=\frac{\pi}{32D_o}(D_o^4-D_i^4) \qquad \cdots\cdots (9.4.3\text{-}1)$$

式中：D_o ——管子外径(mm)；

D_i ——管子内径(mm)；

W ——截面系数(mm^3)。

9.4.3.2 异径三通支管的有效截面系数，应按式(9.4.3-2)计算。

$$W_B=\pi(r_m)^2 t_{eb} \qquad \cdots\cdots (9.4.3\text{-}2)$$

式中：W_B ——异径三通支管的有效截面系数(mm^3)；

r_m ——支管平均半径(mm)；

t_{eb} ——三通支管的有效厚度，取 T_{tn} 和 $i_i t_{tn}$ 二者中的较小值(mm)；

T_{tn} ——主管名义厚度(mm)；

t_{tn} ——支管名义厚度(mm)。

注：T_{tn} 和 t_{tn} 应取相配主管和支管的名义厚度。

9.4.4 计算管道位移应力范围应符合下列规定：

9.4.4.1 当平面内、平面外弯曲采用不同的应力增大系数时，对于异径三通支管或其他组焊型式的异径支管连接点处的位移应力范围，应按式(9.4.4-2)计算，其余管道组成件(部位)处的位移应力范围应按式(9.4.4-1)计算。

$$\sigma_E=\frac{M_E}{W} \quad\cdots\cdots\cdots\cdots (9.4.4\text{-}1)$$

$$\sigma_E=\frac{M_E}{W_B} \quad\cdots\cdots\cdots\cdots (9.4.4\text{-}2)$$

式中：σ_E——计算的最大位移应力范围(MPa)。

9.4.4.2 当平面内、平面外弯曲采用相同的应力增大系数时，对于异径三通支管或其他组焊型式的异径支管连接点处的位移应力范围，应按式(9.4.4-4)计算，其余管道组成件(部位)处的位移应力范围应按式(9.4.4-3)计算。

$$\sigma_E=\frac{i\,M'_E}{W} \quad\cdots\cdots\cdots\cdots (9.4.4\text{-}3)$$

$$\sigma_E=\frac{i\,M'_E}{W_B} \quad\cdots\cdots\cdots\cdots (9.4.4\text{-}4)$$

式中：i——应力增大系数。

9.4.5 管道位移应力范围的评定标准，为控制管道计算的最大位移应力范围 σ_E，必须符合式(9.4.5)的规定。

$$\sigma_E\leqslant[\sigma]_A \quad\cdots\cdots\cdots\cdots (9.4.5)$$

式中许用的位移应力范围$[\sigma]_A$，应符合本规范第 3.2.7 条的规定。

9.5 管道对设备或端点的作用力

9.5.1 设计管道时，应根据可能出现的各种工况，包括运行初期、运行、停运、松弛后及承受偶然荷载等工况分别计算作用力和力矩。当计算机程序中不包括滑动支架的摩擦力时，应采用手算修正管端的作用力。

9.5.2 当管道无冷拉或各方向采用相同冷拉比时，管道对端点或设备接口处的作用力和力矩的计算可按下列规定，并宜用于无中间约束，只有两个固定端点的简单管道系统。

9.5.2.1 在最高温度或最低温度下，管道对设备或端点的作用力和力矩，应按式(9.5.2-1)计算。

$$R_h=[1-(2/3)C_S]\frac{E_h}{E_{20}}R_E \quad\cdots\cdots\cdots\cdots (9.5.2\text{-}1)$$

9.5.2.2 在安装温度下，管道对设备或端点的作用力和力矩，应按式(9.5.2-2)及式(9.5.2-3)计算。

$$R_C=C_SR_E \quad\cdots\cdots\cdots\cdots (9.5.2\text{-}2)$$

或

$$R_{C1}=\left(1-\frac{[\sigma]_h}{\sigma_E}\times\frac{E_{20}}{E_h}\right)R_E \quad\cdots\cdots\cdots\cdots (9.5.2\text{-}3)$$

当 $\frac{[\sigma]_h}{\sigma_E}\times\frac{E_{20}}{E_h}<1$ 时，取 R_C 和 R_{C1} 中的大值；

当 $\frac{[\sigma]_h}{\sigma_E}\times\frac{E_{20}}{E_h}\geqslant1$ 时，取 R_C 为安装温度下对管端和设备接口处的作用力和力矩。

式中：C_S ——冷拉比，由设计者根据需要确定，可在 0～100％中取用；

E_h ——在最高或最低温度下管道材料的弹性模量(MPa);

E_{20} ——在安装温度下的管道材料的弹性模量,一般可取材料在 20 ℃时的弹性模量(MPa);

R_h ——管道运行初期在最高或最低温度下对设备或端点的作用力(N)和力矩(N·mm);

R_C ——管道运行初期在安装温度下对设备或端点的作用力(N)和力矩(N·mm);

R_E ——以 E_{20} 和全补偿值计算的管道对端点的作用力(N)和力矩(N·mm);

R_{C1} ——管道应变自均衡后在安装温度下对设备或端点的作用力(N)和力矩(N·mm);

$[\sigma]_h$——在分析中的位移循环内,金属材料在热态(预计最高温度)下的许用应力(MPa);

σ_E ——计算的位移应力范围(MPa)。

9.5.3 当计算的管道为多固定点的复杂管系或沿坐标轴各方向采用不同冷拉比时,应采用管元件的变形系数及各方向的冷拉值等的方程组,计算运行初期在安装温度下,管道对设备或端点的作用力和力矩,并与本规范式(9.5.2-3)计算管道自均衡后在安装温度下对设备或端点的作用力和力矩相比较,取其较大值作为安装温度下管道对设备或端点的作用力和力矩。

管道在最高温度或最低温度下对设备或端点的作用力和力矩,应按下式计算:

$$R_h = [R_E - (2/3)R_C]\frac{E_h}{E_{20}} \quad \cdots\cdots (9.5.3)$$

9.6 改善管道柔性的措施

9.6.1 管道设计中可利用管道自身的弯曲或扭转产生的变位来达到热胀或冷缩时的自补偿,当其柔性不能满足要求时,可采用下列办法改善管道的柔性:

9.6.1.1 调整支吊架的型式与位置;

9.6.1.2 改变管道走向。

9.6.2 当受条件限制,不能采用本规范第 9.6.1 条的方法改善管道的柔性时,可根据管道设计参数和类别选用补偿装置。

10 管道支吊架

10.1 一般规定

10.1.1 在管道支吊架的布置设计中,管道的纵向应力,应符合本规范第 3.2.6 及 3.2.8 条的规定。

10.1.2 应优先选用标准的及通用的支吊架,对主要受力的支吊架结构的零部件应进行强度及刚度计算。

10.2 支吊架的设置及最大间距

10.2.1 支吊架位置和型式,应符合管道布置情况和管道柔性计算的要求。可选用有效的包括特殊型式的支架,控制管道位移和防止管道振动。

10.2.2 装有膨胀节的管道,固定架、导向架和限位架等的设置应符合产品特性及使用要求。

10.2.3 支吊架生根在建(构)筑物的构件上时,该构件应有足够的强度和刚度。

10.2.4 支吊架的设置不应影响设备和管道的运行操作及维修。

10.2.5 管道上有重力大的管道组成件时,应核算支吊架间距,或在管道组成件的附近设置支吊架。

10.2.6　支吊架的设置,应使支管连接点和法兰接头处承受的弯矩值,控制在安全的范围内。

10.2.7　水平管道支吊架最大间距应满足强度和刚度条件。强度条件是控制管道自重弯曲应力不应超过设计温度下材料许用应力的一半。刚度条件是限制管道自重产生的弯曲挠度,一般管道设计挠度不应超过 15 mm。装置外管道的挠度允许适当放宽,但不应超过 38 mm。敷设无坡度的蒸汽管道,其挠度不宜超过 10 mm。

其他有特殊要求的管道需采用更小的挠度值时,可按国家现行标准执行。

10.2.8　对于不允许积液并带有坡度的管道,支吊架间距除满足本规范第 10.2.7 条要求外,它与挠度及坡度之间的关系还应符合式(10.2.8)的要求。

$$L_S \leqslant \frac{2Y_S i_S}{\sqrt{1+i_S^2}-1} \quad \cdots\cdots\cdots\cdots (10.2.8)$$

式中:Y_S ——管道自重弯曲挠度(mm);

L_S ——支吊架间距(mm);

i_S ——管道坡度。

10.2.9　对有压力脉动的管道,决定支架间距时,应核算管道固有频率,防止管道产生共振。

10.3　支吊架荷载

10.3.1　支吊架的设计应承受下述荷载:

10.3.1.1　应承受本规范第 3.1.6 条所述的各项重力及支吊架零部件的重力。

10.3.1.2　应承受在管道运行期间可能产生变化的下列荷载:

(1)　管道热胀冷缩和其他位移产生的作用力和力矩;

(2)　弹簧支吊架向刚性支吊架或固定支架的转移荷载;

(3)　压力不平衡式的波纹膨胀节或填函式补偿器等的内压作用力及弹性力;

(4)　活动支吊架的摩擦力。

10.3.1.3　经柔性计算的管道,支吊架荷载应与柔性计算结果一致。当柔性计算程序中未计及滑动支架摩擦力或其他荷载时,应在支吊架荷载计算中计入。

10.3.1.4　液压试验、清洗或钝化时的液体重力、管内流体突然变化引起的力、流体排放时产生的反力、风力以及地震力等在使用期间瞬时和偶尔发生的荷载应根据工程设计情况计入。

10.3.2　支吊架的荷载组合应按使用过程中的各种工况分别进行计算,并对同时作用在支吊架上的所有荷载加以组合,取其中最不利的组合作为支吊架结构设计的依据。

10.4　材料和许用应力

10.4.1　支吊架用材料应符合下列规定:

10.4.1.1　管道支吊架用材料应符合本规范第 4 章的规定。

10.4.1.2　与管道组成件直接接触的支吊架零部件材料应按管道的设计温度选用;直接与管道组成件焊接的支吊架零部件材料应与管道组成件材料具有相容性。

10.4.1.3　铸铁材料不宜用在受拉伸荷载处;可锻铸铁不应承受冲击荷载。

10.4.1.4　保冷管道支架加垫的木块,宜采用红松类或不易于裂的硬木并应经防腐处理。

10.4.2　支吊架零部件的抗拉、抗压许用应力按本规范第 3.2.3 条及本规范附录 A 选取。其他许用应力应符合下列规定:

10.4.2.1　(本款删除)

10.4.2.2 螺纹拉杆的抗拉许用应力应按该材料许用应力降低不少于25%。

10.5 支吊架结构设计及选用

10.5.1 支吊架的管托及活动部位的结构应符合下列规定：

10.5.1.1 对于无隔热层管道，除大管(液体管公称直径大于或等于500 mm，气体管公称直径大于或等于600 mm)带有管托或托板外，可将管子直接放置在管廊的梁上。

10.5.1.2 支吊架的滑动面和铰接活动部位应露在隔热层以外。

10.5.1.3 螺旋焊管放在管廊或其他结构的梁上时，应设置管托。

10.5.1.4 设计滑动管托时，应采用该点管道热位移所需的相应管托长度。采用偏置安装时，设计文件中应标明偏置量及偏置方向。

10.5.2 与管道组成件接触的支吊架零部件与管道组成件间在规定的约束方向应无相对位移；该零部件结构的设计应控制管壁应力，防止管道局部塑性变形。

10.5.3 与管道组成件接触的不可拆卸的支吊架零部件应符合下列规定：

10.5.3.1 应控制支吊架零部件与管道组成件连接处的局部应力。

10.5.3.2 直接焊在管道组成件上的管托、吊板、导向板、耳板等材料应适于焊接，宜采用与管道组成件相同的材料，焊接、预热和热处理应符合本规范的规定。

10.5.4 与管道组成件接触的可拆卸的支吊架零部件应符合下列规定：

10.5.4.1 在垂直管道上的承重管夹应防止与管道组成件间产生滑移，可在管道组成件上焊挡块或沿其轴线方向焊肋板。

10.5.4.2 碳钢的支吊架零部件与有色金属或不锈钢管道组成件不应直接接触，在接触面之间可增加非金属材料的隔离垫层或相应措施。

10.5.5 支吊架的连接件的设计应符合下列规定：

10.5.5.1 螺纹拉杆的最大承载力可根据其许用应力和螺纹根部截面计算。吊杆直径不宜小于10 mm。

10.5.5.2 当吊架有水平位移时，拉杆两端应为铰接，两铰接点间应有足够长度。对刚性拉杆吊架，可活动的拉杆长度不应小于吊点处水平位移的20倍，吊杆与垂直线夹角不应大于3°；对弹性吊架，可活动的拉杆长度不应小于吊点处水平位移的15倍，吊杆与垂直线夹角不应大于4°。

10.5.5.3 吊架的吊杆应有足够的螺纹长度，并可根据结构需要设置松紧螺母(花篮螺栓)，螺纹连接处应设置锁紧螺母。

10.5.6 弹簧支吊架、减振装置和阻尼装置的选用，应符合下列规定：

10.5.6.1 可变(变力)弹簧支吊架可用于管道支吊点有垂直方向位移处，同时承受该方向的自重荷载。弹簧在任何工况下所承受的荷载均不应超过其最大允许荷载。可变弹簧支吊架可根据国家现行标准选用，并应符合下列要求：

(1) 由管道垂直方向热位移引起的荷载变化系数按式(10.5.6)计算：

$$f_S = \frac{\Delta \cdot K_S}{F_H} \times 100\% \qquad (10.5.6)$$

式中：f_S——荷载变化系数；

Δ——管道垂直热位移(mm)；

K_S——弹簧刚度(N/mm)；

F_H——工作荷载(N)。

荷载变化系数不应大于35%,重要管道及与敏感设备相连接的管道,荷载变化系数不宜大于25%。

(2) 可变弹簧支吊架应设有荷载和行程指示器及位置锁定装置,并应在行程指示器的范围内使用。处于锁定位置时应可承受2倍最大工作荷载;对于不带外筒的简易可变弹簧支吊架仅可用在不需准确计算荷载和位移之处。

(3) 应设有防止弹簧发生不同心度、弯曲或偏心荷载和意外失效的措施。

10.5.6.2 在管道支吊点处垂直方向有大位移量时,可选用恒力弹簧支吊架,并应符合下列规定:

(1) 应设有荷载和行程指示器以及位置锁定装置,在锁定位置时该组件应可承受2倍最大工作荷载;

(2) 应设有可在现场调整荷载的结构,加或减荷载的调节量均不应小于设计荷载的10%;

(3) 选用恒力弹簧支吊架的名义位移量,除应满足支吊点计算位移量要求外,应根据计算荷载和热位移的精度不同,按标准规定留有裕量。

10.5.6.3 减振装置和阻尼装置的设计和选用,应符合下列规定:

(1) 管道用减振装置可选用弹簧减振器,其结构设计宜符合下述规定:

应承受管道振动力而不承受管道的重力,最大防振力不应小于工程设计的要求值,并设有可调结构;

最大行程应根据对其防振力调节量和管道位移等因素确定。

(2) 阻尼装置的结构设计宜符合下述规定:

不应约束管道的热胀和冷缩,不承受管道的重力;

应承受管道动力分析所要求的瞬态最大动力荷载,在该工况下具有高阻尼特性;

液压式阻尼装置内的工作介质宜为阻燃油;

有效行程应大于因管道位移引起的阻尼装置的轴向位移值。

10.5.7 与土建结构或基础或设备相连接的管道支吊架的钢结构的设计,应符合下列规定:

10.5.7.1 应满足最大荷载时的强度要求。

10.5.7.2 应满足下列刚度条件:

(1) 用于固定支架、限位和阻尼装置时,梁的最大挠度不应大于0.002倍梁的计算长度;

(2) 用于其他支架时,梁的最大挠度不应大于0.004倍梁的计算长度;

(3) 采用悬臂梁时,悬臂长度不宜大于800 mm。

10.5.7.3 采用非对称型钢且承载着力点不通过弯曲中心时,设计时应对偏心受力产生的扭转影响进行核算。

11 设计对组成件制造、管道施工及检验的要求

11.1 一般规定

11.1.1 工程施工及检验的要求,除了应符合本规范的规定外,还应符合现行国家标准《工业金属管道工程施工及验收规范》GB 50235的规定。

11.2 金属的焊接

11.2.1 焊接材料的选用及焊前预热,应符合现行国家标准《现场设备、工业金属管道焊接工程

施工及验收规范》GB 50236 的规定。

11.2.2 端部为焊接连接的阀门，施焊时所采用的焊接程序以及热处理，应避免阀座的严密性受破坏。

11.2.3 支管焊接应符合本规范第 5.4.4 条第 5.4.4.2 款支管连接焊缝的形式(见图 5.4.4-1)的规定。

11.2.4 管道的焊接结构应符合本规范附录 H 的规定。

11.3 金属的热处理

11.3.1 管子弯曲及管件成形后的热处理，除应符合本规范附录 G 第 G.1 节的规定外，有应力腐蚀的管道及其他对消除残余应力有严格要求的管道，需热处理时，必须在设计文件中规定。

11.3.2 焊后需要热处理的管道组成件的厚度，应符合本规范附录 G 第 G.2 节的规定。

11.4 检验

11.4.1 设计者应对所设计的管道依据流体类别、设计压力、设计温度参数、是否剧烈循环等条件进行综合归类，列入设计文件，作为检测的依据。

11.4.2 除有特殊要求外，管道无损检测可按本规范附录 J 的规定。

11.4.3 管子制造的检验应符合本规范第 5.2.1 及 5.2.4 条的规定。

11.5 试压

11.5.1 承受内压管道的液压及气压试验的压力应符合国家现行标准的规定。采用气压试验的管道应在工程设计文件中指定。

11.5.2 对于气体管道，当整体试水压条件不具备时，可采用安装前的分段液压强度试验及安装后固定口应进行 100%无损检测，且检测合格后还应进行气密性试验。

11.5.3 液压或气压试验条件下组成件的内压圆周应力不得超过式(11.5.3-2)及式(11.5.3-3)的规定。如超过时，应降低试验压力。试验条件下组成件的周向应力应按式(11.5.3-1)计算：

$$\sigma_T=\frac{P_T[D_o-(t_{sn}-C)]}{2(t_{sn}-C)} \quad \cdots\cdots\cdots\cdots (11.5.3\text{-}1)$$

液压试验时，

$$\sigma_T \leqslant 0.9E_j\sigma_s \quad \cdots\cdots\cdots\cdots (11.5.3\text{-}2)$$

气压试验时，

$$\sigma_T \leqslant 0.8E_j\sigma_s \quad \cdots\cdots\cdots\cdots (11.5.3\text{-}3)$$

式中：σ_T ——在试验条件下组成件的周向应力(MPa)；

D_o——管子外径(mm)；

t_{sn} ——直管名义厚度(mm)；

C ——所有厚度附加量之和(mm)；

E_j ——焊接接头系数；

P_T——试验压力(MPa)；

σ_s ——材料标准常温屈服点(MPa)。

11.5.4 承受外压管道的液压试验应符合下列规定：

11.5.4.1 真空管道可按承受内压 0.2 MPa 进行试压。对于需要检查稳定性的大直径管道，应按试验压力通过计算校核承受外压时的稳定性。

11.5.4.2 夹套管的内管应经液压试验及检验合格后，才能施工外套管。外套管应按本规范第 11.5.1 条的规定试压。

11.5.4.3 夹套管的内管应按内、外部较高一侧的试验压力进行内压试验。但设计者还应校核外压试验压力下内管的稳定性。

11.5.5 不能采用液压及气压试验的管道,可采用替代性试验,并应在工程设计文件中指明。替代性试验的管道,应符合下列规定:

11.5.5.1 对于所有环焊缝应进行100%射线检测;

11.5.5.2 检测后应进行气密试验;

11.5.5.3 管道组成件的无损检测应按本规范附录J的规定。

11.5.6 要求进行气密试验的管道应符合下列规定:

11.5.6.1 对B类流体管道,气密试验压力等于设计压力,在此压力下,用发泡剂检查法兰、螺纹、填料等处,无气泡为合格。输送制冷剂等气化温度低的流体的管道,也应进行气密试验。

11.5.6.2 对真空管道,应在液压试验合格后,进行24h真空度试验,增压率不超过5%为合格。

11.6 其他要求

11.6.1 安装中不得在滑动支架底板处临时点焊定位。仪表及电气任何构件不得焊在滑动支架上。

11.6.2 从有热位移的主管引出小直径的支管时,小管支架的类型和结构应按设计要求,并不应限制主管的位移。采用现场决定任何支架结构的范围,一般限于设计温度为常温的公称直径小于或等于40 mm的管道。

11.6.3 大型贮罐(或大水池)的管道与泵或其他独立基础的设备连接,或贮罐底部管道沿地面敷设在支架上时,应注意贮罐基础沉降的影响。对此类管道,要求在贮罐液压试验后安装;或将贮罐接口处法兰在液压试验且基础初阶段沉降后再连接。

11.6.4 除耐火材料衬里管道按设计要求焊接外,对于其他非金属衬里管道不应在现场施焊,焊在管道组成件上的支吊架零部件,应在工厂预制时焊好。

11.6.5 对于非金属衬里的每根管最后封闭短管的长度,应在现场实测长度后提交制造厂,或采用其他设计认可的或本规范第5.11.5条的措施,但不得使用多层软垫片组合填充间隙的方法。

11.6.6 管道布置图中未表示的,由现场施工时决定走向的小管道,包括伴热管和仪表管等,应布置整齐,走向合理,并应在其他管道安装完后,根据工程规定、设计文件的要求进行安装。

12 隔热、隔声、消声及防腐

12.1 隔热

12.1.1 有关管道保温和保冷的计算、材料选择及结构要求等可按现行国家标准《设备及管道保温技术通则》GB/T 4272、《设备及管道保温设计导则》GB/T 8175、《设备及管道保冷技术通则》GB/T 11790及《工业设备及管道绝热工程设计规范》GB 50264进行设计。

12.1.2 严禁镀锌的隔热辅助材料与不锈钢管接触。

12.1.3 有关伴热的隔热结构,应符合下列规定:

12.1.3.1 碳钢的伴热管与不锈钢管子之间应采用非金属材料隔开;

12.1.3.2 当流体或管道材料不允许产生局部过热时,在伴热管与被伴热管之间应采用隔热件隔开。

12.1.4 奥氏体不锈钢管道用的吸水型(毛细作用)外隔热材料,应按本规范附录L规定的要求进行试验,材料中溶于水的Cl^-及($Na^+ + SiO_3^{2-}$)的分析含量应在图12.1.4曲线右下方区域内。试产的产品试验还应证明隔热材料对不锈钢不产生表面腐蚀及应力腐蚀破裂。

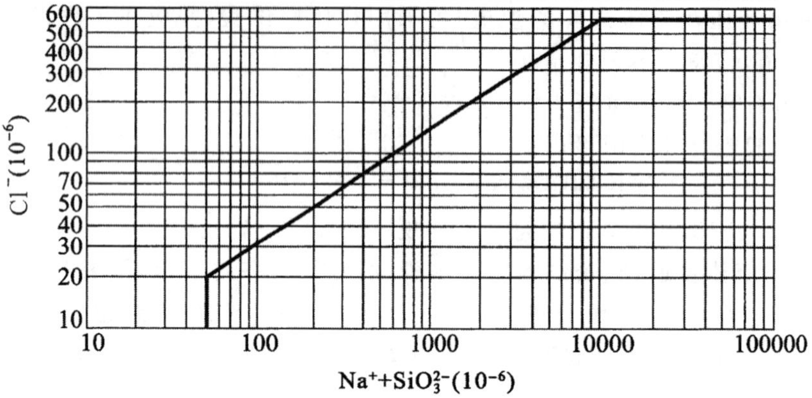

图12.1.4 岩棉及矿棉等隔热材料中Cl^-含量与($Na^+ + SiO_3^{2-}$)含量的关系

12.1.5 隔热结构的外保护层应能有效地防止雨水进入隔热层内。

12.2 隔声和消声

12.2.1 防噪声要求应按现行国家标准《工业企业噪声控制设计规范》GBJ 87的规定。

12.2.2 对于与离心压缩机、螺杆压缩机或轴流压缩机等连接的管道,以及压差大的减压阀管道等,当噪声超过90 dB时,应有隔声措施。

12.2.3 一般采用软质材料做隔声层,外保护层可与隔热结构的外保护层的材料相同。

12.2.4 室外的隔声结构应能防止雨水进入。

12.2.5 不锈钢管道的隔声材料应符合本规范第12.1.4条的规定。

12.2.6 放空管道噪声超过规定值时,应设置消声器。

12.3 防腐及涂漆

12.3.1 埋地钢管道的外表面应制作防腐层,防腐层数应按所设计的管道及土壤情况决定。必要时,对长距离及不便检查维修的区域内的管道,可增加阴极保护措施。

12.3.2 地上管道的外表面防锈,一般采用涂漆,涂层类别应能耐环境大气的腐蚀。

12.3.3 涂层的底漆与面漆应配套使用。外有隔热层的管道,一般只涂底漆。不锈钢、有色金属及镀锌钢管道等,可不涂漆。

12.3.4 涂漆前管道外表面的清理,应符合涂料产品的相应要求。当有特殊的要求时,应在设计文件中规定。

12.3.5 涂漆颜色及标志可按现行国家标准《工业管路的基本识别色和识别符号》GB 7231和有关标准执行,补充要求应在工程设计文件中规定。

13 输送A1类和A2类流体管道的补充规定

13.1 A1类流体管道的补充规定

13.1.1 设计条件应符合下列补充规定:

13.1.1.1 采用流体温度以外的任何温度作为设计温度时,应通过传热计算或实验验证。

13.1.1.2 管道设计中应进行动载分析,使有害的振动及脉冲影响减小到无害的程度。

13.1.1.3 可通过管道布置、组成件选用等方法防止出现剧烈循环条件。

13.1.1.4 不应按本规范第3.2.2条设计。

13.1.1.5 泄压装置的最大泄放压力,不得超过设计压力的1.1倍。

13.1.2 材料的选用应符合下列补充规定:

13.1.2.1 不应使用任何脆性材料。

13.1.2.2 铅、锡及其合金仅用于衬里。

13.1.3 管道组成件的选用,应符合下列补充规定:

13.1.3.1 选用焊接钢管应符合本规范附录J的规定;

13.1.3.2 斜接弯管的一条焊缝方向改变不应大于22.5°。

13.1.3.3 扩口翻边的突缘短节选用要求:

(1) 使用温度不应超过200℃,使用的压力不应超过公称压力2.0 MPa碳钢标准法兰的许用压力;

(2) 管径不应大于公称直径100 mm,扩口前的壁厚不应小于下列数值:

公称直径		厚度(最小值)
	15～20mm	2.5mm
	25～50mm	3.0mm
	65～100mm	3.5mm

13.1.3.4 支管连接应优先选用标准三通,其次为支管台或嵌入式支管。

13.1.3.5 **阀门的选用要求:**

(1) 应采用防止阀杆填料处泄漏的阀门,包括波纹管密封的截止阀、旋塞型或其他具有可靠的密封结构型式的阀门。

(2) 阀盖应为法兰连接,至少用四根螺栓。采用足够机械强度的直螺纹连接方式,金属对金属接触的密封的结构要进行密封焊。

13.1.3.6 **法兰的选用要求:**

(1) 不应采用平焊(平板式)法兰;

(2) 除了采用焊唇垫片外,法兰公称压力的选用宜留有大于或等于25%的裕量,且不应低于公称压力2.0 MPa;

(3) 采用软垫片时,应选用凹凸面或榫槽面的法兰。

13.1.3.7 承插焊管件应仅限用于公称直径小于或等于40 mm。

13.1.3.8 锥管螺纹密封的结构,应限用于公称直径小于或等于20 mm,并采用密封焊。

13.1.3.9 采用直螺纹以垫片密封的结构时,应用拧紧时及拧紧后组成件的密封面不会产生相对转动的结构。例如本规范第5.9.3条图5.9.3-2中(b)和(c)的结构。

13.1.3.10 **管道接头选用要求:**

(1) 不应使用钎焊接头;

(2) 不应使用粘接接头、胀接接头及填充物堵缝接头;

(3) 不应在对焊口内使用分块的衬环。

13.1.3.11 不应使用带填料密封的补偿器。

13.1.3.12 选用不锈钢对焊管件的厚度,应符合本规范附录D第D.0.1条的规定。

13.1.4 管道的布置应符合下列补充规定:

13.1.4.1 除有可靠的安全措施外,不便维修的区域,不宜将管道敷设在地下。当工艺要求必须埋地敷设时,应有监测泄漏、防止腐蚀、收集有害流体等的安全措施。

13.1.4.2 设置在安全隔墙或隔板内的管道，其手动阀门应采用阀门伸长杆引至隔墙(板)外操作。

13.1.4.3 **不应在可通行管沟内布置A1类流体管道。**

13.1.4.4 **A1类流体不应直接排入下水道及大气中，应排入封闭系统内。**

13.1.5 柔性计算不应使用简化的分析方法。

13.1.6 管道施工及检验应符合下列补充规定：

13.1.6.1 碳钢管道壁厚大于或等于19mm时应进行焊后热处理。

13.1.6.2 管道应进行气密试验。

13.1.6.3 管道施工的无损检测应符合本规范附录J的规定。

13.2 A2类流体管道的补充规定

13.2.1 **高硅铸铁不得用于A2类流体的管道。**

13.2.2 **应采用防止阀杆填料处泄漏的可靠的密封结构型式的阀门。**

13.2.3 除耐腐蚀的要求外，宜采用钢制阀体的阀门。

13.2.4 应对玻璃液位计、视镜等采取安全防护措施。

13.2.5 **气体排放口应符合环保的要求，液体不应直接排入下水道。**

13.2.6 不宜采用平焊(平板式)法兰。

13.2.7 当采用锥管螺纹密封时，不应大于公称直径20mm。A2类流体的中、高度危害毒物的管道，应采用密封焊。

13.2.8 **不应使用带填料密封的补偿器。**

13.2.9 本规范第8.1.2条同样适用于A2类流体。

13.2.10 **不应在可通行沟内布置A2类流体的管道。**

13.2.11 A2类气体管道应进行气密试验。

13.2.12 管道的无损检测，应符合本规范附录J的规定。

13.2.13 对于Ⅱ级(高度)危害的A2类流体的管道，除了应符合本规范第13.2.1至13.2.12条的规定外，还应符合本规范第13.1.3条第13.1.3.6款第(3)项、第13.1.3条第13.1.3.9款及第13.1.3条第13.1.3.10款第(2)项的规定。

14 管道系统的安全规定

14.1 一般规定

14.1.1 管道系统中的安全设计要求除按本章的规定外，还应符合国家现行标准中的有关安全规程的规定。

14.2 超压保护

14.2.1 除本规范第3.2.2条规定外，在运行中可能超压的管道系统均应设置泄压装置。泄压装置可采用安全阀、爆破片或二者组合使用。

14.2.2 不宜使用安全阀的场合可用爆破片。爆破片设计爆破压力与正常最大工作压力的差值，应有一定的裕量。此差值根据爆破片的材料和工作压力的脉动情况而定。

14.2.3 安全阀应分别按排放气(汽)体或液体进行选用，并考虑背压的影响。

14.2.4 安全阀的开启压力(整定压力)除工艺有特殊要求外，为正常最大工作压力的1.1倍，最低为1.05倍。但对于本规范第3.1.2条第3.1.2.2款所述管道，安全阀的开启压力应取本规范第 3.1.2 条的条件和该管道设计压力的较大值。

14.2.5 安全阀入口管道的压力损失宜小于开启压力的 3%,安全阀出口管道压力损失不宜超过开启压力的 10%。

14.2.6 安全阀的最大泄放压力不宜超过管道设计压力的 1.1 倍。火灾事故时,其最大泄放压力不应超过设计压力的 1.21 倍。

14.2.7 安全阀或爆破片的入口管道和出口管道上不宜设置切断阀。但工艺有特殊要求必须设置切断阀时,还应设置旁通阀及就地压力表。正常工作时安全阀或爆破片入口或出口的切断阀应在开启状态下锁住。旁通阀应在关闭状态下锁住。工程设计图中应按下列规定加标注符号:

L.O.或 C.S.O=开启状态下锁住(未经批准不得关闭);

L.C.或 C.S.C=关闭状态下锁住(未经批准不得开启)。

14.2.8 双安全阀出入口设置三通式转换阀时,两个转换阀应有可靠的联锁机构。安全阀与转换阀之间的管道,应有排空措施。

14.2.9 当设计选用泄压装置时,宜向制造厂提供详细数据,制造厂应保证产品性能符合数据表的要求。

14.3 阀门

14.3.1 需防止流体倒流的管道上,应设置止回阀。

14.3.2 正常运行中,某些阀门必须严格控制在开或关的位置时,设计中应附加锁定或铅封的要求。并应在设计图中按本规范第 14.2.7 条标注代号。此类阀门只允许在维修时,严格监督下使用,并经过有关负责人批准。

14.4 盲板

14.4.1 当装置内停运维修时,装置外有可能或要求继续运行的管道,在装置边界处除设置切断阀外,还应在阀门的靠装置一侧的法兰处设置盲板。

14.4.2 运行中,当有的设备需切断检修时,在阀门与设备之间法兰接头处应设置盲板。对于 B 类流体管道、阀门与盲板之间装有小放空阀时,放空阀后的管道,应引至安全地点。

14.4.3 压力试验及气密试验需隔断的位置,应设置盲板。

14.4.4 流体温度低于-5 ℃时,或大气腐蚀严重的场合,宜使用分离式盲板,即插板与垫环。不宜使用“8”字盲板。

14.4.5 插板与垫环应有识别标记,标记部位应伸出法兰。

14.5 排放

14.5.1 各类流体排放,应符合下列规定:

14.5.1.1 B 类液体应排入封闭的收集系统,严禁直接排入下水道。

14.5.1.2 密度比环境空气大的 B 类气体应排入火炬系统,密度比环境空气小的 B 类气体,在允许不设火炬及符合卫生标准的情况下,可排入大气。

14.5.1.3 C 和 D 类无闪蒸的液体,在符合卫生标准及水道材料使用温度和无腐蚀的情况下,可排入下水道。

14.5.2 工艺要求的放空管应按排放量和工作压力决定管径。排放口流速,应符合本规范第 7.1.5条的规定。

14.5.3 不经常使用的常压放空管口,应加设防鸟网。

14.6 其他要求

14.6.1 在寒冷气候条件下,室外管道应有下列的防冻措施:

14.6.1.1 冷却器的进出水管道和冷却水总管的末端,应设置防冻旁通管或其他防冻措施。

14.6.1.2 在寒冷地区的气体管道中有冷凝液生成时,或液体管道有死角区(包括仪表管道)或排液管可能冻结时,宜设置伴热管。

14.6.2 对于安装在室内的输送B类流体管道的薄弱环节的组成件,如玻璃液位计、视镜等,应有安全防护措施。

14.6.3 管道系统所产生的静电,可通过设备及土建结构的接地网接地。其他防静电要求应符合现行国家标准《防止静电事故通用导则》GB 12158的规定。

14.6.4 重要设备在运行中,不允许流体中断时,宜采用双管或设置带有隔断阀门的环状管网等安全措施。

14.6.5 下列情况应设阻火设施:

14.6.5.1 与明火设备连接的B类气体的减压后的管道,包括火炬管道;

14.6.5.2 需隔断易着火的管道(包括放空管)与其连接的设备时。

14.6.6 氧气管道设计应符合下列规定:

14.6.6.1 对于强氧化性流体(氧或氟)管道,应在管道预制后、安装前分段或单件按国家现行标准《脱脂工程施工及验收规范》HG 20202进行脱脂,包括所有组成件与流体接触的表面均应脱脂。脱脂后的管道组成件应采用氮气或空气吹净封闭,防止再污染。并应避免残存的脱脂介质与氧气形成危险的混合物。

14.6.6.2 氧气管道组成件的选用,除按本规范其他章节的规定外,还应符合下列补充规定:

(1) 在产品系列范围内,宜选用无缝的管子和管件。

(2) 管子管件焊接应采用氩弧焊打底。

(3) 设计压力大于3 MPa时,宜采用奥氏体不锈钢管。

(4) 碳素钢和低合金钢管道上设有调压阀时,调压阀前后1.5 m范围内宜采用奥氏体不锈钢管及管件。

(5) 阀门选用应符合本规范第5.5.9条的规定。

14.6.6.3 除非工艺流程有特殊设计要求及可靠的安全措施保证,氧气管道与B类流体管道严禁直接连接。

14.6.6.4 氧气管道的流速限制、静电接地及管道布置等设计要求,应符合现行国家标准《氧气站设计规范》GB 50030及有关氧气安全技术规程的规定。

14.6.7 采用夹套管道时,应根据流体凝固点的高低,其他物性改变条件及工艺要求,选择下列结构:

14.6.7.1 全夹套——管子、管件、法兰颈(背)部及阀门均有夹套;

14.6.7.2 部分夹套——除法兰颈(背)部、阀门及支管连接部没有夹套外,其他部分均有夹套;

14.6.7.3 简易夹套——管子(直管)有夹套,环焊缝宜位于夹套外。

附　录　A
金属管道材料的许用应力

A.0.1　常用钢管许用应力，见表 A.0.1。

表 A.0.1　常用钢管许用应力

钢号	标准号	使用状态	厚度(mm)	常温强度指标		在下列温度(℃)下的许用应力(MPa)																使用温度下限(℃)	注
				σ_b(MPa)	σ_s(MPa)	≤20	100	150	200	250	300	350	400	425	450	475	500	525	550	575	600		
碳素钢钢管(焊接管)																							
Q235-A Q235-B	GB/T 13793		≤12	375	235	113	113	113	105	94	86	77	—	—	—	—	—	—	—	—	—	−10	①
20	GB/T 13793		≤12.7	390	(235)	130	130	125	116	104	95	86	—	—	—	—	—	—	—	—	—	−20	⑤①
碳素钢钢管(无缝管)																							
10	GB 9948	热轧、正火	≤16	330	205	110	110	106	101	92	83	77	71	69	61	—	—	—	—	—	—	−29 正火 状态	③
10	GB 6479 GB/T 8163	热轧、正火	≤15	335	205	112	112	108	101	92	83	77	71	69	61	—	—	—	—	—	—		
			16～40	335	195	112	110	104	98	89	79	74	68	66	61	—	—	—	—	—	—		
10	GB 3087	热轧、正火	≤26	333	196	111	110	104	98	89	79	74	68	66	61	—	—	—	—	—	—		

表 A.0.1（续）

钢号	标准号	使用状态	厚度(mm)	常温强度指标		在下列温度(℃)下的许用应力(MPa)																使用温度下限(℃)	注
				σ_b(MPa)	σ_s(MPa)	≤20	100	150	200	250	300	350	400	425	450	475	500	525	550	575	600		
碳素钢钢管(无缝管)																							
20	GB/T 8163	热轧、正火	≤15	390	245	130	130	130	123	110	101	92	86	83	61	—	—	—	—	—	—	−20	③⑤
			16～40	390	235	130	130	125	116	104	95	86	79	78	61	—	—	—	—	—	—		
20	GB 3087	热轧、正火	≤15	392	245	131	130	130	123	110	101	92	86	83	61	—	—	—	—	—	—		
			16～26	392	226	131	130	124	113	101	93	84	77	75	61	—	—	—	—	—	—		
20	GB 9948	热轧、正火	≤16	410	245	137	137	132	123	110	101	92	86	83	61	—	—	—	—	—	—		
20G	GB 6479 GB 5310	正火	≤16	410	245	137	137	132	123	110	101	92	86	83	61	—	—	—	—	—	—		
			17～40	410	235	137	132	126	116	104	95	86	79	78	61	—	—	—	—	—	—		
低合金钢钢管(无缝管)																							
16Mn	GB 6479 GB/T 8163	正火	≤15	490	320	163	163	163	159	147	135	126	119	93	66	43	—	—	—	—	—	−40	
			16～40	490	310	163	163	163	153	141	129	119	116	93	66	43	—	—	—	—	—		
09MnD	—	正火	≤16	400	240	133	133	128	119	106	97	88	—	—	—	—	—	—	—	—	—	−50	④
12CrMo 12CrMoG	GB 6479 GB 5310	正火加回火	≤16	410	205	128	113	108	101	95	89	83	77	75	74	72	71	50	—	—	—	−20	⑤
			17～40	410	195	122	110	104	98	92	86	79	74	72	71	69	68	50	—	—	—		

表 A.0.1(续)

钢号	标准号	使用状态	厚度(mm)	常温强度指标		在下列温度(℃)下的许用应力(MPa)																使用温度下限(℃)	注
				σ_b(MPa)	σ_s(MPa)	≤20	100	150	200	250	300	350	400	425	450	475	500	525	550	575	600		
12CrMo	GB 9948	正火加回火	≤16	410	205	128	113	108	101	95	89	83	77	75	74	72	71	50	—	—	—	−20	⑤
15CrMo	GB 9948	正火加回火	≤16	440	235	147	132	123	116	110	101	95	89	87	86	84	83	58	37	—	—		
15CrMo 15CrMoG	GB 6479 GB 5310	正火加回火	≤16	440	235	147	132	123	116	110	101	95	89	87	86	84	83	58	37	—	—		
			17～40	440	225	141	126	116	110	104	95	89	86	84	83	81	79	58	37	—	—		
12Cr1MoVG	GB 5310	正火加回火	≤16	470	255	147	144	135	126	119	110	104	98	96	95	92	89	82	57	35	—		
12Cr2Mo 12Cr2MoG	GB 6479 GB 5310	正火加回火	≤16	450	280	150	150	150	147	144	141	138	134	131	128	119	89	61	46	37	—		
			17～40	450	270	150	150	147	141	138	134	131	128	126	123	119	89	61	46	37	—		
1Cr5Mo	GB 6479 GB 9948	退火	≤16	390	195	122	110	104	101	98	95	92	89	87	86	83	62	46	35	26	18		
	GB 6479		17～40	390	185	116	104	98	95	92	89	86	83	81	79	78	62	46	35	26	18		
10MoWVNb	GB 6479	正火加回火	≤16	470	295	157	157	157	156	153	147	141	135	130	126	121	97	—	—	—	—		
			17～40	470	285	157	157	156	150	147	141	135	129	121	119	111	97	—	—	—	—		

表 A.0.1(续)

钢号	标准号	使用状态	厚度(mm)	在下列温度(℃)下的许用应力(MPa)																				使用温度下限(℃)	注
				≤20	100	150	200	250	300	350	400	425	450	475	500	525	550	575	600	625	650	675	700		
高合金钢钢管																									
0Cr13	GB/T 14976	退火	≤18	137	126	123	120	119	117	112	109	105	100	89	72	53	38	26	16	—	—	—	—	−20	⑤
0Cr19Ni9 0Cr18Ni9	GB/T 12771 GB/T 14976	固溶	≤14 ≤18	137	137	137	130	122	114	111	107	105	103	101	100	98	91	79	64	52	42	32	27	−196	②①
				137	114	103	96	90	85	82	79	78	76	75	74	73	71	67	62	52	42	32	27		
0Cr18Ni11Ti 0Cr18Ni10Ti	GB/T 12771 GB/T 14976	固溶或稳定化	≤14 ≤18	137	137	137	130	122	114	111	108	106	105	104	103	101	83	58	44	33	25	18	13		②①
				137	114	103	96	90	85	82	80	79	78	77	76	75	74	58	44	33	25	18	13		
0Cr17Ni12-Mo2	GB/T 12771 GB/T 14976	固溶	≤14 ≤18	137	137	137	134	125	118	113	111	110	109	108	107	106	105	96	81	65	50	38	30		②①
				137	117	107	99	93	87	84	82	81	81	80	79	78	78	76	73	65	50	38	30		
0Cr18Ni12-Mo2Ti	GB/T 14976	固溶	≤18	137	137	137	134	125	118	113	111	110	109	108	107	—	—	—	—	—	—	—	—		②
				137	117	107	99	93	87	84	82	81	81	80	79	—	—	—	—	—	—	—	—		
0Cr19Ni13-Mo3	GB/T 14976	固溶	≤18	137	137	137	134	125	118	113	111	110	109	108	107	106	105	96	81	65	50	38	30		②
				137	117	107	99	93	87	84	82	81	81	80	79	78	78	76	73	65	50	38	30		
00Cr19Ni11 00Cr19Ni10	GB/T 12771 GB/T 14976	固溶	≤14 ≤18	118	118	118	110	103	98	94	91	89	—	—	—	—	—	—	—	—	—	—	—		②①
				118	97	87	81	76	73	69	67	66	—	—	—	—	—	—	—	—	—	—	—		
00Cr17Ni-14Mo2	GB/T 12771 GB/T 14976	固溶	≤14 ≤18	118	118	117	108	100	95	90	86	85	84	—	—	—	—	—	—	—	—	—	—		②①
				118	97	87	80	74	70	67	64	63	62	—	—	—	—	—	—	—	—	—	—		

表 A.0.1（续）

钢号	标准号	使用状态	厚度(mm)	在下列温度(℃)下的许用应力(MPa)																				使用温度下限(℃)	注
				≤20	100	150	200	250	300	350	400	425	450	475	500	525	550	575	600	625	650	675	700		
00Cr19Ni-13Mo3	GB/T 14976	固溶	≤18	118	118	118	118	118	118	113	111	110	109	—	—	—	—	—	—	—	—	—	—	−196	②
				118	117	107	99	93	87	84	82	81	81	—	—	—	—	—	—	—	—	—	—		

注:中间温度的许用应力,可按本表的数值用内插法求得。

① GB 12771、GB 13793 焊接钢管的许用应力,未计入焊接接头系数,见本规范第 3.2.3 条规定。

② 该行许用应力,仅适用于允许产生微量永久变形之元件。

③ 使用温度上限不宜超过粗线的界限。粗线以上的数值仅用于特殊条件或短期使用。

④ 钢管的技术要求应符合《钢制压力容器》GB 150 附录 A 的规定。

⑤ 使用温度下限为−20℃的材料,根据本规范第 4.3.1 条的规定,宜在大于−20℃的条件下使用,不需做低温韧性试验。

A.0.2 常用钢板许用应力,见表 A.0.2。

表 A.0.2 常用钢板许用应力

钢号	标准号	使用状态	厚度(mm)	常温强度指标		在下列温度(℃)下的许用应力(MPa)																使用温度下限(℃)	注
				σ_b(MPa)	σ_s(MPa)	≤20	100	150	200	250	300	350	400	425	450	475	500	525	550	575	600		
碳素钢钢板																							
Q235-A·F	GB/T 912	热轧	3～4	375	235	113	113	113	105	94	—	—	—	—	—	—	—	—	—	—	—	0	①
	GB/T 3274		4.5～16	375	235	113	113	113	105	94	—	—	—	—	—	—	—	—	—	—	—		
Q235-A	GB/T 912	热轧	3～4	375	235	113	113	113	105	94	86	77	—	—	—	—	—	—	—	—	—	<u>-10</u>	①
	GB/T 3274		4.5～16	375	235	113	113	113	105	94	86	77	—	—	—	—	—	—	—	—	—		
			>16～40	375	225	113	113	107	99	91	83	75	—	—	—	—	—	—	—	—	—		
Q235-B	GB/T 912	热轧	3～4	375	235	113	113	113	105	94	86	77	—	—	—	—	—	—	—	—	—	<u>-10</u>	①
	GB/T 3274		4.5～16	375	235	113	113	113	105	94	86	77	—	—	—	—	—	—	—	—	—		
			>16～40	375	225	113	113	107	99	91	83	75	—	—	—	—	—	—	—	—	—		
Q235-C	GB/T 912	热轧	3～4	375	235	125	125	125	116	104	95	86	79	—	—	—	—	—	—	—	—	<u>-10</u>	
	GB/T 3274		4.5～16	375	235	125	125	125	116	104	95	86	79	—	—	—	—	—	—	—	—		
			>16～40	375	225	125	125	119	110	101	92	83	77	—	—	—	—	—	—	—	—		
碳素钢钢板																							
20R	GB 6654	热轧或正火	6～16	400	245	133	133	132	123	110	101	92	86	83	61	—	—	—	—	—	—	-20	③⑤
			>16～36	400	235	133	132	126	116	104	95	86	79	78	61	—	—	—	—	—	—		
			>36～60	400	225	133	126	119	110	101	92	83	77	75	61	—	—	—	—	—	—		
			>60～100	390	205	128	115	110	103	92	84	77	71	68	61	—	—	—	—	—	—		

表 A.0.2(续)

钢号	标准号	使用状态	厚度(mm)	常温强度指标		在下列温度(℃)下的许用应力(MPa)																使用温度下限(℃)	注
				σ_b(MPa)	σ_s(MPa)	≤20	100	150	200	250	300	350	400	425	450	475	500	525	550	575	600		
低合金钢钢板																							
16MnR	GB 6654	热轧、正火	6～16	510	345	170	170	170	170	156	144	134	125	93	66	43	—	—	—	—	—	−20	⑤
			>16～36	490	325	163	163	163	159	147	134	125	119	93	66	43	—	—	—	—	—		
			>36～60	470	305	157	157	157	150	138	125	116	109	93	66	43	—	—	—	—	—		
			>60～100	460	285	153	153	150	141	128	116	109	103	93	66	43	—	—	—	—	—		
			>100～120	450	275	150	150	147	138	125	113	106	100	93	66	43	—	—	—	—	—		
15MnVR	GB 6654	热轧、正火	6～16	530	390	177	177	177	177	177	172	159	147	—	—	—	—	—	—	—	—		
			>16～36	510	370	170	170	170	170	170	163	150	138	—	—	—	—	—	—	—	—		
			>36～60	490	350	163	163	163	163	163	153	141	131	—	—	—	—	—	—	—	—		
18MnMoNbR	GB 6654	正火加回火	30～60	590	440	197	197	197	197	197	197	197	197	197	177	117	—	—	—	—	—		
			>60～100	570	410	190	190	190	190	190	190	190	190	190	177	117	—	—	—	—	—		
13MnNiMoNbR	GB 6654	正火加回火	30～100	570	390	190	190	190	190	190	190	190	190	—	—	—	—	—	—	—	—		
			>100～120	570	380	190	190	190	190	190	190	190	188	—	—	—	—	—	—	—	—		
07MnCrMoVR	—	调质	16～50	610	490	203	203	203	203	203	203	203	—	—	—	—	—	—	—	—	—	−20	④⑤
07MnNiCrMoVDR	—	调质	16～50	610	490	203	203	203	203	203	203	203	—	—	—	—	—	—	—	—	—	−40	④
16MnDR	GB 3531	正火	6～16	490	315	163	163	163	156	144	131	122	—	—	—	—	—	—	—	—	—	−40	
			>16～36	470	295	157	157	156	147	134	122	113	—	—	—	—	—	—	—	—	—		
			>36～60	450	275	150	150	147	138	125	113	106	—	—	—	—	—	—	—	—	—	−30	
			>60～100	450	255	150	147	138	128	116	106	100	—	—	—	—	—	—	—	—	—		

表 A.0.2（续）

钢号	标准号	使用状态	厚度(mm)	常温强度指标 σ_b(MPa)	常温强度指标 σ_s(MPa)	≤20	100	150	200	250	300	350	400	425	450	475	500	525	550	575	600	使用温度下限(℃)	注
						在下列温度(℃)下的许用应力(MPa)																	
低合金钢钢板																							
09MnNiDR	GB 3531	正火或正火加回火	6～16	440	300	147	147	147	147	147	147	138	—	—	—	—	—	—	—	—	—	−70	
			>16～36	430	280	143	143	143	143	143	138	128	—	—	—	—	—	—	—	—	—		
			>36～60	430	260	143	143	143	141	134	128	119	—	—	—	—	—	—	—	—	—		
15MnNiDR	GB 3531	正火或正火加回火	6～16	490	325	163	163	—	—	—	—	—	—	—	—	—	—	—	—	—	—	−45	
			>16～36	470	305	157	157	—	—	—	—	—	—	—	—	—	—	—	—	—	—		
			>36～60	460	290	153	153	—	—	—	—	—	—	—	—	—	—	—	—	—	—		
15CrMoR	GB 6654	正火加回火	6～60	450	295	150	150	150	150	141	131	125	118	115	112	110	88	58	37	—	—	−20	⑤
			>60～100	450	275	150	150	147	138	131	123	116	110	107	104	103	88	58	37	—	—		
14Cr1MoR	—	正火加回火	6～120	515	310	172	172	169	159	153	144	138	131	127	122	116	88	58	37	—	—	−20	④⑤

表 A.0.2（续）

钢号	标准号	使用状态	厚度(mm)	在下列温度(℃)下的许用应力(MPa)																				使用温度下限(℃)	注
				≤20	100	150	200	250	300	350	400	425	450	475	500	525	550	575	600	625	650	675	700		
高合金钢钢板																									
0Cr13	GB 4237	退火	2～60	137	126	123	120	119	117	112	109	105	100	89	72	53	38	26	16	—	—	—	—	−20	⑤
0Cr18Ni9	GB 4237	固溶	2～60	137	137	137	130	122	114	111	107	105	103	101	100	98	91	79	64	52	42	32	27	−196	②
				137	114	103	96	90	85	82	79	78	76	75	74	73	71	67	62	52	42	32	27		
0Cr18 Ni10Ti	GB 4237	固溶或稳定化	2～60	137	137	137	130	122	114	111	108	106	105	104	103	101	83	58	44	33	25	18	13		②
				137	114	103	96	90	85	82	80	79	78	77	76	75	74	58	44	33	25	18	13		
0Cr17Ni12 Mo2	GB 4237	固溶	2～60	137	137	137	134	125	118	113	111	110	109	108	107	106	105	96	81	65	50	38	30		②
				137	117	107	99	93	87	84	82	81	81	80	79	78	78	76	73	65	50	38	30		
0Cr18Ni12 Mo2Ti	GB 4237	固溶	2～60	137	137	137	134	125	118	113	111	110	109	108	107	—	—	—	—	—	—	—	—		②
				137	117	107	99	93	87	84	82	81	81	80	79	—	—	—	—	—	—	—	—		
0Cr19Ni13 Mo3	GB 4237	固溶	2～60	137	137	137	134	125	118	113	111	110	109	108	107	106	105	96	81	65	50	38	30		②
				137	117	107	99	93	87	84	82	81	81	80	79	78	78	76	73	65	50	38	30		
00Cr19Ni10	GB 4237	固溶	2～60	118	118	118	110	103	98	94	91	89	—	—	—	—	—	—	—	—	—	—	—		②
				118	97	87	81	76	73	69	67	66	—	—	—	—	—	—	—	—	—	—	—		

表 A.0.2(续)

钢号	标准号	使用状态	厚度(mm)	在下列温度(℃)下的许用应力(MPa)																				使用温度下限(℃)	注
				≤20	100	150	200	250	300	350	400	425	450	475	500	525	550	575	600	625	650	675	700		
高合金钢钢板																									
00Cr17Ni14Mo2	GB 4237	固溶	2～60	118	118	117	108	100	95	90	86	85	84	—	—	—	—	—	—	—	—	—	—	−196	②
				118	97	87	80	74	70	67	64	63	62	—	—	—	—	—	—	—	—	—	—		
00Cr19Ni13Mo3	GB 4237	固溶	2～60	118	118	118	118	118	118	113	111	110	109	—	—	—	—	—	—	—	—	—	—		②
				118	117	107	99	93	87	84	82	81	81	—	—	—	—	—	—	—	—	—	—		

注:中间温度的许用应力,可按本表的数值用内插法求得。

① 所列许用应力,已乘质量系数 0.9。

② 该行许用应力,仅适用于允许产生微量永久变形之元件。对于法兰或其他有微量永久变形就引起泄漏或故障的场合不能采用。

③ 使用温度上限不宜超过粗线的界限。

④ 该钢板技术要求应符合 GB 150 附录 A 的规定。

⑤ 使用温度下限为−20℃的材料,要求同本规范附录 A 表 A.0.1 的注⑤。

A.0.3 常用螺栓许用应力，见表 A.0.3。

表 A.0.3 常用螺栓许用应力

钢号	钢材标准号	钢材使用状态	螺栓规格(mm)	常温强度指标		在下列温度(℃)下的许用应力(MPa)																使用温度下限(℃)	注
				σ_b(MPa)	σ_s(MPa)	≤20	100	150	200	250	300	350	400	425	450	475	500	525	550	575	600		
碳素钢螺栓																							
Q235-A	GB 700	热轧	≤M20	375	235	87	78	74	69	62	56	—	—	—	—	—	—	—	—	—	—	-10	
35	GB 699	正火	≤M22	530	315	117	105	98	91	82	74	69	—	—	—	—	—	—	—	—	—	-20	②
			M24～M27	510	295	118	106	100	92	84	76	70	—	—	—	—	—	—	—	—	—		
低合金钢螺栓																							
40MnB	GB 3077	调质	≤M22	805	685	196	176	171	165	162	154	143	126	—	—	—	—	—	—	—	—	-20	②
			M24～M36	765	635	212	189	183	180	176	167	154	137	—	—	—	—	—	—	—	—		
40MnVB	GB 3077	调质	≤M22	835	735	210	190	185	179	176	168	157	140	—	—	—	—	—	—	—	—		
			M24～M36	805	685	228	206	199	196	193	183	170	154	—	—	—	—	—	—	—	—		
40Cr	GB 3077	调质	≤M22	805	685	196	176	171	165	162	157	148	134	—	—	—	—	—	—	—	—		
			M24～M36	765	635	212	189	183	180	176	170	160	147	—	—	—	—	—	—	—	—		
30CrMoA	GB 3077	调质	≤M22	700	550	157	141	137	134	131	129	124	116	111	107	103	79	—	—	—	—	-100	
			M24～M48	660	500	167	150	145	142	140	137	132	123	118	113	108	79	—	—	—	—		
			M52～M56	660	500	185	167	161	157	156	152	146	137	131	126	111	79	—	—	—	—		

表 A.0.3（续）

钢号	钢材标准号	钢材使用状态	螺栓规格(mm)	常温强度指标		在下列温度(℃)下的许用应力(MPa)																使用温度下限(℃)	注
				σ_b(MPa)	σ_s(MPa)	≤20	100	150	200	250	300	350	400	425	450	475	500	525	550	575	600		
低合金钢螺栓																							
35CrMoA	GB 3077	调质	≤M22	835	735	210	190	185	179	176	174	165	154	147	140	111	79	—	—	—	—	−100	
			M24～M48	805	685	228	206	199	196	193	189	180	170	162	150	111	79	—	—	—	—		
			M52～M80	805	685	254	229	221	218	214	210	200	189	180	150	111	79	—	—	—	—		
			M52～M105	735	590	219	196	189	185	181	178	171	160	153	145	111	79	—	—	—	—		
35CrMoVA	GB 3077	调质	M52～M105	835	735	272	247	240	232	229	225	218	207	201	—	—	—	—	—	—	—	−20	②
			M110～M140	785	665	246	221	214	210	207	203	196	189	183	—	—	—	—	—	—	—		
25Cr2MoVA	GB 3077	调质	≤M22	835	735	210	190	185	179	176	174	168	160	156	151	141	131	72	39	—	—		
			M24～M48	835	735	245	222	216	209	206	203	196	186	181	176	168	131	72	39	—	—		
			M52～M105	805	685	254	229	221	218	214	210	203	196	191	185	176	131	72	39	—	—		
			M110～M140	735	590	219	196	189	185	181	178	174	167	164	160	153	131	72	39	—	—		
40CrNiMoA	GB 3077	调质	M50～M140	930	825	306	291	281	274	267	257	244	—	—	—	—	—	—	—	—	—	−50	①
1Cr5Mo	GB 1221	调质	≤M22	590	390	111	101	97	94	92	91	90	87	84	81	77	62	46	35	26	18	−20	②
			M24～M48	590	390	130	118	113	109	108	106	105	101	98	95	83	62	46	35	26	18		

表 A.0.3(续)

钢号	钢材标准号	钢材使用状态	螺栓规格(mm)	在下列温度(℃)下的许用应力(MPa)																		使用温度下限(℃)	注
				≤20	100	150	200	250	300	350	400	450	500	525	550	575	600	625	650	675	700		
高合金钢螺栓																							
2Cr13	GB 1220	调质	≤M22	126	117	111	106	103	100	97	91	—	—	—	—	—	—	—	—	—	—	−20	②
			M24～M27	147	137	130	123	120	117	113	107	—	—	—	—	—	—	—	—	—	—		
0Cr18Ni9	GB 1220	固溶	≤M22	129	107	97	90	84	79	77	74	71	69	68	66	63	58	52	42	32	27	−196	
			M24～M48	137	114	103	96	90	85	82	79	76	74	73	71	67	62	52	42	32	27		
0Cr17Ni12Mo2	GB 1220	固溶	≤M22	129	109	101	93	87	82	79	77	76	75	74	73	71	68	65	50	38	30		
			M24～M48	137	117	107	99	93	87	84	82	81	79	78	78	76	73	65	50	38	30		
0Cr18Ni10Ti	GB 1220	固溶	≤M22	129	107	97	90	84	79	77	75	73	71	70	69	58	44	33	25	18	13		
			M24～M48	137	114	103	96	90	85	82	80	78	76	75	74	58	44	33	25	18	13		

注:中间温度的许用应力,可按本表的数值用内插法求得。

① M80 及以下使用温度下限为−70℃。

② 使用温度下限为−20℃的材料,要求同本规范附录 A 表 A.0.1 的注⑤。

A.0.4 常用锻件许用应力，见表 A.0.4。

表 A.0.4 常用锻件许用应力

钢号	锻件标准号	公称厚度(mm)	常温强度指标		在下列温度(℃)下的许用应力(MPa)																使用温度下限(℃)	注
			σ_b(MPa)	σ_s(MPa)	≤20	100	150	200	250	300	350	400	425	450	475	500	525	550	575	600		
碳素钢锻件																						
20	JB 4726	≤200	390	215	130	119	113	104	95	86	79	74	72	61	41	—	—	—	—	—	-20	③④
35	JB 4726	≤100	510	265	166	147	141	129	116	108	98	92	85	61	41	—	—	—	—	—		①③④
		>100～300	490	245	153	141	134	126	113	104	95	89	85	61	41	—	—	—	—	—		
低合金钢锻件																						
16Mn	JB 4726	≤300	450	275	150	150	147	135	129	116	110	104	93	66	43	—	—	—	—	—	-20	④
20MnMo	JB 4726	≤300	530	370	177	177	177	177	177	177	171	163	156	131	84	49	—	—	—	—		
		>300～500	510	350	170	170	170	170	170	169	163	153	147	131	84	49	—	—	—	—		
		>500～700	490	330	163	163	163	163	163	163	156	147	141	131	84	49	—	—	—	—		
20MnMoNb	JB 4726	≤300	620	470	207	207	207	207	207	207	207	207	207	177	117	—	—	—	—	—		
		>300～500	610	460	203	203	203	203	203	203	203	203	203	177	117	—	—	—	—	—		
16MnD	JB 4727	≤300	450	275	150	150	147	135	129	116	110	—	—	—	—	—	—	—	—	—	-40	

表 A.0.4（续）

钢号	锻件标准号	公称厚度（mm）	常温强度指标		在下列温度(℃)下的许用应力(MPa)																使用温度下限(℃)	注
			σ_b(MPa)	σ_s(MPa)	≤20	100	150	200	250	300	350	400	425	450	475	500	525	550	575	600		
09MnNiD	JB 4727	≤300	420	260	140	140	140	140	134	128	119	—	—	—	—	—	—	—	—	—	−70	
20MnMoD	JB 4727	≤300	530	370	177	177	177	177	177	177	171	—	—	—	—	—	—	—	—	—	−30	
		>300～500	510	350	170	170	170	170	170	169	163	—	—	—	—	—	—	—	—	—	−30	
		>500～700	490	330	163	163	163	163	163	163	156	—	—	—	—	—	—	—	—	—	−20	
08MnNiCrMoVD	JB 4727	≤300	600	480	200	200	200	200	200	200	200	—	—	—	—	—	—	—	—	—	−40	
10Ni3MoVD	JB 4727	≤300	600	480	200	200	—	—	—	—	—	—	—	—	—	—	—	—	—	—	−50	
15CrMo	JB 4726	≤300	440	275	147	147	147	138	132	123	116	110	107	104	103	88	58	37	—	—	−20	④
		>300～500	430	255	143	143	135	126	119	110	104	98	96	95	93	88	58	37	—	—		
12Cr1MoV	JB 4726	≤300	440	255	147	144	135	126	119	110	104	98	96	95	92	89	82	57	35	—		
		>300～500	430	245	143	141	131	126	119	110	104	98	96	95	92	89	82	57	35	—		
12Cr2Mol	JB 4726	≤300	510	310	170	170	169	163	159	156	153	150	147	144	119	89	61	46	37	—		
		>300～500	500	300	167	167	166	159	156	153	150	147	144	141	119	89	61	46	37	—		
1Cr5Mo	JB 4726	≤500	590	390	197	197	197	197	197	197	197	190	136	107	83	62	46	35	26	18		
35CrMo	JB 4726	≤300	620	440	207	207	207	207	207	207	207	200	194	150	111	79	50	—	—	—	−20	①④
		>300～500	610	430	203	203	203	203	203	203	203	200	194	150	111	79	50	—	—	—		

表 A.0.4（续）

钢号	锻件标准号	公称厚度(mm)	在下列温度(℃)下的许用应力(MPa)																				使用温度下限(℃)	注
			≤20	100	150	200	250	300	350	400	425	450	475	500	525	550	575	600	625	650	675	700		
高合金钢锻件																								
0Cr13	JB 4728	≤100	137	126	123	120	119	117	112	109	105	100	89	72	53	38	26	16	—	—	—	—	−20	④
0Cr18Ni9	JB 4728	≤200	137	137	137	130	122	114	111	107	105	103	101	100	98	91	79	64	52	42	32	27	−196	②
			137	114	103	96	90	85	82	79	78	76	75	74	73	71	67	62	52	42	32	27		
0Cr18Ni10Ti	JB 4728	≤200	137	137	137	130	122	114	111	108	106	105	104	103	101	83	58	44	33	25	18	13		②
			137	114	103	96	90	85	82	80	79	78	77	76	75	74	58	44	33	25	18	13		
0Cr17Ni12Mo2	JB 4728	≤200	137	137	137	134	125	118	113	111	110	109	108	107	106	105	96	81	65	50	38	30		②
			137	117	107	99	93	87	84	82	81	81	80	79	78	78	76	73	65	50	38	30		
00Cr19Ni10	JB 4728	≤200	117	117	117	110	103	98	94	91	89	—	—	—	—	—	—	—	—	—	—	—		②
			117	97	87	81	76	73	69	67	66	—	—	—	—	—	—	—	—	—	—	—		
00Cr17Ni14Mo2	JB 4728	≤200	117	117	117	108	100	95	90	86	85	84	—	—	—	—	—	—	—	—	—	—		②
			117	97	87	80	74	70	67	64	63	62	—	—	—	—	—	—	—	—	—	—		

注：中间温度的许用应力，可按本表的数值用内插法求得。
① 该锻件不得用于焊接结构。
② 该行许用应力，仅适用于允许产生微量永久变形之元件，对于法兰或其他有微量永久变形就引起泄漏或故障的场合不能采用。
③ 使用温度上限不宜超过粗线的界限。
④ 使用温度下限为−20℃的材料，要求同本规范附录 A 表 A.0.1 的注⑤。

A.0.5 碳素钢铸件的许用应力,见表 A.0.5。

表 A.0.5 碳素钢铸件的许用应力

牌号	标准号	含碳量(%)	常温强度指标		在下列温度(℃)下的许用应力(MPa)								使用温度下限(℃)	注
			σ_b(MPa)	σ_s(MPa)	≤20	100	150	200	300	350	400	425		
ZG200-400 H	GB 7659	0.2	400	200	100	待定	待定	待定	待定	待定	待定	待定	−20	①
ZG230-450 H		0.2	450	230	115									
ZG275-485H		0.25	485	275	129									
ZG200-400	GB 11352	0.2	400	200	100									
ZG230-450		0.3	450	230	115									

注:表中许用应力值已乘质量系数 0.8。
①使用温度下限要求见本规范附录 A 表 A.0.1 注⑤。

A.0.6 球墨铸铁件的许用应力,见表 A.0.6。

表 A.0.6 球墨铸铁件的许用应力

牌号	标准号	金相组织	常温强度指标		在下列温度(℃)下的许用应力(MPa)							使用温度下限(℃)
			σ_b(MPa)	$\sigma_{0.2}$(MPa)	≤20	100	150	200	250	300	350	
QT400-18	GB 1348	铁素体	400	250	106	待定	待定	待定	待定	待定	待定	−10
QT400-15		铁素体	400	250	106							
QT450-10		铁素体	450	310	120							
QT500-7		铁素体+珠光体	500	320	133							

注:表中许用应力值已乘质量系数 0.8。

A.0.7 铸铁件的许用应力,见表 A.0.7。

表 A.0.7 铸铁件的许用应力

牌号	标准号	金相组织	壁厚(mm)	常温强度指标		在下列温度(℃)下的许用应力(MPa)						使用温度下限(℃)
				σ_b(MPa)	$\sigma_{0.2}$(MPa)	≤20	100	150	200	250	300	
可锻铸铁												
KTH300-06	GB 9440		—	300	—	48	待定	待定	待定	待定	待定	-10
KTH330-08			—	330	—	52.8						
KTH350-10			—	350	200	56						
KTH370-12			—	370	—	59						
灰铸铁												
HT100	GB 9439	铁素体	2.5~10	130	—	10.4	待定	待定	待定	待定	待定	-10
			10~20	100	—	8.0						
			20~30	90	—	7.2						
			30~50	80	—	6.4						
HT150		珠光体+铁素体 20%	2.5~10	175	—	14.0						-10
			10~20	145	—	11.6						
			20~30	130	—	10.4						
			30~50	120	—	9.6						

表 A.0.7(续)

牌号	标准号	金相组织	壁厚(mm)	常温强度指标		在下列温度(℃)下的许用应力(MPa)						使用温度下限(℃)
				σ_b(MPa)	$\sigma_{0.2}$(MPa)	≤20	100	150	200	250	300	
灰铸铁												
HT200	GB 9439	珠光体	2.5～10 10～20 20～30 30～50	220 195 170 160	— — — —	17.6 15.6 13.6 12.8	待定	待定	待定	待定	待定	−10
HT250		珠光体	4～10 10～20 20～30 30～50	270 240 220 200	— — — —	21.6 19.2 17.6 16.0						−10
HT300		100% 珠光体	10～20 20～30 30～50	290 250 230	— — —	23.2 20.0 18.4						−10
HT350		100% 珠光体	10～20 20～30 30～50	340 290 260	— — —	27.2 23.2 20.8						−10

注:表中许用应力值已乘质量系数 0.8。

A.0.8 铝及铝合金管的许用应力,见表 A.0.8。

表 A.0.8 铝及铝合金管的许用应力

牌号			状态代号		σ_b ≥ (MPa)	$\sigma_{0.2}$ ≥ (MPa)	设计温度(℃)下的最大许用拉伸应力值(MPa)									使用温度下限(℃)
旧	新		旧	新			−269~20	40	65	75	100	125	150	175	200	
L1		1070A	M	O	(55)	(15)	10	10	—	10	9	8	7	6	5	−269
			R	H112	(55)	(15)	10	10	—	10	9	8	7	6	5	
L2		1060	M	O	(60)	(15)	10	10	—	10	9	8	7	6	5	
			R	H112	(60)	(15)	10	10	—	10	9	8	7	6	5	
L3		1050A	M	O	(60)	(15)	10	10	—	10	9	8	7	6	5	
			R	H112	(65)	(20)	13	13	—	13	12	11	10	8	6	
L5		1200	M	O	(75)	(20)	13	13	—	13	12	11	10	8	6	
			R	H112	(75)	(20)	13	13	—	13	12	11	10	8	6	
LF21	3A21	3003	M	O	(95)	(35)	23	23	—	23	23	20	16	13	10	
			R	H112	(95)	(35)	23	23	—	23	23	20	16	13	10	
LF2	5A02		M	O	(165)	(65)	41	41	—	41	41	41	37	28	17	
LF3	5A03		M	O	175	75	43	43	43	—	—	—	—	—	—	
			R	H112	175	65	43	43	43	—	—	—	—	—	—	
LF5	5A05		M	O	215	85	53	53	53	—	—	—	—	—	—	
			R	H112	255	105	63	63	63	—	—	—	—	—	—	

注:① 表中产品标准尺寸:GB 6893 拉(轧),制管外径 6~120 mm,壁厚 0.5~5 mm;GB 4437.1 挤压管,外径 25~300 mm,壁厚 5~32.5 mm,外径310~500 mm,壁厚 15~50 mm。
② 表中状态代号:0 为退火状态,H112 为热作状态。
③ 新牌号见现行国家标准《变形铝及铝合金化学成分》GB/T 3190。
④ 表中( )内的数值为标准中未规定的推荐合格指标。

附　录　B
金属材料物理性质

B.0.1　金属材料的弹性模量,见表 B.0.1。

表 B.0.1　金属材料的弹性模量

材料	在下列温度(℃)下的弹性模量(10^3 MPa)																		
	−196	−150	−100	−20	20	100	150	200	250	300	350	400	450	475	500	550	600	650	700
碳素钢(C≤0.30%)	—	—	—	194	192	191	189	186	183	179	173	165	150	133	—	—	—	—	—
碳素钢(C>0.30%)、碳锰钢	—	—	—	208	206	203	200	196	190	186	179	170	158	151	—	—	—	—	—
碳钼钢、低铬钼钢(至 Cr3Mo)	—	—	—	208	206	203	200	198	194	190	186	180	174	170	165	153	138	—	—
中铬钼钢(Cr5Mo~Cr9Mo)	—	—	—	191	189	187	185	182	180	176	173	169	165	163	161	156	150	—	—
奥氏体不锈钢(至 Cr25Ni20)	210	207	205	199	195	191	187	184	181	177	173	169	164	162	160	155	151	147	143
高铬钢(Cr13~Cr17)	—	—	—	203	201	198	195	191	187	181	175	165	156	153	—	—	—	—	—
灰铸铁	—	—	—	—	92	91	89	87	84	81	—	—	—	—	—	—	—	—	—
铝及铝合金	76	75	73	71	69	66	63	60	—	—	—	—	—	—	—	—	—	—	—
紫铜	116	115	114	111	110	107	106	104	101	99	96	—	—	—	—	—	—	—	—
蒙乃尔合金(Ni67-Cu30)	192	189	186	182	179	175	172	170	168	167	165	161	158	156	154	152	149	—	—
铜镍合金(Cu70-Ni30)	160	158	157	154	151	148	145	143	140	136	131	—	—	—	—	—	—	—	—

B.0.2 金属材料的平均线膨胀系数值,见表 B.0.2。

表 B.0.2 金属材料的平均线膨胀系数值

材料	在下列温度与20℃之间的平均线膨胀系数 α(10^{-6}/℃)																		
	−196	−150	−100	−50	0	50	100	150	200	250	300	350	400	450	500	550	600	650	700
碳素钢、碳钼钢、低铬钼钢(至 Cr3Mo)	—	—	9.89	10.39	10.76	11.12	11.53	11.88	12.25	12.56	12.90	13.24	13.58	13.93	14.22	14.42	14.62	—	—
铬钼钢(Cr5Mo~Cr9Mo)	—	—	—	9.77	10.16	10.52	10.91	11.15	11.39	11.66	11.90	12.15	12.38	12.63	12.86	13.05	13.18	—	—
奥氏体不锈钢(Cr18-Ni9 至 Cr19Ni14)	14.67	15.08	15.45	15.97	16.28	16.54	16.84	17.06	17.25	17.42	17.61	17.79	17.99	18.19	18.34	18.58	18.71	18.87	18.97
高铬钢(Cr13、Cr17)	—	—	—	8.95	9.29	9.59	9.94	10.20	10.45	10.67	10.96	11.19	11.41	11.61	11.81	11.97	12.11	—	—
Cr25-Ni20	—	—	—	—	—	—	15.84	15.98	16.05	16.06	16.07	16.11	16.13	16.17	16.33	16.56	16.66	16.91	17.14
灰铸铁	—	—	—	—	—	—	10.39	10.68	10.97	11.26	11.55	11.85	—	—	—	—	—	—	—
球墨铸铁	—	—	—	9.48	10.08	10.55	10.89	11.26	11.66	12.20	12.50	12.71	—	—	—	—	—	—	—
蒙乃尔(Monel) Ni67-Cu30	9.99	11.06	12.13	12.81	13.26	13.70	14.16	14.45	14.74	15.06	15.36	15.67	15.98	16.28	16.60	16.90	17.18	—	—
铝	17.86	18.72	19.65	20.78	21.65	22.52	23.38	23.92	24.47	24.93	—	—	—	—	—	—	—	—	—
青铜	15.13	15.43	15.76	16.41	16.97	17.53	18.07	18.22	18.41	18.55	18.73	—	—	—	—	—	—	—	—
黄铜	14.77	15.03	15.32	16.05	16.56	17.10	17.62	18.01	18.41	18.77	19.14	—	—	—	—	—	—	—	—
铜及铜合金	13.99	14.99	15.70	16.07	16.63	16.96	17.24	17.48	17.71	17.87	18.18	—	—	—	—	—	—	—	—
Cu70~Ni30	12.00	12.64	13.33	13.98	14.47	14.94	15.41	15.69	16.02	—	—	—	—	—	—	—	—	—	—

附　录　C
非金属衬里材料的使用温度范围

表 C　非金属衬里材料的使用温度范围

材料		使用温度(℃)	
		最低	最高
硬聚氯乙烯	PVC	−15	60
聚乙烯　低密度	LDPE	−30	60
高密度	HDPE	−30	70
聚丙烯	PP	−10	100
聚四氟乙烯	PTFE	−100	200
天然橡胶		−20	65
硼硅玻璃		—	150

注：① 本表的数据仅用于一般情况，设计中尚应根据流体腐蚀性、使用压力及材料成分与性能差异等影响综合考虑。

② 按指定衬里材料标准或牌号的非金属衬里的金属管道组成件，使用温度范围应按有关国家现行标准规定，并应符合本规范中基层材料的使用温度上下限及低温韧性试验的规定。

附　录　D
钢管及钢制管件厚度的规定

D.0.1　剧烈循环条件或A1类流体的管道，采用不锈钢管子及对焊管件时，不应小于表D.0.1所列的厚度。

表 D.0.1　剧烈循环条件或 A1 类流体管道用不锈钢管子及对焊管件的厚度(最小值)(mm)

DN	厚度(最小值)	DN	厚度(最小值)
15	2.5	150	3.5
20	2.5	200	4
25	3	250	4.5
(32)	3	300	5
40	3	350	5
50	3	400	5
(65)	3.5	450	5
80	3.5	500	6
100	3.5	(550)	6
(125)	3.5	600	6.5

D.0.2　外螺纹的钢管和外螺纹钢管件的厚度(最小值)应按表D.0.2的规定。

D.0.3　内螺纹管件及承插焊管件的厚度应符合现行国家标准的规定。

D.0.4　(本条删除)

表D.0.2 外螺纹的钢管及钢管件的厚度(最小值)

流体	材料	公称直径DN	厚度(最小值)(mm)
所有	碳钢	15 20 25 32 40 50 ＞50	3.5 3.9 4.5 4.8 5.0 3.9 不用
所有	不锈钢	15 20 25 32 40 50 ＞50	2.7 2.8 3.2 3.5 3.6 3.9 不用
需有安全防护时	碳钢或不锈钢	15 20 25 32 40 50 65 80 100 150	2.7 2.8 3.2 3.5 3.6 3.9 5.0 5.4 6.0 6.0

注:① 采用外螺纹钢管的外径应符合《无缝钢管尺寸、外形、重量及允许偏差》GB/T 17395的"标准化"系列。

② 如果采用《低压流体输送用镀锌焊接钢管》GB/T 3091中DN≤150的钢管时,厚度不受本表的限制。

附　录　E
柔性系数和应力增大系数

E.0.1　柔性系数和应力增大系数，见表 E.0.1。

表 E.0.1　柔性系数和应力增大系数

名称	柔性系数 K	应力增大系数 ①⑦		尺寸系数 h	简图
		平面外 i_o	平面内 i_i		
弯头或弯管①②③⑥⑧	$\frac{1.65}{h}$	$\frac{0.75}{h^{2/3}}$	$\frac{0.9}{h^{2/3}}$	$\frac{t_{Fn}R}{r_o^2}$	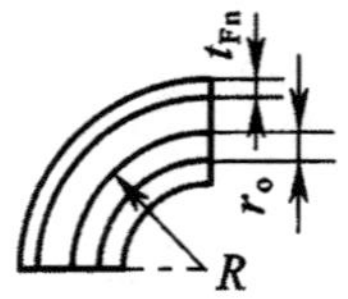
窄间距斜接弯管或弯头 $S < r_o(1+\tan\theta)$ ①②③⑧	$\frac{1.52}{h^{5/6}}$	$\frac{0.9}{h^{2/3}}$	$\frac{0.9}{h^{2/3}}$	$\frac{\cot\theta}{2}\frac{t_{sn}\cdot S}{r_o^2}$	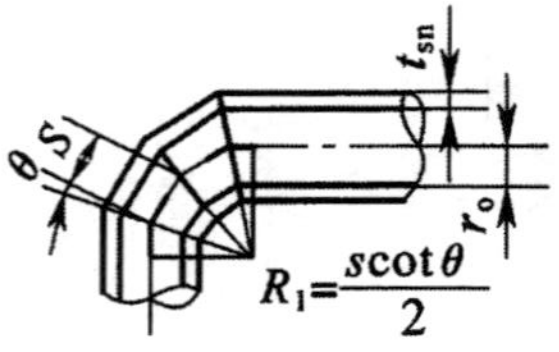
单节斜接弯管或宽间距斜接弯管 $S \geqslant r_o(1+\tan\theta),\theta \leqslant 22.5°$①②⑧	$\frac{1.52}{h^{5/6}}$	$\frac{0.9}{h^{2/3}}$	$\frac{0.9}{h^{2/3}}$	$\frac{(1+\cot\theta)}{2}\frac{t_{sn}}{r_o}$	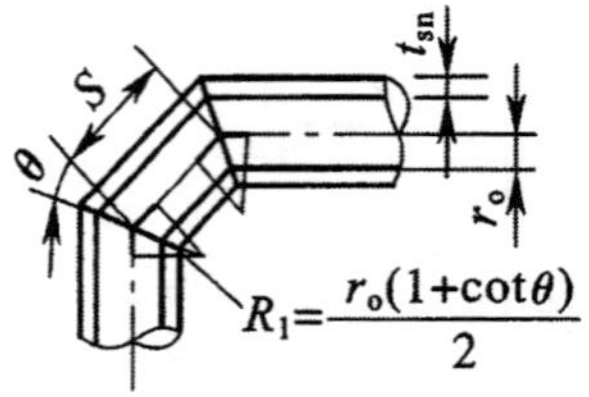

表 E.0.1（续）

名称	柔性系数 K	应力增大系数 ①⑦		尺寸系数 h	简图
		平面外 i_o	平面内 i_i		
标准对焊三通 $r_x \geqslant \frac{1}{8}d_o$ ①②⑬ $T_c \geqslant 1.5\ T_{tn}$	1	$\frac{0.9}{h^{2/3}}$	$\frac{3}{4}i_o + 1/4$	$4.4\ \frac{T_{tn}}{r_o}$	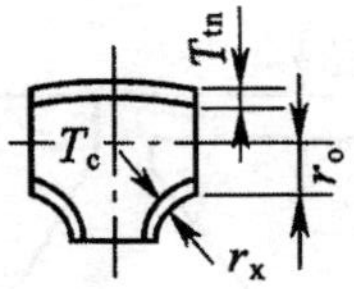
加强焊接支管或焊制三通①②⑤⑬	1	$\frac{0.9}{h^{2/3}}$	$\frac{3}{4}i_o + 1/4$	$\frac{(T_{tn} + 1/2t_r)^{2.5}}{T_{tn}^{1.5} r_o}$	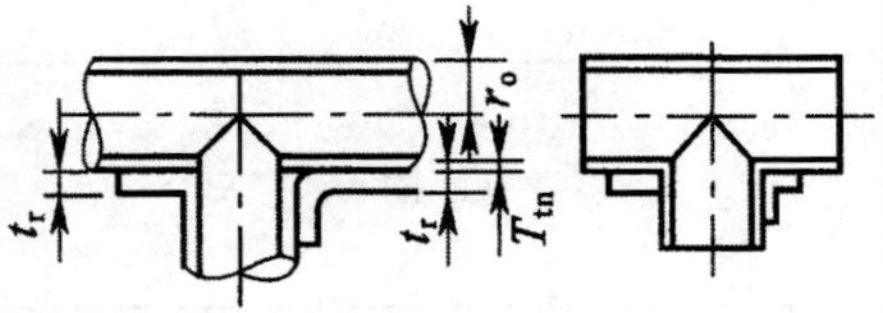
未加强焊接支管或焊制三通①②⑬	1	$\frac{0.9}{h^{2/3}}$	$\frac{3}{4}i_o + 1/4$	$\frac{T_{tn}}{r_o}$	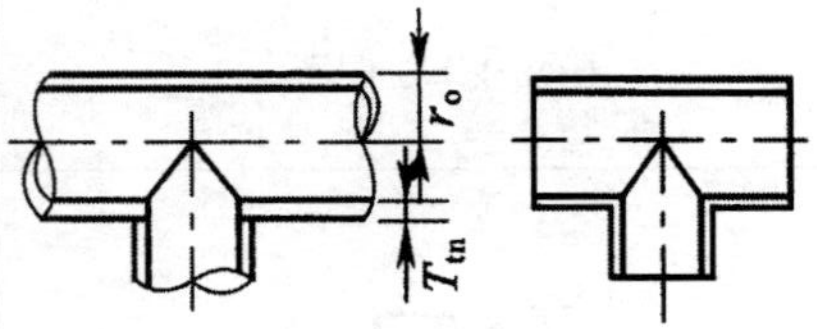
挤压成型对焊三通 $r_x \geqslant 0.05d_o, T_c < 1.5T_{tn}$ ①②⑬	1	$\frac{0.9}{h^{2/3}}$	$\frac{3}{4}i_o + 1/4$	$\left(1 + \frac{r_x}{r_o}\right)\frac{T_{tn}}{r_o}$	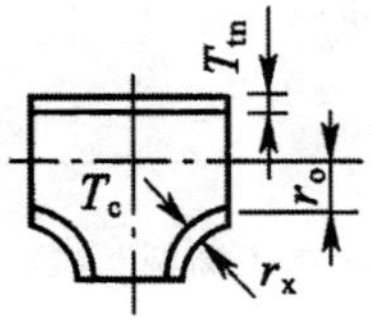

表 E.0.1(续)

名称	柔性系数 K	应力增大系数 ①⑦		尺寸系数 h	简图
		平面外 i_o	平面内 i_i		
嵌入式支管 $r_x \geqslant \frac{1}{8}d_o$ ①② $T_c \geqslant 1.5T_{tn}$	1	$\frac{0.9}{h^{2/3}}$	$\frac{3}{4}i_o + 1/4$	$4.4\frac{T_{tn}}{r_o}$	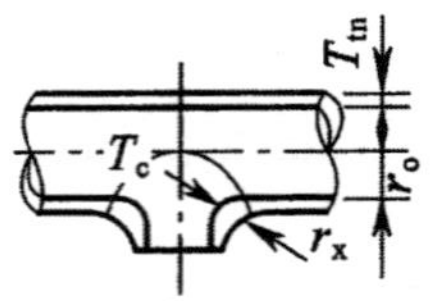
对焊支管台①②	1	$\frac{0.9}{h^{2/3}}$	$\frac{0.9}{h^{2/3}}$	$3.3\frac{T_{tn}}{r_o}$	见图 5.4.4-3(c)

名称	柔性系数 K	应力增大系数 i	简图
支管接头②⑫	1	用于校核支管端部 $1.5\left(\frac{R_m}{T_{tn}}\right)^{2/3}\left(\frac{r_m}{R_m}\right)^{1/2} \times \left(\frac{t_{tn}}{T_{tn}}\right)\left(\frac{r_m}{r_p}\right)$	见图 E.0.4
对接焊或对焊法兰 $t_{sn} \geqslant 6$ mm ②⑩ $\delta_{max} \leqslant 1.6$ mm, $\delta_{ave}/t_{sn} \leqslant 0.13$	1	1.0	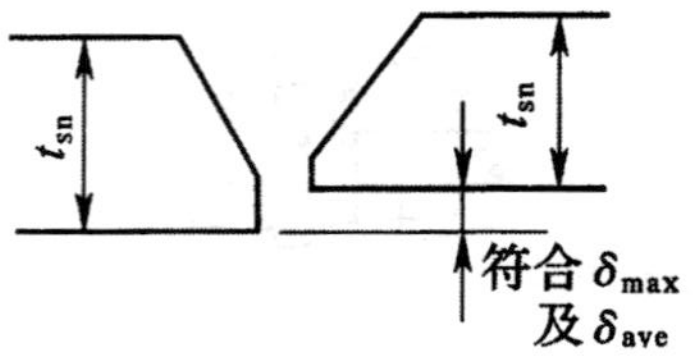
对接焊 $t_{sn} \geqslant 6$ mm ②⑩ $\delta_{max} \leqslant 3.2$ mm,δ_{ave}/t_{sn}=任何值 对接焊 $t_{sn} < 6$ mm ②⑩ $\delta_{max} \leqslant 1.6$ mm,$\delta_{ave}/t_{sn} \leqslant 0.33$	1	最大 1.9 或 $0.9+2.7(\delta_{ave}/t_{sn})$, 最小 1.0	

表 E.0.1（续）

名称	柔性系数 K	应力增大系数 ①⑦		尺寸系数 h	简图
		平面外 i_o	平面内 i_i		
角焊 ⑨	1	2.1 或 1.3			见图 E.0.5
削薄过渡段 ②	1	最大 1.9 或 $1.3+0.0036\dfrac{D_o}{t_{sn}}+3.6\dfrac{\delta_{max}}{t_{sn}}$			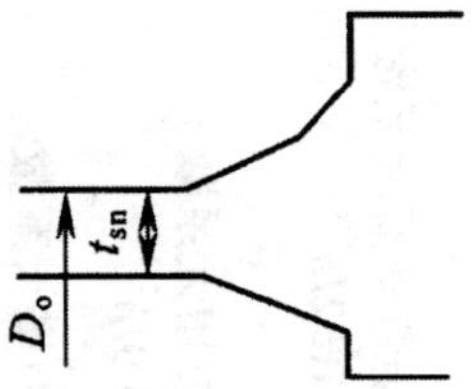
同心异径管 ⑪	1	最大 2.0 或 $0.5+0.01\beta\left(\dfrac{D_{os}}{t_{L2}}\right)^{1/2}$			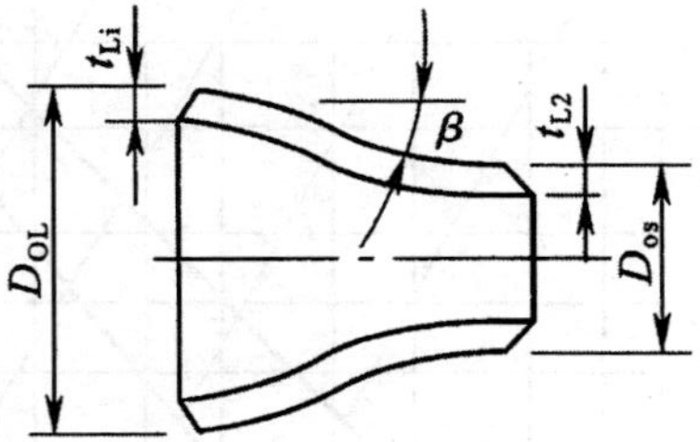
波纹直管或带波纹或皱纹弯管 ④	5	2.5			
螺纹管接头或螺纹法兰	1	2.3			
松套法兰	1	1.6			
内外侧焊的平焊法兰	1	1.2			

E.0.2 尺寸系数 h 与柔性系数及应力增大系数的关系，见图 E.0.2。

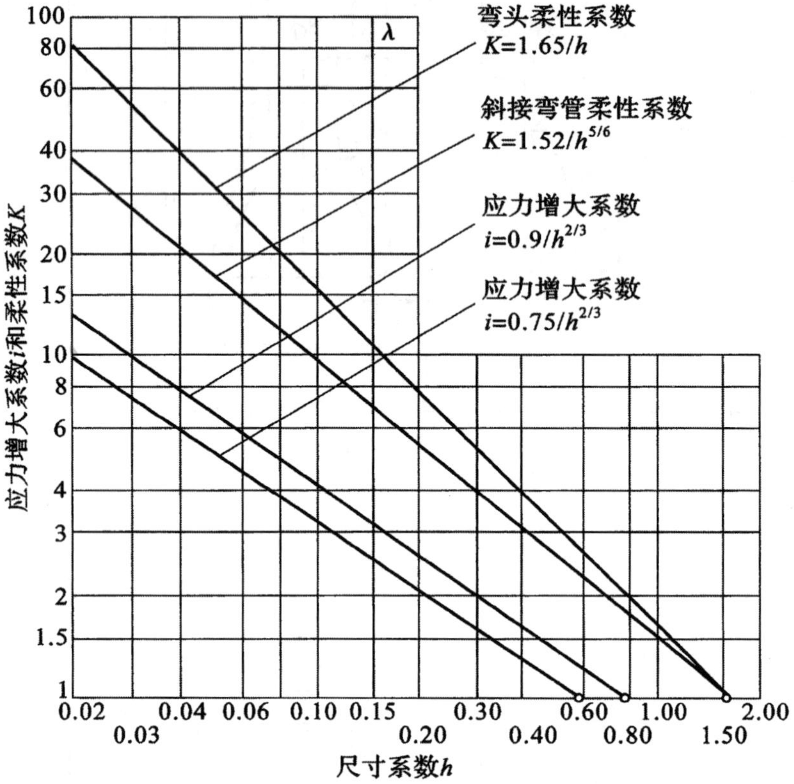

图 E.0.2 尺寸系数 h 与柔性系数及应力增大系数的关系

E.0.3 修正系数 C_f，见图 E.0.3。

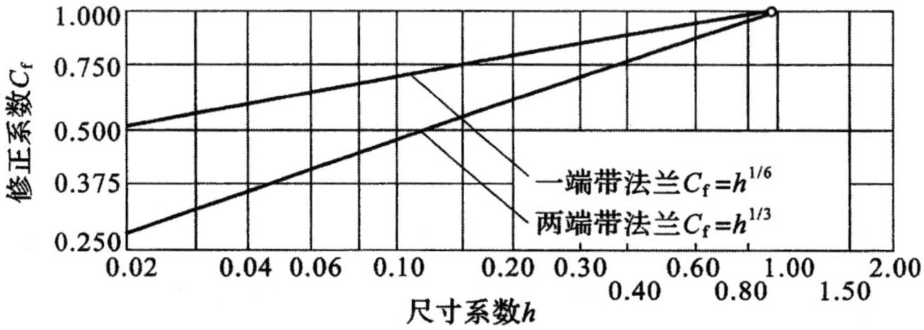

图 E.0.3 修正系数 C_f

E.0.4 支管接头尺寸，见图 E.0.4。

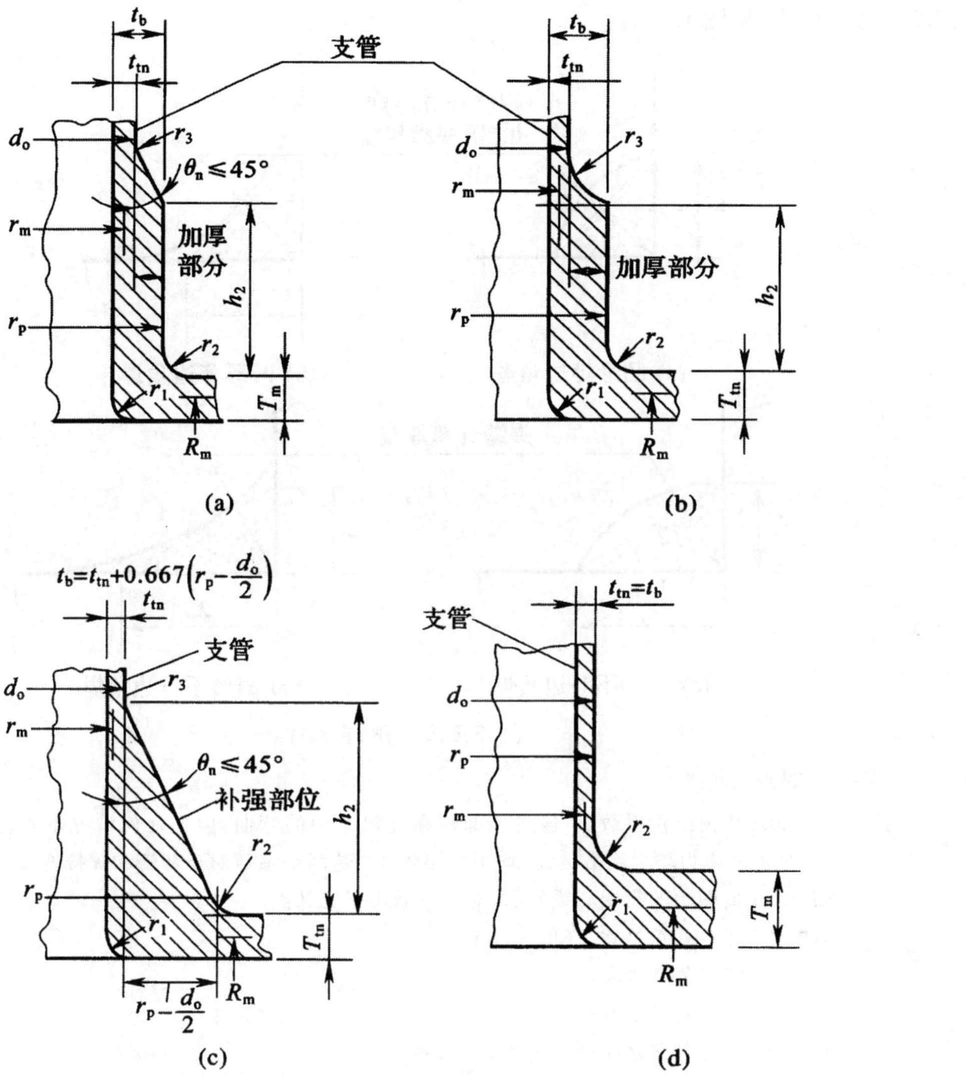

图 E.0.4　支管接头尺寸(mm)

d_o ——支管名义外径；

t_{tn} ——支管名义厚度；

h_2 ——支管有效补强高度；

T_{tn} ——主管名义厚度；

R_m ——主管平均半径；

θ_n ——支管补强部位过渡角度(°)；

t_b ——支管补强部位有效厚度；

r_p ——支管补强部分外半径；

r_m ——支管平均半径；

r_1、r_2、r_3——支管补强部位过渡半径。

E.0.5 角焊尺寸,见图 E.0.5。

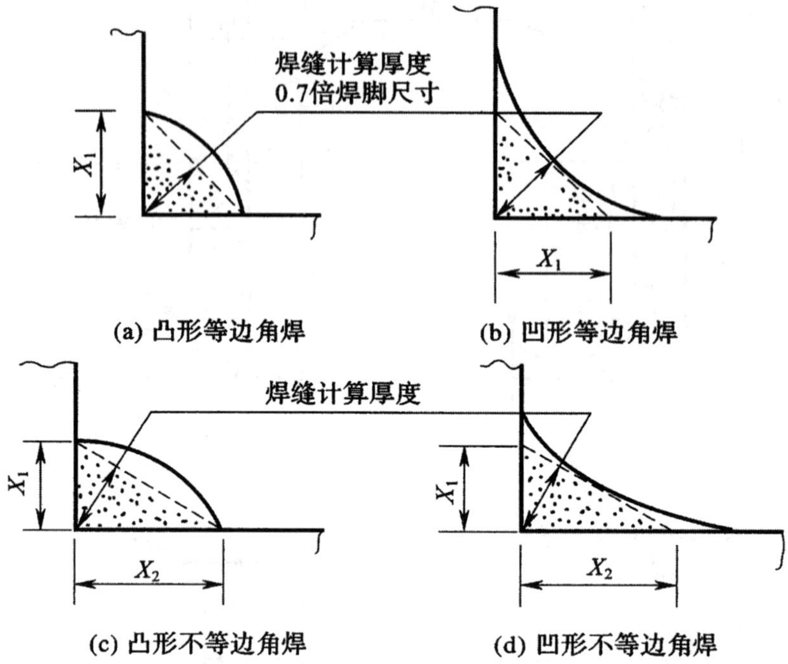

图 E.0.5　角焊尺寸

X_1、X_2——焊脚尺寸

注:① 表 E.0.1 中的柔性系数 K 适用于部件在任何平面的弯曲,但在任何情况下柔性系数 K 和平面内、平面外应力增大系数 i_i、i_o 均不得小于 1。这两个系数对于弯管和焊接弯头用于有效弧长,即表 E.0.1 简图中的粗中心线所示;对于三通用于交叉点。

② 表 E.0.1 中各式符号意义(单位:mm):

t_{Fn} ——管件名义厚度;

t_{sn} ——直管名义厚度;

t_{tn} ——支管名义厚度;

T_c ——三通圆角部(主支管相交处)厚度;

T_{tn} ——主管名义厚度,在表 E.0.1 中应取与三通主管相配的管子名义厚度;

r_x ——在主管和支管轴线的平面内,外轮廓转角处的曲率半径;

r_o ——管子的平均半径;

R ——圆弧弯管的弯曲半径;

R_1 ——斜接弯管的弯曲半径;

S ——斜接弯管斜接段中心线处的间距;

t_r ——补强板名义厚度;

θ ——斜接弯管一条焊缝方向改变的角度的 1/2(°);

δ_{max}——对接焊口错边量的最大值;

δ_{ave}——对接焊口错边量的平均值;

d_o ——支管名义外径。

柔性系数 K、应力增大系数 i 值可从表 E.0.1 中公式计算出尺寸系数 h 值后,从图 E.0.2 直接查取。

③ 当法兰装在一端或两端时,表 E.0.1 中的应力增大系数 i 和柔性系数 K 值应用修正系数 C_f 进行

校正。C_f 值根据表 E.0.1 计算的尺寸系数 h 值从图 E.0.3 查取。

④ 表中所示系数适用于弯曲,扭转的柔性系数为 0.9。

⑤ 适用于补强板名义厚度 t_r 不大于 1.5 倍主管名义厚度 T_{tn} 的条件。当 $t_r \geqslant 1.5T_{tn}$ 时,$h = 4\dfrac{T_{tn}}{r_o}$。

⑥ 铸造对接焊弯头的厚度要比所连接的管子的厚度大得多,设计者应考虑该增大的厚度造成的影响,否则会产生较大的误差。

⑦ 若需要时,平面内与平面外的应力增大系数 i 均可用 $0.9/h^{2/3}$ 进行计算。

⑧ 对于大直径薄壁弯管和弯头,内压会对柔性系数和应力增大系数有显著影响,应将表 E.0.1 中的柔性系数 K 除以下式:

$$\left[1+6\left(\frac{P}{E_{20}}\right)\left(\frac{r_o}{t_{sn}}\right)^{7/3}\left(\frac{R}{r_o}\right)^{1/3}\right]$$

将表 E.0.1 中的应力增大系数 i 除以下式:

$$\left[1+3.25\left(\frac{P}{E_{20}}\right)\left(\frac{r_o}{t_{sn}}\right)^{5/2}\left(\frac{R}{r_o}\right)^{2/3}\right]$$

式中:P ——设计压力(MPa);

E_{20}——在安装温度下的管材的弹性模量(MPa)。

⑨ 对于承插焊管件,若焊缝边缘与管壁过渡平滑,符合本附录图 E.0.5,不等边凹形角焊的应力增大系数取 1.3。

⑩ 该应力增大系数用于管壁厚度在 0.875～1.1 倍直管名义厚度 t_{sn} 之间,轴向距离为 $\sqrt{D_o t_{sn}}$ 的对接焊口。式中 D_o 为管子的名义外径。

⑪ 只有满足以下条件,应力增大系数 i 的计算公式才适用:锥角 β 不超过 60°,异径管为同心的;$\dfrac{D_{oL}}{t_{L1}}$ 和 $\dfrac{D_{oS}}{t_{L2}}$ 中较大者不超过 100。

式中:D_{oL}——异径管大端外径(mm);

D_{oS}——异径管小端外径(mm);

t_{L1}——异径管大端名义厚度(mm);

t_{L2}——异径管小端名义厚度(mm)。

整个异径管厚度不小于大端名义厚度 t_{L1},但紧邻小端的直段除外,该段厚度不得小于小端名义厚度 t_{L2}。

⑫ 只有满足以下条件时,应力增大系数 i 的计算公式才适用:

接管已满足开孔补强的要求;

支管中心线垂直于主管轴线;

当主管上有几个支管时,相邻两支管间的中心距,沿主管外表面轴向不得小于该两个支管内半径总和的 3 倍,沿主管外表面周向弧长不得小于该两个支管内半径总和的 2 倍;

图 E.0.4 中半径 r_1 在主管名义厚度 T_{tn} 的 10%和 50%之间;

图 E.0.4 中半径 r_2 不得小于 $t_b/2$ 或 $\left(t_{tn}+r_p-\dfrac{d_o}{2}\right)/2$ 和 $\dfrac{t_{tn}}{2}$ 中的较大者;

图 E.0.4 中半径 r_3 不小于以下两者的较大值:$0.002\theta_n d_o$;$2(\sin\theta_n)^3$ 与图 E.0.4(a)、(b)加厚部分的乘积;$r_m/t_{tn} \leqslant 50$ 和 $r_m/R_m \leqslant 0.5$。

⑬ 表 E.0.1 中应力增大系数 i 值适用于等径的支管连接,对于异径的支管连接未获得足够数据前。可采用等径的数据。

附　录　F

室外地下管道与铁路、道路及建筑物间的距离

表 F　室外地下管道与铁路、道路及建筑物等设施的最小水平净距(m)

<table>
<tr><th colspan="2" rowspan="2">输送的流体及状态</th><th colspan="2">建、构筑物基础外缘</th><th rowspan="2">铁路轨外侧</th><th rowspan="2">道路边缘</th><th rowspan="2">围墙基础外侧</th><th colspan="3">电杆柱中心</th></tr>
<tr><th>有地下室</th><th>无地下室</th><th>通信</th><th>电力</th><th>高压电</th></tr>
<tr><td colspan="2">B类液体</td><td>6</td><td>4</td><td>4.5</td><td>1</td><td>1</td><td>1.2</td><td>1.5</td><td>2</td></tr>
<tr><td rowspan="5">B类气体</td><td>$P \leqslant 0.005$</td><td>2</td><td>1</td><td>3</td><td>0.6</td><td>0.6</td><td>0.6</td><td rowspan="5">1.5</td><td rowspan="5">2</td></tr>
<tr><td>$0.005 < P \leqslant 0.2$</td><td>2.5</td><td>1.5</td><td>3.5</td><td>0.6</td><td>0.6</td><td>0.6</td></tr>
<tr><td>$0.2 < P \leqslant 0.4$</td><td>3</td><td>2</td><td>4</td><td>0.8</td><td>0.6</td><td>0.6</td></tr>
<tr><td>$0.4 < P \leqslant 0.8$</td><td>5</td><td>4</td><td>4.5</td><td>1</td><td>1</td><td>1</td></tr>
<tr><td>$P > 0.8$</td><td>7</td><td>6</td><td>5</td><td>1</td><td>1</td><td>1.5</td></tr>
<tr><td rowspan="2">氧气</td><td>$P \leqslant 1.6$</td><td>3</td><td>2.5</td><td rowspan="2">2.5</td><td rowspan="2">0.8</td><td rowspan="2">1</td><td rowspan="2">0.8</td><td rowspan="2">1.5</td><td rowspan="2">2</td></tr>
<tr><td>$P > 1.6$</td><td>5</td><td>3</td></tr>
</table>

表 F(续)

输送的流体及状态			建、构筑物基础外缘		铁路轨外侧	道路边缘	围墙基础外侧	电杆柱中心		
			有地下室	无地下室				通信	电力	高压电
C、D类流体	热力管		1.5～3(见注 4)		3	0.8～1	1	0.8	1	1.5
	液体		3		3～4	0.8～1	1	0.8～1.2	1	2
	气体	$P\leqslant 0.25$	1.5		2	0.6	0.6	0.6	1	1.5
		$0.25<P\leqslant 0.6$	1.5		2	0.6	0.6	0.6		
		$0.6<P\leqslant 1.0$	2		2	0.6	0.6	0.6		
		$1.0<P\leqslant 1.6$	2.5		2.5	0.8	0.8	1		
		$P>1.6$	3		2.5	0.8	0.8	1		

注:① 除注明者外,表列净距应自管(沟)壁或防护设施的外缘算起。
② 管道低于基础时,除满足表列净距外,还应不小于管道埋设深度与基础深度之差,并应根据土壤条件确定净距。
③ P 为设计压力(MPa)。
④ 按 C、D 类气体的设计压力决定净距。
⑤ 当铁路和道路是路堤或路堑时,其与管线之间的水平净距应由路堤坡脚或路堑坡顶算起;有边沟和天沟时,应从沟的外缘算起。并应符合现行国家标准《工业企业总平面设计规范》GB 50187 的规定。

附　录　G
管道热处理的规定

G.1　管子弯曲后的热处理

G.1.1　钢管弯曲后的热处理除本附录的规定外，还应符合现行国家标准《工业金属管道工程施工及验收规范》GB 50235 的规定。

G.1.2　管子冷弯后，存在下述任何一种情况均应进行热处理：

G.1.2.1　碳素钢和含铬、钼的合金钢管但不包括奥氏体不锈钢管的弯制，其最大计算纤维伸长率超过该管子标准所规定的最小延伸率的 50%时；

G.1.2.2　需要进行冲击试验的材料，弯管的最大计算纤维伸长率超过 5%时。

G.1.3　最大计算纤维伸长率 δ 应采用式(G.1.3)计算。

$$\delta=\frac{D_o}{2R}\times100\% \qquad \text{(G.1.3)}$$

式中：D_o——管子外径(mm)；

R ——圆弧弯管的弯曲半径(mm)。

G.1.4　黑色金属冷弯系指在低于转变温度范围以下进行；热弯系指在高于转变温度范围以上进行。

G.2　焊后需热处理的管道厚度

G.2.1　管道焊前预热和焊后需要热处理的厚度及要求，除按本规范的规定外，还应符合《现场设备、工业管道焊接工程施工及验收规范》GB 50236 的规定及《钢制压力容器》GB 150 第 10.4 节的规定。

G.2.2　当 15CrMo 材料含碳量高于 0.15%时，任何壁厚均宜进行焊后热处理。

G.2.3　当管子或管件采用焊接连接时，推荐的预热和热处理要求所采用的厚度，应是连接接头处的较厚的壁厚，但下列情况除外：

G.2.3.1　对于支管连接的情况，不论支管是整体补强或补强板或鞍座，在确定是否要热处理时，均不应考虑补强用的金属(不含焊缝)。但在通过支管的任意平面内，当穿过焊缝的厚度超过规定需要热处理的最薄的材料厚度的 2 倍时，即使接头处各组成件的厚度小于此最薄的厚度，仍需进行热处理。本规范第 5.4.4 条，支管连接焊缝的形式(本规范图 5.4.4-1)所示的穿过焊缝的厚度，应按表 G.2.3 计算：

表 G.2.3　支管连接结构的热处理厚度

结构图	穿过焊缝的厚度
本规范图 5.4.4-1(a)	$t_{tn}+t_c$
本规范图 5.4.4-1(b)	$T_{tn}+t_c$
本规范图 5.4.4-1(c)	$t_{tn}+t_c$ 或 t_r+t_c 取较大值
本规范图 5.4.4-1(d)	$T_{tn}+t_r+t_c$
注：符号意义见本规范第 5.4.4 条。	

G.2.3.2 对于平焊(滑套)法兰和承插焊法兰以及公称直径小于或等于50 mm的管子连接的角焊缝,公称直径小于或等于50 mm的螺纹接头的密封焊缝以及装在不论多大管子外表面的非受压件,如吊耳或其他管道支承件等,只要在任一平面内,穿过焊缝的厚度超过规定需要热处理的最薄的材料厚度的2倍时,即使接头处各组成件的厚度小于此最薄的厚度,仍需进行热处理,但下述情况可不需要热处理:

(1) 对于碳素钢材料,角焊缝厚度不大于16 mm,与母材的厚度无关。

(2) 对于含铬、钼的低中合金钢材料,当角焊缝厚度不大于13 mm时,如采用了不低于推荐的最低预热温度,且母材规定的最小抗拉强度小于490 MPa时,不论母材的厚度是多少。

(3) 对于铁素体材料,当其焊缝采用非空冷硬化的填充金属焊成时。

附　录　H
管道的焊接结构

H.1　角焊

H.1.1　角焊缝斜边可以是凸形或凹形的，并应符合附录 E 图 E.0.5 的规定。

H.1.2　承插焊管件与管子的焊接应符合其连接要求（图 H.1.2）的规定。

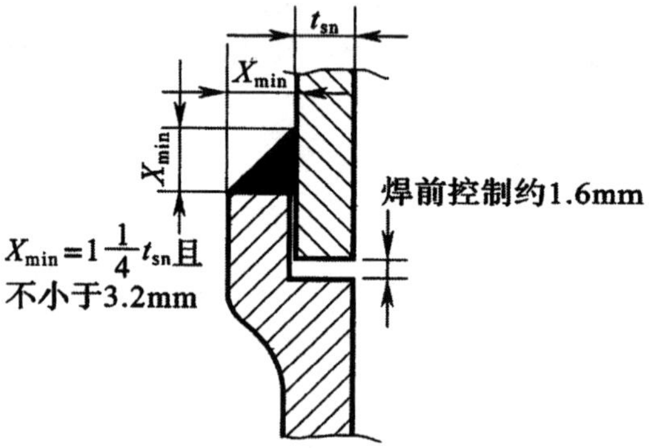

图 H.1.2　承插焊管件连接要求

H.1.3　承插焊法兰与管子的连接应符合下列规定：

H.1.3.1　承插焊法兰的焊缝应符合其连接要求（图 H.1.3）的规定。

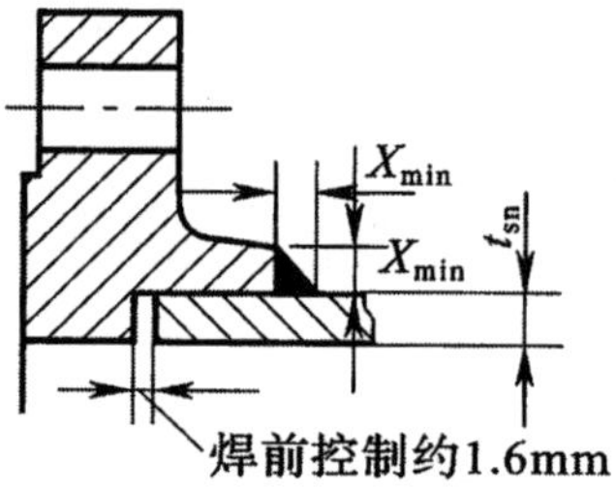

图 H.1.3　承插焊法兰的连接要求

H.1.3.2　尺寸 X_{min} 为直管名义厚度 t_{sn} 的 1.4 倍或法兰颈部厚度两者中的较小值。

H.1.4　平焊（滑套）法兰与管子的内外侧焊（图 H.1.4）应符合下列规定：

H.1.4.1　尺寸 X 为直管名义厚度 t_{sn} 或 6.4 mm 中的较小值。

H.1.4.2　尺寸 X_{min} 为直管名义厚度 t_{sn} 的 1.4 倍或法兰颈部厚度两者中的较小值。

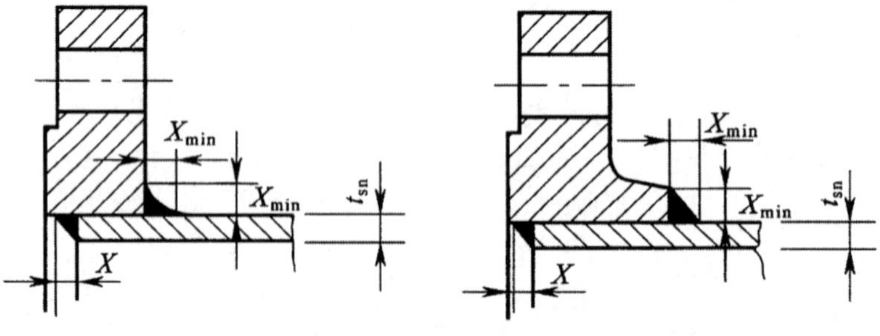

图 H.1.4　平焊（滑套）法兰内侧和外侧焊缝

H.2 对焊

H.2.1 对焊坡口形式及尺寸除了按本规范的规定外，还应符合现行国家标准《现场设备、工业管道焊接工程施工及验收规范》GB 50236 的规定。

H.2.2 不同厚度的管道组成件对焊要求应符合下列规定：

H.2.2.1 应符合对焊端部型式(图 H.2.2)的规定。

H.2.2.2 用于管件时如受长度条件的限制，图 H.2.2 中 15°角可改为 30°角。

H.2.3 热处理温度范围不同的两种材料，不应采用焊接连接。

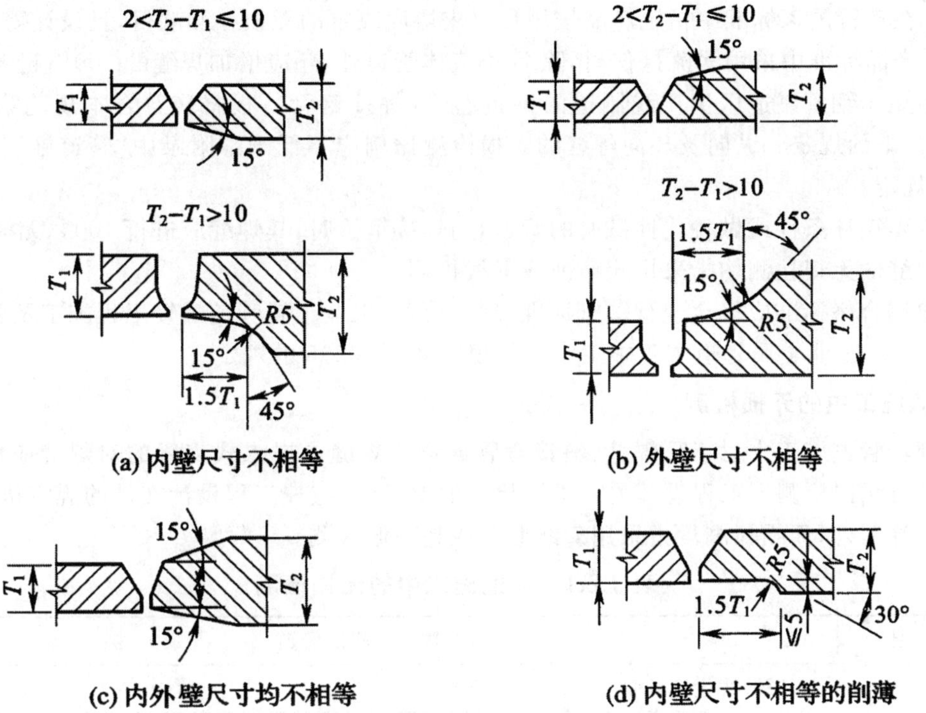

图 H.2.2 不同厚度管道组成件的对焊端部型式

注：坡口尺寸应符合本规范附录 H 第 H.2.1 条的规定。

附 录 J
管道的无损检测

J.1 管道组成件制造的无损检测

J.1.1 管道组成件的无损检测应不低于现行国家标准中规定的无损检测要求。下列情况应在设计文件中补充规定：

J.1.1.1 在现行国家标准中指定产品按用户要求协商决定的无损检测项目，且设计需要时。

J.1.1.2 产品标准中采用涡流探伤时，除D类流体管道外，还应增加焊缝的100%超声波检测。

J.1.2 不属于钢管制造厂生产线制造的钢板卷管（焊接钢管），板材应符合本规范第4.4.1条第4.4.1.3款的规定。纵向及环向焊缝的无损检测比例应不低于本附录中“管道施工中的无损检测”的规定。

J.1.3 剧烈循环条件或做替代性试验的管道，用焊接钢管时，其焊缝应进行100%无损检测。

J.1.4 焊缝的无损检测均指采用超声波或射线检测。

J.1.5 检测合格标准应符合现行国家标准《现场设备、工业金属管道焊接工程施工及验收规范》GB 50236及《工业金属管道工程施工及验收规范》GB 50235的规定。

J.2 管道施工中的无损检测

J.2.1 现场管道施工中对于环焊缝、斜接弯管或弯头焊缝及嵌入式支管的对焊缝应按表J.2.1的要求进行无损检测。工程设计另有不同检测的要求时，应按工程设计文件的规定执行。

J.2.2 除注明外，无损检测均指采用射线照相或超声波检测。

表 J.2.1 管道施工中的无损检测

无损检测比例	需要检测的管道
100%	(1)做替代性试验的管道
	(2)剧烈循环条件
	(3)A1类流体
	(4)设计压力大于或等于10 MPa的B类及A2类流体
	(5)设计压力大于或等于4 MPa，设计温度高于或等于400 ℃的B类及A2类流体
	(6)设计压力大于或等于10 MPa，设计温度高于或等于400 ℃的C类流体
	(7)设计温度低于−29 ℃的所有流体
10%	(8)设计压力大于或等于4 MPa，且低于以上(4)～(6)项参数的B类、C类及A2类流体
5%	(9)除上述100%和10%的检测及D类流体以外的管道
不作无损检测	(10)所有D类流体管道

注：① 对于D类流体管道，要求进行抽查时，应在设计文件中规定，抽查不合格应修复，但不要求加倍抽查。

② 夹套内管的所有焊缝在夹套以内时应经100%无损检测。

J.2.3 检测合格标准应符合有关管道施工及焊接的现行国家规范的规定。

J.2.4 本附录表 J.2.1 中 100%无损检测的管道,其承插焊焊缝及支管连接的焊缝可采用磁粉或液体渗透法检测,或按工程设计文件的规定进行检测。

J.2.5 氧气管道按 C 类流体的检测要求。

J.2.6 局部无损检测的焊缝选择应保证每一个焊工焊接的焊缝都按比例进行检测。

J.2.7 施工工地制造的管道组成件应符合本附录第 J.1.2 条的规定。

J.2.8 对制造厂生产的制品,需要现场抽查时,应在工程设计文件中指定。

附 录 K
本规范用词说明

K.0.1 为便于在执行本规范条文时区别对待,对要求严格程度不同的用词说明如下:

(1) 表示很严格,非这样做不可的用词:
正面词采用“必须”;
反面词采用“严禁”。

(2) 表示严格,在正常情况下均应这样做的用词:
正面词采用“应”;
反面词采用“不应”或“不得”。

(3) 表示允许稍有选择,在条件许可时,首先应这样做的用词:
正面词采用“宜”或“可”;
反面词采用“不宜”。

K.0.2 条文中指明应按其他有关标准、规范执行的写法为“应符合……要求或规定”或“应按……执行”。

附　录　L
用于奥氏体不锈钢的隔热材料产品的试验规定

L.0.1　本附录是奥氏体不锈钢管道用的吸水型(毛细作用)外隔热材料，包括岩棉、矿棉类等产品的试验规定。

L.0.2　当吸水型外隔热材料用于奥氏体不锈钢管道时，应进行下列两种试验并合格：

L.0.2.1　根据隔热材料产品的原料来源，试产的产品应先经对不锈钢滴液腐蚀试验(图 L.0.2)，以试片不应产生表面腐蚀或应力腐蚀破裂为合格。

试验方法要点：

(1)　从隔热试样外表面滴入蒸馏水，通过隔热试样渗到有应力状态的不锈钢试片的热表面上，使溶有氯离子的水蒸发。试验 28 d 后，检查不锈钢试片的腐蚀情况。

(2)　试片共 4 套。

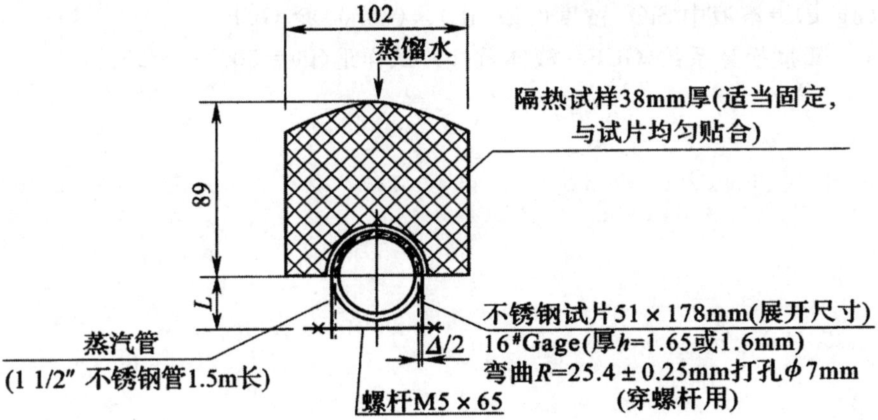

图 L.0.2　隔热材料对不锈钢滴液腐蚀试验装置

(3)　不锈钢试片安装前，应经敏化处理(加热至 650 ℃，在炉内缓冷)，表面应采用湿带磨机磨光、清理油污，弯制后应紧贴于加热管上。

采用螺杆拉紧使试片产生应力，其挠度按下式计算：

$$\Delta=\left[\frac{12\sigma(2R+h)}{(L+R)(8R+h)hE}\right]\times\left[\frac{L^3}{3}+R\left(\frac{\pi}{2}L^2+\frac{\pi}{4}R^2+2LR\right)\right] \quad \cdots\ (\text{L.0.2})$$

式中：Δ ——挠度(cm)；

σ ——应力(取试验温度下材料许用应力的 80%～90%)(MPa)；

E ——不锈钢试片材料的弹性模量(MPa)；

R ——弯曲半径(cm)；

h ——试片厚度(cm)；

L ——试片直段的长度(cm)。

(4)　加热管初调到沸点，控制偏差 0～+5.6 ℃。

(5)　每个隔热试样(块)滴入水量(250±25)mL/d，应观察到试片表面变湿。试片温度由加热管上的温度监测器指示，维持试片表面达到沸水温度，偏差±6 ℃。

(6)　试验 28d±6 h 结束，试验期内如发生停运，应补加试验时间，使每个试片上的总液量送满 28×250 mL=7000 mL。

(7) 试片拆下清理并检查弯曲的表面,再用 2"外径管子为轴,将试片回弯接近原始状态(展平)进行清理并放大 10~30 倍检查有无裂纹,如未发现裂纹,应采用液体涂色渗透进一步检查。将检查结果提出报告。

L.0.2.2 原料来源与试产的原料相同的情况下,批量产品质量控制,需经以下水溶解试验及分析并符合本规范第 12.1.4 条的规定。

(1) 溶液提取方法要点:取隔热材料产品(模制品薄片 1.6~3.2 mm 或棉毡小条)20 g 试样,在炉内(100±5)℃下烘干至恒重(±0.1g),放入 400 mL 蒸馏水中煮沸(30±5)min 后,冷却至室温,再加蒸馏水至 500 mL,搅匀,经过滤后得溶液,供分析用。

(2) 在 25 ℃时测定溶液的 pH 值应为 7~11.7。

(3) 隔热材料中可溶的离子含量计算:

Cl^-(μg/g)=溶液中的浓度(μg/mL)×GCF

Na^+(μg/g)=溶液中的浓度(μg/mL)×GCF

SiO_3^{2-}(μg/g)=溶液中 SiO_2 浓度(μg/mL)×(76/60)×GCF

式中:GCF——重度换算系数,GCF=液体重(g)/试样重(g)=500/20=25。

附加说明

本规范主编单位、参加单位和主要起草人名单

主 编 单 位:中国寰球化学工程公司

参 加 单 位:华北电力设计院

中石化北京设计院

北京钢铁设计研究总院

中国成达化学工程公司

中国五环化学工程公司

主要起草人:郑茂鼎　翁燕珠　赵　勇　郑天荪　盛青萍　范志增　张明群　李贤根

章　德　张师荣　夏蒙尔　胡海岭

UDC

中华人民共和国国家标准

P

GB 50369—2014

油气长输管道工程施工及验收规范

Code for construction and acceptance of oil and gas long-distance transmission pipeline engineering

2014-05-29 发布

2015-03-01 实施

668 中华人民共和国住房和城乡建设部
中华人民共和国国家质量监督检验检疫总局 联合发布

中华人民共和国住房和城乡建设部公告

第433号

住房城乡建设部关于发布国家标准《油气长输管道工程施工及验收规范》的公告

现批准《油气长输管道工程施工及验收规范》为国家标准,编号为GB 50369—2014,自2015年3月1日起实施。其中,第10.3.2、10.3.3、10.3.4条为强制性条文,必须严格执行。原国家标准《油气长输管道工程施工及验收规范》GB 50369—2006同时废止。

本规范由我部标准定额研究所组织中国计划出版社出版发行。

中华人民共和国住房和城乡建设部

2014年5月29日

前　言

根据住房城乡建设部《关于印发〈2012年工程建设标准规范制订修订计划〉的通知》(建标〔2012〕5号)的要求,规范编制组经广泛调查研究,认真总结实践经验,参考有关国际标准和国外先进标准,并在广泛征求意见的基础上,修订了本规范。

本规范共分17章和1个附录。主要内容有:总则,术语,施工准备,材料及设备检验,交接桩及测量放线,施工作业带清理及施工便道修筑,材料、防腐管的装卸、运输及保管,管沟开挖,布管及现场坡口加工,管口组对、焊接及验收,管道防腐及保温工程,管道下沟及回填,管道穿越、跨越工程,管道清管测径、试压及干燥,管道连头,管道附属工程,工程交工等。

本规范修订的主要技术内容有:

1.增加了技术文件的编制符合现行行业标准《石油天然气建设工程交工技术文件编制规范》SY/T 6882的要求;

2.增加了钢管表面划痕深度在不同损伤情况下的处理规定;

3.增加了管端椭圆度超标时,低温条件下的矫正方法及机具选择要求;

4.增加了防腐管运抵施工现场后露天存放的时间及保护要求;

5.增加了对冻土开挖管沟的边坡坡度规定;

6.增加了不等壁厚对焊管端应采取加过渡管或坡口过渡处理措施的规定;

7.修改了焊缝返修及处理的规定;

8.修改了石方段管沟在沟底垫细土的厚度及细土最大粒径的规定;

9.修改了下沟管道的端部管段暂不回填的长度;

10.增加了管道稳管设施的安装要求;

11.增加了管道试压装置的检验、检测要求。

本规范中以黑体字标志的条文为强制性条文,必须严格执行。

本规范由住房城乡建设部负责管理和对强制性条文的解释,由石油工程建设专业标准化委员会负责日常管理,由中国石油天然气管道局负责具体技术内容的解释。执行过程中如有意见或建议,请寄送至中国石油天然气管道局质量部(地址:河北省廊坊市广阳道87号管道大厦,邮政编码:065000)。

本规范主编单位、参编单位和主要起草人、主要审查人:

主编单位:中国石油天然气管道局

参编单位:中国石油天然气管道局第三工程分公司

中国石油天然气管道局第四工程分公司

廊坊中油朗威工程项目管理有限公司

长庆石油勘探局油田建设工程公司

克拉玛依油田永升建设集团

中建七局安装工程有限公司

主要起草人:魏国昌　王鲁君　王明宇　张永立　李金祥　王　炜　安金平　韩建成
郭泽浩　吴建忠　周　燕　徐　雷　廖　强　胡成洲　任　涛　高建国
陈连山　李龙波　王衡越　葛业武　尹辉庆　郭凤军　王五奇　王　宏
张炳杰　王乐生　李添添　陈　辉

主要审查人:李献军　郑玉刚　徐　进　隋永莉　杨俊明　张　今　倪洪源　何　睿
李仁科　王　勇　梁桂海　韩建成　王平国　魏忠林　郭　超　李　强
马兰平　李艳华　徐大伟

1 总则

1.0.1 为提高油气长输管道工程施工水平，确保管道工程质量，制定本规范。

1.0.2 本规范适用于新建或改建、扩建的陆地长距离输送油气管道、煤(层)气管道、成品油管道线路工程的施工及验收，不适用于油气场站内部的工艺管道、油气田集输管道、工业企业内部的油气管道的施工及验收。

1.0.3 油气长输管道工程施工及验收除应符合本规范规定外，尚应符合国家现行有关标准的规定。

2 术语

2.0.1

长输管道 long-distance transmission pipeline

指产地、储存库、用户间的用于输送油、气介质的管道。

2.0.2

弹性敷设 elastic pipe laying

管道在外力或自重作用下产生弹性弯曲变形，利用这种变形进行管道敷设的一种方式。

2.0.3

管件 fittings

与管子一起构成管道系统本身的零部件的总称，包括弯头、弯管、三通和管封头等。

2.0.4

水露点 water dew point

气体在一定压力下析出第一滴水时的温度。

2.0.5

冷弯管 cold bends

在不加热条件下，用模具(或夹具)将钢管弯制成需要角度的弯管。

2.0.6

热煨弯管 hot bends

在加热条件下，在夹具上将钢管弯曲成需要角度的弯管。

3 施工准备

3.0.1 技术准备应包括下列内容：

1 进行图纸会审、设计交底及技术交底工作；

2 进行施工组织设计、施工方案及质量、健康、安全、环境措施的编审工作。

3.0.2 人力资源准备应包括下列内容：

1 建立项目组织机构；

2 配置满足工程需要的施工人员；

3 组织主要工种的人员培训、考试取证。

3.0.3 机具设备准备应包括下列内容：

1 完成施工机具设备配置；

2　完成施工机具设备的检修维护；

3　完成具体工程的专用施工机具制作。

3.0.4　物资准备应包括下列内容：

1　施工主要材料的储存应能满足连续作业要求；

2　做好物资采购、验证、运输、保管工作。

3.0.5　施工现场准备应包括下列内容：

1　办理施工相关手续；

2　施工用地应满足作业要求；

3　完成施工现场水、路、电、通信、场地平整及施工临设工作。

3.0.6　在开工前，应以文件的形式明确交工技术文件和记录，技术文件的编制宜符合现行行业标准《石油天然气建设工程交工技术文件编制规范》SY/T 6882 的有关规定。

4　材料及设备检验

4.1　一般规定

4.1.1　工程所用材料及设备的材质、规格和型号应符合设计要求，其质量应符合国家现行有关标准的规定，且应具有出厂合格证、质量证明书以及材质证明书。

4.1.2　管道线路的热煨弯管、冷弯管应符合表 4.1.2 的规定。

表 4.1.2　管道线路的热煨弯管、冷弯管的规定

<table>
<tr><th colspan="2">种　类</th><th>曲率半径</th><th>外观和主要尺寸</th><th>其他规定</th></tr>
<tr><td colspan="2">热煨弯管</td><td>≥4D</td><td>无褶皱、裂纹、重皮、机械损伤；两端椭圆度小于或等于 1.0%，其他部位的椭圆度不应大于 2.5%</td><td>应满足清管器和探测仪器顺利通过。端部直管段保留长度：DN≤500 mm 时，不小于 250 mm；DN>500 mm 时，不小于 500 mm</td></tr>
<tr><td rowspan="6">冷弯管
DN(mm)</td><td>≤300</td><td>≥18D</td><td rowspan="6">无褶皱、裂纹、机械损伤；弯管椭圆度弯管部分小于或等于 2.5%，直管部分小于或等于 1.0%</td><td rowspan="6">端部直管段长度不小于2 m</td></tr>
<tr><td>350</td><td>≥21D</td></tr>
<tr><td>400</td><td>≥24D</td></tr>
<tr><td>450</td><td>≥27D</td></tr>
<tr><td>500</td><td>≥30D</td></tr>
<tr><td>≥600</td><td>≥40D</td></tr>
<tr><td colspan="5">注：D 为管道外径，DN 为公称直径。</td></tr>
</table>

4.2　检验及处理

4.2.1　施工前，应对工程所用材料及设备的出厂合格证、质量证明书以及材质证明书进行检查，当对其质量有疑问时应进行复验。

4.2.2　钢管应按制造标准检查其外径、壁厚、椭圆度等尺寸偏差，且表面不得有裂纹、结疤、褶

皱以及其他深度超过公称壁厚偏差的缺陷。

4.2.3 钢管如有划痕、凹坑、电弧烧痕、椭圆度超标、变形或压扁等缺陷时，应进行检查、分类及处理，并应符合下列要求：

1 钢管表面划痕的检查、分类及处理应符合下列要求：

1) 钢管表面划痕深度小于或等于公称壁厚的5%，且不影响最小公称壁厚的缺陷，可进行修磨处理；

2) 钢管表面划痕深度大于公称壁厚的5%，且不影响到最小公称壁厚的缺陷，应进行修磨处理，修磨后应进行壁厚确认。对于修磨后钢管表面划痕深度影响到最小公称壁厚的缺陷，输油管道可选用焊接方式补焊修复，输气管道应将带有缺陷的管段切除。

2 钢管表面凹坑的检查、分类及处理应符合下列要求：

1) 凹坑处有尖点或凹坑位于焊缝处应将该处管段切除；

2) 凹坑深度超过管道公称直径2%的管段应切除。

3 输油管道的电弧烧痕可用砂轮修磨或焊接方式修复，修复后的厚度不得小于材料标准允许的最小厚度。

4 管端椭圆度超标时，应用适宜的方法及机具进行矫正。当环境气温为零度以下矫正时，宜对钢管进行局部加热至50 ℃～100 ℃。

5 钢管出现变形或压扁时不应使用。

4.2.4 绝缘接头(法兰)安装前，应进行水压试验。试验压力应为设计压力的1.5倍，稳压时间应为5 min，无泄漏为合格。试压后应清除残余水，应使用500 V兆欧表进行电绝缘检测，绝缘电阻应大于2 MΩ。

4.2.5 线路阀门安装前，应进行外观检查、阀门启闭检查及水压试验，其检验要求应符合表4.2.5的规定。

表 4.2.5 线路阀门安装前的检查、试验规定

项目	检查、试验内容	检验标准
外观检查	外表	不应有裂纹、砂眼、机械损伤、锈蚀等缺陷和缺件、铭牌脱落及色标不符等现象
	阀体内	应无积水、锈蚀、脏污和损伤等缺陷
	法兰密封面	不应有径向沟槽及其他影响密封性能的损伤
启闭检查	启闭	灵活
	启闭指示器	准确

表 4.2.5(续)

项目		检查、试验内容	检验标准
水压试验	壳体试验	1.5 倍管道设计压力,持续时间 5 min	壳体表面、阀体与阀盖连接处无渗漏或潮湿现象为合格。带袖管阀门的现场试验压力应为袖管的试验压力
	密封试验	1.0 倍管道设计压力,持续时间 15 min	密封面无渗漏为合格

5 交接桩及测量放线

5.1 一般规定

5.1.1 设计单位与施工单位在现场进行控制(转角)桩、沿线路设置的临时性、永久性水准点的交接后,施工单位应进行测量放线,将桩移到施工作业带的边缘。

5.2 交桩、移桩

5.2.1 设计代表在现场向施工单位交接设计控制(转角)桩时,应核对桩号、里程、高程、转角角度。交桩后,施工单位应采取措施,保护控制(转角)桩,对已经丢失的桩应复测补桩。

5.2.2 平原地区宜采用与管道轴线等距平行移动的方法移桩(图 5.2.2),移桩位置应在管道组装焊接一侧,且宜在施工带边界线内 1 m 的位置,转角桩应按转角的角平分线方向移动,平移后的桩可称为原桩的副桩。山区移桩困难时可采用引导法定位,即在控制(转角)桩四周植上 4 个引导桩,4 个引导桩构成的四边形对角线的交点为原控制(转角)桩的位置。

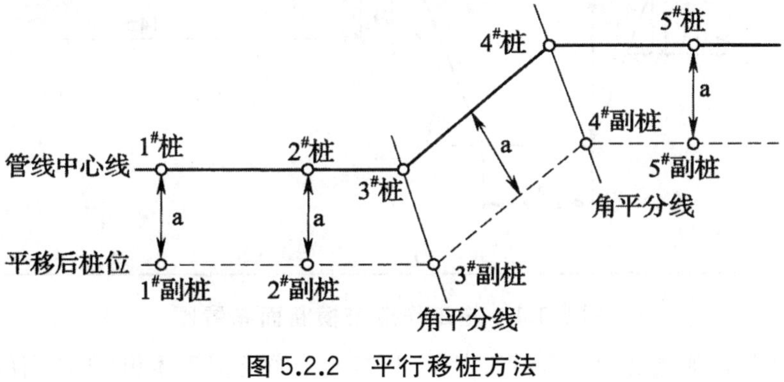

图 5.2.2 平行移桩方法

5.3 测量放线

5.3.1 测量放线应根据设计控制(转角)桩或其副桩进行。需要更改线路位置时,应经设计代表的书面同意后,方可更改。

5.3.2 管道测量放线应放出线路轴线(或管沟开挖边线)和施工作业带边界线。在线路轴线(或管沟开挖边线)和施工作业带边界线上应加设百米桩,桩间应做标记,且施工期间标记应保持完好状态。

5.3.3 管道水平转角较大时,应增设加密桩。弹性敷设管段或冷弯管管段,其水平转角应根据切线长度、外矢矩等参数在地面上放出曲线。采用预制弯管的管段,应根据曲率半径和角度放出曲线。弹性敷设可通过“工兵法”“坐标法”或“总偏角法”等方法进行测量放样,做法应符合本规范附录 A 的规定。

5.3.4 地形起伏较大地段的纵向转角变坡点应根据施工图或管道施工测量成果表所标明的变坡点位置、角度、曲率半径等参数放线。

5.3.5 弹性敷设曲率半径不得小于钢管外直径的 1000 倍。垂直面弹性敷设管道的曲率半径应大于管子在自重作用下产生的挠度曲线的曲率半径,其曲率半径应按下式计算:

$$R \geqslant 3600\{[1-\cos(\alpha/2)]D^2/\alpha^4\}^{1/3} \quad \cdots\cdots (5.3.5)$$

式中:R ——管道弹性弯曲曲率半径(m);

D ——钢管的外径(cm);

α ——管道的转角(°)。

5.3.6 在河流、沟渠、公路、铁路穿跨越段的两端,地下管道、电缆、光缆穿越段的两端,线路阀室两端及管线直径、壁厚、材质、防腐层变化分界处应设置临时标志桩,其设置位置应在管道组装焊接一侧,施工作业带边界线以内 1 m 处。

6 施工作业带清理及施工便道修筑

6.1 施工作业带清理

6.1.1 施工作业带清理前应对施工作业带横断面布置(图 6.1.1)进行设计。

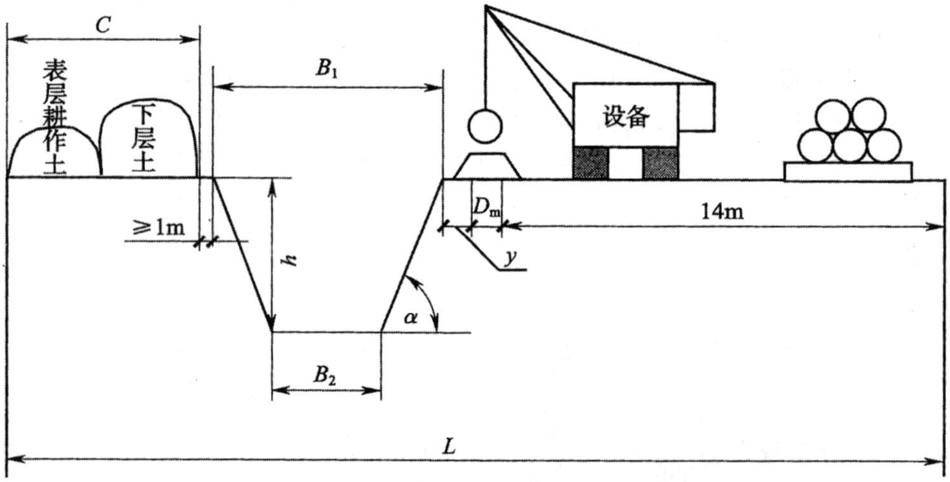

图 6.1.1 施工作业带横断面布置图

6.1.2 施工作业带占地宽度应和管道的直径、开挖土方的类型和体积、所使用的机械以及管道安装方法相适应。穿越、跨越河流、沟渠、公路、铁路、拖管车调头处、地下水丰富及管沟挖深超过 5 m 的地段,应根据实际需要,增加占地宽度。林区、山区非机械化施工及人工凿岩地段根据地形、地貌条件,可减少占地宽度。

施工作业带占地宽度,一般地段宜按下列公式计算:

$$L=C+B_1+y+D_m+Z+1 \quad \cdots\cdots (6.1.2-1)$$

$$C=B_1 \cdot h \cdot A \quad \cdots\cdots (6.1.2-2)$$

$$B_1=B_2+2h/i \quad \cdots\cdots (6.1.2-3)$$

$$B_2=D_m+K \quad \cdots\cdots (6.1.2-4)$$

式中:L ——施工作业带占地宽度(m);

C ——土堆宽度(m);

B_1 ——管沟上口宽(m);

B_2 ——管沟底宽(m);

A ——土质调节系数,根据现场土质情况一般取1.5～2;

h ——管沟深度(m);

i ——坡度,$i=\tan\alpha$;

α ——管沟开挖放坡角度(°);

D_m ——钢管的结构外径(包括防腐、保温层的厚度)(m);

K ——沟底加宽余量;

y ——安全距离(m),应按本规范表9.1.6取值;

Z ——施工作业侧宽度(m),根据管径大小及作业方式等因素,取值范围为8 m～14 m。

6.1.3 在施工作业带范围内,对于影响施工机具通行或施工作业的石块、树木等地上障碍物应清理干净,沟、坎应予平整,有积水的低洼地段应排水。施工作业带清理时,应减少或防止水土流失。

6.1.4 清理和平整施工作业带时,应保护标志桩,损坏时应及时恢复。

6.2 施工便道修筑

6.2.1 施工便道应平坦,应具有足够的承载能力,应能保证施工车辆和设备的行驶安全。施工便道路面宽度宜大于4 m,并与公路平缓接通,每2 km宜设置1个会车处,弯道和会车处的路面宽度宜大于10 m,弯道的转弯半径宜大于18 m。

6.2.2 施工便道经过河流、沟渠时,可采取修筑临时性桥涵或加固原桥涵等措施,桥涵承载能力应满足运管及设备搬迁的要求。

6.2.3 在沼泽、水田、沙漠等地区修筑施工便道时,应采取加强路基的措施。

6.2.4 施工便道经过地下管道、线缆、沟渠等地下构筑物或设施时,应采取保护措施。

6.2.5 陡坡地带施工便道修筑宜采取降坡或修绕行路等措施。

7 材料、防腐管的装卸、运输及保管

7.1 装卸

7.1.1 防腐管装卸不得损伤防腐层,应使用不损伤管口的专用吊具,弯管应采取吊管带装卸。

7.1.2 所有施工机具和设备在行车、吊装、装卸过程中,其任何部位与架空电力线路的安全距离应符合表7.1.2的规定。

表7.1.2 施工机具和设备与架空电力线路的安全距离

电力线路电压(kV)	<1	1～35	60	110	220	330	n
安全距离(m)	>1.5	>3	>5.1	>5.6	>6.7	>7.8	>0.01(n−50)+5

7.2 运输

7.2.1 防腐管的运输应符合交通部门的有关规定,拖车与驾驶室之间应设置止推挡板,立柱应牢固。

7.2.2 装车前,应核对防腐管的防腐等级、材质、壁厚,不宜将不同防腐等级、材质、壁厚的防腐管混装。

7.2.3 运输防腐管时,捆扎牢固,对防腐层采取保护措施。防腐管与车架或立柱之间、防腐管之间、防腐管与捆扎绳之间应设置橡皮板或其他软质材料衬垫,捆扎绳应套橡胶管或其他软质管套。弯管运输应采取保护措施,保温管的运输应使用配备装有柔性垫板的运管车。

7.2.4 阀门宜原包装运输,应固定牢固。

7.2.5 运至现场的防腐管,应逐根检查验收,办理交接手续。

7.3 保管

7.3.1 材料应按产品说明书的要求妥善保管。存储过程中应进行巡查。

7.3.2 材料存放场地应平整、无石块,地面不应积水。存放场地应保持1%~2%的坡度,并应设有排水沟。应在存放场地内修筑汽车与吊车进出场的道路,场地上方应无架空电力线。

7.3.3 成品管的存放和堆置高度应保证管子不会发生损伤和永久变形,采取防止滚落的措施。不同规格、材质的防腐钢管应分开堆放。每层防腐管之间应垫放软垫,最下层的管子下宜铺垫两排枕木或砂袋,管子距地面的距离宜大于200 mm。

7.3.4 阀门宜原包装存放,存放时应采取防水措施。

7.3.5 焊材、防腐补口材料等应存放在库房中,其中防腐补口材料应存放在通风干燥的库房,焊条长期存放时的相对湿度不宜超过60%。

7.3.6 易燃、易爆物品的库房应按相关标准配备消防灭火器材。

7.3.7 防腐管运抵施工现场后,露天存放时间超过3个月时应采取防护措施。

8 管沟开挖

8.1 管沟的几何尺寸

8.1.1 管沟的开挖深度应符合设计要求。侧向斜坡地段的管沟深度,应按管沟横断面的低侧深度计算。

8.1.2 管沟边坡坡度应根据土壤类别、力学性能和管沟开挖深度确定,深度在5 m以内管沟的最陡边坡坡度应按表8.1.2确定。

表8.1.2 深度在5 m以内管沟的最陡边坡坡度

土壤类别	最陡边坡坡比 i		
	坡顶无载荷	坡顶有静载荷	坡顶有动载荷
中密的砂土	1∶1.00	1∶1.25	1∶1.50
中密的碎石类土(填充物为砂土)	1∶0.75	1∶1.00	1∶1.25
硬塑的粉土	1∶0.67	1∶0.75	1∶1.00
中密的碎石类土(填充物为黏性土)	1∶0.50	1∶0.67	1∶0.75
硬塑的粉质黏土、黏土	1∶0.33	1∶0.50	1∶0.67
老黄土	1∶0.10	1∶0.25	1∶0.33
软土(经井点降水)	1∶1.00	—	—
硬质岩	1∶0	1∶0	1∶0
冻土	1∶0	1∶0	1∶0
注:当冻土发生融化时,应进行现场试验确定其坡度。			

8.1.3 深度超过 5 m 的管沟边坡开挖时,应根据实际情况,采取放缓边坡、支撑或阶梯式开挖措施。

8.1.4 管沟沟底宽度应根据管道外径、开挖方式、组装焊接工艺及工程地质等因素确定。深度在 5 m 以内管沟沟底宽度应按下式确定:

$$B=D_{\mathrm{m}}+K \qquad (8.1.4)$$

式中:B ——沟底宽度(m);

D_{m} ——钢管的结构外径(包括防腐、保温层的厚度)(m);

K ——沟底加宽余量(m),应按表 8.1.4 取值。

表 8.1.4 沟底加宽余量 K 值(m)

条件因素		沟上焊接				沟下焊条电弧焊接			沟下半自动焊接处管沟	沟下焊接弯头、弯管及连头处管沟
		土质管沟		岩石爆破管沟	弯头、冷弯管处管沟	土质管沟		岩石爆破管沟		
		沟中有水	沟中无水			沟中有水	沟中无水			
K 值	沟深 3 m 以内	0.7	0.5	0.9	1.5	1.0	0.8	0.9	1.6	2.0
	沟深 3 m～5 m	0.9	0.7	1.1	1.5	1.2	1.0	1.1	1.6	2.0

注:当采用机械开挖管沟时,计算的沟底宽度小于挖斗宽度时,沟底宽度按挖斗宽度计算。

8.1.5 深度超过 5 m 的管沟,沟底宽度应根据工程地质情况进行处理。

8.2 管沟开挖

8.2.1 开挖管沟前,应向施工人员说明地下设施的分布情况。在地下设施两侧 5 m 范围内,应采用人工开挖,并应对挖出的地下设施采取保护措施。对于重要地下设施,开挖前应征得其管理部门同意,必要时应在其监督下开挖。

8.2.2 一般地段管沟开挖时,宜将挖出的土石方堆放到焊接施工对面一侧,堆土距沟边不应小于 1 m。

8.2.3 在耕作区开挖管沟时,应将表层耕作土与下层土分别堆放,下层土应放置在靠近管沟一侧。

8.2.4 爆破开挖管沟宜在布管前完成。爆破作业应由有爆破资质的单位承担。爆破作业应制定安全措施,规定爆破安全距离,不应威胁到附近居民、行人,以及地上、地下设施的安全。对于可能受到影响的重要设施,应事前通知有关部门和人员,采取安全保护措施后方可爆破。

8.2.5 开挖管沟时,应保护地下文物,当发现文物时应保护现场,并向当地主管部门报告。

8.2.6 在穿越道路、河流、居民密集区等地段进行管沟开挖时,应采取适当的安全措施,设置警告牌、信号灯、警示物等。

8.3 管沟验收

8.3.1 直线段管沟应顺直，曲线段管沟应圆滑过渡，曲率半径应满足设计要求。

8.3.2 管沟中心线、沟底标高、沟底宽度、变坡点位移的允许偏差应符合表 8.3.2 的规定。

表 8.3.2 管沟中心线、沟底标高、沟底宽度、变坡点位移的允许偏差

项目	允许偏差(mm)
管沟中心线偏移	＜150
沟底标高	＋50 －100
沟底宽度	－100
变坡点位移	＜1000

8.3.3 石方段管沟沟壁不得有欲坠的石头，沟底不应有石块。

8.3.4 开挖后应及时检查验收，不符合要求时应及时修整。

9 布管及现场坡口加工

9.1 布管

9.1.1 应按设计图纸规定的钢管材质、规格和防腐层等级布管。布管前宜测量管口周长、直径，进行匹配组对。

9.1.2 堆管场地应平坦，无石块、积水和坚硬根茎等损伤防腐层的物体。防腐管下宜设置两条土埂或土袋。

9.1.3 堆管的位置应靠近管线，且应远离架空电力线。管堆之间的距离不宜超过 500 m。

9.1.4 沟上布管前每根管子应设置管墩，平原地区管墩的高度宜为 0.4 m～0.5 m，山区应根据地形变化设置，管墩宜用袋装软质材料。

9.1.5 沟上布管时，管与管首尾相接处宜错开一个管径。吊管机布管吊运时，宜单根管吊运。进行双根或多根管吊运时，应采取有效的防护措施。

9.1.6 沟上布管及组装焊接时，应符合下列要求：

1 管道的边缘至管沟边缘应保持足够的安全距离，其值应符合表 9.1.6 的规定。

表 9.1.6 管道边缘与管沟边缘的安全距离

土壤类别	干燥硬实土	潮湿软土
安全距离(m)	≥1.0	≥1.5

2 管墩中心(组装管道中心)至管沟中心(线路中心)的距离应按下式计算：

$$S \geqslant D_m + K/2 + a + y \quad \cdots\cdots (9.1.6-1)$$

$$a = h/i \quad \cdots\cdots (9.1.6-2)$$

式中：S ——管墩(组装管线)中心至管沟(线路)中心的距离(m)；

D_m——钢管的结构外径(m)；

K ——沟底加宽余量(m)，应按本规范表 8.1.4 取值；

a ——管沟边坡的水平投影距(m);

h ——沟深(m);

i ——边坡坡度,应按本规范表8.1.2取值;

y ——安全距离(m),应按表9.1.6取值。

9.1.7 沟下布管时,防腐管首尾应错开摆放,错开距离宜为100 mm。

9.1.8 坡地布管时,应采取防止滚管、滑管的措施。

9.1.9 吊装和布管作业时,采用的吊装设备能力应满足作业要求,且吊具应为起重专用吊具。

9.2 现场坡口加工

9.2.1 管端坡口应根据焊接工艺规程加工、检查。

9.2.2 复合型坡口宜在施工现场进行加工。坡口加工应采用坡口机,刀具应采用一次成型的复合刀具。

9.2.3 管端坡口如有机械加工形成的内卷边,应用锉刀或电动砂轮机清除整平。

10 管口组对、焊接及验收

10.1 一般规定

10.1.1 管道焊接设备的性能应满足焊接工艺要求,并应具有良好的工作状态和安全性能。

10.1.2 焊接施工前,应制定焊接工艺预规程,进行焊接工艺评定。焊接工艺评定应符合现行行业标准《钢质管道焊接及验收》SY/T 4103的有关规定,并应根据合格的焊接工艺评定报告编制焊接工艺规程。

10.1.3 焊工应具有国家有关部门颁发的相应资格证书。

10.1.4 在下列任何一种环境中,如未采取有效防护措施不得进行焊接:

1 雨雪天气;

2 大气相对湿度大于90%;

3 低氢型焊条电弧焊,风速大于5 m/s;

5 自保护药芯焊丝半自动焊,风速大于8 m/s;

6 气体保护焊,风速大于2 m/s;

7 环境温度低于焊接工艺规程中规定的温度。

10.2 管口组对与焊接

10.2.1 管口组对的坡口型式应符合焊接工艺规程的规定。

10.2.2 不等壁厚对焊管端宜采用加过渡管或坡口过渡处理措施。壁厚差小于或等于2 mm时可直接焊接,大于2 mm时,应采用内削边处理,内坡角度宜为14°~30°。

10.2.3 使用对口器应符合下列要求:

1 应优先选用内对口器,不具备使用内对口器条件时可选用外对口器;

2 使用内对口器时,应在根焊完成后拆卸和移动对口器,移动对口器时,管子应保持平衡;

3 使用外对口器时,应在根焊完成不少于管周长50%后方可拆卸,所完成的根焊应分为多段,且应均匀分布。

10.2.4 管道组对应符合表10.2.4的规定。

表 10.2.4 管道组对规定

序号	检查项目	规定要求
1	管内清扫	无污物
2	管口清理(10 mm 范围内)和修口	管口完好无损,无铁锈、油污、油漆、毛刺
3	管端螺旋焊缝或直缝余高打磨	端部 10 mm 范围内余高打磨掉,并平缓过渡;采用自动超声波检测时,端部不少于 150 mm 范围内余高应打磨掉
4	两管口螺旋焊缝或直缝间距	错开间距大于或等于 100 mm
5	错边和错边校正要求	小于等于壁厚的 1/8,且连续 50 mm 范围内局部最大不应大于 3 mm,错边沿周长应均匀分布
6	钢管短节长度	不应小于管子外径值且不应小于 0.5 m
7	钢管对接角度偏差	不得大于 3°

10.2.5 焊接材料应符合下列要求:

1 焊条应无破损、发霉、油污、锈蚀,焊丝应无锈蚀和折弯,焊剂应无变质现象,保护气体的纯度和干燥度应满足焊接工艺规程的要求;

2 低氢型焊条焊前应按产品说明书要求进行烘干、保存及使用;当天未用完的焊条应回收存放,重新烘干后首先使用,重新烘干的次数不得超过 2 次;

3 自保护药芯焊丝不应烘干,纤维素焊条不宜烘干;

4 焊丝应在焊接前打开包装;当日未用完的焊丝应妥善保管,防止污染;

5 应采用有效手段确保焊接气体的纯度、配比和含水量等指标符合要求;

6 在焊接过程中,如出现焊条药皮发红、燃烧或严重偏弧时,应立即更换焊条。

10.2.6 焊接过程中,对于管材和防腐层保护应符合下列要求:

1 施焊时不应在坡口以外的管壁上引弧;

2 焊机地线与管子连接应采用专用卡具,防止地线与管壁产生电弧而烧伤管材;

3 对于防腐管,焊前应在焊缝两端的管口缠绕一周宽度为 0.5 m 的保护层。

10.2.7 焊前预热应符合下列规定:

1 预热应符合焊接工艺规程的规定;

2 当焊接两种具有不同预热要求的材料时,应以预热温度要求较高的材料为准;

3 预热宽度不应小于坡口两侧各 50 mm,应使用测温蜡笔、红外线测温仪等测温工具测量;

4 管口应均匀加热;

5 当环境温度低于−5 ℃时,宜采用电加热进行预热。

10.2.8 管道焊接应符合下列规定:

1 管道焊接应符合焊接工艺规程的要求;

2 根焊完成后,应立即进行热焊;

3 焊道接头应进行打磨,相邻两层的接头不得重叠,应错开 30 mm 以上;

4　各焊道宜连续焊接，焊接过程中，应控制道间温度；

5　焊道上的焊渣，在下一道焊接前应清除干净；

6　焊口宜当日焊完，当日不能完成的应至少完成管壁厚的50%，且不应少于3层；

7　在焊接作业中，焊工应对自己所焊的焊道进行自检和修补工作，每处修补长度不应小于50 mm。

10.2.9　焊口焊完后应清除表面焊渣和飞溅。

10.2.10　对需要后热或热处理的焊缝，应按焊接工艺规程的规定进行处理。

10.2.11　每日作业结束后应将管线端部管口临时封堵。遇水及沟下焊管线应采取防水措施。

10.2.12　焊口应有标志，焊口标志应包括工程名称缩写、标段号、桩位号、流水号，标志可用记号笔写在距焊口(油、气流动方向下游)1 m处防腐层表面，并应同时做好焊接记录。

10.2.13　焊缝返修及处理应符合下列规定：

1　所有带裂纹的焊缝应从管线上切除，焊道出现的非裂纹性缺陷，可直接返修；

2　焊缝返修应使用评定合格的返修焊接工艺规程。焊缝在同一部位的返修不应超过2次，根部只应返修1次。返修后，宜按原标准检测。

10.3　焊缝的检验与验收

10.3.1　焊缝经外观检查合格后方可进行无损检测。焊缝外观检查应符合下列规定：

1　焊缝外观成型应均匀一致，焊缝及其热影响区表面上不得有裂纹、未熔合、气孔、夹渣、飞溅、弧坑等缺陷；

2　焊缝表面不应低于母材表面，焊缝余高应在0～3 mm范围内，向母材的过渡应平滑；

3　焊缝表面每侧宽度宜比坡口表面宽1 mm～2 mm；

4　咬边的最大尺寸应符合表10.3.1中的规定。

表10.3.1　咬边的最大尺寸

深度	长度
小于或等于0.4 mm，小于或等于管壁厚的6%，取二者中的较小值	任何长度均为合格
大于0.4 mm小于或等于0.8 mm，大于管壁厚的6%小于或等于12.5%，取二者中的较小值	在焊缝任何300 mm连续长度上不超过50 mm，或焊缝长度的1/6，取二者中的较小值
大于0.8 mm，大于管壁厚的12.5%，取二者中的较小值	任何长度均不合格

10.3.2　无损检测应符合国家现行标准《石油天然气管道工程全自动超声波检测技术规范》GB/T 50818和《石油天然气钢质管道无损检测》SY/T 4109的规定，射线检测及超声检测的合格等级均应为Ⅱ级。

10.3.3　**输油管道的无损检测方法及比例应符合下列规定：**

1　**采用射线检测检验时，应对焊工当日所焊不少于30%的焊缝全周长进行射线检测；**

2　**采用超声检测时，应对焊工当日所焊焊缝的全部进行检查，并对其中10%环焊缝的全周长用射线检测复验；**

3　**对通过居民区、工矿企业和穿越、跨越大中型水域、一二级公路、铁路、隧道的管道环焊**

缝,以及所有碰死口焊缝,应进行100%超声检测和射线检测。

10.3.4 输气管道的检测方法及比例应符合下列规定:

1 所有焊接接头应进行全周长100%无损检测,无损检测方法应选用射线检测和超声检测。焊缝表面缺陷应选用磁粉或液体渗透检测。

2 当采用超声检测对焊缝进行无损检测时,应按下列比例采用射线检测对每个焊工或流水作业焊工组当天完成的全部焊缝进行复验:一级地区中焊缝的5%,二级地区中焊缝的10%,三级地区中焊缝的15%,四级地区中焊缝的20%。

3 穿越、跨越水域、公路、铁路的管道焊缝,弯头与直管段焊缝及未经试压的管道碰死口焊缝,均应进行100%超声检测和射线检测。

10.3.5 射线检测复验、抽查中,有一个焊口不合格,应对该焊工或流水作业焊工组在该日或该检查段中焊接的焊口加倍检查,如仍有不合格的焊口,应对其余的焊口逐个进行射线检测。

10.3.6 管道采用全自动焊时,宜采用全自动超声检测,检测比例应为100%,并应进行射线检测复验。全自动超声检测应符合现行国家标准《石油天然气管道工程全自动超声波检测技术规范》GB/T 50818的规定。

11 管道防腐及保温工程

11.0.1 管道无损检测合格后,应及时进行防腐补口。

11.0.2 钢管、弯管、弯头的防腐和保温,现场防腐补口、补伤施工应符合设计要求和现行有关标准的规定。管道常用的内外壁防腐层应符合下列规定:

1 石油沥青防腐层应符合现行行业标准《埋地钢质管道石油沥青防腐层技术标准》SY/T 0420的规定;

2 硬质聚氨酯泡沫塑料防腐保温层应符合现行行业标准《埋地钢质管道硬质聚氨酯泡沫塑料防腐保温层技术标准》SY/T 0415的规定;

3 环氧煤沥青防腐层应符合现行行业标准《埋地钢质管道环氧煤沥青防腐层技术标准》SY/T 0447的规定;

4 聚乙烯防腐层应符合现行国家标准《埋地钢质管道聚乙烯防腐层》GB/T 23257的规定;

5 聚乙烯胶粘带防腐层应符合现行行业标准《钢质管道聚乙烯胶粘带防腐层技术标准》SY/T 0414的规定;

6 熔结环氧粉末外涂层应符合现行行业标准《钢质管道熔结环氧粉末外涂层技术规范》SY/T 0315的规定;

7 熔结环氧粉末内防腐层应符合现行行业标准《钢质管道熔结环氧粉末内防腐层技术标准》SY/T 0442的规定;

8 液体环氧涂料内涂层应符合现行行业标准《钢质管道液体环氧涂料内防腐层技术标准》SY/T 0457的规定;

9 管口预处理应符合现行行业标准《涂装前钢材表面处理规范》SY/T 0407的规定;

10 高温直埋管道保温应符合现行行业标准《直埋式钢质高温管道保温预制施工及验收规范》SY/T 0324的规定。

11.0.3 防腐层的外表面应平整,无漏涂、褶皱、流淌、气泡和针孔等缺陷;防腐层应能有效地附着在金属表面;聚乙烯热收缩套(带)、聚乙烯冷缠粘胶带,以及双组分环氧粉末补伤液、补伤热熔棒等补口、补伤材料应按其生产厂家使用说明的要求施工。

11.0.4 管道锚固墩、穿越段管道、阴极保护测试线焊接处的防腐,检查合格后方可进行下一道工序。阴极保护测试线焊接处的防腐材料应与管道防腐层相匹配并与测试线外皮粘接良好。

11.0.5 管道出、入土的防腐层应高出地面 100 mm 以上,应在地面交界处的管外采取包覆热收缩套或其他防护性措施。热收缩套搭接处应平缓,无破损和漏点。

12 管道下沟及回填

12.1 管道下沟

12.1.1 管线的焊接、无损检测、补口完成后,应及时下沟。不能及时下沟时,应采取措施防止滚管。一个作业(机组)施工段,沟上放置管道的连续长度不宜超过 10 km。

12.1.2 下沟前,应复查管沟深度,清除沟内塌方、石块、积水、冰雪等异物。石方或戈壁段管沟,应预先在沟底垫 300 mm 厚细土,细土的最大粒径不得大于 20 mm。

12.1.3 管道应使用吊管机等起重设备进行下沟,不得使用推土机或撬杠等非起重机具。吊具应使用尼龙吊带或橡胶辊轮吊篮,不得直接使用钢丝绳。当采用吊篮下沟时,应使用吊管机下沟,起吊高度以 1 m 为宜,吊管机使用数量不宜少于 3 台。管道下沟吊点间距应符合表 12.1.3 的规定。

表 12.1.3 管道下沟吊点间距

钢管公称直径(mm)	100	150	200	250	300	350	400	450	500	600	700	800	900	1000	1200
允许最大间距(m)	6	9	12	13	15	16	17	18	19	21	23	24	25	26	28

12.1.4 管道下沟时,应由专人统一指挥作业,应采取切实有效的措施防止管道滚沟。

12.1.5 管道下沟过程中,应使用电火花检漏仪检查管道防腐层,检测电压应符合设计及现行有关标准的规定,如有破损或针孔应及时修补。

12.1.6 管道下沟时,应注意避免与沟壁挂碰,以防止擦伤防腐层。管道应放置到管沟中心位置,距沟中心线的偏差应小于 150 mm。管道壁和管沟壁之间的间隙不应小于 150 mm。管道应与沟底充分结合,局部悬空应用细土填塞密实。

12.1.7 管道下沟后应对管顶标高进行测量,直线段应每 100 m 测一点,曲线段可对曲线的始点、中点和终点进行测量。

12.2 管沟回填

12.2.1 一般地段管道下沟后应及时回填,回填前应排除沟内积水,山区易冲刷地段、高水位地段、人口稠密区及雨季施工等应立即回填。

12.2.2 耕作土地段的管沟应分层回填,应将表面耕作土置于最上层。

12.2.3 管沟回填前宜完成阴极保护测试引线焊接,并引出地面。

12.2.4 管道下沟后,回填应符合下列要求:

1 回填土应平整密实;

2 石方、戈壁或冻土段管沟应先回填细土至管顶上方 300 mm,后回填原土石方。细土的最大粒径不应大于 20 mm,原土石方最大粒径不得大于 250 mm;

3 黄土塬地段管沟回填应按设计要求做好垫层及夯实;

4 陡坡地段管沟回填宜采取袋装土分段回填。

12.2.5 下沟管道的端部,应预留出 50 倍管径且不小于 30 m 管段暂不回填。

12.2.6 管沟回填土宜高出地面 0.3 m 以上,覆土应与管沟中心线一致,其宽度为管沟上开口宽度,并应做成有规则的外形。管道最小覆土层厚度应符合设计要求。

12.2.7 沿线施工时破坏的挡水墙、田埂、排水沟、便道等地面设施应及时恢复。

12.2.8 设计上有特殊要求的地貌应根据设计要求恢复。

12.2.9 浅挖深埋土堤敷设时应根据设计要求施工。

12.2.10 对于回填后可能遭受洪水冲刷或浸泡的管沟,应采取压实管沟、引流或压砂袋等防冲刷、防管道漂浮的措施。

12.2.11 管沟回填土自然沉降密实后,应对管道防腐层进行地面检漏,且应符合设计规定。一般地段自然沉降宜为 30 天,沼泽地段及地下水位高的地段自然沉降宜为 7 天。

12.2.12 管道稳管设施的安装应符合设计要求。

13 管道穿越、跨越工程

13.1 管道穿越、跨越工程

13.1.1 管道穿越、跨越工程的施工应分别符合现行国家标准《油气输送管道穿越工程施工规范》GB 50424 和《油气输送管道跨越工程施工规范》GB 50460 的有关规定。

13.1.2 采用套管穿越的管道,当设计要求安装牺牲阳极时,应在穿入套管前完成,安装后应测量管道电位是否达到保护电位要求。输送管的绝缘支撑架应安装牢固,绝缘垫位置正确。绝缘支撑架不得与阳极相连。

13.1.3 输送管穿入套管前,应进行隐蔽工程检查,套管内的污物应清扫干净。输送管防腐层检漏合格后方可穿入套管内,穿入后应用 500 V 兆欧表检测套管与输送管之间的绝缘电阻,其值应大于 2 MΩ。检测合格后应按设计要求封堵套管的两端口。

13.2 穿越地下设施、管道、线缆

13.2.1 管道穿越其他埋地管道、线缆时,应按国家有关规定及设计要求实施。

14 管道清管测径、试压及干燥

14.1 一般规定

14.1.1 石油天然气长输管道在下沟回填后应清管、测径及试压,清管、测径及试压应分段进行。

14.1.2 河流大中型穿跨越和铁路、高速公路、二级及以上公路穿越的管段应单独进行试压。

14.1.3 分段试压合格后,连接各管段的连头焊缝应进行 100%超声检测和射线检测,不再进行试压,预制件及连头管段应在安装之前预先试压。经单独试压的线路截断阀及其他设备可不与管线一同试压。

14.1.4 试压中如有泄漏,应泄压后修补,修补合格后应重新试压。

14.1.5 管道清管、测径及试压施工前,应编制施工方案,制定安全措施,考虑施工人员及附近

公众与设施安全。清管、测径及试压作业应统一指挥，并配备必要的交通工具、通信及医疗救护设备。

14.1.6 试压介质的选用应符合下列规定：

1 输油管道试压介质应采用水，在高寒、陡坡等特殊地段，经设计校核可采用空气作为试压介质，但管材必须满足止裂要求。试压时必须采取防爆安全措施。

2 输气管道位于一、二级地区的管段宜用水作试压介质，在高寒、陡坡等特殊地段可采用空气作试压介质。

3 输气管道位于三、四级地区的管段应采用水作试压介质。

4 管道试压水质应使用洁净水。

14.1.7 试压装置，包括阀门和管道应经试压检验合格后方能使用。现场开孔和焊接应符合压力管道安装有关标准的规定。试压装置与主管连接口应进行全周长射线检测，合格级别应与主管线相同。

14.2 清管、测径

14.2.1 分段试压前，应采用清管球(器)进行清管，清管介质应用空气。清管次数不应少于2次，以开口端不再排出杂物为合格。

14.2.2 分段清管应设临时清管器收发装置，清管器接收装置应选择在地势较高且50 m内没有建筑物和人口的区域内，并应设置警示标志。

14.2.3 线路截断阀不应参加清管。

14.2.4 清管宜选用复合式清管器，管径较小时也可选用清管球。清管球充水后直径过盈量应为管内径的5%～8%。

14.2.5 清管时的最大压力不得超过管材最小屈服强度的30%。

14.2.6 清管器应适用于管线弯管的曲率半径。

14.2.7 清管合格后应在试压前后分别进行测径。测径宜采用铝质测径板，直径为试压段中最大壁厚钢管或者弯头内径的90%，当测径板通过管段后，无变形、褶皱可判为合格。

14.3 水压试验

14.3.1 水压试验应符合现行国家标准《液体石油管道压力试验》GB/T 16805的有关规定。

14.3.2 分段水压试验的管段长度不宜超过35 km，应根据该段的纵断面图，计算管道低点的静水压力，核算管道低点试压时所承受的环向应力，其值不应大于管材最低屈服强度的0.9倍，对特殊地段经设计允许，其值最大不得大于0.95倍。试验压力值的测量应以管道最高点测出的压力值为准，管道最低点的压力值应为试验压力与管道液位高差静压之和。

14.3.3 试压充水宜加入隔离球，并应在充水时采取背压措施，以防止空气存于管内，隔离球可在试压后取出。应避免在管线高点开孔排气。压力试验宜在24 h后进行，以缩小温度差异。

14.3.4 输油管道分段水压试验时的压力值、稳压时间及合格标准应符合表14.3.4的规定。

表14.3.4 输油管道分段水压试验时的压力值、稳压时间及合格标准

分类		强度试验	严密性试验
输油管道一般地段	压力值(MPa)	1.25倍设计压力	设计压力
	稳压时间(h)	4	24

表 14.3.4(续)

分类		强度试验	严密性试验
输油管道大中型穿越、跨越及管道通过人口稠密区	压力值(MPa)	1.5 倍设计压力	设计压力
	稳压时间(h)	4	24
合格标准		无变形、无泄漏	压降不大于 1% 试验压力值,且不大于 0.1 MPa

14.3.5 输气管道分段水压试验时的压力值、稳压时间及合格标准应符合表 14.3.5 的规定。

表 14.3.5 输气管道分段水压试验时的压力值、稳压时间及合格标准

分类		强度试验	严密性试验
一级地区输气管道	压力值(MPa)	1.1 倍设计压力	设计压力
	稳压时间(h)	4	24
二级地区输气管道	压力值(MPa)	1.25 倍设计压力	设计压力
	稳压时间(h)	4	24
三级地区输气管道	压力值(MPa)	1.4 倍设计压力	设计压力
	稳压时间(h)	4	24
四级地区输气管道	压力值(MPa)	1.5 倍设计压力	设计压力
	稳压时间(h)	4	24
合格标准		无变形、无泄漏	压降不大于 1% 试验压力值,且不大于 0.1 MPa

14.3.6 架空输气管道采用水压试验前,应核算管道及其支撑结构的强度,必要时应临时加固,防止管道及支撑结构受力变形。

14.3.7 试压宜在环境温度 5 ℃以上进行,当不能满足时,应采取防冻措施。

14.3.8 试压合格后,应将管段内积水清扫干净,山区清扫时应采取背压等措施,清扫出的污物应排放到规定区域,清扫应以不再排出游离水为合格。

14.4 气压试验

14.4.1 分段气压试验的管段长度不宜超过 18 km。

14.4.2 试压用的压力表应经过校验,并应在有效期内。压力表精度不应低于 1.6 级,量程应为被测最大压力的 1.5 倍~2 倍,表盘直径不应小于 150 mm,最小刻度应能显示 0.05 MPa。试压时的压力表不应少于 2 块,并应分别安装在试压管段的两端。稳压时间应在管段两端压力平衡后开始计算。试压管段的两端应各安装 1 支温度计,且应避免阳光直射,温度计的最小刻度应小于或等于 1 ℃。

14.4.3 试压时的升压速度不宜过快,压力应缓慢上升,每小时升压不得超过 1 MPa。当压力升至 0.3 倍和 0.6 倍强度试验压力时,应分别停止升压,稳压 30 min,并应检查系统有无异常情

况,如无异常情况可继续升压。

14.4.4 检漏人员在现场查漏时,管道的环向应力不应超过钢材规定的最低屈服强度的20%;在管道的环向应力首次开始从钢材规定的最低屈服强度的50%提升到最高试验压力,直到又降至设计压力为止的时间内,试压区域内严禁有非试压人员,试压巡检人员应与管线保持6 m以上的距离。试压设备和试压段管线50 m以内为试压区域。

14.4.5 油、气管道分段气压试验的压力值、稳压时间及合格标准应符合表14.4.5的规定。

表14.4.5 油、气管道分段气压试验的压力值、稳压时间及合格标准

分类		强度试验	严密性试验
输油管道	压力值(MPa)	1.1倍设计压力	设计压力
	稳压时间(h)	4	24
一级地区输气管道	压力值(MPa)	1.1倍设计压力	设计压力
	稳压时间(h)	4	24
二级地区输气管道	压力值(MPa)	1.25倍设计压力	设计压力
	稳压时间(h)	4	24
合格标准		不破裂、无泄漏	压降不大于1%试验压力值,且不大于0.1 MPa

14.4.6 气体排放口不得设在人口居住稠密区、公共设施集中区。

14.5 输气管道干燥

14.5.1 输气管道试压、清管结束后应进行管道干燥。

14.5.2 输气管道干燥应符合现行行业标准《天然气输送管道干燥施工技术规范》SY/T 4114的有关规定。

15 管道连头

15.0.1 管道连头所用钢管、弯管等材料的材质、壁厚应符合设计要求。不参与试压的连头管段安装前应进行试压。

15.0.2 连头处宜设置在地形、地质条件较好的地段。连头处应设人行安全通道。作业面应平整、清洁、无积水,沟底比设计深度加深500 mm~800 mm。

15.0.3 现场切割防腐管时,宜采用机械方法,也可采用火焰或等离子弧方法。

15.0.4 吊装时,吊具应固定牢靠,设专人指挥、监护。

15.0.5 连头时应采用外对口器,不应强力组对。

15.0.6 连头处的管道焊接应严格执行连头焊接工艺规程,应在焊接完成后进行100%超声检测和100%射线检测。

15.0.7 裂纹缺陷不应返修,其他缺陷只应返修1次。

15.0.8 检测完成后,应按要求进行防腐补口、补伤,经业主(或监理)确认合格后,应及时进行管沟回填。

16 管道附属工程

16.1 截断阀室及阀门安装

16.1.1 截断阀室的土建工程应符合国家现行相关标准的规定。

16.1.2 阀室工艺管道安装应符合现行国家标准《石油天然气站内工艺管道工程施工规范》GB 50540的有关规定。

16.1.3 阀门安装前应熟悉阀门安装说明书,应按相关标准及制造厂家的说明书检查、安装阀门。

16.1.4 阀室内埋地管道和阀门应在回填土前进行电火花检漏,防腐绝缘合格后方可回填。

16.1.5 管道穿越阀室墙体或基础的缝隙应按设计要求封堵严密。

16.1.6 埋地管道和阀门周围应用细土回填,并分层夯实。

16.1.7 施工结束前应恢复地貌和清理现场。

16.1.8 阀室安装后应单独进行吹扫、试压。

16.2 阴极保护工程

16.2.1 线路阴极保护工程施工及验收应符合现行国家标准《埋地钢质管道阴极保护技术规范》GB/T 21448 的有关规定。

16.2.2 牺牲阳极的安装应符合下列要求:

1 袋装牺牲阳极使用时应确保回填材料密实。当阳极和填包料分开供应时,阳极埋设应置于填包料的中心位置,导线应留有充分的余量。操作中不应损伤导线和接头。

2 带状牺牲阳极埋设应符合设计要求。

3 临时保护用的带状牺牲阳极应通过测试桩与管道连接,投产前应与管道断开。

16.2.3 强制电流系统的安装应符合下列要求:

1 整流器外壳应接地可靠。

2 辅助阳极应按设计要求埋设,回填料应保证阳极周围均匀且没有空隙,回填时应避免损伤阳极和电缆。

3 电缆与整流器的连接应牢固并导电良好。

4 主电缆与阳极引线之间的连接应牢固且导电良好,连接点应进行防水密封。

5 直埋式阳极电缆应防止电缆外皮的绝缘损伤;所有电缆应留有足够的松弛余量,并应按设计要求回填。

16.2.4 阴极保护测试桩的连接和跨接应符合下列要求:

1 管道和测试导线的连接处应干燥、清洁,测试导线与管道的连接应牢固且导电良好。

2 与其他构筑物跨接或跨接绝缘接头的电缆连接应牢固,导电良好,并应按设计要求进行防腐绝缘。跨接连接应便于进行测试。

3 绝缘接头安装前应进行绝缘电阻测试,安装后应检测其电绝缘的有效性。

16.2.5 阴极保护投入运行前,应做好自然电位测试;运行后应做好保护电位和保护电流测试。测试记录应完整。

16.3 里程桩、转角桩、标志桩、锚固墩、警示牌安装及警示带敷设

16.3.1 里程桩、转角桩、标志桩应进行检查验收,表面应光滑平整,无缺棱掉角,尺寸允许偏差应为±10 mm,混凝土强度应达到设计要求。油漆涂刷应均匀一致。埋设位置和深度应符合设

计要求。

16.3.2 里程桩、转角桩、标志桩的设置以及标记内容与格式应符合设计要求和现行行业标准《管道干线标记设置技术规定》SY/T 6064 的有关规定。

16.3.3 锚固墩预制件的尺寸、规格、材质应符合设计要求。焊接时不得损伤管道母材，焊后应打磨棱角、毛刺，清除焊渣和表面锈蚀，除锈等级应符合现行行业标准《涂装前钢材表面处理规范》SY/T 0407 中规定的 Sa1 级，并应按设计要求防腐绝缘。锚固墩及其以外 2 m 范围内的管道防腐层经电火花检漏合格后方可浇筑混凝土，混凝土应加强养护。

16.3.4 警示牌应采用反光涂料涂刷。

16.3.5 警示带敷设应符合下列规定：

1 敷设警示带使用的材料、规格、颜色、用语、字体等应符合设计要求；

2 警示带应平整的敷设在管道的正上方，距管顶的距离宜为 0.5 m，敷设时字面应向上；

3 警示带的敷设应连续，不应出现漏接。

16.4 线路保护构筑物

16.4.1 线路保护构筑物应在管道下沟后及时进行施工，并宜在雨季(洪水)到来之前完成。对于影响施工安全的地方应预先施工。

16.4.2 线路保护构筑物施工应符合现行行业标准《油气输送管道线路工程水工保护施工规范》SY/T 4126 的有关规定。

17 工程交工

17.0.1 施工单位完成合同规定范围内全部工程项目，并经验收合格后，应及时与建设单位办理交工手续。

17.0.2 工程交工验收前，施工单位应按照规定向建设单位提交技术文件。

附 录 A
埋地管道弹性敷设的现场放线方法

A.1 纵向弹性曲线放线

A.1.1 纵向弹性曲线放线应按下列步骤执行：

1 按设计的纵断面图，在实地根据断面地形特点和里程，找到曲线上的起点 M、中点 O 和末点 N 及其他控制点的实地位置(图 A.1.1)；

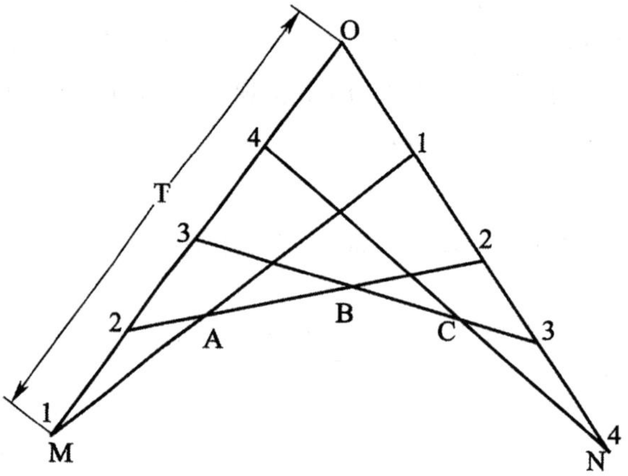

图 A.1.1 纵向弹性曲线的纵断面示意图

2 这些点位上应打好桩，各桩上应注明标高、挖深；

3 管沟开挖；

4 成沟后应将沟底修成平缓圆弧段。

A.2 水平弹性敷设放线

A.2.1 “工兵法”放样(图 A.2.1)应按下列步骤执行：

1 在实地应确定切线 T 的端点 M、O、N 的位置；

2 将切线 T 等分若干段，每段宜为 10 m 或 20 m，依次编分点号 1、2、3、4；

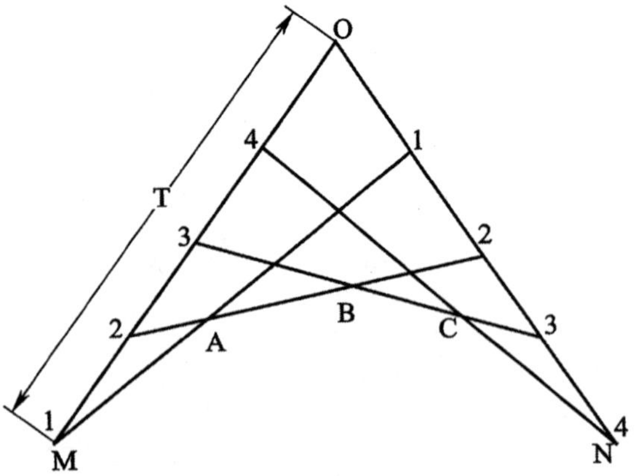

图 A.2.1 “工兵法”放样

3 用 4 根花杆找出各相邻直线(如 1－1、2－2)的交点(如 A 点)；

4 宜用绳索经过 M、A、B、C、N 连成圆弧曲线。

A.2.2 "坐标法"放样(图 A.2.2)应按下列步骤执行：

1 利用曲线的 X、Y 坐标值放样，适用于地形开阔平坦的地区；

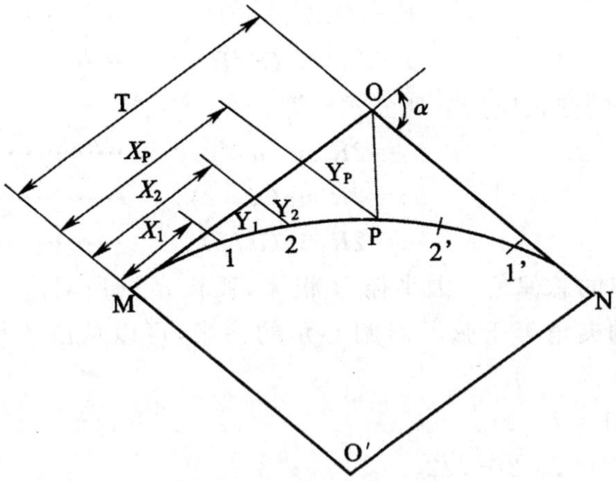

图 A.2.2 "坐标法"放样

2 把切线 T＝MO 或 T＝NO 作为 X 轴，过 M 点或 N 点的曲线半径 R＝MO′或 R＝NO′作为 Y 轴，计算出 1、2、3…n 各点的直角坐标(X_i、Y_i)值，在现场用钢尺从切线起点 M 或 N 沿 MO 或 NO 方向量出各点的间距 X_i(一般取整数，如 10 m、20 m)，插测钎做标记，再过此点做垂线量出 Y_i 值，直到 P 点，然后用绳索连接 M、1、2、…n、P、n'…2'、1'、N 各点成弧形曲线；

纵坐标值可按下式计算：

$$Y = X_2 / [R(1+\cos\alpha)] \quad \cdots\cdots\cdots\cdots \quad (A.2.2-1)$$

当 α 较小时，纵坐标值也可按下式计算：

$$Y = X_2 / 2R \quad \cdots\cdots\cdots\cdots \quad (A.2.2-2)$$

A.2.3 "总偏角法"放样(图 A.2.3)应按下列步骤执行：

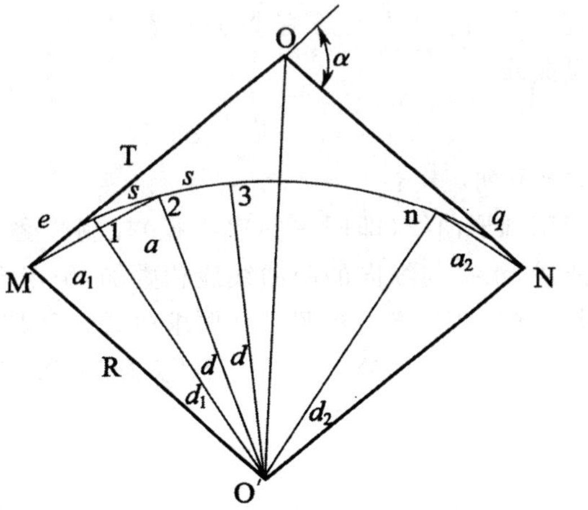

图 A.2.3 "总偏角法"放样

1 地势不太开阔或曲线半径很大时，可用偏角和弦长来测设曲线；

2 理论计算应符合下列原则：

1) 计算偏角和弦长。设 M 点到 1 点的弧长为 e，n 点到 N 点的弧长为 q，其他各点间

弧长为 S(一般取一整数,如 10 m、20 m),则各弧长所对圆心角应按下列公式计算:

$$d_1 = 3437.8(e/R) \quad \cdots\cdots (A.2.3-1)$$

$$d_2 = 3437.8(q/R) \quad \cdots\cdots (A.2.3-2)$$

$$d = 3437.8(S/R) \quad \cdots\cdots (A.2.3-3)$$

相应于弧长 e、q、S 的弦长应按下列公式计算:

$$a_1 = 2R\sin(d_1/2) \quad \cdots\cdots (A.2.3-4)$$

$$a_2 = 2R\sin(d_2/2) \quad \cdots\cdots (A.2.3-5)$$

$$a = 2R\sin(d/2) \quad \cdots\cdots (A.2.3-6)$$

2) 曲线上各点的总偏角。因半径 R 很大,弧长 d 同所对应的弦长 a 可以看作相等。切线和弦的夹角等于弦所对圆心角的一半,可以从图中得出曲线上各点的总偏角为:

$\angle OM1 = d_1/2$

$\angle OM2 = d_1/2 + d/2$

$\angle OM3 = d_1/2 + d$

……

$\angle OMN = d_1/2 + d/2 + d/2 + \cdots\cdots + d/2 + d_2/2 = \alpha/2$

有了各点的总偏角和各点间的弦长,弦长可用弧长代替,可在实地测设。

3 实地测设方法应按下列步骤执行:

1) 将仪器安置在 M 点,使游标读数为 0°00′后视 O 点,然后松开上盘使游标读数为 $d_1/2$,并沿 M1 方向在地面上量出一段相应于 e 弧的弦长 a_1 得 1 点位置;

2) 再松开上盘,使游标读数为 $d_1/2 + d/2$,同时把尺子零点对准 1 点,以 1 点为圆心,以相应于弧长 S 的弦长 a 为半径摆动钢尺,它与视线相交的点即为 2 点的位置;

3) 用同样方法定出地面上其他各点,最后定出 N 点,看其是否与原有 N 点相符,不相符时,应重新测设。若 N 点与原有 N 点相符,连接 M、1、2、……n、N 各点可为管道的弹性敷设曲线。

A.3 管道弹性敷设

A.3.1 管道弹性敷设应符合下列规定:

1 水平角与纵向角宜用圆形曲线(即同一曲率半径)控制。叠加曲线,应首先控制水平角的曲线,再控制纵向角的曲线,水平与纵向的两曲线应相叠加,确定叠加曲线。

2 应保证管道弹性敷设贴沟底,严格按照设计要求放线,管沟深度应符合设计要求。

3 弹性敷设段管段应独立下沟,严禁组焊成一条"长龙"下沟。

本规范用词说明

1 为便于在执行本标准条文时区别对待,对要求严格程度不同的用词说明如下:

1) 表示很严格,非这样做不可的:
正面词采用“必须”,反面词采用“严禁”;

2) 表示严格,在正常情况下均应这样做的:
正面词采用“应”,反面词采用“不应”或“不得”;

3) 表示允许稍有选择,在条件许可时首先应这样做的:
正面词采用“宜”,反面词采用“不宜”;

4) 表示有选择,在一定条件下可以这样做的,采用“可”。

2 条文中指明应按其他有关标准执行的写法为:“应符合……的规定”或“应按……执行”。

引用标准名录

《油气输送管道穿越工程施工规范》GB 50424
《油气输送管道跨越工程施工规范》GB 50460
《石油天然气站内工艺管道工程施工规范》GB 50540
《石油天然气管道工程全自动超声波检测技术规范》GB/T 50818
《液体石油管道压力试验》GB/T 16805
《埋地钢质管道阴极保护技术规范》GB/T 21448
《埋地钢质管道聚乙烯防腐层》GB/T 23257
《钢质管道熔结环氧粉末外涂层技术规范》SY/T 0315
《直埋式钢质高温管道保温预制施工及验收规范》SY/T 0324
《涂装前钢材表面处理规范》SY/T 0407
《钢质管道聚乙烯胶粘带防腐层技术标准》SY/T 0414
《埋地钢质管道硬质聚氨酯泡沫塑料防腐保温层技术标准》SY/T 0415
《埋地钢质管道石油沥青防腐层技术标准》SY/T 0420
《钢质管道熔结环氧粉末内防腐层技术标准》SY/T 0442
《埋地钢质管道环氧煤沥青防腐层技术标准》SY/T 0447
《钢质管道液体环氧涂料内防腐层技术标准》SY/T 0457
《钢质管道焊接及验收》SY/T 4103
《石油天然气钢质管道无损检测》SY/T 4109
《天然气输送管道干燥施工技术规范》SY/T 4114
《油气输送管道线路工程水工保护施工规范》SY/T 4126
《管道干线标记设置技术规定》SY/T 6064
《石油天然气建设工程交工技术文件编制规范》SY/T 6882

UDC

中华人民共和国国家标准

P

GB 50423—2013

油气输送管道穿越工程设计规范

Code for design of oil and gas transportation pipeline crossing engineering

2013-12-19 发布

2014-07-01 实施

中华人民共和国住房和城乡建设部
中华人民共和国国家质量监督检验检疫总局
联合发布

中华人民共和国住房和城乡建设部公告

第 267 号

关于发布国家标准《油气输送管道穿越工程设计规范》的公告

现批准《油气输送管道穿越工程设计规范》为国家标准,编号为 GB 50423—2013,自 2014 年 7 月 1 日起实施。其中,第 3.3.3、4.1.2、5.1.9、6.1.9、7.2.9 条为强制性条文,必须严格执行。原《油气输送管道穿越工程设计规范》GB 50423—2007 同时废止。

本规范由我部标准定额研究所组织中国计划出版社出版发行。

中华人民共和国住房和城乡建设部

2013 年 12 月 19 日

前　言

根据住房和城乡建设部《关于印发 2011 年工程建设标准规范制订、修订计划的通知》(建标〔2011〕17 号)的要求,本规范由石油工程建设专业标准化委员会组织中国石油天然气管道工程有限公司会同有关单位在国家标准《油气输送管道穿越工程设计规范》GB 50423—2007 的基础上进行修订而成。

修订过程中规范编制组结合近年来油气管道穿越工程的建设实践,经广泛调查研究,认真总结工程实践经验,参考有关国际标准和国内先进标准,并在广泛征求意见的基础上,修订本规范。

本规范共分 8 章和 7 个附录,主要技术内容为:总则,术语,基本规定,挖沟法穿越设计,水平定向钻法穿越设计,隧道法穿越设计,公路、铁路穿越设计,焊接、试压及防腐等。

本规范修订的主要技术内容是:1)在“3　基本规定”中,删除了原规范的“3.5　铁路(公路)穿越”“3.6　隧道穿越位置的选择”两节,将其内容纳入相关章节中;2)在 3.2.2 条中增加了冲沟穿越的设计系数,在山岭隧道内敷设的管道按照隧道不同分级采用了不同的设计系数;3)在“4　挖沟法穿越设计”中,取消了“裸管敷设”的要求与计算内容;对河床采砂、采矿人为活动对管道的影响提出了要求;4)在“5　定向钻法穿越设计”中,对回拖力计算公式进行了修正;5)在“6　隧道法穿越设计”中,对盾构、顶管隧道埋深根据国内外有关规范作了修订,补充规定了隧道防水等级要求,对钻爆法的隧道衬砌参数根据工程实践经验、结合管道隧道自身特点进行了修订,增加了盾构隧道结构计算要求,对顶管顶力公式进行了修订,对中继站的布置提出了具体要求;6)在“8　焊接、试压及防腐”中,增加 8.2.8 条,对定向钻法穿越工程管道回拖前后测径和严密性试压提出了具体要求。

本规范中以黑体字标志的条文为强制性条文,必须严格执行。

本规范由住房和城乡建设部负责管理和对强制性条文的解释,由石油工程建设专业标准化委员会负责日常管理,由中国石油天然气管道工程有限公司负责具体技术内容的解释。执行过程中如有意见或建议,请寄送中国石油天然气管道工程有限公司(地址:河北省廊坊市和平路 146 号,邮政编码:065000)。

本规范主编单位、参编单位、主要起草人和主要审查人:

主 编 单 位:中国石油天然气管道工程有限公司

参 编 单 位:胜利油田胜利勘察设计研究院有限公司
铁道第三勘察设计院集团有限公司
中国石油集团工程设计有限责任公司西南分公司

主要起草人:史　航　程梦鹏　张文伟　简朝明　李国辉　蒲高军　刘建武　张邕生
闫庆华　安玉红　孟庆余　甘继国　王晓峰　李　强　马晓成　许　杰
向　波　陈文备　詹胜文　马红昕　高　红　王　鸿　陆　江　张志广
刘其民　李志勇　陈　杰　王贵涛　刘艳东　唐培连　杨　威　左雷彬
铁明亮　马志富　任启瑞

主要审查人:王树宽　赵炳刚　张怀法　刘嵬辉　梁羽腾　谭明星　尹刚乾　王小林
廖德义　庞鑫峰　李晓曦　胡银学　于景龙　樊黑钦

1 总则

1.0.1 为了在油气输送管道穿越工程(以下简称穿越工程)设计中贯彻国家有关法规政策,确保工程质量、安全、环保、经济合理,制定本规范。

1.0.2 本规范适用于油气输送管道在陆上穿越天然或人工障碍的新建和扩建工程设计。

1.0.3 穿越工程设计除应符合本规范外,尚应符合国家现行有关标准的规定。

2 术语

2.0.1

管道穿越工程 pipeline crossing engineering

管道从天然或人工障碍物下部通过的建设工程。

2.0.2

穿越管段 crossing section

穿过天然或人工障碍物地段的管道,其长度包括穿越障碍物的长度和两侧连接段的长度。

2.0.3

水域 water areas

天然形成或人工建造的河流、湖泊、水库、沼泽、水塘、养殖塘、水渠区域。

2.0.4

设计洪水 designing flood

与工程等级所规定的设计洪水频率相对应的洪水数据,包括设计洪水流量、设计洪水水位、设计洪水流速。

2.0.5

冲沟 gully

水流冲刷形成的沟堑。

2.0.6

水下管道稳定 underwater section pipeline stabilization

水下管段不产生漂浮或移位的条件。

2.0.7

水平定向钻穿越 crossing by horizontal directional drilling

用水平定向钻机敷设穿越管段。

2.0.8

隧道穿越 pipeline crossing in tunnel

在隧道中敷设穿越管段。

2.0.9

钻爆法隧道 tunnel by digging

采用爆破开挖地下坑道方法修筑的隧道。

2.0.10

盾构隧道　tunnel by shield digging

用盾构机掘进建造的隧道。

2.0.11

顶管法隧道　tunnel by pipe jacking

用顶管机掘进建造的隧道。

2.0.12

斜巷　incline，inclined shaft

纵向坡度大于10°的倾斜隧道，通常指管道陆上隧道或水域穿越隧道平巷两侧的斜隧道。

2.0.13

竖井　shaft

为满足隧道施工、运营管理而修建的地下直立井筒状的构筑物。

2.0.14

沉井　sinking well

竖井的一种，在地面上分段预制竖井并通过挖土分段沉入到地下一定深度后形成的地下构筑物。

2.0.15

地下连续墙　underground diaphragm wall

采用专用挖掘机械在地层中成槽或成孔并用泥浆充填护壁后，浇注钢筋混凝土或插入预制混凝土构件所形成的地下连续墙体结构。

2.0.16

钻孔咬合桩　drilling bitten pile

平面布置的相邻桩圆周相嵌、相互咬合而形成的混凝土"桩墙"。

2.0.17

型钢水泥土搅拌墙　section steel and cement soil mixed wall

在连续套接的三轴水泥土搅拌桩内插入型钢形成的复合挡土止水围护结构。

2.0.18

三轴水泥土搅拌桩　soil-cement pile mixed by three shafts

以水泥作为主固化剂，通过三轴搅拌机将固化剂和地基土强制搅拌，使地基土硬化成具有连续性、抗渗性和一定强度的桩体。

2.0.19

作用　action

施加在结构上的集中力或分布荷载和引起结构外加变形或约束变形的间接作用。

3　基本规定

3.1　基础资料

3.1.1　穿越工程设计前，应取得所输介质物性资料及输送工艺参数。介质物性资料及输送工艺参数的要求应符合现行国家标准《输油管道工程设计规范》GB 50253 和《输气管道工程设计规范》GB 50251 的有关规定。

3.1.2 穿越工程设计应符合管道工程专项评价的结论及批复意见。

3.1.3 选定穿越位置后，根据设计阶段的要求，按照现行国家标准《油气输送管道工程测量规范》GB /T50539 和《油气田及管道岩土工程勘察规范》GB 50568 的有关规定，应取得下列资料：

1 工程测量资料，包括 1∶200～1∶2000 平面地形图与断面图；

2 工程地质报告，包括 1∶200～1∶2000 地质剖面图、柱状图、岩土成分及物理力学指标、地震、水文地质及工程地质勘察的结论意见。

3.1.4 水域穿越勘察钻孔布置应符合下列要求：

1 挖沟埋设穿越管段，应布置在穿越中线上。

2 水平定向钻、隧道敷设穿越管段，应交叉布置在穿越中线两侧各距 15 m～30 m 处，交叉勘探点间距宜为 50 m～100 m。在岩性变化复杂时，局部钻孔间距可为 15 m～30 m。

3.1.5 位于设计地震动峰值加速度 $a \geqslant 0.1g$ 地区的河流大中型穿越工程，应查清下列四种情况，并取得量化指标：

1 有无断层，断层活动性质，断层一次性最大可能错动量；

2 地震时两岸或河床出现开裂或错动的情况；

3 地震时地基土液化的资料；

4 地震时两岸滑坡或崩塌的可能性及参数。

3.1.6 穿越管道及隧道抗震设防应按照现行国家标准《油气输送管道线路工程抗震技术规范》GB 50470 的有关要求设计。

3.1.7 穿越管段应根据现行国家标准《钢质管道外腐蚀控制规程》GB/T 21447 的有关规定，取得防腐蚀控制设计所需的相关环境资料。

3.2 管道材料与计算

3.2.1 穿越工程用于输送油、气的钢管，应符合现行国家标准《石油天然气工业管线输送用钢管》GB /T9711 的有关规定，并应根据所输介质性质、钢管规格、钢材等级、使用条件补充有关技术条件要求。对于管径小于 DN300，设计压力小于 6.3 MPa 的输油钢管或设计压力小于 4.0 MPa的输气钢管，可采用符合现行国家标准《输送流体用无缝钢管》GB/T 8163、《高压化肥设备用无缝钢管》GB 6479、《高压锅炉用无缝钢管》GB 5310 要求的无缝钢管。

3.2.2 符合本规范第 3.2.1 条的钢管，其许用应力应按下列公式计算。

输油 $$[\sigma]=F\Phi\sigma_s \qquad (3.2.2\text{-}1)$$

输气 $$[\sigma]=F\Phi t\sigma_s \qquad (3.2.2\text{-}2)$$

式中：$[\sigma]$ ——输送油气钢管的许用应力(MPa)；

σ_s ——钢管的规定最小屈服强度(MPa)；

Φ ——钢管焊缝系数，符合本规范 3.2.1 条要求标准的钢管，Φ 取 1.0；

t ——温度折减系数，当设计温度小于 120℃时，t 值取 1.0；

F ——强度设计系数，按表 3.2.2 取值。

表 3.2.2　强度设计系数

<table>
<tr><th rowspan="2">穿越管段类型</th><th colspan="4">输气管道地区等级</th><th rowspan="2">输油管道</th></tr>
<tr><th>一</th><th>二</th><th>三</th><th>四</th></tr>
<tr><td>Ⅲ、Ⅳ级公路有套管穿越</td><td>0.72</td><td>0.60</td><td>0.50</td><td>0.40</td><td>0.72</td></tr>
<tr><td>Ⅲ、Ⅳ级公路无套管穿越</td><td>0.60</td><td>0.50</td><td>0.50</td><td>0.40</td><td rowspan="3">0.60</td></tr>
<tr><td>Ⅰ、Ⅱ级公路、高速公路、铁路有套管或涵洞穿越</td><td>0.60</td><td>0.60</td><td>0.50</td><td>0.40</td></tr>
<tr><td>长、中长山岭隧道、多管敷设的短山岭隧道</td><td>0.60</td><td>0.50</td><td>0.50</td><td>0.40</td></tr>
<tr><td>水域小型穿越、短山岭隧道</td><td>0.60</td><td>0.60</td><td>0.50</td><td>0.40</td><td>0.60</td></tr>
<tr><td>水域大、中型穿越</td><td>0.60</td><td>0.50</td><td>0.40</td><td>0.40</td><td>0.50</td></tr>
<tr><td>冲沟穿越</td><td>0.60</td><td>0.50</td><td>0.50</td><td>0.40</td><td>0.60</td></tr>
<tr><td colspan="6">注：1　穿越渡槽、桥梁、古迹可视其重要性按水域穿越取用设计系数。
2　输气管道地区等级划分应符合现行国家标准《输气管道工程设计规范》GB 50251 的有关规定。</td></tr>
</table>

3.2.3　穿越段钢管的直径与壁厚之比应小于 100，并应满足各种穿越条件下的管道径向稳定要求，壁厚应按下式计算。

$$\delta = \frac{PD}{2[\sigma]} \qquad (3.2.3)$$

式中：δ ——钢管计算壁厚(mm)；

P ——输送介质设计内压力(MPa)；

D ——钢管外直径(mm)；

$[\sigma]$ ——输送钢管许用应力(MPa)。

3.3　水域穿越

3.3.1　穿越工程应获得设计所必需的水文资料；穿越水域上、下游建有对工程有影响的水库时，应取得通过水库防洪调度后的设防洪水及冲淤资料；位于库区的工程，还应取得库岸再造影响范围资料。

3.3.2　选择的穿越位置应符合线路总体走向，应避开一级水源保护区。对于大、中型穿越工程，线路局部走向应按所选穿越位置进行调整，并应符合下列要求：

1　穿越位置宜选在岸坡稳定地段。若需在岸坡不稳定地段穿越，则应对岸坡作护岸、护坡整治加固工程。

2　穿越位置不宜选择在全新世活动断裂带及影响范围内。

3　穿越宜与水域轴线正交通过。若需斜交时，交角不宜小于 60°，采用定向钻穿越时，不宜小于 30°。

3.3.3　水域穿越工程应按表 3.3.3 划分工程等级，并应采用与工程等级相应的设计洪水频率。桥梁上游 300 m 范围内的穿越工程，设计洪水频率不应低于该桥梁的设计洪水频率。

表 3.3.3 水域穿越工程等级与设计洪水频率

工程等级	穿越水域的水文特征		设计洪水频率
	多年平均水位的水面宽度(m)	相应水深(m)	
大型	≥200	不计水深	1% (100 年一遇)
	≥100～<200	≥5	
中型	≥100～<200	<5	2% (50 年一遇)
	≥40～<100	不计水深	
小型	<40	不计水深	2% (50 年一遇)

3.3.4 对于季节性河流或无资料的河流，水面宽度可按不含滩地的主河槽宽度选取；对于游荡性河流，水面宽度应按深泓线摆动范围选取，若无资料，宜按两岸大堤间宽度选取；若采用挖沟法穿越，当施工期水流流速大于 2 m/s 时，中小型工程等级可提高一级；有特殊要求的工程，可提高工程等级。

3.3.5 穿越管段可采用挖沟法埋设、水平定向钻法敷设、隧道法敷设形式。大中型穿越工程应作方案比选。

3.3.6 穿越长度和埋深应符合下列要求：

1 穿越长度宜涵盖设计洪水淹没范围。主河道的穿越长度应包括两岸防洪堤，并满足堤防保护的距离要求。当两岸无防洪堤时，主河道的穿越长度应根据管道使用期间可能的河床摆动范围确定。

2 当两岸设有防洪堤坝及规划防洪堤坝时，穿越的起始位置及堤下埋深应满足水利主管部门规定。

3 当工程建在水库泄洪影响范围内时，穿越管段埋深应综合泄洪时的局部冲刷及常规泄水的清水冲刷深度确定。

4 新建或规划库区内的穿越工程，穿越长度和埋深应满足库岸再造作用后的稳定性要求。

3.3.7 穿越管段与公路桥梁、铁路桥梁、水下隧道并行敷设的最小距离应根据穿越形式确定，并应符合下列要求：

1 当采用开挖管沟埋设时，管道中线距离特大桥、大桥、中桥、水下隧道最近边缘不应小于 100 m；距离小桥最近边缘不应小于 50 m。

2 当采用水平定向钻穿越时，穿越管段距离桥梁墩台冲刷坑外边缘不宜小于 10 m，且不应影响桥梁墩台安全；距离水下隧道的净距不应小于 30 m。

3 当采用隧道穿越时，隧道的埋深及边缘至墩台的距离不应影响桥梁墩台的安全；管道隧道与公路隧道、铁路隧道净距不宜小于 30 m。

4 当不能满足上述要求时，应协商确定。

3.3.8 水域穿越管段与港口、码头、水下建筑物之间的距离，当采用大开挖穿越时不宜小于 200 m，当采用定向钻穿越、隧道穿越时不宜小于 100 m。

3.3.9 当采用水平定向钻或隧道穿越河流堤坝时，应根据不同的地质条件采取措施控制堤坝和地面的沉陷,防止穿越管道处发生管涌,不应危及堤坝的安全。水平定向钻入土点、出土点及隧道竖井边缘距大堤坡脚的距离不宜小于 50 m。

3.3.10 穿越通航的水域,管段的埋深应避免船锚或疏浚机具对管道的损伤。两岸应按现行国家标准《内河交通安全标志》GB 13851 的有关规定设置标志。

3.3.11 当穿越管段区域河道内有对河床的形态及地质条件产生影响的挖砂、采矿活动时,管道的穿越长度、埋设深度应位于影响范围以外,并应采取必要的防护措施。

3.3.12 通过饮用水源二级保护区的水域大型穿越工程,输油管道在两岸应设置截断阀室。截断阀室应设置在便于接近、不被设计洪水淹没处。输气管道在两岸可不设截断阀室。

3.3.13 挖沟法穿越管段,不应在设计洪水位浸淹范围内设置锚固墩。

3.3.14 地震时易发生土壤液化的开挖法穿越管段,不宜将穿越管段沟埋在液化层内。确需埋入液化地层内时,应采取换土、软体排、土工布袋压载措施,不应采用混凝土马鞍型压重块稳管。

3.3.15 穿越沼泽地区,应根据不同的沼泽类别采用支架法、换土法、砂桩加固法、填石法、预压法或筑堤法敷设穿越管段。

3.4 山岭、冲沟穿越

3.4.1 山岭隧道与铁路隧道、公路隧道交叉时,竖向净间距不宜小于 30 m。

3.4.2 山岭隧道的高程应满足输送工艺要求。

3.4.3 管道穿越泥石流沟时,管道应在泥石流堆积区稳定层内深埋,管顶埋深不应小于 1.0 m,并在管道上方设置排洪构筑物。

3.4.4 选择冲沟穿越位置时,应避开可能发生滑坡、崩塌的地段。

3.4.5 穿越湿陷性黄土冲沟,应综合设计沟顶的截水、排水、导水工程、坡面的防护工程、沟底的稳管及防冲蚀工程,导水沟宜将水导入天然泄水沟中。采用开挖斜巷方式穿越高陡边坡时,洞身应进行回填,洞口应做防水处理。

3.4.6 开挖穿越深而陡的黄土冲沟,应结合边坡不可恢复原状的特点,对所形成的新断面做水工保护及水土保持工程设计。

3.4.7 管道不宜从土层未固结稳定的淤土坝上游穿越,当确需穿越时,应对土层厚度、固结程度、地质条件作岩土评价,并应采取安全措施。

3.4.8 符合工程条件的山岭、冲沟可采用定向钻法或顶管法隧道方式穿越。

3.4.9 管道不宜在狭窄冲沟内顺沟敷设。如受条件限制难以避开时,应进行专项水文调查研究,查明设计冲刷深度及冲沟稳定性,作为穿越工程设计的依据。

4 挖沟法穿越设计

4.1 埋设要求

4.1.1 挖沟法穿越水域的位置,除结合线路走向外,应选择岸坡稳定、水流冲淤变化幅度不大、不影响有关水域的规划实施、地震断裂活动影响较小且施工条件较好的地段。

4.1.2 挖沟法穿越管段的最小埋深,应根据工程等级与相应设计洪水冲刷深度或疏浚深度要求确定,并应符合表 4.1.2 的规定。当河流深泓线反复摆动时,穿越管段在深泓线摆动范围内埋深均应满足设计冲刷深度或疏浚深度要求。

表 4.1.2 挖沟法穿越管段的最小埋深(m)

水域情况	大型	中型	小型
有冲刷或疏浚的水域，应在设计洪水冲刷线下或设计疏浚线下，取其深者	≥1.5	≥1.2	≥1.0
无冲刷或疏浚的水域，应埋在水床底面以下	≥1.5	≥1.3	≥1.0
河床为基岩，并在设计洪水下不被冲刷时，管段应嵌入基岩深度	≥0.8	≥0.6	≥0.5

注：1 当水域有抛锚或疏浚作业时，管顶埋深应达到防腐层不受机械损伤的要求；
2 以下切为主的河流上游，埋深应从累积冲刷线算起；
3 基岩段所挖沟槽应用满槽混凝土覆盖封顶，应达到基岩标高；
4 当管道有配重或稳管结构物时，埋深应从结构物顶面算起；
5 基岩内管道埋深尚应根据岩性、风化程度确定，强风化岩、软岩埋深应加大。

4.1.3 采用围堰导流或降水措施开挖的管沟，其断面尺寸应按照地质条件、水文条件、开挖深度和底宽、施工季节、排水设施设计确定。

4.1.4 水下挖沟时，应根据机具试挖成沟情况确定管沟尺寸。若无此资料，宜按表 4.1.4 试挖管沟。

表 4.1.4 水下开挖管沟推荐尺寸

土壤类别	沟底最小宽度(m)	管沟边坡	
		沟深≤2.5 m	沟深>2.5 m
淤泥、粉细砂	$D_0+2.5$	1∶3.5	1∶5.0
中粗砂、卵砾石	$D_0+4.0$	1∶2.5	1∶3.0
砂土	$D_0+3.0$	1∶2.5	1∶4.0
黏土	$D_0+3.0$	1∶2.0	1∶2.5
岩石	$D_0+2.0$	1∶0.5	1∶1.0

注：1 沟底最小宽度指管道敷设所需最小净宽，不包括回淤；
2 在深水区管沟底宽应增加潜水员潜水检查操作的宽度；
3 若遇流沙，沟底宽度和边坡由试挖确定；
4 D_0 为管身结构的外径，当多条管道并行穿越敷设时，D_0 为管道外径之和及管道间隔的总宽度。

4.1.5 当水下穿越管段采用稳管措施时，稳管配重物不应损伤管道防腐涂层。

4.1.6 岩石管沟挖深除应满足本规范第 4.1.2 条设计埋深要求外，还应超挖 200 mm；管道入沟前，沟底应先铺设压实后厚度为 200 mm 的砂类土、细土或混凝土垫层。

4.1.7 穿越区域的地下水或岩土层具有腐蚀性时，除管段自身防腐满足要求外，稳管措施所用材料应有抗腐蚀的性能。

4.2 水下管段稳定

4.2.1 水下穿越管段沟埋敷设后，不应发生管段漂浮和移位。

4.2.2 当水下穿越管段埋深不符合本规范第 4.1.2 条要求时,抗漂浮应按下列公式计算;

$$W \geqslant K(F_s + F_{dy}) \quad \cdots\cdots (4.2.2\text{-}1)$$

$$W \geqslant K \frac{F_{dx}}{f} + F_s + F_{dy} \quad \cdots\cdots (4.2.2\text{-}2)$$

$$F_{dx} = C_x \gamma_W D_0 v^2/(2g) \quad \cdots\cdots (4.2.2\text{-}3)$$

$$F_{dy} = C_y \gamma_W D_0 v^2/(2g) \quad \cdots\cdots (4.2.2\text{-}4)$$

$$F_s = \pi \gamma_W D_0^2/4 \quad \cdots\cdots (4.2.2\text{-}5)$$

式中:W ——单位长度管段总重力(包括管身结构自重、配重层重;不含管内介质重量)(N/m);

K ——稳定安全系数,大、中型穿越工程取 1.30,小型穿越工程取 1.20;

F_s ——单位长度管段静水浮力(N/m);

F_{dy} ——单位长度管段动水上举力(N/m);

F_{dx} ——单位长度管段动水推力(N/m);

f ——管段与河床的滑动摩擦系数,根据试验或工程经验确定;无试验时,采用三层 PE、环氧粉末涂层的管段与河床摩擦系数可取 0.25;采用其他涂层或加配重层的管段,可取 0.30;

C_y ——浮力系数,取 0.60;

C_x ——推力系数,取 1.20;

D_0 ——管身结构(含防护、配重层)的外径(m);

γ_w ——所穿水域水的重度(N/m^3);

v ——管段处设计洪水水流速度(m/s);

g ——重力加速度,取 9.80 m/s^2。

竖向弹性敷设穿越管段,管段总重力 W 还应减去管段向上的弹性抗力。其单位长度的弹性抗力应按下列公式计算:

$$q = \frac{384 E_s I f_c}{5L^4} - 246615(D-\delta)\delta \quad \cdots\cdots (4.2.2\text{-}6)$$

$$I = \frac{\pi D^4}{64}\left[1 - \left(\frac{d}{D}\right)^4\right] \quad \cdots\cdots (4.2.2\text{-}7)$$

$$f_c = R - \sqrt{R^2 - \frac{L^2}{4}} \quad \cdots\cdots (4.2.2\text{-}8)$$

$$R \geqslant 3600 \sqrt[3]{10000 \times \frac{1-\cos\frac{\alpha}{2}}{\alpha^4} D^2} \quad \cdots\cdots (4.2.2\text{-}9)$$

式中:q ——弹性敷设管段单位长度抗力(N/m);

E_s——钢管弹性模量,取 2.1×10^{11} (N/m^2);

I ——钢管截面惯性矩(m^4);

D ——钢管的外径(m);

d ——钢管的内径(m);

δ ——钢管的壁厚(m);

f_c——弹性敷设的矢高(m);

L ——弹性敷设起终点间的水平长度(m);

R ——弹性敷设设计曲率半径(m),不应小于 $1000D$;

α ——管段弹性敷设转角(°),宜小于5°。

4.2.3 当水下穿越管段埋深符合本规范第4.1.2条要求时,不需作抗移位验算,但应按下式进行抗漂浮核算:

$$W_1 \geqslant KF_s \quad \cdots\cdots (4.2.3)$$

式中:W_1——单位长度管段的总重力(包括管身结构自重、配重层重、设计洪水冲刷线至管顶的岩土层重;不含管内介质重量)(N/m);

K ——稳定安全系数,大、中型穿越工程取1.2,小型穿越工程取1.1;

F_s——单位长度管段静水浮力,按本规范式(4.2.2-5)计算。

在竖向弹性敷设穿越管段时,W_1 应减去按本规范式(4.2.2-6)计算的弹性抗力。

4.2.4 水下管道应根据具体的工程地质、水文条件确定稳管形式。

4.3 作用与组合

4.3.1 水下穿越管段的作用计算应包括永久作用、可变作用和偶然作用,并应按下列要求计算:

1 永久作用应包括输送介质的内压力、管段自重、输送介质重、管周土压力、静水压力、动水压力、温度变化产生的温度应力、强制弹性变形产生的变形应力;

2 可变作用应包括试运行或试压时管内的水重与内压力、清管作用、施工拖管或吊管外力作用;

3 偶然作用应包括地震影响、落石冲击力、沉船、抛锚或河道疏浚产生的撞击力作用。穿越管段位于设计地震动峰值加速度 $a \geqslant 0.1g$ 的地区,应计算地震造成的土压力、地基土液化作用;有活动断层时的断层位移作用。

4.3.2 穿越管段结构计算时,应根据敷设形式、所处环境、运行条件及可能发生的工作状况进行作用组合。主要组合应为永久作用;附加组合应为永久作用与可能发生的可变作用之和;特殊组合应为永久作用与偶然作用之和。

4.3.3 穿越管段的钢管许用应力,应按本规范第3.2.4条的许用应力乘以不同的作用组合提高系数,许用应力提高系数应按表4.3.3确定。

表 4.3.3 许用应力提高系数

荷载组合	提高系数
主要组合	1.0
附加组合	1.3
特殊组合	1.5

4.4 管段计算

4.4.1 穿越管段应根据设计选用壁厚和管材等级,核算强度、刚度及稳定性。

4.4.2 核算穿越管段的强度应分别计算轴向应力、环向应力和弯曲应力,根据作用组合计算出的各单项应力之和均应小于或等于相应的钢管许用应力。

1 内压产生的环向应力应按下式计算:

$$\sigma_h = \frac{pd_s}{2\delta} \quad \cdots\cdots (4.4.2\text{-}1)$$

2 内压与温度变化产生的轴向应力应分别按式(4.4.2-2)与式(4.4.2-3)计算：

1) 当管段轴向变形不受约束时：

$$\sigma_a=\frac{pd}{4\delta} \quad\cdots\cdots\cdots\cdots\cdots\cdots\cdots \quad (4.4.2\text{-}2)$$

2) 当管段轴向变形受约束时：

$$\sigma_a=E_s\alpha(t_1-t_2)+\mu\sigma_h \quad\cdots\cdots\cdots\cdots\cdots\cdots\cdots \quad (4.4.2\text{-}3)$$

3 弹性敷设产生的弯曲应力应按下式计算：

$$\sigma_b=\pm\frac{E_sD}{2R} \quad\cdots\cdots\cdots\cdots\cdots\cdots\cdots \quad (4.4.2\text{-}4)$$

式中：σ_h ——管段钢管的环向应力(MPa)；

σ_a ——管段钢管的轴向应力(MPa)；

σ_b ——管段钢管的弯曲应力(MPa)；

p ——管道设计压力(MPa)；

d ——钢管内径(mm)；

D ——钢管外径(mm)；

δ ——钢管壁厚(mm)；

E_s——钢材的弹性模量，取 2.1×10^5(MPa)；

μ ——钢材的泊桑比，取 0.3；

α ——钢材的线膨胀系数，取 1.2×10^{-5}[m/(m・℃)]；

t_1 ——管道安装闭合时的环境温度(℃)；

t_2 ——管道输送介质在穿越处的温度(℃)；

R ——管段弹性敷设曲率半径(mm)。

4 其他作用引起的环向应力、轴向应力和弯曲应力，应根据实际可能发生的情况进行计算。

5 各单项应力叠加后应按下列公式核算：

$$\sum\sigma_a\leqslant[\sigma] \quad\cdots\cdots\cdots\cdots\cdots\cdots\cdots \quad (4.4.2\text{-}5)$$

$$\sum\sigma_h\leqslant[\sigma] \quad\cdots\cdots\cdots\cdots\cdots\cdots\cdots \quad (4.4.2\text{-}6)$$

许用应力 $[\sigma]$ 应按不同组合按表 4.3.3 取用；当温度应力按式(4.4.2-3)算出为负值时，应力叠加应保留"－"号；弯曲应力的"＋"或"－"选取应按最不利条件确定。

4.4.3 穿越管段计算各单项应力后，应按下式核算当量应力。

$$\sigma_e=\sum\sigma_h-\sum\sigma_a\leqslant0.9\sigma_s \quad\cdots\cdots\cdots\cdots\cdots\cdots\cdots \quad (4.4.3)$$

式中：σ_e ——穿越管段钢管的当量应力(MPa)；

$\sum\sigma_h$——各作用产生的环向应力代数和(MPa)；

$\sum\sigma_a$——各作用产生的轴向应力代数和(MPa)；

σ_s ——穿越用钢管的规定最小屈服强度(MPa)。

4.4.4 当按本规范第 4.4.2 条式(4.4.2-3)计算出穿越管段承受轴向压应力时，应按下列公式核算管段的轴向稳定。

$$N \leqslant nN_{cr} \quad \cdots\cdots\cdots\cdots\cdots (4.4.4\text{-}1)$$

$$N = [E_s\alpha(t_1 - t_2) + (0.5 - \mu)\sigma_h]A \quad \cdots\cdots\cdots\cdots\cdots (4.4.4\text{-}2)$$

式中:N ——由温度和内压产生的轴向压力(MN);

N_{cr} ——管段开始失稳时的临界轴向力(MN),按现行国家标准《输油管道工程设计规范》GB 50253 附录 K 的规定计算;

n ——安全系数,对于大型穿越工程,$n=0.7$;中型穿越工程,$n=0.8$;小型穿越工程,$n=9$;

α ——钢材的线膨胀系数,取 1.2×10^{-5}[m/(m·℃)];

μ ——钢材的泊桑比,取 0.3;

A ——穿越管段钢管管壁的截面积(m^2)。

4.5 防护工程设计

4.5.1 防护设计应根据水域特性、水文参数、水域及周边地貌、地质情况,结合防护位置,采用适宜的护岸、护底、护脚、稳管和地表排水防护措施。

4.5.2 在河流上设置导流构筑物时,应根据河道的河势、地质、水文参数、河道演变规律和防护要求规划治导线,并应避免冲刷农田、村庄、道路和管道。

4.5.3 防护工程采用的建筑材料,应符合相关材料标准的规定;填筑材料宜就地取材。不应采用重黏土、粉砂、淤泥、盐渍土或有机质土壤填筑。填筑物应分层夯实或压实,达到规定的密实度要求。

4.5.4 防护工程的设计洪水频率宜与穿越工程设计洪水频率相同,护岸顶应高出包括浪高和壅水在内的设计洪水位 0.5 m。若堤岸顶低于设计洪水位,护岸宜作至堤顶。

4.5.5 护岸工程基础基底埋深宜在水床面下不小于 1 m 处,同时宜满足设计冲刷线下 1 m 和冰冻线下 0.3 m 的要求。在护岸工程基础埋深无法满足上述条件的情况下,可采取抛石、石笼、混凝土柔性板措施护脚。护脚于垂直水流方向的防护长度不应小于设计洪水冲刷深度的 1.5倍。

4.5.6 护岸工程顺水流方向的长度,应根据实地水流形态、岸坡地质条件及施工扰动岸坡情况确定,应大于施工开挖的岸坡宽度。

4.5.7 浆砌石、混凝土或钢筋混凝土板护坡面下方,应有 100 mm～200 mm 厚的级配良好的砂砾石垫层。

4.5.8 浆砌石、混凝土或钢筋混凝土板的护坡,每隔 10 m～20 m 应设置伸缩缝,在对应的基础上应设置沉降缝,缝宽 20 mm～30 mm,以沥青麻筋或沥青板条填塞。

4.5.9 浆砌石护岸工程应设置排水孔,并在排水孔处设置反滤层。排水孔应设于常水位 0.3 m 以上。

4.5.10 护岸工程与调治构筑物均应核算坡面滑动、沿弧面或不均匀土体的折线面滑动的抗滑稳定性。抗滑稳定安全系数可取 1.15～1.30。

4.5.11 浆砌石护坡厚度可按下列公式计算:

$$T = \frac{p_{sj}}{(\gamma_s - \gamma_o)\cos\alpha} \quad \cdots\cdots\cdots\cdots\cdots\cdots\cdots\cdots (4.5.11\text{-}1)$$

$$P_{sj} = P_{sj1} + P_{sj2} \quad \cdots\cdots\cdots\cdots\cdots\cdots\cdots\cdots (4.5.11\text{-}2)$$

$$P_{sj1}=\eta\mu\gamma_0\bar{v}^2/2g \qquad (4.5.11\text{-}3)$$

$$P_{sj2}=\xi\gamma_0\bar{v}^2/2g \qquad (4.5.11\text{-}4)$$

式中：T ——浆砌片石(浆砌混凝土块)护坡厚度(m)；

α ——护面斜坡与坡脚水平线的夹角；

P_{sj} ——动水作用于护坡的上举力(N/m²)，浆砌护坡只计算静上举力 P_{sj1}，干砌护坡还应计算脉动上举力 P_{sj2}；

P_{sj1} ——动水作用于护坡的静上举力(N/m²)；

P_{sj2} ——动水作用于干砌护坡上的脉动上举力(N/m²)；

η ——与护面结构有关的系数，浆砌护面取 1.1～1.2，干砌护面取 1.5～1.6；

μ ——与护面透水性有关的系数，浆砌护面取 0.3，干砌护面取 0.1；

ξ ——脉动压力系数，可按现场的实测值取用，或按水利部门护坦脉动压力试验所得最大值 0.4 取用；

$\bar{v}$ ——河水的平均流速(m/s)；

g ——重力加速度，取 9.8 m/s²；

γ_s ——砌石的密度(N/m³)；

γ_0 ——河水的密度(N/m³)。

4.5.12 采用石笼护基或护底时，石笼基底应铺 0.2 m～0.4 m 的平整垫层；若地基为基岩，可将石笼用钢筋锚固在基岩上。根据需要可对石笼进行灌浆处理。

4.5.13 护底石笼的顺水流平铺段长度应大于自石笼顶面至设计洪水冲刷线深度的 1.5 倍。

4.5.14 当冲刷深度较大或常水位水深较大时，宜采用混凝土板之间铰连接的柔性混凝土防护板，铺设于护坡基础处或作护底用。混凝土板的厚度可按本规范 4.5.11 规定计算，γ_s 为混凝土板的重度，μ 值取 0.3。

4.5.15 柔性混凝土板的护底垂直河流的平铺长度可按下式计算，并应符合本规范 4.5.5、4.5.13 的要求。

$$L=\sqrt{1+m^2}\cdot h_{\Delta z}+B_1 \qquad (4.5.15)$$

式中：L ——平铺长度(m)；

m ——边坡系数，按 1.0～0.5 取用；

$h_{\Delta z}$ ——防护深度(m)，根据冲刷确定；

B_1 ——安全长度(m)，可取 2.0 m。

5 水平定向钻法穿越设计

5.1 敷设要求

5.1.1 穿越断面应选择在水域形态稳定的地段，两侧场地应满足布设钻机、泥浆池、材料堆放和管道组焊的要求。

5.1.2 采用弹性敷设时，穿越管段曲率半径不宜小于 1500 倍钢管外径；且不应小于 1200 倍钢管外径。

5.1.3 水平定向钻敷设穿越管段的入土角宜为 6°～20°，出土角宜为 4°～12°，应根据地质条件、穿越管径、穿越长度、管段埋深和弹性敷设条件确定。

5.1.4 穿越深度应符合下列规定：

1 水域穿越管段管顶埋深不宜小于设计洪水冲刷线或疏浚深度线以下 6 m；

2 穿越铁路、公路、堤防建(构)筑物时，穿越深度应符合有关技术规定；

3 穿越管段埋设深度应避开挖砂、采石、抛锚作业的影响。

5.1.5 穿越管段应根据地基土层的稳定性和密实性，采取防止地表塌陷的措施。

5.1.6 在水平定向钻穿越的管段上，除管端封头外不应有任何附件焊接或附加于管体上。若需在水域两侧设止水环，可在回拖完成后在穿越管段两端设置，并应保持防腐涂层的完整。

5.1.7 定向钻不宜在卵石层、松散状砂土或粗砂层、砾石层与破碎岩石层中穿越。当出入土管段穿过一定厚度的卵石、砾石层时，宜选择采取套管隔离、注浆固结、开挖换填措施处理。

5.1.8 管道回拖经计算需要采取降浮措施时，宜内设充水管配重。

5.1.9 定向钻穿越施工应采用环保型泥浆，并应循环使用。

5.1.10 一次穿越距离过长或穿越出入土点两侧均有套管时，宜采用导向孔对穿工艺施工。

5.1.11 岩石层、卵砾石层等对管道存在划伤可能地段的定向钻穿越管道回拖时，应采取措施保护管道不受损伤，其防腐层或外层保护层应耐划伤。

5.2 管段计算

5.2.1 水域穿越管段埋深符合本规范第 5.1.4 条要求时，可不核算水平定向钻穿越管段的水下稳定性。

5.2.2 管段承受的作用与组合宜按本规范第 4.3 节的规定，根据实际发生的条件选取。

5.2.3 穿越管段回拖时，钻机最大回拖力可按下式计算值的 1.5 倍～3.0 倍选取。

$$F_L = L \cdot f \left| \frac{\pi \cdot D_0^2}{4}\gamma_m - \pi \cdot \delta \cdot D \cdot \gamma_s - W_f \right| + K \cdot \pi \cdot D \cdot L \qquad \cdots\cdots (5.2.3)$$

式中：F_L ——计算的拉力(kN)；

L ——穿越管段的长度(m)；

f ——摩擦系数，取 0.3；

D ——钢管的外径(m)；

D_0 ——管身的外径(m)；

γ_m ——泥浆重度(kN/m^3)，可取 10.5～12.0；

γ_s ——钢管重度(kN/m^3)，取 78.5；

δ ——钢管壁厚(m)；

W_f ——回拖管道单位长度配重(kN/m)；

K ——黏滞系数(kN/m^2)，取 0.18。

5.2.4 穿越管段在扩孔回拖时，应按下列公式核算空管在泥浆压力作用下的径向屈曲失稳。

$$P_s \leqslant F_d \cdot P_{yp} \qquad \cdots\cdots (5.2.4\text{-}1)$$

$$P_{yp}^2 - \left[\frac{\sigma_s}{m} + (1 + 6\,mn)P_{cr}\right]P_{yp} + \frac{\sigma_s P_{cr}}{m} = 0 \qquad \cdots\cdots (5.2.4\text{-}2)$$

$$m = \frac{D}{2\delta} \qquad \cdots\cdots (5.2.4\text{-}3)$$

$$n = \frac{f_0}{2} \qquad \cdots\cdots (5.2.4\text{-}4)$$

$$P_{cr}=\frac{2E_s\left(\frac{\delta}{D}\right)^3}{1-\mu^2} \quad \cdots\cdots\cdots\cdots (5.2.4\text{-}5)$$

式中：P_s ——泥浆压力(MPa)，可按 1.5 倍泥浆静压力或回拖时泥浆的实际动压力选取；

σ_s ——钢管屈服强度(MPa)；

F_d ——穿越管段强度设计系数；

P_{yp} ——穿越管段所能承受的极限外压力(MPa)；

P_{cr} ——钢管弹性变形临界压力(MPa)；

E_s ——钢管弹性模量(MPa)，取 2.1×10^5；

δ ——钢管壁厚(mm)；

D ——钢管外径(mm)；

μ ——泊桑比，取 0.3；

f_0 ——钢管椭圆度(%)；

γ ——泥浆重度(kN/m^3)。

6 隧道法穿越设计

6.1 一般规定

6.1.1 隧道位置的选择应符合下列要求：

1 隧道穿越位置应符合管道线路总体走向，线路局部走向宜根据穿越点位置进行调整。

2 隧道位置的选定应根据洞口地形、地质、交通、弃渣场地、施工条件、周围环境条件及要求确定。

3 隧道穿越方案，应通过区域工程地质调查、测绘、结合管道线路以及隧道施工、使用条件进行多方案技术经济比选确定。

4 水域隧道工程不应影响堤防及附近建(构)筑物的安全，并应根据已规划尚未建设的建(构)筑物对隧道结构的影响确定。

5 对需设置辅助坑道和使用通风设施的隧道，应分析设置条件和要求。

6 水域隧道竖井宜选择在 50 m 范围内无永久性架空输电线路，30 m 范围内无永久性建(构)筑物的地方。

6.1.2 隧道轴线应选择在稳定的地层中，不宜穿越工程地质及水文地质极为复杂地段，宜避开溶洞、暗河、采空区。

6.1.3 隧道结构的设计应以地质勘察资料为依据，地质勘察应符合现行国家标准《油气田及管道岩土工程勘察规范》GB 50568 的有关规定，按不同设计阶段及施工方法，确定隧道工程勘察的内容和范围。对于长隧道或地质条件复杂的中长隧道，亦可按照工程要求提前相应的勘察阶段。隧道施工中应通过对地层的观察和监测反馈进行验证，并修正结构设计。

6.1.4 隧道结构的设计，应减少施工中和建成后对环境造成的不利影响；同时分析因隧道建设造成周围环境的改变对结构的作用。

6.1.5 隧道结构的净空尺寸应满足隧道施工、管道安装、运营管理的要求，并应分析施工误差、结构变形和位移的影响。

6.1.6 水域盾构、顶管法隧道上部所需覆土层的最小厚度，应根据工程地质、水文地质条件、设备类型因素决定,应大于2.0倍隧道外径,且低于设计冲刷线以下1.5倍隧道外径,并应满足隧道抗漂浮要求。对于冲淤变化大、砂土液化、挖砂取石、船舶抛锚水域的隧道,应增大埋深。

6.1.7 隧道结构应按施工和正常使用阶段进行强度、刚度和稳定性计算。对于混凝土结构,应进行抗裂验算或裂缝宽度验算。当计入地震作用或其他偶然作用因素时,可不验算结构的裂缝宽度。

6.1.8 隧道弃渣设计时,应合理选择弃渣场地,支挡构筑物结构设计应满足设计洪水下的安全要求,渣场综合布置与植被恢复应符合环保及水土保持要求。

6.1.9 隧道设计、施工应贯彻环境保护的原则,采用环保型泥浆并循环使用,废弃泥浆处理应达标并定点排放。

6.1.10 隧道防水应按现行国家标准《地下工程防水技术规范》GB 50108的有关要求分级,隧道防水等级应符合表6.1.10的要求。

表6.1.10 隧道防水等级

隧道方式	防水等级
山岭钻爆法隧道	四级
水域钻爆法隧道	四级
水域盾构法隧道	二级
水域顶管法隧道	三级

6.1.11 隧道施工时应进行围岩及衬砌结构变形监测和施工环境监测。

6.1.12 隧道分级应符合表6.1.12的要求。

表6.1.12 隧道分级

分级	重要性系数	性质
1	1.1	全国性输油(气)干线、支干线
2	1.0	省、区、油(气)田输油(气)干线隧道和支线隧道

6.1.13 隧道分类应符合表6.1.13的要求。

表6.1.13 隧道分类

隧道类型	长隧道(m)	中长隧道(m)	短隧道(m)
山岭钻爆法隧道	$L\geqslant1500$	$1500>L>500$	$L\leqslant500$
水域钻爆法隧道	$L\geqslant1000$	$1000>L>500$	$L\leqslant500$
水域盾构法隧道	$L\geqslant1200$	$1200>L>800$	$L\leqslant800$
顶管法隧道	$L\geqslant400$	$400>L>200$	$L\leqslant200$

6.2 作用

6.2.1 隧道结构上的作用分类宜按表6.2.1进行。在确定作用的数值时,应综合施工和使用年限内发生的变化情况,符合现行国家标准《建筑结构荷载规范》GB 50009的有关规定。

表 6.2.1 隧道结构上的作用分类

作用分类	作用名称
永久作用	结构自重
	围岩变形压力
	土压力
	结构上部或破坏棱体范围的设施及建筑物压力
	水压力及浮力
	预加应力
	混凝土收缩及徐变影响
	地基下沉影响
	包括管身结构自重、配重层重、保温层重、输送介质自重的自重作用
可变作用	地面活载
	地面活载引起的土压力
	包括千斤顶顶力、注浆压力的施工作用
	温度变化的影响
	试运行时的水重与内压力
偶然作用	落石冲击力
	地震影响
	沉船、抛锚或河道疏浚产生的撞击力作用

注:1 盾构、顶管隧道结构设计计算时,应验算施工状态下千斤顶额定顶力及其偏心弯矩对盾构管片或顶进管道的影响,偏心量可按 20 mm 验算;
2 盾构环片拼装起吊作用可按 2.50 倍最大管片的重量产生的拉力来核算抗拔阻力;
3 注浆压力根据隧道工法不同,可选用不同的注浆压力,通常比施工时水头压力高 0.05 MPa～0.10 MPa,并根据实际情况调整。

6.2.2 作用在结构上的水压力,应根据施工阶段和长期使用过程中地下水位的变化幅度,区分不同的围岩条件,按静水压力或把水作为土的一部分计入土压力。

6.2.3 作用于山岭隧道衬砌上的偏压压力,应根据地形、地质条件、围岩分级以及外侧围岩的覆土厚度、地面坡度确定。

6.3 作用组合与作用计算

6.3.1 当采用概率极限状态法设计隧道结构时,结构的作用设计值应按下式计算:

$$F_d = \gamma_f F_k \quad \cdots\cdots (6.3.1)$$

式中:γ_f ——作用分项系数;

F_k——作用标准值。

6.3.2 隧道结构的作用应根据不同的极限状态和设计状态进行组合。宜按作用结构自重加围岩压力或土压力的基本组合进行设计,基本组合中各作用分项系数取 1.10;按基本组合加偶然负载的偶然组合核算时,各作用分项系数取 1.0。

6.3.3 结构自重标准值宜按结构设计尺寸及材料标准重度计算确定。

6.3.4 钻爆法深埋隧道结构衬砌计算时,对于不存在显著偏压及膨胀力的围岩,垂直及水平均布压力的作用标准值可按下列规定确定:

1 围岩垂直均布压力宜按下列公式计算确定:

$$q=\gamma h \quad \cdots\cdots (6.3.4\text{-}1)$$

$$h=0.41\times 1.79^{s} \quad \cdots\cdots (6.3.4\text{-}2)$$

式中:q ——围岩垂直均布压力(kPa);

γ ——围岩重度(kN/m^3);

h ——围岩压力计算高度(m);

s ——围岩级别。

2 围岩水平均布压力可按表 6.3.4 确定。

表 6.3.4 围岩水平均布压力

围岩级别	Ⅰ~Ⅱ	Ⅲ	Ⅳ	Ⅴ	Ⅵ
水平匀布压力	0	$<0.15q$	$(0.15\sim0.30)q$	$(0.30\sim0.50)q$	$(0.50\sim1.00)q$

6.3.5 隧道偏压衬砌计算时,围岩压力宜按本规范附录 A 的要求计算确定。

6.3.6 浅埋隧道的作用宜按本规范附录 B 的要求计算确定。

6.3.7 盾构隧道、顶管隧道的作用宜按本规范附录 C 的要求计算。

6.3.8 对稳定性有严格要求的钢拱架和截面厚度大、变形受约束的结构,均应计算温度变化和混凝土收缩徐变的影响。

6.3.9 结构构件就地建造或安装时,作用在构件上的施工作用,应根据施工阶段、施工方法和施工条件确定。

6.3.10 在最冷月平均气温低于-15 ℃地区和受冻害影响的隧道,宜根据当地的自然条件、围岩冬季含水量资料通过计算确定冻胀力。

6.3.11 结构计算时灌浆压力应按灌浆机械可能使用的最大作用力计算确定。

6.4 钻爆法隧道衬砌设计

6.4.1 钻爆法隧道分为山岭钻爆法隧道和水域钻爆法隧道。对于水域和山体相连的地形条件需要采用隧道穿越时,宜连续穿越。

Ⅰ 山岭钻爆法隧道

6.4.2 隧道平面设计宜采用直线型,根据管线路由、管道补偿要求和进洞口、出洞口的位置,也可采用折线型,折线处转角、曲率半径应满足施工布管要求。隧道纵断面设计根据进洞口、出洞口高程差和工程地质条件,可采用单一坡、人字坡和折线坡,纵向坡度不宜大于 15%,不应小于 0.3%,折线段坡度不宜大于 25°或 46.6%。

6.4.3 隧道洞口位置应符合下列要求:

1 隧道洞口位置应根据地形、地质、水文条件,同时结合环境保护、洞外管道工程及施工条件、使用要求,通过综合分析比较确定。

2 隧道应早进洞,晚出洞;隧道洞口宜选择在坡面稳定、地质条件好、无不良地质现象、便于管道衔接、出渣方便处,并少占农田。

3 隧道进出口应高于山沟设计泄洪水位。在泥石流发育段应防止其堵塞隧道进出口。

4 隧道进出口高程应满足管道输送工艺系统的要求;高程差大的隧道,应提出长、陡坡度段隧道施工和管道安装的要求。

6.4.4 隧道洞口工程的设计应符合下列要求:

1 洞口宜与坡面正交;当采取斜交时,洞口覆盖层厚度不宜小于 5 m,其边、仰坡宜采取喷锚加固、网锚加固或其他加固措施。

2 当洞口处有坍方、落石、泥石流时,应采取清刷、延伸洞口、设置明洞或支挡构筑物措施。

3 隧道洞口边坡、仰坡根据洞门结构形式设计,采取加固防护措施,宜采用绿化护坡。

4 隧道洞口应设洞门封堵。

6.4.5 隧道设计下列情况宜设明洞:

1 洞顶覆盖层薄,难于采用暗挖法施工的;

2 隧道洞口存在边坡坍方、岩堆、落石、泥石流不良地质的危害的;

3 为了保护洞口的自然景观不改变自然边坡的;

4 有检修车辆通行要求的;

5 管道敷设有特殊要求的。

6.4.6 隧道应设衬砌。对于净宽度不大于 5 m 的隧道,Ⅵ级、地下水发育的Ⅴ级、Ⅳ级围岩段应采用模筑混凝土复合式衬砌,地下水不发育的Ⅴ级、Ⅳ级围岩段隧道可采用喷锚衬砌或复合式衬砌,Ⅰ、Ⅱ、Ⅲ级围岩段隧道宜采用喷锚衬砌。

6.4.7 衬砌结构应根据围岩级别、水文地质条件、埋置深度、结构工作特点,结合施工条件,通过工程类比和结构计算确定,必要时,还应经过试验验证。隧道衬砌设计应符合下列规定:

1 宽度不大于 5 m 的隧道宜采用直墙式衬砌,宽度 5 m 及以上的隧道可根据围岩类别计算采用直墙圆拱或曲墙型式。

2 因地形或地质构造引起有明显偏压的地段,应采用偏压衬砌;Ⅴ、Ⅵ级围岩的偏压衬砌应采用钢筋混凝土结构;Ⅳ级围岩的偏压衬砌宜采用钢筋混凝土结构。

3 隧道洞口段衬砌应加强,加强长度应根据地质、地形条件确定,隧道洞口加强衬砌长度应不小于 5.0 m;当洞口段围岩级别已经进行了浅埋地表影响修正时,应按降低后的围岩级别设计衬砌,不需另行加强。

4 围岩较差地段的衬砌应向围岩较好地段延伸,延伸长度宜为 5 m～10 m。

5 偏压衬砌段应延伸至一般衬砌段内 5 m 以上。

6 硬软地层分界处及对衬砌受力有不良影响处,应设置变形缝。

6.4.8 复合式衬砌设计应符合下列规定:

1 衬砌设计应包括围岩在内的支护结构、断面形状、开挖方法、施工顺序和开挖后支护与衬砌的断面闭合时间因素,充分发挥围岩的自承能力。

2 衬砌的初期支护宜采用喷锚支护,二次衬砌可采用模筑混凝土或湿喷混凝土,等厚截面,连接圆顺。

3 衬砌的设计参数宜采用工程类比法确定,并通过理论分析进行验算。当无类比资料,二次衬砌采用模筑混凝土时,可按表 6.4.8 的设计参数选用,并根据现场围岩量测信息对支护参数进行调整。

表 6.4.8 复合式衬砌的设计参数

围岩级别	初期支护							二次衬砌厚度(mm)	
	喷射混凝土厚度(mm)		锚杆			钢筋网(mm)	钢架间距(m)	拱、墙	底板或仰拱
	拱、墙	仰拱	位置	长度(m)	间距(m)				
Ⅲ	50～80	—	局部设置	1.5～2.0	1.2～1.5	必要时设置@250×250	不设	200	—
Ⅳ	80～100	—	拱、墙	2.0～2.5	1.0～1.2	必要时设置@250×250	不设	200～250	200
Ⅴ	100～120	100～150	拱、墙	2.5～3.0	0.8～1.0	@200×200	0.8～1.0	250～300	250～300
Ⅵ	通过试验确定								
注:1 衬砌参数根据隧道净宽确定,大于 3 m 的取上限,小于或等于 3 m 的取下限; 2 隧道衬砌钢结构混凝土保护层厚度不应小于 30 mm。									

6.4.9 喷锚衬砌设计应符合下列规定:

1 喷锚衬砌内部轮廓应预留 50 mm～100 mm 作为必要时补强用。

2 喷锚衬砌应采用无碱湿喷混凝土工艺;上层喷锚工序与初期支护喷锚工序应跟进及时。

3 遇下列情况不宜采用喷锚衬砌:

1) 地下水发育或大面积淋水地段;

2) 能造成衬砌腐蚀或膨胀性围岩的地段;

3) 最冷月平均气温低于－15 ℃的地区的隧道洞口段;

4) 有其他特殊要求的隧道。

4 喷锚衬砌的设计参数应经计算确定,Ⅰ～Ⅲ围岩段可按表 6.4.9 选用;Ⅳ级、Ⅴ级段围岩需进行单独设计。

表 6.4.9 喷锚衬砌的设计参数

围岩级别	Ⅰ～Ⅱ	Ⅲ
设计参数	喷射混凝土厚度 50 mm～80 mm	喷射混凝土厚度 80 mm～100 mm,拱部设置锚杆和钢筋网,锚杆长 1.5 m～2.0 m,间距 1.2 m～1.5 m
注:钢筋网保护层厚度不应小于 30 mm。		

6.4.10 根据围岩条件情况隧道可采用整体式衬砌,设计应符合下列规定:

1 隧道洞口段,当线路中线与地形等高线斜交,围岩为Ⅰ～Ⅲ级时,宜采用斜交衬砌。

2 最冷月平均气温低于－15 ℃的地区的洞口段应设置变形缝。

3 围岩地段拱部衬砌背后应压注不低于 M20 的水泥砂浆。

6.4.11 初期支护的组成应根据围岩的性质及状态、地下水情况、隧道断面尺寸及其埋置深度条件确定。

1 系统锚杆应沿隧道周边在岩面上按梅花形均匀布置，其方向应接近于径向或垂直岩层，并应根据使用目的和围岩性质及状态确定锚杆的类型、锚固方式、长度，对自稳时间短、初期变形大的软弱围岩地层，应采用长锚杆或自钻式锚杆注浆加固围岩。

2 对1款的软弱围岩地层，或当对地面下沉量有严格限制时，加强初期支护的刚度应采用钢架。根据围岩条件的不同，宜选择仅在隧道拱部设置的钢架或在拱部及墙部设置的开口式钢架。在软弱围岩中应采用封闭式钢架。格栅钢架主筋的直径不宜小于18 mm，各排钢架间应设置钢拉杆，其直径宜为20 mm～22 mm。

3 松散、破碎或膨胀性围岩中宜采用钢筋网喷射混凝土作初期支护，其厚度不宜小于100 mm，钢筋网应以直径6 mm～8 mm的钢筋焊接而成，网格间距宜为150 mm～250 mm，钢筋网搭接长度不应小于1个网孔。

6.4.12 衬砌仰拱应具有与其使用目的相适应的强度、刚度和耐久性。仰拱厚度宜与拱、墙厚度相同。仰拱的初期支护宜采用钢筋网喷射混凝土，必要时宜加设锚杆、钢架或采用早强喷射混凝土。在软弱围岩有水地段或最冷月平均气温低于-15 ℃地区的洞口段，仰拱应加强。

6.4.13 隧道设计应根据不同的地质、水文条件，提出具体的施工勘察和监测要求，并根据施工勘察及监测的实际情况，现场修正相关设计参数。

6.4.14 隧道底板应按下列要求设计：

1 Ⅰ～Ⅱ级围岩隧道可不设底板；

2 Ⅲ～Ⅳ级围岩隧道的底板可采用素混凝土结构；

3 Ⅴ级围岩隧道的底板宜采用钢筋混凝土结构；

4 Ⅵ级围岩隧道的底板应采用钢筋混凝土仰拱结构，其钢筋应与隧道主体钢筋相连；

5 隧道底板厚度应通过结构计算确定，不宜小于200 mm；

6 底板水沟断面尺寸应根据隧道出水量、坡度计算确定，应满足排水要求。

Ⅱ 水域钻爆法隧道

6.4.15 符合下列条件的水域穿越可采用钻爆法隧道设计方案：

1 地表下岩层分布较浅；

2 穿越岩石RQD值不宜小于50；

3 节理裂隙不发育、断层破碎带较少；

4 水下段主体围岩分级为Ⅰ～Ⅳ级。

6.4.16 根据两岸洞口处地形、地质条件，隧道纵断面设计可采用竖井与平巷结合、斜巷与平巷结合及单侧竖井、单侧斜巷与平巷相结合的不同型式；平巷段宜采用人字坡，坡比不宜小于0.5%；斜巷与平巷结合段应设马头门，马头门尺寸应满足管道施工要求。

6.4.17 隧道埋设深度应根据穿越地段工程地质和水文地质条件通过多方案比选后确定，宜在中、微风化岩层中通过，并应避开岩溶发育地层。

6.4.18 隧道衬砌可按本规范第6.4.7条～第6.4.15条的要求设计，应采用防水混凝土，抗渗等级不应低于P6；现浇混凝土衬砌及底板厚度不应小于250 mm。

6.4.19 隧道设计应采取下列施工防水、防坍塌措施：

1 留设隔水岩柱；

2 超前探水；

3 超前地质预报；

4 注浆堵水。

6.5 盾构法隧道设计

6.5.1 盾构法隧道设计应依据工程地质、水文、环境、穿越工程条件进行，并应与其他可能的穿越方式做技术、经济比较。地质条件复杂、地下水发育的山岭长隧道，亦可采用盾构法隧道方式。

6.5.2 盾构隧道纵断面布置应符合下列要求：

1 隧道的坡度不宜超过5%，且不应小于0.3%；曲线顶进曲率半径不应小于1 000倍输送管道外径，且不应小于1000 m。

2 防洪堤脚下部隧道埋深不宜小于3倍隧道外径，并应避开堤防基础及其他构筑物及其影响，按要求对大堤进行沉降观测并控制沉降量。

3 盾构机进洞、出洞宜避开强透水层，当不能避开时，应做地层改良或其他防涌水措施。

4 隧道穿越宜避开软、硬频繁变化的地层交界层位。

5 隧道不宜长距离在卵石地层中穿越，并应避开岩溶发育地层。

6.5.3 盾构机选型应根据工程地质、水文地质条件，经工程经济、技术比选后确定，水域穿越宜优先采用泥水平衡式盾构机。

6.5.4 盾构法施工的隧道衬砌设计应符合下列要求：

1 在满足工程使用、结构受力的前提下，宜选用装配式单层衬砌；

2 宜采用圆形结构；

3 装配式衬砌接头应是具有一定刚度的柔性结构，应限制作用下变形和接头张开量，满足受力和防水要求。

6.5.5 隧道结构的计算模式应根据地层情况、衬砌构造特点及施工工艺确定。在岩石中应结合衬砌与围岩共同作用及装配式衬砌接头影响确定计算模式；在软土地层中宜采用错缝拼装，衬砌结构应计算环间剪力传递的影响。

6.5.6 惯用法管片截面内力可按本规范附录D的规定计算。

6.5.7 隧道应进行抗漂浮稳定性及地基承载力验算，并应符合下列要求：

1 隧道抗漂浮系数不应小于1.15。

2 地基承载力验算包括：

1） 施工时盾构机底部地基承载力验算；

2） 管道试压、运营时隧道结构地基承载力验算，应以处于最不利条件的单环进行验算。

6.5.8 隧道装配式衬砌的构造应满足下列要求：

1 隧道衬砌宜采用块与块、环与环间用螺栓连接的环片。

2 衬砌环宽宜采用1000 mm～1500 mm，可能情况下宜选用较大的宽度。

3 衬砌厚度应根据隧道直径、埋深、工程地质及水文地质条件，使用阶段及施工阶段的作用情况计算确定，宜为隧道外直径的0.05倍～0.06倍。

4 衬砌环的分块数量与拼接形式，应根据盾构设备性能、隧道直径和受力要求确定。

6.5.9 衬砌制作和拼装精度，应根据设备的性能及防水要求，达到能够正确拼装、整体结构受力基本均匀的要求。

6.5.10 管片应进行抗渗试验、预埋螺栓孔应进行抗拔性能试验，试验标准应符合现行国家标准《预制混凝土衬砌管片》GB/T 22082 有关要求。

6.5.11 管片壁后注浆应根据工程地质条件、地表沉降状态、环境要求及设备情况选择注浆方式及注浆参数，每环管片的注浆量可按下式计算：

$$Q=\pi \cdot D \cdot B \cdot t \cdot k \qquad (6.5.11)$$

式中：Q ——每环注浆量(m^3)；

D ——盾构管片外径(m)；

B ——盾构管片长度(m)；

t ——设备外径与盾构管片外径的差值，无设备外径值时可取 0.1 m；

K ——填充系数，可取 1.5～2.5，根据掘进地层情况确定。

6.6 顶管法隧道设计

6.6.1 顶管法隧道顶进工艺的选择，应根据穿越层位岩土性质、顶进管管径和材质、地下水位、周边地上与地下建筑物、构筑物和各种设施因素，经技术经济比较后确定，并应符合下列规定：

1 在黏性土层中需要控制地面隆陷时，可采用土压平衡顶管法。

2 在粉砂土层中需要控制地面隆陷时，可采用加泥式土压平衡法或泥水平衡顶管法。

3 在卵砾石、节理裂隙及地下水发育的破碎岩石中顶进时，应采用泥水平衡顶管法。泥水平衡式顶管机在岩石中或在含有卵石、碎石的地层中顶进时，应配置能够更换刀具的密封舱，并具有大块岩石二次破碎功能。

4 采用气压平衡法顶进时，穿越岩土渗透性系数不应大于 10^{-4} m/s。

5 在全断面岩层顶管中，应采用封闭式岩盘顶管机。

6.6.2 隧道纵断面布置应符合下列要求：

1 隧道的坡度根据顶管机的性能确定，且不应小于 0.3%，宜从低端始发。

2 隧道曲线顶进曲率半径不应小于 1000 倍油气管道外径，且不应小于 300 m。

3 防洪堤脚下隧道埋深不宜小于 3 倍隧道外径，并应避开堤防基础及其他构筑物及其影响，按要求对大堤进行沉降观测并控制沉降量。

4 隧道进、出洞应避开强透水层，当不能避开时，应作地层改良。

5 隧道穿越地层宜避开软、硬频繁变化的地层交界层位。

6 隧道不宜长距离在卵、砾石地层穿越，应避开岩溶发育地层。

6.6.3 顶管隧道设计计算应按下列要求进行：

1 应按本规范表 6.2.1 要求的作用组合计算，验算顶力作用，并作为后背和顶进设施设计的依据。设计时应满足顶进过程中承受上部可变作用时的安全要求。

2 顶进工作管的允许顶力、结构的强度、顶进管道的稳定性计算应按本规范附录 E 规定。

6.6.4 掘进工作管的总顶力可按下式估算：

$$F_0=\pi D_1 L f_k + N_F \qquad (6.6.4)$$

式中：D_1 ——顶进工作管外径(m)；

f_k ——触变泥浆减阻管壁与岩土的平均摩阻力(kN/m^2)，可按表 6.6.4-1 选用；

L ——顶管设计长度(m)；

N_F——顶管机的迎面阻力，可按表 6.6.4-2 选用。

表 6.6.4-1 触变泥浆减阻管壁与土的平均摩阻力(kN/m²)

土的种类		软黏土	粉性土	粉细土	中粗砂
触变泥浆	混凝土管	3.0～5.0	3.0～8.0	8.0～11.0	11.0～16.0
	钢管	3.0～4.0	4.0～7.0	7.0～10.0	10.0～13.0

表 6.6.4-2 顶管机的迎面阻力计算公式

顶管机端面	常用机型	迎面阻力 N_F(kN)	式中符号
网格加气压	气压平衡式	$N_F=\frac{\pi}{4}D_g^2(\alpha R+P_n)$	α—网格截面系数,可取 0.6～1.0 P_n—气压(kN/m²)
大刀盘切削	土压平衡式 泥水平衡式	$N_F=\frac{\pi}{4}D_g^2 r_s H_s$	r_s—土的重度(kN/m³) H_s—覆盖层厚度(m)
注:1 D_g—顶管机外径(m); 2 R—挤压阻力(kN/m²),土层可取 $R=300\sim500$;岩石可取 $R=1000\sim1500$。			

6.6.5 顶进长度大于 100 m 的顶管法隧道,宜加设中继站。中继站的设置应符合下列要求:

1 应根据估算总顶力、管材允许顶力、工作井允许顶力和主顶千斤顶的顶力四者比较确定,应取最小值作为控制顶力。

2 当顶进钢筋混凝土管时,第一道中继站离顶管机机头的距离不宜大于 30 m。

3 中继站顶力裕量,宜大于分段总顶力的 50%。

6.6.6 水域穿越顶进钢筋混凝土管结构抗渗等级、接口形式及质量要求应符合现行行业标准《顶进施工法用钢筋混凝土排水管》JC/T 640 中Ⅲ级管的有关要求。

6.7 竖井工程

6.7.1 本节适用于下列竖井结构:放坡开挖或护壁施工的明挖结构、用沉井法施工的结构、用钻爆法施工的暗挖结构、以地下连续墙构成的竖井结构、钢板桩竖井结构。

6.7.2 井筒断面的结构形式应根据地质条件、隧道施工设备尺寸、竖井深度、管道安装和施工因素确定,宜选用圆形钢筋混凝土结构,当隧道施工设备及施工条件有其他要求时,亦可选用矩形或多边形断面。

6.7.3 竖井与钻爆法隧道连接处,若采用马头门结构,其衬砌结构应加强。

Ⅰ 沉井法施工的结构

6.7.4 沉井深度不宜大于 50 m。

6.7.5 沉井下沉自重扣除水浮力作用后,应大于下沉时土对井壁的摩阻力,当刃脚需嵌入岩石层时应采取辅助开挖的措施。

6.7.6 沉井底节可采用钢筋混凝土结构、钢结构。

6.7.7 沉井刃脚应按下列情况验算:

1 沉井下沉过程中,应根据沉井接高的具体情况,取最不利位置,按刃脚切入土中 1 m,验算刃脚向外弯曲强度。作用在井壁上的土压力和水压力根据下沉时的具体情况确定,作用在井壁外侧的计算摩擦力不应大于 0.5 倍井壁外侧的主动土压力。

2　当沉井沉至设计高程，刃脚下的土已掏空时，应验算刃脚向内弯曲强度。此时作用在井壁上的水压力，按设计和施工中的最不利水压力计算，土压力按主动土压力计算。

6.7.8　井壁应按竖直方向和水平方向分别进行验算，并应符合下列规定：

1　在竖直方向上，应按沉井外侧四周作用由摩阻力把沉井箍住，刃脚下土已挖空进行井壁垂直拉应力验算，混凝土沉井接缝处拉应力由接缝钢筋承受，并验算钢筋的锚固长度。

2　在水平方向上，应按本规范第6.2.1条的水平作用，将沉井作为水平框架进行验算。在验算刃脚斜面以上高度等于该处壁厚的一段井壁时，除承受该段井壁范围内的水平作用外，还应承受由刃脚悬臂传来的水平力。

6.7.9　沉井的平面尺寸应根据隧道施工设备、管道施工要求和地基容许承载力确定，并应符合阻力较小、受力合理、简单对称和施工方便的要求。棱角处宜用圆角或钝角。沉井外壁可做成竖直的或台阶形，台阶的宽度宜为100 mm～200 mm。

6.7.10　沉井井壁变截面台阶宽度可采用100 mm～200 mm。沉井最下部台阶宜设在底板以上，距底板面不宜小于1倍凹槽处壁厚。

6.7.11　沉井刃脚根据地质情况，可采用尖刀或带踏面的刃脚，刃脚的踏面底宽宜为50 mm～400 mm，刃脚斜面与水平面夹角宜为45°～60°。刃脚的竖向钢筋应设置在水平钢筋的外侧，并应锚入刃脚根部以上。

Ⅱ　钻爆法施工的暗挖结构

6.7.12　钻爆法施工的竖井结构设计，初期支护及二次衬砌的设计参数，可采用工程类比法确定，并通过理论分析进行验算。

6.7.13　复合式衬砌设计应包括围岩在内的支护结构、开挖方法、施工顺序因素，应充分发挥围岩的自承能力。

6.7.14　复合式衬砌的初期支护，宜采用喷射混凝土、格栅钢架或锚杆为主要支护手段；二次衬砌宜采用模筑混凝土。

6.7.15　喷锚支护参数，应根据围岩级别、竖井断面尺寸等因素，通过计算或采用工程类比法确定。

6.7.16　松散堆积层、含水砂层及软弱围岩的竖井设计应遵守下列规定：

1　衬砌应采用钢筋混凝土结构。

2　通过松散堆积层或含水层时，施工时宜从地表或沿竖井周边向围岩注浆进行预加固；施工中宜采用超前小导管注浆或管棚超前支护措施。

3　应根据具体情况对地表水和地下水做出妥善处理。

Ⅲ　放坡开挖或护壁施工的明挖结构

6.7.17　明挖结构应根据工程地质、水文地质、开挖深度、施工方法条件来进行设计，并应进行抗浮、整体滑移及地基稳定性验算。

6.7.18　明挖结构的围护结构宜采用地下连续墙、钻孔咬合桩、型钢水泥土搅拌墙以及高压旋喷桩。

6.7.19　明挖结构的衬砌应符合下列规定：

1　宜采用整体式钢筋混凝土衬砌或装配式钢筋混凝土构件。

2　地下连续墙、钻孔咬合桩、型钢水泥土搅拌墙以及高压旋喷桩支护宜作为主体结构侧墙的一部分与内衬墙共同受力。墙体的结合方式根据使用、受力及防水要求，宜选用叠合式或复合式构造。当满足耐久性要求时，宜将地下连续墙作为主体结构的单一侧墙。

6.7.20 明挖法围护结构应符合下列规定：

1 根据工程特点、工程地质、水文地质条件和环境保护要求确定其安全等级及地面允许最大沉降量和围护墙的水平位移控制要求，选择支护形式、地下水处理方法和基坑保护措施。

2 桩、墙式围护结构的设计应根据设定的开挖工况和施工顺序按竖向弹性地基梁模型逐阶段计算其内力及变形。当计入支撑作用时，应计入每层支撑设置时墙体已有的位移和支撑的弹性变形。

3 围护结构的设计，在确定计算土压力时，应综合围护墙的平面形状、支撑方式、受力条件及基坑变形控制要求因素，结构宜按墙背土压力随开挖过程变化的方法分析。

4 桩、墙式围护结构的设计，在软土地层中，水平基床系数的取值宜根据挖土方式、时限、支撑架设顺序及时间影响确定。

5 竖井基坑应进行抗滑移和倾覆的整体稳定性、基坑底部土体抗隆起和抗渗流稳定性以及抗坑底以下承压水的稳定性验算。

6.7.21 地下连续墙应符合下列规定：

1 地下连续墙单元槽段的长度和深度，应根据竖井结构的使用要求和结构特点、工程地质和水文地质条件、施工条件和施工环境因素以及类似工程的实际经验确定，必要时应进行现场成槽试验。

2 地下连续墙相邻墙段之间宜采用不传力的接缝方式，当有特殊要求时，接缝构造应满足传力和防水要求。接缝位置应与竖井内部结构相接处错开。

3 当地下连续墙与主体结构连接时，预埋在墙内的受力钢筋、钢筋连接器或连接板锚筋，均应满足受力和防水要求，其锚固长度应符合构造规定。钢筋连接器的性能应符合现行行业标准《钢筋机械连接技术规程》JGJ 107 的有关规定。

4 地下连续墙的墙面倾斜度不宜大于 1/300，局部突出不宜大于 100 mm。

5 地下连续墙应进行纵向、横向内力计算及抗隆起稳定性验算。

6 现浇地下连续墙的混凝土强度等级不应低于 C25。

6.7.22 当采用钻孔咬合桩、型钢水泥土搅拌墙、高压旋喷桩作为竖井外围结构时，宜按照上述三种方式地基处理的有关规范执行。

6.7.23 型钢水泥土搅拌墙应符合下列规定：

1 型钢水泥土搅拌墙适用于填土、淤泥质土、黏性土、粉土、砂性土、饱和黄土地层。对淤泥、泥炭土、有机质土以及地下水具有腐蚀性和无工程经验的地区，应通过现场试验确定其适用性。

2 型钢水泥土搅拌墙中三轴水泥土搅拌桩的直径宜采用 650 mm、850 mm、1000 mm；内插型钢宜采用 H 型钢。

3 型钢水泥土搅拌墙的选型应根据竖井开挖深度、周边的环境条件、场地工程地质和水文地质条件、竖井形状与规模、支撑或锚杆体系的设置情况综合确定。

4 型钢水泥土搅拌墙的计算变形容许值应根据周边环境条件和竖井开挖深度综合确定。

5 型钢水泥土搅拌墙的墙体计算抗弯刚度，只应计算内插型钢的截面刚度。在进行支护结构内力和变形计算以及竖井抗隆起、抗倾覆、整体稳定性各项稳定性分析时，支护结构的深度应取型钢的插入深度，不应计入型钢端部以下水泥土搅拌桩的作用。

6 水泥土搅拌桩的入土深度，除应满足型钢插入要求外，尚应满足竖井抗渗流稳定性的要求。

6.8 斜巷工程

6.8.1 斜巷口应高出所在位置设计洪水水位以上 0.5 m;当不满足要求时,应采取防洪措施。

6.8.2 斜巷设计坡度应根据提升量、斜巷长度、坡度及洞口地形确定,并应符合下列规定:

1 采用箕斗提升,不应大于 35°;

2 采用串车提升,不应大于 25°;

3 采用胶带输送机提升,不应大于 15°。

6.8.3 斜巷应设置宽度不小于 0.7 m 的人行道;当斜巷长度每超过 50 m 时,应设置躲避洞,躲避洞的净空尺寸宽、深、高分别不宜小于 1.5 m、1.0 m、1.8 m;当斜巷坡度大于 15°时,应设置台阶及扶手。

6.8.4 斜巷底部的马头门应能满足隧道内所需的材料和设备通过的要求。

6.8.5 斜巷出口段和地质较差的地段,宜采用复合式衬砌或整体衬砌;马头门应根据围岩类别作衬砌;井口段、通过地质较差的井身段及马头门的上方宜设壁座。

6.8.6 斜巷底部应根据设计涌水量选择集、排水方式和相应的设施。

6.8.7 斜巷施工运输应采取下列安全措施。

1 运输轨道应设防爬措施,每根钢轨应装两组以上防爬设备。

2 提升机应设置深度指示器自动示警,并应有防卷装置。

3 运输斗车之间、斗车与钢丝绳之间应有可靠的连接装置,并应加装保险绳。

4 井口应设置挡车器,并应经常关闭;有车辆行驶打开时,人员不得通行。

5 每隔 100 m 应在轨道上设防跑车装置一处,接近井底时应再设一处。

6 提升机房、井口、井底均应有联系信号,并有专人值守。

6.9 工程材料

6.9.1 隧道结构的工程材料应根据结构类型、受力条件、使用要求和所处环境因素选用,并应符合可靠性、耐久性和经济性要求。工程所用的建筑材料,均应符合国家现行有关标准。

6.9.2 混凝土的原材料和配比、最低强度等级、最大水灰比和单方混凝土的胶凝材料最小用量应符合耐久性要求,满足抗裂、抗渗、抗冻和抗侵蚀的需要。隧道结构设计混凝土的最低设计强度等级应符合表 6.9.2 的规定。

表 6.9.2 隧道设计混凝土的最低设计强度等级

钻爆法	喷锚衬砌/喷锚支护	C20/C25
	混凝土/钢筋混凝土衬砌	C25/C30
盾构法	装配式钢筋混凝土管片	C50
顶管法	钢筋混凝土顶管	C50

6.9.3 工程所用钢材应符合国家现行有关标准的规定,其许用拉应力和许用压应力不应超过其规定最低屈服强度的 60%,许用剪应力不应超过其规定最低屈服强度的 45%,支承应力不应超过其规定最低屈服强度的 90%。

6.9.4 普通混凝土和喷锚支护结构中的钢筋及预应力混凝土结构中的非预应力钢筋宜采用 HRB400、HRB335 或 HRB300 级钢筋;预应力混凝土结构中的预应力钢筋,宜采用预应力钢绞线、钢丝,或采用热处理钢筋。

6.9.5 钢筋混凝土管片间的螺纹紧固件的连接形式及其机械性能等级应满足构造和结构受力要求,表面应进行防腐蚀处理。

6.9.6 喷锚支护喷射混凝土应采用湿喷;速凝剂宜采用无碱系列环保型产品,水泥强度不宜低于42.5级。

6.9.7 初期支护的钢架宜采用型钢、钢筋或钢管制成,钢管和型钢以及锚杆垫板材质宜为Q235A。

6.10 防水与排水

6.10.1 隧道防水与排水应符合下列规定:

1 应采取可靠的设计、施工措施,保障结构物和设备的正常使用。对地表水和地下水应作妥善处理,洞内外应形成一个完整的防排水系统。

2 隧道防水应满足:衬砌不漏水,安装设备的孔眼不渗水;隧道排水通畅,不浸水;在有冻害地段的隧道,衬砌背后不积水,凝冻季节洞口应封闭,排水沟不冻结。

3 隧道修建及运营中的排水有可能影响周围环境的,应采取防止水土流失、保证水系正常流动的措施。

6.10.2 钻爆法隧道应采取以下防水措施:

1 隧道衬砌防水应充分利用混凝土结构的自防水能力,其抗渗等级不应低于P6,根据需要和埋置深度采用的抗渗等级不应低于P8。在有冻害和最冷月平均气温低于-15 ℃的地区,防水混凝土的等级应提高。

2 防水混凝土结构的厚度不应小于250 mm,裂缝宽度不应大于0.2 mm,并不应贯通。当衬砌为钢筋混凝土时,迎水面主筋保护层厚度不应小于50 mm。

3 复合衬砌初期支护与二次衬砌之间可铺设防水板或系统盲管、盲沟。

4 围岩破碎、富水、易坍塌地段及地下水、岩溶发育存在突水、突泥可能的特殊地质地段应进行超前地质预报,遇水应注浆堵水或采取其他防水措施。

5 地下水有侵蚀性时,应针对侵蚀类型,压注抗侵蚀浆液,敷设防水、防蚀层,采用抗侵蚀性混凝土措施。

6 最冷月平均气温低于-15 ℃地区,对地下水的处理应以堵为主。

6.10.3 钻爆法隧道洞口防水与排水应符合下列规定:

1 隧道和明洞的洞口应设置截水沟和排水沟。

2 多雨地区,宜采取措施防止洞口仰坡范围内地表水下渗和冲刷。

3 截水沟设置应符合下列要求:

1) 应设置在洞顶边仰坡外不小于5 m;

2) 截水沟坡度应根据地形设置,不应小于1%。当纵坡过陡时应设计急流槽或跌水连接,水沟截面尺寸根据流入截水沟的汇水区流量确定。水量大时,应根据地形将水引至沟谷或涵洞处排泄。

6.10.4 盾构法隧道防水应符合下列规定:

1 盾构法隧道结构混凝土抗渗等级不应低于P12。

2 盾构隧道衬砌结构防水措施选择应符合表6.10.4的规定。

表 6.10.4 盾构隧道防水措施选择

防水措施	衬砌结构自防水	接缝防水			
		弹性密封垫	嵌缝	注入密封剂	螺孔密封圈
选项	必选	必选	宜选	可选	应选

3 管片接缝应设置密封垫沟槽。防水材料的规格、技术性能和螺孔、嵌缝槽部位的防水措施除应满足设计要求外，应符合现行国家标准《地下工程防水技术规范》GB 50108 的有关规定。

4 管片接缝密封垫应满足在设计水压下和接缝最大张开或错位下不渗漏的要求。

6.10.5 顶管法隧道钢筋混凝土套管的防水应符合下列规定：

1 隧道防水应以套管自防水为基础，接缝防水为重点。

2 钢筋混凝土套管钢承插口接头应采用橡胶密封垫填充。

3 弹性密封填料根据周围环境条件可采用丁腈橡胶、氯丁橡胶及三元乙丙橡胶。

6.10.6 盾构及顶管机头设备进出洞防水应根据具体的地质、水文条件进行专项设计，可采用降水、地层改良、加设止水环、止水板一项或多项措施。

6.11 隧道附属设施

6.11.1 需要维修作业或后期有安装工程的水下隧道，应设置抽排水设施。

6.11.2 水封运营隧道的竖井应采用可检查、维修的方式封井。

6.11.3 非水封运营的水下隧道，其竖井或巷道洞口部位应设固定式可燃气体监测仪。

6.11.4 隧道洞门型式应满足管道安装、检修、保护及洞内外管道连接要求。

6.12 隧道内管道安装

6.12.1 山岭隧道的平巷、斜巷内管道宜采用支墩架空敷设或覆土敷设；水域隧道内管道宜采用支墩架空敷设。

6.12.2 隧道内的管道布置应满足安装需要，除顶管隧道外，宜保留人员行走、查看管道的空间。

6.12.3 隧道内的管段应根据管道输送介质压力、管段重力的轴向分力及管段安装温度与运行温度差作用进行轴向稳定性验算。当不满足要求时，宜选择加强支座锚固力、设置补偿器进行变形补偿措施。

6.12.4 水域隧道应对内部管段进行抗漂浮核算，并应采取稳管措施。

6.12.5 当采用支墩架空敷设时，宜采用滑动或滚动支座。管道对接环焊缝不应设置在支座处。支承点间距应满足管段的强度与稳定要求。

6.12.6 隧道内支墩架空安装管道的构件材料可选用普通钢材和不锈钢；当选用普通钢材时，所有钢构件其表面均应采用耐环境腐蚀的防腐层或设置牺牲阳极保护措施。管道连接件应采用同一金属材质。构件设计中宜避免难于检查、清刷的死角和凹槽。

6.12.7 管道和管支座、锚固墩、锚固件之间应有良好的绝缘。

6.12.8 水域隧道宜充水运营；陆上隧道洞门宜按照封闭运营进行设计。

7 公路、铁路穿越设计

7.1 一般规定

7.1.1 油气管道不宜与公路、铁路反复交叉穿越；需要与公路、铁路交叉时，其穿越点宜选在公路、铁路的路堤段和管道的直线段，穿越宜避开高填方区、路堑、路两侧为同坡向的陡坡地段。当条件受限时也可从公路、铁路的桥梁下交叉穿越。

7.1.2 在穿越公路、铁路的套管或涵洞内，输送管道不应设置水平或竖向弯管。

7.1.3 穿越铁路或二级及以上公路路基时，应采用顶进套管、顶进箱涵或水平定向钻穿越方式，并满足路基稳定性的要求。对三级及三级以下公路穿越，可采用挖沟法埋设。当套管或涵洞内空间充填细土将穿越管段埋入时，可不设检漏管及两端的封堵。

7.1.4 采用钢套管穿越公路的管段，对管道阴极保护形成屏蔽作用时，应增加牺牲阳极保护。

7.1.5 新建公路、铁路与已建管道交叉时，应设置保护管道的涵洞，涵洞尺寸应满足管道运营维护要求。

7.1.6 油气管道与公路、铁路宜垂直交叉，在特殊情况下，交角不宜小于 30°。油气管道与公路、铁路桥梁交叉时，在对管道采取防护措施后，交叉角可小于 30°，防护长度应满足公路、铁路用地范围以外 3 m 的要求。

7.1.7 油气管道穿越公路、铁路时，其穿越点四周应有足够的空间，满足管道穿越施工、维护及邻近建(构)筑物和设施安全距离的要求。

7.1.8 油气管道不应利用公路、铁路的排水涵洞进行穿越。

7.1.9 油气管道穿越公路、铁路时，套管顶部最小覆盖层厚度应符合表 7.1.9 的要求。

表 7.1.9 套管顶部最小覆盖层厚度

穿越分类	位置	最小覆盖层(m)
铁路穿越	铁路路肩以下	1.7
	自然地面或者边沟以下	1.0
公路穿越	公路路面以下	1.2
	公路边沟底面以下	1.0

7.1.10 管道穿越公路、铁路时，输送管道或套管的底部应放置在密实而均匀的地层上。

7.1.11 采用套管穿越公路、铁路时，套管内径应大于输送管道外径 300 mm 以上。套管采用人工顶管施工方法时，套管内直径不宜小于 1 m。

7.1.12 采用套管穿越公路、铁路时，套管长度宜伸出路堤坡脚、排水沟外边缘不小于 2 m；当穿过路堑时，应长出路堑顶不小于 5 m。被穿越的公路、铁路有扩建规划时，应按照扩建后的情况确定套管长度。

7.1.13 采用涵洞穿越铁路时，涵洞净空高度不宜小于 1.8 m，涵洞内宽度不宜小于输送管道外径加 2.5 m。

7.1.14 采用直接钻孔法敷设穿越管道或者套管时，其钻孔孔洞直径不应超过输送管道或者套管外直径 50 mm。

7.2 无套管穿越设计

7.2.1 无套管穿越管段设计应进行强度、疲劳、变形、稳定计算。

7.2.2 无套管穿越管段承受的作用除按本规范第 4.3.1 条规定的以外，可变作用应包括车辆荷载，偶然作用应包括地基不均匀变形。

7.2.3 无套管穿越管段结构计算，应根据实际可能发生的情况进行作用组合。主要组合应为永久荷载与车辆荷载之和;附加组合应为永久荷载与可能发生的可变荷载之和;特殊组合应为主要荷载与偶然作用荷载之和。主要组合按本规范第 7.2.4 条~第 7.2.7 条计算,其他组合根据实际情况进行计算分析。

7.2.4 无套管穿越公路的土压力产生的管道应力计算,应符合本规范附录 F 的规定。

7.2.5 公路车辆荷载产生的管道循环应力计算,应符合本规范附录 G 的规定。

7.2.6 管道内部压力产生的管道环向应力应按本规范第 4.4.2 条第 1 款规定计算。

7.2.7 穿越公路的管道应按本规范第 4.4.2 条与第 4.4.3 条进行强度核算。

7.2.8 无套管穿越公路的管道,应按下列方法进行管道环向焊缝和轴向焊缝疲劳复核。

1 环向焊缝疲劳应按下式进行复核。

$$\sigma_{Lh} \leqslant \sigma_{FG} \cdot F \qquad (7.2.8\text{-}1)$$

式中:σ_{Lh} ——车辆荷载产生的管道轴向循环应力(kPa);

σ_{FG} ——钢管环向焊缝耐疲劳极限值(kPa),按表 7.2.8 取值;

F ——设计系数,按本规范表 3.2.2 选用。

2 轴向焊缝疲劳应按下式进行复核。

$$\sigma_{Hh} \leqslant \sigma_{FL} \cdot F \qquad (7.2.8\text{-}2)$$

式中:σ_{Hh} ——管道环向循环应力(kPa);

σ_{FL} ——管道纵向焊缝耐疲劳极限值(kPa),按表 7.2.8 取值。

表 7.2.8 钢管环向、纵向焊缝耐疲劳极限值 σ_{FG}、σ_{FL}

钢材等级	最小屈服强度 σ_s(MPa)	最小抗拉强度(MPa)	σ_{FG}(MPa)	σ_{FL}(MPa)	
			所有类型焊缝	电阻焊	埋弧焊
L 175(A25)	175	315	83	145	83
L 210(A)	210	335	83	145	83
L 245(B)	245	415	83	145	83
L 290(X42)	290	415	83	145	83
L 320(X46)	320	435	83	145	83
L 360(X52)	360	460	83	145	83
L 390(X56)	390	490	83	159	83
L 415(X60)	415	520	83	159	83
L 450(X65)	450	535	83	159	83
L 485(X70)	485	570	83	172	90
L 555(X80)	555	625	83	186	97

注:根据材料的规定屈服强度选取材料的耐疲劳极限值,材料的规定屈服强度与表中数据不完全相同时,耐疲劳极限值应选用最接近且小于材料的规定屈服强度对应钢材等级的耐疲劳极限值。

7.2.9 采用无套管的开挖穿越管段,距管顶以上 500 mm 处应埋设钢筋混凝土板;混凝土板上方应埋设警示带。

7.2.10 采用无套管挖沟法穿越管段,回填土必须压实或夯实。路面恢复应达到现行行业标准《公路工程质量检验评定标准》JTJF 80/1 的要求。

7.2.11 无套管穿越公路的管段,应验算无内压状态下,管段的径向变形。验算方法根据输送介质的类型,应按现行国家标准《输气管道工程设计规范》GB 50251 和《输油管道工程设计规范》GB 50253 的有关规定进行。

7.3 有套管穿越设计

7.3.1 采用涵洞、套管等保护方法穿越公路、铁路时。宜采用钢筋混凝土涵洞、钢筋混凝土套管或者钢质套管。

7.3.2 钢筋混凝土涵洞、套管的设计应根据穿越公路、铁路的不同要求,分别执行现行行业标准《公路桥涵设计通用规范》JTGD 60、《铁路桥涵设计基本规范》TB 10002.1 的有关规定。

7.3.3 钢质套管设计宜按本规范第 7.2 节中无套管穿越计算,强度设计系数 F 应执行本规范第 3.2.2 条有关规定,套管的外径与壁厚之比不应小于 70,且最小壁厚不应小于 7 mm。

7.3.4 套管中的输送管道应设置绝缘支撑,设计中应提出保持管道防腐涂层完整性的技术要求。

7.3.5 当一根套管中设置两根或者两根以上输送管道时,应使不同输送管道之间、输送管道与套管之间互相绝缘。

8 焊接、试压及防腐

8.1 焊接、检验

8.1.1 管道焊接应按现行国家标准《输气管道工程设计规范》GB 50251、《输油管道工程设计规范》GB 50253 与《油气长输管道工程施工及验收规范》GB 50369 的有关规定执行。

8.1.2 水域大、中型穿越管段、山岭长隧道、山岭中长隧道、铁路、二级与二级以上公路的穿越管段,对接接头焊缝均应进行 100%射线探伤检验和 100%超声波探伤检验。

8.1.3 采用射线探伤检验和超声波探伤检验应按现行行业标准《石油天然气钢质管道无损检测》SY/T 4109 进行验收,Ⅱ级及以上为合格。

8.2 清管、测径及试压

8.2.1 穿越管段试压前应进行清管,试压后应再进行清管,输气管道应进行干燥处理。

8.2.2 水域大、中型穿越,山岭长隧道、铁路、高速公路、一级公路穿越管段应单独进行试压。水域小型穿越管段、山岭中长隧道、山岭短隧道、二级及以下的公路穿越管段,在试压条件许可的前提下可与所在线路段合并进行试压。

8.2.3 单独进行试压的穿越管段试压前应进行清管、测径。

8.2.4 穿越管段应分强度试压与严密性试压两阶段进行,严密性试压应在强度试压合格后进行。在稳压时间内压降不大于试验压力的 1%为合格。

8.2.5 穿越管段应采用无腐蚀性洁净水作为试压介质。试压时环境温度不宜低于 5 ℃;若环境温度在 5 ℃以下试压,应采取防冻措施。

8.2.6 单独试压的穿越管段,强度试验压力不应小于该处设计内压力的 1.5 倍,强度试压稳压时间不应少于 4 h;试压时的环向应力不宜大于钢管的屈服强度的 90%。穿越管段的严密性试验的压力不应低于该处设计内压力、稳压时间不应少于 24 h。

8.2.7 重要的水域水平定向钻穿越管段，除应在回拖前按照本规范第 8.2.3 条～第 8.2.6 条进行清管、测径、试压以外，回拖后宜进行第二次严密性试压，第二次严密性试压的压力为设计压力，稳压时间不应小于 4 h。

8.2.8 穿越管段与两端线路管段连接处的焊口不应强力组装，不应出现使连接管段发生强制变形的连接。

8.3 防腐

8.3.1 穿越管段应按现行国家标准《钢质管道外腐蚀控制规程》GB/T 21447 进行腐蚀控制设计。

8.3.2 穿越管段应根据穿越工程需要选取适宜的防腐涂层。当所选防腐涂层种类与线路段相同时，应比相邻线路管段提高一个等级，或采用该种涂层标准中的最高级。防腐涂层的防腐、补口及补伤，应按管段所用防腐涂层的相关标准要求执行。

8.3.3 水平定向钻穿越段位于岩石、卵石、砾石段地层时，宜选择耐磨、耐划伤的管道防腐涂层；或在防腐层外侧施加保护层。

8.3.4 管道支撑件、护管或稳管构筑物处于腐蚀性环境中时，应采用相应的防腐蚀措施。

8.3.5 水域大中型穿越管段的一端应设置阴极保护的测试点，小型穿越管段可与一般线路段结合不单独设阴极保护测试点。

8.3.6 大型水域穿越管段若有接地或独立采用牺牲阳极保护，管段两端宜设置绝缘接头。

8.3.7 穿越管段的稳管构筑物、隧道中的支护管段构筑物或构件，应与管段绝缘，但不应对管段产生电屏蔽。

8.3.8 穿越管段的补口和补伤，应按照管段所用防腐涂层的相关标准要求执行，并应按照管道施工安装、运营环境条件提出相应的技术要求。

8.3.9 穿越管段敷设时应达到所选用涂层等级的漏电检测要求；安装时不应损伤防腐涂层的完整性，安装完毕后，应再对管段进行检漏，应达到所选用涂层等级的漏电检测要求。

附　录　A
偏压隧道衬砌作用计算方法

A.0.1 偏压隧道设计时，在假定偏压分布图形与地面坡度一致(图 A.0.1)作用下，其垂直压力宜按下列公式计算：

$$Q=\frac{\gamma}{2}[(h+h')B-(\lambda h^2+\lambda' h'^2)\tan\theta] \quad \cdots\cdots \text{(A.0.1-1)}$$

$$\lambda=\frac{1}{\tan\beta-\tan\alpha}\times\frac{\tan\beta-\tan\varphi_c}{1+\tan\beta(\tan\varphi_c-\tan\theta)+\tan\varphi_c\tan\theta} \quad \cdots\cdots \text{(A.0.1-2)}$$

$$\lambda'=\frac{1}{\tan\beta'-\tan\alpha}\times\frac{\tan\beta'-\tan\varphi_c}{1+\tan\beta'(\tan\varphi_c-\tan\theta)+\tan\varphi_c\tan\theta} \quad \cdots\cdots \text{(A.0.1-3)}$$

$$\tan\beta=\tan\varphi_c+\sqrt{\frac{(\tan^2\varphi_c+1)(\tan\varphi_c-\tan\alpha)}{\tan\varphi_c-\tan\theta}} \quad \cdots\cdots \text{(A.0.1-4)}$$

$$\tan\beta'=\tan\varphi_c+\sqrt{\frac{(\tan^2\varphi_c+1)(\tan\varphi_c+\tan\alpha)}{\tan\varphi_c-\tan\theta}} \quad \cdots\cdots \text{(A.0.1-5)}$$

式中：h ——内侧由拱顶水平至地面的高度(m)；

h' ——外侧由拱顶水平至地面的高度(m)；

B ——隧道宽度(m)；

γ ——围岩重度(kN/m^3)；

θ ——顶板土柱两侧摩擦角(°)；当无实测资料时，宜按表 A.0.1 选取；

λ ——内侧的侧压力系数；

λ' ——外侧的侧压力系数；

α ——地面坡度角(°)；

φ_c ——围岩计算摩擦角(°)；

β ——内侧产生最大推力时的破裂角(°)；

β' ——外侧产生最大推力时的破裂角(°)。

表 A.0.1　顶板土桩两侧摩擦角 θ 取值

围岩级别	Ⅰ～Ⅲ	Ⅳ	Ⅴ	Ⅵ
θ 值	$0.9\varphi_c$	$(0.7\sim0.9)\varphi_c$	$(0.5\sim0.7)\varphi_c$	$(0.3\sim0.5)\varphi_c$

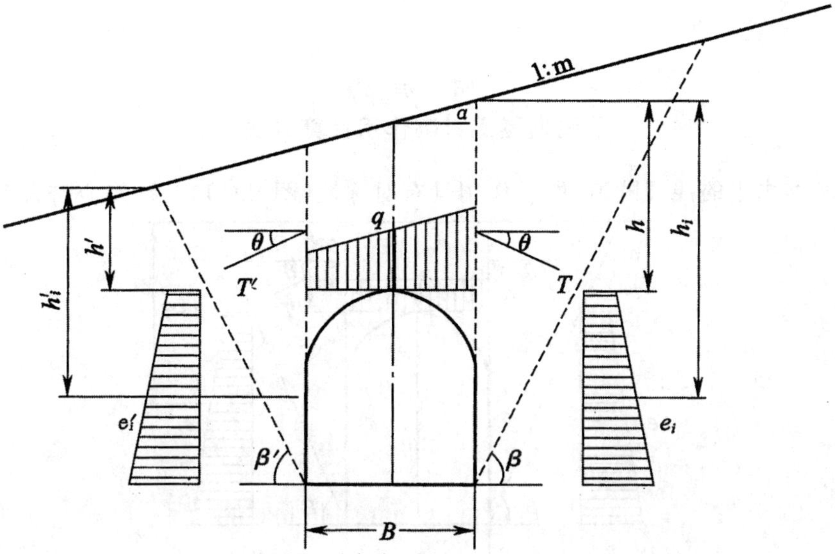

图 A.0.1 偏压隧道衬砌作用(荷载)计算图式

A.0.2 在荷载作用下的水平侧压力宜按下列公式计算：

内侧：$e_i = \gamma h_i \lambda$ …………………………… (A.0.2-1)

外侧：$e_i = \gamma h_i' \lambda''$ …………………………… (A.0.2-2)

式中：h_i ——内侧任一点 i 至地面的距离(m)；

h_i' ——外侧任一点 i 至地面的距离(m)。

附 录 B
浅埋隧道衬砌作用计算方法

B.0.1 地面基本水平的浅埋隧道,所受作用具有对称性(图 B.0.1)。计算应符合下列规定:

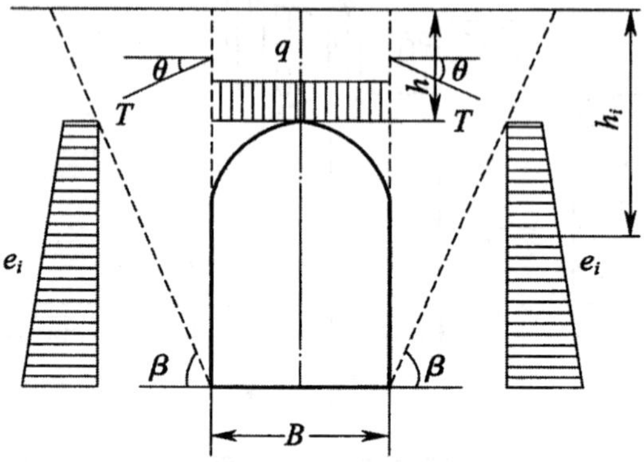

图 B.0.1 地面基本水平线浅埋隧道作用计算

1 垂直压力应按下列公式计算:

$$q=\gamma h\left(1-\frac{\lambda h\tan\theta}{B}\right) \quad \cdots\cdots \text{(B.0.1-1)}$$

$$\lambda=\frac{\tan\beta-\tan\varphi_c}{\tan\beta[1+\tan\beta(\tan\varphi_c-\tan\theta)+\tan\varphi_c\tan\theta]} \quad \cdots\cdots \text{(B.0.1-2)}$$

$$\tan\beta=\tan\varphi_c+\sqrt{\frac{(\tan^2\varphi_c+1)\tan\varphi_c}{\tan\varphi_c-\tan\theta}} \quad \cdots\cdots \text{(B.0.1-3)}$$

式中:B ——隧道宽度(m);

γ ——围岩重度(kN/m³);

h ——洞顶至地面高度(m);

θ ——顶板土柱两侧摩擦角(°),为经验数值;

λ ——侧压力系数;

φ_c ——围岩计算摩擦角(°);

β ——产生最大推力时的破裂角(°)。

2 水平压力应按下式计算:

$$e_i=\gamma h_i\lambda \quad \cdots\cdots \text{(B.0.1-4)}$$

式中:h_i ——内外侧任意点至地面的距离(m)。

B.0.2 当洞顶至地面高度 h 小于深埋隧道垂直作用计算高度 h_a 时,取 $\theta=0$,应属超浅埋隧道。

B.0.3 当洞顶至地面高度 h 大于等于 2.5 倍深埋隧道垂直作用计算高度 h_a 时,式(B.0.1-1)不适用,应按深埋隧道计算。

附　录　C
盾构隧道、顶管隧道作用计算

C.0.1　作用在结构上的竖向土压力，其标准值应按覆盖土层厚度及其物理力学指标确定。

1　当结构顶覆盖土层为淤泥质土时，隧道顶竖向土压力标准值应按下式计算：

$$F_{sv.k1}=\sum_{i=1}^{n}r_{si}h_i \quad\cdots\cdots\cdots\cdots\cdots\cdots\cdots\cdots\cdots\cdots\quad (C.0.1\text{-}1)$$

隧道拱背部的竖向土压力可近似地简化成均布压力，其标准值为：

$$F_{sv.k2}=0.215r_{si}R_2 \quad\cdots\cdots\cdots\cdots\cdots\cdots\cdots\cdots\cdots\cdots\quad (C.0.1\text{-}2)$$

式中：$F_{sv.k1}$——隧道顶上部竖向土压力标准值(kN/m^2)；

$F_{sv.k2}$——隧道拱背部竖向土压力标准值(kN/m^2)；

r_{si}——隧道上部第 i 层土层重度(kN/m^3)，地下水以下取有效重度；

h_i——隧道上部第 i 层土层厚度(m)；

R_2——隧道外半径(m)。

2　隧道顶覆土层不属上述情况时，隧道顶竖向土压力标准值应按下列公式计算：

$$F_{sv.k3}=C_j(r_{si}B_t-2C) \quad\cdots\cdots\cdots\cdots\cdots\cdots\cdots\cdots\cdots\cdots\quad (C.0.1\text{-}3)$$

$$B_t=D_1\left[1+\tan\left(45^\circ-\frac{\varphi}{2}\right)\right] \quad\cdots\cdots\cdots\cdots\cdots\cdots\cdots\cdots\cdots\cdots\quad (C.0.1\text{-}4)$$

$$C_j=\frac{1-e^{-2K_a\mu\frac{H_s}{B_t}}}{2K_a\mu} \quad\cdots\cdots\cdots\cdots\cdots\cdots\cdots\cdots\cdots\cdots\quad (C.0.1\text{-}5)$$

式中：$F_{sv.k3}$——隧道顶上部竖向土压力标准值(kN/m^2)；

C_j——隧道竖向土压力系数；

B_t——隧道上部土层压力传递到管顶处的影响宽度(m)；

D_1——隧道外径(m)；

φ——隧道顶土体的内摩擦角(°)；

C——土体的黏聚力(kN/m^2)；

H_s——隧道顶至原状地面埋置深度(m)；

$K_a\mu$——原状土的主动土压力系数和内摩擦系数的乘积，黏性土可取 0.13，饱和黏土可取 0.110，砂和砾石可取 0.165。

3　当盾构、顶管隧道穿越岩层时，隧道顶部竖向岩石应按下式对水、土压力分算：

$$F_{sv,k4}=r_sH_s+\alpha rH_w \quad\cdots\cdots\cdots\cdots\cdots\cdots\cdots\cdots\cdots\cdots\quad (C.0.1\text{-}6)$$

式中：$F_{sv,k4}$——隧道顶上部竖向土压力标准值(kN/m^2)；

r_s——穿越围岩容重；

H_s——隧道围岩松动影响高度(m)，一般取 1 倍～2 倍隧道外径；

α——水压影响系数，一般取 0.2～0.8；穿越围岩节理、裂隙发育，渗透系数不小于 10^{-3}cm/s 且其上没有隔水土层时，取 0.8，穿越围岩微、弱透水或围岩上有较厚隔水层时，取 0.2；

H_w——隧道顶至设计洪水位高差(m)。

C.0.2 作用在隧道上的侧向土压力,采用水土分算,土的侧压力为主动土压力,地下水压力按静水压力计算,水的重度可取 10 kN/m³。主动土压力可按下列公式计算:

$$F_{h,k}=\left(F_{sv,ki}+\frac{r_{si}D_1}{2}\right)K_a-2C\sqrt{K_a} \qquad \cdots\cdots\cdots\cdots\cdots (C.0.2\text{-}1)$$

$$K_a=\tan^2\left(45°-\frac{\varphi}{2}\right) \qquad \cdots\cdots\cdots\cdots\cdots (C.0.2\text{-}2)$$

式中:$F_{h,k}$ ——隧道侧向土压力标准值(kN/m²),作用在隧道中心;

K_a ——主动土压力系数;

φ ——隧道顶土体的内摩擦角(°)。

C.0.3 温度作用标准值,其准永久作用系数可取 1.0。

附　录　D
盾构管片内力计算

D.1　隧道截面内力计算的基本原则

D.1.1　隧道的结构计算，应根据施工过程中的每个阶段和竣工后的状态下的作用分别进行计算。

D.1.2　隧道横截面的设计作用，应以作为设计对象的隧道区间内最不利的条件为基础进行确定。

D.1.3　钢筋混凝土管片的非静定力或弹性变形计算，可不计算钢筋影响，将混凝土全截面视为有效截面进行计算。

D.1.4　管片截面内力计算可采用惯用计算法、修正惯用计算法、梁弹簧模型法。

D.2　隧道截面内力惯用法与修正惯用法计算

D.2.1　隧道管片结构受力计算可按图 D.2.1 进行。

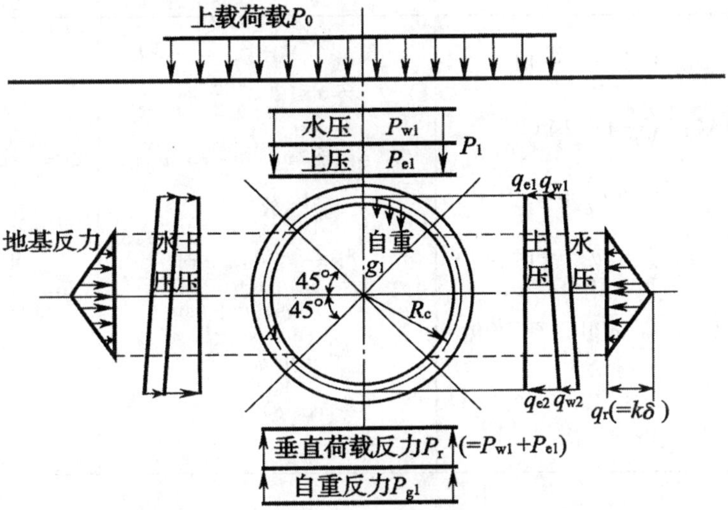

图 D.2.1　隧道管片结构受力计算图

D.2.2　惯用计算法和修正惯用计算法的隧道管片截面内力计算公式可按表 D.2.2。

表 D.2.2　惯用计算法和修正惯用计算法的隧道管片截面内力计算公式

作用	弯矩	轴向力	剪力
垂直作用 $(P_{e1}+P_{w1})$	$M=\frac{1}{4}(1-2\sin^2\theta)\times(P_{e1}+P_{w1})R_c^2$	$N=(P_{e1}+P_{w1})R_c\sin^2\theta$	$Q=-(P_{e1}+P_{w1})R_c\sin\theta\cos\theta$
水平作用 $(q_{e1}+q_{w1})$	$M=\frac{1}{4}(1-2\cos^2\theta)\times(q_{e1}+q_{w1})R_c^2$	$N=(q_{e1}+q_{w1})R_c\cos^2\theta$	$Q=(q_{e1}+q_{w1})R_c\sin\theta\cos\theta$

表 D.2.2(续)

作用	弯矩	轴向力	剪力
水平三角形作用 $(q_{e2}+q_{w2}-q_{e1}-q_{w1})$	$M=\frac{1}{48}(6-3\cos\theta-12\cos^2\theta+4\cos^3\theta)(q_{e2}+q_{w2}-q_{e1}-q_{w1})R_c^2$	$N=\frac{1}{16}(\cos\theta+8\cos^2\theta-4\cos^3\theta)(q_{e2}+q_{w2}-q_{e1}-q_{w1})R_c$	$N=\frac{1}{16}(\sin\theta+8\sin\theta\cos\theta-4\sin\theta\cos^2\theta)(q_{e2}+q_{w2}-q_{e1}-q_{w1})R_c$
水平地基反力 $(q_r=k\delta)$	当 $0\leqslant\theta<\frac{\pi}{4}$ 时 $M=(0.2346-0.3536\cos\theta)k\delta R_c^2$ 当 $\frac{\pi}{4}\leqslant\theta\leqslant\frac{\pi}{2}$ 时 $M=(-0.3487+0.5\sin^2\theta+0.2357\cos^3\theta)k\delta R_c^2$	当 $0\leqslant\theta<\frac{\pi}{4}$ 时 $N=0.3536k\delta R_c\cos\theta$ 当 $\frac{\pi}{4}\leqslant\theta\leqslant\frac{\pi}{2}$ 时 $N=(-0.7071\cos\theta+\cos^2\theta+0.7071\sin^2\theta\cos\theta)\times k\delta R_c$	当 $0\leqslant\theta<\frac{\pi}{4}$ 时 $Q=0.3536k\delta R_c\sin\theta$ 当 $\frac{\pi}{4}\leqslant\theta\leqslant\frac{\pi}{2}$ 时 $Q=(\sin\theta\cos\theta-0.7071\cos^2\theta\sin\theta)k\delta R_c$
自重 $(P_{g1}=\pi g_1)$	当 $0\leqslant\theta\leqslant\frac{\pi}{2}$ 时 $M=\left(\frac{3}{8}\pi-\theta\sin\theta-\frac{5}{6}\cos\pi\right)gR_c^2$ 当 $\frac{\pi}{2}\leqslant\theta\leqslant\pi$ 时 $M=\left[-\frac{1}{8}\pi+(\pi-\theta)\sin\theta-\frac{5}{6}\cos\theta-\frac{1}{2}\pi\sin^2\theta\right]gR_c^2$	当 $0\leqslant\theta\leqslant\frac{\pi}{2}$ 时 $N=\left(\theta\sin\theta-\frac{1}{6}\cos\theta\right)gR_c$ 当 $\frac{\pi}{2}\leqslant\theta\leqslant\pi$ 时 $N=(-\pi\sin\theta+\theta\sin\theta+\pi\sin^2\theta-\frac{1}{6}\cos\theta)gR_c$	当 $0\leqslant\theta\leqslant\frac{\pi}{2}$ 时 $Q=-\left(\theta\cos\theta+\frac{1}{6}\sin\theta\right)gR_c$ 当 $\frac{\pi}{2}\leqslant\theta\leqslant\pi$ 时 $Q=[(\pi-\theta)\cos\theta-\pi\sin\theta\cos\theta-\frac{1}{6}\sin\theta]gR_c$
管片环水平直径点的水平方向变位(δ)	不计算衬砌自重引起的地基抗力 $\delta=\frac{[2(p_{e1}+p_{w1})-(q_{e1}+q_{w1})-(q_{e2}+q_{w2})]R_c^4}{24(\eta EI+0.0454kR_c^4)}$ 计算了衬砌自重引起的地基抗力 $\delta=\frac{[2(p_{e1}+p_{w1})-(q_{e1}+q_{w1})-(q_{e2}+q_{w2})+\pi g]R_c^4}{24(\eta EI+0.0454kR_c^4)}$ EI 为单位宽度弯曲刚度		

D.2.3 当利用惯用计算法、修正惯用计算法时,混凝土管片主体、管片接头的弯矩设计值应分别按下列公式计算:

$$M_z=(1+\zeta)M_g \quad \cdots\cdots (D.2.3\text{-}1)$$

$$M_t=(1-\zeta)M_g \quad \cdots\cdots (D.2.3\text{-}2)$$

式中：M_c ——管片主体弯矩设计值(N·m)；

M_t ——管片接头弯矩设计值(N·m)；

M_g ——惯用计算法弯矩计算值(N·m)；

ζ ——弯矩增减系数(0～1.0)，地基反力大的坚硬地基取低值，地基反力小的软弱地基取高值。

D.2.4 管片主体的剪力设计值取主体最大计算剪力值，同时应对斜向受拉钢筋进行应力校核。

D.2.5 管片接头的剪力设计值取主体最大计算剪力值，应对每处接头的全部螺栓进行应力校核。

D.2.6 当利用惯用计算法、修正惯用计算法时，不能计算环间设计剪力值，但可由垂直水、土压力及自重求解每一环的剪力值。

附　录　E
顶管法隧道结构计算

E.1　管道允许顶力计算

E.1.1　钢管顶管传力面允许最大顶力可按下式计算：

$$F_{ds}=\frac{\varphi_1\varphi_3\varphi_4}{r_{Qd}}f_sA_p \qquad \cdots\cdots\cdots\cdots\cdots\cdots \text{(E.1.1)}$$

式中：F_{ds} ——钢管管道允许顶力设计值(N)；

φ_1 ——钢管受压强度折减系数，可取 1.00；

φ_3 ——钢管脆性系数，可取 1.00；

φ_4 ——钢管顶管稳定系数，可取 0.36；当顶进长度小于 300 m 且穿越土层均匀时，可取 0.45；

f_s ——钢管受压强度设计值(N/mm^2)；

A_p ——管道的最小有效传力面积(mm^2)；

γ_{Qd} ——顶力分项系数，可取 1.30。

E.1.2　钢筋混凝土管顶管传力面允许最大顶力可按下式计算：

$$F_{dc}=0.5\times\frac{\varphi_1\varphi_2\varphi_3}{r_{Qd}\varphi_5}f_cA_p \qquad \cdots\cdots\cdots\cdots\cdots\cdots \text{(E.1.2)}$$

式中：F_{dc} ——混凝土管道允许顶力设计值(N)；

φ_1 ——混凝土材料受压强度折减系数，可取 0.90；

φ_2 ——偏心受压强度提高系数，可取 1.05；

φ_3 ——材料脆性系数，可取 0.85；

φ_5 ——混凝土强度标准调整系数，可取 0.79；

f_c ——混凝土受压强度设计值(N/mm^2)。

E.2　套管强度验算

E.2.1　钢套管管壁截面的最大组合折算应力应满足下列公式：

$$\eta\sigma_\theta\leqslant f \qquad \cdots\cdots\cdots\cdots\cdots \text{(E.2.1-1)}$$

$$\eta\sigma_x\leqslant f \qquad \cdots\cdots\cdots\cdots\cdots \text{(E.2.1-2)}$$

$$r_0\sigma\leqslant f \qquad \cdots\cdots\cdots\cdots\cdots \text{(E.2.1-3)}$$

$$\sigma=\eta\sqrt{\sigma_\theta^2+\sigma_x^2-\sigma_\theta\sigma_x} \qquad \cdots\cdots\cdots\cdots\cdots \text{(E.2.1-4)}$$

$$\sigma_\theta=\frac{N}{b_0t_0}+\frac{6M}{b_0t_0^2} \qquad \cdots\cdots\cdots\cdots\cdots \text{(E.2.1-5)}$$

$$N=\varphi_c\gamma_QF_{wd,k}r_0b_0 \qquad \cdots\cdots\cdots\cdots\cdots \text{(E.2.1-6)}$$

$$M=\varphi\frac{(\gamma_{G1}k_{gm}G_{1k}+\gamma_{G,SV}\kappa_{vm}F_{sv,k}D_1+\gamma_{GW}\kappa_{wm}G_{wk}+\gamma_Q\varphi_c\kappa_{vm}Q_{ik}D_1)r_0b_0}{1+0.732\dfrac{E_d}{E_p}\left(\dfrac{r_0}{t_0}\right)^3}$$

$$\cdots\cdots\cdots\cdots\cdots \text{(E.2.1-7)}$$

$$\sigma_x = \nu_p \sigma_\theta \pm \varphi_c \gamma_Q \alpha E_p \Delta T \pm \frac{0.5 E_p D_0}{R_1} \qquad \cdots\cdots\cdots\cdots\cdots \text{(E.2.1-8)}$$

$$R_1 = \frac{f_1^2 + \left(\frac{L_1}{2}\right)^2}{2 f_1} \qquad \cdots\cdots\cdots\cdots\cdots\cdots\cdots\cdots\cdots \text{(E.2.1-9)}$$

式中:σ_θ ——钢管管壁横截面最大环向应力(N/mm^2);

σ_x ——钢管管壁横截面最大纵向应力(N/mm^2);

σ ——钢管管壁的最大组合折算应力(N/mm^2);

η ——应力折算系数,取0.9;

f ——钢材的强度设计值(N/mm^2);

b_0 ——管壁计算宽度(mm),取1000 mm;

φ ——弯矩折算系数,有水内压时取0.7,无内水压时取1.0;

φ_c ——可变作用组合系数,取0.9;

t_0 ——管壁计算厚(mm),使用期间试算时设计壁厚应扣除2 mm,施工期间不扣除;

r_0 ——管的计算半径(mm);

M ——在作用组合作用下钢管管壁截面上的最大环向弯矩设计值(N·mm);

N ——在作用组合作用下钢管管壁截面上的最大环向轴力设计值(N);

E_d ——钢管管侧原状土的变形模量(N/mm^2);

E_p ——钢管管材的弹性模量(N/mm^2);

K_{gm}、K_{vm}、K_{wm}——分别为钢管管道自重、竖向土压力和管内水重作用下管壁截面的最大弯矩系数,分别取0.083、0.138、0.083;

D_1 ——管道外直径(mm);

Q_{ik} ——地面堆载或车载传递至管道顶压力的较大标准值;

ν_p ——钢管管材泊松比,可取0.3;

α ——钢管管材线膨胀系数;

ΔT ——钢管的计算温差;

R_1 ——钢管顶进施工变形形成的曲率半径(mm);

f_1 ——顶进管道直线顶进允许偏差(mm),可按表E.2.1确定;

L_1 ——出现偏差的最小间距(mm),视顶管直径和土质决定,一般可取50 m。

表E.2.1 顶管管道直线顶进允许偏差(mm)

项目			允许偏差	
			钢筋混凝土管	钢管
1	直线顶管水平轴线	顶进长度 $L<400$ m	50	130
		400 m≤顶进长度 $L<1000$ m	100	200
		顶进长度 $L\geqslant1000$ m	$L/10$	$100+L/10$

表 E.2.1(续)

项目				允许偏差	
				钢筋混凝土管	钢管
2	直线顶管内底高程	顶进长度 L<300 m	D_1<1500	+30,−40	+60,−60
			D_1≥1500	+40,−50	+90,−90
		300 m≤顶进长度 L<1000 m		+60,−90	+100,−100
		顶进长度 L≥1000 m		+90,−100	+150,−100,−L/10

E.2.2 钢筋混凝土顶管管道在组合作用下,管道横截面的环向内力可按下列公式计算:

$$M=r_0\sum_{i=1}^{n}K_{mi}P_i \quad \cdots\cdots\cdots\cdots (E.2.2\text{-}1)$$

$$N=\sum_{i=1}^{n}K_{ni}P_i \quad \cdots\cdots\cdots\cdots (E.2.2\text{-}2)$$

式中:M ——管道横截面上的最大弯矩设计值(N·mm/m);

r_0 ——圆管的计算半径(mm),即自圆管中心至管壁中心的距离;

N ——管道横截面上的轴力设计值(N/m);

P_i ——作用在隧道上的第 i 项作用设计系数;

K_{mi}——弯矩系数,应根据作用类别取土的支撑角为 120°,可按表 E.2.2 选用;

K_{ni}——弯矩系数,应根据作用类别取土的支撑角为 120°,可按表 E.2.2 选用。

表 E.2.2 圆形刚性管弯矩系数

作用类型	内力系数					
	K_{mA}	K_{mB}	K_{mE}	K_{nA}	K_{nB}	K_{nE}
垂直均布作用	0.154	0.136	−0.138	0.209	−0.021	0.500
结构自重	0.100	0.066	−0.076	0.236	−0.048	0.250
隧道上部土重	0.131	0.072	−0.111	0.258	−0.070	0.500
管内充水及其他结构重量	0.100	0.066	−0.076	−0.240	−0.208	−0.069
侧向主动土压力	−0.125	−0.125	0.125	0.500	0.500	0
注:A—隧道底部;B—隧道顶部;E—隧道中部两侧。						

E.3 套管稳定性验算

E.3.1 钢管管壁截面的临界压力应按下式计算:

$$F_{cr,k}=\frac{2E_p(n^2-1)}{3(1-v_p^2)}\left(\frac{t}{D_0}\right)^3+\frac{E_d}{2(n^2-1)(1+v_s)} \quad \cdots\cdots\cdots\cdots (E.3.1)$$

式中：n ——管壁失稳时的褶皱波数，其取值应使临界压力最小并不小于2；

v_s ——管两侧土体的泊松比，应根据土工实验确定，一般对砂性土可取0.30，黏性土可取0.40；

v_p ——钢材的泊松比，取0.30；

D_0 ——管壁中心直径(mm)；

E_p ——管材弹性模量(N/mm^2)；

E_d ——管侧土的变形模量(N/mm^2)。

E.3.2 钢管管道在土压力和地面作用下产生的最大竖向变形应按下式计算：

$$\omega_{c,max}=\frac{k_b r_0^3(F_{sv,k}+\psi_q Q_{ik})D_1}{E_p I_p+0.061E_d r_0^3} \quad \cdots\cdots \text{(E.3.2)}$$

式中：k_b ——竖向压力作用下管道竖向变形系数，取0.089；

ψ_q ——地面作用传递至管顶压力的准永久作用系数；

I_p ——钢管截面模量(mm^4/m)；

r_0 ——圆管的计算半径(mm)，即自圆管中心至管壁中心的距离。

附 录 F
无套管穿越公路土压力产生的管道应力计算

F.0.1 土压力产生的管道环向应力 σ_{He} 可按下式计算：

$$\sigma_{He} = K_{He} B_e E_e \gamma D \quad \cdots\cdots (F.0.1)$$

式中：σ_{He} ——土压力产生的管道环向应力(kPa)；

K_{He} ——钻孔方式土压力产生管道环向应力的刚度系数；

B_e ——土压力埋深影响系数；

E_e ——土压力挖掘系数；

γ ——土壤的容重(kN/m³)，如果有岩土试验取实际试验值，一般可取15.9kN/m³；

D ——穿越管道外直径(m)。

F.0.2 土压力产生管道环向应力的刚度系数 K_{He}，可根据土壤反作用模量 E' 和管道的壁厚与外直径的比值 δ/D，按表 F.0.2-1 取值，当不能从表中直接获取数据时，应按图 F.0.2 确定；采用钻孔施工方法的土壤反作用模量 E'，可按表 F.0.2-2 取值。在无勘察资料的情况下，E' 一般可取 3.4 MPa。采用开挖夯实管沟回填方法，E' 应高于钻孔施工方法；

表 F.0.2-1 钻孔方式土压力产生管道环向应力的刚度系数 K_{He}

δ/D	E' (MPa)			
	1.4	3.4	6.9	13.8
0.01	8500	6500	4600	3350
0.02	3100	2800	2400	2000
0.03	1400	1320	1260	1200
0.04	750	750	750	750
0.05	650	650	650	650
0.06	450	450	450	450
0.07	350	350	350	350
0.08	200	200	200	200

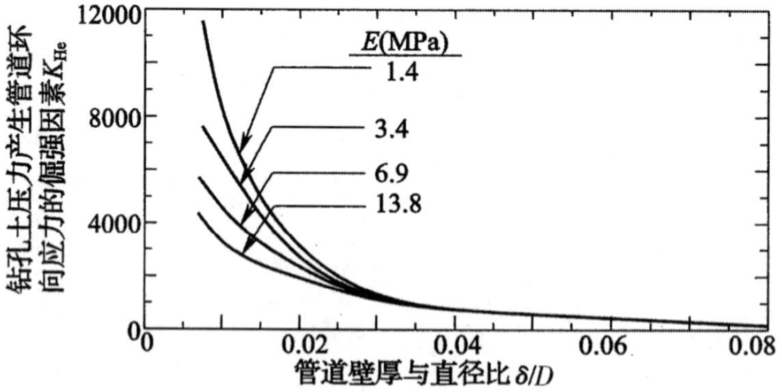

图 F.0.2 钻孔方式土压力产生管道环向应力的刚度系数 K_{He}

表 F.0.2-2 采用钻孔施工方法的土壤反作用模量E'

土壤状态	E' (MPa)
高塑性的软塑～可塑黏性土和粉土	1.4
低～中塑性的软塑～可塑黏性土和粉土、松散砂和砾石	3.4
硬塑～坚硬的黏性土和粉土、中密的砂和砾石	6.9
密实～很密实的砂和砾石	13.8

F.0.3 钻孔方式土压力产生管道环向应力的埋深影响系数 Be,应根据土壤分类和管线埋深与钻孔直径的比值 H/B_d,按表 F.0.3 取值,当不能从表中直接获取数据时,应按图 F.0.3-1 确定;在不能确定钻孔直径 B_d 的情况下,宜取 $B_d=D+50$ mm;对于开挖施工方法,宜取 $B_d=D$。

表 F.0.3 钻孔方式土压力产生管道环向应力的埋深影响系数 B_e

H/B_d	土壤类型	
	A	B
2	0.64	0.64
4	0.99	0.77
6	1.17	0.99
8	1.27	1.10
10	1.35	1.15
12	1.36	1.17
14	1.36	1.17
16	1.36	1.17
18	1.36	1.17
20	1.36	1.17
22	1.36	1.17
24	1.36	1.17
26	1.36	1.17
28	1.36	1.17
30	1.36	1.17

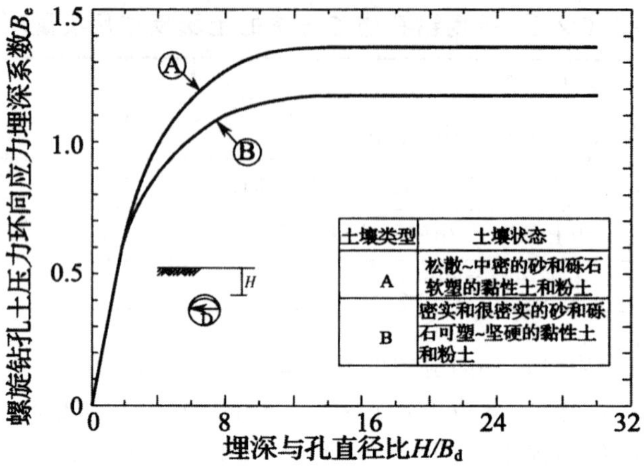

图 F.0.3 钻孔方式土压力产生管道环向应力的埋深影响系数 B_e

F.0.4 钻孔方式土压力产生管道环向应力挖掘系数 E_e，应根据钻孔直径与管线直径比值 B_d/D，按表 F.0.4 取值，当不能从表中直接获取数据时，应按图 F.0.4 确定；在不能确定钻孔直径时，宜取 $E_e=1.0$；对于开挖敷管施工方法，宜取 $E_e=1.0$。

表 F.0.4 钻孔方式土压力产生管道环向应力的挖掘系数 E_e

B_d/D	E_e
1.00	0.83
1.05	0.91
1.10	0.95
1.15	1.08
1.20	1.18
1.25	1.29
1.30	1.40

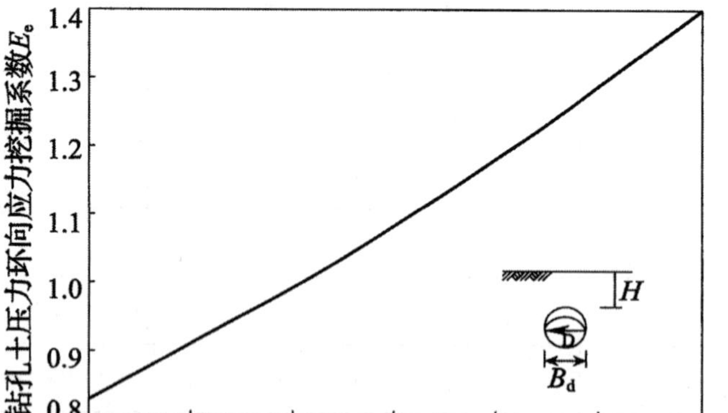

图 F.0.4 钻孔方式土压力产生管道环向应力的挖掘系数 E_e

附 录 G
无套管穿越公路车辆荷载产生的管道循环应力计算

G.1 车辆荷载产生的管道环向循环应力计算

G.1.1 车辆荷载产生的管道环向循环应力 σ_{Hh} 应按下式计算：

$$\sigma_{Hh}=K_{Hh}G_{Hh}RLF_{i}w \qquad \text{(G.1.1)}$$

式中：σ_{Hh} ——车辆荷载产生的管道环向循环应力(kPa)；

K_{Hh}——公路车辆荷载产生环向循环应力的刚度系数，可按表 G.1.1-1 取值，当不能从表中直接获取数据时，应按图 G.1.1-1 确定；

G_{Hh}——公路环向循环应力的几何因素，可按表 G.1.1-2 取值，当不能从表中直接获取数据时，应按图 G.1.1-2 确定；

R ——公路路面类型系数，可按表 G.1.1-3 取值；

L ——公路车辆车轴类型系数，可按表 G.1.1-3 取值；

F_i ——冲击系数。冲击系数是输送管线在穿越处埋深 H 的函数，按表 G.1.1-4 取值，当不能从表中直接获取数据时，可内插确定；

w ——车轮均布荷载标准值，取双轴 w=583 kPa。

表 G.1.1-1 公路车辆荷载产生管道环向应力的刚度系数 K_{Hh}

δ/D	E_r'(MPa)		
	34.00	69.00	138.00
0.01	19.50	13.00	6.50
0.02	19.00	14.00	9.50
0.03	13.50	11.00	8.50
0.04	8.70	8.00	6.00
0.05	6.50	6.00	4.50
0.06	4.50	4.00	3.50
0.07	2.65	2.60	2.00
0.08	1.35	1.30	1.25

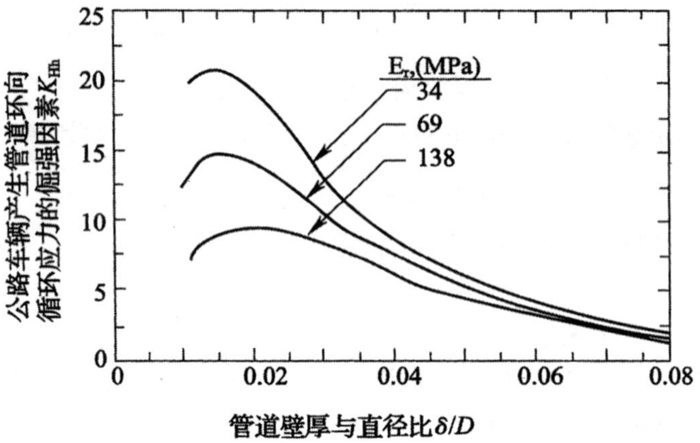

图 G.1.1-1 公路车辆荷载产生管道环向应力的刚度系数 K_{Hh}

表 G.1.1-2 公路环向循环应力的几何因素 G_{Hh}

D(mm)	H(m)			
	0.90～1.20	1.80	2.40	3.00
100	1.45	1.35	0.85	0.65
200	1.40	1.34	0.84	0.64
300	1.30	1.05	0.83	0.63
400	1.20	0.95	0.82	0.62
500	1.15	0.90	0.76	0.60
600	1.13	0.87	0.72	0.58
700	1.10	0.85	0.67	0.57
800	1.00	0.80	0.65	0.55
900	0.99	0.79	0.63	0.50
1000	0.95	0.74	0.62	0.45

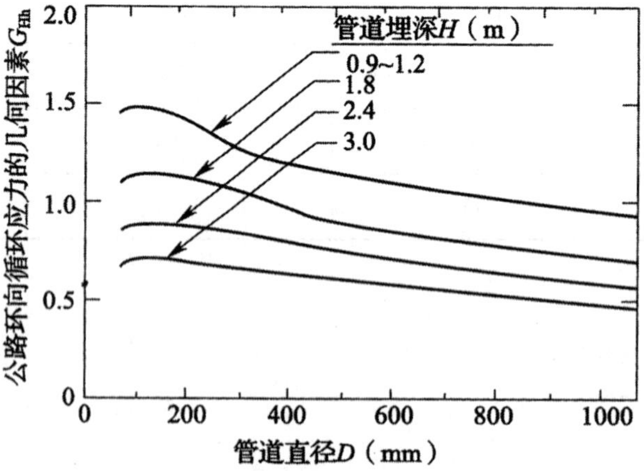

图 G.1.1-2 公路环向循环应力的几何因素 G_{Hh}

表 G.1.1-3 公路路面类型系数 *R* 和车轮车轴类型系数 *L*

管道埋深 $H<1.2$ m、直径 $D\leqslant305$ mm			
路面类型	车轴类型	R	L
刚性路面	双轴	0.90	0.65
弹性路面	双轴	1.00	0.75
无路面	双轴	1.20	0.80
管道埋深 $H<1.2$ m、直径 $D>305$ mm;埋深 $H\geqslant1.2$ m 的各种管径			
路面类型	车轴类型	R	L
刚性路面	双轴	0.90	0.65
弹性路面	双轴	1.00	0.65
无路面	双轴	1.10	0.65

表 G.1.1-4 公路车辆荷载冲击系数 F_i

H(m)	F_i
1	1.50
2	1.45
3	1.35
4	1.26
5	1.18
6	1.10

公路车辆荷载产生环向循环应力的刚度系数 K_{Hh},应根据土壤弹性模量 E_r 和管道的壁厚与直径的比值 δ/D 确定。其中,土壤弹性模量 E_r,应按表 G.1.1-5 取值。

表 G.1.1-5 土壤弹性模量 E_r

土壤状态	E_r(MPa)
软塑~可塑黏性土和粉土	34
硬塑~坚硬的黏性土和粉土、中密的砂和砾石	69
密实~很密实的砂和砾石	138

G.2 车辆产生的管道轴向循环应力计算

G.2.1 车辆荷载产生的管道轴向循环应力 σ_{Lh} 应按下式计算:

$$\sigma_{Lh}=K_{Lh}G_{Lh}RLF_iw \qquad \text{(G.2.1)}$$

式中:σ_{Lh} ——车辆荷载产生的管道轴向循环应力(kPa);

K_{Lh}——公路车辆荷载产生管道轴向循环应力的刚度系数，按表 G.2.1-1 取值，当不能从表中直接获取数据时，应按图 G.2.1-1 确定；

G_{Lh}——公路轴向循环应力的几何因素，按表 G.2.1-2 取值，当不能从表中直接获取数据时，应按图 G.2.1-2 确定。

表 G.2.1-1 公路车辆荷载产生管道轴向应力的刚度系数 K_{Lh}

δ/D	E_r'(MPa)		
	34	69	138
0.01	14.50	9.50	6.00
0.02	14.00	9.50	7.00
0.03	12.00	8.50	6.00
0.04	9.50	7.00	4.50
0.05	8.50	6.50	4.20
0.06	7.60	5.10	3.20
0.07	7.40	4.90	3.00
0.08	7.20	4.80	3.00

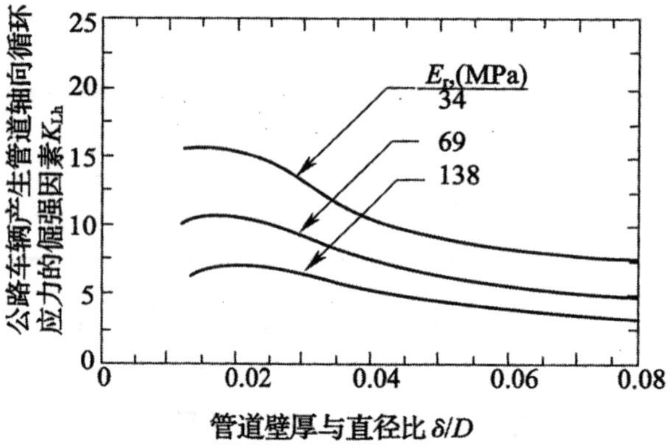

图 G.2.1-1 公路车辆荷载产生管道轴向应力的刚度系数 K_{Lh}

表 G.2.1-2 公路轴向循环应力的几何因素 G_{Lh}

D(mm)	H(m)			
	0.90～1.20	1.80	2.40	3.00
100	1.85	1.74	1.72	1.65
200	1.35	1.25	1.15	1.10
300	1.20	1.05	0.90	0.85
400	1.17	0.95	0.85	0.75
500	1.10	0.90	0.82	0.70
600	1.05	0.87	0.75	0.65

表 G.2.1-2(续)

D(mm)	H(m)			
	0.90～1.20	1.80	2.40	3.00
700	0.95	0.85	0.73	0.63
800	0.90	0.84	0.70	0.60
900	0.87	0.75	0.65	0.55
1000	0.85	0.65	0.62	0.50

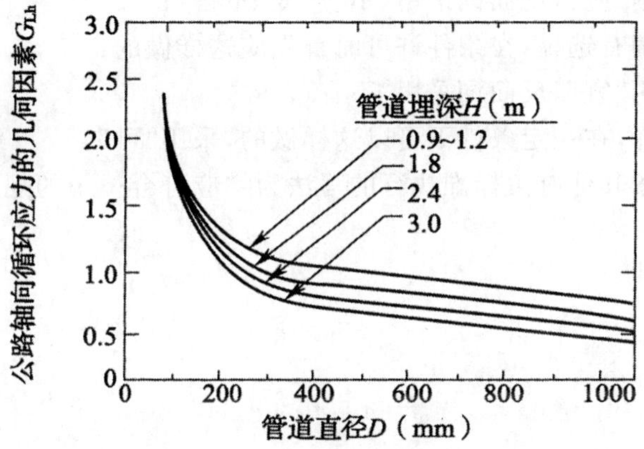

图 G.2.1-2 公路轴向循环应力的几何因素 G_{Lh}

本规范用词说明

1 为便于在执行本规范条文时区别对待,对要求严格程度不同的用词说明如下:

1) 表示很严格,非这样做不可的:
正面词采用“必须”,反面词采用“严禁”;

2) 表示严格,在正常情况下均应这样做的:
正面词采用“应”,反面词采用“不应”或“不得”;

3) 表示允许稍有选择,在条件许可时首先应这样做的:
正面词采用“宜”,反面词采用“不宜”;

4) 表示有选择,在一定条件下可以这样做的,采用“可”。

2 条文中指明应按其他有关标准执行的写法为:“应符合……的规定”或“应按……执行”。

引用标准名录

《建筑结构荷载规范》GB 50009
《地下工程防水技术规范》GB 50108
《输气管道工程设计规范》GB 50251
《输油管道工程设计规范》GB 50253
《油气长输管道工程施工及验收规范》GB 50369
《油气输送管道线路工程抗震技术规范》GB 50470
《油气田及管道岩土工程勘察规范》GB 50568
《高压锅炉用无缝钢管》GB 5310
《高压化肥设备用无缝钢管》GB 6479
《内河交通安全标志》GB 13851
《油气输送管道工程测量规范》GB/T 50539
《输送流体用无缝钢管》GB/T 8163
《石油天然气工业管线输送用钢管》GB/T 9711
《钢质管道外腐蚀控制规程》GB/T 21447
《预制混凝土衬砌管片》GB/T 22082
《顶进施工法用钢筋混凝土排水管》JC/T 640
《钢筋机械连接技术规程》JGJ 107
《公路桥涵设计通用规范》JTGD 60
《公路工程质量检验评定标准》JTJF 80/1
《石油天然气钢质管道无损检测》SY/T 4109
《铁路桥涵设计基本规范》TB 10002.1

UDC

中华人民共和国国家标准

P GB 50424—2015

油气输送管道穿越工程施工规范

Code for construction of oil and gas transmission pipeline crossing engineering

2015-06-26 发布 2016-03-01 实施

754 中华人民共和国住房和城乡建设部
中华人民共和国国家质量监督检验检疫总局 联合发布

中华人民共和国住房和城乡建设部公告

第861号

住房城乡建设部关于发布国家标准《油气输送管道穿越工程施工规范》的公告

现批准《油气输送管道穿越工程施工规范》为国家标准,编号为GB 50424—2015,自2016年3月1日起实施。其中,第5.2.1、13.0.6条为强制性条文,必须严格执行。原国家标准《油气输送管道穿越工程施工规范》GB 50424—2007同时废止。

本规范由我部标准定额研究所组织中国计划出版社出版发行。

中华人民共和国住房和城乡建设部

2015年6月26日

前　言

本规范是根据住房和城乡建设部《关于印发2013年工程建设标准规范制订修订计划的通知》(建标〔2013〕6号)的要求,由中国石油天然气管道局会同有关单位在原国家标准《油气输送管道穿越工程施工规范》GB 50424—2007的基础上修订而成。

本规范在修订过程中,规范编制组经广泛调查研究,认真总结实践经验,参考有关国内标准和国外先进标准,并广泛征求意见,最后经审查定稿。

本规范共分14章和1个附录,主要技术内容包括总则,术语,施工准备,材料,管道安装,定向钻法穿越施工,竖井施工,顶管法穿越施工,盾构法穿越施工,开挖法穿越施工,矿山法隧道穿越施工,管道清管、试压,健康、安全与环境,工程交工验收等。

本规范修订的主要技术内容是:

1　总则:删除验收内容符合本规范的表述;

2　取消了原规范第三章基本规定;

3　施工准备:细化了开工准备内容,并增加了施工企业在技术交底后应该做好的工作,包括进行施工组织设计等内容;

4　材料:删除了具体所用的材料;

5　管道安装:对施工流程进行了简要概述,删除了一般管道安装的技术要求;增加了穿越管道安装的相关技术要求;

6　定向钻法穿越施工:增加了不良地质的处理、对穿工艺、泥浆处理、管道外护层施工和馈电法检验的相关技术要求;

7　竖井施工:本章为新增内容,内容包括沉井和地下连续墙施工等相关要求;

8　顶管法穿越施工:增加了顶管力计算、中继间及岩石微爆施工等相关技术要求,修订了竖井施工的相关要求;

9　盾构法穿越施工:增加了不良地质的处理、背填注浆、出进洞密封和开舱处理的技术要求;

10　开挖法穿越施工:增加了预制配重层管中漂管牵引的技术要求;

11　管道清管、试压;增加了单独试压的选取原则;

12　工程交工验收:修订了相应验收内容。

本规范中以黑体字标志的条文为强制性条文,必须严格执行。

本规范由住房和城乡建设部负责管理和对强制性条文的解释,由石油工程建设专业标准化委员会负责日常管理,由中国石油天然气管道局负责具体技术内容的解释。本规范在执行过程中如有意见或建议,请寄送至中国石油天然气管道局(地址:河北廊坊市广阳道87号,邮政编码:065000),以便今后修订时参考。

本规范主编单位、参编单位、主要起草人和主要审查人:

主 编 单 位:中国石油天然气管道局

参 编 单 位:中国石油天然气管道科学研究院

中国石油天然气管道工程有限公司
中国石油天然气管道局第四工程分公司
中国石油天然气管道局穿越分公司
中国石油天然气管道局第三工程公司

主要起草人：续　理　焦如义　李胜新　刘厚平　魏国昌　郭泽浩　赵忠刚　曹云清　詹胜文　李建忠　曹晓燕　古　桢　石　忠　郑玉刚　常　亮　吴江桥　贾　承　唐　昊　田凤霞

主要审查人：李献军　马　骅　王　劲　周剑琴　马保松　刘嵬辉　史　航　高剑峰　宋华奇　尹刚乾　梁桂海　严红江　姜俊荣　关利章　王平国　李艳华

1 总则

1.0.1 为有效控制油气输送管道穿越工程(以下简称穿越工程)施工质量,做到安全、环保、适用,制定本规范。

1.0.2 本规范适用于新建或改、扩建的输送原油、天然气、煤气、成品油等管道穿越障碍物工程的施工。

1.0.3 穿越工程施工方法宜采用定向钻法穿越施工、顶管法穿越施工、盾构法穿越施工、开挖穿越施工、矿山法隧道穿越施工。

1.0.4 油气输送管道穿越工程施工除应符合本规范外,尚应符合国家现行有关标准的规定。

2 术语

2.0.1

油气输送管道 oil and gas transmission pipeline

用于输送油气介质的管道。

2.0.2

障碍物 obstructions

管道敷设时所遇到的天然或人工障碍。

2.0.3

定向钻法穿越 crossing by horizontal directional drilling

采用水平定向钻机将穿越管段按照设计轨迹通过障碍物的一种非开挖管道安装施工方法。

2.0.4

套管 casings

水平定向钻穿越过程中出、入土点两侧采用夯进、顶进或开挖方式隔离不良地层而设置的隔离管。

2.0.5

地质改良 geological treatment

通过换填、深层搅拌、高压旋喷、冷冻等方法改善地层条件的施工措施。

2.0.6

钻机地锚 rig anchor

埋于地下用以固定定向钻钻机,提供钻机反作用力的锚固设施。

2.0.7

泥浆 slurry

由膨润土、水和少量添加剂组成的混合物。

2.0.8

马氏漏斗黏度 funnel viscosity

946 mL 的泥浆从马氏漏斗黏度计中流出所需时间(s)。

2.0.9

导向孔 pilot hole

利用水平定向钻机,沿设计曲线完成的初始钻孔。

2.0.10

控向系统　direction control system

提供方位角、倾斜角及其工作状态等参数的系统。

2.0.11

入土角、出土角　entry/exit angle

水平定向钻施工时,钻杆入土时钻杆中心线与水平面的夹角称入土角;钻杆出土时,钻杆中心线与水平面的夹角称出土角。

2.0.12

对穿工艺　intersection technology

采用两台定向钻钻机分别从障碍物两侧对钻导向孔,通过对接钻孔完成导向孔施工过程的一种水平定向钻施工方法。

2.0.13

扩孔　reaming hole

为达到与穿越管段相适应的孔径,用扩孔器扩大导向孔孔径的施工过程。

2.0.14

防护层　armoring coating

包覆在定向钻穿越管段防腐层外表面的保护性材料或强度较高的涂层。

2.0.15

回拖　back pulling

将穿越管段从钻杆出土点一侧,沿扩孔后的孔洞,拖至钻杆入土点一侧的施工过程。

2.0.16

浮力控制　buoyancy control

在大直径管道回拖过程中,改变穿越管道单位重量以获得所需浮力的方法。

2.0.17

竖井　shaft

施工时,为满足隧道设备组装解体、材料运输、人员进出、供电、通风、给排水等作业,管道安装、运行而修建的临时的或永久的竖向构筑物。根据其作用和目的,竖井可分为出发井(中间井、转向井)和接收井。

2.0.18

地下连续墙　diaphragm wall

用机械方法成槽或成孔后浇灌钢筋混凝土或插入混凝土构件支撑的地下连续钢筋混凝土结构。

2.0.19

顶管作业坑　working pit of pipe jacking

顶管穿越施工时,安放顶管设备或接收穿越管段的作业坑。

2.0.20

顶管靠背墙　reaction wall of pipe jacking

顶管作业坑内、承受顶管设备反作用力的墙体。

2.0.21

盾构法隧道穿越　crossing by shield tunneling

采用盾构法建造隧道,并在隧道内敷设穿越管道的一种非开挖穿越方式,简称“盾构穿越”。

2.0.22

盾构机　shield tunneling machine

盾构掘进机的简称,是在钢壳体保护下完成隧道掘进、拼装成型隧道施工机械,由主机和后配套组成的机电一体化设备。

2.0.23

泥水平衡式施工法　slurry shield tunneling method

通过直接或间接地对泥水舱压力进行控制,达到与掘进面土压、水压的平衡,以保持掘削面稳定的一种施工方法。

2.0.24

土压平衡式施工法　earth pressure balance shield method

通过控制使掘进面土层的地下水压力和土压力处于一种平衡状态,掘进机的推进与排土量所占的体积平衡,以保持掘削面稳定的一种施工方法。

2.0.25

管片　segment

用于盾构隧道拼装成型钢筋混凝土环的基本单元。

2.0.26

壁后注浆　wall grouting

用浆液填充隧道衬砌环与地层之间空隙的同步注浆、二次注浆或多次注浆的施工工艺。

2.0.27

负环管片　temporary segment

为盾构始发掘进传递推力的临时管片。

2.0.28

防水密封条　sealing gasket

用于管片接缝处的防水材料。

2.0.29

带压进仓作业　operating under air pressure

特指在泥水平衡的盾构、顶管施工中,采用增加刀盘仓的气体压力平衡操作面的压力,使工作人员能进入刀盘舱内更换刀具、清理掘进面障碍物或检查工作。

2.0.30

双液浆(AB双组份浆)　dual-elements slurry

为了缩短壁后注浆或止水注浆的初凝时间提高止水效果,在普通注入浆液中添加水玻璃,又称泡花碱(sodium silicate)。

2.0.31

开挖穿越　open-cut crossing

将公路或河渠的管道穿越段等全部挖开,待将穿越管段敷设完成后,再恢复原地貌的一种施工方法。

2.0.32

围岩 surrounding rock

隧道工程影响范围内的岩土体。

2.0.33

微差爆破 short-delay blasting

在爆破施工中采用一种特制的毫秒延期雷管,以毫秒级时差顺序起爆各个(组)药包的爆破技术。其原理是把普通齐发爆破的总炸药能量分割为多数较小的能量,采取合理的装药结构,最佳的微差间隔时间和起爆顺序,为每个药包创造多面临空条件,将齐发大量药包产生的地震波变成一长串小幅值的地震波,同时各药包产生的地震波相互干涉,从而降低地震效应,把爆破振动幅度控制在给定水平之下,也称微差控制爆破。

2.0.34

光面爆破(预裂爆破) presplitting blasting

光面爆破是在开挖轮廓线上布设比普通爆破较为密集的炮眼,并采用装少量炸药的特殊装药结构,使周边眼在主体爆破后最后同时起爆。与光面爆破相比,预裂爆破的炮眼要更密,装药量也更多,使爆破从开挖断面轮廓线开始,其起爆顺序正好和光面爆破相反。

2.0.35

锚喷支护 shotcrete,anchor rod and mesh reinforcement support

由喷射混凝土、锚杆和(或)钢筋网等组合而成的支护结构。

2.0.36

钢架支护 steel frame or beam support

用钢筋或型钢、钢管、钢轨、钢板等制成的钢骨架支护结构。

2.0.37

超前支护 pre-supporting

在钻爆隧道开挖前,对开挖工作面前方的围岩进行预加固的支护方法。

2.0.38

管棚支护 pipe-roof protection

在隧道开挖前,沿开挖工作面的拱部外周插入钢管,压注砂浆,开挖时用钢架支承此种钢管所进行的支护方法。

2.0.39

超前锚杆 advance roofbolt

在隧道开挖前,沿隧道拱部按一定角度设置的起着预加固围岩作用的锚杆。

2.0.40

预注浆 pregrouting

在隧道开挖前,为固结围岩、填充空隙或堵水而沿着开挖面或拱部进行注浆的施工方法。

2.0.41

回填注浆 back-filling grouting

在衬砌完成后,为填充衬砌与围岩之间的空隙而进行注浆的施工方法。

3 施工准备

3.0.1 开工前应进行现场调查,编制并报批施工组织设计、施工方案或作业规程,并应配备施工装备。

3.0.2 开工前应做好下列工作:

1 预测地表和地下障碍物对穿越施工的影响,当勘探结果不满足施工需要时,应加密勘探;

2 确定交通运输方案;

3 了解施工场地与相邻工程、农田水利等的关系;

4 了解建筑物、构筑物、道路、水利、电讯和电力线等设施的拆迁情况和数量;

5 调查水源、检测水质,拟定施工供水方案;

6 调查可利用的电源、动力、通信、消防、劳动力、生活供应及医疗卫生条件;

7 调查施工中对自然环境、生活环境的影响及需要采取的措施。

3.0.3 施工前,设计单位应进行现场交底,施工单位应全面熟悉设计文件,并应做好下列工作:

1 掌握工程的重点和难点,了解穿越方案;

2 复查对穿越施工和环境保护影响较大的地形、工程地质、水文地质和气象条件,以及其他限制条件和要求,制定相应的技术和保护措施;

3 核对设计文件;

4 会同设计单位现场交接和复查测量控制点、施工测量用的基准点及水准点,按施工方法的要求进行复查。

3.0.4 施工组织设计至少应包括施工方法、场地布置、进度计划、质量计划、工程数量、人员配备、主要材料、机械设备、电力、运输、健康安全环保和社会影响等主要措施内容。

3.0.5 施工单位应根据地质条件,结合穿越长度、结构类型、工期要求、交通条件、施工技术力量、安全生产、机械设备、材料、劳动力组合等情况确定施工方法。

3.0.6 施工前应结合工程特点,对员工进行质量、健康、安全和环保教育及技术交底和培训。

4 材料

4.0.1 工程材料、管道附件的材质、规格和型号必须符合设计要求,其质量应符合国家或行业有关标准的规定,并应具有出厂合格证、质量证明文件以及材质证明书或使用说明书。

4.0.2 施工单位应按工程设计要求和施工技术标准对工程材料、管道附件的出厂合格证、质量证明文件以及材质证明书进行检查,当对其质量(或性能)有疑问时应进行复验,不合格者严禁使用。材料有抽检规定的,应按要求进行抽样检验。

5 管道安装

5.1 管道主体安装

5.1.1 穿越管道安装的类型可分为竖井管道安装、套管内管道安装、隧道内管道安装、开挖法的管道安装。

5.1.2 应依据不同的穿越型式采用适用的管道组装方法。

5.1.3 穿越管道的组对焊接应符合现行国家标准《油气长输管道工程施工规范》GB 50369 的有关规定。

5.1.4 应依据不同的穿越方法采取适用的设备,除采用常规的施工机械及安装设备外,还应采用卷扬机、辊道、轨道小车、龙门架、穿心千斤顶等相应的辅助机械。

5.2 焊缝的无损检测

5.2.1 穿越管段无损检测除穿越三级及三级以下公路外,应符合下列规定:

1 应进行100%超声波检测、100%射线检测;

2 焊缝合格级别均应为Ⅱ级及以上。

5.2.2 从事无损检测工作的技术人员应具备相应的资格。

5.3 管道外涂层、补口

5.3.1 管道现场防腐补口、补伤施工应符合设计要求和国家现行有关标准的规定。

5.3.2 防腐层的外表面应平整,无漏涂、褶皱、流淌、气泡和针孔等缺陷;防腐层应有效地附着在金属表面;聚乙烯热收缩套(带)、聚乙烯冷缠粘胶带,以及双组分环氧粉末补伤液、补伤热熔棒等补口、补伤材料应按其生产厂家使用说明进行施工。

6 定向钻法穿越施工

6.1 一般规定

6.1.1 穿越深度应符合下列规定:

1 穿越河流等水域时,穿越管段管顶最小埋深不宜小于设计洪水冲刷线和规划疏浚线以下6 m,管顶距河床底部的最小距离不宜小于穿越管径的10倍;

2 穿越铁路、公路、堤防建(构)筑物时,穿越管段管顶埋深应符合铁路、公路、水利等相关部门的规定。

6.1.2 穿越施工时入土角、出土角,应根据地质、地形条件和穿越管段材质、管径来确定。入土角宜为6°～20°,出土角宜为4°～12°。

6.1.3 定向钻穿越的曲率半径应符合设计要求。曲率半径不宜小于1500D,且不应小于1200D。

6.1.4 在管道入土端和出土端外侧各预留不宜少于10 m的直管段。

6.1.5 地质材料准备应符合下列规定:

1 施工前,建设方应向施工单位提供穿越工程的岩土工程详细勘察报告。报告内容应符合现行国家标准《油气田及管道岩土工程勘察规范》GB 50568的有关规定,且应包括下列内容:

1) 文字部分包括:工程概况,勘察方法和勘察工作布置,场地地形地貌、地层、地质构造、岩土性质及其均匀性,各项岩土性质指标,岩土的强度参数、变形参数、地基承载力的建议,地下水埋藏情况、类型、水位及其变化,土和水对建筑材料的腐蚀,可能影响施工的不良地质作用以及地下建(构)筑物对工程影响程度的评价,穿越场地稳定性和适宜性的评价;

2) 图表部分包括:勘探点平面布置图、工程地质柱状图、工程地质剖面图、原位测试成果图表和室内土工试验成果图表等。

2 施工方应复核详勘报告内容,当不满足施工需要时,可向建设方提出补充勘察或施工勘察申请。

6.1.6 对出土点或入土点侧含有卵砾石等不适合水平定向钻施工的地质条件时,宜采取套管隔离、注浆加固或开挖换填等措施进行地质改良,并应符合下列规定:

1 采用套管隔离不利地层时,钢套管内径宜大于最后一级扩孔直径 300 mm,壁厚选取宜按下式进行初选,并应根据强度要求进一步确定壁厚。套管切削刃应加强;

$$t_{ca}=\frac{F_0}{\phi_1 \pi D_{ca}\sigma_s} \quad\cdots\cdots\cdots\cdots (6.1.6)$$

式中:t_{ca}——套管初选壁厚(m);

F_0——夯管锤能够提供的最大夯进力(N);

ϕ_1——套管稳定系数,宜取 0.36,当套管经过地层均匀时,可取 0.45;

D_{ca}——套管直径(m);

σ_s——套管规定屈服强度(Pa)。

2 采用开挖方法处理不利地层时,开挖完成后宜换填或设置隔离套管,设置隔离套管应符合钻进轨迹曲线要求;

3 采用注浆加固处理不利地层时,加固应沿设计轨迹曲线进行,加固断面不宜小于 7 m×7 m,轴向加固长度宜伸入较好地层。

6.1.7 管道穿越曲线(图 6.1.7),导向孔穿越长度应按下列公式计算:

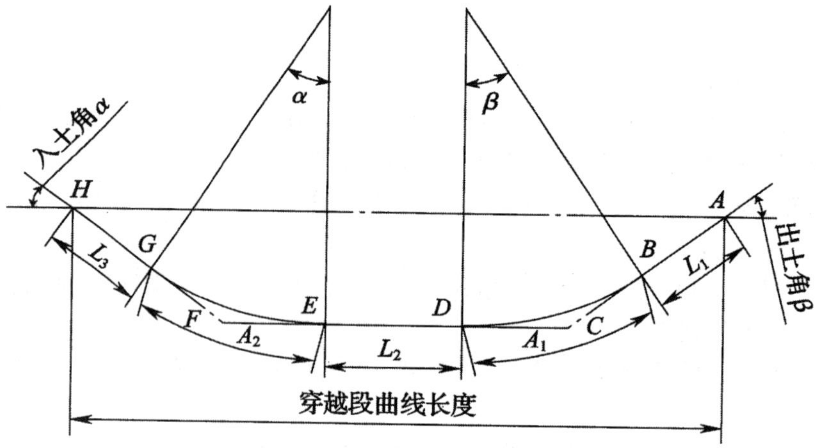

图 6.1.7 管道穿越段曲线示意图

A、B、D、E、G、H—各节点;C、F—曲线段两端切线交点。

$$L=L_1+A_1+L_2+A_2+L_3 \quad\cdots\cdots\cdots\cdots (6.1.7\text{-}1)$$

$$A_1=\pi\times R\times\beta/180 \quad\cdots\cdots\cdots\cdots (6.1.7\text{-}2)$$

$$A_2=\pi\times R\times\alpha/180 \quad\cdots\cdots\cdots\cdots (6.1.7\text{-}3)$$

式中:L——穿越管段曲线长度(m);

L_1——出土端直线段长度(m);

R——曲率半径(m);

β——出土角(°);

A_1——出土端曲线段长度(m);

L_2——底部直线段的长度(m);

α——入土角(°);

A_2——入土端曲线段的长度(m);

L_3——入土端直线段的长度(m)。

6.1.8 穿越管段回拖力的计算和钻机的选择应符合下列规定:

1 穿越管段回拖时的拉力宜按下式计算：

$$F_p = L \cdot f \cdot \left| \pi \frac{D^2}{4}\gamma_m - \pi \frac{\delta_1}{4} \cdot (2D-\delta_1)\lambda_s - W_b \right| + k_v \cdot \pi \cdot D \cdot L \quad \cdots (6.1.8)$$

式中：F_p——计算拉力(kN)；

L——穿越管段曲线长度(m)；

f——摩擦系数，取0.3；

D——管子直径(m)；

γ_m——泥浆重度，取11.5(kN/m^3)；

δ_1——管子壁厚(m)；

γ_s——钢材重度，取78.5(kN/m^3)；

W_b——定向钻回拖过程中单位长度配重(kN/m)；

k_v——粘滞系数，取0.175($kN \cdot s/m^2$)。

2 水平定向钻机回拖力宜按式6.1.8计算值的1.5倍～3倍选择。

6.1.9 应根据泥浆泵排量确定切割刀、扩孔器的泥浆喷射孔的个数，其中泥浆喷射孔的个数应按下式计算：

$$N = \frac{Q}{\pi r^2 V} \quad \cdots\cdots (6.1.9)$$

式中：N——泥浆喷射孔的个数(个)；

V——要求泥浆的喷射速度(m/min)；

Q——泥浆泵的正常排量(m^3/min)；

r——喷射孔的半径(m)。

6.1.10 水平定向钻穿越施工前，建设单位应提供完整的施工图，且施工图应包括下列内容：

1 设计说明书、管道穿越施工平面图、管道穿越断面图；

2 出、入土角度，出、入土点的位置；

3 在穿越区域内有地下建(构)筑物时，应在施工图上标注位置、埋深。

6.1.11 施工便道及场地应符合下列规定：

1 施工便道应具有足够的承载能力，宽度应大于4 m，弯道的转弯半径应大于18 m，并应与公路平缓接通；

2 施工用水应符合配制泥浆的要求；

3 施工场地应能满足施工作业的要求。

6.1.12 穿越管段的预制、补口和试压应在最后一级扩孔前完成。

6.1.13 钻机安装调试应符合下列规定：

1 应根据施工场地规划，设备依次进场就位；

2 钻机宜安装在穿越中心线上。锚固件应安装牢固，地锚抗拉能力应满足钻机最大拉力要求；

3 有线控向系统的调校地点应选在不受磁场干扰的区域。调校时探头在同一位置宜多次测量，并应取多次测量值的算术平均值作为方位角基准值；

4 设备安装完成后应进行整体试运转；

5 在条件具备的情况下，应使用人工磁场。

6.1.14 钻机场地应符合下列规定：

1 小型水平定向钻机的安装场地可为 40 m×40 m，大型水平定向钻机的安装场地可为 60 m×60 m。安装场地应根据钻机及附属设备的要求，并应结合现场条件进行布置；

2 钻机场地内应设泥浆池，其大小应根据泥浆用量确定。泥浆池不宜放在穿越中心线上。

6.1.15 管段预制场地应符合下列规定：

1 穿越管段预制场地宜设在出土点附近，在出土点宜设一个 30 m×30 m 的钻具操作场地；

2 管段预制场地宜与入土点、出土点成一直线。穿越管段的预制场地的长度宜为设计水平长度加 20 m，宽度应符合现行国家标准《油气长输管道工程施工规范》GB 50369 有关规定；

3 若因场地限制预制管段不能直线布置，应在出土点保持不少于 100 m 的直管段，方可采取弹性敷设。

6.1.16 定向钻穿越段施工过程中应采取试回拖、洗孔、浮力控制等适当措施避免外涂层的损伤。

6.1.17 定向钻穿越段应根据下列地质条件确定外涂层的类型：

1 除碎石土层、砾砂层外的土层或饱和单轴抗压强度小于或等于 15 MPa 软岩层穿越时，宜与线路管道主体防腐层类型保持一致，并宜采用相应的加强级防腐层；

2 碎石土层、砾砂层、破碎岩层、砾岩层、饱和单轴抗压强度大于 15 MPa 岩层以及其他易于磨损和刮伤防腐层的地层穿越时，宜采取耐磨、耐划伤涂层或增加防护层。

6.1.18 定向钻穿越段管道应实施阴极保护并在两端应设置必要的阴极保护检测设施。阴极保护宜纳入干线阴极保护系统中。定向钻穿越管段在纳入永久阴极保护系统之前应采取临时阴极保护措施。

6.2 施工测量

6.2.1 测量放线前，应根据设计给出的控制桩位、设备情况、工程情况、地形地貌等编制施工场地平面布置图。

6.2.2 应用测量仪器放出穿越中心线，并应确定穿越入土点、出土点。

6.2.3 应根据穿越入土点、出土点及穿越中心线，确定钻机安装场地、管线侧施工场地、泥浆池以及穿越管段预制场地的边界线，并应撒上灰线。

6.3 穿越施工

6.3.1 钻导向孔应符合下列规定：

1 控向操作应由经过培训合格的人员操作，控向系统的功能应满足工程的需要；

2 导向孔应根据设计曲线钻进，钻杆折角宜符合表 6.3.1-1 的规定；

3 每钻进一根钻杆宜至少采集一次控向数据，并应根据采集的控向数据及时调整；

4 穿越长度大于 2000 m 时，宜采用对穿工艺钻导向孔；穿越两端使用套管隔离，应采用对穿工艺钻导向孔；

表 6.3.1-1 钻杆折角

穿越管径(mm)	每根钻杆最大折角(°)	4 根钻杆累加折角(°)
ϕ325 以下	2.1	6.0
ϕ377	1.7	5.7
ϕ406	1.6	5.4

表 6.3.1-1(续)

穿越管径(mm)	每根钻杆最大折角(°)	4 根钻杆累加折角(°)
ϕ508	1.4	4.3
ϕ610	1.2	3.6
ϕ711	1.1	3.0
ϕ813	1.0	2.6
ϕ914	0.9	2.4
ϕ1016 以上	0.8	2.2

5 导向孔实际曲线与设计穿越曲线的偏差不应大于 1%,且偏差应符合表 6.3.1-2 的规定。

表 6.3.1-2 导向孔允许偏差(m)

导向孔曲线		出土点	
横向偏差	上下偏差	横向误差	纵向偏差
±3	+1 −2	±3	+9 −3

6.3.2 定向钻导向孔对接穿越施工应符合下列规定:

1 对接穿越施工准备应符合下列规定:

1) 施工前应进行现场调查,了解穿越段的地质资料及地下构筑物情况;

2) 施工前应详细了解穿越段施工的技术要求与所执行的规范及质量标准;

3) 施工钻机及配套设备宜提前进行维修保养,施工机具配置应齐全;

4) 测量放线应根据设计交底(桩)与施工图纸放出钻机场地控制线及设备摆放位置线,并应确保钻机钻杆中心线与入土点、出土点成一条直线;

5) 施工场地应进行平整铺垫,主钻机施工场地面积宜为 3600m^2,辅助钻机施工场地面积宜为 1600 m^2。

2 安装主施工钻机应符合下列规定:

1) 应将钻机及配套设备就位。将施工钻机就位在穿越中心线位置上,主钻机应就位于设计入土侧,钻机就位完成后,应进行系统连接、试运转;

2) 应按操作规程标定控向参数,宜在穿越轴线的不同位置测取,且每个位置应至少测四次,取其有效值的平均值作为控向基准方位角值;

3) 开钻前应做好钻机的安装和调试等准备工作,应试钻 1 根~2 根钻杆,确定系统运转正常方可正常钻进。

3 安装人工交流磁场应在穿越中心线上布置交流线圈,线圈宽度宜大于 3 倍穿越深度;

4 主钻机可先进行导向孔钻进,辅助钻机可推迟时间开钻,但应保证两台钻机同时到达对接区域;

5 两台钻机应分别就位于导向孔的入土点和出土点位置,进行导向孔穿越施工。如使用轴向磁铁，两钻头相交时两侧钻头的横向偏差和上下偏差均应小于 2 m；如使用旋转磁铁，两钻头相交时两侧钻头的横向偏差和上下偏差均应小于 5 m(图 6.3.2-1)；

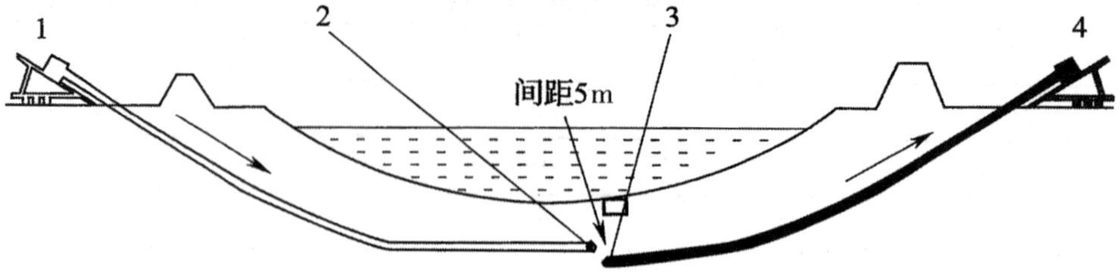

图 6.3.2-1 初控示意图

1—主施工钻机；2—安装探头；3—安装目标磁铁；4—辅助施工钻机

6 主、辅钻机钻头相距在 5 m 内后，主钻机应根据计算机显示探头与旋转磁铁的相对位置调整钻头方向，并应控制主钻机钻头进入辅助钻机钻头的孔内，同时应完成辅助钻机回抽钻杆、主钻机钻头跟进至完成导向孔施工(图 6.3.2-2)；

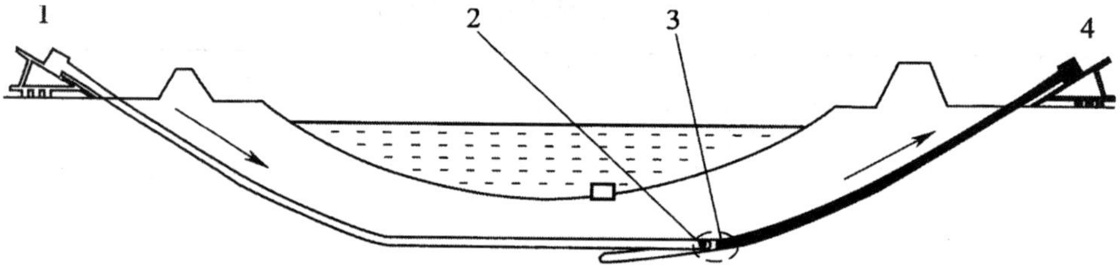

图 6.3.2-2 精控示意图

1—主施工钻机；2—安装探头；3—安装磁铁；4—辅助施工钻机

7 每根钻杆的折角应符合本规范表 6.3.1-1 的规定；

8 对接作业完成后，辅助钻机应继续后退钻头，主钻机钻头应随后钻进，直至主钻机钻头从出土侧出土。

6.3.3 扩孔应符合下列规定：

1 最终扩孔直径应根据管径、穿越长度、地质条件和钻机能力确定。一般情况下，最小扩孔直径与穿越管径的关系应符合表 6.3.3 的规定；

表 6.3.3 最小扩孔直径与穿越管径关系表

穿越管段的直径(mm)	最小扩孔直径
＜219	管径＋100 mm
219～610	1.5 倍管径
＞610	管径＋300 mm
注：管径小于 400 mm 的管线，在钻机能力许可的情况下，可直接扩孔回拖。	

2 扩孔宜采取分级、多次扩孔的方式进行；在地层条件及辅助设备允许的情况下，可减少扩孔级次；

3 扩孔过程中，如发现扭矩、拉力较大，可采取洗孔作业；应在洗孔结束后，再继续进行扩孔；扩孔结束后，如发现扭矩、拉力仍较大，可再进行洗孔作业。

6.3.4 回拖应符合下列规定：

1 回拖前应符合下列规定：

1) 连接前应用泥浆冲洗钻杆，确保钻杆内无异物；

2) 连接后应进行试喷，确保水嘴畅通无阻；

3) 旋转接头内应注满油，旋转应良好；

4) 回拖前应对钻机、泥浆泵等设备进行保养和小修；

5) 应进行防腐层外观及漏点检测。

2 管段回拖时，如管径大于1016 mm宜采用浮力控制措施。

3 回拖宜符合下列规定：

1) 当采用发送沟方式时，在回拖前应将穿越管段放入发送沟。发送沟应根据地形、出土角确定开挖深度和宽度。一般情况下，发送沟的下底宽度宜比穿越管径大500 mm；管道发送沟内应注水，管沟内最小注水深度宜超过穿越管径的1/3；应采取支架或吊起等措施，使管道入土角与实际钻杆出土角一致；

2) 当采用发送道或托管架方式时，应根据穿越管段的长度和重量确定托管架的跨度和数目；托管架的高度、强度、刚度和稳定性应满足要求。

4 回拖钻具连接的顺序宜为：

钻机→钻杆→扩孔器→旋转接头→U型环→拖拉头→穿越管段。

5 回拖时宜连续作业。特殊情况下，停止回拖时间不宜超过4 h。

6.3.5 定向钻穿越施工完毕后宜符合本规范附录A的规定，并应对穿越段外涂层电导率进行测试；测试宜在穿越完成15 d后且穿越段管线与主管线连接前进行。

6.3.6 定向钻穿越段外涂层电导率检测结果应按表6.3.6的规定进行评价。新建管线穿越段防腐层标称电导率λ(即土壤电阻率为1000 $\Omega\cdot$cm时的防腐层电导率)不应大于200 μS/m^2 或防腐层绝缘电阻R不应小于5000 $\Omega\cdot$m，当测试结果λ大于200 μS/m^2 或R小于5000 $\Omega\cdot$m^2 时，应对穿越段管道附加阴极保护措施。

表6.3.6 防腐层标称电导率λ与防腐层质量比照表

标称电导率(μS/m^2)	防腐层绝缘电阻R($\Omega\cdot$m^2)	防腐层质量评价
$\lambda\leqslant100$	$R\geqslant10000$	优
$100<\lambda\leqslant200$	$10000>R\geqslant5000$	良
$200<\lambda\leqslant1000$	$5000>R\geqslant1000$	一般
$\lambda>1000$	$R<1000$	差

6.3.7 施工完毕后，应清理场地，并应恢复地貌。

6.3.8 泥浆应符合下列规定：

1 泥浆配方应根据地质条件，在泥浆实验室试配并确定；

2 应根据地质情况和钻进工艺，调整泥浆配方和泥浆性能；

3 在整个施工过程中，泥浆宜回收、处理和循环使用；

4 泥浆性能可按表6.3.8的规定选择。

表 6.3.8 泥浆性能

泥浆性能	地层类型				
	松散粉砂、细砂及粉土层	密实粉砂、细砂层和砂岩、泥页岩层	花岗岩等坚硬岩石层	中砂、粗砂、卵砾石及砾岩、破碎岩层	黏性土和活性软泥岩层
马氏漏斗黏度(s)	60～90	40～60	40～80	80～120	35～50
塑性黏度PV(MPa·s)	12～15	8～12	8～12	15～25	6～12
动切力YP(Pa)	>10	5～10	5～8	>10	3～6
表观黏度AV(MPa·s)	15～25	12～20	8～25	20～40	6～12
静切力$G_{10\ s}/G_{10\ min}$(Pa)	5～10/15～20	3～8/6～12	2～6/5～10	5～10/15～20	2～5/3～8
滤失量(mL)	8～12	8～12	10～20	8～12	8～12
pH	9.5～11.5	9.5～11.5	9～11	9.5～11.5	9～11

7 竖井施工

7.1 一般规定

7.1.1 竖井施工可分为沉井法、钻爆法、沉井法与钻爆法相结合以及利用地下连续墙加支护结构等。

7.1.2 竖井施工前应具备地质勘察资料、水文资料，并应根据设计文件和现场情况对竖井进行施工计算。

7.1.3 竖井防洪井圈应满足防洪与设计规定及施工安全的要求，并应高出地面 1.2 m 以上，同时应采用钢筋混凝土梁、盖板和防水层封闭井口。

7.1.4 施工前应完成下列准备工作：

1 已复核测量基准线、水位基点、周围建筑物和地下管线、光电缆等采取的有效保护措施；

2 “三通一平”工作已完毕并满足施工要求，供水、排水、泥浆循环等设施已安装完毕；

3 排渣场地已落实；

4 专项施工方案已获得批复并向施工人员进行交底；

5 施工设备及吊具已按有关规定检查合格；

6 施工道路已满足施工设备对承载力的要求；

7 地下连续墙施工前的不良地质已完成地质改良；

8 临近水边的地下连续墙已考虑地下水位变化对槽壁稳定性的影响；

9 已根据地下连续墙的厚度、深度、成槽宽度和地质条件选择适宜的成槽设备。

7.1.5 竖井施工应符合下列规定：

1 井壁预留洞门直径应符合下列规定：

1） 始发井预留洞门直径与盾构机外径之间的半径差不宜大于 100 mm；

2） 接收井预留洞门直径与盾构机外径之间的半径差不宜大于 150 mm；

3） 始发和接收洞门在井壁浇筑过程前宜采用预埋钢筒结构，钢筒长度不宜小于 500 mm，钢筒应与井壁内钢筋焊接固定并与井壁洞门平齐，且应与隧道轴线同心；

2 竖井应设置积水坑满足隧道施工排水的要求；

3 始发井壁应设置盾构机和顶管机始发反力墙，可采取二次浇筑施工，反力墙应与隧道轴线垂直，并应承受推进顶力；

4 竖井施工中应按设计要求、使用功能和施工要求设置预埋件；

5 盾构、顶管机出、进洞前，应根据洞门周围地层、水土压力情况，在出、进洞门隧道中心线适当范围内对地层进行地质改良，并应对出、进洞门进行探水检查；

6 竖井的混凝土强度、抗渗、施工技术、质量控制等，除应满足设计与本规定的要求外，还应符合现行国家标准《建筑地基基础工程施工质量验收规范》GB 50202 的有关规定。

7.2 施工测量

7.2.1 施工测量应按设计施工图提供的坐标与隧道穿越轴线测量定位，并应依据勘测成果控制网坐标和高程系统和精度等状况，制定竖井的施工控制测量方案。

7.2.2 平面控制网宜分为 2 个等级，一等控制网宜采用 GPS 网，二等控制网宜采用导线网，在满足精度要求的情况下可采用其他布网方法。高程控制网可采用水准测量方法一次布网。

7.2.3 在盾构与顶管的始发和接收井之间应建立统一的施工控制测量系统，每个井口布设不应少于 3 个控制点。

7.2.4 当穿越轴线穿越水域时，应进行跨水域水准测量。跨水域水准测量可采用光学测微法、倾斜螺旋法、经纬仪倾角法和测距三角高程法等，并应符合现行国家标准《国家一、二等水准测量规范》GB 12897 的有关规定。当视线距离小于 100 m 时，可采用一般方法进行水准测量。

7.2.5 施工测量应包括下列内容：

1 建立地面上平面控制网和高程控制网；

2 地面沉降测量；

3 竣工测量。

7.2.6 地面控制网建立应符合下列规定：

1 按照国家四等水准要求，应用管道线路上控制点或设计坐标点建立首级控制网，并应用该区域内相应等级的国家点进行测量复核；

2 当采用三角网作为场区控制网时，边长宜为 0.2 km～0.4 km；测角中误差不应超过 8″；最弱边边长相对中误差不应大于 1/20000；

3 当采用小三边网作为场区控制网时，边长宜为 0.2 km～0.6 km；测边相对中误差不应大于 1/40000；

4 纵横坐标闭合差不应大于 35 mm；

5 施工过程中应对测量基准线、水位基点、周围建筑物和地下管线、光电缆等进行监测。

7.3 沉井法施工

7.3.1 沉井施工的地基处理应符合下列规定：

1 承载力较低的地层宜采取砂换填表层土，并应分层洒水压实提高承载力，同时宜采用挖掘机和平板振动器进行分层碾压夯实，且应符合下列规定：

1) 采用环刀法进行干容重测定，不应小于 15.5 kN/m^3；

2) 采用钎探法，应选用长度为 1960 mm、直径为 16 mm 的圆钢在距砂面 500 mm 的垂直高度上自由下落，钢钎头部沉入砂垫层深度不应大于 70 mm；

2 松散、软弱表土层换填前，应先开挖排水沟，并应与基坑外侧积水坑联通，沟内回填可采用碎石压实；

3 宜在砂垫层上浇筑 C20 素混凝土垫层，垫层的厚度和宽度应满足地基承载力的要求；

4 竖井刃脚内侧斜面可采用砖胎模或钢结构方法进行支撑。

7.3.2 采用人工筑岛法进行沉井施工时，人工筑岛的基本构造应符合下列规定：

1 岛面标高应比施工期最高水位高 500 mm 以上；

2 岛面的平面尺寸应等于沉井平面尺寸加施工护道宽度，护道宽度不宜小于 2 m；

3 筑岛材料宜为当地的沙质土或黏性土。

7.3.3 沉井刃脚可用混凝土和钢板制作，其制作与施工应符合下列规定：

1 刃脚的锋角及台阶的高度、宽度与结构强度应符合设计要求。刃脚的中心线应与其刃尖平面垂直，底面应平整，其误差不应大于 5 mm；

2 刃脚的高度不应小于 500 mm，钢靴应设加强部件；

3 刃脚在固定时其中心线与沉井井筒设计中心线偏差不应大于 10 mm，刃脚尖的平面应垂直于井筒设计中心线。

7.3.4 井筒制作应符合下列规定：

1 沉井制作应采取分段整体浇筑，节高不宜大于沉井直径或方形竖井宽度，其重量应小于基础承载力的 80%，并应对下卧层作稳定复核计算；井壁表面应平整光滑，内外圆的半径不应大于设计规定 30 mm，且不应小于设计规定；

2 管道预留洞和预埋件的位置应符合本规范第 7.1.4 条的规定；

3 模板安装固定应采用对拉螺栓，两端应加扣件使内外模板的外侧横、立杆构件连成整体。对拉螺栓安装时应采取防渗漏措施，模板安装完成后应检查相对位置尺寸、标高、垂直度等指标。

7.3.5 护壁泥浆应符合下列规定：

1 护壁泥浆的配制应按本规范第 7.4.2 条的规定执行；

2 壁后环形空间的泥浆面应高于地下最高静水位 1 m～2 m。

7.3.6 下沉应符合下列规定：

1 当刃脚处的混凝土强度达到设计强度的 100%、上部混凝土强度达到 70%时，可开始沉井作业。第一节井壁下沉起动时应按十字对称法清除刃脚砖砌模和钢结构，并应在连续测量的过程中进行。当发现偏沉时应及时采取纠偏措施，并应达到初始起沉的垂直度。

2 沉井施工当穿过流砂、淤泥和卵砾石等松软不稳定地层时，宜采用不排水沉井法。

3 施工前应进行沉井的抗浮稳定验算，并应根据可能出现的最高水位进行计算，其抗浮安全系数宜为 1.10～1.25。

4 当地层为淤泥质黏土、黏土、粉质黏土、黏质粉土时宜选用排水沉井法。

5 施工前应验算预期的下沉深度。沉井下沉时，由沉井自重和壁厚环形空间泥浆重量所组成的主要下沉力应大于侧面阻力、正面阻力与水的浮力总和。沉井的下沉系数宜为1.05～1.15。

6 沉井下沉前,刃脚内侧、凹槽及地梁和隔墙两侧均应打毛,打毛范围不应小于封底混凝土和底板混凝土的接触面。

7 采用不排水沉井时井筒内的水位应高于井外地下水位1 m～2 m。

8 当排水下沉时,井内可采用挖掘机或人工方式开挖,每次取土深度宜为300 mm～400 mm,应自井中部向四边对称取土,刃脚前的超挖距离不应大于2 m;当不排水下沉时,可采用抓斗或吸泥机取土,并应配合潜水员水下冲泥、清基,配合下沉。

9 沉井下沉时纠偏应符合下列规定:

1) 沉井井壁内侧四周应设测点,及时监测沉井偏斜;

2) 沉井周围应设永久水准点,距井口中心不应小于50 m,并应进行保护;

3) 沉井下沉前在套井内应设导向装置和纠偏设施,沉井的允许偏斜率不应大于5‰。

10 当设计有地质改良时,应在完成沉井施工后再进行地质改良。

7.3.7 封底应符合下列规定:

1 沉井下沉到设计深度后,应先封底、固井;

2 当沉井采用排水封底时,终沉后,井内不应发生管涌、涌土现象;如不能保证应采用终沉后的水下封底。水下封底前沉井沉降速度不应大于10 mm/8 h;

3 当采用不排水沉井封底时,井内水位应高于地下水位,封底施工完成后,应先采取排水试验;当采取降水干封底时,应待封底混凝土强度达到设计要求后方可停止降水;

4 沉井井壁和底板钢筋连接,宜选用锥螺纹或直螺纹的螺栓接驳器,接驳器的力学性能应进行检测并符合设计要求。

7.3.8 壁后的填充、固井应符合下列规定:

1 井壁后的注浆应由下至上进行,再由上至下的复注,水泥浆的水灰比不应大于0.8;

2 套井与沉井之间应灌注混凝土。

7.4 地下连续墙法施工

7.4.1 导墙施工应符合下列规定:

1 槽段放线后,应沿地下连续墙轴线或水平中心线两侧构筑导墙,其结构形式应根据地质条件和施工荷载情况确定,宜为“L”型和“I”型。导墙宜由钢筋混凝土现浇而成;

2 导墙顶宜高出地面100 mm,且应高于地下水位0.5 m以上;

3 导墙应设置在较密实的土层上,其墙底应进入原土200 mm以上,导墙外侧应用黏性土填实。导墙混凝土应对称浇筑。强度达到70%后方可拆模,拆模后的导墙应立即在墙间每隔1.0 m～1.5 m加设临时内支撑,并应避免重型设备在导墙附近行驶;

4 当遇有杂填土等不良地质条件时,可进行土体加固或采用深导墙;

5 导墙的允许偏差应符合表7.4.1的规定;

表 7.4.1 导墙的允许偏差(mm)

项目	允许偏差
顶面高程	±10
导墙面与纵轴线距离	±10
两导墙墙面的净距	±10
导墙面的平整度	10
导墙面的重直度	＜H/50

6 导墙内墙面间的净距离应根据地下连续墙墙体设计厚度确定,并宜留有 40 mm～60 mm的余量。

7.4.2 泥浆使用应符合下列规定:

1 泥浆宜用膨润土或高分子聚合物配制,现场应设置泥浆池或泥浆箱;

2 泥浆的储存量宜为日计划最大成槽量的 2 倍以上;

3 新配制的泥浆应贮存 24 h 以上,充分水化后方可使用;

4 在泥浆容易渗漏的土中成槽时,应提高泥浆的黏度并增加泥浆的储备量;

5 泥浆配合比应按土层情况试配确定,泥浆配合比可按表 7.4.2-1 的规定选用,遇土层极松散颗粒粒径较大时,含盐或受化学污染时应配置专用泥浆;

表 7.4.2-1 泥浆配合比

土层类型	膨润土(%)	增黏剂 cm(%)	纯碱 Na_2CO_3(%)
黏性土	8～10	0～0.02	0～0.5
砂性土	10～12	0～0.05	0～0.5

6 施工中,循环泥浆应进行沉淀或除砂处理符合要求后方可使用;

7 废弃的泥浆和渣土处理应符合环保要求;

8 在软土中成槽时,泥浆的性能指标应符合表 7.4.2-2 的规定;

表 7.4.2-2 泥浆性能指标

序号	项目	指标
1	重度(kN/m^3)	10.5～12.0
2	黏度(S)	18～25
3	失水量(mg/30 min)	＜30
4	泥度厚度(mm/30min)	1～3
5	稳定值(g/m^3)	＜0.02
6	pH 值	7～9

9 在软土中成槽,循环泥浆的指标应符合表 7.4.2-3 的规定;

表 7.4.2-3 循环泥浆指标

序号	项目	指标
1	重度(kN/m³)	<12.5
2	黏度(S)	19～25
3	失水量(mg/30min)	<20
4	pH 值	<11

10 当施工过程中出现漏浆或泥浆性能下降时，应及时补充或更换，并应根据泥浆的使用状态及时进行泥浆指标的检验。在施工期间槽内泥浆面应高于地下水位，不宜低于导墙面0.5 m。

7.4.3 地下连续墙成槽应符合下列规定：

1 成槽机械应根据地质条件、墙体尺寸和施工环境等选用；

2 成槽时宜按单元槽段逐段开挖，单元槽段的长度应按设计要求划分。当设计无要求时，单元槽段的划分应根据现场地质条件、地面荷载、混凝土的供应能力、吊机的起重能力、作业场地和道路交通等因素确定，单元槽段长度宜为 4 m～8 m；

3 地下连续墙施工前宜选一槽段进行试挖槽，并应对地质资料复核；

4 槽段开挖过程中应观测地面沉降、槽壁变形、垂直度、泥浆液面高度，并应控制抓斗与冲击钻上下运行速度与切入深度，同时应防止快速下放与冲击切入土体；

5 清底后的槽底泥浆比重不应大于 1.15，沉淀物淤积厚度不应大于 100 mm；

6 成槽完成后应采用抽吸法及时清槽和泥浆置换，并应符合下列规定：

1） 槽底沉积物厚度不应大于 200 mm；

2） 泥浆置换结束 1 h 后槽底以上 200 mm 处泥浆重度不应大于 12 kN/m³。

7 成槽完成后应对槽段进行测量，测量内容应包括垂直度、沉渣厚度、槽壁坍塌、二期槽段接头状况等指标，开挖成槽允许偏差应符合表 7.4.3 的规定。

表 7.4.3 开挖成槽允许偏差

序号	项目	允许偏差(mm)
1	轴线位置	±50
2	深度	+200 −0
3	宽(厚)度	+50 −0
4	相邻槽段错位	30
5	垂直度	1/150

7.4.4 连续墙接头施工应符合下列规定：

1 接头不应妨碍已完成的槽段和影响后期槽段的施工；

2 连续墙接头，宜选用焊接工字钢接头、锁口管接头、V 型钢板接头，接头安装应符合下列规定：

1) 当采用锁口管接头时,应在浇筑混凝土进入初凝期进行松动起拔 150 mm~300 mm,初期开始应每间隔 20 min 起拔一次,每次起拔 150 mm~300 mm,以后拔管可根据起拔力与混凝土凝结情况提高拔管速度;

2) 当采用工字钢、V 型钢板接头时,可采用柔性管或由 PVC、纤维面料缝制的直桶管安装固定在工字钢、V 型钢板的外侧,钢筋笼入槽到位后应向软管内充填米石子、砂或黏土团,并应计算充填体积。

3 连续墙接头清理应根据冲击下冲受力、钢丝绳偏摆情况,及时调整冲击速度或检查冲击钻头磨损情况。

7.4.5 钢筋笼的制作与吊放应符合下列规定:

1 钢筋笼尺寸应依据施工图纸、单元槽长度、接头形式及现场起重能力确定,其制作应在平台上进行,并应预留插放导管的位置;

2 在内外纵向配筋之间应设置 W 结构加固筋;

3 钢筋笼水平筋与桁架筋交叉点、吊点 2 m 范围、钢筋笼口处应 100%焊接;

4 钢筋笼应做成整体,如需分节制作,应将第一节钢筋笼入槽固定并保持其垂直度,第二节钢筋笼对接时应保持其垂直和平面对齐,纵向搭接长度与焊接应符合设计规定;

5 钢筋笼的起吊桁架应依据钢筋笼起吊过程中刚度和整体稳定性的计算结果确定;

6 钢筋笼吊放应在清底合格后进行,吊放时应对准槽段中心线缓放入,不应强行入槽,吊放过程中不应使钢筋笼产生不可恢复的变形;

7 起吊时应采用主辅双机吊装(图 7.4.5),当钢筋笼平行吊起离地面 0.5 m~1.0 m 时,主吊应缓慢提升,副吊应缓慢下放,并应在钢筋笼转动至垂直时解除副吊绳索;

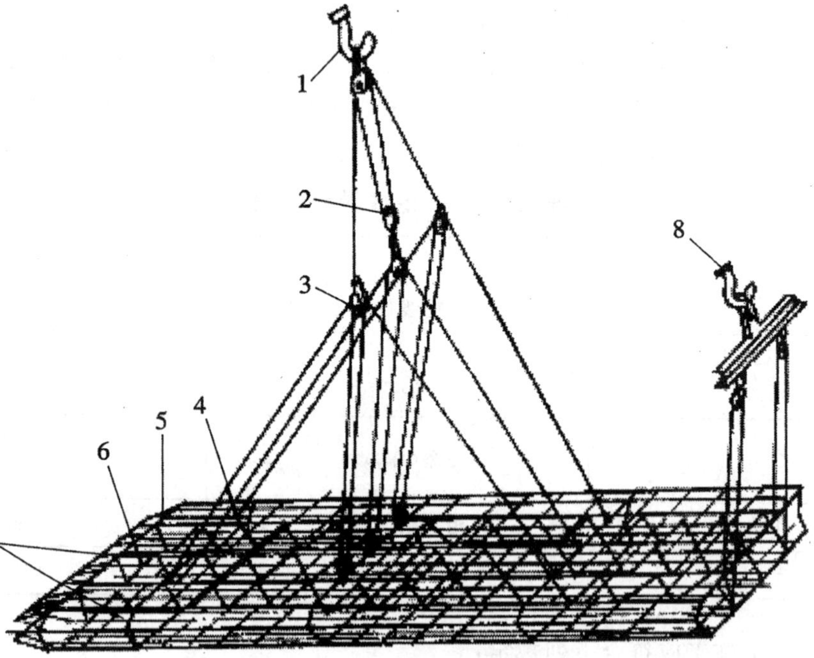

图 7.4.5 双机抬吊钢筋笼图

1—吊钩A;2—单门葫芦;3—双门葫芦;4—卸甲;5—端部倒角;
6—抗弯W 型钢筋片;7—横向架立筋片;8—吊钩B

8 钢筋笼入槽后，应固定在导墙上，并应使钢筋笼顶端高程符合设计要求，在混凝土灌注过程中钢筋笼不应上浮。

7.4.6 混凝土灌注应符合下列规定：

1 混凝土配比应按设计要求通过实验确定，并应具有良好的和易性，初凝时间应满足灌注要求；

2 混凝土的灌注宜采用导管法，导管直径宜为 200 mm～300 mm 的多节钢管，管节连接应密封牢固；

3 导管的水平距离不应大于 3 m，距槽段两侧端部不应大于 1.5 m，导管下端距槽底宜为 300 mm～500 mm，导管内应放置隔水栓；

4 混凝土灌注宜在钢筋笼吊放就位后 4 h 内进行，同一槽段的混凝土应连续浇注，间隔时间不宜超过 30 min，首批灌入的混凝土数量应满足导管埋入深度和填充导管底部的需要；

5 灌注过程中导管埋入混凝土中的深度宜为 2 m～4 m，混凝土顶面的上升速度不应小于 2 m/h；

6 灌注过程中应随时检查混凝土的灌注量上升高度和导管下口埋入混凝土中的深度；

7 混凝土灌注高度宜高出设计高度 0.5 m～0.8 m，凿出浮浆后的墙顶标高和墙体混凝土的强度应满足设计要求；

8 地下连续墙应留抗压强度标准试件，试件留置数量每 100 m^3 不应少于 1 组，每一槽段不应少于 1 组。

8 顶管法穿越施工

8.1 一般规定

8.1.1 带套管穿越公路时，套管长度伸出路基坡脚外宜大于 2 m。

8.1.2 顶管距离大于 150 m 的顶管宜增设中继站助推。

8.1.3 穿越管段穿入套管前，套管内不应有污物，穿越管段应在防腐层检漏合格后穿入套管内，输送管段应与套管保持良好的支撑及绝缘条件，穿入后用 500 V 兆欧表检测套管与穿越管段之间的绝缘电阻，其值应大于 2 MΩ，检测合格后应按设计要求封堵套管的两端口。

8.1.4 穿越管段与套管端部的环形空间应按设计要求进行封堵，其长度应大于 200 mm。

8.2 施工准备

8.2.1 测量放线应符合下列规定：

1 应根据设计给定的控制桩位放出穿越中心线，并应设置穿越中心桩、施工带边线桩，且应做出明显标志；

2 放线时应同时放出工作坑与接收坑的位置与尺寸；

3 后背墙的结构、材料及尺寸应在顶力计算后确定。

8.2.2 后背墙的结构、材料及尺寸应满足顶进力的要求，顶进力应按下式计算：

$$F = \pi D_0 L f_k + N_F \qquad (8.2.2)$$

式中：F ——总顶进力(kN)；

D_0 ——管道外径(m)；

L ——管道设计顶进长度(m)；

f_k——管道外壁与土的单位面积平均摩阻力(kN/m²),采用触变泥浆减阻技术时,管外壁单位面积平均摩阻力可按表 8.2.2-1 的规定选取;

N_F——顶管机的迎面阻力(kN),不同类型的顶管机迎面阻力宜按表 8.2.2-2 的规定选择计算。

表 8.2.2-1 采用触变泥浆减阻技术时的管外壁单位面积平均摩阻力 f_k(kN/m²)

管材 \ 土类	黏性土	粉土	粉、细砂土	中、粗砂土
钢筋混凝土管	3.0～5.0	5.0～8.0	8.0～11.0	11.0～16.0
钢管	3.0～4.0	4.0～7.0	7.0～10.0	10.0～13.0
注:当采用成熟可靠的触变泥浆技术时,管外壁能够形成和保持稳定、连续的泥浆套,f_k 可直接取 3.0 kN/m²～5.0 kN/m²。				

表 8.2.2-2 顶管机的迎面阻力 N_F 的计算公式

顶进方式	迎面阻力(kN)	式中符号
敞开式	$N_F=\pi(D-t)tR$	t——工具管刃脚厚度(m)
挤压式	$N_F=\frac{\pi}{4}D^2(1-e)R$	e——开口率
网格挤压	$N_F=\frac{\pi}{4}D^2\alpha R$	α——网格截面参数,取 $\alpha=0.6\sim1.0$
气压平衡式	$N_F=\frac{\pi}{4}D^2(\alpha R+P_n)$	P_n——气压(kN/m²)
土压平衡式 泥水平衡式	$N_F=\frac{\pi}{4}D^2P$	P——控制土压力
注:D—顶管机外径(m);R—挤压阻力(kN/m²),取 $R=300$ kN/m²～500 kN/m²。		

8.3 螺旋钻机顶管穿越施工

8.3.1 作业坑的开挖应符合下列规定:

1 作业坑尺寸和坑深应根据施工机具、施工方法和管道埋深确定。作业坑开挖应根据土壤性质设边坡,当开挖深度超过 5 m 时,开挖应采取复式断面,中间应设 0.5 m～1.0 m 宽平台;

2 作业坑坑底应平整夯实。坑底基面应采取垫枕木、做混凝土基面等处理方式。用仪器测量中心线及基底高程,其允许偏差均不应大于 20 mm;

3 作业坑开挖时应同时挖安全通道,通道坡比不应大于 1∶1;

4 当地下水位高的地段开挖作业坑时,应采用降、排水措施;

5 作业坑的开挖和支撑设置应按设计要求执行。

8.3.2 钻机的安装应符合下列规定:

1 承受顶进反作用力的作业坑靠背墙应与水平面垂直,其允许偏差应为±5°;承力板面积不应小于 1.5 m×1.5 m;

2 当作业坑靠背墙土壤性能较差时,应采取适当的加固措施;

3 基坑底面上应铺设导轨,地下水位高的地段应采用相应的排水设施;

4 钻机中心线允许偏差应为±10 mm；

5 安装钻机时，钻头、钻杆与套管中心线允许偏差应为±5 mm。

8.3.3 钻进施工应符合下列规定：

1 穿越钻孔时，应依据土壤情况选择钻头直径，其直径应比管外径大，但不宜超过50 mm；

2 钻孔顶进的套管每根长度应与每节钻杆的长度一致。第一节套管的入土点和安装角度应准确。钻进2 m后应检查钻进角度，当发生偏钻时，应重新调整钻机；第一节套管钻完时应进行测量，钻杆位置允许偏差应为±30 mm；

3 钻进过程中，应随时观察分析返出钻屑的硬度、塑性、含水量等，并应根据返出钻屑的情况及时调整钻速；

4 顶管钻进前，钻机推盘应垂直、平整；

5 在软地层区域施工，当安装第一根钻杆时，套管头部可抬高1 mm～5 mm；当钻第一根套管时，应用支撑架支撑套管头部，套管入土2 m～3 m后，方可拆除支撑架；

6 当在硬地层钻孔时，钻头可伸出套管200 mm～500 mm；当在松软地层时，钻头可缩至套管内200 mm～400 mm；

7 每顶进一根套管应测量中心线方向偏移。当方向发生偏斜时，应纠偏；

8 施工作业开始后应连续作业；

9 在施工过程中，应实时检查坑壁。

8.3.4 套管安装质量应符合下列规定：

1 套管安装完毕后，应对入土点、出土点、标高、顶进中心线和套管长度进行测量，并应填写记录；

2 套管钻进允许偏差应符合下列规定：

1) 顶进长度在30 m以内的套管，上下偏差不宜大于100 mm；顶进长度在30 m～42 m的套管，上下偏差不宜大于150 mm；顶进长度在42 m以上的套管，上下偏差不宜大于200 mm；

2) 水平偏差不宜大于套管长度的1%。

8.3.5 穿越管段的安装应符合下列规定：

1 预制穿越管段长度应大于套管长度4 m以上；

2 穿越管段的组对、焊接、补口及检验应符合本规范第6章的规定；

3 穿越管段穿越前应安装绝缘支撑和牺牲阳极。

8.3.6 应将发送坑和接收坑内穿越管段下部的回填土回填并夯实。管周围300 mm内应回填细土保护，作业坑应回填并夯实。

8.4 千斤顶顶管穿越施工

8.4.1 顶管作业坑应选在地面高程较低的一侧，作业坑应有足够的长度和宽度，其深度应根据穿越管段埋设深度确定。作业坑底部应铺设枕木和导轨。承受顶进反力的作业坑后背墙的结构、材料及尺寸应在顶力计算后确定。

8.4.2 在地下水位高的地段，应采取降、排水措施。

8.4.3 在地质情况复杂、易塌方的地段，开挖作业坑应采取开挖梯台、板桩等措施，并应设置安全通道。

8.4.4 顶管作业坑的开挖不应影响路基稳定,作业坑的底部应平整、结实。

8.4.5 顶管用千斤顶应根据计算顶力选择,不宜小于计算顶力的2.0倍。

8.4.6 应用仪器对中心线方向进行测量控制。

8.4.7 顶管前,应将顶管设备就位且试运行良好,其穿越中心线与管道设计中心线应一致。顶管时,顶铁中心线应与穿越中心线平行、对称。套管进入土层后,应采用人工自上而下开挖取土。在管道下时钟的4点~8点位置不宜超挖,管顶部超挖量不应大于15 mm。顶进作业时,宜在套管外壁涂润滑剂。

8.4.8 顶管时,应采用测量仪器控制中心线和高程,且应以施工放线时布置的中心桩为基准导向监控。第一根套管顶进中心线偏差不应超过管长的3%。初始顶进中,每顶进300 mm应检查一次;正常顶进后,每顶进1 m应至少检查一次。

8.4.9 当顶进纠偏时,每次纠偏角度不宜过大,可根据管径、顶进长度和土质情况确定,宜为5′~20′。

8.4.10 采用轴向液压千斤顶配以液压站法施工时,应严格控制油泵的压力,使油泵压力平稳上升。

8.4.11 顶管作业宜连续进行,不宜中途停止,套管全部顶进以后,可将套管内用砂浆适当找平。

8.5 岩石爆破施工

8.5.1 岩石地段顶管施工宜采用微差爆破技术,主要作业内容应包括钻孔、装药、爆破、碎石运输、测量纠偏及修整等。

8.5.2 钻孔作业应符合下列规定:

1 应根据顶管隧道穿越的纵断面尺寸、围岩级别和一次爆破的岩石量确定设计炸药的消耗量,并应针对性选择钻机、钎子、钻头等钻孔机具进行钻孔;

2 宜采用中间掏槽、周边光面爆破的方案,并应采用毫秒差雷管爆破技术。中间掏槽宜为正三角形垂直钻孔或以三角锥形式,底部不应连通,钻孔间距宜为400 mm~500 mm。掏槽深度宜为1.65 m~1.70 m。周边孔的每个炮眼孔深度宜为1.2 m~1.5 m,孔径宜为38 mm~42 mm,孔宜外斜,角度宜为8°,分布应均匀,并应保证炮眼孔底落在同一平面上。

8.5.3 孔数、药量计算应符合下列规定:

1 炮眼孔的孔数应按下式计算:

$$N = qs/\alpha\gamma \qquad (8.5.3\text{-}1)$$

式中:N ——炮眼数量(个);

q ——单位炸药消耗量(kg/m^3),宜取$1.2\ kg/m^3 \sim 2.4\ kg/m^3$;

S ——隧道断面积(m^2);

α ——装药长度与炮眼孔全长的比值,掏槽眼为0.7,周边眼为0.5;

γ ——药卷重量,取药卷直径35 mm,重量为0.96 kg/m。

2 装药量应按下式计算:

$$Q = qV \qquad (8.5.3\text{-}2)$$

式中:Q ——装药量(kg);

V ——被爆破石方体积(m^3)。

8.5.4 爆破作业宜采用微差起爆方式,每次爆破完成后,应利用鼓风机对爆破处进行通风,

1 h～2 h后爆破专业人员应进入隧道检查是否有未起爆雷管、盲炮等现象,并应在确定所填炸药均已爆炸后,再应进行下一道工序。

8.5.5 每次爆破完成并确认无危险后,施工人员应对爆破碎石进行清理运输。

8.5.6 套管顶进中心线偏差不应大于套管长度的5%。

8.5.7 作业坑回填应按本规范第8.3.6条的规定执行。

8.6 平衡法顶管穿越施工

8.6.1 施工准备应符合下列规定:

1 当采用平衡法顶管穿越时,可选择泥水平衡或土压平衡顶管机。当遇有地下水比较丰富、地层松软等宜坍塌地段时,宜选择泥水平衡顶管,其他水文地质条件宜选择土压平衡顶管。应根据顶管管段的直径选择合适外径的顶管机械。刀头直径宜比套管外径大40 mm～60 mm;

2 应对竖井的几何尺寸、强度、洞口中心线进行交接验收,合格后,应办理交接手续;

3 在工作井内安装顶管机轨道、后座顶板、后座千斤顶、顶管机及配套设施,应牢固稳定,且应进行顶管机试运行。

8.6.2 测量放样应符合下列规定:

1 根据设计给定的测量成果书,应将地面坐标高程及方向传递到工作井中;

2 应用测量仪器测出顶管设计中心线,并应进行顶管轨道的调整和固定。调整时应使顶管设备中心线与顶管设计中心线保持一致。

8.6.3 顶管始发应符合下列规定:

1 始发时,可采取橡胶法兰止水。当土质较软或有流沙时,应在管子顶进方向距离工作井边一定范围内,对土体进行改良或加固,且地下水和泥砂不应流入井内;

2 当顶管机准备始发时,应先破除封门并将杂物清理干净后将顶管机刃进工作井井壁中;

3 当机头始发推进时,应调整主顶油缸编组,不应使机头始发入土后下沉;

4 第一节顶管的中心线偏差值应控制在5 mm以内。

8.6.4 管道顶进应符合下列规定:

1 顶进控制应符合下列规定:

1) 应选用适宜的注浆润滑材料、制浆工艺、压注方法等降低顶进滞阻力;

2) 注浆润滑材料宜由膨润土、羧甲基纤维素、烧碱、纯碱和水按一定比例组成。不同的土质,应采用不同的配方。

2 顶管方向控制应符合下列规定:

1) 顶管过程中应及时纠偏;

2) 应根据机头的折角、倾斜仪基数和走动趋势、前后尺读数比较等进行方向纠偏。不宜采用大于30′的折角纠偏,必要时,应在土壤条件适宜的地段进行纠偏作业;

3) 纠偏动作无效时,应立即停顶,并应检查和排除故障。

3 顶管施工应选用合适的密封材料和密封结构进行顶管过程中密封;

4 顶管穿越的沉降控制应符合下列规定:

1) 应进行地面检测,优化顶管机参数;

2) 应将泥浆套随机头向前移动,形成连续的环状浆套;

3) 应控制纠偏角度;

4) 必要时,施工完毕后可对套管外环形空间加注水泥砂浆。

5 顶管质量应符合表 8.6.4 的规定。

表 8.6.4 顶管质量

序号	项目	允许偏差(mm)
1	横向贯通偏差	±100
2	高程贯通偏差	±50
3	地面隆起最大极限	+30
4	地面沉降最大极限	-30

8.6.5 顶管进洞前,应做好各项准备工作。进洞后应将与机头连接的管子分离,且应将机头吊离井外后,方可对井内泥浆进行处理和进行洞口封门止水。

8.6.6 顶管施工测量应符合下列规定:

1 顶管施工控制测量应符合下列规定:

1) 顶管施工测量应确定顶管方位与高程,并应正确标定顶管中心线;

2) 应建立地面平面控制网和高程控制网,并应将地面坐标、方位和高程准确传递到地下;

3) 顶进施工中应针对管道不断运动的特点,合理进行误差分配。

2 竖井联系测量应符合下列规定:

1) 联系测量工作应包括方向传递、坐标传递及高程传递。应通过竖井将方位、坐标及高程从地面上的控制点传递到地下导线点和地下水准点,并应以此作为地下控制测量的起始点;

2) 地面坐标及方向传递应用仪器配合,可采用极坐标法,将地面坐标及方向传递到出发井中;并应采用仪器测出井下三角形边角并应与理论值计算比较后,方可确定顶管设计中心线;

3) 高程传递应采用检定合格后的钢尺、持重锤,应用两台水准仪在井上下同步观测,并应将高程传至井下固定点。高差中误差限差应小于±1 mm;顶管过程中,高程传递应至少进行 3 次。

3 井下控制测量应符合下列规定:

1) 方位测量应以竖井联系测量的井下起始边为支导线的起始边,并应沿顶管设计方向布设控制中线,每 9 m 应做 1 个标志点,顶管每顶进 100 m 时,应用陀螺仪定向校核 1 次中线定向精度;当顶管顶进时,应随时调整钢管周边压浆压力和压浆量;

2) 高程控制测量应以竖井传递的水准点为基点,每 100 m 应设 1 个固定水准点,每次停止顶进后应沿顶管直线往返测量标高;测量精度应满足国家三等水准测量规范施测要求。

4 顶管顶进测量应符合下列规定:

1) 顶管姿态测量应包括仰角、滚动角、水平角和高程偏差值;

2) 应采用姿态测量仪器进行姿态测量;

3) 在顶管内应按可接受激光束的光靶传感器校正顶进姿态;

4) 根据顶进姿态测量数据,应及时调整顶管机顶进方向。

8.6.7 套管安装应符合下列规定：

1 混凝土套管安装应符合下列规定：

1) 混凝土管安装时，凹凸口应对中，环向间隙应均匀；

2) 插入安装前，管头部位应均匀涂刷润滑材料；

3) 承插时外力应均匀，橡胶圈应固定、不翻转、不露出管外；

4) 相邻管节错口应小于 15 mm，且应无碎裂，接口抗渗试验应符合设计要求。

2 钢套管安装应符合设计要求。

9 盾构法穿越施工

9.1 一般规定

9.1.1 采用盾构法隧道穿越水域时，宜使用泥水平衡式盾构掘进机。

9.1.2 盾构始发井施工场地应能满足竖井施工、吊装作业、管片存放、泥水处理、渣土临时堆放场地、材料加工与存放、充电间、供电站等施工作业与办公、生活设施临时用地面积的要求。

9.2 施工准备

9.2.1 始发和接收井场地应符合下列规定：

1 应根据隧道长度确定施工场地面积，当隧道长度小于 1500 m 时，始发井施工场地面积不宜小于 8000 m^2；当隧道长度大于 1500 m 时，始发井施工场地面积不宜小于 10000 m^2。接收井施工场地面积不宜小于 4000 m^2。始发与接收井应设置永久弃渣场，面积应满足项目建设全部渣土存放的要求；

2 始发与接收井场地应能满足盾构设备组装、拆除、吊装入井和出井的要求；

3 进出场道路应满足盾构机设备和材料进出场运输的要求；

4 生活和机械用水应符合健康和设备冷却规定的要求；

5 通信应满足施工联络与文件传送的要求；

6 施工用电应满足施工所需的用电量、用电等级的要求；

7 竖井中心 40 m 范围内不应有永久架空高压线路。

9.2.2 盾构机选型及配套设备准备应符合下列规定：

1 应根据隧道功能、外径、长度、埋深等参数，工程地质和水文地质条件、沿线地形、建(构)筑物、地下管线等环境条件以及对地层变形的控制要求，结合开挖、衬砌、施工安全、经济和工期等因素综合分析确定；

2 穿越水域盾构隧道，盾构设备应满足设计规定隧道尺寸的要求。当水压小于 0.2 MPa 时，可选用泥水加压平衡式盾构掘进机对砂层、卵砾石、砾石、软硬交错复合等地层进行穿越；当水压大于或等于 0.2 MPa 时，宜选用泥水加压气压平衡式盾构掘进机，并应具备气压作业工作舱室，且应配备用于安装超前钻孔与超前注浆设备的功能与装置；

3 盾构机及其配套设备，在使用前应进行单机、联机总装调试，检测试验性能、安全保护、润滑、刀具配置等应能满足完成盾构隧道掘进施工的要求；

4 配备的备用发电机、空气压缩机和照明设备的功率及水泵的总排量均应满足施工要求；

5 应配备泥浆(水)分离、脱水处理设备和单、双液移动式注浆泵，并应符合环境保护要求；

6 应选用安全可靠的吊装与隧道内运输设备；

7 泥水处理装置处理能力应满足渣土与泥浆(水)分离和脱水处理要求，且不应小于 350 m^3/h；

8 盾构法隧道应优选采用通用型管片结构,不宜采用标准环、异型环管片和调整垫,并应保证管片拼装防水效果符合设计规定。

9.3 施工测量

9.3.1 隧道施工测量应按设计施工图提供的坐标与穿越轴线测量定位,并应依据勘测成果控制网坐标和高程系统和精度等状况,制定盾构施工控制测量方案。

9.3.2 在盾构始发和接收井之间应建立统一的施工控制测量系统,每个井口布设不应少于3个控制点。

9.3.3 地面控制网的建立应符合本规范第7.2.6条的规定。

9.3.4 盾构法隧道施工测量应包括下列内容:

1 将地面上的坐标、高程准确地传到地下合适的位置;

2 在地下进行平面控制测量和高程控制测量;

3 地面沉降测量;

4 隧道贯通测量;

5 竣工测量。

9.3.5 隧道工程贯通前应根据设计轴线复核测量。

9.3.6 竣工测量应符合下列规定:

1 隧道竣工测量主要内容应包括竖井中心坐标、隧道轴线平面偏差、高程偏差、衬砌环椭圆度以及隧道纵、横断面测量等;

2 当进行隧道竣工测量时,直线段每30 m、曲线段每10 m应测量1处横断面,断面上的测点位置应包括高程和横断面各一点;

3 横断面测量宜采用全站仪极坐标法,测量误差应为±10 mm;

4 竣工测量成果应按建设单位规定要求进行归档。

9.4 出、进洞密封

9.4.1 出进洞位置防水密封装置应根据地质条件、设备规格、施工情况、环境条件等确定。

9.4.2 出进洞密封安装应符合下列规定:

1 在盾构出洞和进洞之前,应预先安装出进洞密封;

2 出进洞密封中心应与盾构隧道中心线一致,误差不应大于10 mm;

3 安装出进洞密封应进行技术交底;

4 出洞密封选用与安装,应根据盾构机进入密封圈内相对位置与角度,对翻板进行调整并应扭紧螺栓。

9.4.3 当砂土、卵砾石地层盾构始发段地下水压力小于0.2 MPa时,可采用单层橡胶袜套密封;当地下水压力大于0.2 MPa时,应采用钢筒复合防水密封圈,注水加压不应小于井筒外侧地下水位压力;当加压时,应检查各部密封效果和盾构机支撑、推垫的稳固状况。

9.4.4 当在砂层与卵砾石地层地段施工,盾构贯通接收段地下水压力大于0.1 MPa时,宜采用水下贯通法,盾构机贯通进洞后,应通过管片与井壁预埋注浆孔进行反复交替压注双液浆,并应通过预留注浆孔进行探水检查,止水后应排除井内泥水。

9.4.5 出进洞密封拆除应符合下列规定:

1 出洞密封的拆除应在盾构法隧道掘进80 m后,并应在洞门管片隧道与井壁空隙间进行注浆止水工作后，同时应使盾构掘进推力的承载能力满足隧道稳定的条件下，方可进行出洞门密封的拆除。洞门拆除后应按设计规定完成结构处理；

2 进洞密封拆除前应对洞门管片隧道与井壁空隙注浆的止水效果进行评估，合格后方可拆除。洞门拆除后应按设计要求完成结构处理并应支模浇筑混凝土。

9.5 管片制作

9.5.1 混凝土管片的混凝土强度等级不宜低于 C50，受力钢筋的混凝土保护层厚度不应小于 30 mm。

9.5.2 管片拼装应使用质量合格的管片、螺栓和防水密封材料，施工时管片及防水密封材料不应损坏。

9.5.3 每块管片中心部位应设置 1 个注浆孔，注浆孔内径宜为 50 mm，注浆孔中宜设置逆止阀。

9.5.4 管片的质量应符合下列规定：

1 应按设计要求进行结构性能检验，检验结果应符合设计要求；

2 管片强度和抗渗等级应符合设计要求；

3 吊装预埋件首次使用前应进行抗拉拔试验，试验结果应符合设计要求；

4 混凝土管片外观质量应符合表 9.5.4-1 的规定：

表 9.5.4-1 混凝土管片外观质量要求

序号	项目	质量要求
1	贯穿裂缝	不允许
2	非贯穿裂缝	内表面不允许，外表面裂缝宽度不大于 0.20 mm
3	拼接面裂缝	拼接面方向长度不超过密封槽，裂缝宽度不大于 0.20 mm
4	内、外表面露筋	不允许
5	疏松、夹渣	不允许
6	麻面、粘皮	表面麻面、粘皮总面积不大于表面积的 5%，允许修补
7	缺棱掉角、飞边	允许修补
8	环、纵向螺栓孔	畅通、内圆面平整，不应有塌孔

5 每天或每 15 环应随机抽取 1 块管片进行检验，允许偏差和检验方法应符合表 9.5.4-2 的规定。首次试使用的模具检测，应检测合格后投入生产作用，并应对首次生产管片进行 100%检验。

表 9.5.4-2 管片允许偏差和检验方法

项目	允许偏差(mm)	检验工具	检验数量
宽度	±1	卡尺	3 点
弧、弦长	±1	样板、塞尺	3 点
厚度	+3 −1	钢卷尺	3 点

9.5.5 试生产前3环应进行水平拼装检验,正常生产过程中每生产300环管片应进行水平拼装检验1次,水平拼装允许偏差和检验方法应符合表9.5.5的规定。

表9.5.5 混凝土管片制作、拼装允许偏差和检验方法

序号	项目		允许偏差(mm)	检验方法
1	水平拼装	环向缝间距	≤3	塞尺
2		纵向缝间距	≤3	塞尺
3		成环后内径	±5	钢卷尺
4		成环后外径	+6 −2	钢卷尺

9.5.6 管片生产标识应包括管片型号、管片编号、模具编号、生产日期等。

9.5.7 管片贮存与运输应符合下列规定:

1 管片贮存场地应满足管片存贮与装卸的作用要求;

2 管片宜采用内弧面向上或单片侧立的方式码放,每层管片之间应设置垫木,场地内码放不宜超过一环高度;

3 管片运输应采取适当的防护措施。

9.6 隧道掘进

9.6.1 盾构机始发准备应符合下列规定:

1 施工配套设备应能满足施工进度的要求,应与工程规模和施工方法相适应,运行安全应可靠,并应符合环境和保护的要求;

2 盾构法施工宜采用独立专线(用)电源,供电质量应达到国家二级供电网标准;配备的自备发电机功率应满足通风、排水、照明、通信、办公与生活保障等要求;外供与自备应急两路电源应能自动或手动切换;

3 应在作业场所和通道安装照明设备,隧道、地面应安装防雨型照明灯具;

4 施工主要岗位应配备内部通信设备;

5 给、排水设备应能保障充足的供水和排水能力,在施工期间应定期保养维修并应保证设备完好,对意外的涌水应有备用设备;

6 盾构机吊装下井应编制专项施工方案,并应包括地面承载能力、吊装机械选择、吊索具、吊装前的安全检测等,同时应由持有特种作业证的专业起重工指挥,并应采取相应的防护措施。

9.6.2 盾构机下井前应符合下列规定:

1 应进行地面控制、联系、地下控制测量,测量结果应符合设计规定,并应满足施工要求;

2 检测始发轨道、洞门与隧道中心线应一致,并应满足设计要求;

3 检查各电线(缆)、配电柜、排水泵、照明等用电设备应满足建筑施工企业安全用电管理制度规定的要求;

4 测量始发轨道、洞门密封安装、井壁洞门中心线应一致,并应满足设计要求;

5 完成盾构机组装后,对盾构机体姿态与隧道设计穿越始发轴线应复核测量,并应完成对盾构掘进测量系统参数的修正与设置。

9.6.3 盾构机始发符合下列规定:

1 盾构机组装、调试应按设备组装先后顺序、次数进行，应采取单机、系统、联机的方式分步、分项进行试运；

2 盾构机头推入井壁洞门密封过程，应将盾构机刀盘边延突出的刀具采取防护措施或拆除；

3 应根据始发掘进出洞段周围地层情况合理设置泥水压力；

4 井壁洞门破除宜采取较低的推力与低转速掘进，洞门井壁破除过程应随时观测泥水压力变化情况，并应及时调整供排泥水流量。

9.6.4 盾构掘进应符合下列规定：

1 盾构起始段施工应根据隧道穿越的地质条件、地表环境情况，通过试掘进确定合理的掘进参数和背注浆量，并应保持掘进面土体稳定。应控制掘进方向沿着隧道设定轴线掘进，并应符合设计和本规范要求；

2 盾构掘进速度应与进排浆流量、开挖面泥水压力、进排泥水、出土量保持平衡，并应与同步注浆速度相协调；

3 盾构掘进中应严格控制隧道轴线偏差，根据盾构姿态与偏离方向应逐步纠正，使偏离量控制在允许值范围内。隧道中心线平面位置允许偏差应为±150 mm，隧道中心线高程允许偏差应为±150 mm，并应满足管道安装弹性敷设的要求；

4 在岩石层掘进时应全面了解岩石层特性，遇有岩爆、岩胀、断裂破碎带岩层时，应保持均衡掘进减少停机时间，并应严格控制纠偏调整量，且应经常检查径向刀具的磨损量并及时更换；

5 盾构掘进期间遇有设备故障、意外的地质变化、掘进面发生坍塌或遇有障碍、盾构自转角度过大、盾构位置偏离过大、盾构机刀盘掘进扭矩发生较大波动时，应立即暂停掘进，查明原因经处理后方可继续施工；

6 在松散软弱地层掘进时，宜启用盾构机的辅助气压平衡功能，应实时监控开挖面泥水压力与供排泥水、开挖出渣量，并应保持开挖面稳定；

7 当盾构掘进至距离接收洞门 80 m～100 m 时，应进行隧道轴线贯通前的方向传递测量；当掘进至距离接收洞口 5 m～8 m 时，应减小盾构推进速度、推力；当破除洞门井壁时，应将盾构掘进速度与推力调整最低；

8 在盾构掘进过程中，应对空气质量、可燃气体、有害气体进行检测。当不满足下列指标之一时，应采取通风措施处理：

1） 空气中氧气含量应大于 20%；

2） 瓦斯浓度应小于 0.75%；

3） 一氧化碳应小于 30 mg/m³；

4） 二氧化碳应小于 0.5%(按体积计)；

5） 氮氧化物换算成二氧化氮不应超过 5 mg/m³。

9.6.5 管片拼装应符合下列规定：

1 盾构机推进后的姿态应符合隧道轴线控制的要求，管片拼装前应对前一环管片端面进行清理，并应在拼装前确认管片、防水密封性能完好，如存在损坏应采取修补或更换措施；

2 管片拼装作业人员，应经过操作培训并考核合格，拼装机作业应由专人负责操作指挥；

3 管片拼装区域，在拼装机抓举、水平、旋转运动未到位时，拼装机下方不得有人员进入；

4 管片拼装应按设计轴线选用管片；

5 在拼装中应随时观察液压推进油缸与顶块位置，出现管片位置偏离应及时修正；

6 每环完成封顶块管片拼装后，应检测其各项指标，按测得指标值应作圆环校正，并应拧紧所有纵向、环向连接固定螺栓。

9.6.6 管片拼装偏差应符合表 9.6.6 的规定：

表 9.6.6 管片拼装偏差

序号	项目	允许偏差
1	环向相邻管片平整度错台	≤8 mm
2	纵向相邻管片错台	≤9 mm
3	衬砌圆环直径椭圆度允许偏差	≤±8‰D
4	管片拼装缝间隙允许偏差	±2 mm
注：D 为隧道外直径(mm)。		

9.6.7 管片拼装检查时，其密封材料应无损伤。

9.7 不良地质段施工

9.7.1 盾构不良地质段分类应包括富含水、软弱松散地层、砂土、卵砾石地段、断裂带、岩胀地段、溶洞地段、软硬不均交互地段、可燃气体和有害气体地段。

9.7.2 不良地质段施工应符合下列规定：

1 富含水、软弱松散地层施工应符合下列规定：

1) 应选用带有辅助气压平衡功能的泥水平衡盾构掘进机，盾构掘进机应配置气压工作舱并应满足人员带压更换刀具与清障的要求；

2) 应根据地层特征、地质变化、水土压力、建(构)筑物，合理设定掘进控制参数；

3) 应优化调整循环泥浆比重、黏度、供排泥水压力与流量等主要参数，并应保持掘进面稳定；

4) 应根据地层变化及时调整同步注浆量、注压力、浆液性能参数、必要时应进行多次补注浆；

5) 应根据盾构掘进里程、地质条件计算盾尾密封刷的磨损，并应制定更换密封专项方案；

6) 应加强对隧道轴线两侧 30 m 范围内水利设施、堤防、地上与地下建(构)筑物、管道的地表沉降观测，并应根据观测结果及时调整掘进参数与注浆量。

2 砂土、卵砾石层地质段施工应符合下列规定：

1) 应选用带有辅助气压平衡功能的泥水平衡盾构掘进机，盾构掘进机应配置气压工作舱满足人员带压更换刀具与清障的要求；

2) 应合理配置选用刀具、数量、分布，选择适宜的刀盘开孔率；

3) 应配备具有满足卵砾石和掘进速度相适应的破碎结构；

4) 应优化调整循环泥浆比重、黏度、供排泥水压力与流量等主要参数，并应保持掘进面稳定；

5) 应加强地表沉降观测，并应根据观测结果调整掘进参数，同时应加强同步注浆和多次补注浆控制；

6） 应选择适宜的地点及时更换刀具。

3 断裂带、岩胀地段施工应符合下列规定：

1） 根据岩石抗压强度、岩爆、岩胀的情况，应合理设定刀盘转速、推力、掘进贯入量、纠偏调整量的参数；

2） 应加强同步注浆和多次补注浆；

3） 根据泥水含渣量与比重，应采用清水掘进及时调整或更换循环水。

4 溶洞地段施工应符合下列规定：

1） 盾构掘进机内应具备安装超前钻机的结构、超前水平钻探与注浆的功能，并应配置气压工作舱；

2） 应详细查明溶洞分布、数量、大小，并应采取注浆充填措施；

3） 应根据溶洞的具体情况采取合理、有效的预处理措施。

5 软硬不均交互地段施工应符合下列规定：

1） 应配置气压工作舱满足人员带压更换刀具与清障的要求；

2） 应根据岩石层的性能，配置刀盘刀具性能、种类、数量和分布；

3） 应合理设定刀盘转速、推力；

4） 应加强导向测量人工复测。

6 可燃气体和有害气体地段施工应符合下列规定：

1） 在隧道和盾构机内部，应安装气体检测仪，对隧道和盾构机内部空气状况应实时不间断监测。当有害气体含量超标时，应采取有效措施处置合格后方可继续掘进；

2） 应加强隧道和盾构机内部通风；

3） 应配置开挖面和舱内的可燃、有害气体有效排放转换管道。

9.7.3 出进洞地段不良地质段施工应符合下列规定：

1 宜根据地层状况、隧道上方土层厚度、水土压力、环境条件等合理选择地质改良和井点降水施工工艺和方法；

2 在砂土层、淤泥地层始发段，宜根据地下水压力、周围环境等影响因素，采取井点降水或深层搅拌桩或高压旋喷桩或多种工法组合进行地质改良；

3 卵砾石层、中粗砂层、地质改良宜选用高压旋喷桩；

4 深度小于 20 m 的砂土层、地质改良宜选用搅拌桩或高压旋喷桩；地质改良深度超过 20 m，宜选用高压旋喷桩；

5 淤泥层地质改良宜选用搅拌桩或高压旋喷桩；

6 砂土与卵砾石地层盾构出洞始发段地质改良范围不应小于 5 m 长，横向截面不宜小于盾构机外径 $3D$；

7 砂土与卵砾石地层盾构进洞接收段地层，地质改良范围不应小于盾构机体长度的 1.2倍；

8 地质改良完成后，应进行钻孔取芯试验。

9.8 壁后注浆

9.8.1 壁后注浆应符合下列规定：

1 注浆准备应符合下列规定：

1） 应根据工程地质条件、设备状况、施工情况等条件选择注浆材料，注浆前应进行注浆材料的试验；

2） 应根据工程地质条件、隧道状况、环境要求等合理选用单液注浆或双液注浆材料；

3） 注浆前应按施工要求准备制浆、储浆、注浆设备，并应进行设备试运转。

2 应根据工程地质、隧道沉降及地表沉降的控制要求进行同步注浆和二次注浆，二次注浆应一次或多次注入，注浆充填系数宜按 1.3～2.5 选择；

3 注浆压力与速度应根据掘进面地质、水土压力的变化，及时调整修正注浆压力。注浆压力不宜超过被注浆部位水土压力 0.15 MPa，并应确保隧道管片不产生位移和损坏；

4 注浆量应按下式计算：

$$V = k\pi L(D^2 - d^2)/4 \qquad (9.8.1)$$

式中：V ——每环的注浆量(m^3)；

D ——盾构机掘进切削外径(m)；

d ——管片拼装成型外径(m)；

L ——推进一环的距离(m)；

k ——注浆量调整系数，应按地质、水土压力变化和沉降控制要求确定，系数宜为1.3～2.5。

5 应按制定的配比拌制注浆用浆液。注浆设备及注浆器具应满足持续泵送浆液作业的能力要求；

6 注浆设备及管路，应在停注后立即用清水冲洗干净，注浆设备应配备有压力自动控制或压力控制调节溢流阀；

7 注浆作业应与盾构掘进施工同步，单位时间注入量应与掘进速度相匹配，并应记录注浆施工情况；

8 壁后注浆材料应满足强度、流动性、可填充性、凝结时间、收缩率、环保等要求，并宜按地质特征合理选用，壁后注浆抗压强度宜为 1 MPa～5 MPa，松散软弱地层宜为 1 MPa～2 MPa，岩石层不宜超过 5 MPa。

9.8.2 地面沉降控制应符合下列规定：

1 公路、大堤的沉降量应控制在－30 mm～10 mm；

2 其他地段地表沉降量应控制在－50 mm 以内；

3 应符合地方相关规定。

9.9 隧道防水

9.9.1 隧道防水应符合下列规定：

1 盾构隧道防水、接缝防水密封橡胶条的构造形式、密封材料的性能与截面尺寸应符合设计要求；

2 拼装前发现防水密封损坏，应进行修补或更换；

3 管片拼装缝渗漏水时，应采用二次注浆。

9.9.2 盾构隧道防水等级不应低于三级防水，充水隧道防水等级应为三级。

9.9.3 盾构隧道应在最低部位设置排水设施，且应满足施工与运行过程排水的要求。

9.10 带压进舱作业

9.10.1 带压进舱主要作业应包括刀具更换、清障等，进舱前准备应符合下列规定：

1 进舱前应了解掌握掘进面地层条件、水土压力、可燃与有害气体、从事作业内容等情况，并应制定进舱作业专项方案；

2 进舱前应根据专项作业方案，完成各种资源准备，且应包括人员组织、材料、工夹具、机具设备等；

3 进舱前应制定应急预案；

4 进舱前应对操作内容、技术、风险与应急措施方案进行全面交底。

9.10.2 带压进舱前应完成检查和准备工作，并应符合下列规定：

1 人员进舱前应通过观测管口，检查掘进面泥渗漏水量与水土压力、可燃或有害气体情况；

2 应全面检查带压进舱作业设备与应急设备，并应进行试运；

3 应采用两套气压控制装置；

4 带压作业区域内严禁采用明火。当使用电焊、气割时，应对所用设备加强检查，并应加强通风置换和增加消防设备；

5 应对进舱作业人员进行身体检查，24 h 内应无饮用碳酸与酒精饮料。

9.10.3 进舱作业应符合下列规定：

1 作业全过程中应安排专人在舱外监管与值守；

2 应按照进舱作业专项方案和操作规程作业；

3 应连续不间断进行可燃气体和有害气体检测；

4 在不稳定地层进舱时，应采取地层加固或气体加压方法等措施；

5 应密切观测作业面地层渗漏水量与掘进面土体稳定情况，发现异常操作人员应立即撤离。

9.10.4 应根据作业前实测泥水压力与渗漏水量，并应通过计算和试验确定合理的气压，同时应保持开挖面稳定和防止地下水渗漏。

9.10.5 掘进面地层和气压舱应满足气密性要求。

9.10.6 刀盘舱和气压舱内空气质量应满足作业人员安全要求。

9.10.7 作业人员进舱工作 24 h 内不应超过 1 次，进舱 1 次停留时间最长不应超过 6 h，压力不宜超过 0.30 MPa。当超过 0.30 MPa 时，应采用相应的措施。

9.10.8 应对进舱人员、携带品、工具、材料、机具、工作内容与时间、物料消耗、人员加压与减压时间和工作压力等做好完整详实记录。

10 开挖法穿越施工

10.1 一般规定

10.1.1 河流、冲沟开挖穿越施工宜选择在枯水季节。雨季施工时应采取相应的安全措施。

10.1.2 有航运的河流或水域应设标志牌，并应标明禁止抛锚、挖砂；无航运的水域也应设置标志牌，并应标明禁止挖砂。

10.1.3 应根据施工图测量管沟中心线、管沟底标高和管沟上口边线，测量结果应符合设计要求。

10.1.4 应确定导流沟、截水坝、发送道、牵引道的几何尺寸，并应进行施工场地平面布置。

10.2 不带水开挖穿越施工

10.2.1 围堰和导流应符合下列规定：

1 导流沟底应低于入口处河流水面，且沟底沿水流方向应有一定的坡度。导流沟宽度应根据河水流量的大小确定；

2 河流上下游两截水坝之间的距离应能满足施工作业要求。坝顶应高出施工期水面1.0 m～1.5 m，且不应超过河岸最低点；断面应为梯形，其边坡比宜为1∶1～1∶2，坝顶的宽度应根据河水的深度确定，宜为2 m～5 m；

3 当采用柔性止水帷幕技术时，宜将具有良好防渗性的彩条布以人工方式缝制在一起，沿基坑迎水面铺设止水帷幕，并宜抛洒中粗砂使止水帷幕与基坑迎水面紧密结合。

10.2.2 管沟开挖应符合下列规定：

1 采用围堰的方法开挖管沟，应根据穿越地段的岩土性质、施工方法、施工机具情况确定降水方法。当开挖地段为砂土、黏土时，可采用明沟排水等方法；当为淤泥、流砂、粉砂和细砂时，可采用井点降水等方法；

2 堰内管沟开挖应采用机械、人工或爆破方法。爆破成沟应符合本规范第10.4.1条～第10.4.6条的规定。

10.2.3 河底管沟几何尺寸和质量应符合下列规定：

1 河底管沟的沟底宽度和边坡尺寸应根据土石性质、水流速度、开挖深度和施工方法或试挖资料确定。当无试验条件和资料时，可按表10.2.3确定沟底宽度和边坡数据；

表10.2.3 不带水开发时沟底宽度和边坡数据

土石名称	沟底最小宽度(m)	管沟边坡	
		沟深≤2.5 m	沟深＞2.5 m
淤泥、粉细砂	D+4(8)	1∶3.5	1∶5
中粗砂、卵砾	D+3(6)	1∶3	1∶4
砂土	D+2(5)	1∶2.5	1∶3
黏土	D+2(5)	1∶2	1∶2
岩土	D+2(5)	1∶0.5	1∶1

注：1 如遇流砂、沟底宽度和边坡数据，应根据施工方案另行确定；
2 当用围堰方法挖沟，在沟下焊接时，沟底宽度应为8 m～12 m；
3 D为管子外径(包括防腐层或保温层厚度)；
4 ()内为采用沟下组焊规定值。

2 河底管沟应平直，不应有土坎，中心线偏移不应超过200 mm，管沟深度应符合设计要求，其允许偏差应为±200 mm。

10.2.4 管道敷设除应符合现行国家标准《油气长输管道工程施工及验收规范》GB 50369的有关规定外，还应符合下列规定：

1 管道敷设的任何工序均应对管道防腐层进行保护，不应损坏防腐层。管道下沟前应进行电火花检漏，发现漏点应及时补伤，合格后方可下沟；

2 管道就位前，应对管沟的标高、中心线位置和几何尺寸进行复测，且应符合设计要求；

3 管道敷设宜在堰内进行管道安装、下沟、回填；

4 管道敷设宜采用底拖法、漂浮法施工。

10.2.5 管道压载及回填应符合下列规定：

1 应对下沟管道进行标高测量和管道中心线测量，合格后方可进行管沟压载和回填；

2 应按设计要求安装加重块、装配块、马鞍块、压载袋、地锚，并应对连续混凝土进行覆盖后实施回填；

3 回填后应对管道的中心线、标高进行复测并应符合设计要求。

10.2.6 地貌恢复应符合下列规定：

1 施工期间应保持施工现场周围的生态环境，工程完毕后，应立即拆除截水坝、导流沟等临时设施，并应恢复地貌；

2 应按设计要求及时完成护岸和护坡的砌筑工程。

10.3 带水开挖穿越施工

10.3.1 水下开挖管沟应符合下列规定：

1 对河床土层松软、水流速度小、回淤量小的河流，宜采用绞吸式或吸扬式挖泥船开挖管沟。当河床土层为硬土层或卵石层时，可采用抓斗挖泥船或轮斗挖泥船开挖管沟；

2 当河床地层为砂土、黏土或夹卵石时，可用拉铲配合其他方法开挖管沟；

3 当河床地层为岩石时，可采用爆破成沟，爆破成沟应符合本规范第11.2条的规定。

10.3.2 河底管沟几何尺寸和质量应符合下列规定：

1 河底管沟的沟底宽度和边坡尺寸应根据土壤性质、水流速度、开挖深度和施工方法或试挖资料确定。当无试验条件和资料的情况时，可按表10.3.2确定沟底宽度和边坡数据；

表 10.3.2 带水开挖时沟底宽度和边坡数据

土石名称	沟底最小宽度(m)	管沟边坡	
		沟深＜2.5 m	沟深＞2.5 m
淤泥、粉细砂	$D+5$	1∶4	1∶6
中粗砂、卵砾石	$D+4$	1∶3.5	1∶5
砂土	$D+3$	1∶2.5	1∶4
黏土	$D+3$	1∶2	1∶3
岩石	$D+2$	1∶0.5	1∶1
注：当遇流砂时，沟底宽度和边坡数据应根据施工方案另行确定。			

2 河底管沟应平直，不应有土坎，中心线偏移不应超过500 mm，管沟深度应符合设计要求，其允许偏差应为±300 mm。

10.3.3 管道牵引就位应符合下列规定：

1 牵引前应将发送沟、发送架、牵引场地、牵引设备等准备完毕；

2 管道牵引就位前，应对管沟的沟底宽、标高、中心线位置和几何尺寸进行复测，确认符合设计和本规范规定后，方可牵引；

3 当穿越管道未采用预制配重层管时，可采用充水配重底拖法或漂管法。当采用预制配重层管时，宜采用漂管法牵引就位；

4 沿河底拖管就位应符合下列规定：

1） 在牵引过程中，管道应有一定的重量，管道在水中的重量 G、水中的管道负浮力 F 和待牵引管道外廓的排水体积 V 应按下列公式计算：

$$G=(G_1+G_2+G_3+G_4)L \quad \cdots\cdots (10.3.3\text{-}1)$$

$$F=(G-\gamma V)L \quad \cdots\cdots (10.3.3\text{-}2)$$

$$V=V_1+V_2+V_3 \quad \cdots\cdots (10.3.3\text{-}3)$$

式中：G ——待牵引管道的重量总和(kg)；

G_1 ——每米管道的重量(kg)；

G_2 ——每米管道上附加的橡胶板重量(kg)；

G_3 ——每米管道上附加的混凝土压重块的重量(kg)；

G_4 ——每米管道上的防腐层的重量(kg)；

L ——管道长度(m)；

F ——待牵引管道在全部入水中时的负浮力(kg)；

V ——每米待牵引管道外廓的排水体积(m^3)；

V_1 ——每米带防腐层管道排水体积(m^3)；

V_2 ——每米橡胶板排水体积(m^3)；

V_3 ——每米配重块排水体积(m^3)；

γ ——穿越水域中水的密度(kg/m^3)。

沿河底拖管所需牵引力 N_2，应与发送道起动时的牵引力进行对比 N_1，并应取二者中的最大值。发送道起动时的牵引力 N_1 和沿河底拖管所需牵引力 N_2 应按下列公式计算：

$$N_1=g(\alpha_1 G f_1+T) \quad \cdots\cdots (10.3.3\text{-}4)$$

$$N_2=g(\alpha_2 F f_2+T) \quad \cdots\cdots (10.3.3\text{-}5)$$

式中：N_1 ——发送道起动时的牵引力(N)；

N_2 ——沿河底拖管所需的牵引力(N)；

α_1 ——起动系数，宜取 2；

α_2 ——起动系数，宜取 2，当不存在停止再启动时，可取 1；

f_1 ——管道与牵引道的摩擦系数；

f_2 ——管道与河底的摩擦系数；

T ——钢丝绳重量(kg)；

g ——重力加速度(N/kg)。

2） 牵引设备的选用，应根据最大牵引力的大小和施工单位现有装备情况确定，牵引设备能力不应低于最大牵引力的 1.2 倍；

3） 钢丝绳的选用，应按最大牵引力选择钢丝绳，钢丝绳的安全系数应大于或等于3.5；管道牵引应使用预拉后的钢丝绳，预拉力应为钢丝绳许用拉力的 15%～20%；

4） 拖管应采用发送装置。发送方式应根据穿越工程的具体情况和施工单位现有的装备能力来确定；

5） 大型河流穿越，应修筑牵引道。牵引道与管道施工作业带宽度相同，长度应满足牵引作业正常进行。

5 漂管过河应符合下列规定：

1） 当管道穿越湖泊水库及水流速度在 0.2 m/s 以下的河流时，可采用漂管过河；

2） 漂管过河可根据施工现场条件选择直线漂管过河或旋转漂管过河的方式；

3） 当管道重量等于或大于浮力时，可采用加浮筒的方法进行浮拖。

10.3.4 稳管应符合下列规定：

1 水下穿越管段应稳定在所要求的位置上，并应按设计要求进行稳管；

2 当穿越管段安放配重块、石笼、浇筑混凝土连续覆盖层时，不应损坏管道的防腐层；

3 当采用加重层稳管方法时，稳管用材料、稳管结构应符合设计要求，加重层的厚度偏差、强度、外观质量应符合现行国家标准《混凝土结构工程施工质量验收规范》GB 50204 的有关规定。加重层管子的吊装应采用专用吊装设备，其吊装能力及方式应满足相应要求；

4 当采用复壁管稳管方法时，复壁管环行空间注水泥浆前，内管应充满水且保持一定的压力。注浆时应在排放口取样，测定水泥浆的相对密度，应达到设计相对密度时注浆。水泥浆性能应符合表 11.3.4 的规定。当凝结时间不满足要求时，可向水泥浆内加缓凝剂。当水泥浆密度较大时，可加重晶石粉。

表 10.3.4 水泥浆性能

项目 指标	流动度	初凝时间	终凝时间	密度
不低于	160 mm	8 h～10 h	18 h～24 h	1800 kg/m^3

10.3.5 地貌恢复和护岸应符合下列规定：

1 管道牵引就位后，应按设计要求回填；

2 施工期间应保持施工现场周围的生态环境，工程完毕后，应恢复地貌；

3 应按设计要求及时完成护岸和护坡的砌筑工程。

10.4 爆破成沟

10.4.1 应根据河床水文、地质条件和穿越工程的技术要求，选择植桩爆破法、埋入爆破法和裸露爆破法等爆破施工方法。

10.4.2 土石爆破炸药量的计算应符合下列规定：

1 当最小抵抗线 $h<3$ m 时，集团装药量应按下式计算：

$$Q=Abh^3 \qquad (10.4.2\text{-}1)$$

2 当最小抵抗线 $h\geqslant 3$ m 时，集团装药量应按下式计算：

$$Q=Kh^3(0.4+0.6n^3) \qquad (10.4.2\text{-}2)$$

式中：Q ——集团装药量(中级炸药)(kg)；

A ——介质(土石)抗力系数，应符合表 10.4.2-1 的规定；

b ——爆破作用指数的系数，应符合表 10.4.2-2 的规定；

h ——最小抵抗线(h 等于穿越深度)(m)；

K ——爆破每立方米土石所需药量，应符合表 10.4.2-3 的规定；

n ——爆破作用指数，宜取 1.0～1.5。

表 10.4.2-1 介质(土石)抗力系数

土石名称	a
有砂和碎石的土壤	0.51
生长植物的土壤	0.57
湿砂	0.85
夹砂地	0.66
砂质黏土及坚硬表黏土	0.70
多石土壤	0.77
红黏土	0.98
石灰岩	1.11
花岗岩	1.34
新积土地带	0.26

注:1 使用低级炸药时,系数 A 值与中级炸药相同,爆破坚硬的岩石如用低级炸药,应比公式算出的炸药量增加 0.2 倍～0.5 倍;
2 当土石为冻土时,系数应增加 0.5 倍;
3 当土石为分层土石时,A 值取最坚硬一层的数值;
4 当坚硬岩石有缝隙时,系数值应缩小 1/2;
5 当有条件时,应用标准装药实验验证系数 A。

表 10.4.2-2 爆破作用指数的系数

<table>
<tr><th colspan="3">装药种类</th><th>爆破作用指数 $n=r/h$</th><th>爆破作用指数的系数 b</th><th>漏斗半径(破坏半径)r</th><th>可见深度(爆破深度)p</th><th>最小抵抗线 $h=r/n$</th></tr>
<tr><td>压缩爆破</td><td rowspan="2">减量漏斗</td><td>微量装药</td><td>—</td><td>0.35</td><td>$r=0.57h$</td><td>—</td><td rowspan="2">$h>r$</td></tr>
<tr><td>松散爆破</td><td>震荡装药</td><td>—</td><td>0.70</td><td>$r=0.7h$</td><td>—</td></tr>
<tr><td rowspan="5">飞散爆破
过量爆破
抛掷爆破</td><td>标准漏斗</td><td>寻常装药</td><td>1.00</td><td>1.70</td><td>$r=h$</td><td>$P=0.5h$</td><td>$h=r$</td></tr>
<tr><td rowspan="4">过量爆破</td><td>1.25 倍过量装药</td><td>1.25</td><td>3.12</td><td>$r=1.25h$</td><td>$P=0.75h$</td><td rowspan="4">$h<r$</td></tr>
<tr><td>1.5 倍过量装药</td><td>1.5</td><td>5.06</td><td>$r=1.5h$</td><td>$P=h$</td></tr>
<tr><td>1.75 倍过量装药</td><td>1.75</td><td>8.29</td><td>$r=1.75h$</td><td>$P=1.25h$</td></tr>
<tr><td>2.0 倍过量装药</td><td>2.00</td><td>13.2</td><td>$r=2.0h$</td><td>$P=1.4h$</td></tr>
</table>

表 10.4.2-3 爆破每立方米土石所需药量(**K** 值)

土石名称	土石等级	K
密实砂或湿砂	1、2	1.4～2.0
砂黏土	3	1.2～1.35
坚实黏土	4	1.2～1.5
亚黏土(黄土)	4～5	1.1～1.5
白垩土	5	0.9～1.1
硬石膏、泥灰石、蛋白石	5～6	1.2～1.5
裂缝喷出岩、重负浮石	6	1.5～1.8
贝壳石灰岩	6～7	1.8～2.1
砾石和钙质砾石	6～7	1.35～1.65
砂石、层状砂岩、泥灰岩	7～8	1.35～1.65
钙质砂石、白云岩、镁质岩	8～10	1.5～1.95
砂岩、石灰岩	8～12	1.5～2.4
花岗岩	9～15	1.8～2.25
玄武岩、山岩	12～16	2.1～2.7
石英岩	14	1.6～2.1
斑岩	14～15	2.4～2.55

注:1 表中列 K 值均以硝铵炸药为准;

2 必要时可用标准岩药($K=Q/h$)试爆校正,但 h 不应小于 L(药桩长度)。

10.4.3 当采用植桩爆破施工时,应符合下列规定:

1 应根据穿越工程设计要求,确定钢管药桩规格;

2 药桩长度 L、药桩入土深度 d 及爆破成沟深度 p 应按下列公式计算:

$$L=H+H_{上}+H_{土} \quad \cdots\cdots (10.4.3\text{-}1)$$

$$d=p-p_{下} \quad \cdots\cdots (10.4.3\text{-}2)$$

$$p=F+S \quad \cdots\cdots (10.4.3\text{-}3)$$

式中:L ——药桩长度(m);

H ——水深(m);

$H_{上}$——水面以上药桩长度(m);

$H_{土}$——药桩入土深度(m);

p ——爆破成沟深度(可见深度)(m);

$p_{下}$ ——爆破下座深度,取 0.3～0.5(m);

F ——管线设计深度(m);

S ——回淤深度,宜取 1～2(m)。

3 单个药桩炸药量应按下式计算:

$$Q=Ab(H^{0.3}+H_{\pm0.7})^{2.2} \quad\cdots\cdots\cdots\cdots\cdots\cdots\cdots\cdots\quad (10.4.3\text{-}4)$$

式中:Q ——单个药桩炸药量(kg);

A ——介质抗力系数,取 0.9;

b ——爆破作用指数的系数,取 14.9。

4 当制作钢管药桩时,应将钢管加工成一端为锥形、另一端为敞口的钢管桩;

5 当确定桩位时,应沿穿越中心线每隔 5 m～6 m 设一个药桩,药桩间距应与排距相等。应根据管沟深度确定植单排或双排药桩,当沟深小于或等于 5 m 时,应植单排桩;当沟深大于 5 m时,应植双排桩;

6 应采用打桩机植桩。已植完的药桩在装药前应将药桩上口封口处理;

7 植桩完毕后应进行装药和联接起爆线路,装药完毕后药桩应用干土填好并夯实,桩口上端应密封,并应做好防水处理。

10.4.4 采用埋入爆破法施工,应按爆破施工方案确定炸药包埋放位置,并应将包扎好的炸药包植入药坑。当坑里有水时,应做好配重和防水处理,并应在确认后进行回填。

10.4.5 采用裸露爆破法施工,应做好炸药包配重和防水处理,联接起爆线后,应按设计规定的药包间距投在穿越河床中心线上,偏差不应超过 0.5 m。

10.4.6 爆破器材性能和质量应符合现行国家标准《土方与爆破工程施工及验收规范》GB 50201的有关规定。

10.5 道路开挖穿越施工

10.5.1 当管道穿越三级及以下公路、乡间土路以及其他不适宜用钻孔法、顶管法等施工公路时,可采用开挖法施工。

10.5.2 当采用开挖法施工时,可采用全开挖、半幅开挖等方法,当采用全开挖时,宜修建绕行道路。

10.5.3 采用开挖法穿越公路时,应根据安全规定设置路障、栅栏、警示标志,并应设专人指挥交通维护安全。

10.5.4 道路开挖应符合下列规定:

1 测量放线应标出管道中心线、开挖边线、施工作业边线。放线时应标出地下管道、电缆等构筑物的位置;

2 穿越地段有地下构筑物时应采用人工开挖;当地下无构筑物时,可用机械开挖,开挖深度应按线路纵断面图的要求,边坡不宜大于 1∶0.5。用机械开挖时沟底应留出 0.2 m 用人工修整;

3 对岩石地层应采用分层松动爆破的办法施工,每层最大厚度不应超过 0.5 m,爆破时应在其表面铺设炮被。爆破后应立即清渣,并应在清渣后进行下层爆破直到规定深度。爆破宜在夜间进行,爆破期间禁止车辆通行,并应设置明显的夜间警示红灯;

4 管沟长度应为套管长度加 4 m～6 m。管沟几何尺寸应经过测量核对;

5 开挖公路与管道组装宜连续施工。

10.5.5 套管与主管安装就位应符合下列规定:

1 当公路穿越采用钢套管时,可采用主管、套管穿在一起就位或先套管就位,回填后应穿越主管;当公路穿越采用混凝土套管时,应先套管就位,回填后应穿越主管;

2 主管与套管穿在一起时,宜用卡具固定之后一起吊装下沟;

3 套管封堵应在管道就位之后安装,其他附件安装宜在公路回填之后进行。

10.5.6 道路恢复应符合下列规定：

1 管道安装后，应立即进行穿越管段管沟回填；

2 路面回填恢复应符合原公路设计要求。新筑路面与原路面应有良好搭接，恢复路面长度应每侧宽于管沟 0.5 m；

3 公路路基边坡应稳定，必要时可采用砌石护坡；

4 公路回填完毕应经公路主管部门认可；

5 施工完成后应撤掉标志，恢复路面交通。

11 矿山法隧道穿越施工

11.1 一般规定

11.1.1 隧道施工前，应核对隧道平面、纵断面设计图以及洞外排水系统和设施的布置是否与地形、地貌相适应。

11.1.2 隧道开工前应编制施工场地总平面布置图。

11.1.3 弃碴场应选在地质条件稳定，容量足够，且出碴运输方便的场地，且不应占用其他工程场地和影响附近各种设施的安全，同时应考虑弃碴的利用。弃碴场地应建立挡碴墙、排水设施，弃碴后应进行水土保持的治理。

11.1.4 临时设施不应布置在受泥石流、坍塌、滑坡、洪水等自然灾害威胁的地段。

11.1.5 涉及洞口安全并有可能发生滑坡、危石、崩塌和雪崩的区域，应先行处理。

11.1.6 隧道施工前，应完成洞口周围的排水系统。

11.1.7 运输便道应引至洞口，满足使用期运输量和行车安全要求。

11.1.8 风、水、电等临时设施的安装应满足施工和安全要求。

11.1.9 爆破材料储存使用、施工应符合现行国家标准《爆破安全规程》GB 6722 的有关规定。

11.2 施工测量

11.2.1 隧道长度大于或等于 500 m 或双向掘进的隧道，应按本规范第 7.2 条的规定设置精密的平面控制网和高程控制网，并应定期对其基准点进行校核。

11.2.2 洞外水准点和中线点应根据隧道平面图、纵断面图和隧道长度等定期进行复核；洞内控制点应根据施工进度进行设定。

11.2.3 地面控制网应符合本规范第 7.2.6 条的规定。

11.2.4 隧道长度不小于 500 m 及直线隧道宜用激光设备导向。

11.2.5 斜井中线的方向应由斜井口外直线引伸。斜井量距应丈量斜距，并应将斜距换算成水平距离。

11.2.6 隧道竣工后，应在直线地段每 50 m、曲线地段每 10 m 测绘以路线中线为准的隧道实际净空，并应在竣工资料上标出拱顶高程、起拱线宽度及底板水平宽度。

11.3 洞口施工

11.3.1 洞口工程施工应符合下列规定：

1 开挖土石方不应采用深眼大爆破开挖，并应按设计要求进行洞口边坡、仰坡放线，应采用自上而下方式开挖；

2 洞口排水系统应在施工期的雨季前完成；

3 石质地层开挖后，应及时清除松动石块；土质地层开挖后应夯实整平边(仰)坡，做好洞口支护加固工程；

4 洞口施工宜避开降雨期和降雪期。严寒地区施工，应按冬季施工有关规定实施；

5 开挖的土石方不应弃在危害边坡及其他建筑物稳定的地点，并不应影响运输安全；

6 洞口掘进施工应根据洞口地质条件，采取支护措施。当洞口有可能出现地层滑坡、坍塌、偏压时，应采取预防措施。

11.3.2 洞门施工应符合下列规定：

1 基础应置于稳固的地基上，虚碴、杂物、积水等应清除干净；

2 洞门拱墙应与洞内相邻的拱墙同时施工，并应采用同等级混凝土；

3 洞门端墙的砌筑与回填应两侧对称进行，不应对衬砌产生偏压；

4 洞口挡土墙、翼墙施工程序应符合设计要求；

5 洞门完成后，其上方仰坡坡脚受破坏时，应及时处理，加固时宜采用浆砌片石。

11.3.3 洞口段施工，应根据地质条件和保障施工安全等因素，选择开挖方法和支护方式，并应符合下列规定：

1 不良地质地段应在进洞前对地表、仰坡进行防护，并应采用超前支护；

2 洞口邻近建(构)筑物时，应采取微爆技术，并对建(构)筑物下沉、倾斜、裂缝以及振动等情况作监测；

3 洞口段开挖应加强支护，开挖后应及时安装锚杆、喷射混凝土、敷设钢筋网或钢支撑等，并应尽早施工衬砌；

4 应增加地表下沉、拱顶下沉的监控频率。

11.4 明洞施工

11.4.1 明洞施工根据地形、地质条件及其结构类型，应按下列规定采用施工方法：

1 当施工边坡能暂时稳定时，可采用先墙后拱法；

2 当施工边坡稳定性差，但拱脚承载力较好能保证拱圈稳定时，应采用先拱后墙法；

3 当采用半路堑式明洞施工时，应先施工外侧边墙，再施工拱圈，最后施工内侧边墙；

4 当采用路堑式明洞施工时，如拱脚地层松软，不能采用先拱后墙法施工时，可在起拱线以上部分开挖后，采用跳槽挖井法先灌筑两侧部分边墙，再施工拱圈，最后施工其余边墙。

11.4.2 明洞地段的土石方开挖应符合下列规定：

1 开挖方式、边坡和仰坡的坡度应根据地形、地质条件、边仰坡稳定程度和采用的施工方法确定；

2 石质地段开挖时，应防止爆破影响边坡和仰坡的稳定；

3 松软地层开挖时，宜边支护边开挖。

11.4.3 明洞衬砌应符合下列规定：

1 拱圈应按断面要求制作定型挡头板、外模和骨架，并应防止走模；

2 明洞衬砌浇筑混凝土前应复测中线和高程，衬砌不应侵入设计轮廓线；浇筑拱圈混凝土达到设计强度70%以上时，方可拆除内外支模骨架；

3 采用跳槽挖井法灌筑拱圈时，应保证拱脚稳定；

4 先做一侧边墙随即灌筑拱圈时，应防止另一侧拱脚沉落；

5 先拱后墙法施工的拱圈，在起拱线以上1 m范围内应紧贴崖壁灌筑，并应同时做好纵向或竖向排水设施。

11.4.4 明洞衬砌完成后,应及时回填,并应符合下列规定:

1 当明洞墙背垂直开挖超挖数量较小时,应采用与边墙相同的材料同时灌筑,超挖数量较大时,应用浆砌片石回填;

2 明洞拱圈灌筑完成,在外模拆除后应做防水层和回填拱背;

3 拱圈混凝土达到设计强度70%且拱顶回填高度达到0.7 m以上时,方可拆除拱架;

4 拱背回填应对称分层夯实,每层厚度不宜大于0.3 m,其两侧回填的土面高差不应大于0.5 m。回填至拱顶后应分层填筑。

11.5 隧道掘进

11.5.1 钻爆施工应符合下列规定:

1 隧道开挖前,应根据工程地质条件、开挖断面、开挖方法、掘进循环进尺、钻眼机具和爆破材料等进行钻爆设计,并应根据爆破效果及时修正有关参数;

2 隧道施工时,应先进行地质雷达、红外线探水、超前水平探孔等超前地质预报;

3 岩石隧道开挖应采用光面爆破或预裂爆破。光面爆破和预裂爆破参数应通过试验确定。当无试验条件时,有关参数可按表11.5.1-1及表11.5.1-2选用;

表11.5.1-1 光面爆破参数

岩石类别	周边眼间距 E(mm)	周边眼抵抗线 W(mm)	相对距离 E/W	装药集中度 q(kg/m)
极硬岩	550～700	600～800	0.7～1.0	0.30～0.35
硬岩	450～650	600～800	0.7～1.0	0.20～0.30
软质岩	350～500	450～600	0.5～0.8	0.07～0.12

注:1 当断面较小或围岩软弱、破碎或对曲线、折线开挖成形要求较高时,周边眼间距E应取较小值;
2 周边眼抵抗线W值在一般情况下均应大于周边眼间距E值。软岩在取较小E值时,W值应适当增大;
3 E/W:软岩应取小值,硬岩及断面小时应取大值;
4 装药集中度q为2号岩石硝铵炸药,选用其他类型炸药时,应修正。

表11.5.1-2 预裂爆破参数

岩石类别	周边眼间距E(mm)	至内排崩落眼间距(mm)	装药集中度q(kg/m)
极硬岩	400～500	400	0.30～0.40
硬岩	400～450	400	0.20～0.25
软质岩	350～400	350	0.07～0.12

注:1 表11.5.1-1～表11.5.1-2所列参数适用于炮眼深度1.0 m～3.5 m,炮眼直径40 mm～50 mm,药卷直径20 mm～25 mm;
2 当断面较小或围岩软弱、破碎或对曲线、折线开挖成形要求较高时,周边眼间距E应取较小值;
3 周边眼抵抗线W值在一般情况下均应大于周边眼间距E值。软岩在取较小E值时,W值应适当增大;
4 E/W:软岩应取小值,硬岩及断面小时应取大值;
5 表列装药集中度q为2号岩石硝铵炸药,选用其他类型炸药时,应修正。

4 隧道爆破应选用适当的炸药品种和型号,并应采用导爆管或电力起爆,不应采用火花起爆。

11.5.2 炮眼布置应符合下列规定:

1 钻爆作业应按钻爆设计进行钻眼、装药、接线和起爆;

2 钻眼前应画出开挖断面中线、水平和断面轮廓,并应根据钻爆设计图标出炮眼位置,经检查符合设计要求后方可钻眼;

3 炮眼深度和角度应符合设计,掏槽眼眼口间距误差和眼底间距误差不应大于 50 mm;辅助眼眼口排距、行距误差均不应大于 100 mm;周边眼眼口位置误差不应大于 50 mm,眼底不应超过开挖轮廓线 150 mm;

4 当开挖面凸凹较大时,应按实际情况调整炮眼深度;

5 钻眼完毕,应按炮眼布置图进行检查并做好记录,对不符合要求的炮眼应重钻,经检查合格后方可装药;

6 掏槽炮眼宜采用直眼掏槽或斜眼掏槽;

7 周边眼应沿隧道开挖轮廓线布置,并应保证开挖断面符合设计要求;

8 辅助炮眼应交错均匀布置在周边眼与掏槽眼之间;

9 周边炮眼与辅助炮眼的眼底应在同一垂直面上,掏槽炮眼应加深 100 mm。

11.5.3 爆破施工应严格控制超欠挖,并应符合下列规定:

1 允许超挖值应符合表 11.5.3 的规定;

表 11.5.3 隧道开挖允许超挖值(mm)

项次	项目		允许偏差
1	拱部	Ⅰ级围岩	平均 100,最大 200
		Ⅱ—Ⅳ级围岩	平均 150,最大 250
		Ⅴ—Ⅵ级围岩	平均 100,最大 150
	边墙、仰拱、隧道底		平均 100
2	土质和不需爆破岩层拱部、边墙、仰拱、隧道底		平均 100,最大 150

2 当超挖或小规模塌方处理时,应采用耐腐蚀材料回填,并应做好回填注浆;

3 开挖轮廓应圆顺,开挖面应平整;

4 爆破进尺应达到设计要求,爆破石块大小应满足装碴要求;

5 炮眼痕迹保存率应按下式计算,硬岩不应小于 80%,中硬岩不应小于 60%,并应在开挖轮廓面上均匀分布;

$$\text{炮眼痕迹保存率} = \frac{\text{残留有痕迹的炮眼数}}{\text{周边眼总数}} \times 100\% \quad \cdots\cdots\cdots\cdots (11.5.3)$$

6 两次爆破的衔接台阶尺寸不应大于 150 mm。

11.5.4 岩爆防治应符合下列规定:

1 开挖面在施工过程中,应按设计要求加强超前地质勘探,可采用超前钻探、声反射和地温探测方法,对岩爆发生的可能性及地应力的状态进行预报。

2 当开挖面在爆破施工时,应采用“短进尺、多循环”的施工方法,并应用光面爆破技术控

制装药量。在岩爆地段作业,进尺应控制在2.5 m以内;

3 应用超前探孔和超前探孔内松动爆破的方法,使作业面的围岩应力降低,超前探孔的布置形式及参数应与地质探孔的形式一致,探孔深度宜为15 m～20 m。也可采取在岩壁切槽的方法降低岩爆的强度;

4 对围岩进行加强支护和超前支护加固,可采用锚杆和超前锚杆支护、锚喷混凝土支护、钢纤维喷混凝土支护、钢支撑支护和二次衬砌等多种支护方法的组合;

5 衬砌作业应与开挖工序紧密衔接,并应均衡施工。在衬砌过程中应准备好临时钢木排架,当听到爆裂响声时,应进行支护;

6 岩爆地段应对设备和人员做好防护。

11.5.5 隧道开挖应符合下列规定:

1 隧道开挖宜采用全断面法施工,Ⅳ级及Ⅳ级以下的围岩宜采用台阶法施工。台阶长度宜为隧道开挖宽度的1倍～2倍;

2 隧道在稳定岩体中宜先开挖后支护,初期支护结构距开挖面宜为5 m～10 m;当开挖面稳定时间不满足初期支护施工时,应采取超前支护或注浆加固措施;

3 隧道开挖循环进尺,在土层和不稳定岩体中宜为0.5 m～1.2 m;在稳定岩体中宜为1.0 m～1.5 m;

4 隧道应按设计要求严格控制开挖断面,不应欠挖,其允许超挖值应符合本规范表11.5.3的规定;

5 同一条隧道相对开挖,当两工作面相距20 m时,应停挖一端,另一端继续开挖,并应做好测量工作,及时纠偏。线贯通平面位置允许偏差应为±50 mm,高程允许偏差应为±30 mm。

11.6 支护

11.6.1 支护应符合下列规定:

1 隧道施工,应配合开挖及时支护;

2 隧道支护应采用喷锚支护,并应根据围岩特点、断面大小和使用条件等选择喷混凝土、锚杆、钢筋网和钢架等单一或组合的支护形式;

3 当开挖工作面不能自稳时,应根据具体地质条件进行超前支护和预加固处理;

4 喷锚支护施工中,应做好下列工作:

1) 填写喷锚支护施工记录;

2) 提供喷混凝土的强度、厚度、外观尺寸等项检查和试验报告;

3) 填写监控量测记录;

4) 在地质条件复杂地段,应提供地质素描资料。

11.6.2 喷射混凝土施工应符合下列规定:

1 喷射混凝土应在开挖后及时进行;

2 喷射混凝土宜采用湿喷工艺;

3 喷射混凝土的施工配合比应通过试验确定,并应满足混凝土强度和喷射工艺的要求;

4 喷射机应具有良好的密封性能,输料连续、均匀,附属机具的技术条件应满足喷射作业需要;

5 喷射混凝土前应做好下列准备工作:

1) 检查开挖断面净空尺寸,清除松动岩块和拱、墙脚处的岩屑等杂物;

2） 用高压水冲洗受喷面，当受喷岩面遇水容易潮解、泥化时，采用高压风吹净岩面；

3） 设置控制喷射混凝土厚度的标志；

4） 检查机具通风设备和风、水、电等管线，并试运；

5） 当受喷面有滴水、淋水、集中出水点时，应进行处理。

6 喷射混凝土作业应符合下列规定：

1） 喷射作业应分段、分片、分层，由下至上顺序进行，当岩面有较大凹洼时，应先填平；

2） 当分层喷射时，一次喷射厚度可根据喷射部位和设计厚度确定；

3） 应紧跟开挖工作面及时喷射混凝土，在喷射结束后 4 h 内不应进行下一循环的爆破作业；

4） 混合料应随拌随喷，不掺速凝剂的干混合料，存放时间不应大于 2 h；掺有速凝剂的干混合料，存放时间不应大于 20 min；

5） 速凝剂掺量应准确，并应添加均匀，不应随意增加或减少；

6） 外加剂的选用应符合现行国家标准《混凝土外加剂应用技术规范》GB 50119 的有关规定，外加剂应对混凝土和钢材无腐蚀作用，且不应影响混凝土和钢材的使用性能；

7） 喷嘴应与岩面垂直，同时应保持适当的距离和喷射压力；

8） 喷射后应进行养护和保护。

11.6.3 锚杆施工应符合下列规定：

1 锚杆类型应根据地质条件、使用要求及锚固特性进行选择，可选用中空注浆锚杆、树脂锚杆、自钻式锚杆、砂浆锚杆和摩擦型锚杆等；

2 锚杆安装前应进行抗拔力试验，锚杆杆体的抗拉力不应小于 150 kN，锚杆直径宜为 20 mm～22 mm；

3 锚杆用的水泥砂浆，其强度不应低于 M20；

4 锚杆施工应及时进行；

5 锚杆钻孔应符合下列规定：

1） 钻孔机具应根据锚杆类型、规格及围岩情况选择；

2） 应按设计要求确定孔位，孔位允许偏差应为±150 mm；

3） 应保护直线，并宜与其所在部位的岩层主要结构面垂直；

4） 深度及直径应与杆体相匹配。

6 锚杆安装应符合下列规定：

1） 杆体插入锚杆孔时，应保持位置居中，插入深度应满足设计要求，当插入困难时，可采用自钻式锚杆；

2） 有水地段应先引出孔内的水或在附近另行钻孔，再安装锚杆；

3） 砂浆锚杆孔内灌注砂浆应饱满密实；

4） 早强药包锚杆、树脂锚杆应先检查药包和树脂卷质量，受潮或变质者不应使用；

5） 锚杆应安装垫板，垫板应与喷混凝土面密贴。

11.6.4 钢筋网铺设应符合下列规定：

1 除在砂土地层中开挖隧道外，钢筋网宜在喷一层混凝土后铺挂；

2 砂层地段应先铺挂钢筋网，并应沿环向压紧后再喷混凝土；

3 采用双层钢筋网时,第二层钢筋网应在第一层钢筋网被混凝土覆盖后铺设,其覆盖厚度不应小于 30 mm;

4 钢筋网应与锚杆或其他固定装置连接牢固;

5 开始喷射时,应减少喷头至受喷面的距离,并应调整喷射角度,钢筋保护层厚度不应小于 30 mm;

6 喷射中如有脱落石块或混凝土块被钢筋网卡住时,应及时清除。

11.6.5 钢架施工应符合下列规定:

1 钢架宜选用钢筋、型钢等制成,格栅钢架的主筋直径不宜小于 18 mm;

2 钢架应在开挖或喷混凝土后及时架设;

3 钢架安装应符合下列规定:

1) 安装前应清除底脚下的虚碴及杂物,钢架安装横向和高程允许偏差应为±50 mm,垂直度允许偏差应为±2°;

2) 钢架安装可在开挖面以人工进行,各节钢架间宜以螺栓连接;

3) 沿钢架外缘每隔 2 m 应用钢楔或混凝土预制块楔紧。

4 钢架应与喷混凝土形成一体,钢架与围岩间的间隙应用喷混凝土充填密实;钢架应全部被喷射混凝土覆盖,保护层厚度不应小于 40 mm。

11.6.6 超前支护和预加固处理应符合下列规定:

1 隧道在开挖后自稳时间小于完成支护时间的地段,应根据围岩情况、开挖方式、进度要求、机械配套情况,选择下列一种或几种措施进行超前支护和预加固处理:

1) 喷射混凝土封闭开挖工作面;

2) 超前锚杆或超前小导管支护;

3) 管棚超前支护;

4) 设置临时仰拱;

5) 地表锚杆或地表注浆加固;

6) 小导管周边注浆和围岩深孔注浆。

2 喷射混凝土封闭开挖面时,应采用早强混凝土,喷射厚度宜为 50 mm~100 mm;

3 超前锚杆、小导管支护应符合下列规定:

1) 宜和格栅架配合使用;

2) 长度宜为 3.0 m~3.5 m,并应大于循环进尺的 2 倍;

3) 超前锚杆外插角宜为 10°~20°,小导管外插角宜小于 10°。

4 管棚超前支护应符合下列规定:

1) 管棚用钢管直径宜为 76 mm~127 mm,钢管中心间距宜为管径的 2 倍~3 倍;

2) 管棚长度应根据地层情况选用,不宜小于 10m;

3) 纵向两组管棚的搭接长度应大于 3m。

5 临时仰拱应根据围岩情况及量测数据确定设置区段,可采用型钢或喷射混凝土等修筑;

6 当在软弱围岩及富水地层中施工时,可采用注浆法加固地层,并应根据地质情况、隧道断面形状、施工机具等条件,选用小导管周边预注浆、深孔注浆或地表注浆。

11.7 斜巷施工

11.7.1 斜巷的掘进与支护除应符合本规范第11.5条和第11.6条的规定外，还应符合下列规定：

1 钻眼方向宜与斜巷的倾角一致，眼底应比巷底高程略低；

2 每个循环进尺均应检测其高程并应控制巷身的斜度，每隔20 m～30 m应测量中心线和高程；

3 斜巷施工需要支护的地段，应采用喷锚支护。巷口和地质不良地段、巷底调车场和作业洞室应加强支护，并应做二次衬砌。

11.7.2 斜巷运输装置应符合下列规定：

1 无轨运输不应大于10°，胶带运输机不应大于15°，串车提升不应大于25°，箕斗提升不应大于35°；

2 运输轨道与两侧管道、电力线之间的安全距离（有人行道者另计），不应小于200 mm当采用胶带运输机时，不应小于400 mm；

3 运输设备升降的最大速度除不应大于设计规定外，还应符合下列规定：

1） 提升绞车应设置深度指示器自动示警，并应有防过卷装置；

2） 钢丝绳应定期检查，并应上油保养；

3） 运输斗车之间、斗车与钢丝绳之间应有可靠的连接装置，并应加装保险绳；

4） 井口应设置挡车器并经常关闭，放车时方可打开。车辆行驶时，井内不应有人员通过；

5） 斜巷每隔100 m应在轨道上设防跑车装置1处，并应在接近井底时设1处；

6） 绞车和井口、井底均应有联系信号，并应由专人值守；

7） 当运输钢轨和其他长杆件材料时，应有长杆件材料装卸及进出斜井的安全措施。

11.7.3 人员不应乘坐斗车上下。

11.7.4 当斜巷斜度大于15°时，应设置人行台阶，并应增设扶手。每隔20 m～40 m应设1个躲避洞；巷内运输轨道应有防爬措施，每根钢轨应装两组防爬设备。

11.8 监控量测

11.8.1 监控量测工作应紧接开挖、支护作业，应按设计要求进行布点和监测，并应根据现场情况及时进行调整或增加量测的项目和内容。量测数据应及时分析处理并反馈。

11.8.2 隧道监控量测项目可分为必测项目和选测项目两类，必测项目在采用喷锚构筑法施工时应按表11.8.2-1的规定进行，选测项目应按表11.8.2-2的规定选择进行。

表11.8.2-1 监控量测必测项目

序号	监测项目	量测方式和工具	量测精度	备注
1	洞内、外观察	现场观察、地质罗盘	—	—
2	净空变化	隧道净空变化测定仪（收敛计）	0.1 mm	一般进行水平收敛量测
3	拱顶下沉	水准测量的方法，水准仪、钢尺	1 mm	—
4	地表下沉	水准测量的方法，水准仪、双面水准尺	1 mm	浅埋隧道必测（$H_0 \leqslant 2b$）
注：H_0—隧道埋深；b—隧道最大开挖宽度。				

表 11.8.2-2　监控量测选测项目

序号	监测项目	测试方法和仪表	测试精度	备注
1	地表下沉	水准测量的方法、水准仪、塔尺	1 mm	$H_0>2b$ 时
2	隧底隆起	水准测量的方法:水准仪、塔尺	1 mm	—
3	围岩内部位移	多点位移计	0.1 mm	—
4	围岩压力	压力盒	0.001 MPa	—
5	二次衬砌接触压力	压力盒	0.001 MPa	—
6	钢架受力	钢筋计	0.1 MPa	—
7	喷混凝土受力	混凝土应变计	10$\mu\varepsilon$	—
8	锚杆杆体应力	钢筋计	0.1 MPa	—
9	二次衬砌内应力	混凝土应变计	0.1 MPa	—
10	爆破振动观察	爆破振动记录仪	—	临近建筑物
11	围岩弹性波速度	弹性波测试仪	—	—

注:H_0—隧道埋深;b—隧道最大开挖宽度。

11.8.3　隧道施工过程中应进行洞内、外观察,洞内观察可分开挖工作面观察和已施工地段观察两部分。开挖工作面观察应在每天开挖后进行,已施工地段的观察每天应至少1次,应主要观察喷射混凝土、锚杆和钢架等的工作状态;洞外观察重点应在洞口段和洞身埋置深度较浅地段,其观察内容应包括地表开裂、地表沉陷、边坡、仰坡稳定状态、地表水渗透情况等。

11.8.4　净空变化、拱顶下沉和浅埋地段地表下沉等必测项目应设置在同一断面,其量测断面间距及测点数量应根据围岩级别、隧道埋深、开挖方法等按表11.8.4的规定执行。选测项目量测断面的数量,宜在每级围岩内选有代表性的1个~2个。

表 11.8.4　必测项目量测面间距和每断面测点数量

围岩级别	断面间距(m)	每断面测数量	
		净空变化	拱顶下沉
Ⅳ~Ⅴ	5~10	1条~2条基线	1点~3点
Ⅳ	10~30	1条基线	1点
Ⅲ	30~50	1条基线	1点

注:洞口及浅埋地段断面间距取小值。

11.8.5　净空变化、拱顶下沉量测宜在每次开挖后12 h内取得初读数,最迟不应大于24 h,且应在下一循环开挖前完成,并应符合下列规定:

1　测点应牢固可靠,易于识别、保护;

2　拱顶下沉和地表下沉量测基点应与洞内、外水准基点建立联系。

11.8.6　隧道浅埋地段地表下沉的量测宜与洞内净空变化和拱顶下沉量测在同一横断面内。

当地表有建筑物时,应在建筑物周围增设地表下沉观测点,其设置应符合下列规定:

1 横断面方向宜在隧道中心及两侧间距 2 m～5 m 处设地表下沉测点,每个断面应设 7 点～11 点,监测范围应在隧道开挖影响范围以外;

2 地表下沉量测应在开挖工作面前方,隧道埋深与隧道开挖高度之和处开始,直到衬砌结构封闭、下沉基本停止时为止;

3 地表下沉量测频率应与拱顶下沉和净空变化的量测频率相同。

11.8.7 量测项目量测频率应根据位移速度和量测断面距开挖面距离,并应分别按表 11.8.7-1 和表 11.8.7-2 的规定确定。当按表 11.8.7-1 和表 11.8.7-2 选择量测频率出现较大差异时,宜取量测频率较高的作为实施的量测频率。

表 11.8.7-1 按位移速度的量测频率

位移速度(mm/d)	量测频率
0～1	2 次/d
1～2	1 次/d
2～5	1 次/2～3 d
1～5	1 次/3 d
＜2	1 次/7 d

表 11.8.7-2 按距开挖面距离的量测频率

量测断面距开挖面距离(m)	量测频率
(0～1)b	2 次/d
(1～2)b	1 次/d
(2～5)b	1 次/2～3 d
＞5b	1 次/7 d
注:b 为隧道开挖宽度。	

11.8.8 量测作业均应持续到变形基本稳定后 2 周～3 周结束。对于膨胀性和挤压性围岩,当位移长期没有减缓趋势时,应适当延长量测时间。

11.8.9 量测数据整理、分析与反馈应符合下列规定:

1 每次量测后应及时进行数据整理,并应绘制量测数据时态曲线和距开挖面关系图;

2 对初期的时态曲线应进行回归分析,预测可能出现的最大值和变化速度;

3 数据异常时,应根据具体情况及时采取加厚喷层、加密或加长锚杆、增加钢架等加固措施。

11.8.10 围岩稳定性的综合判别,应根据量测结果按下列规定指标进行:

1 隧道初期支护极限相对位移不应大于表 11.8.10-1 所列指标,变形管理等级应按表 11.8.10-2 的规定指导施工;

表 11.8.10-1 隧道初期支护极限相对位移(%)

围岩级别	埋深(m)		
	<50	50～300	300～500
拱脚水平相对净空变化值			
Ⅴ	0.30～1.00	0.80～3.50	3.00～5.00
Ⅳ	0.20～0.70	0.50～2.60	2.40～3.50
Ⅲ	0.10～0.50	0.40～0.70	0.60～1.50
Ⅱ	—	—	0.20～0.60
拱顶相对下沉			
Ⅴ	0.06～0.12	0.10～0.60	0.50～1.20
Ⅳ	0.03～0.07	0.06～0.15	0.10～0.60
Ⅲ	0.01～0.04	0.03～0.11	0.10～1.25
Ⅱ	—	0.01～0.05	0.04～0.08

注:1 硬岩取下限,软岩取上限;
2 拱脚水平相对净空变化指两测点间净空水平变化值与其距离之比;拱顶相对下沉指拱顶下沉值减去隧道下沉值后与原拱顶至隧底高度之比;
3 墙腰水平相对净空变化极限可按拱脚水平相对净空变化值乘以 1.2～1.3 后采用。

表 11.8.10-2 变形管理等级

管理等级	管理位移(mm)	施工状态
Ⅲ	$U<U_0/3$	可正常施工
Ⅱ	$U_0/3\leqslant U\leqslant 2U_0/3$	应加强支护
Ⅰ	$U>(2U_0/3)$	应采取特殊措施

注:U 为实测位移值;U_0 为最大允许位移值。

2 应根据下列规定判别位移变化速度:

1) 当净空变化速度持续大于 1.0 mm/d 时,围岩处于急剧变形状态,应加强初期支护系统;

2) 当净空变化速度小于 2.0 mm/d 时,围岩应达到基本稳定;

3) 在浅埋特别是特浅埋地段,以及膨胀性和挤压性围岩等情况下,应采用其他指标判定。

3 应根据下列规定判别位移时态曲线的形态:

1) 当围岩位移速率不断下降时($du^2/d^2t<0$),围岩应趋于稳定状态;

2) 当围岩位移速率保持不变时($du^2/d^2t=0$),围岩不稳定,应加强支护;

3) 当围岩位移速率不断上升时($du^2/d^2t>0$),围岩进入危险状态,应立即停止掘进,加强支护。

注:u 为变形值(mm)。

11.9 衬砌

11.9.1 衬砌应符合下列规定：

1 隧道衬砌施工时，其中线、水平、断面和净空尺寸应符合设计要求；

2 衬砌施工时，应与设计单位密切配合，对衬砌完成的地段，应继续观察和监测隧道的稳定状态，以及衬砌的变形、开裂、侵入净空等。

11.9.2 复合式衬砌应符合下列规定：

1 复合式衬砌采用仰拱超前时，应根据对围岩和支护量测的变形规律，确定二次衬砌的施工时间；

2 若采用防水层时，应采用无钉铺设，并应在二次衬砌灌筑前进行；

3 二次衬砌应在围岩和初期支护变形基本稳定后施工。拱脚水平相对净空变化速度应小于 0.2 mm/d，拱顶相对下沉速度应小于 0.15 mm/d；

4 在松散堆积体、浅埋地段等特殊条件下修建隧道，应及时施工二次衬砌；

5 二次衬砌宜采用全断面一次或先墙后拱法灌筑混凝土。施工时应符合下列规定：

1) 应按封顶工艺施工，确保拱顶混凝土密实；

2) 灌筑前，应除去喷层或防水层表面灰粉并应洒水润湿；

3) 灌筑混凝土应振捣密实，振捣时不应破坏防水层；

4) 二次衬砌拆模时，混凝土强度应达到 2.5 MPa。

11.9.3 整体式衬砌应符合下列规定：

1 边墙施工应符合下列规定：

1) 墙基虚碴、污泥、积水应清除干净；

2) 灌筑中边墙应稳定，超挖部位的回填应符合设计规定；

3) 边墙基础的扩大部分及仰拱的拱座应结合边墙施工一次完成。

2 拱部施工应符合下列规定：

1) 拱圈环节长度应根据围岩稳定情况和施工方法确定；

2) 灌筑顺序应从两侧拱脚向拱顶对称进行，间歇及封顶的层面应成辐射状；

3) 分段施工的拱圈合龙宜选在围岩较好处；

4) 拱部应预留灌浆孔，对空洞进行回填灌浆。

3 衬砌的拆模时间应符合下列规定：

1) 不承受外荷载的拱墙，混凝土强度不应低于 2.5 MPa；

2) 承受围岩压力较大的拱墙，封顶和封口混凝土强度应达到设计强度 100%；

3) 承受围岩压力较小的拱墙，封顶和封口混凝土强度应达到设计强度 70%。

4 在衬砌灌筑结束后应进行衬砌混凝土养护，养护时间宜为 7 d～14 d。

11.9.4 喷锚衬砌应符合下列规定：

1 喷锚衬砌施工前，应按下列规定做好准备工作：

1) 开挖断面尺寸应符合设计规定；

2) 应清除松动岩块，冲洗受喷面；

3) 岩面如有渗漏水应予妥善处理；

4) 应检查喷射混凝土设备，风、水、电等管线应完好，并应试运转。

2 锚杆施工应符合下列规定：

1) 应按设计要求布置孔位,做出标记,并应垂直岩面钻孔。孔位允许偏差应为±150 mm;

2) 灌浆前应将孔眼吹净,灌浆应饱满;

3) 锚杆安装前应对锚杆除锈和矫直,锚杆插入深度不应小于设计长度的95%;

4) 锚杆应安装垫板,垫板宜采用150 mm×150 mm×6 mm的钢板制作,安装应紧密、牢固。

3 钢筋网的铺设,应在岩面喷射一层混凝土后进行,铺设应符合下列规定:

1) 钢筋网应随受喷面的起伏铺设,与受喷面间隙宜为30 mm,钢筋网保护层厚度不应小于20 mm;

2) 钢筋网应固定并应连接牢固。

4 喷射混凝土施工应符合下列规定:

1) 喷射混凝土作业应分段、分片、分层、由下而上交错进行;

2) 喷射混凝土应采用湿喷工艺;

3) 拱部一次喷射混凝土厚度不应大于80 mm,墙部一次喷射混凝土厚度不应大于100 mm,且后一层喷射应在前一层混凝土终凝后进行。

11.9.5 钢筋混凝土衬砌应符合下列规定:

1 钢筋在加工弯制前应调直,并应符合下列规定:

1) 钢筋表面的油渍、水泥浆和浮皮铁锈等均应清除干净;

2) 加工后的钢筋表面不应有削弱钢筋截面的伤痕;

3) 当利用冷拉方法矫直钢筋时,Ⅰ级钢筋矫直伸长率不应超过2%,Ⅱ级钢筋矫直伸长率不应超过1%。

2 安装钢筋时,钢筋的位置和混凝土保护层厚度应符合设计要求。当设计未注明时,受力钢筋保护层厚度不应小于30 mm;

3 灌筑混凝土时应分层进行,并应边灌筑边振捣。振捣时,不应碰撞模板、钢筋和预埋件;

4 混凝土灌筑后的养护和拆模应符合下列规定:

1) 混凝土灌筑应根据气候条件,12 h内应进行养护,养护时间应满足混凝土强度要求;当气温过低时不应进行洒水养护;

2) 混凝土拆模的强度应符合设计要求。

5 仰拱施工应符合下列规定:

1) 仰拱施工前应将隧底虚碴、杂物、积水等清除干净,超挖应采用同级混凝土回填;

2) 仰拱宜超前拱墙二次衬砌,其超前距离宜保持3倍以上衬砌循环作业长度;

3) 仰拱施工应优先选择各段一次成型;

4) 仰拱施工缝和变形缝处应作防水处理。

6 底板施工应符合下列规定:

1) 底板施工前应将隧底虚碴、杂物、积水等清除干净;

2) 底板坡面应平顺。

11.9.6 隧道结构交工后混凝土抗压强度和抗渗等级应符合设计要求,且应无露筋、振漏、露石,隧道二次衬砌结构允许偏差应符合表11.9.6的规定。

表 11.9.6　隧道二次衬砌结构允许偏差

项目	允许偏差值				
	内墙	拱部	变形缝	预埋件	预留孔洞
平面位置(mm)	±10	—	±20	±20	±20
垂直度(%)	0.2	—	—	—	—
高程(mm)	—	+30 −10	—	—	—
直顺度(mm)	—	—	5	—	—
平整度(mm)	15	15	—	—	—

注:1　本表不包括特殊要求项目的偏差标准;
　　2　平面位置以隧道线路中线为准进行测量。

11.10　防水与排水施工

11.10.1　隧道施工防排水应与运营防排水工程相结合。

11.10.2　施工前应制定防排水方案;施工中应对洞内的出水部位、水量大小、涌水情况、变化规律、补给来源及水质成分等做好观察和记录,并应不断改善防排水措施。

11.10.3　隧道进洞前应先做好洞顶、洞口的地面排水系统。

11.10.4　隧道施工中排水应采取环境防治措施。

11.10.5　当防排水设计不符合实际情况或设计中有遗漏或施工中有增减时,施工单位应及时提请变更设计。

11.10.6　隧道覆盖层较薄和渗透性较强的地层,应及时对积水进行处理。

11.10.7　当在含水丰富的地层施工时,应进行超前探水。采用超前钻孔时,应对工程地质和水文地质作详细的调查分析,并应采取防止涌水的措施。

11.10.8　施工中,应根据工程地质、水文地质等地质资料,采取防水或加固等措施。隧道开挖后,如出现较大的渗水,应采取超前注浆堵水措施。

11.11　隧道内运输、通风、照明

11.11.1　隧道内运输方式应根据开挖断面、运量和挖运机械设备等确定。

11.11.2　无轨运输作业应符合下列规定:

1　运输道路应平整、坚实;

2　柴油内燃机械宜采用尾气净化装置并加强通风,汽油机车不应进洞;

3　施工作业地段的行车速度应小于 15 km/h,其中施工作业面区应小于 10 km/h;

4　应在每间隔 300 m～500 m 处设一个会车点。

11.11.3　隧道内通风与照明应符合下列规定:

1　当隧道较长、自然通风不好或存在有害气体时,隧道施工应采取强制通风;

2　隧道内施工照明应采用 36 V 电压等级的照明设备。

12 管道清管、试压

12.0.1 穿越大中型河流、铁路、二级及以上公路、高速公路、隧道的管段应单独进行试压,试验压力、稳压时间及试压程序应按设计文件执行,单独试压管段的选取,应便于和两侧线路管段连头,不应位于弯管连接处。

12.0.2 管道清管、测径、试压施工前,应编制施工方案,制定安全措施,并应充分考虑施工人员及附近公众与设施安全。清管、测径、试压作业应统一指挥,并应配备必要的交通工具、通信及医疗救护设备。

12.0.3 试压作业应符合现行国家标准《油气长输管道工程施工及验收规范》GB 50369 的有关规定。

12.0.4 定向钻法穿越施工的管段回拖前应进行清管、测径、试压,回拖后应进行测径及严密性试验。

12.0.5 水域的大、中型穿越采用开挖法施工的管段隐蔽前应进行清管、测径、试压,隐蔽后应进行测径及严密性试验。

13 健康、安全与环境

13.0.1 油气管道穿越工程施工应遵循国家和行业有关健康、安全与环境的法律、法规及相关规定。

13.0.2 管道穿越工程施工应制订可行的施工作业安全措施和应急预案,应配备足够的应急资源并进行应急演练。同时应确保通讯畅通、指挥到位、步调一致,并应重点做好受限空间紧急疏散、水上溺水救助、触电等应急管理工作。

13.0.3 施工中泥浆、水、气体的排放和弃碴应符合环保要求。施工中应采取措施,减少施工噪声、振动。

13.0.4 隧道及竖井施工中应设安全巡视员。竖井口应设置防洪墙和安全护栏。

13.0.5 隧道施工时,应设双回路电源,并应有可靠的切断装置,保证足够的照明。交通要道、工作面和设备集中处应设置安全照明。

13.0.6 **隧道施工时,应配备通风设备,并应对气体进行安全监测,当可燃、有害气体浓度超过安全允许值时,严禁施工,并应采取应急措施进行处理。**

13.0.7 施工中配电箱应放置在避水、干燥的地方,且应接地良好,并应密封,同时应设专人管理并应定期检查、维修和保养,不应私自乱接电源。

13.0.8 当采用矿山法施工时,开挖面及其周边出现坍塌、滑坡、涌水趋势等异常情况,应立即停工,并应在采取相应安全措施后继续施工。有轨车辆严禁载人。

13.0.9 爆破器具、材料的运输、装卸、保管、领用等应符合相应国家法律、法规及标准的要求。起爆线路设计和施工,爆破安全措施,应按国家现行标准《爆破作业人员安全技术考核标准》GA 53、《土方与爆破工程施工及验收规范》GB 50201、《爆破安全规程》GB 6722 的有关规定执行。

13.0.10 穿越施工作业区应设置安全警戒区。

14 工程交工验收

14.0.1 当施工单位按合同规定的范围完成穿越工程项目后,应及时办理交工手续。

14.0.2 工程交工验收前,施工单位应提交下列技术文件:

1 工程测量定位记录;
2 图纸会审记录、设计交底记录或洽商记录;
3 隐蔽工程验收记录;
4 冬季施工热工计算及施工记录;
5 基础、结构工程验收记录;
6 监控量测记录;
7 开、竣工报告;
8 竣工图;
9 设计变更通知单、材料代用单、施工联络单;
10 质量验收记录;
11 材料、管件、设备出厂质量证明书、合格证,以及设备(图纸)说明书;
12 管道焊接记录;
13 防腐保温工程检验报告;
14 无损检测报告;
15 管道清管测径报告;
16 管道试压报告;
17 阴极保护装置验收报告;
18 穿越工程验收报告;
19 三桩埋设统计表;
20 管道竣工测量表;
21 顶管工程还应提供下列资料:
 1) 钢筋接头试验报告;
 2) 混凝土配合比试验报告;
 3) 混凝土试块试验报告。
22 定向钻工程还应提供下列资料:
 1) 穿越控向测量记录;
 2) 实际穿越曲线图。
23 盾构穿越工程还应提供下列资料:
 1) 钢筋混凝土管片结构抗压强度、抗渗等级、试验报告;
 2) 隧道防水施工、防水效果报告;
 3) 竣工后隧道轴线测量成果。
24 矿山法穿越工程还应提供下列资料:
 1) 隧道防水施工、防水效果报告;
 2) 混凝土强度、抗渗等级、试验报告;
 3) 锚杆抗拔力试验报告;
 4) 竣工后隧道轴线测量成果。

附　录　A
防腐层电导率测试方法

A.0.1　对防腐层电导率进行测试,应采用下列仪器设备:

1　万用表3块:直流电压量程为0 V～2 V,直流电流最小量程为0 μA～200 μA;

2　中断器1台:中断频率为1 s断/3 s通或3 s断/12 s通;

3　滑动变阻器:0 Ω～99999 Ω;

4　便携式铜/硫酸铜参比电极2支;

5　连接导线和鳄鱼夹若干;

6　钢钎接地电极若干支;

7　ZC-8土壤电阻率测量仪1套;

8　恒电位仪或12 V铅酸蓄电池2块;

9　对讲机2台。

A.0.2　对防腐层电导率进行测试,应按下列步骤进行测量:

1　宜采用ZC-8土壤电阻率测量仪四电极法测量穿越段两端土壤电阻率;

2　应连接临时阴极保护装置(图A.0.2),临时阳极地床距管道距离不应小于100 m,应使恒电位仪或蓄电池的正极接地床,负极接管道;当采用蓄电池时,应将滑动变阻器串联接入蓄电池正极与临时阳极地床电路中;

3　应将电流中断器和电流表分别串联接入恒电位或蓄电池负极与管道连接的电路中;

4　在穿越段两端应分别连接电压表正极,并应使硫酸铜参比电极连接电压表负极和接地,同时应测量和记录两端的管地自然电位;

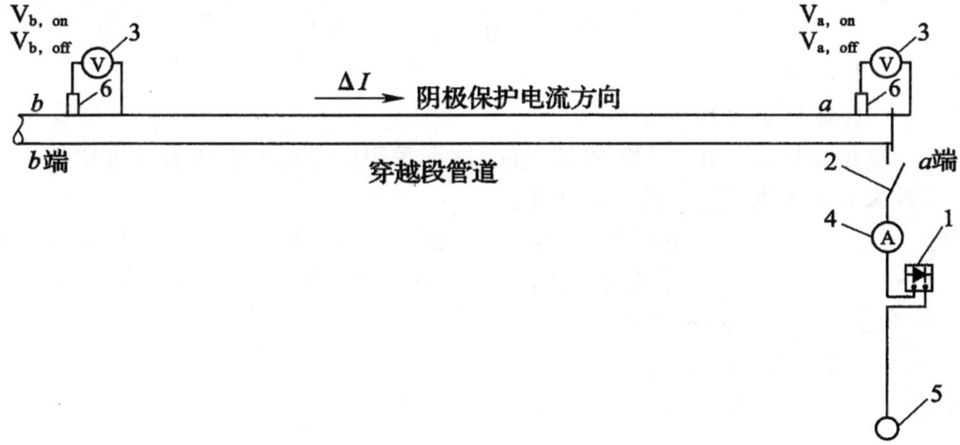

图A.0.2　防腐层电导率测试接线图

1—恒电位仪;2—电流中断器;3—直流电压表;

4—直流电流表;5—临时阳极地床;6—硫酸铜参比电极

5　应接通临时阴极保护电源,并应测量和记录穿越段两端通路(U_{on})和断路(U_{off})电位,同时应调整电流输出,两端断路电位(U_{off})应控制为−850 mV～−1050 mV,并应记录对应的输出电流;

6 应按本本规范第 A.0.2 条第 5 款的方法重复测量 3 次。

A.0.3 防腐层电导率计算应按下列步骤进行：

1 测试点 a 和 b 的电位变化应按下列公式计算：

$$\Delta U_a = U_{a,on} - U_{a,off} \qquad \text{(A.0.3-1)}$$

$$\Delta U_b = U_{b,on} - U_{b,off} \qquad \text{(A.0.3-2)}$$

式中：ΔU_a ——a 点电位变化(V)；

ΔU_b ——b 点电位变化(V)；

$U_{a,on}$ ——a 点通路电位(V)；

$U_{b,on}$ ——b 点通路电位(V)；

$U_{a,off}$ ——a 点断路电位(V)；

$U_{b,off}$ ——b 点断路电位(V)。

2 电位变化比应按下式计算：

$$r = \frac{\Delta U_a}{\Delta U_b} \qquad \text{(A.0.3-3)}$$

式中：r ——电位变化比。

1） 当电位变化比在 0.625～1.6 之间时，宜采用通用法进行计算评价。

可将两端电位变化的算术平均值认为是管道穿越段的平均电位变化，其平均电位应按下式计算：

$$\Delta U_{(\text{平均})} = \frac{\Delta U_a + \Delta U_b}{2} \qquad \text{(A.0.3-4)}$$

式中：$\Delta U_{(\text{平均})}$——a、b 点电位的平均值(V)。

管道穿越段的电导应按下式计算：

$$g = \frac{\Delta I}{\Delta U_{(\text{平均})}} \qquad \text{(A.0.3-5)}$$

式中：g ——电导(s)；

ΔI ——电流变化(A)。

2） 当电位变化比不在 0.625～1.6 之间时，可采用电位或者电流衰减方法评价，电位衰减法和电流衰减法应按下式计算：

$$\text{电位衰减法：} \alpha = \ln[\Delta U_a / \Delta U_b]/L \qquad \text{(A.0.3-6)}$$

$$\text{电流衰减法：} \alpha = \ln[\Delta I_a / \Delta I_b]/L \qquad \text{(A.0.3-7)}$$

式中：L ——测点 a 与 b 之间的距离(m)；

α ——所测管段的衰减系数。

3 管段电导应按下式计算：

$$g = \alpha^2 / \gamma \qquad \text{(A.0.3-8)}$$

式中：γ ——单位长度管段的纵向电阻(Ω)；

g ——所测管段漏失电导(s)；

α ——衰减系数。

4 平均电导应按下式计算：

$$G = \frac{g}{A} \qquad \text{(A.0.3-9)}$$

式中:G ——穿越段管道涂层的平均电导(s);

A ——穿越段管道的表面积为 πdL,d 为管道外径(m),L 为管道穿越长度(m)。

5 穿越段管底深度的平均土壤电阻率应按下式计算:

$$\rho_{(平均)}=\frac{\rho_a+\rho_b}{2} \quad \cdots\cdots\cdots (A.0.3\text{-}10)$$

式中:ρ ——管底深度的平均土壤电阻率(Ω·m);

ρ_a ——管底深度 a 点的土壤电阻率(Ω·m);

ρ_b ——管底深度 b 点的土壤电阻率(Ω·m)。

当计算 1000 Ω·cm 特定土壤电阻率中的涂层标称电导率时,应按下式进行:

$$G_n=\frac{G\times\rho_{(平均)}}{1000\ \Omega\cdot \text{cm}} \quad \cdots\cdots\cdots (A.0.3\text{-}11)$$

式中:G_n ——在电阻率为 1000 Ω·cm 土壤中,标称电导率;

G ——穿越段管道涂层的比平均电导(Ω·m)。

A.0.4 标准管道数据表可按表 A.0.4 的规定确定。

表 A.0.4 标准管道数据表

管道外径		管道壁厚		重度		电阻率		电导率		单位表面积			
mm	in.	mm	in.	kg/m	lb/ft	μΩ/m	μΩ/ft	A/mv/m	A/mv/m	m^2/m	ft^2/ft	m^2/km	ft^2/mil
63.50	2.500	5.232	0.206	8.616	5.790	122.281	37.271	8.178	26.830	0.199	0.65	199.5	3.456
73.03	2.875	7.010	0.276	11.399	7.660	92.492	28.172	10.819	35.496	0.229	0.75	229.4	3.974
88.90	3.500	5.486	0.216	11.280	7.580	93.404	28.470	10.706	35.125	0.279	0.92	279.3	4.838
114.30	4.500	6.020	0.237	16.057	10.790	65.617	20.000	15.240	50.000	0.359	1.18	359.1	6.220
		8.560	0.337	22.293	14.980	47.263	14.406	21.158	69.416				
		7.938	0.313	33.841	22.740	31.135	9.490	32.118	105.375				
		8.179	0.322	42.487	28.560	24.799	7.559	40.325	132.298				
		9.525	0.375	19.169	33.040	21.429	6.531	46.666	153.105				
168.28	6.625	5.563	0.219	22.278	14.970	47.295	14.415	21.144	69.370	0.529	1.73	528.7	9.158
		7.112	0.280	28.230	18.970	37.332	11.376	26.794	87.905				
		7.925	0.312	31.355	21.070	33.603	10.242	29.760	97.637				
		9.525	0.375	37.249	25.030	28.286	8.622	35.353	115.987				
		10.973	0.432	42.532	28.580	24.773	7.551	40.367	132.437				
219.08	8.625	6.350	0.250	33.275	22.360	31.664	9.651	31.582	103.614	0.688	2.26	688.2	11.920
		7.938	0.313	33.841	22.740	31.135	9.490	32.118	105.375				
		8.179	0.322	42.487	28.560	24.799	7.559	40.325	132.298				
		9.525	0.375	19.169	33.040	21.429	6.531	46.666	153.105				
273.05	10.750	6.350	0.250	33.275	22.360	31.664	9.651	31.582	103.614	0.858	2.81	857.8	11920
		9.271	0.365	60.241	40.480	17.490	5.331	57.175	187.581				
		9.525	0.375	61.833	41.550	17.040	5.194	58.686	192.539				

表 A.0.4(续)

管道外径		管道壁厚		重度		电阻率		电导率		单位表面积			
mm	in.	mm	in.	kg/m	lb/ft	μΩ/m	μΩ/ft	A/mv/m	A/mv/m	m^2/m	ft^2/ft	m^2/km	ft^2/mil
273.05	10.750	11.125	0.438	71.714	48.190	14.692	4.478	68.064	223.309	0.858	2.81	857.8	11920
		12.700	0.500	81.462	54.740	12.934	3.942	77.316	253.661				
323.85	12.750	6.350	0.250	49.675	33.380	21.210	6.465	47.147	154.680	1.017	3.34	1017	17620
		7.137	0.281	55.731	37.450	18.905	5.762	52.895	173.540				
		7.938	0.313	61.773	41.510	17.056	5.199	58.630	192.354				
		9.525	0.375	73.753	49.560	14.286	4.354	69.999	229.657				
		12.700	0.500	97.355	65.420	10.822	3.299	92.400	303.151				
355.60	14.000	6.350	0.250	54.630	36.710	25.650	7.804	39.055	128.133	1.117	3.67	1117	19350
		7.925	0.312	67.979	45.680	20.577	6.272	48.598	159.442				
		9.525	0.375	81.209	54.570	17.225	5.250	58.056	190.471				
406.40	16.000	6.350	0.250	62.577	42.050	22.353	6.813	44.736	146.771	1.277	4.19	1277	22120
		7.925	0.312	77.920	52.360	17.952	5.472	55.704	182.757				
		9.525	0.375	93.129	62.580	15.020	4.578	66.577	218.429				
		16.662	0.656	159.977	107.500	8.744	2.665	114.366	375.218				
457.20	18.000	6.350	0.250	70.524	47.390	19.835	6.046	50.417	165.410	1.436	4.71	1436	24880
508.00	20.000	6.350	0.250	78.470	52.730	17.826	5.433	56.098	184.049	1.596	5.24	1596	27650
		7.137	0.281	88.143	59.230	15.870	4.837	63.013	206.736				
		7.925	0.312	84.393	56.710	16.575	5.052	60.332	197.941				
		9.525	0.375	116.969	78.600	11.959	3.645	83.621	274.346				
558.80	22.000	6.350	0.250	86.417	58.070	16.187	4.934	61.779	202.688	1.756	5.76	1756	30410

表 A.0.4（续）

管道外径		管道壁厚		重度		电阻率		电导率		单位表面积			
mm	in.	mm	in.	kg/m	lb/ft	μΩ/m	μΩ/ft	A/mv/m	A/mv/m	m^2/m	ft^2/ft	m^2/km	ft^2/mil
593.73	23.375	9.525	0.375	137.193	92.190	10.196	3.108	98.079	321.780	1.865	6.12	1865	32310
		11.913	0.469	170.751	114.740	8.192	2.497	122.069	400.489				
609.60	24.000	7.137	0.281	106.031	71.250	13.192	4.021	75.801	248.691	1.915	6.28	1915	33180
		7.925	0.312	117.654	79.060	11.889	3.624	84.110	275.951				
		8.738	0.344	129.246	86.850	10.823	3.299	92.397	303.141				
		10.312	0.406	152.343	102.370	9.182	2.799	108.909	357.312				
		11.913	0.469	175.320	117.810	7.979	2.432	125.335	411.204				
		12.700	0.500	186.749	125.490	7.490	2.283	133.506	438.010				
		15.875	0.625	232.227	156.050	6.023	1.836	166.081	544.677				
660.40	26.000	7.239	0.285	116.523	78.300	12.005	3.659	83.301	273.298	2.075	6.81	2075	35940
		7.925	0.312	142.461	95.730	9.819	2.993	101.845	334.136				
		8.255	0.325	132.624	89.120	10.547	3.215	94.812	311.065				
		9.525	0.375	152.729	102.630	9.159	2.792	109.185	358.220				
		12.700	0.500	202.642	136.170	6.903	2.104	144.868	475.288				
762	30.000	7.925	0.312	147.447	99.080	9.478	2.892	105.409	345.829	2.394	7.85	2394	41470
		8.255	0.325	153.116	102.809	9.136	2.785	109.462	359.127				
		8.738	0.344	162.030	108.880	8.633	2.631	115.835	380.035				
		9.144	0.360	169.590	113.960	8.248	2.514	121.239	397.766				
		9.525	0.375	176.570	118.650	7.922	2.415	126.229	414.136				
		10.312	0.406	191.079	128.400	7.321	2.231	136.601	448.168				

表 A.0.4(续)

管道外径		管道壁厚		重度		电阻率		电导率		单位表面积			
mm	in.	mm	in.	kg/m	lb/ft	μΩ/m	μΩ/ft	A/mv/m	A/mv/m	m²/m	ft²/ft	m²/km	ft²/mil
762	30.000	11.125	0.438	205.559	138.130	6.805	2.074	146.953	482.129	2.394	7.85	2394	41470
		12.700	0.500	234.429	157.530	5.967	1.819	167.592	549.843				
914.4	36.000	8.738	0.344	194.800	130.900	7.181	2.189	139.261	456.894	2.873	9.42	2873	49760
		9.525	0.375	212.330	142.680	6.588	2.008	151.794	498.010				
		10.312	0.406	229.816	154.430	6.087	1.855	164.294	539.023				
		11.913	0.469	264.713	177.880	5.284	1.611	189.242	620.873				
		12.700	0.500	282.110	189.570	4.958	1.511	201.679	661.675				
		14.275	0.562	316.814	212.890	4.415	1.346	226.488	743.072				
		15.875	0.625	351.398	236.130	3.981	1.213	251.213	824.188				
		17.450	0.687	385.849	259.280	3.625	1.105	275.841	904.991				
1066.8	42.000	9.525	0.375	248.120	166.730	5.638	1.718	177.380	581.955	3.351	11.00	3352	58060
		9.906	0.390	257.912	173.310	5.424	1.653	184.380	604.921				
		11.125	0.438	289.298	194.400	4.835	1.474	206.817	678.534				
		12.700	0.500	329.835	221.640	4.241	1.293	235.797	773.613				
		14.275	0.562	370.104	248.700	3.779	1.152	264.586	868.063				
		15.875	0.625	411.058	276.220	3.403	1.037	293.863	964.119				
1219.2	48.000	12.700	0.500	377.515	253.680	3.705	1.129	269.884	885.445	3.830	12.57	3830	66350
		15.875	0.625	470.659	316.270	2.972	0.906	336.472	1103.909				
		19.050	0.750	563.297	378.520	2.483	0.757	402.698	1321.187				

本规范用词说明

1 为便于在执行本规范条文时区别对待,对要求严格程度不同的用词说明如下:

1) 表示很严格,非这样做不可的:
正面词采用"必须",反面词采用"严禁";

2) 表示严格,在正常情况下均应这样做的:
正面词采用"应",反面词采用"不应"或"不得";

3) 表示允许稍有选择,在条件许可时首先应这样做的:
正面词采用"宜",反面词采用"不宜";

4) 表示有选择,在一定条件下可以这样做的,采用"可"。

2 条文中指明应按其他有关标准执行的写法为:"应符合……的规定"或"应按……执行"。

引用标准名录

《混凝土外加剂应用技术规范》GB 50119
《土方与爆破工程施工及验收规范》GB 50201
《建筑地基基础工程施工质量验收规范》GB 50202
《混凝土结构工程施工质量验收规范》GB 50204
《油气长输管道工程施工及验收规范》GB 50369
《油气田及管道岩土工程勘察规范》GB 50568
《爆破安全规程》GB 6722
《国家一、二等水准测量规范》GB 12897
《爆破作业人员安全技术考核标准》GA 53

UDC

中华人民共和国国家标准

P

GB 50460—2015

油气输送管道跨越工程施工规范

Code for construction of oil and gas transmission pipeline aerial crossing engineering

2015-11-12 发布 2016-06-01 实施

中华人民共和国住房和城乡建设部
中华人民共和国国家质量监督检验检疫总局 联合发布

中华人民共和国住房和城乡建设部公告

第950号

住房城乡建设部关于发布国家标准《油气输送管道跨越工程施工规范》的公告

现批准《油气输送管道跨越工程施工规范》为国家标准，编号为GB 50460—2015，自2016年6月1日起实施。其中，第5.1.1、7.2.2条为强制性条文，必须严格执行。原国家标准《油气输送管道跨越工程施工规范》GB 50460—2008同时废止。

本规范由我部标准定额研究所组织中国计划出版社出版发行。

中华人民共和国住房和城乡建设部

2015年11月12日

前　言

根据住房城乡建设部《关于印发2014年工程建设标准规范制定修订计划的通知》(建标〔2013〕169号)的要求,由四川石油天然气建设工程有限责任公司会同有关单位在原《油气输送管道跨越工程施工规范》GB 50460—2008的基础上修订而成。

本规范在修订过程中,编制组总结了多年油气输送管道跨越工程的施工经验,借鉴了国内已有的标准和国外发达工业国家的相关标准,吸收了近年来国内油气管道跨越工程的科研成果和生产管理经验,广泛征求了全国各相关单位、专家的意见,经反复研究、讨论和修改,最后经审查定稿。

本规范共分17章和2个附录,主要内容包括:总则,术语,基本规定,施工准备,材料和配件检验,测量与放线,基础施工,塔架施工,悬索式跨越施工,斜拉索式跨越施工,桁架式跨越施工,其他型式跨越施工,跨越管道的安装就位、焊接及检验,管道清管和试压,防腐和保温,健康、安全与环境,工程交工等。

本规范修订的主要技术内容是:

1.增加了对承担工程施工企业应具有《压力管道安装许可规则》TSG D3001资质的要求;

2.增加了混凝土材料、钢筋、焊接材料、钢材等材料复验的要求;

3.增加了关于卫星定位测设的要求;

4.增加了基坑开挖的季节施工和降水排水的要求;

5.增加了对锚固墩施工的相关要求;

6.增加了对钢箱塔架的制作安装技术要求;

7.增加了高强螺栓连接的技术要求;

8.对钢筋混凝土塔架施工精度要求作了修改;

9.增加了主索采用多股平行钢丝成品索股组成时索鞍施工的要求;

10.增加了主索采用多股平行钢丝成品索股组成时的施工要求;

11.增加了桥面钢结构高强螺栓施工的有关要求;

12.增加了桁架安装应保证吊装结构的稳定性和防止永久变形的要求;

13.增加了托架制作规定和托架安装规定;

14.增加了悬缆跨越的施工要求;

15.修订了焊接工艺评定和焊接工艺规程的要求;

16.增加了焊缝外观检查的要求;

17.增加了管道发送时桥面结构受力平衡措施的要求;

18.增加了线路清管杂物不应从跨越管道中通过的要求;

19.修订了跨越工程钢结构的防腐、管道的防腐要求;

20.增加了缆索采用钢丝和成品缆索的防腐要求;

21.增加了预制平行索股法进行主缆安装的主缆防护涂装的要求;

22.增加了长输、集输管道的保温施工要求;

23.增加了执行国家和行业有关健康、安全与环境管理的法律、法规的要求；

24.增加了地貌恢复及水工保护等环境保护工作应符合的设计要求。

本规范中以黑体字标志的条文为强制性条文，必须严格执行。

本规范由住房城乡建设部负责管理和对强制性条文的解释，由石油工程建设专业标准化委员会负责日常管理，由四川石油天然气建设工程有限责任公司负责具体技术内容的解释。本规范在执行过程中如有意见或建议，请寄送四川石油天然气建设工程有限责任公司工程质量控制部(地址：四川省成都市高新区升华路6号，邮政编码：610041)。

本规范主编单位、参编单位、主要起草人和主要审查人：

主 编 单 位：四川石油天然气建设工程有限责任公司

参 编 单 位：中国石油天然气股份有限公司管道建设项目经理部

中国石油集团工程设计有限责任公司西南分公司

主要起草人：张　杰　王学军　罗子波　何静云　朱莉渊　吴克信　胡道华　吴　刚

姚红艳　黄　冬

主要审查人：周剑琴　秦延龙　郑玉刚　梁桂海　魏家勇　刘　欢　杨胜金　吴建中

赵洪元　詹胜文　钱　洪　亓志宏

1 总则

1.0.1 为提高油气输送管道跨越施工水平,保证施工质量,使建设工程达到技术先进、经济合理、安全可靠,制定本规范。

1.0.2 本规范适用于新建或改、扩建的油气输送管道跨越人工或天然障碍物工程的施工。不适用于沿既有桥梁敷设管道。

1.0.3 工程施工过程中的职业健康与安全、环境保护、文物保护等方面的要求应符合国家、地方法规的规定。

1.0.4 油气输送管道跨越工程施工除应执行本规范外,尚应符合国家现行有关标准的规定。

2 术语

2.0.1

管道跨越工程 pipeline aerial crossing engineering

管道从天然或人工障碍物上部架空通过的建设工程。

2.0.2

斜拉索式跨越 obliquely-cable stayed type pipeline aerial crossing

输送管道结构用多根斜向张拉钢索连接于塔架上的跨越结构型式。

2.0.3

悬索式跨越 suspension cable type pipeline aerial crossing

输送管道吊挂在承重主索上的跨越结构型式。

2.0.4

桁架式跨越 truss type pipeline aerial crossing

用桁架作为管道承重结构的跨越结构型式。

2.0.5

轻型托架跨越 light truss type pipeline aerial crossing

以管道作为上弦,与钢索或型钢构成的下撑式组合梁的跨越结构型式。

2.0.6

梁式直跨 girder pipeline aerial crossing

用输送管道或套管作为梁的跨越结构型式。

2.0.7

锚固墩 anchor block

用于承受钢索的拉力并锚固钢索或固定管道的钢筋混凝土结构。

2.0.8

大体积混凝土 mass concrete

混凝土结构物实体最小几何尺寸不小于1 m的大体量混凝土,或预计会因混凝土中胶凝材料水化引起的温度变化和收缩而导致有害裂缝产生的混凝土。

2.0.9

猫道 catwalk

为悬索结构上部结构施工需要而架设的,一般由施工缆索支承的空中施工通道。

2.0.10

预制平行索股法　prefabricated parallel wire strands

将工厂化预制的平行高强钢丝组成的索股,并将其从一端锚体向另一端锚体牵引就位锚固而形成主索的架设方法。

2.0.11

成品拉索　finished cable

拉索两端锚具及防腐外护套已经在厂内安装完毕的拉索。

2.0.12

抗风索　wind resistance cable

为提高跨越结构的侧向刚度,保证跨越结构在风振作用下的稳定而在桥面两侧设置的索系结构。

2.0.13

索夹　cable clamp

悬索跨越索系间联结的夹箍式构件。

2.0.14

隧道式锚碇　tunnel anchorage

用隧道的方式将主缆张力通过锚碇体传递给周围的岩体从而满足锚固要求的锚碇。

3　基本规定

3.0.1　跨越工程等级划分应符合表 3.0.1 的规定。

表 3.0.1　跨越工程等级划分要求

工程等级	总跨长度(m)	单跨最大长度(m)
大型	≥300	≥150
中型	100～300	50～150
小型	<100	<50
注:划分跨越工程等级时,以满足总跨长度或单跨最大长度条件之一确定。		

3.0.2　承担管道跨越工程施工的企业,应具有相应的工程施工总承包资质及压力管道安装许可证。

3.0.3　施工单位应具有质量、职业健康安全和环境管理体系,并应取得相应的体系认证证书。

3.0.4　特种施工作业人员应具有相应资格证,施工中应严格执行安全操作规程。

3.0.5　用于施工的计量、试验器具应检定合格且在有效期内使用。

4　施工准备

4.0.1　跨越工程开工前,应调查施工区域内建(构)筑物、管道、水利、通信及电力等设施的影响及拆迁数量;施工场地布置与相邻工程、农田水利、道路交通、征地等的关系;施工的自然气候条件,雨季和洪水对施工的影响;洪水位及凌汛等情况。

4.0.2　施工单位应编制并报批施工组织设计或施工方案,完成技术交底。

4.0.3　施工单位应配备相应资格的人员,并对人员进行岗前培训。

4.0.4　施工单位应设置现场物资临时储存库房,并做好物资采购、验证、现场保管工作。

4.0.5　施工单位应配备满足施工需要的完好的机具、设备,并对自制的施工机具进行检验。

4.0.6 施工单位应按施工组织设计完成现场水、电、讯、路等临时设施和场地平整,做好施工总平面布置。

5 材料和配件检验

5.1 一般规定

5.1.1 用于跨越工程的材料、管件和配件必须符合设计要求,产品质量应符合国家现行有关标准的规定,并应具有出厂合格证、质量证明文件以及材质证明书或使用说明书。

5.1.2 用于跨越工程的弯头、热煨弯管技术指标应符合表5.1.2的规定。

表5.1.2 弯头、热煨弯管要求

种类	曲率半径	外观和主要尺寸	其他规定
弯头	$<4D$	不应有褶皱、裂纹、重皮、机械损伤;两端椭圆度应小于或等于1.0%,其他部位的椭圆度不应大于2.5%	—
热煨弯管	$\geqslant 4D$	不应有褶皱、裂纹、重皮、机械损伤;两端椭圆度应小于或等于1.0%,其他部位的椭圆度不应大于2.5%	应满足清管器和探测仪器顺利通过;端部直管段保留长度:DN≤500 mm时,不小于250 mm;DN>500 mm时,不小于500 mm
注:D为管道外径;DN为公称直径。			

5.2 管道元件检验

5.2.1 钢管的外径、壁厚、椭圆度等钢管尺寸偏差,应按钢管制造标准检验。钢管表面不应有裂纹、结疤、折叠以及其他深度超过公称壁厚偏差的缺陷。变形的管段超过钢管制造标准时不应使用。

5.2.2 弯头或弯管端部应标注弯曲角度、钢管外径、壁厚、曲率半径及材质型号等参数。凡标注不明或不符合设计要求的不得使用。

5.3 混凝土材料

5.3.1 水泥进场时应对其品种、级别、包装或散装仓号、出厂日期等进行检查,并应对其强度、安定性及其他必要的性能指标进行复验,其质量应符合现行国家标准《通用硅酸盐水泥》GB 175的有关规定。

5.3.2 钢筋混凝土结构、预应力混凝土结构中严禁使用含氯化物的水泥。

5.3.3 混凝土中掺用外加剂的质量及应用技术应符合现行国家标准《混凝土外加剂》GB 8076、《混凝土外加剂应用技术规范》GB 50119等和有关环境保护的规定。

5.3.4 预应力混凝土结构中,严禁使用含氯化物的外加剂。钢筋混凝土结构中,当使用含氯化物的外加剂时,混凝土中氯化物的总含量应符合现行国家标准《混凝土质量控制标准》GB 50164的有关规定。

5.3.5 混凝土中氯化物和碱的总含量,应符合现行国家标准《混凝土结构设计规范》GB 50010和设计的要求。

5.3.6 混凝土中掺用矿物掺合料的质量,应符合现行国家标准《用于水泥和混凝土中的粉煤灰》GB/T 1596等的规定。矿物掺合料的掺量应通过试验确定。

5.3.7 普通混凝土所用的粗、细骨料的质量,应符合现行行业标准《普通混凝土用砂、石质量及检验方法标准》JGJ 52 的有关规定。

5.3.8 拌制混凝土宜采用饮用水,当采用其他水源时,水质应符合现行行业标准《混凝土用水标准》JGJ 63 的有关规定。

5.3.9 预拌混凝土的质量验收应符合现行国家标准《预拌混凝土》GB 14902 的有关规定。

5.3.10 混凝土的施工应符合现行国家标准《混凝土结构工程施工质量验收规范》GB 50204 的有关规定。

5.4 钢筋

5.4.1 钢筋混凝土中的钢筋应符合现行国家标准《钢筋混凝土用钢 第1部分:热轧光圆钢筋》GB 1499.1、《钢筋混凝土用钢 第2部分:热轧带肋钢筋》GB 1499.2、《冷轧带肋钢筋》GB 13788 的有关规定。

5.4.2 对有抗震设防要求的结构,其纵向受力钢筋的强度除应满足设计要求外,还应符合现行国家标准《混凝土结构工程施工质量验收规范》GB 50204 的有关规定。

5.4.3 当发现钢筋脆断、焊接性能不良或力学性能显著不正常等现象时,应对该批钢筋进行化学成分检验或其他专项检验。

5.4.4 钢筋应平直、无损伤,表面不得有裂纹、油污、颗粒状或片状老锈。

5.5 焊接材料

5.5.1 焊接材料的品种和型号应符合焊接工艺规程的要求,焊材包装应完好,标识应清晰。

5.5.2 焊条应无破损、霉变、油污、锈蚀;焊丝应无锈蚀和折弯;焊剂应无变质现象;保护气体的纯度和干燥度应满足焊接工艺规程的要求。未受潮情况下,纤维素焊条不宜烘干。受潮后,纤维素焊条烘干温度应为 80 ℃～100 ℃,烘干时间应为 0.5 h～1.0 h。

5.5.3 焊接材料的储存应按生产厂家产品说明书的要执行,避免受潮。在运输和搬运时,应避免损害填充金属及其包装。

5.5.4 焊接材料的发放应有专人负责,每天按用量发放,并填写好发放记录。

5.6 钢材、缆索、钢丝绳、锚具、夹具

5.6.1 钢材、钢铸件的品种、规格、性能等应符合现行国家产品标准和设计要求。

5.6.2 成品拉索及其附件应符合设计规定,平行钢丝拉索应符合现行国家标准《斜拉桥热挤聚乙烯高强钢丝拉索技术条件》GB/T 18365 的有关规定。

5.6.3 预制主索索股的技术要求、试验方法、检验规则、标记、包装、储存及运输均应符合现行行业标准《悬索桥预制主缆丝股技术条件》JT/T 395 的有关规定。

5.6.4 缠丝用钢丝的技术要求应符合设计要求及现行国家标准《桥梁主缆缠绕用低碳热镀锌圆钢丝》GB/T 24215 的有关规定。

5.6.5 钢丝绳的技术要求、试验方法、检验规则、标记、包装、储存及运输应符合现行国家标准《重要用途钢丝绳》GB 8918 的有关规定。

5.6.6 锚具、夹具应按设计规定采用,其性能和质量应符合现行国家标准《预应力筋用锚具、夹具和连接器》GB/T 14370 的有关规定。

5.7 高强螺栓

5.7.1 高强度大六角头螺栓连接副应进行扭矩系数、螺栓楔负载、螺母保证载荷检验,其检验

方法和结果应符合现行国家标准《钢结构用高强度大六角头螺栓、大六角螺母、垫圈技术条件》GB/T 1231 的有关规定。

5.7.2 扭剪型高强螺栓连接副应进行紧固轴力、螺栓楔负载、螺母保证载荷检验，检验方法和结果应符合现行国家标准《钢结构用扭剪型高强度螺栓连接副》GB/T 3632 的有关规定。

5.8 材料复验

5.8.1 对属于下列情况之一的钢材，应进行抽样复验，其复验结果应符合国家现行产品标准和设计要求。

1 钢材混批；

2 中型及以上跨越的大跨度钢结构中主要受力构件所采用的钢材；

3 设计要求复验的材料和配件；

4 对质量有疑义的材料；

5 其他现行国家标准规定需要复验的材料。

5.8.2 混凝土材料、钢筋、预应力材料的复验应符合现行国家标准《混凝土结构工程施工质量验收规范》GB 50204 的有关规定。

5.8.3 钢结构所用焊材使用前应对不同批号的焊接材料进行复检。

5.8.4 预应力锚具、夹具的复验应符合现行国家标准《预应力筋用锚具、夹具和连接器》GB 14370 的有关规定。

5.8.5 高强螺栓的复验应符合现行国家标准《钢结构工程施工规范》GB 50755 的有关规定。

6 测量与放线

6.1 一般规定

6.1.1 施工测量除应符合本规范规定外，尚应符合现行国家标准《工程测量规范》GB 50026 的有关规定。

6.1.2 对设计或建设单位交付的跨越中线桩、控制网基点桩、水准桩应进行复测，并应对复测资料与设计图进行核对。

6.1.3 测量应以中误差作为衡量测量精度的标准，以两倍中误差作为极限误差。

6.1.4 对中型及以上跨越应建立施工测量平面控制网和高程控制网。

6.1.5 控制点选点应符合相应精度等级对观测的要求。控制桩宜埋设水泥标桩，并应采取保护控制桩的措施。

6.2 平面控制

6.2.1 平面控制网的建立，可采用三角形网、导线网和卫星定位测量控制网等形式。

6.2.2 平面控制网的控制等级划分，应符合下列规定：

1 三角网、三边网应采用四等和一、二级小三角、小三边；

2 导线网应采用四等和一、二、三级导线；

3 卫星定位测量应采用四等和一、二级。

6.2.3 平面控制网应利用现有控制点建立，坐标系统应采用设计选用的坐标系。大型跨越的首级控制网精度不应低于一级，中型及以下跨越的首级控制网精度不应低于二级。

6.2.4 当利用已有控制点构成施工控制网起始边，其相对中误差不能满足相应等级控制网对起始边的要求时，可采用一个控制点作为基点、另一控制点作为起始方向的独立网。

6.2.5 当采用三角测量网作首级控制网时，宜布设为近似等边三角形网。其三角形的内角不宜小于30°。三角测量的主要技术要求应符合表6.2.5的规定。

表6.2.5 三角测量的主要技术要求

等级		平均边长(km)	测角中误差(″)	起始边边长相对中误差	最弱边边长相对中误差	三角形最大闭合差(″)
四等	首级	2	2.5	≤1/100000	≤1/40000	9
	加密			≤1/70000		
一级小三角		1	5	≤1/40000	≤1/20000	15
二级小三角		0.5	10	≤1/20000	≤1/10000	30

6.2.6 当导线网用作首级控制时，应布设成环形网。相邻边边长宜近似相等，其长度之比不宜小于1∶3。

6.2.7 导线测量的主要技术要求应符合表6.2.7的规定。

表6.2.7 导线测量的主要技术要求

等级	导线长度(km)	平均边长(km)	测角中误差(″)	测距中误差(mm)	测距相对中误差	方位角闭合差(″)	相对闭合差
四等	9	1.5	2.5	18	≤1/80000	$5\sqrt{n}$	≤1/35000
一级	4	0.5	5	15	≤1/30000	$10\sqrt{n}$	≤1/15000
二级	2.4	0.25	8	15	≤1/14000	$16\sqrt{n}$	≤1/10000
三级	1.2	0.1	12	15	≤1/7000	$24\sqrt{n}$	≤1/5000

注：n 为测站数。

6.2.8 采用三边测量控制网时，各等级三边网的起始边至最远边之间的三角形个数不宜多于10个。各等级三边网的边长宜近似相等，其组成的各内角宜为30°～100°。距离测量应采用对向观测。

6.2.9 三边测量的主要技术要求应符合表6.2.9的规定。

表6.2.9 三边测量的主要技术要求

等级	平均边长(km)	测距中误差(mm)	测距相对中误差
四等	2	15	≤1/100000
一级小三边	1	20	≤1/40000
二级小三边	0.5	20	≤1/20000

6.2.10 当观测数据超限时，应重测整个测回。当观测数据出现分群时，应分析原因，并应采取相应措施重新观测。

6.2.11 各等级卫星定位测量控制网的主要技术指标，应符合表6.2.11的规定。

表 6.2.11 卫星定位测量控制网的主要技术要求

等级	平均边长(km)	固定误差 A(mm)	比例误差系 B(mm/km)	约束点间的边长相对中误差	约束平差后最弱边相对中误差
四等	2	10	10	≤1/100000	≤1/40000
一级	1	10	20	≤1/40000	≤1/20000
二级	0.5	10	40	≤1/20000	≤1/10000

6.2.12 卫星定位测量控制网应由一个或若干个独立观测环构成。宜采用三角形或大地四边形网。

6.3 高程控制

6.3.1 施工高程系统应与设计高程系统一致。

6.3.2 高程控制测量,可采用水准测量或光电测距三角高程测量。

6.3.3 高程控制测量等级应依次划分为三、四、五等。大型跨越的首级高程控制不应低于四等,中型跨越不应低于五等。

6.3.4 水准测量的主要技术要求应符合表 6.3.4 的规定。

表 6.3.4 水准观测的主要技术要求

等级	水准仪型号	视线长度(m)	前后视较差(m)	前后视累积差(m)	视线最低高度(m)	黑红面读数较差(mm)	往返较差、附合或闭合差	观测次数
三等	DS1	100	3	6	0.3	1.0	$4\sqrt{L}$	往一次
	DS3	75				2.0	$12\sqrt{L}$	往返各一次
四等	DS3	100	5	10	0.2	3.0	$20\sqrt{L}$	往一次
五等	DS3	100	大致相等	—	—	—	$30\sqrt{L}$	往一次
注:L 为水准线路长度(m)。								

6.3.5 光电测距三角高程测量的主要技术要求应符合表 6.3.5 的规定。

表 6.3.5 光电测距三角高程测量的主要技术要求

等级	仪器	测回数		指标差较差(″)	垂直角较差(″)	对向观测高差较差(mm)	附合或环形闭合差(mm)
		三丝法	中丝法				
四等	DJ2	2	3	≤7	≤7	$40\sqrt{D}$	$20\sqrt{\sum D}$
五等	DJ2	1	2	≤10	≤10	$60\sqrt{D}$	$30\sqrt{\sum D}$
注:D 为电磁波测距边长度(mm)。							

6.3.6 光电测距三角高程测量的仪器高度、反射镜高度或觇牌高度，应在观测前后量测，四等量测值应精确至 1 mm，当较差不大于 2 mm 时，应取用平均值；五等量测值应精确至 1 mm，当较差不大于 4 mm 时，应取用平均值。

6.3.7 当三角高程测距边边长大于 1 km 时，应计算地球曲率和折光差的影响。

6.4 施工测量放线

6.4.1 应测定跨越基础和锚固墩中心位置，并应根据设计要求和地质情况放出基坑开挖线。

6.4.2 跨越基础和锚固墩的定位可采用前方交会法、后方交会法、光电测距极坐标法、卫星定位法等。小型跨越也可采用导线定位法。

6.4.3 跨越基础和锚固墩中心定位测量，应符合下列要求：

1 中型及以上跨越桥墩和锚固墩中心点应由不少于 3 个控制点按三角法交会测设，或由不少于 2 个控制点按光电测距极坐标法测设，或采用卫星定位法测设，小型跨越可采用导线法测设；

2 交会法测设桥墩中心点时，当一个方向为跨越轴线，误差三角形的最大边长或两交会方向与跨越轴线交会点间长度不大于 15 mm 时，应以交会点投影至跨越轴线的交点作为桥墩中心点；当各方向均不包括跨越轴线时，应以交会的误差三角形的重心作为桥墩中心；

3 极坐标法测设桥墩中心点时，如两测设点间误差大于 3 mm，应增加测量测设点，并应按交会法的误差三角形方法确定桥墩中心点；

4 卫星定位法测设桥墩中心点时，每岸不应少于 1 个控制点参与测设，并应选择在天空环境影响较小的不同时段进行测量、复核，复核精度应满足本规范第 6.2.11 条的要求。

6.4.4 钢桩测量应符合下列要求：

1 桩位应按跨越桥墩中心十字线与桩的相对位置测设，测设限差应不大于 20 mm；斜桩应按设计倾斜度推算至地面高程后再测设；

2 钢桩打入过程中应随时检查倾斜度，每根桩打入一半桩长和接桩时应测量一次，直桩倾斜度不得超过桩长 1%，斜桩不得超过 15%tnaθ(θ 为设计桩纵轴线与垂直线间夹角)；

3 每根桩打完后应测定桩顶高程。

6.4.5 挖(钻)孔灌注桩测量应符合下列要求：

1 桩位应按设计桩位与跨越桥墩中心十字线与桩的相对位置测设，平面位置测设限差不应大于 10 mm；

2 挖(钻)孔内混凝土灌注完毕，导管提出混凝土面后，应测量混凝土面高程，混凝土凝固后应再复测桩顶面高程；

3 灌注混凝土后应测定桩中心位置。

6.4.6 基础及锚固墩、钢塔架安装或钢筋混凝土塔架浇注施工完毕后，应复测塔架安装中心距，以及基顶标高、锚固点标高、塔架安装中心至锚固点的距离，并应按设计单位的要求反馈复测结果。

6.4.7 跨越塔架安装中心及锚固点的复测应符合下列要求：

1 基础浇注养护完毕后，应在基础顶部测设跨越中心点和纵横轴线；

2 中心点的测设应符合本规范第 6.4.3 条的要求；

3 中心点定位完成后应复测跨越中心距，测量宜采用对向观测。测量的相对中误差不应低于 1/10000，与设计中心点长度较差不应大于 1/10000，且不应大于 20 mm。

7 基础施工

7.1 基坑开挖

7.1.1 跨越工程的基础和锚固墩基坑开挖，应根据工程地质、施工季节、机具设备能力、工期和设计要求进行施工，宜采取明挖法施工，并应符合现行国家标准《建筑地基基础工程施工质量验收规范》GB 50202 的有关规定。

7.1.2 基坑开挖应符合开槽支撑，先撑后挖，分层开挖，严禁超挖的原则。

7.1.3 基坑施工时应对边坡稳定性、支护结构、周围环境、岩溶等特殊地质进行观察和监测，并应符合设计要求及现行国家标准《建筑地基基础工程施工质量验收规范》GB 50202 的有关规定。如出现异常情况应采取临时措施确保施工安全。

7.1.4 基坑挖至设计标高后，应对坑底进行保护，验收合格后及时进行垫层施工。

7.1.5 基坑开挖遇岩石时，可采用机械、人工凿石或边线控制爆破的方法进行施工，爆破施工应按照现行国家标准《爆破安全规程》GB 6722 的有关规定执行。

7.1.6 基坑开挖宜安排在枯水或少雨季节进行，开挖过程中遇水应立即采取排水措施，降水与排水方法应按现行国家标准《建筑地基基础工程施工质量验收规范》GB 50202 的有关规定执行。

7.1.7 基坑开挖尺寸应满足基础施工的要求，锚固墩开挖尺寸应按设计要求进行，其他基础的开挖尺寸宜比设计基础的平面尺寸各边增宽 0.5 m～1.0 m，对有渗水的基坑坑底的开挖尺寸，可根据基坑排水的需要适当加宽。

7.1.8 基坑坑壁坡度，应结合工程地质和水文条件、基坑深度和载荷情况确定，并应符合下列规定：

1 基坑深度在 5 m 以内、基坑底在地下水位以上、基壁地质构造均匀、不加支撑时，基坑坑壁最陡边坡坡度值应按表 7.1.8 的规定执行；

表 7.1.8 基坑坑壁最陡边坡坡度值

土质类别	最陡边坡坡度		
	基坡顶缘无荷载	基坡顶缘有静载	基坡顶缘有动载
中密沙土	1∶1	1∶1.25	1∶1.5
中密碎、卵石类土 (填充物为沙土)	1∶0.75	1∶1	1∶1.25
硬塑的粉土	1∶0.67	1∶0.75	1∶1
中密碎、卵石类土 (填充物为黏性土)	1∶0.5	1∶0.67	1∶0.75
硬塑粉质黏土、黏土	1∶0.33	1∶0.5	1∶0.67
老黄土	1∶0.1	1∶0.25	1∶0.33
软土(经井点降水)	1∶1	—	—
极软岩	1∶0.25	1∶0.33	1∶0.67
软质岩	1∶0	1∶0.1	1∶0.25
硬质岩	1∶0	1∶0	1∶0

2 基坑深度大于 5 m 时,应将坑壁坡度适当放缓,并应加支撑或采取阶梯式开挖措施,其台阶设置高度不宜大于 3 m;

3 地下水位在基坑底以上时,地下水位以上部分可放坡开挖;地下水位以下部分,可采用集水坑或降水法排水进行施工。

7.1.9 基坑开挖完成后,应对基坑平面尺寸、标高、轴线、基底平整度等进行检查,检查结果应符合下列要求:

1 基坑底的地质情况应符合设计要求,并应形成验收记录;

2 基坑平面尺寸、标高、轴线允许偏差应符合表 7.1.9 的规定。

表 7.1.9 基坑平面尺寸、标高、轴线允许偏差

项目	允许偏差(mm)
基坑底平整度	≤50
轴线偏移	≤50
基底平面标高	−50
长度、宽度	+200,−50

7.2 钢筋混凝土基础施工

7.2.1 钢筋混凝土基础施工应符合设计要求,并应符合现行国家标准《混凝土结构工程施工质量验收规范》GB 50204 的有关规定。

7.2.2 用于钢筋混凝土基础的钢筋品种、级别、规格和数量,必须符合设计要求。

7.2.3 钢筋施工应符合下列要求:

1 钢筋调直宜采用机械方法,也可采用冷拉方法;

2 钢筋的布置、连接方式、接头分布、弯钩形式等若无设计要求时,应符合现行国家标准《混凝土结构工程施工质量验收规范》GB 50204 的有关规定;

3 钢筋安装位置的允许偏差应符合表 7.2.3 的规定。

表 7.2.3 钢筋安装位置的允许偏差

项 目		允许偏差(mm)
绑扎钢筋网	长、宽	±10
	网眼尺寸	±20
绑扎钢筋骨架	长	±10
	宽、高	±5
受力钢筋	间距	±10
	排距	±5
	保护层厚度	±10
预埋件	中心线位置	5
	水平高差	+3 0
注:检查预埋件中心线位置时,应沿纵、横两个方向量测,并取其较大值。		

7.2.4 模板及支架施工应符合下列要求：

1 结构和构件各部分形状尺寸和相互位置应正确；

2 构造应简单，装拆应简便，模板的刚度和稳定性应能承受浇筑混凝土的重量、侧压力以及施工荷载；应便于钢筋的绑扎、安装；应满足混凝土的浇筑、养护等要求；

3 应严密堵塞模板的缝隙和孔洞；

4 塔架基础、锚固墩出土部分的模板应采取加固措施；

5 模板与混凝土的接触面应清理干净并涂刷不影响结构性能的隔离剂；木模板在浇筑混凝土前应浇水湿润，板内不应有积水；

6 对清水混凝土工程，应按设计要求选用模板；

7 模板安装的允许偏差应符合表 7.2.4 的规定。

表 7.2.4 模板安装的允许偏差

项　目		允许偏差(mm)
轴线位置		5
垫层上表面标高		±5
基础截面		±10
垂直度	不大于 5 m	6
	大于 5 m	8
表面平整度		3
注：轴线位置偏差值是指沿纵、横两个方向量测，取其中的较大值。		

7.2.5 无模板基坑混凝土浇筑前应将坑壁周围清理干净，不得有松动岩石、浮土等杂物；有模板基础浇筑混凝土前，应清理干净模板内的杂物。

7.2.6 混凝土强度等级应满足设计要求，并应按现行国家标准《混凝土强度检验评定标准》GB/T 50107的有关规定分批检验评定。当混凝土中掺用其他矿物掺合料时，其混凝土强度龄期的确定可按现行国家标准《混凝土结构工程施工质量验收规范》GB 50204 的有关规定执行。

7.2.7 塔架基础的位置、外形尺寸及预埋件允许偏差应符合表 7.2.7 的规定。

表 7.2.7 塔架基础位置、外形尺寸及预埋件允许偏差

序号	项目	承台	塔基础
1	断面尺寸(mm)	±20	±20
2	垂直或倾斜度(mm)	—	$H/1500$ 且≤30
3	顶面标高(mm)	±15	±10
4	轴线偏移(mm)	15	10
5	预埋螺栓位置(mm)	—	±2
6	塔基础螺栓位置(mm)	—	±2

表 7.2.7(续)

序号	项目		承台	塔基础
7	跨度(mm)	中、小型	—	±20
		大型	—	$\pm L/10000$ 且≤20
注:L 为设计跨度,H 为结构高度。				

7.2.8 基础的预埋件、预留孔和预留洞均不得遗漏,且位置应正确,安装应牢固。

7.2.9 塔架基础为大体积混凝土,施工时应采取降低水化热的措施,并应按本规范附录 A 的要求控制混凝土内外温度差在 25 ℃以内。

7.2.10 施工缝的位置和处理应符合设计要求,当设计无要求时,应符合下列规定:

1 处理层混凝土表面的松弱层应予以凿除。对处理层混凝土的强度,采用水冲洗凿毛时,应达到 0.5 MPa;人工凿毛时,应达到 2.5 MPa;采用风动机凿毛时,应达到 10.0 MPa;

2 经凿毛处理后的混凝土面,应采用洁净水冲洗干净;

3 重要部位及有抗震要求的混凝土结构或钢筋稀疏的钢筋混凝土结构,宜在施工缝处预留锚固钢筋;有抗渗要求的混凝土,其施工缝宜做成凹形、凸形或设置止水带;施工缝为斜面时宜浇筑或凿成台阶状。

7.2.11 混凝土浇筑完毕后,应根据环境条件制定并采取养护措施。

7.2.12 当室外日平均环境温度连续 5d 稳定低于 5 ℃时,应采取冬期施工措施。混凝土的冬期施工应符合现行行业标准《建筑工程冬期施工规程》JGJ 104 的有关规定。

7.3 钢桩基础施工

7.3.1 钢桩施工时除应执行本规范的规定外,尚应符合国家现行标准《建筑地基基础工程施工质量验收规范》GB 50202 和《建筑桩基技术规范》JGJ 94 的有关规定。

7.3.2 施工前应检查进入现场的成品钢桩,成品钢桩的质量检验标准应符合表 7.3.2 的规定,设计有防腐要求的,应按设计要求做防腐处理。

表 7.3.2 成品钢桩质量检验标准

序号	检查项目		允许偏差或允许值(mm)
1	桩外径或断面尺寸	桩端	$\pm 0.5\%d$
		桩身	$\pm 1\%d$
2	弯曲矢量		$\leqslant L/1000$
3	长度		+10
4	端部平整度		≤2
5	端部平面与桩中心线的倾斜值		≤2
注:d 为外径或边长,L 为桩长。			

7.3.3 打桩施工工艺和设备应根据施工地质条件选择。打桩可选择锤击法或振动法等。

7.3.4 锤击打桩时,应由第一锤开始至预定深度或规定锤击贯入量为止,不宜中途停止。若因故中途停止,再恢复打桩时,应至少先打入 300 mm 深度后,方可恢复贯入量纪录。

7.3.5 锤击打桩的停止锤击要求应符合设计要求。对停止锤击要求可采用打入地层最后300 mm之锤击数或最后10锤之平均贯入量确定。

7.3.6 钢桩桩位的允许偏差应符合表7.3.6的规定。

表7.3.6 钢桩桩位的允许偏差

序号	项目		允许偏差
1	桩中轴线偏斜率	竖直桩	$L/100$
		斜桩倾斜度	$15\tan\theta/100$
2	承台底群桩平面位置(mm)	边桩	$0.25d$
		中间桩	$0.5d$
3	帽梁底排架桩平面位置(mm)	沿帽梁轴线	50
		垂直帽梁轴线	40
4	承台边缘至边桩净距(mm)	桩径小于或等于1 m	$\geqslant 0.5d$ 且 $\geqslant 250$
		桩径大于1 m	$\geqslant 0.3d$ 且 $\geqslant 500$
5	桩顶标高(mm)	—	50
注:d 为桩的直径或短边尺寸;θ 为桩纵轴线与垂直线间夹角;L 为桩长。			

7.3.7 钢桩接长时应清除端部的浮锈、油污等脏物,并应保持干燥;经锤击后桩顶的变形部分应割除;上下节桩组对时应校正垂直度,组对间隙宜为2 mm~3 mm。接长组对允许偏差应符合表7.3.7的要求。

表7.3.7 接长组对允许偏差

序号	项目		允许偏差(mm)
1	错边	桩外径大于或等于700 mm	$\leqslant 3$
		桩外径小于700 mm	$\leqslant 2$
2	接点弯曲矢量		$< L/1000$
注:L 为桩长。			

7.3.8 钢桩的接长可采用焊接方式连接。采用焊接时,焊缝质量应符合表7.3.8的要求。

表7.3.8 焊缝质量要求

序号	项目	允许偏差或允许值(mm)
1	咬边深度	$\leqslant 0.5$
2	加强层高度	2
3	加强层宽度	2
4	焊缝外观	焊缝饱满,无气孔、夹渣、焊瘤、裂纹

7.3.9 焊缝检测应采用超声波,检测比例应为20%,合格等级应为现行国家标准《焊缝无损检

测 超声检测 技术、检测等级和评定》GB/T 11345 的Ⅱ级。

7.3.10 焊接接桩完毕后至少应停歇 10 min 方可进行打桩作业。

7.3.11 钢管桩内混凝土的浇注宜采用直伸导管法。浇注前应将钢管内部清理干净。

7.3.12 施工结束后应做承载力检验。若设计无要求时,可根据工程具体情况采用静压试验方法进行检验。承载力试验应符合现行行业标准《建筑基桩检测技术规范》JGJ 106 的有关规定。

7.4 灌注桩基础施工

7.4.1 灌注桩施工时除应执行本规范的规定外,尚应符合国家现行标准《建筑地基基础工程施工质量验收规范》GB 50202 和《建筑桩基技术规范》JGJ 94 的有关规定。

7.4.2 设计有试桩的,试桩施工应符合现行行业标准《建筑桩基技术规范》JGJ 94 的有关规定。

7.4.3 成孔施工工艺和设备应根据施工地质和水文条件选择。成孔可采用钻孔或人工挖孔法,施工工艺可选择干作业成孔、泥浆护壁成孔、套管成孔或人工挖孔等工艺。

7.4.4 人工挖孔过程中,应检查桩的孔径、平面位置和竖轴线倾斜情况,对出现的偏差应及时纠正。挖孔达到设计深度后,应进行孔底处理,孔底表面不得有松渣、沉淀土。

7.4.5 人工挖孔桩终孔时,应检查桩端持力层岩性特征。当岩性特征与设计不一致时,应由勘察单位重新补勘地质资料。

7.4.6 泥浆护壁成孔施工时所使用的泥浆应根据施工方法配置。

7.4.7 泥浆护壁成孔法若需设置护筒时,护筒中心竖直线应与孔中心线重合,护筒埋置深度应根据设计要求或桩位的水文地质情况确定。

7.4.8 钻孔深度达到设计标高后,应对成孔质量进行检查,符合要求后方可清孔。

7.4.9 成孔孔径和垂直度允许偏差应符合表 7.4.9 的要求。

表 7.4.9 成孔孔径和垂直度允许偏差

<table>
<tr><th>序号</th><th colspan="2">成孔工艺</th><th>孔径允许偏差(mm)</th><th>垂直度允许偏差(%)</th></tr>
<tr><td rowspan="2">1</td><td rowspan="2">泥浆护壁</td><td>D≤1000 mm</td><td>≤50</td><td rowspan="2">1</td></tr>
<tr><td>D>1000 mm</td><td>−50</td></tr>
<tr><td rowspan="2">2</td><td rowspan="2">套管成孔灌注桩</td><td>D≤500 mm</td><td rowspan="2">−20</td><td rowspan="2">1</td></tr>
<tr><td>D>500 mm</td></tr>
<tr><td>3</td><td colspan="2">干成孔灌注桩</td><td>−20</td><td>1</td></tr>
<tr><td rowspan="2">4</td><td rowspan="2">人工挖孔桩</td><td>混凝土护壁</td><td>+50</td><td>0.5</td></tr>
<tr><td>钢套管护壁</td><td>+50</td><td>1</td></tr>
<tr><td colspan="5">注:1 D 为孔径;
2 孔径允许偏差的负值指个别断面;
3 采用复打、反插法施工的桩,其孔径允许偏差不受本表限制。</td></tr>
</table>

7.4.10 成孔质量应符合表 7.4.10 的规定。

表 7.4.10 成孔质量

序号	项目	质量要求
1	孔的中心位置(mm)	群桩:100;单排桩:50
2	孔径(mm)	应符合本规范第 7.4.9 条的规定
3	垂直度	应符合本规范第 7.4.9 条的规定
4	孔深	摩擦桩:不应小于设计规定;端承桩:应比设计深度超深大于或等于 50 mm
5	沉淀厚度(mm)	摩擦桩:应符合设计要求,当设计无要求时,对于直径小于或等于 1.5 m的桩,沉淀厚度应小于或等于 300 mm;对桩径大于 1.5 m 或桩长大于 40 m 或土质较差的桩,沉淀厚度应小于或等于 500 mm。端承桩:不应大于设计规定
6	清孔后泥浆指标	相对密度:1.03~1.10;黏度:17 Pa·s~20 Pa·s;含砂率:<2%;胶体率:>98%
注:清孔后的泥浆指标是从桩孔的顶、中、底部分别取样检验的平均值。本项指标的测定,限指大直径桩或有特定要求的钻孔桩。		

7.4.11 清孔方法应根据设计要求、钻孔方法、机具设备条件和地层情况决定。在清孔排渣时,应保持孔内水头的高度不变。

7.4.12 清孔后应从孔底提出泥浆试样进行性能指标试验,试验结果应符合表 7.4.10 的规定。

7.4.13 钢筋骨架的制作、运输及吊装就位应符合下列要求:

1 钢筋骨架的制作应符合设计要求和本规范第 7.2 节的有关规定;

2 长桩骨架宜分段制作,分段长度应根据吊装条件确定,不应变形,接头应错开。

7.4.14 混凝土灌注桩钢筋骨架的制作和吊放允许偏差,应符合表 7.4.14 的要求:

表 7.4.14 混凝土灌注桩钢筋骨架的制作和吊放允许偏差

序号	项目	允许偏差
1	主筋间距(mm)	±10
2	箍筋间距(mm)	±20
3	骨架外径(mm)	±20
4	骨架倾斜度(%)	±0.5
5	骨架保护层厚度(mm)	±20
6	骨架中心平面位置(mm)	20
7	骨架顶端高程(mm)	±20
8	骨架底面高程(mm)	±50

7.4.15 在吊入钢筋骨架后,灌注混凝土前,应再次检查孔内泥浆性能指标和孔底沉淀厚度,如超过本规范表 7.4.10 的规定,宜进行第二次清孔。

7.4.16 混凝土灌注桩宜采用泵送混凝土连续灌注。水下混凝土应采用钢导管灌注,导管内径应根据桩径大小确定。

7.4.17 首批灌注混凝土的数量应能满足导管首次埋置深度和填充导管底部的需要，导管首次埋置深度不宜小于1.0 m。在灌注过程中，导管的埋置深度宜为2 m～6 m，应经常测探井孔内混凝土面层的位置。

7.4.18 灌注桩的浇注高度宜高出设计标高0.5 m～1.0 m。

7.4.19 混凝土灌注桩的桩位允许偏差应符合表7.4.19的要求。

表7.4.19 混凝土灌注桩桩位允许偏差

序号	项目		允许偏差
1	中心位置(mm)	群桩	≤100
		单排桩	≤50
2	倾斜度(%)	直桩	<1
		斜桩	<±2.5设计倾斜度

7.4.20 桩基施工完毕并具备检测条件后应进行检验。桩基的检验应符合设计要求，设计无要求时，应符合现行行业标准《建筑桩基技术规范》JGJ 94的有关规定。

7.5 锚固墩施工

7.5.1 重力式锚固墩的基坑开挖和基础施工应符合下列规定：

1 重力式锚固墩的基坑开挖、模板、钢筋、混凝土和预埋件等施工中的相关部分应按本规范第7章有关规定执行。

2 重力式锚固墩的锚固体系应符合下列规定：

1） 所有钢构件安装应按本规范第8章的要求执行；

2） 锚杆安装前应对其连接进行试安装，试安装应包括锚杆与固定板、锚杆与支架。

3 锚件安装时应采取控制固定板、支架和锚杆的中心位置及锚杆的角度的措施，锚杆、固定板及支架安装的允许误差应符合表7.5.1的规定。

表7.5.1 锚杆、固定板及支架安装允许偏差

序号	项目		规定值或允许偏差(mm)
1	固定板、支架	中心线偏差	±5
		中心点位置	±5
		水平高差	−2，+5
2	锚杆端点坐标	X	+10
		Y	±5
		Z	±5
3	锚杆之间	中心偏差	2

7.5.2 隧道式锚碇洞室开挖和岩锚施工应符合下列规定：

1 洞室开挖除应符合现行行业标准《公路隧道施工技术规范》JTG F60的有关规定外，采用矿山法开挖的宜进行爆破监控试验，对爆破施工方案的各种参数进行试验和修正，据此确定爆破方案。开挖施工应严格控制爆破，减少对围岩的扰动；

2 岩锚施工时的钻孔宜采用破碎法施工，锚索下料时宜采用砂轮机切割，穿束时应设置定位环，保证锚索在孔中位于对中位置，同时应避免锚索扭转，锚索安装完成后应及时对孔道压浆；

3 隧道式锚碇洞室开挖和岩锚施工质量应符合表7.5.2的规定。

表7.5.2 隧道式锚碇允许偏差

项目			规定值或允许偏差
洞室(mm)	总体	偏位	200
		高度	±100
		宽度	
	允许超挖	平均	50
		最大	100
岩锚(mm)	中心线偏位		100
	深度		不小于设计值

7.5.3 预应力锚固系统的施工应符合设计要求，锚具应安装防护套，并注入保护性油脂，对加工件应进行超声和磁粉检测，预应力锚固系统的制作与安装、张拉、灌浆及封锚应符合现行国家标准《混凝土结构工程施工质量验收规范》GB 50204的有关规定，施工质量应符合表7.5.3的规定。

表7.5.3 预应力锚固系统的制作与安装、张拉、灌浆及封锚质量要求

项目	拉杆(索)张拉力(kN)	前锚孔道中心线(mm)	前端面孔道角度(°)	拉杆(索)轴线偏位(mm)	连接器轴线(mm)
规定值或允许偏差	符合设计要求	10	±0.2	5	5

7.5.4 锚固墩混凝土施工除应符合本规范第7.2节的规定外，尚应符合下列规定：

1 基础和锚体应按大体积混凝土的要求组织施工，施工前应编制专项施工技术方案；

2 隧道式锚碇的混凝土施工时宜采用自密实型微膨胀混凝土，锚体混凝土与岩体结合良好，混凝土与拱顶基岩紧密黏结。浇筑混凝土时洞内应具备排水和通风条件；

3 上部构造施工预埋件的安装质量应符合设计要求；

4 锚固墩允许偏差应符合表7.5.4的规定。

表 7.5.4 锚固墩允许偏差

项目		规定值或允许偏差(mm)
轴线偏位		10
断面尺寸		±30
基础底面高程	土质	±50
	石质	+50,−200
顶面高程		±20
大面积平整度		5
预埋件位置		5

7.5.5 用于固定管道的锚固墩对其固定的管道焊接、防腐应符合现行国家标准《油气长输管道工程施工及验收规范》GB 50369 及《油气田集输管道施工规范》GB 50819 的有关规定。

8 塔架施工

8.1 钢塔架制作

8.1.1 下料前应对变形钢材进行矫正,钢材矫正后的允许偏差应符合现行国家标准《钢结构工程施工质量验收规范》GB 50205 的有关规定。

8.1.2 塔架各主肢接长的对接焊缝不应在同一截面上,其相互错开间距应大于 300 mm。

8.1.3 塔架放样宜采用计算机放样,也可采用放样平台放样。放样平台应稳固、平整,表面不得有妨碍放线的焊瘤、附着物及杂物。放样时应按制造工艺要求预留切割量、加工余量或焊接变形量,放样工作完成后应进行复查。放样样板的允许偏差应符合下列规定:

1 样板的长、宽误差不应大于 0.5 mm,对角线长度误差不应大于 1 mm,相邻孔中心距误差不应大于 0.5 mm;

2 塔架杆件长度误差不应大于 0.5 mm,对角线长度误差不应大于 1 mm,各节间距不应大于 2 mm,杆件汇交点偏离不应大于 2 mm。

8.1.4 钢结构塔架型钢腹杆接长时,接长长度不宜小于 1 m。腹杆长度小于 12 m 时,接头不宜多于 1 处。

8.1.5 切割后的钢材切割面不应有裂纹和夹渣、分层和大于 1 mm 的缺棱,切割后构件长度、宽度尺寸允许偏差应为±1 mm。切割后拼装前应对钢管进行管内清理。

8.1.6 用于塔体预拼装的支撑件或平台应测量找平。塔体拼装应采取减小塔体焊接变形的措施,塔架用螺栓连接时,应保证螺栓孔位的准确性,严禁在预制好的联结件上割孔。塔架主肢为钢管时,其对接焊缝应避开节点板,开口处应进行焊接封堵。塔体各面预拼装完毕后,应检查其结构几何尺寸,并应符合下列规定:

1 同平面对角线长度差不应大于长度的 1‰,且不应大于 5 mm;

2 空间对角线长度差不应大于长度的 1‰,且不应大于 5 mm。

8.1.7 钢塔架的构件安装不得强力组装,安装螺栓孔不得用火焰切割扩孔。

8.1.8 钢塔架焊接前,应依据焊接工艺评定报告编制焊接工艺规程。钢塔架焊接应由具有相应资质的焊工按焊接工艺规程进行施焊。

8.1.9　施焊前焊条应烘干，酸性焊条烘干温度应为 100 ℃～150 ℃、低氢型焊条烘干温度应为 350 ℃～430 ℃，恒温时间应为 1 h～2 h，烘干后应在温度不低于 120 ℃条件下保存。焊接时应随用随取，并应放入焊条保温筒内。焊条烘干后在大气中放置时间不应超过 4 h。

8.1.10　施焊时应采取对称焊接方式等措施控制钢结构变形，且不得冲击和振动焊缝。

8.1.11　焊接过程中应采取避免风、雨、雪侵袭的措施。在下列任何一种环境中，如未采取防护措施，不得进行焊接：

1　雨雪天气；

2　大气相对湿度大于 90%；

3　低氢型焊条电弧焊，风速大于 5 m/s；

4　酸性焊条电弧焊，风速大于 8 m/s；

5　自保护药芯焊丝半自动焊，风速大于 8 m/s；

6　气体保护焊，风速大于 2 m/s；

7　环境温度低于焊接工艺规程中规定的温度；

8　焊接作业条件不符合现行国家标准《焊接与切割安全》GB 9448 的有关规定。

8.1.12　焊接过程中及拆除工卡具时应避免钢材电弧损伤。对钢材电弧损伤应进行打磨，其打磨深度不得大于钢材壁厚允许偏差值的下限。

8.1.13　在跨越塔架的连接板焊接及塔架支座焊接过程中，应采取减小焊接变形的措施。

8.1.14　焊前焊接工艺文件编制要求，焊前预热和道间温度控制、焊后热处理、焊后消应力处理等应按现行国家标准《钢结构焊接规范》GB 50661 的要求执行。

8.1.15　焊缝的尺寸偏差、外观质量和内部质量，应按现行国家标准《钢结构工程施工质量验收规范》GB 50205 和《钢结构焊接规范》GB 50661 的有关规定进行检验。

8.1.16　钢箱塔架及工厂制作塔架的构件制作时应进行试拼装，试拼装合格后方可启运，并应根据不同的运输方式对构件进行必要的临时加固和保护。节段构件安装的吊点、导向件及临时匹配件宜在厂内制作时设置。

8.2　钢塔架安装

8.2.1　柱脚底板及铰支座不应采用二次灌浆的方法进行安装。

8.2.2　塔架吊装前，应由建设或监理单位组织设计、施工单位对基础进行全面检查，达到设计要求后吊装。

8.2.3　吊装作业应根据现场施工条件和机具设备能力确定吊装方法，并应编制吊装方案，方案应对吊点进行强度验算，根据验算结果采取对吊点处进行加固的措施。

8.2.4　用于吊装的夹具和索具应符合现行行业标准《化工工程建设起重规范》HG 20201 的有关要求。

8.2.5　塔架防腐工作宜在地面完成。塔架吊装前应清除塔体表面的油污、疤痕和泥沙等。同时应采取防止吊装过程中防腐层受到破坏的措施，如有损坏应及时修补。

8.2.6　塔架高空焊接时应采取防止焊接飞溅损伤防腐层的措施。

8.2.7　分段式塔架吊装后应按设计要求检验其安装精度，当设计无要求时，塔架安装允许偏差应符合表 8.2.7 的规定。

表 8.2.7 塔架安装允许偏差

序号	项目	允许偏差(mm)
1	轴线偏移	10
2	横截面对角线差值	15
3	塔身垂直度	H/1500 且<30
4	塔身横向挠曲	H/1000 且≤15
5	塔身高度	±10
6	主索锚固点标高	±10
注:H 为塔架总体高度。		

8.2.8 钢塔架与基础的连接采用螺栓锚固时,承压板与混凝土之间应保持密贴,混凝土表面应抛光磨平,并对承压板进行机械加工切削;采用埋入式锚固时,应保证底座的安装精度符合设计要求。

8.2.9 采用高强螺栓连接的塔架,其施工应符合现行行业标准《公路桥涵施工技术规范》JTG/T F50的要求。

8.2.10 塔架安装后应及时安装临时防雷接地设施。

8.3 钢筋混凝土塔架施工

8.3.1 钢筋混凝土塔架的钢筋及混凝土的施工应符合本规范第7章有关规定,且应符合现行国家标准《混凝土结构工程施工质量验收规范》GB 50204 的有关规定。

8.3.2 钢筋混凝土塔架,可采用分段立模浇筑或滑升模板法浇筑。

8.3.3 塔架横梁施工时,模板和支撑系统应根据塔架结构、重量及支撑高度设置。

8.3.4 斜塔柱施工时,横撑应根据施工需要设置。应对各施工阶段塔柱模板及支撑的强度和变形进行计算,并应使斜塔架线形、应力、倾斜度满足设计要求。

8.3.5 塔架混凝土现浇可选用吊斗提送或输送泵输送施工。当采用输送泵施工,且泵口高度超过一台泵的工作高度时,可接力泵送。

8.3.6 钢筋混凝土塔架施工中宜设置劲性固结件。

8.3.7 塔架施工过程中,应加强测量监控,并应采取及时纠偏的措施。

8.3.8 塔架施工的其他要求应按现行行业标准《公路桥涵施工技术规范》JTG/T F50 的要求执行。

8.3.9 钢筋混凝土塔架施工质量应符合表 8.3.9 的要求。

表 8.3.9 钢筋混凝土塔架施工精度

项目	规定值或允许偏差(mm)
塔柱底偏位	±10
横梁轴线偏位	±10
倾斜度	符合设计规定;设计未规定时按塔高的 H/1500,且不大于 30

表 8.3.9(续)

项目		规定值或允许偏差(mm)
塔顶高程		±10
外轮廓尺寸	塔柱	±20
	横梁	±10
拉索锚固点高程		±10
横梁顶面高程		±10
索鞍底板面高程		+10
预埋索管孔道位置		10,且两端同向
预埋螺栓位置		±2
注:H 为塔高。		

8.4 索鞍或塔顶连接板安装

8.4.1 索鞍或塔顶连接板宜由工厂制造,制造质量应符合设计要求,当设计无要求时,应按现行行业标准《公路桥涵施工技术规范》JTG/T F50 的有关规定执行。

8.4.2 索鞍或者塔顶连接板宜在塔架吊装前或混凝土塔架上横梁浇筑后进行安装。

8.4.3 索鞍及塔顶连接板安装完毕,经现场监理检查符合设计要求后,应根据安装方法不同进行塔顶加固,加固后可进行施工临时承重工具或索系的安装。

8.4.4 主索采用多股平行钢丝成品索股组成时,根据跨越施工载荷的变化,宜采用反力顶推的方式将索鞍座体顶推至设计要求位置进行固定。索鞍安装宜根据设计要求将索鞍座体安放至预偏位置并临时固定,需进行索鞍顶推施工时应同时预埋索鞍顶推装置。

8.4.5 索鞍或塔顶连接板安装质量应符合表 8.4.5 的规定。

表 8.4.5 索鞍或塔顶连接板安装质量要求

序号	项目	规定值或允许偏差(mm)
1	纵向最终偏差(相对于塔顶)	符合设计要求或±10
2	横向偏位(相对于塔顶)	10
3	四角高差	2
4	高程	+20,0

9 悬索式跨越施工

9.1 一般规定

9.1.1 通航河流应设置警戒设施。

9.1.2 应编制专项施工技术方案,进行吊装施工受力计算、确定发送道及牵引道的几何尺寸、进行施工场地平面布置,并应经审查批准后方可实施。

9.1.3 施工测量应符合本规范第 6 章的要求,并应标定跨越中心轴线和跨越点中心位置。

9.1.4 未能一次发送完成，且发送构件的临时停留位置低于设计高度时，应在构件上设置夜间警示灯光。

9.1.5 钢丝绳锚固头和锚固墩的锚固螺栓连接时，应采取措施防止锚固头灌入过程中损坏锚固螺栓的螺纹。

9.1.6 基础施工、锚固墩施工、塔架施工应符合本规范第7章、第8章的相关要求。

9.2 钢丝拉索的制备

9.2.1 中型及以上跨越工程的钢丝绳和钢丝绳锚固件，应在专业生产厂家制备，设计单位、施工单位、建设单位应派专人到厂家检验，用于大型跨越工程的钢丝绳和钢丝绳连接件的制备应派驻监造。

9.2.2 用于跨越工程的钢丝绳，在下料前应按规定程序进行预拉伸，预拉伸宜由生产厂家进行。预拉力不得超过钢丝绳最小破断拉力的45%，施加载荷应分别为钢丝绳最小破断拉力的10%、20%、30%、45%，停留时间应分别为10 min、30 min、60 min、6 h。

9.2.3 钢丝绳下料应在设计应力条件下做标记，并应在放松状态下料，且应复核现场温度影响，并应进行温度修正。

9.2.4 工厂制备钢丝绳时，钢丝绳丈量工作不应在烈日下进行，钢丝绳丈量时的温差不宜超过5 ℃，且每根钢丝绳的丈量次数不应少于2次。

9.2.5 钢丝绳预拉伸及下料切割后应进行标识，并应顺直摆放，不得折曲和扭绞，且应由专业生产厂家在钢丝绳上标记明显的防扭转色线。

9.2.6 钢丝绳上的所有标记材料应牢固可靠、不易脱落，与钢丝绳本色应区别明显。

9.2.7 小型钢丝绳锚固头可在现场制作，应按照设计要求进行钢丝绳张拉及锚固头拉力试验。

9.2.8 吊索应由生产厂家在工厂内进行标识，吊索长度应符合设计要求，可调长度的吊索应在工厂装箱前对螺母位置进行标定并固定螺母。

9.2.9 风索应在生产厂家进行索夹安装位置的标定，并应标记防扭转色线。

9.2.10 平行钢丝束的制备应满足下列要求：

1 平行钢丝束及锚固件应在专业生产厂家制备；

2 热挤聚乙烯高强钢丝拉索及冷铸锚主要技术参数应符合现行国家标准《斜拉桥热挤聚乙烯高强钢丝拉索技术条件》GB/T 18365的要求；

3 钢丝不应有任何型式的接头；

4 钢丝的镀锌层应连续、光滑、均匀、致密，其单位面积镀锌重量应不小于300 g/m^2；

5 钢丝的外包装材料宜采用阻燃的或经防火处理的材料；

6 钢丝在运输、贮存和加工期间应防止镀锌层受损；

7 聚乙烯护套料可采用黑色或彩色的高密度聚乙烯护套料，该护套料在直接承受大气环境因素的作用下，应具有较好的抗老化寿命；

8 锚杯和锚圈应逐件进行超声波检测或磁粉检测；

9 超声波检测应按现行国家标准《锻轧钢棒超声检测方法》GB/T 4162的规定执行，磁粉检测按现行行业标准《锻钢件磁粉检测》JB/T 8468的规定执行；

10 成品拉索的外观面应良好完整，不应有深于1 mm的划痕；

11　成品拉索两端冷铸锚外表面不应有损伤，螺纹不应有任何碰伤，锚圈和锚杯应能自由旋合；

12　成品拉索的制作长度是指设计温度下零应力时的拉索总长，即为拉索两端冷铸锚尾端之间的直线长度；

13　成品拉索索长测量方法：经超张拉检验后的成品拉索，应在卸载或加载至20％的超张拉力时测量拉索长度；

14　每根成品拉索在出厂之前应进行超张拉检验，检验方法应按现行国家标准《斜拉桥热挤聚乙烯高强钢丝拉索技术条件》GB/T 18365的规定执行，合格后方能出厂交付使用。

9.2.11　其他类型的钢索制备应符合设计要求或相应的国家现行标准的有关规定。

9.3　主索安装

9.3.1　主索发送、吊装过程中，应采取保护主索钢丝绳以及钢丝绳的防腐层的措施，钢丝绳应保持平顺，无扭转，不鼓丝。

9.3.2　主索发送时，对于通航河段应根据要求采取安全措施。

9.3.3　主索发送宜采用下列方法：

1　对于不通航河流、虽通航但可断航的河流、干枯河流、冰冻河流，宜采用小绳牵大绳方法，直接牵引主索过河，主索不应直接接触地面；

2　当河床地形复杂、流速较大，主索不宜水中拖拉过河时，可利用塔顶预先设置的施工临时承重索，以适宜的间距吊起主索，用小直径钢丝绳作牵引绳牵拉过河；

3　对于不允许封航的河流、深沟、峡谷，可采用火箭引导、飞行器牵引的方式，也可采用小绳牵大绳方法进行牵引。

9.3.4　当主索一端就位后，另外一端就位时应做好防止主索滑脱的防护措施。

9.3.5　主索和塔顶连接板连接时，应根据主索上的防扭转色线确认主索是否在发送过程中出现扭转，如出现扭转应及时修正。

9.3.6　塔架的临时拉索应确保不会对塔架造成损坏或者永久性变形。

9.3.7　主索采用多股平行钢丝成品索股组成时，索股安装宜分别进行牵引系统架设、猫道架设、首索牵引就位、线形调整、索力调整、紧缆，各工序施工应顺序进行，并应符合设计要求及现行行业标准《公路桥涵施工技术规范》JTG/T F50中的有关规定。

9.3.8　主索采用多股平行钢丝成品索股组成时，宜进行缠丝施工，主索的缠丝工作宜在跨越最大工作荷载条件下进行。缠丝安装应符合下列规定：

1　缠丝的总体方向宜由高处向低处进行，两个索夹之间应自低到高进行；

2　缠丝始端应嵌入索夹内不少于2圈或符合设计要求，并宜施加固结焊；

3　钢丝的缠绕应密贴，缠绕张力应符合设计规定，设计未规定时宜为2 kN。缠绕钢丝的接头宜采用钎焊工艺；

4　节间缠丝每间隔1 m～1.5 m宜进行一次并接焊，且接焊部位应在主索上表面30°圆心角所对应的圆弧范围内。

9.4　索夹及其他索系安装

9.4.1　成品索的索夹安装位置应根据设计要求在工厂内进行标识，在钢丝绳预张拉下料时，应按设计间距标定安装位置,标识位置的标记应在安装索夹过程中便于安装人员查看。

9.4.2 索夹在工厂装箱时应根据所做标识装箱,在运输和安装过程中应防止碰伤表面及损坏索夹。

9.4.3 平行钢丝索股主索的索夹安装前,应测定主缆的空缆线形,并在对设计规定的索夹位置进行确认后,方可在夜间温度稳定时,缆上放样定出各索夹的具体位置并编号。安装前尚应消除索夹内表面及索夹位置处主缆表面的油污及灰尘,涂上防锈漆。

9.4.4 索夹的安装方法应根据索夹结构型式和施工设备确定。紧固同一索夹螺栓时,应对称紧固,并应保证螺栓受力均匀。索夹安装位置的纵向误差不应大于 10 mm。有特殊紧固要求时,应按设计或钢丝绳生产厂家的特殊要求进行紧固。

9.4.5 索夹螺栓的紧固宜按安装时、桥面结构吊装后、试压完成后三个载荷阶段分步进行,对每次紧固的数据应进行记录并存档。

9.4.6 吊索在运输安装过程中,应采取确保吊索不受损伤的措施。

9.4.7 风索应对称发送,利用卷扬机等动力设备张拉风索到锚固墩时,上下游风索应同时张拉,张拉力应满足设计要求,张拉过程应平稳。

9.4.8 共轭索的安装要求应符合本规范第 9.4.7 条的规定。

9.4.9 吊索安装前,应根据标定的位置确定吊索安装长度。

9.4.10 桥面结构上同一位置的两根吊索应对称安装。

9.5 桥面结构的制作与安装

9.5.1 跨越的桥面结构安装,应根据跨越工程等级、跨越结构形式及施工现场具体情况选择吊装方法或发送方法。桥面结构宜采用对称吊装,采用非对称吊装应进行结构受力核算。

9.5.2 当在组焊或拼装的桥面结构上设置吊点时,吊点间距应确保桥面结构不产生永久性变形,并应采取防止桥面结构在发送过程中发生扭转的措施。

9.5.3 发送桥面结构的发送道(架)应牢固、可靠,施工临时承重索及锚固件应进行安全计算校核。

9.5.4 桥面结构吊装过程中,应在两岸对桥面结构及塔架进行测量监控,并应采取纠偏措施。

9.5.5 固支塔架的索鞍,应在桥面结构吊装过程中根据设计要求和实测塔顶位移量情况分阶段对索鞍进行顶推。

9.5.6 桥面结构安装时,应预留能调节因温度变化造成位移的间隙。桥面结构吊装就位后,应按设计要求对缆索进行调整。

9.5.7 桥面附属工程的安装顺序及方法,应根据吊装方法及施工工序确定。

9.5.8 桥面结构上如设计有滚筒时,应保证滚筒转动灵活,不应有阻滞现象;位于滚筒处管道防腐层的保护套的安装位置,应以滚筒轴线为中心位置为准;当进行桥面附属结构螺栓安装时,宜使紧固螺母朝上。

9.5.9 与跨越管段连接的构件,宜在跨越管道组焊及试压合格后进行安装,构件安装位置允许偏差应为±2 mm;桥面结构的栏杆走道板宜采用标准化、工厂化制造。

9.5.10 当桥面栏杆等构件在管道试压前进行安装时,应根据试压介质和输送介质采取防止桥面结构及附件在管道试压过程中损坏或变形的措施。

9.5.11 桥面钢结构以及桥面附属工程的制作,应符合现行国家标准《钢结构工程施工质量验收规范》GB 50205 的有关规定,桥面结构安装偏差应符合表 9.5.11 的规定。

表 9.5.11 桥面结构安装的允许偏差

序号	项目	允许偏差(mm)
1	桥面轴线偏移	±20
2	桥面侧向弯曲矢高	L/1000,不大于 20
3	桥面预拱度	F/100,不大于 15
4	桥面上吊点侧向偏移	±10
5	每一对吊索的相对高差	±20
6	断面尺寸	±20
注:L 为桥面长度;F 为设计预拱度。		

9.5.12 桥面钢结构高强螺栓的施工,应符合现行国家标准《钢结构工程施工规范》GB 50755 的有关规定。

9.5.13 钢平台、钢梯和防护栏杆安装,应符合现行国家标准《固定式钢梯及平台安全要求 第 1 部分:钢直梯》GB 4053.1、《固定式钢梯及平台安全要求 第 3 部分:工业防护栏杆及钢平台》GB 4053.3 的有关规定。安装的允许偏差应符合表 9.5.13 的规定。

表 9.5.13 钢平台、钢梯和防护栏杆安装的允许偏差

序号	项目	允许偏差(mm)
1	平台高度	±15
2	平台梁水平度	L_1/1000,不大于 20
3	平台支柱垂直度	H/1000,不大于 15
4	承重平台梁侧向弯曲	L_1/1000,不大于 10
5	承重平台梁垂直度	H/250,不大于 15
6	直梯垂直度	L_2/1000,不大于 15
7	栏杆高度	±15
8	栏杆立柱间距	±15
注:L_1 为梁长度;L_2 为直梯长度;H 为栏杆高度。		

10 斜拉索式跨越施工

10.1 一般规定

10.1.1 斜拉索式跨越施工的一般规定应符合本规范第 9.1 节的相关要求。

10.1.2 钢丝拉索的制备应符合本规范第 9.2 节的要求。

10.1.3 施工临时承重索的安装应符合本规范第 9.3 节的要求。

10.2 桥面结构的制作与安装

10.2.1 桥面结构的制作应符合本规范第 9.5 节的规定。

10.2.2 桥面结构安装时,宜采用分节吊装,吊装件应为预制构件,且应优先采用螺栓连接或承插连接。

10.2.3 桥面结构的吊装及安装可利用架设的临时平台、施工临时承重索等,但桥面结构在吊装、发送过程中不得产生应力损坏和永久性变形。

10.2.4 在桥面结构吊装及发送、拉索安装过程中,均应采取控制桥面结构线型的措施,并应使桥面结构线型符合设计要求。

10.3 拉索安装

10.3.1 拉索安装可根据塔高、布索方式、索长、索径、索重、索的刚柔程度、起重设施等选择架设方法。拉索的牵引安装可通过架设的临时施工绳等临时吊装结构进行。

10.3.2 施工中不得损伤拉索索体保护层和索端锚头及螺纹,不得堆压弯折索体。

10.3.3 不得采用对拉索产生集中应力的吊具直接挂扣拉索,宜采用带胶垫的夹具、尼龙吊带,也可设置多吊点起吊。

10.3.4 拉索张拉的顺序和级次数应符合设计要求。

10.3.5 塔架顺桥面结构向两侧的拉索(组)和桥面结构横向对称的拉索(组),应对称同步张拉。

10.3.6 斜拉索挂索施工牵引过程中,应采用措施防止钢丝绳扭曲损伤。

10.4 锚固墩及塔架基础

10.4.1 斜拉索式跨越的锚固墩的施工应符合本规范第7章的有关要求。

10.4.2 塔架基础施工应符合本规范第7章的有关要求。

11 桁架式跨越施工

11.1 一般规定

11.1.1 桁架跨越施工的一般规定应按本规范第9.1节的相关规定执行。

11.1.2 桁架式跨越施工采用缆索发送方式进行的,施工临时索的安装应按本规范第9.3节的相关规定执行。

11.2 下料与组装

11.2.1 桁架的放样及下料应符合本规范第8.1.1条~第8.1.5条的有关规定,弦杆长度误差应为±5 mm。桁架同一平面0.5 m范围内,弦杆对接接头根数不得超过2根。

11.2.2 桁架的组装均应对称进行,根据设计文件要求预先计算出弦杆的均匀起拱值,并应采取重点控制桁架弦杆的起拱高度的措施。

11.2.3 桁架组装应在组装平台上进行,组装时应采取减小桁架焊接变形的措施。弦杆对接焊缝应避开节点板,开口处应及时进行焊接封堵。

11.2.4 桁架结构组装及安装的允许偏差应符合表11.2.4的规定。

表 11.2.4 桁架结构组装及安装的允许偏差

序号	项目	允许偏差(mm)
1	对口错边	2
2	空间对角线长度差	$L_1/1000$,且≤20
3	节点处杆件轴线错位	4

表 11.2.4(续)

序号	项目	允许偏差(mm)
4	跨中垂直度	15
5	起拱高度	L_2/5000,且≤10
6	桁架侧向弯曲矢高	L_2/1000,且≤30
注:L_1 为对角线长度;L_2 为桁架长度。		

11.2.5 桁架的其他制作要求及高强螺栓施工技术要求应符合本规范第 9.5 节的相关要求。

11.3 桁架的焊接与检验

11.3.1 焊接工艺评定应符合现行国家标准《钢结构焊接规范》GB 50661 的有关规定,并应依据评定合格的焊接工艺编制焊接工艺规程,制定施工技术措施。

11.3.2 焊接及检验应符合本规范第 8.1.15 条的规定,弦杆对接焊缝返修不得超过 2 次。

11.3.3 钢结构焊接时,采用的焊接工艺和焊接顺序应能使最终构件的变形和收缩最小。

11.4 桁架安装

11.4.1 桁架安装应保证吊装结构的稳定性和防止永久性变形。吊装过程中损坏的涂层以及安装连接部位的涂层应及时修补。

11.4.2 桁架组焊完毕后应进行全面检查验收,并应达到下列要求后才能进行吊装施工:

1 桁架吊装前桁架的支座应焊接安装完毕;

2 吊装前应对吊点进行检查,吊点的设置应与报审方案一致;

3 桁架与基础采用螺栓连接时,在桁架吊装前应对桥墩的定位轴线、基础轴线和标高、地脚螺栓位置等进行检查。支承面、地脚螺栓的允许偏差应符合本规范第 7 章的有关规定。

11.4.3 桁架安装时,桁架的弦杆不得下挠,安装允许偏差应符合表 11.4.3 的规定。

表 11.4.3 桁架安装允许偏差

序号	项目	允许偏差(mm)
1	轴线偏移	10
2	桁架管道支座轴线偏移	10
3	多跨桁架间距	±10
4	桁架及其受压弦杆的侧向弯曲矢高	50

12 其他型式跨越施工

12.1 一般规定

12.1.1 跨越施工的方案编制、基础施工等要求应符合本规范第 9.1 节的相关规定。

12.1.2 跨越施工采用缆索发送方式进行的,施工临时索的安装应按本规范第 9.3 节的相关规定执行。

12.2 制作与安装

12.2.1 单管或多管组合拱式跨越管拱的轴线曲率半径、跨度、两拱脚基础标高应符合设计要求。其允许偏差,当设计有规定时应按设计规定执行;当设计无规定时,应符合表 12.2.1 的规定。

表 12.2.1 管拱安装允许偏差

序号	项目	允许偏差(mm)
1	轴线曲率	±20
2	跨度	±20
3	拱脚基础标高	±20

12.2.2 梁式直跨的钢结构施工,应按本规范第 8 章的有关规定执行。

12.2.3 托架制作应符合下列规定:

1 托架制作应按设计要求进行起拱;

2 如下弦采用钢索,则应根据设计要求施加预应力;

3 钢丝绳下料应在预张拉后进行,张拉和下料应符合本规范第 9.2 节的要求,下料长度允许偏差应为±5 mm。

12.2.4 托架安装应符合下列规定:

1 托架预制好后应先将托架吊装到位,然后再同两端的线路管道进行连接。如托架上弦没有采用管道,应先安装托架,在托架定位固定后安装管道;

2 安装允许偏差应符合表 12.2.4 的规定。

表 12.2.4 托架安装允许偏差

序号	项目	允许偏差(mm)
1	托架跨中高度	±5
2	托架长度偏差	±L/2500,且±10
3	起拱偏差	设计无要求时:±L/5000,且$^{+10}_{-5}$
注:L 为托架长度。		

12.2.5 小型跨越工程采用砌体基础时,砌体基础施工应符合现行国家标准《砌体结构工程施工质量验收规范》GB 50203 的有关规定。

12.2.6 悬缆跨越的施工应符合本规范第 9 章的有关规定。

13 跨越管道的安装就位、焊接及检验

13.1 管段加工与组装

13.1.1 管段加工前,应对管段的长度、管径和壁厚进行选配,长输管道每根钢管最小长度不宜小于 10 m。

13.1.2 管道坡口型式及加工尺寸,应符合设计文件和焊接工艺规程的规定。

13.1.3 坡口宜采用机械加工。当材质允许采用火焰切割时,切割后应除去氧化层、溶渣等。坡口表面不得有裂纹、夹层、气孔等缺陷。

13.1.4 长输管道组对应符合表 13.1.4 的要求。集输管道组对应符合现行国家标准《油气田集

输管道施工规范》GB 50819 的有关规定。

表 13.1.4 长输管道组对要求

序号	检查项目	要求
1	管内清扫	无污物
2	管口清理(10 mm 范围内)	管口完好无损、无铁锈、油污、油漆、毛刺,打磨出金属光泽
3	管端螺旋焊缝或直缝余高	端部 10 mm 范围内余高打磨掉,并平缓过渡。当采用自动超声波检测时,端部不少于 150 mm 范围内余高应打磨掉
4	两管口螺旋焊缝或直缝间距	错开间距大于或等于 100 mm
5	错边和错边校正要求	错边量应小于或等于壁厚的 1/8,且连续 50 mm 范围内局部最大不应大于 3 mm,错边沿周长均布
6	钢管短节长度	不应小于管子外径值且不应小于 0.5 m

13.1.5 对口器的使用应符合下列要求:

1 使用内对口器时,应在根焊完成后拆卸和移动对口器。移动对口器时,管子应保持平衡;

2 使用外对口器时,应在根焊完成不少于管周长 50%后拆卸,所完成的根焊应分为多段,且应均匀分布。

13.2 管道焊接

13.2.1 管道焊接应符合设计要求。

13.2.2 焊接工艺规程或焊接作业指导书,应根据合格的焊接工艺评定编制。

13.2.3 焊接工艺评定和焊接工艺规程,应符合现行国家标准《油气长输管道工程施工及验收规范》GB 50369 及《油气田集输管道施工规范》GB 50819 的有关规定。

13.2.4 焊接材料应符合焊接工艺规程的要求。

13.2.5 焊工应具有相应的资格证书。

13.2.6 焊接过程中,管材和防腐层保护应符合下列要求:

1 施焊时不应在坡口以外的管壁上引弧;

2 焊机地线与管子连接应采用专用卡具;

3 对于防腐(保温)管,焊前应在焊缝两端的管口各缠绕一周耐热材料保护层。

13.2.7 焊口应有标志,标志可用记号笔等不易褪色材料书写,并应同时做好焊接记录。

13.2.8 焊缝返修应符合下列规定:

1 焊缝返修应使用返修焊接工艺规程;

2 焊缝不得有裂纹,裂纹焊缝应从管线上切除;

3 焊缝在同一部位的返修,不得超过 2 次。根部只允许返修 1 次,返修后,应按原标准检测;

4 射线检测复验、抽查中,有 1 个焊口不合格,应对该焊工或流水作业焊工组在该日或该检查段中焊接的焊口加倍检查,如仍有不合格的焊口,则应对其余的焊口逐个进行射线检测。

13.3 焊缝质量检验

13.3.1 焊缝外观检查应符合现行国家标准《油气长输管道工程施工及验收规范》GB 50369 及《油气田集输管道施工规范》GB 50819 的有关规定。

13.3.2 外观检查合格后，应进行焊缝无损检测。从事无损检测人员必须持有国家有关部门颁发的并与其工作相适应的资格证书。

13.3.3 焊缝无损检测应符合下列规定：

1 无损检测应符合现行行业标准《石油天然气钢质管道无损检测》SY/T 4109 的规定，射线检测及超声检测的合格等级应均为Ⅱ级；

2 跨越管道的环向焊缝应进行全周长 100%超声波检测和 100%射线检测。

13.4 弯管的锚固

13.4.1 弯管应符合现行行业标准《油气输送用钢制感应加热弯管》SY/T 5257 的有关规定。

13.4.2 管段应按设计要求预埋安装，并应采取控制弯管水平、标高、轴向三维方向偏移的措施。

13.4.3 锚固墩混凝土浇筑前和浇筑过程中，预埋的弯管安装位置检验不应少于 2 次。在浇筑混凝土时，振捣棒不得接触弯管及其固定支撑。

13.4.4 弯管与跨越管段对接时，两管端中心轴线水平误差应小于 2 mm。

13.5 补偿器制作及安装

13.5.1 用于制作补偿器的弯管应符合现行行业标准《油气输送用钢制感应加热弯管》SY/T 5257 的有关规定。

13.5.2 跨越管道补偿器的弯管规格，应符合下列要求：

1 弯管椭圆度不应大于 2%；

2 弯管椭圆度应按下式计算：

$$椭圆度=\frac{最大外径-最小外径}{弯管理论外径}\times 100\% \qquad \cdots\cdots (13.5.2)$$

3 弯曲中心角度允许偏差应为±0.5°；

4 弯管曲率半径允许偏差应为曲率半径的±3‰。

13.5.3 补偿器应由弯管和直管段组焊制作，直管段长度不得小于管外径的 1.5 倍，且不得小于 500 mm。用于补偿器的弯管和直管段，宜按设计要求进行预制防腐。

13.5.4 补偿器安装前，应按设计要求进行预张拉或预压，其允许偏差应为±10 mm。

13.6 跨越管道的发送和就位

13.6.1 跨越管道的发送应根据跨越结构型式和桥面结构型式等选择。管道发送时，桥面结构的受力应平衡，采用单向发送时，宜采用配重方式平衡载荷。

13.6.2 跨越管道发送过程中应采取防止外防腐层被损伤的措施，如有损伤应及时修补。

13.6.3 跨越管道环焊缝与支座的距离宜大于 100 mm。

14 管道清管和试压

14.1 一般规定

14.1.1 跨越管道试压前应编制试压方案，并应经建设单位或监理单位批准后实施。

14.1.2 大、中型跨越工程在组装、焊接、无损检测合格后,应单独进行一次整体强度、严密性试压。

14.1.3 试压装置应经试压检验后使用。现场开孔和焊接应符合现行国家标准《压力容器》(合订本)GB 150.1～GB 150.4 的有关规定。

14.1.4 试压用的压力表应经检定合格,并应在有效期内使用。压力表精度不应低于 0.4 级,量程应为被测最大压力的 1.5 倍～2.0 倍,表盘直径不应小于 150 mm,最小刻度应能显示 0.05 MPa。试压时的压力表不应少于 2 块,应分别安装在试压管段的两端。稳压时间应在管段两端压力平衡后开始计算。试压管段的两端应各安装 1 支温度计,且应避免阳光直射,温度计的最小刻度不应大于 1 ℃。

14.1.5 排放口不得设在人口居住稠密区和公共设施集中区。

14.1.6 清管和试压过程中应符合下列规定:

1 通信、交通、消防、救护车辆、工具、人员应准备齐全;

2 吹扫清管作业严禁在夜间进行;

3 试压区应设置明显标志,试压区严禁无关人员、车辆及牲畜进入;

4 在通航河流上试压时,应采取保证通行安全的措施;

5 在进行强度和严密性试压过程中,任何人员不得上跨越管桥从事任何作业,且不得带压修理缺陷。

14.2 清管及试压

14.2.1 大、中型跨越管道试压前,应清除管内泥土、铁锈等杂物。线路清管杂物不应从跨越管道中通过。

14.2.2 跨越管段试压介质用水应符合现行国家标准《液体石油管道压力试验》GB/T 16805 的有关规定。

14.2.3 进行水压试验时,应在环境温度 5 ℃以上进行,否则应采取防冻措施。

14.2.4 试压充水宜加入防止空气存于管内的隔离球,隔离球可在试压后取出。严禁在跨越管段高点开孔排气。

14.2.5 试压充水应缓慢进行,在充水过程中应随时对跨越结构的整体外观和索具的紧固度进行检查,发现异常应立即停止。

14.2.6 油气跨越管道水压试验的压力值、稳压时间及合格标准,应符合表 14.2.6 的规定。

表 14.2.6 水压试验压力值、稳压时间及合格标准

序号	项目	强度试验	严密性试验
1	压力值	1.5P	1.0P
2	稳压时间	4 h	24 h
3	合格标准	无变形、无泄漏	压降不大于 1%试验压力值,且不大于 0.1 MPa
注:P 为设计压力。			

14.2.7 试压时应均匀缓慢升压,当压力升至 0.3 倍和 0.6 倍强度试验压力时,应分别停止升压,并应稳压 30 min,同时应检查系统,如无异常情况可继续升压。

14.2.8 试压中如有泄漏,应泄压后修补,修补合格后应重新试压。

14.2.9 强度试验合格后,应将管道内压力降至严密性试验压力,待管道内介质温度与管道周围环境温度均衡后,应按本规范表 14.2.6 的规定进行严密性试验。

14.2.10 试压合格后,应将管段内积水和污物排出并清扫干净。试压水和污物应排放到规定区域。清扫应以不再排出游离水时为合格。

14.2.11 排水完成后应对跨越结构的整体外观、索系的紧固度进行检查,并应测量记录塔倾斜度、管桥(桁架)挠度、支座高度、中心线偏移、基础标高等。

15 防腐和保温

15.1 防腐

15.1.1 跨越工程的防腐施工,应符合设计要求,钢结构的防腐应符合现行国家标准《钢结构工程施工规范》GB 50755 的规定,长输管道的防腐应符合现行国家标准《油气长输管道工程施工及验收规范》GB 50369 的规定,集输管道的防腐应符合现行国家标准《油气田集输管道施工规范》GB 50819 的规定。

15.1.2 防腐施工前应清除管道及钢结构单件表面的锈蚀、油污、灰尘、水气等。

15.1.3 防腐施工前,应按产品说明书要求配置防腐材料,底漆、中间漆和面漆应根据设计要求或产品说明书配套使用,并应搅拌均匀,施工应在试涂色标合格后进行。

15.1.4 液态防腐涂料施工宜采用喷涂,涂层应完整、均匀、黏结牢固,不得漏涂、透底、起皮和返锈,且不应有针孔、气泡、皱皮、流坠和裂纹等缺陷。修补或补涂的局部可采用刷涂或滚涂的方式。

15.1.5 分层喷涂的防腐涂料,应在前一遍防腐材料检查合格后,再喷涂下一遍防腐涂料。

15.1.6 钢丝绳在防腐前应进行表面清理,清理时不得损伤钢丝绳表面。钢丝绳防腐应在安装前完成,安装调试后对损伤部位应及时修补。

15.1.7 缆索采用钢丝的,应采用热镀锌处理,性能应满足现行国家标准《桥梁缆索用热镀锌钢丝》GB/T 17101 的规定。

15.1.8 成品缆索宜采用热挤聚乙烯防腐,材料及施工方法应满足现行国家标准《斜拉桥热挤聚乙烯高强钢丝拉索技术条件》GB/T 18365 的规定。

15.1.9 采用预制平行索股法进行主缆安装的,主缆的防护涂装应符合设计规定,并应满足现行行业标准《悬索桥主缆系统防腐涂装技术条件》JT/T 694 的有关规定,且宜在管道试压完成后进行。

15.2 保温

15.2.1 跨越管道保温施工,应符合设计要求,并应符合下列规定:

1 保温材料及其制品应采取防潮、防水、防雪、防冻、防挤压变形措施;

2 保温施工环境温度应满足相关材料的施工要求,不得在雨雪中施工;

3 硬质聚氨酯泡沫塑料防腐保温层应符合现行行业标准《埋地钢质管道硬质聚氨酯泡沫塑料防腐保温层技术标准》SY/T 0415 的规定。

15.2.2 保温施工可采用捆扎法、充填法、粘贴法、浇注法或喷涂法等。

15.2.3 当保温层厚度大于 80 mm 时,应分为两层或多层施工,每层厚度宜接近。采用两层或多层施工时,相邻两层间的纵横缝应错开,不得重缝,其接缝间隙不得大于 5 mm。

15.2.4 采用硬质无机保温瓦块时,接缝宜采用高弹无机泡沫材料或专用料嵌缝。多层组合时,应分层捆扎,内层宜采用薄胶带固定,外层宜采用镀锌铁丝、包装钢带等绑扎。

15.2.5 无机保温材料结构应黏结可靠、绑扎结实,每块保温材料的绑扎不得少于2道,绑扎间距应符合下列要求:

1 硬质保温材料不应大于400 mm;

2 半硬质保温材料不应大于300 mm;

3 软质保温材料不应大于200 mm;

4 不得采用螺旋式缠绕绑扎。

15.2.6 有机保温结构应孔径均匀、充填密实,不应有孔洞、发酥、发脆和发软以及开裂现象。

15.2.7 采用有机保温材料现场发泡时,施工环境温度和原材料温度宜控制在15 ℃~30 ℃,并应有熟化时间。施工前宜在现场同条件进行试验,并应观测发泡速度、孔径大小、颜色变化、裂纹和变形情况等。

15.2.8 防水层施工前应清理保温层的外表面,不得有突角、凹坑及起砂现象,并应保持干燥。

15.2.9 防水层材料配方应按设计文件或产品说明书的规定执行。

15.2.10 采用金属外保护层时,环向活动缝应按设计要求留置,水平施工接缝应搭向低处,垂直施工接缝应上搭下,并应按规定嵌填密封剂或在接缝处包缠密封带。

15.2.11 采用玻璃钢外保护层时,施工环境温度不宜低于18 ℃,相对湿度不宜大于80%;缠绕时应控制好展带和缠绕速度及搭接间距,并应控制压实度,同时应消除可见气泡,并应按设计要求留置搭接伸缩缝。

15.2.12 毡、箔、布类保护层包缠施工前应对黏结剂做试样检验,包缠搭接缝应粘贴严密,环缝及纵缝搭接尺寸不应小于50 mm。

15.2.13 保温层两端的封口应密实、无漏缝。

15.2.14 对已做防腐、保温的管段和构件,应妥善保护,局部磨损处应及时修补。

15.2.15 集输管道的保温施工应符合设计要求,并应满足现行国家标准《油气田集输管道施工规范》GB 50819的有关规定。

16 健康、安全与环境

16.0.1 施工中应执行国家和行业有关健康、安全与环境管理的法律、法规。

16.0.2 管道跨越工程施工前应编制健康、安全与环境管理的作业指导书和作业计划书。

16.0.3 施工中应对影响员工健康的营区建设、身体检查、疾病防治、人身保险与防护等进行管理与控制。

16.0.4 施工前应对员工进行健康、安全与环境管理的专项培训。

16.0.5 对管道跨越工程施工各环节及工序的危害风险应进行分析识别,并应制定预防控制措施及开展应急演练。

16.0.6 基坑作业、塔架施工、吊装作业、防腐保温作业应编制安全预案,爆破、水下等特种作业,应符合国家相关管理规定要求。

16.0.7 高空作业人员应在开工前进行体检。高空作业时,应做好班前安全交底工作;高空作业人员应穿戴好劳保用品、系好安全带,登高防护设施应符合要求。

16.0.8 水上作业人员应进行体检。水上作业时,应做好班前安全交底工作,并应配齐各种防护救护设施,同时应做好应急抢险救援监护工作;应设置明显的施工作业警示带。

16.0.9　管道跨越工程施工时，应采取保护航道安全的措施。

16.0.10　施工中泥浆、水、气体的排放和弃渣应符合环保要求。施工中应采取措施，减少施工噪声、振动。

16.0.11　管道跨越工程地貌恢复及水工保护等环境保护工作应符合设计要求，并应满足现行行业标准《油气输送管道线路工程水工保护施工规范》SY/T 4126 的有关规定。

17　工程交工

17.0.1　施工单位按合同规定的内容，完成跨越工程全部项目后，应及时向建设单位或监理单位报送交工报告，并应由建设单位审核、批准，经验收合格后，应及时办理交工手续。

17.0.2　工程交工前，施工单位应组织有关人员按设计和施工规范要求对其施工工程进行全面的检查，如有不符，应进行整改。

17.0.3　工程交工时，施工单位应提供下列资料：

1　跨越工程竣工图、设计修改通知单、材料改代单；

2　开工报告；

3　交工报告；

4　质量验收记录；

5　隐蔽工程验收记录；

6　强度和严密性试验报告；

7　原材料质量证明文件；

8　无损检测综合报告；

9　其他有关资料。

附　录　A
大体积混凝土控制温度措施

A.1　水泥水化热

A.1.1　混凝土应选用低水化热或中水化热的水泥品种配制。对于普通硅酸盐水泥应经过水化热试验比较后方可使用。

A.1.2　可采用加入缓凝剂减少水化热。采用缓凝剂时，应符合现行国家标准《混凝土外加剂应用技术规范》GB 50119 的有关规定，应根据环境温度选择品种并调节掺量，并应再满足工程要求使用。

A.1.3　应利用混凝土的后期强度减少每立方米混凝土中水泥用量。应根据试验每增减 10 kg 水泥，其水化热将使混凝土的温度相应升降 1 ℃。

A.1.4　应使用粗骨料，宜选用粒径较大、级配良好的粗细骨料；应控制砂石含泥量。

A.1.5　可在基础内部预埋冷却水管，根据混凝土发热量计算，应通入循环冷却水。

A.1.6　在厚大无筋或少筋的大体积混凝土中，可掺加总量不超过 25%的大石块。石料粒径不得大于 250 mm，强度不得低于 20 MPa，且不应有风化和裂隙缺陷。加入的块石应清洁干净。相邻石块间或与模板间的净距不得小于 100 mm。

A.1.7　在拌和混凝土时，可掺入微膨胀剂或膨胀水泥。

A.1.8　每个浇筑层上下均应有温度筋，温度筋宜分布细密，宜采用双向配筋。

A.1.9　当大体积混凝土平面尺寸过大时，可设置后浇缝。

A.2　混凝土温度差

A.2.1　大体积混凝土应选择较适宜的环境温度浇筑，宜避开炎热天气浇筑。夏季可采用低温水或冰水搅拌混凝土，可对骨料喷冷水雾或冷气进行预冷，或设置遮阳设施避免日光直晒，运输工具如具备条件也应搭设避阳设施，并应降低混凝土拌和物的入模温度。

A.2.2　混凝土搅拌时可掺加相应的缓凝型减水剂。

A.2.3　在混凝土入模时，应采取改善和加强模内通风的措施。

A.3　施工中的温度控制

A.3.1　在混凝土浇筑之后，应做好混凝土的保湿养护。夏季应注意避免曝晒，并应注意保湿；冬期应采取保温覆盖的措施。

A.3.2　大体积混凝土应采取长时间的养护，并应规定合理的拆模时间，同时应延缓降温时间和速度。

A.3.3　混凝土内的温度变化应通过加强测温和温度监测与管理控制，内外温度差应控制在 25 ℃以内，基面温差和基底面温差均应控制在 20 ℃以内。应及时调整保温及养护措施，并应控制有害裂缝的出现。

A.3.4　应控制混凝土在浇筑过程中均匀上升，并应避免混凝土拌和物堆积过大高差。当需保温时，在结构完成后应及时回填土。

A.4　约束条件和温度应力

A.4.1　采取分层或分块浇筑大体积混凝土时，应合理设置水平或垂直施工缝，或在适当的位置设置施工后浇带。

A.4.2 采用分层方法施工时，应根据混凝土浇筑能力和降温措施确定每层混凝土的浇注厚度，每层厚度不应超过 1 m。

A.5 混凝土的极限拉伸强度

A.5.1 混凝土粗骨料应级配良好，并应控制粗骨料的含泥量。

A.5.2 混凝土浇筑时应加强混凝土的振捣，并应提高混凝土密实度和抗拉强度。

A.5.3 混凝土浇筑应采取二次投料法和二次振捣法，浇筑后应及时排除表面积水，并应加强早期养护，同时应提高混凝土早期或相应龄期的抗拉强度和弹性模量。

A.6 大体积混凝土水化热温度计算

A.6.1 混凝土最大绝热升值可按下式计算：

$$T_r=\frac{WQ}{cp} \qquad \text{(A.6.1)}$$

式中：T_r——混凝土最大绝热温升值(℃)；

W——每立方米混凝土中的胶凝材料用量(kg/m^3)；

Q——胶凝材料水化热总量，可按现行国家标准《大体积混凝土施工规范》GB 50496 的有关规定进行计算(kJ/kg)；

c——混凝土的比热容，可取 0.92 kJ/(kg·K)～1.0 kJ/(kg·K)；

p——混凝土的质量密度，可取 2400 kg/m^3～2500 kg/m^3。

A.6.2 混凝土的出机温度可按下式计算：

$$T_0=\frac{\sum c_i W_i Y_i}{\sum c_i W_i} \qquad \text{(A.6.2)}$$

式中：T_0——混凝土的出机温度(℃)；

W_i——分别为每立方米混凝土中水泥、各种矿物添加剂、砂、石、水的实际干重量(kg/m^3)；对砂、石应按含水量扣除水进行计算，并将其中所含的水按水的比热进行计算；

Y_i——分别为水泥、各矿物质外加剂、砂、石、水的入罐温度；

c_i——分别为水泥、各矿物质外加剂、砂、石、水的比热容[kJ/(kg·K)]；对水泥、各种矿物外加剂、砂、石可取 0.9 kJ/(kg·K)，水的比热容可取 4.2 kJ/(kg·K)。

A.6.3 混凝土的浇筑温度可按下式计算：

$$T_j=T_0+T_0' \qquad \text{(A.6.3)}$$

式中：T_j——混凝土的浇筑温度(℃)；

T_0'——混凝土运输、泵送、浇筑时段的温度补偿值(℃)；当运输、泵送、浇筑所用全部时间在 1 h 以内时，日平均温度低于 15 ℃取 $T_0'=0$，日平均气温在 15 ℃～25 ℃之间取 $T_0'=1$，日平均气温高于 25 ℃取 $T_0'=2$ ℃。

A.6.4 混凝土内部最高温度，可按下式估算：

$$T_{max}=T_j+\zeta\cdot T_r \qquad \text{(A.6.4)}$$

式中：T_{max}——混凝土内部最高温度(℃)；

ζ——与水化热龄期、结构厚度、浇筑温度等有关的系数：混凝土内部温度达到最高值时，可取 $\zeta=0.60\sim0.72$，结构厚度较小、浇筑温度较低时取小值，结构厚度较大、浇筑温度较高时取最大值。

附 录 B
猫道施工方法

B.1 猫道设计

B.1.1 猫道应根据跨越的跨径、主缆线型、施工环境条件等因素进行设计，其结构型式及各部尺寸应满足主缆施工的需要。

B.1.2 猫道的线形宜与主缆空载时的线形平行，猫道面层宜由阻风面积小的两层大小方格钢丝网组成，面层顶部与主缆下沿的净距宜为 1.3 m～1.5 m；猫道净宽应按跨越的宽度选择，扶手高宜为 1.2 m～1.5 m；猫道在桥纵向应左右对称于主缆中心线布置。

B.1.3 猫道设计时应充分考虑猫道的恒载和其他荷载，对承重索进行强度计算时，其荷载组合和安全系数应符合表 B.1.3 的规定，承重索的锚固系统应有足够的调整范围，每端宜设有足够的调节长度。

表 B.1.3 猫道承重索强度计算荷载组合与安全系数

荷载组合		安全系数	备注
静力结构强度验算	恒载	≥3.5	—
	恒载＋活载	≥3.0	—
	恒载＋活载＋温度荷载	≥3.0	温度荷载按温降 15 ℃考虑
风荷载组合结构强度验算	恒载＋活载＋施工阶段风荷载组合	≥3.0	按 6 级风考虑
	恒载＋最大风荷载组合	≥2.5	—

B.1.4 设计时宜根据跨越所处的施工环境条件和当地的气象条件对猫道进行抗风稳定验算，可适当增加猫道间横向联结的措施，增加其抗风稳定性。

B.2 猫道钢构件

B.2.1 猫道钢构件的制作要求可按本规范第 8 章的相关规定执行，面层和承重索的材料应符合相应产品的质量要求，承重索和抗风缆采用预张拉的钢丝绳，以消除其弹性变形。

B.2.2 承重索端部的锚头应垂直于承重索，并应对锚头部位进行静载试验，符合受力要求后方可使用。

B.3 猫道架设

B.3.1 猫道架设应按照横桥向对称，顺桥向边跨和中跨平衡的原则进行，且应将塔架塔顶的变位及扭转控制在设计允许的范围内，猫道架设施工应符合下列规定。

1 先导索的架设方法宜根据跨径、地形条件综合确定。

2 承重索架设时，在横桥向，两侧应保持基本同步，数量差不超过 1 根；在顺桥向，边跨与中跨应连续架设，且中跨的承重索宜采用托架法架设。架设后应对其线形进行调整。

3 面层及横向通道宜从塔架塔顶开始，同时向跨中和锚碇方向对称，平衡地进行架设安装，并应设置牵引和反拉系统，控制面层铺设时可能产生的下滑等现象，保证施工安全；中跨、边跨猫道面层的架设进度，应以塔架两侧的水平力差异不超过设计要求为准进行控制。猫道面层在架设过程中应对塔架塔顶的偏移和承重索的垂度进行监测。

B.4　猫道的拆除

B.4.1　主缆的缠丝工程施工完成后可进行猫道的拆除工作。

B.4.2　猫道拆除时宜分节段拆除其面层和底梁，拆除宜按中跨从塔顶向跨中方向，边跨从塔顶向锚碇方向的顺序进行。在拆除过程中，应采取适当措施保护主缆、吊索和桁架及管道等已经施工完成的结构。

本规范用词说明

1 为便于在执行本规范条文时区别对待,对要求严格程度不同的用词说明如下:

1) 表示很严格,非这样做不可的:
正面词采用“必须”,反面词采用“严禁”;

2) 表示严格,在正常情况下均应这样做的:
正面词采用“应”,反面词采用“不应”或“不得”;

3) 表示允许稍有选择,在条件许可时首先应这样做的:
正面词采用“宜”,反面词采用“不宜”;

4) 表示有选择,在一定条件下可以这样做的,采用“可”。

2 条文中指明应按其他有关标准执行的写法为:“应符合……的规定”或“应按……执行”。

引用标准名录

《混凝土结构设计规范》GB 50010
《工程测量规范》GB 50026
《混凝土强度检验评定标准》GB/T 50107
《混凝土外加剂应用技术规范》GB 50119
《混凝土质量控制标准》GB 50164
《建筑地基基础工程施工质量验收规范》GB 50202
《砌体结构工程施工质量验收规范》GB 50203
《混凝土结构工程施工质量验收规范》GB 50204
《钢结构工程施工质量验收规范》GB 50205
《油气长输管道工程施工及验收规范》GB 50369
《钢结构焊接规范》GB 50661
《钢结构工程施工规范》GB 50755
《油气田集输管道施工规范》GB 50819
《压力容器》(合订本)GB 150.1～GB 150.4
《通用硅酸盐水泥》GB 175
《钢结构用高强度大六角头螺栓、大六角螺母、垫圈技术条件》GB/T 1231
《钢筋混凝土用钢　第1部分:热轧光圆钢筋》GB 1499.1
《钢筋混凝土用钢　第2部分:热轧带肋钢筋》GB1499.2
《用于水泥和混凝土中的粉煤灰》GB/T 1596
《钢结构用扭剪型高强度螺栓连接副》GB/T 3632
《固定式钢梯及平台安全要求　第1部分:钢直梯》GB 4053.1
《固定式钢梯及平台安全要求　第3部分:工业防护栏杆及钢平台》GB 4053.3
《爆破安全规程》GB 6722
《混凝土外加剂》GB 8076
《重要用途钢丝绳》GB 8918
《焊接与切割安全》GB 9448
《焊缝无损检测　超声检测　技术、检测等级和评定》GB/T 11345
《冷轧带肋钢筋》GB 13788
《斜拉桥热挤聚乙烯高强钢丝拉索技术条件》GB/T 18365
《锻轧钢棒超声检测方法》GB/T 4162
《预应力筋用锚具、夹具和连接器》GB/T 14370
《预拌混凝土》GB/T 14902
《液体石油管道压力试验》GB/T 16805
《桥梁缆索用热镀锌钢丝》GB/T 17101

《化工工程建设起重规范》HG 20201
《锻钢件磁粉检测》JB/T 8468
《普通混凝土用砂、石质量及检验方法标准》JGJ 52
《混凝土用水标准》JGJ 63
《建筑桩基技术规范》JGJ 94
《建筑工程冬期施工规程》JGJ 104
《建筑基桩检测技术规范》JGJ 106
《悬索桥预制主缆丝股技术条件》JT/T 395
《悬索桥主缆系统防腐涂装技术条件》JT/T 694
《公路桥涵施工技术规范》JTG/T F50
《埋地钢质管道硬质聚氨酯泡沫塑料防腐保温层技术标准》SY/T 0415
《石油天然气金属管道焊接工艺评定》SY/T 0452
《石油天然气钢质管道无损检测》SY/T 4109
《油气输送管道线路工程水工保护施工规范》SY/T 4126
《油气输送用钢制感应加热弯管》SY/T 5257

UDC

中华人民共和国国家标准

P

GB/T 50470—2017

油气输送管道线路工程抗震技术规范

Seismic technical code for oil and gas transmission pipeline engineering

2017-05-27 发布

2018-01-01 实施

中华人民共和国住房和城乡建设部
中华人民共和国国家质量监督检验检疫总局
联合发布

中华人民共和国住房和城乡建设部公告

第1580号

住房城乡建设部关于发布国家标准《油气输送管道线路工程抗震技术规范》的公告

现批准《油气输送管道线路工程抗震技术规范》为国家标准，编号为GB/T 50470—2017，自2018年1月1日起实施。原国家标准《油气输送管道线路工程抗震技术规范》GB 50470—2008同时废止。

本规范由我部标准定额研究所组织中国计划出版社出版发行。

中华人民共和国住房和城乡建设部

2017年5月27日

前 言

根据住房城乡建设部《关于印发2015年工程建设标准规范制订、修订计划的通知》(建标〔2014〕189号)的要求,由中国石油管道局工程有限公司会同设计、勘察、研究和相关院校对《油气输送管道线路工程抗震技术规范》50470—2008进行修订。

在修订过程中,编制组总结了近年来油气输送管道抗震设计、施工和交工的经验,特别是基于应变设计方法的最新成果,借鉴了国内相关的国家标准、行业标准以及国外先进规范,并广泛征求了国内有关单位、专家的意见,反复修改,最后经审查定稿。

本规范共分9章和6个附录,主要内容包括:总则、术语和符号、基本规定、抗震设防要求、工程勘察及场地参数、管道抗震设计、抗震措施、管道抗震施工和管道抗震交工等。

本次修订的主要技术内容是:

1.增加了抗震设防目标;

2.取消了原规范适用范围中的设防参数 $0.05g \sim 0.40g$ 的限制;

3.修订了抗震设防标准;

4.细化了管道与活动断层的并行敷设间距的具体要求;

5.修订了场地类型划分及场地参数调整的规定;

6.补充、修订了管道抗震校核的规定;

7.修订了断层位移作用下的管道容许应变的确定方法;

8.增加了液化区侧向位移作用下的管道校核要求;

9.增加了管道穿越工程结构抗震设计的相关规定;

10.修订了管道跨越工程地震组合及承载力抗震调整系数,增加了大型跨越工程结构防倒塌校核要求;

11.补充、修订了管道抗震措施和抗震施工的相关规定;

12.删除了原附录B滑坡稳定性校核部分,边坡稳定验算改为执行现行国家标准《建筑边坡工程技术规范》GB 50330;

13.补充、修订了附录C的管材性能参数。

本规范由住房城乡建设部负责管理,由石油工程建设专业标准化委员会负责日常管理,由中国石油管道局工程有限公司负责具体技术内容的解释。执行过程中如有意见或建议,请寄送中国石油管道局工程有限公司质量管理部(地址:河北省廊坊市广阳道87号,邮政编码:065000,联系电话:0316-2171407,传真:0316-2171407)。

本规范主编单位、参编单位、主要起草人和主要审查人:

主 编 单 位:中国石油管道局工程有限公司

参 编 单 位:中国石油管道局工程有限公司设计分公司

中国石油工程设计有限责任公司西南分公司

中国地震局地球物理研究所

中国地震局工程力学研究所

中国地震局地质研究所
中国海洋大学
中油朗威工程项目管理有限公司

主要起草人:余志峰 史 航 张文伟 许 杰 高剑锋 张振永 詹胜文 佟 雷 胡道华 李国辉 刘爱文 郭恩栋 冉勇康 李 强 续 理 代炳涛 高惠英 刘玉卿

主要审查人:李小军 郑玉刚 孔庆哲 杨铁荣 房茂立 王平化 贾光明 庞鑫峰 童 伟 刘志田 祁 哲

1 总则

1.0.1 为保障油气输送管道线路工程地震安全，达到经济、适用的目的，满足使用功能要求，制定本规范。

1.0.2 本规范适用于陆上新建、扩建和改建钢质油气输送管道线路工程的抗震勘察、设计、施工及交工。

1.0.3 管道线路工程的抗震设防目标应符合下列规定：

1 在基本地震动作用下管道主体可继续使用；在罕遇地震动作用下管道主体不破裂。

2 管道通过活动断层及地震时可能发生液化、软土震陷等地质灾害地段，当发生设防位移时，管道主体不破裂。

3 在基本地震动作用下穿跨越结构不发生损坏或经一般性修复可继续使用；在罕遇地震动作用下跨越结构主体不倒塌。

4 对于有特殊要求的线路工程，可采用基于性能的抗震设计。

1.0.4 管道线路工程抗震设计采用的地震动参数应符合现行国家标准《中国地震动参数区划图》GB 18306 的规定，对已开展地震安全性评价的工程应根据评价结果确定地震动参数。

1.0.5 油气输送管道线路工程勘察、设计、施工及交工，除应执行本规范外，尚应符合国家现行有关标准的规定。

2 术语和符号

2.1 术语

2.1.1 管道场地 pipeline site

管道轴线两侧各 200 m 宽的范围。

2.1.2 穿跨越工程结构 structures for pipeline crossing

在穿跨越工程中，用于支撑、保护管道或为管道提供敷设空间的结构。

2.1.3 洞埋式 pipeline laid in structures(such as tunnels, case pipes, etc)

管道在隧道、套管等结构内的架空、地面或覆土敷设方式。

2.1.4 重要区段 important section for pipeline

水域大中型穿跨越段、输气干线管道经过的四级地区以及输油干线管道经过的人口密集区。

2.1.5 一般区段 general section for pipeline

除重要区段以外的油气输送管道区段。

2.1.6 活动断层 active fault

晚第四纪(10 万年)以来有过活动，且经评价在工程使用年限内可能继续活动的断层。

2.1.7 危险地段 dangerous area

活动断层及地震时可能发生地裂、崩塌、滑坡、严重液化、地面塌陷等的地段。

2.1.8 地震动参数 seismic ground motion parameters

表征特定地震引起的地面运动的物理参数，包括峰值加速度、峰值速度、反应谱特征周期、地震动时程曲线等参数。

2.1.9 设计地震动参数 seismic ground motion parameters for design

管道线路工程抗震设计中采用的地震动参数。

2.1.10 基本地震动 basic ground motion

相应于50年超越概率10%的地震动。

2.1.11 罕遇地震动 rare ground motion

相应于50年超越概率2%的地震动。

2.1.12 管道与断层交角 intersection angle between pipeline and fault

管道与断层水平位错方向的夹角。

2.2 符号

A ——管道横断面面积；

a ——地震动峰值加速度；

a_d ——环焊缝表面缺欠高度或内部缺欠高度的一半；

c ——土的黏聚力；

c_d ——环焊缝缺欠长度的一半；

D ——管道外径；

D_L ——土弹簧间距；

d ——场地覆盖层厚度；

d_0 ——场地土层计算深度；

d_0^L ——液化土特征深度；

d_b ——管道底部埋置深度；

d_i ——场地土层计算深度范围内第 i 土层的厚度；

d_i^L ——i 点所在土层厚度；

d_s ——饱和土标准贯入试验点深度；

d_{si} ——第 i 个标准贯入点的深度；

d_u ——上覆盖非液化土层厚度；

d_w ——地下水位深度；

d_d ——环焊缝内部缺欠的缺欠深度；

E ——管道材料的弹性模量；

E_1 ——管道应力-应变简化折线中弹性区的材料模量；

E_2 ——管道应力-应变简化折线中弹塑性区的材料模量；

F ——作用于等效非线性弹簧的外力；

F_a ——抗震工况组合的容许应力系数；

F_{LD} ——极限压缩应变的调整系数；

F_{DP} ——内压调整系数；

F_{YT} ——应变强化调整系数；

F_{GI} ——几何尺寸调整系数；

F_{NF} ——轴向力调整系数；

f_u ——沿管轴方向管土之间的滑动摩擦力；

f_{ak} ——地基承载力特征值；

f_s ——沿管轴方向土壤与管道外表面之间单位长度上的摩擦力；

f_p ——承压系数；

f_{pc} ——临界承压系数；
f_{g} ——几何尺寸偏差与壁厚的比率；
f_{n} ——轴向应力与屈服强度的比率；
g ——重力加速度；
h_{g} ——钢管表面波浪缺欠的波峰至谷底的高度；
H ——管道中心线埋深；
H' ——挡土墙或翼墙的高度；
I ——管道横断面惯性矩；
I_{IE} ——液化指数；
I_{P} ——塑性指数；
K_{s} ——地基反力模量；
k_{0} ——土壤压力系数；
k_{s} ——地基弹簧常数；
L ——摩擦力 t_{u} 作用的有效长度；
L_{t} ——断层一侧的管道滑动长度；
L_{y} ——管道在液化区中的长度；
N_{0} ——液化判别标准贯入锤击数基准值；
$N_{63.5}$ ——饱和土标准贯入锤击数实测值；
N_{c} ——管道开始失稳时的临界轴向力；
N_{ch} ——水平横向考虑土体黏聚力的计算参数；
N_{cr} ——液化判别标准贯入锤击数临界值；
N_{cri} ——i 点标准贯入锤击数的临界值；
N_{cvd} ——垂直向下考虑土体黏聚力的计算参数；
N_{cvu} ——垂直向上考虑土体黏聚力的计算参数；
N_{i}^{L} ——i 点标准贯入锤击数的实测值；
N_{q} ——计算管道法向土壤压力的参数；
N_{qh} ——水平横向与土体内摩擦角有关的计算参数；
N_{qvd} ——垂直向下与土体内摩擦角有关的计算参数；
N_{qvu} ——垂直向上与土体内摩擦角有关的计算参数；
N_{r} ——垂直向下土弹簧的计算参数；
n ——场地土层计算深度范围内土层的分层数；
n_{1} ——强化指数，是反映管材强化能力的参数；
n_{t} ——7 m 深度范围内每一个钻孔标准贯入试验点的总数；
P ——管内压力；
P_{u} ——场地土沿水平横向对管道的压力；
P_{u} ——场地土屈服抗力；
q_{u} ——垂直向上土对管道的压力；
q_{ul} ——垂直向下土对管道的压力；
R ——结构承载力设计值；

r ——弹性敷设的弯曲半径；
S ——结构内力组合的设计值，包括组合的弯矩、轴向力和剪力设计值；
S_{Ehk} ——水平地震作用标准值的效应；
S_{GE} ——重力荷载代表值的效应；
$S_{\mathrm{G}_i\mathrm{k}}$ ——第 i 个永久作用代表值的效应；
S_{LK} ——横向地震作用标准值的效应；
S_{PK} ——纵向地震作用标准值的效应；
S_{TK} ——温度作用标准值的效应；
S_{VK} ——竖向地震作用标准值的效应；
S_{WK} ——风荷载标准值的效应；
S_{YK} ——内压作用标准值的效应；
T_{g} ——地震动反应谱特征周期；
t ——剪切波在地面至计算深度之间的传播时间；
t_{u} ——土壤作用在管道单位长度上的摩擦力；
V_{s} ——岩土剪切波速；
V_{se} ——土层等效剪切波速；
$V_{\mathrm{s}i}$ ——场地土层计算深度范围内第 i 土层的剪切波速；
v ——地震动峰值速度；
W ——管道上表面至管沟上表面之间的土壤单位长度上的重力；
W_{p} ——管道和内部介质的自重；
w_i ——i 土层考虑单位土层厚度的层位影响权函数；
X_{u} ——水平横向土弹簧的屈服位移；
Y_{u} ——垂直向上土弹簧的屈服位移；
Y_{u1} ——垂直向下土弹簧的屈服位移；
y_0 ——场地震陷量；
y_{u} ——土壤屈服位移；
Z_{u} ——管轴方向土弹簧的屈服位移；
Z_{0i} ——第 i 层土中点的深度；
α ——管材屈服偏移量；
β ——管道与断层交角；
γ_{Eh} ——水平地震作用分项系数；
γ_{G_i} ——第 i 个永久作用分项系数；
γ_{RE} ——承载力抗震调整系数；
χ ——试样厚度和韧带的较小值；
η ——缺欠高度与壁厚比率；
ξ ——缺欠长度与壁厚比率；
δ ——管道壁厚；
δ_{T} ——表观韧性；
$\delta_{\mathrm{Tmax}}^{\mathrm{HC}}$ ——标准三点弯曲试验数值中最大有效 CTOD 值；

λ ——模量系数；

λ_T ——屈强比；

ϕ ——土壤的内摩擦角；

$\varphi_{\varepsilon c}$ ——压缩应变承载系数；

$\varphi_{\varepsilon t}$ ——拉伸应变承载系数；

μ ——土壤与管道外表面之间的摩擦系数；

ρ ——输送介质的密度；

ρ_m ——管道材料的密度；

ρ_s ——回填土的密度；

ρ_{s1} ——管道周围场地土的密度；

ρ_c ——黏粒含量百分率；

ε ——应变；

ε_a ——由于内压和温度变化产生的管道轴向应变；

ε_1 ——管道应力-应变简化折线中弹塑性变形起点处的应变；

ε_2 ——管道应力-应变简化折线中弹塑性区与塑性区交点处的应变；

ε_{max}^L ——管道在上浮位移反应最大时的附加应变；

ε_{max} ——地震动引起管道的最大轴向拉、压应变；

ε_{new} ——管道内的拉伸应变；

ε_e ——弹性敷设时管道的轴向应变；

ε_L ——屈服平台结束时的应变；

ε_m ——弯矩引起的弯管最大弯曲应变；

ε_n ——轴向力引起的弯管轴向应变；

ε_u ——钢管的均匀延伸率；

ε_{max}^S ——管道在场地竖向震陷位移作用下的最大附加弯曲应变；

ε_{max}^b ——地震动引起的弯管最大轴向应变；

ε_{max}^{Ft} ——断层位错引起的管道最大拉伸应变；

ε_{max}^{Fc} ——断层位错引起的管道最大压缩应变；

ε_c^{crit} ——在位移荷载作用下管段的极限压缩应变；

ε_t^{crit} ——在位移荷载作用下管段的极限拉伸应变；

ε_r ——极限压缩应变的计算值；

$[\varepsilon_t]_v$ ——埋地管道抗震设计轴向容许拉伸应变；

$[\varepsilon_c]_v$ ——埋地管道抗震设计轴向容许压缩应变；

$[\varepsilon_t]_F$ ——埋地管道抗断的轴向容许拉伸应变；

$[\varepsilon_c]_F$ ——埋地管道抗断的轴向容许压缩应变；

σ ——应力；

σ_0 ——Ramberg-Osgood 应力-应变曲线中的管材轴向屈服应力；

σ_1 ——管道应力-应变简化折线中弹塑性变形起点处的应力；

σ_2 ——管道应力-应变简化折线中弹塑性区与塑性区交点处的应力；

σ_a ——由于内压和温度变化产生的管道轴向应力；

σ_a^c ——极限压缩应变计算中的轴向应力；
σ_a^L ——液化上浮校核中，由于内压和温度变化产生的管道初始轴向压应力；
σ_N ——组合的轴向应力；
σ_h ——组合的环向应力；
σ_s ——管道材料的标准屈服强度；
σ_y ——管道轴向屈服强度；
$[\sigma_c]$ ——管道在地震等组合荷载作用下的容许压应力；
τ ——组合的剪应力；
Δ ——管道在液化土层中最大上浮位移；
Δ_L ——在外力作用下等效非线性弹簧的伸长量；
ΔL_1 ——断层位错引起的管道几何伸长；
ΔL_2 ——管道轴向应变引起的物理伸长；
ΔH ——水平方向的断层位移；
ΔX ——平行于管道轴线方向的断层位移；
ΔY ——管道法线方向的断层位移；
ΔZ ——垂直方向的断层位移；
ψ ——缺欠深度与壁厚的比率；
ψ_{LK} ——横向地震作用组合值系数；
ψ_{PK} ——纵向地震作用组合值系数；
ψ_T ——温度作用组合值系数；
ψ_{VK} ——竖向地震作用组合值系数；
ψ_W ——风荷载组合值系数；
ψ_Y ——内压作用组合值系数。

3 基本规定

3.0.1 油气输送管道线路工程设计文件中，应明确工程抗震设防依据和设防标准。

3.0.2 油气输送管道线路工程抗震设计应采取防止或减少地震次生灾害的措施。

3.0.3 抗震措施应根据管道线路工程的重要性、设计地震动参数、场地类型、工程地质条件以及发生地震灾害的影响程度综合确定。

3.0.4 油气输送管道线路工程勘察时，应掌握沿线地震活动性和地震构造资料，按本规范附录A的规定划分管道场地地段，并给出综合评价。

3.0.5 油气输送管道线路应选择抗震有利场地，宜避让不利和危险地段。对难以绕避的不利或危险地段应按照本规范的规定进行抗震设计并采取相应的抗震措施。

3.0.6 通过活动断层的管道应按本规范的规定进行抗震设计。与活动断层并行的管道，宜将其敷设在活动断层破裂影响范围外。

3.0.7 油气输送管道穿跨越位置应选择在地基良好和稳定地段。当难以避开液化土、震陷软土等不良地基时，宜选择短距离通过。

3.0.8 在油气输送管道线路工程设计文件(图件)中，应明确抗震措施，对抗震专用材料和构件、配件应提出材质、规格、数量及安装要求，对施工工艺应提出相应的要求。

4 抗震设防要求

4.1 抗震设防标准

4.1.1 管道抗震设计和校核应符合下列规定：

1 管道应按基本地震动参数进行抗震设计，其中重要区段内的管道应按1.3倍的基本地震动峰值加速度及速度计算地震作用；

2 管道应采用罕遇地震动参数进行抗震校核。

4.1.2 穿跨越工程结构抗震设计和校核应符合下列规定：

1 穿跨越工程结构应按基本地震动参数进行抗震设计，大型穿跨越工程结构应按1.3倍的基本地震动峰值加速度计算地震作用；

2 穿跨越工程结构主体应按高于本地区基本地震动参数一级的要求采取抗震措施，当位于基本地震动峰值加速度0.40g地段时，应按比0.40g地段更高的要求采取抗震措施；

3 大型跨越工程结构应采用罕遇地震动参数进行防倒塌校核；

4 当基本地震动峰值加速度大于0.40g时，应进行专题设计。

4.1.3 管道穿越或并行活动断层的设防应符合下列规定：

1 当管道通过基本地震动峰值加速度小于或等于0.30g地区的活动断层，且管底至基岩的土层厚度大于或等于60 m时，或管道通过基本地震动峰值加速度大于0.30g以上地区的活动断层，且管底至基岩的土层厚度大于或等于90 m时，可不分析断层潜在的地表断错影响。

2 对不符合本条第1款规定的穿越活动断层管道，其设防位移应按下列要求选取：

1） 位于重要区段的管道，其设防位移应为预测的最大位移；

2） 位于一般区段的管道，其设防位移应为预测的平均位移。

3 对不符合本条第1款规定的并行活动断层管道，管道与活动断层的并行距离应符合表4.1.3的规定，否则应采取措施，采取措施后的并行间距不应小于20 m。

表4.1.3 管道与活动断层的并行距离(m)

基本地震动峰值加速度	断层覆盖土层厚度		
	<60	60～90	>90
≤0.30g	≥50	—	—
0.40g	≥100	≥50	—
>0.40g	专项研究确定		

4.1.4 管道通过地震地质灾害导致的地面位移地段，其设防位移应为预测的最大位移。

4.1.5 场地勘察和稳定性评价应采用基本地震动参数。

4.2 地震安全性评价

4.2.1 场地地震安全性评价应包括下列内容：

1 管道沿线场地地震活动性评价；

2 管道沿线近场区主要断层发震能力及其对管道的影响；

3 管道沿线地震动峰值加速度和峰值速度；

4 重要工程场地地震动反应谱和时程曲线；

5　地震地质灾害的类型、程度及其分布。

4.2.2　管道通过活动断层或位于其附近时，应调查活动断层特征，并应给出下列参数：

1　断层的性质和产状、最新活动年代、滑动速率、破裂带的宽度和断层(段)长度；

2　断层与管道交汇的位置和交角，或断层与管道的并行距离；

3　断层覆盖土层厚度，以及断层两侧和破裂带的土体黏聚力、内摩擦角和平均剪切波速；

4　断层在地表引起的最大、平均同震水平和竖向位错量。

5　工程勘察及场地参数

5.1　工程勘察

5.1.1　对于管道线路场地，应在初步勘察和详细勘察阶段开展地震及地震效应、活动断层的勘察评价工作。

5.1.2　对于一般区段中的线路，可利用搜集已有地质资料、踏勘和适当的补充钻探工作，确定岩土的剪切波速和场地类别。

5.1.3　对于重要区段中的线路，初勘阶段可按一般区段的管道场地进行勘察，详勘阶段应结合前期勘察成果布置勘探点，勘探点间距宜为 200 m～300 m，勘探深度不宜小于 15 m，应查明场地土的工程地质特性，确定场地类别。

5.1.4　对于场地勘察中识别的潜在地震地质灾害应进行包括地震工况在内的稳定性评价，并应明确其对管道的影响。

5.1.5　当场地的基本地震动峰值加速度大于或等于 0.10g，且初步判定可能存在液化土层时，应按本规范附录 B 的规定对液化土层分级，并应评价其对管道的危害。经判定场地为中等或严重液化土层时，应查明液化土层的空间位置以及覆土类型等参数。

5.1.6　对基本地震动峰值加速度大于或等于 0.20g 的厚层软土分布区，宜判别软土震陷的可能性和估算震陷量，并应评价对管道的危害。

5.1.7　当线路通过或并行活动断层时应对活动断层进行勘察，并应符合下列规定：

1　勘察范围不宜小于拟交叉位置向外半径 500 m 或管道轴线两侧各 500 m；

2　查明活动断层展布位置、类型、产状、覆盖土层厚度、岩性和沉积相特征，平面误差宜小于 10 m；

3　查清活动断层的位错性质、破碎带宽度和影响带宽度，当管道线路与活动断层相交时，应明确管道与断层交角，断层未来发生的最大、平均水平和竖向位错量；

4　查清活动断层与管道相交位置及附近场地的地形地貌特征、地质特征、地震特征、场地岩土的剪切波速、黏聚力和内摩擦角；

5　预测断层活动诱发的崩塌、滑坡、地面塌陷、泥石流等地质灾害对管道可能造成的影响。

5.1.8　管道工程的地震及地震效应、活动断层勘察评价，尚应符合现行国家标准《油气田及管道岩土工程勘察规范》GB 50568、《岩土工程勘察规范》GB 50021 和《建筑抗震设计规范》GB 50011的相关规定。

5.2　场地类别和地震动参数调整

5.2.1　管道场地类别应根据岩土层剪切波速和覆盖层厚度按表 5.2.1 的规定划分。

表 5.2.1 管道场地类别划分

岩石剪切波速 V_s 或土层等效剪切波速 V_{se}(m/s)	场地类别				
	Ⅰ$_0$ 类	Ⅰ$_1$ 类	Ⅱ类	Ⅲ类	Ⅳ类
$V_s>800$	$d=0$	—	—	—	—
$800\geqslant V_s>500$	—	$d=0$	—	—	—
$500\geqslant V_{se}>250$	—	$d<5$	$d\geqslant 5$	—	—
$250\geqslant V_{se}>150$	—	$d<3$	$3\leqslant d\leqslant 50$	$d>50$	—
$V_{se}\leqslant 150$	—	$d<3$	$3\leqslant d\leqslant 15$	$15<d\leqslant 80$	$d>80$
注:d 为覆盖层厚度(m)。					

5.2.2 岩土层剪切波速的测量应符合下列规定:

1 重要区段,每段用于测量岩土层剪切波速的钻孔数量不宜少于 2 个,数据变化较大时可适量增加;

2 一般区段,当无实测剪切波速时,岩土的类型划分和剪切波速范围可按表 5.2.2 确定。

表 5.2.2 岩土的类型划分和剪切波速范围

岩土的类型	岩土名称和性状	岩土层剪切波速范围(m/s)
岩石	坚硬、较硬且完整的岩石	$V_s>800$
坚硬土或软质岩石	破碎和较破碎的岩石或软和较软的岩石,密实的碎石土	$800\geqslant V_s>500$
中硬土	中密、稍密的碎石土,密实、中密的砾、粗、中砂,$f_{ak}>150$ 的黏性土和粉土,坚硬黄土	$500\geqslant V_s>250$
中软土	稍密的砾、粗、中砂,除松散外的细、粉砂,$f_{ak}\leqslant 150$ 的黏性土和粉土,$f_{ak}>130$ 的填土,可塑新黄土	$250\geqslant V_s>150$
软弱土	淤泥和淤泥质土,松散的砂,新近沉积的黏性土和粉土,$f_{ak}\leqslant 130$ 的填土,流塑黄土	$V_s\leqslant 150$
注:f_{ak} 为由载荷试验等方法得到的地基承载力特征值(kPa),V_s 为岩土层剪切波速(m/s)。		

5.2.3 管道场地覆盖层厚度应按下列规定确定:

1 应按地面至剪切波速大于 500 m/s,且其下卧各层岩土的剪切波速均不小于 500 m/s 的土层顶面的距离确定;

2 当地面 5 m 以下存在剪切波速大于其上部各土层剪切波速 2.5 倍的土层,且其下卧岩土层的剪切波速均不小于 400 m/s 时,可按地面至该土层顶面的距离确定;

3 剪切波速大于 500 m/s 的孤石、透镜体,应视同周围土层;

4 土层中的火山岩硬夹层应视为刚体,其厚度应从覆盖土层中扣除。

5.2.4 场地土层的等效剪切波速应按下列公式计算:

$$V_{se}=d_0/t \qquad \cdots\cdots (5.2.4\text{-}1)$$

$$t=\sum_{i=1}^{n}\frac{d_i}{V_{si}} \quad \cdots\cdots (5.2.4\text{-}2)$$

式中：V_{se}——场地土层等效剪切波速(m/s)；

d_0——场地土层计算深度(m)，取覆盖层厚度和 20 m 二者的较小值；

t——剪切波在地面至计算深度之间的传播时间(s)；

d_i——场地土层计算深度范围内第 i 土层的厚度(m)；

V_{si}——场地土层计算深度范围内第 i 土层的剪切波速(m/s)；

n——场地土层计算深度范围内土层的分层数。

5.2.5 场地的设计地震动参数应根据场地类别，按现行国家标准《中国地震动参数区划图》GB 18306的规定调整。罕遇地震的设计特征周期应大于相应的基本地震动特征周期，其增加值不宜低于 0.05 s。

6 管道抗震设计

6.1 一般埋地管道抗震设计

6.1.1 对位于基本地震动峰值加速度大于或等于 $0.20g$ 地区的管道，应进行抗拉伸和抗压缩验算。

6.1.2 地震作用下管道轴向的组合应变应包括地震动引起的管道最大轴向应变和内压、温差等操作荷载引起的轴向应变，并按下列公式进行组合计算：

1 当 $\varepsilon_{max}+\varepsilon_a\leqslant 0$ 时，

$$|\varepsilon_{max}+\varepsilon_a|\leqslant[\varepsilon_c]_v \quad \cdots\cdots (6.1.2\text{-}1)$$

2 当 $\varepsilon_{max}+\varepsilon_a>0$ 时，

$$\varepsilon_{max}+\varepsilon_a\leqslant[\varepsilon_t]_v \quad \cdots\cdots (6.1.2\text{-}2)$$

$$\varepsilon_a=\frac{\sigma_a}{E} \quad \cdots\cdots (6.1.2\text{-}3)$$

式中：ε_{max}——地震动引起管道的最大轴向拉、压应变，按第 6.1.4 条计算，对于直埋弯管，按式(6.1.5-1)计算；

ε_a——由于内压和温度变化产生的管道轴向应变；

$[\varepsilon_c]_v$——埋地管道抗震设计轴向容许压缩应变，按第 6.1.3 条计算；

$[\varepsilon_t]_v$——埋地管道抗震设计轴向容许拉伸应变，按第 6.1.3 条计算；

σ_a——由于内压和温度变化产生的管道轴向应力(Pa)，应按现行国家标准《输油管道工程设计规范》GB 50253 或《输气管道工程设计规范》GB 50251 的有关规定计算；

E——管道材料的弹性模量(Pa)。

6.1.3 埋地管道轴向容许应变应按下列规定确定。

1 直管段容许拉伸应变可按表 6.1.3 选取。

表 6.1.3　直管段容许拉伸应变

钢级	设计容许拉伸应变	校核容许拉伸应变
L450(X65)及以下	0.5%	1.0%
L485(X70)和 L555(X80)		0.9%
L625(X90)		0.8%

2　直管段容许压缩应变可按下列公式计算：

1)　设计容许压缩应变：

$$\text{L450(X65)及以下钢级：}[\varepsilon_c]_v = 0.28 \times \frac{\delta}{D} \quad \cdots\cdots (6.1.3\text{-}1)$$

$$\text{L485(X70)、L555(X80)及 L625(X90)：}[\varepsilon_c]_v = 0.26 \times \frac{\delta}{D} \quad \cdots\cdots (6.1.3\text{-}2)$$

2)　校核容许压缩应变：

$$\text{L450(X65)及以下钢级：}[\varepsilon_c]_v = 0.35 \times \frac{\delta}{D} \quad \cdots\cdots (6.1.3\text{-}3)$$

$$\text{L485(X70)、L555(X80)及 L625(X90)：}[\varepsilon_c]_v = 0.32 \times \frac{\delta}{D} \quad \cdots\cdots (6.1.3\text{-}4)$$

式中：$[\varepsilon_c]_v$ ——容许压缩应变；

δ ——管道壁厚(m)；

D ——管道外径(m)。

3　弯管容许应变应采用直管段的校核容许应变。

6.1.4　埋地直管道在地震动作用下的最大轴向应变可按下列公式计算，并应取较大值。

$$\varepsilon_{max} = \pm \frac{aT_g}{4\pi V_{se}} \quad \cdots\cdots (6.1.4\text{-}1)$$

$$\varepsilon_{max} = \pm \frac{v}{2V_{se}} \quad \cdots\cdots (6.1.4\text{-}2)$$

式中：a ——地震动峰值加速度(m/s^2)；

T_g ——地震动反应谱特征周期(s)；

V_{se} ——场地土层等效剪切波速(m/s)，可按表 5.2.2 或实测数据选取；

v ——地震动峰值速度(m/s)。

6.1.5　埋地弯管在地震动作用下的最大轴向应变可按下列公式计算：

$$\varepsilon^b_{max} = \varepsilon_n + \varepsilon_m \quad \cdots\cdots (6.1.5\text{-}1)$$

$$\varepsilon_n = \varepsilon_{max} - \frac{t_u L}{AE} \quad \cdots\cdots (6.1.5\text{-}2)$$

$$\varepsilon_m = \frac{\varepsilon_n AD}{6\lambda I} \quad \cdots\cdots (6.1.5\text{-}3)$$

$$L = \frac{4AE\lambda}{3K_s}\left[\sqrt{1+\frac{3K_s\varepsilon_{max}}{2t_u\lambda}} - 1\right] \quad \cdots\cdots (6.1.5\text{-}4)$$

$$t_u = \frac{\pi}{2}D\rho_s gH(1+k_0)\tan\phi \quad \cdots\cdots (6.1.5\text{-}5)$$

$$\lambda = \sqrt[4]{\frac{K_s}{4EI}} \quad \cdots\cdots (6.1.5\text{-}6)$$

$$K_s = \frac{p_u}{0.15y_u} \quad \cdots\cdots (6.1.5\text{-}7)$$

软弱场地：$y_u = 0.07 \sim 0.10(H + D)$ ……（6.1.5-8）

中硬、中软场地：$y_u = 0.03 \sim 0.05(H + D)$ ……（6.1.5-9）

坚硬场地：$y_u = 0.02 \sim 0.03(H + D)$ ……（6.1.5-10）

$$p_u = \rho_s g H N_q D \quad \cdots\cdots (6.1.5\text{-}11)$$

$$N_q = 0.38\frac{H}{D} + 3.68 \quad \cdots\cdots (6.1.5\text{-}12)$$

式中：ε_{max}^{b} ——地震动引起的弯管最大轴向应变；

ε_n ——轴向力引起的弯管轴向应变；

ε_m ——弯矩引起的弯管最大弯曲应变；

t_u ——土壤作用在管道单位长度上的摩擦力(N/m)；

L ——摩擦力 t_u 作用的有效长度(m)；

A ——管道横断面面积(m^2)；

λ ——模量系数(m^{-1})；

I ——管道横断面惯性矩(m^4)；

K_s ——地基反力模量(Pa)；

ρ_s ——回填土密度(kg/m^3)；

g ——重力加速度，取 9.8 m/s^2；

H ——管道中心线埋深(m)；

k_0 ——土壤压力系数，一般取 0.5；

ϕ ——土壤的内摩擦角(°)；

p_u ——场地土屈服抗力(N/m)；

y_u ——土壤屈服位移(m)；

N_q ——计算管道法向土壤压力的参数。

6.2 通过活动断层的埋地管道抗震设计

6.2.1 通过活动断层的埋地管道应采用应变设计方法进行抗拉伸和抗压缩验算。

6.2.2 管道抗震验算应获得下列资料：

1 管道轴向力学性能参数，包括应力-应变曲线，可根据本规范附录C的规定确定；

2 本规范第4.2.2条和第5.1.7条规定的断层、场地等参数；

3 防腐涂层的类型；

4 管道焊接接头参数。

6.2.3 通过活动断层的管道抗震计算应符合下列规定：

1 对通过活动断层的管道，当符合下列情况时应采用有限元方法进行抗震计算：

1) 位于设计地震动峰值加速度大于或等于 0.30g 地区的管道；

2) 通过重要区段的管道；

3） 在断层错动作用下管道受压缩的情况，包括管道通过逆冲断层和管道与断层交角大于90°两种情况。

2 对不符合本条第1款规定的情况，可按本规范第6.2.5条对通过活动断层的管道进行抗震计算。

6.2.4 管道通过活动断层的容许应变应符合下列规定：

1 管道轴向容许拉伸应变应按下式计算：

$$[\varepsilon_t]_F = \varphi_{\varepsilon t}\varepsilon_t^{crit} \quad \cdots\cdots\cdots\cdots (6.2.4\text{-}1)$$

式中：$[\varepsilon_t]_F$ ——埋地管道抗断的轴向容许拉伸应变；

$[\varphi_{\varepsilon t}]$ ——拉伸应变承载系数，当环向应力小于或等于标准屈服强度的40%时，取0.9，当环向应力大于标准屈服强度的40%时，取0.7；

ε_t^{crit} ——管段的极限拉伸应变，应根据断裂力学分析和物理试验确定，并应分析裂纹、缺欠、焊缝和热影响区性能，以及温度、应变速率、初始应变、应变时效等因素的影响。当资料缺乏时，可按本规范附录D的公式估算。

2 管道轴向容许压缩应变应按下式计算：

$$[\varepsilon_c]_F = \varphi_{\varepsilon c}\varepsilon_c^{crit} \quad \cdots\cdots\cdots\cdots (6.2.4\text{-}2)$$

式中：$[\varepsilon_c]_F$ ——埋地管道抗断的轴向容许压缩应变；

$[\varphi_{\varepsilon c}]$ ——压缩应变承载系数，取0.6；

$[\varepsilon_c^{crit}]$ ——管段的极限压缩应变，应根据有效的分析方法或物理测试确定，或二者同时采用，当资料缺乏时，可按本规范附录D的公式估算。

6.2.5 满足本规范第6.2.3条第2款条件的管道抗震计算宜按下列步骤进行分析。

1 沿管轴方向土壤与管道外表面之间单位长度上的摩擦力可按下列公式计算：

$$f_s = \mu(2W + W_p) \quad \cdots\cdots\cdots\cdots (6.2.5\text{-}1)$$

$$W = \rho_s DHg \quad \cdots\cdots\cdots\cdots (6.2.5\text{-}2)$$

$$W_P = \left[\pi(D-\delta)\delta\rho_m + \frac{\pi}{4}(D-2\delta)^2\rho\right]g \quad \cdots\cdots\cdots\cdots (6.2.5\text{-}3)$$

式中：f_s ——沿管轴方向土壤与管道外表面之间单位长度上的摩擦力(N/m)；

μ ——土壤与管道外表面之间的摩擦系数，应按实测值或经验确定；

W ——管顶至管沟上表面之间的土壤单位长度上的重力(N/m)；

W_p ——管道和内部介质的自重(N/m)；

ρ_m ——管道材料的密度(kg/m³)；

ρ ——输送介质的密度(kg/m³)。

2 由断层错动引起的管道几何伸长 ΔL_1 应按下列公式计算：

1） 当 $\varepsilon_{new} \leqslant \varepsilon_1$ 时，

$$\Delta L_1 = \Delta X + \frac{(\Delta Y^2 + \Delta Z^2) f_s}{4\pi D\delta E_1 \varepsilon_{new}} \quad \cdots\cdots\cdots\cdots (6.2.5\text{-}4)$$

2） 当 $\varepsilon_{new} > \varepsilon_1$ 时，

$$\Delta L_1 = \Delta X + \frac{(\Delta Y^2 + \Delta Z^2) f_s}{4\pi D\delta[E_1\varepsilon_1 + E_2(\varepsilon_{new} - \varepsilon_1)]} \quad \cdots\cdots\cdots\cdots (6.2.5\text{-}5)$$

$$\Delta X = \Delta H\cos\beta \quad \cdots\cdots\cdots\cdots (6.2.5\text{-}6)$$

$$\Delta Y=\Delta H\sin\beta \quad \cdots\cdots\cdots\cdots (6.2.5\text{-}7)$$

式中：ε_{new} ——管道内的拉伸应变；

ε_1 ——管道应力-应变简化折线中弹塑性变形起点处的应变，按本规范附录C选取；

ΔL_1 ——断层位错引起的管道几何伸长(m)；

ΔX ——平行于管道轴线方向的断层位移(m)；

ΔY ——管道法线方向的断层位移(m)；

ΔZ ——垂直方向的断层位移(m)，应由地震地质工程勘察确定；

E_1 ——管道应力-应变简化折线中弹性区的材料模量(Pa)，按本规范附录C选取；

E_2 ——管道应力-应变简化折线中弹塑性区的材料模量(Pa)，按本规范附录C选取；

ΔH ——水平方向的断层位移(m)，应由地震地质工程勘察确定；

β ——管道与断层交角(°)，应由地震地质工程勘察确定。

3 管道轴向应变引起的物理伸长 ΔL_2 可按下列公式计算：

1) 当 $\varepsilon_{new}\leqslant\varepsilon_1$ 时，

$$\Delta L_2=\frac{\pi D\delta E_1\varepsilon_{new}^2}{f_s} \quad \cdots\cdots\cdots\cdots (6.2.5\text{-}8)$$

2) 当 $\varepsilon_{new}>\varepsilon_1$ 时，

$$\Delta L_2=\frac{\pi D\delta[E_1\varepsilon_1^2+E_2(\varepsilon_{new}^2-\varepsilon_1^2)]}{f_s} \quad \cdots\cdots\cdots\cdots (6.2.5\text{-}9)$$

式中：ΔL_2——管道轴向应变引起的物理伸长(m)。

4 管道拉伸应变可采用迭代法按下式计算：

$$\Delta L_1=\Delta L_2 \quad \cdots\cdots\cdots\cdots (6.2.5\text{-}10)$$

5 由断层位错引起的管道最大拉伸应变应按下式计算：

$$\varepsilon_{max}^{Ft}=2\varepsilon_{new} \quad \cdots\cdots\cdots\cdots (6.2.5\text{-}11)$$

式中：ε_{max}^{Ft}——断层位错引起的管道最大拉伸应变。

6 计算的管道最大拉伸应变 ε_{max}^{Ft} 应小于或等于容许拉伸应变$[\varepsilon_t]_F$，且应明确相应的抗震措施。

6.2.6 当采用有限元方法进行通过活动断层的管道抗震计算时，应符合下列规定：

1 应反映几何大变形和材料非线性。

2 可采用梁单元、管单元、弯管单元或者壳单元建立有限元模型，可能发生大变形的管道部分，管道单元的长度不应大于管道的直径。

3 有限元模型分析管道的长度应满足下列要求：

1) 当采用固定边界时，分析管道的长度应满足管道在两个固定端的应变接近于0；

2) 当采用等效边界时，应对在断层附近发生大变形、长度不小于60倍管径的管段进行有限元分析，可按本规范附录E中的公式建立等效非线性弹簧替代离断层较远的管道变形反应。

4 管土之间的相互作用宜采用管轴方向土弹簧、水平横向土弹簧和垂直方向土弹簧进行模拟。土弹簧的参数宜根据土的力学特性通过现场试验或采用计算方法确定，初步计算时可采用本规范附录E中的公式。当采用其他管土作用模型时，应经过相应的验证。

5 抗震计算应包括无内压和有内压(设计压力)两种工况。

6　有限元分析得到的管道轴向最大拉伸应变 ε_{max}^{Ft} 和最大压缩应变 ε_{max}^{Fc} 应分别小于或等于管道容许拉伸应变 $[\varepsilon_t]_F$ 和容许压缩应变 $[\varepsilon_c]_F$，且应明确相应的抗震措施。

6.3　液化区埋地管道抗震设计

6.3.1　当管道穿越场地在设计地震动参数下具有中等或严重液化趋势时，宜通过计算液化场地中管道的上浮反应及其引起的管道附加应变对管道的抗液化能力进行校核。当液化场地位于坡地时，还应进行侧向位移作用下的管道应变校核。

6.3.2　管道抗液化上浮校核应符合下列规定：

1　当通过液化区的管段长度小于或等于 30 m 时，可不采取措施；当通过液化区的管段长度大于或等于 180 m 时，应采用抗漂浮措施；当通过液化区的管段长度为 30 m～180 m 时，应根据第 4 款和第 5 款的校核结果，采取相应措施。

2　液化土层中管道的最大上浮位移 Δ 可按下式计算：

$$\Delta = -1.0545 + 0.0254L_y + 0.00327\sigma_a^L + 0.13(L_y - 85)\tan(10D - 4.20) \quad \cdots\cdots (6.3.2\text{-}1)$$

式中：Δ ——管道在液化土层中最大上浮位移(m)；

L_y ——管道在液化区中的长度(m)，若管道一端或两端与建(构)筑物相连接，应将实际管道长度[至建(构)筑物外表面]分别乘以修正系数 0.9 或 0.8；

σ_a^L ——管道由压力和温度变化引起的初始轴向压应力(MPa)，应按现行国家标准《输油管道工程设计规范》GB 50253 或《输气管道工程设计规范》GB 50251 的规定计算，当初始轴向应力为拉应力时，σ_a^L 取值为 0。

3　液化区管道附加应变应按下式计算：

$$\varepsilon_{max}^L = [-1422.7 + 7835.5L_y/(0.167L_y^2 - 8.36L_y + 282.4) + 1465D + 6.16\sigma_a^L] \times 10^{-6} \quad \cdots\cdots (6.3.2\text{-}2)$$

式中：ε_{max}^L ——管道在上浮位移反应最大时的附加应变。

4　将管道附加应变与本规范第 6.1.2 条由地震动、内压和温度变化引起的轴向应变组合后，应按下列公式校核管道的应变状态，当不满足下列公式时，应采取抗震措施：

当 $\varepsilon_{max} + \varepsilon_a + \varepsilon_{max}^L \leqslant 0$ 时，

$$|\varepsilon_{max} + \varepsilon_a + \varepsilon_{max}^L| \leqslant [\varepsilon_c]_v \quad \cdots\cdots (6.3.2\text{-}3)$$

当 $\varepsilon_{max} + \varepsilon_a + \varepsilon_{max}^L > 0$ 时，

$$\varepsilon_{max} + \varepsilon_a + \varepsilon_{max}^L \leqslant [\varepsilon_t]_v \quad \cdots\cdots (6.3.2\text{-}4)$$

5　管道的上浮反应状态应按下式校核，当不满足下式时应采取抗液化措施：

$$H - D/2 - \Delta \geqslant 0.5 \quad \cdots\cdots (6.3.2\text{-}5)$$

6.3.3　在侧向位移作用下管道的应变应采用有限元方法进行计算，并应符合本规范第 6.2.6 条的规定。

6.4　震陷区埋地管道抗震设计

6.4.1　当管道穿越的场地具有竖向震陷时，应进行震陷位移作用下的最大附加弯曲应变的校核。

6.4.2　管道在场地竖向震陷位移作用下的最大附加弯曲应变 ε_{max}^S 可按下式计算：

$$\varepsilon_{max}^S = 0.648y_0D\sqrt{k_sD/4E_1I} \quad \cdots\cdots (6.4.2)$$

式中：ε_{max}^{S} ——管道在场地竖向震陷位移作用下的最大附加弯曲应变；

y_0 ——场地震陷量(m)；

k_s ——地基弹簧常数(MPa/m)，可通过土样实验确定。

6.4.3 管道的应变状态应按本规范第 6.3.2 条的规定校核，当不满足要求时，应采取抗震陷措施。

6.5 管道穿越工程抗震设计

6.5.1 当水域大中型穿越管道位于基本地震动峰值加速度大于或等于 0.10g 场地，其他穿越管道位于基本地震动峰值加速度大于或等于 0.20g 场地时，应进行抗拉伸、抗压缩验算。

6.5.2 直埋式穿越管道应采用应变准则验算，其应变应按本规范第 6.1.2 条的规定进行组合。对弹性敷设管道，应计入弹性弯曲应变，并应按下式计算：

$$\varepsilon_e = \pm \frac{D}{2r} \quad \cdots\cdots (6.5.2)$$

式中：ε_e ——弹性敷设时管道的轴向应变；

r ——弹性敷设的弯曲半径(m)。

6.5.3 直埋式穿越管道的容许应变值应按埋地管道选用，并应符合本规范第 6.1.3 条的规定。

6.5.4 洞埋式穿越中的架空或地面敷设管道应采用应力准则验算，架空时应按跨越梁式管桥进行抗震设计和校核，地面敷设时按连续支撑进行抗震设计和校核，覆土敷设时应按直埋式管道进行抗震设计和校核，穿越套管或箱涵内的管道应按地面敷设进行抗震设计和校核。

6.5.5 洞埋式穿越中的架空和地面敷设管道承受自重、输送介质重量、内压、温差及地震动作用产生的轴向应力、环向应力与剪应力，应分别进行叠加组合计算，组合应力应按下式验算：

$$\sqrt{\sigma_N^2 + \sigma_h^2 - \sigma_N\sigma_h + 3\tau^2} \leqslant F_a\sigma_s \quad \cdots\cdots (6.5.5)$$

式中：σ_N ——组合的轴向应力(MPa)；

σ_h ——组合的环向应力(MPa)；

τ ——组合的剪应力(MPa)；

F_a ——抗震工况组合的容许应力系数，对于基本地震动引起的应力组合，F_a 取 0.8，对于罕遇地震动引起的应力组合，F_a 取 1.0；

σ_s ——管道材料的标准屈服强度(MPa)。

6.5.6 洞埋式穿越管道产生轴向压应力时，轴向压应力应小于容许压应力，容许压应力应按下式计算：

$$[\sigma_c] = \frac{N_c}{A} \quad \cdots\cdots (6.5.6)$$

式中：$[\sigma_c]$ ——管道在地震等组合荷载作用下的容许压应力(MPa)；

N_c ——管道开始失稳时的临界轴向力(MN)，应按现行国家标准《输油管道工程设计规范》GB 50253 的规定计算。

6.5.7 管道穿越工程结构应进行抗震设计。水域隧道，当基本地震动峰值加速度大于或等于 0.10g 时，管道穿越工程结构应进行地震作用计算；山岭隧道，当基本地震动峰值加速度大于或等于 0.20g 时，管道穿越工程结构应进行地震作用计算。

6.5.8 管道穿越工程结构的抗震结构体系应符合下列规定：

1 应有明确、可靠的地震能量耗散部位；

2 应有明确、合理的地震作用传递路线；

3 结构构件的截面刚度不应有突变而形成薄弱区域；

4 应通过合理选择截面尺寸、配置钢筋等措施，增加钢筋混凝土构件的延性，防止剪切先于弯曲破坏和钢筋锚固黏结先于构件破坏；

5 应采用有利于提高结构整体性的连接方式，构件连接应合理、可靠，应适应地震作用下结构产生的应力与变形，避免结构产生破坏或大的裂缝。

6.5.9 管道穿越工程结构地震作用计算应符合下列规定：

1 隧道、圆形竖井应计算横截面的水平地震作用，矩形竖井、管道支墩或支架应计算两个主轴水平方向上的地震作用，当地质条件沿隧道轴向变化较大、软硬不均或遇有液化地层时，还应分析地震对隧道轴向的影响，当管道穿越场地基本地震动峰值加速度大于或等于 0.20g 时，宜验算竖井与隧道交界处的变形；

2 地震作用可采用静力法或反应位移法计算；

3 在横向地震作用下，管道与管道支墩或支架之间可视为无滑移，在纵向地震作用下，应依据管箍张紧情况分析管道支墩或支架的地震作用，未箍紧的管道宜考虑在管道支墩或支架上纵向滑移的影响；

4 结构抗震计算软件所采用的模型和计算方法，除应满足本规范规定外，尚应对计算结果进行分析判断，并应确认其合理、有效性后用于工程设计。

6.5.10 管道穿越工程结构抗震设计应符合下列规定：

1 结构承载力抗震验算应符合下列规定：

1） 结构应进行弹性抗震计算，并采取相关抗震措施；

2） 地震作用重要性系数应取 1.0；

3） 结构水平地震作用效应和永久作用效应的基本组合，应包括各种永久效应的最不利组合并按下式计算：

$$S=\sum_{i=1}^{n}\gamma_{G_i}S_{G_i k}+\gamma_{Eh}S_{Ehk} \quad \cdots\cdots (6.5.10\text{-}1)$$

式中：S ——结构内力组合的设计值，包括组合的弯矩、轴向力和剪力设计值等；

γ_{G_i} ——第 i 个永久作用分项系数，应取 1.2，当永久作用效应对构件承载能力有利时，不应大于 1.0；

$S_{G_i k}$ ——第 i 个永久作用代表值的效应；

γ_{Eh} ——水平地震作用分项系数，应取 1.3；

S_{Ehk} ——水平地震作用标准值的效应。

4） 结构抗震验算应满足下式：

$$S\leqslant R/\gamma_{RE} \quad \cdots\cdots (6.5.10\text{-}2)$$

式中：R ——结构承载力设计值；

γ_{RE} ——承载力抗震调整系数，应按表 6.5.10 采用。

表 6.5.10 承载力抗震调整系数

材料	结构构件	受力状态	γ_{RE}
钢	支架构件、节点板件、螺栓、焊缝	强度	0.75
	支架构件	稳定	0.80
混凝土	支架横梁	受弯	0.75
	支架柱、支墩	偏压	0.80
	隧道结构	偏压	0.85
	各类构件	受剪、偏拉	0.85
—	预埋件锚筋	强度	1.00

2 需要维持检修通道功能的顶管结构、盾构结构应进行抗震变位验算，其验算应按现行国家标准《室外给水排水和燃气热力工程抗震设计规范》GB 50032 的有关规定执行，接头位移量不应超过满足接缝防水材料水密性要求的允许值。

3 地基及基础的抗震验算应按现行国家标准《构筑物抗震设计规范》GB 50191 的有关规定执行，坡体的稳定性应按现行国家标准《建筑边坡工程技术规范》GB 50330 的规定进行验算。

6.6 管道跨越工程抗震设计

6.6.1 跨越工程结构应进行抗震设计，当场地基本地震动峰值加速度大于或等于 $0.10g$ 时，跨越工程结构应进行地震作用计算。

6.6.2 管道跨越工程的结构体系应根据场地的地震动参数等级、场地类别、水文与工程地质条件、跨度、管径、材料和施工条件等因素，经技术经济综合比较后确定。管道跨越工程的抗震结构体系应符合下列规定：

1 结构应有明确的计算简图和合理的地震作用传递途径；

2 宜设置多道抗震防线；

3 应具备必要的强度、良好的变形能力和耗能能力；

4 应具有合理的刚度和强度分布，避免局部产生过大的应力集中或塑性变形集中，对可能出现的薄弱部位，应采取相应措施提高抗震能力。

6.6.3 管道跨越工程抗震计算应符合下列规定：

1 对悬索、斜拉索等柔性跨越结构进行抗震计算时，应采用考虑几何非线性影响的分析模型；

2 在抗震计算中，应考虑非结构构件、介质的附加质量对跨越结构抗震性能的影响；

3 跨越结构的地震作用应按沿跨越管道横向、竖向以及纵向三个方向分别计算，对地震动峰值加速度小于或等于 $0.20g$ 的地区，小型跨越结构可不计算竖向和纵向地震作用；

4 当管道作为跨越结构的受力构件时，在地震作用下，应对跨越结构整体进行内力和位移计算；

5 当跨越结构仅作为管道的支承结构时，管道可视为支承在支座上的多跨连续梁，在横向、竖向地震作用下，管道与支座之间可视为无滑移，在纵向地震作用下，宜考虑管道在支座上纵向滑移的影响；

6 跨越结构抗震计算软件所采用的模型和验算方法除应满足本规范及有关标准的规定外，尚应对计算结果分析判断，确认其合理、有效性后方可用于工程设计。

6.6.4 管道跨越工程的抗震计算可采用下列方法：

1 一般的跨越结构宜采用反应谱振型分解法；

2 小型跨越以及质量和刚度分布比较均匀的中型跨越，可采用单质点简化模型进行计算；

3 复杂的大型跨越结构宜采用时程分析法进行抗震计算，可取多条(至少3组实际地震动加速度记录或人工模拟加速度时程曲线)时程曲线计算结果的平均值与反应谱振型分解法计算结果的较大值作为设计依据，设计时程曲线应基于地震安全性评价结果，并将所选地震加速度记录的峰值调整到与场地设防地震动水准相应的设计加速度峰值。

6.6.5 在计算地震作用时，管道跨越工程的重力荷载代表值应取结构、配件以及输送介质自重标准值和可变荷载组合值之和，可变荷载的组合值系数应按表6.6.5采用。

表6.6.5 组合值系数

可变荷载种类	组合值系数
雪荷载	0.5
裹冰荷载	0.5
温度荷载	0.6

6.6.6 管道跨越工程的地震作用效应和其他荷载效应组合，其设计值应按下式计算：

$$S = S_{GE} + \psi_{LK} S_{LK} + \psi_{VK} S_{VK} + \psi_{PK} S_{PK} + \psi_{W} S_{WK} + \psi_{Y} S_{YK} + \psi_{T} S_{TK} \quad \cdots\cdots (6.6.6)$$

式中：S ——管道跨越工程结构内力组合的设计值，包括组合的弯矩、轴向力和剪力设计值；

S_{GE} ——重力荷载代表值的效应；

ψ_{LK} ——横向地震作用组合值系数，见表6.6.6；

S_{LK} ——横向地震作用标准值的效应；

ψ_{VK} ——竖向地震作用组合值系数，见表6.6.6；

S_{VK} ——竖向地震作用标准值的效应；

ψ_{PK} ——纵向地震作用组合值系数，见表6.6.6；

S_{PK} ——纵向地震作用标准值的效应；

ψ_{W} ——风荷载组合值系数，风荷载起控制作用的大型跨越结构采用0.2，其他取0.0；

S_{WK} ——风荷载标准值的效应；

ψ_{Y} ——内压作用组合值系数，可取1.0；

S_{YK} ——内压作用标准值的效应；

ψ_{T} ——温度作用组合值系数，见表6.6.5；

S_{TK} ——温度作用标准值的效应。

表 6.6.6 不同工况的地震作用组合值系数

地震作用工况	ψ_{LK}	ψ_{VK}	ψ_{PK}
仅计算横向地震作用	1.3(1.0)	0.0	0.0
仅计算竖向地震作用	0.0	1.3(1.0)	0.0
仅计算纵向地震作用	0.0	0.0	1.3(1.0)
同时计算横向与竖向地震作用(横向为主)	1.3(1.0)	0.5	0.0
同时计算横向与竖向地震作用(竖向为主)	0.5	1.3(1.0)	0.0
同时计算横、竖、纵向地震作用	1.3(1.0)	0.5	0.5
注:括号内数值为油气输送管道及缆索抗震计算时选用。			

6.6.7 结构抗震验算应符合本规范式(6.5.10-2)的规定,承载力抗震调整系数应按表 6.6.7 选用。当仅计算竖向地震作用时,各类结构构件承载力抗震调整系数均应采用 1.0。

表 6.6.7 承载力抗震调整系数

材料	结构构件	受力状态	γ_{RE}
钢	梁、柱、支撑、节点板件、螺栓、焊缝	强度	0.75
	柱、支撑	稳定	0.80
混凝土	梁	受弯	0.75
	轴压比小于 0.15 的柱	偏压	0.75
	轴压比不小于 0.15 的柱	偏压	0.80
	各类构件	受剪、偏拉	0.85

6.6.8 管道在地震工况下的组合应力(内力)应符合本规范第 6.5.5 条的规定。

6.6.9 下列跨越工程结构应进行罕遇地震作用下的弹塑性变形验算:

1 主跨长度超过 150 m 的悬索、斜拉索跨越结构;

2 基本地震动参数为 0.20g 及以上的大型跨越结构。

6.6.10 梁式直跨、桁架式、轻型托架、拱式等刚性跨越结构在罕遇地震作用下的弹塑性变形验算,应按现行国家标准《铁路工程抗震设计规范》GB 50111 的有关规定执行。

6.6.11 悬索、斜拉索、悬缆等柔性跨越结构在罕遇地震作用下的弹塑性变形验算应符合下列规定:

1 墩柱应按现行行业标准《公路工程抗震规范》JTG B02 和《公路桥梁抗震设计细则》JTG/T B02-01 的要求进行塑性变形能力和抗剪验算;

2 索塔截面和桩基础应按现行行业标准《公路悬索桥设计规范》JTG/T D65-05 的要求进行截面弯矩验算,桥面结构、主索、吊索强度应按现行行业标准《公路悬索桥设计规范》JTG/T D65-05 的相关要求进行验算;

3 悬索或斜拉索跨越的风索主索和风索拉索,其验算方法和验算内容与主索及吊索一致。

7 抗震措施

7.1 通用抗震措施

7.1.1 管道抗震措施的选用应与抗震验算相结合,优先采用降低计算应变的措施。当抗震验算不满足要求时,可适当增加钢管壁厚或采用大应变钢管。

7.1.2 在需要设防的地面位移地段不应设置三通、阀门、固定墩等部件。当需要设置热煨弯管时,其曲率半径不应小于6倍管道外径。

7.1.3 在管道穿过刚性截水墙或水工保护构筑物基础时,穿管处管道周边应预留不小于25 mm的空隙,并用柔性减振材料填塞。

7.1.4 管道通过地震动峰值加速度大于或等于0.40g区段的大中城市、大型穿跨越工程两侧宜结合线路阀室分布情况设置截断阀。

7.1.5 敷设于地震危险地段的管道宜设置报警系统。

7.2 专项抗震措施

7.2.1 对通过活动断层的管道,应采取下列抗震措施:

1 宜选择断层位移和断裂宽度较小的地段通过。

2 管道与水平走滑为主的断层错动方向的交角宜为30°～70°。

3 对于以水平走滑为主的断层和正断层,应增大断层及其两侧影响范围内的管沟宽度,管沟宽度宜大于沿管道法线方向的断层水平位移,管沟边坡坡度不宜大于30°,并应采用疏松材料浅埋。对于逆冲断层应专门研究。

4 三通、旁通、阀门、固定墩等部件与断层的距离应大于1.5倍的同侧管道滑动长度L_t,L_t宜按下式计算,在滑动长度内,宜采用相同直径或壁厚的管道。

$$L_t = \frac{\pi D \delta \sigma_2}{f_s} \qquad (7.2.1)$$

式中:L_t ——断层一侧的管道滑动长度(m);

σ_2 ——管道应力-应变简化折线中弹塑性区与塑性区交点处的应力(Pa),按本规范附录C选取。

5 通过断层的管道采用埋地敷设不能满足抗震要求时,宜将管道敷设于地面或架空,并采取相应的安全保护措施。

6 通过活动断层段管道的对接焊口应进行100%射线检测和100%超声波检测,并应达到国家现行标准《石油天然气钢质管道无损检测》SY/T4109规定的Ⅱ级及以上要求,且应符合应变设计的缺欠尺寸限定要求。

7.2.2 埋设于液化区较长的管道,可分段采取抗液化措施。严重液化区的管道可采用换填非液化土、配重、抗浮桩及衬铺压土等措施。

7.2.3 通过震陷区的管道,有条件时可采用地面或地上(跨越)敷设。

7.2.4 确需在难以绕避的滑坡区内敷设的管道,应采取减载、支挡、锚固或排水等措施控制滑坡。

7.2.5 采用直埋式穿越水域或沟壑的管道,其斜坡角不应大于30°,如图7.2.5所示。

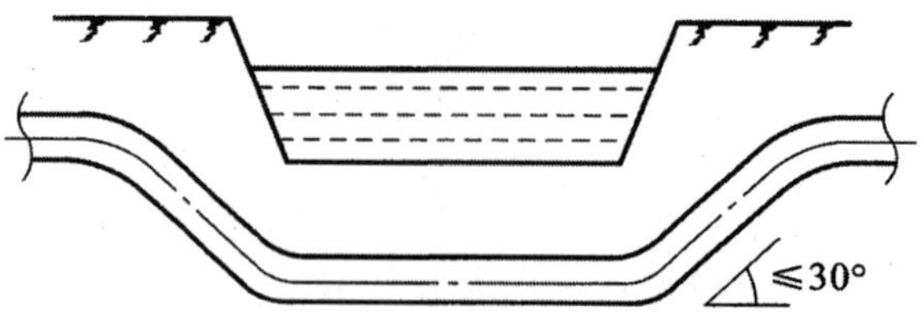

图 7.2.5　直埋式穿越管道示意图

7.2.6　洞埋式穿越管道采用支墩方式敷设时，应设置防止管道侧向滑落的管卡。

7.2.7　洞埋式穿越管道地面敷设时，应保证地震发生时管道轴向与横向自由位移，并不得失稳。

7.2.8　管道穿跨越工程结构抗震采用的材料应符合下列规定：

1　混凝土强度等级不应低于 C25，且不应高于 C60；

2　纵向受力钢筋选用普通钢筋时，钢筋的抗拉强度实测值与屈服强度实测值的比值不应小于 1.25，屈服强度实测值与屈服强度标准值的比值不应大于 1.3，且钢筋在最大拉力下的总伸长率实测值不应小于 9%，宜选用符合上述抗震性能指标的不低于 HRB 400 级的热轧钢筋，也可选用符合上述抗震性能指标的 HRB 335 级的热轧钢筋，箍筋宜选用符合上述抗震性能指标的不低于 HRB 335 级的热轧钢筋，也可选用 HPB 300 级的热轧钢筋；

3　所选用钢材的屈服强度实测值与抗拉强度实测值的比值不应大于 0.85，应有明显的屈服台阶且伸长率不应小于 20%，应有良好的焊接性和合格的冲击韧性，宜选用 Q235 等级 B、C、D 的碳素结构钢及 Q345 等级 B、C、D、E 的低合金结构钢，当有可靠依据时，可选用其他钢种和钢号；

4　砌筑砂浆强度等级不应低于 M10，片石混凝土的强度等级不应低于 C20；

5　管道穿越工程结构的材料种类和强度等级不应低于表 7.2.8 的要求。

表 7.2.8　管道穿越工程的材料种类和最小强度等级

<table>
<tr><th rowspan="2">管道穿越工程类别</th><th rowspan="2">部位</th><th colspan="2">基本地震动峰值加速度</th></tr>
<tr><th>0.20g、0.30g</th><th>0.40g</th></tr>
<tr><td rowspan="2">水下钻爆隧道</td><td>Ⅲ、Ⅳ级围岩衬砌</td><td>混凝土 C25 或钢筋混凝土 C30</td><td>钢筋混凝土 C30</td></tr>
<tr><td>Ⅴ、Ⅵ级围岩衬砌，竖井</td><td colspan="2">钢筋混凝土 C30</td></tr>
<tr><td rowspan="6">山岭隧道</td><td>洞门墙</td><td>混凝土 C25</td><td>钢筋混凝土 C30</td></tr>
<tr><td>洞门挡土墙(翼墙)，H′≤10 m</td><td>混凝土 C25</td><td>混凝土 C25 或钢筋混凝土 C30</td></tr>
<tr><td>洞门挡土墙(翼墙)，H′>10 m</td><td colspan="2">钢筋混凝土 C30</td></tr>
<tr><td>Ⅲ、Ⅳ级围岩衬砌</td><td>混凝土 C25 或钢筋混凝土 C30</td><td>钢筋混凝土 C30</td></tr>
<tr><td>Ⅴ、Ⅵ级围岩衬砌</td><td colspan="2">钢筋混凝土 C30</td></tr>
<tr><td>明洞</td><td colspan="2">钢筋混凝土 C30</td></tr>
<tr><td>管道支墩或支架</td><td>主体结构</td><td colspan="2">钢筋混凝土 C25</td></tr>
<tr><td>锚固墩</td><td>主体结构</td><td colspan="2">混凝土 C25</td></tr>
<tr><td colspan="4">注：表中 H′ 为挡土墙或翼墙的高度。</td></tr>
</table>

7.2.9 管道穿跨越工程结构地基的抗震措施应符合下列规定：

1 地基为软土、液化土、新近填土或严重不均匀土时，应考虑地震时不均匀沉降、地基失效或其他不利影响对管道穿越工程可能造成的破坏，并应采取相应措施；

2 液化等级为中等和严重时的古河道、现代河滨、海滨，当存在液化侧向扩展或流滑可能时，在距常水位线 100 m 以内修建的管道穿越工程，应进行抗滑动验算，必要时应采取防止滑动的措施。

7.2.10 山岭隧道和水下矿山法施工隧道的抗震措施应符合下列规定：

1 洞口不应设在浅薄山嘴处、防治困难的不良地质处及不稳定的悬崖峭壁下，洞口应采取控制边坡和仰坡的开挖高度及其他防止坍塌震害的措施，位于悬崖峭壁下的洞口，宜采取设置明洞或其他防止崩塌、落石的措施；

2 洞门形式不应采用端墙式，采用翼墙式洞门时，基本地震动峰值加速度大于或等于 $0.20g$ 的地区，洞门端墙与衬砌环框间、端墙与洞口挡土墙或翼墙间的施工接缝处应采取加设短筋或设置榫头等抗震连接措施；

3 隧道洞口、浅埋、偏压地段和断层破碎带地段宜采用带仰拱的曲墙式衬砌断面，设防长度应根据地形、地质条件及抗震情况确定，并不应小于 2.5 倍的结构跨度，基本地震动峰值加速度大于或等于 $0.20g$ 的地区或洞口为Ⅳ～Ⅵ围岩时，设防长度不应小于 15 m；

4 衬砌结构的设防范围宜根据地质、抗震设防情况向两端围岩质量较好的地段延伸，延伸长度宜为 5 m～10 m；

5 明暗洞交界处、软硬岩交界处及断层破碎带地段，宜结合沉降缝、伸缩缝综合设置抗震缝，对于基本地震动峰值加速度为 $0.20g$～$0.40g$ 的地区，抗震缝的纵向间距可取 10 m～15 m；

6 衬砌背后严禁存在空洞，衬砌背后的空洞应压注水泥砂浆进行填充。

7.2.11 顶管结构、盾构结构的抗震措施应符合下列规定：

1 接头构造应有利于减小地震时接头的错动和因地震位移引起的破坏；

2 接头的防水应保证地震后接缝防水性能符合设防要求；

3 在软弱地层或地震后易产生液化的地层，接头宜设置凹凸榫槽；

4 基本地震动峰值加速度大于 $0.20g$ 且穿越土层严重不均匀的地区时，可对隧道周围的土层进行注浆处理；

5 盾构管片间的连接螺栓，在满足常规受力要求的前提下，宜采用小的刚度；

6 盾构管片宜采用错缝拼接方式。

7.2.12 管道支墩或支架、锚固墩的抗震措施应符合下列规定：

1 管道支墩、锚固墩周围回填时应回填粗颗粒土并应夯实，当基坑为基岩时，宜采用素混凝土原槽浇注；

2 管道支墩的箍筋间距不应大于 100 mm，按素混凝土构件设计的锚固墩，其表面应配置构造钢筋；

3 预埋件的锚固破坏不应先于连接件，与非抗震设计时相比，预埋件的直锚钢筋截面面积可增加 25%，锚固长度应增加 10%；

4 按压杆设计的钢支架长细比，基本地震动峰值加速度小于或等于 $0.20g$ 时不应大于

150,基本地震动峰值加速度大于 0.20g 时不应大于 120;

5 管道支墩或支架顶面的设计应满足管道抗震计算模型,并应采取防止管道滑落的措施。

7.2.13 管道跨越结构的抗震措施应符合下列规定:

1 梁、桁架等位于墩台上的跨越结构应采取限位措施,在跨越结构上应固定或限制管道的相对位置,可采用挡块、钢夹板、U 形螺栓等连接件;

2 位于软弱黏性土层、液化土层和严重不均匀地层上的梁、桁架等刚性跨越结构,不宜采用高次超静定结构;

3 在管道或支承结构与支墩之间可设置隔震部件,该部件应提供必要的竖向承载力、侧向刚度和阻尼,并应便于检查和维护,隔震部件可按现行国家标准《建筑抗震设计规范》GB 50011 的有关规定进行设计。

7.2.14 对出入锚固墩部位的管道宜局部加强。

8 管道抗震施工

8.1 一般规定

8.1.1 管道抗震施工除应执行本规范的规定外,尚应满足批准后的抗震设计文件要求。施工中如有变更,应征得原抗震设计部门的确认,并应出具设计更改文件。

8.1.2 管道线路工程施工方案中应明确抗震措施的施工要求。

8.1.3 施工准备工作应包括下列内容:

1 在管道线路工程设计交底及图纸会审工作中,应对抗震设计部分进行专项交底,并做好会审记录;

2 承担管道线路抗震施工的单位应对各级施工人员进行专项作业培训。

8.2 材料检查与验收

8.2.1 管道抗震工程施工所采用的管材、管件等材料的材质、规格应符合设计要求,其质量应符合国家现行标准的规定。

8.2.2 管道抗震工程施工所使用的专项材料需代用时,应经原设计部门复核,经复核符合抗震设计要求后,原设计部门应重新出具抗震设计修改文件,并应按修改后的设计文件进行采购、检查和验收。

8.3 管道焊接安装与试压

8.3.1 焊接施工前,应根据管道抗震设计文件提出的钢管等级、壁厚、焊接材料、焊接方法和工艺要求进行焊接工艺评定,制订焊接及返修工艺规程。

8.3.2 在活动断层、液化引起的侧向位移等地表位移地段,应进行现场环焊缝拉伸性能测试,测试结果应符合设计要求。

8.3.3 抗震设防管段施工应减少连头焊口数量,连头短管的长度应大于 3 倍管道外径且不应小于 0.5 m。

8.3.4 抗震设防管段的对接焊口应逐一进行外观检查。焊缝外观检查合格后应按设计要求进行射线或超声波检测,并满足验收要求。

8.3.5 同一处的非裂纹缺陷的焊缝返修次数不宜超过 1 次。存在裂纹缺陷和超过返修次数的焊缝应割口重焊。

8.3.6 重要区段应单独试压,试压介质宜采用洁净水,并应符合现行国家标准《油气长输管道工程施工及验收规范》GB 50369 的规定。

8.4 埋地管道抗震施工

8.4.1 管道下沟时,管底应与沟底贴合,其缝隙应采用砂土回填。

8.4.2 滑坡地段的施工应满足下列要求:

1 应根据设计要求削坡或卸去坡顶部荷载,采取截排水等措施;

2 应按设计要求设置临时或永久观测点进行观测和记录;

3 抗滑挡墙、抗滑桩、锚固设施等固坡构筑物应按设计要求进行施工,基础工程应符合现行国家标准《建筑地基基础工程施工质量验收规范》GB 50202 的相关规定,边坡工程应符合现行国家标准《建筑边坡工程技术规范》GB 50330 的相关规定,锚杆喷射混凝土支护工程应符合现行国家标准《岩土锚杆与喷射混凝土支护工程技术规范》GB 50086 的相关规定,砌体工程应符合现行国家标准《砌体结构工程施工质量验收规范》GB 50203 的相关规定,混凝土结构工程应符合现行国家标准《混凝土结构工程施工质量验收规范》GB 50204 的相关规定。

8.4.3 液化地段的施工应满足下列要求:

1 管沟下部液化层的地质条件应根据设计要求进行改良。

2 对施工过程应严格进行检查,应按设计要求做好规定的试验,宜换填非液化土,并应取土源土样分析检验,同时应达到抗液化要求。

3 挤压桩、更换土、注泥浆施工后应沿管道方向每 100 m 做一次随机抽检,不足 100 m 时应做一次随机抽检,抽检要求应符合表 8.4.3-1 的规定。

表 8.4.3-1 挤压桩、更换土、注泥浆的检查要求

序号	检查项目	要求	说明
1	挤压砂桩或碎石桩(震动或震冲型)	钻孔取样检验	$N_{63.5} > N_{cr}$
2	更换非液化土	钻孔取样检验	—
3	注入黏土泥浆	粉土的黏粒(小于 0.005 mm)含量大于 16%	土样分析
注:$N_{63.5}$ 为饱和土标准贯入锤击数实测值,N_{cr} 为液化判别标准贯入锤击数临界值。			

4 当采用配重抗漂浮时,应符合国家现行标准《油气输送管道线路工程水工保护施工规范》SY/T 4126 的有关规定。

5 在设置抗浮卡桩时应按设计要求设置锚固桩,并应在桩的上部安装管卡,抗浮卡桩的检查项目应符合表 8.4.3-2 的规定。

表 8.4.3-2 抗浮卡桩的检查项目

序号	检查项目	要求	说明
1	桩顶高度偏差	<0.1 m	—
2	桩顶位置偏差	<0.1 m	—
3	桩的长度偏差	<1 m	
4	桩的垂直度偏差	<1%	—
5	桩径偏差	<50 mm	—
6	管卡焊接安装	符合设计	—
7	管道电火花检查	无漏电	根据防腐等级确定检查电压
8	管卡与管道的绝缘衬垫	符合设计	检查材料厚度和尺寸

6 当采用管堤敷设时,应达到设计要求的高度、宽度和几何形状,以及覆土的密实度。当穿越河流或道路时,应符合现行国家标准《油气输送管道穿越工程施工规范》GB 50424 的有关规定。

8.4.4 通过活动断层的管沟回填宜采用不易固结的疏松材料,当采用疏松砂土回填施工时,应符合下列规定:

1 应对选用的每处土源进行一次实验室检验;

2 疏松砂土的塑性指数应小于或等于 3,且 0.1 mm 以下的颗粒不应超过 15%;

3 应在管底下预填 300 mm 疏松砂土,二次回填为全部疏松砂土;

4 管顶至地面回填高度应符合设计要求,不应超过 1.1 m;

5 回填的沉陷余量应超过自然地面以上 300 mm,宽度应超过管沟上开口宽度 300 mm。

8.4.5 管道与断层交角应符合设计要求,施工过程应对交角进行测量、记录、复核和认签,与设计图纸规定的角度偏差应小于 3°。

8.4.6 应对管线上安装的弯管、弹性敷设、固定墩、截水墙,以及水工保护构筑物等进行检查,检查内容应按表 8.4.6 执行,并应符合设计规定。

表 8.4.6 安装检查内容

序号	管线设置	检查内容
1	热煨弯管	位置、方向、角度、壁厚
2	冷弯弯管	位置、方向、角度、壁厚
3	弹性敷设	曲率半径
4	固定墩	开槽位置和尺寸 管件组装焊接 防腐和电火花检测 钢筋混凝土隐蔽工程检查 混凝土墩的防腐绝缘

表 8.4.6(续)

序号	管线设置	检查内容
5	刚性截水墙穿管处	穿管处保证 25 mm 以上的缝隙,填塞柔性减震材料管线防腐层
6	水工保护构筑物	按现行国家标准《建筑地基基础工程施工质量验收规范》GB 50202、《混凝土结构工程施工质量验收规范》GB 50204、《砌体结构工程施工质量验收规范》GB 50203等检查

8.5 穿跨越管道抗震施工

8.5.1 穿越段管道抗震工程施工除应符合现行国家标准《油气输送管道穿越工程施工规范》GB 50424的有关规定外,还应符合下列规定:

1 大开挖管道穿越时,穿越前施工单位应对管沟的成型进行一次自检,沟长、沟直、沟深、沟宽、边坡坡度和曲线变化等情况应符合设计和施工组织设计的有关要求。

2 穿越管线管沟回填前,应对回填土质、深度进行检查,并应符合设计要求。

3 当采用套管穿越时,应检查内管的支撑和防腐绝缘是否完好。若使用钢套管,则应检测内管与套管的电绝缘性能。检查或检测合格后,应按设计要求进行填充或密封套管两端。

4 采用洞埋式穿越时,应确保钢筋混凝土施工质量符合设计要求,管线构件应处于正确装配状态,当采用支墩式敷设时,防滑落管卡等结构的施工及验收应符合现行国家标准《构筑物抗震设计规范》GB 50191 的有关规定。

8.5.2 跨越段管道抗震工程施工除应符合现行国家标准《油气输送管道跨越工程施工规范》GB 50460的有关规定外,尚应符合下列规定:

1 当跨越管道与支承结构之间采用隔震部件时,设计应提供详细的结构安装图纸。采用的隔震部件应附有竖向承载力、侧向刚度、阻尼系数等技术性能指标说明书。

2 跨越工程所有钢结构的材料选择与焊接应符合现行国家标准《钢结构工程施工质量验收规范》GB 50205 的有关规定,管线构件装配应处于正确状态。

3 跨越工程钢结构焊接应制定专项焊接工艺规程,设计应给定焊缝的检测要求,要求全焊透的一、二级焊缝应采用超声波进行内部缺欠的检验,超声波不能对缺欠进行判断时,应进行射线检验。其内部缺欠分级及探伤方法应符合现行国家标准《焊缝无损检测 超声检测 技术、检测等级和评定》GB/T 11345 的有关规定,焊缝射线探伤验收标准应符合现行国家标准《金属熔化焊焊接接头射线照相》GB/T 3323 的有关规定,一级二级焊缝的质量等级及缺欠分级应符合表 8.5.2 的规定。对不能采用射线和超声波探伤检验的部位应进行磁粉、渗透检验。一级、二级焊缝探伤比例的计数方法应按下列原则确定:

1) 对工厂制作焊缝应按每条焊缝计算百分比,探伤长度不应小于 200 mm,当焊缝长度不足 200 mm 时,应对整条焊缝进行探伤;

2) 对现场安装焊缝应按同一类型同一施焊条件的焊缝条数计算百分比,探伤长度不应小于 200 mm,并不应少于 1 条焊缝。

表 8.5.2 一级二级焊缝的质量等级及缺欠分级要求

焊缝质量等级		一级	二级
超声波探伤	合格等级	Ⅱ	Ⅲ
	探伤比例	100%	20%
射线探伤	合格等级	Ⅱ	Ⅲ
	探伤比例	100%	20%

4 钢结构的T形接头、十字接头、角接接头等要求熔透的对接和角对接组合焊缝，其焊脚尺寸不应小于壁厚δ的1/4，如图8.5.2所示。

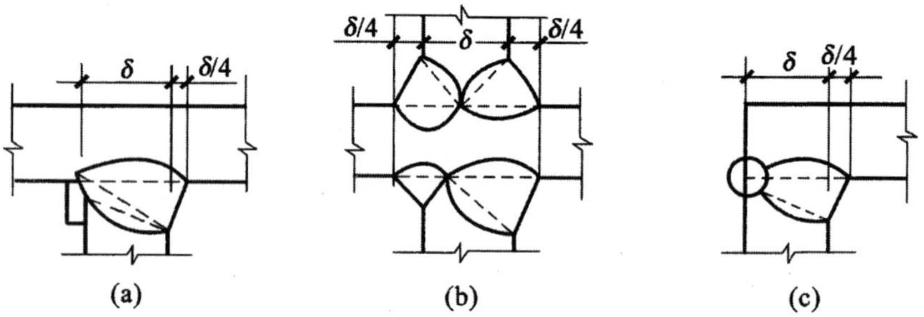

图 8.5.2 焊脚尺寸示意

5 跨越管道用于抗震的柔性连接部件、管道与支承结构之间的隔震部件安装应符合设计和安装技术要求。

6 跨越管线和钢结构的防腐绝缘、管道保温工程应符合现行国家标准《油气输送管道跨越工程设计规范》GB 50459的相关规定。

9 管道抗震交工

9.0.1 当施工单位按照合同规定的范围完成工程项目后，应由建设单位组织施工单位和设计单位、监理单位共同对管道线路工程进行检查和验收，内容应包括抗震施工验收。

9.0.2 交工技术资料应按现行国家标准《建设工程文件归档规范》GB/T 50328等的有关规定编制。

9.0.3 管道线路工程场地地震安全性评价的验收资料应包括下列内容：

1 管道沿线地震危险性分析结论；

2 管道沿线主要断层评价结果；

3 非埋地管段的场地地震动反应谱和时程曲线；

4 设计地震动参数对管道沿线分区的结果；

5 管道沿线地震地质灾害预测结果。

9.0.4 工程交工验收除应符合现行国家标准《油气长输管道工程施工及验收规范》GB 50369的有关规定外，施工单位的资料尚应包括下列内容：

1 图纸会审涉及抗震问题的记录；

2 抗震措施实施项目所涉及材料、构配件等的抗震性能检(试)验结果；

3 防滑坡工程检查报告；

4 更换液化土施工报告；

5 标准贯入试验记录；

6 回填疏松砂土施工报告；

7 管道柔性接头、管道隔震部件安装记录；

8 钢结构和管线构件检查记录；

9 通过活动断层的管道与断层交角记录；

10 管道线路工程抗震施工竣工图；

11 管道线路工程抗震施工检查表，表格样式见本规范附录F。

附 录 A
管道场地地段划分

A.0.1 选择管道场地时,应按表 A.0.1 划分对管道抗震有利、不利和危险的地段。

表 A.0.1 地段的划分

地段划分	地质、地形、地貌
有利地段	一般是指无活动断裂、边坡稳定条件较好、场地属于坚硬场地或密实均匀的中硬场地等地段
不利地段	一般是指地质构造比较复杂,有活动性断裂,场地属于软弱场地、条状突出的山脊、高耸孤立的山丘、非岩质(其中包括胶结不良的第三纪沉积)的陡坡,采空区、河岸和边坡边缘、软硬不均的场地(如故河道、断层破碎带、暗埋的塘浜沟谷及半填半挖地基等)等地段
危险地段	一般是指地质构造复杂,有活动性断裂及地震时可能发生断裂、滑坡、崩塌、地陷、地裂等的地段

附 录 B
饱和砂土和饱和粉土的地震液化判别

B.0.1 饱和的砂土或粉土,当符合下列条件之一时,可初步判别为不液化或不考虑液化影响:

1 地质年代为第四纪晚更新世(Q_3)及以前时,Ⅶ度、Ⅷ度时可判为不液化土;

2 粉土的黏粒(粒径小于 0.005 mm 的颗粒)含量百分率,Ⅶ度、Ⅷ度和Ⅸ度区分别不小于 10%、13%和 16%时,可判为不液化土;

注:用于液化判别的黏粒含量应采用六偏磷酸钠作分散剂测定,采用其他方法时应按有关规定换算。

3 当上覆非液化土层厚度和地下水位深度符合下列条件之一时,可不分析液化影响:

$$d_u > d_0^L + d_b - 2 \quad \cdots\cdots\cdots\cdots (B.0.1\text{-}1)$$

$$d_w > d_0^L + d_b - 3 \quad \cdots\cdots\cdots\cdots (B.0.1\text{-}2)$$

$$d_u + d_w > 1.5d_0^L + 2d_b - 4.5 \quad \cdots\cdots\cdots\cdots (B.0.1\text{-}3)$$

式中:d_u ——上覆盖非液化土层厚度(m),计算时宜将淤泥和淤泥质土层扣除;

d_0^L ——液化土特征深度(m),可按表 B.0.1 采用;

d_b ——管道底部埋置深度(m),不超过 2 m 时应采用 2 m;

d_w ——地下水位深度(m),宜按设计基准期内年平均最高水位采用,也可按近期年内最高水位采用。

表 B.0.1 液化土特征深度(m)

饱和土类别	设防烈度		
	Ⅶ度	Ⅷ度	Ⅸ度
粉土	6	7	8
砂土	7	8	9

B.0.2 当饱和砂土、粉土的初步判别认为需进一步进行液化判别时,应采用标准贯入试验判别法判别地面下 7 m 深度范围内的液化;当饱和土标准贯入锤击数(未经杆长修正)小于液化判别标准贯入锤击数临界值时,应判为液化土。当有成熟经验时,也可采用其他判别方法。

在地面下 7 m 深度范围内,液化判别标准贯入锤击数临界值可按下式计算:

$$N_{cr} = N_0[0.9 + 0.1(d_s - d_w)]\sqrt{\frac{3}{\rho_c}} \quad \cdots\cdots\cdots\cdots (B.0.2)$$

式中:N_{cr} ——液化判别标准贯入锤击数临界值;

N_0 ——液化判别标准贯入锤击数基准值,应按表 B.0.2 选用;

d_s ——饱和土标准贯入试验点深度(m);

ρ_c ——黏粒含量百分率,当小于 3 或为砂土时,均应采用 3。

表 B.0.2 液化判别标准贯入锤击数基准值 N_0

设计地震加速度	0.10g	0.15g	0.20g	0.30g	0.40g
标准贯入锤击数基准值	7	10	12	16	19

B.0.3 凡经判定为可液化的土层,应探明各液化土层的深度和厚度,并应按下列公式计算液化指数:

$$I_{IE}=\sum_{i=1}^{n_t}\left(1-\frac{N_i^L}{N_{cri}}\right)d_i^L w_i \qquad \cdots\cdots\cdots\cdots (B.0.3\text{-}1)$$

$$w_i=\begin{cases}10 & d_{si}\leqslant 5\\ 15-Z_{0i} & 5<d_{si}\leqslant 7\end{cases} \qquad \cdots\cdots\cdots\cdots (B.0.3\text{-}2)$$

式中:I_{IE} ——液化指数;

n_t ——7 m 深度范围内每一个钻孔标准贯入试验点的总数;

N_i^L ——i 点标准贯入锤击数的实测值(当实测值大于临界值时应取临界值的数值);

N_{cri} ——i 点标准贯入锤击数的临界值;

d_i^L ——i 点所在土层厚度(m),可采用与该标准贯入试验点相邻的上、下两标准贯入试验点深度差的一半,但上界不小于地下水位深度,下界不大于液化深度,中间的非液化土层应扣除;

w_i ——i 土层考虑单位土层厚度的层位影响权函数(m^{-1}),按式(B.0.3-2)计算;

d_{si} ——第 i 个标准贯入点的深度(m);

Z_{0i} ——第 i 层土中点的深度(m)。

B.0.4 存在液化土层的场地,应根据其液化指数按表 B.0.4 划分其液化等级。

表 B.0.4 液化等级划分

液化指数	$0<I_{IE}\leqslant 3.5$	$3.5<I_{IE}\leqslant 10$	$I_{IE}>10$
液化等级	轻微	中等	严重

附 录 C

管材性能参数和轴向拉伸曲线

C.0.1 管材性能参数和轴向拉伸曲线宜采用工程用管轴向拉伸试验的实际值确定。在确定轴向设计拉伸曲线时,宜采用下式的 Ramberg-Osgood 方程拟合。

$$\varepsilon=\frac{\sigma}{E}+\alpha\frac{\sigma}{E}\left(\frac{\sigma}{\sigma_0}\right)^{n_1-1} \qquad \text{(C.0.1)}$$

式中:ε ——应变;

σ ——应力(MPa);

E ——钢管弹性模量(MPa),取 2.1×10^5 MPa;

α ——屈服偏移量,当无实测数据时,可按表 C.0.1 选取;

σ_0 ——管材的屈服应力(MPa),当无实测数据时,可按表 C.0.1 选取;

n_1 ——强化指数,当无实测数据时,可按表 C.0.1 选取。

表 C.0.1 Ramberg-Osgood 方程参数

序号	钢级	σ_0(MPa)	α	n_1
1	B、X42	350	2.004	17.72
2	X52	389	1.699	14.14
3	X56	417	1.519	17.79
4	X60	437	1.403	15.85
5	X65	459	1.288	19.90
6	X70	470	1.234	14.58
7	X80	530	0.981	20.12

C.0.2 为了简化计算,在初步设计阶段,管材的轴向拉伸曲线可按照本规范第 C.0.3 条或第 C.0.4条应力-应变简化折线取值;在详细设计阶段,可按照本规范第 C.0.4 条应力-应变简化折线取值。

C.0.3 管材的常用钢级 B、X42、X52、X56、X60、X65、X70 和 X80 的材料性能参数如表C.0.3 所示。

表 C.0.3 常用钢级的管材的性能参数

序号	钢级	弹性区			弹塑性区		
		应变 ε_1	模量 E_1(MPa)	应力 σ_1(MPa)	应变 ε_2	模量 E_2(MPa)	应力 σ_2(MPa)
1	B、X42	0.0018	2.1×10^5	370	0.069	647	414
2	X52	0.0020	2.1×10^5	419	0.069	954	483
3	X56	0.0021	2.1×10^5	438	0.056	962	490

表 C.0.3（续）

序号	钢级	弹性区			弹塑性区		
		应变 ε_1	模量 E_1 (MPa)	应力 σ_1 (MPa)	应变 ε_2	模量 E_2 (MPa)	应力 σ_2 (MPa)
4	X60	0.0022	2.1×10^5	453	0.040	1611	513
5	X65	0.0023	2.1×10^5	473	0.040	1325	523
6	X70	0.0023	2.1×10^5	480	0.030	2547	550
7	X80	0.0026	2.1×10^5	541	0.030	2061	597

注：ε_1 为管道应力-应变简化折线中塑性变形起点处的应变，如图 C.0.4 所示，ε_2 为管道应力-应变简化折线中弹塑性区与塑性区交点处的应变值。

C.0.4 管材的应力-应变简化折线可由实际的应力-应变曲线等效取得，等效的原则如下：

1 E_1 等于实际应力-应变曲线中弹性阶段模量；

2 在拉伸应变 ε_2 前，实际应力-应变曲线与坐标轴围成的面积等于应力-应变简化折线与坐标轴围成的面积如图 C.0.4 所示。

C.0.5 国标管材与 API X 级管材对应关系如表 C.0.5 所示。

表 C.0.5 国标管材与 API5L 级对应关系表

API	A	B	X42	X46	X52	X56	X60	X65	X70	X80
GB/T 9711	L210	L245	L290	L320	L360	L390	L415	L450	L485	L555

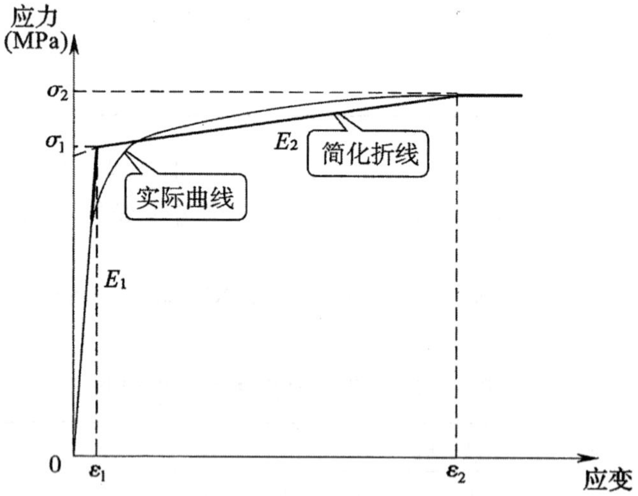

图 C.0.4 应力-应变简化折线示意图

附 录 D
通过活动断层埋地管道极限应变计算

D.0.1 管段拉伸极限应变计算应符合下列规定：

1 环焊缝的缺欠类型应分为表面缺欠和内部缺欠，如图 D.0.1 所示。

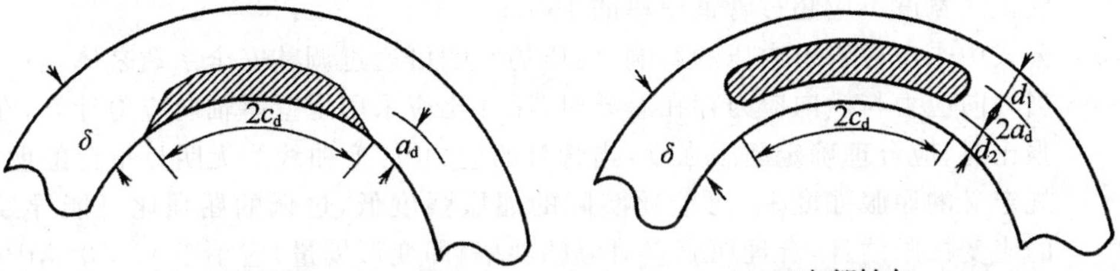

图 D.0.1 环焊缝缺欠类型

a_d——表面缺欠高度(mm)，或内部缺欠高度的一半(缺欠高度等于 $2a_d$)；

c_d——缺欠长度的一半(mm)

2 含表面缺欠的管段的极限拉伸应变应按下式计算：

$$\varepsilon_t^{crit}=\delta_T^{(2.36-1.58\lambda_T-0.101\xi\eta)}(1+16.1\lambda_T^{-4.45})(-0.157+0.239\xi^{-0.241}\eta^{-0.315}) \qquad \text{(D.0.1-1)}$$

3 含内部缺欠的管段的极限拉伸应变应按下式计算：

$$\varepsilon_t^{crit}=\delta_T^{(1.08-0.612\eta-0.0735\xi+0.364\psi)}(12.3-4.65\sqrt{\delta}+0.495\delta)(11.8-10.6\lambda_T)\left(-5.14+\frac{0.992}{\psi}+20.1\psi\right)(-3.63+11.0\sqrt{\eta}-8.44\eta)\left(-0.836+0.733\eta+0.0483\xi+\frac{3.49-14.6\eta-12.9\psi}{1+\xi^{1.84}}\right) \qquad \text{(D.0.1-2)}$$

式中：ε_t^{crit} ——极限拉伸应变(%)；

δ_T ——表观韧性(mm)，$0.1\leqslant\delta_T\leqslant0.3$；

λ_T ——屈强比，$0.7\leqslant\lambda_T\leqslant0.9$；

ξ ——缺欠长度与壁厚比率($2c_d/\delta$)，$1\leqslant\xi\leqslant10$；

η ——缺欠高度与壁厚比率，a_d/δ(表面缺欠时)或 $2a_d/\delta$(内部缺欠时)，$\eta\leqslant0.5$；

ψ ——缺欠深度与壁厚的比率(d_d/δ)，$d_d=\min(d_1,d_2)$；

δ ——管道壁厚(mm)，$\delta\leqslant D/32$。

4 公式(D.0.1-1)、(D.0.1-2)的应用条件如下：

1) 材料性能参数屈强比和表观韧性的选取状态应与假定材料失效时的材料状态一致，应考虑温度、应变速率和应变失效等影响；

2) 极限拉伸应变不应超过均匀延伸率的 1/3；

3) 不应存在焊缝强度低匹配；

4) 最小和平均的夏比冲击功分别不低于 30 J 和 45 J。

5 采用公式(D.0.1-1)、(D.0.1-2)计算管道的极限拉伸应变能力时，尚应考虑下列影响因素：

1） 对于小缺欠($\eta<0.15$ 且 $\xi<2$)，公式估计的值可能过于保守；

2） 输入缺欠尺寸的精度对结果精度有一定影响；

3） 应确定实际材料的应力-应变曲线，不宜采用规定的拉伸参数；

4） 应进行足够的试验，涵盖材料性能可能的变化；

5） 热影响区软化可能导致应变集中，软化区的强度降低不应超过母管强度的15%，软化区宽度不应超过管道壁厚的15%；

6） 公式中未考虑管道内压的影响，内压的影响可通过调整安全系数来体现；

7） 当轴向应力与横向应力存在差异时，屈强比应采用全壁厚轴向应力计算，在计算屈强比时，应合理确定屈服强度，当管材的应力-应变曲线为无明显平台的曲线时，常规定义的屈服强度 $\sigma_{0.5}$ 可能比实际的屈服强度低，过低的屈强比可能导致偏危险的应变极限估计，合理屈服点对应的斜率(即变形模量)应小于 1×10^4 MPa。

6 表观韧性宜通过轴向受拉荷载状态下的低约束试验取得，也可通过标准三点弯曲试验或夏比冲击试验并按下列要求校正后取得：

1） 应在标准三点弯曲试验结果中按式(D.0.1-3)规定的条件选取有效样本，并应确定有效样本的最小值(δ_{min})和平均值(δ_{avg})，取 $3\delta_{min}$ 和 $2\delta_{avg}$ 中的较小者为表观韧性值。

$$\delta_{T_{max}}^{HC}\leqslant 0.04\chi\left[3.69\left(\frac{1}{n_1}\right)^2-3.19\left(\frac{1}{n_1}\right)+0.882\right] \quad \cdots\cdots \text{(D.0.1-3)}$$

式中：$\delta_{T_{max}}^{HC}$ ——标准三点弯曲试验结果中的最大有效裂纹尖端位移(CTOD)值(mm)；

χ ——试样厚度和韧带的较小值(mm)；

n_1 ——Ramberg-Osgood 应力-应变关系中的强化指数。

2） 应确定夏比冲击功的最小值(CVN_{min})和平均值(CVN_{avg})，并取 $\frac{0.2}{30}CVN_{min}$ 和 $\frac{0.2}{45}CVN_{avg}$ 之中的较小值为表观韧性值。

D.0.2 管段的极限压缩应变应按下列公式计算：

$$\varepsilon_c^{crit}=\min(\varepsilon_u,F_{LD}\times\varepsilon_r) \quad \cdots\cdots \text{(D.0.2-1)}$$

当应力-应变曲线有屈服平台时，

$$F_{LD}=1-0.50\times(1-0.75\varepsilon_r^{-0.23})\left[1+\tanh\left(8.0\frac{\varepsilon_L}{\varepsilon_r}-8.2\right)\right] \quad \cdots\cdots \text{(D.0.2-2)}$$

当应力-应变曲线为圆拱形时，

$$F_{LD}=1 \quad \cdots\cdots \text{(D.0.2-3)}$$

$$\varepsilon_r=F_{DP}\cdot F_{YT}\cdot F_{GI}\cdot F_{NF} \quad \cdots\cdots \text{(D.0.2-4)}$$

$$f_{pc}=1.8\times10^{-4}\times\left(\frac{D}{\delta}\right)^{1.6} \quad \cdots\cdots \text{(D.0.2-5)}$$

$$f_p=\frac{PD}{2\delta\sigma_y} \quad \cdots\cdots \text{(D.0.2-6)}$$

当 $f_p<f_{pc}$ 时，

$$F_{DP}=980\times\left[0.5\left(\frac{D}{\delta}\right)^{-1.6}+1.9\times10^{-4}\right] \quad \cdots\cdots \text{(D.0.2-7)}$$

当 $f_p \geqslant f_{pc}$时，

$$F_{DP}=980\times(1.06f_p+0.5)\left(\frac{D}{\delta}\right)^{-1.6} \quad \cdots\cdots\cdots\cdots (D.0.2\text{-}8)$$

$$F_{YT}=2.7-2.0\lambda_T \quad \cdots\cdots\cdots\cdots (D.0.2\text{-}9)$$

$$F_{GI}=1.84-1.6f_g^{0.2} \quad \cdots\cdots\cdots\cdots (D.0.2\text{-}10)$$

$$f_g=\frac{h_g}{\delta} \quad \cdots\cdots\cdots\cdots (D.0.2\text{-}11)$$

$$f_n=\frac{\sigma_a^c}{\sigma_y} \quad \cdots\cdots\cdots\cdots (D.0.2\text{-}12)$$

当 $f_n \geqslant 0$ 时，

$$F_{NF}=1.2f_n^2+1 \quad \cdots\cdots\cdots\cdots (D.0.2\text{-}13)$$

当 $f_n<0$ 时，

$$F_{NF}=1 \quad \cdots\cdots\cdots\cdots (D.0.2\text{-}14)$$

式中：ε_c^{crit} ——极限压缩应变(%)；
ε_u ——钢管的均匀延伸率(%)；
F_{LD} ——极限压缩应变的调整系数；
ε_r ——极限压缩应变的计算值(%)；
ε_L ——屈服平台结束时的应变(%)，$\varepsilon_L \leqslant 2\%$；
F_{DP} ——内压调整系数；
F_{YT} ——应变强化调整系数；
F_{GI} ——几何尺寸调整系数；
F_{NF} ——轴向力调整系数；
f_{pc} ——临界承压系数；
D/δ ——钢管径厚比，$20 \leqslant D/\delta \leqslant 104$；
f_p ——承压系数，$0 \leqslant f_p \leqslant 0.80$；
P ——管内压力(MPa)；
σ_y ——管道轴向屈服强度(MPa)，当无法获得时，可取为钢管的规定最小屈服强度；
λ_T ——屈强比，$0.70 \leqslant \lambda_T \leqslant 0.96$；
f_g ——几何尺寸偏差与壁厚比率，$0.01 \leqslant h_g/\delta \leqslant 0.30$；
h_g ——钢管表面波浪缺欠的波峰至谷底的高度(mm)，无实测资料时，可取$0.13\%D$ 和 $8\%\delta$ 二者中的较大值；
f_n ——轴向应力与屈服强度的比率，$\sigma_a^c/\sigma_y \leqslant 0.40$；
σ_a^c ——轴向应力(MPa)，可通过应力分析获得，当无法获得时，可设置为 0。

附　录　E
通过活动断层埋地管道有限元方法的弹簧参数

E.0.1 当有限元方法采用等效边界进行分析时，等效非线性弹簧的外力与伸长量关系式可按下式计算：

$$F=\sqrt{2f_{s}AE\Delta_{L}} \quad\cdots\cdots\cdots\cdots\cdots\cdots\cdots\cdots\cdots\cdots\cdots (E.0.1)$$

式中：F ——作用于等效非线性弹簧的外力(N)；

f_s ——管轴方向土壤与管道外表面之间单位长度上的摩擦力(N/m)，可按式(6.2.5-1)计算；

A ——管道横截面面积(m^2)；

E ——管道材料的弹性模量(Pa)，按本规范附录C选取；

Δ_L ——在外力作用下等效非线性弹簧的伸长量(m)。

E.0.2 当采用有限元方法进行通过活动断层的管道抗震的初步计算时，土弹簧的设置和模型如图E.0.2-1和图E.0.2-2所示，其参数可按下列公式计算：

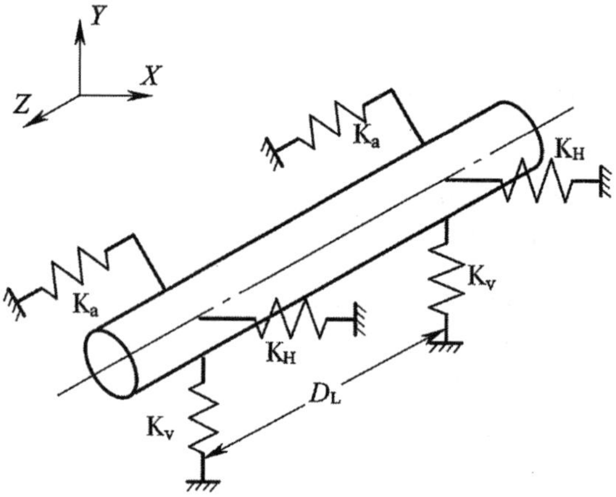

图 E.0.2-1　埋地管道的有限元模型

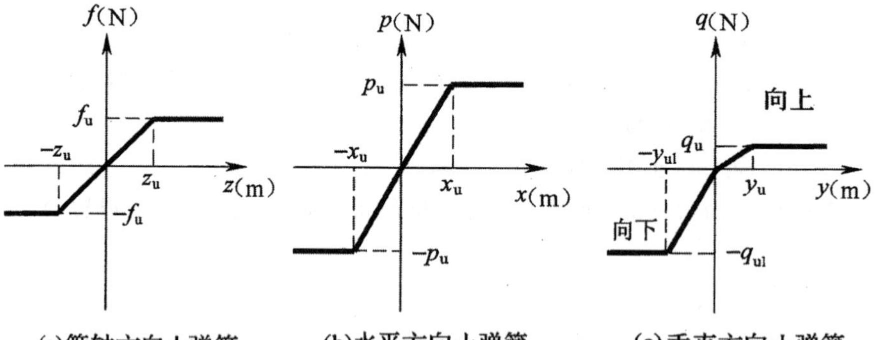

图 E.0.2-2　土弹簧的非线性模型(三个方向)

1　管轴方向土弹簧Ka可按下式计算：

$$f_u=f_s\cdot D_L \quad\cdots\cdots\cdots\cdots\cdots\cdots\cdots\cdots\cdots\cdots (E.0.2\text{-}1)$$

式中：f_u ——沿管轴方向管土之间的滑动摩擦力(N)；

D_L ——土弹簧间距(m)。

图 E.0.2-2(a)中管轴方向土弹簧的屈服位移 Z_u，对于密砂、松砂、硬黏土和软黏土分别取值 0.003 m、0.005 m、0.008 m 和 0.01 m。

2 水平横向土弹簧 K_H 可按下列公式计算：

$$P_u=(N_{ch}cD+N_{qh}\rho_{s1}gHD)D_L \quad \cdots\cdots (E.0.2\text{-}2)$$

$$X_u=0.04(H+D/2)\text{，且应小于 }0.10D\sim0.15D \quad \cdots\cdots (E.0.2\text{-}3)$$

$$N_{ch}=6.752+0.065H/D-\frac{11.063}{(H/D+1)^2}+\frac{7.119}{(H/D+1)^3} \quad \cdots\cdots (E.0.2\text{-}4)$$

$$N_{qh}=C_0+C_1(H/D)+C_2(H/D)^2+C_3(H/D)^3+C_4(H/D)^4 \quad \cdots\cdots (E.0.2\text{-}5)$$

式中：P_u ——埋设场地土沿水平横向对管道的压力(N)；

N_{ch} ——水平横向考虑土体黏聚力的计算参数，且 $N_{ch}\leqslant9$，当 $c=0$ 时，$N_{ch}=0$；

c ——土的黏聚力(kPa)；

D ——管道外径(m)；

N_{qh} ——水平横向与土体内摩擦角有关的计算参数，系数 $C_0\sim C_4$ 按表 E.0.2 取值，当 $\phi=0°$ 时，$N_{qh}=0$，ϕ 为土的内摩擦角(°)；

ρ_{s1} ——管道周围场地土的密度(kg/m³)；

H ——管道中心线的埋深(m)；

X_u ——水平横向土弹簧的屈服位移(m)。

表 E.0.2 N_{qh}的系数取值表

ϕ	C_0	C_1	C_2	C_3	C_4
20°	2.399	0.439	−0.030	0.001059	−0.0000175
25°	3.332	0.839	−0.090	0.005606	−0.0001319
30°	4.565	1.234	−0.089	0.004275	−0.0000916
35°	6.816	2.019	−0.146	0.007651	−0.0001683
40°	10.959	1.783	0.045	−0.005425	−0.0001153
45°	17.658	3.309	0.048	−0.006443	−0.0001299
注：可以采用插值方法得到其他内摩擦角 ϕ(20°≤ϕ≤45°)的系数值。					

3 垂直方向土弹簧 Kv 应按下列公式计算：

1) 垂直向上土弹簧应按下列公式计算：

$$q_u=(N_{cvu}cD+N_{qvu}\rho_{s1}gHD)D_L \quad \cdots\cdots\cdots (E.0.2\text{-}6)$$

从密砂到松砂：$Y_u=(0.01\sim0.02)H$，且应小于 0.1 D ……… (E.0.2-7)

从硬黏土到软黏土：$Y_u=(0.1\sim0.2)H$，且应小于 0.2 D ……… (E.0.2-8)

$$N_{cvu}=2(H/D) \quad \cdots\cdots\cdots (E.0.2\text{-}9)$$

$$N_{qvu}=\tan(\phi)(\phi/44)(H/D) \quad \cdots\cdots (E.0.2\text{-}10)$$

式中：q_u ——垂直向上土对管道的压力(N)；

N_{cvu} ——垂直向上考虑土体黏聚力的计算参数，$N_{cvu}\leqslant10$；

N_{qvu} ——垂直向上与土体内摩擦角有关的计算参数，$N_{qvu} \leqslant N_{qvd}$；

Y_u ——垂直向上土弹簧的屈服位移(m)。

2)垂直向下土弹簧应按下列公式计算：

$$q_{ul} = (N_{cvd}cD + N_{qvd}\rho_{s1}gHD + N_r\rho_{s1}gD^2/2)D_L \quad \cdots\cdots (E.0.2\text{-}11)$$

砂土：

$$Y_{ul} = 0.1D \quad \cdots\cdots (E.0.2\text{-}12)$$

黏土：

$$Y_{ul} = 0.2D \quad \cdots\cdots (E.0.2\text{-}13)$$

$$N_{cvd} = [\cot(\phi + 0.001)]\left\{e^{\pi\tan(\phi+0.001)}\left[\tan\left(45 + \frac{\phi + 0.001}{2}\right)\right]^2 - 1\right\} \quad \cdots\cdots (E.0.2\text{-}14)$$

$$N_{qvd} = e^{\pi\tan\phi}\left[\tan\left(45 + \frac{\phi}{2}\right)\right]^2 \quad \cdots\cdots (E.0.2\text{-}15)$$

$$N_r = e^{0.18\phi - 2.5} \quad \cdots\cdots (E.0.2\text{-}16)$$

式中：q_{ul} ——垂直向下土对管道的压力(N)；

N_{cvd} ——垂直向下考虑土体黏聚力的计算参数；

N_{qvd} ——垂直向下与土体内摩擦角有关的计算参数；

N_r ——垂直向下土弹簧的计算参数；

Y_{ul} ——垂直向下土弹簧的屈服位移(m)。

附　录　F
管道抗震施工检查报告表

F.0.1　防滑坡工程检查报告(表 F.0.1)。

表 F.0.1　防滑坡工程检查报告

<table>
<tr><td colspan="2">资料编号:F.0.1</td><td colspan="4">防滑坡工程检查报告</td><td colspan="3">单位工程名称:
单位工程编号:</td></tr>
<tr><td colspan="2">施工承包商:</td><td colspan="7">分部工程名称和编号:</td></tr>
<tr><td colspan="2">防滑坡地段起止桩号</td><td colspan="7"></td></tr>
<tr><td colspan="2">抗滑坡措施</td><td colspan="7">检查内容</td></tr>
<tr><td>削坡工程</td><td>削坡前坡度</td><td></td><td>削坡后坡度</td><td></td><td>削坡面积</td><td></td><td>削坡土石方量</td><td></td></tr>
<tr><td>护坡工程</td><td>护坡形式</td><td></td><td>砌筑或喷护质量</td><td></td><td>护坡面积</td><td></td><td>砌筑工程量</td><td></td></tr>
<tr><td>抗滑挡墙</td><td>挡墙外型尺寸</td><td></td><td>砌筑或混凝土质量</td><td></td><td>挡墙数量</td><td></td><td>砌筑或混凝土工程量</td><td></td></tr>
<tr><td>抗滑桩</td><td>混凝土质量</td><td></td><td>桩的垂直度</td><td></td><td>桩的尺寸</td><td></td><td>桩的数量</td><td></td></tr>
<tr><td>锚固设施</td><td>锚固结构</td><td></td><td>锚固段尺寸</td><td></td><td>拉索规格</td><td></td><td>锚固设施质量</td><td></td></tr>
<tr><td>排水措施</td><td>排水流畅程度</td><td></td><td>排水沟截面尺寸</td><td></td><td>砌筑质量</td><td></td><td>排水沟长度</td><td></td></tr>
<tr><td>防渗措施</td><td>防渗结构</td><td></td><td>防渗效果</td><td></td><td>砌筑质量</td><td></td><td>防渗面积</td><td></td></tr>
<tr><td>位移观测</td><td>位移观测数量</td><td></td><td>观测点原标高</td><td></td><td colspan="4">施工后观测点原标高:</td></tr>
<tr><td>主要断面示意图</td><td colspan="8"></td></tr>
<tr><td>平面示意图</td><td colspan="8"></td></tr>
<tr><td>质量评价</td><td colspan="8"></td></tr>
<tr><td colspan="4">施工单位</td><td colspan="5">监理单位</td></tr>
<tr><td colspan="4">记录人:
技术员:
技术负责人:
年　月　日</td><td colspan="5">现场代表:
年　月　日</td></tr>
</table>

F.0.2 换填液化土施工报告(表 F.0.2)。

表 F.0.2 换填液化土施工报告

<table>
<tr><td>资料编号:F.0.2</td><td colspan="2">换填液化土施工报告</td><td>单位工程名称:
单位工程编号:</td></tr>
<tr><td colspan="4">施工承包商: 分部工程名称和编号:</td></tr>
<tr><td>换填液化土
起止桩号和长度</td><td colspan="3"></td></tr>
<tr><td>非液化土土源地点</td><td colspan="3"></td></tr>
<tr><td>非液化土土样试验单位</td><td colspan="3"></td></tr>
<tr><td>分散剂名称</td><td colspan="3"></td></tr>
<tr><td>粉土的黏粒
(小于 0.005 mm)含量</td><td colspan="3"></td></tr>
<tr><td>换填土截面尺寸</td><td colspan="3"></td></tr>
<tr><td>换填土数量</td><td colspan="3"></td></tr>
<tr><td>分层夯实状况</td><td colspan="3"></td></tr>
<tr><td>断面示意图</td><td colspan="3"></td></tr>
<tr><td>平面示意图</td><td colspan="3"></td></tr>
<tr><td>质量评价</td><td colspan="3"></td></tr>
<tr><td colspan="2">施工单位</td><td colspan="2">监理单位</td></tr>
<tr><td colspan="2">记录人:
技术员:
技术负责人:

年 月 日</td><td colspan="2">现场代表:

年 月 日</td></tr>
</table>

F.0.3 标准贯入试验记录(表 F.0.3)。

表 F.0.3 标准贯入试验记录

<table>
<tr><td colspan="2">资料编号:F.0.3</td><td colspan="2">标准贯入试验记录</td><td colspan="2">单位工程名称：
单位工程编号：</td></tr>
<tr><td colspan="2">施工承包商：</td><td colspan="4">分部工程名称和编号：</td></tr>
<tr><td colspan="3">起止桩号和长度</td><td colspan="3"></td></tr>
<tr><td colspan="3">标准贯入器型号和规格</td><td colspan="3"></td></tr>
<tr><td>测试深度</td><td colspan="5"></td></tr>
<tr><td>贯入点位置</td><td>实测锤击数
(锤进 30 cm)</td><td>是否合格</td><td>贯入点位置</td><td>实测锤击数
(锤进 30 cm)</td><td>是否合格</td></tr>
<tr><td></td><td></td><td></td><td></td><td></td><td></td></tr>
<tr><td></td><td></td><td></td><td></td><td></td><td></td></tr>
<tr><td></td><td></td><td></td><td></td><td></td><td></td></tr>
<tr><td></td><td></td><td></td><td></td><td></td><td></td></tr>
<tr><td></td><td></td><td></td><td></td><td></td><td></td></tr>
<tr><td></td><td></td><td></td><td></td><td></td><td></td></tr>
<tr><td></td><td></td><td></td><td></td><td></td><td></td></tr>
<tr><td></td><td></td><td></td><td></td><td></td><td></td></tr>
<tr><td>平面示意图</td><td colspan="5"></td></tr>
<tr><td>质量评价</td><td colspan="5"></td></tr>
<tr><td colspan="3">施工单位</td><td colspan="3">监理单位</td></tr>
<tr><td colspan="3">记录人：
技术员：
技术负责人：

年　月　日</td><td colspan="3">现场代表：

年　月　日</td></tr>
</table>

F.0.4 回填疏松砂土施工报告(表 F.0.4)。

表 F.0.4 回填疏松砂土施工报告

<table>
<tr><td>资料编号:F.0.4</td><td colspan="2">回填疏松砂土施工报告</td><td>单位工程名称:
单位工程编号:</td></tr>
<tr><td>施工承包商:</td><td colspan="3">分部工程名称和编号:</td></tr>
<tr><td>回填疏松砂土
起止桩号和长度</td><td colspan="3"></td></tr>
<tr><td>疏松砂土土样试验单位</td><td colspan="3"></td></tr>
<tr><td>疏松砂土土源地点</td><td>土的塑性指数(I_p)</td><td>0.1 mm 以下颗粒的含量(%)</td><td>是否符合要求</td></tr>
<tr><td></td><td></td><td></td><td></td></tr>
<tr><td></td><td></td><td></td><td></td></tr>
<tr><td></td><td></td><td></td><td></td></tr>
<tr><td></td><td></td><td></td><td></td></tr>
<tr><td>管底疏松砂土回填厚度</td><td colspan="3"></td></tr>
<tr><td>管顶至地面疏松砂土厚度</td><td colspan="3"></td></tr>
<tr><td>地面以上回填宽度和厚度</td><td colspan="3"></td></tr>
<tr><td>管沟断面示意图</td><td colspan="3"></td></tr>
<tr><td>质量评价</td><td colspan="3"></td></tr>
<tr><td colspan="2">施工单位</td><td colspan="2">监理单位</td></tr>
<tr><td colspan="2">记录人:
技术员:
技术负责人:

年 月 日</td><td colspan="2">现场代表:

年 月 日</td></tr>
</table>

F.0.5 管道柔性接头、管道隔震部件安装记录(表F.0.5)。

表F.0.5 管道柔性接头、管道隔震部件安装记录

<table>
<tr><td colspan="2">资料编号:F.0.5</td><td colspan="3">管道柔性接头、管道隔震
部件安装记录</td><td colspan="2">单位工程名称:
单位工程编号:</td></tr>
<tr><td colspan="2">施工承包商:</td><td colspan="5">分部工程名称和编号:</td></tr>
<tr><td colspan="7">管道柔性接头</td></tr>
<tr><td colspan="2">管道柔性接头生产单位</td><td colspan="5"></td></tr>
<tr><td colspan="2">柔性接头型号和数量</td><td colspan="5"></td></tr>
<tr><td>管道柔性
接头编号</td><td>安装位置</td><td>压力等级</td><td>预强度试验
压力(MPa)</td><td>预严密试验
压力(MPa)</td><td>安装检
查结果</td><td>管线试压时
的检查结果</td></tr>
<tr><td></td><td></td><td></td><td></td><td></td><td></td><td></td></tr>
<tr><td></td><td></td><td></td><td></td><td></td><td></td><td></td></tr>
<tr><td></td><td></td><td></td><td></td><td></td><td></td><td></td></tr>
<tr><td></td><td></td><td></td><td></td><td></td><td></td><td></td></tr>
<tr><td colspan="7">管道隔震部件</td></tr>
<tr><td colspan="2">管道隔震部件生产单位</td><td colspan="5"></td></tr>
<tr><td colspan="2">隔震部件型号和数量</td><td colspan="5"></td></tr>
<tr><td>管道隔震
部件编号</td><td>安装位置</td><td>安装标高
偏差(mm)</td><td>安装位置
偏差(mm)</td><td>安装角度
偏差(mm)</td><td>绝缘检
查结果</td><td>机械安装
检查结果</td></tr>
<tr><td></td><td></td><td></td><td></td><td></td><td></td><td></td></tr>
<tr><td></td><td></td><td></td><td></td><td></td><td></td><td></td></tr>
<tr><td></td><td></td><td></td><td></td><td></td><td></td><td></td></tr>
<tr><td></td><td></td><td></td><td></td><td></td><td></td><td></td></tr>
<tr><td></td><td></td><td></td><td></td><td></td><td></td><td></td></tr>
<tr><td></td><td></td><td></td><td></td><td></td><td></td><td></td></tr>
<tr><td></td><td></td><td></td><td></td><td></td><td></td><td></td></tr>
<tr><td colspan="2">质量评价</td><td colspan="5"></td></tr>
<tr><td colspan="4">施工单位</td><td colspan="3">监理单位</td></tr>
<tr><td colspan="4">记录人:
技术员:
技术负责人:

年 月 日</td><td colspan="3">现场代表:

年 月 日</td></tr>
</table>

F.0.6 通过活动断层的管道与断层交角记录(表 F.0.6)。

表 F.0.6 通过活动断层的管道与断层交角记录

<table>
<tr><td>资料编号:F.0.6</td><td colspan="5">通过活动断层的管道与断层交角记录</td><td colspan="2">单位工程名称:
单位工程编号:</td></tr>
<tr><td colspan="3">施工承包商:</td><td colspan="5">分部工程名称和编号:</td></tr>
<tr><td>管道通过活动断层的位置和里程</td><td>断层的名称</td><td>断层两侧的场地类型</td><td>断层周围的地形情况</td><td>断层的方位角</td><td>管道的方位角</td><td colspan="2">管道与断层交角</td></tr>
<tr><td rowspan="3"></td><td></td><td></td><td></td><td></td><td></td><td colspan="2"></td></tr>
<tr><td>管道的外径和壁厚</td><td>管道的埋设深度</td><td>管沟回填土的土性描述</td><td>管沟底部的宽度</td><td>管沟的深度</td><td colspan="2">管沟的坡度</td></tr>
<tr><td></td><td></td><td></td><td></td><td></td><td colspan="2"></td></tr>
<tr><td>管沟断面示意图</td><td colspan="7"></td></tr>
<tr><td>管道与断层相交情况示意图</td><td colspan="7"></td></tr>
<tr><td>质量评价</td><td colspan="7"></td></tr>
<tr><td colspan="4">施工单位</td><td colspan="4">监理单位</td></tr>
<tr><td colspan="4">记录人:
技术员:
技术负责人:

年 月 日</td><td colspan="4">现场代表:

年 月 日</td></tr>
</table>

本规范用词说明

1　为便于在执行本规范条文时区别对待,对要求严格程度不同的用词说明如下:

1)　表示很严格,非这样做不可的:
正面词采用“必须”,反面词采用“严禁”;

2)　表示严格,在正常情况下均应这样做的:
正面词采用“应”,反面词采用“不应”或“不得”;

3)　表示允许稍有选择,在条件许可时首先应这样做的:
正面词采用“宜”,反面词采用“不宜”;

4)　表示有选择,在一定条件下可以这样做的,采用“可”。

2　条文中指明应按其他有关标准执行的写法为:“应符合……的规定”或“应按……执行”。

引用标准名录

《建筑抗震设计规范》GB 50011
《岩土工程勘察规范》GB 50021
《室外给水排水和燃气热力工程抗震设计规范》GB 50032
《岩土锚杆与喷射混凝土支护工程技术规范》GB 50086
《铁路工程抗震设计规范》GB 50111
《构筑物抗震设计规范》GB 50191
《建筑地基基础工程施工质量验收规范》GB 50202
《砌体结构工程施工质量验收规范》GB 50203
《混凝土结构工程施工质量验收规范》GB 50204
《钢结构工程施工质量验收规范》GB 50205
《输气管道工程设计规范》GB 50251
《输油管道工程设计规范》GB 50253
《建设工程文件归档规范》GB/T 50328
《建筑边坡工程技术规范》GB 50330
《油气长输管道工程施工及验收规范》GB 50369
《油气输送管道穿越工程施工规范》GB 50424
《油气输送管道跨越工程设计规范》GB 50459
《油气输送管道跨越工程施工规范》GB 50460
《油气田及管道岩土工程勘察规范》GB 50568
《金属熔化焊焊接接头射线照相》GB/T 3323
《石油天然气工业　管线输送系统用钢管》GB/T 9711
《焊缝无损检测　超声检测　技术、检测等级和评定》GB/T 11345
《中国地震动参数区划图》GB 18306
《公路工程抗震规范》JTG B02
《公路桥梁抗震设计细则》JTG/T B02-01
《公路悬索桥设计规范》JTG/T D65-05
《石油天然气钢质管道无损检测》SY/T 4109
《油气输送管道线路工程水工保护施工规范》SY/T 4126

UDC

中华人民共和国国家标准

P　　GB 50540—2009

石油天然气站内工艺管道工程施工规范

Code for construction of pipe process in oil and gas transmission pipeline station

（2021年版）

2009-11-30 发布　　2010-06-01 实施

中华人民共和国住房和城乡建设部
中华人民共和国国家质量监督检验检疫总局　联合发布

中华人民共和国住房和城乡建设部公告

第 1562 号

住房城乡建设部关于发布国家标准《石油天然气站内工艺管道工程施工规范》局部修订的公告

现批准《石油天然气站内工艺管道工程施工规范》GB 50540—2009 局部修订的条文,自发布之日起实施。其中,第 9.3.3 条为强制性条文,必须严格执行。经此次修改的原条文同时废止。

局部修订的条文及具体内容,将刊登在我部有关网站和近期出版的《工程建设标准化》刊物上。

中华人民共和国住房和城乡建设部

2012 年 12 月 24 日

修订说明

根据住房和城乡建设部下达的《关于印发2012年工程建设标准规范制订、修订计划的通知》(建标〔2012〕5号)的要求，由原主编单位中国石油天然气管道局负责对国家标准《石油天然气站内工艺管道施工规范》GB 50540—2009局部修订。

局部修订的主要内容和依据：

1) 主要修订内容

本规范主要修订了7.3.3、7.3.13、9.3.2和9.3.3条。主要内容包括焊接预热温度，强度试验压力和严密性试验压力的要求等。

2) 主要依据

① 石油工程建设专业标准化委员会组织有关施工的专家和具有丰富经验的现场施工人员对主编单位提出的修改内容评审、审查意见。

② 相关的现行国家标准和行业标准。

③ 对国外先进标准和国外已经建成工程经验的借鉴。

④ 总结以往的焊接经验和国内各项目业主对试压要求。

本规范中下划线为修改的内容；用黑体字表示的条文为强制性条文，必须严格执行。

局部修订审查组成员：

李献军　梁桂海　续　理　郑玉刚　杨拥军　吴建中　李小瑜　杨俊伟　魏国昌
隋永莉　张　琴　何洪勇　赵洪元　李艳华

中华人民共和国住房和城乡建设部公告

第447号

关于发布国家标准《石油天然气站内工艺管道工程施工规范》的公告

现批准《石油天然气站内工艺管道工程施工规范》为国家标准，编号为GB 50540—2009，自2010年6月1日起实施。其中，第4.1.6、4.3.2、7.1.5、7.4.2、7.4.3、9.3.1、9.3.3、9.3.5、9.3.6条为强制性条文，必须严格执行。

本规范由我部标准定额研究所组织中国计划出版社出版发行。

中华人民共和国住房和城乡建设部

二〇〇九年十一月三十日

前 言

根据原建设部《关于印发〈2007年工程建设标准规范制订、修订计划(第二批)〉的通知》(建标〔2007〕126号)的要求,中国石油天然气管道局会同有关单位编制完成本规范。

本规范共分12章,主要内容包括:总则,术语,施工准备,材料、管道附件、撬装设备的检验与储存,下料与加工,管道安装,焊接,管沟开挖、下沟与回填,吹扫与试压,防腐和保温,健康、安全与环境,工程交工等方面的规定。

本规范在编制过程中,规范编制组总结了多年石油天然气站内工艺管道工程施工的经验,借鉴了国内已看的国家标准、行业标准以及国内外先进标准,并广泛征求了国内有关单位、专家的意见,反复修改,最后经审查定稿。

本规范中以黑体字标志的条文为强制性条文,必须严格执行。

本规范由住房和城乡建设部负责管理和对强制性条文的解释,由石油工程建设专业标准化委员会负责日常管理,由中国石油天然气管道局负责具体技术内容解释。本规范在执行过程中,请各单位结合工程实践,总结经验,积累资料,如发现需要修改或补充之处,请将意见和建议反馈给中国石油天然气管道局质量节能部(地址:河北省廊坊市广阳道87号,邮政编码:065000),以供今后修订时参考。

本规范主编单位:中国石油天然气管道局

本规范参编单位:中油朗威监理有限责任公司
中国石油天然气管道局第三工程分公司
中国石油天然气管道局第四工程分公司
中国石油天然气管道工程有限公司
中国石油天然气管道局第二工程分公司
石油天然气管道工程质量监督站
大庆油田建设集团有限责任公司
中国石油集团工程设计有限责任公司
西南分公司

本规范主要起草人员:续 理 吴建中 郭泽浩 魏国昌 王 丽 杨俊伟 徐 进
那 晶 郑玉刚 马 骅 高泽涛 李文东 葛业武 陈 浩
董 浩 赵 燕 葛新东 曹晓燕

本规范主要审查人员:宋 岚 张其滨 梁桂海 陈 涛 何 睿 周剑琴 梁敏华
王志强 郭佳春 王 勇 张成杰 王生清 张 颖

1 总则

1.0.1 为保证石油天然气站内工艺管道工程施工质量,做到安全环保、适用,制定本规范。

1.0.2 本规范适用于新建或改(扩)建原油、天然气、煤气、成品油等站内工艺管道工程的施工。

1.0.3 本规范不适用于炼油化工厂、天然气净化厂厂内管道,以及站内泵、加热炉、流量计、撬装设备等设备本体所属管道的施工。

1.0.4 本规范规定了石油天然气站内管道工程施工的基本技术要求。当本规范与国家法律、行政法规的规定相抵触时,应按国家法律、行政法规的规定执行。

1.0.5 石油天然气站内工艺管道工程施工除应符合本规范外,尚应符合国家现行有关标准的规定。

2 术语

2.0.1

干空气 dry air

在一定压力和温度条件下的空气,即露点低于－40 ℃的空气。

2.0.2

汽化器 carburetor

用于加热低温液体或液化气体,使之汽化为设计温度下的气体的一种加热装置。

2.0.3

干空气干燥法 dry air drying

通过持续地向管道内注入干空气进行吹扫,使残留在管道内的水分蒸发,并将蒸发后的湿空气置换出管道外,从而达到管道干燥目的的施工方法。

2.0.4

真空干燥法 vacuum drying

利用水的沸点随压力的降低而降低的原理,在控制条件下,用真空泵不断地抽取管道内的气体,降低管道中的压力之直达管壁温度下水的饱和蒸汽压,此时残留在管道内壁上的水沸腾而迅速汽化,汽化后的水蒸气随后被真空泵抽出的施工方法。

2.0.5

液氮干燥法 liquid nitrogen drying

液氮经汽化器汽化、被加热器加热后,以不低于 50 ℃的温度进入管道进行低压间断性吹扫,管道内的水分与干燥氮气混合后被带出管道,从而达到管道干燥目的的施工方法。

2.0.6

撬装设备 prytopach equipment

在工厂将单体设备和工艺管道等组装到钢质底座上,整体拉运到现场、直接安装在基础上的成套设备。

2.0.7

支管座 branch outlet

子管与母管轴向成 90°异径连接时,用于母管孔上的与支管相连接的过渡件。

2.0.8

管道单元　pipeline system unit

采用预制的方法,将管道、管道附件按照设计的要求进行部分组装而成的单元。

3　施工准备

3.0.1　施工前应进行现场调查、参与设计文件交底、编制并报批施工组织设计、进行资源准备。

3.0.2　现场调查应完成以下工作:

1　确定交通运输方案。

2　了解施工场地与相邻工程、农田水利等的关系。

3　调查可利用的电源、动力、通信、消防、劳动力、生活供应及医疗卫生条件。

4　调查施工中对自然环境、生活环境的影响及需要采取的措施。

3.0.3　参与设计文件现场交底应完成以下工作:

1　进行图纸会审,核对设计文件。

2　掌握工程的重点和难点,熟悉工艺流程。

3　会同设计单位现场交接和复查测量控制点、施工测量用的基准点及水准点,并对地下的障碍物进行标记。

3.0.4　施工组织设计应包括:编制依据、工程概况、施工部署、关键施工方案、进度计划、资源准备、质量保证措施、施工平面布置以及健康、安全和环境等主要措施内容。如有特殊要求的,应增加相关内容。

3.0.5　资源准备应包括下列内容:

1　建立项目组织机构。

2　配备施工人员,进行技术培训、质量安全教育。

3　进行施工机具配置。

4　进行施工主要材料的准备。

4　材料、管道附件、撬装设备的检验与储存

4.1　一般规定

4.1.1　作为站内工艺管道永久性组成部分的材料、管道附件、撬装设备的验收应由具备相应资质的施工单位、物资供应单位和建设(或监理)单位的人员参加。

4.1.2　材料和设备应具有产品质量证明文件、出厂合格证;专有产品还应包括使用说明书;进口物资应有商检报告;压力容器应有压力容器监督检验机构出具的监检报告。所有材料和设备质量应符合设计要求和产品标准。

4.1.3　检查时,应首先检查现场材料和设备的标志或标牌,规格、型号,以及有关材质是否符合设计和标准要求;并应进行外观检查,检查管子表面有无凿痕、凹痕、槽痕,以及过度锈蚀,检查设备包装是否完整,有无运输损坏,配件是否齐全。

4.1.4　对被检查的材料和设备的质量有怀疑时,应对材料进行复验。材料的理化性能检验,仪表、仪器的试验及复验应由取得国家或行业相应资质的单位进行。

4.1.5　对设计工况有特殊要求的管材及管件应按设计要求进行处理及检验。

4.1.6　**若材料、管道附件、撬装设备不合格,严禁安装使用。**

4.2 材料、管道附件、撬装设备的检验

4.2.1 材料的检验应符合下列要求：

1 设计有特殊要求的钢管及管道附件，应按设计的要求采购，并按要求进行检验；合金钢管宜用定量快速光谱分析仪进行光谱分析，每批应抽查5%，且不少于一件。

2 防腐(保温)管的管端预留长度应符合设计要求，外观应完好无损伤，标识完整、清晰，标识内容与实际相符。

3 工程中所用的焊条、焊丝、焊剂、保护气体等应符合设计和焊接工艺规程要求。

4 对不同厂家不同规格、型号的焊接材料应按照批次、批号分别进行检查。

5 工程所用的防腐保温材料型号、规格应符合设计要求。防腐保温材料性能应符合产品质量检验标准。

4.2.2 管件、紧固件应符合下列要求：

1 管件、紧固件尺寸偏差应符合现行国家或行业标准的有关规定。

2 管件及紧固件使用前，应核对其制造厂的出厂合格证、质量证明文件。

3 按照设计图纸核对管件的管径、壁厚、压力等级、材质等参数。

4 管件及紧固件技术要求应符合设计要求，设计无要求时应符合国家现行标准《锻造角式高压阀门技术条件》JB/T 450 的有关规定。

4.2.3 弯头的质量应符合下列要求：

1 符合现行国家标准《钢制对焊无缝管件》GB/T 12459—2005 的规定。

2 弯头外观不应有裂纹、分层、皱纹、过烧等缺陷。

3 弯头的端面偏差、弯曲角度偏差及圆度、曲率半径偏差，应符合表4.2.3的要求。

表4.2.3 弯头允许偏差

检查项目	公称直径(mm)			
	25～65	80～100	125～200	≥250
端面(mm)	≤1.0	≤1.0	≤1.5	≤1.5
曲率半径(mm)	+2	±3	±4	±5
弯曲角度	±1°	±1°	±1°	±1°
圆度	≤公称直径的1%			

4 弯头壁厚减薄量应小于厚度的10%，且实测厚度不应小于设计计算壁厚。

5 弯头坡口角度应满足设计规格书或焊接工艺要求。

4.2.4 弯管的质量应符合下列要求：

1 符合现行行业标准《油气输送用钢制弯管》SY/T 5257—2004 的规定。

2 弯管外观检验，弯管内外表面应光滑，无裂纹、疤痕、皱纹、鼓包、分层、折叠、尖锐缺口等缺陷。

3 弯管允许偏差应符合表4.2.4的规定。

4 弯管直径应与相连接钢管直径一致。

表 4.2.4 弯管允许偏差

检查项目	公称直径(mm)	
	≤200	>200
外径偏差(无缝)(mm)	+2,-1	
壁厚减薄量	≤9%壁厚	
端面垂直度(mm)	≤1.5	≤2.5
端面平面度(mm)	≤0.8	
弯曲半径	弯曲半径小于或等于 1000 mm 时,允许偏差为±5 mm;弯曲半径大于1000 mm时,允许偏差为±0.5%弯曲半径	
弯曲平面度(mm)	≤5.0	≤7.0
圆度	≤公称直径的 2.5%	

4.2.5 异径管的质量应符合下列要求:

1 符合现行国家标准《钢制对焊无缝管件》GB/T 12459—2005 的规定。

2 异径管外观不应有裂纹、重皮,壁厚应大于大径端管段的壁厚。

3 异径管的圆度不应大于相应端外径的 1%,且允许偏差为±3mm;同心异径管两端中心线应重合,其偏心值允许偏差为±5mm。

4 异径管尺寸允许偏差应符合表 4.2.5 的规定。

表 4.2.5 异径管允许偏差

所有管件				90°和 45°弯头及三通中心至断面尺寸(mm)	异径接头总长(mm)	管帽总长(mm)	形位公差
公称尺寸(mm)	坡口处外径(mm)	端部内径(mm)	壁厚				端面垂直度(mm)
65	+1.6,-0.8	±0.8	不小于公称壁厚的87.5%	±2	±2	±3	1
80~90	±1.6	±1.6		±2	±2	±3	2
100	±1.6	±1.6		±2	±2	±3	3
125~200	+2.4,-1.6	±1.6		±2	±2	±6	3
250~450	+4.0,-3.2	+3.2		±2	±2	±6	4
500~600	+6.4,-4.8	±4.8		±2	±2	±6	5
650~750	+6.4,-4.8	±4.8		±2	±2	±10	5
800~1200	+6.4,-4.8	±4.8		±5	±5	±10	5

4.2.6 三通的质量应符合下列要求:

1 符合现行国家标准《钢制对焊无缝管件》GB/T 12459—2005 的规定,并应满足下列要求。

2 三通的外观不应有裂纹、重皮,三通的主管开孔口和支管坡口周围应清洁、无锈斑。

3 尺寸允许偏差应符合表 4.2.6 的规定。

表 4.2.6 三通允许偏差

所有管件				三通中心至端面尺寸(mm)	公称直径(mm)	形位公差	
公称直径(mm)	坡口处外径(mm)	端部内径(mm)	壁厚			端面垂直度(mm)	三通平面度(mm)
15～65	+1.6,−0.8	±0.8	不小于公称壁厚的87.5%	±2	15～100	1	2
75～90	±1.6	±1.6		±2	125～200	2	4
100	±1.6	±1.6		±2	250～300	3	5
125～200	+2.4,−1.6	±1.6		±2	350～400	3	6
250～450	+4.0,−3.2	±3.2		±2	450～600	4	10
500～600	+6.4,−4.8	±4.8		±2	650～750	5	10
650～750	+6.4,−4.8	±4.8		±3	800～1050	5	13
800～1200	+6.4,−4.8	±4.8		±5	1100～1200	5	19

4.2.7 法兰的质量应符合下列要求：

1 法兰密封面应光滑、平整，不应有毛刺、径向划痕、砂眼及气孔。

2 对焊法兰的尾部坡口处不应有碰伤。

3 螺纹法兰的螺纹应完好。

4 法兰连接件螺栓、螺母、垫片等应符合装配要求，不应有影响装配的划痕、毛刺、翘边等。

4.2.8 支管座的质量应符合下列要求：

1 符合现行国家标准《钢制承插焊、螺纹和对焊支管座》GB/T 19326—2003 的规定。

2 支管座的外观不应有裂纹、过烧、重皮、结疤、夹渣和大于接管壁厚 5%的机械划痕或凹坑。焊接坡口要光滑过渡。坡口周围应清洁、无锈斑。

3 支管座的尺寸、壁厚等级等应符合现行国家标准的规定。

4 支管座尺寸允许偏差应符合表 4.2.8 的规定。

表 4.2.8 支管座尺寸允许偏差

项目	类型	公称直径(mm)			
		6～20	25～100	125～300	350～600
		极限偏差(mm)			
结构高度	所有支管座	±0.8	±1.6	±3.2	±4.8
支管公称壁厚	对焊支管座	不小于公称壁厚的 87.5%			
与支管连接处的端部外径		+0.8,−0.4		+1.6,−0.8	
与支管连接处的端部内径		±0.4		±0.8	
承插孔直径	承插焊直管座	+0.5,0		—	
流通孔径		+1.5,0		—	

4.2.9 盲板、绝缘接头、汇管、封头质量应符合下列要求：

1 外观不应有裂纹、重皮、伤痕、毛刺、砂眼及气孔。

2 尺寸应符合设计要求。

4.2.10 螺栓、螺母应符合下列要求：

1 用于设计压力大于6.4 MPa管道上的螺栓、螺母应符合国家现行有关标准的规定，使用前应从每批中各取两根(个)进行硬度检查，不合格时加倍检查；仍有不合格时，逐根(个)检查，不合格者不得使用。

2 当直径大于或等于M30且工作温度大于或等于500 ℃时，应逐根进行硬度检查，螺母硬度不合格不得使用；螺栓硬度不合格，取最高、最低各一根检验机械性能，若有不合格，取硬度相近的螺栓加倍检验，仍有不合格，则该批螺栓不得使用。

4.2.11 支吊架的检验及其质量要求应符合下列规定：

1 支吊架表面应无毛刺、铁锈、裂纹、漏焊、表面气孔等。

2 支吊架用的弹簧表面不应有裂纹、折叠、分层、锈蚀等缺陷，工作圈数偏差不应超过半圈。

3 自由状态时，弹簧各圈节距均匀，其节距允许偏差不应大于平均节距的10%。

4 弹簧两端支撑面与弹簧轴线应垂直，其允许偏差不应大于自由高度的2%。

4.2.12 管线补偿器检验应符合下列要求：

1 管线补偿器检验应按出厂说明书和设计要求进行。

2 "Π"形的弯曲钢管的圆度不应大于外径的8%，壁厚减薄量不应大于公称壁厚的15%，且壁厚不小于设计壁厚。

3 "Π"形补偿器悬臂长度允许偏差为±10 mm；平面翘曲每米允许偏差为±3 mm，且总长平面翘曲允许偏差为±10 mm。

4.2.13 阀门应符合下列要求：

1 阀门应有产品合格证，带有伺服机械装置的阀门应有安装使用说明书。

2 阀门试验前应逐个进行外观检查，其外观质量应符合下列要求：

1) 阀体、阀盖、阀外表面无气孔、砂眼、裂纹等。

2) 垫片、填料应满足介质要求，安装应正确。

3) 丝杆、手轮、手柄无毛刺、划痕，且传动机构操作灵活、指示正确。

4) 铭牌完好无缺，标识清晰完整。

5) 备品备件应数量齐全、完好无损。

3 阀门应逐个进行试压检验，强度和密封试验应符合下列要求：

1) 试压用压力表精度不应低于1.5级，并经检定合格。

2) 阀门应用洁净水为介质进行强度和密封试验，强度试验压力应为设计压力的1.5倍，稳压时间应大于5 min，壳体、垫片、填料等不渗漏、不变形、无损坏，压力不降为合格。密封试验压力为设计压力，稳压15 min，不内漏、压力不降为合格。

3) 阀门进行强度试压时，球阀应全开，其他阀门应半开半闭。密封试压时应进行单面受压条件下阀门的开启。手动阀门应在单面受压条件下开启，检查手轮的灵活性和填料处的渗漏情况；电动阀门应按要求调好限位开关试压运转后，进行单面受压条件下开启，阀门的两面都应进行单面受压条件下的开启，开启压力应不小于设计压力。不合格的阀门不应使用。

4) 止回阀、截止阀可按流向进行强度和密封试验。止回阀应按逆流向做密封试验、顺流向做强度试验,截止阀可按顺流向进行强度和密封试验。

5) 阀门试压合格后,应排除内部积水(包括中腔),密封面应涂保护层,关闭阀门,封闭出入口,并填写阀门试压记录。

4 安全阀安装前应检查其铅封是否完好,并检查有资格的检验部门出具的报告。

5 液压球阀驱动装置,应按出厂说明书进行检查,压力油应在油标 2/3 处,各部驱动灵活。

6 检查电动阀门的传动装置和电动机的密封、润滑部分,使其传动和电气部分灵活,并调试好限位开关。

4.2.14 撬装设备应符合下列要求:

1 制造厂应提供出厂合格证、质量证明文件,使用说明书、试压记录。

2 撬装内设备应完好,尺寸应符合设计规定。撬装设备内控制箱、仪表、管路、阀门、元器件应符合设计要求。

3 按本规范第 4.2.7 条的规定,对撬装设备进出接口法兰进行检查并予以保护。

4.3 材料、管道附件、撬装设备的储存

4.3.1 材料的储存应符合下列要求:

1 对已验收的钢管应分规格和材质分层同向码垛,分开堆放,堆放高度应保证钢管不失稳变形,且最高不应超过 3 m。底层钢管应垫软质材料,并加防滑楔子。垫起高度为 200 mm 以上。

2 钢管装卸应使用专用吊具,轻吊轻放。吊钩应有足够强度并防滑。装卸过程中应注意保护管口不受损伤。

3 检验合格的防腐管应根据规格、防腐等级,同向分类码垛堆放,防腐(保温)管之间、底层宜垫软质材料并加防滑楔子。

4 检验合格的焊接材料、防腐材料应分类入库存放。库房应做到通风、防潮、防雨、防霜、防油类侵蚀。

5 各类防腐、保温材料应分类存放,易挥发的材料要密闭存放,库房应保持干燥、通风。

4.3.2 管道组成件及管道支撑件在施工过程中应妥善保管,不得混淆或损坏,其色标或标记应明显清晰。材质为不锈钢、有色金属的管道组成件及管道支撑件,在储存期间不得与碳素钢接触。暂时不能安装的管道,应封闭管口。

4.3.3 管道附件的储存应符合下列要求:

1 验收合格的管件应分类存放,应保证管件的坡口不受损伤。

2 弯头、弯管、异径管、三通应采取防锈、防变形措施。

3 绝缘接头、绝缘法兰、法兰、垫片、盲板、应存放在库房中并加以保护,并应保证法兰的结合面不受损伤。

4.3.4 阀门、撬装设备宜原包装存放,随机工具、备件、资料应分类造册,妥善保存。

5 下料与加工

5.1 钢管下料

5.1.1 在设计压力大于 6.4 MPa 条件下使用的钢管,其切断与开孔宜采用机械切割;在设计压力小于或等于 6.4 MPa 条件下使用的钢管可采用火焰切割,切割后必须将切割表面的氧化层除

去，消除切口的弧形波纹。坡口加工应根据设计和焊接工艺规程规定的坡口型式加工。坡口加工完成后如有机械加工形成的内卷边，应清除整平。

5.1.2 合金钢管不宜采用火焰加工，不锈钢钢管应采用机械或等离子方法切割。

5.1.3 钢管切口质量应符合下列要求：

1 切口表面应平整，无裂纹、重皮、毛刺、凹凸、缩口、熔渣、氧化物、铁屑等。

2 切口端面倾斜偏差Δ(图 5.1.3)不应大于钢管外径的1%，且最大不超过 3 mm。

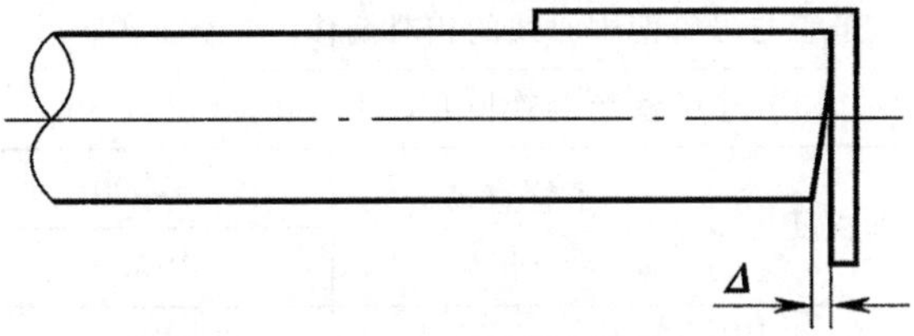

图 5.1.3 切口端面倾斜偏差

5.1.4 钢管因搬运堆放造成的弯曲，使用前应进行校直，其直线度每米不超过 1.5 mm，全长不超过 5 mm。

5.1.5 管端的坡口型式及组对尺寸应符合设计要求，设计无要求时应符合本规范附录 A 的规定。

5.2 管件加工

5.2.1 Π形弯管的平面度允许偏差Δ应符合表 5.2.1 和图 5.2.1 的要求。

表 5.2.1 Π形弯管的平面度允许偏差Δ(mm)

长度	＜500	500～1000	＞1000～1500	＞1500
Δ	≤3	≤4	≤6	≤10

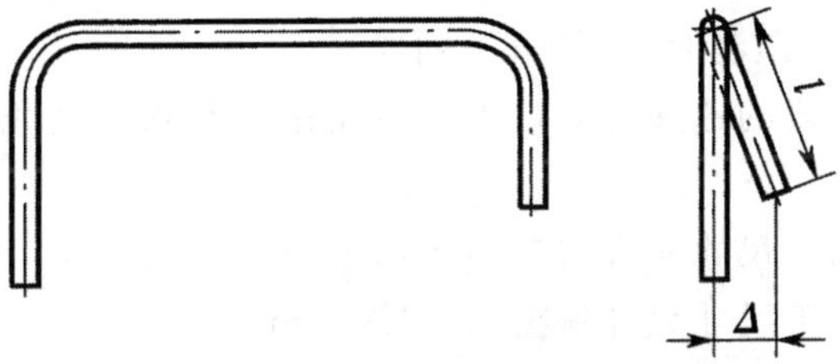

图 5.2.1 Π形弯管平面度允许偏差Δ

5.2.2 汇管的制作及其质量应符合下列要求：

1 汇管宜选择预制成品件。现场制作时，汇管母管宜选择整根无缝钢管或直缝钢管，不应采用螺旋焊缝钢管；采用直缝钢管对接时，纵缝应错开 100 mm 以上。

2 汇管母管划线应符合下列要求：

1) 固定母管划出中心线；

2) 按设计要求的间距划出开孔中心和开孔线。

3 汇管组对时，应首先进行子管与法兰的组对。母管与子管组对时，应先组对两端子管，使之相互平行且垂直于母管，然后以两子管为基准组对中间各子管。

4 汇管组对时，子管与母管的组对采用支管座的方式与母管连接。当子管公称直径小于或等于 200 mm 时，定位焊 4 点；当子管的公称直径大于 200 mm 时，定位焊 6 点，并均匀分布。

5 汇管组对的允许偏差应符合表 5.2.2 的要求。

表 5.2.2 组对允许偏差

<table>
<tr><th>序号</th><th colspan="3">项目</th><th>允许偏差(mm)</th></tr>
<tr><td>1</td><td colspan="3">母管总长</td><td>±3</td></tr>
<tr><td>2</td><td colspan="3">子管间距</td><td>±1</td></tr>
<tr><td>3</td><td colspan="3">子管与母管两中心线的相对偏移</td><td>±1.5</td></tr>
<tr><td>4</td><td colspan="3">子管法兰接管长度</td><td>±1.5</td></tr>
<tr><td rowspan="2">5</td><td rowspan="2">法兰水平度或垂直度</td><td rowspan="2">子管直径(mm)</td><td>≤300</td><td>≤1</td></tr>
<tr><td>>300</td><td>≤2</td></tr>
<tr><td rowspan="2">6</td><td rowspan="2">母管直线度</td><td rowspan="2">母管公称直径(mm)</td><td>≤100</td><td>≤L/1000,最大 15</td></tr>
<tr><td>>100</td><td>≤2L/1000,最大 15</td></tr>
<tr><td colspan="5">注:L 为母管长度(m)。</td></tr>
</table>

6 封头组对前,应将汇管内部清理干净,组对焊接应符合设计要求。

7 汇管焊接质量应符合本规范第 7.4 节的规定。

5.3 管道单元预制

5.3.1 管道单元预制应在钢制平台上进行。平台尺寸应大于管道预制件的最大尺寸。

5.3.2 管道预制宜按管道系统单线图实施。

5.3.3 管道预制宜按单线图规定的数量、规格、材质选配管道附件,并宜按单线图标明管道系统号和按预制顺序标明各组成件的顺序号。

5.3.4 当采用单件或小单元预制时,应符合下列要求:

1 自由管段和封闭管段的选择应满足现场运输吊装和安装的条件,封闭管段应按现场实测后的安装长度加工。

2 自由管段的长度加工尺寸允许偏差为±10 mm。

3 封闭管段的长度加工尺寸允许偏差为±1.5 mm。

5.3.5 当采用组合件预制时,应符合下列要求:

1 管件组合的每个方向总长度尺寸允许偏差为±5 mm。

2 管件组合的间距尺寸允许偏差为±3 mm。

3 管件组合的角度尺寸允许偏差每米为±3 mm,管端尺寸最大允许偏差为±10 mm。

4 管件组合的支管和主管横向的中心尺寸允许偏差为±1.5 mm。

5.3.6 管道单元预制件的组装、焊接和检验,应符合本规范第 6 章、第 7 章的有关规定。

5.3.7 预制完毕的管道单元预制件,应将内部清理干净,并应及时封闭管口。

6 管道安装

6.1 一般规定

6.1.1 管道安装前,应对管道安装区域内的埋地管道与埋地电缆、给排水管道、地下设施、建筑物预留孔洞位置进行核对。

6.1.2 与管道安装相关的土建工程应经验收合格,达到安装条件。

6.1.3 工艺管道所用钢管、管道附件及其他预制件等符合本规范第 4.2 节的规定。

6.1.4 管架、管墩的坡向、坡度应符合设计要求。

6.1.5 钢管、管道附件内部应清理干净。安装工作有间断时,应及时封堵管口或阀门出入口。

6.1.6 焊缝质量的检验应符合本规范第 7.4 节的规定。

6.1.7 管道开口不应在管道焊缝位置,且应避开焊缝热影响区。

6.2 管道安装

6.2.1 对预制的管道应按管道系统编号和顺序号进行对号安装。

6.2.2 管道、管道附件、设备等连接时,不得强力组对。

6.2.3 安装前应对阀门、法兰与管道的配合进行检查,并应符合下列要求:

1 对焊法兰与钢管配对焊接时,检查其内径是否相同。如不同,应按本规范第 5.1.5 条要求开内坡口。

2 检查平焊法兰与钢管规格和圆滑过渡情况。

3 检查法兰与阀门法兰配合情况以及连接件的长短。

6.2.4 坡口加工应符合本规范第 5.1.5 条要求。

6.2.5 钢管对接时,错边量应符合表 6.2.5 的要求。

表 6.2.5 钢管错边量(mm)

管壁厚	内壁错边量	外壁错边量
＞10	1.1	2.0～2.5
5～10	0.1 壁厚	1.5～2.0
＜5	0.5	0.5～1.5

6.2.6 异径管直径应与其相连接管段一致,错边量不应大于 1.5 mm。

6.2.7 公称直径大于 200 mm 的管道,管道组对时宜采用对口器。使用外对口器时,当根焊完成管道周长的 50%以上且均匀分布时才能拆除对口器;使用内对口器时,当根焊全部完成后才能拆除对口器。

6.2.8 钢管端口圆度超标时应进行校圆。校圆时宜采用整形器调整,不应用锤击方法进行调整。

6.2.9 管道组对时应检查平直度,见图 6.2.9,在距接口中心 200 mm 处测量,当钢管公称直径小于 100 mm 时,允许偏差为±1 mm;当钢管公称直径大于或等于 100 mm 时,允许偏差为±2 mm,但全长允许偏差均为±10 mm。

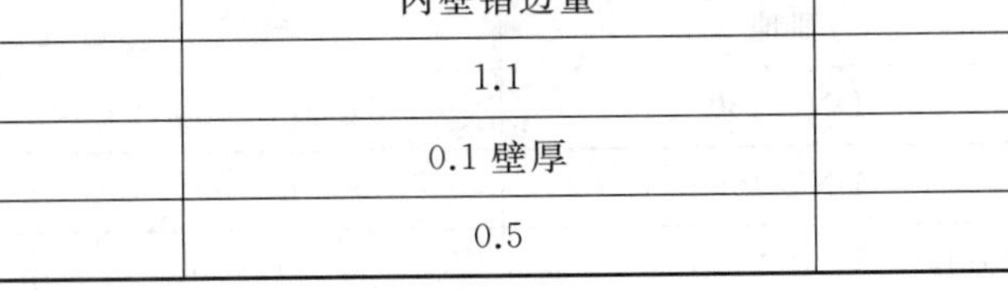

图 6.2.9 管道对口平直度检查

6.2.10 管道对接焊缝位置应符合下列要求:

1 直管段上两对接焊口中心面间的距离不得小于钢管1倍公称直径，且不得小于150 mm。

2 管道对接焊缝距离支吊架应大于50 mm，需热处理的焊缝距离支吊架应大于300 mm。

3 管道对接焊缝距离弯管(不包括压制、热推或中频弯管)起点应大于100 mm，且不得小于管子外径。

4 直缝管的直焊缝应位于易检修的位置，且不应在底部。

5 螺旋缝焊接钢管对接时，螺旋焊缝之间应错开100 mm以上。

6.2.11 钢管在穿建(构)筑物时，应加设保护管。保护管中心线应与管线中心线一致，且建(构)筑物内隐蔽处不应有对接焊缝。

6.2.12 管道安装允许偏差值应符合表6.2.12的要求。

表6.2.12 管道安装允许偏差(mm)

项目		允许偏差	
坐标	架空	±10	
	地沟	±7	
	埋地	±20	
标高	架空	±10	
	地沟	±7	
	埋地	±20	
平直度	DN≤100	≤2*L*/1000	最大40
	DN>100	≤3*L*/1000	最大70
铅垂度		≤3*H*/1000	最大25
成排	在同一平面上的间距	±10	
交叉	管外壁或保温层的间距	±7	

6.2.13 管道在地沟中安装应符合下列规定：

1 同一地沟内有数根管道时，应自下而上依次分层进行；在同层中，宜先安装大管后小管。

2 管道外壁(包括保温层或防腐层厚度)与地沟壁、沟底面的距离应符合设计要求，设计无要求时，可参考表6.2.13。

表6.2.13 管道外壁与地沟壁、沟底面的距离(mm)

公称直径	≤100	125	150	200	250	300	350	400	≥500
与地沟壁距离	85	85	90	90	95	95	110	135	150
与沟底面距离	200	200	200	200	200	250	250	250	250

6.2.14 连接动设备的管道，其固定焊口应远离动设备，并在固定支架以外。对不允许承受附加外力的动设备，管道与动设备的连接应符合下列要求：

1 管道在自由状态下，检查法兰的平行度和同心度，允许偏差应符合表6.2.14的规定。

表 6.2.14　法兰平行度、同心度允许偏差和设备位移

机泵转速(r/min)	平行度(mm)	同心度(mm)	设备位移(mm)
3000～6000	≤0.10	≤0.50	≤0.50
>6000	≤0.05	≤0.20	≤0.02

2　紧固螺栓时,应在设备主轴节上用百分表观察设备位移,其值应符合表 6.2.14 的规定。

6.2.15　法兰密封面应与钢管中心垂直。当公称直径小于或等于 300 mm 时,在法兰外径上的允许偏差为±1 mm;当公称直径大于 300 mm 时,在法兰外径上的允许偏差为±2 mm。检查示意图见图 6.2.15。

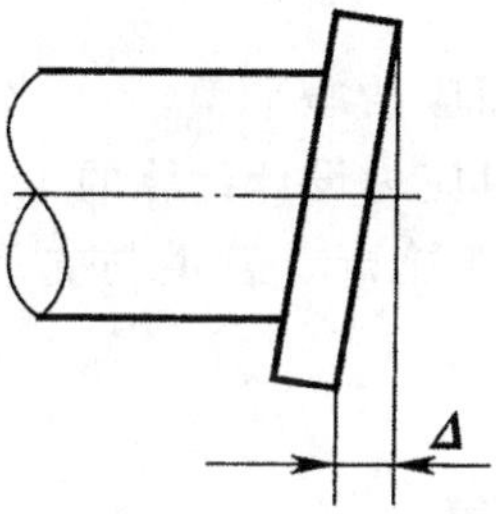

图 6.2.15　预制管段偏差

6.2.16　法兰螺孔应对称安装。管道的两端都有法兰时,将一端法兰与管道焊接后,用水平尺找平,另一端也同样找平。平孔不平度应小于 1 mm。

6.2.17　管端与平焊法兰密封面的距离应为钢管壁厚加 2 mm～3 mm。

6.2.18　法兰连接时应保持平行,其允许偏差应小于法兰外径的 1.5‰,且不大于 2 mm。垫片应放在法兰密封面中心,不应倾斜或突入管内。梯槽或凹凸密封面的法兰,其垫片应放入凹槽内部。

6.2.19　每对法兰连接应使用同一规格螺栓,安装方向一致。螺栓对称拧紧。

6.2.20　法兰螺栓拧紧后,两个密封面应相互平行,用直角尺对称检查,其间隙允许偏差应小于 0.5 mm。

6.2.21　法兰连接应与管道保持同轴,其螺栓孔中心偏差不超过孔径的 5%,并保持螺栓自由穿入。法兰螺栓拧紧后应露出螺母以外 0～3 个螺距,螺纹不符合规定的应进行调整。

6.2.22　螺纹法兰拧入螺纹短节端时,应使螺纹倒角外露,金属垫片应准确嵌入密封座内。

6.2.23　撬装设备安装应符合现行国家标准《机械设备安装工程施工及验收通用规范》GB 50231的相关规定。

6.3　阀门安装

6.3.1　阀门安装前,应检查阀门填料,其压盖螺栓应留有调节余量。

6.3.2　阀门安装前,应按设计文件核对其型号,复核产品合格证及试验记录。

6.3.3　当阀门与管道以法兰或螺纹方式连接时,阀门应在关闭状态下安装。

6.3.4　当阀门与管道以焊接方式连接时,阀门不得关闭,焊缝底层宜采用氩弧焊。

6.3.5　阀门安装时,按介质流向确定其阀门的安装方向,应避免强力安装。在水平管段上安装双闸板闸阀时,手轮宜向上。一般情况下,安装后的阀门手轮或手柄不应向下,应视阀门特征及介质流向安装在便于操作和检修的位置上。

6.3.6 阀门安装后的操作机构和传动装置应动作灵活,指示准确。

6.3.7 安全阀应垂直安装。

6.4 管道附件制作、安装

6.4.1 管道附件制作的尺寸应符合设计要求,其外观应整洁,表面无毛刺、铁锈,焊缝外形平整饱满,无凹陷、裂纹、漏焊及表面气孔等缺陷,表面焊渣应清理干净。

6.4.2 管道支、吊架的安装应符合下列要求:

1 管道的支架、托架、吊架、管卡的类型、规格应符合设计要求。

2 管道支、吊架安装前要进行标高和坡降放线测量,固定后的支、吊架位置应正确,安装应平整、牢固,与管道接触良好。

3 固定支架应按设计要求安装。

4 导向支架或滑动支架的滑动面应洁净平整,不应有歪斜和卡涩现象。其安装位置应从支承面中心向位移反方向偏移,偏移量应为设计计算的 1/2 或按设计规定。

5 支、吊架焊接应由有资格的焊工施焊。管道与支吊架焊接时,焊缝外形应平整饱满,不应有咬边、烧穿现象。

6 临时支架焊接不应伤及主材。

6.4.3 膨胀节的预拉伸应符合下列规定:

1 膨胀节预拉伸应符合设计规定。

2 预拉伸区各固定支架安装牢固,各固定支架间所有焊缝(冷拉接头除外)焊接完毕并经检验合格,需做热处理的焊缝应做完热处理。

3 所有支、吊架已装设完毕,冷拉接头附近吊架的吊杆应预留足够的调整余量;弹簧支、吊架应按设计值预压缩并临时固定。

4 管线倾斜方向及倾斜度均应符合设计要求。

5 法兰与阀门连接螺栓应拧紧。

6 膨胀节预拉伸后,焊缝应经检验合格,需做热处理的焊缝应做完热处理后,方可拆除拉具。

6.4.4 波纹膨胀节安装应符合下列要求:

1 波纹膨胀节应按设计文件规定进行预拉伸,受力应均匀。

2 波纹膨胀节内套有焊缝的一端,在水平管道上应迎介质流向安装,在竖直管道上应置于上部。

3 波纹膨胀节应与管道保持同轴,不应偏斜。

4 安装波纹膨胀节时,应设临时约束装置,待管道安装固定后再拆除临时约束装置。

6.4.5 球型膨胀节安装应符合下列要求:

1 球型膨胀节安装前,应将球体调整到所需角度,并与球心距管段组成一体。

2 球型膨胀节的安装应紧靠弯头,使球心距长度大于计算长度。

3 球型膨胀节的安装方向,宜按介质从球体端进入,由壳体端流出安装。

4 垂直安装球型膨胀节时,壳体端应在上方。

5 球型膨胀节的固定支架或滑动支架,应按照设计要求施工。

6 运输、装卸球型膨胀节时,应防止碰撞,并应保持球面清洁。

7 膨胀节、波纹膨胀节应按设计要求进行预拉压,受力应均匀,安装完成后,应拆除运输拉杆和限位拉杆。

6.4.6 绝缘法兰的安装应符合下列要求：

1 安装前，应对绝缘法兰进行绝缘试验检查，其绝缘电阻应不小于 2MΩ。

2 两对绝缘法兰的电缆线连接应符合设计要求，并应做好电缆线及接头的防腐，金属部分不应裸露于土中。

3 绝缘法兰外露时，应有保护措施。

6.4.7 静电接地安装应符合下列要求：

1 有静电接地要求的管道，各段钢管间应导电。必要时，应设导线跨接。当每对法兰或螺纹接头间电阻值超过 0.03 Ω 时，应设导线跨接。

2 管道系统的对地电阻值超过 100 Ω 时，应设两处接地引线。接地引线宜采用铝热焊形式。

3 有静电接地要求的不锈钢管道，导线跨接或接地引线不应与不锈钢管道直接连接，应采用不锈钢板过渡。

4 用作静电接地的材料或零件，安装前不得涂漆。导电接触面必须除锈并紧密连接。

5 静电接地安装完毕后，必须进行测试，电阻值超过规定时，应进行检查与调整。

7 焊接

7.1 一般规定

7.1.1 站内工艺管道焊接适用的方法包括焊条电弧焊、半自动焊、自动焊或上述方法的组合。

7.1.2 焊接设备的性能应满足焊接工艺要求，并具有良好的工作和安全性能。

7.1.3 工艺管道焊接中异种钢、不锈钢管道焊接应按现行国家标准《现场设备、工业管道焊接工程施工及验收规范》GB 50236 的有关规定执行，其余钢种焊接应按现行行业标准《钢质管道焊接及验收》SY/T 4103 的有关规定执行。

7.1.4 工艺管道焊接中对所使用的任何钢种、焊接材料和焊接方法都应进行焊接工艺评定。异种钢、不锈钢管道焊接工艺评定应符合现行国家标准《现场设备、工业管道焊接工程施工及验收规范》GB 50236 的规定，其余钢种焊接工艺评定应符合现行行业标准《钢质管道焊接及验收》SY/T 4103 的有关规定。并根据合格的焊接工艺评定编制焊接作业指导书。

7.1.5 从事本规范适用范围内管道工程施工的焊工应取得国家相应部门颁发的特殊作业人员资格证书，所从事工作范围应与资格证书相符。

7.1.6 焊工应经考试合格后方可上岗实施作业。

7.1.7 在以下气候环境中，如无有效的防护措施时，不应进行焊接作业：

1 雨雪天气。

2 大气相对湿度超过 90%。

3 焊条电弧焊、埋弧焊、自保护药芯焊丝半自动焊，风速大于 8 m/s；气体保护焊，风速超过 2 m/s。

4 环境温度低于焊接规程中规定的温度。

7.1.8 对不合格焊缝的返修，应制定返修工艺；同一部位的返修次数不得超过两次。异种钢、不锈钢管道返修工艺应按现行国家标准《现场设备、工业管道焊接工程施工及验收规范》GB 50236 的要求执行，其余钢种返修工艺应按现行行业标准《钢质管道焊接及验收》SY/T 4103 的要求执行。

7.2 焊接材料

7.2.1 焊接材料包括焊条、焊丝、焊剂、焊接用气体及电极等。

7.2.2 焊接材料的检查应符合下列规定：

1 质量证明文件应符合相应标准的要求。

2 包装应完好，无破损。

3 产品外表面不得被污染，无影响焊接质量的缺陷。

4 识别标志清晰、牢固，并与实物相符。

5 焊接材料的检验应符合有关标准的规定。

7.2.3 焊条、焊丝、焊剂应储存在清洁干燥的库房内，距墙面及地面不得小于 300 mm，储存环境的相对湿度不得大于 60%。施工现场的焊接材料储存场所及烘干、去污设施，应符合国家现行标准《焊条质量管理规程》JB 3223 的规定，并应建立保管、烘干、发放制度。

7.2.4 焊接材料应满足下列要求：

1 焊条应符合现行国家标准《现场设备、工业管道焊接工程施工及验收规范》GB 50236 的规定。

2 焊丝应符合国家现行标准《焊接用不锈钢丝》YB/T 5092、《熔化焊用钢丝》GB/T 14957、《气体保护电弧焊用碳钢、低合金钢焊丝》GB 8110、《埋弧焊用低合金钢焊丝和焊剂》GB 12470的规定，焊丝的外观应符合下列规定：

1） 焊丝表面应光滑、清洁，不应有毛刺、划痕、锈蚀和氧化皮等。

2） 焊丝表面的镀铜层要均匀牢固，不应出现起鳞、剥离现象。

3 焊接用气体应符合下列规定：

1） 氩弧焊所采用的氩气应符合现行国家标准《氩》GB/T 4842 的规定，且纯度不应低于 99.96%，含水量小于 20 mg/L。

2） 二氧化碳气体保护焊采用的二氧化碳气体纯度，不应低于 99.5%，含水量不应超过 50 mg/L。

3） 氧乙炔焊所采用的氧气纯度不应低于 99%，乙炔气的纯度和气瓶中的剩余压力应符合现行国家标准《溶解乙炔》GB 6819 的规定。

4） 充氮气保护的氮气纯度不应低于 99.5%，含水量小于 50 mg/L。

4 手工钨极氩弧焊宜采用铈钨极。

5 埋弧焊采用的焊剂应符合现行国家标准《埋弧焊用碳钢焊丝和焊剂》GB/T 5293 及《埋弧焊用低合金钢焊丝和焊剂》GB/T 12470 的规定。

7.2.5 焊条、焊丝在使用前应按产品说明书进行烘干，并应在使用过程中保持干燥。产品说明书无要求时，可按以下要求进行：

1 低氢型焊条烘干温度为 350 ℃～400 ℃，恒温时间为 1 h～2 h；焊接现场应设恒温干燥箱(筒)，温度控制在 100 ℃～150 ℃，随用随取；当天未用完的焊条应收回，重新烘干后使用，重新烘干次数不应超过两次。

2 纤维素焊条在包装良好无受潮时，可不烘干；若受潮时应进行烘干，烘干温度为 80 ℃～100 ℃，烘干时间为 0.5 h～1 h。

3 不锈钢焊条应根据表 7.2.5 的要求进行烘干。

表 7.2.5 不锈钢焊条烘干温度和时间

牌号	烘干条件
钛钙型药皮	200 ℃～250 ℃×1 h
低氢型药皮	200 ℃～300 ℃×1 h

4 焊丝使用前应清除其表面的油污、锈蚀等。

7.2.6 二氧化碳气体使用前应预热和干燥；当瓶内气体压力低于 0.98 MPa 时，应停止使用。

7.3 焊接

7.3.1 管道坡口加工和组对应符合本规范第 5.1.5 条的规定。

7.3.2 焊件组对前应将坡口及其内外侧表面不小于 10 mm 范围内的油、漆、垢、锈、毛刺及镀锌层等清除干净，且不得有裂纹、夹层等缺陷。

7.3.3 焊前预热应符合下列要求：

1 有预热要求时，应根据焊接工艺规程规定的温度进行焊前预热。当焊件温度低于 0 ℃时，所有钢管的焊接位置处应在始焊处 100 mm 范围内预热至 15 ℃以上。

2 当焊接两种具有不同预热要求的材料时，应以预热温度要求高的材料为准。

3 焊前预热的加热范围，应以焊缝中心为基准每侧不应小于焊件厚度的 3 倍，且不小于 100 mm，设计有要求时，按设计要求执行。预热温度宜使用远红外线测温仪等测量仪器进行测量。测温点的部位和数量应合理，测温仪表应经计量检定合格。

4 管口应均匀加热，防止局部过热。焊件内外壁温度应均匀。

5 焊道层间温度应符合焊接工艺规程的要求。

6 常用管材的焊前预热温度可按表 7.3.3 的规定执行。

表 7.3.3 常用管材焊前预热温度

母材类别 (公称成分)	焊件接头母材 厚度 T(mm)	母材最小规定 抗拉强度(MPa)	最低预热温度(℃)
碳钢(C) 碳锰钢(C-Mn)	≥25	全部	80
	<25	>490	80
合金钢(C-Mo、Mn-Mo、Cr-Mo)Cr≥0.5%	≥13	全部	80
	<13	>490	80
合金钢(C-Mo) 0.5%<Cr≤2%	全部	全部	150
合金钢(C-Mo) 2.25%<Cr≤10%	全部	全部	175
马氏体不锈钢	全部	全部	150
低温镍钢(Ni≤4%)	全部	全部	95

7.3.4 在焊接过程中出现焊条药皮脱落、发红或严重偏弧时应立即更换。

7.3.5 施焊时严禁在坡口以外的管壁上引弧，焊接地线与钢管应有可靠的连接方式，并应防止电弧擦伤母材。

7.3.6 管道焊接时根焊应熔透，内成型应良好。层间焊间隔时间应符合焊接工艺规程要求。

7.3.7 对含铬量大于或等于3%或合金元素总含量大于10%的焊件，氩弧焊打底焊接时，焊缝内侧应充氩气或其他保护气体，或采取其他防止内侧焊缝金属被氧化的措施。

7.3.8 焊接时应采取合理的施焊方法和施焊顺序。

7.3.9 施焊过程中应保证起弧和收弧处的质量，收弧时应将弧坑填满。多层焊的层间接头应错开。

7.3.10 管子焊接时，应防止管内气体流速过快。

7.3.11 除工艺或检验要求需分次焊接外，每条焊缝宜一次连续焊完，当因故中断焊接时，应根据工艺要求采取保温缓冷或后热等防止产生裂纹的措施，再次焊接前应检查焊层表面，确认无裂纹后，方可按原工艺要求继续施焊。

7.3.12 需预拉伸或预压缩的管道焊缝，组对时所使用的工卡具应在整个焊缝焊接及热处理完毕并经检验合格后方可拆除。

7.3.13 焊后热处理应符合设计文件的规定，当无规定时，管道的焊后热处理应符合现行国家标准《工业金属管道工程施工规范》GB 50235的有关规定。

7.3.14 每道焊口完成后，应清除表面焊渣和飞溅。

7.3.15 完成焊口应做标记，使用记号笔或白色路标漆书写或喷涂方法在焊口下游100 mm处以按照工艺分区、管道直径和壁厚进行标识，并在竣工轴测图上记录。

7.3.16 定位焊缝应符合下列规定：

1 焊接定位焊缝时，应采用与根部焊道相同的焊接材料和焊接工艺，并应由合格焊工施焊。

2 定位焊缝的长度、厚度和间距可按表7.3.16-1管道定位焊缝尺寸和表7.3.16-2管道定位焊缝尺寸规定执行。

表7.3.16-1 管道定位焊缝的位置与数量

公称直径DN(mm)	位置与数量
DN≤50	对称2点
50<DN≤150	均布2点～3点
150<DN≤200	均布3点～4点

表7.3.16-2 管道定位焊缝尺寸

壁厚δ(mm)	δ<3	3≤δ<5	5≤δ<12	δ≥2
焊缝长度(mm)	6～9	8～13	12～17	14～20
焊缝高度(mm)	2	2.5	3～5	≤6

3 在焊接根部焊道前，应将定位焊缝表面的氧化膜清理干净，并进行检查，当发现缺陷时，应予以处理；焊接前应将定位焊缝其两端修整成缓坡形。过桥定位焊缝(根部上面)应予去除。

4 定位焊采用电弧焊时，不应在焊缝交叉处或急剧变向处施焊，应避开该处 50 mm 左右。当环境温度较低时，应对焊件进行预热，并加大定位焊缝长度。定位焊焊接电流比正式焊接电流大 10%～15%，以保证焊透。当含碳量大于 0.25%或厚度大于 16 mm 的焊件在低温环境下定位焊后，应尽快进行打底焊，否则应采取后热缓冷措施。

7.4 焊缝检验与验收

7.4.1 管道对接焊缝和角焊缝应进行 100%的外观检查，外观检查应符合下列规定：

1 焊缝上的焊渣及周围飞溅物应清除干净，焊缝表面应均匀整齐，不应存在有害的焊瘤、凹坑等。

2 对接焊缝允许错边量不应大于壁厚的 12.5%，且小于 3 mm。

3 对接焊缝表面宽度应为坡口上口两侧各加宽 0.5 mm～2 mm。

4 对接焊缝表面余高应为 0 mm～2 mm，局部不应大于 3 mm 且长度不应大于 50 mm。

5 角焊缝的边缘应平缓过渡，焊缝的凹度和凸度不应大于 1.5 mm，两焊脚高度差不宜大于 3 mm。

6 盖面焊道深度不应大于管壁厚的 12.5%，且不应超过 0.5 mm。咬边深度小于 0.3 mm 的，任何长度均为合格。咬边深度在 0.3 mm～0.5 mm 之间的，单个长度不应超过 30 mm，在焊缝任何 300 mm 连续长度内，咬边累计长度不应大于 50 mm。累计长度不应大于焊缝周长的 15%。

7 焊缝表面不应存在裂纹、未熔合、气孔、夹渣、引弧痕迹及夹具焊点等缺陷。

7.4.2 焊缝外观检查合格后方允许对其进行无损检测，无损检测应按现行行业标准《石油天然气钢质管道无损检测》SY/T 4109 的规定进行，超出现行行业标准《石油天然气钢质管道无损检测》SY/T 4109 适用范围的其他钢种的焊缝应按国家现行标准《承压设备无损检测》JB/T 4730.1～4730.6 的要求进行无损检测及焊缝缺陷等级评定。

7.4.3 从事无损检测的人员应取得国家有关部门颁发的无损检测资格证书。

7.4.4 无损检测检查的比例及合格验收的等级应符合下列要求：

1 管道焊缝应进行 100%无损检测，检测方法应优先选用射线检测或超声波检测。管道最终的连头段、穿越段的对接焊缝应进行 100%的射线检测和 100%超声波无损检测。

2 管道焊缝进行射线检测和超声波检测时，设计压力大于 4.0 MPa 为Ⅱ级合格，设计压力小于或等于 4.0 MPa 为Ⅲ级合格。

3 磁粉检测或渗透检测应按现行行业标准《石油天然气钢质管道无损检测》SY/T 4109 的规定进行。

8 管沟开挖、下沟与回填

8.1 管沟开挖

8.1.1 管沟开挖前，应对地下的构筑物、电缆、管道等障碍物进行定位，在开挖过程中采取保护措施。

8.1.2 测量放线应按照设计文件的要求进行，并应按照管道水平中心线及管沟上口宽度，打好开挖管沟的边线桩，并标出开挖深度，用消石灰标出管沟的边界线。

8.1.3 当地质条件满足表 8.1.3 的要求，且在地下水位以上时，管沟可不设边坡。

表 8.1.3 不设边坡的管沟允许深度(m)

土质类别	允许深度
密实、中密的砂土和碎石类土	1.00
硬塑、可塑的轻亚黏土及亚黏土	1.25
硬塑、可塑的黏土及碎石类土	1.50
坚硬的黏土	2.00

8.1.4 当管沟开挖深度超过表 8.1.3 的规定时，深度在 5 m 以内的可以不加支护进行管沟开挖，坡比按设计要求进行。若无设计要求时，可按表 8.1.4 执行。

表 8.1.4 深度 5 m 内的管沟最陡边坡坡度(不加支撑)

土壤类别	最陡边坡坡度		
	坡顶无载荷	坡顶有静载荷	坡顶有动载荷
中密的砂土	1∶1.00	1∶1.25	1∶1.50
中密的碎石类土(填充物为砂土)	1∶0.75	1∶1.00	1∶1.25
硬塑的粉土	1∶0.67	1∶0.75	1∶1.00
中密的碎石类土(填充物为黏性土)	1∶0.50	1∶0.67	1∶0.75
硬塑的粉质黏土、黏土	1∶0.33	1∶0.50	1∶0.67
老黄土	1∶0.10	1∶0.25	1∶0.33
软土(经降水)	1∶1.00	—	—
硬质岩	1∶0.00	1∶0.00	1∶0.00

8.1.5 对于深度超过 5 m 的管沟，可以将坡度放缓一档，并采用阶梯式开挖，或采取支护办法挖沟。

8.1.6 管沟的弃土距离管沟边不小于 0.5 m，高度不宜超过 1.5 m。

8.1.7 单管敷设时，管底宽度应按管道公称直径加宽 300 mm，但总宽不应小于 500 mm；多管道同沟敷设时，管沟底宽应为两边管道外廓宽加 500 mm。当沟底设置排水沟时，可适当加宽管底宽度；当采用沟下焊接时，应根据焊接的需要设置操作坑，操作坑的大小应以便于操作为宜。

8.1.8 石方段管沟应按管底标高加深 200 mm；采用细砂或软土回填应到设计标高。

8.1.9 对管沟深度超挖部分应进行夯实处理。

8.1.10 管沟尺寸允许偏差应符合下列规定：

1 管沟中心线偏差为±100 mm。

2 管底标高允许偏差为±100 mm。

3 沟底宽度允许偏差为±100 mm。

8.2 管道下沟

8.2.1 管道下沟前应完成以下工作：

1　清理沟内塌方和硬土(石)块,排除管沟内积水。如沟底被破坏(超挖、雨水浸泡等)或为岩石沟底,应用砂或软土铺垫。

2　对管沟进行复测,达到设计要求后方可进行管道下沟。

3　管道防腐层经电火花检漏仪检查,无破损。有破损或针孔应及时修补,检测电压应符合设计或现行有关标准的规定。

8.2.2　管道下沟应符合下列要求:

1　管道下沟用吊具宜使用尼龙吊带,严禁直接使用钢丝绳。

2　管道下沟时,应避免与沟壁挂碰,必要时应在沟壁突出位置垫上木板或草袋,防止擦伤防腐层。管道放置到管沟设计位置,悬空段应用细土或砂填塞。

3　管道下沟时,应有专人统一指挥作业。下沟作业段的沟内不得有人,应采取有效的措施防止管道滚管。

8.3　管沟回填

8.3.1　管沟回填前,应完成以下工作:

1　管道焊缝经无损检测合格。

2　外防腐绝缘层检漏合格。

3　隐蔽工程验收合格。

8.3.2　管沟回填应符合下列要求:

1　管道悬空段应用细土或砂填塞。

2　按回填进程依次拆除沟壁的支撑,且不得塌方。

3　管道两侧应同时进行回填,并进行夯实,管顶以上 300 mm 内应采用人工回填,其余部分可采用机械回填;回填土分层夯实,每层 200 mm～300 mm,夯实后的土壤密实度不低于原土的 90%。

4　管沟回填时,应先回填直管段,后回填弯曲管段。

8.3.3　管道地沟应符合下列要求:

1　在进行地沟内管道安装前,应进行沟底清理,不得留有污物与杂物。

2　地沟管道施工完毕后,应再次清扫地沟,并经隐蔽工程检查合格后方可加盖地沟盖。

9　吹扫与试压

9.1　一般规定

9.1.1　系统和仪表、电气、机械、防腐等专业连接的零部件安装完毕后,在管道投产前应进行系统吹扫清洗和试压。

9.1.2　吹扫试压应制定方案,并应采取有效的安全措施,经审查批准后实施。

9.1.3　试压前应将压力等级不同的管道、不宜与管道一起试压的系统、设备、管件、阀门及仪器等隔开,分别试压。

9.1.4　水压试验时,应安装高点排空、低点排水阀门。

9.1.5　试压用的压力表应经过检定,并在有效期内,精度应不低于 1.5 级,表的量程应为被测压力(最大值)的 1.5 倍～2 倍。压力表应不少于两块,分别置于管道的两端。试压中的稳压时间应在两端压力平衡后开始计算。气压试验时,应在试压管道的首、末端各安装一只温度计,且安装于避光处,温度计分度值应小于或等于 1 ℃。试验压力应以高位置安装的压力表读数为准。

9.1.6 试压中如有泄漏,禁止带压修补。缺陷修补合格后,应重新试压。

9.1.7 试压介质的排放应选在安全地点。排放点应有操作人员控制和监视。试压介质为水时应沉淀后排放。当环境温度低于 5 ℃时,应采取防冻措施。

9.1.8 试压完毕,应将管道内介质清扫干净。及时拆除所有临时盲板,核对记录,并填写管道试压记录。

9.2 吹扫与清洗

9.2.1 管道吹扫前应符合下列要求:

1 管道吹扫前,系统中节流装置孔板必须取出,调节阀、节流阀必须拆除。

2 不参与系统吹扫的设备及管道系统,应与吹扫系统隔离。

3 管道支架、吊架应牢固,必要时应进行加固。

9.2.2 吹扫冲洗时,应以设备、机器为分界线,将管道逐段吹扫冲洗。吹扫冲洗顺序宜先干线,后支线。冲洗管道后,管道内的水应排净。

9.2.3 吹扫冲洗时,工作介质是液体的宜用洁净水,工作介质是气体的宜用空气,有衬里的设备系统应选用经分离空气,扫线压力应小于管道设计压力。如采用蒸汽吹扫应符合现行国家标准《工业金属管道工程施工及验收规范》GB 50235 的有关规定。

9.2.4 冲洗奥氏体不锈钢管道系统时,水中氯离子含量不得超过 25 mg/L。

9.2.5 用空气吹扫时,宜利用生产装置的大型压缩机或大型储气罐,进行间断性吹扫。吹扫气流的速度应大于 20 m/s,但吹扫起点的压力最高不应超过管道设计压力。

9.2.6 管道系统在空气或蒸汽吹扫过程中,应在排出口用白布或涂白色油漆的靶板检查,在 5 min内,靶板上无铁锈及其他杂物为合格。

9.2.7 用水冲洗时,宜以最大流量进行清洗,且流速不应小于 1.5 m/s。

9.2.8 水冲洗后的管道系统,应用目测方法检查排出口的水色和透明度,应以出入口的水色和透明度一致为合格。

9.2.9 有特殊清洗要求的管道系统,应按专门的技术规程进行处理。

9.2.10 采用压缩空气爆破膜法吹扫管道,应符合下列要求:

1 吹扫流程宜与工艺流程一致,在系统的上游应具有足够储气量,宜选择一直径较大、管段较长的管道作为储气管。爆破口宜在管道的最低部位,没有支撑及固定的爆破端在爆破前应加以固定,泄压口前端 20 m 范围内禁止行人走动及堆放易损物品。

2 爆破吹扫应有明显的警戒安全措施,并有专人看护,爆破压力应控制在 0.3 MPa～0.5 MPa之间,并据此选择爆破膜的厚度和层数。爆破膜可选择厚度 $\delta=1.5$ mm 的青裸纸,可通过安装不同层数来达到所选择的厚度。爆破膜厚度宜通过试验来取得,也可按表 9.2.10 进行选用。

表 9.2.10 爆破膜厚度选择表

管线规格	DN100～DN150	DN200～DN250	DN300～DN500	DN600～DN800
厚度(mm)	3	4.5	6	7.5

3 扫线前应截止或隔断管道沿线支管,避免形成死角,管道沿线不宜有变径管。

4 每条管道吹扫后在管道末端排气口用涂有白色油漆的靶板检查,以无铁锈、灰尘及其他杂物为合格。

9.3 强度及严密性试验

9.3.1 埋地管道应在下沟回填后进行强度和严密性试验；架空管道应在管道支吊装安装完毕并检验合格后进行强度和严密性试验。

9.3.2 强度试验应以洁净水为试验介质。特殊情况下，经建设单位(或监理)批准，设计压力6.4 MPa及以下的可用空气作为试验介质。

9.3.3 严密性试验时，设计压力大于6.4 MPa的试验介质应采用洁净水。

9.3.4 对奥氏体不锈钢试验所用的洁净水所含氯离子浓度不应超过25 mg/L；试验后，应立即将水清除干净，试验用水温度不应低于5 ℃。

9.3.5 工艺管道以水为介质的强度试验，试验压力应为设计压力的1.5倍；以空气为介质的强度试验，试验压力应为设计压力的1.15倍。工艺管道严密性试验压力应与设计压力相同。

9.3.6 强度试验充水时，应安装高点排空、低点排水阀门，并应排净空气，使水充满整个试压系统，待水温和管壁、设备壁的温度大致相同时方可升压。

9.3.7 用水为介质做强度试验时，升压应符合下列要求：

1 升压应平稳缓慢，分阶段进行，液体压力试验升压次数应符合表9.3.7-1的规定。

表9.3.7-1 强度试验升压次数

试验压力(MPa)	升压次数	各阶段试验压力百分数
$P\leqslant 1.6$	1	100%
$1.6<P\leqslant 2.5$	2	50%，100%
$2.5<P<10$	3	30%，60%，100%

2 依次升至各个阶段压力时，应稳压30 min；经检查无泄漏，即可继续升压。

3 升到强度试验压力值后，稳压4 h，合格后再降到设计压力，进行严密性试验。试验方法及合格标准见表9.3.7-2。

表9.3.7-2 试验方法及合格标准

检验项目	强度	严密性
试验压力(MPa)	1.5倍设计压力	1倍设计压力
升压步骤	升压阶段间隔30 min， 升压速度不大于0.1 MPa/min	—
稳压时间(h)	4	24
合格标准	管道目测无变形、无渗漏， 压降小于或等于试验压力的1%	压降小于或等于 试验压力的1%

9.3.8 用空气为介质做强度试验时，升压应符合下列要求：

1 升压应缓慢分阶段进行，升压速度应小于0.1 MPa/min。

2 将系统压力升到试验压力的10%，至少稳压5 min，若无渗漏，就缓慢升至试验压力的50%；其后按逐次增加10%的试验压力后，都应稳压检查，无泄漏及无异常响声方可升压。

3 当系统压力升到强度试验压力后,稳压 4 h,合格后再降到设计压力,进行严密性试验。试验方法及合格标准见表 9.3.8。

表 9.3.8 试验方法及合格标准

介质	空气	
检验项目	强度	严密性
试验压力(MPa)	1.15 倍设计压力	1 倍设计压力
升压步骤	分三次升压。升压值依次为试验压力的 10%、50%,逐次增加 10%的试验压力直至 100%,间隔 5 min,升压速度不大于 0.1 MPa/min	—
稳压时间(h)	4	24
合格标准	管道目测无变形、无泄漏	无泄漏

9.3.9 当采用气压试验并用发泡剂检漏时,应分段进行。升压应缓慢,系统可先升到 0.5 倍强度试验压力,进行稳压检漏,无异常无泄漏时再按强度试验压力的 10%逐级升压,每级应进行稳压并检漏合格,直至升至强度试验压力,经检漏合格后再降至设计压力进行严密性试验,经检查无渗漏为合格。每次稳压时间应根据所用发泡剂检漏工作需要的时间而定。

9.4 干燥

9.4.1 输送天然气的管道吹扫试压后,应进行管道系统干燥。干燥前,应进行试压后扫水检验。站场内管道系统扫水检验以站场最低点排气口没有明水排出视为合格。

9.4.2 站场管道干燥可采用干空气干燥、真空干燥和液氮干燥法,管道干燥可进行分区干燥,将待干燥管道与其他的管道、设备等用盲板隔离,也可整体干燥。

9.4.3 固定干燥临时管道,应设置警戒区。

9.4.4 干空气干燥应符合下列要求:

1 进入管道的干空气温度不宜超过 50 ℃。

2 管道干燥末期,当管道出口处的空气露点达到-20 ℃的空气露点后,继续用露点低于-40 ℃的干空气对管段进行低压吹扫,直到管道后半部分被较低露点的干空气完全置换,即可进行密闭试验。

3 当管道末端出口处的空气露点达到-20 ℃的空气露点时,关闭干燥管道两端阀门,将管道置于微正压(50 kPa~70 kPa)的环境下密闭 8 h~12 h 后检测管线露点。

4 密闭试验后露点升高不超过 5 ℃,且不高于-20 ℃的空气露点,为合格。

5 在干燥验收合格后,应向管道内注入压力为 50 kPa~70 kPa 的干空气或氮气,其露点不低于-40 ℃干空气或氮气的露点,并保持管道密闭。

9.4.5 真空干燥应符合下列要求:

1 真空干燥过程中,应随时记录管道内的负压值和温度值。

2 站场工艺管线真空干燥时,应采用抽气量相当的真空泵,应每隔 2 h 检测管道温度,管道温度不应低于 5 ℃,以防止管内结冰。

3 在真空干燥前将管道两端封闭,与外界空气隔绝。

4 启动真空泵降低管内压力,每 15 min 记录一次管道压力值,当管道内压力降低到 8 kPa

时,开始进行渗漏试验。

5 当管道内压力降低到 8 kPa 时,关闭真空泵组,密闭 4 h,观察是否有渗漏发生。如有渗漏发生,应计算渗漏进管道内气体的体积。若渗漏进管道内气体的体积与管道容积的比率大于1%时,应修补渗漏点后继续对管道抽真空。

6 当管道内压力降低到 0.8 kPa～0.6 kPa 时,管道内气体的露点温度相应为 5 ℃～0 ℃空气的露点;当降到 0.1 kPa 时,管道内气体的露点相应为－20 ℃空气的露点。

7 当管道内压力降到 0.1 kPa 时,关闭真空泵组,密闭 24 h,计算渗漏进管道内气体体积,当该体积不超过渗漏试验时所计算的体积的 0.6 倍,即为合格。否则,应继续进行抽真空操作,直至合格。

8 在干燥验收合格后,应向管道内注入压力为 50 kPa～70 kPa 的干空气或氮气,其露点不低于－40 ℃干空气或氮气的露点,并保持管道密闭。

9.4.6 液氮干燥应符合下列要求:

1 液氮汽化器的流量值应根据工艺管道、设备的容积进行选择,一般每分钟不低于一次干燥分路管道总容量值的 0.5 倍;对于大型场站的工艺管道可根据不同区域分别吹扫。加热装置宜采用工业用电加热器或水套炉加热,功率不应小于 15 kW。

2 液氮罐与汽化器的连接管道应使用低温软管法兰连接,汽化器至加热炉的管道连接宜用无缝钢管连接,加热器与待干燥的管道连接宜采用钢管或软管连接。

3 干燥设备连接完成后,缓慢开启液氮罐出口阀门,液氮经汽化器汽化后进入加热器中加热,加热器出口处氮气的温度应控制在 50 ℃～60 ℃之间。

4 开启待干燥管道的进气阀门,对管道进行反复间断性吹扫,进气压力一般为 0.3 MPa～0.5 MPa 之间。

5 采用露点仪检测管道出口处气体的露点,露点温度合格后。关闭液氮罐出口阀门,保持压力为 50 kPa～70 kPa 的氮气,并对干燥合格的管道进行密封和标识。

10 防腐和保温

10.1 一般规定

10.1.1 埋地管道防腐补口、补伤和检漏方法应符合国家现行有关防腐标准规定。

10.1.2 管道应按设计要求进行管道防腐。架空管道宜进行现场防腐(涂漆)作业,埋地管道的防腐宜进行预制作业。

10.1.3 凡遇下列情况之一者,若不采取有效的措施,则不应进行防腐作业:

1 雨、雪、雾、强风天气。

2 环境温度低于 5 ℃或高于 40 ℃。

3 灰尘过多。

4 被涂表面温度高于 65 ℃。

5 环境相对湿度大于 85%。

6 钢管表面结露。

7 已防腐、保温预制完毕的管道,当环境温度低于防腐、保温材料的脆化温度时,不得起吊、运输和敷设。

10.1.4 保温材料及其制品应采取防潮、防水、防雷、防冻、防挤压变形(成型产品)措施。

10.2 防腐

10.2.1 钢材表面处理应符合下列要求：

1 钢管和管件在防腐、涂漆及补口前应进行表面处理，除锈等级宜达到 Sa2 级，锚纹深度宜达到 40 μm～70 μm。

2 喷砂时，应采取适当措施防止磨料进入钢管以及其他附属设备内部。

3 表面处理后，应进行检查，发现除锈等级不符合要求时，应重新处理，直到合格为止。

10.2.2 涂漆应符合下列要求：

1 防腐涂漆施工宜采用喷涂、刷漆或滚涂，涂漆施工前，应先试涂。使用稀释剂等的种类和用量应符合有关标准的规定。涂漆应在生成浮锈前完成。

2 涂漆应完整、均匀，涂装道数和厚度应符合设计要求和国家现行有关防腐标准的规定。

3 涂漆超过一遍时，前后间隔时间应根据涂料性质确定，且不得超过 14 h。若涂装间隔超过规定时间，应对涂层表面进行处理后才能进行下一道涂层的施工。底漆未干时不应进行下一道涂漆作业。

4 涂层质量如遇到下列情况时应进行修补：

1） 涂层干燥前出现皱纹或附着不牢。

2） 涂层完工后出现脱落、裂纹、气泡、透底、皱皮、流坠、色泽不一等。

3） 施工中涂层受到损伤。

4） 涂漆遗漏或小于设计厚度。

10.3 保温

10.3.1 保温应在钢管表面质量检查及防腐合格后进行。根据保温材料的不同，保温施工可采用捆扎法、充填法、浇注法、喷涂法等施工方法进行。

10.3.2 对已保温的管段或构件，应妥善保护，局部磨损处应及时修补。

10.3.3 采用有机保温材料时，环境温度和原材料温度宜控制在 15 ℃～30 ℃，发泡后应有熟化时间。施工前宜在现场同条件进行试验，观测发泡速度、孔径大小、颜色变化、裂纹和变形情况等。

10.3.4 采用管壳预制块保温时，预制块接缝应错开，水平管的接缝应在正侧面。多层组合时，应分层绑扎，内层宜采用薄胶带固定，外层宜采用镀锌铁丝，包装钢带等绑扎。每块保温材料绑扎不得少于两道，绑扎间距应符合下列要求：

1 硬质保温材料不应大于 400 mm。

2 半硬质保温材料不应大于 300 mm。

3 软质保温材料不应大于 200 mm。

4 不得采用螺旋式缠绕绑扎。

10.3.5 补口处的保温层应圆滑过渡，并应按照设计要求进行防水层施工。

10.3.6 阀门、法兰处的管道保温宜在法兰外侧预留出螺栓的长度加 20 mm 间隙。

10.3.7 管托处的管道保温，应不影响管道的膨胀位移，且不损坏保温层。

10.3.8 保温层质量应符合下列要求：

1 毡、箔、布类保温材料或保温瓦应用相应的绑扎材料绑扎牢固，充填应密实，无严重凹凸现象，同轴度误差不大于 10 mm，保温厚度应符合设计规定，保温材料的容重允许偏差为 5%。

2 玻璃钢做表面保护层时，应缠绕紧密，涂料涂敷后不得露出玻璃布纹。

3 泡沫保温层厚度应均匀，表面应光滑无开裂。

4 金属薄板做保护层时，咬缝应牢固，包裹应紧凑，外观平整，光线折射均匀。

5 保温层表面和伸缩缝的允许偏差应符合表 10.3.8 的规定。

表 10.3.8 保温层表面和伸缩缝的允许偏差

序号	项目		允许偏差	检验方法
1	表面平整度	涂抹	5 mm	用 1 m 靠尺和塞尺检查
		卷材成型	5 mm	
2	外保护层松紧度	成型品	不大于成型品的外周长	用卷尺检查
3	厚度		8%	用钢针插入检查
4	伸缩缝宽度		5%	用尺检查

10.3.9 毡、箔、布类保护层包缠施工前应对黏结剂做试样检验，包缠搭接应粘贴严密，环缝和纵缝搭接尺寸不应小于 50 mm。

10.3.10 采用金属外保护层时，环向活动缝应按照设计留置，施工接缝应上搭下，并按照规定嵌填密封剂或在接缝处包缠密封带。

10.3.11 采用玻璃钢外保护层时，施工温度不宜低于 18 ℃，相对湿度不宜大于 80%，缠绕时应控制展带和缠绕速度以及搭接尺寸，并控制压实度，以消除可见气泡。环向活动缝应按照设计留置，施工接缝应上搭下，并按照规定嵌填密封剂或在接缝处包缠密封带。

11 健康、安全与环境

11.0.1 施工应遵循国家和行业有关健康、安全与环境的法律、法规及相关规定。

11.0.2 应做好营地建设及职工的营养、医疗保健工作，做好职业病、地方病的防治工作。

11.0.3 对高温、寒冷天气等特殊条件应采取有效的防护措施。

11.0.4 施工人员上岗前应接受安全教育和培训，培训后上岗。

11.0.5 应配备符合劳动保护规定的防护用品。

11.0.6 施工中应采取措施，减少施工噪声、振动。

11.0.7 工程机械作业时，不应在机械作业的范围内进行其他无关工作；机械在行驶中，不应进行修理和调整工作。动力机械吊具应有防过卷装置。

11.0.8 施工中配电箱应放置在避水、干燥的地方，且接地良好。应设专人管理并定期检查、维修和保养。严禁私自乱接电源。电力装置应有良好的接地，并应安装防触电保护装置。

11.0.9 试压及清扫作业时，人员应在警戒区外。

11.0.10 夜间工作时，机械照明灯、指示灯应齐全、完好，作业现场应具备照明。

11.0.11 现场施工时应设立防火间距、消防通道和逃生通道，并配备消防器材。

11.0.12 作业区应设置安全警戒区，设立明显标识，防止无关人员进入施工场地，避免发生安全事故。作业区严禁吸烟。

11.0.13 高处作业时，应设有相应的安全保护装置，施工人员应佩带安全带。

11.0.14 高压线下作业时，应保证有足够的安全作业距离。

11.0.15 横过外露的管道、电缆、钢丝绳等障碍物时,应采取保护措施。

11.0.16 氧气、乙炔瓶应按 5 m 安全距离摆放,并设有回火阻止器。

11.0.17 防止废弃物的泄漏、蒸发和渗漏。

11.0.18 施工生产过程中产生的污水、废气应满足排放要求,固体废弃物应分类存放。

11.0.19 动火要符合现行行业标准《石油工业动火作业安全规程》SY 5858—2004 的要求。

12 工程交工

12.0.1 当施工单位按合同规定的范围完成全部工程项目后,由建设单位组织施工单位和设计单位、监理单位共同对站内工艺管道进行检查和验收,验收合格后,应及时与建设单位办理交接手续。

12.0.2 站内工艺管道工程交工后,交工资料的编制应按照合同要求进行;如无要求时,施工单位应至少提供下列资料:

1 工程说明;

2 主要验收实物工程量表;

3 施工质量验收记录;

4 施工图设计修改通知单;

5 技术核定(联络)单;

6 防腐绝缘施工记录;

7 隐蔽工程检查验收记录;

8 设备、阀门、管件、焊材等原材料合格证;

9 阀门试压记录;

10 无损检测报告;

11 强度、严密性试验记录;

12 管道吹扫记录;

13 管道清洗记录;

14 工艺管道干燥记录(天然气管道);

15 竣工图。

附　录　A

管道对接接头坡口型式

A.1　不等壁厚管道对接坡口型式

不等壁厚管道对接坡口型式见图 A。

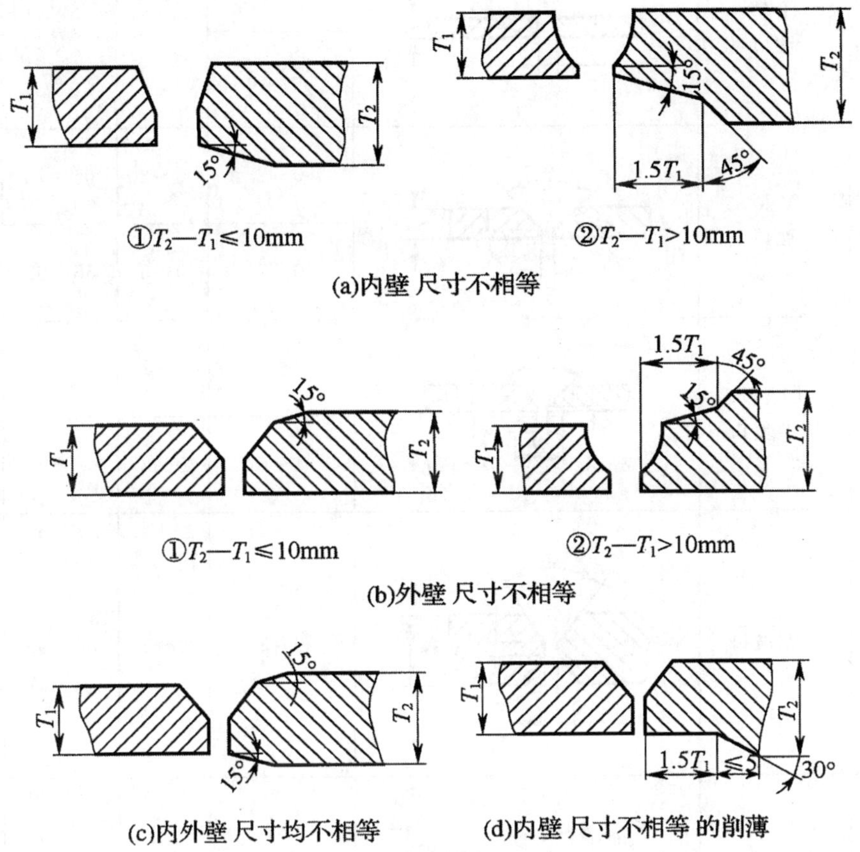

图 A　焊件坡口型式

注:用于管件且受长度条件限制时,图(a)①、(b)①和(c)中的 15°可改用 30°角。

A.2　等壁厚管道对接坡口型式

等壁厚管道对接坡口型式见表 A。

表 A　等壁厚管道对接坡口型式

项次	厚度 T (mm)	坡口名称	坡口型式	坡口尺寸 间隙 c (mm)	坡口尺寸 钝边 p (mm)	坡口尺寸 坡口角度 $\alpha(\beta)$(°)	备注
1	1～3	Ⅰ型坡口	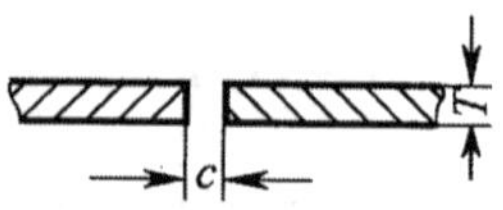	0～1.5	—	—	单面焊
	3～6			0～2.5			双面焊
2	3～9	V型坡口	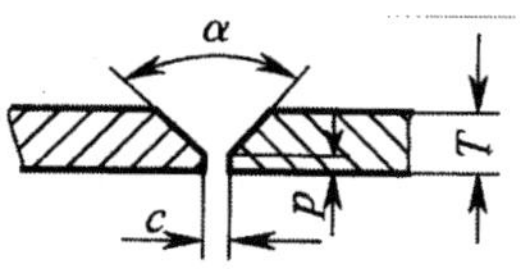	0～2	0～2	65～75	
	9～26			0～3	0～3	55～65	
3	3～9	带垫板V型坡口	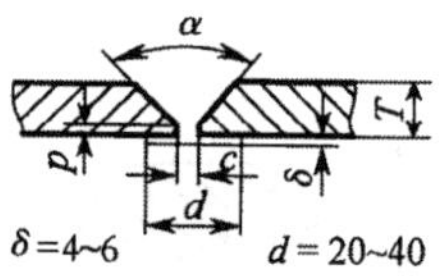	3～5	0～2	45～55	
	9～26			4～6	0～2		
4	12～60	X型坡口	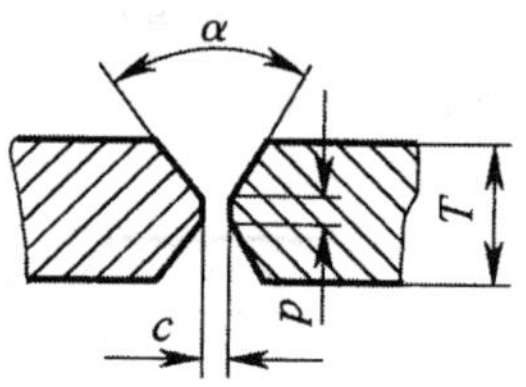	0～3	0～3	55～65	
5	20～60	双V型坡口	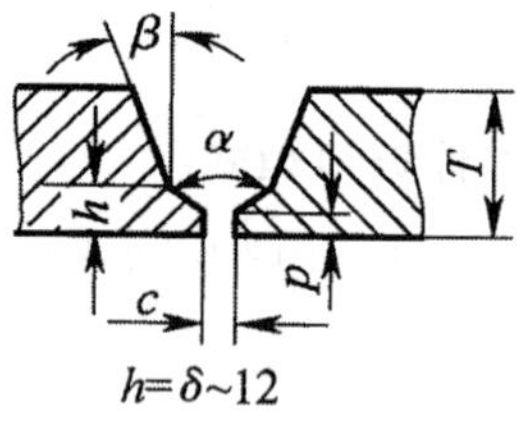	0～3	1～3	65～76 (8～12)	
6	20～60	U型坡口	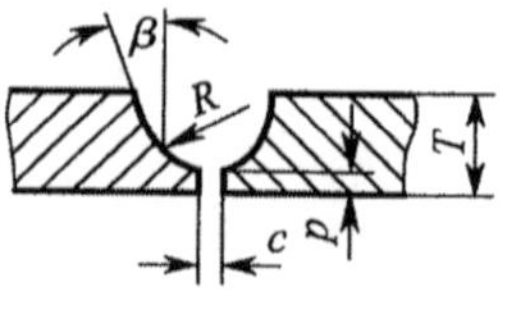	0～3	1～3	(8～12)	

表 A(续)

项次	厚度 T(mm)	坡口名称	坡口型式	坡口尺寸 间隙 c(mm)	坡口尺寸 钝边 p(mm)	坡口尺寸 坡口角度 $\alpha(\beta)$(°)	备注
7	2～30	T 型接头 I 型坡口	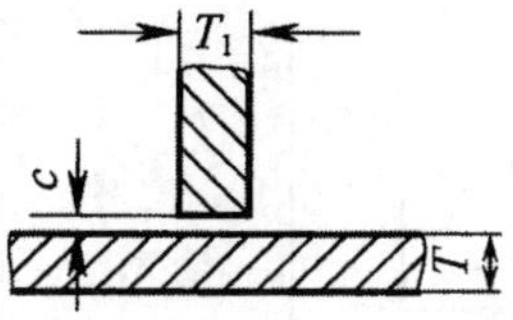	0～2	—	—	
8	6～10	T 型接头 单边 V 型 坡口	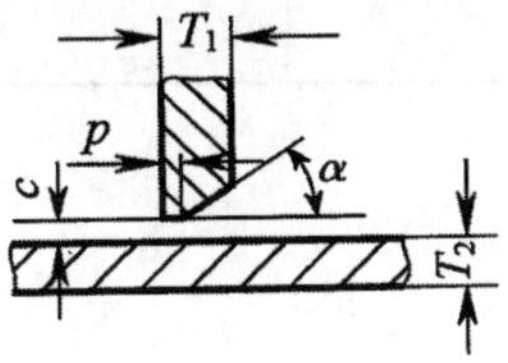	0～2	0～2	45～55	
	10～17			0～3	0～3		
	17～30			0～4	0～4		
9	20～40	T 型接头 对称 K 形 接口	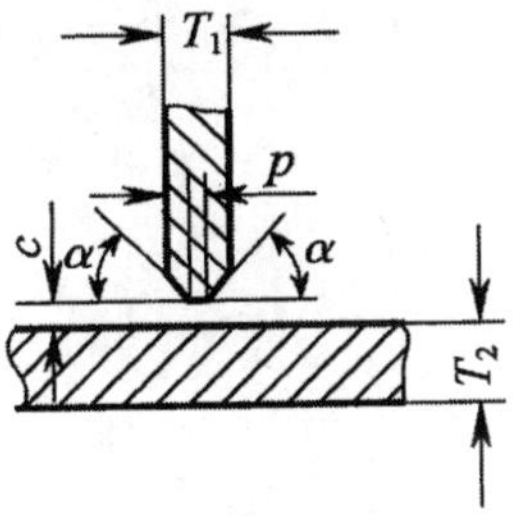	0～3	2～3	45～55	
10	管径 $\phi\leqslant76$	管座坡口	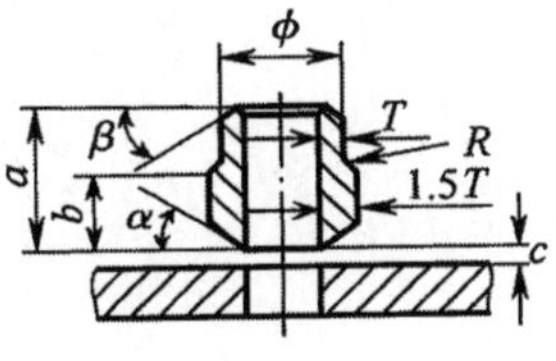 a=100 b=70 R=5	2～3	—	50～65 (30～35)	
11	管径 ϕ 76-133	管座坡口	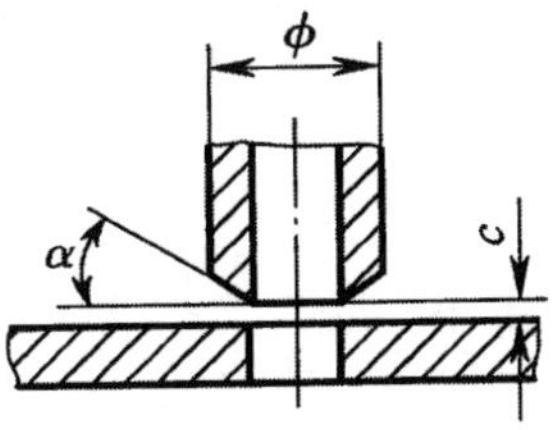	2～3	—	45～60	

表 A(续)

项次	厚度 T (mm)	坡口名称	坡口型式	坡口尺寸 间隙 c (mm)	钝边 p (mm)	坡口角度 $\alpha(\beta)$ (°)	备注
12		法兰角焊接头	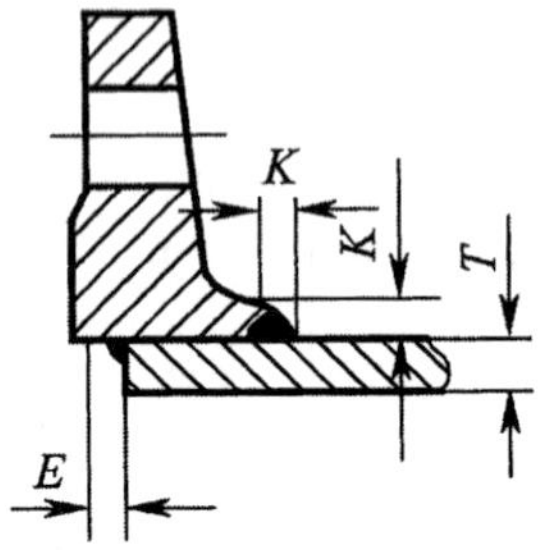	—	—	—	$K=1.4T$,且不大于颈部厚度;$E=6.4$,且不大于T

本规范用词说明

1 为便于在执行本规范条文时区别对待，对要求严格程度不同的用词说明如下：

1） 表示很严格，非这样做不可的：
正面词采用“必须”，反面词采用“严禁”；

2） 表示严格，在正常情况下均应这样做的：
正面词采用“应”，反面词采用“不应”或“不得”；

3） 表示允许稍有选择，在条件许可时首先应这样做的：
正面词采用“宜”，反面词采用“不宜”；

4） 表示有选择，在一定条件下可以这样做的，采用“可”。

2 条文中指明应按其他有关标准执行的写法为：“应符合……的规定”或“应按……执行”。

引用标准名录

《机械设备安装工程施工及验收通用规范》GB 50231
《工业金属管道工程施工规范》GB 50235
《现场设备、工业管道焊接工程施工及验收规范》GB 50236
《氩》GB/T 4842
《埋弧焊用碳钢焊丝和焊剂》GB/T 5293
《溶解乙炔》GB 6819
《气体保护电弧焊用碳钢、低合金钢焊丝》GB 8110
《钢制对焊无缝管件》GB/T 12459—2005
《埋弧焊用低合金钢焊丝和焊剂》GB/T 12470
《融化焊用钢丝》GB/T 14957
《钢制承插焊、螺纹和对焊支管座》GB/T 19326—2003
《锻造角式高压阀门技术条件》JB 450
《焊条质量管理规程》JB 3223
《承压设备无损检测》JB/T 4730.1～4730.6
《石油化工钢制管道工程施工工艺标准》SH/T 3517
《钢质管道焊接及验收》SY/T 4103
《石油天然气钢质管道无损检测》SY/T 4109
《油气输送钢制弯管》SY/T 5257—2004
《石油企业工业动火规程》SY 5858—2004
《焊接用不锈钢丝》YB/T 5092

UDC

中华人民共和国国家标准

P

GB/T 50568—2019

油气田及管道岩土工程勘察标准

Standard for oil and gas field and pipeline investigation of geotechnical engineering

2019-08-12 发布

2019-12-01 实施

中华人民共和国住房和城乡建设部
国家市场监督管理总局
联合发布

中华人民共和国住房和城乡建设部公告

第235号

住房和城乡建设部关于发布国家标准《油气田及管道岩土工程勘察标准》的公告

现批准《油气田及管道岩土工程勘察标准》为国家标准，编号为GB/T 50568—2019，自2019年12月1日起实施。原国家标准《油气田及管道岩土工程勘察规范》(GB 50568—2010)同时废止。

本标准在住房和城乡建设部门户网站(www.mohurd.gov.cn)公开，并由住房和城乡建设部标准定额研究所组织中国计划出版社出版发行。

中华人民共和国住房和城乡建设部

2019年8月12日

前　言

根据住房和城乡建设部《关于印发2016年工程建设标准规范制订、修订计划的通知》(建标函〔2015〕274号)的要求,本标准由中国石油天然气管道工程有限公司会同有关单位对原国家标准《油气田及管道岩土工程勘察规范》GB 50568—2010共同修订而成。

本标准在修订过程中,修编组进行了广泛的调查,开展了专题讨论和试验研究,总结了近年来我国油气田及管道岩土工程勘察的实践经验,与国内相关的标准进行了协调,并借鉴了有关的国际标准,在广泛征求意见的基础上,最后经审查定稿。

本标准的主要技术内容是:总则、术语、基本规定、各类工程的勘察、不良地质作用勘察、特殊性岩土段的线路勘察等。

本标准修订的主要技术内容是:1.站场勘察中增加深井阳极勘察的相关要求;2.管道线路勘察中调整了土石等级与分类划分的规定;3.管道跨越增加跨越工程等级的规定;4.对原规范隧道部分明确为钻爆法隧道,对勘探钻孔工作布置进行调整;5.对储罐初步勘察勘探线间距进行调整,勘探孔深度按照储罐容积分别规定;6.对滩海结构物的勘探点布置进行调整;7.增加管道伴行道路勘察章节;8.对不良地质作用勘察章节部分条款进行调整;9.对特殊性岩土段的线路勘察章节部分条款进行调整。

本标准由住房和城乡建设部负责管理,石油工程建设专业标准化委员会负责日常管理,中国石油天然气管道工程有限公司负责具体技术内容的解释。执行过程中如有意见或建议,请寄送中国石油天然气管道工程有限公司(地址:河北省廊坊市和平路146号;邮编:065000)。

本标准主编单位:中国石油天然气管道工程有限公司
本标准参编单位:中国石油工程建设有限公司西南分公司
青岛中油岩土工程有限公司
中油辽河工程有限公司
大庆油田工程有限公司
中国有色金属工业西安勘察设计研究院有限公司
本标准主要起草人员:郭书太　代云清　刘振谦　董　旭　张文伟　亢会明　李東为
王玉洲　张志豪　李贵鹏　姜　龙　董忠级　杨风学　陈光联
高剑锋　邵景林　毕　丹　沈茂丁　李国辉　史　航
本标准主要审查人员:荆少东　武　威　徐张建　胡树林　张益欣　王治军　陈情来
王小林　尚小卫　胡德新　梁东辉　许支红

1 总则

1.0.1 为了在油气田及管道岩土工程勘察中统一技术要求,做到技术先进、经济合理、安全适用、保护环境、确保质量,制定本标准。
1.0.2 本标准适用于油气田站场、管道工程、储罐、地下水封洞库、滩海结构物的岩土工程勘察。
1.0.3 岩土工程勘察应按勘察阶段的要求,查明岩土工程条件,提出资料完整、评价正确的勘察报告。
1.0.4 油气田及管道岩土工程勘察除应符合本标准的规定外,尚应符合国家现行有关标准的规定。

2 术语

2.0.1

岩土工程勘察 geotechnical investigation

根据建设工程的要求,查明、分析、评价建设场地的地质、环境特征和岩土工程条件,编制勘察文件的活动。

2.0.2

管道工程 pipeline engineering

通过管道输送石油、天然气及其他介质的工程。包括管道线路工程、站场工程、穿跨越工程、伴行道路工程及辅助设施工程。

2.0.3

管道穿越 pipeline under crossing

管道从人工或天然障碍物下部通过的一种方式。

2.0.4

管道跨越 pipeline over crossing

管道从人工或天然障碍物上部通过的一种方式。

2.0.5

地下水封洞库 underground water enclosed cavern

在稳定地下水位以下的岩体中开挖洞室,并以围岩和岩体中的裂隙水对储存的原油或成品油进行封闭的一种地下空间系统。

2.0.6

地震效应 seismic effect

在一定的地震作用影响下,地面出现的各种震害的动态反应。

2.0.7

不良地质作用 adverse geologic actions

由地球内力或外力产生的对工程或环境可能造成危害的地质作用。

2.0.8

管道伴行道路 pipeline road

修建在油气管道附近,主要服务于油气管道运营并兼顾施工车辆通行的专用道路,简称伴行路。

3 基本规定

3.0.1 油气田及管道岩土工程勘察，宜按可行性研究勘察、初步勘察、详细勘察、施工勘察开展工作，并应符合下列规定：

1 可行性研究勘察应符合可行性研究的要求；

2 初步勘察应符合初步设计的要求；

3 详细勘察应符合施工图设计的要求；

4 场地条件复杂或有特殊要求的工程，宜进行施工勘察；

5 在工程地质条件简单或有建筑经验的场区，可合并勘察阶段。

3.0.2 岩土工程勘察前，应搜集、分析已有资料及设计委托要求，根据勘察阶段、区域及工程场地岩土工程条件、工程类型，明确勘察重点，制定岩土工程勘察纲要。

3.0.3 管道线路工程的岩土工程勘察等级可按表3.0.3确定，站场、穿(跨)越、隧道及储罐等其他工程的岩土工程勘察等级应按现行国家标准《岩土工程勘察规范》GB 50021执行。

表3.0.3 管道线路工程岩土工程勘察等级

岩土工程勘察等级	确定勘察等级的条件	
	场地复杂程度等级	地基复杂程度等级
甲级	一级	任意
	任意	一级
乙级	二级或三级	二级
丙级	二级或三级	三级
注：场地复杂程度等级、地基复杂程度等级应按现行国家标准《岩土工程勘察规范》GB 50021执行。		

3.0.4 土与岩石的分类和鉴定应符合现行国家标准《岩土工程勘察规范》GB 50021的规定。

3.0.5 钻探和取样应符合现行行业标准《建筑工程地质勘探与取样技术规程》JGJ/T 87的规定。

3.0.6 钻孔、探井等完工后，应根据要求进行回填。

3.0.7 试验项目和试验方法，应根据工程要求和岩土性质的特点确定，具体操作和试验仪器应符合现行国家标准《土工试验方法标准》GB/T 50123和《工程岩体试验方法标准》GB/T 50266的规定。

3.0.8 当建(构)筑物采用桩基础时，岩土工程勘察应符合现行国家标准《岩土工程勘察规范》GB 50021的规定。

3.0.9 基坑工程勘察应符合现行行业标准《建筑基坑支护技术规程》JGJ 120的规定。地下水较丰富时宜进行抽水试验，并结合长期水位观测资料提出基坑支护、地下水控制方案和抗浮设计水位建议。水文地质条件复杂时应进行专门的水文地质勘察工作。

3.0.10 抗震设防烈度大于或等于6度的场地，应进行场地和地基的地震效应评价，确定建筑的场地类别。

4 各类工程的勘察

4.1 站场

4.1.1 联合站、油气处理厂、注水站、集输站、压气站、泵站、分输站等站场中的建(构)筑物及设施的岩土工程勘察,应在搜集建(构)筑物上部荷载、基础形式、埋置深度和变形要求等方面资料的基础上进行。主要工作内容应符合下列规定:

1 查明场地和地基的稳定性、地层结构、持力层和下卧层的工程特性、土的应力历史、地下水条件及不良地质作用等;

2 提供设计、施工所需的岩土参数,确定地基承载力,预测地基变形性状;

3 宜对场地整平、地基基础、基坑支护、工程降水、地基处理设计与施工方案提出建议;

4 对建(构)筑物有影响的不良地质作用提出防治建议;

5 对抗震设防烈度大于或等于 6 度的场地进行场地和地基的地震效应评价;

6 分析评价水和土对建筑材料的腐蚀性。

4.1.2 建(构)筑物岩土工程勘察宜分阶段进行,场地较小且无特殊要求的工程可合并勘察阶段。当建筑物总平面图已经确定,且场地或邻近场地已有岩土工程经验或资料时,可根据实际情况直接进行详细勘察。

4.1.3 可行性研究勘察应对拟选场地的稳定性和适宜性做出评价,并应符合下列规定:

1 搜集区域地质、地形地貌、地震、矿产、水文、气象以及当地的工程地质、岩土工程和建筑经验等资料;

2 在充分搜集和分析已有资料的基础上,宜通过踏勘了解场地的地形地貌、地质构造、地层与岩性、不良地质作用和地下水等工程地质条件;

3 当拟选场地工程地质条件复杂,已有资料不能满足要求时,应根据具体情况进行工程地质测绘和必要的勘探工作;

4 当有两个或两个以上拟选场地时,应进行方案分析比选。

4.1.4 初步勘察应进行下列主要工作:

1 搜集拟建工程的有关文件、工程地质和岩土工程资料及工程场地范围的地形图;

2 初步查明地形地貌、地质构造、地层结构、岩土工程特性、地下水埋藏条件;

3 查明场地不良地质作用的成因、分布、规模、发展趋势,并对场地的稳定性做出评价;

4 对抗震设防烈度大于或等于 6 度的场地,进行场地和地基的地震效应初步评价;

5 调查季节性冻土地区场地土的标准冻结深度;

6 初步判定水和土对建筑材料的腐蚀性;

7 当有基坑工程时,初步分析评价与基坑工程相关的基坑开挖与支护、工程降水方案;

8 设计有要求时,对场地整平、道路、边坡及土石方工程方案提出初步建议;

9 对拟建建(构)筑物基础类型、地基处理、岩土改造等提出初步建议。

4.1.5 初步勘察的勘探工作应符合下列规定:

1 勘探线应垂直地貌单元、地质构造和地层界线布置;

2 每个地貌单元均应布置勘探点,地貌单元交接部位和地层变化较大的地段,勘探点应予以加密;

3 地形平坦地区,可按网格布置勘探点;

4 对岩质地基,勘探线、勘探点的布置和勘探孔深度应根据拟建建(构)筑物重要性、地质构造、岩体特性、风化情况等综合确定;需进行抗浮水位验算的基坑,应满足抗浮桩或抗浮锚杆的设计要求;

5 对土质地基,初步勘察勘探线、勘探点间距可按表 4.1.5-1 确定,局部异常地段予以加密;初步勘察勘探孔深度可按表4.1.5-2确定。

表4.1.5-1 初步勘察勘探线、勘探点间距(m)

地基复杂程度等级	勘探线间距	勘探点间距
一级(复杂)	50～100	30～50
二级(中等复杂)	75～150	40～100
三级(简单)	150～300	75～200

注:1 表中间距不适用于工程物探;
2 控制性勘探点宜占勘探点总数的1/5～1/3,且每个地貌单元均应有控制性勘探点。

表4.1.5-2 初步勘察勘探孔深度(m)

工程重要性等级	一般性勘探孔	控制性勘探孔
一级(重要工程)	≥15	≥30
二级(一般工程)	10～15	15～30
三级(次要工程)	6～10	10～20

注:1 勘探孔包括钻孔、探井和原位测试孔等;
2 特殊用途的勘探孔除外。

4.1.6 遇下列情形之一时,应按下列规定增减勘探孔深度:

1 当勘探点的地面标高与预计整平地面标高相差较大时,应按高差调整勘探孔深度;

2 当预定深度内遇基岩时,除控制性钻孔仍应钻入基岩一定深度外,其他勘探孔达到确定的基岩后即可终止钻进;

3 在预定深度内有厚度较大,且分布均匀的碎石土、密实砂或老沉积土等坚实土层时,除控制性勘探孔应达到规定深度外,一般性勘探孔的深度可予以减小;

4 当预定深度内有软弱土层时,勘探孔深度应予以增加,部分控制性勘探孔应穿透软弱土层或达到预计控制深度。

4.1.7 采取土试样和进行原位测试的勘探点应结合地貌单元、地层结构和土的工程性质布置,数量可占勘探点总数的1/4～1/2;采取土样的数量和孔内原位测试的竖向间距应按地层特点和土的均匀性程度确定,每层土均应采取土试样或进行原位测试,其数量不宜少于6件(组)。

4.1.8 初步勘察应进行水文地质勘察工作,且应符合下列规定:

1 调查含水层的埋藏条件,地下水的类型、补给排泄条件,各层地下水位及变化幅度;根据水文地质条件复杂程度和工程需要,必要时应设置长期观测井,监测水位变化;

2 有基坑工程时,宜进行抽水试验,确定地层渗透系数、影响半径及涌水量等;

3 需绘制地下水等水位线时,应根据地下水的埋藏条件和层位,统一量测地下水位;

4 地下水可能浸湿基础时,应进行地下水腐蚀性评价。

4.1.9 初步勘察的工程物探工作宜符合下列规定:

1 当需要查明构造破碎带、基岩面、岩溶及古河床分布时,宜选择高密度电阻率法、电测深法、电剖面法、浅层地震法等测试方法,宜垂直构造线布置勘探线;

2　确定建筑的场地类别时，宜进行剪切波速测试，测试点(孔)数不宜少于3个；

3　当需要确定土壤导电性及对钢结构的腐蚀性时，宜进行土壤视电阻率测试。

4.1.10　详细勘察应按单体建(构)筑物或建(构)筑物群提供详细的岩土工程资料和设计、施工所需的岩土参数；应对建(构)筑物地基做出岩土工程评价，并应对基础类型、基础形式、地基处理、基坑支护、工程降水及不良地质作用的防治等提出建议。

4.1.11　详细勘察应进行下列工作：

1　搜集附有坐标和地形的建(构)筑物的总平面图，场区的地面整平标高，建(构)筑物的性质、规模、荷载、结构特点、基础形式、埋置深度及地基允许变形等资料；

2　查明不良地质作用的类型、成因、分布范围、发展趋势和危害程度，提出整治方案的建议；

3　查明建(构)筑范围内岩土层的类型、深度、分布、工程特性，分析和评价地基的稳定性、均匀性和承载力；

4　对需进行沉降计算的建(构)筑物，提供地基变形计算参数，预测其变形特征，必要时进行沉降验算；

5　查明埋藏的河道、沟浜、墓穴、防空洞、孤石等对工程不利的埋藏物；

6　查明地下水的埋藏条件，提供地下水位及其变化幅度；

7　提供季节性冻土地区场地土的标准冻结深度；

8　判定水和土对建筑材料的腐蚀性；

9　当有压缩机等动力设备时，宜在设备基础处进行孔内波速测试，提供设计所需的地基动力特征参数；设计要求进行块体基础振动测试时，应按照设计要求提供地基刚度系数和阻尼比等动力参数，测试方法应符合现行国家标准《地基动力特性测试规范》GB/T 50269的规定；

10　安全等级为一级的边坡工程宜进行专门勘察工作。

4.1.12　详细勘察勘探点的布置应根据建(构)筑物特性和岩土工程条件确定；岩质地基应根据地质构造、岩体特性、风化情况等，结合建(构)筑物对地基的要求综合确定；土质地基勘探点间距可按表4.1.12确定。勘探点布置应符合下列规定：

1　勘探点宜按建(构)筑物周边和角点布置，对无特殊要求的其他建(构)筑物，可按建(构)筑物单体或建(构)筑物群的范围布置；

2　同一建(构)筑物范围内的主要受力层或有影响的下卧层起伏较大时，勘探点应予以加密；

3　重大设备基础应单独布置勘探点，重大的动力机器基础和高耸构筑物勘探点不宜少于3个。

表4.1.12　详细勘察勘探点间距(m)

地基复杂程度等级	勘探点间距
一级(复杂)	10～15
二级(中等复杂)	15～30
三级(简单)	30～50

4.1.13　详细勘察勘探孔深度应符合下列规定：

1 勘探孔深度应能控制地基主要受力层,当基础底面宽度不大于5 m时,勘探孔深度对条形基础不应小于基础底面宽度的3倍,对单独柱基础不应小于基础底面宽度的1.5倍,且不应小于5 m;

2 对需做变形计算的地基,控制性勘探孔的深度应超过地基变形计算深度;变形计算深度,对中、低压缩性土可取附加压力等于上覆土层有效自重压力20%的深度,对高压缩性土层可取附加压力等于上覆土层有效自重压力10%的深度;

3 当有地下构筑物不能满足抗浮设计要求,需设置抗浮桩或抗浮锚杆时,勘探孔深度应满足抗拔承载力评价的要求;

4 当有大面积地面堆载或软弱下卧层时,应加深控制性勘探孔的深度;

5 当需确定建筑物的场地类别而邻近无可靠的覆盖层厚度资料时,应布置波速测试孔,深度应满足确定覆盖层厚度的要求;

6 大型设备基础勘探孔深度不宜小于基础底面宽度的2倍;

7 当需进行地基处理或采用桩基础时,勘探孔的深度应满足地基处理设计、桩基设计与施工的要求;

8 当预计深度内遇基岩或厚层碎石土等稳定地层时,勘探孔深度可予以调整。

4.1.14 详细勘察取土试样和进行原位测试应满足岩土工程评价要求,并应符合下列规定:

1 取土试样和原位测试勘探孔数量,应根据地层结构、地基土的均匀性和工程特点确定,其数量不应少于勘探孔总数的1/2,取土孔的数量不应少于勘探孔总数的1/3;

2 每个场地每一主要土层的不扰动土试样或原位测试数据不应少于6件(组);

3 在地基主要受力层内,对厚度大于0.5 m的夹层或透镜体应采取土试样或进行原位测试;

4 当土层性质不均匀时,应增加取土数量或原位测试工作量。

4.1.15 站场深井阳极勘察的钻孔深度应达到深井阳极埋置深度,电阻率测试深度应满足设计要求。

4.1.16 站场岩土工程勘察报告宜包括下列内容:

1 文字部分宜包括下列内容:

1) 工程概况;

2) 勘察目的、任务要求和依据的技术标准;

3) 勘察方法、勘察工作布置和完成情况;

4) 场地自然地理条件;

5) 区域地质、水文地质条件;

6) 场地岩土工程条件;

7) 地下水埋藏情况、类型、水位及其变化;

8) 水和土对建筑材料的腐蚀性;

9) 场地地震效应分析评价;

10) 可能影响工程的不良地质作用描述和对工程危害的评价;

11) 场地稳定性、均匀性和适宜性的评价;

12) 地基处理、边坡工程及地基基础方案等的建议;

13) 结论与建议。

2 图表部分宜包括下列内容：

1) 勘探点平面位置图；

2) 工程地质柱状图，

3) 工程地质剖面图；

4) 原位测试成果图表；

5) 室内试验成果图表；

6) 其他有关图表。

3 专项报告宜包括下列内容：

1) 土工试验；

2) 工程物探；

3) 原位测试；

4) 水文地质。

4.2 管道线路

4.2.1 管道线路岩土工程勘察的主要内容应符合下列规定：

1 查明管道沿线的地貌类型、地层结构、地下水埋藏条件、特殊性岩土和不良地质作用等；

2 按本标准附录A的规定评价环境水和土对钢结构的腐蚀性；

3 确定管道线路沿线岩土的土石等级与分类；

4 测试管道沿线岩土的视电阻率；

5 对管道有影响的不良地质作用和特殊性岩土的防治方案提出建议；

6 确定沿线抗震设防烈度，对抗震设防烈度大于或等于7度的饱和砂土或粉土地段，应按本标准附录B的规定进行场地的地震液化判别。

4.2.2 岩土的室内试验项目应符合现行国家标准《岩土工程勘察规范》GB 50021的规定，并应符合下列规定：

1 在抗震设防烈度大于或等于7度的地区，应对管道沿线7.0 m深度内的粉土取样分析粒径小于0.005 mm的黏粒含量；

2 对勘探深度内的岩石试样应进行天然单轴抗压强度试验；

3 对勘探深度内的碎石土、砂土应进行自然休止角试验。

4.2.3 当管道沿线地下水在丰水期的水位埋深小于管道埋设深度时，宜采取地下水试样，经过地表水体时宜采取地表水试样，判定水对钢结构和建筑材料的腐蚀性。

4.2.4 可行性研究勘察应通过搜集资料和重点地段踏勘调查，了解管道线路各路由方案的区域地质、工程地质、水文地质的一般特征和主要工程地质问题。

4.2.5 线路走向应根据岩土工程条件，结合工程情况选择地形和地质条件较好、安全经济的方案。

4.2.6 可行性研究勘察应进行下列准备工作：

1 搜集线路通过地区的区域地质、工程地质、水文地质、地震、水文、气象和遥感图像等资料；

2 室内分析研究和地质判释；

3 编写踏勘选线工作纲要。

4.2.7 可行性研究勘察应符合下列规定：

1 了解区域地形地貌、地质构造、地层岩性、水文地质等概况，利用天然和人工露头进行地质描述，应调查了解沿线岩土类型、厚度及其对钢结构和建筑材料的腐蚀性，概略提供线路各路由方案通过地区的岩土工程条件；

2 对控制线路方案的越岭地段，应踏勘调查地质构造、地层岩性、水文地质和不良地质作用，推荐线路越岭方案；

3 对控制线路方案的河流，应了解其地层、岩性、构造、河床与岸坡的稳定程度及水文特征等概况，提出穿跨越方案比选的建议；

4 对线路各路由方案经过的特殊性岩土与不良地质作用地段，应了解其性质，调查和分析其发展趋势及其对管道的危害程度；

5 了解管道沿线有关大型水库的分布情况、近期及远景规划、水位、回水淹没和坍岸的范围、有无诱发地震的可能及其对线路方案的影响；

6 了解沿线矿产及地下文物分布概况；

7 了解沿线抗震设防烈度和地震动参数。

4.2.8 可行性研究勘察的岩土工程勘察报告应简要说明线路各路由方案的地形地貌、工程地质、水文地质条件和区域性不良地质作用、特殊性岩土的分布及其对线路的影响，并应提出推荐方案和对下一步勘察工作的建议。

4.2.9 初步勘察应通过搜集资料、工程地质调查，对拟选线路的岩土工程条件做出初步评价，提供初步设计所需的岩土工程勘察资料。

4.2.10 初步勘察应对可行性研究勘察中所搜集的资料进行分析，并补充搜集线路通过地区的区域地质、工程地质、水文地质、抗震设防烈度及活动断裂等资料。

4.2.11 工程地质调查工作宜在线路两侧各 100 m 带状范围内进行，对工程有较大影响的不良地质发育地段应扩大调查的范围。工程地质调查应包括下列内容：

1 沿线地貌单元；

2 管道埋设深度内及下伏地层的成因、岩性特征和厚度；

3 岩层产状和风化破碎程度，对线路有影响的断裂走向、宽度以及新构造运动的特点；

4 沿线岩溶、滑坡、危岩、崩塌、泥石流、采空区和活动断裂等不良地质作用的发育范围、性质及其发展趋势；

5 沿线湿陷性黄土、盐渍岩土、膨胀岩土、多年冻土、软土和风沙等特殊性岩土的分布范围、性质；

6 沿线井、泉的分布，地下水位埋深及土的冻结深度等资料；

7 河流的岸坡稳定性、河床及两岸的地层岩性和洪水淹没范围。

4.2.12 初步勘察应以利用天然露头和人工露头进行地质调查和描述为主，对重要的地质现象宜在现场绘制素描图或拍摄照片。在地质条件复杂、露头条件差的地段可采用简易的勘探手段，了解其地层、岩性、构造等情况。

4.2.13 初步勘察击测试管道沿线岩土的视电阻率，测试点宜按地貌单元布置。

4.2.14 初步勘察岩土工程勘察报告文字部分应包括下列主要内容：

1 工程概况；

2 自然地理条件；

3 沿线区域地质、水文地质和岩土工程条件；

4 不良地质作用发育情况,判断其影响程度,并推荐最优线路方案;

5 特殊性岩土的分布及其工程特性;

6 沿线岩土视电阻率测试成果;

7 下一步勘察中应解决的问题。

4.2.15 初步勘察阶段应绘制包括线路走向、勘探点位置及工程地质条件的综合工程地质图。

4.2.16 详细勘察应在已确定的线路路由上进行,详细查明沿线的工程地质、水文地质条件,提供施工图设计所需的岩土工程勘察资料。

4.2.17 详细勘察前应取得下列资料:

1 附有线路走向的地形图或线路中线桩位数据;

2 管道直径、压力、敷设方式及可能埋设深度等;

3 可行性研究勘察或初步勘察报告等前期勘察资料;

4 沿线的区域地质、工程地质和水文地质等资料。

4.2.18 详细勘察的工程地质测绘和调查应符合下列规定:

1 岩石出露或地貌、地质条件较复杂的场地应进行工程地质测绘,地质条件简单的场地可进行工程地质调查。

2 工程地质测绘条带宽度宜为线路两侧各 100 m。

3 工程地质测绘所用地形图的比例尺根据地形复杂程度可选用 1∶500～1∶2000;地质界线的测绘精度在图上的误差不应超过 3 mm。

4 工程地质测绘观测线应垂直地质界线和不良地质体布置;观测点的间距图上距离应控制在 20 mm～30 mm 范围内。

5 工程地质测绘和调查宜包括下列内容:

1) 查明地形、地貌的形态特征及其与地层、构造、不良地质作用的关系,划分沿线地貌单元;

2) 各类岩土的年代、成因、性质、厚度和分布;

3) 调查地下水的埋藏条件,并调查砂土及粉土的地震液化情况;

4) 调查影响管道建设和运营安全的不良地质作用的性质、范围及其发生、发展和分布规律,特殊性岩土的类型、性质、分布范围及其危害性等;

5) 调查沿线的地质构造,对线路通过的断裂应调查其走向、产状、断距、破碎带的宽度及充填胶结情况,并重点调查活动断裂;

6) 调查人工洞穴、地下采空、挖填方、抽排水和水库修筑等对管道的影响。

4.2.19 详细勘察的勘探工作应符合下列规定:

1 详细勘察的勘探点间距应根据岩土工程勘察等级按表 4.2.19 确定;

表 4.2.19 详细勘察勘探点间距(m)

岩土工程勘察等级	间距
甲级	200～300
乙级	300～500
丙级	500～1000
注:对靠近线路的人工和天然露头应进行记录,描述或取样测试的地质点可视为勘探点。	

2 详细勘察勘探孔深度应达到管沟底面以下 1 m；当预计深度内遇基岩或厚层碎石土等稳定地层时，勘探孔深度可予以减少；当无法取得管底埋深资料时，勘探孔深度平原地区宜为 3 m，地形起伏较大的山区宜为 4 m；

3 勘探工作量的布置应兼顾小型穿越勘察要求；

4 对管道有较大影响的不良地质作用地段应做专项勘察；

5 沿线岩土视电阻率测试的间距宜同勘探点间距，测试深度不应小于管道埋设深度；

6 土壤对钢结构的腐蚀性可根据土壤视电阻率值确定；设计有要求时可测试土壤的电流密度、平均腐蚀速率和氧化还原电位，辅助判定土壤对钢结构的腐蚀性；腐蚀性分级应按本标准附录 A 的规定确定。

4.2.20 管道线路勘察应根据岩土性质和开挖施工的难易程度划分沿线岩土的土石等级与分类，岩土的土石等级与分类应按表 4.2.20 确定。

表 4.2.20 土石等级与分类

土石等级	分类	岩土名称及特征	岩石天然单轴抗压强度 R(MPa)	开挖方法
Ⅰ	一类土	稍密的粉土，松散-稍密的砂土，腐殖土，流塑、软塑的黏性土，淤泥质土，淤泥，泥炭质土，泥炭，未经压密的素填土	—	用铁锹开挖
Ⅱ	二类土	中密-密实的粉土或砂土，可塑-硬塑的黏性土，Q_3、Q_4 新黄土，松散-稍密的圆砾、角砾、卵石、碎石，压实的素填土，含有草根的密实腐殖土，含有直径在 30 mm 以内根类的腐殖土或泥炭	—	用锹开挖并少数用镐开挖
Ⅲ	三类土	坚硬的黏性土，Q_1、Q_2 老黄土，含块石或漂石 30%～50%的土，中密-密实的圆砾、角砾、卵石、碎石，含有直径大于 30 mm 根类的腐殖土或泥炭，压实的杂填土	—	用尖锹并同时用镐开挖
Ⅳ	四类土	块石土，漂石土，含有重量达 50 kg 以内的巨砾占总体积的 10%以内的冰碛黏土，各种风化成土状的岩石	—	用尖铲并同时用镐和撬棍开挖
Ⅴ	松石	含有重量在 50 kg 以内的巨砾占总体积的 10%以上的冰碛土，矽藻岩和软白垩岩，弱胶结的砾岩，裂隙发育的片岩，石膏，粒径 400 mm～800 mm 的碎石土，泥板岩，多年冻土，强风化岩石	$R \leqslant 20$	部分用手凿工具，部分采用爆破法开挖

表 4.2.20(续)

土石等级	分类	岩土名称及特征	岩石天然单轴抗压强度 R(MPa)	开挖方法
Ⅵ	次坚石	凝灰岩和浮石,裂隙发育的石灰岩,中硬的片岩,中硬的泥灰岩	$20<R\leqslant40$	用风镐和爆破开挖
Ⅶ	次坚石	钙质胶结的砾岩,裂隙发育的泥质砂岩,坚硬的泥质板岩,坚硬的泥灰岩	$40<R\leqslant60$	用爆破方法开挖
Ⅷ	次坚石	花岗岩,泥灰质石灰岩,泥质砂岩,砂质云母片岩,硬石膏	$60<R\leqslant80$	用爆破方法开挖
Ⅸ	普坚石	花岗岩,片麻岩和正长岩,滑石化的蛇纹岩,致密的石灰岩,硅质胶结的砾岩和砂岩,砂质石灰质片岩,菱镁矿	$80<R\leqslant100$	用爆破方法开挖
Ⅹ	普坚石	白云岩,硬质的石灰岩,大理岩,石灰质胶结的致密砾岩,坚硬的砂质片岩	$100<R\leqslant120$	用爆破方法开挖
Ⅺ	特坚石	粗粒花岗岩,坚硬的白云岩,蛇纹岩,石灰质胶结的含有火山岩的卵石的砾岩,硅质胶结的坚硬砂岩,粗粒正长岩	$120<R\leqslant140$	用爆破方法开挖
Ⅻ	特坚石	安山岩及玄武岩,片麻岩,非常坚硬的石灰岩,母岩为火山岩的硅质胶结砾岩,粗面岩	$140<R\leqslant160$	用爆破方法开挖
XIII	特坚石	中粒花岗岩,坚硬的片麻岩,辉绿岩,玢岩,坚硬的粗面岩,中粒正长岩	$160<R\leqslant180$	用爆破方法开挖
XIV	特坚石	坚硬的细粒花岗岩,花岗片麻岩,闪长岩,高硬度石灰岩,坚硬的玢岩	$180<R\leqslant200$	用爆破方法开挖
XV	特坚石	安山岩,玄武岩,坚硬的角砾岩,坚硬的辉绿岩和闪长岩,坚硬的辉长岩和石英岩	$200<R\leqslant250$	用爆破方法开挖
XVI	特坚石	拉长玄武岩和橄榄玄武岩,极硬的辉长岩,辉绿岩,石英岩和玢岩	$R>250$	用爆破方法开挖

4.2.21 详细勘察的勘察成果应包括下列内容:

1 在线路纵断面图上分段扼要填写地貌单元、地层岩性、地下水埋深、岩土视电阻率值、土石等级与分类等资料。

2 岩土工程勘察报告文字部分应包括下列内容:

1) 工程概况;

2) 勘察目的、任务要求和依据的技术标准;

3) 勘察方法、勘察工作布置和完成情况;

4) 自然地理条件;

5） 沿线区域地质和水文地质条件；

6） 沿线地形地貌特征；

7） 沿线岩土工程条件；

8） 沿线小型穿越岩土工程条件；

9） 沿线水和土的腐蚀性；

10） 沿线地震效应分析评价；

11） 可能影响工程的不良地质作用描述和对工程危害的评价；

12） 可能影响工程的特殊性岩土的性质和对工程危害的评价；

13） 管道施工中可能引发的岩土工程问题及防治建议；

14） 水、土和岩石室内试验成果图表；

15） 土壤视电阻率等原位测试成果表；

16） 勘探点成果表。

4.3 管道穿越

4.3.1 管道穿越的岩土工程勘察，应查明山体、水域、冲沟及两侧穿越段范围内的岩土工程条件，对拟选穿越段的工程地质、水文地质及水域、冲沟工程水文条件做出评价，提供设计所需的岩土工程勘察资料。

4.3.2 管道水域和冲沟穿越的工程等级应按表 4.3.2-1 和表 4.3.2-2 确定。

表 4.3.2-1 水域穿越工程等级

工程等级	水域特征	
	多年平均水位水面宽度 L(m)	相应水深度 H(m)
大型	$L\geqslant 200$	不计水深
	$100\leqslant L<200$	$H\geqslant 5$
中型	$100\leqslant L<200$	$H<5$
	$40\leqslant L<100$	不计水深
小型	$L<40$	不计水深

注：1 季节性河流或无资料河流，水面宽度可按不含滩地的主河槽宽度选取；
2 游荡性河流，水面宽度应按深泓摆动范围选取，若无资料，宜按两岸大堤间宽度选取。

表 4.3.2-2 冲沟穿越工程等级

工程等级	冲沟特征	
	冲沟深度(m)	冲沟边坡(°)
大型	>40	>25
中型	10～40	>25

注：冲沟边坡小于列表坡角者，工程等级降低一级。

4.3.3 可行性研究勘察应通过搜集资料、踏勘、调查，概略了解穿越山体、水域和冲沟的工程地质条件,对拟选穿越段的稳定性和适宜性做出工程地质评价。

4.3.4 可行性研究勘察应进行下列工作:

1 搜集穿越段有关区域地质、地形地貌、地震、工程地质、水文地质及工程水文资料,河谷发育或平原河道变迁史;

2 通过踏勘调查了解穿越山体、河床、漫滩、冲沟及两侧出露的地层、地质构造、岩土性质和不良地质作用、特殊性岩土等工程地质条件;

3 对于河流大型穿越工程可布置勘探孔,查明河床下部地层情况。

4.3.5 确定拟选穿越河段时,宜避开下列河段:

1 河道弯曲、经常改道的河段;

2 河床冲淤变幅大的河段;

3 岸坡区岩土松软、不良地质作用发育且对穿越工程稳定性有直接危害或潜在威胁的河段;

4 靠近活动断裂的河段。

4.3.6 可行性研究勘察的岩土工程勘察报告应阐明穿越段山体、水域和冲沟地质概况,确定可作为大中型穿越断面的范围,评价拟选段的工程地质、水文地质和工程水文条件,对下一步勘察工作提出建议。

4.3.7 初步勘察应初步查明拟定穿越段山体、水域和冲沟的工程地质条件和水文地质条件,选择最优的穿越断面,推荐合理的穿越方式,为初步设计提供所需的岩土工程勘察资料。

4.3.8 初步勘察前应取得下列资料:

1 附有拟定穿越山体、水域和冲沟范围的地形图;

2 可能采取的穿越方式及有关工程特性。

4.3.9 初步勘察应以搜集资料、地质调查为主,对水域、冲沟大中型穿越和山体穿越应布置工程物探或钻探工作。

4.3.10 初步勘察宜搜集下列有关资料:

1 拟定穿越山体、水域和冲沟有关的区域地质资料;

2 补充有关工程水文资料,包括最高洪水位、最大流量、最大流速、冲刷深度及附近河道、堤防、水利设施等其他工程有关资料。

4.3.11 工程地质调查应包括下列内容:

1 调查穿越山体、水域和冲沟的地貌成因、形态、特征及其发展趋势;

2 调查穿越山体、水域和冲沟及两岸地层的岩性、成因类型、分布规律、岸坡稳定情况及不良地质作用和特殊性岩土的成因类型、分布范围、形成条件及其对管道穿越工程的影响。

4.3.12 在拟定穿越段内,当地层有较明显的物性差异而地形起伏变化不大时,宜进行工程物探工作。工程物探测线宜采取垂直于河道或沿拟定的穿越中线布置。对工程物探的实测资料,应结合地质资料进行综合分析提出地质解释成果。

4.3.13 在初步勘察时,对水域大中型穿越工程应进行钻探工作,勘探点的布置原则和勘探孔深度应符合下列规定:

1 勘探点宜布置在拟定穿越中线位置的上游 15 m～30 m 处,穿越段勘探点间距宜为 100 m～200 m,每一个方案不应少于 3 个勘探点,控制性勘探点数量不宜少于勘探点总数的 1/3～1/5;对已经确定为挖沟法穿越方式的勘探点可沿穿越中线布置;

2 勘探孔的深度应根据设计要求确定，当无设计要求时，控制性勘探孔深度自河底算起应为 20 m～30 m，一般性勘探孔深度宜为 10 m～20 m；

3 对抗震设防烈度大于或等于 6 度的地区，勘探孔深度应满足场地和地基地震效应评价的要求。

4.3.14 山体水平定向钻穿越初步勘察时，钻探及测试的勘探点间距不宜大于 1000 m，对地质条件复杂的山体不宜少于 3 个勘探孔，勘探孔深度应为设计穿越深度以下 5 m～10 m。

4.3.15 冲沟大中型穿越初步勘察时，勘探孔不宜少于 3 个，勘探孔的深度应根据设计要求确定，无设计要求时勘探孔深度宜为 20 m ～30 m。

4.3.16 详细勘察应在已确定的穿越断面上进行，应满足施工图设计需要，并应符合下列规定：

1 查明穿越断面的地层结构、松散地层的颗粒组成及其工程地质和水文地质特性；

2 对设置的竖井部位进行工程地质分析评价；

3 对场地和地基的地震效进行评价；

4 对河床、冲沟的稳定性进行分析评价；

5 对岸坡的稳定性进行评价，并应对护坡措施提出建议；

6 解决初步勘察时遗留的问题。

4.3.17 详细勘察前应取得下列资料：

1 附有穿越位置的地形图；

2 穿越方式和预计的埋设深度。

4.3.18 详细勘察的勘探点布置应符合下列规定：

1 对挖沟法穿越方式，勘探点应布置在确定的穿越管道中线上，偏离中线不宜大于 3 m；

2 对水平定向钻法、顶管隧道法、盾构隧道法穿越方式，应在平行穿越中线两侧 15 m～30 m 处各布置一条勘探线，两条勘探线上的勘探点应交错布置；

3 勘探点投影到管道中线上的间距宜为 30 m～100 m，对地基复杂程度等级为一级(复杂)的应取小值，三级(简单)的应取大值；勘探点不宜少于 3 个，且主河槽内至少有 1 个勘探点；

4 当采用水平定向钻法穿越山体时，应结合山体形态、岩性特点布置勘探点，勘探点间距不宜大于 600 m；

5 当穿越方案设置竖井时，勘探点可根据竖井尺寸并结合地质条件确定；对于断面和深度较小的竖井，勘探点不应少于 1 个，布置于拟建竖井中心；对于采用大型顶管隧道法及盾构隧道法穿越方案的竖井应布置勘探点 3 个～4 个，勘探点沿圆形竖井的周边轮廓线或矩形竖井的角点布置；

6 当需要查明穿越地段地下管道、电缆、地下构筑物、古城遗址、水下沉船、水下护岸设施等异常埋置物时，宜采用适宜的工程物探方法。

4.3.19 详细勘察的勘探孔深度应符合下列规定：

1 对挖沟法穿越方式，宜钻至河床最大冲刷深度以下 3 m～5 m；无冲刷深度资料时应视河床地质条件而定，对粉细砂、粉土及黏性土河床，勘探深度宜为 10 m～15 m；对中砂、粗砂、砾砂河床，勘探深度宜为 8 m～12 m；对卵(砾)石河床，勘探深度宜为 6 m～10 m；对基岩河床，应钻穿强风化层，当强风化层很厚时，钻入深度不宜大于 10 m；以上勘探深度均应自河床底面算起；

2 对顶管法隧道或盾构法隧道穿越方式，勘探孔深度应根据设计要求确定；

3 对水平定向钻法穿越方式,勘探孔深度应为设计穿越深度以下 5 m～10 m;

4 对设置的弃渣场应根据设计要求进行勘察;

5 岸坡区地面高差较大,且岸坡为第四系松散堆积物组成时,位于高处的勘探孔深度应达到与其相邻的低处勘探孔的地面标高以下一定深度;

6 对抗震设防烈度大于或等于 6 度的地区,勘探孔深度应满足场地和地基地震效应评价的要求。

4.3.20 详细勘察采取岩土试样和进行原位测试的勘探点数量,宜占勘探点总数的 1/2～2/3。

4.3.21 采取试样或进行原位测试的竖向间距应根据地层结构、地基土的均匀性和工程特点确定,每一主要土层的试样或原位测试数据不应少于 6 件(组)。应至少采取穿越水域和两岸地下水试样各 1 组。

4.3.22 对顶管法隧道、盾构法隧道穿越方式应进行水文地质勘察,水文地质勘察应包括下列内容:

1 调查地下水历史上的最高水位和最低水位;

2 进行水文地质试验,查明主要穿越岩土层的渗透系数;

3 查明地下水对钢结构、建筑材料的腐蚀性;

4 当有承压水分布时,测定承压水的压力,并评定对工程的影响。

4.3.23 试样的试验项目应根据穿越方式和岩土性质确定,并应符合下列规定:

1 挖沟法试验项目应包括下列内容:

1) 黏性土:液限、塑限;

2) 粉土:颗粒分析、液限、塑限、渗透系数;

3) 碎石土、砂土:颗粒分析、自然休止角、渗透系数;

4) 岩石:单轴抗压强度。

2 顶管法隧道和盾构法隧道试验项目应包括下列内容:

1) 黏性土:液限、塑限、比重、天然含水量、天然密度、压缩性指标、抗剪强度;

2) 粉土:颗粒分析、液限、塑限、比重、天然含水量、天然密度、压缩性指标、抗剪强度、渗透系数;

3) 碎石土、砂土:颗粒分析、渗透系数;

4) 岩石:单轴抗压强度。

3 水平定向钻法试验项目应包括下列内容:

1) 黏性土:液限、塑限、比重、天然含水量、天然密度;

2) 粉土:颗粒分析、液限、塑限、比重、天然含水量、天然密度;

3) 碎石土、砂土:颗粒分析;

4) 岩石:单轴抗压强度。

4 水、土化学分析试验项目应包括下列内容:

1) 水分析:pH 值、Ca^{2+}、Mg^{2+}、HCO_3^-、CO_3^{2-}、SO_4^{2-}、Cl^-、侵蚀性 CO_2、游离 CO_2、NH_4^+、OH^-、总矿化度;

2) 土化学分析:pH 值、Ca^{2+}、Mg^{2+}、HCO_3^-、Cl^-、SO_4^{2-}、CO_3^{2-} 及易溶盐总量。

4.3.24 小型穿越可合并勘察阶段或直接进行详细勘察。可采用简易的勘探手段,或参照相关工程按地质类比法提供资料。

4.3.25 小型穿越勘探工作应在确定的穿越断面上布置勘探点,勘探深度宜为 5 m。遇粉细砂及软黏土可予以加深,但不宜大于 10 m。勘察成果资料可在线路岩土工程勘察报告中独立成章,在线路纵断面图中扼要填写地层岩性和结论性意见。

4.3.26 等级公路、铁路穿越宜在穿越路基两侧各布置 1 个勘探点,并采取岩、土和水试样或进行原位测试工作,勘探孔深度宜为 8 m~10 m。

4.3.27 管道穿越岩土工程勘察报告应根据任务要求、勘察阶段、地质条件、工程特点等具体情况编写,宜包括下列内容:

1 文字部分宜包括下列内容:

1) 工程概况;

2) 勘察目的、任务要求和依据的技术标准;

3) 勘察方法、勘察工作布置和完成情况;

4) 自然地理、区域地质和水文地质条件;

5) 穿越断面的地质构成特征及岩土物理力学性质;

6) 竖井位置的地质条件及岩土物理力学性质;

7) 场区水文地质条件;

8) 水和土的腐蚀性评价;

9) 场地和地基地震效应评价;

10) 工程水文参数、水域形态、河槽摆动特征及发展趋势,边坡稳定性评价及护岸措施;

11) 河床、沟床的稳定性和穿越的适宜性评价;

12) 弃渣场的工程地质条件;

13) 水平定向钻穿越出、入土点的工程地质条件;

14) 施工条件及设计施工中应注意的问题。

2 图表部分宜包括下列内容:

1) 勘探点平面位置图;

2) 工程地质剖面图;

3) 工程地质柱状图;

4) 工程物探解释成果图;

5) 岩芯及工程照片;

6) 各种原位测试成果图表;

7) 水、土和岩石室内试验成果图表;

8) 其他有关图表。

4.4 管道跨越

4.4.1 管道跨越岩土工程勘察,应查明跨越段的岩土性质、地质构造、不良地质作用、岸坡稳定性等岩土工程条件,并应对跨越段的工程地质、水文地质及工程水文条件做出评价,提供设计所需的岩土工程勘察资料。

4.4.2 管道跨越工程等级应按表 4.4.2 划分。

表 4.4.2 管道跨越工程等级

工程等级	总跨长度 L_1(m)	主跨长度 L_2(m)
大型	$L_1 \geqslant 300$	$L_2 \geqslant 150$
中型	$100 \leqslant L_1 < 300$	$50 \leqslant L_2 < 150$
小型	$L_1 < 100$	$L_2 < 50$

4.4.3 可行性研究勘察应通过搜集资料、踏勘和调查,概略了解跨越段的工程地质条件,对拟选跨越段地基的稳定性和跨越适宜性做出工程地质评价。

4.4.4 可行性研究勘察应进行下列工作:

1 搜集跨越段有关区域地质、地形地貌、地震、工程地质、水文地质及工程水文资料;

2 通过踏勘调查,了解跨越断面出露的地层、构造、岩土性质和不良地质作用等工程地质条件。

4.4.5 确定管道跨越位置应符合下列规定:

1 避开地面或地下已有重要设施的地段;

2 宜选择在河(沟)床较窄、两岸有山嘴或高地、侧向冲刷及侵蚀较小并有良好稳定地层的地段;

3 当河流有弯道时,宜选择在弯道的上游平直河段;

4 宜选在闸坝上游或其他水工构筑物影响区之外;

5 宜避开冲沟沟头发育地段、活动断裂带、滑坡、泥石流、岩溶以及其他不良地质作用发育的地段;

6 宜避开河道经常疏浚加深、岸蚀严重或冲淤变化强烈的地段。

4.4.6 可行性研究勘察岩土工程勘察报告应阐明跨越段的地质概况,评价可供选择作桥墩、锚固墩的范围和拟选段的工程地质、水文地质和工程水文条件,以及对下一步勘察工作提出建议。

4.4.7 管道跨越工程初步勘察应初步查明拟跨越段的岩土性质、地下水条件、地质构造、不良地质作用、岸坡稳定性等工程地质条件,为初步设计提供所需的岩土工程勘察资料。

4.4.8 初步勘察前应搜集下列资料:

1 附有拟跨越段范围的地形图;

2 可能采取的跨越方式及有关工程特性;

3 上下游有无水工设施或规划,其储水能力、最高水位、坝顶标高等及对拟建工程的影响;

4 最高洪水位、流速、流量、枯水期水位标高及冲刷深度;

5 跨越河流的冰凌资料。

4.4.9 初步勘察勘探点宜沿拟定的跨越中线布置,勘探点间距宜为 100 m~200 m,每个方案不应少于 2 个勘探点。

4.4.10 初步勘察勘探孔深度应符合下列规定:

1 陆域勘探孔深度宜为 15 m~20 m;

2 水域勘探孔深度宜为最大冲刷深度以下 15 m~20 m,无冲刷深度资料时勘探孔深度宜为 20 m~25 m;

3 在预定深度内遇到基岩时,勘探孔深度可予以减小。

4.4.11 跨越工程详细勘察应对桥墩、锚固墩场地及地基的稳定性进行岩土工程评价,并为基础设计、地基处理与加固提供岩土工程勘察资料。

4.4.12 详细勘察前应取得下列资料:

1 附有桥墩、锚固墩位置的地形图;

2 各桥墩、锚固墩可能采取的结构形式、受力特点;

3 采取的基础形式、尺寸、埋置深度、单位荷载以及有特殊要求的基础设计、施工方案等。

4.4.13 详细勘察应进行下列工作:

1 查明跨越地段的地形、地貌及地质构造,对场地的稳定性做出评价;

2 查明桥墩、锚固墩范围内地层的岩性、风化破碎程度、软弱夹层情况及其物理力学性质,对地基稳定性做出评价;

3 当抗震设防烈度大于或等于6度时,应确定建筑的场地类别;

4 当跨越地段的抗震设防烈度大于或等于7度,存在饱和砂土或粉土地基时应进行地震液化判别;

5 查明对桥墩、锚固墩场地有影响的不良地质作用的性质、特征和分布情况,并提出处理建议;

6 当地表水或地下水对基础有影响时,应查明其特性并评价其对建筑材料的腐蚀性;

7 当水域中有桥墩时应确定一般冲刷深度和局部冲刷深度。

4.4.14 详细勘察工作应在已确定的桥墩、锚固墩位置进行,勘探点的数量可按表4.4.14确定。

表4.4.14 详细勘察勘探点数量(个)

地基复杂程度等级	桥墩勘探点数量	锚固墩勘探点数量
一级(复杂)	4	2
二级(中等复杂)	3	1
三级(简单)	2	1

4.4.15 详细勘察勘探孔的深度应按地基土的性质和基础类型确定,并应符合下列规定:

1 对天然地基,勘探深度应为基础底面以下2.0b～3.0b(b为基础宽度),且不应小于5 m;

2 对桩基,勘探深度应至桩端以下3 m～5 m;当在预定的深度范围内有软弱下卧层时,应穿透软弱土层或加深至预计控制深度;

3 当在预定深度内遇见基岩时,应钻穿强风化层进入中等风化层内2 m～3 m,当强风化层很厚时,钻入深度不宜大于10 m。

4.4.16 采取不扰动土试样或原位测试的竖向间距应根据地层结构、地基土的性质和工程特点确定。每个场地每一主要土层的不扰动土试样或原位测试数据不应少于6件(组)。两岸地下水及河水应采取代表性水试样进行水质分析。

4.4.17 各类地基应提供岩土主要物理力学指标,并应符合下列规定:

1 天然地基应进行岩土的物理力学性质试验,并应提出岩土的主要性能指标;

2 桩基除应提供各岩土层的主要性能指标外,还应提供桩的极限侧阻力和极限端阻力建议值。

4.4.18 小型跨越工程可合并勘察阶段或直接进行详细勘察。

4.4.19 管道跨越岩土工程勘察报告应根据任务要求、勘察阶段、地质条件、工程特点等具体情况编写,宜包括下列内容:

1 文字部分宜包括下列内容:

1) 工程概况;
2) 勘察目的、任务要求和依据的技术标准;
3) 勘察方法、勘察工作布置和完成情况;
4) 自然地理、区域地质和水文地质条件;
5) 跨越断面的地质构成特征;
6) 岩土的物理力学性质;
7) 水和土的腐蚀性;
8) 场地地震效应分析评价;
9) 边坡稳定性评价及护坡措施建议;
10) 可能影响工程的不良地质作用描述和对工程危害的评价;
11) 河(沟)床的稳定性和跨越的适宜性评价;
12) 地基基础、桩基设计参数及跨越工程锚固方案建议;
13) 施工条件及设计施工中应注意的问题。

2 图表部分宜包括下列内容:

1) 勘探点平面位置图;
2) 工程地质剖面图;
3) 工程地质柱状图;
4) 各种原位测试成果图表;
5) 水、土和岩石室内试验成果图表;
6) 其他有关图表。

4.5 钻爆法隧道

4.5.1 钻爆法隧道岩土工程勘察应查明岩土性质、地质构造、地下水特征、不良地质作用,确定隧道围岩级别,估算涌水量,评价隧道稳定性,提供设计所需的岩土工程勘察资料。

4.5.2 钻爆法隧道工程按其长度可分为三类,并按表 4.5.2 确定。

表 4.5.2 钻爆法隧道按长度 L 分类(m)

隧道类型	长隧道	中长隧道	短隧道
山岭隧道	$L>2000$	$2000\geqslant L>500$	$L\leqslant 500$
水域穿越隧道	$L>1000$	$1000\geqslant L>500$	$L\leqslant 500$

4.5.3 可行性研究勘察应通过搜集资料和现场踏勘,了解拟选隧道场址的地形地貌、区域地质、工程地质和水文地质条件、洞口稳定性及对环境的影响等,对隧道穿越的可行性进行评价,选择合适的隧道位置。

4.5.4 隧道选址应符合下列规定:

1 隧道应选择在地质构造简单、地层单一、岩体完整等工程地质条件较好的地段,在倾斜岩层中隧道轴线宜与地层、主要构造面的走向大角度相交;

2　隧道宜选择在山体稳定、山形较完整、岩层稳定无软弱夹层的地段通过；

3　隧道宜选择在地下水影响小、无有害气体、无有用矿体和不含放射性元素的地层通过；

4　隧道应避开断层破碎带，当必须穿过时隧道应与其垂直或大角度相交穿过；

5　隧道洞身应避开滑坡和错落体；

6　隧道洞口应避开滑坡、崩塌、岩堆、危岩、泥石流等不良地质作用发育地段，以及排水困难的沟谷低洼地段，应选择在山坡稳定、覆盖层薄、无不良地质作用处，宜早进洞、晚出洞；

7　地质构造复杂、岩体破碎、堆积物厚等工程地质条件较差的傍山隧道，宜向山脊线内移；

8　水域穿越隧道宜选择在地下水不发育、透水性差的地层中通过；

9　隧道通过岩溶地区，宜选择在难溶岩的地段和地下水不发育的地带，避免穿越岩溶严重发育及地质构造破碎带等地段；宜避开易溶岩与难溶岩的接触带，不能避免时，宜选择在较狭窄、影响范围最小处，以垂直或大角度通过；水域穿越隧道应避开岩溶发育地段；

10　隧道宜避开高地应力区，不能避开时隧道轴线宜平行最大主应力方向；

11　隧道应避免通过不良地质作用、地下水极为发育的低洼垭口处；

12　隧道顺褶曲构造轴线布置时，宜绕避褶曲轴部破碎带，选择地质条件较好的一侧翼部通过。

4.5.5　初步勘察应通过工程地质测绘和调查、工程物探、钻探、取样及试验等勘测工作，查明隧道的地形、地貌、地质、地震条件等，查明隧道进出口的工程地质条件，对隧道工程地质条件和水文地质条件进行初步评价，为方案比选和初步设计提供岩土工程勘察资料。

4.5.6　工程地质测绘和调查应初步查明下列问题：

1　地形、地貌、地层、岩性、构造特征及岩石的风化程度；

2　不良地质作用及特殊性岩土的分布、规模及对隧道的影响；

3　地震历史、地震动参数；

4　地应力分布及最大主应力作用方向；

5　是否含有放射性元素、有害气体和有用矿体；

6　地下水的类型、埋藏、补给和排泄条件；

7　地表水体分布及其与地下水体的关系；

8　隧道穿越对地面建筑物、地下构筑物等的影响；

9　隧道进出口的工程地质条件。

4.5.7　初步勘察勘探和测试应符合下列规定：

1　初步勘察时宜以工程物探为主，配合少量钻探、挖探及测试工作，对山岭隧道中地质条件简单的短隧道可不进行钻探，通过工程地质测绘和调查初步查明隧道工程地质条件；

2　根据隧道埋深和下伏岩体特征，应选用工程物探方法，初步查明隐伏断裂、构造破碎带、基岩埋深、划分风化带；

3　勘探点数量和位置应视地质条件复杂程度及工程物探所发现的疑点、异常点以及地形来确定，勘探点宜布设于隧道两侧 6 m～8 m 处，岩溶地区和水域穿越隧道勘探点宜布设于隧道两侧 15 m～20 m 处，以左右交错布置为宜；洞口附近覆土较厚时应布置勘探点；地质条件复杂的山岭中长隧道钻孔数量不宜少于 3 个，长隧道应增加钻孔；水域穿越隧道勘探点间距宜为 100 m～300 m；

4　山岭隧道一般性勘探孔深度应超过隧道底板不少于 3 m～5 m，控制性勘探孔深度应超过隧道底板不少于 5 m～10 m；水域穿越隧道一般性勘探孔深度应超过隧道底板不少于 10 m，控制

性勘探孔深度应超过隧道底板不少于 20 m;遇溶洞、暗河或其他不良地质作用时应予以加深;

5 对钻探揭露的每一地层应取样做试验,岩质隧道围岩部位取样不应少于 6 组,土质隧道取样间隔应为 2 m,变层取样,对膨胀性岩土应加做矿物成分分析及膨胀试验;对隧道有影响的主要含水层应取水样 1 组～3 组进行水质分析;

6 钻探过程中遇到油气、有害气体和放射性矿物时,应做好观测和记录,探明其位置、厚度,同时取样进行化验分析,做出评价;

7 当地温异常时应测定地温;

8 深埋隧道或地质构造活动强烈的地带有可能存在高地应力时,宜测试地应力;

9 岩质隧道应测试岩体和岩块的弹性纵波波速,判定岩体完整性;

10 土质隧道应结合钻探进行动力触探、静力触探等原位测试以测试土体的物理力学性质;

11 综合利用工程地质钻孔进行水文地质观测,水文地质条件复杂时宜布设专门的水文地质勘探孔和观测孔进行水文地质试验,提供相关水文地质参数;

12 岩土试验项目宜按照表 4.5.7 执行。

表 4.5.7 岩土试验项目表

试验项目		岩土类别				
		硬质岩石	软质岩石	碎石类土	砂性土	黏性土
天然密度		+	+	+	+	+
天然含水量		—	—	+	+	+
重度		+	+	+	+	+
孔隙比		—	—	(+)	(+)	+
饱和度		—	—	(+)	(+)	(+)
塑性指数		—	—	—	—	+
液性指数		—	—	—	—	+
相对密度		—	—	—	+	—
渗透系数		(+)	(+)	(+)	(+)	(+)
自然休止角		—	—	+	+	—
颗粒分析		—	—	+	+	(+)
吸水率		(+)	+	—	—	—
耐冻性		(+)	(+)	—	—	—
软化性		+	+	—	—	—
固结试验		—	—	—	—	+
弹性模量		+	+	—	—	—
泊松比		+	+	—	—	—
抗压强度	干燥	+	+	—	—	—
	饱和	+	+	—	—	—

表 4.5.7(续)

试验项目		岩土类别				
		硬质岩石	软质岩石	碎石类土	砂性土	黏性土
剪切试验		+	+	—	—	+
载荷试验		(+)	(+)	(+)	(+)	(+)
野外剪切试验		(+)	(+)	(+)	(+)	(+)
抗拉强度	天然	+	+	—	—	—
	饱和	+	+	—	—	—

注:1 “+”为应做项目,“(+)”按需要确定;
2 岩溶地区及水域穿越隧道应做渗透系数试验;
3 对特殊性岩土还应做其他有关的特性试验。

4.5.8 初步勘察围岩的分级应按照本标准附录C的规定,采用定性划分或工程类比法确定。

4.5.9 详细勘察应在初步勘察的基础上,通过补充工程地质测绘、工程物探、钻探及取样试验、水文地质测试、地应力测试等勘测工作,对隧道所在区域的地形、地貌、工程地质特征及水文地质条件做出详细评价,根据控制隧道围岩稳定的各项因素,分段确定隧道围岩级别,为隧道施工布置、各段洞身掘进方法及程序、支护及衬砌类型或整治工程提供岩土工程勘察资料。

4.5.10 详细勘察应完成下列内容:

1 应查明隧道通过地段的地形、地貌、地层、岩性及构造;岩质隧道应重点查明岩层层理、片理、节理等软弱结构面的产状及组合形式,断层、褶皱的性质、产状、破碎带宽度及破碎程度;

2 应查明隧道是否通过岩溶地层、膨胀性岩土、有害气体、高地应力区及可能对隧道造成的偏压等,应预测岩溶、岩土膨胀、高地应力、偏压等对隧道结构的影响,并对有害气体做出评价;

3 应查明不良地质作用、特殊性岩土对隧道的影响,特别是对洞口位置边坡、仰坡的影响,提出工程措施和建议;

4 应查明隧道附近井、泉的分布,含水层的位置和厚度,分析隧道周围的水文地质条件,判明地下水的类型、水质及补给来源;水文地质条件复杂的隧道,应进行压水试验或抽(注)水试验,分析预测隧道开挖后洞体分段涌水量;并充分估计隧道开挖引起地表塌陷及地表水漏失的问题,提出相应的工程措施建议;

5 在隧道洞口需要接长明洞的地段,应查明明洞基底的工程地质条件;

6 查明地层变化、裂隙变化及水文地质条件变化;

7 综合分析岩性、构造、地下水以及工程地质测绘、勘探、测试成果,分段确定隧道围岩级别;

8 对弃渣场进行勘察;

9 对水域隧道设置的竖井进行勘察。

4.5.11 详细勘察勘探和测试应符合下列规定:

1 选择适宜的工程物探方法补充查明地质条件;

2 除山岭隧道中地质条件简单、岩性单一、无构造影响的短隧道可不布置钻孔外,对隧道洞身、洞口和水域隧道的竖井均宜布置钻孔;

3 隧道勘探孔宜布置于地层分界线、断层、物探异常点、储水构造或地下水发育地段、高地应力区围岩可能发生岩爆或大变形的地段、膨胀性岩土、岩盐、煤系地层、含放射性物质等特殊性岩土分布地段、岩溶、采空区等不良地质作用及其他不明异常地段、覆盖层发育或地质条件复杂的隧道进出口；水域隧道水域段勘探点的间距宜为 50 m～200 m；当水域隧道设置竖井时，应布置勘探点 3 个～4 个，勘探点沿圆形竖井的周边轮廓线或矩形竖井的角点布置；

4 山岭隧道勘探孔宜布设于隧道两侧 6 m～8 m 处，对岩溶地区和水域穿越隧道勘探孔宜布设于隧道两侧 15 m～20 m 处，宜按左右交错布置；

5 勘探孔深度应超过隧道底板不少于 6 m～8 m，水域穿越隧道勘探孔深度应超过隧道底板不少于 10 m，遇溶洞、暗河或其他不良地质作用时应予以加深；

6 隧道底板以上 10 m～20 m 至勘探深度内每一地层应取样；对膨胀性岩土应加做矿物成分分析及膨胀试验；钻探中有地下水时应对初见水位、稳定水位、含水层位置及厚度进行观测和记录，并采取地下水样进行水质分析；当钻探中存在有害气体、放射性矿床时应采集试样测试有害气体及放射性物质的成分、含量；当地温异常时应进行地温测定；

7 采用声波法测定岩体和岩石试件的弹性纵波波速；

8 土质隧道宜将钻探和原位测试相结合，测试隧道底板以上 10 m～20 m 至勘探深度内土体的物理力学性质；

9 利用工程地质钻探孔进行水文地质观测，水文地质条件复杂或有特殊要求时宜布设专门的水文地质勘探孔和观测孔进行水文地质试验，提供相关水文地质参数；

10 岩土试验项目宜符合本标准表 4.5.7 的规定。

4.5.12 详细勘察隧道围岩的分级应按本标准附录 C 的规定，采用定量分析法分段确定。

4.5.13 工程地质条件和水文地质条件复杂时宜进行施工勘察。当山势陡峻、交通不便、山体相对高差较大、钻探施工困难及勘察费用高时可直接进行施工勘察。施工勘察根据需要可采用开挖工作面地质调查、超前勘探或工程物探等。

4.5.14 钻爆法隧道岩土工程勘察报告应根据任务要求、勘察阶段、地质条件、工程特点等具体情况编写，宜包括下列内容：

1 文字部分宜包括下列内容：

1） 工程概况；

2） 勘察目的、任务要求和依据的技术标准；

3） 勘察方法、勘察工作布置和完成情况；

4） 自然地理、区域地质和水文地质条件；

5） 岩土物理力学性质及分布情况；

6） 场地稳定性与适宜性评价；

7） 洞口稳定性分析评价；

8） 竖井位置的地质条件及岩土物理力学性质；

9） 地下水、岩土对建筑材料腐蚀性评价；

10） 岩土参数的分析与选用，抗震设防烈度、地震动峰值加速度、地震动反应谱特征周期、隧道和弃渣场工程地质条件评价、隧道围岩特征及围岩级别、围岩稳定性评价及衬砌方案的建议；

11） 地下水分布情况及对施工可能产生的影响，隧道涌水量评价并预测各段围岩可能出现的最大涌水量；

12） 地下有害气体、放射性矿床的分布及工程防护措施；

13） 提出施工及运营期间应采取的防护措施。

2 图表部分宜包括下列内容：

1） 勘探点平面位置图；

2） 工程地质剖面图；

3） 工程地质柱状图；

4） 工程地质图；

5） 隧道洞身工程地质横断面图；

6） 隧道洞口工程地质横断面图；

7） 明洞边墙墙址工程地质纵断面图；

8） 各项岩土、水试样试验资料汇总表；

9） 各类分析、统计、试验资料及图表说明；

10） 工程物探的解释资料、图表及说明。

4.6 储罐

4.6.1 储罐岩土工程勘察应在搜集其上部荷载、基础形式、埋置深度和变形要求等方面资料的基础上进行，宜分阶段进行，场地较小且无特殊要求的工程可合并勘察阶段。当总平面图已经确定，且场地或邻近场地已有岩土工程经验或资料时，可根据实际情况直接进行详细勘察。

4.6.2 可行性研究勘察应对拟建场地的稳定性和适宜性做出评价，并应符合下列规定：

1 搜集区域地质、地形地貌、地震、矿产、水文、气象以及当地的工程地质、水文地质、岩土工程和建筑经验等资料；

2 在充分搜集和分析已有资料的基础上，宜通过踏勘了解场地的地形地貌、地质构造、地层与岩性、不良地质作用和地下水等工程地质条件；

3 当拟建场地工程地质条件复杂，已有资料不能满足要求时，应根据具体情况进行工程地质测绘和必要的勘探工作；

4 当有两个或两个以上拟选场地时，应进行方案比选分析。

4.6.3 初步勘察应进行下列主要工作：

1 初步查明地质构造、地层结构、岩土工程特性、地下水埋藏条件；

2 查明场地不良地质作用的成因、分布、规模、发展趋势，并对场地的稳定性做出评价；

3 对抗震设防烈度大于或等于6度的场地，应对场地和地基的地震效应做出初步评价；

4 调查季节性冻土地区场地土的标准冻结深度；

5 初步判定水和土对建筑材料的腐蚀性。

4.6.4 初步勘察的勘探工作应符合下列规定：

1 勘探线应垂直地貌单元、地质构造和地层界线布置；

2 每个地貌单元均应布置勘探点，在地貌单元交接部位和地层变化较大地段勘探点应予以加密；

3 在地形平坦地区可按方格网布置勘探点；

4 对于岩质地基，勘探线和勘探点的布置以及勘探深度应根据地质构造、岩体特性、风化情况等综合确定；对于土质地基，应按本标准第4.6.5条～第4.6.7条的规定执行。

4.6.5 初步勘察勘探线、勘探点的间距可按表4.6.5确定，局部异常地段应予以加密。

表 4.6.5 初步勘察勘探线、勘探点间距(m)

地基复杂程度等级	勘探线间距	勘探点间距
一级(复杂)	50～100	30～50
二级(中等复杂)	75～150	40～100
三级(简单)	150～200	75～150

注:1 表中间距不适用于地球物理勘探;
2 控制性勘探点宜占勘探点总数的1/5～1/3,每个地貌单元均应有控制性勘探点,且每个场地不应少于3个。

4.6.6 初步勘察勘探孔的深度根据储罐容积宜按表4.6.6确定。

表 4.6.6 储罐勘探孔深度

储罐容积(m^3)	勘探孔深度(m)	
	一般黏性土、粉土及砂土	软土地基
<5000	(0.9～1.0)D	(1.2～1.5)D
10000	(0.8～0.9)D	(1.2～1.4)D
20000	(0.7～0.8)D	(1.0～1.2)D
30000	(0.7～0.8)D	(1.0～1.2)D
50000	(0.6～0.7)D	(1.0～1.1)D
100000	(0.5～0.6)D	(0.9～1.0)D
150000	(0.5～0.6)D	(0.8～0.9)D

注:1 勘探孔包括钻孔、探井和原位测试孔等;
2 罐中心的钻孔深度采用大值,一般性钻孔取小值;
3 D 为罐底圈内直径(m)。

4.6.7 当遇到下列情况之一时,应按下列规定增减勘探孔深度:

1 当勘探孔的地面标高与预计整平地面标高相差较大时,应按其差值调整勘探孔深度;

2 在预定深度内遇基岩时,除控制性孔仍应钻入中等风化不少于3 m外,其他勘探孔达到确认的中等风化后即可终止钻进;

3 在预定深度内有厚度较大,且分布均匀的碎石土、密实砂、老沉积土等坚实土层时,除控制性勘探孔应达到规定深度外,一般性勘探孔的深度可予以减小;

4 当预定深度内有软弱土层时勘探孔深度应予以增加。

4.6.8 初步勘察采取土试样和进行原位测试应符合下列规定:

1 采取土试样和进行原位测试的勘探点应结合地貌单元、地层结构和土的工程性质布置,其数量可占勘探点总数的1/3～1/2;

2 采取不扰动土试样的数量和孔内原位测试的竖向间距,应按地层特点和土的均匀程度确定;每层土应采取不扰动土试样或进行原位测试,其数量不应少于6件(组)。

4.6.9 储罐岩土工程详细勘察应查明每个储罐地基压缩层计算深度内的岩土分布及其物理力

学性质，影响地基稳定的不良地质条件，地下水成因、类型、补给排泄条件和腐蚀性。

4.6.10　详细勘察前应取得下列资料：

1　附有储罐平面位置的地形图；

2　储罐容积、高度、结构特征，设计地面整平标高，基础形式、尺寸、埋置深度、单位荷载以及其他技术要求等。

4.6.11　详细勘察勘探点的数量和布置方式应符合表4.6.11的规定。

表4.6.11　勘探点数量和布置方式

储罐容积(m^3)	勘探点数量(个)	勘探点布置方式
≤5000	1～3	可布置在储罐中心或沿周边布置
10000	3～5	储罐中心1个，其余沿储罐周边均布
20000	4～7	储罐中心1个，其余沿储罐周边均布
30000	5～9	储罐中心1个，其余沿储罐周边均布
50000	9～17	储罐中心1个，另外3个～5个沿储罐直径1/2处的圆周均布，其余沿储罐周边均布
100000	10～23	储罐中心1个，另外3个～7个沿储罐直径1/2处的圆周均布，其余沿储罐周边均布
150000	13～28	储罐中心1个，另外4个～8个沿储罐直径1/2处的圆周均布，其余沿储罐周边均布

注：1　同一罐区范围内的主要受力层或有影响的下卧层起伏较大时，宜加密勘探点；
2　在复杂地质条件、湿陷性土、膨胀岩土、盐渍岩土、风化岩和残积土地区，宜布置适量探井；
3　表中地基复杂程度等级高者，勘探点数量取大值，反之取小值。

4.6.12　储罐勘探深度应符合下列规定：

1　对于中、低压缩性土可取附加应力等于上覆土层有效自重压力20%的深度；对于高压缩性土层可取附加应力等于上覆土层有效自重压力10%的深度；

2　当需进行地基整体稳定性验算时，控制性勘探孔的深度应满足沉降验算及充水预压沉降量验算要求；

3　当需确定场地抗震类别而邻近无可靠的覆盖层厚度资料时，应布置波速测试孔，其深度应满足确定覆盖层厚度的要求；

4　当需进行地基处理时，勘探孔的深度应满足地基处理设计与施工要求；当采用桩基时，勘探孔深度应符合现行国家标准《岩土工程勘察规范》GB 50021的规定；

5　当设计需要时宜布置波速测试、电阻率测试、地微振测试、声波测试等工程物探测试工作。

4.6.13　勘察、试验工作除应按现行国家标准《岩土工程勘察规范》GB 50021的有关规定执行外，尚应符合下列规定：

1　当储罐区抗震设防烈度大于或等于6度时，应进行场地和地基的地震效应评价；

2　每个罐位的主要土层均应采取不扰动土样进行固结试验，试验的最大压力宜大于预估

的土自重压力与附加应力之和,且不应小于 400 kPa;

3 宜进行渗透性试验,提供土层的渗透系数。

4.6.14 在抗震设防烈度大于或等于 7 度的场区对可液化土层,应按现行国家标准《建筑抗震设计规范》GB 50011 的有关规定计算其液化指数和确定液化等级。

4.6.15 可液化的地基应根据地基液化等级按下列规定提出抗液化措施的建议:

1 在液化等级为严重的场地,应采取避开或全部消除液化措施;在液化等级为中等或轻微的场地,可不考虑避开措施;

2 储罐地基消除液化可采取桩基、压实地基、夯实地基、复合地基等地基处理方法。

4.6.16 储罐岩土工程勘察报告应根据任务要求、勘察阶段、地质条件、工程特点等编写,并宜包括下列内容:

1 文字部分宜包括下列内容:

1) 工程概况;

2) 勘察目的、任务要求和依据的技术标准;

3) 勘察方法、勘察工作布置和完成情况;

4) 自然地理、区域地质和水文地质条件;

5) 地层结构、岩土物理力学性质、地下水、不良地质作用等的岩土工程条件描述与评价;

6) 水和土对建筑材料的腐蚀性;

7) 场地地震效应、稳定性、均匀性和适宜性的评价;

8) 岩土参数的分析与选用;

9) 地基基础及岩土工程整治方案建议;

10) 工程施工和使用期间可能发生的岩土工程问题的预测、监控及预防措施的建议。

2 图表部分宜包括下列内容:

1) 勘探点平面位置图;

2) 工程地质剖面图;

3) 工程地质柱状图;

4) 原位测试成果图表;

5) 水、土和岩石室内试验成果图表;

6) 岩土利用、整治、改造方案的有关图表;

7) 岩土工程计算简图及计算成果图表;

8) 其他有关图表。

4.7 地下水封洞库

4.7.1 地下水封洞库岩土工程勘察宜划为预可研阶段勘察、可研阶段勘察、初步设计阶段勘察、施工图设计及施工阶段勘察。

4.7.2 水封洞库应选择在地质构造简单、洞库围岩强度高、岩体完整和稳定、具有弱透水性及稳定地下水位的区域。

4.7.3 确定库址时,应符合下列规定:

1 避开抗震设防烈度大于或等于 9 度地区、地应力集中的构造部位和活动断裂;

2 避开不良地质作用发育且对库址稳定性有直接危害或潜在威胁的地段;

3 宜避开含过量有害气体和放射性元素的岩体分布区域；

4 避开重要的深层地下水供水水源地。

4.7.4 预可研阶段勘察工作应根据工程地质、水文地质条件选择符合水封洞库要求的库址，为编制预可行性研究报告提供岩土工程勘察资料。

4.7.5 预可研阶段勘察应通过搜集资料、工程地质测绘和调查了解地质条件。可进行工程物探、钻探工作，每个库址勘探点的数量宜为 1 个～3 个，钻探深度应达到预估洞库底板以下 15 m。应对区域稳定性和山体稳定性做出评价，确定库址类别。

4.7.6 可研阶段勘察工作宜在预可行性研究阶段选定的库址场地上进行，初步查明库址的工程地质和水文地质条件，为最终确定库址和库区布置进行地质论证和提供可行性研究所需的岩土工程勘察资料。勘察的工作范围宜为库址范围，当发现异常需进行追踪时，可超出此范围。

4.7.7 可研阶段勘察应包括下列内容：

1 初步查明库址的地形地貌条件、物理地质现象和区域地质构造条件；

2 初步查明库址区的岩性、构造，岩土物理力学性质及不良地质作用的成因、分布范围、发展趋势和对工程的影响程度；重点查明松散、软弱层的分布；

3 初步查明岩层的产状，主要断层、破碎带和节理裂隙密集带的位置、产状、规模及其组合关系；

4 初步查明库址区的地下(地表)水位、水压、渗透系数、水温和水化学成分，判定地下水对钢质管道及建筑材料的腐蚀性等；

5 初步查明涌水量丰富的含水层、汇水构造、强透水带以及与地表溪沟连通的断层、破碎带和节理裂隙密集带，预测洞室掘进时突然涌水的可能性，估算最大涌水量；

6 进行围岩工程地质预分级，确定适宜建库岩体范围，对洞室轴线方位、洞跨、洞间距、竖井和巷道口等有关地下工程部署提出建议；

7 初步确定设计地下水位标高，并综合岩体工程地质条件和储存介质压力要求，提出合理洞库埋深建议；

8 初步查明场区地应力状态分布规律，并结合岩体和工程条件初步评价洞顶、边墙和洞室交叉部位岩体的稳定性，提出处理建议；

9 初步建立地下水动态观测网。

4.7.8 可研阶段勘察工程地质测绘和调查应符合下列规定：

1 绘制库址的工程地质图；

2 对地质条件复杂的地段应进行专门性工程地质测绘，比例尺可选用 1∶1000～1∶2000；

3 根据地质条件和需要，局部地段可进行比例尺为 1∶500 的工程地质测绘。

4.7.9 可研阶段勘察工程物探的测线布置应符合下列规定：

1 工程物探测线间距宜为 100 m～300 m；

2 在地形条件允许时，主要测线宜通过库址区勘探孔。

4.7.10 可研阶段勘察钻探工作应在工程地质测绘和工程物探工作的基础上进行，其主要任务是初步查明建库岩体的性状及存在问题。钻探工作的布置应符合下列规定：

1 宜利用预可研阶段勘察所完成的钻孔；

2 每个钻孔均应有明确的钻探目的，并做出钻孔设计，宜有针对性地进行孔内地应力测试等试验；

3 各类钻孔的布置宜综合利用；

4 结合场地地质条件的复杂程度和关键地质问题，有针对性地布置勘探点，勘探点间距宜为 200 m～400 m；勘探深度应达到洞底设计标高以下 15 m。

4.7.11 可研阶段勘察报告宜包含下列主要内容：

1 库址围岩分段预分级和可用岩体的范围；

2 库址可行性分析评价；

3 库址方案、地下工程部署的初步建议；

4 设计地下水位标高；

5 洞库涌水量估算；

6 洞室稳定性初步分析评价。

4.7.12 初步设计阶段勘察工作应在选定的库址场地上进行，基本查明库址的工程地质和水文地质条件，提供初步设计阶段所需的岩土工程勘察资料。

4.7.13 初步设计阶段勘察应包括下列内容：

1 基本查明库址的地形地貌条件和物理地质现象及巷道进出口边坡的稳定性；

2 基本查明库址区的岩性、构造，岩土物理力学性质及不良地质作用的成因、分布范围、发展趋势和对工程的影响程度，重点查明松散、软弱层的分布；

3 基本查明岩层的产状，主要断层、破碎带和节理裂隙密集带的位置、产状、规模及其组合关系，调查岩层中有害气体或放射性元素的赋存情况；

4 基本查明库址地段的地下水位、水压、渗透系数、水温和水化学成分及对建筑材料的腐蚀性和对储存介质质量的影响等；

5 查明涌水量丰富的含水层、汇水构造、强透水带以及与地表溪沟连通的断层、破碎带和节理裂隙密集带，预测洞室掘进时突然涌水的可能性，估算最大涌水量；

6 进行围岩工程地质分级并建立地质模型；

7 按围岩工程地质分级结果确定适宜建库岩体范围，对地下工程部署提出优化建议；

8 确定设计地下水位标高，结合岩体工程地质条件和储存介质压力要求，提出合理洞库埋深建议；

9 评价洞顶、边墙和洞室交叉部位岩体的稳定性，提出处理建议；

10 建立地下水动态观测网。

4.7.14 初步设计阶段勘察钻探工作的布置应符合下列规定：

1 每个钻孔均应有明确的钻探目的，并做出钻孔设计；

2 各类钻孔的布置宜综合利用，勘探点宜在竖井处及洞室外侧交叉布置，同时应结合场地地质条件的复杂程度和关键地质问题，有针对性地布置勘探点，勘探点间距宜为 150 m～250 m；勘探深度应达到洞底或竖井井底设计标高以下 3 m～5 m；

3 钻探工作进行中，应视已完成钻孔所揭露的地质问题，随时调整其他钻孔布置方案，洞室进出口处可布置勘探平硐；

4 在钻进过程中应记录水文地质信息，并根据需要进行压水、注水、抽水等试验。

4.7.15 初步设计阶段勘察应进行钻孔内测试工作，孔内测试宜包括下列项目：

1 声波测井；

2 孔内成像；

3　孔内地温测试；

4　钻孔地应力测试。

4.7.16　初步设计阶段勘察应对水封条件进行评价，当库区外围有人为因素而使库区地下水位剧烈改变的地表水体或导水性强的含水带存在时，应针对其水力联系进行水文地质试验，并依据试验结果对其联系的程度及对水封条件的影响给予评价。

4.7.17　初步设计阶段勘察报告应包含下列内容：

1　库址围岩分段分级及范围；

2　地下工程部署优化建议；

3　地下水设计水位、动态分析、涌水量预测；

4　洞室稳定性分析评价；

5　巷道口稳定性及洞室轴线布置方案；

6　存在问题及对下一步勘察工作的建议。

4.7.18　施工图设计及施工阶段勘察应在完成初步设计阶段勘察的基础上，结合初步设计资料获取施工图设计所需要的地质信息，补充论证专门性工程地质问题，并提出优化设计方案的建议。

4.7.19　施工图设计及施工阶段勘察工作宜包括下列主要内容：

1　配合设计、施工及时解决对施工安全、工程质量有影响的水文地质、工程地质问题；

2　随巷道、竖井、洞室的开挖，进行围岩地质编录，校核并修正围岩分级；

3　编制巷道、竖井、洞室的地质展示图和洞库顶、底板基岩地质图以及洞库围岩富水程度图等图件；

4　配合围岩分级或为测定爆破松动圈、检查喷锚质量和注浆效果等进行岩体声波测试；

5　进行岩体表面应力和位移测量，确定围岩应力状态，判别或预报顶板压力，进行洞室稳定性分析和衬砌支护设计计算；

6　进行超前地质预报，对水封洞库的重要地下工程部位或新揭露的地质现象，补充必要的钻探工作；

7　实测洞库涌水量，预测洞库投产后地下水位恢复动态，为评价水封条件提供依据；

8　进行地下水动态观测和资料整理分析。

4.7.20　施工图设计及施工阶段勘察中，当发现规模较大的隐伏构造或由于地下工程部署不合理而严重影响围岩稳定时，应提出工程处理或调整的建议。

4.7.21　施工图设计及施工阶段勘察报告应包含下列内容：

1　总结分析库区水文地质、工程地质条件，并对施工前岩土工程勘察成果进行复核；

2　分析施工中出现的岩体失稳原因、处理措施与效果，同时对各级围岩的支护措施、施工方案和施工注意事项等提出建议；

3　结合工程地质条件对地下工程部署提出工程处理或调整的建议并做出评价；

4　对洞库投产后的地下水动态或岩体稳定性监测工作等提出建议；

5　计算洞库、巷道涌水量，为施工排水设计提供依据，为洞库投产后的排水设计提供预测值；

6　进行岩体质量评价和岩体工程地质分级，并应进行围岩稳定性评价；

7　提出针对不同性质、不同类型的含水裂隙的注浆封堵措施的建议。

4.8 滩海结构物

4.8.1 码头、栈桥、平台、人工岛、海堤及进海路、管道等滩海结构物的勘察应综合采用工程地质调查与测绘、工程物探、钻探、取样试验与原位测试等多种勘察手段。勘察方法和布置应与工程需求、勘察阶段和工程地质条件相适应。

4.8.2 可行性研究勘察宜包括下列主要内容：

1 搜集区域地质、水文气象、水深地形、地貌、岩土性质与分布，已有的工程地质、岩土工程和建设经验等资料；

2 调查和分析对稳定性有影响的地质构造、地震、不良地质作用；

3 搜集和调查场址或路由区的海洋开发活动及其规划情况；

4 搜集和调查障碍物或废弃物的种类和分布情况；

5 对于人工岛、海堤及进海路工程，调查其所需的天然建筑材料的种类、质量、储量、适用性以及开采和运输条件；

6 当已有资料不能满足要求时，应根据工程具体情况进行必要的勘探、测试、试验及相关的观测工作。

4.8.3 初步勘察阶段在充分搜集和利用已有资料的基础上，应通过工程地质调查、工程物探、钻探、取样、原位测试及试验等勘察手段，初步查明拟建工程地段的工程地质及其他相关的自然环境条件，对拟建工程地段的稳定性做出评价。

4.8.4 初步勘察工作宜包括下列内容：

1 补充搜集或调查水深地形、水文气象条件、已有的工程地质和岩土工程资料；

2 初步查明地貌形态、成因类型、水动力条件对冲淤变化及岸滩变迁的影响；

3 初步查明地质构造、地层结构；岩土工程特性、地下水埋藏条件；

4 初步查明障碍物与废弃物的种类、分布及影响；

5 查明冲刷沟、滑坡、沙丘、潮流脊、古河道、古湖泊、浅层气、活动断裂的分布、规模、发展趋势，对场地的稳定性进行评价；

6 抗震设防烈度大于或等于6度的场地，应进行地震效应的初步分析评价；

7 初步判定水和土对钢结构和建筑材料的腐蚀性；

8 对于人工岛、海堤及进海路工程，需要时应进行天然建筑材料的勘察；

9 对不良地质作用的防治、可能采取的地基基础类型进行初步建议。

4.8.5 初步勘察的勘探和测试工作应符合下列规定：

1 对于工程地质条件复杂且资料较少地段，根据工程特点与要求，采用有效的工程物探方法，初步查明水深地形、地貌、障碍物与废弃物、地层剖面特征和不良地质作用等；

2 每个地貌单元和不良地质作用分布区，以及可能布置重要结构物的地段，均应布置控制性勘探点，地貌单元交接部位和地层变化较大的地段，勘探点应予以加密；

3 对于场地勘察，勘探线宜垂直海岸线、地貌单元、地质构造和地层界线布置；在地形平坦地区，可按网格布置勘探点；

4 线状工程调查工作应沿线路带状范围进行，勘探点的布置应根据地质条件复杂程度或在物探资料解释后确定；

5 对于岩质地基，场地勘察的勘探线和勘探点的布置、勘探孔深度，应根据地质构造、岩体特性和风化情况等综合确定；

6　对于土质地基，场地勘察的勘探线和勘探点间距可按表 4.8.5-1 确定，为查明不良地质作用而布置的勘探线、勘探点，应予以加密或单独布置；

表 4.8.5-1　初步勘察勘探点、线布置

工程类型	勘探线距(m)或条数	勘探点间距(m)或点数	勘探线布置方法
码头	75～200	50～100	垂直岸线或基础长轴
人工岛	75～200	50～100	垂直岸线或网格布置
固定式平台	—	不少于 1 个	—
栈桥	1 条	75～200	沿基础轴线
海堤及进海路	横剖面间距取轴线勘探点间距的 2 倍～4 倍，每个地貌单元不少于 1 个横剖面	轴线上间距 500～1000，横剖面上间距 20～100	沿轴线布置一条勘探线，垂直于轴线布置横剖面
管道	1 条	2000～5000	沿中线

7　勘探孔深度应根据工程类型、工程地质条件及其研究程度确定，可按表 4.8.5-2 确定。

表 4.8.5-2　初步勘察勘探孔深度(m)

<table>
<tr><th>工程区域</th><th colspan="2">工程类型</th><th>一般性勘探孔</th><th>控制性勘探孔</th></tr>
<tr><td rowspan="7">极浅海</td><td rowspan="3">码头</td><td>10⁴ t 级</td><td>30～40</td><td>≥50</td></tr>
<tr><td>3×10³ t 级～5×10³ t 级</td><td>20～30</td><td>≥40</td></tr>
<tr><td>10³ t 级以下</td><td>15～20</td><td>≥30</td></tr>
<tr><td colspan="2">人工岛</td><td>30～40</td><td>≥50</td></tr>
<tr><td colspan="2">固定式平台</td><td>20～40</td><td>≥50</td></tr>
<tr><td colspan="2">海堤及进海路</td><td>10～15</td><td>≥15</td></tr>
<tr><td colspan="2">管道</td><td>4～5</td><td>≥8</td></tr>
<tr><td rowspan="5">潮间带</td><td colspan="2">人工岛</td><td>20～30</td><td>≥40</td></tr>
<tr><td colspan="2">固定式平台</td><td>20～30</td><td>≥40</td></tr>
<tr><td colspan="2">海堤及进海路</td><td>8～10</td><td>≥15</td></tr>
<tr><td colspan="2">管道</td><td>3～4</td><td>≥8</td></tr>
<tr><td colspan="2">栈桥</td><td>20～30</td><td>≥40</td></tr>
<tr><td rowspan="4">潮上带</td><td colspan="2">人工岛</td><td>15～20</td><td>≥25</td></tr>
<tr><td colspan="2">固定式平台</td><td>20～30</td><td>≥35</td></tr>
<tr><td colspan="2">海堤及进海路</td><td>6～10</td><td>≥15</td></tr>
<tr><td colspan="2">管道</td><td>3～4</td><td>≥8</td></tr>
<tr><td colspan="5">注：勘探孔包括钻孔和原位测试孔等，特殊用途的勘探孔除外。</td></tr>
</table>

4.8.6 遇下列情形之一时,应按下列规定增减勘探孔深度:

1 地形起伏的高差相差较大地段,应按其差值调整勘探孔深度;

2 在预定深度内遇基岩时,除控制性钻孔仍应钻入基岩一定深度外,其他勘探孔达到确定的基岩后即可终止钻进;

3 在预定深度内有厚度较大,且分布均匀的坚实土层时,除控制性勘探孔应达到规定的深度外,一般性勘探孔的深度可予以减小;

4 当预定深度内有软弱土层时,勘探孔深度应予以增加,荷载较大工程的部分控制性勘探孔应穿透软弱土层或达到预计控制深度。

4.8.7 初步勘察采取土试样和进行原位测试的勘探点应结合地貌单元、地层结构和土的工程性质布置,数量宜为勘探点总数的1/4～1/2;采取土试样的数量和孔内原位测试的竖向间距应按地层特点和土的均匀程度确定,每层土均应采取土试样或进行原位测试,其数量不宜少于6件(组);土试样除常规试验项目外,特殊试验项目应根据工程需要确定。为分析表层沉积物平面和垂向分布特征及性质时,应设置站位进行底质采样分析。

4.8.8 详细勘察应在充分搜集已有资料和开展相关调查分析工作的基础上,通过勘探、取样试验及原位测试等手段,提供施工图设计所需要的环境资料、岩土工程勘察资料,对工程施工图设计和不良地质的防治等提出建议。

4.8.9 详细勘察工作宜包括下列内容:

1 搜集或调查水文气象条件资料、附有坐标和水深地形的结构物平面布置图或走向图,以及工程类型、规模、荷载、特点,基础形式和埋置深度等资料;

2 查明不良地质作用的类型、成因、分布范围、发展趋势和危害程度,提出整治措施和建议;

3 查明结构物影响范围内地层结构、分布及物理力学性质、工程特性,分析评价地基的均匀性、稳定性,提供并推荐设计所需的各项岩土参数;

4 对需要进行变形计算的结构物,提供地基变形计算参数,并预测其变形特征;

5 查明孤石、沉船、锚等对工程有不利影响的障碍物、废弃物及已建海底管道和电缆工程情况;

6 查明地下水的埋藏条件,提供地下水位及其变化幅度;

7 判定水和土对钢结构和建筑材料的腐蚀性;

8 对抗震设防烈度大于或等于6度的场地,进行地震效应分析评价;

9 预测工程施工及使用期间可能产生的工程问题,并提出防治方案建议;

10 对于采用桩基础或进行地基处理时,按现行国家标准《岩土工程勘察规范》GB 50021的有关规定执行。

4.8.10 详细勘察的勘探、测试工作应符合下列规定:

1 对需详细查明的障碍物、废弃物及不良地质作用,应根据特定工程的特点与要求,采用工程物探方法探测;

2 管道线路的工程勘察工作应沿线路带状范围进行,两侧范围宜各为250 m,中线两侧可采用工程物探测试,对于管道非埋设区可减少或不布置勘探点;海堤和进海路垂直轴线应布置横剖面,控制范围宜为轴线两侧100 m～200 m;地质条件复杂段横剖面及轴线勘探点应予以加密;

3 勘探点的布置和勘探孔深度,应根据结构物规模、特点、岩土工程条件及需查明的问题综合确定;对于岩质地基,应根据地质构造、岩体特性、风化情况等,结合结构物对地基的要求综合确定;对于土质地基,勘探点布置和勘探深度可按表4.8.10-1和表4.8.10-2的规定确定。

表 4.8.10-1 详细勘察勘探点、线布置

工程类型		勘探线间距(m)或条数			勘探点间距(m)或点数			勘探线布置方法
		一级(复杂)	二级(中等复杂)	三级(简单)	一级(复杂)	二级(中等复杂)	三级(简单)	
码头	高桩式	2 条~3 条		1 条~2 条	15 ~20	20 ~30	30 ~50	沿桩基长轴
	斜坡、重力式	30 ~45	45 ~60	60 ~75	10 ~15	15 ~30	30 ~40	垂直岸线或基础长轴
	墩式	—	—	—	每墩不少于 3 个		每墩不少于 1 个	—
栈桥	桩基	1 条			15 ~20	20 ~30	30 ~50	沿栈桥中线
	墩基	—	—	—	每墩不少于 3 个		每墩不少于 1 个	—
人工岛		30 ~50	50 ~70	70 ~100	30~50	50 ~70	70 ~100	垂直岸线或网格布置
固定式平台		2 条~3 条	2 条	2 条	≤30	30~50	50~100	—
海堤及进海路		横剖面间距取轴线勘探点间距的 2 倍~4 倍，间距 20m~100m,每个地貌单元不少于 1 个横剖面			100~200	200~300	300~500	沿轴线,横剖面垂直轴线
管道		1 条			300~500	500~1000	1000~2000	沿中线
单独结构物		—			不少于 2 个			—

注:1 表中对应等级为地基复杂程度等级；
2 勘探点布置应能满足设计计算影响范围；
3 同一结构物范围内的主要受力层或有影响的下卧层起伏较大时,勘探点应予以加密。

表 4.8.10-2 勘探深度(m)

地基基础类别	结构物类型		地基土类别		
			软土	一般黏性土、粉土	老堆积土、中密-密实砂土
天然地基	码头及人工岛	重力式	1.5*b*～2.0*b*	1.0*b*～1.5*b*	0.5*b*～1.0*b*
		斜坡式	坡顶及坡身 20～30、坡底≥10	坡顶及坡身 15～20、坡底≥5	坡顶及坡身 10～15、坡底≥5
	海堤及进海路		≥10	8～10	5～8
	单独结构物		1.5*b*～2.0*b*	1.0*b*～1.5*b*	0.5*b*～1.0*b*
桩基	人工岛、平台、码头及栈桥		≥10	8～10	5～8
管道			8～10	5～8	3～5

注:1 勘探孔深度指至基础底面或桩端以下的深度;
2 *b* 为基础底面宽度;
3 基础底面宽度较大,或需进行稳定性、变形等验算时,勘探孔深度应根据验算要求予以调整;
4 对于埋设管道为从海底面算起的深度,当管道穿越港池、航道时,勘探孔深度应从最深疏浚底面算起。

4.8.11 详细勘察取土试样、试验和进行原位测试应符合下列规定:

1 取土试样和进行原位测试勘探点数量,应根据地层结构、地基土的均匀性和特定工程设计要求确定,宜为勘探孔总数的 1/2～2/3;

2 取样或原位测试的竖向间距应根据地层结构、均匀性和设计要求确定;每个场地的每一主要土层的不扰动土试样或原位测试数据不应少于 6 件(组);

3 在地基主要受力层内,对厚度大于 0.5 m 的夹层或透镜体,应采取土试样或进行原位测试;

4 当土层性质不均匀时,应增加取土数量或原位测试工作量;

5 室内试验和原位测试项目,应根据工程需要和岩土性质确定。

4.8.12 滩海结构物岩土工程勘察报告应根据任务要求、勘察阶段、工程特点和地质条件等具体情况编写,并宜包括下列内容:

1 文字部分宜包括下列内容:

1) 工程概况;
2) 勘察目的、任务要求和依据的技术标准;
3) 勘察方法、勘察工作布置和完成情况;
4) 自然地理、区域地质、滩海水文和气象条件;
5) 岩土类型、成因、分布、工程特性及其物理力学性质;
6) 地下水的埋藏情况、类型、水位及其变化;
7) 可能影响工程的不良地质作用和对工程危害的评价;
8) 场地地震效应分析评价;
9) 腐蚀环境与腐蚀性评价;

10） 场地稳定性和适宜性评价；

11） 地基处理、边坡工程、土石方工程及地基基础方案等的建议；

12） 工程施工及使用期间可能产生的岩土工程问题预测及措施建议。

2 图表部分宜包括下列内容：

1） 标注测线位置、测线测点号、地质取样及勘探点位置等的航迹图或勘探点平面位置图；

2） 工程地质剖面图；

3） 工程地质柱状图；

4） 工程物探解释图；

5） 测试和试验的相关图表；

6） 可根据需要附综合工程地质图、综合工程柱状图、地下水等水位线图、基岩面等高线图、线路纵断面图，素描、照片，综合分析图表，岩土利用、整治和改造方案的有关图表，岩土工程计算简图及计算成果图表等。

4.9 管道伴行道路

4.9.1 管道伴行道路岩土工程勘察应按工程地质调查与测绘、勘探、取样和测试、地质资料综合分析等程序开展工作。

4.9.2 可行性研究勘察应采用资料分析、遥感工程地质解译、现场踏勘调查等方法，对伴行路的工程地质条件进行分析评价。

4.9.3 可行性研究勘察阶段应进行下列工作：

1 搜集区域地质、地震、气象、水文、采矿、灾害治理等资料；

2 了解伴行路路线的地形地貌、地质构造、地层岩性、水文、抗震设防烈度以及不良地质作用和特殊性岩土的类型、分布及发育规律；

3 了解沿线环境敏感点分布情况及其与伴行路的关系；

4 进行伴行路各路线比选，提出推荐方案。

4.9.4 初步勘察应通过搜集资料、工程地质调查、简易勘探，基本查明伴行路沿线及各类构筑物场地的岩土工程条件，提供初步设计所需的岩土工程勘察资料。

4.9.5 初步勘察应对可行性研究勘察中所搜集的资料进行分析，并补充搜集路线通过地区的下列资料：

1 沿线的气象、水文、区域地质、工程地质、水文地质、抗震设防烈度等资料；

2 区域地质灾害资料，包括该区域已经识别和标识的地质灾害类型、分布、规模及治理经验；

3 沿线区域特殊性岩土资料，包括类型、分布、厚度及地基处理经验；

4 沿线筑路材料的类别、产地、质量、数量和开采运输条件。

4.9.6 初步勘察阶段应初步查明下列内容：

1 地形地貌、地层岩性和特征、地质构造、水文与水文地质条件；

2 不良地质作用和特殊性岩土的成因、类型、性质和分布范围；

3 斜坡或挖方路段的地质结构，控制边坡稳定的外倾结构面，工程项目实施诱发或加剧不良地质作用的可能性；

4 水和土对建筑材料的腐蚀性。

4.9.7 伴行路路线初步勘察应以工程地质调查为主，利用天然露头和人工露头了解沿线地层岩性、构造等情况。在地质条件复杂、露头条件差的地段，必要时可使用简易的勘探方法。

4.9.8 伴行路桥梁初步勘察宜布置1个～3个勘探点，并应符合下列规定：

1 勘探点应布置在桥梁的轴线上；

2 勘探孔的深度应根据设计要求确定，无设计要求时勘探孔深度自河底算起应为10 m～20 m；

3 对抗震设防烈度大于或等于6度的地区，勘探孔深度应满足场地和地基地震效应分析评价的要求。

4.9.9 详细勘察应充分利用初步勘察取得的各项岩土工程勘察资料，采用调绘、勘探、取样和测试等勘察方法，查明伴行路沿线的工程地质、水文地质条件，提供施工图设计所需的岩土工程勘察资料。

4.9.10 详细勘察前应取得附有伴行路走向的带状地形图、伴行路中线、桥涵桩位、路面标高、桥涵基础形式和埋深等资料。

4.9.11 详细勘察阶段应进行下列工作：

1 详细查明沿线地形地貌、地层结构、岩性特征、地质构造特征、水文地质条件；

2 详细查明不良地质作用，特殊性岩土的范围、厚度和特性；

3 确定桥梁与涵洞场地地基的地层物理力学性质参数，填方、挖方路段工程地质条件；

4 当桥梁场地抗震设防烈度大于或等于6度时，应提供建筑的场地类别；抗震设防烈度大于或等于7度时，应进行饱和砂土与粉土液化判定；

5 评价伴行路边坡、桥梁岸坡的稳定性；

6 评价水和土对建筑材料的腐蚀性。

4.9.12 详细勘察工程地质调查和测绘应符合下列规定：

1 根据工程地质条件复杂程度进行工程地质调查或工程地质测绘；

2 工程地质测绘的比例尺应与伴行路施工图设计带状地形图比例尺一致；当地质现象表示到图上的宽度小于2 mm时，应采用扩大比例尺来表示，并标注其实际数据；

3 工程地质测绘的范围宜为伴行路中线两侧各100 m。

4.9.13 详细勘察的工程地质调查和测绘应包括下列内容：

1 地形地貌的成因、类型、分布、规模和形态特征；

2 地层的成因、年代、层序、岩性、厚度，岩石的产状、风化程度；

3 地质构造的类型、产状、规模；

4 地表水系、井、泉的分布位置和动态特征；

5 特殊性岩土的类型、分布范围、厚度及工程地质特性；

6 不良地质作用与灾害地质的类型、分布范围、规模、形成条件、发生和发展的规律。

4.9.14 详细勘察的勘探工作应符合下列规定：

1 详细勘察的勘探点应布置在伴行路中线上；

2 勘探点间距宜为500 m～1000 m，每个地貌单元均应布置勘探点，复杂地段可予以加密；

3 勘探孔深度平原区宜为3 m，山区和丘陵区宜为3 m～4 m。

4.9.15 伴行路桥梁详细勘察，每一个桥墩宜布置1个～2个勘探点，勘探点布置在圆形桥墩中心或周边、矩形桥墩中心或两端，勘探孔深度应符合下列规定：

1　对于天然地基，勘探深度应为基础底面以下 $2.0b \sim 3.0b$（b 为基础宽度），且不应小于 5 m；

2　对于桩基，勘探深度应至桩端以下 3 m～5 m；当在预定的深度范围内有软弱下卧层时，应穿透软弱土层或加深至预计控制深度；

3　在预定深度内遇见基岩时，应钻穿强风化层进入中等风化层内 2 m～3 m，当强风化层很厚时，钻入深度不宜大于 10 m。

4.9.16　伴行路的涵洞详细勘察的勘探点应布置在伴行路中线上，勘探点不宜少于 1 个。勘探深度宜为 5 m，遇粉细砂及软黏土可予以加深，但不宜大于 10 m。

4.9.17　详细勘察阶段伴行路路线的代表性部位，以及桥梁、涵洞等部位应采取岩土和水试样、进行原位测试，并应符合下列规定：

1　在勘探点控制深度内，宜每间隔 1 m～2m 采取一件土试样或进行一次原位测试；

2　粉土、黏性土、软土等应采取不扰动土试样，碎石土、砂土应采取扰动土试样；

3　基岩应根据风化等级在岩芯中采取代表性岩石试样。

4.9.18　采取的岩土试样应进行常规物理力学试验，对黏性土、粉土、碎石土和砂土试样尚应进行击实试验。

4.9.19　伴行路岩土工程勘察报告应根据任务要求、勘察阶段、地质条件等具体情况编写，并宜包括下列内容：

1　文字部分宜包括下列内容：

1）　勘察工作概况；

2）　勘察目的、任务要求和依据的技术标准；

3）　勘察方法、勘察工作布置和完成情况；

4）　自然地理条件、地形地貌特征；

5）　沿线区域地质和水文地质条件；

6）　沿线岩土工程条件；

7）　桥梁及涵洞地基岩土分层、物理力学性质指标、地基承载力；

8）　水和土对建筑材料的腐蚀性评价；

9）　场地地震效应、边坡稳定性、不良地质作用与灾害地质、特殊性岩土；

10）　结论与建议。

2　图表部分宜包括下列内容：

1）　工程地质图；

2）　工程地质柱状图或者探槽展示图；

3）　工程地质剖面图；

4）　原位测试等其他成果图表。

5　不良地质作用勘察

5.1　岩溶

5.1.1　油气管道通过岩溶发育地区应进行岩溶勘察，查明岩溶的形成条件、类型、规模，查明塌陷和土洞的发育情况，对管道通过岩溶区的适宜性进行评价，并提出绕避或防治的措施和建议。

5.1.2 岩溶地区线路勘察除符合本标准第4.2节的规定外,还应符合下列规定:

1 在可行性研究勘察阶段,应通过搜集线路经过地区的地形图、区域地质、水文地质、地貌、水文、气象和遥感图像等资料,分析管道沿线的岩溶洞隙、土洞发育的可能性,需要时进行现场调查岩溶洞隙的发育条件,并就其危害程度和发展趋势做出判断,对线路的稳定性和适宜性做出概略评价;

2 在初步勘察阶段,应结合可行性研究阶段搜集的资料,通过工程地质测绘和调查、工程物探等手段查明岩溶洞隙及其伴生土洞、塌陷的分布范围、发育程度和发育规律,并按场地的稳定性和适宜性进行分区,提出防治初步方案或建议;

3 在详细勘察阶段,应通过工程地质测绘和调查、工程物探、井探和试验等手段查明对线路安全有影响的岩溶洞隙和土洞的形态、位置、规模、埋深及岩溶堆填物的性状和地下水特征,评价每个岩溶洞隙的稳定性,提出管道通过的岩土工程方案和建议;

4 在施工阶段,对新发现的岩溶应进行施工勘察。

5.1.3 岩溶发育地区选线应符合下列规定:

1 线路宜选择在岩溶塌陷不发育或较弱的地段通过,避开岩溶塌陷强和中等的地段;

2 线路宜绕避或以大角度通过岩溶洞隙、土洞和塌陷密集地带、地下河;

3 宜绕避岩溶地区采石区及影响范围;

4 宜绕避多元土层结构、地下水埋藏较浅且变化幅度较大或水位线在基岩面附近的地段;

5 宜选择在覆盖土层较厚、地下水埋藏较深的地段通过;

6 线路应避免沿断裂带、可溶岩与非可溶岩的接触带、有利于岩溶发育的褶皱轴部通过,避开断裂的交汇处、岩溶水富集区及岩溶水排泄区;

7 河谷地区线路宜选择在岩溶发育较弱的一岸,并应高于岩溶水排泄带。

5.1.4 岩溶地区的工程地质测绘和调查应包括下列内容:

1 岩溶洞隙、土洞及塌陷的成因、分布、形态、发育规律及趋势;

2 岩面起伏、形态和覆盖层厚度;

3 岩溶洞隙的分布层数,分析侵蚀基准面的变化特征;

4 地下水赋存条件、水位变化和运动规律;

5 岩溶发育与地貌、构造、岩性及地下水的关系;

6 调查当地治理岩溶洞隙、土洞及塌陷的经验。

5.1.5 岩溶勘察应在工程地质测绘和调查的基础上,以工程物探手段为主,结合钻探、井探、钎探等综合勘察方法,并应符合下列规定:

1 选择的工程物探方法应与所探测对象的物性差异相适应,工程物探测线宜沿管道中线布置,必要时可在管道中线两侧平行布置勘探线或沿异常点布置横向勘探线;

2 勘探点应在工程地质测绘及工程物探工作的基础上布置;

3 勘探点的布置宜沿管道中线或根据治理工程需要布置;

4 控制性钻孔宜布置在地貌、地质构造、地层变化大且有代表性的部位;

5 查明地面以下4 m~5 m的隐伏土洞;

6 查明浅层溶洞和覆盖土层的厚度;

7 勘探深度应满足顶板稳定性评价的需要。

5.1.6 岩溶地区的测试和观测应符合下列规定:

1 评价洞体稳定性时,应采取洞体顶板岩土样及填充物进行物理力学性质测试;

2 顶板为易风化或软弱岩石时,应观测其风化程度;

3 当需预测土洞、塌陷发展对管道的影响时,可进行地下水流速、流向测定和水位、水质的长期观测。

5.1.7 岩溶岩土工程勘察报告除应符合本标准第4.2节的规定外,尚应包括下列内容:

1 岩溶发育的地质背景和形成条件;

2 洞隙、土洞、塌陷的形态、平面位置和顶底标高;

3 岩溶稳定性和危害分析;

4 岩溶地区管道通过方案建议。

5.2 滑坡

5.2.1 油气管道通过滑坡地段,或因管道工程施工引发的滑坡,应按滑坡进行岩土工程勘察。

5.2.2 滑坡勘察宜分阶段进行,勘察工作应符合下列规定:

1 在可行性研究勘察阶段,应搜集线路经过地区的区域地质、工程地质、水文地质、地震、水文、气象和遥感图像等资料,通过资料和遥感图像分析线路可能遇到的大中型滑坡;可进行现场踏勘,分析滑坡的危害,并提出管道绕避或通过的建议;

2 在初步勘察阶段,应在前期工作的基础上通过工程地质测绘和调查,初步查明滑坡的范围、规模、地质背景、性质及对管道的危害程度,分析滑坡产生的原因,判断其稳定程度,预测其发展趋势,提出管道通过和防治方案的建议,对无法绕避的滑坡宜开展勘探工作;

3 在详细勘察阶段,应通过工程地质测绘和调查、工程物探、钻探、井探和试验等手段查明滑坡性质、特征参数及周边工程地质和水文地质条件。

5.2.3 滑坡发育地段的选线应符合下列规定:

1 应绕避地质条件复杂的大中型滑坡及滑坡群,避开地形破碎、坡脚有地下水出露的山坡;

2 当滑坡规模小及地下水不发育,整治的技术条件可行,经济合理时,可选择在有利于滑坡稳定的部位通过;

3 线路通过稳定的滑坡时,宜避开易导致滑坡复活的部位;

4 在地貌、地质条件上具有滑坡产生条件或因管道建设可能产生滑坡的地段,应优化线路平面及断面位置。

5.2.4 滑坡勘察宜采用工程地质测绘和调查、工程物探、槽探、井探、钻探和测试等综合勘察方法。

5.2.5 滑坡工程地质测绘和调查的范围应包括滑坡及邻近地段,其比例尺根据滑坡规模及勘察阶段可选择1:500~1:2000;用于整治设计时,比例尺宜选用1:200~1:500。滑坡区工程地质测绘和调查应包括下列内容:

1 搜集既有滑坡的调查和观测资料,水文、气象、遥感图像、地质构造图及地方志、地方史料中有关滑坡灾情的记录等资料;

2 圈定滑坡周界,调查微地貌形态及其演变过程;

3 调查滑坡断壁、台地、鼓丘与洼地、裂隙、滑坡舌等要素;

4 调查滑坡地层岩性、厚度,滑动带的位置、个数、形态特征;

5 调查测区地质构造和岩土条件;

6 调查地表水、地下水的情况、泉水出露地点及流量、湿地分布及变迁情况；

7 调查滑坡范围内外建(构)筑物、树木等的变形、位移及破坏的时间和过程；

8 调查滑坡的历史和当地整治滑坡的经验；

9 对滑坡的重点部位宜摄影或摄像。

5.2.6 滑坡勘探工作应符合下列规定：

1 勘探线和勘探点的布置应根据滑坡体的岩土构成、性质、成因，滑坡面的位置，滑坡带的物质组成及厚度，滑动方向及地下水和整治工程需要等情况综合确定；除主滑方向应布置勘探线外，在其两侧滑坡体外也宜布置一定数量的勘探线；勘探点间距不宜大于 40 m，每条勘探线上不宜少于 3 个勘探点，在滑坡体转折处及拟采取工程措施的地段也应布置勘探点；

2 勘探深度应超过最下一层滑动面进入稳定地层，并满足拟采取工程措施的要求，控制性勘探孔应深入稳定地层一定深度；

3 在滑坡体、滑动面(带)和稳定地层中应采取不扰动岩土试样进行试验；

4 查明地下水的层数、各层地下水的位置、含水层的厚度，地下水的流向及性质。

5.2.7 滑坡勘察的岩土试验宜符合下列规定：

1 采用室内、现场滑面重合剪试验，滑带土宜做重塑土或不扰动土多次重复剪试验，测试多次剪和残余剪抗剪强度；

2 剪切试验方法宜与滑动受力条件相似；

3 宜采用反分析方法检验滑动面的抗剪强度指标。

5.2.8 根据滑坡类型与性质，应对滑坡进行稳定性验算及滑坡推力计算，综合评价其稳定性，滑坡稳定性评价应符合下列规定：

1 应根据地形、微地貌特征、水文地质特征、坡体加载情况、变形迹象、影响因素等进行定性分析；

2 稳定性验算应选择有代表性的断面，除整体稳定性外，尚应验算局部滑动的可能性；

3 滑坡稳定性评价应按自重、暴雨、地震三种工况分别进行；

4 滑动带的计算指标宜根据测试成果、反分析计算成果及地区经验综合确定；

5 滑坡稳定性系数计算可按现行国家标准《建筑边坡工程技术规范》GB 50330 的有关规定执行。

5.2.9 滑坡岩土工程勘察报告除应符合本标准第 4.2 节的规定外，尚应包括下列内容：

1 滑坡的地质背景和形成条件；

2 滑坡的形态要素、性质和演化；

3 岩土工程特性指标；

4 滑坡平面图、剖面图；

5 滑坡稳定性分析；

6 滑坡危害性分析；

7 管道通过方案建议；

8 滑坡防治和监测建议。

5.3 危岩和崩塌

5.3.1 油气管道通过对工程安全有影响的危岩、崩塌发育地段，应进行危岩和崩塌岩土工程勘察。

5.3.2 危岩和崩塌的勘察宜分阶段进行，各阶段勘察工作应符合下列规定：

1 可行性研究勘察阶段，应进行现场踏勘和工程地质调查，分析崩塌的危害，并提出管道绕避或通过的建议；

2 初步勘察阶段，应对难以避让的危岩和崩塌及周边环境工程地质条件进行初步勘察，分析评价崩塌的稳定性、危害性；

3 详细勘察阶段，应详细查明危岩和崩塌体、防治工程场区的环境工程地质条件。

5.3.3 危岩和崩塌发育地段的选线应符合下列规定：

1 线路宜绕避山高坡陡、岩层受节理裂隙切割严重、危岩密集分布的地段；

2 线路及其附属设施应避开崩塌落石直接冲击区和稳定性不足的崩塌堆积体；

3 线路宜选择危岩和崩塌轻微，经工程处理后能够确保管道建设及运行期安全的地段。

5.3.4 危岩和崩塌的勘察应查明下列内容：

1 崩塌发育的场区地形地貌、地层岩性、地质构造、水文地质条件、地震动参数及当地气象、水文条件；

2 危岩和崩塌的成因、类型、规模、分布范围、崩塌体的大小和崩落方向；

3 危岩体的基本质量等级、岩性特征和风化程度及物理力学性质；

4 岩土体结构类型，裂缝和结构面的产状、组合与交切关系、闭合程度、力学属性、延展及贯穿情况；

5 危岩体与崩塌堆积体的稳定性；

6 防治工程所在场区的工程地质条件、水文地质条件；

7 当地防治崩塌的经验；

8 危岩和崩塌与油气管道工程的关系及其危害性。

5.3.5 当管道从危岩和崩塌体上方通过时，应评价危岩和崩塌体的稳定性，预测其发展趋势及对管道的危害；当从危岩和崩塌体下方通过时，应提出管道的适宜埋深，并预测危岩失稳、崩塌体大量崩塌后管道经过场地的稳定性，提出预防措施。

5.3.6 危岩和崩塌岩土工程勘察报告除应符合本标准第4.2节的规定外，尚应包括下列内容：

1 危岩和崩塌的地质背景和形成条件；

2 崩塌的形态要素、性质和演化；

3 岩土工程特性指标；

4 危岩和崩塌平面图、剖面图；

5 危岩和崩塌稳定性分析；

6 危岩和崩塌危害性分析；

7 管道通过方案建议；

8 危岩和崩塌防治和监测的建议。

5.4 泥石流

5.4.1 油气管道通过泥石流发育地段，应对经过的坡地和沟谷进行泥石流岩土工程勘察，查明泥石流的形成条件和泥石流的类型、规模、发育阶段、活动规律，对管道通过泥石流沟、堆积扇的适宜性进行评价，并提出绕避或防治的措施和建议。

5.4.2 泥石流宜按现行国家标准《岩土工程勘察规范》GB 50021进行工程分类，泥石流发育地段的选线应符合下列规定：

1 应绕避Ⅰ$_1$类和Ⅱ$_1$类泥石流沟谷的形成区和流通区，可采用穿越方式通过堆积区；

2 宜绕避Ⅰ$_2$类和Ⅱ$_2$类泥石流沟谷的形成区和流通区，可采用穿越方式通过堆积区；

3 可采取措施通过Ⅰ$_3$类和Ⅱ$_3$类泥石流沟谷，宜采用穿越方式通过堆积区；

4 不宜顺泥石流沟谷敷设。

5.4.3 泥石流的勘察应以工程地质测绘和调查为主，配合适量钻探、坑探及工程物探等勘探方法。

5.4.4 泥石流的工程地质测绘和调查应符合下列规定：

1 宜采用遥感图像地质解译与野外地质调查相结合的方法进行工程地质测绘和调查；

2 搜集地形图、区域地质、地震、气象、水文，特别是泥石流暴发期间的资料；

3 调查地形地貌特征，包括沟谷的发育程度、切割情况，坡度、弯曲、粗糙程度，划分泥石流的形成区、流通区和堆积区，圈绘整个沟谷汇水面积；

4 调查形成区的水源类型、水量、汇水条件、山坡坡度、岩土性质，断裂、滑坡、崩塌、岩堆等不良地质作用的发育程度及可能成为泥石流固体物质来源的分布范围、储量；

5 调查流通区的沟床纵横坡度、跌水、急弯等特征，沟床谷坡坡度及稳定程度、沟床的冲淤变化和泥石流的痕迹；

6 调查堆积区的堆积扇的分布范围、表面形态、纵坡、植被、沟道变迁和冲淤情况；查明堆积物的性质、层次、厚度、一般粒径和最大粒径；判定堆积区的形成历史、堆积速度，估算横向扩展最大宽度和一次最大堆积量；

7 调查泥石流沟谷的历史，历次泥石流的发生时间、频数、规模、形成过程、暴发前的降雨(融雪)情况和暴发后产生的灾情；

8 调查采矿、修路、城镇建设等切坡弃渣、砍伐森林、耕垦陡坡和过度放牧等人类活动情况；

9 调查当地防治泥石流的经验。

5.4.5 泥石流勘察应根据工程地质测绘和调查结果，结合线路方案和防治工程方案有针对性地进行勘探，并应符合下列规定：

1 当管道采用穿越方式时，勘探线宜沿防治工程轴线布置；当管道采用跨越方式时，应按跨越基础位置和防治工程轴线布置勘探线和勘探点；

2 勘探点间距应根据地质条件复杂程度确定，每条勘探线上的勘探点不宜少于3个，地质条件复杂时应加密勘探点，勘探孔深度应进入稳定地层不少于3 m。

5.4.6 当管道采用穿越方式通过泥石流堆积区时，应预测堆积扇横向扩展最大宽度，确定适宜管道埋设的稳定层位。

5.4.7 管道通过泥石流形成区、流通区，采用跨越方式时，应提出跨越基础位置的建议；采用穿越方式时，应提出适宜管道埋设的稳定层位，评价谷坡稳定性，提出相应的岩土工程防治措施。

5.4.8 泥石流岩土工程勘察报告除应符合本标准第4.2节的规定外，尚应包括下列内容：

1 泥石流形成的地质背景和形成条件；

2 形成区、流通区、堆积区的分布特征，绘制专门工程地质图；

3 划分泥石流类型，评价其对管道工程的影响；

4 泥石流防治和监测的建议。

5.5 采空区

5.5.1 油气管道通过采空区时，应对采空区进行岩土工程勘察，评价采空区上覆岩土层的稳定性，预测其发展趋势、采空区的地表移动、变形特征及采空区塌陷对管道工程的危害，判定管道通过的适宜性。

5.5.2 采空区地段的选线应符合下列规定：

1 宜绕避至采空区的影响范围外一定距离；

2 宜绕避密集分布的小窑采空区及时间久远难以查明的古窑分布地带，必须通过时应选择灾害风险较小的区域通过，并采取工程措施；

3 通过规划矿区时，应了解矿区的具体规划，分析对线路的影响及应采取的措施。

5.5.3 采空区的勘察宜以工程地质测绘和调查为主，并应搜集和调查下列内容：

1 搜集地质图、矿床分布图、采空区分布及开采规划等资料；

2 了解采空区的地层构成、岩层产状、地质构造的发育特点和采空区的水文地质条件；

3 矿层的类型、分布、层数、厚度、深度、埋藏特征；

4 矿层开采的范围、深度、高度、开采时间、方法和顶板管理以及采空区的塌落、密实程度、空隙和积水等；

5 地表变形的特征和分布，包括地表塌陷、台阶和裂缝的位置、形状、大小、深度，延伸方向及其与地质构造、开采边界、工作面推进方向等关系；

6 采矿抽水、排水对采空区的影响。

5.5.4 当工程地质测绘和调查搜集的资料能确定采空区位置、范围、大小、变形的基本特征及变形的发展趋势和稳定条件时，可不再进行勘探工作。否则宜采用工程物探查明采空区的范围、埋藏深度、采空区的空间大小、采空区上部第四系沉积物和岩层厚度及断裂的位置等，同时通过钻探等查明地层结构，采取岩土试样进行试验，评价采空区稳定性，预测地表移动、变形特征和规律性。

5.5.5 采空区物探工作应符合下列规定：

1 物探方法应结合地形、地质条件、采空区埋深及分布情况确定，宜选择两种以上的物探方法进行综合工程物探；

2 物探工作开展前，应在现场已知的采空区上方进行物探方法有效性现场试验，确定物探方法的适宜性、物探方法组合和工作方式；

3 物探测线宜沿管道中线或采空区倾向、走向布设，对于开采资料匮乏或无规划的小型采空区，物探测线宜按网格状布置。

5.5.6 采空区钻探应符合下列规定：

1 钻孔宜布置在工程物探异常区域，并满足变形观测、综合测井及物探工作的需要；

2 查明工作区地层岩性、结构特征，绘制综合柱状图；

3 查明地下水的埋深，地下水发育时宜进行抽水试验、水化学试验；

4 查明采空区的控制范围、赋存状态、采空区顶底板高程；

5 查明采空区引起的冒落带、裂隙带和沉降带的控制埋深，确定其具体高度和发育状况。

5.5.7 采空区岩土工程勘察报告除应符合本标准第4.2节的规定外，尚应包括下列内容：

1 采空区的地质背景和形成条件；

2 采空区地表及建筑物变形的范围、分布规律；

3 评价采空区稳定性及对管道工程的影响；

4 提出采空区防治和监测的建议。

5.6 地震效应

5.6.1 在抗震设防烈度大于或等于 6 度地区的油气管道线路勘察，应进行地震效应评价，并应根据国家批准的地震动参数区划和有关的规范，提出勘察场地的抗震设防烈度、设计基本地震加速度和设计特征周期分区。

5.6.2 在抗震设防烈度大于或等于 6 度地区进行勘察时，应通过工程地质调查工作评价场地可能发生的次生地质灾害，并提出相应的绕避或采取工程措施的建议。

5.6.3 当抗震设防烈度大于或等于 7 度，经初步判定场地分布有可液化土层时，应进一步判别。液化判别应符合本标准附录 B 的规定，评价对管道的危害，并应符合下列规定：

1 倾斜场地或液化层倾向水面或临空面时，应评价地震作用下液化引起土体滑移的可能性；

2 当场地及其附近存在历史地震液化遗迹时，应分析液化重复发生的可能性。

5.6.4 抗震设防烈度大于或等于 7 度的厚层软土分布区，宜判别软土震陷的可能性，并评价对管道工程的危害。

5.6.5 场地或场地附近有崩塌、滑坡、泥石流、采空区等不良地质作用及高陡边坡时，应进行专项勘察，分析评价其在地震作用时的稳定性。

5.7 活动断裂

5.7.1 对油气管道通过或伴行的活动断裂勘察宜在地震安全性评价报告的基础上进行，应对其中影响管道安全的活动断裂进行勘察，评价活动断裂对管道安全可能产生的影响，提出处理方案。

5.7.2 活动断裂的勘察应根据地震安全性评价报告，通过工程地质测绘和调查的方法，查明活动断裂经过地区的地形地貌、地质和地震特征。

5.7.3 对伴行活动断裂的管道，应预测断裂活动时发生地震造成的滑坡、崩塌、液化、震陷等对管道工程造成的影响。

5.7.4 对通过活动断裂的管道，应选择在活动断裂位移和断裂带宽度最小的地段通过，并提出抗震措施建议。

6 特殊性岩土段的线路勘察

6.1 黄土

6.1.1 黄土地区线路勘察应查明黄土的物理力学性质和水理性质，确定湿陷性黄土场地的湿陷类型和地基湿陷等级。

6.1.2 黄土地貌类型划分应符合表 6.1.2 的规定。

表 6.1.2 黄土地貌类型

成因	地貌类型		地形形态基本特征
堆积	黄土高原	黄土塬	黄土高原受现代沟谷切割后，保存下来的大型平坦地面，周边为沟谷环绕
		黄土梁	顶面平坦，两侧为深切冲沟，中部为长条状的黄土低丘。长数百米、数千米到上万米，宽数十米到上百米
		黄土峁	孤立的黄土丘陵，顶面平坦或微有起伏，呈圆穹状，大多数是由黄土梁进一步切割而成
	黄土平原		分布于新构造运动下降区，是由黄土堆积形成的低平原，局部发育沟谷，无梁、峁

表 6.1.2(续)

成因	地貌类型	地形形态基本特征
侵蚀堆积	河谷阶地	沿河谷及大型沟谷两岸分布(或断续分布),表层全部由冲积一洪积黄土等沉积物堆积的阶地
	河谷	形成及发展与一般侵蚀河谷相似,但其形成和发展有时还伴随有风积黄土堆积
	冲沟	因黄土土质疏松,常伴有重力崩塌、潜蚀作用,因此发展快,其特征是沟深、壁陡、向源侵蚀作用显著
潜蚀	黄土蝶形洼地	流水聚集,使黄土层内发生湿陷或潜蚀,因其地面下沉后的一种直径数米至数十米的凹地,它是陷穴和冲沟发育的初期标志
	黄土陷穴	地表水沿黄土孔隙、裂隙下渗潜蚀形成的黄土洞穴。若成串分布则称串珠状陷穴
	黄土井	黄土陷穴向下发展,形成深度大于宽度若干倍的洞穴
	黄土桥	两个黄土陷穴之间被水流串通,在陷穴崩塌之后残存的土体呈桥状洞穴
	黄土柱	黄土沿垂直节理崩塌后残存的土柱
重力	崩塌堆积体	由于黄土冲沟深切,岸坡高陡,土体迅速向下崩落,在坡脚形成的地貌形态
	黄土滑坡	黄土斜坡地段,土体在重力和地下水作用下,产生山坡变形的地貌形态

6.1.3 黄土地层的划分应符合表 6.1.3 的规定。

表 6.1.3 黄土地层的划分

时代		地层的划分	说明
全新世(Q_4)黄土	新黄土	黄土状土	一般具湿陷性
晚更新世(Q_3)黄土		马兰黄土	
中更新世(Q_2)黄土	老黄土	离石黄土	上部部分土层具湿陷性
早更新世(Q_1)黄土		午城黄土	不具湿陷性
注:全新世(Q_4)黄土包括湿陷性(Q_4^1)黄土和新近堆积(Q_4^2)黄土。			

6.1.4 黄土地区的线路勘察,除应符合本标准第 4.2 节的规定外,尚应包括下列内容:

1 查明黄土的分布范围、成因、时代、土质特征;

2 查明黄土蝶形洼地、陷穴、冲沟等黄土特殊地貌的分布、形态、产生的原因、环境条件及发展趋势;

3 查明黄土嵊岘形态特征,高陡边坡的长度、宽度、坡度;

4 查明滑坡、崩塌、泥流、地裂缝等不良地质作用的分布、性质、范围、规模、下伏地层及特征,并分析其产生的原因及发展趋势;

5 根据地形条件,调查降水的汇集、排泄以及水力侵蚀情况;

6 划分黄土地层并进行湿陷性评价;

7 调查地下水位变化、地表水及灌溉情况。

6.1.5 黄土地区线路勘察钻探取样和试验,除应符合本标准第4.2节的规定外,尚应符合下列规定:

1 按地貌单元和控制性地段结合水工构筑物布置控制性勘探点,其勘探深度和取样应满足湿陷性评价的要求;

2 不扰动土样宜在探井中采取;

3 采取的土样除测定一般物理力学性质外,还应做土的湿陷性试验,对需要回填夯实地段,应做击实试验;

4 钻孔及开挖的探井应及时按规定回填。

6.1.6 管道沿需要防护的高陡边坡、嵝岘敷设时,勘察应符合下列规定:

1 勘探线宜垂直地形等高线布置,每条勘探线不宜少于3个勘探点;勘探线、勘探点的间距宜为30 m～50 m;

2 勘探孔深度应符合表6.1.6的规定;

表6.1.6 勘探深度(m)

湿陷类型	非自重湿陷性黄土场地	自重湿陷性黄土场地	
		陇西、陇东-陕北-晋西地区	其他地区
勘探孔深度 (自基础底面算起)	>10	>15	>10

3 当存在潜在滑动面时,勘探孔深度应进入最下层潜在滑动面以下2 m～5 m;

4 取土和原位测试勘探点的数量,宜占全部勘探点的1/2以上;

5 拟设置水工保持构筑物的位置应布置勘探点,勘探点中应布置一定数量的探井。

6.1.7 管道通过下列黄土地区宜进行抗侵蚀处理:

1 由梁(峁)到谷和由谷到梁(峁)坡度大于15%的斜坡地段;

2 易发生降水汇集的地段;

3 宽度小于15 m的受侵蚀黄土窄梁;

4 线路经过或接近沟头地段;

5 靠近河流岸坡的地段;

6 坡度大于60°的受侵蚀陡坎、陡崖。

6.1.8 管道通过黄土地区的抗侵蚀处理应根据岩土特征、地形特点、处理目的和当地实际条件等因素,利用水工构筑物和植被综合治理,宜采取下列措施:

1 管沟底部防潜蚀处理,地表采用梯田、水平沟、鱼鳞坑和植被措施以加强雨水就地入渗,地下采用灰土、固化土、水泥土或防水毯等土工合成材料构成的阻水坡阻水,避免降水汇集发生潜蚀;

2 对陡坡地段,根据边坡的坡度、长度及其稳定性,必要时采用加筋土挡墙或其他稳定边坡的岩土工程措施,并因地制宜对降水采取截、排、引、消、渗、堵等综合措施;

3　对沿线水工构筑物，除应考虑湿陷的影响外，还应根据地形及汇水条件等采取相应的防水力侵蚀措施；

4　管沟分层夯实回填，压实系数应大于0.85，夯实回填后应略高于原始地表。

6.2　盐渍岩土

6.2.1　岩土中易溶盐含量大于或等于0.3%且小于20%，并具有溶陷或盐胀等工程特性时，应判定为盐渍岩土。

6.2.2　盐渍岩按主要含盐矿物成分可分为石膏盐渍岩、芒硝盐渍岩等。盐渍土应根据化学成分和含盐量按表6.2.2-1和表6.2.2-2进行划分。

表6.2.2-1　盐渍土按含盐化学成分分类

盐渍土名称	$\frac{c(Cl^-)}{2c(SO_4^{2-})}$	$\frac{c(CO_3^{2-})+c(HCO_3^-)}{c(Cl^-)+2c(SO_4^{2-})}$
氯盐渍土	>2.0	—
亚氯盐渍土	>1.0，≤2.0	—
亚硫酸盐渍土	>0.3，≤1.0	—
硫酸盐渍土	≤0.3	—
碱性盐渍土	—	>0.3
注：表中 $c(Cl^-)$ 为氯离子在100 g岩土中所含毫摩尔数，其他离子同。		

表6.2.2-2　盐渍土按含盐量分类

盐渍土名称	平均含盐量(%)		
	氯及亚氯盐	硫酸及亚硫酸盐	碱性盐
弱盐渍土	≥0.3，<1.0	—	—
中盐渍土	≥1.0，<5.0	≥0.3，<2.0	≥0.3，<1.0
强盐渍土	≥5.0，<8.0	≥2.0，<5.0	≥1.0，<2.0
超盐渍土	≥8.0	≥5.0	≥2.0

6.2.3　盐渍岩土地区的线路勘察，除应符合本标准第4.2节的规定外，尚应包括下列内容：

1　查明盐渍岩土的成因、分布和特点；

2　含盐化学成分、含盐量及在岩土中的分布特点；

3　溶蚀洞隙发育程度和分布；

4　查明地下水类型、埋藏条件、水质、水位及季节性变化；

5　气象资料和水文资料；

6　地区工程经验和既有建(构)筑物损坏情况；

7　盐渍岩土的溶陷性和盐胀性；

8　植被发育程度。

6.2.4　盐渍岩土地区线路勘察钻探和取样，除应符合本标准第4.2节的规定外，尚应符合下列规定：

1 线路穿越盐渍岩土地区时，每个地貌单元勘探点不应少于3个；对每段盐渍土取样勘探点数量不应少于1个，勘探孔深度宜为3 m～5 m；

2 判定溶陷或盐胀时，对细颗粒岩土宜采用不扰动试样，取样间距宜为0.5 m～1.0 m；

3 在勘探深度内遇地下水或地表水时，应采取水样进行水质分析，每个地貌单元不应少于2组。

6.2.5 盐渍岩土地区线路勘察测试与试验，除应符合本标准第4.2节的规定外，尚应符合下列规定：

1 盐渍土含盐量的测定宜在干旱季节进行，当测定含盐量时，宜在0～3.0 m深度范围内取样；在0～1.5 m深度范围内，取样间距宜为0.25 m；1.5 m以下，取样间距宜为0.5 m，按厚度加权平均计算含盐量；

2 室内试验除进行盐渍土的一般物理力学性质试验外，应对具溶陷性和盐胀性的盐渍土进行溶陷性和盐胀性试验；

3 当工程需要时，应测定不同盐渍土及不同土质的毛细水强烈上升高度。

6.2.6 在盐渍岩土地区建设管道宜采取下列措施：

1 采取措施防止大气降水、洪水、工业及生活用水淹没管道线路地基及附近场地；

2 管沟开挖后应及时进行施工，防止施工用水渗入管沟；

3 对钢质管道应采取防腐蚀措施。

6.3 膨胀岩土

6.3.1 含有大量亲水矿物，具有显著的吸水膨胀和失水收缩两种变形特性，变形受约束时产生较大内应力的岩土应判定为膨胀岩土。

6.3.2 膨胀土的膨胀潜势分类应符合表6.3.2的规定。

表6.3.2 膨胀潜势分类

自由膨胀率δ_{ef}(%)	膨胀潜势
$40 \leqslant \delta_{ef} < 65$	弱
$65 \leqslant \delta_{ef} < 90$	中
$\delta_{ef} \geqslant 90$	强

6.3.3 膨胀岩土地区的线路勘察，除应符合本标准第4.2节的规定外，尚应包括下列内容：

1 搜集气象和水文资料，查明大气影响深度；

2 查明膨胀岩土的岩性、时代、成因和分布；

3 查明滑坡、地裂、冲沟以及地貌形态、坡度和植被情况；

4 查明地表水聚集、排泄情况，以及地下水类型、水位和季节变化幅度；

5 查明膨胀岩土的自由膨胀率，需要时查明其膨胀力和胀缩变形量。

6.3.4 膨胀岩土地区线路勘察钻探和取样，除应符合本标准第4.2节的规定外，尚应符合下列规定：

1 对每段膨胀岩土地段，勘探点不应少于3个；

2 控制性勘探点应按地貌单元和控制性地段布置，勘探深度应为5 m，每间隔0.5 m～1.0 m取样1件，应进行自由膨胀率、含水量试验；

3 可根据需要进行膨胀力、膨胀率、收缩系数、饱和吸水率等试验。

6.3.5 坡度大于14°的边坡应进行稳定性评价,并应考虑坡体内含水量变化的影响。

6.3.6 管沟开挖后应及时回填,避免水流浸入及湿度变化导致沟壁坍塌。

6.4 多年冻土

6.4.1 冻结状态持续时间2年或2年以上,具有负温或零温度并含有冰的土(岩),应判定为多年冻土。

6.4.2 根据平面分布特征,多年冻土可分为连续多年冻土和岛状多年冻土;根据剖面分布特征,多年冻土可分为衔接多年冻土和不衔接多年冻土;根据含冰量,可分为少冰冻土、多冰冻土、富冰冻土、饱冰冻土、含土冰层。

6.4.3 根据多年冻土的融沉系数δ_0的大小可划分为不融沉、弱融沉、融沉、强融沉和融陷五级。冻土层的平均融沉系数δ_0应按下式计算:

$$\delta_0=\frac{h_1-h_2}{h_1}=\frac{e_1-e_2}{1+e_1}\times 100(\%) \qquad (6.4.3)$$

式中:h_1、e_1——冻土试样融化前的高度(mm)和孔隙比;

h_2、e_2——冻土试样融化后的高度(mm)和孔隙比。

6.4.4 季节冻土和季节融化层土的冻胀性,根据土的冻胀率η的大小可划分为不冻胀、弱冻胀、冻胀、强冻胀和特强冻胀五级。冻土层平均冻胀率η应按下式计算:

$$\eta=\frac{\Delta Z}{Z_d}\times 100(\%) \qquad (6.4.4)$$

式中:ΔZ ——地表冻胀量(mm);

Z_d ——设计冻深(mm),$Z_d=h-\Delta Z$;

h ——冻结层厚度(mm)。

6.4.5 冻土地区管道建设地基复杂程度可按下列规定分级:

1 符合下列条件之一应为一级地基(复杂地基):

1) 岩土种类多,性质变化大,冻土层上水、层间水发育;

2) 厚层地下冰发育;

3) 冻土工程类型属含土冰层或饱冰冻土;

4) 岛状多年冻土地段;

5) 冻土温度高于-1.0 ℃。

2 符合下列条件之一应为二级地基(中等复杂地基):

1) 岩土种类多,性质变化较大,冻土层上水、层间水较发育;

2) 地下冰较发育;

3) 冻土工程类型属富冰冻土或多冰冻土;

4) 冻土温度为-1.0 ℃~-2.0 ℃。

3 符合下列条件之一应为三级地基(简单地基):

1) 岩土种类单一,性质变化不大;

2) 地下冰不发育;

3) 冻土工程类型属少冰冻土;

4) 冻土温度低于-2.0 ℃。

6.4.6 多年冻土地区的线路勘察，除应符合本标准第4.2节的规定外，尚应包括下列内容：

1 查明多年冻土类型、分布范围和特征及其与地质地理环境的相互关系；

2 查明季节融化深度与多年冻土层厚度及其空间分布特征；

3 查明多年冻土层的物质成分、含冰率及冻土工程类型、冻土构造类型、地下冰层的厚度及分布特征；

4 查明多年冻土层的年平均地温、地温年变化深度；

5 查明多年冻土层物理力学及热学性质、冻土融化下沉特性；

6 查明多年冻土区内融区的成因、分布特征及其与冻土条件、自然因素和人为工程活动的关系；

7 查明地表水与地下水的贮运条件及其与多年冻土层的相互关系和作用；

8 查明冻土现象类型、特征和发育规律及其对工程的影响与危害；

9 对冻土工程地质条件做出评价，预测管道工程建设及运营期间冻土与工程和环境条件的变化及相互影响，提出合理措施和建议。

6.4.7 多年冻土地区线路勘察勘探点布置应符合下列规定：

1 初步勘察阶段勘探点间距应按地基复杂程度和地貌单元确定，且每一地貌单元不应少于一个勘探点，并应符合下列规定：

1) 对于地基复杂程度为一级(复杂地基)的冻土地基，勘探点间距宜为300 m～500 m，勘探孔深度不宜小于8.0 m；

2) 对于地基复杂程度为二级(中等复杂地基)的冻土地基，勘探点间距宜为500 m～1000 m，勘探孔深度不宜小于8.0 m和2倍多年冻土区天然上限深度；

3) 对于地基复杂程度为三级(简单地基)的冻土地基，勘探点可按地貌单元布置，勘探孔深度为冻土区天然上限深度以下1 m～3 m。

2 详细勘察阶段勘探点间距应按地基复杂程度确定，并应符合下列规定：

1) 对于地基复杂程度为一级(复杂地基)的冻土地基，勘探点间距宜为200 m～300 m，勘探孔深度宜为8 m～15 m；

2) 对于地基复杂程度为二级(中等复杂地基)的冻土地基，勘探点间距宜为300 m～400 m，勘探孔深度宜为8 m～10 m；

3) 对于地基复杂程度为三级(简单地基)的冻土地基，勘探点间距宜为400 m～500 m，勘探孔深度不宜小于8.0 m和2倍多年冻土区天然上限深度。

3 在预计勘探深度内遇基岩，钻孔深度宜进入强风化岩层2 m～3 m。

6.4.8 多年冻土地区线路勘察钻探和取样应符合下列规定：

1 多年冻土地区钻探，开孔直径不应小于130 mm，终孔直径不宜小于110 mm；当冻土为第四系松散地层时，宜采取低速钻进方法，回次进尺宜为0.2 m～0.5 m；冻土为高含冰量黏性土层时，可采取快速钻进方法，回次进尺不宜大于0.8 m；对于冻结的碎块石和基岩，钻探时宜采用低温冲洗液；

2 冻土取样应在地表下0.5 m开始逐层采取，取样间距应根据工程规模、工程特点及冻土工程性质确定，一般取样间距不宜大于1.0 m；试样在采取、搬运、贮存、试验过程中应避免融化。

6.4.9 多年冻土试验项目除常规要求外，尚应根据工程需要进行总含水率、未冻含水率、冻结温度、导热系数、冻胀率、融化压缩等项目的试验;对盐渍化多年冻土和泥炭化多年冻土,尚应分别测定易溶盐含量和有机质含量。

6.4.10 对管道工程有影响的冰椎、冻胀丘、厚层地下冰、融冻泥流、热融滑塌、热融湖塘、热融洼地、冻土沼泽、冻土湿地等冻土现象应进行工程地质测绘和调查,根据冻土现象的发生及分布规律有针对性地开展工作,并应符合下列规定:

1 冰椎、冻胀丘调查与勘探工作宜在发育期(1月~4月)进行;

2 调查与测绘范围应在管道中线两侧各100 m范围内,必要时可扩大调查与测绘范围;

3 当工程需要时可采取钻探与物探相结合的方法,查明冻土现象发育地段的地层结构、岩性成分、水文地质条件,钻孔深度应大于季节冻结深度或多年冻土上限以下2.0 m;

4 多年冻土天然上限深度的勘察时间宜在9月、10月份。

6.4.11 管道工程在施工期间发现新的工程地质问题时,应进行施工勘察。

6.4.12 在多年冻土地区建设管道,应采取下列措施:

1 管道不宜直接埋设在季节性融化冻土层内;

2 在融沉区,应采取措施避免融沉和上浮的不良影响;

3 在冻胀区,为防止冻切力的作用,可在管道周围回填粗砂、中砂、炉渣等非冻胀性散粒材料或采取其他有效措施;

4 施工期间,应避免水流浸入管沟。

6.5 软土

6.5.1 天然孔隙比大于或等于1.0,且天然含水量大于液限的细粒土应判定为软土,包括淤泥、淤泥质土、泥炭、泥炭质土等。

6.5.2 软土地区的线路勘察,除应符合本标准第4.2节的规定外,尚应包括下列内容:

1 软土成因类型、成层条件、分布规律、层理特征、水平与垂直方向的均匀性;

2 地表硬壳层的分布与厚度、下伏硬土层或基岩的埋深与起伏;

3 软土的结构性、灵敏度、压缩性等物理力学性质和排水条件。

6.5.3 软土地区线路勘察钻探和取样,除应符合本标准第4.2节的规定外,尚应符合下列规定:

1 同一软土区段勘探点不应少于3个,当土层变化复杂时应加密勘探点;

2 控制性勘探点应按地貌单元和控制性地段布置,勘探深度宜为5 m;

3 钻探取样宜与原位测试相结合,取样应采用薄壁取土器;

4 原位测试宜采用静力触探、十字板剪切、扁铲侧胀或螺旋板载荷试验等;

5 宜每间隔1 m采取不扰动土样进行物理力学性质试验,每段软土应采取2组地下水试样进行水质分析。

6.5.4 在软土地区建设管道,可按规定采取下列措施:

1 对暗埋的塘、浜、沟、坑穴等软土厚度不大的地段,可采用支护、短桩等方法;

2 对大面积厚层软土地段,可采取抗浮措施。

6.6 风沙

6.6.1 在风力作用下,地表松散沙粒的吹蚀、搬运、堆积的过程及其形成的地表形态应判定为风沙作用。气候干旱、降雨稀少、植被疏矮、土质贫瘠的风沙区域应称为荒漠,石质、砾质荒漠应称为戈壁,沙质荒漠应称为沙漠。

6.6.2 根据场地的地貌、植被、地下水和稳定性,应按表 6.6.2 确定风沙场地类别。

表 6.6.2 风沙场地类别

类别		场地特征			
		地貌	植被	地下水	稳定性
戈壁		地形较平坦	植被疏矮	—	由于颗粒较大,风蚀强度较弱,较稳定
沙地	流动沙丘	新月形沙丘,新月形沙丘链,格状、穹状沙丘,复合型沙丘链	表面无植被覆盖或仅在丘坡脚有少许,盖度＜15%	—	风沙活动强烈,流动性大
	半固定沙丘	梁窝状沙丘、抛物线沙丘、沙垄	沙丘表面植被呈斑块状分布,盖度 15%～40%	—	在植物生长好的部位,略有黏性土或盐渍土结皮,有局部风沙活动,流动性较小
	固定沙丘	蜂窝状沙丘,树枝状沙垄,沙堆	有密集的植被覆盖,盖度＞40%	—	表面大部分有薄层黏性土或盐渍土结皮,抗风蚀强度较高,比较稳定
	平沙地	地形平坦	有密集的植被覆盖,盖度＞40%	—	风蚀强度较弱,稳定
风沙滩地	干滩	地形平坦	有密集的植被	埋深＞2 m	表面大部分有黏性土壳层,风蚀强度较弱,稳定
	湿滩	地形平坦	植被茂盛,盖度＞40%	埋深≤2 m	表面大部分有黏性土壳层,湿润、抗风蚀能力较强,稳定
风沙滩地	盐碱滩	地形平坦	植被低矮	—	土中易溶盐含量＞0.5%,表面有壳层,稳定
风沙河谷	阶地	地形平坦	植被茂盛	—	稳定
	河谷落沙坡	分布在河谷两侧,绿洲边缘,地形陡峭	斜坡处植被少,坡脚处较茂盛	—	沙流动性较快,风蚀强度大,稳定性差

注:根据沙丘本身高度划分为:大型沙丘 $h>7$ m,中型沙丘 3 m～7 m,小型沙丘 1 m～3 m,平缓沙丘 $h<1$ m。

6.6.3 风沙地区的线路勘察,除应符合本标准第 4.2 节的规定外,尚应包括下列内容:

1 搜集气温、地温、降雨量、蒸发量、风向、风速、起沙风日数、沙暴日数等气象数据和水文资料；

2　确定风沙场地类别，查明风沙土及下伏土层的性质、分布范围、成因类型、成层条件及水平与垂直方向上的均匀性；

3　调查沿线植被种类、生长态势、分布特征、盖度及防风固沙效果；

4　调查风蚀速率。

6.6.4　风沙地区线路勘察钻探和取样，除应符合本标准第 4.2 节的规定外，尚应符合下列规定：

1　每个地貌单元勘探点不应少于 2 个，勘探深度不应小于 3 m；

2　勘探可采用钻探和原位测试相结合方法，原位测试宜采用轻型动力触探试验或标准贯入试验；

3　应从地表起每 1 m 取扰动沙样 1 件，进行颗粒分析、自然休止角和含盐量试验；

4　若地下水埋深小于 3 m，每区段应采取 2 组地下水试样进行水质分析。

6.6.5　根据风沙地区沿线地貌单元、地表形态及发展趋势，按下列规定提出措施建议：

1　在符合线路总走向的前提下，应避免或减少穿越高大沙丘；穿越沙丘地段，管道应埋设于同一水平面上，不宜因沙丘起伏而有大的变化；

2　管道施工应与防沙固沙工程同步进行，工程措施与生物措施相结合。

附 录 A
环境水和土对钢结构的腐蚀性评价

A.0.1 水对钢结构的腐蚀性评价应符合表 A.0.1-1 的规定;土对钢结构的腐蚀性评价应符合表 A.0.1-2 的规定。

表 A.0.1-1 水对钢结构的腐蚀性评价

腐蚀等级	pH 值和(Cl^- +SO_4^{2-})含量(mg/L)
弱	pH3～11,(Cl^- +SO_4^{2-})<500
中	pH3～11,(Cl^- +SO_4^{2-})≥500
强	pH<3,(Cl^- +SO_4^{2-})任何浓度

注:1 表中系指氧能自由溶入的水及地下水;
2 本表亦适用于钢管道;
3 如水的沉淀物中有褐色絮状沉淀(铁)、悬浮物中有褐色生物膜、绿色丛块或有硫化氢臭,应做铁细菌、硫酸盐还原细菌的检验,查明有无细菌腐蚀。

表 A.0.1-2 土对钢结构的腐蚀性评价

指标	等级			
	微	弱	中	强
土壤视电阻率(Ω·m)	>100	50～100	20～50	<20
极化电流密度(mA/cm^2)	<0.02	0.02～0.05	0.05～0.20	>0.20
质量腐蚀速率[$g/(dm^2 \cdot a)$]	<1	1～2	2～3	>3
氧化还原电位(mV)	>400	200～400	100～200	<100

A.0.2 当本标准表 A.0.1-1 和表 A.0.1-2 中各项腐蚀介质评价的腐蚀等级不同时,应按下列规定综合评价腐蚀等级:

1 各项腐蚀介质的腐蚀评价等级中,只出现有微腐蚀,无弱腐蚀、中等腐蚀或强腐蚀时,应综合评价为微腐蚀;

2 各项腐蚀介质的腐蚀评价等级中,只出现有微腐蚀、弱腐蚀,无中等腐蚀或强腐蚀时,应综合评价为弱腐蚀;

3 各项腐蚀介质的腐蚀评等级中,无强腐蚀,腐蚀等级最高为中等腐蚀时,应综合评价为中等腐蚀;

4 各项腐蚀介质的腐蚀评价等级中,有 1 个或 2 个为强腐蚀,应综合评价为强腐蚀。

附　录　B
管道沿线饱和砂土与粉土的地震液化判别

B.1　初步判别

B.1.1　饱和的砂土或粉土，当符合下列条件之一时，可初步判别为不液化或不考虑液化影响：

1　地质年代为第四纪晚更新世(Q_3)及其以前时，7度、8度时可判为不液化土；

2　粉土的黏粒(粒径小于0.005 mm的颗粒)含量百分率，7度、8度和9度区分别不小于10.13和16时，可判为不液化土；

注：用于液化判别的黏粒含量，应采用六偏磷酸钠作分散剂测定；采用其他方法时应按有关规定换算。

3　当上覆非液化土层厚度和地下水位深度符合下列条件之一时，可不考虑液化影响。

$$d_u > d_0 + d_b - 2 \qquad \text{(B.1.1-1)}$$

$$d_w > d_0 + d_b - 3 \qquad \text{(B.1.1-2)}$$

$$d_u + d_w > 1.5d_0 + 2d_b - 4.5 \qquad \text{(B.1.1-3)}$$

式中：d_w ——地下水位深度(m)，宜按设计基准期内年平均最高水位采用，也可按近期内年最高水位采用；

d_u ——上覆非液化土层厚度(m)，计算时宜将淤泥和淤泥质土层扣除；

d_0 ——液化土特征深度(m)可按表B.1.1采用；

d_b ——管道埋置深度(m)，不超过2 m时应采用2 m。

表B.1.1　液化土特征深度(m)

土类别	设防烈度		
	7度	8度	9度
粉土	6	7	8
砂土	7	8	9

B.2　标准贯入试验判别

B.2.1　当初步判别认为需进一步进行液化判别时，应采用标准贯入试验判别地面下7 m深度范围内土的液化；当饱和土标准贯入实测锤击数小于或等于液化判别标准贯入锤击数临界值时，应判为液化土。当有成熟经验时，也可采用其他判别方法。在地面下7 m深度范围内，液化判别标准贯入锤击数临界值可按下式计算：

$$N_{cr} = N_0[0.9 + 0.1(d_s - d_w)]\sqrt{\frac{3}{\rho_c}} \qquad \text{(B.2.1)}$$

式中：N_{cr} ——液化判别标准贯入锤击数临界值；

N_0 ——按表B.2.1选用的液化判别标准贯入锤击数基准值；

d_s ——饱和土标准贯入试验点深度(m)；

d_w ——地下水位深度(m)；

ρ_c ——黏粒含量百分率，当小于3或为砂土时，均应采用3。

表 B.2.1　标准贯入锤击数基准值

设计地震分组	7 度	8 度	9 度
第一组	6(8)	10(13)	16
第二、三组	8(10)	12(15)	18
注:括弧内数值用于设计基本地震加速度为 0.15g 和 0.30g 的地区。			

B.2.2　凡经判定为可液化的土层,应确定各液化土层的深度和厚度,并应按下列公式计算液化指数:

$$I_{lE}=\sum_{i=1}^{n}\left(1-\frac{N_i}{N_{cri}}\right)d_iW_i \qquad \text{(B.2.2-1)}$$

$$W_i=10 \quad (当\ d_{si}\leqslant 5\ 时) \qquad \text{(B.2.2-2)}$$

$$W_i=15-Z_{oi} \quad (当\ 5<d_{si}\leqslant 7\ 时) \qquad \text{(B.2.2-3)}$$

式中:I_{lE} ——液化指数;

n ——7 m 深度范围内每一个钻孔标准贯入试验点的总数;

N_i,N_{cri} ——分别为 i 点标准贯入锤击数的实测值和临界值,当实测值大于临界值时应取临界值的数值;

d_i ——i 点所代表的土层厚度(m),可采用与该标准贯入试验点的相邻的上、下两标准贯入试验点深度差的一半;但上界不小于地下水位深度,下界不大于液化深度;中间的非液化土层应扣除;

W_i ——i 土层考虑单位土层厚度的层位影响权函数(单位 m^{-1}),按式(B.2.2-2)或式(B.2.2-3)计算;

d_{si} ——第 i 个标准贯入点的深度(m);

Z_{oi} ——d_i 的中点深度(m)。

B.2.3　存在液化土层的场地,应根据其液化指数按表 B.2.3 综合划分其液化等级。

表 B.2.3　液化等级

液化指数	$0<I_{lE}\leqslant 3.5$	$3.5<I_{lE}\leqslant 10$	$I_{lE}>10$
液化等级	轻微	中等	严重

附 录 C
隧道围岩分级

C.1 围岩基本分级

C.1.1 分级因素及其确定方法应符合下列规定：

1 围岩基本分级应由岩石坚硬程度和岩体完整程度两个因素确定；

2 岩石坚硬程度和岩体完整程度，应采用定性划分和定量指标两种方法综合确定。

C.1.2 岩石坚硬程度可按表C.1.2确定。

表 C.1.2 岩石坚硬程度的划分

岩石类别		饱和单轴抗压强度 R_c(MPa)	定性鉴定	代表性岩石
硬质岩	坚硬岩	$R_c>60$	锤击声清脆，有回弹，震手，难击碎； 浸水后，大多无吸水反应	未风化～微风化的花岗岩、正长岩、闪长岩、辉绿岩、玄武岩、安山岩、片麻岩、硅质板岩、石英岩、硅质胶结的砾岩、石英砂岩、硅质石灰岩等
	较坚硬岩	$30<R_c\leqslant60$	锤击声较清脆，有轻微回弹，稍震手，较难击碎； 浸水后，有轻微吸水反应	1 中等(弱)风化的坚硬岩； 2 未风化～微风化的熔结凝灰岩、大理岩、板岩、白云岩、石灰岩、钙质砂岩、粗晶大理岩等
软质岩	较软岩	$15<R_c\leqslant30$	锤击声不清脆，无回弹，较易击碎； 浸水后，指甲可刻出印痕	1 强风化的坚硬岩； 2 中等(弱)风化的较坚硬岩； 3 未风化～微风化的凝灰岩、千枚岩、砂质泥岩、泥灰岩、泥质砂岩、粉砂岩、砂质页岩等
	软岩	$5<R_c\leqslant15$	锤击声哑，无回弹，有凹痕，易击碎； 浸水后，手可掰开	1 强风化的坚硬岩； 2 中等(弱)风化～强风化的较坚硬岩； 3 中等(弱)风化的较软岩； 4 未风化的泥岩、泥质页岩、绿泥石片岩、绢云母片岩等
	极软岩	$R_c\leqslant5$	锤击声哑，无回弹，有较深凹痕，手可捏碎； 浸水后，可捏成团	1 全风化的各种岩石； 2 强风化的软岩； 3 各种半成岩

C.1.3 岩体完整程度的划分可按表C.1.3确定。

表 C.1.3 岩体完整程度的划分

<table>
<tr><th rowspan="2">完整程度</th><th colspan="2">结构面发育程度</th><th rowspan="2">主要结构面的结合程度</th><th rowspan="2">主要结构面类型</th><th rowspan="2">结构类型</th><th rowspan="2">岩体完整性指数 K_v</th><th rowspan="2">岩体体积节理数 J_v（条/m^3）</th></tr>
<tr><th>组数</th><th>平均间距(m)</th></tr>
<tr><td>完整</td><td>1～2</td><td>＞1.0</td><td>结合好或结合一般</td><td>节理、裂隙、层面</td><td>整体状或巨厚层状结构</td><td>$K_v>0.75$</td><td>$J_v<3$</td></tr>
<tr><td rowspan="2">较完整</td><td>1～2</td><td>＞1.0</td><td>结合差</td><td rowspan="2">节理、裂隙、层面</td><td>块状或厚层状结构</td><td rowspan="2">$0.75\geqslant K_v>0.55$</td><td rowspan="2">$3\leqslant J_v<10$</td></tr>
<tr><td>2～3</td><td>1.0～0.4</td><td>结合好或结合一般</td><td>块状结构</td></tr>
<tr><td rowspan="3">较破碎</td><td>2～3</td><td>1.0～0.4</td><td>结合差</td><td rowspan="3">节理、裂隙、劈理、层面、小断层</td><td>裂隙块状或中厚层状结构</td><td rowspan="3">$0.55\geqslant K_v>0.35$</td><td rowspan="3">$10\leqslant J_v<20$</td></tr>
<tr><td rowspan="2">≥3</td><td rowspan="2">0.4～0.2</td><td>结合好</td><td>镶嵌碎裂结构</td></tr>
<tr><td>结合一般</td><td>薄层状结构</td></tr>
<tr><td rowspan="2">破碎</td><td rowspan="2">≥3</td><td>0.4～0.2</td><td>结合差</td><td rowspan="2">各种类型结构面</td><td>裂隙块状结构</td><td rowspan="2">$0.35\geqslant K_v>0.15$</td><td rowspan="2">$20\leqslant J_v<35$</td></tr>
<tr><td>≤0.2</td><td>结合一般或结合差</td><td>碎裂结构</td></tr>
<tr><td>极破碎</td><td colspan="2">无序</td><td>结合很差</td><td>—</td><td>散体状结构</td><td>$K_v\leqslant 0.15$</td><td>$J_v\geqslant 35$</td></tr>
<tr><td colspan="8">注：岩体完整性指数 K_v 为岩体弹性纵波波速与岩块弹性纵波波速之比的平方，选定岩体和岩块测定波速时，应注意其代表性。</td></tr>
</table>

C.1.4 围岩基本质量指标 BQ 值，应根据分级因素的定量指标 R_c 的兆帕数值和 K_v 按下式计算：

$$BQ=100+3R_c+250K_v \quad \cdots\cdots (C.1.4)$$

使用公式(C.1.4)计算时，应符合下列规定：

1 当 $R_c>90K_v+30$ 时，应以 $R_c=90K_v+30$ 和 K_v 代入计算 BQ 值；

2 当 $K_v>0.04R_c+0.4$ 时，应以 $K_v=0.04R_c+0.4$ 和 R_c 代入计算 BQ 值。

C.1.5 围岩基本分级应根据岩石坚硬程度和岩体完整程度及围岩基本质量指标 BQ，并应按表 C.1.5 确定。

表 C.1.5　围岩基本分级

级别	岩体特征	围岩基本质量指标 *BQ*
Ⅰ	坚硬岩,岩体完整	>550
Ⅱ	坚硬岩,岩体较完整; 较坚硬岩,岩体完整	550～451
Ⅲ	坚硬岩,岩体较破碎; 较坚硬岩,岩体较完整; 较软岩,岩体完整	450～351
Ⅳ	坚硬岩,岩体破碎; 较坚硬岩,岩体较破碎或破碎; 较软岩,岩体较完整或较破碎; 软岩,岩体完整或较完整	350～251
	土体:具压密或成岩作用的黏性土、粉土及砂类土,一般钙质、铁质胶结的粗角(圆)砾土、碎(卵)石土、大块石土、黄土(Q_1、Q_2)	
Ⅴ	较软岩,岩体破碎; 软岩,岩体较破碎或破碎; 全部极软岩及全部极破碎岩(包括受构造影响严重的破碎带)	≤250
	土体:一般第四系坚硬、硬塑黏性土,稍密及以上、稍湿、潮湿的碎(卵)石土、角(圆)砾土、粉土及黄土(Q_3、Q_4)	
Ⅵ	受构造影响很严重呈碎石、角砾及粉末、泥土状的断层带,富水破碎的绿泥石或炭质千枚岩	—
	土体:软塑状黏性土、饱和的粉土、砂类土等,风积沙,严重湿陷性黄土	

C.2　隧道围岩分级修正

C.2.1　隧道围岩级别的修正应符合下列规定:

1　围岩级别应在围岩基本分级的基础上,结合隧道工程的特点,考虑地下水出水状态、初始地应力状态、主要结构面产状状态等因素进行修正;

2　围岩级别修正宜采用定性修正与定量修正相结合的方法,综合分析确定围岩级别。

C.2.2　围岩级别定性修正应符合下列规定:

1　地下水状态的分级宜按表 C.2.2-1 确定。

表 C.2.2-1　地下水状态的分级

地下水出水状态	渗水量[L/(min·10m)]
潮湿或点滴状出水	≤25
淋雨状或线流状出水	25～125
涌流状出水	>125

2　地下水出水状态对围岩级别的修正,宜按表 C.2.2-2 确定。

表 C.2.2-2　地下水出水状态对围岩级别的修正

地下水出水状态＼围岩级别	Ⅰ	Ⅱ	Ⅲ	Ⅳ	Ⅴ
潮湿或点滴状出水	Ⅰ	Ⅱ	Ⅲ	Ⅳ	Ⅴ
淋雨状或线流状出水	Ⅰ	Ⅱ	Ⅲ或Ⅳ注	Ⅴ	Ⅵ
涌流状出水	Ⅱ	Ⅲ	Ⅳ	Ⅴ	Ⅵ
注:围岩岩体为较完整的硬岩时定为Ⅲ级,其他情况定为Ⅳ级。					

3　围岩初始地应力状态,当无实测资料时,可根据隧道工程埋深、地貌、地形、地质、构造运动史、主要构造线与开挖过程中出现的岩爆、岩芯饼化等特殊地质现象按表 C.2.2-3 评估工程岩体所对应的强度应力比范围值。

表 C.2.2-3　工程岩体强度应力比评估

初始地应力状态	高初始地应力条件下的主要现象	评估基准(R_c/σ_{max})
极高地应力	1　硬质岩:岩心常有饼化现象;开挖过程中时有岩爆发生,有岩块弹出,洞壁岩体发生剥离,新生裂缝多,围岩易失稳;基坑有剥离现象,成洞性差; 2　软质岩:开挖过程中洞壁岩体有剥离,位移极为显著,甚至发生大位移,持续时间长,不易成洞;基坑发生显著隆起或剥离,不易成形	<4
高地应力	1　硬质岩:岩心时有饼化现象;开挖过程中偶有岩爆发生,洞壁岩体有剥离和掉块现象,新生裂缝较多;基坑时有剥离现象,成形性一般尚好; 2　软质岩:开挖过程中洞壁岩体位移显著,持续时间长,围岩易失稳;基坑有隆起现象,成形性较差	4～7
一般地应力	1　硬质岩:开挖过程中不会出现岩爆,新生裂隙较少,成洞性一般较好; 2　软质岩:岩芯无或少有饼化现象,开挖过程中洞壁岩体有一定的位移,成洞性一般较好	>7
注:R_c 为岩石饱和单轴抗压强度(MPa);σ_{max} 为垂直洞轴线方向的最大初始应力值(MPa)。		

4　初始地应力对围岩级别的修正宜按表 C.2.2-4 确定。

表 C.2.2-4　初始地应力对围岩级别的修正

初始地应力状态＼围岩级别	Ⅰ	Ⅱ	Ⅲ	Ⅳ	Ⅴ
极高地应力	Ⅰ	Ⅱ	Ⅲ或Ⅳ①	Ⅴ	Ⅵ
高地应力	Ⅰ	Ⅱ	Ⅲ	Ⅳ或Ⅴ②	Ⅵ
注:① 围岩岩体为较破碎的坚硬岩、较完整的较坚硬岩时,定为Ⅲ级;围岩岩体为完整的较软岩、较完整的软硬岩互层时,定为Ⅳ级; ② 围岩岩体为破碎的坚硬岩、较破碎及破碎的较坚硬岩时,定为Ⅳ级;其他情况定为Ⅴ级。					

5 主要结构面产状状态对围岩级别的修正，应考虑主要结构面产状与洞轴线的组合关系，并结合结构面工程特性、富水情况等因素综合分析确定。

C.2.3 围岩级别定量修正应符合下列规定：

1 围岩级别定量修正应对围岩基本质量指标 BQ 进行修正，并以修正后获得的围岩基本质量指标值[BQ]依据本标准表 C.1.5 确定围岩级别；

2 围岩基本质量指标修正值[BQ]可按下式计算。其修正系数 K_1、K_2、K_3 值可分别按表 C.2.3-1～表 C.2.3-3 确定。

$$[BQ]=BQ-100(K_1+K_2+K_3) \qquad \text{(C.2.3)}$$

式中：[BQ] ——围岩基本质量指标修正值；

BQ ——围岩基本质量指标值；

K_1 ——地下水影响修正系数；

K_2 ——主要软弱结构面产状影响修正系数；

K_3 ——初始地应力状态影响修正系数。

表 C.2.3-1 地下水影响修正系数 K_1

围岩基本质量指标 BQ / 地下水出水状态	＞550	550～451	450～351	350～251	≤250
潮湿或点滴状出水	0	0	0～0.1	0.2～0.3	0.4～0.6
淋雨状或线流状出水	0～0.1	0.1～0.2	0.2～0.3	0.4～0.6	0.7～0.9
涌流状出水	0.1～0.2	0.2～0.3	0.4～0.6	0.7～0.9	1.0

表 C.2.3-2 主要结构面产状影响修正系数 K_2

结构面产状及其与洞轴线的组合关系	结构面走向与洞轴线夹角＜30°，结构面倾角 30°～75°	结构面走向与洞轴线夹角＞60°，结构面倾角＞75°	其他组合
K_2	0.4～0.6	0～0.2	0.2～0.4

表 C.2.3-3 初始地应力状态影响修正系数 K_3

岩体基本质量指标 BQ / 初始地应力状态	＞550	550～451	450～351	350～251	≤250
极高地应力	1.0	1.0	1.0～1.5	1.0～1.5	1.0
高地应力	0.5	0.5	0.5	0.5～1.0	0.5～1.0

本标准用词说明

1 为便于在执行本标准条文时区别对待，对要求严格程度不同的用词说明如下：

1) 表示很严格，非这样做不可的：
正面词采用“必须”，反面词采用“严禁”；

2) 表示严格，在正常情况下均应这样做的：
正面词采用“应”，反面词采用“不应"或“不得”；

3) 表示允许稍有选择，在条件许可时首先应这样做的：
正面词采用“宜”，反面词采用“不宜”；

4) 表示有选择，在一定条件下可以这样做的，采用“可”。

2 条文中指明应按其他有关标准执行的写法为：“应符合……的规定”或“应按……执行”。

引用标准名录

《建筑抗震设计规范》GB 50011
《岩土工程勘察规范》GB 50021
《土工试验方法标准》GB/T 50123
《工程岩体试验方法标准》GB/T 50266
《地基动力特性测试规范》GB/T 50269
《建筑边坡工程技术规范》GB 50330
《建筑工程地质勘探与取样技术规程》JGJ/T 87
《建筑基坑支护技术规程》JGJ 120

UDC

中华人民共和国国家标准

P

GB 50683—2011

现场设备、工业管道焊接工程施工质量验收规范

Code for acceptance of field equipment, industrial pipe welding construction quality

2011-02-18 发布

2012-05-01 实施

1026 中华人民共和国住房和城乡建设部
中华人民共和国国家质量监督检验检疫总局 联合发布

中华人民共和国住房和城乡建设部公告

第939号

关于发布国家标准《现场设备、工业管道焊接工程施工质量验收规范》的公告

现批准《现场设备、工业管道焊接工程施工质量验收规范》为国家标准，编号为GB 50683—2011，自2012年5月1日起实施。其中，第3.2.3(4)条(款)为强制性条文，必须严格执行。

本规范由我部标准定额研究所组织中国计划出版社出版发行。

中华人民共和国住房和城乡建设部

二〇一一年二月十八日

前　言

本规范是根据原建设部《关于印发〈2007年工程建设标准规范制订、修订计划(第二批)〉的通知》(建标〔2007〕126号)的要求,由中国石油和化工勘察设计协会、中油吉林化建工程股份有限公司为主编单位,会同各行业有关单位在《现场设备、工业管道焊接工程施工及验收规范》GB 50236—98的基础上重新编制,名称定为《现场设备、工业管道焊接工程施工质量验收规范》。

本规范编制组经广泛的调查研究,认真总结实践经验,参考有关国际标准和国外先进标准,并在广泛征求意见的基础上,编制本规范,最后经审查定稿。

本规范共分8章和1个附录。主要技术内容包括:总则、术语、基本规定、材料、焊前准备、焊接、焊后热处理、焊缝质量检验等。

本规范中以黑体字标志的条文为强制性条文,必须严格执行。

本规范由住房和城乡建设部负责管理和对强制性条文的解释,由中国工程建设标准化协会化工分会负责日常管理,由全国化工施工标准化管理中心站负责具体技术内容的解释。本规范执行过程中如有意见或建议,请寄送全国化工施工标准化管理中心站(地址:河北省石家庄市桥东区槐安东路28号仁和商务1-1-1107室,邮政编码:050020),以便今后修订时参考。

本规范主编单位、参编单位、主要起草人和主要审查人:

主 编 单 位:中国石油和化工勘察设计协会
中油吉林化建工程股份有限公司

参 编 单 位:中国化学工程第三建设有限公司
中国石化集团第十建设公司
上海宝冶集团有限公司
北京电力建设公司
中国机械工业建设总公司
哈尔滨焊接研究所
中国核工业二三建设有限公司
十一冶建设集团有限责任公司
惠生工程(中国)有限公司
阿美科工程咨询(上海)有限公司
中冶集团建筑研究总院
北京燕华建筑安装工程有限责任公司
全国化工施工标准化管理中心站

主要起草人:夏节文 关一卓 赵喜平 卢立香 任永宁 王丽鹃 朴东光 邵 刚
张 勇 孙忠亮 杨 惠 段 斌 杨 雷 芦 天 颜祖清

主要审查人:吉章红 戈兆文 纪方奇 王明涛 李晓松 袁转东 李志远 郭 军
乔亚霞 石学军 张西民 周武强 蒋桂英 李晓琼

1 总则

1.0.1 为统一现场设备、工业管道焊接工程施工质量的验收,加强工程质量管理,制定本规范。

1.0.2 本规范适用于碳素钢、合金钢、铝及铝合金、铜及铜合金、镍及镍合金、钛及钛合金、锆及锆合金金属材料焊接工程施工质量的验收。

1.0.3 本规范应与现行国家标准《现场设备、工业管道焊接工程施工规范》GB 50236 配套使用。

1.0.4 焊接工程施工中采用的工程技术文件、承包合同文件对施工质量验收的要求不得低于本规范的规定。

1.0.5 焊接工程施工质量的验收,除应符合本规范外,尚应符合国家现行有关标准的规定。

2 术语

2.0.1

100%检验 100% examination

在指定的一个检验批中,对某一具体项目进行全部检查。

2.0.2

抽样检验 random sampling examination

在指定的一个检验批中,对某一具体项目按一定比例随机抽取样本进行检查。

2.0.3

局部检验 local sampling examination

在指定的一个检验批中,对某一具体项目的每一件进行规定的部分检查。

3 基本规定

3.1 施工质量验收的划分

3.1.1 现场设备、工业管道焊接工程质量验收应划分为分项工程进行。

3.1.2 现场设备焊接工程的分项工程应按现场设备的台(套)划分,工业管道焊接工程的分项工程应按管道级别和材质划分。

3.2 施工质量验收

3.2.1 分项工程质量验收应符合下列规定:

1 主控项目应符合本规范的规定。

2 一般项目每项抽检实测值应在本规范规定的允许偏差范围内。

3.2.2 焊接工程质量验收文件和记录应包括下列内容:

1 焊接工程的施工技术文件、施工记录和报告,且应符合现行国家标准《现场设备、工业管道焊接工程施工规范》GB 50236 的规定。

2 分项工程质量验收记录、内容和格式应符合本规范附录 A 的规定。

3.2.3 当焊接工程质量不符合本规范规定时,应按下列规定进行处理:

1 经返工或返修的分项工程,应重新进行验收。

2 经有资质的检测单位检测鉴定能够达到设计要求的分项工程,应予以验收。

3 经有资质的检测单位检测鉴定达不到设计要求,但经原设计单位核算认可,能够满足结构安全和使用功能的分项工程,可予以验收。

4 **经过返修仍不能满足安全使用要求的工程,严禁验收。**

3.2.4 未经验收合格的焊接工程不得投入使用。

3.3 施工质量验收的程序及组织

3.3.1 分项工程的质量验收应在施工单位自检合格的基础上进行,并由施工单位项目专业质量检查员填写分项工程质量验收记录。

3.3.2 分项工程的质量验收应由监理工程师(或建设单位项目专业技术负责人)组织施工单位项目专业技术负责人和质量检查人员进行。

3.3.3 当焊接工程由分包单位施工时,总包单位应对工程质量全面负责。分包单位对所承包的焊接工程应按本规范规定的程序进行检查验收。分包工程完成后,应将工程文件和记录提交总包单位。

4 材料

主控项目

4.0.1 母材使用前,应按设计文件的规定进行检查和验收,其材质、规格和外观质量应符合该母材的产品标准和设计文件的规定。材料标识应清晰完整,并应能追溯到产品质量证明文件。

检查数量:全部检查。

检查方法:检查质量证明文件,观察检查和尺量检查,必要时可进行光谱检查。

4.0.2 焊接材料使用前,应检查其外观质量、质量证明文件、外包装和包装标记。有疑义时应进行相应的试验或复验。其质量应符合设计文件和下列规定:

1 焊材包装应完好、无破损,包装标记应完整、清晰。

2 质量证明文件应符合国家现行有关产品标准和订货技术条件要求。

3 焊材表面不应受潮、污染,不应存在药皮破损或影响焊接质量的缺陷,焊丝表面应光滑、整洁。焊材的识别标志应清晰、牢固,与产品实物应相符。

检查数量:全部检查。

检查方法:检查质量证明文件,观察检查,检查焊材验收记录或复验报告。

4.0.3 焊接材料在使用前应按规定进行烘干,并应在使用过程中保持干燥,烘烤条件应符合焊材说明书和有关技术文件的规定。

焊丝使用前应按规定进行除油、除锈及清洗处理,清洗质量应符合有关技术文件的规定。

检查数量:全部检查。

检查方法:观察检查,检查烘干或清洗记录。

5 焊前准备

Ⅰ 主控项目

5.0.1 当设计文件对坡口表面要求进行无损检测时,应进行磁粉检测或渗透检测。坡口表面质量不应低于现行行业标准《承压设备无损检测》JB/T 4730 规定的Ⅰ级。

检验数量:应符合设计文件的规定。

检验方法:检查磁粉检测报告或渗透检测报告。

5.0.2 对有焊前预热规定的焊缝,焊接前应检查焊件预热区域的预热温度,预热温度应符合设计文件和焊接工艺文件的规定。

检查数量:全部检查。

检查方法:测温仪器测量,检查焊接记录。

5.0.3 管道对接焊缝组对时,内壁错边量应符合表5.0.3的规定。

表5.0.3 管道组对内壁错边量(mm)

材料种类		内壁错边量
碳素钢、合金钢		≤壁厚的10%,且不应大于2
铝及铝合金	壁厚≤5	≤0.5
	壁厚>5	≤壁厚的10%,且不应大于2
铜及铜合金		≤壁厚的10%,且不应大于1
钛及钛合金		≤壁厚的10%,且不应大于1
镍及镍合金		≤0.5
锆及锆合金		≤壁厚的10%,且不应大于1

检查数量:全部检查。

检查方法:卡尺、焊缝检查尺检查,检查焊接组对记录。

5.0.4 设备、卷管对接焊缝组对时,对口错边量应符合下列规定:

1 碳素钢、合金钢设备和卷管对接焊缝的组对错边量应符合表5.0.4和下列规定:

1) 只能从单面焊接的纵向和环向焊缝,其内壁错边量不应大于壁厚的25%,且不应超过2 mm。

2) 当采用气电立焊时,错边量不应大于壁厚的10%,且不应大于3 mm。

3) 复合钢板组对时,应以复层表面为基准,错边量不应大于钢板复层厚度的50%,且不应大于1 mm。

表5.0.4 碳素钢、合金钢设备和卷管对接焊缝的组对错边量(mm)

母材厚度 T	错边量	
	纵向焊缝	环向焊缝
$T\leqslant 12$	$\leqslant T/4$	$\leqslant T/4$
$12<T\leqslant 20$	≤3	$\leqslant T/4$
$20<T\leqslant 40$	≤3	≤5
$40<T\leqslant 50$	≤3	$\leqslant T/8$
$T>50$	$\leqslant T/16$,且≤10	$\leqslant T/8$,且≤20

2 铝及铝合金、铜及铜合金、钛及钛合金、镍及镍合金设备的组对错边量应符合下列规定:

1) 当母材厚度小于或等于12 mm时,纵缝、环缝错边量均不应大于1/5母材厚度。

2) 当母材厚度大于12 mm时,纵缝错边量不应大于2.5 mm;环缝错边量不应大于1/5母材厚度,且不应大于5 mm。

检查数量:全部检查。

检查方法:卡尺、焊缝检查尺检查,检查焊接组对记录。

5.0.5 不等厚对接焊件组对时,薄件端面应位于厚件端面之内。当内壁错边量大于本规范第5.0.3条、第5.0.4条规定或外壁错边量大于3 mm时,加工修整后的坡口尺寸应符合图5.0.5的规定。当用于管件,并受长度条件限制时,图(a)①、图(b)①和图(c)中的15°角可改用30°角。

检查数量:全部检查。

检查方法:卡尺、焊缝检查尺检查。

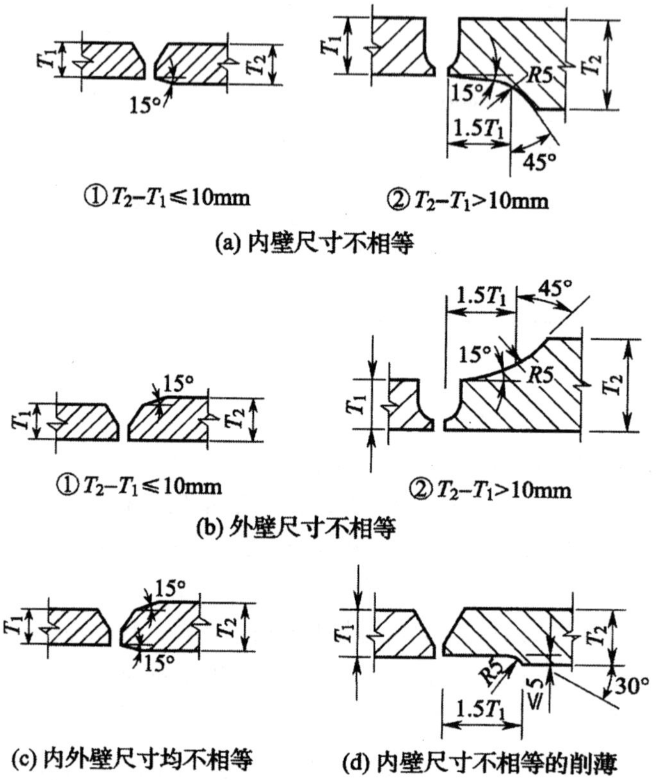

图 5.0.5 不等厚对接焊件坡口加工

T_1—不等厚焊件接头的薄件母材厚度;T_2—不等厚焊件接头的厚件母材厚度

Ⅱ 一般项目

5.0.6 焊件焊缝位置应符合设计文件和下列规定:

1 钢板卷管或设备的筒节与筒节、筒节与封头组对时,相邻两节间纵向焊缝间距应大于壁厚的3倍,且不应小于100 mm;同一筒节上两相邻纵缝间的距离不应小于200 mm。

2 管道同一直管段上两对接焊缝中心面间的距离应符合下列规定:

1) 当公称尺寸大于或等于150 mm时,不应小于150mm;

2) 当公称尺寸小于150 mm时,不应小于管子外径,且不小于100 mm。

3 卷管的纵向焊缝应置于易检修的位置,且不宜在底部。

4 有加固环、板的卷管,加固环、板的对接焊缝应与卷管的纵向焊缝错开,其间距不应小于100 mm。加固环、板距卷管的环焊缝不应小于50 mm。

5 受热面管子的焊缝与管子起弯点、联箱外壁及支、吊架边缘的距离不应小于70 mm;同一直管段上两对接焊缝中心间的距离不应小于150 mm。

6 除采用定型弯头外，管道对接环焊缝中心与弯管起弯点的距离不应小于管子外径，且不应小于 100 mm。管道对接环焊缝距支、吊架边缘之间的距离不应小于 50 mm；需热处理的焊缝距支、吊架边缘之间的距离不应小于焊缝宽度的 5 倍，且不应小于 100 mm。

检查数量：全部检查。

检查方法：观察检查和采用钢尺等检查。

5.0.7 焊件的主要结构尺寸与形状、坡口形式和尺寸、坡口表面的质量应符合下列规定：

1 结构尺寸应符合设计文件的规定。

2 坡口形式和尺寸、组对间隙应符合焊接工艺文件的规定。

3 坡口表面应平整、光滑，不得有裂纹、夹层、加工损伤、夹渣、毛刺及火焰切割熔渣等缺陷。

检验数量：全部检查。

检验方法：观察检查和采用钢尺、焊缝检查尺等检查。

5.0.8 焊接前，坡口及坡口两侧内外表面的清理质量应符合表 5.0.8 的规定。

表 5.0.8 坡口及坡口两侧内外表面的清理质量

管道材质	清理范围(mm)	清理质量
碳素钢及合金钢	≥20	无杂质、污物、毛刺和镀锌层等，且不得有裂纹、夹层、加工损伤、熔渣等缺陷
铝及铝合金	≥50	清除油污、毛刺、氧化膜及其他杂物等，使之露出金属光泽，且不得有裂纹、夹层、加工损伤等缺陷
铜及铜合金	≥20	
钛及钛合金	≥20	
镍及镍合金	≥20	
锆及锆合金	≥20	

检查数量：全部检查。

检查方法：观察检查。

5.0.9 搭接接头的搭接量和贴合质量、带垫板的对接接头的贴合质量应符合设计文件的规定。

检查数量：全部检查。

检查方法：观察检查和尺量检查。

6 焊接

Ⅰ 主控项目

6.0.1 对有冲击韧性要求的焊缝，施焊时应测量焊接线能量，并应作记录。焊接线能量应符合设计文件和焊接工艺文件的规定。

检查数量：全部检查。

检查方法：采用计量仪表、秒表、钢尺测量和检查焊接记录。

6.0.2 对规定进行中间无损检测的焊缝，无损检测应在外观检查合格后进行，焊缝质量应符合本规范第 8 章的有关规定。

检查数量：符合设计文件的规定。

检查方法：检查无损检测报告。

6.0.3 对道间温度有明确规定的焊缝，道间温度应符合焊接工艺文件的规定。要求焊前预热的焊件，其道间温度应在规定的预热温度范围内。

检查数量：全部检查。

检查方法：采用测温仪器测量和检查焊接记录。

6.0.4 规定背面清根的焊缝，在清根后应进行外观检查，清根后的焊缝应露出金属光泽，坡口形状应规整，满足焊接工艺要求。当设计文件规定进行磁粉检测或渗透检测时，磁粉检测或渗透检测的焊缝质量不应低于现行行业标准《承压设备无损检测》JB/T 4730 规定的Ⅰ级。

检查数量：全部检查。

检查方法：观察检查，检查磁粉检测或渗透检测报告。

6.0.5 当规定进行后热时，其后热温度、后热时间应符合现行国家标准《现场设备、工业管道焊接工程施工规范》GB 50236 的有关规定和焊接工艺文件的规定。

检查数量：全部检查。

检查方法：采用测温仪器测量和检查焊接记录。

Ⅱ 一般项目

6.0.6 定位焊缝焊完后，应清除熔渣进行检查，定位焊缝的尺寸和质量应符合现行国家标准《现场设备、工业管道焊接工程施工规范》GB 50236 的有关规定和焊接工艺文件的规定。

检查数量：全部检查。

检查方法：观察检查和钢尺、焊缝检测尺检查。

6.0.7 对规定进行酸洗、钝化处理后的焊缝及其附近表面的质量应符合设计文件和下列规定：

1 酸洗后的焊缝及其附近表面不得有明显的腐蚀痕迹、颜色不均匀的斑纹和氧化色。

2 酸洗后的焊缝表面应用水冲洗干净，不得残留酸洗液。

3 钝化后的焊缝表面应用水冲洗，呈中性后擦干水迹。

检查数量：全部检查。

检查方法：观察检查和 pH 值检查，设计文件规定的其他检查方法及检查记录。

7 焊后热处理

Ⅰ 主控项目

7.0.1 现场设备和管道焊后热处理参数应符合设计文件、现行国家标准《现场设备、工业管道焊接工程施工规范》GB 50236、热处理工艺文件和下列规定：

1 对采用炉内整体热处理和炉内分段局部热处理的焊缝，应检查并记录进出炉温度、升温速度、降温速度、恒温温度和恒温时间、有效加热区内最大温差、任意两测温点间的温差等参数。

2 对采用炉外整体热处理和局部加热热处理的焊缝，应检查并记录升温速度、降温速度、恒温温度和恒温时间、任意两测温点间的温差等参数。

检查数量：全部检查。

检查方法：自动测温仪测量，检查热处理曲线和热处理报告。

7.0.2 现场设备和管道焊后热处理效果检查，应符合设计文件、现行国家标准《现场设备、工业管道焊接工程施工规范》GB 50236 的规定。当规定制作产品焊接检查试件时，应符合本规范第 8.4.1 条的规定。当规定进行硬度检验时，应符合下列规定：

1 除设计文件另有规定外，热处理焊缝和热影响区硬度值应符合表 7.0.2 的规定。表 7.0.2 中未列入的材料，焊缝和热影响区硬度值为：碳素钢不应大于母材硬度测定值的 120%；合金钢不应大于母材硬度测定值的 125%。

2 当焊缝重新进行热处理时，应再次进行硬度检验。

3 焊缝的硬度检查区域应包括焊缝和热影响区。对于异种金属的焊缝，两侧母材热影响区均应进行硬度检查。

检查数量：应符合设计文件的规定。

检查方法：检查热处理记录，检查硬度检验报告。

表 7.0.2 热处理焊缝和热影响区硬度值

母材类别	布氏硬度 HB
碳钼钢(C-Mo)、锰钼钢(Mn-Mo)、铬钼钢(Cr-Mo)：Cr≤0.5%	≤225
铬钼钢(Cr-Mo)：0.5%<Cr≤2%	≤225
铬钼钢(Cr-Mo)：2.25%≤Cr≤10%	≤241
马氏体不锈钢	≤241

Ⅱ 一般项目

7.0.3 热处理测温点的部位和数量应合理，热电偶的安装应保证测温准确可靠。

检查数量：全部检查。

检查方法：观察检查。

7.0.4 焊后热处理的加热区域宽度和保温层应符合设计文件和下列规定：

1 采用局部加热热处理时，加热范围应包括焊缝、热影响区及其相邻母材，焊缝每侧不应小于焊缝宽度的 3 倍，加热范围以外部分至少 100 mm 范围应进行保温。

2 炉外整体热处理和局部加热热处理的保温材料和保温层厚度应符合热处理工艺文件的规定。

3 炉内分段加热时，加热各段重叠部分长度不应小于 1500 mm。

检查数量：全部检查。

检查方法：观察检查。

8 焊缝质量检验

8.1 焊缝外部质量检验

Ⅰ 主控项目

8.1.1 现场设备焊缝的检查等级，应按 100%无损检测、局部无损检测、不要求进行无损检测的要求，划分为Ⅰ、Ⅱ、Ⅲ三个等级。现场设备焊缝的外观质量应符合本规范表 8.1.1-1、表 8.1.1-2 的规定。

检查数量：全部检查。

检查方法：观察检查、采用焊缝检查尺测量和检查焊接记录。

表 8.1.1-1 现场设备焊缝外观质量

检查等级		Ⅰ	Ⅱ	Ⅲ
无损检测要求		100%	局部检验	不要求
缺陷名称	裂纹	不允许	不允许	不允许
	未焊透	不允许	不允许	不允许
	未熔合	不允许	不允许	不允许
	表面气孔	不允许	不允许	不允许
	外露夹渣	不允许	不允许	不允许
	未焊满	不允许	不允许	不允许
	咬边	不允许	深度:≤0.05T,且≤0.5 mm;连续长度≤100 mm,两侧咬边总长度≤10%焊缝全长	深度:≤0.10T,且≤1 mm;长度不限
	根部收缩(根部凹隐)	不允许	深度≤0.2+0.02T,且≤0.5 mm;长度不限	深度≤0.2+0.02T,且≤1.0 mm;长度不限
	角焊缝厚度不足	不允许	不允许	≤0.3+0.05T,且≤2.0 mm;每100 mm焊缝长度内缺陷总长度≤25 mm
	角焊缝焊脚不对称	差值≤1+0.1t	差值≤1+0.15t	差值≤2+0.2t

注:1 当咬边经磨削修整并平滑过渡时,可按焊缝一侧较薄母材最小允许厚度值评定。
2 角焊缝焊脚不对称在特定条件下要求平缓过渡时,不受本规定限制。
3 除注明角焊缝缺陷外,其余均为对接、角接焊缝通用。
4 表中 T 为母材厚度;t 为设计焊缝厚度。
5 表中公式的常量单位为 mm。

表 8.1.1-2 现场设备焊缝外观质量(余高和根部凸出)(mm)

母材厚度 T		≤6	>6~13	>13~25	>25
检查等级	Ⅰ	≤1.5	≤1.5	≤3.0	≤3.0
	Ⅱ	≤1.5	≤3.0	≤3.0	≤4.0
	Ⅲ	≤2.0	≤4.0	≤4.0	≤5.0

8.1.2 管道焊缝的检查等级,应按现行国家标准《工业金属管道工程施工质量验收规范》GB 50184 的规定划分为Ⅰ、Ⅱ、Ⅲ、Ⅳ、Ⅴ五个等级。管道焊缝的外观质量应符合本规范表 8.1.2-1、表 8.1.2-2 的规定。

检查数量:全部检查。

检查方法:观察检查、采用焊缝检查尺测量和检查焊接记录。

表 8.1.2-1　管道焊缝外观质量

检查等级		Ⅰ	Ⅱ	Ⅲ	Ⅳ	Ⅴ
无损检测要求		100%检验	≥20%检验	≥10%检验	≥5%检验	不要求
缺陷名称	裂纹、未焊透、未熔合	不允许	不允许	不允许	不允许	不允许
	表面气孔	不允许	不允许	不允许	不允许	不允许
	外露夹渣	不允许	不允许	不允许	不允许	不允许
	未焊满	不允许	不允许	不允许	不允许	不允许
	咬边	不允许	深度:纵缝不允许,其他焊缝≤0.05T且≤0.5 mm;连续长度≤100 mm,两侧咬边总长度≤10%焊缝全长	深度:纵缝不允许,其他焊缝≤0.05T且≤0.5 mm;连续长度≤100 mm,两侧咬边总长度≤10%焊缝全长	深度:纵缝不允许,其他焊缝≤0.05T且≤0.5 mm;连续长度≤100 mm,两侧咬边总长度≤10%焊缝全长	深度:纵缝不允许,其他焊缝≤0.1T且≤1 mm;长度不限
	根部收缩(根部凹陷)	不允许	深度≤0.2+0.02T且≤0.5 mm;长度不限	深度≤0.2+0.02T且≤1.0 mm;长度不限	深度≤0.2+0.02T且≤1.0 mm;长度不限	深度≤0.2+0.04T且≤2.0 mm;长度不限
	角焊缝厚度不足	不允许	不允许	≤0.3+0.05T且≤1.0 mm;每100 mm焊缝长度内缺陷总长度≤25 mm	≤0.3+0.05T且≤1.0 mm;每100 mm焊缝长度内缺陷总长度≤25 mm	≤0.3+0.05T且≤2.0 mm;每100 mm焊缝长度内缺陷总长度≤25 mm
	角焊缝焊脚不对称	差值≤1+0.1t	差值≤1+0.15t	差值≤1+0.15t	差值≤1+0.15t	差值≤2+0.2t

表 8.1.2-2　管道焊缝外观质量(余高和根部凸出)(mm)

母材厚度 T		≤6	>6~13	>13~25	>25~50	>50
检查等级	Ⅰ	≤1.5	≤1.5	≤3.0	≤3.0	≤4.0
	Ⅱ、Ⅲ、Ⅳ	≤1.5	≤3.0	≤4.0	≤5.0	—
	Ⅴ	≤2.0	≤4.0	≤5.0	≤5.0	—

注:对于铝及铝合金的根部凸出,当母材厚度小于或等于 2 mm 时,根部凸出应小于或等于 1.5 mm;当母材厚度为 2 mm~6 mm 时,根部凸出应小于或等于 2.5 mm。

8.1.3　钛及钛合金、锆及锆合金的焊缝表面应在焊后清理前进行色泽检查。钛及钛合金焊缝的色泽检查结果应符合表 8.1.3 的规定。锆及锆合金的焊缝表面应为银白色,当出现淡黄色时应予以清除。

检查数量：全部检查。

检查方法：观察检查和检查焊接检查记录。

表 8.1.3　钛及钛合金焊缝色泽质量

焊缝表面颜色	保护效果	质量
银白色(金属光泽)	优	合格
金黄色(金属色泽)	良	合格
紫色(金属光泽) 蓝色(金属光泽)	低温氧化，焊缝表面有污染	合格
	高温氧化，焊缝表面污染严重，性能下降	不合格
灰色(金属光泽)	保护不好，污染严重	不合格
暗灰色	保护不好，污染严重	不合格
灰白色	保护不好，污染严重	不合格
黄白色	保护不好，污染严重	不合格

注：区别低温氧化和高温氧化的方法宜采用酸洗法，经酸洗能除去紫色、蓝色者为低温氧化，除不掉者为高温氧化。

Ⅱ　一般项目

8.1.4　焊缝外观应成形良好，不应有电弧擦伤；焊道与焊道、焊道与母材之间应平滑过渡；焊渣和飞溅物应清除干净。

检查数量：全部检查。

检查方法：观察检查。

8.1.5　管道对接焊缝处的角变形(图 8.1.5)应符合下列规定：

1　当管子公称尺寸小于 100 mm 时，允许偏差为 2 mm；

2　当管子公称尺寸大于或等于 100 mm 时，允许偏差为 3 mm。

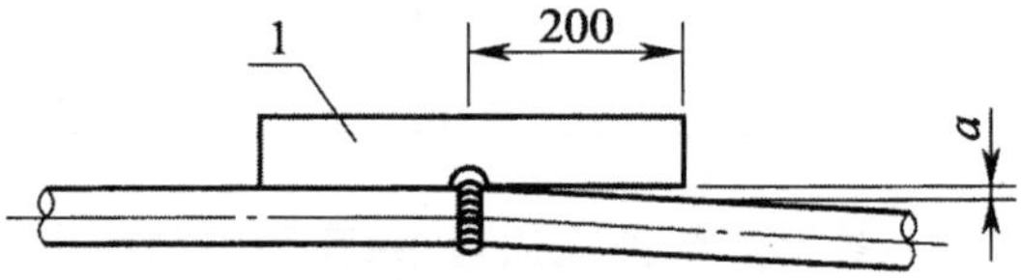

图 8.1.5　管道焊接接头的角变形

1—钢板尺；a—角变形(平直度)偏差

检查数量：全部检查。

检查方法：观察检查和采用直尺、检查尺在距焊口中心 200 mm 处测量。

8.1.6　设备、卷管的对接焊缝，其环缝和纵缝的角变形(棱角)量不应大于壁厚的 10%加 2 mm，且不应大于 5 mm。

检查数量：全部检查。

检查方法：纵缝的角变形(焊接接头环向形成的棱角)用弦长等于 1/6 内径，且不小于 300 mm的内样板或外样板检查；环缝的角变形(焊接接头轴向形成的棱角)用长度不小于 300 mm的直尺检查。

8.2 焊缝表面无损检测

Ⅰ 主控项目

8.2.1 焊缝表面应按设计文件规定进行磁粉检测或渗透检测。有再热裂纹倾向的焊缝表面无损检测应在热处理后进行。对磁粉检测或渗透检测发现有不合格的焊缝,经返修后,返修部位应采用原规定的检验方法重新进行检验。焊缝质量不应低于现行行业标准《承压设备无损检测》JB/T 4730 规定的Ⅰ级。

检验数量:应符合设计文件的规定。

检验方法:检查磁粉或渗透检测报告,检查设备排版图或管道轴测图。

8.2.2 当焊缝磁粉检测(或渗透检测)的局部检验或抽样检验发现有不合格时,应在该焊工所焊的同一检验批中采用原规定的检验方法做扩大检验。焊缝质量应符合本规范第 8.2.1 条的规定。

检验数量:应符合国家现行有关标准和设计文件的规定。

检验方法:检查磁粉或渗透检测报告,检查设备排版图或管道轴测图。

8.3 焊缝射线检测和超声检测

Ⅰ 主控项目

8.3.1 焊缝内部质量应按设计文件规定进行射线检测或超声检测。对射线检测或超声检测发现有不合格的焊缝,经返修后,应采用原规定的检验方法重新进行检验。焊缝质量应符合下列规定:

1 100%射线检测的焊缝质量不应低于现行行业标准《承压设备无损检测》JB/T 4730 规定的Ⅱ级;抽样或局部射线检测的焊缝质量不应低于现行行业标准《承压设备无损检测》JB/T 4730 规定的Ⅲ级。

2 100%超声检测的焊缝质量不应低于现行行业标准《承压设备无损检测》JB/T 4730 规定的Ⅰ级;抽样或局部超声检测的焊缝质量不应低于现行行业标准《承压设备无损检测》JB/T 4730 规定的Ⅱ级。

检验数量:应符合设计文件和下列规定:

1) 管道公称尺寸小于 500 mm 时,可根据环缝数量按规定的检验数量进行抽样检验,并不得少于 1 个环缝。环缝检验应包括整个圆周长度。固定焊的环缝抽样检验比例不应少于全部抽样数量的 40%。

2) 管道公称尺寸大于或等于 500 mm 时,应对每条环缝按规定的检验数量进行局部检验,且不得少于 150 mm 的焊缝长度。

3) 设备上的纵缝和环缝、管道上的纵缝,应按规定的检验数量进行局部检验,且不得少于 150 mm 的焊缝长度。

4) 抽样或局部检验时,应对每一焊工所焊的焊缝按规定的比例进行抽查。当环缝与纵缝相交时,应在最大范围内包括与纵缝的交叉点处,纵缝的检查长度不应少于 38 mm。

5) 抽样或局部检验应按检验批进行。检验批和抽样或局部检验的位置应由焊接检查人员确定。

6） 当在焊缝上开孔或开孔补强时，应对开孔直径1.5倍或开孔补强板直径范围内的焊缝进行100%射线检测或超声检测。被补强板覆盖的焊缝应磨平。管孔边缘不应存在焊缝缺陷。

检验方法：观察检查，检查射线或超声检测报告，检查设备排版图或管道轴测图。

8.3.2 当焊缝射线(或超声检测)的局部检验或抽样检验发现不合格时，应在该焊工所焊的同一检验批中采用原规定的检验方法做扩大检验。焊缝质量应符合本规范第8.3.1条的规定。

检验数量：应符合设计文件的规定。

检验方法：检查射线或超声检测报告，检查设备排版图或管道轴测图。

8.4 其他检验

Ⅰ 主控项目

8.4.1 当按设计文件、国家现行有关标准规定制作产品焊接检查试件时，产品焊接检查试件的准备、焊接、试样制备、力学性能检验方法和合格标准应符合设计文件和现行行业标准《承压设备产品焊接试件的力学性能检验》NB/T 47016 的规定。

检查数量：符合设计文件的规定。

检查方法：检查试件焊接记录和力学性能等试验报告。

8.4.2 当规定进行焊缝金属的化学成分分析、焊缝铁素体含量测定、焊接接头金相检验时，检验结果应符合设计文件的规定。

检验数量：应符合设计文件的规定。

检验方法：按规定的检验方法进行，并检查检验报告。

8.4.3 焊缝的强度试验及严密度试验，应符合设计文件的规定。

检验数量：全部检查。

检验方法：检查强度及严密性试验报告。

附　录　A
分项工程质量验收记录

分项工程的质量验收记录的内容和格式见表A。

表A　分项工程质量验收记录

<table>
<tr><td>分项工程名称</td><td colspan="5"></td></tr>
<tr><td>施工单位</td><td></td><td>项目经理</td><td></td><td>项目技术负责人</td><td></td></tr>
<tr><td>总承包单位</td><td></td><td>总承包单位负责人</td><td></td><td>总承包单位技术负责人</td><td></td></tr>
<tr><td>序号</td><td>检验项目</td><td colspan="2">施工单位检验结果</td><td colspan="2">建设(监理)单位验收结论</td></tr>
<tr><td>1</td><td></td><td colspan="2"></td><td>□合格</td><td>□不合格</td></tr>
<tr><td>2</td><td></td><td colspan="2"></td><td>□合格</td><td>□不合格</td></tr>
<tr><td>3</td><td></td><td colspan="2"></td><td>□合格</td><td>□不合格</td></tr>
<tr><td>4</td><td></td><td colspan="2"></td><td>□合格</td><td>□不合格</td></tr>
<tr><td>5</td><td></td><td colspan="2"></td><td>□合格</td><td>□不合格</td></tr>
<tr><td>6</td><td></td><td colspan="2"></td><td>□合格</td><td>□不合格</td></tr>
<tr><td>7</td><td></td><td colspan="2"></td><td>□合格</td><td>□不合格</td></tr>
<tr><td>8</td><td></td><td colspan="2"></td><td>□合格</td><td>□不合格</td></tr>
<tr><td>9</td><td></td><td colspan="2"></td><td>□合格</td><td>□不合格</td></tr>
<tr><td>10</td><td></td><td colspan="2"></td><td>□合格</td><td>□不合格</td></tr>
<tr><td colspan="2">质量控制资料</td><td colspan="2"></td><td>□符合</td><td>□不符合</td></tr>
<tr><td colspan="2">总承包单位专业技术负责人:
施工单位质量检查员:
施工单位专业技术负责人:
年　月　日</td><td colspan="4">建设(监理)单位验收结论:
建设单位专业技术负责人:
(监理工程师):
年　月　日</td></tr>
</table>

本规范用词说明

1 为便于在执行本规范条文时区别对待,对要求严格程度不同的用词说明如下:

1) 表示很严格,非这样做不可的:
正面词采用"必须",反面词采用"严禁";

2) 表示严格,在正常情况下均应这样做的:
正面词采用"应",反面词采用"不应"或"不得";

3) 表示允许稍有选择,在条件许可时首先应这样做的:
正面词采用"宜",反面词采用"不宜";

4) 表示有选择,在一定条件下可以这样做的,采用"可"。

2 条文中指明应按其他有关标准执行的写法为:"应符合……的规定"或"应按……执行"。

引用标准名录

《工业金属管道工程施工质量验收规范》GB 50184
《现场设备、工业管道焊接工程施工规范》GB 50236
《承压设备无损检测》JB/T 4730
《承压设备产品焊接试件的力学性能检验》NB/T 47016

UDC

中华人民共和国国家标准

P

GB/T 50698—2011

埋地钢质管道交流干扰防护技术标准

Standard for AC interference mitigation of buried steel pipelines

2011-05-12 发布

2012-05-01 实施

1044
中华人民共和国住房和城乡建设部
中华人民共和国国家质量监督检验检疫总局
联合发布

中华人民共和国住房和城乡建设部公告

第 1032 号

关于发布国家标准《埋地钢质管道交流干扰防护技术标准》的公告

现批准《埋地钢质管道交流干扰防护技术标准》为国家标准，编号为 GB/T 50698—2011，自 2012 年 5 月 1 日起实施。

本标准由我部标准定额研究所组织中国计划出版社出版发行。

中华人民共和国住房和城乡建设部

二〇一一年五月十二日

前　　言

本标准是根据住房和城乡建设部《关于印发〈2009年工程建设标准规范制订、修订计划〉的通知》(建标〔2009〕88号)的要求，由中国石油集团工程设计有限责任公司西南分公司会同有关单位编制完成的。

本标准在编制过程中，编制组经广泛调查研究，认真总结实践经验，参考有关国际标准和国外先进标准，并在广泛征求意见的基础上，最后经审查定稿。

本标准共分8章和2个附录，主要技术内容包括：总则、术语、基本规定、调查与测试、交流干扰防护措施、防护系统的调整及效果评价、管道安装中的干扰防护、运行与管理等。

本标准由住房和城乡建设部负责管理，由石油工程建设专业标准化委员会负责日常管理，由中国石油集团工程设计有限责任公司西南分公司负责具体技术内容的解释。执行过程中如有意见和建议，请寄送中国石油集团工程设计有限责任公司西南分公司(地址：成都市小关庙后街25号；邮政编码：610017)，以供今后修订时参考。

本标准主编单位、参编单位、主要起草人和主要审查人：

主编单位：中国石油集团工程设计有限责任公司西南分公司

参编单位：中国石油天然气管道工程有限公司
中国电力科学研究院

主要起草人：张　平　向　波　龚树鸣　黄留群　陆家榆　李英义　齐　磊　程　明
蒋　俊　窦宏强　汤晓勇　傅贺平　冯　琦　黄春蓉　李　浩

主要审查人：李绍忠　卢绮敏　葛艾天　欧　莉　陈敬和　曹靖斌　许　敬　薛志远
崔　典　周凤山　毛　丽　肖丁铭

1 总则

1.0.1 为有效地控制高压交流输电系统和交流牵引系统对埋地钢质管道(以下简称管道)的交流干扰腐蚀危害,减轻交流干扰和雷电对腐蚀控制系统的影响,规范交流干扰防护工程的技术要求,制定本标准。

1.0.2 本标准适用于管道交流干扰的调查与测量、交流干扰腐蚀防护工程的设计、施工和维护。

1.0.3 在干扰区域,宜由被干扰方、干扰源方及其他有关各方的代表,组成防干扰协调机构,按统一测试、统一评价、分别实施和管理的原则,联合设防、协调、处理,减轻干扰。

1.0.4 埋地钢质管道交流干扰防护技术要求除应执行本标准外,尚应符合国家现行有关标准的规定。

2 术语

2.0.1

交流干扰 AC interference

由交流输电系统和交流牵引系统在管道上耦合产生交流电压和电流的现象。

2.0.2

交流干扰源 source of AC interference

能对埋地钢质管道造成交流干扰的高压交流输电线路、设施和交流电气化铁路、设施,统称交流干扰源,简称干扰源。

2.0.3

管道交流干扰电压 pipeline AC interference voltage

由交流干扰产生的管道对地交流电压,也称为管地交流电位。

2.0.4

交流电流密度 AC current density

交流电流在防腐层破损点处单位面积的漏泄量。

2.0.5

故障屏蔽 fault shield

在输电线路杆塔、变电站等的接地体与管道之间设置浅埋接地体,当输电系统发生故障时,可为管道和防腐层局部位置提供防护的措施。

2.0.6

去耦隔直装置 DC decoupling device

允许交流电流双向流动、切断或极大地降低直流电流流动的装置。包括极化电池、接地电池和固态去耦合器等。

2.0.7

固态去耦合器 solid-state DC decoupler

由固态电子元器件组成的干型去耦隔直装置。它具有在低压直流时的高电阻和交流时的低电阻的特性。

2.0.8

集中接地 lumped ground

在受附近输电系统干扰的管道的某些重要位置设置的深埋或浅埋接地，为管道和防腐层提供持续干扰或瞬间干扰防护。

3 基本规定

3.0.1 管道与高压交流输电线路、交流电气化铁路宜保持最大间距。

3.0.2 在路径受限区域，相关建设单位在系统设计中应充分考虑管道可能受到的交流干扰，并对管道上可能产生的交流腐蚀和对腐蚀控制系统的影响程度进行分析和评估。

3.0.3 对管道造成交流干扰的干扰源，应根据国家现行有关标准采取减轻交流干扰的措施。

3.0.4 当确认管道受交流干扰影响和危害时，必须采取与干扰程度相适应的防护措施。

3.0.5 当管道上的交流干扰电压不高于 4 V 时，可不采取交流干扰防护措施；高于 4 V 时，应采用交流电流密度进行评估，交流电流密度可按下式计算：

$$J_{AC}=\frac{8V}{\rho\pi d} \qquad (3.0.5)$$

式中：J_{AC}——评估的交流电流密度(A/m²)；

V ——交流干扰电压有效值的平均值(V)；

ρ ——土壤电阻率(Ω·m)；

d ——破损点直径(m)。

注：1 ρ 值应取交流干扰电压测试时，测试点处与管道埋深相同的土壤电阻率实测值；

2 d 值按发生交流腐蚀最严重考虑，取 0.0113。

3.0.6 管道受交流干扰的程度可按表 3.0.6 交流干扰程度的判断指标的规定判定。

表 3.0.6 交流干扰程度的判断指标

交流干扰程度	弱	中	强
交流电流密度(A/m²)	<30	30～100	>100

3.0.7 当交流干扰程度判定为“强”时，应采取交流干扰防护措施；判定为“中”时，宜采取交流干扰防护措施；判定为“弱”时，可不采取交流干扰防护措施。

3.0.8 在交流干扰区域的管道上宜安装腐蚀检查片，以测量交流电流密度和对交流腐蚀及防护效果进行评价。检查片的裸露面积宜为 100 mm²，安装按本标准附录 A 进行。

3.0.9 从事交流干扰和雷电影响防护设施安装、调试、测试、维修的人员应受过电气安全培训，并掌握相关电气安全知识。

4 调查与测试

4.1 一般规定

4.1.1 当管道与高压交流输电线路、交流电气化铁路的间隔距离大于 1000 m 时，不需要进行干扰调查测试；当管道与 110 kV 及以上高压交流输电线路靠近时，是否需要进行干扰调查测试可按管道与高压交流输电线路的极限接近段长度与间距相对关系图(图 4.1.1)确定。

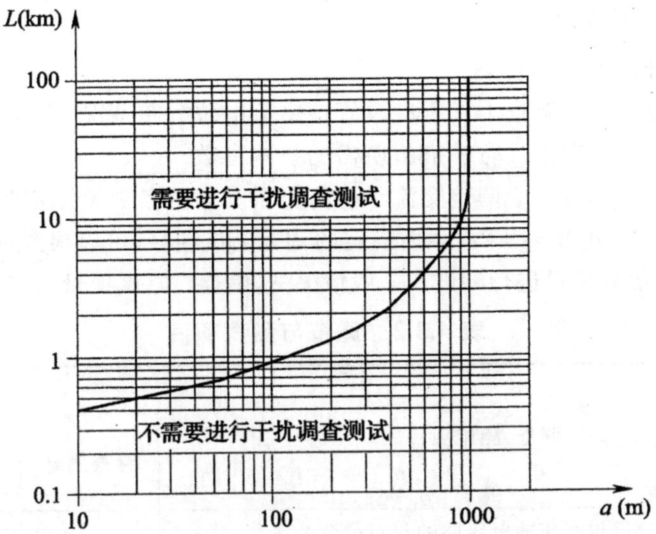

图 4.1.1 极限接近段长度 L 与间距 a 相对关系图

4.1.2 当管道与高压交流输电线路的相对位置关系处于需要进行干扰调查测试区时，对已建管道应进行管道交流干扰电压、交流电流密度和土壤电阻率的测量；对在设计阶段的新建管道可采用专业分析软件，对干扰源在正常和故障条件下管道可能受到的交流干扰进行计算。

4.2 调查与测试的项目

4.2.1 交流干扰源的调查测试应包括下列内容：

1 高压输电系统应包括下列内容：

1） 管道与高压输电线路的相对位置关系；

2） 塔型、相间距、相序排列方式、导线类型和平均对地高度；

3） 接地系统的类型（包括基础）及与管道的距离；

4） 额定电压、负载电流及三相负荷不平衡度；

5） 单相短路故障电流和持续时间；

6） 区域内发电厂（变电站）的设置情况。

2 电气化铁路应包括下列内容：

1） 铁轨与管道的相对位置关系；

2） 牵引变电所位置，铁路沿线高压杆塔的位置与分布；

3） 馈电网络及供电方式；

4） 供电臂短时电流、有效电流及运行状况（运行时刻表）。

4.2.2 被干扰管道的调查测试应包括下列内容：

1 本地区过去的腐蚀实例。

2 管道外径、壁厚、材质、敷设情况及地面设施（跨越、阀门、测试桩）等设计资料。

3 管道与干扰源的相对位置关系。

4 管道防腐层电阻率、防腐层类型和厚度。

5 管道交流干扰电压及其分布。

6 安装检查片处交流电流密度。

7 管道沿线土壤电阻率。

8 管道已有阴极保护和防护设施的运行参数及运行状况。

9 相邻管道或其他埋地金属构筑物干扰腐蚀与防护技术资料。

4.3 测试工作的分类及应用

4.3.1 测试工作应分以下三种：

1 普查测试：用于初步调查干扰程度及管地交流电位分布情况，为详细测试提供依据。

2 详细测试：提供实施干扰防护措施所需的技术参数。

3 防护效果评定测试：用于调整交流干扰防护系统运行参数及评定防护效果。

4.3.2 对本标准第4.2.1条和第4.2.2条所规定的调查测试项目，可以根据具体干扰状态、测试工作种类确定对全部或部分项目进行测试。一般情况下，调查与测试项目宜按表4.3.2的规定进行。

表 4.3.2 调查与测试项目

<table>
<tr><th rowspan="2">实施方面</th><th rowspan="2" colspan="2">调查、测试项目</th><th colspan="3">测试分类</th></tr>
<tr><th>普查测试</th><th>详细测试</th><th>防护效果评定测试</th></tr>
<tr><td rowspan="10">干扰源侧</td><td rowspan="6">高压输电系统</td><td>管道与高压输电线路的相对位置关系</td><td>○</td><td>○</td><td>—</td></tr>
<tr><td>塔型、相间距、相序排列方式、导线类型和平均对地高度</td><td>√</td><td>○</td><td>—</td></tr>
<tr><td>接地系统的类型(包括基础)及与管道的距离</td><td>○</td><td>○</td><td>—</td></tr>
<tr><td>额定电压、负载电流及三相负荷不平衡度</td><td>△</td><td>○</td><td>—</td></tr>
<tr><td>单相短路故障电流和持续时间</td><td>√</td><td>○</td><td>—</td></tr>
<tr><td>区域内发电厂(变电站)的设置情况</td><td>√</td><td>○</td><td>—</td></tr>
<tr><td rowspan="4">电气化铁路</td><td>铁轨与管道的相对位置关系</td><td>○</td><td>○</td><td>—</td></tr>
<tr><td>牵引变电站位置，铁路沿线高压杆塔的位置与分布</td><td>○</td><td>○</td><td>—</td></tr>
<tr><td>馈电网络及供电方式</td><td>○</td><td>○</td><td>—</td></tr>
<tr><td>供电臂短时电流、有效电流及运行状况(运行时刻表)</td><td>√</td><td>○</td><td>—</td></tr>
<tr><td rowspan="9">被干扰侧</td><td colspan="2">本地区过去的腐蚀实例</td><td>△</td><td>△</td><td>—</td></tr>
<tr><td colspan="2">管道外径、壁厚、材质、敷设情况及地面设施(跨越、阀门、测试桩)等设计资料</td><td>√</td><td>○</td><td>—</td></tr>
<tr><td colspan="2">管道与干扰源的相对位置关系</td><td>○</td><td>○</td><td>—</td></tr>
<tr><td colspan="2">管道防腐层电阻率、防腐层类型和厚度</td><td>△</td><td>○</td><td>—</td></tr>
<tr><td colspan="2">管道交流干扰电压及其分布</td><td>○</td><td>○</td><td>○</td></tr>
<tr><td colspan="2">安装检查片处交流电流密度</td><td>—</td><td>√</td><td>△</td></tr>
<tr><td colspan="2">管道沿线土壤电阻率</td><td>○</td><td>○</td><td>○</td></tr>
<tr><td colspan="2">管道已有阴极保护防护设施的运行参数及运行状况</td><td>△</td><td>○</td><td>△</td></tr>
<tr><td colspan="2">相邻管道或其他埋地金属构筑物干扰腐蚀与防护技术资料</td><td>△</td><td>△</td><td>—</td></tr>
<tr><td colspan="6">注：○—必须进行的项目；△—应进行的项目；√—宜进行的项目。</td></tr>
</table>

4.4 测试工作的要求

4.4.1 普查测试应遵循下列原则：

1 测试点应选在与干扰源接近的管段，间隔宜为 1 km，宜利用现有测试桩。

2 对与高压交流输电线路接近的管段，各点测试时间不短于 5 min；对与交流电气化铁路接近的管段，测试宜选择在列车运行的高峰时间段上。

3 应记录每次测量的时间和位置。

4.4.2 详细测试应遵循下列原则：

1 测试点应根据普查测试结果布设在干扰较严重的管段上，干扰复杂时宜加密测试点。

2 测定时间段应分别选择在干扰源的高峰、低峰和一般负荷三个时间段上，测定时间段一般为 60 min，对运行频繁的电气化铁路可取 30 min；对强度大或剧烈波动的干扰，普查测试期间测得的交流干扰电压最大和交流电流密度最大的点，以及其他具有代表性的点，应当进行 24 h连续测试，或者直到确立和干扰源负载变化的对应关系。

3 每次测试的起止时间、测定时间段、读数时间间隔、测试点均应相同。

4 各测试点以相同的读数时间间隔记录数据。

4.4.3 防护效果评定测试应遵循下列原则：

1 防护效果评定应在所有详细测试点进行，测定时间段一般为 8 h。

2 接地点、检查片安装点、干扰缓解较大的点和较小的点，测定时间段为 24 h。

3 在安装检查片的测试点应进行交流电流密度的测量。

4 在安装减轻干扰的接地点应测量接地线中的交流电流。

5 其他原则与详细测试相同。

6 应绘制实施干扰防护措施前、后，原干扰段的管地交流电位分布曲线和测试点的电压-时间曲线。

4.4.4 上述各类测试中，读数时间间隔一般为 10 s～30 s，干扰电压变动剧烈时，宜为 1 s。

4.4.5 测试时应断开临时性阴极保护和临时防护接地体。

4.4.6 土壤电阻率的测试应与管道交流电压测试同时、同位置进行。

4.4.7 交流干扰测量方法及数据处理应按本标准附录 A 执行。

5 交流干扰防护措施

5.1 一般规定

5.1.1 防护措施设计应根据调查与测试的结果，对下列各项进行预测和评估：

1 干扰源在正常运行状态下对管道的交流腐蚀。

2 故障情况或雷电状态下对管道防腐层和金属本体、阴极保护设备和干扰防护设施的损伤。

3 操作和维护人员及公众的接触安全等影响。

5.1.2 对存在交流干扰的管道，在阴极保护系统设计中应给予更大的保护电流密度；在运行调试中应使管道保护电位(相对于 CSE，消除 IR 降后)比阴极保护准则电位(一般土壤环境中 −850 mV，在厌氧菌或硫酸盐还原菌及其他有害菌土壤环境中 −950 mV)负值更大。

5.1.3 在同一条或同一系统的管道中，根据实际情况可采用一种或多种防护措施；但所有干扰防护措施均不得对管道阴极保护的有效性造成不利影响。

5.1.4 管道与输电线路杆塔、通信铁塔等及其接地装置间应保证足够的安全距离。在路径受限地区难以满足安全距离时，应采取故障屏蔽、接地、隔离等防护措施；宜根据工程实际情况，在分析计算的基础上进行管道安全评估。

5.1.5 埋地管道与高压交流输电线路的距离宜符合下列规定：

1 在开阔地区，埋地管道与高压交流输电线路杆塔基脚间控制的最小距离不宜小于杆塔高度。

2 在路径受限地区，埋地管道与交流输电系统的各种接地装置之间的最小水平距离一般情况下不宜小于表5.1.5的规定。在采取故障屏蔽、接地、隔离等防护措施后，表5.1.5规定的距离可适当减小。

表5.1.5 埋地管道与交流接地体的最小距离(m)

电压等级(kV)	≤220	330	500
铁塔或电杆接地	5.0	6.0	7.5

5.1.6 管道与110kV及以上高压交流输电线路的交叉角度不宜小于55°。在不能满足要求时，宜根据工程实际情况进行管道安全评估，结合防护措施，交叉角度可适当减小。

5.1.7 阴极保护设备应配有雷电和电涌保护装置。

5.1.8 交流干扰防护设施的所有永久性电缆连接件应确保连接点具有良好的机械强度和导电性，并在回填前做好防腐密封。

5.1.9 所有交流干扰防护设施的安装中，应首先把接地电缆连接到接地极上，然后连接到受干扰的管道上。拆下的顺序相反，连接接地极的一端应最后拆卸。操作中应使用适当的绝缘工具或绝缘手套来减少电击危险。

5.2 故障和雷电干扰的防护措施

5.2.1 故障屏蔽应符合下列规定：

1 在管道邻近架空输电线路杆塔、变电站或通信铁塔、大型建筑的接地体的局部位置处，可沿管道平行敷设一根或多根浅埋接地线作屏蔽体，减轻在电力故障或雷电情况下，强电冲击对管道防腐层或金属本体的影响。

2 屏蔽线宜通过固态去耦合器与受影响的管道连接且连接点不少于两处。

5.2.2 集中接地应符合下列规定：

1 在进、出工艺站场、监控阀室的管道上或监视阀室安装有绝缘接头的放空管等位置处，宜设置集中接地，减轻在电力故障或雷电情况下，强电冲击对管道辅助设施、阴极保护设备和线路管道防腐层的影响。

2 集中接地可利用就近的管道系统共用接地网接地。在需单独设置接地的位置，应根据现场环境条件接地体采用浅埋或深埋方式。

3 接地体宜通过去耦隔直装置与受影响的管道连接。

5.2.3 接地垫应符合下列规定：

1 在操作人员与管道辅助设施(包括阀门、阴极保护检测装置等)接触区域内可能存在危险的接触电压和跨步电压时，可采用接地垫，避免接触电压和跨步电压对操作人员的危害。

2 接地垫面积应足够大，并尽量靠近地面安装。

3　接地垫与受影响的构筑物连接点应不少于两处，可通过去耦隔直装置连接，以减轻阴极保护屏蔽、电偶腐蚀，以及对阴极保护同步瞬间断电测量的不利影响。

4　接地垫上方宜铺一层干净的、排水良好的砾石层，砾石层的厚度不应小于 8 cm，砾石粒径不小于 1.3 cm。

5.2.4　固态去耦合器、极化电池、接地电池及其他装置应符合下列规定：

1　在受强脉冲和过高感应交流电压影响的管道和适当的接地装置之间，可装设固态去耦合器、极化电池、接地电池或其他装置，以有效隔离阴极保护电流，将管道瞬间干扰电压降到容许值以下。

2　当使用固态去耦合器、极化电池、接地电池以及其他装置时，应当正确选择其规格、位置、连接方式，并能安全承载最大冲击电流。

5.2.5　管道与防护装置和接地装置连接电缆的截面积应与泄放电流强度相匹配，宜采用 35 mm^2 的多股铜芯电缆，电缆敷设宜短直。

5.3　持续干扰的防护措施

5.3.1　可采取在长距离干扰管段的适当部位设置绝缘接头的分段隔离措施，将与交流干扰源相邻的管段与其他管段电隔离，简化防护措施。

5.3.2　在进行持续干扰防护措施的设计时，应根据调查与测试结果的分析，结合对阴极保护效果的影响等因素，选定适用的接地方式。持续干扰防护常用的接地方式应符合表 5.3.2 的规定。

表 5.3.2　持续干扰防护常用的接地方式

方式	直接接地	负电位接地	固态去耦合器接地
示意图	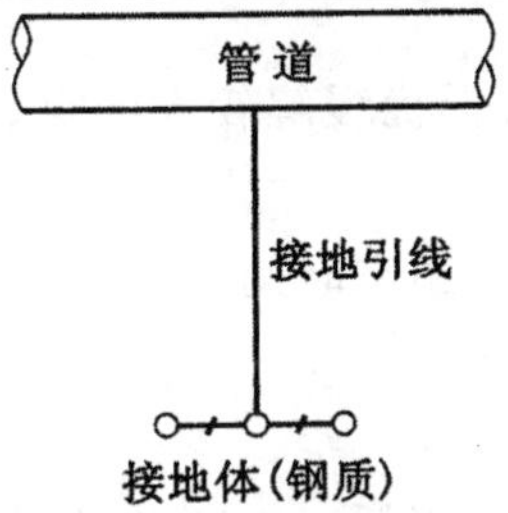	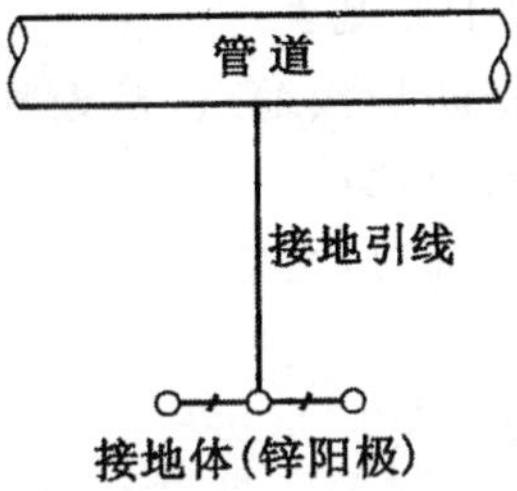	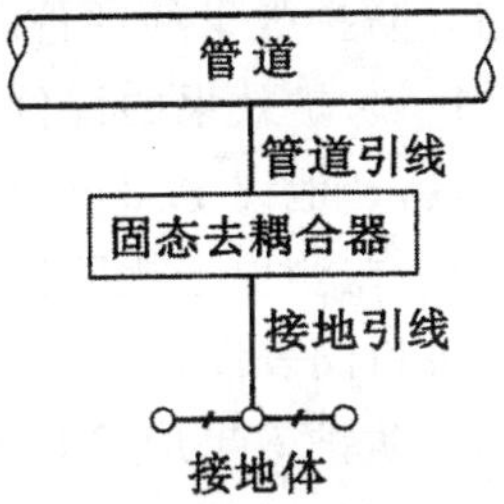
特点及适用范围	适用于阴极保护站保护范围小的被干扰管道。具有简单经济、减轻干扰效果好的优点，缺点是应用范围小，漏失阴极保护电流	适用于受干扰区域管道与强制电流保护段电隔离，且土壤环境适宜于采用牺牲阳极阴极保护的干扰管道。具有减轻干扰效果好、向管道提供阴极保护的优点；缺点是管道进行瞬间断电测量与评价阴极保护有效性实施困难	适用范围广。能有效隔离阴极保护电流，启动电压低，可将感应交流电压降到允许的极限电压内，减轻干扰效果好；额定雷电冲击及故障电流通流容量大，装置抗雷电或故障电流强电冲击性能好。缺点是价格高

5.3.3　接地点的设置应根据详细测试或计算结果分析确定，通常情况下，可按下述条件综合确定：

1　相互位置条件：

1）　被干扰管道首、末端；

2）　管道接近或离开干扰源处；

3）　管道与干扰源距离最小的点；

4） 管道与干扰源距离发生突变的点；

5） 管道穿越干扰源处。

2 技术条件：

1） 交流电流密度较大的点；

2） 管道交流干扰电压较高，且持续时间较长的点；

3） 高压输电线导线换位处；

4） 土壤电阻率低，便于接地体设置的场所。

5.3.4 干扰防护设施中所有的连接点应安全可靠；所有电缆、连接件和装置部件等应能承受预期的最大冲击或故障电流。

5.3.5 在存在直流杂散电流影响的管段进行持续交流干扰防护时，宜采用去耦隔直装置。去耦隔直装置的直流反向启动电压必须高于管道可能出现的对地负向直流电压。

6 防护系统的调整及效果评价

6.1 防护系统的调整

6.1.1 交流干扰防护工程安装完毕后，应立即投入试运行，并进行全面综合调整，使防护系统达到最佳效果。

6.1.2 防护系统的调整，可采用以下措施：

1 改变防护接地点位置，或增设防护接地点及其设施。

2 分段隔离措施。绝缘接头两端应跨接去耦隔直装置或避雷器等防电涌装置。

6.2 防护效果评价

6.2.1 防护效果的评价应符合以下原则：

1 防护效果的评价点应包括防护接地点、检查片安装点、干扰缓解较大的点、干扰缓解较小的点，其他评定点可根据实际情况选择。

2 在测取干扰防护措施实施前、后参数时，应统一测量点、测定时间段、读数时间间隔、测量方法和仪表设备。

6.2.2 防护效果应符合下列规定：

1 在土壤电阻率不大于 25 Ω·m 的地方，管道交流干扰电压低于 4 V；在土壤电阻率大于 25 Ω·m 的地方，交流电流密度小于 60 A/m^2。

2 在安装阴极保护电源设备、电位远传设备及测试桩位置处，管道上的持续干扰电压和瞬间干扰电压应低于相应设备所能承受的抗工频干扰电压和抗电强度指标，并满足安全接触电压的要求。

7 管道安装中的干扰防护

7.0.1 邻近交流输电系统的管道在施工期间应指定专人负责电气安全。安全负责人应熟悉输电线路对管道的电磁影响及其防护的规定。

7.0.2 管道施工开始前，宜与邻近干扰源方的主管部门商议，共同制定适当的施工程序，保证管道施工安全顺利进行。

7.0.3 在进行与交流干扰区域内管道接触的任何作业前，应进行管道交流干扰电压的测量。

7.0.4 在交流干扰区域内进行管道施工时，应符合下列规定：

1　长度为300 m与大地绝缘的管段两端应装设临时接地极；长度超过300 m与大地绝缘的管段，应由一端开始，每隔300 m装设单独的临时接地极。接地极接地电阻应小于30 Ω。

2　临时接地极可以是接地棒、裸露的套管或其他适宜的金属接地体，但不得与邻近的输电线路接地极相连。

3　临时接地极与管道的连接线应采用截面面积不小于10 mm^2多股铜芯导线，各连接点应具有良好的机械强度和导电性。

4　所有临时接地极应保持到管道回填，如无特殊要求，回填时应予以拆除。

7.0.5　当车辆及其他施工设备在输电线路附近工作时，应遵守现行电气安全规程。金属工棚或拖车应接地。

8　运行与管理

8.1　检查与测量

8.1.1　交流干扰防护系统的常规功能性检测内容及周期，按表8.1.1的规定进行，以确认防护系统是否运行正常，防护效果是否符合指标要求。

表8.1.1　常规功能性检测内容及周期

设施	检测内容	周期
牺牲阳极防护设施	阳极交流排流量、阳极输出电流、阳极开路电位；管地交流电位和直流电位	每月一次
测试桩	管地交流电位(每月一次)；通过检查片检测：管地断电电位、交流电流密度	至少每年一次
防护设备	防护设备的运行和状况；交流排流量、接地极接地电阻	根据运行条件，每1月～3月一次
防护系统全面维护	防护系统全面检查；各主要元件性能检测；失效元件的更换	每年一次

8.1.2　应对检查与测量所得的数据和所发现情况进行分析，进而指出可能存在的异常以及改进措施，说明对管道状况进行更详细评价的必要性。

8.1.3　当干扰环境发生较大改变时，应及时进行各项调查，对防护设施进行调整或改进防护措施。当防护设备主要元件进行维修或更换后，应进行接地点管地交流电位的24 h连续测试。

8.2　开挖调查

8.2.1　在可能存在交流腐蚀的管段，宜定期对管道或腐蚀检查片进行开挖调查，以对交流腐蚀进行确认。对检查片的开挖调查宜在埋设12个月后进行，交流腐蚀的识别宜符合本标准附录B的规定。

8.2.2　管道开挖检测应符合国家现行标准《钢质管道及储罐腐蚀评价标准埋地钢质管道外腐蚀直接评价》SY/T 0087.1-1的有关规定。检查片的制备、腐蚀产物清除和腐蚀速率计算应按国家现行标准《埋地钢质检查片腐蚀速率测试方法》SY/T 0029的有关规定执行。

8.3　安全管理

8.3.1　处于输电线路、电气化铁路及其接地体附近的管道应加强管理，防止对管道维护人员的伤害。

8.3.2 交流干扰防护设施和阴极保护设施应设置警示标志。

8.3.3 掌握邻近高压输电系统、交流牵引系统的主要电气参数及防护措施的现状。

8.3.4 在管道检修期内或开挖管道、接触管道的各种作业时，应与电力或铁路部门加强联系，并指定有经验人员随时监护，避免发生电击危害。

8.3.5 在进行干扰测试和防护设施维护及其他防护作业时的安全守则应符合现行国家标准《埋地钢质管道阴极保护参数测量方法》GB/T 21246 的有关规定。

8.3.6 雷雨期间，不得进行交流干扰电参数测试或类似性质的工作。

8.3.7 站在接地垫上的操作、维护人员和接地垫以外人员之间，不得传递金属器具。

附　录　A
交流腐蚀评估的测量方法

A.1　一般规定

A.1.1　对已建管道现场测量的主要参数应包括管道交流干扰电压、保护电位和土壤电阻率。当安装了检查片，所测参数尚应包括检查片交流电流密度。

A.1.2　测量仪表应符合下列规定：

1　测量仪表应具有防电磁干扰性能。

2　测量仪表及测量导线应符合现行国家标准《埋地钢质管道阴极保护参数测量方法》GB/T 21246的相关规定。

A.1.3　参比电极应符合下列规定：

1　参比电极可采用钢棒电极、硫酸铜电极。采用钢棒电极时，其钢棒直径不宜小于16 mm，插入土壤深度宜为100 mm。

2　参比电极放置处，地下不应有冰层、混凝土层、金属及其他影响测量的物体。

3　土壤干燥时，应浇水湿润。

A.1.4　测量工作的安全守则应符合现行国家标准《埋地钢质管道阴极保护参数测量方法》GB/T 21246的相关规定。

A.2　管道交流干扰电压测量

A.2.1　管道交流干扰电压测量应按本标准第4.4节的有关规定执行。对短期测量可使用交流电压表；对长期测量应使用存储式交流电压测试仪。

A.2.2　测量步骤应包括：

1　将交流电压表与管道及参比电极相连接，接线方式见管道交流干扰电压测量接线图(图A.2.2)。

2　将电压表调至适宜的量程上，记录测量值和测量时间。

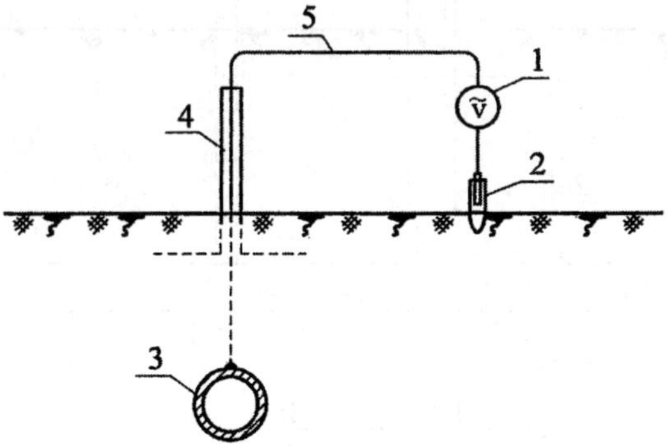

图 A.2.2　管道交流干扰电压测量接线图

1—交流电压表；2—参比电极；3—埋地管道；4—测试桩；5—测试导线

A.2.3　数据处理应符合下列规定：

1　测量点干扰电压的最大值、最小值，从已记录的各次测量值中直接选择。平均值应按下式进行计算：

$$U_p=\frac{\sum_{i=1}^{n}U_i}{n} \quad \cdots\cdots\cdots\cdots\cdots\cdots\cdots\cdots (A.2.3)$$

式中：U_p ——测量时间段内测量点交流干扰电压有效值的平均值(V)；

$\sum_{i=1}^{n}U_i$ ——测量时间段内测量点交流干扰电压有效值的总和(V)；

n ——测量时间段内读数的总次数。

2 绘制出测量点的电压-时间曲线图。

3 绘制出干扰管段的平均干扰电压-距离曲线，即干扰电压分布曲线图。

A.3 交流电流密度测量

A.3.1 检查片安装应符合下列规定：

1 在进行详细测试时，可使用裸露面积为 100 mm^2 的便携式棒状探头。将便携式棒状探头插入靠近管道的土壤中，并通过测量电缆与管道电连通。

2 在进行监测及评估管道运行期间交流腐蚀影响的测量时，应使用腐蚀检查片组(如：3 片)，其中应至少有一个检查片通过测量电缆与管道电连通。检查片与管道的净距约 0.5 m，各检查片间的间距约 3 m。检查片除裸露面积为 100 mm^2 的金属表面外，其余部位应做好防腐绝缘。检查片的制备应符合国家现行标准《埋地钢质检查片腐蚀速率测试方法》SY/T 0029 的有关规定。

A.3.2 测量步骤应包括：

1 将交流电流表串入回路与管道及检查片相连接，接线方式见交流电流密度测量接线图(图 A.3.2)。

2 将交流电流表调至适宜的量程上，记录测量值和测量时间。

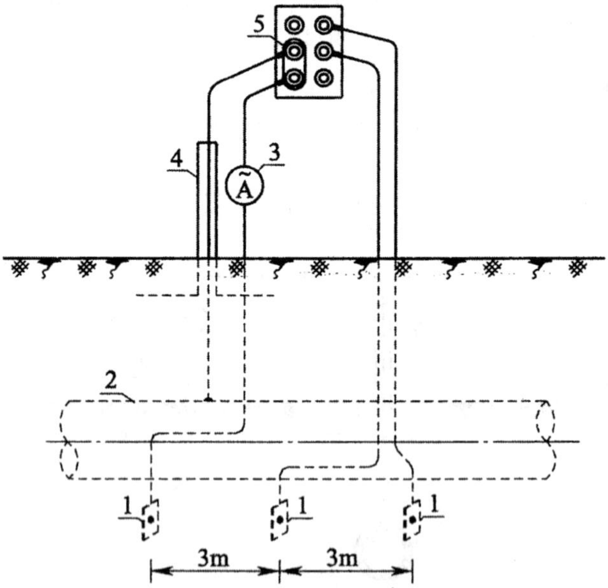

图 A.3.2 交流电流密度测量接线图

1—腐蚀检查片；2—埋地钢质管道；3—交流电流表；4—测试桩；5—铜质连接片

A.3.3 数据处理应将直接测量获得的交流电流值 I_{AC} 除以检查片裸露面积即为交流电流密度值 J_{AC}。

附　录　B
交流腐蚀的识别

B.0.1　在对评估为存在交流腐蚀可能性高的管段或预埋的腐蚀检查片进行开挖检测中，现场开挖后宜采用 pH 试纸及时测量缺陷与土壤界面的 pH 值，并测量附近土壤电阻率。

B.0.2　根据现场检测的情况，交流腐蚀评估按表 B.0.2 规定的评估项目对腐蚀类型进行评价，当大多数评估项目结论为肯定时，可以判定为交流腐蚀。现场不能识别的，应做好记录，提交相应的专业技术人员处理。

表 B.0.2　交流腐蚀评估表

评估内容	是	否
管道上存在大于 4V 的持续交流干扰电压		
防腐层单个破损点面积为 1 cm^2～6 cm^2 的小缺陷		
管壁存在腐蚀		
测得的管道保护电位值在阴极保护准则允许的范围内		
pH 值非常高(典型情况大于 10)		
腐蚀形态呈凹陷的半球圆坑状		
腐蚀坑比防腐层破损面积更大		
腐蚀产物容易一片片地清除		
腐蚀产物清除后，钢铁表面有明显的硬而黑的层状痕迹		
管道周围土壤电阻率低或者非常低		
防腐层下存在大面积的剥离(在腐蚀坑周围有明显的晕轮痕迹)		
在腐蚀区域的远处，出现分层或腐蚀产物中含有大量碳酸钙		
腐蚀产物里存在四氧化三铁		
管道附近土壤存在硬石状形成物		

本标准用词说明

1 为便于在执行本标准条文时区别对待，对要求严格程度不同的用词说明如下：

1) 表示很严格，非这样做不可的：
正面词采用“必须”，反面词采用“严禁”；

2) 表示严格，在正常情况下均应这样做的：
正面词采用“应”，反面词采用“不应”或“不得”；

3) 表示允许稍有选择，在条件许可时首先应这样做的：
正面词采用“宜”，反面词采用“不宜”；

4) 表示有选择，在一定条件下可以这样做的，采用“可”。

2 条文中指明应按其他有关标准执行的写法为“应符合……的规定”或“应按……执行”。

引用标准名录

《埋地钢质管道阴极保护参数测量方法》GB/T 21246

《钢质管道及储罐腐蚀评价标准埋地钢质管道外腐蚀直接评价》SY/T 0087.1-1

《埋地钢质管道检查片腐蚀速率测试方法》SY/T 0029

UDC

GB

中华人民共和国国家标准

P

GB/T 50823—2013

油气田及管道工程计算机控制系统设计规范

Code for computer control system design of oil/gas fields and pipelines

2012-12-25 发布 2013-05-01 实施

1062

中华人民共和国住房和城乡建设部
中华人民共和国国家质量监督检验检疫总局
联合发布

中华人民共和国住房和城乡建设部公告

第1600号

住房城乡建设部关于发布国家标准《油气田及管道工程计算机控制系统设计规范》的公告

现批准《油气田及管道工程计算机控制系统设计规范》为国家标准,编号为GB/T 50823—2013,自2013年5月1日起实施。

本规范由我部标准定额研究所组织中国计划出版社出版发行。

中华人民共和国住房和城乡建设部

2012年12月25日

前　言

本规范是根据住房和城乡建设部《关于印发〈2010年工程建设标准规范制订、修订计划〉的通知》(建标〔2010〕43号)的要求,由胜利油田胜利勘察设计研究院有限公司会同有关单位编制而成。

本规范编制过程中,编制组进行了广泛调查研究,认真总结实践经验,参考国内外有关标准,并在广泛征求意见的基础上,经审查定稿。

本规范共分9章和2个附录,主要内容包括:总则、术语和缩略语、系统结构和适用范围、基本过程控制系统(BPCS)、安全仪表系统(SIS)和火气系统(FGS)、系统软件及功能、控制盘和机柜、电气设计、控制室等。

本规范由住房和城乡建设部负责管理,由石油工程建设专业标准化委员会负责日常管理,由胜利油田胜利勘察设计研究院有限公司负责具体技术内容的解释。执行过程中如有意见或建议,请寄送胜利油田胜利勘察设计研究院有限公司(地址:山东省东营市济南路49号,邮政编码:257026),以供今后修订时参考。

本规范主编单位、参编单位、主要起草人和主要审查人:

主 编 单 位:胜利油田胜利勘察设计研究院有限公司

参 编 单 位:大庆油田工程有限公司

中国石油天然气管道工程有限公司

主要起草人:田京山 程云海 王怀义 刘 强 徐 晶 梅 斌 梅 刚 张德发

高 原 冯立法 刘晓刚 聂中文 邢建芬 刘少宇 王志强 纪志军

王 静 王 愔 闫 辉 李 瑾 宋衍茹 杨立萍 李 敬

主要审查人:朱瑞苗 王小林 于建林 谷汉军 聂 华 王 新 高 湘 于清澄

陈月兰 张贵林 雷艳丽 李昌岑 张 涛 张正友

1 总则

1.0.1 为指导和规范油气田及管道工程中计算机控制系统的设计工作,做到技术先进、经济合理、安全适用、节能环保,制定本规范。

1.0.2 本规范适用于陆上油气田及管道工程中新建、改建和扩建工程的计算机控制系统设计。

1.0.3 油气田和管道工程计算机控制系统的设计除应符合本规范外,尚应符合国家现行有关标准的规定。

2 术语和缩略语

2.1 术语

2.1.1 计算机控制系统 computer control system

由一台或多台计算机、控制器、相关硬件、软件和通信网络组成对生产过程进行监视、控制及管理的控制系统。

2.1.2 基本过程控制系统 basic process control system

不执行任何安全完整性等级大于或等于1级的安全仪表功能,响应过程测量以及其他相关设备、其他仪表、控制系统或操作员的输入信号,按过程控制规律、算法、方式,产生输出信号实现过程控制及其相关设备运行的系统。

2.1.3 安全仪表系统 safety instrumented system

实现一个或多个安全仪表功能的系统。

2.1.4 火气系统 fire gas and smoke detection and protection system

用于监控火灾和可燃气、有毒气泄漏并具备报警和消防、保护功能的安全控制系统。

2.1.5 集成控制系统 integrated control system

将各自独立运行的基本过程控制系统、仪表安全系统和/或火气系统,通过通信网络链接在一起、共享操作显示的控制系统。

2.1.6 分散控制系统 distributed control system

控制功能分散、操作显示集中、采用分级结构的计算机控制系统,也称为分布式控制系统,或集散控制系统。

2.1.7 监控和数据采集系统 supervisory control and data acquisition system

以多个远程终端监控单元通过有线或无线网络连接起来,具有远程监测控制功能的分布式计算机控制系统。

2.1.8 可编程序控制器 programmable logic controller

是一种数字运算操作的电子系统,专为在工业环境下应用而设计。它采用了可编程序的存储器,用于在其内部存储执行逻辑运算、顺序控制、定时、计数和算术运算等操作指令,并通过数字或模拟式的输入和输出操作,控制各种类型的机械或生产过程。

2.1.9 远程终端单元 remote terminal unit

针对通信距离较长和工业现场恶劣环境而设计的具有模块化结构的特殊的计算机控制系统,它将末端检测仪表和执行机构与远程主控制系统连接起来,具有数据采集、控制和通信功能,它能接收主控制系统的操作指令,控制末端的执行机构动作。

2.1.10 安全完整性等级 safety integrity level

为安全功能的等级。安全完整性等级由低到高为 SIL1～SIL4。

2.1.11 安全仪表功能 safety instrumented function

为了防止、减少危险事件发生或保持过程安全状态，用一个或多个测量仪表、逻辑控制器、最终元件及相关软件等实现的安全保护功能或安全控制功能。

2.1.12 维护超驰 maintenance override

在设备或线路维护期间，以预设值代替实际输入值，使安全仪表系统或火气系统连续工作的一种功能。

2.1.13 操作超驰 operational override

工艺过程启动期间，在预定的启动时间内以预设值代替实际输入值，用以满足启动条件的一种功能。

2.1.14 硬手操盘 hardwired panel

是由一系列按钮、开关、信号报警器及信号灯等组成，与控制器硬线连接，应独立于基本过程控制系统，完成最基本的紧急停车、火气消防操作与报警指示。

2.2 缩略语

CCR(central control room) 中央控制室或中控室

BPCS(basic process control system) 基本过程控制系统

DCS (distributed control system) 分散控制系统

DDE (dynamic data exchange) 动态数据交换

DMZ(demilitarized zone) 隔离区

ERP(enterprise resource planning) 企业资源管理系统

ESD(emergency shutdown) 紧急停车

FGS(fire gas and smoke detection and protection System) 火气系统

HMI(human machine interface) 人机接口

ICS (integrated control system) 集成控制系统

I/O(input/output) 输入/输出

KVM (keyboard、video、mouse) 键盘、显示器和鼠标

MIS(management information system) 管理信息系统

MOS(maintenance override switch) 维护超驰开关

MTBF(mean time between failures) 平均故障间隔时间

MTTR(mean time to repair) 平均修复时间

MTTF(mean time to failures) 平均无故障时间

OOS(operational override switch) 操作超驰开关

OPC[object linking and embedding(OLE) for process control] 用于过程控制的对象链接与嵌入

PLC(programmable logic controller) 可编程序控制器

RTU(remote terminal unit) 远程终端单元

SCADA (supervisory control and data acquisition) 监控和数据采集

SIF(safety instrumented function) 安全仪表功能

SIL(safety integrity level) 安全完整性等级

SIS (safety instrumented system) 安全仪表系统

SOE(sequence of event) 事件顺序记录系统

SPD(surge protective device) 电涌保护器

SQL(structured query language) 结构化查询语言

3 系统结构和适用范围

3.1 一般规定

3.1.1 计算机控制系统硬件和软件应符合国家现行有关标准或相关国际标准的规定。

3.1.2 所选用的计算机控制系统硬件和软件应是经过类似工况和环境条件现场考验并良好运行的系统和设备。

3.1.3 系统的硬件和软件配置及其功能应与工艺过程的规模和控制要求相适应，并应易于扩展和维护。

3.1.4 系统设计应以系统生命周期成本最少为基本原则。

3.1.5 油气田工程计算机控制系统的设计要求应符合本规范附录A的规定，管道工程SCADA系统的设计要求应符合本规范附录B的规定。

3.2 系统结构

3.2.1 典型的计算机控制系统结构宜由BPCS、SIS和FGS等子系统组成(图3.2.1)。

3.2.2 BPCS应通过通信接口与站场内外的第三方设备和/或系统连接。

3.2.3 通过必要的DMZ隔离措施，计算机控制系统和设备管理系统可向连接在信息网络上的其他系统提供数据。

3.3 系统适用范围

3.3.1 根据测控对象的不同，计算机控制系统可分为BPCS、ICS和SCADA三类。

3.3.2 采用计算机控制系统的站(库)应至少含BPCS。

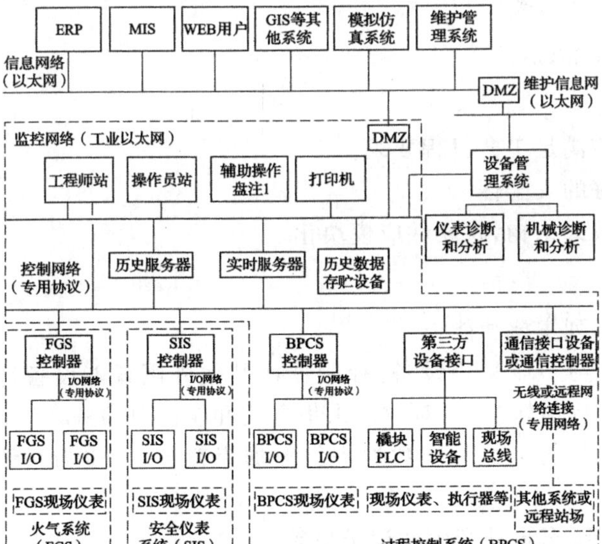

图3.2.1 典型计算机控制系统结构示意图

注：辅助操作盘应通过硬线与BPCS、SIS或FGS I/O模板连接。

3.3.3 ICS适用于下列场合：

1 由BPCS、SIS和FGS三个子系统组成的站(库)控制系统；

2 由BPCS和SIS两个子系统组成的站(库)控制系统；

3 由BPCS和FGS两个子系统组成的站(库)控制系统。

3.3.4 SCADA适用于下列场合：

1 测控点相对分散、距离较远，站场较多且分布较广，需用多个ICS、BPCS通过有线(或无线)通信方式集中到控制中心的工程；

2 需要集中监控的油气田及管道工程。

3.4 控制器适用范围

3.4.1 油气田及管道工程领域计算机控制系统宜采用DCS控制器、PLC控制器和RTU。

3.4.2 DCS适用于下列场合：

1 控制回路较多、较复杂的大中型油气处理厂及站(库)；

2 系统可用性要求高，需要在线进行控制策略更新的场所。

3.4.3 PLC适用于下列场合：

1 顺序控制、逻辑控制较多的工艺装置；

2 环境条件恶劣、抗干扰能力要求高又不需采取改善措施的工业场所；

3 需快速数据采集及保护的场所；

4 操作独立性强、要求结构紧凑的橇块装置；

5 安全认证PLC可作为SIS和FGS系统控制器。

3.4.4 RTU适用于下列场合：

1 自然条件恶劣、无人值守的场所；

2 供电条件比较恶劣，需要低功耗控制器的场所；

3 功能简单、监控点数少的场所。

4 基本过程控制系统(BPCS)

4.1 一般规定

4.1.1 系统的可用性应满足工艺过程要求。

4.1.2 系统应具有良好的安全性。

4.1.3 系统应选用开放式结构，软硬件应模块化。

4.2 服务器

4.2.1 服务器应具有下列主要功能：

1 数据采集：负责与I/O采集设备(控制器或其他外围智能设备)进行通信，完成实时数据采集、控制、整定和工程值转换，可对数据采集方式和轮询时间进行设定。

2 数据服务：对采集的实时I/O数据进行数据库存储，并应为系统的各种数据请求提供数据源服务。

3 报警：根据报警组态自动产生并记录报警。

4 事件：记录系统、操作及各类动作触发的事件。

5 报表及打印：根据组态自动或人工触发报表并输出。

6 历史数据记录：根据组态按一种或几种速率将实时数据保存在历史数据库中。

7　历史归档：系统自动或手动将数据归档备份，需要时能从外部存储中恢复数据。

8　网络通信管理：向下对控制网进行管理，调度服务器与各控制器和智能设备间的通信，处理各种接口及通信协议转换；可管理与操作员站、工程师站、远程工作站、外部服务器等的通信。

9　安全管理：根据设置和设定的安全策略校核数据及服务请求，允许合法用户的访问，禁止非法用户的请求。

4.2.2　服务器应根据系统规模、I/O吞吐量、数据响应设置。服务器应根据系统的可用性和实际需要采取单机、冗余或按集群方式配置。

4.2.3　服务器硬件应选用商用产品，操作系统软件应采用商用开放平台。

4.2.4　满负荷应用条件下服务器应符合下列规定：

1　CPU使用率除系统或程序启动外不应大于40%；

2　内存使用率不应大于50%；

3　网络占用率不应大于60%。

4.2.5　服务器应采用冗余热拔插硬盘和电源。

4.2.6　小型系统服务器可与操作员工作站合二为一。

4.3　操作员工作站

4.3.1　操作员工作站应能与服务器通信，并应具有显示、操作、报警和打印功能，可作为BPCS、SIS和FGS等子系统的统一人机界面。

4.3.2　操作员工作站配置应符合下列规定：

1　操作员工作站可按权限和操作区域配置；

2　重要单元宜配置专用操作员工作站；

3　多台操作员站间应互为备用；

4　无人值守站场不宜设操作员工作站。

4.3.3　可根据需要设置无线或移动操作员站，此类操作员站应以监视和信息传送为生，不应具有操作和控制功能。

4.4　工程师工作站

4.4.1　工程师工作站应执行系统及设备的组态/编程(离线、在线)、调试、修改、测试、装载等功能，可进行系统管理。

4.4.2　工程师工作站与控制器连接宜通过控制网。

4.4.3　工程师工作站的配置应符合下列规定：

1　工程师工作站应根据系统的需要配置；

2　中央控制室/调度控制中心应配置工程师工作站；

3　数量多、分布地域广的站场宜配置便携式工程师工作站。

4.5　过程控制单元

4.5.1　控制器应能满足过程控制的要求，并应具有下列功能：

1　扫描和更新I/O数据；

2　连续控制；

3　批量及顺序控制；

4 逻辑和运算;

5 延时、计数和定时;

6 报警和系统诊断;

7 时钟同步;

8 接口通信。

4.5.2 控制器可为事件、报警和数据附加时间标签。

4.5.3 控制器负荷不应大于70%。

4.5.4 重要站场(厂)的控制器、通信接口及电源应1∶1冗余配置。应根据系统的可用性和实际需要确定I/O模板的冗余配置。

4.5.5 各类I/O模板的技术规格应与现场信号源和负载匹配。

4.5.6 I/O模板通道数量应符合下列规定:

1 模拟量输入模板不应多于16通道;

2 模拟量输出模板不应多于8通道;

3 热电阻、热电偶和脉冲量输入模板不应多于8通道;

4 数字量输入、数字量输出模板不应多于32通道。

4.5.7 信号应根据I/O信号类型、电源、电压等级、干扰和接地情况进行隔离,并应符合下列规定:

1 模拟输入模板通道与系统间应隔离;

2 有源模拟量输入信号应采用差分/双端输入和通道隔离;

3 接地不良的模拟量输入信号应采用差分/双端输入和通道隔离;

4 由强电磁干扰场合来的模拟量输入信号宜采用差分/双端输入和通道隔离;

5 模拟输出模板通道间、通道与系统间应隔离;

6 数字量输入模板应优先采用光电隔离,数字量输出模板应采用光电隔离或继电器隔离;

7 电压超过36 V的数字量输入/输出信号宜采用继电器隔离;

8 由强电磁干扰场合来的数字量输入/输出信号宜采用继电器隔离。

4.5.8 I/O点的备用量应符合下列规定:

1 各类I/O点的备用量应为实际I/O点数的10%~30%;

2 I/O卡件槽(位)的备用空间应为实际使用卡件槽(位)的10%~30%。

4.5.9 所有I/O模板可远程组态,组态信息应记录。

4.5.10 I/O模板宜能在线热拔插。

4.5.11 I/O模板关联设备的配置应符合下列规定:

1 转换器或隔离器应根据信号源与I/O模板连接的需要设置;

2 本质安全回路应设置安全栅或采用具有本质安全认证的隔离I/O模板;

3 SPD的设置应符合本规范第8.3节的要求。

4.5.12 距控制室较远的检测点,宜采用远程I/O单元或远程控制站。

4.6 网络与通信

4.6.1 计算机控制系统应支持标准的通信协议,且宜支持多种控制器。

4.6.2 系统的通信接口应根据需要配置串行和并行通信接口、远程I/O通信接口、以太网(Ethernet)、DCS/PLC/RTU接口、视频接口等。

4.6.3 通信网络的负荷不应超过60%。

4.6.4 根据当地气候特点和供电情况,通信网络应采取必要的防雷及防电涌保护措施。

4.6.5 现场网络接口宜采用串行或以太网接口。

4.6.6 I/O 网络配置应符合下列规定:

1 I/O 网络宜冗余或环路配置;

2 远程 I/O 网络应冗余或环路配置;

3 远程 I/O 网络通信介质宜采用光纤。

4.6.7 控制网络宜采用工业以太网。控制网络应符合下列规定:

1 控制网络宜冗余或环路配置;

2 远程控制网络通信介质宜采用光纤,可采用公网、无线、卫星等。

4.6.8 监控网络宜采用工业以太网。大型或安全性要求高的系统,监控网络和控制网络宜分开设置。监控网络应符合下列规定:

1 中型系统监控网络宜冗余或环路配置;

2 大型系统或安全性要求高的系统,监控网络应冗余或环路配置;

3 远程监控网络应冗余或环路配置;

4 对移动操作员站应采取防止误操作、病毒、非法入侵等安全措施。

4.6.9 信息网络与计算机控制系统网络之间的连接应设置必要的隔离设备。

4.7 辅助操作设备

4.7.1 操作需要时可设置辅助操作台(盘)。

4.7.2 现场控制盘可设置触摸屏或操作面板。

4.8 外围设备

4.8.1 BPCS 宜配置报警打印机和报表打印机,并可配置屏幕拷贝打印机。

4.8.2 操作员工作站和工程师工作站可配置专用键盘。

4.8.3 除键盘外,所有外围设备及接口应采用通用产品。

4.8.4 机架安装的冗余服务器宜通过 KVM 切换器共享键盘、鼠标和显示器。

5 安全仪表系统(SIS)和火气系统(FGS)

5.1 一般规定

5.1.1 安全仪表系统的具体要求应符合现行国家标准《石油化工安全仪表系统设计规范》GB/T 50770 的有关规定。

5.1.2 安全仪表系统和火气系统设计应满足可靠性、可用性、可维护性、可追溯性和经济性要求。

5.1.3 安全仪表系统和火气系统的构成应使中间环节最少。

5.1.4 安全仪表系统和火气系统应通过硬线与现场仪表和设备连接。

5.1.5 安全仪表系统和火气系统应具有系统硬件和软件自诊断功能。

5.1.6 最终执行元件应由安全逻辑控制,不应手动干预安全逻辑的运行。

5.1.7 安全仪表系统和火气系统应设置 SOE。

5.1.8 超驰期间应符合下列操作防护规定:

1 超驰不应屏蔽信号的报警功能;

2 超驰状态应报警,报警宜每隔 2 h 重复一次;

3 超驰时间应限定,不宜超过 8 h;

4 传感器被超驰期间,应有备用手段或措施触发该传感器对应的最终执行元件;

5 BPCS 故障不应影响超驰功能;

6 应设置“超驰允许”开关,转到“正常”状态可解除所有超驰。

5.2 安全仪表系统(SIS)

5.2.1 应根据确定的安全仪表完整性等级进行安全仪表系统配置。

5.2.2 安全仪表系统可实现一个或多个安全仪表功能,多个安全仪表功能可使用同一个安全仪表系统。当多个安全仪表功能在同一个安全仪表系统内实现时,系统内的共用部分应符合各功能中最高安全完整性等级要求。

5.2.3 SIL1 级 SIS 系统控制器宜独立,SIL2 级、SIL3 级 SIS 系统控制器应独立。

5.2.4 安全仪表系统的控制器、通信网络及供电电源宜冗余。

5.2.5 安全仪表系统的控制器、I/O 模板、电源及内部通信网络应具有相应的 SIL 认证。

5.2.6 安全仪表逻辑重启前应先复位。

5.2.7 安全仪表功能宜局限在本地,不宜使用远程停车控制。

5.2.8 在过程测控点较少且安全完整性等级小于或等于 SIL2 级的场合,可使用一套 SIS 控制器完成 BPCS 和 SIS 系统功能。

5.3 紧急停车(ESD)功能

5.3.1 ESD 功能回路应为故障安全型。

5.3.2 ESD 应根据故障的性质和工艺要求分级,高级别应自动触发低级别停车。

5.3.3 ESD 不应采用串级停车逻辑。

5.3.4 关断执行后,相关联的非 SIS 设备宜连锁动作到安全位置。

5.3.5 除紧急停车按钮输入外,所有可触发停车的输入信号应设置维护超驰开关,输出信号不应设置。

5.3.6 影响工艺过程启动的输入信号应设置操作超驰开关,应根据工艺要求设置操作超驰延时时间,工艺过程正常或延时结束后,应自动解除操作超驰。

5.4 火气系统(FGS)

5.4.1 安全仪表系统与火气系统宜分开设置。

5.4.2 在安全仪表系统和火气系统点数较少时,两个系统可合用一套控制器,I/O 模板应分开,FGS 逻辑和 ESD 逻辑应分开。

5.4.3 当火气系统与安全仪表系统完全独立时,两者之间的信号应通过硬线连接。

5.4.4 探测器报警和火气逻辑重启前应先手动复位。

5.4.5 除手动报警按钮输入外,所有输入信号宜设置维护超驰开关,输出信号不应设置。

5.5 通信接口

5.5.1 安全仪表系统、火气系统与基本过程控制系统间通信接口和网络应冗余。

5.5.2 安全仪表系统和火气系统的通信负荷不应超过 50%。

5.6 辅助操作设备

5.6.1 辅助操作设备应包括硬手操盘和(或)模拟显示盘(屏),安全仪表系统应配置硬手操盘;

火气系统宜设置硬手操盘,可设置模拟显示盘(屏)。

5.6.2 硬手操盘和模拟显示盘(屏)可独立设置,或与 BPCS 辅助操作台(盘)合并设置。

5.6.3 硬手操盘和模拟显示盘(屏)应通过硬接线与 SIS 和(或)FGS 连接。

5.6.4 硬手操盘应符合下列规定:

1 按钮应有防误触发保护;

2 ESD 和火灾、气体触发按钮应为红色带锁定按钮,相应指示灯应为红色;

3 复位按钮应为黑色;

4 维护超驰和操作超驰允许钥匙开关应为黄色,对应指示灯为黄色;

5 运行和正常指示灯为绿色,故障指示灯为红色;

6 硬手操盘应设置指示灯测试按钮,按钮为白色。

5.6.5 模拟显示盘(屏)应符合下列规定:

1 火灾、ESD 公共报警指示灯为红色;

2 气体泄漏公共报警指示灯为黄色;

3 消防释放阀释放和工厂健康状态指示灯为绿色;

4 测试按钮为白色。

6 系统软件及功能

6.1 基本配置和功能

6.1.1 计算机控制系统应配置操作系统软件、监视控制软件、组态和编程软件、诊断和管理软件,根据需要可配置高级应用软件。

6.1.2 操作系统软件应符合下列规定:

1 系统应支持分布式网络,宜支持冗余结构;

2 应支持多种计算机硬件和网络接口;

3 应支持实时多任务。

6.1.3 监视控制软件应具有下列功能:

1 实时数据采集和处理;

2 过程控制;

3 人机界面(HMI);

4 多种常规控制器的通信协议和 OPC、DDE 等通用通信协议;

5 诊断;

6 多种编程语言;

7 历史数据记录、管理及报表。

6.1.4 组态和编程软件应具有下列功能:

1 监视控制软件组态、编程;

2 控制器组态、编程;

3 在线或离线调试、修改、测试、装载;

4 显示画面组态;

5 报表组态;

6 通信和外部接口组态;

7　系统管理；

8　软件版本管理。

6.1.5　诊断和管理软件应具有下列功能：

1　监视和诊断系统通信链路的工作状态，统计通信成功及失败次数，通信失败报警；

2　监视和诊断控制器、输入/输出(I/O)模板及输入/输出(I/O)网络的运行状态和故障报警、输入/输出(I/O)诊断到具体板卡和通道；

3　冗余设备在线自诊断、故障报警、无差错切换；

4　计算机硬件、软件故障自诊断及报警。

6.1.6　应用软件的配置宜符合下列规定：

1　可配置批量跟踪、计量管理、泄漏监测、模拟培训等工程应用软件；

2　可配置压缩机、机泵等大型设备的应用管理软件；

3　可配置智能仪表设备管理系统。

6.2　人机界面

6.2.1　人机界面软件(HMI)应具有图形显示、操作功能，支持简体中文，支持多窗口及多屏显示。

6.2.2　生产运行操作画面宜包括菜单、动态流程图、测控点详细画面、数据总貌、组显示、趋势图、报警画面、记录显示、通信统计画面等。

6.2.3　SIS 和 FGS 系统应设独立画面。

6.2.4　系统维护画面可进行整个系统的诊断和维护。

6.3　数据管理

6.3.1　数据库管理应具有下列功能：

1　在线和离线编辑、维护、查找、修改、链接；

2　数据库离线管理；

3　支持标准高级语言编写的程序访问数据库；

4　记录数据库修改。

6.3.2　实时数据及历史数据应符合下列规定：

1　实时采集数据应包括瞬时值、平均值、报警和事件；

2　实时数据应根据“先进先出”的原则在实时数据库中存储，存储时间应根据数据类型确定，超出部分应存入历史数据库；

3　历史数据的在线存储时间应根据用户要求确定；

4　实时数据和历史数据不同步时，应有相应的数据重建和修复手段。

6.4　报警和事件

6.4.1　系统应存储所有报警、报警确认、事件和信息。

6.4.2　系统宜对报警分级、分区、分组，自动记录报警信息和时间顺序，不同级别报警的颜色和行为应有区别。

6.4.3　报警信息应能以多种方式发布。

6.4.4　报警应具备确认功能。确认和未确认报警应有颜色或行为区别。对长时间已确认但未恢复正常的报警应定时重复报警。

6.4.5 系统宜设置报警频率统计功能。

6.4.6 报警宜包括下列类型：

1 模拟信号超出高、低限值；

2 模拟输入信号变化率超出限定值；

3 无理值报警；

4 数字信号报警；

5 信号短路、开路、接地故障等诊断报警；

6 超驰报警；

7 输入/输出强制报警；

8 硬件、通信及系统故障报警。

6.4.7 SOE应根据报警发生的先后顺序进行排序。首出报警应显示在报警汇总的最前面，以不同的颜色或行为突出显示。

6.5 报告和报表

6.5.1 系统应提供生产运行报表、事件报表、报警报表、安全系统相关报告、自定义报告。

6.5.2 报表宜使用通用电子表格软件。

6.5.3 报告和报表应能在线预览，历史报告和报表应能在线、离线存储和索引。

6.6 系统安全

6.6.1 控制系统安全应采取下列措施：

1 控制系统应采用身份认证；

2 与管理网络间接口应采取安全措施；

3 无线数据传输宜加密；

4 通过公网传输的内容宜加密；

5 系统未使用的输入输出端口应禁止或封闭。

6.6.2 操作安全应采取下列措施：

1 操作员应定义不同的级别和权限；

2 登录宜有“空闲自动退出”机制；

3 操作宜增加确认环节；

4 操作应有记录。

6.6.3 控制安全及容错应采取下列措施：

1 控制模块的输出宜预设安全输出位置；

2 系统宜设置命令未完成报警和保护；

3 调节回路输出应自动跟踪、无扰切换；

4 无理值应钳位。

7 控制盘和机柜

7.0.1 盘、柜的材质宜为金属。

7.0.2 盘、柜尺寸不宜大于1000 mm×800 mm×2000 mm(宽×深×高)。

7.0.3 颜色应按照标准色标选择。盘和柜内、外宜喷漆。

7.0.4　盘、柜内配线应采用铜芯软导线，信号线线径不应小于 0.5 mm^2，电源线线径不应小于 2.5 mm^2。盘、柜内配线颜色宜按表 7.0.4 选择。

表 7.0.4　配线颜色

电缆类型		+ve/相		-ve/中	
电源	(AC)	褐色	(BR)	蓝色	(BL)
电源	(DC)	红色	(RE)	黑色	(BK)
模拟信号	(IS)	蓝色	(BL)	蓝色	(BL)
模拟信号	(Non-IS)	白色	(WH)	黑色	(BK)
数字信号	(IS)	蓝色	(BL)	蓝色	(BL)
数字信号	(Non-IS)	白色	(WH)	黑色	(BK)
保护地		绿/黄	(GN/YL)	—	
工作地		绿色	(GN)	—	
本安地		蓝色	(BL)	—	
注：AC 表示交流，DC 表示直流，IS 表示本安仪表信号，Non-IS 表示非本安仪表信号。					

7.0.5　对于每一台单体设备供电应设一个电源回路，对于 24 V 直流和 220 V 交流的电源回路均要设断路器或熔断器，应符合下列规定：

1　对于 220 V 交流的电源回路，应选择双极断路器；

2　对于 24 V 直流的电源回路，应选择双极断路器或者熔断器。

7.0.6　设有 SPD 时，外部信号、通信、电源电缆进出机、柜宜先接到 SPD 端子上。

7.0.7　电缆芯端头和盘内每根导线两端均应有标记。

7.0.8　36 V 以上的端子应有可拆卸的透明绝缘保护盖板，并贴有带电压等级的高压标识。

7.0.9　本安端子要有标识，电缆、接线和汇线槽应为蓝色。

7.0.10　汇线槽填充系数不宜大于 60%。

7.0.11　柜内空间、端子数量应有 20%的余量。

7.0.12　标牌应标注位号、制造商、尺寸、重量、防爆、防护、制造日期等。

7.0.13　前面板和盘内安装的设备下部均应有标志框。

7.0.14　排气扇应设置过滤网，顶装或后开门上安装。

7.0.15　照明灯照度不应低于 300 lx，应配置门控开关。

7.0.16　盘、柜接地应符合本规范第 8.3 节的规定。

7.0.17　就地控制盘应符合下列规定：

1　应满足所在区域的防爆要求；

2　应满足所在区域的防护等级要求；

3　应满足所在区域的工作温度、湿度要求；

4　控制盘尺寸应根据进线和现场空间确定。盘内空间、端子数量应留有 10%的余量。

8 电气设计

8.1 供电

8.1.1 计算机控制系统应由专用的配电回路供电。交流供电电压宜为 220 V,直流供电电压宜为 24 V。

8.1.2 RTU 可采用多种供电方式。

8.1.3 控制系统供电宜选用在线式不间断电源装置(UPS)。

8.2 电缆敷设

8.2.1 电缆桥架架空进线时应下坡向室外。

8.2.2 电缆沟进线时,室内沟底标高应高出室外沟底至少 0.3 m。

8.2.3 电缆进入控制室穿墙处应密封处理。

8.2.4 信号电缆与电力电源电缆应分开敷设,不可避免时应采取隔离措施。

8.2.5 电缆在桥架、电缆沟或室内敷设时,应按信号类型或电缆种类捆扎,成束敷设。

8.3 防雷及接地

8.3.1 计算机控制系统的防雷措施应符合现行国家标准《建筑物防雷设计规范》GB 50057、《建筑物电子信息系统防雷技术规范》GB 50343 的有关规定,控制室和机柜间的防静电措施应符合《电子工程防静电设计规范》GB 50611 的有关规定。

8.3.2 计算机控制系统的防雷措施应与供配电系统的防雷措施配合。

8.3.3 电涌保护器的选择应符合下列规定:

1 交流电源的 SPD 宜采用组合型 SPD,电压保护水平不应大于 1.5 kV;同一线路上的 SPD 应进行能量配合。

2 仪表信号选用的 SPD 应有较小电压保护水平值,其标称放电电流不应小于 5 kA(8/20 μs)。

3 SPD 应设置在被保护设备端,宜采用接地连接线最短的接线方式。

4 SPD 接地端应接入保护接地。

8.3.4 计算机控制系统的工作接地、保护接地、防雷接地、防静电接地宜共用接地系统。接地电阻不宜大于 4 Ω,接地连接线电阻不应大于 1 Ω。

8.3.5 信号回路接地和本安系统接地应接入工作接地。

8.3.6 齐纳式安全栅应接入工作接地,隔离式安全栅可不接地。

8.3.7 屏蔽层应保证可靠的电气连接。单层屏蔽电缆的屏蔽层或双层屏蔽电缆的内屏蔽层或铠装双层屏蔽电缆的内、外屏蔽层应单点接入工作地,宜在控制室的一侧接地。非铠装双层屏蔽电缆的外屏蔽层、电缆铠装金属层应至少在两端接入保护地。

8.3.8 无屏蔽层的多芯电缆,其备用线芯应接入工作接地;对屏蔽层已接地电缆、穿钢管保护电缆、在金属电缆槽中敷设的电缆,其备用线芯可不接地。

8.3.9 设备金属外壳、金属构架、仪表电缆槽体、电缆保护管等均应可靠接地。

8.3.10 控制室和机柜间内活动地板、工作台的防静电接地应接入保护接地。

8.3.11 工作接地、保护接地应分别接入共用接地系统,不应串联或混接后接地。

8.3.12 保护接地与共用接地系统的连接不应少于 2 处,接地连接线应为不同路径走向。

9 控制室

9.1 布局

9.1.1 控制室的设置应根据计算机控制系统的规模而定。规模较小的系统可设置一个控制室,规模较大的系统控制室宜包括操作室、机柜室、工程师室、不间断电源(UPS)室等。

9.1.2 房间的位置应符合下列规定:

1 操作室、机柜室和工程师室宜相邻布置;

2 操作室、机柜室和工程师室不宜与空调机室相邻,不可避免时应采取减振和隔声措施;

3 机柜室宜与UPS室相邻。

9.1.3 操作室和机柜室面积宜符合下列规定:

1 操作室内设备外缘距墙/柱不宜小于1.2 m,进深不宜小于6 m;

2 操作室有大屏幕时,操作台背面距大屏幕不宜小于3 m;

3 多排操作台之间净距离不宜小于2.5 m;

4 操作台可按直线、折线或弧线布置;

5 机柜室内成排机柜间距不宜小于1.5 m;

6 机柜正面净空不宜小于1.2 m,侧面净空不宜小于0.8 m;后开门机柜柜后净空不宜小于1.0 m;如柜后(侧)无辅助操作设备,且不需要后开门的机柜可直接靠墙安装。

9.1.4 工程师室的面积应按设备尺寸及维修的需要确定。

9.2 建筑要求

9.2.1 控制室建筑设计应符合现行国家标准《建筑设计防火规范》GB 50016的有关规定。

9.2.2 控制室宜吊顶。

9.2.3 操作室吊顶距地面净高不宜小于3.0 m,机柜室吊顶距地面净高不宜小于2.8 m。

9.2.4 控制室地面应符合下列规定:

1 控制室地面宜采用不易起灰尘的防滑防静电建筑材料,也可采用防静电活动地板。

2 大、中型机柜室宜采用防静电活动地板,活动地板下方的基础地面宜为水泥或水磨石地面。活动地板平均负荷不应小于5000 N/m^2,水平度应为±2 mm。

3 控制室基础地面应高出室外地面0.3 m,当控制室位于有毒气体场所和/或爆炸危险场所(可燃气体或可燃蒸气相对密度大于0.75时),室内基础地面应高出室外地面0.6 m。

9.2.5 控制室墙面应符合下列规定:

1 控制室墙面应平整、光滑、不起灰;

2 使用的涂料、油漆不应反光,色调以浅色为宜;

3 必要时墙面应有吸声措施。

9.2.6 控制室门应符合下列规定:

1 大、中型控制室宜采用非燃烧型双向弹簧门,门宽应保证设备进出;

2 操作室与机柜室、工程师室之间应有方便的通道,与休息室、办公室相邻时,中间不宜开门;

3 长度大于12 m或面积大于100 m^2 的控制室应设置两个或两个以上的门。

9.2.7 控制室窗应符合下列规定:

1 采用空调或正压通风的控制室,宜装密闭固定窗或双层密封窗;

2 操作室、机柜室朝向爆炸危险装置的一侧不应开窗,沙漠地区的控制室宜装密闭固定窗或双层密封窗。

9.3 采光与照明

9.3.1 控制室宜照明采光。自然采光时应有遮阳措施,避免出现眩光。

9.3.2 人工照明的照度标准,距地面 0.75 m 平面上的照度应符合下列规定:

1 一般控制室应为 300 lx;

2 中央控制室应为 500 lx;

3 机柜室应为 500 lx;

4 一般区域应为 300 lx;

5 室外通道及设备检查等不经常到的区域应为 50 lx～100 lx,照度相差不应超过 3 倍。

9.3.3 控制室应设事故照明系统,照度应为 30 lx～50 lx。

9.3.4 灯具配置除满足照度要求外,还应光线柔和、无眩光。

9.4 暖通

9.4.1 控制室的环境条件应符合下列规定:

1 控制室功能性房间温度宜控制在冬季 20 ℃+2 ℃,夏季 26 ℃+2 ℃,温度变化率宜小于 5 ℃/h;

2 相对湿度宜保持在 30%～60%,且不应结露;

3 空气净化度应控制在尘埃少于 0.2 mg/m^3(粒径小于 10 μm),H_2S 小于 0.01 mg/m^3,SO_2 小于 0.1 mg/m^3,Cl_2 小于 0.01 mg/m^3。

9.4.2 控制室功能性房间与辅助房间的通风空调应分开设置。

9.4.3 中央控制室空调气流组织应符合下列规定:

1 操作区气流组织宜上送下回;

2 机柜区气流组织宜下送上回;

3 气流组织采用其他形式时,应避免短路和循环不良。

9.4.4 空调系统主要设备宜设置备用主机。

9.4.5 控制室可设壁挂式或柜式空调器。

9.4.6 供暖宜采用空气调节装置。当采用水暖或蒸汽供热时,管道应采用焊接连接。在机柜和操作台 1 m 范围内不应设置采暖设施。

9.5 安全措施

9.5.1 可燃(有毒)气体和液体的引压、取源管路不应引入控制室内。

9.5.2 控制室内可能出现可燃(有毒)气体时,应设置可燃气体检测报警器、有毒气体检测报警器。

9.5.3 控制室火灾自动报警系统的设置应符合现行国家标准《火灾自动报警系统设计规范》GB 50116 和《石油天然气工程设计防火规范》GB 50183 的有关规定。

9.5.4 控制室内应设置相应的消防设施。

9.5.5 控制室的通信可按需要配备生产、行政、调度、消防电话、控制系统和生产管理系统所需的网络接口设备、全站广播系统等。

9.5.6 控制室的室内装修应采用非燃烧材料或难燃烧材料。

附 录 A
油气田计算机控制系统设计要求

A.1 一般规定

A.1.1 油气田计算机控制系统应实现井场、站(厂)、集输管道等基本生产单元的生产过程数据采集和监控。

A.1.2 油气田工艺装置位置相对集中的站(厂),宜采用 DCS 或 PLC 系统。

A.1.3 油气田井场、计量间、注配间、集油阀组间,阀室、单井集气站等工艺流程简单的站场,生产数据采集控制宜采用 RTU。

A.1.4 油气田站场 BPCS 与第三方控制设备、智能仪表通信时,应采用标准通信协议。

A.1.5 油气田站场监控系统应预留上传数据的以太网通信接口。

A.1.6 油气田计算机控制系统防雷及接地应符合本规范 8.3 节的规定。

A.1.7 沙漠油田计算机控制系统应适应环境特点和工艺生产处理规模的要求,实现井场、计量站(集油阀组间)、集气站等工艺过程相对简单的站场无人值守,定期巡检。

A.2 油气田 SCADA 系统

A.2.1 油气田 SCADA 系统应符合下列规定:

1 油气田 SCADA 系统应对油气田站场工艺生产过程和管道进行统一调度及优化管理,为生产决策、地下开发优化提供基础数据。

2 油气田 SCADA 系统宜由中心监控系统、站(厂)监控系统、远程数据采集单元、网络传输设备等构成。

A.2.2 系统配置及功能应符合下列规定:

1 系统硬件配置应符合下列规定:

1) 宜配置实时服务器、历史服务器、Web 服务器、操作员工作站、工程师工作站、外部存贮设备、网络设备和打印机;

2) 应设置实时数据服务器、历史数据服务器,宜采用客户机/服务器(C/S 或 B/S)结构,可根据需要配置 Web 服务器;

3) 实时数据服务器和历史数据服务器宜合并设置,根据可利用率需要可冗余配置,电源、网络应冗余配置;

4) 工程师工作站宜独立配置,操作员工作站数量应根据生产管理需要进行配置;

5) 报表打印机、报警打印机可分开设置。

2 系统软件配置应符合下列规定:

1) 应配置操作系统软件、SCADA 系统软件、数据库管理软件和高级应用软件;

2) 操作系统宜采用 Windows 平台,应支持中文显示和输入;

3) 高级应用软件应以生产管理、安全管理、优化分析为主。

3 SCADA 系统宜具有下列主要功能:

1) 采集和处理各井场、站(厂)的主要工艺生产数据;

2) 监视各井场、站(厂)的可燃(有毒)气体、火灾报警;

3） 监视各站(厂)的关键设备和配电系统状态；
4） 工艺流程的动态显示；
5） 报警显示、管理及事件的查询、打印；
6） 实时数据和历史数据的采集、归档、管理以及趋势图显示；
7） 储库的储量预测和计划；
8） 管道泄漏监测；
9） 系统诊断和网络监视及管理；
10） 时钟同步；
11） 为油田其他信息管理系统提供基础数据。

A.3 油气田站场监控系统

A.3.1 油气田站场监控系统应符合下列规定：

1 油气田集中处理站、天然气净化厂(处理厂)等工艺过程较复杂的站(厂)，宜设置相对独立的 BPCS、SIS 和 FGS；BPCS 软硬件宜采用 DCS。

2 油气田工艺过程相对简单，调节回路较少，对安全可靠性没有特殊要求的站(厂)宜设置 BPCS，BPCS 控制器宜采用 PLC。

3 气田集气站工艺生产过程控制宜采用 PLC，紧急停车系统如果点数较少时，宜采用由继电器等元件组成的逻辑控制回路，并辅以手动硬操作按钮实现。

4 工艺处理功能单一的油气田站场应设置 RTU，根据生产管理需要可就地设置触摸屏或操作面板。

5 SIS 和 FGS 的设计应符合本规范第 5 章的规定。

6 油气田火灾及可燃(有毒)气体报警系统设计应符合下列规定：

1） 油气田火灾探测报警系统和消防联动控制系统的设置应符合现行国家标准《石油天然气工程设计防火规范》GB 50183 及《石油化工企业设计防火规范》GB 50160 的有关规定；
2） 气体检测点数较少时，可采用盘装模拟仪表，报警输出应上传到 BPCS 系统；
3） 气体检测点数较多时，可采用独立的数据采集装置或与 BPCS 系统合并设置，但 I/O 卡件应独立设置，并配备便携式可燃(毒性)气体报警器；
4） 气体检测系统和火灾检测报警系统可合并设置，构成相对独立的火气系统；
5） 应设置与站(厂)BPCS 系统的通信接口；
6） 应采用经过公安部消防产品合格评定中心(CCCF)认证的火灾报警设备。

A.3.2 系统软、硬件配置应符合下列规定：

1 软件配置见本规范第 6 章。

2 BPCS 硬件配置应符合下列规定：

1） 工艺生产过程相对简单，对计算机控制系统可利用率要求不高的独立站(厂)宜设置 1 台操作站(兼工程师工作站)，并宜设置 1 台报表兼报警打印机；
2） 工艺过程复杂或含有多个工艺处理单元的站(厂)宜设置 1 台工程师工作站，根据操作管理需求可设置多台操作员工作站，报表打印机和报警打印机宜分开设置；
3） 集中处理站、天然气净化厂(处理厂)或对安全可靠性要求较高的站(厂)，BPCS 的控制单元、电源、网络应冗余配置；重要控制回路的 I/O 宜冗余配置。其他站(厂)

BPCS硬件的冗余设置应简单优化；

4） 集中处理站、天然气净化厂(处理厂)等站(厂)应根据操作管理需求，设置实时数据服务器和历史数据服务器；

5） BPCS的设计应符合本规范第4章的规定。

A.3.3 站场控制系统功能宜符合下列规定：

1 站(厂)控制系统宜具有下列基本功能：

1） 采集和处理站(厂)及所辖井场的工艺生产数据；

2） 实时监控工艺生产过程和关键设备运行状态；

3） 可燃(有毒)气体、火灾报警和安全状况监视；

4） 工艺流程参数实时显示、报警、管理及事件的查询、打印；

5） 实时和历史数据的采集、存储、管理以及趋势图显示；

6） PID控制、批量控制、顺序逻辑控制；

7） ESD功能；

8） 第三方设备监控和运行管理；

9） 预留通信接口，实现数据共享和数据集成；

10） 向上一级控制系统上传数据、报警信息并接收和执行其下达的指令。

2 采用远程终端单元(RTU)的站场可具有下列功能：

1） 采集站场工艺生产数据；

2） 自动选井控制，单井产量计量；

3） 机采油井远程启停控制；

4） 计量间恒温掺水控制，注配间恒压恒流控制；

5） 为上一级站场计算机控制系统提供有关数据并接受其下达的指令。

A.4 油气田站场控制室

A.4.1 油气田新建站(厂)控制室的设计，应预留机柜和操作台的位置；工艺处理功能单一没有扩建可能的站场可不预留位置。

A.4.2 采用分岗控制的站场可设功能合一的控制室，不宜单独设机柜室和操作室。控制室可隔断为机柜室和操作室。

A.4.3 当控制室设置多套自控系统或电视监控系统时，操作台宜统一布置，规格、颜色应统一。

A.4.4 控制室的设计应符合本规范第9章的规定。

附 录 B
输油气管道 SCADA 系统设计要求

B.1 一般规定

B.1.1 管道 SCADA 系统应对管道进行统一监控、调度和管理。

B.1.2 管道 SCADA 系统宜由主调度控制中心、备用调度控制中心的控制系统和沿线站场的控制系统、监控(监视)阀室 RTU 及通信系统组成。

B.1.3 主调度控制中心、备用调度控制中心应具有切换功能。主调度控制中心应具备下达允许和终止备用调度控制中心操作的权限。

B.1.4 调度控制中心与站场控制系统应具有操作权限的切换功能。

B.1.5 管道 SCADA 系统应保持时钟同步。

B.2 调度控制中心

B.2.1 硬件配置应符合下列规定:

1 调度控制中心的计算机控制系统应配置实时服务器、历史服务器、路由器、交换机、操作员工作站、工程师工作站、外部存储设备和网络打印机,应通过以太网相互连接。

2 调度控制中心的计算机控制系统可设置应用服务器、设备管理服务器、地理信息服务器、Web 服务器、培训工作站、背投影系统等附属功能设备。

3 服务器应采用客户机/服务器(C/S)结构,实时和历史服务器宜采用冗余配置和 UNIX 或 Windows 实时多任务操作系统。

4 服务器负荷应满足本规范第 4.2.4 条的规定。

5 SCADA 系统的局域网、路由器、交换机及网络连接应冗余配置。

6 SCADA 系统应配备工作站,工作站宜采用工业级计算机。

7 宜冗余配置外存储设备。

8 SCADA 系统局域网络与外部应用网络间应具有安全防护措施。

B.2.2 软件配置应符合下列规定:

1 计算机系统应配置操作系统软件,服务器宜采用 UNIX 操作系统,可采用 Windows 操作系统;其他计算机应采用 Windows 操作系统。

2 监控软件宜配置 SCADA 系统软件。

3 SCADA 系统宜配置数据库管理软件。

4 应根据需要配置管道高级应用软件。

B.2.3 主要功能应符合下列规定:

1 SCADA 系统调度控制中心应符合下列规定:

1) 根据不同功能配备不同的服务器,分担不同的任务;

2) 操作员工作站具备不同级别、不同区域或不同数据集合的操作权限。

2 SCADA 系统调度控制中心宜具有下列主要功能:

1) 监视各工艺站场及阀室工艺设备运行状态;

2) 工艺流程动态显示;

3） 报警显示、报警管理以及事件的查询、打印；
4） 管道全线的工艺过程控制；
5） 实时、历史数据的采集、归档、管理以及趋势图显示；
6） 报表的生成和打印；
7） 输量计划、批输计划、混油量计算、混油跟踪及处理；
8） 管道全线过程优化；
9） 管道全线安全保护；
10） 贸易结算和管理；
11） 管道泄漏检测和定位；
12） 罐区管理；
13） 清管器跟踪；
14） SCADA 系统的故障诊断和远程维护；
15） 网络和通信通道的监视及管理；
16） 系统时钟同步；
17） 在线培训、测试和维护；
18） 数据共享和数据集成。

3 局域网络应符合下列规定：
1） 调度控制中心的局域网(LAN)应满足实时、多任务、多参数的要求。应采用标准的、开放型局域网络结构。
2） 非授权的工作站不应接入，在网络设备上未投入使用的网络接口应进行“非使能”设置。
3） 局域网络应有防电涌功能。

4 SCADA 系统软件宜符合下列规定：
1） 模块化结构设计；
2） 支持客户机/服务器(C/S)结构，支持分布式服务器；
3） 支持冗余服务器和网络；
4） 支持离线组态和在线组态；
5） 具有直观、用户友好的操作界面；
6） 具有图形编辑功能；
7） 具有丰富的图形库；
8） 具有完善的安全措施；
9） 历史数据库采用标准数据库；
10） 数据库管理；
11） 报警和事件管理；
12） 报告生成及管理；
13） 根据需要编制中文操作员在线帮助；
14） 通信管理；
15） 支持标准编程语言；
16） 在操作模式下，应能调用外部或内部程序；

17） 支持世界大多数知名PLC和RTU的通信协议。

B.3 站场控制系统

B.3.1 系统配置应符合下列规定：

1 工艺过程较复杂的站场，宜设置相对独立的基本过程控制系统、安全仪表系统、火灾及可燃(有毒)气体报警系统。

2 工艺过程简单，安全仪表系统点数较少时，可按照本规范第5.2.8条设置站场控制系统。

3 基本过程控制系统宜由过程控制单元、操作员工作站、网络设备和辅助设备组成。

4 安全仪表系统应包括紧急停车系统、安全保护系统。

5 火灾及可燃气体报警系统宜包括可燃(有毒)气体检测系统、火灾自动报警系统和自动消防控制系统。

6 安全仪表系统、火灾及可燃气体报警系统可与基本过程控制系统共用操作员工作站等外围设备。

B.3.2 系统功能应符合下列规定：

1 站场控制系统宜具有下列主要功能：

1） 接受和执行调度控制中心的控制命令，进行站场控制和设定值调整，并能独立工作；

2） 过程变量的采集和数据处理；

3） 向调度控制中心传送必要的工艺过程数据和报警信息；

4） 工艺流程、动态数据显示；

5） 设备的运行状态检测；

6） 工艺参数的报警、存储、记录、打印；

7） 主要工艺过程参数的控制；

8） 故障自诊断；

9） 通信信道故障监测。

2 基本过程控制系统配置应符合下列规定：

1） 过程控制单元的控制器、I/O网络、局域网、通信接口、电源宜按冗余配置。

2） 基本过程控制系统与第三方智能仪表系统或设备之间宜采用通信接口连接。

3） 站场控制系统的电涌防护设计应满足雷电防护分区、分级确定的防雷等级要求。

3 安全仪表系统配置应符合下列规定：

1） 站场控制系统宜独立设置紧急停车系统；

2） 全线应设置安全保护系统；

3） 安全仪表系统的控制器、I/O网络、局域网、通信接口、电源宜按冗余配置。

4） 安全仪表系统的设置应满足本规范第5.2节的要求。

4 火灾及可燃气体报警系统配置应符合下列规定：

1） 可燃(有毒)气体检测系统宜设置独立的盘、柜；

2） 火灾自动报警系统可与可燃(有毒)气体检测系统合用盘、柜；

3） 自动消防控制系统宜独立设置。

5 过程控制单元硬件设置应符合下列规定：

1） 控制器应符合下列规定：

宜采用32位及以上的中央处理器(CPU);
内存不宜小于4 M;
处理能力应有40%以上的余量;
应与时钟同步;
输入和输出的模拟量和数字量均宜附加时间标签;
I/O模板应有故障自诊断功能;
模板应能带电插拔。

2) I/O模板应是多通道的,通道数量和技术要求应符合下列规定:

模拟输入模板不应多于16通道,模拟/数字转换器不应少于12位,有源输入或无源输入可任选;

当模拟输出模板为8通道时,模拟/数字转换器不应少于12位,输出信号应为4 mA～20 mA直流或1 V～5 V直流,并应具有输出隔离、短路保护和断路报警功能,带负载能力不应小于500 Ω;

热电阻输入模板不应多于8通道,应能接收三线制或四线制热电阻信号输入;

数字量输入模板不应多于16通道,应采用光电隔离,并应能承受380 V的峰值电压,且输入应与地隔离;

数字量输出模板不应多于16通道,输出应与地隔离,且应有短路保护;

通信模板的每个通信口宜接入1个通信设备或总线,应能完成不同通信协议间的转换。

3) CPU机架与I/O机架之间宜采用网络连接。

4) 24 V直流电源应冗余设置。

5) 应配带用于安装过程控制单元所有设备的安装附件。

B.3.3 系统网络及设备应符合下列规定:

1 站场控制系统的网络设备应符合下列规定:

1) 应由网络交换机、路由器及连接电缆和附件组成;
2) 通过网络设备的连接,应组成冗余工业以太网;
3) 交换机应采用工业级以太网交换机,不宜少于24端口,应采用模块化设计,并应支持单/多模光纤接口(SC/LC)或RJ45接口;
4) 路由器、交换机应支持标准的TCP/IP协议;
5) 路由器、交换机应满足站场控制系统的配置要求。

2 站场控制系统的操作员站应符合下列规定:

1) 关闭操作员站不应对过程控制单元的信号传输、运行有任何影响;
2) 操作员站的具体配置可根据具体工程确定。

3 站场控制系统的软件即置应符合下列规定:

1) 应配备完整的过程控制和检测软件、生产运行操作和数据处理软件;
2) 应配置操作员站操作系统软件、控制程序编程软件、HMI组态软件,可在需要时配置高级语言编程软件;
3) 应支持多种编程语言。

4 控制程序编程软件宜符合下列规定:

1） 编程软件应支持国际标准的语言，应具有多个PID运算模块和其他常用的功能模块，具有批量及顺序控制功能模块。

2） 编程软件可在标准中文Windows平台上运行。

B.4 阀室系统

B.4.1 监视阀室、监控阀室宜具有下列基本功能：

1 监视阀室宜设置数据信号远传设备，并宜具有下列主要功能：

1） 监视线路截断阀运行状态；

2） 为调度控制中心提供有关数据。

2 监控阀室应设置RTU，宜具有下列主要功能：

1） 过程变量的检测、控制和数据存储及处理；

2） 监控线路紧急截断阀的运行状态；

3） 逻辑控制；

4） 执行关阀命令；

5） 供电系统的监控；

6） 采集可燃气体检测信号；

7） 采集阴极保护站的相关变量(需要时)；

8） 为调度控制中心提供有关数据；

9） 接受并执行调度控制中心下达的命令。

B.4.2 监控阀室RTU的配置应符合下列规定：

1 应采用以太网接口与调度控制中心通信，应能适应现场环境条件；

2 应配置通信接口，可与第三方智能设备连接；

3 应配置与计算机连接的标准接口。

B.4.3 RTU的软件宜符合下列规定：

1 编程软件应选用开放式结构，应功能强大、灵活方便、界面友好；

2 编程软件应具备在现场通过笔记本计算机读写RTU中的相关数据、组态等功能。

本规范用词说明

1 为便于在执行本规范条文时区别对待,对要求严格程度不同的用词说明如下:

1) 表示很严格,非这样做不可的:
正面词采用“必须”,反面词采用“严禁”;

2) 表示严格,在正常情况下均应这样做的:
正面词采用“应”,反面词采用“不应”或“不得”;

3) 表示允许稍有选择,在条件许可时首先应这样做的:
正面词采用“宜”,反面词采用“不宜”;

4) 表示有选择,在一定条件下可以这样做的,采用“可”。

2 条文中指明应按其他有关标准执行的写法为:“应符合……的规定”或“应按……执行”。

引用标准名录

《建筑设计防火规范》GB 50016
《建筑物防雷设计规范》GB 50057
《火灾自动报警系统设计规范》GB 50116
《石油化工企业设计防火规范》GB 50160
《石油天然气工程设计防火规范》GB 50183
《建筑物电子信息系统防雷技术规范》GB 50343
《电子工程防静电设计规范》GB 50611
《石油化工安全仪表系统设计规范》GB/T 50770

UDC

中华人民共和国国家标准

P

GB/T 50892—2013

油气田及管道工程仪表控制系统设计规范

Code for engineering design of instrument control system for oil/gas fields and pipelines

2013-11-01 发布

2014-06-01 实施

1090 中华人民共和国住房和城乡建设部
中华人民共和国国家质量监督检验检疫总局 联合发布

中华人民共和国住房和城乡建设部公告

第207号

住房城乡建设部关于发布国家标准《油气田及管道工程仪表控制系统设计规范》的公告

现批准《油气田及管道工程仪表控制系统设计规范》为国家标准，编号为GB/T 50892—2013，自2014年6月1日起实施。

本规范由我部标准定额研究所组织中国计划出版社出版发行。

中华人民共和国住房和城乡建设部

2013年11月1日

前　　言

本规范是根据住房城乡建设部《关于印发〈2011年工程建设标准规范制订、修订计划〉的通知》(建标〔2011〕17号)的要求,由中国石化集团中原石油勘探局勘察设计研究院会同有关单位共同编制完成。

本规范在编制过程中,编制组进行了广泛调查研究,认真总结实践经验,吸收了近年来全国各油气田及管道工程方面出现的新技术、新设备,参考国内外有关标准,并广泛征求意见,完成报批稿。最后经审查定稿。

本规范共分11章和1个附录,主要内容包括:总则、术语和缩略语、基本规定、仪表控制系统设计、仪表选型、仪表安装、仪表盘/台、控制室、供电和供气、电线电缆和仪表管道管缆、接地等。

本规范由住房城乡建设部负责管理,由石油工程建设专业标准化委员会负责日常管理,由中国石化集团中原石油勘探局勘察设计研究院负责具体技术内容的解释。执行过程中如有意见或建议,请寄送中国石化集团中原石油勘探局勘察设计研究院(地址:河南省濮阳市华龙区中原东路332号,邮政编码:457001),以供今后修订时参考。

本规范主编单位、参编单位、主要起草人和主要审查人:

主 编 单 位:中国石化集团中原石油勘探局勘察设计研究院

参 编 单 位:胜利油田胜利勘察设计研究院有限公司
大庆油田工程有限公司
中国石油天然气管道工程有限公司
中国石油集团工程设计有限责任公司西南分公司

主要起草人:胡迈清　朱瑞苗　郭晓明　梅　刚　程云海　卢文达　何丽梅　王晓莉
王向阳　田京山　张德发　王怀义　于建林　张建强　连家秀　祁会芳
梅　斌　杨　婕　郭　峋　赵国敏　王美燕　张　欣　李　萍　王　琦
高志国　张　倩　刘　强　纪志军　杨春成　王　愔　王志强　杨　焜

主要审查人:高新焱　王小林　王来通　徐　晶　钟小木　冯　卫　张殿文　聂　华
王书惠　宋春红　赵文恒　王　新　李昌岑

1 总则

1.0.1 为指导和规范油气田及管道工程中仪表控制系统的设计工作,做到技术先进、经济合理、安全适用、节能环保,制定本规范。

1.0.2 本规范适用于陆上油气田和管道工程及其辅助设施的仪表控制系统设计。

1.0.3 油气田及管道工程仪表控制系统设计除应执行本规范外,尚应符合国家现行有关标准的规定。

2 术语和缩略语

2.1 术语

2.1.1

测控设备 measure and control equipment

油气田及管道工程生产、运行中,具备对各变量进行检测、显示、转换、运算、控制、执行等功能的自动化仪表、设备的总称。

2.1.2

火气系统 fire & gas system

用于监控火灾和可燃气、有毒气泄漏并具备报警和消防、保护功能的控制系统。

2.1.3

顺序控制 sequential control

按预先给定的顺序或条件对各控制阶段逐步进行控制。

2.1.4

被控对象 controlled object

接受控制的对象。

2.1.5

被控变量 controlled variable

被控对象的输出变量。

2.1.6

操纵变量 manipulated variable

主控系统的输出变量,也是被控系统的输入变量。

2.1.7

期望值 desired value

在规定条件下,控制所要求的变量值。

2.1.8

动态特性 dynamic characteristics

动态特性是指控制系统的输入变量随时间变化时,被控变量的响应特性。

2.1.9

静态特性 static characteristics

静态特性是指控制系统的输入变量不随时间变化时,被控变量的响应特性。

2.1.10

工作接地 working grounding

仪表控制系统正常工作所要求的接地。

2.1.11

接地连接电阻 grounding connection resistance

从仪表或设备的接地端子到接地极之间的导线与连接点的电阻总和,称为接地连接电阻。

2.1.12

接地电阻 grounding resistance

接地极对地电阻与接地连接电阻之和称为接地电阻。

2.1.13

控制阀 control valve

过程控制系统中由动力操纵,调节流体流量的装置,由执行机构和阀组成。

2.1.14

执行机构 actuator

将信号转换成相应运动的机构。

2.1.15

绝热 thermo insulation

隔绝、阻止热量的传递、散失、对流,使密闭区域内温度或者热量不受外界影响或外界不能够影响而保持内部自身稳定或独立发生变化的过程和作用。

2.1.16

伴热 heat tracing

为防止仪表和管道中的介质冻结,在其旁敷设加热源进行加热的措施。

2.1.17

仪表配管 piping

仪表之间或与仪表有关的管线配置。

2.1.18

取源部件 tap

在被测对象上为安装连接检测元件所设置的专用管件、引出口和连接阀门等元件。

2.1.19

配线 wiring

仪表与控制系统之间或与其有关的电缆、电线配置。

2.2 缩略语

COD ——化学需氧量(Chemical Oxygen Demand);

MTBF——无故障工作时间(Mean Time Between Failure);

PID ——比例微积分(Proportional Integral Derivative);

UPS ——不间断电源(Uninterruptible Power Supply);

SIL ——安全完整性等级(Safety Integrity Level);

SPD ——浪涌保护器(Surge Protective Device)。

3 基本规定

3.0.1 仪表控制系统设计应满足工艺要求的功能和安全性要求。

3.0.2 仪表控制系统设计应满足电磁兼容性和防电涌要求。

3.0.3 压力容器、管道上安装的测控设备及附件的公称压力等级,应满足工艺压力等级的要求。

3.0.4 测控设备及安装附件材质应满足使用环境、介质和工况要求。

3.0.5 测控设备外壳防护等级应根据使用环境条件确定,并应符合现行国家标准《外壳防护等级(IP代码)》GB 4208的有关规定。

3.0.6 电气设备的防爆类型,应根据爆炸危险类别和范围,以及爆炸混合物的级别、组别确定,并应符合现行国家标准《爆炸和火灾危险环境电力装置设计规范》GB 50058和《爆炸性气体环境用电气设备》GB 3836.1～GB 3836.17的有关规定。

3.0.7 火灾自动报警和消防联动系统设计,应符合现行国家标准《火灾自动报警系统设计规范》GB 50116和《石油天然气工程设计防火规范》GB 50183的有关规定。

3.0.8 可燃气体报警系统设计,应符合现行行业标准《石油天然气工程可燃气体检测报警系统安全技术规范》SY 6503的有关规定;有毒气体报警系统设计,应符合现行国家标准《石油化工可燃气体和有毒气体检测报警设计规范》GB 50493的有关规定。

4 仪表控制系统设计

4.1 功能设置

4.1.1 生产过程参数显示功能设置应符合下列要求:

1 需要现场观察的参数应设置就地显示功能。

2 需要实时监视的参数应设置远传显示功能。

3 影响生产安全、产品质量、生产稳定性的参数应设置就地和远传显示功能。

4.1.2 记录和/或存储功能设置应符合下列要求:

1 需要进行分析或影响产品质量的参数,应设置记录功能。

2 用于经济分析或核算的参数应设置记录功能。

3 报警宜设置记录和存储功能。

4.1.3 经济核算的流量参数应设置积算功能。

4.1.4 对工艺过程生产运行影响较大的参数,应设置自动控制功能。

4.1.5 频繁、多步、有规律操作的被控对象,宜设置顺序控制功能。

4.1.6 影响生产安全的参数,应设置报警和/或安全联锁功能。

4.1.7 经常操作的阀门、风门及其他设备,宜设置远程操作功能。

4.2 仪表控制回路

4.2.1 连续控制系统设计应符合下列要求:

1 被控变量、操纵变量及控制方式,应根据生产过程的变量性质及其相互关系、被控对象的特性和工艺要求确定。

2 被控变量的动态特性和静态特性应满足生产过程的要求。

3 控制回路应是稳定的,被控变量输出应趋近于期望值。

4 控制回路应具有手动操作功能,能实现手动/自动切换。

5 当控制回路出现故障时应自动回到或保持在安全状态。

4.2.2 连续控制方式选择应符合下列要求:

1 单回路的流量、温度、压力、液位、成分控制,宜采用PID控制。

2 被控变量受时间常数、干扰幅度、干扰频率的影响,采用单回路控制难以达到要求时,可采用串级控制。

3 两种或多种物料要求按一定比例混合时,宜采用比值控制。

4 一个设备的出料作为下一个设备的进料时,中间未设缓冲设备且前一设备操纵量的变化会引起下一设备被控量较大波动时,宜采用均匀控制。

5 下列场合宜采用分程控制:

1) 采用多个执行元件,扩大可调比的场合;

2) 不同生产负荷和启/停过程需采取不同控制方式的场合;

3) 不同阶段需采取不同控制方式的场合。

4.2.3 顺序控制系统设计应符合下列要求:

1 每个被控对象应设置单独手动控制功能。

2 每步的运行状态应显示,时间应可调。

3 每步的运行指令不能正确执行时,应进行故障提示、报警或联锁保护。

4 过程中出现保护动作指令时,应能中断自动程序并将控制输出置于预设状态。

5 自动程序中断后,应能选择任意一步程序恢复到自动状态。

6 在程序投入自动状态前,应能自动检查各设备的状态;不能满足要求时,程序应拒绝进入自动状态并报警提示。

7 应能实现手动/自动切换;手动状态时,应能实现手动单步运行操作。

4.3 信号报警系统

4.3.1 信号报警系统设计应符合下列要求:

1 信号报警、联锁及保护的设置、动作设定值及可调范围应满足工艺过程要求。

2 信号报警系统应以声、光形式表示过程参数越限和/或设备异常状态。

3 信号报警应由发讯装置、逻辑单元、灯光显示单元、音响单元、按钮及电源装置等组成。

4 信号报警系统宜采用声光报警器、分散控制系统或可编程序控制器。

5 联锁保护应设置预报警和联锁报警。

4.3.2 信号报警灯光显示单元的配置,应符合下列要求:

1 具有首出报警点和一般报警点时,应分别显示。

2 越限报警、首出报警及危急状态应采用红色灯光;预报警或非首出报警应采用黄色灯光;正常运行状态应采用绿色灯光。

3 报警顺序的不同状态应采用闪光、平光或熄灭表示。

4 灯光显示单元上应标注报警点名称和/或报警点位号。

4.3.3 信号报警音响单元的配置,应符合下列要求:

1 音响单元宜采用不同的声音或音调区分不同的报警系统或区域、报警功能及报警程度。

2 重要场合可采用语音报警器。

3 音响报警器的音量应高于背景噪声10 dB(A)。

4.3.4 信号报警按钮的配置,应符合下列要求:

1 根据报警顺序需要可设置试验按钮、消音按钮、确认按钮、复位按钮和首出复位按钮。

2 报警确认按钮应为黑色;试验按钮应为白色;其他按钮可视具体情况确定,但不应有相同颜色。

4.3.5 信号报警辅助输出应符合下列要求:

1 报警辅助输出可表示一个或一组报警点信息,并可用于远距离报警、记录或控制。

2 当辅助输出接点连至顺序事件记录仪时,报警延迟时间不应改变事件的记录顺序。

3 当辅助输出接点用于控制时,触点动作应与灯光同步。

4.3.6 计算机控制系统实现的信号报警应符合下列要求:

1 显示器显示的报警信息应包括报警级别、报警参数当前值、报警设定值、文字描述。

2 不同的报警功能或报警程度应以不同的声音或音调区分。

3 消音、确认、试验功能按钮可采用显示于屏幕的"软开关",也可采用操作键盘上的专用按键。

4 重要报警点除采用显示器显示外,尚应设置独立的灯光显示单元。灯光显示单元可安装在辅助操作台上。

4.3.7 报警顺序应符合下列要求:

1 选择报警顺序应根据工艺、操作要求及报警信号级别确定。

2 一般声光报警顺序应符合表 4.3.7-1 的规定。

3 区别首出信号的声光报警顺序应符合表 4.3.7-2 的规定。

4 区别瞬时信号的声光报警顺序应符合表 4.3.7-3 的规定。

表 4.3.7-1 一般声光报警顺序

过程状态	灯光显示	音响	备注
正常	不亮	不响	—
报警信号输入	闪光	响	—
按动确认按钮	平光	不响	—
报警信号消失	熄灭	不响	运行正常
试验按钮动作	闪光	响	试验、检查

表 4.3.7-2 区别首出信号的声光报警顺序

过程状态	首出灯光显示	其他灯光显示	音响	备注
正常	不亮	不亮	不响	—
首出信号输入	闪光	平光	响	其他信号输入
按动确认按钮	闪光	平光	不响	—
报警信号消失	熄灭	熄灭	不响	运行正常
试验按钮动作	亮	亮	响	试验、检查

表 4.3.7-3 区别瞬时信号的声光报警顺序

过程状态		灯光显示	音响	备注
正常		不亮	不响	—
报警信号输入		闪光	响	—
确认（消音）	瞬时信号	不亮	不响	—
	持续信号	平光	不响	—
报警信号消失		熄灭	不响	无报警信号输入
试验按钮动作		亮	响	试验、检查

4.4 安全仪表系统

4.4.1 安全仪表系统设计应符合下列要求：

1 安全仪表系统的设计应根据确定的安全完整性等级(SIL)设计。

2 生产过程达到触发条件时，安全仪表系统应立即动作，将生产过程带入安全状态，且该状态应保持至复位信号产生为止。

3 生产故障或危险排除后，安全逻辑重启前系统应先进行手动复位。

4 安全仪表系统应设计为故障安全型。

5 多个安全仪表回路在一套安全仪表系统内完成时，共用部分应按最高的安全等级设置。

6 其他仪表系统的功能由安全仪表系统完成时，不得干扰或危及安全仪表系统的安全功能。

7 过程控制系统出现故障时，不应影响安全仪表系统的安全功能。

4.4.2 安全仪表回路中传感器的配置应符合下列要求：

1 传感器的独立性配置应符合下列要求：

1） SIL1 级安全仪表功能回路，传感器可与过程控制系统共用；

2） SIL2 级安全仪表功能回路，传感器宜与过程控制系统分开；

3） SIL3 级安全仪表功能回路，传感器应与过程控制系统分开。

2 传感器的冗余配置应符合下列要求：

1） SIL1 级安全功能回路，可采用单一的传感器；

2） SIL2 级安全功能回路，宜采用冗余的传感器；

3） SIL3 级安全功能回路，应采用冗余的传感器。

3 冗余传感器的逻辑结构应符合下列要求：

1） 侧重系统的安全性时，应采用二选一逻辑结构；

2） 侧重系统的可用性时，应采用二选二逻辑结构；

3） 系统的安全性和可用性均需保障时，应采用三选二逻辑结构。

4.4.3 安全仪表功能回路阀门的配置应符合下列要求：

1 阀门的独立性配置应符合下列要求：

1） SIL1 级安全仪表功能回路的阀门可与过程控制系统共用，但应确保安全仪表功能回路的动作优先于过程控制系统的动作；

2） SIL2 级安全仪表功能回路的阀门宜与过程控制系统分开；

3） SIL3 级安全仪表功能回路的阀门应与过程控制系统分开。

2 阀门的冗余配置应符合下列要求：

1） SIL1 级安全仪表功能回路可采用单一阀门；

2） SIL2 级安全仪表功能回路宜采用冗余阀门，采用单一阀门时，配套的电磁阀应冗余配置；

3） SIL3 级安全仪表功能回路应采用冗余阀门，配套的电磁阀宜冗余配置；

4） 冗余的阀门，宜采用一台控制阀和一台切断阀。

3 阀门的电磁阀配置应符合下列要求：

1） 做切断用的气动控制阀、气动切断阀、气液或电液联动阀均应配备接受联锁控制信号的电磁阀；

2） 电磁阀应采用单电控型电磁阀；

3） 控制阀的电磁阀应安装在阀门定位器与执行机构之间的气动管路上；

4） 电磁阀放空口应配防堵塞装置。

4.4.4 安全仪表功能回路的逻辑单元可由继电器、可编程序电子系统构成，也可根据需要组合构成。

4.5 火气系统

4.5.1 站场消防控制系统应具有下列功能：

1 控制消防设备的启停，并显示工作状态。

2 消防泵的启停，除自动控制外还能在控制室手动直接控制。

3 接收火焰探测器、手报按钮及其他火灾探测设备的信号，显示火灾报警和故障报警的部位。

4 在报警、喷淋各阶段，具有相应的声、光报警信号，并能手动消音。

5 显示系统供电电源的状态。

4.5.2 站场建筑物火灾报警系统的设计应符合现行国家标准《火灾自动报警系统设计规范》GB 50116和《建筑设计防火规范》GB 50016 的有关规定。

4.5.3 石油天然气生产装置采用计算机控制的控制室应设置火灾报警系统。

4.5.4 可燃/有毒气体报警系统应具有下列功能：

1 可燃气体报警系统应能明确显示检测值；采用无测量值显示功能的报警器时，应将信号引入计算机控制系统或其他仪表设备进行显示。

2 接收可燃气体和/或有毒气体检(探)测器及其他报警触发部件的报警信号，应发出声光报警，并予以保持。声光报警应能手动消除，再次有报警信号输入时应能发出报警。

3 同一区域可燃气体和有毒气体报警级别优先顺序的确定应按现行国家标准《石油化工可燃气体和有毒气体检测报警设计规范》GB 50493—2009 中第 3.0.2 条的规定执行。

4 应具有报警开关量输出功能。

5 应区分和识别报警位号和/或区域。

6 应具有故障报警功能，故障报警的声、光信号应与可燃气体或有毒气体浓度报警有明显区分。

4.5.5 可燃/有毒气体报警系统设计应符合下列要求：

1 宜采用常规显示报警仪表或独立的工业程序控制器、可编程序控制器。

2 可与火灾检测报警系统合并设置。与生产过程控制系统合并设置时，输入/输出卡件应独立设置。

3 报警系统应设置在有人值守的控制室或现场操作室;有毒气体还应在现场报警。

4.5.6 可燃气体和有毒气体报警设定值应符合下列规定:

1 可燃气体的一级报警(高限)设定值不应大于25%爆炸下限,二级报警(高高限)设定值不应大于50%爆炸下限。

2 有毒气体的报警设定值不宜大于100%最高容许浓度,当试验用标准气调制困难时,报警设定值可为200%最高容许浓度以下。

4.5.7 可燃和/或有毒气体检(探)测器的设置原则应按现行国家标准《石油化工可燃气体和有毒气体检测报警设计规范》GB 50493—2009 中第3.0.1条的规定执行。

4.5.8 下列场合应设置火灾、可燃和/或有毒气体检测装置:

1 天然气、液化石油气和天然气凝液生产装置区及厂房内宜设置火灾自动报警设施,并在装置区和巡检通道及厂房出入口设置手动报警按钮。

2 浮顶油罐单罐容量不小于50000 m^3 时,应设置火灾自动报警设施。

3 天然气凝液和液化石油气罐区、天然气凝液和凝析油回收的工艺设备区内,以及其他有可燃气体存在且一旦泄漏可能超过爆炸下限的场所,应设置可燃气体检(探)测器,并宜在装置区、罐区四周设置手动报警按钮。

4 对输出功率大于1200 kW 的自动燃气燃烧装置,应设置漏气检测装置。

5 在有毒气体存在的场所,当有毒气体泄漏可能达到最高容许浓度时,应设置有毒气体检测报警装置。

6 集输含硫的酸性天然气的井场、集气站硫化氢泄漏检测仪的设置,应按国家现行标准《含硫油气田硫化氢监测与人身安全防护规程》SY/T 6277 的有关规定执行。

5 仪表选型

5.1 一般规定

5.1.1 测控仪表的种类、量程、精确度等级应根据工艺生产过程的要求及介质的特性确定。测控设备的公称压力等级应满足工艺过程设计压力要求。

5.1.2 安装在振动较大场合的仪表,应选用耐振型仪表。安装在湿热环境的仪表,应选用耐湿热型仪表。

5.1.3 腐蚀性介质的测量,应选用耐腐蚀型仪表或采取适当的隔离措施。粘性介质、高温、低温或超低温介质的测量,应采取隔离保温措施。

5.1.4 现场总线仪表应符合现行国家标准《工业通信网络 现场总线规范 第2部分:物理层规范和服务定义》GB/T 16657.2 的有关规定。

5.2 温度仪表

5.2.1 就地检测仪表的选型应符合下列要求:

1 一般工业用温度计的精确度等级应选用1.0级或1.5级;精密测量用温度计的精确度等级应选用0.25级或0.5级。

2 温度测量显示仪表的使用范围宜取仪表量程的20%~90%;正常测量值宜在仪表量程的50%左右。

3 压力式温度计测量值应在仪表范围的50%~75%。

4　测量介质温度为-80 ℃～500 ℃的仪表宜选用双金属温度计。

5　振动较小、读数方便的场合，可选用玻璃液体温度计，但不应使用玻璃水银温度计。

6　有振动、无法近距离读数、测温精确度要求不高、-80 ℃以下的介质温度测量，宜选用压力式温度计。

5.2.2　集中(远传)检测仪表的选型，应符合下列要求：

1　当温度检测信号需要远传时，宜选用现场安装的温度变送器。

2　测量介质温度为-200 ℃～650 ℃时，宜选用热电阻；测量介质温度为-200 ℃～1800 ℃时，宜选用热电偶。

3　测量设备或管道的外壁温度，宜选用表面热电阻(偶)；测量流动的含固体硬质颗粒介质温度，应选用耐磨热电阻(偶)。

4　检测元件有弯曲安装或要求快速响应以及其他必要的场合，可选用铠装热电阻(偶)。

5　热电偶测量端型式应根据响应速度的要求选用露端式、绝缘式或接壳式。

6　测量含氢量大于5%(体积)的还原性气体，温度高于870 ℃时，应选用吹气式专用热电偶或钨铼热电偶。

7　当一个测温点需要在两处同时显示温度时，可选用双支热电阻(偶)，在同一检测元件保护管中，要求多点测量时，宜选用多点热电阻(偶)。

8　热电阻的接线宜选用三线制。精密测量用热电阻的接线应选用四线制。

5.2.3　温度仪表的连接方式，应符合下列要求：

1　一般情况下，宜选用螺纹连接方式。在设备、衬里管道、非金属管道和有色金属管道上安装时，宜选用法兰连接方式。

2　用于剧毒、结晶、结疤、堵塞和易燃、易爆、强腐蚀性介质时，应选用法兰连接方式。

5.2.4　显示仪表的类型、精确度和功能，应满足运行、安装、维修的需要。当热电偶的冷端温度不恒定，影响系统精确度时，应选用具有冷端补偿功能的显示仪表。

5.3　压力仪表

5.3.1　压力测量仪表选型应符合下列要求：

1　一般测量用压力表的精确度等级应选用1.0、1.6、2.5级；精密测量用压力表的精确度等级应选用0.1、0.16、0.25或0.4级。

2　测量稳定压力时，正常操作压力应为仪表测量量程的1/3～2/3；测量脉动压力时，应为仪表测量量程的1/3～1/2；测量压力不小于4 MPa时，不应超过仪表测量量程的1/2。

5.3.2　就地压力表选型应符合下列要求：

1　测量腐蚀性介质时，应选用耐腐蚀压力表或不锈钢膜片压力表。

2　测量强腐蚀性、含固体颗粒、粘稠液体等介质时，应选用膜片压力表或隔膜压力表。

3　较强振动场合测量时，应选用抗振压力表或采取防振措施。

5.3.3　压力变送器选型应符合下列要求：

1　测量结晶、易堵塞、粘稠、结疤及腐蚀性介质时，应选用法兰式变送器。

2　测量精确度要求较高的压力或差压测量，宜选用智能型压力或差压变送器。

3　与介质直接接触的材质，应符合介质特性要求或采取隔离措施。

4　小于500 Pa(G)的微小压力测量时，可选用微差压变送器。

5.4 流量仪表

5.4.1 流量测量仪表选型应符合下列要求：

1 天然气和原油流量计量仪表及其附属设备配置，应符合现行国家标准《输油管道工程设计规范》GB 50253、《输气管道工程设计规范》GB 50251 和《油气集输设计规范》GB 50350 的有关规定。

2 对于直线刻度仪表测量范围，最大流量不应超过仪表测量范围上限值的 90%；正常流量应为仪表测量范围上限值的 50%～70%；最小流量不应小于仪表测量范围上限值的 10%。

3 对于方根刻度仪表测量范围，最大流量不应超过仪表测量范围上限值的 95%；正常流量应为仪表测量范围上限值的 70%～80%；最小流量不应小于仪表测量范围上限值的 30%。

5.4.2 流量计精确度应符合下列规定：

1 单井油气水日产量计量流量计的精确度不应低于 2.0 级。

2 原油输量计量流量计的精确度等级，不应低于表 5.4.2-1 中的规定。

3 天然气输量计量流量计的精确度等级，不应低于表 5.4.2-2 中的规定。

4 油品交接计量的流量计的精确度不应低于 0.2 级。

5 液态烃交接计量的流量计的精确度不应低于 0.2 级。

表 5.4.2-1 原油输量计量流量计的精确度等级

计量等级	仪表精确度等级	备注
一级计量	0.2	外输原油的贸易交接计量
二级计量	0.5	内部净化原油或稳定原油的生产计量
三级计量	1.0	内部含水原油的生产计量

表 5.4.2-2 天然气输量计量流量计的精确度等级

计量等级		仪表精确度等级	备注
一级计量	$Q_{nv}\geqslant 500$	1.50	外输气的贸易交接计量
	$5000\leqslant Q_{nv}<50000$	1.00	
	$Q_{nv}\geqslant 50000$	0.75	
二级计量		1.00	内部集气过程的生产计量
三级计量		1.50	内部生活气计量
注：Q_{nv} 表示标准参比条件下的体积输量(m^3/h)。			

5.4.3 差压式流量计选型应符合下列要求：

1 一般流体测量，应选用孔板、喷嘴和文丘里管标准节流装置，并应符合现行国家标准《用安装在圆形截面管道中的差压装置测量满管流体流量》GB/T 2624.1～GB/T 2624.4 的有关规定。

2 当采用非标准节流装置时，低雷诺数宜采用 1/4 圆孔板，脏污介质宜采用圆缺孔板。

3 差压范围的选择应根据计算确定：

1) 常用的低差压范围宜为：0 kPa～6 kPa、0 kPa～10 kPa；

2） 常用的中差压范围宜为：0 kPa～16 kPa、0 kPa～25 kPa；

3） 常用的高差压范围宜为：0 kPa～40 kPa、0 kPa～60 kPa。

4 取压方式宜选用法兰取压。

5 特殊型差压式流量计的选型应根据介质的工况条件选择。

5.4.4 可变面积式流量计(转子流量计)的选型应符合下列要求：

1 可变面积式流量计宜用于中、小、微流量的测量。

2 低压、洁净透明、无毒、无燃烧和无爆炸危险且对玻璃无腐蚀无粘附的流体流量的就地指示，可选用玻璃管转子流量计。

3 易燃、易爆介质的流量测量，宜选用普通型金属管转子流量计；易结晶、汽化介质的流量测量，可选用带夹套的金属管转子流量计。

4 具有腐蚀性的介质的流量测量，可选用耐腐型金属管转子流量计。

5 要求就地显示，且用于洁净液体、气体和蒸汽的较大流量测量，可选用旁通转子流量计(分流式流量计)。

5.4.5 容积式流量计选型应符合下列要求：

1 原油、重油、高粘度液体的流量测量，且要求测量精确度较高的，宜选用容积式流量计。

2 含有颗粒杂质的脏污液体、稀浆流、悬浮流及含有砂、蜡、粘稠的原油的流量测量，宜选用弹性刮板流量计。

5.4.6 涡轮流量计宜用于下列工况：

1 洁净、单相流、粘度小的介质测量。

2 液化气、轻烃的流量测量。

3 易结垢的水流量测量，可选用拆卸式防垢涡轮流量计。

4 高压流量的测量。

5.4.7 电磁流量计宜用于下列工况：

1 导电流体的流量测量。

2 液固两相、脏污流介质的流量测量。

3 明渠液体的流量测量。

5.4.8 涡街流量计宜用于下列工况：

1 宜用于液体、气体、蒸汽、部分混相流体的流量测量。

2 可用于高压介质流量的测量。

5.4.9 旋进旋涡流量计宜用于下列工况：

1 宜用于洁净、单相流、粘度不高的介质的测量。

2 用于压力、温度波动较频繁的介质时，宜采取温压补偿措施来保证计量的精确度。

5.4.10 靶式流量计宜用于下列工况：

1 用于液体、气体、蒸汽的流量测量。

2 用于含有杂质(微粒)的脏污流体、原油、污水、高温渣油、浆液、烧碱液、沥青等介质的流量测量。

5.4.11 超声波流量计宜用于下列工况：

1 大口径管道气体以及液相流体的流量测量。

2 高压、易爆、高粘度、强腐蚀、放射性恶劣条件的被测对象的流量测量。

3 采用气体超声波流量计测量天然气流量时，其流量计算应符合现行国家标准《用气体超声流量计测量天然气流量》GB/T 18604 的有关规定。

4 精确度要求高、量程比大的流体测量。

5.4.12 科氏力质量流量计宜用于精确测量流体的质量流量，且测量值不受流体密度、粘度等物性的影响。

5.4.13 热式质量流量计宜用于干燥、洁净、不含水分和油质的气体介质的流量测量。

5.4.14 皮带秤宜用于皮带传送的颗粒状、块状固体物料的流量测量。

5.4.15 冲量式流量计宜用于自由落体的粒状、封闭传送的固体介质的流量测量。

5.4.16 轨道衡宜用于车载介质的重量计量。

5.5 物位仪表

5.5.1 物位仪表选型应符合下列要求：

1 液面、界面和料面的物位测量，应根据被测介质的特性确定。

2 仪表量程应根据工艺对象的实际变化范围确定。

3 仪表精确度根据工艺要求选择。容积计量的物位仪表的精确度应至少达到±1 mm。

5.5.2 压力式、差压式物位测量仪表选型应符合下列要求：

1 水池、水井、水罐的液面连续测量，宜选用静压式仪表。

2 液面和界面的连续测量，可选用差压仪表。

3 粘稠性、结晶性、结胶性、沉淀性的液体，以及含悬浮物液体及易凝固液体的液位测量，宜选用插入式法兰差压仪表。

4 物位差压仪表的正、负迁移和迁移量，应根据仪表的结构形式、安装位置、测量要求确定。

5 用差压式仪表测量锅炉汽包液面时，应选用双室平衡容器进行补偿。

5.5.3 浮筒式液位仪表选型宜符合下列要求：

1 浮筒式液位仪表宜用于测量范围不大于 2 m，相对密度介于 0.5～1.5 的清洁液体液面；或测量范围不大于 1.2 m，相对密度差介于 0.5～1.5 的清洁液体界面。

2 不宜停车的工艺设备或密闭容器内液面和界面的测控，宜选用外浮筒物位仪表；在操作温度下不结晶、不粘稠，但在环境温度下可能结晶或粘稠的液体对象，宜选用内浮筒式物位仪表。

3 当测量精确度要求较高，信号远传时，宜选用力平衡式；当精确度要求不高，就地指示或调节时，可选用位移平衡型。

5.5.4 浮子式液位仪表选型应符合下列要求：

1 大型储槽清洁液体的液面连续测量和容积计量，可选用伺服液面计、光导液位计、磁致伸缩液位计。精确度要求较高时可选用伺服液面计、磁致伸缩液位计，精确度要求不高时可选用钢带液位计。就地液位的测量也可选用多个色带式浮球液位计、磁翻转液位计重叠安装。

2 卧式罐的液位就地测量，宜选用杠杆式、色带式浮球液位计或磁翻转式液位计。

3 位式液位控制，宜选用浮球液位开关。

4 浮子式仪表用于测量界面时，两种介质的密度应恒定，且相对密度差不应小于 0.2。

5 内浮式液位仪表液面测量，浮子漂移、浮子受液面扰动时，应采取预防措施。

5.5.5 射频导纳式液位仪表宜用于下列工况：

1 腐蚀性、粘稠性液体的液面连续测量和位式测量。

2 易挂料的颗粒状、粉粒状料面连续测量和位式测量。

5.5.6 电容式物位测量仪表宜用于下列工况：

1 腐蚀性、沉淀性液体，以及其他工艺流体的液面连续测量和位式测量。用于界面测量时，两种液体的电学性能应符合产品要求。

2 用于颗粒状、粉状物料的料面连续测量和位式测量。

3 测量粘性导电介质的液位和界面时，电极表面应选择与被测液体亲和力小的材料；测量非导电介质的液位和界面时，可选用裸电极。

5.5.7 电阻式物位仪表宜用于下列工况：

1 水位的位式控制和报警。

2 导电物料或导电性差，但含有一定水分能微弱导电的物料料面的位式测量。

5.5.8 无振动或振动小的料仓、料斗内颗粒度不大于 10 mm 的颗粒状料面的位式测量和液位测量，可选用音叉液位计。

5.5.9 超声波物位测量仪表宜用于下列工况：

1 用于高粘性、腐蚀性、有毒性的液体液面，以及液-液分界面、固-液分界面的连续测量和位式测量。

2 颗粒度不大于 5 mm 的粉粒状物料的料面位式测量，可选用声阻断式超声料位计。

3 液体温度、成分变化较大时，宜采取温度对声波传播速度变化影响的补偿措施。

5.5.10 雷达物位测量仪表宜用于下列工况：

1 用于高温、高压、腐蚀性、高粘度、易燃、易爆及有毒液体的大型立罐、球罐等存储容器的物位连续测量或计量。

2 用于高温、高压、强腐蚀性、高粘度、易爆及有毒的块状、颗粒状、粉状的料面测量。

5.6 火灾和可燃气体及有毒气体仪表

5.6.1 火灾和可燃气体及有毒气体仪表选型应符合下列要求：

1 仪表选用应根据可燃物质的分类、可燃气体及有毒气体泄漏的危险、火灾的不同阶段、探测器的探测原理选择。

2 仪表应符合国家相关部门的强制认证的规定。

3 仪表探测器种类应根据气体的物性、检测器的适应性、稳定性、环境特性及使用寿命确定。

5.6.2 可燃气体及有毒气体检(探)测器的选型，应符合下列要求：

1 烃类可燃气体可选用催化燃烧型或红外气体检(探)测器。当使用场所的空气中含有能使催化燃烧型检测元件中毒的硫、磷、硅、铅、卤素化合物等介质时，应选用抗毒性催化燃烧型检(探)测器。

2 在缺氧或高腐蚀性场所，宜选用红外气体检(探)测器。

3 氢气检测可选用催化燃烧型、电化学型、热传导型或半导体型检(探)测器。

4 检测组分单一的可燃气体，宜选用热传导型检(探)测器。

5 硫化氢、氯气、氨气、丙烯腈气体、一氧化碳气体的检测可选用电化学型或半导体型检(探)测器。

5.6.3 火灾探测器选择，应符合下列要求：

1 对火灾初期有阴燃阶段,产生大量的烟和少量的热,很少或没有火焰辐射的场所,应选择感烟探测器。

2 对火灾发展迅速,产生大量热、烟和火焰辐射的场所,可选择感温探测器、感烟探测器、火焰探测器或其组合。

3 对火灾发展迅速,有强烈的火焰辐射和少量的烟、热的场所,应选择火焰探测器。

4 对火灾形成特征不可预料的场所,可根据模拟试验的结果选择探测器。

5.7 常用过程分析仪表

5.7.1 常用的过程分析仪表的选择,应根据被测介质的背景组分、待测组分及含量、操作温度、压力及物料性质确定。

5.7.2 原油及成品油密度的测量宜选用振动式密度计。

5.7.3 原油含水率的测量宜选用电容法、微波法、差压法或辐射法原油含水率检测仪。

5.7.4 天然气组分的测量,应选用工业气相色谱仪。

5.7.5 天然气烃露点的测量,宜选用冷却镜面法烃露点分析仪。

5.7.6 天然气水露点分析仪宜选用冷却镜面法分析仪、光纤法分析仪、晶体振荡式水露点分析仪、氧化铝电容法水露点分析仪、激光湿度分析仪。

5.7.7 在线硫分析仪选型宜符合下列要求:

1 天然气中硫化氢含量的分析,宜选用紫外吸收光谱分析仪、醋酸铅纸带分析仪、电化学分析仪。

2 天然气或原油中无机硫和有机硫总含量的分析,宜选用总硫分析仪。

5.7.8 天然气热值的检测,可选用燃烧法气体热值分析仪、热值指数仪或色谱分析仪。

5.7.9 烟道气中氧含量分析仪选型宜符合下列要求:

1 工业锅炉烟道气或其他燃烧系统烟道气中氧含量的测量宜选用氧化锆氧分析仪或顺磁式氧分析仪。

2 含氧量为0～5%或0～10%的工业锅炉烟道气或其他燃烧系统烟道气,当响应时间要求短时,宜选用氧化锆氧分析仪。

5.7.10 燃煤锅炉烟道气中二氧化硫含量分析可选用抽取式二氧化硫在线分析仪。

5.7.11 水质分析可选用在线分析仪表,选型应符合下列要求:

1 余氯浓度的检测,宜选用在线比色法余氯分析仪。

2 悬浮物含量的检测,宜选用在线浊度计;介质中存在水泡时,应采取消泡措施。

3 原水化学需氧量检测,宜选用 COD_{Mn} 水质在线自动监测仪;污水化学需氧量的检测,宜选用 COD_{Cr} 水质在线自动监测仪。

4 微量硅酸根离子的含量在0 μg/L～100 μg/L时,含量检测可选用硅酸根分析仪。

5 含盐量或电导率的检测宜选用电极式电导率仪、电磁感应式电导率仪。

6 磷酸根离子含量的检测,可选用在线磷酸根分析仪;水中总磷检测,可选用在线总磷分析仪。

7 溶解氧量分析,可选用水中溶解氧分析仪,仪表的测量范围宜为0 μg/L～20 μg/L。

8 硬度检测,可选用硬度分析仪。

9 经阳离子交换树脂处理后的水中钠离子浓度的检测,可选用在线钠离子计。

10 pH值的检测,宜选用玻璃电极式pH计、沉入清洗式发送器、流通清洗式变送器、压力流通式变送器、锑电极 pH 计。

5.8 控制阀

5.8.1 控制阀的选型应根据工艺变量、流体特性以及控制阀管道连接形式综合确定。

5.8.2 高、低温工况应选用适合高、低温工况的结构和材质的控制阀。

5.8.3 直通单座控制阀宜用于下列工况：

1 泄漏量小、流量小或阀前后压差较小。

2 粘度不高且不含悬浮颗粒流体。

5.8.4 直通双座控制阀宜用于下列工况：

1 泄漏量要求不高、流量大、阀前后压差较大且调节精度不高。

2 粘度不高且不含悬浮颗粒流体。

5.8.5 套筒控制阀宜用于下列工况：

1 阀前后压差大、流体可能出现闪蒸或空化现象且要求低噪声。

2 洁净流体不含固体颗粒。

5.8.6 球形控制阀宜用于下列工况：

1 高粘度、含有纤维、固体颗粒或污秽流体。

2 V 形球阀宜用于连续控制且要求流通能力大、可调范围宽的场合。

3 O 形球阀宜用于两位式开关的工况。

5.8.7 角形控制阀宜用于下列工况：

1 高粘度、含有悬浮物或颗粒状物质流体。

2 气-液混相或易闪蒸流体。

3 管道要求直角配管。

4 高静压、大压差。

5.8.8 偏心旋转控制阀宜用于下列工况：

1 阀门前后压差较大、介质粘度高。

2 要求流通能力大、泄漏量小或可调比宽。

5.8.9 蝶型控制阀宜用于下列工况：

1 大口径、大流量或低压差。

2 浓浊液及含悬浮颗粒流体。

5.8.10 工艺介质要求分流或合流时，宜选用三通控制阀，两流体合流的温差不应大于 150 ℃。

5.8.11 电磁阀宜用于差压小、小口径管道的两位和开关操作控制的工况。直通型电磁阀可用于双位控制和远程控制，根据程序控制的逻辑关系可选择电开式或电关式。

5.8.12 自力式控制阀宜用于工艺介质流量变化小、控制精度要求不高或无外动力源的场合。

5.8.13 控制阀口径可按本规范附录 A 的方法确定。

5.8.14 控制阀的选取应避免使阀工作时出现闪蒸、汽化等现象。

5.8.15 控制阀在使用过程中产生的噪声不应大于 85 dB(A)。

5.8.16 控制阀流量特性的选择应符合下列要求：

1 流量特性的选取应根据被调参数、干扰源、阀阻比 S 值、系统的特性、管道的配管、负荷变化综合确定。

2 直线特性的阀门宜用于下列工况：

1） 侧重阀门寿命时；

2） 阀压差及给定值变化小，工艺过程主要变量的变化小时；

3） 调节对象特性为线性的场合。

3 等百分比特性的阀门宜用于下列工况：

1） 放大倍数随负荷干扰加大而趋小的对象；

2） 要求可调范围大，管道系统压力损失大，开度变化及阀上压差变化较大时；

3） 阀阻比 S 为 0.3～0.6 时；

4） 系统负荷变化较大；

5） 阀常在小开度状态下运行时。

4 直线特性或等百分比特性均可选用的阀门宜用于下列工况：

1） 阀阻比 S 为 0.6～1.0 时；

2） 系统比较稳定，阀工作区域很窄时。

5 阀门的流量特性可按表 5.8.16 选取：

表 5.8.16 阀门的流量特性选取

特性	直线特性	等百分比特性
$\frac{\Delta P_{n}}{\Delta P_{Qun1}}>0.75$	1.液位定值调节系统 2.主要干扰为给定值的流量、温度调节系统	1.流量、压力、温度定值调节系统 2.主要干扰为给定值的压力调节系统
$\frac{\Delta P_{n}}{\Delta P_{Qun1}}\leqslant 0.75$	—	各种调节系统
注：1 ΔP_{n} 为正常流量下的控制阀两端压差。 2 ΔP_{Qun1} 为控制阀关闭时的两端压差。		

6 快开特性的阀门宜用于下列工况：

1） 两位动作的场合；

2） 需要迅速通过介质获得控制阀最大流通能力的场合；

3） 控制器应设定在宽比例带时。

5.8.17 控制阀流开、流闭的选择应符合下列要求：

1 公称直径不大于 20 mm、静压高、压差大或气蚀冲刷严重的高压阀，应选用流闭型；当公称直径大于 20 mm 时，应以稳定性好为条件来决定流向。

2 角型阀用于高粘度、含固体颗粒介质的场合且要求自洁性能好时，应选用流闭型。

3 单座阀、小流量调节阀宜选用流开型；当冲刷严重时，可选用流闭型。

4 单密封套筒阀宜选用流开型；有自洁要求时，可选用流闭型。

5 单座阀、角型阀、套筒阀或快开流量特性的两位式控制阀，应选用流闭型；当出现水击、喘振时，应选用流开型。

5.8.18 执行机构的选择应符合下列要求：

1 执行机构的输出力矩、行程、响应速度应与控制阀相匹配。

2　自动调节和起切断作用的控制阀，宜选用气动执行机构。无气源时，可选用电动、液动、气-液联动或电-液联动执行机构。

3　气动执行机构宜选用气动薄膜执行机构；要求执行机构输出力较大、响应速度较快时，宜选用气动活塞式执行机构或长行程执行机构。

4　要求推力大、响应时间快或气源难以满足要求的控制阀，宜选用气-液联动、电-液联动执行机构。

5.8.19　上阀盖型式的选择应符合下列要求：

1　当操作温度介于－20 ℃～200 ℃之间时，应选用普通型阀盖。

2　当操作温度高于 200 ℃时，应选用散热型阀盖。

3　当操作温度低于－20 ℃时，应选用长颈型阀盖。

4　当工艺介质有毒、易挥发或不允许外泄漏时，应选用纹波管密封型阀盖。

5.8.20　阀材料的选择应符合下列要求：

1　阀体材质的选择应符合下列规定：

1)　阀体的材质应根据工艺介质的温度、压力、差压和腐蚀性确定，且不应低于相连接的工艺管道的材质；

2)　阀体材质可选用铸钢或锻钢，当工艺介质有特殊要求时，可选用不锈铸钢、不锈锻钢或特殊材质；

3)　铸钢阀体宜用于空气、饱和蒸汽或过热蒸汽非腐蚀性液体和气体。

2　阀内件材料的选择应符合下列规定：

1)　非腐蚀性流体，阀芯材质宜选用不锈钢；

2)　腐蚀性流体，阀芯、阀座的材质应根据流体的种类、浓度、温度和压力，选用相适应的耐腐蚀材料；

3)　闪蒸、空化或严重汽蚀介质的场合，阀内件表面应进行硬化处理；

4)　流体温度不小于 300 ℃、阀两端压差不小于 1.5 MPa 的场合，阀内件表面应进行硬化处理；

5)　流体中含有固体颗粒的场合，阀内件表面应进行硬化处理；

6)　流速大或冲刷严重时应选用耐磨材料。

3　填料函结构、材料的选择应符合下列规定：

1)　填料函宜选用单层结构，对毒性较大的流体、低温或温度高于 200 ℃的场合，应选用双层结构；

2)　填料函材质宜选用 V 形聚四氟乙烯，温度高于 200 ℃的场合应选用柔性石墨。

5.8.21　控制阀附件的选型应符合下列要求：

1　阀门定位器宜用于下列场合：

1)　摩擦力大、需要精确定位时；

2)　需要提高控制阀响应速度时；

3)　需要提高执行机构输出力和切断能力时；

4)　分程调节系统或控制阀运行中要改变正反作用形式时；

5)　需要改变控制阀流量特性时；

6)　调节器比例带很宽，但又要求对小信号有响应时；

7） 选用无弹簧执行机构或活塞执行机构实现比例动作时；

8） 用标准信号操作弹簧范围在 20 kPa～100 kPa 以外的执行机构时；

9） 大口径控制阀；

10） 高压差场合。

2 气动控制阀阀门定位器，宜选用电/气阀门定位器；振动场合及温度较高的场合，宜选用电气转换器及气动阀门定位器。

3 手轮机构的选择应符合下列规定：

1） 工艺安全生产联锁用的紧急切断阀或安装在禁止进入的危险区内的控制阀不应设置手轮机构，用于其他功能且未设置旁路的控制阀应设置手轮机构；

2） 大口径及需要用手轮限制阀门开度的场合应设置手轮机构。

4 控制阀的阀位应在动力失效后处于工艺要求的状态。

5 阀位回讯器的选择应符合下列规定：

1） 气动执行机构需要远程指示控制阀开、关状态的场合应配用阀位回讯器；

2） 电动执行机构应配用阀位回讯器。

6 电磁阀的选择应符合下列规定：

1） 控制单作用气缸执行机构、气动薄膜执行机构、气动控制阀及其他控制系统进行气路的自动切换控制或联锁程序控制的场合，宜用二位三通电磁阀；

2） 控制双作用气缸执行机构、活塞式执行机构以及使用切断球阀的自控系统中实现自动切换控制或联锁程序控制的场合，宜用二位五通电磁阀。

5.9 调节和显示控制仪表

5.9.1 调节仪表的选型应符合下列要求：

1 调节仪表宜选用全刻度指示型。

2 调节规律应根据对象特性，检测元件、变送器、执行器的各单元特性，干扰形式和部位，以及调节品质确定。

3 位式调节仪表的选用应符合下列规定：

1） 用于联锁和自动启、停车，调节品质要求低的开关式简单调节系统，宜选用位式调节器；

2） 要求改善调节品质时，宜选用具有时间比例、位式比例积分或比例积分微分调节规律的位式调节器。

4 复杂调节系统中的调节仪表，宜选用单元组合式调节仪表或可编程序调节器。

5 按时间程序给定的单变量调节系统，气动仪表可选用气动时间程序定值器；电动仪表可选用带程序给定装置的动平衡式仪表或其他程序给定装置。

6 采用手动远程操作改变调节系统的设定值或对执行器直接操作的场合，可选用手动操作器(或遥控器)。

7 调节仪表附加功能的选择：

1） 只允许单向偏差存在或间歇工作的具有积分作用的调节器，应选用具有防积分饱和功能的调节器；

2） 根据安全、限制调节阀的开度等工艺过程的要求，需要限制调节器的输出信号的调节系统，应选用具有输出限幅功能的调节器；

3） 调节仪表应具有手动-自动、内设定-外设定功能，应附有自动跟踪功能的无扰动切换装置。

5.9.2 显示仪表的选型应符合下列要求：

1 需要精确读数的变量显示，应选择数字显示仪表。

2 显示仪表的精确度不宜低于检测仪表的精确度，显示仪表的量程应与检测仪表的量程相匹配。

3 控制室盘装显示仪表宜选用矩形表面的仪表，用于现场安装的仪表，可选用圆形表面仪表。

4 同时显示的多个参数对工艺过程影响小、变化缓慢时，宜选用自动巡回检测仪表，检测点数可适当备用。

5 重要参数的报警，宜将报警开关信号直接引入闪光信号报警仪表作声光报警。

6 工艺过程中的重要变量需要记录时，宜选用记录仪。相关的多个变量需要记录时，可采用多通道记录仪。

5.10 仪表信号

5.10.1 现场仪表至控制系统的信号传输方式，应根据信号精确度、选用技术和信号源条件、操作需要、可靠性和信号响应确定。

5.10.2 电动仪表信号可选用模拟量信号、数字量信号和数字通信信号，也可选用电阻、毫伏、脉冲等其他类型信号，信号传输类型应符合下列要求：

1 模拟量信号宜为 4 mA～20 mA DC、1 V～5 V DC 两线制，可选用带数字通信的模拟量信号。

2 数字量信号应为无源或有源触点开关信号，开关触点容量应与控制系统的负载匹配。

3 数字通信信号包括串行数据、现场总线，数字通信信号应能通过控制系统或手持通信器，实现对现场仪表进行参数组态、自诊断。

4 热电阻、热电偶根据仪表选型要求，可选用电阻、毫伏信号。

5 流量计根据仪表选型要求，可选用脉冲信号。

5.10.3 气动仪表信号宜为 20 kPa～100 kPa。

6 仪表安装

6.1 一般规定

6.1.1 仪表应安装在测量准确、便于观察、操作及维修的位置，避开振动、高温、静电和电磁干扰；无法避开时，应选择适合工况的仪表或采取相应的防护措施。

6.1.2 仪表安装方式应保证测量的真实性和准确性。

6.1.3 当仪表不能满足环境条件时，应采取防护措施。

6.1.4 与仪表连接的工艺过程连接头、管阀件的压力等级和材质不应低于所在工艺设备或管道的相关要求；法兰密封垫片和紧固件的材质，不应低于工艺法兰所用密封紧固件的材质。

6.1.5 流量仪表和控制阀应在工艺管道吹扫后安装，流向应与工艺介质流向一致。

6.1.6 取压和测温元件在同一管段上安装时，取压点应在测温元件前(按介质流向)，二者相距不应小于 200 mm。

6.1.7 仪表或连接附件与工艺管道焊接时，宜避免异种钢焊接。

6.1.8 常用过程分析仪表检测器的安装、取样及预处理装置应符合现行行业标准《石油化工仪表安装设计规范》SH/T 3104 的有关规定。

6.2 温度测量仪表

6.2.1 温度测量仪表宜采用固定法兰或固定螺纹方式安装。

6.2.2 温度测量仪表的安装应符合下列规定：

1 温度测量点应设在能准确、灵敏反映介质温度和振动较小的位置，不应设置在介质不流动的死角处。

2 温度测量仪表宜安装在流量计下游，安装时宜符合有关规范要求。

3 温度测量仪表在管道上宜垂直安装，在弯头处安装时，应逆向介质流向，在设备上宜水平安装。

4 公称直径不大于 DN80 的管道，温度测量仪表可在弯头处安装或扩大管径斜 45°逆流向安装。热电偶、热电阻和双金属温度计，管道直径宜扩大为 DN100。压力式温度计的扩管管径应根据计算后的浸没长度决定，扩大管径部分的长度为 250 mm～300 mm。

5 压力式温度计测温元件应全部浸入被测介质中。

6 温度测量仪表的插入深度应符合下列要求：

1） 在管道上的插入深度宜到管道中心。当管道直径大于 DN250 时，应根据具体工况计算确定，并应保证测温元件敏感段全部插入介质中；

2） 在设备上的插入深度应能保证精确测量介质温度，且不应与设备内构件碰撞；

3） 在烟道、炉膛及绝热材料砌体设备上安装时，检测元件插入深度应根据具体工况计算确定。

7 储罐上温度测量仪表的安装位置宜高于罐内加热盘管 600 mm；在浮顶罐上安装的温度测量仪表不应妨碍浮盘移动。

8 表面温度计的感温面应与被测表面紧密接触。

6.2.3 温度测量元件用于测量下列介质和装置的温度时，应外加温度计套管：

1 可燃介质。

2 压力较高或高速流动的非可燃流体。

3 压力较高的储罐。

4 采用不能抽芯的测温元件或不允许停产检修的工艺装置。

5 有毒介质。

6.2.4 选用的测温元件套管或管嘴应符合下列要求：

1 测温元件套管或管嘴材质应根据被测介质的温度、压力、腐蚀性及磨损等因素选择，不应低于设备或管道材质要求。

2 套管的工作压力不应超过相应工作温度下套管的允许最大工作压力。

3 套管的工作流速不应超过套管在相应的工作温度下可承受的最大流速。

4 保护套管的形式应根据介质的条件确定，中、低压介质宜采用直形保护套管；高压介质和流速较高介质应采用整体钻孔锥形保护套管。

5 测温套管和管嘴与工艺设备、管道采用焊接方式连接时，宜选择与工艺设备、管道相同的材质。

6 采用法兰式或法兰夹持安装的测温套管，可选择与设备、管道不同材质，但应适应介质物理性质和防腐要求。

6.3 压力测量仪表

6.3.1 压力仪表取压接口的位置应符合下列要求：

1 取压接口应设在被测介质流束稳定的位置，避开管路弯曲、分叉及涡流的区域。接口形式可为法兰或螺纹。

2 在调节阀前取压时，与阀门距离不宜小于2倍管径，在其后取压时，不宜小于3倍管径；泵出口取压时，与泵出口法兰的距离不宜小于2倍的管径。

3 水平或倾斜管道上的取压接口不应设在管道底部。

4 塔和容器上的取压接口宜设在气相段。

6.3.2 压力仪表的安装方式应根据被测介质的物理性质确定，当测量介质高温、粘稠、含颗粒杂质时，宜采用法兰连接。

6.3.3 压力仪表安装应符合下列要求：

1 应安装在取压点较近的位置。

2 带就地指示表时，应安装在易观察和检修的地方。

3 仪表的取压接口应设置根部阀，就地压力表宜根据介质物理性质和工艺要求增设排放阀或二阀组。压力远传仪表除设置根部阀外，GC1/GC2管道还宜设置阀组和泄压部件。

4 就地压力表宜垂直于水平面，安装在易于观察和检修的地方。

5 高压压力表安装时，应采取有效的防护措施。

6 法兰式差压变送器毛细管敷设宜加保护措施。

7 仪表安装部位有振动时，应选择合适的仪表或采取减振措施。

6.3.4 压力仪表安装附件的选择应符合下列要求：

1 安装附件应根据工艺介质的压力、粘稠性、温度高低进行选择。

2 介质温度高于60 ℃或低于－29 ℃时，导压管应有足够长度的散热或汽化段。

3 测量易汽化液体及易凝结气体或被测介质腐蚀、粘度大、易结晶，应加装隔离装置。

4 被测介质的压力急剧变化或脉动，应加装阻尼器或缓冲器。

5 当环境温度接近或低于测量介质的冰点或凝固点时，测量管道应采取绝热或伴热措施。

6.4 流量仪表

6.4.1 流量仪表的安装应符合下列要求：

1 流量仪表宜水平或垂直安装。除特殊要求外，垂直安装时，介质流向应自下而上。

2 流量计应安装在被测介质完全充满且无机械振动的管段上。

3 流量计上下游应按产品和有关规范要求设置直管段，上下游直管段公称直径与流量计的公称直径应相同。

4 在连续运行的场合，应设置前后截断阀和旁路阀。当用于贸易计量或有备用回路及采用可更换孔板节流装置时，应设置前后截断阀而不设置旁路阀。

5 应留有足够维修、拆卸空间。

6 应根据流量计和过滤器的重量设置支撑或基础。

6.4.2 孔板流量计、文丘里管、喷嘴的安装应符合现行国家标准《用安装在圆形截面管道中的差压装置测量满管流体流量》GB/T 2624.1～GB/T 2624.4的有关规定。

6.4.3 可变面积流量计应垂直安装在无振动的管道上，其中心线与铅垂线间的夹角不应超过2°，上游侧直管段长度不应小于2倍管径。测量脏污介质时，上游侧应装过滤器。

6.4.4 靶式流量计的安装应符合下列要求：

1 可安装在水平或垂直管道上，当介质含固体悬浮物时，应安装在水平管道上。

2 靶中心应与管道轴线同心，靶面应迎着流向且与管道轴线垂直。

3 上下游直管段长度应满足产品要求。

4 测量易凝、易结晶或含悬浮颗粒的介质时，流量计应设置冲洗管嘴。

5 插入式流量计焊接短管高度宜为80 mm～120 mm。

6.4.5 涡轮流量计的安装应符合下列要求：

1 涡轮流量计宜安装在水平管道上。

2 上下游直管段长度应满足制造厂要求。

3 上游侧宜装过滤器，当被测液体中含有气体时，上游侧应装除气器；过滤器、除气器应位于直管段之前。

4 当流量计用于液态烇计量时，安装还应符合现行国家标准《液态烃体积测量　涡轮流量计计量系统》GB/T 17289的有关规定。

6.4.6 旋进旋涡流量计安装应符合下列要求：

1 宜安装在水平管道上，也可垂直或倾斜安装。

2 流量计和测量管路安装时，应减小管路安装所产生的应力。

3 上游直管段宜为5倍管径，下游宜为3倍管径；当需要精确计量时，上游直管段不应小于10倍管径，下游不应小于5倍管径。当流量计本体自带流动调整器时，上下游直管段长度应按产品要求确定。

6.4.7 容积式流量计安装应符合下列要求：

1 容积式流量计宜安装在水平管道上。

2 上游侧应装过滤器。当液体中含有气体时，上游侧还应装除气器。

6.4.8 电磁流量计的安装应符合下列规定：

1 电磁流量计应安装在不会产生负压和远离强磁场电气设备的管段上。

2 上游直管段长度不应小于5倍管径，下游不应小于2倍管径；需要精确计量时，上游直管段长度不应小于10倍管径，下游不应小于3倍管径。

3 插入式电磁流量计在水平或倾斜管道上安装时，探头应安装于管道中心线平面上下45°的范围内。

4 插入式电磁流量计探头中心线应与管道中心线相垂直。

5 电磁流量计的传感器宜采用单独接地线可靠接地。

6.4.9 涡街流量计的安装应符合下列要求：

1 涡街流量计宜在水平敷设的管道上安装。在垂直管道上安装，测量气体时流体可取任意流向；测量液体时，流体应自下而上流动。

2 涡街流量计下游直管段长度不应小于流量计直径的5倍管径，上游直管段长度应符合下列规定：

1) 当工艺管道直径大于流量计直径需缩径时，不应小于15倍管径；

2) 当工艺管道直径小于流量计直径需扩径时，不应小于18倍管径；

3） 流量计前具有一个90°弯头或三通时，不应小于20倍管径；

4） 流量计前具有连续两个90°弯头时，不应小于40倍管径；

5） 流量计装于调节阀下游时，不应小于50倍管径；

6） 当流量计前装有不小于2倍管径长度的流动调整器时，流动调整器前应有2倍管径，流动调整器后直管段长度不应小于8倍管径。

3 被测液体中可能出现气体时，应在上游侧安装除气器。

4 测量液体时，涡街流量计应安装在介质完全充满的管段上，且不会引起液体产生气化的位置。

5 涡街流量计前后直管段内径与流量计内径的允许偏差宜为±3%。

6 插入式涡街流量计宜安装切断球阀。

7 涡街流量计不应安装在有振动的场所。

6.4.10 质量流量计的安装应满足下列要求：

1 质量流量计宜安装于水平管道上；当在垂直管道上安装时，流体宜自下而上流动，且出口宜留有适当的直管长度。

2 当用于测量易挥发性液体时，流量计出口处压力应高于液体的饱和蒸汽压力。当安装于垂直管道上时，宜安装于管道的最低处。

3 质量流量计转换器处的环境温度不应高于60 ℃。

4 质量流量计不应安装在有振动的场所。

5 直径不小于80 mm的质量流量计应在两端加支撑固定。

6 被测液体含有气体时，应在上游侧加除气器。

6.4.11 气体热式质量流量计的安装应符合下列要求：

1 气体热式质量流量计宜安装于水平管道上，当气体流速较低或水平直管段长度不能满足要求时，可安装于垂直管道上。

2 气体热式质量流量计上、下游直管段长度应根据工艺安装条件，按产品要求确定。

3 插入式气体热式质量流量计宜安装截断阀。

6.4.12 外夹式超声波流量计安装应符合下列要求：

1 所选管段应避开强磁场和振动干扰，管段内部应光滑、壁厚均匀。

2 上游直管段长度不应小于10倍管径，下游不应小于5倍管径。

3 流量计上游与机泵距离不应小于30倍管径。

4 外夹式超声波流量计探头宜安装在管道的中部，避开顶部和底部。

5 安装探头处的管道表面应进行光洁度处理。

6 外夹式超声波流量计探头安装宜采用V形方式。

7 当管径小于DN200时，在下列场所探头应采用Z形安装方式：

1） 被测量流体浊度高，用V形方式测量接收不到信号或信号很弱时；

2） 管道内壁有衬里；

3） 管道使用年限太长且内壁结垢严重。

6.4.13 管段式超声波流量计安装应符合下列要求：

1 信号转换器不应受到振动，流量计两侧宜设置支撑。

2 沙漠或阳光直射的场所，宜安装遮阳板。

3 流量计应安装在介质完全充满的水平管道上，不应安装在管道的高点、泵入口处。

4 超声波流量计本体与上下游直管段应同心安装。

5 上下游直管段应按有关规范和产品要求设置。

6 气体超声波流量计与调压器一起安装在两汇管之间的管路上时，宜在流量计和调压器之间加设减噪器或减噪管。

6.5 物位仪表

6.5.1 物位测量仪表宜采用法兰连接；在常压或低压容器上安装时，也可采用其他连接方式。

6.5.2 物位测量仪表安装位置应符合下列要求：

1 物位测量仪表在容器上连接头的位置，应避开物流的冲击。

2 仪表的观测面应朝向操作通道，周围不应有妨碍维修仪表的物件。

3 仪表连接头在容器的底部时，在容器内的伸入长度不应小于 100 mm。

4 在容器顶部安装时，下面不应有障碍物。

5 差压法测量界位时，物位测量仪表的上部仪表连接头应位于液相层内。

6 数个液位计组合使用时，宜采用连通管安装形式。

7 料位计安装口应远离下落物料或加保护罩。

6.5.3 玻璃板/管液位计的安装应符合下列要求：

1 用玻璃板/管液位计和浮球/浮筒液位计测量同一液位时，玻璃板/管液位计的测量范围不应小于浮球/浮筒液位计的测量范围。

2 数个液位计组合使用时，相邻的两个液位计在垂直方向应重叠 150 mm～250 mm。

3 数个液位计组合使用时，宜采用外接连通管安装，连通管两端应装截断阀，玻璃板/管液位计装在此管上，可不另装截断阀。

6.5.4 外浮筒液位计的安装应符合下列要求：

1 外浮筒与容器引管间应装截断阀。

2 液位计安装高度宜使正常液位或界面处于浮筒中心。

6.5.5 内浮筒液位计的安装应符合下列要求：

1 正常液位宜在浮筒的中间位置。

2 液位波动较大时，应加防波管。

6.5.6 浮球式液位仪表的安装应符合下列要求：

1 仪表连接头的内径应大于浮球的外径，侧装式的连接头长度以浮球无障碍活动为宜。

2 侧装式液位仪表安装法兰的水平中心线宜与正常液位一致。

3 在浮球活动范围内不应有障碍物，在物流冲击较大的场合应加防冲板。

6.5.7 磁致伸缩式液位计的安装应符合下列要求：

1 磁致伸缩式液位计宜安装于容器顶部或容器侧面引出的连通管顶部。

2 安装于拱顶罐或球罐顶部的磁致伸缩液位计宜采用法兰安装方式，法兰式仪表连接头的内径应大于浮子直径。

3 当安装于容器外的连通管上时，连通管内径应大于浮子外径，连通管应采用非导磁材料制作；设备与连通管间应安装截断阀。

6.5.8 超声波及微波/雷达液/料位计的安装应符合下列要求：

1 测量液位的场合，应与液面向下垂直安装；在容器上接管的长度应保证天线伸出接管外。

2 测量料位的场合,超声波或微波的波束宜指向料仓底部的出料口。

3 最高物位不应进入测量盲区,仪表安装连接短管不应设在罐顶中心位置,距罐内壁的最小距离应满足产品要求。

4 超声波或微波的波束途径应避开容器进料流束的喷射范围以及进料口、搅拌器及其他罐内构件。

5 雷达液位计天线的轴线应与液位的反射表面垂直。

6.5.9 导波雷达与电容式液位计的安装应符合下列要求:

1 液位计应安装于储罐顶部,与罐壁的最小距离应满足产品要求,并避免与设备内的可动部件相碰。当设备内介质波动剧烈时,应对导波杆加透孔式保护管固定。

2 液位计在设备外连接的旁通管上安装时,应符合下列要求:

1) 导波杆的长度应包括上、下部盲区,端部应低于连通管下部连接口中心至少50 mm;

2) 采用双杆式探头的导波雷达液位计时,连通管公称直径不应小于80 mm;采用单杆式探头的导波雷达液位计时,连通管公称直径不应小于50 mm。

3 采用电缆探头式液位计测量液位时,宜在设备底部对电缆探头进行拉直固定,且周围至少300 mm范围内不应有障碍物。液面波动剧烈的场合应加透孔式保护管固定。

6.5.10 静压式液位测量仪表的安装应符合下列要求:

1 单法兰式液位计的仪表连接头与罐底距离宜大于300 mm。

2 双法兰远传式差压液位计的传导毛细管应采用角钢或钢管固定,环境温度变化大的场所宜采取绝热保温措施。

3 采用差压变送器测量液位时应符合下列要求:

1) 上下取压仪表连接头之间距离应大于所需测量范围,下取压仪表连接头与罐底距离不宜小于200 mm,且宜避开液体出口;上取压仪表连接头宜避开气相喷入口,无法避开时应采取防冲措施;

2) 测量易挥发、粘稠、易冷凝介质液位时,应在负压侧(气相)加隔离罐或在正负压两侧均加隔离罐;

3) 测量蒸汽锅炉汽包液位时,应安装温度自补偿式平衡容器,宜对导压管进行隔热保温。

4 采用插入式反吹法测量液位时,插入导压管的端部与罐底距离不应小于200 mm,并应切削成斜坡状。

6.5.11 磁翻板和磁浮子液位计的安装应符合下列要求:

1 磁翻板液位计应垂直安装。磁翻板液位计与容器引管间应装设截断阀。

2 磁翻板液位计本体周围不应与导磁物质接近,不应用铁质材料固定。

3 磁翻板液位计的安装位置,应避开或远离物料介质进出口处。

4 磁浮子液位计测量管内不应有焊渣、导磁性物质及其他杂物存在。

6.6 火灾和可燃气体及有毒气体仪表

6.6.1 建筑物内的感温探测器、感烟探测器、感烟/感温复合探测器宜采用吸顶式安装,其他探测器的安装应按产品要求进行;手动报警按钮、声光报警器宜采用壁挂式安装,安装位置应符合现行国家标准《火灾自动报警系统设计规范》GB 50116 的有关规定。

6.6.2 手动报警按钮宜安装在人员巡检通道附近，距地面高度不应大于 1.5 m；声光报警装置可安装在手动报警按钮附近，距地面高度宜大于 2.0 m。

6.6.3 火焰探测器的安装应符合下列要求：

1 宜避开高温物体、火炬的火焰、阳光或其他光源直接或间接照射的位置，当不能避开时，应采取相应措施。

2 不应有障碍物的阻挡，对于外形横、纵尺寸不超过 0.5 m 的障碍物，探测器与障碍物的距离不宜小于 2.5 m；对于外形尺寸超过 0.5 m 且无法避免时，应适当增加探测器的数量。

6.6.4 线型感温探测器的安装应符合下列要求：

1 靠近被保护物安装，可采用直线式、环绕式或近似正弦波方式安装。

2 接线盒和终端盒应安装在便于检查的位置，且牢固、防振。

3 应避免重物压在探测器上，也不应在传感电缆上涂刷其他物质。

4 不应安装在可能存在机械损伤的场所。最小弯曲半径宜为 150 mm，不应将传感电缆锐角折弯使用。

6.6.5 点式可燃气体或有毒气体检(探)测器安装位置与周边管线或设备之间应留有不小于 0.5 m的净空和出入通道，红外对射式可燃气体检(探)测器之间不应有遮挡物。点式可燃气体探测器安装高度应符合现行行业标准《石油天然气工程可燃气体检测报警系统安全技术规范》SY 6503 的有关规定，有毒气体检(探)测器安装高度应符合现行国家标准《石油化工可燃气体和有毒气体检测报警设计规范》GB 50493 的有关规定。

6.7 控制阀

6.7.1 控制阀的安装应符合下列要求：

1 控制阀宜垂直，正立安装在水平管道上。公称通径大于 DN80 的控制阀的前后管道上宜设支撑。

2 控制阀的安装位置应远离连续振动设备，且便于观察、操作和维修。

3 控制阀带有事故气罐、手轮、闭锁阀等辅助装置时，应留有安装和操作空间。

4 控制阀底部距地面或平台的距离应大于 250 mm，对于反装阀芯的单、双座控制阀，宜在阀体下方留出抽出阀芯的空间；顶部与邻近管道的净空间应大于 200 mm，当设置旁路阀时，控制阀与旁路阀的上下位置应错开。

5 控制阀用于控制含悬浮物或粘度较高的流体时，宜设冲洗管道。当介质粘度高、易结晶、易汽化或低温时，应采取保温或保冷措施。

6.7.2 控制阀宜设置前后截断阀和旁路阀，截断阀和旁路阀的设置应符合下列要求：

1 控制阀设有旁路时，控制阀的上、下游应设截断阀，旁路应设旁路阀。

2 截断阀尺寸宜与管道尺寸一致。当控制阀公称直径比管道通径小二级时，截断阀可比管道尺寸小一级；当管道公称直径不大于 50 mm 时，截断阀与管道尺寸一致。

3 当管道公称直径不大于 50 mm 时，旁路阀和旁路的管径与主管道一致；当管道通径不小于 80 mm 时，旁路阀和旁路的管径可比主管道小一级。

6.7.3 自力式控制阀的安装应满足下列要求：

1 带指挥阀的自力式压力控制阀，指挥阀前宜安装过滤器。

2 温度控制阀的检测器为双金属时，检测器应垂直安装在水平管道上；温度控制阀的检测器为温包时,宜垂直安装;当条件不允许时,也可倾斜安装,但与水平管道的夹角应大于45°。

3 自力式压力控制阀前后应安装就地压力表。

7 仪表盘/台

7.1 仪表盘/台的选型

7.1.1 仪表盘/台应根据仪表设备的选型、控制室布置及环境条件选择,主体材质应为金属,且宜采用标准规格、尺寸的产品。

7.1.2 仪表盘/台的设计选型应符合下列要求:

1 控制室内安装的仪表盘宜选用柜式。

2 环境较差的小型控制室和现场安装的仪表盘宜选用柜式仪表盘,当需要操作台时宜选用附接式。

3 大、中型控制室宜设置独立操作台。

4 当防爆仪表箱或仪表盘/台采用正压通风时,技术要求和方法应符合现行国家标准《爆炸性气体环境用电气设备 第5部分:正压外壳型“p”》GB 3836.5的有关规定,并应设置压力低限报警装置。

5 室外仪表盘/台应采取相应的防护措施,防护级别应符合现行国家标准《外壳防护等级(IP代码)》GB 4208的有关规定。

7.1.3 仪表盘内应分别设置工作接地和保护接地铜排和微动开关控制的照明灯,盘后门内侧宜设有资料栏。

7.1.4 集中安装的仪表盘/台颜色宜保持一致。盘与盘、台与台除宽度外的外形尺寸宜保持一致。

7.2 仪表盘/台的盘面布置

7.2.1 在同一控制室里,仪表盘之间及每块盘/台上仪表的排列顺序宜按照工艺流程的顺序和操作岗位的要求按顺序从左至右排列。

7.2.2 仪表的排列及编号应与有关工艺设备的排列及编号相对应。

7.2.3 当采用较复杂的调节系统时,应按该系统的操作要求排列仪表。

7.2.4 经常操作的设备宜布置在台面的前方,相互关联的设备宜邻近布置。

7.2.5 仪表和电气设备在盘面上宜布置在距地面高度为850 mm～1900 mm区间。仪表顶部外缘到盘顶距离不应少于140 mm;侧部外缘到盘的侧边不应小于80 mm。

7.2.6 仪表盘盘面布置的仪表宜为三排。相同功能的仪表宜布置在同一排。同一排的仪表尺寸宜一致。

7.2.7 盘面上段宜布置指示仪表、闪光报警器和信号灯等监视仪表;中段宜布置需要经常监视和调节的仪表;下段宜布置记录类仪表或开关。

7.2.8 仪表盘/台面布置设计时,应注意仪表和相关电气设备相互位置的对应关系,仪表宜成排布置,仪表和电气设备的下方均应设置铭牌框;设备布置应满足安装、操作和检修的要求。

7.2.9 仪表盘/台上宜预留将来增加仪表的备用位置。

7.2.10 就地仪表盘/台上的电动仪表和电气设备不应与直接检测气、水、油或有爆炸性危险气体的仪表布置在同一盘/台上。

7.3 仪表盘/台内的设备布置

7.3.1 安装在盘侧壁的设备与装在盘面的设备应留有适当的安装维修空间。

7.3.2 电动仪表的架装表宜布置在盘后区中间偏上的地方;供电装置、继电器箱宜布置在盘后区的上部。

7.3.3 盘内电源开关、熔断器的布置不宜高于 1700 mm;横向端子排布置高度不应低于 300 mm。

7.3.4 附接式操作台上用电设备的电源开关宜布置在相对应的仪表盘内;独立式操作台用电设备的电源开关宜布置在该操作台内。

7.3.5 工艺设备所带的仪表、保护装置宜布置在单独的盘上。

7.3.6 仪表盘内端子排应根据信号类型分别布置。

7.4 仪表盘/台的配线配管

7.4.1 仪表盘内配线宜采用暗配线。配线汇线槽的布置宜为环形,汇线槽内配线所占空间不应大于汇线槽横截面积的 90%,小型仪表箱内可整齐捆扎明线配线。同一接线端子上的连接芯线不宜超过 2 根。

7.4.2 软导线应通过接线片或管状端头与仪表及电器元件相接,导线与接线片的连接宜采用压接方式。仪表盘(箱、柜)内部配线不应存在中间接头。

7.4.3 进、出仪表盘的电缆应做电缆头并加以固定,每根电缆应配有相应的电缆标识牌。

7.4.4 现场电缆与仪表盘内仪表之间的接线应通过接线端子连接,但热电偶的补偿导线(缆)及特殊要求的仪表接线可直接接到仪表盘内的仪表上,并应用电缆绑扎带扎牢。

7.4.5 电涌保护器、继电器和安全栅的接线端子不宜直接与现场电缆连接,宜通过盘内接线端子排接线。

7.4.6 电源线与信号线应分开布线。电源线端子与信号线端子应分开,并应用标记端子加以区别。

7.4.7 本质安全型仪表的安装和配线,应符合下列规定:

1 本质安全型仪表的信号线与非本质安全型仪表的信号线(缆)应分开布线。

2 本质安全型仪表信号线的接线端子与非本质安全型仪表信号线的接线端子应分开布置,其间距应不小于 50 mm。

3 安全栅、电流隔离器本质安全关联设备应安装在安全场所一侧,并应可靠接地。隔离式安全栅可不接地。

4 本质安全线路及其附件,应具有耐久性蓝色标记。

7.4.8 仪表箱(柜)与外部气动管线应采用穿板接头连接。爆炸危险场所仪表箱(柜)的仪表管道及线路引入孔处应采用防爆结构。

7.5 仪表盘/台的安装

7.5.1 仪表盘/台宜安装在钢制基座上。当采用屏式仪表盘时,盘后应用钢架支撑。

7.5.2 仪表盘/台的安装与地面应垂直,其倾斜度不宜大于 1.5 mm/m。

7.5.3 现场就地安装的柜式仪表盘和操作台,应做混凝土基础和钢基座,且应高出周围地面 50 mm~100 mm。

7.5.4 仪表盘/台与基础的固定不应采用焊接方式;室外安装的仪表盘/台应防止日晒、雨淋或风雪自然条件变化对设备造成的不利影响。

8 控制室

8.1 控制室的位置选择

8.1.1 控制室的位置应选择在无爆炸、无火灾危险的区域内,宜接近主要工艺装置,但应远离有危险性的工艺设备场所;控制室与站场内各工艺装置的距离应符合现行国家标准《石油天然气工程设计防火规范》GB 50183 的有关规定。

8.1.2 工艺设备区设置的控制室,当受条件限制不能满足本规范第 8.1.1 条要求时,应采取正压通风的防护措施,保证室内压力不小于 25 Pa。

8.1.3 当工艺装置为阶梯式布置时,控制室不应设置在低洼处。

8.1.4 对于易燃、易爆、有毒、粉尘或有腐蚀性介质的工艺装置,控制室应布置在本区域全年主导风向的上风侧。

8.1.5 控制室应远离主干道、强磁场、噪声源及振动设备。

8.1.6 控制室不宜与变压器间、鼓风机间、压缩机间、输油泵房、化学药品仓库相邻。

8.2 控制室的面积和平面布置

8.2.1 控制室的面积应根据仪表盘或控制柜、操作台的数量和布置方式确定,并应满足监视、操作、维修的需要。

8.2.2 控制室的平面布置应符合下列要求:

1 仪表盘可按直线型、折线型、弧线型方式布置;操作台可按直线型、弧线型方式布置。

2 盘前区设操作台时,操作台与仪表盘面距离宜为 1.5 m～2.5 m,与墙面净距离宜为 2.0 m～2.5 m。不设操作台时,盘面与盘前区墙面净距离不宜小于 3.5 m。

3 盘后边缘与墙面净距离,宜为 0.9 m～1.2 m。盘后区有辅助设备时,应再加上辅助设备的外形尺寸。盘后区无辅助设备,前开门的柜式仪表盘和通道式仪表盘可直接靠墙安装。

4 仪表盘(柜)、操作台侧面通道距墙的净距离不宜小于 0.8 m;其周围 1 m 范围内不应设置采暖设施。

8.3 控制室的建筑要求

8.3.1 控制室的耐火等级不应低于 2 级。当控制室的长度超过 12 m 或面积大于 100 m^2 时,出入口不应少于 2 个。

8.3.2 控制室净高宜为 3.0 m～3.6 m,除采暖管线和仪表风管线外,不应有任何管道通过。控制室进线电缆沟内不应有高温管线通过。

8.3.3 控制室朝向有爆炸危险的工艺装置区侧的墙面上不应设置门窗及洞口。

8.3.4 大型集中控制室的地面应采用防静电活动地板,防静电活动地板距地面高度宜为 0.3 m,平均负荷不应小于 5000 N/m^2。中、小型控制室的地面宜采用地面砖地面。控制室基础地面应高出室外地面 0.3 m,当控制室位于爆炸危险场所,且可燃气体或可燃蒸汽相对密度大于 0.75 时,室内基础地面应高出室外地面 0.6 m。

8.3.5 控制室的门应按安装在室内设备的最大外形尺寸确定,并应向外侧开启。门、窗宜开向无爆炸、无火灾危险的场所;采用空调装置或正压通风的控制室,宜装气密性良好的固定窗或双层玻璃窗。

8.3.6 控制室的采光和照明应符合下列要求:

1　控制室宜利用自然光、盘前单侧窗采光。采光面积不应小于地面面积的1/5。

2　控制室采用自然光时,阳光不宜直接照射在仪表盘或操作台上,入射光不应刺眼和产生眩光,否则应采取遮阳措施。

3　采用人工照明时,应使仪表盘盘面和操作台台面得到最大照度,且光线柔和、无眩光、无灯影。人工照明的照度值,仪表盘盘面和操作台台面处宜为250 lx～350 lx,盘后区不应小于200 lx。控制室事故照明,盘前区不应小于50 lx,盘后区不应小于30 lx。

4　照明灯具宜采用格栅结构的三基色荧光灯,其布置及安装应美观并应易于维护。

8.3.7　控制室的温度宜为18 ℃～28 ℃、湿度宜为40%～70%并不应结露。控制室内的墙面应平整无反光,颜色与室内设备的颜色相协调。

8.3.8　控制室内不应引入有毒气体和可燃气体,当有可能出现有毒气体和可燃气体时应设置有毒气体和可燃气体报警装置。

8.3.9　控制室应设置消防和通信设施。

8.4　控制室的进线方式和电缆管缆敷设

8.4.1　控制室宜采用地沟进线和架空进线方式;当电缆数量较少时,可采用穿管埋地进线方式。架空进线时,穿墙或穿楼板处应进行密封处理;地沟进线时,室内沟底标高应高于室外沟底标高0.3 m以上,入口处应进行密封处理;穿管埋地进线时,穿线管宜倾斜设置,室内外高差不应小于0.3 m。

8.4.2　控制室内电缆、管缆应在电缆沟或防静电地板下基础地面上敷设,也可沿盘顶汇线槽敷设;当仪表盘或操作台间的电缆、电线数量较少时,也可穿管敷设。

8.4.3　电线电缆和管线管缆进出控制室处应密封,易燃、易爆场所应符合防火、防爆规定。

9　供电和供气

9.1　供电

9.1.1　仪表供电范围应包括控制室内的电子仪表、计算机控制系统、火气、安全仪表系统和现场仪表设备用电。

9.1.2　供电系统应按用电仪表的电源类型、电压等级设计。仪表供电负荷可分为特别重要负荷和普通负荷。

1　特别重要负荷应采用不间断电源(UPS)。

2　普通负荷可采用普通电源。

9.1.3　仪表电源质量指标应符合下列要求:

1　交流电源电压:(220±22)V;频率:(50±1)Hz;波形失真率:小于10%。

2　直流电源电压:(24±1)V;纹波电压:小于5%。

3　电源瞬断时间应小于用电设备的允许电源瞬断时间。

4　电压瞬间跌落应小于20%。

9.1.4　UPS输出质量指标应符合下列要求:

1　交流电源电压:(220±11)V;频率:(50±0.5)Hz;波形失真率:小于5%。

2　直流电源电压24 V:24 V～28 V可调;直流电源电压48 V:48 V～52 V可调;纹波电压:小于0.2%。

3　电源瞬断时间不应大于3 ms。

4 电压瞬间跌落应小于10%。

9.1.5 仪表供电电源的容量应符合下列规定：

1 工作电源的容量宜按仪表及控制系统用电量总和的1.2倍～1.5倍确定。

2 UPS的容量宜按需用UPS仪表用电量的1.2倍～1.5倍确定。

9.1.6 UPS电池后备时间在UPS额定负荷下不应少于30 min。

9.1.7 交流UPS应具有下列功能：

1 故障报警及保护功能。

2 变压稳压功能。

3 维护旁路功能。

4 宜设置通信功能。

9.1.8 UPS平均无故障工作时间(MTBF)应符合下列规定：

1 1 kVA～5 kVA的UPS的MTBF不应小于55000 h，当带自动旁路时不应小于150000 h。

2 5 kVA～20 kVA的UPS的MTBF不应小于150000 h。

9.1.9 直流稳压电源及直流不间断电源装置应具有下列功能：

1 输出电压上下限报警及输出电流过电流报警功能。

2 输出过电流或负载短路时的自动保护功能，当负载恢复正常后，能自动恢复。

9.1.10 供电系统设计应符合下列要求：

1 同一控制系统应在同一交流工作电源下工作。双电源供电时，电源应互为备用。

2 采用交流供电，在仪表系统启动时宜有防冲击保护措施。

3 仪表电源系统应有电气保护和接地。

9.1.11 安全仪表系统的供电应符合下列要求：

1 安全仪表系统的供电，应由UPS供电。

2 电磁阀电源宜采用直流24 V。

3 安全仪表系统的直流电磁阀宜由冗余配置的直流稳压电源供电。电源容量应按额定工作电流的1.5倍～2倍设置。

9.1.12 并联运行的直流稳压电源的容量配置及冗余，应符合下列要求：

1 采用并联叠加方式配置时，其总容量不应小于仪表系统直流电源的计算容量。

2 应采用$n+1$的冗余方式。

9.2 供气

9.2.1 仪表供气系统的负荷应包括气动信号转换器、电气阀门定位器、气动执行器、吹气法测量用气、正压防爆通风用气、气动仪表调试检修用气和仪表吹扫用气。

9.2.2 仪表总耗气量可采用下列方式估算：

1 每台气动阀耗气量为1 Nm^3/h～2 Nm^3/h计算。

2 现场每台气动仪表耗气量为1 Nm^3/h。

3 正压通风防爆柜每小时换气次数大于6次。

9.2.3 仪表用气源宜采用洁净、干燥的压缩空气，氮气可作为临时性的备用气源。

9.2.4 供气系统气源操作压力下的露点，应比工作环境或历史上当地年(季)极端最低温度至少低10 ℃。

9.2.5 仪表空气经过净化处理后，含尘粒径不应大于 3 μm。含尘量应小于 1 mg/m^3。油分含量应小于 10 mg/m^3。

9.2.6 气源装置的输出压力范围宜为 500 kPa～1000 kPa。

9.2.7 控制室内应设气源总管压力指示和压力低限报警。

9.2.8 压缩机停运时，贮气罐的容量应维持供气时间 15 min～30 min；如设有备用气源，备用气源应能即刻启动投入工作。

9.2.9 仪表空气引入每个供气点前应设置气源球阀，并经空气过滤器减压阀净化和稳压处理。

9.2.10 单独供气过滤减压时，气源阀应安装在空气过滤器减压阀的上游侧，并靠近仪表端。

9.2.11 集中过滤减压时，气源阀应安装在空气过滤器减压阀的下游侧支管上。

9.2.12 现场供气总管、干管、支管或气源分配器前的配管，宜采用镀锌钢管或不锈钢管。连接管件宜与管道材质一致。

9.2.13 气源球阀后及空气过滤器减压阀下游侧配管，宜采用带 PVC 护套的紫铜管或不锈钢管。

9.2.14 空气过滤器减压阀上游侧供气系统配管，在气源球阀前最小管径宜采用 DN15。空气分配器、气源球阀后及空气过滤器减压阀下游侧等短距离配管宜为 φ6 mm×1 mm、φ8 mm×1 mm或 φ10 mm×1 mm 的紫铜管或不锈钢管。

9.2.15 用气设备集中的地方宜采用气源分配器集中供气，用气设备分散的地方宜采用单回路供气方式。

9.2.16 供气总管、干管或气源分配器上，应留有 10%～20%备用供气点，且不少于 1 点。

9.2.17 供气管路宜架空敷设，敷设时应避开高温、易受机械损伤、腐蚀、强烈振动及工艺管路或设备物料排放口等。

9.2.18 供气管路应避免 U 形配管，区域的最低点及污物易积聚处应设排污阀。排污阀宜采用球阀或截止阀。

9.2.19 采用集中供气方式时，供气主管应有 1/1000～1/200 的坡度，并在下游最低点装设排污阀。

9.2.20 从气源干管或支干管向气动仪表配气的支管宜向上或水平向上倾斜引出。

9.2.21 镀锌管应采用螺纹连接，φ6 mm×1 mm，φ8 mm×1 mm 或 φ10 mm×1 mm 的紫铜管或不锈钢管宜采用卡套连接。

10 电线电缆和仪表管道管缆

10.1 电线电缆的选择

10.1.1 电线电缆的选择应根据传输信号类别、敷设方式、环境条件确定，并应符合下列要求：

1 应选择铜芯电线电缆。

2 重要检测、控制、安全功能回路的仪表线缆应选用阻燃型，消防系统的电线电缆宜选用耐火型；阻燃电线电缆的耐火等级应符合现行国家标准《阻燃和耐火电线电缆通则》GB/T 19666 的要求。

3 电线电缆在酷热、寒冷地区及高温、低温场所，不应超过其允许使用温度范围。

4 当采用本安仪表系统时，所用电线电缆的分布电容、电感等应符合本安回路的要求，电缆外护套宜为蓝色。

5 采用带盖板的电缆托盘或汇线槽敷设时，宜选择电缆；穿管敷设时，可选用电线或电缆；敷设在露天的电缆梯架内、地下和易受机械损伤的地方，宜选用铠装电缆。

6 仪表信号电缆宜选择对绞屏蔽电缆。

7 热电偶补偿导线的选型应与热电偶的分度号相匹配。

10.1.2 电线、电缆线芯截面的选择，应符合下列要求：

1 仪表信号电线电缆的线芯截面应满足检测、控制回路对线路阻抗及施工机械强度的要求。一般电缆的线芯截面不宜小于 1.0 mm^2，盘内导线的线芯截面不宜小于 0.5 mm^2。

2 热电阻、报警联锁信号的线芯截面不宜小于 1.5 mm^2，电磁阀的线芯截面不宜小于 2.5 mm^2，热电偶补偿导线的线芯截面宜为 1.0 mm^2～2.5 mm^2。当采用多芯电缆，在线路电阻满足要求的条件下，其线芯截面可适当缩小为 0.75 mm^2～1.5 mm^2。

3 电缆明设或在电缆沟内敷设时的最小线芯截面：1 区内不应小于 2.5 mm^2；2 区内不应小于 1.5 mm^2。

10.1.3 电缆的备用芯应符合下列要求：

1 从现场仪表直接到控制室的单根电缆可不留备用芯。

2 从仪表接线箱到控制室的多芯电缆应留有备用芯，备用量不宜少于工作芯数的 10%。

3 从接线箱到现场仪表的电缆不宜留备用芯。

10.2 气动信号管道的选择

10.2.1 气动信号管道的规格宜选 ϕ6 mm×1 mm、ϕ8 mm×1 mm、ϕ10 mm×1 mm。

10.2.2 气动信号管道材质，可按表 10.2.2 选用。

表 10.2.2 气动信号管道材质

使用场合	材质
一般场合	不锈钢管、紫铜单管、PVC 护套紫铜管及管缆、聚乙烯单管及管缆、尼龙单管及管缆
腐蚀性场合	不锈钢管、PVC 护套紫铜管及管缆
控制室	紫铜单管、PVC 护套紫铜管

10.2.3 环境温度变化较大，高、低温设备附近或有火灾危险的场所，应选用紫铜管或不锈钢管。

10.2.4 生产装置有防静电要求时，不应使用聚乙烯管或尼龙管。

10.2.5 管道进出仪表盘或现场仪表保护箱和保温箱时，应选用穿板接头连接。

10.3 测量管道及配件的选择

10.3.1 测量管道及配件的材质和规格，应根据被测介质的物理性质、操作条件和所处环境条件确定，测量管道管径及材质宜按表 10.3.1 选用。

表 10.3.1 测量管道管径及材质选用

工况压力(MPa)	规格(mm×mm)	材质(适用非腐蚀性场所)
$PN \leqslant 6.3$	ϕ12×1.5、ϕ14×2、ϕ18×3、ϕ22×3	碳钢、不锈钢
$6.3 < PN \leqslant 16$	ϕ12×2、ϕ14×3、ϕ18×4×ϕ22×4	碳钢、不锈钢

表 10.3.1(续)

工况压力(MPa)	规格(mm×mm)	材质(适用非腐蚀性场所)
$16<PN\leqslant 32$	$\phi 14\times 4$、$\phi 19\times 5$	不锈钢
注:当工况压力 $PN>32$ MPa 时,测量管道的管径及材质应按有关专业规范执行。		

10.3.2 测量管路材质,应选用与连接工艺管道、设备相同或性能更好的材质。

10.3.3 测量管路、管件及阀门,宜选用同种材料。

10.3.4 分析取样管路的材质,宜选用不锈钢。

10.3.5 测量管道配件的密封件,当介质温度不小于 200 ℃时,不应采用聚四氟乙烯材料。

10.4 电线电缆和仪表管道管缆的敷设

10.4.1 电线、电缆根据现场情况可采用架空、电缆沟或直埋等方式敷设,并应符合下列要求:

1 电线、电缆应按较短途径集中敷设,避开潮湿、热源、振动、静电及磁场干扰,不应敷设在影响操作、妨碍设备维修的位置。

2 现场检测、控制点较少或分散时,铠装电缆在室外可直埋敷设,非铠装电缆宜穿金属管直埋或架空敷设。

3 现场检测、控制点较多且集中时,电线、电缆宜敷设在带盖板的汇线槽或电缆桥架内,电缆填充系数宜为 0.3~0.5,电缆出桥架或槽盒处应使用塑料或金属护口保护。

4 罐区内电缆宜直埋敷设。

5 电线、电缆不宜平行敷设在高温工艺管道和设备的上方或有腐蚀性液体工艺管道和设备的下方;在爆炸和火灾危险场所沿工艺管架敷设时,其位置应在爆炸和火灾危险性较小的一侧。

6 汇线槽、电缆沟、保护管通过不同级别爆炸、火灾危险区域时,在分界处均应采取隔离密封措施;在有可能积聚易燃、易爆气体的电缆沟内,电缆敷设完毕,应填满砂子。

7 不同电压等级的信号,不宜共用一根电缆,也不宜共用一个接线箱。安全仪表系统、火气系统、过程仪表控制系统的信号,不可共用一根电缆。通信总线电缆宜独立设置。

8 本安电路的电线、电缆与非本安电路的电线、电缆应分开敷设,并应有蓝色标志;当在同一桥架内敷设时,宜用金属隔板隔开,并对金属隔板可靠接地。

9 不大于 24 V DC 的仪表信号电缆与 220 V AC 供电电缆应分隔敷设。

10 仪表电线、电缆中间不应有接头,但可根据需要设置接线箱或接线柜。

11 防爆现场仪表及接线箱的电缆进线口处,应采用相应防爆级别的电缆引入装置进行密封。

12 电缆沟坡度不应小于 1/200,室内沟底坡度应坡向室外。在沟底的最低点应采取排水措施。电缆沟应避免与地下管道、动力电缆沟等交叉。当与动力电缆沟交叉时,应成直角跨越;在交叉部分的仪表电缆应穿保护管或用金属槽盒保护。

13 电缆穿管敷设时,电缆充填系数不宜大于 40%,保护管内径不应小于电缆外径的 1.5 倍,单根保护管的直角弯头超过 2 个或直线长度超过 30 m 时,应加穿线盒。

14 室内穿管直埋敷设的电缆埋深距地面不宜小于 300 mm;室外直埋敷设的电缆埋深距地面不应小于 700 mm,在寒冷地区的电缆宜埋在冻土层以下,当无法满足时,应有防止电缆损坏的措施。

15 直埋敷设的电缆、保护管与建筑物地下基础间的最小净距离不应小于600 mm。

16 直埋敷设的电缆不允许平行敷设在工艺管道的上方或下方,当沿工艺管道两侧平行敷设或交叉敷设时,最小净距离应符合下列规定:

1) 与易燃、易爆介质的管道平行时不应小于1000 mm,交叉时不应小于500 mm;

2) 与热力管道平行时不应小于2000 mm,交叉时不应小于500 mm,但电缆周围土壤温升超过10 ℃时,应采取隔热措施;

3) 与水管道或其他工艺管道平行或交叉时,均不应小于500 mm。

17 直埋敷设电缆,应有明显标识。当穿越道路时,应穿保护管保护,管顶距路面不应小于1000 mm,延伸出公路两端长度宜为2000 mm。

18 架空或电缆沟敷设时,与工艺设备、管道或建筑物表面的净距离不应小于150 mm。与热力管道平行敷设时,距离不应小于500 mm;交叉敷设时,距外表面不应小于200 mm;当无法满足时,应采取隔热措施。

19 当仪表信号电缆(线)与动力电缆(线)交叉敷设时,宜成直角,平行敷设时,其相互间的最小允许距离应符合表10.4.1的规定。

表10.4.1 仪表信号电缆(线)与动力电缆(线)之间的最小允许距离(m)

动力电缆电压与工作电流	相互平行敷设的长度(m)			
	<100	<250	<500	≥500
125 V,10 A	0.05	0.10	0.20	1.20
250 V,50 A	0.15	0.20	0.45	1.20
200 V ~400 V,100 A	0.20	0.45	0.60	1.20
400 V~500 V,200 A	0.30	0.60	0.90	1.20
3000 V~10000 V,800 A	0.60	0.90	1.20	1.20

20 仪表信号电缆在有强磁场和强静电场的电气设备之间穿金属管或在带盖的汇线槽内敷设时,应选择屏蔽电缆,与上述电气设备间的净距离,宜大于800 mm。

10.4.2 测量管道应架空敷设,并应符合下列要求:

1 应避开高温、工艺介质排放口、有碍检修、易受机械损伤、腐蚀和振动及影响测量的场所。

2 测量管道长度不宜超过15 m;水平敷设时应根据不同介质选择1/10~1/100之间的倾斜度。其倾斜方向应保证能排出冷凝液或气体。

3 测量管道的敷设应避免产生附加静压头、密度差和气泡;对可能产生气泡的液体或冷凝出液体的气体测量管道,应安装排气阀或排液阀;易燃、易爆、有毒介质应排放到指定地点或密闭的排放系统,不应任意排放。

4 在操作条件或环境条件下易凝、易冻、易结晶、易液化的被测介质,测量管道应采取伴热或绝热措施。

5 当采用汇线槽敷设时,槽内管缆充填系数不宜超过40%。

6 分析取样管道应架空敷设,穿越墙壁或楼板时应加保护管,保护管两端应密封,可燃气体自动分析器的排放口应安装阻火器。

7 介质温度不小于120 ℃时,测量管道可适当延长。

8 对超过10 MPa的压力测量管道,应设置拆卸仪表的安全泄压设施,并使排放口朝向安全侧。

9 当被测参数为较小的差压值时,导压管的倾斜度可适当加大,测量差压用的正压管和负压管应敷设在环境条件相同的地方。

10 仪表及仪表测量管道的保温应符合现行行业标准《石油化工仪表及管道伴热和绝热设计规范》SH/T 3126的有关规定。隔离、吹洗应符合现行行业标准《石油化工仪表及管道隔离和吹洗设计规范》SH/T 3021的有关规定。

11 引压管可采用焊接或卡套方式连接,采用卡套连接时,应保证具有良好的同心度。

12 引压管道上的可拆卸接头不宜超过3处,可拆卸接头宜采用密封螺纹或卡套连接方式。

10.4.3 工艺装置区内的供气管路应架空敷设,且应避开高温、放射性辐射、腐蚀、强烈振动、易漏的工艺管道和物料排放口等不安全的环境。当不能避开时,应采取有效的防护措施。

11 接地

11.1 一般规定

11.1.1 仪表控制系统的工作接地、保护接地、防雷接地、防静电接地宜共用接地系统,除非设备有特殊要求,接地电阻应符合电气装置的接地要求,不宜大于4 Ω。

11.1.2 仪表控制系统的交流电源应为TN-S接地型式,接地线不应使用中性线。

11.2 工作接地

11.2.1 仪表信号回路接地、屏蔽接地和本质安全系统接地应接入仪表控制系统的工作接地。

11.2.2 现场仪表及仪表信号的回路接地,应根据仪表控制系统的要求及现场条件确定接地型式。

11.2.3 齐纳式安全栅应接入工作接地,隔离式安全栅不可接地。

11.2.4 单层屏蔽电缆的屏蔽层或双层屏蔽电缆的内屏蔽层应单点接地,宜在控制室的一侧接地。当信号源接地时,单点接地的屏蔽层应在信号源端接地,否则应在信号接收端接地。

11.2.5 仪表控制系统每一回路的屏蔽层应保证可靠的电气连接。

11.2.6 非屏蔽的多芯电缆,其备用线芯应接入工作接地;屏蔽多芯电缆的备用线芯可不接地。

11.3 保护接地

11.3.1 在爆炸危险环境中的所有仪表设备的金属外壳、金属构架、仪表电缆槽体、电缆保护管应可靠接地。

11.3.2 在非爆炸危险环境36 V及以下供电的现场仪表,不可做保护接地。

11.4 防雷接地

11.4.1 仪表控制系统的防雷击电磁脉冲措施应与供配电系统的防雷措施协调配合,重要设备应根据雷电风险评估进行设计。

11.4.2 电涌保护器的设计应符合下列规定:

1 220 V AC电源宜选用组合型电涌保护器,电压保护水平不应大于1.5 kV;同一线路上的电涌保护器应进行能量配合。

2 仪表信号采用的电涌保护器应有较小电压保护水平值,标称放电电流不应小于 5 kA (8/20μs)。

3 电涌保护器应设置在被保护设备端,回路的接地连接线应遵循最短原则。

4 控制室内仪表信号的电涌保护器宜接入保护接地、220 V AC 电源应接入保护接地。

11.4.3 进出控制室和机柜间电缆的铠装金属层、金属保护管,以及金属桥架应做等电位连接,并应就近接入保护接地。

11.4.4 现场仪表、接线箱的金属外壳应接地,可通过设备、操作平台的金属结构等电位连接后接地。控制室内的盘柜应就近接入保护接地。

11.4.5 电缆的铠装金属层、外屏蔽层、金属保护管或电缆桥架(槽体)至少应在两端接入保护接地。

11.4.6 非铠装单层屏蔽电缆穿过不同防雷区时,应敷设在金属管内、金属格栅内或电缆桥架(槽体)内。金属管、金属格栅或电缆桥架(槽体)应保持电气通路,至少应在两端接入共用接地系统。

11.5 防静电接地

11.5.1 控制室和机柜间的防静电措施应符合现行国家标准《电子工程防静电设计规范》GB 50611 的有关规定。

11.5.2 室内导电地面、活动地板、工作台的防静电接地应与保护接地合并,可共用接地连接线。

11.6 接地系统连接

11.6.1 仪表控制系统的工作接地、保护接地应分别接入共用接地系统,接地系统示意图(图 11.6.1),不同功能的等电位连接不应串联或混接后接地。

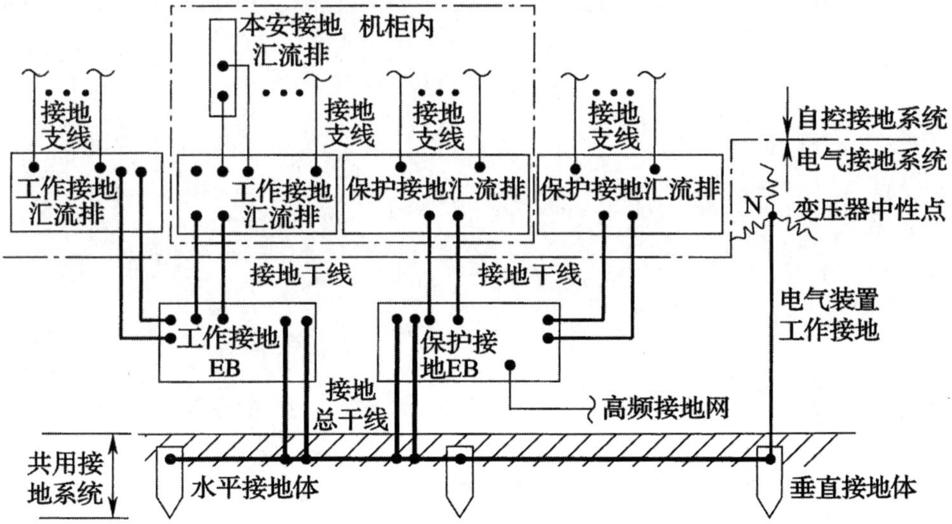

图 11.6.1 接地系统示意图

11.6.2 仪表控制系统工作接地与共用接地系统的连接线总电阻不应大于 1 Ω。

11.6.3 仪表控制系统的接地汇流排宜采用截面积不小于 25 mm×6 mm 的铜排。接地线不小于 1.5 mm^2,接地支线不小于 4 mm^2,接地分干线不小于 6 mm^2,接地干线不小于 16 mm^2,接地总干线宜为 25 mm^2～50 mm^2。

11.6.4 控制室、机柜间的保护接地与共用接地系统的连接不应少于 2 处,接地连接线应为不同路径走向。

11.6.5 现场仪表的接地线截面积不宜小于 6 mm^2 绝缘铜导线。

11.6.6 仪表信号的电涌保护器(SPD)接地线宜为截面积不小于 2.5 mm^2 的绝缘铜导线。

11.6.7 接地线宜根据接地功能性采用不同的标识颜色,工作接地宜为绿色、本安接地宜为蓝色、保护接地应为黄绿相间色。

附 录 A
控制阀口径的确定

A.1 控制阀流量系数的计算

A.1.1 不同单位制的流量系数应按下列公式计算：

$$C_V = 1.167C \quad \text{(A.1.1-1)}$$

$$K_V = 0.865C_V \quad \text{(A.1.1-2)}$$

式中：C ——工程单位制(MKS制)流量系数；

C_V——英制单位流量系数；

K_V——国际单位制(SI制)流量系数。

A.1.2 不可压缩流体(液体)的 K_V 值可按下列方法计算和修正：

1 不可压缩流体(液体)的 K_V 值可按表 A.1.2-1 中所列公式与判别式计算：

表 A.1.2-1 不可压缩流体(液体)K_V 值

流动工况	非阻塞流	阻塞流
判别式	$\Delta P < F_L^2(P_1 - F_F P_V)$	$\Delta P \geqslant F_L^2(P_1 - F_F P_V)$
计算公式	$K_V = 0.01Q_L\sqrt{\dfrac{\rho_L}{P_1 - P_2}}$ 或 $K_V = \dfrac{0.01W_L}{\sqrt{\rho_L(P_1 - P_2)}}$	$K_V = 0.01Q_L\sqrt{\dfrac{\rho_L}{F_L^2(P_1 - F_F P_V)}}$ 或 $K_V = \dfrac{0.01W_L}{\sqrt{\rho_L F_L^2(P_1 - F_F P_V)}}$
备注	$F_F = 0.96 - 0.28\sqrt{\dfrac{P_V}{P_C}}$	

注：P_1—阀入口取压点测得的绝对压力(MPa)；P_2—阀出口取压点测得的绝对压力(MPa)；ΔP—阀入口和出口间的压差(MPa)，即$(P_1 - P_2)$；P_V—阀入口温度饱和蒸汽压(绝压)(MPa)；P_C—热力学临界压力(绝压)(MPa)；F_F—液体临界压力比系数；F_L—液体压力恢复系数；Q_L—液体体积流量(m^3/h)；ρ_L—液体密度(kg/cm^3)；W_L—液体质量流量(kg/h)。

2 当流经控制阀流体雷诺数 Re_v 小于 10^4 时，应按下式进行雷诺数修正：

$$K_{V1} = \frac{K_V}{F_R} \quad \text{(A.1.2-1)}$$

式中：K_{V1}——修正后的流量系数；

F_R ——雷诺数系数。

3 雷诺数系数 F_R 可从 Re_v-F_R 关系曲线(图 A.1.2)上查得。

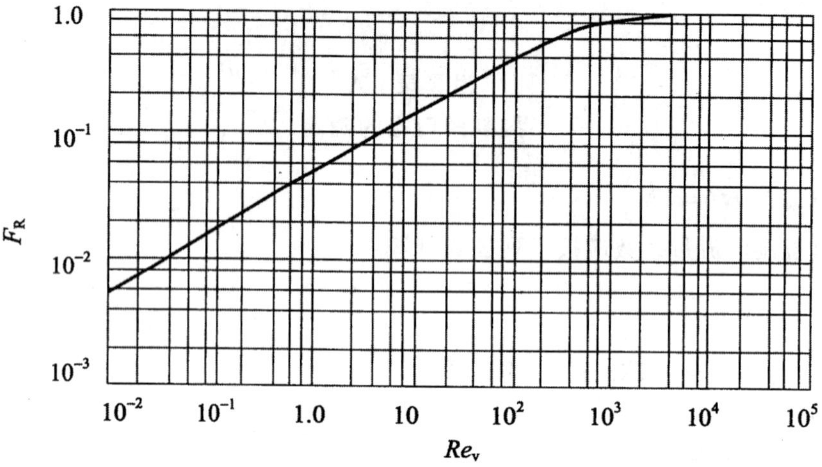

图 A.1.2　Re_v-F_R 关系曲线

4　雷诺数 Re_v 值可按下列公式计算：

1）　对于只有一个流路的控制阀：

$$Re_v = \frac{70700 Q_L}{\upsilon \sqrt{F_L K_V}} \qquad \text{(A.1.2-2)}$$

2）　对于有两个平行流路控制阀：

$$Re_v = \frac{49490 Q_L}{\upsilon \sqrt{F_L K_V}} \qquad \text{(A.1.2-3)}$$

式中：υ ——运动粘度($10^{-5}\,m^2/s$)。

5　控制阀的 F_L、X_T 数值可从表 A.1.2-2 中查出：

表 A.1.2-2　控制阀的 F_L、X_T 数值

<table>
<tr><td rowspan="2">阀型</td><td colspan="4">单座阀</td><td>双座阀</td><td colspan="2">套筒阀</td></tr>
<tr><td colspan="2">VP</td><td colspan="2">JP</td><td>VN</td><td>VM</td><td>JM</td></tr>
<tr><td>流向</td><td>流开</td><td>流关</td><td>流开</td><td>流关</td><td>任意</td><td>任意</td><td>任意</td></tr>
<tr><td>F_L</td><td>0.93</td><td>0.75</td><td rowspan="2">0.92</td><td rowspan="2">0.85</td><td>0.84</td><td>0.91</td><td rowspan="2">0.84</td></tr>
<tr><td>X_T</td><td>0.58</td><td>0.46</td><td>0.61</td><td>0.69</td></tr>
<tr><td rowspan="2">阀型</td><td colspan="2">角形阀</td><td colspan="2">偏转阀</td><td colspan="3">蝶阀</td></tr>
<tr><td colspan="2">VS</td><td colspan="2">VZ</td><td colspan="3">VW</td></tr>
<tr><td>流向</td><td>流开</td><td>流关</td><td>流开</td><td>流关</td><td colspan="2">任意 90°</td><td>任意 70°</td></tr>
<tr><td>F_L</td><td>0.93</td><td>0.80</td><td>0.88</td><td>0.62</td><td colspan="2">0.61</td><td>0.72</td></tr>
<tr><td>X_T</td><td>0.56</td><td>0.53</td><td>0.56</td><td>0.40</td><td colspan="2">0.72</td><td>0.52</td></tr>
</table>

A.1.3　可压缩流体(气体、蒸汽)的 K_V 值可按表 A.1.3 所列公式与判别式计算：

表 A.1.3 可压缩流体(气体、蒸汽)K_V 值

流动工况	非阻塞流	阻塞流
判别式	$X<\frac{K}{1.4}X_T$	$X\geqslant\frac{K}{1.4}X_T$
计算公式	$K_V=\frac{Q_g}{24600P_1F_gf(X,K)}\sqrt{\frac{MT_1Z}{X}}$ 或 $K_V=\frac{Q_g}{5190P_1F_gf(X,K)}\sqrt{\frac{T_1\rho_NZ}{X}}$ 或 $K_V=\frac{W_g}{1100P_1F_gf(X,K)}\sqrt{\frac{T_1Z}{XM}}$ 或 $K_V=\frac{W_g}{100F_gf(X,K)}\sqrt{\frac{1}{XP_1\rho_1}}$	
备注	1.$f(X,K)=1.47-0.66\frac{X}{KX_T}$为通用式,$F_g=0.69$; $f(X,K)=1.62-0.87\frac{X}{KX_T}$为蝶阀专用式,$F_g=0.62$; $f(X,K)=1.36-0.49\frac{X}{KX_T}$为角形阀专用式,$F_g=0.74$ 2.阻塞流时 X 用 X_T 代入	

注:X—压差与入口绝对压力之比($\Delta P/P_1$);X_T—压差比系数;K—比热比;Q_g—气体、蒸汽体积流量(Nm^3/h);W_g—气体、蒸汽质量流量(kg/h);ρ_1—气体、蒸汽密度(P_1,T_1 条件)(kg/m^3);T_1—入口绝对温度(K);M—分子量;Z—压缩系数;F_g—压力恢复系数(气体);$f(X,K)$—压差比修正函数;P_1—阀入口取压点测得的绝对压力(MPa);ρ_N—气体、蒸汽标准状态密度(273K,1.013×10^2 kPa)〔$kg/(Nm^3)$〕。

A.1.4 两相流的 K_V 值可按表 A.1.4 所列公式计算:

表 A.1.4 两相流 K_V 值

适用介质	计算公式
液体与非凝性气体; 液体与蒸汽,其中蒸汽占绝大部分	$K_V=\frac{W_g+W_L}{100\sqrt{\rho_e(P_1-P_2)}}$ 式中:$\rho_e=\frac{W_g+W_L}{\frac{W_g}{\rho_1F_L^2f^2(X,K)}+\frac{W_L}{\rho_L}}$ 或 $\rho_e=\frac{W_g+W_L}{\frac{T_1W_g}{2640P_1\rho_NZF_L^2f^2(X,K)}+\frac{W_L}{\rho_L}}$ 或 $\rho_e=\frac{W_g+W_L}{\frac{0.0085T_1W_g}{MP_1ZF_L^2f^2(X,K)}+\frac{W_L}{\rho_L}}$

表 A.1.4(续)

适用介质	计算公式
液体与蒸汽,其中液体占绝大部分	$K_V=\dfrac{W_g+W_L}{100F_L\sqrt{P_1\rho_m(1-F_F)}}$ 式中:$\rho_m=\dfrac{W_g+W_L}{\dfrac{W_g}{\rho_1}+\dfrac{W_L}{\rho_L}}$ 或 $\rho_m=\dfrac{W_g+W_L}{\dfrac{W_g}{2640P_1\rho_1}+\dfrac{W_L}{\rho_L}}$ 或 $\rho_m=\dfrac{W_g+W_L}{\dfrac{0.0085T_1W_g}{MP_1}+\dfrac{W_L}{\rho_L}}$
注:1 表中公式仅适用于气(汽)、液均匀混合相流体,且其中单相流体均未达到阻塞流条件。 2 ρ_e—两相流有效密度(kg/m³);ρ_m—两相流密度(P_1,T_1 条件)(kg/m³)。	

A.2 控制阀计算最大流量的确定

A.2.1 控制阀计算最大流量可按下式计算:

$$Q_{max计}=(1.15\sim1.5)Q_{max} \quad\cdots\cdots\cdots\cdots (A.2.1)$$

式中:$Q_{max计}$——计算最大流量;

Q_{max}——最大流量。

A.2.2 当无法取得最大流量数值,或最大流量接近正常流量 Q_{nor} 时,计算最大流量可按下式计算:

$$Q_{max计}\geqslant1.25Q_{nor} \quad\cdots\cdots\cdots\cdots (A.2.2)$$

式中:Q_{nor}——正常流量。

A.3 控制阀口径的确定步骤

A.3.1 控制阀口径可按下列步骤确定:

1 根据工艺专业提供的流体流量,按本规范第 A.2 节确定合理的计算最大流量 $Q_{max计}$。

2 按 A.1 节公式或程序计算出控制阀在全开时流过计算最大流量 $Q_{max计}$ 的流量系数,即额定流量系数 $K_{V计}$。

3 将额定流量系数 $K_{V计}$ 圆整成 $K_{V选}$。

4 将圆整后的 $K_{V选}$ 同实际控制阀的额定流量系数 K_V 比较确定控制阀的口径。

A.3.2 当无法求得计算最大流量并且阀阻比 S 大于或等于 0.3 时,可根据工艺提供的正常流量按公式或程序计算出控制阀流经正常流量时的流量系数 K_{vnor},额定流量系统的 $K_{V计}$ 可按下式估算,将 $K_{V计}$ 圆整成 $K_{V选}$ 后同实际控制阀的额定流量系数 K_V 比较确定控制阀口径。

$$\frac{K_{vnor}}{K_{V计}}\geqslant m \quad (A.3.2)$$

式中:m——流量系数放大倍数,直线特性控制阀 m 取 1.63,等百分比特性控制阀 m 取 1.97。

A.3.3 圆整后所确定控制阀的额定流量系数 K_V 值应能使控制阀的相对行程符合表 A.3.3 所

规定的范围。

表 A.3.3 控制阀的相对行程

流量＼阀特性	阀相对行程(%)	
	直线	等百分比
最大流量	80	90
最小流量	10	30

A.3.4 控制阀在使用过程中产生的噪声不应大于 85 dB(A),当计算噪声不符合要求,则应对所选控制阀的阀型和口径进行适当的调整。

本规范用词说明

1 为便于在执行本规范条文时区别对待,对要求严格程度不同的用词说明如下:

1) 表示很严格,非这样做不可的:
正面词采用“必须”,反面词采用“严禁”;

2) 表示严格,在正常情况下均应这样做的:
正面词采用“应”,反面词采用“不应”或“不得”;

3) 表示允许稍有选择,在条件许可时首先应这样做的:
正面词采用“宜”,反面词采用“不宜”;

4) 表示有选择,在一定条件下可以这样做的,采用“可”。

2 条文中指明应按其他有关标准执行的写法为:“应符合……的规定”或“应按……执行”。

引用标准名录

《建筑设计防火规范》GB 50016

《爆炸和火灾危险环境电力装置设计规范》GB 50058

《火灾自动报警系统设计规范》GB 50116

《石油天然气工程设计防火规范》GB 50183

《输气管道工程设计规范》GB 50251

《输油管道工程设计规范》GB 50253

《油气集输设计规范》GB 50350

《石油化工可燃气体和有毒气体检测报警设计规范》GB 50493

《电子工程防静电设计规范》GB 50611

《用安装在圆形截面管道中的差压装置测量满管流体流量》GB/T 2624.1～GB/T 2624.4

《爆炸性气体环境用电气设备　第5部分:正压外壳型“p”》GB 3836.5

《爆炸性气体环境用电气设备》GB 3836.1～GB 3836.17

《外壳防护等级(IP代码)》GB 4208

《工业通信网络　现场总线规范　第2部分:物理层规范和服务定义》GB/T 16657.2

《液态烃体积测量　涡轮流量计计量系统》GB/T 17289

《用气体超声流量计测量天然气流量》GB/T 18604

《阻燃和耐火电线电缆通则》GB/T 19666

《含硫油气田硫化氢监测与人身安全防护规程》SY/T 6277

《石油天然气工程可燃气体检测报警系统安全技术规范》SY 6503

《石油化工仪表及管道隔离和吹洗设计规范》SH/T 3021

《石油化工仪表安装设计规范》SH/T 3104

《石油化工仪表及管道伴热和绝热设计规范》SH/T 3126

UDC

中华人民共和国国家标准

P

GB 50991—2014

埋地钢质管道直流干扰防护技术标准

Technical standard for DC interference mitigation of buried steel pipeline

2014-05-16 发布 2015-02-01 实施

1138 中华人民共和国住房和城乡建设部
中华人民共和国国家质量监督检验检疫总局 联合发布

中华人民共和国住房和城乡建设部公告

第419号

住房城乡建设部关于发布国家标准《埋地钢质管道直流干扰防护技术标准》的公告

现批准《埋地钢质管道直流干扰防护技术标准》为国家标准，编号为GB 50991—2014，自2015年2月1日起实施。其中，第3.0.8条为强制性条文，必须严格执行。

本标准由我部标准定额研究所组织中国计划出版社出版发行。

中华人民共和国住房和城乡建设部

2014年5月16日

前　言

本标准是根据住房城乡建设部《关于印发〈2010年工程建设标准规范制订、修订计划〉的通知》(建标〔2010〕43号)的要求，由中国石油管道公司沈阳调度中心会同有关单位共同编制完成的。

本标准在编制过程中，编制组经过广泛调查研究，认真总结管道直流干扰腐蚀防护工程方面的实践经验，参考有关国际标准，并广泛征求意见，最后经审查定稿。

本标准共分9章和1个附录，主要内容有：总则、术语、基本规定、调查与测试、直流干扰的识别和评价、直流干扰防护措施、干扰防护效果的评定、干扰防护的调整、干扰防护系统的管理等。

本标准中以黑体字标志的条文为强制性条文，必须严格执行。

本标准由住房城乡建设部负责管理和对强制性条文的解释，由石油工程建设专业标准化委员会负责日常管理，由中国石油管道公司沈阳调度中心负责具体技术内容的解释。执行过程中如有意见和建议，请寄送中国石油管道公司沈阳调度中心(地址：沈阳市皇姑区岐山中路39号，邮政编码：110014)。

本标准主编单位、参编单位、主要起草人和主要审查人：

主 编 单 位：中国石油管道公司沈阳调度中心

参 编 单 位：中国石油天然气股份有限公司管道沈阳技术分公司
中国电力科学研究院
铁道第三勘察设计院集团有限公司
中国石化管道储运有限公司

主要起草人：陈敬和　何悟忠　卢绮敏　李绍忠　郭庆茹　刘志军　陆家榆　王双平
陈建民　齐　磊　王　闯

主要审查人：唐明华　张　平　罗　锋　吴志平　卜文平　刘玲莉　葛艾天　李英义
陈学江　蒋　俊　杜艳霞　薛致远　窦宏强　冯洪臣　刘成铁

1 总则

1.0.1 为控制直流杂散电流对埋地钢质管道(以下简称管道)的干扰腐蚀危害,规范直流干扰防护的技术要求,制定本标准。

1.0.2 本标准适用于管道直流干扰的调查与测试,以及直流干扰防护工程的设计、施工和维护。

1.0.3 管道直流干扰防护工作除应执行本标准外,尚应符合国家现行有关标准的规定。

2 术语

2.0.1

杂散电流 stray current

在非指定回路中流动的电流。

2.0.2

直流干扰 DC interference

因直流杂散电流导致的构筑物内的直流电扰动。

2.0.3

干扰源 interference source

产生杂散电流的设施,也称杂散电流源。

2.0.4

直流杂散电流腐蚀 DC stray current corrosion

由直流杂散电流引起的腐蚀。

2.0.5

管道阴极区 cathodic area of pipeline

杂散电流从土壤流向管道的区域。

2.0.6

管道阳极区 anodic area of pipeline

杂散电流从管道流向土壤的区域。

2.0.7

管道交变区 alternating area of pipeline

杂散电流流入或流出管道的方向不断变化的区域,此区域杂散电流有时从管道流向土壤,有时从土壤流向管道。

2.0.8

干扰防护 interference mitigation

为使埋地钢质管道免受干扰腐蚀,采取排流、增设阴极保护、修复防腐层和电屏蔽等方式对干扰进行治理和控制的过程。

2.0.9

排流 drainage

通过人为形成的通路,使管道中的干扰电流直接或间接地流回到干扰源的负回归网络,以减弱管道直流干扰影响的防护技术。

2.0.10

接地排流　drainage by grounding

在被干扰管道与排流接地体相连,使管道内的杂散电流通过排流接地体流入大地,进而流回干扰源负回归网络的一种排流方式。

2.0.11

直接排流　direct drainage

将被干扰管道与干扰源的负回归网络通过导线直接相连的一种排流方式。

2.0.12

极性排流　polarity drainage

在被干扰管道与干扰源的负回归网络或排流接地体之间串入防逆流装置的一种排流方式。

2.0.13

强制排流　forced drainage

被干扰管道与干扰源的负回归网络或排流接地体之间通过带外加电源的强制排流装置,形成一个外加电位差,强制杂散电流从管道流回干扰源的一种排流方式。

2.0.14

轨地电位　rail to soil potential

铁轨与相邻土壤之间的电位差。

2.0.15

管轨电压　pipeline to rail voltage

管道与附近铁轨之间的直流电压。

2.0.16

等电位连接　equipotential bonding

采用电缆把相距较近且存在相互干扰的管道连接起来,使相关管道的管地电位相同或接近的一种干扰防护方式。

2.0.17

绝缘隔离　insulating isolation

在被干扰管道上的一处或多处位置安装绝缘装置,将管道分隔成电气上不连续的若干管段,通过增大被干扰管道回路电阻来减少纵向累积进入管道的杂散电流并缩短干扰范围的一种干扰防护方式。

2.0.18

绝缘装置跨接　connection across insulation device

通过电缆把管道现有绝缘装置两端连接起来,实现电气连通,降低绝缘装置两端干扰的一种干扰防护方式。

2.0.19

屏蔽　shielding

在被干扰管道附近埋设屏蔽物以拦截或吸收杂散电流的一种干扰防护方式。

3　基本规定

3.0.1　管道与高压直流输电系统、直流牵引系统等干扰源宜保持防护间距。

3.0.2 在系统设计阶段,应充分考虑干扰源对外部埋地金属构筑物的直流干扰,以及管道可能受到的直流干扰影响,并应对管道可能受到的直流干扰影响进行分析和评价。

3.0.3 对管道造成直流干扰的干扰源方,应根据国家相关法规及标准采取减少杂散电流的措施,并应为管道直流干扰的调查测试和防护工作提供支持。

3.0.4 在干扰区域,宜由管道方、干扰源方及其他有关各方的代表组成防干扰协调机构,对干扰进行统一测试和评价,且宜协调设计干扰防护措施并宜分别实施和管理。

3.0.5 处于高压直流输电系统、直流牵引系统等干扰源附近的管道,应进行干扰源侧和管道侧两方面的调查测试。

3.0.6 当发现管地电位存在异常偏移或异常波动时,应进行直流杂散电流干扰调查和测试。

3.0.7 应根据对干扰的调查和测试结果,对干扰状况进行分析评价,确定是否需要采取干扰防护措施。

3.0.8 **当确认管道受直流干扰影响和危害时,必须采取防护措施。**

3.0.9 应选择与干扰程度相适应的干扰防护措施,对于干扰严重或干扰状况复杂的场合可采取多种防护方式进行综合治理。

3.0.10 在采取防护措施时,应限制防护措施对与其邻近的其他埋地金属构筑物的消极影响。当采取限制措施后仍不能消除这种消极影响时,可将受到影响的其他埋地金属构筑物纳入拟定的干扰防护系统,实施共同防护。

3.0.11 受直流干扰影响的管道宜设置测试探头或检查片。

3.0.12 受直流干扰的管道同时存在交流干扰时,应防止交流干扰对直流干扰测试和防护的影响。

4 调查与测试

4.1 一般规定

4.1.1 在调查与测试开始前,应明确调查测试的具体内容和实施测试的管道范围,选定测试点和测试时间。

4.1.2 应通过调查与测试,确定干扰的原因、形态和范围,分析干扰的分布规律,评价干扰的严重程度。

4.1.3 在调查与测试工作中应遵守下列安全规定:

1 干扰测试的测试接线应采用绝缘线夹和插头;

2 测试操作中应首先接好仪表回路,再连接被测体,测试结束时,按相反的顺序操作,并应执行右手单手操作法;

3 在管道上的电绝缘装置两侧进行测试之前,应检查是否存在危险电压;

4 在雷雨天气时,应避免进行可能接触管道和干扰源的测试作业;

5 当测试导线穿越街道、公路等交通繁忙的地段时,应设置安全警示标志或派人监护;

6 在可能存在可燃性气体的环境中进行测试作业时,应避免在接线或拆线时产生电火花。在无法避免产生电火花时,应采取措施并确认不存在燃爆危险时方可进行测试作业;

7 在涵洞、隧道等特殊位置测试时,应先对环境的安全性进行检查,在确认安全时方可进行测试;

8 在调查与测试工作中,除遵守上述安全规定外,还应遵守相关安全法规的有关规定。

4.2 调查与测试的项目

4.2.1 被干扰管道的调查测试宜包括下列项目：

1 本地区管道的腐蚀实例及被干扰管道腐蚀的形态特征；

2 管地电位及其分布；

3 管壁中流动的管道干扰电流；

4 流入、流出管道的管道干扰电流大小与部位；

5 管轨电压及其方向；

6 管道外防腐层绝缘电阻率；

7 管道外防腐层缺陷点；

8 管道沿线土壤电阻率；

9 地电位梯度与杂散电流方向；

10 管道现有阴极保护和干扰防护系统的运行参数及运行状况；

11 管道与其他相邻、交叉的管道或其他埋地金属构筑物间的电位差以及其他相邻、交叉的管道或其他埋地金属构筑物的阴极保护和干扰防护系统的运行参数和运行状态；

12 其他需要测试的内容。

4.2.2 直流干扰源的调查测试宜包括下列项目：

1 高压直流输电系统：

1） 高压直流输电系统的建设时间、电压等级、额定容量和额定电流；

2） 高压直流输电线路的分布情况及与管道的相互位置关系；

3） 高压直流输电系统接地极的尺寸、形状及与管道的相互位置关系；

4） 单极大地回线运行方式的发生频次和持续时间；

5） 高压直流输电系统接地极的额定电流、不平衡电流、最大过负荷电流和最大暂态电流；

6） 其他需要测试的内容。

2 直流牵引系统：

1） 直流牵引系统的建设时间、供电电压、馈电方式、馈电极性和牵引电流；

2） 轨道线路分布情况及与管道的相互位置关系；

3） 直流供电所的分布情况及与管道的相互位置关系；

4） 电车运行状况；

5） 轨地电位及其分布；

6） 铁轨附近地电位梯度；

7） 其他需要测试的内容。

3 阴极保护系统：

1） 阴极保护系统的类型、建设时间和保护对象；

2） 阴极保护系统的辅助阳极地床与受干扰管道的相互位置关系；

3） 阴极保护系统的保护对象与受干扰管道的相互位置关系；

4） 阴极保护系统辅助阳极的材质、规格和安装方式；

5） 阴极保护系统的控制电位、输出电压和输出电流；

6） 阴极保护系统保护对象的防腐层类型及等级；

7） 阴极保护系统保护对象的对地电位及其分布；

8） 其他需要测试的内容。

4 其他直流用电设施：

1） 直流用电设施的用途、类型和建设时间；.

2） 直流用电设施特别是直流用电设施的接地装置与受干扰管道的相互位置关系；

3） 直流用电设施的电压等级、工作电流和泄漏电流；

4） 直流用电设施的运行频次和时间；

5） 其他需要测试的内容。

4.3 测试作业的分类

4.3.1 测试作业宜分为下列三种类型：

1 预备性测试，用于初步了解管道干扰程度及管地电位的变化特征和分布；

2 防护工程测试，用于详细了解管道干扰程度及管地电位的变化特征和分布；

3 防护效果评定测试，用于评定干扰防护效果并指导干扰防护系统的调整。

4.3.2 被干扰管道的推荐调查与测试项目宜按表 4.3.2-1 的规定进行选择，直流干扰源的推荐调查与测试项目宜按表 4.3.2-2 的规定进行选择。

表 4.3.2-1 被干扰管道的推荐调查与测试项目

调查与测试项目	测试分类		
	预备性测试	防护工程测试	防护效果评定测试
本地区管道的腐蚀实例及被干扰管道腐蚀的形态特征	△	—	—
管地电位及其分布	○	○	○
管壁中流动的管道干扰电流	—	△	—
流入、流出管道的管道干扰电流大小与部位	—	△	—
管轨电压及其方向	—	√	—
管道外防腐层绝缘电阻率	—	√	—
管道外防腐层缺陷点	—	√	—
管道沿线土壤电阻率	√	○	√
地电位梯度与杂散电流方向	√	△	—
管道现有阴极保护和干扰防护系统的运行参数及运行状况	△	○	○
管道与其他相邻、交叉的管道和其他埋地金属构筑物间的电位差以及其他相邻、交叉的管道和其他埋地金属构筑物的阴极保护和干扰防护系统的运行参数和运行状态	△	○	√
其他需要测试的内容	根据需要选择		
注：○—应进行的项目；△—宜进行的项目；√—可进行的项目。			

表 4.3.2-2　直流干扰源的推荐调查与测试项目

干扰源类别	调查与测试项目	测试分类		
		预备性测试	防护工程测试	防护效果评定测试
高压直流输电系统	高压直流输电系统的建设时间、电压等级、额定容量和额定电流	—	○	—
	高压直流输电线路的分布情况及与管道的相互位置关系	—	○	—
	高压直流输电系统接地极的尺寸、形状及与管道的相互位置关系	△	○	—
	单极大地回线运行方式的发生频次和持续时间	√	○	—
	高压直流输电系统接地极的额定电流、不平衡电流、最大过负荷电流和最大暂态电流	√	○	—
	其他需要测试的内容	根据需要选择		
直流牵引系统	直流牵引系统的建设时间、供电电压、馈电方式、馈电极性和牵引电流	—	○	—
	轨道线路分布情况及与管道的相互位置关系	√	○	—
	直流供电所的分布情况及与管道的相互位置关系	√	○	—
	电车运行状况	—	○	—
	轨地电位及其分布	—	√	—
	铁轨附近地电位梯度	—	√	—
	其他需要测试的内容	根据需要选择		
阴极保护系统	阴极保护系统的类型、建设时间和保护对象	√	△	—
	阴极保护系统的辅助阳极地床与受干扰管道的相互位置关系	√	○	—
	阴极保护系统的保护对象与受干扰管道的相互位置关系	√	△	—
	阴极保护系统辅助阳极的材质、规格和安装方式	√	△	—
	阴极保护系统的控制电位、输出电压和输出电流	√	○	—
	阴极保护系统保护对象的防腐层类型及等级	√	√	—
	阴极保护系统保护对象的对地电位及其分布	√	√	—
	其他需要测试的内容	根据需要选择		

表 4.3.2-2(续)

干扰源类别	调查与测试项目	测试分类		
		预备性测试	防护工程测试	防护效果评定测试
其他直流用电设施	直流用电设施的用途、类型和建设时间	√	△	—
	直流用电设施特别是直流用电设施的接地装置与受干扰管道的相互位置关系	√	○	—
	直流用电设施的电压等级、工作电流和泄漏电流	√	○	—
	直流用电设施的运行频次和时间	√	△	—
	其他需要测试的内容	根据需要选择		
注:○—应进行的项目;△—宜进行的项目;√—可进行的项目。				

4.4 测试作业的要求

4.4.1 预备性测试应符合下列规定:

1 在可能存在直流干扰的管段进行测试时,可利用管道现有的测试桩作为测试点;

2 对与阴极保护系统等负荷变化较小的干扰源交叉或接近的管段,各个测试点的持续测试时间宜大于 5 min;对与直流牵引系统等负荷变化较大的干扰源交叉或接近的管段,宜选择在干扰源负荷的高峰时间段内进行测试,测试过程应至少有一个负荷变化周期。

4.4.2 防护工程测试应符合下列规定:

1 测试点应根据预备性测试结果布设在干扰较严重的管段上,测试点间距宜为 50 m~200 m,最大间距不宜大于 500 m;

2 每次测试的持续时间宜为 24 h,在已经了解干扰源负荷变化规律的情况下,持续测试时间可适当缩短,但应大于 1 h,且应选择在干扰源负荷的高峰、平峰和低谷 3 个时间段上。对现有排流点、管道绝缘接头(法兰)两端及管道与干扰源接近和交叉处等具有代表性的点,应进行 24 h 连续测试;

3 测试的次数可根据实际情况确定,但不宜少于 3 次;

4 每次测试的测试点位置应相同,测试起止时间应一致,并应采用相同的读数时间间隔;

5 同一干扰管段内各测试点的测试起止时间应一致,读数时间间隔应相同;

6 干扰源的测试应与被干扰管道同步进行;

7 测试宜在现有防护设施全部关闭和全部运行两种状态下分别进行。

4.4.3 防护效果评定测试除应符合本标准第 4.4.2 条的规定外,还应符合下列规定:

1 测试点在防护工程测试的测试点中选定,应包括拟定排流点、实际排流点和其他采取防护措施的位置、相邻两个排流点中间位置等具有代表性的点;

2 持续测试时间应为 24 h;

3 测试宜在所有防护设施全部关闭和全部运行两种状态下分别进行。

4.4.4 测试读数时间间隔宜为 10 s~30 s,管地电位变动剧烈时,测试读数时间间隔宜为 1 s。

4.4.5 应采取适当措施消除管地电位测试中土壤 IR 降的影响。

4.4.6 相关测试项目的测试操作及数据处理宜按本标准附录 A 的规定进行。

5 直流干扰的识别和评价

5.0.1 管道工程处于设计阶段时,可采用管道拟经路由两侧各 20 m 范围内的地电位梯度判断土壤中杂散电流的强弱,当地电位梯度大于 0.5 mV/m 时,应确认存在直流杂散电流;当地电位梯度大于或等于 2.5 mV/m 时,应评估管道敷设后可能受到的直流干扰影响,并应根据评估结果预设干扰防护措施。

5.0.2 没有实施阴极保护的管道,宜采用管地电位相对于自然电位的偏移值进行判断。当任意点上的管地电位相对于自然电位正向或负向偏移超过 20 mV 时,应确认存在直流干扰;当任意点上的管地电位相对于自然电位正向偏移大于或等于 100 mV 时,应及时采取干扰防护措施。

5.0.3 已投运阴极保护的管道,当干扰导致管道不满足最小保护电位要求时,应及时采取干扰防护措施。

5.0.4 具有如下腐蚀形态特征的被干扰管道,可判定发生了直流杂散电流腐蚀:

1 腐蚀点呈孔蚀状、创面光滑、有时有金属光泽、边缘较整齐;

2 腐蚀产物呈炭黑色细粉状;

3 有水分存在时,可明显观察到电解过程迹象。

5.0.5 可根据干扰程度和受干扰位置随时间变化的情况判定干扰的形态,并应符合下列规定:

1 干扰程度和受干扰的位置随时间没有变化或变化很小,应确定为静态干扰;

2 干扰程度和受干扰的位置随时间不断变化,应确定为动态干扰。

5.0.6 可根据管地电位随距离分布的特征确定干扰的范围及管道阳极区、管道阴极区和管道交变区的位置。

6 直流干扰防护措施

6.1 一般规定

6.1.1 管道侧应根据调查与测试的结果,选择排流保护、阴极保护、防腐层修复、等电位连接、绝缘隔离、绝缘装置跨接和屏蔽等干扰防护措施,防护措施的选取应考虑下列因素:

1 干扰来源及干扰源与管道的相互位置关系;

2 干扰的形态和程度;

3 干扰的范围及管道阳极区、管道阴极区和管道交变区的位置;

4 管道周围地形、地貌和土壤电阻率等环境因素;

5 管道防腐层绝缘性能;

6 管道已有干扰防护措施及其防护效果。

6.1.2 在同一条或同一系统的管道中,根据实际情况可采用一种或多种防护措施。

6.1.3 对于已采用强制电流阴极保护的管道,应首先通过调整现有阴极保护系统抑制干扰。

6.1.4 当调整被干扰管道的阴极保护系统不能有效抑制干扰影响时,应采取排流保护及其他防护措施。

6.1.5 干扰防护中使用的电缆的选择及安装应符合现行国家标准《电力工程电缆设计规范》GB 50217的有关规定。

6.1.6 干扰防护中电缆与管道的连接应符合现行国家标准《埋地钢质管道阴极保护技术规范》GB/T 21448 的有关规定。

6.1.7 干扰源侧应采取措施减少入地电流及其对管道的影响,其中直流牵引系统和高压直流输电系统应符合下列规定:

1 直流牵引系统应按现行国家标准《轨道交通 地面装置第 2 部分:直流牵引系统杂散电流防护措施》GB/T 28026.2 的有关规定采取控制杂散电流的措施,其中地铁系统还应符合现行国家标准《地铁设计规范》GB 50157 的有关规定;

2 高压直流输电系统接地极与管道之间的距离及干扰防护应符合现行行业标准《高压直流输电大地返回系统设计技术规范》DL/T 5224 的有关规定。

6.2 排流保护

6.2.1 常用的排流保护方式分为接地排流、直接排流、极性排流和强制排流等,可按表 6.2.1 选用。

表 6.2.1 常用的排流保护方式

方式	接地排流	直接排流	极性排流	强制排流
原理示意图	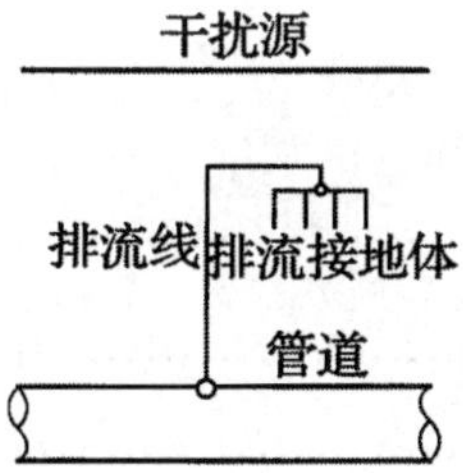	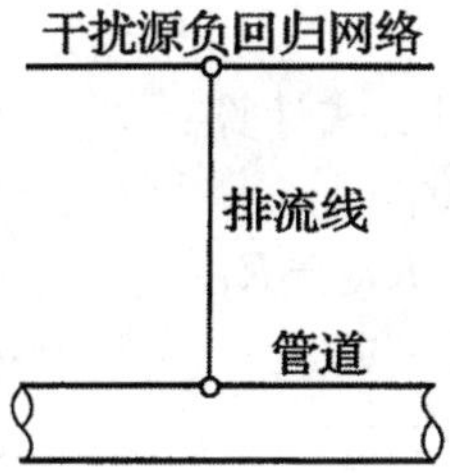	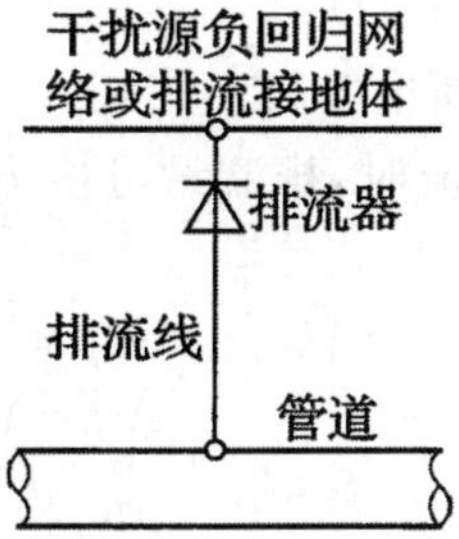	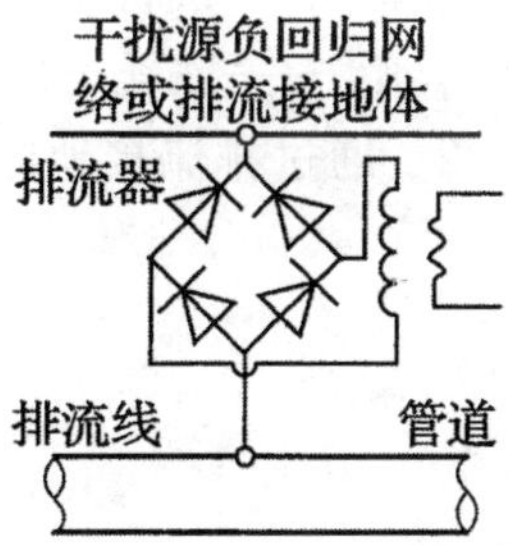
适用范围	适用于管道阳极区较稳定且不能直接向干扰源排流的场合	适用于管道阳极区较稳定且可以直接向干扰源排流的场合,此方式使用时需征得干扰源方同意	适用于管道阳极区不稳定的场合。如果向干扰源排流,被干扰管道需位于干扰源的负回归网络附近,且需征得干扰源方同意	适用于管道与干扰源电位差较小的场合,或者位于交变区的管道。如果向干扰源排流,被干扰管道需位于干扰源的负回归网络附近,且需征得干扰源方同意

6.2.2 根据测试结果,应在被干扰管道上选取一点或多点作排流点,设置排流保护设施。

6.2.3 排流点的选择应以获得最佳排流效果为准,宜通过现场模拟排流试验或数值模拟并综合下述条件确定:

1 排流点处管地电位应存在较大的正向偏移且正向偏移持续时间应较长;

2 向干扰源排流的排流点处管道与干扰源负回归网络的距离应较小;

3 干扰源为直流牵引系统时,向干扰源排流的排流点处管轨电压应较大;

4 排流接地体地床埋设处的土壤电阻率应较低,并应便于地床的埋设施工;

5 排流点所在的场所应便于管理。

6.2.4 排流的电流量(排流量)宜通过现场模拟排流试验或数值模拟确定,不具备条件时,可通过公式计算确定,并应符合下列规定:

1 干扰源为直流牵引系统时,直接向干扰源排流的排流量可按下列公式计算:

$$I=\frac{V_{PR}}{R_1+R_2+R_{PG}+R_{RG}} \quad \cdots\cdots (6.2.4\text{-}1)$$

$$R_{PG}=\sqrt{r_3 w_3} \quad \cdots\cdots (6.2.4\text{-}2)$$

$$R_{RG}=\sqrt{r_4 w_4} \quad \cdots\cdots (6.2.4\text{-}3)$$

式中:I ——排流电流量(A);

V_{PR} ——未排流时管轨电压(V);

R_1 ——排流线电阻(Ω);

R_2 ——排流器内阻(Ω);

R_{PG} ——管道接地电阻(Ω);

R_{RG} ——铁轨接地电阻(Ω);

r_3 ——管道钢管的纵向电阻(Ω);

w_3 ——管道防腐层漏泄电阻(Ω);

r_4 ——铁轨纵向电阻(Ω);

w_4 ——铁轨道床漏泄电阻(Ω)。

2 通过排流接地体排流时,排流量可按下列公式计算:

$$I=\frac{V_D}{R_1+R_2+R_{PG}+R_{DG}} \quad \cdots\cdots (6.2.4\text{-}4)$$

$$V_D=V_{PS}-V_{DG} \quad \cdots\cdots (6.2.4\text{-}5)$$

$$R_{PG}=\sqrt{r_3 w_3} \quad \cdots\cdots (6.2.4\text{-}6)$$

式中:I ——排流电流量(A);

V_D ——排流驱动电压(V);

R_1 ——排流线电阻(Ω);

R_2 ——排流器内阻(Ω);

R_{PG} ——管道接地电阻(Ω);

R_{DG} ——排流接地体的接地电阻(Ω);

V_{PS} ——管地电位(V);

V_{DG} ——排流接地体对地电位(V);

r_3 ——管道钢管的纵向电阻(Ω);

w_3 ——管道防腐层漏泄电阻(Ω)。

3 排流接地体的接地电阻可按现行国家标准《埋地钢质管道阴极保护技术规范》GB/T 21448中牺牲阳极或辅助阳极接地电阻的规定进行计算。

6.2.5 排流保护系统宜在保证管道排流保护效果的前提下限制排流量。当采用在排流电路中串入限流电阻的方式限制排流量时,限流电阻的阻值应按下式计算:

$$R_{CL}=\frac{\left(\frac{I_D}{I'_D}-1\right)V}{I_D} \quad \cdots\cdots (6.2.5)$$

式中：R_{CL}——串入限流电阻的阻值(Ω)；

I_D——未串入限流电阻时的排流量(A)；

I'_D——限定的排流量(A)；

V——管轨电压或排流驱动电压(V)。

6.2.6 排流保护设施应符合下列规定：

1 接地排流和极性排流方式的排流接地体宜采用牺牲阳极材料，排流接地体的接地电阻宜小于对应位置管道的接地电阻。

2 排流接地体与管道的距离不宜小于 20 m。

3 排流接地体应埋设在对人、畜等不造成危害的场所，且应置于冻土层以下，埋深不宜小于 1 m，埋设处宜设置明显的标志。

4 排流器应符合下列规定：

1) 排流器的额定电流应为计算排流量的 1.5 倍～2 倍；

2) 排流器应能适应管轨电压或管地电位的波动变化；

3) 排流器的所有动接点应能承受频繁动作的冲击；

4) 排流器应具有过载保护机能；

5) 极性排流器的防逆流元件应具有正向电阻小、反向击穿电压大的特性。

5 排流器室外设置时，应能适应野外环境，且应具有防护措施并应安装牢固。

6 排流器应做安全接地，安全接地的接地电阻不应大于 4 Ω。

6.3 阴极保护

6.3.1 作为干扰防护措施的管道阴极保护系统应符合下列规定：

1 被干扰管道的现有阴极保护系统，应调整运行参数或运行方式，以适应干扰防护的需要；

2 为干扰防护增设的阴极保护系统，应设置在被干扰管道的阳极区；

3 处于高压直流输电系统强干扰影响区的管道的阴极保护系统应满足干扰防护对保护电流输出能力的需求。

6.3.2 在管地电位正负交变的场合使用牺牲阳极阴极保护方式时，应在管道与牺牲阳极之间串接单向导电器件。

6.4 防腐层修复

6.4.1 处于干扰区域的管道每年应进行防腐层缺陷检测。

6.4.2 管道阴极区的防腐层缺陷应及时修复，对于管道阳极区的防腐层缺陷应待该管段转变为管道阴极区或干扰消除后进行修复。

6.4.3 防腐层缺陷修复所使用材料的绝缘性能不应低于原防腐层。

6.5 等电位连接

6.5.1 等电位连接应符合下列规定：

1 连接点应选择在管间电位差较大且管道之间相距较近的位置；

2 连接电缆安装后，管间电位差不宜超过 50 mV。

6.5.2 连接电缆上可串入电阻调节器件调节电流。

6.6 绝缘隔离

6.6.1 绝缘隔离应符合下列规定：

1 绝缘隔离应采用能够隔断金属导电通路的电绝缘装置；

2 绝缘隔离装置两侧各 10 m 内的管段不应存在防腐层缺陷；

3 绝缘隔离装置应安装高电压防护设施。

6.6.2 采用绝缘隔离措施后应避免电绝缘装置两端形成新的干扰点。

6.6.3 从阴极保护管道中隔离的管段应设置独立的阴极保护装置单独进行保护。

6.7 绝缘装置跨接

6.7.1 跨接电缆安装后，绝缘装置两端电位差不宜超过 50 mV。

6.7.2 跨接电缆上可串入电阻调节器件调节电流。

6.8 屏蔽

6.8.1 屏蔽物应采用金属导体，并应埋设于被干扰管道与干扰源之间。

6.8.2 屏蔽措施可采用以下连接方式：

1 通过电缆将屏蔽物与干扰源的负极连接；

2 通过电缆将屏蔽物与被干扰管道连接。

6.8.3 屏蔽措施不应加重被干扰管道其他部位的腐蚀，并应避免对其他构筑物和外部阴极保护系统造成不利影响。

6.8.4 当屏蔽物与被干扰管道连接时，应避免对被干扰管道产生电偶腐蚀影响。

7 干扰防护效果的评定

7.0.1 干扰防护措施实施后，应进行干扰防护效果评定测试。采取干扰防护措施后应满足下列要求：

1 对于干扰防护系统中的管道及其他共同防护构筑物，管地电位应达到阴极保护电位标准或者达到或接近未受干扰时的状态；

2 对于干扰防护系统中的管道及其他共同防护构筑物，管地电位最大负值不宜超过管道所允许的最大保护电位；

3 不宜对干扰防护系统以外的埋地管道或金属构筑物产生干扰。

7.0.2 在复杂干扰情况下，当评定测试的结果未满足本标准第 7.0.1 条的要求时，应按下列规定，通过电位正向偏移平均值比进行干扰防护效果的进一步评定：

1 电位正向偏移平均值比应按下式计算：

$$\eta_{v}=\frac{\overline{\Delta V}_{PS1}(+)-\overline{\Delta V}_{PS2}(+)}{\overline{\Delta V}_{PS1}(+)}\times 100\% \qquad (7.0.2)$$

式中：η_{v} ——电位正向偏移平均值比；

$\overline{\Delta V}_{PS1}(+)$ ——采取防护措施前电位正向偏移平均值(V)，应按本标准附录 A 的规定进行计算；

$\overline{\Delta V}_{PS2}(+)$ ——采取防护措施后电位正向偏移平均值(V)，应按本标准附录 A 的规定进行计算。

2 干扰防护效果评定指标应符合表 7.0.2 的规定。

表 7.0.2 干扰防护效果评定指标

干扰防护方式	干扰时管地电位(V)	电位正向偏移平均值比 η_v(%)
直接向干扰源排流的直接、极性和强制排流方式	>+10	>95
	+5~+10	>90
	<+5	>85
通过排流接地体排流的接地、极性和强制排流方式以及阴极保护等其他防护方式	>+10	>90
	+5~+10	>85
	<+5	>80

7.0.3 干扰防护效果的进一步评定,应符合下列规定:

1 防护效果的评定点应包括排流点、干扰缓解较大的点和干扰缓解较小的点,其他评定点可根据实际情况选择;

2 除排流点外的防护效果评定点不应少于 3 点,对于复杂管道系统以及干扰段较长或管地电位复杂多变的情况,不应少于 5 点;

3 所有评定点的评定结果均应满足本标准表 7.0.2 中的指标要求。

8 干扰防护的调整

8.0.1 当经过干扰防护效果评定未达到本标准第 7.0.1 条或第 7.0.2 条相关要求时,应进行干扰防护的调整。干扰防护的调整可综合采用改变排流点位置、改变接至干扰源的连接点位置、增设排流点及其设施、调整各排流点的排流量、通过等电位连接或绝缘装置跨接电缆的电阻调节器件进行电流调节、调整阴极保护系统的控制电位或输出电流、改变排流接地体材质以及降低排流接地体的接地电阻等措施。

8.0.2 干扰防护调整完成后,应重新进行测试和干扰防护效果评定。

9 干扰防护系统的管理

9.0.1 干扰防护系统的监测应符合下列规定:

1 每月应进行一次常规测试,常规测试应包括以下内容:

1) 管地电位;

2) 排流电流;

3) 排流接地体的接地电阻;

4) 牺牲阳极组的开、闭路电位和输出电流;

5) 强制电流阴极保护系统的控制电位和输出电流。

2 每年应进行一次排流保护效果评定测试和干扰环境的调查,前后两次调查测试的时间间隔不应超过 18 个月。

3 当干扰环境发生较大改变时,应及时进行各项调查测试,并应根据调查测试结果进行干扰防护的调整。

4 干扰防护系统主要元件进行维修或更换后,应进行干扰防护效果评定点的管地电位及排流保护装置排流电流的 24 h 连续测试。

9.0.2 干扰防护系统的检查与维护应符合下列规定：

1 每月应对干扰防护系统进行一次一般性检查与维护，一般性检查与维护应符合下列规定：

1） 应检查各主要元器件的性能，并应更换失效的元器件；

2） 应检查各电气连接点的接触情况，对接触不良的连接点应进行处理并重新连接牢固。

2 每年应对干扰防护系统进行一次全面检查与维护，全面检查与维护应符合下列规定：

1） 应检查各元器件的性能，并应更换失效的元器件；

2） 应检查各电气连接点的接触情况，对接触不良的连接点应进行处理并重新连接牢固；

3） 应检查各指示仪表的准确性，并应维修或更换失效的仪表；

4） 应检查排流接地体的接地情况，在接地电阻过大时应及时采取降阻措施；

5） 前后两次全面检查与维护的时间间隔不应超过18个月。

9.0.3 采用干扰防护系统的管道，宜按现行行业标准《钢质管道及储罐腐蚀评价标准　埋地钢质管道外腐蚀直接评价》SY/T 0087.1的有关规定进行管道外腐蚀与防护专项调查。

9.0.4 常规测试的数据和记录、干扰防护效果评定测试的数据和记录、干扰环境监测的数据和记录、干扰防护系统调整或改进后测试的数据和记录、干扰防护系统主要元件维修或更换后测试的数据和记录以及干扰防护系统维护记录均应分类归档保存。

附 录 A
埋地钢质管道直流干扰测试方法

A.1 一般规定

A.1.1 主要测试仪器应符合下列规定：

1 主要测试仪器及其基本规格应满足表 A.1.1 的要求，并应符合现行国家标准《埋地钢质管道阴极保护参数测量方法》GB/T 21246 的有关规定；

表 A.1.1 主要测试仪器基本要求

名称	基本规格要求	主要用途
存储式电压记录仪器	量程：直流±40 V，交流 300 V；准确度：不低于 0.5 级；输入阻抗：≥10 MΩ	电位、电位差、地电位梯度测试
数字式电压表	量程：直流±40 V，交流 300 V；准确度：不低于 0.5 级；输入阻抗：≥10 MΩ	电位、电位差、地电位梯度测试
模拟式电压表	量程：直流±40 V，交流 300 V；准确度：不低于 2.5 级；输入阻抗：≥100 kΩ/V；零点在表盘中间	电位、电位差、地电位梯度测试
电流表	量程：10A；准确度：不低于 2.5 级；输入阻抗：小于被测电流回路总电阻的 5%	干扰电流、排流电流测试
直流电位差计	量程：1000 mV；准确度：不低于 0.05 级	干扰电流测试
接地电阻测试仪	量程：100 Ω；准确度：不低于 5 级	土壤电阻率、接地电阻测试
防腐层检漏仪器	检漏精度：≤1 mm^2；水平定位精度：≤5 cm	防腐层缺陷点检测
标准电阻	阻值：0.1 Ω；准确度：不低于 0.02 级	排流电流测试

2 仪器应具有防电磁干扰性能；

3 当测试管道的纵向电压降及电位梯度时，仪器的分辨力不应大于 1 mV；

4 长时间连续测试宜选用存储式记录仪器。

A.1.2 参比电极的使用应符合下列要求：

1 可使用铜-饱和硫酸铜电极(代号 CSE)作为参比电极，铜-饱和硫酸铜电极应符合现行国家标准《埋地钢质管道阴极保护参数测量方法》GB/T 21246 的有关规定；

2 测试管地电位时，参比电极应置于被测埋地管道的正上方，每次测试的参比电极位置应保持一致；

3 参比电极设置处，地下不应有冰层、混凝土层、金属体及其他影响测试结果的物体；

4 土壤干燥时应浇水湿润地面，地表土壤冻结时可浇热水使土壤解冻；

5 地电位梯度测试前，应选择参比电极，用于同一方向的两只参比电极之间的电极电位偏差不应大于 1 mV；

6 长时间连续测试前，应检查电极的密封性。

A.1.3 管道无干扰状态下的自然电位应在干扰源处于非工作状态并保证管道充分去极化的条件下直接测试，当不能直接测试时，可采用极化探头和现场埋设试片等方法测试。

A.1.4 所有测试连接点应保证电接触良好。

A.1.5 在电磁干扰严重的环境中测试时，应采取防电磁干扰措施。

A.1.6 干扰防护系统关闭状态下的管地电位和管间电位差等测试作业，应待阴极保护和排流保护等防护设施关闭 24 h 后进行。

A.1.7 干扰防护系统运行状态下的管地电位和管间电位差等测试作业，应待阴极保护和排流保护等防护设施稳定运行 24 h 后进行。

A.2 管地电位的测试

A.2.1 管地电位的测试应符合本标准第 4.4 节的有关规定。

A.2.2 管地电位测试应包括下列步骤：

1 将参比电极放置于待测管道管顶上方，将直流电压表与管道及参比电极相连接(图 A.2.2)；

2 将直流电压表调至适宜的量程上，记录测试值和测试时间；

3 将参比电极移至下一个测试点，重复上述操作；

4 按本标准附录 A.2.3 条的规定进行数据处理。

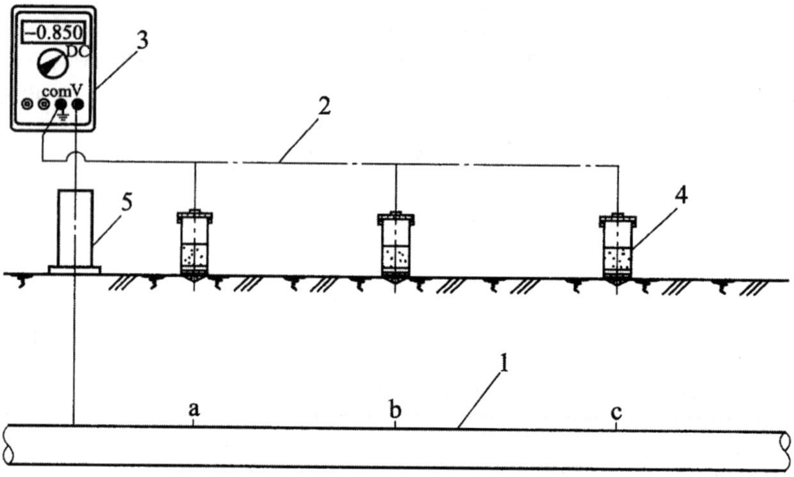

图 A.2.2 管地电位测试接线图

1—管道；2—测试导线；3—直流电压表；4—参比电极；5—测试桩

A.2.3 管地电位测试数据的处理应符合下列规定：

1 每个测试值的电位偏移值应按下式计算：

$$\Delta V_{PS}=V_{PS}-V_{N} \quad \text{(A.2.3-1)}$$

式中：ΔV_{PS}——电位偏移值(V)；

V_{PS} ——管地电位测试值(V)；

V_{N} ——管道自然电位(V)。

2 应通过筛选从所有的电位偏移值中找出最大值和最小值。

3 管地电位正向或负向偏移值的平均值应按下式计算：

$$\overline{\Delta V_{\mathrm{PS}}}(\pm)\frac{\sum_{i=1}^{n}\Delta V_{\mathrm{PS}i}(\pm)}{k} \qquad \cdots\cdots\cdots\cdots\cdots\cdots\cdots \quad (\text{A.2.3-2})$$

式中：$\overline{\Delta V_{\mathrm{PS}}}(\pm)$——规定的测试时间段内管地电位正向或负向偏移值的平均值(V)；

i——电位正向或负向偏移值数据的序号；

n——测试数据中电位正向或负向偏移的次数；

$\Delta V_{\mathrm{PS}i}(\pm)$——第 i 个正向或负向电位偏移值(V)；

k——规定的测试时间段内全部读数的总次数。

4 应绘制每个测试点的电位-时间曲线和电位偏移值-时间曲线。该曲线图中直角坐标系的纵轴应分别表示电位和电位偏移值，横轴应表示时间。

5 应绘制每个干扰管段的电位偏移值-距离曲线。该曲线图中直角坐标系的纵轴应表示电位偏移值，横轴应表示距离。应将各测试点的正向及负向电位偏移值的平均值、最大值和最小值分别记入坐标中。

A.3 地电位梯度与杂散电流方向的测试

A.3.1 地电位梯度与杂散电流方向的测试应包括下列步骤：

1 在管道附近适当位置的地面上布设 4 只相同的参比电极。参比电极应分为两组，每组 2 只参比电极，其中一组应沿平行于管道的方向布设，另一组应沿垂直于管道的方向布设。每组两电极之间的间距不宜小于 20 m，两组电极的电极间距应相同，两组电极应对称交叉分布(图 A.3.1)；

2 在每组 2 只参比电极之间连接一块直流电压表；

3 将直流电压表调至适宜的量程，以相同的时间间隔同时记录两块直流电压表的测试值 V_{A} 和 V_{B}，并记录测试时间；

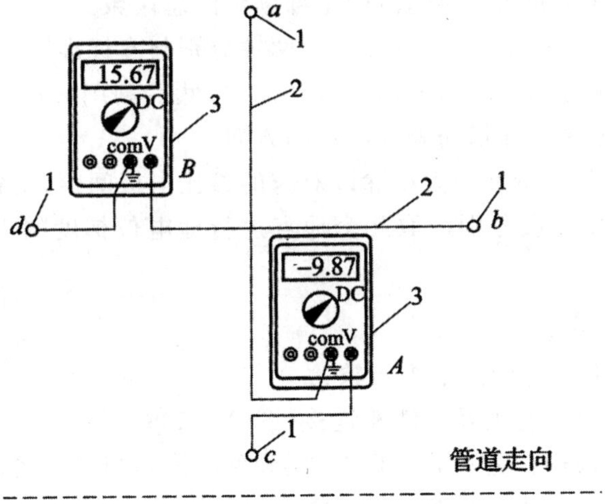

图 A.3.1 地电位梯度与杂散电流方向测试接线图

1—a、b、c、d 四支铜-饱和硫酸铜电极；2—测试导线；3—A、B 两块直流电压表

4 按本标准附录 A.3.2 条的规定进行数据处理。

A.3.2 地电位梯度与杂散电流方向测试数据应按下列步骤进行处理：

1 按照电压测试值的正负将测试值分成[$V_{\mathrm{A}}(+)V_{\mathrm{B}}(+)$]、[$V_{\mathrm{A}}(+)V_{\mathrm{B}}(-)$]、[$V_{\mathrm{A}}(-)V_{\mathrm{B}}(+)$]与[$V_{\mathrm{A}}(-)V_{\mathrm{B}}(-)$]四种读数组合，各读数组合中的 $V_{\mathrm{A}}(+)$、$V_{\mathrm{A}}(-)$、$V_{\mathrm{B}}(+)$与 $V_{\mathrm{B}}(-)$的平均

值应分别按下列公式计算：

$$\overline{V}_A(+)=\frac{\sum_{i=1}^{n}V_{Ai}(+)}{k} \quad\cdots\cdots\cdots\cdots (A.3.2\text{-}1)$$

$$\overline{V}_A(-)=\frac{\sum_{i=1}^{n}V_{Ai}(-)}{k} \quad\cdots\cdots\cdots\cdots (A.3.2\text{-}2)$$

$$\overline{V}_B(+)=\frac{\sum_{i=1}^{n}V_{Bi}(+)}{k} \quad\cdots\cdots\cdots\cdots (A.3.2\text{-}3)$$

$$\overline{V}_B(-)=\frac{\sum_{i=1}^{n}V_{Bi}(-)}{k} \quad\cdots\cdots\cdots\cdots (A.3.2\text{-}4)$$

式中：$\overline{V}_A(+)$ ——某种读数组合中 $V_A(+)$的平均值(V)；

$V_{Ai}(+)$——某种读数组合中第 i 个 $V_A(+)$数据(V)；

$\overline{V}_A(-)$ ——某种读数组合中 $V_A(-)$的平均值(V)；

$V_{Ai}(-)$——某种读数组合中第 i 个 $V_A(-)$数据(V)；

$\overline{V}_B(+)$ ——某种读数组合中 $V_B(+)$的平均值(V)；

$V_{Bi}(+)$——某种读数组合中第 i 个 $V_B(+)$数据(V)；

$\overline{V}_B(-)$ ——某种读数组合中 $V_B(-)$的平均值(V)；

$V_{Bi}(-)$——某种读数组合中第 i 个 $V_B(-)$数据(V)；

i ——某种读数组合中数据的序号；

n ——某种读数组合的数据个数；

k ——规定的测试时间段内全部读数的总次数。

2 建立直角坐标系，使坐标系的纵、横两轴分别与本标准图 A.3.1 中的 ac、bd 相对应。将计算出的四种读数组合的平均值分别记入坐标中，然后利用矢量合成法分别求出矢量和，则地电位梯度的方向为沿矢量和指向坐标原点的方向。

3 将计算求得的矢量和的大小除以对应的参比电极间距，得到地电位梯度。

A.3.3 应沿着某一干扰段分别选取几个地点进行地电位梯度的大小和方向的测试，进而判断杂散电流源的方位。

A.4 管轨电压的测试

A.4.1 管轨电压的测试应包括下列步骤：

1 将直流电压表与管道及铁轨相连接(图 A.4.1)；

2 将直流电压表调至适宜的量程上，记录测试值和测试时间；

3 按本标准第 A.4.2 条的规定进行数据处理。

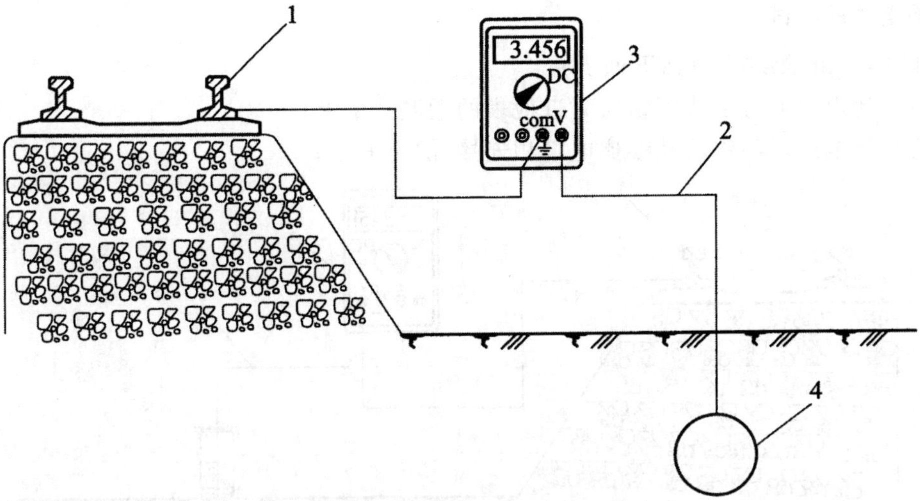

图 A.4.1　管轨电压的测试接线图

1—铁轨;2—测试导线;3—直流电压表;4—管道

A.4.2　管轨电压测试数据的处理应符合下列规定:

1　应通过筛选从所有测试值中找出最大值和最小值。

2　管轨电压的正平均值或负平均值应按下式计算:

$$\overline{V}_{PR}(\pm)=\frac{\sum_{i=1}^{n}V_{RPi}(\pm)}{k} \qquad \text{(A.4.2)}$$

式中:$\overline{V}_{PR}(\pm)$——规定的测试时间段内管轨电压的正平均值或负平均值(V);

$\overline{V}_{PRi}(\pm)$——第 i 个管轨电压正测试值或负测试值(V);

i——管轨电压正测试值或负测试值的序号;

n——管轨电压正测试值或负测试值的出现次数;

k——规定的测试时间段内全部读数的总次数。

3　应绘制管轨电压-时间曲线。该曲线图中纵轴应表示管轨电压,横轴应表示时间。

A.5　管道干扰电流的测试

A.5.1　管道干扰电流的测试应包括下列步骤:

1　在被干扰管道上选取 A、B 两处长度相同的干扰电流测试管段,且 A、B 两管段之间的距离不宜小于每个测试管段长度的 20 倍;

2　按现行国家标准《埋地钢质管道阴极保护参数测量方法》GB/T 21246 规定的方法同时测试 A、B 两处管段的管道干扰电流;

3　按本标准第 A.5.2 条的规定进行数据处理。

A.5.2　流入或流出 A、B 间管段的管道干扰电流应按下式计算:

$$I_{DI}=I_A-I_B \qquad \text{(A.5.2)}$$

式中:I_{DI}——流入或流出 A、B 间管段的管道干扰电流(A);

I_A——A 处管道干扰电流(A);

I_B——B 处管道干扰电流(A)。

A.6 轨地电位的测试

A.6.1 轨地电位的测试应包括下列步骤：

1 将参比电极放置于待测铁轨附近地表的潮湿土壤上；

2 将直流电压表与铁轨及参比电极相连接(图 A.6.1)；

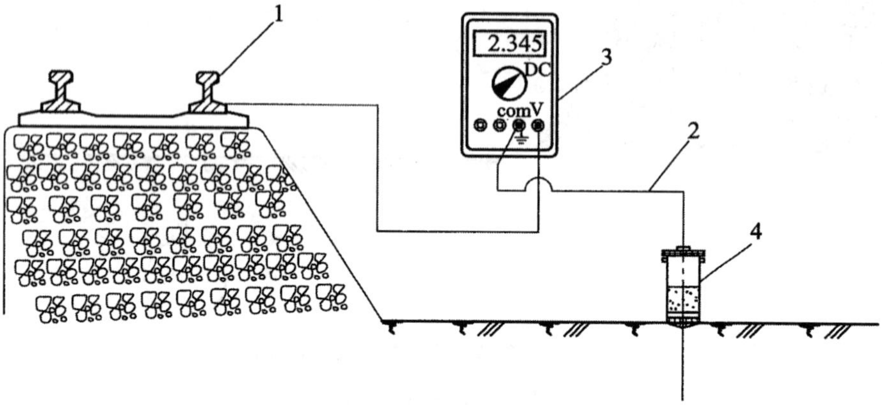

图 A.6.1 轨地电位测试接线图

1—铁轨；2—测试导线；3—直流电压表；4—参比电极

3 将直流电压表调至适宜的量程上，记录测试值和测试时间；

4 按本标准第 A.6.2 条的规定进行数据处理。

A.6.2 轨地电位测试数据的处理应符合下列规定：

1 应通过筛选，从所有的测试值中找出最大值和最小值；

2 轨地电位的正平均值或负平均值应按下式计算：

$$\overline{V}_{RS}(\pm)=\frac{\sum_{i=1}^{n}V_{RSi}(\pm)}{k} \quad \text{(A.6.2)}$$

式中：$\overline{V}_{RS}(\pm)$ ——规定的测试时间段内轨地电位的正平均值或负平均值(V)；

$V_{RSi}(\pm)$——第 i 个轨地电位正测试值或负测试值(V)；

i ——轨地电位正测试值或负测试值的序号；

n ——轨地电位正测试值或负测试值的出现次数；

k ——规定的测试时间段内全部读数的总次数。

3 应绘制轨地电位-时间曲线。该曲线图中纵轴表示轨地电位，横轴表示时间。

A.7 其他测试

其他测试项目应按现行国家标准《埋地钢质管道阴极保护参数测量方法》GB/T 21246 的规定进行测试。

本标准用词说明

1 为便于在执行本标准条文时区别对待，对要求严格程度不同的用词说明如下：

1） 表示很严格，非这样做不可的：
正面词采用“必须”，反面词采用“严禁”；

2） 表示严格，在正常情况下均应这样做的：
正面词采用“应”，反面词采用“不应”或“不得”；

3） 表示允许稍有选择，在条件许可时首先应这样做的：
正面词采用“宜”，反面词采用“不宜”；

4） 表示有选择，在一定条件下可以这样做的，采用“可”。

2 条文中指明应按其他有关标准执行的写法为：“应符合……的规定”或“应按……执行”。

引用标准名录

《地铁设计规范》GB 50157
《电力工程电缆设计规范》GB 50217
《埋地钢质管道阴极保护参数测量方法》GB/T 21246
《埋地钢质管道阴极保护技术规范》GB/T 21448
《轨道交通　地面装置　第2部分:直流牵引系统杂散电流防护措施》GB/T 28026.2
《高压直流输电大地返回系统设计技术规范》DL/T 5224
《钢制管道及储罐腐蚀评价标准　埋地钢质管道外腐蚀直接评价》SY/T 0087.1

UDC

中华人民共和国国家标准

P

GB/T 51172—2016

在役油气管道工程检测技术规范

Inspection code for in-service oil & gas pipeline

2016-04-15 发布

2016-12-01 实施

中华人民共和国住房和城乡建设部
中华人民共和国国家质量监督检验检疫总局
联合发布

中华人民共和国住房和城乡建设部公告

第 1100 号

住房城乡建设部关于发布国家标准《在役油气管道工程检测技术规范》的公告

现批准《在役油气管道工程检测技术规范》为国家标准，编号为 GB/T 51172—2016，自 2016 年 12 月 1 日起实施。

本规范由我部标准定额研究所组织中国计划出版社出版发行。

中华人民共和国住房和城乡建设部

2016 年 4 月 15 日

前　言

本规范是根据住房城乡建设部《关于印发〈2013年工程建设标准规范制订、修订计划〉的通知》(建标〔2013〕6号)的要求,由中国石油天然气股份有限公司管道分公司管道科技研究中心等单位共同编制完成的。

本规范在编制过程中,编制组经过广泛调查研究,认真总结了国内在役钢质管道检测的实践经验,参考了国内外的相关标准,并广泛征求意见,最后经审查定稿。

本规范共分9章,主要内容包括:总则、术语、基本规定、检测计划、检测实施、特殊部位和缺陷检测、适用性评价、维修与改造和检测评价报告。

本规范由住房城乡建设部负责管理,由石油工程建设专业标准化委员会负责日常管理工作,由中国石油天然气股份有限公司管道分公司管道科技研究中心负责具体内容的解释。执行过程中如有意见和建议,请将意见和有关资料寄往:中国石油天然气股份有限公司管道分公司管道科技研究中心(河北省廊坊市金光道51号;邮政编码:065000)。

本规范主编单位、参编单位、主要起草人和主要审查人:

主 编 单 位:中国石油天然气股份有限公司管道分公司管道科技研究中心

参 编 单 位:中国石油规划总院
中油管道检测技术有限责任公司
中石化长输油气管道检测有限公司
中石化第十建设有限公司

主要起草人:吴志平　王富祥　王　婷　陈　健　玄文博　罗　锋　常连庚　李红旗　杨　辉　雷铮强　许志军　张奉忠　张桂红　陈衍飞

主要审查人:杨祖佩　常景龙　刘玲莉　宗照峰　张　峥　周利剑　王良军　葛艾天　王国丽　张维智　卜文平　张海亮　刘新凌　余东亮　郭　建　费　凡

1 总则

1.0.1 为统一在役钢质石油天然气输送管道工程检测技术要求,规范管道工程检测、评价、维修与改造相关工作,制定本规范。

1.0.2 本规范适用于陆上在役钢质石油天然气输送管道工程的检测、评价、维修与改造,不适用于油气田单井管道、集输管道以及低温液化天然气管道。

1.0.3 在役油气钢质管道工程的检测、评价、维修与改造除应执行本规范外,尚应符合国家现行有关标准的规定。

2 术语

2.0.1 在役管道 in-service pipeline

已经投入使用的管道。

2.0.2 盲管 deadleg

管道系统中无明显介质流动的组成部分,如堵塞的支管、带有常闭截止阀的管线、一端堵塞的管、耐压空支管、停用的控制阀旁通管、备用泵管道、液位计接管、泄压阀进出口总管、泵平衡旁路管、高位放空管、取样点、排污管、仪表连接管等。

2.0.3 测厚点 thickness measurement locations

在管道系统上实施定期测厚的指定区域。

2.0.4 土壤-空气界面 soil-to-air interface

埋地管道在土壤-空气界面可能发生外部腐蚀的区域。

2.0.5 环境开裂 environmental cracking

材料处于存在诱发因素环境和拉伸应力共同作用下的开裂,通常表现为脆性断裂。

2.0.6 基线检测 baseline inspection

管道建成投产后的第一次全面检测。

2.0.7 智能内检测 intelligent inspection

利用在管道内运行的可实时采集并记录管道信息的智能检测器所进行的检测,包括:几何内检测、漏磁内检测、超声测厚内检测、超声裂纹内检测、电磁超声内检测和惯性测绘内检测等中的一种或多种的组合。

2.0.8 密间隔电位测量法 close interval potential survey(CIPS)

沿管道顶部地表以 1 m～3 m 的密间隔移动参比电极测量管地电位的方法。

2.0.9 交流电位梯度法 alternating current voltage gradient(ACVG)

通过沿管道或环绕管道的由防腐层破损点泄漏的交流电流所产生的土壤中交流电压梯度变化,确定防腐层缺陷位置的地表测量方法。

2.0.10 直流电位梯度法 direct current voltage gradient(DCVG)

通过沿管道或环绕管道的由防腐层破损点泄漏的直流电流所产生的土壤中直流电压梯度的变化,确定防腐层缺陷位置、大小以及表征腐蚀活性的地表测量方法。

2.0.11 管中电流测绘法 pipe current mapping(PCM)

通过测量管道中电流衰减梯度来评价管道防腐层质量的地表测量方法,又称电流衰减法。

2.0.12 **模拟体 dummy tool**

通过能力与内检测器相同,用于模拟内检测器运行状态和通过能力的设备。

2.0.13 **测径板 gauge plate**

安装在清管器上,直径小于管道公称内径的圆形柔性金属盘(通常使用铝盘),用于定性判定管道的变形程度。

2.0.14 **定标点 marking point**

位于地面上的检测标记点,用以跟踪内检测器和定位检测出的管道特征。

2.0.15 **清管器 pig**

借助于本身动力或流体压差在管内运动、用于清洁管壁的设备。

2.0.16 **改造 alteration**

改变原设计中管道系统元件的承载能力或强度。同类或相同元件的替换、增加不需要加固的接管不视为改造。

3 基本规定

3.0.1 在役管道应制定检测计划并实施检测。

3.0.2 检测计划应重点考虑存在劣化状况的管段、服役环境较为恶劣的管段或失效后果严重的管段。

3.0.3 管道投产后3年内应开展基线检测。

3.0.4 检测工作应识别检测过程中的危险有害因素,并应采取安全防护措施。

3.0.5 检测评价的全过程应包括计划、准备、实施、评价、维修与改造等,并应全过程记录。

4 检测计划

4.1 检测顺序

4.1.1 检测顺序宜根据检测对象的风险等级确定,宜根据管道历史状况、失效模式、损伤机理、管理情况、相似工况与剩余寿命等因素安排风险较高的管道优先检测。

4.1.2 当工艺条件变更或外部环境变化等可能导致管道加速劣化或失效后果严重时,宜重新进行风险评价。

4.2 检测方法

4.2.1 检测方法应根据检测需求、检测对象特性、工况条件等因素确定。常用检测方法及其检测内容、适用管道类型宜按表4.2.1进行选择。宜对所选择检测方法的有效性进行验证。

表4.2.1 常用检测方法及其检测内容、适用管道类型

检测技术	检测方法	主要适用范围
目视检查		表观情况、偏离、振动和泄漏迹象
渗透检测		表面缺陷
磁粉检测		铁磁性管道的表面和近表面缺陷
涡流检测		管体和焊缝缺陷
射线技术	射线测厚	管壁厚度
	射线检测	表面和埋藏缺陷

表 4.2.1(续)

检测技术	检测方法	主要适用范围
超声技术	超声测厚	管壁厚度
	超声检测	表面和埋藏缺陷
	C扫描	表面和埋藏缺陷
	相控阵	表面和埋藏缺陷
	超声导波	管体横截面积变化
智能内检测技术	几何内检测	几何变形
	漏磁内检测	铁磁性管道的金属损失
	超声测厚内检测	有液体耦合管道的金属损失
	超声裂纹内检测	有液体耦合管道的裂纹
	电磁超声内检测	裂纹和防腐层剥离
	惯性测绘内检测	中心线坐标、弯曲应变
压力试验		强度和严密性
埋地管道地面间接检测技术	密间隔电位测量法(CIPS)	缺陷与电解质(土壤、水)接触管道的腐蚀活性点
	电位梯度法(ACVG,DCVG)	缺陷与电解质(土壤、水)接触管道的防腐层破损
	地面音频检漏法(皮尔逊法)	缺陷与电解质(土壤、水)接触管道的防腐层破损
	管中电流测绘法(PCM)	缺陷与电解质(土壤、水)接触的埋地管道的埋深、位置、分支、外部金属构筑物搭接、防腐层破损情况等

4.2.2 目视检查、渗透检测、磁粉检测、涡流检测、射线及超声技术可用于管道的局部检测。

4.2.3 管道智能内检测、压力试验可用于确定管道本体状况。智能内检测应依据不同的检测对象和缺陷类型选用不同类型的内检测器。

4.2.4 埋地管道防腐层检测可采用埋地管道地面间接检测方法。

4.3 检测方案编制与批准

4.3.1 检测前应制订详细的检测方案,检测方案应包括下列内容:

1 检测方案依据的法律法规和标准;

2 检测时间、范围及待检管道基础信息;

3 选用检测方法及方法所针对的缺陷类型,并明确选用方法的检测能力;

4 检测前期准备、实施步骤、后期恢复以及职责分工;

5 检测工作的风险识别及应急预案。

4.3.2 检测方案编制应与管道运行计划结合,检测方案应得到管道运营方批准方可实行。

5 检测实施

5.1 检测准备

5.1.1 检测前，应核实检测设备、仪器在有效检定期内，并应确认辅助设施的完好性和可用性。

5.1.2 检测前，应确认被检管道处于适宜的待检状态。

5.1.3 检测前，应采取安全防范措施。管道系统打开前，应将暴露部位与危险介质源隔离，清除有毒、可燃介质，应检验合格。

5.1.4 检测现场应设置安全警示标识，明确检测人员和运行操作人员的活动区域，检测人员和运行操作人员应在许可范围内开展工作。

5.2 外部目视检查

5.2.1 外部目视检查宜针对管道、绝热层、防腐层、支吊架、支承件、阀门、法兰和膨胀节等检测对象开展。

5.2.2 外部目视检查应包括下列内容：

1 管道有无泄漏；

2 绝热层和防腐层的完好情况；

3 管道的异常振动、变形(挠曲、下沉)以及位移情况；.

4 支吊架的松动、变形、脱落、断裂、腐蚀、焊接接头开裂，以及稳定情况；

5 支承件的断裂、损坏、弹簧支承失效、支承底板移位或者其他非正常情况；

6 阀门表面的腐蚀、裂纹、严重缩孔等缺陷，以及连接螺栓是否松动、阀杆操作是否灵活；

7 法兰是否偏口，紧固件有无松动和腐蚀情况，有无泄漏迹象，以及法兰面有无异常挠曲、变形；

8 膨胀节表面的划痕、凹陷、腐蚀穿孔、开裂等，以及异常变形、偏心或位移等。

5.3 壁厚测量

5.3.1 壁厚测量宜采用超声测厚仪，应根据待检测管道的管体温度选择适当的探头和耦合剂。

5.3.2 应根据工艺工况、介质的腐蚀性和历年的腐蚀检查状况选取测厚点。测厚点的选取应符合下列规定：

1 应优先选取弯头、三通和变径处等易受腐蚀或冲蚀的部位；

2 对于腐蚀失效概率高、泄漏后果严重的管段，应增加测厚点数量和检测频率；

3 管道上同一截面处应在管道底部或冲蚀面以及管道两侧分别设置不少于3处测厚点。

5.3.3 壁厚测量时，应在检测草图和管道系统图上标记测厚点。

5.3.4 应根据周期性的测量结果按本规范第7.3节的规定估算管道的腐蚀速率、预测管道剩余寿命。

5.4 外部检测

5.4.1 外部检测前应根据选用的无损检测技术选择适宜的表面处理方法，可使用打磨、喷砂或化学方法除去防腐层、沉积物和腐蚀产物。

5.4.2 表面缺陷检测可使用磁粉检测、渗透检测和涡流检测，磁粉检测、涡流检测还可用于近表面缺陷的检测。磁粉检测、渗透检测和涡流检测宜执行下列标准：

1 《焊缝无损检测　磁粉检测》GB/T 26951；

2 《焊缝无损检测　焊缝磁粉检测　验收等级》GB/T 26952；

3 《承压设备无损检测　第 4 部分：磁粉检测》NB/T 47013.4；

4 《焊缝无损检测　焊缝渗透检测　验收等级》GB/T 26953；

5 《承压设备无损检测　第 5 部分：渗透检测》NB/T 47013.5；

6 《焊缝无损检测　基于复平面分析的焊缝涡流检测》GB/T 26954；

7 《承压设备无损检测　第 6 部分：涡流检测》NB/T 47013.6。

5.4.3　表面/近表面缺陷检测应重点检测下列部位：

1 目视检查中发现裂纹或可疑状况的管段；

2 奥氏体不锈钢管道绝热层破损或可能渗入雨水的管段；

3 存在环境开裂倾向的管段；

4 碳钢/低合金钢低温管道、Cr-Mo 钢管道、标准抗拉强度下限值大于 540 MPa 的低合金钢管道、长期承受交变载荷管道的焊接接头和应力集中部位；

5 易出现疲劳破坏的振动管道的固定连接件部位；

6 支管角焊缝等部位。

5.4.4　埋藏缺陷的检测可使用射线检测和超声检测。射线检测和超声检测宜执行下列标准：

1 《无损检测 金属管道熔化焊环向对接接头射线照相检测方法》GB/T 12605；

2 《承压设备无损检测　第 2 部分：射线检测》NB/T 47013.2；

3 《无损检测 钢制管道环向焊缝对接接头超声检测方法》GB/T 15830；

4 《承压设备无损检测　第 3 部分：超声检测》NB/T 47013.3；

5 《石油天然气钢质管道环向对接接头　全自动超声波检测标准》SY/T 4123；

6 《在役油气管道对接接头超声相控阵及多探头检测》SY/T 6755。

5.4.5　埋藏缺陷检测应重点检测下列部位：

1 管道制造、安装中返修过的焊接接头和安装时连接口的焊接接头；

2 错边、咬边超标的焊接接头；

3 表面缺陷检测发现裂纹的焊接接头；

4 泵、压缩机进出口第一道焊接接头或相近的焊接接头；

5 支吊架损坏部位附近的管道焊接接头；

6 不同等级钢焊接接头；

7 使用中发生泄漏的部位附近的焊接接头。

5.5　智能内检测

5.5.1　管道宜选用智能内检测方法。不具备智能内检测条件时，可通过改造或临时改变运行工况使被检测管道具备智能内检测条件。

5.5.2　清管及内检测前应制定应急预案。应急预案应具有针对性。

5.5.3　实施内检测前，应采用带测径板的清管器或几何检测器确定管道的通过能力。管道存在严重变形或影响内检测器通过时，应进行改造以满足后续智能内检测要求。对智能内检测器的通过能力仍有疑问时，可投运模拟体再次进行验证。

5.5.4　检测器在管道内运行期间应在预定位置设置定标点进行跟踪。应使用地面探管仪，对定标点的设置进行踏线选点，确定管道穿跨越位置和管道走向变化。定标点宜每 1 km 设置一处，在高程落差比较大或穿跨越区域应加密设置。应记录定标点的位置信息。

5.5.5 检测前应确定管道智能内检测数据结果可接受准则。确定内容应包括检测精度、通道数据丢失情况、传感器噪声、定位偏差、特征遗漏、检测器运行速度等，并应约定检测结果初始报告与最终报告的提交要求。

5.5.6 检测器从收球筒中取出后，应进行检测器的外观检查和清洁处理，并应评估检测数据的质量和完整性，并应确定是否需要重新运行检测器。

5.5.7 检测报告提交后，应及时选择适当的缺陷进行开挖验证，分析检测结果的有效性。实际检测精度不满足约定的精度指标要求时，应分析原因，并应确定是否需要重新分析数据或运行检测器。

5.5.8 管道智能内检测的实施可执行现行国家标准《钢质管道内检测技术规范》GB/T 27699和现行行业标准《油气管道内检测技术规范》SY/T 6597、《管道内检测系统的鉴定》SY/T 6825和《管道内检测》SY/T 6889的规定。

5.6 埋地管道地面间接检测

5.6.1 埋地管道地面间接检测的实施宜执行现行行业标准《钢质管道及储罐腐蚀评价标准 埋地钢质管道外腐蚀直接评价》SY/T 0087.1的规定。

5.6.2 埋地管道地面间接检测前，应完成下列准备工作：

1 资料及数据收集；

2 管段划分；

3 检测方法和设备的选择。

5.6.3 同一类别的划分管段应选择相同的间接检测方法，检测方法选用应满足防腐层漏点及腐蚀活性点检出要求，埋地管道地面间接检测方法宜按表5.6.3进行选用。

表5.6.3 埋地管道地面间接检测方法

检测对象 \ 测试方法	密间隔电位测量法	电位梯度法	地面音频检漏法(皮尔逊法)	管中电流测绘法
带防腐层漏点的管段	2	1,2	2	1,2
裸管的阳极区管段	2	3	3	3
近河流或水下穿越管段	2	3	3	2
无套管穿越的管段	2	1,2	2	1,2
带套管的管段	3	3	3	3
短套管	2	2	2	2
铺砌路面下的管段	3	3	3	1,2
冻土区的管段	3	3	3	1,2
相邻金属构筑物的管段	2	1,2	3	1,2
相邻平行管段	3	1,2	3	1,2
杂散电流区的管段	2	1,2	2	1,2
高压交流输电线下方的管段	2	1,2	2	3
管道深埋区的管段	2	2	2	2

表 5.6.3(续)

检测对象 \ 测试方法	密间隔电位测量法	电位梯度法	地面音频检漏法(皮尔逊法)	管中电流测绘法
湿地区(有限的)管段	2	1,2	2	1,2
岩石带、岩礁、岩石、回填区的管段	3	3	3	2

注:1 适用于小的防腐层漏点(孤立的,一般面积小于 600 mm^2)和在正常运行条件下不会引起阴极保护电位波动的环境;
2 适用于大面积的防腐层漏点(孤立或连续)和在正常运行条件下引起阴极保护电位波动的环境;
3 表示不能应用,或在无附加考虑条件时不能应用此方法。

5.6.4 对一种方法检测给出“严重”的点宜采用另一种互补的间接检测方法加以验证。

5.6.5 检测的有效性应采用开挖验证的方式进行确定。

5.6.6 检测过程中,应目视检查地表轮廓变化情况以及土壤颜色改变、路面沥青变软、地面水坑中是否存在水泡、异常气味等管道泄漏迹象。

5.7 管道压力试验

5.7.1 压力试验可适用于下列情况:

1 在役管道的长距离更换管段;

2 提高最高允许操作压力的管道;

3 对现有管道保持原有工作压力继续使用的适用性进行重新鉴定。

5.7.2 管道系统试验压力确定和介质选择可按现行国家标准《输气管道工程设计规范》GB 50251 和《输油管道工程设计规范》GB 50253 的有关规定执行。

5.7.3 油气管道压力试验可按现行国家标准《液体石油管道压力试验》GB/T 16805 和《油气长输管道工程施工及验收规范》GB 50369 的有关规定执行;站内工艺管道压力试验宜按现行国家标准《石油天然气站内工艺管道工程施工规范》GB 50540 的有关规定执行。

5.7.4 压力试验前,应评估支承结构强度和稳定性,分析试压介质发生泄漏时的风险并应制定应急预案。

5.7.5 压力试验期间,试验压力超过管道系统上安全阀的整定压力时,应拆除安全阀、阀门或安装盲板。试验压力超过玻璃管液位计、压力表、膨胀节和爆破片等附件的承载能力时,应拆除或用盲板进行隔离。压力试验结束后,应及时恢复拆除或隔离的部件。

5.7.6 试验完成后,管道系统应排空试压介质、进行吹扫,必要时应进行干燥处理。

6 特殊部位和缺陷检测

6.1 特殊部位腐蚀

6.1.1 应定期检测滞流末端管道、滞流末端管道与相邻管道的连接处及盲管的壁厚。

6.1.2 应重点检查绝热层补口处的局部腐蚀。

6.1.3 土壤-空气界面处管道应定期按一定比例进行开挖和检测,发现严重腐蚀时,应加大开挖比例。

6.1.4 高程落差较大的液体管道相对高点处应定期按一定比例进行开挖和检测气蚀、变形情况，发现严重腐蚀时，应加大开挖比例。

6.1.5 检测方法选用应符合下列规定：

1 特殊工况和存在局部腐蚀的管段，可采用移除覆盖物进行目视检查，并应配合超声检测、射线检测或涡流检测等无损检测手段；

2 公称直径不大于 25 mm 管段，宜采用射线测厚方法。

3 公称直径不大于 50 mm 的管段上进行超声测厚时，应使用特定的校准试块、微型传感器等专业设备。

4 射线测厚技术可用于有绝热层的或可能有不均匀腐蚀、局部腐蚀等管道待测区域位置的确定。

5 壁厚测量应符合本规范第 5.3 节的规定。

6.2 冲(磨)蚀及其与腐蚀共同作用区域

6.2.1 应对如下易产生局部冲(磨)蚀及其与腐蚀共同作用的下列部位进行定期检测：

1 控制阀的下游；

2 孔板的下游；

3 泵出口的下游；

4 流向改变的位置；

5 仪表插孔和法兰等结构件的下游产生湍流的部位。

6.2.2 局部冲(磨)蚀及其与腐蚀的共同作用区域，可采用超声检测、射线检测或涡流检测等方法进行检测。

6.3 环境开裂

6.3.1 易产生应力腐蚀开裂或氢致开裂的管道，可选择荧光渗透法、荧光磁粉法或超声法进行检测。

6.3.2 发现环境开裂时，应进一步对其上下游和类似工况的管段进行环境开裂检测。

6.4 焊缝

6.4.1 在役管道焊缝腐蚀等体积型缺陷检测可采用射线检测或目视检查等方法。发现焊缝腐蚀时，同一管段或管道系统中的其他类似条件的焊缝宜进行腐蚀检测。

6.4.2 在役管道焊缝裂纹缺陷检测应采用表面检测、射线或超声检测方法。裂纹缺陷检测后应进行评价或修复，并应分析产生裂纹缺陷的原因。

6.5 阀门

6.5.1 阀门的外部目视检查应符合本规范第 5.2.2 条的规定。

6.5.2 拆除阀门进行维护和修理时，维护人员应检查异常的腐蚀或减薄情况。直接经受温度或应力交变影响的阀体，应定期检查疲劳裂纹。

6.5.3 关键止回阀宜进行目视检查和内部检验。

6.5.4 应定期对气液联动阀埋地引压管进行检查。

7 适用性评价

7.1 一般规定

7.1.1 适用性评价前，应收集并核实下列资料：

1　管道材质、管径、壁厚；

2　母材和焊缝的力学性能；

3　管道设计和竣工验收资料；

4　管道工况、运行历史、失效与维修历史和环境资料；

5　历次检测、检验资料。

7.1.2　适用性评价方法应根据评价管道的资料、材料性能参数和缺陷检测结果，考虑各种载荷和可能的失效模式确定。

7.1.3　评价应给出缺陷的可接受性、维修和风险减缓及再检测建议。

7.2　缺陷分类和评价方法选择

7.2.1　应按不同的缺陷类型选择适用的评价方法。

7.2.2　缺陷可按下列类型分类：

1　体积型缺陷：腐蚀、管材缺陷、局部减薄、划痕、气孔、夹渣等；

2　平面型缺陷：裂纹、未熔合、未焊透、咬边、根部凹陷、焊瘤等；

3　几何变形：凹陷、褶皱、屈曲、鼓胀、椭圆变形等；

4　无法区分体积型缺陷或平面型缺陷时，宜按照平面型缺陷进行评价。

7.2.3　含体积型缺陷的油气输送管道宜按现行行业标准《含缺陷油气输送管道剩余强度评价方法》SY/T 6477 进行评价。仅承受内压的油气管道直管段腐蚀缺陷宜按现行行业标准《钢制管道管体腐蚀损伤评价方法》SY/T 6151 进行评价。

7.2.4　含平面型缺陷管道的适用性评价宜按现行行业标准《含缺陷油气输送管道剩余强度评价方法》SY/T 6477 的规定执行。

7.2.5　含几何变形缺陷管道的评价，应考虑各种可能的失效模式、载荷以及变形限制是否满足生产运行的要求。含凹陷油气输送管道适用性评价，宜按现行行业标准《钢质油气管道凹陷评价方法》SY/T 6996 的规定执行。

7.3　腐蚀速率估算和剩余寿命预测

7.3.1　腐蚀缺陷的剩余寿命应按下式计算：

$$剩余寿命(年)=(t_a-t_r)/腐蚀速率 \quad\quad (7.3.1)$$

式中：t_a ——实际壁厚、特定位置或区域测量的厚度(mm)；

t_r ——要求壁厚、由设计公式或剩余强度计算公式按最大允许操作压力对同一测量位置或部件计算的壁厚(mm)，不含腐蚀裕量和制造公差。

7.3.2　失效会产生严重后果的管段，宜增大要求壁厚。

7.3.3　管道腐蚀速率可按下列公式计算：

$$LT=(t_0-t_n)/(a_n-a_0) \quad\quad (7.3.3\text{-}1)$$

$$ST=[t_{(n-1)}-t_n]/[a_n-a_{(n-1)}] \quad\quad (7.3.3\text{-}2)$$

式中：LT ——长期腐蚀速率(mm/年)；

ST ——短期腐蚀速率(mm/年)；

t_0、t_n ——首次和第 n 次检测壁厚(mm)；

a_0、a_n ——首次和第 n 次检测年份(年)。

7.3.4　确定腐蚀管道的剩余寿命宜通过比较管道的长期腐蚀速率和短期腐蚀速率，选取腐蚀速率较高者。当短期腐蚀速率与以往速率相比有显著变化时,应调查变化的原因。

7.3.5 对于新安装的和工况改变的管道,可采用下列方法之一估算管道腐蚀速率:

1 利用相同或相似工况下收集的数据,计算管段的腐蚀速率;

2 通过历史经验或根据公认的可类比工况管道上的有关数据估计出管段的腐蚀速率;

3 无法从上述1与2款获取腐蚀速率,可在管道系统投用不超过3个月内,采用超声测厚仪对管道进行初始壁厚的测定。可采用腐蚀挂片、腐蚀探头等腐蚀监测手段确定测厚间隔时间,再次测定壁厚,计算出腐蚀速率。

7.4 维修及风险减缓建议

7.4.1 应根据适用性评价结果提出维修及风险减缓措施建议,措施建议应包括下列内容:

1 需采取维修及风险减缓措施的管道位置信息;

2 建议采取的维修及风险减缓方法或措施;

3 实施的时间要求。

7.4.2 含有不可接受缺陷的管道,应根据适用性评价给出的剩余强度确定最大允许操作压力,提出缺陷修复前的风险管控建议。

7.4.3 评价结果中确定的需要监控的缺陷,应根据损伤机理和失效模式提出监控措施和周期。

7.5 再检测间隔

7.5.1 应根据剩余寿命评价结果确定管道的再检测间隔。

7.5.2 管道再检测间隔调整宜符合下列规定:

1 经检测和评价证明能够安全运行的管道,再检测间隔可适当延长;

2 发现下列状况之一的管道,应适当缩短检测间隔:

1) 运行工况发生重大改变;

2) 存在应力腐蚀或严重局部腐蚀;

3) 承受交变载荷,可能导致疲劳失效。

8 维修与改造

8.1 一般规定

8.1.1 应根据适用性评价结果制定修复计划并进行修复。

8.1.2 在缺陷修复完成之前,应采用必要的风险减缓措施。

8.1.3 临时修复部位应采取措施进行永久性修复。

8.2 维修

8.2.1 应根据缺陷的类型与位置选择修复方法。缺陷的常用修复方法可按表8.2.1选用。

表 8.2.1 缺陷常用修复方法

序号	修复方法	适用性及特点
1	机械夹具	适用于临时修复管道上的缺陷或泄漏
2	打磨	适用于修复打磨深度通常不超过12.5%壁厚,且打磨后无损检测表明已消除了应力集中的表面缺陷,不适用于修复管道内部缺陷或制管缺陷
3	补板	适用于修复管体小面积腐蚀、划痕或裂纹缺陷

表 8.2.1(续)

序号	修复方法	适用性及特点
4	补焊	适用于修复最小剩余壁厚大于 3.2 mm 的小面积腐蚀、点蚀、机械损伤等表面缺陷,不适用于管道内部缺陷和制管焊缝上的缺陷
5	A 型套筒	适用于修复无泄漏或不会发展为泄漏的直管段管体缺陷,用于损伤部位的加强,不能用于修复环向缺陷和泄漏
6	环氧钢套筒	适用于修复无泄漏或不会发展为泄漏的直管段管体缺陷,能承受较高的环向和轴向应力
7	B 型套筒	适用于修复腐蚀、裂纹、机械损伤、焊缝缺陷、碳弧烧伤、夹渣、分层、凹陷等多种类型的直管段缺陷,包括泄漏型、可能泄漏型以及环向缺陷等
8	复合材料补强	适用于修复腐蚀、裂纹、碳弧烧伤、夹渣、分层、不会继续发展的内腐蚀、凹陷以及螺旋焊缝等管体缺陷,不适用于修复泄漏型缺陷、环焊缝缺陷、深度超过 80%的缺陷以及可能会继续发展的内腐蚀缺陷
9	换管	适用于修复管道上任何类型的缺陷、损伤和泄漏点

8.2.2 维修焊接中的预热和焊后热处理方式应按照焊接工艺执行。

8.2.3 焊接修复后应进行焊缝检测。

8.2.4 油气管道修复作业可按现行行业标准《原油、液化石油气及成品油管道维修推荐作法》SY/T 6649 的有关规定执行。

8.3 改造

8.3.1 管道改造后应进行压力试验。压力试验应符合本规范第 5.7 节的规定。

8.3.2 不具备压力试验条件时,应对所有承压焊接接头和附着件上的承压角焊缝进行无损检测,对接接头应进行全部射线或超声检测。

9 检测评价报告

9.0.1 检测评价结束后应提交完整的检测数据和检测评价报告。

9.0.2 检测评价报告应包括下列内容:

1 被检管道基本信息,运行历史,检测评价单位(人员),实施日期等;

2 检测依据的法律法规和标准;

3 检测部位、检测方法以及检测比例;

4 检测仪器设备及技术指标;

5 检测环境条件;

6 检测结果记录及数据统计;

7 评价方法、结果及建议采取的维修维护措施;

8 再检测间隔。

本规范用词说明

1 为便于在执行本规范条文时区别对待,对要求严格程度不同的用词说明如下：

1） 表示很严格,非这样做不可的：

正面词采用“必须”,反面词采用“严禁”；

2） 表示严格,在正常情况下均应这样做的：

正面词采用“应”,反面词采用“不应”或“不得”；

3） 表示允许稍有选择,在条件许可时首先应这样做的：

正面词采用“宜”,反面词采用“不宜”；

4） 表示有选择,在一定条件下可以这样做的,采用“可”。

2 条文中指明应按其他有关标准执行的写法为:“应符合……的规定”或“应按……执行”。

引用标准名录

《输气管道工程设计规范》GB 50251
《输油管道工程设计规范》GB 50253
《油气长输管道工程施工及验收规范》GB 50369
《石油天然气站内工艺管道工程施工规范》GB 50540
《无损检测　金属管道熔化焊环向对接接头射线照相检测方法》GB/T 12605
《无损检测　钢制管道环向焊缝对接接头超声检测方法》GB/T 15830
《液体石油管道压力试验》GB/T 16805
《焊缝无损检测　磁粉检测》GB/T 26951
《焊缝无损检测　焊缝磁粉检测　验收等级》GB/T 26952
《焊缝无损检测　焊缝渗透检测　验收等级》GB/T 26953
《焊缝无损检测　基于复平面分析的焊缝涡流检测》GB/T 26954
《钢质管道内检测技术规范》GB/T 27699
《承压设备无损检测　第2部分:射线检测》NB/T 47013.2
《承压设备无损检测　第3部分:超声检测》NB/T 47013.3
《承压设备无损检测　第4部分:磁粉检测》NB/T 47013.4
《承压设备无损检测　第5部分:渗透检测》NB/T 47013.5
《承压设备无损检测　第6部分:涡流检测》NB/T 47013.6
《钢质管道及储罐腐蚀评价标准　埋地钢质管道外腐蚀直接评价》SY/T 0087.1
《石油天然气钢质管道环向对接接头　全自动超声波检测标准》SY/T 4123
《钢制管道管体腐蚀损伤评价方法》SY/T 6151
《含缺陷油气输送管道剩余强度评价方法》SY/T 6477
《油气管道内检测技术规范》SY/T 6597
《原油、液化石油气及成品油管道维修推荐作法》SY/T 6649
《在役油气管道对接接头超声相控阵及多探头检测》SY/T 6755
《管道内检测系统的鉴定》SY/T 6825
《管道内检测》SY/T 6889
《钢质油气管道凹陷评价方法》SY/T 6996

UDC

中华人民共和国国家标准

P

GB 51208—2016

人工制气厂站设计规范

Code of design on plant of producing man-made town gas

2016-10-25 发布 2017-07-01 实施

中华人民共和国住房和城乡建设部
中华人民共和国国家质量监督检验检疫总局 联合发布

中华人民共和国住房和城乡建设部公告

第 1342 号

住房城乡建设部关于发布国家标准《人工制气厂站设计规范》的公告

现批准《人工制气厂站设计规范》为国家标准，编号为 GB 51208—2016，自 2017 年 7 月 1 日起实施。其中，第 5.2.14、5.2.15、5.2.16、5.2.17、5.2.18、5.2.19、6.1.5、7.5.4 条为强制性条文，必须严格执行。国家标准《城镇燃气设计规范》GB 50028—2016 第 4、5 章内容同时废止。

本规范由我部标准定额研究所组织中国计划出版社出版发行。

中华人民共和国住房和城乡建设部
2016 年 10 月 25 日

前　　言

本规范是根据住房城乡建设部《关于印发〈2010年工程建设标准规范制订、修订计划〉的通知》(建标〔2010〕43号)要求,由中冶焦耐工程技术有限公司会同有关单位共同编制而成的。

在编制过程中,规范编制组经广泛调查研究,认真总结实践经验,参考有关国际标准,并在广泛征求意见的基础上,最后经审查定稿。

本规范共分10章3个附录,主要内容包括:总则、术语、燃气设计产量和质量、煤的干馏制气、煤的气化制气、油(气)低压循环催化改质制气、净化和调质、厂址选择和厂区布置、节能与环保和辅助设施等。

本规范中以黑体字标志的条文为强制性条文,必须严格执行。

本规范由住房城乡建设部负责管理和对强制性条文的解释,由中国冶金建设协会负责日常管理,由中冶焦耐工程技术有限公司负责具体技术内容的解释。执行过程中如有意见或建议,请寄送中冶焦耐工程技术有限公司(地址:辽宁省大连市高新技术产业园区七贤岭高能街128号,邮政编码:116085)。

本规范主编单位、参编单位、参加单位、主要起草人及主要审查人:

主 编 单 位:中冶焦耐工程技术有限公司

参 编 单 位:中国市政工程华北设计研究总院
赛鼎工程有限公司
香港中华煤气有限公司
上海燃气集团有限公司
广州燃气集团有限公司
大连燃气集团有限公司

参 加 单 位:大连华锐重工集团股份有限公司
沈阳透平机械股份有限公司
太原重工股份有限公司
江苏神通阀门股份有限公司
宁波科新化工工程技术有限公司
成都天蓝化工科技有限公司

主要起草人:陈惠民　于义林　蔡承祐　王昌遒　张元荣　马洪敬　杨　伟　苏维成
崔玉梅　叶毅邦　王明登　郭国杰　白　玮　杜连喜　袁朝辉　马广泉
杨秀玉　刘文燕　曾秀芬　陈　瑜　王　满　冯成喜

主要审查人:郭启蛟　李颜强　杨铁荣　杨在建　朱大钧　陶益新　张秋民　马希博
董　跃　陈化新　丁培明　王金生

1 总则

1.0.1 为了规范人工制气厂站设计,保证工程设计质量、安全和环保,综合利用资源和节能减排,制定本规范。

1.0.2 本规范适用于向城市、乡镇和居民点供给居民生活、商业、工业企业生产等各类用户作燃料用的新建、改建人工制气厂站工程设计。

1.0.3 人工制气厂站工程设计,除应符合本规范外,尚应符合国家现行有关标准的规定。

2 术语

2.0.1 葛金指数 Gray-king index

表示煤的结焦性的一项指标。

2.0.2 煤的化学反应性 chemical reactivity of coal

表示在一定温度下煤与二氧化碳相互作用,将二氧化碳还原成一氧化碳的反应能力的指标,是我国评价气化用煤的质量指标之一。

2.0.3 煤的热稳定性 thermal stability of coal

指煤块在燃烧或气化高温作用下保持原来粒度的性质的指标,是我国评价块煤质量指标之一。

2.0.4 变换 shift

指一氧化碳与水蒸气在催化剂的作用下发生如下反应:

$$CO+H_2O=CO_2+H_2+Q(\text{热量}) \qquad (2.0.4)$$

2.0.5 湿式氧化法脱硫 wet oxidation desulphurization process

以含氨或含碳酸钠的水溶液吸收煤气中的硫化氢,然后在催化剂的作用下用空气对脱硫液进行氧化再生的方法。

2.0.6 氨水法脱硫 ammonia liquor desulphurization process

采用含氨水溶液脱除煤气中硫化氢的方法,也称氨硫联合洗涤法脱硫。

2.0.7 真空碳酸盐法脱硫 vacuum carbonate desulphurization process

采用含碳酸钠或碳酸钾水溶液脱除煤气中硫化氢,并在真空状态下对脱硫液进行解吸的方法。

2.0.8 循环催化改质 cyclic catalyst reforming

用轻油、液化石油气或天然气为原料,以加热、改质为主要生产过程的循环操作方式,在催化剂的作用下生产改质气的生产工艺。

2.0.9 煤气水 gas liquor

指来自压力气化工艺的冷凝水和洗涤水,煤气水中含大量的溶解气、悬浮物、焦油、脂肪酸、酚、氨等。

2.0.10 下喷式焦炉 underjet coke oven

加热用煤气或空气由炉体下部垂直进入炉内的焦炉。

2.0.11 侧喷式焦炉 gun flue type coke oven

加热用富煤气由焦炉机、焦两侧的水平砖煤气道引入炉内的焦炉。

3 燃气设计产量和质量

3.0.1 人工制气厂站的燃气设计产量,宜根据城镇燃气输配系统计算的月的最大日用气量确定。

3.0.2 燃气设计产量应由基本气量和调峰气量组成,并应符合下列规定:

1 基本气量应按厂站选定的主气源炉型制气能力确定。

2 调峰气量可在下列措施中选择,经综合比较后确定:

1) 在选定主气源炉型时,留有一定余量的制气能力;

2) 增设备用、辅助和掺混的气源装置;

3) 建立替代厂站内自用燃气的能源设施。

3 调峰气量应与外部调峰能力相配合,并应根据燃气输配要求确定。

3.0.3 燃气质量指标应符合现行国家标准《人工煤气》GB/T 13612 的有关规定。制取代用天然气时,其质量指标应符合现行国家标准《天然气》GB 17820 的有关规定。

3.0.4 供气调峰时,出厂站的燃气发热量和组分的波动范围应符合现行国家标准《城镇燃气分类和基本特性》GB/T 13611 的有关规定。

3.0.5 人工煤气加臭剂的最小量应根据下列条件计算后确定:

1 燃气中臭味物种类、特性和含量;

2 燃气中一氧化碳含量;

3 燃气爆炸极限的下限值。

3.0.6 人工煤气加臭剂的选择和加臭装置的设计宜按现行行业标准《城镇燃气加臭技术规程》CJJ/T 148 的有关规定执行。

4 煤的干馏制气

4.1 一般规定

4.1.1 本章适用于焦炉和直立炉制气厂站的工程设计。

4.1.2 焦炉和直立炉制气厂站设计,应按本规范的要求落实原料及燃料的数量、质量和供应条件。

4.1.3 干馏制气工艺、炉型和孔数(门数)的选择,应根据供气规模、建设条件、煤炭资源和品种、产品的市场需求、技术装备水平等因素,经综合比较后确定。

4.1.4 煤干馏制气室内爆炸危险环境区域划分应符合本规范附录 A 的规定。

4.2 焦炉制气

4.2.1 备煤工艺流程应根据配煤试验报告的煤质确定,宜采用硬度高的煤预粉碎、配煤后分组粉碎工艺流程。

4.2.2 进厂煤车应设置计量装置,输煤系统带式输送机上宜设置计量装置。

4.2.3 严寒地区煤气厂应设置来煤车辆解冻装置。

4.2.4 备煤系统输送设备应设连锁集中控制。

4.2.5 备煤系统宜采用三班制操作,系统日最大作业时间宜小于 18 h。

4.2.6 焦炉制气厂应设置入厂煤在线采制样装置。

4.2.7 受煤设备、台数及能力应满足在规定的时间内,将同时进厂车辆全部卸完的要求。根据来煤方式不同,受煤设备应符合下列规定:

1 年用煤量大于 130 万 t 的制气厂,宜采用翻车机自动作业线,并宜在空车线上设置备用

机械卸车装置;小于 130 万 t 的制气厂,宜采用机械卸车受煤坑;

2 自卸汽车宜采用自卸车受煤坑,非自卸车应采用机械卸车受煤坑;

3 采用自卸汽车受煤的,受煤坑的卸煤侧应加设钢筋混凝土挡墙。

4.2.8 煤场设计应符合下列规定:

1 煤场操作储量应根据来煤方式确定,铁路来煤宜按焦炉 15 d～20 d 用煤量,汽车来煤宜按 7 d～15 d 用煤量,煤场操作容量系数宜取 0.7;

2 露天煤场宜设洒水抑尘设备;

3 煤场宜采用混凝土预制块地坪或下部碎石、上部煤矸石压实地坪,两侧应设排水沟;

4 煤场堆取煤作业宜采用斗轮堆取料机,其堆煤能力应为卸车能力的 1.2 倍;

5 煤场应配备辅助作业设备,并应在附近设辅助作业设备检修设施;

6 寒冷地区,煤场至配煤装置的输送线上应设置破冻块装置。

4.2.9 室内煤库储煤宜采用储配合一形式。

4.2.10 配煤室设计应符合下列规定:

1 配煤槽总容量宜按焦炉日用煤量计算;

2 配煤槽数量应根据采用的煤种数量及单种配比确定,一种煤至少一个槽,总数中宜设置 1 个或 2 个备用槽;

3 配煤槽的槽体应采用双曲线斗嘴,斗嘴宜设置风力振煤装置;

4 配煤室应采用自动配煤装置。

4.2.11 粉碎机室设计应符合下列规定:

1 粉碎机应采用独立基础;

2 粉碎机应采用减振、隔音以及控制噪声等措施;

3 粉碎机前带式输送机宜与粉碎机轴中心线垂直布置,输送机头部应设置除铁器;

4 粉碎机入口宜设均匀布料装置。

4.2.12 进配煤室带式输送机和粉碎机后的带式输送机上应设取样点。

4.2.13 装炉煤的质量要求宜符合表 4.2.13 的规定。

表 4.2.13 装炉煤的质量要求

序号	项目	符号	指标	
			顶装焦炉	捣固焦炉
1	水分(%)	M_t	≤11	9～11
2	细度(<3 mm)(%)	—	76～82	≥90
3	灰分(%)	A_d	≤11.1	≤10.5
4	硫分(%)	$S_{t.d}$	<1.14	<1.08
5	挥发分(%)	V_{daf}	26～31	28～36
6	黏结指数	G	58～82	55～72
7	胶质层指数(mm)	Y	14～22	12～15
8	焦块最终收缩度(mm)	X	28～33	28～33
注:当焦炉炼制气焦时,配合煤灰分(干基)可小于 16%。				

4.2.14　焦炉加热用煤气的低发热值、质量指标及压力指标应符合现行国家标准《炼焦工艺设计规范》GB 50432 的有关规定,其中加热煤气中硫的含量应确保焦炉烟囱排放废气中二氧化硫含量符合国家现行标准《炼焦化学工业污染物排放标准》GB 16171 的有关规定。

4.2.15　焦炉制气主要产品的产率应按实际生产数据或配煤炼焦试验结果确定。无配煤炼焦实验结果的,可按表 4.2.15 选用。

表 4.2.15　焦炉制气主要产品的产率

序号	配合煤挥发分		全焦产率(%)	煤气产率($m^3 \cdot t^{-1}$)干煤	焦油产率(%)	粗苯产率(%)
	V_{daf}(%)	V_d(%)				
1	25.56	23	79	290	3.00	0.85
2	26.67	24	78	300	3.30	0.90
3	27.78	25	77	310	3.50	0.90
4	28.89	26	76	320	3.70	1.00
5	30.00	27	75	330	4.00	1.00
6	31.11	28	74	340	4.20	1.00
7	32.22	29	73	350	4.45	1.05
8	33.33	30	72	360	4.70	1.10
9	34.44	31	71	370	4.90	1.10
10	35.56	32	70	380	5.10	1.10

4.2.16　计算焦炉制气设计能力的主要指标宜符合表 4.2.16 的规定。

表 4.2.16　计算焦炉制气设计能力的主要指标

<table>
<tr><th>序号</th><th colspan="3">项目名称</th><th>指标</th></tr>
<tr><td>1</td><td colspan="3">年工作日(d)</td><td>365</td></tr>
<tr><td rowspan="7">2</td><td rowspan="7">焦炉周转时间(h)</td><td rowspan="4">顶装焦炉</td><td>炭化室平均宽度 564 mm</td><td>24.0～24.5</td></tr>
<tr><td>炭化室平均宽度 542 mm</td><td>23.5～24.0</td></tr>
<tr><td>炭化室平均宽度 500 mm</td><td>21.0～22.0</td></tr>
<tr><td>炭化室平均宽度 450 mm</td><td>18.0～19.0</td></tr>
<tr><td rowspan="3">捣固焦炉</td><td>炭化室平均宽度 574(或 554)mm,煤饼宽度 500 mm</td><td>25.5～26.0</td></tr>
<tr><td>炭化室平均宽度 540(或 530)mm,煤饼宽度 470 mm</td><td>24.5～25.0</td></tr>
<tr><td>炭化室平均宽度 500 mm,煤饼宽度 450 mm</td><td>22.5～23.0</td></tr>
<tr><td>3</td><td colspan="3">焦炉紧张操作系数</td><td>≤1.07</td></tr>
<tr><td rowspan="2">4</td><td colspan="3">装炉煤散密度(以干煤计,顶装焦炉)($t \cdot m^{-3}$)</td><td>0.73～0.76</td></tr>
<tr><td colspan="3">煤饼密度(以干煤计,捣固焦炉)($t \cdot m^{-3}$)</td><td>1.00～1.05</td></tr>
<tr><td>5</td><td colspan="3">炉组检修时间($h \cdot d^{-1}$)</td><td>2～3</td></tr>
</table>

4.2.17 顶装焦炉制气的热工指标应符合现行国家标准《炼焦工艺设计规范》GB 50432 的有关规定;捣固焦炉制气的热工指标应符合表 4.2.17 的规定。

表 4.2.17 捣固焦炉制气的热工指标(kJ/kg)

<table>
<tr><th rowspan="2">序号</th><th rowspan="2" colspan="3">项目名称</th><th colspan="2">指标</th></tr>
<tr><th>湿煤耗热量</th><th>相当干煤耗热量</th></tr>
<tr><td rowspan="4">1</td><td rowspan="4">按设计周转时间,含水分 7%的每公斤捣固煤料的炼焦耗热量</td><td rowspan="2">计算生产消耗定额用</td><td>焦炉煤气加热</td><td>2430</td><td>2613</td></tr>
<tr><td>混合煤气加热</td><td>2760</td><td>2968</td></tr>
<tr><td rowspan="2">计算焦炉加热系统用</td><td>焦炉煤气加热</td><td>2650</td><td>2850</td></tr>
<tr><td>混合煤气加热</td><td>2980</td><td>3204</td></tr>
<tr><td rowspan="2">2</td><td rowspan="2" colspan="2">煤料水分以 7%为基准,每增减 1%水分时,相应的耗热量增减量</td><td>焦炉煤气加热</td><td>29</td><td>58</td></tr>
<tr><td>贫煤气加热</td><td>33</td><td>67</td></tr>
</table>

4.2.18 焦炉工艺布置应符合现行国家标准《炼焦工艺设计规范》GB 50432 的有关规定,并应根据选定的炼焦工艺、焦炉炉型、炉孔组成、焦炉机械及维修设施的配置等综合确定。

4.2.19 焦炉制气宜采用捣固炼焦工艺,并宜采用炭化室高 6 m 及以上的大容积捣固焦炉。

4.2.20 焦炉制气宜采用双联火道、废气循环、焦炉煤气下喷、蓄热室分格、贫煤气和空气分段供入的复热式下调焦炉。焦炉炉体的设计应符合现行国家标准《炼焦工艺设计规范》GB 50432 的有关规定。

4.2.21 焦炉集气系统的设计应符合下列规定:

1 焦炉桥管、水封阀的结构与配置以及集气管的压力制度,应能满足焦炉荒煤气冷却和装煤烟尘治理的要求;

2 顶装焦炉的集气系统宜布置在机侧,捣固焦炉的集气系统应布置在焦侧;

3 集气管应设置荒煤气放散管,放散管的排出口应设置自动点火装置;

4 集气管应设置压力自动调节装置,且应将集气管压力信号传输给煤气鼓风机控制系统;

5 采用多吸气管时,集气管应分段设置,且相邻两段集气管间宜设置连通管;

6 采用烟气转换车的装煤烟尘治理方案时,捣固焦炉导烟孔盖与座应采用水封结构;

7 上升管水封盖、水封阀的开闭及高低压氨水三通球阀的切换,宜由焦炉机械液压执行机构或气动执行机构操作;

8 应设置冷却荒煤气的低压氨水系统和治理装煤烟尘的高压氨水系统,且低压氨水系统应设置氨水停止供应时使用的事故用水补充系统;

9 桥管上设置的氨水喷嘴宜采用能实现实心锥体喷洒的结构;

10 低压氨水在炉顶主管末端的压力不应低于 0.15 MPa,高压氨水在顶装焦炉炉顶的压力应为 1.8 MPa~2.8 MPa,高压氨水在捣固焦炉炉顶的压力应为 2.8 MPa~3.6 MPa。

4.2.22 焦炉加热交换系统的设计应符合下列规定:

1 加热煤气入炉总管宜采用架空方式引入;

2 加热煤气管道的组成应根据焦炉加热用煤气种类、煤气热值、炉体结构以及焦炉加热对煤气热值的要求等确定;煤气掺混装置宜设置在焦炉外线管廊,煤气预热器应设置在炉间台;

3　焦炉煤气加热宜采用下喷式，贫煤气加热宜采用侧入式；

4　加热煤气管道宜设置低压自动充氮保护装置；

5　地下室焦炉煤气管道末端应设置放散水封阀和爆破片，贫煤气管道末端应设置放散泄爆阀；

6　加热煤气管道应设置蒸汽或氮气吹扫设施；

7　地下室加热煤气主管交换旋塞宜设置集中润滑系统；

8　贫煤气可采用交换旋塞或废气开闭器中的煤气砣交换；

9　需要频繁进行加热煤气种类切换的焦炉，宜设置具有远程切换加热煤气种类功能的液压交换机和交换传动装置。

4.2.23　护炉设备的设计应符合下列规定：

1　捣固焦炉护炉设备施加给砌体的保护力，应考虑装煤操作煤饼前端局部掉角或倒塌对护炉设备施加的附加力的影响；

2　焦炉炉柱施加给保护板的力应为弹性力；

3　纵、横拉条端部弹簧的调节宜采用可测力的液压装置；

4　焦炉炉门应采用弹簧门栓、弹性刀边、腹板可调、悬挂式空冷结构。

4.2.24　煤塔的设计应符合下列规定：

1　采用顶装焦炉制气时，一个炉组的两座焦炉之间应设置一座煤塔；煤塔的有效贮量应满足两座焦炉连续生产 8 h～16 h 的用量；

2　采用固定捣固站式捣固焦炉制气时，煤塔应布置在炉组中部机侧推焦机轨道上方；采用捣固装煤推焦机时，宜在焦炉机侧设置两条互为备用的带式输送机向捣固装煤推焦机上设置的煤斗给煤；

3　煤塔下部斗槽应采用双曲线结构，并应设置压缩空气振煤装置；

4　煤塔下缘的高度应保证煤塔两侧工作的焦炉机械能安全通过；

5　煤塔内炉顶以下各层房间应优化布置，并应满足生产操作和集中控制的需要。

4.2.25　熄焦系统的设计应符合下列规定：

1　焦炉熄焦宜采用干熄焦为主、湿熄焦备用的方式；

2　干熄焦设计应符合现行国家标准《炼焦工艺设计规范》GB 50432 的规定；

3　熄焦塔中部应设置水雾捕集装置，且水雾捕集系统应在熄焦车进入熄焦塔前提前启动；

4　熄焦塔顶的粉尘捕集装置应设置焦粉清洗系统；

5　熄焦水应循环使用，熄焦补充水可按 0.4 m^3/t 干煤计算；

6　采用高位槽熄焦时，应在熄焦水泵出口设置消声缓闭止回阀或采用变频调速控制熄焦水泵；

7　采用低水分熄焦或稳定熄焦时，应在熄焦塔内熄焦车的上方设置挡焦罩。

4.2.26　焦炉机械的装备水平及配置数量应符合下列规定：

1　炭化室高 6 m 及以上的大容积捣固焦炉宜配置集受煤、捣固、装煤和推焦等功能于一体的捣固装煤推焦机；

2　捣固焦炉炉顶应配置 U 形管式烟气转换车或燃烧式导烟车；

3　拦焦机的车体不宜采用两条走行轨道均作用在焦侧操作台上的结构形式；

4　焦炉的机焦侧炉门上方、炉门清扫装置上方及顶装焦炉的平煤小炉门，应设置逸散烟尘收集装置；

5 推焦机及拦焦机应设置炉门清扫装置，并宜采用机械清扫与高压水清扫相结合的方式；

6 拦焦机宜采用可在焦侧操作台边缘设置栏杆的翻转接斗式头尾焦收集装置；

7 捣固焦炉的装煤机构应设置机侧炉门装煤烟尘密封装置；

8 煤料捣固系统应采用自动连续给料、多锤快打、薄层自动捣固技术；

9 寒冷地区捣固煤饼的煤箱应设保温装置；

10 设置在固定煤塔式捣固站内的捣固机应与装煤推焦机或(捣固)装煤车、摇动给料器等设置连锁；

11 焦炉机械中各移动车辆的配置数量，应满足炉组的生产操作和检修的要求。顶装焦炉炉组的焦炉机械配备宜符合表4.2.26-1的规定，捣固焦炉炉组的焦炉机械配备宜符合表4.2.26-2的规定。

表4.2.26-1 顶装焦炉炉组的焦炉机械配备(台)

焦炉机械名称及配备 \ 炭化室高度及炉孔数		6.98 m 4×65～4×55		6.98 m 2×65～2×55		6.0 m 4×50～4×55		6.0 m 2×50～2×55	
		操作	备用	操作	备用	操作	备用	操作	备用
装煤车		2	1	1	1	2	1	1	1
推焦机		2	1	1	1	2	1	1	1
拦焦机		2	2	1	1	2	2	1	1
熄焦车	湿法熄焦	2	1	1	1	2	1	1	1
	干熄焦为主，湿法熄焦备用	0	1	0	1	0	1	0	1
电机车		2	1	1	1	2	1	1	1
液压交换机		4	0	2	0	4	0	2	0
炉门服务车		8	0	4	0	—	—	—	—

表4.2.26-2 捣固焦炉炉组的焦炉机械配备(台)

焦炉机械名称及配备 \ 炭化室高度及炉孔数	6.25 m 4×52～4×56		6.25 m 2×52～2×56		5.5 m 4×60～4×65		5.5 m 2×60～2×65		5.5 m 2×50～2×55	
	操作	备用	操作	备用	操作	备用	操作	备用	操作	备用
U形管式烟气转换车或燃烧式导烟车	2	1	1	1	4	0	2	0	1	1
捣固装煤推焦机	2	1	1	1	—	—	—	—	—	—
装煤推焦机	4	0	2	0	—	—	—	—	2	0
装煤车	4	0	2	0	4	0	2	0	—	—
推焦机	4	0	2	0	4	0	2	0	—	—
拦焦机	2	2	1	1	4	0	2	0	1	1

表 4.2.26-2（续）

焦炉机械名称及配备 \ 炭化室高度及炉孔数		6.25 m 4×52～4×56		6.25 m 2×52～2×56		5.5 m 4×60～4×65		5.5 m 2×60～2×65		5.5 m 2×50～2×55	
		操作	备用	操作	备用	操作	备用	操作	备用	操作	备用
电机车		2	1	1	1	2	1	1	1	1	1
熄焦车	湿法熄焦	2	1	1	1	2	1	1	1	1	1
	干熄焦为主，湿法熄焦备用	0	2	0	1	0	2	0	1	0	1
液压交换机		4	0	2	0	4	0	2	0	2	0
煤饼捣固机		4	0	2	0	4	0	2	0	2	0

注：1 焦炉配备捣固装煤推焦机时，不需再配置煤饼捣固机、装煤车、推焦机或装煤推焦机。
2 焦炉配备装煤推焦机时，不需再配置装煤车及推焦机。
3 炭化室高 5.5 m 捣固焦炉为宽炭化室捣固焦炉，其炭化室平均宽度为 554 mm。
4 煤饼捣固机的单位为套。
5 表中 4 座焦炉的机械配置是指 4 座焦炉布置在同一中心线上、通过大间台连在一起，且焦炉机械走行轨道连通的情况下的配置。

4.2.27 捣固焦炉应配置煤饼掉角或倒塌时快速处理事故余煤的系统。

4.2.28 两座焦炉宜配置一座焦台，焦台设计应符合下列规定：

1 焦台水平倾角不应小于 28°，斜面宽度宜为焦炉炭化室高度的 2 倍；

2 焦台长度宜保证焦炭在焦台凉焦时间不少于 30 min；

3 焦台应采用机械化放焦；

4 焦台应设补充熄焦水管。

4.2.29 筛焦楼、储焦槽设计应符合下列规定：

1 筛焦楼筛分设备应根据系统能力及焦炭分级情况选择；

2 焦炭分级应根据用户要求确定，用户无明确要求时宜按下述分级：

1） 高炉焦宜分为大于 25 mm、25 mm～10 mm、10 mm～0 mm，共 3 级；

2） 铸造焦宜分为大于 80 mm、80 mm～60 mm、60 mm～25 mm、25 mm～10 mm、10 mm～0 mm，共 5 级；

3 筛焦楼筛下储槽容量宜按焦炉 6 h～8 h 产焦量计算；

4 储焦槽容量宜按焦炉 2d～7d 产量计算。

4.2.30 设露天储焦场时，储量宜按焦炉 10 d～20 d 产量计算。焦场应做人工地坪及排水设施，四周宜设挡风抑尘装置。

4.3 直立炉制气

4.3.1 备煤应根据直立炉装炉煤的质量要求，设置相应的破碎、筛分及配煤等装置。

4.3.2 原料煤的接受及储存应符合本规范第 4.2.7 条及第 4.2.8 条的规定。

4.3.3 焦炭分级应根据用户要求确定，用户无明确要求时宜按下述分级：

1 气化焦宜分为大于 40 mm、40 mm～25 mm、25 mm～10 mm 和小于 10 mm，共 4 级；

2 铁合金焦宜分为大于 40 mm、40 mm～25 mm、25 mm～10 mm、10 mm～5 mm 和小于 5 mm，共 5 级。

4.3.4 筛焦楼各级焦炭储仓容量宜按 6 h～12 h 产焦量计算。

4.3.5 直立炉应设开工及烧空炉后的供焦系统。

4.3.6 直立炉装炉煤的质量指标，应符合表 4.3.6 规定。

表 4.3.6 直立炉装炉煤的质量指标

项目	气焦
挥发分(干基)	>25%
坩埚膨胀序数	$1^{1/2}$～4
葛金指数	F～G_1
硫含量	<1%
灰分(干基)	<25%
粒度	<50 mm(其中小于 10 mm 的含量应小于 75%)

注：1 生产铁合金焦时，应选用低灰分、弱黏结的块煤；灰分(干基)应小于 10%；粒度宜为 15 mm～50 mm；热稳定性(TS_{+6})应大于 60%。
2 生产电石焦时应采用灰分小于 10%的煤种，粒度与生产气焦装炉煤粒度相同。
3 当装炉煤质量不符合上述要求时，应做工业性的单炉试验。

4.3.7 每座直立炉顶层的储煤仓总容量，宜按 16 h～20 h 用煤量计算。辅助煤箱的总容量，应按 2 h 用煤量计算。烧空炉用储焦仓的总容量，宜按一次加满四门炭化室的装焦量计算。

4.3.8 直立炉制气主要产品的产率应按配煤试验结果确定。当无配煤实验结果时，直立炉制气主要产品产率可按表 4.3.8 选用。

表 4.3.8 直立炉制气主要产品产率

项目 \ 炉型	有蓄热室直立炉		无蓄热室直立炉	
煤气	400 m^3/t 煤～420 m^3/t 煤	低热值为 14.6 MJ/m^3～15.5 MJ/m^3	350 m^3/t 煤～380 m^3/t 煤	低热值为 16.3MJ/m^3
全焦	62%～71%		71%～74%	

注：直立炉制气，焦油产率一般在 3.0%～3.7%；粗苯产率一般在 0.6%～0.8%。

4.3.9 直立炉煤干馏耗热量宜按表 4.3.9 选用。

表 4.3.9 直立炉煤干馏耗热量

项目＼炉型	有蓄热室直立炉		无蓄热室直立炉
煤干馏耗热量（计算生产消耗用）	回炉煤气加热	1672 kJ/kg 湿煤～2132 kJ/kg 湿煤	—
	发生炉煤气加热	2216 kJ/kg 湿煤～2425 kJ/kg 湿煤	2580 kJ/kg 湿煤～3010 kJ/kg 湿煤
注：湿煤系指装炉煤水分为 7%。			

4.3.10 直立炉加热用煤气应符合下列规定：

1 有蓄热室直立炉加热用发生炉冷煤气：

1） 低发热值 Q_{net} 不应小于 4915 kJ/m³；

2） 含尘量不应大于 15 mg/m³；

3） 含焦油量不应大于 20 mg/m³；

4） 接点压力 P 不应小于 4.0 kPa；

5） 冬季温度宜小于 35 ℃，夏季温度宜小于 45 ℃。

2 有蓄热室直立炉加热用回炉煤气：

1） 低发热值 Q_{net} 不应小于 14635 kJ/m³；

2） 含尘量不应大于 15 mg/m³；

3） 含焦油量不应大于 50 mg/m³；

4） 接点压力 P 不应小于 3.5 kPa。

3 无蓄热室直立炉加热用发生炉热煤气：

1） 低发热值 Q_{net} 不应小于 4909 kJ/m³；

2） 含尘量不应大于 350 mg/m³；

3） 温度不宜小于 350 ℃；

4） 压力应为 50 Pa～100 Pa。

4.3.11 有蓄热室直立炉加热交换系统的设计应符合下列规定：

1 加热煤气管道：

1） 煤气总管应设置压力、流量测量及自动调节装置，送往每个燃烧室的煤气支管上应设置流量调节装置；

2） 管道末端应设爆破片；

3） 煤气管道上应设置蒸汽清扫、测压取样和放散装置及冷凝液排放和水封装置；

4） 当采用回炉煤气加热时，在回炉煤气管道上应设置煤气预热器，预热温度不宜低于45 ℃。

2 交换系统：

1） 应采用液压交换机，液压交换机应设置停电蓄能设施；

2） 回炉煤气换向应采用交换旋塞，发生炉煤气换向应采用煤气换向调节阀。

3 废气系统：

1） 交换开闭器应具有加热系统所需空气和排废气的流通断面；

2） 室内烟道宜采用架空的烟气管，室外宜采用地下砖烟气道并设置废气温度、吸力测量及自动调节装置。

4.3.12 无蓄热室直立炉废热锅炉的设置应符合下列规定：

1 废热锅炉应设置在废气总管附近；

2 废热锅炉的废气进口温度宜取 800 ℃～900 ℃，出口温度宜取 200 ℃；

3 废热锅炉、锅炉给水泵及引风机宜各设置 1 台备品；

4 废热锅炉的设置应有清灰与检修的空间；

5 废热锅炉引风机应采取防振措施。

4.3.13 直立炉集气系统的设计应符合下列规定：

1 集气管的直径应保证集气管末端与吸气管间的压差不大于 20 Pa；

2 集气管应设置荒煤气温度、压力测量装置，集气管的压力应有显示和记录，吸气管上应设压力自动调节装置；

3 集气系统应设置事故时煤气放散装置；

4 集气管应设置氨水清扫装置及停氨水时补充事故用水的设施；

5 桥管上应设置循环氨水喷洒装置，循环氨水量及压力宜按表 4.3.13 选用。

表 4.3.13 循环氨水量及压力

项目＼炉型	有蓄热室直立炉	无蓄热室直立炉
循环氨水量	6 m^3/t 煤～9 m^3/t 煤	4 m^3/t 煤
循环氨水压力	≥0.2 MPa	≥0.15 MPa

4.3.14 直立炉蒸汽系统设计应符合下列规定：

1 熄焦用蒸汽系统与充压用蒸汽系统应分别独立设计；

2 熄焦蒸汽耗量宜取 0.15 t/t 煤～0.25 t/t 煤，喷嘴前压力不应低于 0.12 MPa，熄焦用蒸汽管应设置流量和压力的计量装置；

3 熄焦蒸汽管在送往每个排焦箱的支管上应设置流量计量和调节装置。

4.3.15 直立炉熄焦系统的设计应符合下列规定：

1 熄焦水量宜按 3 m^3/t 煤～4 m^3/t 煤计算，直立炉应采用连续水熄焦，熄焦水循环使用，循环水应设置过滤装置；

2 粉焦沉淀池应考虑排污和液位控制措施；

3 熄焦补充水宜采用工业水或经处理后的酚氰废水，补充水量宜按 1 m^3/t 煤计算；

4 排焦箱水封槽的满流水及排焦落地水应收集，并应与熄焦水一并循环使用，不得外排。

4.3.16 直立炉排焦系统的设计应符合下列规定：

1 排焦传动装置应采用调速电机控制；

2 排焦箱应设排焦挡块限位装置，排焦箱的容量宜按 4 h 的排焦量计算；

3 排焦门的启闭，宜采用液压装置；

4 炉底排焦与炉顶捣炉之间应设联系信号。

4.3.17 直立炉的工艺布置应符合下列规定：

1 有蓄热室直立炉若采用双排布置时，每座炉的炭化室门数宜为4的倍数，当采用单排布置时，每座炉的炭化室门数宜为偶数；无蓄热室直立炉每座炉的炭化室门数宜为4的偶数倍。

2 两座或两座以上直立炉组成一个炉组，在同一标高、同一中心线上，应共同设置在一个厂房内；每座炉顶层应设置煤仓，每一炉组应设置一个烧空炉用贮焦仓，贮量应满足本规范第4.3.7条的规定；

3 有蓄热室直立炉两座炉之间应设间台，空间大小应满足加热煤气管道、交换设备、排焦传动等布置要求；

4 炉组两端应设置端台、楼梯间，每一炉组应设置人货两用电梯；

5 每个排焦箱的排焦口附近及受焦坑处均应设置通风除尘装置，炉顶宜设置通风换气装置；

6 厂房外应设置熄焦泵房、沉淀池等熄焦循环水系统；

7 无蓄热室直立炉加热用发生炉热煤气管应布置在炉体的加热煤气颈管一侧，废热锅炉与废气总管应布置在同一侧。

5 煤的气化制气

5.1 一般规定

5.1.1 煤的气化制气作为城镇的主气源时，煤气组分中一氧化碳含量和煤气热值应符合现行国家标准《人工煤气》GB/T 13612的有关规定。

5.1.2 气化制气炉型和台数的选择，应根据制气原料的来源、品种、供应规模，最大供气规模、气质要求及各种产品的市场需要，按不同炉型的特点和工艺流程，经技术经济比较后确定。

5.1.3 压力气化制气应适用于城镇燃气中碎煤加压气化炉型的气化制气。

5.1.4 常压气化的炉型应包括以下类型：

1 煤气发生炉、两段煤气发生炉；

2 水煤气发生炉、两段水煤气发生炉；

3 流化床水煤气炉。

5.1.5 煤的气化制气室内爆炸危险环境区域划分，应符合本规范附录B的规定。

5.2 压力气化制气

5.2.1 碎煤加压气化用煤的主要质量指标宜符合下列规定：

1 入炉煤的粒度宜为6 mm～50 mm；

2 灰分(干基)宜小于35%；

3 热稳定性(TS_{+6})易大于60%；

4 黏结性(自由膨胀序数)宜小于7；

5 灰熔点(ST)不宜小于1250 ℃；

6 水分不宜大于40%。

5.2.2 碎煤加压气化炉宜选择压力高、大直径的炉型，工作压力可选择2.5 MPa、3.0 MPa、4.0 MPa；炉内径可选择2.8 m、3.8 m、5 m。

5.2.3 碎煤加压气化炉组工作台数每1台～5台宜另设1台备用。

5.2.4 气化强度及煤气产率应在煤种和操作条件确定后，通过试烧或实测取得。

5.2.5 不同煤种的碎煤加压气化典型指标应符合本规范附录 C 的规定。

5.2.6 气化厂房内设置的煤仓储量应为气化炉 4 h～6 h 的用煤量。

5.2.7 煤锁充压气不应使用热煤气。

5.2.8 煤仓顶部应采取通风措施。

5.2.9 气化厂房加煤皮带层应设置一氧化碳毒性监测报警装置。

5.2.10 采用冷煤气进行煤锁充压的气化装置宜设煤锁气回收系统。

5.2.11 煤锁气泄压管线的管径设计不应考虑 2 台煤锁同时泄压工况,应通过程序控制实现分时泄压。

5.2.12 煤锁的容积应根据气化炉小时耗煤量及加煤次数确定,单个煤锁每小时设计加煤次数不宜超过 4 次,煤锁容积设计填充系数宜为 0.8。

5.2.13 灰锁、煤锁属于疲劳压力容器,设计寿命不应少于 15 年。

5.2.14 气化炉夹套与炉内正常操作压差不应大于 0.05 MPa,设计压差不应小于 0.2 MPa。

5.2.15 压力气化制气应设置煤气中氧气含量分析报警装置,当煤气中氧含量(干基)大于0.5%时应报警。

5.2.16 气化炉应设置安全连锁,符合下列条件之一时,应使气化炉进入紧急停车程序:

1 气化炉夹套与炉内正常操作压差超过 0.15 MPa;

2 气化炉夹套压力高于操作压力的 1.05 倍;

3 气化炉顶部法兰温度超过 250 ℃;

4 气化炉灰锁温度超过 450 ℃;

5 气化炉洗涤冷却器煤气出口温度超过 250 ℃;

6 气化炉夹套液位低于低低液位时;

7 入气化炉的蒸汽和氧气混合后的温度低于混合气体的露点时;

8 煤气中氧含量(干基)大于 1.5%时;

9 用作气化剂的蒸汽压力高于氧气压力,两者压差小于 0.05 MPa。

5.2.17 氧气总管和蒸汽总管压力应设置监测装置,并应设置与气化炉的压差监测装置,正常压力应高于气化炉操作压力 0.2 MPa。当低于 0.2 MPa 时,全部气化炉应进入停车程序或热备程序。

5.2.18 气化炉应设置紧急停车按钮。

5.2.19 气化炉加、减负荷的程序设计顺序应符合下列规定:

1 当增加负荷时,必须先增加蒸汽负荷,后增加氧气负荷;

2 当降低负荷时,必须先减氧气负荷,后减蒸汽负荷。

5.2.20 煤气洗涤应采用文丘里洗涤加部分冷凝的方式,洗涤水应采用封闭循环,排液应为总循环量的 10%～20%。

5.2.21 含尘煤气水管线应设置备用管线,流速宜取 1.5 m/s～2.0 m/s。

5.2.22 气化炉炉箅转速应采用变频调节。

5.2.23 碎煤加压气化炉每 4 台宜编为 1 组,1 组最多不应超过 6 台。

5.2.24 每 4 台或每 5 台气化炉宜设置一套开工火炬。

5.2.25 在气候条件允许的地方,气化炉装置框架宜采用全敞开式结构,寒冷地区应采用封闭结构并采暖。

5.2.26 气化炉液压站宜布置在地面。

5.2.27 气化框架内不应布置控制室和有人长期值守的操作间。

5.3 常压气化制气

5.3.1 常压气化用煤的主要质量指标宜符合表 5.3.1 的规定。

表 5.3.1 常压气化用煤的主要质量指标

<table>
<tr><th colspan="2">项目</th><th>煤气
发生炉</th><th>两段煤气
发生炉</th><th>水煤气
发生炉</th><th>两段水煤
气发生炉</th><th>流化床
水煤气炉</th></tr>
<tr><td rowspan="3">粒度
(mm)</td><td>无烟煤</td><td>6～13
13～25
25～50</td><td>—</td><td>25～100</td><td>—</td><td rowspan="3">0 ～ 13，其中 1 mm以下＜10%，大于 13 mm＜15%</td></tr>
<tr><td>烟煤</td><td>—</td><td>20～40
25～50
30～60</td><td>—</td><td>20～40
25～50
30～60</td></tr>
<tr><td>焦炭</td><td>6～10
10～25
25～40</td><td>—</td><td>25～100</td><td>—</td></tr>
<tr><td rowspan="10">质量
指标</td><td rowspan="2">灰分(干基)</td><td>＜35%
(气焦)</td><td>＜25%
(烟煤)</td><td>＜33%
(气焦)</td><td>＜25%
(烟煤)</td><td>—</td></tr>
<tr><td>＜24%
(无烟煤)</td><td>—</td><td>＜24%
(无烟煤)</td><td>—</td><td>＜35%
(各种煤)</td></tr>
<tr><td>热稳定性(TS_{+6})</td><td>＞60%</td><td>＞60%</td><td>＞60%</td><td>＞60%</td><td>＞45%</td></tr>
<tr><td>落下强度(SS)</td><td>＞60%</td><td>＞60%</td><td>＞60%</td><td>＞60%</td><td>—</td></tr>
<tr><td>灰熔点(ST)</td><td>＞1200 ℃
(冷煤气)</td><td>＞1250 ℃</td><td>＞1300 ℃</td><td>＞1250 ℃</td><td>＞1200 ℃</td></tr>
<tr><td>全硫(干基)</td><td>＜1%</td><td>＜1%</td><td>＜1%</td><td>＜1%</td><td>＜1%</td></tr>
<tr><td>挥发分(干基)</td><td>—</td><td>＞20%</td><td>＜9%</td><td>＞20%</td><td>—</td></tr>
<tr><td>黏结指数(GRI)</td><td>—</td><td>≤20</td><td>—</td><td>≤20</td><td>＜45</td></tr>
<tr><td>自由膨胀序数
(F.S.I)</td><td>—</td><td>≤2</td><td>—</td><td>≤2</td><td>—</td></tr>
<tr><td>煤的化学反应性
(a)</td><td>—</td><td>—</td><td>—</td><td>—</td><td>＞30%
(1000 ℃)</td></tr>
</table>

5.3.2 煤场的储煤量应根据煤源远近、供应的不均衡性、季节性调峰和交通运输方式等条件确定，宜采用 10 d～30 d 的用煤量；当使用本厂焦炭时，宜小于 1 d 的用焦量。

5.3.3 当气化炉按三班工作制时，储煤斗的有效储量应符合表 5.3.3 的规定。

表 5.3.3 储煤斗的有效储量

备煤系统工作班制	储煤斗的有效储量
一班工作制	20 h～22 h 气化炉用煤量
二班工作制	14 h～16 h 气化炉用煤量

注:1 备煤系统不宜按三班工作制。
2 用煤量应按设计产量计算。

5.3.4 气化炉储煤斗前应设筛分装置和末煤斗,其总储量不宜小于气化炉厂站 1 d 的筛出量。

5.3.5 煤气化后的灰渣处理宜采用机械化设施,灰渣应进行综合利用,灰渣斗的总储量和设置应符合现行国家标准《发生炉煤气站设计规范》GB 50195 的有关规定。

5.3.6 煤气化炉煤气低热值应符合下列规定:

1 煤气发生炉不应小于 5 MJ/m³;

2 两段煤气发生炉上段煤气不应小于 6.7 MJ/m³,下段煤气不应大于 5.44 MJ/m³;

3 水煤气发生炉不应小于 10 MJ/m³;

4 两段水煤气发生炉上段煤气不应小于 13.5 MJ/m³,下段煤气不应大于 10.8 MJ/m³;

5 流化床水煤气炉宜为 9.4 MJ/m³～11.3 MJ/m³。

5.3.7 气化炉产气率指标应根据选用的气化炉炉型、煤种、粒度、操作条件等因素综合考虑后确定。对曾用于气化的煤种,应采用其平均产气率指标;对未曾用于气化的煤种,应根据其气化试验报告的产气率确定。当缺乏条件时,可按表 5.3.7 选用。

表 5.3.7 气化炉产气率指标

原料煤种	产气率(干基)($m^3 \cdot t^{-1}$)					灰分含量(%)
	煤气发生炉	两段煤气发生炉	水煤气发生炉	两段水煤气发生炉	流化床水煤气炉	
无烟煤	3000～3400	—	1500～1700	—	900～1000	15～25
烟煤	—	2600～3000	—	800～1100		18～21
焦炭	3100～3400	—	1500～1650	—		13～21
气焦	2600～3000	—	1300～1500	—		25～35

注:气焦指直立炉炼制的气焦。

5.3.8 煤的气化制气厂站的设计产量应符合下列规定:

1 当选定的气化制气炉型作为主气源时,设计产量应按本规范第 3.0.1 条、第 3.0.2 条第 1 款确定;

2 当选定的气化制气炉型作为主气源的辅助气源时,其设计产量应按主气源要求的最大调峰气量确定。

5.3.9 流化床水煤气炉厂站的设计产量应符合下列规定:

1 当气化炉仅作为人工制气厂站所产末煤的配套处理设施时,应根据人工制气厂站最大末煤产量和所选炉型确定;

2　当气化炉所产冷煤气为主气源或作为掺混气源和调峰气源时，应符合本规范第5.3.8条的有关规定。

5.3.10　气化炉组工作台数每1台～4台宜另设1台备用。

5.3.11　水煤气发生炉、两段水煤气发生炉，每3台宜编为1组；流化床水煤气炉每2台宜编为1组；每组宜合用一套煤气冷却系统和废气处理及空气鼓风设备。

5.3.12　空气鼓风机和煤气排送机的并联工作台数不宜超过3台，并应另设1台备用。

5.3.13　循环气化炉的空气鼓风机的选择，应符合下列规定：

1　风量应按空气瞬时最大用量确定；

2　风压应按气化炉加热期的空气、废气系统阻力和废气出口压力之和确定；

3　循环气化炉每1组或每2组应另设1台备用的空气鼓风机；

4　空气鼓风机应有减振和消声措施。

5.3.14　循环气化炉的煤气缓冲罐宜采用直立式低压储气罐，其容积宜为0.5 h～1.0 h循环气化炉厂站的煤气产量。

5.3.15　循环气化炉的蒸汽系统中应设蒸汽蓄能器，并宜设置备用的蒸汽系统。

5.3.16　煤气加压机房、空气鼓风机房、循环水泵房等宜分别布置在单独的建(构)筑物内，且宜与主厂房分开布置。

5.3.17　煤气加压机、空气鼓风机、循环水泵等设备应单排布置，并应预留安装检修场地。设备与设备之间、设备与墙的净距宜为1.5 m，当用作主要通道时，不宜小于2.0 m。

6　油(气)低压循环催化改质制气

6.1　一般规定

6.1.1　低压循环催化改质制气应以轻油、液化石油气或天然气为原料。

6.1.2　各制气炉型和台数的选择，应根据制气原料的品种、供气规模及各种产品的市场需要，按不同炉型的特点，经技术经济比较后确定。

6.1.3　制气装置的控制室不应与空气鼓风机布置在同一建筑物内。

6.1.4　制气炉应露天布置，烟囱高出制气炉炉顶高度不应小于4 m。

6.1.5　制气炉应设置防爆装置，制气炉炉体与空气系统连接管上应采用防止炉内燃气窜入空气管道的措施。

6.2　轻油低压循环催化改质制气

6.2.1　轻油制气用的原料为轻质石脑油，质量宜符合下列规定：

1　相对密度(20 ℃)宜为0.65～0.69；

2　初馏点宜大于30 ℃；

3　终馏点宜小于130 ℃；

4　直链烷烃含量宜大于80%(体积分数)；

5　芳香烃含量宜小于5%(体积分数)；

6　烯烃含量宜小于1%(体积分数)；

7　总硫含量宜小于1×10^{-4}(质量分数)；

8　铅含量宜小于1×10^{-7}(质量分数)；

9　碳氢比(质量)宜为5～5.4；

10 高热值宜为47.3 MJ/kg～48.1 MJ/kg。

6.2.2 原料石脑油储存应采用内浮顶式油罐,储罐数量不应少于2个,原料油的储存量宜按15 d～20 d的用油量计算。

6.2.3 轻油低压循环催化改质制气装置宜采用燃烧室和改质室双筒式,两筒间由混合室连接,并宜采用鼓风气流与制气气流方向相同的顺流式流程。燃烧室宜设置两个主火焰监视器,并应采取防止爆燃的措施。

6.2.4 轻油低压循环催化改质制气工艺主要设计参数宜符合下列规定:

1 改质室内液体空间速度宜为0.6 $m^3/(m^3 \cdot h)$～0.9 $m^3/(m^3 \cdot h)$;

2 改质室内催化剂高度宜为0.8 m～1.0 m;

3 加热用油量与制气用油量比例宜小于29∶100;

4 循环时间宜为2 min～5 min;

5 每吨轻油的催化改质煤气产率宜取2 400 m^3～2 500 m^3;

6 催化剂采用镍系催化剂。

6.2.5 制气工艺宜采用一氧化碳(CO)变换方案,两台制气炉宜合用1台变换设备。

6.2.6 轻油制气增热流程宜采用轻质石脑油增热方案,增热程度宜限制在比燃气烃露点低5 ℃。

6.2.7 轻油低压循环催化改质制气装置在改质室后应设置废热回收设备。进行一氧化碳(CO)变换时,在一氧化碳(CO)变换反应器后应另设置废热回收设备。

6.2.8 轻油低压循环催化改质制气装置应设置蒸汽缓冲罐,不宜设置生产用汽锅炉。

6.2.9 每2台轻油制气炉应编为1组,合用一套冷却系统和鼓风设备。冷却系统和鼓风设备的能力应按最大瞬时流量计算。

6.2.10 燃气冷却宜采用直接式冷却设备。冷却后的燃气温度不宜大于35 ℃,冷却水应循环使用。

6.2.11 空气鼓风机的选择应符合下列规定:

1 风量应按空气瞬时最大用量确定;

2 风压应按制气炉加热期的空气废气系统阻力和废气出口压力之和确定;

3 每1组或每2组炉应设置1台备用的空气鼓风机;

4 空气鼓风机应有减振和消声措施。宜选用自产蒸汽来驱动透平风机,空气鼓风机入口宜设空气过滤装置。

6.2.12 原料泵宜设置断流保护装置及连锁,原料泵的选择应符合下列规定:

1 流量应按瞬时最大用量确定;

2 压力应按输油系统的阻力和喷嘴的要求压力之和确定;

3 每1台～3台油泵应另设1台备用。

6.3 液化石油气低压循环催化改质制气

6.3.1 液化石油气制气用的原料质量指标宜按现行国家标准《液化石油气》GB 11174的规定执行,其中不饱和烃含量应小于15%。

6.3.2 原料液化石油气储存宜采用高压球罐,球罐数量不应小于2个,储存量宜按15 d～20 d的用气量计算。

6.3.3 液化石油气低压循环催化改质制气工艺主要设计参数宜符合下列规定:

1 改质室内液体空间速度宜为0.6 $m^3/(m^3 \cdot h)$～0.9 $m^3/(m^3 \cdot h)$；

2 改质室内催化剂高度宜为0.8 m～1.0 m；

3 加热液化石油气用量与制气用油量比例宜小于29：100；

4 循环时间宜为2 min～5 min；

5 每吨液化石油气的催化改质煤气产率宜取2400 m^3～2500 m^3；

6 催化剂采用镍系催化剂。

6.3.4 液化石油气宜采用液态进料，开关阀宜设置在喷枪前端。

6.3.5 制气工艺中一氧化碳(CO)变换设备的配置应符合本规范第6.2.5条的规定。

6.3.6 在改质室后应设置废热回收设备。进行一氧化碳(CO)变换时，在一氧化碳(CO)变换反应器后应另设置废热回收设备。

6.3.7 液化石油气低压循环催化改质装置应设置蒸汽缓冲罐，不宜设置生产用汽锅炉。

6.3.8 冷却系统和鼓风设备的设计应符合本规范第6.2.9条的规定。燃气冷却设备和空气鼓风机的选择，应分别符合本规范第6.2.10条和第6.2.11条的规定。

6.3.9 原料泵的选择，应符合本规范第6.2.12条的规定。

6.4 天然气低压循环催化改质制气

6.4.1 天然气改质制气用的天然气质量，应符合现行国家标准《天然气》GB 17820的有关规定。

6.4.2 在各个循环操作阶段，天然气进炉总管压力的波动值宜小于0.05 MPa。

6.4.3 天然气低压循环催化改质制气装置宜采用燃烧室和改质室双筒式，两筒间由混合室连接，并采用鼓风气流与制气气流方向相同的顺流式流程。

6.4.4 天然气低压循环催化改质制气工艺主要设计参数宜符合下列规定：

1 改质室内改质用天然气空间速度宜为500 $m^3/(m^3 \cdot h)$～600 $m^3/(m^3 \cdot h)$；

2 改质室内催化剂高度宜为0.8 m～1.2 m；

3 加热用天然气用量与制气用天然气用量比例宜小于29：100；

4 循环时间宜为2 min～5 min；

5 每1000 m^3 天然气的催化改质燃气产率(改质室出口)宜取2900 m^3～2540 m^3；

6 采用含镍量为3%～10%的镍系催化剂。

6.4.5 天然气改质制气增热流程宜采用天然气掺混方案，也可采用焦炉煤气、液化石油气、石油干气等掺混方案，增热程度应根据燃气热值、华白指数和燃烧势的要求确定。

6.4.6 天然气改质室后应设置废热回收设备。

6.4.7 天然气改质装置应设置蒸汽缓冲罐，不宜设置生产用汽锅炉。

6.4.8 冷却系统和鼓风设备的设计应符合本规范第6.2.9条的规定。燃气冷却设备和空气鼓风机的选择，应分别符合本规范第6.2.10条和第6.2.11条的规定。

7 净化和调质

7.1 一般规定

7.1.1 煤气净化和化工产品回收工艺，应根据煤气种类、用途、处理量和煤气中杂质含量以及化工产品的市场，结合当地条件和煤气掺混情况等因素，经技术、经济综合比较后确定。

7.1.2 煤气净化设备的处理能力，应按小时最大煤气处理量和相应的杂质含量确定。

7.1.3 煤气净化装置的设计，当净化设备检修和清洗时，出厂煤气中杂质含量应符合现行国家标准《人工煤气》GB/T 13612的有关规定。

7.1.4 煤气净化装置室内爆炸危险环境区域划分应符合本规范附录A、附录B的规定。

7.1.5 剩余氨水、终冷排污水，煤气水封水、粗苯分离水以及其他化工产品深加工排出的高浓度废水，应经蒸氨处理后送入酚氰废水处理站。

7.1.6 煤气净化装置应采用计算机集中控制，提高自动监测及控制水平。

7.2 干馏煤气净化

7.2.1 焦炉荒煤气的初步冷却宜采用间接式冷却工艺；也可采用先间接式冷却，后直接式冷却等工艺。

7.2.2 煤气初步冷却采用间接式冷却工艺时，设计应符合下列规定：

1 采用横管式初冷器，宜使用循环冷却水及低温冷却水分两段对煤气进行冷却，初冷器内应设置焦油氨水混合液喷洒脱萘装置，煤气出口温度宜取20 ℃～22 ℃；

2 初冷器应并联设置，当其中一台检修时，其余各台应满足煤气的冷却要求。

7.2.3 煤气初步冷却采用先间接式冷却、后直接式冷却工艺时，设计应符合下列规定：

1 煤气经间接式冷却后，出口温度宜取40 ℃～45 ℃；经直接式冷却后，出口温度宜取25 ℃～30 ℃；

2 煤气间接式冷却宜采用横管式冷却器，并应设有焦油氨水混合液喷洒除萘装置；煤气直接式冷却宜采用空喷式冷却塔，循环喷洒液冷却器应采取防堵措施。

7.2.4 焦油氨水分离的工艺设计，应符合下列规定：

1 吸煤气管道气液分离器排出的焦油氨水混合液与煤气初冷器排出的冷凝液宜采用混合分离工艺；

2 焦油氨水分离采用立式槽澄清分离工艺时，宜设置焦油渣预破碎或预脱除设备；

3 剩余氨水应脱除焦油及煤粉等悬浮物杂质后，再进行溶剂萃取脱酚和(或)蒸氨。

7.2.5 煤气鼓风机的选择，应符合下列规定：

1 流量应按小时最大煤气处理量确定；

2 全压应按煤气系统的最大阻力和煤气罐的最高压力的总和确定。

7.2.6 离心式煤气鼓风机应设有调速装置，并联工作台数不宜超过3台，备用率不应小于50%。

7.2.7 煤气鼓风机循环管的设置，应符合下列规定：

1 当采用离心式鼓风机时，应在鼓风机的出口煤气总管至初冷器前的煤气总管间设置大循环管；

2 当采用容积式鼓风机时，每台鼓风机进出口的煤气管道上应设置旁通管；当数台风机并联时，应在风机出口的煤气总管到初冷器前的煤气总管间设置大循环管。

7.2.8 煤气鼓风机机组设计采取的安全措施以及机组运行主要参数的报警和连锁的设定值，应符合现行国家标准《焦化安全规程》GB 12710的有关规定。

7.2.9 煤气鼓风机应设置在厂房内，南方地区鼓风机厂房一层可采用敞开式布置。

7.2.10 煤气鼓风机厂房内机组的布置应符合下列规定：

1 鼓风机机组应设置独立基础，并应与厂房楼板隔开；

2 鼓风机机组之间、机组与厂房墙之间应留有操作和检修通道；

3 鼓风机机组的安装高度应保证进出口煤气管道内冷凝液排出通畅、液封安全。

7.2.11 煤气鼓风机厂房应设安装门，室内应设起重设备及吊装孔。

7.2.12 煤气鼓风机厂房内应设煤气泄漏报警及事故通风设备。

7.2.13 煤气鼓风机室地面应设计为不发生火花地面。

7.2.14 煤气鼓风机宜采用在中央控制室集中控制；当鼓风机厂房距中央控制室较远时，也可同时设置现场控制室。

7.2.15 电捕焦油器的设置和净化指标，应符合下列规定：

1 电捕焦油器的设置不应少于2台，并应并联配置；

2 器后焦油雾应脱至0.02 g/m^3；当一台事故或检修时，其余设备应强化操作，并应将焦油雾脱至0.05 g/m^3。

7.2.16 电捕焦油器设计采取的安全措施以及机组运行主要参数的报警和连锁的设定值，应符合现行国家标准《焦化安全规程》GB 12710 的有关规定。

7.2.17 煤气脱氨根据氨回收产品品种的要求，可采用硫酸吸收法、磷铵吸收法或水洗氨法等工艺，将煤气中的氨脱至0.05 g/m^3 以下。

7.2.18 煤气采用硫酸吸收法脱氨生产硫铵时，宜采用喷淋饱和器法或酸洗塔法工艺，设计应符合下列规定：

1 硫铵干燥尾气应采用干式旋风除尘及湿式净化除尘两级除尘工艺；

2 吸收及结晶工艺应采用露天布置，离心分离、干燥及称量包装工艺应采用室内布置；

3 饱和器机组、离心机应有备用，备用率不应小于50%。

7.2.19 煤气采用磷铵吸收法脱氨生产无水氨或氨水工艺时，设计应符合下列规定：

1 无水氨产品浓度不低于99.8%；

2 氨吸收塔宜采用多段循环空喷塔；

3 精馏塔底排出的废水应送往剩余氨水蒸氨进一步处理。

7.2.20 煤气采用水洗氨脱氨工艺时，设计应符合下列规定：

1 洗氨塔宜设置2台，应串联操作；

2 送入洗氨塔的蒸氨废水中游离氨含量应小于100 mg/L；

3 洗氨塔宜采用填料塔。

7.2.21 洗氨富氨水及剩余氨水蒸氨的设计，应符合下列规定：

1 塔底蒸氨废水中游离氨含量应小于100 mg/L，全氨含量应小于200 mg/L；

2 洗氨富氨水及剩余氨水蒸氨前，应脱除焦油及悬浮物杂质；

3 蒸氨塔应有备用。

7.2.22 煤气脱氨后采用氨分解工艺时，设计应符合下列规定：

1 氨分解率应大于99%；

2 氨分解尾气经冷却后应送至气液分离器前吸煤气管道；

3 氨分解炉应设有煤气增压机及空气鼓风机。

7.2.23 采用溶剂脱酚工艺时，剩余氨水应先送至溶剂脱酚单元，脱酚后再送剩余氨水蒸氨单元蒸氨。

7.2.24 剩余氨水溶剂脱酚萃取剂宜采用轻苯或粗苯，溶剂脱酚单元应设置脱硫塔、溶剂回收塔，脱酚后氨水出口含酚应小于200 mg/L。

7.2.25 煤气终冷宜采用两段冷却工艺，煤气温度宜冷却至25 ℃～27 ℃。当采用直接式终冷工艺时，循环冷却液应采用闭路循环。

7.2.26 煤气脱苯应设置在煤气脱氨工艺之后，设计应符合下列规定：

1 洗苯溶剂宜采用焦油洗油，洗油中萘含量不应大于15%，230 ℃前流出量不应大于3%，300 ℃前流出量不应小于90%；

2 进洗苯塔贫油温度应比煤气温度高2 ℃～3 ℃；

3 洗苯塔后煤气含苯、含萘应分别小于4 g/m、0.3 g/m^3；

4 洗苯塔宜采用填料塔，洗油循环量应根据煤气量、煤气中粗苯含量、洗油及填料种类等因素确定。

7.2.27 富油脱苯工艺宜采用管式炉加热法，设计应符合下列规定：

1 脱苯塔后贫油含苯宜为0.2%～0.4%，含萘宜小于5%；

2 管式炉出口富油温度宜为180 ℃～190 ℃；

3 贫富油换热后富油温度不宜低于160 ℃。

7.2.28 煤气精脱萘采用直馏轻柴油吸收脱萘时，设计应符合下列规定：

1 洗萘塔宜采用两段喷洒脱除煤气中的萘，其中上段应间歇喷洒新轻柴油，下段应循环喷洒轻柴油；

2 洗萘塔宜采用填料塔，上段新轻柴油间歇喷洒量及下段轻柴油循环量应根据煤气量、煤气中萘含量、填料种类等因素确定；

3 循环轻柴油含萘不宜超过4%；

4 新轻柴油、循环轻柴油入塔温度应比煤气温度高2 ℃～3 ℃。

7.2.29 采用湿法脱硫工艺时，进脱硫塔煤气中焦油含量应小于0.02 g/m^3，萘含量应小于0.5 g/m^3。

7.2.30 采用湿式氧化法脱硫工艺时，设计应符合下列规定：

1 脱硫塔宜采用填料塔，液气比应根据煤气量、煤气中硫化氢(H_2S)含量、催化剂及填料种类等因素确定；

2 再生塔宜采用空喷塔，再生空气量应根据脱硫液氧化再生所需理论空气量及单质硫气浮分离等因素确定；

3 过程产生的副盐废液应进行处理，不得随意排放。

7.2.31 采用真空碳酸盐法脱硫工艺时，设计应符合下列规定：

1 脱硫塔宜采用填料塔，液气比应根据煤气量、煤气中硫化氢(H_2S)含量及填料种类等因素确定；

2 富液解吸应采用真空操作，解吸热源宜利用荒煤气余热；

3 解吸产生的硫化氢(H_2S)酸气应采用制酸或硫回收工艺进一步处理。

7.2.32 采用氨水法脱硫工艺时，设计应符合下列规定：

1 脱硫塔采用填料塔，液气比应根据煤气量、煤气中氨(NH_3)和硫化氢(H_2S)含量、填料种类等因素确定；

2 富液解吸前，应进行过滤除油处理；

3 解吸产生的硫化氢(H_2S)酸气应采用制酸或硫回收工艺进一步处理。

7.2.33 采用常压干式氧化铁法脱硫工艺时，设计应符合下列规定：

1 脱硫剂宜选择成型脱硫剂；

2 脱硫设备宜采用塔式结构,操作台数不应少于2台,并应设有备用塔;

3 连通每个脱硫塔间的煤气管道的布置,应能保证新更换脱硫剂的塔切换到最后位置;

4 常压干式氧化铁法脱硫工艺脱硫剂宜采用离线塔内再生,再生时氧气最高浓度宜小于8%,脱硫剂床层温度应低于50 ℃。

7.2.34 以硫化氢(H_2S)酸气为原料制取硫酸时,宜采用湿式接触法制酸工艺。

7.2.35 以湿式氧化法脱硫工艺产生的硫黄及含硫化合物废液为原料制取硫酸时,设计应符合下列规定:

1 含硫化合物废液在焚烧前应进行浓缩;

2 制酸过程气在转化前宜采用湿法净化。

7.2.36 以硫化氢(H_2S)酸气为原料制取硫黄时,设计应符合下列规定:

1 采用克劳斯工艺生产元素硫,转化率应大于90%;

2 产品硫黄纯度不应低于99.5%。

7.3 压力气化煤气净化

7.3.1 压力气化煤气净化脱除硫化氢(H_2S)、二氧化碳(CO_2)宜采用低温甲醇洗工艺。

7.3.2 低温甲醇洗工艺宜采用9塔流程。

7.3.3 低温甲醇洗装置宜采用双系列布置。

7.3.4 低温甲醇洗装置宜采用液氨作为制冷剂。

7.3.5 低温甲醇洗工艺处理的粗煤气应为经过脱氨和一氧化碳变换后的煤气。

7.3.6 低温甲醇洗工艺煤气冷却系统的设计,应符合下列规定:

1 煤气冷却宜设置冷凝液分离器;

2 应设置煤气中喷入防冻剂的系统;

3 冷却后的煤气温度不宜高于−25 ℃。

7.3.7 低温甲醇洗工艺煤气脱硫、脱碳系统的设计,应符合下列规定:

1 脱硫塔宜采用浮阀塔盘,且应设置预洗段;

2 脱硫塔的空塔气速宜控制在0.18 m/s～0.25 m/s,脱硫塔出口硫含量宜控制在5 ppm以下;

3 脱碳塔宜采用变径及浮阀塔盘,并宜在适当的塔板上向系统补入冷量;

4 脱碳塔的空塔气速宜控制在0.15 m/s～0.22 m/s,脱碳塔出口二氧化碳(CO_2)宜控制在1%～2%。

7.3.8 低温甲醇洗工艺甲醇再生系统的设计,应符合下列规定:

1 二氧化碳闪蒸塔宜设三段,最后一段宜采用氮气气提;

2 硫化氢浓缩塔宜设三段,最后一段宜采用氮气气提,气提段出口气体中的硫化氢(H_2S)含量不宜超过20 ppm;

3 闪蒸气宜充分换热回收冷量;

4 甲醇热再生塔宜采用浮阀塔板;

5 硫回收采用部分燃烧法生产硫黄时,送硫回收酸性气浓度宜大于30%。

7.3.9 低温甲醇洗工艺预洗甲醇再生系统的设计,应符合下列规定:

1 二氧化碳尾气洗涤塔宜采用环形流;

2 二氧化碳尾气洗涤塔宜采用脱盐水洗涤;

3 洗涤水和预洗液应有充分混合的措施;

4 甲醇水分离的废水排放到水处理设施,废水中甲醇含量不宜超过 100 ppm,塔顶产品中水含量不宜高于 0.25%。

7.3.10 压力气化煤气水的工艺流程应先进行悬浮物及焦油(油)等的分离,再进行脱酸、脱氨及脱酚,最后送生化处理装置进一步处理。

7.3.11 煤气水预处理应由含尘焦油煤气水的闪蒸、初焦油分离、含油煤气水的闪蒸、初分离、煤气水的最终分离和煤气水过滤组成。

7.3.12 含油煤气水与含尘煤气水应分两股进入两个结构不同的膨胀器,然后进入油分离器和初焦油分离器。

7.3.13 煤气水处理应设置双介质过滤器。

7.3.14 煤气水处理应控制温度在 60 ℃～90 ℃。

7.3.15 煤气水闪蒸的膨胀气应采用鼓风机送锅炉焚烧处理达标后排放。

7.3.16 对于含酚大于 1000 mg/L 高浓度的废水,宜采用液-液萃取分离脱酚方法处理;小于 1000 mg/L 高浓度的废水,宜采用气提法处理。

7.3.17 煤气水采用萃取脱酚时,设计应符合下列规定:

1 脱酚前应先脱除水中的酸性气体及氨气;

2 采用加压脱酸及脱氨,脱酸、脱氨塔宜选用抗堵型塔;

3 酸性气应送硫回收或锅炉燃烧处理后达标排放;

4 萃取剂宜采用二异丙基醚或甲基异丁基甲酮,萃取设备宜采用转盘萃取塔或填料塔。

7.3.18 煤气水采用气提法处理时,设计应符合下列规定:

1 气提出的蒸气宜返回气化炉作为气化剂使用;

2 气提塔宜选用抗堵型塔盘;

3 换热器宜采用立式。

7.4 常压气化煤气净化

7.4.1 当气化煤气中含有焦油、氨、硫化氢等杂质时,常压气化煤气净化可按本规范第 7.2 节干馏煤气净化有关规定进行设计。

7.4.2 当选定的制气炉型作为加热和掺混辅助气源时,煤气化炉冷煤气应符合下列规定:

1 煤气中固体颗粒物含量不应大于 15 mg/m^3;

2 煤气中焦油含量不应大于 20 mg/m^3;

3 煤气温度不宜大于 35 ℃。

7.4.3 加热用的煤气化炉热煤气应符合下列规定:

1 煤气温度不宜小于 350 ℃;

2 煤气中灰尘含量不应大于 300 mg/m^3。

7.4.4 采用无烟煤或焦炭作原料的气化炉,煤气冷却系统中的电气滤清器应设有冲洗装置或能连续形成水膜的湿式装置。

7.4.5 气化炉煤气系统中脏煤气冷却宜采用直接冷却,半净煤气的冷却宜采用间接冷却。

7.5 一氧化碳变换

7.5.1 变换工艺的选择应根据制气原料与工艺、后续净化工艺及拟选择的催化剂性能等因素,经技术经济比较后确定。

7.5.2 一氧化碳变换可根据气质情况选择全部变换或部分变换工艺。

7.5.3 变换触媒应选择活性温度范围宽、起始活性温度低、能获得较高变换率、较低残余一氧化碳浓度以及硫化后对其他副反应有抑制作用的催化剂。

7.5.4 煤气变换应检测进口煤气含氧量,当含氧量大于1.0%时,应连锁停车。

7.5.5 采用常压气化制气时,一氧化碳变换工艺设计应符合下列规定:

1 采用一氧化碳常压变换工艺时,热水塔宜设置在饱和塔之上,热水靠位差经水加热器进入饱和塔,饱和塔的出水由水泵压回热水塔。

2 采用一氧化碳加压变换工艺时,饱和塔宜设置于热水塔之上,饱和塔出水自流入热水塔,加热后的热水由水泵压入水加热器后再进入饱和塔。

3 变换炉进出口温差应根据催化剂性能、起始活性温度确定,并应符合下列规定:

1) 当采用煤气冷激流程时,温差应取30 ℃~40 ℃;

2) 当采用水冷激流程时,温差应取40 ℃~50 ℃。

4 变换率和出口温度确定后,应根据最佳出口平衡温差确定适宜的蒸气比,最佳平衡温差宜为15 ℃~20 ℃,此时蒸气比宜取1.1~1.4。

5 变换炉中的催化剂宜设置为2层或3层。

7.5.6 采用压力气化制气时,一氧化碳变换工艺设计应符合下列规定:

1 进入变换炉的煤气应经过除尘、除油和清除其他杂质;

2 变换炉、冷凝液泵宜设置一开一备;

3 进入变换炉的煤气温度应高于其露点30 ℃,并且不应低于200 ℃;

4 变换炉触媒宜采用一段或两段装填;

5 应设置自动监控系统,并应包括装置超压报警及事故放空、变换炉超温报警和连锁控制;

6 应设置热量回收装置。

7.5.7 一氧化碳耐硫宽温变换工艺的主要设计参数应符合下列规定:

1 触媒床温度宜为230 ℃~450 ℃;

2 进变换炉蒸气与煤气比(体积比)宜为0.3~1.1;

3 变换炉进口温度宜为200 ℃~300 ℃;

4 进变换炉煤气中氧气含量不应大于0.5%。

7.6 煤气脱水

7.6.1 煤气脱水工艺宜采用等压干燥变温吸附法或冷冻法脱除煤气中的水分。

7.6.2 煤气脱水装置应设置在压送、净化装置后。

7.6.3 脱水后的煤气露点应控制在输送条件下比环境最低温度低3 ℃~5 ℃,或根据后续工艺要求确定。

7.6.4 采用等压干燥变温吸附工艺时,宜采用三塔配置。

7.6.5 等压干燥变温吸附工艺的程控阀,应选用具有体积小、响应快、密封性好、寿命长、阀位显示可靠的高性能程控阀。

7.6.6 吸附剂应选用动态吸附量大、解吸容易、选择性强、具有足够的耐磨强度和抗压强度、对所有待分离的气体介质具有化学惰性的吸附剂。

7.6.7 选择冷冻法煤气脱水工艺时,应采用变频制冷机组。

7.6.8 换热器的结构设计与选型应充分考虑便于清理与拆装。

8 厂址选择和厂区布置

8.1 一般规定

8.1.1 厂址选择应协同调查建厂条件，并全面论证厂址对当地社会、环境、经济的影响，进行多方案比较综合确定。

8.1.2 厂址宜利用荒地和劣地。

8.1.3 厂区布置的防火间距应符合现行国家标准《建筑设计防火规范》GB 50016 和《石油化工企业设计防火规范》GB 50160 的有关规定，并应符合下列规定：

1 煤的干馏制气应符合现行国家标准《焦化安全规程》GB 12710 的有关规定；

2 油(气)低压循环催化改质制气应符合现行国家标准《石油天然气工程设计防火规范》GB 50183 的有关规定。

8.1.4 厂区布置应符合国家有关用地控制指标的规定，并应符合下列规定：

1 工艺装置宜按类别联合集中布置；

2 辅助设施宜靠近服务对象布置，或单独成区布置；

3 应按生产顺序合理划分功能区及确定通道宽度，各功能区的外形宜规整，厂区内干道宜平直、贯通和协调分布；

4 各功能区内部应布置紧凑合理，外部应与相邻功能区相协调，各功能区之间应使物流便捷合理；

5 皮带机通廊应短捷顺畅，减少转运次数，且不宜穿越净化区及其他主要生产装置区；

6 铁路线路及其装卸、仓储设施，应根据其性质和功能，相对集中布置，并应避免或减少铁路线路在厂区内形成三角地带；

7 生产管理及生活设施，宜进行平面与空间的组合，合并布置，且宜位于全年最小频率风向的下风侧及与厂外道路连接方便的地段；

8 改扩建项目应充分结合现有布局及生产特点，相互协调，合理布置。

8.1.5 厂区布置应根据工程地质及水文地质条件确定，重要装置、设备宜布置在工程地质良好地段，地下构筑物宜布置在地下水位较低的填方地段。

8.1.6 可能散发可燃气体的生产装置，宜布置在明火或散发火花地点的全年最小频率风向的上风侧。

8.1.7 散发粉尘的装置及堆场宜避开人员集中的场所和有洁净要求的厂房，并宜位于其全年最小频率风向的上风侧。

8.1.8 循环水及冷却设施应靠近主要用户，宜布置在通风良好的开阔地段。

8.1.9 总变电所应靠近厂区边缘、进出线方便的独立地段，并宜靠近负荷中心且环境相对清洁处布置。

8.1.10 锅炉房的布置，应符合现行国家标准《锅炉房设计规范》GB 50041 的有关规定，并应符合下列规定：

1 燃煤锅炉房应靠近高压蒸气用户，并宜位于全年最小频率风向的上风侧的厂区边缘布置；

2 燃油、燃气锅炉房宜靠近用户集中处布置。

8.1.11 压缩空气站的布置宜靠近主要用户且空气洁净的地段，不应靠近对噪声、振动有防护要求的场所。

8.1.12 工厂消防站的设置，应根据企业的规模、火灾危险性及周边区域协作条件等因素确定。

8.1.13 运输线路的布置，应满足生产要求，且物流顺畅，人货分流，人流、货流组织合理。

8.1.14 竖向布置应满足企业安全、生产、运输的要求，且土石方工程量宜小，填方、挖方量宜趋于平衡，并结合场地地质情况，减少竖向布置造成的地基处理费用。

8.1.15 厂区布置还应符合现行国家标准《工业企业总平面设计规范》GB 50187 的有关规定。

8.2 厂址选择

8.2.1 厂址宜靠近主要原料基地、产品销售地点及配套协作条件好的地区，采用长输管线外送产品的工厂应接近现有或规划的输气门站。

8.2.2 厂址应具有便捷、经济的交通运输条件，与厂外铁路、公路、港口的连接应短捷便利。

8.2.3 厂址应有充足、可靠的水源和电源，并应满足企业发展需求。

8.2.4 厂址应位于城镇或居住区全年最小频率风向的上风侧，且不应位于窝风地段。

8.2.5 厂址应避免洪水、潮水和内涝威胁，防洪要求应符合现行国家标准《防洪标准》GB 50201 的有关规定。

8.2.6 位于山坡或山脚处的厂址，宜避开受山洪威胁的地段。当不可避免时，应采取可靠的截洪、排洪等防护措施。

8.2.7 厂址应有建厂所必需的场地面积和较为规整的外围轮廓，满足人工制气站的总平面布置要求，并应根据企业的发展规划留有发展余地。

8.2.8 厂址的自然地形应有利于厂区布置、厂内运输、场地排水及减少土石方工程量。

8.2.9 厂址的工程地质条件和水文地质条件，应满足建设工程的需要，当厂址位于山坡或山脚处时，应对山坡的稳定性进行地质灾害危险性评估。

8.2.10 下列地段或地区不应选为厂址：

1 地震断层及设防烈度高于 9 度的地震区；

2 有泥石流、滑坡、流沙、溶洞等直接危害地段；

3 采矿陷落及错动区界限内；

4 爆破危险区范围内；

5 水库下游，库坝决溃后可能淹没的地区；

6 大型尾矿库的坝下方；

7 严重的自重湿陷性黄土、厚度大的新近堆积黄土、高压缩性饱和黄土等工程地质恶劣地区；

8 有严重放射性物质污染影响区；

9 国家或地方规定的风景区、自然保护区和文物古迹保护区；

10 对飞机起降、电台通讯、电视传播、雷达导航和天文、气象、地震观测和军事设施等有影响的地区；

11 供水水源卫生保护区；

12 具有开采价值的矿藏区；

13 全年静风频率超过 60％的地区。

8.3 煤的干馏制气厂区布置

8.3.1 堆场区宜靠近铁路站场区及与厂外道路连接方便的地段，并宜位于全年最小频率风向的上风侧的厂区边缘。场地紧张时,宜采用大型料仓取代堆场。

8.3.2 制气区宜集中布置在工程地质良好地段,且焦炉炉组中心线与最多风向夹角宜小。

8.3.3 净化区宜与制气区相邻且位于焦炉集气管一侧布置,净化区内的布置应紧凑并兼顾工艺流程及用户方位,且不应布置与煤气净化无关的设施及建(构)筑物。

8.4 煤的压力气化制气厂区布置

8.4.1 厂内生产设施布置应符合下列规定:

1 氧(氮)气站的布置应符合现行国家标准《氧气站设计规范》GB 50030 的有关规定,宜布置在空气洁净的地段,并宜靠近主要负荷中心。空分设备的吸风口应位于二氧化碳气体发生源、乙炔站、电石渣场及散发其他烃类和粉尘等场所的全年最小频率风向的下风侧;

2 全厂性的高架火炬宜位于生产区全年最小频率风向的上风侧。

8.4.2 采用碎煤加压气化工艺的生产装置区布置应符合下列规定:

1 气化装置应布置在生产装置区全年最小风频风向的上风侧,并应位于空分装置的常年主导风向的下风侧,气化装置与空分装置的间距应符合现行国家标准《氧气站设计规范》GB 50030 的有关规定,并宜靠近空分装置布置;

2 分期建设或由多系列装置组成的气化装置宜采取岛式集中布置,为其服务的煤气水分离、酚氨回收装置、净化装置就近围绕气化岛布置,其中煤气水分离、酚氨回收宜集中布置在气化岛一侧或两侧,煤气净化装置宜布置在气化岛的其余方向,并应避免煤气水和煤气管线交叉穿越无关设施;

3 气化装置应靠近为其供应中压蒸汽的热电站、锅炉房或其他余热蒸气发生装置;

4 气化厂房的废热锅炉框架外侧应留有不小于 18 m 宽的检修场地,气化装置区周边宜设置不小于 6 m 宽的环形道路,净空应满足大型吊车进出要求;

5 为气化服务的原料煤备煤设施宜在气化装置区外侧就近布置;

6 采用水力排渣的排渣池宜靠近气化厂房且运输便捷处布置;

7 硫回收装置宜靠近净化装置并宜位于全厂最多风向下风侧,远离人员集中场所。

8.5 煤的常压气化制气厂区布置

8.5.1 各种气化炉宜采用单排布置。

8.5.2 气化炉制气厂站的布置,应符合下列规定:

1 应位于厂站主要建(构)筑物夏季最小频率风向的上风侧;

2 宜靠近煤气负荷比较集中的地点;

3 应便于气化炉原料、灰渣、末煤、焦油、焦油渣的运输和贮存;

4 宜便于气化炉与干馏炉、锅炉等共用煤和灰渣的贮运设施及末煤的利用,便于循环水、煤气净化和污水处理等系统共用;

5 宜留有扩建的余地。

8.5.3 各种气化炉主厂房的迎风面,宜垂直于夏季最大频率风向;室外煤气净化设备宜布置在主厂房夏季最大频率风向的下风侧。

8.5.4 发生炉煤气站、两段发生炉煤气站的厂区布置应符合现行国家标准《发生炉煤气站设计规范》GB 50195 的有关规定。

8.6 油(气)低压循环催化改质制气厂区布置

8.6.1 油制气原料储罐区、制气装置区、辅助设施区宜独立成区布置。

8.6.2 天然气改质制气的调压装置宜靠近天然气进厂地段布置。

8.6.3 油制气装置区宜与原料储罐区相邻布置,并应满足生产顺序与用户方位的要求。

9 节能与环保

9.1 一般规定

9.1.1 制气厂站应采用先进的节能工艺、技术、设备和材料,不得采用淘汰的高能耗设备。

9.1.2 对工艺过程中产生的余热、余压,宜进行回收利用。

9.1.3 水源、给水排水方式、设备、材料选择应做到节约用水,提高水的重复利用率。

9.1.4 工艺过程中产生的各种废气、废水和固体废物,应进行治理,达标后排放。

9.2 节能

9.2.1 顶装焦炉制气宜采用以焦炉烟道气为热源的风选煤调湿技术。

9.2.2 焦炉宜采用干法熄焦。

9.2.3 煤气初冷器可设置余热回收段,回收荒煤气中的余热宜用于工艺换热或厂区及居民区冬季采暖。

9.2.4 煤气鼓风机(煤气排送机)、循环氨水泵、空气风机可采用蒸气透平驱动;当采用电机驱动时,宜采用变频调速等节能技术。

9.2.5 剩余氨水蒸氨应采用原料氨水与蒸氨废水深度换热工艺,宜将原料氨水加热至 90 ℃以上。

9.2.6 洗苯富油蒸馏应采用贫富油深度换热工艺,宜将富油加热至 160 ℃以上。

9.2.7 真空碳酸盐脱硫宜直接利用初冷器荒煤气余热作为富液解吸再生热源。

9.2.8 保温层设置应符合现行国家标准《工业设备及管道绝热工程设计规范》GB 50264 的有关规定。

9.2.9 厂前区和生活区内各建(构)筑物节能设计应符合现行国家标准《公共建筑节能设计标准》GB 50189 的有关规定。

9.2.10 厂站内蒸汽加热设备、蒸汽分汽缸、蒸汽蓄能器和蒸汽管道等冷凝软化水应回收利用。

9.2.11 循环气化炉工艺流程应有回收煤气显热和吹风气潜热、显热的措施。

9.2.12 压力气化的碎煤加压气化装置应设置煤锁气回收系统。

9.2.13 压力气化煤气净化低温甲醇洗装置宜设置绕管式换热器。

9.2.14 压力气化煤气水分离装置宜设废热回收系统。

9.2.15 压力气化煤气水分离膨胀气输送系统应设置变频调节器。

9.3 环保

9.3.1 煤场应设抑尘装置。

9.3.2 输煤系统的破碎、筛分处应设除尘装置。

9.3.3 焦处理系统焦炭转运点、焦制样室、筛分处应设除尘装置。

9.3.4 焦炉装煤、出焦、熄焦生产过程应设置烟尘捕集和净化装置。

9.3.5 焦油氨水分离装置的排放气可采用放散气压力平衡系统接入初冷前吸煤气管道。

9.3.6 空气鼓风机房、煤气排送机房等大型动力厂房的内墙面宜设不燃性吸声材料。空气鼓风机、煤气排送机宜设置独立的设备基础及减振沟。

9.3.7 碎煤加压气化装置及一氧化碳变换装置的循环水应独立设置,并应采用处理后的煤气水作为循环水补水。

9.3.8 压力气化煤气净化低温甲醇洗装置的环保设计,应符合下列规定:

1 排放气应经脱盐水洗涤后排放;

2 废水应通过甲醇精馏,将废水中的甲醇降低到100 mg/L,送生化处理。

9.3.9 压力气化煤气净化一氧化碳变换装置的环保设计,应符合下列规定:

1 废旧催化剂应由催化剂生产厂家回收利用;

2 变换催化剂升温硫化时产生的废气应送火炬处理

3 工艺冷凝液应送煤气水分离装置处理。

9.3.10 压力气化净化煤气水装置的环保设计,应符合下列规定:

1 分离膨胀气宜送硫回收或锅炉炉膛燃烧处理后达标排放;

2 酚回收后的废水应送生化处理装置进一步处理,达标排放或回用;

3 氨回收应生产适合于锅炉脱硫的氨水。

9.3.11 常压气化煤气净化各设备、水封和煤气管道冷凝水应集中处理回用。

10 辅助设施

10.1 电气与仪表自动化

10.1.1 爆炸危险区域中所有电气与仪表设备应符合现行国家标准《爆炸危险环境电力装置设计规范》GB 50058的有关规定。

10.1.2 煤的干馏制气、煤的气化制气、油(气)低压循环催化改质制气及煤气净化系统应采用计算机自控系统,并应与厂级信息管理系统联网。

10.1.3 煤的干馏制气,电气与仪表自动化设计应符合下列规定:

1 焦炉用电设备为一级负荷时,应设置两路电源。

2 焦炉移动车辆应设置炉号自动识别、连锁对位及作业管理系统。

3 焦炉地下室及两侧走廊应设置应急照明。

4 焦炉和有蓄热室直立炉的加热用煤气应设置温度、压力、流量和热值测量装置,以及压力或流量自动调节装置。

5 焦炉和有蓄热室直立炉应设置加热煤气的低压报警和连锁装置。

6 焦炉和直立炉炉顶集气管应设置荒煤气温度、压力测量装置以及压力自动调节装置;集气管压力自动调节应与煤气鼓风机室自控装置有联系信号;宜采用集气管压力综合控制系统。

7 焦炉集气管放散应采用自动点火控制装置。

8 焦炉分烟道应设置废气温度及含氧量测量装置,并应设置吸力测量及自动调节装置;总烟道应设置废气温度和吸力测量装置。

9 焦炉应设置下列检测装置:

1) 推焦电流自动检测和传送装置;

2) 基于每座焦炉的加热煤气流量自动累积记录装置;

3) 具有数据存储与处理功能的红外高温计炉温测量装置;

4) 装煤量自动称量装置和装炉煤水分自动检测装置;

5) 煤塔储煤仓连续料位检测装置;

6) 可燃(有毒)气体检测报警系统。

10 焦炉烟囱应设置粉尘、二氧化硫及氮氧化物等污染物的连续自动监测装置。

11 焦炉和有蓄热室直立炉加热应采用计算机加热控制和管理系统。

12 焦炉采用新型湿法熄焦时,应设置自动控制装置。

10.1.4 干馏煤气的净化,电气与仪表自动化设计应符合下列规定:

1 循环氨水泵、电动煤气鼓风机应为一级负荷,其他煤气净化用电设备应为二级负荷,电源设置应符合现行国家标准《供配电系统设计规范》GB 50052 的有关规定;

2 煤气鼓风机室、煤气加压机室应设置应急照明;

3 煤气鼓风机宜采用独立的计算机自控系统;

4 煤气鼓风机应按使用的类型设置必要的连锁保护和信号监测装置;

5 煤气加热的管式炉应设置煤气低压报警和连锁装置;

6 克劳斯炉、氨分解炉及其他焚烧炉应设置必要的安全检测仪表和报警及连锁装置;

7 煤气鼓风机室、煤气加压机室应设置可燃(有毒)气体检测报警系统。

10.1.5 煤的压力气化制气,电气与仪表自动化设计应符合下列规定:

1 压力气化制气装置用电负荷应符合现行国家标准《供配电系统设计规范》GB 50052 的有关规定;装置内润滑油泵、注油泵、高压蒸汽隔离阀、氧气隔离阀、开车煤气隔离阀、粗煤气控制阀的用电应为保安负荷;气化制气装置的供电电源应采用两回线路供电,并应设事故母线段;

2 压力气化煤气净化装置的用电负荷应符合现行国家标准《供配电系统设计规范》GB 50052 的有关规定;

3 压力气化的制气装置和煤气净化装置应设置可燃(有毒)气体检测报警系统;

4 压力气化的制气装置气化炉煤锁和气化炉灰锁的顺序控制单元、煤气水分离双介质过滤器反洗的顺序控制单元,除应设置自动操作方式外,还应设置手动操作方式,并应能进行手动(自动)的无扰动切换;进气化炉蒸汽和氧气比值调节回路在增减负荷时,应符合"增负荷时先增蒸汽、减负荷时先减氧气"的规定;

5 压力气化的气化工段紧急停车连锁应采用安全仪表系统(SIS),安全仪表系统(SIS)的设计应符合现行国家标准《石油化工安全仪表系统设计规范》GB/T 50770 的有关规定;安全仪表系统(SIS)应独立于 DCS 设置,并应具备高度的冗余容错功能,安全完整性等级 SIL 不低于 SIL3;

6 压力气化制气装置的安全仪表系统(SIS),应设置手动紧急停车按钮和手动复位开关;凡与安全仪表系统(SIS)联动的阀门都应带阀位开关,停车系统动作时安全仪表系统(SIS)应对阀门的控制响应进行检查,并应设置连锁旁路,连锁旁路的操作应赋予有此权限的人;安全仪表系统(SIS)应能与 DCS 进行通讯。

10.1.6 煤的常压气化制气,电气与仪表自动化设计应符合下列规定:

1 煤的常压气化制气厂站供电系统设计,应符合现行国家标准《供配电系统设计规范》GB 50052的有关规定。

2 连续气化炉厂站的空气鼓风机、煤气排送机的电动机设置和连锁应符合现行国家标准《工业企业煤气安全规程》GB 6222 和《发生炉煤气站设计规范》GB 50195 的有关规定。

3 气化炉主厂房、煤气排送机房、缓冲气罐阀室、焦油泵房等设置的事故机械通风机的防爆电动机,应与相应场所设置的易燃易爆泄漏报警装置连锁。

4 气化炉应设置加煤自动控制、除灰自动控制和加煤除灰的相互连锁,并应设报警装置。

5　气化炉生产系统的废热锅炉汽包应设置水位自动调节装置。

6　两段气化炉上段煤气出口宜设置煤气温度自动调节。

7　电气滤清器控制应设置能立即切断高压电源的装置,符合下列条件之一,应立即切断高压电源并应声光报警:

1)　气化煤气中含氧量大于1%(体积);

2)　电气滤清器的绝缘箱温度低于规定值;

3)　电气滤清器出口煤气压力降到50 Pa。

8　连续气化炉生产系统应设置下列连锁装置:

1)　低压煤气总管压力与煤气排送机应设置连锁装置,并应设声光报警;

2)　空气总管压力或空气鼓风机与煤气排送机(或热煤气直接用户直立炉的引风机)应设置连锁装置,并应设声光报警。

9　循环气化炉的缓冲气罐应设置高、低位声光报警装置;并应设置与缓冲气罐的进出口阀门、自动控制机和煤气排送机自动连锁。

10　连续气化炉生产系统的仪表测量和自动控制的设置,应符合下列规定:

1)　应设置气化炉进口饱和空气温度测量和自动调节;

2)　应设置气化炉进口蒸汽压力、流量测量;

3)　应设置气化炉煤气出口的压力、温度测量。

11　循环气化炉生产系统的仪表测量和自动控制的设置,应符合下列规定:

1)　应设置鼓风机的压力、温度、流量测量;

2)　应设置气化炉进口蒸汽压力、流量测量;

3)　应设置气化炉上、下吹煤气出口的压力、温度测量。

12　循环气化炉PLC自动程序控制装置的系统设计,应符合下列规定:

1)　应能手动和自动切换操作;

2)　应能调节循环周期和阶段百分比;

3)　应设置循环中各阶段比例和阀门动作的指示信号;

4)　主要阀门应设置检查和连锁,在发生故障时应有显示和报警信号,并能恢复到安全状态;

5)　应设置紧急停车按钮。

13　气化炉厂站宜设置出站煤气组分、硫化氢等杂质含量检测设备。

10.1.7　油/气低压循环催化改质制气,电气与仪表自动化设计应符合下列规定:

1　自动控制装置程序系统设计,应符合下列规定:

1)　应能手动和自动切换操作;

2)　应能调节循环周期和阶段百分比;

3)　应设置循环中各阶段比例和阀门动作的指示信号。

2　主要阀门应设置检查和连锁装置,发生故障时应有显示和报警信号,并应能恢复到安全状态。

3　自动控制系统应采用全冗余,并应设置手动紧急停车装置。

4　自动控制装置的传动系统设计,应符合下列规定:

1)　传动系统的形式应根据程序控制系统的形式和本地区具体条件确定;

2)　应设置储能设备;

3） 传动系统的控制阀、自动阀和其他附件的选用或设计，应能适应工艺生产的特点。

10.2 给排水与消防

10.2.1 人工制气厂站给水系统设计应符合下列规定：

1 循环水系统补充水宜利用水源水直接供给；

2 宜采用生产、生活、消防合并的给水管网进行供水；水源水质不能满足生活用水标准的，生活给水管网与生产消防给水管网应单独设立；生活给水管网可按枝状管网布置，生产消防给水管网应按环状管网布置；

3 当采用地下水供给低水温用户，其出水应作为再次利用水源。

10.2.2 给水设施设计应符合现行国家标准《建筑给水排水设计规范》GB 50015 和《室外给水设计规范》GB 50013 的有关规定。

10.2.3 人工制气厂站宜设生产事故贮水池，且应与厂区消防贮水池合并考虑。生产事故贮水量不应小于 8 h 生产用水量。当水源水能连续补水时，应减去期间补充的水量。

10.2.4 消防给水及灭火器配置设计应符合下列规定：

1 室外消防给水管网应采用环状管网，其输水干管不应少于 2 条，但室外消防用水量不超过 15 L/s 的建(构)筑物可采用枝状管网；

2 人工制气厂站灭火器的类型及配置数量，应符合现行国家标准《建筑灭火器配置设计规范》GB 50140 的有关规定；

3 人工制气厂站的煤和焦炭的粉碎机室、破碎机室、出焦台的第一个焦转运站应设置室内消火栓；

4 人工制气厂站应设置消防水收集池，利用化工装置区域内酚氰废水排水系统收集消防水，消防水收集池容积应按油库区最大一处火灾消防水量的 1.1 倍计；

5 室内、室外消防水用量及消防设施的设置，应符合现行国家标准《建筑设计防火规范》GB 50016 的有关规定。

10.2.5 排水系统应采用分流制，生产净废水可排入雨排水系统。

10.2.6 化工装置的初期雨水应利用化工装置区域内酚氰废水排水系统收集后送酚氰废水处理站。

10.2.7 酚氰废水治理宜采用“物化＋生化”的联合处理工艺。生化处理的主体工艺宜采用前置反硝化生物脱氮工艺。

10.2.8 酚氰废水的处理应符合现行行业标准《焦化废水治理工程技术规范》HJ 2022 的有关规定。

10.2.9 酚氰废水处理的核心设施，应设置为不少于 2 个独立的并列系统，各系统构筑物间宜设可切换的连通管渠，系统内构筑物间宜设超越管渠。

10.2.10 酚氰废水处理宜由生化的预处理、生化处理、生化后处理或深度处理、污泥处理、仪表监控及分析化验等系统组成。

10.2.11 酚氰废水处理的预处理系统应设除油、事故调节或均和调节等装置，设计应符合现行行业标准《焦化废水治理工程技术规范》HJ 2022 的有关规定，还应符合下列规定：

1 酚氰废水宜先经过除油处理，再进入事故调节池；

2 调节池总有效容积应能贮存 16 h 以上的蒸氨废水量；

3 调节池应在低液位操作，其正常工作液位宜为有效水深的 1/3。

10.2.12 生化处理宜采用生物水解酸化＋前置反硝化的双膜法内循环生物脱氮工艺(A/A/O

法),也可采用前置反硝化的膜法内循环生物脱氮工艺(A/O法)。设计应符合现行行业标准《焦化废水治理工程技术规范》HJ 2022的有关规定,还应符合下列规定:

1 以原水量计的厌氧池总水力停流时间不宜小于8 h;

2 以生化设计水量计的缺氧池总水力停流时间宜为16 h~24 h;

3 厌氧池内最高温度不宜超过35 ℃;

4 缺氧池内运行温度宜为25 ℃~30 ℃;

5 厌氧池、缺氧池生物膜填料高度宜占池内有效水深的1/2~1/3;

6 以生化设计水量计的好氧池总水力停流时间宜为36 h~45 h;当好氧池以两个串联的方式运行时,第一个好氧池的水力停流时间宜为24 h~30 h,第二个好氧池的水力停流时间宜为12 h~15 h;

7 好氧池内运行温度宜为25 ℃~30 ℃;

8 好氧池宜采用鼓风曝气,不宜采用机械表面曝气等方式。

10.2.13 生化后处理工艺应包括混合反应、沉淀分离、过滤及其配套的给排水工艺设施。

10.2.14 对于处理后水有高标准回用要求的酚氰废水处理系统,宜采用高级氧化、膜分离等深度处理技术。

10.2.15 酚氰废水的污泥处理应由污泥重力浓缩脱水、污泥化学浓缩脱水及污泥机械脱水等组成,机械脱水后的泥饼应送煤场,经专门污泥添加装置均匀掺入炼焦煤中。

10.3 通风除尘

10.3.1 焦炉地下室应设置强制送风系统,送入经除尘净化后的室外空气。

10.3.2 干熄焦排焦地下部分应设置机械排风系统。机械排风系统应与干熄焦排焦地下部分室内设置的氧含量检测装置和一氧化碳(CO)检测装置的报警信号连锁,实现自动启停,同时可实现人工手动启停。

10.3.3 煤焦物料输送通廊的地下部分应设置机械排风系统。

10.3.4 煤预粉碎机室、粉碎机室、调湿后的煤转运站及顶装焦炉煤塔下装煤车受煤处应设置机械除尘系统。干式除尘器应设置泄爆装置,除尘器内部应采用防止粉尘积聚滞留的结构,并将收集的粉尘及时排出,除尘系统应采取可靠的防静电积聚措施。

10.3.5 焦炭的转运、筛分、贮存以及外运系统应设置机械除尘系统,干式除尘器应设置泄爆装置,除尘器内部应采用防止粉尘积聚滞留的结构,并将收集的粉尘及时排出,除尘系统应采取可靠的防静电积聚措施。

10.3.6 焦炉装煤烟尘捕集和净化系统的设计应符合下列规定:

1 净化装置应靠近同一炉组的中间部位布置,焦炉顶部接往净化装置的连接管道接点应设置在两焦炉中间。

2 装煤烟尘净化装置应采用袋式除尘器作为最终净化设备。

3 装煤烟尘净化装置前应设置烟尘预处理装置,并应符合下列规定:

1) 顶装焦炉装煤烟尘净化装置前应设置捕集明火颗粒的装置和预喷涂吸附净化装置;

2) 捣固焦炉装煤烟尘净化装置前应设置降低或清除烟尘中黏性成分的净化吸附冷却装置;

3) 净化吸附冷却装置应采用活性较高且干燥的物料作为吸附料,并应配备吸附料自动供给和排出装置。

4 净化装置前的连接管道上应设置事故紧急切断装置。

5 顶装焦炉装煤车上的烟尘捕集装置应配置可靠的混风及泄爆装置。

6 袋式除尘器内部应采用防止粉尘积聚滞留的结构。

7 袋式除尘器灰斗应进行伴热,除尘器整体应进行保温。

8 净化装置应采取可靠的防静电积聚措施,烟尘净化装置上应设置泄爆装置。

9 净化装置收集的粉尘应及时排出除尘器。

10 袋式除尘器的清灰应采用离线方式。

11 通风机组应设置调速设施。

12 烟尘捕集净化系统应配置先进可靠的控制系统。

10.3.7 焦炉出焦烟尘捕集和净化系统的设计应符合下列规定:

1 净化装置应靠近同一炉组的中间部位布置,焦炉侧面接往净化装置的连接管道接点应设置在两焦炉中间;

2 烟尘净化装置应采用袋式除尘器作为最终净化设备;

3 烟尘净化装置前应设置对高温烟尘冷却、明火颗粒捕集的烟尘预处理装置;

4 袋式除尘器内部应采用防止粉尘积聚滞留的结构;

5 净化装置应采取可靠的防静电积聚措施,烟尘预处理装置及净化装置上应设置泄爆装置;

6 净化装置收集的粉尘应及时排出除尘器;

7 袋式除尘器的清灰应采用离线方式;

8 通风机组应设置调速设施;

9 烟尘捕集净化系统应配置先进可靠的控制系统。

10.3.8 干熄焦环境除尘系统的设计应符合下列规定:

1 设置除尘的部位应符合现行国家标准《炼焦工艺设计规范》GB 50432 的有关规定;

2 净化装置应靠近干熄焦装置布置;

3 烟尘净化装置应采用袋式除尘器作为最终净化设备;

4 烟尘净化装置前应设置对高温烟尘冷却、明火颗粒捕集的烟尘预处理装置;

5 干熄焦上部除尘管道与下部除尘管道应各自独立接入烟尘预处理装置;

6 袋式除尘器内部应采用防止粉尘积聚滞留的结构;

7 净化装置应采取可靠的防静电积聚措施,烟尘预处理装置及净化装置上应设置泄爆装置;

8 净化系统收集的粉尘应及时排出除尘器;

9 袋式除尘器的清灰应采用离线方式;

10 烟尘捕集净化系统应配置先进可靠的控制系统。

10.3.9 煤制样室宜设通风换气装置。

10.3.10 煤仓顶部应采取通风措施。

附 录 A
煤的干馏制气(含净化装置)室内爆炸危险环境区域划分

表 A 煤的干馏制气(含净化装置)室内爆炸危险环境区域划分

装置	机房或区域	划分
焦炉	焦炉地下室、烟道走廊(仅侧喷式)、变送器室	1 区
	集气管直接式仪表室、炉间台和炉端台底层	2 区
直立炉	直立炉顶部操作层	1 区
	其他空间及其他操作层	2 区
煤气净化	煤气鼓风机(或加压机)室、萃取剂为轻苯或粗苯脱酚溶剂泵房、苯类产品及回流泵房、轻吡啶生产装置的室内部分、精脱硫装置高架脱硫塔(箱)下室内部分	1 区
	脱酸蒸氨泵房、氨压缩机房、氨硫系统尾气洗涤泵房、煤气水封室	2 区
	硫黄排放冷却室、硫结片室、硫黄包装及仓库	21 区

附　录　B
煤的气化制气(含净化装置)室内爆炸危险环境区域划分

表B　煤的气化制气(含净化装置)室内爆炸危险环境区域划分

<table>
<tr><th colspan="2">装置</th><th>机房或区域</th><th>划分</th></tr>
<tr><td rowspan="5">压力气化制气</td><td rowspan="2">制气</td><td>气化厂房</td><td>2区</td></tr>
<tr><td>泵房</td><td>2区</td></tr>
<tr><td rowspan="2">低温甲醇洗</td><td>压缩厂房</td><td>2区</td></tr>
<tr><td>泵房</td><td>2区</td></tr>
<tr><td>变换及冷却</td><td>泵房</td><td>2区</td></tr>
<tr><td rowspan="8">常压气化制气</td><td rowspan="4">水煤气、两段水煤气、流化床水煤气</td><td>煤气生产主厂房</td><td>1区</td></tr>
<tr><td>煤气排送机房</td><td>2区</td></tr>
<tr><td>煤气管道排水器间</td><td>1区</td></tr>
<tr><td>煤气计量器室</td><td>1区</td></tr>
<tr><td rowspan="3">发生炉、两段发生炉</td><td>煤气排送机房</td><td>2区</td></tr>
<tr><td>煤气管道排水器间</td><td>2区</td></tr>
<tr><td>煤气计量器室</td><td>2区</td></tr>
<tr><td>缓冲气罐</td><td>煤气进出口阀室内部空间</td><td>1区</td></tr>
</table>

附 录 C
碎煤加压气化典型指标

表 C 碎煤加压气化典型指标

	指标		煤种				
			无烟煤	贫瘦煤	次烟煤	长焰煤	褐煤
工业分析	W_{ar}(%)		0～7	0.3(ad)	6.8	13	15～20
	A_{ar}(%)		6～14	20.8(ad)	23.76	22.62	12～28
	V_{ar}(%)		2～4	14.4(ad)	25.60	26.40	28～35
	FC_{ar}(%)		78～85	64.5(ad)	43.84	37.98	45～55
	粒度		5～20	4～50	6～30	5～50	6～40
操作条件	气化压力(MPa)		2.8～3.0	3.0	3.1	3.0	1.8～2.7
	炉顶温度(℃)		～550	650	480～550	386	250～300
	汽氧比($kg \cdot m^{-3}$)		3.5～5.0	4.7	7.1	7.5	6.0～8.5
	入炉水蒸气温度(℃)		400	400	400～420	400	350～420
	排灰温度(℃)		300	280	200～220	340	220
消耗指标	氧气消耗率($m^3 \cdot kg^{-1}$)		0.3～0.4	0.38	0.22	0.207	0.13～0.16
	蒸汽消耗率($kg \cdot kg^{-1}$)		1.4～1.6	1.58	1.57	1.41	0.9～1.2
	粗煤气产率($m^3 \cdot t^{-1}$)		2100	2064	1409	1329	1000～1300
	煤气组成干基	CO_2(%,体积分数)	24.86	26.59	32.6	32.1	32.0
		CO(%,体积分数)	25.26	23.46	15.8	16.72	14.5
		H_2(%,体积分数)	40.71	39.45	40.1	39.30	38.3
		CH_4(%,体积分数)	7.46	8.00	9.76	10.2	12.5
		N_2,Ar(%,体积分数)	1.26	1.33	0.75	0.45	1.5
		O_2(%,体积分数)	0.2	0.2	0.3	0.4	0.2
		C_nH_m(%,体积分数)	0.15	0.47	0.16	0.73	0.8
		H_2S(%,体积分数)	0.1	0.07	0.15	0.5	0.2
	热值($kJ \cdot m^{-3}$)	高	11593	11698	11219	11969	12517
		低	10277	10437	9897	10606	11121

本规范用词说明

1 为便于在执行本规范条文时区别对待，对要求严格程度不同的用词说明如下：

1） 表示很严格，非这样做不可的：
正面词采用“必须”，反面词采用“严禁”；

2） 表示严格，在正常情况下均应这样做的：
正面词采用“应”，反面词采用“不应”或“不得”；

3） 表示允许稍有选择，在条件许可时首先应这样做的：
正面词采用“宜”，反面词采用“不宜”；

4） 表示有选择，在一定条件下可以这样做的，采用“可”。

2 条文中指明应按其他有关标准执行的写法为：“应符合……的规定”或“应按……执行”。

引用标准名录

《室外给水设计规范》GB 50013
《建筑给水排水设计规范》GB 50015
《建筑设计防火规范》GB 50016
《氧气站设计规范》GB 50030
《锅炉房设计规范》GB 50041
《供配电系统设计规范》GB 50052
《爆炸危险环境电力装置设计规范》GB 50058
《建筑灭火器配置设计规范》GB 50140
《石油化工企业设计防火规范》GB 50160
《石油天然气工程设计防火规范》GB 50183
《工业企业总平面设计规范》GB 50187
《公共建筑节能设计标准》GB 50189
《发生炉煤气站设计规范》GB 50195
《防洪标准》GB 50201
《工业设备及管道绝热工程设计规范》GB 50264
《炼焦工艺设计规范》GB 50432
《石油化工安全仪表系统设计规范》GB/T 50770
《工业企业煤气安全规程》GB 6222
《液化石油气》GB 11174
《焦化安全规程》GB 12710
《城镇燃气分类和基本特性》GB/T 13611
《人工煤气》GB/T 13612
《炼焦化学工业污染物排放标准》GB 16171
《天然气》GB 17820
《焦化废水治理工程技术规范》HJ 2022
《城镇燃气加臭技术规程》CJJ/T 148

UDC

中华人民共和国国家标准

P

GB/T 51241—2017

管道外防腐补口技术规范

Technical code for field joint coatings of pipeline

2017-05-27 发布

2018-01-01 实施

中华人民共和国住房和城乡建设部
中华人民共和国国家质量监督检验检疫总局 联合发布

1221

中华人民共和国住房和城乡建设部公告

第 1582 号

住房城乡建设部关于发布国家标准《管道外防腐补口技术规范》的公告

现批准《管道外防腐补口技术规范》为国家标准，编号为 GB/T 51241—2017，自 2018 年 1 月 1 日起实施。

本规范由我部标准定额研究所组织中国计划出版社出版发行。

中华人民共和国住房和城乡建设部

2017 年 5 月 27 日

前　　言

本规范是根据住房城乡建设部《关于印发2014年工程建设标准规范制订修订计划的通知》(建标〔2013〕169号)的要求,由中国石油集团工程技术研究有限公司和中国石油集团海洋工程有限公司会同有关单位共同编制完成的。

本规范在编制过程中,编制组经广泛调查研究,总结了多年来管道外防腐补口在设计、施工及检验方面的实践经验,借鉴了国内外相关标准,在分析研究、试验验证的基础上,对其有关内容予以采用,并广泛征求意见,最后经审查定稿。

本规范共分12章和4个附录,主要技术内容包括:总则、术语和缩略语、基本规定、补口防腐层分类和选用、涂敷工艺和评定、表面处理、热收缩材料补口、液体涂料补口、聚合物胶粘带补口、黏弹体胶带补口、环氧粉末补口和交工文件等。

本规范由住房城乡建设部负责管理,由石油工程建设专业标准化委员会负责日常管理,由中国石油集团工程技术研究有限公司负责具体技术内容的解释。执行过程中如有意见或建议,请寄送中国石油集团工程技术研究有限公司科技规划部(地址:天津市滨海新区塘沽津塘公路40号,邮政编码:300451)。

本规范主编单位、参编单位、主要起草人和主要审查人:

主 编 单 位:中国石油集团工程技术研究有限公司
中国石油集团海洋工程有限公司

参 编 单 位:中国石油天然气管道科学研究院有限公司
中国石油规划总院
中国石油集团工程设计有限责任公司西南分公司
中国石油管道建设项目经理部
广东大鹏液化天然气有限公司

主要起草人:张其滨　刘金霞　赫连建峰　罗　锋　黄春蓉　朱　琳　卜祥军　屠海波
白树彬　那骥宇　王良军　曾　伟

主要审查人:廖宇平　王国丽　张红兵　曹国飞　殴　莉　常　炜　张晓灵　张国庆
陈守平　张荣兰　冯少广　窦宏强　姜俊荣　郑会保

1 总则

1.0.1 为规范钢质管道外防腐层补口技术应用,统一埋地或水下管道外防腐层补口的设计、材料、施工和检验,制定本规范。

1.0.2 本规范适用于埋地或水下钢质管道外防腐层补口的设计、施工和检验。

1.0.3 管道防腐层补口的设计、施工和检验除应符合本规范规定外,尚应符合国家现行有关标准的规定。

2 术语和缩略语

2.1 术语

2.1.1

施工工艺规程 application procedure specification

用于描述补口防腐层涂敷程序、方法、设备和工具的文件。

2.1.2

批量 batch

以相同来源和相同等级的原材料,采用连续生产方式生产的产品数量。

2.1.3

检验和试验计划 inspection and testing plan

描述检验和试验资源、程序和计划等的综述性文件。

2.1.4

最高设计温度 maximum design temperature

设计确定的补口防腐层承受的持续最高温度。

2.1.5

工艺评定试验 procedure qualification test

为确认按照施工工艺规程(APS)能够获得规定性能的补口防腐层而进行的补口防腐层涂敷及检验/试验。

2.1.6

施工前试验 pre-production test

补口施工前,在现场按照工艺评定试验(PQT)确认的施工工艺规程(APS)进行的施工及检验。

2.1.7

收缩率 shrinking rate

热收缩材料收缩前后尺寸的变化率。

2.1.8

压敏胶型热收缩带 heat-shrinkable sleeve with pressure sensitive adhesive

将压敏胶粘剂涂敷在经辐射交联的聚乙烯基材上制成的一种热缩自粘带材。

2.1.9

极化处理　polarization treament

提高材料表面极性的处理方式。

2.2 缩略语

APS(application procedure specification)　施工工艺规程。

ITP(inspection and testing plan)　检验和试验计划。

PQT(procedure qualification test)　工艺评定试验。

PPT(pre-production test)　施工前试验。

T_{max}(maximum design temperature)　最高设计温度。

3 基本规定

3.0.1 外防腐管在现场焊接后、回填前应进行防腐层补口。

3.0.2 补口防腐层及补口材料选择应与管道主体防腐层匹配，并应考虑输送介质温度、管道沿线环境特点等因素通过技术经济比较确定。

3.0.3 防腐层补口材料适用温度应满足管道最高设计温度。

3.0.4 表面处理用的材料应符合现行行业标准《涂装前钢材表面处理规范》SY/T 0407 的规定，防腐层材料应符合本规范的相关规定。

3.0.5 防腐层补口材料使用前应按本规范的相关规定进行性能检验。

3.0.6 防腐层补口施工方式应根据补口材料的类型选用，结合管道沿线地质环境特点综合确定，管径大于或等于 1 000 mm 的管道防腐层补口宜采用机具安装或涂敷方式。

3.0.7 防腐层补口现场施工前，应对选用的补口材料和施工方式进行工艺评定试验(PQT)。

3.0.8 补口施工环境应满足材料的施工要求，当存在下列情况之一，且无有效措施时，不应进行露天补口施工：

1 雨雪天、风沙天；

2 风速达到 5 级以上；

3 环境温度低于 0 ℃；

4 相对湿度大于 85%。

3.0.9 补口施工过程中应进行检验和试验，检验项目和频率应按检验和试验计划(ITP)执行，并应做好记录。

4 补口防腐层分类和选用

4.0.1 补口防腐层可按表 4.0.1 分类。

表 4.0.1 补口防腐层类型

补口防腐层类型	补口材料	代码
热收缩材料防腐层	玛琋脂型聚乙烯热收缩材料	1A
	热熔胶型聚乙烯热收缩材料	1B
	热熔胶型聚丙烯热收缩材料	1C
	压敏胶型聚乙烯热收缩材料	1D
	纤维增强型聚乙烯热收缩材料	1E
液体涂料防腐层	液体环氧涂料	2A
	液体聚氨酯涂料	2B
聚合物胶粘带防腐层	聚乙烯防腐胶粘带	3A
	聚乙烯防腐胶粘带＋聚乙烯保护外带	3B
	聚乙烯防腐胶粘带＋聚丙烯胶粘带	3C
黏弹体防腐胶带防腐层	黏弹体胶带＋聚丙烯胶粘带/聚乙烯胶粘带	4A
	黏弹体胶带＋压敏胶型热收缩材料	4B
环氧粉末涂料防腐层	单层熔结环氧粉末	5A
	双层熔结环氧粉末	5B

4.0.2 补口防腐层的选用宜符合下列规定：

1 三层结构聚乙烯防腐层管道的补口宜选用热熔胶型聚乙烯热收缩材料、液体环氧涂料、液体聚氨酯涂料，也可选用玛琋脂型聚乙烯热收缩材料、压敏胶型聚乙烯热收缩材料。

2 三层结构聚丙烯防腐层管道的补口宜选用热熔胶型聚丙烯热收缩材料。

3 单(双)层熔结环氧粉末防腐层管道的补口宜选用单(双)环氧粉末涂料、液体环氧涂料、热收缩材料。

4 聚乙烯胶粘带防腐层管道的补口宜选用聚合物胶粘带材料。

4.0.3 根据工程特点、施工条件，当无法实施喷射除锈时，也可按下列规定选用补口防腐层：

1 山岭隧道段管道支墩方式敷设时，可选用玛琋脂型聚乙烯热收缩材料、压敏胶型热收缩带、黏弹体防腐胶带＋聚合物胶粘带；

2 山岭隧道段管道覆土方式敷设时，可选用黏弹体防腐胶带＋聚丙烯胶粘带和黏弹体防腐胶带＋压敏胶型热收缩材料；

3 水域隧道穿越段管道的补口可选用玛琋脂型聚乙烯热收缩材料、压敏胶型热收缩材料、黏弹体防腐胶带＋聚合物胶粘带。

4.0.4 定向钻穿越段、石方段管道的补口可选用热熔胶型热收缩材料、纤维增强型热收缩材料、液体聚氨酯涂料、液体环氧涂料、环氧粉末涂料，可对补口防腐层的前端或整体进行保护。

5 涂敷工艺和评定

5.1 施工工艺规程

5.1.1 补口施工前,应预先编制补口施工工艺预规程及检验和试验计划(ITP),并应进行涂敷工艺评定试验(PQT)确认补口质量,形成补口质量达到规定要求的施工工艺规程(APS)。补口施工作业、检验和试验应按照确认的补口施工工艺规程(APS)进行。

5.1.2 补口施工工艺规程(APS)应根据本规范和工程要求、补口材料使用说明书等进行编制,内容应涵盖补口施工各个环节及工艺参数控制,应包括下列主要内容:

1 施工时的环境条件;

2 管体防腐层和补口防腐层信息;

3 补口材料数据单和施工说明书;

4 钢管表面处理的预热温度、除锈等级、表面灰尘度要求、磨料特性数据单及安全数据单等;

5 搭接区防腐层的表面处理方法及粗糙度等要求;

6 补口防腐层的最高设计温度(T_{max});

7 补口施工程序、设备和工具;

8 补口防腐层与管体防腐层的搭接宽度;

9 补口施工所需时间;

10 补口防腐层的检验和试验;

11 补口防腐层缺陷的修补和检验;

12 有缺陷防腐层的剥除;

13 标记、可追溯性和文件。

5.2 工艺评定试验

5.2.1 工艺评定试验(PQT)所用的钢管应与待补口的管道工程用钢管相同,工艺评定试验(PQT)宜在工程现场进行。

5.2.2 工艺评定试验(PQT)宜在涂敷有主体防腐层的管道上做3个试验口,试验口的长度应与实际补口长度一致。

5.2.3 工艺评定试验(PQT)使用的所有施工和检验的工具及设备的型号应与实际补口施工中使用的相同。

5.2.4 对补口区域进行加热时,不应使管体防腐层产生起泡或剥离等破坏现象。

5.2.5 工艺评定试验(PQT)期间的涂敷施工时间应与预估的现场补口时间相当。工艺评定试验不在工程现场进行时,应考虑到工艺评定试验环境与实际施工环境和作业条件的重要差异。

5.2.6 工艺评定试验(PQT)结束后,应提交完整的工艺评定试验报告。

5.3 施工前试验

5.3.1 在补口施工前,可在补口现场进行施工前试验(PPT),对补口施工工艺规程(APS)进行

验证,应包括下列内容:

1 施工环境条件的影响;

2 用于表面处理和防腐层施工的材料、工具和设备;

3 补口防腐层系统的施工程序;

4 补口所需时间。

5.3.2 施工前试验(PPT)的试验结果应满足本规范的相关要求,且应与工艺评定试验(PQT)的结果一致。

6 表面处理

6.1 钢材表面处理

6.1.1 除锈前,应除去影响表面处理或防腐层与钢管附着力的油、油脂、灰尘等污染物;油、油脂等污染物的清洗应按现行行业标准《涂装前钢材表面处理规范》SY/T 0407 的规定执行;应清除钢管表面焊瘤、毛刺、棱角等缺陷;除锈前管体表面的温度至少应高于露点温度 3 ℃。

6.1.2 根据补口防腐层材料和设计要求的除锈等级可选择喷射处理和工具除锈的表面处理方法。

6.1.3 表面处理应符合下列规定:

1 表面处理应按现行行业标准《涂装前钢材表面处理规范》SY/T 0407 的规定执行。

2 表面清洁度等级的评定应按现行国家标准《涂覆涂料前钢材表面处理 表面清洁度的目视评定 第 1 部分:未涂覆过的钢材表面和全面清除原有涂层后的钢材表面的锈蚀等级和处理等级》GB/T 8923.1 的规定执行,处理等级应达到相应补口防腐层系统的技术要求。

3 除锈后表面锚纹深度的测量应符合现行国家标准《涂覆涂料前钢材表面处理 喷射清理后的钢材表面粗糙度特性 第 4 部分:ISO 表面粗糙度比较样块的校准和表面粗糙度的测定方法 触针法》GB/T 13288.4 或《涂覆涂料前钢材表面处理 喷射清理后的钢材表面粗糙度特性 第 5 部分:表面粗糙度的测定方法复制带法》GB/T 13288.5 的规定,采用粗糙度测量仪或锚纹深度测试拓纸进行,锚纹深度应达到相应补口防腐层系统的技术要求。

4 表面灰尘度的检验应按现行国家标准《涂覆涂料前钢材表面处理 表面清洁度的评定试验 第 3 部分:涂覆涂料前钢材表面的灰尘评定(压敏粘带法)》GB/T 18570.3 规定的方法执行,灰尘度等级应达到相应补口防腐层系统的技术要求。

5 当施工处于盐碱地带或防腐管经海运或海边堆放时,应按现行国家标准《涂覆涂料前钢材表面处理 表面清洁度的评定试验 第 9 部分:水溶性盐的现场电导率测定法》GB/T 18570.9 的有关要求测量喷射处理的钢管表面的盐分,钢管表面盐分应满足相应补口防腐层系统的技术要求。

6.1.4 表面处理后,待涂表面暴露时间不宜超过 2 h,超过 2 h 或发现返锈时,应重新进行表面处理。

6.2 搭接区的防腐层处理

6.2.1 应对搭接区防腐层进行表面处理。

6.2.2　搭接区防腐层表面处理方法、表面粗糙度和处理宽度应满足所用补口材料的要求。

6.2.3　搭接区防腐层表面需要极化处理时，应在施工工艺规程(APS)中规定，并应通过工艺评定试验(PQT)验证。

7　热收缩材料补口

7.1　补口材料

7.1.1　补口热收缩材料应由经过辐照交联的聚烯烃基材和胶层构成，可分为管状的热收缩套和片状的热收缩带两种形式。

7.1.2　补口热收缩材料的适用温度宜符合下列规定：

1　玛瑞脂型聚乙烯热收缩材料(1A)的适用温度宜为－20 ℃～80 ℃；

2　带有配套底漆的热熔胶型聚乙烯热收缩材料(1B)的适用温度宜为－20 ℃～80 ℃；

3　带有配套环氧底漆的聚丙烯热收缩材料(1C)的适用温度宜为－20 ℃～110 ℃；

4　压敏胶型聚乙烯热收缩材料(1D)的适用温度宜为－20 ℃～50 ℃；

5　带有配套底漆的纤维增强型聚乙烯热收缩材料(1E)的适用温度宜为－20 ℃～80 ℃。

7.1.3　补口热收缩材料应按管径选用配套的规格，其性能应符合下列规定：

1　补口热收缩材料的基材边缘应平直，表面应平整、清洁、无气泡、裂口及分解变色。热收缩材料的厚度应符合表7.1.3-1的规定。热收缩带的周向收缩率不应小于15%，热收缩套的周向收缩率不应小于50%。

表7.1.3-1　热收缩材料的厚度(mm)

热收缩材料类型	基材类型	使用管径	基材厚度	胶层厚度
1A	聚乙烯	≤400	≥1.0	≥1.2
		>400	≥1.0	≥1.5
1B	聚乙烯	≤400	≥1.2	≥1.0
		>400	≥1.5	≥1.0
	高密度聚乙烯	—	≥1.0	≥1.5
1C	聚丙烯	—	≥1.0	≥1.5
1D	聚乙烯	—	≥1.2	≥1.3
1E	纤维增强聚乙烯	—	≥1.8	≥1.2

2　玛瑞脂型聚乙烯热收缩材料(1A)应满足表7.1.3-2的要求，带有配套底漆的热熔胶型聚乙烯热收缩材料性能应满足表7.1.3-3的要求，带有配套环氧底漆的聚丙烯热收缩材料性能应满足表7.1.3-4的要求，压敏胶型聚乙烯热收缩材料性能应满足7.1.3-5的要求，带有配套底漆的纤维增强型聚乙烯热收缩材料性能应满足7.1.3-6的要求。

表 7.1.3-2 玛琋脂型聚乙烯热收缩材料性能指标(1A)

材料	项目		性能指标	试验方法
基材性能	拉伸强度(MPa)		≥17	《塑料 拉伸性能的测定 第2部分:模塑和挤塑塑料的试验条件》GB/T 1040.2
	断裂标称应变(%)		≥400	
	维卡软化点(A_{50},9.8 N)(℃)		≥90	《热塑性塑料维卡软化温度(VST)的测定》GB/T 1633
	脆化温度(℃)		≤−65	《塑料 冲击脆化温度的测定》GB/T 5470
	电气强度(MV/m)		≥25	《绝缘材料 电气强度试验方法 第1部分:工频下试验》GB/T 1408.1
	体积电阻率(Ω·m)		$\geqslant 1\times 10^{13}$	《固体绝缘材料体积电阻率和表面电阻率试验方法》GB/T 1410
	耐环境应力开裂(F_{50})(h)		≥1000	《塑料 聚乙烯耐环境应力开裂试验方法》GB/T 1842
	耐化学介质腐蚀(浸泡7 d)(%)	10%HCl	≥85	《塑料 拉伸性能的测定 第2部分:模塑和挤塑塑料的试验条件》GB/T 1040.2
		10%NaOH	≥85	
		10%NaCl	≥85	
	耐热老化(150 ℃,21 d)	拉伸强度(MPa)	≥14	
		断裂标称应变(%)	≥300	
	热冲击(225 ℃,4 h)		无裂纹、无流淌、无滴垂	《埋地钢质管道聚乙烯防腐层》GB/T 23257
胶层性能	胶软化点(环球法)(℃)		≥最高设计温度+40	《热熔胶粘剂软化点测定法 环球法》GB/T 15332
	搭接剪切强度(23 ℃)(MPa)		≥0.3	《胶粘剂 拉伸剪切强度测定方法(刚性材料对刚性材料)》GB/T 7124(速率10 mm/min)
	脆化温度(℃)		≤−20	《埋地钢质管道聚乙烯防腐层》GB/T 23257

注:1 除热冲击外,基材性能应经过200 ℃±5 ℃,5 min自由收缩后进行测定,拉伸试验速度均应为50 mm/min。

2 耐化学介质腐蚀指标为试验后的拉伸强度和断裂标称应变的保持率。

3 搭接剪切强度试验应采用产品胶层厚度。

表 7.1.3-3 热熔胶型聚乙烯热收缩材料性能指标(1B)

材料	项目		性能指标	试验方法
基材性能	拉伸强度(MPa)	中低密度型	≥17	《塑料 拉伸性能的测定 第2部分:模塑和挤塑塑料的试验条件》GB/T 1040.2
		高密度型	≥20	
	断裂标称应变(%)		≥400	
	维卡软化点(A_{50},9.8 N)(℃)	中低密度型	≥90	《热塑性塑料维卡软化温度(VST)的测定》GB/T 1633
		高密度型	≥100	
	脆化温度(℃)		≤−65	《塑料 冲击脆化温度的测定》GB/T 5470
	电气强度(MV/m)		≥25	《绝缘材料电气强度试验方法 第1部分:工频下试验》GB/T 1408.1
	体积电阻率(Ω·m)		$\geq 1\times 10^{13}$	《固体绝缘 材料体积电阻率和表面电阻率试验方法》GB/T 1410
	耐环境应力开裂(F_{50})(h)		≥1000	《塑料 聚乙烯环境应力开裂试验方法》GB/T 1842
	耐化学介质腐蚀(浸泡7 d)(%)	10%HCl	≥85	《塑料 拉伸性能的测定 第2部分:模塑和挤塑塑料的试验条件》GB/T 1040.2
		10%NaOH	≥85	
		10%NaCl	≥85	
	耐热老化(150 ℃,21 d)	拉伸强度(MPa)	≥14	
		断裂标称应变(%)	≥300	
	热冲击(225 ℃,4 h)		无裂纹、无流淌、无滴垂	《埋地钢质管道聚乙烯防腐层》GB/T 23257
胶层性能	软化点		≥最高设计温度+40 ℃	《热熔胶粘剂软化点测定法 环球法》GB/T 15332
	搭接剪切强度(MPa)	23 ℃	≥1.0	《胶粘剂 拉伸剪切强度测定方法(刚性材料对刚性材料)》GB/T 7124(速率10 mm/min)
		T_{max}	≥0.07	
	脆化温度(℃)		≤−20	《埋地钢质管道聚乙烯防腐层》GB/T 23257
底漆性能	不挥发物含量(%)		≥95	《色漆、清漆和塑料 不挥发物含量的测定》GB/T 1725
	搭接剪切强度(MPa)		≥5.0	《胶粘剂 拉伸剪切强度测定方法(刚性材料对刚性材料)》GB/T 7124(速率2 mm/min)
	阴极剥离(mm)	65 ℃,48 h	≤8	《埋地钢质管道聚乙烯防腐层》GB/T 23257
		23 ℃,30 d	≤15	

注:1 除热冲击外,基材性能应经过200 ℃±5 ℃,5 min自由收缩后进行测定,拉伸试验速度均应为50 mm/min。

2 耐化学介质腐蚀指标为试验后的拉伸强度和断裂标称应变的保持率。

3 底漆阴极剥离试验的防腐层厚度宜为300 μm～400 μm。

4 搭接剪切强度试验应采用产品胶层厚度。

表 7.1.3-4 聚丙烯热收缩材料性能指标(1C)

材料	项目		性能指标	试验方法
基材性能	拉伸强度(MPa)		≥28	《塑料 拉伸性能的测定 第2部分:模塑和挤塑塑料的试验条件》GB/T 1040.2
	断裂标称应变(%)		≥400	
	维卡软化点(A_{50},9.8 N)(℃)		≥130	《热塑性塑料维卡软化温度(VST)的测定》GB/T 1633
	脆化温度(℃)		≤−20	《塑料 冲击脆化温度的测定》GB/T 5470
	电气强度(MV/m)		≥25	《绝缘材料 电气强度试验方法 第1部分:工频下试验》GB/T 1408.1
	体积电阻率(Ω·m)		$\geq 1\times 10^{13}$	《固体绝缘材料体积电阻率和表面电阻率试验方法》GB/T 1410
	耐化学介质腐蚀(浸泡7 d)(%)	10%HCl	≥85	《塑料 拉伸性能的测定 第2部分:模塑和挤塑塑料的试验条件》GB/T 1040.2
		10%NaOH	≥85	
		10%NaCl	≥85	
	耐热老化(130 ℃,100 d)(%)	拉伸强度保持率	≥75	
		断裂标称应变保持率	≥75	
	热冲击(225 ℃,4 h)		无裂纹、无流淌、无滴垂	《埋地钢质管道聚乙烯防腐层》GB/T 23257
胶层性能	软化点(℃)		设计温度+40	《热熔胶粘剂软化点测定法 环球法》GB/T 15332
	搭接剪切强度(MPa)	23 ℃	≥3.0	《胶粘剂 拉伸剪切强度测定方法(刚性材料对刚性材料)》GB/T 7124(速率10 mm/min)
		T_{max}	≥0.5	
	脆化温度(℃)		≤−20	《埋地钢质管道聚乙烯防腐层》GB/T 23257
底漆性能	不挥发物含量(%)		≥95	《色漆、清漆和塑料 不挥发物含量的测定》GB/T 1725
	搭接剪切强度(MPa)		≥5	《胶粘剂 拉伸剪切强度测定方法(刚性材料对刚性材料)》GB/T 7124(速率2 mm/min)
	阴极剥离(mm)	95 ℃,48 h	≤8	《埋地钢质管道聚乙烯防腐层》GB/T 23257
		23 ℃,30 d	≤15	

注:1 除热冲击外,基材性能应经过200 ℃±5 ℃,5 min自由收缩后进行测定,拉伸试验速度应为50 mm/min。

2 耐化学介质腐蚀指标为试验后的拉伸强度和断裂标称应变的保持率。

3 底漆阴极剥离试验的防腐层厚度宜为300 μm~400 μm。

4 搭接剪切强度试验应采用产品胶层厚度。

表 7.1.3-5　压敏胶型聚乙烯热收缩材料性能指标(1D)

材料	项目		性能指标	试验方法
基材性能	拉伸强度(MPa)		≥17	《塑料　拉伸性能的测定　第 2 部分:模塑和挤塑塑料的试验条件》GB/T 1040.2
	断裂标称应变(%)		≥400	
	拉伸屈服应力(50 ℃)(MPa)		≥7	
	维卡软化点(A_{50},9.8 N)(℃)		≥95	《热塑性塑料维卡软化温度(VST)的测定》GB/T 1633
	脆化温度(℃)		≤−65	《塑料　冲击法脆化温度的测定》GB/T 5470
	电气强度(MV/m)		≥25	《绝缘材料　电气强度试验方法　第 1 部分:工频下试验》GB/T 1408.1
	体积电阻率(Ω·m)		≥1×10^{13}	《固体绝缘材料体积电阻率和表面电阻率试验方法》GB/T 1410
	耐环境应力开裂(F_{50})(h)		≥1000	《塑料　聚乙烯环境应力开裂试验方法》GB/T 1842
	耐化学介质腐蚀(浸泡 7 d)(%)	10%HCl	≥85	《塑料　拉伸性能的测定　第 2 部分:模塑和挤塑塑料的试验条件》GB/T 1040.2
		10%NaOH	≥85	
		10%NaCl	≥85	
	耐热老化(150 ℃,21 d)	拉伸强度(MPa)	≥14	
		断裂标称应变(%)	≥300	
	热冲击(225 ℃,4 h)		无裂纹、无流淌、无滴垂	《埋地钢质管道聚乙烯防腐层》GB/T 23257
胶层性能	搭接剪切强度(MPa)	23 ℃	≥0.1	《胶粘剂　拉伸剪切强度测定方法(刚性材料对刚性材料)》GB/T 7124(速率 10 mm/min)
		T_{max}	≥0.05	
	滴垂(80 ℃,48 h)		无滴垂	本规范附录 A
	吸水率(%)		≤0.2	本规范附录 B

注:1　除热冲击外,基材性能应经过 200 ℃±5 ℃,5 min 自由收缩后进行测定。
　　2　耐化学介质腐蚀指标为试验后的拉伸强度和断裂标称应变的保持率。
　　3　搭接剪切强度试验应采用产品胶层厚度。

表 7.1.3-6 纤维增强型聚乙烯热收缩材料性能指标(1E)

材料	项目		性能指标	试验方法
基材性能	顶破强度(N)		≥2000	《橡胶或塑料涂覆织物 破裂强度的测定 第1部分:钢球法》GB/T 20027.1
	维卡软化点(A_{50},9.8 N)(℃)		≥100	《热塑性塑料维卡软化温度(VST)的测定》GB/T 1633
	脆化温度(℃)		≤−65	《塑料 冲击法脆化温度的测定》GB/T 5470
	体积电阻率(Ω·m)		$\geq 1\times10^{13}$	《固体绝缘材料体积电阻率和表面电阻率试验方法》GB/T 1410
	耐化学介质腐蚀(浸泡7 d)顶破强度(N)	10%HCl	≥1700	《橡胶或塑料涂覆织物 破裂强度的测定 第1部分:钢球法》GB/T 20027.1
		10%NaOH	≥1700	
		10%NaCl	≥1700	
	耐热老化(150 ℃,168h)顶破强度(N)		≥1700	
	热冲击(225 ℃,4 h)		无裂纹、无流淌、无滴垂	《埋地钢质管道聚乙烯防腐层》GB/T 23257
	硬度(邵氏 D)		≥50	《塑料和硬橡胶 使用硬度计测定压痕硬度(邵氏硬度)》GB/T 2411
	耐环境应力开裂(F_{50})(h)		≥1000	《塑料 聚乙烯耐环境应力开裂试验方法》GB/T 1842
胶层性能	软化点(环球法)(℃)		≥设计温度+40	《热熔胶粘剂软化点测定法 环球法》GB/T 15332
	搭接剪切强度(MPa)	23 ℃	≥1.8	《胶粘剂 拉伸剪切强度测定方法(刚性材料对刚性材料)》GB/T 7124(速率 10 mm/min)
		T_{max}	≥0.3	
	脆化温度(℃)		≤−20	《埋地钢质管道聚乙烯防腐层》GB/T 23257
底漆性能	不挥发物含量(%)		≥95	《色漆、清漆和塑料 不挥发物含量的测定》GB/T 1725
	搭接剪切强度(MPa)		≥5	《胶粘剂 拉伸剪切强度测定方法(刚性材料对刚性材料)》GB/T 7124(速率 2mm/min)
	阴极剥离(mm)	65 ℃,48 h	≤8	《埋地钢质管道聚乙烯防腐层》GB/T 23257
		23 ℃,30 d	≤15	

注:1 除热冲击、脆化温度外,基材性能应经过 200 ℃±5 ℃,5 min 自由收缩后进行测定,拉伸试验速度应为 50 mm/min。

2 底漆阴极剥离试验的防腐层厚度宜为 300 μm~400 μm。

3 搭接剪切强度试验应采用产品胶层厚度。

7.1.4 安装后的热收缩材料补口防腐层性能应满足表 7.1.4 的要求。

表 7.1.4 热收缩材料补口防腐层性能指标

项目		性能指标					试验方法
		1A	1B	1C	1D	1E	
抗冲击(J/mm)		≥5	≥5	≥8	≥5	≥5	《埋地钢质管道聚乙烯防腐层》GB/T 23257
阴极剥离(mm)	65 ℃,48 h	—	—	—	≤8	—	
	23 ℃,28 d	≤10	≤8	≤8	—	≤8	
	T_{max},28 d	≤20	≤15	≤15	≤15	≤15	
剥离强度(对钢管/搭接区防腐层)(N/cm)(内聚)	23 ℃	≥35	≥50	≥100	≥18	≥50	
	T_{max}	≥2	≥5	≥40	≥4	≥5	
剥离强度(T_{max}热水浸泡28 d)(23 ℃)(N/cm)	对钢管/底漆	≥35且保持率≥75%	≥50且保持率≥75%	≥50且保持率≥75%	≥18且胶层覆盖率≥90%	≥50且保持率≥75%	本规范附录C和《埋地钢质管道聚乙烯防腐层》GB/T 23257
	对搭接区防腐层	≥35且保持率≥75%	≥50且保持率≥75%	≥50且保持率≥75%	≥18且胶层覆盖率≥90%	≥50且保持率≥75%	
剥离强度(T_{max}热水浸泡120 d)(23 ℃)(N/cm)	对搭接区防腐层	≥35且保持率≥75%	≥50且保持率≥75%	≥50且保持率≥75%	≥12且覆盖率≥90%	≥50且保持率≥75%	本规范附录C和《埋地钢质管道聚乙烯防腐层》GB/T 23257
	对钢管/底漆	≥35且保持率≥75%	≥50且保持率≥75%	≥50且保持率≥75%	≥12且覆盖率≥90%	≥50且保持率≥75%	
热老化(T_{max}+20 ℃,100 d)剥离强度保持率(%)	P_{100}/P_0	≥75	≥75	≥75	≥75	≥75	《埋地钢质管道聚乙烯防腐层》GB/T 23257
	P_{100}/P_{70}	≥80	≥80	≥80	≥80	≥80	
注:T_{max}高于 95 ℃时,高温阴极剥离和热水浸泡的试验温度应为 95 ℃。							

7.1.5 热收缩材料验收应符合下列规定:

1 每一牌号的热收缩材料及其配套环氧底漆,使用前和使用过程中每年应由有资质的第三方检验机构按本规范第 7.1.3 条和第 7.1.4 条的规定进行一次全面检验。

2 使用过程中,应对到货的热收缩材料进行性能复验,每 5000 个热收缩材料为一批,不足 5000 个的部分按 5000 个计。每批热收缩材料应由有资质的第三方检验机构对热收缩材料的基材(耐环境应力开裂除外)性能、胶层性能、配套底漆性能和安装系统(耐热水浸泡 120d 和热老化性能除外)的性能进行复检,性能应达到规定的要求。

7.2 补口施工

7.2.1 表面处理应符合下列规定：

1 无须配套底漆的热收缩材料(1A、1D)补口，表面处理宜采用喷射除锈方法，也可采用工具除锈。除锈等级应达到现行国家标准《涂覆涂料前钢材表面处理 表面清洁度的目视评定 第1部分：未涂覆过的钢材表面和全面清除原有涂层后的钢材表面的锈蚀等级和处理等级》GB/T 8923.1 规定的相应等级：喷射除锈应达到 $Sa2^{1/2}$ 级，工具除锈应达到 St3 级。除锈后宜使用工具清除表面灰尘。

2 采用环氧底漆的聚乙烯热收缩材料和聚丙烯热收缩材料，表面处理应采用喷射除锈方法，除锈等级应达到现行国家标准《涂覆涂料前钢材表面处理 表面清洁度的目视评定 第1部分：未涂覆过的钢材表面和全面清除原有涂层后的钢材表面的锈蚀等级和处理等级》GB/T 8923.1 规定的 $Sa2^{1/2}$ 级。表面锚纹深度/粗糙度应为 40 μm～90 μm；表面灰尘度至少应达到现行国家标准《涂覆涂料前钢材表面处理 表面清洁度的评定试验 第3部分：涂覆涂料前钢材表面的灰尘评定(压敏粘带法)》GB/T 18570.3 规定的3级及以上质量。

3 搭接区防腐层表面应按施工工艺规程(APS)的规定打毛处理，粗糙程度应符合补口防腐材料产品说明书的要求。

7.2.2 涂敷及安装应符合下列规定：

1 热收缩材料的施工应按照施工工艺规程(APS)进行。

2 采用管状热收缩套时，焊接前应将热缩套套入焊道的一侧。

3 预热待涂装区域至产品说明书要求的温度，应采用无污染的加热方式对钢管表面和防腐层搭接区进行加热，大口径管道宜采用中频或红外等加热方式。加热不应造成钢管表面氧化或返锈，不应损坏管体预制防腐层。

4 采用环氧底漆时，应按照产品使用说明书和施工工艺规程(APS)的要求调配底漆并均匀涂刷，底漆的湿膜厚度不应小于 150 μm。

5 将热收缩材料搭盖在管体防腐层上，搭接量应保证安装后与管体防腐层搭接不小于 100 mm。采用热收缩带时，应采用固定片固定，周向搭接宽度不应小于 80 mm。

6 加热收缩应采用火焰加热器或其他热源。收缩过程中应采用指压法检查胶的流动性，手指压痕应自动消失，应按施工工艺规程(APS)规定的加热温度和时间完成烘烤。

7.3 补口质量检验

7.3.1 表面处理质量检验应按照检验和试验计划(ITP)进行，并应符合下列规定：

1 应按现行国家标准《涂覆涂料前钢材表面处理 表面清洁度的目视评定 第1部分：未涂覆过的钢材表面和全面清除原有涂层后的钢材表面的锈蚀等级和处理等级》GB/T 8923.1 的规定对每道口钢管表面进行目视检测。喷射除锈的钢管表面清洁度应达到 $Sa2^{1/2}$ 级，工具除锈的钢管表面清洁度应达到 St3 级。

2 应每 4 h 检测 1 次锚纹深度，宜按现行国家标准《涂覆涂料前钢材表面处理 喷射清理后的钢材表面粗糙度特性 第4部分：ISO 表面粗糙度比较样块的校准和表面粗糙度的测定方法 触针法》GB/T 13288.4 或《涂覆涂料前钢材表面处理 喷射清理后的钢材表面粗糙度特性 第5部分：表面粗糙度的测定方法 复制带法》GB/T 13288.5 的规定，采用粗糙度测量仪或锚纹深度测试纸进行测量，表面锚纹深度应达到 40 μm～90 μm。

3 应按现行国家标准《涂覆涂料前钢材表面处理 表面清洁度的评定试验 第3部分:涂覆涂料前钢材表面的灰尘评定(压敏粘带法)》GB/T 18570.3规定的方法逐道口进行钢管表面灰尘等级评定,每次至少随机抽测2点,表面灰尘度等级应达到3级及以上质量要求。

4 搭接区防腐层表面经打磨后,应逐道口进行目视检测,表面应粗糙、状态均匀、无表面光滑的部位,表面应清洁,无沙粒、无灰尘,呈现防腐层本体颜色。

7.3.2 补口安装过程质量检验应按照检验和试验计划(ITP)进行,并应符合下列规定:

1 应采用接触式测温仪或用接触式测温仪校准过的红外测温仪测量钢管表面和搭接区防腐层的预热温度,温度应达到规定要求。

2 湿膜厚度应按现行国家标准《色漆和清漆 漆膜厚度的测定》GB/T 13452.2的规定,用湿膜规随机抽测3点底漆的湿膜厚度,湿膜厚度应达到规定要求。

7.3.3 补口防腐层质量检验应按照检验和试验计划(ITP)进行,并应符合下列规定:

1 工艺评定试验(PQT)应对防腐层外观、漏点、抗冲击、阴极剥离以及对钢管和搭接区防腐层的剥离强度等性能进行检验,施工前试验(PPT)应对防腐层外观、漏点及对钢管和搭接区防腐层的剥离强度等性能进行检验。

2 施工检验项目应包括外观、漏点和剥离强度,检验宜在补口安装完成24 h后进行,并应符合下列规定:

1) 补口的外观应逐个目测检查,补口防腐层表面应平整、无皱折、无气泡、无空鼓、无烧焦炭化等现象。热收缩带(套)周向应有胶粘剂均匀溢出。固定片与热收缩带搭接部位的滑移量不应大于5 mm。

2) 应用电火花检漏仪逐道口进行漏点检查。检漏电压应为15 kV,扫描电极移动速度不应超过0.3 m/s,发现漏点时应重新补口并检漏,直至合格。

3) 剥离强度检测应按现行国家标准《埋地钢质管道聚乙烯防腐层》GB/T 23257规定的方法进行。检测时的管体温度宜为15 ℃~25 ℃,钢管和搭接区防腐层的剥离强度均应符合本规范表7.1.4的规定。每机组每天的补口应抽测1个,出现不合格时,应加倍抽测。加倍抽测仍有不合格时,该机组当天的补口应全部返修。

8 液体涂料补口

8.1 补口防腐层

8.1.1 液体涂料补口防腐层可分为液体环氧涂料补口防腐层(2A)和液体聚氨酯补口防腐层(2B),液体涂料补口防腐层适用温度宜为-20 ℃~80 ℃。

8.1.2 液体涂料补口防腐层等级分可为普通级和加强级,补口防腐层的厚度应符合表8.1.2的规定。

表8.1.2 液体涂料补口防腐层厚度

等级	厚度(μm)	
	液体环氧涂料(2A)	液体聚氨酯涂料(2B)
普通级	≥600	≥1000
加强级	≥1000	≥1500

8.1.3 补口防腐层和聚烯烃防腐层的搭接宽度不应小于 50 mm，与聚氨酯或环氧类防腐层的搭接宽度不应小于 20 mm，补口防腐层边缘的厚度宜逐渐减薄过渡。

8.2 补口材料

8.2.1 补口用双组分无溶剂环氧涂料和双组分无溶剂聚氨酯涂料性能应满足表 8.2.1 的要求。

表 8.2.1 液体涂料性能指标

项目			性能指标		试验方法
			液体环氧涂料(2A)	液体聚氨酯涂料(2B)	
细度(μm)			≤100	≤100	《涂料细度测定法》GB/T 1724
不挥发物含量(%)			≥98	≥98	《钢质管道液体环氧涂料内防腐层技术标准》SY/T 0457
干燥时间(23 ℃±1 ℃)(h)	喷涂型	表干	≤1.0	≤0.5	《漆膜，腻子膜干燥时间测定法》GB/T 1728
		实干	≤4.5	≤2.0	
	刷涂型	表干	≤2.0	≤1.5	
		实干	≤6.0	≤6.0	

8.2.2 液体环氧补口防腐层的性能应满足表 8.2.2-1 的要求，液体聚氨酯补口防腐层的性能应满足表 8.2.2-2 的要求。

表 8.2.2-1 液体环氧补口防腐层性能指标(2A)

项目		性能指标	试验方法
外观		平整、光滑、无漏涂、无流挂、无气泡、无色斑	目视检查
抗冲击(25 ℃±2 ℃)(J)		≥6	《钢质管道熔结环氧粉末内防腐层技术标准》SY/T 0442
硬度(邵氏 D)		≥75 且符合生产厂要求	《塑料和硬橡胶 使用硬度计测定压痕硬度(邵氏硬度)》GB/T 2411
附着力(23 ℃±2 ℃)(MPa)	对钢管	≥10	《埋地钢质管道液体环氧外防腐层技术标准》SY/T 6854
	对管体聚乙烯防腐层	≥3.5	
	对管体环氧类防腐层	≥5	
附着力(T_{max}热水浸泡 28 d)(23 ℃±2 ℃)(MPa)	对钢管	≥7	本规范附录 C 和《埋地钢质管道液体环氧外防腐层技术标准》SY/T 6854
	对管体聚乙烯防腐层	≥2	
	对管体环氧类防腐层	≥3.5	

表 8.2.2-1（续）

项目		性能指标	试验方法
柔韧性(23 ℃±2 ℃)(抗 1°弯曲)		无裂纹、无漏点	《埋地钢质管道液体环氧外防腐层技术标准》SY/T 6854
体积电阻率(Ω·m)		$\geqslant 1\times 10^{12}$	《固体绝缘材料体积电阻率和表面电阻率试验方法》GB/T 1410
电气强度(MV/m)		≥25	《绝缘材料　电气强度试验方法　第 1 部分:工频下试验》GB/T 1408.1
吸水率(%)		≤0.6	《埋地钢质管道液体环氧外防腐层技术标准》SY/T 6854
阴极剥离(mm)	48h,T_{max}±2 ℃	≤8	《埋地钢质管道聚乙烯防腐层》GB/T 23257
	28d,23 ℃±2 ℃	≤8	
	28d,T_{max}±2 ℃	≤15	

注:1　试件防腐层的厚度应为设计防腐层等级最小厚度±200 μm。

2　防腐层在常温条件至少应放置 7 d,达到完全固化后方可进行性能测试。

3　28 d 浸泡后的附着力试验应在 4 h 内完成测试柱的粘接,并应在 48 h 内完成试验。

4　当防腐层厚度达到 1 mm 及以上时,阴极剥离试验孔直径应为 6.4 mm。

表 8.2.2-2　液体聚氨酯补口防腐层性能指标(2B)

项目		性能指标	试验方法
外观		平整、光滑、无漏涂、无流挂、无气泡、无色斑	目视检查
抗冲击	23 ℃±2 ℃(J)	≥5	《埋地钢质管道聚乙烯防腐层》GB/T 23257 (8 kV 检漏无漏点)
	−5 ℃+2 ℃(J)	≥3	
压痕	23 ℃±2 ℃(mm)	≤0.2	《埋地钢质管道聚乙烯防腐层》GB/T 23257
	T_{max}(%DFT)	≤30	
硬度(邵氏 D)		≥70 且符合生产厂要求	《塑料和硬橡胶　使用硬度计测定压痕硬度(邵氏硬度)》GB/T 2411
附着力(23 ℃±2 ℃)(MPa)	对钢管	≥10	《埋地钢质管道液体环氧外防腐层技术标准》SY/T 6854
	对管体聚乙烯防腐层	≥3.5	
	对管体环氧类防腐层	≥5	

表 8.2.2-2(续)

项目		性能指标	试验方法
附着力(T_{max}热水浸泡 28 d)(23 ℃±2 ℃)(MPa)	对钢管	≥7	本规范附录 C 《埋地钢质管道液体环氧外防腐层技术标准》SY/T 6854
	对管体聚乙烯防腐层	≥2	
	对管体环氧类防腐层	≥3.5	
抗弯曲(1°)(23 ℃±2 ℃)		无裂纹、无漏点	《埋地钢质管道液体环氧外防腐层技术标准》SY/T 6854
吸水率(%)		≤0.6	
耐绝缘电阻(Ω·m^2)	23 ℃±2 ℃,R_{s100}	≥1×10^6	本规范附录 D
	T_{max}±2 ℃,R_{s30}	≥1×10^4	
阴极剥离(mm)	48 h,T_{max}±2 ℃	≤8	《埋地钢质管道聚乙烯防腐层》GB/T 23257
	28 d,23 ℃±2 ℃	≤8	
	28 d,T_{max}±2 ℃	≤15	

注:1 试件防腐层的厚度应为设计防腐层等级最小厚度±200 μm。
2 防腐层在常温条件至少应放置 7 d,达到完全固化后方可进行性能测试。
3 %DFT 是压痕深度和试件防腐层原始厚度的比值。
4 28 d 浸泡后的附着力试验应在 4 h 内完成测试柱的粘接,并应在 48 h 内完成试验。
5 R_{sn}为 n 天后的防腐层绝缘电阻。
6 当防腐层厚度达到 1 mm 及以上时,阴极剥离试验孔直径应为 6.4 mm。
7 阴极剥离试验的剥离区域应按金属表面颜色变深的区域判定。

8.2.3 材料验收及储存应符合下列规定:

1 液体涂料质量检测报告应包括本规范表 8.2.1、表 8.2.2-1 或表 8.2.2-2 规定的性能项目,报告应由有资质的第三方检验机构在 18 个月内出具。

2 涂料的两个组分应由同一生产商配套提供,涂料性能应满足本规范表 8.2.1、表 8.2.2-1 或表 8.2.2-2 规定的性能指标。

3 涂料使用前及使用过程中,应按生产批抽检,每 20 t 宜抽查一次,不足 20 t 的按 20 t 计。应由有资质的第三方检验机构进行检测。

4 应对首批液体环氧涂料产品按本规范表 8.2.1 和表 8.2.2-1 中规定的项目逐项检验,以后的每批液体环氧涂料应按本规范表 8.2.1 和表 8.2.2-1 中的抗冲击、硬度、23 ℃附着力、抗弯曲、吸水率和 48 h 阴极剥离等性能进行检验,检验不合格时不应使用。

5 应对首批液体聚氨酯涂料产品按本规范表 8.2.1 和表 8.2.2-2 中除常温绝缘电阻之外的性能逐项检验,以后的每批液体聚氨酯涂料应按本规范表 8.2.1 和表 8.2.2-2 中的抗冲击、压痕、硬度、23 ℃附着力和 48 h 阴极剥离等性能进行检验,检验不合格时不应使用。

6 应按产品说明书要求的条件储存涂料。涂料宜储存在通风、干燥的室内环境中;室外存放时,应避免日晒和雨雪等的影响。配套清洗设备用的溶剂应分区存放,存放处应通风、干燥,并应采取遮盖保护措施。

8.3 补口施工

8.3.1 表面处理应按照施工工艺规程(APS)进行,并应符合下列规定:

1 补口部位钢管表面应进行喷砂除锈,喷砂除锈磨料粒径宜在0.2 mm～2.0 mm之间;当采用密闭循环喷砂除锈时,宜采用钢砂作为磨料。

2 除锈等级应达到现行国家标准《涂覆涂料前钢材表面处理 表面清洁度的目视评定 第1部分:未涂覆过的钢材表面和全面清除原有涂层后的钢材表面的锈蚀等级和处理等级》GB/T 8923.1规定的Sa2$^{1/2}$级。采用液体环氧补口时,表面锚纹深度应达到40 μm～100 μm;采用液体聚氨酯补口时,表面锚纹深度应达到50 μm～110 μm。

3 管体聚烯烃防腐层处理宽度应超出搭接宽度20 mm,管体环氧防腐层及聚氨酯防腐层表面处理宽度不宜超过搭接宽度。

4 补口部位钢管表面灰尘应达到现行国家标准《涂覆涂料前钢材表面处理 表面清洁度的评定试验 第3部分:涂覆涂料前钢材表面的灰尘评定(压敏粘带法)》GB/T 18570.3规定的2级及以上质量。

5 表面处理后宜随即进行补口涂装,间隔时间不应超过2 h。

6 补口涂装作业前,宜对聚烯烃防腐层搭接面采用火焰极化、电晕极化或氧化性气体极化处理等方式进行极化处理。

8.3.2 涂敷应按照施工工艺规程(APS)进行,并应符合下列规定:

1 宜采用喷涂或刷涂方式进行液体涂料补口涂敷。

2 采用喷涂方式补口时,应按照生产商涂料使用说明书的要求进行。

3 采用手工刷涂方式时,应严格按产品使用说明书的规定进行配料、混合,并在适用期内涂刷涂料。

4 补口防腐层固化前,不应下沟回填。

8.4 补口质量检验

8.4.1 防腐补口工艺评定试验(PQT)和施工前检验(PPT)应进行外观、厚度、硬度、漏点及附着力检查。

8.4.2 补口部位表面处理的质量检验应按照检验和试验计划(ITP)进行,并应符合下列规定:

1 应按现行国家标准《涂覆涂料前钢材表面处理 表面清洁度的目视评定 第1部分:未涂覆过的钢材表面和全面清除原有涂层后的钢材表面的锈蚀等级和处理等级》GB/T 8923.1的规定对每道口进行目视检查,表面除锈质量应达到Sa2$^{1/2}$级的要求。

2 应每4 h至少检测1次锚纹深度,采用液体环氧补口时,表面锚纹深度应达到40 μm～100 μm;采用液体聚氨酯补口时,表面锚纹深度应达到50 μm～110 μm。

3 应逐道口检测钢管表面灰尘等级,每次至少随机选择2点进行检测,应按现行国家标准《涂覆涂料前钢材表面处理 表面清洁度的评定试验 第3部分:涂覆涂料前钢材表面的灰尘评定(压敏粘带法)》GB/T 18570.3规定的方法进行表面灰尘等级评定,表面灰尘等级应达到2级及以上质量要求。

4 施工现场处于盐碱地带或防腐管经海运或海边堆放时,应按现行国家标准《涂覆涂料前钢材表面处理 表面清洁度的评定试验 第9部分:水溶性盐的现场电导率测定法》GB/T 18570.9规定的方法或其他适宜的方法检测钢管表面的盐分含量,每天应检查1次,可溶盐含量不应超过 20 mg/m²。

5 管体防腐层搭接面经处理后,应逐道口检测表面处理情况,采用目视检测,表面应粗糙、状态均匀、无表面光滑的部位,表面应清洁,无沙粒、无灰尘,呈现防腐层本体颜色。聚乙烯防腐层搭接面处理宽度应超出涂敷搭接边沿 20 mm 以上,表面应无毛刺。

8.4.3 补口防腐层质量检验应包括外观、厚度、硬度、漏点和附着力,并应符合下列规定:

1 应逐一目测检查补口防腐层的外观质量,防腐层表面应平整、光滑、无漏涂、无流挂、无划痕、无气泡、无色差斑块等外观缺陷;补口防腐层和管体防腐层的搭接宽度不应小于 50 mm,补口防腐层边缘应无缝隙。

2 补口防腐层实干后,应采用无损测厚仪逐一对厚度进行检测。在补口防腐层圆周方向上检测均匀分布的 4 点,其中 1 点应位于焊缝上。4 个点厚度平均值应大于或等于设计厚度,最薄点读数值应不低于设计厚度的 80%,且不宜超过 1 个点。

3 补口防腐层固化后,应采用邵氏硬度计逐一检测补口防腐层的硬度,每个补口防腐层应至少检测 1 点,且宜在管体防腐层搭接部位选择测点,检测时防腐层表面温度宜为 15 ℃~25 ℃。防腐层硬度不应低于本规范表 8.2.2-1 或表 8.2.2-2 的相应要求,且应符合产品说明书的规定。硬度不合格时,补口防腐层应为不合格。

4 补口防腐层固化后,应采用电火花检漏仪逐口进行漏点全面检查,无漏点为合格;检漏电压应为 5 V/μm,扫描电极移动速度不应超过 0.3 m/s。

5 补口防腐层固化后,应按现行行业标准《埋地钢质管道液体环氧外防腐层技术标准》SY/T 6854 规定的方法进行附着力检测,每班应检测 1 道。每道口应分别检测补口防腐层对钢管、补口防腐层对管体防腐层的附着力。检测时管体温度不宜高于 30 ℃。补口防腐层对钢管的附着力不应小于 10.0 MPa,对聚烯烃管体防腐层的附着力不应小于 3.0 MPa,对环氧类及聚氨酯类管体防腐层的附着力不应小于 4.0 MPa。出现不合格时,应加倍抽检,加倍抽检仍有不合格时,应对该班内涂敷的补口防腐层逐一进行附着力检查。附着力不合格时,补口防腐层应为不合格。

9 聚合物胶粘带补口

9.1 补口材料

9.1.1 补口防腐带宜选用厚胶带隔离纸型的聚乙烯胶粘带,补口防腐等级不应低于管体防腐层,适用温度宜为 -5 ℃~70 ℃。补口防腐层结构及厚度应满足表 9.1.1 的要求。

表 9.1.1 补口防腐层结构及厚度

代码	补口防腐层类型	总厚度(mm)
3A	底漆+聚乙烯防腐胶粘带	≥2.0
3B	底漆+聚乙烯防腐胶粘带+聚乙烯保护胶粘带	≥2.0
3C	底漆+聚乙烯防腐胶粘带+聚丙烯胶粘带	≥3.0

9.1.2 底漆应由胶粘带供货商配套提供,其性能应满足表 9.1.2 的要求。

表 9.1.2 底漆性能指标

项目名称	性能指标	试验方法
不挥发物含量(%)	≥15	《色漆、清漆和塑料 不挥发物含量的测定》GB/T 1725
黏度(涂－4 杯)(s)	10～30	《涂料粘度测定法》GB/T 1723
表干时间(min)	≤5	《漆膜,腻子膜干燥时间测定法》GB/T 1728

9.1.3 聚乙烯胶粘带性能应满足表 9.1.3 的要求。

表 9.1.3 聚乙烯胶粘带性能指标

<table>
<tr><th colspan="2">项目名称</th><th>性能指标</th><th>试验方法</th></tr>
<tr><td colspan="2">厚度(mm)</td><td>符合厂家规定,厚度偏差≤±5%</td><td>《塑料薄膜和薄片 厚度测定机械测量法》GB/T 6672</td></tr>
<tr><td colspan="2">基膜拉伸强度(MPa)</td><td>≥18</td><td rowspan="2">《塑料 拉伸性能的测定 第 3 部分:薄膜和薄片的试验条件》GB/T 1040.3(5 型试件,拉伸速度 50mm/min)</td></tr>
<tr><td colspan="2">基膜断裂拉伸应变(%)</td><td>≥200</td></tr>
<tr><td rowspan="3">剥离强度(23 ℃)(N/cm)</td><td>对底漆钢</td><td>≥20</td><td rowspan="3">《胶粘带剥离强度的试验方法》GB/T 2792</td></tr>
<tr><td>对背材</td><td>≥20</td></tr>
<tr><td>对管体防腐层</td><td>≥20</td></tr>
<tr><td colspan="2">基膜电气强度(MV/m)</td><td>≥30</td><td>《绝缘材料 电气强度试验方法 第 1 部分:工频下试验》GB/T 1408.1</td></tr>
<tr><td colspan="2">体积电阻率(Ω·m)</td><td>≥1×10¹²</td><td>《固体绝缘材料体积电阻率和表面电阻率试验方法》GB/T 1410</td></tr>
<tr><td colspan="2">吸水率(%)</td><td>≤0.2</td><td>《钢质管道聚烯烃胶粘带防腐层技术标准》SY/T 0414</td></tr>
<tr><td colspan="2">水蒸气渗透率[mg/(24 h·cm²)]</td><td>≤0.45</td><td>《塑料薄膜和片材透水蒸气性试验方法(杯式法)》GB 1037</td></tr>
<tr><td colspan="2">耐热老化(T_{max}+20 ℃,2400 h)(%)</td><td>≥75</td><td>《钢质管道聚乙烯胶粘带防腐层技术标准》SY/T 0414</td></tr>
<tr><td colspan="2">耐紫外光老化(600 h)(%)</td><td>≥80</td><td>《埋地钢质管道聚乙烯防腐层》GB/T 23257</td></tr>
<tr><td colspan="4">注:1 保护胶粘带,不要求对底漆钢、管体防腐层的剥离强度性能。
2 耐热老化指标是指试样在 T_{max}+20 ℃、2 400 h 老化后,基膜拉伸强度、基膜断裂拉伸应变以及胶带剥离强度的保持率。
3 耐紫外光老化指标是指光老化后,基膜拉伸强度、基膜断裂拉伸应变的保持率。与保护胶粘带配合使用的防腐胶粘带可以不考虑这项指标。</td></tr>
</table>

9.1.4 聚丙烯胶粘带性能应满足表9.1.4的要求。

表9.1.4 聚丙烯胶粘带性能指标

项目名称		性能指标	试验方法
厚度(mm)		符合厂家规定，厚度偏差≤±5%	《塑料薄膜和薄片 厚度测定 机械测量法》GB/T 6672
基膜拉伸强度(MPa)		≥60	《塑料 拉伸性能的测定 第3部分：薄膜和薄片的试验条件》GB/T 1040.3(2型试件，拉伸速度50 mm/min)
剥离强度(23 ℃)(N/cm)	对聚乙烯背材	≥20	《胶粘带剥离强度的试验方法》GB/T 2792
	对聚丙烯背材	≥20	
击穿电压(kV)		≥20	《绝缘材料 电气强度试验方法 第1部分：工频下试验》GB/T 1408.1
吸水率(%)		≤0.35	《钢质管道聚烯烃胶粘带防腐层技术标准》SY/T 0414
体积电阻率(Ω·m)		$\geq 1\times 10^{12}$	《固体绝缘材料体积电阻率和表面电阻率试验方法》GB/T 1410
水蒸气渗透率[mg/(24 h·cm²)]		≤0.45	《塑料薄膜和片材透水蒸气性试验方法(杯式法)》GB 1037
耐热老化(T_{max}+20 ℃,2400 h)(%)		≥75	《钢质管道聚烯烃胶粘带防腐层技术标准》SY/T 0414
耐紫外光老化(600 h)(%)		≥80	《埋地钢质管道聚乙烯防腐层》GB/T 23257

注：1 耐热老化指标是指试样老化后，基膜拉伸强度、剥离强度的保持率。
2 耐紫外光老化指标是指光老化后，基膜拉伸强度保持率。

9.1.5 聚合物胶粘带防腐层性能应满足表9.1.5的要求。

表9.1.5 聚合物胶粘带防腐层性能指标

项目名称	性能指标			试验方法
	3A	3B	3C	
厚度(mm)	符合设计规定			《钢管防腐层厚度的无损测量方法(磁性法)》SY/T 0066
抗冲击(23 ℃)(J/mm)	≥4	≥4	≥4	《钢质管道聚烯烃胶粘带防腐层技术标准》SY/T 0414

表 9.1.5(续)

项目名称		性能指标			试验方法
		3A	3B	3C	
剥离强度(对背材和管体防腐层)(N/cm)	23 ℃	≥20	≥20	≥20	《钢质管道聚烯烃胶粘带防腐层技术标准》SY/T 0414(剥离速度 100 mm/min)
	T_{max}	≥2	≥2	≥2	
剥离强度(对底漆钢)(N/cm)	23 ℃	≥20	≥20	≥20	
	T_{max}	≥3	≥3	≥3	
阴极剥离(23 ℃,28 d)(mm)		≤15	≤15	≤15	《钢质管道熔结环氧粉末外涂层技术规范》SY/T 0315

9.1.6 材料验收应符合下列规定:

1 每种牌(型)号的聚乙烯/聚丙烯胶粘带及底漆应由有资质的第三方检验机构按本规范表 9.1.2、表 9.1.3、表 9.1.4、表 9.1.5 的规定进行检验,性能达不到规定要求的不应使用。

2 应对每批到货的聚乙烯胶粘带产品进行检验,每种规格的批量应不超过 1000 卷,应按本规范表 9.1.2 规定的性能、表 9.1.3 规定的除耐热老化和耐紫外光老化以外的性能及表 9.1.5 规定的性能进行检验;应对每批聚丙烯胶粘带产品按照本规范表 9.1.4 规定的除耐热老化和耐紫外光老化以外的性能及表 9.1.5 规定的性能进行检验,当对产品质量有怀疑时,应按进行全部性能检验。

9.2 补口施工

9.2.1 钢管表面处理应符合下列规定:

1 钢管表面除锈前,应清除钢管表面的焊渣、毛刺,并应将附着在钢管外表面的油、油脂及任何其他杂质清除干净。除锈前钢管表面温度应高于露点温度 3 ℃以上。

2 钢管表面除锈宜采用喷射除锈方式,除锈等级应达到现行国家标准《涂覆涂料前钢材表面处理 表面清洁度的目视评定 第 1 部分:未涂覆过的钢材表面和全面清除原有涂层后的钢材表面的锈蚀等级和处理等级》GB/T 8923.1 规定的 $Sa2^{1/2}$ 级。经设计选定,也可采用动力工具除锈方法,除锈等级应达到现行国家标准《涂覆涂料前钢材表面处理 表面清洁度的目视评定 第 1 部分:未涂覆过的钢材表面和全面清除原有涂层后的钢材表面的锈蚀等级和处理等级》GB/T 8923.1 规定的 St3 级。

3 除锈后,应对可能刺伤防腐层的尖锐部分进行打磨,并将附着在金属表面的磨料和灰尘清除干净。

4 钢管表面处理后至涂底漆前的时间间隔宜控制在 2 h 内,出现返锈或表面污染时,应重新进行表面预处理。

5 搭接区防腐层的表面处理应按照确定的施工工艺规程(APS)进行处理。

9.2.2 补口防腐层施工应按照施工工艺规程(APS)进行,并应符合下列规定:

1 应按照底漆使用说明书的要求涂刷底漆,使用前底漆应充分搅拌均匀,且均匀地涂刷在补口区域的管道表面。待底漆表干后再缠绕胶粘带,期间应防止表面污染。

2 胶粘带的解卷温度应符合胶粘带材料说明书的规定。宜使用专用缠绕机或手动缠绕机进行缠绕施工。在缠绕胶粘带时,宜采用胶粘带制造商配套供应的填充材料填充焊缝两侧。螺旋焊缝管缠绕胶粘带时,胶粘带缠绕方向应与焊缝方向一致。

3 应在涂好底漆的管道补口区域按照搭接要求缠绕胶粘带。与工厂预制防腐层的搭接宽度不应小于 100 mm,且至少应原位缠绕 2 圈。胶粘带始末端搭接长度不应小于 1/4 管子周长,且不应小于 100 mm。两层缠绕时,搭接缝应相互错开,搭接宽度应满足设计要求,且不应低于 25 mm。缠绕时胶粘带搭接缝应平行,不得扭曲皱褶,带端应压贴,使其不翘起。

9.3 补口质量检验

9.3.1 表面处理质量应按现行国家标准《涂覆涂料前钢材表面处理 表面清洁度的目视评定 第 1 部分:未涂覆过的钢材表面和全面清除原有涂层后的钢材表面的锈蚀等级和处理等级》GB/T 8923.1 的规定对补口逐一进行目视检查,表面处理质量应达到本规范第 9.2.1 条的规定。

9.3.2 工艺评定试验(PQT)应对补口区管道防腐层外观、漏点及本规范表 9.1.5 规定的性能进行检验。施工前试验(PPT)应对补口区管道防腐层外观、漏点及本规范表 9.1.5 规定的除阴极剥离以外的性能进行检验。

9.3.3 施工完毕后的检验应符合下列规定:

1 应采用无损测厚仪逐一对厚度进行检测。应在补口防腐层圆周方向上检测均匀分布的 4 点,其中至少 1 点应位于焊缝上。管体补口防腐层厚度不应低于设计厚度,焊缝处防腐层厚度不应低于设计厚度的 80%。

2 每一个补口均应进行电火花检漏,检漏时,探头移动速度不应大于 0.3 m/s。检漏电压应按现行行业标准《管道防腐层检漏试验方法》SY/T 0063 的规定确定。

3 每 100 个补口至少应抽测 1 个补口的剥离强度,剥离强度检测应在缠好胶粘带 24 h 后进行,测试温度宜为 15 ℃~25 ℃。应按现行行业标准《钢质管道聚烯烃胶粘带防腐层技术标准》SY/T 0414 规定的方法进行检验,剥离强度不应低于 20 N/cm。不合格时,应加倍抽测,加倍抽测仍有不合格时,则该段管线应全部重新补口。

10 黏弹体胶带补口

10.1 补口防腐层

10.1.1 采用黏弹体胶带补口时应与保护外带配套使用,现场补口防腐层结构宜为黏弹体胶带+聚丙烯胶粘带/聚乙烯保护外带(4A)或黏弹体胶带+压敏胶型热收缩材料(4B)。

10.1.2 黏弹体胶带+聚丙烯胶粘带/聚乙烯保护外带(4A)和黏弹体胶带+压敏胶型热收缩材料(4B),适用温度宜为-40 ℃~80 ℃。

10.2 补口材料

10.2.1 黏弹体胶带的性能应符合表 10.2.1 的规定。

表 10.2.1　黏弹体胶带性能指标

项目		性能指标	试验方法
外观		边缘平直,表面平整、清洁	目测
胶带厚度(mm)		≥1.8	《塑料薄膜和薄片　厚度测定机械测量法》GB/T 6672
滴垂(T_{max}+20 ℃,且≥80 ℃,48 h)		无滴垂	本规范附录 A
绝缘电阻(23 ℃)	R_{s100}(Ω·m^2)	≥1×10^8	本规范附录 D
	R_{s100}/R_{s70}	≥0.8	
剥离强度(对钢/管体防腐层)(N/cm)	−45 ℃	≥50,胶层覆盖率≥95%	《胶粘带剥离强度的试验方法》GB/T 2792
	23 ℃	≥2,胶层覆盖率≥95%	
	T_{max}	≥0.2,胶层覆盖率≥95%	
热水浸泡(T_{max}+20 ℃,100d)剥离强度(23 ℃)(N/cm)	对钢	≥2,胶层覆盖率≥95%	本规范附录 C 和《埋地钢质管道聚乙烯防腐层》GB/T 23257
	对管体防腐层	≥2,胶层覆盖率≥95%	
干热老化(T_{max}+20 ℃,100 d)剥离强度(23 ℃)(N/cm)	对钢	≥2,胶层覆盖率≥95%	《埋地钢质管道聚乙烯防腐层》GB/T 23257
	对管体防腐层	≥2,胶层覆盖率≥95%	
搭接剪切强度(MPa)	23 ℃	≥0.02	《胶粘剂　拉伸剪切强度测定方法(刚性材料对刚性材料)》GB/T 7124
	−45 ℃	≥1.0	
体积电阻率(Ω·m)		≥1×10^{12}	《固体绝缘材料体积电阻率和表面电阻率试验方法》GB/T 1410
吸水率(%)		≤0.03	《钢质管道聚烯烃胶粘带防腐层技术标准》SY/T 0414
耐化学介质浸泡(常温,90 d)	10%NaOH	无鼓泡、无剥离	《钢质管道熔结环氧粉末外涂层技术规范》SY/T 0315
	3%NaCl	无鼓泡、无剥离	
注:仅当 70 d 防腐层绝缘电阻率小于 100 d 防腐层绝缘电阻率指标的 10 倍时,需要满足 R_{s100}/R_{s70}≥0.8 的要求。			

10.2.2　聚乙烯保护外带/聚丙烯胶粘带性能应符合本规范表 9.1.3、表 9.1.4 的规定。

10.2.3　压敏胶型热收缩材料性能应符合本规范表 7.1.3-5 的规定。

10.2.4　黏弹体胶带+外护带防腐层性能应符合本规范表 10.2.4 的规定。

表 10.2.4 黏弹体胶带＋外护带防腐层性能指标

<table>
<tr><td colspan="2" rowspan="2">项目</td><td colspan="2">性能指标</td><td rowspan="2">试验方法</td></tr>
<tr><td>黏弹体＋聚合物胶粘带</td><td>黏弹体＋压敏胶型热收缩带</td></tr>
<tr><td colspan="2">抗冲击(23 ℃,检漏电压 15 kV)(J)</td><td>≥3</td><td>≥15</td><td rowspan="4">《埋地钢质管道聚乙烯防腐层》GB/T 23257</td></tr>
<tr><td colspan="2">压痕(23 ℃,1 MPa,检漏电压 5 kV/mm＋5 kV),剩余厚度(mm)</td><td>≥0.6,无漏点</td><td>—</td></tr>
<tr><td colspan="2">压痕(23 ℃,10 MPa,检漏电压 5 kV/mm＋5 kV),剩余厚度(mm)</td><td>—</td><td>≥0.6,无漏点</td></tr>
<tr><td colspan="2">阴极剥离(T_{max},28 d)(mm)</td><td>≤15</td><td>≤15</td></tr>
<tr><td rowspan="2">剥离强度(对钢/管体防腐层)(N/cm)</td><td>23 ℃</td><td>≥4,胶层覆盖率≥95%</td><td>≥4,胶层覆盖率≥95%</td><td rowspan="2">《埋地钢质管道聚乙烯防腐层》GB/T 23257(拉伸速度 10 mm/min)</td></tr>
<tr><td>T_{max}</td><td>≥0.4,胶层覆盖率≥95%</td><td>≥0.4,胶层覆盖率≥95%</td></tr>
<tr><td colspan="5">注:剩余厚度为试验前防腐层厚度与压痕深度之差。</td></tr>
</table>

10.2.5 黏弹体胶带、保护外带验收应符合下列规定:

1 黏弹体胶带使用前应由有资质的第三方检验机构按本规范表 10.2.1 和表 10.2.4 的规定进行检验。使用过程中每批批量不超过 1000 卷的黏弹体胶带应按本规范表 10.2.1 规定的外观、厚度、滴垂、剥离强度、搭接剪切强度、体积电阻率和吸水率等性能和本规范表 10.2.4 规定的性能进行检验。

2 聚乙烯保护外带使用前应由有资质的第三方检验机构按本规范表 9.1.3 规定的(对底漆钢的剥离强度除外)性能进行检验。使用过程中每批批量不超过 1000 卷的聚乙烯保护外带应对本规范表 9.1.3 规定的厚度、基膜拉伸强度、基膜断裂拉伸应变和剥离强度等性能进行检验。

3 聚丙烯胶粘带使用前应由有资质的第三方检验机构按本规范表 9.1.4 规定的(聚乙烯背材剥离强度除外)性能进行检验。使用过程中每批批量不超过 1000 卷的聚丙烯胶粘带应按本规范表 9.1.4 规定的厚度、基膜拉伸强度、剥离强度和击穿电压等性能进行检验。

4 压敏热收缩材料使用前应由有资质的第三方检验机构按本规范表 7.1.3-5 规定的性能以及表 7.1.4 规定的各试验条件下对搭接区防腐层的剥离强度性能进行检验。使用过程中每批批量不超过 5000 个的压敏热收缩材料应按本规范表 7.1.3-5 规定的(耐环境应力开裂除外)性能及表 7.1.4 中 28 d 热水浸泡前后对搭接区防腐层的剥离强度性能进行检验。

10.3 补口施工

10.3.1 钢管表面处理应符合下列规定:

1 应按现行行业标准《涂装前钢材表面处理规范》SY/T 0407 中规定的手工除锈或喷砂除锈方式对管道表面进行处理,除锈等级应达到现行国家标准《涂覆涂料前钢材表面处理 表面清洁度的目视评定 第 1 部分:未涂覆过的钢材表面和全面清除原有涂层后的钢材表面的锈蚀等级和处理等级》GB/T 8923.1 规定的 St3 级或 Sa$2^{1/2}$级,锚纹深度宜不大于 50 μm;除锈后应清除表面灰尘,表面灰尘度等级应达到现行国家标准《涂覆涂料前钢材表面处理 表面清洁度

的评定试验　第3部分:涂覆涂料前钢材表面的灰尘评定(压敏粘带法)》GB/T 18570.3规定的3级及以上质量要求。

2　搭接区防腐层表面处理应按照确定的施工工艺规程(APS)进行。

10.3.2　涂敷安装应符合下列规定:

1　黏弹体胶带补口施工应按照确定的施工工艺规程(APS)进行。

2　黏弹体胶带轴向搭接宽度不应小于10 mm,胶带始末端搭接长度不应小于50 mm,黏弹体胶带与管体防腐层搭接宽度不应小于50 mm。

3　保护外带安装前,应按本规范第10.4.3条的要求对黏弹体胶带防腐层进行检验合格,且表面应保持干燥、洁净。

4　采用聚丙烯胶粘带/聚乙烯保护外带时,轴向相互搭接宽度不应小于带宽的50%,轴向包覆宽度应超出黏弹体胶带防腐层两侧各100 mm。采用热收缩带外护带时,其轴向包覆宽度应超出黏弹体胶带防腐层两侧各50 mm。

10.4　补口质量检验

10.4.1　表面处理质量检验应按照检验和试验计划(ITP)进行,并应符合下列规定:

1　应按现行国家标准《涂覆涂料前钢材表面处理　表面清洁度的目视评定　第1部分:未涂覆过的钢材表面和全面清除原有涂层后的钢材表面的锈蚀等级和处理等级》GB/T 8923.1的规定对每道口钢管表面进行逐一目视检查,表面除锈质量应达到$Sa2^{1/2}$级或St3级的要求。

2　喷射除锈时,应每4 h至少检测1次锚纹深度,宜按现行国家标准《涂覆涂料前钢材表面处理　喷射清理后钢材表面粗糙度特性　第4部分:ISO表面粗糙度比较样块的校准和表面粗糙度的测定方法　触针法》GB/T 13288.4或《涂覆涂料前钢材表面处理　喷射清理后的钢材表面粗糙度特性　第5部分:表面粗糙度的测定方法　复制带法》GB/T 13288.5的相关规定,采用粗糙度测量仪或锚纹深度测试纸进行测量,表面锚纹深度不宜大于50 μm。

3　应按现行国家标准《涂覆涂料前钢材表面处理　表面清洁度的评定试验　第3部分:涂覆涂料前钢材表面的灰尘评定(压敏粘带法)》GB/T 18570.3规定的方法逐道口进行钢管表面灰尘等级评定,每20道补口至少应检测1次钢管表面灰尘度,每道补口至少应随机抽查1点,表面灰尘度等级应达到3级及以上质量要求。

10.4.2　工艺评定试验(PQT)应对补口防腐层外观、漏点、抗冲击、压痕和阴极剥离等性能进行检验。施工前试验(PPT)应对补口防腐层外观、漏点、抗冲击和阴极剥离等性能进行检验。

10.4.3　黏弹体胶带施工完成后,保护外带施工前质量检验应按照检验和试验计划(ITP)进行,并应符合下列规定:

1　补口部位外观应逐个目视检查,黏弹体胶带防腐层表面应平整、搭接均匀、无皱褶、无气泡,黏弹体胶带与管体防腐层搭接宽度不应小于50 mm。

2　每道补口至少应选择一个截面上均匀分布的4点采用无损测厚仪进行厚度检测,黏弹体胶带防腐层厚度不应小于1.5 mm。若不合格,应缠绕黏弹体胶带至规定厚度。

3　应采用电火花检漏仪对黏弹体胶带防腐层进行全面检查,以无漏点为合格;检漏电压应为10 kV,探头移动速度宜约为0.3 m/s,连续检测时检漏电压应每4 h校正1次。有漏点时,应采用黏弹体胶带进行修补并检漏,直至合格。

10.4.4　保护外带施工完毕后的质量检验应按照检验和试验计划(ITP)进行,并应符合下列规定:

1 补口部位外观应逐个目测检查，聚合物胶粘带表面应平整、搭接均匀、无皱折、无空鼓，与管体防腐层搭接宽度不应小于 100 mm；压敏胶型热收缩带表面应平整、无皱褶、无空鼓、无烧焦炭化等现象，两侧应有胶粘剂均匀溢出，与管体防腐层搭接宽度不应小于 50 mm。

2 应采用无损测厚仪逐一对厚度进行检测。在补口防腐层圆周方向上检测均匀分布的 4 点，其中至少 1 点应位于焊缝上。管体补口防腐层厚度不应低于设计厚度，焊缝处防腐层厚度不应低于设计厚度的 80%。

3 每一个补口应采用电火花检漏仪进行漏点检查，以无漏点为合格；检漏电压应为 15 kV，探头移动速度宜为 0.3 m/s，连续检测时检漏电压应每 4 h 校正 1 次。

4 每 100 道补口至少应抽测 1 道补口的剥离强度，检测宜在外护带施工完毕 72 h 后进行。应按现行国家标准《埋地钢质管道聚乙烯防腐层》GB/T 23257 规定的方法进行检测，检测时的管体温度宜为 15 ℃～25 ℃。补口防腐层对钢管、搭接区防腐层的剥离强度均不应小于 4 N/cm，胶层覆盖率不应小于 95%；聚丙烯胶粘带/聚乙烯保护外带对搭接区防腐层的剥离强度不应小于 20 N/cm，压敏胶型热收缩材料对搭接区防腐层的剥离强度不应小于 18 N/cm，且 80%表面应呈内聚破坏。有不合格时，应加倍抽查。加倍抽查仍有不合格时，该段管线的补口应全部返修。

11 环氧粉末补口

11.1 补口防腐层结构

11.1.1 单层环氧粉末补口防腐层应为一次成膜结构。双层环氧粉末补口防腐层应由内、外两种环氧粉末涂料依次喷涂成膜而构成。环氧粉末补口防腐层的适用温度宜为 −30 ℃～80 ℃。

11.1.2 环氧粉末补口防腐层等级和厚度应符合表 11.1.2-1 或表 11.1.2-2 的规定。补口搭接宽度不应小于 25 mm。

表 11.1.2-1 单层环氧粉末补口防腐层厚度(μm)

防腐层等级	最小厚度
普通级	300
加强级	400

表 11.1.2-2 双层环氧粉末补口防腐层厚度(μm)

防腐层等级	最小厚度		
	内层	外层	总厚度
普通级	250	350	600
加强级	300	500	800

11.2 补口材料

11.2.1 环氧粉末涂料性能应符合表 11.2.1-1 的要求，防腐层性能应符合表 11.2.1-2 的要求。

表 11.2.1-1　环氧粉末涂料的性能指标

项目		性能指标			试验方法
		单层环氧粉末涂料	双层环氧粉末涂料		
			内层	外层	
外观		色泽均匀,无结块	色泽均匀,无结块		目测
固化时间(min)		≤2 且符合粉末生产商给定范围	≤2 且符合粉末生产商给定范围	≤1.5 且符合粉末生产商给定范围	《钢质管道熔结环氧粉末外涂层技术规范》SY/T 0315
胶化时间(s)		≤30 且符合粉末生产商给定范围	≤30 且符合粉末生产商给定范围	≤20 且符合粉末生产商给定范围	《电气绝缘用树脂基反应复合物　第 2 部分:试验方法　电气用涂敷粉末方法》GB/T 6554
热特性	反应热 ΔH(J/g)	≥45 且符合粉末生产商给定特性	≥45 且符合粉末生产商给定特性		《钢质管道熔结环氧粉末外涂层技术规范》SY/T 0315
热特性	玻璃化温度 Tg_2(℃)	≥95	≥95		《钢质管道熔结环氧粉末外涂层技术规范》SY/T 0315
不挥发物含量(%)		≥99.4	≥99.4		《电气绝缘用树脂基反应复合物　第 2 部分:试验方法　电气用涂敷粉末方法》GB/T 6554
粒度分布(%)		150 μm 筛上粉末≤3.0 250 μm 筛上粉末≤0.2	150 μm 筛上粉末≤3.0 250 μm 筛上粉末≤0.2		《电气绝缘用树脂基反应复合物　第 2 部分:试验方法　电气用涂敷粉末方法》GB/T 6554
密度(g/cm³)		1.3～1.5 且符合粉末生产商给定值±0.05	1.3～1.5 且符合粉末生产商给定值±0.05	1.4～1.8 且符合粉末生产商给定值±0.05	《化工产品密度、相对密度的测定》GB/T 4472
磁性物含量(%)		≤0.002	≤0.002		《普通磨料　磁性物含量测定方法》JB/T 6570

注:胶化时间和固化时间的测试温度应为产品说明书指定的涂敷温度。未指定时,常温涂敷粉末试验温度应为 230 ℃。

表 11.2.1-2　环氧粉末防腐层性能指标

项目		性能指标		试验方法
		单层防腐层	双层防腐层	
外观		平整、色泽均匀、无气泡、无开裂及缩孔，允许有轻度桔皮状花纹	平整、色泽均匀、无气泡、无开裂及缩孔，允许有轻度桔皮状花纹	目测
热特性	玻璃化温度变化值|ΔTg|(℃)	≤5	≤5(内层、外层)	《钢质管道熔结环氧粉末外涂层技术规范》SY/T 0315
	固化百分率(%)	≥95	≥95(内层、外层)	
阴极剥离(mm)	65 ℃,48 h	≤6.5	≤6.5	
	65 ℃,28 d	≤15	≤15	
抗弯曲		3°弯曲，无裂纹	2°弯曲，无裂纹	
抗冲击		1.5 J(−30 ℃)，无漏点	10 J(23 ℃)，无漏点	
断面孔隙率(级)		1～4	1～4	
粘结面孔隙率(级)		1～4	1～4	
附着力(对钢)(24 h)级		1～3	1～3	
附着力(对钢)(28 d)级		1～3	1～3	
耐划伤(30 kg)(μm)		—	≤350，无漏点	《管道防腐层的耐划伤试验方法》SY/T 4113
耐磨性(落砂法)(L/μm)		≥3	—	《钢质管道熔结环氧粉末外涂层技术规范》SY/T 0315
电气强度(MV/m)		≥30	≥30	《绝缘材料　电气强度试验方法　第1部分：工频下试验》GB/T 1408.1
体积电阻率(Ω·m)		≥1×10^{13}	≥1×10^{13}	《固体绝缘材料体积电阻率和表面电阻率试验方法》GB/T 1410
弯曲后涂层耐阴极剥离(28 d)		2.5°，无裂纹	1.5°，无裂纹	《钢质管道熔结环氧粉末外涂层技术规范》SY/T 0315
耐化学腐蚀		合格	合格	

注：1　材料检验用试件的涂层厚度宜按普通级确定。

2　弯曲试验温度可选−30 ℃、−18 ℃、0 ℃。

11.2.2　双层环氧粉末防腐层的内、外层环氧粉末涂料应使用同一生产商的配套产品，并应有明显色差。

11.2.3　环氧粉末补口施工前，每批批量不超过 20 t 的粉末应进行取样，应由有资质的第三方检验机构进行检验。首批环氧粉末应按本规范表 11.2.1-1 和表 11.2.1-2 规定的性能进行检验，使用过程中每批宜对本规范表 11.2.1-1 规定的外观、固化时间和胶化时间等性能，以及本规范表 11.2.1-2 规定的外观、热特性、48 h 阴极剥离、抗弯曲、抗冲击、断面孔隙率、粘结面孔隙率和 24 h 附着力等性能进行检验，结果应符合本规范的要求。

11.3　补口防腐层施工和质量检验

11.3.1　环氧粉末补口的表面处理质量检验应符合现行行业标准《钢质管道熔结环氧粉末外防腐层技术规范》SY/T 0315 的规定。

11.3.2　环氧粉末补口施工应符合现行行业标准《钢质管道熔结环氧粉末外防腐层技术规范》SY/T 0315 的规定，并应符合下列规定：

1　正式补口涂敷作业前，应按照确定的施工工艺规程(APS)进行施工前试验(PPT)。管道补口防腐层的涂敷施工应按照环氧粉末产品说明书的要求及所确定防腐补口施工工艺规程(APS)进行。

2　补口加热温度应满足钢管的加热温度限制，且不应对工厂预制 FBE 防腐层造成损伤。

11.3.3　补口质量检验应按照检验和试验计划(ITP)进行，并应符合下列规定：

1　工艺评定试验(PQT)应对防腐层厚度、外观、漏点和表 11.3.3 规定的性能进行检验。施工前试验(PPT)应对防腐层厚度、外观、漏点和表 11.3.3 规定的热特性和附着力性能进行检验。

表 11.3.3　工艺评定试验防腐层性能指标

项目	性能指标		试验方法
	单层涂层	双层涂层	
热特性:玻璃化温度变化值 $\lvert \Delta Tg \rvert$(℃)	≤5	≤5(内层、外层)	《钢质管道熔结环氧粉末外涂层技术规范》SY/T 0315
阴极剥离(65 ℃,24 h)(mm)	≤8	≤8	
抗弯曲	2.5°,无裂纹	普通级:2°,无裂纹	
		加强级:1.5°,无裂纹	
抗冲击	−30 ℃,1.5 J,无漏点	普通级:23 ℃,10 J,无漏点	
		加强级:23 ℃,15 J,无漏点	
断面孔隙率(级)	1~4	1~4	
粘结面孔隙率(级)	1~4	1~4	
附着力(24 h)(级)	1~3	1~3	
耐划伤(μm)	—	普通级(30 kg):≤350,无漏点	《管道防腐层的耐划伤试验方法》SY/T 4113
		加强级(50 kg):≤500,无漏点	
注:弯曲试验温度可选−30 ℃、−18 ℃、0 ℃。			

2 应对每道口的表面处理、加热温度、防腐层外观、厚度、漏点及与工厂预制 FBE 防腐层的搭接宽度进行检验，检验结果应符合本规范的相关技术规定。

3 每 100 道口应至少抽检 1 道口的防腐层附着力。附着力检验时，管体温度应降至环境温度，应用刀尖在涂层上沿钢管轴线方向划两条相距 10 mm 的平行线，再划与前两条线相交成 30°角的两条相距 10 mm 的平行线，形成一个平行四边形；各条刻线应划透涂层。然后，把刀尖插入平行四边形各内角的涂层下，施加水平推力，涂层以碎末状剥离时为合格。

12 交工文件

12.0.1 工程交工验收前，施工单位应按照规定向建设单位提交交工文件。

12.0.2 交工文件应包括下列内容：

1 补口材料出厂合格证及质量检验报告；

2 补口施工记录及检验报告；

3 建设单位所需的其他有关资料。

附 录 A
滴垂试验方法

A.0.1 本方法适用于压敏胶热收缩带、黏弹体胶带的滴垂性试验。

A.0.2 仪器设备应符合下列规定：

1 烘箱的可控制温度应为±2 ℃；

2 试样架上试样应能自由无摩擦地垂直悬挂，试样间距应确保试样不能互相接触。

A.0.3 试样的制备宜符合下列规定：

1 切割 3 个长 150 mm、宽 50 mm 的试样；

2 对宽度 50 mm 及以下的窄胶带，直接采用整条胶带；

3 每组试样 3 个。

A.0.4 试验步骤宜符合下列规定：

1 将试样自由悬挂在规定温度的恒温烘箱里，静置 48 h；

2 试验结束，取出试样；

3 观察是否出现滴垂；

4 2 个及以上试样出现滴垂，则判为不合格；如果 1 个试样出现滴垂，应另外制备一组试样重复试验，不出现任何滴垂现象应为合格。

A.0.5 试验结果应报告合格或不合格。

附　录　B
压敏胶吸水性试验方法

B.0.1　本方法适用于压敏胶型热收缩带胶层的吸水性试验。

B.0.2　仪器设备应符合下列规定：

1　分析天平的精度应为 0.1 mg；

2　烘箱的温度范围应为常温～200 ℃；

3　恒温水浴应适用于常温～100 ℃，控温精度应为±2 ℃；

4　干燥器可采用无水氯化钙或硅胶作干燥剂。

B.0.3　试样的制备宜符合下列规定：

1　将胶层切割成 50 mm×50 mm 的试件，试件的厚度应为胶层的厚度；

2　试样表面应清洁，无裂纹；

3　每组试样应至少 3 个。

B.0.4　试验步骤宜符合下列规定：

1　将试件在 50 ℃±2 ℃的烘箱中或常温干燥器中干燥 24 h 进行预处理；

2　称量预处理后的试件质量 m_1，读数至 0.1 mg；

3　将试件垂直浸没在 25 ℃±2 ℃的蒸馏水中，试件表面不应有气泡，试件相互间或试件与容器壁间不应接触；

4　浸泡 24 h 后取出试件，应去除试件表面的水分，立即称量试件质量 m_2，读数至 0.1 mg；

5　将称量后的试件放在 50 ℃±2 ℃的烘箱中或常温干燥器中进行 24 h 干燥，然后取出称量干燥后的质量 m_3，读数至 0.1 mg。

B.0.5　试验结果的计算宜符合下列规定：

1　浸水后试件质量增加率 W_{pc1} 按照公式(B.0.5-1)计算：

$$W_{pc1}(\%)=[(m_2-m_1)/m_1]\times 100 \quad \cdots\cdots\cdots\cdots (B.0.5\text{-}1)$$

2　浸水后试件可溶物质质量损失率 S 按照公式(B.0.5-2)计算：

$$S(\%)=[(m_1-m_3)/m_1]\times 100 \quad \cdots\cdots\cdots\cdots (B.0.5\text{-}2)$$

3　试件的吸水率 W_{pc} 按照公式(B.0.5-3)计算：

$$W_{pc}(\%)=W_{pc1}+S \quad \cdots\cdots\cdots\cdots (B.0.5\text{-}3)$$

4　试验结果应以每组试件计算结果的算术平均值表示，应将数值修约成 2 位有效数字。

附　录　C
补口防腐层耐热水浸泡试验方法

C.0.1　本方法适用于补口防腐层的耐热水浸泡试验。

C.0.2　仪器设备应符合下列规定：

1　恒温的试验槽的温度控制精度应为±2 ℃；

2　试验槽的尺寸应满足浸泡一定数量试验管段要求。

C.0.3　试样的制备宜符合下列规定：

1　从防腐管补口处截取，试件的尺寸宜为 200 mm～300 mm×200 mm×管壁厚，试件数量应不少于 3 个；

2　公称直径 DN≤168 mm 的防腐管可直接截取试验管段，试件数量应不少于 2 个；

3　实验室制备补口防腐层试件时，应按照产品说明书要求安装模拟补口管段或涂敷试板，其中：

1）　液体涂料补口防腐层试件宜采用普通低碳钢板，尺寸宜为 150 mm×150 mm×6 mm，试件数量应不少于 3 个；

2）　热收缩材料和黏弹体材料等补口防腐层宜采用管段试件，管径宜为 ϕ89 mm～ϕ168 mm，长度宜为 250 mm～300 mm，试件数量应不少于 2 个。

C.0.4　试验步骤宜符合下列规定：

1　应按本规范的相关规定对防腐层试件进行检漏；

2　应将水温调至规定的试验温度，恒温；将无漏点的防腐层试件放入试验槽中，应加水至完全浸没试件；

3　试验过程中应补充水，应保持试件完全浸没水中。

C.0.5　浸泡试验后的性能测试宜符合下列规定：

1　在规定的试验时间后，可取出试件，进行外观检查；

2　液体涂料补口防腐层试件应在取出后 4 h 内完成测试柱的粘接，并应在 48 h 内按现行行业标准《埋地钢质管道液体环氧外防腐层技术标准》SY/T 6854 规定的方法进行附着力测定；

3　热收缩材料和黏弹体等补口防腐层按现行国家标准《埋地钢质管道聚乙烯防腐层》GB/T 23257 规定的方法进行剥离强度测定。

附 录 D
防腐层绝缘电阻试验方法

D.0.1 本方法适用于补口防腐层绝缘电阻试验。

D.0.2 仪器设备应符合如下规定：

1 直流电源的额定电压应大于或等于 50 V；

2 电压表的精度应为 0.1 V；电流表的精度应为 5%，或直流欧姆表的精度应为 5%；

3 辅助铜电极的表面积应大于或等于 10 cm^2。

D.0.3 试样制备宜符合下列规定：

1 试件宜为 3 块钢板或长 0.5 m、直径至少为 50 mm 的管段；

2 对试件进行表面喷砂除锈，除锈等级应达到 $Sa2^{1/2}$ 级，锚纹深度应达到补口材料产品说明书的要求；

3 按照补口材料产品说明书的要求制备防腐层，有效浸泡面积应大于或等于 0.03 m^2，防腐层厚度应符合本规范中相应防腐层的规定。

D.0.4 试验步骤宜符合下列规定：

1 配备的氯化钠(NaCl)溶液的浓度应为 0.1 mol/L；

2 应按照本规范的相关规定方法对防腐层进行检漏；试件防腐层应无漏点；

3 管状试件应穿过塑料容器两个相对侧壁的孔洞，水平放置在容器中，使用绝缘密封胶将容器侧壁试件入口处的缝隙封闭；或将管状试件一端用绝缘密封胶密封后垂直浸入溶液中，金属部分应不与氯化钠溶液接触；或将塑料筒用绝缘密封胶粘接并密封在试件防腐层表面，倒入配备好的氯化钠，溶液高度应保证辅助铜电极浸没面积大于或等于 10 cm^2；

4 应将辅助铜电极浸在氯化钠溶液里，直流电源正极应连接在试件裸露钢表面，负极应连接在铜电极上；

5 每次测量时，打开直流电源，应采用欧姆表测量电阻或在接通电源 1 min 后记录电压(U)和电流(I)。3 d 应进行第一次测量，然后每周进行一次监视测量，当绝缘电阻低于本规范的相关规定时，应采用 3 个新的试件重复此试验；

6 常温试验应在 23 ℃±2 ℃的条件下进行，试验应持续 100 d，记录第 100 d 时的测量值；高温试验应在设计最高温度±2 ℃的条件下进行，试验应持续 30 d，记录第 30 d 时的测量值；

7 实际测量的电阻值或电流值仅是电流流过浸在水里的防腐层的值，不能满足此要求时，应检查电流有无泄漏。

D.0.5 试验结果的计算宜符合下列规定：

1 以 $\Omega \cdot m^2$ 为单位，用公式(D.0.4)计算绝缘电阻 R_s：

$$R_s = U \times S / I = R_1 \times S \quad \cdots\cdots\cdots\cdots \text{(D.0.4)}$$

式中：R_1——实际测量出的浸在溶液中的防腐层电阻(Ω)；

U ——铜电极与钢板间的电压(V)；

S ——浸在溶液中的防腐层表面积(m^2)；

I ——实际测量出的电流(A)。

2 计算常温试验第 100 d 时每个试件的防腐层绝缘电阻及 3 个试件绝缘电阻的平均值，计算设计最高温度试验第 30 d 的防腐层绝缘电阻，数值修约到 3 位有效数字。

本规范用词说明

1 为便于在执行本规范条文时区别对待,对要求严格程度不同的用词说明如下:

1) 表示很严格,非这样做不可的:
正面词采用“必须”,反面词采用“严禁”;

2) 表示严格,在正常情况下均应这样做的:
正面词采用“应”,反面词采用“不应”或“不得”;

3) 表示允许稍有选择,在条件许可时首先应这样做的:
正面词采用“宜”,反面词采用“不宜”。

4) 表示有选择,在一定条件下可以这样做的,采用“可”。

2 条文中指明应按其他有关标准执行的写法为:“应符合……的规定”或“应按……执行”。

引用标准名录

《塑料薄膜和片材透水蒸气性试验方法(杯式法)》GB 1037

《塑料 拉伸性能的测定 第2部分:模塑和挤塑塑料的试验条件》GB/T 1040.2

《塑料 拉伸性能的测定 第3部分:薄膜和薄片的试验条件》GB/T 1040.3

《绝缘材料 电气强度试验方法 第1部分:工频下试验》GB/T 1408.1

《固体绝缘材料体积电阻率和表面电阻率试验方法》GB/T 1410

《热塑性塑料维卡软化温度(VST)的测定》GB/T 1633

《涂料粘度测定法》GB/T 1723

《涂料细度测定法》GB/T 1724

《色漆、清漆和塑料 不挥发物含量的测定》GB/T 1725

《漆膜、腻子膜干燥时间测定法》GB/T 1728

《塑料 聚乙烯环境应力开裂试验方法》GB/T 1842

《塑料和硬橡胶 使用硬度计测定压痕硬度(邵氏硬度)》GB/T 2411

《胶粘带剥离强度的试验方法》GB/T 2792

《化工产品密度、相对密度的测定》GB/T 4472

《塑料 冲击法脆化温度的测定》GB/T 5470

《电气绝缘用树脂基反应复合物 第2部分:试验方法 电气用涂敷粉末方法》GB/T 6554

《塑料薄膜和薄片 厚度测定 机械测量法》GB/T 6672

《胶粘剂 拉伸剪切强度测定方法(刚性材料对刚性材料)》GB/T 7124

《涂覆涂料前钢材表面处理 表面清洁度的目视评定 第1部分:未涂覆过的钢材表面和全面清除原有涂层后的钢材表面的锈蚀等级和处理等级》GB/T 8923.1

《涂覆涂料前钢材表面处理 喷射清理后的钢材表面粗糙度特性 第4部分:ISO表面粗糙度比较样块的校准和表面粗糙度的测定方法 触针法》GB/T 13288.4

《涂覆涂料前钢材表面处理 喷射清理后的钢材表面粗糙度特性 第5部分:表面粗糙度的测定方法 复制带法》GB/T 13288.5

《色漆和清漆 漆膜厚度的测定》GB/T 13452.2

《热熔胶粘剂软化点测定法 环球法》GB/T 15332

《涂覆涂料前钢材表面处理 表面清洁度的评定试验 第3部分:涂覆涂料前钢材表面的灰尘评定(压敏粘带法)》GB/T 18570.3

《涂覆涂料前钢材表面处理 表面清洁度的评定试验 第9部分:水溶性盐的现场电导率测定法》GB/T 18570.9

《橡胶或塑料涂覆织物 破裂强度的测定 第1部分:钢球法》GB/T 20027.1

《埋地钢质管道聚乙烯防腐层》GB/T 23257

《普通磨料 磁性物含量测定方法》JB/T 6570

《管道防腐层检漏试验方法》SY/T 0063

《钢管防腐层厚度的无损测量方法(磁性法)》SY/T 0066

《钢质管道熔结环氧粉末外涂层技术规范》SY/T 0315

《涂装前钢材表面处理规范》SY/T 0407

《钢质管道聚烯烃胶粘带防腐层技术标准》SY/T 0414

《钢质管道熔结环氧粉末内防腐层技术标准》SY/T 0442

《钢质管道液体环氧涂料内防腐层技术标准》SY/T 0457

《管道防腐层的耐划伤试验方法》SY/T 4113

《埋地钢质管道液体环氧外防腐层技术标准》SY/T 6854

附件　未收录的压力管道相关标准

未收录的压力管道相关标准

序号	标准编号	标准名称
1	GB/T 8—2021	方头螺栓　C级
2	GB/T 37—1988	T型槽用螺栓
3	GB/T 39—1988	方螺母　C级
4	GB/T 41—2016	1型六角螺母　C级
5	GB/T 56—1988	六角厚螺母
6	GB/T 90.1—2002	紧固件　验收检查
7	GB/T 90.2—2002	紧固件　标志与包装
8	GB/T 90.3—2010	紧固件　质量保证体系
9	GB/T 152.4—1988	紧固件　六角头螺栓和六角螺母用沉孔
10	GB/T 196—2003	普通螺纹　基本尺寸
11	GB/T 197—2018	普通螺纹　公差
12	GB/T 228.2—2015	金属材料　拉伸试验　第2部分:高温试验方法
13	GB/T 241—2007	金属管　液压试验方法
14	GB/T 242—2007	金属管　扩口试验方法
15	GB/T 244—2020	金属材料　管　弯曲试验方法
16	GB/T 245—2016	金属材料　管　卷边试验方法
17	GB/T 246—2017	金属材料　管　压扁试验方法
18	GB/T 539—2008	耐油石棉橡胶板
19	GB/T 1047—2019	管道元件　公称尺寸的定义和选用
20	GB/T 567.1—2012	爆破片安全装置　第1部分:基本要求
21	GB/T 567.2—2012	爆破片安全装置　第2部分:应用、选择与安装
22	GB/T 567.3—2012	爆破片安全装置　第3部分:分类及安装尺寸
23	GB/T 567.4—2012	爆破片安全装置　第4部分:型式试验
24	GB/T 699—2015	优质碳素结构钢
25	GB/T 700—2016	碳素结构钢
26	GB/T 711—2017	优质碳素结构钢热轧钢板和钢带
27	GB/T 713—2014	锅炉和压力容器用钢板
28	GB/T 897—1988	双头螺柱　bm=1d
29	GB/T 898—1988	双头螺柱　bm=1.25d
30	GB/T 899—1988	双头螺柱　bm=1.5d
31	GB/T 900—1988	双头螺柱　bm=2d

附件（续）

序号	标准编号	标准名称
32	GB/T 983—2012	不锈钢焊条
33	GB/T 984—2001	堆焊焊条
34	GB/T 985.1—2008	气焊、焊条电弧焊、气体保护焊和高能束焊的推荐坡口
35	GB/T 985.2—2008	埋弧焊的推荐坡口
36	GB/T 985.3—2008	铝及铝合金气体保护焊的推荐坡口
37	GB/T 985.4—2008	复合钢的推荐坡口
38	GB/T 1031—2009	产品几何技术规范(GPS) 表面结构 轮廓法 表面粗糙度参数及其数值
39	GB/T 1047—2019	管道元件 公称尺寸的定义和选用
40	GB/T 1048—2019	管道元件 公称压力的定义和选用
41	GB/T 1176—2013	铸造铜及铜合金
42	GB/T 1186—2016	压缩空气用织物增强橡胶软管 规范
43	GB/T 1220—2007	不锈钢棒
44	GB/T 1221—2007	耐热钢棒
45	GB/T 1237—2000	紧固件标记方法
46	GB/T 1348—2019	球墨铸铁件
47	GB/T 1414—2013	普通螺纹 管路系列
48	GB/T 1415—2008	米制密封螺纹
49	GB/T 1470—2014	铅及铅锑合金板
50	GB/T 1472—2014	铅及铅锑合金管
51	GB/T 1527—2017	铜及铜合金拉制管
52	GB/T 1528—1997	铜及铜合金挤制管
53	GB/T 1591—2018	低合金高强度结构钢
54	GB/T 2054—2013	镍及镍合金板
55	GB/T 2100—2017	通用耐蚀钢铸件
56	GB/T 2102—2022	钢管的验收、包装、标志和质量证明书
57	GB/T 2518—2019	连续热镀锌和锌合金镀层钢板及钢带
58	GB/T 2650—2022	金属材料焊缝破坏性试验 冲击试验
59	GB/T 2651—2008	焊接接头拉伸试验方法
60	GB/T 2653—2008	焊接接头弯曲试验方法
61	GB/T 2654—2008	焊接接头硬度试验方法

附件（续）

序号	标准编号	标准名称
62	GB/T 2882—2013	镍及镍合金管
63	GB 2894—2008	安全标志及其使用导则
64	GB/T 2965—2007	钛及钛合金棒材
65	GB/T 2970—2016	厚钢板超声检测方法
66	GB/T 3003—2017	耐火纤维及制品
67	GB/T 3077—2015	合金结构钢
68	GB/T 3087—2022	低中压锅炉用无缝钢管
69	GB/T 3089—2020	不锈钢极薄壁无缝钢管
70	GB/T 3090—2020	不锈钢小直径无缝钢管
71	GB/T 3091—2015	低压流体输送用焊接钢管
72	GB/T 3098.1—2010	紧固件机械性能　螺栓、螺钉和螺柱
73	GB/T 3098.2—2015	紧固件机械性能　螺母
74	GB/T 3098.3—2016	紧固件机械性能　紧定螺钉
75	GB/T 3098.5—2016	紧固件机械性能　自攻螺钉
76	GB/T 3098.7—2000	紧固件机械性能　自挤螺钉
77	GB/T 3098.8—2010	紧固件机械性能　－200 ℃～＋700 ℃使用的螺栓连接零件
78	GB/T 3098.9—2020	紧固件机械性能　有效力矩型钢锁紧螺母
79	GB/T 3098.10—1993	紧固件机械性能　有色金属制造的螺栓、螺钉、螺柱和螺母
80	GB/T 3098.11—2002	紧固件机械性能　自钻自攻螺钉
81	GB/T 3098.12—1996	紧固件机械性能　螺母锥形保证载荷试验
82	GB/T 3098.13—1996	紧固件机械性能　螺栓与螺钉的扭矩试验和破坏扭矩公称直径 1～10 mm
83	GB/T 3098.14—2000	紧固件机械性能　螺母扩孔试验
84	GB/T 3098.15—2014	紧固件机械性能　不锈钢螺母
85	GB/T 3098.16—2014	紧固件机械性能　不锈钢紧定螺钉
86	GB/T 3098.17—2000	紧固件机械性能　检查氢脆用预载荷试验　平行支承面法
87	GB/T 3098.18—2004	紧固件机械性能　盲铆钉试验方法
88	GB/T 3098.19—2004	紧固件机械性能　抽芯铆钉
89	GB/T 3098.20—2004	紧固件机械性能　蝶形螺母　保证扭矩
90	GB/T 3098.21—2014	紧固件机械性能　不锈钢自攻螺钉
91	GB/T 3098.22—2009	紧固件机械性能　细晶非调质钢螺栓、螺钉和螺柱

附件（续）

序号	标准编号	标准名称
92	GB/T 3098.23—2020	紧固件机械性能　M42～M72 螺栓、螺钉和螺柱
93	GB/T 3098.24—2020	紧固件机械性能　高温用不锈钢和镍合金螺栓、螺钉、螺柱和螺母
94	GB/T 3098.25—2020	紧固件机械性能　不锈钢和镍合金紧固件选用指南
95	GB/T 3098.26—2021	紧固件机械性能　平垫圈
96	GB/T 3099.1—2008	紧固件术语　螺纹紧固件、销及垫圈
97	GB/T 3099.2—2004	紧固件术语　盲铆钉
98	GB/T 3099.3—2017	紧固件术语　表面处理
99	GB/T 3099.4—2021	紧固件术语　控制、检查、交付、接收和质量
100	GB/T 3106—2016	紧固件　螺栓、螺钉和螺柱　公称长度和螺纹长度
101	GB/T 3251—2006	铝及铝合金管材压缩试验方法
102	GB/T 3274—2017	碳素结构钢和低合金结构钢热轧钢板和钢带
103	GB/T 3280—2015	不锈钢冷轧钢板和钢带
104	GB/T 3287—2011	可锻铸铁管路连接件
105	GB/T 3375—1994	焊接术语
106	GB/T 3420—2008	灰口铸铁管件
107	GB/T 3422—2008	连续铸铁管
108	GB/T 3505—2009	产品几何技术规范(GPS)　表面结构　轮廓法　术语、定义及表面结构参数
109	GB/T 3524—2015	碳素结构钢和低合金结构钢热轧钢带
110	GB/T 3531—2014	低温压力容器用钢板
111	GB/T 3621—2022	钛及钛合金板材
112	GB/T 3624—2010	钛及钛合金无缝管
113	GB/T 3639—2021	冷拔或冷轧精密无缝钢管
114	GB/T 3669—2001	铝及铝合金焊条
115	GB/T 3670—2021	铜及铜合金焊条
116	GB/T 3733—2008	卡套式端直通管接头
117	GB/T 3734—2008	卡套式锥螺纹直通管接头
118	GB/T 3735—2008	卡套式端直通长管接头
119	GB/T 3736—2008	卡套式锥螺纹长管接头
120	GB/T 3737—2008	卡套式直通管接头
121	GB/T 3738—2008	卡套式可调向端弯通管接头

附件（续）

序号	标准编号	标准名称
122	GB/T 3739—2008	卡套式锥螺纹弯通管接头
123	GB/T 3740—2008	卡套式弯通管接头
124	GB/T 3741—2008	卡套式可调向端三通管接头
125	GB/T 3742—2008	卡套式锥螺纹三通管接头
126	GB/T 3743—2008	卡套式可调向端弯通三通管接头
127	GB/T 3744—2008	卡套式锥螺纹弯通三通管接头
128	GB/T 3745—2008	卡套式三通管接头
129	GB/T 3746—2008	卡套式四通管接头
130	GB/T 3747—2008	卡套式焊接管接头
131	GB/T 3748—2008	卡套式过板直通管接头
132	GB/T 3749—2008	卡套式过板弯通管接头
133	GB/T 3750—2008	卡套式铰接管接头
134	GB/T 3751—2008	卡套式压力表管接头
135	GB/T 3752—2008	卡套式组合弯通管接头
136	GB/T 3753—2008	卡套式组合三通管接头
137	GB/T 3754—2008	卡套式锥密封组合弯通管接头
138	GB/T 3755—2008	卡套式锥密封组合三通管接头
139	GB/T 3756—2008	卡套式锥密封组合直通管接头
140	GB/T 3757—2008	卡套式过板焊接管接头
141	GB/T 3758—2008	卡套式管接头用锥密封焊接接管
142	GB/T 3759—2008	卡套式管接头用连接螺母
143	GB/T 3760—2008	卡套式管接头用锥密封堵头
144	GB/T 3763—2008	管接头用六角薄螺母
145	GB/T 3764—2008	卡套
146	GB/T 3765—2008	卡套式管接头技术条件
147	GB/T 3766—2015	液压传动　系统及其元件的通用规则和安全要求
148	GB/T 3767—2016	声学　声压法测定噪声源声功率级和声能量级　反射面上方近似自由场的工程法
149	GB/T 3880.1—2012	一般工业用铝及铝合金板、带材　第1部分:一般要求
150	GB/T 3880.2—2012	一般工业用铝及铝合金板、带材　第2部分:力学性能
151	GB/T 3880.3—2012	一般工业用铝及铝合金板、带材　第3部分:尺寸偏差

附件（续）

序号	标准编号	标准名称
152	GB/T 3985—2008	石棉橡胶板
153	GB/T 4132—2015	绝热材料及相关术语
154	GB/T 4237—2015	不锈钢热轧钢板和钢带
155	GB/T 4238—2015	耐热钢钢板和钢带
156	GB/T 4246—2004	铰刀特殊公差
157	GB/T 4272—2008	设备及管道绝热技术通则
158	GB/T 4423—2020	铜及铜合金拉制棒
159	GB/T 4436—2012	铝及铝合金管材外形尺寸及允许偏差
160	GB/T 4437.1—2015	铝及铝合金热挤压管　第 1 部分:无缝圆管
161	GB/T 4437.2—2017	铝及铝合金热挤压管　第 2 部分:有缝管
162	GB/T 4622.1—2022	管法兰用缠绕式垫片　第 1 部分:PN 系列
163	GB/T 4622.2—2022	管法兰用缠绕式垫片　第 2 部分:Class 系列
164	GB 4962—2008	氢气使用安全技术规程
165	GB/T 4982—2003	真空技术　快卸连接器尺寸　第 1 部分:夹紧型
166	GB/T 4983—2003	真空技术　快卸连接器尺寸　第 2 部分:拧紧型
167	GB/T 5117—2012	非合金钢及细晶粒钢焊条
168	GB/T 5118—2012	热强钢焊条
169	GB/T 5276—2015	紧固件　螺栓、螺钉、螺柱及螺母　尺寸代号和标注
170	GB/T 5277—1985	紧固件　螺栓和螺钉通孔
171	GB/T 5293—2018	埋弧焊用非合金钢及细晶粒钢实心焊丝、药芯焊丝和焊丝-焊剂组合分类要求
172	GB/T 5310—2017	高压锅炉用无缝钢管
173	GB/T 5574—2008	工业用橡胶板
174	GB/T 5625—2008	扩口式端直通管接头
175	GB/T 5626—2008	扩口式锥螺纹直通管接头
176	GB/T 5627—2008	扩口式锥螺纹长管接头
177	GB/T 5628—2008	扩口式直通管接头
178	GB/T 5629—2008	扩口式锥螺纹弯通管接头
179	GB/T 5630—2008	扩口式弯通管接头
180	GB/T 5631—2008	扩口式可调向端弯通管接头
181	GB/T 5632—2008	扩口式组合弯通管接头

附件（续）

序号	标准编号	标准名称
182	GB/T 5633—2008	扩口式可调向端三通管接头
183	GB/T 5634—2008	扩口式组合弯通三通管接头
184	GB/T 5635—2008	扩口式锥螺纹三通管接头
185	GB/T 5637—2008	扩口式可调向端弯通三通管接头
186	GB/T 5638—2008	扩口式组合三通管接头
187	GB/T 5639—2008	扩口式三通管接头
188	GB/T 5641—2008	扩口式四通管接头
189	GB/T 5642—2008	扩口式焊接管接头
190	GB/T 5643—2008	扩口式过板直通管接头
191	GB/T 5644—2008	扩口式过板弯通管接头
192	GB/T 5645—2008	扩口式压力表管接头
193	GB/T 5646—2008	扩口式管接头管套
194	GB/T 5647—2008	扩口式管接头用 A 型螺母
195	GB/T 5648—2008	扩口式管接头用 B 型螺母
196	GB/T 5649—2008	管接头用锁紧螺母和垫圈
197	GB/T 5650—2008	扩口式管接头用空心螺栓
198	GB/T 5651—2008	扩口式管接头用密合垫
199	GB/T 5652—2008	扩口式管接头扩口端尺寸
200	GB/T 5653—2008	扩口式管接头技术条件
201	GB/T 5777—2019	无缝和焊接(埋弧焊除外)钢管纵向和/或横向缺欠的全圆周自动超声检测
202	GB/T 5780—2016	六角头螺栓　C 级
203	GB/T 5781—2016	六角头螺栓　全螺纹　C 级
204	GB/T 5782—2016	六角头螺栓
205	GB/T 5783—2016	六角头螺栓　全螺纹
206	GB/T 5784—1986	六角头螺栓——细杆——B 级
207	GB/T 5785—2016	六角头螺栓　细牙
208	GB/T 5786—2016	六角头螺栓　细牙　全螺纹
209	GB/T 6070—2007	真空技术　法兰尺寸
210	GB/T 6170—2015	1 型六角螺母
211	GB/T 6171—2016	1 型六角螺母　细牙

附件（续）

序号	标准编号	标准名称
212	GB/T 6172.1—2016	六角薄螺母
213	GB/T 6172.2—2016	非金属嵌件六角锁紧薄螺母
214	GB/T 6173—2015	六角薄螺母　细牙
215	GB/T 6174—2016	六角薄螺母　无倒角
216	GB/T 6175—2016	2 型六角螺母
217	GB/T 6176—2016	2 型六角螺母　细牙
218	GB 6178—1986	1 型六角开槽螺母—A 和 B 级
219	GB 6222—2005	工业企业煤气安全规程
220	GB/T 6402—2008	钢锻件超声检测方法
221	GB 6479—2013	高压化肥设备用无缝钢管
222	GB/T 6893—2022	铝及铝合金拉(轧)制管材
223	GB/T 7233.1—2009	铸钢件　超声检测　第 1 部分:一般用途铸钢件
224	GB/T 7233.2—2010	铸钢件　超声检测　第 2 部分:高承压铸钢件
225	GB/T 7306.1—2000	55°密封管螺纹　第 1 部分:圆柱内螺纹与圆锥外螺纹
226	GB/T 7306.2—2000	55°密封管螺纹　第 2 部分:圆锥内螺纹与圆锥外螺纹
227	GB/T 7659—2010	焊接结构用铸钢件
228	GB/T 7734—2015	复合钢板超声检测方法
229	GB/T 7735—2016	无缝和焊接(埋弧焊除外)钢管缺欠的自动涡流检测
230	GB/T 8165—2008	不锈钢复合钢板和钢带
231	GB/T 8259—2008	卡箍式柔性管接头　技术条件
232	GB/T 8260—2008	卡箍式柔性管接头　型式与尺寸
233	GB/T 8464—2023	铁制、铜制和不锈钢制螺纹连接阀门
234	GB/T 8491—2009	高硅耐蚀铸铁件
235	GB/T 8492—2014	一般用途耐热钢和合金铸件
236	GB/T 8546—2017	钛-不锈钢复合板
237	GB/T 8547—2019	钛-钢复合板
238	GB/T 8651—2015	金属板材超声板波探伤方法
239	GB/T 8749—2021	优质碳素结构钢热轧钢带
240	GB/T 8923.1—2011	涂覆涂料前钢材表面处理　表面清洁度的目视评定　第 1 部分:未涂覆过的钢材表面和全面清除原有涂层后的钢材表面的锈蚀等级和处理等级

附件（续）

序号	标准编号	标准名称
241	GB/T 8923.2—2008	涂覆涂料前钢材表面处理　表面清洁度的目视评定　第 2 部分:已涂覆过的钢材表面局部清除原有涂层后的处理等级
242	GB/T 8923.3—2009	涂覆涂料前钢材表面处理　表面清洁度的目视评定　第 3 部分:焊缝、边缘和其他区域的表面缺陷的处理等级
243	GB/T 8923.4—2013	涂覆涂料前钢材表面处理　表面清洁度的目视评定　第 4 部分:与高压水喷射处理有关的初始表面状态、处理等级和闪锈等级
244	GB/T 9124.1—2019	钢制管法兰　第 1 部分:PN 系列
245	GB/T 9124.2—2019	钢制管法兰　第 2 部分:Class 系列
246	GB/T 9125.1—2020	钢制管法兰连接用紧固件　第 1 部分:PN 系列
247	GB/T 9125.2—2020	钢制管法兰连接用紧固件　第 2 部分:Class 系列
248	GB/T 9126—2008	管法兰用非金属平垫片　尺寸
249	GB/T 9128—2003	钢制管法兰用金属环垫　尺寸
250	GB/T 9129—2003	管法兰用非金属平垫片技术条件
251	GB/T 9130—2007	钢制管法兰用金属环垫　技术条件
252	GB/T 9437—2009	耐热铸铁件
253	GB/T 9439—2023	灰铸铁件
254	GB/T 9440—2010	可锻铸铁件
255	GB/T 9444—2019	铸钢铸铁件　磁粉检测
256	GB/T 9460—2008	铜及铜合金焊丝
257	GB/T 10009—1988	丙烯腈-丁二烯-苯乙烯(ABS)塑料挤出板材
258	GB/T 10044—2022	铸铁焊条及焊丝
259	GB/T 10303—2015	膨胀珍珠岩绝热制品
260	GB/T 10699—2015	硅酸钙绝热制品
261	GB/T 10752—2005	船用钢管对焊接头
262	GB/T 10798—2001	热塑性塑料管材通用壁厚表
263	GB/T 10858—2008	铝及铝合金焊丝
264	GB/T 11251—2020	合金结构钢钢板及钢带
265	GB/T 11253—2019	碳素结构钢冷轧钢板及钢带
266	GB/T 11263—2017	热轧 H 型钢和剖分 T 型钢
267	GB/T 11618.1—2008	铜管接头　第 1 部分:钎焊式管件
268	GB/T 11618.2—2008	铜管接头　第 2 部分:卡压式管件
269	GB/T 11835—2016	绝热用岩棉、矿渣棉及其制品

附件（续）

序号	标准编号	标准名称
270	GB 11984—2008	氯气安全规程
271	GB/T 12220—2015	工业阀门　标志
272	GB/T 12221—2005	金属阀门　结构长度
273	GB/T 12224—2015	钢制阀门　一般要求
274	GB/T 12225—2018	通用阀门　铜合金铸件技术条件
275	GB/T 12226—2005	通用阀门　灰铸铁件技术条件
276	GB/T 12227—2005	通用阀门　球墨铸铁件技术条件
277	GB/T 12228—2006	通用阀门　碳素钢锻件技术条件
278	GB/T 12229—2005	通用阀门　碳素钢铸铁件技术条件
279	GB/T 12230—2005	通用阀门　不锈钢铸件技术条件
280	GB/T 12232—2005	通用阀门　法兰连接铁制闸阀
281	GB/T 12233—2006	通用阀门　铁制截止阀与升降式止回阀
282	GB/T 12234—2019	石油、天然气工业用螺柱连接阀盖的钢制闸阀
283	GB/T 12235—2007	石油、石化及相关工业用钢制截止阀和升降式止回阀
284	GB/T 12236—2008	石油、化工及相关工业用的钢制旋启式止回阀
285	GB/T 12237—2021	石油、石化及相关工业用的钢制球阀
286	GB/T 12238—2008	法兰和对夹连接弹性密封蝶阀
287	GB/T 12239—2008	工业阀门　金属隔膜阀
288	GB/T 12240—2008	铁制旋塞阀
289	GB/T 12246—2006	先导式减压阀
290	GB/T 12247—2015	蒸汽疏水阀　分类
291	GB/T 12250—2005	蒸汽疏水阀　术语、标志、结构长度
292	GB/T 12251—2005	蒸汽疏水阀　试验方法
293	GB/T 12385—2008	管法兰用垫片密封性能试验方法
294	GB/T 12459—2017	钢制对焊管件　类型与参数
295	GB/T 12465—2017	管路补偿接头
296	GB/T 12470—2018	埋弧焊用热强钢实心焊丝、药芯焊丝和焊丝-焊剂组合分类要求
297	GB/T 12522—2009	不锈钢波形膨胀节
298	GB/T 12604.1—2020	无损检测　术语　超声检测
299	GB/T 12604.2—2005	无损检测　术语　射线照相检测
300	GB/T 12604.3—2013	无损检测　术语　渗透检测

附件（续）

序号	标准编号	标准名称
301	GB/T 12604.4—2005	无损检测　术语　声发射检测
302	GB/T 12604.5—2020	无损检测　术语　磁粉检测
303	GB/T 12604.6—2021	无损检测　术语　涡流检测
304	GB/T 12604.7—2021	无损检测　术语　泄漏检测
305	GB/T 12604.8—2014	无损检测　术语　中子检测
306	GB/T 12604.9—2021	无损检测　术语　红外热成像
307	GB/T 12604.10—2023	无损检测　术语　第10部分:磁记忆检测
308	GB/T 12604.11—2015	无损检测　术语　X射线数字成像检测
309	GB/T 12604.12—2021	无损检测　术语　第12部分:工业射线计算机层析成像检测
310	GB/T 12605—2008	无损检测　金属管道熔化焊环向对接接头射线照相检测方法
311	GB/T 12606—2016	无缝和焊接(埋弧焊除外)铁磁性钢管纵向和/或横向缺欠的全圆周自动漏磁检测
312	GB/T 12621—2008	管法兰用垫片应力松弛试验方法
313	GB/T 12622—2008	管法兰用垫片压缩率和回弹率试验方法
314	GB/T 12712—1991	蒸汽供热系统凝结水回收及蒸汽疏水阀技术管理要求
315	GB/T 12716—2011	60°密封管螺纹
316	GB/T 12771—2019	流体输送用不锈钢焊接钢管
317	GB/T 12777—2019	金属波纹管膨胀节通用技术条件
318	GB/T 12969.1—2007	钛及钛合金管材超声波探伤方法
319	GB/T 12969.2—2007	钛及钛合金管材涡流探伤方法
320	GB/T 13148—2008	不锈钢复合钢板焊接技术要求
321	GB/T 13347—2010	石油气体管道阻火器
322	GB/T 13350—2017	绝热用玻璃棉及其制品
323	GB/T 13401—2017	钢制对焊管件　技术规范
324	GB/T 13402—2019	大直径钢制管法兰
325	GB/T 13403—2008	大直径钢制管法兰用垫片
326	GB/T 13404—2008	管法兰用非金属聚四氟乙烯包覆垫片
327	GB/T 13554—2020	高效空气过滤器
328	GB/T 13793—2016	直缝电焊钢管
329	GB/T 13814—2008	镍及镍合金焊条
330	GB/T 13927—2022	工业阀门　压力试验

附件（续）

序号	标准编号	标准名称
331	GB/T 13932—2016	铁制旋启式止回阀
332	GB/T 14164—2013	石油天然气输送管用热轧宽钢带
333	GB/T 14180—1993	缠绕式垫片试验方法
334	GB/T 14295—2019	空气过滤器
335	GB/T 14382—2008	管道用三通过滤器
336	GB/T 14383—2021	锻制承插焊和螺纹管件
337	GB/T 14525—2010	波纹金属软管通用技术条件
338	GB/T 14791—2013	螺纹　术语
339	GB/T 14975—2012	结构用不锈钢无缝钢管
340	GB/T 14976—2012	流体输送用不锈钢无缝钢管
341	GB/T 15000.1—1994	标准样品工作导则(1)　在技术标准中陈述标准样品的一般规定
342	GB/T 15000.2—2019	标准样品工作导则　第2部分:常用术语及定义
343	GB/T 15000.3—2023	标准样品工作导则　第3部分:标准样品　定值和均匀性与稳定性评估
344	GB/T 15000.4—2019	标准样品工作导则　第4部分:证书、标签和附带文件的内容
345	GB/T 15000.6—1996	标准样品工作导则(6)　标准样品包装通则
346	GB/T 15000.7—2021	标准样品工作导则　第7部分:标准样品生产者能力的通用要求
347	GB/T 15000.8—2003	标准样品工作导则(8)　有证标准样品的使用
348	GB/T 15000.9—2004	标准样品工作导则(9)　分析化学中的校准和有证标准样品的使用
349	GB/T 15185—2016	法兰连接铁制和铜制球阀
350	GB/T 15601—2013	管法兰用金属包覆垫片
351	GB/T 15830—2008	无损检测　钢制管道环向焊缝对接接头超声检测方法
352	GB 15930—2007	建筑通风和排烟系统用防火阀门
353	GB/T 16823.2—1997	螺纹紧固件紧固通则
354	GB/T 16823.3—2010	紧固件　扭矩-夹紧力试验
355	GB/T 16938—2008	紧固件　螺栓、螺钉、螺柱和螺母　通用技术条件
356	GB/T 17116.1—2018	管道支吊架　第1部分:技术规范
357	GB/T 17116.2—2018	管道支吊架　第2部分:管道连接部件
358	GB/T 17116.3—2018	管道支吊架　第3部分:中间连接件和建筑结构连接件
359	GB/T 17185—2012	钢制法兰管件
360	GB/T 17186.1—2015	管法兰连接计算方法　第1部分:基于强度和刚度的计算方法

附件（续）

序号	标准编号	标准名称
361	GB/T 17186.2—2018	管法兰连接计算方法　第2部分：基于泄漏率的计算方法
362	GB/T 17241.1—1998	铸铁管法兰　类型
363	GB/T 17241.2—1998	铸铁管法兰盖
364	GB/T 17241.3—1998	带颈螺纹铸铁管法兰
365	GB/T 17241.4—1998	带颈平焊和带颈承插焊铸铁管法兰
366	GB/T 17241.5—1998	管端翻边带颈松套铸铁管法兰
367	GB/T 17241.6—2008	整体铸铁法兰
368	GB/T 17241.7—1998	铸铁管法兰　技术条件
369	GB/T 17395—2008	无缝钢管尺寸、外形、重量及允许偏差
370	GB/T 19066.1—2020	管法兰用金属波齿复合垫片　第1部分：PN系列
371	GB/T 19066.2—2020	管法兰用金属波齿复合垫片　第2部分：Class系列
372	GB/T 19624—2019	在用含缺陷压力容器安全评定
373	GB/T 20173—2013	石油天然气工业　管道输送系统　管道阀门
374	GB/T 22789.1—2008	硬质聚氯乙烯板材　分类、尺寸和性能　第1部分：厚度1 mm以上板材
375	GB/T 24920—2010	石化工业用钢制压力释放阀
376	GB/T 26480—2011	阀门的检验和试验
377	GB/T 29168.1—2021	石油天然气工业　管道输送系统用感应加热弯管、管件和法兰　第1部分：感应加热弯管
378	GB/T 29168.2—2012	石油天然气工业　管道输送系统用感应加热弯管、管件和法兰　第2部分：管件
379	GB/T 29168.3—2012	石油天然气工业　管道输送系统用感应加热弯管、管件和法兰　第3部分：法兰
380	GB 50028—2006	城镇燃气设计规范
381	GB 50032—2003	室外给水排水和燃气热力工程抗震设计规范
382	GB/T 50087—2013	工业企业噪声控制设计规范
383	GB 50177—2005	氢气站设计规范
384	GB 50187—2012	工业企业总平面设计规范
385	GB 50268—2008	给水排水管道工程施工及验收规范
386	GB/T 50459—2017	油气输送管道跨越工程设计标准
387	GB/T 50470—2017	油气输送管道线路工程抗震技术规范
388	GB 50494—2009	城镇燃气技术规范

附件（续）

序号	标准编号	标准名称
389	GB/T 50680—2012	城镇燃气工程基本术语标准
390	GB/T 50811—2012	燃气系统运行安全评价标准
391	GB/T 50823—2013	油气田及管道工程计算机控制系统设计规范
392	GB 51102—2016	压缩天然气供应站设计规范
393	GB 51142—2015	液化石油气供应工程设计规范
394	GB/T 51172—2016	在役油气管道工程检测技术规范
395	GB 51208—2016	人工制气厂站设计规范
396	CJJ 28—2014	城镇供热管网工程施工及验收规范
397	CJJ 33—2005	城镇燃气输配工程施工及验收规范
398	CJJ 34—2010	城镇供热管网设计规范
399	CJJ 51—2016	城镇燃气设施运行、维护和抢修安全技术规程
400	CJJ 63—2018	聚乙烯燃气管道工程技术标准
401	CJJ/T 81—2013	城镇供热直埋热水管道技术规程
402	CJJ 88—2014	城镇供热系统运行维护技术规程
403	CJJ 95—2013	城镇燃气埋地钢质管道腐蚀控制技术规程
404	CJJ/T 104—2014	城镇供热直埋蒸汽管道技术规程
405	CJJ 105—2005	城镇供热管网结构设计规范
406	CJ/T 125—2014	燃气用钢骨架聚乙烯塑料复合管及管件
407	CJ/T 129—2000	玻璃纤维增强塑料外护层聚氨酯泡沫塑料预制直埋保温管
408	CJ/T 155—2001	高密度聚乙烯外护管聚氨酯硬质泡沫塑料预制直埋保温管件
409	DL/T 435—2018	电站锅炉炉膛防爆规程
410	DL 438—2000	火力发电厂金属技术监督规程
411	DL/T 441—2004	火力发电厂高温　高压蒸汽管道蠕变监督规程
412	DL/T 473—2017	大直径三通锻件技术条件
413	DL/T 515—2018	电站弯管
414	DL/T 616—2006	火力发电厂汽水管道与支吊架维护调整导则
415	DL/T 675—2014	电力行业无损检测人员资格考核规则
416	DL/T 678—2013	电力钢结构焊接通用技术条件
417	DL/T 679—2012	焊工技术考核规程
418	DL/T 680—2015	电力行业耐磨管道技术条件
419	DL/T 695—2014	电站钢制对焊管件

附件（续）

序号	标准编号	标准名称
420	DL/T 712—2010	发电厂凝汽器及辅机冷却器管选材导则
421	DL/T 752—2010	火力发电厂异种钢焊接技术规程
422	DL/T 753—2015	汽轮机铸钢件补焊技术导则
423	DL/T 776—2019	火力发电厂绝热材料
424	DL/T 777—2012	火力发电厂锅炉耐火材料
425	DL/T 785—2001	火力发电厂中温中压管道(件)安全技术导则
426	DL/T 816—2017	电力行业焊接操作技能教师考核规则
427	DL/T 819—2019	火力发电厂焊接热处理技术规程
428	DL/T 820.1—2020	管道焊接接头超声波检测技术规程　第1部分:通用技术要求
429	DL/T 820.2—2019	管道焊接接头超声波检测技术规程　第2部分:A型脉冲反射法
430	DL/T 820.3—2020	管道焊接接头超声波检测技术规程　第3部分:衍射时差法
431	DL/T 820.4—2020	管道焊接接头超声波检测技术规程　第4部分:在役检测
432	DL/T 821—2017	金属熔化焊对接接头射线检测技术和质量分级
433	DL/T 838—2017	燃煤火力发电企业设备检修导则
434	DL/T 850—2004	电站配管
435	DL/T 868—2014	焊接工艺评定规程
436	DL/T 869—2012	火力发电厂焊接技术规程
437	DL/Z 870—2021	火力发电企业设备点检定修管理导则
438	DL/T 884—2019	火电厂金相检验与评定技术导则
439	DL/T 936—2005	火力发电厂热力设备耐火及保温检修导则
440	DL/T 940—2005	火力发电厂蒸汽管道寿命评估技术导则
441	DL 5009.1—2014	电力建设安全工作规程　第1部分:火力发电
442	DL/T 5054—2016	火力发电厂汽水管道设计技术规定
443	DL/T 5072—2019	发电厂保温油漆设计规程
444	DL/T 5204—2016	火力发电厂油气管道设计规程
445	FZ 211—2013	夹套管施工及验收规范
446	FZ/T 90076—1995	管子、板材、圆钢的弯曲半径
447	HG/T 2059—2014	不透性石墨管技术条件
448	HG/T 2105—2017	搪玻璃设备　活套法兰
449	HG/T 2130—2021	搪玻璃管
450	HG/T 2131—2014	搪玻璃 30°弯头

附件（续）

序号	标准编号	标准名称
451	HG/T 2132—2014	搪玻璃 45°弯头
452	HG/T 2133—2014	搪玻璃 60°弯头
453	HG/T 2134—2014	搪玻璃 90°弯头
454	HG/T 2135—2021	搪玻璃 180°弯头
455	HG/T 2136—2015	搪玻璃三通
456	HG/T 2137—2015	搪玻璃四通
457	HG/T 2138—2015	搪玻璃同心异径管
458	HG/T 2139—2015	搪玻璃偏心异径管
459	HG/T 2140—2015	搪玻璃异径法兰
460	HG/T 2144—2012	搪玻璃设备　视镜
461	HG/T 2183—2014	耐稀酸碱橡胶软管
462	HG/T 2184—2008	通用输水织物增强橡胶软管
463	HG/T 2435—1993	玻璃管和管件
464	HG/T 2436—1993	玻璃管和管件耐压试验方法
465	HG/T 2437—2006	塑料衬里复合钢管和管件
466	HG/T 2741—1995	压力容器用碳钢铸件技术条件
467	HG/T 3192—2009	石墨直角弯头
468	HG/T 3193—2009	石墨 45°弯头
469	HG/T 3194—2009	石墨三通
470	HG/T 3195—2009	石墨四通
471	HG/T 3196—2009	石墨外接头
472	HG/T 3197—2009	石墨丝堵头
473	HG/T 3198—2009	石墨管端头
474	HG/T 3199—2009	石墨丝埋头
475	HG/T 3200—2009	石墨管凸缘
476	HG/T 3201—2009	石墨内接头
477	HG/T 3202—2009	石墨温度计套管
478	HG/T 3205—2009	石墨管道补偿器
479	HG/T 3206—2009	石墨管道视镜
480	HG/T 3207—2009	石墨管凸缘连接
481	HG 20503—1992	化工建设项目噪声控制设计规定

附件（续）

序号	标准编号	标准名称
482	HG 20520—1992	玻璃钢/聚氯乙烯(FRP/PVC)复合管道设计规定
483	HG 20528—1992	衬里钢管用承插环松套钢制管法兰
484	HG/T 20537.1—1992	奥氏体不锈钢焊接钢管尺寸选用规定
485	HG/T 20538—2016	衬塑钢管和管件选用系列
486	HG 20539—1992	增强聚丙烯(FRPP)管和管件
487	HG/T 20549—1998	化工装置管道布置设计规定
488	HG/T 20553—2011	化工配管用无缝及焊接钢管尺寸选用系列
489	HG/T 20559.3—1993	管道仪表流程图管道和管件图形符号
490	HG/T 20560—1994	化工机械化运输工艺设计施工图内容和深度规定
491	HG/T 20570.1—1995	设备和管道系统设计压力和设计温度的确定
492	HG/T 20570.2—1995	安全阀的设置和选用
493	HG/T 20570.3—1995	爆破片的设置和选用
494	HG/T 20570.18—1995	阀门的设置
495	HG/T 20570.19—1995	阻火器的设置
496	HG/T 20570.21—1995	蒸汽输水阀的设置
497	HG/T 20570.22—1995	管道过滤器的设置
498	HG/T 20645—2022	化工装置管道机械设计规定
499	HG/T 20646.1—1999	化工装置管道材料设计内容和深度规定
500	HG/T 20646.2—1999	化工装置管道材料设计工程规定
501	HG/T 20646.3—1999	化工装置管道材料控制专业技术管理规定
502	HG/T 20646.4—1999	化工装置管道材料控制专业提出的设计条件
503	HG/T 20646.5—1999	化工装置管道材料设计技术规定
504	HG/T 20679—2014	化工设备、管道外防腐设计规范
505	HG 21501—1993	衬胶钢管和管件
506	HG/T 21579—1995	聚丙烯/玻璃钢(PP/FRP)复合管及管件
507	HG/T 21620—1986	带颈视镜
508	HG/T 21629—2021	管架标准图
509	HG/T 21636—1987	玻璃钢/聚氯乙烯(FRP/PVC)复合管和管件
510	JB/T 81—2015	板式平焊钢制管法兰
511	JB/T 82—2015	对焊钢制管法兰
512	JB/T 83—2015	平焊环板式松套钢制管法兰

附件（续）

序号	标准编号	标准名称
513	JB/T 84—2015	对焊环板式松套钢制管法兰
514	JB/T 85—2015	翻边板式松套钢制管法兰
515	JB/T 86—2015	钢制管法兰盖
516	JB/T 87—2015	管路法兰用非金属平垫片
517	JB/T 106—2004	阀门的标志和涂漆
518	JB/T 308—2004	阀门　型号编制方法
519	JB/T 1308.1—2011	PN2500 超高压阀门和管件　第 1 部分:阀门型式和基本参数
520	JB/T 1308.2—2011	PN2500 超高压阀门和管件　第 2 部分:阀门、管件和紧固件
521	JB/T 1308.3—2011	PN2500 超高压阀门和管件　第 3 部分:管子端部
522	JB/T 1308.4—2011	PN2500 超高压阀门和管件　第 4 部分:带颈接头
523	JB/T 1308.5—2011	PN2500 超高压阀门和管件　第 5 部分:凹穴接头
524	JB/T 1308.6—2011	PN2500 超高压阀门和管件　第 6 部分:锥面垫、锥面盲垫
525	JB/T 1308.7—2011	PN2500 超高压阀门和管件　第 7 部分:螺套
526	JB/T 1308.8—2011	PN2500 超高压阀门和管件　第 8 部分:内外螺母
527	JB/T 1308.9—2011	PN2500 超高压阀门和管件　第 9 部分:接头螺母
528	JB/T 1308.10—2011	PN2500 超高压阀门和管件　第 10 部分:外螺母
529	JB/T 1308.11—2011	PN2500 超高压阀门和管件　第 11 部分:内外螺套
530	JB/T 1308.12—2011	PN2500 超高压阀门和管件　第 12 部分:定位环
531	JB/T 1308.13—2011	PN2500 超高压阀门和管件　第 13 部分:法兰
532	JB/T 1308.14—2011	PN2500 超高压阀门和管件　第 14 部分:双头螺柱
533	JB/T 1308.15—2011	PN2500 超高压阀门和管件　第 15 部分:阶端双头螺柱
534	JB/T 1308.16—2011	PN2500 超高压阀门和管件　第 16 部分:螺母
535	JB/T 1308.17—2011	PN2500 超高压阀门和管件　第 17 部分:异径管
536	JB/T 1308.18—2011	PN2500 超高压阀门和管件　第 18 部分:异径接头
537	JB/T 1308.19—2011	PN2500 超高压阀门和管件　第 19 部分:等径三通、等径四通
538	JB/T 1308.20—2011	PN2500 超高压阀门和管件　第 20 部分:异径三通、异径四通
539	JB/T 1308.21—2011	PN2500 超高压阀门和管件　第 21 部分:弯管
540	JB/T 1691—1992	阀门结构要素阀杆头部尺寸
541	JB/T 1717—1992	阀门结构要素上密封座尺寸
542	JB/T 2205—2013	减压阀　结构长度
543	JB/T 2634—1993	管道成型焊接技术条件

附件（续）

序号	标准编号	标准名称
544	JB/T 5299—2013	液控止回蝶阀
545	JB/T 6369—2005	柔性石墨金属缠绕垫片　技术条件
546	JB/T 6403—2017	大型耐热钢铸件　技术条件
547	JB/T 6404—2017	大型高锰钢铸件　技术条件
548	JB/T 6405—2018	大型不锈钢铸件　技术条件
549	JB/T 7248—2008	阀门用低温钢铸件　技术条件
550	JB/T 7572—1994	阻焊变压器环氧树脂浇注工艺导则
551	JB/T 7927—2014	阀门铸钢件外观质量要求
552	NB/T 47053—2016	安全自锁型快开盲板
553	NB/T 47054—2016	整体式绝缘接头
554	SH 3009—2013	石油化工可燃性气体排放系统设计规范
555	SH 3012—2011	石油化工金属管道布置设计规范
556	SH/T 3022—2019	石油化工设备和管道涂料防腐蚀设计标准
557	SH 3034—2012	石油化工给水排水管道设计规范
558	SH/T 3039—2018	石油化工非埋地管道抗震设计规范
559	SH/T 3040—2012	石油化工管道伴管及夹套管设计规范
560	SH/T 3041—2016	石油化工管道柔性设计规范
561	SH/T 3043—2014	石油化工设备管道钢结构表面色和标志规定
562	SH/T 3051—2014	石油化工企业配管工程术语
563	SH/T 3052—2014	石油化工企业配管工程设计图例
564	SH/T 3054—2005	石油化工厂区管线综合设计规范
565	SH/T 3055—2017	石油化工管架设计规范
566	SH/T 3059—2012	石油化工企业设计器材选用通则
567	SH/T 3073—2016	石油化工企业管道支吊架设计规范
568	SH/T 3108—2017	石油化工全厂性工艺及热力管道设计规范
569	SH/T 3169—2012	长输油气管道站场布置规范
570	SH/T 3401—2013	石油化工钢制管法兰用非金属平垫片
571	SH/T 3402—2013	石油化工钢制管法兰用聚四氟乙烯包覆垫片
572	SH/T 3403—2013	石油化工钢制管法兰用金属环垫
573	SH/T 3404—2013	管法兰用紧固件
574	SH/T 3405—2017	石油化工钢管尺寸系列

附件（续）

序号	标准编号	标准名称
575	SH/T 3407—2013	石油化工钢制管法兰用缠绕式垫片
576	SH/T 3408—2022	石油化工钢制对焊管件技术规范
577	SH/T 3410—2012	石油化工锻钢制承插焊和螺纹管件
578	SH/T 3412—2017	石油化工管道用金属软管选用、检验及验收标准
579	SH/T 3413—2019	石油化工石油气管道阻火器选用、检验及验收标准
580	SH/T 3501—2021	石油化工有毒、可燃介质钢制管道工程施工及验收规范
581	SH/T 3502—2021	钛和锆管道施工及验收规范
582	SH/T 3503—2017	石油化工建设工程项目交工技术文件规定
583	SH/T 3508—2011	石油化工安装工程施工质量验收统一标准
584	SH 3518—2013	石油化工阀门检验与管理规范
585	SH/T 3520—2015	石油化工铬钼钢焊接规范
586	SH/T 3522—2017	石油化工绝热工程施工技术规程
587	SH/T 3523—2020	石油化工铬镍不锈钢、铁镍合金、镍基合金及不锈钢复合钢焊接规范
588	SH/T 3525—2015	石油化工低温钢焊接规范
589	SH/T 3526—2015	石油化工异种钢焊接规范
590	SH/T 3533—2013	石油化工给水排水管道工程施工及验收规范
591	SH/T 3565—2018	X80 级钢管道施工及验收规范
592	SY/T 0042—2002	防腐蚀工程经济计算方法
593	SY/T 0073—2012	管道防腐层补伤材料评价试验方法
594	SY/T 0086—2020	阴极保护管道的电绝缘标准
595	SY/T 0379—2013	埋地钢质管道煤焦油瓷漆防腐层技术规范
596	SY/T 0414—2017	钢质管道聚烯烃胶粘带防腐层技术标准
597	SY/T 0511.1—2010	石油储罐附件　第 1 部分:呼吸阀
598	SY/T 0511.2—2010	石油储罐附件　第 2 部分:液压安全阀
599	SY/T 0511.3—2010	石油储罐附件　第 3 部分:自动通气阀
600	SY/T 0511.4—2010	石油储罐附件　第 4 部分:泡沫塑料一次密封装置
601	SY/T 0511.5—2010	石油储罐附件　第 5 部分:二次密封装置
602	SY/T 0511.6—2010	石油储罐附件　第 6 部分:浮顶排水管系统
603	SY/T 0511.7—2010	石油储罐附件　第 7 部分:重锤式刮蜡装置
604	SY/T 0511.8—2010	石油储罐附件　第 8 部分:钢制孔类附件
605	SY/T 0511.9—2010	石油储罐附件　第 9 部分:量油孔

附件（续）

序号	标准编号	标准名称
606	SY/T 4103—2006	钢质管道焊接及验收
607	SY/T 4108—2019	油气输送管道同沟敷设光缆(硅芯管)设计及施工规范
608	SY/T 4109—2020	石油天然气钢质管道无损检测
609	SY/T 4113.9—2020	管道防腐层性能试验方法　第9部分:耐液体介质浸泡
610	SY/T 5037—2018	普通流体输送管道用埋弧焊钢管
611	SY/T 6423.1—2013	石油天然气工业　钢管无损检测方法　第1部分:焊接钢管焊缝缺欠的射线检测
612	SY/T 6423.2—2013	石油天然气工业　钢管无损检测方法　第2部分:焊接钢管焊缝纵向和/或横向缺欠的自动超声检测
613	SY/T 6423.3—2013	石油天然气工业　钢管无损检测方法　第3部分:焊接钢管用钢带/钢板分层缺欠的自动超声检测
614	SY/T 6423.5—2014	石油天然气工业　钢管无损检测方法　第5部分:焊接钢管焊缝缺欠的数字射线检测
615	SY/T 6423.6—2014	石油天然气工业　钢管无损检测方法　第6部分:无缝和焊接(埋弧焊除外)铁磁性钢管纵向和/或横向缺欠的全周自动漏磁检测
616	SY/T 6423.8—2017	石油天然气工业　钢管无损检测方法　第8部分:无缝和焊接(埋弧焊除外)钢管纵向和/或横向缺欠的全周自动超声检测
617	SY/T 6553—2003	管道检验规范　在用管道系统检验、修理、改造和再定级
642	SY/T 6621—2016	输气管道系统完整性管理规范
618	SY/T 6637—2018	天然气输送管道系统能耗测试和计算方法
619	SY/T 6638—2012	天然气输送管道和地下储气库工程设计节能技术规范
620	SY/T 6649—2018	油气管道管体缺陷修复技术规范
621	SY/T 6714—2020	油气管道基于风险的检测方法
622	SY/T 10037—2018	海底管道系统
623	YB/T 029—2021	通用型球体转动管接头技术条件
624	YB/T 5264—1993	耐蚀合金锻件